U0350249

机 械 设 计 师 手 册

（上册）

第 3 版

吴宗泽　高　志　主编

机 械 工 业 出 版 社

本书包括了机械设计较为常用的资料，适用于解决一般机械设计问题参考。本书主要内容有：机械设计常用材料、机械制图、极限配合、表面粗糙度、连接件设计、传动件设计、轴系零件设计、润滑、密封、起重机零部件、操作件、弹簧、机架、导轨、管路及附件、常用电动机、计算机辅助设计、机械系统方案设计等。在编写过程中，编者努力精选基本、常用的知识和资料，以及常用的机械设计计算方法和数据，收集了现行较新的国家标准和行业标准。编排符合使用者的习惯和学科系统，标题明确，附有必要的例题，便于参考和查阅。

本书可供从事机械设计、制造、使用、维修的工程技术人员，大专院校从事机械设计的人员参考。

图书在版编目（CIP）数据

机械设计师手册. 上册/吴宗泽，高志主编. —3 版. —北京：机械工业出版社，2019. 3

ISBN 978-7-111-61915-4

Ⅰ. ①机…　Ⅱ. ①吴…　②高…　Ⅲ. ①机械设计-技术手册　Ⅳ. ①TH122-62

中国版本图书馆 CIP 数据核字（2019）第 020366 号

机械工业出版社（北京市百万庄大街 22 号　邮政编码 100037）
策划编辑：曲彩云　徐　强　责任编辑：曲彩云　徐　强
责任校对：张　征　杜雨霏　张晓蓉
责任印制：张　博
北京铭成印刷有限公司印刷
2019 年 4 月第 3 版第 1 次印刷
184mm×260mm · 105.25 印张 · 3 插页 · 3629 千字
0001—3000 册
标准书号：ISBN 978-7-111-61915-4
定价：288.00 元

凡购本书，如有缺页、倒页、脱页，由本社发行部调换

电话服务	网络服务
服务咨询热线：010-88361066	机 工 官 网：www.cmpbook.com
读者购书热线：010-68326294	机 工 官 博：weibo.com/cmp1952
	金 书 网：www.golden-book.com
封面无防伪标均为盗版	教育服务网：www.cmpedu.com

前　言

《机械设计师手册》自首版面世以来，历经10余次印刷，服务了众多行业内的读者，并对行业的发展和技术的进步起到了积极的推动作用。当前随着科学技术的不断发展进步，行业内新技术、新方法、新工艺、新标准不断涌现，而本手册的第2版面世发行以来已有10年，很多内容需要进行更新修改。所以，在广泛调研企业、科研院所、高校等多方面的使用情况和意见的基础上，决定对本手册进行修订。

新修订的《机械设计师手册（第3版）》主要有以下特色：

1）凸显先进性。本手册修订过程中收入了很多新技术、新方法、新工艺，并对大量标准做了更新。如齿轮的热计算、滚动轴承的选择计算都引入了新国家标准规定的计算方法，螺纹连接引入了德国工程师协会技术准则 VDI 2230《高强度螺栓连接系统计算》。另外，对本手册第2版的内容进行了逐章审读，更新了大量的国家标准和行业标准。

2）坚持科学性。修订后的手册内容更加丰富，体系也更加科学。为便于读者使用，根据实际情况，对一些章节补充了较多的新内容。部分章节内容增加一倍以上。另外，内容增加50%以上的有4章，增加20%以上的有7章。为了使本手册的总体篇幅不致大幅增加，同时也考虑到内容的差异化，新修订的手册去掉了液压传动部分（相关内容读者可以参考专门的手册）。

3）重视创新性。考虑到我国提高了对“节能减排”的要求，新修订的手册增加了一些绿色设计的内容，如材料的回收以及结构设计的方便拆卸等方面内容。另外，机械系统方案设计和计算机辅助机械设计两章，更加注重传统设计与新技术、新方法的融合。

4）保持实用性。本手册的编排尽量采用图、表等形式来表达产品设计所需要的内容和资料，使其更加简明、便查，并对各种标准采用摘编、数据合并、改排和格式统一等方法进行改编，使其更为规范和便于读者使用。

虽然本手册的编写过程中，各位编写人员都给予了很高的重视，也付出了很多心血，但限于编写难度，难免会有一些不足之处，还请各位读者批评指正。

吴宗泽、高　志

目　录

第1章　常用资料、数据和一般标准

1.1　标准代号（见表1-1、表1-2）

表1-1　国内部分标准代号

代号	名　　称	代号	名　　称
GB	国家标准	QC	汽车行业标准
GB/T	国家标准的推荐性标准	GC	金属切削机床标准
GBJ	国家工程建设标准	Y、ZBY	仪器、仪表标准
GJB	国家军用标准	NJ	农业机械标准
ZB	国家专业标准	GJ	工程机械标准
KY	中国科学院标准	FZ	纺织行业标准
JJC	国家计量局标准	YB	黑色冶金行业标准
JC	国家建材局标准	YS	有色金属行业标准
SJ	电子行业标准	QB	轻工行业标准
MT	煤炭行业标准	HG	化工行业标准
SH	石油化工行业标准	DZ	原地质矿产部标准
SY	石油天然气行业标准	SD	原水力部标准
HB	航空行业标准	JT	交通行业标准
CB	船舶行业标准	HJ	环境保护行业标准
JB	机械行业标准		

注：1. 在代号后加“/Z”为指导性技术文件，“/T”为推荐标准。

2. 在ZB后面带有A、B、…、Y等字母，表示不同专业的标准，如ZBY为仪器仪表标准。

表1-2　国外部分标准代号

代号	名　　称	代号	名　　称
ISO	国际标准化组织标准	ASTM	美国材料与试验协会标准
ISA	国际标准协会标准	AGMA	美国齿轮制造者协会标准
IEC	国际电工委员会标准	ASME	美国机械工程师协会标准
ANSI	美国国家标准	SAE	美国汽车协会标准
BS	英国国家标准	API	美国石油学会标准
DIN	德国国家标准	PN	波兰标准
JIS	日本工业标准	KS	韩国标准
NF	法国国家标准	MS	马来西亚标准
ГОСТ	俄罗斯国家标准	PS	巴基斯坦标准
SNV	瑞士国家标准	THAI	泰国标准
SIS	瑞典国家标准	NI	印度尼西亚标准
UNI	意大利国家标准	NBN	比利时标准
CAN	加拿大国家标准	STAS	罗马尼亚标准
AS	澳大利亚标准	IS	印度标准
DS	丹麦标准		

注：ISO的前身为ISA。

1.2　计量单位和单位换算关系

1.2.1　法定计量单位（见表 1-3~表 1-7）

表 1-3　SI 基本单位（摘自 GB 3100—1993）

量的名称	单位符号	单位名称	量的名称	单位符号	单位名称
长度	m	米	热力学温度	K	开［尔文］
质量	kg	千克(公斤)	物质的量	mol	摩［尔］
时间	s	秒	发光强度	cd	坎［德拉］
电流	A	安[培]			

注：1. 圆括号中的名称，是它前面的名称的同义词，下同。

2. 方括号中的字，在不致引起混淆、误解的情况下，可以省略。去掉方括号中的字即为其名称的简称。

表 1-4　包括 SI 辅助单位在内的具有专门名称的 SI 导出单位（摘自 GB 3100—1993）

量的名称	SI 导出单位		
	符　号	名　称	用 SI 基本单位和 SI 导出单位表示
[平面]角	rad	弧度	1rad = 1m/m = 1
立体角	sr	球面度	$1sr = 1m^2/m^2 = 1$
频率	Hz	赫[兹]	$1Hz = 1s^{-1}$
力	N	牛[顿]	$1N = 1kg \cdot m/s^2$
压力,压强,应力	Pa	帕[斯卡]	$1Pa = 1N/m^2$
能[量],功,热量	J	焦[耳]	$1J = 1N \cdot m$
功率,辐[射能]通量	W	瓦[特]	1W = 1J/s
电荷[量]	C	库[仑]	$1C = 1A \cdot s$
电压,电动势,电位(电势)	V	伏[特]	1V = 1W/A
电容	F	法[拉]	1F = 1C/V
电阻	Ω	欧[姆]	1Ω = 1V/A
电导	S	西[门子]	$1S = 1\Omega^{-1}$
磁通[量]	Wb	韦[伯]	$1Wb = 1V \cdot s$
磁通[量]密度,磁感应强度	T	特[斯拉]	$1T = 1Wb/m^2$
电感	H	亨[利]	1H = 1Wb/A
摄氏温度	℃	摄氏度	1℃ = 1K
[光]通量	lm	流[明]	$1lm = 1cd \cdot sr$
[光]照度	lx	勒[克斯]	$1lx = 1lm/m^2$

表 1-5　SI 词头（摘自 GB 3100—1993）

因　数	词头名称		符号	因　数	词头名称		符号
	英文	中英			英文	中文	
10^{24}	yotta	尧[它]	Y	10^{-1}	deci	分	d
10^{21}	zetta	泽[它]	Z	10^{-2}	centi	厘	c
10^{18}	exa	艾[可萨]	E	10^{-3}	milli	毫	m
10^{15}	peta	拍[它]	P	10^{-6}	micro	微	μ
10^{12}	tera	太[拉]	T	10^{-9}	nano	纳[诺]	n
10^{9}	giga	吉[咖]	G	10^{-12}	pico	皮[可]	p
10^{6}	mega	兆	M	10^{-15}	femto	飞[母托]	f
10^{3}	kilo	千	k	10^{-18}	atto	阿[托]	a
10^{2}	hecto	百	h	10^{-21}	zepto	仄[普托]	z
10^{1}	deca	十	da	10^{-24}	yocto	幺[科托]	y

注：10^4 称为万，10^8 称为亿，10^{12} 称为万亿，使用时不受词头名称的影响，但不应与词头混淆。

表 1-6　可与 SI 并用的我国法定计量单位（摘自 GB 3100—1993）

量的名称	单位名称	单位符号	与 SI 单位关系
时间	分	min	1min = 60s
	[小]时	h	1h = 60min = 3600s
	日(天)	d	1d = 24h = 86400s
[平面]角	度	(°)	$1° = (\pi/180)$ rad
	[角]分	(′)	$1' = (1/60)° = (\pi/10800)$ rad
	[角]秒	(″)	$1'' = (1/60)' = (\pi/648000)$ rad
体积、容积	升	L,(l)	$1L = 1dm^3 = 10^{-3}m^3$
质量	吨	t	$1t = 10^3 kg$
	原子质量单位	u	$1u \approx 1.660540\times10^{-27}kg$
旋转速度	转每分	r/min	$1r/min = (1/60)s^{-1}$
长度	海里	n mile	1n mile = 1852m(只用于航程)
速度	节	kn	1kn = 1n mile/h = (1852/3600)m/s(只用于航行)
能	电子伏	eV	$1eV \approx 1.602177\times10^{-19}J$
级差	分贝	dB	
线密度	特[克斯]	tex	$1tex = 10^{-6}kg/m$
面积	公顷	hm^2	$1hm^2 = 10^4m^2$

注：1. 平面角单位度、分、秒的符号，在组合单位中应采用（°）（′）（″）的形式。例如，不用°/s 而用（°）/s。

2. 升的两个符号属同等地位，可任意选用。

3. 公顷的国际通用符号为 ha。

表 1-7　由于人类健康安全防护上的需要而确定的具有专门名称的 SI 导出单位

量的名称	SI 导出单位		
	名称	符号	用 SI 基本单位和 SI 导出单位表示
[放射性]活度	贝可[勒尔]	Bq	$1Bq = 1s^{-1}$
吸收剂量 比授[予]能 比释动能	戈[瑞]	Gy	1Gy = 1J/kg
剂量当量	希[沃特]	Sv	1Sv = 1J/kg

1.2.2　常用计量单位换算（见表 1-8）

表 1-8　常用计量单位换算系数表

量的名称	法定计量单位		非法定计量单位		换算系数
	名称	符号	名称	符号	
长度	米	m	英尺	ft	1ft = 0.3048m = 304.8mm
			英寸	in	1in = 0.0254m = 25.4mm
			英里	mile	1mile = 1609.344m
			码	yd	1yd = 0.9144m
	海里	n mile	埃	Å	$1Å = 0.1nm = 10^{-10}m$
			密耳	mil	$1mil = 25.4\times10^{-6}m$
			费密		$1 费密 = 1fm = 10^{-15}m$
面积	平方米	m^2	公亩	a	$1a = 10^2m^2$
			公顷	ha	$1ha = 10^4m^2$
			平方英尺	ft^2	$1ft^2 = 0.09290304m^2$
			平方英寸	in^2	$1in^2 = 6.4516\times10^{-4}m^2$
			平方英里	$mile^2$	$1mile^2 = 2.58999\times10^6m^2$

（续）

量的名称	法定计量单位		非法定计量单位		换算系数
	名称	符号	名称	符号	
体积、容积	立方米	m^3	立方英尺	ft^3	$1ft^3=0.02831685m^3$
			立方英寸	in^3	$1in^3=1.6387064\times10^{-5}m^3$
	升	L(l) $(1L=10^{-3}m^3)$	英加仑	UKgal	$1UKgal=4.546092dm^3$
			美加仑	USgal	$1USgal=3.785412dm^3$
质量	千克(公斤)	kg	磅	lb	1lb=0.45359237kg
			英担	cwt	1cwt=50.80235kg
			英吨	ton	1ton=1016.047kg
	吨	t	短吨	sh ton	1sh ton=907.185kg
			盎司*	oz	1oz=28.34952g=1/16lb
			格令	gr、gn	1gr=0.06479891kg
	原子质量单位	u	夸特	qr、qtr	1qr=12.7006kg
			米制克拉		$1米制克拉=2\times10^{-4}kg$
温度	开[尔文]	K	华氏度	℉	$℉=\frac{9}{5}K-459.67=\frac{9}{5}℃+32$ $K=℃+273.15=\frac{5}{9}(℉+459.67)$ $℃=K-273.15=\frac{5}{9}(℉-32)$ 表示温度差和温度间隔： $1℃=1K,1℉=\frac{5}{9}℃$
	摄氏度	℃			
速度	米每秒	m/s	英尺每秒	ft/s	1ft/s=0.3048m/s
	节	kn	英寸每秒	in/s	1in/s=0.0254m/s 1mile/h=0.44704m/s
	千米每小时	km/h	英里每小时	mile/h	1kn=0.514444m/s 1km/h=0.277778m/s
	米每分	m/min			1m/min=0.0166667m/s
加速度	米每二次方秒	m/s^2	英尺每二次方秒	ft/s^2	$1ft/s^2=0.3048m/s^2$
			伽	Cal	$1Cal=10^{-2}m/s^2$
角速度	弧度每秒	rad/s	度每秒	(°)/s	1(°)/s=0.01745rad/s
	转每分	r/min	度每分	(°)/min	1(°)/min=0.00029rad/s 1r/min=(π/30)rad/s
力;重力	牛[顿]	N	达因	dyn	$1dyn=10^{-5}N$
			千克力	kgf	1kgf=9.80665N
			磅力	lbf	1lbf=4.44822N
			吨力	tf	$1tf=9.80665\times10^3N$
力矩	牛[顿]米	N·m	千克力米	kgf·m	1kgf·m=9.80665N·m
			磅力英尺	lbf·ft	1lbf·ft=1.35582N·m
			磅力英寸	lbf·in	1lbf·in=0.112985N·m
			达因厘米	dyn·cm	$1dyn·cm=10^{-7}N·m$
压力,压强;应力	帕[斯卡]	Pa	巴	bar	$1bar=0.1MPa=10^5Pa$
			托(=毫米汞柱)	Torr(=mmHg)	1Torr=133.3224Pa(=1mmHg)
			毫米水柱	mmH_2O	$1mmH_2O=9.80665Pa$
			千克力每平方厘米(工程大气压)	$kgf/cm^2(at)$	$1kgf/cm^2(1at)=9.80665\times10^4Pa$
			标准大气压	atm	1atm=101325Pa=101.325kPa
			磅力每平方英尺	lbf/ft^2	$1lbf/ft^2=47.8803Pa$
			磅力每平方英寸	lbf/in^2	$1lbf/in^2=6.89476kPa$

（续）

量的名称	法定计量单位		非法定计量单位		换算系数
	名称	符号	名称	符号	
线密度	千克每米	kg/m	旦[尼尔]	den	1den = 0.111112×10^{-6}kg/m
			磅每英尺	lb/ft	1lb/ft = 1.48816kg/m
	特[克斯]	tex	磅每英寸	lb/in	1lb/in = 17.8580kg/m
[质量]密度	千克每立方米	kg/m^3	磅每立方英尺	lb/ft^3	1lb/ft^3 = 16.0185kg/m^3
			磅每立方英寸	lb/in^3	1lb/in^3 = 27679.9kg/m^3
比体积（质量体积）	立方米每千克	m^3/kg	立方英尺每磅	ft^3/lb	1ft^3/lb = 0.0624280m^3/kg
			立方英寸每磅	in^3/lb	1in^3/lb = 3.61273×$10^{-5}$$m^3$/kg
动力黏度	帕[斯卡]秒	Pa·s	泊	P	1P = 0.1Pa·s
			厘泊	cP	1cP = 10^{-3}Pa·s
			千克力秒每平方米	kgf·s/m^2	1kgf·s/m^2 = 9.80665Pa·s
			磅力秒每平方英尺	lbf·s/ft^2	1lbf·s/ft^2 = 47.8803Pa·s
			磅力秒每平方英寸	lbf·s/in^2	1lbf·s/in^2 = 6894.76Pa·s
运动黏度	二次方米每秒	m^2/s	斯[托克斯]	St	1St = $10^{-4}$$m^2$/s
			厘斯[托克斯]	cSt	1cSt = $10^{-6}$$m^2$/s
			二次方英尺每秒	ft^2/s	1ft^2/s = 9.29030×$10^{-2}$$m^2$/s
			二次方英寸每秒	in^2/s	1in^2/s = 6.4516×$10^{-4}$$m^2$/s
质量流量	千克每秒	kg/s	磅每秒	lb/s	1lb/s = 0.453592kg/s
			磅每小时	lb/h	1lb/h = 1.25998×10^{-4}kg/s
体积流量	立方米每秒	m^3/s	立方英尺每秒	ft^3/s	1ft^3/s = 0.0283168m^3/s
	升每秒	L/s	立方英寸每小时	in^3/h	1in^3/h = 4.55196×10^{-6}L/s
能量;功;热	焦[耳]	J	尔格	erg	1erg = 10^{-7}J
	千瓦小时	kW·h（1kW·h = 3.6×10^6J）	千克力米	kgf·m	1kgf·m = 9.80665J
			卡	cal	1cal = 4.1868J
			英热单位	Btu	1Btu = 1055.06J
	电子伏	eV	英马力小时	hp·h	1hp·h = 2.68452MJ
			热化学卡	cal_{th}	1cal_{th} = 4.1840J
			马力小时	—	1 马力小时 = 2.64779MJ
			电工马力小时	—	1 电工马力小时 = 2.68560MJ
功率	瓦[特]	W	千克力米每秒	kgf·m/s	1kgf·m/s = 9.80665W
			马力	Ps(德)	1Ps = 735.499W = 75kgf·m/s
			英马力	HP	1HP = 745.7W = 550ft·lb/s
			电工马力	—	1 电工马力 = 746W
			卡每秒	cal/s	1cal/s = 4.1868W
			千卡每小时	kcal/h	1kcal/h = 1.163W
			热化学卡每秒	cal_{th}/s	1cal_{th}/s = 4.184W
			伏安	V·A	1V·A = 1W
			乏	var	1var = 1W
			英热单位每小时	Btu/h	1Btu/h = 0.293071W
转动惯量（惯性矩）	千克二次方米	kg·m^2	磅二次方英尺	lb·ft^2	1lb·ft^2 = 0.0421401kg·m^2
			磅二次方英寸	lb·in^2	1lb·in^2 = 2.92640×10^{-4}kg·m^2
动量	千克米每秒	kg·m/s	磅英尺每秒	lb·ft/s	1lb·ft/s = 0.138255kg·m/s
角动量，动量矩	千克二次方米每秒	kg·m^2/s	磅二次方英尺每秒	lb·ft^2/s	1lb·ft^2/s = 0.0421401kg·m^2/s
比热容，比熵	焦[耳]每千克开[尔文]	J/(kg·K)	千卡每千克开[尔文]	kcal/(kg·K)	1kcal/(kg·K) = 4186.8J/(kg·K)
			热化学千卡每千克开[尔文]	$kcal_{th}$/(kg·K)	1$kcal_{th}$/(kg·K) = 4184J/(kg·K)
			英热单位每磅华氏度	Btu/(lb·°F)	1Btu/(lb·°F) = 4186.8J/(kg·K)

（续）

量的名称	法定计量单位		非法定计量单位		换算系数
	名称	符号	名称	符号	
传热系数	瓦[特]每平方米开[尔文]	W/(m² · K)	卡每平方厘米秒开[尔文]	cal/(cm²·s·K)	1cal/(cm²·s·K) = 41868W/(m²·K)
			千卡每平方米小时开[尔文]	kcal/(m²·h·K)	1kcal/(m²·h·K) = 1.163W/(m²·K)
			英热单位每平方英尺小时华氏度	Btu/(ft²·h·℉)	1Btu/(ft²·h·℉) = 5.67826W/(m²·K)
热导率（导热系数）	瓦[特]每米开[尔文]	W/(m · K)	卡每厘米开尔文	cal/(cm·s·K)	1cal/(cm·s·K) = 418.68W/(m·K)
			千卡每米小时开[尔文]	kcal/(m·h·K)	1kcal/(m·h·K) = 1.163W/(m·K)
			英热单位每英尺小时华氏度	Btu/(ft·h·℉)	1Btu/(ft·h·℉) = 1.73073W/(m·K)

注：* 对金、银等使用金衡盎司，1oz = 31.1035g。

1.3　常用数据

1.3.1　常用材料弹性模量及泊松比（见表 1-9）

表 1-9　常用材料弹性模量及泊松比

名称	弹性模量 E /GPa	切变模量 G /GPa	泊松比 μ	名称	弹性模量 E /GPa	切变模量 G /GPa	泊松比 μ
灰铸铁	118~126	44.3	0.3	轧制锌	82	31.4	0.27
球墨铸铁	173	—	0.3	铅	16	6.8	0.42
碳素钢、镍铬钢、合金钢	206	79.4	0.3	玻璃	55	1.96	0.25
				有机玻璃	2.35~29.42	—	—
铸钢	202	—	0.3	橡胶	0.0078	—	0.47
轧制纯铜	108	39.2	0.31~0.34	电木	1.96~2.94	0.69~2.06	0.35~0.38
冷拔纯铜	127	48.0	—	夹布酚醛塑料	3.92~8.83	—	—
轧制磷锡青铜	113	41.2	0.32~0.35				
冷拔黄铜	89~97	34.3~36.3	0.32~0.42	赛璐珞	1.71~1.89	0.69~0.98	0.4
轧制锰青铜	108	39.2	0.35	尼龙 1010	1.07	—	—
轧制铝	68	25.5~26.5	0.32~0.36	硬聚氯乙烯	3.14~3.92	—	0.34~0.35
拔制铝线	69	—	—	聚四氯乙烯	1.14~1.42	—	—
铸铝青铜	103	41.1	0.3	低压聚乙烯	0.54~0.75	—	—
铸锡青铜	103	—	0.3	高压聚乙烯	0.147~0.245	—	—
硬铝合金	70	26.5	0.3	混凝土	13.73~39.2	4.9~15.69	0.1~0.18

1.3.2　常用材料的密度和线膨胀系数（见表 1-10、表 1-11）

表 1-10　常用材料的密度

材料名称	密度/(g/cm³)	材料名称	密度/(g/cm³)	材料名称	密度/(g/cm³)
碳素钢	7.3~7.85	灰铸铁	7.0	锡青铜	8.7~8.9
铸钢	7.8	白口铸铁	7.55	无锡青铜	7.5~8.2
高速钢(w(W) = 9%)	8.3	可锻铸铁	7.3	轧制磷青铜、冷拉青铜	8.8
高速钢(w(W) = 18%)	8.7	纯铜	8.9	工业用铝、铝镍合金	2.7
合金钢	7.9	黄铜	8.4~8.85	可铸铝合金	2.7
镍铬钢	7.9	铸造黄铜	8.62	镍	8.9

（续）

材料名称	密度/(g/cm³)	材料名称	密度/(g/cm³)	材料名称	密度/(g/cm³)
轧锌	7.1	纯橡胶	0.93	石灰石	2.4~2.6
铅	11.37	皮革	0.4~1.2	花岗石	2.6~3.0
锡	7.29	聚氯乙烯	1.35~1.40	砌砖	1.9~2.3
金	19.32	聚苯乙烯	0.91	混凝土	1.8~2.45
银	10.5	有机玻璃	1.18~1.19	生石灰	1.1
汞	13.55	无填料的电木	1.2	熟石灰、水泥	1.2
镁合金	1.74	赛璐珞	1.4	黏土耐火砖	2.10
硅钢片	7.55~7.8	酚醛层压板	1.3~1.45	硅质耐火砖	1.8~1.9
锡基轴承合金	7.34~7.75	尼龙 6	1.13~1.14	镁质耐火砖	2.6
铅基轴承合金	9.33~10.67	尼龙 66	1.14~1.15	镁铬质耐火砖	2.8
硬质合金(钨钴)	14.4~14.9	尼龙 1010	1.04~1.06	高铬质耐火砖	2.2~2.5
硬质合金(钨钴钛)	9.5~12.4	橡胶夹布传动带	0.8~1.2	碳化硅	3.10
胶木板、纤维板	1.3~1.4	木材	0.4~0.75		

表 1-11　常用材料线胀系数 α　（单位：$10^{-6}\cdot℃^{-1}$）

材料	温度范围								
	20	20~100	20~200	20~300	20~400	20~600	20~700	20~900	70~1000
工程用铜	—	16.6~17.1	17.1~17.2	17.6	18~18.1	18.6	—	—	—
黄铜	—	17.8	18.8	20.9	—	—	—	—	—
青铜	—	17.6	17.9	18.2	—	—	—	—	—
铸铝合金	18.44~24.5	—	—	—	—	—	—	—	—
铝合金	—	22.0~24.0	23.4~24.8	24.0~25.9	—	—	—	—	—
碳素钢	—	10.6~12.2	11.3~13	12.1~13.5	12.9~13.9	13.5~14.3	14.7~15	—	—
铬钢	—	11.2	11.8	12.4	13	13.6	—	—	—
30Cr13	—	10.2	11.1	11.6	11.9	12.3	12.8	—	—
1Cr18Ni9Ti①	—	16.6	17	17.2	17.5	17.9	18.6	19.3	—
铸铁	—	8.7~11.1	8.5~11.6	10.1~12.1	11.5~12.7	12.9~13.2	—	—	—
镍铬合金	—	14.5	—	—	—	—	—	—	17.6
砖	9.5	—	—	—	—	—	—	—	—
水泥、混凝土	10~14	—	—	—	—	—	—	—	—
胶木、硬橡胶	64~77	—	—	—	—	—	—	—	—
玻璃	—	4~11.5	—	—	—	—	—	—	—
赛璐珞	—	100	—	—	—	—	—	—	—
有机玻璃	—	130	—	—	—	—	—	—	—

① 非标准牌号。

1.3.3　松散物料的堆密度和安息角（见表 1-12）

表 1-12　松散物料的堆密度和安息角

物料名称	堆密度/(t/m³)	安息角/(°)		物料名称	堆密度/(t/m³)	安息角/(°)	
		运动	静止			运动	静止
无烟煤(干,小)	0.7~1.0	27~30	27~45	泥煤	0.29~0.5	40	45
烟煤	0.8	30	35~45	泥煤(湿)	0.55~0.65	40	45
褐煤	0.6~0.8	35	35~50	焦炭	0.36~0.53	35	50

（续）

物料名称	堆密度 /(t/m³)	安息角		物料名称	堆密度 /(t/m³)	安息角	
		运　动	静　止			运　动	静　止
木炭	0.2~0.4			黄铁矿球团矿	1.2~1.4		
无烟煤粉	0.84~0.89		37°~45°	平炉渣(粗)	1.6~1.85		45°~50°
烟煤粉	0.4~0.7		37°~45°	高炉渣	0.6~1.0	35°	50°
粉状石墨	0.45		40°~45°	铅锌水碎渣(湿)	1.5~1.6		42°
磁铁矿	2.5~3.5	30°~35°	40°~45°	干煤灰	0.64~0.72		35°~45°
赤铁矿	2.0~2.8	30°~35°	40°~45°	煤灰	0.70		15°~20°
褐铁矿	1.8~2.1	30°~35°	40°~45°	粗砂(干)	1.4~1.9		50°
锰矿	1.7~1.9		35°~45°	细砂(干)	1.4~1.65	30°	
镁砂(块)	2.2~2.5		40°~42°	细砂(湿)	1.8~2.1		30°~35°
粉状镁砂	2.1~2.2		45°~50°	造型砂	0.8~1.3	30°	45°
铜矿	1.7~2.1		35°~45°	石灰石(大块)	1.6~2.0	30°~35°	40°~45°
铜精矿	1.3~1.8		40°	石灰石(中块)	1.2~1.5	30°~35°	40°~45°
铅精矿	1.9~2.4		40°	生石灰	1.7~1.8	25°	45°~50°
锌精矿	1.3~1.7		40°	碎石	1.32~2.0	35°	45°
铅锌精矿	1.3~2.4		40°	白云石(块)	1.2~2.0	35°	
铁烧结块	1.7~2.0		45°~50°	碎白云石	1.8~1.9	35°	
碎烧结块	1.4~1.6	35°		砾石	1.5~1.9	30°	30°~45°
铅烧结块	1.8~2.2			黏土(小块)	0.7~1.5	40°	50°
铅锌烧结块	1.6~2.0			黏土(湿)	1.7		27°~45°
锌烟尘	0.7~1.5			水泥	0.9~1.7	35°	40°~45°
黄铁矿烧渣	1.7~1.8			熟石灰(粉)	0.5		
铅锌团矿	1.3~1.8			熟石灰(块)	2.0		

1.3.4 常用材料熔点、热导率及比热容（见表1-13）

表1-13 常用材料熔点、热导率及比热容

名　称	熔点 /℃	热导率 λ /[W/(m·K)]	比热容 c /[kJ/(kg·K)]	名　称	熔点 /℃	热导率 λ /[W/(m·K)]	比热容 c /[kJ/(kg·K)]
灰铸铁	1200	58	0.532	铝	658	204	0.879
碳素钢	1460	47~58	0.49	锌	419	110~113	0.38
不锈钢	1450	14	0.51	锡	232	64	0.24
硬质合金	2000	81	0.80	铅	327.4	34.7	0.130
铜	1083	384	0.394	镍	1452	59	0.64
黄铜	950	104.7	0.384	聚氯乙烯	—	0.16	—
青铜	910	64	0.37	聚酰胺	—	0.31	—

注：表中的热导率及比热容数值指0~100℃范围内。

1.3.5 常用材料极限强度的近似关系（见表1-14）

表1-14 常用材料极限强度的近似关系

材料名称	极　限　强　度					
	对称应力疲劳极限			脉动应力疲劳极限		
	拉伸疲劳极限 σ_{-1t}	弯曲疲劳极限 σ_{-1}	扭转疲劳极限 τ_{-1}	拉伸脉动疲劳极限 σ_{ot}	弯曲脉动疲劳极限 σ_0	扭转脉动疲劳极限 τ_0
结构钢	$\approx 0.3R_m$	$\approx 0.43R_m$	$\approx 0.25R_m$	$\approx 1.42\sigma_{-1t}$	$\approx 1.33\sigma_{-1}$	$\approx 1.5\tau_{-1}$
铸　铁	$\approx 0.225R_m$	$\approx 0.45R_m$	$\approx 0.36R_m$	$\approx 1.42\sigma_{-1t}$	$\approx 1.35\sigma_{-1}$	$\approx 1.35\tau_{-1}$
铝合金	$\approx \frac{R_m}{6}+73.5\text{MPa}$	$\approx \frac{R_m}{6}+73.5\text{MPa}$	$\approx (0.55\sim0.58)\sigma_{-1}$	$\approx 1.5\sigma_{-1t}$		

1.3.6　材料硬度值对照表（见表 1-15）

表 1-15　各种硬度值对照表

洛氏 HRC	肖氏 HS	维氏 HV	布氏 HBW (30D^2)	布氏 d/mm (10/3000)	洛氏 HRC	肖氏 HS	维氏 HV	布氏 HBW (30D^2)	布氏 d/mm (10/3000)
70	—	1037	—	—	43	57.1	411	401	3.05
69	—	997	—	—	42	55.9	399	391	3.09
68	96.6	959	—	—	41	54.7	388	380	3.13
67	94.6	923	—	—	40	53.5	377	370	3.17
66	92.6	889	—	—	39	52.3	367	360	3.21
65	90.5	856	—	—	38	51.1	357	350	3.26
64	88.4	825	—	—	37	50	347	341	3.30
63	86.5	795	—	—	36	48.8	338	332	3.34
62	84.8	766	—	—	35	47.8	329	323	3.39
61	83.1	739	—	—	34	46.6	320	314	3.43
60	81.4	713	—	—	33	45.6	312	306	3.48
59	79.7	688	—	—	32	44.5	304	298	3.52
58	78.1	664	—	—	31	43.5	296	291	3.56
57	76.5	642	—	—	30	42.5	289	283	3.61
56	74.9	620	—	—	29	41.6	281	276	3.65
55	73.5	599	—	—	28	40.6	274	269	3.70
54	71.9	579	—	—	27	39.7	268	263	3.74
53	70.5	561	—	—	26	38.8	261	257	3.78
52	69.1	543	—	—	25	37.9	255	251	3.83
51	67.7	525	501	2.73	24	37	249	245	3.87
50	66.3	509	488	2.77	23	36.3	243	240	3.91
49	65.0	493	474	2.81	22	35.5	237	234	3.95
48	63.7	478	461	2.85	21	34.7	231	229	4.00
47	62.3	463	449	2.89	20	34	226	225	4.03
46	61	449	436	2.93	19	33.2	221	220	4.07
45	59.7	436	424	2.97	18	32.6	216	216	4.11
44	58.4	423	413	3.01	17	31.9	211	211	4.15

1.3.7　常用材料和物体的摩擦因数（见表 1-16～表 1-18）

表 1-16　材料的滑动摩擦因数

材料名称	摩擦因数 f 静摩擦 无润滑剂	静摩擦 有润滑剂	滑动摩擦 无润滑剂	滑动摩擦 有润滑剂	材料名称	摩擦因数 f 静摩擦 无润滑剂	静摩擦 有润滑剂	滑动摩擦 无润滑剂	滑动摩擦 有润滑剂
钢-钢	0.15	0.1～0.12	0.15	0.05～0.1	软钢-榆木	—	—	0.25	—
钢-软钢	—	—	0.2	0.1～0.2	铸铁-槲木	0.65	—	0.3～0.5	0.2
钢-铸铁	0.3	—	0.18	0.05～0.15	铸铁-榆、杨木	—	—	0.4	0.1
钢-青铜	0.15	0.1～0.15	0.15	0.1～0.15	青铜-槲木	0.6	—	0.3	—
软钢-铸铁	0.2	—	0.18	0.05～0.15	木材-木材	0.4～0.6	0.1	0.2～0.5	0.07～0.15
软钢-青铜	0.2	—	0.18	0.07～0.15	皮革(外)-槲木	0.6	—	0.3～0.5	—
铸铁-铸铁	0.2	0.18	0.15	0.07～0.12	皮革(内)-槲木	0.4	—	0.3～0.4	—
铸铁-青铜	0.28	—	0.15～0.2	0.07～0.15	皮革-铸铁	0.3～0.5	0.15	0.6	0.15
青铜-青铜	—	0.1	0.2	0.07～0.1	橡皮-铸铁	—	—	0.8	0.5
软钢-槲木	0.6	0.12	0.4～0.6	0.1	麻绳-槲木	0.8	—	0.5	—

表 1-17 物体的摩擦因数

名称			摩擦因数 f	名称		摩擦因数 f
滚动轴承	深沟球轴承	径向载荷	0.002	轧辊轴承	滚动轴承	0.002～0.005
		轴向载荷	0.004		层压胶木轴瓦	0.004～0.006
	角接触球轴承	径向载荷	0.003		青铜轴瓦(用于热轧辊)	0.07～0.1
		轴向载荷	0.005		青铜轴瓦(用于冷轧辊)	0.04～0.08
	圆锥滚子轴承	径向载荷	0.008		特殊密封全液体摩擦轴承	0.003～0.005
	调心球轴承		0.0015		特殊密封半液体摩擦轴承	0.005～0.01
	圆柱滚子轴承		0.002	加热炉内	金属在管子或金属条上	0.4～0.6
	长圆柱或螺旋滚子轴承		0.006		金属在炉底砖上	0.6～1
	滚针轴承		0.003	密封软填料盒中填料与轴的摩擦		0.2
	推力球轴承		0.003	热钢在辊道上摩擦		0.3
	调心滚子轴承		0.004	冷钢在辊道上摩擦		0.15～0.18
滑动轴承	液体摩擦		0.001～0.008	制动器普通石棉制动带(无润滑) $p=0.2\sim0.6\text{MPa}$		0.35～0.48
	半液体摩擦		0.008～0.08	离合器装有黄铜丝的压制石棉带 $p=0.2\sim1.2\text{MPa}$		0.43～0.4
	半干摩擦		0.1～0.5			

表 1-18 各种工程用塑料的摩擦因数 f

下试样(塑料)		上试样(钢) 静摩擦	上试样(钢) 动摩擦	上试样(塑料) 静摩擦	上试样(塑料) 动摩擦	下试样(塑料)	上试样(钢) 静摩擦	上试样(钢) 动摩擦	上试样(塑料) 静摩擦	上试样(塑料) 动摩擦
聚四氟乙烯		0.10	0.05	0.04	0.04	聚碳酸酯	0.60	0.53	—	—
聚全氟乙丙烯		0.25	0.18	—	—	聚苯二甲酸乙二醇酯	0.29	0.28	0.27①	0.20①
聚乙烯	低密度	0.27	0.26	0.33	0.33					
	高密度	0.18	0.08～0.12	0.12	0.11	聚酰胺	0.37	0.34	0.42①	0.35①
						聚三氟氯乙烯	0.45①	0.33①	0.43①	0.32①
聚甲醛		0.14	0.13	—	—	聚氯乙烯	0.45①	0.40①	0.50①	0.40①

① 表示黏滑运动。

1.3.8 滚动摩擦力臂（见表 1-19）

表 1-19 滚动摩擦力臂（大约值）

圆柱沿平面滚动。滚动阻力矩为

$$M=Nk=Fr$$

k 为滚动摩擦力臂

两个具有固定轴线的圆柱，其中主动圆柱以 N 力压另一圆柱，两个圆柱相对滚动。主圆柱上遇到的滚动阻力矩为

$$M=Nk\left(1+\frac{r_1}{r_2}\right)$$

k 为滚动摩擦力臂

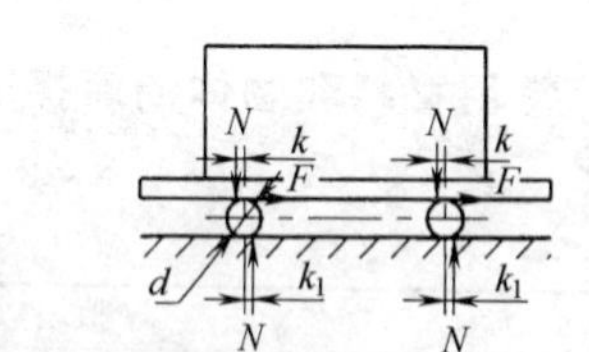

重物压在圆辊支承的平台上移动，每个圆辊承受的载重为 N。克服一个辊子上摩擦阻力所需的牵引力 F

$$F=\frac{N}{d}(k+k_1)$$

k、k_1 为平台与圆辊之间、圆辊与固定支持物之间的滚动摩擦力臂

摩擦材料	滚动摩擦力臂 k/mm	摩擦材料	滚动摩擦力臂 k/mm
软钢与软钢	0.5	表面淬火车轮与钢轨	
淬火钢与淬火钢	0.1	圆锥形车轮	0.1
铸铁与铸铁	0.5	圆柱形车轮	0.8～1
木材与钢	0.3～0.4		0.5～0.7
木材与木材	0.5～0.8	橡胶轮胎对沥青路面	2.5
		橡胶轮胎对土路面	10～15

1.3.9　常用物理量常数（见表 1-20）

表 1-20　常用物理量常数

名　　称	符　　号	数　值　及　单　位
冰点的热力学温度	T_0	273.15K
纯水三相点的热力学温度	T	273.16K
标准大气压	atm	101.325kPa
元电荷	e	1.6021892×10^{-19}C
摩尔气体常数	R	8.31441J/(mol·K)
4℃时水的密度	—	0.999973g/cm^3
0℃时汞的密度	—	13.5951g/cm^3
在标准条件下干燥空气的密度	—	0.001293g/cm^3
标准条件下空气中的声速	c	331.4m/s
真空中的光速	c_0	2.99792×10^{10}cm/s
标准重力加速度	g_a	980.665cm/s^2
真空介电常数	ε_0	$8.854187818\times10^{-12}$F/m
电子[静]质量	m_e	9.109534×10^{-28}g
质子[静]质量	m_p	1.6726485×10^{-24}g
中子[静]质量	m_n	1.6749543×10^{-24}g
真空磁导率	μ_0	$4\pi\cdot10^{-7}$H/m

1.3.10　机械传动和轴承的效率（见表 1-21）

表 1-21　机械传动和轴承的效率概略值

种　　类		效率 η
圆柱齿轮传动	很好磨合的 6 级精度和 7 级精度齿轮传动（油润滑）	0.98~0.99
	8 级精度的一般齿轮传动（油润滑）	0.97
	9 级精度的齿轮传动（油润滑）	0.96
	加工齿的开式齿轮传动（脂润滑）	0.94~0.96
	铸造齿的开式齿轮传动	0.90~0.93
锥齿轮传动	很好磨合的 6 级和 7 级精度的齿轮传动（油润滑）	0.97~0.98
	8 级精度的一般齿轮传动（油润滑）	0.94~0.97
	加工齿的开式齿轮传动（脂润滑）	0.92~0.95
	铸造齿的开式齿轮传动	0.88~0.92
蜗杆传动	自锁蜗杆（油润滑）	0.40~0.45
	单头蜗杆（油润滑）	0.70~0.75
	双头蜗杆（油润滑）	0.75~0.82
	三头和四头蜗杆（油润滑）	0.80~0.92
	环面蜗杆传动（油润滑）	0.85~0.95
带传动	平带无压紧轮的开式传动	0.98
	平带有压紧轮的开式传动	0.97
	平带交叉传动	0.90
	V 带传动	0.96
	同步带传动	0.96~0.98
链轮传动	焊接链	0.93
	片式关节链	0.95
	滚子链	0.96
	齿形链	0.97
摩擦传动	平摩擦传动	0.85~0.92
	槽摩擦传动	0.88~0.90
	卷绳轮	0.95
绳传动	卷筒	0.96

种　　类		效率 η
丝杠传动	滑动丝杠	0.30~0.60
	滚动丝杠	0.85~0.95
复滑轮组	滑动轴承（$i=2\sim6$）	0.90~0.98
	滚动轴承（$i=2\sim6$）	0.95~0.99
联轴器	浮动联轴器（十字沟槽联轴器等）	0.97~0.99
	齿式联轴器	0.99
	弹性联轴器	0.99~0.995
	万向联轴器（$\alpha\leqslant3°$）	0.97~0.98
	万向联轴器（$\alpha>3°$）	0.95~0.97
	梅花形弹性联轴器	0.97~0.98
滑动轴承	润滑不良	0.94（一对）
	润滑正常	0.97（一对）
	润滑特好（压力润滑）	0.98（一对）
	液体摩擦	0.99（一对）
滚动轴承	球轴承（稀油润滑）	0.99（一对）
	滚子轴承（稀油润滑）	0.98（一对）
油池内油的飞溅和密封摩擦		0.95~0.99
减（变）速器①	单级圆柱齿轮减速器	0.97~0.98
	双级圆柱齿轮减速器	0.95~0.96
	单级行星圆柱齿轮减速器（NGW 类型负号机构）	0.95~0.98
	单级锥齿轮减速器	0.95~0.96
	双级锥-圆柱齿轮减速器	0.94~0.95
	无级变速器	0.92~0.95
	摆线-针轮减速器	0.90~0.97
	轧机人字齿轮座（滑动轴承）	0.93~0.95
	轧机人字齿轮座（滚动轴承）	0.94~0.96
	轧机主减速器（包括主联轴器和电动机联轴器）	0.93~0.96

① 滚动轴承的损耗考虑在内。

1.4 一般标准和规范

1.4.1 标准尺寸（见表 1-22）

表 1-22 标准尺寸（摘自 GB/T 2822—2005） （单位：mm）

0.1~1.0

R10	R20	R_a10	R_a20
0.100	0.100	0.10	0.10
	0.112		0.11
0.125	0.125	0.12	0.12
	0.140		0.14
0.160	0.160	0.16	0.16
	0.180		0.18
0.200	0.200	0.20	0.20
	0.224		0.22
0.250	0.250	0.25	0.25
	0.280		0.28
0.315	0.315	0.30	0.30
	0.355		0.35
0.400	0.400	0.40	0.40
	0.450		0.45
0.500	0.500	0.50	0.50
	0.560		0.55
0.630	0.630	0.60	0.60
	0.710		0.70
0.800	0.800	0.80	0.80
	0.900		0.90
1.000	1.000	1.00	1.00

1.0~10.0

R10	R20	R_a10	R_a20
1.00	1.00	1.0	1.0
	1.12		1.1
1.25	1.25	1.2	1.2
	1.40		1.4
1.60	1.60	1.6	1.6
	1.80		1.8
2.00	2.00	2.0	2.0
	2.24		2.2
2.50	2.50	2.5	2.5
	2.80		2.8
3.15	3.15	3.0	3.0
	3.55		3.5
4.00	4.00	4.0	4.0
	4.50		4.5
5.00	5.00	5.0	5.0
	5.60		5.5
6.30	6.30	6.0	6.0
	7.10		7.0
8.00	8.00	8.0	8.0
	9.00		9.0
10.00	10.00	10.0	10.0

10~100

R10	R20	R40	R_a10	R_a20	R_a40
10.0	10.0		10	10	
	11.2			11	
12.5	12.5	12.5	12	12	12
	13.2	14.0			13
	14.0	15		14	14
					15
16.0	16.0	16.0	16	16	16
		17.0			17
	18.0	18.0		18	18
		19.0			19
20.0	20.0	20.0	20	20	20
		21.2			21
	22.4	22.4		22	22
		23.6			24
25.0	25.0	25.0	25	25	25
		26.5			26
	28.0	28.0		28	28
		30.0			30
31.0	31.5	31.5	32	32	32
		33.5			34
	35.5	35.5		36	36
		37.5			38
40.0	40.0	40.0	40	40	40
		42.5			42
	45.0	45.0		45	45
		47.5			48
50.0	50.0	50.0	50	50	50
		53.0			53
	56.0	56.0		56	56
		60.0			60
63.0	63.0	63.0	63	63	63
		67.0			67
	71.0	71.0		71	71
		75.0			75
80.0	80.0	80.0	80	80	80
		85.0			85
	90.0	90.0		90	90
		95.0			95
100.0	100.0	100.0	100	100	100

100~1000

R10	R20	R40	R_a10	R_a20	R_a40
100	100	100	100	100	100
		106			105
	112	112		110	110
		118			120
125	125	125	125	125	125
		132			130
	140	140		140	140
		150			150
160	160	160	160	160	160
		170			170
	180	180		180	180
		190			190
200	200	200	200	200	200
		212			210
	224	224		220	220
		236			240
250	250	250	250	250	250
		265			260
	280	280		280	280
		300			300
315	315	315	320	320	320
		335			340
	355	355		360	360
		375			380
400	400	400	400	400	400
		425			420
	450	450		450	450
		475			480
500	500	500	500	500	500
		530			530
	560	560		560	560
		600			600
630	630	630	630	630	630
		670			670
	710	710		710	710
		750			750
800	800	800	800	800	800
		850			850
	900	900		900	900
		950			950
1000	1000	1000	1000	1000	1000

1000~10000

R10	R20	R40
1000	1000	1000
		1060
	1120	1120
		1180
1250	1250	1250
		1320
	1400	1400
		1500
1600	1600	1600
		1700
	1800	1800
		1900
2000	2000	2000
		2120
	2240	2240
		2360
2500	2500	2500
		2650
	2800	2800
		3000
3150	3150	3150
		3350
	3550	3550
		3750
4000	4000	4000
		4250
	4500	4500
		4750
5000	5000	5000
		5300
	5600	5600
		6000
6300	6300	6300
		6700
	7100	7100
		7500
	8000	8000
		8500
	9000	9000
		9500
10000	10000	10000

注：1. 标准规定 0.01~20000mm 范围内机械制造业中常用的标准尺寸（直径、长度、高度等）系列，适用于有互换性或系列化要求的主要尺寸。其他结构尺寸也应尽量采用。对已有专用标准规定的尺寸，可按专用标准选用。

2. 选择系列及单个尺寸时，应首先在优先数系 R 系列按照 R10、R20、R40 的顺序选用。如必须将数值圆整，可在相应的 R_a 系列（选用优先数化整值系列制定的标准尺寸系列）中选用标准尺寸，其优选顺序为 R_a10、R_a20、R_a40。

1.4.2　棱体的角度与斜度系列（见表 1-23～表 1-25）

表 1-23　角度与斜度的术语及定义（摘自 GB/T 4096—2001）

术语	定　义	图　例
棱体	由两个相交平面与一定尺寸所限定的几何体。这两个相交平面称为"棱面"，当有配合要求时，则称为"棱体配合面"。两棱面的交线称为"棱边"	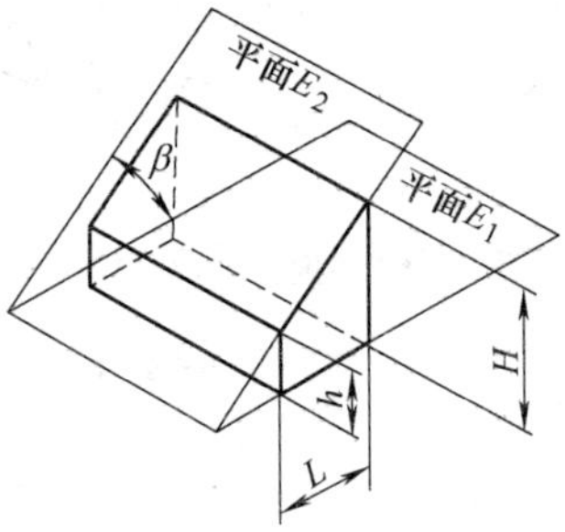 平面E_2 平面E_1 β H h L
多棱体	由几对相交平面与一定尺寸所限定的几何体称为多棱体 由两对相交平面与一定尺寸所限定的是双棱体 当各对平面相交到一点时，该多棱体是棱锥体	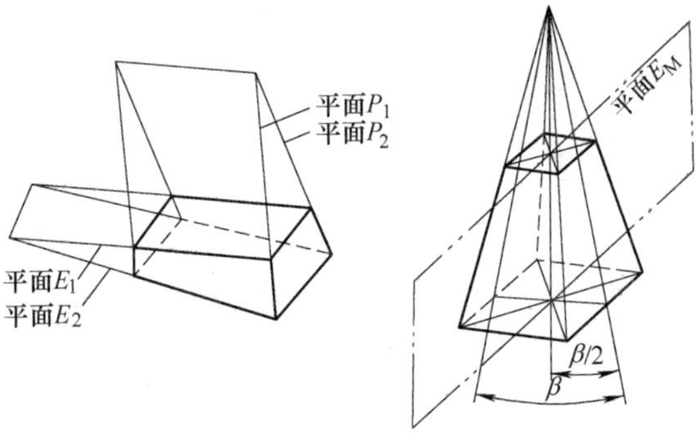 平面P_1 平面P_2 平面E_1 平面E_2 平面E_M $\beta/2$ β
楔体	小角度的棱体	
导棱体 V 形体 燕尾体	特定的大角度棱体。这些特定的棱体常用于机床的导轨	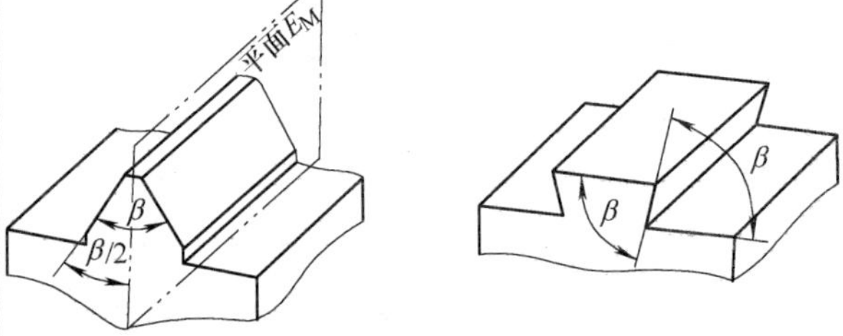 平面E_M β $\beta/2$ β β
棱体角 β	两相交棱面间的夹角。棱体配合面间的夹角称为棱体的配合角	见"棱体"的图例
棱体高	在平行于棱边并垂直于一个棱面的某指定截面上测量的高度（如图中的 H 和 h）	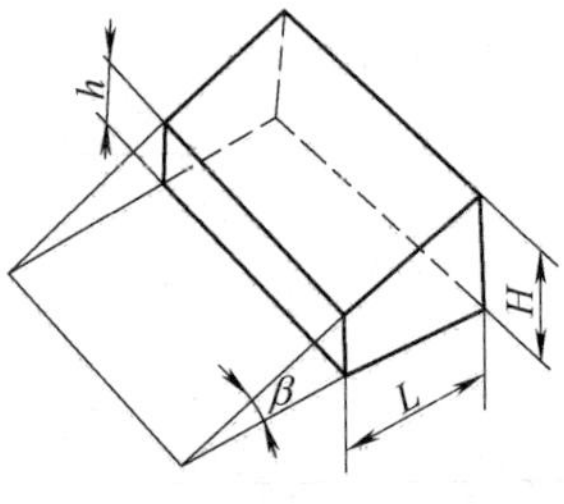 h H β L
棱体 斜度 S	两指定截面的棱体高 H 和 h 之差与该两截面之间距离 L 之比 $S=(H-h)/L$ $S=\tan\beta=1:\cot\beta$	

表 1-24　一般用途棱体的角度与斜度系列（摘自 GB/T 4096—2001）

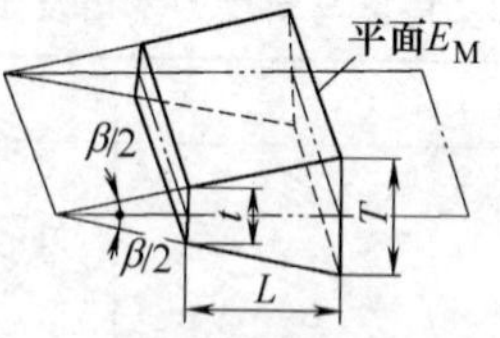

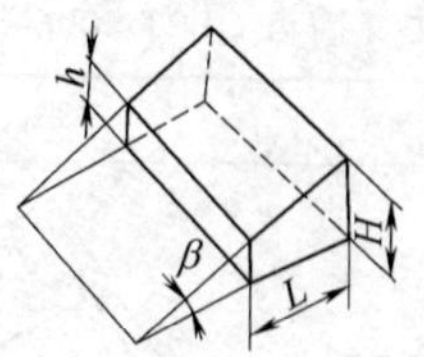

斜度：$S=(H-h)/L$

$S=\tan\beta=1:\cot\beta$

比率：$C_p=(T-t)/L$

$C_p=2\tan\dfrac{\beta}{2}=1:\dfrac{1}{2}\cot\dfrac{\beta}{2}$

棱体角				棱体斜度 S	基本值		推算值		
系列 1		系列 2							
β	β/2	β	β/2		β	S	C_p	S	β
120°	60°				120°		1 : 0. 288675		
90°	45°				90°		1 : 0. 500000		
		75°	37°30′		75°		1 : 0. 651613	1 : 0. 267949	
60°	30°				60°		1 : 0. 866025	1 : 0. 577350	
45°	22°30′				45°		1 : 1. 207107	1 : 1. 000000	
		40°	20°		40°		1 : 1. 373739	1 : 1. 191754	
30°	15°				30°		1 : 1. 866025	1 : 1. 732051	
20°	10°				20°		1 : 2. 835641	1 : 2. 747477	
15°	7°30′				15°		1 : 3. 797877	1 : 3. 732051	
		10°	5°		10°		1 : 5. 715026	1 : 5. 671282	
		8°	4°		8°		1 : 7. 150333	1 : 7. 115370	
		7°	3°30′		7°		1 : 8. 174928	1 : 8. 144346	
		6°	3°		6°		1 : 9. 540568	1 : 9. 514364	
				1 : 10		1 : 10			5°42′38. 1″
5°	2°30′				5°		1 : 11. 451883	1 : 11. 430052	
		4°	2°		4°		1 : 14. 318127	1 : 14. 300666	
		3°	1°30′		3°		1 : 19. 094230	1 : 19. 081137	
				1 : 20		1 : 20			2°51′44. 7″
		2°	1°		2°		1 : 28. 644981	1 : 28. 636253	
				1 : 50		1 : 50			1°8′44. 7″
		1°	0°30′		1°		1 : 57. 294325	1 : 57. 289962	
				1 : 100		1 : 100			34′22. 6″
		0°30′	0°15′		0°30′		1 : 114. 590832	1 : 114. 588650	
				1 : 200		1 : 200			17′11. 3″
				1 : 500		1 : 500			6′52. 5″

注：优先选用系列 1，其次选用系列 2。

表 1-25　特定用途的棱体（摘自 GB/T 4096—2001）

棱体角		推算值		用途
β	$\beta/2$	C_p	S	
108°	54°	1 : 0.363271		V 形体
72°	36°	1 : 0.688191		V 形体
55°	27°30′	1 : 0.960491	1 : 0.700207	燕尾体
50°	25°	1 : 1.072253	1 : 0.839100	燕尾体

1.4.3　圆锥的锥度与锥角系列（见表 1-26 和表 1-27）

表 1-26　一般用途圆锥的锥度与锥角系列（摘自 GB/T 157—2001）

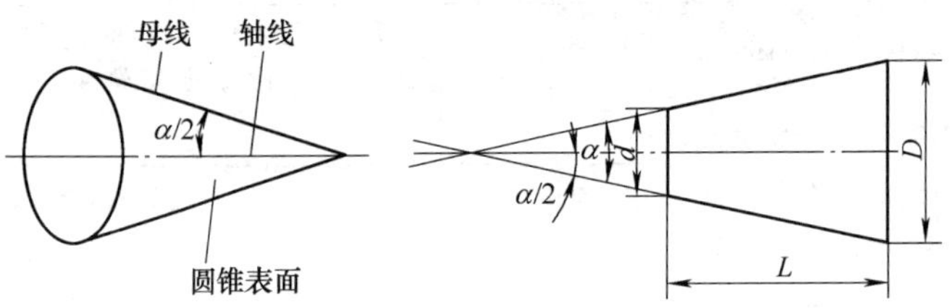

$$C=\frac{D-d}{L}$$

锥度 C 与圆锥角 α 的关系式如下

$$C=2\tan\frac{\alpha}{2}=1:\frac{1}{2}\cot\frac{\alpha}{2}$$

锥度一般用比例或分式形式表示

基本值		推算值				应用举例
		圆锥角 α			锥度 C	
系列 1	系列 2	(°)(′)(″)	(°)	rad		
120°				2.09439510	1 : 0.288675	螺纹孔的内倒角，节气阀，汽车、拖拉机阀门，填料盒内填料的锥度
90°				1.57079633	1 : 0.500000	沉头螺钉，沉头及半沉头铆钉头，轴及螺纹的倒角，重型顶尖，重型中心孔，阀的阀销锥体
	75°			1.30899694	1 : 0.651612	10~13mm 沉头及半沉头铆钉头
60°				1.04719755	1 : 0.866025	顶尖，中心孔，弹簧夹头，沉头钻
45°				0.78539816	1 : 1.207106	沉头及半沉头铆钉
30°				0.52359878	1 : 1.866025	摩擦离合器，弹簧夹头
1 : 3		18°55′28.7199″	18.92464442°	0.33029735		受轴向力的易拆开的结合面，摩擦离合器
	1 : 4	14°15′0.1177″	14.25003270°	0.24870999		
1 : 5		11°25′16.2706″	11.42118627°	0.19933730		受轴向力的结合面，锥形摩擦离合器，磨床主轴
	1 : 6	9°31′38.2202″	9.52728338°	0.16628246		
	1 : 7	8°10′16.4408″	8.17123356°	0.14261493		重型机床顶尖，旋塞
	1 : 8	7°9′9.6075″	7.15266875°	0.12483762		联轴器和轴的结合面
1 : 10		5°43′29.3176″	5.72481045°	0.09991679		受轴向力、横向力和力矩的结合面，电动机及机器的锥形轴伸，主轴承调节套筒
	1 : 12	4°46′18.7970″	4.77188806°	0.08328516		滚动轴承的衬套
	1 : 15	3°49′5.8975″	3.81830487°	0.06664199		受轴向力零件的结合面，主轴齿轮的结合面

（续）

基本值		推算值				应用举例
系列 1	系列 2	圆锥角 α			锥度 C	
		(°)(′)(″)	(°)	rad		
1 : 20		2°51′51.0925″	2.86419237°	0.04998959		机床主轴，刀具、刀杆的尾部，锥形铰刀，心轴
1 : 30		1°54′34.8570″	1.90968251°	0.03333025		锥形铰刀、套式铰刀及扩孔钻的刀杆尾部，主轴颈
1 : 50		1°8′45.1586″	1.14587740°	0.01999933		圆锥销，锥形铰刀，量规尾部
1 : 100		34′22.6309″	0.57295302°	0.00999992		受陡振及静变载荷的不需拆开的连结件，楔键，导轨镶条
1 : 200		17′11.3219″	0.28647830°	0.00499999		受陡振及冲击变载荷的不需拆开的连结件，圆锥螺栓，导轨镶条
1 : 500		6′52.5295″	0.11459152°	0.00200000		

注：1. 系列 1 中 120°~1 : 3 的数值近似按 R10/2 优先数系列，1 : 5~1 : 500 的数值按 R10/3 优先数系列（见 GB/T 321）。
2. 优先选用系列 1，其次选用系列 2。

表 1-27　特定用途的圆锥（摘自 GB/T 157—2001）

基本值	推算值				标准号 GB/T(ISO)	用途
	圆锥角 α			锥度 C		
	(°)(′)(″)	(°)	rad			
11°54′			0.20769418	1 : 4.7974511	(5237) (8489-5)	纺织机械和附件
8°40′			0.15126187	1 : 6.5984415	(8489-3) (8489-4) (324.575)	纺织机械和附件
7°			0.12217305	1 : 8.1749277	(8489-2)	纺织机械和附件
1 : 38	1°30′27.7080″	1.50769667°	0.02631427		(368)	
1 : 64	0°53′42.8220″	0.89522834°	0.01562468		(368)	
7 : 24	16°35′39.4443″	16.59429008°	0.28962500	1 : 3.4285714	3837.3 (297)	机床主轴 工具配合
1 : 12.262	4°40′12.1514″	4.67004205°	0.08150761		(239)	贾各锥度 No.2
1 : 12.972	4°24′52.9039″	4.41469552°	0.07705097		(239)	贾各锥度 No.1
1 : 15.748	3°38′13.4429″	3.63706747°	0.06347880		(239)	贾各锥度 No.33
6 : 100	3°26′12.1776″	3.436 716 00°	0.05998201	1 : 16.6666667	1962 (594-1) (595-1) (595-2)	医疗设备
1 : 18.779	3°3′1.2070″	3.05033527°	0.05323839		(239)	贾各锥度 No.3
1 : 19.002	3°0′52.3956″	3.014 55434°	0.05261390		1443(296)	莫氏锥度 No.5
1 : 19.180	2°59′11.7258″	2.98659050°	0.05212584		1443(296)	莫氏锥度 No.6
1 : 19.212	2°58′53.8255″	2.98161820°	0.05203905		1443(296)	莫氏锥度 No.0

（续）

基本值	推算值				标准号 GB/T(ISO)	用途
	圆锥角 α			锥度 C		
	(°)(′)(″)	(°)	rad			
1 : 19.254	2°58′30.4217″	2.97511713°	0.05192559		1443(296)	莫氏锥度 No.4
1 : 19.264	2°58′24.8644″	2.97357343°	0.05189865		(239)	贾各锥度 No.6
1 : 19.922	2°52′31.4463″	2.87540176°	0.05018523		1443(296)	莫氏锥度 No.3
1 : 20.020	2°51′40.7960″	2.86133223°	0.04993967		1443(296)	莫氏锥度 No.2
1 : 20.047	2°51′26.9283″	2.85748008°	0.04987244		1443(296)	莫氏锥度 No.1
1 : 20.288	2°49′24.7802″	2.82355006°	0.04928025		(239)	贾各锥度 No.0
1 : 23.904	2°23′47.6244″	2.39656232°	0.04182790		1443(296)	布朗夏普锥度 No.1～No.3
1 : 28	2°2′45.8174″	2.04606038°	0.03571049		(8382)	复苏器(医用)
1 : 36	1°35′29.2096″	1.59144711°	0.02777599		(5356-1)	麻醉器具
1 : 40	1°25′56.3516″	1.43231989°	0.02499870			

1.4.4　机器轴高（见表 1-28）

表 1-28　机器轴高（摘自 GB/T 12217—2005）　（单位：mm）

轴高 h 基本尺寸系列				轴高 h 基本尺寸系列				轴高 h 基本尺寸系列				轴高 h 基本尺寸系列			
Ⅰ	Ⅱ	Ⅲ	Ⅳ	Ⅰ	Ⅱ	Ⅲ	Ⅳ	Ⅰ	Ⅱ	Ⅲ	Ⅳ	Ⅰ	Ⅱ	Ⅲ	Ⅳ
25	25	25	25				75			225	225				670
			26		80	80	80				236			710	710
		28	28				85	250	250	250	250				750
			30			90	90				265		800	800	800
	32	32	32				95			280	280				850
			34	100	100	100	100				300			900	900
		36	36				105		315	315	315				950
			38			112	112				335	1000	1000	1000	1000
40	40	40	40				118			355	355				1060
			42		125	125	125				375			1120	1120
		45	45				132	400	400	400	400				1180
			48			140	140				425		1250	1250	1250
	50	50	50				150			450	450				1320
			53	160	160	160	160				475			1400	1400
		56	56				170		500	500	500				1500
			60			180	180				530	1600	1600	1600	1600
63	63	63	63				190			560	560				
			67		200	200	200				600				
		71	71				212	630	630	630	630				

主动机器　从动机器

h　h

轴高 h	轴高的极限偏差		平行度公差		
	电动机、从动机器、减速器等	除电动机以外的主动机器	$L<2.5h$	$2.5h \leq L \leq 4h$	$L>4h$
25～50	0 −0.4	+0.4 0	0.2	0.3	0.4
>50～250	0 −0.5	+0.5 0	0.25	0.4	0.5
>250～630	0 −1.0	+1.0 0	0.5	0.75	1.0
>630～1000	0 −1.5	+1.5 0	0.75	1.0	1.5
>1000	0 −2.0	+2.0 0	1.0	1.5	2.0

注：1. 机器轴高优先选用第Ⅰ系列数值，如果不能满足需要时，可选用第Ⅱ系列值，尽量不采用第Ⅳ系列数值。

2. h 不包括安装所用的垫片在内，如果机器需配备绝缘垫片时，其垫片的厚度应包括在内。L 为轴全长。

3. 对于支承平面不在底部的机器，应按轴伸线到机器底部的距离选取极限偏差及平行度公差。

1.4.5 机器轴伸（见表 1-29~表 1-32）

表 1-29 圆柱形轴伸（摘自 GB/T 1569—2005） （单位：mm）

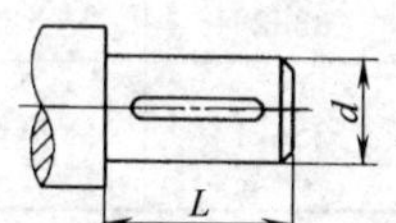

d		L	
公称尺寸	极限偏差	长系列	短系列
6,7	j6	16	—
8,9		20	—
10,11		23	20
12,14		30	25
16,18,19		40	28
20,22,24		50	36
25,28		60	42
30		80	58
32,35,38	k6		
40,42,45,48,50		110	82
55,56	m6		
60,63,65,70,71,75		140	105
80,85,90,95		170	130
100,110,120,125		210	165
130,140,150		250	200
160,170,180		300	240
190,200,220		350	280
240,250,260		410	330
280,300,320		470	380
340,360,380		550	450
400,420,440,450,460,480,500		650	540
530,560,600,630		800	680

注：直径大于 630~1250mm 轴伸的直径和长度系列见下表。

d		L	
基本尺寸	极限偏差	长系列	短系列
670,710,750	n6（可根据产品的性能、特点和要求，按 GB/T 1801 选用不同的极限偏差）	900	780
800,850		1000	880
900,950		—	980
1000,1060			1100
1120,1180			1200
1250			1300

表 1-30 圆锥形轴伸（摘自 GB/T 1570—2005） （单位：mm）

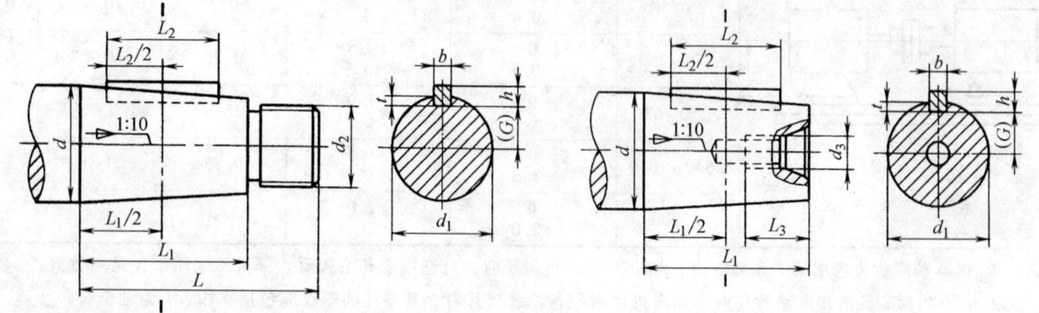

（续）

d	b	h	t	长系列 L	长系列 L_1	长系列 L_2	长系列 d_1	长系列 (G)	短系列 L	短系列 L_1	短系列 L_2	短系列 d_1	短系列 (G)	d_2	d_3	L_3
6				16	10	6	5.5							M4		
7							6.5									
8				20	12	8	7.4							M6		
9							8.4									
10				23	15	12	9.25									
11	2	2	1.2				10.25	3.9								
12	2	2	1.2	30	18	16	11.1	4.3						M8×1	M4	10
14	3	3	1.8				13.1	4.7								
16	3	3	1.8	40	28	25	14.6	5.5	28	16	14	15.2	5.8	M10×1.25		
18	4	4	2.5				16.6	5.8				17.2	6.1		M5	13
19	4	4	2.5				17.6	6.3				18.2	6.6			
20	4	4	2.5	50	36	32	18.2	6.6	36	22	20	18.9	6.9	M12×1.25	M6	16
22	4	4	2.5				20.2	7.6				20.9	7.9			
24	5	5	2.5				22.2	8.1				22.9	8.4			
25	5	5	3	60	42	36	22.9	8.4	42	24	22	23.8	8.9	M16×1.5	M8	19
28	5	5	3				25.9	9.9				26.8	10.4			
30	5	5	3	80	58	50	27.1	10.5	58	36	32	28.2	11.1	M20×1.5	M10	22
32	6	6	3.5				29.1	11.0				30.2	11.6			
35	6	6	3.5				32.1	12.5				33.2	13.1			
38	6	6	3.5				35.1	14.0				36.2	14.6	M24×2	M12	28
40	10	8	5	110	82	70	35.9	12.9	82	54	50	37.3	13.6			
42	10	8	5				37.9	13.9				39.3	14.6			
45	12	8	5				40.9	15.4				42.3	16.1	M30×2	M16	36
48	12	8	5				43.9	16.9				45.3	17.6			
50	12	8	5				45.9	17.9				47.3	18.6	M36×2		
55	14	9	5.5				50.9	19.9				52.3	20.6		M20	42
56	14	9	5.5				51.9	20.4				53.3	21.1			
60	16	10	6	140	105	100	54.75	21.4	105	70	63	56.5	22.2	M42×3		
63	16	10	6				57.75	22.9				59.5	23.7			
65	16	10	6				59.75	23.9				61.5	24.7			
70	18	11	7				64.75	25.4				66.5	26.2	M48×3	M24	50
71	18	11	7				65.75	25.9				67.5	26.7			
75	18	11	7				69.75	27.9				71.5	28.7			
80	20	12	7.5	170	130	110	73.5	29.2	130	90	80	75.5	30.2	M56×4		
85	20	12	7.5				78.5	31.7				80.5	32.7			
90	22	14	9				83.5	32.7				85.5	33.7	M64×4		
95	22	14	9				88.5	35.2				90.5	36.2			
100	25	14	9	210	165	140	91.75	36.9	165	120	110	94	38	M72×4		
110	25	14	9				101.75	41.9				104	43	M80×4		
120	28	16	10				111.75	45.9				114	47	M90×4		
125	28	16	10				116.75	48.3				119	49.5			
130	28	16	10	250	200	180	120	50	200	150	125	122.5	51.2	M100×4		
140	32	18	11				130	54				132.5	55.2			
150	32	18	11				140	59				142.5	60.2	M110×4		
160	36	20	12	300	240	220	148	62	240	180	160	151	63.5	M125×4		
170	36	20	12				158	67				161	68.5			
180	40	22	13				168	71				171	72.5	M140×6		
190	40	22	13	350	280	250	176	75	280	210	180	179.5	76.7			

（续）

d	b	h	t	长系列 L	长系列 L_1	长系列 L_2	长系列 d_1	长系列 (G)	短系列 L	短系列 L_1	短系列 L_2	短系列 d_1	短系列 (G)	d_2	d_3	L_3
200	40	22	13	350	280	250	186	80	280	210	180	189.5	81.7	M160×6		
220	45	25	15				206	88				209.5	89.7			

注：1. ϕ220mm 及以下的圆锥轴伸键槽底面与圆锥轴线平行。

2. 键槽深度 t 可由测量 G 来代替。

3. L_2 可根据需要选取小于表中的数值。

表 1-31　长系列 ϕ220mm 以上圆锥形轴伸（摘自 GB/T 1570—2005）（单位：mm）

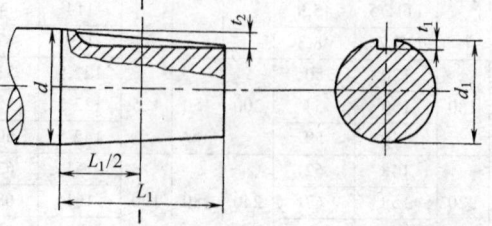

d	b	h	t	L	L_1	L_2	d_1	d_2
240	50	28	17	410	330	280	223.5	M180×6
250							233.5	
260							243.5	M200×6
280	56	32	20	470	380	320	261	M220×6
300	63						281	
320							301	M250×6
340	70	36	22	550	450	400	317.5	M280×6
360							337.5	
380							357.5	M300×6
400	80	40	25	650	540	450	373	M320×6
420							393	
440							413	M350×6
450	90	45	28				423	
460							433	M380×6
480							453	
500							473	M420×6
530	100	50	31	800	680	500	496	
560							526	M450×6
600							566	M500×6
630							596	M550×6

注：1. 直径 ϕ220mm 以上的圆锥轴伸，键槽底面与圆锥母线平行。

2. L_2 可根据需要选取小于表中的数值。

表 1-32　圆锥形轴伸大端处键槽深度尺寸（摘自 GB 1570—2005）（单位：mm）

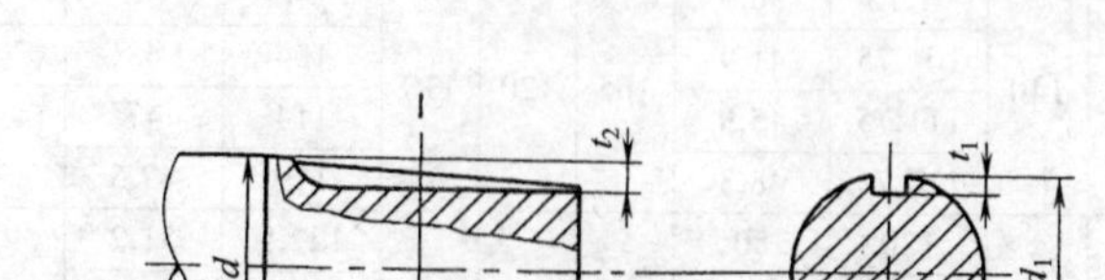

（续）

d	t_2 长系列	t_2 短系列	d	t_2 长系列	t_2 短系列	d	t_2 长系列	t_2 短系列	d	t_2 长系列	t_2 短系列
11	1.6		30	4.5	3.9	60	8.6	7.8	120	14.1	13.0
12	1.7		32	5.0	4.4	65	8.6	7.8	125	14.1	13.0
14	2.3		35	5.0	4.4	70	9.6	8.8	130	15.0	13.8
16	2.5	2.2	38	5.0	4.4	71	9.6	8.8	140	16.0	14.8
18	3.2	2.9	40	7.1	6.4	75	9.6	8.8	150	16.0	14.8
19	3.2	2.9	42	7.1	6.4	80	10.8	9.8	160	18.0	16.5
20	3.4	3.1	45	7.1	6.4	85	10.8	9.8	170	18.0	16.5
22	3.4	3.1	48	7.1	6.4	90	12.3	11.3	180	19.0	17.5
24	3.9	3.6	50	7.1	6.4	95	12.3	11.3	190	20.0	18.3
25	4.1	3.6	55	7.6	6.9	100	13.1	12.0	200	20.0	18.3
28	4.1	3.6	56	7.6	6.9	110	13.1	12.0	220	22.0	20.3

注：对键槽底面平行于轴线的键槽，当按照轴伸大端直径来检验键槽深度时，其数值应符合本表中 t_2 的规定，t_2 的极限偏差与 t 的极限偏差相同，此时表 1-30 中的 t 作为参考尺寸。

1.4.6　中心孔（见表 1-33 和表 1-34）

表 1-33　中心孔（摘自 GB/T 145—2001）　（单位：mm）

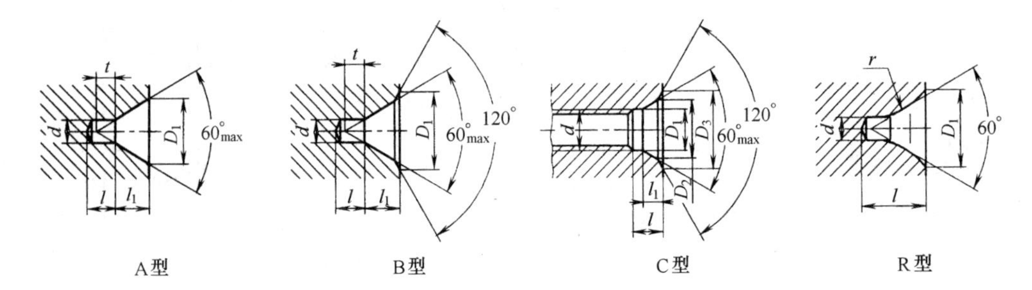

d		D_1			l_1（参考）		t（参考）		l_{min}	r max	r min	d	D_1	D_2	D_3	l	l_1（参考）	选择中心孔的参考数据		
A 型	B、R 型	A 型	B 型	R 型	A 型	B 型	A 型	B 型	R 型			C 型						原料端部最小直径 D_o	轴状原料最大直径 D_c	工件最大重量 /t
(0.50)		1.06			0.48		0.5													
(0.63)		1.32			0.60		0.6													
(0.80)		1.70			0.78		0.7													
1.00		2.12	3.15	2.12	0.97	1.27	0.9		2.3	3.15	2.50									
(1.25)		2.65	4.00	2.65	1.21	1.60	1.1		2.8	4.00	3.15									
1.60		3.35	5.00	3.35	1.52	1.99	1.4		3.5	5.00	4.00									
2.00		4.25	6.30	4.25	1.95	2.54	1.8		4.4	6.30	5.00							8	>10~18	0.12
2.50		5.30	8.00	5.30	2.42	3.20	2.2		5.5	8.00	6.30							10	>18~30	0.2
3.15		6.70	10.00	6.70	3.07	4.03	2.8		7.0	10.00	8.00	M3	3.2	5.3	5.8	2.6	1.8	12	>30~50	0.5
4.00		8.50	12.50	8.50	3.90	5.05	3.5		8.9	12.50	10.00	M4	4.3	6.7	7.4	3.2	2.1	15	>50~80	0.8
(5.00)		10.60	16.00	10.60	4.85	6.41	4.4		11.2	16.00	12.50	M5	5.3	8.1	8.8	4.0	2.4	20	>80~120	1
6.30		13.20	18.00	13.20	5.98	7.36	5.5		14.0	20.00	16.00	M6	6.4	9.6	10.5	5.0	2.8	25	>120~180	1.5
(8.00)		17.00	22.40	17.00	7.79	9.36	7.0		17.9	25.00	20.00	M8	8.4	12.2	13.2	6.0	3.3	30	>180~220	2

（续）

d		D1			l1（参考）		t（参考）		l_{min}	r		d	D_1	D_2	D_3	l	l_1（参考）	选择中心孔的参考数据		
										max	min									
A型	B、R型	A型	B型	R型	A型	B型	A型	B型	R型			C型						原料端部最小直径 D_o	轴状原料最大直径 D_c	工件最大重量/t
10.00		21.20	28.00	21.20	9.70	11.66	8.7		22.5	31.5	25.00	M10	10.5	14.9	16.3	7.5	3.8	35	>180~220	2.5
												M12	13.0	18.1	19.8	9.5	4.4	42	>220~260	3
												M16	17.0	23.0	25.3	12.0	5.2	50	>250~300	5
												M20	21.0	28.4	31.3	15.0	6.4	60	>300~360	7
												M24	26.0	34.2	38.0	18.0	8.0	70	>360	10

注：1. 括号内尺寸尽量不用。

2. 选择中心孔的参考数值不属 GB/T 145—2001 内容，仅供参考。

3. 中心孔的符号及标注见表 1-34。

表 1-34 中心孔的符号及标注（摘自 GB/T 4459.5—1999）

符号及标注	说　明	符号及标注	说　明
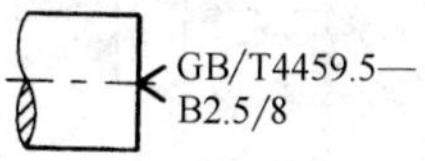 GB/T4459.5—B2.5/8	采用 B 型中心孔 $D=2.5$，$D_1=8$ 在完工的零件上要求保留中心孔	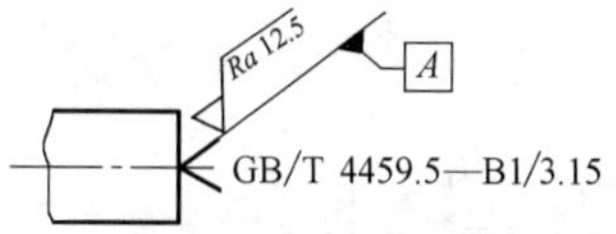 Ra 12.5　A GB/T 4459.5—B1/3.15 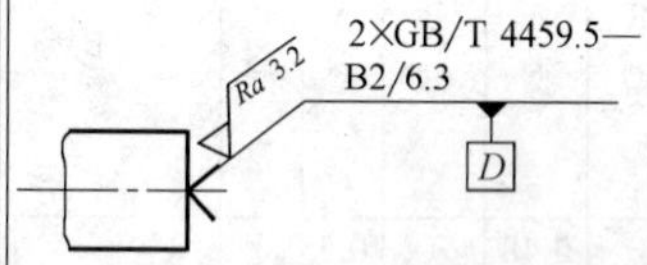	以中心孔的轴线为基准时，基准代号的标注 同一轴的两端中心孔相同，可只在其一端标注，但应注出数量，中心孔表面粗糙度代号和以中心孔轴线为基准时，基准代号可在引出线上标出 中心孔尺寸见表 1-33
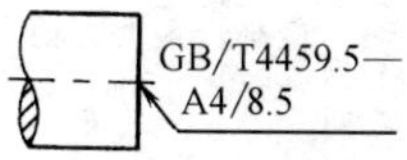 GB/T4459.5—A4/8.5	采用 A 型中心孔 $D=4$，$D_1=8.5$ 在完工的零件上是否保留中心孔都可以	Ra 3.2　2×GB/T 4459.5—B2/6.3　D	
 GB/T4459.5—A1.6/3.35	采用 A 型中心孔 $D=1.6$，$D_1=3.35$ 在完工的零件上不允许保留中心孔	2×B2/6.3	

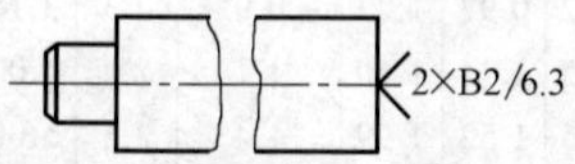

1.4.7 零件倒圆与倒角（见表 1-35）

表 1-35 零件倒圆与倒角（摘自 GB/T 6403.4—2008） （单位：mm）

倒圆、倒角形式	倒圆、倒角(45°)的装配形式
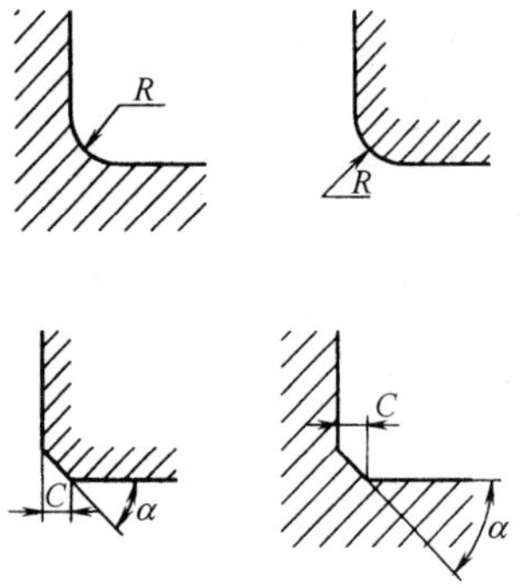 R　R　C　α　C　α	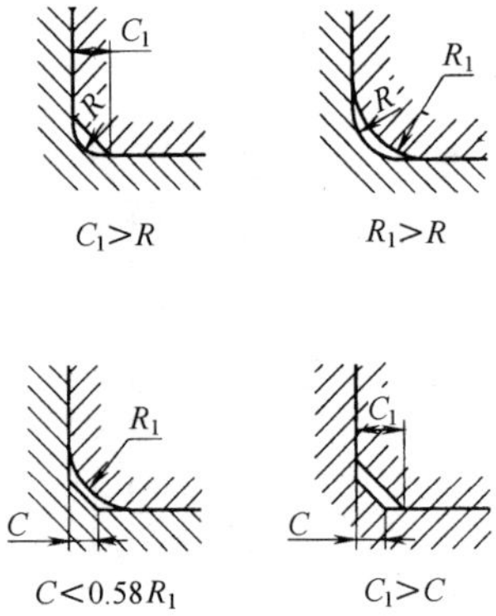 $C_1>R$　$R_1>R$　$C<0.58R_1$　$C_1>C$

倒圆、倒角尺寸

R 或 C	0.1	0.2	0.3	0.4	0.5	0.6	0.8	1.0	1.2	1.6	2.0	2.5	3.0
	4.0	5.0	6.0	8.0	10	12	16	20	25	32	40	50	—

与直径 φ 相应的倒角 C、倒圆 R 的推荐值

φ	~3	>3~6	>6~10	>10~18	>18~30	>30~50	>50~80	>80~120	>120~180	>180~250	>250~320	>320~400	>400~500	>500~630	>630~800	>800~1000	>1000~1250	>1250~1600
C 或 R	0.2	0.4	0.6	0.8	1.0	1.6	2.0	2.5	3.0	4.0	5.0	6.0	8.0	10	12	16	20	25

内角倒角、外角倒圆时 C_{max} 与 R_1 的关系

R_1	0.1	0.2	0.3	0.4	0.5	0.6	0.8	1.0	1.2	1.6	2.0	2.5	3.0	4.0	5.0	6.0	8.0	10	12	16	20	25
$C_{max}(C<0.58R_1)$	—	0.1		0.2		0.3	0.4	0.5	0.6	0.8	1.0	1.2	1.6	2.0	2.5	3.0	4.0	5.0	6.0	8.0	10	12

注：α 一般采用 45°，也可以采用 30°或 60°。

1.4.8 圆形零件自由表面过渡圆角半径和静配合连接轴用倒角（见表 1-36）

表 1-36 圆形零件自由表面过渡圆角半径和静配合连接轴用倒角 （单位：mm）

圆角半径（图中标注：R、D、d）

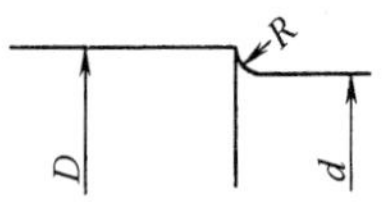

D−d	2	5	8	10	15	20	25	30	35	40	50	55	65	70	90	100
R	1	2	3	4	5	8	10	12	12	16	16	20	20	25	25	30
D−d	130	140	170	180	220	230	290	300	360	370	450	460	540	550	650	660
R	30	40	40	50	50	60	60	80	80	100	100	125	125	160	160	200

静配合连接轴倒角（图中标注：α、a、c×45°）

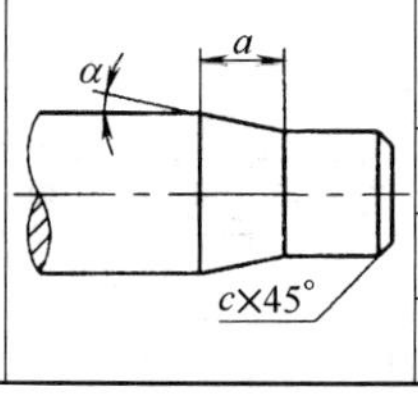

D	≤10	>10~18	>18~30	>30~50	>50~80	>80~120	>120~180	>180~260	>260~360	>360~500
a	1	1.5	2	3	5	5	8	10	10	12
c	0.5	1	1.5	2	2.5	3	4	5	6	8
α	30°				10°					

注：尺寸 D−d 是表中数值的中间值时，则按较小尺寸来选取 R。例如，D−d=98mm，则按 90 选 R=25mm。

1.4.9　砂轮越程槽（见表 1-37）

表 1-37　砂轮越程槽（摘自 GB/T 6403.5—2008）　　（单位：mm）

回转面及端面砂轮越程槽的形式及尺寸

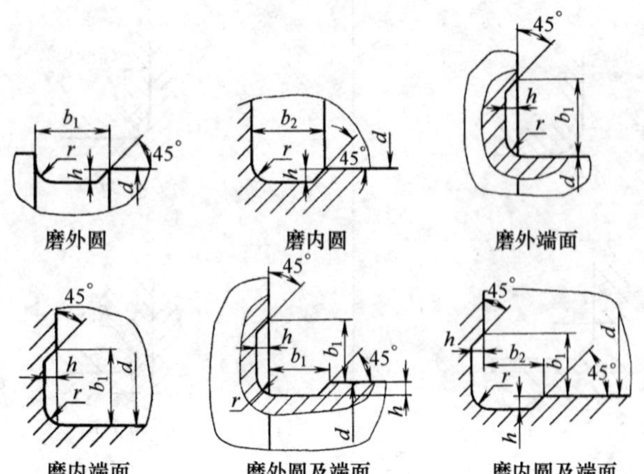

b_1	0.6	1.0	1.6	2.0	3.0	4.0	5.0	8.0	10
b_2	2.0	3.0		4.0		5.0		8.0	10
h	0.1	0.2		0.3	0.4		0.6	0.8	1.2
r	0.2	0.5		0.8	1.0		1.6	2.0	3.0
d	~10			>10~50		>50~100		>100	

平面砂轮及 V 形砂轮越程槽

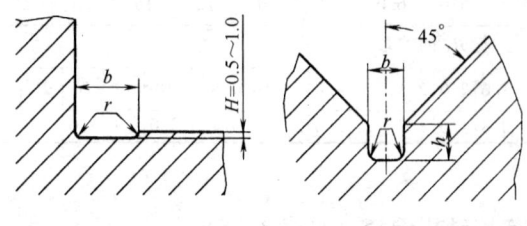

b	2	3	4	5
r	0.5	1.0	1.2	1.6
h	1.6	2.0	2.5	3.0

燕尾导轨砂轮越程槽

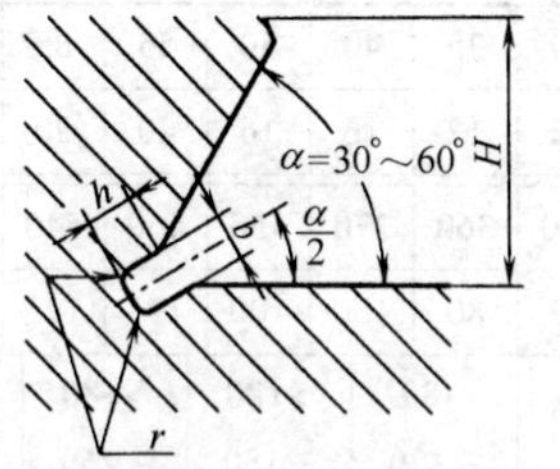

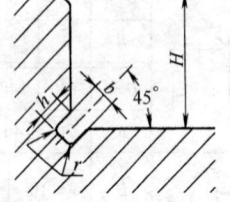

H	≤5	6	8	10	12	16	20	25	32	40	50	63	80
b、h	1	2		3			4			5			6
r	0.5			1.0			1.6						2.0

矩形导轨砂轮越程槽

H	8	10	12	16	20	25	32	40	50	63	80	100
b	2				3				5		8	
h	1.6				2.0				3.0		5.0	
r	0.5				1.0				1.6		2.0	

1.4.10　插齿、滚齿退刀槽（见表 1-38～表 1-40）

表 1-38　插齿退刀槽　（单位：mm）

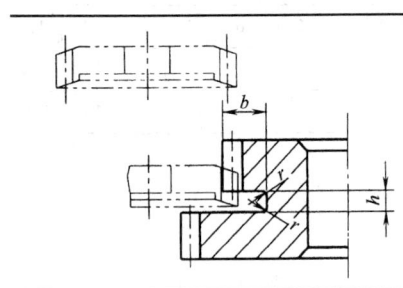

模数	1.5	2	2.25	2.5	3	4	5	6	7	8	9	10	12	14	16
h_{min}	5	5	6	6	6	6	7	7	7	8	8	8	9	9	9
b_{min}	4	5	6	6	7.5	10.5	13	15	16	19	22	24	28	33	38
r	0.5					1.0									

注：1. 表中模数是指直齿轮。
2. 插斜齿轮时，螺旋角 β 越大，相应的 b_{min} 和 h_{min} 也越大。

表 1-39　滚人字齿轮退刀槽　（单位：mm）

（退刀槽深度由设计者决定）

法向模数 m_n	螺旋角 β 25°	30°	35°	40°	法向模数 m_n	螺旋角 β 25°	30°	35°	40°
	b_{min}					b_{min}			
4	46	50	52	54	18	164	175	184	192
5	58	58	62	64	20	185	198	208	218
6	64	66	72	74	22	200	212	224	234
7	70	74	78	82	25	215	230	240	250
8	78	82	86	90	28	238	252	266	278
9	84	90	94	98	30	246	260	276	290
10	94	100	104	108	32	264	270	300	312
12	118	124	130	136	36	284	304	322	335
14	130	138	146	152	40	320	330	350	370
16	148	158	165	174					

滑移齿轮的齿端圆齿和倒角尺寸见表 1-40。

表 1-40　滑移齿轮的齿端圆齿和倒角尺寸　（单位：mm）

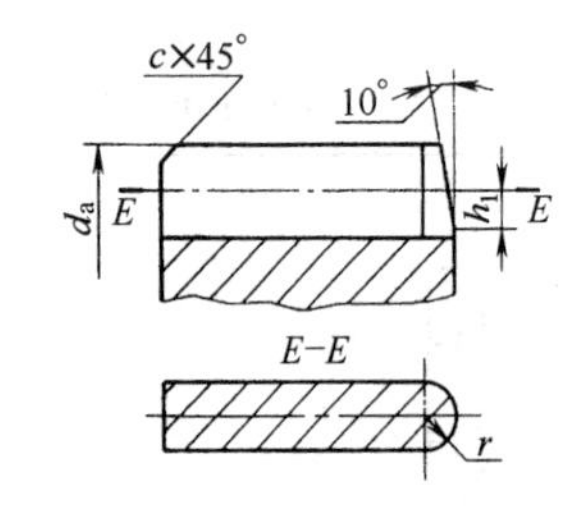

模数 m	1.5	1.75	2	2.25	2.5	3	3.5	4	5	6	8	10
r	1.2	1.4	1.6	1.8	2	2.4	2.8	3.1	3.9	4.7	6.3	7.9
h_1	1.7	2	2.2	2.5	2.8	3.5	4	4.5	5.6	6.7	8.8	11
d_a	≤50		50～80		80～120		120～180		180～260		>260	
c_{max}	2.5		3		4		5		6		8	

1.4.11　刨削、插削越程槽（见表 1-41）

表 1-41　刨削、插削越程槽　（单位：mm）

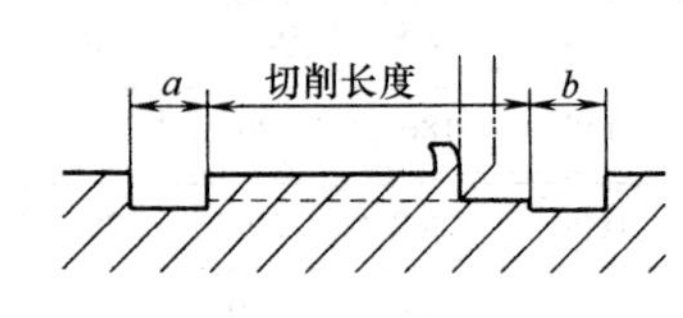

名　称	刨切越程
龙门刨	$a+b=100～200$
牛头刨床、立刨床	$a+b=50～75$
大插床如 STSR1400 小插床如 B516	50～100 10～12

1.4.12　齿轮滚刀外径尺寸（见表 1-42）

表 1-42　齿轮滚刀外径尺寸　　（单位：mm）

模数系列		1	1.25	1.5	1.75	2	2.25	2.5	2.75	3	3.5	4	4.5	5	5.5	6	7	8	9	10
滚刀外径 D	Ⅰ型	63		71		80		90		100		112		125		140		160	180	200
	Ⅱ型	50		63			71			80		90		100	112		118	125	140	150

注：Ⅰ型适用于 AAA 级滚刀。

Ⅱ型适用于 AA、A、B、C 四种精度的滚刀。

1.4.13　弧形槽端部半径（见表 1-43）

表 1-43　弧形槽端部半径　　（单位：mm）

花键槽		铣削深度 H		5	10	12	25
		铣削宽度 B		4	4	5	10
		R		20~30	30~37.5	37.5	55
弧形键槽(摘自半圆键槽铣刀		键公称尺寸 $B\times d$	铣刀 D	键公称尺寸 $B\times d$	铣刀 D	键公称尺寸 $B\times d$	铣刀 D
		1×4	4.25	3×16	16.9	6×22	23.20
		1.5×7	7.40	4×16		6×25	26.50
		2×7		5×16		8×28	29.70
		2×10	10.60	4×19	20.10	10×32	33.90
		2.5×10		5×19			
		3×13	13.80	5×22	23.20		

注：d 是铣削键槽时键槽弧形部分的直径。

1.4.14　球面半径（见表 1-44）

表 1-44　球面半径（摘自 GB/T 6403.1—2008）　　（单位：mm）

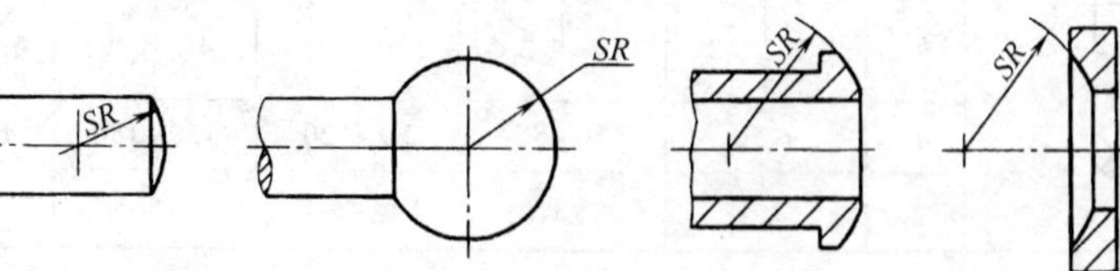

系列											
	1	0.2	0.4	0.6	1.0	1.6	2.5	4.0	6.0	10	16	20
	2	0.3	0.5	0.8	1.2	2.0	3.0	5.0	8.0	12	18	22
	1	25	32	40	50	63	80	100	125	160	200	250
	2	28	36	45	56	71	90	110	140	180	220	280
	1	320	400	500	630	800	1000	1250	1600	2000	2500	3200
	2	360	450	560	710	900	1100	1400	1800	2200	2800	

1.4.15　锯缝尺寸（见表 1-45）

表 1-45　锯缝尺寸　（单位：mm）

D	d_{1min}	L 0.6	0.8	1.0	1.2	1.6	2.0	2.5	3.0	4.0	5.0	6.0
80	34 (40)	✓	✓	✓	✓	✓	✓	✓	✓	✓	✓	✓
100			✓	✓	✓	✓	✓	✓	✓	✓	✓	✓
125				✓	✓	✓	✓	✓	✓	✓	✓	✓
160	47				✓	✓	✓	✓	✓	✓	✓	✓
200	63					✓	✓	✓	✓	✓	✓	✓
250							✓	✓	✓	✓	✓	✓
315	80							✓	✓	✓	✓	✓

1.4.16　T 形槽和相应螺栓（摘自 GB/T 158—1996）

GB/T 158—1996 标准适用于金属切削机床、木工机床、锻压机械及附件、夹具、装置等。其他有 T 形槽的机械也应参照采用。T 形槽和相应螺栓头部尺寸及螺母尺寸见表 1-46～表 1-48。

一般情况应根据工作台尺寸及使用所要求的 T 形槽数来选择合适的 T 形槽间距。T 形槽间距 P 应符合表 1-47 的规定。特殊情况时，若需要采用其他间距尺寸，则应符合下列要求：

1）采用数值大于或小于表中所列 T 形槽间距 P 的尺寸范围时，应从 GB/T 321 中的 R10 系列数值中选取。

2）采用数值在表中所列 T 形槽间距 P 尺寸范围内，则应从 GB/T 321 中的 R20 系列数值中选取。

应尽可能将 T 形槽排列成以中间 T 形槽对称，此时，中间 T 形槽为基准 T 形槽。当槽数为偶数时，基准槽应在机床工作台上标明。

表 1-46　T 形槽及相应螺栓头部尺寸　（单位：mm）

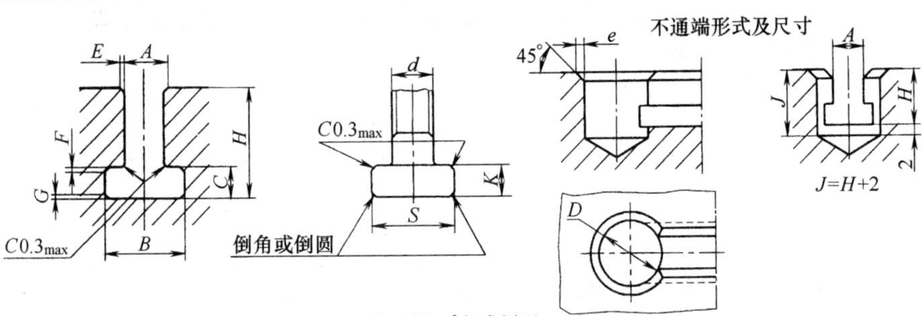

E、F 和 G 倒 45°角或倒圆

T形槽 A 基本尺寸	A 极限偏差 基准槽	A 极限偏差 固定槽	B 最小尺寸	B 最大尺寸	C 最小尺寸	C 最大尺寸	H 最小尺寸	H 最大尺寸	E 最大尺寸	F 最大尺寸	G 最大尺寸	D 基本尺寸	D 极限偏差	e	螺栓头部 d 最大尺寸	S 最大尺寸	K 最大尺寸
5	+0.018 0	+0.12 0	10	11	3.5	4.5	8	10	1	0.6	1	15	+1 0	0.5	M4	9	3
6			11	12.5	5	6	11	13				16			M5	10	4
8	+0.022 0	+0.15 0	14.5	16	7	8	15	18				20	+1.5 0	1	M6	13	6
10			16	18	7	8	17	21				22			M8	15	6
12	+0.027 0	+0.18 0	19	21	8	9	20	25				28			M10	18	7
14			23	25	9	11	23	28	1.6		1.6	32			M12	22	8
18			30	32	12	14	30	36		1		42		1.5	M16	28	10
22	+0.033 0	+0.21 0	37	40	16	18	38	45			2.5	50	+2 0		M20	34	14
28			46	50	20	22	48	56				62		2	M24	43	18

（续）

T形槽															螺栓头部		
A			B		C		H		E	F	G	D		e	d	S	K
基本尺寸	极限偏差 基准槽	极限偏差 固定槽	最小尺寸	最大尺寸	最小尺寸	最大尺寸	最小尺寸	最大尺寸	最大尺寸	最大尺寸	最大尺寸	基本尺寸	极限偏差		最大尺寸	最大尺寸	最大尺寸
36	+0.039 0	+0.25 0	56	60	25	28	61	71	2.5	1	2.5	76	+2 0	2	M30	53	23
42			68	72	32	35	74	85		1.6	4	92			M36	64	28
48			80	85	36	40	84	95		2	6	108			M42	75	32
54	+0.046 0	+0.30 0	90	95	40	44	94	106				122			M48	85	36

注：1. T形槽底部允许有空刀槽，其宽度为A，深度为1~2mm。

2. T形槽宽度A的两侧面的表面粗糙度Ra最大允许值：基准槽为3.2μm，固定槽为6.3μm，其余12.5μm。

表1-47　T形槽间距及其极限偏差

（单位：mm）

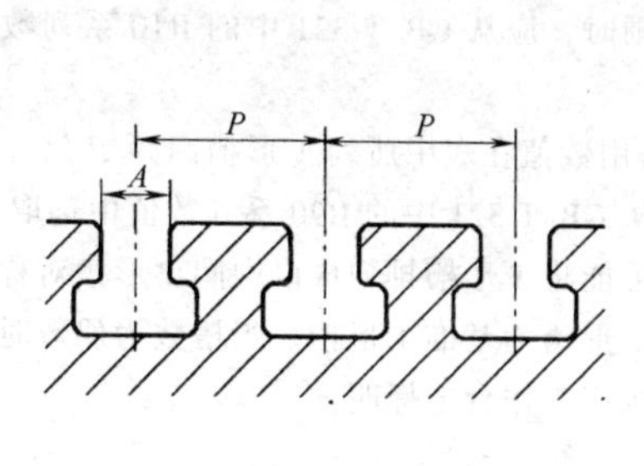

槽宽A	槽间距P				槽间距P	极限偏差
5		20	25	32	20 25	±0.2
6		25	32	40		
8		32	40	50		
10		40	50	63	32~100	±0.3
12	(40)	50	63	80		
14	(50)	63	80	100		
18	(63)	80	100	125	125~250	±0.5
22	(80)	100	125	160		
28	100	125	160	200		
36	125	160	200	250	320~500	±0.8
42	160	200	250	320		
48	200	250	320	400		
54	250	320	400	500		

注：1. 括号内数值与T形槽槽底宽度最大值之差值可能较小，应避免采用。

2. 任一T形槽间距的极限偏差都不是累计误差。

表1-48　T形槽用螺母尺寸

（单位：mm）

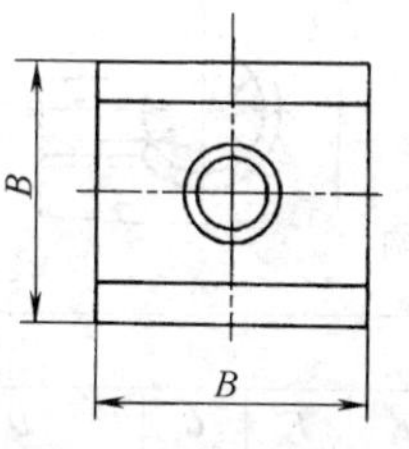

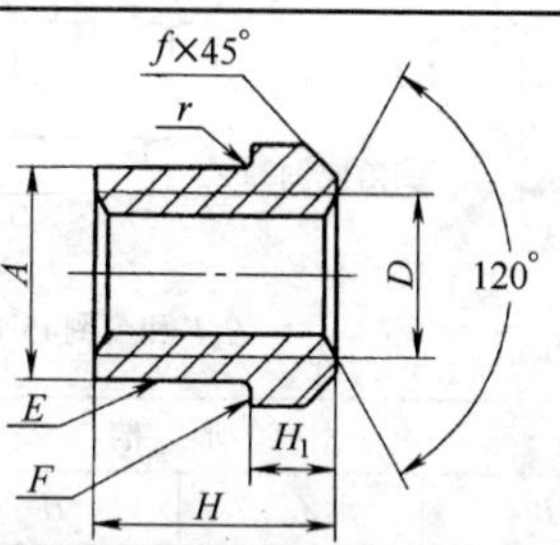

T形槽宽度A	D 公称尺寸	A 公称尺寸	A 极限偏差	B 公称尺寸	B 极限偏差	H_1 公称尺寸	H_1 极限偏差	H 公称尺寸	H 极限偏差	f max	r max
5	M4	5	-0.3 -0.5	9	±0.29	3	±0.2	6.5	±0.29	1	0.3
6	M5	6		10		4	±0.24	8		1.6	
8	M6	8		13	±0.35	6		10			
10	M8	10		15		6		12	±0.35		
12	M10	12	-0.3 -0.6	18		7	±0.29	14		2.5	0.4
14	M12	14		22	±0.42	8		16			
18	M16	18		23		10		20	±0.42		
22	M20	22		34	±0.5	14	±0.35	28			
28	M24	28		43		18		36	±0.5	4	0.5
36	M30	36	-0.4 -0.7	53	±0.6	23	±0.42	44			
42	M36	42		64		28		52	±0.6	6	0.8

（续）

T 形槽宽度 A	D	A		B		H_1		H		f	r
	公称尺寸	公称尺寸	极限偏差	公称尺寸	极限偏差	公称尺寸	极限偏差	公称尺寸	极限偏差	max	max
48	M42	48	-0.4 -0.7	75	±0.6	32	±0.5	60	±0.6	6	0.8
54	M48	54		85	±0.7	36		70			

注：1. 螺母材料为 45 钢，热处理硬度为 35HRC，并发蓝。

2. 螺母表面粗糙度 Ra 最大允许值：基准槽用螺母的 E、F 面为 3.2μm；其余为 6.3μm。

1.4.17　燕尾槽（见表 1-49）

表 1-49　燕尾槽（摘自 JB/ZQ 4241—2006）　（单位：mm）

A	40~65	50~70	60~90	80~125	100~160	125~200	160~250	200~320	250~400	320~500
B	12	16	20	25	32	40	50	65	80	100
C	1.5~5									
e	2		3				4			
f	2		3				4			
H	8	10	12	16	20	25	32	40	50	65

注：1. “A” 的系列为：40，45，50，60，65，70，80，90，100，110，125，140，160，180，200，225，250，280，320，360，400，450，500。

2. “C” 为推荐值。

1.4.18　滚花（见表 1-50）

表 1-50　滚花（摘自 GB/T 6403.3—2008）　（单位：mm）

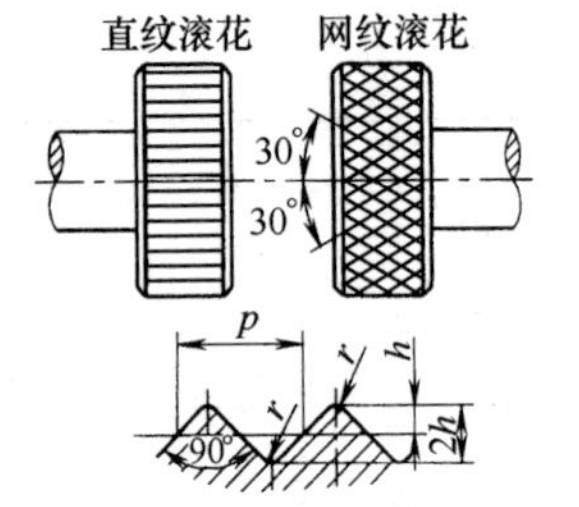

标记示例：

1）模数 $m=0.3$ 直纹滚花，标记如下：

直纹　m0.3　GB/T 6403.3—2008

2）模数 $m=0.4$ 网纹滚花，标记如下：

网纹　m0.4　GB/T 6403.3—2008

模数 m	h	r	节距 p
0.2	0.132	0.06	0.628
0.3	0.198	0.09	0.942
0.4	0.264	0.12	1.257
0.5	0.326	0.16	1.571

注：1. 表中 $h=0.785m-0.414r$。

2. 滚花前工件表面的表面粗糙度轮廓算术平均偏差 Ra 的最大允许值为 12.5μm。

3. 滚花后工件直径大于滚花前直径，其值 $\Delta\approx(0.8\sim1.6)m$，$m$ 为模数。

1.4.19 分度盘和标尺刻度（见表 1-51）

表 1-51　分度盘和标尺刻度（摘自 JB/ZQ 4260—2006）　（单位：mm）

刻线剖面

刻线类型	L	L_1	L_2	C_1	e	h	h_1	α
Ⅰ	$2^{+0.2}_{0}$	$3^{+0.2}_{0}$	$4^{+0.3}_{0}$	$0.1^{+0.03}_{0}$		$0.2^{+0.08}_{0}$	$0.15^{+0.03}_{0}$	
Ⅱ	$4^{+0.3}_{0}$	$5^{+0.3}_{0}$	$6^{+0.5}_{0}$	$0.1^{+0.03}_{0}$				
Ⅲ	$6^{+0.5}_{0}$	$7^{+0.5}_{0}$	$8^{+0.5}_{0}$	$0.2^{+0.03}_{0}$	0.15~1.5			15°±10′
Ⅳ	$8^{+0.5}_{0}$	$9^{+0.5}_{0}$	$10^{+0.5}_{0}$	$0.2^{+0.03}_{0}$		$0.25^{+0.08}_{0}$	$0.2^{+0.03}_{0}$	
Ⅴ	$10^{+0.5}_{0}$	$11^{+0.5}_{0}$	$12^{+0.5}_{0}$	$0.2^{+0.03}_{0}$				

注：1. 数字可按打印字头型号选用。

2. 尺寸 e 的数值可在 0.15~1.5mm 中选择，但在一个零件中应相等。

3. 尺寸 h_1 在工作图上不必注出。

1.5 铸件设计一般规范

1.5.1 铸件最小壁厚和最小铸孔尺寸（见表 1-52~表 1-54）

表 1-52　铸件最小壁厚（不小于）　（单位：mm）

铸造方法	铸件尺寸	铸钢	灰铸铁	球墨铸铁	可锻铸铁	铝合金	镁合金	铜合金
砂型	≤200×200	8	≤6	6	5	3	—	3~5
	>200×200~500×500	10~12	>6~10	12	8	4	3	6~8
	>500×500	15~20	15~20	—	—	6	—	—
金属型	≤70×70	5	4	—	2.5~3.5	2~3	—	3
	>70×70~150×150	—	5	—	3.5~4.5	4	2.5	4~5
	>150×150	10	6	—	—	5	—	6~8

注：1. 一般铸造条件下，各种灰铸铁的最小允许壁厚 δ（mm）：HT100，HT150，$\delta=4\sim6$；HT200，$\delta=6\sim8$；HT250，$\delta=8\sim15$；HT300，HT350，$\delta=15$；HT400，$\delta\geqslant20$。

2. 如有特殊需要，在改善铸造条件下，灰铸铁最小壁厚可达 3mm，可锻铸铁可小于 3mm。

表 1-53　外壁、内壁与肋的厚度

零件重量/kg	零件最大外形尺寸	外壁厚度	内壁厚度	肋的厚度	零件举例
	mm				
≤5	300	7	6	5	盖,拨叉,杠杆,端盖,轴套
6~10	500	8	7	5	盖,门,轴套,挡板,支架,箱体
11~60	750	10	8	6	盖,箱体,罩,电动机支架,溜板箱体,支架,托架,门
61~100	1250	12	10	8	盖,箱体,镗模架,液压缸体,支架,溜板箱体
101~500	1700	14	12	8	油盘,盖,床鞍箱体,带轮,镗模架
501~800	2500	16	14	10	镗模架,箱体,床身,轮缘,盖,滑座
801~1200	3000	18	16	12	小立柱,箱体,滑座,床身,床鞍,油盘

表 1-54　最小铸孔尺寸　（单位：mm）

材　料	孔壁厚度	<25		26~50		51~75		76~100		101~150		151~200		201~300		≥301	
	孔的深度	最小孔径															
		加工	铸造	加工	铸造	加工	铸造	加工	铸造	加工	铸造	加工	铸造	加工	铸造	加工	铸造
碳钢与一般合金钢	≤100	75	55	75	55	90	70	100	80	120	100	140	120	160	140	180	160
	101~200	75	55	90	70	100	80	110	90	140	120	160	140	180	160	210	190
	201~400	105	80	115	90	125	100	135	110	165	140	195	170	215	190	255	230
	401~600	125	100	135	110	145	120	165	140	195	170	225	200	255	230	295	270
	601~1000	150	120	160	130	180	150	200	170	230	200	260	230	300	270	340	310
高锰钢	孔壁厚度	<50				51~100				≥101							
	最小孔径	20				30				40							
灰铸铁	大量生产：12~15；成批生产：15~30；小批、单件生产：30~50																

注：1. 不透圆孔最小容许铸造孔直径应比表中值大 20%，矩形或方形孔其短边要大于表中值的 20%，而不透矩形或方形孔则要大 40%。

2. 难加工的金属，如高锰钢铸件等的孔应尽量铸出，而其中需要加工的孔，常用镶铸碳素钢的办法，待铸出后，再在镶铸的碳素钢部分进行加工。

1.5.2　铸造斜度（见表 1-55 和表 1-56）

表 1-55　铸造斜度及过渡斜度

铸造斜度

图示	斜度 $b:h$	角度 β	使用范围
斜度 $b:h$；不同壁厚的铸件在转折点处的斜角最大可增大到 30°~45°	1 : 5	11°30′	$h<25$mm 的钢和铁铸件
	1 : 10 1 : 20	5°30′ 3°	$h=25\sim500$mm 时的钢和铁铸件
	1 : 50	1°	$h>500$mm 时的钢和铁铸件
	1 : 100	30′	有色金属铸件

铸造过渡斜度（摘自 JB/ZQ 4254—2006）

图示	铸铁和铸钢件的壁厚 δ	K (mm)	h (mm)	R (mm)
适用于减速器机体，机盖、连接管、气缸及其他各种连接法兰的过渡部分尺寸	10~15	3	15	5
	>15~20	4	20	
	>20~25	5	25	
	>25~30	6	30	8
	>30~35	7	35	
	>35~40	8	40	10
	>40~45	9	45	
	>45~50	10	50	
	>50~55	11	55	
	>55~60	12	60	15
	>60~65	13	65	
	>65~70	14	70	
	>70~75	15	75	

表 1-56　合金铸件内腔的一般铸造斜度

铸造材料	铸件内腔深度/mm						
	≤6	>6~8	>8~10	>10~15	>15~20	>20~30	>30~60
锌合金	2°30′	2°	1°45′	1°30′	1°15′	1°	0°45′
铝合金	4°	3°30′	3°	2°30′	2°	1°30′	1°45′
铜合金	5°	4°	3°30′	3°	2°30′	2°	1°30′

1.5.3 铸造圆角半径（见表 1-57、表 1-58）

表 1-57 铸造外圆角半径 （单位：mm）

表面的最小边尺寸 P	外圆角半径 R 值					
	外圆角 α					
	≤50°	51°~75°	76°~105°	106°~135°	136°~165°	>165°
≤25	2	2	2	4	6	8
>25~60	2	4	4	6	10	16
>60~160	4	4	6	8	16	25
>160~250	4	6	8	12	20	30
>250~400	6	8	10	16	25	40
>400~600	6	8	12	20	30	50
>600~1000	8	12	16	25	40	60
>1000~1600	10	16	20	30	50	80
>1600~2500	12	20	25	40	60	100
>2500	16	25	30	50	80	120

注：如果铸件不同部位按上表可选出不同的圆角 R 数值时，应尽量减少或只取一适当的 R 数值，以求统一。

表 1-58 铸造内圆角半径 （单位：mm）

$a\approx b$
$R_1=R+a$

$b<0.8a$时
$R_1=R+b+c$

$\frac{a+b}{2}$	内圆角半径 R 值											
	内圆角 α											
	<50°		51°~75°		76°~105°		106°~135°		136°~165°		>165°	
	钢	铁	钢	铁	钢	铁	钢	铁	钢	铁	钢	铁
≤8	4	4	4	4	6	4	8	6	16	10	20	16
9~12	4	4	4	4	6	6	10	8	16	12	25	20
13~16	4	4	6	4	8	6	12	10	20	16	30	25
17~20	6	4	8	6	10	8	16	12	25	20	40	30
21~27	6	6	10	8	12	10	20	16	30	25	50	40
28~35	8	6	12	10	16	12	25	20	40	30	60	50
36~45	10	8	16	12	20	16	30	25	50	40	80	60
46~60	12	10	20	16	25	20	35	30	60	50	100	80
61~80	16	12	25	20	30	25	40	35	80	60	120	100
81~110	20	16	25	20	35	30	50	40	100	80	160	120
111~150	20	16	30	25	40	35	60	50	100	80	160	120
151~200	25	20	40	30	50	40	80	60	120	100	200	160
201~250	30	25	50	40	60	50	100	80	160	120	250	200
251~300	40	30	60	50	80	60	120	100	200	160	300	250
≥300	50	40	80	60	100	80	160	120	250	200	400	300

c 和 h 值						
b/a		<0.4	0.5~0.65	0.66~0.8	>0.8
$c\approx$		$0.7(a-b)$	$0.8(a-b)$	$a-b$	—
$h\approx$	钢	$8c$			
	铁	$9c$			

注：对于高锰钢铸件，R 值应比表中数值增大 1.5 倍。

1.5.4　铸件壁厚的过渡与壁的连接形式及其尺寸（见表 1-59 和表 1-60）

表 1-59　壁厚的过渡形式及尺寸　　（单位：mm）

<table>
<tr><th>图　例</th><th colspan="13">过 渡 尺 寸</th></tr>
<tr><td rowspan="3">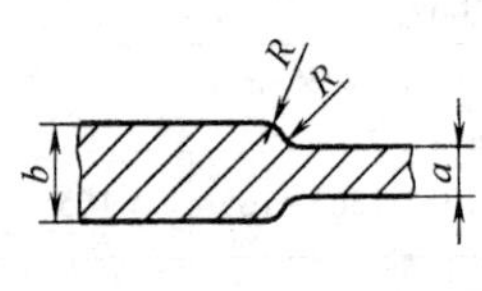</td><td rowspan="3">$b \leqslant 2a$</td><td>铸铁</td><td colspan="11">$R \geqslant \left(\frac{1}{3} \sim \frac{1}{2}\right)\left(\frac{a+b}{2}\right)$</td></tr>
<tr><td rowspan="2">铸钢
可锻铸铁
非铁合金</td><td>$\frac{a+b}{2}$</td><td><12</td><td>12～16</td><td>16～20</td><td>20～27</td><td>27～35</td><td>35～45</td><td>45～60</td><td>60～80</td><td>80～110</td><td>110～150</td></tr>
<tr><td>R</td><td>6</td><td>8</td><td>10</td><td>12</td><td>15</td><td>20</td><td>25</td><td>30</td><td>35</td><td>40</td></tr>
<tr><td rowspan="2">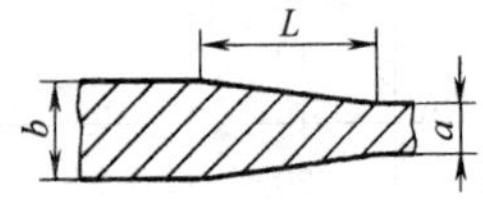</td><td rowspan="2">$b>2a$</td><td>铸铁</td><td colspan="11">$L \geqslant 4(b-a)$</td></tr>
<tr><td>铸钢</td><td colspan="11">$L \geqslant 5(b-a)$</td></tr>
<tr><td>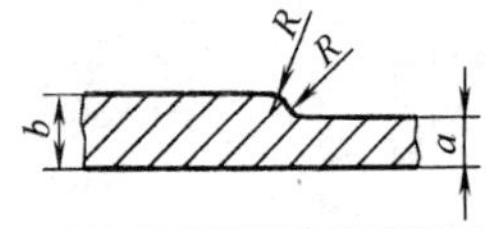</td><td colspan="2">$b \leqslant 1.5a$</td><td colspan="11">$R \geqslant \frac{2a+b}{2}$</td></tr>
<tr><td>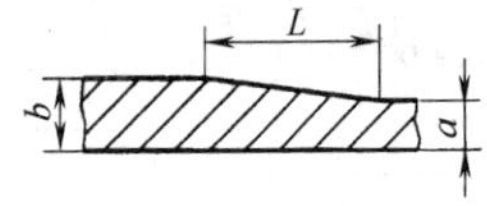</td><td colspan="2">$b>1.5a$</td><td colspan="11">$L=4(a+b)$</td></tr>
</table>

表 1-60　壁的连接形式及尺寸

<table>
<tr><th colspan="2">连接合理结构</th><th>连 接 尺 寸</th><th colspan="2">连接合理结构</th><th>连 接 尺 寸</th></tr>
<tr><td rowspan="4">两壁斜向相连</td><td>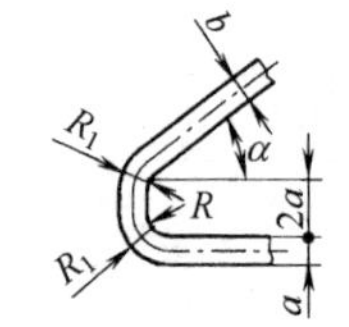</td><td>$b=a, \alpha>75°$
$R=\left(\frac{1}{3} \sim \frac{1}{2}\right)a$
$R_1=R+a$</td><td rowspan="4">两壁垂直相连</td><td rowspan="2">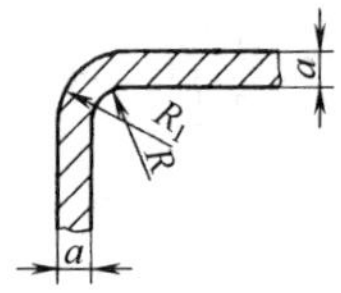
两壁厚相等时</td><td rowspan="2">$R \geqslant \left(\frac{1}{3} \sim \frac{1}{2}\right)a$
$R_1 \geqslant R+a$</td></tr>
<tr><td>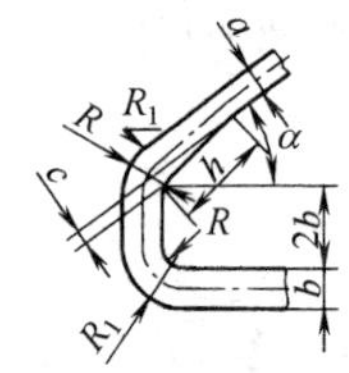</td><td>$b>1.25a$，对于铸铁 $h=4c$
$c=b-a$，对于铸钢 $h=5c$
$\alpha<75°$
$R=\left(\frac{1}{3} \sim \frac{1}{2}\right)\left(\frac{a+b}{2}\right)$
$R_1=R+b$</td></tr>
<tr><td>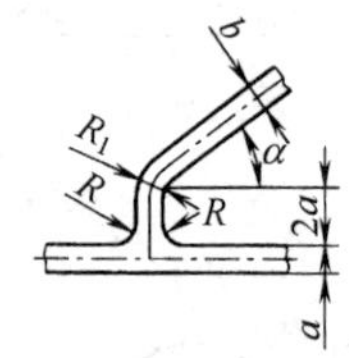</td><td>$b \approx 1.25a, \alpha<75°$
$R=\left(\frac{1}{3} \sim \frac{1}{2}\right)\left(\frac{a+b}{2}\right)$
$R_1=R+b$</td><td>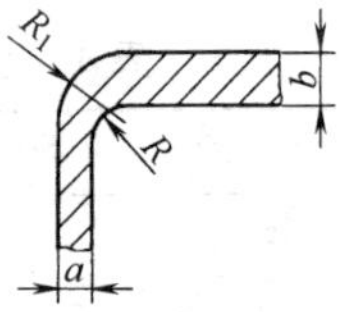
$a<b<2a$时</td><td>$R \geqslant \left(\frac{1}{3} \sim \frac{1}{2}\right)\left(\frac{a+b}{2}\right)$
$R_1 \geqslant R+\frac{a+b}{2}$</td></tr>
<tr><td>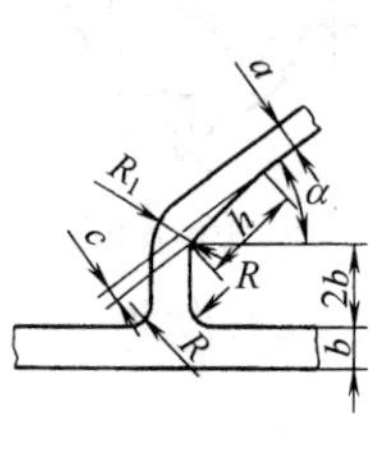</td><td>$b \approx 1.25a$，对于铸铁 $h \approx 8c$
$c=\frac{b-a}{2}$，对于铸钢 $h \approx 10c$
$\alpha<75°, R=\left(\frac{1}{3} \sim \frac{1}{2}\right)\left(\frac{a+b}{2}\right)$
$R_1=\frac{a+b}{2}+R$</td><td>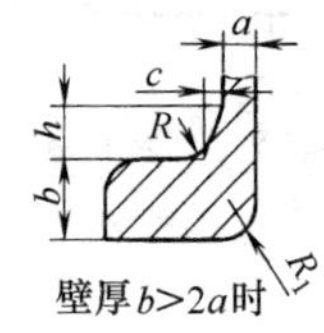
壁厚$b>2a$时</td><td>$a+c \leqslant b, c \approx 3\sqrt{b-a}$
对于铸铁 $h \geqslant 4c$
对于钢 $h \geqslant 5c$
$R \geqslant \left(\frac{1}{3} \sim \frac{1}{2}\right)\left(\frac{a+b}{2}\right)$
$R_1 \geqslant R+\frac{a+b}{2}$</td></tr>
</table>

（续）

	连接合理结构	连接尺寸		连接合理结构	连接尺寸
两壁垂直相交	三壁厚相等时	$R=\left(\frac{1}{3}\sim\frac{1}{2}\right)a$	其他	D与d相差不多	$\alpha<90°$ $r=1.5d(\geqslant 25mm)$ $R=r+d$ 或 $R=1.5r+d$
	壁厚$b>a$时	$a+c\leqslant b, c\approx 3\sqrt{b-a}$ 对于铸铁 $h\geqslant 4c$ 对于钢 $h\geqslant 5c$ $R\geqslant\left(\frac{1}{3}\sim\frac{1}{2}\right)\left(\frac{a+b}{2}\right)$		D比d大得多	$\alpha<90°$ $r=\frac{D+d}{2}(\geqslant 25mm)$ $R=r+d$ $R=r+D$
	壁厚$b<a$时	$b+2c\leqslant a, c\approx 1.5\sqrt{a-b}$ 对于铸铁 $h\geqslant 8c$ 对于钢 $h\geqslant 10c$ $R\geqslant\left(\frac{1}{3}\sim\frac{1}{2}\right)\left(\frac{a+b}{2}\right)$			$L>3a$

注：1. 圆角标准整数系列（单位 mm）：2，4，6，8，10，12，16，20，25，30，35，40，50，60，80，100。

2. 当壁厚大于 20mm 时，R 取系数中的小值。

1.5.5　铸件加强肋的尺寸（见表 1-61）

表 1-61　加强肋的形状和尺寸

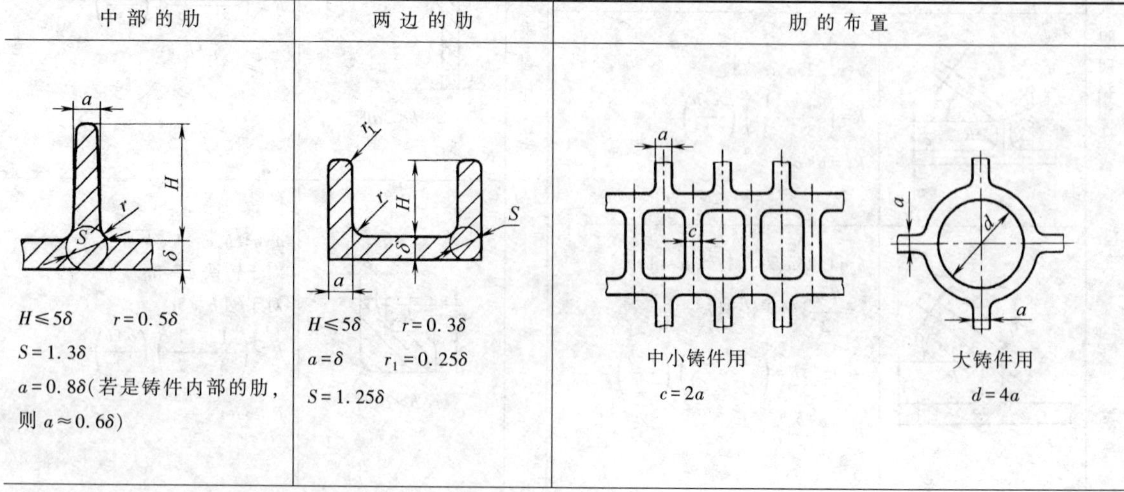

中部的肋	两边的肋	肋的布置	
$H\leqslant 5\delta$　$r=0.5\delta$ $S=1.3\delta$ $a=0.8\delta$(若是铸件内部的肋，则 $a\approx 0.6\delta$)	$H\leqslant 5\delta$　$r=0.3\delta$ $a=\delta$　$r_1=0.25\delta$ $S=1.25\delta$	中小铸件用 $c=2a$	大铸件用 $d=4a$

（续）

带有肋的截面的铸件尺寸比例

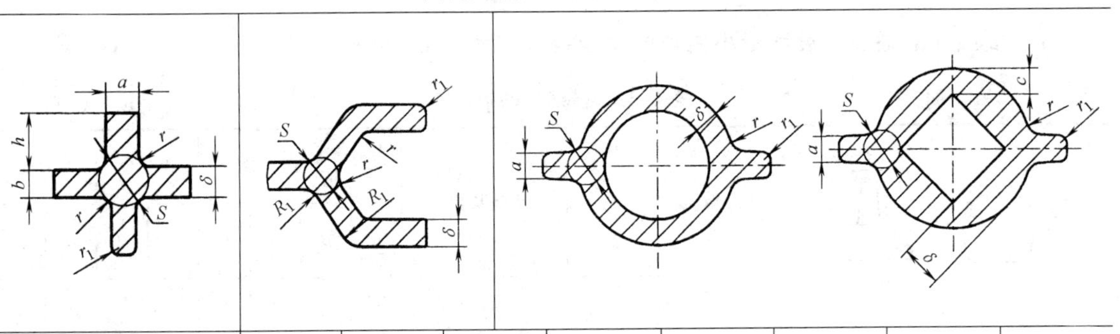

截面	h	a	b	c	R_1	r	r_1	S
十字形	3δ	0.6δ	0.6δ			0.3δ	0.25δ	1.25δ
叉形					1.5δ	0.5δ	0.25δ	1.25δ
环形附肋		0.8δ				0.5δ	0.25δ	1.25δ
环形附肋，中间为方孔		δ		0.5δ		0.25δ	0.25δ	1.25δ

1.5.6 压铸件设计的基本参数（见表 1-62）

表 1-62　压铸件设计的基本参数参考值

合金	壁厚/mm		最小孔径/mm	孔深尺寸①（孔径的倍数）		螺纹尺寸/mm					齿最小模数	斜度		线收缩率(%)	加工余量/mm
	适宜的最小范围	正常范围		盲孔	通孔	最小螺距	最小外径		最大长度②			内侧	外侧		
							外螺纹	内螺纹	外螺纹	内螺纹					
锌合金	0.5~2.0	1.5~2.5	0.8	4~6	8~12	0.75	6	10	8	5	0.3	0°45′~2°30′	30′~1°15′	0.4~0.65	0.1~0.7
铝合金	0.8~2.5	2.0~3.5	2.0	3~4	6~8	0.75	8	14	6	4	0.5	1°45′~4°	1°~2°	0.45~0.8	0.1~0.8
镁合金	0.8~2.5	2.0~3.5	1.5	4~5	8~10	0.75	10	14	6	4	0.5	1°45′~4°	1°~2°	0.5~0.8	0.1~0.8
铜合金	0.8~2.5	1.5~3.0	2.5	2~3	3~5	1.0	12	—	6	—	1.5	1°30′~5°	45°~2°30′	0.6~1.0	0.3~1.0

① 指形成孔的型芯在不受弯曲力的情况下。

② 最大长度的数值为螺距的倍数。

1.6 模锻件设计一般规范

1.6.1 模锻件的锻造斜度和最小内外圆角半径（见表1-63和表1-64）

表1-63 模锻件的锻造斜度 ［单位：(°)］

图	锻造方法	h/b 比值	钢及合金钢		钛合金		铝合金		镁合金	
			α	β	α	β	α	β	α	β
a) b) c) d)	无顶出器模具内模锻	≤1.5	5.7	7	7	7	5.7	7	7	7
		>1.5~3	7	7	7	10	7	7	7	7
		>3~5	7	7	10	12	7	7	7	10
		>5	10	10	12	15	7	10	10	12
	有顶出器模具内模锻	3°~5°，采取措施可减小到1°~3°（铝合金可无斜度）								

注：图d截面 $\alpha=\beta$ 取5°或7°。

表1-64 模锻件的最小内外半径 （单位：mm）

壁或肋的高度 h	形状较复杂、批量较小：碳素和合金结构钢及钛合金 r	碳素和合金结构钢及钛合金 R	铝合金、镁合金 r	铝合金、镁合金 R	批量较大、锻压设备能力足够
≤6	1	3	1	3	内圆角半径： $r=(0.05\sim0.07)h+0.5$ 外圆角半径： $R=(2\sim3)r$（无限制腹板） $R=(2.5\sim4)r$（有限制腹板）
>6~10	1	4	1	4	
>10~18	1.5	5	1	8	
>18~30	1.5	8	1.5	10	
>30~50	2	10	2	15	
>50~75	4	15	3	20	

注：1. 所列数值适用于无限制腹板，对有限制腹板应适当加大圆角。

2. 计算值应圆整到标准系列（单位mm）：1，1.5，2，2.5，3，3.5，4，5，6，8，10，12，15，20，25，30。

1.6.2 模锻件肋的高宽比和最小距离（见表1-65和表1-66）

表1-65 模锻件肋的高宽比

图	肋的高度 /mm	h/b 钢、钛合金	h/b 铝合金
	≤6	<2	<3
	>6~10	2~3	3~4
	>10~18	3~5	4~6
	>18	4~6	6~8

注：对于钢、钛合金，肋的宽度 b 不小于3mm；对于铝合金，b 不小于2mm；对各种材料，b 不小于腹板厚度。

表1-66　模锻件肋的最小距离

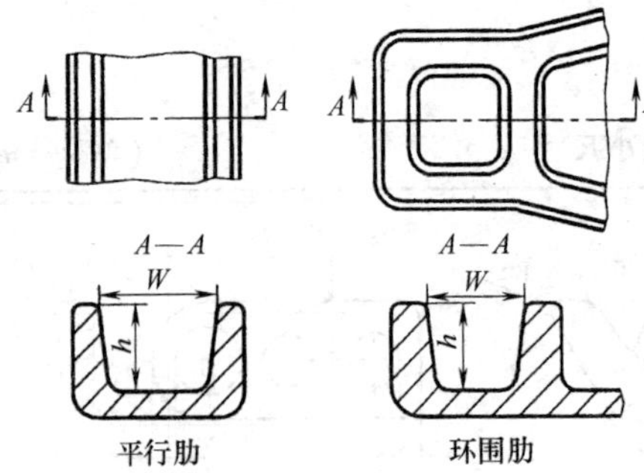

	W/h	
	平　行　肋	环　围　肋
	>1	>1.33

1.6.3　模锻件的凹腔和冲孔连皮尺寸（见表1-67、表1-68）

表1-67　模锻件的凹腔深宽比值的限制

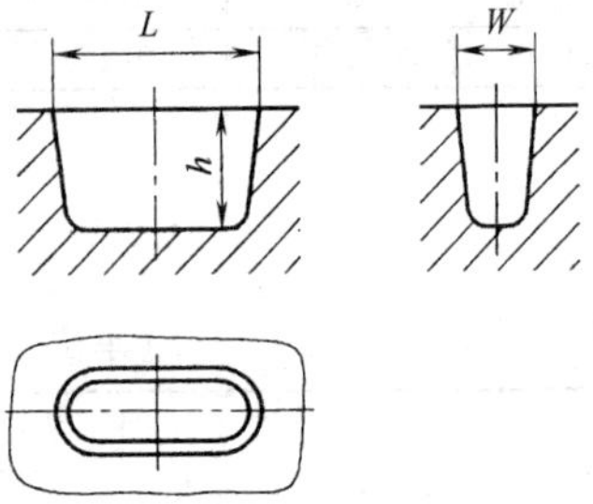

	锻件形式	h/W 的最大值			
		铝合金与镁合金		钢与钛合金	
		L=W	L>W	L=W	L>W
	有斜度	1	2	1	1.5
	无斜度	2	3	—	—

表1-68　模锻件的冲孔连皮尺寸　（单位：mm）

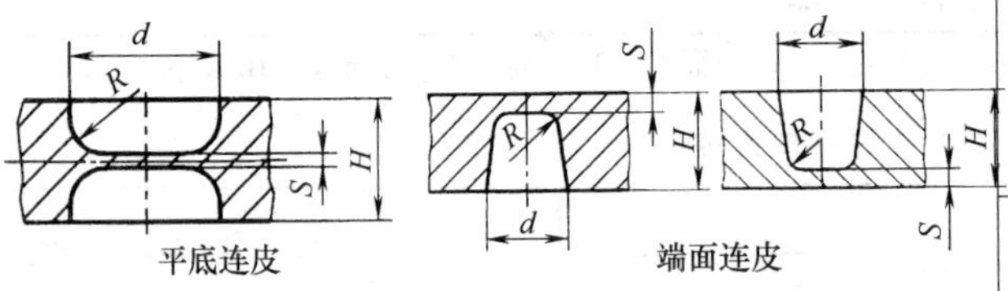

	d	H							
		≤25		>25~50		>50~75		<75~100	
		连皮尺寸							
平底连皮　端面连皮		S	R	S	R	S	R	S	R
冲孔连皮一般采用平底连皮及端面连皮。后者主要用在高度不大，可用简单的开式套模的模锻件	≤50	3	4 5	4	6 8	5	8 12	6	14 16
	>50~70	4	5 8	5	8 10	6	10 14	7	16 18
	>70~100	5	6 8	6	10 12	7	12 16	8	18 20

注：表中R值中，上面数值属平底连皮，下面数值属端面连皮。

1.6.4　锻件腹板上冲孔的限制（见表1-69）

表1-69　腹板上冲孔的限制　（单位：mm）

限制条件	铝合金 镁合金	钢	钛合金	限制条件	铝合金 镁合金	钢	钛合金
冲孔的腹板最小厚度	3	3	6	圆形孔之间最小距离	2×腹板厚度		
圆形孔的最小直径	12~25	25	25	非圆形孔的垂直圆角半径	≥6		

1.7　冲压件设计一般规范

1.7.1　冲裁件（见表 1-70～表 1-76）

表 1-70　冲裁最小尺寸　　（单位：mm）

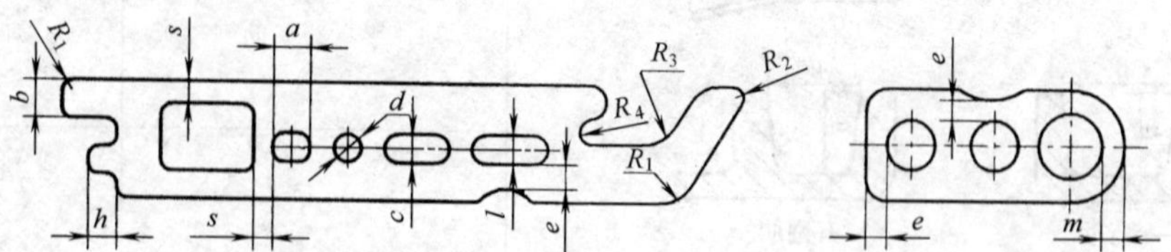

材　料	b	h	a	s、d	c、m	e、l	R_1，R_3（$\alpha \geqslant 90°$）	R_2，R_4（$\alpha < 90°$）
钢（R_m>900MPa）	1.9t	1.6t	1.3t	1.4t	1.2t	1.1t	0.8t	1.1t
钢（R_m=500～900MPa）	1.7t	1.4t	1.1t	1.2t	1.0t	0.9t	0.6t	0.9t
钢（R_m<500MPa）	1.5t	1.2t	0.9t	1.0t	0.8t	0.7t	0.4t	0.7t
黄铜、铜、铝、锌	1.3t	1.0t	0.7t	0.8t	0.6t	0.5t	0.2t	0.5t

注：1. t 为材料厚度。

2. 若冲裁件结构无特殊要求，应采用大于表中所列数值。

3. 当采用整体凹模时，冲裁件轮廓应避免清角。

表 1-71　最小可冲孔眼的尺寸　　（单位：mm）

材　料	圆孔直径	方孔边长	长方孔	长圆孔	材　料	圆孔直径	方孔边长	长方孔	长圆孔
			短边（径）长					短边（径）长	
钢（R_m>700MPa）	1.5t	1.3t	1.2t	1.1t	铝、锌	0.8t	0.7t	0.6t	0.5t
钢（R_m>500～700MPa）	1.3t	1.2t	t	0.9t					
钢（$R_m \leqslant$500MPa）	t	0.9t	0.8t	0.7t	胶木、胶布板	0.7t	0.6t	0.5t	0.4t
黄铜、铜	0.9t	0.8t	0.7t	0.6t	纸板	0.6t	0.5t	0.4t	0.3t

注：表中 t 为板厚。当板厚<4mm 时可以冲出垂直孔，而当板厚>4～5mm 时，则孔的每边须做出 6°～10°的斜度。

表 1-72　孔的位置安排

简图						
最小距离	$c \geqslant t$	$c \geqslant 0.8t$	$c \geqslant 1.3t$	$c \geqslant t$	$c \geqslant 0.7t$	$c \geqslant 1.2t$

简图				
最小距离	$c \geqslant 1.5t$	$k \geqslant R+\frac{d}{2}$	$d<D_1-2R$ $D>(D_1+2t+2R_1+d_1)$	$h>2d+t$

表 1-73　冲裁件最小许可宽度与材料的关系

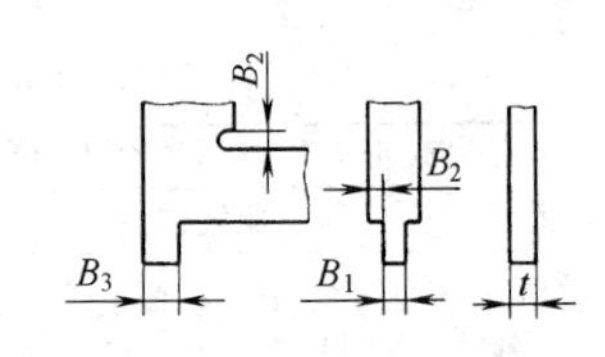

材　料	最　小　值		
	B_1	B_2	B_3
中等硬度的钢	1.25t	0.8t	1.5t
高碳钢和合金钢	1.65t	1.1t	2t
有色合金	t	0.6t	1.2t

表 1-74　精冲件的最小圆角半径　（单位：mm）

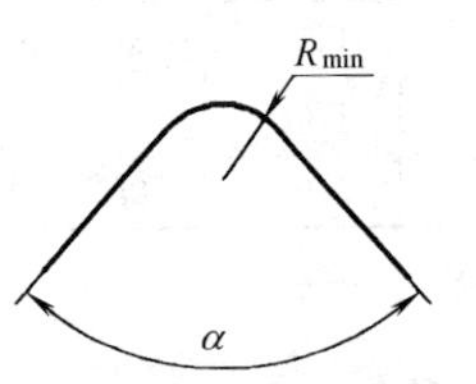

料厚	工件轮廓角度 α				料　厚	工件轮廓角度 α			
	30°	60°	90°	120°		30°	60°	90°	120°
1	0.6	0.25	0.20	0.15	5	2.3	1.1	0.70	0.55
2	1.0	0.5	0.30	0.20	6	2.9	1.4	0.90	0.65
3	1.5	0.75	0.45	0.35	8	3.9	1.9	1.2	0.90
4	2.0	1.0	0.60	0.45	10	5	2.6	1.5	1.00

注：表中为材料抗拉强度低于 450MPa 时的数据。当材料抗拉强度高于 450MPa 时，其数值按比例增大。

表 1-75　精冲件最小孔径 d_{min}、孔边距 b_{min} 及孔心距 a_{min} 的极限值

材料抗拉强度 R_m /MPa	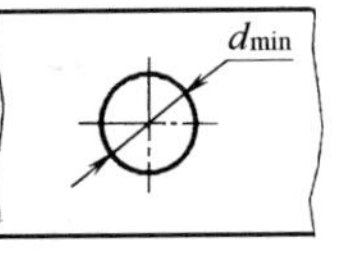	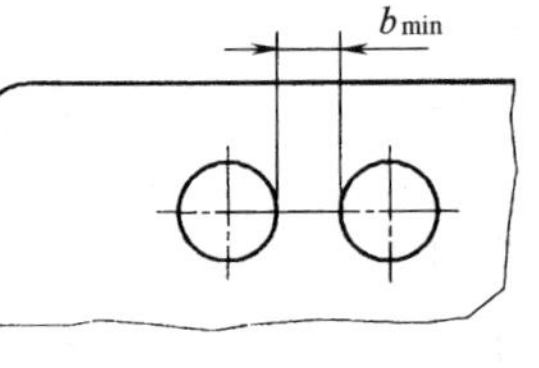	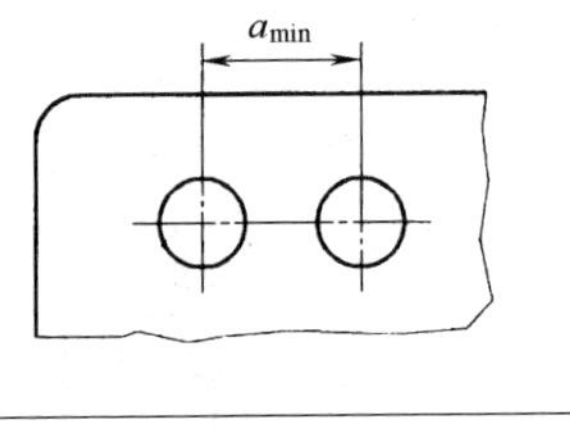
150	(0.3~0.4)t	(0.25~0.35)t	(0.2~0.3)t
300	(0.45~0.55)t	(0.35~0.45)t	(0.3~0.4)t
450	(0.65~0.7)t	(0.5~0.55)t	(0.45~0.5)t
600	(0.85~0.9)t	(0.7~0.75)t	(0.6~0.65)t

注：薄料取上限，厚料取下限，t 为料厚。

表 1-76　精冲件最小相对槽宽 e_{min}/t　（单位：mm）

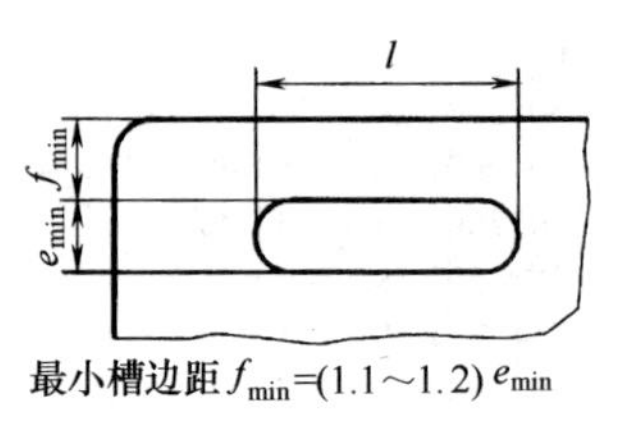

料厚 t	槽长 l												
	2	4	6	8	10	15	20	40	60	80	100	150	200
1	0.69	0.78	0.82	0.84	0.88	0.94	0.97	—	—	—	—	—	—
1.5	0.62	0.72	0.75	0.78	0.82	0.87	0.90	—	—	—	—	—	—
2	0.58	0.67	0.70	0.73	0.77	0.83	0.86	1.00	—	—	—	—	—
3	—	0.62	0.65	0.68	0.71	0.76	0.79	0.92	0.98	—	—	—	—
4	—	0.60	0.63	0.65	0.68	0.74	0.76	0.88	0.94	0.97	1.00	—	—
5	—	—	0.62	0.64	0.67	0.73	0.75	0.86	0.92	0.95	0.97	—	—
8	—	—	—	0.63	0.66	0.71	0.73	0.85	0.90	0.93	0.95	1.00	—
10	—	—	—	—	—	0.68	0.71	0.80	0.85	0.87	0.88	0.93	0.96
12	—	—	—	—	—	—	0.70	0.79	0.84	0.86	0.87	0.92	0.95
15	—	—	—	—	—	—	0.69	0.78	0.83	0.85	0.86	0.9	0.93

注：表中为材料抗拉强度低于 450MPa 时的数据。当材料抗拉强度高于 450MPa 时，其数值按比例增大。

1.7.2 弯曲件（见表1-77~表1-79）

表1-77 弯曲件最小弯曲半径 （单位：mm）

材料	退火或正火状态		冷作硬化		材料	退火或正火状态		冷作硬化	
	弯曲线位置					弯曲线位置			
	垂直于轧制方向	平行于轧制方向	垂直于轧制方向	平行于轧制方向		垂直于轧制方向	平行于轧制方向	垂直于轧制方向	平行于轧制方向
08,10,Q215A	0	0.4t	0.4t	0.8t	铝	0.1	0.3t	0.3t	0.8t
15,20,Q235A	0.1t	0.5t	0.5t	1.0t	纯铜	0.1	0.3t	1.0t	2.0t
25,30,Q255A	0.2t	0.6t	0.6t	1.2t	H62黄铜	0.1	0.3t	0.4t	0.8t
35,40	0.3t	0.8t	0.8t	1.5t	软杜拉铝	1.0t	1.5t	1.5t	2.5t
45,50	0.5t	1.0t	1.0t	1.7t	硬杜拉铝	2.0t	3.0t	3.0t	4.0t
55,50,65Mn	0.7t	1.3t	1.3t	2.0t					

注：1. t为材料厚度(mm)。

2. 当弯曲线与轧制纹路成一定角度时，视角度大小可采用中间数值。

3. 对冲裁或剪裁后未经退火的窄料，弯曲时应按照冷作硬化的情况选用弯曲半径。

4. 在弯曲厚板时（板厚8mm以上），弯曲半径应选用较大数值。

表1-78 弯曲件尾部弯出长度

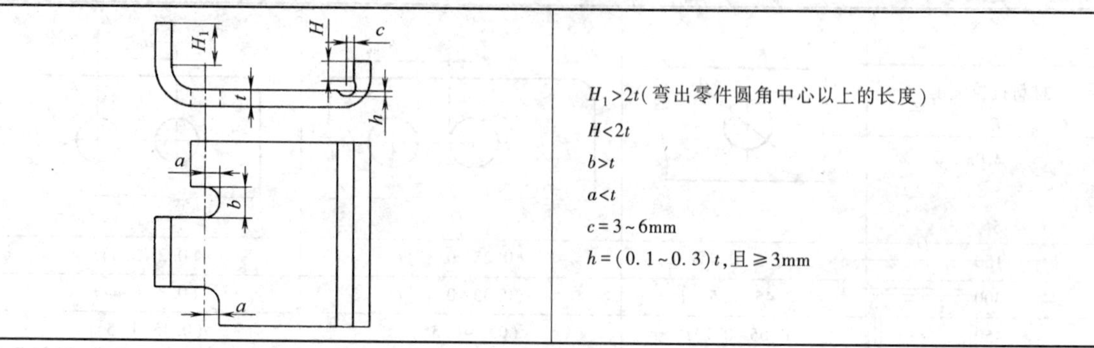

$H_1>2t$（弯出零件圆角中心以上的长度）

$H<2t$

$b>t$

$a<t$

$c=3\sim6\text{mm}$

$h=(0.1\sim0.3)t$，且$\geqslant 3\text{mm}$

表1-79 管子最小弯曲半径 （单位：mm）

硬聚氯乙烯管			铝管			纯铜与黄铜管			焊接钢管				无缝钢管					
D	壁厚 t	R	D	壁厚 t	R	D	壁厚 t	R	D	壁厚 t	R 热	R 冷	D	壁厚 t	R	D	壁厚 t	R
12.5	2.25	30	6	1	10	5	1	10	13.5	—	40	80	6	1	15	45	3.5	90
15	2.25	45	8	1	15	6	1	10	17	—	50	100	8	1	15	57	3.5	110
25	2	60	10	1	15	7	1	15	21.25	2.75	65	130	10	1.5	20	57	4	150
25	2	80	12	1	20	8	1	15	26.75	2.75	80	160	12	1.5	25	76	4	180
32	3	110	14	1	20	10	1	15	33.5	3.25	100	200	14	1.5	30	89	4	220
40	3.5	150	16	1.5	30	12	1	20	42.25	3.25	130	250	14	3	18	108	4	270
51	4	180	20	1.5	30	14	1	20	48	3.5	150	290	16	1.5	30	133	4	340
65	4.5	240	25	1.5	50	15	1	30	60	3.5	180	360	18	1.5	40	159	4.5	450
76	5	330	30	1.5	60	16	1.5	30	75.5	3.75	225	450	18	3	28	159	6	420
90	6	400	40	1.5	80	18	1.5	30	88.5	4	265	530	20	1.5	40	194	6	500
114	7	500	50	2	100	20	1.5	30	114	4	340	680	22	3	50	219	6	500
140	8	600	60	2	125	24	1.5	40					25	3	50	245	6	600
166	8	800				25	1.5	40					32	3	60	273	8	700
						28	1.5	50					32	3.5	60	325	8	800
						35	1.5	60					38	3	80	371	10	900
						45	1.5	80					38	3.5	70	426	10	1000
						55	2	100					44.5	3				

1.7.3 拉延伸件（见表 1-80～表 1-83）

表 1-80 箱形零件的圆角半径、法兰边宽度和工件高度

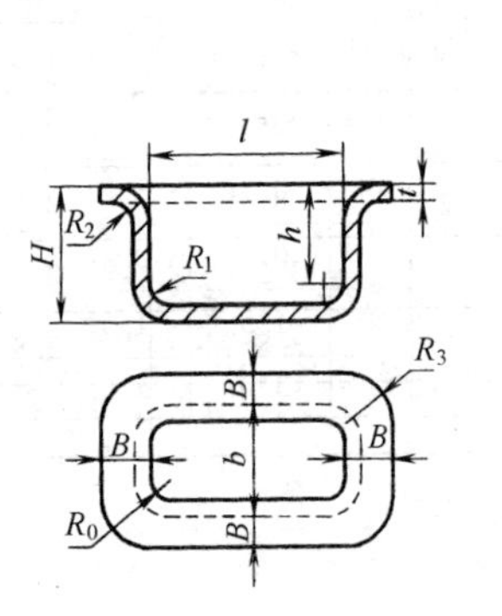

	材 料	圆角半径	材料厚度 t/mm		
			<0.5	>0.5～3	>3～5
R_1、R_2	软 钢	R_1	$(5\sim7)t$	$(3\sim4)t$	$(2\sim3)t$
		R_2	$(5\sim10)t$	$(4\sim6)t$	$(2\sim4)t$
	黄 铜	R_1	$(3\sim5)t$	$(2\sim3)t$	$(1.5\sim2.0)t$
		R_2	$(5\sim7)t$	$(3\sim5)t$	$(2\sim4)t$
$\frac{H}{R_0}$当 $R_0>0.14B$ $R_1\geqslant1$	材 料		比 值		
	酸洗钢		4.0～4.5	当$\frac{H}{R_0}$需大于左列数值时，则应采用多次拉深工序	
	冷拉钢、铝、黄铜、铜		5.5～6.5		
B	$\leqslant R_2+(3\sim5)t$				
R_3	$\geqslant R_0+B$				

表 1-81 有凸缘筒形件第一次拉延的许可相对高度 h_1/d_1 （单位：mm）

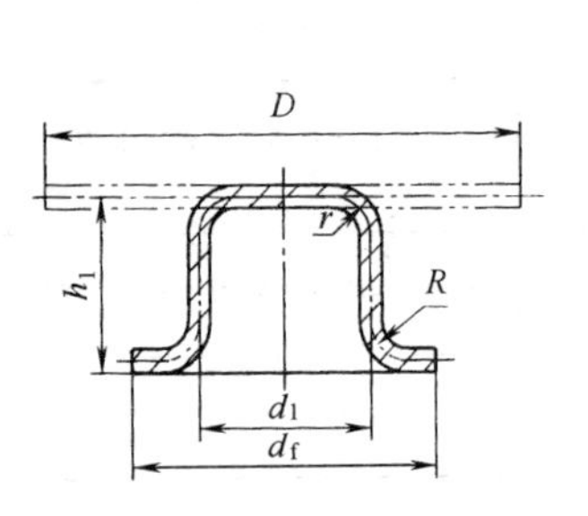

凸缘相对直径$\frac{d_f}{d_1}$	坯料相对厚度$\frac{t}{D}\times100$				
	>0.06～0.2	>0.2～0.5	>0.5～1	>1～1.5	>1.5
≤1.1	0.45～0.52	0.50～0.62	0.57～0.70	0.60～0.82	0.75～0.90
>1.1～1.3	0.40～0.47	0.45～0.53	0.50～0.60	0.56～0.72	0.65～0.80
>1.3～1.5	0.35～0.42	0.40～0.48	0.45～0.53	0.50～0.63	0.58～0.70
>1.5～1.8	0.29～0.35	0.34～0.39	0.37～0.44	0.42～0.53	0.48～0.58
>1.8～2	0.25～0.30	0.29～0.34	0.32～0.38	0.36～0.46	0.42～0.51
>2～2.2	0.22～0.20	0.25～0.29	0.27～0.33	0.31～0.40	0.35～0.45
>2.2～2.5	0.17～0.21	0.20～0.23	0.22～0.27	0.25～0.32	0.28～0.35
>2.5～2.8	0.13～0.16	0.15～0.18	0.17～0.21	0.19～0.24	0.22～0.27

注：材料为 08 钢、10 钢。

表 1-82 无凸缘筒形件的许可相对高度 h/d （单位：mm）

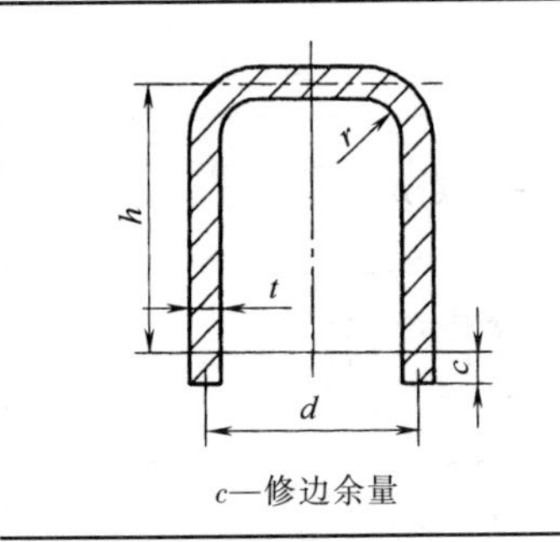

c—修边余量

拉延次数	坯料相对厚度$\frac{t}{D}\times100$				
	0.1～0.3	0.3～0.6	0.6～1.0	1.0～1.5	1.5～2.0
1	0.45～0.52	0.5～0.62	0.57～0.70	0.65～0.84	0.77～0.94
2	0.83～0.96	0.94～1.13	1.1～1.36	1.32～1.6	1.54～1.88
3	1.3～1.6	1.5～1.9	1.8～2.3	2.2～2.8	2.7～3.5
4	2.0～2.4	2.4～2.9	2.9～3.6	3.5～4.3	4.3～5.6
5	2.7～3.3	3.3～4.1	4.1～5.2	5.1～6.6	6.6～8.9

注：1. 适用 08 钢、10 钢。

2. 表中大的数值适用于第一次拉延中有大的圆角半径（$r=8t\sim15t$），小的数值适用于小的圆角半径（$r=4t\sim8t$）。

表 1-83　有凸缘拉延件的修边余量$c/2$　　（单位：mm）

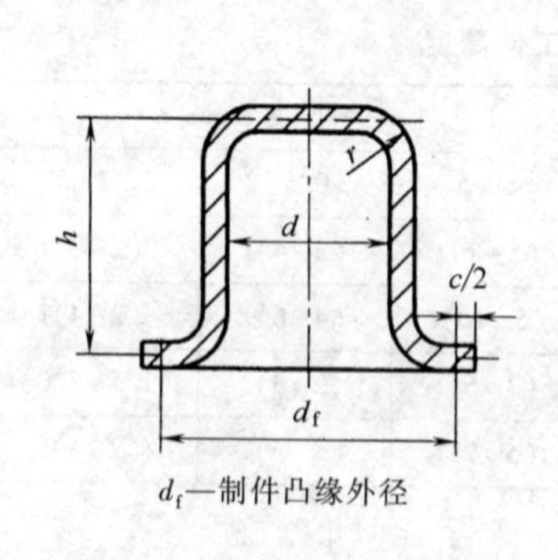

d_f—制件凸缘外径

凸缘直径 d_f	凸缘的相对直径 $\frac{d_f}{d}$			
	≤1.5	>1.5~2	>2~2.5	>2.5
≤25	1.8	1.6	1.4	1.2
25~50	2.5	2	1.8	1.6
50~100	3.5	3	2.5	2.2
100~150	4.3	3.6	3	2.5
150~200	5	4.2	3.5	2.7
200~250	5.5	4.6	3.8	2.8
>250	6	5	4	3

1.7.4　成形件（见表 1-84~表 1-90）

表 1-84　内孔一次翻边的参考尺寸

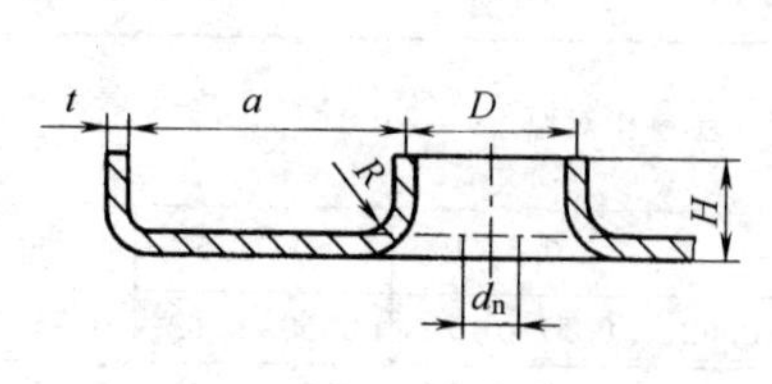

翻边直径（中径）D	根据结构确定
翻边圆角半径 R	$R \geqslant 1+1.5t$
翻边系数 K $K=\frac{d_n}{D}$	软钢 $K \geqslant 0.70$ 黄铜 H62（$t=0.5\sim6$）$K \geqslant 0.68$ 铝（$t=0.5\sim5$）$K \geqslant 0.70$
翻边高度 H	$H=\frac{D}{2}(1-K)+0.43R+0.72t$
翻边孔至外缘的距离 a	$a>(7\sim8)t$

注：1. 若翻边高度较高，一次翻边不能满足要求时，可采用拉深、翻边复合工艺。

2. 翻边后孔壁减薄，如变薄量有特殊要求，应予注明。

表 1-85　缩口时直径缩小的合理比例

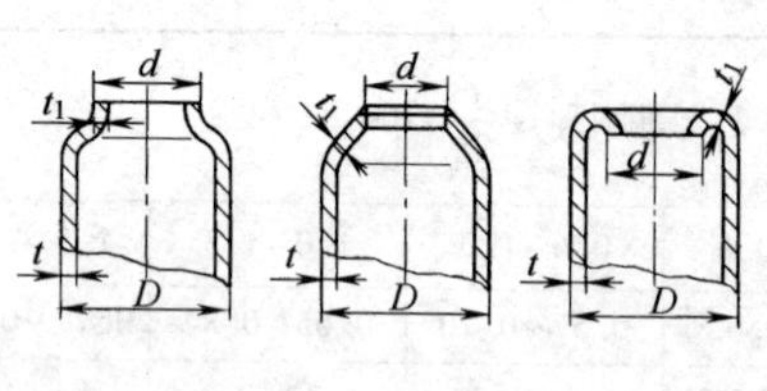

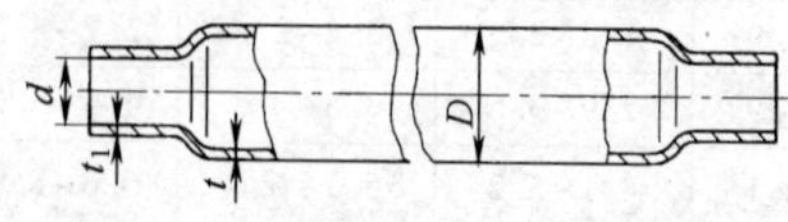

	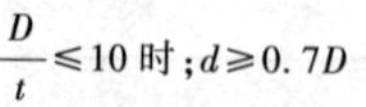 $\frac{D}{t} \leqslant 10$ 时；$d \geqslant 0.7D$
	$\frac{D}{t}>10$ 时：$d=(1-k)D$ 式中，k 推荐值如下： 钢制件 $k=0.1\sim0.15$；铝制件 $k=0.15\sim0.2$
	箍压部分壁厚将增加 $t_1=t\sqrt{\frac{D}{d}}$

表 1-86　卷边直径 d　（单位：mm）

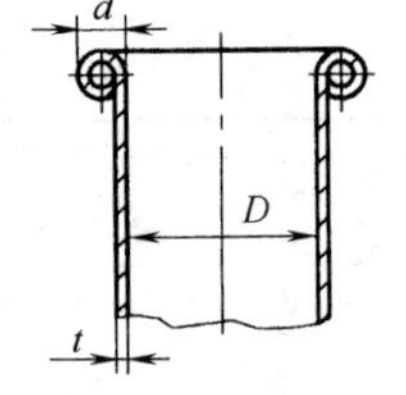

工件直径 D	材料厚度 t				
	0.3	0.5	0.8	1.0	2.0
≤50	≥2.5	≥3.0	—	—	—
>50~100	≥3.0	≥4.0	≥5.0	—	—
>100~200	≥4.0	≥5.0	≥6.0	≥7.0	≥8.0
>200	≥5.0	≥6.0	≥7.0	≥8.0	≥9.0

表 1-87　角部加强肋的参考尺寸　（单位：mm）

A 型　B 型

L	型式	R_1	R_2	R_3	H	M(参考)	肋间距
12.5	A	6	9	5	3	18	65
20	A	8	16	7	5	29	75
32	B	9	22	8	7	38	90

表 1-88　平面肋的参考尺寸

肋的形式	R	h	B	r	α
半圆肋	$(3\sim4)t$	$(2\sim3)t$	$(7\sim10)t$	$(1\sim2)t$	
梯形肋		$(1.5\sim2)t$	$\geqslant 3h$	$(0.5\sim1.5)t$	15°~30°

表 1-89　加强窝的间距及其至外缘的距离（单位：mm）

D	L	l
6.5	10	6
8.5	13	7.5
10.5	15	9
13	18	11
15	22	13
18	26	16
24	34	20
31	44	26
36	51	30
43	60	35
48	68	40
55	78	45

表 1-90　冲出凸部的高度

$h=(0.25\sim0.35)t$

超出这个范围，凸部容易脱落

1.8 塑料件设计一般规范（见表 1-91～表 1-102）

表 1-91 常用热塑性塑料件壁厚推荐值 （单位：mm）

材料	小型件最小壁厚	小型件推荐壁厚	中型件推荐壁厚	大型件推荐壁厚
聚乙烯	0.60	1.25	1.60	2.4～3.2
聚丙烯	0.85	1.45	1.75	2.4～3.2
聚苯乙烯	0.75	1.25	1.60	3.2～5.4
改性聚苯乙烯	0.75	1.25	1.60	3.2～5.4
聚氯乙烯(硬)	1.15	1.60	1.80	3.2～5.8
聚氯乙烯(软)	0.85	1.25	1.50	2.4～3.2
聚酰胺	0.45	0.75	1.50	2.4～3.2
聚甲醛	0.80	1.40	1.60	3.2～5.4
聚苯醚	1.20	1.75	2.50	3.5～6.4
聚碳酸酯	0.95	1.80	2.30	3.0～4.5
聚砜	0.95	1.80	2.30	3.0～4.5
氯化聚醚	0.90	1.35	1.80	2.5～3.4
醋酸纤维素	0.70	1.25	1.90	3.2～4.8
乙基纤维素	0.90	1.25	1.60	2.4～3.2
有机玻璃(372)	0.80	1.50	2.20	4.0～6.5
丙烯酸类	0.70	0.90	2.40	3.0～6.0

表 1-92 塑料件脱模斜度

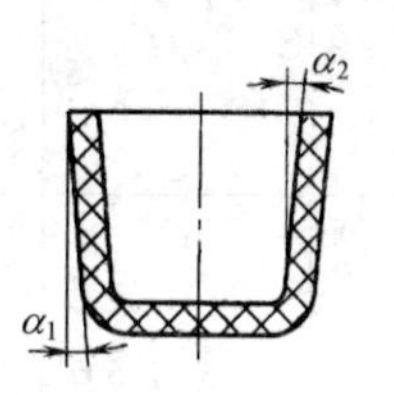

材料名称	型腔 α_1	型芯 α_2
聚酰胺(普通)	20′～40′	25′～40′
聚酰胺(增强)	20′～50′	20′～40′
聚乙烯	25′～45′	20′～45′
聚甲醛	35′～1°30′	30′～1°
聚氯醚	25′～45′	20′～45′
聚碳酸酯	35′～1°	30′～50′
聚苯乙烯	35′～1°30′	30′～1°
有机玻璃	35′～1°30′	30′～1°
ABS 塑料	40′～1°20′	30′～1°

表 1-93 孔的尺寸关系（最小值） （单位：mm）

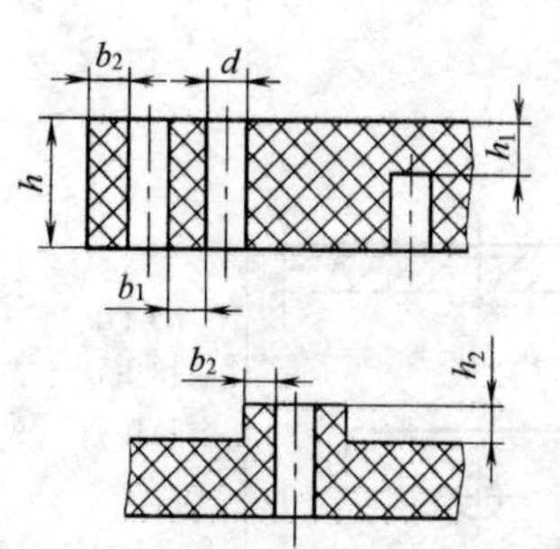

当 $b_2 \geqslant 0.3$mm 时，采用 $h_2 \leqslant 3b_2$

孔径 d	孔深与孔径比 h/d 制件边孔	孔深与孔径比 h/d 制件中孔	边距尺寸 b_1	边距尺寸 b_2	盲孔的最小厚度 h_1
≤2	2.0	3.0	0.5	1.0	1.0
>2～3	2.3	3.5	0.8	1.25	1.0
>3～4	2.5	3.8	0.8	1.5	1.2
>4～6	3.0	4.8	1.0	2.0	1.5
>6～8	3.4	5.0	1.2	2.3	2.0
>8～10	3.8	5.5	1.5	2.8	2.5
>10～14	4.6	6.5	2.2	3.8	3.0
>14～18	5.0	7.0	2.5	4.0	3.0
>18～30	—	—	4.0	4.0	4.0
>30	—	—	5.0	5.0	5.0

表 1-94　圆角尺寸

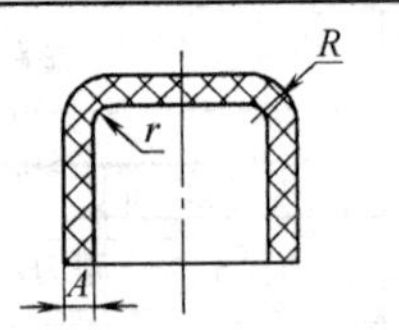

$R = 1.5A$

$r = 0.5A$

表 1-95　孔深与直径的关系

成型方法		通　孔	盲　孔
压　塑	横　孔	2.5D	<1.5D
	竖　孔	5D	<2.5D
挤塑、注射		10D	(4~5)D

注：D 为孔的直径。

表 1-96　加强肋的尺寸参数

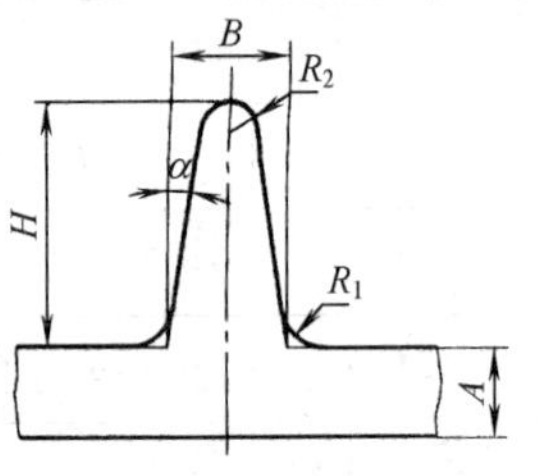

$B = \frac{A}{2}$　　$\alpha = 2° \sim 5°$

$H = 3A$

$R_1 = \frac{A}{8}$

$R_2 = \frac{A}{4}$

表 1-97　螺纹孔的尺寸关系（最小值）　（单位：mm）

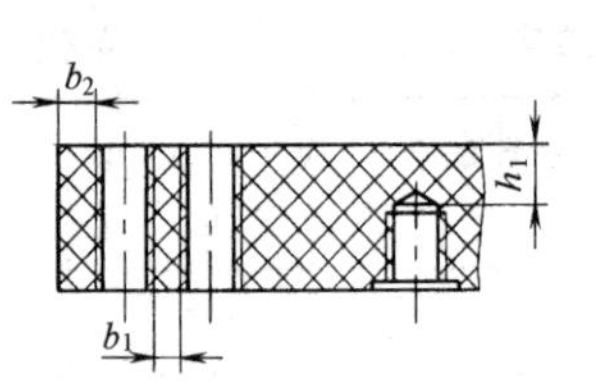

螺纹直径	边距尺寸		不通螺纹孔最小底厚
	b_1	b_2	h_1
≤3	1.3	2.0	2.0
>3~6	2.0	2.5	3.0
>6~10	2.5	3.0	3.8
>10	3.8	4.3	5.0

表 1-98　用成型型芯制出通孔的孔深和孔径

凸模形式	圆锥形阶段	圆柱形阶段	圆柱圆锥形阶段
单边凸模	d, 1.5d, 2d, H=3.5d, 2d	d, 1.5d, 2d, H=3.5d, 2d	d, d, 2d, H=4.5d, 1.5d, 2d
双边凸模	d, 2d, 3d, 2d, H=7d, 2d	d, 2d, 3d, 2d, H=7d, 2d	d, 1.5d, 2d, 2d, 2d, H=9d, 1.5d, 2d

表 1-99　螺纹成型部分的退刀尺寸　（单位：mm）

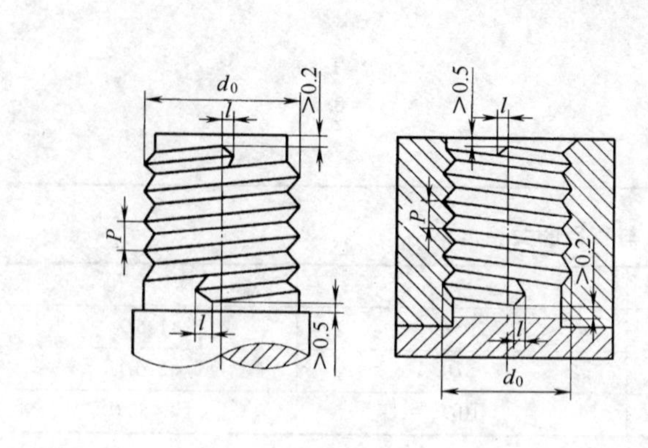

螺纹大径 d_0	螺距 P <0.5	螺距 P >0.5~1	螺距 P >1
	退刀尺寸 l		
≤10	1	2	3
>10~20	2	2	4
>20~34	2	4	6
>34~52	3	6	8
>52	3	8	10

表 1-100　滚花的推荐尺寸　（单位：mm）

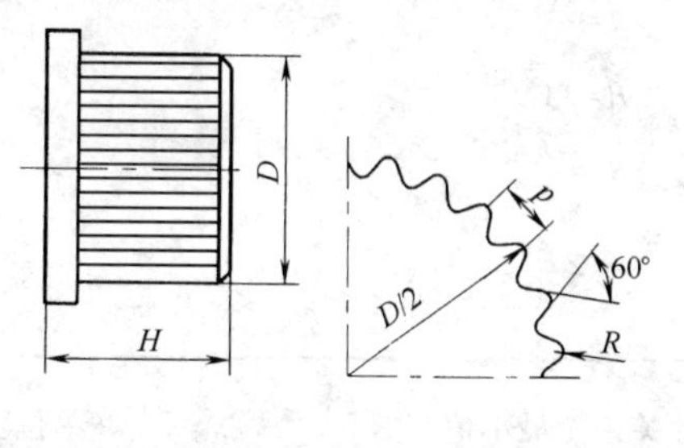

制件直径 D	滚花的距离 齿距 p	滚花的距离 半径 R	$\frac{D}{H}$
≤18	1.2~1.5	0.2~0.3	1
>18~50	1.5~2.5	0.3~0.5	1.2
>50~80	2.5~3.5	0.5~0.7	1.5
>80~120	3.5~4.5	0.7~1	1.5

表 1-101　金属嵌件周围及顶部塑料厚度　（单位：mm）

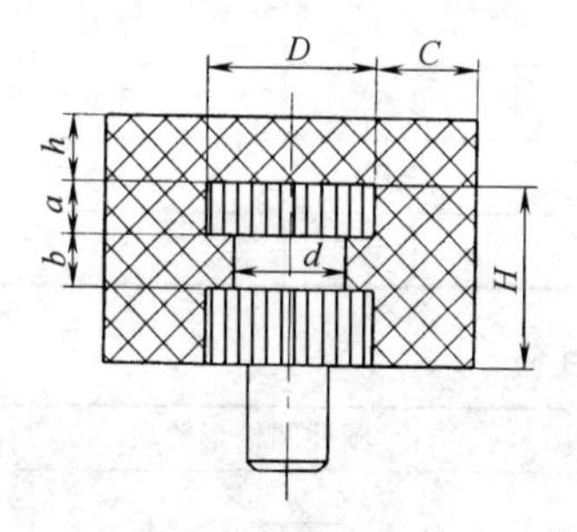

圆柱类嵌件尺寸
$H=D$　$a=0.3H$
$b=0.3H$　$d=0.75D$
在特殊情况下，H 值最大不超过 $2D$

嵌件直径 D	周围最小厚度 C	顶部最小厚度 h
<4	1.5	1.0
>4~8	2.0	1.5
>8~12	3.0	2.0
>12~16	4.0	2.5
>16~25	5.0	3.0

表 1-102　塑料件的文字与标志

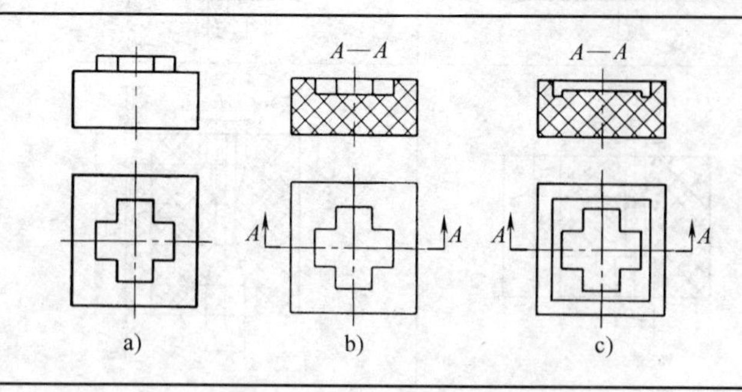

形式	尺寸
a)凸字 b)凹字 c)凸字在凹坑内	文字或标志的凸出高度一般大于 0.2mm 线条宽度大于 0.3mm（以 0.8mm 为最佳） 线条之间相距不小于 0.4mm 脱模斜度在 5°~10°之间

1.9　常用几何体的体积、面积及重心位置（见表 1-103）

表 1-103　常用几何体的体积、面积及重心位置

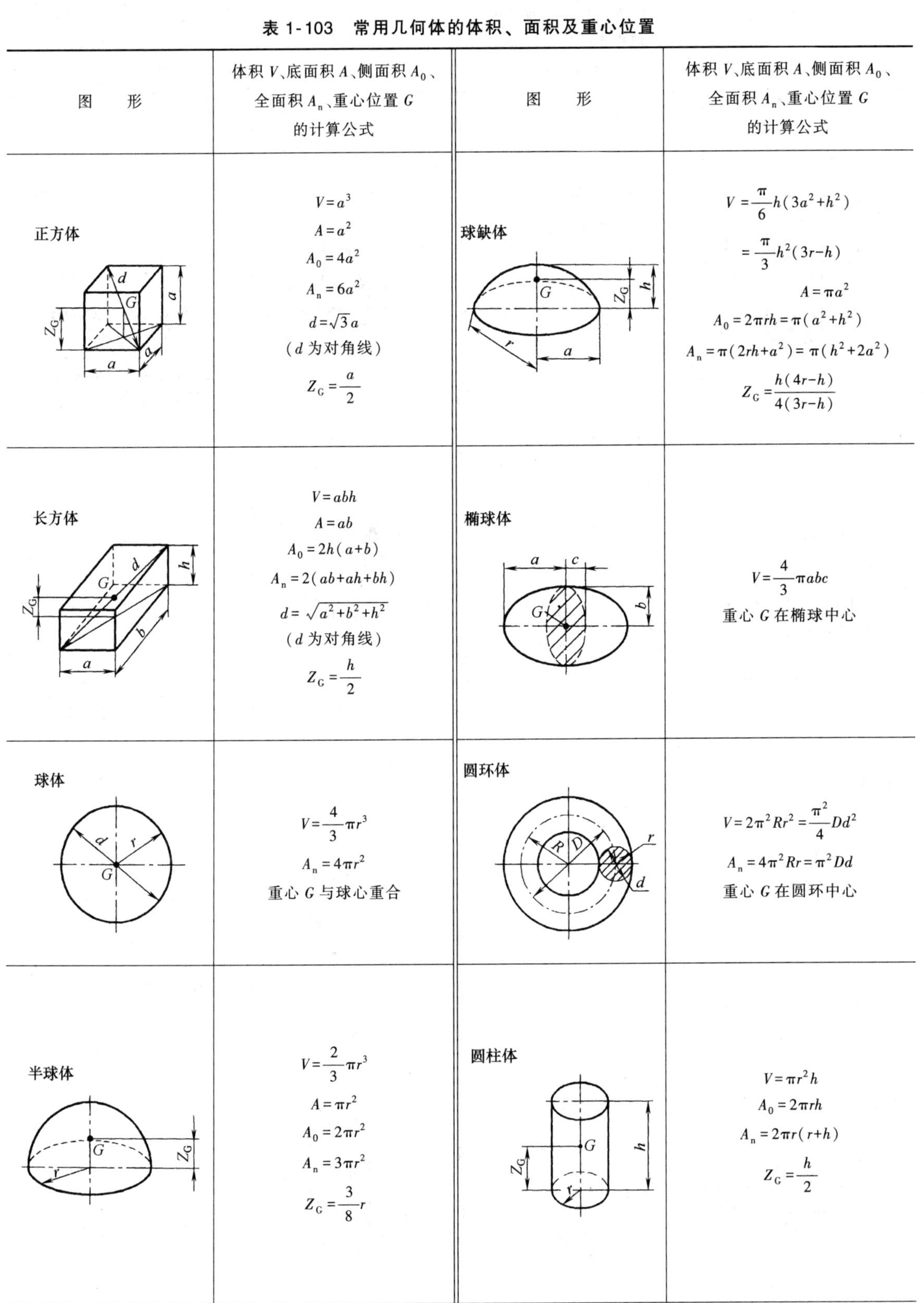

图　形	体积 V、底面积 A、侧面积 A_0、全面积 A_n、重心位置 G 的计算公式	图　形	体积 V、底面积 A、侧面积 A_0、全面积 A_n、重心位置 G 的计算公式
正方体	$V=a^3$ $A=a^2$ $A_0=4a^2$ $A_n=6a^2$ $d=\sqrt{3}a$ （d 为对角线） $Z_G=\frac{a}{2}$	球缺体	$V=\frac{\pi}{6}h(3a^2+h^2)$ $=\frac{\pi}{3}h^2(3r-h)$ $A=\pi a^2$ $A_0=2\pi rh=\pi(a^2+h^2)$ $A_n=\pi(2rh+a^2)=\pi(h^2+2a^2)$ $Z_G=\frac{h(4r-h)}{4(3r-h)}$
长方体	$V=abh$ $A=ab$ $A_0=2h(a+b)$ $A_n=2(ab+ah+bh)$ $d=\sqrt{a^2+b^2+h^2}$ （d 为对角线） $Z_G=\frac{h}{2}$	椭球体	$V=\frac{4}{3}\pi abc$ 重心 G 在椭球中心
球体	$V=\frac{4}{3}\pi r^3$ $A_n=4\pi r^2$ 重心 G 与球心重合	圆环体	$V=2\pi^2Rr^2=\frac{\pi^2}{4}Dd^2$ $A_n=4\pi^2Rr=\pi^2Dd$ 重心 G 在圆环中心
半球体	$V=\frac{2}{3}\pi r^3$ $A=\pi r^2$ $A_0=2\pi r^2$ $A_n=3\pi r^2$ $Z_G=\frac{3}{8}r$	圆柱体	$V=\pi r^2h$ $A_0=2\pi rh$ $A_n=2\pi r(r+h)$ $Z_G=\frac{h}{2}$

（续）

图　形	体积 V、底面积 A、侧面积 A_0、全面积 A_n、重心位置 G 的计算公式	图　形	体积 V、底面积 A、侧面积 A_0、全面积 A_n、重心位置 G 的计算公式
空心圆柱体	$V=\pi h(R^2-r^2)$ $A=\pi(R^2-r^2)$ $A_0=2\pi h(R+r)$ $A_n=2\pi(R+r)(R-r+h)$ $Z_G=\frac{h}{2}$	正四棱台	$V=\frac{h}{6}(2ab+ab_1+a_1b+2a_1b_1)$ $A_1=a_1b_1$ $A=ab$ $A_0=\frac{1}{2}[(b_1+b)\sqrt{4h^2+(a-a_1)^2}+(a_1+a)\sqrt{4h^2+(b-b_1)^2}]$ $A_n=A+A_1+A_0$ $Z_G=\frac{h(ab+ab_1+a_1b+3a_1b_1)}{2(2ab+ab_1+a_1b+2a_1b_1)}$
圆台	$V=\frac{\pi}{3}h(R^2+r^2+Rr)$ $A_0=\pi l(R+r)$ $A_n=\pi(R^2+r^2)+A_0$ $l=\sqrt{(R-r)^2+h^2}$ $Z_G=\frac{h(R^2+2Rr+3r^2)}{4(R^2+Rr+r^2)}$	正六棱锥	$V=\frac{1}{3}Ah=\frac{\sqrt{3}}{2}a^2h$ $A=\frac{3\sqrt{3}}{2}a^2$ $A_0=\frac{3}{2}a\sqrt{4l^2-a^2}$ $A_n=A+A_0$ $Z_G=\frac{h}{4}$
圆锥体	$V=\frac{1}{3}\pi r^2h$ $A=\pi r^2$ $A_0=\pi rl$ $A_n=\pi r(r+l)$ $l=\sqrt{r^2+h^2}$ $Z_G=\frac{h}{4}$	正六棱台	$V=\frac{hA}{3}\left[1+\frac{a_1}{a}+\left(\frac{a_1}{a}\right)^2\right]$ $A_1=\frac{3\sqrt{3}}{2}a_1^2$ $A=\frac{3\sqrt{3}}{2}a^2$ $A_0=3g(a_1+a)$ $A_n=A+A_1+A_0$ $Z_G=\frac{h(a^2+2a_1a+3a_1^2)}{4(a^2+a_1a+a_1^2)}$ （A_1 为顶面积，g 为斜高）
正四棱锥	$V=\frac{1}{3}abh$ $A=ab$ $A_0=\frac{1}{2}(b\sqrt{4h^2+a^2}+a\sqrt{4h^2+b^2})$ $A_n=ab+\frac{1}{2}(b\sqrt{4h^2+a^2}+a\sqrt{4h^2+b^2})$ $Z_G=\frac{h}{4}$	正六棱柱	$V=\frac{3\sqrt{3}}{2}a^2h$ $A=\frac{3\sqrt{3}}{2}a^2$ $A_0=6ah$ $A_n=3\sqrt{3}a^2+6ah$ $d=\sqrt{h^2+4a^2}$ （d 为对角线） $Z_G=\frac{h}{2}$

1.10　常用力学公式

1.10.1　常用截面的力学特性（见表 1-104 和表 1-105）

表 1-104　常用截面的几何及力学特性

截面形状	面积 A	惯性矩 I	截面系数 $W=\frac{I}{e}$	回转半径 $i=\sqrt{\frac{I}{A}}$	重心到相应边的距离 e
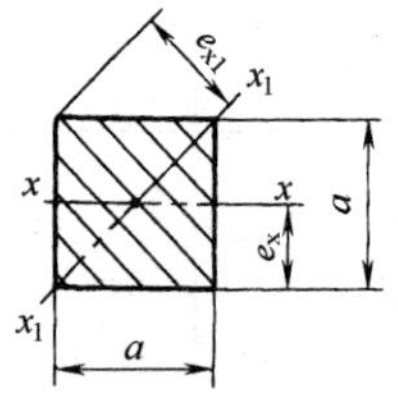 x, x_1, e_x, e_{x1}, a	a^2	$\frac{a^4}{12}$	$W_x=\frac{a^2}{6}$ $W_{x1}=0.1179a^3$	$\frac{a}{\sqrt{12}}=0.289a$	$e_x=\frac{a}{2}$ $e_{x1}=0.7071a$
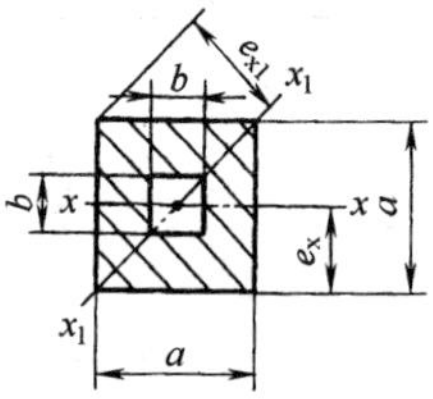 x, x_1, e_x, e_{x1}, a, b	a^2-b^2	$\frac{a^4-b^4}{12}$	$W_x=\frac{a^4-b^4}{6a}$ $W_{x1}=0.1179\frac{a^4-b^4}{a}$	$0.289\sqrt{a^2+b^2}$	$e_x=\frac{a}{2}$ $e_{x1}=0.7071a$
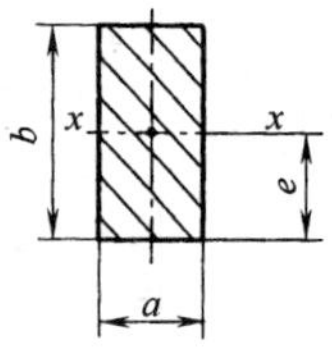 x, e, a, b	ab	$\frac{ab^3}{12}$	$\frac{ab^2}{6}$	$\frac{b}{\sqrt{12}}=0.289b$	$\frac{b}{2}$
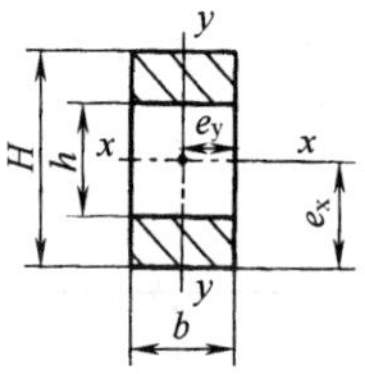 x, y, e_x, e_y, H, h, b	$b(H-h)$	$I_x=\frac{b(H^3-h^3)}{12}$ $I_y=\frac{b^3(H-h)}{12}$	$W_x=\frac{b(H^3-h^3)}{6H}$ $W_y=\frac{b^2(H-h)}{6}$	$i_x=\sqrt{\frac{H^2+Hh+h^2}{12}}$ $i_y=0.289b$	$e_x=\frac{H}{2}$ $e_y=\frac{b}{2}$
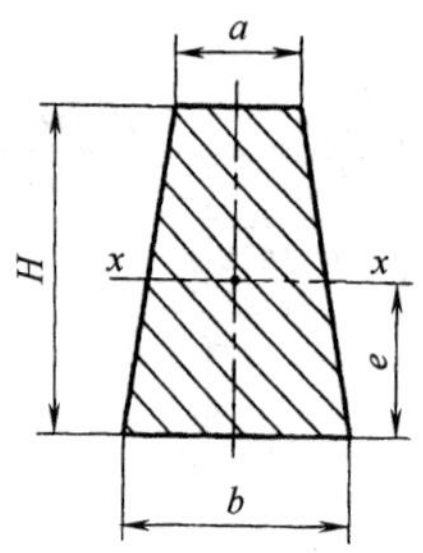 x, e, a, b, H	$\frac{H}{2}(a+b)$	$\frac{a^2+b^2+4ab}{36(a+b)}H^3$	$W_{xa}=\frac{H^2(a^2+4ab+b^2)}{12(a+2b)}$ $W_{xb}=\frac{H^2(a^2+4ab+b^2)}{12(2a+b)}$	$\frac{H}{3(a+b)}\times\sqrt{\frac{a^2+4ab+b^2}{2}}$	$\frac{H(2a+b)}{3(a+b)}$
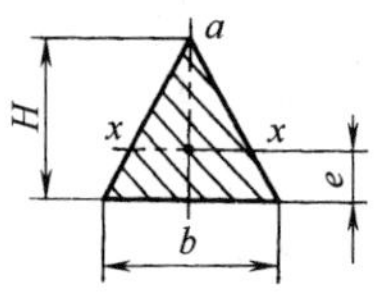 x, e, a, b, H	$\frac{bH}{2}$	$\frac{bH^3}{36}$	$W_{xa}=\frac{bH^2}{24}$ $W_{xb}=\frac{bH^2}{12}$	$\frac{H}{3\sqrt{2}}=0.236H$	$\frac{H}{3}$

（续）

截面形状	面积 A	惯性矩 I	截面系数 $W=\frac{I}{e}$	回转半径 $i=\sqrt{\frac{I}{A}}$	重心到相应边的距离 e
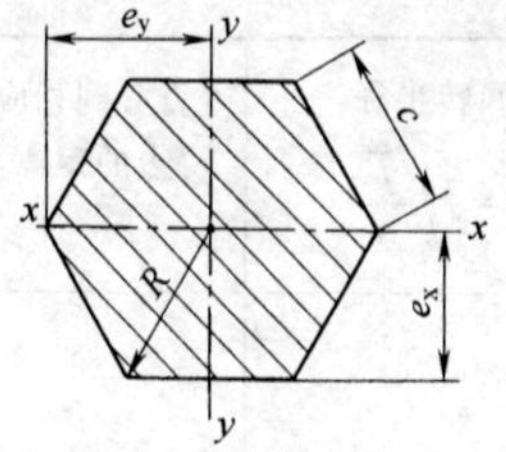 e_y　y　c　x　x　R　e_x　y	$A=2.598C^2$ $C=R$	$I_x=0.5413R^4$ $I_y=I_x$	$W_x=0.625R^3$ $W_y=0.5413R^3$	$i_x=0.4566R$	$e_x=0.866R$ $e_y=R$
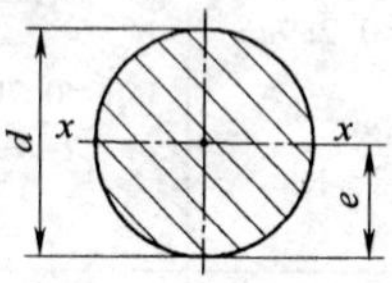 d　x　x　e	$\frac{\pi d^2}{4}$	$\frac{\pi d^4}{64}$	$\frac{\pi d^3}{32}$	$\frac{d}{4}$	$\frac{d}{2}$
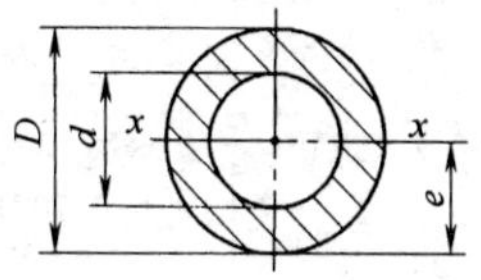 D　d　x　x　e	$\frac{\pi}{4}(D^2-d^2)$	$\frac{\pi}{64}(D^4-d^4)$	$\frac{\pi}{32}\left(\frac{D^4-d^4}{D}\right)$	$\frac{\sqrt{D^4+d^4}}{4}$	$\frac{D}{2}$
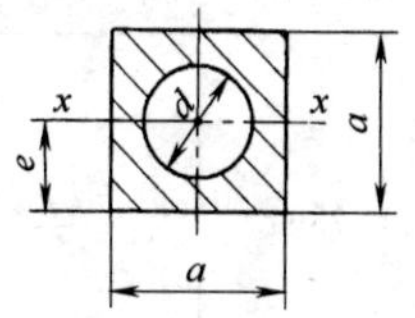 x　d　x　a　e　a	$a^2-\frac{\pi d^2}{4}$	$\frac{1}{12}\left(a^4-\frac{3\pi d^4}{16}\right)$	$\frac{1}{6a}\left(a^4-\frac{3\pi d^4}{16}\right)$	$\sqrt{\frac{16a^4-3\pi d^4}{48(4a^2-\pi d^2)}}$	$\frac{a}{2}$
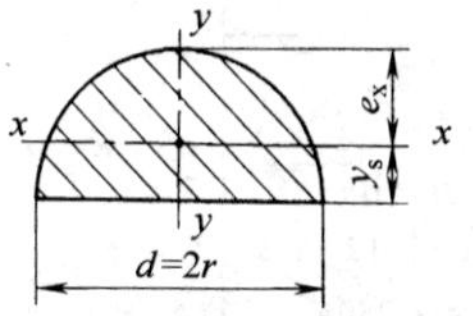 y　x　x　e_x　y_s　y　$d=2r$	$\frac{\pi d^2}{8}$	$I_x=0.00686d^4$ $I_y=\frac{\pi d^4}{128}$	$W_x=0.0239d^3$ $W_y=\frac{\pi d^3}{64}$	$i_x=0.1319d$ $i_y=\frac{d}{4}$	$e_x=0.2878d$ $y_s=0.2122d$
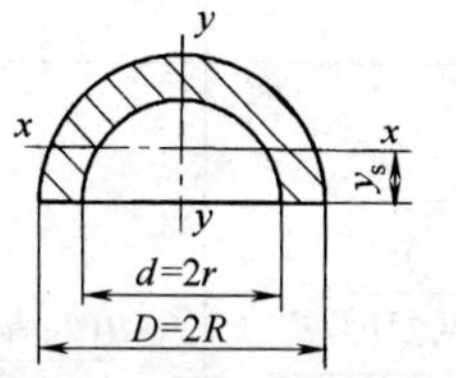 y　x　x　y_s　y　$d=2r$　$D=2R$	$\frac{\pi(D^2-d^2)}{8}$	$I_x=0.00686(D^4-d^4)$ $I_y=\frac{\pi(D^4-d^4)}{128}$	$W_y=\frac{\pi d^3}{64}\left(1-\frac{d^4}{D^4}\right)$	$i_x=\sqrt{\frac{I_x}{A}}$ $i_y=\sqrt{\frac{I_y}{F}}$ $=\frac{1}{4}\sqrt{D^2+d^2}$	$y_s=\frac{2(D^2+Dd+d^2)}{3\pi(D+d)}$
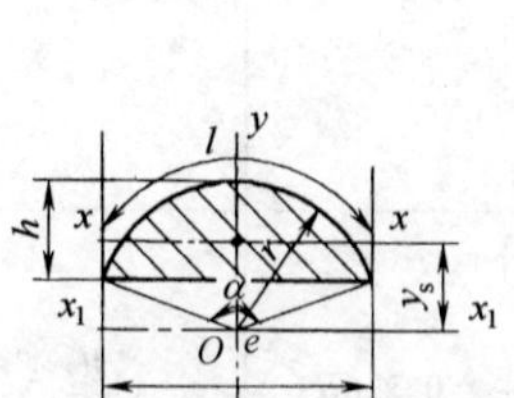 l　y　h　x　x　r　x_1　α　y_s　x_1　O　e　y	$A=\frac{1}{2}[rl-c(r-h)]$；　$l=0.01745\alpha$ $c=2\sqrt{h(2r-h)}$；　$\alpha=\frac{57.296l}{r}$ $r=\frac{c^2+4h^2}{8h}$；　$h=r-\frac{1}{2}\sqrt{4r^2-c^2}$ $I_{x1}=\frac{lr^3}{8}-\frac{r^4}{8}\sin\alpha\cos\alpha$；$J_x=J_{x1}-Ay_s^2$ $I_y=\frac{r^4}{8}\left(\frac{\alpha\pi}{180°}-\sin\alpha-\frac{2}{3}\sin\alpha\sin^2\frac{\alpha}{2}\right)$；$W_x=\frac{J_x}{r-y_s}$			$i_x=\sqrt{\frac{I_x}{A}}$	$y_s=\frac{c^3}{12A}$

（续）

截 面 形 状	面积 A	惯性矩 I	截面系数 $W=\frac{I}{e}$	回转半径 $i=\sqrt{\frac{I}{A}}$	重心到相应边的距离 e
2a, 2b, x, y, e_x, e_y	πab	$I_x=\frac{\pi ab^3}{4}$ $I_y=\frac{\pi a^3 b}{4}$	$W_x=\frac{\pi ab^2}{4}$ $W_y=\frac{\pi a^2 b}{4}$	$i_x=\frac{b}{2}$ $i_y=\frac{a}{2}$	$e_x=b$ $e_y=a$
2a, $2a_1$, 2b, $2b_1$, x, y, e_x, e_y	$\pi(ab-a_1b_1)$	$I_x=\frac{\pi}{4}(ab^3-a_1b_1^3)$ $I_y=\frac{\pi}{4}(a^3b-a_1^3b_1)$	$W_x=\frac{\pi(ab^3-a_1b_1^3)}{4b}$ $W_y=\frac{\pi(a^3b-a_1^3b_1)}{4a}$	$i_x=\sqrt{\frac{I_x}{A}}$ $i_y=\sqrt{\frac{I_y}{A}}$	$e_x=b$ $e_y=a$
a, b/2, b/2, B, H, h, t, e_1, e_2, x b, B, H, h, t, e_1, e_2, x a/2, b, a/2, B, H, h, t, e_1, e_2, x	$BH-b(e_2+h)$	$I_x=\frac{Be_1^3+ae_2^3-bh^3}{3}$	$W_{x1}=\frac{I_x}{e_1}$ $W_{x2}=\frac{I_x}{e_2}$	$\sqrt{\frac{Be_1^3+ae_2^3-bh^3}{3[HB-b(e_2+h)]}}$	$e_1=\frac{aH^2+bt^2}{2(aH+bt)}$ $e_2=H-e_1$

（续）

截面形状	面积 A	惯性矩 I	截面系数 $W=\frac{I}{e}$	回转半径 $i=\sqrt{\frac{I}{A}}$	重心到相应边的距离 e
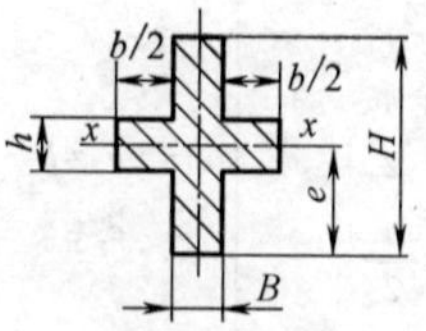 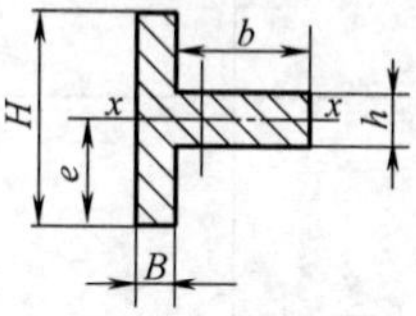 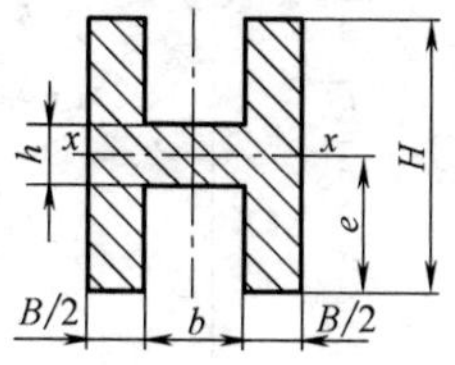	$BH+bh$	$I_x=\frac{BH^3+bh^3}{12}$	$W_x=\frac{BH^3+bh^3}{6H}$	$\sqrt{\frac{BH^3+bh^3}{12(BH+bh)}}$	$\frac{H}{2}$
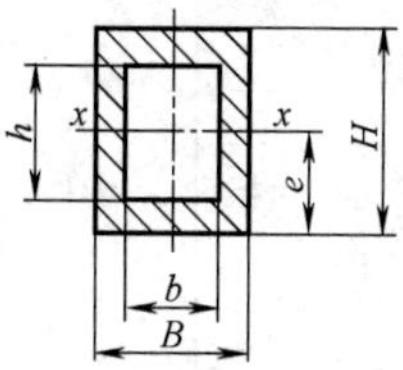 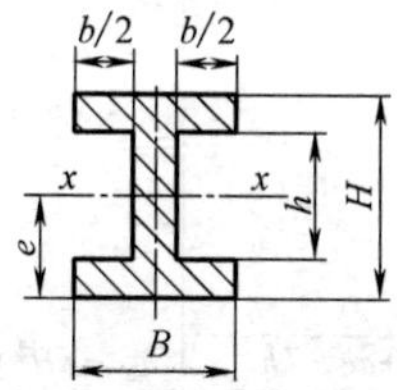 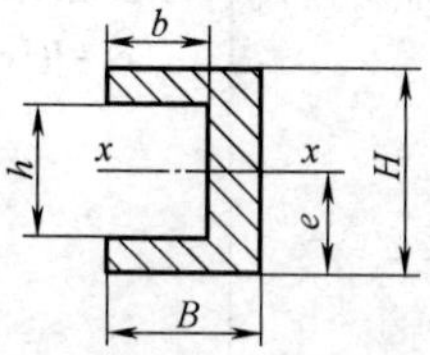 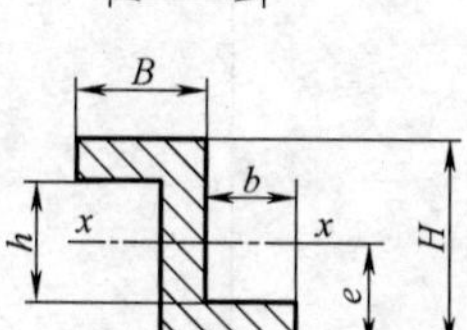	$BH-bh$	$I_x=\frac{BH^3-bh^3}{12}$	$W_x=\frac{BH^3-bh^3}{6H}$	$i_x=\sqrt{\frac{BH^3-bh^3}{12(BH-bh)}}$	$\frac{H}{2}$

表 1-105　主要组合截面的回转半径

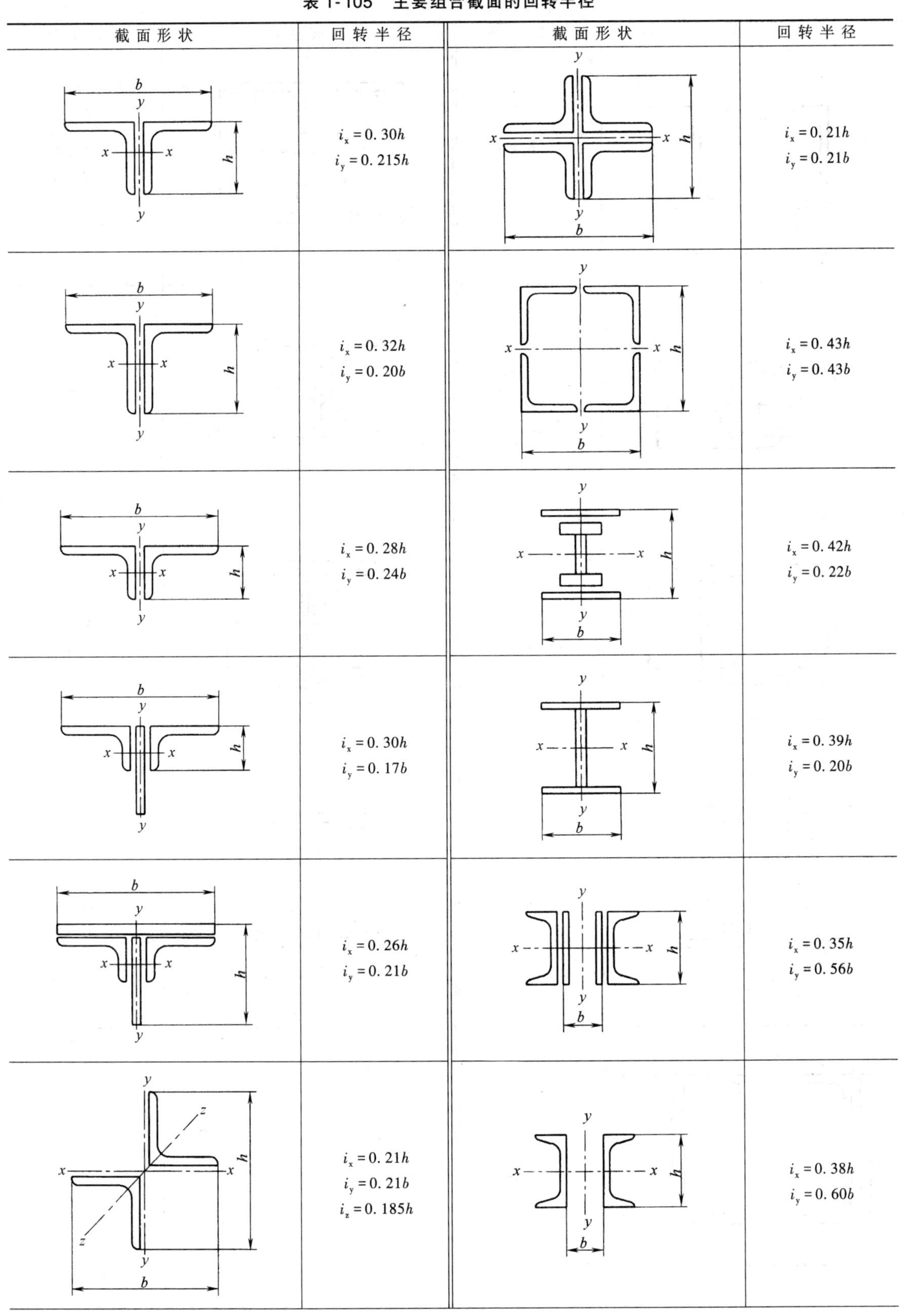

截面形状	回转半径	截面形状	回转半径
	$i_x=0.30h$ $i_y=0.215h$		$i_x=0.21h$ $i_y=0.21b$
	$i_x=0.32h$ $i_y=0.20b$		$i_x=0.43h$ $i_y=0.43b$
	$i_x=0.28h$ $i_y=0.24b$		$i_x=0.42h$ $i_y=0.22b$
	$i_x=0.30h$ $i_y=0.17b$		$i_x=0.39h$ $i_y=0.20b$
	$i_x=0.26h$ $i_y=0.21b$		$i_x=0.35h$ $i_y=0.56b$
	$i_x=0.21h$ $i_y=0.21b$ $i_z=0.185h$		$i_x=0.38h$ $i_y=0.60b$

（续）

截面形状	回转半径	截面形状	回转半径
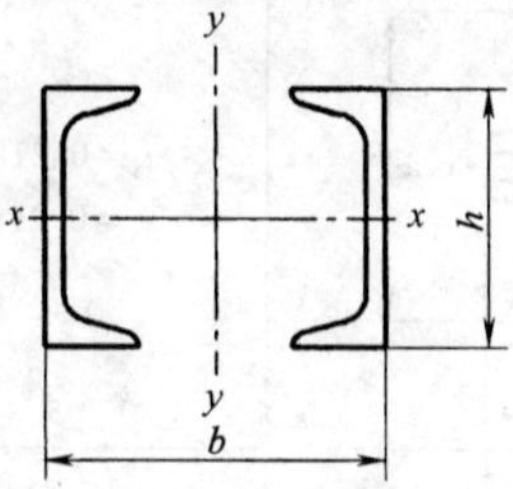	$i_x=0.38h$ $i_y=0.44b$	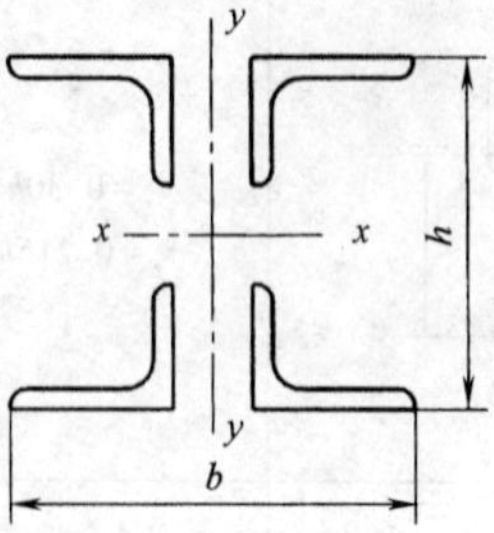	$i_x=0.45h$ $i_y=0.24b$
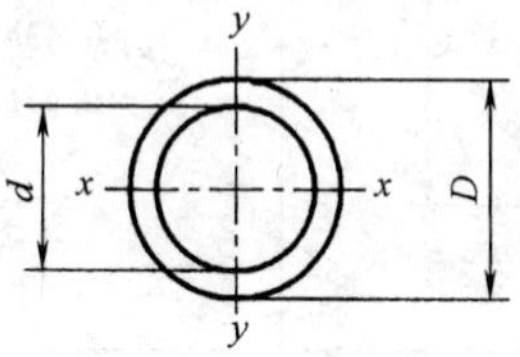	$i_x=0.35d_{cp}$ $d_{cp}=\dfrac{D+d}{2}$	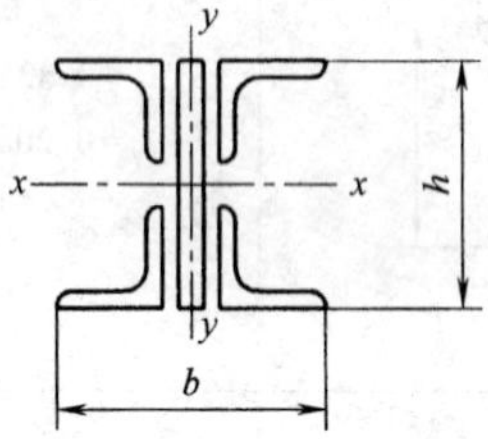	$i_x=0.40h$ $i_y=0.21b$
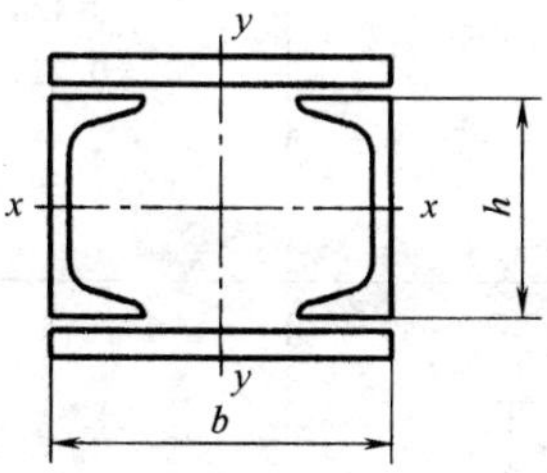	$i_x=0.44h$ $i_y=0.38b$	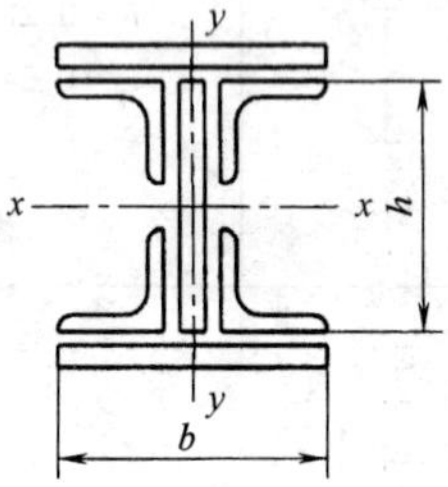	$i_x=0.45h$ $i_y=0.235b$
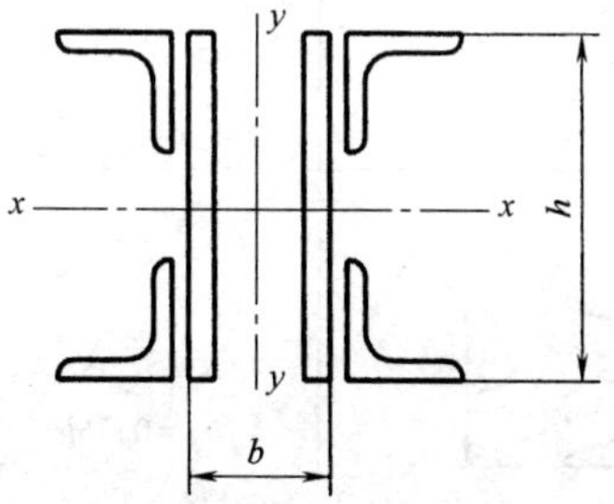	$i_x=0.37h$ $i_y=0.54b$	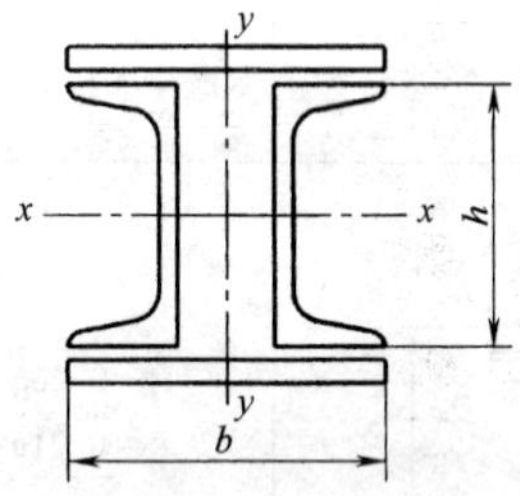	$i_x=0.44h$ $i_y=0.32b$
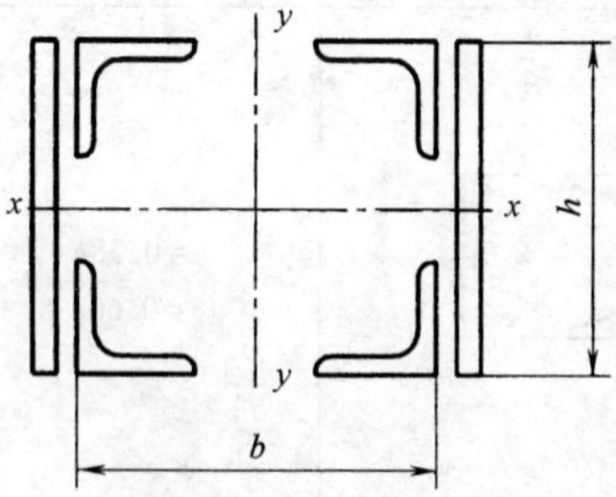	$i_x=0.37h$ $i_y=0.45b$		

1.10.2 受静载荷梁的支点反力、弯矩和变形计算公式（见表 1-106、表 1-107）

表 1-106 常用静定梁的支点反力、弯矩和变形计算公式

序号	载荷情况及剪力图弯矩图	支点反力	弯矩方程	挠度曲线方程	最大挠度	梁端转角
1	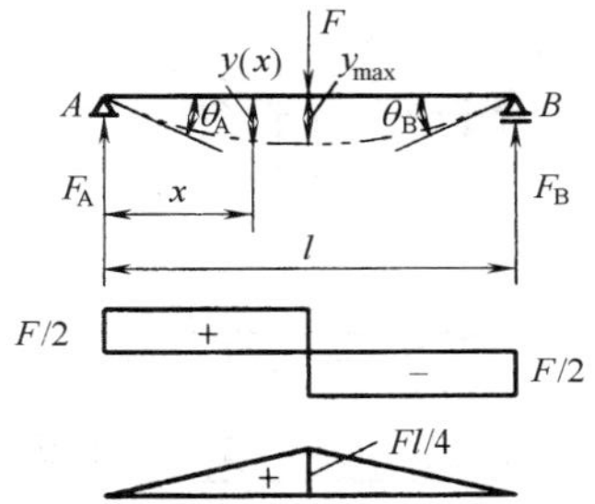	$F_A=F_B=\frac{F}{2}$	$0\leqslant x\leqslant l/2$： $M(x)=\frac{Fx}{2}$	$0\leqslant x\leqslant l/2$： $y=\frac{-Fl^3}{48EI}\left(\frac{3x}{l}-\frac{4x^3}{l^3}\right)$	在 $x=l/2$ 处： $y_{max}=\frac{-Fl^3}{48EI}$	$\theta_A=-\theta_B=\frac{-Fl^2}{16EI}$
2	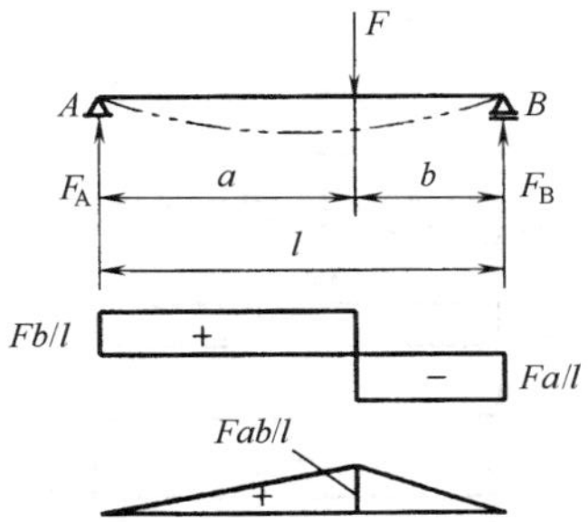	$F_A=\frac{Fb}{l}$ $F_B=\frac{Fa}{l}$	$0\leqslant x\leqslant a$： $M(x)=\frac{Fbx}{l}$ $a\leqslant x\leqslant l$： $M(x)=\frac{Fbx}{l}-F(x-a)$	$0\leqslant x\leqslant a$： $y=\frac{-Fbx}{6EIl}(l^2-x^2-b^2)$ $0\leqslant x\leqslant l$： $y=\frac{-Fb}{6EIl}\times$ $\left[(l^2-b^2)x-x^3+\frac{(x-a)^3}{b}\right]$	若 $a>b$，在 $x=\sqrt{\frac{l^2-b^2}{3}}$ 处： $y_{max}=\frac{-Fb(l^2-b^2)^{3/2}}{9\sqrt{3}EIl}$ 在 $x=l/2$ 处： $y=\frac{-Fb(3l^2-4b^2)}{48EI}$	$\theta_A=\frac{-Fab(l+b)}{6EIl}$ $\theta_B=\frac{Fab(l+a)}{6EIl}$
3	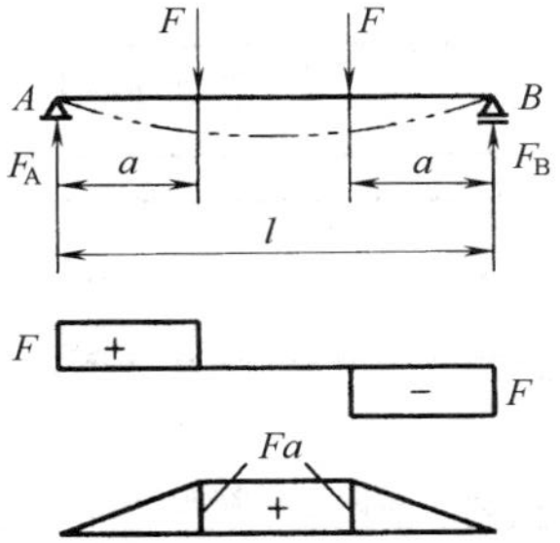	$F_A=F_B=F$	$0\leqslant x\leqslant a$： $M(x)=Fx$ $a\leqslant x\leqslant l-a$： $M=Fa$	$0\leqslant x\leqslant l$： $y=\frac{-Fx}{6EI}[3a(l-a)-x^2]$ $0\leqslant x\leqslant l-a$： $y=\frac{-Fa}{6EI}[3x(l-x)-a^2]$	在 $x=l/2$ 处： $y_{max}=\frac{-Fa}{24EI}(3l^2-4a^2)$	$\theta_A=-\theta_B$ $=\frac{-Fa^2}{2EI}(l-a)$

（续）

序号	载荷情况及剪力图弯矩图	支点反力	弯矩方程	挠度曲线方程	最大挠度	梁端转角
4	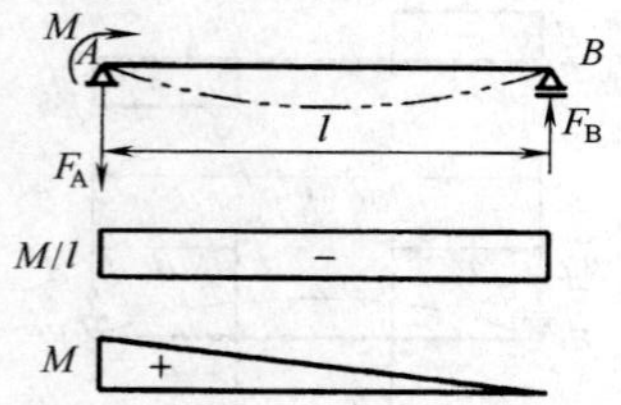 M A B l F_A F_B M/l − M +	$F_A=F_B=\frac{M}{l}$	$M(x)=M\left(1-\frac{x}{l}\right)$	$y=\frac{-Ml^2}{6EI}\left(\frac{2x}{l}-\frac{3x^2}{l^2}+\frac{x^3}{l^3}\right)$	在 $x=\left(1-\frac{1}{\sqrt{3}}\right)l$ 处： $y_{max}=\frac{-Ml^2}{9\sqrt{3}EI}$ 在 $x=l/2$ 处： $y=\frac{-Ml^2}{16EI}$	$\theta_A=\frac{-Ml}{3EI}$ $\theta_B=\frac{Ml}{6EI}$
5	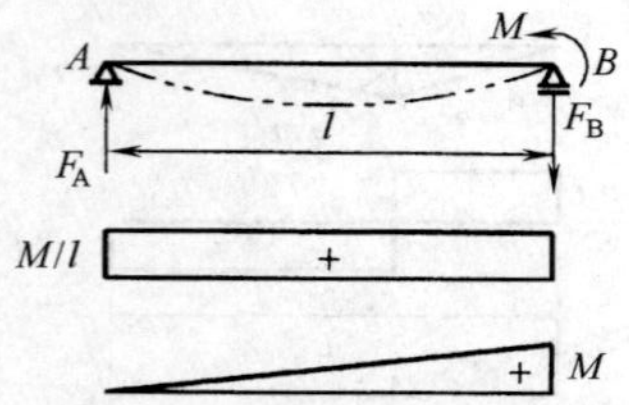 A M B l F_A F_B M/l + + M	$F_A=F_B=\frac{M}{l}$	$M(x)=\frac{Mx}{l}$	$y=\frac{-Ml^2}{6EI}\left(\frac{x}{l}-\frac{x^3}{l^3}\right)$	在 $x=\frac{1}{\sqrt{3}}$ 处： $y_{max}=\frac{-Ml^2}{9\sqrt{3}EI}$ 在 $x=l/2$ 处： $y=\frac{-Ml^2}{16EI}$	$\theta_A=\frac{-Ml}{6EI}$ $\theta_B=\frac{Ml}{3EI}$
6	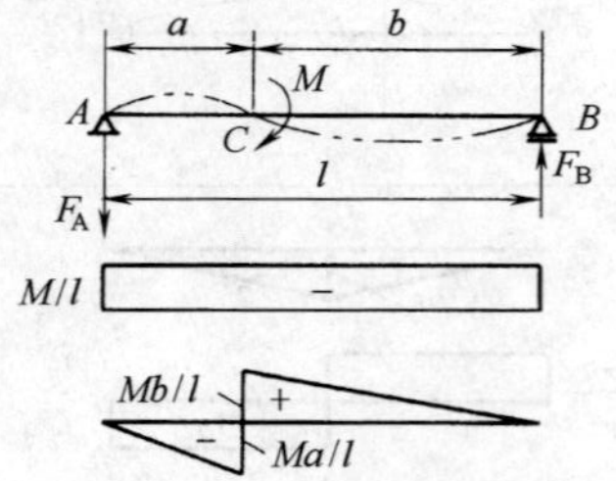 a b M A C B l F_A F_B M/l − Mb/l + − Ma/l	$F_A=F_B=\frac{M}{l}$	$0\leqslant x\leqslant a$： $M(x)=\frac{-Mx}{l}$ $a\leqslant x\leqslant l$： $M(x)=M\left(1-\frac{x}{l}\right)$	$0\leqslant x\leqslant a$： $y=\frac{Mx}{6EIl}(l^2-3b^2-x^2)$ $a\leqslant x\leqslant l$： $y=\frac{-M(l-x)}{6EIl}[l^2-3a^2-(l-x)^2]$	在 $x=\sqrt{(l^2-3b^2)/3}$ 处： $y_{1max}=\frac{M(l^2-3b^2)^{3/2}}{9\sqrt{3}EIl}$ 在 $x=\sqrt{(l^2-3a^2)/3}$ 处： $y_{2max}=\frac{-M(l^2-3a^2)^{3/2}}{9\sqrt{3}EIl}$	$\theta_A=\frac{M(l^2-3b^2)}{6EIl}$ $\theta_B=\frac{M(l^2-3a^2)}{6EIl}$ $\theta_C=\frac{-M}{6EIl}(3a^2+3b^2-l^2)$
7	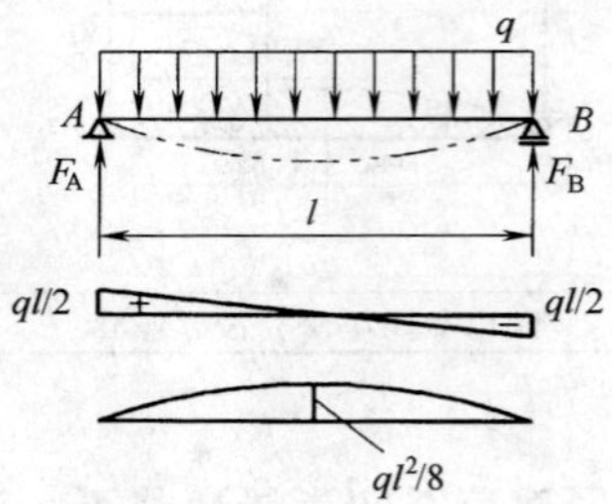 q A B F_A F_B l ql/2 + − ql/2 $ql^2/8$	$F_A=F_B=\frac{ql}{2}$	$M(x)=\frac{qx}{2}(l-x)$	$y=\frac{-qx}{24EI}(l^3-2lx^2+x^3)$	在 $x=l/2$ 处： $y_{max}=\frac{-5ql^4}{384EI}$	$\theta_A=-\theta_B=\frac{-ql^3}{24EI}$

8	q_0 A B F_A F_B l $q_0l/6$ + − $q_0l/3$ $0.577l$ + $q_0l^2/9\sqrt{3}$	$F_A=\frac{q_0l}{6}$ $F_B=\frac{q_0l}{3}$	$M(x)=\frac{q_0lx}{6}\left(1-\frac{x^2}{l^2}\right)$	$y=\frac{-q_0l^4}{360EI}\times$ $\left(\frac{7x}{l}-\frac{10x^3}{l^3}+\frac{3x^5}{l^5}\right)$	在 $x=0.519l$ 处： $y_{max}=-0.00652\frac{q_0l^3}{EI}$	$\theta_A=\frac{-7q_0l^3}{360EI}$ $\theta_B=\frac{q_0l^3}{45EI}$
9	q A B F_A F_B a b c l $\frac{qb}{l}(\frac{b}{2}+c)$ + − $\frac{qb}{l}(\frac{b}{2}+a)$ + M_{max}	$F_A=\frac{qb}{l}\left(\frac{b}{2}+c\right)$ $F_B=\frac{qb}{l}\left(\frac{b}{2}+c\right)$	$0\leqslant x\leqslant a$： $M(x)=\frac{qb}{l}\left(\frac{b}{2}+c\right)x$ $a\leqslant x\leqslant a+b$： $M(x)=\frac{qb}{l}\left(\frac{b}{2}+c\right)x-$ $\frac{q}{2}(x-a)^2$ 在 $x=a+\frac{b}{l}\left(\frac{b}{2}+c\right)$ 处： $M_{max}=\frac{qb}{l}\left(\frac{b}{2}+c\right)\times$ $\left[a+\frac{b}{2l}\left(\frac{b}{2}+c\right)\right]$	$0\leqslant x\leqslant a$： $y=\frac{-qbx}{6EIl}\left(\frac{b}{2}+c\right)\times$ $\left[l^2-\left(\frac{b}{2}+c\right)^2-\frac{b^2}{4}-x^2\right]$ $a\leqslant x\leqslant a+b$： $y=\frac{-qb}{6EIl}\left\{\left(\frac{b}{2}+c\right)x\times\right.$ $\left[l^2-\left(\frac{b}{2}+c\right)^2-\frac{b^2}{4}-x^2\right]+$ $\left.\frac{l}{4b}(x-a)^4\right\}$ $a+b\leqslant x\leqslant l$ $y=\frac{-qb}{6EIl}(a+b)(l-x)\times$ $\left[l^2-\left(a+\frac{b}{2}\right)^2-\frac{b^2}{4}-(l-x)^2\right]$	在 $a\leqslant x\leqslant a+b$ 处： 令 $y'=0$，求出 x 的数值解， 代入 y 方程即得 y_{max}	$\theta_A=\frac{-qb}{6EIl}\left(\frac{b}{2}+c\right)\times$ $\left[l^2-\left(\frac{b}{2}+c\right)^2-\frac{b^2}{4}\right]$ $\theta_B=\frac{qb}{6EIl}(a+b)\times$ $\left[l^2-\left(a+\frac{b}{2}\right)^2-\frac{b^2}{4}\right]$
10	q_0 A B F_A F_B $l/2$ $l/2$ $q_0l/4$ + − $q_0l/4$ + $q_0l^2/12$	$F_A=F_B=\frac{q_0l}{4}$	$0\leqslant x\leqslant l/2$： $M(x)=\frac{q_0lx}{12}\left(3-\frac{4x^2}{l^2}\right)$	$0\leqslant x\leqslant l/2$： $y=\frac{-q_0l^4}{960EI}\left(\frac{25x}{l}-\right.$ $\left.\frac{40x^3}{l^3}+\frac{16x^5}{l^5}\right)$	在 $x=l/2$ 处： $y_{max}=\frac{-q_0l^4}{120EI}$	$\theta_A=-\theta_B=\frac{-5q_0l}{192EI}$

（续）

序号	载荷情况及剪力图弯矩图	支点反力	弯矩方程	挠度曲线方程	最大挠度	梁端转角
11	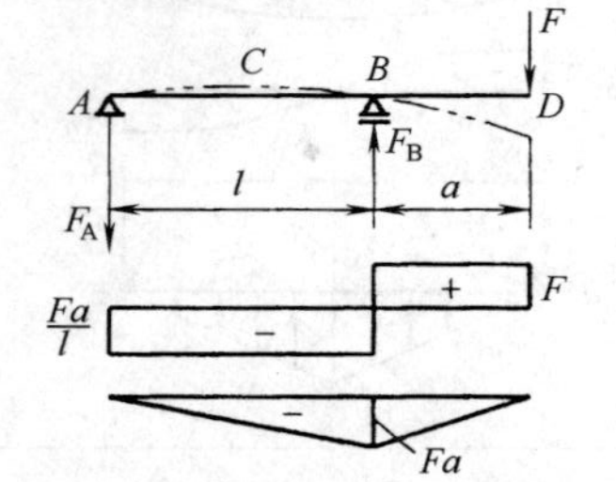	$F_A=\frac{Fa}{l}$ $F_B=\frac{F(a+l)}{l}$	$0\leqslant x\leqslant l$: $M(x)=\frac{-Fax}{l}$ $l\leqslant x\leqslant l+a$: $M(x)=-F(l+a-x)$	$0\leqslant x\leqslant l$: $y=\frac{Fal^2}{6EI}\left(\frac{x}{l}-\frac{x^3}{l^3}\right)$ $l\leqslant x\leqslant l+a$: $y=\frac{F}{6EIl}[al^2x-ax^3+(a+l)\times(x-l)^3]$	在 $x=l+a$ 处: $y_{max}=\frac{-Fa^2}{3EI}(l+a)$ 在 $x=l/2$ 处: $y=\frac{Fal^2}{16EI}$	$\theta_A=\frac{Fal}{6EI}$ $\theta_B=\frac{-Fal}{3EI}$ $\theta_D=\frac{-Fa}{6EI}(2l+3a)$
12	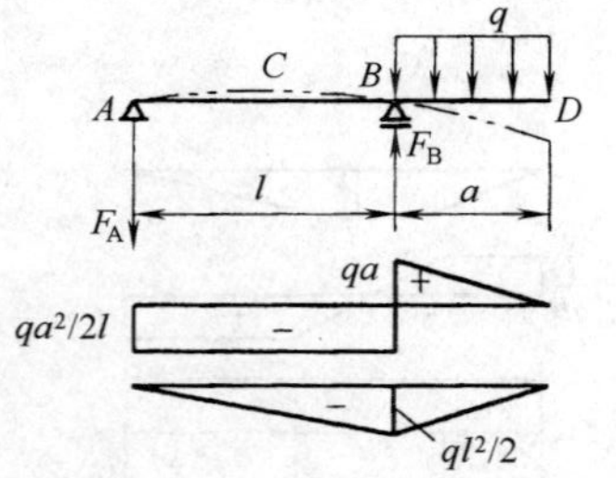	$F_A=\frac{qa^2}{2l}$ $F_B=qa\left(1+\frac{a}{2l}\right)$	$0\leqslant x\leqslant l$: $M(x)=\frac{-qa^2}{2l}x$ $l\leqslant x\leqslant l+a$: $M(x)=\frac{-q}{2}(l+a-x)^2$	$0\leqslant x\leqslant l$: $y=\frac{qa^2l^2}{12EI}\left(\frac{x}{l}-\frac{x^3}{l^3}\right)$ $l\leqslant x\leqslant l+a$: $y=\frac{-qa^2}{12EIl}\left[-l^2x+x^3-\frac{(a+2l)(x-l)^3}{a}-\frac{l}{2a^2}(x-l)^4\right]$	在 $x=l/2$ 处: $y=\frac{qa^2l^2}{32EI}$ 在 $x=l+a$ 处: $y_{max}=\frac{-qa^3}{24EI}(3a+4l)$	$\theta_A=\frac{qa^2l}{12EI}$ $\theta_B=\frac{-qa^2l}{6EI}$ $\theta_D=\frac{-qa^2}{6EI}(l+a)$
13	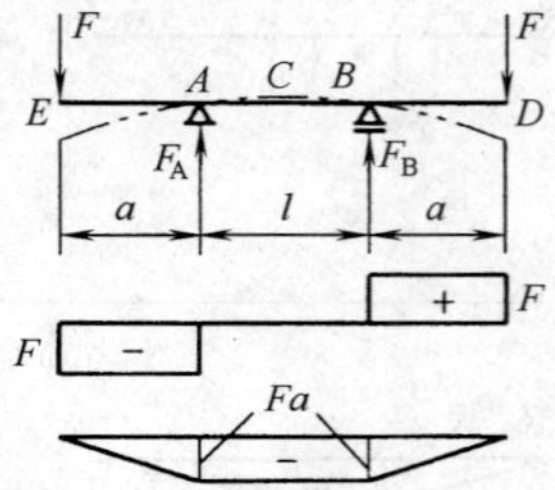	$F_A=F_B=F$	$0\leqslant x\leqslant a$: $M(x)=-Fx$ $a\leqslant x\leqslant l+a$: $M=-Fa$	$0\leqslant x\leqslant a$: $y=\frac{-F}{6EI}[a^2(2a+3l)-3a\times(a+l)x+x^2]$ $a\leqslant x\leqslant l+a$: $y=\frac{F}{6EI}[3a(a+l)x-a^2\times(2a+3l)-x^3+(x-a)^3]$	$y_D=y_E=\frac{-Fa^2(2a+3l)}{6EI}$ 在 $x=a+l/2$ 处: $y_C=\frac{Fal^2}{8EI}$	$\theta_A=-\theta_B=\frac{Fal}{2EI}$ $\theta_E=-\theta_D=\frac{Fa(l+a)}{2EI}$
14	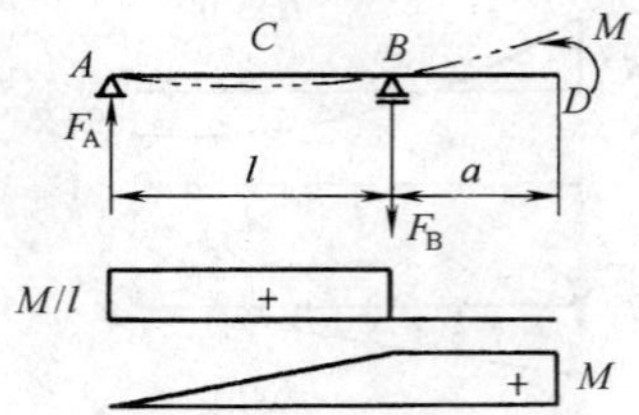	$F_A=F_B=\frac{M}{l}$	$0\leqslant x\leqslant l$: $M(x)=\frac{M}{l}x$ $l\leqslant x\leqslant l+a$: $M_{max}=M$	$0\leqslant x\leqslant l$: $y=\frac{-Ml^2}{6EI}\left[\frac{x}{l}-\frac{x^3}{l^3}\right]$ $l\leqslant x\leqslant l+a$: $y=\frac{M}{6EI}(l-3x)(l-x)$	在 $x=l/2$ 处: $y=\frac{-Ml^2}{16EI}$ $y_D=\frac{M}{6EI}(2la+3a^2)$	$\theta_A=\frac{-Ml}{6EI}$ $\theta_B=\frac{Ml}{3EI}$ $\theta_D=\frac{M}{3EI}(l+3a)$

15	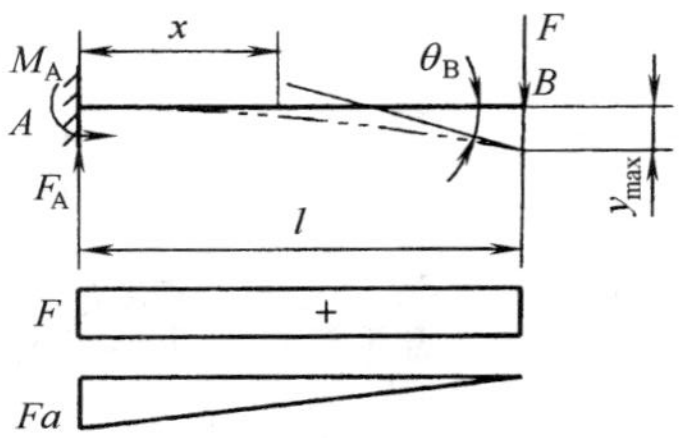	$F_A = F$ $M_A = Fl$	$M(x) = F(x-l)$	$y = \frac{-Fl^3}{6EI}\left(\frac{3x^2}{l^2} - \frac{x^3}{l^3}\right)$	在 $x = l$ $y_{max} = \frac{-Fl^3}{3EI}$	$\theta_B = \frac{-Fl^2}{2EI}$
16	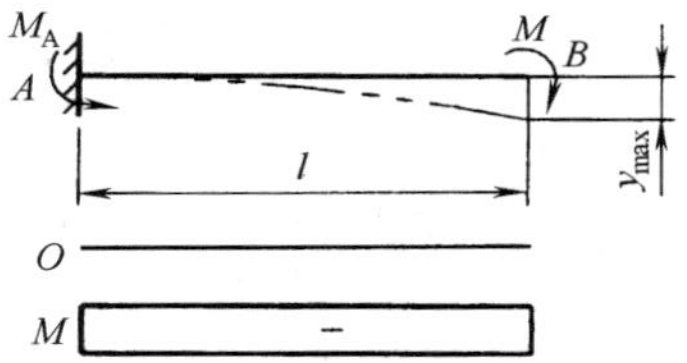	$M_A = M$	$M(x) = -M$	$y = \frac{-Mx^2}{2EI}$	在 $x = l$ 处： $y_{max} = \frac{-Ml^2}{2EI}$	$\theta_B = \frac{-Ml}{EI}$
17	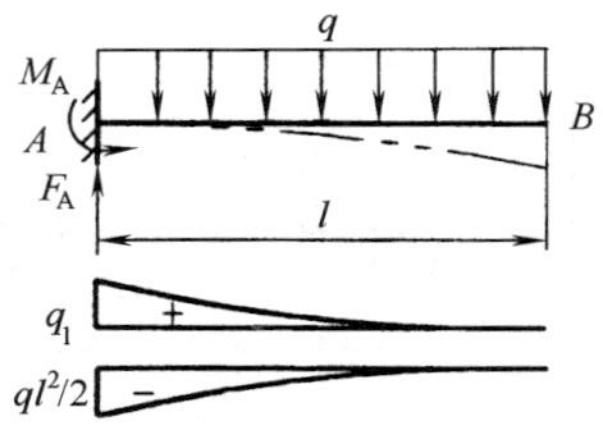	$F_A = ql$ $M_A = \frac{ql^2}{2}$	$M(x) = q\left(lx - \frac{l^2 + x^2}{2}\right)$	$y = \frac{-ql^4}{24EI}\left(\frac{6x^2}{l^2} - \frac{4x^3}{l^3} + \frac{x^4}{l^4}\right)$	在 $x = l$ 处： $y_{max} = \frac{-ql^4}{8EI}$	$\theta_B = \frac{-ql^3}{6EI}$
18	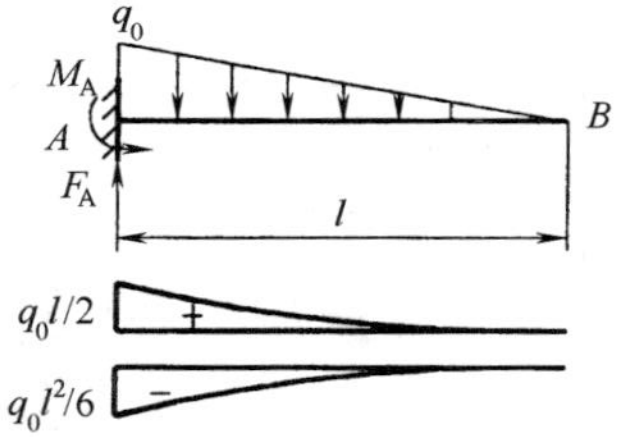	$F_A = \frac{q_0 l}{2}$ $M_A = \frac{q_0 l^2}{6}$	$M(x) = \frac{q_0 l}{6}\left(\frac{3x}{l} - \frac{3x^2}{l^2} + \frac{x^3}{l^3} - 1\right)$	$y = \frac{-q_0 l^4}{120EI}\left(\frac{10x^2}{l^2} - \frac{10x^3}{l^3} + \frac{5x^4}{l^4} - \frac{x^5}{l^5}\right)$	在 $x = l$ 处： $y_{max} = \frac{-q_0 l^4}{30EI}$	$\theta_B = \frac{-q_0 l^3}{24EI}$

注：式中 x 为从梁左端起量的坐标（参见序号 1、15 的图），E 为材料弹性模量，I 为惯性矩，下同。

表 1-107 静不定梁的支点反力、弯矩和变形计算公式

载荷、挠曲线和弯矩图	支点反力、弯矩	挠度曲线方程	挠　度	梁端转角
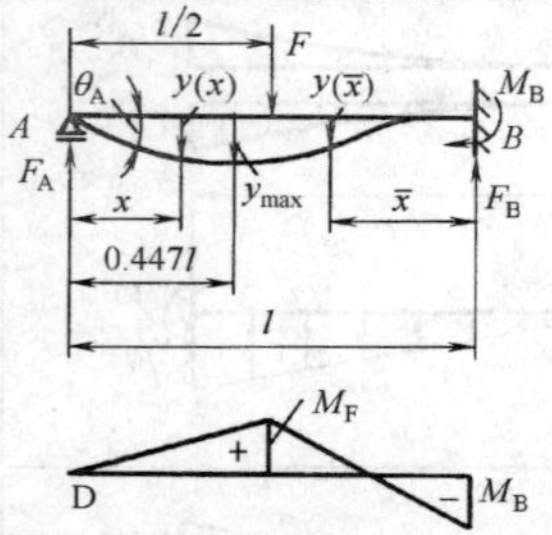	$F_A=\frac{5}{16}F$ $F_B=\frac{11}{16}F$ $M_B=-\frac{3}{16}Fl$ $M_F=\frac{5}{32}Fl$	$0\leqslant x\leqslant l/2$: $y(x)=\frac{-Fl^3}{96EI}\left[3\frac{x}{l}-5\left(\frac{x}{l}\right)^3\right]$ $0\leqslant\bar{x}\leqslant l/2$: $y(\bar{x})=\frac{-Fl^3}{96EI}\left[9\left(\frac{\bar{x}}{l}\right)^2-11\left(\frac{\bar{x}}{l}\right)^3\right]$	在 $x=0.447l$ 处： $y_{max}=\frac{-Fl^3}{48\sqrt{5}EI}$ 在 $x=l/2$ 处： $y=\frac{-7}{768}\frac{Fl^3}{EI}$	$\theta_A=\frac{Fl^2}{32EI}$
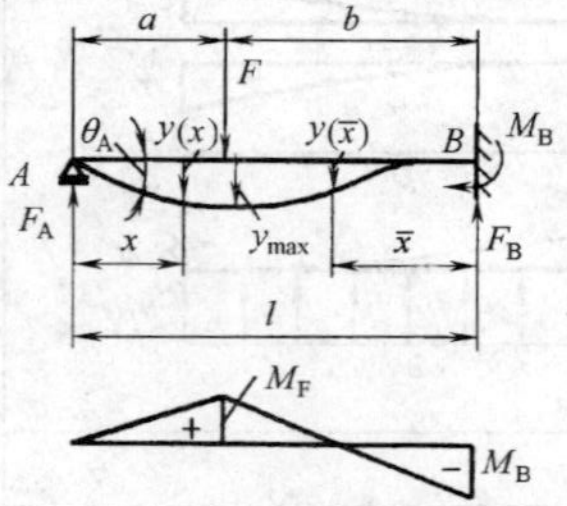	$F_A=F\left(\frac{b}{l}\right)^2\left(1+\frac{a}{2l}\right)$ $F_B=F\left(\frac{a}{l}\right)^2\left(1+\frac{b}{2l}+\frac{3b}{2a}\right)$ $M_B=-F\frac{ab}{l}\left(1-\frac{b}{2l}\right)$ $M_F=F\frac{ab^2}{l^2}\left(1+\frac{a}{2l}\right)$	$0\leqslant x\leqslant a$: $y(x)=\frac{-Flb^2}{4EI}\left[\frac{a}{l}\frac{x}{l}-\frac{2}{3}\left(1+\frac{a}{2l}\right)\left(\frac{x}{l}\right)^3\right]$ $0\leqslant\bar{x}\leqslant b$: $y(\bar{x})=\frac{-Fl^2a}{4EI}\left[\left(1-\frac{a^2}{l^2}\right)\left(\frac{\bar{x}}{l}\right)^2-\left(1-\frac{a^2}{3l^2}\right)\left(\frac{\bar{x}}{l}\right)^3\right]$	当 $b=0.586l$ 时 在 C 截面处： $y_{max}=-0.0098\frac{Fl^3}{EI}$ 在 $x=a$ 处： $y=\frac{-Fa^2b^3}{4EIl^2}\left(1+\frac{a}{3l}\right)$	$\theta_A=\frac{Fab^2}{4EIl}$
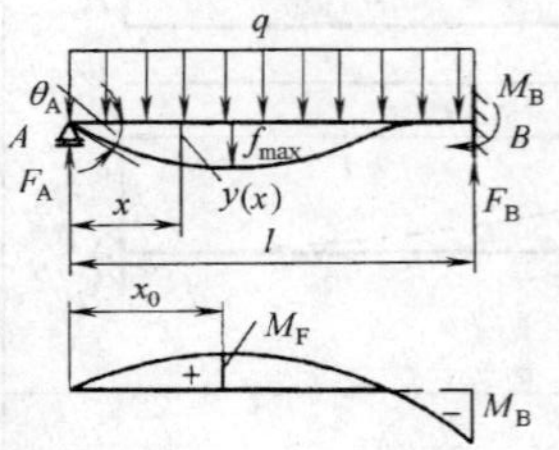	$F_A=\frac{3}{8}ql$，$F_B=\frac{5}{8}ql$ $M_B=-\frac{1}{8}ql^2$ $M_F=\frac{9}{128}ql^2$ 在 $x_0=\frac{3}{8}l$	$y(x)=\frac{-ql^4}{48EI}\left[\frac{x}{l}-3\left(\frac{x}{l}\right)^3+2\left(\frac{x}{l}\right)^4\right]$	在 $x=0.4215l$ 处： $y_{max}=\frac{-ql^4}{185EI}$	$\theta_A=\frac{ql^3}{48EI}$
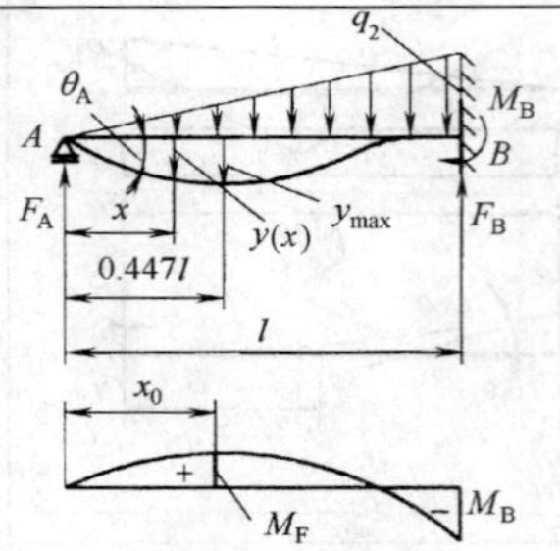	$F_A=\frac{1}{10}q_2l$ $F_B=\frac{4}{10}q_2l$ $M_B=-\frac{1}{15}q_2l^2$ $M_F=0.0298q_2l^2$ $x_0=0.447l$	$y(x)=\frac{-q_2l^4}{120EI}\left[\frac{x}{l}-2\left(\frac{x}{l}\right)^3+\left(\frac{x}{l}\right)^5\right]$	在 $x=0.447l$ 处： $y_{max}=\frac{-q_2l^4}{419EI}$	$\theta_A=\frac{q_2l^3}{120EI}$

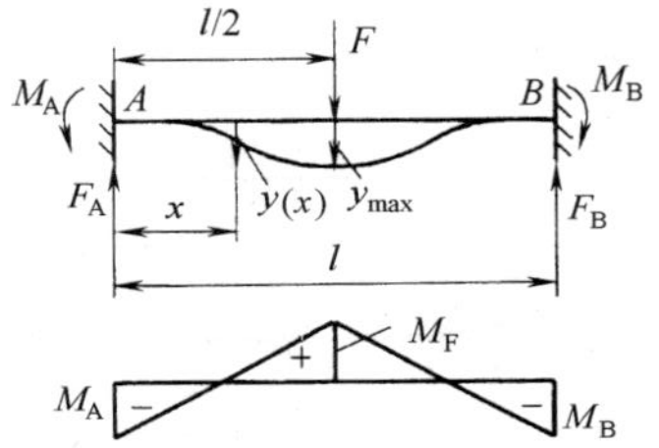	$F_A=F_B=\frac{1}{2}F$ $M_A=M_B=-\frac{1}{8}Fl$ $M_F=\frac{1}{8}Fl$	$0\leqslant x\leqslant l/2$: $y(x)=\frac{-Fl^3}{48EI}\left[3\left(\frac{x}{l}\right)^2-4\left(\frac{x}{l}\right)^3\right]$	在 $x=l/2$ 处: $y_{max}=\frac{-Fl^3}{192EI}$	
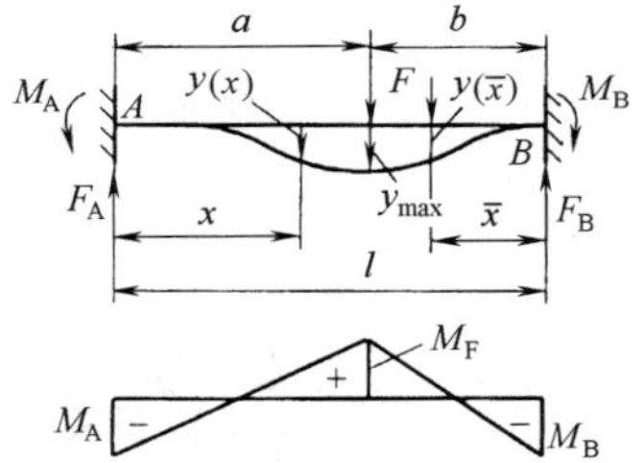	$F_A=F\left(\frac{b}{l}\right)^2\left(1+2\frac{a}{l}\right)$ $F_B=F\left(\frac{a}{l}\right)^2\left(1+2\frac{b}{l}\right)$ $M_A=-Fa\left(\frac{b}{l}\right)^2$ $M_B=-Fb\left(\frac{a}{l}\right)^2$ $M_F=2Fl\left(\frac{a}{l}\right)^2\left(\frac{b}{l}\right)^2$	$0\leqslant x\leqslant b$: $y(x)=\frac{-Flb^2}{6EI}\left[3\frac{a}{l}\left(\frac{x}{l}\right)^2-\left(1+\frac{2a}{l}\right)\left(\frac{x}{l}\right)^3\right]$ $0\leqslant\bar{x}\leqslant b$: $y(\bar{x})=\frac{-Fla^2}{6EI}\left[3\frac{b}{l}\left(\frac{\bar{x}}{l}\right)^2-\left(1+\frac{2b}{l}\right)\left(\frac{\bar{x}}{l}\right)^3\right]$	若 $a>b$, 在 $x=\frac{2al}{3a+b}$ 处: $y_{max}=\frac{-2F}{3EI}\frac{a^3b^2}{(3a+b)^2}$ 在 $x=a$ 处: $y=\frac{-Fa^3b^3}{3EIl^3}$	
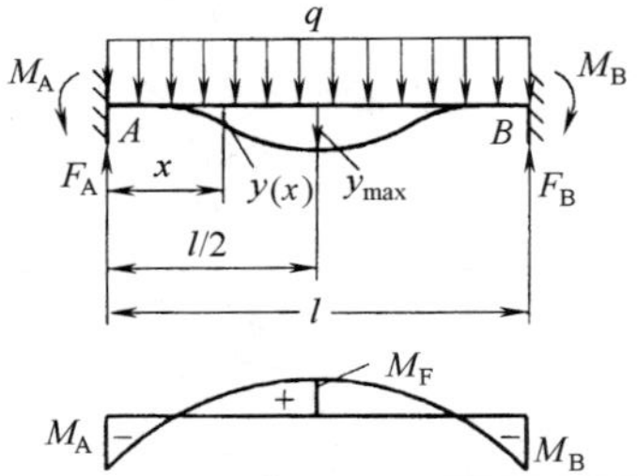	$F_A=F_B=\frac{1}{2}ql$ $M_A=M_B=-\frac{1}{12}ql^2$ $M_F=\frac{1}{24}ql^2$	$y(x)=\frac{ql^4}{24EI}\left[\left(\frac{x}{l}\right)^2-2\left(\frac{x}{l}\right)^3+\left(\frac{x}{l}\right)^4\right]$	在 $x=l/2$ 处: $y_{max}=\frac{-ql^4}{384EI}$	
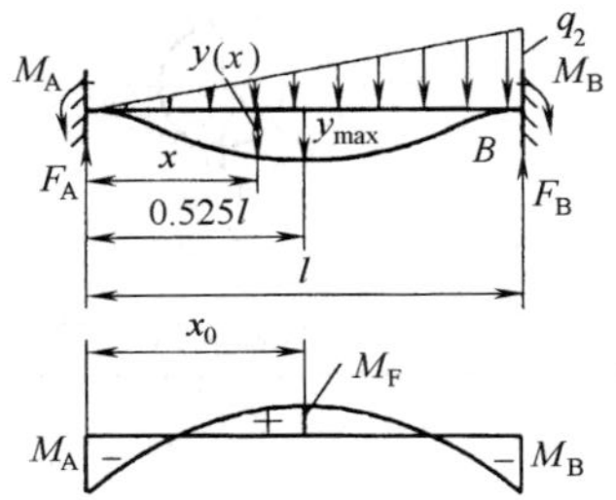	$F_A=\frac{3}{20}q_2l$ $F_B=\frac{7}{20}q_2l$ $M_A=-\frac{1}{30}q_2l^2$ $M_B=-\frac{1}{20}q_2l^2$ $M_F=0.0214q_2l^2$ $x_0=0.548l$	$y(x)=\frac{q_2l^4}{120EI}\left[2\left(\frac{x}{l}\right)^2-3\left(\frac{x}{l}\right)^3+\left(\frac{x}{l}\right)^5\right]$	在 $x=0.525l$ 处: $y_{max}=\frac{-q_2l^4}{764EI}$	

1.10.3 常用零件的接触应力和接触变形计算公式（见表 1-108 和表 1-109）

表 1-108 常用零件接触应力和接触变形计算公式

接触情况	接触面积尺寸	最大接触应力 σ_{max}	接触物体靠近位移值 Δ
球与球	$a=b=0.9086\sqrt[3]{F\frac{R_1R_2}{R_1+R_2}\left(\frac{1-\mu_1^2}{E_1}+\frac{1-\mu_2^2}{E_2}\right)}$	$0.5784\sqrt[3]{F\frac{\left(\frac{R_1+R_2}{R_1R_2}\right)^2}{\left(\frac{1-\mu_1^2}{E_1}+\frac{1-\mu_2^2}{E_2}\right)^2}}$	$0.8255\sqrt[3]{F^2\frac{R_1+R_2}{R_1R_2}\left(\frac{1-\mu_1^2}{E_1}+\frac{1-\mu_2^2}{E_2}\right)^2}$
	当 $E_1=E_2=E,\mu_1=\mu_2=0.3$ 时		
	$a=b=1.109\sqrt[3]{\frac{F}{E}\frac{R_1R_2}{R_1+R_2}}$	$0.388\sqrt[3]{FE^2\left(\frac{R_1+R_2}{R_1R_2}\right)^2}$ $\tau_{max}=\sigma_{max}/3$　$\sigma_{1max}=0.133\sigma_{max}$	$1.231\sqrt[3]{\left(\frac{F}{E}\right)^2\frac{R_1+R_2}{R_1R_2}}$
球与球形凹面	$a=b=0.9086\sqrt[3]{F\frac{R_1R_2}{R_2-R_1}\left(\frac{1-\mu_1^2}{E_1}+\frac{1-\mu_2^2}{E_2}\right)}$	$0.5784\sqrt[3]{F\frac{\left(\frac{R_2-R_1}{R_1R_2}\right)^2}{\left(\frac{1-\mu_1^2}{E_1}+\frac{1-\mu_2^2}{E_2}\right)^2}}$	$0.8255\sqrt[3]{F^2\frac{R_2-R_1}{R_1R_2}\left(\frac{1-\mu_1^2}{E_1}+\frac{1-\mu_2^2}{E_2}\right)^2}$
	当 $E_1=E_2=E,\mu_1=\mu_2=0.3$ 时		
	$a=b=1.109\sqrt[3]{\frac{F}{E}\frac{R_1R_2}{R_2-R_1}}$	$0.388\sqrt[3]{FE^2\left(\frac{R_2-R_1}{R_1R_2}\right)^2}$ $\tau_{max}=\sigma_{max}/3$　$\sigma_{1max}=0.133\sigma_{max}$	$1.231\sqrt[3]{\left(\frac{F}{E}\right)^2\frac{R_2-R_1}{R_1R_2}}$
球与圆柱	$a=1.145n_a\sqrt[3]{F\frac{R_1R_2}{2R_2+R_1}\left(\frac{1-\mu_1^2}{E_1}+\frac{1-\mu_2^2}{E_2}\right)}$ $b=1.145n_b\sqrt[3]{F\frac{R_1R_2}{2R_2+R_1}\left(\frac{1-\mu_1^2}{E_1}+\frac{1-\mu_2^2}{E_2}\right)}$ $A=\frac{1}{2R_1}$　$B=\frac{1}{2}\left(\frac{1}{R_1}+\frac{1}{R_2}\right)$	$0.365n_\sigma\sqrt[3]{F\frac{\left(\frac{2R_2+R_1}{R_1R_2}\right)^2}{\left(\frac{1-\mu_1^2}{E_1}+\frac{1-\mu_2^2}{E_2}\right)^2}}$	$0.655n_\delta\sqrt[3]{F^2\frac{2R_2+R_1}{R_1R_2}\left(\frac{1-\mu_1^2}{E_1}+\frac{1-\mu_2^2}{E_2}\right)^2}$
	当 $E_1=E_2=E,\mu_1=\mu_2=0.3$ 时		
	$a=1.397n_a\sqrt[3]{\frac{F}{E}\frac{R_1R_2}{2R_2+R_1}}$ $b=1.397n_b\sqrt[3]{\frac{F}{E}\frac{R_1R_2}{2R_2+R_1}}$	$0.245n_\sigma\sqrt[3]{FE^2\left(\frac{2R_2+R_1}{R_1R_2}\right)^2}$	$0.977n_\delta\sqrt[3]{\left(\frac{F}{E}\right)^2\frac{2R_2+R_1}{R_1R_2}}$

球与平面	$a=b=0.9086\sqrt[3]{FR\left(\frac{1-\mu_1^2}{E_1}+\frac{1-\mu_2^2}{E_2}\right)}$	$0.5784\sqrt[3]{\frac{F}{R^2\left(\frac{1-\mu_1^2}{E_1}+\frac{1-\mu_2^2}{E_2}\right)^2}}$	$0.8255\sqrt[3]{\frac{F^2}{R}\left(\frac{1-\mu_1^2}{E_1}+\frac{1-\mu_2^2}{E_2}\right)^2}$
	当 $E_1=E_2=E,\mu_1=\mu_2=0.3$ 时		
	$a=b=1.109\sqrt[3]{\frac{F}{E}R}$	$0.388\sqrt[3]{FE^2\frac{1}{R^2}}$ $\tau_{max}=\sigma_{max}/3\quad \sigma_{1max}=0.133\sigma_{max}$	$1.231\sqrt[3]{\left(\frac{F}{E}\right)^2\frac{1}{R}}$
球与圆柱凹面	$a=1.145n_a\sqrt[3]{F\frac{R_1R_2}{2R_2-R_1}\left(\frac{1-\mu_1^2}{E_1}+\frac{1-\mu_2^2}{E_2}\right)}$ $b=1.145n_b\sqrt[3]{F\frac{R_1R_2}{2R_2-R_1}\left(\frac{1-\mu_1^2}{E_1}+\frac{1-\mu_2^2}{E_2}\right)}$ $A=\frac{1}{2}\left(\frac{1}{R_1}-\frac{1}{R_2}\right)\quad B=\frac{1}{2R_1}$	$0.365n_\sigma\sqrt[3]{F\frac{\left(\frac{2R_2-R_1}{R_1R_2}\right)^2}{\left(\frac{1-\mu_1^2}{E_1}+\frac{1-\mu_2^2}{E_2}\right)^2}}$	$0.655n_\delta\sqrt[3]{F^2\frac{2R_2-R_1}{R_1R_2}\left(\frac{1-\mu_1^2}{E_1}+\frac{1-\mu_2^2}{E_2}\right)^2}$
	当 $E_1=E_2=E,\mu_1=\mu_2=0.3$ 时		
	$a=1.397n_a\sqrt[3]{\frac{F}{E}\frac{R_1R_2}{2R_2-R_1}}$ $b=1.397n_b\sqrt[3]{\frac{F}{E}\frac{R_1R_2}{2R_2-R_1}}$	$0.245n_\sigma\sqrt[3]{FE^2\left(\frac{2R_2-R_1}{R_1R_2}\right)^2}$	$0.977n_\delta\sqrt[3]{\left(\frac{F}{E}\right)^2\frac{2R_2-R_1}{R_1R_2}}$
平行圆柱	接触带半宽： $b=1.128\sqrt{\frac{F}{l}\frac{R_1R_2}{R_1+R_2}\left(\frac{1-\mu_1^2}{E_1}+\frac{1-\mu_2^2}{E_2}\right)}$	$0.5642\sqrt{\frac{F}{l}\frac{\frac{R_1+R_2}{R_1R_2}}{\frac{1-\mu_1^2}{E_1}+\frac{1-\mu_2^2}{E_2}}}$	$\frac{2F}{pl}\left[\frac{1-\mu_1^2}{E_1}\left(\ln\frac{2R_1}{b}+0.407\right)+\frac{1-\mu_2^2}{E_2}\left(\ln\frac{2R_2}{b}+0.407\right)\right]$
	当 $E_1=E_2=E,\mu_1=\mu_2=0.3$ 时		
	$b=1.522\sqrt{\frac{F}{lE}\frac{R_1R_2}{R_1+R_2}}$	$0.418\sqrt{\frac{FE}{l}\frac{R_1+R_2}{R_1R_2}}$	$0.5796\frac{F}{lE}\left(\ln\frac{4R_1R_2}{b^2}+0.814\right)$

（续）

接触情况	接触面积尺寸	最大接触应力 σ_{max}	接触物体靠近位移值 Δ
圆柱与轴线平行的圆柱槽 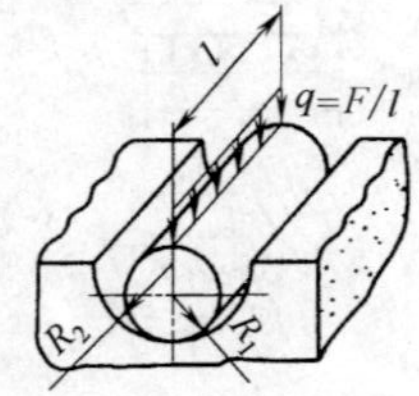	接触带半宽： $b=1.128\sqrt{\frac{F}{l}\frac{R_1R_2}{R_2-R_1}\left(\frac{1-\mu_1^2}{E_1}+\frac{1-\mu_2^2}{E_2}\right)}$	$0.5642\sqrt{\frac{F}{l}\frac{\frac{R_2-R_1}{R_1R_2}}{\frac{1-\mu_1^2}{E_1}+\frac{1-\mu_2^2}{E_2}}}$	
	当 $E_1=E_2=E,\mu_1=\mu_2=0.3$ 时		
	$b=1.522\sqrt{\frac{F}{lE}\frac{R_1R_2}{R_2-R_1}}$	$0.418\sqrt{\frac{FE}{l}\frac{R_2-R_1}{R_1R_2}}$	$1.82\frac{F}{lE}(1-\ln b)$
圆柱与平面 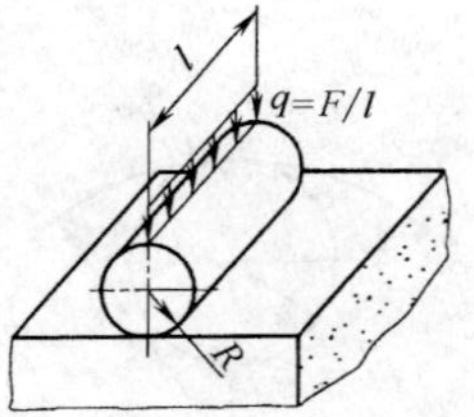	接触带半宽： $b=1.128\sqrt{\frac{FR}{l}\left(\frac{1-\mu_1^2}{E_1}+\frac{1-\mu_2^2}{E_2}\right)}$	$0.5642\sqrt{\frac{\frac{F}{lR}}{\frac{1-\mu_1^2}{E_1}+\frac{1-\mu_2^2}{E_2}}}$	
	当 $E_1=E_2=E,\mu_1=\mu_2=0.3$ 时		
	$b=1.522\sqrt{\frac{FR}{lE}}$	$0.418\sqrt{\frac{FE}{lR}}$ $\tau_{max}=0.301\sigma_{max}$	在两挤压面间圆柱直径的减小力 $\Delta D=1.159\frac{F}{lE}\left(0.41+\ln\frac{4R}{b}\right)$
垂直圆柱 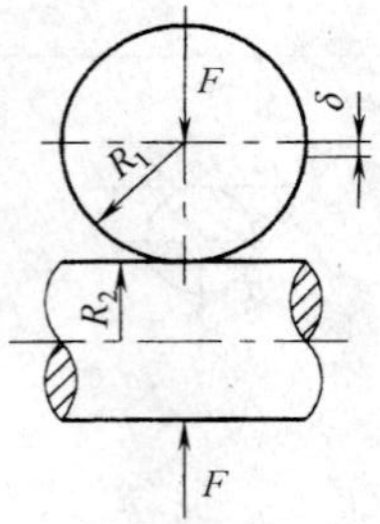	$a=1.145n_a\sqrt[3]{F\frac{R_1R_2}{R_2+R_1}\left(\frac{1-\mu_1^2}{E_1}+\frac{1-\mu_2^2}{E_2}\right)}$ $b=1.145n_b\sqrt[3]{F\frac{R_1R_2}{R_2+R_1}\left(\frac{1-\mu_1^2}{E_1}+\frac{1-\mu_2^2}{E_2}\right)}$ $A=\frac{1}{2R_2}\quad B=\frac{1}{2R_1}$	$0.365n_\sigma\sqrt[3]{F\frac{\left(\frac{R_2+R_1}{R_1R_2}\right)^2}{\left(\frac{1-\mu_1^2}{E_1}+\frac{1-\mu_2^2}{E_2}\right)^2}}$	$0.655n_\delta\sqrt[3]{F^2\frac{R_2+R_1}{R_1R_2}\left(\frac{1-\mu_1^2}{E_1}+\frac{1-\mu_2^2}{E_2}\right)^2}$
	当 $E_1=E_2=E,\mu_1=\mu_2=0.3$ 时		
	$a=1.397n_a\sqrt[3]{\frac{F}{E}\frac{R_1R_2}{R_2+R_1}}$ $b=1.397n_b\sqrt[3]{\frac{F}{E}\frac{R_1R_2}{R_2+R_1}}$	$0.245n_\sigma\sqrt[3]{FE^2\left(\frac{R_2+R_1}{R_1R_2}\right)^2}$	$0.977n_\delta\sqrt[3]{\left(\frac{F}{E}\right)^2\frac{R_2+R_1}{R_1R_2}}$

球与圆弧形凹槽 $R_2>R_3$	$a=1.145n_a\sqrt[3]{F\dfrac{\dfrac{1-\mu_1^2}{E_1}+\dfrac{1-\mu_2^2}{E_2}}{\dfrac{2}{R_1}-\dfrac{1}{R_2}+\dfrac{1}{R_3}}}$ $b=1.145n_b\sqrt[3]{F\dfrac{\dfrac{1-\mu_1^2}{E_1}+\dfrac{1-\mu_2^2}{E_2}}{\dfrac{2}{R_1}-\dfrac{1}{R_2}+\dfrac{1}{R_3}}}$ $A=\dfrac{1}{2}\left(\dfrac{1}{R_1}-\dfrac{1}{R_2}\right)$ $B=\dfrac{1}{2}\left(\dfrac{1}{R_1}+\dfrac{1}{R_3}\right)$	$0.365n_\sigma\sqrt[3]{F\dfrac{\left(\dfrac{2}{R_1}-\dfrac{1}{R_2}+\dfrac{1}{R_3}\right)^2}{\left(\dfrac{1-\mu_1^2}{E_1}+\dfrac{1-\mu_2^2}{E_2}\right)^2}}$	$0.655n_\delta\sqrt[3]{F^2\left(\dfrac{1-\mu_1^2}{E_1}+\dfrac{1-\mu_2^2}{E_2}\right)^2}\times\sqrt[3]{\dfrac{2}{R_1}-\dfrac{1}{R_2}+\dfrac{1}{R_3}}$
	当 $E_1=E_2=E,\mu_1=\mu_2=0.3$ 时		
	$a=1.397n_a\sqrt[3]{\dfrac{\dfrac{F}{E}}{\dfrac{2}{R_1}-\dfrac{1}{R_2}+\dfrac{1}{R_3}}}$ $b=1.397n_b\sqrt[3]{\dfrac{\dfrac{F}{E}}{\dfrac{2}{R_1}-\dfrac{1}{R_2}+\dfrac{1}{R_3}}}$	$0.245n_\sigma\times\sqrt[3]{FE^2\left(\dfrac{2}{R_1}-\dfrac{1}{R_2}+\dfrac{1}{R_3}\right)^2}$	$0.977n_\delta\times\sqrt[3]{\left(\dfrac{F}{E}\right)^2\left(\dfrac{2}{R_1}-\dfrac{1}{R_2}+\dfrac{1}{R_3}\right)}$
滚柱与圆弧形凹槽	$a=1.145n_a\sqrt[3]{F\dfrac{\dfrac{1-\mu_1^2}{E_1}+\dfrac{1-\mu_2^2}{E_2}}{\dfrac{1}{R_1}+\dfrac{1}{R_2}+\dfrac{1}{R_3}-\dfrac{1}{R_4}}}$ $b=1.145n_b\sqrt[3]{F\dfrac{\dfrac{1-\mu_1^2}{E_1}+\dfrac{1-\mu_2^2}{E_2}}{\dfrac{1}{R_1}+\dfrac{1}{R_2}+\dfrac{1}{R_3}-\dfrac{1}{R_4}}}$ $A=\left(\dfrac{1}{R_2}-\dfrac{1}{R_4}\right)$ $B=\dfrac{1}{2}\left(\dfrac{1}{R_1}+\dfrac{1}{R_3}\right)$	$0.365n_\sigma\times\sqrt[3]{F\dfrac{\left(\dfrac{1}{R_1}+\dfrac{1}{R_2}+\dfrac{1}{R_3}-\dfrac{1}{R_4}\right)^2}{\left(\dfrac{1-\mu_1^2}{E_1}+\dfrac{1-\mu_2^2}{E_2}\right)^2}}$	$0.655n_\delta\times\sqrt[3]{F^2\left(\dfrac{1}{R_1}+\dfrac{1}{R_2}+\dfrac{1}{R_3}-\dfrac{1}{R_4}\right)}\times\sqrt[3]{\left(\dfrac{1-\mu_1^2}{E_1}+\dfrac{1-\mu_2^2}{E_2}\right)^2}$
	当 $E_1=E_2=E,\mu_1=\mu_2=0.3$ 时		
	$a=1.397n_a\sqrt[3]{\dfrac{\dfrac{F}{E}}{\dfrac{1}{R_1}+\dfrac{1}{R_2}+\dfrac{1}{R_3}-\dfrac{1}{R_4}}}$ $b=1.397n_b\sqrt[3]{\dfrac{\dfrac{F}{E}}{\dfrac{1}{R_1}+\dfrac{1}{R_2}+\dfrac{1}{R_3}-\dfrac{1}{R_4}}}$	$0.245n_\sigma\times\sqrt[3]{FE^2\left(\dfrac{1}{R_1}+\dfrac{1}{R_2}+\dfrac{1}{R_3}-\dfrac{1}{R_4}\right)^2}$	$0.977n_\delta\times\sqrt[3]{\left(\dfrac{F}{E}\right)^2\left(\dfrac{1}{R_1}+\dfrac{1}{R_2}+\dfrac{1}{R_3}-\dfrac{1}{R_4}\right)}$

注：1. a—接触时接触面的椭圆长半轴；b—点接触时接触面的椭圆短半轴，线接触时接触面的半宽度；$\sigma_{1\max}$—最大拉应力。

2. A、B—椭圆方程系数；n_a、n_b、n_σ、n_δ—接触问题的系数，见表 1-109。

3. E、μ—材料的弹性模量和泊松比。

表 1-109　接触问题的系数 n_a、n_b、n_σ、n_δ

$\frac{A}{B}$	n_a	n_b	n_σ	n_δ	$\frac{A}{B}$	n_a	n_b	n_σ	n_δ
1.0000	1.0000	1.0000	1.0000	1.0000	0.1739	1.916	0.6059	0.8614	0.8566
0.9623	1.013	0.9873	0.9999	0.9999	0.1603	1.979	0.5938	0.8504	0.8451
0.9240	1.027	0.9472	0.9997	0.9997	0.1462	2.053	0.5808	0.8386	0.8320
0.8852	1.042	0.9606	0.9992	0.9992	0.1317	2.141	0.5665	0.8246	0.8168
0.8459	1.058	0.9465	0.9985	0.9985	0.1166	2.248	0.5505	0.8082	0.7990
0.8059	1.076	0.9318	0.9974	0.9974	0.1010	2.381	0.5325	0.7887	0.7775
0.7652	1.095	0.9165	0.9960	0.9960	0.09287	2.463	0.5224	0.7774	0.7650
0.7238	1.117	0.9005	0.9942	0.9942	0.08456	2.557	0.5114	0.7647	0.7509
0.6816	1.141	0.8837	0.9919	0.9919	0.07600	2.669	0.4993	0.7504	0.7349
0.6384	1.168	0.8660	0.9890	0.9889	0.06715	2.805	0.4858	0.7338	0.7163
0.5942	1.198	0.8472	0.9853	0.9852	0.05797	2.975	0.4704	0.7144	0.6943
0.5489	1.233	0.8271	0.9805	0.9804	0.04838	3.199	0.4524	0.6909	0.6675
0.5022	1.274	0.8056	0.9746	0.9744	0.04639	3.253	0.4484	0.6856	0.6613
0.4540	1.322	0.7822	0.9669	0.9667	0.04439	3.311	0.4442	0.6799	0.6549
0.4040	1.381	0.7565	0.9571	0.9566	0.04237	3.373	0.4398	0.6740	0.6481
0.3518	1.456	0.7278	0.9440	0.9432	0.04032	3.441	0.4352	0.6678	0.6409
0.3410	1.473	0.7216	0.9409	0.9400	0.03823	3.514	0.4304	0.6612	0.6333
0.3301	1.491	0.7152	0.9376	0.9366	0.03613	3.594	0.4253	0.6542	0.6251
0.3191	1.511	0.7086	0.9340	0.9329	0.03400	3.683	0.4199	0.6467	0.6164
0.3080	1.532	0.7019	0.9302	0.9290	0.03183	3.781	0.4142	0.6387	0.6071
0.2967	1.554	0.6949	0.9262	0.9248	0.02962	3.890	0.4080	0.6300	0.5970
0.2853	1.578	0.6876	0.9219	0.9203	0.02737	4.014	0.4014	0.6206	0.5860
0.2738	1.603	0.6801	0.9172	0.9155	0.02508	4.156	0.3942	0.6104	0.5741
0.2620	1.631	0.6723	0.9121	0.9102	0.02273	4.320	0.3864	0.5990	0.5608
0.2501	1.660	0.6642	0.9067	0.9045	0.02033	4.515	0.3777	0.5864	0.5460
0.2380	1.693	0.6557	0.9008	0.8983	0.01787	4.750	0.3680	0.5721	0.5292
0.2257	1.729	0.6468	0.8944	0.8916	0.01533	5.046	0.3568	0.5555	0.5096
0.2132	1.768	0.6374	0.8873	0.8841	0.01269	5.432	0.3436	0.5358	0.4864
0.2004	1.812	0.6276	0.8766	0.8759	0.009934	5.976	0.3273	0.5112	0.4574
0.1873	1.861	0.6171	0.8710	0.8668	0.007018	6.837	0.3058	0.4783	0.4186
					0.003850	8.609	0.2722	0.4267	0.3579

第 2 章　常用机械基础标准

2.1　机械制图基本标准

2.1.1　图纸幅面和格式（见表 2-1）

表 2-1　图纸幅面和格式（摘自 GB/T 14689—2008）　　　（单位：mm）

留有装订边的图纸	不留装订边的图纸
L　B　c　a　标题栏　图框线　周边　纸边界线　X型　Y型	纸边界线　周边　图框线　e　L　B　标题栏　X型　Y型

基本幅面（第一选择）					必要时，允许选用的加长幅面					
					第二选择		第三选择			
幅面代号	尺寸 $B\times L$	a	c	e	幅面代号	尺寸 $B\times L$	幅面代号	尺寸 $B\times L$	幅面代号	尺寸 $B\times L$
A0	841×1189	25	10	20	A3×3	420×891	A0×2	1189×1682	A3×5	420×1486
A1	594×841			10	A3×4	420×1189	A0×3	1189×2523	A3×6	420×1783
A2	420×594		5		A4×3	297×630	A1×3	841×1783	A3×7	420×2080
A3	297×420				A4×4	297×841	A1×4	841×2378	A4×6	297×1261
A4	210×297				A4×5	297×1051	A2×3	594×1261	A4×7	297×1471
							A2×4	594×1682	A4×8	297×1682
							A2×5	594×2102	A4×9	297×1892

注：加长幅面的图框尺寸，按所选用的基本幅面大一号的图框尺寸确定。例如，A2×3 的图框尺寸，按 A1 的图框尺寸确定，即 e 为 20（或 c 为 10）；对 A3×4 则按 A2 的图框尺寸确定，即 e 为 10（或 c 为 10）。

2.1.2　图样比例（见表 2-2）

表 2-2　图样比例（摘自 GB/T 14690—2008）

种类	比例			必要时，允许选取的比例				
原值比例	1∶1							
缩小比例	1∶2	1∶5	1∶10	1∶1.5	1∶2.5	1∶3	1∶4	1∶6
	$1:2\times10^n$	$1:5\times10^n$	$1:1\times10^n$	$1:1.5\times10^n$	$1:2.5\times10^n$	$1:3\times10^n$	$1:4\times10^n$	$1:6\times10^n$
放大比例	5∶1	2∶1		4∶1	2.5∶1			
	$5\times10^n:1$	$2\times10^n:1$	$1\times10^n:1$	$4\times10^n:1$	$2.5\times10^n:1$			

注：n 为正整数。

2.1.3 标题栏和明细栏（摘自 GB/T 10609.1—2008、GB/T 10609.2—2009）

1. 标题栏格式（单位为 mm）

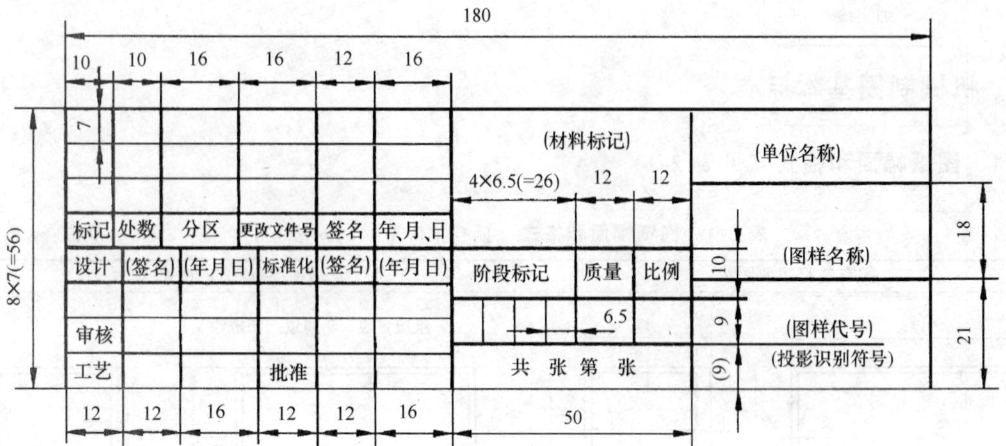

2. 明细栏格式（单位为 mm）

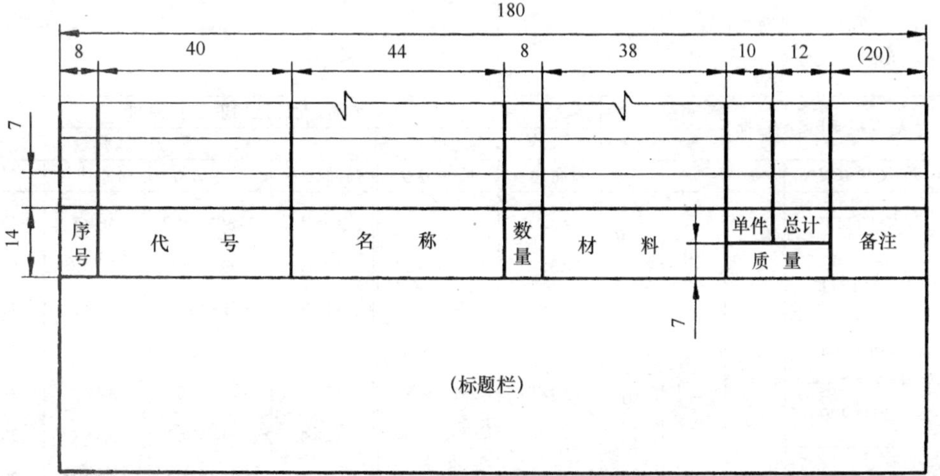

2.1.4 图线（见表 2-3、表 2-4）

表 2-3 线型及应用（摘自 GB/T 4457.4—2002）

代码 No	线 型	一般应用	代码 No	线 型	一般应用
01.1	细实线	1)过渡线	01.1	细实线	10)表示平面的对角线
		2)尺寸线			11)零件成形前的弯折线
		3)尺寸界线			12)范围线及分界线
		4)指引线和基准线			13)重复要素表示线，如齿轮的齿根线
		5)剖面线			
		6)重合断面的轮廓线			14)锥形结构的基面位置线
		7)短中心线			
		8)螺纹牙底线			15)叠片结构位置线，如变压器叠钢片
		9)尺寸线的起止线			

（续）

代码 No	线　型	一 般 应 用	代码 No	线　型	一 般 应 用
01.1	细实线	16）辅助线	02.1	细虚线	1）不可见棱边线
		17）不连续同一表面连线			2）不可见轮廓线
		18）成规律分布的相同要素连线	02.2	粗虚线	允许表面处理的表示线，如热处理
		19）投射线	04.1	细点画线	1）轴线
		20）网格线			2）对称中心线
	波浪线	21）断裂处边界线；视图与剖视图的分界线①			3）分度圆（线）
					4）孔系分布的中心线
					5）剖切线
	双折线	22）断裂处边界线；视图与剖视图的分界线①	04.2	粗点画线	限定范围表示线
01.2	粗实线	1）可见棱边线	05.1	细双点画线	1）相邻辅助零件的轮廓线
		2）可见轮廓线			2）可动零件的极限位置的轮廓线
		3）相贯线			3）重心线
		4）螺纹牙顶线			4）成形前轮廓线
		5）螺纹长度终止线			5）剖切面前的结构轮廓线
		6）齿顶圆（线）			6）轨迹线
		7）表格图、流程图中的主要表示线			7）毛坯图中制成品的轮廓线
		8）系统结构线（金属结构工程）			8）特定区域线
		9）模样分型线			9）延伸公差带表示线
		10）剖切符号用线			10）工艺用结构的轮廓线
					11）中断线

注：在机械图样中采用粗细两种线宽，它们之间的比例为 2∶1。应根据图样的类型、尺寸、比例和缩微复制的要求确定。图线组别见表 2-4。

① 在一张图样上一般采用一种线型，即采用波浪线或双折线。

表 2-4　图线宽度和图线组别（摘自 GB/T 4457.4—2002）　（单位：mm）

线型组别	与线型代码对应的线型宽度		线型组别	与线型代码对应的线型宽度	
	01.2、02.2、04.2	01.1、02.1、04.1、05.1		01.2、02.2、04.2	01.1、02.1、04.1、05.1
0.25	0.25	0.13	1	1	0.5
0.35	0.35	0.18	1.4	1.4	0.7
0.5①	0.5	0.25	2	2	1
0.7①	0.7	0.35			

① 优先采用的图线组别。

2.1.5　剖面符号（见表 2-5）

表 2-5　各种材料的剖面符号（摘自 GB/T 4457.5—2013）

材料类别	剖面符号	材料类别	剖面符号	材料类别	剖面符号
金属材料（已有规定剖面符号者除外）		线圈绕组元件		转子、电枢、变压器和电抗器等的迭钢片	

（续）

材料类别	剖面符号	材料类别	剖面符号	材料类别		剖面符号
非金属材料（已有规定剖面符号者除外）		混凝土		木材	纵剖面	
型砂、填砂、粉末冶金、砂轮、陶瓷刀片、硬质合金刀片等		钢筋混凝土		木材	横剖面	
木质胶合板（不分层数）		砖		格网（筛网、过滤网等）		
基础周围的泥土		玻璃及供观察用的其他透明材料		液体		

注：1. 剖面符号仅表示材料的类别，材料的名称和代号必须另行标注。

2. 迭钢片的剖面线方向应与束装中的迭钢片的方向一致。

3. 液面用细实线绘制。

GB/T 17453—2005《技术制图　图样画法　剖面区域的表示法》规定如下：

1）不需在剖面区域中表示材料类别时，可采用通用剖面线表示。通用剖面线应以适当角度的细实线绘制，最好与主要轮廓或剖面区域的对称线成45°角，如金属材料的剖面符号通常用作机械制图的通用剖面符号。

2）若需要在剖面区域中表示材料类别时，应采用特定的剖面符号。GB/T 17453—2005规定的剖面符号可供选用。

2.1.6　剖面区域的表示方法（见表2-6）

表2-6　剖面区域的表示方法（摘自GB/T 4457.5—2013）

规定画法示例	说　　明
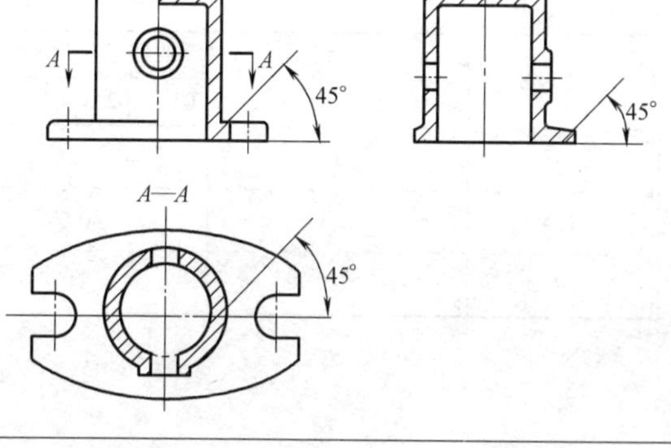	在同一金属零件图中，剖视图、断面图中的剖面线应画成间隔相等、方向相同，与剖面区域的主要轮廓线一般成45°角的平行线
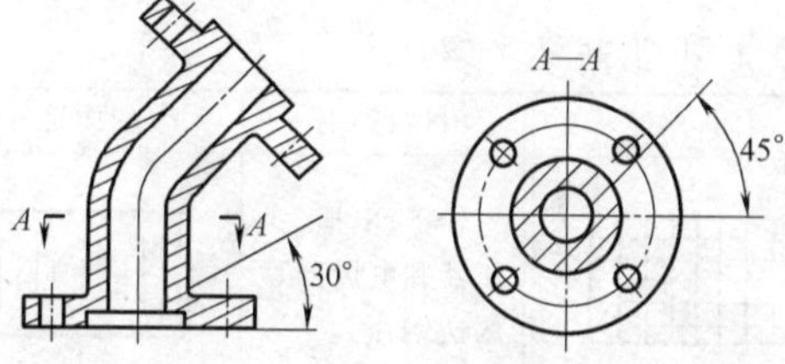	必要时剖面线与主要轮廓线可以成适当角度，而不是45°

（续）

规定画法示例	说　　明
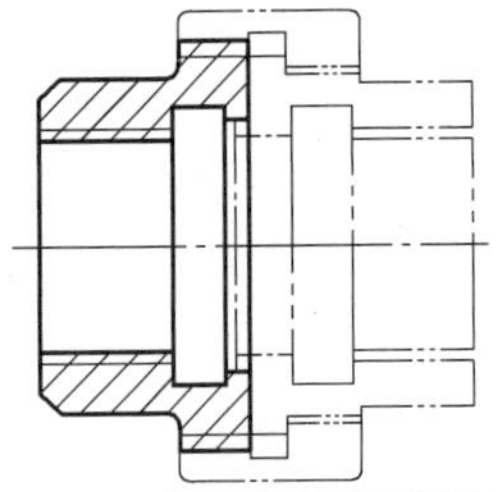	与剖面件相邻的辅助零件或部件，不画剖面符号
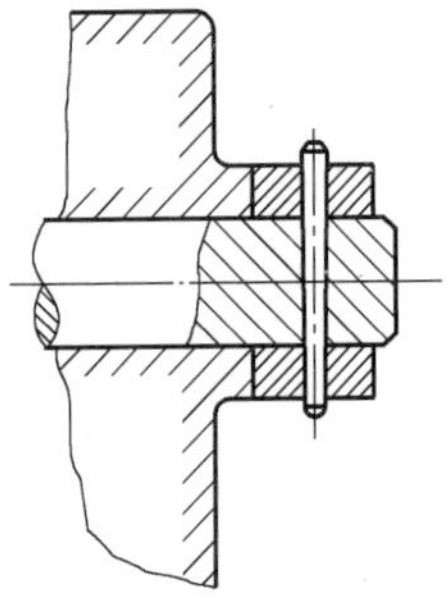	当剖面区域较大时，可以只沿轮廓的周边画出剖面符号
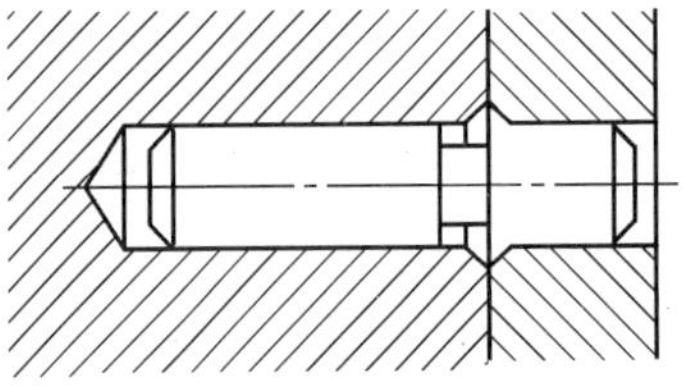	如果只需画出被剖切的一部分图形，其边界又不画断裂边界线时，则应将剖面线绘制整齐
	在零件图中可以涂色或用点阵代替剖面符号
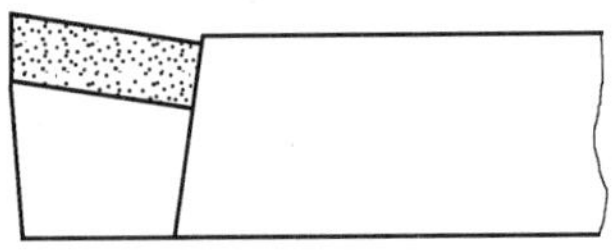	木材、玻璃、液体、叠钢片、砂轮及硬质合金刀片等剖面符号，也可在外形视图中画出一部分或全部作为材料类别的标志
	当绘制剖面符号相同的相邻非金属件时，应采用疏密不同的方法以示区别
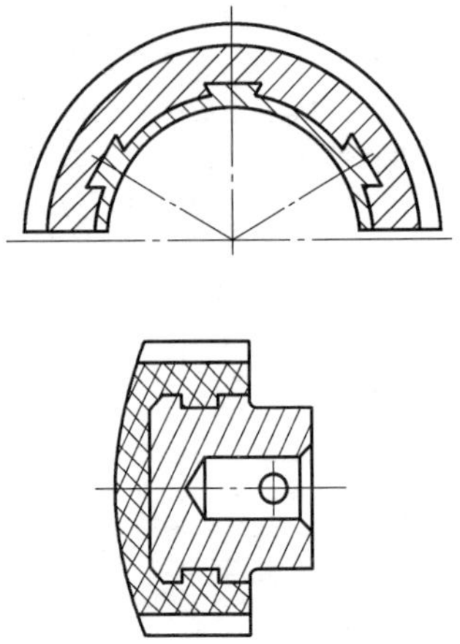	当绘制接合件时，其各组成零件的剖面线符号应不同

（续）

规定画法示例	说明
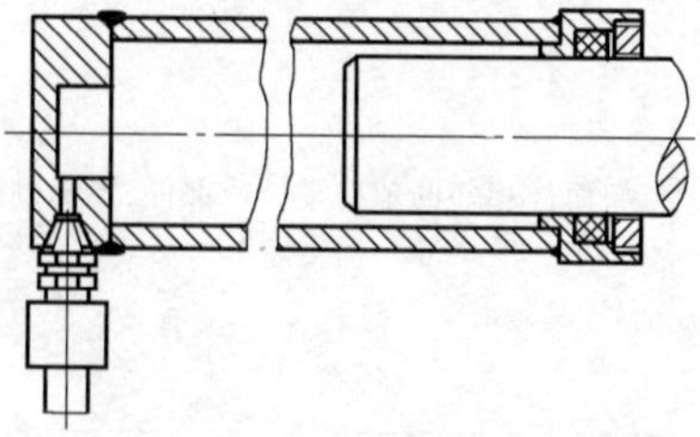	当绘制接合件与其他零件的装配图时，如接合件中各零件的剖面符号相同，一般可以作为一个整体画出，如不相同，应分别画出
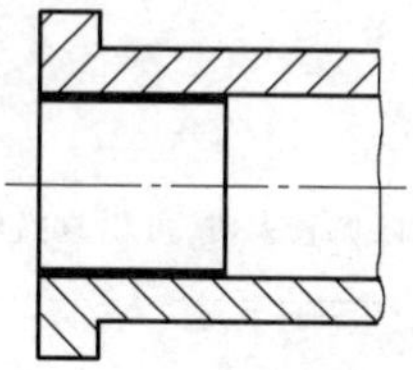	由不同材料嵌入或粘贴在一起的成品，用其中主要材料的剖面符号表示。例如，夹丝玻璃的剖面符号，用玻璃的剖面符号表示；复合钢板的剖面符号，用钢板的剖面符号表示
	在装配图中，宽度小于或等于 2mm 的狭小面积的剖面区域，可用涂黑代替剖面符号。如果是玻璃或其他材料，而不宜涂黑时，可不画剖面符号
	当两邻接剖面区域均涂黑时，两剖面区域之间宜留出不小于 0.7mm 的空隙

2.2 常用零件的表示方法

2.2.1 螺纹及螺纹紧固件表示方法（见表 2-7~表 2-10）

表 2-7 螺纹及螺纹紧固件的画法（GB/T 4459.1—1995）

外螺纹内螺纹的画法	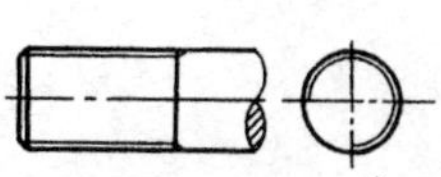 a) 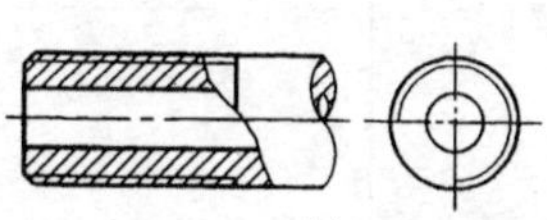 b) 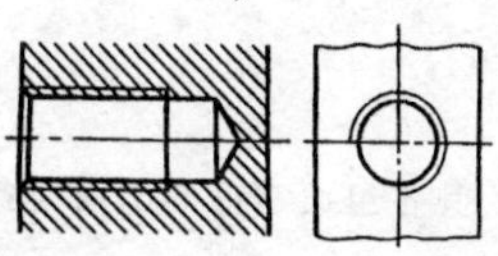 c) 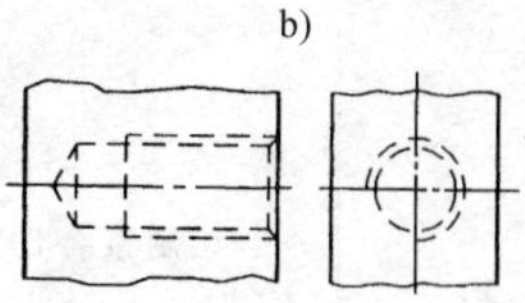 d)	螺纹的牙顶圆用粗实线表示；牙底圆用细实线表示，在螺杆的倒角或倒圆部分也应画出。在垂直于螺纹轴线的投影面的视图中，表示牙底圆的细实线只画约3/4圈，此时螺杆或螺孔上的倒角投影不应画出（图 a） 有效螺纹的终止界线用粗实线表示（图 a、b、c） 当需要表示螺尾时，该部分用与轴线成 30°的细实线绘制（图 a） 不可见螺纹的所有图线按虚线绘制（图 d） 无论是外螺纹或内螺纹，在剖视图或断面图中剖面线都应画到粗实线
内外螺纹连接的画法	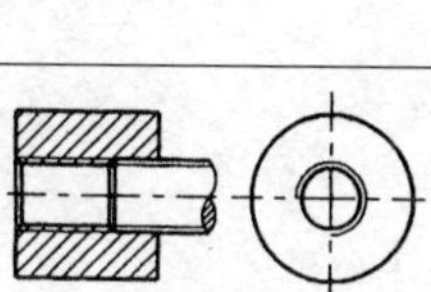 e)	以剖视图表示内、外螺纹的连接时，其旋合部分应按外螺纹的画法绘制，其余部分仍按各自的画法表示（图 e）

（续）

螺纹紧固件的画法	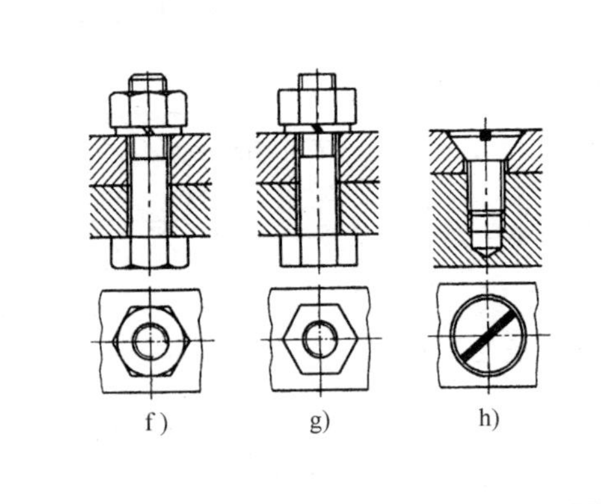	在装配图中，剖切平面通过螺杆的轴线时，对于螺柱、螺钉、螺栓、螺母及垫圈等均按未剖切绘制（图 f、g、h），螺纹紧固件的工艺结构，如倒角、退刀槽、缩颈、凸肩等均可省略不画 不穿通的螺纹孔可不画出钻孔深度，仅按有效螺纹部分的深度画出（图 h）

表 2-8　螺纹及螺纹副的标注方法（摘自 GB/T 4459.1—1995）

普通螺纹	管螺纹
M20-6g M10-6H M16×1.5-5g6g-S	G1A NPT3/4-14-LH Rc1/2 R3/4
梯形螺纹	**非标准螺纹**
Tr32×6LH-7e	M12×0.5-6H $\phi16^{-0.032}_{-0.268}$ 60° 10:1 1.5 $\phi14.8$ $\phi15^{-0.032}_{-0.172}$ $\phi16^{-0.032}_{-0.268}$
米制密封螺纹	
Mc14×1.5-S Mc20×1.5 7	

（续）

普通螺纹副	管螺纹副	米制密封螺纹副

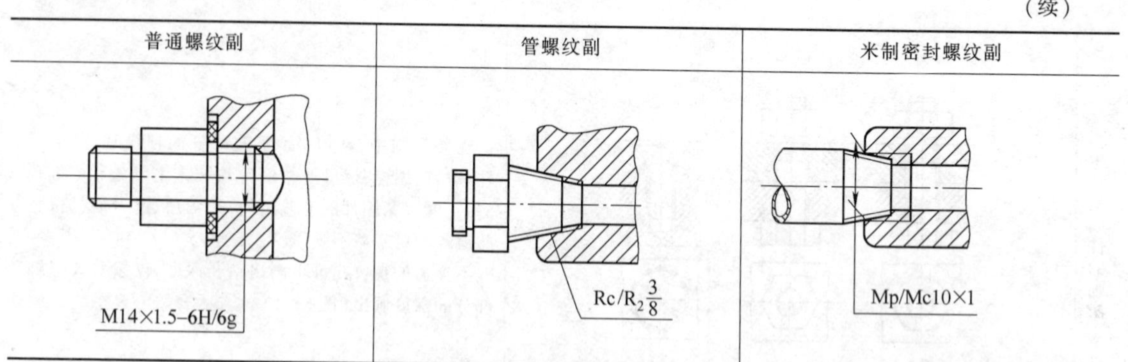

表 2-9　常用紧固件简化画法（摘自 GB/T 4459.1—1995）

形式	简化画法	形式	简化画法	形式	简化画法
六角头（螺栓）		盘头开槽（螺钉）		六角开槽（螺母）	
方头（螺栓）		沉头十字槽（螺钉）		六角法兰面（螺母）	
圆柱头内六角（螺钉）		半沉头十字槽（螺钉）		沉头开槽（螺钉）	
无头内六角（螺钉）		六角（螺母）		盘头十字槽（螺钉）	
半沉头开槽（螺钉）		方头（螺母）		蝶形（螺母）	

表 2-10　常用螺纹的标记方法

螺纹类别	标准编号	特征代号	标记示例	螺纹副标记示例	附　注
普通螺纹	GB/T 197—2003	M	M10-5g6g-S M20×2-6H-LH	M20×2-6H/6g-LH	普通螺纹粗牙不注螺距中等旋合长度不注 N（下同）
梯形螺纹	GB/T 5796.4—2005	Tr	Tr40×7-7H Tr40×14(P7)LH-7e	Tr36×6-7H/7e	多线、螺纹螺距和导程都可参照此格式标注
锯齿形螺纹	GB/T 13576.4—2008	B	B40×7-7H B40×14(P7)LH-8e-L	B40×7-7H/7e	
60°圆锥密封螺纹	GB/T 12716—2011	NPT NPSC	NPT⅜-LH		内、外螺纹均仅有一种公差带，故不注公差带代号（下同） NPT—圆锥管螺纹 NPSC—圆柱内螺纹

（续）

螺纹类别		标准编号	特征代号	标记示例	螺纹副标记示例	附　　注
米制密封螺纹		GB/T 1415—2008	Mc Mp	Mc10×1 Mp/Mc10×1-S Mc10×1-S	Mc10×1 Mp/Mc10×1-S Mc10×1-S	圆锥内螺纹与圆锥外螺纹配合,特征符号为 Mc 圆柱内螺纹与圆锥外螺纹配合，特征符号为 Mp/Mc S 为短型基准距离代号，标准型基准距离不注代号(下同)
55°非密封管螺纹		GB/T 7307—2001	G	G1½A G½LH	G1½A	外螺纹公差等级分 A 级和 B 级两种,内螺纹不标记公差等级
55°密封管螺纹	圆锥外螺纹	GB/T 7306. 1—2000 GB/T 7306. 2—2000	R_1、R_2	R½LH	Rc/$R_2$1½	内外螺纹均只有一种公差带
	圆锥内螺纹		Rc	Rc½	Rc/$R_2$1½-LH	
	圆柱内螺纹		Rp	Rp½	Rp/$R_1$1½	
自攻螺钉用螺纹		GB/T 5280—2002	ST	GB/T 5280　ST3. 5		使用时,应先制出螺纹底孔(预制孔)
自攻锁紧螺钉用螺纹（粗牙普通螺纹）		GB/T 6559—1986	M	GB/T 6559　M5×20		使用时,应先制出螺纹底孔(预制孔),标记示例中的 20 指螺纹长度为 20mm

2. 2. 2　花键表示方法（见表 2-11、表 2-12）

表 2-11　花键画法及其尺寸注方法（摘自 GB/T 4459. 3—2000）

矩形花键画法	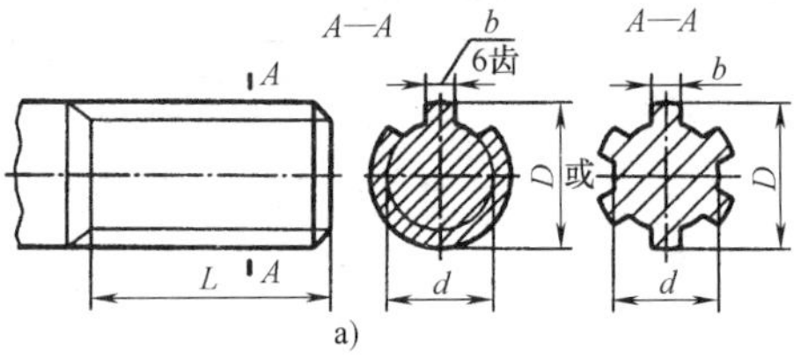 a)	在平行于花键轴线的投影面的视图中，外花键大径用粗实线，小径用细实线绘制，并用断面图中画出一部分或全部齿形 花键工作长度的终止端和尾部长度的末端均用细实线绘制，并与轴线垂直，尾部则画成斜线，其倾斜角度一般与轴线成 30°（图 a），必要时，可按实际情况画出
	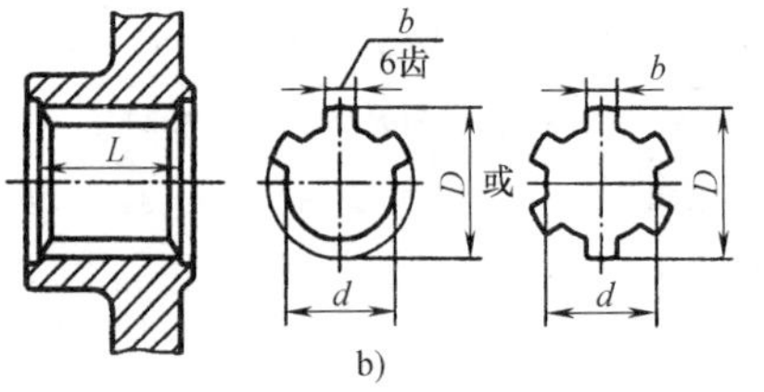 b)	在平行于花键轴线的投影面的剖视图中，内花键大径与小径均用粗实线绘制，并在局部视图中画出一部分或全部齿形
渐开线花键画法	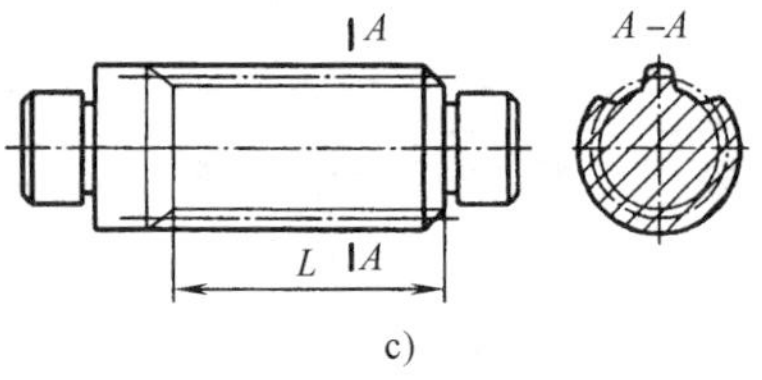 c)	除分度圆及分度线用点画线绘制外，其余部分与矩形花键画法相同

（续）

花键连接画法	花键连接用剖视表示时，其连接部分按外花键绘制。矩形花键连接和渐开线花键连接画法见图 d、e 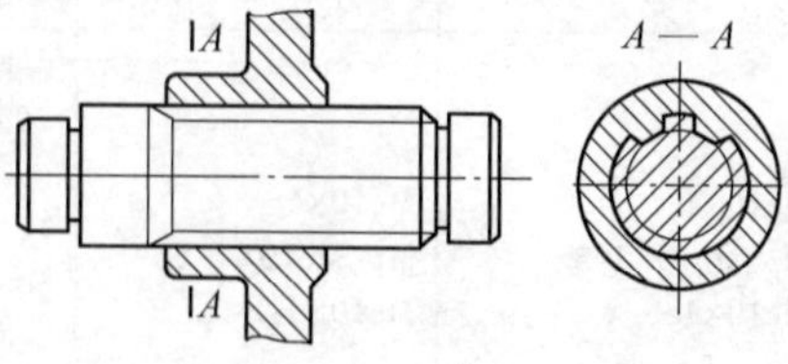 A—A　A—A d) 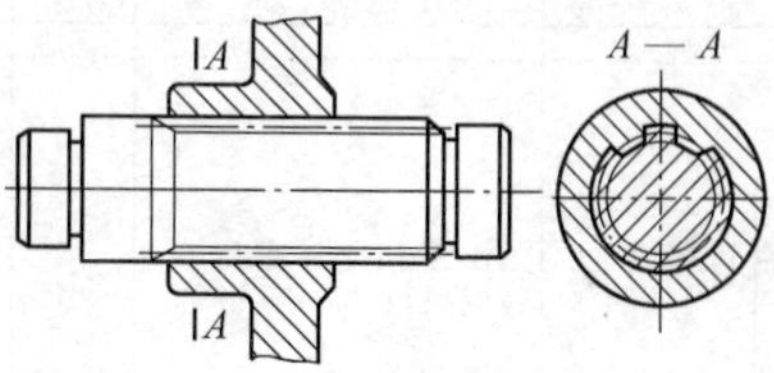　e)
矩形花键及连接的标注	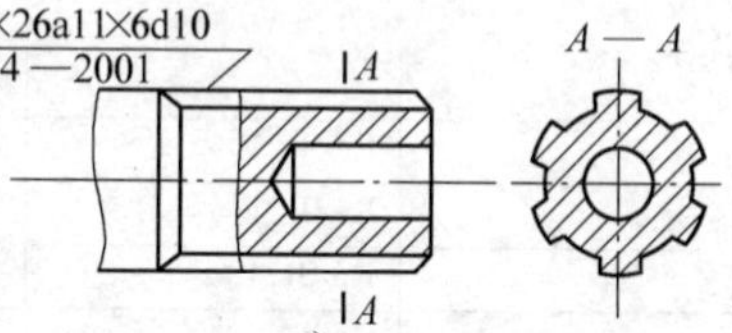 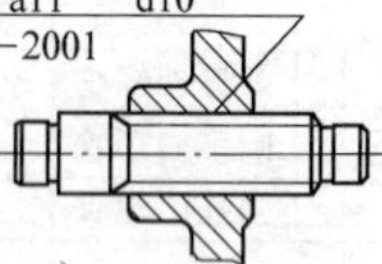 6×23f7×26a11×6d10 GB/T1144—2001　A—A f) $6\times23\frac{H7}{f7}\times26\frac{H10}{a11}\times6\frac{H11}{d10}$ GB/T1144—2001 g)
渐开线花键及连接的标注	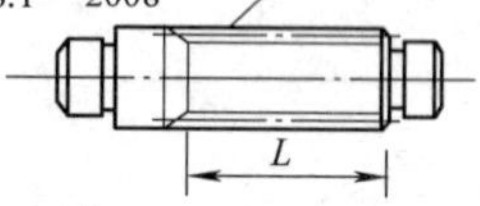 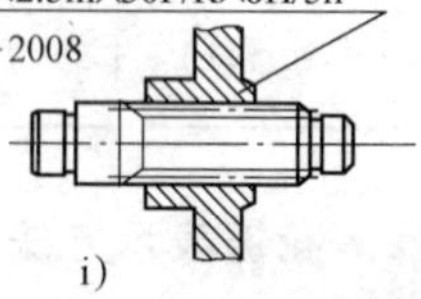 EXT24z×2.5m×30R×5h GB/T3478.1—2008　L h) INT/EXT24z×2.5m×30P/R×6H/5h GB/T3478.1—2008 i)

表 2-12　矩形花键、渐开线花键的标记方法

类别	符号	示　例	标记方法	
矩形花键	⎍	花键副，键数 $N=6$、小径 $d=$ 23H7/f7、大径 $D=26\frac{H10}{a11}$、键宽 $B=6\frac{H11}{d10}$	花键副	$6\times23\frac{H7}{f7}\times26\frac{H10}{a11}\times6\frac{H11}{d10}$　GB/T 1144—2001
			内花键	6×23H7×26H10×6H11　GB/T 1144—2001
			外花键	6×23f7×26a11×6d10　GB/T 1144—2001
渐开线花键	⌒	花键副，齿数 24、模数 2.5、30°圆齿根、公差等级为 5 级、配合类别为 H/h	花键副	INT/EXT　$24z\times2.5m\times30R\times5H/5h$　GB/T 3478.1—2008
			内花键	INT　$24z\times2.5m\times30R\times5H$　GB/T 3478.1—2008
			外花键	EXT　$24z\times2.5m\times30R\times5h$　GB/T 3478.1—2008
		花键副，齿数 24、模数 2.5、内花键为 30°平齿根、公差等级为 6 级、外花键为 30°圆齿根，其公差等级为 5 级、配合类别为 H/h	花键副	INT/EXT　$24z\times2.5m\times30P/R\times6H/5h$　GB/T 3478.1—2008
			内花键	INT　$24z\times2.5m\times30P\times6H$　GB/T 3478.1—2008
			外花键	EXT　$24z\times2.5m\times30R\times5h$　GB/T 3478.1—2008
		花键副，齿数 24、模数 2.5、37.5°圆齿根、公差等级为 6 级、配合类别为 H/h	花键副	INT/EXT　$24z\times2.5m\times37.5\times6H/6h$　GB/T 3478.1—2008
			内花键	INT　$24z\times2.5m\times37.5\times6H$　GB/T 3478.1—2008
			外花键	EXT　$24z\times2.5m\times37.5\times6h$　GB/T 3478.1—2008
		花键副，齿数 24、模数 2.5、45°圆齿根、内花键公差等级为 6 级、外花键公差等级为 7 级、配合类别为 H/h	花键副	INT/EXT　$24z\times2.5m\times45\times6H/7h$　GB/T 3478.1—2008
			内花键	INT　$24z\times2.5m\times45\times6H$　GB/T 3478.1—2008
			外花键	EXT　$24z\times2.5m\times45\times7H$　GB/T 3478.1—2008

2.2.3　齿轮表示方法（见表 2-13 和表 2-14）

表 2-13　齿轮、齿条、蜗杆、蜗轮及链轮画法（摘自 GB/T 4459.2—2003）

<table>
<tr><td>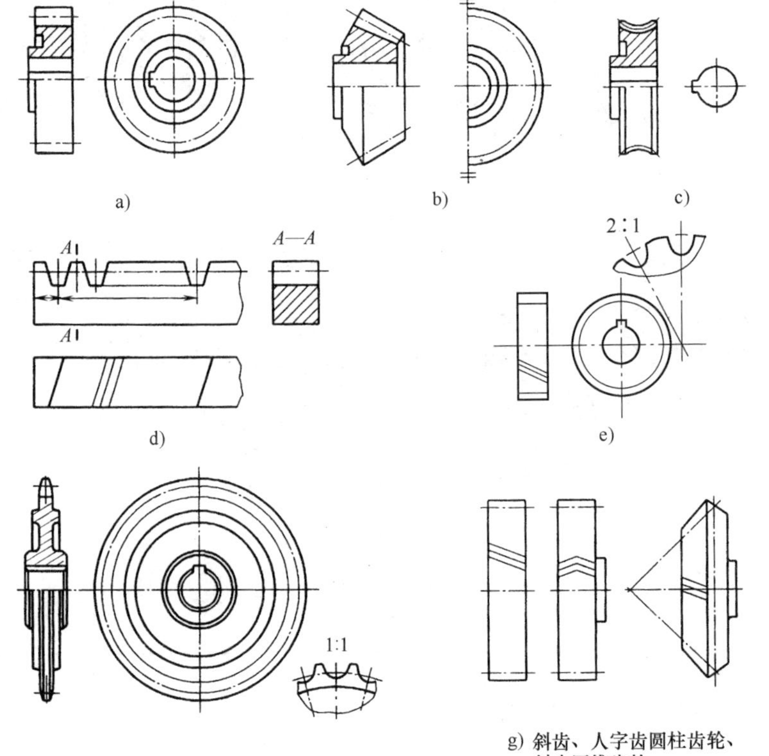
</td><td>齿顶圆和齿顶线用粗实线绘制
分度圆和分度线用细点画线绘制
齿根圆和齿根线用细实线绘制，可省略不画；在剖视图中，齿根线用粗实线绘制
在剖视图中，当剖切平面通过齿轮的轴线时，轮齿一律按不剖处理（图 a~f）
如需要注出齿条的长度时，可在画出齿形的图中注出，并在另一视图中用粗实线画出其范围线（图 d）
如需表明齿形，可在图形中用粗实线画出一个或两个齿；或用适当比例的局部放大图表示（图 f）
当需要表示齿线的特征时，可用三条与齿线方向一致的细实线表示（图 d、g）。直齿则不需表示
圆弧齿轮的画法见图 e</td></tr>
</table>

表 2-14　齿轮、蜗杆、蜗轮啮合画法（摘自 GB/T 4459.2—2003）

<table>
<tr><td>圆柱齿轮啮合画法</td><td>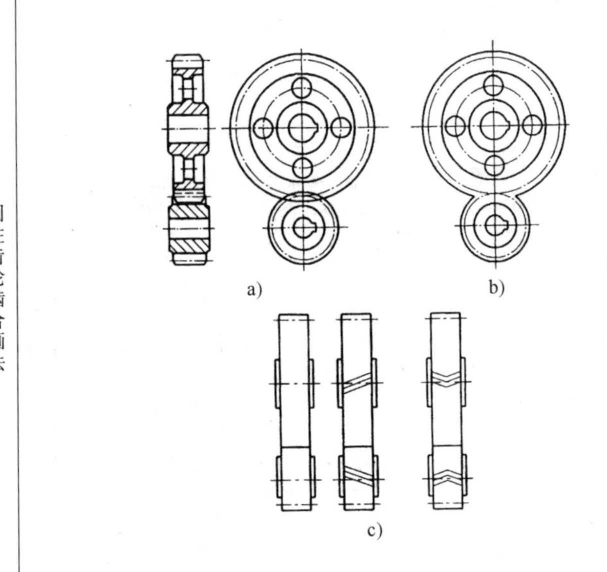
</td><td>在垂直于圆柱齿轮轴线的投影面的视图中，啮合区内的齿顶圆均用粗实线绘制（图 a），亦可省略（图 b）
在平行于圆柱齿轮、锥齿轮轴线的投影面的视图中，啮合区的齿顶线不需画出，节线用粗实线绘制；其他处的节线用细点画线绘制（图 c）
在圆柱齿轮啮合、齿轮齿条啮合和锥齿轮啮合的剖视图中，当剖切平面通过两啮合齿轮的轴线时，在啮合区内，将一个齿轮的轮齿用粗实线绘制，另一个齿轮的轮齿被遮挡的部分用细虚线绘制（图 a），也可省略不画（图 d）
在剖视图中，当剖切平面不通过啮合齿轮的轴线时，齿轮一律按不剖绘制
圆弧齿轮啮合的画法见图 f
螺旋齿轮和蜗轮、蜗杆啮合画法（图 g、h）</td></tr>
</table>

（续）

锥齿轮啮合画法	 d)	 e)
圆弧齿轮啮合画法	 f)	
螺旋齿轮和蜗轮、蜗杆啮合画法	 g)	 h)

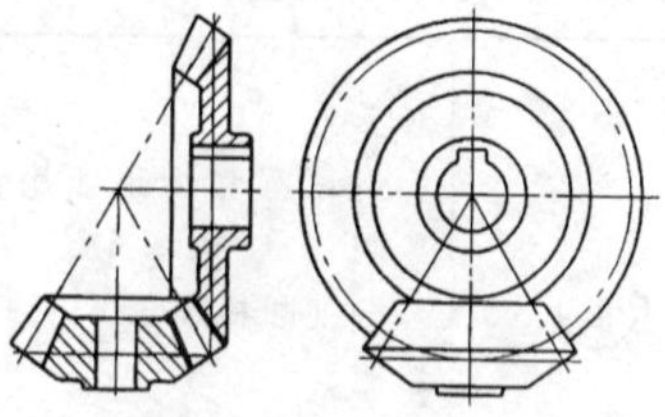

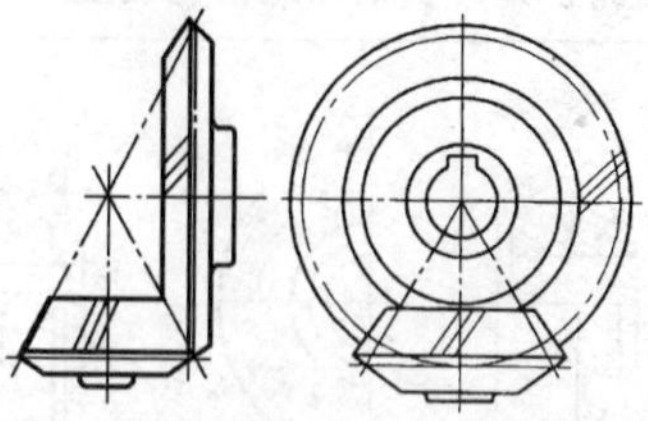

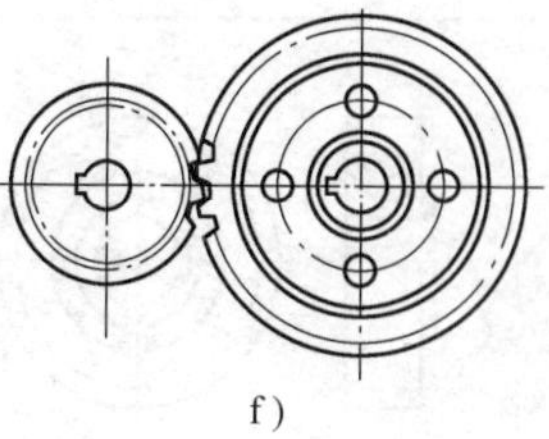

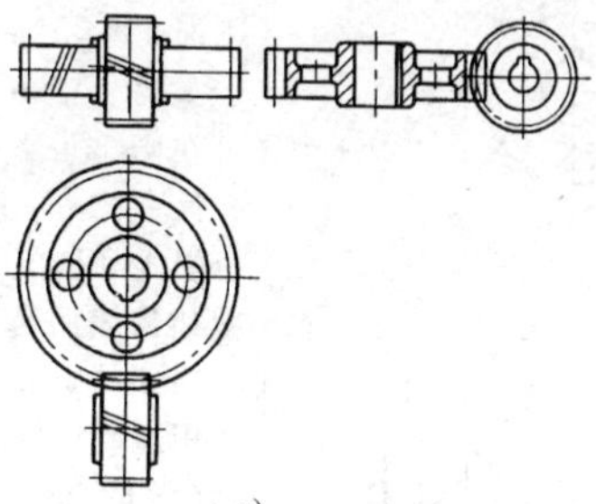

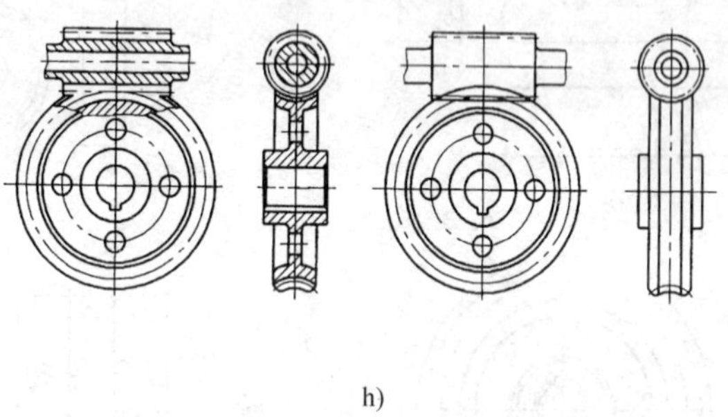

2.2.4　滚动轴承表示方法（见表 2-15 和表 2-16）

表 2-15　滚动轴承的通用画法（摘自 GB/T 4459.7—2017）

通用画法	一面带防尘盖	两面带密封圈	按外形轮廓绘制	附件按外形轮廓绘制	绘出某一零件的通用画法

 外圈无挡边　内圈有单挡边	 轴线垂直于投影面的特征画法	 通用画法的尺寸比例示例

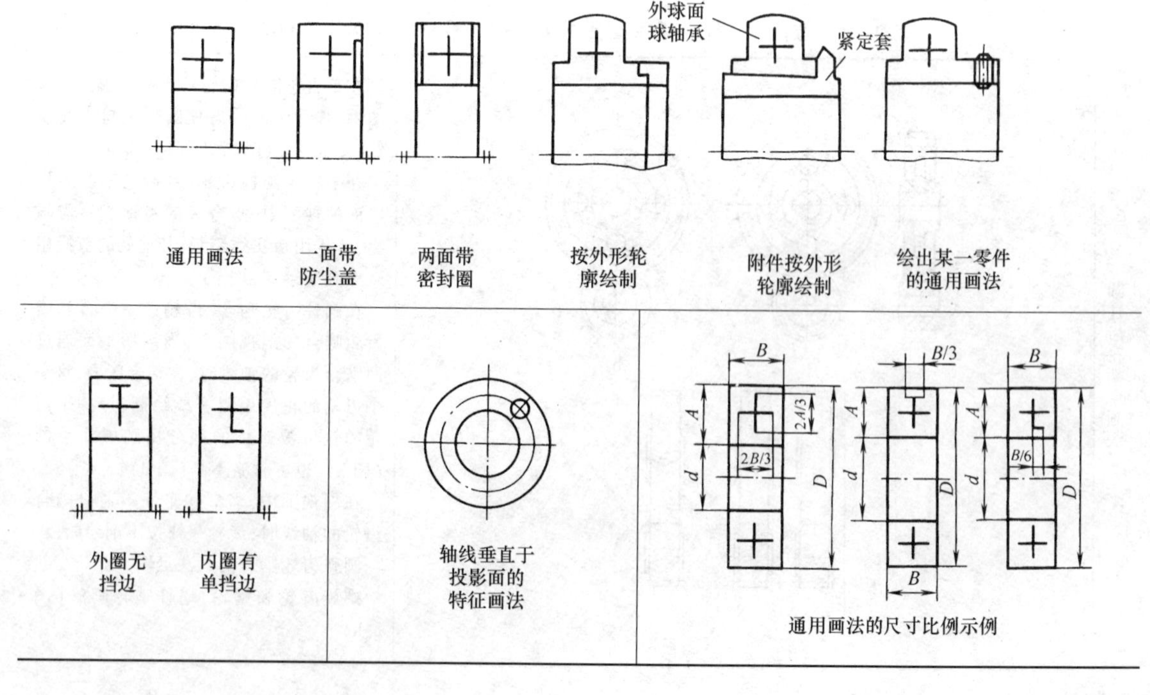

表 2-16　滚动轴承特征画法和规定画法的尺寸比例示例（摘自 GB/T 4459.7—2017）

类型	特征画法	规定画法	类型	特征画法	规定画法
深沟球轴承	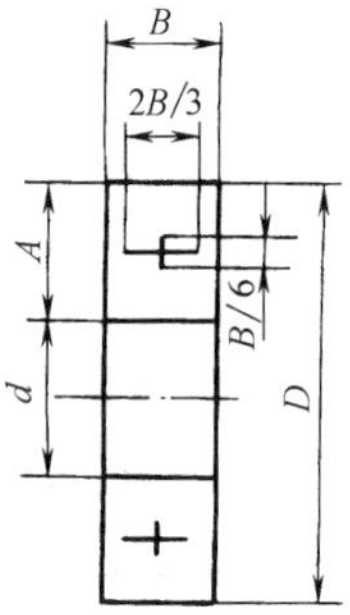	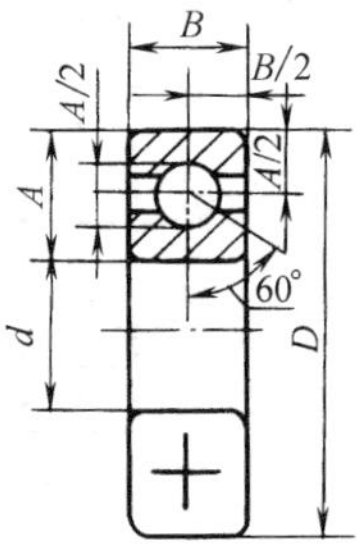	调心球轴承	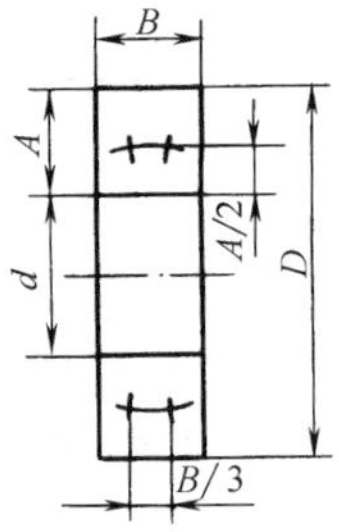	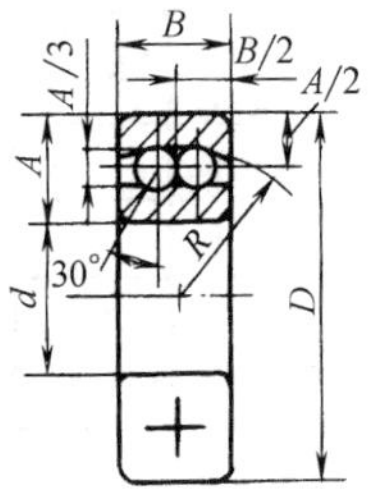
圆柱滚子轴承		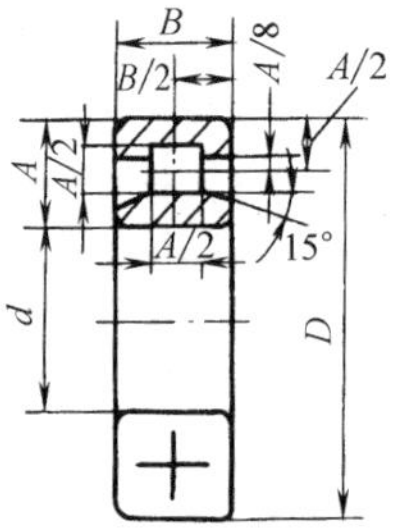	调心滚子轴承		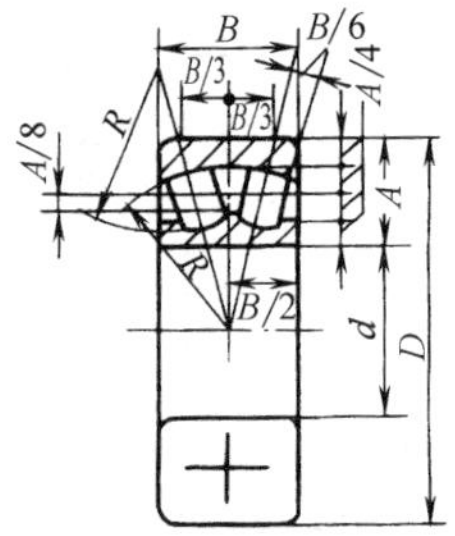
双列圆柱滚子轴承	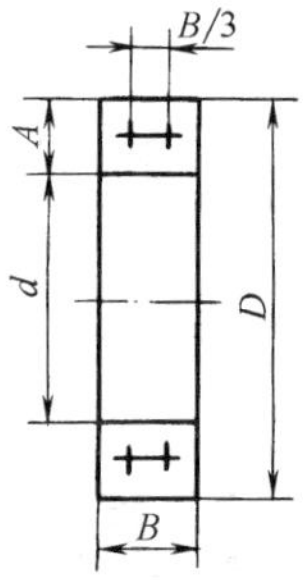	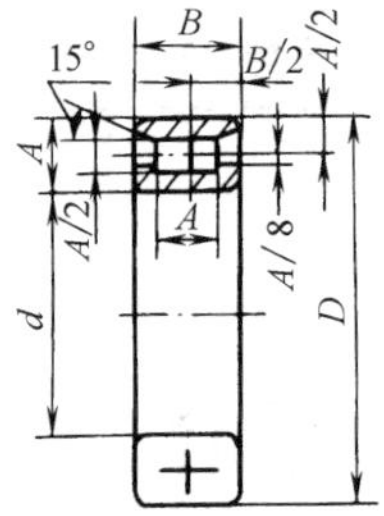	角接触球轴承	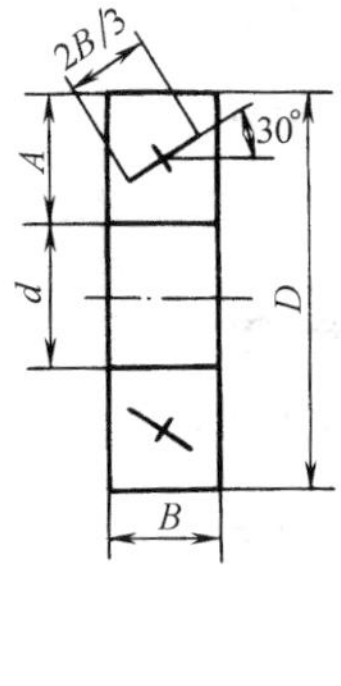	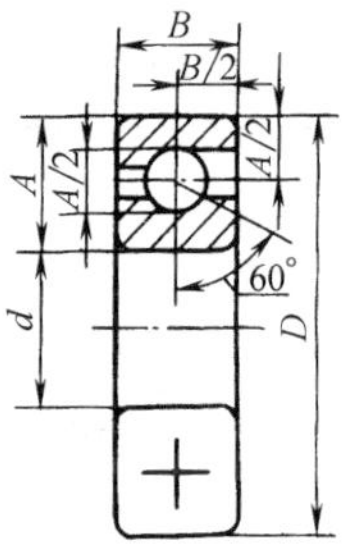
单列调心滚子轴承	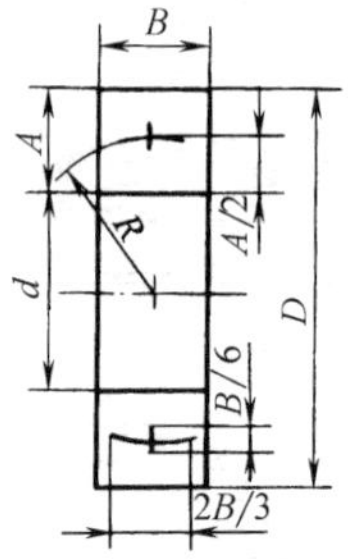	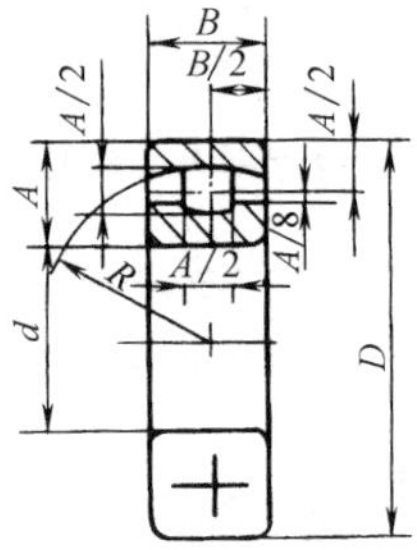	圆锥滚子轴承		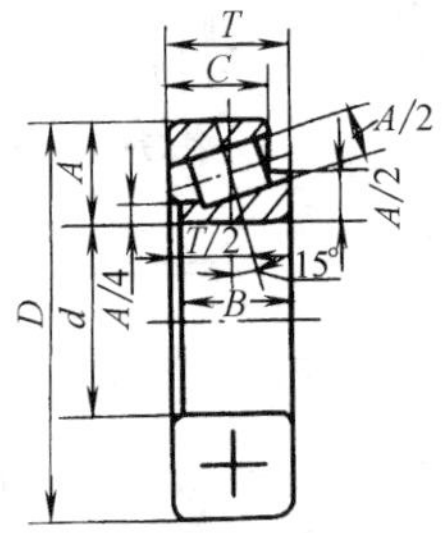

（续）

类型	特征画法	规定画法	类型	特征画法	规定画法
双列角接触球轴承	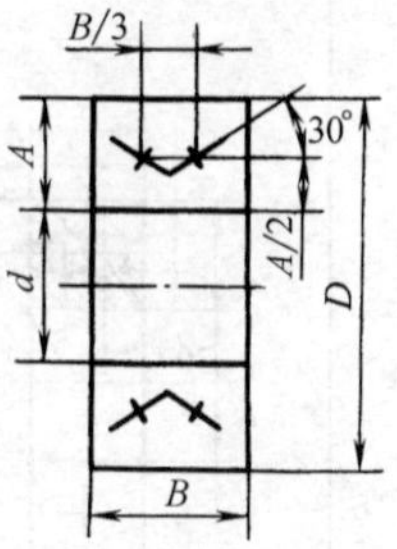 B/3, 30°, A, A/2, d, D, B	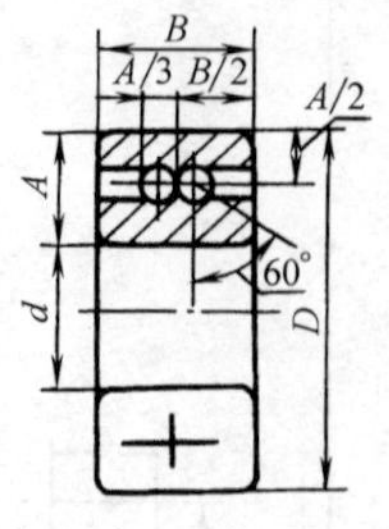 B, A/3, B/2, A/2, A, d, 60°, D	四点接触球轴承	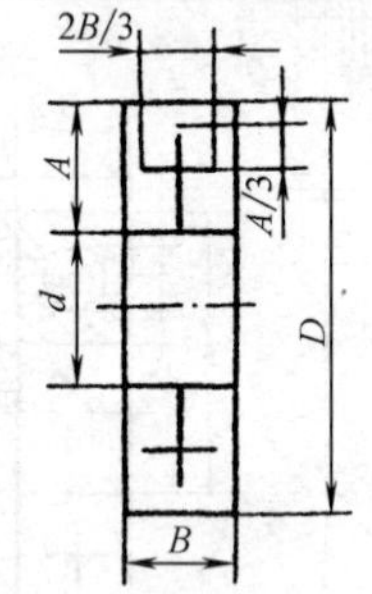 2B/3, A, A/3, d, D, B	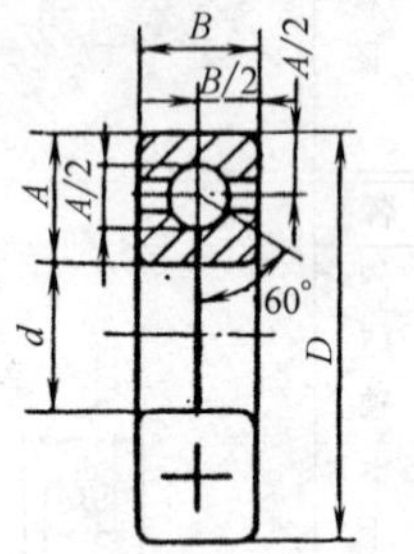 B, B/2, A/2, A, A/2, 60°, d, D
推力球轴承	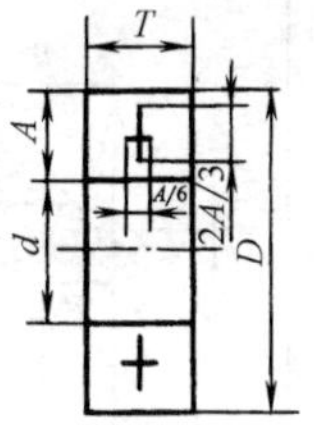 T, A, A/6, 2A/3, d, D	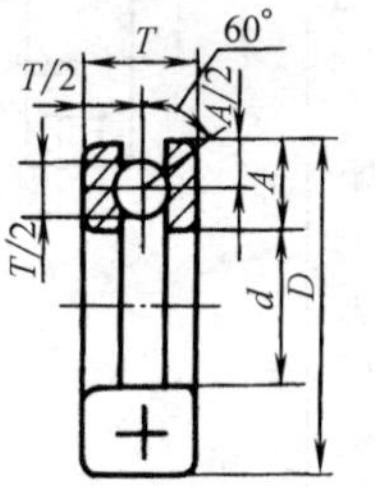 T, 60°, T/2, A/2, A, T/2, d, D	双向推力球轴承	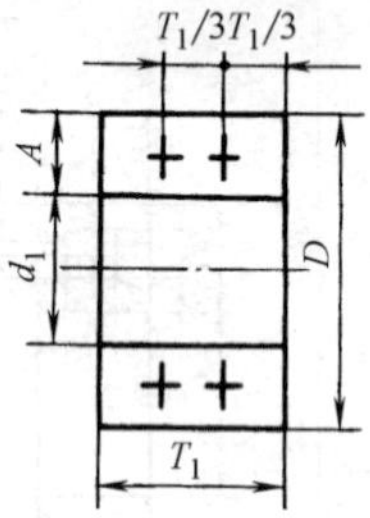 $T_1/3$ $T_1/3$, A, d_1, D, T_1	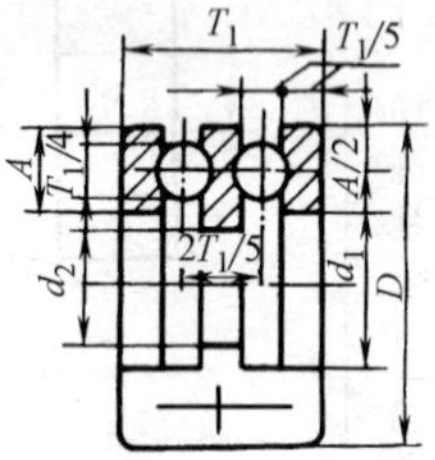 T_1, $T_1/5$, A, $T_1/4$, A/2, $2T_1/5$, d_2, d_1, D

2.2.5 弹簧画法（见表2-17和表2-18）

表2-17 弹簧的视图、剖视图画法（摘自GB/T 4459.4—2003）

名称	圆柱螺旋压缩弹簧		截锥螺旋压缩弹簧
视图	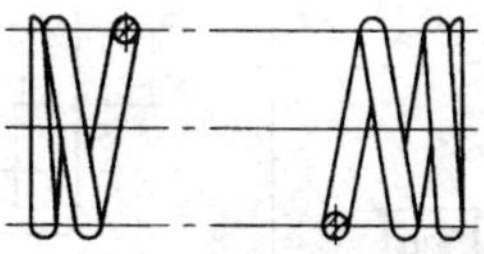	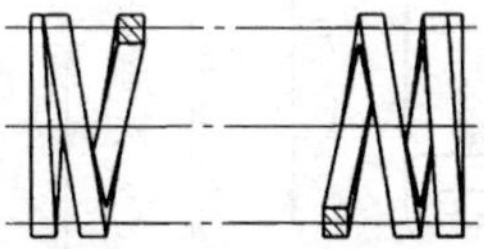	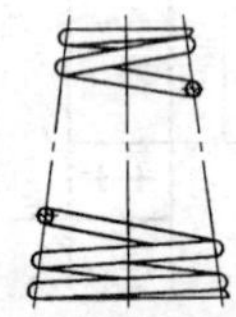
剖视图	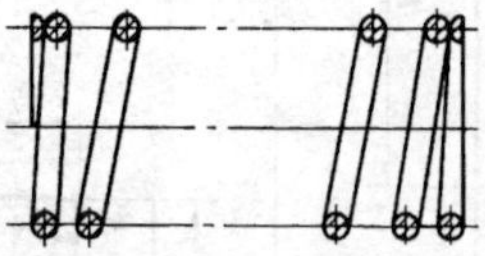	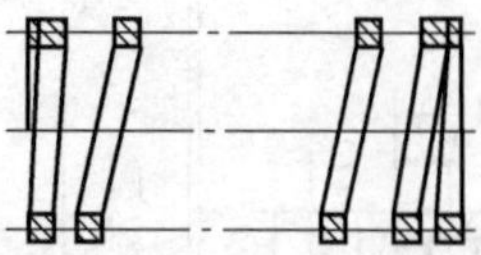	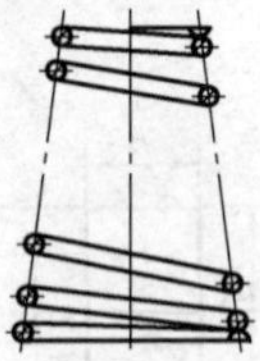
名称	圆柱螺旋拉伸弹簧	圆柱螺旋扭转弹簧	截锥涡卷弹簧
视图	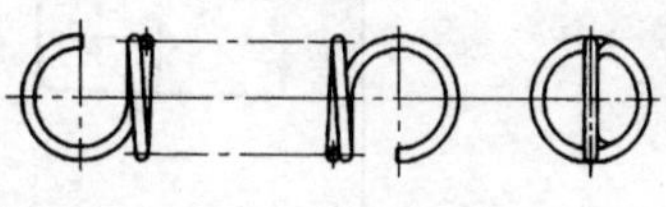	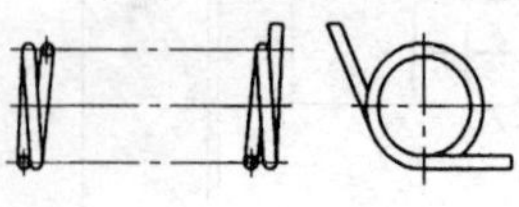	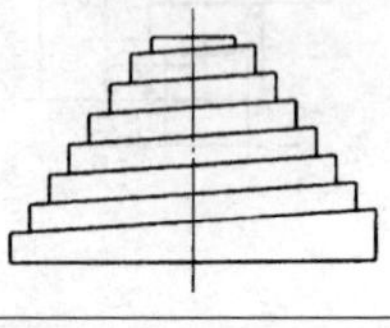

（续）

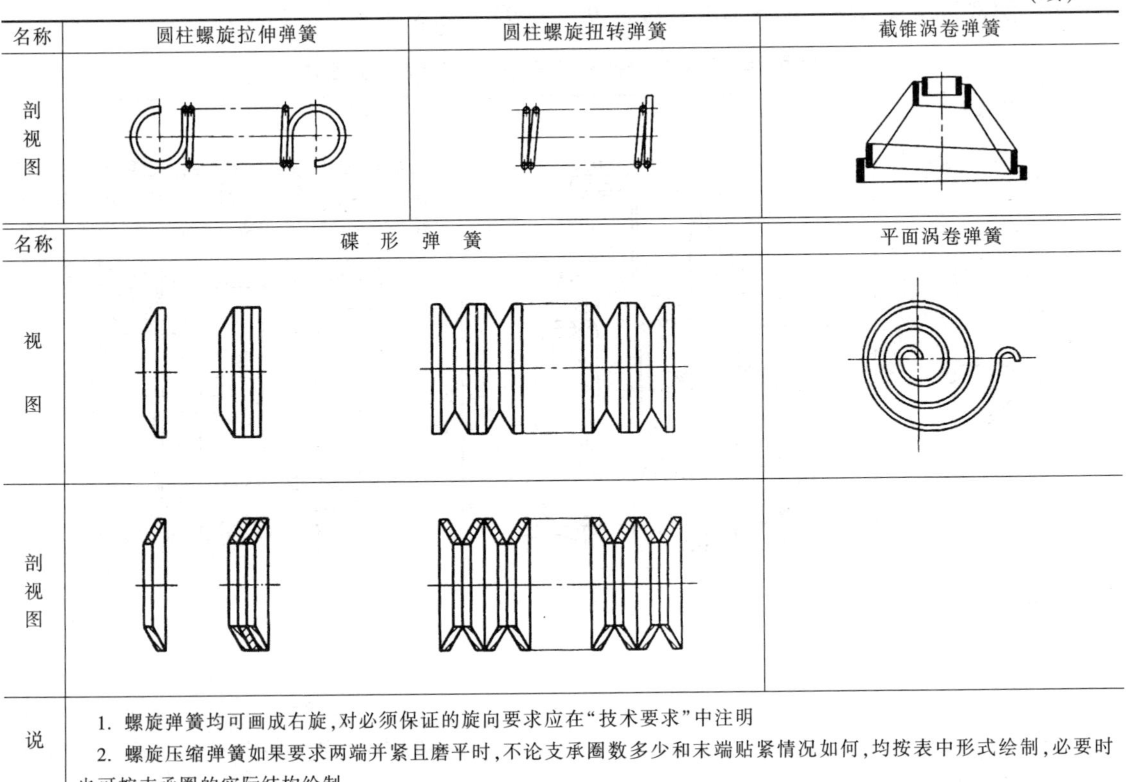

名称	圆柱螺旋拉伸弹簧	圆柱螺旋扭转弹簧	截锥涡卷弹簧
剖视图			
名称	碟　形　弹　簧		平面涡卷弹簧
视图			
剖视图			
说明	1. 螺旋弹簧均可画成右旋，对必须保证的旋向要求应在"技术要求"中注明 2. 螺旋压缩弹簧如果要求两端并紧且磨平时，不论支承圈数多少和末端贴紧情况如何，均按表中形式绘制，必要时也可按支承圈的实际结构绘制 3. 有效圈数在四圈以上的螺旋弹簧中间部分可以省略。圆柱螺旋弹簧中间部分省略后，允许适当缩短图形的长度		

表 2-18　装配图中弹簧的画法（摘自 GB/T 4459.4—2003）

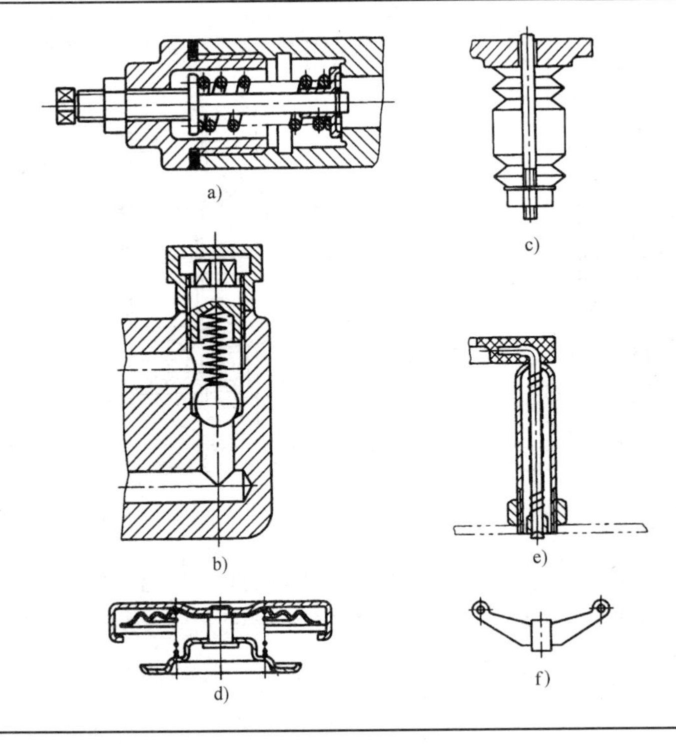	被弹簧挡住的结构一般不画出，可见部分应从弹簧的外轮廓线或从弹簧钢丝剖面的中心线画起（图 a） 型材直径或厚度在图形上等于或小于 2mm 的螺旋弹簧、碟形弹簧允许用示意图绘制（图 b、c）。当弹簧被剖切时，剖面直径或厚度在图形上等于或小于 2mm 时，也可用涂黑表示（图 d） 被剖切弹簧的直径在图形上等于或小于 2mm，并且弹簧内部还有零件，为了便于表达，可按图 e 的示意图形式绘制 板弹簧允许仅画出外形轮廓（图 f）

2.2.6　动密封圈表示法（摘自 GB/T 4459.9—2009）（见表 2-19～表 2-21）

表 2-19　旋转轴唇形密封圈的特征画法和规定画法

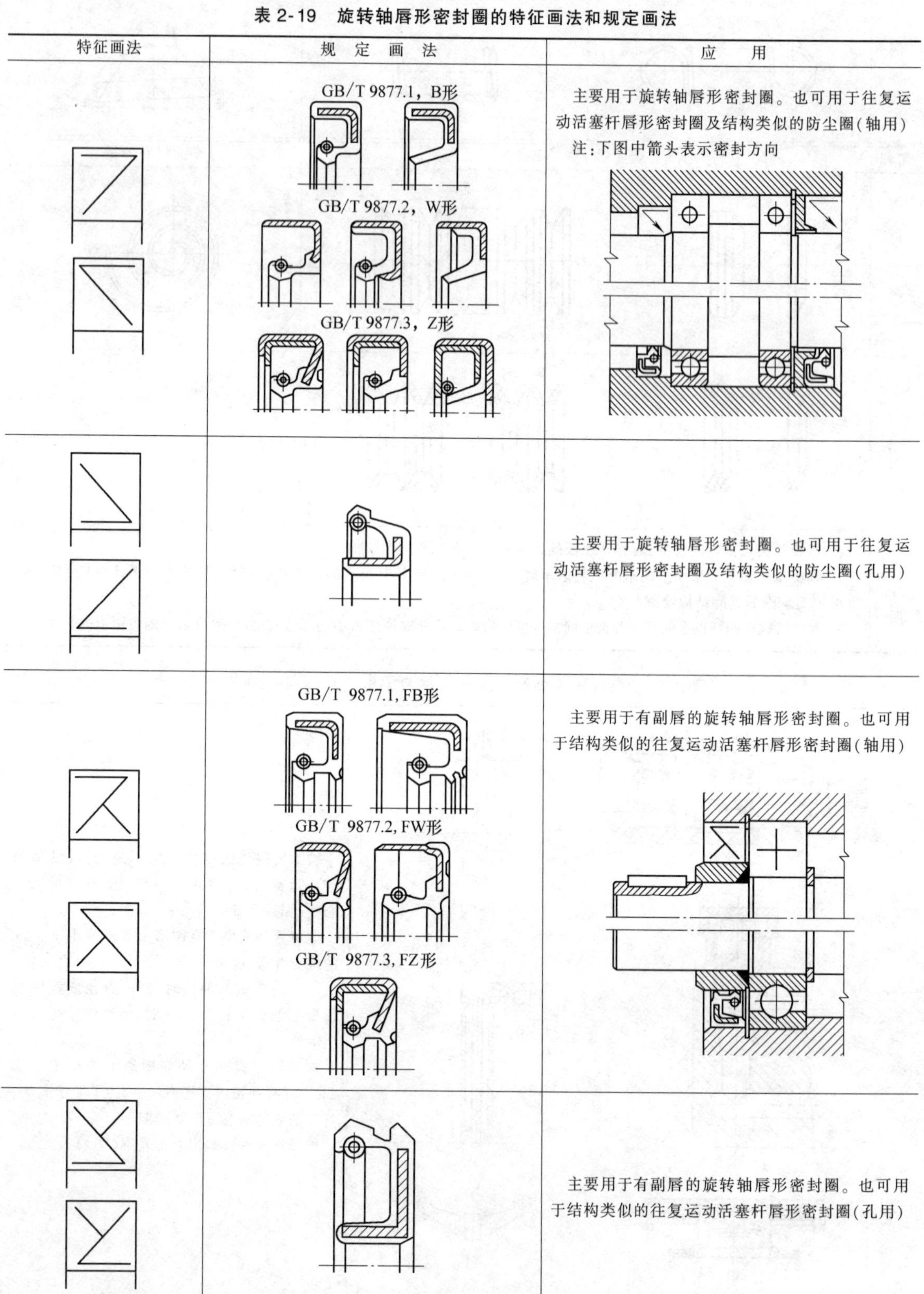

特征画法	规 定 画 法	应　用
	GB/T 9877.1，B形 GB/T 9877.2，W形 GB/T 9877.3，Z形	主要用于旋转轴唇形密封圈。也可用于往复运动活塞杆唇形密封圈及结构类似的防尘圈(轴用) 注:下图中箭头表示密封方向
		主要用于旋转轴唇形密封圈。也可用于往复运动活塞杆唇形密封圈及结构类似的防尘圈(孔用)
	GB/T 9877.1, FB形 GB/T 9877.2, FW形 GB/T 9877.3, FZ形	主要用于有副唇的旋转轴唇形密封圈。也可用于结构类似的往复运动活塞杆唇形密封圈(轴用)
		主要用于有副唇的旋转轴唇形密封圈。也可用于结构类似的往复运动活塞杆唇形密封圈(孔用)

（续）

特征画法	规定画法	应　用
		主要用于双向密封旋转轴唇形密封圈。也可用于结构类似的往复运动活塞杆唇形密封圈（轴用）
		主要用于双向密封旋转轴唇形密封圈。也可用于结构类似的往复运动活塞杆唇形密封圈（孔用）

表 2-20　往复运动橡胶密封圈的特征画法和规定画法

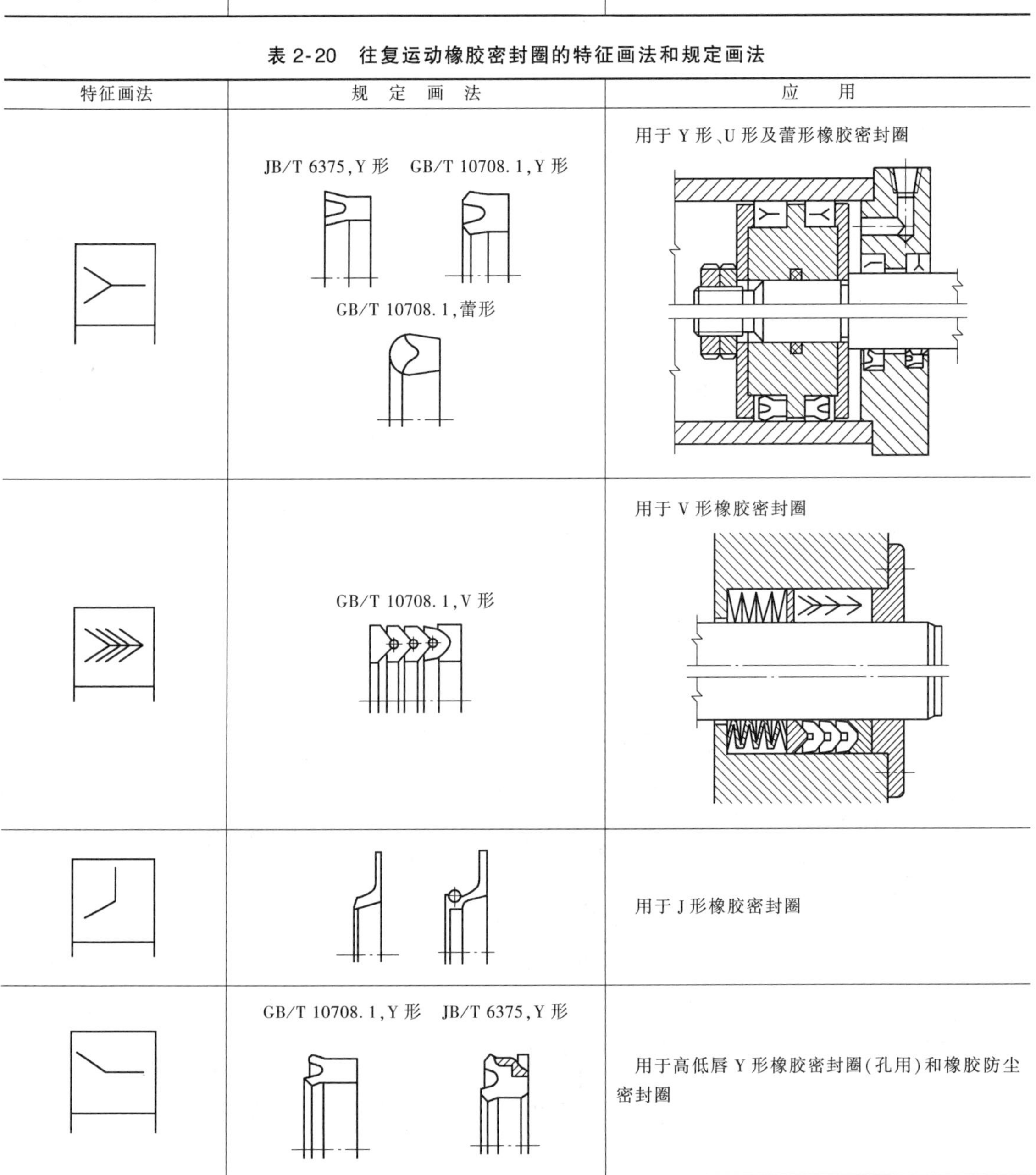

特征画法	规定画法	应　用
	JB/T 6375，Y 形　GB/T 10708.1，Y 形 GB/T 10708.1，蕾形	用于 Y 形、U 形及蕾形橡胶密封圈
	GB/T 10708.1，V 形	用于 V 形橡胶密封圈
		用于 J 形橡胶密封圈
	GB/T 10708.1，Y 形　JB/T 6375，Y 形	用于高低唇 Y 形橡胶密封圈（孔用）和橡胶防尘密封圈

（续）

特征画法	规定画法	应用
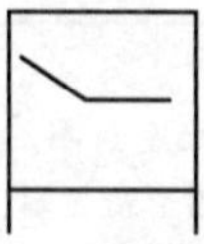	JB/T 6994，S 形、A 形 	用于起端面密封和防尘功能的 V_D 形橡胶密封圈 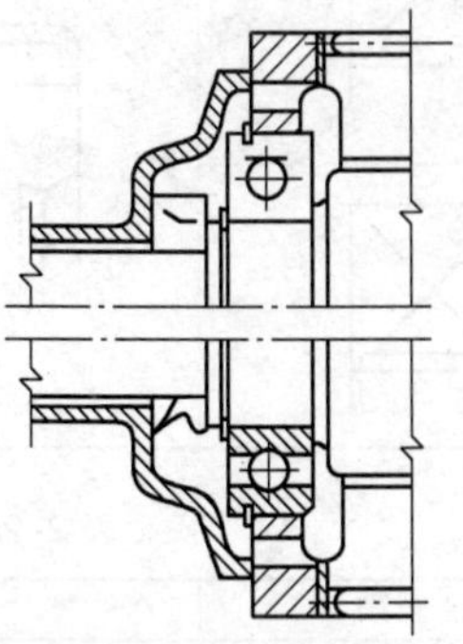
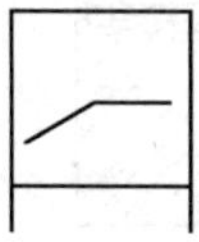	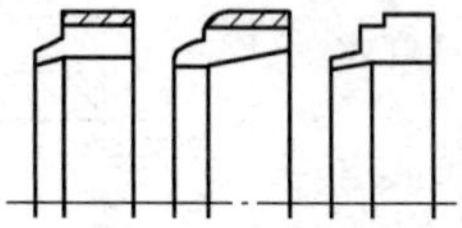 GB/T 10708.1，Y 形　JB/T6375，Y 形 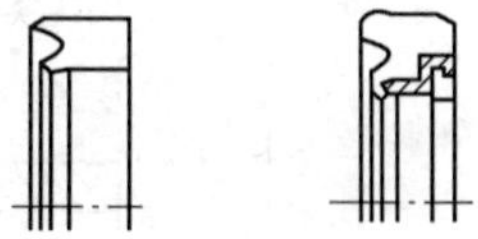 GB/T 10708.3，A 形　GB/T 10708.3，B 形 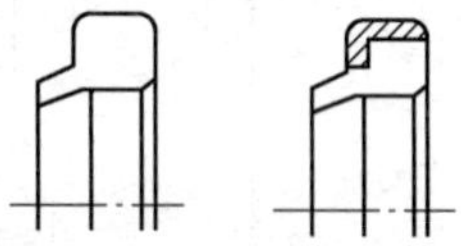	用于高低唇 Y 形橡胶密封圈（轴用）和橡胶防尘密封圈
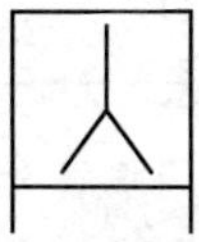	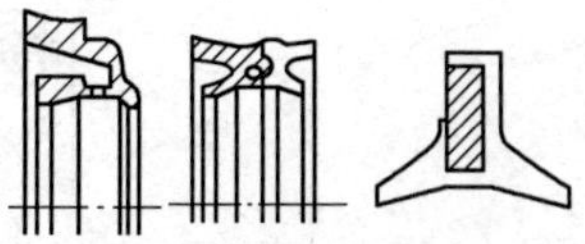 GB/T 10708.3，C 形 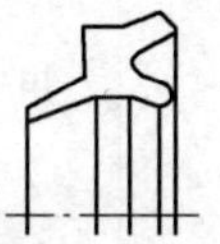	用于有双向唇的橡胶防尘密封圈。也可用于结构类似的防尘密封圈（轴用）
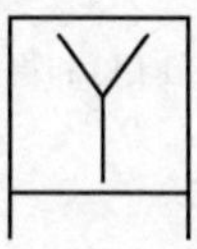	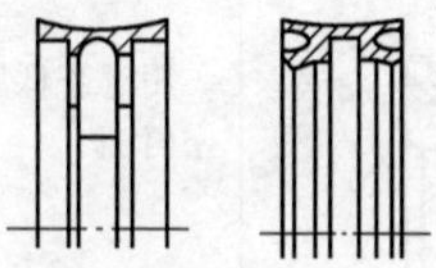	用于有双向唇的橡胶防尘密封圈。也可用于结构类似的防尘密封圈（孔用）

（续）

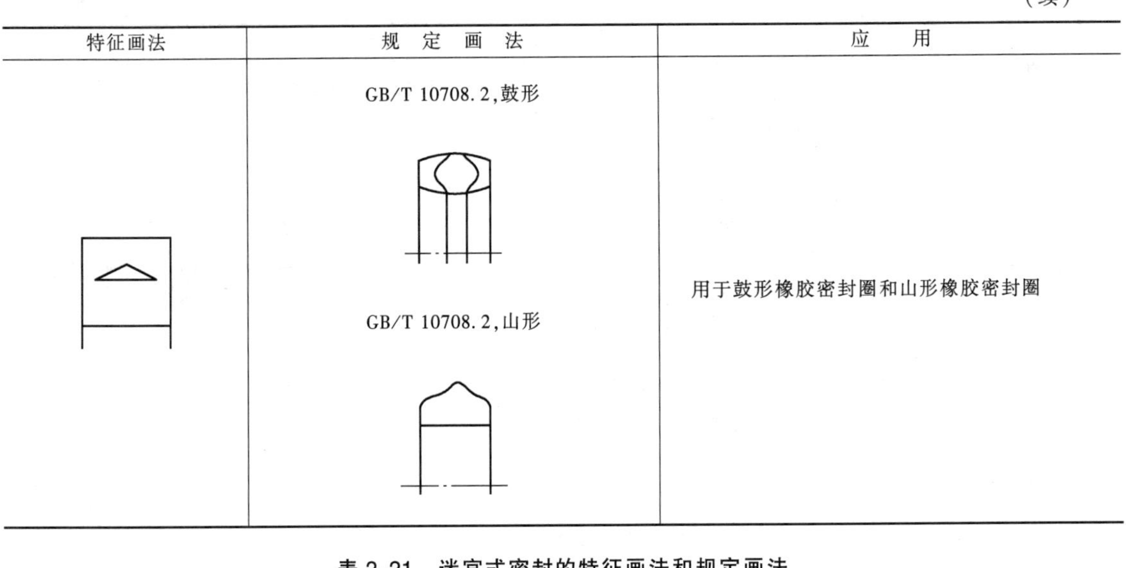

特征画法	规　定　画　法	应　　用
	GB/T 10708.2，鼓形 GB/T 10708.2，山形	用于鼓形橡胶密封圈和山形橡胶密封圈

表 2-21　迷宫式密封的特征画法和规定画法

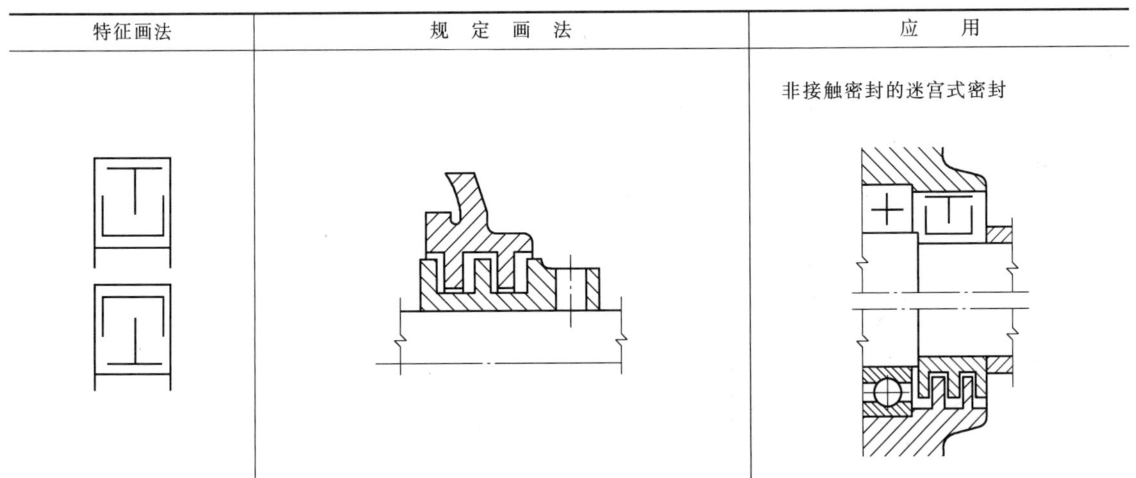

特征画法	规　定　画　法	应　　用
		非接触密封的迷宫式密封

2.3　尺寸注法（见表 2-22～表 2-25、图 2-1～图 2-10）

表 2-22　尺寸界线、尺寸线、尺寸数字及标注尺寸的符号（摘自 GB/T 4458.4—2003）

尺　寸　界　线		
尺寸界线一般规定	64　80　100　45　48　68　$\phi45$　$\phi70$	尺寸界线用细实线绘制，并应由图形的轮廓线、轴线或对称中心线处引出。也可利用轮廓线、轴线或对称中心线作尺寸界线 尺寸界线一般应与尺寸线垂直，必要时允许倾斜。在光滑过渡处标注尺寸时，应用细实线将轮廓线延长，从它们的交点处引出尺寸界线

（续）

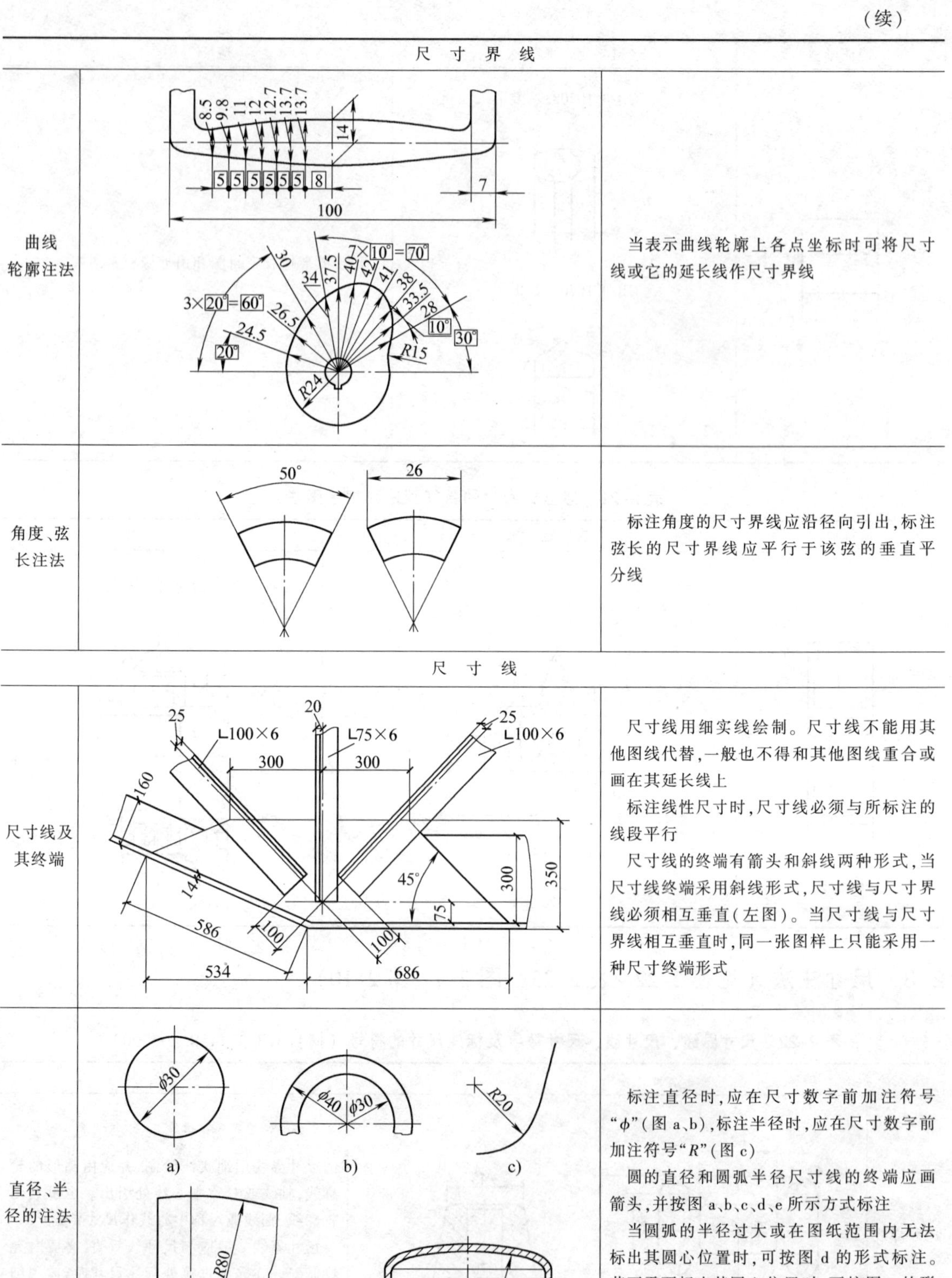

尺寸界线	
曲线轮廓注法	当表示曲线轮廓上各点坐标时可将尺寸线或它的延长线作尺寸界线
角度、弦长注法	标注角度的尺寸界线应沿径向引出，标注弦长的尺寸界线应平行于该弦的垂直平分线
尺寸线	
尺寸线及其终端	尺寸线用细实线绘制。尺寸线不能用其他图线代替，一般也不得和其他图线重合或画在其延长线上 标注线性尺寸时，尺寸线必须与所标注的线段平行 尺寸线的终端有箭头和斜线两种形式，当尺寸线终端采用斜线形式，尺寸线与尺寸界线必须相互垂直（左图）。当尺寸线与尺寸界线相互垂直时，同一张图样上只能采用一种尺寸终端形式
直径、半径的注法	标注直径时，应在尺寸数字前加注符号“ϕ”（图 a、b），标注半径时，应在尺寸数字前加注符号“R”（图 c） 圆的直径和圆弧半径尺寸线的终端应画箭头，并按图 a、b、c、d、e 所示方式标注 当圆弧的半径过大或在图纸范围内无法标出其圆心位置时，可按图 d 的形式标注。若不需要标出其圆心位置时，可按图 e 的形式标注

（续）

尺　寸　线		
对称机件的尺寸线注法	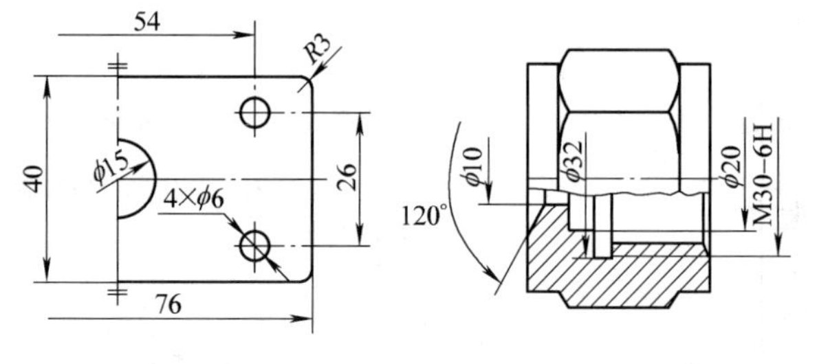	当对称机件的图形只画一半或略大于一半时,尺寸线应略超过对称中心线或断裂处的边界线,此时仅在尺寸线一端画出箭头
小尺寸的注法	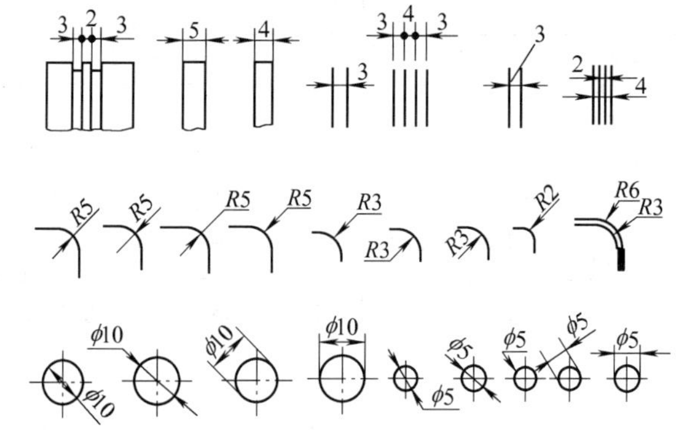	在没有足够的位置画箭头或注写尺寸数字时,可按图示的形式标注,此时,允许用圆点或斜线代替箭头
尺寸数字		
线性尺寸数字的注写位置及方向	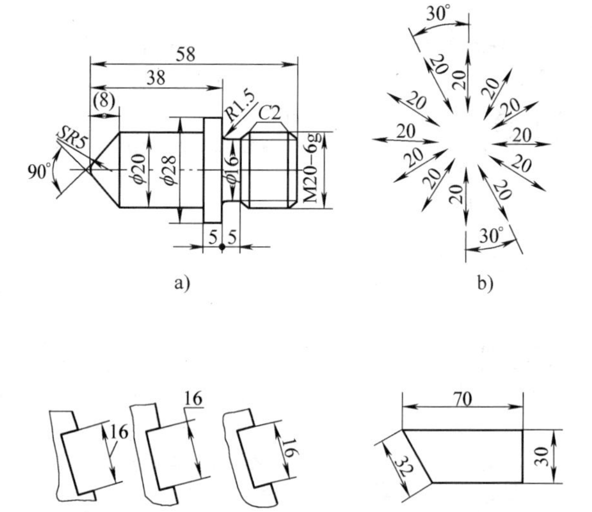 a)　b) 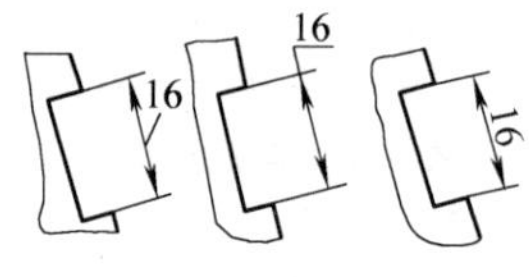 c)　d)	线性尺寸的数字一般应注写在尺寸线的上方,也允许注写在尺寸中断处 线性尺寸的数字方向一般应采用图 b 所示方法注写,并尽可能避免在 30°范围内标注尺寸。当无法避免在 30°范围内标注尺寸,可按图 c 的形式标注 在不致引起误解时,也允许采用对非水平方向尺寸,其数字也可水平地注写在尺寸线中断处(图 d) 在一张图样上应尽可能采用同一种方法注写尺寸
角度数字的注写位置	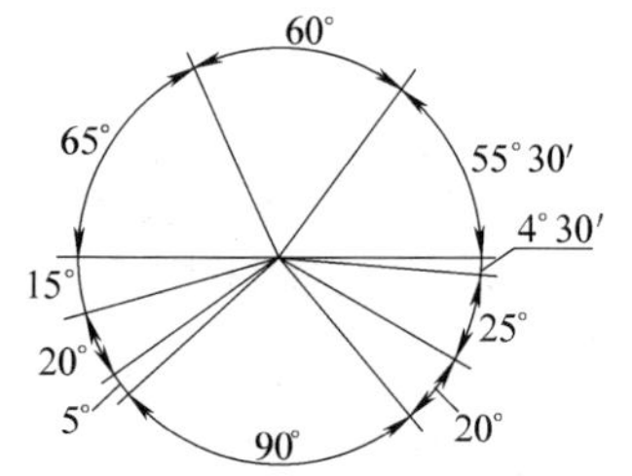 	角度的尺寸数字一律写成水平方向,一般注写在尺寸线的中断处,必要时注写在尺寸线的上方或引出标注

（续）

尺　寸　数　字		
尺寸数字不可被图线通过	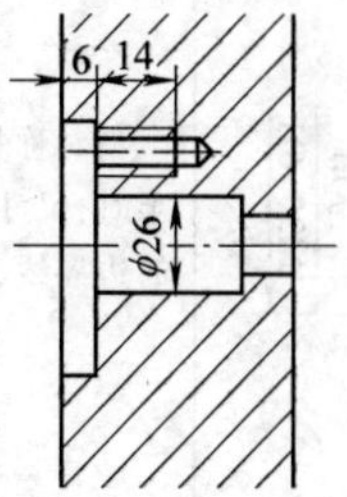 6　14　$\phi26$	尺寸数字不可被任何图线所通过，否则应将图线断开
标注尺寸的符号及缩写		
球面尺寸注法	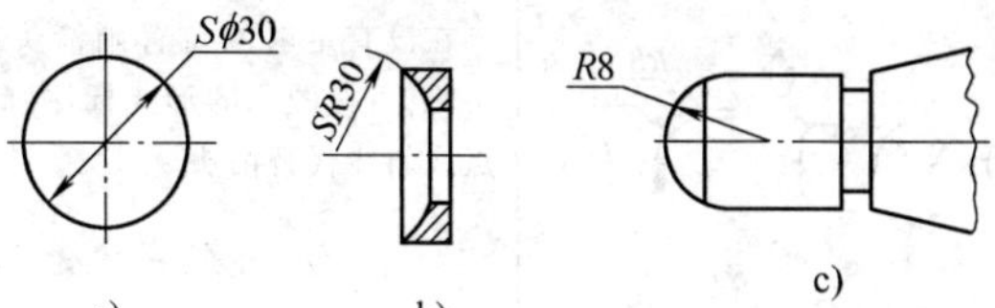 $S\phi30$　SR30　R8 a)　b)　c)	标注球面直径或半径时，应在符号“ϕ”或“R”前加注符号“S”（图 a、b） 对于螺杆、铆钉的头部、轴的端部等，在不引起误解的情况下，可以省略符号“S”（图 c）
弧长注法	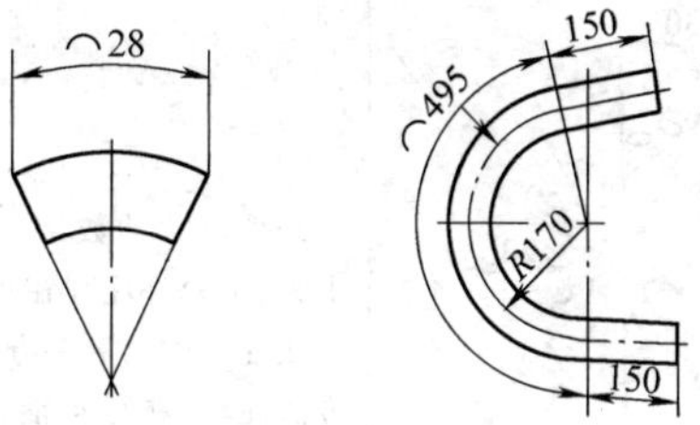 ⌒28　⌒495　150　R170　150	标注弧长的尺寸界线应平行于该弧所对圆心角的角平分线。当弧度较大时可沿径向引出 标注弧长，应在尺寸数字左方加注符号“⌒”
正方形结构尺寸注法	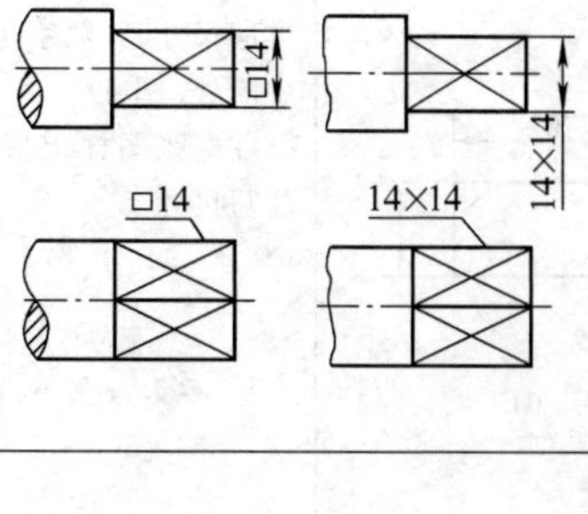 □14　14×14　□14　14×14	标注剖面为正方形结构的尺寸时，可在正方形边长尺寸数字前加注符号“□”或用“B×B”，B 为正方形的边
板状零件厚度注法	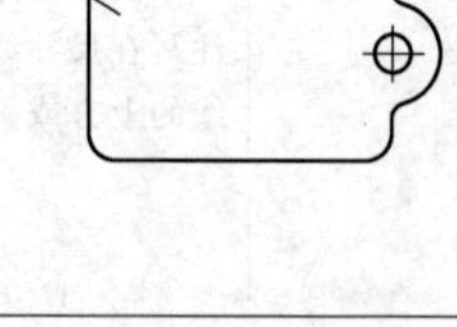 t2	标注板状零件的厚度时，可在尺寸数字前加注符号“t”

（续）

<table>
<tr><th colspan="3">标注尺寸的符号及缩写</th></tr>
<tr><td>半径尺寸有特殊要求注法</td><td> 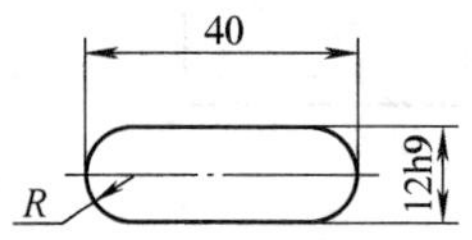40
R
12h9</td><td>当需要指明半径尺寸由其他尺寸所确定时，应用尺寸线和符号“R”标出，但不要注尺寸数字</td></tr>
<tr><td>斜度、锥度标注方法</td><td>斜度标注示例 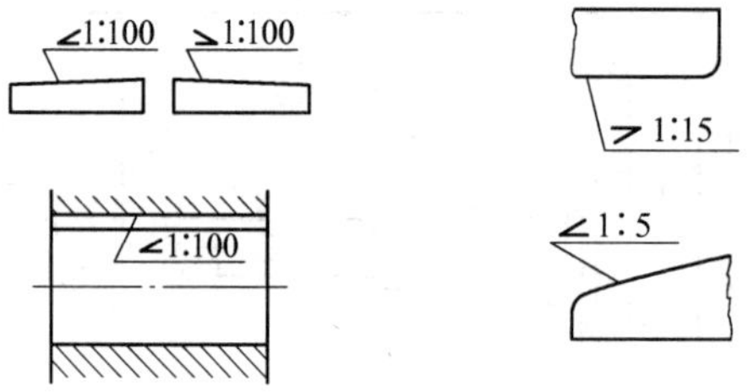
∠1∶100　∠1∶100
∠1∶15
∠1∶100
∠1∶5
（斜度符号的方向应与斜度方向一致）</td><td>锥度标注示例 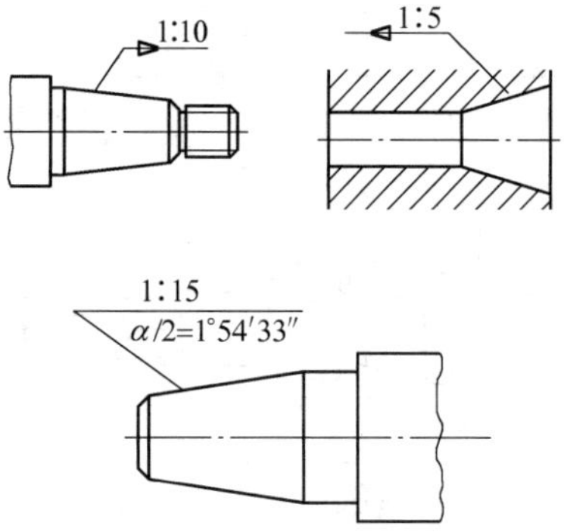
⊲1∶10
⊲1∶5
1∶15
α/2=1°54′33″</td></tr>
<tr><td>倒角注法</td><td>45°倒角的标注形式 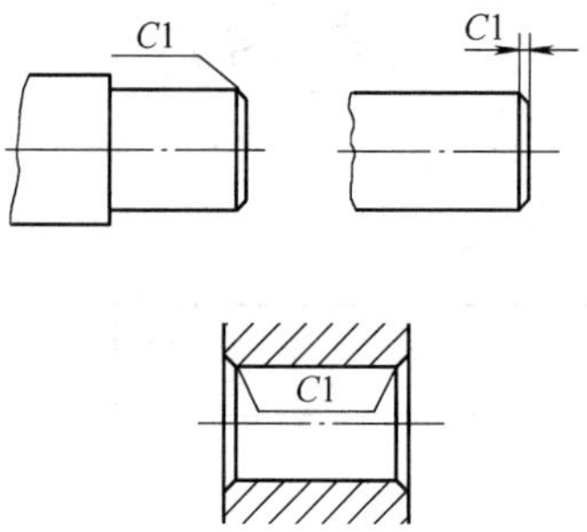
C1　C1
C1</td><td>非 45°倒角的标注形式 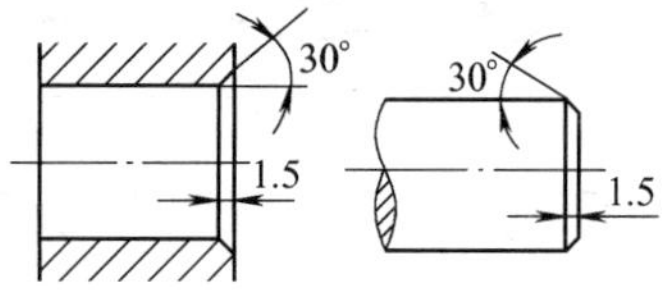
30°　30°
1.5　1.5</td></tr>
</table>

标注尺寸时，应尽可能使用符号和缩写词。常用的符号和缩写词见表 2-23。

表 2-23　尺寸标注常用符号（摘自 GB/T 16675.2—2012）

序号	名　称	符号或缩写词	序号	名　称	符号或缩写词
1	直径	ϕ	9	深度	↧
2	半径	R	10	深孔或锪平	⌴
3	球直径	$S\phi$	11	埋头孔	⌵
4	球半径	SR	12	弧长	⌒
5	厚度	t	13	斜度	∠
6	均布	EQS	14	锥度	⊲
7	45°倒角	C	15	展开[①]	○→
8	正方形	□	16	型材截面形状	（按 GB/T 4656）

① 展开符号 ○→ 标在展开图上方的名称字母后面（如 $A—A$ ○→）；当弯曲成形前的坯料形状迭加在成形后的视图画出时，则该图上方不必标注展开符号，但图中的展开尺寸应按照“○→ 200”（其中 200 为尺寸值）的形式注写。

表 2-24　尺寸简化标注方法（摘自 GB/T 16675.2—2012）

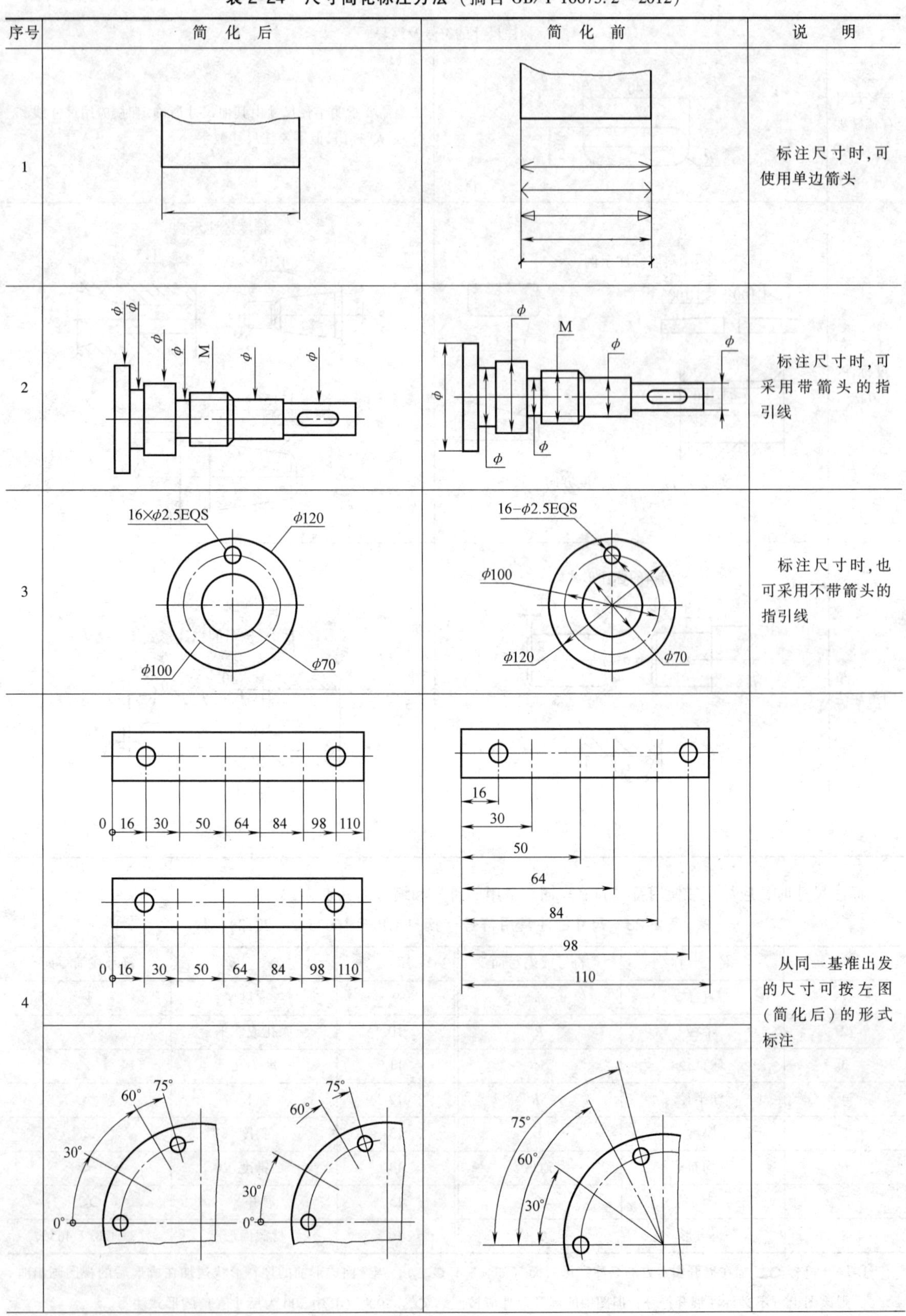

序号	简化后	简化前	说明
1			标注尺寸时，可使用单边箭头
2			标注尺寸时，可采用带箭头的指引线
3			标注尺寸时，也可采用不带箭头的指引线
4			从同一基准出发的尺寸可按左图（简化后）的形式标注

（续）

序号	简　化　后	简　化　前	说　　明
5	R14, R20, R30, R40 R40, R30, R20, R14 R12, R22, R30	R20 R30 R40 R14 R30 R22 R12	一组同心圆弧或圆心位于一条直线上的多个不同心圆弧的尺寸，可用共用的尺寸线和箭头依次表示
6	$\phi60, \phi100, \phi120$ $\phi5, \phi10, \phi12$	$\phi60$ $\phi120$ $\phi100$ $\phi12$ $\phi10$ $\phi5$	一组同心圆或尺寸较多的台阶孔的尺寸，可用共用的尺寸线和箭头依次表示
7	1677 1677 1500 1677 750 1500 1500 6000 265 250 400 566 4000 566 265 400 250 400 400 230 157 157 3800 45° 45° 256 45° 45° 220 157 157 423 423 5096	（略）	单线图上，桁架、钢筋、管子等的长度尺寸可直接标注在相应的线段上，角度尺寸数字可直接填写在夹角中的相应部位。图形对称时可仅标注一侧的尺寸

（续）

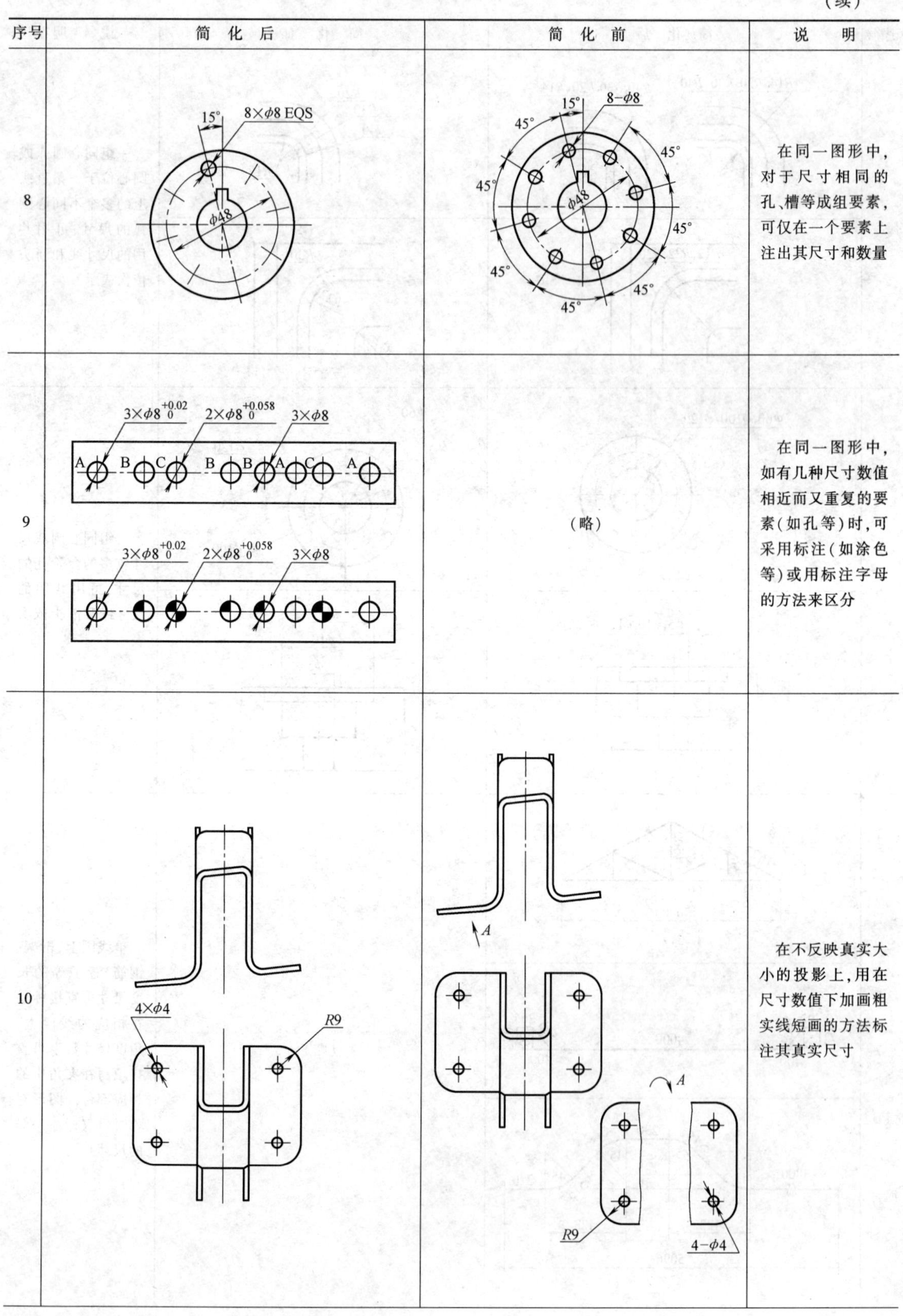

序号	简化后	简化前	说明
8	15°　8×ϕ8 EQS　ϕ48	15°　8-ϕ8　45°　ϕ48	在同一图形中，对于尺寸相同的孔、槽等成组要素，可仅在一个要素上注出其尺寸和数量
9	$3\times\phi8^{+0.02}_{0}$　$2\times\phi8^{+0.058}_{0}$　$3\times\phi8$　A B C B B A C A	（略）	在同一图形中，如有几种尺寸数值相近而又重复的要素（如孔等）时，可采用标注（如涂色等）或用标注字母的方法来区分
10	4×ϕ4　R9	A　R9　4-ϕ4	在不反映真实大小的投影上，用在尺寸数值下加画粗实线短画的方法标注其真实尺寸

（续）

<table>
<tr><th>序号</th><th>简　化　后</th><th>简　化　前</th><th>说　　明</th></tr>
<tr><td rowspan="2">11</td><td>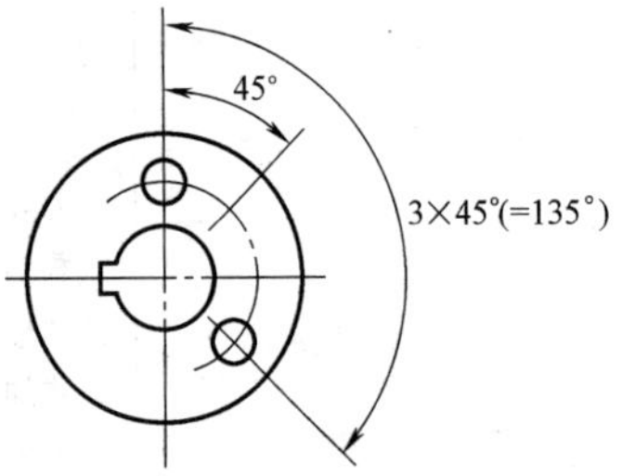</td><td>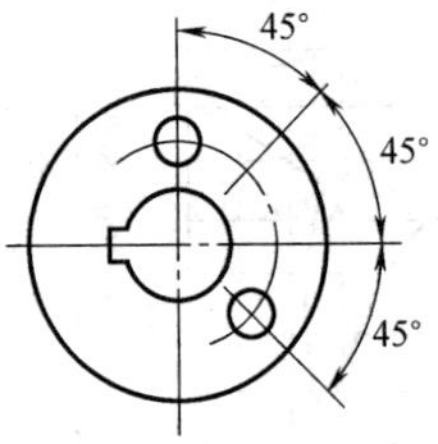</td><td rowspan="2">间隔相等的链式尺寸，可采用左图（简化后）所示的简化注法</td></tr>
<tr><td>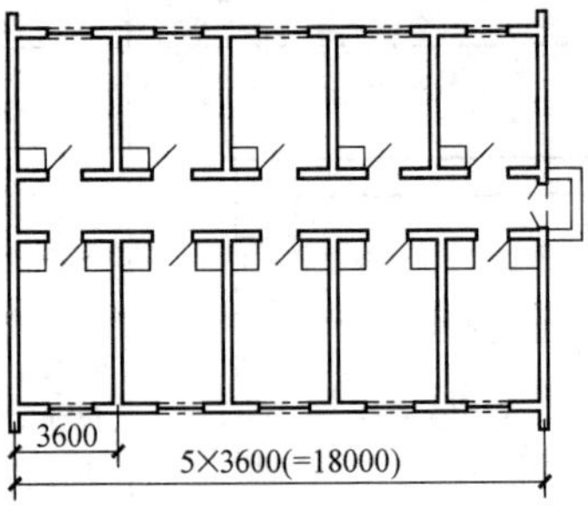</td><td>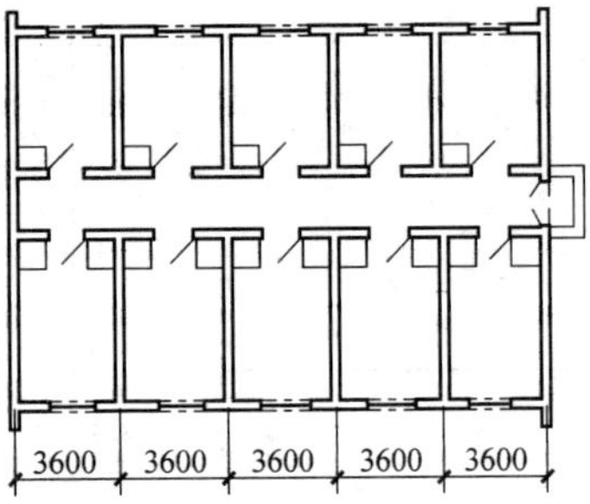</td></tr>
<tr><td>12</td><td>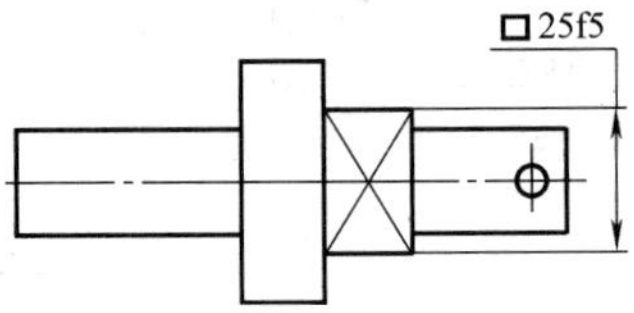</td><td>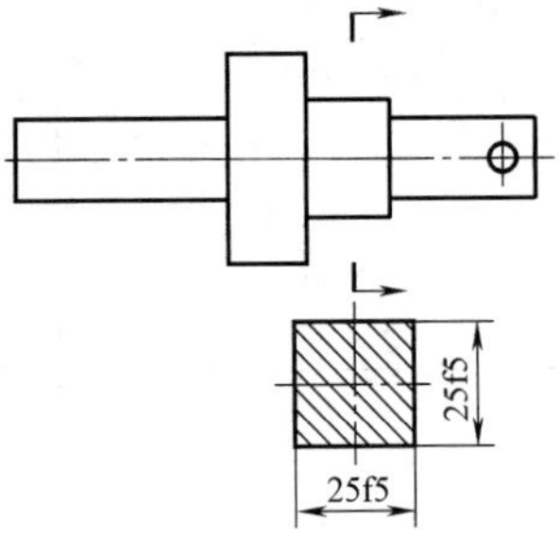</td><td>标注正方形结构尺寸时，可在正方形边长尺寸数字前加注“□”符号</td></tr>
<tr><td rowspan="2">13</td><td>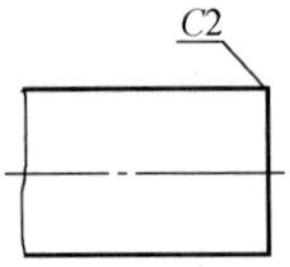</td><td>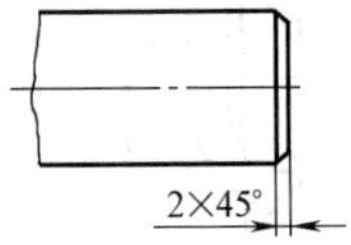</td><td rowspan="2">在不致引起误解时，零件图中的倒角可以省略不画，其尺寸也可简化标注</td></tr>
<tr><td>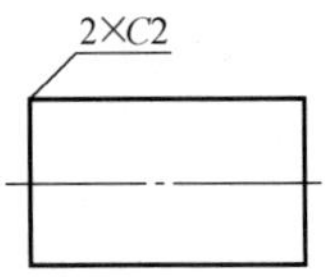</td><td>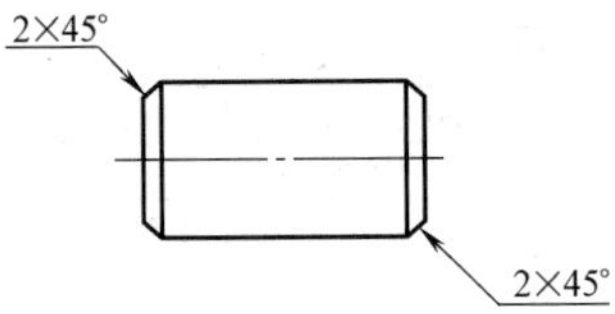</td></tr>
</table>

（续）

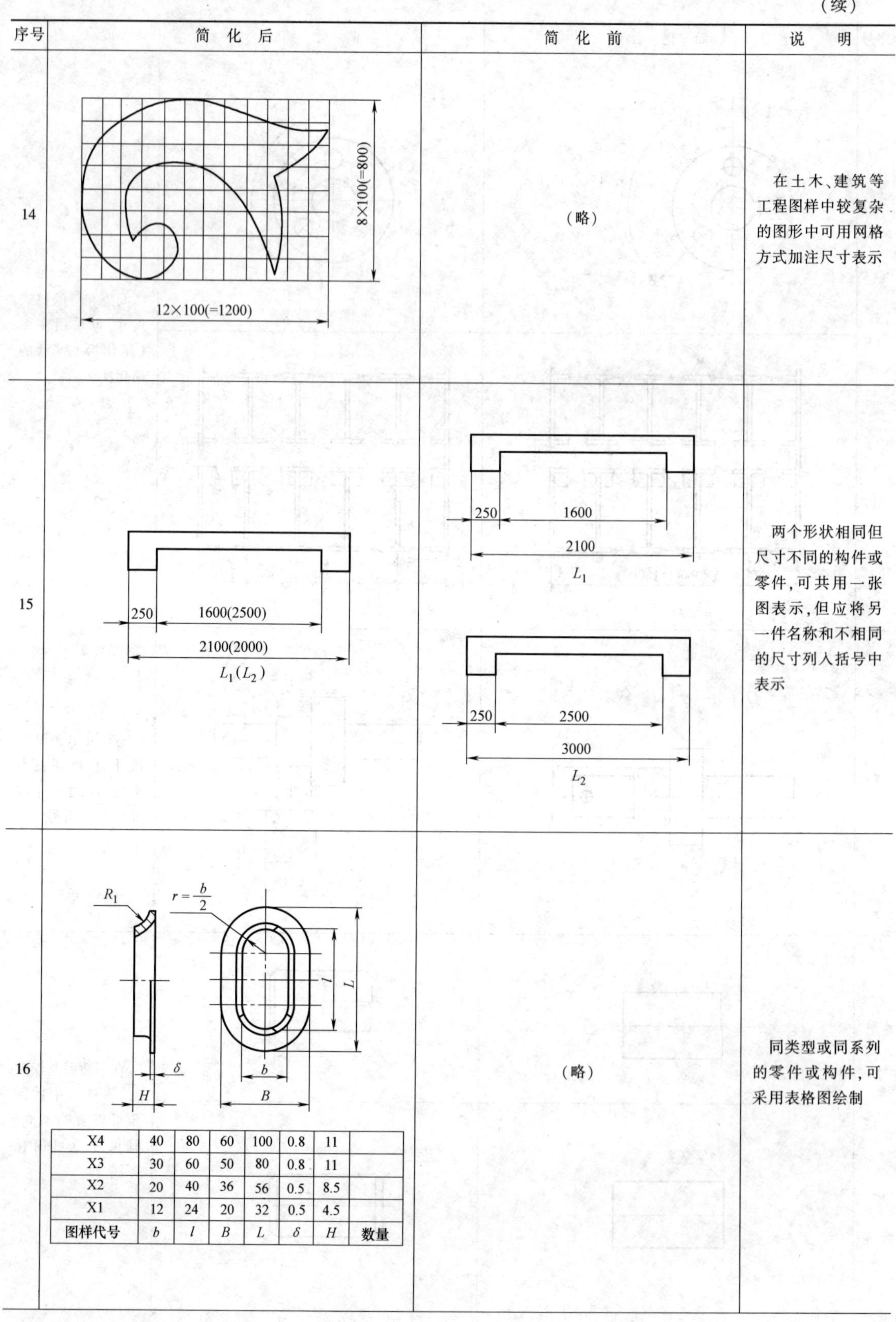

序号	简化后	简化前	说明
14	（图）	（略）	在土木、建筑等工程图样中较复杂的图形中可用网格方式加注尺寸表示
15	（图）	（图）	两个形状相同但尺寸不同的构件或零件，可共用一张图表示，但应将另一件名称和不相同的尺寸列入括号中表示
16	（图及下表）	（略）	同类型或同系列的零件或构件，可采用表格图绘制

图样代号	b	l	B	L	δ	H	数量
X4	40	80	60	100	0.8	11	
X3	30	60	50	80	0.8	11	
X2	20	40	36	56	0.5	8.5	
X1	12	24	20	32	0.5	4.5	

（续）

<table>
<tr><th>序号</th><th>简 化 后</th><th>简 化 前</th><th>说 明</th></tr>
<tr><td>16</td><td> 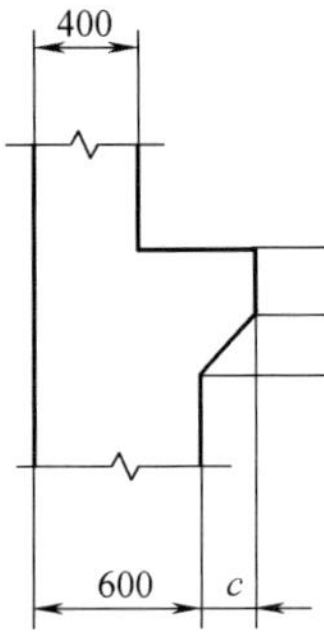400
a
b
600 c
<table><tr><th>No</th><th>a</th><th>b</th><th>c</th></tr><tr><td>Z1</td><td>200</td><td>400</td><td>200</td></tr><tr><td>Z2</td><td>250</td><td>450</td><td>200</td></tr><tr><td>Z3</td><td>200</td><td>450</td><td>250</td></tr></table></td><td>（略）</td><td>同类型或同系列的零件或构件，可采用表格图绘制</td></tr>
<tr><td rowspan="3">17</td><td> 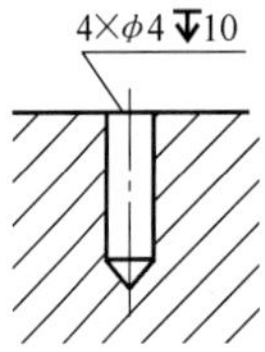4×φ4↧10
or
4×φ4↧10</td><td> 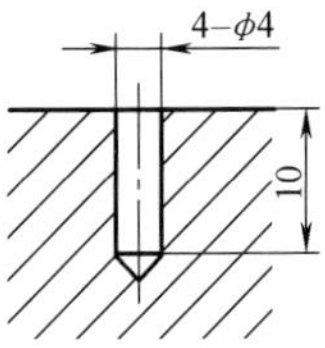4−φ4
10</td><td rowspan="3">各类孔可采用旁注和符号相结合的方法标注</td></tr>
<tr><td> 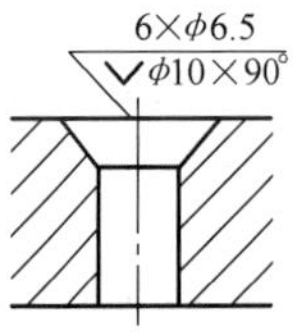6×φ6.5
⌵φ10×90°
or
6×φ6.5
⌵φ10×90°</td><td> 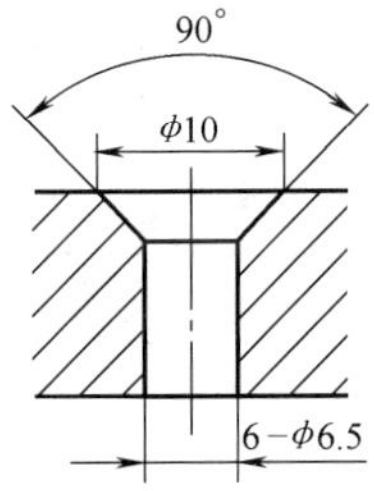90°
φ10
6−φ6.5</td></tr>
<tr><td> 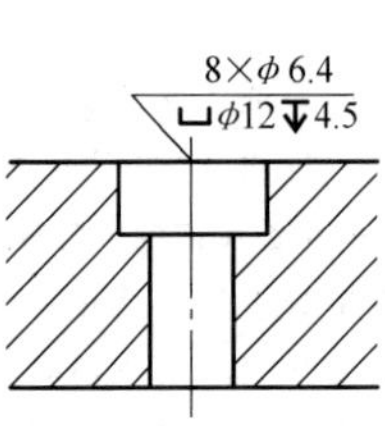8×φ6.4
⌴φ12↧4.5
or
8×φ6.4
⌴φ12↧4.5</td><td>4.5
φ12
8−φ6.4</td></tr>
</table>

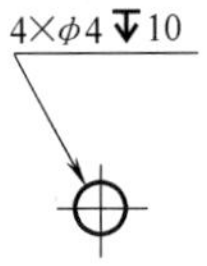

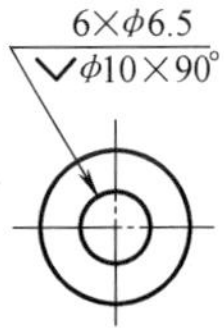

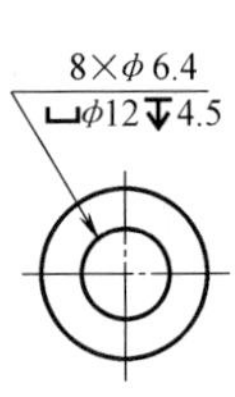

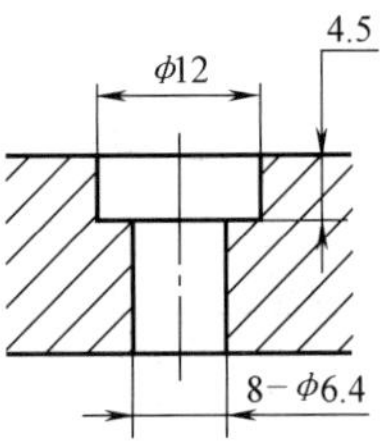

（续）

序号	简化后	简化前	说明
18	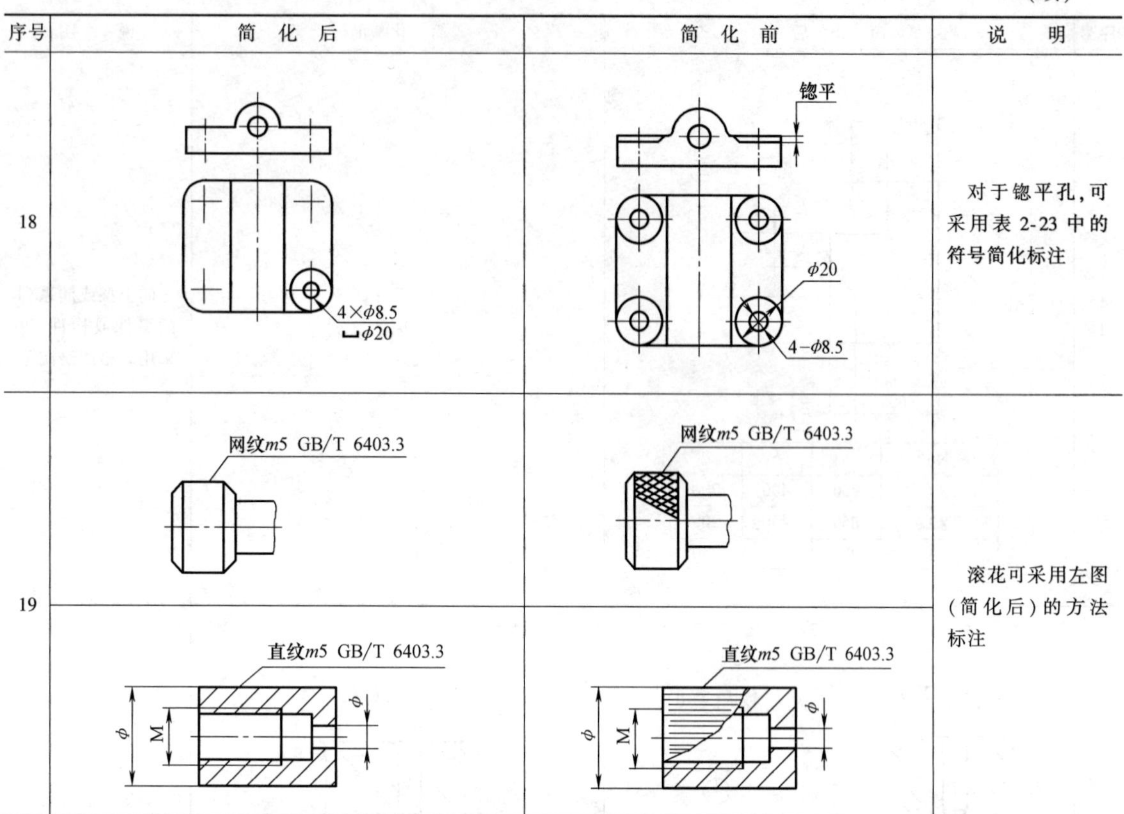		对于锪平孔，可采用表 2-23 中的符号简化标注
19			滚花可采用左图（简化后）的方法标注

表 2-25　尺寸公差与配合注法（摘自 GB/T 4458.5—2003）

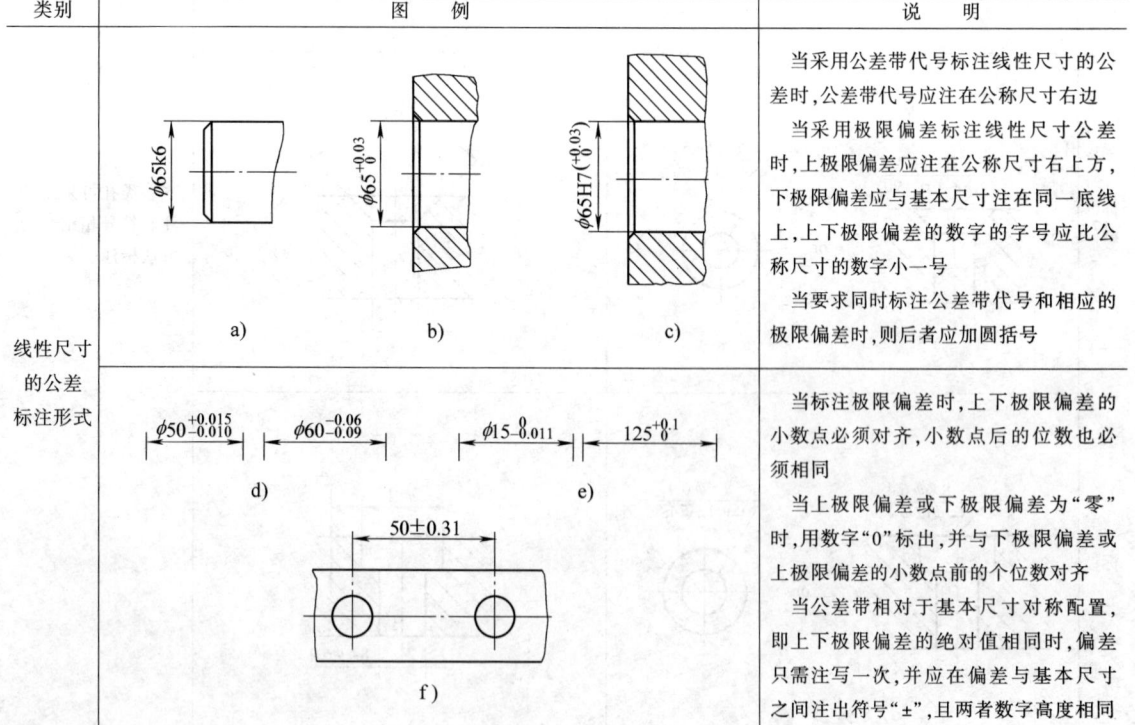

类别	图例	说明
线性尺寸的公差标注形式	$\phi65k6$　　$\phi65^{+0.03}_{0}$　　$\phi65H7(^{+0.03}_{0})$ a)　　b)　　c)	当采用公差带代号标注线性尺寸的公差时，公差带代号应注在公称尺寸右边 当采用极限偏差标注线性尺寸公差时，上极限偏差应注在公称尺寸右上方，下极限偏差应与基本尺寸注在同一底线上，上下极限偏差的数字的字号应比公称尺寸的数字小一号 当要求同时标注公差带代号和相应的极限偏差时，则后者应加圆括号
	$\phi50^{+0.015}_{-0.010}$　　$\phi60^{-0.06}_{-0.09}$ d) $\phi15^{\ \ 0}_{-0.011}$　　$125^{+0.1}_{\ \ 0}$ e) 50 ± 0.31 f)	当标注极限偏差时，上下极限偏差的小数点必须对齐，小数点后的位数也必须相同 当上极限偏差或下极限偏差为“零”时，用数字“0”标出，并与下极限偏差或上极限偏差的小数点前的个位数对齐 当公差带相对于基本尺寸对称配置，即上下极限偏差的绝对值相同时，偏差只需注写一次，并应在偏差与基本尺寸之间注出符号“±”，且两者数字高度相同

（续）

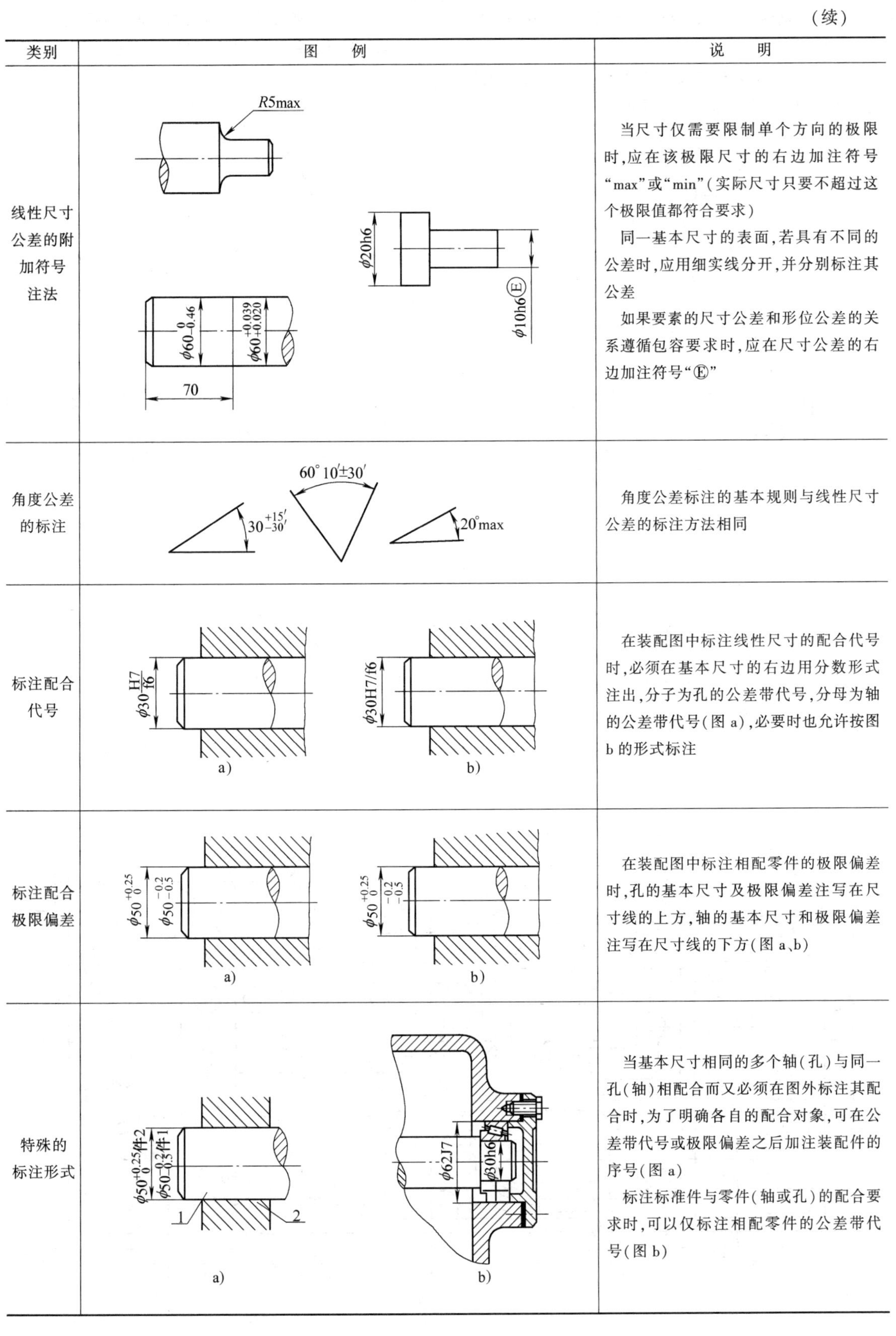

类别	图　　例	说　　明
线性尺寸公差的附加符号注法		当尺寸仅需要限制单个方向的极限时，应在该极限尺寸的右边加注符号“max”或“min”（实际尺寸只要不超过这个极限值都符合要求） 同一基本尺寸的表面，若具有不同的公差时，应用细实线分开，并分别标注其公差 如果要素的尺寸公差和形位公差的关系遵循包容要求时，应在尺寸公差的右边加注符号“Ⓔ”
角度公差的标注		角度公差标注的基本规则与线性尺寸公差的标注方法相同
标注配合代号		在装配图中标注线性尺寸的配合代号时，必须在基本尺寸的右边用分数形式注出，分子为孔的公差带代号，分母为轴的公差带代号（图 a），必要时也允许按图 b 的形式标注
标注配合极限偏差		在装配图中标注相配零件的极限偏差时，孔的基本尺寸及极限偏差注写在尺寸线的上方，轴的基本尺寸和极限偏差注写在尺寸线的下方（图 a、b）
特殊的标注形式		当基本尺寸相同的多个轴（孔）与同一孔（轴）相配合而又必须在图外标注其配合时，为了明确各自的配合对象，可在公差带代号或极限偏差之后加注装配件的序号（图 a） 标注标准件与零件（轴或孔）的配合要求时，可以仅标注相配零件的公差带代号（图 b）

尺寸简化标注方法的补充（摘自 GB/T 16675.2—2012）如下。

1）一般的退刀槽可按“槽宽×直径”（见图 2-1）或“槽宽×槽深”（见图 2-2）的形式标注。

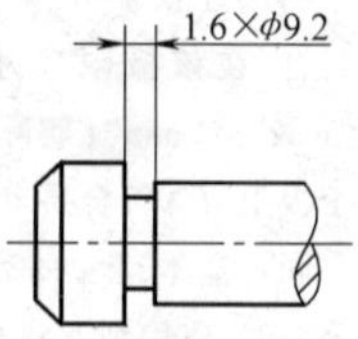

1.6×ϕ9.2

图 2-1

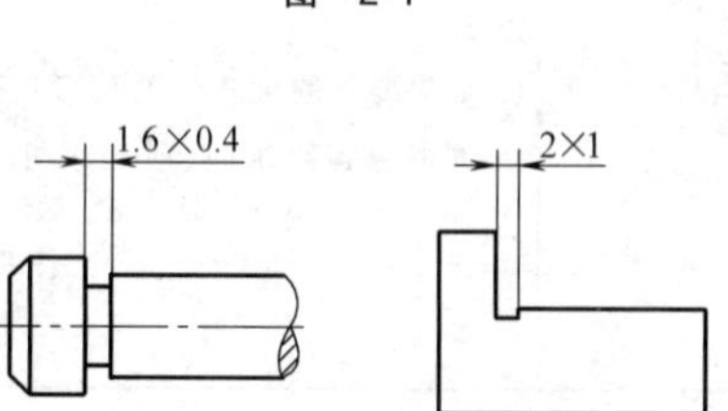

图 2-2

2）当成组要素的定位和分布情况在图形中已明确时，可不标注其角度，并省略缩写词“EQS”（见图 2-3）。

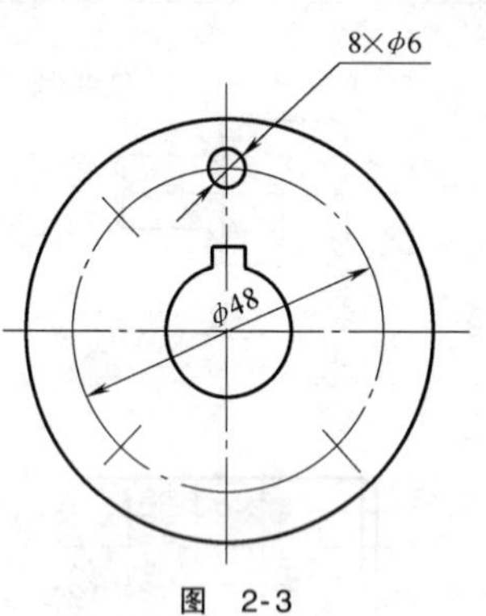

图 2-3

3）对不连续的同一表面，可用细实线连接后标注一次尺寸（见图 2-4）。

4）对于印刷板类的零件，可直接采用坐标网格法表示尺寸（见图 2-5）。

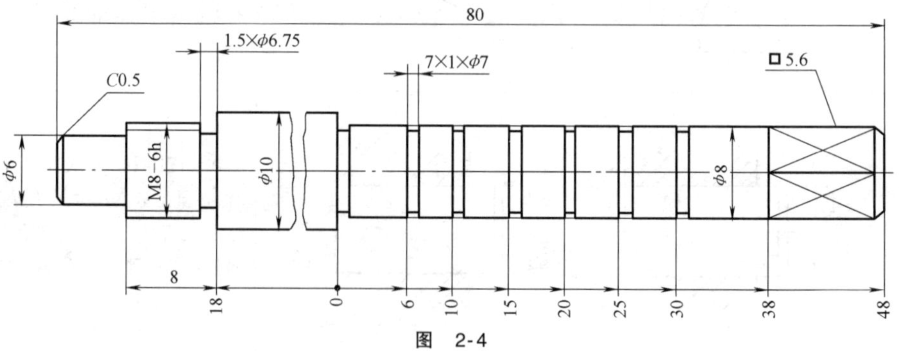

图 2-4

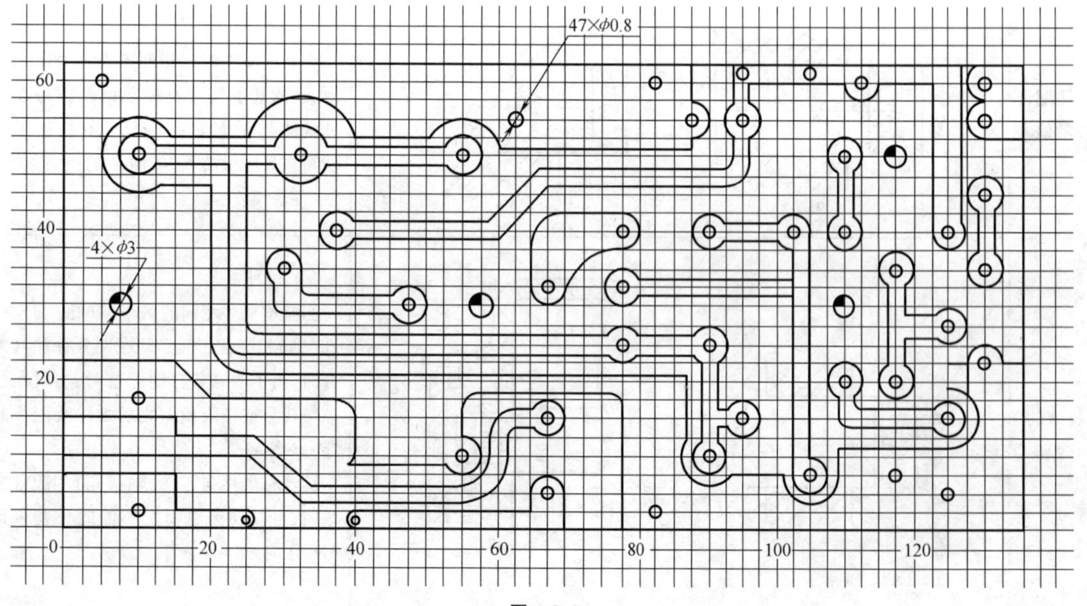

图 2-5

5）当图形具有对称中心线时，分布在对称中心线两边的相同结构，可仅标注其中一边的结构尺寸，如图 2-6 所示的 $R64$、12、$R9$、$R5$ 等。

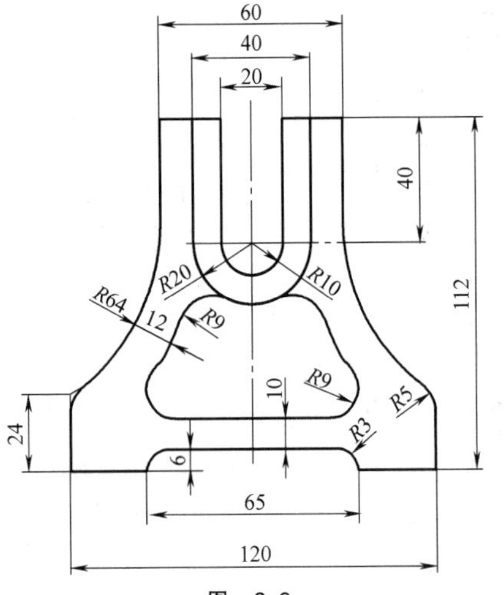

图　2-6

6）标注圆锥销孔的尺寸时，应按图 2-7a 和图 2-7b 的形式引出标注，其中 $\phi4$ 和 $\phi3$ 为与其相配的圆锥销的公称直径。

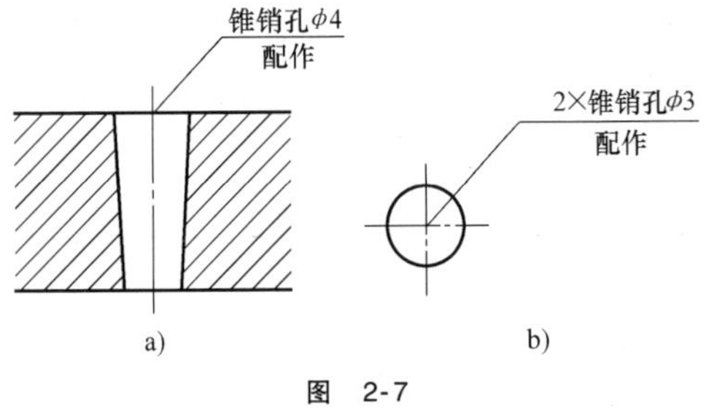

图　2-7

7）对于凸轮的曲面（或曲线）和处在曲面上的某些结构，其尺寸可标注在展开图上（见图 2-8、图 2-9）。

8）对于镀涂表面的尺寸，按以下规定标注。

图样中镀涂零件的尺寸应为镀涂后尺寸，即计入了镀涂层厚度，如为镀涂前尺寸，应在尺寸数字的右边加注“镀（涂）前”字样。

对于装饰性、防腐性的自由表面尺寸，可视作镀涂前尺寸，省略“镀（涂）前”字样。

对于配合尺寸，只有当镀涂层厚度不影响配合时，方可视作镀涂前的尺寸，并省略“镀（涂）前”字样。

必要时可同时标注镀涂前和镀涂后的尺寸，并注写“镀（涂）前”和“镀（涂）后”字样（见图 2-10）。

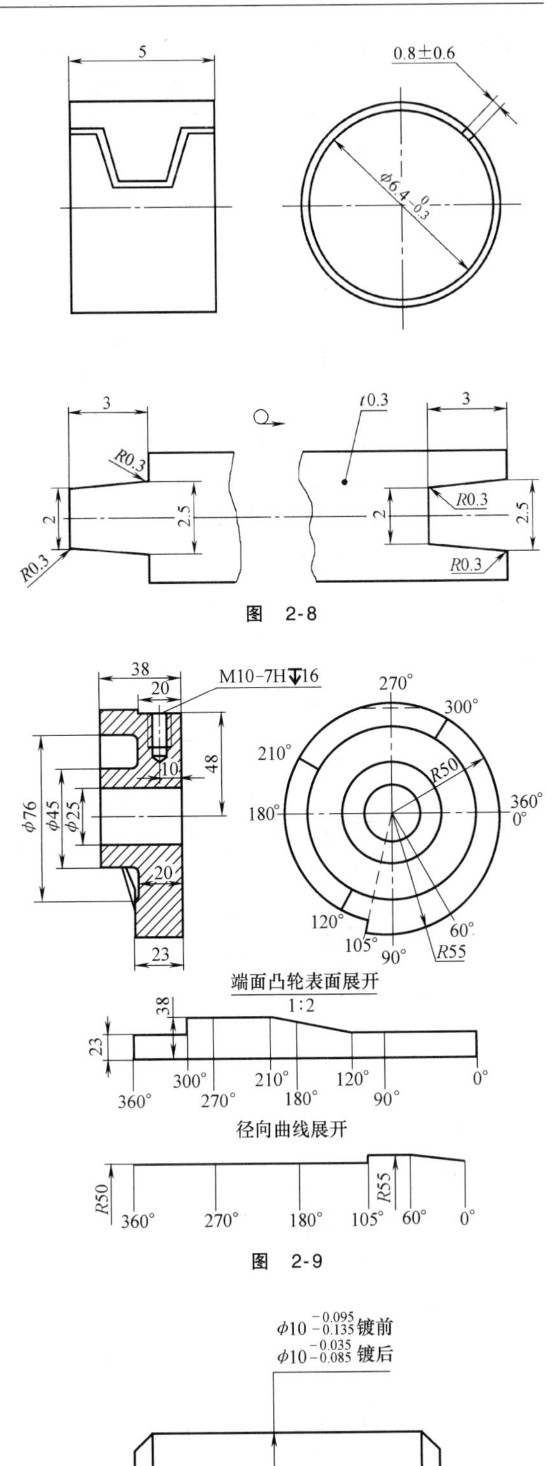

图　2-8

图　2-9

图　2-10

2.4　图样简化表示法

机械制图的视图、剖视图和断面图等图样画法参见有关机械制图国家规定。有些图样也可以采用简化表示法，见表 2-26、图 2-11～图 2-26。

表 2-26　简化画法（摘自 GB/T 16675.1—2012）

简化后	简化前	说明
 零件 1(LH)如图 零件 2(RH)对称	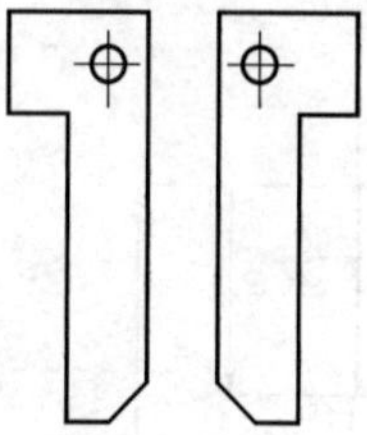 零件 1(LH)　零件 2(RH)	对于左右手零件和装配件，允许仅画出其中一件，另一件则用文字说明，其中“LH”为左件，“RH”为右件
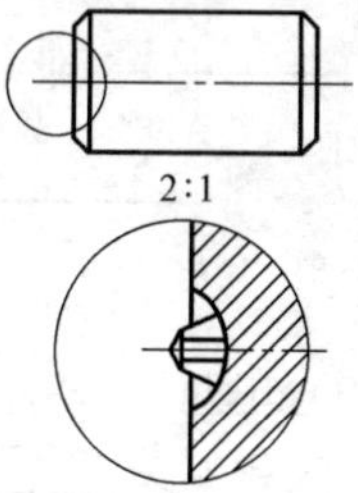 2:1	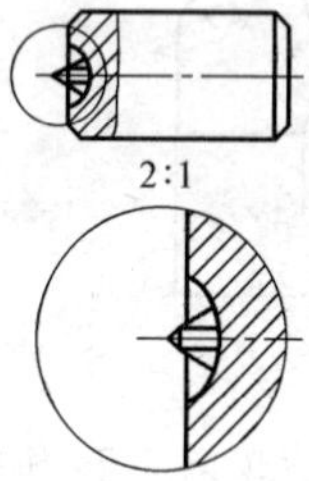 2:1	在局部放大图表达完整的前提下，允许在原视图中简化被放大部位的图形
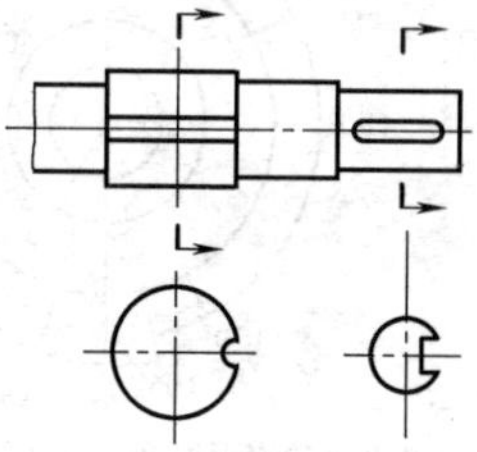	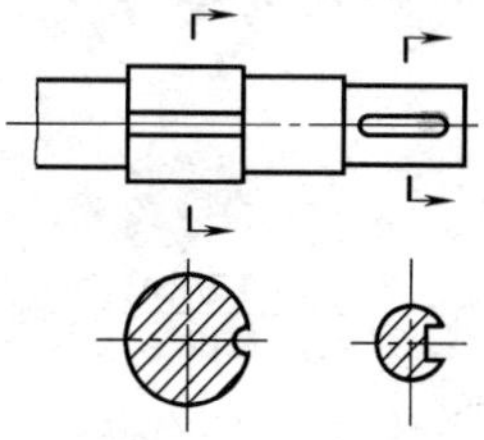	在不致引起误解的情况下，剖面符号可省略
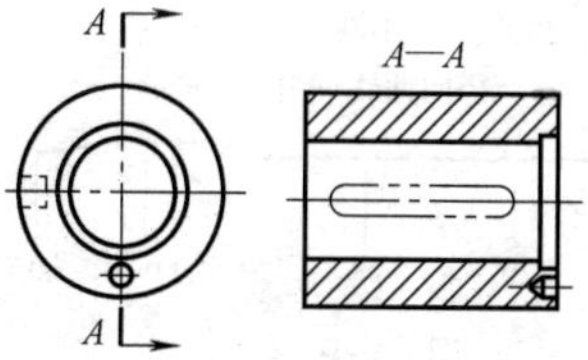 A—A	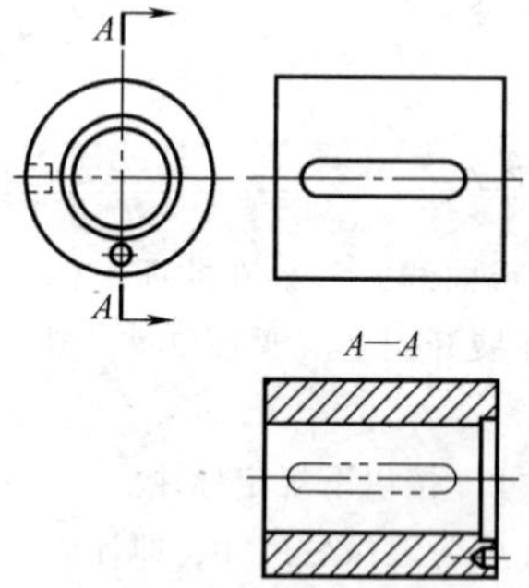 A—A	在需要表示位于剖切平面前的结构时，这些结构按假想投影的轮廓线绘制
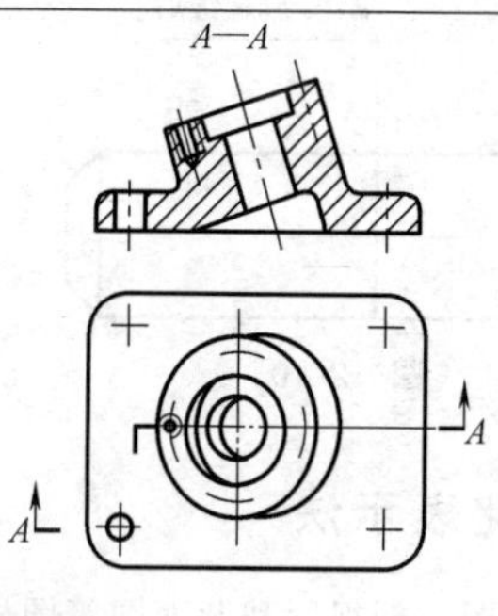 A—A	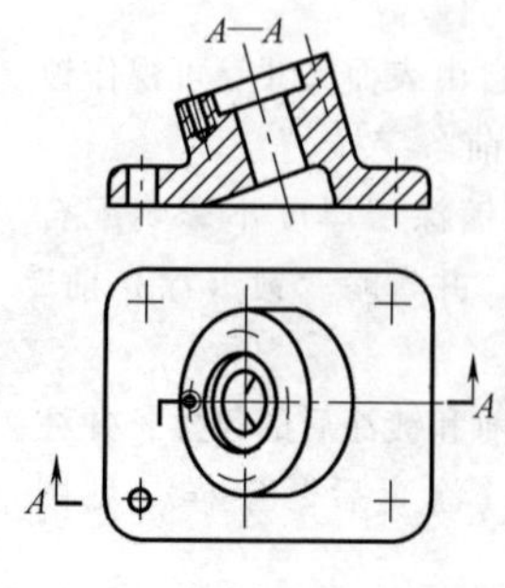 A—A	在投影面倾斜角度小于或等于 30°的圆或圆弧，其投影可用圆或圆弧代替

（续）

简化后	简化前	说明
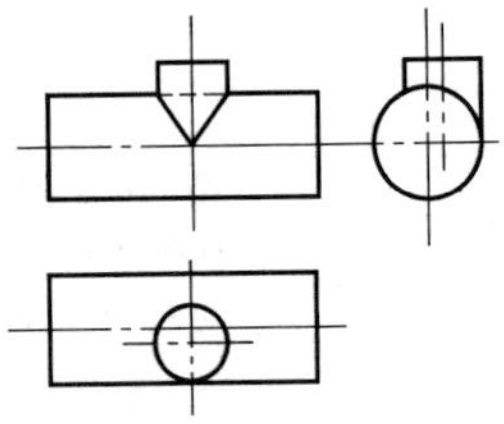	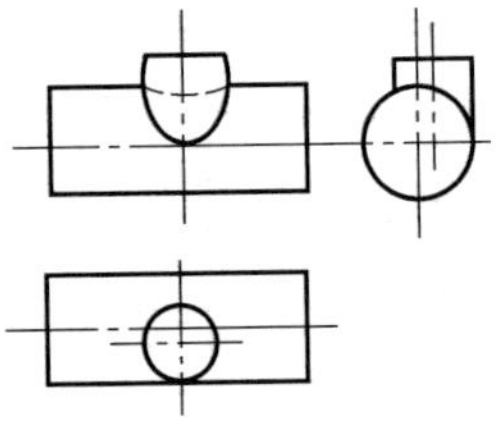	在不致引起误解时，图形中的过渡线、相贯线可以简化，如用圆弧或直线代替非圆曲线
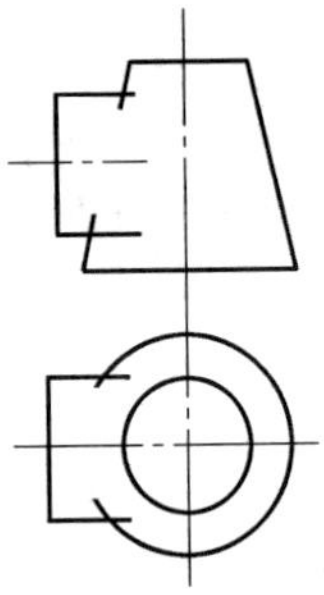	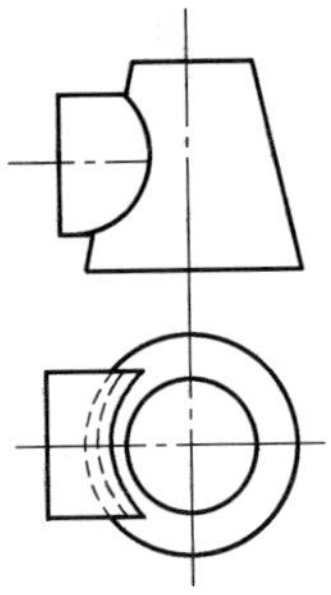	也可采用模糊画法表示相贯线
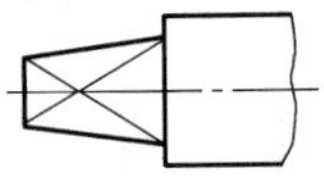	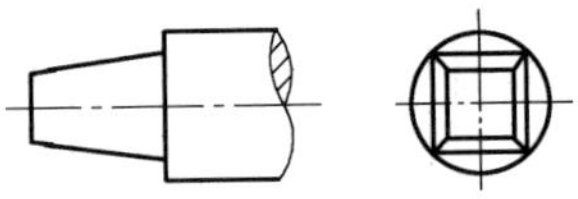	当回转体零件上的平面在图形中不能充分表达时，可用两条相交的细实线表示这些平面
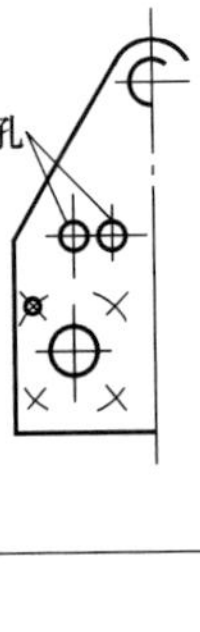 仅左侧有二孔	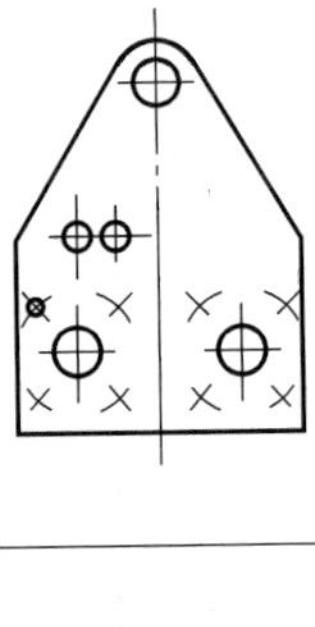	基本对称的零件仍可按对称零件的方式绘制，但应对其中不对称的部分加注说明
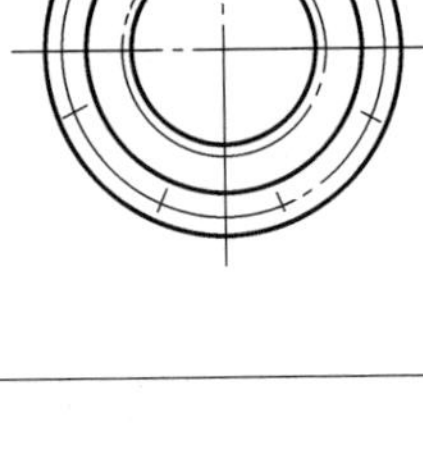 20个	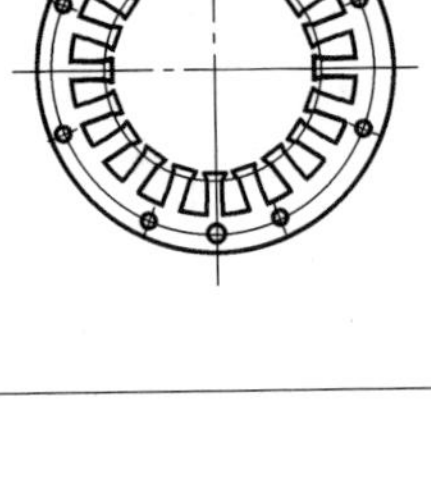	当机件具有若干相同结构（如齿、槽等），并按一定规律分布时，只需画出几个完整的结构，其余用细实线连接，在零件图中则必须注明该结构的总数

（续）

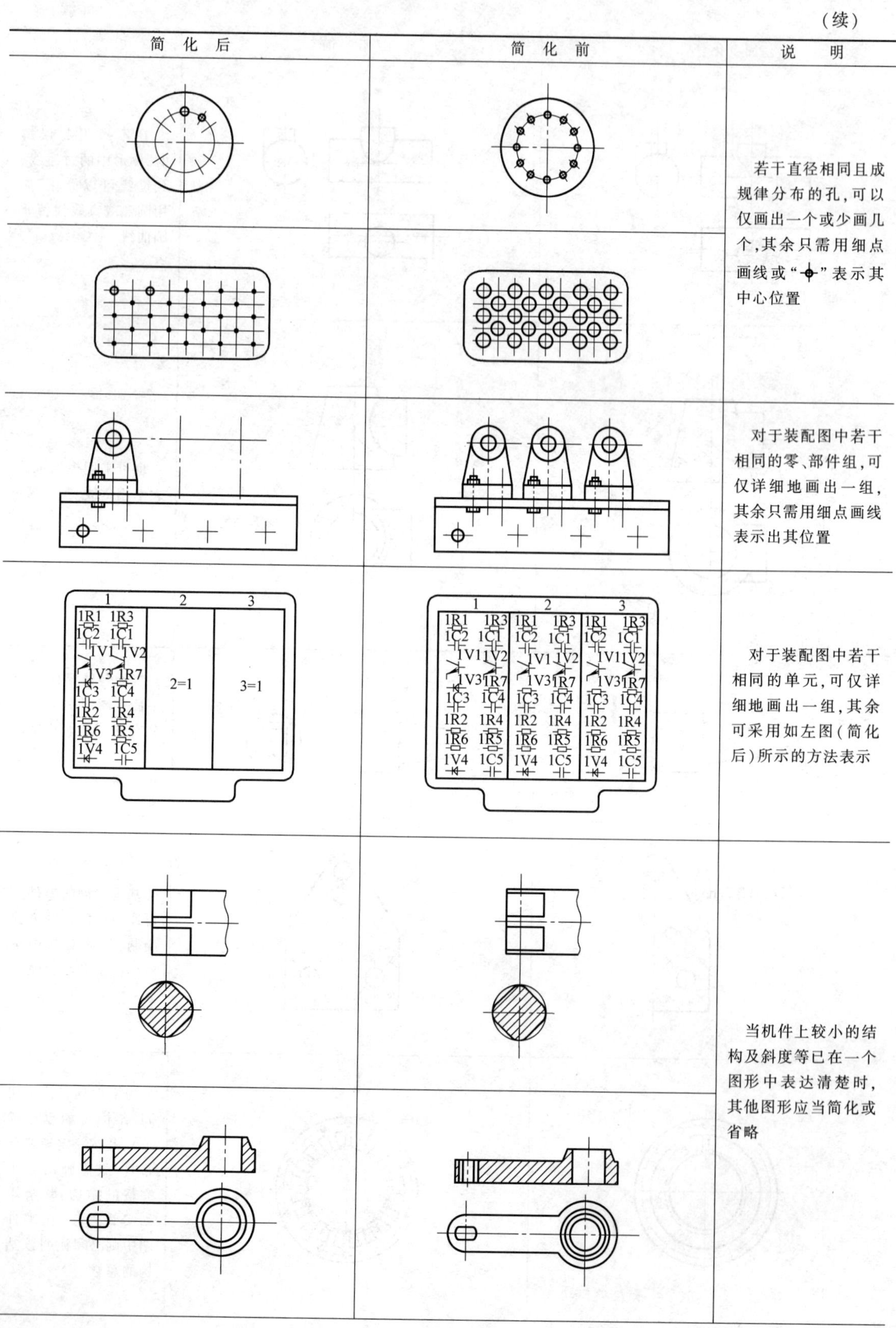

简化后	简化前	说明
		若干直径相同且成规律分布的孔，可以仅画出一个或少画几个，其余只需用细点画线或“⌖”表示其中心位置
		对于装配图中若干相同的零、部件组，可仅详细地画出一组，其余只需用细点画线表示出其位置
		对于装配图中若干相同的单元，可仅详细地画出一组，其余可采用如左图（简化后）所示的方法表示
		当机件上较小的结构及斜度等已在一个图形中表达清楚时，其他图形应当简化或省略

（续）

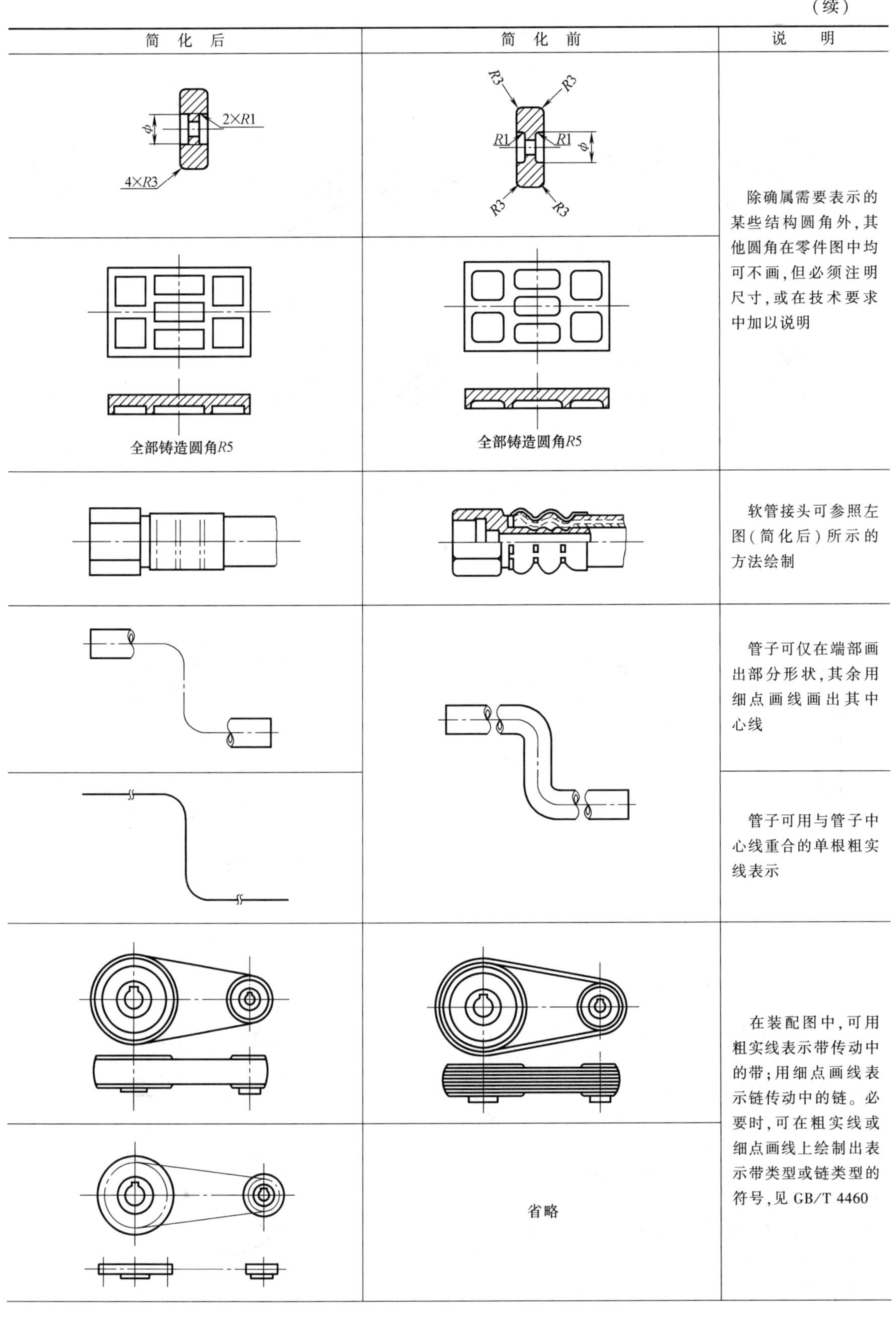

简　化　后	简　化　前	说　　明
		除确属需要表示的某些结构圆角外，其他圆角在零件图中均可不画，但必须注明尺寸，或在技术要求中加以说明
		软管接头可参照左图（简化后）所示的方法绘制
		管子可仅在端部画出部分形状，其余用细点画线画出其中心线
		管子可用与管子中心线重合的单根粗实线表示
		在装配图中，可用粗实线表示带传动中的带；用细点画线表示链传动中的链。必要时，可在粗实线或细点画线上绘制出表示带类型或链类型的符号，见 GB/T 4460
	省略	

（续）

简 化 后	简 化 前	说 明
		在能够清楚表达产品特征和装配关系的条件下，装配图可仅画出其简化后的轮廓
		滚花一般采用在轮廓线附近用细实线局部画出的方法表示，也可省略不画

图样简化表示法补充（摘自 GB/T 16675.1—2012 附录）如下。

1）在剖视图中，类似牙嵌式离合器的齿等相同结构可按图 2-11 所示表示。

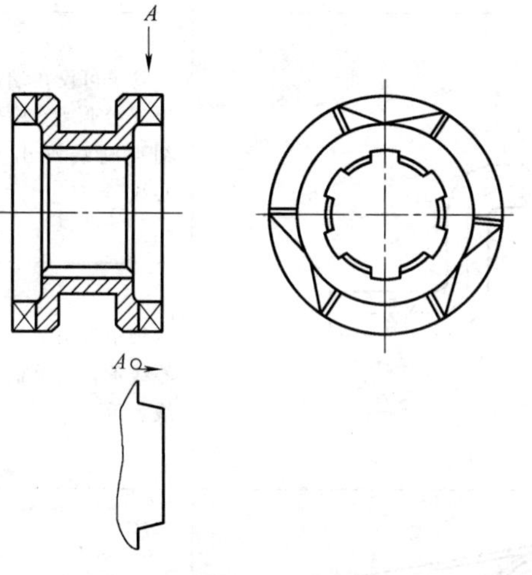

图 2-11

2）对于机件的肋、轮辐及薄壁等，如按纵向剖切，这些结构都不画剖面符号，而用粗实线将它与其邻接部分分开。当零件回转体上均匀分布的肋、轮辐、孔等结构不处于剖切平面上时，可将这些结构旋转到剖切平面上画出（见图 2-12、图 2-13）。

3）在不致引起误解时，对于对称机件的视图可只画一半或四分之一，并在对称中心线的两端面出两条与其垂直的平行细实线（见图 2-14、图 2-15）。

4）较长的机件（轴、杆、型材、连杆等）沿长度方向的形状一致或按一定规律变化时，可断开后缩短绘制（见图 2-16、2-17）。

5）圆柱形法兰和类似零件上均匀分布的孔可按图 2-18 所示的方法表示（由机件外向该法兰端面方向投影）。

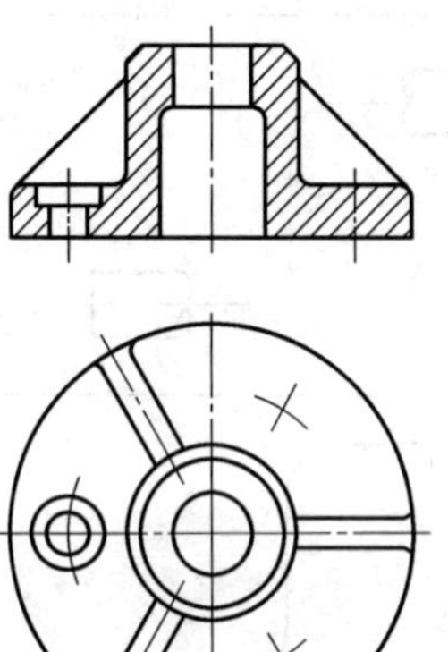

图 2-12

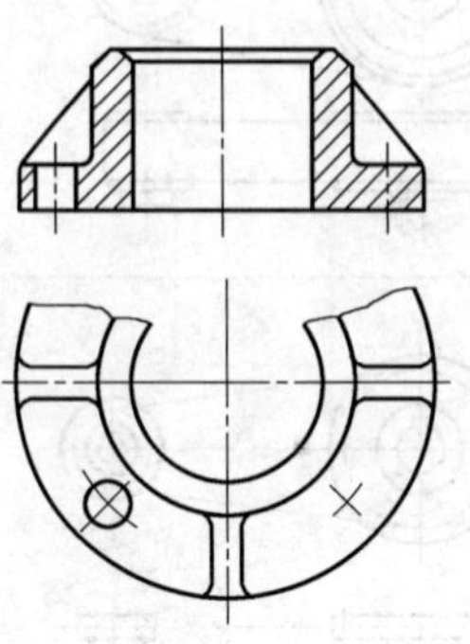

图 2-13

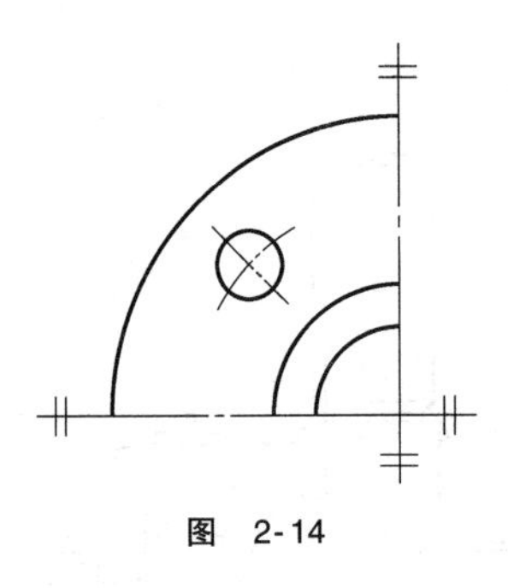

图　2-14

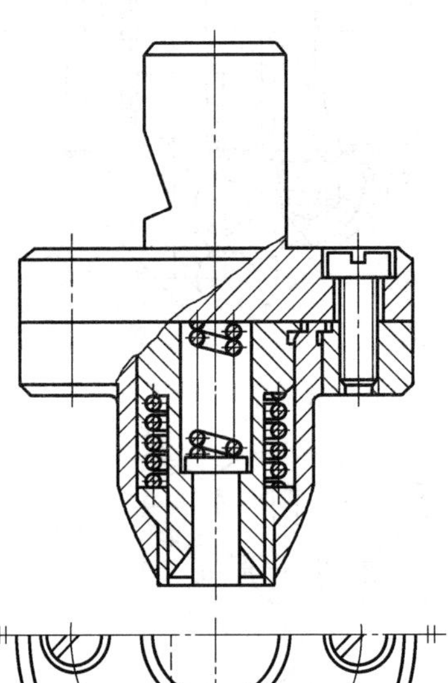

图　2-15

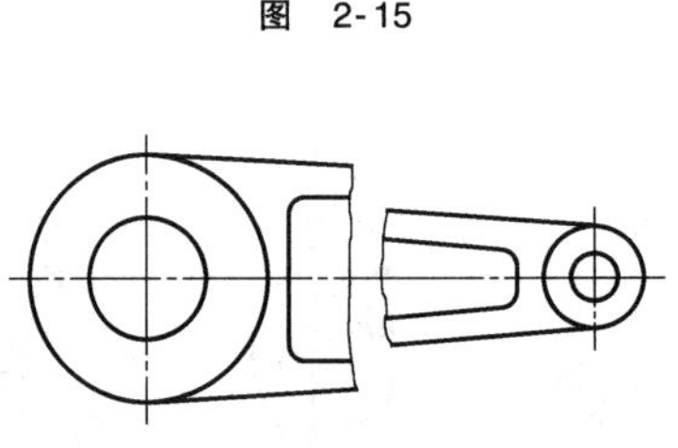

图　2-16

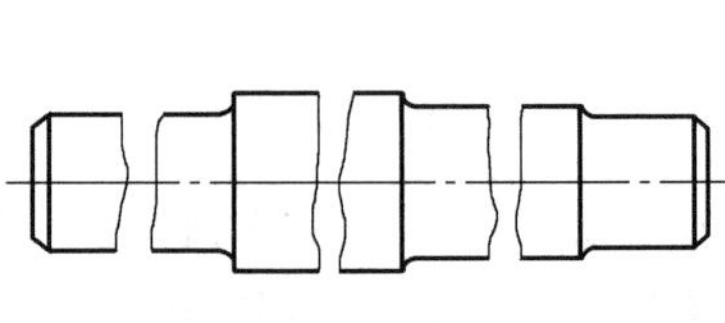

图　2-17

6）用一系列剖面表示机件上较复杂的曲面时，可只画出剖面轮廓，并可配置在同一个位置上（见图 2-18）。

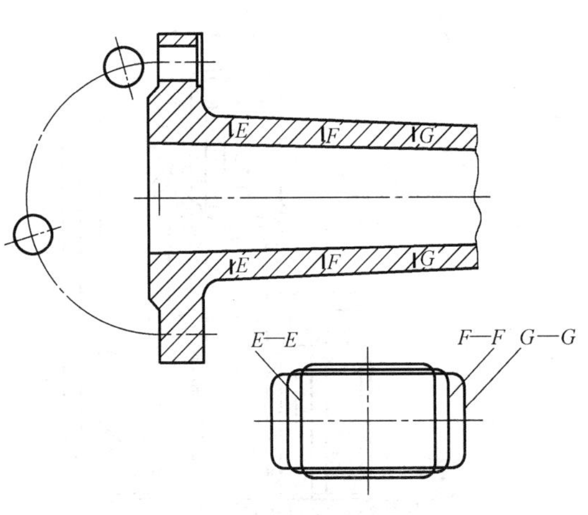

图　2-18

7）在装配图中，对于紧固件以及轴、连杆、球、钩子、键、销等实心零件，若按纵向剖切且剖切平面通过其对称平面或轴线时，则这些零件均按不剖绘制，如需要特别表明零件的构造，如凹槽、键槽、销孔等则可用局部剖视表示（见图 2-19）。

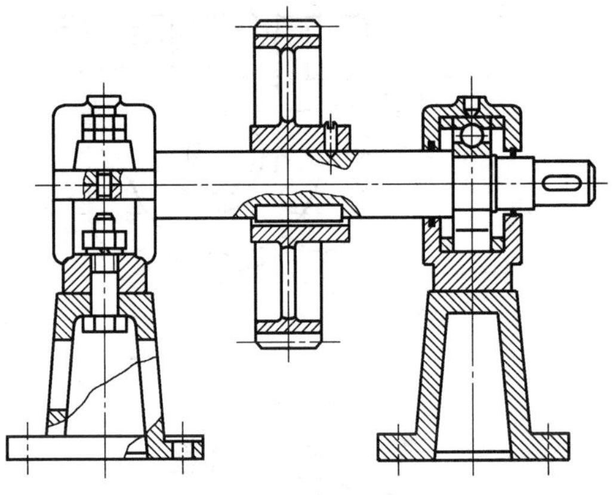

图　2-19

8）在装配图中可假想沿某些零件的结合面剖切（见图 2-20 中 *B—B*）或假想将某些零件拆卸后绘制，需要说明时可加标注“拆去××等”（见图 2-21）。

9）在装配图中可以单独画出某一零件的视图。但必须在所画视图的上方注出该零件的视图名称，在相应视图的附近用箭头指明投影方向，并注上同样的字母（见图 2-22 中泵盖 *B* 向）。

10）被网状物挡住的部分均按不可见轮廓绘制，由透明材料制成的物体，均按不透明物体绘制。对于供观察用的刻度、字体、指针、液面等可按可见轮廓线绘制（见图 2-23）。

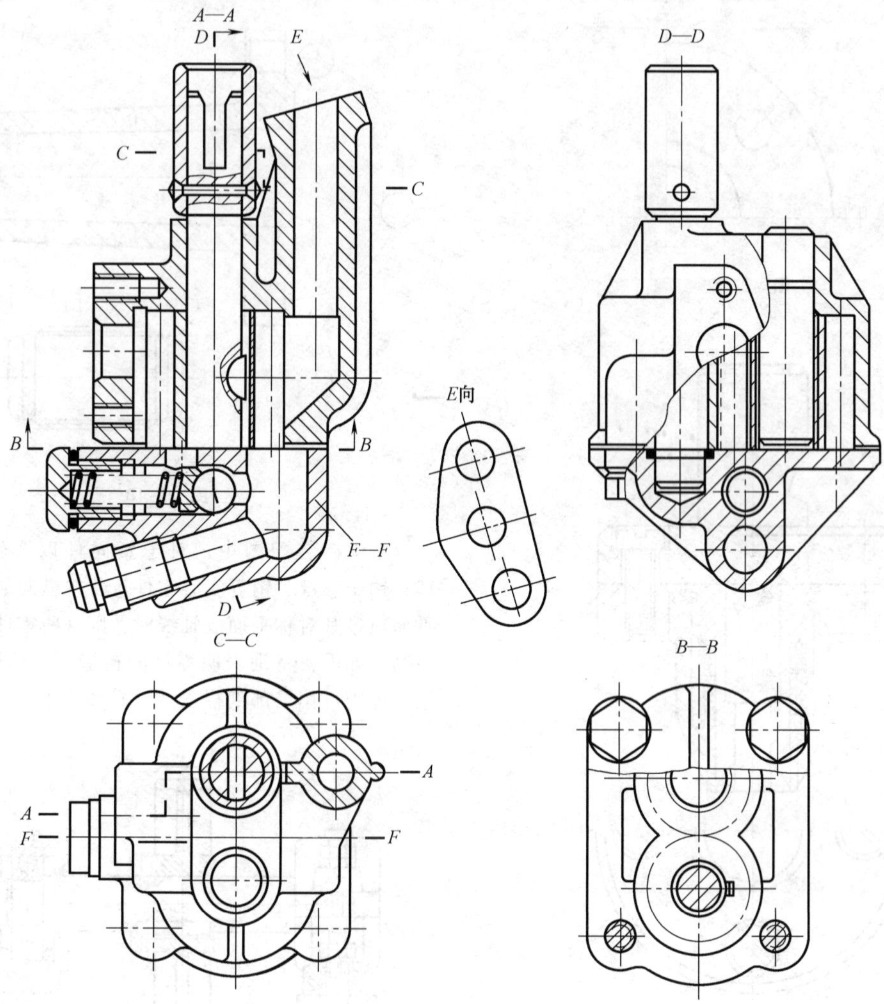

图 2-20

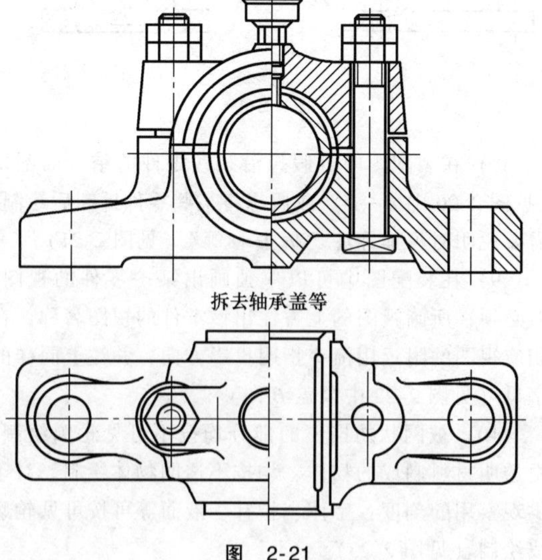

图 2-21

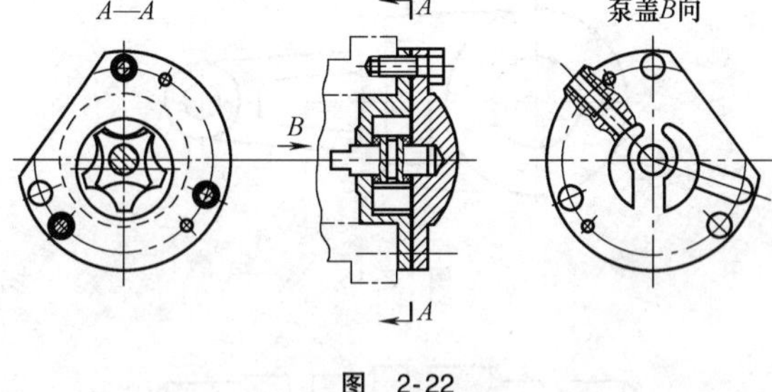

图 2-22

11）在装配图中，当剖切平面通过的某些部件为标准产品或该部件已由其他图形表示清楚时，可按不剖绘制，如图 2-21 所示的油杯。

12）在装配图中，装配关系已清楚表达时，较大面积的剖面可只沿周边画出部分剖面符号或沿周边涂色（见图 2-24）。

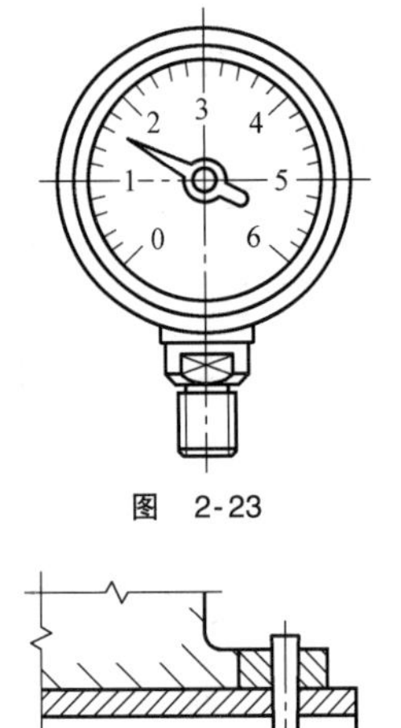

图　2-23

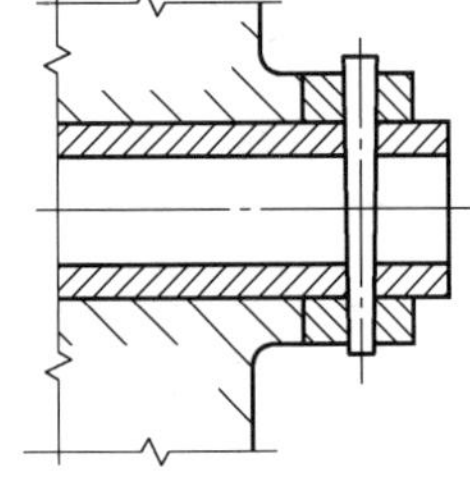
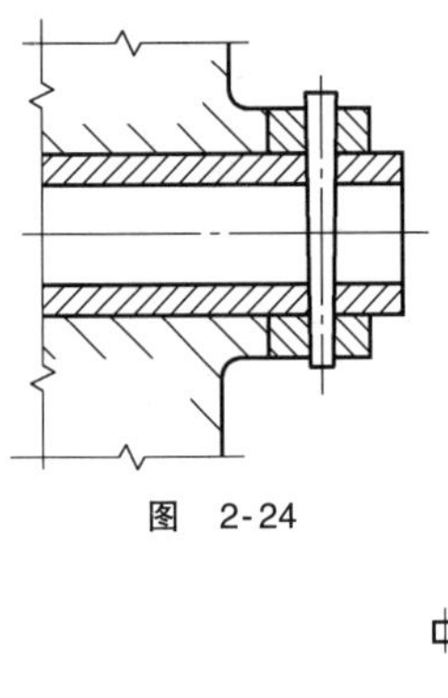

图　2-24

13）在装配图中可省略螺栓、螺母、销等紧固件的投影，而用细点画线和指引线指明它们的位置。此时，表示紧固件组的公共指引线应根据其不同类型从被连接件的某一端引出，如螺钉、螺柱、销连接从其装入端引出，螺栓连接从其装有螺母一端引出（如图 2-25）。

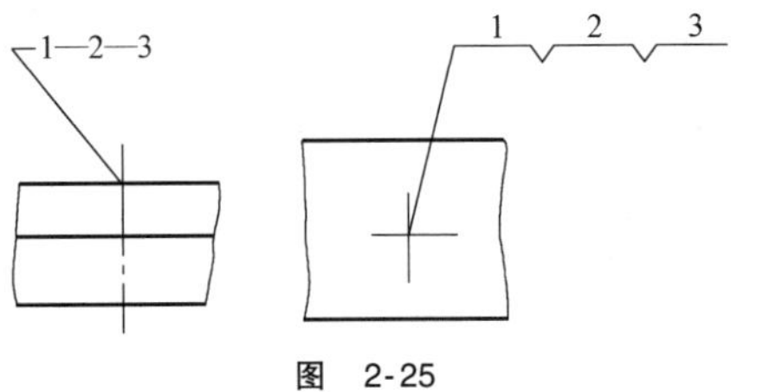

图　2-25

14）在锅炉、化工设备等装配图中，可用细点画线表示密集的管子。在化工设备等装配图中，如果连接管口等结构的方位已在其他图形表示清楚时，可以将这些结构分别旋转到与投影面平行再进行投影。但必须标注，其标注形式见图 2-26。

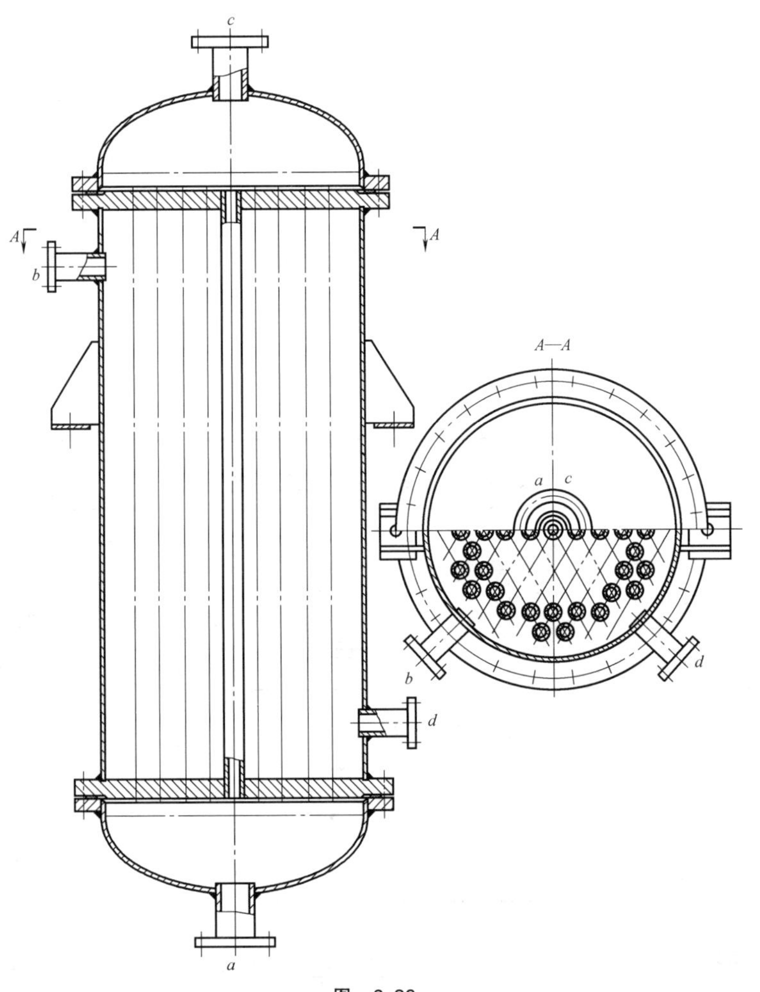

图　2-26

2.5 机构运动简图用图形符号（摘自 GB/T 4460—2013）（见表 2-27~表 2-35）

表 2-27 机构构件运动简图图形符号

名称	基本符号	附注	名称	基本符号	附注
运动轨迹		直线运动 曲线运动	具有停留的单向运动		直线运动 回转运动
运动指向		表示点沿轨迹运动的指向	具有局部反向的单向运动		直线运动 回转运动
中间位置的瞬时停顿		直线运动 回转运动	具有局部反向及停留的单向运动		直线运动 回转运动
中间位置的停留			往复运动		
极限位置的停留			直线或回转的往复运动		直线运动 回转运动
局部反向运动		直线运动 回转运动	在一个极限位置停留的往复运动		直线运动 回转运动
停止			在两个极限位置停留的往复运动		直线运动 回转运动
单向运动			在中间位置停留的往复运动		直线运动 回转运动
直线或曲线的单向运动		直线运动 曲线运动	运动终止		直线运动 回转运动
具有瞬时停顿的单向运动		直线运动 回转运动			

表 2-28 运动副的简图图形符号

自由度数	名称	基本符号	可用符号
1	回转副 a)平面机构 b)空间机构		
	棱柱副 (移动副)		
	螺旋副		

（续）

自由度数	名　　称	基本符号	可用符号
2	圆柱副		
	球销副		
3	球面副		
	平面副		
4	球与圆柱副		
5	球与圆柱副		

表 2-29　构件及其组成部分连接的简图图形符号

名　　称	基本符号	可用符号	附　　注
机架	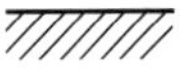		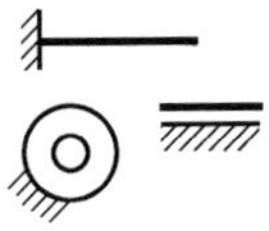
轴、杆			
构件组成部分的永久连接			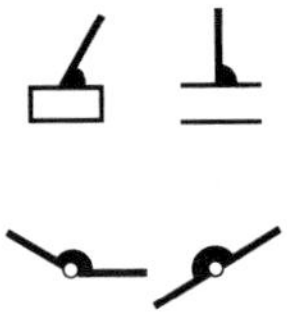
组成部分与轴（杆）的固定连接	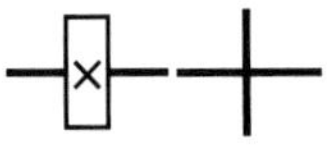		
构件组成部分的可调连接			

表 2-30　多杆构件及其组成部分的简图符号

名　　称	基本符号	可用符号
低副机构		
单副元素构件		
构件是回转副的一部分 a）平面机构 b）空间机构		

（续）

名　　称	基本符号	可用符号
机架是回转副的一部分 a）平面机构 b）空间机构	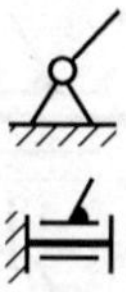	
构件是棱柱副的一部分	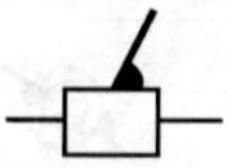	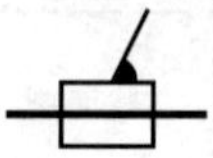
构件是圆柱副的一部分		
构件是球面副的一部分	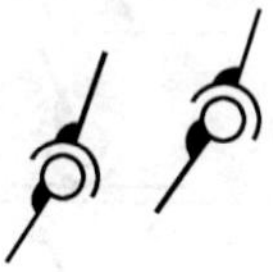	
双副元素构件		
连接两个回转副的构件	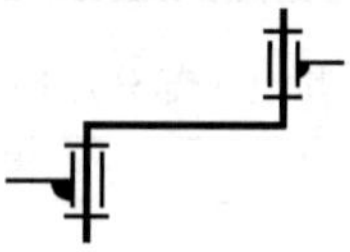	
连杆 a）平面机构 b）空间机构	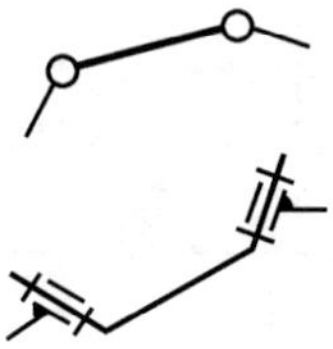	
曲柄（或摇杆） a）平面机构 b）空间机构	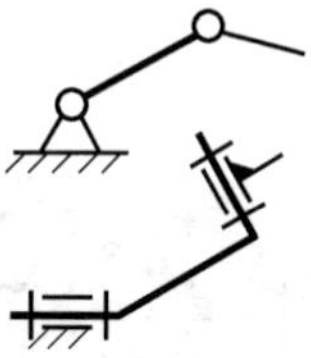	
偏心轮	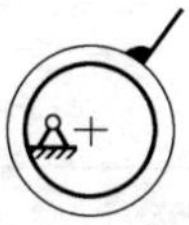	
连接两个棱柱副的构件	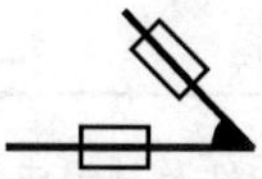	
通用情况		
滑块	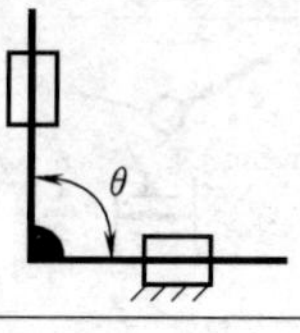 θ	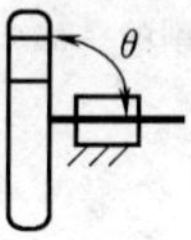 θ

（续）

名　称	基本符号	可用符号
连接回转副与棱柱副的构件		
通用情况		
导杆		
滑块		
三副元素构件		

示例

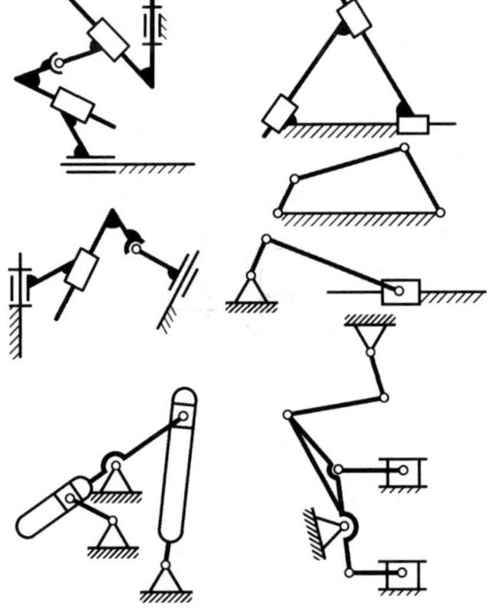

表 2-31　摩擦机构与齿轮机构的简图图形符号

名　　称	基本符号	可用符号
摩擦机构		
摩擦轮 a) 圆柱轮	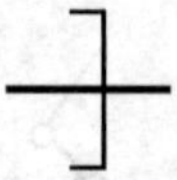	
b) 圆锥轮	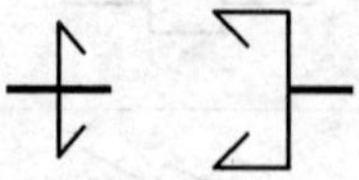	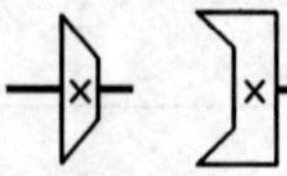
c) 曲线轮	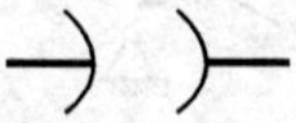	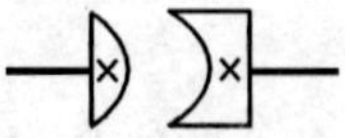
d) 冕状轮	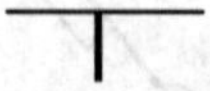	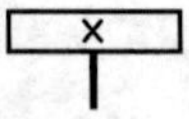
e) 挠性轮	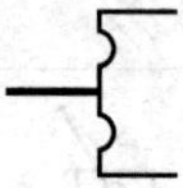	
摩擦传动		
a) 圆柱轮	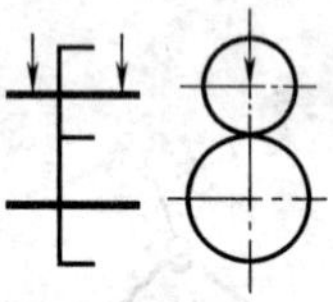	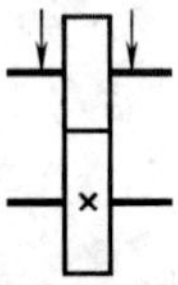
b) 圆锥轮	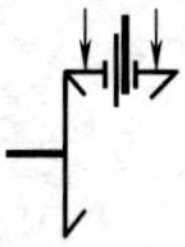	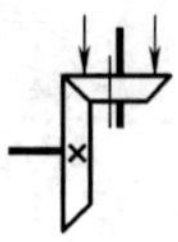
c) 双曲面轮		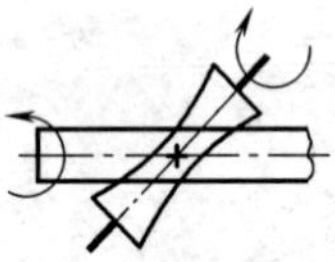
d) 可调圆锥轮	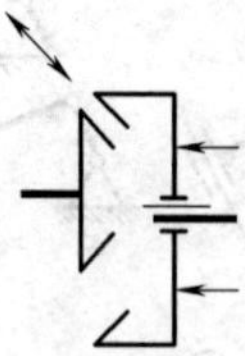	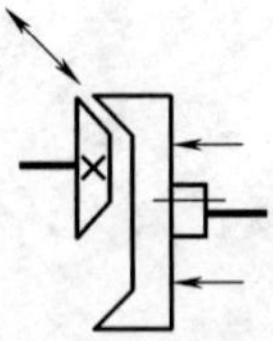 注：也可用以下简图 带中间体的可调圆锥轮 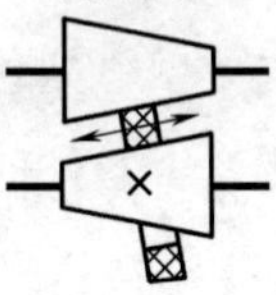

（续）

名　　称	基本符号	可用符号
e）可调晃状轮		带可调圆环的圆锥轮 带可调球面轮的圆锥轮
齿轮机构齿轮（不指明齿线）		
a）圆柱齿轮		
b）锥齿轮		
c）挠性齿轮		
齿线符号 a）圆柱齿轮 1）直齿		
2）斜齿		
3）人字齿		
b）锥齿轮 1）直齿		
2）斜齿		
3）弧齿		

（续）

名　　称	基本符号	可用符号
齿轮传动 （不指明齿线） a）圆柱齿轮		
b）非圆齿轮		
c）锥齿轮		
d）准双曲面齿轮		
e）蜗轮与圆柱蜗杆		
f）蜗轮与球面蜗杆		
g）交错轴斜齿轮		
齿条传动 a）一般表示		
b）蜗线齿条与蜗杆		
c）齿条与蜗杆		

（续）

名　　称	基 本 符 号	可 用 符 号
扇形齿轮传动		

表 2-32　凸轮机构的简图图形符号

名　　称	基 本 符 号	可用符号和附注
盘形凸轮		钩槽盘形凸轮
移动凸轮		
与杆固接的凸轮		可调连接
空间凸轮 a）圆柱凸轮 b）圆锥凸轮 c）双曲面凸轮		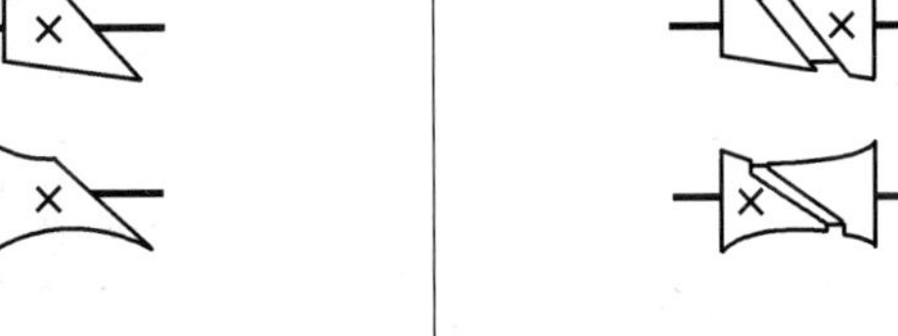
凸轮从动杆 a）尖顶从动杆 b）曲面从动杆 c）滚动从动杆 d）平底从动杆 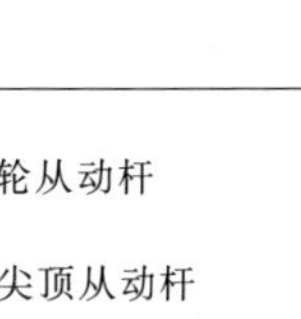	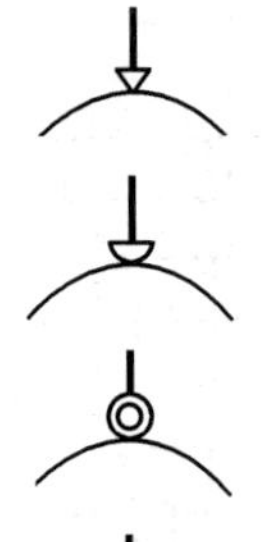	在凸轮副中，凸轮从动杆的符号 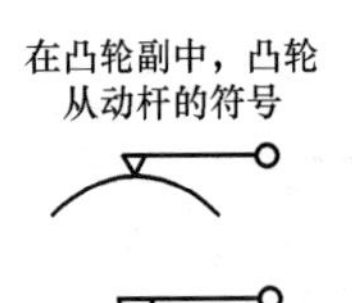 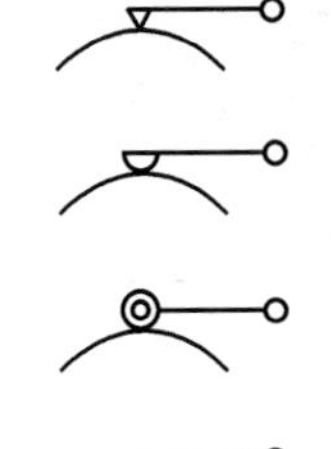

表 2-33　槽轮机构和棘轮机构的简图图形符号

名　　称	基本符号	可用符号
槽轮机构 一般符号		
a)外啮合		
b)内啮合		
棘轮机构 a)外啮合		
b)内啮合		
c)棘齿条啮合		

表 2-34　联轴器、离合器及制动器的简图图形符号

名　　称	基本符号	可用符号和附注
联轴器 一般符号(不指明类型)		
固定联轴器		
可移式联轴器		
弹性联轴器		
可控离合器 啮合式离合器		
a)单向式		
b)双向式		

（续）

名　　称	基 本 符 号	可用符号和附注
摩擦离合器 a)单向式 b)双向式		
液压离合器 一般符号		当需要表明操纵方式时,可使用下列符号: M——机动的; H——液动的; P——气动的; E——电动的(如电磁)。 例:具有气动开关启动的单向摩擦离合器 P
电磁离合器		
自动离合器 一般符号		
离心摩擦离合器		
超越离合器		
安全离合器 a)带有易损元+件 b)无易损元件		
制动器 一般符号		不规定制动器外观

表 2-35　其他机构及其组件简图图形符号

名　　称	基 本 符 号	可 用 符 号
带传动 一般符号(不指明类型)	或	若需指明皮带类型,可采用下列符号: V带 圆带 同步带 平带 例:V带传动

（续）

名　　称	基本符号	可用符号
轴上的宝塔轮		
链传动 一般符号(不指明类型)		若需指明链条类型,可采用下列符号: 环形链 滚子链 无声链 例：无声链传动
螺杆传动 整体螺母		
开合螺母		
滚珠螺母		
挠性轴		可以只画一部分
轴上飞轮		
分度头 n 为分度数	n	n
轴承 向心轴承 a)滑动轴承 b)滚动轴承		

（续）

名　　称	基本符号	可用符号
推力轴承		
a）单向		
b）双向		
c）滚动轴承		
向心推力轴承		
a）单向		
b）双向		
c）滚动轴承		
弹簧	ϕ或□	
a）压缩弹簧		
b）拉伸弹簧		
c）扭转弹簧		
d）碟形弹簧		
e）截锥涡卷弹簧		
f）涡卷弹簧		
g）板状弹簧		

第3章　极限与配合、几何公差和表面粗糙度

3.1　极限与配合的基础（摘自 GB/T 1800.1—2009）

3.1.1　术语和定义（见表 3-1，图 3-1、图 3-2）

表 3-1　极限与配合术语的定义

序号	术　语	定　义
1	尺寸要素	由一定大小的线性尺寸或角度尺寸确定的几何形状
2	实际(组成)要素	由接近实际(组成)要素所限定的工件实际表面的组成要素部分
3	提取组成要素	按规定方法,由实际(组成)要素提取有限数目的点所形成的实际(组成)要素的近似替代
4	拟合组成要素	按规定方法,由提取组成要素形成的并具有理想形状的组成要素
5	轴	通常指工件的圆柱形外尺寸要素,也包括非圆柱形的外尺寸要素(由两平行平面或切面形成的被包容面)
6	基准轴	在基轴制配合中选作基准的轴
7	孔	通常指工件的圆柱形内尺寸要素,也包括非圆柱形的内尺寸要素(由两平行平面或切面形成的包容面)
8	基准孔	在基孔制配合中选作基准的孔
9	尺寸	以特定单位表示线性尺寸值的数值
10	公称尺寸	由图样规范确定的理想形状要素的尺寸(见图 3-1)
11	提取组成要素的局部尺寸	一切提取组成要素上两对应点之间距离的统称
12	提取圆柱面的局部尺寸	要素上两对应点之间的距离。其中,两对应点之间的连线通过拟合圆圆心,横截面垂直于由提取表面得到的拟合圆柱面的轴线
13	极限尺寸	尺寸要素允许的尺寸的两个极端,提取组成要素的局部尺寸应位于其中,也可以达到极限尺寸
14	上极限尺寸	尺寸要素允许的最大尺寸(见图 3-1)在以前的版本中称为最大极限尺寸
15	下极限尺寸	尺寸要素允许的最小尺寸(见图 3-1)在以前的版本中称为最小极限尺寸
16	极限制	经标准化的公差与偏差制度
17	偏差	某一尺寸减其公称尺寸所得的代数值
18	零线	在极限与配合图解中,表示公称尺寸的一条直线,以其为基准确定偏差和公差
19	上极限偏差(ES、es)	上极限尺寸减其公称尺寸所得的代数值(见图 3-1)
20	下极限偏差(EI、ei)	下极限尺寸减其公称尺寸所得的代数值(见图 3-1)
21	基本偏差	在本部分极限与配合制①中,确定公差带相对零线位置的那个极限偏差
22	尺寸公差(简称公差)	上极限尺寸减下极限尺寸之差,或上极限偏差减下极限偏差之差,它是允许尺寸的变动量(尺寸公差是一个没有符号的绝对值)
23	标准公差(IT)	本部分极限与配合制中,所规定的任一公差

（续）

序号	术　语	定　义
24	标准公差等级	在本部分极限与配合制中,同一公差等级(如 IT7)对所有公称尺寸的一组公差被认为具有同等精确程度
25	公差带	在公差图解中,由代表上极限偏差和下极限偏差或上极限尺寸和下极限尺寸的两条直线所限定的一个区域,它是由公差大小和其相对零线的位置如基本偏差来确定(见图 3-2)
26	标准公差因子	在本部分极限与配合制中,用以确定标准公差的基本单位,该因子是基本尺寸的函数
27	间隙	孔的尺寸减去相配合的轴的尺寸之差为正
28	最小间隙	在间隙配合中,孔的下极限尺寸与轴的上极限尺寸之差
29	最大间隙	在间隙配合或过渡配合中,孔的上极限尺寸与轴的下极限尺寸之差
30	过盈	孔的尺寸减去相配合的轴的尺寸之差为负
31	最小过盈	在过盈配合中,孔的上极限尺寸与轴的下极限尺寸之差
32	最大过盈	在过盈配合或过渡配合中,孔的下极限尺寸与轴的上极限尺寸之差
33	配合	公称尺寸相同的并且相互结合的孔和轴的公差带之间的关系
34	间隙配合	具有间隙(包括最小间隙等于零)的配合。此时孔的公差带在轴的公差带之上
35	过盈配合	具有过盈(包括最小过盈等于零)的配合。此时孔的公差带在轴的公差带之下
36	过渡配合	可能具有间隙或过盈的配合。此时,孔的公差带与轴的公差带相互交叠
37	配合公差	组成配合的孔与轴的公差之和,它是允许间隙或过盈的变动量
38	基轴制配合	基本偏差为一定的轴的公差带,与不同基本偏差的孔的公差带形成各种配合的一种制度。对本部分极限与配合制,是轴的上极限尺寸与公称尺寸相等,轴的上极限偏差为零的一种配合制
39	基孔制配合	基本偏差为一定孔的公差带,与不同基本偏差的轴的公差带形成各种配合的一种制度。对本部分极限与配合制,是孔的下极限尺寸与公称尺寸相等,孔的下极限偏差为零的一种配合制

① 指 GB/T 1800.1—2009。

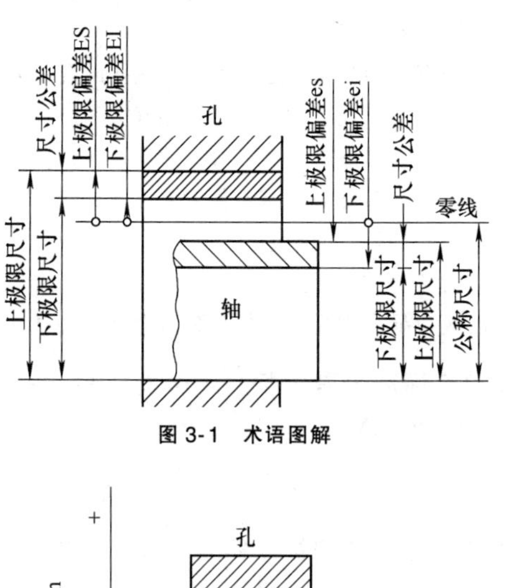

图 3-1　术语图解

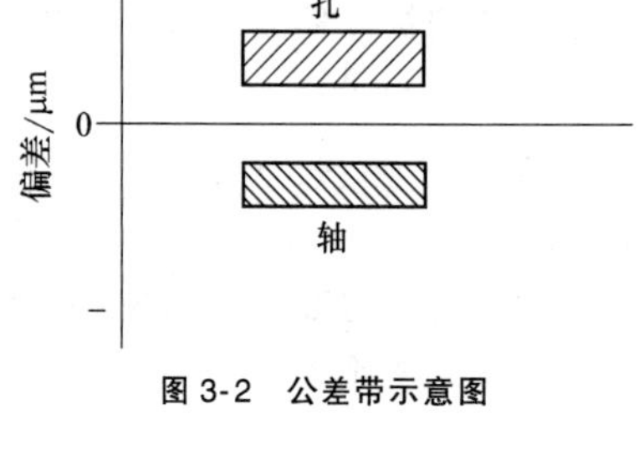

图 3-2　公差带示意图

3.1.2　公差、偏差和配合的基本规定（摘自 GB/T 1800.1—2009）

1. 公差、偏差和配合的代号

（1）标准公差等级代号　标准公差等级代号由符号 IT 和数字组成，如 IT7。当其与代表基本偏差的字母一起组成公差带时，省略 IT 字母，如 h7。

标准公差等级分 IT01、IT0、IT1～IT18 共 20 级。

（2）基本偏差代号　基本偏差代号，对孔用大写字母 A，…，ZC 表示；对轴用小写字母 a，…，zc 表示（见图 3-3），各 28 个。其中，基本偏差 H 代表基准孔；h 代表基准轴。

（3）上极限偏差代号　上极限偏差的代号，对孔用大写字母“ES”表示，对轴用小写字母“es”表示。

（4）下极限偏差代号　下极限偏差的代号，对孔用大写字母“EI”表示，对轴用小写字母“ei”表示。

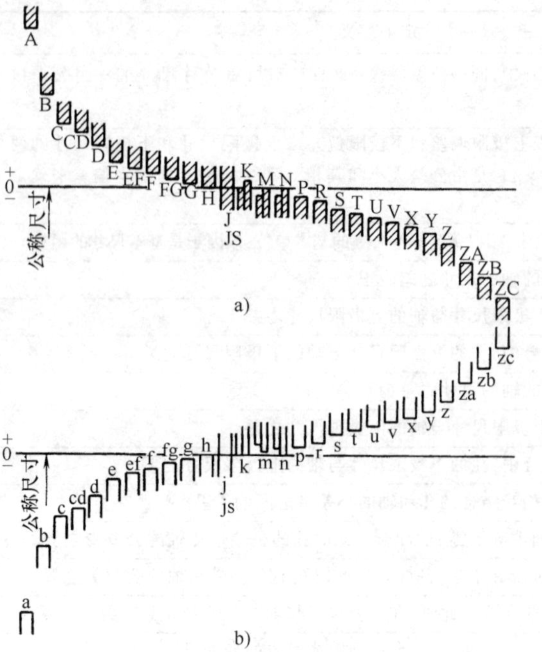

a)

b)

图 3-3　基本偏差系列示意图

a）孔　b）轴

2. 公差带、标注公差尺寸和配合的表示

（1）公差带的表示　公差带用基本偏差的字母和公差数字表示。

例如：H7 孔公差带；h7 轴公差带。

（2）标注公差尺寸的表示　标注公差的尺寸用基本尺寸后跟所要求的公差带或（和）对应的偏差值表示。

例如：32H7；80js15；100g6；$100^{-0.012}_{-0.034}$；100g6$\left({}^{-0.012}_{-0.034}\right)$。

（3）配合的表示　配合用相同的基本尺寸后跟孔、轴公差带表示。孔、轴公差带写成分数形式，分子为孔公差带，分母为轴公差带。

例如：52H7/g6 或 $52\frac{H7}{g6}$。

3. 注公差尺寸的解释

（1）公差标注按 GB/T 4249—2009　在图样上注明“公差原则按 GB/T 4249—2009”的工件公差应按以下情况解释：

1）线性尺寸公差。线性尺寸公差仅控制要素的局部实际尺寸（两点法测量），不控制要素本身的形状误差（如圆柱要素的圆度和轴线直线度误差或平行平面要素的平面度误差）。尺寸公差也不能控制单一要素的几何相关要素。

2）包容要求。结合零件具有配合功能的单一要素，不论是圆柱表面还是两平行表面，图样上应在其尺寸极限偏差或公差带代号之后加注符号“Ⓔ”。这表明尺寸和形状彼此相关，并且不能超越以工件最大实体尺寸形成的理想包容面。

（2）公差标注不按 GB/T 4249—2009　在图上未注明“公差原则按 GB/T 4249—2009”的工件公差在规定的长度内应按下列方式解释：

1）对于孔。与实际孔表面内接的最大理想圆柱体直径不小于孔的最大实体极限；孔上任何位置的最大直径应不超出孔的最小实体极限。

2）对于轴。与实际轴表面外接的最小理想圆柱体直径应不大于轴的最大实体极限；轴上任何位置的最小直径应不小于轴的最小实体极限。

上述解释意味着，如果工件处处位于最大实体极限，则该工件将具有理想的圆和直线，即理想圆柱。除另有规定外，在上述要求的条件下，理想圆柱误差可达到给定的直径公差的全值。

注意，在特殊情况下，由上述解释允许的最大形状误差可能太大，导致装配件不能达到令人满意的功能作用。在此情况下，可对形状给出独立公差，如圆柱度和（或）直线度。

4. 配合分类

配合分基孔制配合和基轴制配合。在一般情况下，优先选用基孔制配合。如有特殊需要，允许将任一孔、轴公差带组成配合。

配合有间隙配合、过渡配合和过盈配合。属于哪一种配合取决于孔、轴公差带的相互关系。

基孔制（基轴制）配合中：基本偏差 a 至 h（A 至 H）用于间隙配合；基本偏差 j 至 zc（J 至 ZC）用于过渡配合和过盈配合。

5. 标准参考温度

极限与配合制规定的标准参考温度是 20℃。

3.1.3　标准公差（摘自 GB/T 1800.1—2009）

标准公差见表 3-2。

3.1.4　孔、轴的极限偏差（摘自 GB/T 1800.1—2009）

孔的极限偏差见表 3-3～表 3-18，轴的极限偏差见表 3-19～表 3-35。表中有的用双细横线将公称尺寸至 500mm 和公称尺寸大于 500mm 的两者极限偏差数值隔开以示区别，因两者的计算基础不同。

表 3-2　标准公差数值（摘自 GB/T 1800.1—2009）

公称尺寸/mm		标准公差等级																	
		IT1	IT2	IT3	IT4	IT5	IT6	IT7	IT8	IT9	IT10	IT11	IT12	IT13	IT14	IT15	IT16	IT17	IT18
大于	至	标准公差/μm											标准公差/mm						
—	3	0.8	1.2	2	3	4	6	10	14	25	40	60	0.1	0.14	0.25	0.4	0.6	1	1.4
3	6	1	1.5	2.5	4	5	8	12	18	30	48	75	0.12	0.18	0.3	0.48	0.75	1.2	1.8
6	10	1	1.5	2.5	4	6	9	15	22	36	58	90	0.15	0.22	0.36	0.58	0.9	1.5	2.2
10	18	1.2	2	3	5	8	11	18	27	43	70	110	0.18	0.27	0.43	0.7	1.1	1.8	2.7
18	30	1.5	2.5	4	6	9	13	21	33	52	84	130	0.21	0.33	0.52	0.84	1.3	2.1	3.3
30	50	1.5	2.5	4	7	11	16	25	39	62	100	160	0.25	0.39	0.62	1	1.6	2.5	3.9
50	80	2	3	5	8	13	19	30	46	74	120	190	0.3	0.46	0.74	1.2	1.9	3	4.6
80	120	2.5	4	6	10	15	22	35	54	87	140	220	0.35	0.54	0.87	1.4	2.2	3.5	5.4
120	180	3.5	5	8	12	18	25	40	63	100	160	250	0.4	0.63	1	1.6	2.5	4	6.3
180	250	4.5	7	10	14	20	29	46	72	115	185	290	0.46	0.72	1.15	1.85	2.9	4.6	7.2
250	315	6	8	12	16	23	32	52	81	130	210	320	0.52	0.81	1.3	2.1	3.2	5.2	8.1
315	400	7	9	13	18	25	36	57	89	140	230	360	0.57	0.89	1.4	2.3	3.6	5.7	8.9
400	500	8	10	15	20	27	40	63	97	155	250	400	0.63	0.97	1.55	2.5	4	6.3	9.7
500	630	9	11	16	22	32	44	70	110	175	280	440	0.7	1.1	1.75	2.8	4.4	7	11
630	800	10	13	18	25	36	50	80	125	200	320	500	0.8	1.25	2	3.2	5	8	12.5
800	1000	11	15	21	28	40	56	90	140	230	360	560	0.9	1.4	2.3	3.6	5.6	9	14
1000	1250	13	18	24	33	47	66	105	165	260	420	660	1.05	1.65	2.6	4.2	6.6	10.5	16.5
1250	1600	15	21	29	39	55	78	125	195	310	500	780	1.25	1.95	3.1	5	7.8	12.5	19.5
1600	2000	18	25	35	46	65	92	150	230	370	600	920	1.5	2.3	3.7	6	9.2	15	23
2000	2500	22	30	41	55	78	110	175	280	440	700	1100	1.75	2.8	4.4	7	11	17.5	28
2500	3150	26	36	50	68	96	135	210	330	540	860	1350	2.1	3.3	5.4	8.6	13.5	21	33

注：1. 公称尺寸大于 500mm 的 IT1～IT5 的标准公差数值为试行的。

2. 公称尺寸小于或等于 1mm 时，无 IT14～IT18。

表 3-3　孔 A、B 和 C 的极限偏差　（单位：μm）

公称尺寸/mm		A					B						C					
大于	至	9	10	11	12	13	8	9	10	11	12	13	8	9	10	11	12	13
—	3	+295 +270	+310 +270	+330 +270	+370 +270	+410 +270	+154 +140	+165 +140	+180 +140	+200 +140	+240 +140	+280 +140	+74 +60	+85 +60	+100 +60	+120 +60	+160 +60	+200 +60
3	6	+300 +270	+318 +270	+345 +270	+390 +270	+450 +270	+158 +140	+170 +140	+188 +140	+215 +140	+260 +140	+320 +140	+88 +70	+100 +70	+118 +70	+145 +70	+190 +70	+250 +70
6	10	+316 +280	+338 +280	+370 +280	+430 +280	+500 +280	+172 +150	+186 +150	+208 +150	+240 +150	+300 +150	+370 +150	+102 +80	+116 +80	+138 +80	+170 +80	+230 +80	+300 +80
10	18	+333 +290	+360 +290	+400 +290	+470 +290	+560 +290	+177 +150	+193 +150	+220 +150	+260 +150	+330 +150	+420 +150	+122 +95	+138 +95	+165 +95	+205 +95	+275 +95	+365 +95
18	30	+352 +300	+384 +300	+430 +300	+510 +300	+630 +300	+193 +160	+212 +160	+244 +160	+290 +160	+370 +160	+490 +160	+143 +110	+162 +110	+194 +110	+240 +110	+320 +110	+440 +110
30	40	+372 +310	+410 +310	+470 +310	+560 +310	+700 +310	+209 +170	+232 +170	+270 +170	+330 +170	+420 +170	+560 +170	+159 +120	+182 +120	+220 +120	+280 +120	+370 +120	+510 +120

（续）

公称尺寸/mm		A					B						C					
大于	至	9	10	11	12	13	8	9	10	11	12	13	8	9	10	11	12	13
40	50	+382 +320	+420 +320	+480 +320	+570 +320	+710 +320	+219 +180	+242 +180	+280 +180	+340 +180	+430 +180	+570 +180	+169 +130	+192 +130	+230 +130	+290 +130	+380 +130	+520 +130
50	65	+414 +340	+460 +340	+530 +340	+640 +340	+800 +340	+236 +190	+264 +190	+310 +190	+380 +190	+490 +190	+650 +190	+186 +140	+214 +140	+260 +140	+330 +140	+440 +140	+600 +140
65	80	+434 +360	+480 +360	+550 +360	+660 +360	+820 +360	+246 +200	+274 +200	+320 +200	+390 +200	+500 +200	+660 +200	+196 +150	+224 +150	+270 +150	+340 +150	+450 +150	+610 +150
80	100	+467 +380	+520 +380	+600 +380	+730 +380	+920 +380	+274 +220	+307 +220	+360 +220	+440 +220	+570 +220	+760 +220	+224 +170	+257 +170	+310 +170	+390 +170	+520 +170	+710 +170
100	120	+497 +410	+550 +410	+630 +410	+760 +410	+950 +410	+294 +240	+327 +240	+380 +240	+460 +240	+590 +240	+780 +240	+234 +180	+267 +180	+320 +180	+400 +180	+530 +180	+720 +180
120	140	+560 +460	+620 +460	+710 +460	+860 +460	+1090 +460	+323 +260	+360 +260	+420 +260	+510 +260	+660 +260	+890 +260	+263 +200	+300 +200	+360 +200	+450 +200	+600 +200	+830 +200
140	160	+620 +520	+680 +520	+770 +520	+920 +520	+1150 +520	+343 +280	+380 +280	+440 +280	+530 +280	+680 +280	+910 +280	+273 +210	+310 +210	+370 +210	+460 +210	+610 +210	+840 +210
160	180	+680 +580	+740 +580	+830 +580	+980 +580	+1210 +580	+373 +310	+410 +310	+470 +310	+560 +310	+710 +310	+940 +310	+293 +230	+330 +230	+390 +230	+480 +230	+630 +230	+860 +230
180	200	+775 +660	+845 +660	+950 +660	+1120 +660	+1380 +660	+412 +340	+455 +340	+525 +340	+630 +340	+800 +340	+1060 +340	+312 +240	+355 +240	+425 +240	+530 +240	+700 +240	+960 +240
200	225	+855 +740	+925 +740	+1030 +740	+1200 +740	+1460 +740	+452 +380	+495 +380	+565 +380	+670 +380	+840 +380	+1100 +380	+332 +260	+375 +260	+445 +260	+550 +260	+720 +260	+980 +260
225	250	+935 +820	+1005 +820	+1110 +820	+1280 +820	+1540 +820	+492 +420	+535 +420	+605 +420	+710 +420	+880 +420	+1140 +420	+352 +280	+395 +280	+465 +280	+570 +280	+740 +280	+1000 +280
250	280	+1050 +920	+1130 +920	+1240 +920	+1440 +920	+1730 +920	+561 +480	+610 +480	+690 +480	+800 +480	+1000 +480	+1290 +480	+381 +300	+430 +300	+510 +300	+620 +300	+820 +300	+1110 +300
280	315	+1180 +1050	+1260 +1050	+1370 +1050	+1570 +1050	+1860 +1050	+621 +540	+670 +540	+750 +540	+860 +540	+1060 +540	+1350 +540	+411 +330	+460 +330	+540 +330	+650 +330	+850 +330	+1140 +330
315	355	+1340 +1200	+1430 +1200	+1560 +1200	+1770 +1200	+2000 +1200	+689 +600	+740 +600	+830 +600	+960 +600	+1170 +600	+1490 +600	+449 +360	+500 +360	+590 +360	+720 +360	+930 +360	+1250 +360
355	400	+1490 +1350	+1580 +1350	+1710 +1350	+1920 +1350	+2240 +1350	+769 +680	+820 +680	+910 +680	+1040 +680	+1250 +680	+1570 +680	+489 +400	+540 +400	+630 +400	+760 +400	+970 +400	+1290 +400
400	450	+1655 +1500	+1750 +1500	+1900 +1500	+2130 +1500	+2470 +1500	+857 +760	+915 +760	+1010 +760	+1160 +760	+1390 +760	+1730 +760	+537 +440	+595 +440	+690 +440	+840 +440	+1070 +440	+1410 +440
450	500	+1805 +1650	+1900 +1650	+2050 +1650	+2280 +1650	+2620 +1650	+937 +840	+995 +840	+1090 +840	+1240 +840	+1470 +840	+1810 +840	+577 +480	+635 +480	+730 +480	+880 +480	+1110 +480	+1450 +480

注：公称尺寸小于 1mm 时，各级的 A 和 B 均不采用。

表 3-4　孔 CD、D 和 E 的极限偏差　（单位：μm）

公称尺寸/mm		CD					D								E					
大于	至	6	7	8	9	10	6	7	8	9	10	11	12	13	5	6	7	8	9	10
—	3	+40 +34	+44 +34	+48 +34	+59 +34	+74 +34	+26 +20	+30 +20	+34 +20	+45 +20	+60 +20	+80 +20	+120 +20	+160 +20	+18 +14	+20 +14	+24 +14	+28 +14	+39 +14	+54 +14

（续）

公称尺寸/mm		CD					D							E					
大于	至	6	7	8	9	10	6	7	8	9	10	11	12	13	5	6	7	8	9	10
3	6	+54 +46	+58 +46	+64 +46	+76 +46	+94 +46	+38 +30	+42 +30	+48 +30	+60 +30	+78 +30	+105 +30	+150 +30	+210 +30	+25 +20	+28 +20	+32 +20	+38 +20	+50 +20	+68 +20
6	10	+65 +56	+71 +56	+78 +56	+92 +56	+114 +56	+49 +40	+55 +40	+62 +40	+76 +40	+98 +40	+130 +40	+190 +40	+260 +40	+31 +25	+34 +25	+40 +25	+47 +25	+61 +25	+83 +25
10	18						+61 +50	+68 +50	+77 +50	+93 +50	+120 +50	+160 +50	+230 +50	+320 +50	+40 +32	+43 +32	+50 +32	+59 +32	+75 +32	+102 +32
18	30						+78 +65	+86 +65	+98 +65	+117 +65	+149 +65	+195 +65	+275 +65	+395 +65	+49 +40	+53 +40	+61 +40	+73 +40	+92 +40	+124 +40
30	50						+96 +80	+105 +80	+119 +80	+142 +80	+180 +80	+240 +80	+330 +80	+470 +80	+61 +50	+66 +50	+75 +50	+89 +50	+112 +50	+150 +50
50	80						+119 +100	+130 +100	+146 +100	+174 +100	+220 +100	+290 +100	+400 +100	+560 +100	+73 +60	+79 +60	+90 +60	+106 +60	+134 +60	+180 +60
80	120						+142 +120	+155 +120	+174 +120	+207 +120	+260 +120	+340 +120	+470 +120	+660 +120	+87 +72	+94 +72	+107 +72	+125 +72	+159 +72	+212 +72
120	180						+170 +145	+185 +145	+208 +145	+245 +145	+305 +145	+395 +145	+545 +145	+775 +145	+103 +85	+110 +85	+125 +85	+148 +85	+185 +85	+245 +85
180	250						+199 +170	+216 +170	+242 +170	+285 +170	+355 +170	+460 +170	+630 +170	+890 +170	+120 +100	+129 +100	+146 +100	+172 +100	+215 +100	+285 +100
250	315						+222 +190	+242 +190	+271 +190	+320 +190	+400 +190	+510 +190	+710 +190	+1000 +190	+133 +110	+142 +110	+162 +110	+191 +110	+240 +110	+320 +110
315	400						+246 +210	+267 +210	+299 +210	+350 +210	+440 +210	+570 +210	+780 +210	+1100 +210	+150 +125	+161 +125	+182 +125	+214 +125	+265 +125	+355 +125
400	500						+270 +230	+293 +230	+327 +230	+385 +230	+480 +230	+630 +230	+860 +230	+1200 +230	+162 +135	+175 +135	+198 +135	+232 +135	+290 +135	+385 +135
500	630						+304 +260	+330 +260	+370 +260	+435 +260	+540 +260	+700 +260	+960 +260	+1360 +260		+189 +145	+215 +145	+255 +145	+320 +145	+425 +145
630	800						+340 +290	+370 +290	+415 +290	+490 +290	+610 +290	+790 +290	+1090 +290	+1540 +290		+210 +160	+240 +160	+285 +160	+360 +160	+480 +160
800	1000						+376 +320	+410 +320	+460 +320	+550 +320	+680 +320	+880 +320	+1220 +320	+1720 +320		+226 +170	+260 +170	+310 +170	+400 +170	+530 +170
1000	1250						+416 +350	+455 +350	+515 +350	+610 +350	+770 +350	+1010 +350	+1400 +350	+2000 +350		+261 +195	+300 +195	+360 +195	+455 +195	+615 +195
1250	1600						+468 +390	+515 +390	+585 +390	+700 +390	+890 +390	+1170 +390	+1640 +390	+2340 +390		+298 +220	+345 +220	+415 +220	+530 +220	+720 +220
1600	2000						+522 +430	+580 +430	+660 +430	+800 +430	+1030 +430	+1350 +430	+1930 +430	+2730 +430		+332 +240	+390 +240	+470 +240	+610 +240	+840 +240
2000	2500						+590 +480	+655 +480	+760 +480	+920 +480	+1180 +480	+1580 +480	+2230 +480	+3280 +480		+370 +260	+435 +260	+540 +260	+700 +260	+960 +260
2500	3150						+655 +520	+730 +520	+850 +520	+1060 +520	+1380 +520	+1870 +520	+2620 +520	+3820 +520		+425 +290	+500 +290	+620 +290	+830 +290	+1150 +290

注：各级的 CD 主要用于精密机械和钟表制造业。

表 3-5　孔 EF 和 F 的极限偏差　　（单位：μm）

公称尺寸/mm		EF								F							
大于	至	3	4	5	6	7	8	9	10	3	4	5	6	7	8	9	10
—	3	+12 +10	+13 +10	+14 +10	+16 +10	+20 +10	+24 +10	+35 +10	+50 +10	+8 +6	+9 +6	+10 +6	+12 +6	+16 +6	+20 +6	+31 +6	+46 +6
3	6	+16.5 +14	+18 +14	+19 +14	+22 +14	+26 +14	+32 +14	+44 +14	+62 +14	+12.5 +10	+14 +10	+15 +10	+18 +10	+22 +10	+28 +10	+40 +10	+58 +10
6	10	+20.5 +18	+22 +18	+24 +18	+27 +18	+33 +18	+40 +18	+54 +18	+76 +18	+15.5 +13	+17 +13	+19 +13	+22 +13	+28 +13	+35 +13	+49 +13	+71 +13
10	18									+19 +16	+21 +16	+24 +16	+27 +16	+34 +16	+43 +16	+59 +16	+86 +16
18	30									+24 +20	+26 +20	+29 +20	+33 +20	+41 +20	+53 +20	+72 +20	+104 +20
30	50									+29 +25	+32 +25	+36 +25	+41 +25	+50 +25	+64 +25	+87 +25	+125 +25
50	80											+43 +30	+49 +30	+60 +30	+76 +30	+104 +30	
80	120											+51 +36	+58 +36	+71 +36	+90 +36	+123 +36	
120	180											+61 +43	+68 +43	+83 +43	+106 +43	+143 +43	
180	250											+70 +50	+79 +50	+96 +50	+122 +50	+165 +50	
250	315											+79 +56	+88 +56	+108 +56	+137 +56	+186 +56	
315	400											+87 +62	+98 +62	+119 +62	+151 +62	+202 +62	
400	500											+95 +68	+108 +68	+131 +68	+165 +68	+223 +68	
500	630												+120 +76	+146 +76	+186 +76	+251 +76	
630	800												+130 +80	+160 +80	+205 +80	+280 +80	
800	1000												+142 +86	+176 +86	+226 +86	+316 +86	
1000	1250												+164 +98	+203 +98	+263 +98	+358 +98	
1250	1600												+188 +110	+235 +110	+305 +110	+420 +110	
1600	2000												+212 +120	+270 +120	+350 +120	+490 +120	
2000	2500												+240 +130	+305 +130	+410 +130	+570 +130	
2500	3150												+280 +145	+355 +145	+475 +145	+685 +145	

注：各级的 EF 主要用于精密机械和钟表制造业。

表 3-6　孔 FG 和 G 的极限偏差　（单位：μm）

公称尺寸/mm		FG								G							
大于	至	3	4	5	6	7	8	9	10	3	4	5	6	7	8	9	10
—	3	+6 +4	+7 +4	+8 +4	+10 +4	+14 +4	+18 +4	+29 +4	+44 +4	+4 +2	+5 +2	+6 +2	+8 +2	+12 +2	+16 +2	+27 +2	+42 +2
3	6	+8.5 +6	+10 +6	+11 +6	+14 +6	+18 +6	+24 +6	+36 +6	+54 +6	+6.5 +4	+8 +4	+9 +4	+12 +4	+16 +4	+22 +4	+34 +4	+52 +4
6	10	+10.5 +8	+12 +8	+14 +8	+17 +8	+23 +8	+30 +8	+44 +8	+66 +8	+7.5 +5	+9 +5	+11 +5	+14 +5	+20 +5	+27 +5	+41 +5	+63 +5
10	18									+9 +6	+11 +6	+14 +6	+17 +6	+24 +6	+33 +6	+49 +6	+76 +6
18	30									+11 +7	+13 +7	+16 +7	+20 +7	+28 +7	+40 +7	+59 +7	+91 +7
30	50									+13 +9	+16 +9	+20 +9	+25 +9	+34 +9	+48 +9	+71 +9	+109 +9
50	80											+23 +10	+29 +10	+40 +10	+56 +10		
80	120											+27 +12	+34 +12	+47 +12	+66 +12		
120	180											+32 +14	+39 +14	+54 +14	+77 +14		
180	250											+35 +15	+44 +15	+61 +15	+87 +15		
250	315											+40 +17	+49 +17	+69 +17	+98 +17		
315	400											+43 +18	+54 +18	+75 +18	+107 +18		
400	500											+47 +20	+60 +20	+83 +20	+117 +20		
500	630												+66 +22	+92 +22	+132 +22		
630	800												+74 +24	+104 +24	+149 +24		
800	1000												+82 +26	+116 +26	+166 +26		
1000	1250												+94 +28	+133 +28	+193 +28		
1250	1600												+108 +30	+155 +30	+225 +30		
1600	2000												+124 +32	+182 +32	+262 +32		
2000	2500												+144 +34	+209 +34	+314 +34		
2500	3150												+173 +38	+248 +38	+368 +38		

注：各级的 FG 主要用于精密机械和钟表制造业。

表 3-7　孔 H 的极限偏差

公称尺寸/mm		H																	
		1	2	3	4	5	6	7	8	9	10	11	12	13	14	15	16	17	18
大于	至	极限偏差/μm											极限偏差/mm						
—	3	+0.8 0	+1.2 0	+2 0	+3 0	+4 0	+6 0	+10 0	+14 0	+25 0	+40 0	+60 0	+0.1 0	+0.14 0	+0.25 0	+0.4 0	+0.6 0		
3	6	+1 0	+1.5 0	+2.5 0	+4 0	+5 0	+8 0	+12 0	+18 0	+30 0	+48 0	+75 0	+0.12 0	+0.18 0	+0.3 0	+0.48 0	+0.75 0	+1.2 0	+1.8 0
6	10	+1 0	+1.5 0	+2.5 0	+4 0	+6 0	+9 0	+15 0	+22 0	+36 0	+58 0	+90 0	+0.15 0	+0.22 0	+0.36 0	+0.58 0	+0.9 0	+1.5 0	+2.2 0
10	18	+1.2 0	+2 0	+3 0	+5 0	+8 0	+11 0	+18 0	+27 0	+43 0	+70 0	+110 0	+0.18 0	+0.27 0	+0.43 0	+0.7 0	+1.1 0	+1.8 0	+2.7 0
18	30	+1.5 0	+2.5 0	+4 0	+6 0	+9 0	+13 0	+21 0	+33 0	+52 0	+84 0	+130 0	+0.21 0	+0.33 0	+0.52 0	+0.84 0	+1.3 0	+2.1 0	+3.3 0
30	50	+1.5 0	+2.5 0	+4 0	+7 0	+11 0	+16 0	+25 0	+39 0	+62 0	+100 0	+160 0	+0.25 0	+0.39 0	+0.62 0	+1 0	+1.6 0	+2.5 0	+3.9 0
50	80	+2 0	+3 0	+5 0	+8 0	+13 0	+19 0	+30 0	+46 0	+74 0	+120 0	+190 0	+0.3 0	+0.46 0	+0.74 0	+1.2 0	+1.9 0	+3 0	+4.6 0
80	120	+2.5 0	+4 0	+6 0	+10 0	+15 0	+22 0	+35 0	+54 0	+87 0	+140 0	+220 0	+0.35 0	+0.54 0	+0.87 0	+1.4 0	+2.2 0	+3.5 0	+5.4 0
120	180	+3.5 0	+5 0	+8 0	+12 0	+18 0	+25 0	+40 0	+63 0	+100 0	+160 0	+250 0	+0.4 0	+0.63 0	+1 0	+1.6 0	+2.5 0	+4 0	+6.3 0
180	250	+4.5 0	+7 0	+10 0	+14 0	+20 0	+29 0	+46 0	+72 0	+115 0	+185 0	+290 0	+0.46 0	+0.72 0	+1.15 0	+1.85 0	+2.9 0	+4.6 0	+7.2 0
250	315	+6 0	+8 0	+12 0	+16 0	+23 0	+32 0	+52 0	+81 0	+130 0	+210 0	+320 0	+0.52 0	+0.81 0	+1.3 0	+2.1 0	+3.2 0	+5.2 0	+8.1 0

315	400	+7 0	+9 0	+13 0	+18 0	+25 0	+36 0	+57 0	+89 0	+140 0	+230 0	+360 0	+0.57 0	+0.89 0	+1.4 0	+2.3 0	+3.6 0	+5.7 0	+8.9 0
400	500	+8 0	+10 0	+15 0	+20 0	+27 0	+40 0	+63 0	+97 0	+155 0	+250 0	+400 0	+0.63 0	+0.97 0	+1.55 0	+2.5 0	+4 0	+6.3 0	+9.7 0
500	630	+9 0	+11 0	+16 0	+22 0	+32 0	+44 0	+70 0	+110 0	+175 0	+280 0	+440 0	+0.7 0	+1.1 0	+1.75 0	+2.8 0	+4.4 0	+7 0	+11 0
630	800	+10 0	+13 0	+18 0	+25 0	+36 0	+50 0	+80 0	+125 0	+200 0	+320 0	+500 0	+0.8 0	+1.25 0	+2 0	+3.2 0	+5 0	+8 0	+12.5 0
800	1000	+11 0	+15 0	+21 0	+28 0	+40 0	+56 0	+90 0	+140 0	+230 0	+360 0	+560 0	+0.9 0	+1.4 0	+2.3 0	+3.6 0	+5.6 0	+9 0	+14 0
1000	1250	+13 0	+18 0	+24 0	+33 0	+47 0	+66 0	+105 0	+165 0	+260 0	+420 0	+660 0	+1.05 0	+1.65 0	+2.6 0	+4.2 0	+6.6 0	+10.5 0	+16.5 0
1250	1600	+15 0	+21 0	+29 0	+39 0	+55 0	+78 0	+125 0	+195 0	+310 0	+500 0	+780 0	+1.25 0	+1.95 0	+3.1 0	+5 0	+7.8 0	+12.5 0	+19.5 0
1600	2000	+18 0	+25 0	+35 0	+46 0	+65 0	+92 0	+150 0	+230 0	+370 0	+600 0	+920 0	+1.5 0	+2.3 0	+3.7 0	+6 0	+9.2 0	+15 0	+23 0
2000	2500	+22 0	+30 0	+41 0	+55 0	+78 0	+110 0	+175 0	+280 0	+440 0	+700 0	+1100 0	+1.75 0	+2.8 0	+4.4 0	+7 0	+11 0	+17.5 0	+28 0
2500	3150	+26 0	+36 0	+50 0	+68 0	+96 0	+135 0	+210 0	+330 0	+540 0	+860 0	+1350 0	+2.1 0	+3.3 0	+5.4 0	+8.6 0	+13.5 0	+21 0	+33 0

注：1. IT14~IT18 只用于大于 1mm 的公称尺寸。

2. 黑框中的数值，即公称尺寸大于 500~3150mm，IT1~IT5 的极限偏差值为试用的。

表 3-8 孔 JS 的极限偏差

公称尺寸/mm		JS																	
		1	2	3	4	5	6	7	8	9	10	11	12	13	14	15	16	17	18
大于	至	极限偏差/μm											极限偏差/mm						
—	3	±0.4	±0.6	±1	±1.5	±2	±3	±5	±7	±12	±20	±30	±0.05	±0.07	±0.125	±0.2	±0.3		
3	6	±0.5	±0.75	±1.25	±2	±2.5	±4	±6	±9	±15	±24	±37	±0.06	±0.09	±0.15	±0.24	±0.375	±0.6	±0.9
6	10	±0.5	±0.75	±1.25	±2	±3	±4.5	±7	±11	±18	±29	±46	±0.075	±0.11	±0.18	±0.29	±0.45	±0.75	±1.1
10	18	±0.6	±1	±1.5	±2.5	±4	±5.5	±9	±13	±21	±36	±55	±0.09	±0.135	±0.215	±0.35	±0.55	±0.9	±1.35
18	30	±0.75	±1.25	±2	±3	±4.5	±6.5	±10	±16	±26	±42	±65	±0.105	±0.165	±0.26	±0.42	±0.65	±1.05	±1.65
30	50	±0.75	±1.25	±2	±3.5	±5.5	±8	±12	±19	±31	±50	±80	±0.125	±0.195	±0.31	±0.5	±0.8	±1.25	±1.95
50	80	±1	±1.5	±2.5	±4	±6.5	±9.5	±15	±23	±37	±60	±95	±0.15	±0.23	±0.37	±0.6	±0.95	±1.5	±2.3
80	120	±1.25	±2	±3	±5	±7.5	±11	±17	±27	±43	±70	±110	±0.175	±0.27	±0.435	±0.7	±1.1	±1.75	±2.7
120	180	±1.75	±2.5	±4	±6	±9	±12.5	±20	±31	±50	±80	±125	±0.2	±0.315	±0.5	±0.8	±1.25	±2	±3.15
180	250	±2.25	±3.5	±5	±7	±10	±14.5	±23	±36	±57	±92	±145	±0.23	±0.36	±0.575	±0.925	±1.45	±2.3	±3.6
250	315	±3	±4	±6	±8	±11.5	±16	±26	±40	±65	±105	±160	±0.28	±0.405	±0.65	±1.05	±1.6	±2.6	±4.05
315	400	±3.5	±4.5	±6.5	±9	±12.5	±18	±28	±44	±70	±115	±180	±0.285	±0.445	±0.7	±1.15	±1.8	±2.85	±4.45
400	500	±4	±5	±7.5	±10	±13.5	±20	±31	±48	±77	±125	±200	±0.315	±0.485	±0.775	±1.25	±2	±3.15	±4.85
500	630	±4.5	±5.5	±8	±11	±16	±22	±35	±55	±87	±140	±220	±0.35	±0.55	±0.875	±1.4	±2.2	±3.5	±5.5
630	800	±5	±6.5	±9	±12.5	±18	±25	±40	±62	±100	±160	±250	±0.4	±0.625	±1	±1.6	±2.5	±4	±6.25
800	1000	±5.5	±7.5	±10.5	±14	±20	±28	±45	±70	±115	±180	±280	±0.45	±0.7	±1.15	±1.8	±2.8	±4.5	±7
1000	1250	±6.5	±9	±12	±16.5	±23.5	±33	±52	±82	±130	±210	±330	±0.525	±0.825	±1.3	±2.1	±3.3	±5.25	±8.25
1250	1600	±7.5	±10.5	±14.5	±19.5	±27.5	±39	±62	±97	±155	±250	±390	±0.625	±0.975	±1.55	±2.5	±3.9	±6.25	±9.75
1600	2000	±9	±12.5	±17.5	±23	±32.5	±46	±75	±115	±185	±300	±460	±0.75	±1.15	±1.85	±3	±4.6	±7.5	±11.5
2000	2500	±11	±15	±20.5	±27.5	±39	±55	±87	±140	±220	±350	±550	±0.875	±1.4	±2.2	±3.5	±5.5	±8.75	±14
2500	3150	±13	±18	±25	±34	±48	±67.5	±105	±165	±270	±430	±675	±1.05	±1.65	±2.7	±4.3	±6.75	±10.5	±16.5

注：1. 为避免相同值的重复，表列值以“±X”给出，可为 ES=+X、EI=−X，例如，$^{+0.23}_{-0.23}$mm。

2. IT14~IT18 只用于大于 1mm 的公称尺寸。

3. 黑框中的数值，即公称尺寸大于 500~3150mm，IT1~IT5 的极限偏差值为试用的。

表 3-9　孔 J 和 K 的极限偏差　（单位：μm）

公称尺寸/mm		J				K							
大于	至	6	7	8	9	3	4	5	6	7	8	9	10
—	3	+2 -4	+4 -6	+6 +8		0 -2	0 -3	0 -4	0 -6	0 -10	0 -14	0 -25	0 -40
3	6	+5 -3	±6	+10 -8		0 -2.5	+0.5 -3.5	0 -5	+2 -6	+3 -9	+5 -13		
6	10	+5 -4	+8 -7	+12 -10		0 -2.5	+0.5 -3.5	+1 -5	+2 -7	+5 -10	+6 -16		
10	18	+6 -5	+10 -8	+15 -12		0 -3	+1 -4	+2 -6	+2 -9	+6 -12	+8 -19		
18	30	+8 -5	+12 -9	+20 -13		-0.5 -4.5	0 -6	+1 -8	+2 -11	+6 -15	+10 -23		
30	50	+10 -6	+14 -11	+24 -15		-0.5 -4.5	+1 -6	+2 -9	+3 -13	+7 -18	+12 -27		
50	80	+13 -6	+18 -12	+28 -18				+3 -10	+4 -15	+9 -21	+14 -32		
80	120	+16 -6	+22 -13	+34 -20				+2 -13	+4 -18	+10 -25	+16 -38		
120	180	+18 -7	+26 -14	+41 -22				+3 -15	+4 -21	+12 -28	+20 -43		
180	250	+22 -7	+30 -16	+47 -25				+2 -18	+5 -24	+13 -33	+22 -50		
250	315	+25 -7	+36 -16	+55 -26				+3 -20	+5 -27	+16 -36	+25 -56		
315	400	+29 -7	+39 -18	+60 -29				+3 -22	+7 -29	+17 -40	+28 -61		
400	500	+33 -7	+43 -20	+66 -31				+2 -25	+8 -32	+18 -45	+29 -68		
500	630								0 -44	0 -70	0 -110		
630	800								0 -50	0 -80	0 -125		
800	1000								0 -56	0 -90	0 -140		
1000	1250								0 -66	0 -105	0 -165		
1250	1600								0 -78	0 -125	0 -195		
1600	2000								0 -92	0 -150	0 -230		
2000	2500								0 -110	0 -175	0 -280		
2500	3150								0 -135	0 -210	0 -330		

注：1. J9、J10 等公差带对称于零线，其极限偏差值可见 JS9、JS10 等。

2. 公称尺寸大于 3mm 时，大于 IT8 的 K 的极限偏差值不作规定。

3. 公称尺寸大于 3~6mm 的 J7 的极限偏差值与对应尺寸段的 JS7 等值。

表 3-10 孔 M 和 N 的极限偏差

（单位：μm）

公称尺寸/mm		M								N								
大于	至	3	4	5	6	7	8	9	10	3	4	5	6	7	8	9	10	11
—	3	-2 -4	-2 -5	-2 -6	-2 -8	-2 -12	-2 -16	-2 -27	-2 -42	-4 -6	-4 -7	-4 -8	-4 -10	-4 -14	-4 -18	-4 -29	-4 -44	-4 -64
3	6	-3 -5.5	-2.5 -6.5	-3 -8	-1 -9	0 -12	+2 -16	-4 -34	-4 -52	-7 -9.5	-6.5 -10.5	-7 -12	-5 -13	-4 -16	-2 -20	0 -30	0 -48	0 -75
6	10	-5 -7.5	-4.5 -8.5	-4 -10	-3 -12	0 -15	+1 -21	-6 -42	-6 -64	-9 -11.5	-8.5 -12.5	-8 -14	-7 -16	-4 -19	-3 -25	0 -36	0 -58	0 -90
10	18	-6 -9	-5 -10	-4 -12	-4 -15	0 -18	+2 -25	-7 -50	-7 -77	-11 -14	-10 -15	-9 -17	-9 -20	-5 -23	-3 -30	0 -43	0 -70	0 -110
18	30	-6.5 -10.5	-6 -12	-5 -14	-4 -17	0 -21	+4 -29	-8 -60	-8 -92	-13.5 -17.5	-13 -19	-12 -21	-11 -24	-7 -28	-3 -36	0 -52	0 -84	0 -130
30	50	-7.5 -11.5	-6 -13	-5 -16	-4 -20	0 -25	+5 -34	-9 -71	-9 -109	-15.5 -19.5	-14 -21	-13 -24	-12 -28	-8 -33	-3 -42	0 -62	0 -100	0 -160
50	80			-6 -19	-5 -24	0 -30	+5 -41					-15 -28	-14 -33	-9 -39	-4 -50	0 -74	0 -120	0 -190
80	120			-8 -23	-6 -28	0 -35	+6 -48					-18 -33	-16 -38	-10 -45	-4 -58	0 -87	0 -140	0 -220
120	180			-9 -27	-8 -33	0 -40	+8 -55					-21 -39	-20 -45	-12 -52	-4 -67	0 -100	0 -160	0 -250
180	250			-11 -31	-8 -37	0 -46	+9 -63					-25 -45	-22 -51	-14 -60	-5 -77	0 -115	0 -185	0 -290
250	315			-13 -36	-9 -41	0 -52	+9 -72					-27 -50	-25 -57	-14 -66	-5 -86	0 -130	0 -210	0 -320
315	400			-14 -39	-10 -46	0 -57	+11 -78					-30 -55	-26 -62	-16 -73	-5 -94	0 -140	0 -230	0 -360
400	500			-16 -43	-10 -50	0 -63	+11 -86					-33 -60	-27 -67	-17 -80	-6 -103	0 -155	0 -250	0 -400
500	630				-26 -70	-26 -96	-26 -136						-44 -88	-44 -114	-44 -154	-44 -219		
630	800				-30 -80	-30 -110	-30 -155						-50 -100	-50 -130	-50 -175	-50 -250		
800	1000				-34 -90	-34 -124	-34 -174						-56 -112	-56 -146	-56 -196	-56 -286		
1000	1250				-40 -106	-40 -145	-40 -205						-66 -132	-66 -171	-66 -231	-66 -326		
1250	1600				-48 -126	-48 -173	-48 -243						-78 -156	-78 -203	-78 -273	-78 -388		
1600	2000				-58 -150	-58 -208	-58 -288						-92 -184	-92 -242	-92 -322	-92 -462		
2000	2500				-68 -178	-68 -243	-68 -348						-110 -220	-110 -285	-110 -390	-110 -550		
2500	3150				-76 -211	-76 -286	-76 -406						-135 -270	-135 -345	-135 -465	-135 -675		

注：公差带 N9、N10 和 N11 只用于大于 1mm 的公称尺寸。

表 3-11 孔 P 的极限偏差 （单位：μm）

公称尺寸/mm		P							
大于	至	3	4	5	6	7	8	9	10
—	3	-6 -8	-6 -9	-6 -10	-6 -12	-6 -16	-6 -20	-6 -31	-6 -46
3	6	-11 -13.5	-10.5 -14.5	-11 -16	-9 -17	-8 -20	-12 -30	-12 -42	-12 -60
6	10	-14 -16.5	-13.5 -17.5	-13 -19	-12 -21	-9 -24	-15 -37	-15 -51	-15 -73
10	18	-17 -20	-16 -21	-15 -23	-15 -26	-11 -29	-18 -45	-18 -61	-18 -88
18	30	-20.5 -24.5	-20 -26	-19 -28	-18 -31	-14 -35	-22 -55	-22 -74	-22 -106
30	50	-24.5 -28.5	-23 -30	-22 -33	-21 -37	-17 -42	-26 -65	-26 -88	-26 -126
50	80			-27 -40	-26 -45	-21 -51	-32 -78	-32 -106	
80	120			-32 -47	-30 -52	-24 -59	-37 -91	-37 -124	
120	180			-37 -55	-36 -61	-28 -68	-43 -106	-43 -143	
180	250			-44 -64	-41 -70	-33 -79	-50 -122	-50 -165	
250	315			-49 -72	-47 -79	-36 -88	-56 -137	-56 -186	
315	400			-55 -80	-51 -87	-41 -98	-62 -151	-62 -202	
400	500			-61 -88	-55 -95	-45 -108	-68 -165	-68 -223	
500	630				-78 -122	-78 -148	-78 -188	-78 -253	
630	800				-88 -138	-88 -168	-88 -213	-88 -288	
800	1000				-100 -156	-100 -190	-100 -240	-100 -330	
1000	1250				-120 -186	-120 -225	-120 -285	-120 -380	
1250	1600				-140 -218	-140 -265	-140 -335	-140 -450	
1600	2000				-170 -262	-170 -320	-170 -400	-170 -540	
2000	2500				-195 -305	-195 -370	-195 -475	-195 -635	
2500	3150				-240 -375	-240 -450	-240 -570	-240 -780	

表 3-12 孔 R 的极限偏差 （单位：μm）

公称尺寸/mm		R							
大于	至	3	4	5	6	7	8	9	10
—	3	-10 -12	-10 -13	-10 -14	-10 -16	-10 -20	-10 -24	-10 -35	-10 -50
3	6	-14 -16.5	-13.5 -17.5	-14 -19	-12 -20	-11 -23	-15 -33	-15 -45	-15 -63
6	10	-18 -20.5	-17.5 -21.5	-17 -23	-16 -25	-13 -28	-19 -41	-19 -55	-19 -77
10	18	-22 -25	-21 -26	-20 -28	-20 -31	-16 -34	-23 -50	-23 -66	-23 -93
18	30	-26.5 -30.5	-26 -32	-25 -34	-24 -37	-20 -41	-28 -61	-28 -80	-10 -112
30	50	-32.5 -36.5	-31 -38	-30 -41	-29 -45	-25 -50	-34 -73	-34 -96	-34 -134
50	65			-36 -49	-35 -54	-30 -60	-41 -87		
65	80			-38 -51	-37 -56	-32 -62	-43 -89		
80	100			-46 -61	-44 -66	-38 -73	-51 -105		
100	120			-49 -64	-47 -69	-41 -76	-54 -108		
120	140			-57 -75	-56 -81	-48 -88	-63 -126		
140	160			-59 -77	-58 -83	-50 -90	-65 -128		
160	180			-62 -80	-61 -86	-53 -93	-68 -131		
180	200			-71 -91	-68 -97	-60 -106	-77 -149		
200	225			-74 -94	-71 -100	-63 -109	-80 -152		
225	250			-78 -98	-75 -104	-67 -113	-84 -156		
250	280			-87 -110	-85 -117	-74 -126	-94 -175		
280	315			-91 -114	-89 -121	-78 -130	-98 -179		
315	355			-101 -126	-97 -133	-87 -144	-108 -197		

（续）

公称尺寸/mm		R							
大于	至	3	4	5	6	7	8	9	10
355	400			-107 -132	-103 -139	-93 -150	-114 -203		
400	450			-119 -146	-113 -153	-103 -166	-126 -223		
450	500			-125 -152	-119 -159	-109 -172	-132 -229		
500	560				-150 -194	-150 -220	-150 -260		
560	630				-155 -199	-155 -225	-155 -265		
630	710				-175 -225	-175 -255	-175 -300		
710	800				-185 -235	-185 -265	-185 -310		
800	900				-210 -266	-210 -300	-210 -350		
900	1000				-220 -276	-220 -310	-220 -360		
1000	1120				-250 -316	-250 -355	-250 -415		
1120	1250				-260 -326	-260 -365	-260 -425		
1250	1400				-300 -378	-300 -425	-300 -495		
1400	1600				-330 -408	-330 -455	-330 -525		
1600	1800				-370 -462	-370 -520	-370 -600		
1800	2000				-400 -492	-400 -550	-400 -630		
2000	2240				-440 -550	-440 -615	-440 -720		
2240	2500				-460 -570	-460 -635	-460 -740		
2500	2800				-550 -685	-550 -760	-550 -880		
2800	3150				-580 -715	-580 -790	-580 -910		

表 3-13　孔 S 的极限偏差　（单位：μm）

公称尺寸/mm		S							
大于	至	3	4	5	6	7	8	9	10
—	3	-14 -16	-14 -17	-14 -18	-14 -20	-14 -24	-14 -28	-14 -39	-14 -54
3	6	-18 -20.5	-17.5 -21.5	-18 -23	-16 -24	-15 -27	-19 -37	-19 -49	-19 -67
6	10	-22 -24.5	-21.5 -25.5	-21 -27	-20 -29	-17 -32	-23 -45	-23 -59	-23 -81
10	18	-27 -30	-26 -31	-25 -33	-25 -36	-21 -39	-28 -55	-28 -71	-28 -98
18	30	-33.5 -37.5	-33 -39	-32 -41	-31 -44	-27 -48	-35 -68	-35 -87	-35 -119
30	50	-41.5 -45.5	-40 -47	-39 -50	-38 -54	-34 -59	-43 -82	-43 -105	-43 -143
50	65			-48 -61	-47 -66	-42 -72	-53 -99	-53 -127	
65	80			-54 -67	-53 -72	-48 -78	-59 -105	-59 -133	
80	100			-66 -81	-64 -86	-58 -93	-71 -125	-71 -158	
100	120			-74 -89	-72 -94	-66 -101	-79 -133	-79 -166	
120	140			-86 -104	-85 -110	-77 -117	-92 -155	-92 -192	
140	160			-94 -112	-93 -118	-85 -125	-100 -163	-100 -200	
160	180			-102 -120	-101 -126	-93 -133	-108 -171	-108 -208	
180	200			-116 -136	-113 -142	-105 -151	-122 -194	-122 -237	
200	225			-124 -144	-121 -150	-113 -159	-130 -202	-130 -245	
225	250			-134 -154	-131 -160	-123 -169	-140 -212	-140 -255	
250	280			-151 -174	-149 -181	-138 -190	-158 -239	-158 -288	
280	315			-163 -186	-161 -193	-150 -202	-170 -251	-170 -300	
315	355			-183 -208	-179 -215	-169 -226	-190 -279	-190 -330	

（续）

公称尺寸 /mm		S							
大于	至	3	4	5	6	7	8	9	10
355	400			-201 -226	-197 -233	-187 -244	-208 -297	-208 -348	
400	450			-225 -252	-219 -259	-209 -272	-232 -329	-232 -387	
450	500			-245 -272	-239 -279	-229 -292	-252 -349	-252 -407	
500	560				-280 -324	-280 -350	-280 -390		
560	630				-310 -354	-310 -380	-310 -420		
630	710				-340 -390	-340 -420	-340 -465		
710	800				-380 -430	-380 -460	-380 -505		
800	900				-430 -486	-430 -520	-430 -570		
900	1000				-470 -526	-470 -560	-470 -610		
1000	1120				-520 -586	-520 -625	-520 -685		
1120	1250				-580 -646	-580 -685	-580 -745		
1250	1400				-640 -718	-640 -765	-640 -835		
1400	1600				-720 -798	-720 -845	-720 -915		
1600	1800				-820 -912	-820 -970	-820 -1050		
1800	2000				-920 -1012	-920 -1070	-920 -1150		
2000	2240				-1000 -1110	-1000 -1175	-1000 -1280		
2240	2500				-1100 -1210	-1100 -1275	-1100 -1380		
2500	2800				-1250 -1385	-1250 -1460	-1250 -1580		
2800	3150				-1400 -1535	-1400 -1610	-1400 -1730		

表 3-14　孔 T 的极限偏差　（单位：μm）

公称尺寸/mm		T				公称尺寸/mm		T			
大于	至	5	6	7	8	大于	至	5	6	7	8
—	3					315	355		-257 -293	-247 -304	-268 -357
3	6					355	400		-283 -319	-273 -330	-294 -383
6	10					400	450		-317 -357	-307 -370	-330 -427
10	18					450	500		-347 -387	-337 -400	-360 -457
18	24					500	560		-400 -444	-400 -470	-400 -510
24	30	-38 -47	-37 -50	-33 -54	-41 -74	560	630		-450 -494	-450 -520	-450 -560
30	40	-44 -55	-43 -59	-39 -64	-48 -87	630	710		-500 -550	-500 -580	-500 -625
40	50	-50 -61	-49 -65	-45 -70	-54 -93	710	800		-560 -610	-560 -640	-560 -685
50	65		-60 -79	-55 -85	-66 -112	800	900		-620 -676	-620 -710	-620 -760
65	80		-69 -88	-64 -94	-75 -121	900	1000		-680 -736	-680 -770	-680 -820
80	100		-84 -106	-78 -113	-91 -145	1000	1120		-780 -846	-780 -885	-780 -945
100	120		-97 -119	-91 -126	-104 -158	1120	1250		-840 -906	-840 -945	-840 -1005
120	140		-115 -140	-107 -147	-122 -185	1250	1400		-960 -1038	-960 -1085	-960 -1155
140	160		-127 -152	-119 -159	-134 -197	1400	1600		-1050 -1128	-1050 -1175	-1050 -1245
160	180		-139 -164	-131 -171	-146 -209	1600	1800		-1200 -1292	-1200 -1360	-1200 -1430
180	200		-157 -186	-149 -195	-166 -238	1800	2000		-1350 -1442	-1350 -1500	-1350 -1580
200	225		-171 -200	-163 -209	-180 -252	2000	2240		-1500 -1610	-1500 -1675	-1500 -1780
225	250		-187 -216	-179 -225	-196 -268	2240	2500		-1650 -1760	-1650 -1825	-1650 -1930
250	280		-209 -241	-198 -250	-218 -299	2500	2800		-1900 -2035	-1900 -2110	-1900 -2230
280	315		-231 -263	-220 -272	-240 -321	2800	3150		-2100 -2235	-2100 -2310	-2100 -2430

注：公称尺寸至 24mm 的 T5～T8 的极限偏差值未列入表内，建议以 U5～U8 代替。如果一定要 T5～T8，则可按 GB/T 1800.1—2009 计算。

表 3-15　孔 U 的极限偏差　（单位：μm）

公称尺寸/mm		U					
大于	至	5	6	7	8	9	10
—	3	-18 -22	-18 -24	-18 -28	-18 -32	-18 -43	-18 -58
3	6	-22 -27	-20 -28	-19 -31	-23 -41	-23 -53	-23 -71
6	10	-26 -32	-25 -34	-22 -37	-28 -50	-28 -64	-28 -86
10	18	-30 -38	-30 -41	-26 -44	-33 -60	-33 -76	-33 -103
18	24	-38 -47	-37 -50	-33 -54	-41 -74	-41 -93	-41 -125
24	30	-45 -54	-44 -57	-40 -61	-48 -81	-48 -100	-48 -132
30	40	-56 -67	-55 -71	-51 -76	-60 -99	-60 -122	-60 -160
40	50	-66 -77	-65 -81	-61 -86	-70 -109	-70 -132	-70 -170
50	65		-81 -100	-76 -106	-87 -133	-87 -161	-87 -207
65	80		-96 -115	-91 -121	-102 -148	-102 -176	-102 -222
80	100		-117 -139	-111 -146	-124 -178	-124 -211	-124 -264
100	120		-137 -159	-131 -166	-144 -198	-144 -231	-144 -284
120	140		-163 -188	-155 -195	-170 -233	-170 -270	-170 -330
140	160		-183 -208	-175 -215	-190 -253	-190 -290	-190 -350
160	180		-203 -228	-195 -235	-210 -273	-210 -310	-210 -370
180	200		-227 -256	-219 -265	-236 -308	-236 -351	-236 -421
200	225		-249 -278	-241 -287	-258 -330	-258 -373	-258 -443
225	250		-275 -304	-267 -313	-284 -356	-284 -399	-284 -469
250	280		-306 -338	-295 -347	-315 -396	-315 -445	-315 -525
280	315		-341 -373	-330 -382	-350 -431	-350 -480	-350 -560

（续）

公称尺寸/mm		U					
大于	至	5	6	7	8	9	10
315	355		-379 -415	-369 -426	-390 -479	-390 -530	-390 -620
355	400		-424 -460	-414 -471	-435 -524	-435 -575	-435 -665
400	450		-477 -517	-467 -530	-490 -587	-490 -645	-490 -740
450	500		-527 -567	-517 -580	-540 -637	-540 -695	-540 -790
500	560		-600 -644	-600 -670	-600 -710		
560	630		-660 -704	-660 -730	-660 -770		
630	710		-740 -790	-740 -820	-740 -865		
710	800		-840 -890	-840 -920	-840 -965		
800	900		-940 -996	-940 -1030	-940 -1080		
900	1000		-1050 -1106	-1050 -1140	-1050 -1190		
1000	1120		-1150 -1216	-1150 -1255	-1150 -1315		
1120	1250		-1300 -1366	-1300 -1405	-1300 -1465		
1250	1400		-1450 -1528	-1450 -1575	-1450 -1645		
1400	1600		-1600 -1678	-1600 -1725	-1600 -1795		
1600	1800		-1850 -1942	-1850 -2000	-1850 -2080		
1800	2000		-2000 -2092	-2000 -2150	-2000 -2230		
2000	2240		-2300 -2410	-2300 -2475	-2300 -2580		
2240	2500		-2500 -2610	-2500 -2675	-2500 -2780		
2500	2800		-2900 -3035	-2900 -3110	-2900 -3230		
2800	3150		-3200 -3335	-3200 -3410	-3200 -3530		

注：公称尺寸至24mm的T5～T8的极限偏差未列入表内，建议以U5～U8代替。如果一定要T5～T8，则可按GB/T 1800.1—2009计算。

表 3-16　孔 V、X 和 Y 的极限偏差　（单位：μm）

公称尺寸/mm		V				X						Y				
大于	至	5	6	7	8	5	6	7	8	9	10	6	7	8	9	10
—	3					-20 -24	-20 -26	-20 -30	-20 -34	-20 -45	-20 -60					
3	6					-27 -32	-25 -33	-24 -36	-28 -46	-28 -58	-28 -76					
6	10					-32 -38	-31 -40	-28 -43	-34 -56	-34 -70	-34 -92					
10	14					-37 -45	-37 -48	-33 -51	-40 -67	-40 -83	-40 -110					
14	18	-36 -44	-36 -47	-32 -50	-39 -66	-42 -50	-42 -53	-38 -56	-45 -72	-45 -88	-45 -115					
18	24	-44 -53	-43 -56	-39 -60	-47 -80	-51 -60	-50 -63	-46 -67	-54 -87	-54 -106	-54 -138	-59 -72	-55 -76	-63 -96	-63 -115	-63 -147
24	30	-52 -61	-51 -64	-47 -68	-55 -88	-61 -70	-60 -73	-56 -77	-64 -97	-64 -116	-64 -148	-71 -84	-67 -88	-75 -108	-75 -127	-75 -159
30	40	-64 -75	-63 -79	-59 -84	-68 -107	-76 -87	-75 -91	-71 -96	-80 -119	-80 -142	-80 -180	-89 -105	-85 -110	-94 -133	-94 -156	-94 -194
40	50	-77 -88	-76 -92	-72 -97	-81 -120	-93 -104	-92 -108	-88 -113	-97 -136	-97 -159	-97 -197	-109 -125	-105 -130	-114 -153	-114 -176	-114 -214
50	65		-96 -115	-91 -121	-102 -148		-116 -135	-111 -141	-122 -168	-122 -196		-138 -157	-133 -163	-144 -190		
65	80		-114 -133	-109 -139	-120 -166		-140 -159	-135 -165	-146 -192	-146 -220		-168 -187	-163 -193	-174 -220		
80	100		-139 -161	-133 -168	-146 -200		-171 -193	-165 -200	-178 -232	-178 -265		-207 -229	-201 -236	-214 -268		
100	120		-165 -187	-159 -194	-172 -226		-203 -225	-197 -232	-210 -264	-210 -297		-247 -269	-241 -276	-254 -308		
120	140		-195 -220	-187 -227	-202 -265		-241 -266	-233 -273	-248 -311	-248 -348		-293 -318	-285 -325	-300 -363		
140	160		-221 -246	-213 -253	-228 -291		-273 -298	-265 -305	-280 -343	-280 -380		-333 -358	-325 -365	-340 -403		
160	180		-245 -270	-237 -277	-252 -315		-303 -328	-295 -335	-310 -373	-310 -410		-373 -398	-365 -405	-380 -443		
180	200		-275 -304	-267 -313	-284 -356		-341 -370	-333 -379	-350 -422	-350 -465		-416 -445	-408 -454	-425 -497		
200	225		-301 -330	-293 -339	-310 -382		-376 -405	-368 -414	-385 -457	-385 -500		-461 -490	-453 -499	-470 -542		
225	250		-331 -360	-323 -369	-340 -412		-416 -445	-408 -454	-425 -497	-425 -540		-511 -540	-503 -549	-520 -592		

（续）

公称尺寸/mm		V				X						Y				
大于	至	5	6	7	8	5	6	7	8	9	10	6	7	8	9	10
250	280		-376 -408	-365 -417	-385 -466		-466 -498	-455 -507	-475 -556	-475 -605		-571 -603	-560 -612	-580 -661		
280	315		-416 -448	-405 -457	-425 -506		-516 -548	-505 -557	-525 -606	-525 -655		-641 -673	-630 -682	-650 -731		
315	355		-464 -500	-454 -511	-475 -564		-579 -615	-569 -626	-590 -679	-590 -730		-719 -755	-709 -766	-730 -819		
355	400		-519 -555	-509 -566	-530 -619		-649 -685	-639 -696	-660 -749	-660 -800		-809 -845	-799 -856	-820 -909		
400	450		-582 -622	-572 -635	-595 -692		-727 -767	-717 -780	-740 -837	-740 -895		-907 -947	-897 -960	-920 -1017		
450	500		-647 -687	-637 -700	-660 -757		-807 -847	-797 -860	-820 -917	-820 -975		-987 -1027	-977 -1040	-1000 -1097		

注：1. 公称尺寸至 14mm 的 V5~V8 的极限偏差值未列入表内，建议以 X5~X8 代替。如果一定要 V5~V8，则可按 GB/T 1800.1—2009 计算。

2. 公称尺寸至 18mm 的 Y6~Y10 的极限偏差值未列入表内，建议以 Z6~Z10 代替。如果一定要 Y6~Y10，则可按 GB/T 1800.1—2009 计算。

表 3-17　孔 Z 和 ZA 的极限偏差　　（单位：μm）

公称尺寸/mm		Z						ZA					
大于	至	6	7	8	9	10	11	6	7	8	9	10	11
—	3	-26 -32	-26 -36	-26 -40	-26 -51	-26 -66	-26 -86	-32 -38	-32 -42	-32 -46	-32 -57	-32 -72	-32 -92
3	6	-32 -40	-31 -43	-35 -53	-35 -65	-35 -83	-35 -110	-39 -47	-38 -50	-42 -60	-42 -72	-42 -90	-42 -117
6	10	-39 -48	-36 -51	-42 -64	-42 -78	-42 -100	-42 -132	-49 -58	-46 -61	-52 -74	-52 -88	-52 -110	-52 -142
10	14	-47 -58	-43 -61	-50 -77	-50 -93	-50 -120	-50 -160	-61 -72	-57 -75	-64 -91	-64 -107	-64 -134	-64 -174
14	18	-57 -68	-53 -71	-60 -87	-60 -103	-60 -130	-60 -170	-74 -85	-70 -88	-77 -104	-77 -120	-77 -147	-77 -187
18	24	-69 -82	-65 -86	-73 -106	-73 -125	-73 -157	-73 -203	-94 -107	-90 -111	-98 -131	-98 -150	-98 -182	-98 -228
24	30	-84 -97	-80 -101	-88 -121	-88 -140	-88 -172	-88 -218	-114 -127	-110 -131	-118 -151	-118 -170	-118 -202	-118 -248
30	40	-107 -123	-103 -128	-112 -151	-112 -174	-112 -212	-112 -272	-143 -159	-139 -164	-148 -187	-148 -210	-148 -248	-148 -308
40	50	-131 -147	-127 -152	-136 -175	-136 -198	-136 -236	-136 -296	-175 -191	-171 -196	-180 -219	-180 -242	-180 -280	-180 -340
50	65		-161 -191	-172 -218	-172 -246	-172 -292	-172 -362		-215 -245	-226 -272	-226 -300	-226 -346	-226 -416

（续）

公称尺寸/mm		Z						ZA					
大于	至	6	7	8	9	10	11	6	7	8	9	10	11
65	80		-199 -229	-210 -256	-210 -284	-210 -330	-210 -400		-263 -293	-274 -320	-274 -348	-274 -394	-274 -464
80	100		-245 -280	-258 -312	-258 -345	-258 -398	-258 -478		-322 -357	-335 -389	-335 -422	-335 -475	-335 -555
100	120		-297 -332	-310 -364	-310 -397	-310 -450	-310 -530		-387 -422	-400 -454	-400 -487	-400 -540	-400 -620
120	140		-350 -390	-365 -428	-365 -465	-365 -525	-365 -615		-455 -495	-470 -533	-470 -570	-470 -630	-470 -720
140	160		-400 -440	-415 -478	-415 -515	-415 -575	-415 -665		-520 -560	-535 -598	-535 -635	-535 -695	-535 -785
160	180		-450 -490	-465 -528	-465 -565	-465 -625	-465 -715		-585 -625	-600 -663	-600 -700	-600 -760	-600 -850
180	200		-503 -549	-520 -592	-520 -635	-520 -705	-520 -810		-653 -699	-670 -742	-670 -785	-670 -855	-670 -960
200	225		-558 -604	-575 -647	-575 -690	-575 -760	-575 -865		-723 -769	-740 -812	-740 -855	-740 -925	-740 -1030
225	250		-623 -669	-640 -712	-640 -755	-640 -825	-640 -930		-803 -849	-820 -892	-820 -935	-820 -1005	-820 -1110
250	280		-690 -742	-710 -791	-710 -840	-710 -920	-710 -1030		-900 -952	-920 -1001	-920 -1050	-920 -1130	-920 -1240
280	315		-770 -822	-790 -871	-790 -920	-790 -1000	-790 -1110		-980 -1032	-1000 -1081	-1000 -1130	-1000 -1210	-1000 -1320
315	355		-879 -936	-900 -989	-900 -1040	-900 -1130	-900 -1260		-1129 -1186	-1150 -1239	-1150 -1290	-1150 -1380	-1150 -1510
355	400		-979 -1036	-1000 -1089	-1000 -1140	-1000 -1230	-1000 -1360		-1279 -1336	-1300 -1389	-1300 -1440	-1300 -1530	-1300 -1660
400	450		-1077 -1140	-1100 -1197	-1100 -1255	-1100 -1350	-1100 -1500		-1427 -1490	-1450 -1547	-1450 -1605	-1450 -1700	-1450 -1850
450	500		-1227 -1290	-1250 -1347	-1250 -1405	-1250 -1500	-1250 -1650		-1577 -1640	-1600 -1697	-1600 -1755	-1600 -1850	-1600 -2000

表 3-18　孔 ZB 和 ZC 的极限偏差　（单位：μm）

公称尺寸/mm		ZB					ZC				
大于	至	7	8	9	10	11	7	8	9	10	11
—	3	-40 -50	-40 -54	-40 -65	-40 -80	-40 -100	-60 -70	-60 -74	-60 -85	-60 -100	-60 -120
3	6	-46 -58	-50 -68	-50 -80	-50 -98	-50 -125	-76 -88	-80 -98	-80 -110	-80 -128	-80 -155
6	10	-61 -76	-67 -89	-67 -103	-67 -125	-67 -157	-91 -106	-97 -119	-97 -133	-97 -155	-97 -187
10	14	-83 -101	-90 -117	-90 -133	-90 -160	-90 -200	-123 -141	-130 -157	-130 -173	-130 -200	-130 -240

（续）

公称尺寸/mm		ZB					ZC				
大于	至	7	8	9	10	11	7	8	9	10	11
14	18	-101 -119	-108 -135	-108 -151	-108 -178	-108 -218	-143 -161	-150 -177	-150 -193	-150 -220	-150 -260
18	24	-128 -149	-136 -169	-136 -188	-136 -220	-136 -266	-180 -201	-188 -221	-188 -240	-188 -272	-188 -318
24	30	-152 -173	-160 -193	-160 -212	-160 -244	-160 -290	-210 -231	-218 -251	-218 -270	-218 -302	-218 -348
30	40	-191 -216	-200 -239	-200 -262	-200 -300	-200 -360	-265 -290	-274 -313	-274 -336	-274 -374	-274 -434
40	50	-233 -258	-242 -281	-242 -304	-242 -342	-242 -402	-316 -341	-325 -364	-325 -387	-325 -425	-325 -485
50	65	-289 -319	-300 -346	-300 -374	-300 -420	-300 -490	-394 -424	-405 -451	-405 -479	-405 -525	-405 -595
65	80	-349 -379	-360 -406	-360 -434	-360 -480	-360 -550	-469 -499	-480 -526	-480 -554	-480 -600	-480 -670
80	100	-432 -467	-445 -499	-445 -532	-445 -585	-445 -665	-572 -607	-585 -639	-585 -672	-585 -725	-585 -805
100	120	-512 -547	-525 -579	-525 -612	-525 -665	-525 -745	-677 -712	-690 -744	-690 -777	-690 -830	-690 -910
120	140	-605 -645	-620 -683	-620 -720	-620 -780	-620 -870	-785 -825	-800 -863	-800 -900	-800 -960	-800 -1050
140	160	-685 -725	-700 -763	-700 -800	-700 -860	-700 -950	-885 -925	-900 -963	-900 -1000	-900 -1060	-900 -1150
160	180	-765 -805	-780 -843	-780 -880	-780 -940	-780 -1030	-985 -1025	-1000 -1063	-1000 -1100	-1000 -1160	-1000 -1250
180	200	-863 -909	-880 -952	-880 -995	-880 -1065	-880 -1170	-1133 -1179	-1150 -1222	-1150 -1265	-1150 -1335	-1150 -1440
200	225	-943 -989	-960 -1032	-960 -1075	-960 -1145	-960 -1250	-1233 -1279	-1250 -1322	-1250 -1365	-1250 -1435	-1250 -1540
225	250	-1033 -1079	-1050 -1122	-1050 -1165	-1050 -1235	-1050 -1340	-1333 -1379	-1350 -1422	-1350 -1465	-1350 -1535	-1350 -1640
250	280	-1180 -1232	-1200 -1281	-1200 -1330	-1200 -1410	-1200 -1520	-1530 -1582	-1550 -1631	-1550 -1680	-1550 -1760	-1550 -1870
280	315	-1280 -1332	-1300 -1381	-1300 -1430	-1300 -1510	-1300 -1620	-1680 -1732	-1700 -1781	-1700 -1830	-1700 -1910	-1700 -2020
315	355	-1479 -1536	-1500 -1589	-1500 -1640	-1500 -1730	-1500 -1860	-1879 -1936	-1900 -1989	-1900 -2040	-1900 -2130	-1900 -2260
355	400	-1629 -1686	-1650 -1739	-1650 -1790	-1650 -1880	-1650 -2010	-2079 -2136	-2100 -2189	-2100 -2240	-2100 -2330	-2100 -2460
400	450	-1827 -1890	-1850 -1947	-1850 -2005	-1850 -2100	-1850 -2250	-2377 -2440	-2400 -2497	-2400 -2555	-2400 -2650	-2400 -2800
450	500	-2077 -2140	-2100 -2197	-2100 -2255	-2100 -2350	-2100 -2500	-2577 -2640	-2600 -2697	-2600 -2755	-2600 -2850	-2600 -3000

表 3-19　轴 a、b 和 c 的极限偏差　　（单位：μm）

公称尺寸/mm		a					b						c				
大于	至	9	10	11	12	13	8	9	10	11	12	13	8	9	10	11	12
—	3	-270 -295	-270 -310	-270 -330	-270 -370	-270 -410	-140 -154	-140 -165	-140 -180	-140 -200	-140 -240	-140 -280	-60 -74	-60 -85	-60 -100	-60 -120	-60 -160
3	6	-270 -300	-270 -318	-270 -345	-270 -390	-270 -450	-140 -158	-140 -170	-140 -188	-140 -215	-140 -260	-140 -320	-70 -88	-70 -100	-70 -118	-70 -145	-70 -190
6	10	-280 -316	-280 -338	-280 -370	-280 -430	-280 -500	-150 -172	-150 -186	-150 -208	-150 -240	-150 -300	-150 -370	-80 -102	-80 -116	-80 -138	-80 -170	-80 -230
10	18	-290 -333	-290 -360	-290 -400	-290 -470	-290 -560	-150 -177	-150 -193	-150 -220	-150 -260	-150 -330	-150 -420	-95 -122	-95 -138	-95 -165	-95 -205	-95 -275
18	30	-300 -352	-300 -384	-300 -430	-300 -510	-300 -630	-160 -193	-160 -212	-160 -244	-160 -290	-160 -370	-160 -490	-110 -143	-110 -162	-110 -194	-110 -240	-110 -320
30	40	-310 -372	-310 -410	-310 -470	-310 -560	-310 -700	-170 -209	-170 -232	-170 -270	-170 -330	-170 -420	-170 -560	-120 -159	-120 -182	-120 -220	-120 -280	-120 -370
40	50	-320 -382	-320 -420	-320 -480	-320 -570	-320 -710	-180 -219	-180 -242	-180 -280	-180 -340	-180 -430	-180 -570	-130 -169	-130 -192	-130 -230	-130 -290	-130 -380
50	65	-340 -414	-340 -460	-340 -530	-340 -640	-340 -800	-190 -236	-190 -264	-190 -310	-190 -380	-190 -490	-190 -650	-140 -186	-140 -214	-140 -260	-140 -330	-140 -440
65	80	-360 -434	-360 -480	-360 -550	-360 -660	-360 -820	-200 -246	-200 -274	-200 -320	-200 -390	-200 -500	-200 -660	-150 -196	-150 -224	-150 -270	-150 -340	-150 -450
80	100	-380 -467	-380 -520	-380 -600	-380 -730	-380 -920	-220 -274	-220 -307	-220 -360	-220 -440	-220 -570	-220 -760	-170 -224	-170 -257	-170 -310	-170 -390	-170 -520
100	120	-410 -497	-410 -550	-410 -630	-410 -760	-410 -950	-240 -294	-240 -327	-240 -380	-240 -460	-240 -590	-240 -780	-180 -234	-180 -267	-180 -320	-180 -400	-180 -530
120	140	-460 -560	-460 -620	-460 -710	-460 -860	-460 -1090	-260 -323	-260 -360	-260 -420	-260 -510	-260 -660	-260 -890	-200 -263	-200 -300	-200 -360	-200 -450	-200 -600
140	160	-520 -620	-520 -680	-520 -770	-520 -920	-520 -1150	-280 -343	-280 -380	-280 -440	-280 -530	-280 -680	-280 -910	-210 -273	-210 -310	-210 -370	-210 -460	-210 -610
160	180	-580 -680	-580 -740	-580 -830	-580 -980	-580 -1210	-310 -373	-310 -410	-310 -470	-310 -560	-310 -710	-310 -940	-230 -293	-230 -330	-230 -390	-230 -480	-230 -630
180	200	-660 -775	-660 -845	-660 -950	-660 -1120	-660 -1380	-340 -412	-340 -455	-340 -525	-340 -630	-340 -800	-340 -1060	-240 -312	-240 -355	-240 -425	-240 -530	-240 -700
200	225	-740 -855	-740 -925	-740 -1030	-740 -1200	-740 -1460	-380 -452	-380 -495	-380 -565	-380 -670	-380 -840	-380 -1100	-260 -332	-260 -375	-260 -445	-260 -550	-260 -720
225	250	-820 -935	-820 -1005	-820 -1110	-820 -1280	-820 -1540	-420 -492	-420 -535	-420 -605	-420 -710	-420 -880	-420 -1140	-280 -352	-280 -395	-280 -465	-280 -570	-280 -740
250	280	-920 -1050	-920 -1130	-920 -1240	-920 -1440	-920 -1730	-480 -561	-480 -610	-480 -690	-480 -800	-480 -1000	-480 -1290	-300 -381	-300 -430	-300 -510	-300 -620	-300 -820
280	315	-1050 -1180	-1050 -1260	-1050 -1370	-1050 -1570	-1050 -1860	-540 -621	-540 -670	-540 -750	-540 -860	-540 -1060	-540 -1350	-330 -411	-330 -460	-330 -540	-330 -650	-330 -850
315	355	-1200 -1340	-1200 -1430	-1200 -1560	-1200 -1770	-1200 -2090	-600 -689	-600 -740	-600 -830	-600 -960	-600 -1170	-600 -1490	-360 -449	-360 -500	-360 -590	-360 -720	-360 -930
355	400	-1350 -1490	-1350 -1580	-1350 -1710	-1350 -1920	-1350 -2240	-680 -769	-680 -820	-680 -910	-680 -1040	-680 -1250	-680 -1570	-400 -489	-400 -540	-400 -630	-400 -760	-400 -970
400	450	-1500 -1655	-1500 -1750	-1500 -1900	-1500 -2130	-1500 -2470	-760 -857	-760 -915	-760 -1010	-760 -1160	-760 -1390	-760 -1730	-440 -537	-440 -595	-440 -690	-440 -840	-440 -1070
450	500	-1650 -1805	-1650 -1900	-1650 -2050	-1650 -2280	-1650 -2620	-840 -937	-840 -995	-840 -1090	-840 -1240	-840 -1470	-840 -1810	-480 -577	-480 -635	-480 -730	-480 -880	-480 -1110

注：公称尺寸小于 1mm 时，各级的 a 和 b 均不采用。

表 3-20 轴 cd 和 d 的极限偏差（单位：μm）

公称尺寸/mm		cd						d								
大于	至	5	6	7	8	9	10	5	6	7	8	9	10	11	12	13
—	3	-34 -38	-34 -40	-34 -44	-34 -48	-34 -59	-34 -74	-20 -24	-20 -26	-20 -30	-20 -34	-20 -45	-20 -60	-20 -80	-20 -120	-20 -160
3	6	-46 -51	-46 -54	-46 -58	-46 -64	-46 -76	-46 -94	-30 -35	-30 -38	-30 -42	-30 -48	-30 -60	-30 -78	-30 -105	-30 -150	-30 -210
6	10	-56 -62	-56 -65	-56 -71	-56 -78	-56 -92	-56 -114	-40 -46	-40 -49	-40 -55	-40 -62	-40 -76	-40 -98	-40 -130	-40 -190	-40 -260
10	18							-50 -58	-50 -61	-50 -68	-50 -77	-50 -93	-50 -120	-50 -160	-50 -230	-50 -320
18	30							-65 -74	-65 -78	-65 -86	-65 -98	-65 -117	-65 -149	-65 -195	-65 -275	-65 -395
30	50							-80 -91	-80 -96	-80 -105	-80 -119	-80 -142	-80 -180	-80 -240	-80 -330	-80 -470
50	80							-100 -113	-100 -119	-100 -130	-100 -146	-100 -174	-100 -220	-100 -290	-100 -400	-100 -560
80	120							-120 -135	-120 -142	-120 -155	-120 -174	-120 -207	-120 -260	-120 -340	-120 -470	-120 -660
120	180							-145 -163	-145 -170	-145 -185	-145 -208	-145 -245	-145 -305	-145 -395	-145 -545	-145 -775
180	250							-170 -190	-170 -199	-170 -216	-170 -242	-170 -285	-170 -355	-170 -460	-170 -630	-170 -890
250	315							-190 -213	-190 -222	-190 -242	-190 -271	-190 -320	-190 -400	-190 -510	-190 -710	-190 -1000
315	400							-210 -235	-210 -246	-210 -267	-210 -299	-210 -350	-210 -440	-210 -570	-210 -780	-210 -1100
400	500							-230 -257	-230 -270	-230 -293	-230 -327	-230 -385	-230 -480	-230 -630	-230 -860	-230 -1200
500	630									-260 -330	-260 -370	-260 -435	-260 -540	-260 -700		
630	800									-290 -370	-290 -415	-290 -490	-290 -610	-290 -790		
800	1000									-320 -410	-320 -460	-320 -550	-320 -680	-320 -880		
1000	1250									-350 -455	-350 -515	-350 -610	-350 -770	-350 -1010		
1250	1600									-390 -515	-390 -585	-390 -700	-390 -890	-390 -1170		
1600	2000									-430 -580	-430 -660	-430 -800	-430 -1030	-430 -1350		
2000	2500									-480 -655	-480 -760	-480 -920	-480 -1180	-480 -1580		
2500	3150									-520 -730	-520 -850	-520 -1060	-520 -1380	-520 -1870		

注：各级的 cd 主要用于精密机械和钟表制造业。

表 3-21　轴 e 和 ef 的极限偏差　（单位：μm）

公称尺寸/mm		e						ef							
大于	至	5	6	7	8	9	10	3	4	5	6	7	8	9	10
—	3	-14 -18	-14 -20	-14 -24	-14 -28	-14 -39	-14 -54	-10 -12	-10 -13	-10 -14	-10 -16	-10 -20	-10 -24	-10 -35	-10 -50
3	6	-20 -25	-20 -28	-20 -32	-20 -38	-20 -50	-20 -68	-14 -16.5	-14 -18	-14 -19	-14 -22	-14 -26	-14 -32	-14 -44	-14 -62
6	10	-25 -31	-25 -34	-25 -40	-25 -47	-25 -61	-25 -83	-18 -20.5	-18 -22	-18 -24	-18 -27	-18 -33	-18 -40	-18 -54	-18 -76
10	18	-32 -40	-32 -43	-32 -50	-32 -59	-32 -75	-32 -102								
18	30	-40 -49	-40 -53	-40 -61	-40 -73	-40 -92	-40 -124								
30	50	-50 -61	-50 -66	-50 -75	-50 -89	-50 -112	-50 -150								
50	80	-60 -73	-60 -79	-60 -90	-60 -106	-60 -134	-60 -180								
80	120	-72 -87	-72 -94	-72 -107	-72 -126	-72 -212	-72 -159								
120	180	-85 -103	-85 -110	-85 -125	-85 -148	-85 -185	-85 -245								
180	250	-100 -120	-100 -129	-100 -146	-100 -172	-100 -215	-100 -285								
250	315	-110 -133	-110 -142	-110 -162	-110 -191	-110 -240	-110 -320								
315	400	-125 -150	-125 -161	-125 -182	-125 -214	-125 -265	-125 -355								
400	500	-135 -162	-135 -175	-135 -198	-135 -232	-135 -290	-135 -385								
500	630		-145 -189	-145 -215	-145 -255	-145 -320	-145 -425								
630	800		-160 -210	-160 -240	-160 -285	-160 -360	-160 -480								
800	1000		-170 -226	-170 -260	-170 -310	-170 -400	-170 -530								
1000	1250		-195 -261	-195 -300	-195 -360	-195 -455	-195 -615								
1250	1600		-220 -298	-220 -345	-220 -415	-220 -530	-220 -720								
1600	2000		-240 -332	-240 -390	-240 -470	-240 -610	-240 -840								
2000	2500		-260 -370	-260 -435	-260 -540	-260 -700	-260 -960								
2500	3150		-290 -425	-290 -500	-290 -620	-290 -830	-290 -1150								

注：各级的 ef 主要用于精密机械和钟表制造业。

表 3-22 轴 f 和 fg 的极限偏差　（单位：μm）

公称尺寸/mm		f								fg							
大于	至	3	4	5	6	7	8	9	10	3	4	5	6	7	8	9	10
—	3	-6 -8	-6 -9	-6 -10	-6 -12	-6 -16	-6 -20	-6 -31	-6 -46	-4 -6	-4 -7	-4 -8	-4 -10	-4 -14	-4 -18	-4 -29	-4 -44
3	6	-10 -12.5	-10 -14	-10 -15	-10 -18	-10 -22	-10 -28	-10 -40	-10 -58	-6 -8.5	-6 -10	-6 -11	-6 -14	-6 -18	-6 -24	-6 -36	-6 -54
6	10	-13 -15.5	-13 -17	-13 -19	-13 -22	-13 -28	-13 -35	-13 -49	-13 -71	-8 -10.5	-8 -12	-8 -14	-8 -17	-8 -23	-8 -30	-8 -44	-8 -66
10	18	-16 -19	-16 -21	-16 -24	-16 -27	-16 -34	-16 -43	-16 -59	-16 -86								
18	30	-20 -24	-20 -26	-20 -29	-20 -33	-20 -41	-20 -53	-20 -72	-20 -104								
30	50	-25 -29	-25 -32	-25 -36	-25 -41	-25 -50	-25 -64	-25 -87	-25 -125								
50	80		-30 -38	-30 -43	-30 -49	-30 -60	-30 -76	-30 -104									
80	120		-36 -46	-36 -51	-36 -58	-36 -71	-36 -90	-36 -123									
120	180		-43 -55	-43 -61	-43 -68	-43 -83	-43 -106	-43 -143									
180	250		-50 -64	-50 -70	-50 -79	-50 -96	-50 -122	-50 -165									
250	315		-56 -72	-56 -79	-56 -88	-56 -108	-56 -137	-56 -185									
315	400		-62 -80	-62 -87	-62 -98	-62 -119	-62 -151	-62 -202									
400	500		-68 -88	-68 -95	-68 -108	-68 -131	-68 -165	-68 -223									
500	630				-76 -120	-76 -146	-76 -186	-76 -251									
630	800				-80 -130	-80 -160	-80 -205	-80 -280									
800	1000				-86 -142	-86 -176	-86 -226	-86 -316									
1000	1250				-98 -164	-98 -203	-98 -263	-98 -358									
1250	1600				-110 -188	-110 -235	-110 -305	-110 -420									
1600	2000				-120 -212	-120 -270	-120 -350	-120 -490									
2000	2500				-130 -240	-130 -305	-130 -410	-130 -570									
2500	3150				-145 -280	-145 -355	-145 -475	-145 -685									

注：各级的 fg 主要用于精密机械和钟表制造业。

表 3-23　轴 g 的极限偏差　（单位：μm）

公称尺寸/mm		g							
大于	至	3	4	5	6	7	8	9	10
—	3	-2 -4	-2 -5	-2 -6	-2 -8	-2 -12	-2 -16	-2 -27	-2 -42
3	6	-4 -6.5	-4 -8	-4 -9	-4 -12	-4 -16	-4 -22	-4 -34	-4 -52
6	10	-5 -7.5	-5 -9	-5 -11	-5 -14	-5 -20	-5 -27	-5 -41	-5 -63
10	18	-6 -9	-6 -11	-6 -14	-6 -17	-6 -24	-6 -33	-6 -49	-6 -76
18	30	-7 -11	-7 -13	-7 -16	-7 -20	-7 -28	-7 -40	-7 -59	-7 -91
30	50	-9 -13	-9 -16	-9 -20	-9 -25	-9 -34	-9 -48	-9 -71	-9 -109
50	80		-10 -18	-10 -23	-10 -29	-10 -40	-10 -56		
80	120		-12 -22	-12 -27	-12 -34	-12 -47	-12 -66		
120	180		-14 -26	-14 -32	-14 -39	-14 -54	-14 -77		
180	250		-15 -29	-15 -35	-15 -44	-15 -61	-15 -87		
250	315		-17 -33	-17 -40	-17 -49	-17 -69	-17 -98		
315	400		-18 -36	-18 -43	-18 -54	-18 -75	-18 -107		
400	500		-20 -40	-20 -47	-20 -60	-20 -83	-20 -117		
500	630				-22 -66	-22 -92	-22 -132		
630	800				-24 -74	-24 -104	-24 -149		
800	1000				-26 -82	-26 -116	-26 -166		
1000	1250				-28 -94	-28 -133	-28 -193		
1250	1600				-30 -108	-30 -155	-30 -225		
1600	2000				-32 -124	-32 -182	-32 -262		
2000	2500				-34 -144	-34 -209	-34 -314		
2500	3150				-38 -173	-38 -248	-38 -368		

表 3-24 轴 h 的极限偏差

公称尺寸/mm		h																	
		1	2	3	4	5	6	7	8	9	10	11	12	13	14	15	16	17	18
大于	至	极限偏差																	
		μm											mm						
—	3	0 -0.8	0 -1.2	0 -2	0 -3	0 -4	0 -6	0 -10	0 -14	0 -25	0 -40	0 -60	0 -0.1	0 -0.14	0 -0.25	0 -0.4	0 -0.6		
3	6	0 -1	0 -1.5	0 -2.5	0 -4	0 -5	0 -8	0 -12	0 -18	0 -30	0 -48	0 -75	0 -0.12	0 -0.18	0 -0.3	0 -0.48	0 -0.75	0 -1.2	0 -1.8
6	10	0 -1	0 -1.5	0 -2.5	0 -4	0 -6	0 -9	0 -15	0 -22	0 -36	0 -58	0 -90	0 -0.15	0 -0.22	0 -0.36	0 -0.58	0 -0.9	0 -1.5	0 -2.2
10	18	0 -1.2	0 -2	0 -3	0 -5	0 -8	0 -11	0 -18	0 -27	0 -43	0 -70	0 -110	0 -0.18	0 -0.27	0 -0.43	0 -0.7	0 -1.1	0 -1.8	0 -2.7
18	30	0 -1.5	0 -2.5	0 -4	0 -6	0 -9	0 -13	0 -21	0 -33	0 -52	0 -84	0 -130	0 -0.21	0 -0.33	0 -0.52	0 -0.84	0 -1.3	0 -2.1	0 -3.3
30	50	0 -1.5	0 -2.5	0 -4	0 -7	0 -11	0 -16	0 -25	0 -39	0 -62	0 -100	0 -160	0 -0.25	0 -0.39	0 -0.62	0 -1	0 -1.6	0 -2.5	0 -3.9
50	80	0 -2	0 -3	0 -5	0 -8	0 -13	0 -19	0 -30	0 -46	0 -74	0 -120	0 -190	0 -0.3	0 -0.46	0 -0.74	0 -1.2	0 -1.9	0 -3	0 -4.6
80	120	0 -2.5	0 -4	0 -6	0 -10	0 -15	0 -22	0 -35	0 -54	0 -87	0 -140	0 -220	0 -0.35	0 -0.54	0 -0.87	0 -1.4	0 -2.2	0 -3.5	0 -5.4
120	180	0 -3.5	0 -5	0 -8	0 -12	0 -18	0 -25	0 -40	0 -63	0 -100	0 -160	0 -250	0 -0.4	0 -0.63	0 -1	0 -1.6	0 -2.5	0 -4	0 -6.3
180	250	0 -4.5	0 -7	0 -10	0 -14	0 -20	0 -29	0 -46	0 -72	0 -115	0 -185	0 -290	0 -0.46	0 -0.72	0 -1.15	0 -1.85	0 -2.9	0 -4.6	0 -7.2
250	315	0 -6	0 -8	0 -12	0 -16	0 -23	0 -32	0 -52	0 -81	0 -130	0 -210	0 -320	0 -0.52	0 -0.81	0 -1.3	0 -2.1	0 -3.2	0 -5.2	0 -8.1

315	400	0 -7	0 -9	0 -13	0 -18	0 -25	0 -36	0 -57	0 -89	0 -140	0 -230	0 -360	0 -0.57	0 -0.89	0 -1.4	0 -2.3	0 -3.6	0 -5.7	0 -8.9
400	500	0 -8	0 -10	0 -15	0 -20	0 -27	0 -40	0 -63	0 -97	0 -155	0 -250	0 -400	0 -0.63	0 -0.97	0 -1.55	0 -2.5	0 -4	0 -6.3	0 -9.7
500	630	0 -9	0 -11	0 -16	0 -22	0 -32	0 -44	0 -70	0 -110	20 -175	0 -280	0 -440	0 -0.7	0 -1.1	0 -1.75	0 -2.8	0 -4.4	0 -7	0 -11
630	800	0 -10	0 -13	0 -18	0 -25	0 -36	0 -50	0 -80	0 -125	0 -200	0 -320	0 -500	0 -0.8	0 -1.25	0 -2	0 -3.2	0 -5	0 -8	0 -12.5
800	1000	0 -11	0 -15	0 -21	0 -28	0 -40	0 -56	0 -90	0 -140	0 -230	0 -360	0 -560	0 -0.9	0 -1.4	0 -2.3	0 -3.6	0 -5.6	0 -9	0 -14
1000	1250	0 -13	0 -18	0 -24	0 -33	0 -47	0 -66	0 -105	0 -165	0 -260	0 -420	0 -660	0 -1.05	0 -1.65	0 -2.6	0 -4.2	0 -6.6	0 -10.5	0 -16.5
1250	1600	0 -15	0 -21	0 -29	0 -39	0 -55	0 -78	0 -125	0 -195	0 -310	0 -500	0 -780	0 -1.25	0 -1.95	0 -3.1	0 -5	0 -7.8	0 -12.5	0 -19.5
1600	2000	0 -18	0 -25	0 -35	0 -46	0 -65	0 -92	0 -150	0 -230	0 -370	0 -600	0 -920	0 -1.5	0 -2.3	0 -3.7	0 -6	0 -9.2	0 -15	0 -23
2000	2500	0 -22	0 -30	0 -41	0 -55	0 -78	0 -110	0 -175	0 -280	0 -440	0 -700	0 -1100	0 -1.75	0 -2.8	0 -4.4	0 -7	0 -11	0 -17.5	0 -28
2500	3150	0 -26	0 -36	0 -50	0 -68	0 -96	0 -135	0 -210	0 -330	0 -540	0 -860	0 -1350	0 -2.1	0 -3.3	0 -5.4	0 -8.6	0 -13.5	0 -21	0 -33

注：1. IT14～IT18 只用于大于 1mm 的公称尺寸。

2. 黑框中的数值，即公称尺寸大于 500～3150mm，IT1～IT5 的偏差值为试用的。

表 3-25　轴 js 的极限偏差

公称尺寸/mm		js																	
		1	2	3	4	5	6	7	8	9	10	11	12	13	14	15	16	17	18
大于	至	极限偏差																	
		μm											mm						
—	3	±0.4	±0.6	±1	±1.5	±2	±3	±5	±7	±12	±20	±30	±0.05	±0.07	±0.125	±0.2	±0.3	—	—
3	6	±0.5	±0.75	±1.25	±2	±2.5	±4	±6	±9	±15	±24	±37	±0.06	±0.09	±0.15	±0.24	±0.375	±0.6	±0.9
6	10	±0.5	±0.75	±1.25	±2	±3	±4.5	±7	±11	±18	±29	±45	±0.075	±0.11	±0.18	±0.29	±0.45	±0.75	±1.1
10	18	±0.6	±1	±1.5	±2.5	±4	±5.5	±9	±13	±21	±35	±55	±0.09	±0.135	±0.215	±0.35	±0.55	±0.9	±1.35
18	30	±0.75	±1.25	±2	±3	±4.5	±6.5	±10	±16	±26	±42	±65	±0.105	±0.165	±0.26	±0.42	±0.65	±1.05	±1.65
30	50	±0.75	±1.25	±2	±3.5	±5.5	±8	±12	±19	±31	±50	±80	±0.125	±0.195	±0.31	±0.5	±0.8	±1.25	±1.95
50	80	±1	±1.5	±2.5	±4	±6.5	±9.5	±15	±23	±37	±60	±95	±0.15	±0.23	±0.37	±0.6	±0.95	±1.5	±2.3
80	120	±1.25	±2	±3	±5	±7.5	±11	±17	±27	±43	±70	±110	±0.175	±0.27	±0.435	±0.7	±1.1	±1.75	±2.7
120	180	±1.75	±2.5	±4	±6	±9	±12.5	±20	±31	±50	±80	±125	±0.2	±0.315	±0.5	±0.8	±1.25	±2	±3.15
180	250	±2.25	±3.5	±5	±7	±10	±14.5	±23	±36	±57	±92	±145	±0.23	±0.36	±0.575	±0.925	±1.45	±2.3	±3.6
250	315	±3	±4	±6	±8	±11.5	±16	±26	±40	±65	±105	±160	±0.26	±0.405	±0.65	±1.05	±1.6	±2.6	±4.05
315	400	±3.5	±4.5	±6.5	±9	±12.5	±18	±28	±44	±70	±115	±180	±0.285	±0.445	±0.7	±1.15	±1.8	±2.85	±4.45
400	500	±4	±5	±7.5	±10	±13.5	±20	±31	±48	±77	±125	±200	±0.315	±0.485	±0.775	±1.25	±2	±3.15	±4.85
500	630	±4.5	±5.5	±8	±11	±16	±22	±35	±55	±87	±140	±220	±0.35	±0.55	±0.875	±1.4	±2.2	±3.5	±5.5
630	800	±5	±6.5	±9	±12.5	±18	±25	±40	±62	±100	±160	±250	±0.4	±0.625	±1	±1.6	±2.5	±4	±6.25
800	1000	±5.5	±7.5	±10.5	±14	±20	±28	±45	±70	±115	±180	±280	±0.45	±0.7	±1.15	±1.8	±2.8	±4.5	±7
1000	1250	±6.5	±9	±12	±16.5	±23.5	±33	±52	±82	±130	±210	±330	±0.525	±0.825	±1.3	±2.1	±3.3	±5.25	±8.25
1250	1600	±7.5	±10.5	±14.5	±19.5	±27.5	±39	±62	±97	±155	±250	±390	±0.625	±0.975	±1.55	±2.5	±3.9	±6.25	±9.75
1600	2000	±9	±12.5	±17.5	±23	±32.5	±46	±75	±115	±185	±300	±460	±0.75	±1.15	±1.85	±3	±4.6	±7.5	±11.5
2000	2500	±11	±15	±20.5	±27.5	±39	±55	±87	±140	±220	±350	±550	±0.875	±1.4	±2.2	±3.5	±5.5	±8.75	±14
2500	3150	±13	±18	±25	±34	±48	±67.5	±105	±165	±270	±430	±675	±1.05	±1.65	±2.7	±4.3	±6.75	±10.5	±16.5

注：1. 为避免相同值的重复，表列值以“±X”给出，可为 es=+X、ei=−X，例如，${}^{+0.23}_{-0.23}$mm。

2. IT14~IT18 只用于大于 1mm 的公称尺寸。

3. 黑框中的数值，即公称尺寸大于 500~3150mm，IT1~IT5 的极限偏差值为试用的。

表 3-26　轴 j 和 k 的极限偏差　（单位：μm）

公称尺寸/mm		j				k										
大于	至	5	6	7	8	3	4	5	6	7	8	9	10	11	12	13
—	3	±2	+4 -2	+6 -4	+8 -6	+2 0	+3 0	+4 0	+6 0	+10 0	+14 0	+25 0	+40 0	+60 0	+100 0	+140 0
3	6	+3 -2	+6 -2	+8 -4		+2.5 0	+5 +1	+6 +1	+9 +1	+13 +1	+18 0	+30 0	+48 0	+75 0	+120 0	+180 0
6	10	+4 -2	+7 -2	+10 -5		+2.5 0	+5 +1	+7 +1	+10 +1	+16 +1	+22 0	+36 0	+58 0	+90 0	+150 0	+220 0
10	18	+5 -3	+8 -3	+12 -6		+3 0	+6 +1	+9 +1	+12 +1	+19 +1	+27 0	+43 0	+70 0	+110 0	+180 0	+270 0
18	30	+5 -4	+9 -4	+13 -8		+4 0	+8 +2	+11 +2	+15 +2	+23 +2	+33 0	+52 0	+84 0	+130 0	+210 0	+330 0
30	50	+6 -5	+11 -5	+15 -10		+4 0	+9 +2	+13 +2	+18 +2	+27 +2	+39 0	+62 0	+100 0	+160 0	+250 0	+390 0
50	80	+6 -7	+12 -7	+18 -12			+10 +2	+15 +2	+21 +2	+32 +2	+46 0	+74 0	+120 0	+190 0	+300 0	+460 0
80	120	+6 -9	+13 -9	+20 -15			+13 +3	+18 +3	+25 +3	+38 +3	+54 0	+87 0	+140 0	+220 0	+350 0	+540 0
120	180	+7 -11	+14 -11	+22 -18			+15 +3	+21 +3	+28 +3	+43 +3	+63 0	+100 0	+160 0	+250 0	+400 0	+630 0
180	250	+7 -13	+16 -13	+25 -21			+18 +4	+24 +4	+33 +4	+50 +4	+72 0	+115 0	+185 0	+290 0	+460 0	+720 0
250	315	+7 -16	±16	±26			+20 +4	+27 +4	+36 +4	+56 +4	+81 0	+130 0	+210 0	+320 0	+520 0	+810 0
315	400	+7 -18	±18	+29 -28			+22 +4	+29 +4	+40 +4	+61 +4	+89 0	+140 0	+230 0	+360 0	+570 0	+890 0
400	500	+7 -20	±20	+31 -32			+25 +5	+32 +5	+45 +5	+68 +5	+97 0	+155 0	+250 0	+400 0	+630 0	+970 0
500	630								+44 0	+70 0	+110 0	+175 0	+280 0	+440 0	+700 0	+1100 0
630	800								+50 0	+80 0	+125 0	+200 0	+320 0	+500 0	+800 0	+1250 0
800	1000								+56 0	+90 0	+140 0	+230 0	+360 0	+560 0	+900 0	+1400 0
1000	1250								+66 0	+105 0	+165 0	+260 0	+420 0	+660 0	+1050 0	+1650 0
1250	1600								+78 0	+125 0	+195 0	+310 0	+500 0	+780 0	+1250 0	+1950 0
1600	2000								+92 0	+150 0	+230 0	+370 0	+600 0	+920 0	+1500 0	+2300 0
2000	2500								+110 0	+175 0	+280 0	+440 0	+700 0	+1100 0	+1750 0	+2800 0
2500	3150								+135 0	+210 0	+330 0	+540 0	+860 0	+1350 0	+2100 0	+3300 0

注：j5、j6 和 j7 的某些极限值与 js5、js6 和 js7 一样用“$\pm X$”表示。

表 3-27　轴 m 和 n 的极限偏差　　（单位：μm）

公称尺寸/mm		m							n						
大于	至	3	4	5	6	7	8	9	3	4	5	6	7	8	9
—	3	+4 +2	+5 +2	+6 +2	+8 +2	+12 +2	+16 +2	+27 +2	+6 +4	+7 +4	+8 +4	+10 +4	+14 +4	+18 +4	+29 +4
3	6	+6.5 +4	+8 +4	+9 +4	+12 +4	+16 +4	+22 +4	+34 +4	+10.5 +8	+12 +8	+13 +8	+16 +8	+20 +8	+26 +8	+38 +8
6	10	+8.5 +6	+10 +6	+12 +6	+15 +6	+21 +6	+28 +6	+42 +6	+12.5 +10	+14 +10	+16 +10	+19 +10	+25 +10	+32 +10	+46 +10
10	18	+10 +7	+12 +7	+15 +7	+18 +7	+25 +7	+34 +7	+50 +7	+15 +12	+17 +12	+20 +12	+23 +12	+30 +12	+39 +12	+55 +12
18	30	+12 +8	+14 +8	+17 +8	+21 +8	+29 +8	+41 +8	+60 +8	+19 +15	+21 +15	+24 +15	+28 +15	+36 +15	+48 +15	+67 +15
30	50	+13 +9	+16 +9	+20 +9	+25 +9	+34 +9	+48 +9	+71 +9	+21 +17	+24 +17	+28 +17	+33 +17	+42 +17	+56 +17	+79 +17
50	80		+19 +11	+24 +11	+30 +11	+41 +11				+28 +20	+33 +20	+39 +20	+50 +20		
80	120		+23 +13	+28 +13	+35 +13	+48 +13				+33 +23	+38 +23	+45 +23	+58 +23		
120	180		+27 +15	+33 +15	+40 +15	+55 +15				+39 +27	+45 +27	+52 +27	+67 +27		
180	250		+31 +17	+37 +17	+46 +17	+63 +17				+45 +31	+51 +31	+60 +31	+77 +31		
250	315		+36 +20	+43 +20	+52 +20	+72 +20				+50 +34	+57 +34	+66 +34	+86 +34		
315	400		+39 +21	+46 +21	+57 +21	+78 +21				+55 +37	+62 +37	+73 +37	+94 +37		
400	500		+43 +23	+50 +23	+63 +23	+86 +23				+60 +40	+67 +40	+80 +40	+103 +40		
500	630				+70 +26	+96 +26						+88 +44	+114 +44		
630	800				+80 +30	+110 +30						+100 +50	+130 +50		
800	1000				+90 +34	+124 +34						+112 +56	+146 +56		
1000	1250				+106 +40	+145 +40						+132 +66	+171 +66		
1250	1600				+126 +48	+173 +48						+156 +78	+203 +78		
1600	2000				+150 +58	+208 +58						+184 +92	+242 +92		
2000	2500				+178 +68	+243 +68						+220 +110	+285 +110		
2500	3150				+211 +76	+286 +76						+270 +135	+345 +135		

表 3-28　轴 p 的极限偏差　（单位：μm）

公称尺寸/mm		p							
大于	至	3	4	5	6	7	8	9	10
—	3	+8 +6	+9 +6	+10 +6	+12 +6	+16 +6	+20 +6	+31 +6	+46 +6
3	6	+14.5 +12	+16 +12	+17 +12	+20 +12	+24 +12	+30 +12	+42 +12	+60 +12
6	10	+17.5 +15	+19 +15	+21 +15	+24 +15	+30 +15	+37 +15	+51 +15	+73 +15
10	18	+21 +18	+23 +18	+26 +18	+29 +18	+36 +18	+45 +18	+61 +18	+88 +18
18	30	+26 +22	+28 +22	+31 +22	+35 +22	+43 +22	+55 +22	+74 +22	+106 +22
30	50	+30 +26	+33 +26	+37 +26	+42 +26	+51 +26	+65 +26	+88 +26	+126 +26
50	80		+40 +32	+45 +32	+51 +32	+62 +32	+78 +32		
80	120		+47 +37	+52 +37	+59 +37	+72 +37	+91 +37		
120	180		+55 +43	+61 +43	+68 +43	+83 +43	+106 +43		
180	250		+64 +50	+70 +50	+79 +50	+96 +50	+122 +50		
250	315		+72 +56	+79 +56	+88 +56	+108 +56	+137 +56		
315	400		+80 +62	+87 +62	+98 +62	+119 +62	+151 +62		
400	500		+88 +68	+95 +68	+108 +68	+131 +68	+165 +68		
500	630				+122 +78	+148 +78	+188 +78		
630	800				+138 +88	+168 +88	+213 +88		
800	1000				+156 +100	+190 +100	+240 +100		
1000	1250				+186 +120	+225 +120	+285 +120		
1250	1600				+218 +140	+265 +140	+335 +140		
1600	2000				+262 +170	+320 +170	+400 +170		
2000	2500				+305 +195	+370 +195	+475 +195		
2500	3150				+375 +240	+450 +240	+570 +240		

表 3-29　轴 r 的极限偏差

（单位：μm）

公称尺寸/mm		r							
大于	至	3	4	5	6	7	8	9	10
—	3	+12 +10	+13 +10	+14 +10	+16 +10	+20 +10	+24 +10	+35 +10	+50 +10
3	6	+17.5 +15	+19 +15	+20 +15	+23 +15	+27 +15	+33 +15	+45 +15	+63 +15
6	10	+21.5 +19	+23 +19	+25 +19	+28 +19	+34 +19	+41 +19	+55 +19	+77 +19
10	18	+26 +23	+28 +23	+31 +23	+34 +23	+41 +23	+50 +23	+66 +23	+93 +23
18	30	+32 +28	+34 +28	+37 +28	+41 +28	+49 +28	+61 +28	+80 +28	+112 +28
30	50	+38 +34	+41 +34	+45 +34	+50 +34	+59 +34	+73 +34	+96 +34	+134 +34
50	65		+49 +41	+54 +41	+60 +41	+71 +41	+87 +41		
65	80		+51 +43	+56 +43	+62 +43	+72 +43	+89 +43		
80	100		+61 +51	+66 +51	+73 +51	+86 +51	+105 +51		
100	120		+64 +54	+69 +54	+76 +54	+89 +54	+108 +54		
120	140		+75 +63	+81 +63	+88 +63	+103 +63	+126 +63		
140	160		+77 +65	+83 +65	+90 +65	+105 +65	+128 +65		
160	180		+80 +68	+86 +68	+93 +68	+108 +68	+131 +68		
180	200		+91 +77	+97 +77	+106 +77	+123 +77	+149 +77		
200	225		+94 +80	+100 +80	+109 +80	+126 +80	+152 +80		
225	250		+98 +84	+104 +84	+113 +84	+130 +84	+156 +84		
250	280		+110 +94	+117 +94	+126 +94	+146 +94	+175 +94		
280	315		+114 +98	+121 +98	+130 +98	+150 +98	+179 +98		
315	355		+126 +108	+133 +108	+144 +108	+165 +108	+197 +108		

公称尺寸/mm		r				
大于	至	4	5	6	7	8
355	400	+132 +114	+139 +114	+150 +114	+171 +114	+203 +114
400	450	+146 +126	+153 +126	+166 +126	+189 +126	+223 +126
450	500	+152 +132	+159 +132	+172 +132	+195 +132	+229 +132
500	560			+194 +150	+220 +150	+260 +150
560	630			+199 +155	+225 +155	+265 +155
630	710			+225 +175	+255 +175	+300 +175
710	800			+235 +185	+265 +185	+310 +185
800	900			+266 +210	+300 +210	+350 +210
900	1000			+276 +220	+310 +220	+360 +220
1000	1120			+316 +250	+355 +250	+415 +250
1120	1250			+326 +260	+365 +260	+425 +250
1250	1400			+378 +300	+425 +300	+495 +300
1400	1600			+408 +330	+455 +330	+525 +330
1600	1800			+462 +370	+520 +370	+600 +370
1800	2000			+492 +400	+550 +400	+630 +400
2000	2240			+550 +440	+615 +440	+720 +440
2240	2500			+570 +460	+635 +460	+740 +460
2500	2800			+685 +550	+760 +550	+880 +550
2800	3150			+715 +580	+790 +580	+910 +580

表 3-30　轴 s 的极限偏差　（单位：μm）

公称尺寸/mm		s							
大于	至	3	4	5	6	7	8	9	10
—	3	+16 +14	+17 +14	+18 +14	+20 +14	+24 +14	+28 +24	+39 +14	+54 +14
3	6	+21.5 +19	+23 +19	+24 +19	+27 +19	+31 +19	+37 +19	+49 +19	+67 +19
6	10	+25.5 +23	+27 +23	+29 +23	+32 +23	+38 +23	+45 +23	+59 +23	+81 +23
10	18	+31 +28	+33 +28	+36 +28	+39 +28	+46 +28	+55 +28	+71 +28	+98 +28
18	30	+39 +35	+41 +35	+44 +35	+48 +35	+56 +35	+68 +35	+87 +35	+119 +35
30	50	+47 +43	+50 +43	+54 +43	+59 +43	+68 +43	+82 +43	+105 +43	+143 +43
50	65		+61 +53	+66 +53	+72 +53	+83 +53	+99 +53	+127 +53	
65	80		+67 +59	+72 +59	+78 +59	+89 +59	+105 +59	+133 +59	
80	100		+81 +71	+86 +71	+93 +71	+106 +71	+125 +71	+158 +71	
100	120		+89 +79	+94 +79	+101 +79	+114 +79	+133 +79	+166 +79	
120	140		+104 +92	+110 +92	+117 +92	+132 +92	+155 +92	+192 +92	
140	160		+112 +100	+118 +100	+125 +100	+140 +100	+163 +100	+200 +100	
160	180		+120 +108	+126 +108	+133 +108	+148 +108	+171 +108	+208 +108	
180	200		+136 +122	+142 +122	+151 +122	+168 +122	+194 +122	+237 +122	
200	225		+144 +130	+150 +130	+159 +130	+176 +130	+202 +130	+245 +130	
225	250		+154 +140	+160 +140	+169 +140	+186 +140	+212 +140	+255 +140	
250	280		+174 +158	+181 +158	+190 +158	+210 +158	+239 +158	+288 +158	
280	315		+186 +170	+193 +170	+202 +170	+222 +170	+251 +170	+300 +170	
315	355		+208 +190	+215 +190	+226 +190	+247 +190	+279 +190	+330 +190	

（续）

公称尺寸/mm		s					
大于	至	4	5	6	7	8	9
355	400	+226 +208	+233 +208	+244 +208	+265 +208	+297 +208	+348 +208
400	450	+252 +232	+259 +232	+272 +232	+295 +232	+329 +232	+387 +232
450	500	+272 +252	+279 +252	+292 +252	+315 +252	+349 +252	+407 +252
500	560			+324 +280	+350 +280	+390 +280	
560	630			+354 +310	+380 +310	+420 +310	
630	710			+390 +340	+420 +340	+465 +340	
710	800			+430 +380	+460 +380	+505 +380	
800	900			+486 +430	+520 +430	+570 +430	
900	1000			+526 +470	+560 +470	+610 +470	
1000	1120			+586 +520	+625 +520	+685 +520	
1120	1250			+646 +580	+685 +580	+745 +580	
1250	1400			+718 +640	+765 +640	+835 +640	
1400	1600			+798 +720	+845 +720	+915 +720	
1600	1800			+912 +820	+970 +820	+1050 +820	
1800	2000			+1012 +920	+1070 +920	+1150 +920	
2000	2240			+1110 +1000	+1175 +1000	+1280 +1000	
2240	2500			+1210 +1100	+1275 +1100	+1380 +1100	
2500	2800			+1385 +1250	+1460 +1250	+1580 +1250	
2800	3150			+1535 +1400	+1610 +1400	+1730 +1400	

表 3-31　轴 t 的极限偏差　（单位：μm）

公称尺寸/mm		t				公称尺寸/mm		t			
大于	至	5	6	7	8	大于	至	5	6	7	8
—	3					315	355	+293 +268	+304 +268	+325 +268	+357 +268
3	6					355	400	+319 +294	+330 +294	+351 +294	+383 +294
6	10					400	450	+357 +330	+370 +330	+393 +330	+427 +330
10	18					450	500	+387 +360	+400 +360	+423 +360	+457 +360
18	24					500	560		+444 +400	+470 +400	
24	30	+50 +41	+54 +41	+62 +41	+74 +41	560	630		+494 +450	+520 +450	
30	40	+59 +48	+64 +48	+73 +48	+87 +48	630	710		+550 +500	+580 +500	
40	50	+65 +54	+70 +54	+79 +54	+93 +54	710	800		+610 +560	+640 +560	
50	65	+79 +66	+85 +66	+96 +66	+112 +66	800	900		+676 +620	+710 +620	
65	80	+88 +75	+94 +75	+105 +75	+121 +75	900	1000		+736 +680	+770 +680	
80	100	+106 +91	+113 +91	+126 +91	+145 +91	1000	1120		+846 +780	+885 +780	
100	120	+119 +104	+126 +104	+139 +104	+158 +104	1120	1250		+906 +840	+945 +840	
120	140	+140 +122	+147 +122	+162 +122	+185 +122	1250	1400		+1038 +960	+1085 +960	
140	160	+152 +134	+159 +134	+174 +134	+197 +134	1400	1600		+1128 +1050	+1175 +1050	
160	180	+164 +146	+171 +146	+186 +146	+209 +146	1600	1800		+1292 +1200	+1350 +1200	
180	200	+186 +166	+195 +166	+212 +166	+238 +166	1800	2000		+1442 +1350	+1500 +1350	
200	225	+200 +180	+209 +180	+226 +180	+252 +180	2000	2240		+1610 +1500	+1675 +1500	
225	250	+216 +196	+225 +196	+242 +196	+268 +196	2240	2500		+1760 +1650	+1825 +1650	
250	280	+241 +218	+250 +218	+270 +218	+299 +218	2500	2800		+2035 +1900	+2110 +1900	
280	315	+263 +240	+272 +240	+292 +240	+321 +240	2800	3150		+2235 +2100	+2310 +2100	

注：公称尺寸至 24mm 的 t5 ~ t8 的极限偏差值未列入表内，建议以 u5 ~ u8 代替。如果一定要 t5 ~ t8，则可按 GB/T 1800.1—2009 计算。

表 3-32 轴 u 的极限偏差 （单位：μm）

公称尺寸/mm		u					公称尺寸/mm		u				
大于	至	5	6	7	8	9	大于	至	5	6	7	8	9
—	3	+22 +18	+24 +18	+28 +18	+32 +18	+43 +18	315	355	+415 +390	+426 +390	+447 +390	+479 +390	+530 +390
3	6	+28 +23	+31 +23	+35 +23	+41 +23	+53 +23	355	400	+460 +435	+471 +435	+492 +435	+524 +435	+575 +435
6	10	+34 +28	+37 +28	+43 +28	+50 +28	+64 +28	400	450	+517 +490	+530 +490	+553 +490	+587 +490	+645 +490
10	18	+41 +33	+44 +33	+51 +33	+60 +33	+76 +33	450	500	+567 +540	+580 +540	+603 +540	+637 +540	+695 +540
18	24	+50 +41	+54 +41	+62 +41	+74 +41	+93 +41	500	560		+644 +600	+670 +600	+710 +600	
24	30	+57 +48	+61 +48	+69 +48	+81 +48	+100 +48	560	630		+704 +660	+730 +660	+770 +660	
30	40	+71 +60	+76 +60	+85 +60	+99 +60	+122 +60	630	710		+790 +740	+820 +740	+865 +740	
40	50	+81 +70	+86 +70	+95 +70	+109 +70	+132 +70	710	800		+890 +840	+920 +840	+965 +840	
50	65	+100 +87	+106 +87	+117 +87	+133 +87	+161 +87	800	900		+996 +940	+1030 +940	+1080 +940	
65	80	+115 +102	+121 +102	+132 +102	+148 +102	+176 +102	900	1000		+1106 +1050	+1140 +1050	+1190 +1050	
80	100	+139 +124	+146 +124	+159 +124	+178 +124	+211 +124	1000	1120		+1216 +1150	+1255 +1150	+1315 +1150	
100	120	+159 +144	+166 +144	+179 +144	+198 +144	+231 +144	1120	1250		+1366 +1300	+1405 +1300	+1465 +1300	
120	140	+188 +170	+195 +170	+210 +170	+233 +170	+270 +170	1250	1400		+1528 +1450	+1575 +1450	+1645 +1450	
140	160	+208 +190	+215 +190	+230 +190	+253 +190	+290 +190	1400	1600		+1678 +1600	+1725 +1600	+1795 +1600	
160	180	+228 +210	+235 +210	+250 +210	+273 +210	+310 +210	1600	1800		+1942 +1850	+2000 +1850	+2080 +1850	
180	200	+256 +236	+265 +236	+282 +236	+308 +236	+351 +236	1800	2000		+2092 +2000	+2150 +2000	+2230 +2000	
200	225	+278 +258	+287 +258	+304 +258	+330 +258	+373 +258	2000	2240		+2410 +2300	+2475 +2300	+2580 +2300	
225	250	+304 +284	+313 +284	+330 +284	+356 +284	+399 +284	2240	2500		+2610 +2500	+2675 +2500	+2780 +2500	
250	280	+338 +315	+347 +315	+367 +315	+396 +315	+445 +315	2500	2800		+3035 +2900	+3110 +2900	+3230 +2900	
280	315	+373 +350	+382 +350	+402 +350	+431 +350	+480 +350	2800	3150		+3335 +3200	+3410 +3200	+3530 +3200	

注：公称尺寸至 24mm 的 t5 ~ t8 的极限偏差值未列入表内，建议以 u5 ~ u8 代替。如果一定要 t5 ~ t8，则可按 GB/T 1800.1—2009 计算。

表 3-33　轴 v、x 和 y 的极限偏差　（单位：μm）

公称尺寸/mm		v				x						y				
大于	至	5	6	7	8	5	6	7	8	9	10	6	7	8	9	10
—	3					+24 +20	+26 +20	+30 +20	+34 +20	+45 +20	+60 +20					
3	6					+33 +28	+36 +28	+40 +28	+46 +28	+58 +28	+76 +28					
6	10					+40 +34	+43 +34	+49 +34	+56 +34	+70 +34	+92 +34					
10	14					+48 +40	+51 +40	+58 +40	+67 +40	+83 +40	+110 +40					
14	18	+47 +39	+50 +39	+57 +39	+66 +39	+53 +45	+56 +45	+63 +45	+72 +45	+88 +45	+115 +45					
18	24	+56 +47	+60 +47	+68 +47	+80 +47	+63 +54	+67 +54	+75 +54	+87 +54	+106 +54	+138 +54	+76 +63	+84 +63	+96 +63	+115 +63	+147 +63
24	30	+64 +55	+68 +55	+76 +55	+88 +55	+73 +64	+77 +64	+85 +64	+97 +64	+116 +64	+148 +64	+88 +75	+96 +75	+108 +75	+127 +75	+159 +75
30	40	+79 +68	+84 +68	+93 +68	+107 +68	+91 +80	+96 +80	+105 +80	+119 +80	+142 +80	+180 +80	+110 +94	+119 +94	+133 +94	+156 +94	+194 +94
40	50	+92 +81	+97 +81	+106 +81	+120 +81	+108 +97	+113 +97	+122 +97	+136 +97	+159 +97	+197 +97	+130 +114	+139 +114	+153 +114	+176 +114	+214 +114
50	65	+115 +102	+121 +102	+132 +102	+148 +102	+135 +122	+141 +122	+152 +122	+168 +122	+196 +122	+242 +122	+163 +144	+174 +144	+190 +144		
65	80	+133 +120	+139 +120	+150 +120	+166 +120	+159 +146	+165 +146	+176 +146	+192 +146	+220 +146	+266 +146	+193 +174	+204 +174	+220 +174		
80	100	+161 +146	+168 +146	+181 +146	+200 +146	+193 +178	+200 +178	+213 +178	+232 +178	+265 +178	+318 +178	+236 +214	+249 +214	+268 +214		
100	120	+187 +172	+194 +172	+207 +172	+226 +172	+225 +210	+232 +210	+245 +210	+264 +210	+297 +210	+350 +210	+276 +254	+289 +254	+308 +254		
120	140	+220 +202	+227 +202	+242 +202	+265 +202	+266 +248	+273 +248	+288 +248	+311 +248	+348 +248	+408 +248	+325 +300	+340 +300	+363 +300		
140	160	+246 +228	+253 +228	+268 +228	+291 +228	+298 +280	+305 +280	+320 +280	+343 +280	+380 +280	+440 +280	+365 +340	+380 +340	+403 +340		
160	180	+270 +252	+277 +252	+292 +252	+315 +252	+328 +310	+335 +310	+350 +310	+373 +310	+410 +310	+470 +310	+405 +380	+420 +380	+443 +380		
180	200	+304 +284	+313 +284	+330 +284	+356 +284	+370 +350	+379 +350	+396 +350	+422 +350	+465 +350	+535 +350	+454 +425	+471 +425	+497 +425		

（续）

公称尺寸/mm		v				x						y				
大于	至	5	6	7	8	5	6	7	8	9	10	6	7	8	9	10
200	225	+330 +310	+339 +310	+356 +310	+382 +310	+405 +385	+414 +385	+431 +385	+457 +385	+500 +385	+570 +385	+499 +470	+516 +470	+542 +470		
225	250	+360 +340	+369 +340	+386 +340	+412 +340	+445 +425	+454 +425	+471 +425	+497 +425	+540 +425	+610 +425	+549 +520	+566 +520	+592 +520		
250	280	+408 +385	+417 +385	+437 +385	+466 +385	+498 +475	+507 +475	+527 +475	+556 +475	+605 +475	+685 +475	+612 +580	+632 +580	+661 +580		
280	315	+448 +425	+457 +425	+477 +425	+506 +425	+548 +525	+557 +525	+577 +525	+606 +525	+655 +525	+735 +525	+682 +650	+702 +650	+731 +650		
315	355	+500 +475	+511 +475	+532 +475	+564 +475	+615 +590	+626 +590	+647 +590	+679 +590	+730 +590	+820 +590	+766 +730	+787 +730	+819 +730		
355	400	+555 +530	+566 +530	+587 +530	+619 +530	+685 +660	+696 +660	+717 +660	+749 +660	+800 +660	+890 +660	+856 +820	+877 +820	+909 +820		
400	450	+622 +595	+635 +595	+658 +595	+692 +595	+767 +740	+780 +740	+803 +740	+837 +740	+895 +740	+990 +740	+960 +920	+983 +920	+1017 +920		
450	500	+687 +660	+700 +660	+723 +660	+757 +660	+847 +820	+860 +820	+883 +820	+917 +820	+975 +820	+1070 +820	+1040 +1000	+1063 +1000	+1097 +1000		

注：1. 公称尺寸至14mm的v5～v8的极限偏差值未列入表内，建议以x5～x8代替。如果一定要v5～v8，则可按GB/T 1800.1—2009计算。

2. 公称尺寸至18mm的y6～y10的极限偏差值未列入表内，建议以z6～z10代替。如果一定要y6～y10，则可按GB/T 1800.1—2009计算。

表3-34　轴z和za的极限偏差　（单位：μm）

公称尺寸/mm		z						za					
大于	至	6	7	8	9	10	11	6	7	8	9	10	11
—	3	+32 +26	+36 +26	+40 +26	+51 +26	+66 +26	+86 +26	+38 +32	+42 +32	+46 +32	+57 +32	+72 +32	+92 +32
3	6	+43 +35	+47 +35	+53 +35	+65 +35	+83 +35	+110 +35	+50 +42	+54 +42	+60 +42	+72 +42	+90 +42	+117 +42
6	10	+51 +42	+57 +42	+64 +42	+78 +42	+100 +42	+132 +42	+61 +52	+67 +52	+74 +52	+88 +52	+110 +52	+142 +52
10	14	+61 +50	+68 +50	+77 +50	+93 +50	+120 +50	+160 +50	+75 +64	+82 +64	+91 +64	+107 +64	+134 +64	+174 +64
14	18	+71 +60	+78 +60	+87 +60	+103 +60	+130 +60	+170 +60	+88 +77	+95 +77	+104 +77	+120 +77	+147 +77	+187 +77
18	24	+86 +73	+94 +73	+106 +73	+125 +73	+157 +73	+203 +73	+111 +98	+119 +98	+131 +98	+150 +98	+182 +98	+228 +98
24	30	+101 +88	+109 +88	+121 +88	+140 +88	+172 +88	+218 +88	+131 +118	+139 +118	+151 +118	+170 +118	+202 +118	+248 +118
30	40	+128 +112	+137 +112	+151 +112	+174 +112	+212 +112	+272 +112	+164 +148	+173 +148	+187 +148	+210 +148	+248 +148	+308 +148

（续）

公称尺寸/mm		z						za					
大于	至	6	7	8	9	10	11	6	7	8	9	10	11
40	50	+152 +136	+161 +136	+175 +136	+198 +136	+236 +136	+296 +136	+196 +180	+205 +180	+219 +180	+242 +180	+280 +180	+340 +180
50	65	+191 +172	+202 +172	+218 +172	+246 +172	+292 +172	+362 +172	+245 +226	+256 +226	+272 +226	+300 +226	+346 +226	+416 +226
65	80	+229 +210	+240 +210	+256 +210	+284 +210	+330 +210	+400 +210	+293 +274	+304 +274	+320 +274	+348 +274	+394 +274	+464 +274
80	100	+280 +258	+293 +258	+312 +258	+345 +258	+398 +258	+478 +258	+357 +335	+370 +335	+389 +335	+422 +335	+475 +335	+555 +335
100	120	+332 +310	+345 +310	+364 +310	+397 +310	+450 +310	+530 +310	+422 +400	+435 +400	+454 +400	+487 +400	+540 +400	+620 +400
120	140	+390 +365	+405 +365	+428 +365	+465 +365	+525 +365	+615 +365	+495 +470	+510 +470	+533 +470	+570 +470	+630 +470	+720 +470
140	160	+440 +415	+455 +415	+478 +415	+515 +415	+575 +415	+665 +415	+560 +535	+575 +535	+598 +535	+635 +535	+695 +535	+785 +535
160	180	+490 +465	+505 +465	+528 +465	+565 +465	+625 +465	+715 +465	+625 +600	+640 +600	+663 +600	+700 +600	+760 +600	+850 +600
180	200	+549 +520	+566 +520	+592 +520	+635 +520	+705 +520	+810 +520	+699 +670	+716 +670	+742 +670	+785 +670	+855 +670	+960 +670
200	225	+604 +575	+621 +575	+647 +575	+690 +575	+760 +575	+865 +575	+769 +740	+786 +740	+812 +740	+855 +740	+925 +740	+1030 +740
225	250	+669 +640	+686 +640	+712 +640	+755 +640	+825 +640	+930 +640	+849 +820	+866 +820	+892 +820	+935 +820	+1005 +820	+1110 +820
250	280	+742 +710	+762 +710	+791 +710	+840 +710	+920 +710	+1030 +710	+952 +920	+972 +920	+1001 +920	+1050 +920	+1130 +920	+1240 +920
280	315	+822 +790	+842 +790	+871 +790	+920 +790	+1000 +790	+1110 +790	+1032 +1000	+1052 +1000	+1081 +1000	+1130 +1000	+1210 +1000	+1320 +1000
315	355	+936 +900	+957 +900	+989 +900	+1040 +900	+1130 +900	+1260 +900	+1186 +1150	+1207 +1150	+1239 +1150	+1290 +1150	+1380 +1150	+1510 +1150
355	400	+1036 +1000	+1057 +1000	+1089 +1000	+1140 +1000	+1230 +1000	+1360 +1000	+1336 +1300	+1357 +1300	+1389 +1300	+1440 +1300	+1530 +1300	+1660 +1300
400	450	+1140 +1100	+1163 +1100	+1197 +1100	+1255 +1100	+1350 +1100	+1500 +1100	+1490 +1450	+1513 +1450	+1547 +1450	+1605 +1450	+1700 +1450	+1850 +1450
450	500	+1290 +1250	+1313 +1250	+1347 +1250	+1405 +1250	+1500 +1250	+1650 +1250	+1640 +1600	+1663 +1600	+1697 +1600	+1755 +1600	+1850 +1600	+2000 +1600

表 3-35　轴 zb 和 zc 的极限偏差　（单位：μm）

公称尺寸/mm		zb					zc				
大于	至	7	8	9	10	11	7	8	9	10	11
—	3	+50 +40	+54 +40	+65 +40	+80 +40	+100 +40	+70 +60	+74 +60	+85 +60	+100 +60	+120 +60

（续）

公称尺寸/mm		zb					zc				
大于	至	7	8	9	10	11	7	8	9	10	11
3	6	+62 +50	+68 +50	+80 +50	+98 +50	+125 +50	+92 +80	+98 +80	+110 +80	+128 +80	+155 +80
6	10	+82 +67	+89 +67	+103 +67	+125 +67	+157 +67	+112 +97	+119 +97	+133 +97	+155 +97	+187 +97
10	14	+108 +90	+117 +90	+133 +90	+160 +90	+200 +90	+148 +130	+157 +130	+173 +130	+200 +130	+240 +130
14	18	+126 +108	+135 +108	+151 +108	+178 +108	+218 +108	+168 +150	+177 +150	+193 +150	+220 +150	+260 +150
18	24	+157 +136	+169 +136	+188 +136	+220 +136	+266 +136	+209 +188	+221 +188	+240 +188	+272 +188	+318 +188
24	30	+181 +160	+193 +160	+212 +160	+244 +160	+290 +160	+239 +218	+251 +218	+270 +218	+302 +218	+348 +218
30	40	+225 +200	+239 +200	+262 +200	+300 +200	+360 +200	+299 +274	+313 +274	+336 +274	+374 +274	+434 +274
40	50	+267 +242	+281 +242	+304 +242	+342 +242	+402 +242	+350 +325	+364 +325	+387 +325	+425 +325	+485 +325
50	65	+330 +300	+346 +300	+374 +300	+420 +300	+490 +300	+435 +405	+451 +405	+479 +405	+525 +405	+595 +405
65	80	+390 +360	+406 +360	+434 +360	+480 +360	+550 +360	+510 +480	+526 +480	+554 +480	+600 +480	+670 +480
80	100	+480 +445	+499 +445	+532 +445	+585 +445	+665 +445	+620 +585	+639 +585	+672 +585	+725 +585	+805 +585
100	120	+560 +525	+579 +525	+612 +525	+665 +525	+745 +525	+725 +690	+744 +690	+777 +690	+830 +690	+910 +690
120	140	+660 +620	+683 +620	+720 +620	+780 +620	+870 +620	+840 +800	+863 +800	+900 +800	+960 +800	+1050 +800
140	160	+740 +700	+763 +700	+800 +700	+860 +700	+950 +700	+940 +900	+963 +900	+1000 +900	+1060 +900	+1150 +900
160	180	+820 +780	+843 +780	+880 +780	+940 +780	+1030 +780	+1040 +1000	+1063 +1000	+1100 +1000	+1160 +1000	+1250 +1000
180	200	+926 +880	+952 +880	+995 +880	+1065 +880	+1170 +880	+1196 +1150	+1222 +1150	+1265 +1150	+1335 +1150	+1440 +1150
200	225	+1006 +960	+1032 +960	+1075 +960	+1145 +960	+1250 +960	+1296 +1250	+1322 +1250	+1365 +1250	+1435 +1250	+1540 +1250
225	250	+1096 +1050	+1122 +1050	+1165 +1050	+1235 +1050	+1340 +1050	+1396 +1350	+1422 +1350	+1465 +1350	+1535 +1350	+1640 +1350
250	280	+1252 +1200	+1281 +1200	+1330 +1200	+1410 +1200	+1520 +1200	+1602 +1550	+1631 +1550	+1680 +1550	+1760 +1550	+1870 +1550
280	315	+1352 +1300	+1381 +1300	+1430 +1300	+1510 +1300	+1620 +1300	+1752 +1700	+1781 +1700	+1830 +1700	+1910 +1700	+2020 +1700
315	355	+1557 +1500	+1589 +1500	+1640 +1500	+1730 +1500	+1860 +1500	+1957 +1900	+1989 +1900	+2040 +1900	+2130 +1900	+2260 +1900

（续）

公称尺寸 /mm		zb					zc				
大于	至	7	8	9	10	11	7	8	9	10	11
355	400	+1707 +1650	+1739 +1650	+1790 +1650	+1880 +1650	+2010 +1650	+2157 +2100	+2189 +2100	+2240 +2100	+2330 +2100	+2460 +2100
400	450	+1913 +1850	+1947 +1850	+2005 +1850	+2100 +1850	+2250 +1850	+2463 +2400	+2497 +2400	+2555 +2400	+2650 +2400	+2800 +2400
450	500	+2163 +2100	+2197 +2100	+2255 +2100	+2350 +2100	+2500 +2100	+2663 +2600	+2697 +2600	+2755 +2600	+2850 +2600	+3000 +2600

3.1.5　公差与配合的选用

选择公差与配合的原则是，在保证机械产品功能的条件下，工艺简单可行，即对产品的技术经济要求适度合理，使机械产品的使用价值与制造成本的综合经济效果最佳。

公差与配合的选择包括基准制的选择、配合种类的选择和公差等级的选择。

3.1.5.1　基准制的选择

1）一般情况，优先采用基孔制，这样可以减少价格较高的定值刀、量具的品种规格和数量，明显降低生产成本，获得加工制造的良好经济性。基轴制通常仅用于具有明显经济利益的场合，例如，直接用冷拉钢材做轴，不再加工，或同一基本尺寸的各个部分需要装上不同配合的零件等。

2）与标准件配合时，基准制的选择通常依标准件而定。例如，与滚动轴承配合的轴应按基孔制，与滚动轴承外圈配合的孔应按基轴制。

3）为了满足配合的特殊需要，允许采用任一孔、轴公差组成配合。

3.1.5.2　孔、轴公差带的选择

孔、轴的极限偏差由表 3-3～表 3-35 选择。选择时参考表 3-36、表 3-37，优先选择圆圈内的公差，其次选用方框内的公差，最后选用其他公差。

3.1.5.3　公差等级的选择

选择公差等级的原则，是在满足零件使用要求的前提下，尽可能选用较低的公差等级。精度要求应与生产的可能性协调一致，即要采用合理的加工工艺、装配工艺和现有设备。

选择公差精度等级时，既要满足设计要求，又要综合考虑工艺的可能性和经济性。当基本尺寸≤500mm 时，公差等级在 IT8 以上，推荐孔的精度等比轴低一级组成配合；当精度较低或基本尺寸>500mm 时，推荐采用同级孔、轴相配合。各个公差等级的应用范围没有严格划分，表 3-38 可供参考。公差等级与加工方法和加工方法与加工成本的大致关系可参考表 3-39、表 3-40。

3.1.5.4　配合的选择

选择配合有类比法、计算法和试验法三种方法。

类比法是根据设计零件的使用情况，参照经过生产实践验证的同类机器已有配合的经验资料或国内、外各种手册、技术文件资料中推荐的经验数据来确定配合的方法。按类比法选择配合，要对设计对象和参照对象的功能、结构、材料和使用条件进行充分了解和分析，才能选择适当。

计算法是根据零件的材料、结构和功能要求，按一定的理论和公式，通过计算来确定所需的间隙或过盈量，然后根据计算的间隙或过盈量选择相应配合的方法。

试验法是通过模拟试验和分析选择最佳配合的方法。按试验法选取配合，最为可靠，但周期较长，成本较高，一般只用于特别重要的、关键性配合的选取。

在设计机械产品时，大量的配合都是用类比法确定的。这是最常用和最方便的一种方法，比较经济、可靠。

选择配合时首先根据使用要求确定配合类别、配合公差和配合代号等三方面的问题。若工作时配合件有相对运动，则选择间隙配合，其间隙根据相对运动的速度大小来选择。速度大时，配合的间隙需大些；速度小，则间隙可小。若要求保持零件间不产生相对运动，则要选用过盈配合。配合件有定位要求的，基本上选用过渡配合。当结合零件间由键、销或螺钉等外加紧固件紧固时，根据情况也可用间隙配合、过渡配合或过盈配合。

表 3-42 为基孔制配合中轴的各种基本偏差的应用，表 3-41，表 3-43 为优先、常用配合特性及应用举例，表 3-44 为按具体情况考虑间隙量或过盈量的修正，供按类比法选择配合时参考。

3.1.6　配制配合的公差选择

配制配合是以一个零件的实际尺寸为基数，来配

制另一个零件的一种工艺措施。一般用于公差等级较高、单件小批生产的配合零件。

配制配合用代号 MF（Matched Fit）表示。

关于配制配合的应用，举例说明如下。

（1）选取配合　根据产品的使用要求，按互换性生产选取配合，配制的结果应满足配合公差。

例如，有一基本尺寸为 $\phi3000$mm 的孔和轴，要求配合的最大间隙为 0.450mm，最小间隙为 0.140mm，根据零件的生产和使用情况决定采用配制配合。为满足此配合要求，按互换性生产选取配合为 $\phi3000$H6/f6 或 $\phi3000$F6/h6，其最大间隙为 0.415mm，最小间隙为 0.145mm。

如先加工件为孔，借用基准孔的代号 H 表示先加工件，则在装配图上标注为

$\phi3000$H6/f6 MF

如先加工件为轴，借用基准轴的代号 h 表示先加工件，则在装配图上标注为

$\phi3000$F6/h6 MF

（2）确定先加工件　一般选择较难加工，但能得到较高测量精度的那个零件（在多数情况下是孔）作为先加工件，给定一个比较容易达到的公差，如 H8 在零件图上标注为

$\phi3000$H8 MF

若按“未注公差尺寸的极限偏差”加工，则标注为

$\phi3000$ MF

（3）配制件　配制件（多数情况是轴）的公差按配合公差选取。在本例中即可按要求的极限间隙来考虑，选取合适的公差带。例如，选用 f7，此时最大间隙为 0.355mm，最小间隙为 0.145mm，满足此配合要求。在零件图上标注为

$\phi3000$f7　MF 或 $\phi3000^{-0.145}_{-0.355}$　MF

若选 f8，则其最大间隙为 0.475mm，最小间隙仍为 0.145mm，最大间隙超过要求，故不适用。

（4）配制件极限偏差与极限尺寸的计算　配制件的极限偏差和极限尺寸，都以先加工件的实际尺寸为基数来确定。因此，应尽可能准确地测出先加工件的实际尺寸，以此作为配制件极限尺寸计算的起始尺寸。如本例，经加工后测得孔的实际尺寸为 $\phi3000.195$mm，则轴 f7 的极限尺寸为

$$最大极限尺寸 = 3000.195 - 0.145 = 3000.050\text{mm}$$

$$最小极限尺寸 = 3000.195 - 0.355 = 2999.840\text{mm}$$

由于配制件的偏差是以先加工件的实际尺寸为起始尺寸来确定的，故配制件上极限偏差的绝对值就是最小间隙或最大过盈，下极限偏差的绝对值就是最大间隙或最小过盈。因此，只看配制件的极限偏差就能了解配合性质。

（5）注意事项　配制配合是关于尺寸极限（公差）方面的技术规定，不涉及其他技术要求。如零件的几何公差、表面粗糙度等，不因采用配制配合而降低。

测量对保证配合性质有很大关系，要注意温度、形位误差对测量结果的影响。配制配合应采用尺寸相互比较的测量方法；在同样条件下测量，使用同一基准装置或校对量具，由同一组检验人员进行测量等，以提高测量精度。

表 3-36　公称尺寸至 500mm 的孔、轴公差带（摘自 GB/T 1801—2009）

孔

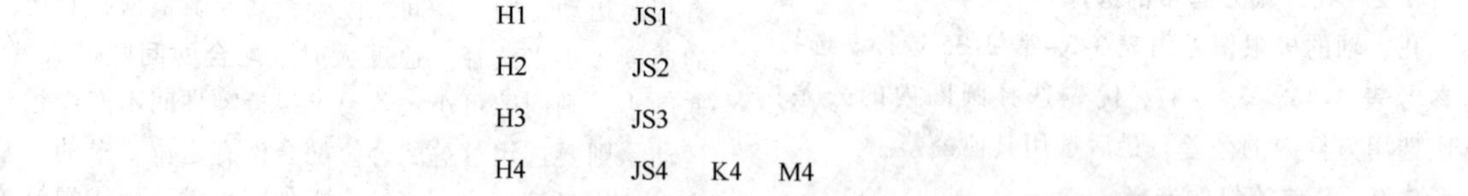

							H1		JS1												
							H2		JS2												
							H3		JS3												
							H4		JS4	K4	M4										
						G5	H5		JS5	K5	M5	N5	P5	R5	S5						
					F6	G6	H6	J6	JS6	K6	M6	N6	P6	R6	S6	T6	U6	V6	X6	Y6	Z6
			D7	E7	F7	G7	H7	J7	JS7	K7	M7	N7	P7	R7	S7	T7	U7	V7	X7	Y7	Z7
		C8	D8	E8	F8	G8	H8	J8	JS8	K8	M8	N8	P8	R8	S8	T8	U8	V8	X8	Y8	Z8
A9	B9	C9	D9	E9	F9		H9		JS9			N9	P9								
A10	B10	C10	D10	E10			H10		JS10												
A11	B11	C11	D11				H11		JS11												
A12	B12	C12					H12		JS12												
							H13		JS13												

（续）

轴

							h1		js1												
							h2		js2												
							h3		js3												
						g4	h4		js4	k4	m4	n4	p4	r4	s4						
					f5	g5	h5	j5	js5	k5	m5	n5	p5	r5	s5	t5	u5	v5	x5		
				e6	f6	g6	h6	j6	js6	k6	m6	n6	p6	r6	s6	t6	u6	v6	x6	y6	z6
			d7	e7	f7	g7	h7	j7	js7	k7	m7	n7	p7	r7	s7	t7	u7	v7	x7	y7	z7
		c8	d8	e8	f8	g8	h8		js8	k8	m8	n8	p8	r8	s8	t8	u8	v8	x8	y8	z8
a9	b9	c9	d9	e9	f9		h9		js9												
a10	b10	c10	d10	e10			h10		js10												
a11	b11	c11	d11				h11		js11												
a12	b12	c12					h12		js12												
a13	b13						h13		js13												

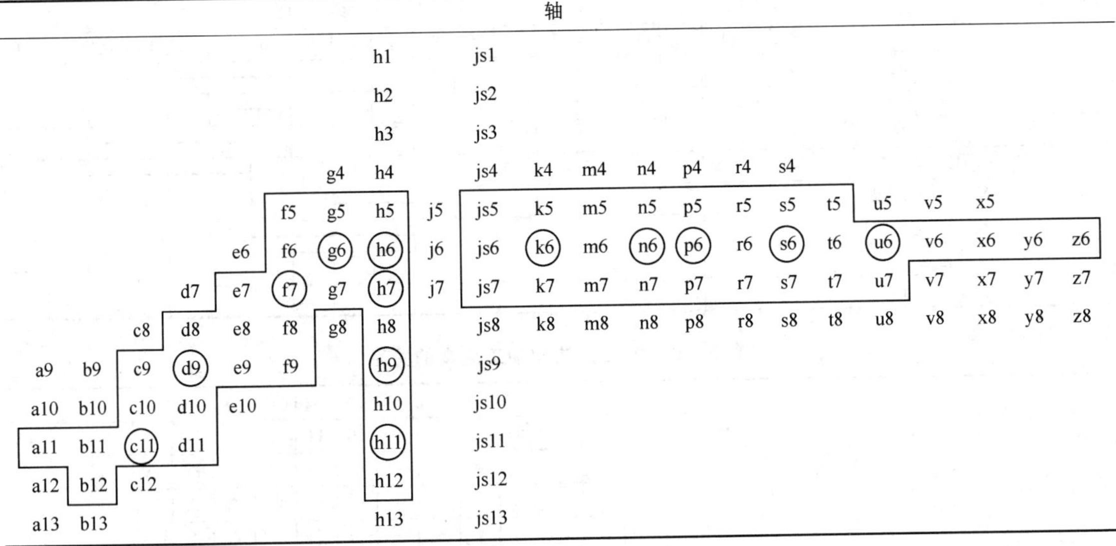

表 3-37　公称尺寸大于 500~3150mm 的孔、轴公差带（摘自 GB/T 1801—2009）

孔								轴														
			G6	H6	JS6	K6	M6	N6				g6	h6	js6	k6	m6	n6	p6	r6	s6	t6	u6
		F7	G7	H7	JS7	K7	M7	N7			f7	g7	h7	js7	k7	m7	n7	p7	r7	s7	t7	u7
D8	E8	F8		H8	JS8				d8	e8	f8		h8	js8								
D9	E9	F9		H9	JS9				d9	e9	f9		h9	js9								
D10				H10	JS10				d10				h10	js10								
D11				H11	JS11				d11				h11	js11								
				H12	JS12								h12	js12								

表 3-38　公差等级的应用范围

应　用	公差等级（IT）																			
	01	0	1	2	3	4	5	6	7	8	9	10	11	12	13	14	15	16	17	18
量　块	—	—	—																	
量　规			—	—	—	—	—	—	—											
配合尺寸							—	—	—	—	—	—	—	—	—					
特别精密零件的配合				—	—	—	—													
非配合尺寸(大制造公差)														—	—	—	—	—	—	—
原材料公差										—	—	—	—	—	—	—				

表 3-39　公差等级与加工方法的关系

加工方法	公差等级（IT）																
	01	0	1	2	3	4	5	6	7	8	9	10	11	12	13	14	15	16
研　磨	—	—	—	—	—	—	—											
珩						—	—	—	—									
圆磨、平磨							—	—	—	—								
金刚石车、金刚石镗							—	—	—									
拉　削							—	—	—	—								
铰　孔								—	—	—	—	—						
车、　镗									—	—	—	—	—					
铣										—	—	—	—					
刨、　插												—	—					

（续）

加工方法	公差等级 (IT)																
	01	0	1	2	3	4	5	6	7	8	9	10	11	12	13	14	15	16
钻　孔												—	—	—	—			
滚压、挤压												—	—					
冲　压												—	—	—	—	—		
压　铸													—	—	—	—		
粉末冶金成型								—	—	—								
粉末冶金烧结									—	—	—	—						
砂型铸造、气割																		—
锻　造																	—	

表 3-40　加工方法和加工成本的关系

尺寸类型	加工方法	精度等级 (IT)																	
		1	2	3	4	5	6	7	8	9	10	11	12	13	14	15	16	17	18
长度尺寸	普通车削							*	*	*	○	○	○	△	△	△			
	六角车削、自动车削								*	*	○	○	○	△	△				
	铣							*	*	*	○	○	○	△	△				
内径尺寸	普通车削						*	*	*	○	○	○	△	△	△				
	六角车削								*	*	○	○	△	△	△				
	自动车削								*	*	○	○	△	△					
	钻										*	*	○	○	△				
	铰、镗							*	*	○	○	△	△						
	精镗、外圆磨				*	*	○	○	△	△									
	研　磨		*	*	○	○	△	△											
外径尺寸	普通车削						*	*	*	○	○	○	△	△	△				
	六角车削、自动车削							*	*	○	○	○	△	△	△				
	外圆磨			*	*	○	○	△	△										
	无心磨					*	○	○	○	△	△								

注：△、○、* 表示成本比例为 1∶2.5∶5。

表 3-41　基孔制与基轴制优先、常用配合（摘自 GB/T 1801—2009）

间隙配合	基孔制	$\frac{H6}{f5}$	$\frac{H6}{g5}$	$\frac{H6}{h5}$	$\frac{H7}{f6}$	▲$\frac{H7}{g6}$	▲$\frac{H7}{h6}$	$\frac{H8}{e7}$	▲$\frac{H8}{f7}$	$\frac{H8}{g7}$	▲$\frac{H8}{h7}$	$\frac{H8}{d8}$	$\frac{H8}{e8}$	$\frac{H8}{f8}$	$\frac{H8}{h8}$	$\frac{H9}{c9}$
	基轴制	$\frac{F6}{h5}$	$\frac{G6}{h5}$	$\frac{H6}{h5}$	$\frac{F7}{h6}$	▲$\frac{G7}{h6}$	▲$\frac{H7}{h6}$	$\frac{E8}{h7}$	▲$\frac{F8}{h7}$		▲$\frac{H8}{h7}$	$\frac{D8}{H7}$	$\frac{E8}{h8}$	$\frac{F8}{h8}$	$\frac{H8}{h8}$	
	基孔制	▲$\frac{H9}{d9}$	$\frac{H9}{e9}$	$\frac{H9}{f9}$	▲$\frac{H9}{h9}$	$\frac{H10}{c10}$	$\frac{H10}{d10}$	$\frac{H10}{h10}$	$\frac{H11}{a11}$	$\frac{H11}{b11}$	▲$\frac{H11}{c11}$	$\frac{H11}{d11}$	▲$\frac{H11}{h11}$	$\frac{H12}{b12}$	$\frac{H12}{h12}$	
	基轴制	▲$\frac{D9}{h9}$	$\frac{E9}{h9}$	$\frac{F9}{h9}$	▲$\frac{H9}{h9}$		$\frac{D10}{h10}$	$\frac{H10}{h10}$	$\frac{A11}{h11}$	$\frac{B11}{h11}$	▲$\frac{C11}{h11}$	$\frac{D11}{h11}$	▲$\frac{H11}{h11}$	$\frac{B12}{h12}$	$\frac{H12}{h12}$	
过渡配合	基孔制	$\frac{H6}{js5}$		$\frac{H6}{k5}$		$\frac{H6}{m5}$		$\frac{H7}{js6}$		▲$\frac{H7}{k6}$		$\frac{H7}{m6}$		▲$\frac{H7}{n6}$		$\frac{H8}{js7}$
	基轴制		$\frac{Js6}{h5}$		$\frac{K6}{h5}$		$\frac{M6}{h5}$		$\frac{Js7}{h6}$		▲$\frac{K7}{h6}$		$\frac{M7}{h6}$		▲$\frac{N7}{h6}$	
	基孔制		$\frac{H8}{k7}$		$\frac{H8}{m7}$		$\frac{H8}{n7}$		$\frac{H8}{p7}$							
	基轴制	$\frac{Js8}{h7}$		$\frac{K8}{h7}$		$\frac{M8}{h7}$		$\frac{N8}{h7}$								

（续）

过盈配合	基孔制	$\frac{H6}{n5}$		$\frac{H6}{p5}$		$\frac{H6}{r5}$		$\frac{H6}{s5}$		$\frac{H6}{t5}$	▼$\frac{H7}{p6}$		$\frac{H7}{r6}$		▼$\frac{H7}{s6}$	
	基轴制		$\frac{N6}{h5}$		$\frac{P6}{h5}$		$\frac{R6}{h5}$		$\frac{S6}{h5}$	$\frac{T6}{h5}$		▼$\frac{P7}{h6}$		$\frac{R7}{h6}$		▼$\frac{S7}{h6}$
	基孔制	$\frac{H7}{t6}$	▼$\frac{H7}{u6}$		$\frac{H7}{v6}$	$\frac{H7}{x6}$	$\frac{H7}{y6}$	$\frac{H7}{z6}$	$\frac{H8}{r7}$	$\frac{H8}{s7}$	$\frac{H8}{t7}$	$\frac{H8}{u7}$				
	基轴制	$\frac{T7}{h6}$		▼$\frac{U7}{h6}$												

注：1. $\frac{H6}{n5}$、$\frac{H7}{p6}$在公称尺寸≤3mm 和$\frac{H8}{r7}$在≤100mm 时，为过渡配合。

2. 标注▼的配合为优先配合。

表 3-42　基孔制轴的基本偏差的应用

配合种类	基本偏差	配合特性及应用
间隙配合	a、b	可得到特别大的间隙，很少应用
	c	可得到很大的间隙，一般适用于缓慢、松弛的动配合。用于工作条件较差（如农业机械），受力变形，或为了便于装配而必须保证有较大的间隙时。推荐配合为 H11/c11，其较高级的配合，如 H8/c7 适用于轴在高温工作的紧密动配合，如内燃机排气阀和导管
	d	配合一般用于 IT7~IT11，适用于松的转动配合，如密封盖、滑轮、空转带轮等与轴的配合。也适用于大直径滑动轴承配合，如涡轮机、球磨机、轧滚成型和重型弯曲机，以及其他重型机械中的一些滑动支承
	e	多用于 IT7~IT9 级，通常适用要求有明显间隙，易于转动的支承配合，如大跨距、多支点支承等。高等级的 e 轴适用于大型、高速、重载支承配合，如涡轮发电机、大型电动机、内燃机、凸轮轴及摇臂支承等
	f	多用于 IT6~IT8 级的一般转动配合。当温度影响不大时，被广泛用于普通润滑油（或润滑脂）润滑的支承，如齿轮箱、小电动机、泵等的转轴与滑动支承的配合
	g	配合间隙很小，制造成本高，除很轻负荷的精密装置外，不推荐用于转动配合。多用于 IT5~IT7 级，最适合不回转的精密滑动配合，也用于插销等定位配合。如精密连杆轴承、活塞、滑阀及连杆销等
	h	多用于 IT4~IT11 级。广泛用于无相对转动的零件，作为一般的定位配合。若没有温度、变形影响，也用于精密滑动配合
过渡配合	js	为完全对称偏差（±IT/2），平均为稍有间隙的配合，多用于 IT4~IT7 级，要求间隙比 h 轴小，并允许略有过盈的定位配合。如联轴器，可用手或木槌装配
	k	平均为没有间隙的配合，适用于 IT4~IT7 级。推荐用于稍有过盈的定位配合。例如为了消除振动用的定位配合。一般用木槌装配
	m	平均为过盈量不大的过渡配合。适用 IT4~IT7 级，一般可用木槌装配，但在最大过盈时，要求相当的压入力
	n	平均过盈比 m 轴稍大，很少得到间隙，适用 IT4~IT7 级，用锤或压力机装配，通常推荐用于紧密的组件配合。H6/n5 配合时为过盈配合
过盈配合	p	与 H6 或 H7 配合时是过盈配合，与 H8 孔配合时则为过渡配合。对非铁类零件，为较轻的压入配合，当需要时易于拆卸。对钢、铸铁或铜、钢组件装配是标准压入配合
	r	对铁类零件为中等打入配合，对非铁类零件为轻打入的配合，当需要时可以拆卸。与 H8 孔配合，直径在 100mm 以上时为过盈配合，直径小时为过渡配合
	s	用于钢和铁制零件的永久性和半永久性装配，可产生相当大的结合力。当用弹性材料，如轻合金时，配合性质与铁类零件的 p 轴相当。例如，套环压装在轴上、阀座等配合。尺寸较大时，为了避免损伤配合表面，需用热胀或冷缩法装配
	t、u、v、x、y、z	过盈量依次增大，一般不推荐

表 3-43　优先、常用配合特性及应用举例

配合制		装配方法	配合特性及使用条件		应用举例
基孔	基轴				
$\frac{H7}{z6}$		温差法	特重型压入配合	用于承受很大的转矩，或变载荷，冲击、振动载荷处。配合处不加紧固件，材料的许用应力要求很大	中小型交流电动机轴壳上绝缘体和接触环，柴油机传动轴壳体和分电器衬套
$\frac{H7}{y6}$					小轴肩和环
$\frac{H7}{x6}$					钢和轻合金或塑料等不同材料的配合，如柴油机销轴与壳体、气缸盖与进气门座等的配合
$\frac{H7}{v6}$		压力机或温差	重型压入配合		偏心压床的块与轴、柴油机销轴与壳体，连杆孔和衬套外径等配合
$\frac{H7}{u6}$	$\frac{U7}{h6}$			用于传递较大转矩，配合处不加紧固件即可得到十分牢固的连接。材料的许用应力要求较大	车轮轮箍与轮心、联轴器与轴，轧钢设备中的辊子与心轴、拖拉机活塞销和活塞壳、船舵尾轴和衬套等的配合
$\frac{H8}{u7}$					蜗轮青铜轮缘与轮芯，安全联轴器销轴与套、螺纹车床蜗杆轴衬和箱体孔等的配合
$\frac{H6}{t5}$	$\frac{T6}{h5}$		中型压入配合	不加紧固件可传递较小的转矩，当材料强度不够时，可用来代替重型压入配合，但需加紧固件	齿轮孔和轴的配合
$\frac{H7}{t6}$	$\frac{T7}{h6}$				联轴器与轴
$\frac{H8}{t7}$					含油轴承和轴承座、农业机械中曲柄盘与销轴
$\frac{H6}{s5}$	$\frac{S6}{h5}$				柴油机连杆衬套和轴瓦，主轴承孔和主轴瓦等的配合
$\frac{H7}{s6}$					减速器中轴与蜗轮，压缩机连杆头与衬套，辊道辊子和轴，大型减速器低速齿轮与轴的配合
$\frac{H8}{s7}$	$\frac{S7}{h6}$				青铜轮缘与轮芯，轴衬与轴承座、空气钻外壳盖与套筒，安全联轴器销钉和套，压缩机活塞销和气缸，拖拉机齿轮泵小齿轮和轴等配合
$\frac{H7}{r6}$	$\frac{R7}{h6}$		轻型压入配合	用于不拆卸的轻型过盈连接，不依靠配合过盈量传递摩擦载荷，传递转矩时要增加紧固件，以及用于以高的定位精度达到部件的刚性及对中性要求	重载齿轮与轴、车床齿轮箱中齿轮与衬套、蜗轮青铜轮缘与轮芯，轴和联轴器，可换铰套与铰模板等的配合
$\frac{H6}{p5}$ $\frac{H7}{p6}$	$\frac{P6}{h5}$ $\frac{P7}{h6}$				冲击振动的重载荷的齿轮和轴、压缩机十字销轴和连杆衬套、柴油机缸体上口和主轴瓦，凸轮孔和凸轮轴等配合
$\frac{H8}{p7}$		压力机压入	过盈概率 66.8%~93.6%	用于可承受很大转矩、振动及冲击(但需附加紧固件)，不经常拆卸的地方。同心度及配合紧密性较好	升降机用蜗轮或带轮的轮缘和轮心，链轮轮缘和轮心，高压循环泵缸和套等的配合
$\frac{H6}{n5}$	$\frac{N6}{h5}$		80%		可换铰套与铰模板、增压器主轴及衬套等的配合
$\frac{H7}{n6}$	$\frac{N7}{h6}$		77.7%~82.4%		爪形联轴器与轴、链轮轮缘与轮心、蜗轮青铜轮缘与轮心、破碎机等振动机械的齿轮和轴的配合。柴油机泵座与泵缸、压缩机连杆衬套和曲轴衬套。圆柱销与销孔的配合
$\frac{H8}{n7}$	$\frac{N8}{h7}$		58.3%~67.6%		安全联轴器销钉和套、高压泵缸和缸套、拖拉机活塞销和活塞毂等的配合

（续）

配合制 基孔	配合制 基轴	装配方法	过盈概率	配合特性及使用条件	应用举例
$\frac{H6}{m5}$	$\frac{M6}{h5}$	铜锤打入	过盈概率	用于配合紧密不经常拆卸的地方。当配合长度大于 1.5 倍直径时，用来代替 H7/n6，同心度好	压缩机连杆头与衬套、柴油机活塞孔和活塞销的配合
$\frac{H7}{m6}$	$\frac{M7}{h6}$		50%～62.1%		蜗轮青铜轮缘与铸铁轮心、齿轮孔与轴、定位销与孔的配合
$\frac{H8}{m7}$	$\frac{M8}{h7}$		50%～56%		升降机构中的轴与孔，压缩机十字销轴与座
$\frac{H6}{k5}$	$\frac{K6}{h5}$	手锤打入	46.2%～49.1%	用于受不大的冲击载荷处，同心度较好，用于常拆卸部位。为广泛采用的一种过渡配合	精密螺纹车床主轴箱体孔和主轴前轴承外圈的配合
$\frac{H7}{k6}$	$\frac{K7}{h6}$		41.7%～45%		机床不滑动齿轮和轴、中型电动机轴与联轴器或带轮，减速器蜗轮与轴、齿轮和轴的配合
$\frac{H8}{k7}$	$\frac{K8}{h7}$		41.7%～51.2%		压缩机连杆孔与十字头销，循环泵活塞与活塞杆
$\frac{H6}{js5}$	$\frac{JS6}{h5}$	手或木锤装卸	19.2%～21.1%	用于频繁拆卸同轴度要求不高的地方，是最松的一种过渡配合，大部分都将得到间隙	木工机械中轴与轴承的配合
$\frac{H7}{js6}$	$\frac{JS7}{h6}$		18.8%～20%		机床变速箱中齿轮和轴、精密仪表中轴和轴承、增压器衬套间的配合
$\frac{H8}{js7}$	$\frac{JS8}{h7}$		17.4%～20.8%		机床变速箱中齿轮和轴、轴端可卸下的带轮和手轮、电动机机座与端盖等的配合
$\frac{H6}{h5}$	$\frac{H6}{h5}$	加油后用手旋进		配合间隙较小，能较好地对准中心，一般多用于常拆卸或在调整时需移动或转动的连接处，或工作时滑移较慢并要求较好的导向精度的地方，以及对同心度有一定要求通过紧固件传递转矩的固定连接处	剃齿机主轴与剃刀衬套、车床尾座体与套筒、高精度分度盘轴与孔、光学仪器中变焦距系统的孔轴配合
$\frac{H7}{h6}$ $\frac{H8}{h7}$	$\frac{H7}{h6}$ $\frac{H8}{h7}$				机床变速箱的滑移齿轮和轴、离合器与轴、钻床横臂与立柱、风动工具活塞与缸体、往复运动的精导向的压缩机连杆孔和十字头、定心的凸缘与孔的配合
$\frac{H8}{h8}$	$\frac{H8}{h8}$			间隙定位配合，适用于同心度要求较低、工作时一般无相对运动的配合，以及负载不大，无振动、拆卸方便，加键可传递转矩的情况	安全扳手销钉和套、一般齿轮和轴、带轮和轴、螺旋搅拌器叶轮与轴、离合器与轴、操纵件与轴、拨叉和导向轴、滑块和导向轴、减速器油标尺与箱体孔，剖分式滑动轴承壳和轴瓦、电动机座上口和端盖
$\frac{H9}{h9}$	$\frac{H9}{h9}$				
$\frac{H10}{h10}$	$\frac{H10}{h10}$				起重机链轮与轴、对开轴瓦与轴承座两侧的配合、连接端盖的定心凸缘、一般的铰接、粗糙机构中拉杆、杠杆等配合
$\frac{H11}{h11}$	$\frac{H11}{h11}$				
$\frac{H6}{g5}$	$\frac{G6}{h5}$	手旋进		具有很小间隙，适用于有一定相对运动、运动速度不高并且精密定位的配合，以及运动可能有冲击但又能保证零件同心度或紧密性的配合	光学分度头主轴与轴承、刨床滑块与滑槽
$\frac{H7}{g6}$	$\frac{G7}{h6}$				精密机床主轴与轴承、机床传动齿轮与轴、中等精度分度头主轴与轴套、矩形花键定心直径、可换钻套与钻模板、柱塞燃油泵的轴承壳体与销轴、拖拉机连杆衬套与曲轴的配合
$\frac{H8}{g7}$					柴油机气缸体与挺杆、手电钻中的配合等

（续）

配合制		装配方法	配合特性及使用条件	应用举例
基孔	基轴			
$\frac{H6}{f5}$	$\frac{F6}{h5}$	手推滑进	具有中等间隙，广泛适用于普通机械中转速不大、用普通润滑油或润滑脂润滑的滑动轴承，以及要求在轴上自由转动或移动的配合场合	精密机床中变速箱、进给箱的转动件的配合，或其他重要滑动轴承、高精度齿轮轴承与轴承衬套、柴油机的凸轮轴与衬套孔等的配合
$\frac{H7}{f6}$	$\frac{F7}{h6}$			爪形离合器与轴、机床中一般轴与滑动轴承，机床夹具、钻模、镗模的导套孔，柴油机机体套孔与气缸套，柱塞与缸体等的配合
$\frac{H8}{f7}$	$\frac{F8}{h7}$			中等速度、中等载荷的滑动轴承，机床滑移齿轮与轴，蜗杆减速器的轴承端盖与孔，离合器活动爪与轴
$\frac{H8}{f8}$	$\frac{F8}{h8}$		配合间隙较大，能保证良好润滑，允许在工作中发热，故可用于高转速或大跨度或多支点的轴和轴承，以及精度低、同轴度要求不高的在轴上转动零件与轴的配合	滑块与导向槽，控制机构中的一般轴和孔，支承跨距较大或多支承的传动轴和轴承的配合
$\frac{H9}{f9}$	$\frac{F9}{h9}$			安全联轴器轮毂与套，低精度含油轴承与轴、球体滑动轴承与轴承座及轴，链条张紧轮或传动带导轮与轴，柴油机活塞环与环槽宽等配合
$\frac{H8}{e7}$	$\frac{E8}{h7}$	手轻推进	配合间隙较大，适用于高转速载荷不大、方向不变的轴与轴承的配合，或虽是中等转速但轴跨度长，或三个以上支点的轴与轴承的配合	蒸汽轮机发电机、大电动机的高速轴与滑动轴承，风扇电动机的销轴与衬套
$\frac{H8}{e8}$	$\frac{E8}{h8}$			外圆磨床的主轴与轴承、蒸汽轮机发电机轴与轴承、柴油机的凸轮轴与轴承，船用链轮轴、中小型电机轴与轴承、手表中的分轮、时轮轮片与轴承的配合
$\frac{H9}{e9}$	$\frac{E9}{h9}$		用于精度不高且有较松间隙的转动配合	粗糙机构中衬套与轴承圈、含油轴承与座的配合
$\frac{H8}{d8}$	$\frac{D8}{h8}$		配合间隙比较大，用于精度不高、高速及载荷不高的配合，或高温条件下的转动配合，以及由于装配精度不高而引起偏斜的连接	机车车辆轴承、缝纫机梭摆与梭床压缩机活塞环与环槽宽度的配合
$\frac{H9}{d9}$	$\frac{D9}{h9}$			通用机械中的平键连接、柴油机活塞环与环槽宽、压缩机活塞与压杆，印染机械中气缸活塞密封环，热工仪表中精度较低的轴与孔、滑动轴承及较松的带轮与轴的配合

表 3-44　按具体情况考虑间隙量或过盈量的修正

具体情况	过盈量	间隙量	具体情况	过盈量	间隙量
材料许用应力小	减		旋转速度较高	增	增
经常拆卸	减		有轴向运动		增
有冲击载荷	增	减	润滑油黏度较大		增
工作时孔的温度高于轴的温度	增	减	表面较粗糙	增	减
工作时孔的温度低于轴的温度	减	增	装配精度较高	减	减
配合长度较大	减	增	孔的材料线膨胀系数大于轴的材料	增	减
零件几何误差较大	减	增	孔的材料线膨胀系数小于轴的材料	减	增
装配时可能歪斜	减	增	单件小批生产	减	增

3.2　未注公差的线性和角度尺寸的一般公差

一般公差是指在车间通常加工条件下可保证的公差。采用一般公差的尺寸，在该尺寸后不需注出其极限偏差数值。

选取图样上未注公差尺寸的一般公差的公差等级时，应考虑一般机械加工车间的加工精度，并由相应的技术文件或标准作出具体规定。

对任一单一尺寸，如功能上要求比一般公差更小的公差，或允许更大的公差并更为经济时，其相应的极限偏差要在相关的公称尺寸后注出。

由不同类型的工艺（如切削和铸造）分别加工形成的两表面之间的未注公差的尺寸，应按规定的两个一般公差数值中的较大值控制。

以角度单位规定的一般公差，仅控制表面的线或素线的总方向，不控制它们的形状误差。从实际表面得到的线的总方向，是理想几何形状的接触线方向。接触线和实际线之间的最大距离是最小可能值。

一般公差有精密 f、中等 m、粗糙 c、最粗 v 四个公差等级。

线性尺寸　倒圆半径与倒角高度尺寸　角度尺寸的极限偏差数值列于表 3-45。角度尺寸值按角度短边长度确定，对圆锥角按圆锥素线长度确定。

表 3-45 中的一般公差和极限偏差适用于金属切削加工的尺寸，也适用于一般的冲压加工的尺寸。非金属材料和其他工艺方法加工的尺寸可参考采用。

它仅适用于下列未注公差的尺寸：

1）线性尺寸（如外尺寸、内尺寸、阶梯尺寸、直径、半径、距离、倒圆半径和倒角高度）。

2）角度尺寸，包括通常不注出角度值的角度尺寸，如直角（90°）。

3）机加工组装件的线性和角度尺寸。

不适用于下列尺寸：

1）其他一般公差标准涉及的线性和角度尺寸。

2）括号内的参考尺寸。

3）矩形框格内的理论正确尺寸。

表 3-45　线性和角度尺寸的一般公差（摘自 GB/T 1804—2000）

公差等级	线性尺寸的极限偏差数值/mm								倒圆半径与倒角高度尺寸的极限偏差数值/mm			
	公称尺寸分段								公称尺寸分段			
	0.5~3	>3~6	>6~30	>30~120	>120~400	>400~1000	>1000~2000	>2000~4000	0.5~3	>3~6	>6~30	>30
精密 f	±0.05	±0.05	±0.1	±0.15	±0.2	±0.3	±0.5		±0.2	±0.5	±1	±2
中等 m	±0.1	±0.1	±0.2	±0.3	±0.5	±0.8	±1.2	±2				
粗糙 c	±0.2	±0.3	±0.5	±0.8	±1.2	±2	±3	±4	±0.4	±1	±2	±4
最粗 v	—	±0.5	±1	±1.5	±2.5	±4	±6	±8				

公差等级	角度尺寸的极限偏差数值				
	长度分段 /mm				
	≤10	>10~50	>50~120	>120~400	>400
精密 f	±1°	±30′	±20′	±10′	±5′
中等 m					
粗糙 c	±1°30′	±1°	±30′	±15′	±10′
最粗 v	±3°	±2°	±1°	±30′	±20′

注：在图样上，技术文件或标准中的表示方法示例：GB/T 1804—m（表示选用中等级）。

3.3　圆锥公差

3.3.1　圆锥公差术语及定义（见表 3-46）

表 3-46　圆锥公差术语及定义（摘自 GB/T 11334—2005）

术　语	说　明	图　例
公称圆锥	设计给定的理想形状的圆锥 公称圆锥可用两种形式确定： 1）一个公称圆锥直径（最大圆锥直径 D、最小圆锥直径 d 或给定截面圆锥直径 d_x）、公称圆锥长度 L、公称圆锥角 α 或公称锥度 C 2）两个公称圆锥直径和公称圆锥长度 L	C　ϕd　ϕd_x　ϕD　α　L_x　L
实际圆锥	实际存在并与周围介质分隔的圆锥 在实际圆锥上测量得到的直径称为实际圆锥直径 d_a。 在实际圆锥的任一轴向截面内，包容圆锥素线且距离为最小的两对平行直线之间的夹角称为实际圆锥角	圆锥素线　实际圆锥角

（续）

术　语	说　明	图　例
极限圆锥	与公称圆锥共轴且圆锥角相等、直径分别为上极限尺寸和下极限尺寸的两个圆锥。在垂直圆锥轴线的任一截面上，这两个圆锥的直径差都相等	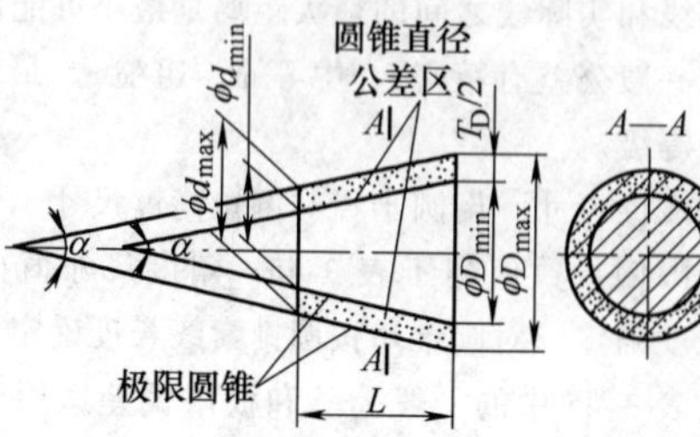 圆锥直径公差区　$T_D/2$　A—A　ϕd_{min}　ϕd_{max}　α　ϕD_{min}　ϕD_{max}　极限圆锥　L
极限圆锥直径	极限圆锥上的任一直径	
圆锥直径公差 T_D	圆锥直径的允许变动量。它是一个没有符号的绝对值	
圆锥直径公差区	两个极限圆锥所限定的区域	
极限圆锥角	允许的上极限或下极限圆锥角	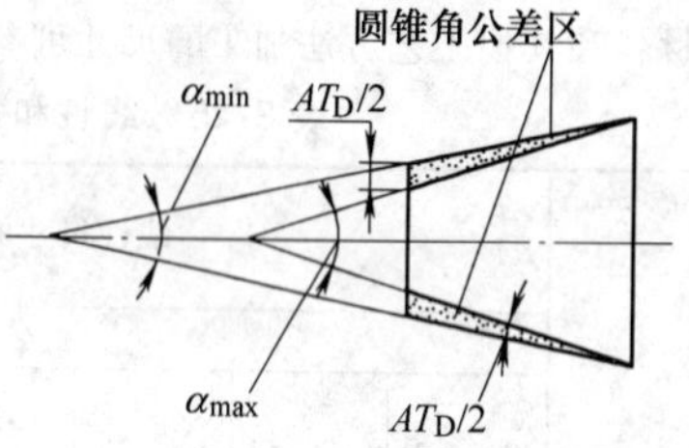
圆锥角公差 AT	圆锥角的允许变动量。用角度值 AT_a 或线值 AT_D 给定。AT 是一个没有符号的绝对值	圆锥角公差区　α_{min}　$AT_D/2$　α_{max}　$AT_D/2$
圆锥角公差区	两个极限圆锥角所限定的区域	
给定截面圆锥直径公差 T_{DS}	在垂直圆锥轴线的给定截面内，圆锥直径的允许变动量，它是一个没有符号的绝对值	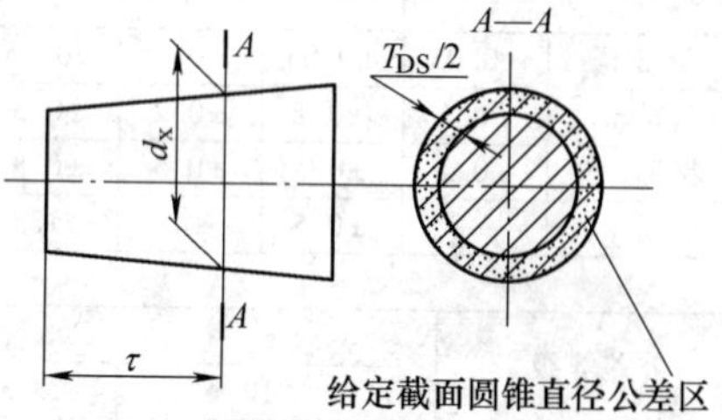 A—A　$T_{DS}/2$　A　d_x　A　τ　给定截面圆锥直径公差区
给定截面圆锥直径公差区	在给定的圆锥截面内，由两个同心圆所限定的区域	

3.3.2　圆锥公差项目及给定方法（见表 3-47）

表 3-47　圆锥公差的项目及给定方法（摘自 GB/T 11334—2005）

公差项目及代号	给定方法：一般情况	给定方法：有较高要求时	圆锥公差的标注
圆锥直径公差 T_D	1）给出圆锥的公称圆锥角 α（或锥度 C）和 T_D	α（或 C）、T_D 和 AT、T_F（此时 AT、T_F 仅占 T_D 的一部分）	当圆锥公差按 α（或 C）和 T_D 给定时，规定在圆锥直径的极限偏差后标注"Ⓣ"符号，如 $\phi50^{+0.039}_{0}$Ⓣ
圆锥角公差 AT（用 AT_α 或 AT_D 给定）			
圆锥的形状公差 T_F（包括素线直线度公差和截面圆度公差）	2）给定 TD_S 和 AT（两者独立，不能相互叠加）	TD_S、AT 及 T_F	
给定截面圆锥直径公差 T_{DS}			

注：按方法 1）给出 α 或（C）和 T_D，由 T_D 确定两个极限圆锥，此时圆锥角误差和圆锥的形状误差均应在极限圆锥所限定的区域内。

3.3.3　圆锥公差的数值及选取

圆锥公差的数值及选取如下：

（1）圆锥直径公差 T_D　它以公称圆锥直径为公称尺寸按 GB/T 1800.1—2009 规定的标准公差选取，选取的公差数值适用于圆锥长度 L 全长内的所有圆锥直径。公称圆锥直径可以是由设计给定的最大圆锥直径 D 或最小圆锥直径 d（一般取最大圆锥直径 D 作为公称尺寸选取公差数值）。给定截面圆锥直径的公差 T_{DS}，以给定截面圆锥直径 d_x 为公称尺寸按 GB/T 1800.1—2009 规定的标准公差选取，选取的公差数值仅适用于该给定截面，不适用于圆锥全长。其公差带位置按功能要求确定。对于有配合要求的圆锥，其内、外圆锥的配合形式、配合基准制和公差带按

GB/T 12360—2005《产品几何量技术规范（GPS）圆锥配合》中的有关规定选择。对于无配合要求的圆锥，其内、外圆锥建议选用基本偏差 JS、js，按功能要求确定其公差等级。

（2）圆锥角公差 AT　AT 分 12 个公差等级，用 $AT1$、$AT2$、…、$AT12$ 表示，其数值见表 3-48。若需更高或更低等级的圆锥角公差，可按公比 1.6 向两端延伸得到。更高等级用 $AT0$、$AT01$、…表示，更低等级用 $AT13$、$AT14$、…表示。

按圆锥角公差等级从表 3-48 选取公差值后，依设计和功能要求其极限偏差可按单向取值或双向取值，如 $\alpha+AT$、$\alpha-AT$ 或 $\alpha\pm AT/2$ 等。双向取值可以是对称的，也可以是不对称的。圆锥角各公差等级适用范围大体是：$AT1$～$AT2$ 用于高精度的锥度量规和角度样板；$AT3$～$AT5$ 用于锥度量规、角度样板和高精度零件等；$AT6$～$AT8$ 用于传递大扭矩高精度摩擦锥体、工具锥体和锥销等；$AT9$～$AT10$ 用于中等精度零件，配研前的摩擦锥体和溜板等；$AT11$～$AT12$ 用于低精度零件。

（3）圆锥直径公差 T_D　当给定圆锥直径公差 T_D 后，其两极限圆锥限定了实际圆锥角的最大和最小值分别为 α_{max} 和 α_{min}。表 3-49 列出了圆锥长度为 100mm 的圆锥直径公差 T_D 所能控制的最大圆锥角误差 $\Delta\alpha_{max}$。

（4）圆锥形状公差 T_F　它包括素线直线度公差和截面圆度公差。一般情况下，圆锥形状公差不单独给出，而是由对应的圆锥直径公差带限制。只有当为了满足某一功能的需要，如对有配合要求的圆锥，其素线直线度误差和圆锥截面圆度误差将影响配合的接触质量时，或对圆锥的形状误差有更高要求时，再给出圆锥的形状公差。但其数值应小于圆锥直径公差的二分之一。圆锥素线直线度公差和圆锥截面圆度公差的数值推荐按 GB/T 1184—1996 选取，参见表 3-65 和表 3-66。

表 3-48　圆锥角公差等级（摘自 GB/T 11334—2005）

公称圆锥长度 L /mm	圆锥角度公差等级											
	$AT1$			$AT2$			$AT3$			$AT4$		
	AT_α		AT_D	AT_α		AT_D	AT_α		AT_D	AT_α		AT_D
	μrad	(″)	μm	μrad	(″)	μm	μrad	(″)	μm	μrad	(″)	μm
自 6～10	50	10	>0.3～0.5	80	16	>0.5～0.8	125	26	>0.8～1.3	200	41	>1.3～2.0
>10～16	40	8	>0.4～0.6	63	13	>0.6～1.0	100	21	>1.0～1.6	160	33	>1.6～2.5
>16～25	31.5	6	>0.5～0.8	50	10	>0.8～1.3	80	16	>1.3～2.0	125	26	>2.0～3.2
>25～40	25	5	>0.6～1.0	40	8	>1.0～1.6	63	13	>1.6～2.5	100	21	>2.5～4.0
>40～63	20	4	>0.8～1.3	31.5	6	>1.3～2.0	50	10	>2.0～3.2	80	16	>3.2～5.0
>63～100	16	3	>1.0～1.6	25	5	>1.6～2.5	40	8	>2.5～4.0	63	13	>4.0～6.3
>100～160	12.5	2.5	>1.3～2.0	20	4	>2.0～3.2	31.5	6	>3.2～5.0	50	10	>5.0～8.0
>160～250	10	2	>1.6～2.5	16	3	>2.5～4.0	25	5	>4.0～6.3	40	8	>6.3～10.0
>250～400	8	1.5	>2.0～3.2	12.5	2.5	>3.2～5.0	20	4	>5.0～8.0	31.5	6	>8.0～12.5
>400～630	6.3	1	>2.5～4.0	10	2	>4.0～6.3	16	3	>6.3～10.0	25	5	>10.0～16.0

公称圆锥长度 L /mm	圆锥角度公差等级											
	$AT5$			$AT6$			$AT7$			$AT8$		
	AT_α		AT_D	AT_α		AT_D	AT_α		AT_D	AT_α		AT_D
	μrad	(′)(″)	μm	μrad	(′)(″)	μm	μrad	(′)(″)	μm	μrad	(′)(″)	μm
自 6～10	315	1′05″	>2.0～3.2	500	1′43″	>3.2～5.0	800	2′45″	>5.0～8.0	1250	4′18″	>8.0～12.5
>10～16	250	52″	>2.5～4.0	400	1′22″	>4.0～6.3	630	2′10″	>6.3～10.0	1000	3′26″	>10.0～16.0
>16～25	200	41″	>3.2～5.0	315	1′05″	>5.0～8.0	500	1′43″	>8.0～12.5	800	2′45″	>12.5～20.0
>25～40	160	33″	>4.0～6.3	250	52″	>6.3～10.0	400	1′22″	>10.0～16.0	630	2′10″	>16.0～25.0
>40～63	125	26″	>5.0～8.0	200	41″	>8.0～12.5	315	1′05″	>12.5～20.0	500	1′43″	>20.0～32.0
>63～100	100	21″	>6.3～10.0	160	33″	>10.0～16.0	250	52″	>16.0～25.0	400	1′22″	>25.0～40.0
>100～160	80	16″	>8.0～12.5	125	26″	>12.5～20.0	200	41″	>20.0～32.0	315	1′05″	>32.0～50.0
>160～250	63	13″	>10.0～16.0	100	21″	>16.0～25.0	160	33″	>25.0～40.0	250	52″	>40.0～63.0
>250～400	50	10″	>12.5～20.0	80	16″	>20.0～32.0	125	26″	>32.0～50.0	200	41″	>50.0～80.0
>400～630	40	8″	>16.0～25.0	63	13″	>25.0～40.0	100	21″	>40.0～63.0	160	33″	>63.0～100.0

（续）

公称圆锥长度 L /mm	圆锥角度公差等级											
	$AT9$			$AT10$			$AT11$			$AT12$		
	AT_α		AT_D	AT_α		AT_D	AT_α		AT_D	AT_α		AT_D
	μrad	(′)(″)	μm	μrad	(′)(″)	μm	μrad	(′)(″)	μm	μrad	(′)(″)	μm
自 6~10	2000	6′52″	>12.5~20	3150	10′49″	>20~32	5000	17′10″	>32~50	8000	27′28″	>50~80
>10~16	1600	5′30″	>16~25	2500	8′35″	>25~40	4000	13′44″	>40~63	6300	21′38″	>63~100
>16~25	1250	4′18″	>20~32	2000	6′52″	>32~50	3150	10′49″	>50~80	5000	17′10″	>80~125
>25~40	1000	3′26″	>25~40	1600	5′30″	>40~63	2500	8′35″	>63~100	4000	13′44″	>100~160
>40~63	800	2′45″	>32~50	1250	4′18″	>50~80	2000	6′52″	>80~125	3150	10′49″	>125~200
>63~100	630	2′10″	>40~63	1000	3′26″	>63~100	1600	5′30″	>100~160	2500	8′35″	>160~250
>100~160	500	1′43″	>50~80	800	2′45″	>80~125	1250	4′18″	>125~200	2000	6′52″	>200~320
>160~250	400	1′22″	>63~100	630	2′10″	>100~160	1000	3′26″	>160~250	1600	5′30″	>250~400
>250~400	315	1′05″	>80~125	500	1′43″	>125~200	800	2′45″	>200~320	1250	4′18″	>320~500
>400~630	250	52″	>100~160	400	1′22″	>160~250	630	2′10″	>250~400	1000	3′26″	>400~630

注：1. 1μrad 等于半径为 1m、弧长为 1μm 所对应的圆心角。5μrad≈1″（秒）；300μrad≈1′（分）。

2. AT_α 和 AT_D 的关系式为 $AT_D=AT_\alpha\times L\times10^{-3}$，式中 AT_D 的单位为 μm；AT_α 的单位为 μard；L 为圆锥长度，单位为 mm。

3. 本表仅列出每一尺寸段 AT_D 两个范围值，对处于基本圆锥长度 L 尺寸段中间的 AT_D 值则应按注 2 的公式进行计算。其计算结果的尾数按 GB/T 4112—GB/T 4116《单位换算表》的规定进行修约，其有效数应与表中所列该 L 尺寸段的最大范围值位数相同。计算举例

例 1　L 为 100mm，选用 $AT9$，查本表得 AT_α 为 630μmrad 或 2′10″；AT_D 为 63μm。

例 2　L 为 80mm，选用 $AT9$，查本表得 AT_α 为 630μmrad 或 2′10″，则

$AT_D=AT_\alpha\times L\times10^{-3}=630\times80\times10^{-3}\mu m=50.4\mu m$　按规定修约为 50μm。

4. 本表中数值用于棱体的角度时，以该角短边长度作为 L 选取公差值，而 AT_h 取表中 AT_D 的值。

表 3-49　圆锥直径公差 T_D 所能控制的最大圆锥角误差 $\Delta\alpha_{max}$（摘自 GB/T 11334—2005）

圆锥直径公差等级	圆锥直径/mm												
	≤3	>3~6	>6~10	>10~18	>18~30	>30~50>	50~80	>80~120	>120~180	>180~250	>250~315	>315~400	>400~500
	$\Delta\alpha_{max}$/μrad												
IT01	3	4	4	5	6	6	8	10	12	20	25	30	40
IT0	5	6	6	8	10	10	12	15	20	30	40	50	60
IT1	8	10	10	12	15	15	20	25	35	45	60	70	80
IT2	12	15	15	20	25	25	30	40	50	70	80	90	100
IT3	20	25	25	30	40	40	50	60	80	100	120	130	150
IT4	30	40	40	50	60	70	80	100	120	140	160	180	200
IT5	40	50	60	80	90	110	130	150	180	200	230	250	270
IT6	60	80	90	110	130	160	190	220	250	290	320	360	400
IT7	100	120	150	180	210	250	300	350	400	460	520	570	630
IT8	140	180	220	270	330	390	460	540	630	720	810	890	970
IT9	250	300	360	430	520	620	740	870	1000	1150	1300	1400	1550
IT10	400	480	580	700	840	1000	1200	1400	1600	1850	2100	2300	2500
IT11	600	750	900	1000	1300	1600	1900	2200	2500	2900	3200	3600	4000
IT12	1000	1200	1500	1800	2100	2500	3000	3500	4000	4600	5200	5700	6300
IT13	1400	1800	2200	2700	3300	3900	4600	5400	6300	7200	8100	8900	9700
IT14	2500	3000	3600	4300	5200	6200	7400	8700	10000	11500	13000	14000	15500
IT15	4000	4800	5800	7000	8400	10000	12000	14000	16000	18500	21000	23000	25000
IT16	6000	7500	9000	11000	13000	16000	19000	22000	25000	29000	32000	36000	40000
IT17	10000	12000	15000	18000	21000	25000	30000	35000	40000	46000	52000	57000	63000
IT18	14000	18000	22000	27000	33000	39000	46000	54000	63000	72000	81000	89000	97000

注：圆锥长度不等于 100mm 时，需将表中的数值乘以 $100/L$，L 的单位为 mm。

3.4　圆锥配合

GB/T 12360—2005《产品几何量技术规范（GPS）圆锥配合》（见表 3-50~表 3-59）适用于锥度 C 从 1∶3~1∶500，长度 L 从 6~630mm，直径至 500mm 光滑圆锥的配合。规定了圆锥配合的术语和定义及一般规定，其圆锥公差的给定方法符合 GB/T 11334—2005 的相关规定。

3.4.1　圆锥配合的形成和类型（见表 3-50）

公称圆锥相同的内、外圆锥直径之间，由于结合不同所形成的相互关系，称为圆锥配合。圆柱体配合

是单一参数的尺寸配合，而圆锥体配合则是多参数的尺寸配合，参与配合的不仅有直径尺寸，还有角度尺寸，其配合的性质和精度不仅取决于内、外圆锥的圆锥直径公差和圆锥角公差的公差带大小和位置，还与内、外圆锥的相对轴向位置有关。

表 3-50　圆锥配合的形成和类型（摘自 GB/T 12360—2005）

类型	配合形成方式	示例图
结构型圆锥配合	1)由内、外圆锥的结构确定装配的最终位置而获得配合。这种方式可得间隙、过渡和过盈配合 图为由轴肩接触得到间隙配合的示例	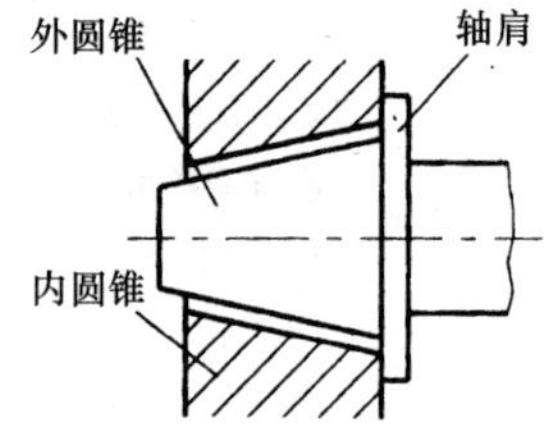 外圆锥 轴肩 内圆锥
	2)由内、外圆锥基准平面之间的尺寸(称为基面距)确定装配的最终位置而获得配合。这种方式可得到间隙、过渡和过盈配合 图为由结构尺寸 a 得到过盈配合的示例	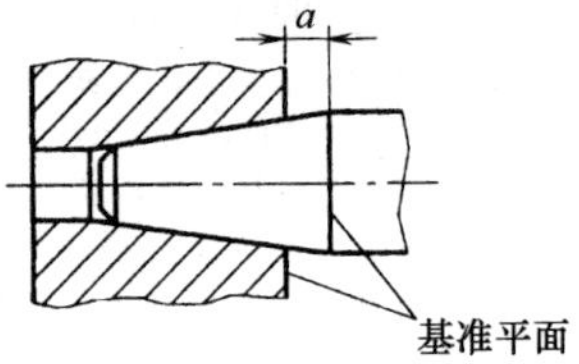 a 基准平面
位移型圆锥配合	1)由内、外圆锥实际初始位置 P_a 开始，作一定的相对轴向位移 E_a 而获得的配合。这种方式可得间隙和过盈配合 图为间隙配合的示例	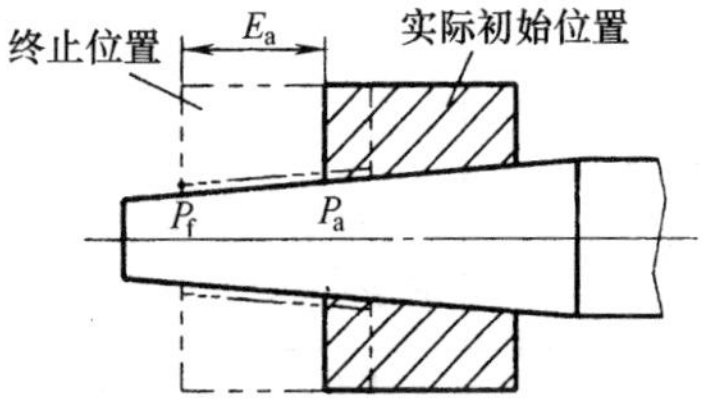 终止位置 E_a 实际初始位置 P_f P_a
	2)由内、外圆锥实际初始位置 P_a 开始，施加一定的装配力产生轴向位移达终止位置 P_f 而获得配合。这种方式只能得到过盈配合 图为过盈配合的示例	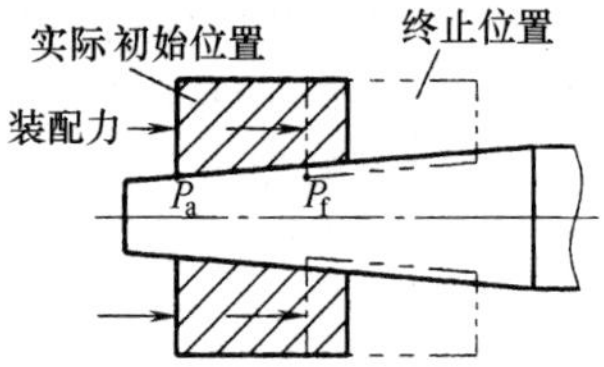 实际初始位置 终止位置 装配力 P_a P_f

3.4.2　圆锥配合的术语和定义（见表 3-51）

表 3-51　圆锥配合的术语和定义（摘自 GB/T 12360—2005）

术语	定义及说明
结构型圆锥配合 位移型圆锥配合	由圆锥结构确定装配位置，内、外圆锥公差区之间的相互关系，称为结构型圆锥配合，可为间隙配合、过渡配合和过盈配合 内、外圆锥在装配时作一定相对轴向位移 E_a 确定的相互关系，称为位移型圆锥配合，可以是间隙配合或过盈配合
圆锥直径配合量 T_{Df}	圆锥配合在配合的直径上允许的间隙或过盈的变动量称为圆锥直径配合量 T_{Df} 对于结构型圆锥配合： 间隙配合　$T_{Df}=X_{max}-X_{min}$ 过盈配合　$T_{Df}=Y_{max}-Y_{min}$ 过渡配合　$T_{Df}=X_{max}+Y_{max}$ $T_{Df}=T_{Di}+T_{De}$ 对于位移型圆锥配合： 间隙配合　$T_{Df}=X_{max}-X_{min}$ 过盈配合　$T_{Df}=Y_{max}-Y_{min}$ $T_{Df}=T_E C$ 式中　X_{max}、X_{min}—最大间隙量、最小间隙量 Y_{max}、Y_{min}—最大过盈量、最小过盈量 T_{Di}、T_{De}—内圆锥直径公差、外圆锥直径公差 T_E—轴向位移公差 C—锥度值

（续）

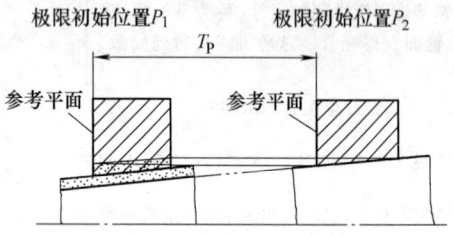

术　语	定 义 及 说 明
	位移型圆锥配合术语
初始位置 P 极限初始位置 P_1、P_2	在不施加力的情况下，相互结合的内、外圆锥表面接触时的轴向位置，称为初始位置 P 初始位置允许的界限称为极限初始位置。内圆锥以下极限圆锥，外圆锥以上极限圆锥接触时的位置为极限初始位置 P_1，内圆锥以上极限圆锥，外圆锥以下极限圆锥接触时的位置为极限初始位置 P_2。初始位置可用基面距来表示
初始位置公差 T_P	初始位置允许的变动量称为初始位置公差 T_p，它等于极限初始位置 P_1 和 P_2 之间的距离 T_p 和内、外圆锥直径公差 T_{Di}、T_{De} 的关系为（C 为锥度） $$T_p=\frac{1}{C}(T_{Di}+T_{De})$$
实际初始位置 P_a	相互结合的内、外实际圆锥的初始位置称为实际初始位置。它应位于极限初始位置 P_1 和 P_2 之间 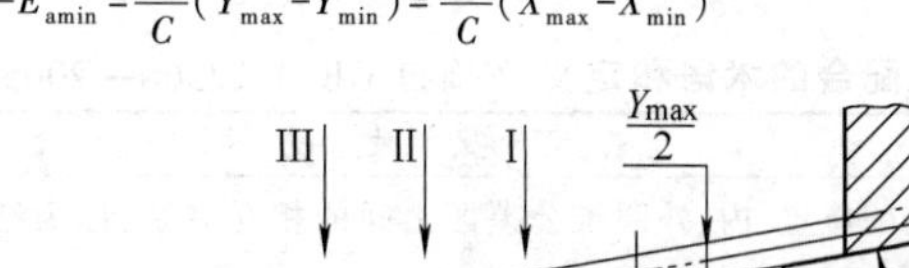
终止位置 P_f	相互结合的内、外圆锥，为使其终止状态得到要求的间隙或过盈所规定的相互轴向位置称为终止位置 P_f。终止位置可用基面距来表示
轴向位移 E_a 最小轴向位移 E_{amin} 最大轴向位移 E_{amax} 轴向位移公差 T_E	相互结合的内、外圆锥从实际初始位置 P_a 到终止位置 P_f 移动的距离称为轴向位移 E_a。轴向位移的方向决定是间隙配合，还是过盈配合，其大小决定间隙量或过盈量的大小 在相互结合的内、外圆锥的终止位置上，得到最小间隙或最小过盈的轴向位移称为最小轴向位移 E_{amin} 在相互结合的内、外圆锥的终止位置上，得到最大间隙或最大过盈的轴向位移称为最大轴向位移 E_{amax}。在终止位置上得到最大过盈、最小过盈的示例见下图 轴向位移允许的变动量称为轴向位移公差。它等于最大轴向位移和最小轴向位移之差。$T_E=E_{amax}-E_{amin}=\frac{1}{C}(Y_{max}-Y_{min})=\frac{1}{C}(X_{max}-X_{min})$ 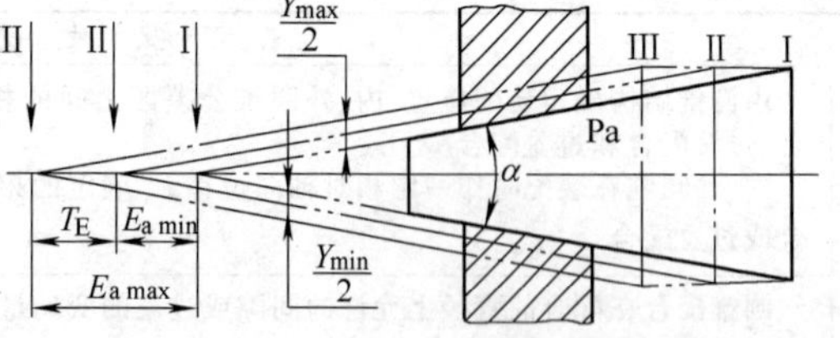 Ⅰ—实际初始位置　Ⅱ—最小过盈位置　Ⅲ—最大过盈位置

3.4.3　结构型圆锥配合的基准制与配合的选取

推荐优先选用基孔制；内、外圆锥直径公差带及配合按 GB/T 1801—2009 选取，即内圆锥直径偏差用 H，根据不同配合的要求，外圆锥直径基本偏差可在 a 至 zc 中选取（a 至 h 用于间隙配合，j 至 zc 用于过渡配合和过盈配合）。根据圆锥配合的特性，不大适合于大间隙的场合，因此间隙配合一般在 d 至 h 中选择。若 GB/T 1801—2009 给出的常用配合不能满足需要，可按 GB/T 1800—2009 规定的基本偏差和标准公差组成所需的配合。

结构型圆锥配合的圆锥配合公差等于相配合的内、外圆锥公差之和。而内、外圆锥直径公差的大小直接影响配合精度，因此对这类配合，推荐以内、外圆锥直径的公差等级不低于 IT9 为宜。若对接触精度有更高要求，可进一步按圆锥角公差 AT 系列给出圆锥角极限偏差和圆锥形状公差。

圆锥直径公差带代号可标注在最大圆锥直径、最小圆锥直径或任意截面圆锥直径处（一般标注在最大圆锥直径上）。

3.4.4 位移型圆锥配合的直径公差带和配合的确定

为计算和加工方便，位移型圆锥配合应选取基本偏差为零或对称分布的内、外圆锥直径公差带，推荐选用 H、h 或 JS、js。公差等级可根据对终止位置的基面距和接触精度来选取。若对基面距无要求，可选择较低的公差等级；对较高的接触精度，可用给出圆锥角公差予以满足。对基面距有要求时，应通过计算来选取或校核内、外圆锥直径公差带。公差等级一般在 IT8 ~ IT12 之间选取。

位移型圆锥配合的配合性质通过给定相互结合的内、外圆锥的轴向位移或装配力确定。轴向位移的极限值由功能要求的极限间隙或极限过盈计算得到。极限间隙或极限过盈可通过计算法或类比法从 GB/T 1801—2009 中给出的标准配合的极限间隙或极限过盈中选取。对于较重要的连结可直接采用计算值。位移型圆锥配合的轴向位移极限值 E_{amin}、E_{amax} 和轴向位移公差 T_E 按下列公式计算：

间隙配合：最小轴向位移 $E_{amin}=\dfrac{1}{C}X_{min}$

最大轴向位移 $E_{amax}=\dfrac{1}{C}X_{max}$

轴向位移公差 $T_E=E_{amax}-E_{amin}$

$$=\frac{1}{C}(X_{max}-X_{min})$$

过盈配合：最小轴向位移 $E_{amin}=\dfrac{1}{C}Y_{min}$

最大轴向位移 $E_{amax}=\dfrac{1}{C}Y_{max}$

轴向位移公差 $T_E=E_{amax}-E_{amin}$

$$=\frac{1}{C}(Y_{max}-Y_{min})$$

式中　C——锥度；

X_{min}、X_{max}——配合的最小和最大间隙量；

Y_{min}、Y_{max}——配合的最小和最大过盈量。

【例】 配合圆锥的锥度 C 为 1∶50，要求配合后达到 H8/u7 的配合性质。给出的配合圆锥的公称直径为 ϕ100mm，试计算所需的轴向位移和轴向位移公差。

【解】 根据 GB/T 1800—2009 查得 ϕ100H8/u7 的最大过盈量 $Y_{max}=159\mu m$，最小过盈量 $Y_{min}=70\mu m$，于是，

$$E_{amin}=\frac{1}{C}Y_{min}=50\times70\mu m$$

$$=3500\mu m=3.5mm$$

$$E_{amax}=\frac{1}{C}Y_{max}=50\times159\mu m$$

$$=7950\mu m=7.95mm$$

$$T_E=E_{amax}-E_{amin}=(7.95-3.5)mm$$

$$=4.45mm$$

由装配力产生轴向位移而达到的过盈配合，其极限装配力可以由所需要传递的力矩直接计算得到，而不需再计算极限过盈。

3.4.5 圆锥轴向偏差及其计算方法

圆锥轴向极限偏差，是圆锥的最大或最小极限圆锥与其公称圆锥轴向位置的偏离。给出的圆锥直径公差带截面，就是轴向极限偏差起始的零线截面。GB/T 12360—2005 规定下极限圆锥与公称圆锥的偏离为轴向上极限偏差（内圆锥为 ES_z、外圆锥为 es_z），上极限圆锥与公称圆锥的偏离为轴向下极限偏差（内圆锥为 EI_z、外圆锥为 ei_z），其中靠近零线截面的极限偏差为轴向基本偏差，轴向上极限偏差与轴向下极限偏差的代数差为轴向公差，其代号为 T_z。外、内圆锥轴向极限偏差见图 3-4 和图 3-5。圆锥轴向极限偏差可根据圆锥直径极限偏差换算得到，其换算公式见表 3-52。基孔制的基准内圆锥和不同基本偏差外圆锥的轴向极限偏差计算式见表 3-56。锥度 C 为 1∶10 时，按 GB/T 1800—2009 规定的基本偏差计算得到的外圆锥轴向基本偏差 e_z 值见表 3-53，按标准公差计算得到的轴向公差 T_z 值见表 3-54。锥度不等于 1∶10 时，其轴向基本偏差和轴向公差需用表 3-53 和表 3-54 的数值乘以表 3-55 相应的锥度的换算系数。

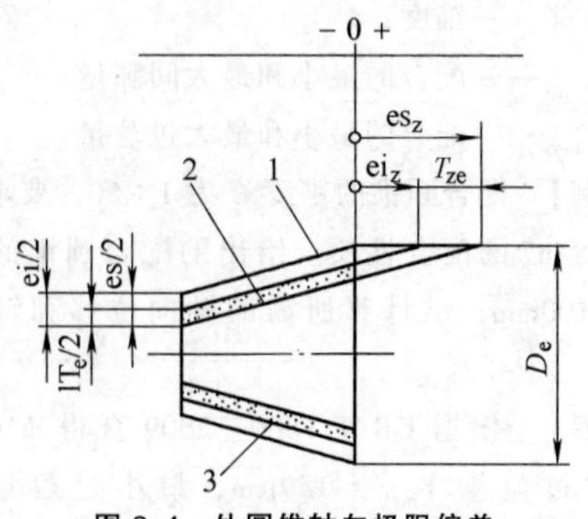

图 3-4 外圆锥轴向极限偏差

1—公称圆锥 2—最小极限圆锥 3—最大极限圆锥

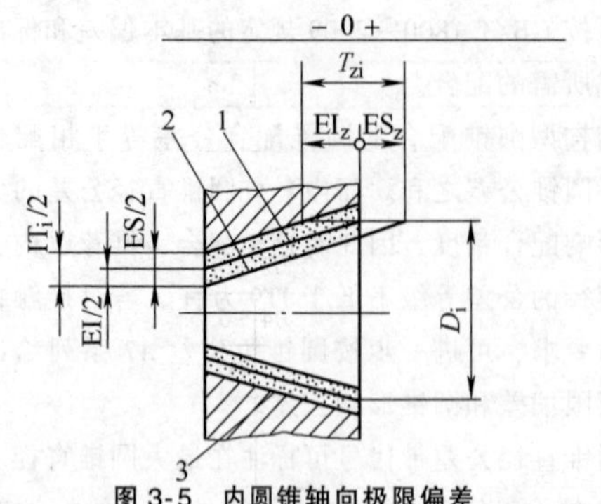

图 3-5 内圆锥轴向极限偏差

1—公称圆锥 2—最小极限圆锥 3—最大极限圆锥

表 3-52 圆锥轴向极限偏差计算式（摘自 GB/T 12360—2005）

偏差或公差名称	外圆锥	内圆锥
轴向上极限偏差	$es_z=-\frac{1}{C}ei$	$ES_z=-\frac{1}{C}EI$
轴向下极限偏差	$ei_z=-\frac{1}{C}es$	$EI_z=-\frac{1}{C}ES$
轴向基本偏差	$e_z=-\frac{1}{C}\times$直径基本偏差	$E_z=-\frac{1}{C}\times$直径基本偏差
轴向公差 T_z	$T_{ze}=\frac{1}{C}IT_e$	$T_{zi}=\frac{1}{C}IT_i$

表 3-53 锥度 $C=1:10$ 时，外圆锥的轴向基本偏差（e_z）数值（摘自 GB/T 12360—2005）

（单位：mm）

基本偏差		a	b	c	cd	d	e	ef	f	fg	g	h	js	j		
公称尺寸		公差等级														
大于	至	所有等级												5、6	7	8
—	3	+2.7	+1.4	+0.6	+0.34	+0.20	+0.14	+0.1	+0.06	+0.04	+0.02	0		+0.02	+0.04	+0.06
3	6	+2.7	+1.4	+0.7	+0.46	+0.30	+0.20	+0.14	+0.10	+0.06	+0.04	0		+0.02	+0.04	—
6	10	+2.8	+1.5	+0.8	+0.56	+0.40	+0.25	+0.18	+0.13	+0.08	+0.05	0		+0.02	+0.05	—
10	14	+2.9	+1.5	+0.95	—	+0.50	+0.32	—	+0.16	—	+0.06	0		+0.03	+0.06	—
14	18															
18	24	+3.0	+1.6	+1.1	—	+0.65	+0.40	—	+0.20	—	+0.07	0		+0.04	+0.08	—
24	30															
30	40	+3.1	+1.7	+1.2	—	+0.80	+0.50	—	+0.25	—	+0.09	0		+0.05	+0.10	—
40	50	+3.2	+1.8	+1.3												
50	65	+3.4	+1.9	+1.4	—	+1.0	+0.60	—	+0.30	—	+0.10	0		+0.07	+0.12	—
65	80	+3.6	+2.0	+1.5												
80	100	+3.8	+2.2	+1.7	—	+1.2	+0.72	—	+0.36	—	+0.12	0	$e_z=\pm\frac{T_{ze}}{2}$	+0.09	+0.15	—
100	120	+4.1	+2.4	+1.8												
120	140	+4.6	+2.6	+2.0	—	+1.45	+0.85	—	+0.43	—	+0.14	0		+0.11	+0.18	—
140	160	+5.2	+2.8	+2.1												
160	180	+5.8	+3.1	+2.3												
180	200	+6.6	+3.4	+2.4	—	+1.7	+1.0	—	+0.50	—	+0.15	0		+0.13	+0.21	—
200	225	+7.4	+3.8	+2.6												
225	250	+8.2	+4.2	+2.8												
250	280	+9.2	+4.8	+3.0	—	+1.9	+1.1	—	+0.56	—	+0.17	0		+0.16	+0.26	—
280	315	+10.5	+5.4	+3.3												
315	355	+12.0	+6.0	+3.6	—	+2.1	+1.25	—	+0.62	—	+0.18	0		+0.18	+0.28	—
355	400	+13.5	+6.8	+4.0												
400	450	+15.0	+7.6	+4.4	—	+2.3	+1.35	—	+0.68	—	+0.20	0		+0.20	+0.32	—
450	500	+16.5	+8.4	+4.8												

（续）

基本偏差		k		m	n	p	r	s	t	u	v	x	y	z	za	zb	zc
公称尺寸		公差等级															
大于	至	≤3 >7	4~7	所有等级													
—	3	0	0	-0.02	-0.04	-0.06	-0.10	-0.14	—	-0.18	—	-0.20	—	-0.26	-0.32	-0.4	-0.6
3	6	0	-0.01	-0.04	-0.08	-0.12	-0.15	-0.19	—	-0.23	—	-0.28	—	-0.35	-0.42	-0.5	-0.8
6	10	0	-0.01	-0.06	-0.10	-0.15	-0.19	-0.23	—	-0.28	—	-0.34	—	-0.42	-0.52	-0.67	-0.97
10	14	0	-0.01	-0.07	-0.12	-0.18	-0.23	-0.28	—	-0.33	—	-0.40	—	-0.5	-0.64	-0.9	-1.3
14	18									-0.33	-0.39	-0.45	—	-0.6	-0.77	-1.08	-1.5
18	24	0	-0.02	-0.08	-0.15	-0.22	-0.28	-0.35	—	-0.41	-0.47	-0.54	-0.63	-0.73	-0.98	-1.36	-1.88
24	30								-0.41	-0.48	-0.55	-0.64	-0.75	-0.88	-1.18	-1.6	-2.18
30	40	0	-0.02	-0.09	-0.17	-0.26	-0.34	-0.43	-0.48	-0.6	-0.68	-0.8	-0.94	-1.12	-1.48	-2.0	-2.74
40	50								-0.54	-0.7	-0.81	-0.97	-1.14	-1.36	-1.8	-2.42	-3.25
50	60	0	-0.02	-0.11	-0.20	-0.32	-0.41	-0.53	-0.66	-0.87	-1.02	-1.22	-1.44	-1.72	-2.25	-3.0	-4.05
65	80						-0.43	-0.59	-0.75	-1.02	-1.2	-1.46	-1.74	-2.1	-2.74	-3.6	-4.8
80	100	0	-0.03	-0.13	-0.23	-0.37	-0.51	-0.71	-0.91	-1.24	-1.46	-1.78	-2.14	-2.58	-3.35	-4.45	-5.85
100	120						-0.54	-0.79	-1.04	-1.44	-1.72	-2.10	-2.54	-3.1	-4.0	-5.25	-6.9
120	140	0	-0.03	-0.15	-0.27	-0.43	-0.63	-0.92	-1.22	-1.7	-2.02	-2.48	-3.0	-3.65	-4.7	-6.2	-8
140	160						-0.65	-1.0	-1.34	-1.9	-2.28	-2.8	-3.4	-4.15	-5.35	-7	-9
160	180						-0.68	-1.08	-1.46	-2.1	-2.52	-3.1	-3.8	-4.65	-6.0	-7.8	-10
180	200	0	-0.04	-0.17	-0.31	-0.50	-0.77	-1.22	-1.66	-2.36	-2.84	-3.5	-4.25	-5.2	-6.7	-8.8	-11.5
200	225						-0.80	-1.3	-1.8	-2.58	-3.1	-3.85	-4.7	-5.75	-7.4	-9.6	-12.5
225	250						-0.84	-1.4	-1.96	-2.84	-3.4	-4.25	-5.2	-6.4	-8.2	-10.5	-13.5
250	280	0	-0.04	-0.20	-0.34	-0.56	-0.94	-1.58	-2.18	-3.15	-3.85	-4.75	-5.8	-7.1	-9.2	-12	-15.5
280	315						-0.98	-1.7	-2.4	-3.5	-4.25	-5.25	-6.5	-7.9	-10	-13	-17
315	355	0	-0.04	-0.21	-0.37	-0.62	-1.08	-1.9	-2.68	-3.9	-4.75	-5.9	-7.3	-9	-11.5	-15	-19
355	400						-1.14	-2.08	-2.94	-4.35	-5.3	-6.6	-8.2	-10	-13	-16.5	-21
400	450	0	-0.05	-0.23	-0.40	-0.68	-1.26	-2.32	-3.3	-4.9	-5.95	-7.4	-9.2	-11	-14.5	-18.5	-24
450	500						-1.32	-2.52	-3.6	-5.4	-6.6	-8.2	-10	-12.5	-16	-21	-26

表 3-54　锥度 $C=1:10$ 时，轴向公差（T_z）数值（摘自 GB/T 12360—2005）

（单位：mm）

公称尺寸		公差等级									
大于	至	IT3	IT4	IT5	IT6	IT7	IT8	IT9	IT10	IT11	IT12
—	3	0.02	0.03	0.04	0.06	0.10	0.14	0.25	0.40	0.60	1.0
3	6	0.025	0.04	0.05	0.08	0.12	0.18	0.30	0.48	0.75	1.2
6	10	0.025	0.04	0.06	0.09	0.15	0.22	0.36	0.58	0.90	1.5
10	18	0.03	0.05	0.08	0.11	0.18	0.27	0.43	0.70	1.1	1.8
18	30	0.04	0.06	0.09	0.13	0.21	0.33	0.52	0.84	1.3	2.1
30	50	0.04	0.07	0.11	0.16	0.25	0.39	0.62	1.0	1.6	2.5
50	80	0.05	0.08	0.13	0.19	0.30	0.46	0.74	1.2	1.9	3.0
80	120	0.06	0.10	0.15	0.22	0.35	0.54	0.87	1.4	2.2	3.5
120	180	0.08	0.12	0.18	0.25	0.40	0.63	1.0	1.6	2.5	4.0
180	250	0.10	0.14	0.20	0.29	0.46	0.72	1.15	1.85	2.9	4.6
250	315	0.12	0.16	0.23	0.32	0.52	0.81	1.3	2.1	3.2	5.2
315	400	0.13	0.18	0.25	0.36	0.57	0.89	1.4	2.3	3.6	5.7
400	500	0.15	0.20	0.27	0.40	0.63	0.97	1.55	2.5	4.0	6.3

表 3-55　圆锥的换算系数（摘自 GB/T 12360—2005）　　（单位：mm）

一般用途圆锥						特殊用途圆锥			
基本值		换算系数	基本值		换算系数	基本值	换算系数	基本值	换算系数
系列 1	系列 2		系列 1	系列 2					
1∶3		0.3		1∶15	1.5	18°30′	0.3	1∶18.779	1.8
	1∶4	0.4	1∶20		2	11°54′	0.48	1∶19.002	1.9
1∶5		0.5				8°40′	0.66	1∶19.180	1.92
			1∶30		3	7°40′	0.75	1∶19.212	1.92
	1∶6	0.6		1∶40	4	7∶24	0.34	1∶19.254	1.92
	1∶7	0.7	1∶50		5	1∶9	0.9	1∶19.264	1.92
						1∶12.262	1.2	1∶19.922	1.99
	1∶8	0.8	1∶100		10	1∶12.972	1.3	1∶20.020	2
1∶10		1	1∶200		20	1∶15.748	1.57	1∶20.047	2
	1∶12	1.2	1∶500		50	1∶16.666	1.67	1∶20.288	2

表 3-56　基孔制的内、外圆锥轴向极限偏差计算（摘自 GB/T 12360—2005）

直径基本偏差代号	内　圆　锥	外　圆　锥			
	H	a～g	h	js	j～zc
轴向上极限偏差	$ES_z=0$	$es_z=e_z+T_{ze}$	$es_z=+T_{ze}$	$es_z=+T_{ze}/2$	$es_z=e_z$
轴向下极限偏差	$EI_z=-T_{zi}$	$ei_z=e_z$	$ei_z=0$	$ei_z=-T_{ze}/2$	$ei_z=e_z-T_{ze}$

3.4.6　配合圆锥基准平面极限初始位置和极限终止位置的计算

根据基准平面选在锥体的大直径端或小直径端，见图 3-6 和图 3-7，确定其极限初始位置 Z_{pmin} 和 Z_{pmax} 的计算式见表 3-57。采用 H/h 和 JS/js 为配合圆锥直径公差带组成配合时，则可按轴向公差简化计算，其计算式见表 3-58。

对于位移型圆锥配合，其基准平面间极限终止位置，将根据不同配合（间隙配合或过盈配合），由极限初始位置加上或减去最大轴向位移量 E_{amax} 和最小轴向位移量 E_{amin} 得到。其计算公式见表 3-59。

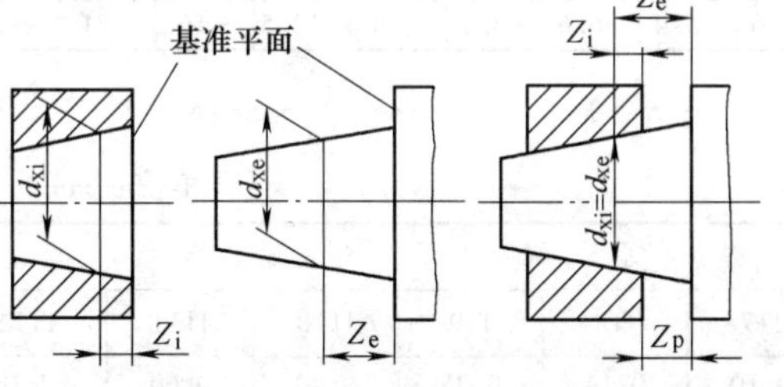

图 3-6　基准平面在锥体大直径端

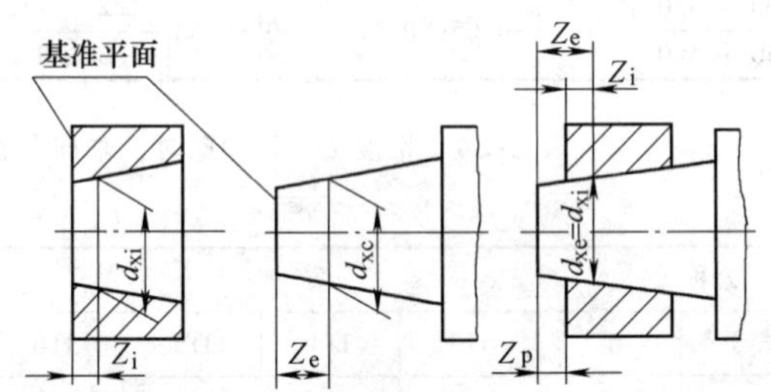

图 3-7　基准平面在锥体小直径端

表 3-57　基准平面间极限初始位置 Z_{pmin}、Z_{pmax} 计算公式（摘自 GB/T 12360—2005）

已知参数	基准平面的位置	计算公式	
		Z_{pmin}	Z_{pmax}
圆锥直径极限偏差	在锥体大直径端(图 3-6)	$Z_p+\frac{1}{C}(ei+ES)$	$Z_p+\frac{1}{C}(es-EI)$
	在锥体小直径端(图 3-7)	$Z_p+\frac{1}{C}(EI-es)$	$Z_p+\frac{1}{C}(ES-ei)$
圆锥轴向极限偏差	在锥体大直径端(图 3-6)	$Z_p+EI_z-es_z$	$Z_p+ES_z-ei_z$
	在锥体小直径端(图 3-7)	$Z_p+ei_z-ES_z$	$Z_p+es_z-EI_z$

注：1. 表中 $Z_p=Z_e-Z_i$，在外圆锥距基准平面为 Z_e 处的 d_{xe} 和内圆锥距基准平面为 Z_i 处的 d_{xi} 是相等的。

2. 结构型圆锥配合，极限初始位置仅对过盈配合在必要时才需计算。

表 3-58　极限初始位置的简化计算公式（摘自 GB/T 12360—2005）

配合圆锥直径公差带位置的组合	基准平面的位置	计算公式 Z_{pmin}	计算公式 Z_{pmax}
$\frac{H}{h}$	在锥体大直径端(图 3-6)	$Z_p-(T_{ze}+T_{zi})$	Z_p
	在锥体小直径端(图 3-7)	Z_p	$Z_p+(T_{ze}+T_{zi})$
$\frac{JS}{js}$	在锥体大直径端(图 3-6)	$Z_p-\frac{1}{2}(T_{ze}+T_{zi})$	$Z_p+\frac{1}{2}(T_{ze}+T_{zi})$
	在锥体小直径端(图 3-7)	$Z_p-\frac{1}{2}(T_{ze}+T_{zi})$	$Z_p+\frac{1}{2}(T_{ze}+T_{zi})$

表 3-59　基准平面间极限终止位置 Z_{pfmin}、Z_{pfmax} 计算公式（摘自 GB/T 12360—2005）

已知参数	基准平面的位置	计算公式 Z_{pfmin}	计算公式 Z_{pfmax}
间隙配合 轴向位移 E_a	在锥体大直径端(图 3-6)	$Z_{pmin}+E_{amin}$	$Z_{pmax}+E_{amax}$
	在锥体小直径端(图 3-7)	$Z_{pmin}-E_{amax}$	$Z_{pmax}-E_{amax}$
过盈配合 轴向位移 E_a	在锥体大直径端(图 3-6)	$Z_{pmin}-E_{amax}$	$Z_{pmax}-E_{amax}$
	在锥体小直径端(图 3-7)	$Z_{pmin}+E_{amin}$	$Z_{pmax}+E_{amax}$

注：1. 表中 Z_{pmin}、Z_{pmax} 的值采用表 3-57 的公式计算。

2. 对于结构型圆锥配合，基准平面之间的极限终止位置由设计给定，不需要进行计算。

3.5　几何公差的形状、方向、位置和跳动公差

3.5.1　公差特征项目的符号（见表 3-60）

3.5.2　形状、方向、位置和跳动公差的图样标注（见表 3-61）

表 3-60　几何公差的几何特征、符号和附加符号（摘自 GB/T 1182—2008）

几何特征符号

<table>
<tr><th>公差类型</th><th>几何特征</th><th>符号</th><th>有无基准</th><th>公差类型</th><th>几何特征</th><th>符号</th><th>有无基准</th></tr>
<tr><td rowspan="6">形状公差</td><td>直线度</td><td>—</td><td rowspan="6">无</td><td>方向公差</td><td>面轮廓度</td><td>⌓</td><td>有</td></tr>
<tr><td>平面度</td><td>▱</td><td rowspan="9">位置公差</td><td>位置度</td><td>⌖</td><td>有或无</td></tr>
<tr><td>圆度</td><td>○</td><td>同心度(用于中心点)</td><td>◎</td><td rowspan="7">有</td></tr>
<tr><td>圆柱度</td><td>⌭</td><td>同轴度(用于轴线)</td><td>◎</td></tr>
<tr><td>线轮廓度</td><td>⌒</td><td>对称度</td><td>⌯</td></tr>
<tr><td>面轮廓度</td><td>⌓</td><td>线轮廓度</td><td>⌒</td></tr>
<tr><td rowspan="4">方向公差</td><td>平行度</td><td>//</td><td rowspan="4">有</td><td>面轮廓度</td><td>⌓</td></tr>
<tr><td>垂直度</td><td>⊥</td><td rowspan="2">跳动公差</td><td>圆跳动</td><td>↗</td></tr>
<tr><td>倾斜度</td><td>∠</td><td>全跳动</td><td>⌰</td></tr>
<tr><td>线轮廓度</td><td>⌒</td><td></td><td></td><td></td></tr>
</table>

附加符号

说明	符号	说明	符号
被测要素	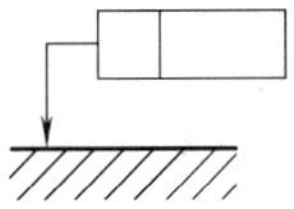	自由状态条件(非刚性零件)	Ⓕ
基准要素	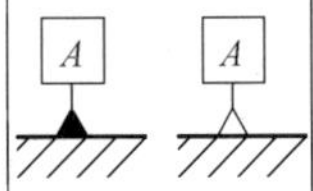	全周(轮廓)	⌀↗
基准目标	ϕ2 / A_1	包容要求	Ⓔ
理论正确尺寸	50	公共公差带	CZ
延伸公差带	Ⓟ	小径	LD
		大径	MD
最大实体要求	Ⓜ	中径、节径	PD
		线素	LE
最小实体要求	Ⓛ	不凸起	NC
		任意横截面	ACS

注：如需标注可逆要求，可采用符号Ⓡ，见 GB/T 16671。

表 3-61 形状、方向、位置和跳动公差的图样标注法（摘自 GB/T 1182—2008）

项目及说明	图样中的表示方法
1. 公差框格 公差要求注写在划分成两格或多格的矩形框格内。各格自左至右顺序标注以下内容(见图 a~e)： 1)几何特征符号 2)公差值,以线性尺寸单位表示的量值。如果公差带为圆形或圆柱形,公差值前应加注符号“ϕ”;如果公差带为圆球形,公差值前应加注符号“$S\phi$” 3)基准,用一个字母表示单个基准或用几个字母表示基准体系或公共基准(见图 b~e) 当某项公差应用于几个相同要素时,应在公差框格的上方被测要素的尺寸之前注明要素的个数,并在两者之间加上符号“×”(见图 f 和图 g) 如果需要限制被测要素在公差带内的形状,应在公差框格的下方注明(见图 h) 如果需要就某个要素给出几种几何特征的公差,可将一个公差框格放在另一个的下面(见图 i)	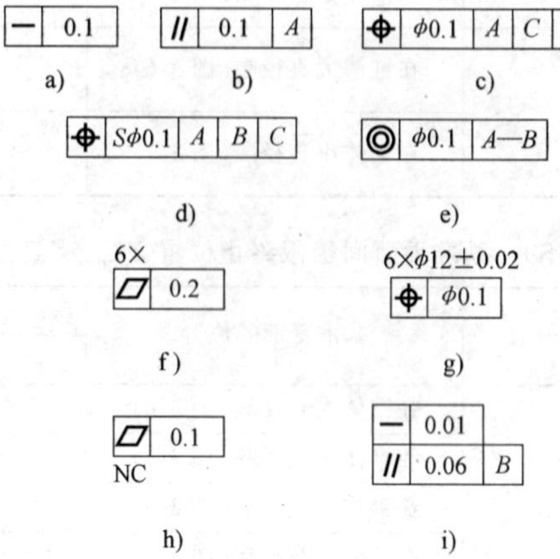 — 0.1 a) // 0.1 A b) ⌖ ϕ0.1 A C B c) ⌖ $S\phi$0.1 A B C d) ◎ ϕ0.1 A—B e) 6× ▱ 0.2 f) 6×ϕ12±0.02 ⌖ ϕ0.1 g) ▱ 0.1 NC h) — 0.01 // 0.06 B i)
2. 被测要素 按下列方式之一用指引线连接被测要素和公差框格。指引线引自框格的任意一侧,终端带一箭头 1)当公差涉及轮廓线或轮廓面时,箭头指向该要素的轮廓线或其延长线(应与尺寸线明显错开,见图 a 和图 b);箭头也可指向引出线的水平线,引出线引自被测面(见图 c) 2)当公差涉及要素的中心线、中心面或中心点时,箭头应位于相应尺寸线的延长线上(见图 d~f) 需要指明被测要素的形式(是线而不是面)时,应在公差框格附近注明(在公差框格下方注明线素符号 LE)	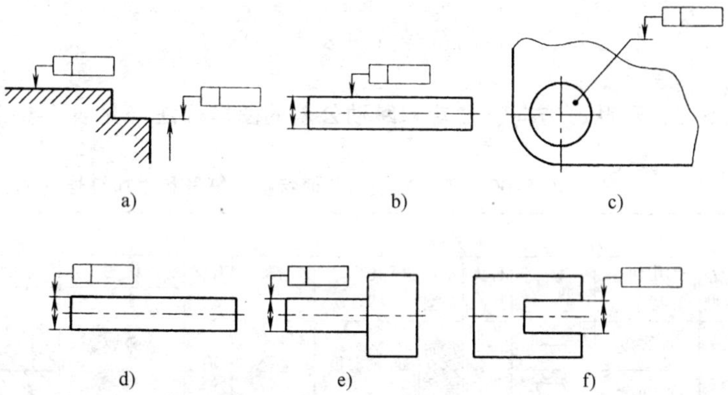 a) b) c) d) e) f)
3. 公差带 公差带的宽度方向为被测要素的法向(示例见图 a 和图 b)。另有说明时除外(见图 c 和图 d) 注:指引线箭头的方向不影响对公差的定义	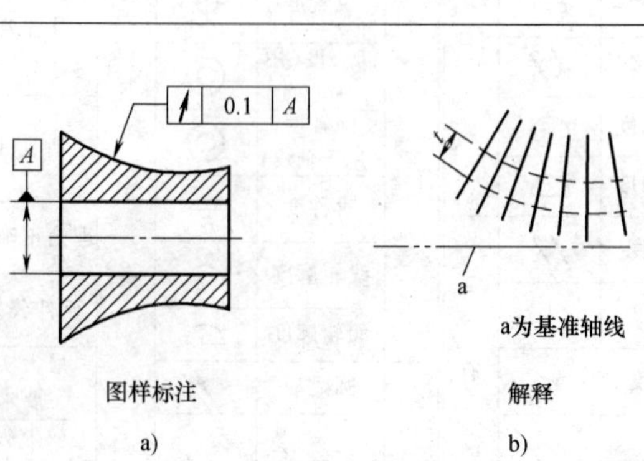 ↗ 0.1 A A 图样标注 a) a a为基准轴线 解释 b)

（续）

项目及说明	图样中的表示方法
图 c 中 α 角应注出（即使它等于 90°） 圆度公差带的宽度应在垂直于公称轴线的平面内确定	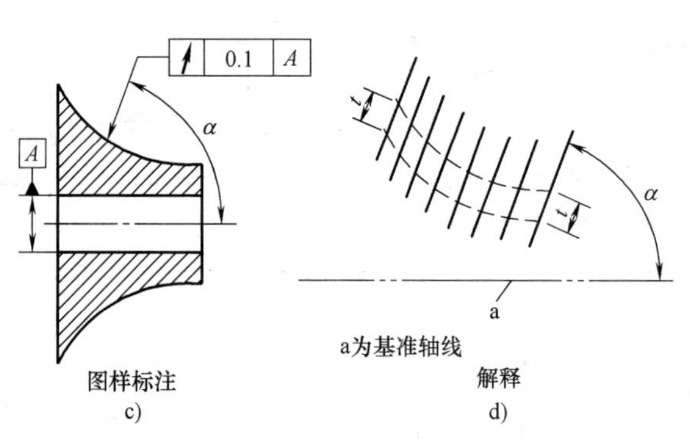 图样标注　c)　解释　d)
当中心点、中心线、中心面在一个方向上给定公差时： 1）除非另有说明，位置公差带的宽度方向为理论正确尺寸（TED）图框的方向，并按指引线箭头所指互成 0°或 90°（见图 e）	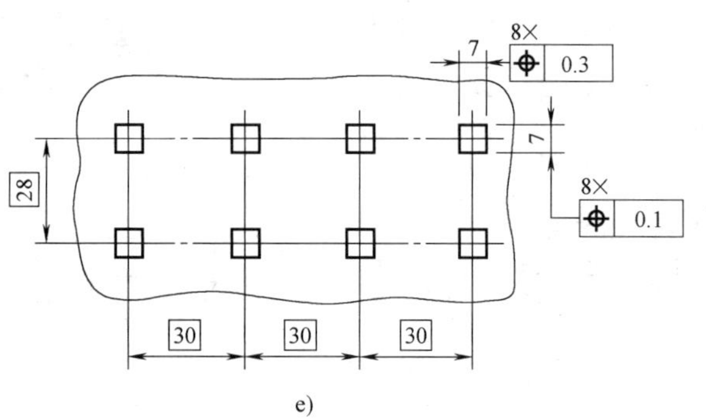 e)
2）除非另有说明，方向公差带的宽度方向为指引线箭头方向，与基准成 0°或 90°（见图 f 和图 g） 3）除非另有规定，当在同一基准体系中规定两个方向的公差时，它们的公差带是互相垂直的（见图 f 和图 g）	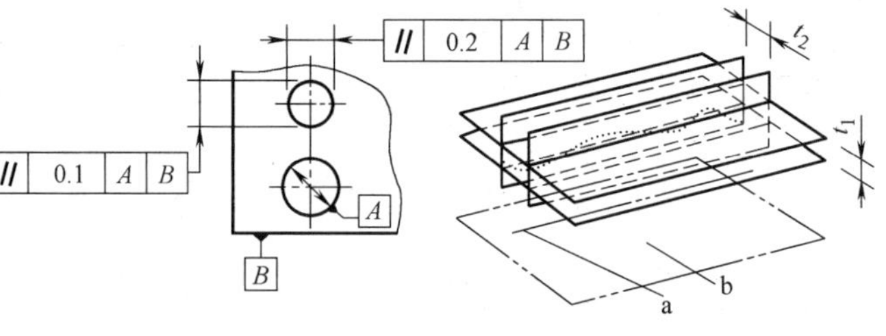 图样标注　f)　解释　g)
若公差值前面标注符号“ϕ”，公差带为圆柱形（见图 h 和图 i）或圆形；若公差值前面标注符号“$S\phi$”，公差带为圆球形	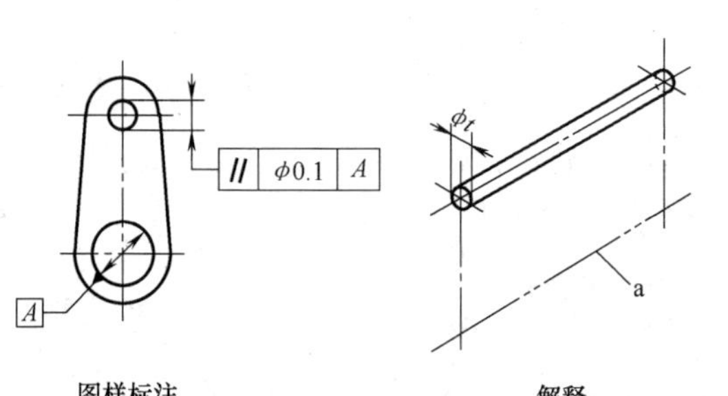 图样标注　h)　解释　i)

（续）

项目及说明	图样中的表示方法
一个公差框格可以用于具有相同几何特征和公差值的若干个分离要素（见图 j） 若干个分离要素给出单一公差带时，可按图 k 在公差框格内公差值的后面加注公共公差带的符号 CZ	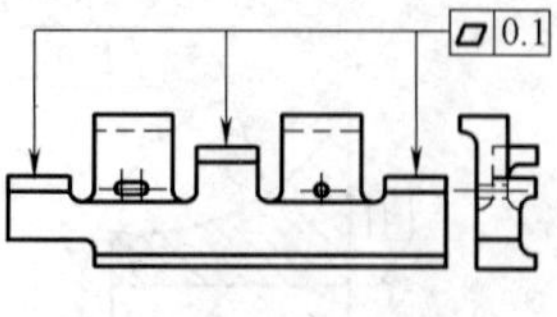 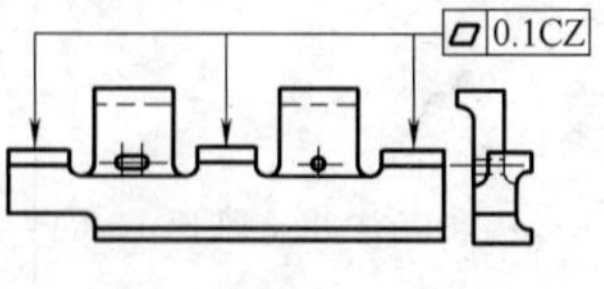 0.1 j) 0.1CZ k)
4. 基准 与被测要素相关的基准用一个大写字母表示。字母标注在基准方格内，与一个涂黑的或空白的三角形相连以表示基准（见图 a 和图 b）；表示基准的字母还应标注在公差框格内。涂黑的和空白的基准三角形含义相同 带基准字母的基准三角形应按如下规定放置： 1）当基准要素是轮廓线或轮廓面时，基准三角形放置在要素的轮廓线或其延长线上（与尺寸线明显错开，见图 c）；基准三角形也可放置在该轮廓面引出线的水平线上（见图 d） 2）当基准是尺寸要素确定的轴线、中心平面或中心点时，基准三角形应放置在该尺寸线的延长线上（见图 e ~ g）。如果没有足够的位置标注基准要素尺寸的两个尺寸箭头，则其中一个箭头可用基准三角形代替（见图 f 和图 g） 如果只以要素的某一局部作基准，则应用粗点画线示出该部分并加注尺寸（见图 h） 以单个要素作基准时，用一个大写字母表示（见图 i） 以两个要素建立公共基准时，用中间加连字符的两个大写字母表示（示例见图 j） 以两个或三个基准建立基准体系（即采用多基准）时，表示基准的大写字母按基准的优先顺序自左至右填写在各框格内（见图 k）	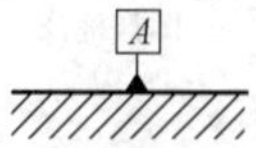 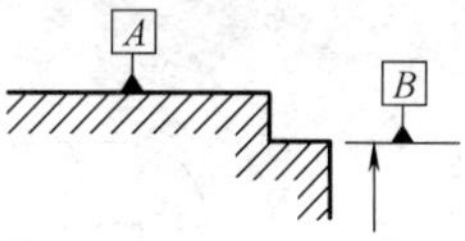 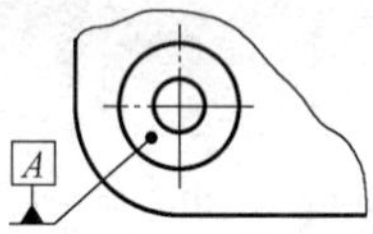 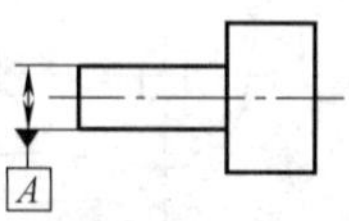 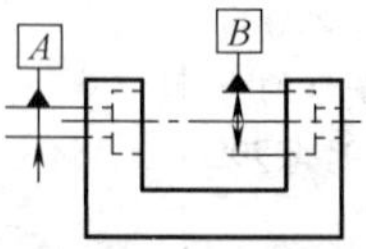 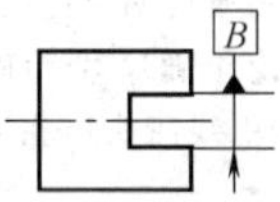 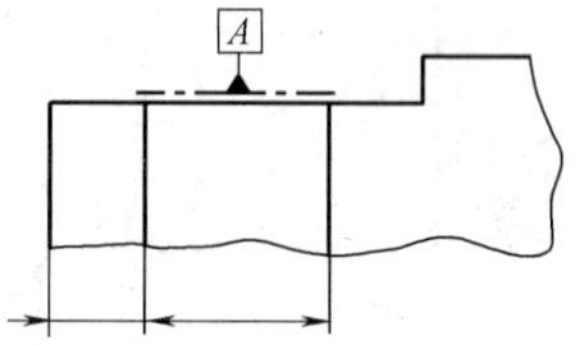 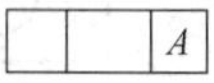 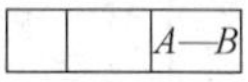 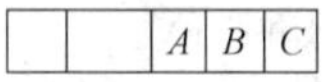 A 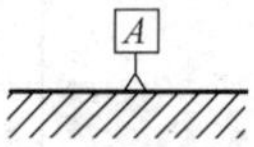 a) A b) A B c) A d) A e) A B f) B g) A h) A i) A—B j) A B C k)
5. 附加标记 如果轮廓度特征适用于横截面的整周轮廓或由该轮廓所示的整周表面时，应采用“全周”符号表示（见图 a 和图 b）。“全周”符号并不包括整个工件的所有表面，只包括由轮廓和公差标注所表示的各个表面（见图 a 和图 b） 以螺纹轴线为被测要素或基准要素时，默认为螺纹中径圆柱的轴线，否则应另有说明，例如用“MD”表示大径，用“LD”表示小径（见图 c 和图 d）。以齿轮、花键轴线为被测要素或基准要素时，需说明所指的要素，如用“PD”表示节径，用“MD”表示大径，用“LD”表示小径	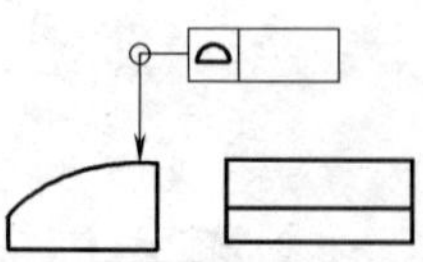 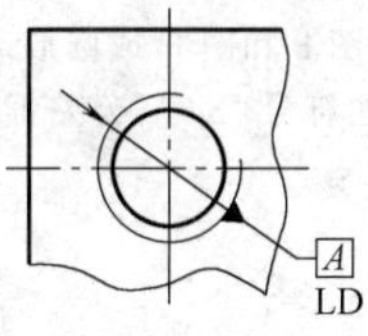 a) 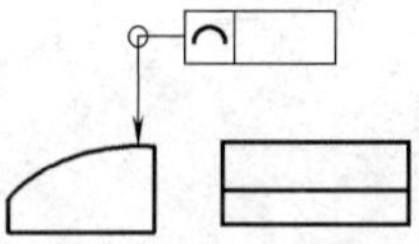 b) 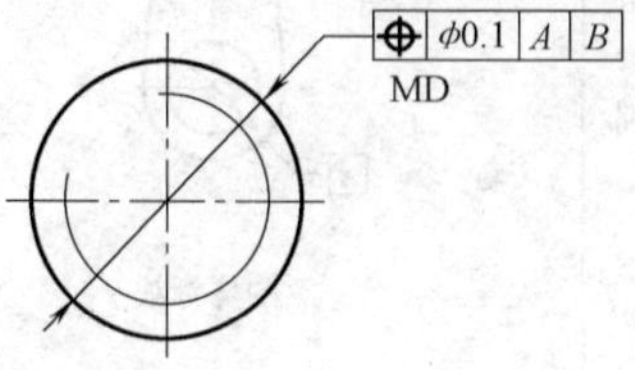 ϕ0.1 A B MD c) A LD d)

（续）

项目及说明	图样中的表示方法
6. 理论正确尺寸 当给出一个或一组要素的位置、方向或轮廓度公差时，分别用来确定其理论正确位置、方向或轮廓的尺寸，称为理论正确尺寸（TED） TED 也用于确定基准体系中各基准之间的方向、位置关系 TED 没有公差，并标注在一个方框中（见图 a 和图 b）	
7. 限定性规定 需要对整个被测要素上任意限定范围标注同样几何特征的公差时，可在公差值的后面加注限定范围的线性尺寸值，并在两者间用斜线隔开（见图 a）。如果标注的是两项或两项以上同样几何特征的公差，可直接在整个要素公差框格的下方，放置另一个公差框格（见图 b）。 如果给出的公差仅适用于要素的某一指定局部，应采用粗点画线示出该局部的范围，并加注尺寸（见图 c 和图 d）。详见 GB/T 4457.4	
8. 延伸公差带 延伸公差带用规范的附加符号Ⓟ表示（见右图），详见 GB/T 17773	
9. 最大实体要求 最大实体要求用规范的附加符号Ⓜ表示。该附加符号可根据需要单独或者同时标注在相应公差值和（或）基准字母的后面（见图 a～c）。详见 GB/T 16671	
10. 最小实体要求 最小实体要求用规范的附加符号Ⓛ表示。该附加符号可根据需要单独或者同时标注在相应公差值和（或）基准字母的后面（见图 a～图 c）。详见 GB/T 16671	
11. 自由状态下的要求 非刚性零件自由状态下的公差要求，应该用在相应公差值的后面加注规范的附加符号Ⓕ的方法表示（见图 a 和图 b）。详见 GB/T 16892 注：各附加符号Ⓟ、Ⓜ、Ⓛ、Ⓕ和 CZ，可同时用于同一公差框格中（见图 c）	

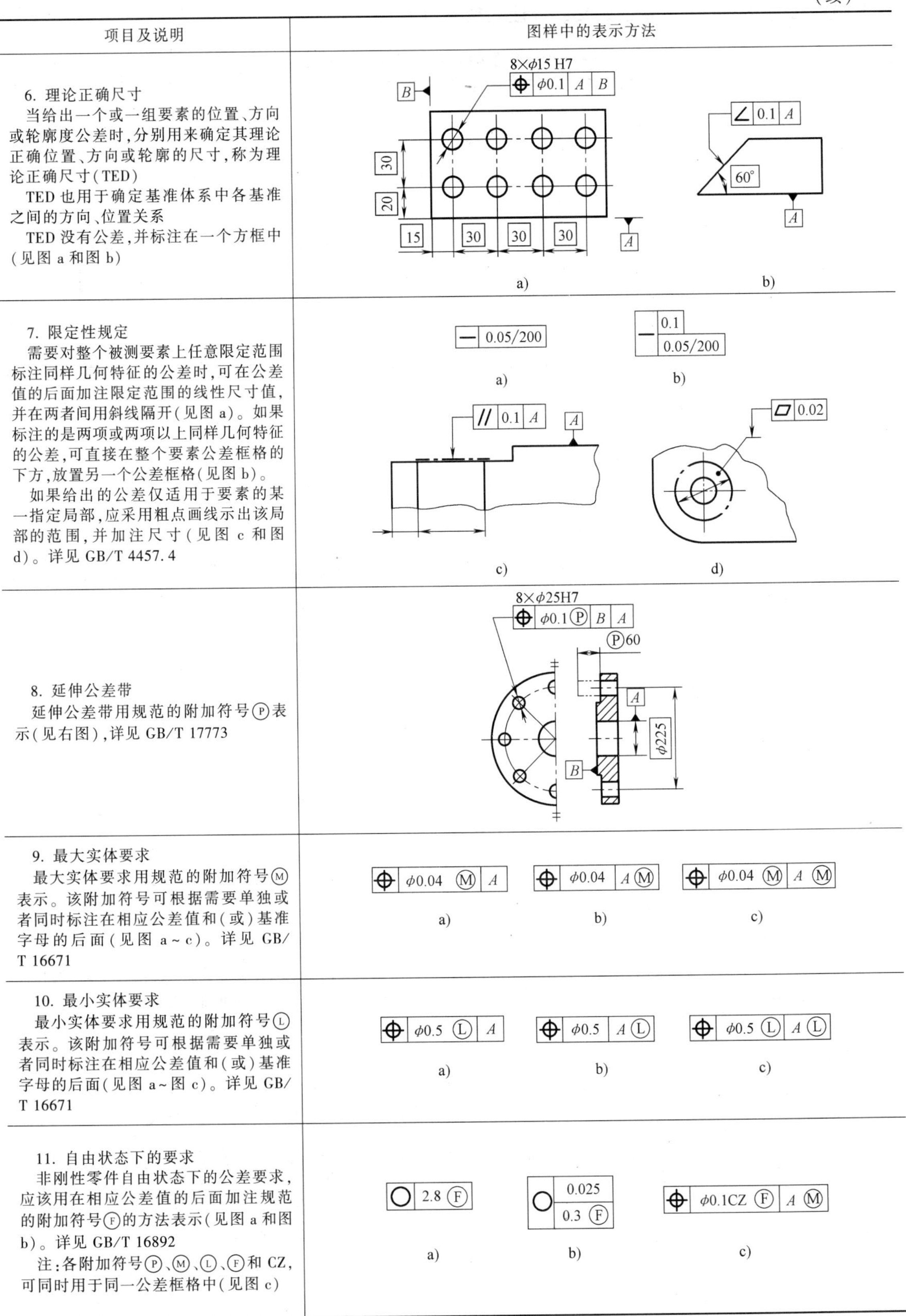

3.5.3 几何公差的公差带的定义、标注和解释（见表 3-62）

表 3-62 几何公差的公差带的定义、标注和解释 （单位：mm）

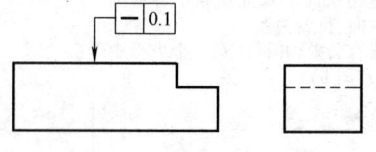

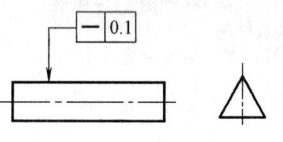

符号	公差带的定义	标注和解释
	1 直线度公差	
—	公差带为在给定平面内和给定方向上，间距等于公差值 t 的两平行直线所限定的区域 a— 任一距离	在任一平行于图示投影面的平面内，上平面的提取（实际）线应限定在间距等于 0.1 的两平行直线之间
	公差带为间距等于公差值 t 的两平行平面所限定的区域	提取（实际）的棱边应限定在间距等于 0.1 的两平行平面之间
	由于公差值前加注了符号 ϕ，公差带为直径等于公差值 ϕt 的圆柱面所限定的区域	外圆柱面的提取（实际）中心线应限定在直径等于 ϕ0.08 的圆柱面内
	2 平面度公差	
⏥	公差带为间距等于公差值 t 的两平行平面所限定的区域	提取（实际）表面应限定在间距等于 0.08 的两平行平面之间 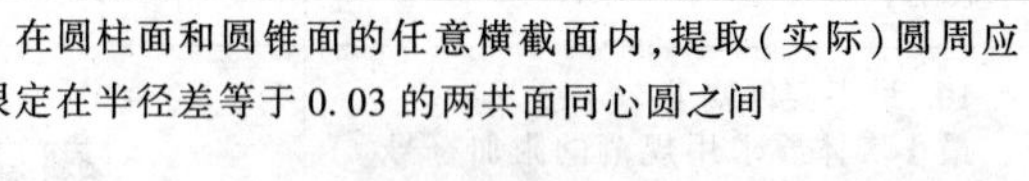
	3 圆度公差	
○	公差带为在给定横截面内、半径差等于公差值 t 的两同心圆所限定的区域 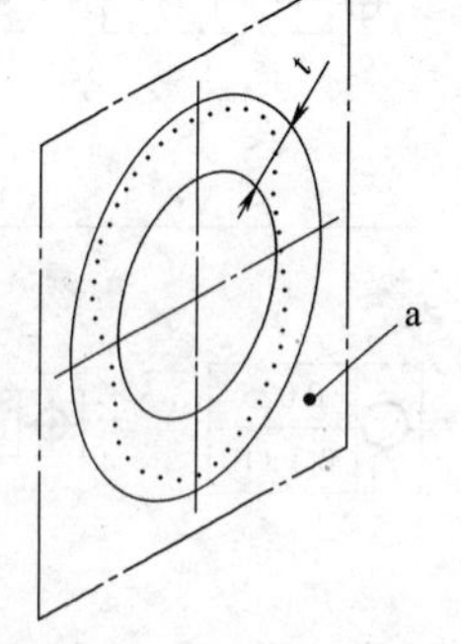 a— 任一横截面	在圆柱面和圆锥面的任意横截面内，提取（实际）圆周应限定在半径差等于 0.03 的两共面同心圆之间 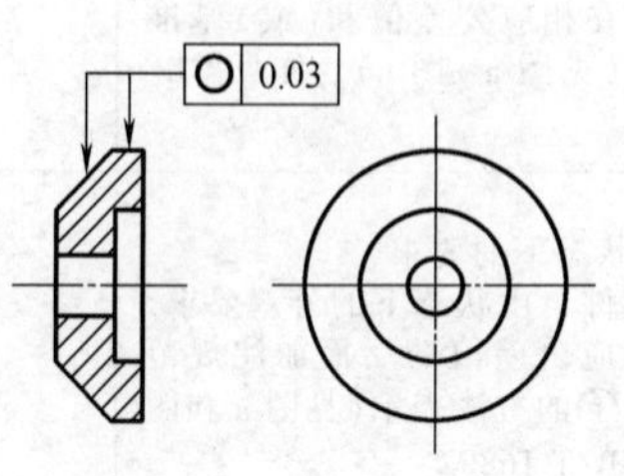

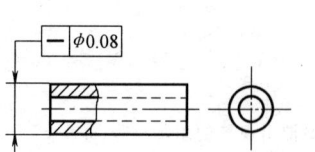

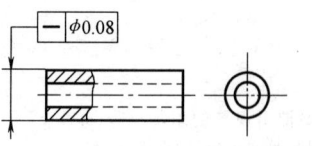

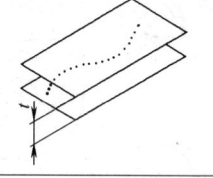

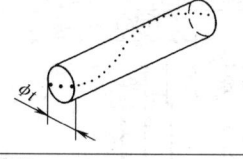

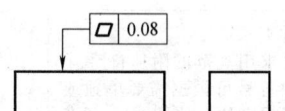

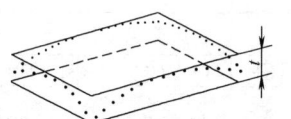

（续）

符号	公差带的定义	标注和解释
	3　圆度公差	
○	公差带为在给定横截面内、半径差等于公差值 t 的两同心圆所限定的区域 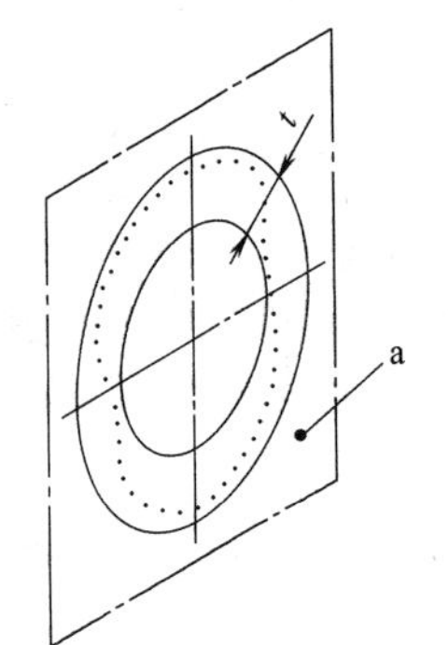 a— 任一横截面	在圆锥面的任意横截面内，提取（实际）圆周应限定在半径差等于 0.1 的两同心圆之间 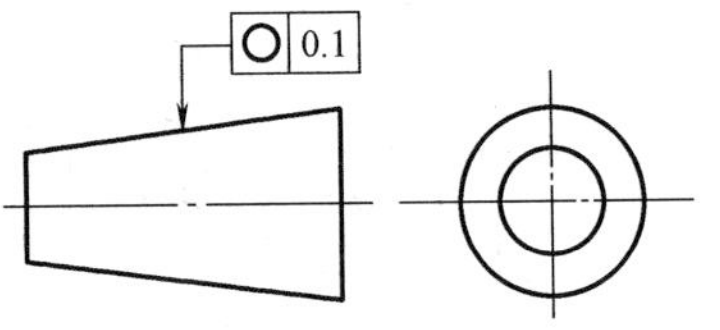 注：提取圆周的定义尚未标准化
	4　圆柱度公差	
⌭	公差带为半径差等于公差值 t 的两同轴圆柱面所限定的区域	提取（实际）圆柱面应限定在半径差等于 0.1 的两同轴圆柱面之间 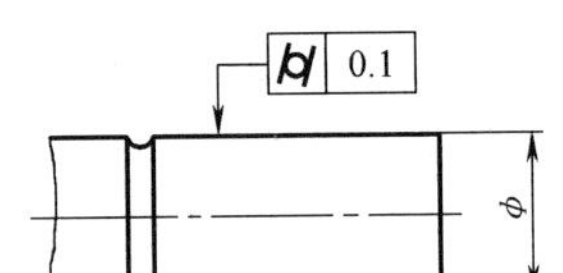 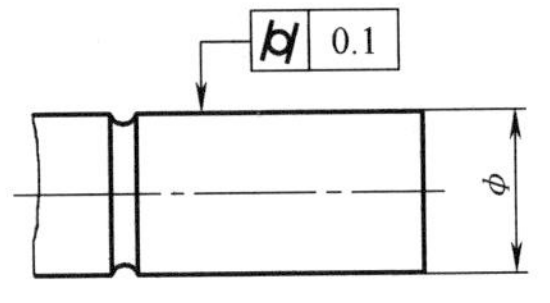
	5　无基准的线轮廓度公差（见 GB/T 17852）	
⌒	公差带为直径等于公差值 t、圆心位于具有理论正确几何形状上的一系列圆的两包络线所限定的区域 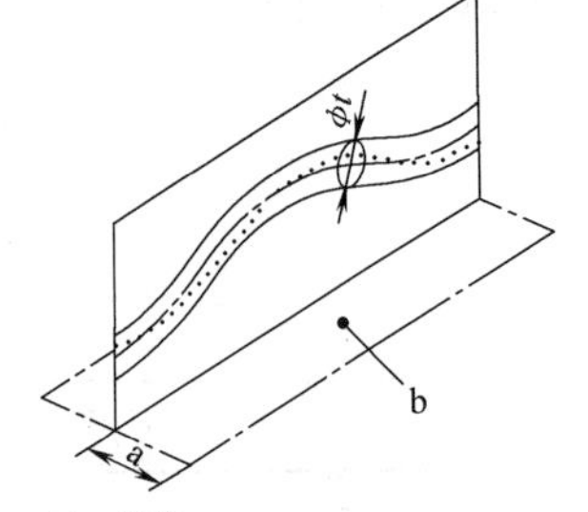 a— 任一距离 b— 垂直于右图(图b)视图所在平面 图 a	在任一平行于图示投影面的截面内，提取（实际）轮廓线应限定在直径等于 0.04、圆心位于被测要素理论正确几何形状上的一系列圆的两包络线之间 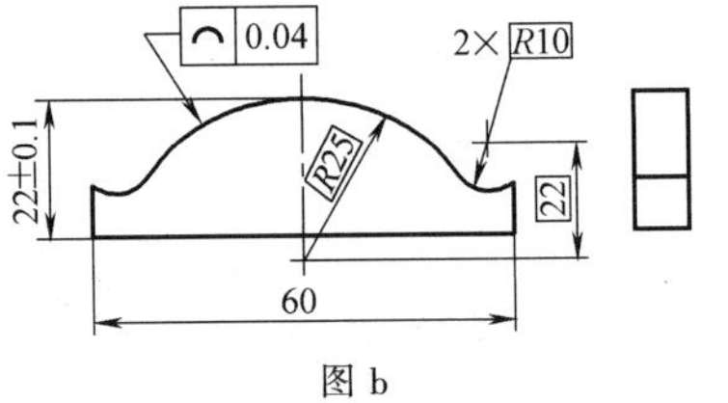 图 b

（续）

符号	公差带的定义	标注和解释
	6　相对于基准体系的线轮廓度公差(见 GB/T 17852)	
⌒	公差带为直径等于公差值 t、圆心位于由基准平面 A 和基准平面 B 确定的被测要素理论正确几何形状上的一系列圆的两包络线所限定的区域 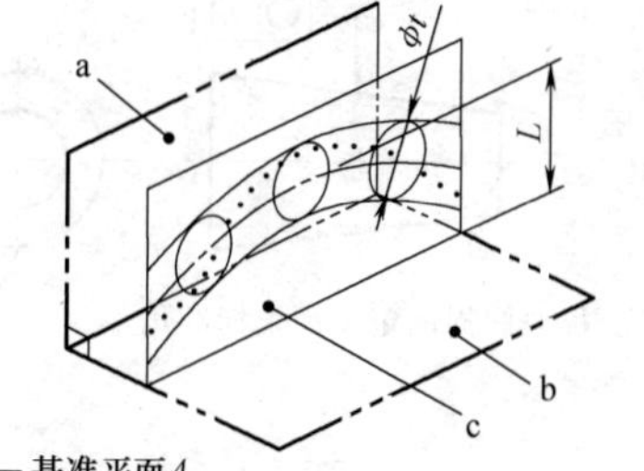 a — 基准平面A b — 基准平面B c — 平行于基准A的平面	在任一平行于图示投影平面的截面内，提取(实际)轮廓线应限定在直径等于 0.04、圆心位于由基准平面 A 和基准平面 B 确定的被测要素理论正确几何形状上的一系列圆的两等距包络线之间 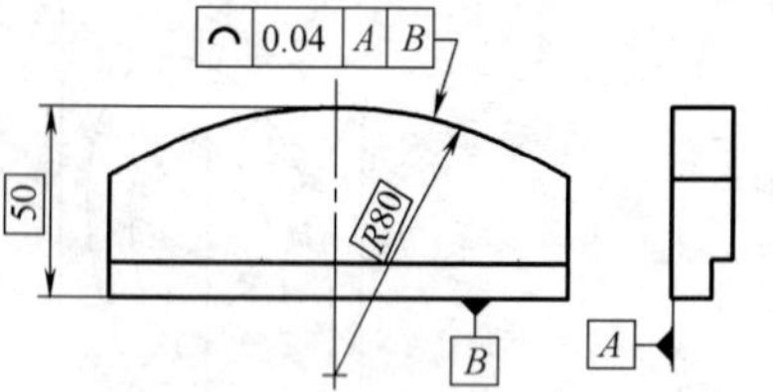
	7　无基准的面轮廓度公差(见 GB/T 17852)	
	公差带为直径等于公差值 t、球心位于被测要素理论正确形状上的一系列圆球的两包络面所限定的区域	提取(实际)轮廓面应限定在直径等于 0.02、球心位于被测要素理论正确几何形状上的一系列圆球的两等距包络面之间 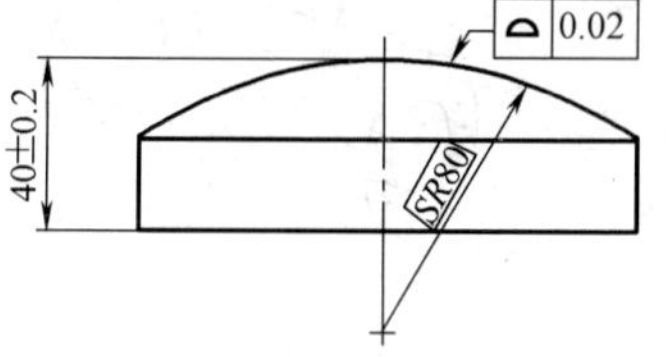 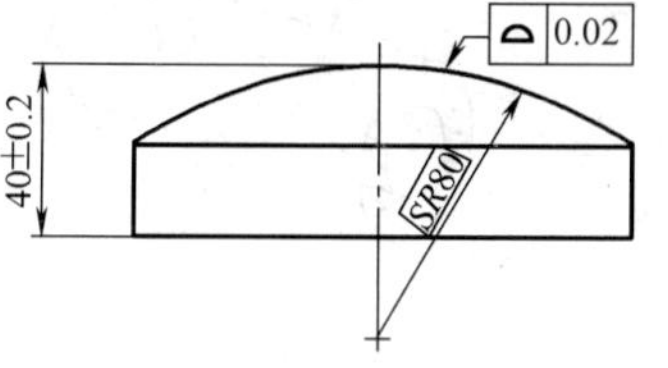
	8　相对于基准的面轮廓度公差(见 GB/T 17852)	
⌓	公差带为直径等于公差值 t、球心位于由基准平面 A 确定的被测要素理论正确几何形状上的一系列圆球的两包络面所限定的区域 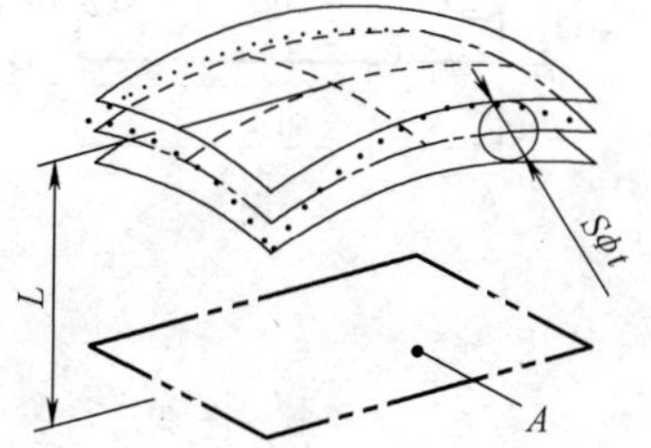 	提取(实际)轮廓面应限定在直径等于 0.1、球心位于由基准平面 A 确定的被测要素理论正确几何形状上的一系列圆球的两等距包络面之间 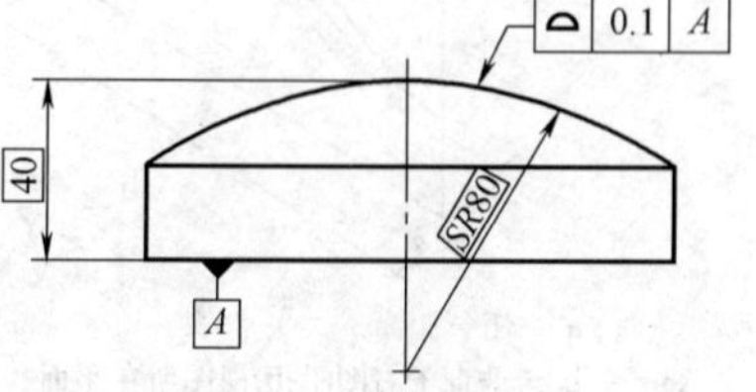

（续）

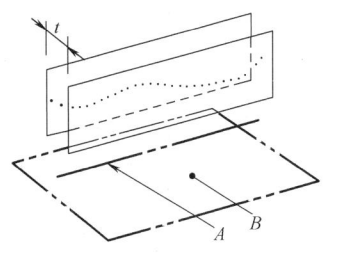

符号	公差带的定义	标注和解释
//	9　平行度公差	
	9.1　线对基准体系的平行度公差	
	公差带为间距等于公差值 t、平行于两基准的两平行平面所限定的区域 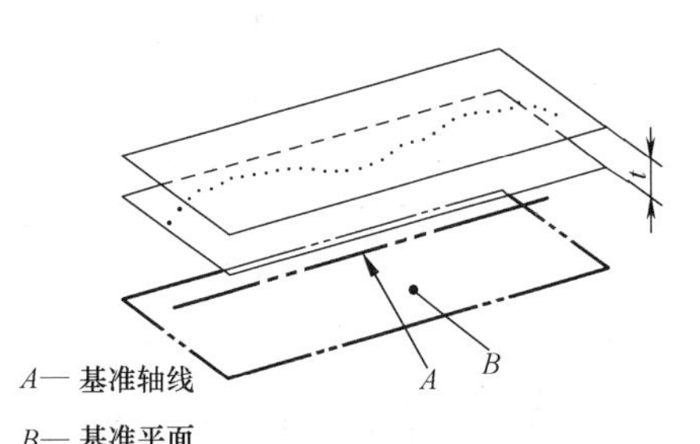	提取（实际）中心线应限定在间距等于 0.1、平行于基准轴线 A 和基准平面 B 的两平行平面之间 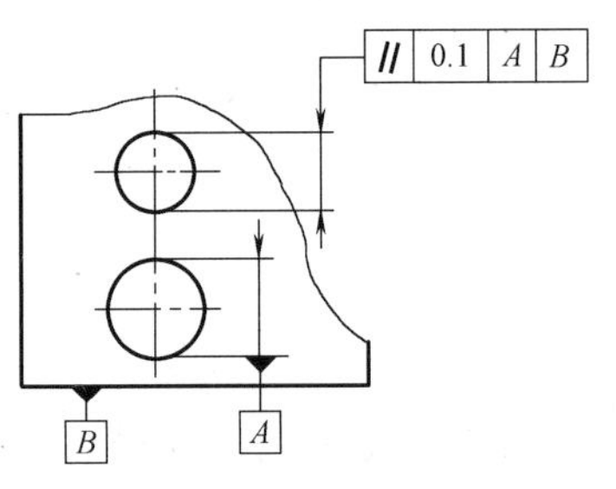
	公差带为间距等于公差值 t、平行于基准轴线 A 且垂直于基准平面 B 的两平行平面所限定的区域 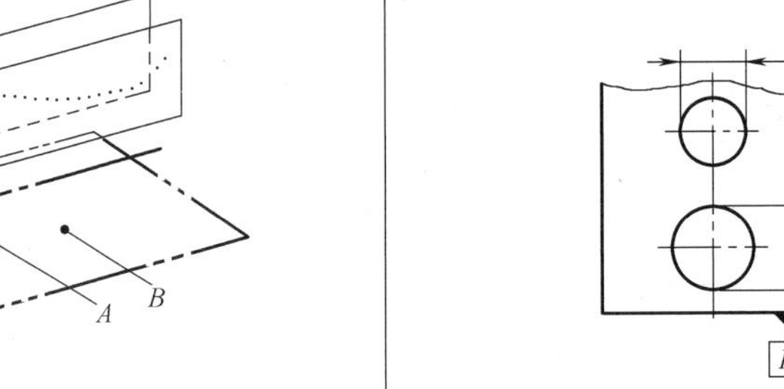	提取（实际）中心线应限定在间距等于 0.1 的两平行平面之间。该两平行平面平行于基准轴线 A 且垂直于基准平面 B 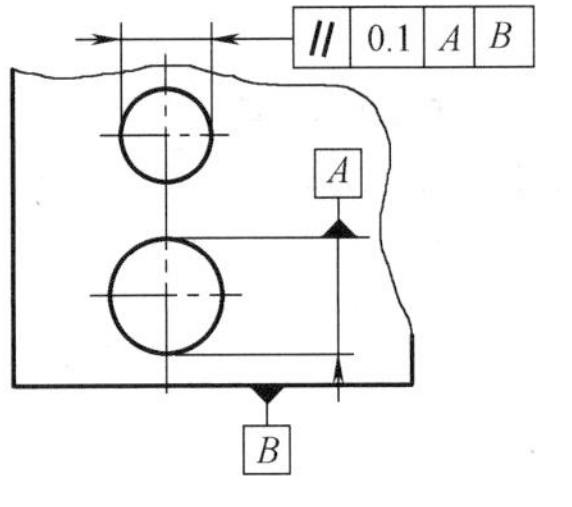
	公差带为平行于基准轴线和平行或垂直于基准平面、间距分别等于公差值 t_1 和 t_2，且相互垂直的两组平行平面所限定的区域 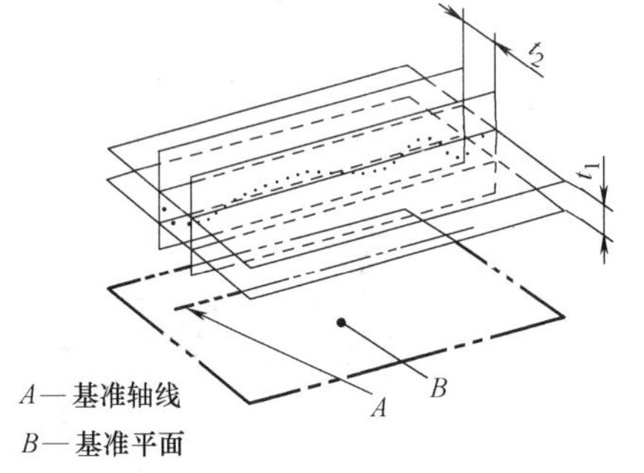	提取（实际）中心线应限定在平行于基准轴线 A 和平行或垂直于基准平面 B、间距分别等于公差值 0.1 和 0.2，且相互垂直的两组平行平面之间 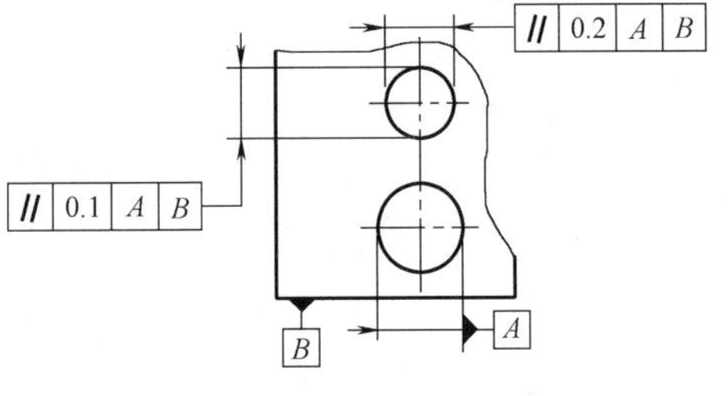

（续）

<table>
<tr><th>符号</th><th>公差带的定义</th><th>标注和解释</th></tr>
<tr><td rowspan="8">//</td><td colspan="2">9.2　线对基准线的平行度公差</td></tr>
<tr><td>若公差值前加注了符号 ϕ，公差带为平行于基准轴线、直径等于公差值 ϕt 的圆柱面所限定的区域
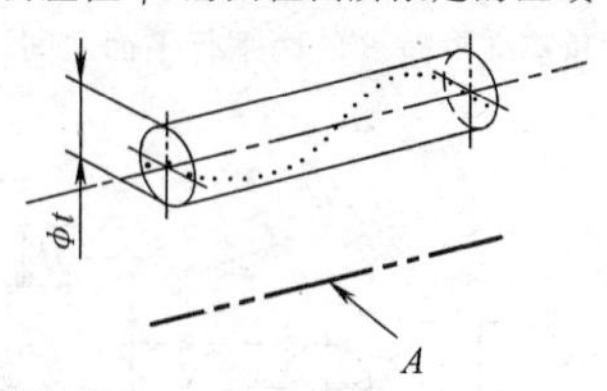
A—基准轴线</td><td>提取（实际）中心线应限定在平行于基准轴线 A、直径等于 ϕ0.03 的圆柱面内
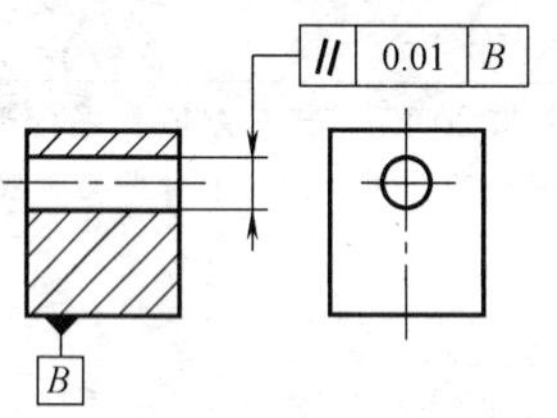</td></tr>
<tr><td colspan="2">9.3　线对基准面的平行度公差</td></tr>
<tr><td>公差带为平行于基准平面、间距等于公差值 t 的两平行平面所限定的区域
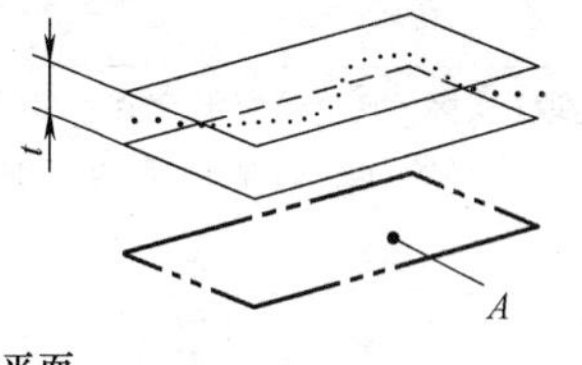
A—基准平面</td><td>提取（实际）中心线应限定在平行于基准平面 B、间距等于 0.01 的两平行平面之间
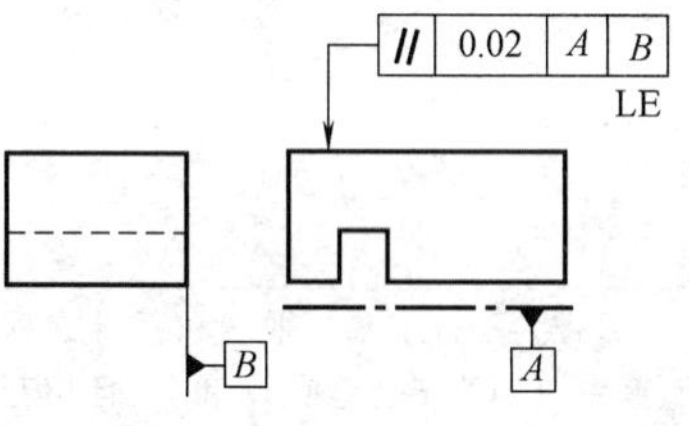</td></tr>
<tr><td colspan="2">9.4　线对基准体系的平行度公差</td></tr>
<tr><td>公差带为间距等于公差值 t 的两平行直线所限定的区域。该两平行直线平行于基准平面 A 且处于平行于基准平面 B 的平面内
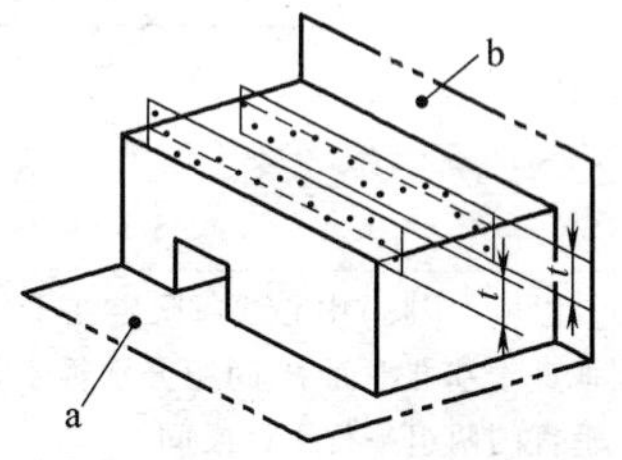
a—基准平面A
b—基准平面B</td><td>提取（实际）线应限定在间距等于 0.02 的两平行直线之间。该两平行直线平行于基准平面 A、且处于平行于基准平面 B 的平面内
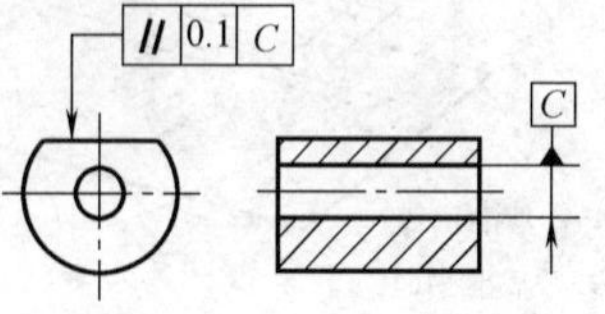</td></tr>
<tr><td colspan="2">9.5　面对基准线的平行度公差</td></tr>
<tr><td>公差带为间距等于公差值 t、平行于基准轴线的两平行平面所限定的区域
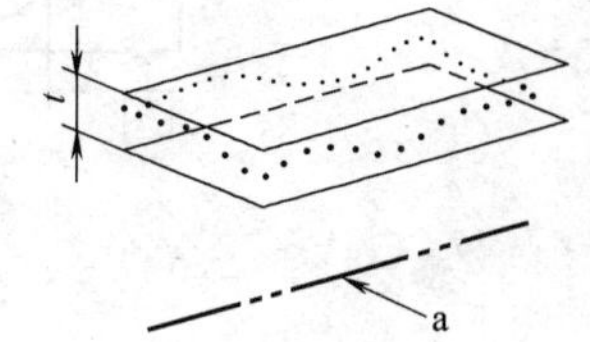
a—基准轴线</td><td>提取（实际）表面应限定在间距等于 0.1、平行于基准轴线 C 的两平行平面之间</td></tr>
</table>

（续）

符号	公差带的定义	标注和解释
	9.6　面对基准面的平行度公差	
//	公差带为间距等于公差值 t、平行于基准平面的两平行平面所限定的区域 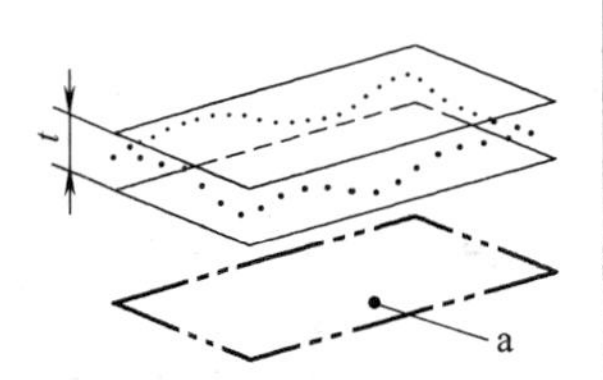 a — 基准平面	提取（实际）表面应限定在间距等于 0.01、平行于基准 D 的两平行平面之间 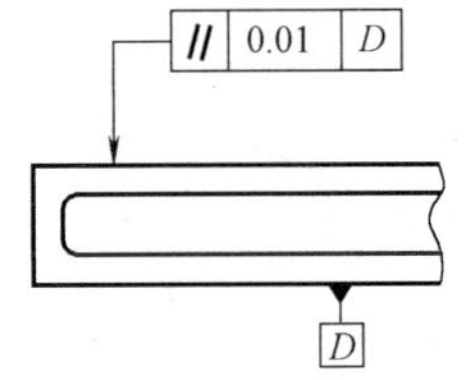
	10　垂直度公差	
	10.1　线对基准线的垂直度公差	
	公差带为间距等于公差值 t、垂直于基准线的两平行平面所限定的区域 a — 基准线	提取（实际）中心线应限定在间距等于 0.06、垂直于基准轴线 A 的两平行平面之间 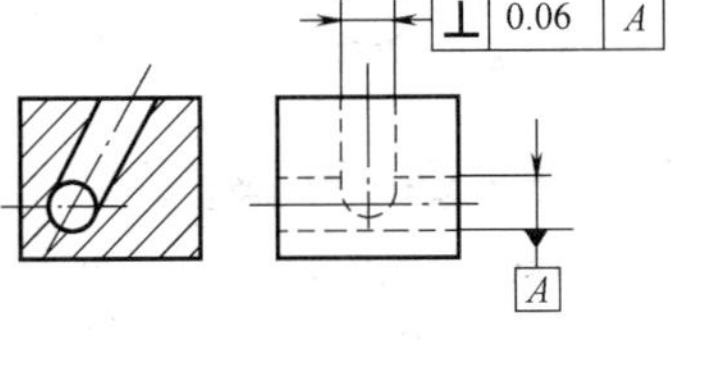
	10.2　线对基准体系的垂直度公差	
⊥	公差带为间距等于公差值 t 的两平行平面所限定的区域。该两平行平面垂直于基准平面 A，且平行于基准平面 B 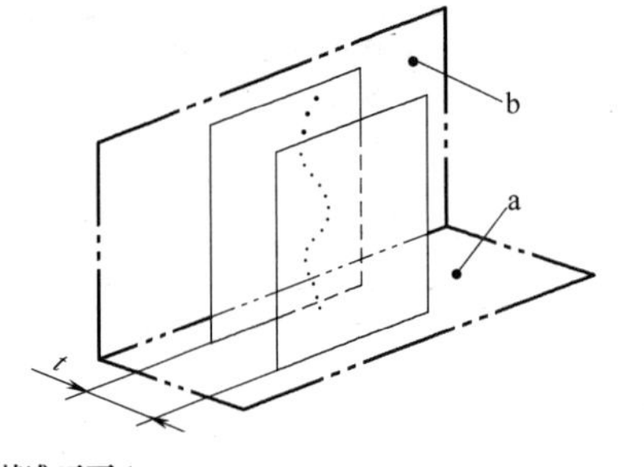 a — 基准平面 A b — 基准平面 B	圆柱面的提取（实际）中心线应限定在间距等于 0.1 的两平行平面之间。该两平行平面垂直于基准平面 A，且平行于基准平面 B 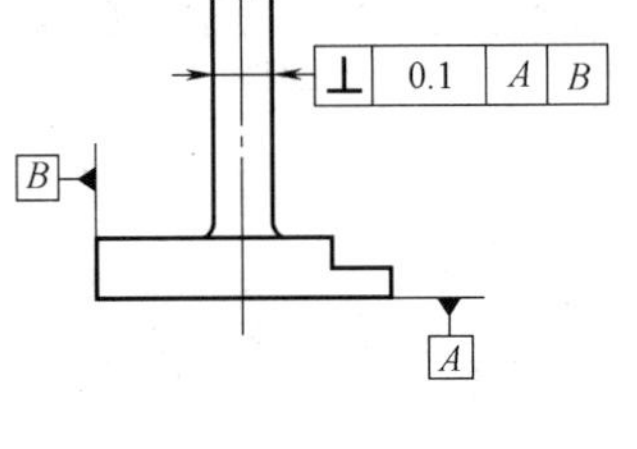

（续）

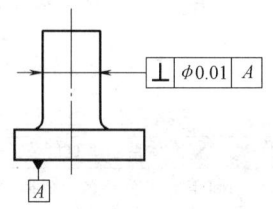

符号	公差带的定义	标注和解释
⊥	10.2 线对基准体系的垂直度公差	
	公差带为间距分别等于公差值 t_1 和 t_2，且互相垂直的两组平行平面所限定的区域。该两组平行平面都垂直于基准平面 A。其中一组平行平面垂直于基准平面 B，另一组平行平面平行于基准平面 B 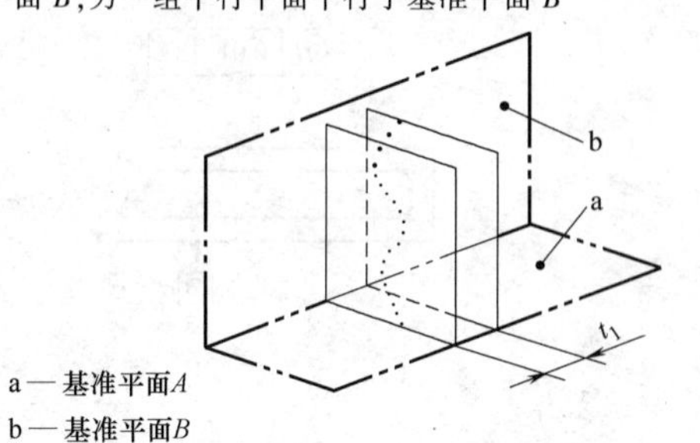 a — 基准平面A b — 基准平面B 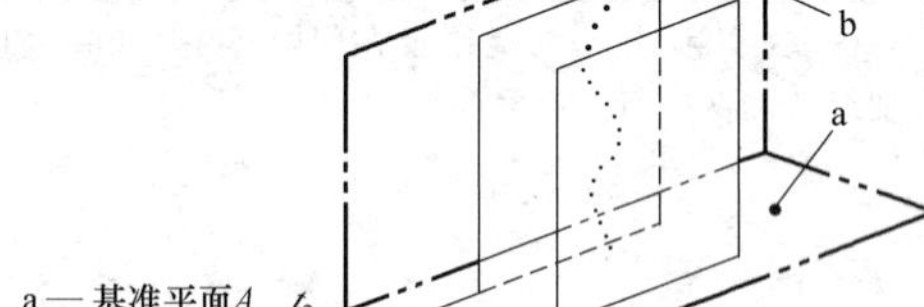 a — 基准平面A b — 基准平面B	圆柱的提取(实际)中心线应限定在间距分别等于 0.1 和 0.2，且相互垂直的两组平行平面内。该两组平行平面垂直于基准平面 A 且垂直或平行于基准平面 B 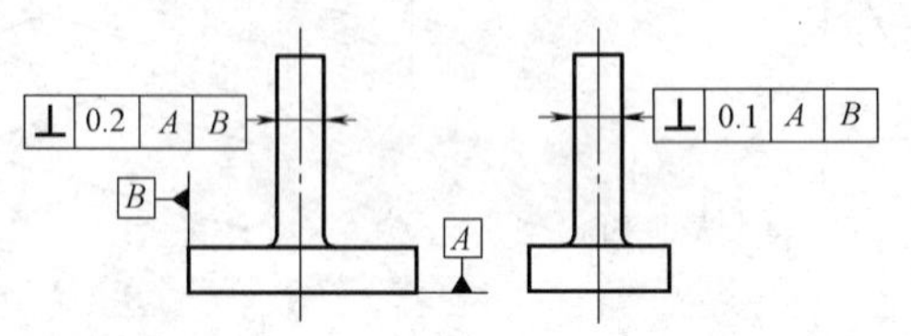
	10.3 线对基准面的垂直度公差	
	若公差值前加注符号 ϕ，公差带为直径等于公差值 ϕt、轴线垂直于基准平面的圆柱面所限定的区域 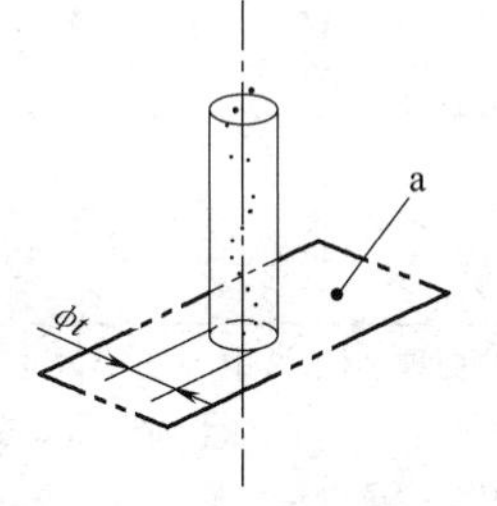 a—基准平面	圆柱面的提取(实际)中心线应限定在直径等于 $\phi 0.01$、垂直于基准平面 A 的圆柱面内
	10.4 面对基准线的垂直度公差	
	公差带为间距等于公差值 t 且垂直于基准轴线的两平行平面所限定的区域 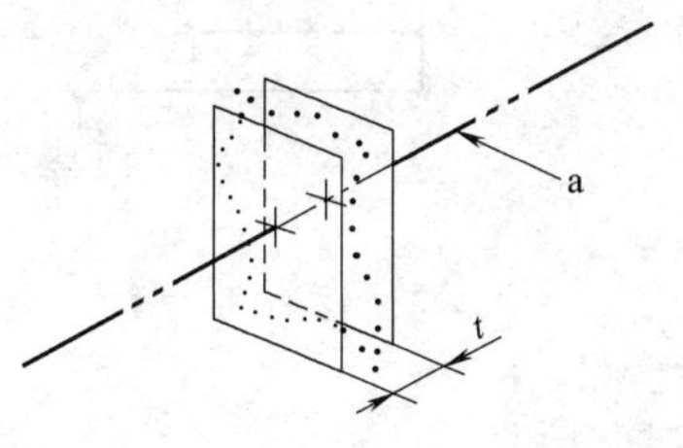 a — 基准轴线	提取(实际)表面应限定在间距等于 0.08 的两平行平面之间。该两平行平面垂直于基准轴线 A 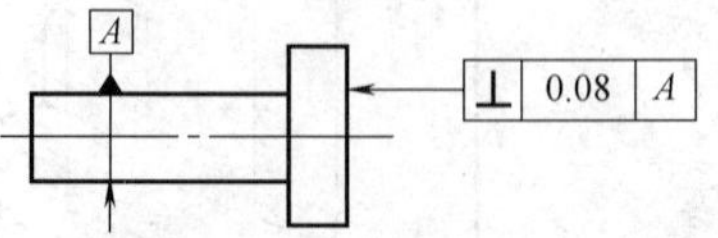

（续）

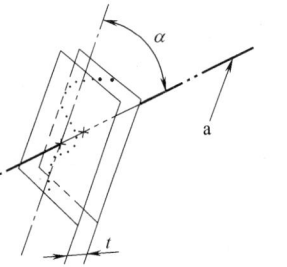

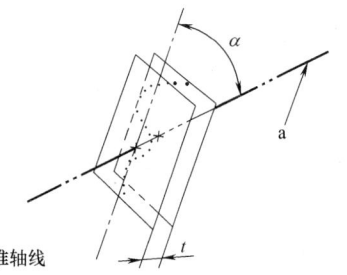

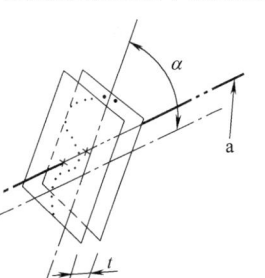

符号	公差带的定义	标注和解释
	10.5　面对基准平面的垂直度公差	
⊥	公差带为间距等于公差值 t、垂直于基准平面的两平行平面所限定的区域 a — 基准平面	提取(实际)表面应限定在间距等于 0.08、垂直于基准平面 A 的两平行平面之间
	11　倾斜度公差	
	11.1　线对基准线的倾斜度公差	
∠	a)被测线与基准线在同一平面上 公差带为间距等于公差值 t 的两平行平面所限定的区域。该两平行平面按给定角度倾斜于基准轴线 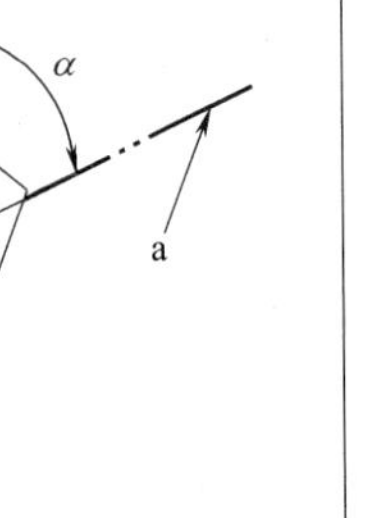 a — 基准轴线	提取(实际)中心线应限定在间距等于 0.08 的两平行平面之间。该两平行平面按理论正确角度 60°倾斜于公共基准轴线 A—B
	b)被测线与基准线在不同平面内 公差带为间距等于公差值 t 的两平行平面所限定的区域。该两平行平面按给定角度倾斜于基准轴线 a — 基准轴线	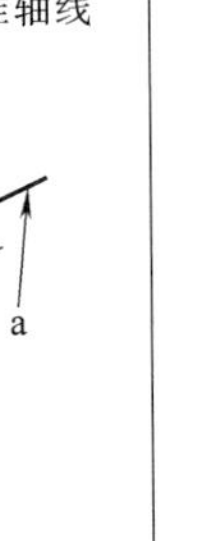 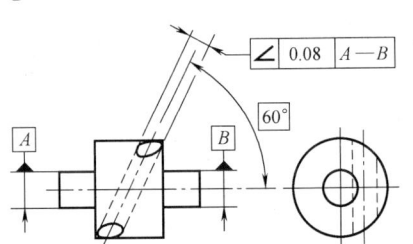 提取(实际)中心线应限定在间距等于 0.08 的两平行平面之间。该两平行平面按理论正确角度 60°倾斜于公共基准轴线 A—B
	11.2　线对基准面的倾斜度公差	
	公差带为间距等于公差值 t 的两平行平面所限定的区域。该两平行平面按给定角度倾斜于基准平面 a — 基准平面	提取(实际)中心线应限定在间距等于 0.08 的两平行平面之间。该两平行平面按理论正确角度 60°倾斜于基准平面 A 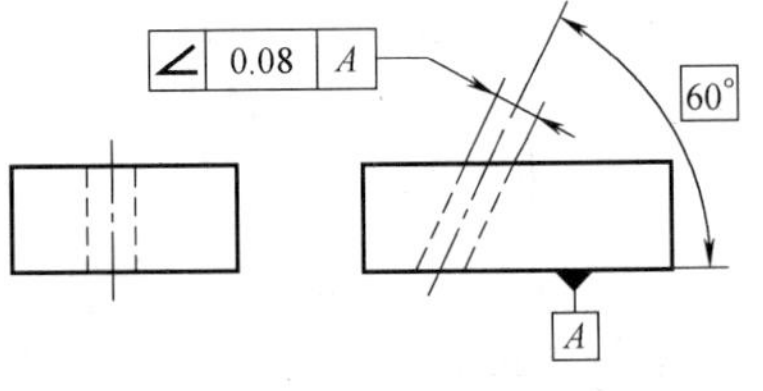

（续）

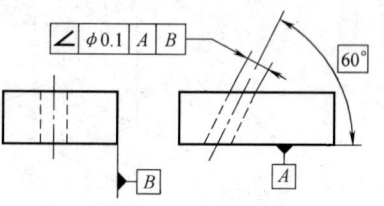

符号	公差带的定义	标注和解释
	11.2　线对基准面的倾斜度公差	
	公差值前加注符号 ϕ，公差带为直径等于公差值 ϕt 的圆柱面所限定的区域。该圆柱面公差带的轴线按给定角度倾斜于基准平面 A 且平行于基准平面 B a—基准平面 A b—基准平面 B	提取（实际）中心线应限定在直径等于 $\phi 0.1$ 的圆柱面内。该圆柱面的中心线按理论正确角度 60°倾斜于基准平面 A 且平行于基准平面 B
	11.3　面对基准线的倾斜度公差	
∠	公差带为间距等于公差值 t 的两平行平面所限定的区域。该两平行平面按给定角度倾斜于基准直线 a—基准直线	提取（实际）表面应限定在间距等于 0.1 的两平行平面之间。该两平行平面按理论正确角度 75°倾斜于基准轴线 A 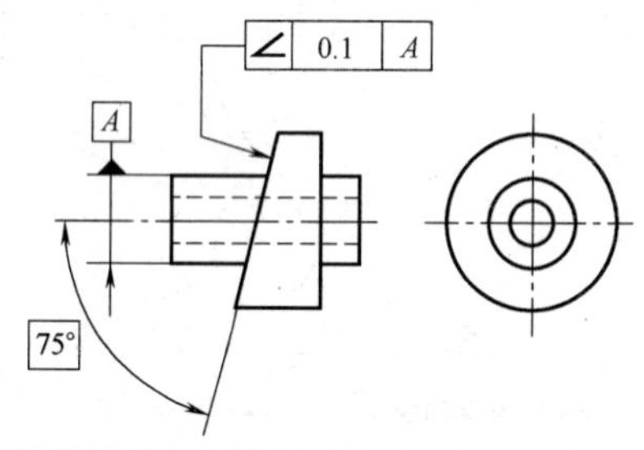
	11.4　面对基准面的倾斜度公差	
	公差带为间距等于公差值 t 的两平行平面所限定的区域。该两平行平面按给定角度倾斜于基准平面 a—基准平面	提取（实际）表面应限定在间距等于 0.08 的两平行平面之间。该两平行平面按理论正确角度 40°倾斜于基准平面 A
	12　位置度公差（见 GB/T 13319）	
	12.1　点的位置度公差	
⌖	公差值前加注 $S\phi$，公差带为直径等于公差值 $S\phi t$ 的圆球面所限定的区域。该圆球面中心的理论正确位置由基准 A、B、C 和理论正确尺寸确定 a—基准平面 A b—基准平面 B c—基准平面 C	提取（实际）球心应限定在直径等于 $S\phi 0.3$ 的圆球面内。该圆球面的中心由基准平面 A、基准平面 B、基准中心平面 C 和理论正确尺寸 30、25 确定 注：提取（实际）球心的定义尚未标准化

（续）

符号	公差带的定义	标注和解释
	12.2　线的位置度公差	
	给定一个方向的公差时，公差带为间距等于公差值 t、对称于线的理论正确位置的两平行平面所限定的区域。线的理论正确位置由基准平面 A、B 和理论正确尺寸确定。公差只在一个方向上给定 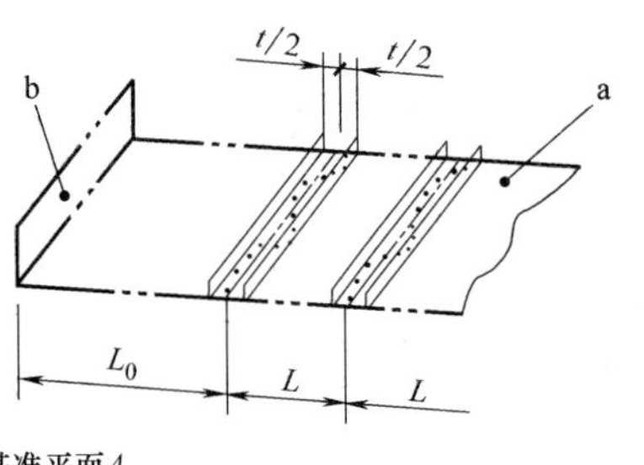 a—基准平面A b—基准平面B	各条刻线的提取（实际）中心线应限定在间距等于 0.1、对称于基准平面 A、B 和理论正确尺寸 25、10 确定的理论正确位置的两平行平面之间 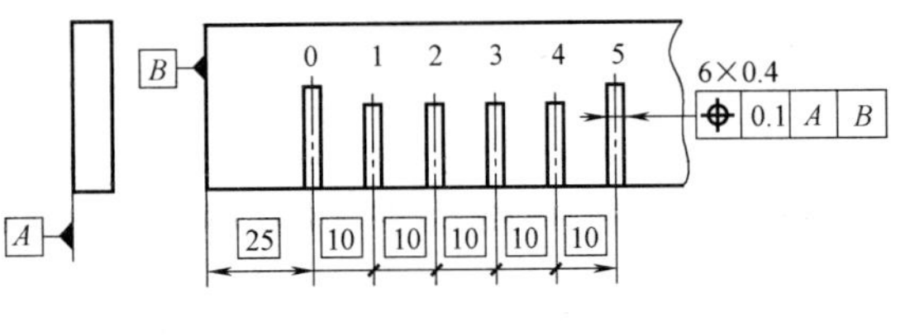
	给定两个方向的公差时，公差带为间距分别等于公差值 t_1 和 t_2、对称于线的理论正确（理想）位置的两对相互垂直的平行平面所限定的区域。线的理论正确位置由基准平面 C、A 和 B 及理论正确尺寸确定。该公差在基准体系的两个方向上给定 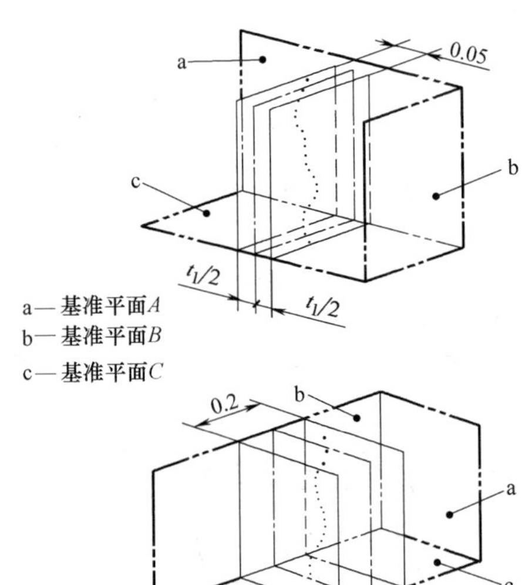 a—基准平面A b—基准平面B c—基准平面C a—基准平面A b—基准平面B c—基准平面C	各孔的测得（实际）中心线在给定方向上应各自限定在间距分别等于 0.05 和 0.2、且相互垂直的两对平行平面内。每对平行平面对称于由基准平面 C、A、B 和理论正确尺寸 20、15、30 确定的各孔轴线的理论正确位置 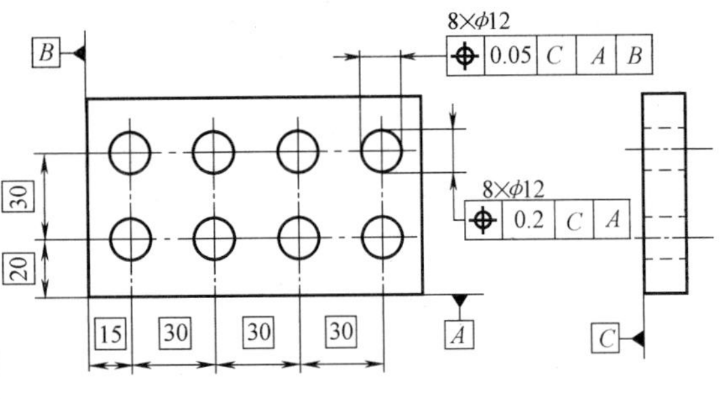

（续）

<table>
<tr><th>符号</th><th>公差带的定义</th><th>标注和解释</th></tr>
<tr><td></td><td colspan="2">12.2　线的位置度公差</td></tr>
<tr><td></td><td>公差值前加注符号 ϕ，公差带为直径等于公差值 ϕt 的圆柱面所限定的区域。该圆柱面的轴线的位置由基准平面。C、A、B 和理论正确尺寸确定
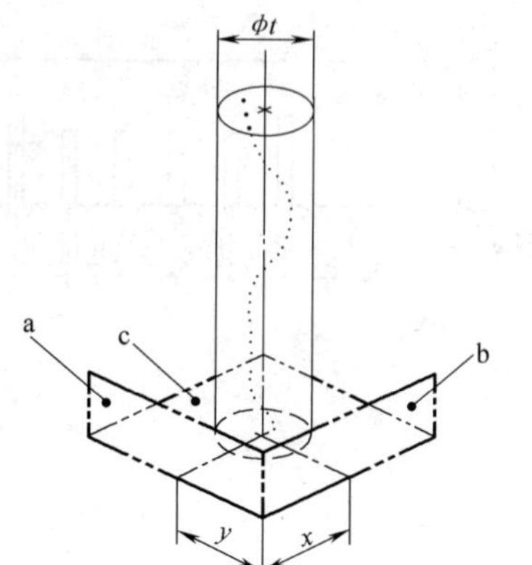

a—基准平面A
b—基准平面B
c—基准平面C</td><td>提取（实际）中心线应限定在直径等于 $\phi0.08$ 的圆柱面内。该圆柱面的轴线的位置应处于由基准平面 C、A、B 和理论正确尺寸 100、68 确定的理论正确位置上
各提取（实际）中心线应各自限定在直径等于 $\phi0.1$ 的圆柱面内。该圆柱面的轴线应处于由基准平面 C、A、B 和理论正确尺寸 20、15、30 确定的各孔轴线的理论正确位置上
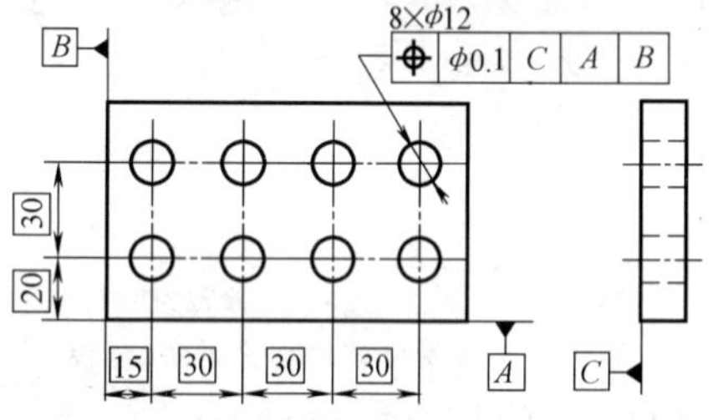
</td></tr>
<tr><td></td><td colspan="2">12.3　轮廓平面或者中心平面的位置度公差</td></tr>
<tr><td></td><td>公差带为间距等于公差值 t，且对称于被测面理论正确位置的两平行平面所限定的区域。面的理论正确位置由基准平面、基准轴线和理论正确尺寸确定
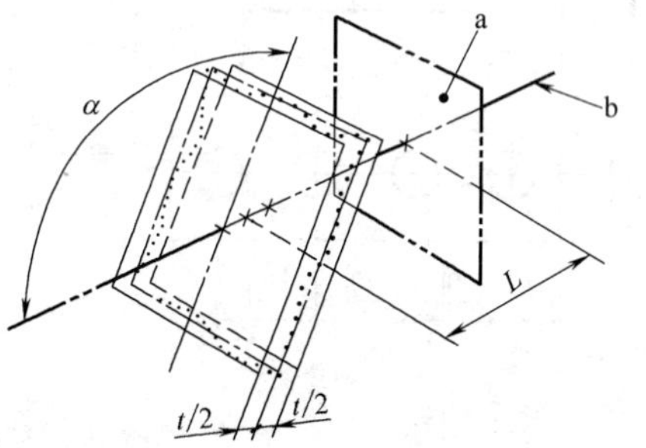

a—基准平面
b—基准轴线</td><td>提取（实际）表面应限定在间距等于 0.05、且对称于被测面的理论正确位置的两平行平面之间。该两平行平面对称于由基准平面 A、基准轴线 B 和理论正确尺寸 15、105°确定的被测面的理论正确位置
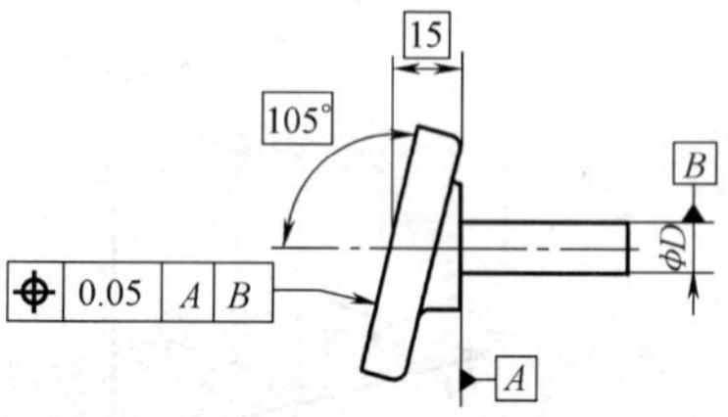

提取（实际）中心面应限定在间距等于 0.05 的两平行平面之间。该两平行平面对称于由基准轴线 A 和理论正确角度 45°确定的各被测面的理论正确位置
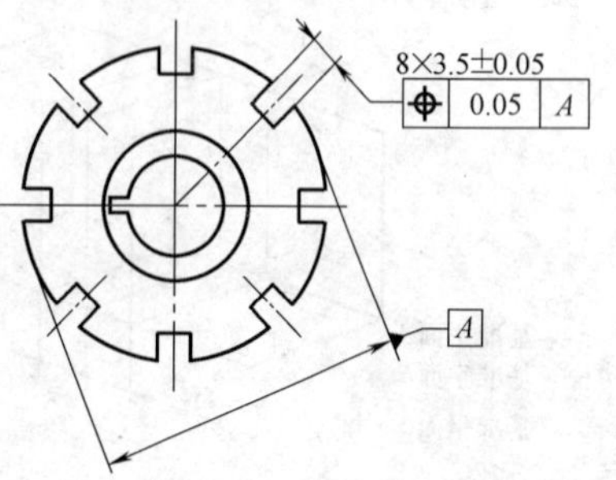

注：有关 8 个缺口之间理论正确角度的默认规定见 GB/T 13319</td></tr>
</table>

（续）

符号	公差带的定义	标注和解释
	13　同心度和同轴度公差	
	13.1　点的同心度公差	
	公差值前标注符号 ϕ,公差带为直径等于公差值 ϕt 的圆周所限定的区域。该圆周的圆心与基准点重合 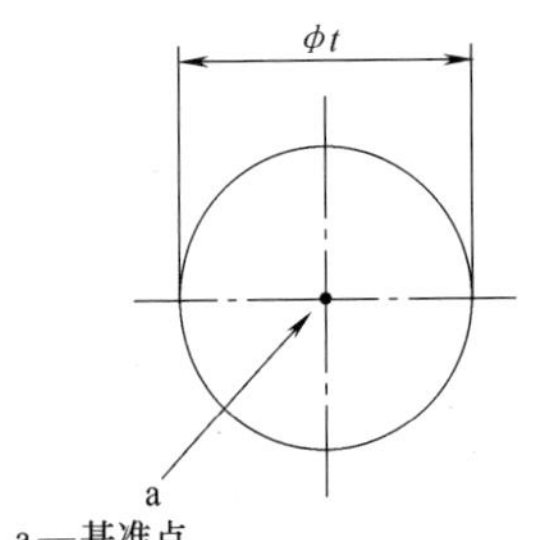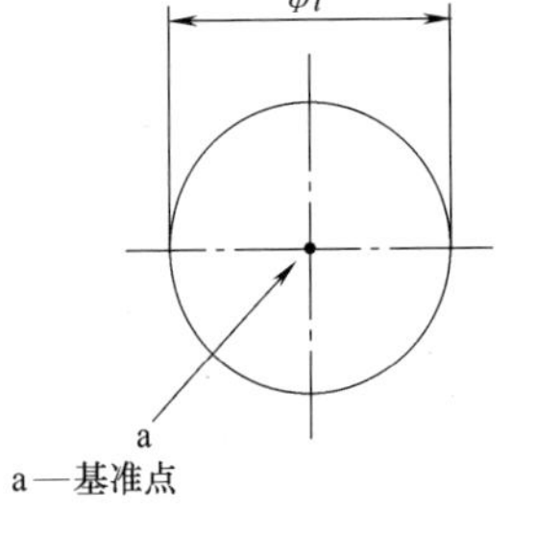	在任意横截面内,内圆的提取(实际)中心应限定在直径等于 $\phi 0.1$,以基准点 A 为圆心的圆周内 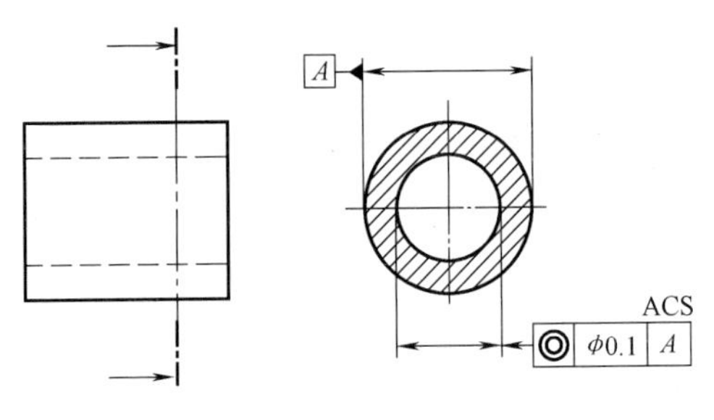
	13.2　轴线的同轴度公差	
	公差值前标注符号 ϕ,公差带为直径等于公差值 ϕt 的圆柱面所限定的区域。该圆柱面的轴线与基准轴线重合 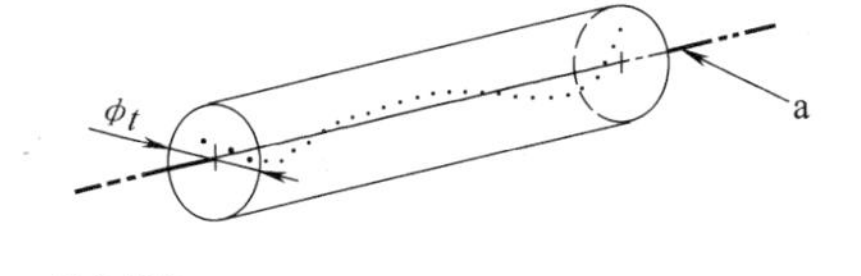	大圆柱面的提取(实际)中心线应限定在直径等于 $\phi 0.08$、以公共基准轴线 $A—B$ 为轴线的圆柱面内 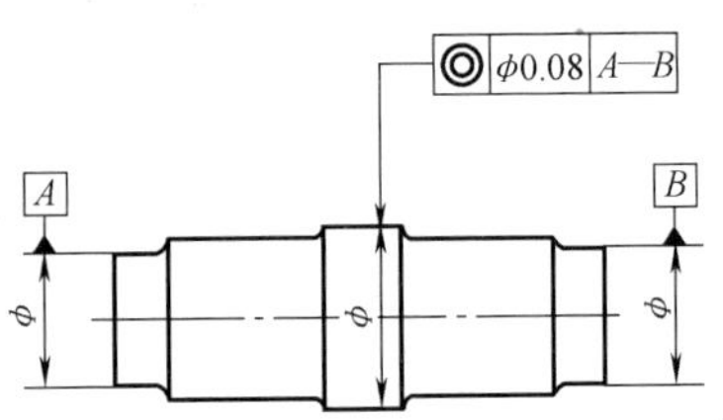大圆柱面的提取(实际)中心线应限定在直径等于 $\phi 0.1$、以基准轴线 A 为轴线的圆柱面内(左下图) 大圆柱面的提取(实际)中心线应限定在直径等于 $\phi 0.1$、以垂直于基准平面 A 和基准轴线 B 为轴线的圆柱面内(右下图) 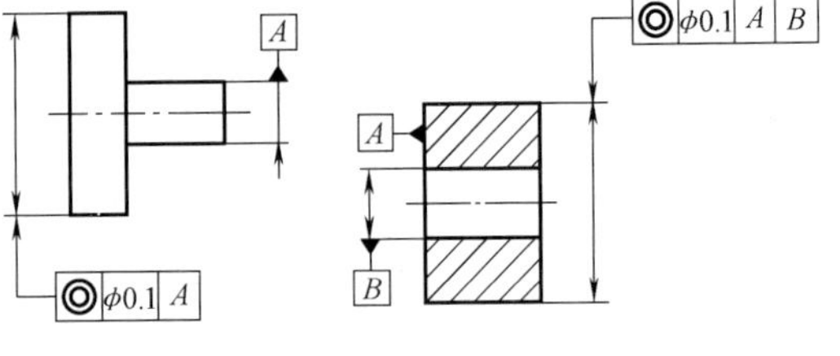

（续）

符号	公差带的定义	标注和解释
	14　对称度公差	
	14.1　中心平面的对称度公差	
⌯	公差带为间距等于公差值 t，对称于基准中心平面的两平行平面所限定的区域 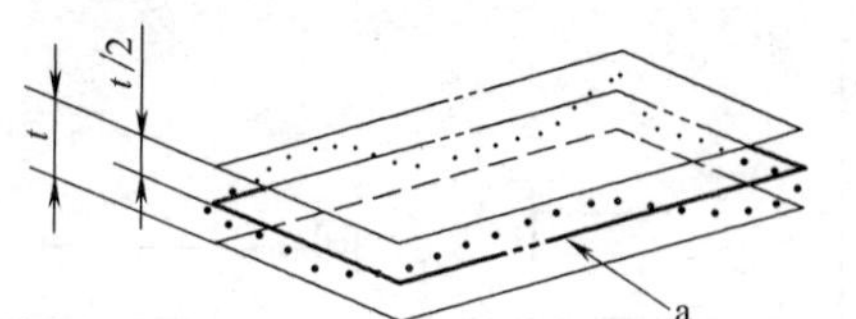 a—基准中心平面	提取（实际）中心面应限定在间距等于 0.08、对称于基准中心平面 A 的两平行平面之间 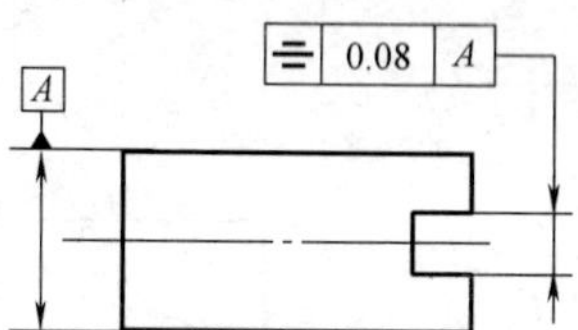 提取（实际）中心面应限定在间距等于 0.08、对称于公共基准中心平面 $A—B$ 的两平行平面之间 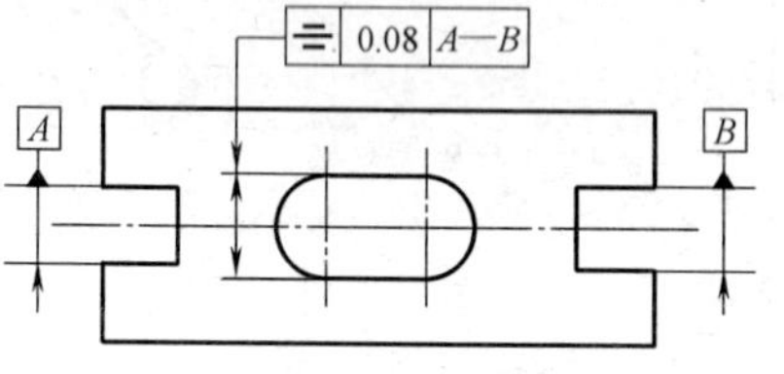
	15　圆跳动公差	
	15.1　径向圆跳动公差	
↗	公差带为在任一垂直于基准轴线的横截面内、半径差等于公差值 t、圆心在基准轴线上的两同心圆所限定的区域 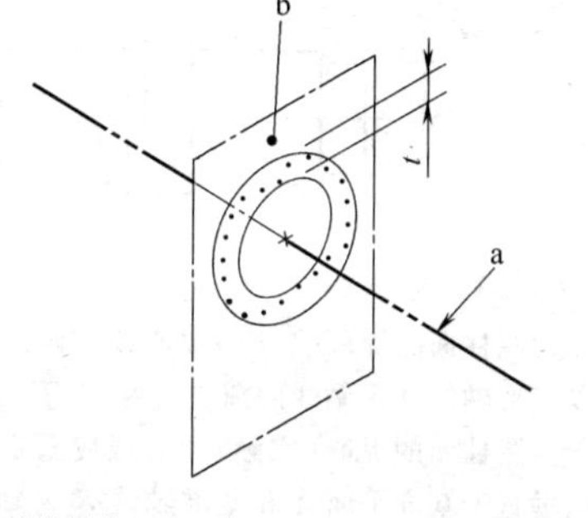 a—基准轴线 b—横截面	在任一垂直于基准轴线 A 的横截面内，提取（实际）圆应限定在半径差等于 0.1，圆心在基准轴线 A 上的两同心圆之间（左下图） 在任一平行于基准平面 B、垂直于基准轴线 A 的截面上，提取（实际）圆应限定在半径差等于 0.1，圆心在基准轴线 A 上的两同心圆之间（右下图） 在任一垂直于公共基准轴线 $A—B$ 的横截面内，提取（实际）圆应限定在半径差等于 0.1、圆心在基准轴线 $A—B$ 上的两同心圆之间 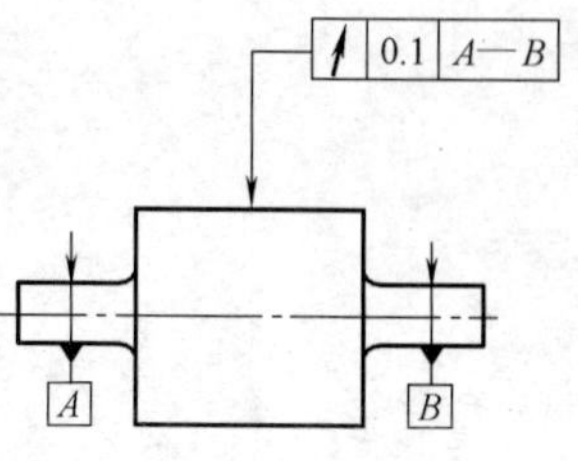

（续）

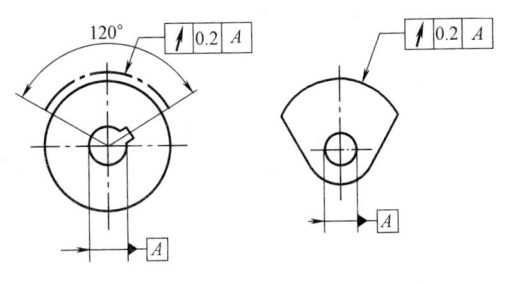

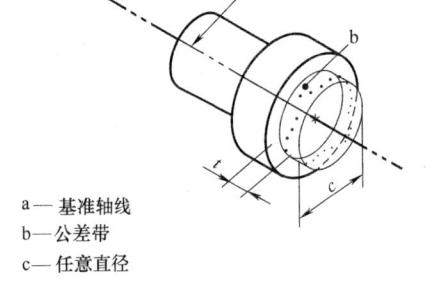

符号	公差带的定义	标注和解释
	15.1　径向圆跳动公差	
	圆跳动通常适用于整个要素，但亦可规定只适用于局部要素的某一指定部分	在任一垂直于基准轴线 A 的横截面内，提取（实际）圆弧应限定在半径差等于 0.2、圆心在基准轴线 A 上的两同心圆弧之间
	15.2　轴向圆跳动公差	
↗	公差带为与基准轴线同轴的任一半径的圆柱截面上，间距等于公差值 t 的两圆所限定的圆柱面区域 a—基准轴线 b—公差带 c—任意直径	在与基准轴线 D 同轴的任一圆柱形截面上，提取（实际）圆应限定在轴向距离等于 0.1 的两个等圆之间 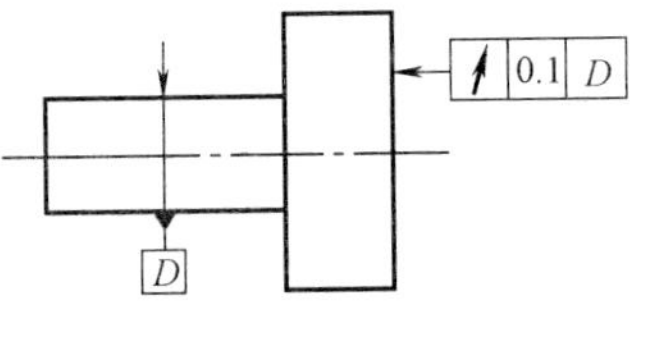
	15.3　斜向圆跳动公差	
	公差带为与基准轴线同轴的某一圆锥截面上，间距等于公差值 t 的两圆所限定的圆锥面区域 除非另有规定，测量方向应沿被测表面的法向 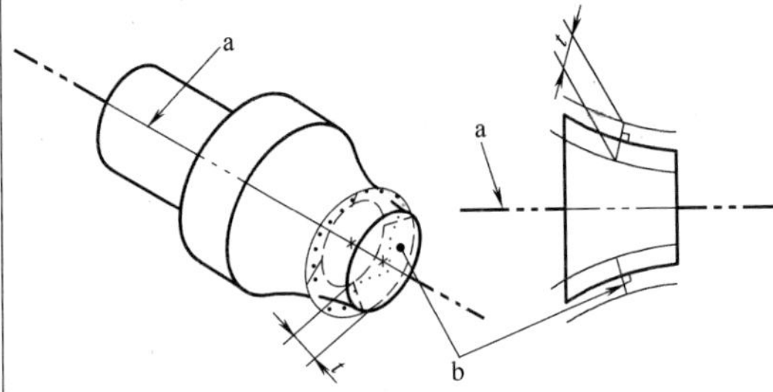 a—基准轴线 b—公差带	在与基准轴线 C 同轴的任一圆锥截面上，提取（实际）线应限定在素线方向间距等于 0.1 的两不等圆之间 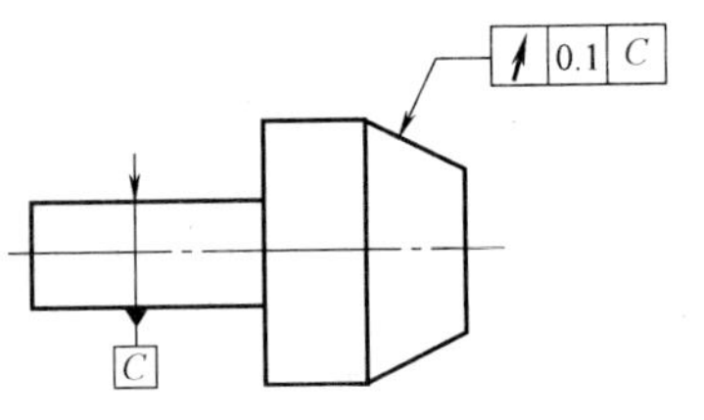 当标注公差的素线不是直线时，圆锥截面的锥角要随所测圆的实际位置而改变 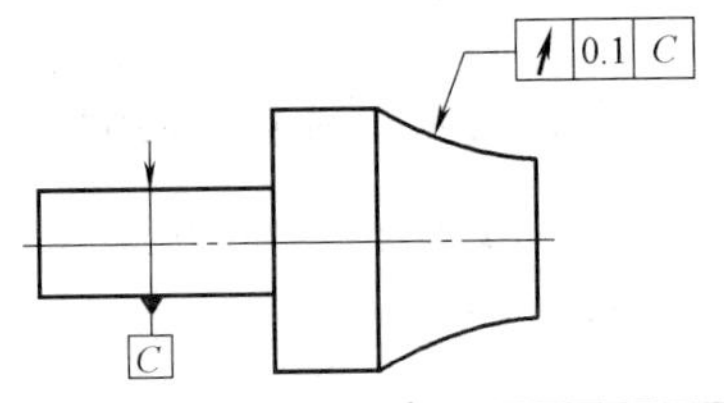

（续）

<table>
<tr><th>符号</th><th>公差带的定义</th><th>标注和解释</th></tr>
<tr><td></td><td colspan="2">15.4　给定方向的斜向圆跳动公差</td></tr>
<tr><td>↗</td><td>公差带为在与基准轴线同轴的、具有给定锥角的任一圆锥截面上，间距等于公差值 t 的两不等圆所限定的区域
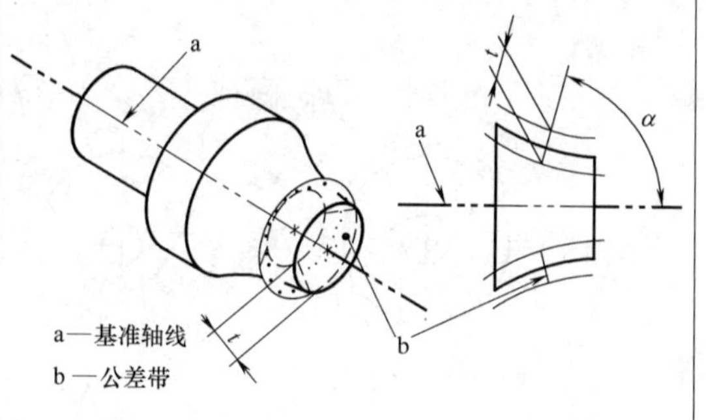
</td><td>在与基准轴线 C 同轴且具有给定角度 60°的任一圆锥截面上，提取（实际）圆应限定在素线方向间距等于 0.1 的两不等圆之间
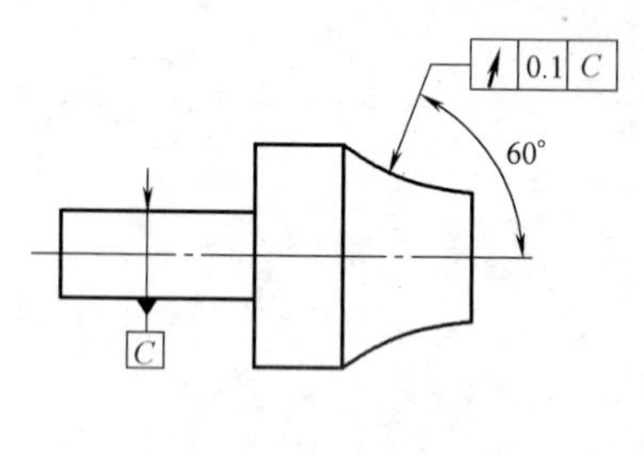
</td></tr>
<tr><td></td><td colspan="2">16　全跳动公差</td></tr>
<tr><td></td><td colspan="2">16.1　径向全跳动公差</td></tr>
<tr><td></td><td>公差带为半径差等于公差值 t，与基准轴线同轴的两圆柱面所限定的区域
a— 基准轴线</td><td>提取（实际）表面应限定在半径差等于 0.1，与公共基准轴线 A—B 同轴的两圆柱面之间
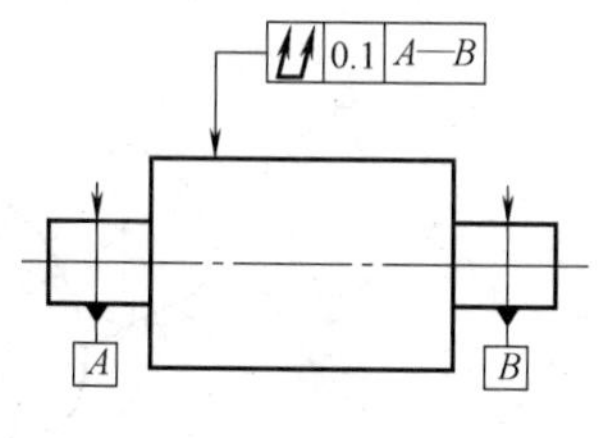
</td></tr>
<tr><td></td><td colspan="2">16.2　轴向全跳动公差</td></tr>
<tr><td>⌰</td><td>公差带为间距等于公差值 t，垂直于基准轴线的两平行平面所限定的区域
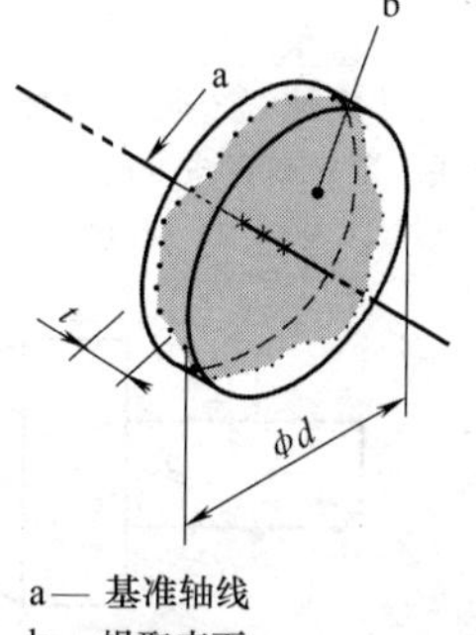
</td><td>提取（实际）表面应限定在间距等于 0.1、垂直于基准轴线 D 的两平行平面之间
0.1 D　φd　D</td></tr>
</table>

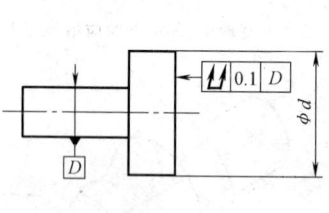

3.5.4　形状、方向、位置、跳动公差值

3.5.4.1　形状和位置公差的未注公差值（见表 3-63 和表 3-64）

本标准主要适用于用去除材料方法形成的要素，也可用于其他方法形成的要素。标准中所规定的公差等级，考虑了各类工厂的一般制造精度。若采用标准规定的未注公差值，应在标题栏附近或在技术要求、技术文件中注出标准号及公差等级代号，例：GB/T 1184-K。

表 3-63　形状公差的未注公差值（摘自 GB/T 1184—1996）　（单位：mm）

直线度和平面度						
公差等级	基本长度范围					
	≤10	>10~30	>30~100	>100~300	>300~1000	>1000~3000
H	0.02	0.05	0.1	0.2	0.3	0.4
K	0.05	0.1	0.2	0.4	0.6	0.8
L	0.1	0.2	0.4	0.8	1.2	1.6

注：1. 对直线度应按其相应线的长度选择，对平面度应按其表面较长一侧或圆表面的直径选择。
2. 圆度的未注公差值等于给出的直径公差值，但不能大于本表中径向圆跳动值。
3. 圆柱度的未注公差值不作规定。

表 3-64　位置公差的未注公差值（摘自 GB/T 1184—1996）　（单位：mm）

垂直度					对称度					圆跳动	
公差等级	基本长度范围				公差等级	基本长度范围				公差等级	
	≤100	>100~300	>300~1000	>1000~3000		≤100	>100~300	>300~1000	>1000~3000		
H	0.2	0.3	0.4	0.5	H	0.5				H	0.1
K	0.4	0.6	0.8	1	K	0.6		0.8	1	K	0.2
L	0.6	1	1.5	2	L	0.6	1	1.5	2	L	0.5

注：1. 平行度的未注公差等于给出的尺寸公差值，或直线度和平面度未注公差值中的相应公差值取较大者，应取两要素中的较长者作为基准；若两要素的长度相等则可选任一要素为基准。
2. 圆跳动应以设计或工艺给出的支承面作为基准，否则应取两要素中较长的一个作为基准。若两要素长度相等则可任选一要素为基准。
3. 垂直度取形成直角的两边中较长的一边作为基准，较短的一边作为被测要素。若两边的长度相等则可取其中的任意一边。
4. 对称度应取两要素较长者作为基准，较短者作为被测要素。若两要素长度相等则可选任一要素为基准。
同轴度的未注公差值未作规定。在极限状况下，同轴度的未注公差值可以和本表规定的径向圆跳动的未注公差值相等。应选两要素中的较长者为基准。若两要素长度相等则可任选一要素为基准。

3.5.4.2　几何公差数值表（见表 3-65~表 3-68）

使用公差数值表确定被测要素的公差值时，应考虑下列情况：

1）在同一要素上给出的形状公差值应小于位置公差值。如要求平行的两个表面，其平面度公差值应小于平行度公差值。

2）圆柱形零件的形状公差值（轴线直线度除外），一般情况下应小于其尺寸公差值。

3）平行度公差值应小于相应的距离公差值。

对于下列情况，考虑到加工难易程度，在满足零件功能的要求下，适当降低 1~2 级选用：①孔相对于轴；②细长比较大或距离较大的轴或孔；③宽度较大（一般大于 1/2 长度）的零件表面；④线对线和线对面相对于面对面的平行度和垂直度。

表 3-65　直线度、平面度（摘自 GB/T 1184—1996）

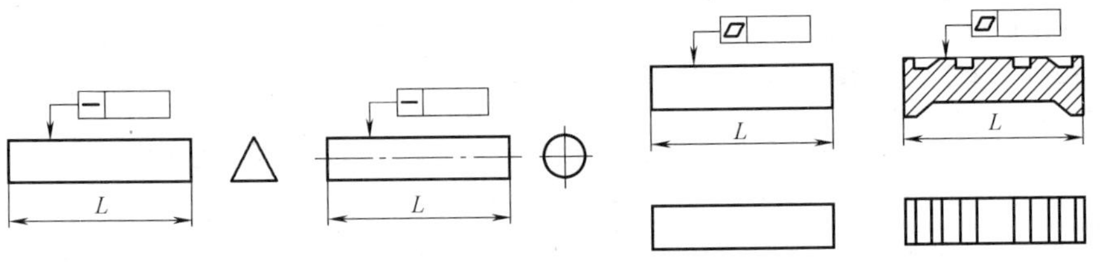

（续）

公差等级	主参数 L/mm															
	≤10	>10~16	>16~25	>25~40	>40~63	>63~100	>100~160	>160~250	>250~400	>400~630	>630~1000	>1000~1600	>1600~2500	>2500~4000	>4000~6300	>6300~10000
	公差值/μm															
1	0.2	0.25	0.3	0.4	0.5	0.6	0.8	1	1.2	1.5	2	2.5	3	4	5	6
2	0.4	0.5	0.6	0.8	1	1.2	1.5	2	2.5	3	4	5	6	8	10	12
3	0.8	1	1.2	1.5	2	2.5	3	4	5	6	8	10	12	15	20	25
4	1.2	1.5	2	2.5	3	4	5	6	8	10	12	15	20	25	30	40
5	2	2.5	3	4	5	6	8	10	12	15	20	25	30	40	50	60
6	3	4	5	6	8	10	12	15	20	25	30	40	50	60	80	100
7	5	6	8	10	12	15	20	25	30	40	50	60	80	100	120	150
8	8	10	12	15	20	25	30	40	50	60	80	100	120	150	200	250
9	12	15	20	25	30	40	50	60	80	100	120	150	200	250	300	400
10	20	25	30	40	50	60	80	100	120	150	200	250	300	400	500	600
11	30	40	50	60	80	100	120	150	200	250	300	400	500	600	800	1000
12	60	80	100	120	150	200	250	300	400	500	600	800	1000	1200	1500	2000

公差等级	应用举例
1、2	用于精密量具、测量仪器和精度要求极高的精密机械零件，如高精度量规、样板平尺、工具显微镜等精密测量仪器的导轨面，喷油嘴针阀体端面，液压泵柱塞套端面等高精度零件
3	用于0级及1级宽平尺的工作面，1级样板平尺的工作面，测量仪器圆弧导轨，测量仪器测杆等
4	用于量具、测量仪器和高精度机床的导轨，如0级平板、测量仪器的V形导轨、高精度平面磨床的V形滚动导轨、轴承磨床床身导轨、液压阀芯等
5	用于1级平板，2级宽平尺，平面磨床的纵导轨、垂直导轨、立柱导轨及工作台，液压龙门刨床和转塔车床床身的导轨，柴油机进、排气门导杆
6	用于普通机床导轨面，如卧式车床、龙门刨床、滚齿机、自动车床等的床身导轨、立柱导轨，滚齿机、卧式镗床、铣床的工作台及机床主轴箱导轨，柴油机体结合面等
7	用于2级平板，0.02游标卡尺尺身，机床主轴箱体，摇臂钻床底座工作台，镗床工作台，液压泵盖等
8	用于机床传动箱体，交换齿轮箱体，车床溜板箱体，主轴箱体，柴油机气缸体，连杆分离面，缸盖结合面，汽车发动机缸盖，曲轴箱体及减速器壳体的结合面
9	用于3级平板，机床溜板箱，立钻工作台，螺纹磨床的挂轮架，金相显微镜的载物台，柴油机气缸体，连杆的分离面，缸盖的结合面，阀片，压缩机的气缸体，液压管件和法兰的连接面等
10	用于3级平板，自动车床床身底面，车床交换齿轮架，柴油机气缸体，摩托车的曲轴箱体，汽车变速器的壳体，汽车发动机缸盖结合面，阀片，以及辅助机构及手动机械的支承面
11、12	用于易变形的薄片、薄壳零件，如离合器的摩擦片、汽车发动机缸盖的结合面、手动机械支架、机床法兰等

注：应用举例不属本标准内容，仅供参考。

表 3-66　圆度、圆柱度（摘自 GB/T 1184—1996）

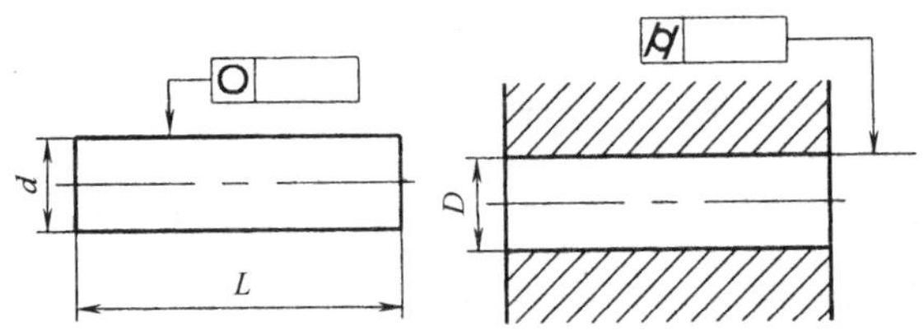

主参数 $d(D)$ 图例

公差等级	主参数 $d(D)$/mm												
	≤3	>3 ~6	>6 ~10	10 ~18	>18 ~30	>30 ~50	>50 ~80	>80 ~120	>120 ~180	>180 ~250	>250 ~315	>315 ~400	>400 ~500
	公差值/μm												
0	0.1	0.1	0.12	0.15	0.2	0.25	0.3	0.4	0.6	0.8	1.0	1.2	1.5
1	0.2	0.2	0.25	0.25	0.3	0.4	0.5	0.6	1	1.2	1.6	2	2.5
2	0.3	0.4	0.4	0.5	0.6	0.6	0.8	1	1.2	2	2.5	3	4
3	0.5	0.6	0.6	0.8	1	1	1.2	1.5	2	3	4	5	6
4	0.8	1	1	1.2	1.5	1.5	2	2.5	3.5	4.5	6	7	8
5	1.2	1.5	1.5	2	2.5	2.5	3	4	5	7	8	9	10
6	2	2.5	2.5	3	4	4	5	6	8	10	12	13	15
7	3	4	4	5	6	7	8	10	12	14	16	18	20
8	4	5	6	8	9	11	13	15	18	20	23	25	27
9	6	8	9	11	13	16	19	22	25	29	32	36	40
10	10	12	15	18	21	25	30	35	40	46	52	57	63
11	14	18	22	27	33	39	46	54	63	72	81	89	97
12	25	30	36	43	52	62	74	87	100	115	130	140	155

公差等级	应用举例
1	高精度量仪主轴，高精度机床主轴，滚动轴承滚珠和滚柱等
2	精密量仪主轴、外套、阀套，高压油泵柱塞及套，纺锭轴承，高速柴油机进、排气门，精密机床主轴轴径，针阀圆柱表面，喷油泵柱塞及柱塞套
3	小工具显微镜套管外圆，高精度外圆磨床轴承，磨床砂轮主轴套筒，喷油嘴针阀体，高精度微型轴承内外圈
4	较精密机床主轴，精密机床主轴箱孔，高压阀门活塞、活塞销、阀体孔，小工具显微镜顶针，高压油泵柱塞，较高精度滚动轴承配合的轴，铣床动力头箱体孔等
5	一般量仪主轴，测杆外圆，陀螺仪轴颈，一般机床主轴，较精密机床主轴箱孔，柴油机、汽油机活塞、活塞销孔，铣床动力头、轴承箱座孔，高压空气压缩机十字头销、活塞，较低精度滚动轴承配合的轴等
6	仪表端盖外圆，一般机床主轴及箱孔，中等压力液压装置工作面（包括泵、压缩机的活塞和气缸），汽车发动机凸轮轴，纺机锭子，通用减速器轴颈，高速船用发动机曲轴，拖拉机曲轴主轴颈
7	大功率低速柴油机曲轴、活塞、活塞销、连杆、气缸，高速柴油机箱体孔，千斤顶或压力油缸活塞，液压传动系统的分配机构，机车传动轴，水泵及一般减速器轴颈
8	低速发动机、减速器、大功率曲柄轴轴颈，压缩机连杆盖、体，拖拉机气缸体、活塞，炼胶机冷铸轴辊，印刷机传墨辊，内燃机曲轴，柴油机机体孔、凸轮轴，拖拉机、小型船用柴油机气缸套
9	压缩机缸体，液压传动筒，通用机械杠杆、拉杆与套筒销子，拖拉机活塞环、套筒孔
10	印染机导布辊、绞车、吊车、起重机滑动轴承轴颈等

注：应用举例不属本标准内容，仅供参考。

表 3-67 平行度、垂直度、倾斜度（摘自 GB/T 1184—1996）

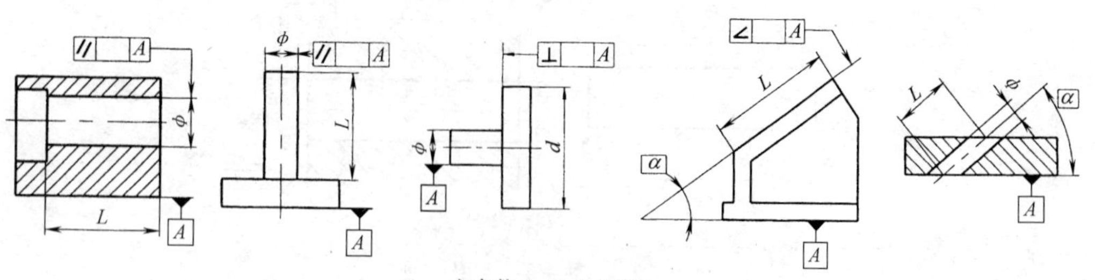

主参数 L、$d(D)$ 图例

公差等级	≤10	>10~16	>16~25	>25~40	>40~63	>63~100	>100~160	>160~250	>250~400	>400~630	>630~1000	>1000~1600	>1600~2500	>2500~4000	>4000~6300	>6300~10000
	主参数 L、$d(D)$/mm															
	公差值/μm															
1	0.4	0.5	0.6	0.8	1	1.2	1.5	2	2.5	3	4	5	6	8	10	12
2	0.8	1	1.2	1.5	2	2.5	3	4	5	6	8	10	12	15	20	25
3	1.5	2	2.5	3	4	5	6	8	10	12	15	20	25	30	40	50
4	3	4	5	6	8	10	12	15	20	25	30	40	50	60	80	100
5	5	6	8	10	12	15	20	25	30	40	50	60	80	100	120	150
6	8	10	12	15	20	25	30	40	50	60	80	100	120	150	200	250
7	12	15	20	25	30	40	50	60	80	100	120	150	200	250	300	400
8	20	25	30	40	50	60	80	100	120	150	200	250	300	400	500	600
9	30	40	50	60	80	100	120	150	200	250	300	400	500	600	800	1000
10	50	60	80	100	120	150	200	250	300	400	500	600	800	1000	1200	1500
11	80	100	120	150	200	250	300	400	500	600	800	1000	1200	1500	2000	2500
12	120	150	200	250	300	400	500	600	800	1000	1200	1500	2000	2500	3000	4000

公差等级	应用举例	
	平行度	垂直度和倾斜度
1	高精度机床、测量仪器及量具等主要基准面和工作面	
2、3	精密机床、测量仪器、量具及模具的基准面和工作面，精密机床上重要箱体主轴孔对基准面，尾架孔对基准面	精密机床导轨，普通机床主要导轨，机床主轴轴向定位面，精密机床主轴肩端面，滚动轴承座圈端面，齿轮测量仪的心轴，光学分度头心轴，涡轮轴端面，精密刀具、量具的基准面和工作面
4、5	普通机床、测量仪器、量具及模具的基准面和工作面，高精度轴承座圈、端盖、挡圈的端面，机床主轴孔对基准面，重要轴承孔对基准面，床头箱体重要孔间，一般减速器壳体孔，齿轮泵的轴孔端面等	普通机床导轨，精密机床重要零件，机床重要支承面，普通机床主轴偏摆，发动机轴和离合器的凸缘，气缸的支承端面，装 P4、P5 级轴承的箱体的凸肩，液压传动轴瓦端面，量具、量仪的重要端面
6~8	一般机床零件的工作面或基准，压力机和锻锤的工作面，中等精度钻模的工作面，一般刀具、量具、模具，机床一般轴承孔对基准面，主轴箱一般孔间，变速器箱孔，主轴花键对定心直径，重型机械轴承盖的端面，提升机、手动传动装置中的传动轴、气缸轴线	低精度机床主要基准面和工作面，回转工作台端面跳动，一般导轨，主轴箱体孔，刀架、砂轮架及工作台回转中心，机床轴肩、气缸配合面对其轴线，活塞销孔对活塞中心线以及装 P6、P0 级轴承壳体孔的轴线等
9、10	低精度零件、重型机械滚动轴承端盖，柴油机和煤气发动机的曲轴孔、轴颈等	花键轴轴肩端面、带式运输机法兰盘端面对轴心线，手动提升机及传动装置中轴承端面，减速器壳体平面等
11、12	零件的非工作面、提升机、运输机上用的减速器壳体平面	农业机械齿轮端面等

注：应用举例不属本标准内容，仅供参考。

表 3-68　同轴度、对称度、圆跳动和全跳动（摘自 GB/T 1184—1996）

主参数 $d(D)$,B,L 图例

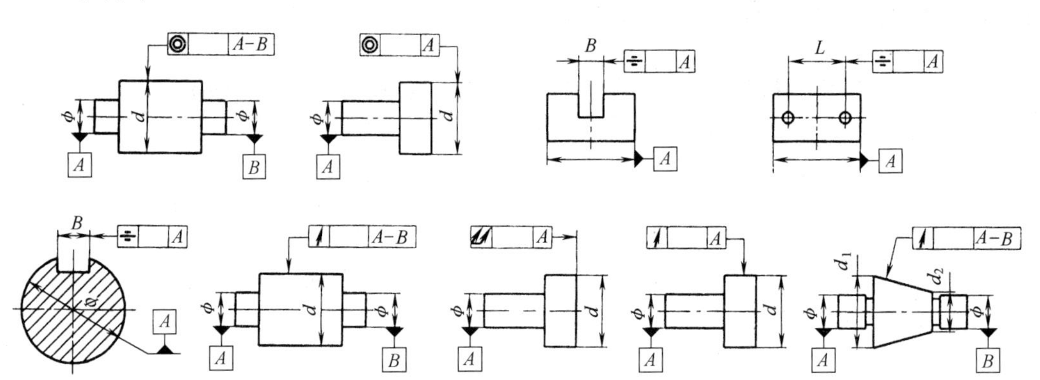

当被测要素为圆锥面时,取 $d=\frac{d_1+d_2}{2}$

公差等级	主参数 $d(D)$、B、L/mm																
	≤1	>1~3	>3~6	>6~10	>10~18	>18~30	>30~50	>50~120	>120~250	>250~500	>500~800	>800~1250	>1250~2000	>2000~3150	>3150~5000	>5000~8000	>8000~10000
	公差值/μm																
1	0.4	0.4	0.5	0.6	0.8	1	1.2	1.5	2	2.5	3	4	5	6	8	10	12
2	0.6	0.6	0.8	1	1.2	1.5	2	2.5	3	4	5	6	8	10	12	15	20
3	1	1	1.2	1.5	2	2.5	3	4	5	6	8	10	12	15	20	25	30
4	1.5	1.5	2	2.5	3	4	5	6	8	10	12	15	20	25	30	40	50
5	2.5	2.5	3	4	5	6	8	10	12	15	20	25	30	40	50	60	80
6	4	4	5	6	8	10	12	15	20	25	30	40	50	60	80	100	120
7	6	6	8	10	12	15	20	25	30	40	50	60	80	100	120	150	200
8	10	10	12	15	20	25	30	40	50	60	80	100	120	150	200	250	300
9	15	20	25	30	40	50	60	80	100	120	150	200	250	300	400	500	600
10	25	40	50	60	80	100	120	150	200	250	300	400	500	600	800	1000	1200
11	40	60	80	100	120	150	200	250	300	400	500	600	800	1000	1200	1500	2000
12	60	120	150	200	250	300	400	500	600	800	1000	1200	1500	2000	2500	3000	4000

公差等级	应用举例
1~4	用于同轴度或旋转精度要求很高的零件,一般需要按尺寸公差 IT5 级或高于 IT5 级制造的零件。1、2 级用于精密测量仪器的主轴和顶尖,柴油机喷油嘴针阀等;3、4 级用于机床主轴轴颈,砂轮轴轴颈,汽轮机主轴,测量仪器的小齿轮轴,高精度滚动轴承内、外圈等
5~7	应用范围较广的精度等级,用于精度要求比较高、一般按尺寸公差 IT6 或 IT7 级制造的零件。5 级精度常用在机床轴颈,测量仪器的测量杆,汽轮机主轴,柱塞液压泵转子,高精度滚动轴承外圈,一般精度轴承内圈;7 级精度用于内燃机曲轴,凸轮轴轴颈,水泵轴,齿轮轴,汽车后桥输出轴,电动机转子,P0 级精度滚动轴承内圈,印刷机传墨辊等
8~10	用于一般精度要求,通常按尺寸公差 IT9~IT10 级制造的零件。8 级精度用于拖拉机发动机分配轴轴颈,9 级精度以下齿轮轴的配合面,水泵叶轮,离心泵泵体,棉花精梳机前后滚子;9 级精度用于内燃机气缸套配合面,自行车中轴;10 级精度用于摩托车活塞,印染机导布辊,内燃机活塞环槽底径对活塞中心,气缸套外圈对内孔等
11~12	用于无特殊要求,一般按尺寸精度 IT12 级制造的零件

注：应用举例不属本标准内容，仅供参考。

3.6 表面结构的表示法

3.6.1 表面粗糙度参数及其数值（见表 3-69）

表 3-69 评定表面结构的参数及其数值系列（摘自 GB/T 1031—2009） （单位：μm）

轮廓的算术平均偏差 *Ra* 的数值					轮廓的最大高度 *Rz* 的数值					
Ra	0.012	0.2	3.2	50	*Rz*	0.025	0.4	6.3	100	1600
	0.025	0.4	6.3	100		0.05	0.8	12.5	200	—
	0.05	0.8	12.5	—		0.1	1.6	25	400	—
	0.1	1.6	25	—		0.2	3.2	50	800	—
Ra 的补充系列值					*Rz* 的补充系列值					
Ra	0.008	0.125	2.0	32	*Rz*	0.032	0.50	8.0	125	—
	0.010	0.160	2.5	40		0.040	0.63	10.0	160	—
	0.016	0.25	4.0	63		0.063	1.00	16.0	250	—
	0.020	0.32	5.0	80		0.080	1.25	20	320	—
	0.032	0.50	8.0	—		0.125	2.0	32	500	—
	0.040	0.63	10.0	—		0.160	2.5	40	630	—
	0.063	1.00	16.0	—		0.25	4.0	63	1000	—
	0.080	1.25	20	—		0.32	5.0	80	1250	—

注：1. *Rz*—轮廓最大高度，在一个取样长度内最大轮廓峰高和最大轮廓谷深之和。
Ra—评定轮廓的算术平均值，在一个取样长度内，纵坐标值 $Z(x)$ 绝对值的算术平均值。
2. 在幅度参数（峰和谷）常用的参数范围内（*Ra* 为 0.025~6.3μm，*Rz* 为 0.1~25μm），推荐优先选用 *Ra*。
3. 根据表面功能和生产的经济合理性，当选用的数值系列不能满足要求时，可选取补充系列值。

3.6.2 表面结构的图形符号、代号及其标注（见表 3-70~表 3-75）

表 3-70 标注表面结构的图形符号（摘自 GB/T 131—2006）

符号		意义及说明
基本图形符号	√	基本图形符号由两条不等长的与标注表面成 60°夹角的直线构成。仅适用于简化代号标注，没有补充说明时不能单独使用
扩展图形符号	去除材料　不去除材料	在基本图形符号上加一短横，表示指定表面是用去除材料的方法获得，如通过机械加工获得的表面 在基本图形符号上加一个圆圈，表示指定表面是用不去除材料方法获得
完整图形符号	允许任何工艺　去除材料　不去除材料	当要求标注表面结构特征的补充信息时，应在基本图形符号和扩展图形符号的长边上加一横线

（续）

符　　号		意义及说明
完整符号的组成	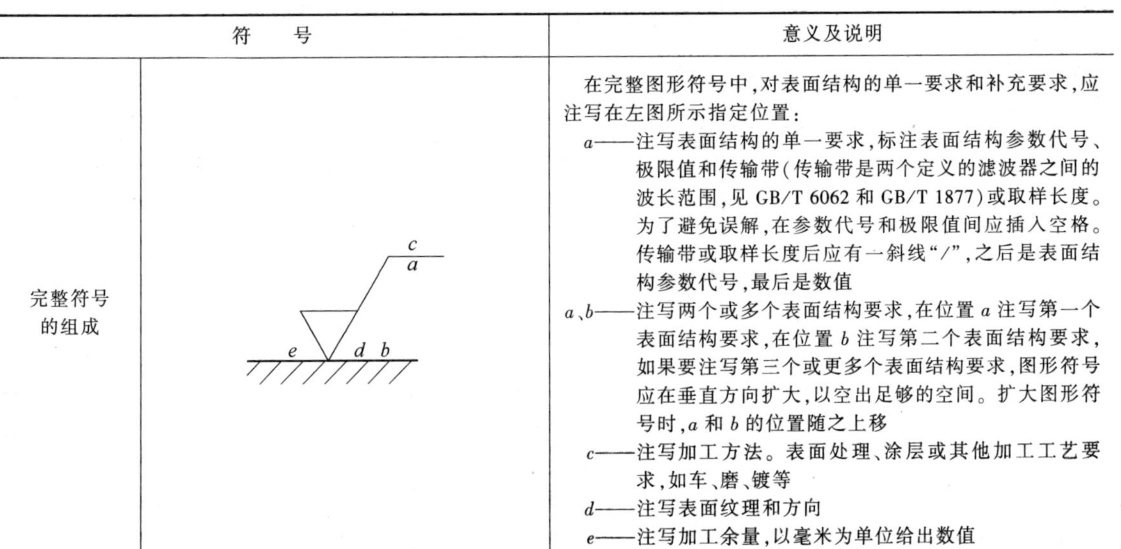	在完整图形符号中，对表面结构的单一要求和补充要求，应注写在左图所示指定位置： a——注写表面结构的单一要求，标注表面结构参数代号、极限值和传输带（传输带是两个定义的滤波器之间的波长范围，见 GB/T 6062 和 GB/T 1877）或取样长度。为了避免误解，在参数代号和极限值间应插入空格。传输带或取样长度后应有一斜线“/”，之后是表面结构参数代号，最后是数值 a、b——注写两个或多个表面结构要求，在位置 a 注写第一个表面结构要求，在位置 b 注写第二个表面结构要求，如果要注写第三个或更多个表面结构要求，图形符号应在垂直方向扩大，以空出足够的空间。扩大图形符号时，a 和 b 的位置随之上移 c——注写加工方法。表面处理、涂层或其他加工工艺要求，如车、磨、镀等 d——注写表面纹理和方向 e——注写加工余量，以毫米为单位给出数值

注：在报告和合同的文本中用文字表达完整图形符号时，应用字母分别表示：APA，允许任何工艺；MRR，去除材料；NMR，不去除材料。示例：MRR Ra0.8 Rz 13.2。

表 3-71　表面结构要求在图样和技术产品文件中的标注（摘自 GB/T 131—2006）

表面结构符号、代号的标注位置与方向		
项　目	图　　例	意义及说明
总的原则	Ra 0.8 Rz 3.2 Rz 12.5 Rp 1.6 a)	总的原则是根据 GB/T 4458.4—2003《机械制图　尺寸注法》的规定，使表面结构的注写和读取方向与尺寸的注写和读取方向一致（见图 a）
标注在轮廓线上	Rz 12.5 Rz 6.3 Ra 1.6 Ra 1.6 Rz 12.5 Rz 6.3 b)	表面结构要求可标注在轮廓线上，其符号应从材料外指向并接触表面。必要时，表面结构符号也可用带箭头或黑点的指引线引出标注（见图 b 和图 c）
标注在指引线上	车 Rz 3.2 铣 Rz 3.2 $\phi28$ c)	

（续）

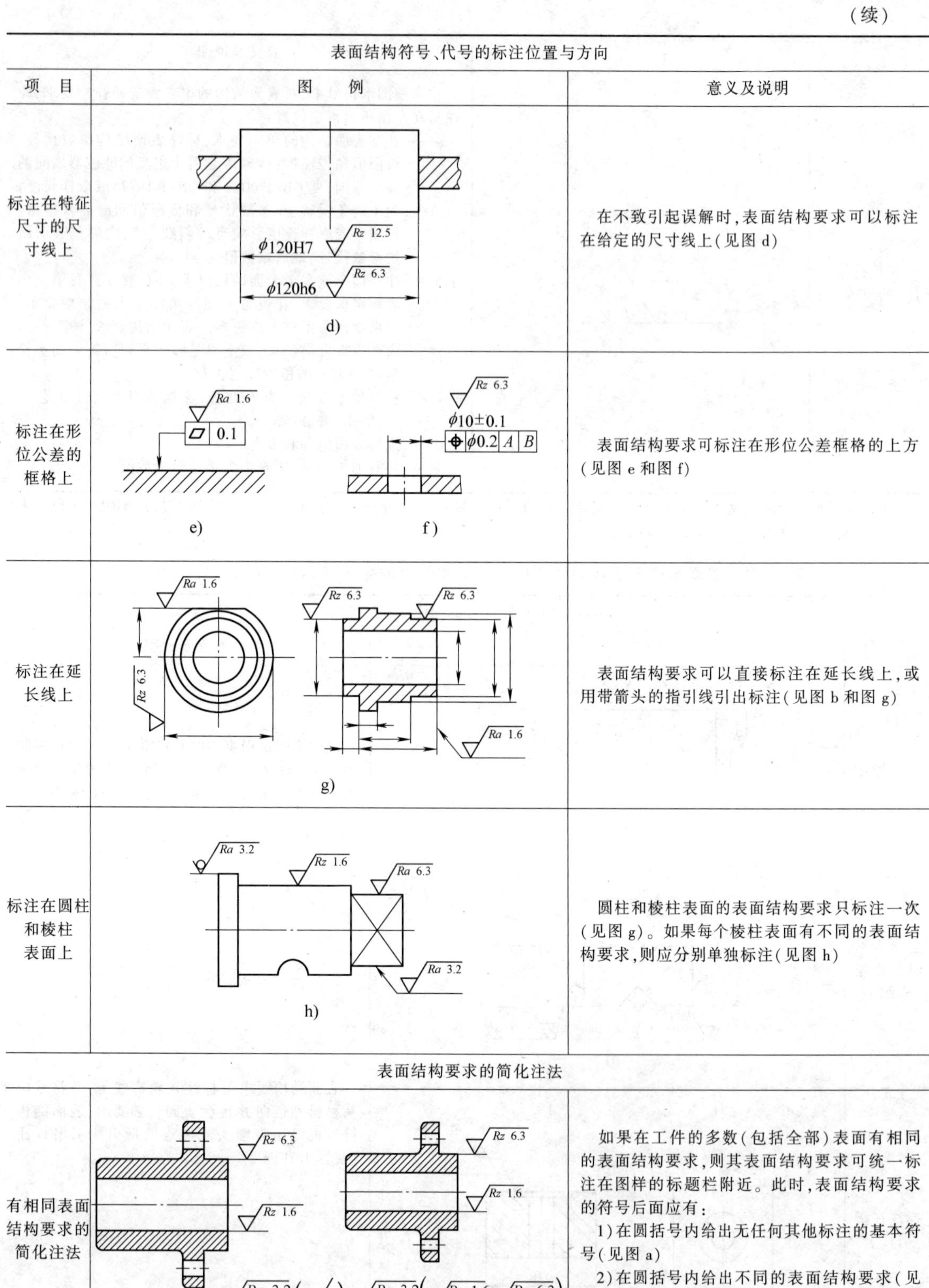

表面结构符号、代号的标注位置与方向		
项　目	图　例	意义及说明
标注在特征尺寸的尺寸线上	d)	在不致引起误解时，表面结构要求可以标注在给定的尺寸线上（见图 d）
标注在形位公差的框格上	e)　f)	表面结构要求可标注在形位公差框格的上方（见图 e 和图 f）
标注在延长线上	g)	表面结构要求可以直接标注在延长线上，或用带箭头的指引线引出标注（见图 b 和图 g）
标注在圆柱和棱柱表面上	h)	圆柱和棱柱表面的表面结构要求只标注一次（见图 g）。如果每个棱柱表面有不同的表面结构要求，则应分别单独标注（见图 h）
表面结构要求的简化注法		
有相同表面结构要求的简化注法	a)　b)	如果在工件的多数（包括全部）表面有相同的表面结构要求，则其表面结构要求可统一标注在图样的标题栏附近。此时，表面结构要求的符号后面应有： 1）在圆括号内给出无任何其他标注的基本符号（见图 a） 2）在圆括号内给出不同的表面结构要求（见图 b）。不同的表面结构要求应直接标注在图形中（见图 a 和图 b）

（续）

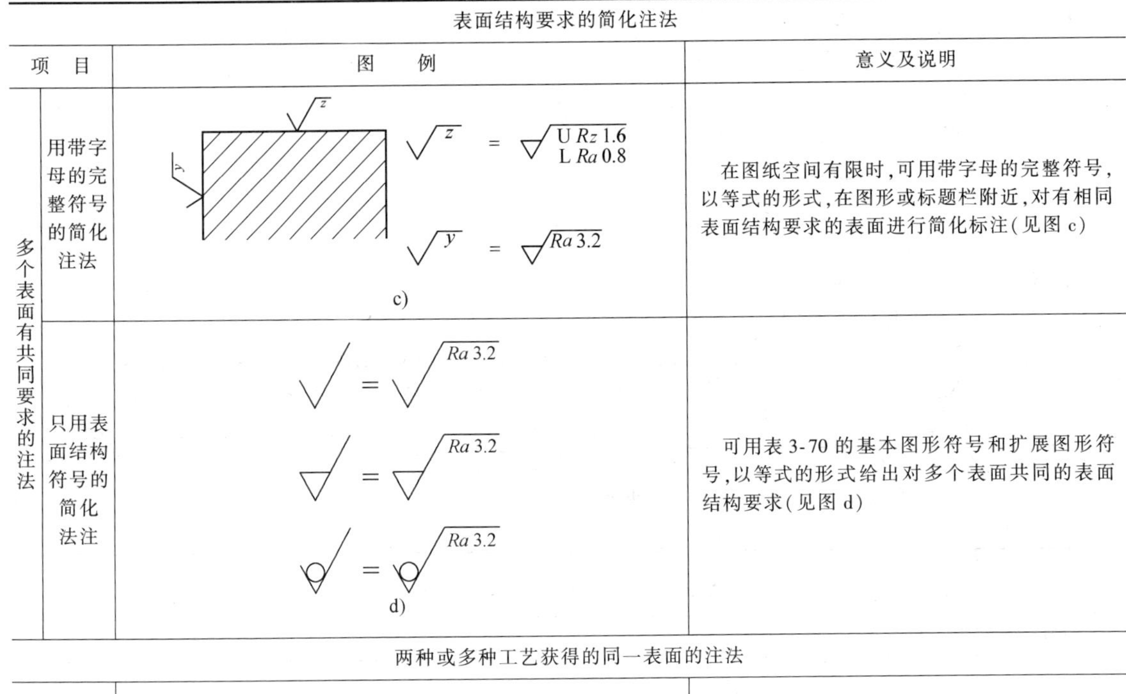

表面结构要求的简化注法			
项　目		图　　例	意义及说明
多个表面有共同要求的注法	用带字母的完整符号的简化注法	c)	在图纸空间有限时，可用带字母的完整符号，以等式的形式，在图形或标题栏附近，对有相同表面结构要求的表面进行简化标注（见图 c）
	只用表面结构符号的简化法注	d)	可用表 3-70 的基本图形符号和扩展图形符号，以等式的形式给出对多个表面共同的表面结构要求（见图 d）
两种或多种工艺获得的同一表面的注法			
同时给出镀覆前后表面结构要求的注法		Fe/Ep·Cr25b	由几种不同的工艺方法获得的同一表面，当需要明确每种工艺方法的表面结构要求时，可按左图进行标注

注：表面结构要求对每一表面一般只标注一次，并尽可能注在相应的尺寸及其公差的同一视图上。除非另有说明，所标注的表面结构要求是对完工零件表面的要求。

表 3-72　表面结构代号和补充注释符号的含义

项目	代　　号	含义/解释
表面结构代号	Rz 0.4	表示不允许去除材料，单向上限值，默认传输带，R 轮廓，粗糙度的最大高度 0.4μm，评定长度为 5 个取样长度（默认），“16%规则”（默认）
	Rzmax 0.2	表示去除材料，单向上限值，默认传输带，R 轮廓，粗糙度最大高度的最大值 0.2μm，评定长度为 5 个取样长度（默认），“最大规则”
	0.008–0.8/Ra 3.2	表示去除材料，单向上限值，传输带 0.008～0.8mm，R 轮廓，算术平均偏差 3.2μm，评定长度为 5 个取样长度（默认），“16 规则”（默认）
	–0.8/Ra 3 3.2	表示去除材料，单向上限值，传输带：根据 GB/T 6062，取样长度 0.8μm（λ_ε 默认 0.0025mm），R 轮廓，算术平均偏差 3.2μm，评定长度包含 3 个取样长度，“16%规则”（默认）
	U Ramax 3.2 L Ra 0.8	表示不允许去除材料，双向极限值，两极限值均使用默认传输带，R 轮廓，上限值：算术平均偏差 3.2μm，评定长度为 5 个取样长度（默认），“最大规则”，下限值：算术平均偏差 0.8μm，评定长度为 5 个取样长度（默认），“16%规则”（默认）

（续）

项目	代号	含义/解释
带有补充注释的符号	铣	加工方法：铣削
	M	表面纹理：纹理呈多方向
		对投影视图上封闭的轮廓线所表示的各表面有相同的表面结构要求
	3	加工余量 3mm

表 3-73 表面纹理符号的解释

符号	解释	符号	解释
=	纹理平行于视图所在的投影面	C	纹理呈近似同心圆且圆心与表面中心相关
⊥	纹理垂直于视图所在的投影面	R	纹理呈近似放射状且与表面圆心相关
X	纹理呈两斜向交叉且与视图所在的投影面相交	P	纹理呈微粒、凸起，无方向
M	纹理呈多方向		

注：如果表面纹理不能清楚地用这些符号表示，必要时，可以在图样上加注说明。

表 3-74 表面结构要求的标注示例

要求	示例
表面粗糙度： 双向极限值；上限值为 $Ra=50\mu m$，下限值为 $Ra=6.3\mu m$；均为"16%规则"（默认）；两个传输带均为0.008～4mm；默认的评定长度 5×4mm＝20mm；表面纹理呈近似同心圆且圆心与表面中心相关；加工方法为铣削；不会引起争议时，不必加 U 和 L	铣 0.008–4/Ra 50 C 0.008–4/Ra 6.3
除一个表面以外，所有表面的粗糙度： 单向上限值；$Rz=6.3\mu m$；"16%规则"（默认）；默认传输带；默认评定长度（$5\times\lambda_c$）；表面纹理没有要求；去除材料的工艺 不同要求的表面的表面粗糙度： 单向上限值；$Ra=0.8\mu m$；"16%规则"（默认）；默认传输带；默认评定长度（$5\times\lambda_c$）；表面纹理没有要求；去除材料的工艺	Ra 0.8 Rz 6.3 (√)

（续）

要　求	示　例
表面粗糙度： 两个单向上限值： 1）$Ra=1.6\mu m$ 时："16%规则"（默认）（GB/T 10610）；默认传输带（GB/T 10610 和 GB/T 6062）；默认评定长度（$5\times\lambda_c$）（GB/T 10610） 2）$Rz\max=6.3\mu m$ 时：最大规则；传输带 -2.5μm（GB/T 6062）；评定长度默认 5×2.5mm；表面纹理垂直于视图的投影面；加工方法为磨削	磨 Ra 1.6 ⊥-2.5/Rz max 6.3
表面粗糙度： 单向上限值；$Rz=0.8\mu m$；"16%规则"（默认）（GB/T 10610）；默认传输带（GB/T 10610 和 GB/T 6062）；默认评定长度（$5\times\lambda_c$）（GB/T 10610）；表面纹理没有要求；表面处理为铜件，镀镍/铬；表面要求对封闭轮廓的所有表面有效	Cu/Ep·Ni5bCr0.3r Rz 0.8
表示粗糙度： 单向上限值和一个双向极限值： 1）单向 $Ra=1.6\mu m$ 时："16%规则"（默认）（GB/T 10610）；传输带 -0.8mm（λ_s 根据 GB/T 6062 确定）；评定长度 5×0.8=4mm（GB/T 10610） 2）双向 Rz 时：上限值 $Rz=12.5\mu m$，下限值 $Rz=3.2\mu m$；"16%规则"（默认）；上、下极限传输带均为 -2.5mm（λ_s 根据 GB/T 6062 确定）；上、下极限评定长度均为 5×2.5=12.5mm（GB/T 10610），即使不会引起争议，也可以标注 U 和 L 符号；表面处理为钢件，镀镍/铬	Fe/Ep·Ni10bCr0.3r -0.8/Ra 1.6 U-2.5/Rz 12.5 L-2.5/Rz 3.2
表面结构和尺寸可以标注在同一尺寸线上： 键槽侧壁的表面粗糙度： 一个单向上限值；$Ra=3.2\mu m$；"16%规则"（默认）（GB/T 10610）；默认评定长度（$5\times\lambda_c$）（GB/T 10610）；默认传输带（GB/T 10610 和 GB/T 6062）；表面纹理没有要求；去除材料的工艺 倒角的表面粗糙度： 一个单向上限值；$Ra=6.3\mu m$；"16%规则"（默认）（GB/T 10610）；默认评定长度（$5\times\lambda_c$）（GB/T 10610）；默认传输带（GB/T 10610 和 GB/T 6062）；表面纹理没有要求；去除材料的工艺	C2 A Ra 6.3 A A—A Ra 3.2

（续）

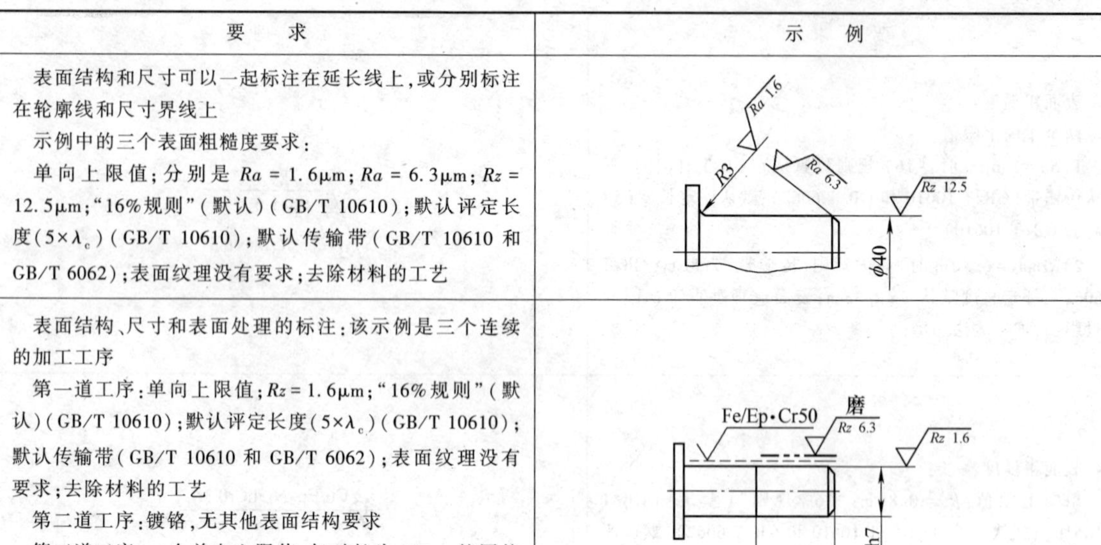

要　求	示　例
表面结构和尺寸可以一起标注在延长线上，或分别标注在轮廓线和尺寸界线上 示例中的三个表面粗糙度要求： 单向上限值；分别是 Ra = 1.6μm；Ra = 6.3μm；Rz = 12.5μm；“16%规则”（默认）（GB/T 10610）；默认评定长度（5×λ_c）（GB/T 10610）；默认传输带（GB/T 10610 和 GB/T 6062）；表面纹理没有要求；去除材料的工艺	
表面结构、尺寸和表面处理的标注：该示例是三个连续的加工工序 第一道工序：单向上限值；Rz = 1.6μm；“16%规则”（默认）（GB/T 10610）；默认评定长度（5×λ_c）（GB/T 10610）；默认传输带（GB/T 10610 和 GB/T 6062）；表面纹理没有要求；去除材料的工艺 第二道工序：镀铬，无其他表面结构要求 第三道工序：一个单向上限值，仅对长为 50mm 的圆柱表面有效；Rz = 6.3μm；“16%规则”（默认）（GB/T 10610）；默认评定长度（5×λ_c）（GB/T 10610）；默认传输带（GB/T 10610 和 GB/T 6062）；表面纹理没有要求；磨削加工工艺	

表 3-75　表面结构要求图形标注的新旧标准对照

GB/T 131—1993[①]	GB/T 131—2006[②]	说明主要问题的示例	GB/T 131—1993[①]	GB/T 131—2006[②]	说明主要问题的示例
1.6　1.6	Ra 1.6	Ra 只采用“16%规则”	Ry 3.2　0.8	−0.8/Rz 6.3	除 Ra 外其他参数及取样长度
Ry 3.2　Ry 3.2	Rz 3.2	除了 Ra“16%规则”的参数	1.6 Ry 3.2	Ra 1.6 Rz 6.3	Ra 及其他参数
1.6max	Ramax 1.6	“最大规则”	Ry 3.2	Rz 6.3	评定长度中的取样长度个数如果不是 5
1.6　0.8	−0.8/Ra 1.6	Ra 加取样长度	—③	L Ra 1.6	下限值
—③	0.025−0.8/Ra 1.6	传输带	3.2 1.6	U Ra 3.2 L Ra 1.6	上、下限值

① 在 GB/T 3505—1983 和 GB/T 10610—1989 中定义的默认值和规则仅用于参数 Ra、Ry 和 Rz（十点高度）。此外，GB/T 131—1993 中存在参数代号书写不一致问题，标准正文要求参数代号第二个字母标注为下标，但在所有的图表中，第二个字母都是小写，而当时所有的其他表面结构标准都使用下标。

② 新的 Rz 为原 Ry 的定义，原 Ry 的符号不再使用。

③ 表示没有该项。

3.6.3　选用表面粗糙度评定参数值的参考图表（见表 3-76～表 3-78）

表 3-76　表面粗糙度的表面特征、加工方法及应用举例

表面粗糙度 $Ra/\mu m$	表面形状特征	加工方法	应用举例
50	明显可见刀痕	粗车、镗、钻、刨	粗制后所得到的粗加工面，为表面粗糙度最低的加工面，一般很少采用
25	微见刀痕	粗车、刨、立铣、平铣、钻	粗加工表面比较精确的一级，应用范围很广，一般凡非结合的加工面均用此级粗糙度。如轴端面、倒角、钻孔，齿轮及带轮的侧面，键槽非工作表面，垫圈的接触面，轴承的支承面等
12.5	可见加工痕迹	车、镗、刨、钻、平铣、立铣、锉、粗铰、磨、铣齿	半精加工表面。不重要零件的非配合表面，如支柱、轴、支架、外壳、衬套等的端面；紧固件的自由表面，如螺栓、螺钉、双头螺栓及螺母的表面；不要求定心及配合特性的表面，如用钻头钻的螺栓孔，螺钉孔及铆钉孔等表面固定支承表面，如与螺栓头及铆钉头相接触的表面；带轮，联轴器、凸轮、偏心轮的侧面，平键及键槽的上下面，斜键侧面等
6.3	微见加工痕迹	车、镗、刨、铣、刮 1～2 点/cm^2、拉、磨、锉、液压、铣齿	半精加工表面。和其他零件连接而不是配合表面，如外壳、座加盖、凸耳、端面，扳手及手轮的外圆；要求有定心及配合特性的固定支承表面，如定心的轴肩、键和键槽的工作表面；不重要的紧固螺纹的表面；非传动的梯形螺纹，锯齿形螺纹表面，轴与毡圈摩擦面，燕尾槽的表面
3.2	看不见的加工痕迹	车、镗、刨、铣、铰、拉、磨、滚压、刮 1～2 点/cm^2、铣齿	接近于精加工。要求有定心（不精确的定心）及配合特性的固定支承表面，如衬套、轴承和定位销的压入孔；不要求定心及配合特性的活动支承面，如活动关节、花键结合、8 级齿轮齿面、传动螺纹工作表面，低速（30～60r/min）的轴颈 $d<50mm$，楔形键及槽上下面、轴承盖凸肩表面（对中心用）端盖内侧面等
1.6	可辨加工痕迹的方向	车、镗、拉、磨、立铣、铰、刮 3～10 点/cm^2，磨、滚压	要求保证定心及配合特性的表面，如锥形销和圆柱销的表面；普通与 6 级精度的球轴承的配合面，如滚动轴承的孔，滚动轴承的轴颈；中速（60～120r/min）转动的轴颈，静连接 IT7 公差等级的孔，动连接 IT9 公差等级的孔；不要求保证定心及配合特性的活动支承面，如高精度的活动球状接头表面，支承热圈、套齿叉形件、磨削的轮齿
0.8	微辨加工痕迹的方向	铰、磨、刮 3～10 点/cm^2、镗、拉、滚压	要求能长期保持所规定的配合特性的 IT7 的轴和孔的配合表面；高速（120r/min 以上）工作下的轴颈及衬的工作面；间隙配合中 IT7 公差等级的孔，7 级精度大小齿轮工作面，蜗轮齿面（7～8 级精度），滚动轴承轴颈；要求保证定心及配合特性的表面，如滑动轴承轴瓦的工作表面；不要求保证定心及结合特性的活动支承面，如导杆、推杆表面 工作时受反复应力的重要零件，在不破坏配合特性下工作，要保证其耐久性和疲劳强度所要求的表面，如受力螺栓的圆柱表面，曲轴和凸轮轴的工作表面
0.4	不可辨加工痕迹的方向	布轮磨、磨、研磨、超级加工	工作时承受反复应力的重要零件表面，保证零件的疲劳强度，防腐性和耐久性；工作时不破坏配合特性的表面，如轴颈表面、活塞和柱塞表面等；IT5～IT6 公差等级配合的表面，3、4、5 级精度齿轮的工作表面，4 级精度滚动轴承配合的轴颈
0.2	暗光泽面	超级加工	工作时承受较大反复应力的重要零件表面，保证零件的疲劳强度、防蚀性及在活动接头工作中的耐久性的一些表面，如活塞键的表面，液压传动用的孔的表面
0.1	亮光泽面	超级加工	精密仪器及附件的摩擦面，量具工作面，块规、高精度测量仪工作面，光学测量仪中的金属镜面
0.05	镜状光泽面		
0.025	雾状镜面		
0.012	镜面		

表 3-77　表面粗糙度值与公差等级、公称尺寸的对应关系

公差等级 IT	公称尺寸/mm	Ra/μm	Rz/μm	公差等级 IT	公称尺寸/mm	Ra/μm	Rz/μm
2	≤10	0.250~0.040	0.16~0.20	6	≤10	0.20~0.32	1.0~1.6
	>10~50	0.050~0.080	0.25~0.40		>10~80	0.40~0.63	2.0~3.2
	>50~180	0.10~0.16	0.50~0.80		>80~250	0.80~1.25	4.0~6.3
	>180~500	0.20~0.32	1.0~1.6		>250~500	1.6~2.5	8.0~10
3	≤18	0.050~0.080	0.25~0.40	7	≤6	0.40~0.63	2.0~3.2
	>18~50	0.10~0.16	0.50~0.80		>6~50	0.80~1.25	4.0~6.3
	>50~250	0.20~0.32	1.0~1.6		>50~500	1.6~2.5	8.0~10
	>250~500	0.40~0.63	2.0~3.2	8	≤6	0.40~0.63	2.0~3.2
4	≤6	0.050~0.080	0.25~0.40		>6~120	0.80~1.25	4.0~6.3
	>6~50	0.10~0.16	0.50~0.80		>120~500	1.6~2.5	8.0~10
	>50~250	0.20~0.32	1.0~1.6	9	≤10	0.80~1.25	4.0~6.3
	>250~500	0.40~0.63	2.0~3.2		>10~120	1.6~2.5	8.0~10
5	≤6	0.10~0.16	0.50~0.80		>120~500	3.2~5.0	12.5~20
	>6~50	0.20~0.32	1.0~1.6	10	≤10	1.6~2.5	8.0~10
	>50~250	0.40~0.63	2.0~3.2		>10~120	3.2~5.0	12.5~20
	>250~500	0.80~1.25	4.0~6.3		>120~500	6.3~10	25~40

表 3-78　不同加工方法可能达到的表面粗糙度

加工方法		表面粗糙度 Ra/μm													
		0.012	0.025	0.05	0.100	0.20	0.40	0.80	1.60	3.20	6.30	12.5	25	50	100
砂型、壳型铸造															
金属型铸造															
离心铸造															
精密铸造															
熔模铸造															
压力铸造															
热轧															
模锻															
冷轧															
挤压															
冷拉															
刮削															
刨削	粗														
	精														
插削															
钻孔															
扩孔	粗														
	精														
金刚镗孔															

（续）

加工方法		表面粗糙度 $Ra/\mu m$													
		0.012	0.025	0.05	0.10	0.20	0.40	0.80	1.60	3.20	6.30	12.5	25	50	100
镗孔	粗										—	—	—	—	
	半精						—	—	—	—	—	—			
	精						—	—	—						
铰孔	粗								—	—	—	—			
	半精						—	—	—	—					
	精				—	—	—	—	—						
拉削	半精						—	—	—	—					
	精				—	—	—								
滚铣	粗									—	—	—	—		
	半精							—	—	—	—				
	精						—	—	—						
端面铣	粗									—	—	—			
	半精						—	—	—	—	—				
	精					—	—	—	—						
金刚车			—	—	—	—									
车外圆	粗										—	—	—		
	半精								—	—	—	—			
	精					—	—	—	—						
车端面	粗										—	—	—		
	半精								—	—	—	—			
	精						—	—	—						
磨外圆	粗							—	—	—	—				
	半精					—	—	—	—						
	精		—	—	—	—	—								
磨平面	粗								—	—					
	半精						—	—	—						
	精		—	—	—	—	—								
珩磨	平面		—	—	—	—	—	—	—						
	圆柱	—	—	—	—	—	—								
研磨	粗					—	—	—	—						
	半精			—	—	—	—								
	精	—	—	—	—										
抛光	一般				—	—	—	—	—						
	精	—	—	—	—										
滚压抛光				—	—	—	—	—	—	—					
超精加工		—	—	—	—	—	—								
化学磨								—	—	—	—	—	—		
电解磨		—	—	—	—	—	—	—	—						
电火花加工								—	—	—	—	—	—		

3.7 产品几何技术规范（GPS）总体规划

3.7.1 概述

产品几何技术规范（Geometrical Product Specification and Verification，简称 GPS）是针对所有几何产品建立的一个几何技术标准体系，它覆盖了从宏观到微观的产品几何特征，涉及产品开发、设计、制造、验收、使用以及维修、报废等整个生命周期的全过程。它由涉及产品几何特征及其特征量的诸多技术标准所组成，包括工件尺寸、几何形状和位置以及表面形貌等方面的标准。产品几何技术规范原隶属三个国际标准化组织的技术委员会（ISO/TC）负责的标准领域：ISO/TC 3“极限与配合”；ISO/TC 57“表面特征及其计量学”；ISO/TC 10/SC 5“尺寸和公差的表示法”。三个技术委员会分别有其各自的标准体系，由于各自工作的独立性，造成各技术委员会之间的工作出现了重复、空缺和不足，同时产生术语定义的矛盾、基本规定的差别以及综合要求的差异，使得产品几何标准之间出现众多不衔接和矛盾之处。1993 年成立了 ISO/TC 3-10-57/JHG“联合协调工作组”，对三个委员会所属范围的尺寸和几何特征领域内的标准化工作进行了协调和调整，提出了 GPS 的概念，并决定根据一个总体规划建立 GPS 标准结构。1995 年 TC 3 颁布了 ISO/TR 14638“GPS 总体规划（Masterplan）”，正式提出了 GPS 概念和标准体系的矩阵模型。1996 年 ISO/TMB“技术管理局”撤销了 TC 3、TC 10/SC 5 和 TC 57 三个技术委员会，将其合并成立了 ISO/TC 213，其工作任务是根据 ISO/TR 14638“GPS 总体规划（Masterplan）”建立一个完整的 GPS 国际标准体系。

GPS 总体规划以标准框架结构确定了各标准在 GPS 标准体系中的位置和作用，其中的 GPS 通用标准的框架结构是由许多基本的 GPS 几何特征的标准链组成的矩阵形式。各标准链按其规范要求分成多个链环，每个链环至少包括一个标准，它们之间相互关联，并与其他链环形成有机的联系。GPS 通用标准矩阵共有 6×18＝108 个单元，每一个单元都应至少包含一个标准。为了说明单个标准在整个体系中的作用和与其他标准的联系，ISO/TC 213 要求制定的每个标准都要在附录里将标准中提出的和涉及其他标准的相关概念绘制成概念图，以明确相互之间的联系；并在体系的总框架和标准链的矩阵中标明其所属的 GPS 标准类别和在标准链中影响的链环。

本部分是在对 GPS 理论有了一定的认识和研究的基础上，结合我国情况修改采用了 ISO/TR 14638：1995《产品几何技术规范（GPS） 总体规划》。读者可以据此了解 GPS 的全貌，并取得有关国家标准的线索。

GPS 包括以下概念：

——分为四类标准，即 GPS 基础标准、GPS 综合标准、GPS 通用标准和 GPS 补充标准。

——涵盖各种几何特征，如尺寸、距离、角度、形状、位置、方向、表面粗糙度等。

——包括工件的特定工艺公差标准和典型的机械零件几何要素标准。

——涉及产品生命周期的多个阶段，如设计、制造、计量、质量检验等。

将四种类型 GPS 标准按其功能建立了 GPS 总体规划的矩阵模型（又称体系框架）。

3.7.2 术语和定义

（1）标准链　影响同一几何特征的一系列相关标准。标准链按其规范要求分成多个链环，每个链环至少包括一个标准，它们之间相互关联，并与其他链环形成有机的联系，缺少任一链环的标准，都将影响该几何特征功能的实现。

（2）GPS 基础标准　确定 GPS 的基本原则和体现体系框架及结构的标准，是协调和规划 GPS 体系中各标准的依据。在 GPS 体系中，GPS 基础标准是其他三类标准的基础。

（3）GPS 综合标准　给出综合概念和规则，涉及或影响所有几何特征标准链的全部链环或部分链环的标准。在 GPS 标准体系中起着统一各 GPS 通用标准链和 GPS 补充标准链技术规范的作用。

（4）GPS 通用标准矩阵　由一系列 GPS 通用标准排列组成的标准矩阵。为阐明 GPS 通用标准之间的联系与区别，矩阵行表征不同的几何特征，矩阵列表征不同的技术环节和要求。矩阵中的每个矩阵单元对应特定的几何特征和规范要求，应至少包含一个标准。

注意：矩阵的列序（链环号）体现了用户阅读和理解图纸的顺序；矩阵的行序（号）没有采用任何排序规则。

（5）GPS 通用标准　GPS 标准的主体，为各种类型的几何特征建立了从图样标注、公差定义和检验要求到检验设备的计量校准等方面的规范。

（6）GPS 补充标准矩阵　由一系列 GPS 补充标准排列组成的标准矩阵。

注意：类似于 GPS 通用标准矩阵的构成模式，GPS 补充标准也可以排列成矩阵形式。

（7）GPS 补充标准　基于制造工艺和要素本身的类型，对 GPS 通用标准中各要素在特定范畴的补充规定。

注意：GPS 补充标准分为两类：特定工艺（如车、铸造等）的公差标准和典型的机械几何要素标准。大部分 GPS 补充标准由其他相关的 ISO/TC 制定，只有少部分由 ISO/TC 213 负责。

GPS 的标准化工作应遵循以下原则：

1）明确性原则。各个标准链应在 GPS 综合标准的统一规范下，包括必要的定义和规则，以确保工件几何特征要求在图样上表达的准确性、唯一性。各标准链中的每一个实际要素的特征参数都是可测量的，而且测得的特征值具有可溯源性。

2）全面性原则。GPS 通用标准矩阵应考虑各种可能性，以确保要素几何特性的所有要求均可在图样上表示。这个原则影响 GPS 通用标准矩阵中标准的链环数。

3）互补性原则。在 GPS 通用标准矩阵中，每一个独立的标准链与其他标准链是互补的，以保证图样上的每个要求相互独立，在出现多要求交叉的情况下不会产生冲突。

3.7.3　GPS 标准列表

表 3-79 列出了现行 GPS 国家标准在 GPS 矩阵模型中的分布情况（不包括 GPS 补充标准），这些标准用其 GB/T 的发布顺序号表示。不是 GB/T 的其他标准或规范写出代号和发布顺序号。

表 3-79　现行 GPS 国家标准在 GPS 矩阵模型中的分布

GPS 综合标准						
JJF 1101，JJF 1059，18776，16892，18779.1～18779.2，18780.1～18780.2，19765						
GPS 通用标准						
链环	1	2	3	4	5	6
要素的几何特征	产品文件表示	公差定义及其数值	实际要素的特征或参数定义	工件偏差评定	测量器具	测量器具校准
尺寸	1800.1～1800.3，16671，1804	1800.1～1800.4，1803，1801，16671，1804，5847，18776，12471	3177，1958，18780.1～18780.2，16671，5371	3177，1958，18779.1～18779.2	3177，1957，16857.1～16857.2，16857.4～16857.6	18779.1～18779.2
距离				18779.1～18779.2	16857.1～16857.2，16857.4～16857.6	18779.1～18779.2
半径				18779.1～18779.2	16857.1～16857.2，16857.4～16857.6	18779.1～18779.2
角度（以度为单位）	157，4096，11334，15754	11334，1804	12360，15755	18779.1～18779.2	16857.1～16857.2，16857.4～16857.6	18779.1～18779.2
与基准无关的线的形状	1182，1184，17852，16671	1182，17852，16671，1184	16671，7234	11336，7235，1958，4380，18779.1～18779.2	16857.1～16857.2，16857.4～16857.6	18779.1～18779.2
与基准有关的线的形状	1182，17852	1182，17852	18780.1，18780.2	11336，1958，18779.1～18779.2	16857.1～16857.2，16857.4～16857.6	18779.1～18779.2

（续）

GPS 综合标准						
JJF 1101,JJF 1059,18776,16892,18779.1～18779.2,18780.1～18780.2,19765						
GPS 通用标准						
链环	1	2	3	4	5	6
要素的几何特征	产品文件表示	公差定义及其数值	实际要素的特征或参数定义	工件偏差评定	测量器具	测量器具校准
与基准无关的面的形状	1182,16892,17852,15754,16671,1184	1182,17852,15754,16671,1184	18780.1,18780.2,16671	11337,1958,18779.1～18779.2	16857.1～16857.2,16857.4～16857.6	18779.1～18779.2
与基准有关的面的形状	1182,17852,15754	1182,17852,15754		11337,1958	16857.1～16857.2,16857.4～16857.6	18779.1～18779.2
方向	1182,16671,17773,1184	1182,17773,16671,1184	18780.1,18780.2,16671	1958	16857.1～16857.2,16857.4～16857.6	18779.1～18779.2
位置	1182,16671,13319,17773	1182,13319,17773,16671	18780.1,18780.2,16671	1958	16857.1～16857.2,16857.4～16857.6	18779.1～18779.2
圆跳动	1182	1182		1958	16857.1～16857.2,16857.4～16857.6	18779.1～18779.2
全跳动	1182	1182		1958	16857.1～16857.2,16857.4～16857.6	18779.1～18779.2
基准轮廓	1182,16671,17851	17851	17851,16671		16857.1～16857.2,16857.4～16857.6	18779.1～18779.2
粗糙度轮廓	131	18777,18618,18778.1,1031,12472,18778.2,3505	10610,18777,18618,18778.2	10610,18618,18778.1	6062,18777	18779.1～18779.2,6062,19600,19067.1～19067.2
波纹度轮廓	131	18777,18618,16747	18777,18618	10610,18618,18778.1～18778.2	6062,18777	18779.1～18779.2,6062,19600,19067.1～19067.2
原始轮廓	131	18777	10610	18778.1～18778.2	6062,18777	18779.1～18779.2,6062,19600,19067.1～19067.2

（续）

GPS 综合标准						
JJF 1101，JJF 1059，18776，16892，18779.1~18779.2，18780.1~18780.2，19765						
GPS 通用标准						
链环	1	2	3	4	5	6
要素的几何特征	产品文件表示	公差定义及其数值	实际要素的特征或参数定义	工件偏差评定	测量器具	测量器具校准
表面缺陷	15757	15757		18778.1~18778.2		18779.1~18779.2，6062
棱边						18779.1~18779.2

第 4 章　机械工程常用材料

4.1　一般知识

选择材料常用知识和资料见表 4-1～表 4-4。

当金属材料呈现屈服现象时，达到塑性变形发生而力不增加的应力点，应区分上屈服强度和下屈服强度。图 4-1 所示为不同类型曲线的上屈服强度和下屈服强度。

表 4-1　金属及其合金牌号中常用的化学元素符号

化学符号	化学元素名称	化学符号	化学元素名称	化学符号	化学元素名称
Ac	锕	Cu	铜	Pb	铅
Ag	银	Fe	铁	S	硫
Al	铝	H	氢	Sb	锑
As	砷	La	镧	Se	硒
B	硼	Li	锂	Si	硅
Ba	钡	Mg	镁	Sm	钐
Be	铍	Mn	锰	Sn	锡
Bi	铋	Mo	钼	Ta	钽
C	碳	N	氮	Te	碲
Ca	钙	Nb	铌	Ti	钛
Ce	铈	Nd	钕	V	钒
Co	钴	Ni	镍	W	钨
Cr	铬	O	氧	Zn	锌
Cs	铯	P	磷	Zr	锆

注：混合稀土元素符号用“Re”表示。

表 4-2　金属热处理工艺分类及代号（摘自 GB/T 12603—2005）

工艺总称	代　号	工艺类型	代　号	工艺名称	代　号
热处理	5	整体热处理	1	退火	1
				正火	2
				淬火	3
				淬火和回火	4
				调质	5
				稳定化处理	6
				固溶处理；水韧处理	7
				固溶处理+时效	8
		表面热处理	2	表面淬火和回火	1
				物理气相沉积	2
				化学气相沉积	3
				等离子增强化学气相沉积	4
				离子注入	5
		化学热处理	3	渗碳	1
				碳氮共渗	2
				渗氮	3
				氮碳共渗	4
				渗其他非金属	5
				渗金属	6
				多元共渗	7

表 4-3　热处理工艺附加分类及代号（摘自 GB/T 12603—2005）

加热方式	可控气氛	真空	盐浴	感应	火焰	激光	电子束	等离子体	固体装箱	流体床	电接触
代号	01	02	03	04	05	06	07	08	09	10	11

退火工艺	去应力退火	均匀化退火	再结晶退火	石墨化退火	脱氢处理	球化退火	等温退火	完全退火	不完全退火
代号	St	H	R	G	D	Sp	I	F	P

冷却介质和方法	空气	油	水	盐水	等温淬火	形变淬火	气冷淬火	热浴
代号	A	O	W	B	At	Af	G	H

冷却介质和方法	加压淬火	分级淬火	双介质淬火	有机聚合物水溶液	冷处理
代号	Pr	M	I	Po	C

表 4-4　金属材料常用力学性能指标的说明

指标名称	单位	指标意义说明
抗拉强度 R_m	MPa	材料拉断前所能承受的最大拉伸载荷 F_b(N)与材料原始截面积 A_0(mm^2)之比，$R_m=F_b/A_0$
抗压强度 R_{mc}	MPa	材料受压力断裂前所能承受的最大压缩载荷 F_{bc}(N)与材料原始截面积 A_0(mm^2)之比，$\sigma_{bc}=F_{bc}/A_0$，主要用于铸铁等低塑性材料
抗弯强度 R_{bb}	MPa	材料受弯曲断裂前所能承受的最大弯曲应力，对于脆性材料，抗弯强度 $\sigma_{bb}=M_{bb}/W_b$，式中 M_{bb}(N·m)为断裂弯矩；W_b(mm^3)为试件截面系数
抗剪强度 τ_b	MPa	剪切断裂前的最大应力。抗剪强度 $\tau=F_s/A_0$，式中 F_s 为剪切前的最大载荷(N)；A_0 为材料原始剪切面积(mm^2)
抗扭强度 τ_m	MPa	杆件受扭剪切断裂前的最大应力。抗扭强度对于塑性较好的钢材 $\tau_m=3T/4W_P$，对于铸铁等脆性材料 $\tau_m=T_b/W_P$，式中 T_b 为剪切断裂前的最大转矩(N·m)；W_P 为杆件的截面系数(mm^3)
上屈服强度 R_{eH}、下屈服强度 R_{eL}	MPa	在试件拉伸过程中，有一阶段，载荷达到 F_s 时不增加，而变形增加，(以后又继续增加直到断裂)此时的载荷除以材料的原始面积 A_0 称为屈服应力。试样发生屈服而力首次下降前的最高应力称为上屈服强度。在屈服期间，不计初始瞬时效应的最低应力值为下屈服强度。有些材料没有明显的屈服现象，则取非比例延伸率为 0.2%时的应力，作为规定非比例延伸强度记为 $R_{p0.2}$(见图 4-1)
弹性模量 E	MPa	试件在拉伸(压缩)试验的弹性变形范围内，应力与应变成正比，其比值即为弹性模量 E，$E=\sigma/\varepsilon$。$\sigma=F/A_0$，$\varepsilon=\Delta l/l_0$，式中 Δl 为试件伸长量；l_0 为试件原长度
剪切弹性模量 G	MPa	试件在扭转试验的弹性变形范围内，切应力与切应变成正比，其比值即为剪切弹性模量 G，$G=\tau/\gamma$，式中 τ 为切应力(MPa)；γ 为切应变(比值无单位)
布氏硬度	HBW[①]	对一定直径的硬质合金球施加试验力 F 压入试件表面，经规定保持时间后，卸除试验力，布氏硬度=常数×试验力 F/压痕表面积 $=0.102\times2F/[\pi D(D-\sqrt{D^2-d^2})]$。式中 D 为球直径；d 为压痕平均直径
洛氏硬度	HRX[②]	将金刚石锥或淬硬钢球规定压力压入试件表面，按压痕深度确定试件硬度，共分 9 种，常用的有以下三种：（见下表）

硬度标尺	硬度符号	压头类型	总试验力	洛氏硬度范围
A	HRA	金刚石圆锥	588.4N	20~95HRA
B	HRB	直径 1.5875mm 球	980.7N	10~100HRBW
C	HRC	金刚石圆锥	1.471kN	20~70HRC

（续）

指标名称	单　位	指 标 意 义 说 明
维氏硬度	HV	用夹角为136°的金刚石四棱锥压头，计算公式为 $HV=1.8544\times2F/d^2$，式中 F 为总载荷(N)；d 为压痕对角线长度(mm)
断面收缩率 Z	—	金属试件被拉断后，其颈缩处的横截面积的最大减缩量与原横截面积的比，用百分数表示。计算公式：$Z=(S_0-S_u)/S_0\%$，式中 S_0 为原横截面积；S_u 为断后最小的横截面积
断后伸长率 A	—	A=(断后标距 L-原始标距 L_0)/原始标距 L_0，上式中原始标距为 $L_0=5.65\sqrt{S_0}$，S_0 为原始横截面积(相当于直径为 d_0 的圆柱形拉伸试件，$L_0=5d_0$)。否则应附以下标说明所使用的比例系数，如 $L_0=11.3\sqrt{S_0}$(相当于 $L_0=10d$)。则用 $A_{11.3}$ 表示断后伸长率。对于非比例试样则以原始标距长度为下标，如 A_{80mm}，表示 $L_0=80mm$ 试件的断后伸长率
冲击韧度 a_K	J/cm²	在摆锤式一次冲击试验机上冲击断标准试件时，所需消耗的功，除以试件断面处的横截面积。按试件的缺口形状为U型或V型，冲击韧度用 a_{KU} 或 a_{KV} 表示，是材料承受冲击载荷能力的性能指标
冲击吸能量	J	在摆锤式一次冲击试验机上冲击断标准试件时，所需消耗的能量，按试件的缺口形状为U型或V型，冲击吸收能量用 KU 或 KV 表示，是材料承受冲击载荷能力的性能指标

注：断后伸长率公式来源：对圆截面试件有 $S_0=\pi d_0^2/4$，由此得 $L_0=5d_0=5\sqrt{\frac{4S_0}{\pi}}=5.642\sqrt{S_0}\approx5.65\sqrt{S_0}$。

① 当单位用，余同。

② X 为A、B、C等。

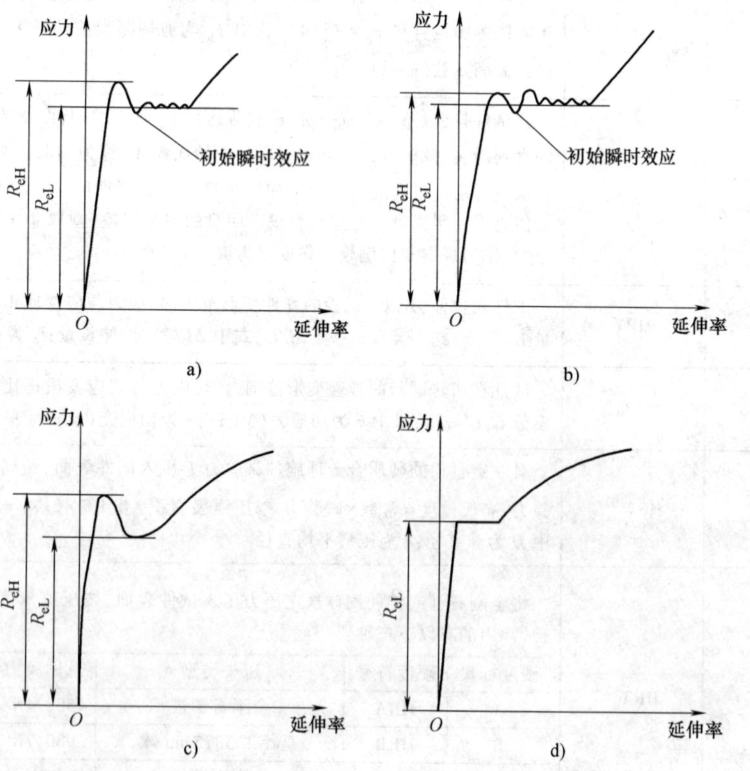

图4-1　不同类型曲线的上屈服强度 R_{eH} 和下屈服强度 R_{eL}

4.2　钢铁牌号表示方法

4.2.1　生铁牌号表示方法（见表 4-5）

表 4-5　生铁的牌号表示方法（摘自 GB/T 221—2008）

序号	产品名称	第一部分			第 二 部 分	牌号示例
		采用汉字	汉语拼音	采用字母		
1	炼钢用生铁	炼	LIAN	L	硅质量分数为 0.85%～1.25% 的炼钢用生铁，阿拉伯数字为 10	L10
2	铸造用生铁	铸	ZHU	Z	硅质量分数为 2.80%～3.20% 的铸造用生铁，阿拉伯数字为 30	Z30
3	球墨铸铁用生铁	球	QIU	Q	硅质量分数为 1.00%～1.40% 的球墨铸铁用生铁，阿拉伯数字为 12	Q12
4	耐磨生铁	耐磨	NAI MO	NM	硅质量分数为 1.60%～2.00% 的耐磨生铁，阿拉伯数字为 18	NM18
5	脱碳低磷粒铁	脱粒	TUO LI	TL	碳质量分数为 1.20%～1.60% 的炼钢用脱碳低磷粒铁，阿拉伯数字为 14	TL14
6	含钒生铁	钒	FAN	F	钒质量分数≥0.40% 的含钒生铁，阿拉伯数字为 04	F04

4.2.2　碳素结构钢和低合金结构钢牌号表示方法

碳素结构钢和低合金结构钢的牌号通常由四部分组成：

第一部分：前缀符号+强度值 MPa，其中通用结构钢前缀符号为代表屈服强度的拼音的字母“Q”，专用结构钢的前缀符号见表 4-6。

第二部分（必要时）：钢的质量等级，用英文字母 A、B、C、D、E、F 等表示。

第三部分（必要时）：脱氧方式表示符号，沸腾钢 F，半镇静钢 b，镇静钢 Z，特殊镇静钢 TZ。镇静钢、特殊镇静钢表示符号通常可以省略。

第四部分（必要时）：产品用途、特性和工艺方法表示符号，见表 4-7。

示例见表 4-8。

根据需要，低合金高强度结构钢的牌号，也可以采用两位阿拉伯数字（表示平均含碳量，以万分之几计）加表 4-5 规定的元素符号，必要时加代表产品用途、特性和工艺方法的表示符号，按顺序表示。

示例：碳质量分数为 0.15%～0.26%，锰质量分数为 1.20%～1.60% 的矿用钢牌号为 20MnK。

表 4-6　碳素结构钢和低合金结构钢前缀符号

产品名称	采用的汉字及汉语拼音或英文单词			采用字母	位置
	汉字	汉语拼音	英文单词		
热轧光圆钢筋	热轧光圆钢筋		Hot Rolled Plain Bars	HPB	牌号头
热轧带肋钢筋	热轧带肋钢筋		Hot Rolled Ribbed Bars	HRB	牌号头
细晶粒热轧带肋钢筋	热轧带肋钢筋+细		Hot Rolled Ribbed Bars+Fine	HRBF	牌号头
冷轧带肋钢筋	冷轧带肋钢筋		Cold Rolled Ribbed Bars	CRB	牌号头
预应力混凝土用螺纹钢筋	预应力、螺纹、钢筋		Prestressing、Screw、Bars	PSB	牌号头
焊接气瓶用钢	焊瓶	HAN PING		HP	牌号头
管线用钢	管线		Line	L	牌号头
船用锚链钢	船锚	CHUAN MAO		CM	牌号头
煤机用钢	煤	MEI		M	牌号头

表 4-7　钢铁材料的产品用途、特性和工艺方法表示符号

产品名称	采用的汉字及汉语拼音或英文单词			采用字母	位置
	汉字	汉语拼音	英文单词		
锅炉和压力容器用钢	容	RONG		R	牌号尾
锅炉用钢(管)	锅	GUO		G	牌号尾
低温压力容器用钢	低容	DI RONG		DR	牌号尾
桥梁用钢	桥	QIAO		Q	牌号尾
耐候钢	耐候	NAI HOU		NH	牌号尾
高耐候钢	高耐候	GAO NAI HOU		GNH	牌号尾
汽车大梁用钢	梁	LIANG		L	牌号尾
高性能建筑结构用钢	高建	GAO JIAN		GJ	牌号尾
低焊接裂纹敏感性钢	低焊接裂纹敏感性	—	Crack Free	CF	牌号尾
保证淬透性钢	淬透性	—	Hardenability	H	牌号尾
矿用钢	矿	KUANG		K	牌号尾
船用钢	采用国际符号				

表 4-8　钢铁材料表示方法举例

序号	产品名称	第一部分	第二部分	第三部分	第四部分	牌号示例
1	碳素结构钢	最小屈服强度 235MPa	A 级	沸腾钢		Q235AF
2	低合金高强度结构钢	最小屈服强度 345MPa	D 级	特殊镇静钢		Q345D
3	热轧光圆钢筋	屈服强度 235MPa				HPB235
4	热轧带肋钢筋	屈服强度 335MPa				HPB335
5	细晶粒热轧带肋钢筋	屈服强度 335MPa				HRBF335
6	冷轧带肋钢筋	最小抗拉强度 550MPa				CRB550
7	预应力混凝土用螺纹钢筋	最小屈服强度 830MPa				PSB830
8	焊接气瓶用钢	最小屈服强度 345MPa				HP345
9	管线用钢	最小总延伸强度 415MPa				L415
10	船用锚链钢	最小抗拉强度 370MPa				CM370
11	煤机用钢	最小抗拉强度 510MPa				M510
12	锅炉和压力容器用钢	最小屈服强度 345MPa		特殊镇静钢	压力容器“容”的汉语拼音首位字母“R”	Q345R

4.2.3　优质碳素结构钢和优质碳素弹簧钢牌号表示方法

（1）优质碳素结构钢牌号　通常由五部分组成：

第一部分：以两位阿拉伯数字表示平均碳含量（以万分之几计）。

第二部分（必要时）：较高含锰量的优质碳素结构钢，加锰元素符号 Mn。

第三部分（必要时）：钢材冶金质量，即高级优质钢、特级优质钢分别以 A、E 表示，优质钢不用字母表示。

第四部分（必要时）：脱氧方式表示符号，即沸腾钢、半镇静钢、镇静钢分别以“F”“b”“Z”表示，但镇静钢表示符号通常可以省略。

第五部分（必要时）：产品用途、特性或工艺方法表示符号，见表 4-7。

示例：见表 4-9。

（2）优质碳素弹簧钢　牌号表示方法与优质碳素结构钢相同。示例见表 4-9。

表 4-9　优质碳素结构钢和优质碳素弹簧钢牌号表示方法示例

序号	产品名称	第一部分	第二部分	第三部分	第四部分	第五部分	牌号示例
1	优质碳素结构钢	碳质量分数：0.05%～0.11%	锰质量分数：0.25%～0.50%	优质钢	沸腾钢		08F
2	优质碳素结构钢	碳质量分数：0.47%～0.55%	锰质量分数：0.50%～0.80%	高级优质钢	镇静钢		50A

（续）

序号	产品名称	第一部分	第二部分	第三部分	第四部分	第五部分	牌号示例
3	优质碳素结构钢	碳质量分数：0.48%~0.56%	锰质量分数：0.70%~1.00%	特级优质钢	镇静钢		50MnE
4	保证淬透性用钢	碳质量分数：0.42%~0.50%	锰质量分数：0.50%~0.85%	高级优质钢	镇静钢	保证淬透性钢表示符号“H”	45AH
5	优质碳素弹簧钢	碳质量分数：0.62%~0.70%	锰质量分数：0.90%~1.20%	优质钢	镇静钢		65Mn

4.2.4　易切削钢牌号表示方法

易切削钢牌号通常由三部分组成：

第一部分：易切削钢表示符号“Y”。

第二部分：以两位阿拉伯数字表示平均碳含量（以万分之几计）。

第三部分：易切削元素符号。例如，含钙、铅、锡等易切削元素的易切削钢，分别以 Ca、Pb、Sn 表示。加硫和加硫磷易切削钢，通常不加易切削元素符号 S、P。较高锰含量的加硫或加硫磷易切削钢，这部分为锰元素符号 Mn。为区分牌号，对较高硫含量的易切削，在牌号尾部加硫元素符号 S。

举例如下：

1）碳质量分数为 0.42%~0.50%、钙质量分数为 0.002%~0.006%的易切削钢，其牌号表示为 Y45Ca。

2）碳质量分数为 0.40%~0.48%、锰质量分数为1.35%~1.65%、硫质量分数为 0.16%~0.24%的易切削钢，其牌号表示为 Y45Mn。

3）碳质量分数为 0.40%~0.48%、锰质量分数为1.35%~1.65%、硫质量分数为 0.24%~0.32%的易切削钢，其牌号表示为 Y45MnS。

4.2.5　车辆车轴及机车车辆用钢牌号表示方法

车辆车轴及机车车辆用钢牌号通常由两部分组成：

第一部分：车辆车轴用钢表示符号“LZ”，机车车辆用钢表示符号“JZ”。

第二部分：以两位阿拉伯数字表示平均碳质量分数（以万分之几计）。

示例：碳质量分数 0.40%~0.48%的车辆车轴用钢，牌号表示为 LZ45；机车车辆用钢牌号表示为 JZ45。

4.2.6　合金结构钢和合金弹簧钢牌号表示方法

（1）合金结构钢牌号　通常由四部分组成：

第一部分：以两位阿拉伯数字表示平均碳质量分数（以万分之几计）。

第二部分：合金元素含量，以化学元素符号及阿拉伯数字表示。具体表示方法为：平均质量分数小于1.50%时，牌号中仅标明元素，一般不标明含量；平均质量分数为 1.50%~2.49%、2.50%~3.49%、3.50%~4.49%、4.50%~5.49%等时，在合金元素后相应写成 2、3、4、5 等。

说明：化学元素符号的排列顺序推荐按含量值递减排列。如果两个或多个元素的含量相等时，相应符号位置按英文字母的顺序排列。

第三部分：钢材冶金质量，即高级优质钢、特级优质钢分别以 A、E 表示，优质钢不用字母表示。

第四部分（必要时）：产品用途、特性或工艺方法表示符号，见表 4-7。

示例见表 4-10。

（2）合金弹簧钢　其表示方法与合金结构钢相同，示例见表 4-10。

表 4-10　合金弹簧钢和合金结构钢的表示方法

序号	产品名称	第一部分	第二部分	第三部分	第四部分	牌号示例
1	合金结构钢	碳质量分数：0.22%~0.29%	铬质量分数：1.50%~1.80%、钼质量分数 0.25%~0.35%、钒质量分数 0.15%~0.30%	高级优质钢		25Cr2MoVA
2	锅炉和压力容器用钢	碳质量分数：≤0.22%	锰质量分数 1.20%~1.60%、钼质量分数：0.45%~0.65%、铌质量分数 0.025%~0.050%	特级优质钢	锅炉和压力容器用钢	18MnMoNbER
3	优质弹簧钢	碳质量分数：0.56%~0.64%	硅质量分数 1.60%~2.00% 锰质量分数 0.70%~1.00%	优质钢		60Si2Mn

4.2.7 非调质机械结构钢牌号表示方法

非调质机械结构钢牌号通常由四部分组成：

第一部分：非调质机械结构钢表示符号“F”。

第二部分：以两位阿拉伯数字表示平均碳含量（以万分之几计）。

第三部分：合金元素含量，以化学元素符号及阿拉伯数字表示。表示方法同合金结构钢第二部分。

第四部分（必要时）：改善切削性能的非调质机械结构钢加硫元素符号S。

4.2.8 工具钢牌号表示方法

工具钢通常分为碳素工具钢、合金工具钢、高速工具钢三类。

（1）碳素工具钢　牌号通常由四部分组成：

第一部分：碳素工具钢表示符号“T”。

第二部分：阿拉伯数字表示平均碳含量（以千分之几计）。

第三部分（必要时）：较高含锰量碳素工具钢，加锰元素符号Mn。

第四部分（必要时）：钢材冶金质量，即高级优质碳素工具钢以A表示，优质钢不用字母表示。

（2）合金工具钢　牌号通常由两部分组成：

第一部分：平均碳质量分数小于1.00%时，采用一位数字表示碳含量（以千分之几计）。平均碳含量不小于1.00%时，不标明含碳量数字。

第二部分：合金元素含量以化学元素符号及阿拉伯数字表示。表示方法同合金结构钢第二部分。低铬（平均铬质量分数小于1%）合金工具钢，在铬含量（以千分之几计）前加数字“0”。

（3）高速工具钢　牌号表示方法与合金结构钢相同，但在牌号头部一般不标明表示碳含量的阿拉伯数字。为了区别牌号，在牌号头部可以加“C”表示高碳高速工具钢。

4.2.9 轴承钢牌号表示方法

轴承钢分为高碳铬轴承钢、渗碳轴承钢、高碳铬不锈轴承钢及高温轴承钢四大类。

（1）高碳铬轴承钢　牌号通常由两部分组成：

第一部分：（滚珠）轴承钢表示符号“G”，但不标明碳含量。

第二部分：合金元素“Cr”符号及其含量（以千分之几计）。其他合金元素含量，以化学元素符号及阿拉伯数字表示，表示方法同合金结构钢第二部分。

（2）渗碳轴承钢　在牌号头部加符号“G”，采用合金结构钢的牌号表示方法。高级优质渗碳轴承钢，在牌号尾部加“A”。

例如，碳质量分数为0.17%～0.23%，铬质量分数为0.35%～0.65%，镍质量分数为0.40%～0.70%，钼质量分数为0.15%～0.30%的高级优质渗碳轴承钢，其牌号表示为G20CrNiMoA。

（3）高碳铬不锈轴承钢和高温轴承钢　在牌号头部加符号“G”，采用不锈钢和耐热钢的牌号表示方法。

例如，碳质量分数为0.90%～1.00%，铬质量分数为17.0%～19.0%的高碳铬不锈轴承钢，其牌号表示为G95Cr18；碳质量分数为0.75%～0.85%，铬质量分数为3.75%～4.25%，钼质量分数为4.00%～4.50%的高温轴承钢，其牌号表示为G80Cr4Mo4V。

4.2.10 钢轨钢、冷镦钢牌号表示方法

钢轨钢、冷镦钢牌号通常由三部分组成：

第一部分：钢轨钢表示符号“U”、冷镦钢（铆螺钢）表示符号“ML”。

第二部分：以阿拉伯数字表示平均碳含量，优质碳素结构钢同优质碳素结构钢第一部分；合金结构钢同合金结构钢第一部分。

第三部分：合金元素含量，以化学元素符号及阿拉伯数字表示。表示方法同合金结构钢第二部分。

4.2.11 不锈钢和耐热钢牌号表示方法

牌号采用表4-1规定的化学元素符号和表示各元素含量的阿拉伯数字表示。各元素的含量㊀用阿拉伯数字表示，按以下规定：

1）用两位或三位阿拉伯数字表示碳含量最佳控制值（以万分之几或十万分之几计）。

只规定碳含量上限者，当碳质量分数上限不大于0.10%时，以其上限的3/4表示碳含量；当碳质量分数上限大于0.10%时，以其上限的4/5表示碳含量。

例如，碳质量分数上限为0.08%，碳含量以06表示；碳质量分数上限为0.20%，碳含量以16表示；碳质量分数上限为0.15%，碳含量以12表示。

㊀ 各化学元素的含量均指质量分数。

对超低碳不锈钢（即碳含量不大于 0.030%），用三位阿拉伯数字表示碳含量最佳控制值（以十万分之几计）。

例如，碳质量分数上限为 0.030% 时，其牌号中的碳含量以 022 表示；碳质量分数上限为 0.020% 时，其牌号中的碳含量以 015 表示。

规定上、下限者，以平均碳含量×100 表示。

例如，碳质量分数为 0.16%～0.25% 时，其牌号中的碳含量以 20 表示。

2）合金元素含量以化学元素符号及阿拉伯数字表示。表示方法同合金结构钢第二部分。钢中有意加入的铌、钛、锆、氮等合金元素，虽然含量很低，也应在牌号中标出。

例如，碳质量分数不大于 0.08%，铬质量分数为 18.00%～20.00%，镍质量分数为 8.00%～11.00% 的不锈钢，牌号为 06Cr19Ni10。

碳质量分数不大于 0.030%，铬质量分数为 16.00%～19.00%，钛质量分数为 0.10%～1.00% 的不锈钢，牌号为 022Cr18Ti。

碳质量分数为 0.15%～0.25%，铬质量分数为 14.00%～16.00%，锰质量分数为 14.00%～16.00%，镍质量分数为 1.50%～3.00%，氮质量分数为 0.15%～0.30% 的不锈钢，牌号为 20Cr15Mn15Ni2N。

碳质量分数不大于 0.25%，铬质量分数为 24.00%～26.00%，镍质量分数为 19.00%～22.00% 的耐热钢，牌号为 20Cr25Ni20。

4.2.12　焊接用钢牌号表示方法

焊接用钢包括焊接用碳素钢、焊接用合金钢和焊接用不锈钢等。焊接用钢牌号通常由两部分组成：

第一部分：焊接用钢表示符号“H”。

第二部分：各类焊接用钢牌号表示方法。其中优质碳素结构钢、合金结构钢和不锈钢应分别符合 4.2.2 节、4.2.6 节和 4.2.11 节的规定。

4.2.13　冷轧电工钢牌号表示方法

冷轧电工钢分为取向电工钢和无取向电工钢。牌号通常由三部分组成：

第一部分：材料公称厚度（单位：mm）100 倍的数字。

第二部分：普通级取向电工钢表示符号“Q”；高磁导率级取向电工钢表示符号“QG”；无取向电工钢表示符号“W”。

第三部分：取向电工钢，磁极化强度在 1.7T 和频率在 50Hz，以 W/kg 为单位及相应厚度产品的最大比总损耗值的 100 倍；无取向电工钢，磁极化强度在 1.5T 和频率在 50Hz，以 W/kg 为单位及相应厚度产品的最大比总损耗值的 100 倍。

例如，公称厚度为 0.30mm、比总损耗 $P1.7/50$ 为 1.30W/kg 的普通级取向电工钢，牌号为 30Q130；公称厚度为 0.30mm、比总损耗 $P1.7/50$ 为 1.10W/kg 的高磁导率级取向电工钢，牌号为 30QG110；公称厚度为 0.50mm、比总损耗 $P1.5/50$ 为 4.0W/kg 的无取向电工钢，牌号为 50W400。

4.2.14　电磁纯铁牌号表示方法

电磁纯铁牌号通常由三部分组成：

第一部分：电磁纯铁表示符号“DT”。

第二部分：以阿拉伯数字表示不同牌号的顺序号。

第三部分：根据电磁性能不同，分别采用加质量等级表示符号“A”“C”“E”。

4.2.15　原料纯铁牌号表示方法

原料纯铁牌号通常由两部分组成：

第一部分：原料纯铁表示符号“YT”。

第二部分：以阿拉伯数字表示不同牌号的顺序号。

4.2.16　高电阻电热合金牌号表示方法

高电阻电热合金牌号采用表 4-1 规定的化学元素符号和阿拉伯数字表示。牌号表示方法与不锈钢和耐热钢的牌号表示方法相同（镍铬基合金不标出含碳量）。

例如，铬质量分数为 18.00%～21.00%，镍质量分数为 34.00%～37.00%，碳质量分数不大于 0.08% 的合金（其余为铁），其牌号表示为 06Cr20Ni35。

4.3　钢铁材料（黑色金属）及其性能

4.3.1　铸铁牌号和性能

1. 灰铸铁和灰铸铁件（见表 4-11、表 4-12 和图 4-2～图 4-4）

单铸试棒（见图 4-2）用于确定材料的性能等级，它应和所代表的铸件在具有相近的冷却条件或导热性的砂型中立浇。同一铸型中必须同时浇注三根以上的试棒，试棒的长度 L 根据试样和夹持装置的长度

表 4-11　灰铸铁的牌号和力学性能（摘自 GB/T 9439—2010）

牌号	铸件壁厚 /mm	最小抗拉强度 R_m(min,强制性值) 单铸试棒 /MPa	最小抗拉强度 R_m(min,强制性值) 附铸试棒或试块 /MPa	铸件本体预期抗拉强度 R_m(min) /MPa
HT100	5~40	100	—	—
HT150	5~10	150	—	155
	>10~20		—	130
	>20~40		120	110
	>40~80		110	95
	>80~150		100	80
	>150~300		**90**	—
HT200	5~10	200	—	205
	>10~20		—	180
	>20~40		170	155
	>40~80		150	130
	>80~150		140	115
	>150~300		**130**	—
HT225	5~10	225	—	230
	>10~20		—	200
	>20~40		190	170
	>40~80		170	150
	>80~150		155	135
	>150~300		**145**	—
HT250	5~10	250	—	250
	>10~20		—	225
	>20~40		210	195
	>40~80		190	170
	>80~150		170	155
	>150~300		**160**	—
HT275	10~20	275	—	250
	>20~40		230	220
	>40~80		205	190
	>80~150		190	175
	>150~300		**175**	—
HT300	10~20	300	—	270
	>20~40		250	240
	>40~80		220	210
	>80~150		210	195
	>150~300		**190**	—
HT350	10~20	350	—	315
	>20~40		290	280
	>40~80		260	250
	>80~150		230	225
	>150~300		**210**	

注：1. 当铸件壁厚超过 300mm 时，其力学性能由供需双方商定。

2. 当某牌号的铁液浇注壁厚均匀、形状简单的铸件时，壁厚变化引起抗拉强度的变化，可从本表查出参考数据；当铸件壁厚不均匀，或有型芯时，本表只能给出不同壁厚处大致的抗拉强度值，铸件的设计应根据关键部位的实测值进行。

3. 表中黑体字数值表示指导值，其余抗拉强度值均为强制性值，铸件本体预期抗拉强度值不作为强制性值。

4. 选用灰铸铁牌号可参考表 4-12，表 4-12 不属于 GB/T 9439—2010 的内容。

表 4-12　灰铸铁牌号选择参考

灰铸铁牌号	应用举例	灰铸铁牌号	应用举例
HT100	盖、外罩、油盘、手轮、手把、支架等	HT250、HT275	阀壳、液压缸、气缸、联轴器、箱体、齿轮、齿轮箱体、飞轮、衬套、凸轮、轴承座等
HT150	端盖、汽轮泵体、轴承座、阀壳、管及管路附件、手轮、一般机床底座、床身及其他复杂零件、滑座、工作台等	HT300、HT350	齿轮、凸轮、车床卡盘、剪床压力机的床身、导板、转塔自动车床；其他重载荷机床铸有导轨的床身、高压液压缸、液压泵和滑阀的壳体等
HT200、HT225	气缸、齿轮、底架、箱体、飞轮、齿条、衬套、一般机床铸有导轨的床身及中等压力（8MPa 以下）的液压缸、液压泵和阀的壳体等		

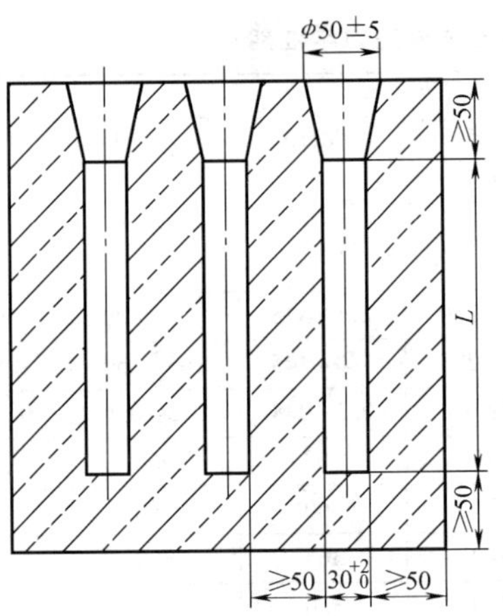

图 4-2　单铸试棒铸型

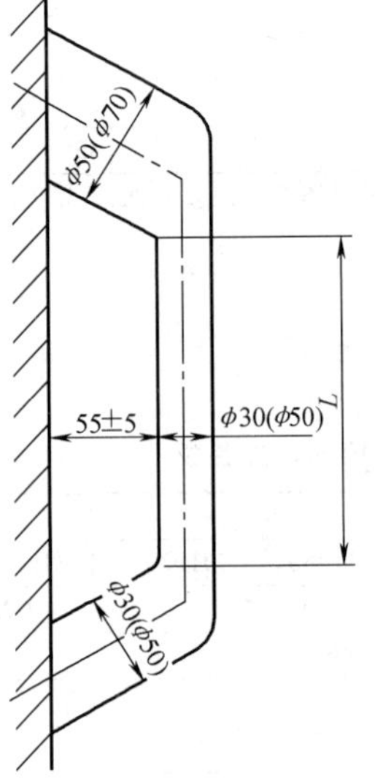

图 4-3　附铸试棒

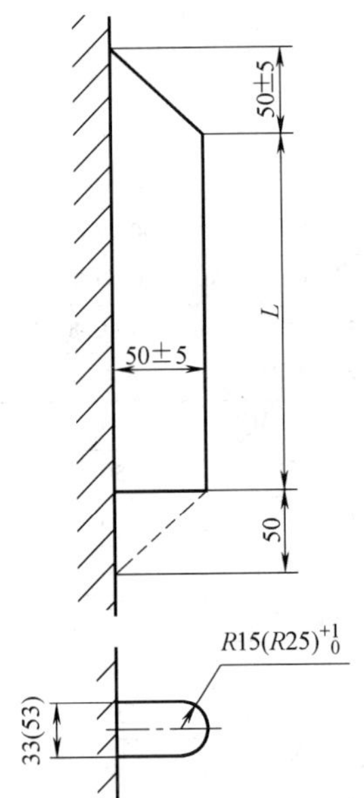

图 4-4　附铸试块

确定。当铸件壁厚超过 20mm，而质量又超过 2000kg 时，也可采用与铸件冷却条件相似的附铸试棒（见图 4-3）或附铸试块（见图 4-4），加工成试样来测定抗拉强度。其测定结果比单铸试棒更接近铸件材料的性能。此外还可以按供需双方商定的取样位置，由铸件本体取样，加工成标准试件（形状及尺寸按 GB/T 9440—2010 规定）进行测试。

表 4~13~表 4-15 和图 4-5~图 4-7 提供了更多的有关灰铸铁性能的资料，（资料均摘自 GB/T 9440—2010），供设计师参考。

表 4-13 灰铸铁的硬度等级和铸件硬度

硬度等级	铸件主要壁厚/mm	铸件上的硬度范围 HBW	硬度等级	铸件主要壁厚/mm	铸件上的硬度范围 HBW
H155	5~10	≤185	H195	20~40	125~210
	>10~20	≤170		**>40~80**	**120~195**
	>20~40	≤160	H215	5~10	200~275
	>40~80	**≤155**		>10~20	180~255
H175	5~10	140~225		>20~40	160~235
	>10~20	125~205		**>40~80**	**145~215**
	>20~40	110~185	H235	10~20	200~275
	>40~80	**100~175**		>20~40	180~255
H195	4~5	190~275		>40~80	165~235
	>5~10	170~260	H255	>20~40	200~275
	>10~20	150~230		**>40~80**	**185~255**

注：1. 黑体数字表示与该硬度等级所对应的主要壁厚的最大和最小硬度值。

2. 在供需双方商定的铸件某位置上，铸件硬度差可以控制在 40HBW 硬度值范围内。

表 4-14 ϕ30mm 单铸试棒和 ϕ30mm 附铸试棒的力学性能

力学性能	材料牌号①						
	HT150	HT200	HT225	HT250	HT275	HT300	HT350
	基体组织						
	铁素体+珠光体	珠光体					
抗拉强度 R_m/MPa	150~250	200~300	225~325	250~350	275~375	300~400	350~450
规定塑性延伸强度 $R_{p0.1}$/MPa	98~165	130~195	150~210	165~228	180~245	195~260	228~285
伸长率 A(%)	0.3~0.8	0.3~0.8	0.3~0.8	0.3~0.8	0.3~0.8	0.3~0.8	0.3~0.8
抗压强度 σ_{db}/MPa	600	720	780	840	900	960	1080
抗压屈服强度 $\sigma_{d0.1}$/MPa	195	260	290	325	360	390	455
抗弯强度 σ_{dB}/MPa	250	290	315	340	365	390	490
抗剪强度 σ_{aB}/MPa	170	230	260	290	320	345	400
扭转强度② τ_{tB}/MPa	170	230	260	290	320	345	400
弹性模量③ E/(k MPa)	78~103	88~113	95~115	103~118	105~128	108~137	123~143
泊松比 ν	0.26	0.26	0.26	0.26	0.26	0.26	0.26
弯曲疲劳强度④ σ_{bW}/MPa	70	90	105	120	130	140	145
反压应力疲劳极限⑤ σ_{xdW}/MPa	40	50	55	60	68	75	85
断裂韧性 K_{IC}/MPa$^{3/4}$	320	400	440	480	520	560	650

① 当对材料的机加工性能和抗磁性能有特殊要求时，可以选用 HT100。如果试图通过热处理的方式改变材料金相组织而获得所要求的性能时，不宜选用 HT100。

② 扭转强度 $\tau_{tw} \approx 0.42R_m$。

③ 取决于石墨的数量及形态，以及加载量。

④ $\sigma_{bw} \approx (0.35 \sim 0.50)R_m$。

⑤ $\sigma_{xdW} \approx 0.53\sigma_{bw} \approx 0.26R_m$。

表 4-15 ϕ30mm 单铸试棒和 ϕ30mm 附铸试棒的物理性能

特性		材料牌号						
		HT150	HT200	HT225	HT250	HT275	HT300	HT350
密度 ρ/(g/cm³)		7.10	7.15	7.15	7.20	7.20	7.25	7.30
比热容 c/[J/(kg·K)]	20~200℃	460						
	20~600℃	535						
线胀系数 α/10^{-6}K^{-1}	-20~600℃	10.0						
	20~200℃	11.7						
	20~400℃	13.0						

（续）

特性		材料牌号						
		HT150	HT200	HT225	HT250	HT275	HT300	HT350
热导率 λ/［W/(m·K)］	100℃	52.5	50.0	49.0	48.5	48.0	47.5	45.5
	200℃	51.0	49.0	48.0	47.5	47.0	46.0	44.5
	300℃	50.0	48.0	47.0	46.5	46.0	45.0	43.5
	400℃	49.0	47.0	46.0	45.0	44.5	44.0	42.0
	500℃	48.5	46.0	45.0	44.5	43.5	43.0	41.5
电阻率 ρ/($\Omega \cdot mm^2/m$)		0.80	0.77	0.75	0.73	0.72	0.70	0.67
矫磁性 H_o/(A/m)		560~720						
室温下的最大磁导率 μ/(Mh/m)		220~330						
B=1T 时的磁滞损耗/(J/m^3)		2500~3000						

注：当对材料的机加工性能和抗磁性能有特殊要求时，可以选用 HT100。如果试图通过热处理的方式改变材料金相组织而获得所要求的性能时，不宜选用 HT100。

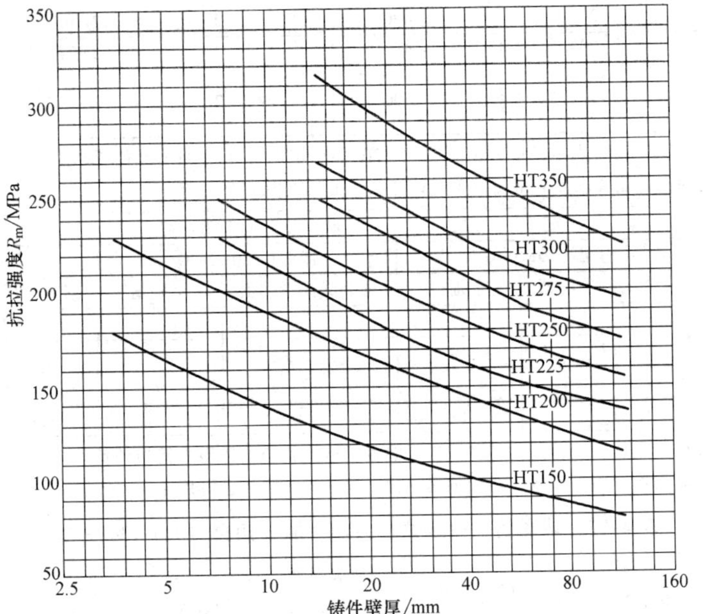

图 4-5　形状简单铸件的最小抗拉强度和主要壁厚的关系

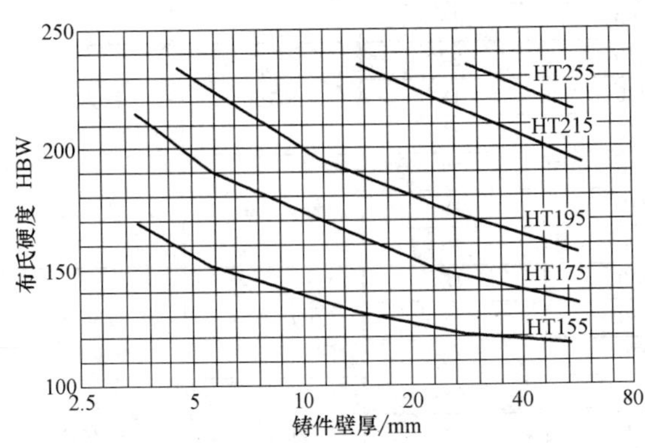

图 4-6　形状简单铸件的平均硬度和主要壁厚的关系

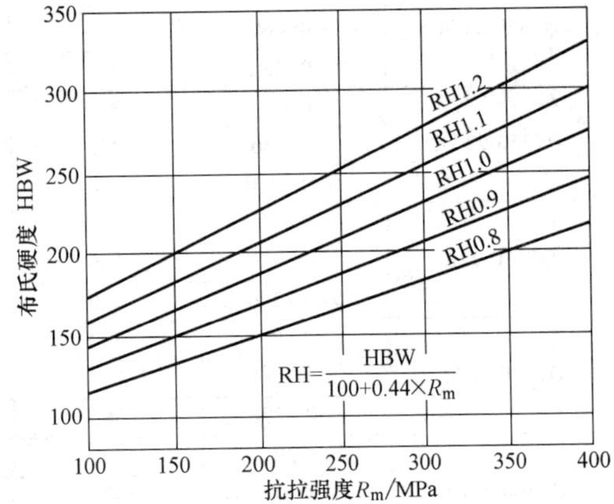

图 4-7　灰铸铁相对硬度与硬度、抗拉强度之间的关系

2. 球墨铸铁和球墨铸铁试件（见表 4-16 和表 4-17）

表 4-16　球墨铸铁单铸试件的力学性能及应用（摘自 GB/T 1348—2009）

材料牌号	抗拉强度 R_m/MPa ≥	屈服强度 $R_{p0.2}$/MPa ≥	伸长率 A(%) ≥	布氏硬度 HBW	主要基体组织
QT350-22L	350	220	22	≤160	铁素体
QT350-22R	350	220	22	≤160	铁素体
QT350-22	350	220	22	≤160	铁素体
QT400-18L	400	240	18	120~175	铁素体
QT400-18R	400	250	18	120~175	铁素体
QT400-18	400	250	18	120~175	铁素体
QT400-15	400	250	15	120~180	铁素体
QT450-10	450	310	10	160~200	铁素体
QT500-7	500	320	7	170~230	铁素体+珠光体
QT550-5	550	350	5	180~250	铁素体+珠光体
QT600-3	600	370	3	190~270	珠光体+铁素体
QT700-2	700	420	2	225~305	珠光体
QT800-2	800	480	2	245~335	珠光体或索氏体
QT900-2	900	600	2	280~360	回火马氏体或屈氏体+索氏体

注：材料牌号最后字母“L”表示该牌号有低温（-20℃或-40℃）下的冲击性能要求；字母“R”表示该牌号有室温（23℃）下的冲击性能要求。V 型缺口单铸试样的冲击吸收能量为。

牌号	最小冲击吸收能量/J					
	室温(23±5)℃		低温(-20±2)℃		低温(-40±2)℃	
	三个试样平均值	个别值	三个试样平均值	个别值	三个试样平均值	个别值
QT350-22L					12	9
QT350-22R	17	14				
QT400-18L			12	9		
QT400-18R	14	11				

注：冲击吸收能量是从砂型铸造的铸件或者导热性与砂型相当的铸型中铸造的铸块上测得的。用其他方法生产的铸件的冲击吸收功应满足经双方协商的修正值。这些材料牌号也可用于压力容器。

表 4-17　球墨铸铁附铸试样力学性能（摘自 GB/T 1348—2009）

材料牌号	铸件壁厚 /mm	抗拉强度 R_m /MPa ≥	屈服强度 $R_{p0.2}$ /MPa ≥	伸长率 A(%) ≥	布氏硬度 HBW	主要基体组织
QT350-22AL	≤30	350	220	22	≤160	铁素体
	>30~60	330	210	18		
	>60~200	320	200	15		
QT350-22AR	≤30	350	220	22	≤160	铁素体
	>30~60	330	220	18		
	>60~200	320	210	15		
QT350-22A	≤30	350	220	22	≤160	铁素体
	>30~60	330	210	18		
	>60~200	320	200	15		
QT400-18AL	≤30	380	240	18	120~175	铁素体
	>30~60	370	230	15		
	>60~200	360	220	12		
QT400-18AR	≤30	400	250	18	120~175	铁素体
	>30~60	390	250	15		
	>60~200	370	240	12		

（续）

材料牌号	铸件壁厚 /mm	抗拉强度 R_m /MPa ≥	屈服强度 $R_{p0.2}$ /MPa ≥	伸长率 A(%) ≥	布氏硬度 HBW	主要基体组织
QT400-18A	≤30	400	250	18	120～175	铁素体
	>30～60	390	250	15		
	>60～200	370	240	12		
QT400-15A	≤30	400	250	15	120～180	铁素体
	>30～60	390	250	14		
	>60～200	370	240	11		
QT450-10A	≤30	450	310	10	160～210	铁素体
	>30～60	420	280	9		
	>60～200	390	260	8		
QT500-7A	≤30	500	320	7	170～230	铁素体+珠光体
	>30～60	450	300	7		
	>60～200	420	290	5		
QT550-5A	≤30	550	350	5	180～250	铁素体+珠光体
	>30～60	520	330	4		
	>60～200	500	320	3		
QT600-3A	≤30	600	370	3	190～270	珠光体+铁素体
	>30～60	600	360	2		
	>60～200	550	340	1		
QT700-2A	≤30	700	420	2	225～305	珠光体
	>30～60	700	400	2		
	>60～200	650	380	1		
QT800-2A	≤30	800	480	2	245～335	珠光体或索氏体
	>30～60	由供需双方商定				
	>60～200					
QT900-2A	≤30	900	600	2	280～360	回火马氏体或索氏体+屈氏体
	>30～60	由供需双方商定				
	>60～200					

注：1. 从附铸试样测得的力学性能并不能准确地反映铸件本体的力学性能，但与单铸试棒上测得的值相比更接近于铸件的实际性能值。

2. 可以按需方要求测试室温和低温下的冲击能量，V 型缺口附铸试样的冲击能量为：

牌号	铸件壁厚 /mm	最小冲击能量/J					
		室温(23±5)℃		低温(−20±2)℃		低温(−40±2)℃	
		三个试样平均值	个别值	三个试样平均值	个别值	三个试样平均值	个别值
QT350-22AR	≤60	17	14				
	>60～200	15	12				
QT350-22AL	≤60					12	9
	>60～200					10	7
QT400-18AR	≤60	14	11				
	>60～200	12	9				
QT400-18AL	≤60			12	9		
	>60～200			10	7		

3. 球墨铸铁 QT500-10 的力学性能要求为：

材料牌号	铸件壁厚 t/mm	抗拉强度 R_m/MPa ≥	屈服强度 $R_{p0.2}$/MPa ≥	伸长率 A(%) ≥
单铸试棒				
QT500-10		500	360	10
附铸试棒				
QT500-10A	≤30	500	360	10
	>30～60	490	360	9
	>60～200	470	350	7

（1）单铸试件　试件应与它所代表的铸件用同一批次的铁液浇注，并在该批次铁液的后期浇注。

型内球化处理时，试件可以在与铸件有共同的浇冒口系统的型腔内浇注，或在装有与铸件工艺接近的带有反应室的型内单独浇注。需热处理时，试件应与同批次的铸件同炉热处理。

单铸试件尺寸如图 4-8 和图 4-9 所示。需方如有特殊要求时，可采用敲落单铸试块，如图 4-10 所示。

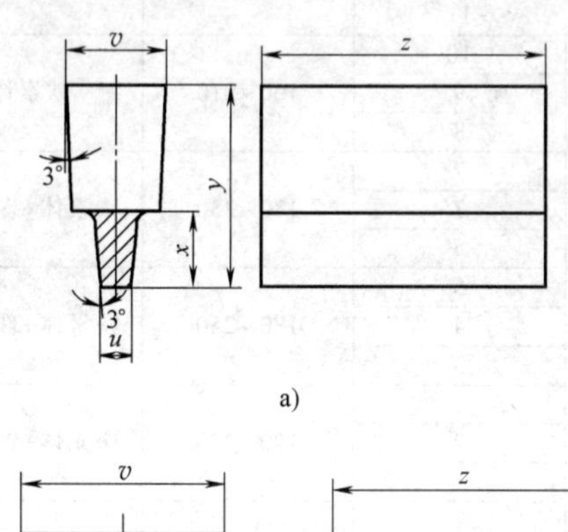

a)

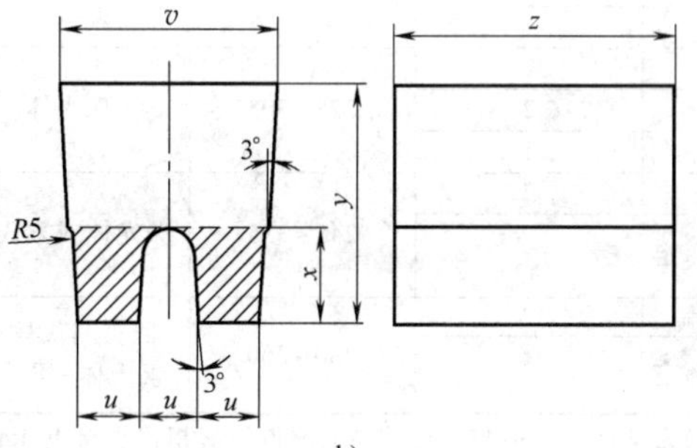

b)

试件类型	试件尺寸/mm					试件的吃砂量
	u	v	x	y①	z	
Ⅰ	12.5	40	30	80	根据不同规格的拉伸试样的总长确定	Ⅰ、Ⅱa 和Ⅱb 型试块最小吃砂量为 40mm Ⅲ和Ⅳ型试块最小吃砂量为 80mm
Ⅱa	25	55	40	100		
Ⅱb	25	90	40~50	100		
Ⅲ	50	90	60	150		
Ⅳ	75	125	65	165		

注：对薄壁铸件或金属型铸件，经供需双方协商，拉伸试样也可以从壁厚 u 小于 12.5mm 的试件上加工。

① y 尺寸数值供参考。

图 4-8　U 型单铸试件

a）Ⅰ、Ⅱa、Ⅲ、Ⅳ型　b）Ⅱb 型

（2）附铸试块　当铸件重量等于或超过 2000kg，而且壁厚在 30~200mm 时，优先采用附铸试块；当铸件重量超过 2000kg 且壁厚大于 200mm 时，采用附铸试块。附铸试块的尺寸和位置由供需双方商定。

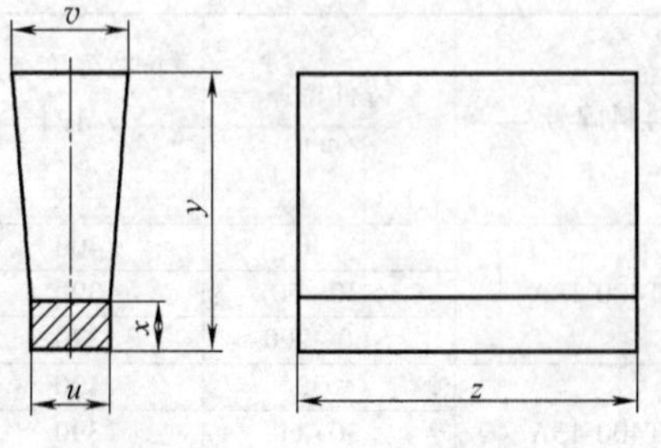

试件类型	试件尺寸/mm					试件的吃砂量
	u	v	x	y①	z	
Ⅰ	12.5	40	25	185	根据不同规格的拉伸试样的总长确定	Ⅰ和Ⅱ型试块最小吃砂量为 40mm Ⅲ和Ⅳ型试块最小吃砂量为 80mm
Ⅱ	25	55	40	140		
Ⅲ	50	100	50	150		
Ⅳ	75	125	65	175		

注：对薄壁铸件或金属型铸件，经供需双方协商，拉伸试样也可以从壁厚 u 小于 12.5mm 的试块上加工。

① y 尺寸数值供参考。

图 4-9　Y 型单铸试件

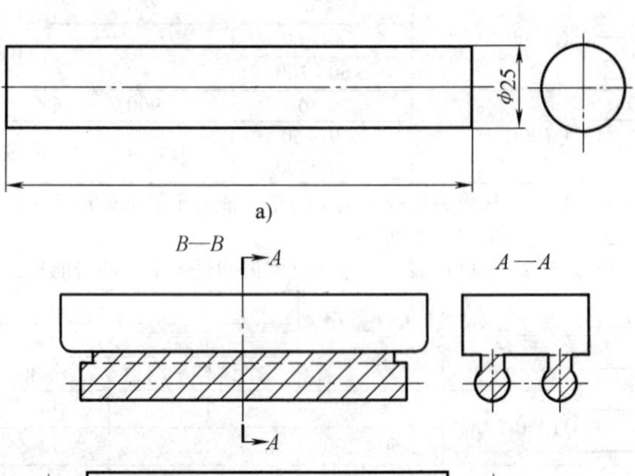

图 4-10　敲落单铸试块（棒）

a）试棒最小长度 L = 150mm　b）铸型示意图

附铸试块在铸件上的位置，应考虑到铸件形状和浇注系统的结构形式，以避免对邻近部件的各项性能产生不良影响，并以不影响铸件的结构性能、铸件外观质量及试块致密性为原则。

除非供需双方另有特殊规定，附铸试块的形状和尺寸如图 4-11 和其附表所示。

如铸件需热处理，试块应在铸件热处理后再从铸

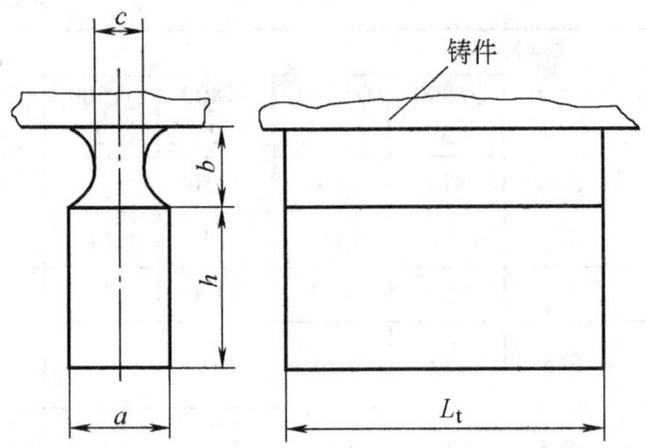

类型	铸件的主要壁厚	a	b_{max}	c_{min}	h	L_t[②]
A[①]	≤12.5	15	11	7.5	20~30	根据不同规格拉伸试样的总长确定
B	>12.5~30	25	19	12.5	30~40	
C	>30~60	40	30	20	40~65	
D	>60~200	70	52.5	35	65~105	

① 如用此 A 型更小尺寸的附铸试块时，应按下式规定：$b=0.75a$，$c=0.5a$。

② 在特殊情况下，表中 L_t 可以适当减少，但不得小于 125mm。

图 4-11　附铸试块

件上切开。

(3) 本体试样　取样的位置、铸件本体力学性能、检测频次及数量，由供需双方商定。

若需方对铸件本体取样位置、试样尺寸和抗拉强度值有明确规定时，应按需方图样、技术要求执行。本体试样的直径可以等于或小于 1/3 壁厚且大于 1/5 壁厚。对于厚大件，本体取样位置由供需双方商定。

本体取样的位置也可以是铸件的平均壁厚处。需方应向供方指明铸件的重要截面。如果需方没有指明重要截面，供方应依据铸件的重要截面厚度自行选择本体试样的直径。

除抗强度外，对硬度有要求时，布氏硬度值应符合表 4-18 的要求。其他力学性能和物理性能见表4-19。

经供需双方同意，可采用较低的硬度范围。硬度差范围在 30~40HBW 可以接受，但对铁素体加珠光体基体的球墨铸铁，其硬度差应小于 30~40HBW。

表 4-18　球墨铸铁的硬度要求

材料牌号	布氏硬度范围 HBW	其他性能	
		抗拉强度 R_m/MPa ≥	屈服强度 $R_{p0.2}$/MPa ≥
QT-130	<160	350	220
QT-150	130~175	400	250
QT-155	135~180	400	250
QT-185	160~210	450	310
QT-200	170~230	500	320
QT-215	180~250	550	350
QT-230	190~270	600	370
QT-265	220~305	700	420
QT-300	245~335	800	480
QT-330	270~360	900	600

注：1. 300HBW 和 330HBW 不适用于厚壁铸件。

2. 当硬度作为检验项目时，表中的性能值供参考。

表 4-19　球墨铸铁其他力学性能和物理性能要求

性能参数	材料牌号									
	QT350-22	QT400-18	QT450-10	QT500-7	QT550-5	QT600-3	QT700-2	QT800-2	QT900-2	QT500-10
剪切强度/MPa	315	360	405	450	500	540	630	720	810	—
扭转强度/MPa	315	360	405	450	500	540	630	720	810	—
弹性模量 E(拉伸和压缩)/GPa	169	169	169	169	172	174	176	176	176	170
泊松比 ν	0.275	0.275	0.275	0.275	0.275	0.275	0.275	0.275	0.275	0.28~0.29
无缺口疲劳极限[①](旋转弯曲)(ϕ10.6mm)/MPa	180	195	210	224	236	248	280	304	304	225
有缺口疲劳极限[②](旋转弯曲)(ϕ10.6mm)/MPa	114	122	128	134	142	149	168	182	182	140

（续）

性能参数	材料牌号									
	QT350-22	QT400-18	QT450-10	QT500-7	QT550-5	QT600-3	QT700-2	QT800-2	QT900-2	QT500-10
抗压强度/MPa	—	700	700	800	840	870	1000	1150	—	—
断裂韧性 K_C/MPa·$\sqrt{m}$	31	30	28	25	22	20	15	14	14	28
300℃时的热导率/[W/(K·m)]	36.2	36.2	36.2	35.2	34	32.5	31.1	31.1	31.1	—
20~500℃时的比热容/[J/(kg·K)]	515	515	515	515	515	515	515	515	515	—
20~400℃时的线性胀系数/$10^{-6}K^{-1}$	12.5	12.5	12.5	12.5	12.5	12.5	12.5	12.5	12.5	—
密度/(kg/dm³)	7.1	7.1	7.1	7.1	7.1	7.2	7.2	7.2	7.2	7.1
最大渗透性/(μH/m)	2136	2136	2136	1596	1200	866	501	501	501	—
磁滞损耗(B=1T)/(J/m³)	600	600	600	1345	1800	2248	2700	2700	2700	—
电阻率/μΩ·m	0.50	0.50	0.50	0.51	0.52	0.53	0.54	0.54	0.54	—
主要基体组织	铁素体	铁素体	铁素体	铁素体-珠光体	铁素体-珠光体	珠光体-铁素体	珠光体	珠光体或索氏体	回火马氏体或索氏体+屈氏体③	铁素体

注：除非另有说明，本表中所列数值都是常温下的测定值。

① 对抗拉强度是370MPa的球墨铸铁件无缺口试样，退火铁素体球墨铸铁件的疲劳极限强度大约是抗拉强度的0.5倍。在珠光体球墨铸铁和（淬火+回火）球墨铸铁中，这个比率随着抗拉强度的增加而减少，疲劳极限强度大约是抗拉强度的0.4倍。当抗拉强度超过740MPa时，这个比率将进一步减少。

② 对直径ϕ10.6mm的45°圆角R0.25mm的V型缺口试样，退火球墨铸铁件的疲劳极限强度降低到无缺口球墨铸铁件（抗拉强度是370MPa）疲劳极限的0.63倍。这个比率随着铁素体球墨铸铁件抗拉强度的增加而减少。对中等强度的球墨铸铁件、珠光体球墨铸铁件和（淬火+回火）球墨铸铁件，有缺口试样的疲劳极限大约是无缺口试样疲劳极限强度的0.6倍。

③ 对大型铸件，可能是珠光体，也可能是回火马氏体或屈氏体+索氏体。

3. 高硅耐蚀铸铁件（摘自GB/T 8491—2009）

高硅耐蚀铸铁件以化学成分见表4-20。作为验收依据。力学性能一般不作为验收依据，当需求方有需要时，应该对其试棒做弯曲试验，结果应符合表4-21的规定。其使用性能及适用条件举例见表4-22。

表4-20 高硅耐蚀铸铁的化学成分

牌号	化学成分(质量分数,%)								
	C	Si	Mn≤	P≤	S≤	Cr	Mo	Cu	R残留量≤
HTSSi11Cu2CrR	≤1.20	10.00~12.00	0.50	0.10	0.10	0.60~0.80	—	1.80~2.20	0.10
HTSSi15R	0.65~1.10	14.20~14.75	1.50	0.10	0.10	≤0.50	≤0.50	≤0.50	0.10
HTSSi15Cr4MoR	0.75~1.15	14.20~14.75	1.50	0.10	0.10	3.25~5.00	0.40~0.60	≤0.50	0.10
HTSSi15Cr4R	0.70~1.10	14.20~14.75	1.50	0.10	0.10	3.25~5.00	≤0.20	≤0.50	0.10

注：本标准的所有牌号都适用于腐蚀的工况条件，HTSSi15Cr4MoR尤其适用于强氯化物的工况条件，HTSSi15Cr4R适用于阳极电板。

表4-21 高硅耐蚀铸铁的力学性能

牌　号	最小抗弯强度 σ_{bb}/MPa	最小挠度 f/mm
HTSSi11Cu2CrR	190	0.80
HTSSi15R	118	0.66
HTSSi15Cr4MoR	118	0.66
HTSSi15Cr4R	118	0.66

表 4-22　高硅耐蚀铸铁的性能及适用条件举例

牌　　号	性能和适用条件	应用举例
HTSSi11Cu2CrR	具有较好的力学性能，可以用一般的机械加工方法进行生产。在质量分数大于或等于 10%的硫酸、小于或等于 46%的硝酸，或由上述两种介质组成的混合酸、质分数大于或等于 70%的硫酸加氯、笨、苯磺酸等介质中，具有较稳定的耐蚀性能，但不允许偏差有急剧的交变载荷、冲击载荷和温度突变	卧式离心机、潜水泵、阀门、旋塞、塔罐、冷却排水管、弯头等化工设备和零部件等
HTSSi15R	在氧化性酸（如各种温度和含量的硝酸、硫酸、铬酸等）各种有机酸和一系列盐溶液介质中都有良好的耐蚀性，但在卤素的酸、盐溶液（如氢氟酸和氯化物等）和强碱溶液中不耐蚀。不允许偏差有急剧的交变载荷、冲击载荷和温度突变	各种离心泵、阀类、旋塞、管道配件、塔罐、低压容器及各种非标准零部件等
HTSSi15Cr4R	具有优良的耐电化学腐蚀性能，并有改善抗氧化性条件的耐蚀性能。高硅铬铸铁中和铬可提高其钝化性和点蚀击穿电位，但不允许偏差有急剧的交变载荷和温度突变	在外加电流的阴极保护系统中，大量用作辅助阳极铸件
HTSSi15Cr4MoR	适用于强氯化物的环境	

4. 耐热铸铁件（见表 4-23 和表 4-24）

表 4-23　耐热铸铁件的力学性能及应用（摘自 GB/T 9437—2009）

牌号	室温力学性能		高温短时抗拉强度/MPa					在空气、炉气中耐热温度/℃	性能及应用举例
	R_m/MPa	硬度 HBW	500℃	600℃	700℃	800℃	900℃		
HTRCr	200	189~288	225	144	—	—	—	550	炉条、金属型玻璃模、高炉支架式水箱
HTRCr2	150	207~288	243	166	—	—	—	600	煤气炉内灰盆、矿山烧结车挡板
HTRCr16	340	400~450	—	—	—	144	88	900	有室温和高温下的抗磨性，耐硝酸腐蚀，用于制作化工机械零件
HTRSi5	140	160~270	—	—	41	27	—	700	炉条、煤粉烧嘴
QTRSi4	420	143~187	—	—	75	35	—	650	玻璃窑烟道闸门、加热炉两端管架、玻璃引上机墙板
QTRSi4Mo	520	188~241	—	—	101	46	—	680	罩式退化炉导向器、烧结机中后热筛板、加热炉吊架
QTRSi4Mo1	550	200~240	—	—	101	46	—	800	内燃机排气歧管、罩式退火炉导向器，加热炉吊梁等
QTRSi5	370	228~302	—	—	67	30	—	800	炉条、煤粉烧管、烟道闸门、加热炉中间管架
QTRAl4Si4	250	285~341	—	—	—	82	32	900	烧结机炉箅条、炉用件
QTRAl5Si5	200	302~363	—	—	—	167	75	1050	焙烧机箅件、炉用件
QTRAl22	300	241~364	—	—	—	130	77	1100	抗高温硫蚀性好、用作链式加热炉炉爪、黄铁矿焙烧炉零件

表 4-24　耐热铸铁的牌号及化学成分（摘自 GB/T 9437—2009）

铸铁牌号	化学成分（质量分数，%）						
	C	Si	Mn	P	S	Cr	Al
			≤				
HTRCr	3.0~3.8	1.5~2.5	1.0	1.0	0.08	0.50~1.00	—
HTRCr2	3.0~3.8	2.0~3.0	0.10	0.10	0.08	1.00~2.00	—
HTRCr16	1.6~2.4	1.5~2.2	0.10	0.10	0.05	15.00~18.00	—
HTRSi5	2.4~3.2	4.5~5.5	0.8	0.10	0.08	0.5~1.00	—
QTRSi4	2.4~3.2	3.5~4.5	0.7	0.07	0.015	—	—

（续）

铸铁牌号	化学成分(质量分数,%)						
	C	Si	Mn	P	S	Cr	Al
			≤				
QTRSi4Mo	2.7~3.5	3.5~4.5	0.5	0.07	0.015	Mo0.5~0.9	—
QTRSi4Mo1	2.7~3.5	4.0~4.5	0.3	0.05	0.015	Mo1.0~1.5	Mg0.01~0.05
QTRSi5	2.4~3.2	4.5~5.5	0.7	0.07	0.015	—	—
QTRAl4Si4	2.5~3.0	3.5~4.5	0.5	0.07	0.015	—	4.0~5.0
QTRAl5Si5	2.3~2.8	4.5~5.2	0.5	0.07	0.015	—	5.0~5.8
QTRAl22	1.6~2.2	1.0~2.0	0.7	0.7	0.015	—	20.0~24.0

5. 抗磨白口铸铁件（见表 4-25 和表 4-26）

表 4-25　抗磨白口铸铁牌号及化学成分（摘自 GB/T 8263—2010）

牌　号	化学成分(质量分数,%)								
	C	Si	Mn	Cr	Mo	Ni	Cu	S	P
BTMNi4Cr2-DT	2.4~3.0	≤0.8	≤2.0	1.5~3.0	≤1.0	3.3~5.0	—	≤0.10	≤0.10
BTMNi4Cr2-CT	3.0~3.6	≤0.8	≤2.0	1.5~3.0	≤1.0	3.3~5.0	—	≤0.10	≤0.10
BTMCr9Ni5	2.5~3.6	1.5~2.2	≤2.0	8.0~10.0	≤1.0	4.5~7.0	—	≤0.06	≤0.06
BTMCr2	2.1~3.6	≤1.5	≤2.0	1.0~3.0	—	—	—	≤0.10	≤0.10
BTMCr8	2.1~3.6	1.5~2.2	≤2.0	7.0~10.0	≤3.0	≤1.0	≤1.2	≤0.06	≤0.06
BTMCr12-DT	1.1~2.0	≤1.5	≤2.0	11.0~14.0	≤3.0	≤2.5	≤1.2	≤0.06	≤0.06
BTMCr12-GT	2.0~3.6	≤1.5	≤2.0	11.0~14.0	≤3.0	≤2.5	≤1.2	≤0.06	≤0.10
BTMCr15	2.0~3.6	≤1.2	≤2.0	14.0~18.0	≤3.0	≤2.5	≤1.2	≤0.06	≤0.06
BTMCr20	2.0~3.3	≤1.2	≤2.0	18.0~23.0	≤3.0	≤2.5	≤1.2	≤0.06	≤0.06
BTMCr26	2.0~3.3	≤1.2	≤2.0	23.0~30.0	≤3.0	≤2.5	≤2.0	≤0.06	≤0.06

表 4-26　抗磨白口铸铁力学性能及应用举例（摘自 GB/T 8263—2010）

牌号	硬　度						特性及应用举例	
	铸态或铸态并去应力处理		硬化态或硬化态并去应力处理		软化退火态			
	HRC	HBW	HRC	HBW	HRC	HBW		
BTMNi4Cr2-DT	≥53	≥550	≥56	≥600	—	—	可用于承受中等冲击载荷的易磨损零件	抗磨白口铸铁中,碳主要以碳化物的形式分布于金属基体中,具有优良的磨料磨损性能。适用于制造矿山、冶金、电力、建材和机械制造等行业的易磨损零件
BTMNi4Cr2-GT	≥53	≥550	≥56	≥600	—	—	用于承受较小冲击载荷的易磨损零件	
BTMCr9Ni5	≥50	≥500	≥56	≥600	—	—	有很好的淬透性,可用于承受中等冲击载荷的磨损零件	
BTMCr2	≥45	≥435	—	—	—	—	用于承受较小冲击载荷的易磨损零件	
BTMCr8	≥46	≥450	≥56	≥600	≤41	≤400	有一定的耐蚀性,可用于承受中等冲击载荷的易磨损零件	
BTMCr12-DT	—	—	≥50	≥500	≤41	≤400		
BTMCr12-GT	≥46	≥450	≥58	≥650	≤41	≤400	可用于承受中等冲击载荷的易磨损零件	
BTMCr15	≥46	≥450	≥58	≥650	≤41	≤400	可用于承受中等冲击载荷的易磨损零件	
BTMCr20	≥46	≥450	≥58	≥650	≤41	≤400	有很好的淬透性、较好的耐蚀性,可用于承受较大冲击载荷的易磨损零件	
BTMCr26	≥46	≥450	≥56	≥600	≤41	≤400	有很好的淬透性、良好的耐蚀性和抗高温氧化性,可用于承受较大冲击载荷的易磨损零件	

注：1. 牌号中的“DT”和“GT”分别为“低碳”和“高碳”的拼音字母的首位字母，表示碳含量的高低。

2. 铸铁的热处理规范和金相组织，参见 GB/T 8263—2010。

3. 铸件在清理铸件或处理铸件缺陷过程中，不能采用火焰切割、电弧切割、电焊切割及补焊。

6. 可锻铸铁件（摘自 GB/T 9440—2010）

（1）白心可锻铸铁　白心可锻铸铁的金相组织取决于断面尺寸，如下所述。图 4-12 给出了金相组织随铸件壁厚的变化趋势。

1）薄断面=铁素体（+珠光体+退火石墨）。

2）厚断面如图 4-12 所示。

白心可锻铸铁的牌号和力学性能应符合表 4-27 的规定。

（2）黑心可锻铸铁　黑心可锻铸铁和珠光体可锻铸铁的牌号应符合表 4-28 的规定。

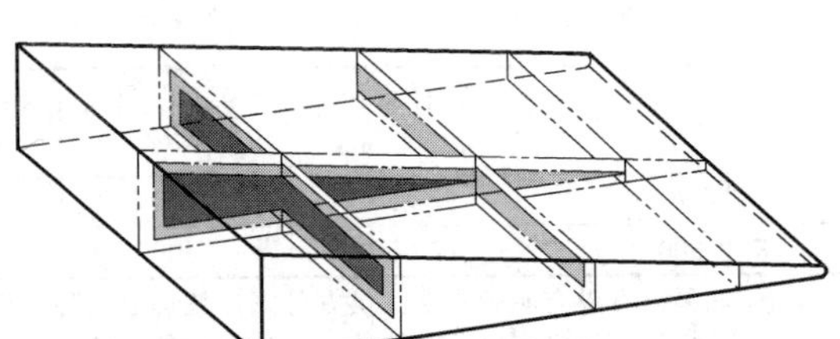

图 4-12　表面区域、中间区域和心部区域的金相组织

注：□ 表面区域为铁素体；▨ 中间区域为珠光体+铁素体+退火石墨；■ 心部区域为珠光体（+铁素体）+退火石墨。括号内表示少量的，也可能有时不存在的组织。

表 4-27　白心可锻铸铁的力学性能

牌号	试样直径 d/mm	抗拉强度 R_m/MPa ≥	规定塑性延伸强度 $R_{p0.2}$/MPa ≥	伸长率 A(%) ≥ ($L_0=3d$)	冲击吸收能量/J	布氏硬度 HBW ≤
KTB 350-04	6	270	—	10	30～80	230
	9	310	—	5		
	12	350	—	4		
	15	360	—	3		
KTB 360-12	6	280	—	16	130～180	200
	9	320	170	15		
	12	360	190	12		
	15	370	200	7		
KTB 400-05	6	300	—	12	40～90	220
	9	360	200	8		
	12	400	220	5		
	15	420	230	4		
KTB 450-07	6	330	—	12	80～130	220
	9	400	230	10		
	12	450	260	7		
	15	480	280	4		
KTB 550-04	6	—	—	—	30～80	250
	9	490	310	5		
	12	550	340	4		
	15	570	350	3		

注：1. 所有级别的白心可锻铸铁均可以焊接。
2. 对于小尺寸的试样，很难判断其屈服强度，屈服强度的检测方法和数值由供需双方在签订订单时商定。
3. 试样直径同表 4-28 中①、②。

表 4-28　黑心可锻铸铁和珠光体可锻铸铁的力学性能

牌号	试样直径 d①、②/mm	抗拉强度 R_m/MPa ≥	规定塑性延伸强度 $R_{p0.2}$/MPa ≥	伸长率 A(%) ≥ ($L_0=3d$)	冲击吸收能量/J	布氏硬度 HBW
KTH 275-05③	12 或 15	275	—	5	—	≤150
KTH 300-06③	12 或 15	300	—	6	—	
KTH 330-08	12 或 15	330	—	8	—	
KTH 350-10	12 或 15	350	200	10	90～130	
KTH 370-12	12 或 15	370	—	12	—	
KTZ 450-06	12 或 15	450	270	6	80～120	150～200
KTZ 500-05	12 或 15	500	300	5	—	165～215
KTZ 550-04	12 或 15	550	340	4	70～110	180～230
KTZ 600-03	12 或 15	600	390	3	—	195～245
KTZ 650-02④、⑤	12 或 15	650	430	2	60～100	210～260

（续）

牌号	试样直径 d[①,②]/mm	抗拉强度 R_m/MPa ≥	规定塑性延伸强度 $R_{p0.2}$/MPa ≥	伸长率 A(%) ≥ ($L_0=3d$)	冲击吸收能量/J	布氏硬度 HBW
KTZ 700-02	12 或 15	700	530	2	50~90	240~290
KTZ 800-01[④]	12 或 15	800	600	1	30~40	270~320

① 如果需方没有明确要求，供方可以任意选取两种试棒直径中的一种。
② 试样直径代表同样壁厚的铸件，如果铸件为薄壁件时，供需双方可以协商选取直径 6mm 或者 9mm 试样。
③ KTH 275-05 和 KTH 300-06 为专门用于保证压力密封性能，而不要求高强度或者高延展性的工作条件的。
④ 油淬加回火。
⑤ 空冷加回火。

7. 蠕墨铸铁（见表 4-29~表 4-32）（摘自 GB/T 26655—2011）

规定塑性延伸强度 $R_{p0.2}$一般不作为验收依据。需方有特殊要求时，也可以测定。

表 4-29　单铸试样的力学性能

牌号	抗拉强度 R_m/MPa ≥	规定塑性延伸强度 $R_{p0.2}$/MPa ≥	伸长率 A(%) ≥	典型的布氏硬度范围 HBW	主要基体组织
RuT300	300	210	2.0	140~210	铁素体
RuT350	350	245	1.5	160~220	铁素体+珠光体
RuT400	400	280	1.0	180~240	珠光体+铁素体
RuT450	450	315	1.0	200~250	珠光体
RuT500	500	350	0.5	220~260	珠光体

注：布氏硬度（指导值）仅供参考。

表 4-30　附铸试样的力学性能

牌号	主要壁厚 t/mm	抗拉强度 R_m/MPa ≥	规定塑性延伸强度 $R_{p0.2}$/MPa ≥	伸长率 A(%) ≥	典型布氏硬度范围 HBW	主要基体组织
RuT300A	$t≤12.5$	300	210	2.0	140~210	铁素体
	$12.5<t≤30$	300	210	2.0	140~210	
	$30<t≤60$	275	195	2.0	140~210	
	$60<t≤120$	250	175	2.0	140~210	
RuT350A	$t≤12.5$	350	245	1.5	160~220	铁素体+珠光体
	$12.5<t≤30$	350	245	1.5	160~220	
	$30<t≤60$	325	230	1.5	160~220	
	$60<t≤120$	300	210	1.5	160~220	
RuT400A	$t≤12.5$	400	280	1.0	180~240	珠光体+铁素体
	$12.5<t≤30$	400	280	1.0	180~240	
	$30<t≤60$	375	260	1.0	180~240	
	$60<t≤120$	325	230	1.0	180~240	
RuT450A	$t≤12.5$	450	315	1.0	200~250	珠光体
	$12.5<t≤30$	450	315	1.0	200~250	
	$30<t≤60$	400	280	1.0	200~250	
	$60<t≤120$	375	260	1.0	200~250	
RuT500A	$t≤12.5$	500	350	0.5	220~260	珠光体
	$12.5<t≤30$	500	350	0.5	220~260	
	$30<t≤60$	450	315	0.5	220~260	
	$60<t≤120$	400	280	0.5	220~260	

注：1. 采用附铸试块时，牌号后加字母“A”。
2. 从附铸试样测得的力学性能并不能准确地反映铸件本体的力学性能，但与单铸试棒上测得的值相比更接近于铸件的实际性能值。
3. 力学性能随铸件结构（形状）和冷却条件而变化，随铸件断面厚度增加而相应降低。
4. 布氏硬度值仅供参考。

表 4-31　蠕墨铸铁的力学和物理性能

性能	温度	材料牌号				
		RuT300	RuT350	RuT400	RuT450	RuT500
抗拉强度 R_m①/MPa	23℃	300~375	350~425	400~475	450~525	500~575
	100℃	275~350	325~400	375~450	425~500	475~550
	400℃	225~300	275~350	300~375	350~425	400~475
规定塑性延伸强度 $R_{p0.2}$/MPa	23℃	210~260	245~295	280~330	315~365	350~400
	100℃	190~240	220~270	255~305	290~340	325~375
	400℃	170~220	195~245	230~280	265~315	300~350
伸长率 A(%)	23℃	2.0~5.0	1.5~4.0	1.0~3.5	1.0~2.5	0.5~2.0
	100℃	1.5~4.5	1.5~3.5	1.0~3.0	1.0~2.0	0.5~1.5
	400℃	1.0~4.0	1.0~3.0	1.0~2.5	0.5~1.5	0.5~1.5
弹性模量②/GPa	23℃	130~145	135~150	140~150	145~155	145~160
	100℃	125~140	130~145	135~145	140~150	140~155
	400℃	120~135	125~140	130~140	135~145	135~150
疲劳系数(旋转-弯曲、拉-压、3 点弯曲)	23℃	0.50~0.55	0.47~0.52	0.45~0.50	0.45~0.50	0.43~0.48
	23℃	0.30~0.40	0.27~0.37	0.25~0.35	0.25~0.35	0.20~0.30
	23℃	0.65~0.75	0.62~0.72	0.60~0.70	0.60~0.70	0.55~0.65
泊松比 ν	—	0.26	0.26	0.26	0.26	0.26
密度/(g/cm³)	—	7.0	7.0	7.0~7.1	7.0~7.2	7.0~7.2
热导率/[W/(m·K)]	23℃	47	43	39	38	36
	100℃	45	42	39	37	35
	400℃	42	40	38	36	34
线胀系数 $10^{-6}K^{-1}$	100℃	11	11	11	11	11
	400℃	12.5	12.5	12.5	12.5	12.5
比热容/[J/(g·K)]	100℃	0.475	0.475	0.475	0.475	0.475
基体组织		铁素体	铁素体+珠光体	珠光体+铁素体	珠光体	珠光体

① 壁厚 15mm，模数 M=0.75。
② 割线模数（200~300MPa）。

表 4-32　蠕墨铸铁的性能特点和应用举例

材料牌号	性能特点	应用举例
RuT300	强度低，塑韧性高；高的热导率和低的弹性模量；热应力积聚小；铁素体基体为主，长时间置于高温之中引起的生长小	排气歧管；大功率船用、机车、汽车和固定式内燃机缸盖；增压器壳体；纺织机、农机零件
RuT350	与合金灰铸铁比较，有较高强度并有一定的塑韧性；与球铁比较，有较好的铸造、机加工性能和较高工艺出品率	机床底座；托架和联轴器；大功率船用、机车、汽车和固定式内燃机缸盖；钢锭模、铝锭模；焦化炉炉门、门框、保护板、桥管阀体、装煤孔盖座；变速箱体；液压件
RuT400	有综合的强度、刚性和热导率性能较好的耐磨性	内燃机的缸体和缸盖；机床底座、托架和联轴器、载重卡车制动鼓、机车车辆制动盘；泵壳和液压件；钢锭模、铝锭模、玻璃模具
RuT450	比 RuT400 有更高的强度、刚性和耐磨性，不过切削性稍差	汽车内燃机缸体和缸盖；气缸套；载重汽车制动盘；泵壳和液压件；玻璃模具；活塞环
RuT500	强度高，塑韧性低；耐磨性最好，切削性差	高负荷内燃机缸体；气缸套

4.3.2 铸钢

1. 一般工程用铸造碳钢件（见表 4-33 和表 4-34）

表 4-33 一般工程用铸造碳钢的牌号及化学成分（摘自 GB/T 11352—2009）

牌号	元素最高含量(质量分数,%)										
	C	Si	Mn	S	P	残余元素					
						Ni	Cr	Cu	Mo	V	残余元素含量
ZG200-400	0.20	0.6	0.80	0.035	0.035	0.40	0.35	0.40	0.20	0.05	1.00
ZG230-450	0.30		0.90								
ZG270-500	0.40										
ZG310-570	0.50										
ZG340-640	0.60										

注：1. 对上限减少 0.01% 的碳，允许偏差增加 0.04% 的锰，对 ZG200-400 的锰最高至 1.00%，其余四个牌号锰最高至 1.20%。
2. 除另有规定外，残余元素不作为验收依据。

表 4-34 一般工程用铸钢的力学性能（摘自 GB/T 11352—2009）

牌号	力学性能 ≥						特点	应用举例
	R_{eU} ($R_{p0.2}$) /MPa	R_m /MPa	A_5 (%)	按合同规定				
				ψ (%)	KV_2 /J	KU_2 /J		
ZG200-400	200	400	25	40	30	47	低碳铸钢，强度和硬度较低而韧性、塑性较好，焊接性好，铸造性差，导磁、导电性能好	机座、变速器箱体、电气吸盘
ZG230-450	230	450	22	32	25	35		轧钢机架、轴承座、箱体、砧座
ZG270-500	270	500	18	25	22	27	中碳铸钢，强度和韧性较高，切削性良好，焊接性能尚可，铸造性能较好	应用广泛，如车轮、水压机工作缸、蒸汽锤气缸、连杆、箱体
ZG310-570	310	570	15	21	15	24		承受重载荷的零件，如大齿轮、机架、制动轮、轴
ZG340-640	340	640	10	18	10	16	高碳铸钢，高强度、高硬度、高耐磨性，塑性和韧性较差，焊接和铸造性均差，裂纹敏感性大	起重运输机齿轮、车辆、联轴器

注：表中所列的各牌号性能，适应于厚度为 100mm 以下的铸件。当铸件厚度超过 100mm 时，表中规定的 R_{eU}（$R_{p0.2}$）屈服强度仅供设计使用。

2. 低合金铸钢（见表 4-35）

表 4-35 大型低合金钢铸件力学性能及应用（摘自 JB/T 6402—2006）

材料牌号	热处理状态	R_{eU} /MPa ≥	R_m /MPa ≥	A (%) ≥	Z (%) ≥	KU_2 /J ≥	KV_2 /J ≥	$KDVM$ /J ≥	硬度 HBW ≥	用途举例
ZG20Mn	正火+回火	285	495	18	30	39	—	—	145	焊接及流动性良好，用于水压机工作缸、叶片、喷嘴体、阀、弯头等
	调质	300	500~650	24	—	—	45	—	150~190	
ZG30Mn	正火+回火		558	18	30				163	—
ZG35Mn	正火+回火	345	570		20	24			—	用于承受摩擦的零件
	调质	415	640	12	25	27		27	200~240	
ZG40Mn	正火+回火	295			30	—		—	163	用于承受摩擦和冲击的零件，如齿轮等
ZG40Mn2	正火+回火	395	590	20	40	30			179	用于承受摩擦的零件，如齿轮等
	调质	685	835	13	45	35		35	269~302	

（续）

材料牌号	热处理状态	R_{eU} /MPa ≥	R_m /MPa ≥	A (%) ≥	Z (%) ≥	KU_2 /J ≥	KV_2 /J ≥	$KDVM$ /J ≥	硬度 HBW ≥	用途举例
ZG45Mn2	正火+回火	392	637	15	30	—	—	—	179	用于模块、齿轮等
ZG50Mn2	正火+回火	445	785	18	37				—	用于高强度零件，如齿轮、齿轮缘等
ZG35SiMnMo	正火+回火	395	640	12	20	24		27		用于承受载荷较大的零件
	调质	490	690		25	27				
ZG35CrMnSi	正火+回火	345	690	14	30	—		—	217	用于承受冲击、摩擦的零件，如齿轮、滚轮等
ZG20MnMo	正火+回火	295	490	16	—	39			156	用于受压容器，如泵壳等
ZG30Cr1MnMo	正火+回火	392	686	15	30	—			—	用于拉坯和立柱
ZG55CrMnMo	正火+回火	不规定	不规定	—	—					有一定的红硬性，用于锻模等
ZG40Cr1	正火+回火	345	630	18	26				212	用于高强度齿轮
ZG34Cr2Ni2Mo	调质	700	950~1000	12	—		32		240~290	用于特别要求的零件，如锥齿轮、小齿轮、吊车行走轮、轴等
ZG15Cr1Mo	正火+回火	275	490	20	35	24	—		140~220	用于汽轮机
ZG20CrMo	正火+回火	245	460	18	30	30			135~180	用于齿轮、锥齿轮及高压缸零件等
	调质			18	30	24			—	
ZG35Cr1Mo	正火+回火	392	588	12	20	23.5				用于齿轮、电炉支承轮轴套、齿圈等
	调质	510	686		25	31		27	201	
ZG42Cr1Mo	正火+回火	343	569		20	—	30	—	—	用于承受高载荷零件、齿轮、锥齿轮等
	调质	490	690~830	11	—		—	21	200~250	
ZG50Cr1Mo	调质	520	740~880					34	200~260	用于减速器零件、齿轮、小齿轮等
ZG65Mn	正火+回火	不规定	不规定	—				—	—	用于球磨机衬板等
ZG28NiCrMo	—	420	630	20	40					适用于直径大于 300mm 的齿轮铸件
ZG30NiCrMo		590	730	17	35					适用于直径大于 300mm 的齿轮铸件
ZG35NiCrMo		660	830	14	30					

注：1. 需方无特殊要求时，KU_2、KV_2、$KDVM$由供方任选一种。

2. 需方无特殊要求时，硬度不作为验收依据，仅供设计参考。

3. 工程结构用中、高强度不锈钢铸件（见表 4-36 和表 4-37）

表 4-36　工程结构用中、高强度不锈钢铸件的牌号及化学成分

（摘自 GB/T 6967—2009）　　　（质量分数，%）

铸钢牌号	C	Si	Mn	P	S	Cr	Ni	Mo	残余元素 ≤			
		≤							Cu	V	W	总量
ZG20Cr13	0.16~0.24	0.80	0.80	0.035	0.025	11.5~13.5	—	—	0.50	0.05	0.10	0.50
ZG15Cr13	≤0.15	0.80	0.80	0.035	0.025	11.5~13.5			0.50	0.05	0.10	0.50
ZG15Cr13Ni1	≤0.15	0.80	0.80	0.035	0.025	11.5~13.5	≤1.00	≤0.50	0.50	0.05	0.10	0.50
ZG10Cr13Ni1Mo	≤0.10	0.80	0.80	0.035	0.025	11.5~13.5	0.8~1.80	0.20~0.50	0.50	0.05	0.10	0.50
ZG06Cr13Ni4Mo	≤0.06	0.80	1.00	0.035	0.025	11.5~13.5	3.5~5.0	0.40~1.00	0.50	0.05	0.10	0.50
ZG06Cr13Ni5Mo	≤0.06	0.80	1.00	0.035	0.025	11.5~13.5	4.5~6.0	0.40~1.00	0.50	0.05	0.10	0.50

（续）

铸钢牌号	C	Si	Mn	P	S	Cr	Ni	Mo	残余元素 ≤			
		≤							Cu	V	W	总量
ZG06Cr16Ni5Mo	≤0.06	0.80	1.00	0.035	0.025	15.5~17.0	4.5~6.0	0.40~1.00	0.50	0.05	0.10	0.50
ZG04Cr13Ni4Mo	≤0.04	0.80	1.50	0.030	0.010	11.5~13.5	3.5~5.0	0.40~1.00	0.50	0.05	0.10	0.50
ZG04Cr13Ni5Mo	≤0.04	0.80	1.50	0.300	0.010	11.5~13.5	4.5~6.0	0.40~1.00	0.50	0.05	0.10	0.50

注：除另有规定外，残余元素含量不作为验收依据。

表 4-37　工程结构用中、高强度不锈钢铸件的力学性能及应用（摘自 GB/T 6967—2009）

铸钢牌号		规定塑性延伸强度 $R_{p0.2}$/MPa	抗拉强度 R_m/MPa	伸长率 A_5(%)	断面收缩率 Z(%)	冲击吸收能量 KV_2/J	布氏硬度 HBW	应用举例
		≥						
ZG15Cr13		345	540	18	40	—	163~229	耐大气腐蚀好，力学性能较好。可用于承受冲击载荷且韧性较高的零件，可耐有机酸水液、聚乙烯醇、碳酸氢钠、橡胶液、还可做水轮机转轮叶片、水压机阀
ZG20Cr13		390	590	16	35	—	170~235	
ZG15Cr13Ni1		450	590	16	35	20	170~241	
ZG10Cr13Ni1Mo		450	620	16	35	27	170~241	综合力学性能高，抗大气腐蚀，水中抗疲劳性能均好，钢的焊接性良好，焊后不必热处理，铸造性能尚好，耐泥沙磨损。可用于制作大型水轮机转轮（叶片）
ZG06Cr13Ni4Mo		550	750	15	35	50	221~294	
ZG06Cr13Ni5Mo		550	750	15	35	40	221~294	
ZG06Cr16Ni5Mo		550	750	15	35	40	221~294	
ZG04Cr13-Ni4Mo	HT1①	580	780	18	50	80	221~294	
	HT2②	830	900	12	35	35	294~350	
ZG04Cr13-Ni5Mo	HT1①	580	780	18	50	80	221~294	
	HT2②	830	900	12	35	35	294~350	

注：1. 本表中牌号为 ZG15Cr13、ZG20Cr13、ZG15Cr13Ni1 铸钢的力学性能，适用于壁厚小于或等于 150mm 的铸件。牌号为 ZG10Cr13Ni1Mo、ZG06Cr13Ni4Mo、ZG06Cr13Ni5Mo、ZG06Cr16Ni5Mo、ZG04Cr13Ni4Mo、ZG04Cr13Ni5Mo 的铸钢，适用于壁厚小于或等于 300mm 的铸件。

2. ZG04Cr13Ni4Mo（HT2）、ZG04Cr13Mi5Mo（HT2）用于大中型铸焊结构铸件时，供需双方应另行商定。

3. 需方要求做低温冲击试验时，其技术要求由供需双方商定。其中，ZG06Cr16Ni5Mo、ZG06Cr13Ni4Mo、ZG04Cr13Ni4Mo、ZG06Cr13Ni5Mo 和 ZG04Cr13Ni5Mo 温度为 0℃的冲击吸收功应符合本表规定。

① 回火温度应在 600~650℃。

② 回火温度应在 500~550℃。

4. 低合金铸钢（见表 4-38）

表 4-38　一般工程与结构用低碳钢铸件的力学性能及化学成分（摘自 GB/T 14408—2014）

材料牌号	规定塑性延伸强度 $R_{p0.2}$/MPa ≥	抗拉强度 R_m/MPa ≥	断后伸长率 A_5 (%) ≥	断面收缩率 Z (%) ≥	冲击吸收能量 KV_2/J ≥	化学成分（质量分数，%）	
						S	P
ZGD270-480	270	480	18	38	25	0.040	0.040
ZGD290-510	290	510	16	35	25		
ZGD345-570	345	570	14	35	20		
ZGD410-620	410	620	13	35	20		
ZGD535-720	535	720	12	30	18		
ZGD650-830	650	830	10	25	18		

（续）

材料牌号	规定塑性延伸强度 $R_{p0.2}$/MPa ≥	抗拉强度 R_m/MPa ≥	断后伸长率 A_5 (%) ≥	断面收缩率 Z (%) ≥	冲击吸收能量 KV_2/J ≥	化学成分（质量分数,%）	
						S	P
ZGD730-910	730	910	8	22	15	0.035	0.035
ZGD840-1030	840	1030	6	20	15		
ZGD1030-1240	1030	1240	5	20	22	0.020	0.020
ZGD1240-1450	1240	1450	4	15	18		

注：1. 铸件成品化学成分应符合表中规定，但允许 GB/T 222—2006 规定的偏差。
2. 除另有规定外，各材料化学成分由供方确定，除硫、磷外其他元素不作为验收依据。
3. 硬度不作为验收依据，需方要求时，硬度值由供需双方商定。

5. 一般用途耐蚀钢铸件（见表 4-39 和表 4-40）

表 4-39　一般用途耐蚀钢铸件牌号及化学成分（摘自 GB/T 2100—2002）

牌号	化学成分(质量分数,%)								
	C	Si	Mn	P	S	Cr	Mo	Ni	其他
ZG15Cr12	≤0.15	≤0.8	≤0.8	≤0.035	≤0.025	11.5~13.5	≤0.5	≤1.0	—
ZG20Cr13	0.16~0.24	≤1.0	≤0.6	≤0.035	≤0.025	12.0~14.0	—	—	—
ZG10Cr12NiMo	≤0.10	≤0.8	≤0.8	≤0.035	≤0.025	11.5~13.0	0.2~0.5	0.8~1.8	—
ZG06Cr12Ni4(QT1) ZG06Cr12Ni4(QT2)	≤0.06	≤1.0	≤1.5	≤0.035	≤0.025	11.5~13.0	≤1.0	3.5~5.0	—
ZG06Cr16Ni5Mo	≤0.06	≤0.8	≤0.8	≤0.035	≤0.025	15.0~17.0	0.7~1.5	4.0~6.0	—
ZG03Cr18Ni10	≤0.03	≤1.5	≤1.5	≤0.040	≤0.030	17.0~19.0	—	9.0~12.0	—
ZG03Cr18Ni10N	≤0.03	≤1.5	≤1.5	≤0.040	≤0.030	17.0~19.0	—	9.0~12.0	No:10%~0.20%
ZG07Cr19Ni9	≤0.07	≤1.5	≤1.5	≤0.040	≤0.030	18.0~21.0	—	8.0~11.0	—
ZG08Cr19Ni10Nb	≤0.08	≤1.5	≤1.5	≤0.040	≤0.030	18.0~21.0	—	9.0~12.0	Nb:8×w_C~1.00%
ZG03Cr19Ni11Mo2	≤0.03	≤1.5	≤1.5	≤0.040	≤0.030	17.0~20.0	2.0~2.5	9.0~12.0	—
ZG03Cr19Ni11Mo2N	≤0.03	≤1.5	≤1.5	≤0.040	≤0.030	17.0~20.0	2.0~2.5	9.0~12.0	N:0.10%~0.20%
ZG07Cr19Ni11Mo2	≤0.07	≤1.5	≤1.5	≤0.040	≤0.030	17.0~20.0	2.0~2.5	9.0~12.0	—

表 4-40　一般用途耐蚀铸钢的应用举例

牌号	特性及应用举例
ZG15Cr12	铸造性能较好,具有良好的力学性能,在大气、水和弱腐蚀介质(如盐水溶液、稀硝酸及某些体积分数不高的有机酸)和温度不高的情况下,均有良好的耐蚀性。可用于承受冲击载荷、要求韧性高的铸件,如泵壳、阀、叶轮、水轮机转轮或叶片、螺旋桨等
ZC20Cr13	基本性能与 ZG15Cr12 相似,含碳量高于 ZG15Cr12,因而具有较高的硬度,焊接性较差。应用与 ZG15Cr12 相似,可用作较高硬度的铸件,如热油液压泵、阀门等
ZG03Cr18Ni10	为超低碳不锈钢,冶炼要求高,在氧化性介质(如硝酸)中,具有良好的耐蚀性及良好的耐晶间腐蚀性能,焊后不出现刀口腐蚀。主要用于化学、化肥、化纤及国防工业上重要的耐蚀铸件和铸焊结构件等
ZC07Cr19Ni9	铸造性能比较好,在硝酸、有机酸等介质中具有良好的耐蚀性,在固溶处理后具有良好的耐晶间腐蚀性能;但在敏化状态下的耐晶间腐蚀性能会显著下降,低温冲击性能好。主要用于硝酸、有机酸、化工石油等工业用泵、阀等铸件
ZC03Cr14Ni14Si4	为超低碳高硅不锈钢,在浓硝酸中具有较好的耐蚀性,力学性能较高,对各种配比的浓硝酸、浓硫酸、混合酸的耐蚀性好,焊后不出现刀口腐蚀,用于化工、纺织、轻工、国防、医药等行业中的泵、阀、管接头等

6. 焊接结构用碳素铸钢（见表 4-41）

表 4-41　焊接结构用碳素铸钢的力学性能（摘自 GB/T 7659—2010）

牌号	拉伸性能			根据合同选择	
	上屈服强度 R_{eH}/MPa ≥	抗拉强度 R_m/MPa ≥	断后伸长率 A（%）≥	断面收缩率 Z（%）≥	冲击吸收能量 KV_2/J ≥
ZG200-400H	200	400	25	40	45
ZG230-450H	230	450	22	35	45
ZG270-480H	270	480	20	35	40
ZG300-500H	300	500	20	21	40
ZG340-550H	340	550	15	21	35

注：当无明显屈服时，测定规定塑性延伸强度 $R_{p0.2}$。

7. 一般用途耐热钢和合金铸件（见表 4-42 和表 4-43）

表 4-42　一般用途耐热钢和合金铸件牌号和化学成分（摘自 GB/T 8492—2014）

材料牌号	主要元素含量(质量分数,%)								
	C	Si	Mn	P	S	Cr	Mo	Ni	其他
ZG30Cr7Si2	0.20~0.35	1.0~2.5	0.5~1.0	0.04	0.04	6~8	0.5	0.5	—
ZG40Cr13Si2	0.30~0.50	1.0~2.5	0.5~1.0	0.04	0.03	12~14	0.5	1	—
ZG40Cr17Si2	0.30~0.50	1.0~2.5	0.5~1.0	0.04	0.03	16~19	0.5	1	—
ZG40Cr24Si2	0.30~0.50	1.0~2.5	0.5~1.0	0.04	0.03	23~26	0.5	1	—
ZG40Cr28Si2	0.30~0.50	1.0~2.5	0.5~1.0	0.04	0.03	27~30	0.5	1	—
ZGCr29Si2	1.20~1.40	1.0~2.5	0.5~1.0	0.04	0.03	27~30	0.5	1	—
ZG25Cr18Ni9Si2	0.15~0.35	1.0~2.5	2.0	0.04	0.03	17~19	0.5	8~10	—
ZG25Cr20Ni14Si2	0.15~0.35	1.0~2.5	2.0	0.04	0.03	19~21	0.5	13~15	—
ZG40Cr22Ni10Si2	0.30~0.50	1.0~2.5	2.0	0.04	0.03	21~23	0.5	9~11	—
ZG40Cr24Ni24Si2Nb	0.25~0.50	1.0~2.5	2.0	0.04	0.03	23~25	0.5	23~25	Nb1.2~1.8
ZG40Cr25Ni12Si2	0.30~0.50	1.0~2.5	2.0	0.04	0.03	24~27	0.5	11~14	—
ZG40Cr25Ni20Si2	0.30~0.50	1.0~2.5	2.0	0.04	0.03	24~27	0.5	19~22	—
ZG40Cr27Ni4Si2	0.30~0.50	1.0~2.5	1.5	0.04	0.03	25~28	0.5	3~6	—
ZG45Cr20Co20Ni20Mo3W3	0.35~0.60	1.0	2.0	0.04	0.03	19~22	2.5~3.0	18~22	Co18~22 W2~3
ZG10Ni31Cr20Nb1	0.05~0.12	1.2	1.2	0.04	0.03	19~23	0.5	30~34	Nb0.8~1.5
ZG40Ni35Cr17Ni2	0.30~0.50	1.0~2.5	2.0	0.04	0.03	16~18	0.5	34~36	—
ZG40Ni35Cr26Ni2	0.30~0.50	1.0~2.5	2.0	0.04	0.03	24~27	0.5	33~36	—
ZG40Ni35Cr26Si2Nb1	0.30~0.50	1.0~2.5	2.0	0.04	0.03	24~27	0.5	33~36	Nb0.8~1.8
ZG40Ni38Cr19Si2	0.30~0.50	1.0~2.5	2.0	0.04	0.03	18~21	0.5	36~39	—
ZG40Ni38Cr19Si2Nb1	0.30~0.50	1.0~2.5	2.0	0.04	0.03	18~21	0.5	36~39	Nb1.2~1.8
ZNiCr28Fe17W5Si2C0.4	0.35~0.55	1.0~2.5	1.5	0.04	0.03	27~30	0.5	47~50	W4~6
ZNiCr50Nb1C0.1	0.10	0.5	0.5	0.02	0.02	47~52	0.5	余量	N0.16 N+C0.2 Nb1.4~1.7
ZNiCr19Fe18Si1C0.5	0.40~0.60	0.5~2.0	1.5	0.04	0.03	16~21	0.5	50~55	—
ZNiFe18Cr15Si1C0.5	0.35~0.65	2.0	1.3	0.04	0.03	13~19	—	64~69	—
ZNiCr25Fe20Co15W5Si1C0.46	0.44~0.48	1.0~2.0	2.0	0.04	0.03	24~26	—	33~37	W4~6 Co14~16
ZCoCr28Fe18C0.3	0.50	1.0	1.0	0.04	0.03	25~30	0.5	1	Co48~52 Fe20 最大值

注：表中的单个值表示最大值。

表 4-43 一般用途耐热钢和合金铸件室温力学性能和最高使用温度（摘自 GB/T 8492—2014）

牌号	规定塑性延伸强度 $R_{P0.2}$/MPa ≥	抗拉强度 R_m/MPa ≥	断后伸长率 A(%) ≥	布氏硬度 HBW	最高使用温度①/℃
ZG30Cr7Si2	—	—	—	—	750
ZG40Cr13Si2	—	—	—	300②	850
ZG40Cr17Si2	—	—	—	300②	900
ZG40Cr24Si2	—	—	—	300②	1050
ZG40Cr28Si2	—	—	—	320②	1100
ZGCr29Si2	—	—	—	400②	1100
ZG25Cr18Ni9Si2	230	450	15	—	900
ZG25Cr20Ni14Si2	230	450	10	—	900
ZG40Cr22Ni10Si2	230	450	8	—	950
ZG40Cr24Ni24Si2Nb1	220	400	4	—	1050
ZG40Cr25Ni12Si2	220	450	6	—	1050
ZG40Cr25Ni20Si2	220	450	6	—	1100
ZG45Cr27Ni4Si2	250	400	3	400③	1100
ZG45Cr20Co20Ni20Mo3W3	320	400	6	—	1150
ZG10Ni31Cr20Nb1	170	440	20	—	1000
ZG40Ni35Cr17Si2	220	420	6	—	980
ZG40Ni35Cr26Si2	220	440	6	—	1050
ZG40Ni35Cr26Si2Nb1	220	440	4	—	1050
ZG40Ni38Cr19Si2	220	420	6	—	1050
ZG40Ni38Cr19Si2Nb1	220	420	4	—	1100
ZNiCr28Fe17W5Si2C0.4	220	400	3	—	1200
ZNiCr50Nb1C0.1	230	540	8	—	1050
ZNiCr19Fe18Si1C0.5	220	440	5	—	1100
ZNiFe18Cr15Si1C0.5	200	400	3	—	1100
ZNiCr25Fe20Co15W5Si1C0.46	270	480	5	—	1200
ZCoCr28Fe18C0.3	—④	—④	—④	—④	1200

① 最高使用温度取决于实际使用条件，所列数据仅供用户参考，这些数据适用于氧化气氛，实际的合金成分对其也有影响。
② 退火态最大硬度值，铸件也可以铸态提供，此时硬度限制就不适用。
③ 最大硬度值。
④ 由供需双方协商确定。

8. 耐磨铸钢和铸件（见表 4-44、表 4-45）

表 4-44 耐磨铸钢件的化学成分（摘自 GB/T 26651—2011）

牌号	化学成分(质量分数,%)							
	C	Si	Mn	Cr	Mo	Ni	S	P
ZG30CrMnSiMo	0.25~0.35	0.5~1.8	0.6~1.6	0.5~1.8	0.2~0.8	—	≤0.04	≤0.04
ZG30CrNiMo	0.25~0.35	0.4~0.8	0.4~1.0	0.5~2.0	0.2~0.8	0.3~2.0	≤0.04	≤0.04
ZG40CrNiMo	0.35~0.45	0.4~0.8	0.4~1.0	0.5~2.0	0.2~0.8	0.3~2.0	≤0.04	≤0.04
ZG42Cr2Si2MnMo	0.38~0.48	1.5~1.8	0.8~1.2	1.8~2.2	0.2~0.6	—	≤0.04	≤0.04
ZG45Cr2Mo	0.40~0.48	0.8~1.2	0.4~1.0	1.7~2.0	0.8~1.2	≤0.5	≤0.04	≤0.04
ZG30Cr5Mo	0.25~0.35	0.4~1.0	0.5~1.2	4.0~6.0	0.2~0.8	≤0.5	≤0.04	≤0.04
ZG40Cr5Mo	0.35~0.45	0.4~1.0	0.5~1.2	4.0~6.0	0.2~0.8	≤0.5	≤0.04	≤0.04
ZG50Cr5Mo	0.45~0.55	0.4~1.0	0.5~1.2	4.0~6.0	0.2~0.8	≤0.5	≤0.04	≤0.04
ZG60Cr5Mo	0.55~0.65	0.4~1.0	0.5~1.2	4.0~6.0	0.2~0.8	≤0.5	≤0.04	≤0.04

注：允许加入微量 V、Ti、Nb、B 和 RE 等元素。

表 4-45　耐磨铸钢及其铸件的力学性能（摘自 GB/T 26651—2011）

牌　　号	表面硬度　HRC	冲击吸收能量 KV_2/J	冲击吸收能量 KN_2/J
ZG30Mn2Si	≥45	≥12	—
ZG30Mn2SiCr	≥45	≥12	—
ZG30CrMnSiMo	≥45	≥12	—
ZG30CrNiMo	≥45	≥12	—
ZG40CrNiMo	≥50	—	≥25
ZG42Cr2Si2MnMo	≥50	—	≥25
ZG45Cr2Mo	≥50	—	≥25
ZG30Cr5Mo	≥42	≥12	—
ZG40Cr5Mo	≥44	—	≥25
ZG50Cr5Mo	≥46	—	≥15
ZG60Cr5Mo	≥48	—	≥10

注：1. V、N 分别代表 V 型缺口和无缺口试样。

2. 铸件断面深度 40%处的硬度应不低于表面硬度值的 92%。

9. 耐磨损复合材料铸件（见表 4-46、表 4-47）

耐磨损复合材料铸件按组成分为 4 个牌号。耐磨损复合材料铸件代号用“铸”和“复”二字的汉语拼音的第一个大写正体字母“ZF”表示。用 ZF 后面附加“-”和“阿拉伯数字”表示耐磨损复合材料铸件牌号。其中 ZF-1 是镶铸合金复合材料Ⅰ铸件的牌号、ZF-2 是镶铸合金复合材料Ⅱ铸件的牌号、ZF-3 是双液铸造双金属复合材料铸件的牌号、ZF-4 铸渗合金复合材料的牌号（见表 4-46），铸件硬度见表 4-47。

10. 奥氏体锰钢铸件（摘自 GB/T 5680—2010）

奥氏体锰钢铸件的牌号及化学成分见表 4-48，其力学性能见表 4-49。

表 4-46　耐磨损复合材料铸件的牌号及组成（摘自 GB/T 26652—2011）

名　　称	牌号	复合材料组成	铸件耐磨损增强体材料
镶铸合金复合材料Ⅰ铸件	ZF-1	硬质合金块/铸钢或铸铁	硬质合金
镶铸合金复合材料Ⅱ铸件	ZF-2	抗磨白口铸铁块/铸钢或铸铁	抗磨白口铸铁
双液铸造双金属复合材料铸件	ZF-3	抗磨白口铸铁层/铸钢或铸铁层	抗磨白口铸铁
铸渗合金复合材料铸件	ZF-4	硬质相颗粒/铸钢或铸铁	硬质合金、抗磨白口铸铁、WC 和(或)TiC 等金属陶瓷

表 4-47　耐磨损复合材料铸件硬度（摘自 GB/T 26652—2011）

名　　称	牌号	铸件耐磨损增强体硬度 HRC	铸件耐磨损增强体硬度 HRA
镶铸合金复合材料Ⅰ铸件	ZF-1	≥56(硬质合金)	≥79(硬质合金)
镶铸合金复合材料Ⅱ铸件	ZF-2	≥56(抗磨白口铸铁)	—
双液铸造双金属复合材料铸件	ZF-3	≥56(抗磨白口铸铁)	—
铸渗合金复合材料铸件	ZF-4	≥62(硬质合金)	≥82(硬质合金)
		≥56(抗磨白口铸铁)	—
		≥62[WC 和(或)TiC 等金属陶瓷]	≥82[WC 和(或)TiC 等金属陶瓷]

注：洛氏硬度 HRC 和 HRA 中任选一项。

表 4-48　奥氏体锰钢铸件的牌号及其化学成分（摘自 GB/T 5680—2010）

牌号	化学成分(质量分数,%)								
	C	Si	Mn	P	S	Cr	Mo	Ni	W
ZG120Mn7Mo1	1.05~1.35	0.3~0.9	6~8	≤0.060	≤0.040	—	0.9~1.2	—	—
ZG110Mn13Mo1	0.75~1.35	0.3~0.9	11~14	≤0.060	≤0.040	—	0.9~1.2	—	—
ZG100Mn13	0.90~1.05	0.3~0.9	11~14	≤0.060	≤0.040	—	—	—	—
ZG120Mn13	1.05~1.35	0.3~0.9	11~14	≤0.060	≤0.040	—	—	—	—

（续）

牌号	化学成分(质量分数,%)								
	C	Si	Mn	P	S	Cr	Mo	Ni	W
ZG120Mn13Cr2	1.05~1.35	0.3~0.9	11~14	≤0.060	≤0.040	1.5~2.5	—	—	—
ZG120Mn13W1	1.05~1.35	0.3~0.9	11~14	≤0.060	≤0.040	—	—	—	0.9~1.2
ZG120Mn13Ni3	1.05~1.35	0.3~0.9	11~14	≤0.060	≤0.040	—	—	3~4	—
ZG90Mn14Mo1	0.70~1.00	0.3~0.6	13~15	≤0.070	≤0.040	—	1.0~1.8	—	—
ZG120Mn17	1.05~1.35	0.3~0.9	16~19	≤0.060	≤0.040	—	—	—	—
ZG120Mn17Cr2	1.05~1.35	0.3~0.9	16~19	≤0.060	≤0.040	1.5~2.5	—	—	—

注：允许加入微量 V、Ti、Nb、B 和 RE 等元素。

表 4-49　奥氏体锰钢及其铸件的力学性能

牌　　号	力　学　性　能			
	下屈服强度 R_{eL}/MPa	抗拉强度 R_m/MPa	断后伸长率 A(%)	冲击吸收能量 KU_2/J
ZG120Mn13	—	≥685	≥25	≥118
ZG120Mn13Cr2	≥390	≥735	≥20	—

当铸件厚度小于 45mm 且 w(C)<0.8% 时，ZG90Mn14Mo1 可以不经过热处理而直接供货。厚度大于或等于 45mm 且 w(C)≥0.8% 的 ZG90Mn14Mo1 以及其他所有牌号的铸件必须进行水韧处理（水淬固溶处理），铸件应均匀地加热和保温，水韧处理温度不低于 1040℃，且须快速入水处理，铸件入水后水温不得超过 50℃。

除非供需双方另有约定，室温条件下铸件硬度应不高于 300HBW。

11. 承压铸钢件（摘自 GB/T 16253—1996）

压力容器用承压铸钢件应符合《压力容器安全技术监察规程》的有关规定。当合同要求时，首次生产的铸件（包括工序、技术文件等）应经劳动部门、锅炉压力容器安全监察机构及有关部门的认可。承压铸钢件的化学成分见表 4-50，热处理和力学性能以及高温下的性能见表 4-51、表 4-52，铸件主要截面的最大厚度见表 4-53，高温断裂应力见表 4-54。

表 4-50　承压铸钢件的化学成分

序号	牌号①	化学成分②(质量分数,%)								
		C	Si	Mn	P	S	Cr	Mo	Ni	其他
		碳素钢								
1	ZG240-450A	0.25	0.60	1.20	0.035	0.035	—	—	—	—
2	ZG240-450AG	0.25	0.60	1.20	0.035	0.035	—	—	—	—
3	ZG240-450B	0.20	0.60	1.00~1.60	0.035	0.035	—	—	—	—
4	ZG240-450BG	0.20	0.60	1.00~1.60	0.035	0.035	—	—	—	—
5	ZG240-450BD	0.20	0.60	1.00~1.60	0.030	0.030	—	—	—	—
6	ZG280-520③、④	0.25	0.60	1.20	0.035	0.035	—	—	—	—
7	ZG280-520G③、④	0.25	0.60	1.20	0.035	0.035	—	—	—	—
8	ZG280-520D③	0.25	0.60	1.20	0.030	0.030	—	—	—	—
		铁素体和马氏体合金钢								
9	ZG19MoG	0.15~0.23	0.30~0.60	0.50~1.00	0.035	0.035	0.030	0.40~0.60	—	—
10	ZG29Cr1MoD	0.29	0.30~0.60	0.50~0.80	0.030	0.030	0.90~1.20	0.15~0.30	—	—
11	ZG15Cr1MoG	0.10~0.20	0.30~0.60	0.50~0.80	0.035	0.035	1.00~1.50	0.45~0.65	—	—

（续）

序号	牌号[①]	化学成分[②]（质量分数,%）								
		C	Si	Mn	P	S	Cr	Mo	Ni	其他
	铁素体和马氏体合金钢									
12	ZG14MoVG	0.10~0.17	0.30~0.60	0.40~0.70	0.035	0.035	0.30~0.60	0.40~0.60	0.40	V:0.22~0.32
13	ZG12Cr2Mo1G	0.08~0.15	0.30~0.60	0.50~0.80	0.035	0.035	2.00~2.50	0.90~1.20	—	—
14	ZG16Cr2Mo1G	0.13~0.20	0.30~0.60	0.50~0.80	0.035	0.035	2.00~2.50	0.90~1.20	—	—
15	ZG20Cr2Mo1D	0.20	0.30~0.60	0.50~0.80	0.030	0.030	2.00~2.50	0.90~1.20	—	—
16	ZG17Cr1Mo1VG	0.13~0.20	0.30~0.60	0.50~0.80	0.035	0.035	1.20~1.60[⑤]	0.90~1.20	⑥	V:0.15~0.35
17	ZG16Cr5MoG	0.12~0.19	0.80	0.50~0.80	0.035	0.035	4.00~6.00	0.45~0.65	—	—
18	ZG14Cr9Mo1G	0.10~0.17	0.80	0.50~0.80	0.035	0.035	8.00~10.0	1.00~1.30	—	—
19	ZG14Cr12Ni1MoG	0.10~0.17	0.80	1.00	0.035	0.035	11.5~13.5	0.50	1.00	—
20	ZG08Cr12Ni1MoG	0.05~0.10	0.80	0.40~0.80	0.035	0.035	11.5~13.0	0.20~0.50	0.80~1.80	—
21	ZG08Cr12Ni4Mo1G	0.08	1.00	1.50	0.035	0.035	11.5~13.5	1.00	3.50~5.00	—
22	ZG08Cr12Ni4Mo1D	0.08	1.00	1.50	0.030	0.030	11.5~13.5	1.00	3.50~5.00	—
23	ZG23Cr12Mo1NiVG	0.20~0.26	0.20~0.40	0.50~0.70	0.035	0.035	11.3~12.3	1.00~1.20	0.70~1.00	V:0.25~0.35
24	ZG14Ni4D	0.14	0.30~0.60	0.50~0.80	0.030	0.030	—	—	3.00~4.00	—
25	ZG24Ni2MoD	0.24	0.30~0.60	0.80~1.20	0.030	0.030	—	0.15~0.30	1.50~2.00	—
26	ZG22Ni3Cr2MoAD	0.22	0.60	0.40~0.80	0.030	0.030	1.35~2.00	0.35~0.60	2.50~3.50	—
27	ZG22Ni3Cr2MoBD	0.22	0.60	0.40~0.80	0.030	0.030	1.50~2.00	0.35~0.60	2.75~3.90	—
	奥氏体不锈钢									
28	ZG03Cr18Ni10	0.03	2.00	2.00	0.045	0.035	17.0~19.0	—	9.0~12.0	—
29	ZG07Cr20Ni10	0.07	2.00	2.00	0.045	0.035	18.0~21.0	—	8.0~11.0	—
30	ZG07Cr20Ni10G	0.04~0.10	2.00	2.00	0.045	0.035	18.0~21.0	—	8.0~12.0	—
31	ZG07Cr18Ni10D	0.07	2.00	2.00	0.045	0.035	17.0~20.0	—	9.0~12.0	—
32	ZG08Cr20Ni10Nb	0.08	2.00	2.00	0.045	0.035	18.0~21.0	—	9.0~12.0	Nb:8×w(C)≤1.0
33	ZG03Cr19Ni11Mo2	0.03	2.00	2.00	0.045	0.035	17.0~21.0	2.0~2.5	9.0~13.0	—
34	ZG07Cr19Ni11Mo2	0.07	2.00	2.00	0.045	0.035	17.0~21.0	2.0~2.5	9.0~13.0	—

（续）

序号	牌号①	化学成分②（质量分数，%）								
		C	Si	Mn	P	S	Cr	Mo	Ni	其他
奥氏体不锈钢										
35	ZG07Cr19Ni11Mo2G	0.04～0.10	2.00	2.00	0.045	0.035	17.0～21.0	2.0～2.5	9.0～13.0	—
36	ZG08Cr19Ni11Mo2Nb	0.08	2.00	2.00	0.045	0.035	17.0～21.0	2.0～2.5	9.0～13.0	Nb：8×w(C)≤1.0
37	ZG03Cr19Ni11Mo3	0.03	2.00	2.00	0.045	0.035	17.0～21.0	2.5～3.0	9.0～13.0	—
38	ZG07Cr19Ni11Mo3	0.07	2.00	2.00	0.045	0.035	17.0～21.0	2.5～3.0	9.0～13.0	—

① 牌号尾部的符号“A”“B”表示不同级别，“G”表示用于高温，“D”表示用于低温。

② 除规定范围者外，均为最大值。

③ 碳质量分数低于最大值时，每降低 0.01%的碳，允许锰质量分数比上限高 0.04%，直到最大锰质量分数达 1.40%为止。

④ 对某些产品，经供、需双方同意，可按 w(C)≤0.30%、w(Mn)≤0.90%供应。

⑤ 对薄截面铸件，铬的质量分数最小允许为 1.00%。

⑥ 根据壁厚，镍的质量分数可以小于 1.00%。

表 4-51　热处理和力学性能

序号	牌号	力学性能①						热处理②、③				
		R_{eL} /MPa	R_m /MPa	A_5 (%)	Z (%)	冲击性能 温度/℃	冲击性能 KV/J	类型	奥氏体化温度/℃	冷却	回火温度/℃	冷却
碳素钢												
1	ZG240-450A	240	450～600	22	35	室温	27	A	890～980	f	—	—
								N(+T)		a	600～700	—
								(Q+T)		l		
2	ZG240-450AG	240	450～600	22	35	室温	27	N(+T)	890～980	a	600～700	a、f
								Q+T		l		
3	ZG240-450B	240	450～600	22	35	室温	45	A	890～980	f	—	—
								N(+T)		a	600～700	a、f
								(Q+T)		l		
4	ZG240-450BG	240	450～600	22	35	室温	45	N(+T)	890～980	a	600～700	a、f
								Q+T		l		
5	ZG240-450BD	240	450～600	22	—	-40	27	N(+T)	890～980	a	600～700	a、f
								Q+T		l		
6	ZG280-520	280	520～670④	18	30	室温	35	A	890～980	f	—	—
								N(+T)		a	600～700	a、f
								(Q+T)		l		
7	ZG280-520G	280	520～670④	18	30	室温	35	N(+T)	890～980	a	600～700	a、f
								Q+T		l		
8	ZG280-520D	280	520～670④	18	—	-35	27	(N+T)	890～980	a	600～700	a、f
								Q+T		l		

（续）

序号	牌号	力学性能①						热处理②、③				
		R_{eL} /MPa	R_m /MPa	A_5 (%)	Z (%)	冲击性能 温度/℃	冲击性能 KV/J	类型	奥氏体化温度/℃	冷却	回火温度/℃	冷却
铁素体和马氏体合金钢												
9	ZG19MoG	250	450~600	21	35	室温	25	N+T Q+T	900~960	a l	630~710	a、f
10	ZG29Cr1MoD	370	550~700	16	30	-45	27	(N+T) Q+T	850~910	a l	640~690	a、f
11	ZG15Cr1MoG	290	490~640	18	35	室温	27	N+T Q+T	900~960	a l	650~720	a、f
12	ZG14MoVG	320	500~650	17	30	室温	13	N+T	950~1000	a	680~750	a、f
13	ZG12Cr2Mo1G	280	510~660	18	35	室温	25	N+T	930~970	a	680~750	a、f
14	ZG16Cr2Mo1G	390	600~750	18	35	室温	40	(N+T) Nac+T Q+T	930~970	a ac l	680~750	a、f
15	ZG20Cr2Mo1D	390	600~750	18	—	-50	27	(N+T) (Nac+T) Q+T	930~970	a ac l	680~750	a、f
16	ZG17Cr1Mo1VG	420	590~740	15	35	室温	24	Nac+T Q+T	940~980	ac l	680~750	a、f
17	ZG16Cr5MoG	420	630~780	16	35	室温	25	N+T	930~990	a	620~750	a、f
18	ZG14Cr9Mo1G	420	630~780	16	35	室温	20	N+T	930~990	a	620~750	a、f
19	ZG14Cr12Ni1MoG	450	620~770	14	30	室温	20	N+T	950~1050	a	620~750	a
20	ZG08Cr12Ni1MoG	360	540~690	18	35	室温	35	N+T	1000~1050⑤	a	650~720	a、f
21	ZG08Cr12Ni4Mo1G	550	750~900	15	35	室温	45	N+T	950~1050	a	570~620	a、f
22	ZG08Cr12Ni4Mo1D	550	750~900	15	—	-80	27	Nac+T (N+T)	950~1050	ac a	570~620	a、f
23	ZG23Cr12Mo1NiVG	540	740~880	15	20	室温⑥	21	N+T	1020~1070	a	680~750	a、f
24	ZG14Ni4D	300	460~610	20	—	-70	27	Q+T	820~870	l	590~660	a⑦
25	ZG24Ni2MoD	380	520~670	20	—	-35	27	Q+T	900~950	l	600~670	a⑦

（续）

序号	牌号	力学性能[①]						热处理[②、③]				
		R_{eL}/MPa	R_m/MPa	A_5(%)	Z(%)	冲击性能		类型	奥氏体化温度/℃	冷却	回火温度/℃	冷却
						温度/℃	KV/J					
铁素体和马氏体合金钢												
26	ZG22Ni3Cr2MoAD	450	620~800	16	—	-80	27	(N+T)	900~950	a	580~650	a[⑦]
								Nac+T		ac		
								Q+T		l		
27	ZG22Ni3Cr2MoBD	655	800~950	13	—	-60	27	(N+T)	900~950	a	580~650	a[⑦]
								Nac+T		ac		
								Q+T		l		
奥氏体不锈钢												
28	ZG03Cr18Ni10	210	440~640	30	—	—	—	S	1040 1100	l[⑧]	—	—
29	ZG07Cr20Ni10	210	440~640	30	—	—	—	S	1040 1100	l[⑧]	—	—
30	ZG07Cr20Ni10G	230	470~670	30	—	—	—	S	1040 1100	l[⑧]	—	—
31	ZG07Cr18Ni10D	210	440~640	30	—	-195[⑨]	45	S	1040 1100	l[⑧]	—	—
32	ZG08Cr20Ni10Nb	210	440~640	25	—	—	—	S	1040 1100	l[⑧]	—	—
33	ZG03Cr19Ni11Mo2	210	440~620	30	—	—	—	S	≥1050	l[⑧]	—	—
34	ZG07Cr19Ni11Mo2	210	440~640	30	—	—	—	S	≥1050	l[⑧]	—	—
35	ZG07Cr19Ni11Mo2G	230	470~670	30	—	—	—	S	≥1050	l[⑧]	—	—
36	ZG08Cr19Ni11Mo2Nb	210	440~640	25	—	—	—	S	≥1050	l[⑧]	—	—
37	ZG03Cr19Ni11Mo3	210	440~640	30	—	—	—	S	≥1050	l[⑧]	—	—
38	ZG07Cr19Ni11Mo3	210	440~640	30	—	—	—	S	≥1050	l[⑧]	—	—

① 除规定范围者外，均为最小值。

② 热处理类型符号的含义：
A：退火（加热到 Ac_3 以上，炉冷）；N：正火（加热到 Ac_3 以上，空冷）；Q：淬火（加热到 Ac_3 以上，液体淬火）；T：回火；Nac：（加热到 Ac_3 以上，快速空冷）；S：固溶处理。括号内的热处理方法只适用于特定情况。

③ 冷却方式符号的含义：
a：空冷；f：炉冷；l：液体淬火或液冷；ac：快速空冷。

④ 如满足最低屈服强度要求，则抗拉强度下限允许降至 500MPa。

⑤ 冷却到 100℃以下后，可采用亚临界热处理：820~870℃，随后空冷。

⑥ 该铸钢一般用于温度超过 525℃的场合。

⑦ 如需方不限制，也可用液冷。

⑧ 根据铸件厚度情况，也可快速空冷。

⑨ 该温度下的冲击吸收能量已经过试验验证。

表 4-52 高温下的 $\sigma_{p0.2}$ 或 $\sigma_{p1.0}$③最小值① （单位：MPa）

序号	牌号	参考热处理②	温度/℃											
			20	50④	100	150	200	250	300	350	400	450	500	550
2	ZG240-450AG	N(+T),Q+T	240	235	215	195	175	160	145	140	135	130	—	—
4	ZG240-450BG	N(+T),Q+T	240	235	215	195	175	160	145	140	135	130	—	—
7	ZG280-520G	N(+T),Q+T	280	265	250	230	215	200	190	180	170	155	—	—
9	ZG19MoG	N+T,Q+T	250	240	230	215	205	185	170	160	155	150	140	—
11	ZG15Cr1MoG	N+T,Q+T	290	285	275	260	250	240	230	220	205	195	180	160
13	ZG12Cr2Mo1G	N+T,(Q+T)	280	275	270	260	255	245	240	235	230	220	205	180
14	ZG16Cr2Mo1G	N+T,Q+T(Nac+T)	390	380	375	365	355	345	340	330	315	300	280	240
16	ZG17Cr1Mo1VG	Nac+T,Q+T	420	410	400	395	385	375	365	350	335	320	300	260
18	ZG14Cr9Mo1G	N+T	420	410	395	385	375	365	355	335	320	295	265	—
20	ZG08Cr12Ni1MoG	N+T	360	335	305	285	275	270	265	260	255	—	—	—
21	ZG08Cr12Ni4Mo1G	N+T	550	535	515	500	485	470	455	440	—	—	—	—
23	ZG23Cr12Mo1NiVG	N+T	540	510	480	460	450	440	430	410	390	370	340	290
30	ZG07Cr20Ni10G	Q	230	195	170	—	—	—	130	125	120	116	113	10
35	ZG07Cr19Ni11Mo2G	Q	230	195	—	155	145	135	—	125	120	116	113	10

① 如能取得更多的数据，表中数值可以修正。

② 温度及冷却条件见表 4-51。

③ 对 ZG240-450AG ~ ZG23Cr12Mo1NiVG 为 $\sigma_{p0.2}$，对 ZG07Cr20Ni10G 和 ZG07Cr19Ni11Mo2G 为 $\sigma_{p1.0}$。奥氏体钢的 $\sigma_{p0.2}$ 比 $\sigma_{p1.0}$ 低 30MPa。

④ 50℃的应力值是用内插法得到的，仅供设计之用，不做验证。

表 4-53 铸件主要截面的最大厚度

序号	牌号	最大厚度 T/mm	序号	牌号	最大厚度 T/mm
碳素钢			铁素体与马氏体合金钢		
1	ZG240-450A	40	20	ZG08Cr12Ni1MoG	300
2	ZG240-450AG	40	21	ZG08Cr12Ni4Mo1G	300
3	ZG240-450B	40	22	ZG08Cr12Ni4Mo1D	300
4	ZG240-450BG	40	23	ZG23Cr12Mo1NiVG	300
5	ZG240-450BD	40	24	ZG14Ni4D	40
6	ZG280-520	40	25	ZG24Ni2MoD	100
7	ZG280-520G	40	26	ZG22Ni3Cr2MoAD	100
8	ZG280-520D	40	27	ZG22Ni3Cr2MoBD	100
铁素体与马氏体合金钢			奥氏体不锈钢		
9	ZG19MoG	100	28	ZG03Cr18Ni10	150
10	ZG29Cr1MoD	75	29	ZG07Cr20Ni10	150
11	ZG15Cr1MoG	150	30	ZG07Cr20Ni10G	150
12	ZG14MoVG	150	31	ZG07Cr18Ni10D	150
13	ZG12Cr2Mo1G	150	32	ZG08Cr20Ni10Nb	150
14	ZG16Cr2Mo1G	150	33	ZG03Cr19Ni11Mo2	150
15	ZG20Cr2Mo1D	100	34	ZG07Cr19Ni11Mo2	150
16	ZG17Cr1Mo1VG	150	35	ZG07Cr19Ni11Mo2G	150
17	ZG16Cr5MoG	150	36	ZG08Cr19Ni11Mo2Nb	150
18	ZG14Cr9Mo1G	150	37	ZG03Cr19Ni11Mo3	150
19	ZG14Cr12Ni1MoG	300	38	ZG07Cr19Ni11Mo3	150

注：1. 当采用Ⅱ型或Ⅲ型试块时，不需再对Ⅰ型试块进行试验。

2. 表 4-51 的全部力学性能均适用于表列厚度的试块。

表 4-54　承压铸钢件高温断裂应力①

（单位：MPa）

序号	牌　　号	参考热处理②	断裂时间 $/10^4$h	温度/℃ 400	410	420	430	440	450	460	470	480	490	500	510	520	530	540	550	560	570	580	590	600
2	ZG240-450AG	N+T Q+T	1	225	208	191	175	160	145	130	117	105	94	84	—	—	—	—	—	—	—	—	—	—
4	ZG240-450BG		10	177	157	138	121	105	90	78	68	59	53	50										
7	ZG280-520G		20	**163**	**142**	**123**	**105**	**88**	**74**	**63**	**55**	**50**	**45**	**41**										
9	ZG19MoG	N+T Q+T	1	**360**	**346**	**330**	**312**	**293**	275	250	228	205	182	160	134	110	90	74	66	—	—	—	—	—
			10	**310**	**292**	**273**	**252**	229	205	180	157	132	108	85	68	54	43	35	30					
			20	**290**	**271**	**251**	**229**	**206**	**180**	**156**	**131**	**109**	**88**	**70**	**54**	**41**	**32**	**26**	**23**					
11	ZG15Cr1MoG③	N+T Q+T	1	—	—	—	—	—	321	292	265	238	212	187	165	145	127	112	98	—	—	—	—	—
			10						244	214	186	160	137	117	98	83	70	61	55					
			20						222	191	163	138	116	96	80	67	56	49	44					
13	ZG12Cr2Mo1G	N+T	1	—	—	—	—	—	281	261	241	221	201	182	163	147	133	121	110	96	85	76	68	61
			3	—	—	—	—	—	255	234	212	191	171	153	137	123	111	100	**88**	79	70	61	54	48
			5	—	—	—	—	—	242	220	198	176	157	140	125	113	101	89	80	71	62	54	47	42
			10						222	199	177	156	139	124	111	99	**85**	**79**	69	59	51	44	**38**	**34**
14	ZG16Cr2Mo1G	N+T Nac+T Q+T	1	404	374	348	324	302	282	262	242	224	206	188	170	152	136	120	106	93	81	72	63	58
			10	324	298	274	254	236	218	201	184	166	150	136	120	106	92	79	66	56	46	38	32	28
			20	**304**	**278**	**256**	**236**	**218**	**200**	**183**	**166**	**151**	**134**	**120**	**104**	**90**	**76**	**64**	**52**	**42**	**34**	**28**	**24**	**22**
16	ZG17Cr1Mo1VG	Nac+T Q+T	1	479	451	423	395	368	342	316	291	266	243	222	203	187	171	157	144	131	119	107	96	86
			10	419	390	360	332	303	275	249	224	201	180	160	144	129	114	101	88	76	64	53	41	30
			20	**395**	**364**	**335**	**307**	**279**	**253**	**226**	**202**	**180**	**160**	**141**	**125**	**110**	**96**	**83**	**71**	**59**	**47**	**36**	**25**	**14**
23	ZG23Cr12Mo1NiVG	N+T	1	504	476	454	430	**407**	383	359	336	313	291	269	248	227	206	185	167	148	130	114	98	83
			10	426	401	377	354	**331**	309	288	267	247	227	207	187	171	152	135	118	103	88	74	60	49
			20	394	369	345	322	**300**	**279**	**259**	**241**	**223**	**205**	**187**	**169**	**151**	**134**	**118**	**103**	**88**	**74**	**61**	**49**	**39**
30	ZG07Cr20Ni10G	Q	1	—	—	—	—	—	—	—	—	—	—	150	139	131	124	117	110	104	98	91	85	80
			10											115	108	100	93	86	80	75	69	64	59	55
			25											102	94	88	81	75	70	65	60	56	51	47

注：黑体的数值是根据试验数据外推得到的，故误差较大。

① 如能取得更多的数据，表列数值可以修正。

② 温度及冷却条件见表 4-51。

③ 持久性能是在碳质量分数为 0.15~0.20 的铸件上获得的。

12. 一般用途耐蚀钢铸件（摘自 GB/T 2100—2002）　一般用途耐蚀钢铸件的化学成分、热处理及室温力学性能见表 4-55～表 4-57。

表 4-55　一般用途耐蚀钢铸件的化学成分

牌号	化学成分(质量分数,%)								
	C	Si	Mn	P	S	Cr	Mo	Ni	其他
ZG15Cr12	0.15	0.8	0.8	0.035	0.025	11.5～13.5	0.5	1.0	—
ZG20Cr13	0.16～0.24	1.0	0.6	0.035	0.025	12.0～14.0	—	—	—
ZG10Cr12NiMo	0.10	0.8	0.8	0.035	0.025	11.5～13.0	0.2～0.5	0.8～1.8	—
ZG06Cr12Ni4(QT1) ZG06Cr12Ni4(QT2)	0.06	1.0	1.5	0.035	0.025	11.5～13.0	1.0	3.5～5.0	—
ZG06Cr16Ni5Mo	0.06	0.8	0.8	0.035	0.025	15.0～17.0	0.7～1.5	4.0～6.0	—
ZG03Cr18Ni10	0.03	1.5	1.5	0.040	0.030	17.0～19.0	—	9.0～12.0	—
ZG03Cr18Ni10N	0.03	1.5	1.5	0.040	0.030	17.0～19.0	—	9.0～12.0	N:0.10～0.20
ZG07Cr19Ni9	0.07	1.5	1.5	0.040	0.030	18.0～21.0	—	8.0～11.0	
ZG08Cr19Ni10Nb	0.08	1.5	1.5	0.040	0.030	18.0～21.0	—	9.0～12.0	8×w(C)≤Nb≤1.00
ZG03Cr19Ni11Mo2	0.03	1.5	1.5	0.040	0.030	17.0～20.0	2.0～2.5	9.0～12.0	—
ZG03Cr19Ni11Mo2N	0.03	1.5	1.5	0.040	0.030	17.0～20.0	2.0～2.5	9.0～12.0	N:0.10～0.20
ZG07Cr19Ni11Mo2	0.07	1.5	1.5	0.040	0.030	17.0～20.0	2.0～2.5	9.0～12.0	—
ZG08Cr19Ni11Mo2Nb	0.08	1.5	1.5	0.040	0.030	17.0～20.0	2.0～2.5	9.0～12.0	8×w(C)≤Nb≤1.00
ZG03Cr19Ni11Mo3	0.03	1.5	1.5	0.040	0.030	17.0～20.0	3.0～3.5	9.0～12.0	—
ZG03Cr19Ni11Mo3N	0.03	1.5	1.5	0.040	0.030	17.0～20.0	3.0～3.5	9.0～12.0	N:0.10～0.20
ZG07Cr19Ni11Mo3	0.07	1.5	1.5	0.040	0.030	17.0～20.0	3.0～3.5	9.0～12.0	—
ZG03Cr26Ni5Cu3Mo3N	0.03	1.0	1.5	0.035	0.025	25.0～27.0	2.5～3.5	4.5～6.5	Cu:2.4～3.5 N:0.12～0.25
ZG03Cr26Ni5Mo3N	0.03	1.0	1.5	0.035	0.025	25.0～27.0	2.5～3.5	4.5～6.5	N:0.12～0.25
ZG03Cr14Ni14Si4	0.03	3.5～4.5	0.8	0.035	0.025	13～15	—	13～15	—

注：表中的单个值表示最大值。

表 4-56　一般用途耐蚀钢铸件的热处理

牌号	处　理
ZG15Cr12	奥氏体化 950℃～1050℃,空冷;650℃～750℃回火,空冷
ZG20Cr13	950℃退火,1050℃油淬,750℃～800℃空冷
ZG10Cr12NiMo	奥氏体化 1000℃～1050℃,空冷;620℃～720℃回火,空冷或炉冷
ZG06Cr12Ni4(QT1)	奥氏体化 1000℃～1100℃,空冷;570℃～620℃回火,空冷或炉冷
ZG06Cr12Ni4(QT2)	奥氏体化 1000℃～1100℃,空冷;500℃～530℃回火,空冷或炉冷
ZG06Cr16Ni5Mo	奥氏体化 1020℃～1070℃,空冷;580℃～630℃回火,空冷或炉冷
ZG03Cr18Ni10	1050℃固溶处理;淬火。随厚度增加,提高空冷速度
ZG03Cr18Ni10N	1050℃固溶处理;淬火。随厚度增加,提高空冷速度
ZG07Cr19Ni9	1050℃固溶处理;淬火。随厚度增加,提高空冷速度
ZG08Cr19Ni10Nb	1050℃固溶处理;淬火。随厚度增加,提高空冷速度
ZG03Cr19Ni11Mo2	1080℃固溶处理;淬火。随厚度增加,提高空冷速度
ZG03Cr19Ni11Mo2N	1080℃固溶处理;淬火。随厚度增加,提高空冷速度
ZG07Cr19Ni11Mo2	1080℃固溶处理;淬火。随厚度增加,提高空冷速度
ZG08Cr19Ni11Mo2Nb	1080℃固溶处理;淬火。随厚度增加,提高空冷速度
ZG03Cr19Ni11Mo3	1120℃固溶处理;淬火。随厚度增加,提高空冷速度
ZG03Cr19Ni11Mo3N	1120℃固溶处理;淬火。随厚度增加,提高空冷速度
ZG07Cr19Ni11Mo3	1120℃固溶处理;淬火。随厚度增加,提高空冷速度
ZG03Cr26Ni5Cu3Mo3N	1120℃固溶处理;水淬。高温固溶处理之后,水淬之前,铸件可冷至1040℃～1010℃,以防止复杂形状铸件的开裂

（续）

牌号	处　理
ZG03Cr26Ni5Mo3N	1120℃固溶处理；水淬。高温固溶处理之后，水淬之前，铸件可冷至1040～1010℃，以防止复杂形状铸件的开裂
ZG03Cr14Ni14Si4	1050～1100℃固溶；水淬

表 4-57　室温力学性能

牌号	$\sigma_{p0.2}$/MPa ≥	R_m/MPa ≥	A(%) ≥	KV/J ≥	最大厚度/mm
ZG15Cr12	450	620	14	20	150
ZG20Cr13	440(R_{eL})	610	16	58(KU)	300
ZG10Cr12NiMo	440	590	15	27	300
ZG06Cr12Ni4(QT1)	550	750	15	45	300
ZG06Cr12Ni4(QT2)	830	900	12	35	300
ZG06Cr16Ni5Mo	540	760	15	60	300
ZG03Cr18Ni10	180①	440	30	80	150
ZG03Cr18Ni10N	230①	510	30	80	150
ZG07Cr19Ni9	180①	440	30	60	150
ZG08Cr19Ni10Nb	180①	440	25	40	150
ZG03Cr19Ni11Mo2	180①	440	30	80	150
ZG03Cr19Ni11Mo2N	230①	510	30	80	150
ZG07Cr19Ni11Mo2	180①	440	30	60	150
ZG08Cr19Ni11Mo2Nb	180①	440	25	40	150
ZG03Cr19Ni11Mo3	180①	440	30	80	150
ZG03Cr19Ni11Mo3N	230①	510	30	60	150
ZG07Cr19Ni11Mo3	180①	440	30	60	150
ZG03Cr26Ni5Cu3Mo3N	450	650	18	50	150
ZG03Cr26Ni5Mo3N	450	650	18	50	150
ZG03Cr14Ni14Si4	245(R_{eL})	490	$\delta_5=60$	270(KV)	150

① $\sigma_{p1.0}$的最低值高于 25MPa。

13. 铸造耐蚀合金（摘自 GB/T 15007—2008）

（1）耐蚀合金的分类

1）根据合金的基本成型方式，分为变形耐蚀合金和铸造耐蚀合金。

2）根据合金的基本组成元素，分为铁镍基合金和镍基合金。铁镍基合金的 w（Ni）30%～50%且 w(Ni+Fe)不小于 60%。镍基合金的 w（Ni）不小于 50%。

3）根据合金的主要强化特征，分为固溶强化型合金和时效硬化型合金。

（2）牌号表示方法

1）变形耐蚀合金。采用汉语拼音字母符号“NS”作前缀（“N”“S”分别为“耐”“蚀”汉语拼音的第一个字母），后接四位阿拉伯数字。

① 符号“NS”后第一位数字表示分类号。

② 符号“NS”后第二位数字表示不同合金系列号。

③ 符号“NS”后第三位和第四位数字表示不同合金牌号顺序号。

④ 焊接用变形耐蚀合金丝，在前缀符号“NS”前加“H”符号（“H”为“焊”字汉语拼音的第一个字母），即采用“HNS”作前缀，后接四位阿拉伯数字。各数字表示意义与变形耐蚀合金相同，并沿用变形耐蚀合金牌号的编号。

2）铸造耐蚀合金。在前缀符号“NS”前加“Z”符号（“Z”为“铸”字汉语拼音第一个字母），即采用“ZNS”作前缀，后接四位阿拉伯数字。各数字表示意义与变形耐蚀合金相同，相同数字的变形耐蚀合金与铸造耐蚀合金没有对应关系。

铸造耐蚀合金牌号及其化学成分见表 4-58。

表 4-58　铸造耐蚀合金牌号及化学成分

序号	统一数字代号	合金牌号	化学成分（质量分数，%）															
			C	Cr	Ni	Fe	Mo	W	Cu	Al	Tl	Nb	V	Co	Si	Mn	P	S
1	C71301	ZNS1301	≤0.050	19.5~23.5	38.0~44.0	余量	2.5~3.5	—	—	—	—	0.60~1.2	—	—	≤1.0	≤1.0	≤0.03	≤0.03
2	C73101	ZNS3101	≤0.40	14.0~17.0	余量	≤11.0	—	—	—	—	—	—	—	—	≤3.0	≤1.5	≤0.03	≤0.03
3	C73201	ZNS3201	≤0.12	≤1.00	余量	4.0~6.0	26.0~30.0	—	—	—	—	—	0.20~0.60	—	≤1.00	≤1.00	≤0.040	≤0.030
4	C73202	ZNS3202	≤0.07	≤1.00	余量	≤3.00	30.0~33.0	—	—	—	—	—	—	—	≤1.00	≤1.00	≤0.040	≤0.040
5	C73301	ZNS3301	≤0.12	15.5~17.5	余量	4.5~7.5	16.0~18.0	3.75~5.25	—	—	—	—	0.20~0.40	—	≤1.00	≤1.00	≤0.040	≤0.030
6	C73302	ZNS3302	≤0.07	17.0~20.0	余量	≤3.0	17.0~20.0	—	—	—	—	—	—	—	≤1.00	≤1.00	≤0.040	≤0.030
7	C73303	ZNS3303	≤0.02	15.0~17.5	余量	≤2.0	15.0~17.5	≤1.0	—	—	—	—	—	—	≤0.80	≤1.00	≤0.03	≤0.03
8	C73304	ZNS3304	≤0.02	15.0~16.5	余量	≤1.50	15.0~16.5	—	—	—	—	—	—	—	≤0.50	≤1.00	≤0.020	≤0.020
9	C73305	ZNS3305	≤0.05	20.0~22.50	余量	2.0~6.0	12.5~14.5	2.5~3.5	—	—	—	—	≤0.35	—	≤0.80	≤1.00	≤0.025	≤0.025
10	C74301	ZNS4301	≤0.06	20.0~23.0	余量	≤5.0	8.0~10.0	—	—	—	—	3.15~4.15	—	—	≤1.00	≤1.00	≤0.015	≤0.015

4.3.3　碳素结构钢和低合金结构钢牌号和性能

1. 碳素结构钢（见表 4-59）

表 4-59　碳素结构钢的力学性能（摘自 GB/T 700—2006）

牌号	等级	拉伸试验												冲击试验		应用举例
		下屈服强度 R_{eL}/MPa						R_m/MPa	断后伸长率 A(%)					温度/℃	KV(纵向)/J	
		钢材厚度(直径)/mm							钢材厚度(直径)/mm							
		≤16	>16~40	>40~60	>60~100	>100~150	>150~200		≤40	>40~60	>60~100	>100~150	>150			
		≥							≥						≥	
Q195		195	185	—	—	—	—	315~430	33	—	—	—	—	—	—	受较轻载荷的零件、冲压件和焊接件
Q215	A	215	205	195	185	175	165	335~450	31	30	29	27	26	—	—	垫圈、焊接件和渗碳零件
	B													20	27	
Q235	A	235	225	215	215	195	185	370~500	26	25	24	22	21	—	—	金属结构件，焊接件、螺栓、螺母，C、D级用于重要的焊接构件，可作渗碳零件，但心部强度低
	B													20	27	
	C													0		
	D													-20		
Q275		275	265	255	245	225	215	410~540	22	21	20	18	17	—	—	轴、吊钩等零件，焊接性能尚可

注：1. 牌号 Q195 的屈服强度仅供参考，不作为交货条件。

2. 进行拉伸试验时，钢板和钢带应取横向试样。伸长率允许偏差比表中的值降低 1%（绝对值）。型钢应取纵向试样。

3. 用沸腾钢轧制各牌号的 B 级钢材，其厚度（直径）一般不大于 25mm。

4. 冲击试样的纵向轴线应平行于轧制方向。

2. 优质碳素结构钢（见表 4-60 和表 4-61）

表 4-60　优质碳素钢的牌号及化学成分（摘自 GB/T 699—2015）

牌号	化学成分(质量分数,%)							
	C	Si	Mn	P	S	Cr	Ni	Cu[①]
				≤				
08[②]	0.05~0.11	0.17~0.37	0.35~0.65	0.035	0.035	0.10	0.30	0.25
10	0.07~0.13	0.17~0.37	0.35~0.65	0.035	0.035	0.15	0.30	0.25
15	0.12~0.18	0.17~0.37	0.35~0.65	0.035	0.035	0.25	0.30	0.25
20	0.17~0.23	0.17~0.37	0.35~0.65	0.035	0.035	0.25	0.30	0.25
25	0.22~0.29	0.17~0.37	0.50~0.80	0.035	0.035	0.25	0.30	0.25
30	0.27~0.34	0.17~0.37	0.50~0.80	0.035	0.035	0.25	0.30	0.25
35	0.32~0.39	0.17~0.37	0.50~0.80	0.035	0.035	0.25	0.30	0.25
40	0.37~0.44	0.17~0.37	0.50~0.80	0.035	0.035	0.25	0.30	0.25
45	0.42~0.50	0.17~0.37	0.50~0.80	0.035	0.035	0.25	0.30	0.25
50	0.47~0.55	0.17~0.37	0.50~0.80	0.035	0.035	0.25	0.30	0.25
55	0.52~0.60	0.17~0.37	0.50~0.80	0.035	0.035	0.25	0.30	0.25
60	0.57~0.65	0.17~0.37	0.50~0.80	0.035	0.035	0.25	0.30	0.25
65	0.62~0.70	0.17~0.37	0.50~0.80	0.035	0.035	0.25	0.30	0.25
70	0.67~0.75	0.17~0.37	0.50~0.80	0.035	0.035	0.25	0.30	0.25
75	0.72~0.80	0.17~0.37	0.50~0.80	0.035	0.035	0.25	0.30	0.25
80	0.77~0.85	0.17~0.37	0.50~0.80	0.035	0.035	0.25	0.30	0.25
85	0.82~0.90	0.17~0.37	0.50~0.80	0.035	0.035	0.25	0.30	0.25

（续）

牌号	化学成分(质量分数,%)							
	C	Si	Mn	P	S	Cr	Ni	Cu①
				≤				
15Mn	0.12~0.18	0.17~0.37	0.70~1.00	0.035	0.035	0.25	0.30	0.25
20Mn	0.17~0.23	0.17~0.37	0.70~1.00	0.035	0.035	0.25	0.30	0.25
25Mn	0.22~0.29	0.17~0.37	0.70~1.00	0.035	0.035	0.25	0.30	0.25
30Mn	0.27~0.34	0.17~0.37	0.70~1.00	0.035	0.035	0.25	0.30	0.25
35Mn	0.32~0.39	0.17~0.37	0.70~1.00	0.035	0.035	0.25	0.30	0.25
40Mn	0.37~0.44	0.17~0.37	0.70~1.00	0.035	0.035	0.25	0.30	0.25
45Mn	0.42~0.50	0.17~0.37	0.70~1.00	0.035	0.035	0.25	0.30	0.25
50Mn	0.48~0.56	0.17~0.37	0.70~1.00	0.035	0.035	0.25	0.30	0.25
60Mn	0.57~0.65	0.17~0.37	0.70~1.00	0.035	0.035	0.25	0.30	0.25
65Mn	0.62~0.70	0.17~0.37	0.90~1.20	0.035	0.035	0.25	0.30	0.25
70Mn	0.67~0.75	0.17~0.37	0.90~1.20	0.035	0.035	0.25	0.30	0.25

注：未经用户同意不得有意加入本表中未规定的元素。应采取措施防止从废钢或其他原料中带入影响钢性能的元素。

① 热压力加工用钢 w(Cu) 应不大于 0.20%。

② 用铝脱氧的镇静钢，碳、锰含量下限不限，w(Mn) 上限为 0.45%，w(Si) 不大于 0.03%，全铝的质量分数为 0.020%~0.070%，此时牌号为 08Al。

表 4-61　优质碳素钢的力学性能（摘自 GB/T 699—2015）

牌号	试样毛坯尺寸①/mm	推荐的热处理制度③			力学性能					交货硬度 HBW	
		正火	淬火	回火	抗拉强度 R_m/MPa	下屈服强度 R_{eL}④/MPa	断后伸长率 A(%)	断面收缩率 Z(%)	冲击吸收能量 KU_2/J	未热处理钢	退火钢
		加热温度/℃			≥					≤	
08	25	930	—	—	325	195	33	60	—	131	—
10	25	930	—	—	335	205	31	55	—	137	—
15	25	920	—	—	375	225	27	55	—	143	—
20	25	910	—	—	410	245	25	55	—	156	—
25	25	900	870	600	450	275	23	50	71	170	—
30	25	880	860	600	490	295	21	50	63	179	—
35	25	870	850	600	530	315	20	45	55	197	—
40	25	860	840	600	570	335	19	45	47	217	187
45	25	850	840	600	600	355	16	40	39	229	197
50	25	830	830	600	630	375	14	40	31	241	207
55	25	820	—	—	645	380	13	35	—	255	217
60	25	810	—	—	675	400	12	35	—	255	229
65	25	810	—	—	695	410	10	30	—	255	229
70	25	790	—	—	715	420	9	30	—	269	229
75	试样②	—	820	480	1080	880	7	30	—	285	241
80	试样②	—	820	480	1080	930	6	30	—	285	241
85	试样②	—	820	480	1130	980	6	30	—	302	255
15Mn	25	920	—	—	410	245	26	55	—	163	—
20Mn	25	910	—	—	450	275	24	50	—	197	—
25Mn	25	900	870	600	490	295	22	50	71	207	—
30Mn	25	880	860	600	540	315	20	45	63	217	187
35Mn	25	870	850	600	560	335	18	45	55	229	197
40Mn	25	860	840	600	590	355	17	45	47	229	207
45Mn	25	850	840	600	620	375	15	40	39	241	217

（续）

牌号	试样毛坯尺寸[1]/mm	推荐的热处理制度[3] 正火	淬火	回火	力学性能 抗拉强度 R_m/MPa	下屈服强度 R_{eL}[4]/MPa	断后伸长率 A（%）	断面收缩率 Z（%）	冲击吸收能量 KU_2/J	交货硬度 HBW 未热处理钢	退火钢
		加热温度/℃			≥					≤	
50Mn	25	830	830	600	645	390	13	40	31	255	217
60Mn	25	810	—	—	690	410	11	35	—	269	229
65Mn	25	830	—	—	735	430	9	30	—	285	229

注：1. 表中的力学性能适用于公称直径或厚度不大于 80mm 的钢棒。

2. 公称直径或厚度大于 80~250mm 的钢棒，允许其断后伸长率、断面收缩率比本表的规定分别降低 2%（绝对值）和 5%（绝对值）。

3. 公称直径或厚度大于 120~250mm 的钢棒允许改锻（轧）成 70~80mm 的试料取样检验，其结果应符合本表的规定。

① 钢棒尺寸小于试样毛坯尺寸时，用原尺寸钢棒进行热处理。

② 留有加工余量的试样，其性能为淬火+回火状态下的性能。

③ 热处理温度允许调整范围：正火±30℃，淬火±20℃，回火±50℃；推荐保温时间：正火不少于 30min，空冷；淬火不少于 30min，75、80 和 85 钢油冷，其他钢棒水冷；600℃回火不少于 1h。

④ 当屈服现象不明显时，可用规定塑性延伸强度 $R_{p0.2}$ 代替。

3. 低合金高强度结构钢（见表 4-62）

表 4-62 低合金高强度结构钢的力学性能（摘自 GB/T 1591—2008）

牌号	质量等级	拉伸试验 下屈服强度 R_{eL}/MPa 公称厚度（直径、边长）/mm ≤16	>16~40	>40~63	>63~80	>80~100	>100~150	抗拉强度 R_m/MPa 公称厚度（直径、边长）/mm ≤40	>40~63	>63~80	>80~100	>100~150	断后伸长率 A（%） 公称厚度（直径、边长）/mm ≤40	>40~63	>63~100	>100~150	夏比（V型）冲击试验 冲击吸收能量 KV_2/J（直径、边长）/mm 42~150
Q345	A、B	≥345	≥335	≥325	≥315	≥305	≥285	470~630	470~630	470~630	470~630	450~600	≥20	≥19	≥19	≥18	34
	C、D、E												≥21	≥20	≥20	≥19	
Q390	A、B、C D、E	≥390	≥370	≥350	≥330	≥330	≥310	490~650	490~650	490~650	490~650	470~620	≥20	≥19	≥19	≥18	34
Q420	A、B、C D、E	≥420	≥400	≥380	≥360	≥360	≥340	520~680	520~680	520~680	520~680	500~650	≥19	≥18	≥18	≥18	34
Q460	C、D、E	≥460	≥440	≥420	≥400	≥400	≥380	550~720	550~720	550~720	550~720	530~700	≥17	≥16	≥16	≥16	34
Q500	C、D、E	≥500	≥480	≥470	≥450	≥400	—	610~770	600~760	590~750	540~730	—	≥17	≥17	≥17	—	55(0℃) 47(-20℃) 31(-40℃)
Q550	C、D、E	≥550	≥530	≥520	≥500	≥490	—	670~830	620~810	600~790	590~780	—	≥16	≥16	≥16	—	55(0℃) 47(-20℃) 31(-40℃)

注：1. GB/T 1591—2008 适用于一般结构和工程用低合金高强度结构钢钢板、钢带、型钢和钢棒等，钢材的尺寸规格应符合相关产品标准规定。钢材以热轧、正火轧制或正火加回火、热机械轧制（TMCP）或热机械轧制加回火状态交货。

2. 当需方要求时，可做弯曲试验，并应符合 GB/T 1591—2008 的规定。

3. 冲击试验取纵向试样。

4. 质量等级与冲击试验温度的关系：A 为常温；B 为 20℃；C 为 0℃；D 为-20℃；E 为-40℃。

4. 非调质钢

非调质钢是为了节约能源而开发的不需要进行调质处理的钢材。它是在碳素结构钢或合金结构钢中加入微量的 V、Ti、Nb、N 等元素，进行“微合金化”而成的。用它制造的机械零件，锻造以后控制冷却即可得到要求的力学性能，直接使用，省去热处理的步骤。国外 30%以上的汽车零件已经采用非调质钢。国内汽车也使用了大量的非调质钢。我国非调质钢的牌号和化学成分见表 4-63，力学性能见表 4-64。

按国家标准 GB/T 1571.2—2008 的规定，非调质钢材按使用加工方法分为两类：

（1）直接切削加工用非调质机械结构钢 UC　直径或边长不大于 60mm 钢材的力学性能应符合表 4-64 的规定，直径不大于 16mm，或边长不大于 12mm 的方钢不作冲击试验，直径或边长大于 60mm 的钢材力学性能由供需双方协商。

（2）热压力加工用非调质机械结构钢 UHP　根据供需双方要求可检验力学性能及硬度，其试验方法和验收指标由供需双方协商。但直径不小于 60mm 的 F12Mn2VBS 钢，应先改锻成直径 30mm 圆径，经 450~650℃ 回火，其力学性能应符合抗拉强度 $R_m \geq$ 685MPa，下屈服强度 $R_{eL} \geq$ 490MPa，断后伸长率 $A \geq$ 16%，断面收缩率 $Z \geq 45\%$。

表 4-63　非调质钢的牌号和化学成分（摘自 GB/T 15712—2008）

序号	统一数字代号	牌号	化学成分（质量分数，%）									
			C	Si	Mn	S	P	V	Cr	Ni	Cu②③	其他③
1	L22358	F35VS	0.32~0.39	0.20~0.40	0.60~1.00	0.035~0.075	≤0.035	0.06~0.13	≤0.03	≤0.03	≤0.03	—
2	L22408	F40VS	0.37~0.44	0.20~0.40	0.60~1.00	0.035~0.075	≤0.035	0.06~0.13	≤0.03	≤0.03	≤0.03	—
3	L22468	F45VS①	0.42~0.49	0.20~0.40	0.60~1.00	0.035~0.075	≤0.035	0.06~0.13	≤0.03	≤0.03	≤0.03	—
4	L22308	F30MnVS	0.26~0.33	≤0.80	1.20~1.60	0.035~0.075	≤0.035	0.08 0.15	≤0.03	≤0.03	≤0.03	—
5	L22378	F35MnVS①	0.32~0.39	0.30~0.60	1.00~1.50	0.035~0.075	≤0.035	0.06~0.13	≤0.03	≤0.03	≤0.03	—
6	L22388	F38MnVS	0.34~0.41	≤0.80	1.20~1.60	0.035~0.075	≤0.035	0.08 0.15	≤0.03	≤0.03	≤0.03	—
7	L22428	F40MnVS①	0.37~0.44	0.30~0.60	1.00~1.50	0.035~0.075	≤0.035	0.06~0.13	≤0.03	≤0.03	≤0.03	—
8	L22478	F45MnVS	0.42~0.49	0.30~0.60	1.00~1.50	0.035~0.075	≤0.035	0.06~0.13	≤0.03	≤0.03	≤0.03	—
9	L22498	F49MnVS	0.44~0.52	0.15~0.60	0.70~1.00	0.035~0.075	≤0.035	0.08 0.15	≤0.03	≤0.03	≤0.03	—
10	L27128	F12Mn2VBS	0.09~0.16	0.30~0.60	2.20~2.65	0.035~0.075	≤0.035	0.06~0.12	≤0.03	≤0.03	≤0.03	B0.001~0.004

① 当硫含量只有上限要求时，牌号尾部不加“S”。
② 热压力加工用钢的铜质量分数不大于 0.20%。
③ 为了保证钢材的力学性能，允许偏差钢中添加氮推荐氮质量分数为 0.008%~0.020%。

表 4-64　直接切削加工用非调质机械结构钢的力学性能（摘自 GB/T 15712—2008）

序号	统一数字代号	牌号	钢材直径或边长/mm	抗拉强度 R_m/MPa	下屈服强度 R_{eL}/MPa	断后伸长率 A(%)	断面收缩率 Z(%)	冲击吸收能量 KU_2/J
1	L22358	F35VS	≤40	≥590	≥390	≥18	≥40	≥47
2	L22408	F40VS	≤40	≥640	≥420	≥16	≥35	≥37
3	L22468	F45VS	≤40	≥685	≥440	≥15	≥30	≥35
4	L22308	F30MnVS①	≤60	≥700	≥450	≥14	≥30	实测
5	L22378	F35MnVS	≤40	≥735	≥460	≥17	≥35	≥37
			>40~60	≥710	≥440	≥15	≥33	≥35
6	L22388	F38MnVS①	≤60	≥800	≥520	≥12	≥25	实测
7	L22428	F40MnVS	≤40	≥785	≥>490	≥15	≥33	≥32
			>40~60	≥760	≥470	≥13	≥30	≥28
8	L22478	F45MnVS	≤40	≥835	≥510	≥13	≥28	≥28
			>40~60	≥810	≥490	≥12	≥28	≥25
9	L22498	F49MnVS①	≤60	≥780	≥450	≥8	≥20	实测

① F30MnVS、F38MnVS、F49MnVS 钢的冲击吸收能量报实测数据，不作为判定依据。

5. 耐候结构钢（见表 4-65、表 4-66）

表 4-65　耐候结构钢的力学性能（摘自 GB/T 4171—2008）

牌号	拉伸试验①									180°弯曲试验 弯心直径		
	下屈服强度 R_{eL}/MPa≥				抗拉强度 R_m/MPa	断后伸长率 A(%)≥						
	钢材厚度 a/mm					钢材厚度 a/mm				钢材厚度 a/mm		
	≤16	>16~40	>40~60	>60		≤16	>16~40	>40~60	>60	≤6	>6~16	>16
Q235NH	235	225	215	215	360~510	25	25	24	23	a	a	2a
Q295NH	295	285	275	255	430~560	24	24	23	22	a	2a	3a
Q295GNH	295	285	—	—	430~560	24	24	—	—	a	2a	3a
Q355NH	355	345	335	325	490~630	22	22	21	20	a	2a	3a
Q355GNH	355	345	—	—	490~630	22	22	—	—	a	2a	3a
Q415NH	415	405	395	—	520~680	22	22	20	—	a	2a	3a
Q460NH	460	450	440	—	570~730	20	20	19	—	a	2a	3a
Q500NH	500	490	480	—	600~760	18	16	15	—	a	2a	3a
Q550NH	550	540	530	—	620~780	16	16	15	—	a	2a	3a
Q265GNH	265	—	—	—	≥410	27	—	—	—	a	—	—
Q310GNH	310	—	—	—	≥450	26	—	—	—	a	—	—

① 当屈服现象不明显时，可以采用 $R_{p0.2}$。

表 4-66　耐候钢的冲击性能

质量等级	V 型缺口冲击试验①		
	试样方向	温度/℃	冲击吸收能量 KV_2/J
A	纵向	—	—
B		+20	≥47
C		0	≥34
D		-20	≥34
E		-40	≥27②

① 冲击试样尺寸为 10mm×10mm×55mm。
② 经供需双方协商，平均冲击功值可以≥60J。

冲击试验结果按三个试样的平均值计算，允许其中一个试样的冲击吸收能量小于规定值，但不得低于规定值的 70%。

厚度不小于 6mm 或直径不小于 12mm 的钢材应做冲击试验。对于厚度为 6~12mm 或直径为 12~16mm 的钢材做冲击试验时，应采用 10mm×5mm×55mm 或 10mm×7.5mm×55mm 小尺寸试样，其试验结果应不小于表 4-66 中规定值的 50%或 75%。应尽可能取较大尺寸的冲击试样。

6. 桥梁用结构钢（见表 4-67）

钢材的力学性能应符合表 4-67 的规定。推荐使用的钢牌号，其力学性能应符合表 4-68 的规定。

表 4-67　钢材的力学性能（摘自 GB/T 714—2008）

牌号	质量等级	拉伸试验①,②				V 型冲击试验③	
		下屈服强度 R_{eL}/MPa		抗拉强度 R_m/MPa	断后伸长率 A(%)	试验温度/℃	冲击吸收能量 KV_2/J
		厚度/mm					
		≤50	>50~100				
		≥					≥
Q235q	C	235	225	400	26	0	34
	D					-20	
	E					-40	
Q345q④	C	345	335	490	20	0	47
	D					-20	
	E					-40	
Q370q④	C	370	360	510	20	0	47
	D					-20	
	E					-40	

（续）

牌号	质量等级	拉伸试验①,②				V 型冲击试验③	
		下屈服强度 R_{eL}/MPa		抗拉强度 R_m/MPa	断后伸长率 A(%)	试验温度/℃	冲击吸收能量 KV_2/J
		厚度/mm					
		≤50	>50~100				
		≥					≥
Q420q④	C	420	410	540	19	0	47
	D					-20	
	E					-40	
Q460q	C	460	450	570	17	0	47
	D					-20	
	E					-40	

① 当屈服不明显时，可测量 $R_{p0.2}$ 代替下屈服强度。
② 钢板及钢带的拉伸试验取横向试样，型钢的拉伸试验取纵向试样。
③ 冲击试验取纵向试样。
④ 厚度不大于 16mm 的钢材，断后伸长率提高 1%（绝对值）。

表 4-68　推荐使用的钢材力学性能（摘自 GB/T 714—2008）

牌号	质量等级	拉伸试验①,②				V 型冲击试验③	
		下屈服强度 R_{eL}/MPa		抗拉强度 R_m/MPa	断后伸长率 A(%)	试验温度/℃	冲击吸收能量 KV_2/J
		厚度/mm					
		≤50	>50~100				
		≥					≥
Q500q	D	500	480	600	16	-20	47
	E					-40	
Q550q	D	550	530	660	16	-20	47
	E					-40	
Q620q	D	620	580	720	15	-20	47
	E					-40	
Q690q	D	690	650	770	14	-20	47
	E					-40	

① 当屈服不明显时，可测量 $R_{p0.2}$ 代替下屈服强度。
② 拉伸试验取横向试样。
③ 冲击试验取纵向试样。

钢材的弯曲试验应符合表 4-69 的规定，弯曲试验后试样弯曲外表面无肉眼可见裂纹。当供方保证时，可不做弯曲试验。

7. 船舶及海洋工程用结构钢（见表 4-70、表 4-71）

8. 冷轧低碳钢板及钢带（摘自 GB/T 5213—2008）

冷轧低碳钢板及钢带的力学性能和用途见表 4-72，其拉伸应变痕的规定见表 4-73。表面质量和表面结构分类见表 4-74 和表 4-75。

9. 调质型钢（见表 4-76）

表 4-69　钢材的弯曲试验

180°弯曲试验①	
厚度≤16mm	厚度>16mm
$d=2a$	$d=3a$

注：d 为弯心直径，a 为试样厚度。
① 钢板和钢带取横向试样。

表 4-70　船舶及海洋工程用结构钢（一）（摘自 GB 712—2011）

牌号	拉伸试验①,②			V 型冲击试验						
	上屈服强度 R_{eU}/MPa	抗拉强度 R_m/MPa	断后伸长率 A(%)	试验温度/℃	冲击吸收能量 KV_2/J					
					厚度/mm					
					≤50		>50~70		>70~150	
					纵向	横向	纵向	横向	纵向	横向
					≥					
A[3]	≥235	400~520	≥22	20	—	—	34	24	41	27
B[4]				0	27	20	34	24	41	27
D				-20						
E				-40						
AH32	≥315	450~570		0	31	22	38	26	46	31
DH32				-20						
EH32				-40						
FH32				-60						
AH36	≥355	490~630	≥21	0	34	24	41	27	50	34
DH36				-20						
EH36				-40						
FH36				-60						
AH40	≥390	510~660	≥20	0	41	27	46	31	55	37
DH40				-20						
EH40				-40						
FH40				-60						

① 拉伸试验取横向试样。经船级社同意，A 级型钢的抗拉强度可超上限。
② 当屈服不明显时，可测量 $R_{P0.2}$代替上屈服强度。
③ 冲击试验取纵向试样，但供方应保证横向冲击性能。型钢不进行横向冲击试验。厚度大于 50mm 的 A 级钢，经细化晶粒处理并以正火状态交货时，可不做冲击试验。
④ 厚度不大于 25mm 的 B 级钢和以 TMCP 状态交货的 A 级钢，经船级社同意可不做冲击试验。

表 4-71　船舶及海洋工程用结构钢（二）（摘自 GB 712—2011）

牌号	拉伸试验①、②			V 型冲击试验		
	上屈服强度 R_{eU}/MPa	抗拉强度 R_m/MPa	断后伸长率 A(%)	试验温度/℃	冲击吸收能量 KV_2/J	
					纵向	横向
					≥	
AH420	≥420	530~680	≥18	0	42	28
DH420				-20		
EH420				-40		
FH420				-60		
AH460	≥460	570~720	≥17	0	46	31
DH460				-20		
EH460				-40		
FH460				-60		
AH500	≥500	610~770	≥16	0	50	33
DH500				-20		
EH500				-40		
FH500				-60		
AH550	≥550	670~830	≥16	0	55	37
DH550				-20		
EH550				-40		
FH550				-60		
AH620	≥620	720~890	≥15	0	62	41
DH620				-20		
EH620				-40		
FH620				-60		

（续）

牌号	拉伸试验①,②			V型冲击试验		
	上屈服强度 R_{eU}/MPa	抗拉强度 R_m/MPa	断后伸长率 A(%)	试验温度/℃	冲击吸收能量 KV_2/J	
					纵向	横向
					≥	
AH690	≥690	770~940	≥14	0	69	46
DH690				−20		
EH690				−40		
FH690				−60		

① 拉伸试验取横向试样。冲击试验取纵向试样，但供方应保证横向冲击性能。
② 当屈服不明显时，可测量 $R_{P0.2}$ 代替上屈服强度。

表 4-72　冷轧低碳钢板及钢带的力学性能和用途分类（摘自 GB/T 5213—2008）

牌号	屈服强度①,② R_{eL} 或 $R_{p0.2}$/MPa ≤	抗拉强度 R_m/MPa	断后伸长率③,④ A_{80}(%) ($L_0=80$mm, $b=20$mm) ≥	r_{90}值⑤ ≥	n_{90}值⑤ ≥	用途
DC01	280⑥	270~410	28	—	—	一般用
DC03	240	270~370	34	1.3	—	冲压用
DC04	210	270~350	38	1.6	0.18	深冲用
DC05	180	270~330	40	1.9	0.20	特深冲用
DC06	170	270~330	41	2.1	0.22	超深冲用
DC07	150	250~310	44	2.5	0.23	特超深冲用

① 无明显屈服时采用 $R_{p0.2}$，否则采用 R_{eL}。当厚度大于 0.50mm 且不大于 0.70mm 时，屈服强度上限值可以增加 20MPa；当厚度不大于 0.50mm 时，屈服强度上限值可以增加 40MPa。
② 经供需双方协商同意，DC01、DC03、DC04 屈服强度的下限值可设定为 140MPa，DC05、DC06 屈服强度的下限值可设定为 120MPa，DC07 屈服强度的下限值可设定为 100MPa。
③ 试样为 GB/T 228 中的 P6 试样，试样方向为横向。
④ 当厚度大于 0.50mm 且不大于 0.70mm 时，断后伸长率最小值可以降低 2%（绝对值）；当厚度不大于 0.50mm 时，断后伸长率最小值可以降低 4%（绝对值）。
⑤ r_{90}值和 n_{90}值的要求仅适用于厚度不小于 0.50mm 的产品。当厚度大于 2.0mm 时，r_{90}值可以降低 0.2。
⑥ DC01 的屈服强度上限值的有效期仅为从生产完成之日起 8 天内。

表 4-73　冷轧低碳钢板及钢带拉伸应变痕的规定

牌号	拉伸应变痕
DC01	室温储存条件下，表面质量为 FD 的钢板及钢带自生产完成之日起 3 个月内使用时不应出现拉伸应变痕
DC03	室温储存条件下，钢板及钢带自生产完成之日起 6 个月内使用时不应出现拉伸应变痕
DC04	室温储存条件下，钢板及钢带自生产完成之日起 6 个月内使用时不应出现拉伸应变痕
DC05	室温储存条件下，钢板及钢带自生产完成之日起 6 个月内使用时不应出现拉伸应变痕
DC06	室温储存条件下，钢板及钢带使用时不出现拉伸应变痕
DC07	室温储存条件下，钢板及钢带使用时不出现拉伸应变痕

表 4-74　冷轧低碳钢板及钢带的表面质量

级别	代号	特　征
较高级表面	FB	表面允许有少量不影响成形性及涂、镀附着力的缺陷，如轻微的划伤、压痕、麻点、辊印及氧化色等
高级表面	FC	产品两面中较好的一面无肉眼可见的明显缺陷，另一面至少应达到 FB 的要求
超高级表面	FD	产品两面中较好的一面不应有影响涂漆后的外观质量或电镀后的外观质量的缺陷，另一面至少应达到 FB 的要求

表 4-75　冷轧低碳钢板和钢带表面结构

级别	代号	特　征
麻面	D	平均表面粗糙度 Ra 为 0.6~1.9μm
光亮表面	B	平均表面粗糙度 Ra≤0.9μm

注：如需方对表面粗糙度有特殊要求应在订货时协商。

表 4-76　调质型钢（包括含硼钢）的热轧状态的硬度及试样经热处理后的力学性能（摘自 GB/T 6478—2015）

牌号①	规定塑性延伸强度 $R_{p0.2}$/MPa ≥	抗拉强度 R_m/MPa ≥	断后伸长率 A(%) ≥	断面收缩率 Z (%) ≥	热轧状态布氏硬度 HBW ≤
ML25	275	450	23	50	170
ML30	295	490	21	50	179
ML35	430	630	17	—	187
ML40	335	570	19	45	217
ML45	355	600	16	40	229
ML15Mn	705	880	9	40	—
ML25Mn	275	450	23	50	170
ML35Cr	630	850	14	—	—
ML40Cr	660	900	11	—	—
ML30CrMo	785	930	12	50	—
ML35CrMo	835	980	12	45	—
ML40CrMo	930	1080	12	45	—
ML20B	400	550	16	—	—
ML30B	480	630	14	—	—
ML35B	500	650	14	—	—
ML15MnB	930	1130	9	45	—
ML20MnB	500	650	14	—	—
ML35MnB	650	800	12	—	—
ML15MnVB	720	900	10	45	207
ML20MnVB	940	1040	9	45	—
ML20MnTiB	930	1130	10	45	—
ML37CrB	600	750	12	—	—

注：试样的热处理毛坯直径为 25mm。公称直径小于 25mm 的钢材，按钢材实际尺寸。
① 表中未列牌号，供方报实测值，并在质量证明书中注明。

10. 保证淬透性结构钢

保证淬透性结构钢的淬透性指标见表 4-77。

钢的末端淬透性采用实测方法确定。可以按下列规定的任一种方法订货，并应在合同中注明：

1）A 法。距淬火端某一距离的最大硬度值和最小硬度值，如图 4-13 中的 H 带 A～A′，并用 H 带 J $\frac{34\sim45}{9}$表示。

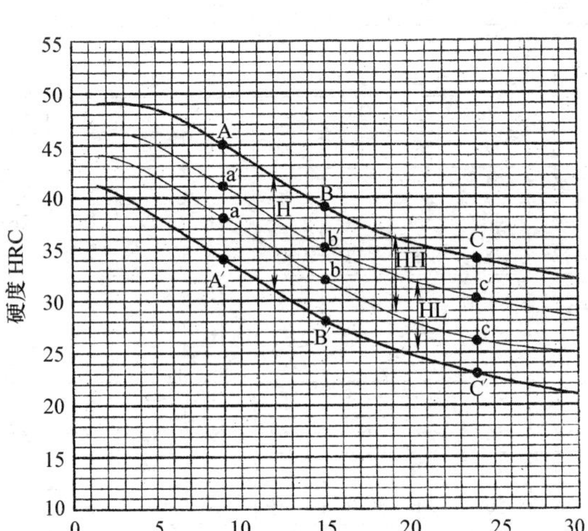

图 4-13　按淬透性订货方法示意图

2）B 法。距淬火端某一距离的最大硬度值和最小硬度值，以及另一距离的一个最大硬度值和最小硬度值，如图 4-13 中的 H 带 A～A′+B（或 B′），并用 H 带 J $\frac{34\sim45}{9}$+J $\frac{\leqslant39}{15}$$\left(\text{或 J }\frac{\geqslant28}{15}\right)$表示。

3）C 法。距淬火端两个距离的最大硬度值和最小硬度值，如图 4-13 中的 H 带 A～A′+B～B′，并用 H 带J $\frac{34\sim45}{9}$+J $\frac{28\sim39}{15}$表示；也可以按 H 带 A～A′+B（或 B′）+C（或 C′）订货，并用 H 带 J $\frac{34\sim45}{9}$+J $\frac{\leqslant39}{15}$$\left(\text{或 J }\frac{\geqslant28}{15}\right)$+J $\frac{\leqslant34}{25}$$\left(\text{或 J }\frac{\geqslant23}{25}\right)$表示。

4）D 法。按淬透性带订货。钢的淬透性应按表 4-77 中所列对应带的硬度值供应。

“B”法是基本订货方法，若无注明，以“B”法供货。

按“A、B、C”方法之一订货时，允许指定点以外的其余点的硬度值与淬透性带不一致。

淬透性订货方法有 H 带、HH 带和 HL 带三个带别。通常以 H 带供货，根据需方要求，并在合同中注明；也可按 HH 带和 HL 带供货。具体表示方法如图 4-13 所示。

举例如下：

A 法：如，H 带 $A\sim A'=J\dfrac{34\sim45}{9}$；再如，HH 带 $A\sim a=J\dfrac{38\sim45}{9}$。

B 法：如，H 带 $A\sim A'+B$（或 B'）$=J\dfrac{34\sim45}{9}+J\dfrac{\leqslant39}{15}\left(\text{或 }J\dfrac{\geqslant28}{15}\right)$。

再如，HH 带 $A\sim a+B$（或 b）$=J\dfrac{38\sim45}{9}+J\dfrac{\leqslant39}{15}\left(\text{或 }J\dfrac{\geqslant32}{15}\right)$。

C 法：① 如，H 带 $A\sim A'+B\sim B'$（或 $C\sim C'$）$=J\dfrac{34\sim45}{9}+J\dfrac{28\sim39}{15}\left(\text{或 }J\dfrac{23\sim34}{25}\right)$。

再如，HH 带 $A\sim A'+B\sim b$（或 $C\sim c$）$=J\dfrac{34\sim45}{9}+J\dfrac{32\sim39}{15}\left(\text{或 }J\dfrac{26\sim34}{25}\right)$。

② 如，H 带 $A\sim A'+B$（或 B'）$+C$（或 C'）$=J\dfrac{34\sim45}{9}+J\dfrac{\leqslant39}{15}\left(\text{或 }J\dfrac{\geqslant28}{15}\right)+J\dfrac{\leqslant34}{25}\left(\text{或 }J\dfrac{\geqslant23}{25}\right)$。

再如，HH 带 $A\sim A'+B$（或 b）$+C$（或 c）$=J\dfrac{34\sim45}{9}+J\dfrac{\leqslant39}{15}\left(\text{或 }J\dfrac{\geqslant32}{15}\right)+J\dfrac{\leqslant34}{25}\left(\text{或 }J\dfrac{\geqslant26}{25}\right)$。

D 法：按淬透性带订货。

表 4-77　保证淬透性结构钢的淬透性指标（摘自 GB/T 5216—2004）

牌　号	正火温度/℃	端淬温度/℃	淬透性带范围		硬度 HRC 离开淬火端的距离/mm										
					1.5	3	5	7	9	11	13	15	20	25	30
45H	850~870	840±5	H	最大值	61	60	50	36	33	31	30	29	27	26	24
				最小值	54	37	27	24	22	21	20	—	—	—	—
			HH	最大值	61	60	50	36	33	31	30	29	27	26	24
				最小值	56	44	33	28	25	23	22	21	—	—	—
			HL	最大值	59	56	42	32	30	29	28	25	23	21	—
				最小值	54	37	27	24	22	21	20	—	—	—	—
15CrH	915~935	925±5	H	最大值	46	45	41	35	31	29	27	26	23	20	—
				最小值	39	34	26	22	20	—	—	—	—	—	—
			HH	最大值	46	45	41	35	31	29	27	26	23	20	—
				最小值	41	38	31	26	23	21	—	—	—	—	—
			HL	最大值	44	41	36	31	28	26	24	22	—	—	—
				最小值	39	34	26	22	20	—	—	—	—	—	—
20CrH	880~900	870±5	H	最大值	48	47	44	37	32	29	26	25	22	—	—
				最小值	40	36	26	21	—	—	—	—	—	—	—
			HH	最大值	48	47	44	37	32	29	26	25	22	—	—
				最小值	43	40	32	26	23	21	—	—	—	—	—
			HL	最大值	46	44	38	32	28	25	22	21	—	—	—
				最小值	40	36	26	21	—	—	—	—	—	—	—
20Cr1H	915~935	925±5	H	最大值	48	48	46	40	36	34	32	31	29	27	26
				最小值	40	37	32	28	25	22	20	—	—	—	—
			HH	最大值	48	48	46	40	36	34	32	31	29	27	26
				最小值	43	41	37	32	28	26	24	22	—	—	—
			HL	最大值	46	45	40	36	33	30	28	26	23	20	—
				最小值	40	37	32	28	25	22	20	—	—	—	—
40CrH	860~880	850±5	H	最大值	59	59	58	56	54	50	46	43	40	38	37
				最小值	51	51	49	47	42	36	32	30	26	25	23
			HH	最大值	59	59	58	56	54	50	46	43	40	38	37
				最小值	54	54	51	49	46	41	37	34	31	29	28
			HL	最大值	56	56	56	54	50	45	41	39	35	34	32
				最小值	51	51	49	47	42	36	32	30	26	25	23

（续）

牌　号	正火温度/℃	端淬温度/℃	淬透性带范围		硬度 HRC										
					离开淬火端的距离/mm										
					1.5	3	5	7	9	11	13	15	20	25	30
45CrH	860~880	850±5	H	最大值	62	62	61	59	56	52	48	45	41	40	38
				最小值	54	54	52	49	44	38	33	31	28	27	25
			HH	最大值	62	62	61	59	56	52	48	45	41	40	38
				最小值	57	57	54	51	48	43	38	36	32	31	29
			HL	最大值	59	59	59	57	52	47	43	40	37	36	34
				最小值	54	54	52	49	44	38	33	31	28	27	25
16CrMnH	910~930	920±5	H	最大值	47	46	44	41	39	37	35	33	31	30	29
				最小值	39	36	31	28	24	21	—	—	—	—	—
			HH	最大值	47	46	44	41	39	37	35	33	31	30	29
				最小值	42	39	35	32	29	26	24	22	20	—	—
			HL	最大值	44	43	40	37	34	32	30	28	26	25	24
				最小值	39	36	31	28	24	21	—	—	—	—	—
20CrMnH	910~930	920±5	H	最大值	49	49	48	46	43	42	41	39	37	35	34
				最小值	41	39	36	33	30	28	26	25	23	21	—
			HH	最大值	49	49	48	46	43	42	41	39	37	35	34
				最小值	44	42	40	37	34	33	31	30	28	26	25
			HL	最大值	46	46	44	42	39	37	36	34	32	30	29
				最小值	41	39	36	33	30	28	26	25	23	21	—
15CrMnBH	920~940	870±5	H	最大值	42	42	41	39	36	34	32	31	28	25	24
				最小值	35	35	34	32	29	27	25	24	21	—	—
			HH	最大值	42	42	41	39	36	34	32	31	28	25	24
				最小值	37	37	36	34	31	29	27	26	23	20	—
			HL	最大值	40	40	39	37	34	32	30	29	26	23	21
				最小值	35	35	34	32	29	27	25	24	21	—	—
17CrMnBH	920~940	870±5	H	最大值	44	44	43	42	40	38	36	34	31	30	29
				最小值	37	37	36	34	33	31	29	27	24	23	22
			HH	最大值	44	44	43	42	40	38	36	34	31	30	29
				最小值	39	39	38	36	35	33	31	29	26	25	24
			HL	最大值	42	42	41	40	38	36	34	32	29	28	27
				最小值	37	37	36	34	33	31	29	27	24	23	22
40MnBH	880~900	850±5	H	最大值	60	60	59	57	55	52	49	45	37	33	31
				最小值	51	50	49	47	42	33	27	24	20	—	—
			HH	最大值	60	60	59	57	55	52	49	45	37	33	31
				最小值	53	53	51	49	47	40	36	31	25	22	—
			HL	最大值	58	58	57	55	51	46	44	39	31	27	26
				最小值	51	50	49	47	42	33	27	24	20	—	—
45MnBH	880~900	850±5	H	最大值	62	62	62	60	58	55	51	47	40	36	34
				最小值	53	53	52	49	45	35	28	26	23	22	21
			HH	最大值	62	62	62	60	58	55	51	47	40	36	34
				最小值	56	56	54	52	48	43	38	33	29	27	26
			HL	最大值	60	60	60	57	54	51	46	41	34	31	30
				最小值	53	53	52	49	45	35	28	26	23	22	21
20MnVBH	930~950	860±5	H	最大值	48	48	47	46	44	42	40	38	33	30	28
				最小值	40	40	38	36	32	28	25	23	20	—	—
			HH	最大值	48	48	47	46	44	42	40	38	33	30	28
				最小值	43	43	40	38	36	33	30	28	25	22	20
			HL	最大值	45	45	45	44	40	37	35	33	29	26	24
				最小值	40	40	38	36	32	28	25	23	20	—	—

（续）

牌　号	正火温度/℃	端淬温度/℃	淬透性带范围		硬度 HRC 离开淬火端的距离/mm										
					1.5	3	5	7	9	11	13	15	20	25	30
20MnTiBH	930~950	880±5	H	最大值	48	48	48	46	44	42	40	37	31	26	24
				最小值	40	40	39	36	32	27	23	20	—	—	—
			HH	最大值	48	48	48	46	44	42	40	37	31	26	24
				最小值	43	43	41	38	36	32	29	26	20	—	—
			HL	最大值	46	46	46	44	40	37	34	31	25	20	—
				最小值	40	40	39	36	32	27	23	20	—	—	—
15CrMoH	915~935	925±5	H	最大值	46	45	42	38	34	31	29	28	26	25	24
				最小值	39	36	29	24	21	20	—	—	—	—	—
			HH	最大值	46	45	42	38	34	31	29	28	26	25	24
				最小值	41	39	34	29	26	23	21	20	—	—	—
			HL	最大值	44	42	38	34	30	28	25	23	21	20	—
				最小值	39	36	29	24	21	20	—	—	—	—	—
20CrMoH	915~935	925±5	H	最大值	48	48	47	44	42	39	37	35	33	31	30
				最小值	40	39	35	31	28	25	24	23	20	—	—
			HH	最大值	48	48	47	44	42	39	37	35	33	31	30
				最小值	42	39	36	33	30	28	27	25	22	—	—
			HL	最大值	46	45	43	40	37	35	33	31	29	26	24
				最小值	40	39	35	31	28	25	24	23	20	—	—
22CrMoH	915~935	925±5	H	最大值	50	50	50	49	48	46	43	41	39	38	37
				最小值	43	42	41	39	36	32	29	27	24	24	23
			HH	最大值	50	50	50	49	48	46	43	41	39	38	37
				最小值	45	45	43	41	40	37	34	32	29	29	28
			HL	最大值	48	48	48	47	44	42	39	37	34	34	33
				最小值	43	42	41	39	36	32	29	27	24	24	23
42CrMoH	860~880	845±5	H	最大值	60	60	60	59	58	57	57	56	55	53	51
				最小值	53	53	52	51	50	48	46	43	38	35	33
			HH	最大值	60	60	60	59	58	57	57	56	55	53	51
				最小值	55	55	54	53	52	50	49	48	44	41	39
			HL	最大值	58	58	58	57	56	55	54	52	50	47	45
				最小值	53	53	52	51	50	48	46	43	38	35	33
20CrMnMoH	860~880	860±5	H	最大值	50	50	50	49	48	47	45	43	40	39	38
				最小值	42	42	41	39	37	35	33	31	28	27	26
			HH	最大值	50	50	50	49	48	47	45	43	40	39	38
				最小值	44	44	43	41	40	39	37	35	32	31	30
			HL	最大值	48	48	48	47	45	43	41	39	36	35	34
				最小值	42	42	41	39	37	35	33	31	28	27	26
20CrMnTiH	900~920	880±5	H	最大值	48	48	47	45	42	39	37	35	32	29	28
				最小值	40	39	36	33	30	27	24	22	20	—	—
			HH	最大值	48	48	47	45	42	39	37	35	32	29	28
				最小值	43	42	39	37	34	31	29	27	24	21	—
			HL	最大值	45	45	44	41	38	35	33	31	28	26	24
				最小值	40	39	36	33	30	27	24	22	20	—	—
20CrNi3H	850~870	830±5	H	最大值	49	49	48	47	45	43	41	39	36	34	32
				最小值	41	40	38	36	34	32	30	28	24	22	21
			HH	最大值	49	49	48	47	45	43	41	39	36	34	32
				最小值	44	43	41	39	37	35	33	31	28	26	24
			HL	最大值	46	46	46	44	42	40	38	36	32	30	29
				最小值	41	40	38	36	34	32	30	28	24	22	21

（续）

牌　号	正火温度/℃	端淬温度/℃	淬透性带范围		硬度 HRC 离开淬火端的距离/mm										
					1.5	3	5	7	9	11	13	15	20	25	30
12Cr2Ni4H	880～900	860±5	H	最大值	46	46	46	45	44	43	42	41	39	38	37
				最小值	37	37	37	36	35	34	33	32	29	28	27
			HH	最大值	46	46	46	45	44	43	42	41	39	38	37
				最小值	39	39	39	38	37	36	35	34	31	30	29
			HL	最大值	44	44	44	43	42	41	40	39	37	36	35
				最小值	37	37	37	36	35	34	33	32	29	28	27
20CrNiMoH	920～940	925±5	H	最大值	48	47	44	40	35	32	30	28	25	24	23
				最小值	41	37	30	25	22	20	—	—	—	—	—
			HH	最大值	48	47	44	40	35	32	30	28	25	24	23
				最小值	43	40	34	30	26	24	22	20	—	—	—
			HL	最大值	46	44	39	35	31	28	26	25	22	20	
				最小值	41	37	29	25	22	20	—	—	—	—	
20CrNi2MoH	930～950	925±5	H	最大值	48	47	45	42	39	36	34	32	28	26	25
				最小值	41	39	35	30	27	25	23	22	—	—	—
			HH	最大值	48	47	45	42	39	36	34	32	28	26	25
				最小值	43	41	38	34	31	28	26	24	21	—	—
			HL	最大值	46	45	42	38	35	33	31	29	25	23	22
				最小值	41	39	35	30	27	25	23	22	—	—	—

11. 易切削结构钢（摘自 GB/T 8731—2008）

易切削结构钢是适用于机械加工用条钢、盘条、钢丝及钢带等。因添加较高含量的硫、铅、锡、钙及其他易切削元素，因而具有良好的切削加工性能。易切钢的分类、牌号、硬度要求见表 4-78，其力学性能见表 4-79～表 4-82。

表 4-78　热轧状态交货的易切削钢条钢和盘条的硬度要求

类别	牌号	布氏硬度 HBW ≤
硫系	Y08	163
	Y12	170
	Y15	170
	Y20	175
	Y30	187
	Y35	187
	Y45	229
	Y08MnS	165
	Y15Mn	170
	Y35Mn	229
	Y40Mn	229
	Y45Mn	241
	Y45MnS	241
铅系	Y08Pb	165
	Y12Pb	170
	Y15Pb	170
	Y45MnSPb	241
锡系	Y08Sn	165
	Y15Sn	165
	Y45Sn	241
	Y45MnSn	241
钙系	Y45Ca	241

表 4-79　热轧状态交货的硫系易切削钢条钢和盘条的力学性能

类别	牌号	力学性能		
		抗拉强度 R_m/MPa	断后伸长率 A(%) ≥	断面收缩率 Z(%) ≥
硫系	Y08	360～570	25	40
	Y12	390～540	22	36
	Y15	390～540	22	36
	Y20	450～600	20	30
	Y30	510～655	15	25
	Y35	510～655	14	22
	Y45	560～800	12	20
	Y08MnS	350～500	25	40
	Y15Mn	390～540	22	36
	Y35Mn	530～790	16	22
	Y40Mn	590～850	14	20
	Y45Mn	610～900	12	20
	Y45MnS	610～900	12	20
铅系	Y08Pb	360～570	25	40
	Y12Pb	360～570	22	36
	Y15Pb	390～540	22	36
	Y45MnSPb	610～900	12	20
锡系	Y08Sn	350～500	25	40
	Y15Sn	390～540	22	36
	Y45Sn	600～745	12	26
	Y45MnSn	610～850	12	26
钙系	Y45Ca	600～745	12	26

表 4-80　用经热处理毛坯制成的 Y45Ca 试样测定钢的力学性能

牌号	力学性能				
	下屈服强度 R_{eL}/MPa	抗拉强度 R_m/MPa	断后伸长率 A(%)	断面收缩率 Z(%)	冲击吸收能量 KV_2/J
	≥				
Y45Ca	355	600	16	40	39

注：拉伸试样毛坯（直径为 25mm）正火处理，加热温度为 830~850℃，保温时间不小于 3min；冲击试样毛坯（直径为 15mm）调质处理，淬火温度 840℃±20℃（淬火），回火温度 600℃±20℃。

表 4-81　以冷拉状态交货的切削钢条钢和盘条的力学性能

类别	牌号	力学性能				
		抗拉强度 R_m/MPa			断后伸长率 A(%) ≥	布氏硬度 HBW
		钢材公称尺寸/mm				
		8~20	>20~30	>30		
硫系	Y08	480~810	460~710	360~710	7.0	140~217
	Y12	530~755	510~735	490~685	7.0	152~217
	Y15	530~755	510~735	490~685	7.0	152~217
	Y20	570~785	530~745	510~705	7.0	167~217
	Y30	600~825	560~765	540~735	6.0	174~223
	Y35	625~845	590~785	570~765	6.0	176~229
	Y45	695~980	655~880	580~880	6.0	196~255
	Y08MnS	480~810	460~710	360~710	7.0	140~217
	Y15Mn	530~755	510~735	490~685	7.0	152~217
	Y45Mn	695~980	655~880	580~880	6.0	196~255
	Y45MnS	695~980	655~880	580~880	6.0	196~255
铅系	Y08Pb	480~810	460~710	360~710	7.0	140~217
	Y12Pb	480~810	460~710	360~710	7.0	140~217
	Y15Pb	530~755	510~735	490~685	7.0	152~217
	Y45MnSPb	695~980	655~880	580~880	6.0	196~255
锡系	Y08Sn	480~705	460~685	440~635	7.5	140~200
	Y15Sn	530~755	510~735	490~685	7.0	152~217
	Y45Sn	695~920	655~855	635~835	6.0	196~255
	Y45MnSn	695~920	655~855	635~835	6.0	196~255
钙系	Y45Ca	695~920	655~855	635~835	6.0	196~255

12. 耐蚀合金钢棒（GB/T 15008—2008）

（1）交货状态　有热轧（锻）状态、固溶处理、酸洗、磨光、剥皮、车光等几种。

（2）力学性能（见表 4-83）

（3）耐蚀合金的主要特性和用途（见表 4-84）

表 4-82　Y40Mn 冷拉条钢高温回火状态的力学性能

力学性能		布氏硬度 HBW
抗拉强度 R_m/MPa	断后伸长率 A(%)	
590~785	≥17	179~229

表 4-83　推荐的固溶处理温度及性能

合金牌号	推荐的固溶处理温度/℃	拉伸性能		
		抗拉强度 R_m/MPa ≥	规定塑性延伸强度 $R_{p0.2}$/MPa ≥	断后伸长率 A(%) ≥
NS111	1000~1060	515	205	30
NS112	1100~1170	450	170	30
NS113	1000~1050	515	205	30
NS131	1150~1200	590	240	30
NS141	1000~1050	540	215	35
NS142	1000~1050	590	240	30
NS143	1000~1050	540	215	35

（续）

合金牌号	推荐的固溶处理温度/℃	拉伸性能		
		抗拉强度 R_m/MPa ≥	规定塑性延伸强度 $R_{P0.2}$/MPa ≥	断后伸长率 A(%) ≥
NS311	1050~1100	570	245	40
NS312	1000~1050	550	240	30
NS313	1100~1150	550	195	30
NS314	1080~1120	520	195	35
NS315	1000~1050	550	240	30
NS321	1140~1190	690	310	40
NS322	1040~1090	760	350	40
NS331	1050~1100	540	195	35
NS332	1160~1210	735	295	30
NS333	1160~1210	690	315	30
NS334	1150~1200	690	285	40
NS335	1050~1100	690	275	40
NS336	1100~1150	690	275	30
NS341	1050~1100	590	195	40

表 4-84　耐蚀合金的主要特性和用途（摘自 GB/T 15007—2008）

合金牌号	主要特性	用途举例
NS1101	抗氧化性介质腐蚀，高温上抗渗碳性良好	热交换器及蒸汽发生器官、合成纤维的加热管
NS1102	抗氧化性介质腐蚀，抗高温渗碳，热强度高	合成纤维工程中的加热管、炉管及耐热构件等
NS1103	耐高温高压水的应力腐蚀及苛性介质应力腐蚀	核电站的蒸汽发生器管
NS1301	在含卤素离子氧化-还原复合介质中耐点腐蚀	湿法冶金、制盐、造纸及合成纤维工业的含氯离子环境
NS1302	抗氧离子点腐蚀	烟气脱硫装置、制盐设备、海水淡化装置
NS1401	耐氧化-还原介质腐蚀及氯化物介质的应力腐蚀	硫酸及含有多种金属离子和卤族离子的硫酸装置
NS1402	耐氧化物应力腐蚀及氧化-还原性复合介质腐蚀	热交换器及冷凝器、含多种离子的硫酸环境
NS1403	耐氧化-还原性复合介质腐蚀	硫酸环境及含有卤族离子及金属离子的硫酸溶液中应用，如湿法冶金及硫酸工业装置
NS1404	抗氯化物、磷酸、硫酸腐蚀	烟气脱硫系统、造纸工业、磷酸生产、有机酸和酯合成
NS1405	耐强氧化性酸、氯化物、氢氟酸腐蚀	硫酸设备、硝酸-氢氟酸酸洗设备、热交换器
NS3101	抗强氧化性及含氟离子高温硝酸腐蚀，无磁	高温硝酸环境及强腐蚀条件下的无磁构件
NS3102	耐高温氧化物介质腐蚀	热处理及化学加工工业装置
NS3103	抗强氧化性介质腐蚀，高温强度高	强腐蚀性核工程废物烧结处理炉
NS3104	耐强氧化性介质及高温硝酸、氢氟酸混合介质腐蚀	核工业中靶件及元件的溶解器
NS3105	抗氯化物及高温高压水应力腐蚀，耐强氧化性介质及 HNO_3-HF 混合腐蚀	核电站热交换器、蒸发器管、核工程化工后处理耐蚀构件
NS3201	耐强还原性介质腐蚀	热浓盐酸及氯化氢气体装置及部件
NS3202	耐强还原性介质腐蚀，改善抗晶间腐蚀性	盐酸及中等浓度硫酸环境（特别是高温下）的装置
NS3203	耐强还原性介质腐蚀	盐酸及中等浓度硫酸环境（特别是高温下）的装置
NS3204	耐强还原性介质腐蚀	盐酸及中等浓度硫酸环境（特别是高温下）的装置
NS3301	耐高温氟化氢、氯化氢气体及氟气腐蚀易形焊接	化工、核能及有色冶金中高温氟化氢炉管及容器
NS3302	耐含氯离子的氧化-还原介质腐蚀，耐火腐蚀	湿氯、亚硫酸、次氯酸、硫酸、盐酸及氯化物溶液装置
NS3303	耐卤族及其化合物腐蚀	强腐蚀性氧化-还原复合介质及高温海水中应用装置
NS3304	耐氧化性氯化物水溶液及湿氯、次氯酸盐腐蚀	强腐蚀性氧化-还原复合介质及高温海水中的焊接构件
NS3305	耐含氯离子的氧化-还原复合腐蚀，组织热稳定性好	湿氯、次氯酸、硫酸、盐酸、混合酸、氯化物装置，焊后直接应用
NS3306	耐氧化-还原复合介质、耐海水腐蚀，且热强度高	化学加工工业中苛刻腐蚀环境或海洋环境
NS3307	焊接材料，焊接覆盖面大，耐苛刻环境腐蚀	多种高铬钼镍基合金的焊接及与不锈钢的焊接

（续）

合金牌号	主要特性	用途举例
NS3308	耐含氯离子的氧化性溶液腐蚀	醋酸、磷酸制造、核燃料回收、热交换器，堆焊阀门
NS3309	耐含高氯化物的混合酸腐蚀	化工设备、环保设备、造纸工业
NS3310	耐酸性气体腐蚀，抗硫化物应力腐蚀	含有二氧化碳、氯离子和高硫化氢的酸性气体环境中的管件
NS3311	耐硝酸、磷酸、硫酸和盐酸腐蚀，抗氯离子应力腐蚀	含氯化物的有机化工工业、造纸工业、脱硫装置
NS3401	耐含氟、氯离子的酸性介质的冲刷冷凝腐蚀	化工及湿法冶金凝器和炉管、容器
NS3402	耐热硫酸和磷酸的腐蚀	用于含有硫酸和磷酸的化工设备
NS3403	优异的耐热硫酸和磷酸的腐蚀	用于含有硫酸和磷酸的化工设备
NS3404	耐强氧化性的复杂介质和磷酸腐蚀	用于磷酸、硫酸、硝酸及核燃料制造、后处理等设备中
NS3405	耐氧化性、还原性的硫酸、盐酸、氯氟酸的腐蚀	化工设备中的反应器、热交换器、阀门、泵等
NS4101	抗强氧化性介质腐蚀，可沉淀硬化，耐腐蚀冲击	硝酸等氧化性酸中工作的球阀及承载构件

4.3.4 合金结构钢（见表 4-85）

表 4-85 合金结构钢的力学性能（摘自 GB/T 3077—2015）

牌号	热处理 淬火 温度/℃ 第一次淬火	热处理 淬火 温度/℃ 第二次淬火	热处理 淬火 冷却介质	热处理 回火 温度/℃	热处理 回火 冷却介质	试样毛坯尺寸/mm	力学性能 ≥ 抗拉强度 R_m/MPa	下屈服强度 R_{eL}/MPa	断后伸长率 A(%)	断面收缩率 Z(%)	冲击吸收能量 KU_2/J	供应状态硬度 HBW	特性和用途
20Mn2	850	—	水、油	200	水、空	15	785	590	10	40	47	≤187	截面较小时，相当于20Cr钢。渗碳后硬度为56~62HRC
	880		水、油	440	水、空		785	590					
30Mn2	840	—	水	500	水	25	785	635	12	45	63	≤207	用作冷墩的螺栓及截面较大的调质零件
35Mn2	840	—	水	500	水	25	835	685	12	45	55	≤207	截面小时（≤15mm）与40Cr相当。表面淬火硬度为40~50HRC
40Mn2	840	—	水	540	水、油	25	885	735	12	45	55	≤217	直径在50mm以下时可代替40Cr作重要螺栓及零件
45Mn2	840	—	油	550	油	25	885	735	10	45	47	≤217	强度，耐磨性和淬透性较高，调质后有良好的综合力学性能
50Mn2	820	—	油	550	油	25	930	785	9	40	39	≤229	用于汽车花键轴，重型机械的齿轮，直径<80mm可代替45Cr
20MnV	880	—	水、油	200	水、空	15	785	590	10	40	55	≤187	相当于20CrNi，渗碳钢
27SiMn	920	—	水	450	水、油	25	980	835	12	40	39	≤217	低淬透性调质钢。用于要求高韧性和耐磨性的热冲压件，也可正火或热轧状态下使用
35SiMn	900	—	水	570	水、油	25	885	735	15	45	47	≤229	低温冲击韧度要求不高时可代替40Cr作调质件，耐磨性较好

（续）

牌　号	热处理					试样毛坯尺寸/mm	力学性能					供应状态硬度 HBW	特性和用途
	淬火			回火			抗拉强度 R_m/MPa	下屈服强度 R_{eL}/MPa	断后伸长率 A（%）	断面收缩率 Z（%）	冲击吸收能量 KU_2/J		
	温度/℃		冷却介质	温度/℃	冷却介质		≥						
	第一次淬火	第二次淬火											
42SiMn	880	—	水	590	水	25	885	735	15	40	47	≤229	制造截面较大需表面淬火的零件，如齿轮、轴等
20SiMn2MoV	900	—	油	200	水、空	试样	1380	—	10	45	55	≤269	可代替调质状态下使用的合金钢 35CrMo、35CrNi3MoA 等
25SiMn2MoV	900	—	油	200	水、空	试样	1470	—	10	40	47	≤269	
37SiMn2MoV	870	—	水、油	650	水、空	25	980	835	12	50	63	≤269	有较高的淬透性，综合力学性能好，低温韧性良好，高温强度高
40B	840	—	水	550	水	25	785	635	12	45	55	≤207	可代替 40Cr 作要求不高的小尺寸零件
45B	840	—	水	550	水	25	835	685	12	45	47	≤217	淬透性、强度、耐磨性稍高于 45 钢，可代 40Cr 作小尺寸零件
50B	840	—	油	600	空	20	785	540	10	45	39	≤207	主要用于代替 50、50Mn 及 50Mn2
25MnB	850	—	油	500	水、油	25	835	635	10	45	47	≤207	—
35MnB	850	—	油	500	水、油	25	930	735	10	45	47	≤207	—
40MnB	850	—	油	500	水、油	25	980	785	10	45	47	≤207	性能接近 40Cr，常用于制造汽车等中小截面的重要调质件
45MnB	840	—	油	500	水、油	25	1030	835	9	40	39	≤217	代替 40Cr、45Cr 制造中、小截面调质件和高频淬火件等
20MnMoB	880	—	油	200	油、空	15	1080	885	10	50	55	≤207	代替 20CrMnTi 和 12CrNi3A
15MnVB	860	—	油	200	水、空	15	885	635	10	45	55	≤207	淬火低温回火后制造重要螺栓，如汽车连杆螺栓、气缸盖螺栓等
20MnVB	860	—	油	200	水、空	15	1080	885	10	45	55	≤207	代替 20CrMnTi、20CrNi、20Cr 制造中小尺寸渗碳件
40MnVB	850	—	油	520	水、油	25	980	785	10	45	47	≤207	调质后综合力学性能优于 40Cr，用于代替 40Cr、42CrMo、40CrNi 制造汽车和机床上的重要调质件，如轴、齿轮等
20MnTiB	860	—	油	200	水、空	15	1130	930	10	45	55	≤187	代替 20CrMnTi 制造要求较高的渗碳件，如汽车上截面较小、中等载荷的齿轮

（续）

牌号	热处理					试样毛坯尺寸/mm	力学性能					供应状态硬度HBW	特性和用途
	淬火			回火			抗拉强度 R_m /MPa	下屈服强度 R_{eL} /MPa	断后伸长率 A (%)	断面收缩率 Z (%)	冲击吸收能量 KU_2/J		
	温度/℃ 第一次淬火	温度/℃ 第二次淬火	冷却介质	温度/℃	冷却介质		≥						
25MnTiBRE	860	—	油	200	水、空	试样	1380	—	10	40	47	≤229	可代20CrMnTi、20CrMn-Mo、20CrMo，广泛用于中等载荷渗碳件，如齿轮，使用性能优于20CrMnTi
15Cr	880	770~820	水、油	180	油、空	15	735	490	12	45	55	≤179	制造截面小于30mm、形状简单、要求耐磨的渗碳或氰化件，如齿轮、凸轮、活塞销等，渗碳表面硬度为56~62HRC
20Cr	880	780~820	水、油	200	水、空	15	835	540	10	40	47	≤179	
30Cr	860	—	油	500	水、油	25	885	685	11	45	47	≤187	用于磨损及冲击载荷下工作的重要零件，如轴、滚子、齿轮及重要螺栓等
35Cr	860	—	油	500	水、油	25	930	735	11	45	47	≤207	
40Cr	850	—	油	520	水、油	25	980	785	9	45	47	≤207	调质后有良好的综合力学性能，应用广泛，表面淬火硬度为48~55HRC
45Cr	840	—	油	520	水、油	25	1030	835	9	40	39	≤217	用作拖拉机齿轮，柴油机连杆、螺栓等
50Cr	830	—	油	520	水、油	25	1080	930	9	40	39	≤229	用于强度和耐磨性要求高的轴，齿轮等
38CrSi	900	—	油	600	水、油	25	980	835	12	50	55	≤255	—
12CrMo	900	—	空	650	空	30	410	265	24	60	110	≤179	用于蒸汽温度达510℃的主汽管，管壁温度≤540℃的蛇形管、导管
15CrMo	900	—	空	650	空	30	440	295	22	60	94	≤179	
20CrMo	880	—	水、油	500	水、油	15	885	685	12	50	78	≤197	500℃以下有足够的高温强度，焊接性能好，用于轴、活塞连杆等
25CrMo	870	—	水、油	600	水、油	25	900	600	14	55	68	≤229	550℃以下有较高强度，用于制造管道、主轴、高载荷螺栓等
30CrMo	880	—	油	540	水、油	15	930	735	12	50	71	≤229	
35CrMo	850	—	油	550	水、油	25	980	835	12	45	63	≤229	淬透性好，用作大截面齿轮和汽轮发电机主轴、锅炉上400℃以下的螺栓
42CrMo	850		油	560	水、油	25	1080	930	12	45	63	≤229	淬透性比35CrMo高，低温冲击韧度好
50CrMo	840	—	油	560	水、油	25	1130	930	11	45	48	≤248	
12CrMoV	970	—	空	750	空	30	440	225	22	50	78	≤241	用于蒸汽温度达540℃的热力管道
35CrMoV	900	—	油	630	水、油	25	1080	930	10	50	71	≤241	用作承受高应力的零件
12Cr1MoV	970	—	空	750	空	30	490	245	22	50	71	≤179	抗氧化性与热强度比12CrMoV好

（续）

牌　号	热处理 淬火 温度/℃ 第一次淬火	热处理 淬火 温度/℃ 第二次淬火	热处理 淬火 冷却介质	热处理 回火 温度/℃	热处理 回火 冷却介质	试样毛坯尺寸/mm	力学性能 ≥ 抗拉强度 R_m/MPa	力学性能 ≥ 下屈服强度 R_{eL}/MPa	力学性能 ≥ 断后伸长率 A（%）	力学性能 ≥ 断面收缩率 Z（%）	力学性能 ≥ 冲击吸收能量 KU_2/J	供应状态硬度 HBW	特性和用途
25Cr2MoV	900	—	油	640	空	25	930	785	14	55	63	≤241	汽轮机整体转子套筒、主汽阀，蒸汽温度在530℃以下的螺栓
25Cr2Mo1V	1040	—	空	700	空	25	735	590	16	50	47	≤241	蒸汽温度在565℃的汽轮机前气缸、螺栓等
38CrMoAl	940	—	水、油	640	水、油	30	980	835	14	50	71	≤229	高级氮化钢，渗氮后表面硬度达1000～1200HV
40CrV	880	—	油	650	水、油	25	885	735	10	50	71	≤241	用作重要零件，如曲轴、齿轮等
50CrV	850	—	油	500	水、油	25	1280	1130	10	40	—	≤255	蒸汽温度<400℃的重要零件及大型弹簧
15CrMn	880	—	油	200	水、空	15	785	590	12	50	47	≤179	用作齿轮、蜗杆、塑料模具
20CrMn	850	—	油	200	水、空	15	930	735	10	45	47	≤187	用作无级变速器、摩擦轮、齿轮与轴
40CrMn	840	—	油	550	水、油	25	980	835	9	45	47	≤229	用作在高速与高载荷下工作的齿轮、轴
20CrMnSi	880	—	油	480	水、油	25	785	635	12	45	55	≤207	用于制造要求强度较高的焊接件
25CrMnSi	880	—	油	480	水、油	25	1080	885	10	40	39	≤217	用于制造重要的焊接件和冲压件
30CrMnSi	880	—	油	540	水、油	25	1080	835	10	45	39	≤229	淬透性好，用于在振动载荷下工作的焊接结构和铆接结构
35CrMnSi	950	890	油	230	空、油	试样	1620	1280	9	40	31	≤241	用于制造重载荷、中等转速的高强度零件
20CrMnMo	850	—	油	200	水、空	15	1180	885	10	45	55	≤217	高级渗碳钢，渗碳淬火后表面硬度56～62HRC
40CrMnMo	850	—	油	600	水、油	25	980	785	10	45	63	≤217	高级调质钢，适宜制造截面较大的重载荷齿轮、齿轮轴、轴类零件
20CrMnTi	880	870	油	200	水、空	15	1080	850	10	45	55	≤217	用作渗碳淬火零件，性能好，使用广泛
30CrMnTi	880	850	油	200	水、空	试样	1470	—	9	40	47	≤229	用于渗碳钢，强度和淬透性高，冲击韧度略低
20CrNi	850	—	水、油	460	水、油	25	785	590	10	50	63	≤197	高载荷下工作的重要渗碳件
40CrNi	820	—	油	500	水、油	25	980	785	10	45	55	≤241	低温冲击韧度高，用于制造轴、齿轮等
45CrNi	820	—	油	530	水、油	25	980	785	10	45	55	≤255	性能基本与40CrNi相同，但具有更高的强度和淬透性，可用来制造截面尺寸较大的零件
50CrNi	820	—	油	500	水、油	25	1080	835	8	40	39	≤255	

（续）

牌号	热处理					试样毛坯尺寸/mm	力学性能					供应状态硬度HBW	特性和用途
	淬火			回火			抗拉强度 R_m/MPa	下屈服强度 R_{eL}/MPa	断后伸长率 A(%)	断面收缩率 Z(%)	冲击吸收能量 KU_2/J		
	温度/℃ 第一次淬火	温度/℃ 第二次淬火	冷却介质	温度/℃	冷却介质		≥						
12CrNi2	860	780	水、油	200	水、空	15	785	590	12	50	63	≤207	适用中、小型渗碳件，如齿轮、花键轴等
34CrNi2	840	—	水、油	530	水、油	25	930	785	11	45	71	≤241	—
12CrNi3	860	780	油	200	水、空	15	930	685	11	50	71	≤217	用于要求强度高、表面硬度高、韧度高的渗碳件
20CrNi3	830	—	水、油	480	水、油	25	930	735	11	55	78	≤241	有好的综合力学性能，用于高载荷零件
30CrNi3	820	—	油	500	水、油	25	980	785	9	45	63	≤241	淬透性较好，用于重要的较大截面的零件
37CrNi3	820	—	油	500	水、油	25	1130	980	10	50	47	≤269	用于大截面、高载荷、受冲击的重要调质零件
12Cr2Ni4	860	780	油	200	水、空	15	1080	835	10	50	71	≤269	用于截面较大、载荷较高的重要渗碳件，如齿轮、蜗杆等
20Cr2Ni4	880	780	油	200	水、空	15	1180	1080	10	45	63	≤269	性能与12Cr2Ni4相近，韧性、淬透性较好
15CrNiMo	850	—	油	200	空	25	930	750	10	40	46	≤197	—
20CrNiMo	850	—	油	200	空	15	980	785	9	40	47	≤97	制造心部韧度要求较高的渗碳件，如矿山牙轮钻头的牙爪与牙轮体
40CrNiMo	850	—	油	600	水、油	25	980	835	12	55	78	≤269	低温冲击韧度很高，中等淬透性。用于锻造机的传动偏心轴等
40CrNi2Mo	正火 890	850	油	560~580	空	25	1050	980	12	45	48	≤269	—
	正火 890	850	油	220 两次	空	试样	1790	1500	6	25	—	≤269	—
30Cr2Ni2Mo	850	—	油	520	水、油	25	980	835	10	50	71	≤269	—
34Cr2Ni2Mo	850	—	油	540	水、油	25	1080	930	10	50	71	≤269	—
30Cr2Ni4Mo	850	—	油	560	水、油	25	1080	930	10	50	71	≤269	—
35Cr2Ni4Mo	850	—	油	560	水、油	25	1130	980	10	50	71	≤269	—
18CrMnNiMo	830	—	油	200	空	15	1180	885	10	45	71	≤269	—
45CrNiMoV	860	—	油	460	油	试样	1470	1330	7	35	31	≤269	淬透性较高，主要用于承受高载荷的零件
18Cr2Ni4W	950	850	空	200	水、空	15	1180	835	10	45	78	≤269	用于大截面、高强度而缺口敏感性低的重要渗碳件，如大齿轮、花键轴等
25Cr2Ni4W	850	—	油	550	水、油	25	1080	930	11	45	71	≤269	有优良的低温冲击韧度及淬透性，用于高载荷的调质件，如汽轮机主轴、叶轮等

注：1. 表中所列热处理温度允许调整范围：淬火±15℃，低温回火±20℃，高温回火±50℃。

2. 硼钢在淬火前可先经正火，正火温度应不高于其淬火温度，铬锰钛钢第一次淬火可用正火代替。

3. 钢棒尺寸小于试样毛坯尺寸时，用原尺寸钢棒进行热处理。

4. 当屈服现象不明显时，可用规定塑性延伸强度 $R_{p0.2}$ 代替。

5. 直径小于16mm的圆钢和厚度小于12mm的方钢、扁钢，不做冲击试验。

4.3.5　特殊用途钢

1. 滚动轴承钢（见表 4-86）

表 4-86　滚动轴承钢的力学性能、特点和应用

钢种	牌号	热处理			力学性质		特性和应用
		淬火温度/℃	冷却剂	淬火温度/℃	a_{KU}/(J/cm^2)	硬度 HRC	
高碳铬轴承钢（GB/T 18254—2002）	GCr4	—	—	—	—	—	低铬轴承钢(铬的质量分数0.35%~0.50%)耐磨性比相同含碳量的碳素工具钢高，加工性能尚好，用于载荷不大、形状简单的钢球和滚子
高碳铬轴承钢（GB/T 18254—2002）	GCr15	825~850	油	150~170	5.4~8.4	61~65	高碳铬轴承钢的代表性钢种，综合性能好，耐磨性好，接触疲劳强度高，但焊接性能差，有回火脆性。用于制造厚度≤12mm，外径≤250mm 的各种滚动轴承套圈，也用于制造机械零件，如滚珠导轨、滚珠螺旋等
	GCr15SiMn	820~845	油	150~170	—	62	其淬透性、弹性极限、耐磨性等比 GCr15 高，加工性能稍差，焊接性能不好。用于制造大尺寸的轴承套圈，轴承零件的工作温度低于 180℃，还可以用于制造模具、量具、丝锥等
	GCr15SiMo	860	油	200	—	62	其淬透性、耐磨性比 GCr15 高，综合性能好，其他性能相近。用于制造大尺寸的轴承套圈、滚动体，还可以用于制造模具、精密量具和要求耐磨性的机械零件
	GCr18Mo	870~875	油	150~200	—	56~60	其淬透性比 GCr15 高，其他性能相近。用于制造厚度≤20mm 的轴承套圈
高碳铬不锈轴承钢（GB/T 3086—2008）	G95Cr18	1050~1100	油	150~160	—	58~62	切削性和冷冲压性能良好，导热性较差。常用于制造在海水、硝酸、化工石油、原子反应堆等环境下工作的滚动轴承，工作温度不超过250℃，也可用于医用手术刀
	G102Cr18Mo	1050~1100	油	150~160	—	≥58	
渗碳轴承钢（GB/T 3203—2016）	G20CrNiMo	880±20 / 790±20	油	150~200	—	—	必须经两次淬火处理，用于汽车、拖拉机受冲击载荷的滚动轴承零件
	G20CrNi2Mo	880±20 / 800±20	油	150~200	—	—	必须经过两次淬火处理，用于汽车、拖拉机受冲击载荷的滚动轴承零件
	G20Cr2Ni4	870±20 / 790±20	油	150~200	—	—	必须经过两次淬火处理，用于装置受冲击载荷的特大型轴承，或受冲击载荷大、安全性要求高的中小型轴承
	G10CrNi3Mo	880±20 / 790±20	油	180~200	—	—	必须经过两次淬火处理，用于受冲击载荷大的中小型轴承
	G20Cr2Mn2Mo	880±20 / 810±20	油	180~200	—	—	必须经过两次淬火处理，制造受高冲击载荷的特大型轴承，或受冲击载荷大、安全性要求高的中小型轴承

（续）

钢种	牌号	热处理			力学性质		特性和应用
		淬火温度/℃	冷却剂	淬火温度/℃	a_{KU}/(J/cm²)	硬度 HRC	
无磁轴承钢	70Mn15CrA、13WMoV	—	—	—	—	48~50	沉淀硬化奥氏体钢，磁导率低（1.323×10^{-6}H/m 以下），强度和硬度较高

2. 弹簧钢（见表 4-87）

表 4-87　弹簧钢的力学性能、特点和应用（摘自 GB/T 1222—2007）

牌号	热处理			力学性能 ≥					特性和应用
	淬火温度/℃	冷却介质	回火温度/℃	R_{eL}/MPa	R_m/MPa	断后伸长率(%)		断面收缩率 Z(%)	
						A	$A_{11.3}$		
65	840	油	500	785	980	—	9	35	在相同表面状态和完全淬透情况下，其疲劳强度不比合金弹簧钢差，但价格低，应用广泛，屈强比（R_{eL}/R_m）比合金弹簧钢低，过载能力差，直径大于 12mm 淬透困难
70	830	油	480	835	1030	—	8	30	
85	820	油	480	980	1130	—	6	30	
65Mn	830	油	540	785	980	—	8	30	强度高，有回火脆性，制作较大尺寸的扁弹簧、坐垫弹簧、弹簧发条、弹簧环、气门簧、冷卷簧
55CrMnA	860	油	450	1300	1450~1750	—	6	25	具有良好综合力学性能。用于制作汽车、拖拉机、机车车辆的板簧、螺旋弹簧、工作温度低于 250℃ 的耐热弹簧、高应力的重要弹簧
55SiMnVB	860	油	460	1225	1375	—	5	30	
60Si2Mn	870	油	480	1180	1275	—	5	25	
60Si2MnA	870	油	440	1375	1570	—	5	20	
60Si2CrA	870	油	420	1570	1765	6	—	20	综合力学性能好、强度高、冲击韧度高。用于制作高载荷、耐冲击的重要弹簧、工作温度低于 250℃ 的耐热弹簧
60Si2CrVA	850	油	410	1665	1860	6	—	20	
55CrMnA	830~860	油	460~510	$R_{p0.2}$ 1080	1225	9	—	20	淬透性好，综合力学性能好。用于制作大尺寸断面、较重要的弹簧
60CrMnA	830~860	油	460~520	$R_{p0.2}$ 1080	1225	9	—	20	
55CrVA	850	油	500	1130	1275	10	—	40	综合力学性能较高、冲击韧度良好。制作大截面（50mm）高应力螺旋弹簧，工作温度低于 300℃ 的耐热弹簧
60CrMnBA	830~860	油	460~520	$R_{p0.2}$ 1080	1225	9	—	20	强度高，淬透性好，疲劳强度高，屈强比高，回火脆性不敏感，脱碳倾向小
30W4Cr2VA	1050~1100	油	600	1325	1470	7	—	40	强度高、耐热性好、淬透性好。用作锅炉安全阀用弹簧

注：1. 除规定热处理温度上下限外，表中热处理温度允许偏差为：淬火±20℃、回火±50℃。根据需方特殊要求，回火可按±30℃进行。

2. 30W4Cr2VA 除抗拉强度外，其他性能结果仅供参考。

3. 表中性能适用于截面尺寸不大于 80mm 的钢材。大于 80mm 的钢材，允许偏差其断后伸长率、收缩率较表中规定分别降低 1 个单位及 5 个单位。

3. 工模具钢（见表 4-88、表 4-89）

表 4-88　刃具模具用钢非合金的热处理硬度、特点和用途

牌号	退火后交货状态钢的硬度 ≤	试样淬火硬度		主要特点及用途
		淬火温度/℃及冷却介质	淬火后硬度 HRC ≤	
T7	187	800~820,水	62	亚共析钢,具有较好的塑性、韧性和强度,以及一定的硬度,能承受震动和冲击负荷,但切削性能力差。用于制造承受冲击负荷不大,且要求具有适当硬度和耐磨性及较好韧性的工具
T8	187	780~800,水	62	淬透性、韧性均优于 T10 钢,耐磨性也较高,但淬火加热容易过热,变形也大,塑性和强度比较低,大、中截面模具易残存网状碳化物,适于制作小型拉拔、拉伸、挤压模具
T8Mn	187	780~800,水	62	共析钢,具有较高的淬透性和硬度,但塑性和强度较低,用于制造断面较大的木工工具、手锯锯条、刻印工具、铆钉冲模、煤矿用凿等
T9	192	760~780,水	62	过共析钢,具有较高的强度,但塑性和强度较低。用于制造要求较高硬度且有一定韧性的各种工具,如刻印工具、铆钉冲模、冲头、木工工具、凿岩工具等
T10	197	760~780,水	62	性能较好的非合金工具钢,耐磨性也较高,淬火时过热敏感性小,经适当热处理可得到较高强度和一定韧性,适合制作要求耐磨性较高而受冲击载荷较小的模具
T11	207	760~780,水	62	过共析钢,具有较好的综合力学性能(如硬度、耐磨性和韧性等)。用于制造在工作时切削刃口不变热的工具,如锯、丝锥、锉刀、刮刀、板牙、尺寸不大和断面无急剧变化的冷冲模及木工刀具等
T12	207	760~780,水	62	过共析钢,碳含量高,硬度和耐磨性高,但韧性低,且淬火变形大。用于制造不受冲击负荷、切削速度不高、切削刃口不受热的工具,如车刀、铣刀、钻头、丝锥、锉刀、刮刀、扩孔钻、板牙,及断面尺寸小的冷切边模和冲孔模等
T13	217	760~780,水	62	过共析钢,由于碳含量高,所以硬度更高,但韧性更差,力学性能较低,用于制造不受冲击负荷,但要求极高硬度的金属切削工具,如剃刀、刮刀、拉丝工具、锉刀和雕刻用工具等

表 4-89a　量具刃具用钢的硬度、主要特点及用途

牌号	退火交货状态的钢材硬度 HBW	试样淬火硬度		主要特点及用途
		淬火温度/℃及冷却介质	洛氏硬度 HRC ≥	
9SiCr	197~241	820~860,油	62	比铬钢具有更高的淬透性和淬硬性,回火稳定性好。适宜制造形状复杂、变形小、耐磨性要求高的低速切削刃具,如钻头、螺纹工具、手动铰刀、搓丝板及滚丝轮等。也可以制造冷作模具
8MnSi	≤229	800~820,油	60	低合金工具钢,具有较高的回火稳定性、淬透性和耐磨性,热处理变形,较非合金工具钢小,适宜制造木工工具,也可制造冷加工用的模具
Cr06	187~241	780~810,水	64	淬透性和耐磨性较非合金工具钢高,冷加工塑性变形和切削加工性能较好,适宜制造木工工具,也可制造简单冷加工模具,如冲孔模等
Cr2	179~229	830~860,油	62	在 T10 的基础上添加一定量的 Cr,淬透性、硬度、耐磨性也比非合金工具钢高,淬火变形小。适宜制造木工工具、冷冲模及冲头,中小尺寸冷作模具

（续）

牌号	退火交货状态的钢材硬度 HBW	试样淬火硬度		主要特点及用途
		淬火温度/℃及冷却介质	洛氏硬度 HRC ≥	
9Cr2	179~217	820~850,油	62	与 Cr2 钢性能基本相似,但韧性好于 Cr2 钢。适宜制造木工工具、冷轧辊、冷冲模及冲头、钢印冲孔模等
W	187~229	800~830,水	62	热处理后具有更高的硬度和耐磨性,过热敏感性小,热处理变形小,回火稳定性好。适宜制造小型麻花钻头、丝锥、板牙,以及温度不高、切削速度不高的工具

表 4-89b　耐冲击工具用钢的硬度、主要特点及用途

牌号	退火交货状态的钢材硬度 HBW	试样淬火硬度		主要特点及用途
		淬火温度/℃及冷却介质	洛氏硬度 HRC ≥	
4CrW2Si	179~217	860~900,油	53	具有一定的淬透性和高温强度,适宜制造高冲击载荷下操作的工具,如风动工具、冲裁切边复合模、冲模,以及部分小型热作模具
5CrW2Si	207~255	860~900,油	55	具有一定的淬透性和高温强度,适宜制造冷剪金属的刀片、铲搓丝板的铲刀,以及长期工作的木工工具等
6CrW2Si	229~285	860~900,油	57	淬火硬度较高,有一定的高温强度。适宜制造承受冲击载荷而有要求耐磨性高的工具,如风动工具、凿子和模具,空气锤用工具等
6CrMnSi2Mo1V	≤229	885(盐浴)或900(炉控气氛),油	58	相当于 ASTM A681 中的 S5 钢。具有较高的淬透性和耐磨性、回火稳定性,钢种淬火温度较低,模具使用过程很少发生崩刃和断裂,适宜制造在高冲击载荷下操作的工具、冲模等
5Cr3MnSiMo1V	≤235	941(盐浴)或955(炉控气氛),油	56	相当于 ASTM A681 中的 S7 钢。淬透性较好,有较高的强度和回火稳定性,综合性能良好。适宜制造在较高温度、高冲击载荷下工作的工具、冲模等
6CrW2SiV	≤225	870~910,油	58	具有良好的耐冲击和耐磨损性能的配合,具有良好的抗疲劳性能和高的尺寸稳定性。适宜制作刀片、冷成型工具和精密冲裁模以及热冲孔工具等

表 4-89c　轧辊用钢的硬度、主要特点及用途

牌号	退火交货状态的钢材硬度 HBW	试样淬火硬度		主要特点及用途
		淬火温度/℃及冷却介质	洛氏硬度 HRC ≤	
9Cr2V	≤229	830~900,空气	64	高碳含量保证轧辊有高强度;加铬,可增加钢的淬透性;加钒,可提高钢的耐磨性和细化钢的晶粒。适宜制作冷轧工作辊、支承辊等
9Cr2Mo	≤229	830~900,空气	64	高碳含量保证轧辊有高硬度,加铬、钼可增加钢的淬透性和耐磨性。锻造性能良好,适宜制作冷轧工作辊、支承辊和矫正辊
9Cr2MoV	≤229	880~900,空气	64	综合性能优于 9Cr2 系列钢。若采用电渣重熔工艺生产,其辊坯的性能更优良。适宜制造冷轧工作辊、支承辊和矫正辊
8Cr3NiMoV	≤269	900~920,空气	64	经淬火及冷处理后的淬硬层深度可达 30mm 左右。用于制作冷轧工作辊
9Cr5NiMoV	≤269	930~950,空气	64	淬透性高,其成品轧辊单边的淬硬层可达 35~40mm,耐磨性好,适宜制造要求淬硬层深,轧制条件恶劣,抗事故性高的冷轧辊

表 4-89d　冷作模具用钢的硬度、主要特点及用途

牌号	退火交货状态的钢材硬度 HBW	试样淬火硬度		主要特点及用途
		淬火温度/℃及冷却介质	洛氏硬度 HRC ≥	
9Mn2V	≤229	780~810,油	62	具有较高的硬度和耐磨性,淬火时变形较小,淬透性好。适宜制造各种精密量具、样板,也可用于制造尺寸较小的冲模以及机床的丝杆等结构杆
9CrWMn	197~241	800~830,油	62	具有一定的淬透性和耐磨性,淬火变形较小,碳化物分布均匀,且颗粒细小,适宜制作截面不大而变形复杂的冷冲模
CrWMn	207~255	800~830,油	62	比 9SiCr 钢具有更高的硬度和耐磨性和较好的韧性。但该钢对形成碳化物网较敏感,必须根据其严重程度进行锻造或正火。适宜制作丝锥、板牙、铰刀、小型冲模等
MnCrWV	≤255	790~820,油	62	国际上广泛采用的高碳低合金油淬钢,具有较高的淬透性,热处理变形小,硬度高,耐磨性较好。适宜制作钢板冲裁模、剪切刀、量具和热固性塑料成型模等
7CrMn2Mo	≤235	820~870,空气	61	热处理变形小,适宜制作需要接近尺寸公差的制品如修边模、塑料模和精压模等
5Cr8MoVS	≤229	1000~1050,油	59	ASTM A681 中 A8 钢的改良钢种,具有良好淬透性、韧性、热处理尺寸稳定性。适宜制作硬度在 55~60HRC 的冷锻模具。也可用于制作非金属刀具材料
7CrSiMnMoV	≤235	870~900,油或空气	60	火焰淬火钢,淬火温度范围宽,淬透性良好,空冷即可淬硬,具有淬火操作方便,空冷变形小等优点。适宜制作汽车冷弯模具
Cr8Mo2SiV	≤255	1020~1040,油或空气	62	高韧性、高耐磨性钢,具有高的淬透性和耐磨性,淬火时尺寸变化小等特点,适宜制作冷剪切模、量规、拉丝模、冷冲模等
Cr4W2MoV	≤269	960~980 或 1020~1040,油	60	具有较高的淬透性、淬硬性、耐磨性和尺寸稳定性,适宜制作各种冲模、冷挤凹模及搓丝板等
6Cr4W3Mo2VNb	≤255	1100~1160,油	60	即 65Nb 钢,加入铌以提高钢的强韧性和改善工艺性。适宜制作冷挤压、厚板冷冲、冷镦等承受较大载荷的冷作模具,也可用于制作温热挤压模具
6W6Mo5Cr4V	≤269	1180~1200,油	60	低碳型高速钢、较 W6Mo5Cr4V2 的碳、钒含量均低,具有较高的韧性,用于冷作模具钢,主要用于制作钢铁材料冷挤压模具
W6Mo5Cr4V2	≤255	1210~1230(盐浴或控制气氛),油	64(盐浴)、63(炉控气氛)	钨钼系高速钢的代表牌号。具有韧性高,热塑好,耐磨性、红硬性高等特点。用于冷作模具钢,适宜制作各种类型的工具和大型热塑成型的刀具,还可以制作高负荷下耐磨性零件
Cr8	≤255	920~980,油	63	具有较好的淬透性和高的耐磨性,适宜制作要求耐磨性较高的各类冷作模具钢,与 Cr12 相比具有较好的韧性
Cr12	217~269	950~1000,油	60	具有良好的耐磨性,适宜制作受冲击负荷较小的要求较高耐磨的冷冲模、冲头、钻套、量规及拉丝模等
Cr12W	≤255	950~980,油	60	莱氏体钢。具有较高的耐磨性和淬透性。但塑性、韧性较低。适宜制作高强度、高耐磨性、受热不高于 400℃ 的工模具,如钢板深拉伸模、拉丝模等
7Cr7Mo2V2Si	≤255	1100~1150,油或空气	60	比 Cr12 钢和 W6Mo5Cr4V2 钢具有更高的强度和韧性,更好地耐磨性,且冷热加工的工艺性能优良,热处理变形小,通用性强
Cr5Mo1V	≤255	940(盐浴)或 950(炉控气氛),油	60	空淬钢。具有良好的空淬特性,耐磨性介于高碳油淬模具钢和高碳高铬耐磨型模具钢之间,但其韧性较好,通用性强,适于制作下料模、成型模、轧辊
Cr12MoV	207~255	950~1000,油	58	具有高的淬透性和耐磨性,淬火时尺寸变化小。适宜制作形状复杂的冲孔模、冷剪切刀、拉伸模、量具等

（续）

牌号	退火交货状态的钢材硬度 HBW	试样淬火硬度		主要特点及用途
		淬火温度/℃及冷却介质	洛氏硬度 HRC ≥	
Cr12Mo1V1	≤255	1000(盐浴)或1010(炉控气氛),空冷	59	具有高的淬透性、淬硬性和高的耐磨性,高温抗氧化性能好,热处理变形小,适宜制作各种高精度、长寿命的冷作模具、刃具和量具

表 4-89e　热作模具用钢的硬度、主要特点及用途

牌号	退火交货状态的钢材硬度 HBW	淬火温度/℃及冷却介质	主要特点及用途
5CrMnMo	197~241	820~850,油	淬透性较5CrNiMo略差,耐热疲劳性逊于5CrNiMo,适宜制作要求较高强度和高耐磨性的锻模
5CrNiMo	197~241	830~860,油	有良好的韧性、强度和较高的耐磨性,在加热到500℃时仍能保持硬度在300HBW左右。对回火脆性不敏感,适宜制作各种大、中型锻模
4CrNi4Mo	≤285	840~870,油或空气	具有良好的淬透性、韧性和抛光性能。适宜制作热作模具和塑料模具,也可用于制作部分冷作模具
4Cr2NiMoV	≤220	910~960,油	5CrMnMo钢的改进型,具有较高的室温强度及韧性,较好的回火稳定性、淬透性及抗热疲劳性能。适宜制作热锻模具
5CrNi2MoV	≤255	850~880,油	与5CrNiMo钢类似。适宜制作大型锻压模具和热剪
5Cr2NiMoVSi	≤255	960~1010,油	具有良好的淬透性和热稳定性,适宜制作各种大型热锻模
8Cr3	207~255	850~880,油	适宜制作热冲孔模的冲头、热顶锻模,以及工作温度低于500℃、受冲击较小且要求耐磨的工作零件
4Cr5W2VSi	≤229	1030~1050,油或空气	压铸模用钢,在中温下具有较高的热强度、硬度、耐磨性、韧性和较好的热疲劳性能。适宜制作热挤压用的模具和芯棒,铝、锌等轻金属的压铸模,热顶锻结构钢和耐热钢用的工具,以及成型某些零件用的高速锤锻模
3Cr2W8V	≤255	1075~1125,油	在高温下具有高的强度和硬度(650℃时硬度为300HBW左右),但韧性较差。适宜制作高温下高应力、但不受冲击载荷的凸模、凹模,铜合金挤压模、压铸用模具,还可以制作高温下受力的热金属切刀等
4Cr5MoSiV	≤229	1010(盐浴)或1020(炉控气氛),油	具有良好的韧性、热强性和热疲劳性能。热处理变形小,适宜制作铝压铸模、热挤压模、塑料模等
4Cr5MoSiV1	≤229	1000(盐浴)或1010(炉控气氛),油	压铸模用钢,相当于ASTM A681中的H13钢,具有良好的韧性、热疲劳性能和一定的耐磨性,热处理变形小。适宜制作铝、铜及其合金铸件的压铸模、热挤压模、塑料模等
4Cr3Mo3SiV	≤229	1010(盐浴)或1020(炉控气氛),油	相当于ASTM A681中的H10钢,具有非常好的淬透性、很高的韧性和高温强度。适宜制作热挤压模、热冲模、热锻模、压铸模等
5Cr4Mo3SiMnVA1	≤255	1090~1120,油	热作、冷作兼用的模具钢,具有较高的热强性、高温硬度、抗回火稳定性,并具有较好的耐磨性。模具工作温度可达700℃,主要用于轴承行业的热挤压模和标准件行业的冷镦模
4CrMnSiMoV	≤255	870~930,油	低合金大截面热锻模用钢。主要用于制作5CrNiMo钢不能满足要求的、大型锤锻模和机锻模
5Cr5WMoSi	≤248	990~1020,油	具有良好淬透性和韧性、热处理尺寸稳定性好和中等的耐磨性。适宜制作硬度在55~60HRC的冲头。也适宜制作冷作模具
4Cr5MoWVSi	≤235	1000~1030,油或空气	具有良好的韧性和热强性。热处理变形小,适宜制作铝压铸模、锻压模、热挤压模等
3Cr3Mo3W2V	≤255	1060~1130,油	ASTM A681中H10改进型钢种,具有高的强韧性和抗冷热疲劳性能,热稳定性好。适宜制作热挤压模、热冲模、热锻模、压铸模等

（续）

牌号	退火交货状态的钢材硬度 HBW	淬火温度/℃及冷却介质	主要特点及用途
5Cr4W5-Mo2V	≤269	1100~1150,油	韧性和抗热疲劳性能低于 4Cr5MoSiV1 钢。适宜制作对高温强度和抗磨损性能有较高要求的热作模具,可替代 3Cr2W8V
4Cr5Mo2V	≤220	1000~1030,油	4Cr5MoSiV1 改进型钢。适宜制作铝、铜及其合金的压铸模具,热挤压模、穿孔用的工具、芯棒
3Cr3Mo3V	≤229	1010~1050,油	具有较高热强性和韧性,良好的抗回火稳定性和疲劳性能。适宜制作镦锻模、热挤压模和压铸模等
4Cr5Mo3V	≤229	1000~1300,油或空气	具有良好的高温强度、良好的抗回火稳定性和高抗热疲劳性。适宜制作热挤压模、温锻模和压铸模具和其他的热成型模具
3Cr3Mo3-VCo3	≤229	1000~1050,油	具有高的热强性、良好的回火稳定性和耐抗热疲劳性等特点。适宜制作热挤压模、温锻模和压铸模具

表 4-89f 塑料模具用钢的硬度、主要特点及用途

牌号	淬火温度/℃及冷却介质	洛氏硬度 HRC ≥	主要特点及用途
SM45	—	—	非合金塑料模具钢,切削加工性能好,淬火后具有较高的硬度,调质处理后具有良好的强韧性和一定的耐磨性,适宜制作中、小型的中、低档次的塑料模具
SM50	—	—	非合金塑料模具钢,切削加工性能好,适宜制作形状简单的小型塑料模具或精度要求不高、使用寿命不需要很长的塑料模具等,但焊接性能、冷变形性能差
SM55	—	—	非合金塑料模具钢,切削加工性能中等。适宜制作成形状简单的小型塑料模具或精度要求不高、使用寿命较短的塑料模具
3Cr2Mo	850~860,油	52	预硬型钢,相当于 ASTM A681 中的 P20 钢,其综合性能好,淬透性高,较大的截面钢材也可获得均匀的硬度,抛光性能好
3Cr2MnNiMo	830~870,油或空气	48	预硬型钢,相当于瑞典 ASSAB 公司的 718 钢,其综合力学性能好,淬透性高,大截面钢材在调质处理后有较均匀的硬度分布,抛光性能好
4Cr2Mn1MoS	830~870,油	51	易切削预硬化型钢,其使用性能与 3Cr2MnNiMo 相似,但具有更优良的机械加工性能
8Cr2MnWMoVS	860~900,空气	62	预硬化型易切削钢,适宜制作各种类型的塑料模、胶木模、陶土瓷料模以及印制板的冲孔模。也可用于制作精密的冷冲模具等
5CrNiMnMoVSCa	860~920,油	62	预硬化型易切削钢,钢中加入 S 元素改善钢的切削加工工艺性能,加入 Ca 元素改善钢的力学性能,降低钢的各向异性,适宜制作各种类型的精密注塑模具、压塑模具和橡胶模具
2CrNiMoMnV	850~930,油或空气	48	预硬化型镜面塑料模具钢,是 3Cr2MnNiMo 钢的改进型。其淬透性高、硬度均匀,并具有良好的抛光性能、电火花加工性能和蚀花(皮纹加工)性能,适合渗氮处理,适宜制作大中型镜面塑料模具
2CrNi3MoAl	—	—	时效硬化钢。由于固溶处理工序是在切削加工制成模具之前进行的,从而避免了模具的淬火变形,综合力学性能好,适宜制作复杂、精密的塑料模具
1Ni3MnCuMoAl	—	—	即 10Ni3MnCuAl,一种镍铜铝系时效硬化型钢。其淬透性好,热处理变形小,镜面加工性能好,适宜制作高镜面的塑料模具,高外观质量的家用电器塑料模具

（续）

牌号	淬火温度/℃及冷却介质	洛氏硬度 HRC ≥	主要特点及用途
06Ni6CrMoVTiAl	850~880（固溶）油或空气	实测	低合金马氏体时效钢，简称C6Ni钢，经固溶处理（也可在粗加工后进行）后，硬度为25~28HRC。在机械加工及抛光后，再进行时效处理，使硬度明显增加，可直接使用，保证模具有高的精度和使用寿命
00Ni18Co8Mo5TiAl	805~825（固溶），空气	协议	沉淀硬化型超高强度钢，简称18Ni(250)钢，具有高强韧性，良好成形性和焊接性。适宜制作铝合金挤压模和铸件模，精密模具及冷冲模等工模具等
20Cr13	1000~1050，油	45	耐腐蚀型钢，属于Cr13型不锈钢。机械加工性能较好，经热处理后具有优良的耐腐蚀性能，较好的强韧性，适宜制作承受高负荷并在腐蚀介质作用下的塑料模具钢和透明塑料制品模具等
40Cr13	1050~1100，油	50	耐腐蚀型钢，属于Cr13型不锈钢。力学性能较好，经热处理（淬火及回火）后，具有优良的耐腐蚀性能、抛光性能、较高的强度和耐磨性，适宜制作承受高负荷并在腐蚀介质作用下的塑料模具钢和透明塑料制品模具等
4Cr13NiVSi	1000~1030，油	50	耐腐蚀预硬化型钢，属于Cr13型不锈钢。淬回火硬度高，有超镜面加工性，镜面加工性好。适宜制作要求高精度、高耐磨、高耐蚀塑料模具；也用于制作透明塑料制品模具
2Cr17Ni2	1000~1050，油	49	耐腐蚀预硬化型钢，具有好的抛光性能。在玻璃模具的应用中具有好的抗氧化性。适宜制作耐腐蚀塑料模具，并且不用采用Cr、Ni涂层
3Cr17Mo	1000~1040，油	46	耐腐蚀预硬化型钢，属于Cr17型不锈钢。具有优良的强韧性和较高的耐蚀性，适宜制作各种类型的要求高精度、高耐磨，又要求耐蚀性的塑料模具和透明塑料制品模具
3Cr17NiMoV	1030~1070，油	50	耐腐蚀预硬化型钢，属于Cr17型不锈钢。具有优良的强韧性和较高的耐蚀性，适宜制作各种要求高精度、高耐磨，又要求耐蚀的塑料模具和压制透明的塑料制品模具
95Cr18	1000~1050，油	55	在大气、水及某些酸类和盐类的水溶液中有优良的不锈耐蚀性。适宜制作要求耐蚀、高强度和耐磨损的零部件，如轴、杆类、弹簧、紧固件等
90Cr18MoV	1050~1075，油	55	耐蚀、耐磨型钢，属于高碳铬不锈钢。基本性能和用途与9Cr18钢相近，但热强性和抗回火性能更好。适宜制作量具、机械刃具及剪切工具、手术刀片等

表4-89g　特殊用模具用钢的硬度、主要特点及用途

牌号	试样淬火硬度		主要特点及用途
	热处理制度	洛氏硬度 HRC ≥	
7Mn15Cr2Al3V2WMo	1170~1190℃固溶，水冷；650~700℃时效，空冷	45	具有非常低的磁导率，高的硬度、强度，较好的耐磨性。适宜制作无磁模具、无磁轴承及其他要求在强磁场中不产生磁感应的结构零件。也可以用来制造在700~800℃下使用的热作模具
2Cr25Ni20Si2	1040~1150℃固溶，水或空冷	①	奥氏体型耐热钢。具有较好的抗一般耐蚀性能。最高使用温度可达1200℃。连续使用最高温度为1050℃。间歇使用最高温度为1050~1100℃。适宜制作加热炉的各种构件，也用于制造玻璃模具等
0Cr17Ni4Cu4Nb	1020~1060℃固溶，空冷；470~630℃时效，空冷	①	碳含量低，其耐蚀性和焊接性比一般马氏体不锈钢好。适宜制作工作温度400℃以下，要求耐酸蚀性、高强度的部件，也适宜制作在腐蚀介质作用下要求高性能、高精密的塑料模具等

（续）

牌号	试样淬火硬度		主要特点及用途
	热处理制度	洛氏硬度 HRC ≥	
Ni25Cr15Ti2MoMn	950～980℃ 固溶，水或空冷；620～720℃ 时效，空冷	①	特点是高温耐磨性好，高温抗变形能力强，高温抗氧化性能优良，无缺口敏感性，热疲劳性能优良。适宜制作在 650℃ 以下长期工作的高温承力部件和热作模具，如铜排模、热挤压模和内筒等
Ni53Cr19Mo3TiNb	980～1000℃ 固溶，水、油或空冷；710～730℃ 时效，空冷	①	即 In718 合金，具有高温强度高，高温稳定性好，抗氧化性好，冷热疲劳性能及冲击韧性优异等特点，适宜制作 600℃ 以上使用的热锻模、冲头、热挤压模、压铸模等

① 根据需方要求，并在合同中注明，可提供实测值。

4. 高速工具钢（见表 4-90、表 4-91）

表 4-90 高速工具钢的化学成分（摘自 GB/T 9943—2008）

序号	统一数字代号	牌号[①]	化学成分（质量分数，%）									
			C	Mn	Si[②]	S[③]	P	Cr	V	W	Mo	Co
1	T63342	W3Mo3Cr4V2	0.95～1.03	≤0.40	≤0.45	≤0.030	≤0.030	3.80～4.50	2.20～2.50	2.70～3.00	2.50～2.90	—
2	T64340	W4Mo3Cr4VSi	0.83～0.93	0.20～0.40	0.70～1.00	≤0.030	≤0.030	3.80～4.40	1.20～1.80	3.50～4.50	2.50～3.50	—
3	T51841	W18Cr4V	0.73～0.83	0.10～0.40	0.20～0.40	≤0.030	≤0.030	3.80～4.50	1.00～1.20	17.20～18.70	—	—
4	T62841	W2Mo8Cr4V	0.77～0.87	≤0.40	≤0.70	≤0.030	≤0.030	3.50～4.50	1.00～1.40	1.40～2.00	8.00～9.00	—
5	T62942	W2Mo9Cr4V2	0.95～1.05	0.15～0.40	≤0.70	≤0.030	≤0.030	3.50～4.50	1.75～2.20	1.50～2.10	8.20～9.20	—
6	T66541	W6Mo5Cr4V2	0.80～0.90	0.15～0.40	0.20～0.45	≤0.030	≤0.030	3.80～4.40	1.75～2.20	5.50～6.75	4.50～5.50	—
7	T66542	CW6Mo5Cr4V2	0.86～0.94	0.15～0.40	0.20～0.45	≤0.030	≤0.030	3.80～4.50	1.75～2.10	5.90～6.70	4.70～5.20	—
8	T66642	W6Mo6Cr4V2	1.00～1.10	≤0.40	≤0.45	≤0.030	≤0.030	3.80～4.50	2.30～2.60	5.90～6.70	5.50～6.50	—
9	T69341	W9Mo3Cr4V	0.77～0.87	0.20～0.40	0.20～0.40	≤0.030	≤0.030	3.80～4.40	1.30～1.70	8.50～9.50	2.70～3.30	—
10	T66543	W6Mo5Cr4V3	1.15～1.25	0.15～0.40	0.20～0.45	≤0.030	≤0.030	3.80～4.50	2.70～3.20	5.90～6.70	4.70～5.20	—
11	T66545	CW6Mo5Cr4V3	1.25～1.32	0.15～0.40	≤0.70	≤0.030	≤0.030	3.75～4.50	2.70～3.20	5.90～6.70	4.70～5.20	—
12	T66544	W6Mo5Cr4V4	1.25～1.40	≤0.40	≤0.45	≤0.030	≤0.030	3.80～4.50	3.70～4.20	5.20～6.00	4.20～5.00	—

（续）

序号	统一数字代号	牌号①	化学成分(质量分数,%)									
			C	Mn	Si②	S③	P	Cr	V	W	Mo	Co
13	T66546	W6Mo5Cr4V2Al	1.05~1.15	0.15~0.40	0.20~0.60	≤0.030	≤0.030	3.80~4.40	1.75~2.20	5.50~6.75	4.50~5.50	Al:0.80~1.20
14	T71245	W12Cr4V5Co5	1.50~1.60	0.15~0.40	0.15~0.40	≤0.030	≤0.030	3.75~5.00	4.50~5.25	11.75~13.00	—	4.75~5.25
15	T76545	W6Mo5Cr4V2Co5	0.87~0.95	0.15~0.40	0.20~0.45	≤0.030	≤0.030	3.80~4.50	1.70~2.10	5.90~6.70	4.70~5.20	4.50~5.00
16	T76438	W6Mo5Cr4V3Co8	1.23~1.33	≤0.40	≤0.70	≤0.030	≤0.030	3.80~4.50	2.70~3.20	5.90~6.70	4.70~5.30	8.00~8.80
17	T77445	W7Mo4Cr4V2Co5	1.05~1.15	0.20~0.60	0.15~0.50	≤0.030	≤0.030	3.75~4.50	1.75~2.25	6.25~7.00	3.25~4.25	4.75~5.75
18	T72948	W2Mo9Cr4VCo8	1.05~1.15	0.15~0.40	0.15~0.65	≤0.030	≤0.030	3.50~4.25	0.95~1.35	1.15~1.85	9.00~10.00	7.75~8.75
19	T71010	W10Mo4Cr4V3Co10	1.20~1.35	≤0.40	≤0.45	≤0.030	≤0.030	3.80~4.50	3.00~3.50	9.00~10.00	3.20~3.90	9.50~10.50

① W18Cr4V、W12Cr4V5Co5 为钨系高速工具钢，其他牌号为钨钼系高速工具钢。
② 电渣钢的硅含量下限不限。
③ 根据需方要求，为改善钢的切削加工性能，其硫质量分数可规定为 0.06%~0.15%。

表 4-91　高速工具钢棒的硬度（摘自 GB/T 9943—2008）

序号	牌号	交货硬度①（退火态）HBW ≤	试样热处理制度及淬回火硬度					
			预热温度/℃	淬火温度/℃		淬火介质	回火温度②/℃	硬度③ HRC ≥
				盐浴炉	箱式炉			
1	W3Mo3Cr4V2	255	800~900	1180~1120	1180~1120	油或盐浴	540~560	63
2	W4Mo3Cr4VSi	255		1170~1190	1170~1190		540~560	63
3	W18Cr4V	255		1250~1270	1260~1280		550~570	63
4	W2Mo8Cr4V	255		1180~1120	1180~1120		550~570	63
5	W2Mo9Cr4V2	255		1190~1210	1200~1220		540~560	64
6	W6Mo5Cr4V2	255		1200~1220	1210~1230		540~560	64
7	CW6Mo5Cr4V2	255		1190~1210	1200~1220		540~560	64
8	W6Mo6Cr4V2	262		1190~1210	1190~1210		550~570	64
9	W9Mo3Cr4V	255		1200~1220	1220~1240		540~560	64
10	W6Mo5Cr4V3	262		1190~1210	1200~1220		540~560	64
11	CW6Mo5Cr4V3	262		1180~1200	1190~1210		540~560	64
12	W6Mo5Cr4V4	269		1200~1220	1200~1220		550~570	64
13	W6Mo5Cr4V2Al	269		1200~1220	1230~1240		550~570	65
14	W12Cr4V5Co5	277		1220~1240	1230~1250		540~560	65
15	W6Mo5Cr4V2Co5	269		1190~1210	1200~1220		540~560	64
16	W6Mo5Cr4V3Co8	285		1170~1190	1170~1190		550~570	65
17	W7Mo4Cr4V2Co5	269		1180~1200	1190~1210		540~560	66
18	W2Mo9Cr4VCo8	269		1170~1190	1180~1200		540~560	66
19	W10Mo4Cr4V3Co10	285		1220~1240	1220~1240		550~570	66

① 退火+冷拉态的硬度，允许比退火态指标增加 50HBW。
② 回火温度为 550~570℃时，回火 2 次，每次 1h；回火温度为 540~560℃时，回火 2 次，每次 2h。
③ 试样淬回火硬度供方若能保证可不检验。

5. 不锈钢和耐热钢（见表 4-92~表 4-94）

表 4-92　不锈钢和耐热钢标准牌号适用标准表（摘自 GB/T 20878—2007）

序号	GB/T 20878—2007			形状									适用标准
	统一数字代号	新牌号	旧牌号	棒	板	带	管	盘条	丝、绳	角钢	坯	锻件	
1	S35350	12Cr17Mn6Ni5N	1Cr17Mn6NiSN	○		○		○					GB/T 1220、GB/T 4356
2	S39950	10Cr17Mn9Ni4N	—		○								GJB 2295A
3	S35450	12Cr18Mn9Ni5N	1Cr18Mn8Ni5N	○	○	○		○				○	GB/T 1220、GB/T 4356、GJB 2295A、QJ 501
4	S35020	20Cr13Mn9Ni4	2Cr13Mn9Ni4	○	○	○						○	GJB 2294、GJB 2295A、GJB 3321、QJ 501
5	S35550	20Cr15Mn15Ni2N	2Cr15Mn15Ni2N					○					GB/T 4356
6	S35650	53Cr21Mn9Ni4N	5Cr21Mn9Ni4N	○			○						GB/T 1221、GB/T 12773
7	S35750	26Cr18Mn12Si2N	3Cr18Mn12Si2N	○									GB/T 1221
8	S35850	22Cr20Mn10Ni2Si2N	2Cr20Mn9Ni2Si2N	○									GB/T 1221
9	S30110	12Cr17Ni7	1Cr17Ni7	○	○	○							GB/T 1220、GB/T 3280、YB/T 5310、GB/T 4237、GB/T 4239、GJB 3321
10	S30103	022Cr17Ni7	—		○	○							GB/T 3280、GB/T 4237
11	S30153	022Cr17Ni7N	—		○	○							GB/T 3280、GB/T 4237
12	S30220	17Cr18Ni9	2Cr18Ni9	○	○								GJB 2294、GJB 2295A
13	S30210	12Cr18Ni9	1Cr18Ni9	○	○	○	○	○	○	○	○	○	GB/T 1220、GB/T 3280、GB/T 4226、GB/T 4237、GB/T 4238、GB/T 4240、GB/T 4356、GB/T 5310、GB/T 9944、GB/T 12770、GB/T 12771、GB/T 13296、GB/T 14975、GB/T 14976、GJB 2294、GJB 2295A、GJB 3320、YB(T) 11、YB/T 5089、YB/T 5133、YB/T 5134、YB/T 5137、YB/T 5309、YB/T 5310、QJ 501
14	S30240	12Cr18Ni9Si3	1Cr18Ni9Si3		○	○							GB/T 4237、GB/T 4238、GB/T 3280
15	S30317	Y12Cr18Ni9	Y1Cr18Ni9	○				○	○				GB/T 1220、GB/T 4226、GB/T 4240、GB/T 4356
16	S30327	Y12Cr18Ni9Se	Y1Cr18Ni9Se	○					○				GB/T 1220、GB/T 4226、GB/T 4240
17	S30408	06Cr19Ni10	0Cr18Ni9	○	○	○	○	○	○	○	○	○	GB/T 1220、GB/T 1221、GB/T 3090、GB/T 3280、GB/T 4226、GB/T 4232、GB/T 4237、GB/T 4238、GB/T 4240、GB/T 4356、GB/T 9944、GB/T 12770、GB/T 12771、GB 13296、GB/T 14975、GB/T 14976、GJB 2294、GJB 2295A、GJB 2296A、GJB 2610、GJB 3321、YB/T 085、YB/T 5089、YB/T 5133、YB/T 5134、YB/T 5309、YB/T 5310、QJ 501

（续）

序号	GB/T 20878—2007			形状									适用标准
	统一数字代号	新牌号	旧牌号	棒	板	带	管	盘条	丝、绳	角钢	坯	锻件	
18	S30403	022Cr19Ni10	00Cr19Ni10	○	○	○	○	○	○	○	○		GB/T 1220、GB/T 3089、GB/T 3090、GB/T 3280、GB/T 4226、GB/T 4237、GB/T 4240、GB/T 4356、GB/T 12770、GB/T 12771、GB 13296、GB/T 14975、GB/T 14976、GJB 2294、GJB 2295A、GJB 2610、YB(T)11、YB/T 5089、YB/T 5309
19	S30409	07Cr19Ni10	—		○	○					○		GB/T 3280、GB/T 4237、YB/T 5089
20	S30450	05Cr19Ni10Si2CeN	—		○	○							GB/T 3280、GB/T 4237
21	S30480	06Cr18Ni9Cu2	0Cr18Ni9Cu2					○					GB/T 4356
22	S30488	06Cr18Ni9Cu3	0Cr18Ni9Cu3	○				○	○				GB/T 1220、GB/T 4232、GB/T 4356
23	S30458	06Cr19Ni10N	0Cr19Ni9N	○	○	○	○		○				GB/T 1220、GB/T 3280、GB/T 4237、GB/T 4240、GB/T 14975、GB/T 14976
24	S30478	06Cr19Ni9NbN	0Cr19Ni10NbN	○	○	○	○						GB/T 1220、GB/T 3280、GB/T 4237、GB/T 14976
25	S30453	022Cr19Ni10N	00Cr18Ni10N	○	○	○	○						GB/T 1220、GB/T 3280、GB/T 4237、GB/T 14975
26	S30510	10Cr18Ni12	1Cr18Ni12	○	○	○		○	○				GB/T 1220、GB/T 3280、GB/T 4226、GB/T 4232、GB/T 4237、GB/T 4240、GB/T 4356
27	S30508	06Cr18Ni12	0Cr18Ni12	○				○					GB/T 4226、GB/T 4232、GB/T 4356
28	S38408	06Cr16Ni18	0Cr16Ni18						○				GB/T 4232
29	S30808	06Cr20Ni11			○								GB/T 4238
30	S30850	22Cr21Ni12N	2Cr21Ni12N	○			○						GB/T 1221、GB/T 12773
31	S30920	16Cr23Ni13	2Cr23Ni13	○	○		○						GB/T 1221、GB/T 4238、GB/T 13296
32	S30908	06Cr23Ni13	0Cr23Ni13	○	○	○	○	○	○				GB/T 1220、GB/T 1221、GB/T 3280、GB/T 4226、GB/T 4237、GB/T 4238、GB/T 4240、GB/T 4356、GB/T 14976
33	S31010	14Cr23Ni18	1Cr23Ni18	○	○							○	GJB 2294、GJB 2295A、QJ 501
34	S31020	20Cr25Ni20	2Cr25Ni20	○	○		○						GB/T 1221、GB/T 4238、GB/T 13296
35	S31008	06Cr25Ni20	0Cr25Ni20	○	○	○	○	○	○		○	○	GB/T 1220、GB/T 1221、GB/T 3280、GB/T 4226、GB/T 4237、GB/T 4238、GB/T 4240、GB/T 4356、GB/T 12770、GB/T 12771、GB 13296、GB/T 14976、YB/T 5089、QJ 501
36	S31053	022Cr25Ni22Mo2N	—		○	○							GB/T 3280、GB/T 4237

37	S31252	015Cr20Ni18Mo6CuN	—										
38	S31608	06Cr17Ni12Mo2	0Cr17Ni12Mo2	○	○	○	○	○	○	○	○	○	GB/T 1220、GB/T 1221、GB/T 3090、GB/T 3280、GB/T 4226、GB/T 4237、GB/T 4238、GB/T 4240、GB/T 4356、GB/T 12770、GB/T 12771、GB 13296、GB/T 14975、GB/T 14976、YB/T 5089、YB/T 5309
39	S31603	022Cr17Ni12Mo2	00Cr17Ni14Mo2	○	○	○	○	○	○	○	○	○	GB/T 1220、GB/T 3098、GB/T 3090、GB/T 3280、GB/T 4226、YB/T 5309、GB/T 4237、GB/T 4240、GB/T 4356、GB/T 12770、GB/T 12771、GB 13296、GB/T 14975、GB/T 14976、GJB 2610、YB/T 5089
40	S31609	07Cr17Ni12Mo2	1Cr17Ni12Mo2				○		○		○		GB 13296、YB(T)11、YB/T 5089
41	S31668	06Cr17Ni12Mo2Ti	0Cr18Ni12Mo2Ti	○	○	○	○						GB/T 1220、GB/T 3280、GB/T 4237、GB 13296、GB/T 14975、GB/T 14976
42	S31678	06Cr17Ni12Mo2Nb	—		○	○							GB/T 3280、GB/T 4237
43	S31658	06Cr17Ni12Mo2N	0Cr17Ni12Mo2N	○	○	○	○						GB/T 1220、GB/T 3280、GB/T 4237、GB/T 14975、GB/T 14976
44	S31653	022Cr17Ni12Mo2N	00Cr17Ni13Mo2N	○	○	○	○						GB/T 1220、GB/T 3280、GB/T 4237、GB/T 14975、GB/T 14976
45	S31688	06Cr18Ni12Mo2Cu2	0Cr18Ni12Mo2Cu2	○	○	○	○						GB/T 1220、GB/T 3280、GB/T 4237、GB/T 14976
46	S31683	022Cr18Ni14Mo2Cu2	00Cr18Ni14Mo2Cu2	○	○	○	○						GB/T 1220、GB/T 3280、GB/T 4237、GB/T 14976
47	S31693	022Cr18Ni15Mo3N	00Cr18Ni15Mo3N	○	○	○			○				GB 4234
48	S31782	015Cr21Ni26Mo5Cu2	—		○	○							GB/T 3280、GB/T 4237
49	S31708	06Cr19Ni13Mo3	0Cr19Ni13Mo3	○	○	○	○						GB/T 1220、GB/T 1221、GB/T 3280、GB/T 4237、GB/T 4238、GB/T 4356、GB 13296、GB/T 14975、GB/T 14976
50	S31703	022Cr19Ni13Mo3	00Cr19Ni13Mo3	○	○	○	○				○		GB/T 1220、GB/T 3280、GB/T 4237、GB/T 4238、GB 13296、GB/T 14975、GB/T 14976、YB/T 5089
51	S31793	022Cr18Ni14Mo3	00Cr18Ni14Mo3	○	○	○			○				GB 4234
52	S31794	03Cr18Ni16Mo5	0Cr18Ni16Mo5	○									GB/T 1220
53	S31723	022Cr19Ni16Mo5N	—		○	○							GB/T 3280、GB/T 4237
54	S31753	022Cr19Ni13Mo4N	—		○	○							GB/T 3280、GB/T 4237

（续）

序号	GB/T 20878—2007			形状									适用标准
	统一数字代号	新牌号	旧牌号	棒	板	带	管	盘条	丝、绳	角钢	坯	锻件	
55	S32168	06Cr18Ni11Ti	0Cr18Ni10Ti	○	○	○	○	○	○	○	○		GB/T 1220、GB/T 1221、GB/T 3090、GB/T 3280、GB/T 4226、GB/T 4237、GB/T 4238、GB/T 4240、GB/T 4356、GB/T 12770、GB/T 12771、GB 13296、GB/T 14975、GB/T 14976、GJB 2294、GJB 2295A、GJB 2296A、GJB 2455、GJB 2610、YB/T 5089、YB/T 5309
56	S32169	07Cr19Ni11Ti	1Cr18Ni11Ti				○						GB 13296
57	S32590	45Cr14Ni14W2Mo	4Cr14Ni14W2Mo	○								○	GB/T 1221、GB/T 12773、QJ 501
58	S32652	015Cr24Ni22Mo8Mn3CuN	—		○	○							GB/T 3280、GB/T 4237
59	S32720	24Cr18Ni8W2	2Cr18Ni8W2	○								○	GJB 2294、QJ 501
60	S33010	12Cr16Ni35	1Cr16Ni35	○	○								GB/T 1221、GB/T 4238
61	S34553	022Cr24Ni17Mo5Mn6NbN	—		○	○							GB/T 3280、GB/T 4237
62	S34778	06Cr18Ni11Nb	0Cr18Ni11Nb	○		○	○	○	○	○	○		GB/T 1221、GB/T 3280、GB/T 4226、GB/T 4237、GB/T 4238、GB/T 4240、GB/T 12770、GB/T 12771、GB 13296、GB/T 14975、GB/T 14976、GJB 2294、YB/T 5089、YB/T 5309
63	S34779	07Cr18Ni11Nb	1Cr19Ni11Nb			○	○				○		GB 5310、GB 9948、GB 13296、YB/T 5089、YB/T 5137
64	S38148	06Cr18Ni13Si4	0Cr18Ni13Si4	○			○						GB/T 1220、GB/T 1221、GB 13296
65	S38240	16Cr20Ni14Si2	1Cr20Ni14Si2	○									GB/T 1221
66	S38340	16Cr25Ni20Si2	1Cr25Ni20Si2	○		○							GB/T 1221、GB/T 4238
67	S21860	14Cr18Ni11Si4A1Ti	1Cr18Ni11Si4A1Ti	○	○	○						○	GB/T 1220、GB/T 3280、GB/T 4237、GJB 2294、GJB 2295A、QJ 501
68	S21953	022Cr19Ni5Mo3Si2N	00Cr18Ni5Mo3Si2	○	○	○	○						GB/T 1220、GB/T 3280、GB/T 4237、GB/T 14975、GB/T 14976
69	S22160	12Cr21Ni5Ti	1Cr21Ni5Ti	○	○	○						○	GB/T 3280、GB/T 4237、GJB 2294、GJB 2295A、GJB 2455、QJ 501
70	S22253	022Cr22Ni5Mo3N	—	○	○	○							GB/T 1220、GB/T 3280、GB/T 4237
71	S22053	022Cr23Ni5Mo3N	—	○	○	○							GB/T 1220、GB/T 3280、GB/T 4237
72	S23043	022Cr23Ni4MoCuN	—		○	○							GB/T 3280、GB/T 4237

73	S22553	022Cr25Ni6Mo2N	—		○	○							GB/T 3280、GB/T 4237
74	S22583	022Cr25Ni7Mo3WCuN	—										
75	S25554	03Cr25Ni6Mo3Cu2N	—		○	○							GB/T 3280、GB/T 4237
76	S25073	022Cr25Ni7Mo4N	—		○	○							GB/T 3280、GB/T 4237
77	S27603	022Cr25Ni7Mo4WCuN	—		○	○							GB/T 3280、GB/T 4237
78	S11348	06Cr13Al	0Cr13Al	○	○	○	○						GB/T 1220、GB/T 1221、GB/T 3280、GB/T 4237、GB/T 4238、GB/T 12771
79	S11168	06Cr11Ti	0Cr11Ti		○								GB/T 4238
80	S11163	022Cr11Ti	—		○	○							GB/T 3280、GB/T 4237、GB/T 4238
81	S11173	022Cr11NbTi	—		○	○							GB/T 3280、GB/T 4237、GB/T 4238
82	S11213	022Cr12Ni	—		○	○							GB/T 3280、GB/T 4237
83	S11203	022Cr12	00Cr12		○	○							GB/T 1221、GB/T 3280、GB/T 4237
84	S11510	10Cr15	1Cr15		○	○	○						GB/T 3280、GB/T 4237、GB/T 12770
85	S11710	10Cr17	1Cr17	○	○	○	○	○	○	○			GB/T 1220、GB/T 1221、GB/T 3280、GB/T 4226、GB/T 4232、GB/T 4237、GB/T 4238、GB/T 4240、GB/T 4356、GB/T 12770、GB 13296、GB/T 14975、GB/T 14976、GJB 2294、YB/T 5309
86	S11717	Y10Cr17	Y1Cr17	○				○	○				GB/T 1220、GB/T 4226、GB/T 4240、GB/T 4356
87	S11863	022Cr18Ti	00Cr17		○	○	○						GB/T 3280、GB/T 4237、GB/T 12771
88	S11790	10Cr17Mo	1Cr17Mo	○	○	○		○					GB/T 1220、GB/T 3280、GB/T 4237、GB/T 4356
89	S11770	10Cr17MoNb	—										
90	S11862	019Cr18MoTi	—		○	○							GB/T 3280、GB/T 4237
91	S11873	022Cr18NbTi	—		○	○							GB/T 3280、GB/T 4237
92	S11972	019Cr19Mo2NbTi	00Cr18Mo2		○	○	○						GB/T 3280、GB/T 4237、GB/T 12771、YB/T 5133
93	S12550	16Cr25N	2Cr25N	○	○		○						GB/T 1221、GB/T 4238、GB/T 12771
94	S12791	008Cr27Mo	00Cr27Mo	○	○	○	○						GB/T 1220、GB/T 3280、GB/T 4237、GB 13296
95	S13091	008Cr30Mo2	00Cr30Mo2	○	○	○							GB/T 1220、GB/T 3280、GB/T 4237
96	S40310	12Cr12	1Cr12	○	○	○					○		GB/T 1220、GB/T 3280、GB/T 4226、GB/T 4237、GB/T 4238、YB/T 5089

(续)

序号	GB/T 20878—2007 统一数字代号	新牌号	旧牌号	形状 棒	板	带	管	盘条	丝、绳	角钢	坯	锻件	适用标准
97	S41008	06Cr13	0Cr13	○	○	○	○	○	○			○	GB/T 1220、GB/T 3280、GB/T 4237、GB/T 4356、GB/T 8732、GB/T 12770、GB/T 12771、GB/T 14975、GB/T 14976、QJ 501
98	S41010	12Cr13	1Cr13	○	○	○	○		○		○	○	GB/T 1220、GB/T 1221、GB/T 3280、GB/T 4232、GB/T 4237、GB/T 4238、GB/T 4240、GB/T 4226、GB/T 8732、GB/T 12770、GB/T 14975、GJB 2294、GJB 2295A、GJB 2455、YB/T 5089、QJ 501
99	S41595	04Cr13Ni5Mo	—		○	○							GB/T 3280、GB/T 4237
100	S41617	Y12Cr13	Y1Cr13	○				○	○				GB/T 1220、GB/T 4240、GB/T 4356、GB/T 4226
101	S42020	20Cr13	2Cr13	○	○	○	○	○	○		○	○	GB/T 1220、GB/T 1221、GB/T 3280、GB/T 4226、GB/T 4237、GB/T 4240、GB/T 4356、GB/T 8732、GB/T 14975、GJB 2294、GJB 2295A、GJB 2455、YB/T 5089、QJ 501
102	S42030	30Cr13	3Cr13	○	○	○	○	○	○		○	○	GB/T 1220、GB/T 3280、GB/T 4226、GB/T 4237、GB/T 4240、GB/T 4356、GJB 2294、GJB 2295A、GJB 2455、GJB 3320、GJB 3321、YB/T 5089、YB/T 5310、QJ 501
103	S42037	Y30Cr13	Y3Cr13	○				○					GB/T 1220、GB/T 4226、GB/T 4356
104	S42040	40Cr13	4Cr13	○	○	○			○		○	○	GB/T 1220、GB/T 3280、GB/T 4237、GB/T 4240、GB/T 4356、GJB 2294、GJB 2295A、YB/T 5089、QJ 501
105	S41427	Y25Cr13Ni2	Y2Cr13Ni2	○								○	GJB 2294、QJ 501
106	S43110	14Cr17Ni2	1Cr17Ni2	○	○	○		○	○		○	○	GB/T 1220、GB/T 1221、GB/T 4240、GB/T 4232、GB/T 4356、GJB 2294、GJB 2295A、GJB 2455、YB/T 5089、QJ 501
107	S43120	17Cr16Ni2	—	○	○	○							GB/T 1220、GB/T 1221、GB/T 3280、GB/T 4237

108	S44070	68Cr17	7Cr17	○	○	○		○					GB/T 1220、GB/T 3280、GB/T 4237、GB/T 4356、YB/T 096
109	S44080	85Cr17	8Cr17	○				○				○	GB/T 1220、GB/T 4356、YB/T 096、QJ 501
110	S44096	108Cr17	11Cr17	○				○					GB/T 1220、GB/T 4226、GB/T 4356
111	S44097	Y108Cr17	Y11Cr17	○				○					GB/T 1220、GB/T 4356
112	S44090	95Cr18	9Cr18	○				○	○			○	GB/T 1220、GB/T 4240、GB/T 4356、GJB 2294、YB/T 096、QJ 501
113	S45110	12Cr5Mo	1Cr5Mo	○			○				○		GB/T 1221、GB/T 6479、GB 9948、YB/T 5137
114	S45610	12Cr12Mo	1Cr12Mo	○									GB/T 1221、GB/T 8732
115	S45710	13Cr13Mo	1Cr13Mo	○				○			○		GB/T 1220、GB/T 1221、GB/T 4356、YB/T 5089
116	S45830	32Cr13Mo	3Cr13Mo	○				○					GB/T 1220、GB/T 4356
117	S45990	102Cr17Mo	9Cr18Mo	○				○	○				GB/T 1220、GB/T 4356、YB/T 096
118	S46990	90Cr18MoV	9Cr18MoV	○				○					GB/T 1220、GB/T 4356
119	S46010	14Cr11MoV	1Cr11MoV	○									GB/T 1221、GB/T 8732
120	S46110	158Cr12MoV	1Cr12MoV	○									GJB 2294
121	S46020	21Cr12MoV	2Cr12MoV	○									GB/T 8732
122	S46250	18Cr12MoVNbN	2Cr12MoVNbN	○									GB/T 1221
123	S47010	15Cr12WMoV	1Cr12WMoV	○									GB/T 1221、GB/T 8732
124	S47220	22Cr12NiWMoV	2Cr12NiWMoV	○	○								GB/T 8732、GB/T 4238
125	S47310	13Cr11Ni2W2MoV	1Cr11Ni2W2MoV	○	○			○			○	○	GB/T 4356、GJB 2294、GJB 2295A、GJB 2455、QJ 501
126	S47410	14Cr12Ni2WMoVNb	1Cr12Ni2WMoVNb	○							○		GJB 2294、GJB 2455

（续）

序号	GB/T 20878—2007			形状									适用标准
	统一数字代号	新牌号	旧牌号	棒	板	带	管	盘条	丝、绳	角钢	坯	锻件	
127	S47250	10Cr12Ni3Mo2VN	1Cr12Ni3Mo2VN		○								GJB 2295A
128	S47450	18Cr11NiMoNbVN	2Cr11NiMoNbVN	○									GB/T 8732
129	S47710	13Cr14Ni3W2VB	1Cr14Ni3W2VB									○	QJ 501
130	S48040	42Cr9Si2	4Cr9Si2	○			○						GB/T 1221、GB/T 12773
131	S48045	45Cr9Si3	—	○									GB/T 1221
132	S48140	40Cr10Si2Mo	4Cr10Si2Mo	○			○				○	○	GB/T 1221、GB/T 12773、GJB 2294、YB/T 5089、QJ 501
133	S48380	80Cr20Si2Ni	8Cr20Si2Ni	○			○						GB/T 1221、GB/T 12773
134	S51380	04Cr13Ni8Mo2Al	—		○	○							GB/T 3280、GB/T 4237
135	S51290	022Cr12Ni9Cu2NbTi	—		○	○							GB/T 3280、GB/T 4237、GB/T 4238
136	S51550	05Cr15Ni5Cu4Nb	—	○									GB/T 1220
137	S51740	05Cr17Ni4Cu4Nb	0Cr17Ni4Cu4Nb	○	○	○					○	○	GB/T 1220、GB/T 1221、GB/T 4238、GB/T 8732、GJB 2294、YB/T 5089、QJ 501
138	S51770	07Cr17Ni7Al	0Cr17Ni7Al	○	○	○		○	○			○	GB/T 1220、GB/T 1221、GB/T 3280、GB/T 4237、GB/T 4238、GB/T 4356、GJB 2294、GJB 2295A、GJB 3320、GJB 3321、YB/T 5310、QJ 501
139	S51570	07Cr15Ni7Mo2Al	0Cr15Ni7Mo2Al	○	○	○			○				GB/T 1220、GB/T 3280、GB/T 4237、GB/T 4238、GJB 3321、YB(T)11
140	S51240	07Cr12Ni4Mn5Mo3Al	0Cr12Ni4Mn5Mo3Al		○	○			○				GB/T 3280、GJB 3320、GJB 3321
141	S51750	09Cr17Ni5Mo3N	—		○	○							GB/T 3280、GB/T 4237
142	S51778	06Cr17Ni7AlTi	—		○	○							GB/T 3280、GB/T 4237、GB/T 4238
143	S51525	06Cr15Ni25Ti2MoAlVB	0Cr15Ni25Ti2MoAlVB	○	○	○							GB/T 1221、GB/T 3280、GB/T 4238

表 4-93　耐热钢棒的力学性能、特性和应用（摘自 GB/T 1221—2007）

牌号	热处理	力学性能						特性和应用
		规定塑性延伸强度 $R_{p0.2}$ /MPa	抗拉强度 R_m /MPa	断后伸长率 A (%)	断面收缩率 Z (%)	硬度 HBW		
		≥				淬火、回火后	退火后	
06Cr15Ni25Ti2MoAlVB	固溶时效	590	900	15	18	≥248		用于耐 700℃高温的汽轮机转子,螺栓、叶片、轴
16Cr25N	退火	275	510	20	40		≤201	耐高温腐蚀性强,1082℃以下不产生易剥落的氧化皮。可用于燃烧室
06Cr13Al		175	410	20	60		≤183	冷却硬化少,可作燃气涡轮压缩机叶片
022Cr12		195	366	22	60		≤183	耐高温氧化,可用于要求焊接的部件,汽车排气阀净化装置、锅炉燃烧室、喷嘴
10Cr17		205	450	22	50		≤183	用于 900℃以下耐氧化部件,散热器、炉用部件、油喷嘴
12Cr5Mo	淬火后回火	390	590	18			≤200	能抗石油裂化过程中产生的腐蚀。用作石油裂解管、蒸汽轮机气缸衬套、高压加氢设备部件
42Cr9Si2		590	885	19	50		≤269	热强性较高,用作内燃机进气阀,轻载荷发动机的排气阀
40Cr10Si2Mo		685	885	10	35		≤269	热强性较高,用作内燃机进气阀,轻载荷发动机的排气阀
80Cr20Si2Ni	退火、淬火、回火	685	885	10	15	≥262	≤320	用于耐磨性为主的吸气阀、排气阀、阀座
14Cr11MoV	淬火后回火	490	685	16	55		≤200	热强性较高、减振性及组织稳定性良好。用于涡轮叶片及导向叶片
12Cr12Mo	淬火、回火	550	685	18	60	217~248	≤255	可作汽轮机叶片
18Cr12MoVNbN		685	835	15	30	≤321	≤289	可作汽轮机叶片、轮盘、叶轮轴、螺栓
15Cr12WMoV	淬火后回火	585	735	14	45			热强性较高、减振性及组织稳定性良好。用于涡轮叶片、转子及轮盘
22Cr12NiMoWV		735	885	10	25	≤341	≤269	可作高温结构部件,汽轮机叶片、轮盘、叶轮轴、螺栓
12Cr13		345	540	22	55	159	≤200	可作 800℃以下耐氧化用部件
13Cr13Mo	退火、淬火回火	490	690	20	60	192	≤200	可作汽轮机叶片,高温、高压蒸汽用机械部件
20Cr13		440	640	20	50	≥192	≤223	淬火状态下硬度高,耐蚀性良好。可作汽轮机叶片
14Cr17Ni2	淬火后回火		1080	10				可用于具有较高程度的耐硝酸及有机酸腐蚀的零件、容器和设备
13Cr11Ni2W2MoV	淬火后回火	735 885	885 1080	15 12	55 50	269~321 311~388	≤289	有良好的韧性和抗氧化性能,在淡水和湿空气中有较好的耐蚀性能
05Cr19Ni14Cu4Nb	固溶 480℃时效 550℃时效 580℃时效 620℃时效	 1180 1000 865 725	 1310 1060 1000 930	 10 12 13 16	 40 45 45 50	≤363 ≥375 ≥331 ≥302 ≥277		可作燃气涡轮压缩机叶片、燃气涡轮发动机绝缘材料
07Cr17Ni7Al	固溶 565℃时效 510℃时效	380 960 1030	1030 1140 1230	20 5 4	 25 10	≤229 ≥363 ≥388		可作高温弹簧、膜片、固定器、波纹管

表 4-94　不锈钢棒的力学性能、特性和应用（摘自 GB/T 1220—2007）

牌号	热处理	力学性能					适用尺寸/mm ≤	特性和应用
		规定塑性延伸强度 $R_{p0.2}$/MPa	抗拉强度 R_m/MPa	断后伸长率 A(%)	断面收缩率 Z(%)	硬度 HBW ≤		
		≥						
12Cr17Mn6Ni5N	固溶	275	520	40	45	241	180	节镍钢种，代替牌号 1Cr17Ni7，冷加工后具有磁性。用于铁道车辆
12Cr18Mn9Ni5N		275	520	40	45	207		节镍钢种，代替牌号 1Cr18Ni9
12Cr17Ni7		205	520	40	60	187		经冷加工后具有高的强度。用于铁道车辆，传送带螺栓、螺母
12Cr18Ni9		205	520	40	60	187		经冷加工后具有高的强度，但伸长率比 1Cr17Ni7 稍差。可用于建筑用装饰材料
Y12Cr18Ni9		205	520	40	50	187		易切削、耐烧蚀。适用于自动车床加工的螺栓、螺母
Y12Cr18Ni9Se		205	520	40	50	187		易切削，耐烧蚀。适用于自动车床加工的铆钉、螺钉
06Cr19Ni10		205	520	40	60	187		作为不锈耐热钢使用，广泛地用于食品用设备、一般化工设备、原子能工业用设备
022Cr19Ni10		175	480	40	60	187		比 0Cr19Ni9 碳含量更低的钢，耐晶间腐蚀性优越。可用于焊接后不进行热处理的部件
06Cr19Ni10N		275	550	35	50	217		比 0Cr19Ni9 强度高，塑性不降低。可作结构用强度部件
06Cr19Ni9NbN		345	685	35	50	250		具有与 0Cr19Ni9 相同的特性和用途
022Cr19Ni10N		245	550	40	50	217		特性和用途与 0Cr19Ni9N 相同，但耐晶间腐蚀性更好
10Cr18Ni12		175	480	40	60	187		与 0Cr19Ni9 相比，加工硬化性低。可作为旋压加工，特殊冷拔，冷镦用材料
06Cr23Ni13		205	520	40	60	187		耐腐蚀性，耐热性均比 0Cr19Ni9 好
06Cr25Ni20		205	520	40	50	187		抗氧化性比 0Cr23Ni13 好，可作为耐热钢使用
06Cr17Ni12Mo2		205	520	40	60	187		在海水和其他各种介质中，耐腐蚀性比 0Cr19Ni9 好。主要用作耐点蚀材料
022Cr17Ni12Mo2		175	480	40	60	187		比 0Cr17Ni12Mo2 耐晶间腐蚀性好
06Cr17Ni12Mo2N		275	550	35	50	217		比 0Cr17Ni12Mo2 强度高，不降低塑性
022Cr17Ni12Mo2N		245	550	40	50	217		用途与 0Cr17Ni12Mo2N 相同，但耐晶间腐蚀性更好

（续）

牌号	热处理	力学性能					适用尺寸/mm ≤	特性和应用
		规定塑性延伸强度 $R_{p0.2}$/MPa	抗拉强度 R_m /MPa	断后伸长率 A (%)	断面收缩率 Z (%)	硬度 HBW ≤		
		≥						
06Cr18Ni12Mo2Cu2	固溶	205	520	40	60	187	180	耐腐蚀性、耐点腐蚀性比 0Cr17Ni12Mo2 好。用于耐硫酸材料
022Cr18Ni14Mo2Cu2	固溶	175	480	40	60	187	180	比 0Cr18Ni12Mo2Cu2 的耐晶间腐蚀性好
06Cr19Ni13Mo3	固溶	205	520	40	60	187	180	耐点腐蚀性比 0Cr17Ni2Mo2 好,可作染色设备材料
022Cr19Ni13Mo3	固溶	175	480	40	60	187	180	比 0Cr19Ni13Mo3 耐晶间腐蚀性好
06Cr17Ni12Mo2Ti	固溶	205	530	40	55	187	180	有良好耐晶间腐蚀性,用于抵抗硫酸、磷酸、蚁酸、醋酸的设备
03Cr18Ni16Mo5	固溶	175	480	40	45	187	180	吸取含氯离子溶液的换热器,醋酸设备,漂白装置等,在 00Cr17Ni14Mo2 和 00Cr17Ni3Mo3 不能适用的环境中使用
06Cr18Ni11Ti	固溶	205	520	40	50	187	180	添加 Ti 提高耐晶间腐蚀性,不推荐作装饰材料
06Cr18Ni11Nb	固溶	205	520	40	50	187	180	含 Nb 提高耐晶间腐蚀性
06Cr18Ni9Cu3	固溶	175	480	40	60	187	180	在牌号 0Cr19Ni9 中加入 Cu,提高冷加工性。用作冷镦材料
06Cr18Ni13Si4	固溶	205	520	40	60	207	180	在牌号 0Cr19Ni9 中增加 Ni,添加 Si,提高耐应力腐蚀断裂性。用于含氯离子环境
14Cr18Ni11Si4AlTi	固溶	440	715	25	40		75	制作抗高温浓硝酸介质的零件和设备
022Cr19Ni5Mo3Si2N	固溶	390	590	20	40		75	具有较高的强度,适用于含氯离子的环境。用于化肥、造纸、石油、化工等工业换热器和冷凝器等
06Cr13Al	退火	175	410	20	60	183	75	从高温下冷却不产生显著硬化。可作为汽轮机材料,淬火用部件,复合钢材
022Cr12	退火	195	360	22	60	183	75	比 0Cr13 含碳量低,焊接部位弯曲性能、加工性能、耐高温氧化性能好可用于汽车排气处理装置,锅炉燃烧室、喷嘴
10Cr17	退火	205	450	22	50	183	75	耐蚀性良好的通用钢种,用于建筑内装饰,重油燃烧器部件,家庭用具,家用电器部件
Y10Cr17	退火	205	450	22	50	183	75	切削性能比 1Cr17 好。用于自动车床上加工的螺栓、螺母等

（续）

牌号	热处理	力学性能					适用尺寸/mm	特性和应用
		规定塑性延伸强度 $R_{p0.2}$/MPa	抗拉强度 R_m/MPa	断后伸长率 A（%）	断面收缩率 Z（%）	硬度 HBW		
		≥				≤	≤	
10Cr17Mo	退火	205	450	22	60	183	75	为 1Cr17 的改良钢种，比 1Cr17 抗盐溶液性强。可作为汽车外装材料使用
008Cr30Mo2	退火	295	450	20	45	228		高 Cr-Mo 系，C、N 降至极低，耐蚀性很好。可用于与乙酸、乳酸等有机酸有关的设备，制造苛性碱设备
008Cr27Mo	退火	245	410	20	45	219		
12Cr12	退火 淬火 回火	390	590	25	55	170		作为汽轮机叶片及高应力部件的不锈耐热钢
12Cr13		345	540	25	55	159		具有良好的耐蚀性，用作刃具类
06Cr13		345	490	24	60			作较高韧性及受冲击载荷的零件，如汽轮机叶片、结构架、不锈设备、螺栓、螺母等
Y12Cr13		345	540	17	45	159		不锈钢中切削性能最好的钢种，用于自动车床
13Cr13Mo		490	690	20	60	192		比 1Cr13 耐蚀性高的高强度钢钢种。用于汽轮机叶片，高温部件
20Cr13		440	640	20	50	192		淬火状态下硬度高，耐蚀性良好。可作汽轮机叶片
30Cr13		540	735	12	40	217		比 2Cr13 淬火后的硬度高，可作刃具、喷嘴、阀座、阀门等
Y30Cr13		540	735	8	35	217		改善 3Cr13 切削性能的钢种
32Cr13Mo						HRC50		作较高硬度及高耐磨性的热油泵轴，阀片、阀门轴承，医疗器械、弹簧等零件
40Cr13						HRC50		
14Cr17Ni2			1080	10				用于要求较高强度的耐硝酸及有机酸腐蚀的零件、容器和设备
68Cr17						HRC54		硬化状态下坚硬，但比 8Cr17、11Cr17 韧性高。用作刃具、量具、轴承
85Cr17						HRC56		硬化状态下比 7Cr17 硬，而比 11Cr17 韧性高。用作刃具、阀门
95Cr18						HRC55		用作不锈钢切片机械刃具、剪切刀具、手术刀片、高耐磨设备零件等
108Cr17						HRC58		在所有不锈钢、耐热钢中，硬度最高。可作喷嘴、轴承
Y108Cr17						HRC58		切削性能比 11Cr17 好，可用于自动车床

4.3.6　钢的型材、板材、管材和线材

4.3.6.1　热轧和冷轧钢棒、锻造钢棒、银亮钢

1. 热轧圆钢和方钢（见表 4-95、表 4-96）

表 4-95　热轧圆钢、方钢尺寸和重量（摘自 GB/T 702—2008）

截面形状	碳钢理论重量(每米长) $G/(\mathrm{kg/m})$	d 或 a 的尺寸系列/mm
圆（直径 d）	$G=6.165\times10^{-3}\times d^2$	5.5,6,6.5,7,8,9,10,11,12,13,14,15,16,17,18,19,20,21,22,23,24,25,26,27,28,29,30,31,32,33,34,35,36,38,40,42,45,48,50,53,55,56,58,60,63,65,68,70,75,80,85,90,95,100,105,110,115,120,125,130,140,145,150,155,160,165,170,180,190,200,210,220,230,240,250,260,270,280,290,300,310
方（边长 a）	$G=7.85\times10^{-3}\times a^2$	

表 4-96　热轧圆钢、方钢尺寸允许偏差　（单位：mm）

截面公称尺寸（圆钢直径或方钢边长）	尺寸允许偏差 组别 1 组	2 组	3 组
≥5.5~7	±0.20	±0.30	±0.40
>7~≤20	±0.25	±0.35	±0.40
>20~≤30	±0.30	±0.40	±0.50
>30~≤50	±0.40	±0.50	±0.60
>50~≤80	±0.60	±0.70	±0.80
>80~≤110	±0.90	±1.00	±1.10
>110~≤150	±1.20	±1.30	±1.40
>150~≤200	±1.60	±1.80	±2.00
>200~≤280	±2.00	±2.50	±3.00

2. 热轧六角钢和八角钢（见表 4-97）

表 4-97　热轧六角钢和八角钢尺寸和允许偏差（摘自 GB/T 702—2008）

对边距离 S/mm	允许偏差/mm 1 组	2 组	3 组	对边距离 S/mm	允许偏差/mm 1 组	2 组	3 组
>8~≤17	±0.25	±0.35	±0.40	>30~≤50	±0.40	±0.50	±0.60
>17~≤20	±0.25	±0.35	±0.40	>50~≤70	±0.60	±0.70	±0.80
>21~≤30	±0.30	±0.40	±0.50				

3. 冷轧圆钢、方钢和六角钢（见表 4-98、表 4-99）

表 4-98　冷轧圆钢、方钢和六角钢尺寸（摘自 GB/T 905—1994）

冷轧圆钢直径,方钢对边距/mm	冷轧六角钢对边距/mm
3、3.2、3.5、4、4.5、5、5.5、6、6.5、7、7.5、8、8.5、9、9.5、10、10.5、11、11.5、12、13、14、15、16、17、18、19、20、21、22、24、25、26、28、30、32、34、35、38、40、42、45、48、50、52、56、60、63、67、70、75、80	3、3.2、3.5、4、4.5、5、5.5、6、6.5、7、8、9、10、11、12、13、14、15、16、17、18、19、20、21、22、24、25、26、28、30、32、34、36、38、40、42、45、48、50、52、55、60、65、70、75、80

表 4-99　冷轧圆钢、方钢和六角钢的尺寸允许偏差（摘自 GB/T 905—1994）

（单位：mm）

尺　寸	允许偏差级别					
	8 h8	9 h9	10 h10	11 h11	12 h12	13 h13
	允 许 偏 差					
3	0 -0.014	0 -0.025	0 -0.040	0 -0.060	0 -0.100	0 -0.140
>3~6	0 -0.018	0 -0.030	0 -0.048	0 -0.075	0 -0.120	0 -0.180
>6~10	0 -0.022	0 -0.036	0 -0.058	0 -0.090	0 -0.150	0 -0.220
>10~18	0 -0.027	0 -0.043	0 -0.070	0 -0.110	0 -0.180	0 -0.270
>18~30	0 -0.033	0 -0.052	0 -0.084	0 -0.130	0 -0.210	0 -0.330
>30~50	0 -0.039	0 -0.062	0 -0.100	0 -0.160	0 -0.250	0 -0.390
>50~80	0 -0.046	0 -0.074	0 -0.120	0 -0.190	0 -0.300	0 -0.460

注：1. 圆钢允许选用级别：8、9、10、11、12。
　　2. 方钢和六角钢允许选用级别：10、11、12、13。

4. 锻制钢棒（见表 4-100、表 4-101）

表 4-100　锻制圆钢、尺寸系列（摘自 GB/T 908—2008）

类别	圆钢公称直径 d 或方钢公称边长 a 尺寸系列
尺寸/mm	50,55,60,65,70,75,80,85,90,95,100,105,110,115,120,125,130,135,140,145,150,160,170,180,190,200,219,220,230,240,250,260,270,280,290,300,310,320,330,340,350,360,370,380,390,400

注：1. 钢棒交货长度通常不小于 1m。
　　2. 锻制钢棒精度分为 1 组和 2 组，在合同中没有规定的，按 2 组规定执行。
　　3. 标记示例：用 GB/T 3077—2015 标准中 20Cr 钢锻制的直径为 80mm，尺寸偏差精度组为 1 组的圆钢其标记为

圆钢 $\dfrac{80\text{-}1\text{GB/T }908\text{—}2008}{20\text{Cr-GB/T }3077\text{—}2015}$

表 4-101　锻制扁钢尺寸及理论重量（摘自 GB/T 908—2008）

公称宽度 b/mm	公称厚度 t/mm																					
	20	25	30	35	40	45	50	55	60	65	70	75	80	85	90	100	110	120	130	140	150	160
	理论重量/kg·m^{-1}																					
40	6.28	7.85	9.42																			
45	7.06	8.83	10.6																			
50	7.85	9.81	11.8	13.7	15.7																	
55	8.64	10.8	13.0	15.1	17.3																	
60	9.42	11.8	14.1	16.5	18.8	21.1	23.6															
65	10.2	12.8	15.3	17.8	20.4	23.0	25.5															
70	11.0	13.7	16.5	19.2	22.0	24.7	27.5	30.2	33.0													
75	11.8	14.7	17.7	20.6	23.6	26.5	29.4	32.4	35.3													
80	12.6	15.7	18.8	22.0	25.1	28.3	31.4	34.5	37.7	40.8	44.0											
90	14.1	17.7	21.2	24.7	28.3	31.8	35.3	38.8	42.4	45.9	49.4											
100	15.7	19.6	23.6	27.5	31.4	35.3	39.2	43.2	47.1	51.0	55.0	58.9	62.8	66.7								
110	17.3	21.6	25.9	30.2	34.5	38.8	43.2	47.5	51.8	56.1	60.4	64.8	69.1	73.4								
120	18.8	23.6	28.3	33.0	37.7	42.4	47.1	51.8	56.5	61.2	65.9	70.6	75.4	80.1								
130	20.4	25.5	30.6	35.7	40.8	45.9	51.0	56.1	61.2	66.3	71.4	76.5	81.6	86.7								
140	22.0	27.5	33.0	38.5	44.0	49.4	55.0	60.4	65.9	71.4	76.9	82.4	87.9	93.4	98.9	110						
150	23.6	29.4	35.3	41.2	47.1	53.0	58.9	64.8	70.7	76.5	82.4	88.3	94.2	100	106	118						
160	25.1	31.4	37.7	44.0	50.2	56.5	62.8	69.1	75.4	81.6	87.9	94.2	100	107	113	126	138	151				
170	26.7	33.4	40.0	46.7	53.4	60.0	66.7	73.4	80.1	86.7	93.4	100	107	113	120	133	147	160				
180	28.3	35.3	42.4	49.4	56.5	63.6	70.6	77.7	84.8	91.8	98.9	106	113	120	127	141	155	170	184	198		
190						67.1	74.6	82.0	89.5	96.9	104	112	119	127	134	149	164	179	194	209		

（续）

公称宽度 b/mm	公称厚度 t/mm 20	25	30	35	40	45	50	55	60	65	70	75	80	85	90	100	110	120	130	140	150	160
	理论重量/kg·m^{-1}																					
200						70.6	78.5	86.4	94.2	102	110	118	127	133	141	157	173	188	204	220		
210						74.2	82.4	90.7	98.9	107	115	124	132	140	148	165	181	198	214	231	247	264
220						77.7	86.4	95.0	103.6	112	121	130	138	147	155	173	190	207	224	242	259	276
230												135	144	153	162	180	199	217	235	253	271	289
240												141	151	160	170	188	207	226	245	264	283	301
250												147	157	167	177	196	216	235	255	275	294	314
260												153	163	173	184	204	224	245	265	286	306	326
280												165	176	187	198	220	242	264	286	308	330	352
300												177	188	200	212	236	259	283	306	330	353	377

注：1. 扁钢截面形状为矩形。

2. 扁钢理论重量 W（kg）计算公式 $W=7.85\times10^{-3}btl$，式中，b—公称宽度（mm）；t—公称厚度（mm）；l—长度（m）。例：$b=75$mm，$h=30$mm，$l=0.5$m，则它的重量为 $W=7.85\times10^{-3}\times75\times30\times0.5kg=8.83$kg 由表中查得每米长度重量为 17.7kg，与此式计算结果基本一致。

5. 银亮钢（摘自 GB/T 3207—2008）

（1）概述　银亮钢是表面没有轧制缺陷和脱碳层，并具有光亮表面的圆钢。有以下 3 类：

剥皮钢（代号 SF）：通过车削剥皮去除轧制缺陷和脱碳层后，再经矫直的圆钢。表面粗糙度 $Ra\leqslant3.0\mu$m，平直度≤1mm/m。

磨光钢（代号 SP）：拉拔或剥皮后，经磨光处理的圆钢。表面粗糙度 $Ra\leqslant5.0\mu$m，平直度≤2mm/m。

抛光钢（代号 SB）：经拉拔、车削剥皮或磨光后，再进行磨光处理的圆钢。表面粗糙度 $Ra\leqslant0.6\mu$m，平直度≤1mm/m。

（2）银亮钢的尺寸和公差（见表 4-102）　银亮钢的尺寸系列有：1，1.1，1.2，1.4，1.5，1.6～2.2（0.2 进位），2.5，2.8，3.2，3.5，4～6（0.5 进位），6.3，7.0～12.0（0.5 进位），13～22（1 进位），24，25，26～32（2 进位），33，34，35，36～42（2 进位），45，48，50，53，55，56～60（2 进位），65，68，70～108（5 进位）。

银亮钢直径的允许偏差有 6～13 级共 8 个等级，其偏差按 6 级（h6），7 级（h7），8 级（h8），9 级（h9），10 级（h10），11 级（h11），12 级（h12），13 级（h13），具体数值查表。

银亮钢长度：直径≤30.0m，通常长度 2～6m，直径>30.0m，通常长度 2～7m。

银亮钢的力学性能和工艺性能允许比相应的技术标准规定波动±10%。

表 4-102　银亮钢的参考截面积和参考重量计算公式

类　别	计 算 公 式
参考截面积 A	$A=0.7854d^2$(mm^2)
参考重量 W	公称直径 $d\leqslant12$mm，$W=6.165d^2$(kg/1000m)
	公称直径 $d>12$mm，$W=6.165d^2$(kg/m)

4.3.6.2　**热轧型钢**（见表 4-103～表 4-110）（摘自 GB 706—2008）

表 4-103　热轧等边角钢截面尺寸、截面面积、理论重量及截面特性

b—边宽度

d—边厚度

r—内圆弧半径

r_1—边端内圆弧半径，$r_1=\frac{1}{3}d$

Z_0—重心距离

型号	截面尺寸/mm b	d	r	截面面积/cm^2	理论重量/(kg/m)	外表面积/(m^2/m)	惯性矩/cm^4 I_x	I_{x1}	I_{x0}	I_{y0}	惯性半径/cm i_x	i_{x0}	i_{y0}	截面系数/cm^3 W_x	W_{x0}	W_{y0}	重心距离/cm Z_0
2	20	3	3.5	1.132	0.889	0.078	0.40	0.81	0.63	0.17	0.59	0.75	0.39	0.29	0.45	0.20	0.60
		4		1.459	1.145	0.077	0.50	1.09	0.78	0.22	0.58	0.73	0.38	0.36	0.55	0.24	0.64

（续）

型号	截面尺寸/mm			截面面积/cm²	理论重量/(kg/m)	外表面积/(m²/m)	惯性矩/cm⁴				惯性半径/cm			截面系数/cm³			重心距离/cm
	b	d	r				I_x	I_{x1}	I_{x0}	I_{y0}	i_x	i_{x0}	i_{y0}	W_x	W_{x0}	W_{y0}	Z_0
2.5	25	3	3.5	1.432	1.124	0.098	0.82	1.57	1.29	0.34	0.76	0.95	0.49	0.46	0.73	0.33	0.73
		4		1.859	1.459	0.097	1.03	2.11	1.62	0.43	0.74	0.93	0.48	0.59	0.92	0.40	0.76
3.0	30	3		1.749	1.373	0.117	1.46	2.71	2.31	0.61	0.91	1.15	0.59	0.68	1.09	0.51	0.85
		4		2.276	1.786	0.117	1.84	3.63	2.92	0.77	0.90	1.13	0.58	0.87	1.37	0.62	0.89
3.6	36	3	4.5	2.109	1.656	0.141	2.58	4.68	4.09	1.07	1.11	1.39	0.71	0.99	1.61	0.76	1.00
		4		2.756	2.163	0.141	3.29	6.25	5.22	1.37	1.09	1.38	0.70	1.28	2.05	0.93	1.04
		5		3.382	2.654	0.141	3.95	7.84	6.24	1.65	1.08	1.36	0.70	1.56	2.45	1.00	1.07
4	40	3	5	2.359	1.852	0.157	3.59	6.41	5.69	1.49	1.23	1.55	0.79	1.23	2.01	0.96	1.09
		4		3.086	2.422	0.157	4.60	8.56	7.29	1.91	1.22	1.54	0.79	1.60	2.58	1.19	1.13
		5		3.791	2.976	0.156	5.53	10.74	8.76	2.30	1.21	1.52	0.78	1.96	3.10	1.39	1.17
4.5	45	3		2.659	2.088	0.177	5.17	9.12	8.20	2.14	1.40	1.76	0.89	1.58	2.58	1.24	1.22
		4		3.486	2.736	0.177	6.65	12.18	10.56	2.75	1.38	1.74	0.89	2.05	3.32	1.54	1.26
		5		4.292	3.369	0.176	8.04	15.2	12.74	3.33	1.37	1.72	0.88	2.51	4.00	1.81	1.30
		6		5.076	3.985	0.176	9.33	18.36	14.76	3.89	1.36	1.70	0.8	2.95	4.64	2.06	1.33
5	50	3	5.5	2.971	2.332	0.197	7.18	12.5	11.37	2.98	1.55	1.96	1.00	1.96	3.22	1.57	1.34
		4		3.897	3.059	0.197	9.26	16.69	14.70	3.82	1.54	1.94	0.99	2.56	4.16	1.96	1.38
		5		4.803	3.770	0.196	11.21	20.90	17.79	4.64	1.53	1.92	0.98	3.13	5.03	2.31	1.42
		6		5.688	4.465	0.196	13.05	25.14	20.68	5.42	1.52	1.91	0.98	3.68	5.85	2.63	1.46
5.6	56	3	6	3.343	2.624	0.221	10.19	17.56	16.14	4.24	1.75	2.20	1.13	2.48	4.08	2.02	1.48
		4		4.390	3.446	0.220	13.18	23.43	20.92	5.46	1.73	2.18	1.11	3.24	5.28	2.52	1.53
		5		5.415	4.251	0.220	16.02	29.33	25.42	6.61	1.72	2.17	1.10	3.97	6.42	2.98	1.57
		6		6.420	5.040	0.220	18.69	35.26	29.66	7.73	1.71	2.15	1.10	4.68	7.49	3.40	1.61
		7		7.404	5.812	0.219	21.23	41.23	33.63	8.82	1.69	2.13	1.09	5.36	8.49	3.80	1.64
		8		8.367	6.568	0.219	23.63	47.24	37.37	9.89	1.68	2.11	1.09	6.03	9.44	4.16	1.68
6	60	5	6.5	5.829	4.576	0.236	19.89	36.05	31.57	8.21	1.85	2.33	1.19	4.59	7.44	3.48	1.67
		6		6.914	5.427	0.235	23.25	43.33	36.89	9.60	1.83	2.31	1.18	5.41	8.70	3.98	1.70
		7		7.977	6.262	0.235	26.44	50.65	41.92	10.96	1.82	2.29	1.17	6.21	9.88	4.45	1.74
		8		9.020	7.081	0.235	29.47	58.02	46.66	12.28	1.81	2.27	1.17	6.98	11.00	4.88	1.78
6.3	63	4	7	4.978	3.907	0.248	19.03	33.35	30.17	7.89	1.96	2.46	1.26	4.13	6.78	3.29	1.70
		5		6.143	4.822	0.248	23.17	41.73	36.77	9.57	1.94	2.45	1.25	5.08	8.25	3.90	1.74
		6		7.288	5.721	0.247	27.12	50.14	43.03	11.20	1.93	2.43	1.24	6.00	9.66	4.46	1.78
		7		8.412	6.603	0.247	30.87	58.60	48.96	12.79	1.92	2.41	1.23	6.88	10.99	4.98	1.82
		8		9.515	7.469	0.247	34.46	67.11	54.56	14.33	1.90	2.40	1.23	7.75	12.25	5.47	1.85
		10		11.657	9.151	0.246	41.09	84.31	64.85	17.33	1.88	2.36	1.22	9.39	14.56	6.36	1.93
7	70	4	8	5.570	4.372	0.275	26.39	45.74	41.80	10.99	2.18	2.74	1.40	5.14	8.44	4.17	1.86
		5		6.875	5.397	0.275	32.21	57.21	51.08	13.31	2.16	2.73	1.39	6.32	10.32	4.95	1.91
		6		8.160	6.406	0.275	37.77	68.73	59.93	15.61	2.15	2.71	1.38	7.48	12.11	5.67	1.95
		7		9.424	7.398	0.275	43.09	80.29	68.35	17.82	2.14	2.69	1.38	8.59	13.81	6.34	1.99
		8		10.667	8.373	0.274	48.17	91.92	76.37	19.98	2.12	2.68	1.37	9.68	15.43	6.98	2.03

（续）

型号	截面尺寸/mm			截面面积/cm^2	理论重量/(kg/m)	外表面积/(m^2/m)	惯性矩/cm^4				惯性半径/cm			截面系数/cm^3			重心距离/cm
	b	d	r				I_x	I_{x1}	I_{x0}	I_{y0}	i_x	i_{x0}	i_{y0}	W_x	W_{x0}	W_{y0}	Z_0
7.5	75	5	9	7.412	5.818	0.295	39.97	70.56	63.30	16.63	2.33	2.92	1.50	7.32	11.94	5.77	2.04
		6		8.797	6.905	0.294	46.95	84.55	74.38	19.51	2.31	2.90	1.49	8.64	14.02	6.67	2.07
		7		10.160	7.976	0.294	53.57	98.71	84.96	22.18	2.30	2.89	1.48	9.93	16.02	7.44	2.11
		8		11.503	9.030	0.294	59.96	112.97	95.07	24.86	2.28	2.88	1.47	11.20	17.93	8.19	2.15
		9		12.825	10.068	0.294	66.10	127.30	104.71	27.48	2.27	2.86	1.46	12.43	19.75	8.89	2.18
		10		14.126	11.089	0.293	71.98	141.71	113.92	30.05	2.26	2.84	1.46	13.64	21.48	9.56	2.22
8	80	5		7.912	6.211	0.315	48.79	85.36	77.33	20.25	2.48	3.13	1.60	8.34	13.67	6.66	2.15
		6		9.397	7.376	0.314	57.35	102.50	90.98	23.72	2.47	3.11	1.59	9.87	16.08	7.65	2.19
		7		10.860	8.525	0.314	65.58	119.70	104.07	27.09	2.46	3.10	1.58	11.37	18.40	8.58	2.23
		8		12.303	9.658	0.314	73.49	136.97	116.60	30.39	2.44	3.08	1.57	12.83	20.61	9.46	2.27
		9		13.725	10.774	0.314	81.11	154.31	128.60	33.61	2.43	3.06	1.56	14.25	22.73	10.29	2.31
		10		15.126	11.874	0.313	88.43	171.74	140.09	36.77	2.42	3.04	1.56	15.64	24.76	11.08	2.35
9	90	6	10	10.637	8.350	0.354	82.77	145.87	131.26	34.28	2.79	3.51	1.80	12.61	20.63	9.95	2.44
		7		12.301	9.656	0.354	94.83	170.30	150.47	39.18	2.78	3.50	1.78	14.54	23.64	11.19	2.48
		8		13.944	10.946	0.353	106.47	194.80	168.97	43.97	2.76	3.48	1.78	16.42	26.55	12.35	2.52
		9		15.566	12.219	0.353	117.72	219.39	186.77	48.66	2.75	3.46	1.77	18.27	29.35	13.46	2.56
		10		17.167	13.476	0.353	128.58	244.07	203.90	53.26	2.74	3.45	1.76	20.07	32.04	14.52	2.59
		12		20.306	15.940	0.352	149.22	293.76	236.21	62.22	2.71	3.41	1.75	23.57	37.12	16.49	2.67
10	100	6	12	11.932	9.366	0.393	114.95	200.07	181.98	47.92	3.10	3.90	2.00	15.68	25.74	12.69	2.67
		7		13.796	10.830	0.393	131.86	233.54	208.97	54.74	3.09	3.89	1.99	18.10	29.55	14.26	2.71
		8		15.638	12.276	0.393	148.24	267.09	235.07	61.41	3.08	3.88	1.98	20.47	33.24	15.75	2.76
		9		17.462	13.708	0.392	164.12	300.73	260.30	67.95	3.07	3.86	1.97	22.79	36.81	17.18	2.80
		10		19.261	15.120	0.392	179.51	334.48	284.68	74.35	3.05	3.84	1.96	25.06	40.26	18.54	2.84
		12		22.800	17.898	0.391	208.90	402.34	330.95	86.84	3.03	3.81	1.95	29.48	46.80	21.08	2.91
		14		26.256	20.611	0.391	236.53	470.75	374.06	99.00	3.00	3.77	1.94	33.73	52.90	23.44	2.99
		16		29.627	23.257	0.390	262.53	539.80	414.16	110.89	2.98	3.74	1.94	37.82	58.57	25.63	3.06
11	110	7		15.196	11.928	0.433	177.16	310.64	280.94	73.38	3.41	4.30	2.20	22.05	36.12	17.51	2.96
		8		17.238	13.535	0.433	199.46	355.20	316.49	82.42	3.40	4.28	2.19	24.95	40.69	19.39	3.01
		10		21.261	16.690	0.432	242.19	444.65	384.39	99.98	3.38	4.25	2.17	30.60	49.42	22.91	3.09
		12		25.200	19.782	0.431	282.55	534.60	448.17	116.93	3.35	4.22	2.15	36.05	57.62	26.15	3.16
		14		29.056	22.809	0.431	320.71	625.16	508.01	133.40	3.32	4.18	2.14	41.31	65.31	29.14	3.24
12.5	125	8	14	19.750	15.504	0.492	297.03	521.01	470.89	123.16	3.88	4.88	2.50	32.52	53.28	25.86	3.37
		10		24.373	19.133	0.491	361.67	651.93	573.89	149.46	3.85	4.85	2.48	39.97	64.93	30.62	3.45
		12		28.912	22.696	0.491	423.16	783.42	671.44	174.88	3.83	4.82	2.46	41.17	75.96	35.03	3.53
		14		33.367	26.193	0.490	481.65	915.61	763.73	199.57	3.80	4.78	2.45	54.16	86.41	39.13	3.61
		16		37.739	29.625	0.489	537.31	1048.62	850.98	223.65	3.77	4.75	2.43	60.93	96.28	42.96	3.68
14	140	10		27.373	21.488	0.551	514.65	915.11	817.27	212.04	4.34	5.46	2.78	50.58	82.56	39.20	3.82
		12		32.512	25.522	0.551	603.68	1099.28	958.79	248.57	4.31	5.43	2.76	59.80	96.85	45.02	3.90
		14		37.567	29.490	0.550	688.81	1284.22	1093.56	284.06	4.28	5.40	2.75	68.75	110.47	50.45	3.98
		16		42.539	33.393	0.549	770.24	1470.07	1221.81	318.67	4.26	5.36	2.74	77.46	123.42	55.55	4.06

（续）

型号	截面尺寸/mm			截面面积/cm²	理论重量/(kg/m)	外表面积/(m²/m)	惯性矩/cm⁴				惯性半径/cm			截面系数/cm³			重心距离/cm
	b	d	r				I_x	I_{x1}	I_{x0}	I_{y0}	i_x	i_{x0}	i_{y0}	W_x	W_{x0}	W_{y0}	Z_0
15	150	8	14	23.750	18.644	0.592	521.37	899.55	827.49	215.25	4.69	5.90	3.01	47.36	78.02	38.14	3.99
		10		29.373	23.058	0.591	637.50	1125.09	1012.79	262.21	4.66	5.87	2.99	58.35	95.49	45.51	4.08
		12		34.912	27.406	0.591	748.85	1351.26	1189.97	307.73	4.63	5.84	2.97	69.04	112.19	52.38	4.15
		14		40.367	31.688	0.590	855.64	1578.25	1359.30	351.98	4.60	5.80	2.95	79.45	128.16	58.83	4.23
		15		43.063	33.804	0.590	907.39	1692.10	1441.09	373.69	4.59	5.78	2.95	84.56	135.87	61.90	4.27
		16		45.739	35.905	0.589	958.08	1806.21	1521.02	395.14	4.58	5.77	2.94	89.59	143.40	64.89	4.31
16	160	10	16	31.502	24.729	0.630	779.53	1365.33	1237.30	321.76	4.98	6.27	3.20	66.70	109.36	52.76	4.31
		12		37.441	29.391	0.630	916.58	1639.57	1455.68	377.49	4.95	6.24	3.18	78.98	128.67	60.74	4.39
		14		43.296	33.987	0.629	1048.36	1914.68	1665.02	431.70	4.92	6.20	3.16	90.95	147.17	68.24	4.47
		16		49.067	38.518	0.629	1175.08	2190.82	1865.57	484.59	4.89	6.17	3.14	102.63	164.89	75.31	4.55
18	180	12		42.241	33.159	0.710	1321.35	2332.80	2100.10	542.61	5.59	7.05	3.58	100.82	165.00	78.41	4.89
		14		48.896	38.383	0.709	1514.48	2723.48	2407.42	621.53	5.56	7.02	3.56	116.25	189.14	88.38	4.97
		16		55.467	43.542	0.709	1700.99	3115.29	2703.37	698.60	5.54	6.98	3.55	131.13	212.40	97.83	5.05
		18		61.055	48.634	0.708	1875.12	3502.43	2988.24	762.01	5.50	6.94	3.51	145.64	234.78	105.14	5.13
20	200	14	18	54.642	42.894	0.788	2103.55	3734.10	3343.26	863.83	6.20	7.82	3.98	144.70	236.40	111.82	5.46
		16		62.013	48.680	0.788	2366.15	4270.39	3760.89	971.41	6.18	7.79	3.96	163.65	265.93	123.96	5.54
		18		69.301	54.401	0.787	2620.64	4808.13	4164.54	1076.74	6.15	7.75	3.94	182.22	294.48	135.52	5.62
		20		76.505	60.056	0.787	2867.30	5347.51	4554.55	1180.04	6.12	7.72	3.93	200.42	322.06	146.55	5.69
		24		90.661	71.168	0.785	3338.25	6457.16	5294.97	1381.53	6.07	7.64	3.90	236.17	374.41	166.65	5.87
22	220	16	21	68.664	53.901	0.866	3187.36	5681.62	5063.73	1310.99	6.81	8.59	4.37	199.55	325.51	153.81	6.03
		18		76.752	60.250	0.866	3534.30	6395.93	5615.32	1453.27	6.79	8.55	4.35	222.37	360.97	168.29	6.11
		20		84.756	66.533	0.865	3871.49	7112.04	6150.08	1592.90	6.76	8.52	4.34	244.77	395.34	182.16	6.18
		22		92.676	72.751	0.865	4199.23	7830.19	6668.37	1730.10	6.73	8.48	4.32	266.78	428.66	195.45	6.26
		24		100.512	78.902	0.864	4517.83	8550.57	7170.55	1865.11	6.70	8.45	4.31	288.39	460.94	208.21	6.33
		26		108.264	84.987	0.864	4827.58	9273.39	7656.98	1998.17	6.68	8.41	4.30	309.62	492.21	220.49	6.41
25	250	18	24	87.842	68.956	0.985	5068.22	9379.11	8369.04	2167.41	7.74	9.76	4.97	290.12	473.42	224.03	6.84
		20		97.045	76.180	0.984	5779.34	10426.97	9181.94	2376.74	7.72	9.73	4.95	319.66	519.41	242.85	6.92
		24		115.201	90.433	0.983	6763.93	12529.74	10742.67	2785.19	7.66	9.66	4.92	377.34	607.70	278.38	7.07
		26		124.15	97.461	0.982	7238.08	13585.18	11491.33	2984.84	7.63	9.62	4.90	405.50	650.05	295.19	7.15
		28		133.02	104.422	0.982	7700.60	14563.62	12219.39	3181.81	7.61	9.58	4.89	433.22	691.23	311.42	7.22
		30		141.807	111.318	0.981	8151.80	15705.30	12927.26	3376.34	7.58	9.55	4.88	460.51	731.28	327.12	7.30
		32		150.508	118.149	0.981	8592.01	16770.41	13515.32	3568.71	7.56	9.51	4.87	487.39	770.20	342.33	7.37
		35		163.402	128.271	0.980	9232.11	18374.95	14611.16	3853.72	7.52	9.46	4.86	526.97	826.53	364.30	7.48

注：截面图中的 $r_1=1/3d$ 及表中 r 的数据用于孔型设计，不做交货条件。

表 4-104 热轧不等边角钢截面尺寸、截面面积、理论重量及截面特性

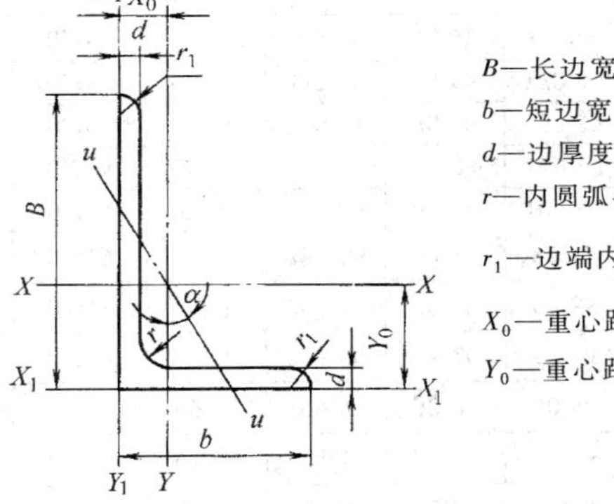

B—长边宽度

b—短边宽度

d—边厚度

r—内圆弧半径

r_1—边端内圆弧半径，$r_1=\frac{1}{3}d$

X_0—重心距离

Y_0—重心距离

型号	截面尺寸 /mm				截面面积 /cm²	理论重量 /(kg/m)	外表面积 /(m²/m)	惯性矩 /cm⁴					惯性半径 /cm			截面系数 /cm³			tanα	重心距离 /cm	
	B	b	d	r				I_x	I_{x1}	I_y	I_{y1}	I_u	i_x	i_y	i_u	W_x	W_y	W_u		X_0	Y_0
2.5/1.6	25	16	3	3.5	1.162	0.912	0.080	0.70	1.56	0.22	0.43	0.14	0.78	0.44	0.34	0.43	0.19	0.16	0.392	0.42	0.86
			4		1.499	1.176	0.079	0.88	2.09	0.27	0.59	0.17	0.77	0.43	0.34	0.55	0.24	0.20	0.381	0.46	1.86
3.2/2	32	20	3		1.492	1.171	0.102	1.53	3.27	0.46	0.82	0.28	1.01	0.55	0.43	0.72	0.30	0.25	0.382	0.49	0.90
			4		1.939	1.522	0.101	1.93	4.37	0.57	1.12	0.35	1.00	0.54	0.42	0.93	0.39	0.32	0.374	0.53	1.08
4/2.5	40	25	3	4	1.890	1.484	0.127	3.08	5.39	0.93	1.59	0.56	1.28	0.70	0.54	1.15	0.49	0.40	0.385	0.59	1.12
			4		2.467	1.936	0.127	3.93	8.53	1.18	2.14	0.71	1.36	0.69	0.54	1.49	0.63	0.52	0.381	0.63	1.32
4.5/2.8	45	28	3	5	2.149	1.687	0.143	445	9.10	1.34	2.23	0.80	1.44	0.79	0.61	1.47	0.62	0.51	0.383	0.64	1.37
			4		2.806	2.203	0.143	5.69	12.13	1.70	3.00	1.02	1.42	0.78	0.60	1.91	0.80	0.66	0.380	0.68	1.47
5/3.2	50	32	3	5.5	2.431	1.908	0.161	6.24	12.49	2.02	3.31	1.20	1.60	0.91	0.70	1.84	0.82	0.68	0.404	0.73	1.51
			4		3.177	2.494	0.160	8.02	16.65	2.58	4.45	1.53	1.59	0.90	0.69	2.39	1.06	0.87	0.402	0.77	1.60
5.6/3.6	56	36	3	6	2.743	2.153	0.181	8.88	17.54	2.92	4.70	1.73	1.80	1.03	0.79	2.32	1.05	0.87	0.408	0.80	1.65
			4		3.590	2.818	0.180	11.45	23.39	3.76	6.33	2.23	1.79	1.02	0.79	3.03	1.37	1.13	0.408	0.85	1.78
			5		4.415	3.466	0.180	13.86	29.25	4.49	7.94	2.67	1.77	1.01	0.78	3.71	1.65	1.36	0.404	0.88	1.82
6.3/4	63	40	4	7	4.058	3.185	0.202	16.49	33.30	5.23	8.63	3.12	2.02	1.14	0.88	3.87	1.70	1.40	0.398	0.92	1.87
			5		4.993	3.920	0.202	20.02	41.63	6.31	10.86	3.76	2.00	1.12	0.87	4.74	2.07	1.71	0.396	0.95	2.04
			6		5.908	4.638	0.201	23.36	49.98	7.29	13.12	4.34	1.96	1.11	0.86	5.59	2.43	1.99	0.393	0.99	2.08
			7		6.802	5.339	0.201	26.53	58.07	8.24	15.47	4.97	1.98	1.10	0.86	6.40	2.78	2.29	0.389	1.03	2.12

（续）

型号	截面尺寸/mm				截面面积/cm²	理论重量/(kg/m)	外表面积/(m²/m)	惯性矩/cm⁴					惯性半径/cm			截面系数/cm³			tanα	重心距离/cm	
	B	b	d	r				I_x	I_{x1}	I_y	I_{y1}	I_u	i_x	i_y	i_u	W_x	W_y	W_u		X_0	Y_0
7/4.5	70	45	4	7.5	4.547	3.570	0.226	23.17	45.92	7.55	12.26	4.40	2.26	1.29	0.98	4.86	2.17	1.77	0.410	1.02	2.15
			5		5.609	4.403	0.225	27.95	57.10	9.13	15.39	5.40	2.23	1.28	0.98	5.92	2.65	2.19	0.407	1.06	2.24
			6		6.647	5.218	0.225	32.54	68.35	10.62	18.58	6.35	2.21	1.26	0.98	6.95	3.12	2.59	0.404	1.09	2.28
			7		7.657	6.011	0.225	37.22	79.99	12.01	21.84	7.16	2.20	1.25	0.97	8.03	3.57	2.94	0.402	1.13	2.32
7.5/5	75	50	5	8	6.125	4.808	0.245	34.86	70.00	12.61	21.04	7.41	2.39	1.44	1.10	6.83	3.30	2.74	0.435	1.17	2.36
			6		7.260	5.699	0.245	41.12	84.30	14.70	25.37	8.54	2.38	1.42	1.08	8.12	3.88	3.19	0.435	1.21	2.40
			8		9.467	7.431	0.244	52.39	112.50	18.53	34.23	10.87	2.35	1.40	1.07	10.52	4.99	4.10	0.429	1.29	2.44
			10		11.590	9.098	0.244	62.71	140.80	21.96	43.43	13.10	2.33	1.38	1.06	12.79	6.04	4.99	0.423	1.36	2.52
8/5	80	50	5		6.375	5.005	0.255	41.96	85.21	12.82	21.06	7.66	2.56	1.42	1.10	7.78	3.32	2.74	0.388	1.14	2.60
			6		7.560	5.935	0.255	49.49	102.53	14.95	25.41	8.85	2.56	1.41	1.08	9.25	3.91	3.20	0.387	1.18	2.65
			7		8.724	6.848	0.255	56.16	119.33	46.96	29.82	10.18	2.54	1.39	1.08	10.58	4.48	3.70	0.384	1.21	2.69
			8		9.867	7.745	0.254	62.83	136.41	18.85	34.32	11.38	2.52	1.38	1.07	11.92	5.03	4.16	0.381	1.25	2.73
9/5.6	90	56	5	9	7.212	5.661	0.287	60.45	121.32	18.32	29.53	10.98	2.90	1.59	1.23	9.92	4.21	3.49	0.385	1.25	2.91
			6		8.557	6.717	0.286	71.03	145.59	21.42	35.58	12.90	2.88	1.58	1.23	11.74	4.96	4.13	0.384	1.29	2.95
			7		9.880	7.756	0.286	81.01	169.60	24.36	41.71	14.67	2.86	1.57	1.22	13.49	5.70	4.72	0.382	1.33	3.00
			8		11.183	8.779	0.286	91.03	194.17	27.15	47.93	16.34	2.85	1.56	1.21	15.27	6.41	5.29	0.380	1.36	3.04
10/6.3	100	63	6	10	9.617	7.550	0.320	99.06	199.71	30.94	50.50	18.42	3.21	1.79	1.38	14.64	6.35	5.25	0.394	1.43	3.24
			7		11.111	8.722	0.320	113.45	233.00	35.26	59.14	21.00	3.20	1.78	1.38	16.88	7.29	6.02	0.394	1.47	3.28
			8		12.534	9.878	0.319	127.37	266.32	39.39	67.88	23.50	3.18	1.77	1.37	19.08	8.21	6.78	0.391	1.50	3.32
			10		15.467	12.142	0.319	153.81	333.06	47.12	85.73	28.33	3.15	1.74	1.35	23.32	9.98	8.24	0.387	1.58	3.40
10/8	100	80	6		10.637	8.350	0.354	107.04	199.83	61.24	102.68	31.65	3.17	2.40	1.72	15.19	10.16	8.37	0.627	1.97	2.95
			7		12.301	9.656	0.354	122.73	233.20	70.08	119.98	36.17	3.16	2.39	1.72	17.52	11.71	9.60	0.626	2.01	3.0
			8		13.944	10.946	0.353	137.92	266.61	78.58	137.37	40.58	3.14	2.37	1.71	19.81	13.21	10.80	0.625	2.05	3.04
			10		17.167	13.476	0.353	166.87	333.63	94.65	172.48	49.10	3.12	2.35	1.69	24.24	16.12	13.12	0.622	2.13	3.12
11/7	110	70	6		10.637	8.350	0.354	133.37	265.78	42.92	69.08	25.36	3.54	2.01	1.54	17.85	7.90	6.53	0.403	1.57	3.53
			7		12.301	9.656	0.354	153.00	310.07	49.01	80.82	28.95	3.53	2.00	1.53	20.60	9.09	7.50	0.402	1.61	3.57
			8		13.944	10.946	0.353	172.04	354.39	54.87	92.70	32.45	3.51	1.98	1.53	23.30	10.25	8.45	0.401	1.65	3.62
			10		17.167	13.476	0.353	208.39	443.13	65.88	116.83	39.20	3.48	1.96	1.51	28.54	12.48	10.29	0.397	1.72	3.70

12.5/8	125	80	7	11	14.096	11.066	0.403	227.98	454.99	74.42	120.32	43.81	4.02	2.30	1.76	26.86	12.01	9.92	0.408	1.80	4.01
			8		15.989	12.551	0.403	256.77	519.99	83.49	137.85	49.15	4.01	2.28	1.75	30.41	13.56	11.18	0.407	1.84	4.06
			10		19.712	15.474	0.402	312.04	650.09	100.67	173.40	59.45	3.98	2.26	1.74	37.33	16.56	13.64	0.404	1.92	4.14
			12		23.351	18.330	0.402	334.41	780.39	116.67	209.67	69.35	3.95	2.24	1.72	44.01	19.43	16.01	0.400	2.00	4.22
14/9	140	90	8	12	18.038	14.160	0.453	365.64	730.53	120.69	195.79	70.83	4.50	2.59	1.98	38.48	17.34	14.31	0.411	2.04	4.50
			10		22.261	17.475	0.452	445.50	913.20	140.03	245.92	85.82	4.47	2.56	1.96	47.31	21.22	17.48	0.409	2.12	4.58
			12		26.400	20.724	0.451	521.59	1096.09	169.79	296.89	100.21	4.44	2.54	1.95	55.87	24.95	20.54	0.406	2.19	4.66
			14		30.456	23.908	0.451	594.10	1279.26	192.10	348.82	114.13	4.42	2.51	1.94	64.18	28.54	23.52	0.403	2.27	4.74
15/9	150	90	8		18.839	14.788	0.473	442.05	898.35	122.80	195.96	74.14	4.84	2.55	1.98	43.86	17.47	14.48	0.364	1.97	4.92
			10		23.261	18.260	0.472	539.24	1122.85	148.62	246.26	89.86	4.81	2.53	1.97	53.97	21.38	17.69	0.362	2.05	5.01
			12		27.600	21.666	0.471	632.08	1347.50	172.85	297.46	104.95	4.79	2.50	1.95	63.79	25.14	20.80	0.359	2.12	5.09
			14		31.856	25.007	0.471	720.77	1572.38	195.62	349.74	119.53	4.76	2.48	1.94	73.33	28.77	23.84	0.356	2.20	5.17
			15		33.952	26.652	0.471	763.62	1684.93	206.50	376.33	126.67	4.74	2.47	1.93	77.99	30.53	25.33	0.354	2.24	5.21
			16		36.027	28.281	0.470	805.51	1797.55	217.07	403.24	133.72	4.73	2.45	1.93	82.60	32.27	26.82	0.352	2.27	5.25
16/10	160	100	10	13	25.315	19.872	0.512	668.69	1362.89	205.03	336.59	121.74	5.14	2.85	2.19	62.13	26.56	21.92	0.390	2.28	5.24
			12		30.054	23.592	0.511	784.91	1635.56	239.06	405.94	142.33	5.11	2.82	2.17	73.49	31.28	25.79	0.388	2.36	5.32
			14		34.709	27.247	0.510	896.30	1908.50	271.20	476.42	162.23	5.08	2.80	2.16	84.56	35.83	29.56	0.385	0.43	5.40
			16		29.281	30.835	0.510	1003.04	2181.79	301.60	548.22	182.57	5.05	2.77	2.16	95.33	40.24	33.44	0.382	2.51	5.48
18/11	180	110	10	14	28.373	22.273	0.571	956.25	1940.40	278.11	447.22	166.50	5.80	3.13	2.42	78.96	32.49	26.88	0.376	2.44	5.89
			12		33.712	26.440	0.571	1124.72	2328.38	325.03	538.94	194.87	5.78	3.10	2.40	93.53	38.32	31.66	0.374	2.52	5.98
			14		38.967	30.589	0.570	1286.91	2716.60	369.55	631.95	222.30	5.75	3.08	2.39	107.76	43.97	36.32	0.372	2.54	6.06
			16		44.139	34.649	0.569	1443.06	3105.15	411.85	726.46	248.94	5.72	3.06	2.38	121.64	49.44	40.87	0.369	2.67	6.14
20/12.5	200	125	12		37.912	29.761	0.641	1570.90	3193.85	483.16	787.74	285.79	6.44	3.57	2.74	116.73	49.99	41.23	0.392	2.83	6.54
			14		43.687	34.436	0.640	1800.97	3726.17	550.83	922.47	326.58	6.41	3.54	2.73	134.65	57.44	47.34	0.390	2.91	6.62
			16		49.739	39.045	0.639	2023.35	4258.88	615.44	1058.86	366.21	6.38	3.52	2.71	152.18	64.89	53.32	0.388	2.99	6.70
			18		55.526	43.588	0.639	2238.30	4792.00	677.19	1197.13	404.83	6.35	3.49	2.70	169.33	71.74	59.18	0.385	3.06	6.78

注：截面图中的 $r_1 = 1/3d$ 及表中 r 的数据用于孔型设计，不做交货条件。

表 4-105　热轧工字钢截面尺寸、截面面积、理论重量及截面特性

h—高度
b—腿宽度　　r—内圆弧半径
d—腰厚度　　r_1—腿端圆弧半径
t—平均腿厚度

型号	截面尺寸/mm						截面面积	理论重量	惯性矩/cm⁴		惯性半径/cm		截面系数/cm³	
	h	b	d	t	r	r_1	/cm²	/(kg/m)	I_x	I_y	i_x	i_y	W_x	W_y
10	100	68	4.5	7.6	6.5	3.3	14.345	11.261	245	33.0	4.14	1.52	49.0	9.72
12	120	74	5.0	8.4	7.0	3.5	17.818	13.987	436	46.9	4.95	1.62	72.7	12.7
12.6	126	74	5.0	8.4	7.0	3.5	18.118	14.223	488	46.9	5.20	1.61	77.5	12.7
14	140	80	5.5	9.1	7.5	3.8	21.516	16.890	712	64.4	5.76	1.73	102	16.1
16	160	88	6.0	9.9	8.0	4.0	26.131	20.513	1130	93.1	6.58	1.89	141	21.2
18	180	94	6.5	10.7	8.5	4.3	30.756	24.143	1660	122	7.36	2.00	185	26.0
20a	200	100	7.0	11.4	9.0	4.5	35.578	27.929	2370	158	8.15	2.12	237	31.5
20b		102	9.0				39.578	31.069	2500	169	7.96	2.06	250	33.1
22a	220	110	7.5	12.3	9.5	4.8	42.128	33.070	3400	225	8.99	2.31	309	40.9
22b		112	9.5				46.528	36.524	3570	239	8.78	2.27	325	42.7
24a	240	116	8.0	13.0	10.0	5.0	47.741	37.477	4570	280	9.77	2.42	381	48.4
24b		118	9.5				52.541	41.245	4800	297	9.57	2.38	400	50.4
25a	250	116	8.0				48.541	38.105	5020	280	10.2	2.40	402	48.3
25b		118	10.0				53.541	42.030	5280	309	9.94	2.40	423	52.4
27a	270	122	8.5	13.7	10.5	5.3	54.554	42.825	6550	345	10.9	2.51	485	56.6
27b		124	10.5				59.954	47.064	6870	366	10.7	2.47	509	58.9
28a	280	122	8.5				55.404	43.492	7110	345	11.3	2.50	508	56.6
28b		124	10.5				61.004	47.888	7480	379	11.1	2.49	534	61.2
30a	300	126	9.0	14.4	11.0	5.5	61.254	48.084	8950	400	12.1	2.55	597	63.5
30b		128	11.0				67.254	52.794	9400	422	11.8	2.50	627	65.9
30c		130	13.0				73.254	57.504	9850	445	11.6	2.46	657	68.5
32a	320	130	9.5	15.0	11.5	5.8	67.156	52.717	11100	460	12.8	2.62	692	70.8
32b		132	11.5				73.556	57.741	11600	502	12.6	2.61	726	76.0
32c		134	13.5				79.956	62.765	12200	544	12.3	2.61	760	81.2
36a	360	136	10.0	15.8	12.0	6.0	76.480	60.037	15800	552	14.4	2.69	875	81.2
36b		138	12.0				83.680	65.689	16500	582	14.1	2.64	919	84.3
36c		140	14.0				90.880	71.341	17300	612	13.8	2.60	962	87.4
40a	400	142	10.5	16.5	12.5	6.3	86.112	67.598	21700	660	15.9	2.77	1090	93.2
40b		144	12.5				94.112	73.878	22800	692	15.6	2.71	1140	96.2
40c		146	14.5				102.112	80.158	23900	727	15.2	2.65	1190	99.6
45a	450	150	11.5	18.0	13.5	6.8	102.446	80.420	32200	855	17.7	2.89	1430	114
45b		152	13.5				111.446	87.485	33800	894	17.4	2.84	1500	118
45c		154	15.5				120.446	94.550	35300	938	17.1	2.79	1570	122
50a	500	158	12.0	20.0	14.0	7.0	119.304	93.654	46500	1120	19.7	3.07	1860	142
50b		160	14.0				129.304	101.504	48600	1170	19.4	3.01	1940	146
50c		162	16.0				139.304	109.354	50600	1220	19.0	2.96	2080	151
55a	550	166	12.5	21.0	14.5	7.3	134.185	105.335	62900	1370	21.6	3.19	2290	164
55b		168	14.5				145.185	113.970	65600	1420	21.2	3.14	2390	170
55c		170	16.5				156.185	122.605	68400	1480	20.9	3.08	2490	175

（续）

型号	截面尺寸/mm						截面面积/cm²	理论重量/(kg/m)	惯性矩/cm⁴		惯性半径/cm		截面系数/cm³	
	h	b	d	t	r	r_1			I_x	I_y	i_x	i_y	W_x	W_y
56a	560	166	12.5	21.0	14.5	7.3	135.435	106.316	65600	1370	22.0	3.18	2340	165
56b		168	14.5				146.635	115.108	68500	1490	21.6	3.16	2450	174
56c		170	16.5				157.835	123.900	71400	1560	21.3	3.16	2550	183
63a	630	176	13.0	22.0	15.0	7.5	154.658	121.407	93900	1700	24.5	3.31	2980	193
63b		178	15.0				167.258	131.298	98100	1810	24.2	3.29	3160	204
63c		180	17.0				179.858	141.189	102000	1920	23.8	3.27	3300	214

注：表中 r、r_1 的数据用于孔型设计，不做交货条件。

表 4-106　热轧槽钢截面尺寸、截面面积、理论重量及截面特性

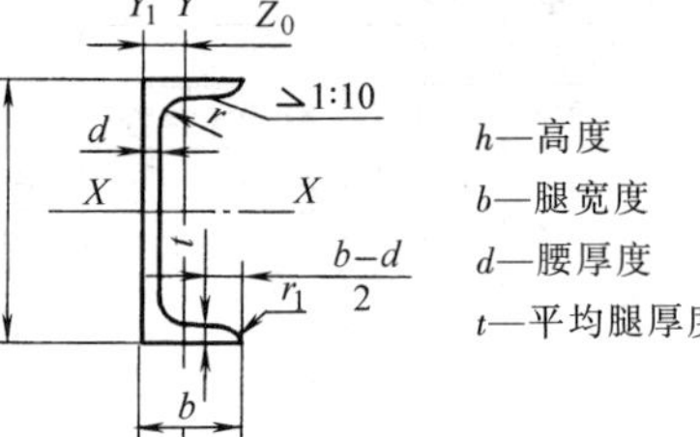

h—高度
b—腿宽度
d—腰厚度
t—平均腿厚度
r—内圆弧半径
r_1—腿端圆弧半径
Z_0—Y—Y 与 Y_1—Y_1 轴线间距离

型号	截面尺寸/mm						截面面积/cm²	理论重量/(kg/m)	惯性矩/cm⁴			惯性半径/cm		截面系数/cm³		重心距离/cm
	h	b	d	t	r	r_1			I_x	I_y	I_{y1}	i_x	i_y	W_x	W_y	Z_0
5	50	37	4.5	7.0	7.0	3.5	6.928	5.438	26.0	8.30	20.9	1.94	1.10	10.4	3.55	1.35
6.3	63	40	4.8	7.5	7.5	3.8	8.451	6.634	50.8	11.9	28.4	2.45	1.19	16.1	4.50	1.36
6.5	65	40	4.3	7.5	7.5	3.8	8.547	6.709	55.2	12.0	28.3	2.54	1.19	17.0	4.59	1.38
8	80	43	5.0	8.0	8.0	4.0	10.248	8.045	101	16.6	37.4	3.15	1.27	25.3	5.79	1.43
10	100	48	5.3	8.5	8.5	4.2	12.748	10.007	198	25.6	54.9	3.95	1.41	39.7	7.80	1.52
12	120	53	5.5	9.0	9.0	4.5	15.362	12.059	346	37.4	77.7	4.75	1.56	57.7	10.2	1.62
12.6	126	53	5.5	9.0	9.0	4.5	15.692	12.318	391	38.0	77.1	4.95	1.57	62.1	10.2	1.59
14a	140	58	6.0	9.5	9.5	4.8	18.516	14.535	564	53.2	107	5.52	1.70	80.5	13.0	1.71
14b		60	8.0				21.316	16.733	609	61.1	121	5.35	1.69	87.1	14.1	1.67
16a	160	63	6.5	10.0	10.0	15.0	21.962	17.24	866	73.3	144	6.28	1.83	108	16.3	1.80
16b		65	8.5				25.162	19.752	935	83.4	161	6.10	1.82	117	17.6	1.75
18a	180	68	7.0	10.5	10.5	5.2	25.699	20.174	1270	98.6	190	7.04	1.96	141	20.0	1.88
18b		70	9.0				29.299	23.000	1370	111	210	6.84	1.95	152	21.5	1.84
20a	200	73	7.0	11.0	11.0	5.5	28.837	22.637	1780	128	244	7.86	2.11	178	24.2	2.01
20b		75	9.0				32.837	25.777	1910	144	268	7.64	2.09	191	25.9	1.95
22a	220	77	7.0	11.5	11.5	5.8	31.846	24.999	2390	158	298	8.67	2.23	218	28.2	2.10
22b		79	9.0				36.246	28.453	2570	176	326	8.42	2.21	234	30.1	2.03
24a	240	78	7.0	12.0	12.0	6.0	34.217	26.860	3050	174	325	9.45	2.25	254	30.5	2.10
24b		80	9.0				39.017	30.628	3280	194	355	9.17	2.23	274	32.5	2.03
24c		82	11.0				43.817	34.396	3510	213	388	8.96	2.21	293	34.4	2.00
25a	250	78	7.0				34.917	27.410	3370	176	322	9.82	2.24	270	30.6	2.07
25b		80	9.0				39.917	31.335	3530	196	353	9.41	2.22	182	32.7	1.98
25c		82	11.0				44.917	35.260	3690	218	384	9.07	2.21	295	35.9	1.92

（续）

型号	截面尺寸/mm						截面面积/cm²	理论重量/(kg/m)	惯性矩/cm⁴			惯性半径/cm		截面系数/cm³		重心距离/cm
	h	b	d	t	r	r_1			I_x	I_y	I_{y1}	i_x	i_y	W_x	W_y	Z_0
27a	270	82	7.5	12.5	12.5	6.2	39.284	30.838	4360	216	393	10.5	2.34	323	35.5	2.13
27b		84	9.5				44.684	35.077	4690	239	428	10.3	2.31	347	37.7	2.06
27c		86	11.5				50.084	39.316	5020	261	467	10.1	2.28	372	39.8	2.03
28a	280	82	7.5				40.034	31.427	4760	218	388	10.9	2.33	340	35.7	2.10
28b		84	9.5				45.634	35.823	5130	242	428	10.6	2.30	366	37.9	2.02
28c		86	11.5				51.234	40.219	5500	268	463	10.4	2.29	393	40.3	1.95
30a	300	85	7.5	13.5	13.5	6.8	43.902	34.463	6050	260	467	11.7	2.43	403	41.1	2.17
30b		87	9.5				49.902	39.173	6500	289	515	11.4	2.41	433	44.0	2.13
30c		89	11.5				55.902	43.883	6950	316	560	11.2	2.38	463	46.4	2.09
32a	320	88	8.0	14.0	14.0	7.0	48.513	38.083	7600	305	552	12.5	2.50	475	46.5	2.24
32b		90	10.0				54.913	43.107	8140	336	593	12.2	2.47	509	49.2	2.16
32c		92	12.0				61.313	48.131	8690	374	643	11.9	2.47	543	52.6	2.09
36a	360	96	9.0	16.0	16.0	8.0	60.910	47.814	11900	455	818	14.0	2.73	660	63.5	2.44
36b		98	11.0				68.110	53.466	12700	497	880	13.6	2.70	703	66.9	2.37
36c		100	13.0				75.310	59.118	13400	536	948	13.4	2.67	746	70.0	2.34
40a	400	100	10.5	18.0	18.0	9.0	75.068	58.928	17600	592	1070	15.3	2.81	879	78.8	2.49
40b		102	12.5				83.068	65.208	18600	640	114	15.0	2.78	932	82.5	2.44
40c		104	14.5				91.068	71.488	19700	688	1220	14.7	2.75	9.86	86.2	2.42

注：表中 r、r_1 的数据用孔型设计，不做交货条件。

表 4-107　热轧 L 型钢截面尺寸、截面面积、理论重量及截面特性

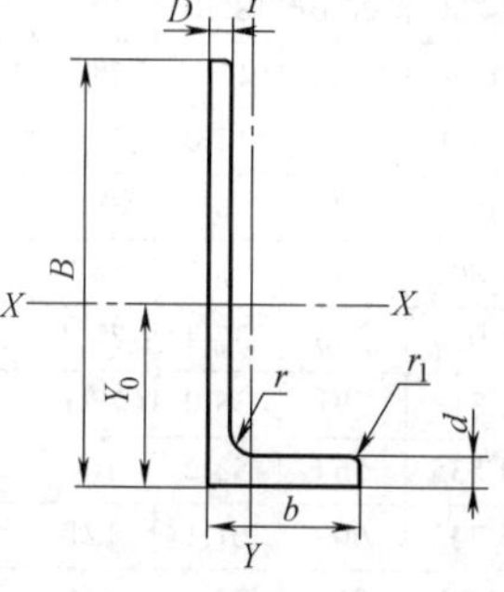

B—长边宽度
b—短边宽度
D—长边厚度
d—短边厚度
r—内圆弧半径
r_1—边端圆弧半径
Y_0—重心距离

型　号	截面尺寸/mm						截面面积/cm²	理论重量/(kg/m)	惯性矩 I_x/cm⁴	重心距离 Y_0/cm
	B	b	D	d	r	r_1				
L250×90×9×13	250	90	9	13	15	7.5	33.4	26.2	2190	8.64
L250×90×10.5×15			10.5	15			38.5	30.3	2510	8.76
L250×90×11.5×16			11.5	16			41.7	32.7	2710	8.90
L300×100×10.5×15	300	100	10.5	15			45.3	35.6	4290	10.6
L300×100×11.5×16			11.5	16			49.0	38.5	4630	10.7
L350×120×10.5×16	350	120	10.5	16	20	10	54.9	43.1	7110	12.0
L350×120×11.5×18			11.5	18			60.4	47.4	7780	12.0
L400×120×11.5×23	400	120	11.5	23			71.6	56.2	11900	13.3
L450×120×11.5×25	450	120	11.5	25			79.5	62.4	16800	15.1
L500×120×12.5×33	500	120	12.5	33			98.6	77.4	25500	16.5
L500×120×13.5×35			13.5	35			105.0	82.8	27100	16.6

表 4-108　角钢尺寸、外形允许偏差（摘自 GB/T 705—2006）　（单位：mm）

项目		允许偏差		图示
		等边角钢	不等边角钢	
边宽度 (B,b)	边宽度[①] ≤56	±0.8	±0.8	
	>56~90	±1.2	±1.5	
	>90~140	±1.8	±2.0	
	>140~200	±2.5	±2.5	
	>200	±3.5	±3.5	
边厚度 (d)	边宽度[①] ≤56	±0.4		
	>56~90	±0.6		
	>90~140	±0.7		
	>140~200	±1.0		
	>200	±1.4		
顶端直角		$\alpha \leqslant 50'$		
弯曲度		每米弯曲度≤3mm 总弯曲度≤总长度的 0.30%		适用于上下、左右大弯曲

① 不等边角钢按长边宽度 B。

表 4-109　工字钢、槽钢尺寸、外形允许偏差（摘自 GB/T 705—2006）　（单位：mm）

项目	数值	允许偏差	图示
高度 (h)	<100	±1.5	
	100~<200	±2.0	
	200~<400	±3.0	
	≥400	±4.0	
腿宽度 (b)	<100	±1.5	
	100~<150	±2.0	
	150~<200	±2.5	
	200~<300	±3.0	
	300~<400	±3.5	
	≥400	±4.0	
腰厚度 (d)	<100	±0.4	
	100~<200	±0.5	
	200~<300	±0.7	
	300~<400	±0.8	
	≥400	±0.9	

项目	数值	图示
外缘斜度 (T)	$T \leqslant 1.5\%b$ $2T \leqslant 2.5\%b$	

（续）

项目		数值	图示
弯腰挠度（W）		$W\leqslant 0.15d$	
弯曲度	工字钢	每米弯曲度≤2mm 总弯曲度≤总长度的 0.20%	适用于上下、左右大弯曲
	槽钢	每米弯曲度≤3mm 总弯曲度≤总长度的 0.30%	

表 4-110　L 型钢尺寸、外形允许偏差（摘自 GB/T 705—2006）　（单位：mm）

项目			允许偏差	图示
边宽度（B,b）			±4.0	
边厚度	长边厚度（D）		+1.6 −0.4	
	短边厚度（d）	≤20	+2.0 −0.4	
		>20～30	+2.0 −0.5	
		>30～35	+2.5 −0.6	
垂直度（T）			$T\leqslant 2.5\%b$ $T\leqslant 2.5\%b$	
长边平直度（W）			$W\leqslant 0.15D$	
弯曲度			每米弯曲度≤3mm 当弯曲度≤总长度的 0.30%	适用于上下、左右大弯曲

型钢长度允许偏差：长度≤8m 的允许偏差 $^{+50}_{0}$mm；长度>8m 的允许偏差 $^{+80}_{0}$mm。

型钢的截面积计算公式见下表。

型钢种类	计算公式
工字钢	$hd+2t(b-d)+0.615(r^2-r_1^2)$
槽钢	$hd+2t(b-d)+0.349(r^2-r_1^2)$
等边角钢	$d(2b-d)+0.215(r^2-2r_1^2)$
不等边角钢	$d(B+b-d)+0.215(r^2-2r_1^2)$
L 型钢	$BD+d(b-D)+0.215(r^2-r_1^2)$

型钢应按理论重量交货。理论重量按密度为 7.85g/cm^3 计算。经供需双方协商并在合同中注明，也可按实际重量交货。

根据双方协议，型钢的每米重量允许偏差不应超过$^{+3}_{-5}$%。

4.3.6.3　热轧 H 型钢和剖分 T 型钢（见表 4-111～表 4-116）

表 4-111　H 型钢截面尺寸、截面面积、理论重量及截面特性（摘自 GB/T 11263—2010）

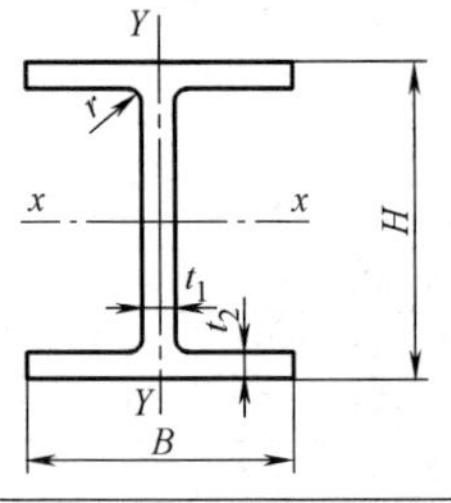

H——高度
B——宽度
t_1——腹板厚度
t_2——翼缘厚度
r——圆角半径

类别	型号（高度×宽度）/（mm×mm）	截面尺寸/mm					截面面积/cm^2	理论重量/（kg/m）	惯性矩/cm^4		惯性半径/cm		截面模数/cm^3	
		H	B	t_1	t_2	r			I_x	I_y	i_x	i_y	W_x	W_y
HW	100×100	100	100	6	8	8	21.58	16.9	378	134	4.18	2.48	75.6	26.7
	125×125	125	125	6.5	9	8	30.00	23.6	839	293	5.28	3.12	134	46.9
	150×150	150	150	7	10	8	39.64	31.1	1620	563	6.39	3.76	216	75.1
	175×175	175	175	7.5	11	13	51.42	40.4	2900	984	7.50	4.37	331	112
	200×200	200	200	8	12	13	63.53	49.9	4720	1600	8.61	5.02	472	160
		*200	204	12	12	13	71.53	56.2	4980	1700	8.34	4.87	498	167
	250×250	*244	252	11	11	13	81.31	63.8	8700	2940	10.3	6.01	713	233
		250	250	9	14	13	91.43	71.8	10700	3650	10.8	6.31	860	292
		*250	255	14	14	13	103.9	81.6	11400	3880	10.5	6.10	912	304
	300×300	*294	302	12	12	13	106.3	83.5	16600	5510	12.5	7.20	1130	365
		300	300	10	15	13	118.5	93.0	20200	6750	13.1	7.55	1350	450
		*300	305	15	15	13	133.5	105	21300	7100	12.6	7.29	1420	466
	350×350	*338	351	13	13	13	133.3	105	27700	9380	14.4	8.38	1640	534
		*344	348	10	16	13	144.0	113	32800	11200	15.1	8.83	1910	646
		*344	354	16	16	13	164.7	129	34900	11800	14.6	8.48	2030	669
		350	350	12	19	13	171.9	135	39800	13600	15.2	8.88	2280	776
		*350	357	19	19	13	196.4	154	42300	14400	14.7	8.57	2420	808
	400×400	*388	402	15	15	22	178.5	140	49000	16300	16.6	9.54	2520	809
		*394	398	11	18	22	186.8	147	56100	18900	17.3	10.1	2850	951
		*394	405	18	18	22	214.4	168	59700	20000	16.7	9.64	3030	985
		400	400	13	21	22	218.7	172	66600	22400	17.5	10.1	3330	1120
		*400	408	21	21	22	250.7	197	70900	23800	16.8	9.74	3540	1170
		*414	405	18	28	22	295.4	232	92800	31000	17.7	10.2	4480	1530
		*428	407	20	35	22	360.7	283	119000	39400	18.2	10.4	5570	1930
		*458	417	30	50	22	528.6	415	187000	60500	18.8	10.7	8170	2900
		*498	432	45	70	22	770.1	604	298000	94400	19.7	11.1	12000	4370
	500×500	*492	465	15	20	22	258.0	202	117000	33500	21.3	11.4	4770	1440
		*502	465	15	25	22	304.5	239	146000	41900	21.9	11.7	5810	1800
		*502	470	20	25	22	329.6	259	151000	43300	21.4	11.5	6020	1840
HM	150×100	148	100	6	9	8	26.34	20.7	1000	150	6.16	2.38	135	30.1
	200×150	194	150	6	9	8	38.10	29.9	2630	507	8.30	3.64	271	67.6
	250×175	244	175	7	11	13	55.49	43.6	6040	984	10.4	4.21	495	112
	300×200	294	200	8	12	13	71.05	55.8	11100	1600	12.5	4.74	756	160
		*298	201	9	14	13	82.03	64.4	13100	1900	12.6	4.80	878	189
	350×250	340	250	9	14	13	99.53	78.1	21200	3650	14.6	6.05	1250	292
	400×300	390	300	10	16	13	133.3	105	37900	7200	16.9	7.35	1940	480
	450×300	440	300	11	18	13	153.9	121	54700	8110	18.9	7.25	2490	540
	500×300	*482	300	11	15	13	141.2	111	58300	6760	20.3	6.91	2420	450
		488	300	11	18	13	159.2	125	68900	8110	20.8	7.13	2820	540

（续）

类别	型号（高度×宽度）/（mm×mm）	截面尺寸/mm					截面面积/cm²	理论重量/（kg/m）	惯性矩/cm⁴		惯性半径/cm		截面模数/cm³	
		H	B	t_1	t_2	r			I_x	I_y	i_x	i_y	W_x	W_y
HM	550×300	* 544	300	11	15	13	148.0	116	76400	6760	22.7	6.75	2810	450
		* 550	300	11	18	13	166.0	130	89800	8110	23.3	6.98	3270	540
	600×300	* 582	300	12	17	13	169.2	133	98900	7660	24.2	6.72	3400	511
		588	300	12	20	13	187.2	147	114000	9010	24.7	6.93	3890	601
		* 594	302	14	23	13	217.1	170	134000	10600	24.8	6.97	4500	700
HN	* 100×50	100	50	5	7	8	11.84	9.30	187	14.8	3.97	1.11	37.5	5.91
	* 125×60	125	60	6	8	8	16.68	13.1	409	29.1	4.95	1.32	65.4	9.71
	150×75	150	75	5	7	8	17.84	14.0	666	49.5	6.10	1.66	88.8	13.2
	175×90	175	90	5	8	8	22.89	18.0	1210	97.5	7.25	2.06	138	21.7
	200×100	* 198	99	4.5	7	8	22.68	17.8	1540	113	8.24	2.23	156	22.9
		200	100	5.5	8	8	26.66	20.9	1810	134	8.22	2.23	181	26.7
	250×125	* 248	124	5	8	8	31.98	25.1	3450	255	10.4	2.82	278	41.1
		250	125	6	9	8	36.96	29.0	3960	294	10.4	2.81	317	47.0
	300×150	* 298	149	5.5	8	13	40.80	32.0	6320	442	12.4	3.29	424	59.3
		300	150	6.5	9	13	46.78	36.7	7210	508	12.4	3.29	481	67.7
	350×175	* 346	174	6	9	13	52.45	41.2	11000	791	14.5	3.88	638	91.0
		350	175	7	11	13	62.91	49.4	13500	984	14.6	3.95	771	112
	400×150	400	150	8	13	13	70.37	55.2	18600	734	16.3	3.22	929	97.8
	400×200	* 396	199	7	11	13	71.41	56.1	19800	1450	16.6	4.50	999	145
		400	200	8	13	13	83.37	65.4	23500	1740	16.8	4.56	1170	174
	450×150	* 446	150	7	12	13	66.99	52.6	22000	677	18.1	3.17	985	90.3
		450	151	8	14	13	77.49	60.8	25700	806	18.2	3.22	1140	107
	450×200	* 446	199	8	12	13	82.97	65.1	28100	1580	18.4	4.36	1260	159
		450	200	9	14	13	95.43	74.9	32900	1870	18.6	4.42	1460	187
	475×150	* 470	150	7	13	13	71.53	56.2	26200	733	19.1	3.20	1110	97.8
		* 475	151.5	8.5	15.5	13	86.15	67.6	31700	901	19.2	3.23	1330	119
		482	153.5	10.5	19	13	106.4	83.5	39600	1150	19.3	3.28	1640	150
	500×150	* 492	150	7	12	13	70.21	55.1	27500	677	19.8	3.10	1120	90.3
		* 500	152	9	16	13	92.21	72.4	37000	940	20.0	3.19	1480	124
		504	153	10	18	13	103.3	81.1	41900	1080	20.1	3.23	1660	141
	500×200	* 496	199	9	14	13	99.29	77.9	40800	1840	20.3	4.30	1650	185
		500	200	10	16	13	112.3	88.1	46800	2140	20.4	4.36	1870	214
		* 506	201	11	19	13	129.3	102	55500	2580	20.7	4.46	2190	257
	550×200	* 546	199	9	14	13	103.8	81.5	50800	1840	22.1	4.21	1860	185
		550	200	10	16	13	117.3	92.0	58200	2140	22.3	4.27	2120	214
	600×200	* 596	199	10	15	13	117.8	92.4	66600	1980	23.8	4.09	2240	199
		600	200	11	17	13	131.7	103	75600	2270	24.0	4.15	2520	227
		* 606	201	12	20	13	149.8	118	88300	2720	24.3	4.25	2910	270
	625×200	* 625	198.5	13.5	17.5	13	150.6	118	88500	2300	24.2	3.90	2830	231
		630	200	15	20	13	170.0	133	101000	2690	24.4	3.97	3220	268
		* 638	202	17	24	13	198.7	156	122000	3320	24.8	4.09	3820	329
	650×300	* 646	299	10	15	13	15285	120	110000	6690	26.9	6.61	3410	447
		* 650	300	11	17	13	171.2	134	125000	7660	27.0	6.68	3850	511
		* 656	301	12	20	13	195.8	154	147000	9100	27.4	6.81	4470	605
	700×300	* 692	300	13	20	18	207.5	163	168000	9020	28.5	6.59	4870	601
		700	300	13	24	18	231.5	182	197000	10800	29.2	6.83	5640	721
	750×300	* 734	299	12	16	18	182.7	143	161000	7140	29.7	6.25	4390	478
		* 742	300	13	20	18	214.0	168	197000	9020	30.4	6.49	5320	601

（续）

类别	型号（高度×宽度）/（mm×mm）	截面尺寸/mm					截面面积/cm^2	理论重量/（kg/m）	惯性矩/cm^4		惯性半径/cm		截面模数/cm^3	
		H	B	t_1	t_2	r			I_x	I_y	i_x	i_y	W_x	W_y
HN	750×300	* 750	300	13	24	18	238.0	187	231000	10800	31.1	6.74	6150	721
		* 758	303	16	28	18	284.8	224	276000	13000	31.1	6.75	7270	859
	800×300	* 792	300	14	22	18	239.5	188	248000	9920	32.2	6.43	6270	661
		800	300	14	26	18	263.5	207	286000	11700	33.0	6.66	7160	781
	850×300	* 834	298	14	19	18	227.5	179	251000	8400	33.2	6.07	6020	564
		* 842	299	15	23	18	259.7	204	298000	10300	33.9	6.28	7080	687
		* 850	300	16	27	18	292.1	229	346000	12200	34.4	6.45	8140	812
		* 858	301	17	31	18	324.7	255	395000	14100	34.9	6.59	9210	939
	900×300	* 890	299	15	23	18	266.9	210	339000	10300	35.6	6.20	7610	687
		900	300	16	28	18	305.8	240	404000	12600	36.4	6.42	8990	842
		* 912	302	18	34	18	360.1	283	491000	15700	36.9	6.59	10800	1040
	1000×300	* 970	297	16	21	18	276.0	217	393000	9210	37.8	5.77	8110	620
		* 980	298	17	26	18	315.5	248	472000	11500	38.7	6.04	9630	772
		* 990	298	17	31	18	345.3	271	544000	13700	39.7	6.30	11000	921
		* 1000	300	19	36	18	395.1	310	634000	16300	40.1	6.41	12700	1080
		* 1008	302	21	40	18	439.3	345	712000	18400	40.3	6.47	14100	1220
HT	100×50	95	48	3.2	4.5	8	7.620	5.98	115	8.39	3.88	1.04	24.2	3.49
		97	49	4	5.5	8	9.370	7.36	143	10.9	3.91	1.07	29.6	4.45
	100×100	96	99	4.5	6	8	16.20	12.7	272	97.2	4.09	2.44	56.7	19.6
	125×60	118	58	3.2	4.5	8	9.250	7.26	218	14.7	4.85	1.26	37.0	5.08
		120	59	4	5.5	8	11.39	8.94	271	19.0	4.87	1.29	45.2	6.43
	125×125	119	123	4.5	6	8	20.12	15.8	532	186	5.14	3.04	89.5	30.3
	150×75	145	73	3.2	4.5	8	11.47	9.00	416	29.3	6.01	1.59	57.3	8.02
		147	74	4	5.5	8	14.12	11.1	516	37.3	6.04	1.62	70.2	10.1
	150×100	139	97	3.2	4.5	8	13.43	10.6	476	68.6	5.94	2.25	68.4	14.1
		142	99	4.5	6	8	18.27	14.3	654	97.2	5.98	2.30	92.1	19.6
	150×150	144	148	5	7	8	27.76	21.8	1090	378	6.25	3.69	151	51.1
		147	149	6	8.5	8	33.67	26.4	1350	469	6.32	3.73	183	63.0
	175×90	168	88	3.2	4.5	8	13.55	10.6	670	51.2	7.02	1.94	79.7	11.6
		171	89	4	6	8	17.58	13.8	894	70.7	7.13	2.00	105	15.9
	175×175	167	173	5	7	13	33.32	26.2	1780	605	7.30	4.26	213	69.9
		172	175	6.5	9.5	13	44.64	35.0	2470	850	7.43	4.36	287	97.1
	200×100	193	98	3.2	4.5	8	15.26	12.0	994	70.7	8.07	2.15	103	14.4
		196	99	4	6	8	19.78	15.5	1320	97.2	8.18	2.21	135	19.6
	200×150	188	149	4.5	6	8	26.34	20.7	1730	331	8.09	3.54	184	44.4
	200×200	192	198	6	8	13	43.69	34.3	3060	1040	8.37	4.86	319	105
	250×125	244	124	4.5	6	8	25.86	20.3	2650	191	10.1	2.71	217	30.8
	250×175	238	173	4.5	8	13	39.12	30.7	4240	691	10.4	4.20	356	79.9
	300×150	294	148	4.5	6	13	31.90	25.0	4800	325	12.3	3.19	327	43.9
	300×200	286	198	6	8	13	49.33	38.7	7360	1040	12.2	4.58	515	105
	350×175	340	173	4.5	6	13	36.97	29.0	7490	518	14.2	3.74	441	59.9
	400×150	390	148	6	8	13	47.57	37.3	11700	434	15.7	3.01	602	58.6
	400×200	390	198	6	8	13	55.57	43.6	14700	1040	16.2	4.31	752	105

注：1. 表中同一型号的产品，其内侧尺寸高度一致。

2. 表中截面面积计算公式为：“$t_1(H-2t_2)+2Bt_2+0.858r^2$”。

3. 表中“＊”表示的规格为市场非常用规格。

表 4-112　剖分 T 型钢截面尺寸、截面面积、理论重量及截面特性（摘自 GB/T 11263—2010）

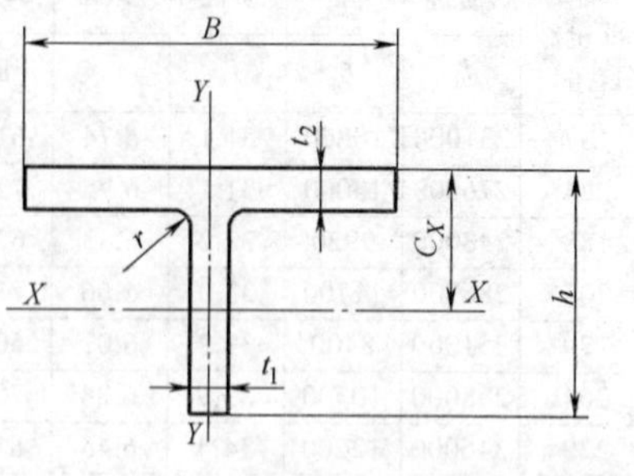

类别	型号（高度×宽度）/（mm×mm）	截面尺寸/mm					截面面积/cm^2	理论重量/（kg/m）	惯性矩/cm^4		惯性半径/cm		截面模数/cm^3		重心 C_X/cm	对应 H 型钢系列钢号
		H	B	t_1	t_2	r			I_x	I_y	i_x	i_y	W_x	W_y		
TW	50×100	50	100	6	8	8	10.79	8.47	16.1	66.8	1.22	2.48	4.02	13.4	1.00	100×100
	62.5×125	62.5	125	6.5	9	8	15.00	11.8	35.0	147	1.52	3.12	6.91	23.5	1.19	125×125
	75×150	75	150	7	10	8	19.82	15.6	66.4	282	1.82	3.76	10.8	37.5	1.37	150×150
	87.5×175	87.5	175	7.5	11	13	25.71	20.2	115	492	2.11	4.37	15.9	56.2	1.55	175×175
	100×200	100	200	8	12	13	31.76	24.9	184	801	2.40	5.02	22.3	80.1	1.73	200×200
		100	204	12	12	13	35.76	28.1	256	851	2.67	4.87	32.4	83.4	2.09	
	125×250	125	250	9	14	13	45.71	35.9	412	1820	3.00	6.31	39.5	146	2.08	250×250
		125	255	14	14	13	51.96	40.8	589	1940	3.36	6.10	59.4	152	2.58	
	150×300	147	302	12	12	13	53.16	41.7	857	2760	4.01	7.20	72.3	183	2.85	300×300
		150	300	10	15	13	59.22	46.5	798	3380	3.67	7.55	63.7	225	2.47	
		150	305	15	15	13	66.72	52.4	1110	3550	4.07	7.29	92.5	233	3.04	
	175×350	172	348	10	16	13	72.00	56.5	1230	5620	4.13	8.83	84.7	323	2.67	350×350
		175	350	12	19	13	85.94	67.5	1520	6790	4.20	8.88	104	388	2.87	
	200×400	194	402	15	15	22	89.22	70.0	2480	8130	5.27	9.54	158	404	3.70	400×400
		197	398	11	18	22	93.40	73.3	2050	9460	4.67	10.1	123	475	3.01	
		200	400	13	21	22	109.3	85.8	2480	11200	4.75	10.1	147	560	3.21	
		200	408	21	21	22	125.3	98.4	3650	11900	5.39	9.74	229	584	4.07	
		207	405	18	28	22	147.7	116	3620	15500	4.95	10.2	213	766	3.68	
		214	407	20	35	22	180.3	142	4380	19700	4.92	10.4	250	967	3.90	
TM	75×100	74	100	6	9	8	13.17	10.3	51.7	75.2	1.98	2.38	8.84	15.0	1.56	150×100
	100×150	97	150	6	9	8	19.05	15.0	124	253	2.55	3.64	15.8	33.8	1.80	200×150
	125×175	122	175	7	11	13	27.74	21.8	288	492	3.22	4.21	29.1	56.2	2.28	250×175
	150×200	147	200	8	12	13	35.52	27.9	571	801	4.00	4.74	48.2	80.1	2.85	300×200
		149	201	9	14	13	41.01	32.2	661	949	4.01	4.80	55.2	94.4	2.92	
	175×250	170	250	9	14	13	49.76	39.1	1020	1820	4.51	6.05	73.2	146	3.11	350×250
	200×300	195	300	10	16	13	66.62	52.3	1730	3600	5.09	7.35	108	240	3.43	400×300
	225×300	220	300	11	18	13	76.94	60.4	2680	4050	5.89	7.25	150	270	4.09	450×300
	250×300	241	300	11	15	13	70.58	55.4	3400	3380	6.93	6.91	178	225	5.00	500×300
		244	300	11	18	13	79.58	62.5	3610	4050	6.73	7.13	184	270	4.72	
	275×300	272	300	11	15	13	73.99	58.1	4790	3380	8.04	6.75	225	225	5.96	550×300
		275	300	11	18	13	82.99	65.2	5090	4050	7.82	6.98	232	270	5.59	
	300×300	291	300	12	17	13	84.60	66.4	6320	3830	8.64	6.72	280	255	6.51	600×300
		294	300	12	20	13	93.60	73.5	6680	4500	8.44	6.93	288	300	6.17	
		297	302	14	23	13	108.5	85.2	7890	5290	8.52	6.97	339	350	6.41	
TN	50×50	50	50	5	7	8	5.920	4.65	11.8	7.39	1.41	1.11	3.18	2.95	1.28	100×50
	62.5×60	62.5	60	6	8	8	8.340	6.55	27.5	14.6	1.81	1.32	5.96	4.85	1.64	125×60
	75×75	75	75	5	7	8	8.920	7.00	42.6	24.7	2.18	1.66	7.46	6.59	1.79	150×75

（续）

类别	型号（高度×宽度）/（mm×mm）	截面尺寸/mm					截面面积/cm^2	理论重量/（kg/m）	惯性矩/cm^4		惯性半径/cm		截面模数/cm^3		重心 C_X/cm	对应H型钢系列钢号
		H	B	t_1	t_2	r			I_x	I_y	i_x	i_y	W_x	W_y		
TN	87.5×90	85.5	89	4	6	8	8.790	6.90	53.7	35.3	2.47	2.00	8.02	7.94	1.86	175×90
		87.5	90	5	8	8	11.44	8.98	70.6	48.7	2.48	2.06	10.4	10.8	1.93	
	100×100	99	99	4.5	7	8	11.34	8.90	93.5	56.7	2.87	2.23	12.1	11.5	2.17	200×100
		100	100	5.5	8	8	13.33	10.5	114	66.9	2.92	2.23	14.8	13.4	2.31	
	125×125	124	124	5	8	8	15.99	12.6	207	127	3.59	2.82	21.3	20.5	2.66	250×125
		125	125	6	9	8	18.48	14.5	248	147	3.66	2.81	25.6	23.5	2.81	
	150×150	149	149	5.5	8	13	20.40	16.0	393	221	4.39	3.29	33.8	29.7	3.26	300×150
		150	150	6.5	9	13	23.39	18.4	464	254	4.45	3.29	40.0	33.8	3.41	
	175×175	173	174	6	9	13	26.22	20.6	679	396	5.08	3.88	50.0	45.5	3.72	350×175
		175	175	7	11	13	31.45	24.7	814	492	5.08	3.95	59.3	56.2	3.76	
	200×200	198	199	7	11	13	35.70	28.0	1190	723	5.77	4.50	76.4	72.7	4.20	400×200
		200	200	8	13	13	41.68	32.7	1390	868	5.78	4.56	88.6	86.8	4.26	
	225×150	223	150	7	12	13	33.49	26.3	1570	338	6.84	3.17	93.7	45.1	5.54	450×150
		225	151	8	14	13	38.74	30.4	1830	403	6.87	3.22	108	53.4	5.62	
	225×200	223	199	8	12	13	41.48	32.6	1870	789	6.71	4.36	109	79.3	5.15	450×200
		225	200	9	14	13	47.71	37.5	2150	935	6.71	4.42	124	93.5	5.19	
	237.5×150	235	150	7	13	13	35.76	28.1	1850	367	7.18	3.20	104	48.9	7.50	475×150
		237.5	151.5	8.5	15.5	13	43.07	33.8	2270	451	7.25	3.23	128	59.5	7.57	
		241	153.5	10.5	19	13	53.20	41.8	2860	575	7.33	3.28	160	75.0	7.67	
	250×150	246	150	7	12	13	35.10	27.6	2060	339	7.66	3.10	113	45.1	6.36	500×150
		250	152	9	16	13	46.10	36.2	2750	470	7.71	3.19	149	61.9	6.53	
		252	153	10	18	13	51.66	40.6	3100	540	7.74	3.23	167	70.5	6.62	
	250×200	248	199	9	14	13	49.64	39.0	2820	921	7.54	4.30	150	92.6	5.97	500×200
		250	200	10	16	13	56.12	44.1	3200	1070	7.54	4.36	169	107	6.03	
		253	201	11	19	13	64.65	50.8	3660	1290	7.52	4.46	189	128	6.00	
	275×200	273	199	9	14	13	51.89	40.7	3690	921	8.43	4.21	180	92.6	6.85	550×200
		275	200	10	16	13	58.62	46.0	4180	1070	8.44	4.27	203	107	6.89	
	300×200	298	199	10	15	13	58.87	46.2	5150	988	9.35	4.09	235	99.3	7.92	600×200
		300	200	11	17	13	65.85	51.7	5770	1140	9.35	4.14	262	114	7.95	
		303	201	12	20	13	74.88	58.8	6530	1360	9.33	4.25	291	135	7.88	
	312.5×200	312.5	198.5	13.5	17.5	13	75.28	59.1	7460	1150	9.95	3.90	338	116	9.15	625×200
		315	200	15	20	13	84.97	66.7	8470	1340	9.98	3.97	380	134	9.21	
		319	202	17	24	13	99.35	78.0	9960	1160	10.0	4.08	440	165	9.26	
	325×300	323	299	10	15	12	76.26	59.9	7220	3340	9.73	6.62	289	224	7.28	650×300
		325	300	11	17	13	85.60	67.2	8090	3830	9.71	6.68	321	255	7.29	
		328	301	12	20	13	97.88	76.8	9120	4550	9.65	6.81	356	302	7.20	
	350×300	346	300	13	20	13	103.1	80.9	1120	4510	10.4	6.61	424	300	8.12	700×300
		350	300	13	24	13	115.1	90.4	1200	5410	10.2	6.85	438	360	7.65	
	400×300	396	300	14	22	18	119.8	94.0	1760	4960	12.1	6.43	592	331	9.77	800×300
		400	300	14	26	18	131.8	103	1870	5860	11.9	6.66	610	391	9.27	
	450×300	445	299	15	23	18	133.5	105	2590	5140	13.9	6.20	789	344	11.7	900×300
		450	300	16	28	18	152.9	120	2910	6320	13.8	6.42	865	421	11.4	
		456	302	18	34	18	180.0	141	3410	7830	13.8	6.59	997	518	11.3	

规格表示方法：

H 型钢：H 与高度 H 值×宽度 B 值×腹板厚度 t_1 值×翼缘厚度 t_2 值。

如：H596×199×10×15

剖分 T 型钢：T 与高度 h 值×宽度 B 值×腹板厚度 t_1 值×翼缘厚度 t_2 值。

如：T207×405×18×28

H 型钢及 T 型钢外形尺寸及允许偏差见表 4-113、表 4-114，交货重量允许偏差见表 4-115。工字钢与 H 型钢型号及截面特性参数对比见表 4-116。

表 4-113　H 型钢尺寸、外形允许偏差（摘自 GB/T 11263—2010）　　（单位：mm）

项目			允许偏差	图示
高度 H（按型号）		<400	±2.0	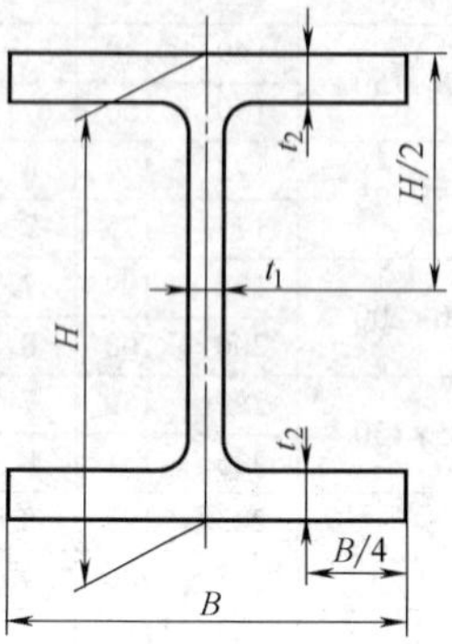
		≥400~<600	±3.0	
		≥600	±4.0	
宽度 B（按型号）		<100	±2.0	
		≥100~<200	±2.5	
		≥200	±3.0	
厚度	t_1	<5	±0.5	
		≥5~<16	±0.7	
		≥16~<25	±1.0	
		≥25~<40	±1.5	
		≥40	±2.0	
	t_2	<5	±0.7	
		≥5~<16	±1.0	
		≥16~<25	±1.5	
		≥25~<40	±1.7	
		≥40	±2.0	
长度		≤7000	+60 0	
		>7000	长度每增加 1m 或不足 1m 时，正偏差在上述基础上加 5mm	
翼缘斜度 T		高度（型号）≤300	T≤1.0%B。但允许偏差的最小值为 1.5mm	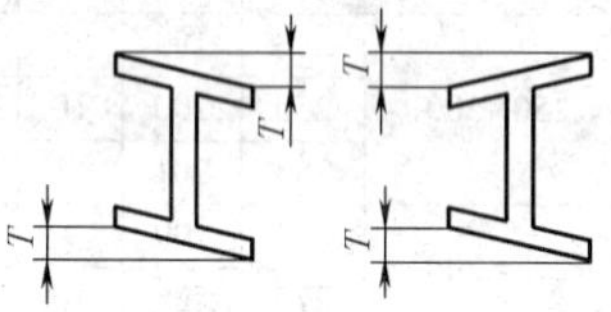
		高度（型号）>300	T≤1.2%B。但允许偏差的最小值为 1.5mm	
弯曲度（适用于上下、左右大弯曲）		高度（型号）≤300	≤长度的 0.15%	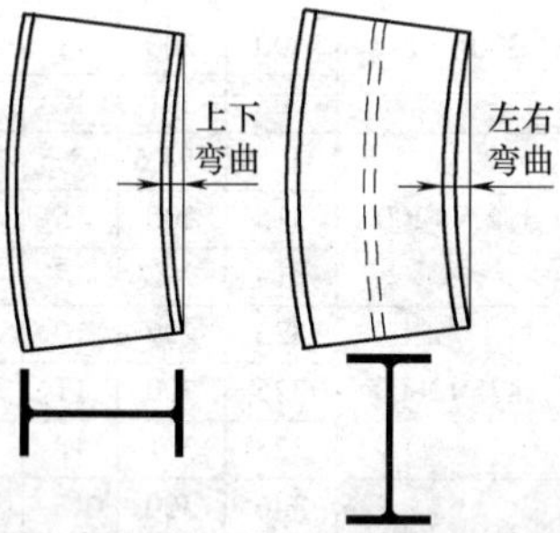 上下弯曲　左右弯曲
		高度（型号）>300	≤长度的 0.10%	
中心偏差 S		高度（型号）≤300 且宽度（型号）≤200	±2.5	$S=\frac{b_1-b_2}{2}$ 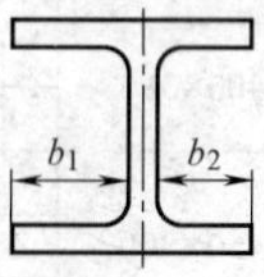
		高度（型号）>300 或宽度（型号）>200	±3.5	
腹板弯曲 W		高度（型号）<400	≤2.0	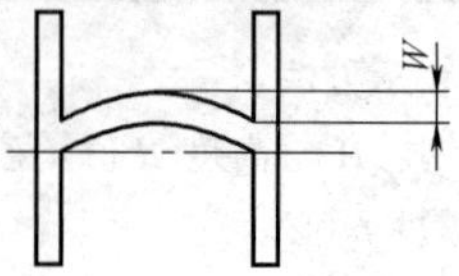
		≥400~<600	≤2.5	
		≥600	≤3.0	

（续）

项目		允许偏差	图示
翼缘弯曲 F	宽度 $B\leqslant 400$	$\leqslant 1.5\%b$。但是，允许偏差值的最大值为 1.5mm	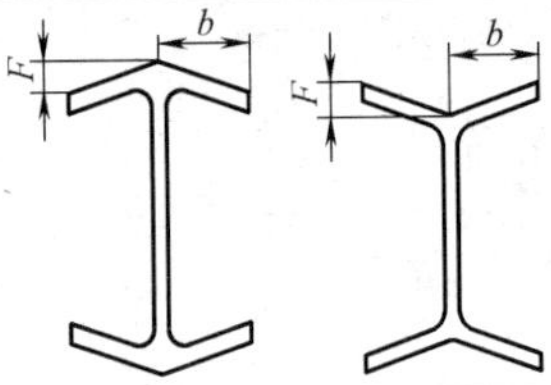
端面斜度 E		$E\leqslant 1.6\%$（H 或 B），但允许偏差的最小值为 3.0mm	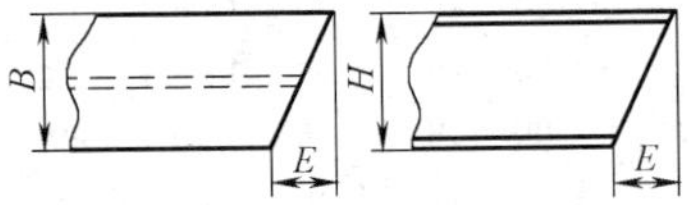
翼缘腿端外缘钝化		不得使直径等于 $0.18t_2$ 的圆棒通过	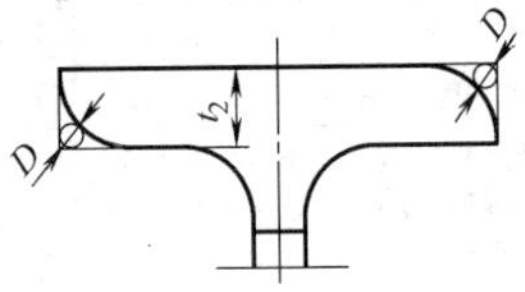

注：1. 尺寸和形状的测量部位见图示。
2. 弯曲度沿翼缘端部测量。

表 4-114　剖分 T 型钢尺寸、外形允许偏差　（单位：mm）

项目		允许偏差	图示
高度 h（按型号）	<200	+4.0 −6.0	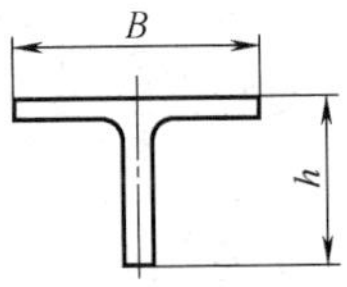
	≥200～<300	+5.0 −7.0	
	≥300	+6.0 −8.0	
翼缘弯曲 F'	连接部位	$F'\leqslant B/200$ 且 $F'\leqslant 1.5$	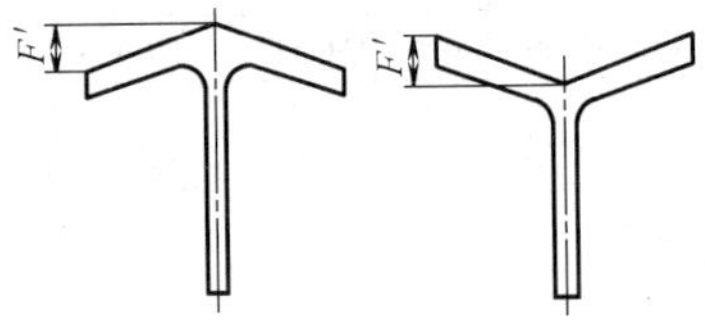
	一般部位 $B\leqslant 150$	$F'\leqslant 2.0$	
	一般部位 $B>150$	$F'\leqslant\dfrac{B}{150}$	

注：其他部位的允许偏差，按对应 H 型钢规格的部位允许偏差。

表 4-115　H 型钢和剖分 T 型钢交货重量允许偏差

类别	重量允许偏差	类别	重量允许偏差
H 型钢	单根重量偏差≤±6%，每批交货重量偏差≤±4%	剖分 T 型钢	单根重量偏差≤±7%，每批交货重量偏差≤±5%

表 4-116　工字钢与 H 型钢型号及截面特性参数对比表

工字钢型号	H 型钢型号	横截面积	抗弯强度	抗剪强度	抗弯刚度	惯性半径 i_x	惯性半径 i_y
Ⅰ10	H125×60	1.16	1.34	1.00	1.67	1.20	0.87
Ⅰ12	H125×60	0.94	0.90	0.76	0.94	1.00	0.81
	H150×75	1.00	1.22	1.04	1.53	1.23	1.02
Ⅰ12.6	H150×75	0.99	1.15	1.04	1.36	1.18	1.03
Ⅰ14	H175×90	1.06	1.35	1.35	1.70	1.26	1.19
Ⅰ16	H175×90	0.88	0.98	1.02	1.07	1.10	1.09
	H198×99	0.87	1.11	1.08	1.36	1.25	1.19
	H200×100	1.02	1.28	1.26	1.60	1.25	1.19
Ⅰ18	H200×100	0.87	0.98	1.03	1.09	1.12	1.12
	H248×124	1.04	1.50	1.58	2.08	1.41	1.41
Ⅰ20a	H248×124	0.90	1.17	1.30	1.46	1.28	1.33
	H250×125	1.04	1.34	1.49	1.68	1.28	1.33
Ⅰ20b	H248×124	0.81	1.11	1.24	1.38	1.31	1.37
	H250×125	0.93	1.27	1.42	1.59	1.31	1.37
Ⅰ22a	H250×125	0.88	1.03	1.15	1.17	1.16	1.22
	H298×149	0.97	1.37	1.45	1.86	1.38	1.42

（注：“横截面积”至“惯性半径”各列为“H 型钢与工字钢性能参数对比”。）

（续）

工字钢型号	H 型钢型号	横截面积	抗弯强度	抗剪强度	抗弯刚度	惯性半径 i_x	惯性半径 i_y
		H 型钢与工字钢性能参数对比					
I 22b	H250×125	0.79	0.98	1.10	1.11	1.18	1.24
	H298×149	0.88	1.30	1.39	1.77	1.41	1.45
	H300×150	1.01	1.48	1.59	2.02	1.41	1.45
I 24a	H298×149	0.85	1.11	1.23	1.38	1.27	1.36
I 24b	H298×149	0.78	1.06	1.18	1.32	1.30	1.38
I 25a	H298×149	0.84	1.05	1.23	1.26	1.22	1.37
	H300×150	0.96	1.20	1.40	1.44	1.22	1.37
I 25b	H298×149	0.76	1.00	1.13	1.20	1.25	1.37
	H300×150	0.87	1.14	1.29	1.37	1.25	1.37
	H346×174	0.98	1.51	1.74	2.08	1.46	1.62
I 27a	H346×174	0.96	1.32	1.61	1.68	1.33	1.55
I 27b	H346×174	0.87	1.25	1.54	1.60	1.36	1.57
I 28a	H346×174	0.95	1.26	1.61	1.55	1.28	1.55
I 28b	H346×174	0.86	1.19	1.49	1.47	1.31	1.56
	H350×175	1.03	1.44	1.85	1.80	1.32	1.59
I 30a	H350×175	1.03	1.29	1.78	1.51	1.21	1.55
I 30b	H350×175	0.94	1.23	1.71	1.44	1.25	1.58
I 30c	H350×175	0.86	1.17	1.65	1.37	1.27	1.61
I 32a	H350×175	0.94	1.11	1.60	1.22	1.15	1.51
I 32b	H350×175	0.86	1.05	1.49	1.16	1.17	1.52
	H400×150	0.96	1.28	1.29	1.60	1.29	1.24
	H396×199	0.97	1.38	1.91	1.71	1.32	1.72
I 32c	H350×175	0.79	1.01	1.39	1.11	1.20	1.52
	H400×150	0.88	1.22	1.20	1.52	1.33	1.24
	H396×199	0.89	1.31	1.79	1.62	1.35	1.72
I 36a	H400×150	0.92	1.06	1.20	1.18	1.13	1.20
	H396×199	0.93	1.14	1.79	1.25	1.15	1.67
I 36b	H400×150	0.84	1.01	1.16	1.13	1.16	1.22
	H396×199	0.85	1.09	1.72	1.20	1.18	1.70
	H400×200	1.00	1.27	2.06	1.42	1.19	1.73
	H446×199	0.99	1.37	1.89	1.70	1.30	1.65
I 36c	H396×199	0.79	1.04	1.66	1.14	1.20	1.73
	H400×200	0.92	1.22	1.99	1.36	1.22	1.75
	H446×199	0.91	1.31	1.82	1.62	1.33	1.68
I 40a	H400×200	0.97	1.07	1.87	1.08	1.06	1.65

工字钢型号	H 型钢型号	横截面积	抗弯强度	抗剪强度	抗弯刚度	惯性半径 i_x	惯性半径 i_y
		H 型钢与工字钢性能参数对比					
I 40a	H446×199	0.96	1.16	1.71	1.29	1.16	1.57
I 40b	H400×200	0.89	1.03	1.81	1.03	1.08	1.68
	H446×199	0.88	1.11	1.65	1.23	1.18	1.61
	H450×200	1.01	1.28	1.94	1.44	1.19	1.63
I 40c	H400×200	0.82	0.98	1.75	0.98	1.11	1.72
	H446×199	0.81	1.06	160	1.18	1.21	1.65
	H450×200	0.93	1.23	1.88	1.38	1.22	1.67
I 45a	H450×200	0.93	1.02	1.64	1.02	1.05	1.53
	H496×199	0.97	1.15	1.62	1.27	1.15	1.49
I 45b	H450×200	0.86	0.97	1.58	0.97	1.07	1.56
	H496×199	0.89	1.10	1.57	1.21	1.17	1.52
	H500×200	1.01	1.25	1.81	1.38	1.17	1.54
I 45c	H450×200	0.79	0.93	1.53	0.93	1.09	1.59
	H496×199	0.82	1.05	1.52	1.16	1.19	1.54
	H500×200	0.93	1.19	1.75	1.33	1.19	1.56
	H596×199	0.98	1.43	1.63	1.89	1.39	1.47
I 50a	H500×200	0.94	1.01	1.51	1.01	1.04	1.42
	H596×199	0.99	1.20	1.40	1.43	1.21	1.34
I 50b	H506×201	1.00	1.13	1.76	1.14	1.07	1.48
	H596×199	0.91	1.15	1.36	1.37	1.23	1.36
	H600×200	1.02	1.30	1.55	1.56	1.24	1.38
I 50c	H500×200	0.81	0.90	1.42	0.92	1.07	1.47
	H506×201	0.93	1.05	0.70	1.10	1.09	1.51
	H596×199	0.85	1.08	1.32	1.32	1.25	1.39
I 55a	H600×200	0.98	1.10	1.38	1.20	1.11	1.30
I 55b	H600×200	0.91	1.05	1.34	1.15	1.13	1.32
I 55c	H600×200	0.84	1.01	1.30	1.11	1.15	1.35
I 56a	H596×199	0.87	0.96	1.21	1.02	1.08	1.29
	H600×200	0.97	1.08	1.38	1.15	1.09	1.31
I 56b	H606×201	1.02	1.19	1.55	1.29	1.13	1.35
I 56c	H600×200	0.83	0.99	1.24	1.06	1.13	1.32
	H606×201	0.95	1.15	1.48	1.24	1.14	1.35
I 63a	H582×300	1.09	1.14	2.65	1.05	0.99	2.03
I 63b	H582×300	1.01	1.08	2.50	1.01	1.00	2.05
I 63c	H582×300	0.94	1.03	2.39	0.97	1.02	2.06

4.3.6.4 通用冷弯开口型钢尺寸、外形、重量及允许偏差（见表 4-117～表 4-124）

表 4-117 冷弯等边角钢基本尺寸与主要参数（摘自 GB/T 6723—2008）

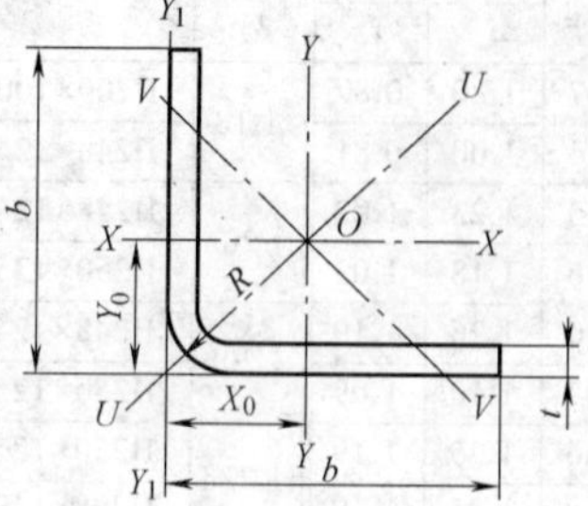

（续）

规格	尺寸/mm		理论重量/	截面面积/	重心 Y_0/	惯性矩/cm⁴			回转半径/cm			截面模数/cm³	
$b\times b\times t$	b	t	(kg/m)	cm^2	cm	$I_x=I_y$	I_u	I_v	$r_x=r_y$	r_u	r_v	$W_{y\max}=W_{x\max}$	$W_{y\min}=W_{x\min}$
20×20×1.2	20	1.2	0.354	0.451	0.559	0.179	0.292	0.066	0.630	0.804	0.385	0.321	0.124
20×20×2.0		2.0	0.566	0.721	0.599	0.278	0.457	0.099	0.621	0.796	0.371	0.464	0.198
30×30×1.6	30	1.6	0.714	0.909	0.829	0.817	1.328	0.307	0.948	1.208	0.581	0.986	0.376
30×30×2.0		2.0	0.880	1.121	0.849	0.998	1.626	0.369	0.943	1.204	0.573	1.175	0.464
30×30×3.0		3.0	1.274	1.623	0.898	1.409	2.316	0.503	0.931	1.194	0.556	1.568	0.671
40×40×1.6	40	1.6	0.965	1.229	1.079	1.985	3.213	0.758	1.270	1.616	0.785	1.839	0.679
40×40×2.0		2.0	1.194	1.521	1.099	2.438	3.956	0.919	1.265	1.612	0.777	2.218	0.840
40×40×3.0		3.0	1.745	2.223	1.148	3.496	5.710	1.282	1.253	1.602	0.759	3.043	1.226
50×50×2.0	50	2.0	1.508	1.921	1.349	4.848	7.845	1.856	1.588	2.020	0.981	3.593	1.327
50×50×3.0		3.0	2.216	2.823	1.398	7.015	11.414	2.616	1.576	2.010	0.962	5.015	1.948
50×50×4.0		4.0	2.894	3.686	1.448	9.022	14.755	3.290	1.564	2.000	0.944	6.229	2.540
60×60×2.0	60	2.0	1.822	2.321	1.599	8.473	13.654	3.262	1.910	2.428	1.185	5.302	1.926
60×60×3.0		3.0	2.687	3.423	1.648	12.342	20.028	4.657	1.898	2.418	1.166	7.486	2.836
60×60×4.0		4.0	3.522	4.486	1.698	15.970	26.030	5.911	1.886	2.408	1.147	9.403	3.712
70×70×3.0	70	3.0	3.158	4.023	1.898	19.853	32.152	7.553	2.221	2.826	1.370	10.456	3.891
70×70×4.0		4.0	4.150	5.286	1.948	25.799	41.944	19.654	2.209	2.816	1.351	13.242	5.107
80×80×4.0	80	4.0	4.778	6.086	2.198	39.009	63.299	14.719	2.531	3.224	1.555	17.745	6.723
80×80×5.0		5.0	5.895	7.510	2.247	47.677	77.622	17.731	2.519	3.214	1.536	21.209	8.288
100×100×4.0	100	4.0	6.034	7.686	2.698	77.571	125.528	29.613	3.176	4.041	1.962	28.749	10.623
100×100×5.0		5.0	7.465	9.510	2.747	95.237	154.539	35.335	3.164	4.031	1.943	34.659	13.132
150×150×6.0	150	6.0	13.458	17.254	4.062	391.442	635.468	147.415	4.763	6.069	2.923	96.367	35.787
150×150×8.0		8.0	17.685	22.673	4.169	508.593	830.207	186.979	4.736	6.051	2.872	121.994	46.957
150×150×10		10	21.783	27.927	4.277	619.211	1016.638	221.785	4.709	6.034	2.818	144.777	57.746
200×200×6.0	200	6.0	18.138	23.254	5.310	945.753	1529.328	362.177	6.377	8.110	3.947	178.108	64.381
200×200×8.0		8.0	23.925	30.673	5.416	1237.149	2008.393	465.905	6.351	8.091	3.897	228.425	84.829
200×200×10		10	29.583	37.927	5.522	1516.787	2472.471	561.104	6.324	8.074	3.846	274.681	104.765
250×250×8.0	250	8.0	30.164	38.672	6.664	2453.559	3970.580	936.538	7.965	10.133	4.921	368.181	133.811
250×250×10		10	37.383	47.927	6.770	3020.384	4903.304	1137.464	7.939	10.114	4.872	446.142	165. 682
250×250×12		12	44.472	57.015	6.876	3568.836	5812.612	1325.061	7.912	10.097	4.821	519.028	196.912
300×300×10	300	10	45.183	57.927	8.018	5286.252	8559.138	2013.367	9.553	12.155	5.896	659.298	240.481
300×300×12		12	53.832	69.015	8.124	6263.069	10167.49	2358.645	9.526	12.138	5.846	770.934	286.299
300×300×14		14	62.022	79.516	8.277	7182.256	11740.00	2624.502	9.504	12.150	5.745	867.737	330.629
300×300×16		16	70.312	90.144	8.392	8095.516	13279.70	2911.336	9.477	12.137	5.683	964.671	374.654

表 4-118　冷弯不等边角钢基本尺寸与主要参数（摘自 GB/T 6723—2008）

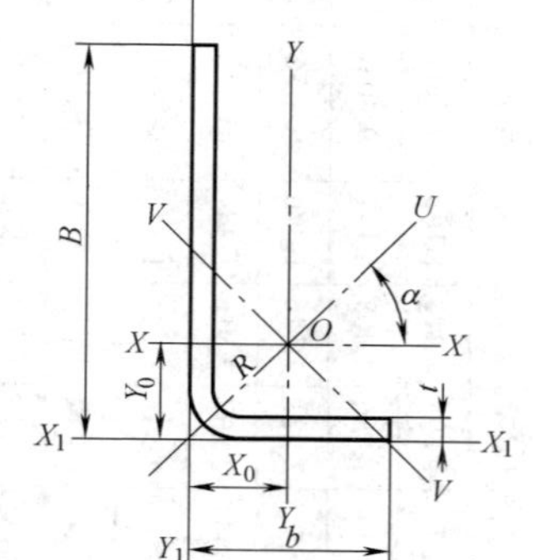

规格	尺寸/mm			理论重量/(kg/m)	截面面积/cm²	重心距离/cm		惯性矩/cm⁴				回转半径/cm				截面模数/cm³			
$B\times b\times t$	B	b	t			Y_0	X_0	I_x	I_y	I_u	I_v	r_x	r_y	r_u	r_v	$W_{x\max}$	$W_{x\min}$	$W_{y\max}$	$W_{y\min}$
30×20×2.0	30	20	2.0	0.723	0.921	1.011	0.490	0.860	0.318	1.014	0.164	0.966	0.587	1.049	0.421	0.850	0.432	0.648	0.210
30×20×3.0			3.0	1.039	1.323	1.068	0.536	1.201	0.441	1.421	0.220	0.952	0.577	1.036	0.408	1.123	0.621	0.823	0.301
50×30×2.5	50	30	2.5	1.473	1.877	1.706	0.674	4.962	1.419	5.597	0.783	1.625	0.869	1.726	0.645	2.907	1.506	2.103	0.610
50×30×4.0			4.0	2.266	2.886	1.794	0.741	7.419	2.104	8.395	1.128	1.603	0.853	1.705	0.625	4.134	2.314	2.838	0.931
60×40×2.5	60	40	2.5	1.866	2.377	1.939	0.913	9.078	3.376	10.665	1.790	1.954	1.191	2.117	0.867	4.682	2.235	3.694	1.094
60×40×4.0			4.0	2.894	3.686	2.023	0.981	13.774	5.091	16.239	2.625	1.932	1.175	2.098	0.843	6.807	3.463	5.184	1.686
70×40×3.0	70	40	3.0	2.452	3.123	2.402	0.861	16.301	4.142	18.092	2.351	2.284	1.151	2.406	0.867	6.785	3.545	4.810	1.319
70×40×4.0			4.0	3.208	4.086	2.461	0.905	21.038	5.317	23.381	2.973	2.268	1.140	2.391	0.853	8.546	4.635	5.872	1.718
80×50×3.0	80	50	3.0	2.923	3.723	2.631	1.096	25.450	8.086	29.092	4.444	2.614	1.473	2.795	1.092	9.670	4.740	7.371	2.071
80×50×4.0			4.0	3.836	4.886	2.688	1.141	33.025	10.449	37.810	5.664	2.599	1.462	2.781	1.076	12.281	6.218	9.151	2.708
100×60×3.0	100	60	3.0	3.629	4.623	3.297	1.259	49.787	14.347	56.038	8.096	3.281	1.761	3.481	1.323	15.100	7.427	11.389	3.026
100×60×4.0			4.0	4.778	6.086	3.354	1.304	64.939	18.640	73.177	10.402	3.266	1.749	3.467	1.307	19.356	9.772	14.289	3.969
100×60×5.0			5.0	5.895	7.510	3.412	1.349	79.395	22.707	89.566	12.536	3.251	1.738	3.453	1.291	23. 263	12.053	16.830	4.882
150×120×6.0	150	120	6.0	12.054	15.454	4.500	2.962	362.949	211.071	475.645	98.375	4.846	3.696	5.548	2.532	80.655	34.567	71.260	23.354
150×120×8.0			8.0	15.813	20.273	4.615	3.064	470.343	273.077	619.416	124.003	4.817	3.670	5.528	2.473	101.916	45.291	89.124	30.559
150×120×10			10	19.443	24.927	4.732	3.167	571.010	331.066	755.971	146.105	4.786	3.644	5.507	2.421	120.670	55.611	104.536	37.481

200×160×8.0	200	160	8.0	21.429	27.473	6.000	3.950	1147.099	667.089	1503.275	310.914	6.462	4.928	7.397	3.364	191.183	81.936	168.883	55.360
200×160×10			10	24.463	33.927	6.115	4.051	1403.661	815.267	1846.212	372.716	6.432	4.902	7.377	3.314	229.544	101.092	201.251	68.229
200×160×12			12	31.368	40.215	6.231	4.154	1648.244	956.261	2176.288	428.217	6.402	4.876	7.356	3.263	264.523	119.707	230.202	80.724
250×220×10	250	220	10	35.043	44.927	7.188	5.652	2894.335	2122.346	4102.990	913.691	8.026	6.873	9.556	4.510	402.662	162.494	375.504	129.823
250×220×12			12	41.664	53.415	7.299	5.756	3417.040	2504.222	4859.116	1062.097	7.998	6.847	9.538	4.459	468.151	193.042	435.063	154.163
250×220×14			14	47.826	61.316	7.466	5.904	3895.841	2856.311	5590.119	1162.033	7.971	6.825	9.548	4.353	521.811	222.188	483.793	177.455
300×260×12	300	260	12	50.088	64.215	8.686	6.638	5970.485	4218.566	8347.648	1841.403	9.642	8.105	11.402	5.355	687.369	280.120	635.517	217.879
300×260×14			14	57.654	73.916	8.851	6.782	6835.520	4831.275	9625.709	2041.085	9.616	8.085	11.412	5.255	772.288	323.208	712.367	251.393
300×260×16			16	65.320	83.744	8.972	6.894	7697.062	5438.329	10876.951	2258.440	9.587	8.059	11.397	5.193	857.898	366.039	788.850	284.640

表 4-119 冷弯等边槽钢基本尺寸与主要参数（摘自 GB/T 6723—2008）

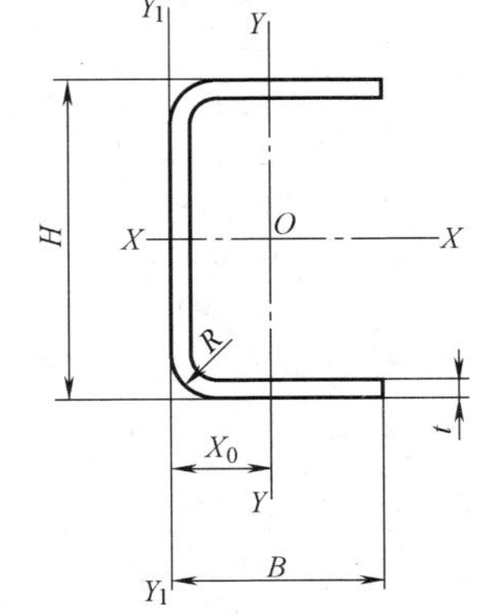

规格	尺寸/mm			理论重量/（kg/m）	截面面积/cm^2	重心距离	惯性矩/cm^4		回转半径/cm		截面模数/cm^3		
$H×B×t$	H	B	t			X_0/cm	I_x	I_y	r_x	r_y	W_x	$W_{y\max}$	$W_{y\min}$
20×10×1.5	20	10	1.5	0.401	0.511	0.324	0.281	0.047	0.741	0.305	0.281	0.146	0.070
20×10×2.0			2.0	0.505	0.643	0.349	0.330	0.058	0.716	0.300	0.330	0.165	0.089

（续）

规格	尺寸/mm			理论重量/(kg/m)	截面面积/cm^2	重心距离	惯性矩/cm^4		回转半径/cm		截面模数/cm^3		
$H \times B \times t$	H	B	t			X_0/cm	I_x	I_y	r_x	r_y	W_x	$W_{y\max}$	$W_{y\min}$
50×30×2.0	50	30	2.0	1.604	2.043	0.922	8.093	1.872	1.990	0.957	3.237	2.029	0.901
50×30×3.0			3.0	2.314	2.947	0.975	11.119	2.632	1.942	0.994	4.447	2.699	1.299
50×50×3.0		50	3.0	3.256	4.147	1.850	17.755	10.834	2.069	1.616	7.102	5.855	3.440
100×50×3.0	100		3.0	4.433	5.647	1.398	87.275	14.030	3.931	1.576	17.455	10.031	3.896
100×50×4.0			4.0	5.788	7.373	1.448	111.051	18.045	3.880	1.564	22.210	12.458	5.081
140×60×3.0	140	60	3.0	5.846	7.447	1.527	220.977	25.929	5.447	1.865	31.568	16.970	5.798
140×60×4.0			4.0	7.672	9.773	1.575	284.429	38.601	5.394	1.854	40.632	21.324	7.594
140×60×5.0			5.0	9.436	12.021	1.623	343.066	40.823	5.342	1.842	49.009	25.145	9.327
200×80×4.0	200	80	4.0	10.812	13.773	1.966	821.120	83.686	7.721	2.464	32.112	42.564	13.869
200×80×5.0			5.0	13.361	17.021	2.013	1000.710	102.441	7.667	2.453	100.071	50.886	17.111
200×80×6.0			6.0	15.849	20.190	2.060	1170.516	120.388	7.614	2.441	117.051	58.436	20.267
250×130×6.0	250	130	6.0	22.703	29.107	3.630	2876.401	497.071	9.941	4.132	230.112	136.934	53.049
250×130×8.0			8.0	29.755	38.147	3.739	3687.729	642.760	9.832	4.105	295.018	171.907	69.405
300×150×6.0	300	150	6.0	26.915	34.507	4.062	4911.518	782.884	11.930	4.763	327.435	192.734	71.575
300×150×8.0			8.0	35.371	45.347	4.169	6337.148	1017.186	11.822	4.736	422.477	243.988	93.914
300×150×10			10	43.566	55.854	4.277	7660.498	1238.423	11.711	4.708	510.700	289.554	115.492
350×180×8.0	350	180	8.0	42.235	54.147	4.983	10488.540	1771.765	13.918	5.721	599.345	355.562	136.112
350×180×10			10	52.146	66.854	5.092	12749.074	2166.713	13.809	5.693	728.519	425.513	167.858
350×180×12			12	61.799	79.230	5.501	14869.892	2542.823	13.700	5.665	849.708	462.247	203.442
400×200×10	400	200	10	59.166	75.854	5.522	18932.658	3033.575	15.799	6.324	946.633	549.362	209.530
400×200×12			12	70.223	90.030	5.630	22159.727	3569.548	15.689	6.297	1107.986	634.022	248.403
400×200×14			14	80.366	103.033	5.791	24854.034	4051.828	15.531	6.271	1242.702	699.677	285.159
450×220×10	450	220	10	66.186	84.854	5.956	26844.416	4103.714	17.787	6.954	1193.085	689.005	255.779
450×220×12			12	78.647	100.830	6.063	31506.135	4838.741	17.676	6.927	1400.273	798.077	303.617
450×220×14			14	90.194	115.633	6.219	35494.843	5510.415	17.520	6.903	1577.549	886.061	349.180
500×250×12	500	250	12	88.943	114.030	6.876	44593.265	7137.673	19.775	7.912	1783.731	1038.056	393.824
500×250×14			14	102.206	131.033	7.032	50455.689	8152.938	19.623	7.888	2018.228	1159.405	453.748
550×280×12	550	280	12	99.239	127.230	7.691	60862.568	10068.396	21.872	8.896	2213.184	1309.114	495.760
550×280×14			14	114.218	146.433	7.846	69095.642	11527.579	21.722	8.873	2512.569	1469.230	571.975
600×300×14	600	300	14	124.046	159.033	8.276	89412.972	14364.512	23.711	9.504	2980.432	1735.683	661.228
600×300×16			16	140.624	180.287	8.392	100367.430	16191.032	23.595	9.477	3345.581	1929.341	749.307

表 4-120 冷弯不等边槽钢基本尺寸与主要参数（摘自 GB/T 6723—2008）

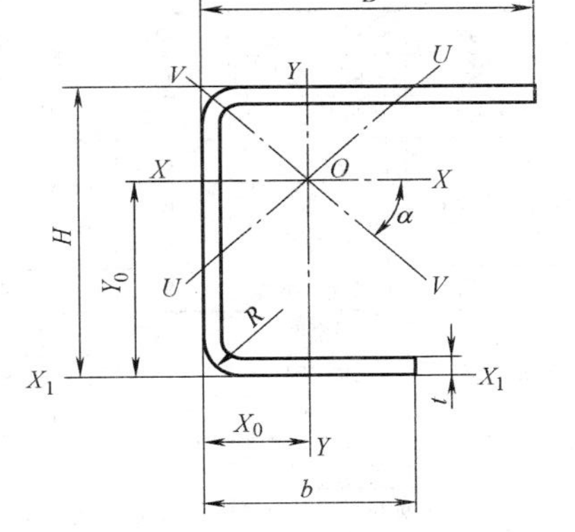

规格	尺寸/mm				理论重量/(kg/m)	截面面积/cm²	重心距离/cm		惯性矩/cm⁴				回转半径/cm				截面模数/cm³			
$H \times B \times b \times t$	H	B	b	t			X_0	Y_0	I_x	I_y	I_u	I_v	r_x	r_y	r_u	r_v	$W_{x\,max}$	$W_{x\,min}$	$W_{y\,max}$	$W_{y\,min}$
50×32×20×2.5	50	32	20	2.5	1.840	2.344	0.817	2.803	8.536	1.853	8.769	1.619	1.908	0.889	1.934	0.831	3.887	3.044	2.266	0.777
50×32×20×3.0				3.0	2.169	2.764	0.842	2.806	9.804	2.155	10.083	1.876	1.883	0.883	1.909	0.823	4.468	3.494	2.559	0.914
80×40×20×2.5	80	40	20	2.5	2.586	3.294	0.828	4.588	28.922	3.775	29.607	3.090	2.962	1.070	2.997	0.968	8.476	6.303	4.555	1.190
80×40×20×3.0				3.0	3.064	3.904	0.852	4.591	33.654	4.431	34.473	3.611	2.936	1.065	2.971	0.961	9.874	7.329	5.200	1.407
100×60×30×3.0	100	60	30	3.0	4.242	5.404	1.326	5.807	77.936	14.880	80.845	11.970	3.797	1.659	3.867	1.488	18.590	13.419	11.220	3.183
150×60×50×3.0	150		50		5.890	7.504	1.304	7.793	245.876	21.452	246.257	21.071	5.724	1.690	5.728	1.675	34.120	31.547	16.440	4.569
200×70×60×4.0	200	70	60	4.0	9.832	12.605	1.469	10.311	706.995	47.735	707.582	47.149	7.489	1.946	7.492	1.934	72.969	68.567	32.495	8.630
200×70×60×5.0				5.0	12.061	15.463	1.527	10.315	848.963	57.959	849.689	57.233	7.410	1.936	7.413	1.924	87.658	82.304	37.956	10.590
250×80×70×5.0	250	80	70	5.0	14.791	18.963	1.647	12.823	1616.200	92.101	1617.030	91.271	9.232	2.204	9.234	2.194	132.726	126.039	55.920	14.497
250×80×70×6.0				6.0	17.555	22.507	1.696	12.825	1891.478	108.125	1892.465	107.139	9.167	2.192	9.170	2.182	155.358	147.484	63.753	17.152
300×90×80×6.0	300	90	80	6.0	20.831	26.707	1.822	15.330	3222.869	161.726	3223.981	160.613	10.985	2.461	10.987	2.452	219.691	210.233	88.763	22.531
300×90×80×8.0				8.0	27.259	34.947	1.918	15.334	4115.825	207.555	4117.270	206.110	10.852	2.437	10.854	2.429	280.637	268.412	108.214	29.307
350×100×90×6.0	350	100	90	6.0	24.107	30.907	1.953	17.834	5064.502	230.463	5065.739	229.226	12.801	2.731	12.802	2.723	295.031	283.980	118.005	28.640
350×100×90×8.0				8.0	31.627	40.547	2.048	17.837	6506.423	297.082	6508.041	295.464	12.668	2.707	12.669	2.699	379.096	364.771	145.060	37.359
400×150×100×8.0	400	150	100	8.0	38.491	49.347	2.882	21.589	10787.704	763.610	10843.850	707.463	14.786	3.934	14.824	3.786	585.938	499.685	264.958	63.015
400×150×100×10				10	47.466	60.854	2.981	21.602	13071.444	931.170	13141.358	861.255	14.656	3.912	14.695	3.762	710.482	605.103	312.368	77.475
450×200×150×10	450	200	150	10	59.166	75.854	4.402	23.950	22328.149	2337.132	22430.862	2234.420	17.157	5.551	17.196	5.427	1060.720	932.282	530.925	149.835
450×200×150×12				12	70.223	90.030	4.504	23.960	26133.270	2750.039	26256.075	2627.235	17.037	5.527	17.077	5.402	1242.076	1090.704	610.577	177.468

（续）

规格	尺寸/mm				理论重量/(kg/m)	截面面积/cm²	重心距离/cm		惯性矩/cm⁴				回转半径/cm				截面模数/cm³			
$H\times B\times b\times t$	H	B	b	t			X_0	Y_0	I_x	I_y	I_u	I_v	r_x	r_y	r_u	r_v	$W_{x\max}$	$W_{x\min}$	$W_{y\max}$	$W_{y\min}$
500×250×200×12	500	250	200	12	84.263	108.030	6.008	26.355	40821.990	5579.208	40985.443	5415.752	19.439	7.186	19.478	7.080	1726.453	1548.928	928.630	293.766
500×250×200×14				14	96.746	124.033	6.159	26.371	46087.838	6369.068	46277.561	6179.346	19.276	7.166	19.306	7.058	1950.478	1747.671	1034.107	338.043
550×300×250×14	550	300	250	14	113.126	145.033	7.714	28.794	67847.216	11314.348	68086.256	11075.308	21.629	8.832	21.667	8.739	2588.995	2356.297	1466.729	507.689
550×300×250×16				16	128.144	164.287	7.831	28.800	76016.861	12738.984	76288.341	12467.503	21.511	8.806	21.549	8.711	2901.407	2639.474	1626.738	574.631

表 4-121　冷弯内卷边槽钢基本尺寸与主要参数（摘自 GB/T 6723—2008）

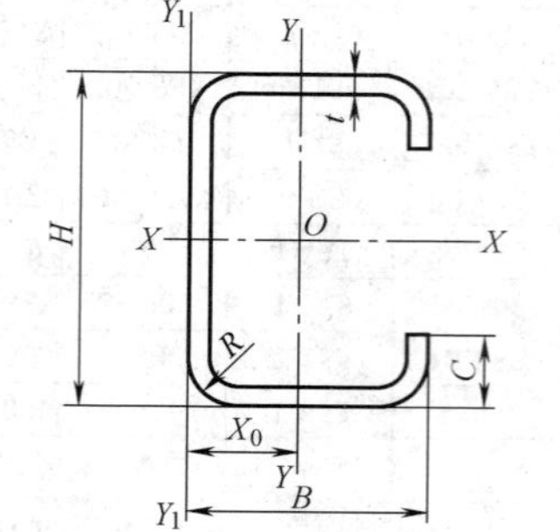

规格	尺寸/mm				理论重量/(kg/m)	截面面积/cm²	重心距离/cm	惯性矩/cm⁴		回转半径/cm		截面模数/cm³		
$H\times B\times C\times t$	H	B	C	t			X_0	I_x	I_y	r_x	r_y	W_x	$W_{y\max}$	$W_{y\min}$
60×30×10×2.5	60	30	10	2.5	2.363	3.010	1.043	16.009	3.353	2.306	1.055	5.336	3.214	1.713
60×30×10×3.0				3.0	2.743	3.495	1.036	18.077	3.688	2.274	1.027	6.025	3.559	1.878
100×50×20×2.5	100	50	20	2.5	4.325	5.510	1.853	84.932	19.889	3.925	1.899	16.986	10.730	6.321
100×50×20×3.0				3.0	5.098	6.495	1.848	98.560	22.802	3.895	1.873	19.712	12.333	7.235
140×60×20×2.5	140	60	20	2.5	5.503	7.010	1.974	212.137	34.786	5.500	2.227	30.305	17.615	8.642
140×60×20×3.0				3.0	6.511	8.295	1.969	248.006	40.132	5.467	2.199	35.429	20.379	9.956
180×60×20×3.0	180	60	20	3.0	7.453	9.495	1.739	449.695	43.611	6.881	2.143	49.966	25.073	10.235
180×70×20×3.0		70			7.924	10.095	2.106	496.693	63.712	7.014	2.512	55.188	30.248	13.019
200×60×20×3. 0	200	60	20	3.0	7.924	10.095	1.644	578.425	45.011	7.569	2.112	57.842	27.382	10.342
200×70×20×3.0		70			8.395	10.695	1.996	636.643	65.883	7.715	2.481	63.664	32.999	13.167
250×40×15×3.0	250	40	15	3.0	7.924	10.095	0.790	773.495	14.809	8.753	1.211	61.879	18.734	4.614
300×40×15×3.0	300	40			9.102	11.595	0.707	1231.616	15.356	10.306	1.150	82.107	21.700	4.664
400×50×15×3.0	400	50			11.928	15.195	0.783	2837.843	28.888	13.666	1.378	141.892	36.879	6.851

450×70×30×6.0	450	70	30	6.0	28.092	36.015	1.421	8796.963	159.703	15.629	2.106	390.976	112.388	28.626
450×70×30×8.0				8.0	36.421	46.693	1.429	11030.645	182.734	15.370	1.978	490.251	127.875	32.801
500×100×40×6.0	500	100	40	6.0	34.176	43.815	2.297	14275.246	479.809	18.050	3.309	571.010	208.885	62.289
500×100×40×8.0				8.0	44.533	57.093	2.293	18150.796	578.026	17.830	3.182	726.032	252.083	75.000
500×100×40×10				10	54.372	69.708	2.289	21594.366	648.778	17.601	3.051	863.775	283.433	84.137
550×120×50×8.0	550	120	50	8.0	51.397	65.893	2.940	26259.069	1069.797	19.963	4.029	954.875	363.877	118.079
550×120×50×10				10	62.952	80.708	2.933	31484.498	1229.103	19.751	3.902	1144.891	419.060	135.558
550×120×50×12				12	73.990	94.859	2.926	36186.756	1349.879	19.531	3.772	1315.882	461.339	148.763
600×150×60×12	600	150	60	12	86.158	110.459	3.902	54745.539	2755.348	21.852	4.994	1824.851	706.137	248.274
600×150×60×14				14	97.395	124.865	3.840	57733.224	2867.742	21.503	4.792	1924.441	746.808	256.966
600×150×60×16				16	109.025	139.775	3.819	63178.379	3010.816	21.260	4.641	2105.946	788.378	269.280

表 4-122 冷弯外卷边槽钢基本尺寸与主要参数（摘自 GB/T 6723—2008）

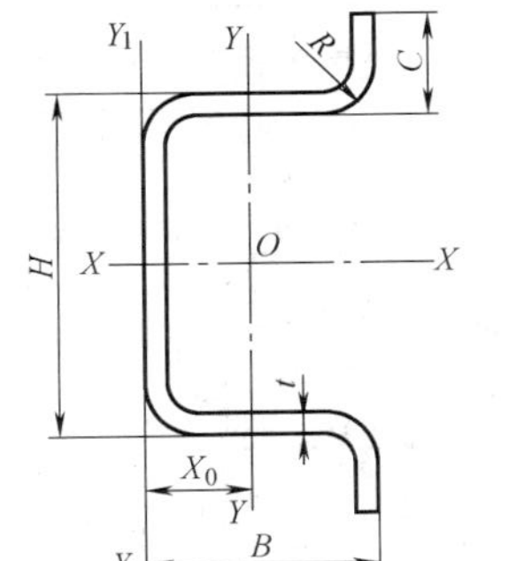

规格	尺寸/mm				理论重量/(kg/m)	截面面积/cm²	重心距离/cm	惯性矩/cm⁴		回转半径/cm		截面模数/cm³		
$H×B×C×t$	H	B	C	t			X_0	I_x	I_y	r_x	r_y	W_x	$W_{y\,max}$	$W_{y\,min}$
30×30×16×2.5	30	30	16	2.5	2.009	2.560	1.526	6.010	3.126	1.532	1.105	2.109	2.047	2.122
50×20×15×3.0	50	20	15	3.0	2.272	2.895	0.823	13.863	1.539	2.188	0.729	3.746	1.869	1.309
60×25×32×2.5	60	25	32	2.5	3.030	3.860	1.279	42.431	3.959	3.315	1.012	7.131	3.095	3.243
60×25×32×3.0	60	25	32	3.0	3.544	4.515	1.279	49.003	4.438	3.294	0.991	8.305	3.469	3.635
80×40×20×4.0	80	40	20	4.0	5.296	6.746	1.573	79.594	14.537	3.434	1.467	14.213	9.241	5.900
100×30×15×3.0	100	30	15	3.0	3.921	4.995	0.932	77.669	5.575	3.943	1.056	12.527	5.979	2.696
150×40×20×4.0	150	40	20	4.0	7.497	9.611	1.176	325.197	18. 311	5.817	1.380	35.736	15.571	6.484
150×40×20×5.0				5.0	8.913	11.427	1.158	370.697	19. 357	5.696	1.302	41.189	16.716	6.811

（续）

规格 $H×B×C×t$	尺寸/mm H	B	C	t	理论重量/(kg/m)	截面面积/cm^2	重心距离/cm X_0	惯性矩/cm^4 I_x	I_y	回转半径/cm r_x	r_y	截面模数/cm^3 W_x	$W_{y\max}$	$W_{y\min}$
200×50×30×4.0	200	50	30	4.0	10.305	13.211	1.525	834.155	44.255	7.946	1.830	66.203	29.020	12.735
200×50×30×5.0				5.0	12.423	15.927	1.511	976.969	49.376	7.832	1.761	78.158	32.678	10.999
250×60×40×5.0	250	60	40	5.0	15.933	20.427	1.856	2029.828	99.403	9.968	2.206	126.864	53.558	23.987
250×60×40×6.0				6.0	18.732	24.015	1.853	2342.687	111.005	9.877	2.150	147.339	59.906	26.768
300×70×50×6.0	300	70	50	6.0	22.944	29.415	2.195	4246.582	197.478	12.015	2.591	218.896	89.967	41.098
300×70×50×8.0				8.0	29.557	37.893	2.191	5304.784	233.118	11.832	2.480	276.291	106.398	48.475
350×80×60×6.0	350	80	60	6.0	27.156	34.815	2.533	6973.923	319.329	14.153	3.029	304.538	126.068	58.410
350×80×60×8.0				8.0	35.173	45.093	2.475	8804.763	365.038	13.973	2.845	387.875	147.490	66.070
400×90×70×8.0	400	90	70	8.0	40.789	52.293	2.773	13577.846	548.603	16.114	3.239	518.238	197.837	88.101
400×90×70×10				10	49.692	63.708	2.868	16171.507	672.619	15.932	3.249	621.981	234.525	109.690
450×100×80×8.0	450	100	80	8.0	46.405	59.493	3.206	19821.232	855.920	18.253	3.793	667.382	266.974	125.982
450×100×80×10				10	56.712	72.708	3.205	23751.957	987.987	18.074	3.686	805.151	308.264	145.399
500×150×90×10	500	150	90	10	69.972	89.708	5.003	38191.923	2907.975	20.633	5.694	1157.331	581.246	290.885
500×150×90×12				12	82.414	105.659	4.992	44274.544	3291.816	20.470	5.582	1349.834	659.418	328.918
550×200×100×12	550	200	100	12	98.326	126.059	6.564	66449.957	6427.780	22.959	7.141	1830.577	979.247	478.400
550×200×100×14				14	111.591	143.065	6.815	74080.384	7829.699	22.755	7.398	2052.088	1148.892	593.834
600×250×150×14	600	250	150	14	138.891	178.065	9.717	125436.851	17163.911	26.541	9.818	2876.992	1766.380	1123.072
600×250×150×16				16	156.449	200.575	9.700	139827.681	18879.946	26.403	9.702	3221.836	1946.386	1233.983

表 4-123 冷弯 Z 形钢基本尺寸与主要参数（摘自 GB/T 6723—2008）

规格 $H×B×t$	尺寸/mm H	B	t	理论重量/(kg/m)	截面面积/cm^2	惯性矩/cm^4 I_x	I_y	I_u	I_v	回转半径/cm r_v	惯性积矩/cm^4 I_{xy}	截面模数/cm^3 W_x	W_y	角度 $\tan\alpha$
80×40×2.5	80	40	2.5	2.947	3.755	37.021	9.707	43.307	3.421	0.954	14.532	9.255	2.505	0.432
80×40×3.0			3.0	3.491	4.447	43.148	11.429	50.606	3.970	0.944	17.094	10.787	2.968	0.436
100×50×2.5	100	50	2.5	3.732	4.755	74.429	19.321	86.840	6.910	1.205	28.947	14.885	3.963	0.428
100×50×3.0			3.0	4.433	5.647	87.275	22.837	102.038	8.073	1.195	34.194	17.455	4.708	0.431
140×70×3.0	140	70	3.0	6.291	8.065	249.769	64.316	290.867	23.218	1.697	96.492	35.681	9.389	0.426
140×70×4.0			4.0	8.272	10.605	322.421	83.925	376.599	29.747	1.675	125.922	46.061	12.342	0.430

200×100×3.0	200	100	3.0	9.099	11.665	749.379	191.180	870.468	70.091	2.451	286.800	74.938	19.409	0.422
200×100×4.0			4.0	12.016	15.405	977.164	251.093	1137.292	90.965	2.430	376.703	97.716	25.622	0.425
300×120×4.0	300	120	4.0	16.384	21.005	2871.420	438.304	3124.579	185.144	2.969	824.655	191.428	37.144	0.307
300×120×5.0			5.0	20.251	25.963	3506.942	541.080	3823.534	224.489	2.940	1019.410	233.796	46.049	0.311
400×150×6.0	400	150	6.0	31.595	40.507	9598.705	1271.376	10321.169	548.912	3.681	2556.980	479.935	86.488	0.283
400×150×8.0			8.0	41.611	53.347	12449.116	1661.661	13404.115	706.662	3.640	3348.736	622.456	113.812	0.285

表 4-124 冷弯卷边 Z 形钢基本尺寸与主要参数（摘自 GB/T 6723—2008）

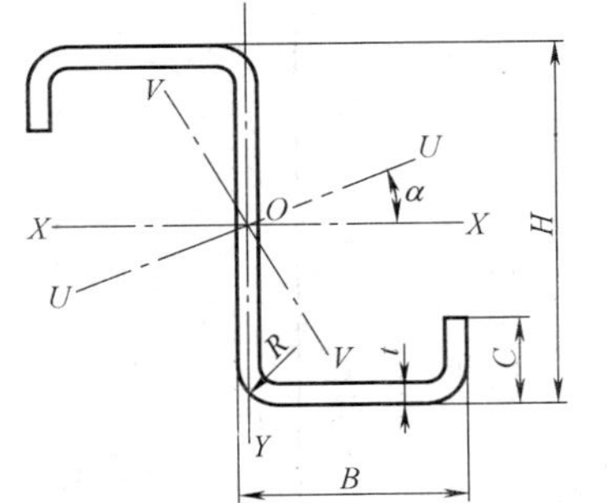

规格	尺寸/mm				理论重量/(kg/m)	截面面积/cm²	惯性矩/cm⁴				回转半径/cm	惯性积矩/cm⁴	截面模数/cm³		角度
$H×B×C×t$	H	B	C	t			I_x	I_y	I_u	I_v	r_v	I_{xy}	W_x	W_y	$\tan\alpha$
100×40×20×2.0	100	40	20	2.0	3.208	4.086	60.618	17.202	71.373	6.448	1.256	24.136	12.123	4.410	0.445
100×40×20×2.5				2.5	3.933	5.010	73.047	20.324	85.730	7.641	1.234	28.802	14.609	5.245	0.440
140×50×20×2.5	140	50	20	2.5	5.110	6.510	188.502	36.358	210.140	14.720	1.503	61.321	26.928	7.458	0.352
140×50×20×3.0				3.0	6.040	7.695	219.848	41.554	244.527	16.875	1.480	70.775	31.406	8.567	0.348
180×70×20×2.5	180	70	20	2.5	6.680	8.510	422.926	88.578	476.503	35.002	2.028	144.165	46.991	12.884	0.371
180×70×20×3.0				3.0	7.924	10.095	496.693	102.345	558.511	40.527	2.003	167.926	55.188	14.940	0.368
230×75×25×3.0	230	75	25	3.0	9.573	12.195	951.373	138.928	1030.579	59.722	2.212	265.752	82.728	18.901	0.298
230×75×25×4.0				4.0	12.518	15.946	1222.685	173.031	1320.991	74.725	2.164	335.933	106.320	23.703	0.292
250×75×25×3.0	250			3.0	10.044	12.795	1160.008	138.933	1236.730	62.211	2.205	290.214	92.800	18.902	0.264
250×75×25×4.0				4.0	13.146	16.746	1492.957	173.042	1588.130	77.869	2.156	366.984	119.436	23.704	0.259
300×100×30×4.0	300	100	30	4.0	16.545	21.211	2828.642	416.757	3066.877	178.522	2.901	794.575	188.576	42.526	0.300
300×100×30×6.0				6.0	23.880	30.615	3944.956	548.081	4258.604	234.434	2.767	1078.794	262.997	56.503	0.291
400×120×40×8.0	400	120	40	8.0	40.789	52.293	11648.355	1293.651	12363.204	578.802	3.327	2813.016	582.418	111.522	0.254
400×120×40×10				10	49.692	63.708	13835.982	1463.588	14645.376	654.194	3.204	3266.384	691.799	127.269	0.248

冷弯型钢的允许偏差和力学性能见表 4-125～表 4-129。

表 4-125　冷弯型钢外圆弧半径

屈服强度等级	外圆弧半径/mm		
	$t \leqslant 4.0$	$4.0<t \leqslant 12.0$	$12.0<t \leqslant 19.0$
235	$(1.5\sim2.5)t$	$(2.0\sim3.0)t$	$(2.5\sim3.5)t$
345	$(2.0\sim3.0)t$	$(2.5\sim3.5)t$	$(3.0\sim4.0)t$
390	供需双方协议		

表 4-126　冷弯型钢非自由边长允许偏差

（单位：mm）

壁厚	边　长				
	≤40	>40～100	>100～200	>200～400	>400
≤4.0	±0.50	±0.75	±1.00	—	—
>4.0～8.0		±1.00	±1.50	±2.00	±2.50
>8.0～12.0			±2.00	±2.50	±3.00
>12.0～19.0				±3.00	±3.50

表 4-127　冷弯型钢自由边长允许偏差

（单位：mm）

壁厚	边　长				
	≤40	>40～100	>100～200	>200～300	>300
≤4.0	±1.00	±1.00	±1.50	—	—
>4.0～8.0	±1.25	±1.50	±2.00	±2.00	—
>8.0～12.0		±2.00	±2.50	±2.50	±3.00
>12.0				±3.00	±3.50

表 4-128　冷弯型钢弯曲角度允许偏差

较短边长尺寸/mm	允许偏差/(°)
≤10	±3.0
>10～40	±2.0
>40～80	±1.5
>80	±1.0

注：型钢尺寸应在距端部不小于 100mm 处测量。

表 4-129　冷弯型钢产品的力学性能

产品屈服强度等级	壁厚 t/mm	屈服强度 R_{eL}/MPa	抗拉强度 R_m/MPa	断后伸长率 A（%）
235	≤19	≥235	≥370	≥24
345		≥345	≥470	≥20
390		≥390	≥490	≥17

注：1. 需方如有要求并在合同中注明，可进行冲击试验。

2. 对于断面尺寸≤60mm×60mm（包括等周长尺寸的圆及矩形冷弯型钢），以及边厚比≤14 的冷弯型钢产品，平板部分断后伸长率应不小于 17%。

4.3.6.5　结构用冷弯空心型钢（见表 4-130～表4-133）

表 4-130　圆形冷弯空心型钢尺寸规格（摘自 GB/T 6728—2002）

圆形空心型，代号 Y

D——外径

t——壁厚

外径 D /mm	允许偏差 /mm	壁厚 t /mm	理论重量 M/kg·m^{-1}	截面面积 A/cm^2	惯性矩 I/cm^4	惯性半径 r/cm	扭转常数 J/cm^4	扭转常数 C/cm^3	每米长度表面积 A_s/m^2
21.3	±0.5	1.2	0.59	0.76	0.38	0.712	0.77	0.72	0.067
		1.5	0.73	0.93	0.46	0.702	0.92	0.86	0.067
		1.75	0.84	1.07	0.52	0.694	1.04	0.97	0.067
		2.0	0.95	1.21	0.57	0.686	1.14	1.07	0.067
		2.5	1.16	1.48	0.66	0.671	1.33	1.25	0.067
		3.0	1.35	1.72	0.74	0.655	1.48	1.39	0.067
26.8	±0.5	1.2	0.76	0.97	0.79	0.906	1.58	1.18	0.084
		1.5	0.94	1.19	0.96	0.896	1.91	1.43	0.084
		1.75	1.08	1.38	1.09	0.888	2.17	1.62	0.084
		2.0	1.22	1.56	1.21	0.879	2.41	1.80	0.084
		2.5	1.50	1.91	1.42	0.864	2.85	2.12	0.084
		3.0	1.76	2.24	1.61	0.848	3.23	2.41	0.084
33.5	±0.5	1.5	1.18	1.51	1.93	1.132	3.87	2.31	0.105
		2.0	1.55	1.98	2.46	1.116	4.93	2.94	0.105
		2.5	1.91	2.43	2.94	1.099	5.89	3.51	0.105
		3.0	2.26	2.87	3.37	1.084	6.75	4.03	0.105
		3.5	2.59	3.29	3.76	1.068	7.52	4.49	0.105
		4.0	2.91	3.71	4.11	1.053	8.21	4.90	0.105

（续）

外径 D /mm	允许偏差 /mm	壁厚 t /mm	理论重量 M/kg·m^{-1}	截面面积 A/cm^2	惯性矩 I/cm^4	惯性半径 r/cm	扭转常数 J/cm^4	扭转常数 C/cm^3	每米长度表面积 A_s/m^2
42.3	±0.5	1.5	1.51	1.92	4.01	1.443	8.01	3.79	0.133
		2.0	1.99	2.53	5.15	1.427	10.31	4.87	0.133
		2.5	2.45	3.13	6.21	1.410	12.43	5.88	0.133
		3.0	2.91	3.70	7.19	1.394	14.39	6.80	0.133
		4.0	3.78	4.81	8.92	1.361	17.84	8.44	0.133
48	±0.5	1.5	1.72	2.19	5.93	1.645	11.86	4.94	0.151
		2.0	2.27	2.89	7.66	1.628	15.32	6.38	0.151
		2.5	2.81	3.57	9.28	1.611	18.55	7.73	0.151
		3.0	3.33	4.24	10.78	1.594	21.57	9.89	0.151
		4.0	4.34	5.53	13.49	1.562	26.98	11.24	0.151
		5.0	5.30	6.75	15.82	1.530	31.65	13.18	0.151
60	±0.6	2.0	2.86	3.64	15.34	2.052	30.68	10.23	0.188
		2.5	3.55	4.52	18.70	2.035	37.40	12.47	0.188
		3.0	4.22	5.37	21.88	2.018	43.76	14.58	0.188
		4.0	5.52	7.04	27.73	1.985	55.45	18.48	0.188
		5.0	6.78	8.64	32.94	1.953	65.88	21.96	0.188
75.5	±0.76	2.5	4.50	5.73	38.24	2.582	76.47	20.26	0.237
		3.0	5.36	6.83	44.97	2.565	89.94	23.82	0.237
		4.0	7.05	8.98	57.59	2.531	115.19	30.51	0.237
		5.0	8.69	11.07	69.15	2.499	138.29	36.63	0.237
88.5	±0.90	3.0	6.33	8.06	73.73	3.025	147.45	33.32	0.278
		4.0	8.34	10.62	94.99	2.991	189.97	42.93	0.278
		5.0	10.30	13.12	114.72	2.957	229.44	51.85	0.278
		6.0	12.21	15.55	133.00	2.925	266.01	60.11	0.278
114	±1.15	4.0	10.85	13.82	209.35	3.892	418.70	73.46	0.358
		5.0	13.44	17.12	254.81	3.858	509.61	89.41	0.358
		6.0	15.98	20.36	297.73	3.824	595.46	104.47	0.358
140	±1.40	4.0	13.42	17.09	395.47	4.810	790.94	112.99	0.440
		5.0	16.65	21.21	483.76	4.776	967.52	138.22	0.440
		6.0	19.83	25.26	568.03	4.742	1136.13	162.30	0.440
165	±1.65	4	15.88	20.23	655.94	5.69	1311.89	159.02	0.518
		5	19.73	25.13	805.04	5.66	1610.07	195.16	0.518
		6	23.53	29.97	948.47	5.63	1896.93	229.93	0.518
		8	30.97	39.46	1218.92	5.56	2437.84	295.50	0.518
219.1	±2.20	5	26.4	33.60	1928	7.57	3856	352	0.688
		6	31.53	40.17	2282	7.54	4564	417	0.688
		8	41.6	53.10	2960	7.47	5919	540	0.688
		10	51.6	65.70	3598	7.40	7197	657	0.688
273	±2.75	5	33.0	42.1	3781	9.48	7562	554	0.858
		6	39.5	50.3	4487	9.44	8974	657	0.858
		8	52.3	66.6	5852	9.37	11700	857	0.858
		10	64.9	82.6	7154	9.31	14310	1048	0.858
325	±3.25	5	39.5	50.3	6436	11.32	12871	792	1.20
		6	47.2	60.1	7651	11.28	15303	942	1.20
		8	62.5	79.7	10014	11.21	20028	1232	1.20
		10	77.7	99.0	12287	11.14	24573	1512	1.20
		12	92.6	118.0	14472	11.07	28943	1781	1.20
355.6	±3.55	6	51.7	65.9	10071	12.4	20141	1133	1.12
		8	68.6	87.4	13200	12.3	26400	1485	1.12

（续）

外径 D /mm	允许偏差 /mm	壁厚 t /mm	理论重量 M/kg·m⁻¹	截面面积 A/cm²	惯性矩 I/cm⁴	惯性半径 r/cm	扭转常数 J/cm⁴	扭转常数 C/cm³	每米长度表面积 A_s/m²
355.6	±3.55	10	85.2	109.0	16220	12.2	32450	1825	1.12
		12	101.7	130.0	19140	12.2	38279	2153	1.12
406.4	±4.10	8	78.6	100	19870	14.1	39750	1956	1.28
		10	97.8	125	24480	14.0	48950	2409	1.28
		12	116.7	149	28937	14.0	57874	2848	1.28
457	±4.6	8	88.6	113	28450	15.9	56890	2490	1.44
		10	110.0	140	35090	15.8	70180	3071	1.44
		12	131.7	168	41556	15.7	83113	3637	1.44
508	±5.10	8	98.6	126	39280	17.7	78560	3093	1.60
		10	123.0	156	48520	17.6	97040	3621	1.60
		12	146.8	187	57536	17.5	115072	4530	1.60
610	±6.10	8	118.8	151	68552	21.3	137103	4495	1.92
		10	148.0	189	84847	21.2	169694	5564	1.92
		12.5	184.2	235	104755	21.1	209510	6869	1.92
		16	234.4	299	131782	21.0	263563	8641	1.92

表 4-131　方形冷弯空心型钢尺寸规格（摘自 GB/T 6728—2002）

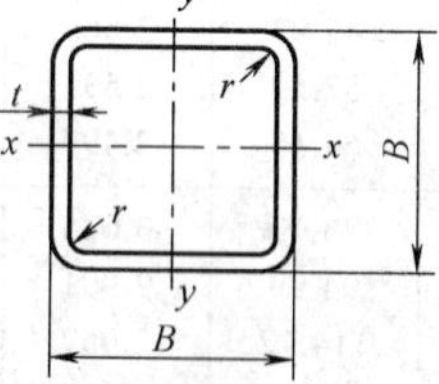

方形空心型，代号 F
B——边长
t——壁厚
r——外圆弧半径

边长 B/mm	允许偏差 /mm	壁厚 t/mm	理论重量 M/kg·m⁻¹	截面面积 A/cm²	惯性矩 $I_x=I_y$/cm⁴	惯性半径 $r_x=r_y$/cm	截面系数 $W_x=W_y$/cm³	扭转常数 I_t/cm⁴	扭转常数 C_t/cm³
20	±0.50	1.2	0.679	0.865	0.498	0.759	0.498	0.823	0.75
		1.5	0.826	1.052	0.583	0.744	0.583	0.985	0.88
		1.75	0.941	1.199	0.642	0.732	0.642	1.106	0.98
		2.0	1.050	1.340	0.692	0.720	0.692	1.215	1.06
25	+0.50	1.2	0.867	1.105	1.025	0.963	0.820	1.655	1.24
		1.5	1.061	1.352	1.216	0.948	0.973	1.998	1.47
		1.75	1.215	1.548	1.357	0.936	1.086	2.261	1.65
		2.0	1.363	1.736	1.482	0.923	1.186	2.502	1.80
30	±0.50	1.5	1.296	1.652	2.195	1.152	1.463	3.555	2.21
		1.75	1.490	1.898	2.470	1.140	1.646	4.048	2.49
		2.0	1.677	2.136	2.721	1.128	1.814	4.511	2.75
		2.5	2.032	2.589	3.154	1.103	2.102	5.347	3.20
		3.0	2.361	3.008	3.500	1.078	2.333	6.060	3.58
40	±0.50	1.5	1.767	2.525	5.489	1.561	2.744	8.728	4.13
		1.75	2.039	2.598	6.237	1.549	3.118	10.009	4.69
		2.0	2.305	2.936	6.939	1.537	3.469	11.238	5.23
		2.5	2.817	3.589	8.213	1.512	4.106	13.539	6.21
		3.0	3.303	4.208	9.320	1.488	4.660	15.628	7.07
		4.0	4.198	5.347	11.064	1.438	5.532	19.152	8.48
50	±0.50	1.5	2.238	2.852	11.065	1.969	4.426	17.395	6.65
		1.75	2.589	3.298	12.641	1.957	5.056	20.025	7.60
		2.0	2.933	3.736	14.146	1.945	5.658	22.578	8.51
		2.5	3.602	4.589	16.941	1.921	6.776	27.436	10.22
		3.0	4.245	5.408	19.463	1.897	7.785	31.972	11.77
		4.0	5.454	6.947	23.725	1.847	9.490	40.047	14.43

（续）

边长 B/mm	允许偏差 /mm	壁厚 t/mm	理论重量 $M/kg \cdot m^{-1}$	截面面积 A/cm^2	惯性矩 $I_x=I_y/cm^4$	惯性半径 $r_x=r_y/cm$	截面系数 $W_x=W_y/cm^3$	扭转常数 I_t/cm^4	扭转常数 C_t/cm^3
60	±0.60	2.0	3.560	4.540	25.120	2.350	8.380	39.810	12.60
		2.5	4.387	5.589	30.340	2.329	10.113	48.539	15.22
		3.0	5.187	6.608	35.130	2.305	11.710	56.892	17.65
		4.0	6.710	8.547	43.539	2.256	14.513	72.188	21.97
		5.0	8.129	10.356	50.468	2.207	16.822	85.560	25.61
70	±0.65	2.5	5.170	6.590	49.400	2.740	14.100	78.500	21.20
		3.0	6.129	7.808	57.522	2.714	16.434	92.188	24.74
		4.0	7.966	10.147	72.108	2.665	20.602	117.975	31.11
		5.0	9.699	12.356	84.602	2.616	24.172	141.183	36.65
80	±0.70	2.5	5.957	7.589	75.147	3.147	18.787	118.52	28.22
		3.0	7.071	9.008	87.838	3.122	21.959	139.660	33.02
		4.0	9.222	11.747	111.031	3.074	27.757	179.808	41.84
		5.0	11.269	14.356	131.414	3.025	32.853	216.628	49.68
90	±0.75	3.0	8.013	10.208	127.277	3.531	28.283	201.108	42.51
		4.0	10.478	13.347	161.907	3.482	35.979	260.088	54.17
		5.0	12.839	16.356	192.903	3.434	42.867	314.896	64.71
		6.0	15.097	19.232	220.420	3.385	48.982	365.452	74.16
100	+0.80	4.0	11.734	11.947	226.337	3.891	45.267	361.213	68.10
		5.0	14.409	18.356	271.071	3.842	54.214	438.986	81.72
		6.0	16.981	21.632	311.415	3.794	62.283	511.558	94.12
110	+0.90	4.0	12.99	16.548	305.94	4.300	55.625	486.47	83.63
		5.0	15.98	20.356	367.95	4.252	66.900	593.60	100.74
		6.0	18.866	24.033	424.57	4.203	77.194	694.85	116.47
120	±0.90	4.0	14.246	18.147	402.260	4.708	67.043	635.603	100.75
		5.0	17.549	22.356	485.441	4.659	80.906	776.632	121.75
		6.0	20.749	26.432	562.094	4.611	93.683	910.281	141.22
		8.0	26.840	34.191	696.639	4.513	116.106	1155.010	174.58
130	±1.00	4.0	15.502	19.748	516.97	5.117	79.534	814.72	119.48
		5.0	19.120	24.356	625.68	5.068	96.258	998.22	144.77
		6.0	22.634	28.833	726.64	5.020	111.79	1173.6	168.36
		8.0	28.921	36.842	882.86	4.895	135.82	1502.1	209.54
140	±1.10	4.0	16.758	21.347	651.598	5.524	53.085	1022.176	139.8
		5.0	20.689	26.356	790.523	5.476	112.931	1253.565	169.78
		6.0	24.517	31.232	920.359	5.428	131.479	1475.020	197.9
		8.0	31.864	40.591	1153.735	5.331	164.819	1887.605	247.69
150	±1.20	4.0	18.014	22.948	807.82	5.933	107.71	1264.8	161.73
		5.0	22.26	28.356	982.12	5.885	130.95	1554.1	196.79
		6.0	26.402	33.633	1145.9	5.837	152.79	1832.7	229.84
		8.0	33.945	43.242	1411.8	5.714	188.25	2364.1	289.03
160	±1.20	4.0	19.270	24.547	987.152	6.341	123.394	1540.134	185.25
		5.0	23.829	30.356	1202.317	6.293	150.289	1893.787	225.79
		6.0	28.285	36.032	1405.408	6.245	175.676	2234.573	264.18
		8.0	36.888	46.991	1776.496	6.148	222.062	2876.940	333.56
170	±1.30	4.0	20.526	26.148	1191.3	6.750	140.15	1855.8	210.37
		5.0	25.400	32.356	1453.3	6.702	170.97	2285.3	256.80
		6.0	30.170	38.433	1701.6	6.654	200.18	2701.0	300.91
		8.0	38.969	49.642	2118.2	6.532	249.2	3503.1	381.28
180	±1.40	4.0	21.800	27.70	1422	7.16	158	2210	237
		5.0	27.000	34.40	1737	7.11	193	2724	290

（续）

边长 B/mm	允许偏差 /mm	壁厚 t/mm	理论重量 M/kg·m^{-1}	截面面积 A/cm^2	惯性矩 $I_x=I_y$/cm^4	惯性半径 $r_x=r_y$/cm	截面系数 $W_x=W_y$/cm^3	扭转常数 I_t/cm^4	扭转常数 C_t/cm^3
180	±1.40	6.0	32.100	40.80	2037	7.06	226	3223	340
		8.0	41.500	52.80	2546	6.94	283	4189	432
190	±1.50	4.0	23.00	29.30	1680	7.57	176	2607	265
		5.0	28.50	36.40	2055	7.52	216	3216	325
		6.0	33.90	43.20	2413	7.47	254	3807	381
		8.0	44.00	56.00	3208	7.35	319	4958	486
200	±1.60	4.0	24.30	30.90	1968	7.97	197	3049	295
		5.0	30.10	38.40	2410	7.93	241	3763	362
		6.0	35.80	45.60	2833	7.88	283	4459	426
		8.0	46.50	59.20	3566	7.76	357	5815	544
		10	57.00	72.60	4251	7.65	425	7072	651
220	±1.80	5.0	33.2	42.4	3238	8.74	294	5038	442
		6.0	39.6	50.4	3813	8.70	347	5976	521
		8.0	51.5	65.6	4828	8.58	439	7815	668
		10	63.2	80.6	5782	8.47	526	9533	804
		12	73.5	93.7	6487	8.32	590	11149	922
250	±2.00	5.0	38.0	48.4	4805	9.97	384	7443	577
		6.0	45.2	57.6	5672	9.92	454	8843	681
		8.0	59.1	75.2	7299	9.80	578	11598	878
		10	72.7	92.6	8707	9.70	697	14197	1062
		12	84.8	108	9859	9.55	789	16691	1226
280	±2.20	5.0	42.7	54.4	6810	11.2	486	10513	730
		6.0	50.9	64.8	8054	11.1	575	12504	863
		8.0	66.6	84.8	10317	11.0	737	16436	1117
		10	82.1	104.6	12479	10.9	891	20173	1356
		12	96.1	122.5	14232	10.8	1017	23804	1574
300	±2.40	6.0	54.7	69.6	9964	12.0	664	15434	997
		8.0	71.6	91.2	12801	11.8	853	20312	1293
		10	88.4	113	15519	11.7	1035	24966	1572
		12	104	132	17767	11.6	1184	29514	1829
350	±2.80	6.0	64.1	81.6	16008	14.0	915	24683	1372
		8.0	84.2	107	20618	13.9	1182	32557	1787
		10	104	133	25189	13.8	1439	40127	2182
		12	123	156	29054	13.6	1660	47598	2552
400	±3.20	8.0	96.7	123	31269	15.9	1564	48934	2362
		10	120	153	38216	15.8	1911	60431	2892
		12	141	180	44319	15.7	2216	71843	3395
		14	163	208	50414	15.6	2521	82735	3877
450	±3.60	8.0	109	139	44966	18.0	1999	70043	3016
		10	135	173	55100	17.9	2449	86629	3702
		12	160	204	64164	17.7	2851	103150	4357
		14	185	236	73210	17.6	3254	119000	4989
500	±4.00	8.0	122	155	62172	20.0	2487	96483	3750
		10	151	193	76341	19.9	3054	119470	4612
		12	179	228	89187	19.8	3568	142420	5440
		14	207	264	102010	19.7	4080	164530	6241
		16	235	299	114260	19.6	4570	186140	7013

注：表中理论重量按密度 7.85g/cm^3 计算。

表 4-132　矩形冷弯空心型钢尺寸规格（摘自 GB/T 6728—2002）

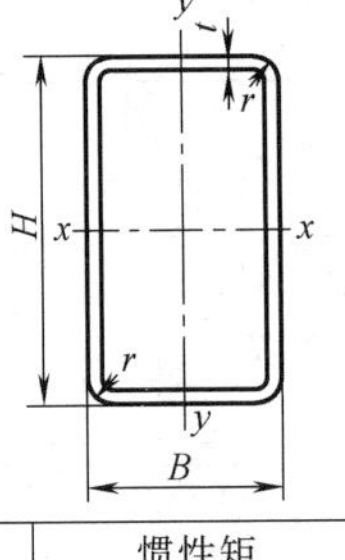

矩形空心型，代号 J
H—长边
B—短边
t—壁厚
r—外圆弧半径

边长/mm H	边长/mm B	允许偏差/mm	壁厚 t/mm	理论重量 M/kg·m⁻¹	截面面积 A/cm²	惯性矩/cm⁴ I_x	惯性矩/cm⁴ I_y	惯性半径/cm r_x	惯性半径/cm r_y	截面系数/cm³ W_x	截面系数/cm³ W_y	扭转常数 I_t/cm⁴	扭转常数 C_t/cm³
30	20	±0. 50	1.5	1.06	1.35	1.59	0.84	1.08	0.788	1.06	0.84	1.83	1.40
			1.75	1.22	1.55	1.77	0.93	1.07	0.777	1.18	0.93	2.07	1.56
			2.0	1.36	1.74	1.94	1.02	1.06	0.765	1.29	1.02	2.29	1.71
			2.5	1.64	2.09	2.21	1.15	1.03	0.742	1.47	1.15	2.68	1.95
40	20	±0. 50	1.5	1.30	1.65	3.27	1.10	1.41	0.815	1.63	1.10	2.74	1.91
			1.75	1.49	1.90	3.68	1.23	1.39	0.804	1.84	1.23	3.11	2.14
			2.0	1.68	2.14	4.05	1.34	1.38	0.793	2.02	1.34	3.45	2.36
			2.5	2.03	2.59	4.69	1.54	1.35	0.770	2.35	1.54	4.06	2.72
			3.0	2.36	3.01	5.21	1.68	1.32	0.748	2.60	1.68	4.57	3.00
40	25	±0.50	1.5	1.41	1.80	3.82	1.84	1.46	1.010	1.91	1.47	4.06	2.46
			1.75	1.63	2.07	4.32	2.07	1.44	0.999	2.16	1.66	4.63	2.78
			2.0	1.83	2.34	4.77	2.28	1.43	0.988	2.39	1.82	5.17	3.07
			2.5	2.23	2.84	5.57	2.64	1.40	0.965	2.79	2.11	6.15	3.59
			3.0	2.60	3.31	6.24	2.94	1.37	0.942	3.12	2.35	7.00	4.01
40	30	±0.50	1.5	1.53	1.95	4.38	2.81	1.50	1.199	2.19	1.87	5.52	3.02
			1.75	1.77	2.25	4.96	3.17	1.48	1.187	2.48	2.11	6.31	3.42
			2.0	1.99	2.54	5.49	3.51	1.47	1.176	2.75	2.34	7.07	3.79
			2.5	2.42	3.09	6.45	4.10	1.45	1.153	3.23	2.74	8.47	4.46
			3.0	2.83	3.61	7.27	4.60	1.42	1.129	3.63	3.07	9.72	5.03
50	25	±0.50	1.5	1.65	2.10	6.65	2.25	1.78	1.04	2.66	1.80	5.52	3.41
			1.75	1.90	2.42	7.55	2.54	1.76	1.024	3.02	2.03	6.32	3.54
			2.0	2.15	2.74	8.38	2.81	1.75	1.013	3.35	2.25	7.06	3.92
			2.5	2.62	2.34	9.89	3.28	1.72	0.991	3.95	2.62	8.43	4.60
			3.0	3.07	3.91	11.17	3.67	1.69	0.969	4.47	2.93	9.64	5.18
50	30	±0.50	1.5	1.767	2.252	7.535	3.415	1.829	1.231	3.014	2.276	7.587	3.83
			1.75	2.039	2.598	8.566	3.868	1.815	1.220	3.426	2.579	8.682	4.35
			2.0	2.305	2.936	9.535	4.291	1.801	1.208	3.814	2.861	9.727	4.84
			2.5	2.817	3.589	11.296	5.050	1.774	1.186	4.518	3.366	11.666	5.72
			3.0	3.303	4.206	12.827	5.696	1.745	1.163	5.130	3.797	13.401	6.49
			4.0	4.198	5.347	15.239	6.682	1.688	1.117	6.095	4.455	16.244	7.77
50	40	±0.50	1.5	2.003	2.552	9.300	6.602	1.908	1.608	3.720	3.301	12.238	5.24
			1.75	2.314	2.948	10.603	7.518	1.896	1.596	4.241	3.759	14.059	5.97
			2.0	2.619	3.336	11.840	8.348	1.883	1.585	4.736	4.192	15.817	6.673
			2.5	3.210	4.089	14.121	9.976	1.858	1.562	5.648	4.988	19.222	7.965
			3.0	3.775	4.808	16.149	11.382	1.833	1.539	6.460	5.691	22.336	9.123
			4.0	4.826	6.148	19.493	13.677	1.781	1.492	7.797	6.839	27.82	11.06
55	25	±0.50	1.5	1.767	2.252	8.453	2.460	1.937	1.045	3.074	1.968	6.273	3.458
			1.75	2.039	2.598	9.606	2.779	1.922	1.034	3.493	2.223	7.156	3.916
			2.0	2.305	2.936	10.689	3.073	1.907	1.023	3.886	2.459	7.992	4.342

（续）

边长 /mm		允许偏差 /mm	壁厚 t/mm	理论重量 M /kg·m⁻¹	截面面积 A/cm²	惯性矩 /cm⁴		惯性半径 /cm		截面系数 /cm³		扭转常数	
H	B					I_x	I_y	r_x	r_y	W_x	W_y	I_t/cm⁴	C_t/cm³
55	40	±0.50	1.5	2.121	2.702	11.674	7.158	2.078	1.627	4.245	3.579	14.017	5.794
			1.75	2.452	3.123	13.329	8.158	2.065	1.616	4.847	4.079	16.175	6.614
			2.0	2.776	3.536	14.904	9.107	2.052	1.604	5.419	4.553	18.208	7.394
55	50	±0.60	1.75	2.726	3.473	15.811	13.660	2.133	1.983	5.749	5.464	23.173	8.415
			2.0	3.090	3.936	17.714	15.298	2.121	1.971	6.441	6.119	26.142	9.433
60	30	±0.60	2.0	2.620	3.337	15.046	5.078	2.123	1.234	5.015	3.385	12.57	5.881
			2.5	3.209	4.089	17.933	5.998	2.094	1.211	5.977	3.998	15.054	6.981
			3.0	3.774	4.808	20.496	6.794	2.064	1.188	6.832	4.529	17.335	7.950
			4.0	4.826	6.147	24.691	8.045	2.004	1.143	8.230	5.363	21.141	9.523
60	40	±0.60	2.0	2.934	3.737	18.412	9.831	2.220	1.622	6.137	4.915	20.702	8.116
			2.5	3.602	4.589	22.069	11.734	2.192	1.595	7.356	5.867	25.045	9.722
			3.0	4.245	5.408	25.374	13.436	2.166	1.576	8.458	6.718	29.121	11.175
			4.0	5.451	6.947	30.974	16.269	2.111	1.530	10.324	8.134	36.298	13.653
70	50	±0.60	2.0	3.562	4.537	31.475	18.758	2.634	2.033	8.993	7.503	37.454	12.196
			3.0	5.187	6.608	44.046	26.099	2.581	1.987	12.584	10.439	53.426	17.06
			4.0	6.710	8.547	54.663	32.210	2.528	1.941	15.618	12.884	67.613	21.189
			5.0	8.129	10.356	63.435	37.179	2.171	1.894	18.121	14.871	79.908	24.642
80	40	±0.70	2.0	3.561	4.536	37.355	12.720	2.869	1.674	9.339	6.361	30.881	11.004
			2.5	4.387	5.589	45.103	15.255	2.840	1.652	11.275	7.627	37.467	13.283
			3.0	5.187	6.608	52.246	17.552	2.811	1.629	13.061	8.776	43.680	15.283
			4.0	6.710	8.547	64.780	21.474	2.752	1.585	16.195	10.737	54.787	18.844
			5.0	8.129	10.356	75.080	24.567	2.692	1.540	18.770	12.283	64.110	21.744
80	60	±0.70	3.0	6.129	7.808	70.042	44.886	2.995	2.397	17.510	14.962	88.111	24.143
			4.0	7.966	10.147	87.945	56.105	2.943	2.351	21.976	18.701	112.583	30.332
			5.0	9.699	12.356	103.247	65.634	2.890	2.304	25.811	21.878	134.503	35.673
90	40	±0.75	3.0	5.658	7.208	70.487	19.610	3.127	1.649	15.663	9.805	51.193	17.339
			4.0	7.338	9.347	87.894	24.077	3.066	1.604	19.532	12.038	64.320	21.441
			5.0	8.914	11.356	102.487	27.651	3.004	1.560	22.774	13.825	75.426	24.819
90	50	±0.75	2.0	4.190	5.337	57.878	23.368	3.293	2.093	12.862	9.347	53.366	15.882
			2.5	5.172	6.589	70.263	28.236	3.266	2.070	15.614	11.294	65.299	19.235
			3.0	6.129	7.808	81.845	32.735	3.237	2.047	18.187	13.094	76.433	22.316
			4.0	7.966	10.147	102.696	40.695	3.181	2.002	22.821	16.278	97.162	27.961
			5.0	9.699	12.356	120.570	47.345	3.123	1.957	26.793	18.938	115.436	36.774
90	55	±0.75	2.0	4.346	5.536	61.75	28.957	3.340	2.287	13.733	10.53	62.724	17.601
			2.5	5.368	6.839	75.049	33.065	3.313	2.264	16.678	12.751	76.877	21.357
90	60	±0.75	3.0	6.600	8.408	93.203	49.764	3.329	2.432	20.711	16.588	104.552	27.391
			4.0	8.594	10.947	117.499	62.387	3.276	2.387	26.111	20.795	133.852	34.501
			5.0	10.484	13.356	138.653	73.218	3.222	2.311	30.811	24.406	160.273	40.712
95	50	±0.75	2.0	4.347	5.537	66.084	24.521	3.455	2.104	13.912	9.808	57.458	16.804
			2.5	5.369	6.839	80.306	29.647	3.247	2.082	16.906	11.895	70.324	20.364
100	50	±0.80	3.0	6.690	8408	106.451	36.053	3.558	2.070	21.290	14.421	88.311	25.012
			4.0	8.594	10.947	134.124	44.938	3.500	2.026	26.824	17.975	112.409	31.35
			5.0	10.484	13.356	158.155	52.429	3.441	1.981	31.631	20.971	133.758	36.804
120	50	±0.90	2.5	6.350	8.089	143.97	36.704	4.219	2.130	23.995	14.682	96.026	26.006
			3.0	7.543	9.608	168.58	42.693	4.189	2.108	28.097	17.077	112.87	30.317
120	60	±0.90	3.0	8.013	10.208	189.113	64.398	4.304	2.511	31.581	21.466	156.029	37.138
			4.0	10.478	13.347	240.724	81.235	4.246	2.466	40.120	27.078	200.407	47.048
			5.0	12.839	16.356	286.941	95.968	4.188	2.422	47.823	31.989	240.869	55.846
			6.0	15.097	19.232	327.950	108.716	4.129	2.377	54.658	36.238	277.361	63.597

（续）

边长/mm H	边长/mm B	允许偏差/mm	壁厚 t/mm	理论重量 M/kg·m⁻¹	截面面积 A/cm²	惯性矩/cm⁴ I_x	惯性矩/cm⁴ I_y	惯性半径/cm r_x	惯性半径/cm r_y	截面系数/cm³ W_x	截面系数/cm³ W_y	扭转常数 I_t/cm⁴	扭转常数 C_t/cm³
120	80	±0.90	3.0	8.955	11.408	230.189	123.430	4.491	3.289	38.364	30.857	255.128	50.799
			4.0	11.734	11.947	294.569	157.281	4.439	3.243	49.094	39.320	330.438	64.927
			5.0	14.409	18.356	353.108	187.747	4.385	3.198	58.850	46.936	400.735	77.772
			6.0	16.981	21.632	105.998	214.977	4.332	3.152	67.666	53.744	165.940	83.399
140	80	±1.00	4.0	12.990	16.547	429.582	180.407	5.095	3.301	61.368	45.101	410.713	76.478
			5.0	15.979	20.356	517.023	215.914	5.039	3.256	73.860	53.978	498.815	91.834
			6.0	18.865	24.032	569.935	247.905	4.983	3.211	85.276	61.976	580.919	105.83
150	100	±1.20	4.0	14.874	18.947	594.585	318.551	5.601	4.110	79.278	63.710	660.613	104.94
			5.0	18.334	23.356	719.164	383.988	5.549	4.054	95.888	79.797	806.733	126.81
			6.0	21.691	27.632	834.615	444.135	5.495	4.009	111.282	88.827	915.022	147.07
			8.0	28.096	35.791	1039.101	519.308	5.388	3.917	138.546	109.861	1147.710	181.85
160	60	±1.20	3	9.898	12.608	389.86	83.915	5.561	2.580	48.732	27.972	228.15	50.14
			4.5	14.498	18.469	552.08	116.66	5.468	2.513	69.01	38.886	324.96	70.085
160	80	±1.20	4.0	14.216	18.117	597.691	203.532	5.738	3.348	71.711	50.883	493.129	88.031
			5.0	17.519	22.356	721.650	214.089	5.681	3.304	90.206	61.020	599.175	105.9
			6.0	20.749	26.433	835.936	286.832	5.623	3.259	104.192	76.208	698.881	122.27
			8.0	26.810	33.644	1036.485	343.599	5.505	3.170	129.560	85.899	876.599	149.54
180	65	±1.20	3.0	11.075	14.108	550.35	111.78	6.246	2.815	61.15	34.393	306.75	61.849
			4.5	16.264	20.719	784.13	156.47	6.152	2.748	87.125	48.144	438.91	86.993
180	180	±1.30	4.0	16.758	21.317	926.020	373.879	6.586	4.184	102.891	74.755	852.708	127.06
			5.0	20.689	26.356	1124.156	451.738	6.530	4.140	124.906	90.347	1012.589	153.88
			6.0	24.517	31.232	1309.527	523.767	6.475	4.095	145.503	104.753	1222.933	178.88
			8.0	31.861	40.391	1643.149	651.132	6.362	4.002	182.572	130.226	1554.606	222.49
200			4.0	18.014	22.941	1199.680	410.261	7.230	4.230	119.968	82.152	984.151	141.81
			5.0	22.259	28.356	1459.270	496.905	7.173	4.186	145.920	99.381	1203.878	171.94
			6.0	26.101	33.632	1703.224	576.855	7.116	4.141	170.332	115.371	1412.986	200.1
			8.0	34.376	43.791	2145.993	719.014	7.000	4.052	214.599	143.802	1798.551	249.6
200	120	±1.40	4.0	19.3	24.5	1353	618	7.43	5.02	135	103	1345	172
			5.0	23.8	30.4	1649	750	7.37	4.97	165	125	1652	210
			6.0	28.3	36.0	1929	874	7.32	4.93	193	146	1947	245
			8.0	36.5	46.4	2386	1079	7.17	4.82	239	180	2507	308
200	150	±1.50	4.0	21.2	26.9	1584	1021	7.67	6.16	158	136	1942	219
			5.0	26.2	33.4	1935	1245	7.62	6.11	193	166	2391	267
			6.0	31.1	39.6	2268	1457	7.56	6.06	227	194	2826	312
			8.0	40.2	51.2	2892	1815	7.43	5.95	283	242	3664	396
220	140	±1.50	4.0	21.8	27.7	1892	948	8.26	5.84	172	135	1987	224
			5.0	27.0	34.4	2313	1155	8.21	5.80	210	165	2447	274
			6.0	32.1	40.8	2714	1352	8.15	5.75	247	193	2891	321
			8.0	41.5	52.8	3389	1685	8.01	5.65	308	241	3746	407
250	150	±1.60	4.0	24.3	30.9	2697	1234	9.34	6.32	216	165	2665	275
			5.0	30.1	38.4	3304	1508	9.28	6.27	264	201	3285	337
			6.0	35.8	45.6	3886	1768	9.23	6.23	311	236	3886	396
			8.0	46.5	59.2	4886	2219	9.08	6.12	391	296	5050	504
260	180	±1.80	5.0	33.2	42.4	4121	2350	9.86	7.45	317	261	4695	426
			6.0	39.6	50.4	4856	2763	9.81	7.40	374	307	5566	501
			8.0	51.5	65.6	6145	3493	9.68	7.29	473	388	7267	642
			10	63.2	80.6	7363	4174	9.56	7.20	566	646	8850	772
300	200	±2.00	5.0	38.0	48.4	6241	3361	11.4	8.34	416	336	6836	552
			6.0	45.2	57.6	7370	3962	11.3	8.29	491	396	8115	651
			8.0	59.1	75.2	9389	5042	11.2	8.19	626	504	10627	838
			10	72.7	92.6	11313	6058	11.1	8.09	754	606	12987	1012

（续）

边长/mm H	边长/mm B	允许偏差/mm	壁厚 t/mm	理论重量 M /kg·m⁻¹	截面面积 A/cm²	惯性矩/cm⁴ I_x	惯性矩/cm⁴ I_y	惯性半径/cm r_x	惯性半径/cm r_y	截面系数/cm³ W_x	截面系数/cm³ W_y	扭转常数 I_t/cm^4	扭转常数 C_t/cm^3
350	250	±2.20	5.0	45.8	58.4	10520	6306	13.4	10.4	601	504	12234	817
			6.0	54.7	69.6	12457	7458	13.4	10.3	712	594	14554	967
			8.0	71.6	91.2	16001	9573	13.2	10.2	914	766	19136	1253
			10	88.4	113	19407	11588	13.1	10.1	1109	927	23500	1522
400	200	±2.40	5.0	45.8	58.4	12490	4311	14.6	8.60	624	431	10519	742
			6.0	54.7	69.6	14789	5092	14.5	8.55	739	509	12069	877
			8.0	71.6	91.2	18974	6517	14.4	8.45	949	652	15820	1133
			10	88.4	113	23003	7864	14.3	8.36	1150	786	19368	1373
			12	104	132	26248	8977	14.1	8.24	1312	898	22782	1591
400	250	±2.60	5.0	49.7	63.4	14440	7056	15.1	10.6	722	565	14773	937
			6.0	59.4	75.6	17118	8352	15.0	10.5	856	668	17580	1110
			8.0	77.9	99.2	22048	10744	14.9	10.4	1102	860	23127	1440
			10	96.2	122	26806	13029	14.8	10.3	1340	1042	28423	1753
			12	113	144	30766	14926	14.6	10.2	1538	1197	33597	2042
450	250	±2.80	6.0	64.1	81.6	22724	9245	16.7	10.6	1010	740	20687	1253
			8.0	84.2	107	29336	11916	16.5	10.5	1304	953	27222	1628
			10	104	133	35737	14470	16.4	10.4	1588	1158	33473	1983
			12	123	156	41137	16663	16.2	10.3	1828	1333	39591	2314
500	300	±3.20	6.0	73.5	93.6	33012	15151	18.8	12.7	1321	1010	32420	1688
			8.0	96.7	123	42805	19624	18.6	12.6	1712	1308	42767	2202
			10	120	153	52328	23933	18.5	12.5	2093	1596	52736	2693
			12	141	180	60604	27726	18.3	12.4	2424	1848	62581	3156
550	350	±3.60	8.0	109	139	59783	30040	20.7	14.7	2174	1717	63051	2856
			10	135	173	73276	36752	20.6	14.6	2665	2100	77901	3503
			12	160	204	85249	42769	20.4	14.5	3100	2444	92646	4118
			14	185	236	97269	48731	20.3	14.4	3537	2784	106760	4710
600	400	±4.00	8.0	122	155	80670	43564	22.8	16.8	2689	2178	88672	3591
			10	151	193	99081	53429	22.7	16.7	3303	2672	109720	4413
			12	179	228	115670	62391	22.5	16.5	3856	3120	130680	5201
			14	207	264	132310	71282	22.4	16.4	4410	3564	150850	5962
			16	235	299	148210	79760	22.3	16.3	4940	3988	170510	6694

注：1. 表中理论重量按密度 7.85g/cm³ 计算。
2. 异形冷弯空心型钢（异形管）的截面尺寸、允许偏差参照方、矩形冷弯空心型钢的允许偏差执行。
3. 冷弯型钢（圆形、方形、矩形、异形）壁厚的允许偏差，当壁厚 t 不大于 10mm 时，不得超过公称壁厚的±10%；当 t 大于 10mm 时为壁厚的±8%。弯角及焊缝区域壁厚除外。
4. 冷弯型钢交货长度一般为 4000～12000mm。
5. 冷弯型钢弯曲度每米不大于 2mm，总弯曲度不大于总长度的 0.2%。
6. 按 GB/T 6725—2002 冷弯型钢用钢材的牌号和化学成分（熔炼分析）应符合 GB/T 699、GB/T 700、GB/T 1591、GB/T 4171、GB/T 4239 等标准的规定。根据需方要求也可提供钢材成品化学成分。
7. 冷弯型钢一般不做力学性能和工艺性能试验，按需方要求并在合同中注明，可在原料钢带上进行力学性能及工艺性能试验，并应符合相应标准的规定。
8. 标记示例：用 Q235 钢制造、尺寸为 120mm×60mm×5mm 冷弯矩形空心型钢，标记为：冷弯空心型钢（矩形管）$\frac{\text{J120×60×5-GB/T 6728—2002}}{\text{Q235-GB/T 700—2006}}$。

表 4-133　冷弯型钢弯角外圆弧半径 r 值（摘自 GB/T 6728—2002）

厚度 t/mm	弯角外圆弧半径 r 碳素钢（σ_s≤320MPa）	弯角外圆弧半径 r 低合金钢（σ_s>320MPa）	厚度 t/mm	弯角外圆弧半径 r 碳素钢（σ_s≤320MPa）	弯角外圆弧半径 r 低合金钢（σ_s>320MPa）
t≤3	(1.0～2.5)t	(1.5～2.5)t	6<t≤10	(2.0～3.0)t	(2.0～3.5)t
3<t≤6	(1.5～2.5)t	(2.0～3.0)t	t>10	(2.0～3.5)t	(2.5～4.0)t

注：σ_s 值指标准中规定的最低值。

4.3.6.6 钢板和钢带（见表 4-134~表 4-153）

碳素钢板理论重量计算公式：

$$G=7.85\delta b$$

式中 G——碳钢板每米长度重量（kg/m）；

δ——钢板厚度（mm）；

b——钢板宽度（m）。

表 4-134　锅炉用钢板的力学和工艺性能（摘自 GB 713—2008）

牌号	交货状态	钢板厚度 /mm	拉伸试验 抗拉强度 R_m/MPa	拉伸试验 屈服强度① R_{eL}/MPa ≥	拉伸试验 伸长率 A(%) ≥	冲击试验 温度 /℃	冲击试验 V型冲击吸收能量 KV_2/J ≥	弯曲试验 180° $b=2a$
Q245R	热轧控轧或正火	3~16	450~520	245	25	0	31	$d=1.5a$
		>16~36		235				
		>36~60		225				
		>60~100	390~510	205	24			$d=2a$
		>100~150	380~500	185				
Q345R		3~16	510~640	345	21	0	34	$d=2a$
		>16~36	500~630	325				$d=3a$
		>36~60	490~620	315				
		>60~100	490~620	305	20			
		>100~150	480~610	285				
		>150~200	470~600	265				
Q370R	正火	10~16	530~630	370	20	-20	34	$d=2a$
		>16~36		360				$d=3a$
		>36~60	520~620	340				
18MnMoNbR	正火加回火	30~60	570~720	400	17	0	41	$d=3a$
		>60~100		390				
13MnNiMoR		30~100	570~720	390	18	0	41	$d=3a$
		>100~150		380				
15CrMoR		6~60	450~590	295	19	20	31	$d=3a$
		>60~100		275				
		>100~150	440~580	255				
14Cr1MoR		6~100	520~680	310	19	20	34	$d=3a$
		>100~150	510~670	300				
12Cr2Mo1R		6~150	520~680	310	19	20	34	$d=3a$
12Cr1MoVR		6~60	440~590	245	19	20	34	$d=3a$
		>60~100	430~580	235				

① 如果屈服现象不明显，屈服强度取 $R_{p0.2}$。

表 4-135　锅炉用钢板高温力学性能（摘自 GB 713—2008）

牌号	厚度 /mm	试验温度/℃ 200	250	300	350	400	450	500
		屈服强度① R_{eL} 或 $R_{p0.2}$/MPa ≥						
Q245R	>20~36	186	167	153	139	129	121	
	>36~60	178	161	147	133	123	116	
	>60~100	164	147	135	123	113	106	
	>100~150	150	135	120	110	105	95	
Q345R	>20~36	255	235	215	200	190	180	
	>36~60	240	220	200	185	175	165	
	>60~100	225	205	185	175	165	155	
	>100~150	220	200	180	170	160	150	
	>150~200	215	195	175	165	155	145	

（续）

牌号	厚度/mm	试验温度/℃ 200	250	300	350	400	450	500
		屈服强度①R_{eL}或$R_{p0.2}$/MPa ≥						
Q370R	>20~36	290	275	260	245	230	—	—
	>36~60	280	270	255	240	225	—	—
18MnMoNbR	36~60	360	355	350	340	310	275	—
	>60~100	355	350	345	335	305	270	—
13MnNiMoR	30~100	355	350	345	335	305	—	—
	>100~150	345	340	335	325	300	—	—
15CrMoR	>20~60	240	225	210	200	189	179	174
	>60~100	220	210	196	186	176	167	162
	>100~150	210	199	185	175	165	156	150
14Cr1MoR	>20~150	255	245	230	220	210	195	176
12Cr2Mo1R	>20~150	260	255	250	245	240	230	215
12Cr1MoVR	>20~100	200	190	176	167	157	150	142

① 如果屈服现象不明显，屈服强度取$R_{p0.2}$。

表 4-136　低温压力容器用低合金钢板的力学性能和工艺性能（摘自 GB 3531—2014）

牌号	交货状态	钢板公称厚度/mm	拉伸试验 抗拉强度R_m/MPa	拉伸试验 屈服强度R_{eL}/MPa ≥	拉伸试验 断后伸长率A(%) ≥	冲击试验 温度/℃	冲击试验 冲击吸收能量KV_2/J ≥	弯曲试验 180° b=2a
16MnDR	正火或正火+回火	6~16	490~620	315	21	-40	47	D=2a
		>16~36	470~600	295				D=3a
		>36~60	460~590	285				
		>60~100	450~580	275		-30	47	
		>100~120	440~570	265				
15MnNiDR		6~16	490~620	325	20	-45	60	D=3a
		>16~36	480~610	315				
		>36~60	470~600	305				
15MnNiNbDR		10~16	530~630	370	20	-50	60	D=3a
		>16~36	530~630	360				
		>36~60	520~620	350				
09MnNiDR		6~16	440~570	300	23	-70	60	D=2a
		>16~36	430~550	280				
		>36~60	430~560	270				
		>60~120	420~550	260				
08Ni3DR	正火或正火+回火或淬火+回火	6~60	490~620	320	21	-100	60	D=3a
		>60~100	480~610	300				
06Ni9DR	淬火加回火	5~30	680~820	560	18	-196	100	D=3a
		>30~50		550				

注：1. 当屈服现象不明显时，可测量$R_{p0.2}$代替R_{eL}。

2. 对于厚度不大于 12mm 的钢板可两次正火加回火状态交货。

3. a 为试样厚度；D 为弯曲压头直径。

表 4-137　低温压力容器用钢板的化学成分（摘自 GB 3531—2014）

牌号	化学成分(质量分数,%)									
	C	Si	Mn	Ni	Mo	V	Nb	Alt①	P	S
									≤	
16MnDR	≤0.20	0.15~0.50	1.20~1.60	≤0.40	—	—	—	≥0.020	0.020	0.010
15MnNiDR	≤0.18	0.15~0.50	1.20~1.60	0.20~0.60	—	≤0.05	—	≥0.020	0.020	0.008
15MnNiNbDR	≤0.18	0.15~0.50	1.20~1.60	0.30~0.70	—	—	0.015~0.040	—	0.020	0.008
09MnNiDR	≤0.12	0.15~0.50	1.20~1.60	0.30~0.80	—	—	≤0.040	≥0.020	0.020	0.008
08Ni3DR	≤0.10	0.15~0.35	0.30~0.80	3.25~3.70	≤0.12	≤0.05	—	—	0.015	0.005
06Ni9DR	≤0.08	0.15~0.35	0.30~0.80	8.50~10.00	≤0.10	≤0.01	—	—	0.008	0.004

① 可以用测定 Als 代替 Alt，此时 Als 含量应不小于 0.015%；当钢中 Nb+V+Ti≥0.015%时，Al 含量不做验收要求。

表 4-138　优质碳素结构钢薄钢板和钢带的力学性能（摘自 GB/T 710—2008）

牌号	拉延级别				
	Z	S 和 P	Z	S	P
	抗拉强度 R_m/MPa		断后伸长率 A(%)　≥		
08,08Al	275~410	≥300	36	35	34
10	280~410	≥335	36	34	32
15	300~430	≥370	34	32	30
20	340~480	≥410	30	28	26
25	—	≥450	—	26	24
30	—	≥490	—	24	22
35	—	≥530	—	22	20
40	—	≥570	—	—	19
45	—	≥600	—	—	17
50	—	≥610	—	—	16

注：1. 表中拉延级别：Z—最深拉延的；S—深拉延的；P—普通拉延的。

2. 弯曲试验、杯突试验要求和允许偏差钢板平面度见表 4-139。

表 4-139　优质碳素钢薄钢板和钢带的弯曲试验、杯突试验和平面度要求（摘自 GB/T 710—2008）

弯曲试验	牌号	弯心直径 d	
		板厚 a≤2mm	板厚 a>2mm
	08,08Al	0	0.5a
	10	0.5a	a
	15	a	1.5a
	20	2a	2.5a
	20,30,35	2.5a	3a

杯突试验	厚度/mm	冲压深度/mm　≥
	≤1.0	9.5
	>1.0~1.5	10.5
	>1.5~2.0	11.5

平面度要求	公称厚度/mm	公称宽度/mm	钢板的不平度/mm　≤		
			0.8,0.8Al,10	15,20,25,30,35	40,45,50
	≤2	≤1200	21	26	32
		>1200~1500	25	31	36
		>1500	30	38	45
	>2	≤1200	18	22	27
		>1200~1500	23	29	34
		>1500	28	35	42

表 4-140　优质碳素结构钢热轧厚钢板和钢带的力学性能（摘自 GB/T 711—2008）

牌号	交货状态	抗拉强度 R_m/MPa	断后伸长率 A(%)	牌号	交货状态	抗拉强度 R_m/MPa	断后伸长率 A(%)
		≥				≥	
08F	热轧或热处理	315	34	50①	热处理	625	16
08	热轧或热处理	35	33	55①	热处理	645	13
10F	热轧或热处理	325	32	60①	热处理	675	12
10	热轧或热处理	335	32	65①	热处理	695	10
15F	热轧或热处理	355	30	70①	热处理	715	9
15	热轧或热处理	370	30	20Mn	热轧或热处理	450	24
20	热轧或热处理	410	28	25Mn	热轧或热处理	490	22
25	热轧或热处理	450	24	30Mn	热轧或热处理	540	20
30	热轧或热处理	490	22	40Mn①	热处理	590	17
35①	热处理	530	20	50Mn①	热处理	650	13
40①	热处理	570	19	60Mn①	热处理	695	11
45①	热处理	600	17	65Mn①	热处理	735	9

注：热处理指正火、退火或高温回火。

① 经供需双方协议，也可以热轧状态交货，以热处理样坯测定力学性能，样坯尺寸为 $a\times3a\times3a$，a 为钢材厚度。

表 4-141　优质碳素结构钢热轧厚钢板和钢带的冷弯试验和冲击试验要求（摘自 GB/T 711—2008）

	牌号	180°冷弯试验 钢板公称厚度 a/mm ≤20	>20
冷弯试验		弯心直径 d	
	08、10	0	a
	15	0.5a	1.5a
	20	a	2a
	25、30、35	2a	3a
冲击试验	牌　号	纵向 V 型冲击吸收能量 KV_2/J 20℃	−20℃
	10	≥34	≥27
	15	≥34	≥27
	20	≥34	≥27

注：夏比（V 型缺口）冲击吸收能量，按 3 个试样的算术平均值计算，允许偏差其中一个试样的单个值比表中规定值低，但应不低于规定值的 70%。

表 4-142　冷轧钢板和钢带尺寸规格（摘自 GB/T 708—2006）

公称厚度/mm	宽度/m 0.6	0.65	0.70	(0.71)	0.75	0.80	0.85	0.90	0.95	1.0	1.1	1.25	1.40	(1.42)	1.5	1.6	1.7	1.8	1.9	2.0
	最小长度和最大长度/m																			
0.2~0.45	1.2 2.5	1.3 2.5	1.4 2.5	1.4 2.5	1.5 2.5	1.5 2.5	1.5 2.5	1.5 3.0	1.5 3.0	1.5 3.0	1.5 3.0	—	—	—	—	—	—	—	—	—
0.56~0.65	1.2 2.5	1.3 2.5	1.4 2.5	1.4 2.5	1.5 2.5	1.5 2.5	1.5 2.5	1.5 3.0	1.5 3.0	1.5 3.0	1.5 3.0	1.5 3.5	—	—	—	—	—	—	—	—
0.7~0.75	1.2 2.5	1.3 2.5	1.4 2.5	1.4 2.5	1.5 2.5	1.5 2.5	1.5 2.5	1.5 3.0	1.5 3.0	1.5 3.0	1.5 3.0	1.5 3.5	2.0 4.0	2.0 4.0	—	—	—	—	—	—
0.8~1.0	1.2 3.0	1.3 3.0	1.4 3.0	1.4 3.0	1.5 3.0	1.5 3.0	1.5 3.0	1.5 3.5	1.5 3.5	1.5 3.5	1.5 3.5	1.5 4.0	2.0 4.0	2.0 4.0	2.0 4.0	—	—	—	—	—
1.1~1.3	1.2 3.0	1.3 3.0	1.4 3.0	1.4 3.0	1.5 3.0	1.5 3.0	1.5 3.0	1.5 3.5	1.5 3.5	1.5 3.5	1.5 3.5	1.5 4.0	2.0 4.0	2.0 4.0	2.0 4.0	2.0 4.0	2.0 4.0	2.0 4.0	—	—
1.4~2.0	1.2 3.0	1.3 3.0	1.4 3.0	1.4 3.0	1.5 3.0	1.5 3.0	1.5 3.0	1.5 3.0	1.5 3.0	1.5 4.0	1.5 4.0	1.5 6.0	2.0 6.0	2.0 6.0	2.0 6.0	2.0 6.0	2.0 6.0	2.5 6.0	—	—
2.2~2.5	1.2 3.0	1.3 3.0	1.4 3.0	1.4 3.0	1.5 3.0	1.5 3.0	1.5 3.0	1.5 3.0	1.5 3.0	1.5 4.0	1.5 4.0	2.0 6.0	2.0 6.0	2.0 6.0	2.0 6.0	2.0 6.0	2.5 6.0	2.5 6.0	2.5 6.0	2.5 6.0
2.8~3.2	1.2 3.0	1.3 3.0	1.4 3.0	1.4 3.0	1.5 3.0	1.5 3.0	1.5 3.0	1.5 3.0	1.5 3.0	1.5 4.0	1.5 4.0	2.0 6.0	2.0 6.0	2.0 6.0	2.0 6.0	2.0 2.75	2.5 2.75	2.5 2.7	2.5 2.7	2.5 2.7
3.5~3.9	—	—	—	—	—	—	—	—	—	—	—	2.0 4.5	2.0 4.5	2.0 4.5	2.0 4.5	2.0 4.75	2.5 2.75	2.5 2.7	2.5 2.7	2.5 2.7
4.0~4.5	—	—	—	—	—	—	—	—	—	—	—	2.0 4.5	2.0 4.5	2.0 4.5	2.0 4.5	1.5 2.5	1.5 2.5	1.5 2.5	1.5 2.5	1.5 2.5
4.8~5.0	—	—	—	—	—	—	—	—	—	—	—	2.0 4.5	2.0 4.5	2.0 4.5	2.0 4.5	1.5 2.3	1.5 2.3	1.5 2.3	1.5 2.3	1.5 2.3
厚度尺寸系列/mm	0.20 1.7	0.25 1.8	0.30 2.0	0.35 2.2	0.40 2.5	0.45 2.8	0.56 3.0	0.60 3.2	0.65 3.5	0.70 3.8	0.75 3.9	0.80 4.0	0.90 4.2	1.0 4.5	1.1 4.8	1.2 5.0	1.3	1.4	1.5	1.6

注：标记示例：钢号 20，尺寸 1.0mm×1000mm×1500mm，表面质量组别Ⅲ，拉延级别 S 的钢板，标记为：钢板$\dfrac{1.0\times1000\times1500\text{—GB/T 708—2006}}{20\text{—Ⅲ—S—GB/T 710—2008}}$。

表 4-143　热轧钢板尺寸规格（摘自 GB/T 709—2006）

公称厚度/mm	宽度/m																																	
	0.6	0.65	0.7	0.71	0.75	0.8	0.85	0.9	0.95	1.0	1.1	1.25	1.4	1.42	1.5	1.6	1.7	1.8	1.9	2.0	2.1	2.2	2.3	2.4	2.5	2.6	2.7	2.8	2.9	3.0	3.2	3.4	3.6	3.8
	最小长度和最大长度/m																																	
0.50~0.60	1.2	1.4	1.42	1.42	1.5	1.5	1.7	1.8	1.9	2	—	—	—	—	—	—	—	—	—	—	—	—	—	—	—	—	—	—	—	—	—	—	—	—
0.65~0.75	2	2	1.42	1.42	1.5	1.5	1.7	1.8	1.9	2	—	—	—	—	—	—	—	—	—	—	—	—	—	—	—	—	—	—	—	—	—	—	—	—
0.80~0.90	2	2	1.42	1.42	1.5	1.5	1.7	1.8	1.9	2	—	—	—	—	—	—	—	—	—	—	—	—	—	—	—	—	—	—	—	—	—	—	—	—
1.0	2	2	1.42	1.42	1.5	1.6	1.7	1.8	1.9	2	—	—	—	—	—	—	—	—	—	—	—	—	—	—	—	—	—	—	—	—	—	—	—	—
1.2~1.4	2	2	2	2	2	2	2	2	2	2	2	2.5 3	—	—	—	—	—	—	—	—	—	—	—	—	—	—	—	—	—	—	—	—	—	—
1.5~1.8	2	2	2	2 6	2 6	2 6	2 6	2 6	2 6	2 6	2 6	2 6	2 6	2 6	2 6	—	—	—	—	—	—	—	—	—	—	—	—	—	—	—	—	—	—	—
2.0~2.2	2	2	2 6	2 6	2 6	2 6	2 6	2 6	2 6	2 6	2 6	2 6	2 6	2 6	2 6	2 6	2 6	—	—	—	—	—	—	—	—	—	—	—	—	—	—	—	—	—
2.5~2.8	2	2	2 6	2 6	2 6	2 6	2 6	2 6	2 6	2 6	2 6	2 6	2 6	2 6	2 6	2 6	2 6	2 6	—	—	—	—	—	—	—	—	—	—	—	—	—	—	—	—
3.0~3.9	2	2	2 6	2 6	2 6	2 6	2 6	2 6	2 6	2 6	2 6	2 6	2 6	2 6	2 6	2 6	2 6	2 6	—	—	—	—	—	—	—	—	—	—	—	—	—	—	—	—
4.0~5	—	—	2 6	2 6	2 6	2 6	2 6	2 6	2 6	2 6	2 6	2 6	2 6	2 6	2 6	2 6	2 6	2 6	—	—	—	—	—	—	—	—	—	—	—	—	—	—	—	—
6、7	—	—	2 6	2 6	2 6	2 6	2 6	2 6	2 6	2 6	2 6	2 6	2 6	2 6	2 6	2 6	2 6	2 6	2 6	2 6	—	—	—	—	—	—	—	—	—	—	—	—	—	—
8~10	—	—	2 6	2 6	2 6	2 6	2 6	2 6	2 6	2 6	2 6	2 6	2 6	2 6	2 12	3 12	3 12	3 12	3 12	3 12	3 12	3 12	3 12	4 12	4 12	—	—	—	—	—	—	—	—	—
11、12	—	—	—	—	—	—	—	—	—	2 6	2 6	2 6	2 6	2 6	2 12	3 12	3 12	3 12	3 12	3 10	3 10	3 10	3 9	4 9	4 9	—	—	—	—	—	—	—	—	—
13~25	—	—	—	—	—	—	—	—	—	2.5 6.5	2.5 6.5	2.5 12	2.5 12	2.5 12	3 12	3 11	3.5 11	4 10	4 10	4 10	4.5 10	4.5 9	4.5 9	4 9	4 9	3.5 9	3.5 8.2	3.5 8.2	—	—	—	—	—	—
26~40	—	—	—	—	—	—	—	—	—	—	—	2.5 12	2.5 12	2.5 12	3 12	3 12	3.5 12	3.5 12	4 12	4 12	4 12	4.5 12	4.5 12	4 11	4 11	3.5 10	3.5 10	3.5 10	3.5 10	3 9.5	3.2 9.5	3.4 9.5	3.6 9.5	—
42~200	—	—	—	—	—	—	—	—	—	—	—	2.5 9	2.5 9	3 9	3 9	3 9	3.5 9	3.5 9	3.5 9	3.5 9	3.5 9	3.5 9	3.5 9	3.5 9	3.5 9	3.5 9	3 9	3 9	3 9	3 9	3.2 9	3.4 8.5	3.6 8	3.6 7
厚度尺寸系列/mm	0.50、0.55、0.60、0.65、0.70、0.75、0.80、0.90、1.0、1.2、1.3、1.4、1.5、1.6、1.8、2.0、2.2、2.5、2.8、3.0、3.2、3.5、3.8、3.9、4.0、4.5、5、6、7、8、9、10、11、12、13、14、15、16、17、18、19、20、21、22、25、26、28、30、32、34、36、38、40、42、45、48、50、52、55、60、65、70、75、80、85、90、95、100、105、110、120、125、130、140、150、160、165、170、180、185、190、195、200																																	

表 4-144a　经固溶处理的奥氏体型耐热钢板和钢带的力学性能（摘自 GB/T 4238—2015）

牌　号	拉伸试验			硬度试验		
	规定塑性延伸强度 $R_{p0.2}$/MPa	抗拉强度 R_m/MPa	断后伸长率① A(%)	HBW	HRB	HV
	≥			≤		
12Cr18Ni9	205	515	40	201	92	210
12Cr18Ni9Si3	205	515	40	217	95	220
06Cr19Ni10	205	515	40	201	92	210
07Cr19Ni10	205	515	40	201	92	210
05Cr19Ni10Si2CeN	290	600	40	217	95	220
06Cr20Ni11	205	515	40	183	88	200
08Cr21Ni11Si2CeN	310	600	40	217	95	220
16Cr23Ni13	205	515	40	217	95	220
06Cr23Ni13	205	515	40	217	95	220
20Cr25Ni20	205	515	40	217	95	220
06Cr25Ni20	205	515	40	217	95	220
06Cr17Ni12Mo2	205	515	40	217	95	220
07Cr17Ni12Mo2	205	515	40	217	95	220
06Cr19Ni13Mo3	205	515	35	217	95	220
06Cr18Ni11Ti	205	515	40	217	95	220
07Cr19Ni11Ti	205	515	40	217	95	220
12Cr16Ni35	205	560	—	201	92	210
06Cr18Ni11Nb	205	515	40	201	92	210
07Cr18Ni11Nb	205	515	40	201	92	210
16Cr20Ni14Si2	220	540	40	217	95	220
16Cr25Ni20Si2	220	540	35	217	95	220

① 厚度不大于 3mm 时使用 A_{50mm} 试样。

表 4-144b　经退火处理的铁素体型耐热钢板和钢带的力学性能（摘自 GB/T 4238—2015）

牌号	拉伸试验			硬度试验			弯曲试验	
	规定塑性延伸强度 $R_{p0.2}$/MPa	抗拉强度 R_m/MPa	断后伸长率① A(%)	HBW	HRB	HV	弯曲角度	弯曲压头直径 D
	≥			≤				
06Cr13Al	170	415	20	179	88	200	180°	$D=2a$
022Cr11Ti	170	380	20	179	88	200	180°	$D=2a$
022Cr11NbTi	170	380	20	179	88	200	180°	$D=2a$
10Cr17	205	420	22	183	89	200	180°	$D=2a$
16Cr25N	275	510	20	201	95	210	135°	—

注：a 为钢板和钢带的厚度。

① 厚度不大于 3mm 时使用 A_{50mm} 试样。

表 4-144c　经退火处理的马氏体型耐热钢板和钢带的力学性能（摘自 GB/T 4238—2015）

牌号	拉伸试验			硬度试验			弯曲试验	
	规定塑性延伸强度 $R_{p0.2}$/MPa	抗拉强度 R_m/MPa	断后伸长率① A(%)	HBW	HRB	HV	弯曲角度	弯曲压头直径 D
	≥			≤				
12Cr12	205	485	25	217	88	210	180°	$D=2a$
12Cr13	205	450	20	217	96	210	180°	$D=2a$
22Cr12NiMoWV	275	510	20	200	95	210	—	$a\geqslant 3$mm, $D=a$

注：a 为钢板和钢带的厚度。

① 厚度不大于 3mm 时使用 A_{50mm} 试样。

表 4-144d　经固溶处理的沉淀硬化型耐热钢板和钢带的试样的力学性能（摘自 GB/T 4238—2015）

牌　号	钢材厚度/mm	规定塑性延伸强度 $R_{p0.2}$/MPa	抗拉强度 R_m/MPa	断后伸长率[1] A(%)	硬度值 HRC	硬度值 HBW
022Cr12Ni9Cu2NbTi	0.30～100	≤1105	≤1205	≥3	≤36	≤331
05Cr17Ni4Cu4Nb	0.4～100	≤1105	≤1255	≥3	≤38	≤363
07Cr17Ni7Al	0.1～<0.3	≤450	≤1035	—	—	—
	0.3～100	≤380	≤1035	≥20	≤92[2]	—
07Cr15Ni7Mo2Al	0.10～100	≤450	≤1035	≥25	≤100[2]	—
06Cr17Ni7AlTi	0.10～<0.80	≤515	≤825	≥3	≤32	—
	0.80～<1.50	≤515	≤825	≥4	≤32	—
	1.50～100	≤515	≤825	≥5	≤32	—
06Cr15Ni25Ti2MoAlVB[3]	<2	—	≥725	≥25	≤91[2]	≤192
	≥2	≥590	≥900	≥15	≤101[2]	≤248

① 厚度不大于 3mm 时使用 A_{50mm} 试验。
② HRB 硬度值。
③ 时效处理后的力学性能。

表 4-144e　经时效处理后的耐热钢板和钢带的试样的力学性能（摘自 GB/T 4238—2015）

牌　号	钢板厚度/mm	处理温度[1]	规定塑性延伸强度 $R_{p0.2}$/MPa ≥	抗拉强度 R_m/MPa ≥	断后伸长率[2,3] A(%) ≥	硬度值 HRC	硬度值 HBW
022Cr12Ni9Cu2NbTi	0.10～<0.75	510℃±10℃ 或 480℃±6℃	1410	1525	—	≥44	—
	0.75～<1.50		1410	1525	3	≥44	—
	1.50～16		1410	1525	4	≥44	—
05Cr17Ni4Cu4Nb	0.1～<5.0	482℃±10℃	1170	1310	5	40～48	—
	5.0～<16		1170	1310	8	40～48	388～477
	16～100		1170	1310	10	40～48	388～477
	0.1～<5.0	496℃±10℃	1070	1170	5	38～46	—
	5.0～<16		1070	1170	8	38～47	375～477
	16～100		1070	1170	10	38～47	375～477
	0.1～<5.0	552℃±10℃	1000	1070	5	35～43	—
	5.0～<16		1000	1070	8	33～42	321～415
	16～100		1000	1070	12	33～42	321～415
	0.1～<5.0	579℃±10℃	860	1000	5	31～40	—
	5.0～<16		860	1000	9	29～38	293～375
	16～100		860	1000	13	29～38	293～375
	0.1～<5.0	593℃±10℃	790	965	5	31～40	—
	5.0～<16		790	965	10	29～38	293～375
	16～100		790	965	14	29～38	293～375
	0.1～<5.0	621℃±10℃	725	930	8	28～38	—
	5.0～<16		725	930	10	26～36	269～352
	16～100		725	930	16	26～36	269～352
	0.1～<5.0	760℃±10℃ 621℃±10℃	515	790	9	26～36	255～331
	5.0～<16		515	790	11	24～34	248～321
	16～100		515	790	18	24～34	248～321
07Cr17Ni7Al	0.05～<0.30	760℃±15℃	1035	1240	3	≥38	—
	0.30～<5.0	15℃±3℃	1035	1240	5	≥38	—
	5.0～16	566℃±6℃	965	1170	7	≥38	≥352
	0.05～<0.30	954℃±8℃	1310	1450	1	≥44	—
	0.30～<5.0	-73℃±6℃	1310	1450	3	≥44	—
	5.0～16	510℃±6℃	1240	1380	6	≥43	≥401

（续）

牌号	钢板厚度/mm	处理温度①	规定塑性延伸强度 $R_{p0.2}$/MPa	抗拉强度 R_m/MPa	断后伸长率②,③ A(%)	硬度值	
			≥			HRC	HBW
07Cr15Ni7Mo2Al	0.05～<0.30	760℃±15℃	1170	1310	3	≥40	—
	0.30～<5.0	15℃±3℃	1170	1310	5	≥40	—
	5.0～16	566℃±10℃	1170	1310	4	≥40	≥375
	0.05～<0.30	954℃±8℃	1380	1550	2	≥46	—
	0.30～<5.0	-73℃±6℃	1380	1550	4	≥46	—
	5.0～16	510℃±6℃	1380	1550	4	≥45	≥429
06Cr17Ni7AlTi	0.10～<0.80	510℃±8℃	1170	1310	3	≥39	—
	0.80～<1.50		1170	1310	4	≥39	—
	1.50～16		1170	1310	5	≥39	—
	0.10～<0.75	538℃±8℃	1105	1240	3	≥37	—
	0.75～<1.50		1105	1240	4	≥37	—
	1.50～16		1105	1240	5	≥37	—
	0.10～<0.75	566℃±8℃	1035	1170	3	≥35	—
	0.75～<1.50		1035	1170	4	≥35	—
	1.50～16		1035	1170	5	≥35	—
06Cr15Ni25Ti2MoAlVB	2.0～<8.0	700℃～760℃	590	900	15	≥101	≥248

① 表中所列为推荐性热处理温度。供方应向需方提供推荐性热处理制度。

② 适用于沿宽度方向的试验。垂直于轧制方向且平行于钢板表面。

③ 厚度不大于 3mm 时使用 A_{50mm} 试样。

表 4-145　耐热钢的特性和用途（摘自 GB/T 4238—2015）

类型	牌号	特性和用途
奥氏体型	12Cr18Ni9	有良好的耐热性及抗腐蚀性。用于焊芯、抗磁仪表、医疗器械、耐酸容器及设备衬里输送管道等设备和零件
	12Cr18Ni9Si3	耐氧化性优于 12Cr18Ni9,在 900℃以下具有较好的抗氧化性及强度。用于汽车排气净化装置,工业炉等高温装置部件
	06Cr19Ni10	作为不锈钢、耐热钢广泛使用于一般化工设备及原子能设备
	07Cr19Ni10	与 06Cr19Ni10 相比,增加碳含量,适当控制奥氏体晶粒,有助于改善抗高温蠕变、高温持久性能
	05Cr19Ni10Si2CeN	在 600℃～950℃具有较好的高温使用性能,抗氧化温度可达 1050℃
	06Cr20Ni11	常用于制造锅炉、汽轮机、工业炉和航空、石油化工等在高温下服役的零部件
	16Cr23Ni13	用于制作炉内支架、传送带、退火炉罩、电站锅炉防磨瓦等
	06Cr23Ni13	碳含量比 16Cr23Ni13 低,焊接性能较好,用途基本相同
	20Cr25Ni20	承受 1035℃以下反复加热的抗氧化钢。用于电热管,坩埚,炉用部件、喷嘴、燃烧室
	06Cr25Ni20	碳含量比 20Cr25Ni20 低,焊接性能较好。用途基本相同
	06Cr17Ni12Mo2	高温具有优良的蠕变强度。作热交换用部件,高温耐蚀螺栓
	07Cr17Ni12Mo2	与 06Cr17Ni12Mo2 相比,增加碳含量,适当控制奥氏体晶粒(一般为 7 级或更粗),有助于改善抗高温蠕变、高温持久性能
	06Cr19Ni13Mo3	高温具有良好的蠕变强度。作热交换用部件
	06Cr18Ni11Ti	用于制作在 400℃～900℃腐蚀条件下使用的部件,高温用焊接结构部件
	07Cr18Ni11Ti	与 06Cr18Ni11Ti 相比,增加碳含量,适当控制奥氏体晶粒(一般为 7 级或更粗),有助于改善抗高温蠕变、高温持久性能
	12Cr16Ni35	抗渗碳,氮化性大的钢种,1035℃以下反复加热。炉用钢料、石油裂解装置
	06Cr18Ni11Nb	用于制作在 400℃～900℃腐蚀条件下使用的部件、高温用焊接结构部件
	07Cr18Ni11Nb	与 06Cr18Ni11Nb 相比,增加碳含量,适当控制奥氏体晶粒(一般为 7 级或更粗),有助于改善抗高温蠕变、高温持久性能

（续）

类型	牌号	特性和用途
奥氏体型	16Cr20Ni14Si2	具有高的抗氧化性。用于高温（1050℃）下的冶金电炉部件、锅炉挂件
	16Cr25Ni20Si2	在 600℃～800℃有析出相的脆化倾向。适于承受应力的各种炉用构件
	08Cr21Ni11Si2CeN	在 850℃～1100℃具有较好的高温使用性能，抗氧化温度可达 1150℃
铁素体型	06Cr13Al	用于燃气透平压缩机叶片、退火箱、淬火台架
	022Cr11Ti	添加了钛，焊接性及加工性优异。适用于汽车排气管、热交换器等焊接后不需要热处理的情况
	022Cr11NbTi	比 022Cr11Ti 具有更好的焊接性能。汽车排气阀净化装置用材料
	10Cr17	适用于 900℃以下耐氧化部件、散热器、炉用部件、喷油嘴
	16Cr25N	耐高温腐蚀性强，1082℃以下不产生易剥落的氧化皮，用于燃烧室
马氏体型	12Cr12	作为汽轮机叶片以及高应力部件
	12Cr13	适用于 800℃以下耐氧化用部件
	22Cr12NiMoWV	通常用来制作汽轮机叶片、轴、紧固件等
沉淀硬化型	022Cr12Ni9Cu2NbTi	适用于生产棒、丝、板、带和铸件，主要应用于要求耐蚀不锈的承力部件
	05Cr17Ni14Cu4Nb	添加铜的沉淀硬化性的钢种，适合轴类、汽轮机部件、钢带输送机用
	07Cr17Ni7Al	添加铝的沉淀硬化型钢种。适用于高温弹簧、膜片、固定器、波纹管
	07Cr15Ni7Mo2Al	适用于有一定耐蚀要求的高强度容器、零件及结构件
	06Cr17Ni7AlTi	具有良好的冶金和制造加工工艺性能。可用于 350℃以下长期服役的不锈钢结构件、容器、弹簧等
	06Cr15Ni25Ti2MoAlVB	适用于耐 700℃高温的汽轮机转子、螺栓、叶片、轴

表 4-146a　经固溶处理的奥氏体型不锈钢冷/热轧制钢板和钢带的力学性能（摘自 GB/T 3280—2015）

统一数字代号	牌号	规定塑性延伸强度 $R_{p0.2}$/MPa	抗拉强度 R_m/MPa	断后伸长率[①] A(%)	硬度值 HBW	硬度值 HRB	硬度值 HV
		≥			≤		
S30103	022Cr17Ni7	220	550	45	241	100	242
S30110	12Cr17Ni7	205	515	40	217	95	220
S30513	022Cr17Ni7N	240	550	45	241	100	242
S30210	12Cr18Ni9	205	515	40	201	92	210
S30240	12Cr18Ni9Si3	205	515	40	217	95	220
S30403	022Cr19Ni10	180	485	40	201	92	210
S30408	06Cr19Ni10	205	515	40	201	92	210
S30409	07Cr19Ni10	205	515	40	201	92	210
S30450	05Cr19Ni10Si2CeN	290	600	40	217	95	220
S30453	022Cr19Ni10N	205	515	40	217	95	220
S30458	06Cr19Ni10N	240	550	30	217	95	220
S30510	10Cr18Ni12	170	485	40	183	88	200
S30859	08Cr21Ni11Si2CeN	310	600	40	217	95	220
S30908	06Cr23Ni13	205	515	40	217	95	220
S31008	06Cr25Ni20	205	515	40	217	95	220
S31053	022Cr25Ni22Mo2N	270	580	25	217	95	220
S31603	022Cr17Ni12Mo2	180	485	40	217	95	220
S31608	06Cr17Ni12Mo2	205	515	40	217	95	220
S31609	07Cr17Ni12Mo2	205	515	40	217	95	220
S31653	022Cr17Ni12Mo2N	205	515	40	217	95	220
S31658	06Cr17Ni12Mo2N	240	550	35	217	95	220
S31668	06Cr17Ni12Mo2Ti	205	515	40	217	95	220
S31678	06Cr17Ni12Mo2Nb	205	515	30	217	95	220
S31688	06Cr18Ni12Mo2Cu2	205	520	40	187	90	200
S31703	022Cr19Ni13Mo3	205	515	40	217	95	220
S31708	06Cr19Ni13Mo3	205	515	35	217	95	220
S31723	022Cr19Ni16Mo5N	240	550	40	223	96	225
S31753	022Cr19Ni13Mo4N	240	550	40	217	95	220
S31782	015Cr21Ni26Mo5Cu2	220	490	35	—	90	200

（续）

统一数字代号	牌号	规定塑性延伸强度 $R_{p0.2}$/MPa	抗拉强度 R_m/MPa	断后伸长率[①] A(%)	硬度值 HBW	HRB	HV
		≥			≤		
S32168	06Cr18Ni11Ti	205	515	40	217	95	220
S32169	07Cr19Ni11Ti	205	515	40	217	95	220
S32652	015Cr24Ni22Mo8Mn3CuN	430	750	40	250	—	252
S34553	022Cr24Ni17Mo5Mn6NbN	415	795	35	241	100	242
S34778	06Cr18Ni11Nb	205	515	40	201	92	210
S34779	07Cr18Ni11Nb	205	515	40	201	92	210
S38926	015Cr20Ni25Mo7CuN	295	650	35	—	—	—

① 厚度不大于 3mm 时使用 A_{50mm} 试样。

表 4-146b 奥氏体型不锈钢冷/热轧制钢板和钢带的特性和用途表（摘自 GB/T 3280—2015 4237—2015）

牌号	特性和用途
12Cr17Ni7	经冷加工有高的强度。用于铁道车辆，传送带螺栓螺母等
022Cr17Ni7	是 12Cr17Ni7 的超低碳钢，具有良好的耐晶间腐蚀性、焊接性，用于铁道车辆
022Cr17Ni7N	是 12Cr17Ni7 的超低碳含氮钢，强度高，具有良好的耐晶间腐蚀性、焊接性，用于结构件
12Cr18Ni9	经冷加工有高的强度，但伸长率比 12Cr17Ni7 稍差。用于建筑装饰部件
12Cr18Ni9Si3	耐氧化性比 12Cr18Ni9 好，900℃以下与 06Cr25Ni20 具有相同的耐氧化性和强度。用于汽车排气净化装置、工业炉等高温装置部件
06Cr19Ni10	作为不锈耐热钢使用最广泛，用于食品设备，一般化工设备，原子能工业等
022Cr19Ni10	比 06Cr19Ni10 碳含量更低的钢，耐晶间腐蚀性优越，焊接后不进行热处理
07Cr19Ni10	在固溶态钢的塑性、韧性、冷加工性良好，在氧化性酸和大气、水等介质中耐蚀性好，但在敏化态或焊接后有晶腐倾向。耐蚀性优于 12Cr18Ni9。适于制造深冲成型部件和输酸管道、容器等
05Cr19Ni10Si2CeN	加氮，提高钢的强度和加工硬化倾向，塑性不降低。可承受更重的负荷
06Cr19Ni10N	在 06Cr19Ni10 的基础上加氮，提高钢的强度和加工硬化倾向，塑性不降低。用于有一定耐腐要求，并减轻重量的设备
022Cr19Ni10N	因 06Cr19Ni10N 在 450℃～900℃加热后耐晶腐性将明显下降。因此对于焊接设备构件，推荐用 022Cr19Ni10N
10Cr18Ni12	与 06Cr19Ni10 相比，加工硬化性低。用于手机配件，电器元件，发电机组配件等
06Cr23Ni13	耐腐蚀性比 06Cr19Ni10 好，但实际上多作为耐热钢使用
06Cr25Ni20	抗氧化性比 06Cr23Ni13 好，但实际上多作为耐热钢使用
022Cr25Ni22Mo2N	钢中加氮提高钢的耐孔蚀性，且使钢有具有更高的强度和稳定的奥氏体组织。适用于尿素生产中汽提塔的结构材料，性能远优于 022Cr17Ni12Mo2
06Cr17Ni12Mo2	在海水和其他各种介质中，耐腐蚀性比 06Cr19Ni10 好。主要用于耐点蚀材料
022Cr17Ni12Mo2	对各种无机酸、碱类、盐类（如硫酸、氯盐、卤素、亚硫酸盐等）均有良好的耐蚀性。含碳量低，焊接性能良好，适合于多层焊接，焊后一般不需热处理。可用于制造合成纤维、石油化工、纺织、化肥及原子能等工业设备
07Cr17Ni12Mo2	与 06Cr17Ni12Mo2 相比，耐高温性能增加，该钢种广泛应用于加热釜、锅炉、硬质合金传送带等
06Cr17Ni12Mo2Ti	有良好的耐晶间腐蚀性，用于低抗硫酸、磷酸、甲酸、乙酸的设备
06Cr17Ni12Mo2Nb	比 06Cr17Ni12Mo2 具有更好的耐晶间腐蚀性
06Cr17Ni12Mo2N	在 06Cr17Ni12Mo2 中加入 N，提高强度，用于耐腐蚀性较好的强度较高的部件
022Cr17Ni12Mo2N	用途与 06Cr17Ni12Mo2N 相同但耐晶间腐蚀性更好
06Cr18Ni12Mo2Cu2	耐腐蚀性、耐点蚀性比 06Cr17Ni12Mo2 好。用于耐硫酸材料
015Cr21Ni26Mo5Cu2	高 Mo 不锈钢，全面耐硫酸、磷酸、醋酸等腐蚀，又可解决氯化物孔蚀、缝隙腐蚀和应力腐蚀问题。主要用于石化、化工、化肥、海洋开发等
06Cr19Ni13Mo3	耐点蚀性比 06Cr17Ni12Mo2 好，用于染色设备材料等
022Cr19Ni13Mo3	为 06Cr19Ni13Mo3 的超低碳钢，但耐晶间腐蚀性较好，主要用于电站冷凝管等
022Cr19Ni16Mo5N	高 Mo 不锈钢，使其耐孔蚀性能进一步提高，此钢种在硫酸、甲酸等介质中的耐蚀性要比一般含 2%～4%Mo 的常用 Cr-Ni 钢更好

（续）

牌　　号	特性和用途
022Cr19Ni13Mo4N	在 022Cr19Ni13Mo3 中添加氮，具有高强度、高耐蚀性，用于罐箱、容器等
06Cr18Ni11Ti	添加钛提高耐晶间腐蚀性，不推荐作装饰部件
07Cr19Ni11Ti	与 06Cr18Ni11Ti 相比，该钢种 C 含量较高，耐高温性能增强，可用于锅炉行业
015Cr24Ni22Mo8Mn3CuN	属于超级奥氏体不锈钢，高 Mo、高 N、高 Cr 使其具有优异的耐点蚀、耐缝隙腐蚀性能，主要用于海洋开发、海水淡化、纸浆生产、烟气脱硫装置等
022Cr24Ni17Mo5Mn6NbN	这是一种高强度且耐腐蚀的超级奥氏体不锈钢，在氯化物环境中，具有优良的耐点蚀和耐缝隙腐蚀性能。推荐用于海水淡化、海上采油平台以及电厂烟气脱硫等
06Cr18Ni11Nb	添加铌提高奥氏体不锈钢的稳定性。由于其良好的耐蚀性能、焊接性能，广泛应用于石油化工、合成纤维、食品、造纸等行业。在热电厂和核动力工业中，用于大型锅炉过热器、蒸汽管道、轴类和各类焊接结构件
07Cr18Ni11Nb	与 06Cr18Ni11Nb 相比，耐高温性能增加，可用于锅炉行业
08Cr21Ni11Si2CeN	21Cr~11Ni 不锈钢的基础上，通过稀土铈和氮元素的合金化提高耐高温性能，与 06Cr25Ni20 相比，在优化使用性能的同时，还节约了贵重的 Ni 资源。主要用于锅炉行业
015Cr20Ni25Mo7CuN	与 015Cr20Ni18Mo6CuN 相比，Ni 含量提高，具有更好的耐应力腐蚀能力，被推荐用于海洋开发、核电装置等领域

表 4-147　高强度结构用调质钢板尺寸规格、牌号及力学性能（摘自 GB/T 16270—2009）

钢板尺寸规格应符合 GB/T 709 的规定，牌号的化学成分应符合 GB/T 16270—2009 的规定（钢板的最大厚度不大于 150mm）

牌号	拉伸试验							冲击试验			
	屈服强度 R_{eH}/MPa≥			抗拉强度 R_m/MPa			断后伸长率	冲击吸收能量（纵向）KV_2/J			
	厚度/mm			厚度/mm				试验温度/℃			
	≤50	>50~100	>100~150	≤50	>50~100	>100~150	A(%)	0	−20	−40	−60
Q460C	460	440	400	550~720	(同上)	500~670	17	47			
Q460D									47		
Q460E										34	
Q460F											34
Q500C	500	480	440	590~770	(同上)	540~720	17	47			
Q500D									47		
Q500E										34	
Q500F											34
Q550C	550	530	490	640~820	(同上)	590~770	16	47			
Q550D									47		
Q550E										34	
Q550F											34
Q620C	620	580	560	700~890	(同上)	650~830	15	47			
Q620D									47		
Q620E										34	
Q620F											34
Q690C	690	650	630	770~940	760~930	710~900	14	47			
Q690D									47		
Q690E										34	
Q690F											34
Q800C	800	740	—	840~1000	800~1000	—	13	34			
Q800D									34		
Q800E										27	
Q800F											27
Q890C	890	830	—	940~1100	880~1100	—	11	34			
Q890D									34		
Q890E										27	
Q890F											27
Q960C	960	—	—	980~1150	—	—	10	34			
Q960D									34		
Q960E										27	
Q960F											27

注：1. 拉伸试验适用于横向试样，冲击试验适用于纵向试样。

2. 钢板按调质（淬火+回火）状态交货。

表 4-148　高温合金冷/热轧板的化学成分（摘自 GB/T 14996—2010）

合金牌号		化学成分（质量分数，%）															
新牌号	原牌号	C	Cr	Ni	W	Mo	Al	Ti	Fe	Nb	B	Cr	Mn	Si	P	S	Cu	其他
GH1035[①]	GH35	0.06～0.12	20.00～23.00	35.00～40.00	2.50～3.50	—	≤0.50	0.70～1.20	余	1.20～1.70	—	≤0.05	≤0.70	≤0.80	≤0.030	≤0.020	≤0.25	—
GH1131	GH131	≤0.10	19.00～22.00	25.00～30.00	4.80～6.00	2.80～3.50	—	—	余	0.70～1.30	≤0.005	—	≤1.20	≤0.80	≤0.020	≤0.020	≤0.25	N:0.15～0.30
GH1140[②]	GH140	0.06～0.12	20.00～23.00	35.00～40.00	1.40～1.80	2.00～2.50	0.20～0.60	0.70～1.20	余	—	—	≤0.05	≤0.70	≤0.80	≤0.025	≤0.015	≤0.25	—
GH2018	GH18	≤0.06	18.00～21.00	40.00～44.00	1.80～2.20	3.70～4.30	0.35～0.75	1.80～2.20	余	—	≤0.015	≤0.02	≤0.50	≤0.60	≤0.020	≤0.015	≤0.25	Zr≤0.05
GH2132	GH132	≤0.08	13.50～16.00	23.00～27.00	—	1.00～1.50	≤0.40	1.75～2.30	余	—	0.003～0.010	—	≤2.00	≤1.00	≤0.020	≤0.015	≤0.025	V:0.10～0.50
GH2302	GH302	≤0.08	12.00～16.00	38.00～42.00	3.50～4.50	1.50～2.50	1.80～2.30	2.30～2.80	余	—	≤0.010	≤0.02	≤0.60	≤0.60	≤0.020	≤0.010	≤0.25	Zr≤0.05
GH3030	GH30	≤0.12	19.00～22.00	余	—	—	≤0.15	0.15～0.35	≤1.00	—	—	—	≤0.70	≤0.80	≤0.015	≤0.010	≤0.20	Pb≤0.001
GH3039[③]	GH39	≤0.08	19.00～22.00	余	—	1.80～2.30	0.35～0.75	0.35～0.75	≤3.00	0.90～1.30	—	—	≤0.40	≤0.80	≤0.020	≤0.012	≤0.20	—
GH3044	GH44	≤0.10	23.50～26.50	余	13.00～16.00	≤1.50	≤0.50	0.30～0.70	≤4.00	—	—	—	≤0.50	≤0.80	≤0.013	≤0.013	≤0.25	—
GH3128	GH128	≤0.05	19.00～22.00	余	7.50～9.00	7.50～9.00	0.40～0.80	0.40～0.80	≤2.00	—	≤0.005	≤0.05	≤0.50	≤0.80	≤0.013	≤0.013	≤0.25	Zr≤0.06
GH4033	GH33	0.03～0.08	19.00～22.00	余	Bi≤0.001	Sn≤0.0012	0.60～1.00	2.40～2.80	≤1.00	Pb≤0.001	≤0.01	≤0.01	≤0.35	≤0.65	≤0.015	≤0.007	≤0.07	Sb、As≤0.0025
GH4099	GH99	≤0.08	17.00～20.00	余	5.00～7.00	3.50～4.50	1.70～2.40	1.00～1.50	≤2.00	Mg≤0.010	≤0.005	≤0.02	≤0.40	≤0.50	≤0.015	≤0.015	≤0.25	Co:5.00～8.00
GH4145	GH145	≤0.08	14.00～17.00	Ni+Co≥70.00	Co≤1.00	—	0.40～1.00	2.25～2.75	5.00～9.00	—	—	—	≤0.35	≤0.35	≤0.015	≤0.010	≤0.50	Nb+Ta:0.70～1.20

注：除 GH2132 外，合金中 B、Zr、Ce 按计算量加入，不做分析；如有特殊要求应在合同中注明。

① 合金中 Ti、Nb 任选其一，不应同时加入。

② 电弧炉+电渣重熔或非真空感应炉+电渣重熔时 Al+Ti 应不大于 1.75%。

③ 合金中允许有 Ce 存在。

表 4-149　高温合金热轧板推荐固溶处理制度（摘自 GB/T 14995—2010）

合金牌号	成品板材推荐固溶处理制度
GH1016	1140℃～1180℃，空冷
GH1035	1100℃～1140℃，空冷
GH1131	1130℃～1170℃，空冷
GH1140	1050℃～1090℃，空冷
GH2018	1110℃～1150℃，空冷
GH2302	1100℃～1130℃，空冷
GH3030	980℃～1020℃，空冷
GH3039	1050℃～1190℃，空冷
GH3044	1120℃～1160℃，空冷
GH3128	1140℃～1180℃，空冷
GH3536	1130℃～1170℃，快冷或水冷
GH4033	970℃～990℃，空冷
GH4099	1080℃～1140℃（最高不超过 1160℃），空冷或快冷
GH4145	1070℃～1090℃，空冷

注：表中所列固溶温度指板材温度。

表 4-150　高温合金冷/热轧板的力学性能（摘自 GB/T 14996—2010）

合金牌号	检验试样状态	试验温度/℃	拉伸性能：抗拉强度 R_m/MPa	拉伸性能：规定塑性延伸强度 $R_{p0.2}$/MPa	拉伸性能：断后伸长率 A_5（%）
GH1035	交货状态	室温	≥590	—	≥35.0
		700	≥345	—	≥35.0
GH1131[①、②]	交货状态	室温	≥735	—	≥34.0
		900	≥180	—	≥40.0
		1000	≥110	—	≥43.0
GH1140	交货状态	室温	≥635	—	≥40.0
		800	≥225	—	≥40.0
GH2018	交货状态+时效（800℃±10℃，保温 16h，空冷）	室温	≥930	—	≥15.0
		800	≥430	—	≥15.0
GH2132[①]	交货状态+时效（700℃～720℃，保温 12h～16h，空冷）	室温	≥880	—	≥20.0
		650	≥735	—	≥15.0
		550	≥785	—	≥16.0
GH2302	交货状态	室温	≥685	—	≥30.0
	交货状态+时效（800℃±10℃，保温 16h，空冷）	800	≥540	—	≥6.0
GH3030	交货状态	室温	≥685	—	≥30.0
		700	≥295	—	≥30.0
GH3039	交货状态	室温	≥735	—	≥40.0
		800	≥245	—	≥40.0
GH3044	交货状态	室温	≥735	—	≥40.0
		900	≥196	—	≥30.0
GH3128	交货状态	室温	≥735	—	≥40.0
	交货状态+固溶（1200℃±10℃，空冷）	950	≥175	—	≥40.0
GH4033	交货状态+时效（750℃±10℃，保温 4h，空冷）	室温	≥885	—	≥13.0
		700	≥685	—	≥13.0
GH4099	交货状态	室温	≤1130	—	≥35.0
	交货状态+时效（900℃±10℃，保温 5h，空冷）	900	≥295	—	≥23.0
GH4145	厚度≤0.60mm：交货状态	室温	≤930	≤515	≥35.0
	厚度>0.60mm：交货状态		≤930	≤515	≥35.0
	厚度 0.50mm～4.0mm：交货状态+时效（730℃±10℃，保温 8h，炉冷到 620℃±10℃，保温>10h，空冷）		≥1170	≥795	≥18.0

① GH2132、GH1131 高温瞬时拉伸性能检验只做一个温度，如合同中不注明时，供方应分别按 650℃和 900℃检验。

② GH1131 的 1000℃瞬时拉伸性能只适用于厚度不小于 2.0mm 的板材。

表 4-151 高温合金热轧板高温持久性能（摘自 GB/T 14995—2010）

牌号	试样状态及热处理制度	组别	板材厚度/mm	试验温度/℃	试验应力/MPa	试验时间/h	断后伸长率 $A_5$③(%)
GH2132①	交货状态+时效（710℃±10℃,保温 12~16h,空冷）	—	所有	550	588	≥100	实测
				650	392	≥100	实测
GH2302	交货状态+时效（800℃±10℃,保温,16h,空冷）	—	所有	800	215	≥100	实测
GH3128②	交货状态+固溶（1200℃±10℃,空冷）	Ⅰ	>1.2	950	54	≥23	实测
			≤1.2			≥20	
		Ⅱ①	≤1.0	950	39	≥100	实测
			1.0~<1.5			≥80	
			≥1.5			≥70	
GH4099	交货状态		0.8~4.0	900	98	≥30	≥10

① GH2132 高温持久性能只做一个温度，如合同中不注明时，供方按 650℃进行。
② GH3128 合金初次检验按Ⅰ组进行，Ⅰ组检验不合格时可按Ⅱ组重新检验（试样不加倍）。
③ GH3128 每 10 炉提供一炉断后伸长率的实测数据；GH2132、GH2302 每 5 炉提供一炉断后伸长率的实测数据。

表 4-152 高温合金冷轧板的尺寸和允许偏差（摘自 GB/T 14996—2010）（单位：mm）

厚 度	宽 度	长 度
0.5~<0.8	600~1000	1200~2100
0.8~<1.8	600~1050	1200~2100
1.8~<3.0	600~1000	1200~2100
3.0~4.0	600~1000	900~1600

公称厚度	0.50	>0.50~0.65	>0.65~0.90	>0.90~1.10	>1.10~1.20	>1.20~1.40	>1.40~1.50
厚度允许偏差	±0.05①	±0.06①	±0.07	±0.09	±0.10	±0.11	±0.12
公称厚度	—	>1.50~1.80	>1.80~2.0	>2.0~2.5	>2.5~3.0	>3.0~3.5	>3.5~4.0
厚度允许偏差	—	±0.14	±0.15	±0.16	±0.18	±0.20	±0.22

注：厚度小于 0.8mm 的板材，不平度应不大于 15mm/m；厚度不小于 0.8mm~4.0mm 的板材，不平度应不大于 10mm/m。
① 仅适用于 GH1035、GH1140、GH3030、GH3039 合金板材，其余合金板材厚度允许偏差为±0.07。

表 4-153 花纹钢板的尺寸、重量（摘自 GB/T 3277—1991）

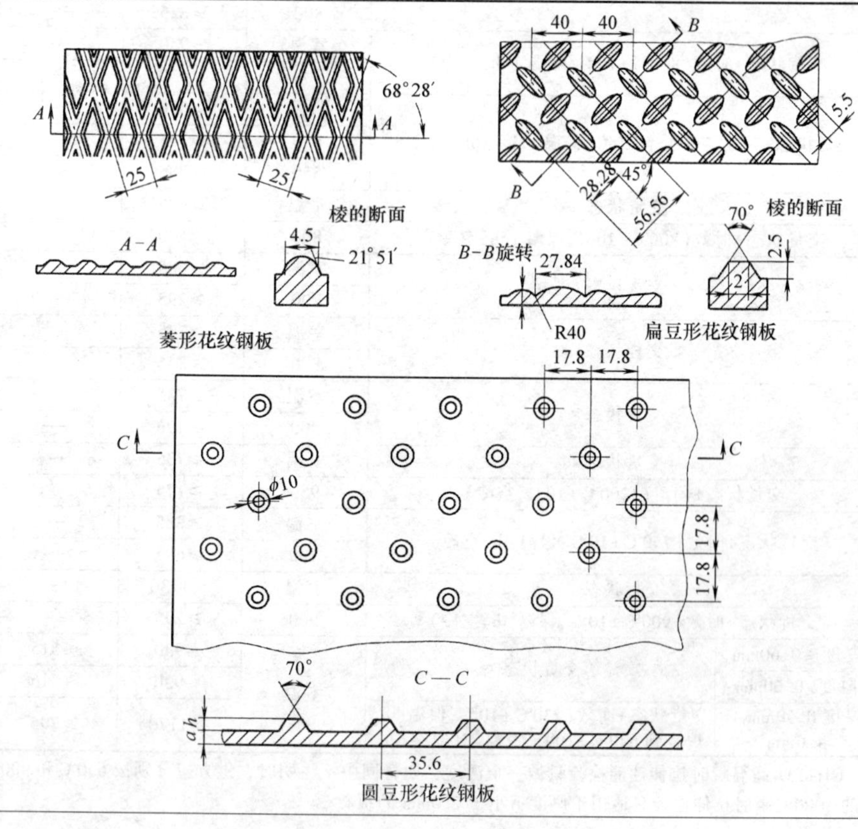

（续）

基本厚度/mm	基本厚度允许偏差/mm	理论重量/(kg/m²)		
		菱　形	扁　豆	圆　豆
2.5	±0.3	21.6	21.3	21.1
3.0	±0.3	25.6	24.4	24.3
3.5	±0.3	29.5	28.4	28.3
4.0	±0.4	33.4	32.4	32.3
4.5	±0.4	37.3	36.4	36.2
5.0	+0.4 -0.5	42.3	40.5	40.2
5.5	+0.4 -0.5	46.2	44.3	44.1
6.0	+0.5 -0.6	50.1	48.4	48.1
7.0	+0.6 -0.7	59.0	52.6	52.4
8.0	+0.6 -0.8	66.8	56.4	56.2

注：1. 花纹钢板用钢的牌号按 GB/T 700、GB/T 712、GB/T 4171 所列牌号的规定。经供需双方协议，也可用其他牌号的钢板。

2. 花纹钢板宽度为 0.6~1.8m，按 50mm 递增；长度为 2.0~12m，按 100mm 递增。

3. 花纹高度不小于基板厚度的 0.2 倍。

4. 图中花纹钢板的各项尺寸为制造厂加工轧辊时控制用，不作为成品检查的依据。

4.3.6.7　钢丝（见表 4-154~表 4-156）

表 4-154　低碳钢丝的直径、力学性能（摘自 YB/T 5294—2009）

公称直径/mm	抗拉强度/MPa					180°弯曲试验/次		伸长率(%)（标距 100mm）	
	冷拉普通钢丝	制钉用钢丝	建筑用钢丝	退火钢丝	镀锌钢丝	冷拉普通钢丝	建筑用钢丝	建筑用钢丝	镀锌钢丝
≤0.30	≤980	—	—	295~540	295~540	—	—	—	≥10
>0.30~0.80	≤980	—	—			—	—	—	
>0.80~1.20	≤980	880~1320	—			≥6	—	—	≥12
>1.20~1.80	≤1060	785~1220	—				—	—	
>1.80~2.50	≤1010	735~1170	—				—	—	
>2.50~3.50	≤960	685~1120	≥550			≥4	≥4	≥2	
>3.50~5.00	≤890	590~1030	≥550						
>5.00~6.00	≤790	540~930	≥550						
>6.00	≤690	—	—			—	—	—	

注：1. 钢丝按用途分为三类：Ⅰ类普通用，Ⅱ类制钉用，Ⅲ类建筑用。

2. 钢丝按交货状态分为三类：冷拉钢丝（WCD），退火钢丝（TA），镀锌钢丝（SZ）。

表 4-155　优质碳素结构钢丝的力学性能（摘自 GB/T 5303—2010）

钢丝直径/mm	抗拉强度/MPa					弯曲(次)			
	08~10	15~20	25~35	40~50	55~60	08~10	15(F)~20	25~35	40~50
	≥					≥			
0.30~0.8	750	800	1000	1100	1200	—	—	—	—
>0.8~1.0	700	750	900	1000	1100	6	6	6	5
>1.0~3.0	650	700	800	900	1000	6	6	5	4
>3.0~6.0	600	650	700	800	900	5	5	5	4
>6.0~10.0	550	600	650	750	800	5	4	3	2

牌号	力学性能			牌号	力学性能		
	抗拉强度/MPa	δ_5(%)	ψ(%)		抗拉强度/MPa	δ_5(%)	ψ(%)
10	450~700	8	50	35	600~850	6.5	35
15	500~750	8	45	40	600~850	6	35
20	500~750	7.5	40	45	650~900	6	30
25	550~800	7	40	50	650~900	6	30
30	550~800	7	35				

表 4-156　冷拉钢丝的直径和允许偏差（摘自 GB/T 342—1997）

钢丝直径/mm	允许偏差级别				
	8	9	10	11	12
	允许偏差/mm				
0.05,0.055,0.063,0.07,0.08,0.09,0.10	0 -0.004	0 -0.010	0 -0.012	0 -0.020	0 -0.030
0.11, 0.12, 0.14, 0.16, 0.18, 0.20, 0.22, 0.25, 0.28,0.30	0 -0.006	0 -0.012	0 -0.018	0 -0.028	0 -0.044
0.32,0.35,0.40,0.45,0.50,0.55,0.60	0 -0.008	0 -0.018	0 -0.026	0 -0.036	0 -0.060
0.63,0.70,0.80,0.90,1.00	0 -0.010	0 -0.022	0 -0.036	0 -0.046	0 -0.070
1.10, 1.20, 1.40, 1.60, 1.80, 2.00, 2.20, 2.50, 2.80,3.00	0 -0.014	0 -0.030	0 -0.044	0 -0.060	0 -0.100
3.20,3.50,4.00,5.00,5.50,6.00	0 -0.018	0 -0.040	0 -0.050	0 -0.080	0 -0.124
6.30,7.00,8.00,9.00,10.00	0 -0.022	0 -0.050	0 -0.070	0 -0.100	0 -0.150
11.00,12.00,14.00,16.00	0 -0.026	0 -0.060	0 -0.090	0 -0.120	0 -0.180

4.3.6.8　钢管

1）钢管每米长理论重量计算公式

$$G=\pi\times10^{-3}\gamma\delta(d-\delta) \tag{4-1}$$

近似计算式 $G=\pi\times10^{-3}\gamma d\delta$

式中　G——圆钢管每米长理论重量（kg/m）；

γ——钢管材料密度［kg/(dm³)］；

d——钢管外径（mm）；

δ——圆钢管壁厚（mm）。

碳钢管每米长理论重量计算公式：

$$G=24.66\times10^{-3}d\delta \tag{4-2}$$

2）无缝钢管的尺寸规格（GB/T 17395—2008）。用于无缝钢管直径和壁厚的通用规格，钢管的外径分为三个系列：第一系列为标准化钢管；第二系列为非标准化为主的钢管；第三系列为特殊用途的钢管。

普通无缝钢管的尺寸规格见表 4-157，重量按式（4-2）计算。不锈钢无缝钢管尺寸系列见表 4-158。

表 4-157　普通无缝钢管的尺寸规格（摘自 GB/T 17395—2008）　（单位：mm）

外径			壁厚尺寸
系列 1	系列 2	系列 3	
—	6	—	0.25~2.0
—	7,8	—	0.25~2.5(2.6)
—	9	—	0.25~2.8
10(10.2)	11	—	0.25~3.5(3.6)
13.5	12,13 (12.7)	14	0.25~4.0
17(17.2)	16	18	0.25~5.0
—	19,20	—	0.25~6.0
21(21.3)	—	22	0.40~6.0
27(26.9)	25,28	25.4	0.40~7.0(7.1)
34(33.7)	32 (31.8)	30	0.40~8.0
—	—	35	0.40~9.0(8.8)
—	38,40	—	0.40~10
42(42.4)	—	—	1.0~10
48(48.3)	51	45(44.5)	1.0~12(12.5)
—	57	54	1.0~14(14.2)
60(60.3)	63(63.5), 65,68	—	1.0~16
—	70	—	1.0~17(17.5)
—	—	73	1.0~19
76(76.1)	—	—	1.0~20
—	77,80	—	1.4~20
—	85	83(82.5)	1.4~22(22.2)
89(88.9)	95	—	1.4~24
—	102(101.6)	—	1.4~28
—	—	108	1.4~30

外径			壁厚尺寸
系列 1	系列 2	系列 3	
114(114.3)	—	—	1.5~30
—	121	—	1.5~32
—	133	—	2.5(2.6)~36
140(139.7)	—	142(141.3)	2.9(3.0)~36
—	146	152(152.4)	2.9(3.0)~40
168(168.3)	—	159	3.5(3.6)~45
—	—	180(177.8) 194(193.7)	3.5(3.6)~50
—	203	—	3.5(3.6)~55
219(219.1)	—	—	6.0~55
—	—	232 245(244.5) 267(267.4)	6.0~65
273	—	—	6.5(6.3)~65
325(323.9)	209		7.5~65
—	340(339.7) 351	—	8.0~65
356(355.6) 406(406.4) 457 508 610	377 402 426 450 480 500 530 630	560(559) 660	9.0(8.8)~65

壁厚尺寸系列:0.25,0.30,0.40,0.50,0.60,0.80,1.0,1.2,1.4,1.6,1.8,2.0,2.2(2.1),2.5(2.6),2.8,2.9(3.0),3.2,3.5(3.6),4.0,4.5,5.0,5.4(5.5),6.0,6.3(6.5),7.0(7.1),7.5,8.0,8.5,8.8(9.0),9.5,10,11,12(12.5),13,14(14.2),15,16,17(17.5),18,19,20,22(22.5),24,25,26,28,30,32,34,36,38,40,42,45,48,50,55,60,65

注：括号内尺寸为相应的 ISO4200 的规格。

表 4-158　不锈钢无缝钢管尺寸规格（摘自 GB/T 17395—2008）　（单位：mm）

外径			壁厚尺寸
系列 1	系列 2	系列 3	
	6,7,8,9	—	0.5~1.2
10(10.2)	12	—	0.5~2.0
13(13.5)	12.7	—	0.5~3.2
	—	14	0.5~3.5
17(17.2)	16	—	0.5~4.0
	19,20	18	0.5~4.5
21(21.3)	24	22	0.5~5.0
27(26.9)	25	25.4	1.0~6.0
34(33.7)	32(31.8), 38,40	30,35	1.0~6.5
42(42.4)	—	—	1.0~7.5
48(48.3)	—	45(44.5)	1.0~8.5
	51	—	1.0~9.0
60(60.3)	57,64 (63.5)	—	1.0~10

外径			壁厚尺寸
系列 1	系列 2	系列 3	
76(76.1)	68,70,73	—	1.6~12
89(88.9), 114(114.3)	95, 102(101.5) 108,127,133	83(82.5)	1.6~14
140(139.7)	146,152, 159	—	1.6~16
168(168.3)	—	—	1.6~18
	180,194	—	2.0~18
219(219.1) 273	245	—	2.0~28
325(328.9) 355(355.6) 406(406.4)	351,377	—	2.5~28
—	426	—	3.2~20

壁厚尺寸系列:0.5,0.6,0.7,0.8,0.9,1.0,1.2,1.4,1.5,1.6,2.0,2.2(2.3),2.5(2.6),2.8(2.9),3.0,3.2,3.5(3.6),4.0,4.5,5.0,5.5(5.6),6.0,6.5(6.3),7.0(7.1),7.5,8.0,8.5,9.0,(8.8),9.5,10,11,12(12.5),14(14.2),15,16,17(17.5),18,20,22(22.2),24,25,26,28

注：1. 外径 189~377mm 的各种钢管，没有壁厚为 6mm 规格。

2. 括号内尺寸表示相应的英制规格。

3）结构用无缝钢管（见表 4-159～表 4-161）。

表 4-159　结构用无缝钢管外径和壁厚的允许偏差（摘自 GB/T 8162—2008）

钢管种类	钢管尺寸/mm		允许偏差 普通级	允许偏差 高级
热轧（挤压扩）管	外径 D	<50	±0.50mm	±0.40mm
		≥50	±1%	±0.75%
	壁厚 s	<4	±12.5%（最小值为±0.40mm）	±10%（最小值为±0.30mm）
		≥4～20	+15% -12.5%	±10%
		>20	±12.5%	±10%
冷拔（轧）管	外径 D	6～10	±0.20mm	±0.10mm
		>10～30	±0.40mm	±0.20mm
		>30～50	±0.45mm	±0.25mm
		>50	±1%	±0.5%
	壁厚 s	≤1	±0.15mm	±0.12mm
		>1～3	+15% -10%	±10%
		>3	+12.5 -10%	±10%

注：对外径不小于 351mm 的热扩管，壁厚允许偏差为±18%。

表 4-160　结构用无缝优碳钢、低合金钢管的纵向力学性能（摘自 GB/T 8162—2008）

序号	牌号	抗拉强度 R_m/MPa	下屈服强度 R_{eL}/MPa 钢管壁厚 ≤16mm	>16～30mm	>30mm	断后伸长率 A（%）	压扁试验平板间距 H/mm
		≥					
1	10	335	205	195	185	24	2/3D
2	20	410	245	235	225	20	2/3D
3	35	510	305	295	285	17	—
4	45	590	335	325	315	14	—
5	Q345	470～630	345	325	295	21	7/8D

注：1. D 为钢管外径。
2. 压扁试验的平板间距（H）最小值应是钢管壁厚的 5 倍。

表 4-161　结构用无缝合金钢管的力学性能（摘自 GB/T 8162—2008）

序号	牌号	热处理 淬火 温度/℃ 第一次淬火	第二次淬火	淬火 冷却剂	回火 温度/℃	回火 冷却剂	力学性能 抗拉强度 R_m/MPa	下屈服强度 R_{eL}/MPa	断后伸长率 A（%）	钢管退火或高温回火供应状态布氏硬度 HBW
							≥	≥	≥	≤
1	40Mn2	840	—	水、油	540	水、油	885	735	12	217
2	45Mn2	840	—	水、油	550	水、油	885	735	10	217
3	27SiMn	920	—	水	450	水、油	980	835	12	217
4	40MnB	850	—	油	500	水、油	980	785	10	207
5	45MnB	840	—	油	500	水、油	1030	835	9	217
6	20Mn2B	880②	—	油	200	水、空	980	785	10	187
7	20Cr	880②	800	水、油	200	水、空	835① 785①	540① 490①	10① 10①	179 179
8	30Cr	860	—	油	500	水、油	885	685	11	187
9	35Cr	860	—	油	500	水、油	930	735	11	207

（续）

序号	牌号	热处理 淬火 温度/℃ 第一次淬火	第二次淬火	冷却剂	回火 温度/℃	冷却剂	力学性能 抗拉强度 R_m/MPa	下屈服强度 R_{eL}/MPa	断后伸长率 A (%)	钢管退火或高温回火供应状态布氏硬度 HBW
							≥			≤
10	40Cr	850	—	油	520	水、油	980	785	9	207
11	45Cr	840	—	油	520	水、油	1030	835	9	217
12	50Cr	830	—	油	520	水、油	1080	930	9	229
13	38CrSi	900	—	油	600	水、油	980	835	12	255
14	12CrMo	900	—	空	650	空	410	265	24	179
15	15CrMo	900	—	空	650	空	440	295	22	179
16	20CrMo	880②	—	水、油	500	水、油	885①	685①	11①	197
							845①	635①	12①	197
17	35CrMo	850	—	油	550	水、油	980	835	12	229
18	42CrMo	850	—	油	560	水、油	1080	930	12	217
19	12CrMoV	970	—	空	750	空	440	225	22	241
20	12Cr1MoV	970	—	空	750	空	490	245	22	179
21	38CrMoAl	940	—	水、油	640	水、油	980①	835①	12①	229
							930①	785①	14①	229
22	50CrVA	860	—	油	500	水、油	1275	1130	10	255
23	20CrMn	850	—	油	200	水、空	930	735	10	187
24	20CrMnSi	880②	—	油	480	水、油	785	635	12	207
25	30CrMnSi	880②	—	油	520	水、油	1080①	885①	8①	229
							980①	835①	10①	229
26	35CrMnSiA	880②	—	油	230	水、空	1620	—	9	229
27	20CrMnTi	880②	870	油	200	水、空	1080	835	10	217
28	30CrMnTi	880②	850	油	200	水、空	1470	—	9	229
29	12CrNi2	860	780	水、油	200	水、空	785	590	12	207
30	12CrNi3	860	780	油	200	水、空	930	685	11	217
31	12CrNi4	860	780	油	200	水、空	1080	835	10	269
32	40CrNiMoA	850	—	油	600	水、油	980	835	12	269
33	45CrNiMoVA	860	—	油	460	油	1470	1325	7	269

注：1. 表中所列热处理温度允许调整范围：淬火±20℃；低温回火±30℃；高温回火±50℃。

2. 硼钢在淬火前可先正火，铬锰钛钢第一次淬火可用正火代替。

3. 对壁厚不大于 5mm 的钢管不做布氏硬度试验。

① 可按其中一种数据交货。

② 在 280~320℃ 等温淬火。

4）输送流体用无缝钢管（见表 4-162）。

表 4-162　输送流体用无缝钢管的纵向力学性能（摘自 GB/T 8163—2008）

序号	牌号	抗拉强度 R_m/MPa	下屈服强度 R_{eL}/MPa $s \leq 16$	>16~30	>30	断后伸长率 A (%)
			≥			
1	10	335~475	205	195	185	24
2	20	410~530	245	235	225	20
3	Q295	390~570	295	275	255	22
4	Q345	420~630	345	325	295	21

注：钢管应逐根进行液压试验，最高压力不超过 19MPa。试验压力按下式计算：

$$p=\frac{2s[\sigma]}{D}$$

式中，p 为试验压力（MPa）；s 为钢管的公称壁厚（mm）；D 为钢管的公称外径（mm）；［σ］为允许偏差应力（MPa），规定取屈服强度的 60%。

在试验压力下，应保证耐压时间不少于 5s，钢管不得出现渗漏现象。

5）结构用不锈钢无缝钢管和流体输送用不锈钢无缝钢管。其壁厚允许偏差见表 4-163；推荐热处理制度及钢管力学性能见表 4-164；不锈钢焊接管尺寸见表 4-165。

6）低压流体输送用焊接钢管（见表 4-166 和表 4-167）。

表 4-163a　结构用不锈钢管公称外径和公称壁厚的允许偏差（摘自 GB/T 14975—2012）

（单位：mm）

热轧（挤、扩）钢管

尺寸		允许偏差 普通级 PA	允许偏差 高级 PC
公称外径 D	<76.1	±1.25%D	±0.60
	76.1～<139.7		±0.80
	139.7～<273.1	±1.5%D	±1.20
	273.1～<323.9		±1.60
	≥323.9		±0.6%D
公称壁厚 S	所有壁厚	−15%S −12.5%S	±12.5%S

冷拔（轧）钢管

尺寸		允许偏差 普通级 PA	允许偏差 高级 PC
公称外径 D	<12.7	±0.30	±0.10
	12.7～<38.1	±0.30	±0.15
	38.1～<88.9	±0.40	±0.30
	88.9～<139.7	+0.9%D	±0.40
	139.7～<203.2		±0.80
	203.2～<219.1		±1.10
	219.1～<323.9		±1.60
	≥323.9		±0.5%D
公称壁厚 S	所有壁厚	−12.5%S 10%S	±10%S

	制造方式	尺寸	允许偏差 普通级 PA	允许偏差 高级 PC
最小壁厚允许偏差	热轧（挤、扩）钢管 W-H	S_{min}<15	+27.5%S_{min} 0	+25%S_{min} 0
		S_{min}≥15	+35%S_{min} 0	
	冷拔（轧）钢管 WC	所有壁厚	+22%S 0	+20%S 0

表 4-163b　流体输送用不锈钢外径和壁厚的允许偏差（摘自 GB/T 14976—2012）

热轧（挤、扩）钢管

尺寸		允许偏差 普通级 PA	允许偏差 高级 PC
公称外径 D	68～159	±1.25%D	±1%D
	>159	±1.5%D	
公称壁厚 S	<15	+15%S −12.5%S	±12.5%S
	≥15	+20%S −15%S	

冷拔（轧）钢管

尺寸		允许偏差 普通级 PA	允许偏差 高级 PC
公称外径 D	6～10	±0.20	±0.15
	>10～30	±0.30	±0.20
	>30～50	±0.40	±0.30
	>50～219	±0.85%D	±0.75%D
	>219	±0.9%D	±0.8%D
公称壁厚 S	≤3	±12%S	±10%S
	>3	+12.5%S −10%S	±10%S

	制造方式	尺寸	允许偏差 普通级 PA	允许偏差 高级 PC
最小壁厚的允许偏差	热轧（挤、扩）钢管 W-H	S_{min}<15	+25%S_{min} 0	+22.5%S_{min} 0
		S_{min}≥15	+32.5%S_{min} 0	
	冷拔（轧）钢管 W-C	所有壁厚	+22%S 0	+20%S 0

表 4-164　结构用不锈流体输送用不锈钢管的推荐热处理制度、力学性能、硬度及密度

（摘自 GB/T 14795—2012、GB/T 14976—2012）

牌号	推荐热处理制度	力学性能			硬度 HBW ≤	密度 ρ/(kg/dm^3)
		抗拉强度 R_m/MPa ≥	规定塑性延伸强度 $R_{p0.2}$/MPa ≥	断后伸长率 A (%) ≥		
12Cr18Ni9	1010℃～1150℃，水冷或其他方式快冷	520	505	35	192	7.93
06Cr19Ni10	1010℃～1150℃，水冷或其他方式快冷	520	205	35	192	7.93
022Cr19Ni10	1010℃～1150℃，水冷或其他方式快冷	480	175	35	192	7.90
06Cr19Ni10N	1010℃～1150℃，水冷或其他方式快冷	550	275	35	192	7.93
06Cr19Ni9NbN	1010℃～1150℃，水冷或其他方式快冷	685	345	35	—	7.98
022Cr19Ni10N	1010℃～1150℃，水冷或其他方式快冷	550	245	40	192	7.93
06Cr23Ni13	1030℃～1150℃，水冷或其他方式快冷	520	205	40	192	7.98
06Cr25Ni20	1030℃～1180℃，水冷或其他方式快冷	520	205	40	192	7.98
06Cr17Ni12Mo2	1010℃～1150℃，水冷或其他方式快冷	520	205	35	192	8.00
022Cr17Ni12Mo2	1010℃～1150℃，水冷或其他方式快冷	480	175	35	192	8.00
07Cr17Ni12Mo2	≥1040℃，水冷或其他方式快冷	515	205	35	192	7.98
06Cr17Ni12Mo2Ti	1000℃～1100℃，水冷或其他方式快冷	530	205	35	192	7.90
022Cr7Ni12Mo2N	1010℃～1150℃，水冷或其他方式快冷	550	245	40	192	8.04
06Cr17Ni12Mo2N	1010℃～1150℃，水冷或其他方式快冷	550	275	35	192	8.00
06Cr18Ni12Mo2Cu2	1010℃～1150℃，水冷或其他方式快冷	520	205	35	—	7.96
022Cr18Ni14Mo2Cu2	1010℃～1150℃，水冷或其他方式快冷	480	180	35	—	7.96
06Cr19Ni13Mo3	1010℃～1150℃，水冷或其他方式快冷	520	205	35	192	8.00
022Cr19Ni13Mo3	1010℃～1150℃，水冷或其他方式快冷	480	175	35	192	7.98
06Cr18Ni11Ti	920℃～1150℃，水冷或其他方式快冷	520	205	35	192	8.03
07Cr19Ni11Ti	冷拔(轧)≥1100℃，热轧(挤、扩)≥1050℃，水冷或其他方式快冷	520	205	35	192	7.93
06Cr18Ni11Nb	980℃～1150℃，水冷或其他方式快冷	520	205	35	192	8.03
07Cr18Ni11Nb	冷拔(轧)≥1100℃，热轧(挤、扩)≥1050℃，水冷或其他方式快冷	520	205	35	192	8.00
06Cr13Al	780℃～850℃，空冷或缓冷	415	205	20	207	7.75
10Cr15	780℃～850℃，空冷或缓冷	415	240	20	190	7.70
10Cr17	780℃～850℃，空冷或缓冷	415	240	20	190	7.70
022Cr18Ti	780℃～950℃，空冷或缓冷	415	205	20	190	7.70
019Cr19Mo2NbTi	800℃～1050℃，空冷	415	275	20	217	7.75
06Cr13	800℃～900℃，缓冷或 750℃空冷	370	180	22	—	7.75
12Cr13	800℃～900℃，缓冷或 750℃空冷	415	205	20	207	7.70

表 4-165　不锈钢焊接管尺寸（摘自 GB/T 21835—2008）　（单位：mm）

外径			壁厚
系列 1	系列 2	系列 3	
—	8	9.5	0.3～1.2
—	10	—	0.3～1.4
10.2	12，12.7	—	0.3～2.0
13.5	—	—	0.5～3.0
17.2	16，19，20	14，15，18，19.5	0.5～3.5(3.6)
21.3	25	22，25.4	0.5～4.2
26.9	31.8，32	28.30	0.5～4.5(4.6)
33.7	38	35，36	0.5～5.0
42.4，48.3	40	44.5	0.8～5.5(5.6)
60.3，76.1	50.8，57，63.5，70	54，63	0.8～56.0

（续）

外径			壁厚
系列 1	系列 2	系列 3	
88.9	101.6	82,82.5,102	1.2~8.0
114.3	—	108	1.6~8.0
	—	125,133	1.6~10
139.7	—	—	1.6~11
168.3	—	141.3,154,159,193.7	1.6~12(12.5)
219.1	—	250	1.6~14(14.2)
273	—	—	2.0~14(14.2)
323.9,355.6	—	377	2.5(2.6)~16
406.4	—	400	2.5(2.6)~20
—	—	426,450	2.8(2.9)~25
457,508	—	500,530,550,558.8	2.8(2.9)~28
610,711,813,814,1016,1067,1118	762,1168	630,669,864,965	3.2~28
1219,1422,1626,1823	1321,1524,1727	—	—

注：1. 壁厚尺寸系列：0.3，0.4，0.5，0.6，0.7，0.8，0.9，1.0，1.2，1.4，1.5，1.6，1.8，2.0，2.2（2.3），2.5（2.6），2.8（2.9），3.0（3.2），3.5（3.6），4.0，4.2，4.5（4.6），4.8，5.0，5.5（5.6），6.0，6.5（6.3），7.0（7.1），7.5（8.0），8.5，9.0（8.8），9.5，10，11，12（12.5），14（14.2），15，16，17（17.5），18，20，22（22.2），24，25，26，28。

2. 括号内尺寸，表示由相应英制规格换算成的公制规格。

表 4-166　外径不大于 219.1mm 的低压液体输送焊接钢管公称口径、外径、公称壁厚和不圆度（摘自 GB/T 3091—2015）　（单位：mm）

公称口径 (DN)	外径(D)			最小公称壁厚 t	不圆度 ≤
	系列 1	系列 2	系列 3		
6	10.2	10.0	—	2.0	0.20
8	13.5	12.7	—	2.0	0.20
10	17.2	16.0	—	2.2	0.20
15	21.3	20.8	—	2.2	0.30
20	26.9	26.0	—	2.2	0.35
25	33.7	33.0	32.5	2.5	0.40
32	42.4	42.0	41.5	2.5	0.40
40	48.3	48.0	47.5	2.75	0.50
50	60.3	59.5	59.0	3.0	0.60
65	76.1	75.5	75.0	3.0	0.60
80	88.9	88.5	88.0	3.25	0.70
100	114.3	114.0	—	3.25	0.80
125	139.7	141.3	140.0	3.5	1.00
150	165.1	168.3	159.0	3.5	1.20
200	219.1	219.0	—	4.0	1.60

注：1. 表中的公称口径系近似内径的名义尺寸，不表示外径减去两倍壁厚所得的内径。

2. 系列 1 是通用系列，属推荐选用系列；系列 2 是非通用系列；系列 3 是少数特殊、专用系列。

3. 钢管外径和壁厚的允许偏差应符合下表的规定。根据需方要求，经供需双方协商，并在合同中注明，可供应下表规定以外允许偏差的钢管。

外径(D)	外径允许偏差		壁厚(t)允许偏差
	管体	管端(距管端 100mm 范围内)	
$D \leqslant 48.3$	±0.5	—	±10%t
$48.3 < D \leqslant 273.1$	±1%D	—	
$273.1 < D \leqslant 508$	±0.75%D	+2.4 −0.8	
$D > 508$	±1%D 或±10.0， 两者取较小值	+3.2 −0.8	

表 4-167　低压流体输送焊接钢管的力学性能（摘自 GB/T 3091—2015）

牌　号	下屈服强度 R_{eL}/MPa ≥		抗拉强度 R_m/MPa ≥	断后伸长率 A(%) ≥	
	t≤16mm	t>16mm		D≤168.3mm	D>168.3mm
Q195	195	185	315	15	20
Q215A、Q215B	215	205	335		
Q235A、Q235B	235	225	370		
Q275A、Q275B	275	265	410	13	18
Q345A、Q345B	345	325	470		

注：Q195 的屈服强度值仅供参考，不作交货条件。

7）船舶用碳钢和碳锰钢无缝钢管（摘自 GB/T 5312—2009）。

钢管按产品制造方式分为两类，类别和代号如下：

a）热轧 WHR（挤压 WHEX、扩 WHE）钢管。

b）冷拔 WCD（轧 WCR）钢管。

钢管按用途分为：承压管系用无缝钢管和锅炉及过热器用无缝钢管。

承压管系用无缝钢管按设计压力和设计温度分为 3 级，见表 4-168。

锅炉及过热器用无缝钢管管壁的工作温度应不超过 450℃。

表示方法如下：

a）承压管系用无缝钢管在钢级后面分别加“Ⅰ”“Ⅱ”或“Ⅲ”表示。

b）锅炉及过热器用无缝钢管在钢级后面加“G”表示。

钢管外径和壁厚的允许偏差应符合表 4-169 的规定。

钢管的每米弯曲度应符合表 4-170 的规定。

表 4-168　管系等级

等级	Ⅰ级		Ⅱ级		Ⅲ级	
介质	设计压力/MPa	设计温度/℃	设计压力/MPa	设计温度/℃	设计压力/MPa	设计温度/℃
	>		—		≤	
蒸汽和热油	1.6	300	0.7~1.6	170~300	0.7	170
燃油	1.6	150	0.7~1.6	60~150	0.7	60
其他介质	4.0	300	1.6~4.0	200~300	1.6	200

注：1. 当管系的设计压力和设计温度其中一个参数达到表中Ⅰ级规定时，即定为Ⅰ级管；当管系的设计压力和设计温度两个参数均满足表中Ⅱ级规定时，即定为Ⅱ级管。
2. 其他介质是指空气、水、润滑油和液压油等。
3. Ⅲ级管系用无缝钢管可根据船检部门认可的国家标准制造。

表 4-169　钢管外径和壁厚允许偏差　（单位：mm）

分类代号	制造方式	钢管尺寸		允许偏差
WHR（WHEX）	热轧（挤压）钢管	外径（D）	全部	±1%D 或±0.50（取其较大者）
		壁厚（S）	≤20	${}^{+15}_{-10}\%S$ 或 ${}^{+0.45}_{-0.30}$（取较大者）
			>20	±10%S
WHE	热扩钢管	外径（D）	全部	±1%D
		壁厚（S）	全部	±15%S
WCD（WCR）	冷拔（轧）钢管	外径（D）	≤30	±0.20
			30<D≤50	±0.30
			>50	±0.8%D
		壁厚（S）	1.5≤S≤3	${}^{+12.5}_{-10}\%S$
			>3	±10%S

表 4-170　钢管每米弯曲度

钢管壁厚/mm	每米弯曲弯/(mm/m)	钢管壁厚/mm	每米弯曲弯/(mm/m)
≤15	≤1.5	>30 或 D≥351	≤3.0
>15~30	≤2.0		

钢级和化学成分应符合表 4-171 中的规定。

表 4-171　钢级和化学成分

钢级	化学成分(%)									
	C	Si	Mn	S	P	残余元素				
						Cr	Mo	Ni	Cu	总量
320	≤0.16	—	0.40~0.70	≤0.020	≤0.025	≤0.25	≤0.10	≤0.30	≤0.30	≤0.70
360	≤0.17	≤0.35	0.40~0.80							
410	≤0.21	≤0.35	0.40~1.20							
460	≤0.22	≤0.35	0.80~1.20							
490	≤0.23	≤0.35	0.80~1.50							

交货状态钢管的室温纵向力学性能应符合表 4-172 的规定。

表 4-172　钢管的力学性能

钢级	抗拉强度 R_m/MPa	下屈服强度 R_{eL}/MPa	断后伸长率 A(%)
320	320~440	≥195	≥25
360	360~480	≥215	≥24
410	410~530	≥235	≥22
460	460~580	≥265	≥21
490	490~610	≥285	≥21

船舶用碳钢和碳锰钢无缝钢管的实验如下：

a）冲击试验

根据需方要求，经供需双方协商，并在合同中注明，壁厚大于 10mm 的钢管可做冲击试验。

b）液压试验

钢管应逐根进行液压试验，试验压力按下式计算，最大试验压力为 14MPa。在试验压力下，稳压时间应不少于 10s，钢管不允许出现渗漏现象。

$$P=2SR/D$$

式中　P——试验压力（MPa）；

S——钢管的公称壁厚（mm）；

D——钢管的公称外径（mm）；

R——允许应力（MPa），为表 4-172 规定的最小下屈服强度的 80%。

经需方同意，供方可用无损检测（涡流探伤或漏磁探伤）代替液压试验。

c）压扁试验

钢管应作压扁试验，试样压扁后平板间距离 H（单位为 mm）按下式计算：

$$H=\frac{(1+\alpha)\ S}{\alpha+S/D}$$

式中　S——钢管的公称壁厚（mm）；

D——钢管的公称外径（mm）；

α——单位长变形系数，320、360 钢级取 0.10；410 钢级取 0.08；460、490 钢级取 0.07。

压扁试验后，试样上不允许出现裂缝或裂口。

d）弯曲试验

外径大于 400mm 或壁厚大于 40mm 的钢管可以横向弯曲试验代替压扁试验。弯曲试验分别为钢管外表面（或尽量靠近外表面的机加工表面）受拉变形的正向弯曲和内表面（或尽量靠近内表面的机加工表面）受拉变形的反向弯曲。

弯曲试验的弯芯直径应为钢管公称壁厚的 4 倍，在室温下弯曲到 180°。弯曲试验后试样上应无裂缝或裂口。

弯曲试验的试样应从钢管的一端横向截取，一个试样尽量靠近外表面截取，另一个试样尽量靠近内表面截取。试样弯曲受拉变形表面可机加工为光亮表面，但应尽可能靠近原始轧制面（钢管的内外表面）。试样弯曲受拉变形表面不允许有明显伤痕和其他缺陷。

试样加工后的截面尺寸为宽度（b）25mm，厚度（a）12.5mm；截面上的四个角应倒成圆角，圆角半径不大于 1.6mm。试样外表面弧长应保证在规定的试验条件下进行弯曲，并可按下式估算。

$$L=\pi(d+2.2a)/2+(40\sim80)$$

式中 L——试样外表面弧长（mm）；

π——圆周率，其值取 3.1；

d——弯芯直径（mm）；

a——试样厚度（mm）。

e）扩口试验或卷边试验

外径为 18～146mm，且内径大于 15mm 的Ⅰ级管和锅炉及过热器管应作扩口试验或卷边试验。

扩口试验的扩口率或卷边试验的卷边率应符合表 4-173 的规定。

Ⅰ、Ⅱ级管的规定检验项目、试验方法、取样方法等见表 4-174 和表 4-175，高温力学性能见表 4-176。

表 4-173 钢管扩口试验的扩口率和卷边率

钢级	扩口率和卷边率(%)		
	内径/外径		
	≤0.6	>0.6～0.8	>0.8
320	≥12	≥15	≥19
360	≥12	≥15	≥19
410	≥10	≥12	≥17
460	≥8	≥10	≥15

扩口试验后，试样的扩口处应无目视可见的裂纹。

卷边试验后，试样的卷边处应无目视可见的裂纹。

表 4-174 Ⅰ级管和锅炉及过热器管的检验项目、试验方法、取样方法和取样数量

序号	检验项目	试验方法	取样方法	取样数量①
1	化学成分	GB/T 223、GB/T 4336	GB/T 20066	每炉 1 个试样
2	拉伸试验	GB/T 228	GB/T 2975	每批在 2%的钢管上(且不得少于 2 根)各取 1 个试样
3	冲击试验	GB/T 229	GB/T 2975	每批在 2%的钢管上(且不得少于 2 根)各取 1 组 3 个试样
4	压扁试验	GB/T 246	GB/T 2975	每批在 2%的钢管上(且不得少于 2 根)各取 1 个试样
5	弯曲试验	GB/T 232	GB/T 2975	每批在 2%的钢管上(且不得少于 2 根)各取 1 组试样
6	扩口试验	GB/T 242	GB/T 2975	每批在 2%的钢管上(且不得少于 2 根)各取 1 个试样
7	卷边试验	GB/T 245	GB/T 2975	每批在 2%的钢管上(且不得少于 2 根)各取 1 个试样
8	液压试验	GB/T 241	—	逐根
9	涡流检验	GB/T 7735	—	逐根
10	漏磁检验	GB/T 12606	—	逐根
11	超声波检验	GB/T 5777	—	逐根

① 当单根钢管作为检验批时，只取 1 个（组）试样。

表 4-175 Ⅱ级管检验项目、试验方法、取样方法和取样数量

序号	检验项目	试验方法	取样方法	取样数量
1	化学成分	GB/T 223、GB/T 4336	GB/T 20066	每炉取 1 个试样
2	拉伸试验	GB/T 228	GB/T 2975	每批在 1 根钢管上取 1 个试样
3	冲击试验	GB/T 229	GB/T 2975	每批在 1 根钢管上取 1 组 3 个试样
4	压扁试验	GB/T 246	GB/T 2975	每批在 1 根钢管上取 1 个试样
5	弯曲试验	GB/T 232	GB/T 2975	每批在 1 根钢管上取 1 组试样
6	液压试验	GB/T 241	—	逐根
7	涡流检验	GB/T 7735	—	逐根
8	漏磁检验	GB/T 12606	—	逐根
9	超声波检验	GB/T 5777	—	逐根

表 4-176 高温力学性能

钢级	高温规定塑性延伸强度 $R_{p0.2}$/MPa ≥								
	50℃	100℃	150℃	200℃	250℃	300℃	350℃	400℃	450℃
320	172	168	158	147	125	100	91	88	87
360	192	187	176	165	145	122	111	109	107
410	217	210	199	188	170	149	137	134	132
460	241	234	223	212	195	177	162	159	156
490	256	249	237	226	210	193	177	174	171

8）高压锅炉用无缝钢管（见表 4-177~表 4-183）。

本部分适用于制造高压及其以上压力的蒸汽锅炉、管道用无缝钢管。

表 4-177　钢管公称外径和公称壁厚允许偏差（摘自 GB/T 5310—2008）（单位：mm）

分类代号	制造方式	钢管尺寸			允许偏差	
					普通级	高级
W-H	热轧（挤压）钢管	公称外径（D）	≤54		±0.40	±0.30
			>54~325	S≤35	±0.75%D	±0.5%D
				S>35	±1%D	±0.75%D
			>325		±1%D	±0.75%D
		公称壁厚（S）	≤4.0		±0.45	±0.35
			>4.0~20		+12.5%S -10%S	±10%S
			>20	D<219	±10%S	±7.5%S
				D≥219	+12.5%S -10%S	±10%S
W-H	热扩钢管	公称外径（D）	全部		±1%D	±0.75%D
		公称壁厚（S）	全部		+20%S -10%S	+15%S -10%S
W-C	冷拔（轧）钢管	公称外径（D）	≤25.4		±0.15	—
			>25.4~40		±0.20	—
			>40~50		±0.25	—
			>50~60		±0.30	—
			>60		±0.5%D	—
		公称壁厚（S）	≤3.0		±0.3	±0.2
			>3.0		±10%S	±7.5%S

表 4-178　钢管最小壁厚的允许偏差（单位：mm）

分类代号	制造方式	壁厚范围	允许偏差	
			普通级	高级
W-H	热轧（挤压）钢管	S_{min}≤4.0	+0.90 0	+0.70 0
		S_{min}>4.0	+25%S_{min} 0	+22%S_{min} 0
W-C	冷拔（轧）钢管	S_{min}≤3.0	+0.6 0	+0.4 0
		S_{min}>3.0	+20%S_{min} 0	+15%S_{min} 0

表 4-179　钢的牌号和化学成分（摘自 GB/T 5310—2008）

钢类	序号	牌号	化学成分(质量分数[①],%)														P	S
			C	Si	Mn	Cr	Mo	V	Ti	B	Ni	Alt	Cu	Nb	N	W	≤	
优质碳素结构钢	1	20G	0.17~0.23	0.17~0.37	0.35~0.65	—	—	—	—	—	—	②	—	—	—	—	0.025	0.015
	2	20MnG	0.17~0.23	0.17~0.37	0.70~1.00	—	—	—	—	—	—	—	—	—	—	—	0.025	0.015
	3	25MnG	0.22~0.27	0.17~0.37	0.70~1.00	—	—	—	—	—	—	—	—	—	—	—	0.025	0.015
合金结构钢	4	15MoG	0.12~0.20	0.17~0.37	0.40~0.80	—	0.25~0.35	—	—	—	—	—	—	—	—	—	0.025	0.015
	5	20MoG	0.15~0.25	0.17~0.37	0.40~0.80	—	0.44~0.65	—	—	—	—	—	—	—	—	—	0.025	0.015
	6	12CrMoG	0.08~0.15	0.17~0.37	0.40~0.70	0.40~0.70	0.40~0.55	—	—	—	—	—	—	—	—	—	0.025	0.015
	7	15CrMoG	0.12~0.18	0.17~0.37	0.40~0.70	0.80~1.10	0.40~0.55	—	—	—	—	—	—	—	—	—	0.025	0.015
	8	12Cr2MoG	0.08~0.15	≤0.50	0.40~0.60	2.00~2.50	0.90~1.13	—	—	—	—	—	—	—	—	—	0.025	0.015
	9	12Cr1MoVG	0.08~0.15	0.17~0.37	0.40~0.70	0.90~1.20	0.25~0.35	0.15~0.30	—	—	—	—	—	—	—	—	0.025	0.010
	10	12Cr2MoWVTiB	0.08~0.15	0.45~0.75	0.45~0.65	1.60~2.10	0.50~0.65	0.28~0.42	0.08~0.18	0.0020~0.0080	—	—	—	—	—	0.30~0.55	0.025	0.015
	11	07Cr2MoW2VNbB	0.04~0.10	≤0.50	0.10~0.60	1.90~2.60	0.05~0.30	0.20~0.30	—	0.0005~0.0060	—	≤0.030	—	0.02~0.08	≤0.030	1.45~1.75	0.025	0.010
	12	12Cr3MoVSiTiB	0.09~0.15	0.60~0.90	0.50~0.80	2.50~3.00	1.00~1.20	0.25~0.35	0.22~0.38	0.0050~0.0110	—	—	—	—	—	—	0.025	0.015
	13	15Ni1MnMoNbCu	0.10~0.17	0.25~0.50	0.80~1.20	—	0.25~0.50	—	—	—	1.00~1.30	≤0.050	0.50~0.80	0.015~0.045	≤0.020	—	0.025	0.015

（续）

钢类	序号	牌号	化学成分(质量分数①,%) C	Si	Mn	Cr	Mo	V	Ti	B	Ni	Alt	Cu	Nb	N	W	P ≤	S ≤
合金结构钢	14	10Cr9Mo1VNbN	0.08~0.12	0.20~0.50	0.30~0.60	8.00~9.50	0.85~1.05	0.18~0.25	—	—	≤0.40	≤0.020	—	0.06~0.10	0.030~0.070	—	0.020	0.010
	15	10Cr9MoW2VNbBN	0.07~0.13	≤0.50	0.30~0.60	8.50~9.50	0.30~0.60	0.15~0.25	—	0.0010~0.0060	≤0.40	≤0.020	—	0.04~0.09	0.030~0.070	1.50~2.00	0.020	0.010
	16	10Cr11MoW2VNbCu1BN	0.07~0.14	≤0.50	≤0.70	10.00~11.50	0.25~0.60	0.15~0.30	—	0.0005~0.0050	≤0.50	≤0.020	0.30~1.70	0.04~0.10	0.040~0.100	1.50~2.50	0.020	0.010
	17	11Cr9Mo1W1VNbBN	0.09~0.13	0.10~0.50	0.30~0.60	8.50~9.50	0.90~1.10	0.18~0.25	—	0.0003~0.0060	≤0.40	≤0.020	—	0.06~0.10	0.040~0.090	0.90~1.10	0.020	0.010
不锈（耐热）钢	18	07Cr19Ni10	0.04~0.10	≤0.75	≤2.00	18.00~20.00	—	—	—	—	8.00~11.00	—	—	—	—	—	0.030	0.015
	19	10Cr18Ni9NbCu3BN	0.07~0.13	≤0.30	≤1.00	17.00~19.00	—	—	—	0.0010~0.0100	7.50~10.50	0.003~0.030	2.50~3.50	0.30~0.60	0.050~0.120	—	0.030	0.010
	20	07Cr25Ni21NbN	0.04~0.10	≤0.75	≤2.00	24.00~26.00	—	—	—	—	19.00~22.00	—	—	0.20~0.60	0.150~0.350	—	0.030	0.015
	21	07Cr19Ni11Ti	0.04~0.10	≤0.75	≤2.00	17.00~20.00	—	—	4C~0.60	—	9.00~13.00	—	—	—	—	—	0.030	0.015
	22	07Cr18Ni11Nb	0.04~0.10	≤0.75	≤2.00	17.00~19.00	—	—	—	—	9.00~13.00	—	—	8C~1.10	—	—	0.030	0.015
	23	08Cr18Ni11NbFG	0.06~0.10	≤0.75	≤2.00	17.00~19.00	—	—	—	—	9.00~12.00	—	—	8C~1.10	—	—	0.030	0.015

注：1. Alt 指全铝含量。

2. 牌号 08Cr18Ni11NbFG 中的“FG”表示细晶粒。

① 除非冶炼需要，未经需方同意，不允许在钢中有意添加本表中未提及的元素。制造厂应采取所有恰当的措施，以防止废钢和生产过程中所使用的其他材料把会削弱钢材力学性能及适用性的元素带入钢中。

② 20G 钢中 Alt 不大于 0.015%，不作交货要求，但应填入质量证明书中。

表 4-180　钢管的热处理制度

序号	牌　号	热处理制度
1	20G①	正火：正火温度 880～940℃
2	20MnG①	正火：正火温度 880～940℃
3	25MnG①	正火：正火温度 880～940℃
4	15MoG②	正火：正火温度 890～950℃
5	20MoG②	正火：正火温度 890～950℃
6	12CrMoG②	正火回火：正火温度 900～960℃；回火温度 670～730℃
7	15CrMoG②	正火加回火：正火温度 900～960℃；回火温度 680～730℃
8	12Cr2MoG②	S≤30mm 的钢管正火加回火：正火温度 900～960℃；回火温度 700～750℃。S>30mm 的钢管淬火加回火或正火加回火；淬火温度不低于 900℃，回火温度 700～750℃；正火温度 900～960℃，回火温度 700～750℃，但正火后应进行快速冷却
9	12Cr1MoVG②	S≤30mm 的钢管正火加回火：正火温度 980～1020℃，回火温度 720～760℃。S>30mm 的钢管淬火加回火或正火加回火；淬火温度 950～990℃，回火温度 720～760℃；正火温度 980～1020℃，回火温度 720～760℃，但正火后应进行快速冷却
10	12Cr2MoWVTiB	正火加回火：正火温度 1020～1060℃；回火温度 760～790℃
11	07Cr2MoW2VNbB	正火加回火：正火温度 1040～1080℃；回火温度 750～780℃
12	12Cr3MoVSiTiB	正火加回火：正火温度 1040～1090℃；回火温度 720～770℃
13	15Ni1MnMoNbCu	S≤30mm 的钢管正火加回火：正火温度 880～980℃；回火温度 610～680℃。S>30mm 的钢管淬火加回火或正火加回火；淬火温度不低于 900℃，回火温度 610～680℃；正火温度 880～980℃，回火温度 610～680℃，但正火后应进行快速冷却
14	10Cr9Mo1VNbN	正火加回火：正火温度 1040～1080℃；回火温度 750～780℃。S>70mm 的钢管可淬火加回火，淬火温度不低于 1040℃，回火温度 750～780℃
15	10Cr9MoW2VNbBN	正火加回火：正火温度 1040～1080℃；回火温度 760～790℃。S>70mm 的钢管可淬火加回火，淬火温度不低于 1040℃，回火温度 760～790℃
16	10Cr11MoW2VNbCu1BN	正火加回火：正火温度 1040～1080℃；回火温度 760～790℃。S>70mm 的钢管可淬火加回火，淬火温度不低于 1040℃，回火温度 760～790℃
17	11Cr9Mo1W1VNbBN	正火加回火：正火温度 1040～1080℃；回火温度 750～780℃。S>70mm 的钢管可淬火加回火，淬火温度不低于 1040℃，回火温度 750～780℃
18	07Cr19Ni10	固溶处理：固溶温度≥1040℃，急冷
19	10Cr18Ni9NbCu3BN	固溶处理：固溶温度≥1100℃，急冷
20	07Cr25Ni21NbN③	固溶处理：固溶温度≥1100℃，急冷
21	07Cr19Ni11Ti③	固溶处理：热轧（挤压、扩）钢管固溶温度≥1050℃，冷拔（轧）钢管固溶温度≥1100℃，急冷
22	07Cr18Ni11Nb③	固溶处理：热轧（挤压、扩）钢管固溶温度≥1050℃，冷拔（轧）钢管固溶温度≥1100℃，急冷
23	08Cr18Ni11NbFG	冷加工之前软化热处理：软化热处理温度应至少比固溶处理温度高 50℃；最终冷加工之后固溶处理：固溶温度≥1080℃，急冷

① 热轧（挤压、扩）钢管终轧温度在相变临界温度 A_{r3} 至表中规定温度上限的范围内，且钢管是经过空冷时，则应认为钢管是经过正火的。

② D≥457mm 的热扩钢管，当钢管终轧温度在相变临界温度 A_{r3} 至表中规定温度上限的范围内，且钢管是经过空冷时，则应认为钢管是经过正火的；其余钢管在需方同意的情况下，并在合同中注明，可采用符合前述规定的在线正火。

③ 根据需方要求，牌号为 07Cr25Ni21NbN、07Cr19Ni11Ti 和 07Cr18Ni11Nb 的钢管在固溶处理后可接着进行低于初始固溶处理温度的稳定化热处理，稳定化热处理的温度由供需双方协商。

表 4-181　钢管的力学性能（摘自 GB 5310—2008）

序号	牌　号	拉伸性能				冲击吸收能量 KV_2/J		硬度		
		抗拉强度 R_m/MPa	下屈服强度或规定塑性延伸强度 R_{eL}或$R_{p0.2}$/MPa	断后伸长率 A(%)		纵向	横向	HBW	HV	HRC 或 HRB
				纵向	横向					
				≥				≤		
1	20G	410~550	245	24	22	40	27	—	—	—
2	20MnG	415~560	240	22	20	40	27	—	—	—
3	25MnG	485~640	275	20	18	40	27	—	—	—
4	15MoG	450~600	270	22	20	40	27	—	—	—
5	20MoG	415~665	220	22	20	40	27	—	—	—
6	12CrMoG	410~560	205	21	19	40	27	—	—	—
7	15CrMoG	440~640	295	21	19	40	27	—	—	—
8	12Cr2MoG	450~600	280	22	20	40	27	—	—	—
9	12Cr1MoVG	470~640	255	21	19	40	27	—	—	—
10	12Cr2MoWVTiB	540~735	345	18	—	40	—	—	—	—
11	07Cr2MoW2VNbB	≥510	400	22	18	40	27	220	230	97HRB
12	12Cr3MoVSiTiB	610~805	440	16	—	40	—	—	—	—
13	15Ni1MnMoNbCu	620~780	440	19	17	40	27	—	—	—
14	10Cr9Mo1VNbN	≥585	415	20	16	40	27	250	265	25HRC
15	10Cr9MoW2VNbBN	≥620	440	20	16	40	27	250	265	25HRC
16	10Cr11MoW2VNbCu1BN	≥620	400	20	16	40	27	250	265	25HRC
17	11Cr9Mo1W1VNbBN	≥620	440	20	16	40	27	238	250	23HRC
18	07Cr19Ni10	≥515	205	35	—	—	—	192	200	90HRB
19	10Cr18Ni9NbCu3BN	≥590	235	35	—	—	—	219	230	95HRB
20	07Cr25Ni21NbN	≥655	295	90	—	—	—	256	—	100HRB
21	07Cr19Ni11Ti	≥515	205	35	—	—	—	192	200	90HRB
22	07Cr18Ni11Nb	≥520	205	35	—	—	—	192	200	90HRB
23	08Cr18Ni11NbFG	≥550	205	35	—	—	—	192	200	90HRB

注：表中的冲击吸收能量为全尺寸试样夏比 V 型缺口冲击吸收能量要求值。

表 4-182　高温规定非比例延伸强度（摘自 GB 5310—2008）

序号	牌　号	高温规定塑性延伸强度 $R_{p0.2}$/MPa ≥										
		温度/℃										
		100	150	200	250	300	350	400	450	500	550	600
1	20G	—	—	215	196	177	157	137	98	49	—	—
2	20MnG	219	214	208	197	183	175	168	156	151	—	—
3	25MnG	252	245	237	226	210	201	192	179	172	—	—
4	15MoG	—	—	225	205	180	170	160	155	150	—	—
5	20MoG	207	202	199	187	182	177	169	160	150	—	—
6	12CrMoG	193	187	181	175	170	165	159	150	140	—	—
7	15CrMoG	—	—	269	256	242	228	216	205	198	—	—
8	12Cr2MoG	192	188	186	185	185	185	185	181	173	159	—
9	12Cr1MoVG	—	—	—	—	230	225	219	211	201	187	—
10	12Cr2MoWVTiB	—	—	—	—	360	357	352	343	328	305	274
11	07Cr2MoW2VNbB	379	371	363	361	359	352	345	338	330	299	266
12	12Cr3MoVSiTiB	—	—	—	—	403	397	390	379	364	342	—
13	15Ni1MnMoNbCu	422	412	402	392	382	373	343	304	—	—	—
14	10Cr9Mo1VNbN	384	378	377	377	376	371	358	337	306	260	198
15	10Cr9MoW2VNbBN①	619	610	593	577	564	548	528	504	471	428	367
16	10Cr11MoW2VNbCu1BN①	618	603	586	574	562	550	533	511	478	433	371
17	11Cr9Mo1W1VNbBN	413	396	384	377	373	368	362	348	326	295	256
18	07Cr19Ni10	170	154	144	135	129	123	119	114	110	105	101
19	10Cr18Ni9NbCu3BN	203	189	179	170	164	159	155	150	146	142	138
20	07Cr25Ni21NbN①	573	523	490	468	451	440	429	421	410	397	374
21	07Cr19Ni11Ti	184	171	160	150	142	136	132	128	126	123	122
22	07Cr18Ni11Nb	189	177	166	158	150	145	141	139	139	133	130
23	08Cr18Ni11NbFG	185	174	166	159	153	148	144	141	138	135	132

① 表中所列牌号 10Cr9MoW2VNbBN、10Cr11MoW2VNbCu1BN 和 07Cr25Ni21NbN 的数据为材料在该温度下的抗拉强度。

表 4-183　100000h 持久强度推荐数据（摘自 GB 5310—2008）

序号	牌号	100000h 持久强度推荐数据/MPa ≥ 温度/℃																													
		400	410	420	430	440	450	460	470	480	490	500	510	520	530	540	550	560	570	580	590	600	610	620	530	640	650	660	670	680	690	700
1	20G	128	116	104	93	83	74	65	58	51	45	39	—	—	—	—	—	—	—	—	—	—	—	—	—	—	—	—	—	—	—	—
2	20MnG	—	—	—	110	100	87	75	64	55	46	39	31	—	—	—	—	—	—	—	—	—	—	—	—	—	—	—	—	—	—	—
3	25MnG	—	—	—	120	103	88	75	64	55	46	39	31	—	—	—	—	—	—	—	—	—	—	—	—	—	—	—	—	—	—	—
4	15MoG	—	—	—	—	—	245	209	174	143	117	93	74	59	47	38	31	—	—	—	—	—	—	—	—	—	—	—	—	—	—	—
5	20MoG	—	—	—	—	—	—	—	—	145	124	105	85	71	59	50	40	—	—	—	—	—	—	—	—	—	—	—	—	—	—	—
6	12CrMoG	—	—	—	—	—	—	—	—	144	130	113	95	83	71	—	—	—	—	—	—	—	—	—	—	—	—	—	—	—	—	—
7	15CrMoG	—	—	—	—	—	—	—	—	—	168	145	124	106	91	75	61	—	—	—	—	—	—	—	—	—	—	—	—	—	—	—
8	12Cr2MoG	—	—	—	—	—	172	165	154	143	133	122	112	101	91	81	72	64	56	49	42	36	31	25	22	18	—	—	—	—	—	—
9	12Cr1MoVG	—	—	—	—	—	—	—	—	—	—	184	169	153	138	124	110	98	85	75	64	55	—	—	—	—	—	—	—	—	—	—
10	12Cr2MoWVTiB	—	—	—	—	—	—	—	—	—	—	—	—	—	—	176	162	147	132	118	105	92	80	69	59	50	—	—	—	—	—	—
11	07Cr2MoW2VNbB	—	—	—	—	—	—	—	—	—	—	—	184	171	158	145	134	122	111	101	90	80	69	58	43	28	14	—	—	—	—	—
12	12Cr3MoVSiTiB	—	—	—	—	—	—	—	—	—	—	—	—	—	—	148	135	122	110	98	88	78	69	61	54	47	—	—	—	—	—	—
13	15Ni1MnMoNbCu	373	349	325	300	273	245	210	175	139	104	69	—	—	—	—	—	—	—	—	—	—	—	—	—	—	—	—	—	—	—	—
14	10Cr9Mo1VNbN	—	—	—	—	—	—	—	—	—	—	—	—	—	—	166	153	140	128	116	103	93	83	73	63	53	44	—	—	—	—	—
15	10Cr9MoW2VNbBN	—	—	—	—	—	—	—	—	—	—	—	—	—	—	—	—	171	160	146	132	119	106	93	82	71	61	—	—	—	—	—

序号	牌号	100000h 持久强度推荐数据/MPa ≥ 温度/℃																									
		500	510	520	530	540	550	560	570	580	590	600	610	620	630	640	650	660	670	680	690	700	710	720	730	740	750
16	10Cr11MoW2VNbCu1BN	—	—	—	—	—	—	157	143	128	114	101	89	76	66	55	47	—	—	—	—	—	—	—	—	—	—
17	11Cr9Mo1W1VNbBN	—	—	—	187	181	170	160	148	135	122	106	89	71	—	—	—	—	—	—	—	—	—	—	—	—	—
18	07Cr19Ni10	—	—	—	—	—	—	—	—	—	—	96	88	81	74	68	63	57	52	47	44	40	37	34	31	28	26
19	10Cr18Ni9NbCu3BN	—	—	—	—	—	—	—	—	—	—	—	—	137	131	124	117	107	97	87	79	71	64	57	50	45	39
20	07Cr25Ni21NbN	—	—	—	—	—	—	—	—	—	—	160	151	142	129	116	103	94	85	76	69	62	56	51	46	—	—
21	07Cr19Ni11Ti	—	—	—	—	—	—	123	118	108	98	89	80	72	66	61	55	50	46	41	38	35	32	29	26	24	22
22	07Cr18Ni11Nb	—	—	—	—	—	—	—	—	—	—	132	121	110	100	91	82	74	66	60	54	48	43	38	34	31	28
23	08Cr18Ni11NbFG	—	—	—	—	—	—	—	—	—	—	—	—	132	122	111	99	90	81	73	66	59	53	48	43	—	—

9）冷拔异形钢管（摘自 GB/T 3094—2012）。表 4-184~表 4-191 给出了几种异形钢管的尺寸、理论质量、物理参数、尺寸允许偏差、材料和力学性能。

表 4-184　冷拔方形钢管

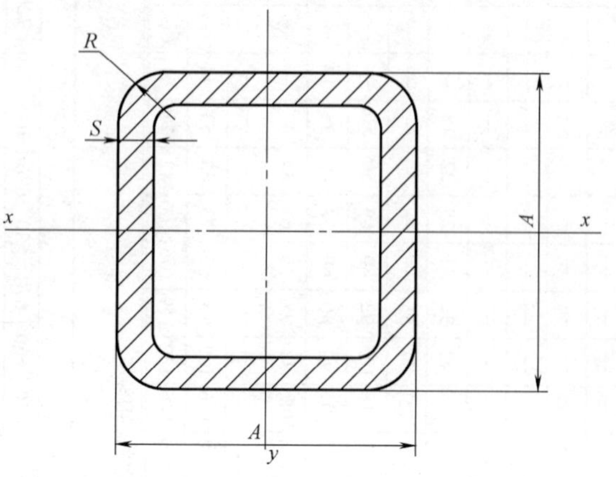

公称尺寸		截面面积	理论重量①	惯性矩	截面模数
A	S	F	G	$J_x=J_y$	$W_x=W_y$
mm		cm^2	kg/m	cm^4	cm^3
12	0.8	0.347	0.273	0.072	0.119
	1	0.423	0.332	0.084	0.140
14	1	0.503	0.395	0.139	0.199
	1.5	0.711	0.558	0.181	0.259
16	1	0.583	0.458	0.216	0.270
	1.5	0.831	0.653	0.286	0.357
18	1	0.663	0.520	0.315	0.351
	1.5	0.951	0.747	0.424	0.471
	2	1.211	0.951	0.505	0.561
20	1	0.743	0.583	0.442	0.442
	1.5	1.071	0.841	0.601	0.601
	2	1.371	1.076	0.725	0.725
	2.5	1.643	1.290	0.817	0.817
22	1	0.823	0.646	0.599	0.544
	1.5	1.191	0.935	0.822	0.748
	2	1.531	1.202	1.001	0.910
	2.5	1.843	1.447	1.140	1.036
25	1.5	1.371	1.077	1.246	0.997
	2	1.771	1.390	1.535	1.228
	2.5	2.143	1.682	1.770	1.416
	3	2.485	1.951	1.955	1.564
30	2	2.171	1.704	2.797	1.865
	3	3.085	2.422	3.670	2.447
	3.5	3.500	2.747	3.996	2.664
	4	3.885	3.050	4.256	2.837
32	2	2.331	1.830	3.450	2.157
	3	3.325	2.611	4.569	2.856
	3.5	3.780	2.967	4.999	3.124
	4	4.205	3.301	5.351	3.344

（续）

公称尺寸		截面面积	理论重量[1]	惯性矩	截面模数
A	S	F	G	$J_x=J_y$	$W_x=W_y$
mm		cm^2	kg/m	cm^4	cm^3
35	2	2.571	2.018	4.610	2.634
	3	3.685	2.893	6.176	3.529
	3.5	4.200	3.297	6.799	3.885
	4	4.685	3.678	7.324	4.185
36	2	2.651	2.081	5.048	2.804
	3	3.805	2.987	6.785	3.769
	4	4.845	3.804	8.076	4.487
	5	5.771	4.530	8.975	4.986
40	2	2.971	2.332	7.075	3.537
	3	4.285	3.364	9.622	4.811
	4	5.485	4.306	11.60	5.799
	5	6.571	5.158	13.06	6.532
42	2	3.131	2.458	8.265	3.936
	3	4.525	3.553	11.30	5.380
	4	5.805	4.557	13.69	6.519
	5	6.971	5.472	15.51	7.385
45	2	3.371	2.646	10.29	4.574
	3	4.885	3.835	14.16	6.293
	4	6.285	4.934	17.28	7.679
	5	7.571	5.943	19.72	8.763
50	2	3.771	2.960	14.36	5.743
	3	5.485	4.306	19.94	7.975
	4	7.085	5.562	24.56	9.826
	5	8.571	6.728	28.32	11.33
55	2	4.171	3.274	19.38	7.046
	3	6.085	4.777	27.311	9.857
	4	7.885	6.190	33.66	12.24
	5	9.571	7.513	39.11	14.22
60	3	6.685	5.248	35.82	11.94
	4	8.685	6.818	44.75	14.92
	5	10.57	8.298	52.35	17.45
	6	12.34	9.688	58.72	19.57
65	3	7.285	5.719	46.22	14.22
	4	9.485	7.446	58.05	17.86
	5	11.57	9.083	68.29	21.01
	6	13.54	10.63	77.03	23.70
70	3	7.885	6.190	58.46	16.70
	4	10.29	8.074	73.76	21.08
	5	12.57	9.868	87.18	24.91
	6	14.74	11.57	98.81	28.23
75	4	11.09	8.702	92.08	24.55
	5	13.57	10.65	109.3	29.14
	6	15.94	12.51	124.4	33.16
	8	19.79	15.54	141.4	37.72
80	4	11.89	9.330	113.2	28.30
	5	14.57	11.44	134.8	33.70
	6	17.14	13.46	154.0	38.49
	8	21.39	16.79	177.2	44.30

（续）

公称尺寸		截面面积	理论重量[1]	惯性矩	截面模数
A	S	F	G	$J_x=J_y$	$W_x=W_y$
mm		cm^2	kg/m	cm^4	cm^3
90	4	13.49	10.59	164.7	36.59
	5	16.57	13.01	197.2	43.82
	6	19.54	15.34	226.6	50.35
	8	24.59	19.30	265.8	59.06
100	5	18.57	14.58	276.4	55.27
	6	21.94	17.22	319.0	63.80
	8	27.79	21.82	379.8	75.95
	10	33.42	26.24	432.6	86.52
108	5	20.17	15.83	353.1	65.39
	6	23.86	18.73	408.9	75.72
	8	30.35	23.83	491.4	91.00
	10	36.62	28.75	564.3	104.5
120	6	26.74	20.99	573.1	95.51
	8	34.19	26.84	696.8	116.1
	10	41.42	32.52	807.9	134.7
	12	48.13	37.78	897.0	149.5
125	6	27.94	21.93	652.7	104.4
	8	35.79	28.10	797.0	127.5
	10	43.42	34.09	927.2	148.3
	12	50.53	39.67	1033.2	165.3
130	6	29.14	22.88	739.5	113.8
	8	37.39	29.35	906.3	139.4
	10	45.42	35.66	1057.6	162.7
	12	52.93	41.55	1182.5	181.9
140	6	31.54	24.76	935.3	133.6
	8	40.59	31.86	1153.9	164.8
	10	49.42	38.80	1354.1	193.4
	12	57.73	45.32	1522.8	217.5
150	8	43.79	34.38	1443.0	192.4
	10	53.42	41.94	1701.2	226.8
	12	62.53	49.09	1922.6	256.3
	14	71.11	55.82	2109.2	281.2
160	8	46.99	36.89	1776.7	222.1
	10	57.42	45.08	2103.1	262.9
	12	67.33	52.86	2386.8	298.4
	14	76.71	60.22	2630.1	328.8
180	8	53.39	41.91	2590.7	287.9
	10	65.42	51.36	3086.9	343.0
	12	76.93	60.39	3527.6	392.0
	14	87.91	69.01	3915.3	435.0
200	10	73.42	57.64	4337.6	433.8
	12	86.53	67.93	4983.6	498.4
	14	99.11	77.80	5562.3	556.2
	16	111.2	87.27	6076.4	607.6
250	10	93.42	73.34	8841.9	707.3
	12	110.5	86.77	10254.2	820.3
	14	127.1	99.78	11556.2	924.5
	16	143.2	112.4	12751.4	1020.1

（续）

公称尺寸		截面面积	理论重量①	惯性矩	截面模数
A	S	F	G	$J_x=J_y$	$W_x=W_y$
mm		cm^2	kg/m	cm^4	cm^3
280	10	105.4	82.76	12648.9	903.5
	12	124.9	98.07	14726.8	1051.9
	14	143.9	113.0	16663.5	1190.2
	16	162.4	127.5	18462.8	1318.8

① 当 $S\leqslant6$mm 时，$R=1.5S$，方形钢管理论重量推荐计算公式见式（a）；当 $S>6$mm 时，$R=2S$，方形钢管理论重量推荐计算公式见式（b）。

$$G=0.0157S(2A-2.8584S) \tag{a}$$

$$G=0.0157S(2A-3.2876S) \tag{b}$$

式中　G—方形钢管的理信纸重量（kg/m）（钢的密度按 7.85kg/dm^3）；

A—方形钢管的边长（mm）；

S—方形钢管的公称壁厚（mm）。

表 4-185　冷拔矩形钢管

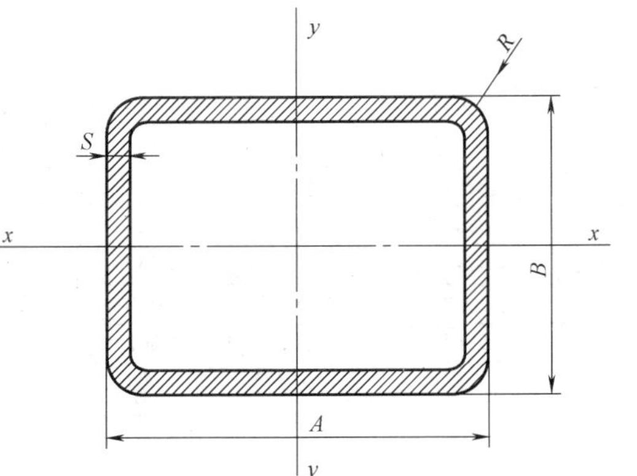

公称尺寸			截面面积	理论重量①	惯性矩		截面模数	
A	B	S	F	G	J_x	J_y	W_x	W_y
mm			cm^2	kg/m	cm^4		cm^3	
10	5	0.8	0.203	0.160	0.007	0.022	0.028	0.045
		1	0.243	0.191	0.008	0.025	0.031	0.050
12	6	0.8	0.251	0.197	0.013	0.041	0.044	0.069
		1	0.303	0.238	0.015	0.047	0.050	0.079
14	7	1	0.362	0.285	0.026	0.080	0.073	0.115
		1.5	0.501	0.394	0.80	0.099	0.229	0.141
		2	0.611	0.480	0.031	0. 106	0.090	0.151
	10	1	0.423	0.332	0.062	0.106	0.123	0.151
		1.5	0.591	0.464	0.077	0.134	0.154	0.191
		2	0.731	0.574	0.085	0.149	0.169	0.213
16	8	1	0.423	0.332	0.041	0.126	0.102	0.157
		1.5	0.591	0.464	0.050	0.159	0.124	0.199
		2	0.731	0.574	0.053	0.177	0.133	0.221
	12	1	0.502	0.395	0.108	0.171	0.180	0.213
		1.5	0.711	0.558	0.139	0.222	0.232	0.278
		2	0.891	0.700	0.158	0.256	0.264	0.319

（续）

公称尺寸			截面面积	理论重量①	惯性矩		截面模数	
A	B	S	F	G	J_x	J_y	W_x	W_y
mm			cm^2	kg/m	cm^4		cm^3	
18	9	1	0.483	0.379	0.060	0.185	0.134	0.206
		1.5	0.681	0.535	0.076	0.240	0.168	0.266
		2	0.851	0.668	0.084	0.273	0.186	0.304
	14	1	0.583	0.458	0.173	0.258	0.248	0.286
		1.5	0.831	0.653	0.228	0.342	0.326	0.380
		2	1.051	0.825	0.266	0.402	0.380	0.446
20	10	1	0.543	0.426	0.086	0.262	0.172	0.262
		1.5	0.771	0.606	0.110	0.110	0.219	0.110
		2	0.971	0.762	0.124	0.400	0.248	0.400
	12	1	0.583	0.458	0.132	0.298	0.220	0.298
		1.5	0.831	0.653	0.172	0.396	0.287	0.396
		2	1.051	0.825	0.199	0.465	0.331	0.465
25	10	1	0.643	0.505	0.106	0.465	0.213	0.372
		1.5	0.921	0.723	0.137	0.624	0.274	0.499
		2	1.171	0.919	0.156	0.740	0.313	0.592
	18	1	0.803	0.630	0.417	0.696	0.463	0.557
		1.5	1.161	0.912	0.567	0.956	0.630	0.765
		2	1.491	1.171	0.685	1.164	0.761	0.931
30	15	1.5	1.221	0.959	0.435	1.324	0.580	0.883
		2	1.571	1.233	0.521	1.619	0.695	1.079
		2.5	1.893	1.486	0.584	1.850	0.779	1.233
	20	1.5	1.371	1.007	0.859	1.629	0.859	1.086
		2	1.771	1.390	1.050	2.012	1.050	1.341
		2.5	2.143	1.682	1.202	2.324	1.202	1.549
35	15	1.5	1.371	1.077	0.504	1.969	0.672	1.125
		2	1.771	1.390	0.607	2.429	0.809	1.388
		2.5	2.143	1.682	0.683	2.803	0.911	1.602
	25	1.5	1.671	1.312	1.661	2.811	1.329	1.606
		2	2.171	1.704	2.066	3.520	1.652	2.011
		2.5	2.642	2.075	2.405	4.126	1.924	2.358
40	11	1.5	1.401	1.100	0.276	2.341	0.501	1.170
	20	2	2.171	1.704	1.376	4.184	1.376	2.092
		2.5	2.642	2.075	1.587	4.903	1.587	2.452
		3	3.085	2.422	1.756	5.506	1.756	2.753
	30	2	2.571	2.018	3.582	5.629	2.388	2.815
		2.5	3.143	2.467	4.220	6.664	2.813	3.332
		3	3.685	2.893	4.768	7.564	3.179	3.782
50	25	2	2.771	2.175	2.861	8.595	2.289	3.438
		3	3.985	3.129	3.781	11.64	3.025	4.657
		4	5.085	3.992	4.424	13.96	3.540	5.583
	40	2	3.371	2.646	8.520	12.05	4.260	4.821
		3	4.885	3.835	11.68	16.62	5.840	6.648
		4	6.285	4.934	14.20	20.32	7.101	8.128
60	30	2	3.371	2.646	5.153	15.35	3.435	5.117
		3	4.885	3.835	6.964	21.18	4.643	7.061
		4	6.285	4.934	8.344	25.90	5.562	8.635

（续）

公称尺寸			截面面积	理论重量①	惯性矩		截面模数	
A	B	S	F	G	J_x	J_y	W_x	W_y
mm			cm^2	kg/m	cm^4		cm^3	
60	40	2	3.771	2.960	9.965	18.72	4.983	6.239
		3	5.485	4.306	13.74	26.06	6.869	8.687
		4	7.085	5.562	16.80	32.19	8.402	10.729
70	35	2	3.971	3.117	8.426	24.95	4.815	7.130
		3	5.785	4.542	11.57	34.87	6.610	9.964
		4	7.485	5.876	14.09	43.23	8.051	12.35
	50	3	6.685	5.248	26.57	44.98	10.63	12.85
		4	8.685	6.818	33.05	56.32	13.22	16.09
		5	10.57	8.298	37.48	66.01	15.39	18.86
80	40	3	6.685	5.248	17.85	53.47	8.927	13.37
		4	8.685	6.818	22.01	66.95	11.00	16.74
		5	10.57	8.298	25.40	78.45	12.70	19.61
	60	4	10.29	8.074	57.32	90.07	19.11	22.52
		5	12.57	9.868	67.52	106.6	22.51	26.65
		6	14.74	11.57	76.28	121.0	25.43	30.26
90	50	3	7.885	6.190	33.21	83.39	13.28	18.53
		4	10.29	8.074	41.53	105.4	16.61	23.43
		5	12.57	9.868	48.65	124.8	19.46	27.74
	70	4	11.89	9.330	91.21	135.0	26.06	30.01
		5	14.57	11.44	108.3	161.0	30.96	35.78
		6	15.94	12.51	123.5	184.1	35.27	40.92
100	50	3	8.485	6.661	36.53	108.4	14.61	21.67
		4	11.09	8.702	45.78	137.5	18.31	27.50
		5	13.57	10.65	53.73	163.4	21.49	32.69
	80	4	13.49	10.59	136.3	192.8	34.08	38.57
		5	16.57	13.01	163.0	231.2	40.74	46.24
		6	19.54	15.34	186.9	265.9	46.72	53.18
120	60	4	13.49	10.59	82.45	245.6	27.48	40.94
		5	16.57	13.01	97.85	294.6	32.62	49.10
		6	19.54	15.34	111.4	338.9	37.14	56.49
	80	4	15.09	11.84	159.4	299.5	39.86	49.91
		6	21.94	17.22	219.8	417.0	54.95	69.49
		8	27.79	21.82	260.5	495.8	65.12	82.63
140	70	6	23.14	18.17	185.1	558.0	52.88	79.71
		8	29.39	23.07	219.1	665.5	62.59	95.06
		10	35.43	27.81	247.2	761.4	70.62	108.8
	120	6	29.14	22.88	651.1	827.5	108.5	118.2
		8	37.39	29.35	797.3	1014.4	132.9	144.9
		10	45.43	35.66	929.2	1184.7	154.9	169.2
150	75	6	24.94	19.58	231.7	696.2	61.80	92.82
		8	31.79	24.96	276.7	837.4	73.80	111.7
		10	38.43	30.16	314.7	965.0	83.91	128.7
	100	6	27.94	21.93	451.7	851.8	90.35	113.6
		8	35.79	28.10	549.5	1039.3	109.9	138.6
		10	43.43	34.09	635.9	1210.4	127.2	161.4
160	60	6	24.34	19.11	146.6	713.1	48.85	89.14
		8	30.99	24.33	172.5	851.7	57.50	106.5
		10	37.43	29.38	193.2	976.4	64.40	122.1

（续）

公称尺寸			截面面积	理论重量①	惯性矩		截面模数	
A	B	S	F	G	J_x	J_y	W_x	W_y
mm			cm^2	kg/m	cm^4		cm^3	
160	80	6	26.74	20.99	285.7	855.5	71.42	106.9
		8	34.19	26.84	343.8	1036.7	85.94	129.6
		10	41.43	32.52	393.5	1201.7	98.37	150.2
180	80	6	29.14	22.88	318.6	1152.6	79.65	128.1
		8	37.39	29.35	385.4	1406.5	96.35	156.3
		10	45.43	35.66	442.8	1640.3	110.7	182.3
	100	8	40.59	31.87	651.3	1643.4	130.3	182.6
		10	49.43	38.80	757.9	1929.6	151.6	214.4
		12	57.73	45.32	845.3	2170.6	169.1	241.2
200	80	8	40.59	31.87	427.1	1851.1	106.8	185.1
		12	57.73	45.32	543.4	2435.4	135.9	243.5
		14	65.51	51.43	582.2	2650.7	145.6	265.1
	120	8	46.99	36.89	1098.9	2441.3	183.2	244.1
		12	67.33	52.86	1459.2	3284.8	243.2	328.5
		14	76.71	60.22	1598.7	3621.2	266.4	362.1
220	110	8	48.59	38.15	981.1	2916.5	178.4	265.1
		12	69.73	54.74	1298.6	3934.5	236.1	357.7
		14	79.51	62.42	1420.5	4343.1	258.3	394.8
	200	10	77.43	60.78	4699.0	5445.9	469.9	495.1
		12	91.33	71.70	5408.3	6273.3	540.8	570.3
		14	104.7	82.20	6047.5	7020.7	604.8	638.2
240	180	12	91.33	71.70	4545.4	7121.4	505.0	593.4
250	150	10	73.43	57.64	2682.9	5960.2	357.7	476.8
		12	86.53	67.93	3068.1	6852.7	409.1	548.2
		14	99.11	77.80	3408.5	7652.9	454.5	612.2
	200	10	83.43	65.49	5241.0	7401.0	524.1	592.1
		12	98.53	77.35	6045.3	8553.5	604.5	684.3
		14	113.1	88.79	6775.4	9604.6	677.5	768.4
300	150	10	83.43	65.49	3173.7	9403.9	423.2	626.9
		14	113.1	88.79	4058.1	12195.7	541.1	813.0
		16	127.2	99.83	4427.9	13399.1	590.4	893.3
	200	10	93.43	73.34	6144.3	11507.2	614.4	767.1
		14	127.1	99.78	7988.6	15060.8	798.9	1004.1
		16	143.2	112.39	8791.7	16628.7	879.2	1108.6
400	200	10	113.4	89.04	7951.0	23348.1	795.1	1167.4
		14	155.1	121.76	10414.8	30915.0	1041.5	1545.8
		16	175.2	137.51	11507.0	34339.4	1150.7	1717.0

① 当 $S\leqslant 6$mm 时，$R=1.5S$，矩形钢管理论重量推荐计算公式见式（a）；当 $S>6$mm 时，$R=2S$，矩形钢管理论重量推荐计算公式见式（b）。

$$G=0.0157S(A+B-2.8584S) \tag{a}$$

$$G=0.0157S(A+B-3.2876S) \tag{b}$$

式中　G—矩形钢管的理论重量（kg/m）（钢的密度按 7.85kg/dm³）；

A、B—矩形钢管的长、宽（mm）；

S—矩形钢管的公称壁厚（mm）。

表 4-186　冷拔椭圆形钢管

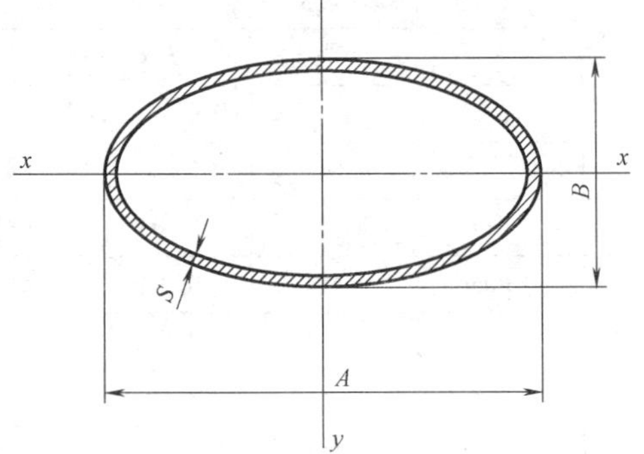

公称尺寸			截面面积	理论重量①	惯性矩		截面模数	
A	B	S	F	G	J_x	J_y	W_x	W_y
mm			cm²	kg/m	cm⁴		cm³	
10	5	0.5	0.110	0.086	0.003	0.011	0.013	0.021
		0.8	0.168	0.132	0.005	0.015	0.018	0.030
		1	0.204	0.160	0.005	0.018	0.021	0.035
	7	0.5	0.126	0.099	0.007	0.013	0.021	0.026
		0.8	0.195	0.152	0.010	0.019	0.030	0.038
		1	0.236	0.185	0.012	0.022	0.034	0.044
12	6	0.5	0.134	0.105	0.006	0.019	0.020	0.031
		0.8	0.206	0.162	0.009	0.028	0.028	0.046
		1.2	0.294	0.231	0.011	0.036	0.036	0.061
	8	0.5	0.149	0.117	0.012	0.022	0.029	0.037
		0.8	0.231	0.182	0.017	0.033	0.042	0.055
		1.2	0.332	0.260	0.022	0.044	0.055	0.073
18	9	0.8	0.319	0.251	0.032	0.101	0.072	0.112
		1.2	0.464	0.364	0.043	0.139	0.096	0.155
		1.5	0.565	0.444	0.049	0.164	0.109	0.182
	12	0.8	0.357	0.280	0.063	0.120	0.104	0.133
		1.2	0.520	0.408	0.086	0.166	0.143	0.185
		1.5	0.636	0.499	0.100	0.197	0.166	0.218
24	8	0.8	0.382	0.300	0.033	0.208	0.081	0.174
		1.2	0.558	0.438	0.043	0.292	0.107	0.243
		1.5	0.683	0.536	0.049	0.346	0.121	0.289
	12	0.8	0.432	0.339	0.081	0.249	0.136	0.208
		1.2	0.633	0.497	0.112	0.352	0.186	0.293
		1.5	0.778	0.610	0.131	0.420	0.218	0.350
30	18	1	0.723	0.567	0.299	0.674	0.333	0.449
		1.5	1.060	0.832	0.416	0.954	0.462	0.636
		2	1.382	1.085	0.514	1.199	0.571	0.800

（续）

公称尺寸			截面面积	理论重量[①]	惯性矩		截面模数	
A	B	S	F	G	J_x	J_y	W_x	W_y
mm			cm^2	kg/m	cm^4		cm^3	
34	17	1.5	1.131	0.888	0.410	1.277	0.482	0.751
		2	1.477	1.159	0.505	1.613	0.594	0.949
		2.5	1.806	1.418	0.583	1.909	0.685	1.123
43	32	1.5	1.696	1.332	2.138	3.398	1.336	1.581
		2	2.231	1.751	2.726	4.361	1.704	2.028
		2.5	2.749	2.158	3.259	5.247	2.037	2.440
50	25	1.5	1.696	1.332	1.405	4.278	1.124	1.711
		2	2.231	1.751	1.776	5.498	1.421	2.199
		2.5	2.749	2.158	2.104	6.624	1.683	2.650
55	35	1.5	2.050	1.609	3.243	6.592	1.853	2.397
		2	2.702	2.121	4.157	8.520	2.375	3.098
		2.5	3.338	2.620	4.995	10.32	2.854	3.754
60	30	1.5	2.050	1.609	2.494	7.528	1.663	2.509
		2	2.702	2.121	3.181	9.736	2.120	3.245
		2.5	3.338	2.620	3.802	11.80	2.535	3.934
65	35	1.5	2.286	1.794	3.770	10.02	2.154	3.084
		2	3.016	2.368	4.838	13.00	2.764	4.001
		2.5	3.731	2.929	5.818	15.81	3.325	4.865
70	35	1.5	2.403	1.887	4.036	12.11	2.306	3.460
		2	3.173	2.491	5.181	15.73	2.960	4.495
		2.5	3.927	3.083	6.234	19.16	3.562	5.474
76	38	1.5	2.615	2.053	5.212	15.60	2.743	4.104
		2	3.456	2.713	6.710	20.30	3.532	5.342
		2.5	4.280	3.360	8.099	24.77	4.263	6.519
80	40	1.5	2.757	2.164	6.110	18.25	3.055	4.564
		2	3.644	2.861	7.881	23.79	3.941	5.948
		2.5	4.516	3.545	9.529	29.07	4.765	7.267
84	56	1.5	3.228	2.534	13.33	24.95	4.760	5.942
		2	4.273	3.354	17.34	32.61	6.192	7.765
		2.5	5.301	4.162	21.14	39.95	7.550	9.513
90	40	1.5	2.992	2.349	6.817	24.74	3.409	5.497
		2	3.958	3.107	8.797	32.30	4.399	7.178
		2.5	4.909	3.853	10.64	39.64	5.321	8.757

① 椭圆形钢管理论重量推荐计算公式见式（a）：

$$G=0.0123S(A+B-2S) \tag{a}$$

式中　G—椭圆形钢管的理论重量（kg/m）（钢的密度按 7.85kg/dm^3）；

A、B—椭圆形钢管的长轴、矩轴（mm）；

S—椭圆形钢管的公称壁厚（mm）。

表 4-187　冷拔平椭圆形钢管

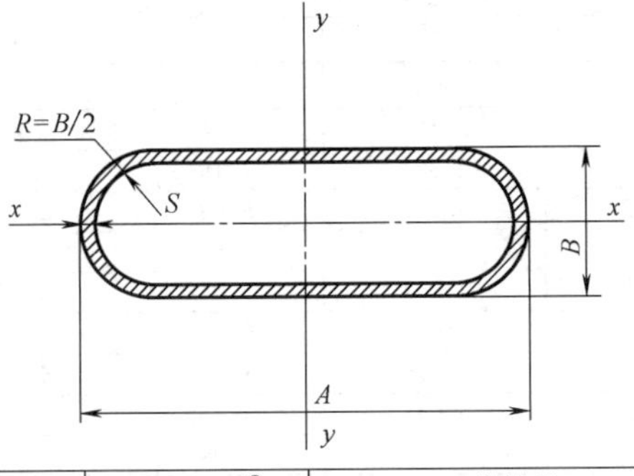

公称尺寸			截面面积	理论重量①	惯性矩		截面模数	
A	B	S	F	G	J_x	J_y	W_x	W_y
mm			cm²	kg/m	cm⁴		cm³	
10	5	0.8	0.186	0.146	0.006	0.007	0.024	0.014
		1	0.226	0.177	0.018	0.021	0.071	0.042
14	7	0.8	0.268	0.210	0.018	0.053	0.053	0.076
		1	0.328	0.258	0.021	0.063	0.061	0.090
18	12	1	0.466	0.365	0.089	0.160	0.149	0.178
		1.5	0.675	0.530	0.120	0.219	0.199	0.244
		2	0.868	0.682	0.142	0.267	0.237	0.297
24	12	1	0.586	0.460	0.126	0.352	0.209	0.293
		1.5	0.855	0.671	0.169	0.491	0.282	0.409
		2	1.108	0.870	0.203	0.609	0.339	0.507
30	15	1	0.740	0.581	0.256	0.706	0.341	0.471
		1.5	1.086	0.853	0.353	1.001	0.470	0.667
		2	1.417	1.112	0.432	1.260	0.576	0.840
35	25	1	0.954	0.749	0.832	1.325	0.666	0.757
		1.5	1.407	1.105	1.182	1.899	0.946	1.085
		2	1.845	1.448	1.493	2.418	1.195	1.382
40	25	1	1.054	0.827	0.976	1.889	0.781	0.944
		1.5	1.557	1.223	1.390	2.719	1.112	1.360
		2	2.045	1.605	1.758	3.479	1.407	1.740
45	15	1	1.040	0.816	0.403	2.137	0.537	0.950
		1.5	1.536	1.206	0.558	3.077	0.745	1.367
		2	2.017	1.583	0.688	3.936	0.917	1.750
50	25	1	1.254	0.984	1.264	3.423	1.011	1.369
		1.5	1.857	1.458	1.804	4.962	1.444	1.985
		2	2.445	1.919	2.289	6.393	1.831	2.557
55	25	1	1.354	1.063	1.408	4.419	1.127	1.607
		1.5	2.007	1.576	2.012	6.423	1.609	2.336
		2	2.645	2.076	2.554	8.296	2.043	3.017
60	30	1	1.511	1.186	2.221	5.983	1.481	1.994
		1.5	2.243	1.761	3.197	8.723	2.131	2.908
		2	2.959	2.323	4.089	11.30	2.726	3.768
63	10	1	1.343	1.054	0.245	4.927	0.489	1.564
		1.5	1.991	1.563	0.327	7.152	0.655	2.271
		2	2.623	2.059	0.389	9.228	0.778	2.929
70	35	1.5	2.629	2.063	5.167	14.02	2.952	4.006
		2	3.473	2.727	6.649	18.24	3.799	5.213
		2.5	4.303	3.378	8.020	22.25	4.583	6.358

（续）

公称尺寸			截面面积	理论重量①	惯性矩		截面模数	
A	B	S	F	G	J_x	J_y	W_x	W_y
mm			cm²	kg/m	cm⁴		cm³	
75	35	1.5	2.779	2.181	5.588	16.87	3.193	4.499
		2	3.673	2.884	7.194	21.98	4.111	5.862
		2.5	4.553	3.574	8.682	26.85	4.961	7.160
80	30	1.5	2.843	2.232	4.416	18.98	2.944	4.746
		2	3.759	2.951	5.660	24.75	3.773	6.187
		2.5	4.660	3.658	6.798	30.25	4.532	7.561
85	25	1.5	2.907	2.282	3.256	21.11	2.605	4.967
		2	3.845	3.018	4.145	27.53	3.316	6.478
		2.5	4.767	3.742	4.945	33.66	3.956	7.920
90	30	1.5	3.143	2.467	5.026	26.17	3.351	5.816
		2	4.159	3.265	6.445	34.19	4.297	7.598
		2.5	5.160	4.050	7.746	41.87	5.164	9.305

① 平椭圆形钢管理论重量推荐计算公式见式(a)：

$$G=0.0157S(A+0.5708B-1.5708S) \tag{a}$$

式中 G—椭圆形钢管的理论重量(kg/m)(钢的密度按 7.85kg/dm³)；

A、B—平椭圆形钢管的长、宽(mm)；

S—平椭圆形钢管的公称壁厚(mm)。

表 4-188 冷拔内外六角形钢管

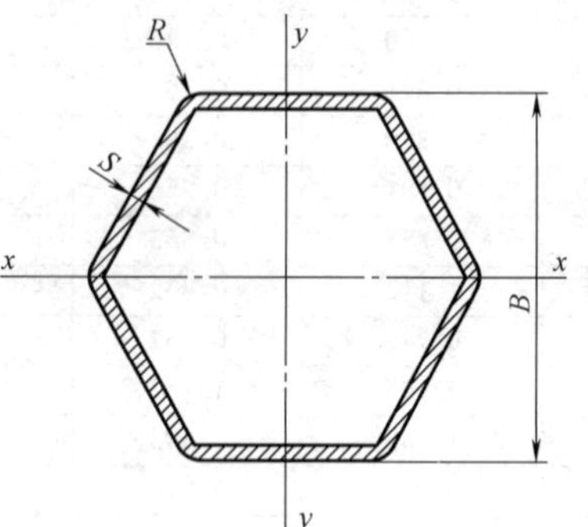

公称尺寸		截面面积	理论重量①	惯性矩	截面模数	
B	S	F	G	$J_x=J_y$	W_x	W_y
mm		cm²	kg/m	cm⁴	cm³	
10	1	0.305	0.240	0.034	0.069	0.060
	1.5	0.427	0.335	0.043	0.087	0.075
	2	0.528	0.415	0.048	0.096	0.084
12	1	0.375	0.294	0.063	0.105	0.091
	1.5	0.531	0.417	0.082	0.136	0.118
	2	0.667	0.524	0.094	0.157	0.136
14	1	0.444	0.348	0.104	0.149	0.129
	1.5	0.635	0.498	0.138	0.198	0.171
	2	0.806	0.632	0.163	0.232	0.201
19	1	0.617	0.484	0.278	0.292	0.253
	1.5	0.895	0.702	0.381	0.401	0.347
	2	1.152	0.904	0.464	0.489	0.423
21	1	0.686	0.539	0.381	0.363	0.314
	2	1.291	1.013	0.649	0.618	0.535
	3	1.813	1.423	0.824	0.785	0.679
27	1	0.894	0.702	0.839	0.622	0.538
	2	1.706	1.339	1.482	1.098	0.951
	3	2.436	1.912	1.958	1.450	1.256

（续）

公称尺寸		截面面积	理论重量①	惯性矩	截面模数	
B	S	F	G	$J_x=J_y$	W_x	W_y
mm		cm^2	kg/m	cm^4	cm^3	
32	2	2.053	1.611	2.566	1.604	1.389
	3	2.956	2.320	3.461	2.163	1.873
	4	3.777	2.965	4.139	2.587	2.240
36	2	2.330	1.829	3.740	2.078	1.799
	3	3.371	2.647	5.107	2.837	2.457
	4	4.331	3.400	6.187	3.437	2.977
41	3	3.891	3.054	7.809	3.809	3.299
	4	5.024	3.944	9.579	4.673	4.046
	5	6.074	4.768	11.00	5.366	4.647
46	3	4.411	3.462	11.33	4.926	4.266
	4	5.716	4.487	14.03	6.100	5.283
	5	6.940	5.443	16.27	7.074	6.126
57	3	5.554	4.360	22.49	7.890	6.833
	4	7.241	5.684	28.26	9.917	8.588
	5	8.845	6.944	33.28	11.68	10.11
65	3	6.385	5.012	34.08	10.48	9.080
	4	8.349	6.554	43.15	13.28	11.50
	5	10.23	8.031	51.20	15.76	13.64
70	3	6.904	5.420	43.03	12.29	10.65
	4	9.042	7.098	54.70	15.63	13.53
	5	11.10	8.711	65.16	18.62	16.12
85	4	11.12	8.730	101.3	23.83	20.64
	5	13.70	10.75	121.7	28.64	24.80
	6	16.19	12.71	140.4	33.03	28.61
95	4	12.51	9.817	143.8	30.27	26.21
	5	15.43	12.11	173.5	36.53	31.63
	6	18.27	14.34	201.0	42.31	36.64
105	4	13.89	10.91	196.7	37.47	32.45
	5	17.16	13.47	238.2	45.38	39.30
	6	20.35	15.97	276.9	52.74	45.68

① 内外六角形钢管理论重量推荐计算公式见式(a)：

$$G=0.02719S(B-1.1862S) \tag{a}$$

式中　G—内外六角形钢管的理论重量(kg/m)(按 $R=1.5S$,钢的密度按 7.85kg/dm³)；

B—内外六角形钢管的对边距离(mm)；

S—内外六角形钢管的公称壁厚(mm)。

表 4-189　冷拔直角梯形钢管

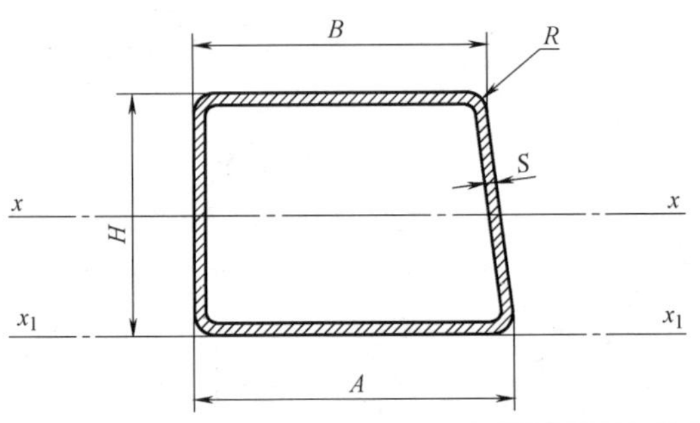

（续）

公称尺寸				截面面积	理论重量①	惯性矩	截面模数	
A	B	H	S	F	G	J_x	W_{xa}	W_{xb}
mm				cm^2	kg/m	cm^4	cm^3	
35	20	35	2	2.312	1.815	3.728	2.344	1.953
	25	30	2	2.191	1.720	2.775	1.959	1.753
	30	25	2	2.076	1.630	1.929	1.584	1.504
45	32	50	2	3.337	2.619	11.64	4.935	4.409
	40	30	1.5	2.051	1.610	2.998	2.039	1.960
50	35	60	2.2	4.265	3.348	21.09	7.469	6.639
	40	30	1.5	2.138	1.679	3.143	2.176	2.021
		35	1.5	2.287	1.795	4.484	2.661	2.471
	45	30	1.5	2.201	1.728	3.303	2.242	2.164
			2	2.876	2.258	4.167	2.828	2.730
		40	2	3.276	2.572	8.153	4.149	4.006
55	50	40	2	3.476	2.729	8.876	4.510	4.369
60	55	50	1.5	3.099	2.433	12.50	5.075	4.930

① 直角梯形钢管理论重量推荐计算公式见式(a)：

$$G=\left\{S\left[A+B+H+0.283185S+\frac{H}{\sin\alpha}-\frac{2S}{\sin\alpha}-2S\left(\operatorname{tg}\frac{180°-\alpha}{2}+\operatorname{tg}\frac{\alpha}{2}\right)\right]\right\}0.00785 \tag{a}$$

$$\alpha=\operatorname{arctg}\frac{H}{A-B}$$

式中 G—直角梯形钢管的理论重量(kg/m)(按 $R=1.5S$，钢的密度按 $7.85kg/dm^3$)；
A—直角梯形钢管的下底(mm)；
B—直角梯形钢管的上底(mm)；
H—直角梯形钢管的高(mm)；
S—直角梯形钢管的公称壁厚(mm)。

表 4-190 钢管的外形和尺寸

	尺寸		允许偏差	
			普通级	高级
尺寸允许偏差/mm	边长 A、B	≤30	±0.30	±0.20
		>30~50	±0.40	±0.30
		>50~75	±0.80%A、±0.80%B	±0.7%A、±0.7%B
		>75	±1%A、±1%B	±0.8%A、±0.8%B
	壁厚 S	≤1.0	±0.18	±0.12
		>1.0~3.0	$^{+15\%S}_{-10\%S}$	$^{+12.5\%S}_{-10\%S}$
		>3.0	$^{+12.5\%S}_{-10\%S}$	±10%S
边凹凸度/mm	边长尺寸		边凹凸度(不大于)	
			普通级	高级
	≤30		0.20	0.10
	>30~50		0.30	0.15
	>50~75		0.8%A、0.8%B	0.5%A、0.5%B
	>75		0.9%A、0.9%B	0.6%A、0.6%B
外角圆半径/mm	壁厚(S)	S≤6	6<S≤10	S>10
	外圆角半径(R)	≤2.0S	≤2.5S	≤3.0S
弯曲度	精度等级		弯曲度/(mm/m)	全长(L)弯曲度
	普通级		≤3.0	≤0.3%L
	高级		≤2.0	≤0.2%L
扭转值	钢管边长/mm		允许扭转值/(mm/m)	
	≤30		≤1.5	
	>30~75		≤2.0	
	>75		≤2.5	

表 4-191 钢管的力学性能

序号	牌号	质量等级	抗拉强度 R_m /MPa	下屈服强度 R_{eL} /MPa	断后伸长率 A(%)	冲击试验	
						温度 /℃	吸收能量 KV_2 /J
			≥				≥
1	10	—	335	205	24	—	—
2	20	—	410	245	20	—	—
3	35	—	510	305	17	—	—
4	45	—	590	335	14	—	—
5	Q195	—	315~430	195	33	—	—
6	Q215	A	335~450	215	30	—	—
		B				+20	27
7	Q235	A	370~500	235	25	—	—
		B				+20	27
		C				0	
		D				-20	
8	Q345	A	470~630	345	20	—	—
		B				+20	34
		C			21	0	
		D				-20	
		E				-40	27
9	Q390	A	490~650	390	18	—	—
		B				+20	34
		C			19	0	
		D				-20	
		E				-40	27

4.3.6.9 钢轨

1. 轻轨（见表 4-192a、表 4-192b）

表 4-192a 轻轨（摘自 GB/T 11264—2012）

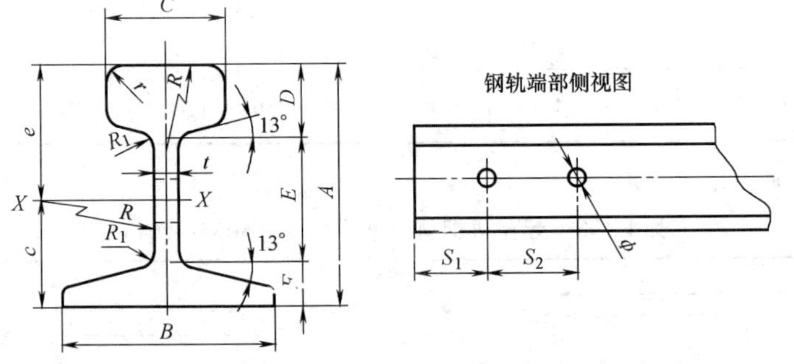

型号	截面尺寸/mm									
	轨高	底宽	头宽	头高	腰高	底高	腰厚	S_1	S_2	ϕ
	A	B	C	D	E	F	t			
9	63.50	63.50	32.10	17.48	35.72	10.30	5.90	50.8	101.6	16
12	69.85	69.85	38.10	19.85	37.70	12.30	7.54	50.8	101.6	16
15	79.37	79.37	42.86	22.22	43.65	13.50	8.33	50.8	101.6	20
22	93.66	93.66	50.80	26.99	50.00	16.67	10.72	63.5	127	24
30	107.95	107.95	60.33	30.95	57.55	19.45	12.30	60.5	127	24

（续）

型号	截面尺寸/mm			截面面积	理论重量	截面特性参数				
						重心位置/cm		惯性矩	截面系数	回转半径
	R	R_1	r	A/cm^2	$G/(\mathrm{kg/m})$	c	e	I/cm^4	W/cm^3	i/cm
9	304.8	6.35	7.94	11.39	8.94	3.09	3.26	62.41	19.10	2.33
12	304.8	6.35	7.94	15.54	12.20	3.40	3.59	98.82	27.60	2.51
15	304.8	6.35	7.94	19.33	15.20	3.89	4.05	156.10	38.60	2.83
22	304.8	6.35	7.94	28.39	22.30	4.52	4.85	339.00	69.60	3.45
30	304.8	6.35	7.94	38.32	30.10	5.21	5.59	606.00	108.00	3.98

表 4-192b 轻轨（摘自 GB/T 11264—2012）

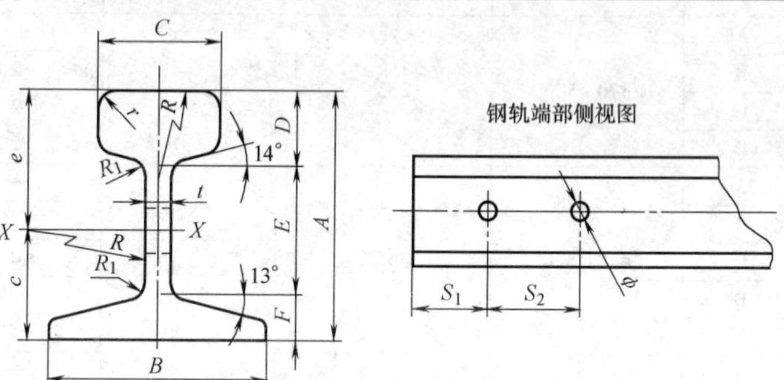

型号	截面尺寸/mm									
	轨高	底宽	头宽	头高	腰高	底高	腰厚	S_1	S_2	ϕ
	A	B	C	D	E	F	t			
18	90.00	80.00	40.00	32.00	42.30	15.70	10.00	46.50	100.00	19.00
24	107.00	92.00	51.00	32.00	58.00	17.00	10.90	60.00	100.00	22.00

型号	截面尺寸/mm			截面面积	理论重量	截面特性参数						
						重心位置		惯性矩		截面系数		
	R	R_1	r	A/cm^2	$G/(\mathrm{kg/m})$	c/cm	e/cm	$I_x\ \mathrm{cm}^4$	$I_y\ \mathrm{cm}^4$	$W1\ I_x/c/\mathrm{cm}^3$	$W2\ I_x/e/\mathrm{cm}^3$	$W3\ I_y/0.5B/\mathrm{cm}^3$
18	90.00	4.50	7.00	23.07	18.06	4.29	4.71	240.00	41.10	56.10	51.00	10.30
24	300.00	上 5.00 下 8.00	13.00	31.24	24.46	5.31	5.40	486.00	80.46	91.64	90.14	17.49

2. 起重机钢轨（见表 4-193）

表 4-193 起重机钢轨（摘自 YB/T 5055—2014）

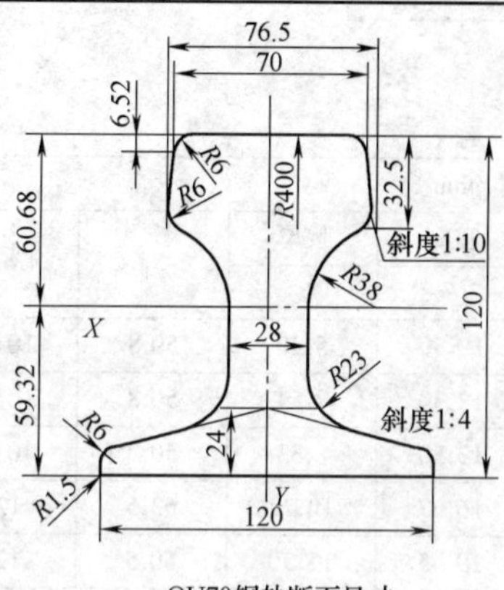

QU70钢轨断面尺寸

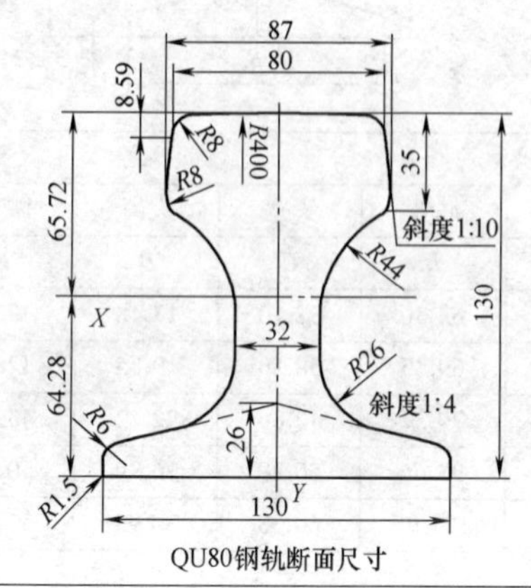

QU80钢轨断面尺寸

（续）

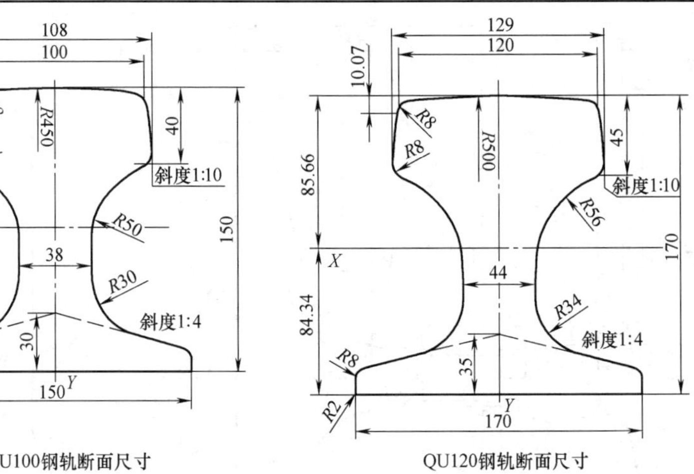

QU100钢轨断面尺寸　　QU120钢轨断面尺寸

型号	横断面积/cm^2	理论重量/(kg/m)	重心距轨底距离/cm	重心距轨头距离/cm	对水平轴线的惯性力矩/cm^4	对垂直轴线的惯性力矩/cm^4	下部断面系数/cm^3	上部断面系数/cm^3	底侧边断面系数/cm^3
QU70	65.22	52.77	5.93	6.07	1083.25	319.67	182.80	178.34	53.28
QU80	82.05	64.41	6.49	6.51	1530.12	472.14	235.95	234.86	72.64
QU100	113.44	89.05	7.63	7.37	2806.11	919.70	367.87	380.64	122.63
QU120	150.95	118.50	8.70	8.30	4796.71	1677.34	551.41	577.85	197.33

3. 铁路用热轧钢轨（摘自 GB 2585—2007）

钢轨断面外形、尺寸，如图 4-14~图 4-18 所示。

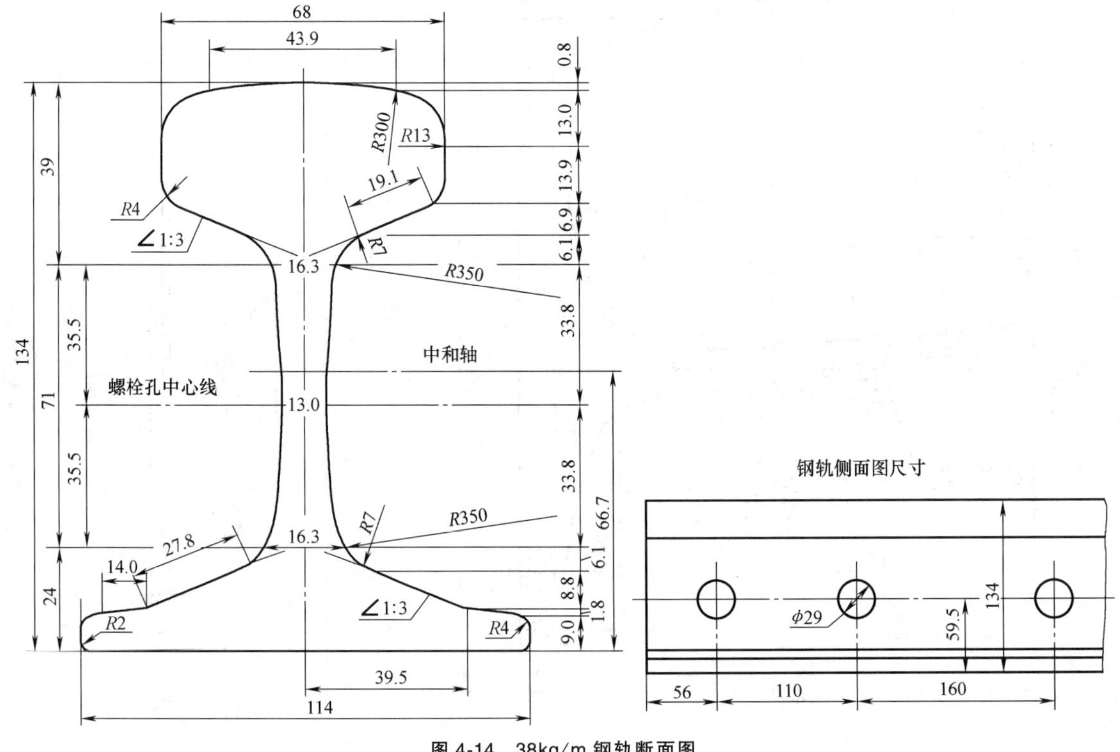

图 4-14　38kg/m 钢轨断面图

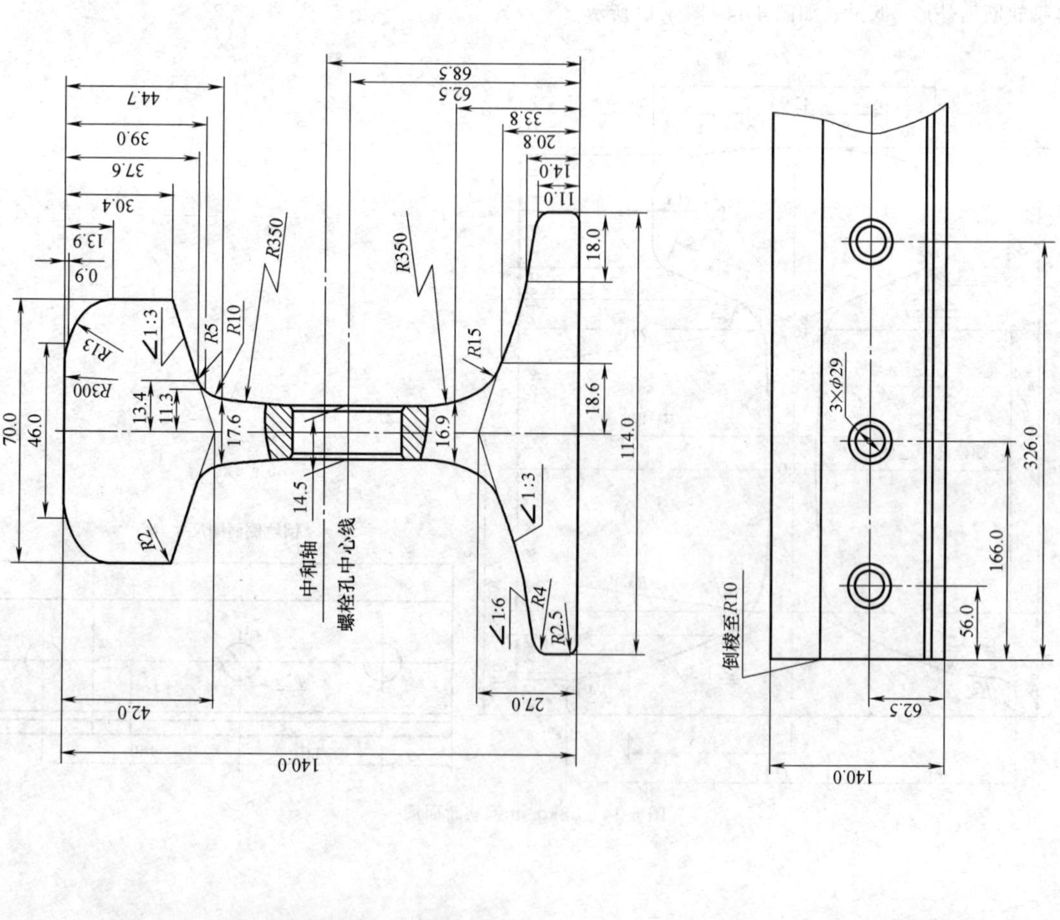

图 4-15 43kg/m 钢轨断面图

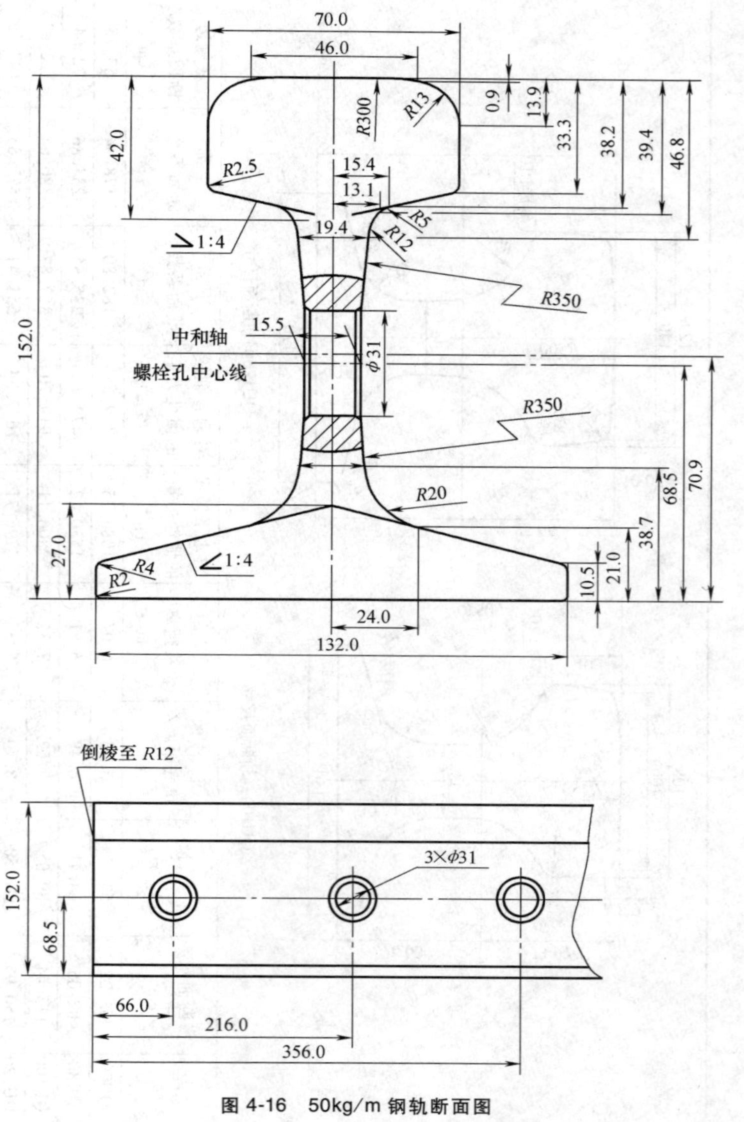

图 4-16 50kg/m 钢轨断面图

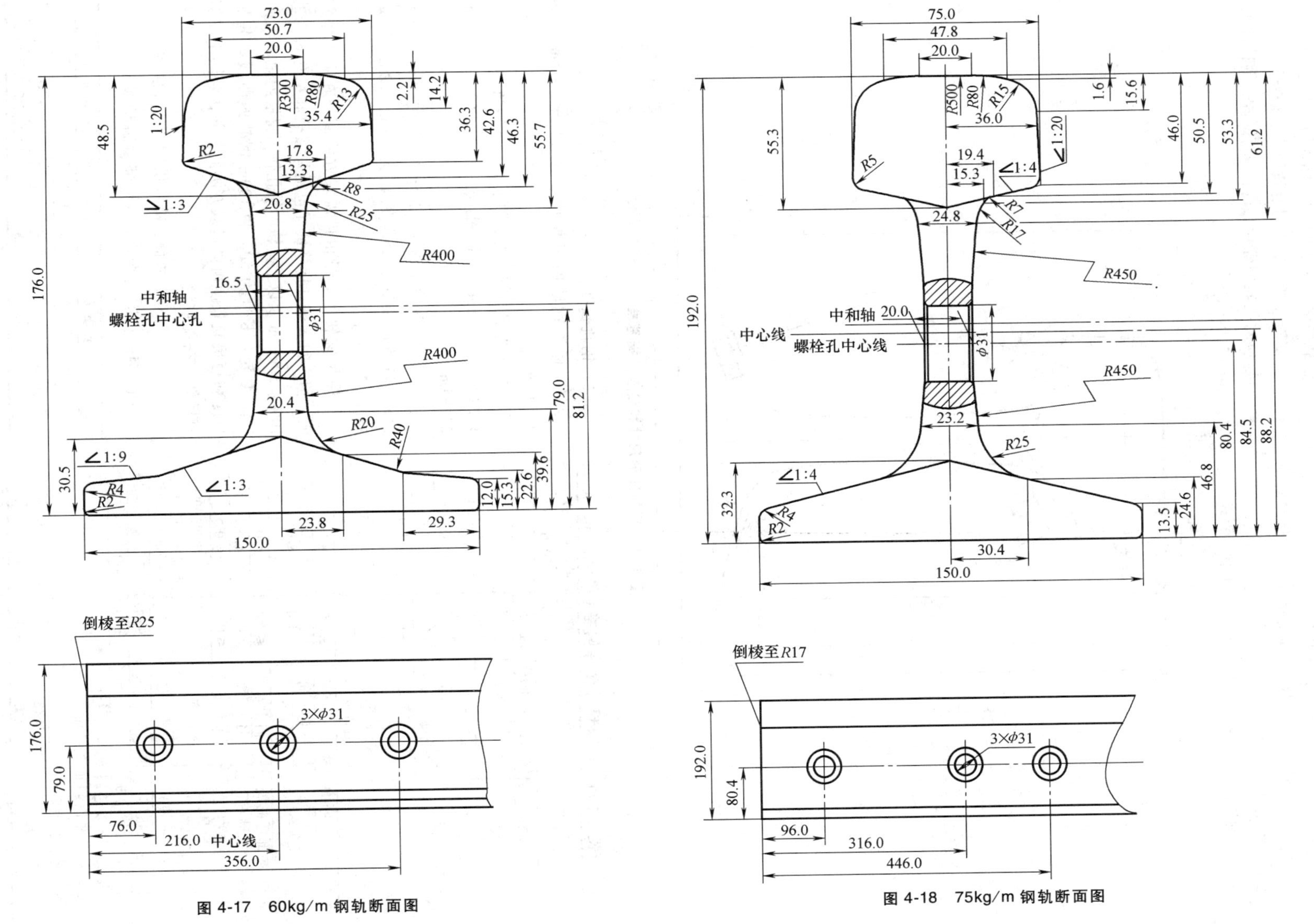

图 4-17　60kg/m 钢轨断面图

图 4-18　75kg/m 钢轨断面图

钢轨尺寸允许偏差见表 4-194。

1）钢轨外形尺寸如图 4-19 所示。外形允许偏差要求如下：

① 钢轨的外形允许偏差应符合表 4-194 的规定。

② 轨底中间较两边凸出或凹入均不得超过 0.4mm。

③ 钢轨经矫直后不得有波浪弯、硬弯。

④ 应对钢轨的螺栓孔进行 45°倒棱，倒棱深度为 0.8mm～2.0mm。

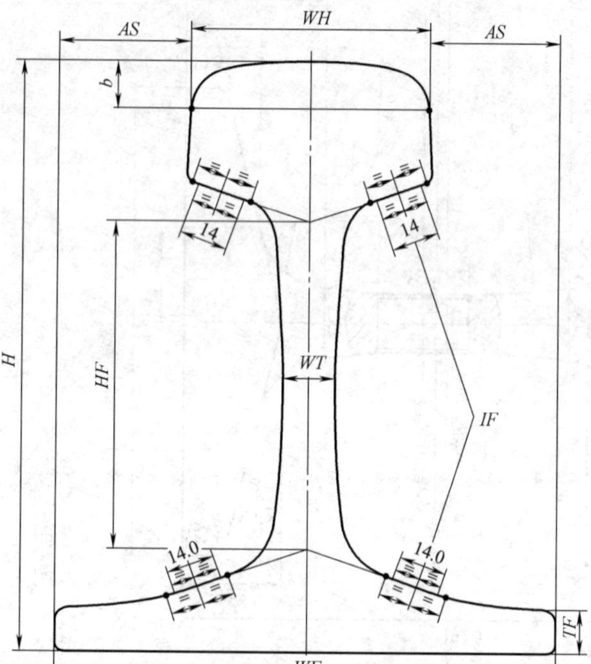

图 4-19　钢轨外形尺寸和公差数据基准

表 4-194　钢轨尺寸允许偏差（单位：mm）

项目			轨型重量/(kg/m) 38、43	50、60、75
钢轨断面	轨头宽度(WH)		±0.5	±0.5
	轨腰厚度①(WT)		+1.0 −0.5	+1.0 −0.5
	接头夹板高度(HF)		±0.6	+0.6 −0.5
	钢轨高度(H)		±0.8	±0.6
	轨底宽度(WF)		+1.0 −2.0	+1.0 −1.5
	轨底边缘厚度②		—	+0.75 −0.5
外形	断面对称度		±1.5	±1.2
	端面斜度	垂直方向	≤1.0	≤0.8
		水平方向		
	端部弯曲度（距轨端 1m 内）	向上弯	≤0.8	≤0.5
		向下弯	≤0.2	≤0.2
		左右弯	≤0.5	≤0.5
	轨身（除两轨端各 1m 处）	垂直方向	—	≤0.5mm/3m，≤0.4mm/1m
		水平方向	—	≤0.7mm/1.5m
	全长扭转		≤全长的 1/10000	
	全长均匀弯曲		≤全长的 0.5/1000	
接头夹板安装斜度（以平行于接头夹板理论斜面的 14mm 一段的倾斜为基准）			+1.0 −0.5	+1.0 −0.5
螺栓孔	直径		±0.8	±0.8
	位置		±0.8	±0.8

① 钢轨腰厚在最小厚度点测量。

② 孔型设计时保证。如有争议时，用样板检查。

2）钢轨长度：

① 标准钢轨的定尺长度为 12.5m、25m、50m 和 100m。

② 曲线缩短钢轨的长度：12.5m 钢轨为 12.46m、12.42m、12.38m；25m 钢轨为 24.96m、24.92m、24.84m。

③ 短尺钢轨长度：12.5m 钢轨为 9m、9.5m、11m、11.5m、12m；25m 钢轨为 21m、22m、23m、24m、24.5m。

短尺钢轨的数量由供需双方协商并在合同中注明，但不得大于订货总量（包括焊接轨和钻孔轨）的 10%。50kg/m 及以上钢轨的钻孔轨不得搭配短尺轨。

④ 定尺长度为 50m 和 100m 钢轨的曲线缩短轨长度和短尺轨长度由供需双方协商，并在合同中注明短尺轨的搭配数量。

⑤ 经供需双方协商，亦可供应其他长度的钢轨。

⑥ 钢轨长度允差见下表（环境温度 20℃）：

长度 L/m		允许偏差/mm
钻孔轨	≤25	±6
焊接轨	≤25	±10
	>25	由供需双方协商

钢轨牌号及化学成分（见表 4-195 和表 4-196）。

表 4-195　钢轨牌号及化学成分

牌　号	化学成分(质量分数,%)							
	C	Si	Mn	S	P	V①	Nb①	RE (加入量)
U74	0.68~0.79	0.13~0.28	0.70~1.00	≤0.030	≤0.030	≤0.030	≤0.010	
U71Mn	0.65~0.76	0.15~0.35	1.10~1.40	≤0.030	≤0.030	≤0.030	≤0.010	
U70MnSi	0.66~0.74	0.85~1.15	0.85~1.15	≤0.030	≤0.030	≤0.030	≤0.010	
U71MnSiCu	0.64~0.76	0.70~1.10	0.80~1.20	≤0.030	≤0.030	≤0.030	≤0.010	
U75V	0.71~0.80	0.50~0.80	0.70~1.05	≤0.030	≤0.030	0.04~0.12	≤0.010	
U76NbRE	0.72~0.80	0.60~0.90	1.00~1.30	≤0.030	≤0.030	≤0.030	0.02~0.05	0.02~0.05
U70Mn	0.61~0.79	0.10~0.50	0.85~1.25	≤0.030	≤0.030	≤0.030	≤0.010	

① 除 U75V 牌号中的 V，U76NbRe 牌号中的 Nb 为加入元素外，其他牌号中的 Nb、V 为残留元素。

表 4-196　残留元素上限（质量分数）　（%）

Cr	Mo	Ni	Cu①	Sn	Sb	Ti	Cu+10Sn	Cr+Mo+Ni+Cu
0.15	0.02	0.10	0.15	0.040	0.020	0.025	0.35	0.35

注：1. 钢水氢含量应不大于 2.5×10^{-6}。钢水氢含量大于 2.5×10^{-6} 时，应对钢坯或钢轨进行缓冷处理。若采用钢轨的缓冷工艺，可不做钢水氢含量检验。成品钢轨的氢含量不得大于 2.0×10^{-6}。

2. 钢水或成品钢轨总氧含量不得大于 30×10^{-6}。若供方能保证钢轨中非金属夹杂物符合要求，可不做氧含量检验。

① U71MnSiCu 中 Cu 的加入量为 0.10%~0.40%。

钢轨力学性能见表 4-197。

表 4-197　钢轨力学性能

牌号	力学性能	
	抗拉强度 R_m/MPa ≥	断后伸长率 A(%) ≥
U74	780	10
U71Mn	880	9
U70MnSi	880	9
U71MnSiCu	880	9
U75V	980	9
U76NbRE	980	9
U70Mn	880	9

注：若在热锯样轨上取样检验力学性能时，断后伸长率 A 的试验结果允许比规定值降低 1%（绝对值）。

钢轨还有以下要求：

1）需进行轨端热处理的钢轨，淬火层形状应呈帽形，无淬火裂纹。

2）钢轨不得有白点。

3）钢轨的显微组织应为珠光体，允许有少量沿晶界分布的铁素体，不得有马氏体、贝氏体及沿晶界分布的网状渗碳体。

4）钢轨的脱碳层深度不大于 0.5mm。

5）钢轨的非金属夹杂物级别应符合：A 类夹杂不超过 2.5 级；B 类夹杂物（氧化铝）、C 类夹杂物（硅酸盐）、D 类夹杂物（球状氧化物）均不得超过 2.0 级。

6）钢轨应进行落锤试验，试样经落锤打击一次后不得有断裂现象。应在质量证明书中记录挠度值供参考。

7）钢轨应逐支进行全长超声波探伤检查。

钢轨的计算数据和金属分配见表 4-198 和表 4-199。

表 4-198　钢轨计算数据（摘自 GB 2585—2007）

轨型/(kg/m)	横断面积/cm^2	重心距轨底距离/cm	重心距轨头距离/cm	对水平轴线的惯性力矩/cm^4	对垂直轴线的惯性力矩/cm^4	下部断面系数/cm^3	上部断面系数/cm^3	底侧边断面系数/cm^3
38	49.5	6.67	6.73	1204.4	209.3	180.6	178.9	36.7
43	57.0	6.90	7.10	1489.0	260.0	217.3	208.3	45.0
50	65.8	7.10	8.10	2037.0	377.0	287.2	251.3	57.1
60	77.45	8.12	9.48	3217	524	369.0	339.4	69.9
75	95.037	8.82	10.38	4489	665	509	432	89

表 4-199　钢轨的金属分配

钢轨类型/(kg/m)		38	43	50	60	75
钢轨的金属分配(%)(各部分占总面积的百分比)	轨头	43.68	42.68	38.68	37.47	37.42
	轨腰	21.63	21.31	23.77	25.29	26.54
	轨底	34.69	35.86	37.55	37.24	36.04

4.3.7 转动部件用高温合金热轧棒材（见表 4-200～表 4-204）

表 4-200 转动部件用高温合金热轧棒材的尺寸和允许偏差（摘自 GB/T 14993—2008）（单位：mm）

合金牌号	棒材公称尺寸			
	8～19	20～32	33～44	45～55
	直径允许偏差			
GH2130、GH2150A、GH4033、GH4037、GH4133B	±0.50	±0.80	±1.20	±1.50
GH4049	±1.00	±1.50	+1.50 -1.75	+1.50 -2.00

注：直径≤45mm 的棒材通常交货长度为 1500～6000mm；直径>45mm 的棒材通常交货长度为 1000～6000mm。允许长度>500mm，但重量不超过该批重量的 10%的短尺料交货。如需方要求定尺或倍尺交货时，须在合同中注明，定尺或倍尺交货棒材长度允许偏差为+10mm。

表 4-201 转动部件用高温合金热轧棒材的冶炼方法（摘自 GB/T 14993—2008）

合金牌号	冶炼方法				
	电弧炉 +电渣重熔	电弧炉 +真空自耗	非真空感应炉 +电渣重熔	真空感应炉 +电渣重熔	真空感应炉 +真空自耗
GH2130				•	•
GH2150A					•
GH4033	•	•	•	•	•
GH4037			•	•	•
GH4049				•	•
GH4133B				•	•

表 4-202 转动部件用高温合金热轧棒材的牌号和化学成分（摘自 GB/T 14993—2008）

合金牌号①	化学成分(质量分数,%)											
	C	Cr	Co	W	Mo	V	Al	Ti	Nb	Fe	B[a]	Ce[a]
GH2130	≤0.08	12.00～16.00	—	5.00～6.50	—	—	1.40～2.20	2.40～3.20		余	≤0.020	≤0.020
GH2150A②	≤0.10	14.00～16.00	—	2.50～3.50	4.00～5.20		0.90～1.40	1.90～2.40	0.80～1.50	余	≤0.008	≤0.100
GH4033	0.03～0.08	19.00～22.00	—	—	—	—	0.60～1.00	2.40～2.80		≤4.00	≤0.010	≤0.020
GH4037	0.03～0.10	13.00～16.00	—	5.00～7.00	2.00～4.00	0.100～0.500	1.70～2.30	1.80～2.30		≤5.00	≤0.020	≤0.020
GH4049	0.04～0.10	9.50～11.00	14.00～16.00	5.00～6.00	4.50～5.50	0.200～0.500	3.70～4.40	1.40～1.90	—	≤1.50	0.015～0.025	≤0.020
GH4133B	≤0.06	19.00～22.00	—	—	—	—	0.75～1.15	2.65～3.00	1.30～1.70	≤1.50	≤0.010	≤0.010

合金牌号①	化学成分(质量分数,%)												
	Mn	Si	S	P	Mg	Cu	Pb	Bi	Sn	Sb	As	Zr	Ni
GH2130	≤0.50	≤0.60	≤0.015	≤0.015	—	≤0.250	—	—	—	—	—	—	35.00～40.00
GH2150A②	≤0.60	≤0.30	≤0.010	≤0.015	—	≤0.070	—	—	—	—	—	≤0.020	43.00～47.00
GH4033	≤0.35	≤0.65	≤0.007	≤0.015	—	≤0.070	≤0.001	≤0.0001	≤0.0012	≤0.0025	≤0.0025	—	余
GH4037	≤0.50	≤0.40	≤0.010	≤0.015	—	≤0.070	≤0.001	≤0.0001	≤0.0012	≤0.0025	≤0.0025	—	余
GH4049	≤0.50	≤0.50	≤0.010	≤0.010	—	≤0.070	≤0.001	≤0.0001	≤0.0012	≤0.0025	≤0.0025	—	余
GH4133B	≤0.35	≤0.65	≤0.007	≤0.015	0.001～0.010	≤0.070	≤0.001	≤0.0001	≤0.0012	≤0.0025	≤0.0025	0.010～0.050	余

① 所有牌号 B、Ce 按计算量加入，不做分析，但其加入量应在质量证明书中注明。

② GH2150A 合金 Zr 按计算量加入，不做分析，但其加入量应在质量证明书中注明。

表 4-203　转动部件用高温合金热轧棒材试件的处理和力学性能（摘自 GB/T 14993—2008）

合金牌号	试样热处理制度	组别	拉伸性能						高温持久性能			室温硬度/HBW
			试验温度/℃	抗拉强度 R_m/MPa	规定塑性延伸强度 $R_{p0.2}$/MPa	断后伸长率 A(%)	断面收缩率 Z(%)	冲击吸收能量 KU_2/J	试验温度 t/℃	应力 σ MPa	时间/h	
				≥							≥	
GH2130	(1180℃±10℃保温 2h,空冷)+(1050℃±10℃保温 4h,空冷)+(800℃±10℃保温 16h,空冷)	Ⅰ	800	665	—	3	8	—	850	195	40	269~341
		Ⅱ							800	245	100	
GH2150A	(1000℃~1130℃保温 2h~3h,油冷)+(780℃~830℃保温 5h,空冷)+(650℃~730℃保温 16h,空冷)	—	20	1130	685	12	14.0	27	600	785	60	293~363
GH4033①	(1080℃±10℃,保温 8h,空冷)+(700℃±10℃,保温 16h,空冷)	Ⅰ	700	685	—	15	20.0	—	700	430	60	255~321
		Ⅱ								410	80	
GH4037②	(1180℃±10℃,保温 2h,空冷)+(1050℃±10℃,保温 4h,缓冷)+(800℃±10℃,保温 16h,空冷)	Ⅰ	800	665	—	5.0	8.0	—	850	196	50	269~341
		Ⅱ							800	245	100	
GH4049③	(1200℃±10℃,保温 2h,空冷)+(1050℃±10℃,保温 4h,空冷)+(850℃±10℃,保温 8h,空冷)	Ⅰ	900	570	—	7.0	11.0	—	900	245	40	302~363
		Ⅱ								215	80	
GH4133B	(1080℃±10℃,保温 8h,空冷)+(750℃±10℃,保温 16h,空冷)	Ⅰ	20	1060	735	16	18.0	31	750	392	50	262~352
		Ⅱ	750	750	实测	12	15.0		750	345	50	262~352

注：1. GH4033、GH4049 合金的高温持久性能Ⅱ检验组别复验时采用。
2. GH2130、GH4037 合金的高温持久性能检验组别需方有要求时应在合同中注明，如合同不注明则由供方任意选取。
3. GH4133B 合金的力学性能检验组别订货时应注明，不注明时按Ⅰ组供货。
4. 直径小于 20mm 棒材力学性能指标按上述规定。直径小于 16mm 棒材的冲击，直径小于 14mm 棒材的持久，直径小于 10mm 棒材的高温拉伸，在中间坯上取样做试验。

① 直径 45~55mm 棒材，硬度 HBW255~311；高温持久性能每 10 炉应有一根拉至断裂，实测伸长率和断面收缩率。
② 每 5~30 炉取一个高温持久试样按Ⅱ组条件拉断，实测伸长率和断面收缩率。
③ 每 10~20 炉取一个高温持久试样按Ⅱ组条件拉断。如 200h 没断，则一次加力至 245MPa 拉断，实测伸长率和断面收缩率。

合金的成品化学成分允许偏差应符合表 4-204 的规定。

表 4-204　转动部件用高温合金热轧棒材的化学成分允许偏差（化学成分,%）（摘自 GB/T 14993—2008）

元素	规定元素的范围	允许偏差		元素	规定元素的范围	允许偏差	
		下极限偏差	上极限偏差			下极限偏差	上极限偏差
C	≤0.10	—	—	V	全范围	0.02	0.02
	>0.10~0.25	0.01	0.01	Cr	>5.0~15.0	0.15	0.15
	>0.25	0.02	0.02		>15.0~25.0	0.25	0.25
Si	≤0.05	0.01	0.01	Fe	≤5.0	0.05	0.05
	>0.05~0.25	0.02	0.02		>5.0~10.0	0.10	0.10
	>0.25~0.50	0.03	0.03		>10.0~15.0	0.15	0.15
	>0.50~1.00	0.05	0.05		>15.0~30.0	0.30	0.30
Mn	≤1.00	0.03	0.03		>30.0~50.0	0.45	0.45
	>1.00~3.00	0.04	0.04	Ni	>20.0~30.0	0.25	0.25
	>3.00	0.07	0.07		>30.0~40.0	0.30	0.30
P	全范围	—	0.005		>40.0~60.0	0.35	0.35
S	全范围	—	0.003		>60.0~80.0	0.45	0.45

（续）

元素	规定元素的范围	允许偏差		元素	规定元素的范围	允许偏差	
		下极限偏差	上极限偏差			下极限偏差	上极限偏差
Al	≤5.0 >5.0	0.02 0.10	0.02 0.10	Nb	≤5.0 5.0	0.02 0.10	0.02 0.10
Ti	≤0.50 >0.50~1.00 >1.00~2.00 >2.00~3.50 >3.50~5.00	0.03 0.04 0.05 0.07 0.10	0.03 0.04 0.05 0.07 0.10	W	≤5.0 >5.0	0.05 0.10	0.05 0.10
				Mo	≤5.0 >5.0	0.02 0.10	0.02 0.10
Co	≤0.20 >0.20~1.00 >1.00~5.00	0.02 0.03 0.05	0.02 0.03 0.05	Cu	≤0.20 >0.20~0.50 >0.50~5.00	0.02 0.03 0.04	0.02 0.03 0.04

4.4 非铁金属

4.4.1 铜和铜合金

4.4.1.1 铸造铜合金（见表 4-205~表 4-208）

合金铸造方法代号：

S——砂型铸造

J——金属型铸造

La——连续铸造

Li——离心铸造

R——熔模铸造

合金成分中主要元素含量应符合表 4-205，杂质元素含量应符合表 4-206。对以上二表中未包含的存在元素，由供需双方商定。

ZCuAl10Fe3 合金用于焊接件，铅含量不得超过 0.02%。

ZCuZn40Mn3Fe1 合金用于船舶螺旋桨，铜含量为 55.0%~59.0%。

ZCuSn5Pb5Zn5、ZCuSn10Zn2、ZCuPb10Sn10、ZCuPb15Sn8 和 ZCuPb20Sn5 合金用于离心铸造和连续铸造，磷含量由供需双方商定。

ZCuAl8Mn13Fe3Ni2 合金用于金属型铸造和离心铸造，铝含量为 6.8%~8.5%。

合金铸态的室温力学性能应符合表 4-207。

力学性能试样允许取自铸件本体，取样部位需经需方认可。

拉伸试样采用工作部分直径为 14mm、标距为 70mm 的短比例试样。经需方认可，允许使用工作部分直径为其他尺寸的短比例试样。砂型铸件本体试样的抗拉强度不应低于表 4-207 中规定值的 80%，伸长率不应低于表 4-207 中规定值的 50%。

铸造铜合金的主要特征和应用举例见表 4-208。

表 4-205 铸造铜及铜合金主要元素化学成分（摘自 GB/T 1176—2013）

序号	合金牌号	合金名称	主要元素含量（质量分数，%）										
			Sn	Zn	Pb	P	Ni	Al	Fe	Mn	Si	其他	Cu
1	ZCu99	99 铸造纯铜											≥99.0
2	ZCuSn3Zn8Pb6Ni1	3-8-6-1 锡青铜	2.0~4.0	6.0~9.0	4.0~7.0		0.5~1.5						其余
3	ZCuSn3Zn11Pb4	3-11-4 锡青铜	2.0~4.0	9.0~13.0	3.0~6.0								其余
4	ZCuSn5Pb5Zn5	5-5-5 锡青铜	4.0~6.0	4.0~6.0	4.0~6.0								其余
5	ZCuSn10P1	10-1 锡青铜	9.0~11.5			0.8~1.1							其余
6	ZCuSn10Pb5	10-5 锡青铜	9.0~11.0		4.0~6.0								其余
7	ZCuSn10Zn2	10-2 锡青铜	9.0~11.0	1.0~3.0									其余
8	ZCuPb9Sn5	9-5 铅青铜	4.0~6.0		8.0~10.0								其余
9	ZCuPb10Sn10	10-10 铅青铜	9.0~11.0		8.0~11.0								其余

（续）

序号	合金牌号	合金名称	主要元素含量(质量分数,%)										
			Sn	Zn	Pb	P	Ni	Al	Fe	Mn	Si	其他	Cu
10	ZCuPb15Sn8	15-8 铅青铜	7.0~9.0		13.0~17.0								其余
11	ZCuPb17Sn4Zn4	17-4-4 铅青铜	3.5~5.0	2.0~6.0	14.0~20.0								其余
12	ZCuPb20Sn5	20-5 铅青铜	4.0~6.0		18.0~23.0								其余
13	ZCuPb30	30 铅青铜			27.0~33.0								其余
14	ZCuAl8Mn13Fe3	8-13-3 铝青铜						7.0~9.0	2.0~4.0	12.0~14.5			其余
15	ZCuAl8Mn13Fe3Ni2	8-13-3-2 铝青铜					1.8~2.5	7.0~8.5	2.5~4.0	11.5~14.0			其余
16	ZCuAl8Mn14Fe3Ni2	8-14-3-2 铝青铜		<0.5			1.9~2.3	7.4~8.1	2.6~3.5	12.4~13.2			其余
17	ZCuAl9Mn2	9-2 铝青铜						8.0~10.0		1.5~2.5			其余
18	ZCuAl8Be1Co1	8-1-1 铝青铜						7.0~8.5	<0.4			Be 0.7~1.0 Co 0.7~1.0	其余
19	ZCuAl9Fe4Ni4Mn2	9-4-4-2 铝青铜					4.0~5.0*	8.5~10.0	4.0~5.0*	0.8~2.5			其余
20	ZCuAl10Fe4Ni4	10-4-4 铝青铜					3.5~5.5	9.5~11.0	3.5~5.5				其余
21	ZCuAl10Fe3	10-3 铝青铜						8.5~11.0	2.0~4.0				其余
22	ZCuAl10Fe3Mn2	10-3-2 铝青铜						9.0~11.0	2.0~4.0	1.0~2.0			其余
23	ZCuZn38	38 黄铜		其余									60.0~63.0
24	ZCu2n21Al5Fe2Mn2	21-5-2-2 铝黄铜	<0.5	其余				4.5~6.0	2.0~3.0	2.0~3.0			67.0~70.0
25	ZCuZn25Al6Fe3Mn3	25-6-3-3 铝黄铜		其余				4.5~7.0	2.0~4.0	2.0~4.0			60.0~66.0
26	ZCuZn26Al4Fe3Mn3	26-4-3-3 铝黄铜		其余				2.5~5.0	2.0~4.0	2.0~4.0			60.0~66.0
27	ZCuZn31Al2	31-2 铝黄铜		其余				2.0~3.0					66.0~68.0
28	ZCuZn35Al2Mn2Fe1	35-2-2-1 铝黄铜		其余				0.5~2.5	0.5~2.0	0.1~3.0			57.0~65.0
29	ZCuZn38Mn2Pb2	38-2-2 锰黄铜		其余	1.5~2.5					1.5~2.5			57.0~60.0
30	ZCuZn40Mn2	40-2 锰黄铜		其余						1.0~2.0			57.0~60.0
31	ZCuZn40Mn3Fe1	40-3-1 锰黄铜		其余					0.5~1.5	3.0~4.0			53.0~58.0
32	ZCuZn33Pb2	33-2 铅黄铜		其余	1.0~3.0								63.0~67.0

（续）

序号	合金牌号	合金名称	主要元素含量(质量分数,%)										
			Sn	Zn	Pb	P	Ni	Al	Fe	Mn	Si	其他	Cu
33	ZCuZn40Pb2	40-2 铅黄铜		其余	0.5~2.5			0.2~0.8					58.0~63.0
34	ZCuZn16Si4	16-4 硅黄铜		其余							2.5~4.5		79.0~81.0
35	ZCuNi10Fe1Mn1	10-1-1 镍白铜					9.0~11.0		1.0~1.8	0.8~1.5			84.5~87.0
36	ZCuNi30Fe1Mn1	30-1-1 镍白铜					29.5~31.5		0.25~1.5	0.8~1.5			65.0~67.0

注：＊表示铁的含量不能超过镍的含量。

表 4-206　铸造铜及铜合金杂质元素化学成分（摘自 GB/T 1176—2013）

序号	合金牌号	杂质元素含量(质量分数,%) ≤															
		Fe	Al	Sb	Si	P	S	As	C	Bi	Ni	Sn	Zn	Pb	Mn	其他	总和
1	ZCu99					0.07						0.4					1.0
2	ZCuSn3Zn8Pb6Ni1	0.4	0.02	0.3	0.02	0.05											1.0
3	ZCuSn3Zn11Pb4	0.5	0.02	0.3	0.02	0.05											1.0
4	ZCuSn5Pb5Zn5	0.3	0.01	0.25	0.01	0.05	0.10				2.5*						1.0
5	ZCuSn10P1	0.1	0.01	0.05	0.02		0.05				0.10		0.05	0.25	0.05		0.75
6	ZCuSn10Pb5	0.3	0.02	0.3		0.05							1.0*				1.0
7	ZCuSn10Zn2	0.25	0.01	0.3	0.01	0.05	0.10				2.0*			1.5*	0.2		1.5
8	ZCuPb9Sn5			0.5		0.10					2.0*		2.0*				1.0
9	ZCuPb10Sn10	0.25	0.01	0.5	0.01	0.05	0.10				2.0*		2.0*		0.2		1.0
10	ZCuPb15Sn8	0.25	0.01	0.5	0.01	0.10	0.10				2.0*		2.0*		0.2		1.0
11	ZCuPb17Sn4Zn4	0.4	0.05	0.3	0.02	0.05											0.75
12	ZCuPb20Sn5	0.25	0.01	0.75	0.01	0.10	0.10				2.5*		2.0*		0.2		1.0
13	ZCuPb30	0.5	0.01	0.2	0.02	0.08		0.10		0.005		1.0			0.3		1.0
14	ZCuAl8Mn13Fe3				0.15				0.10				0.3*	0.02			1.0
15	ZCuAl8Mn13Fe3Ni2				0.15				0.10				0.3*	0.02			1.0
16	ZCuAl8Mn14Fe3Ni2				0.15				0.10					0.02			1.0
17	ZCuAl9Mn2			0.05	0.20	0.10		0.05				0.2	1.5*	0.1			1.0
18	ZCuAl8Be1Co1			0.05	0.10				0.10					0.02			1.0
19	ZCuAl9Fe4Ni4Mn2				0.15				0.10					0.02			1.0
20	ZCuAl0Fe4Ni			0.05	0.20	0.1		0.05				0.2	0.5	0.05	0.5		1.5
21	ZCuAl10Fe3				0.20						3.0*	0.3	0.4	0.2	1.0*		1.0
22	ZCuAl10Fe3Mn2			0.05	0.10	0.01		0.01				0.1	0.5*	0.3			0.75
23	ZCuZn38	0.8	0.5	0.1		0.01				0.002		2.0*					1.5
24	ZCuZn21Al5Fe2Mn2			0.1										0.1			1.0
25	ZCuZn25Al6Fe3Mn3				0.10						3.0*	0.2		0.2			2.0
26	ZCuZn26Al4Fe3Mn3				0.10						3.0*	0.2		0.2			2.0
27	ZCuZn31Al2	0.8										1.0*		1.0*	0.5		1.5
28	ZCuZn35Al2Mn2Fe1				0.10						3.0*	1.0*		0.5		Sb+P+As 0.40	2.0
29	ZCuZn38Mn2Pb2	0.8	1.0*	0.1								2.0*					2.0
30	ZCuZn40Mn2	0.8	1.0*	0.1								1.0					2.0
31	ZCuZn40Mn3Fe1		1.0*	0.1								0.5		0.5			1.5
32	ZCuZn33Pb2	0.8	0.1		0.05	0.05					1.0*	1.5*			0.2		1.5
33	ZCuZn40Pb2	0.8		0.05							1.0*	1.0*			0.5		1.5

（续）

序号	合金牌号	杂质元素含量(质量分数,%) ≤															
		Fe	Al	Sb	Si	P	S	As	C	Bi	Ni	Sn	Zn	Pb	Mn	其他	总和
34	ZCuZn16Si4	0.6	0.1	0.1								0.3		0.5	0.5		2.0
35	ZCuNi10Fe1Mn1				0.25	0.02	0.02		0.1					0.01			1.0
36	ZCuNi30Fe1Mn1				0.5	0.02	0.02		0.15					0.01			1.0

注：1. 有“*”符号的元素不计入杂质总和。
2. 未列出的杂质元素，计入杂质总和。

表 4-207　铸造铜及铜合金室温力学性能（摘自 GB/T 1176—2013）

序号	合金牌号	铸造方法	室温力学性能,≥			
			抗拉强度 R_m/MPa	规定塑性延伸强度 $R_{p0.2}$/MPa	伸长率 A(%)	布氏硬度 HBW
1	ZCu99	S	150	40	40	40
2	ZCuSn3Zn8Pb6Ni1	S	175		8	60
		J	215		10	70
3	ZCuSn3Zn11Pb4	S、R	175		8	60
		J	215		10	60
4	ZCuSn5Pb5Zn5	S、J、R	200	90	13	60*
		Li、La	250	100	13	65*
5	ZCuSn10P1	S、R	220	130	3	80*
		J	310	170	2	90*
		Li	330	170	4	90*
		La	360	170	6	90*
6	ZCuSn10Pb5	S	195		10	70
		J	245		10	70
7	ZCuSn10Zn2	S	240	120	12	70*
		J	245	140	6	80*
		Li、La	270	140	7	80*
8	ZCuPb9Sn5	La	230	110	11	60
9	ZCuPb10Sn10	S	180	80	7	65*
		J	220	140	5	70*
		Li、La	220	110	6	70*
10	ZCuPb15Sn8	S	170	80	5	60*
		J	200	100	6	65*
		Li、La	220	100	8	65*
11	ZCuPb17Sn4Zn4	S	150		5	55
		J	175		7	60
12	ZCuPb20Sn5	S	150	60	5	45*
		J	150	70	6	55*
		La	180	80	7	55*
13	ZCuPb30	J				25
14	ZCuAl8Mn13Fe3	S	600	270	15	160
		J	650	280	10	170
15	ZCuAl8Mn13Fe3Ni2	S	645	280	20	160
		J	670	310	18	170
16	ZCuAl8Mn14Fe3Ni2	S	735	280	15	170
17	ZCuAl9Mn2	S、R	390	150	20	85
		J	440	160	20	95
18	ZCuAl8Be1Co1	S	647	280	15	160
19	ZCuAl9Fe4Ni4Mn2	S	630	250	16	160

（续）

序号	合金牌号	铸造方法	室温力学性能，≥			
			抗拉强度 R_m/MPa	规定塑性延伸强度 $R_{p0.2}$/MPa	伸长率 A(%)	布氏硬度 HBW
20	ZCuAl10Fe4Ni4	S	539	200	5	155
		J	588	235	5	166
21	ZCuAl10Fe3	S	490	180	13	100*
		J	540	200	15	110*
		Li、La	540	200	15	110*
22	ZCuAl10Fe3Mn2	S、R	490		15	110
		J	540		20	120
23	ZCuZn38	S	295	95	30	60
		J	295	95	30	70
24	2CuZn21Al5Fe2Mn2	S	608	275	15	160
25	ZCuZn25Al6Fe3Mn3	S	725	380	10	160*
		J	740	400	7	170*
		Li、La	740	400	7	170*
26	ZCuZn26Al4Fe3Mn3	S	600	300	18	120*
		J	600	300	18	130*
		Li、La	600	300	18	130*
27	ZCuZn31Al2	S、R	295		12	80
		J	390		15	90
28	ZCuZn35Al2Mn2Fe2	S	450	170	20	100*
		J	475	200	18	110*
		Li、La	475	200	18	110*
29	ZCuZn38Mn2Pb2	S	245		10	70
		J	345		18	80
30	ZCuZn40Mn2	S、R	345		20	80
		J	390		25	90
31	ZCuZn40Mn3Fe1	S、R	440		18	100
		J	490		15	110
32	ZCuZn33Pb2	S	180	70	12	50*
33	ZCuZn40Pb2	S、R	220	95	15	80*
		J	280	120	20	90*
34	ZCuZn16Si4	S、R	345	180	15	90
		J	390		20	100
35	ZCuNi10Fe1Mn1	S、J、Li、La	310	170	20	100
36	ZCuNi30Fe1Mn1	S、J、Li、La	415	220	20	140

注：有“*”符号的数据为参考值。

表 4-208　铸造铜及铜合金的主要特征和应用举例（摘自 GB/T 1176—2013）

序号	合金牌号	主要特征	应用举例
1	ZCu99	很高的导电、传热和延伸性能，在大气、淡水和流动不大的海水中具有良好的耐蚀性；凝固温度范围窄，流动性好，适用于砂型、金属型、连续铸造，适用于氩弧焊接	在黑色金属冶炼中用作高炉风、渣口小套，高炉风、渣中小套，冷却板，冷却壁；电炉炼钢用氧枪喷头、电极夹持器、熔沟；在有色金属冶炼中用作闪速炉冷却用件；大型电机用屏蔽罩、导电连接件；另外还可用于饮用水管道、铜坩埚等
2	ZCuSn3Zn8Pb6Ni1	耐磨性能好，易加工，铸造性能好，气密性能较好，耐腐蚀，可在流动海水下工作	在各种液体燃料以及海水、淡水和蒸汽（≤225℃）中工作的零件，压力不大于 2.5MPa 的阀门和管配件
3	ZCuSn3Zn11Pb4	铸造性能好，易加工，耐腐蚀	海水、淡水、蒸汽中，压力不大于 2.5MPa 的管配件

（续）

序号	合金牌号	主要特征	应用举例
4	ZCuSn5Pb5Zn5	耐磨性和耐蚀性好，易加工，铸造性能和气密性较好	在较高负荷，中等滑动速度下工作的耐磨、耐腐蚀零件，如轴瓦、衬套、缸套、活塞离合器、泵件压盖以及蜗轮等
5	ZCuSn10P1	硬度高，耐磨性较好，不易产生咬死现象，有较好的铸造性能和切削性能，在大气和淡水中有良好的耐蚀性	可用于高负荷（20MPa以下）和高滑动速度（8m/s）下工作的耐磨零件，如连杆、衬套、轴瓦、齿轮、蜗轮等
6	ZCuSn10Pb5	耐腐蚀，特别是对稀硫酸、盐酸和脂肪酸具有耐腐蚀作用	结构材料、耐蚀、耐酸的配件以及破碎机衬套、轴瓦
7	ZCuSn10Zn2	耐蚀性、耐磨性和切削加工性能好，铸造性能好，铸件致密性较高，气密性较好	在中等及较高负荷和小滑动速度下工作的重要管配件，以及阀、旋塞、泵体、齿轮、叶轮和蜗轮等
S	ZCuPb10Sn5	润滑性、耐磨性能良好，易切削，可焊性良好，软钎焊性、硬钎焊性均良好，不推荐氧燃烧气焊和各种形式的电弧焊	轴承和轴套，汽车用衬管轴承
9	ZCuPb10Sn10	润滑性能、耐磨性能和耐蚀性能好，适合用作双金属铸造材料	表面压力高，又存在侧压的滑动轴承，如轧辊、车辆用轴承、负荷峰值60MPa的受冲击零件，最高峰值达100MPa的内燃机双金属轴瓦，及活塞销套、摩擦片等
10	ZCuPb15Sn8	在缺乏润滑剂和用水质润滑剂条件下，滑动性和自润滑性能好，易切削，铸造性能差，对稀硫酸耐蚀性能好	表面压力高，又有测压力的轴承，可用来制造冷轧机的铜冷却管，耐冲击负荷达50MPa的零件，内燃机的双金属轴瓦，主要用于最大负荷达70MPa的活塞销套，耐酸配件
11	ZCuPb17Sn4Zn4	耐磨性和自润滑性能好，易切削、铸造性能差	一般耐磨件，高滑动速度的轴承等
12	ZCuPb20Sn5	有较高滑动性能，在缺乏润滑介质和以水为介质时有特别好的自润滑性能，适用于双金属铸造材料，耐硫酸腐蚀，易切削，铸造性能差	高滑动速度的轴承，以及破碎机、水泵、冷轧机轴承，负荷达40MPa的零件，抗腐蚀零件，双金属轴承，负荷达70MPa的活塞销套
13	ZCuPb30	有良好的自润滑性，易切削，铸造性能差，易产生比重偏析	要求高滑动速度的双金属轴承、减磨零件等
14	ZCuAl8Mn13Fe3	具有很高的强度和硬度，良好的耐磨性能和铸造性能，合金致密性能高，耐蚀性好，作为耐磨件工作温度不大于400℃，可以焊接，不易钎焊	适用于制造重型机械用轴套，以及要求强度高、耐磨、耐压零件，如衬套、法兰、阀体、泵体等
15	ZCuAl8Mn13Fe3Ni2	有很高的力学性能，在大气、淡水和海水中均有良好的耐蚀性，腐蚀疲劳强度高，铸造性能好，合金组织致密，气密性好，可以焊接，不易钎焊	要求强度高耐腐蚀的重要铸件，如船舶螺旋桨、高压阀体、泵体，以及耐压、耐磨零件，如蜗轮、齿轮、法兰、衬套等
16	ZCuAl8Mn14Fe3Ni2	有很高的力学性能，在大气、淡水和海水中具有良好的耐蚀性，腐蚀疲劳强度高，铸造性能好，合金组织致密，气密性好，可以焊接，不易钎焊	要求强度高，耐腐蚀性好的重要铸件，是制造各类船舶螺旋桨的主要材料之一
17	ZCuAl9Mn2	有高的力学性能，在大气、淡水和海水中耐蚀性好，铸造性能好，组织致密，气密性高，耐磨性好，可以焊接，不易钎焊	耐蚀、耐磨零件、形状简单的大型铸件，如衬套、齿轮、蜗轮，以及在250℃以下工作的管配件和要求气密性高的铸件，如增压器内气封
18	ZCuAl8Be1Co1	有很高的力学性能，在大气、淡水和海水中具有良好的耐蚀性，腐蚀疲劳强度高，耐空泡腐蚀性能优异，铸造性能好，合金组织致密，可以焊接	要求强度高，耐腐蚀、耐空蚀的重要铸件，主要用于制造小型快艇螺旋桨

（续）

序号	合金牌号	主要特征	应用举例
19	ZCuAl9Fe4Ni4Mn2	有很高的力学性能，在大气、淡水和海水中耐蚀性好，铸造性能好，在400℃以下具有耐热性，可以热处理，焊接性能好，不易钎焊，铸造性能尚好	要求强度高、耐蚀性好的重要铸件，是制造船舶螺旋桨的主要材料之一，也可用作耐磨和400℃以下工作的零件，如轴承、齿轮、蜗轮、螺帽、法兰、阀体、导向套筒
20	ZCuAl10Fe4Ni4	有很高的力学性能，良好的耐蚀性，高的腐蚀疲劳强度，可以热处理强化，在400℃以下有高的耐热性	高温耐蚀零件，如齿轮、球形座、法兰、阀导管及航空发动机的阀座，抗蚀零件，如轴瓦、蜗杆、酸洗吊钩及酸洗筐、搅拌器等
21	ZCuAl10Fe3	具有高的力学性能，耐磨性和耐蚀性能好，可以焊接，不易钎焊，大型铸件700℃空冷可以防止变脆	要求强度高、耐磨、耐蚀的重型铸件，如轴套、螺母、蜗轮以及250℃以下工作的管配件
22	ZCuAl10Fe3Mn2	具有高的力学性能和耐磨性，可热处理，高温下耐蚀性和抗氧化性能好，在大气、淡水和海水中耐蚀性好，可以焊接，不易钎焊，大型铸件700℃空冷可以防止变脆	要求强度高、耐磨、耐蚀的零件，如齿轮、轴承、衬套、管嘴，以及耐热管配件等
23	ZCuZn38	具有优良的铸造性能和较高的力学性能，切削加工性能好，可以焊接，耐蚀性较好，有应力腐蚀开裂倾向	一般结构件和耐蚀零件，如法兰、阀座、支架、手柄和螺母等
24	ZCuZn21Al5Fe2Mn2	有很高的力学性能，铸造性能良好，耐蚀性较好，有应力腐蚀开裂倾向	适用高强、耐磨零件，小型船舶及军辅船螺旋桨
25	ZCuZn25Al6Fe3Mn3	有很高的力学性能，铸造性能良好，耐蚀性较好，有应力腐蚀开裂倾向，可以焊接	适用高强、耐磨零件，如桥梁支撑板、螺母、螺杆、耐磨板、滑块和蜗轮等
26	ZCuZn26Al4Fe3Mn3	有很高的力学性能，铸造性能良好，在空气、淡水和海水中耐蚀性较好，可以焊接	要求强度高、耐蚀零件
27	ZCuZn31Al2	铸造性能良好，在空气、淡水、海水中耐蚀性较好，易切屑，可以焊接	适用于压力铸造，如电机、仪表等压力铸件，以及造船和机械制造业的耐蚀零件
28	ZCuZn35Al2Mn2Fe1	具有高的力学性能和良好的铸造性能，在大气、淡水、海水中有较好的耐蚀性，切削性能好，可以焊接	管路配件和要求不高的耐磨件
29	ZCuZn38Mn2Pb2	有较高的力学性能和耐蚀性，耐磨性较好，切削性能良好	一般用途的结构件，船舶、仪表等使用的外形简单的铸件，如套筒、衬套、轴瓦、滑块等
30	ZCuZn40Mn2	有较高的力学性能和耐蚀性，铸造性能好，受热时组织稳定	在空气、淡水、海水、蒸汽（小于300℃）和各种液体燃料中工作的零件和阀体、阀杆、泵、管接头，以及需要浇注巴氏合金和镀锡零件等
31	ZCuZn40Mn3Fe1	有高的力学性能，良好的铸造性能和切削加工性能，在空气、淡水、海水中耐蚀性能好，有应力腐蚀开裂倾向	耐海水腐蚀的零件，300℃以下工作的管配件，制造船舶螺旋桨等大型铸件
32	ZCuZn33Pb2	结构材料，给水温度为90℃时抗氧化性能好，电导率约为10MS/m～14MS/m	煤气和给水设备的壳体，机器制造业，电子技术，精密仪器和光学仪器的部分构件和配件
33	ZCuZn40Pb2	有好的铸造性能和耐磨性，切削加工性能好，耐蚀性较好，在海水中有应力倾向	一般用途的耐磨、耐蚀零件，如轴套、齿轮等
34	ZCuZn16Si4	具有较高的力学性能和良好的耐蚀性，铸造性能好；流动性高，铸件组织致密，气密性好	接触海水工作的管配件以及水泵、叶轮、旋塞和在空气、淡水、油、燃料，以及工作压力4.5MPa、250℃以下蒸汽中工作的铸件
35	ZCuNi10Fe1Mn1	具有高的力学性能和良好的耐海水腐蚀性能，铸造性能好，可以焊接	耐海水腐蚀的结构件和压力设备，海水泵、阀和配件
36	ZCuNi30Fe1Mn1	具有高的力学性能和良好的耐海水腐蚀性能，铸造性能好，铸件致密，可以焊接	用于需要抗海水腐蚀的阀、泵体、凸轮和弯管等

铜合金铸件的合金牌号、化学成分、力学性能、试件尺寸应符合 GB/T 1176—2013 的规定。

铸件图样的标记按 GB/T 13819—2013《铜及铜合金铸件》的规定。规定如下：

```
×××××—××—GB/T 13819
                   └——标准编号
         └——————————铸造方法代号(S、J、La、Li、R)
   └————————————————合金牌号
```

标记示例：5-5-5 铸造锡青铜，砂型铸造，执行标准 GB/T 13819，标记为：ZCuSn5Pb5Zn5-S-GB/T 13819。

4.4.1.2　加工铜和铜合金的特性和应用（见表 4-209）

表 4-209　加工铜和铜合金的特性和应用举例

分类	组别	代号	特性及应用举例
加工铜	纯铜	T1 T2	有良好的导电、导热、耐蚀和加工性能,可以焊接和钎焊。含降低导电、导热性的杂质较少,微量的氧对导电、导热和加工等性能影响不大,但易引起“氢病”,不宜在高温(如>370℃)还原性气氛中加工(退火、焊接等)和使用。用于导电、导热、耐蚀器材,如电线、电缆、导电螺钉、爆破用雷管、化工用蒸发器、贮藏器及各种管道等
		T3	有较好的导电、导热、耐蚀和加工性能,可以焊接和钎焊;但含降低导电、导热性的杂质较多,含氧量更高,更易引起“氢病”,不能在高温还原性气氛中加工、使用。用于一般铜材,如电气开关、垫圈、垫片、铆钉、管嘴、油管及其他管道等
	无氧铜	TU1、TU2	纯度高,导电、导热性极好,无“氢病”或极少“氢病”;加工性能和焊接、耐蚀、耐寒性均好。主要用作电真空仪器仪表器件
	磷脱氧铜	TP1 TP2	焊接性能和冷弯性能好,一般无“氢病”倾向,可在还原性气氛中加工、使用,但不宜在氧化性气氛中加工、使用。TP1 的残留磷量比 TP2 少,故其导电、导热性较 TP2 高。主要以管材应用,也可以板、带或棒、线供应。用作汽油或气体输送管、排水管、冷凝管、水雷用管、冷凝器、蒸发器、热交换器、火车厢零件
加工黄铜	普通黄铜	H96	强度比纯铜高(但在普通黄铜中,它是最低的),导热、导电性好,在大气和淡水中有高的耐蚀性,有良好的塑性,易于冷、热压力加工,易于焊接、锻造和镀锡,无应力腐蚀破裂倾向。在一般机械制造中用作导管、冷凝管、汽车水箱带以及导电零件等
		H90	性能和 H96 相似,但强度较 H96 稍高,可镀金属及涂敷珐琅。供水及排水管、奖章、艺术品、水箱带、双金属片
		H80	强度较高,塑性也较好,在大气、淡水及海水中有较高的耐蚀性。用作造纸网、薄壁管、皱纹管及房屋建筑用品
		H70 H68	有极好的塑性(是黄铜中最佳者)和较高的强度,可加工性能好,易焊接,对一般腐蚀非常安定,但易产生腐蚀开裂。H68 是普通黄铜中应用最广泛的品种。用于制造复杂的冷冲件和深冲件,如散热器外壳、导管、波纹管、弹壳、垫片、雷管、光学仪器零件等
		H65	性能介于 H68 和 H62 之间,价格比 H68 便宜,也有较高的强度和塑性,能良好地承受冷、热压力加工,有腐蚀破裂倾向。作小五金、日用品、小弹簧、螺钉、铆钉和机器零件
		H63 H62	有良好的力学性能,热态下塑性良好,冷态下塑性也可以,可加工性好,易钎焊和焊接,耐蚀,但易产生腐蚀破裂,此外价格便宜,是应用广泛的普通黄铜品种。用于各种深拉伸和弯折制造的受力零件,如销钉、铆钉、垫圈、螺母、导管、气压表弹簧、筛网、散热器零件、光学仪器零件等
		H59	价格最便宜,强度、硬度高而塑性差,但在热态下仍能很好地承受压力加工,耐蚀性一般,其他性能和 H62 相近。用于一般机器零件、焊接件、热冲及热轧零件
	镍黄铜	HNi65-5 HNi56-3	有高的耐蚀性和减摩性,良好的力学性能,在冷态和热态下压力加工性能极好,对脱锌和“季裂”比较稳定,导热导电性低,但因镍的价格较贵,故 HNi65-5 一般用得不多。用于压力表管、造纸网、船舶用冷凝管等,可作锡磷青铜和德银的代用品
	铁黄铜	HFe59-1-1	具有高的强度、韧性,减摩性能良好,在大气、海水中的耐蚀性高,但有腐蚀破裂倾向,热态下塑性良好。用于制造在摩擦和受海水腐蚀条件下工作的结构零件

（续）

分类	组别	代号	特性及应用举例
加工黄铜	铁黄铜	HFe58-1-1	强度、硬度高，可加工性好，但塑性下降，只能在热态下压力加工，耐蚀性尚好，有腐蚀破裂倾向。适于用热压和切削加工法制作的高强度耐蚀零件
	铅黄铜	HPb63-3	含铅高的铅黄铜，不能热态加工，可加工性极为优良，且有高的减摩性能，其他性能和 HPb59-1 相似。主要用于要求可加工性极高的钟表结构零件及汽车拖拉机零件
		HPb59-1	应用较广的铅黄铜，它的特点是可加工性好，有良好的力学性能，能承受冷、热压力加工，易钎焊和焊接，对一般腐蚀有良好的稳定性，但有腐蚀破裂倾向。适于以热冲压和切削加工制作的各种结构零件，如螺钉、垫圈、垫片、衬套、螺母、光学仪器零件等
	铝黄铜	HAl67-2.5	在冷态热态下能良好的承受压力加工，耐磨性好，对海水的耐蚀性尚可，对腐蚀破裂敏感，钎焊和镀锡性能不好。用于海船抗蚀零件
		HAl66-6-3-2	为耐磨合金，具有高的强度、硬度和耐磨性，耐蚀性也较好，但有腐蚀破裂倾向，塑性较差。为铸造黄铜的移植品种。用于重负荷下工作中固定螺钉的螺母及大型蜗杆传动；可作铝青铜 QAl10-4-4 的代用品
		HAl60-1-1	具有高的强度，在大气、淡水和海水中耐蚀性好，但对腐蚀破裂敏感，在热态下压力加工性好，冷态下可塑性低。用作要求耐蚀的结构零件，如齿轮、蜗轮、衬套、轴等
	锰黄铜	HMn58-2	在海水和过热蒸汽、氯化物中有高的耐蚀性，但有腐蚀破裂倾向；力学性能良好，导热导电性低，易于在热态下进行压力加工，冷态下压力加工性尚可，是应用较广的黄铜品种。用于腐蚀条件下工作的重要零件和弱电流工业用零件
		HMn57-3-1	强度、硬度高，塑性低，只能在热态下进行压力加工；在大气、海水、过热蒸汽中的耐蚀性比一般黄铜好，但有腐蚀破裂倾向。用于制造要求耐腐蚀结构零件
		HMn55-3-1	性能和 HMn57-3-1 接近，为铸造黄铜的移植品种，用于耐腐蚀结构零件
	锡黄铜	HSn70-1	典型的锡黄铜，在大气、蒸汽、油类和海水中有高的耐蚀性，且有良好的力学性能，加工性尚可，易焊接和钎焊，在冷、热状态下压力加工性好，有腐蚀破裂倾向。用于海轮上的耐蚀零件（如冷凝气管），与海水、蒸汽、油类接触的导管，热工设备零件
		HSn62-1	在海水中有高的耐蚀性，有良好的力学性能，冷加工时有冷脆性，只适于热压加工，可加工性好，易焊接和钎焊，但有腐蚀破裂倾向。用作与海水或汽油接触的船舶零件或其他零件
	加砷黄铜	HSn70A	典型的锡黄铜。在大气、蒸汽、油类、海水中有高的耐蚀性。有高的力学性能，可切削性能，冷、热加工性能和焊接性能。有应力腐蚀开裂倾向。加微量 As 可防止脱锌腐蚀。用于海轮上的耐蚀零件，与海水、蒸汽、油类相接触的导管和零件
		H68A	H68 为典型的普通黄铜，为黄铜中塑性最佳者，应用最广。加微量 As 可防止脱锌腐蚀，进一步提高耐蚀性能。用于复杂冷冲件、深冲件、波导管、波纹管、子弹壳等
加工青铜	锡青铜	QSn4-3	含锌的锡青铜，有高的耐磨性和弹性，抗磁性良好，能很好地承受热态或冷态压力加工；在硬态下，可加工性好，易焊接和钎焊，在大气、淡水和海水中耐蚀性好。用于制造弹簧及其他弹性元件，化工设备的耐蚀零件、耐磨零件和抗磁零件、造纸工业用的刮刀
		QSn4-4-2.5 QSn4-4-4	为添有锌、铅合金元素的锡青铜，有高的减摩性和良好的可加工性，易于焊接和钎焊，在大气、淡水中具有良好的耐蚀性，只能在冷态下进行压力加工，因含铅，热加工时易引起热脆。用于制造在摩擦条件下工作的轴承、轴套、衬套等。QSn4-4-4 使用温度可达 300 ℃以下，是一种热强性较好的锡青铜

（续）

分类	组别	代号	特性及应用举例
加工青铜	锡青铜	QSn6.5-0.1	磷锡青铜，有高的强度、弹性、耐磨性和抗磁性，在热态和冷态下压力加工性良好，对电火花有较高的抗燃性，可焊接和钎焊，可加工性好，在大气和淡水中耐蚀。用于制造弹簧和导电性好的弹簧接触片，精密仪器中的耐磨零件和抗磁零件，如齿轮、电刷盒、振动片、接触器
		QSn6.5-0.4	磷锡青铜，性能用途和 QSn6.5-0.1 相似，因含磷量较高，其抗疲劳强度较高，弹性和耐磨性较好，但在热加工时有热脆性，只能接受冷压力加工。除用于弹簧和耐磨零件外，主要用于造纸工业制作耐磨的铜网
		QSn7-0.2	磷锡青铜，强度高，弹性和耐磨性好，易焊接和钎焊，在大气、淡水和海水中耐蚀性好，可加工性良好，适于热压加工。制造中等负荷、中等滑动速度下承受摩擦的零件，如抗磨垫圈、轴承、轴套、蜗轮等，还可用作弹簧
	铝青铜	QAl5	为不含其他元素的铝青铜，有较高的强度、弹性和耐磨性，在大气、淡水、海水和某些酸中耐蚀性高，可电焊、气焊，不易钎焊，能很好地在冷态或热态下承受压力加工，不能淬火回火强化。制造弹簧和其他要求耐蚀的弹性元件可作为 QSn6.5-0.4、QSn4-3 和 QSn4-4-4 的代用品
		QAl7	性能用途和 QAl5 相似，因含铝量稍高，其强度较高。
		QAl9-2	含锰的铝青铜，具有高的强度，在大气、淡水和海水中抗蚀性很好，可以电焊和气焊，不易钎焊，在热态和冷态下压力加工性均好。用于高强度耐蚀零件以及在 250 ℃以下蒸汽介质中工作的管配件和海轮上零件
		QAl9-4	为含铁的铝青铜。有高的强度和减摩性，良好的耐蚀性，热态下压力加工性良好，可电焊和气焊，但钎焊性不好，可用作高锡耐磨青铜的代用品。制作在高负荷下工作的抗磨、耐蚀零件，如轴承、轴套、齿轮、蜗轮、阀座等，也用于制作双金属耐磨零件
		QAl9-5-1-1 QAl10-5-5	含有铁、镍元素的铝青铜，属于高强度耐热青铜，高温（400 ℃）下力学性能稳定，有良好的减摩性，在大气、淡水和海水中耐蚀性好，热态下压力加工性良好，可热处理强化，可焊接，不易钎焊，可加工性尚好。镍含量增加，强度、硬度、高温强度、耐蚀性提高。用作高强度的耐磨零件和 400～500 ℃工作的零件，如轴衬、轴套、齿轮、球形座、螺母、法兰盘、滑座以及其他各种重要的耐蚀耐磨零件
		QAl10-3-1.5	为含有铁、锰元素的铝青铜，有高的强度和耐磨性，经淬火、回火后可提高硬度，有较好的高温耐蚀性和抗氧化性，在大气、淡水和海水中抗蚀性很好，可加工性尚可，可焊接，不易钎焊，热态下压力加工性良好。制造高温条件下工作的耐磨零件和各种标准件，如齿轮、轴承、衬套、圆盘、导向摇臂、飞轮、固定螺母等。可代替高锡青铜制作重要机件
		QAl10-4-4	为含有铁、镍元素的铝青铜，属于高强度耐热青铜，高温（400 ℃）下力学性能稳定，有良好的减摩性，在大气、淡水和海水中抗蚀性很好，热态下压力加工性良好，可热处理强化，可焊接，不易钎焊，可加工性尚好。用于制造高强度的耐磨零件和高温下（400 ℃）工作的零件，如轴衬、轴套、齿轮、球形座、螺母、法兰盘、滑座等以及其他各种重要的耐蚀耐磨零件
	铍青铜	QBe2	为含有少量镍的铍青铜，力学、物理、化学综合性能良好。经淬火调质后，具有高的强度、硬度、弹性、耐磨性、疲劳极限和耐热性；同时还具有高的导电性、导热性和耐寒性，无磁性，磁击时无火花，易于焊接和钎焊，在大气、淡水和海水中抗蚀性极好。用于制造各种精密仪表、仪器中的弹簧和弹性元件，各种耐磨零件以及在高速、高压和高温下工作的轴承、衬套，矿山和炼油厂用的冲击不生火花的工具以及各种深冲零件
		QBe1.7 QBe1.9	为含有少量镍、钛的铍青铜，具有和 QBe2 相近的特性，但其优点是：弹性迟滞小、疲劳强度高，温度变化时弹性稳定，性能对时效温度变化的敏感性小，价格较低廉，而强度和硬度比 QBe2 降低甚少。用于制造各种重要用途的弹簧、精密仪表的弹性元件、敏感元件以及承受高变向载荷的弹性元件，可代替 QBe2

（续）

分类	组别	代号	特性及应用举例
加工青铜	铍青铜	QBe1.9-0.1	为加有少量 Mg 的铍青铜。性能同 QBe1.9，但因加入微量 Mg，能细化晶粒，并提高强化相（γ_2 相）的弥散度和分布均匀性，从而大大提高合金的力学性能，提高合金时效后的弹性极限和力学性能的稳定性。制造各种重要用途的弹簧、精密仪表的弹性元件、敏感元件以及承受高变向载荷的弹性元件，可代替 QBe2 牌号的铍青铜
	硅青铜	QSi3-1	为加有锰的硅青铜，有高的强度、弹性和耐磨性，塑性好，低温下仍不变脆；能良好地与青铜、钢和其他合金焊接，特别是钎焊性好；在大气、淡水和海水中的耐蚀性高，对于苛性钠及氯化物的作用也非常稳定；能很好地承受冷、热压力加工，不能热处理强化，通常在退火和加工硬化状态下使用，此时有高的屈服极限和弹性。用于制造在腐蚀介质中工作的各种零件，弹簧和弹簧零件，以及蜗轮、蜗杆、齿轮、轴套、制动销和杆类耐磨零件，也用于制作焊接结构中的零件，可代替重要的锡青铜，甚至铍青铜
	锰青铜	QMn1.5 QMn2	含锰量较 QMn5 低，与 QMn5 比较，强度、硬度较低，但塑性较高，其他性能相似，QMn2 的力学性能稍高于 QMn1.5。用于电子仪表零件，也可作为蒸气锅炉管配件和接头等
		QMn5	为含锰量较高的锰青铜，有较高的强度、硬度和良好的塑性，能很好地在热态及冷态下承受压力加工，有好的耐蚀性，并有高的热强性，400 ℃下还能保持其力学性能。用于制作蒸汽机零件和锅炉的各种管接头、蒸汽阀门等高温耐蚀零件
	镉青铜	QCd1.0	具有高的导电性和导热性，良好的耐磨性和减摩性，抗蚀性好，压力加工性能良好，镉青铜的时效硬化效果不显著，一般采用冷作硬化来提高强度。用于工作温度 250 ℃下的电机整流子片、电车触线和电话用软线以及电焊机的电极和喷气技术中
加工白铜	普通白铜	B0.6	为电工铜镍合金，其特性是温差电动势小。最大工作温度为 100 ℃。用于制造特殊温差电偶（铂-铂铑热电偶）的补偿导线
		B5	为结构白铜，它的强度和耐蚀性都比铜高，无腐蚀破裂倾向。用作船舶耐蚀零件
		B19	为结构铜镍合金，有高的耐蚀性和良好的力学性能，在热态及冷态下压力加工性良好，在高温和低温下仍能保持高的强度和塑性，可加工性不好。用于在蒸气、淡水和海水中工作的精密仪表零件、金属网和抗化学腐蚀的化工机械零件以及医疗器具、钱币
	铁白铜	BFe10-1-1	为含镍较少的结构铁白铜，和 BFe30-1-1 相比，其强度、硬度较低，但塑性较高，耐蚀性相似。主要用于船舶业代替 BFe30-1-1 制作冷凝器及其他抗蚀零件
		BFe30-1-1	为结构铜镍合金，有良好的力学性能，在海水、淡水和蒸气中具有高的耐蚀性，但可加工性较差。用于海船制造业中制作高温、高压和高速条件下工作的冷凝器和恒温器的管材
	锰白铜	BMn3-12	为电工铜镍合金，俗称锰铜，特点是有高的电阻率和低的电阻温度系数，电阻长期稳定性高，对铜的热电动势小。广泛用于制造工作温度在 100 ℃以下的电阻仪器以及精密电工测量仪器
		BMn40-1.5	为电工铜镍合金，通常称为康铜，具有几乎不随温度而改变的高电阻率和高的热电动势，耐热性和抗蚀性好，且有高的力学性能和变形能力。为制造热电偶（900 ℃以下）的良好材料，工作温度在 500 ℃以下的加热器（电炉的电阻丝）和变阻器
		BMn43-0.5	为电工铜镍合金，通常称为考铜，它的特点是，在电工铜镍合金中具有最大的温差电动势，并有高的电阻率和很低的电阻温度系数，耐热性和抗蚀性也比 BMn40-1.5 好，同时具有高的力学性能和变形能力。在高温测量中，广泛用作补偿导线和热电偶的负极以及工作温度不超过 600 ℃的电热仪器
	锌白铜	BZn15-20	为结构铜镍合金，因其外表具有美丽的银白色，俗称德银（本来是中国银），这种合金具有高的强度和耐蚀性，可塑性好，在热态及冷态下均能很好地承受压力加工，可加工性不好，焊接性差，弹性优于 QSn6.5-0.1。用于潮湿条件下和强腐蚀介质中工作的仪表零件以及医疗器械、工业器皿、艺术品、电讯工业零件、蒸汽配件和水道配件、日用品及弹簧等
		BZn15-21-1.8 BZn15-24-1.5	为加有铅的锌白结构合金，性能和 BZn15-20 相似，但它的可加工性较好，而且只能在冷态下进行压力加工。用于手表工业制作精细零件

4.4.1.3 加工铜和铜合金的牌号和化学成分（见表 4-210~表 4-214）

各种铜合金加工成板、带、管、棒、线、箔等形状铜材，查生产单位样本。

表 4-210 加工铜化学成分（摘自 GB/T 5231—2012）

分类	牌号	化学成分（质量分数，%）												
		Cu+Ag（最小值）	P	Ag	Bi①	Sb①	As①	Fe	Ni	Pb	Sn	S	Zn	O
无氧铜	TU00	99.99②	0.0003	0.0025	0.0001	0.0004	0.0005	0.0010	0.0010	0.0005	0.0002	0.0015	0.0001	0.0005
		Te≤0.0002，Se≤0.0003，Mn≤0.00005，Cd≤0.0001												
	TU0	99.97	0.002		0.001	0.002	0.002	0.004	0.002	0.003	0.002	0.004	0.003	0.001
	TU1	99.97	0.002		0.001	0.002	0.002	0.004	0.002	0.003	0.002	0.004	0,003	0.002
	TU2③	99.95	0.002		0.001	0.002	0.002	0.004	0.002	0.004	0.002	0.004	0.003	0.003
	TU3	99.95	—	—	—	—	—	—	—	—	—	—	—	0.0010
银无氧铜	TU00Ag0.06	99.99	0.002	0.05~0.08	0.0003	0.0005	0.0004	0.0025	0.0006	0.0006	0.0007		0.0005	0.0005
	TUAg0.03	99.95	—	≥0.034	—	—	—	—	—	—	—	—	—	0.0010
	TUAg0.05	99.96	0.002	0.02~0.06	0.001	0.002	0.002	0.004	0.002	0.004	0.002	0.004	0.003	0.003
	TUAg0.1	99.96	0.002	0.06~0.12	0.001	0.002	0.002	0.004	0.002	0.004	0.002	0.004	0.003	0.003
	TUAg0.2	99.96	0.002	0.15~0.25	0.001	0.002	0.002	0.004	0.002	0.004	0.002	0.004	0.003	0.003
	TUAg0.3	99.96	0.002	0.25~0.35	0.001	0.002	0.002	0.004	0.002	0.004	0.002	0.004	0.003	0.003
锆无氧铜	TUZr0.15	99.97④	0.002	Zr：0.11~0.21	0.001	0.002	0.002	0.004	0.002	0.003	0.002	0.004	0.003	0.002
纯铜	T1	99.95	0.001	—	0.001	0.002	0.002	0.005	0.002	0.003	0.002	0.005	0.005	0.02
	T2⑤⑥	99.90	—	—	0.001	0.002	0.002	0.005	—	0.005		0.005	—	—
	T3	99.70	—	—	0.002	—	—	—	—	0.01	—	—	—	—
银铜	TAg0.1-0.01	99.9⑦	0.004~0.012	0.08~0.12	—	—	—	—	0.05	—	—	—	—	0.05
	TAg0.1	99.5⑧	—	0.06~0.12	0.002	0.005	0.01	0.05	0.2	0.01	0.05	0.01	—	0.1
	TAg0.15	99.5	—	0.10~0.20	0.002	0.005	0.01	0.05	0.2	0.01	0.05	0.01	—	0.1
磷脱氧铜	TP1	99.90	0.004~0.012	—	—	—	—	—	—	—	—	—	—	—
	TP2	99.9	0.015~0.040	—	—	—	—	—	—	—	—	—	—	—
	TP3	99.9	0.01~0.025	—	—	—	—	—	—	—	—	—	—	0.01
	TP4	99.90	0.040~0.065	—	—	—	—	—	—	—	—	—	—	0.002

分类	牌号	化学成分（质量分数，%）													
		Cu+Ag（最小值）	P	Ag	Bi①	Sb①	As①	Fe	Ni	Pb	Sn	S	Zn	O	Cd
碲铜	TTe0.3	99.9⑨	0.001	Te：0.20~0.35	0.001	0.0015	0.002	0.008	0.002	0.01	0.001	0.0025	0.005	—	0.01
	TTe0.5-0.008	99.8⑩	0.004~0.012	Te：0.4~0.6	0.001	0.003	0.002	0.008	0.005	0.01	0.01	0.003	0.008		0.01
	TTe0.5	99.90⑩	0.004~0.012	Te：0.40~0.7	—	—	—	—	—	—	—	—	—	—	—
	TTe0.5-0.02	99.85⑩	0.010~0.030	Te：0.30~0.7	—	—	—	—	—	0.05	—	—	—	—	—

（续）

分类	牌号	化学成分(质量分数,%)													
		Cu+Ag（最小值）	P	Ag	Bi[①]	Sb[①]	As[①]	Fe	Ni	Pb	Sn	S	Zn	O	Cd
硫铜	TS0. 4	99. 90[⑪]	0. 002～0. 005	—	—	—	—	—	—	—	—	0. 20～0. 50	—	—	—
锆铜	TZr0. 15[⑫]	99. 80	—	Zr:0. 10～0. 20	—	—	—	—	—	—	—	—	—	—	—
	TZr0. 2	99. 5[④]	—	Zr:0. 15～0. 30	0. 002	0. 005	—	0. 05	0. 2	0. 01	0. 05	0. 01	—	—	—
	TZr0. 4	99. 5[④]	—	Zr:0. 30～0. 50	0. 002	0. 005	—	0. 05	0. 2	0. 01	0. 05	0. 01	—	—	—
弥散无氧铜	TUAl0. 12	余量	0. 002	Al_2O_3:0. 16～0. 26	0. 001	0. 002	0. 002	0. 004	0. 002	0. 003	0. 002	0. 004	0. 003	—	—

① 砷、铋、锑可不分析，但供方必须保证不大于极限值。
② 此值为铜量，铜含量（质量分数）不小于 99. 99%时，其值应由差减法求得。
③ 电工用无氧铜 TU2 氧含量不大于 0. 002%。
④ 此值为 Cu+Ag+Zr。
⑤ 经双方协商，可供应 P 不大于 0. 001%的导电 T2 铜。
⑥ 电力机车接触材料用纯铜线坯：Bi≤0. 0005%、Pb≤0. 0050%、O≤0. 035%、P≤0. 001%，其他杂质总和≤0. 03%。
⑦ 此值为 Cu+Ag+P。
⑧ 此值为铜量。
⑨ 此值为 Cu+Ag+Te。
⑩ 此值为 Cu+Ag+Te+P。
⑪ 此值为 Cu+Ag+S+P。
⑫ 此牌号 Cu+Ag+Zr 不小于 99. 9%。

表 4-211 加工高铜合金[①]化学成分（摘自 GB/T 5231—2012）

分类	牌号	化学成分(质量分数,%)															
		Cu	Be	Ni	Cr	Si	Fe	Al	Pb	Ti	Zn	Sn	S	P	Mn	Co	杂质总和
镉铜	TCd1	余量	—	—	—	—	0. 02	—	—	—	—	—	—	—	Cd:0. 7～1. 2	—	0. 5
铍铜	TBe1. 9-0. 4[②]	余量	1. 80～2. 00	—	—	0. 20	—	0. 20	0. 20～0. 6	—	—	—	—	—	—	—	0. 9
	TBe0. 3-1. 5	余量	0. 25～0. 50	—	—	0. 20	0. 10	0. 20	—	—	—	—	—	—	Ag:0. 90～1. 10	1. 40～1. 70	0. 5
	TBe0. 6-2. 5	余量	0. 4～0. 7	—	—	0. 20	0. 10	0. 20	—	—	—	—	—	—	—	2. 4～2. 7	1. 0
	TBe0. 4-1. 8	余量	0. 2～0. 6	1. 4～2. 2		0. 20	0. 10	0. 20	—	—	—	—	—	—	—	0. 3	1. 3
	TBe1. 7	余量	1. 6～1. 85	0. 2～0. 4	—	0. 15	0. 15	0. 15	0. 005	0. 10～0. 25	—	—	—	—	—	—	0. 5

铍铜	TBe1.9	余量	1.85~2.1	0.2~0.4		0.15	0.15	0.15	0.005	0.10~0.25	—	—	—	—	—	—	0.5
	TBe1.9-0.1	余量	1.85~2.1	0.2~0.4	—	0.15	0.15	0.15	0.005	0.10~0.25	—	—	—	—	Mg:0.07~0.13	—	0.5
	TBe2	余量	1.80~2.1	0.2~0.5	—	0.15	0.15	0.15	0.005	—	—	—	—	—	—	—	0.5
镍铬铜	TNi2.4-0.6-0.5	余量	—	1.8~3.0③	0.10~0.8	0.40~0.8	0.15	—	—	—	—	—	—	—	—	—	0.65
铬铜	TCr0.3-0.3	余量	—	—	0.20~0.6	—	—	—	—	—	—	—	—	—	Cd:0.20~0.6	—	0.5
	TCr0.5	余量	—	0.05	0.4~1.1	—	0.1	—	—	—	—	—	—	—	—	—	0.5
	TCr0.5-0.2-0.1	余量	—	—	0.4~1.0	—	—	0.1~0.25	—	—	—	—	—	—	Mg:0.1~0.25	—	0.5
	TCr0.5-0.1	余量	—	0.05	0.40~0.70	0.05	0.05	—	0.005	—	0.05~0.25	0.01	0.005		Ag:0.08~0.13	—	0.25
	TCr0.7	余量	—	0.05	0.55~0.85	—	0.1	—	—	—	—	—	—	—	—	—	0.5

分类	牌号	化学成分(质量分数,%)																
		Cu	Zr	Cr	Ni	Si	Fe	Al	Pb	Mg	Zn	Sn	S	P	B	Sb	Bi	杂质总和
铬铜	TCr0.8	余量	—	0.6~0.9	0.05	0.03	0.03	0.005	—	—	—	—	0.005	—	—	—	—	0.2
	TCr1-0.15	余量	0.05~0.25	0.50~1.5	—	—	—	—	—	—	—	—	—	—	—	—	—	0.3
	TCr1-0.18	余量	0.05~0.30	0.5~1.5	—	0.10	0.10	0.05	0.05	0.05	—	—	—	0.10	0.02	0.01	0.01	0.3④
	TCr0.6-0.4-0.05	余量	0.3~0.6	0.4~0.8		0.05	0.05	—	—	0.04~0.08	—	—	—	0.01	—	—	—	0.5
	TCr1	余量		0.6~1.2	—	0.10	0.10	—	0.05	—	—	—	—	—	—	—	—	0.75
镁铜	TMg0.2	余量	—	—	—	—	—	—	—	0.1~0.3	—	—	—	0.01	—	—	—	0.1
	TMg0.4	余量	—	—	—	—	0.10	—	—	0.10~0.7	—	0.20	—	0.001~0.02	—	—	—	0.8
	TMg0.5	余量	—	—	—	—	—	—	—	0.4~0.7	—	—	—	0.01	—	—	—	0.1
	TMg0.8	余量	—	—	0.006	—	0.005	—	0.005	0.70~0.85	0.005	0.002	0.005	—	—	0.005	0.002	0.3
铅铜	TPb1	余量	—	—	—	—	—	—	0.8~1.5	—	—	—	—	—	—	—	—	0.5

（续）

分类	牌号	化学成分(质量分数,%)																
		Cu	Zr	Cr	Ni	Si	Fe	Al	Pb	Mg	Zn	Sn	S	P	B	Sb	Bi	杂质总和
铁铜	TFe1.0	98.5	—	—	—	—	0.8~1.2	—	—	—	0.20	—	—	0.01~0.04	—	—	—	0.4
	TFe0.1	余量	—	—	—	—	0.05~0.15	—	—	—	—	—	—	0.025~0.04	—	—	—	0.2
	TFe2.5	97.0	—	—	—	—	2.1~2.6	—	0.03	—	0.05~0.20	—	—	0.015~0.15	—	—	—	—
钛铜	TTi3.0-0.2	余量	—	—	—	—	0.17~0.23	—	—	—	—	—	—	—	Ti:2.9~3.4	—	—	0.5

① 高铜合金，指铜含量在 96.0%~99.3%之间的合金。
② 该牌号 Ni+Co≥0.20%，Ni+Co+Fe≤0.6%。
③ 此值为 Ni+Co。
④ 此值为表中所列杂质元素实测值总和。

表 4-212 加工黄铜化学成分（摘自 GB/T 5231—2012）

分类		牌号	化学成分(质量分数,%)								
			Cu	Fe①	Pb	Si	Ni	B	As	Zn	杂质总和
铜锌合金	普通黄铜	H95	94.0~96.0	0.05	0.05	—	—	—	—	余量	0.3
		H90	89.0~91.0	0.05	0.05	—	—	—	—	余量	0.3
		H85	84.0~86.0	0.05	0.05	—	—	—	—	余量	0.3
		H80②	78.5~81.5	0.05	0.05	—	—	—	—	余量	0.3
		H70②	68.5~71.5	0.10	0.03	—	—	—	—	余量	0.3
		H68	67.0~70.0	0.10	0.03	—	—	—	—	余量	0.3
		H66	64.0~68.5	0.05	0.09	—	—	—	—	余量	0.45
		H65	63.0~68.5	0.07	0.09	—	—	—	—	余量	0.45
		H63	62.0~65.0	0.15	0.08	—	—	—	—	余量	0.5
		H62	60.5~63.5	0.15	0.08	—	—	—	—	余量	0.5
		H59	57.0~60.0	0.3	0.5	—	—	—	—	余量	1.0
	硼砷黄铜	HB90-0.1	89.0~91.0	0.02	0.02	0.5	—	0.05~0.3	—	余量	0.5③
		H As 85-0.05	84.0~86.0	0.10	0.03	—	—	—	0.02~0.08	余量	0.3
		H As 70-0.05	68.5~71.5	0.05	0.05	—	—	—	0.02~0.08	余量	0.4
		H As 68-0.04	67.0~70.0	0.10	0.03	—	—	—	0.03~0.06	余量	0.3

（续）

分类		牌号	化学成分（质量分数，%）								
			Cu	Fe①	Pb	Al	Mn	Sn	As	Zn	杂质总和
铜锌铅合金	铅黄铜	HPb89-2	87.5~90.5	0.10	1.3~2.5		Ni:0.7	—	—	余量	1.2
		HPb66-0.5	65.0~68.0	0.07	0.25~0.7	—	—	—	—	余量	0.5
		HPb63-3	62.0~65.0	0.10	2.4~3.0	—	—	—	—	余量	0.75
		HPb63-0.1	61.5~63.5	0.15	0.05~0.3	—	—	—	—	余量	0.5
		HPb62-0.8	60.0~63.0	0.2	0.5~1.2	—	—	—	—	余量	0.75
		HPb62-2	60.0~63.0	0.15	1.5~2.5	—	—	—	—	余量	0.65
		HPb62-3	60.0~63.0	0.35	2.5~3.7	—	—	—	—	余量	0.85
		HPb62-2-0.1	61.0~63.0	0.1	1.7~2.8	0.05	0.1	0.1	0.02~0.15	余量	0.55
		HPb61-2-1	59.0~62.0	—	1.0~2.5	—	—	0.30~1.5	0.02~0.25	余量	0.4
		HPb61-2-0.1	59.2~62.3	0.2	1.7~2.8	—	—	0.2	0.08~0.15	余量	0.5
		HPb61-1	58.0~62.0	0.15	0.6~1.2	—	—	—	—	余量	0.55
		HPb60-2	58.0~61.0	0.30	1.5~2.5	—	—	—	—	余量	0.8
		HPb60-3	58.0~61.0	0.3	2.5~3.5	—	—	0.3	—	余量	0.8③
		HPb59-1	57.0~60.0	0.5	0.8~1.9	—	—	—	—	余量	1.0
		HPb59-2	57.0~60.0	0.5	1.5~2.5	—	—	0.5	—	余量	1.0③
		HPb58-2	57.0~59.0	0.5	1.5~2.5	—	—	0.5	—	余量	1.0③
		HPb59-3	57.5~59.5	0.50	2.0~3.0	—	—	—	—	余量	1.2
		HPb58-3	57.0~59.0	0.5	2.5~3.5	—	—	0.5	—	余量	1.0③
		HPb57-4	56.0~58.0	0.5	3.5~4.5	—	—	0.5	—	余量	1.2③

分类		牌号	化学成分（质量分数，%）														
			Cu	Te	B	Si	As	Bi	Cd	Sn	P	Ni	Mn	Fe①	Pb	Zn	杂质总和
铜锌锡合金、复杂黄铜	锡黄铜	HSn90-1	88.0~91.0	—	—	—	—	—	—	0.25~0.75	—	—	—	0.10	0.03	余量	0.2
		HSn72-1	70.0~73.0	—	—	—	0.02~0.06	—	—	0.8~1.2④	—	—	—	0.06	0.07	余量	0.4
		HSn70-1	69.0~71.0	—	—	—	0.03~0.06	—	—	0.8~1.3	—	—	—	0.10	0.05	余量	0.3
		HSn70-1-0.01	69.0~71.0	—	0.0015~0.02	—	0.03~0.06	—	—	0.8~1.3	—	—	—	0.10	0.05	余量	0.3
		HSn70-1-0.01-0.04	69.0~71.0	—	0.0015~0.02	—	0.03~0.06	—	—	0.8~1.3	—	0.05~1.00	0.02~2.00	0.10	0.05	余量	0.3

（续）

分类		牌号	化学成分（质量分数，%）														
			Cu	Te	B	Si	As	Bi	Cd	Sn	P	Ni	Mn	Fe①	Pb	Zn	杂质总和
铜锌锡合金、复杂黄铜	锡黄铜	HSn65-0.03	63.5~68.0	—	—	—	—	—	—	0.01~0.2	0.01~0.07	—	—	0.05	0.03	余量	0.3
		HSn62-1	61.0~63.0	—	—	—	—	—	—	0.7~1.1	—	—	—	0.10	0.10	余量	0.3
		HSn60-1	59.0~61.0	—	—	—	—	—	—	1.0~1.5	—	—	—	0.10	0.30	余量	1.0
	铋黄铜	HBi60-2	59.0~62.0	—	—	—	—	2.0~3.5	0.01	0.3	—	—	—	0.2	0.1	余量	0.5③
		HBi60-1.3	58.0~62.0	—	—	—	—	0.3~2.3	0.01	0.05~1.2⑤	—	—	—	0.1	0.2	余量	0.3③
		HBi60-1.0-0.05	58.0~63.0	—	—	0.10	—	0.50~1.8	0.001	0.50	0.05~0.15	—	—	0.50	0.09	余量	1.5

分类		牌号	化学成分（质量分数，%）														
			Cu	Te	Al	Si	As	Bi	Cd	Sn	P	Ni	Mn	Fe①	Pb	Zn	杂质总和
复杂黄铜	铋黄铜	HBi60-0.5-0.01	58.5~61.5	0.010~0.015	—	—	0.01	0.45~0.65	0.01	—	—	—	—	—	0.1	余量	0.5③
		HBi60-0.8-0.01	58.5~61.5	0.010~0.015	—	—	0.01	0.70~0.95	0.01	—	—	—	—	—	0.1	余量	0.5③
		HBi60-1.1-0.01	58.5~61.5	0.010~0.015	—	—	0.01	1.00~1.25	0.01	—	—	—	—	—	0.1	余量	0.5③
		HBi59-1	58.0~60.0	—	—	—	—	0.8~2.0	0.01	0.2	—	—	—	0.2	0.1	余量	0.5③
		HBi62-1	61.0~63.0	Sb：0.02~0.10	—	0.30	—	0.50~2.5	—	1.5~3.0	0.04~0.15	—	—	—	0.09	余量	0.9
	锰黄铜	HMn64-8-5-1.5	63.0~66.0	—	4.5~6.0	1.0~2.0	—	—	—	0.5	—	0.5	7.0~8.0	0.5~1.5	0.3~0.8	余量	1.0
		HMn62-3-3-0.7	60.0~63.0	—	2.4~3.4	0.5~1.5	—	—	—	0.1	—	—	2.7~3.7	0.1	0.05	余量	1.2
		HMn62-3-3-1	59.0~65.0	—	1.7~3.7	0.5~1.3	Cr：0.07~0.27		—	—	—	0.2~0.6	2.2~3.8	0.6	0.18	余量	0.8
		HMn62-13⑥	59.0~65.0	—	0.5~2.5⑦	0.05	—	—	—	—	—	0.05~0.5⑧	10~15	0.05	0.03	余量	0.15③
		HMn55-3-1⑨	53.0~58.0	—	—	—	—	—	—	—	—	—	3.0~4.0	0.5~1.5	0.5	余量	1.5

(续)

分类		牌号	化学成分(质量分数,%)												
			Cu	Fe[①]	Pb	Al	Mn	P	Sb	Ni	Si	Cd	Sn	Zn	杂质总和
复杂黄铜	锰黄铜	HMn59-2-1.5-0.5	58.0~59.0	0.35~0.65	0.3~0.6	1.4~1.7	1.8~2.2	—	—	—	0.6~0.9	—	—	余量	0.3
		HMn58-2[⑨]	57.0~60.0	1.0	0.1		1.0~2.0	—	—	—	—	—	—	余量	1.2
		HMn57-3-1[⑨]	55.0~58.5	1.0	0.2	0.5~1.5	2.5~3.5	—	—	—	—	—	—	余量	1.3
		HMn57-2-2-0.5	56.5~58.5	0.3~0.8	0.3~0.8	1.3~2.1	1.5~2.3	—	—	0.5	0.5~0.7	—	0.5	余量	1.0
	铁黄铜	HFe59-1-1	57.0~60.0	0.6~1.2	0.20	0.1~0.5	0.5~0.8	—	—	—	—	—	0.3~0.7	余量	0.3
		HFe58-1-1	56.0~58.0	0.7~1.3	0.7~1.3	—	—	—	—	—	—	—	—	余量	0.5
	锑黄铜	HSb61-0.8-0.5	59.0~63.0	0.2	0.2	—	—	—	0.4~1.2	0.05~1.2[⑩]	0.3~1.0	0.01	—	余量	0.5[③]
		HSb60-0.9	58.0~62.0	—	0.2	—	—	—	0.3~1.5	0.05~0.9[⑪]	—	0.01	—	余量	0.3[③]
	硅黄铜	HSi80-3	79.0~81.0	0.6	0.1	—	—	—	—	—	2.5~4.0	—	—	余量	1.5
		HSi75-3	73.0~77.0	0.1	0.1	—	0.1	0.04~0.15	—	0.1	2.7~3.4	0.01	0.2	余量	0.6[③]
		HSi62-0.6	59.0~64.0	0.15	0.09	0.30	—	0.05~0.40	—	0.20	0.3~1.0	—	0.6	余量	2.0
		HSi61-0.6	59.0~63.0	0.15	0.2	—	—	0.03~0.12	—	0.05~1.0[⑤]	0.4~1.0	0.01	—	余量	0.3
	铝黄铜	HAl77-2	76.0~79.0	0.06	0.07	1.8~2.5	As:0.02~0.06	—	—	—	—	—	—	余量	0.6
		HAl67-2.5	66.0~68.0	0.6	0.5	2.0~3.0	—	—	—	—	—	—	—	余量	1.5
		HAl66-6-3-2	64.0~68.0	2.0~4.0	0.5	6.0~7.0	1.5~2.5	—	—	—	—	—	—	余量	1.5
		HAl64-5-4-2	63.0~66.0	1.8~3.0	0.2~1.0	4.0~6.0	3.0~5.0	—	—	—	0.5	—	0.3	余量	1.3

分类		牌号	化学成分(质量分数,%)														
			Cu	Fe[①]	Pb	Al	As	Bi	Mg	Cd	Mn	Ni	Si	Co	Sn	Zn	杂质总和
复杂黄铜	铝黄铜	HAl61-4-3-1.5	59.0~62.0	0.5~1.3		3.5~4.5	—	—	—	—	—	2.5~4.0	0.5~1.5	1.0~2.0	0.2~1.0	余量	1.3
		HAl61-4-3-1	59.0~62.0	0.3~1.3	—	3.5~4.5	—	—	—	—	—	2.5~4.0	0.5~1.5	0.5~1.0	—	余量	0.7
		HAl60-1-1	58.0~61.0	0.70~1.50	0.40	0.70~1.50	—	—	—	—	0.1~0.6	—	—	—	—	余量	0.7
		HAl59-3-2	57.0~60.0	0.50	0.10	2.5~3.5	—	—	—	—	—	2.0~3.0	—	—	—	余量	0.9

（续）

分类		牌号	化学成分(质量分数,%)														
			Cu	Fe①	Pb	Al	As	Bi	Mg	Cd	Mn	Ni	Si	Co	Sn	Zn	杂质总和
复杂黄铜	镁黄铜	HMg60-1	59.0~61.0	0.2	0.1	—	—	0.3~0.8	0.5~2.0	0.01	—	—	—	—	0.3	余量	0.5③
	镍黄铜	HNi65-5	64.0~67.0	0.15	0.03	—	—	—	—	—	—	5.0~6.5	—	—	—	余量	0.3
		HNi56-3	54.0~58.0	0.15~0.5	0.2	0.3~0.5	—	—	—	—	—	2.0~3.0		—	—	余量	0.6

① 抗磁用黄铜的铁的质量分数不大于 0.030%。
② 特殊用途的 H70、H80 的杂质最大值为：Fe0.07%、Sb0.002%、P0.005%、As0.005%、S0.002%，杂质总和为 0.20%。
③ 此值为表中所列杂质元素实测值总和。
④ 此牌号为管材产品时，Sn 含量最小值为 0.9%。
⑤ 此值为 Sb+B+Ni+Sn。
⑥ 此牌号 P≤0.005%、B≤0.01%、Bi≤0.005%、Sb≤0.005%。
⑦ 此值为 Ti+Al。
⑧ 此值为 Ni+Co。
⑨ 供异型铸造和热锻用的 HMn57-3-1、HMn58-2 的磷的质量分数不大于 0.03%。供特殊使用的 HMn55-3-1 的铝的质量分数不大于 0.1%。
⑩ 此值为 Ni+Sn+B。
⑪ 此值为 Ni+Fe+B。

表 4-213　加工青铜化学成分（摘自 GB/T 5231—2012）

分类		牌号	化学成分(质量分数,%)												
			Cu	Sn	p	Fe	Pb	Al	B	Ti	Mn	Si	Ni	Zn	杂质总和
铜锡、铜锡磷、铜锡铅合金	锡青铜②	QSn0.4	余量	0.15~0.55	0.001	—	—	—	—	—	—	—	O≤0.035	—	0.1
		QSn0.6	余量	0.4~0.8	0.01	0.020	—	—	—	—	—	—	—	—	0.1
		QSn0.9	余量	0.85~1.05	0.03	0.05	—	—	—	—	—	—	—	—	0.1
		QSn0.5-0.025	余量	0.25~0.6	0.015~0.035	0.010	—	—	—	—	—	—	—	—	0.1
		QSn1-0.5-0.5	余量	0.9~1.2	0.09	—	0.01	0.01	S≤0.005	—	0.3~0.6	0.3~0.6	—	—	0.1
		QSn1.5-0.2	余量	1.0~1.7	0.03~0.35	0.10	0.05	—	—	—	—	—	—	0.30	0.95
		QSn1.8	余量	1.5~2.0	0.30	0.10	0.05	—	—	—	—	—	—	—	0.95
		QSn4-3	余量	3.5~4.5	0.03	0.05	0.02	0.002	—	—	—	—	—	2.7~3.3	0.2
		QSn5-0.2	余量	4.2~5.8	0.03~0.35	0.10	0.05	—	—	—	—	—	—	0.30	0.95
		QSn5-0.3	余量	4.5~5.5	0.01~0.40	0.1	0.02	—	—	—	—	—	0.2	0.2	0.75
		QSn4-0.3	余量	3.5~4.9	0.03~0.35	0.10	0.05	—	—	—	—	—	—	0.30	0.95

	牌号													
	QSn6-0.05	余量	6.0~7.0	0.05	0.10	—	—	Ag:0.05~0.12	—	—	—	—	0.05	0.2
	QSn6.5-0.1	余量	6.0~7.0	0.10~0.25	0.05	0.02	0.002	—	—	—	—	—	0.3	0.4
	QSn6.5-0.4	余量	6.0~7.0	0.26~0.40	0.02	0.02	0.002	—	—	—	—	—	0.3	0.4
	QSn7-0.2	余量	6.0~8.0	0.10~0.25	0.05	0.02	0.01	—	—	—	—	—	0.3	0.45
	QSn8-0.3	余量	7.0~9.0	0.03~0.35	0.10	0.05	—	—	—	—	—	—	0.20	0.85
	QSn15-1-1	余量	12~18	0.5	0.1~1.0	—	—	0.002~1.2	0.002	0.6	—	—	0.5~2.0	1.0⑤
	QSn4-4-2.5	余量	3.0~5.0	0.03	0.05	1.5~3.5	0.002	—	—	—	—	—	3.0~5.0	0.2
	QSn4-4-4	余量	3.0~5.0	0.03	0.05	3.5~4.5	0.002	—	—	—	—	—	3.0~5.0	0.2

分类		牌号	化学成分(质量分数,%)															
			Cu	Al	Fe	Ni	Mn	P	Zn	Sn	Si	Pb	As①	Mg	Sb①	Bi①	S	杂质总和
铜铬、铜锰、铜铝合金	铬青铜	QCr4.5-2.5-0.6	余量	Cr:3.5~5.5	0.05	0.2~1.0	0.5~2.0	0.005	0.05	—	—	—	Ti:1.5~3.5	—	—	—	—	0.1⑤
	锰青铜	QMn1.5	余量	0.07	0.1	0.1	1.20~1.80	—	—	0.05	0.1	0.01	Cr≤0.1	—	0.005	0.002	0.01	0.3
		QMn2	余量	0.07	0.1		1.5~2.5	—	—	0.05	0.1	0.01	0.01	—	0.05	0.002	—	0.5
		QMn5	余量	—	0.35	—	4.5~5.5	0.01	0.4	0.1	0.1	0.03	—	—	0.002	—	—	0.9
	铝青铜	QAl5	余量	4.0~6.0	0.5	—	0.5	0.01	0.5	0.1	0.1	0.03	—	—	—	—	—	1.6
		QAl6	余量	5.0~6.5	0.10	—	—	—	—	—	—	0.10	0.02~0.35	—	—	—	—	0.7
		QAl7	余量	6.0~8.5	0.50	—	—	—	0.20	—	0.10	0.02	—	—	—	—	—	1.3
		QAl9-2	余量	8.0~10.0	0.5	—	1.5~2.5	0.01	1.0	0.1	0.1	0.03	—	—	—	—	—	1.7
		QAl9-4	余量	8.0~10.0	2.0~4.0	—	0.5	0.01	1.0	0.1	0.1	0.01	—	—	—	—	—	1.7
		QAl9-5-1-1	余量	8.0~10.0	0.5~1.5	4.0~6.0	0.5~1.5	0.01	0.3	0.1	0.1	0.01	0.01	—	—	—	—	0.6
		QAl10-3-1.5③	余量	8.5~10.0	2.0~4.0	—	1.0~2.0	0.01	0.5	0.1	0.1	0.03	—	—	—	—	—	0.75
		QAl10-4-4④	余量	9.5~11.0	3.5~5.5	3.5~5.5	0.3	0.01	0.5	0.1	0.1	0.02	—	—	—	—	—	1.0

（续）

分类		牌号	化学成分(质量分数,%)														
			Cu	Al	Fe	Ni	Mn	P	Zn	Sn	Si	Pb	As[①]	Mg	Sb[①]	Bi[①]	S	杂质总和
铜铬、铜锰、铜铝合金	铝青铜	QAl10-4-4-1	余量	8.5~11.0	3.0~5.0	3.0~5.0	0.5~2.0	—	—	—	—	—	—	—	—	—	—	0.8
		QAl10-5-5	余量	8.0~11.0	4.0~6.0	4.0~6.0	0.5~2.5	—	0.5	0.2	0.25	0.05	—	0.10	—	—	—	1.2
		QAl11-6-6	余量	10.0~11.5	5.0~6.5	5.0~6.5	0.5	0.1	0.6	0.2	0.2	0.05	—	—	—	—	—	1.5

分类		牌号	化学成分(质量分数,%)												
			Cu	Si	Fe	Ni	Zn	Pb	Mn	Sn	p	As[①]	Sb[①]	Al	杂质总和
铜硅合金	硅青铜	QSi0.6-2	余量	0.40~0.8	0.10	1.6~2.2[⑥]	0.50	0.09	—	—	—	—	—	—	1.2
		QSi1-3	余量	0.6~1.1	0.1	2.4~3.4	0.2	0.15	0.1~0.4	0.1	—	—	—	0.02	0.5
		QSi3-1[②]	余量	2.7~3.5	0.3	0.2	0.5	0.03	1.0~1.5	0.25	—	—	—	—	1.1
		QSi3.5-3-1.5	余量	3.0~4.0	1.2~1.8	0.2	2.5~3.5	0.03	0.5~0.9	0.25	0.03	0.002	0.002	—	1.1

① 砷、锑和铋可不分析，但供方必须保证不大于界限值。
② 抗磁用锡青铜铁的质量分数不大于 0.020%，QSi3-1 铁的质量分数不大于 0.030%。
③ 非耐磨材料用 QAL10-3-1.5，其锌的质量分数可达 1%，但杂质总和应不大于 1.25%。
④ 经双方协商，焊接或特殊要求的 QAl10-4-4，其锌的质量分数不大于 0.2%。
⑤ 此值为表中所列杂质元素实测值总和。
⑥ 此值为 Ni+Co。

表 4-214　加工白铜化学成分（摘自 GB/T 5231—2012）

分类		牌号	化学成分(质量分数,%)													
			Cu	Ni+Co	Al	Fe	Mn	Pb	P	S	C	Mg	Si	Zn	Sn	杂质总和
铜镍合金	普通白铜	B0.6	余量	0.57~0.63	—	0.005	—	0.005	0.002	0.005	0.002	—	0.002	—	—	0.1
		B5	余量	4.4~5.0	—	0.20	—	0.01	0.01	0.01	0.03	—	—	—	—	0.5
		B19[②]	余量	18.0~20.0	—	0.5	0.5	0.005	0.01	0.01	0.05	0.05	0.15	0.3	—	1.8
		B23	余量	22.0~24.0	—	0.10	0.15	0.05	—	—	—	—	—	0.20	—	1.0
		B25	余量	24.0~26.0	—	0.5	0.5	0.005	0.01	0.01	0.05	0.05	0.15	0.3	0.03	1.8
		B30	余量	29.0~33.0	—	0.9	1.2	0.05	0.006	0.01	0.05	—	0.15	—	—	2.3

铜镍合金	铁白铜	BFe5-1.5-0.5	余量	4.8~6.2	—	1.3~1.7	0.30~0.8	0.05	—	—	—	—	—	1.0		1.55
		BFe7-0.4-0.4	余量	6.0~7.0	—	0.1~0.7	0.1~0.7	0.01	0.01	0.01	0.03	—	0.02	0.05	—	0.7
		BFe10-1-1	余量	9.0~11.0	—	1.0~1.5	0.5~1.0	0.02	0.006	0.01	0.05	—	0.15	0.3	0.03	0.7
		BFe10-1.5-1	余量	10.0~11.0	—	1.0~2.0	0.50~1.0	0.01	—	0.05	0.05	—	—	—	—	0.6
		BFe10-1.6-1	余量	9.0~11.0	—	1.5~1.8	0.5~1.0	0.03	0.02	0.01	0.05	—	—	0.20	—	0.4
		BFe16-1-1-0.5	余量	15.0~18.0	Ti≤0.03	0.50~1.00	0.2~1.0	0.05		Cr:0.30~0.70		—	0.03	1.0	—	1.1
		BFe30-0.7	余量	29.0~33.0	—	0.40~1.0	1.0	0.05	—	—	—	—	—	1.0	—	2.5
		BFe30-1-1	余量	29.0~32.0	—	0.5~1.0	0.5~1.2	0.02	0.006	0.01	0.05	—	0.15	0.3	0.03	0.7
		BFe30-2-2	余量	29.0~32.0	—	1.7~2.3	1.5~2.5	0.01	—	0.03	0.06	—	—	—	—	0.6
	锰白铜	BMn3-12③	余量	2.0~3.5	0.2	0.20~0.50	11.5~13.5	0.020	0.005	0.020	0.05	0.03	0.1~0.3	—	—	0.5
		BMn40-1.5③	余量	39.0~41.0	—	0.50	1.0~2.0	0.005	0.005	0.02	0.10	0.05	0.10	—	—	0.9
		BMn43-0.5③	余量	42.0~44.0	—	0.15	0.10~1.0	0.002	0.002	0.01	0.10	0.05	0.10	—	—	0.6
	铝白铜	BAl6-1.5	余量	5.5~6.5	1.2~1.8	0.50	0.20	0.003	—	—	—	—	—	—	—	1.1
		BAl13-3	余量	12.0~15.0	2.3~3.0	1.0	0.50	0.003	0.01	—	—	—	—	—	—	1.9

分类		牌号	化学成分(质量分数,%)															
			Cu	Ni+Co	Fe	Mn	Pb	Al	Si	P	S	C	Sn	Bi①	Ti	Sb①	Zn	杂质总和
铜镍锌合金	锌白铜	BZn18-10	70.5~73.5	16.5~19.5	0.25	0.50	0.09	—	—	—	—	—	—	—	—	—	余量	1.35
		BZn15-20	62.0~65.0	13.5~16.5	0.5	0.3	0.02	Mg≤0.05	0.15	0.005	0.01	0.03	—	0.002	As①≤0.010	0.002	余量	0.9
		BZn18-18	63.0~66.5	16.5~19.5	0.25	0.50	0.05	—	—	—	—	—	—	—	—	—	余量	1.3
		BZn18-17	62.0~66.0	16.5~19.5	0.25	0.50	0.03	—	—	—	—	—	—	—	—	—	余量	0.9

（续）

分类		牌号	化学成分(质量分数,%)															
			Cu	Ni+Co	Fe	Mn	Pb	Al	Si	P	S	C	Sn	Bi①	Ti	Sb①	Zn	杂质总和
铜镍锌合金	锌白铜	BZn9-29	60.0~63.0	7.2~10.4	0.3	0.5	0.03	0.005	0.15	0.005	0.005	0.03	0.08	0.002	0.005	0.002	余量	0.8④
		BZn12-24	63.0~66.0	11.0~13.0	0.3	0.5	0.03						0.03				余量	0.8④
		BZn12-26	60.0~63.0	10.5~13.0	0.3	0.5	0.03	0.005	0.15	0.005	0.005	0.03	0.08	0.002	0.005	0.002	余量	0.8④
		BZn12-29	57.0~60.0	11.0~13.5	0.3	0.5	0.03						0.03				余量	0.8④
		BZn18-20	60.0~63.0	16.5~19.5	0.3	0.5	0.03	0.005	0.15	0.005	0.005	0.03	0.08	0.002	0.005	0.002	余量	0.8④
		BZn22-16	60.0~63.0	20.5~23.5	0.3	0.5	0.03	0.005	0.15	0.005	0.005	0.03	0.08	0.002	0.005	0.002	余量	0.8④
		BZn25-18	56.0~59.0	23.5~26.5	0.3	0.5	0.03	0.005	0.15	0.005	0.005	0.03	0.08	0.002	0.005	0.002	余量	0.8④
		BZn18-26	53.5~56.5	16.5~19.5	0.25	0.50	0.05	—	—	—	—	—	—	—	—	—	余量	0.8
		BZn40-20	38.0~42.0	38.0~41.5	0.3	0.5	0.03	0.005	0.15	0.005	0.005	0.10	0.08	0.002	0.005	0.002	余量	0.8④
		BZn15-21-1.8	60.0~63.0	14.0~16.0	0.3	0.5	1.5~2.0	—	0.15	—	—	—	—	—	—	—	余量	0.9
		BZn15-24-1.5	58.0~60.0	12.5~15.5	0.25	0.05~0.5	1.4~1.7	—	—	0.02	0.005	—	—	—	—	—	余量	0.75
		BZn10-41-2	45.5~48.5	9.0~11.0	0.25	1.5~2.5	1.5~2.5	—	—	—	—	—	—	—	—	—	余量	0.75
		BZn12-37-1.5	42.3~43.7	11.8~12.7	0.20	5.6~6.4	1.3~1.8	—	0.06	0.005	—	—	0.10	—	—	—	余量	0.56

① 铋、锑和砷可不分析，但供方必须保证不大于界限值。
② 特殊用途的 B19 白铜带，可供应硅的质量分数不大于 0.05%的材料。
③ 为保证电气性能，对 BMn3-12 合金、作热电偶用的 BMn40-1.5 和 BMn43-0.5 合金，其规定有最大值和最小值的成分，允许略微超出表中的规定。
④ 此值为表中所列杂质元素实测值总和。

4.4.1.4 加工铜合金的规格和力学性能

1. 板材的规格和力学性能（见表 4-215）

表 4-215a　铜及铜合金板材的力学性能（摘自 GB/T 2040—2008）

牌号	状态	拉伸试验			硬度试验		
		厚度 /mm	抗拉强度 R_m/MPa	断后伸长率 $A_{11.3}$(%)	厚度 /mm	维氏硬度 HV	洛氏硬度 HRB
T2、T3 TP1、TP2 TU1、TU2	R	4~14	≥195	≥30	—	—	—
T2、T3 TP1、TP2 TU1、TU2	M Y_1 Y_2 Y T	0.3~10	≥205 215~275 245~345 295~380 ≥350	≥30 ≥25 ≥8 — —	≥0.3	≤70 60~90 80~110 90~120 ≥110	—
H96	M Y	0.3~10	≥215 ≥320	≥30 ≥3	—	—	—
H90	M Y_2 Y	0.3~10	≥245 330~440 ≥390	≥35 ≥5 ≥3	—	—	—
H85	M Y_2 Y	0.3~10	≥260 305~380 ≥350	≥35 ≥15 ≥3	≥0.3	≤85 80~115 ≥105	—
H80	M Y	0.3~10	≥265 ≥390	≥50 ≥3	—	—	—
H70、H68	R	4~14	≥290	≥40	—	—	—
H70 H68 H65	M Y_1 Y_2 Y T Y	0.3~10	≥290 325~410 355~440 410~540 520~620 ≥570	≥40 ≥35 ≥25 ≥10 ≥3 —	≥0.3	≤90 85~115 100~130 120~160 150~190 ≥180	— —
H63 H62	R	4~14	≥290	≥30	—	—	—
H63 H62	M Y_2 Y T	0.3~10	≥290 350~470 410~630 ≥585	≥35 ≥20 ≥10 ≥2.5	≥0.3	≤95 90~130 125~165 ≥155	
H59	R	4~14	≥290	≥25	—	—	—
H59	M Y	0.3~10	≥290 ≥410	≥10 ≥5	≥0.3	— ≥130	— —
HPb59-1	R	4~14	≥370	≥18	—	—	—
HPb59-1	M Y_2 Y	0.3~10	≥340 390~490 ≥440	≥25 ≥12 ≥5	—	—	—
HPb62-2	Y	—	—	—	0.5~2.5 2.6~10	165~190 	 75~92
HPb62-2	T	—	—	—	0.5~1.0	≥180	—
HMn58-2	M Y_2 Y	0.3~10	≥380 440~610 ≥585	≥30 ≥25 ≥3	—	—	—
HSn62-1	R	4~14	≥340	≥20			
HSn62-1	M Y_2 Y	0.3~10	≥295 350~400 ≥390	≥35 ≥15 ≥5	—	—	—
HMn57-3-1	R	4~8	≥440	≥10	—	—	—
HMn55-3-1	R	4~15	≥490	≥15	—	—	—
HAl60-1-1	R	4~15	≥440	≥15	—	—	—
HAl67-2-5	R	4~15	≥390	≥15	—	—	—
HAl66-6-3-2	R	4~8	≥685	≥3	—	—	—
HNi65-5	R	4~15	≥290	≥35	—	—	—
QAl5	M Y	0.4~12	≥275 ≥585	≥33 ≥2.5	—	—	—

（续）

牌号	状态	拉伸试验			硬度试验		
		厚度/mm	抗拉强度 R_m/MPa	断后伸长率 $A_{11.3}$(%)	厚度/mm	维氏硬度 HV	洛氏硬度 HRB
AQl7	Y_2	0.4~12	585~740	≥10	—	—	—
	Y		≥635	≥5			
QAl9-2	M	0.4~12	≥440	≥18	—	—	—
	Y		≥585	≥5			
QAl9-4	Y	0.4~12	≥585	—	—	—	—
QSn6.5-0.1	R	9~14	≥290	≥38			
	M	0.2~12	≥315	≥40	≥0.2	≤120	—
	Y_4	0.2~12	390~510	≥35		110~155	—
	Y_2	0.2~12	490~610	≥8		150~190	—
	Y	0.2~3	590~690	≥5		180~230	—
		>3~12	590~690	≥5	≥0.2	180~230	
	T	0.2~5	635~720	≥1		200~240	—
	TY		≥690	—		≥210	—
QSn6.5-0.4 QSn7-0.2	M Y T	0.2~12	≥295 540~690 ≥665	≥40 ≥8 ≥2	—	—	—
QSn4-3 QSn4-0.3	M Y T	0.2~12	≥290 540~690 ≥635	≥40 ≥3 ≥2	—	—	—
QSn8-0.3	M Y_4 Y_2 Y T	0.2~5	≥345 390~510 490~610 590~705 ≥685	≥40 ≥35 ≥20 ≥5 —	≥0.2	≤120 100~160 150~205 180~235 ≥210	—

表 4-215b　铜及铜合金板材的弯曲试验要求（摘自 GB/T 2040—2008）

牌号	状态	厚度/mm	弯曲角度/(°)	内侧半径
T2、T3、TP1	M	≤2.0	180	紧密贴合
TP2、TU1、TU2		>2.0	180	0.5 倍板厚
H96、H90、H80、H70	M	1.0~10	180	1 倍板厚
H68、H65、H62、H63	Y_2		90	1 倍板厚
QSn6.5-0.4、QSn6.5-0.1	Y	≥1.0	90	1 倍板厚
QSn4-3、QSn4-0.3、QSn8-0.3	T		90	2 倍板厚
QSi3-1	Y	≥1.0	90	1 倍板厚
	T		90	2 倍板厚
BMn40-1.5	M	≥1.0	180	1 倍板厚
	Y		90	1 倍板厚

2. 加工铜合金带材的规格和力学性能（见表 4-216~表 4-218）

表 4-216　铜及铜合金带材的力学性能（摘自 GB/T 2059—2008）

牌　　号	状态	拉伸试验			硬度试验	
		厚度/mm	抗拉强度 R_m/MPa	断后伸长率 $A_{11.3}$(%)	维氏硬度 HV	洛氏硬度 HRB
T2、T3 TU1、TU2 TP1、TP2	M	≥0.2	≥195	≥30	≤70	—
	Y_4		215~275	≥25	60~90	
	Y_2		245~345	≥8	80~110	
	Y		295~380	≥3	90~120	
	T		≥350	—	≥110	

（续）

牌　号	状态	拉伸试验			硬度试验	
		厚度/mm	抗拉强度 R_m/MPa	断后伸长率 $A_{11.3}$(%)	维氏硬度 HV	洛氏硬度 HRB
H96	M	≥0.2	≥215	≥30	—	—
	Y		≥320	≥3		
H90	M	≥0.2	≥245	≥35	—	—
	Y_3		330~440	≥5		
	Y		≥390	≥3		
H85	M	≥0.2	≥260	≥40	≤85	—
	Y_2		305~380	≥15	80~115	
	Y		≥350	—	≥105	
H80	M	≥0.2	≥265	≥50	—	—
	Y		≥390	≥3		
H70 H68 H65	M	≥0.2	≥290	≥40	≤70	—
	Y_4		325~410	≥35	85~115	
	Y_2		355~460	≥25	100~130	
	Y		410~540	≥13	120~160	
	T		520~620	≥4	150~190	
	TY		≥570	—	≥180	
H63、H62	M	≥0.2	≥290	≥35	≤95	—
	Y_2		350~470	≥20	90~130	
	Y		410~630	≥10	125~165	
	T		≥585	≥2.5	≥155	
H59	M	≥0.2	≥290	≥10	—	—
	Y		≥410	≥5	≥130	
HPb59-1	M	≥0.2	≥340	≥25	—	—
	Y_2		390~490	≥12		
	Y		≥440	≥5		
	T	≥0.32	≥590	≥3		
HMn58-2	M	≥0.2	≥380	≥30	—	—
	Y_2		440~610	≥25		
	Y		≥585	≥3		
HSn62-1	Y	≥0.2	390	≥5	—	—
QAl5	M	≥0.2	≥275	≥33	—	—
	Y		≥585	≥2.5		
QAl7	Y_2	≥0.2	585~740	≥10	—	—
	Y		≥635	≥5		
QAl9-2	H	≥0.2	≥440	≥18	—	—
	Y		≥585	≥5		
	T		≥880	—		
QAl9-4	Y	≥0.2	≥635	—	—	—
QSn4-3 QSn4-0.3	M	>0.15	≥290	≥40	—	—
	Y		540~690	≥3		
	T		≥635	≥2		
QSn6.5-0.1	M	>0.15	≥315	≥40	≤120	—
	Y_4		390~510	≥35	110~155	
	Y_2		490~610	≥10	150~190	
	Y		590~690	≥8	180~230	
	T		635~720	≥5	200~240	
	TY		≥690	—	≥210	

（续）

牌号	状态	拉伸试验			硬度试验	
		厚度/mm	抗拉强度 R_m/MPa	断后伸长率 $A_{11.3}$(%)	维氏硬度 HV	洛氏硬度 HRB
QSn7-0.2 QSn6.5-0.4	M	>0.15	≥295	≥40	—	—
	Y		540~690	≥8		
	T		≥665	≥2		
QSn8-0.3	M	≥0.2	≥345	≥45	≤120	—
	Y_4		390~510	≥40	100~160	
	Y_2		490~610	≥30	150~205	
	Y		590~705	≥12	180~235	
	T		≥685	≥5	≥210	
QSn4-4-4 QSn4-4-2.5	M	≥0.8	≥290	≥35	—	—
	Y_3		390~490	≥10	—	65~85
	Y_2		420~510	≥9	—	70~90
	Y		≥490	≥5	—	—
QCd1	Y	≥0.2	≥390	—	—	—
QMn1.5	M	≥0.2	≥205	≥30	—	—
QMn5	M	≥0.2	≥290	≥30	—	—
	Y	≥0.2	≥440	≥3	—	—
QSi3-1	M	≥0.15	≥370	≥45	—	—
	Y	≥0.15	635~785	≥5		
	T	≥0.15	735	≥2		
BZn15-20	M	0.2	≥340	≥35	—	—
	Y_2		440~570	≥5		
	Y		540~690	≥1.5		
	T		≥640	≥1		
BZn18-17	M	≥0.2	≥375	≥20	—	—
	Y_2		440~570	≥5	120~180	
	Y		≥540	≥3	≥150	
B5	M	≥0.2	≥215	≥32	—	—
	Y		≥370	≥10		
B19	M	≥0.2	≥290	≥25	—	—
	Y		≥390	≥3		
BFe10-1-1	M	≥0.2	≥275	≥28	—	—
	Y		≥370	≥3		
BFe30-1-1	M	≥0.2	≥370	≥23	—	—
	Y		≥540	≥3		
BMn3-12	M	≥0.2	≥350	≥25	—	—
BMn40-1.5	M	≥0.2	390~590	实测数据	—	—
	Y		≥635			
BAl13-3	CYS	≥0.2	供实测值		—	—
BAl6-1.5	Y		≥600	≥5	—	—

注：厚度超出规定范围的带材，其性能由供需双方商定。

表 4-217 带材的弯曲试验

牌号	状态	厚度/mm	弯曲角度/(°)	内侧半径
T2、T3、TP1、TP2、TU1 TU2、H96、H90、H80 H70、H68、H65、H63、H62	M	≤2	180	紧密贴合
	Y_2			1 倍带厚
	Y			1.5 倍带厚
H59	M	≤2	180	1 倍带厚
	Y		90	1.5 倍带厚
QSn8-0.3、QSn7-0.2、QSn6.5-0.4 QSn6.5-0.1、QSn4-3 QSn4-0.3	M	≥1	180	0.5 倍带厚
	Y_2			1.5 倍带厚
	Y			2 倍带厚
QSi3-1	Y	≥1	180	1 倍带厚
	T		90	2 倍带厚
BZn15-20	Y、T	>0.15	90	2 倍带厚
BMn40-1.5	M	≥1	180	1 倍带厚
	Y		90	

表 4-218　带材的电性能

牌号	电阻率 ρ(20℃±1℃)/(Ω·mm²/m)	电阻温度系数 α(0～100℃)/(1/℃)	与铜的热电动势率 Q(0～100℃)/(μV/℃)
BMn3-12	0.42～0.52	$\pm6\times10^{-5}$	≤1
BMn40-1.5	0.43～0.53	—	—
QMn1.5	≤0.087	$\leqslant0.9\times10^{-3}$	—

4.4.1.5　加工铜及铜合金板带材外形尺寸及允许偏差（见表 4-219～表 4-230）

表 4-219　板材的牌号和规格（摘自 GB/T 17793—2010）

牌号	状态	规格/mm			允许偏差的表编号			
		厚度	宽度	长度	厚度	宽度	长度	平整度
T2、T3、TP1、TP2、TU1、TU2、H96、H90、H85、H80、H70、H68、H65、H63、H62、H59、HPb59-1、HPb60-2、HSn62-1、HMn58-2	热轧	4.0～60.0	≤3000	≤6000	表 4-223	表 4-228	表 4-230	表 4-231
	冷轧	0.20～12.00			表 4-224			
HMn55-3-1、HMn57-3-1 HAl60-1-1、HAl67-2.5 HAl66-6-3-2、HNi65-5	热轧	4.0～40.0	≤1000	≤2000	表 4-223			
QSn6.5-0.1、QSn6.5-0.4、QSn4-3、QSn4-0.3、QSn7-0.2、QSn8-0.3	热轧	9.0～50.0	≤600	≤2000	表 4-223			
	冷轧	0.20～12.00			表 4-225			
QAl5、QAl7、QAl9-2、QAl9-4	冷轧	0.40～12.00	≤1000	≤2000	表 4-225			
QCd1	冷轧	0.50～10.00	200～300	800～1500	表 4-225			
QCr0.5、QCr0.5-0.2-0.1	冷轧	0.50～15.00	100～600	≥300	表 4-225			
QMn1.5、QMn5	冷轧	0.50～5.00	100～600	≤1500	表 4-225			
QSi3-1	冷轧	0.50～10.00	100～1000	≥500	表 4-225			
QSn4-4-2.5、QSn4-4-4	冷轧	0.80～5.00	200～600	800～2000	表 4-225			
B5、B19、BFe10-1-1、BFe30-1-1、BZn15-20、BZn18-17	热轧	7.0～60.0	≤2000	≤4000	表 4-223			
	冷轧	0.50～10.00	≤600	≤1500	表 4-225			
BAl6-1.5、BAl13-3	冷轧	0.50～12.00	≤600	≤1500	表 4-225			
BMn3-12、BMn40-1.5	冷轧	0.50～10.00	100～600	800～1500	表 4-223			

表 4-220　带材牌号和规格（摘自 GB/T 17793—2010）

牌　　号	厚度/mm	宽度/mm	允许偏差的表编号		
			厚度	宽度	侧边弯曲度
T2、T3、TU1、TU2、TP1、TP2、H96、H90、H85、H80、H70、H68、H65、H63、H62、H59	>0.15～0.5	≤600	表 4-226	表 4-229	表 4-232
	>0.5～3	≤1200			
HPb59-1、HSn62-1、HMn58-2	>0.15～0.2	≤300			
	>0.2～2	≤550			
QAl5、QAl7、QAl9-2、QAl9-4	>0.15～1.2	≤300	表 4-227		
QSn7-0.2、QSn6.5-0.4、QSn6.5-0.1、QSn4-3、QSn4-0.3	>0.15～2	≤610			
QSn8-0.3	>0.15～2.6	≤610			
QSn4-4-4、QSn4-4-2.5	0.8～1.2	≤200			
QCd1、QMn1.5、QMn5、QSi3-1	>0.15～1.2	≤300			
BZn18-17	>0.15～1.2	≤610			
B5、B19、BZn15-20、BFe10-1-1、BFe30-1-1、BMn40-1.5、BMn3-12、BAl13-3、BAl6-1.5	>0.15～1.2	≤400			

表 4-221　热轧板的厚度允许偏差（摘自 GB/T 17793—2010）　（单位：mm）

厚度	宽度					
	≤500	>500~1000	>1000~1500	>1500~2000	>2000~2500	>2500~3000
	厚度允许偏差，±					
4.0~6.0		0.22	0.28	0.40		
>6.0~8.0		0.25	0.35	0.45		
>8.0~12.0		0.35	0.45	0.60	1.00	1.30
>12.0~16.0	0.35	0.45	0.55	0.70	1.10	1.40
>16.0~20.0	0.40	0.50	0.70	0.80	1.20	1.50
>20.0~25.0	0.45	0.55	0.80	1.00	1.30	1.80
>25.0~30.0	0.55	0.65	1.00	1.10	1.60	2.00
>30.0~40.0	0.70	0.85	1.25	1.30	2.00	2.70
>40.0~50.0	0.90	1.10	1.50	1.60	2.50	3.50
>50.0~60.0		1.30	2.00	2.20	3.00	4.30

注：当要求单向允许偏差时，其值为表中数值的 2 倍。

表 4-222　纯铜、黄铜冷轧板的厚度允许偏差（摘自 GB/T 17793—2010）（单位：mm）

厚　度	宽度									
	≤400		>400~700		>700~1000		>1000~1250		>1250~1500	
	厚度允许偏差，±									
	普通级	高级	普通级	高级	普通级	高级	普通级	高级	普通级	高级
0.20~0.35	0.025	0.020	0.030	0.025	0.060	0.050				
>0.35~0.50	0.030	0.025	0.040	0.030	0.070	0.060	0.080	0.070		
>0.50~0.80	0.040	0.030	0.055	0.040	0.080	0.070	0.100	0.080	0.150	0.130
>0.80~1.20	0.050	0.040	0.070	0.055	0.100	0.080	0.120	0.100	0.160	0.150
>1.20~2.00	0.060	0.050	0.100	0.075	0.120	0.100	0.150	0.120	0.180	0.160
>2.00~3.20	0.080	0.060	0.120	0.100	0.150	0.120	0.180	0.150	0.220	0.200
>3.20~5.00	0.100	0.080	0.150	0.120	0.180	0.150	0.220	0.200	0.280	0.250
>5.00~8.00	0.130	0.100	0.180	0.150	0.230	0.180	0.260	0.230	0.340	0.300
>8.00~12.00	0.180	0.140	0.230	0.180	0.250	0.230	0.300	0.250	0.400	0.350

厚　度	宽度							
	>1500~1750		>1750~2000		>2000~2500		>2500~3000	
	厚度允许偏差，±							
	普通级	高级	普通级	高级	普通级	高级	普通级	高级
0.20~0.35								
>0.35~0.50								
>0.50~0.80								
>0.80~1.20								
>1.20~2.00	0.280	0.250	0.350	0.300				
>2.00~3.20	0.330	0.300	0.400	0.350	0.500	0.400		
>3.20~5.00	0.400	0.350	0.450	0.400	0.600	0.500	0.700	0.600
>5.00~8.00	0.450	0.400	0.550	0.450	0.800	0.700	1.000	0.800
>8.00~12.00	0.600	0.500	0.700	0.600	1.000	0.800	1.300	1.000

注：当要求单向允许偏差时，其值为表中数值的 2 倍。

表 4-223　青铜、白铜冷轧板的厚度允许偏差（摘自 GB/T 17793—2010）（单位：mm）

厚度	宽度								
	≤400			>400~700			>700~1000		
	厚度允许偏差,±								
	普通级	较高级	高级	普通级	较高级	高级	普通级	较高级	高级
0.20~0.30	0.030	0.025	0.010						
>0.30~0.40	0.035	0.030	0.020						
>0.40~0.50	0.040	0.035	0.025	0.060	0.050	0.045			
>0.50~0.80	0.050	0.040	0.030	0.070	0.060	0.050			
>0.80~1.20	0.060	0.050	0.040	0.080	0.070	0.060	0.150	0.120	0.080
>1.20~2.00	0.090	0.070	0.050	0.110	0.090	0.080	0.200	0.150	0.100
>2.00~3.20	0.110	0.090	0.060	0.140	0.120	0.100	0.250	0.200	0.150
>3.20~5.00	0.130	0.110	0.080	0.180	0.150	0.120	0.300	0.250	0.200
>5.00~8.00	0.150	0.130	0.100	0.200	0.180	0.150	0.350	0.300	0.250
>8.00~12.00	0.180	0.150	0.110	0.230	0.220	0.180	0.450	0.400	0.300
>12.00~15.00	0.200	0.180	0.150	0.250	0.230	0.200			

注：当要求单向允许偏差时，其值为表中数值的 2 倍。

表 4-224　纯铜、黄铜带材的厚度允许偏差（摘自 GB/T 17793—2010）（单位：mm）

厚度	宽度									
	≤200		>200~300		>300~400		>400~700		>700~1200	
	厚度允许偏差,±									
	普通级	高级	普通级	高级	普通级	高级	普通级	高级	普通级	高级
>0.15~0.25	0.015	0.010	0.020	0.015	0.020	0.015	0.030	0.025		
>0.25~0.35	0.020	0.015	0.025	0.020	0.030	0.025	0.040	0.030		
>0.35~0.50	0.025	0.020	0.030	0.025	0.035	0.030	0.050	0.040	0.060	0.050
>0.50~0.80	0.030	0.025	0.040	0.030	0.040	0.035	0.060	0.050	0.070	0.060
>0.80~1.20	0.040	0.030	0.050	0.040	0.050	0.040	0.070	0.060	0.080	0.070
>1.20~2.00	0.050	0.040	0.060	0.050	0.060	0.050	0.080	0.070	0.100	0.080
>2.00~3.00	0.060	0.050	0.070	0.060	0.080	0.070	0.100	0.080	0.120	0.100

注：当要求单向允许偏差时，其值为表中数值的 2 倍。

表 4-225　青铜、白铜带材的厚度允许偏差（摘自 GB/T 17793—2010）（单位：mm）

厚　度	宽度			
	≤400		>400~610	
	厚度允许偏差,±			
	普通级	高级	普通级	高级
>0.15~0.25	0.020	0.013	0.030	0.020
>0.25~0.40	0.025	0.018	0.040	0.030
>0.40~0.55	0.030	0.020	0.050	0.045
>0.55~0.70	0.035	0.025	0.060	0.050
>0.70~0.90	0.045	0.030	0.070	0.060
>0.90~1.20	0.050	0.035	0.080	0.070
>1.20~1.50	0.065	0.045	0.090	0.080
>1.50~2.00	0.080	0.050	0.100	0.090
>2.00~2.60	0.090	0.060	0.120	0.100

注：当要求单向允许偏差时，其值为表中数值的 2 倍。

表 4-226　板材的宽度允许偏差（摘自 GB/T 17793—2010）　　（单位：mm）

厚度	宽度							
	≤300	>300~700	≤1000	>1000~2000	>2000~3000	≤1000	>1000~2000	>2000~3000
	卷纵剪允许偏差		剪切允许偏差			锯切允许偏差		
0.20~0.35	±0.3	±0.6	+3 0					
>0.35~0.80	±0.4	±0.7	+3 0	+5 0				
>0.80~3.00	±0.5	±0.8	+5 0	+10 0				
>3.00~8.00			+10 0	+15 0				
>8.00~15.00			+10 0	+15 0	+1.2%厚度 0			
>15.00~25.00			+10 0	+15 0	+1.2%厚度 0	±2	±3	±5
>25.00~60.00								

注：1. 当要求单向允许偏差时，其值为表中数值的 2 倍。
2. 厚度>15mm 的热轧板，可不切边交货。

表 4-227　带材的宽度允许偏差（摘自 GB/T 17793—2010）　　（单位：mm）

厚度	宽度			
	≤200	>200~300	>300~600	>600~1200
	宽度允许偏差,±			
>0.15~0.50	0.2	0.3	0.5	
>0.50~2.00	0.3	0.4	0.6	0.8
>2.00~3.00	0.5	0.5	0.6	

表 4-228　板材的长度允许偏差（摘自 GB/T 17793—2010）　　（单位：mm）

厚度	冷轧板(长度)				热轧板
	≤2000	>2000~3500	>3500~5000	>5000~7000	
	长度允许偏差				
≤0.80	+10 0	+10 0			
>0.80~3.00	+10 0	+15 0			
>3.00~12.00	+15 0	+15 0	+20 0	+25 0	+25 0
>12.00~60.00					+30 0

注：厚度>15mm 时的热轧板，可不切头交货。

表 4-229　板材的平整度（摘自 GB/T 17793—2010）

厚度/mm	平整度/(mm/m)
≤1.5	≤15
>1.5~5.0	≤10
>5.0	≤8

表 4-230　带材的侧边弯曲度（摘自 GB/T 17793—2010）

宽度/mm	侧边弯曲度/(mm/m)　≤		
	普通级		高级
	厚度>0.15~0.60	厚度>0.60~3.0	所有厚度
6~9	9	12	5
>9~13	6	10	4
>13~25	4	7	3
>25~50	3	5	3
>50~100	2.5	4	2
>100~1200	2	3	1.5

4.4.1.6　加工铜及铜合金管材的规格和力学性能

1. 拉制铜及铜合金管（见表 4-231～表 4-234）

表 4-231　铜及铜合金拉制管材的室温纵向力学性能

牌　号	状态	公称外径 /mm	抗拉强度 R_m/MPa	断后伸长率(%)	
				$A_{11.3}$	A
			≥		
T2、T3、TP1、TP2	硬(Y)	≤100	315	—	—
		>100～360	295	—	—
	半硬(Y_2)	≤100	235～245	—	—
	软(M)	3～360	205	35	40
H96	硬(Y)	3～200	295	—	—
	软(M)	3～200	205	35	42
H68	硬(Y)	3.2～30	390	—	—
	半硬(Y_2)	3～60	345	30	34
	软(M)	3～60	295	38	43
H62	硬(Y)	3.2～30	390	—	—
	半硬(Y_2)	3～200	335	30	34
	软(M)	3～200	295	38	43
HSn70-1	半硬(Y_2)	3～60	345	30	34
	软(M)	3～60	295	38	43
HSn62-1	半硬(Y_2)	3～60	335	30	—
	软(M)	3～60	295	35	—
BZn15-20	硬(Y)	4～40	490	3	—
	半硬(Y_2)	4～40	390	15	—
	软(M)	4～40	295	30	—

注：仲裁时，伸长率指标以 $A_{11.3}$ 为准。

表 4-232　加工铜和铜合金挤制管材的室温纵向力学性能（供参考）

牌　号	状态	壁厚 /mm	抗拉强度 R_m/MPa	断后伸长率(%)		布氏硬度 HBW
				$A_{11.3}$	A	
			≥			
T2、T3、TP2	R	5～30	186	35	42	—
H96	R	1.5～42.5	186	35	42	—
H62	R	1.5～42.5	295	38	43	—
HRb59-1	R	1.5～42.5	390	20	24	—
HFe59-1-1	R	1.5～42.5	430	28	31	—
QAl9-2	R	3～50	470	15	—	—
QAl9-4	R	3～50	490	15	17	110～190
QAl10-3-1.5	R	<20	590	12	14	140～200
		≥20	540	13	15	135～200
QSl10-4-4	R	3～50	635	5	6	170～230

注：1. 仲裁时，伸长率指标以 $A_{11.3}$ 为准。
2. 布氏硬度试验应在合同中注明，方予以进行。
3. TU1、TU2 管材无力学性能要求。
4. 外径大于 200mm 的 QAl9-2、QAl9-4、QAl10-3-1.5 和 QAl10-4-4 管材，一般不做拉伸试验，但必须保证抗拉强度。

表 4-233 拉制铜及铜合金管规格（摘自 GB/T 16866—2006） （单位：mm）

公称外径	公称壁厚																
	0.5	0.75	1.0	(1.25)	1.5	2.0	2.5	3.0	3.5	4.0	4.5	5.0	6.0	7.0	8.0	(9.0)	10.0
3,4,5,6,7	○	○	○	○	○												
8,9,10,11,12,13,14,15	○	○	○	○	○	○	○	○	○								
16,17,18,19,20	○	○	○	○	○	○	○	○	○	○	○						
22,22,23,24,25,26,27,28,(29),30			○	○	○	○	○	○	○	○	○	○					
31,32,33,34,35,36,37,38,(39),40			○	○	○	○	○	○	○	○	○	○					
(41),42,(43),(44),45,(46),(47),48,(49),50			○		○	○	○	○	○	○	○	○					
(52),54,55,(56),58,60			○		○	○	○	○	○	○	○	○					
(62),(64),65,(66),68,70						○	○	○	○	○	○	○	○	○	○	○	○
(72),(74),75,76,(78),80						○	○	○	○	○	○	○	○	○	○	○	○
(82),(84),85,86,(88),90,(92),(94),96,(98),100						○	○	○	○	○	○	○	○	○	○	○	○
105,110,115,120,125,130,135,140,145,150						○	○	○	○	○	○	○	○	○	○	○	○
155,160,165,170,175,180,185,190,195,200								○	○	○	○	○	○	○	○	○	○
210,220,230,240,250								○	○	○	○	○	○	○			
260,270,280,290,300,310,320,330,340,350,360									○	○	○	○					

注：1. “○”表示可供应规格，其中壁厚为 1.25mm 仅供拉制锌白铜管。（ ）内数据表示不推荐采用的规格。需要其他规格的产品应由供需双方商定。

2. 拉制管材外形尺寸范围：纯铜管，外径 3～360mm，壁厚 0.5～10.0mm（1.25mm 除外）；黄铜管，外径 3～200mm，壁厚 0.5～10.0mm（1.25mm 除外）；锌白铜管，外径 4～40mm，壁厚 0.5～4.0mm。

2. 无缝铜水管和铜气管

1）无缝铜水管和铜气管的牌号、状态和规格。见表 4-235～表 4-239。

标记示例：产品标记按产品名称、牌号、状态、规格和标准编号的顺序表示。

示例 1：用 TP2 制造，供应状态为硬态，外径为 108mm，壁厚为 1.5mm，长度为 5800mm 的圆形铜管标记为

铜管 TP2 Y ϕ08×1.5×5800 GB/T 18033—2007

示例 2：用 TU2 微造，供应状态为软态，外径为 22mm，壁厚为 0.9mm，长度大于 15000mm 的圆形铜盘管标记为

铜盘管 TU2 M ϕ22×0.9×15000 GB/T 18033—2007

管材的化学成分应符合 GB/T 5231 中 TP2 和 TU2 的规定。

表 4-234　挤制铜及铜合金管规格（摘自 GB/T 16866—2006）　　（单位：mm）

公称外径	公称壁厚																										
	1.5	2.0	2.5	3.0	3.5	4.0	4.5	5.0	6.0	7.5	9.0	10.0	12.5	15.0	17.5	20.0	22.5	25.0	27.5	30.0	32.5	35.0	37.5	40.0	42.5	45.0	50.0
20,21,22	○	○	○	○		○																					
23,24,25,26	○	○	○	○	○	○																					
27,28,29,30,32			○	○	○	○	○	○	○																		
34,35,36					○	○	○	○	○	○																	
34,40,42,44				○		○		○	○	○	○	○															
45,(46),(48)				○	○	○		○	○	○	○	○															
50,(52),(54),55				○	○	○		○	○	○		○	○	○	○												
(56),(58),60						○	○	○		○		○	○	○	○												
(62),(64),65,68,70						○		○		○	○	○	○	○	○	○											
(72),74,75,(78),80						○		○		○	○	○	○	○	○	○	○	○									
85,90,95,10										○		○	○	○	○	○	○	○	○	○							
105,110												○	○	○	○	○	○	○	○	○							
115,120,125,130												○	○	○	○	○	○	○	○	○	○	○					
135,140,145,150												○	○	○	○	○	○	○	○	○	○	○					
155,160,165,170												○	○	○	○	○	○	○	○	○	○	○	○	○	○		
175,180,185,190,195,200												○	○	○	○	○	○	○	○	○	○	○	○	○	○	○	
(205),210,(215),220												○	○	○	○	○	○	○	○	○	○	○	○	○	○		
(225),230,(235),240,(245),250												○	○	○		○		○	○	○	○	○	○	○	○	○	○
(255),260,(265),270,(275),280												○	○	○		○		○		○							
290,300																○		○		○							

注：1. “○”表示可供规格。(　　) 内数据表示不推荐采用的规格。需要其他规格的产品应由供需双方商定。

2. 挤制管材外形尺寸范围：纯铜管，外径 30~300mm，壁厚 5.0~30mm；黄铜管，外径 21~280mm，壁厚 1.5~42.5mm；铝青铜管，外径 20~250mm，壁厚 3~50mm。

表 4-235 管材的牌号、状态和规格（摘自 GB/T 18033—2007）

牌号	状态	种类	规格/mm		
			外径	壁厚	长度
TP2 TU2	硬(Y)	直管	6~325	0.6~8	≤6000
	半硬(Y_2)		6~159		
	软(M)		6~108		
	软(M)	盘管	≤28		≥15000

表 4-236 管材的外形尺寸系列（摘自 GB/T 18033—2007）

公称尺寸 DN/mm	公称外径 /mm	壁厚/mm			理论重量/(kg/m)			最大工作压力 p/MPa								
								硬态(Y)			半硬态(Y_2)			软态(M)		
		A型	B型	C型	A型	B型	C型	A型	B型	C型	A型	B型	C型	A型	B型	C型
4	6	1.0	0.8	0.6	0.140	0.117	0.091	24.00	18.80	13.7	19.23	14.9	10.9	15.8	12.3	8.95
6	8	1.0	0.8	0.6	0.197	0.162	0.125	17.50	13.70	10.0	13.89	10.9	7.98	11.4	8.95	6.57
8	10	1.0	0.8	0.6	0.253	0.207	0.158	13.70	10.70	7.94	10.87	8.55	6.30	8.95	7.04	5.19
10	12	1.2	0.8	0.6	0.364	0.252	0.192	13.67	8.87	6.65	1.87	7.04	5.21	8.96	5.80	4.29
15	15	1.2	1.0	0.7	0.465	0.393	0.281	10.79	8.87	6.11	8.55	7.04	4.85	7.04	5.80	3.99
	18	1.2	1.0	0.8	0.566	0.477	0.386	8.87	7.31	5.81	7.04	5.81	4.61	5.80	4.79	3.80
20	22	1.5	1.2	0.9	0.864	0.701	0.535	9.08	7.19	5.32	7.21	5.70	4.22	6.18	4.70	3.48
25	28	1.5	1.2	0.9	1.116	0.903	0.685	7.05	5.59	4.62	5.60	4.44	3.30	4.61	3.65	2.72
32	35	2.0	1.5	1.2	1.854	1.411	1.140	7.54	5.54	4.44	5.98	4.44	3.52	4.93	3.65	2.90
40	42	2.0	1.5	1.2	2.247	1.706	1.375	6.23	4.63	3.68	4.95	3.68	2.92	4.08	3.03	2.41
50	54	2.5	2.0	1.2	3.616	2.921	1.780	6.06	4.81	2.85	4.81	3.77	2.26	3.96	3.14	1.86
65	67	2.5	2.0	1.5	4.529	3.652	2.759	4.85	3.85	2.87	3.85	3.06	2.27	3.17	3.05	1.88
	76	2.5	2.0	1.5	5.161	4.157	3.140	4.26	3.38	2.52	3.38	2.69	2.00	2.80	2.68	1.65
80	89	2.5	2.0	1.5	6.074	4.887	3.696	3.62	2.88	2.15	2.87	2.29	1.71	2.36	2.28	1.41
100	108	3.5	2.5	1.5	10.274	7.408	4.487	4.19	2.97	1.77	3.33	2.36	1.40	2.74	1.94	1.16
125	133	3.5	2.5	1.5	12.731	9.164	5.540	3.38	2.40	1.43	2.68	1.91	1.14			
150	159	4.0	3.5	2.0	17.415	15.287	8.820	3.23	2.82	1.60	2.56	2.24	1.27			
200	219	6.0	5.0	4.0	35.898	30.055	24.156	3.53	2.93	2.33						
250	267	7.0	5.5	4.5	51.122	40.399	33.180	3.37	2.64	2.15						
	273	7.5	5.8	5.0	55.932	43.531	37.640	3.54	2.16	1.53						
300	325	8.0	6.5	5.5	71.234	58.151	49.359	3.16	2.56	2.16						

注：1. 最大计算工作压力 p，是指工作条件为 65℃时，硬态（Y）允许应力为 63MPa；半硬态（Y_2）允许应力为 50MPa；软态（M）允许应力为 41.2MPa。

2. 加工铜的密度值取 8.94g/cm^3，作为计算每米铜管重量的依据。

3. 客户需要其他规格尺寸的管材，供需双方协商解决。

壁厚不大于 3.5mm 的管材，壁厚允许偏差为±10%，壁厚大于 3.5mm 的管材，壁厚允许偏差为±15%。

长度不大于 6000mm 的管材，长度允许偏差为 +10mm，盘管长度应比预定长度稍长（+300mm）。直管长度为定尺长度、倍尺长度，应加入切刀段时的锯切量，每一锯切量为 5mm。

表 4-237 管材的外径允许偏差 （单位：mm）

外径	外径允许偏差		
	适用于平均外径	适用任意外径[①]	
	所有状态[②]	硬态(Y)	半硬态(Y_2)
6~18	±0.04	±0.04	±0.09
>18~28	±0.05	±0.06	±0.10
>28~54	±0.06	±0.07	±0.11

（续）

外　径	外径允许偏差		
	适用于平均外径	适用任意外径①	
	所有状态②	硬态（Y）	半硬态（Y_2）
>54~76	±0.07	±0.10	±0.15
>76~89	±0.07	±0.15	±0.20
>89~108	±0.07	±0.20	±0.30
>108~133	±0.20	±0.70	±0.40
>133~159	±0.20	±0.70	±0.40
>159~219	±0.40	±1.50	
>219~325	±0.60	±1.50	

注：外径大于 ϕ108mm 管材的直度，由供需双方协商确定。

① 包括圆度偏差。

② 软态管材外径公差仅适用平均外径公差。

表 4-238　管材的直度（摘自 GB/T 18033—2007）　（单位：mm）

长度	直度　≤
≤6000	任意 3000 不超过 12

表 4-239　管材端部的切斜度　（单位：mm）

公称外径	切斜度　≤
≤16	0.40
>16	外径的 2.5%

2）管材的力学性能。见表 4-240。

3）工艺性能。

① 扩口（压扁）试验。外径不大于 54mm 的软态和半硬态管材进行扩口试验时，顶锥为 45°，扩口率为 30%。

外径大于 54mm 管材可用压扁试验代替扩口试验。压扁后软态管材的内壁间距等于壁厚；半硬态的内壁间距等于 3 倍壁厚。扩口（压扁）试验后管材不应出现肉眼可见的裂纹或破损。

② 弯曲试验。对外径不大于 28mm 的硬态管，应按表 4-241 规定的弯曲半径进行弯曲试验，弯曲角为 90°，用专用工具弯曲，试验后管材应无肉眼可见的裂纹或破损等缺陷。

表 4-240　管材的力学性能（摘自 GB/T 18033—2007）

牌号	状态	公称外径/mm	抗拉强度 R_m/MPa	伸长率 A(%)	维氏硬度 HV5
			≥	≥	
TP2 TU2	Y	≤100	315	—	>100
		>100	295		
	Y_2	≤67	250	30	75~100
		>67~159	250	20	
	M	≤108	205	40	40~75

注：1. 维氏硬度仅供选择性试验。

2. 表中为室温纵向力学性能。

表 4-241　弯曲试验的弯曲半径（摘自 GB/T 18033—2007）　（单位：mm）

公称外径	弯心半径	中心轴半径	公称外径	弯心半径	中心轴半径
6	27	30	15	48	55
8	31	35	18	61	70
10	35	40	22	79	90
12	39	45	28	106	120

4）非破坏性试验。每根管材应满足水压或气压试验或涡流探伤检验的要求。

水压试验。管材最大工作压力按下列公式计算。管材能承受的最大工作压力见表 4-236。管材进行水压试验时，其试验压力按下列公式计算。在该压力下，持续 10~15s 后，管材应无渗漏和永久变形。

$$p=\frac{2\sigma t}{D-0.8t}$$

$$p_t=np$$

式中 p——最大工作压力（MPa）；

p_t——试验压力（MPa）；

t——管材壁厚（mm）；

D——管材外径（mm）；

σ——材料允许应力，硬态管 $\sigma=63$MPa，半硬态管 $\sigma=50$MPa，软态管 $\sigma=41.2$MPa；

n——系数，推荐值 $n=1\sim1.5$。

气压试验。管材进行气压试验时，其空气压力为 0.4MPa，管材完全浸入水中至少 10s，管材应无气泡出现。

涡流探伤检验。管材壁厚≤3mm 时，应进行涡流探伤检验。其人工标准缺陷（钻孔直径）及探伤结果应符合 GB/T 5248 的规定。

5）表面质量。

管材内表面不应存在任何有害层。当用户有要求时，其内表面应通过碳膜试验。

管材内外表面应光滑、清洁，不应有影响使用的有害缺陷。

3. 铍青铜无缝管（摘自 GB/T 26313—2010）

本标准适用于石油、煤炭、电子、仪表以及其他行业应用的铍青铜无缝圆管。

1）管材的牌号、状态、规格（见表 4-242）。

表 4-242 管材的牌号、状态、规格

牌号	供应状态	外径/mm	壁厚/mm														长度/mm
			0.3	0.4	0.6	0.8	1.0	1.5	2.0	2.5	3.0	4.0	5.0	6.0	8.0	10.0	
QBe2、C17200	热加工态（R）	>30~50	○	○	○	—	—	—	—	—	—	—	—	—	—	—	≤6000
		>50~75	—	○	○	○	○	○	○	—	—	—	—	—	—	—	
		>75~90	—	—	—	—	○	○	○	○	○	○	—	—	—	—	
	软态或固溶退火态（M）、硬态（Y）、固溶时效或软时效态（TF00）、硬时效（TH04）	3~5	○	○	○	—	—	—	—	—	—	—	—	—	—	—	
		>5~15	—	○	○	○	○	○	○	—	—	—	—	—	—	—	
		>15~30	—	—	—	—	○	○	○	○	○	○	—	—	—	—	
		>30~50	—	—	—	—	—	—	○	○	○	○	○	○	—	—	
		>50~75	—	—	—	—	—	—	—	—	○	○	○	○	○	—	
		>75~90	—	—	—	—	—	—	—	—	—	—	○	○	○	○	

注：“○”表示可以按本标准生产的规格，超出表中规格时由供需双方协商确定。

2）标记示例。

管材标记按管材名称、牌号、状态、规格和标准编号的顺序表示。标记示例如下：

示例 1：用 QBe2 制造的、固溶时效状态、外径为 15mm、壁厚为 0.6mm、长度为 3000mm 的管材，标记为

管 QBe2 TF00 ϕ15×0.6×3000 GB/T 26313—2010

示例 2：用 C17200 制造的、热加工态、外径为 50mm、壁厚为 4mm、长度为 5000mm 的管材，标记为：

管 C17200 R ϕ50×4×5000 GB/T 26313—2010

3）化学成分（见表 4-243）。

4）外形尺寸及其允许偏差（见表 4-244～表 4-247）。

表 4-243 C17200 化学成分（质量分数,%）

牌号	主要成分			杂质≤		
	Be	Ni+Co	Co+Ni+Fe	Cu	Al	Si
C17200	1.80~2.00	≥0.2	≤0.6	余量	0.20	0.20

注：1. Cu 含量可用 100%与所有被分析元素含量总和的差值求得。

2. 当表中所有元素都测定时，其总量应不小于 99.5%。

3. 需方有特殊要求时，由供需双方协商确定。

表 4-244　管材外径允许偏差　（单位：mm）

外　径	允许偏差		
	状态(Y)	状态(M/TF00/TH04)	状态(R)
3~5	±0.05	±0.10	—
>5~15	±0.08	±0.15	—
>15~30	±0.15	±0.20	—
>30~50	±0.20	±0.25	±0.75
>50~75	±0.25	±0.25	±1.0
>75~90	±0.30	±0.50	±1.25

注：当规定为单向偏差时，其值应为表中数值的 2 倍。

表 4-245　管材壁厚允许偏差　（单位：mm）

壁　厚	外　径		
	3~15	>15~50	>50
0.3~1.0	±0.07	—	—
>1.0~2.0	±0.12	±0.12	—
>2.0~3.0	—	±0.15	±0.20
>3.0~4.0	—	±0.20	±0.25
>4.0~6.0	—	±0.25	±0.30
>6.0~8.0	—	—	±0.40
>8.0	—	—	壁厚的±6%

注：1. 当规定为单向偏差时，其值应为表中数值的 2 倍。
2. 以 R 态供货的壁厚允许偏差为壁厚的±10%。

表 4-246　管材长度允许偏差　（单位：mm）

长度	外径≤30	外径>30
≤2000	+3.0	+5.0
>2000~4000	+6.0	+8.0
>4000~6000	+12.0	+12.0

注：对定尺长度偏差另有要求的，由供需双方协商确定。

表 4-247　管材的直度　（单位：mm）

长　度	直　度
≤1000	≤1
>1000~2000	≤3
>2000~3000	≤5

注：1. 长度大于 3000mm 的管材，全长中任意部位每 3000mm 的直度不大于 5mm。
2. 以 M 态或 R 态供货的管材直度或对管材直度另有要求的，由供需双方协商确定。

5）力学性能（见表 4-248~表 4-250）。

表 4-248　R 态、M 态及 Y 态管材的室温力学性能

牌号	状态	硬度试验 (HRB)	拉伸试验	
			抗拉强度 R_m/(N/mm^2)	断后伸长率 A(%)
QBe2、C17200	R	≥50	≥450	≥15
	M	45~90	410~570	≥30
	Y	≥90	≥590	≥10

注：一般情况下，抗拉强度的上限值仅作为设计参考，不作为材料最终验收标准。

表 4-249　管材时效热处理后的力学性能

牌号	状态	外径/mm	硬度试验 (HRC)	拉伸试验		
				抗拉强度 R_m/(N/mm^2)	规定塑性延伸强度 $R_{p0.2}$/(N/mm^2)	断后伸长率 A(%)
QBe2、C17200	TF00	所有尺寸	≥35	≥1100	≥860	≥3
	TH04	≤25	≥36	≥1200	≥1030	≥2
		>25~50	≥36	≥1170	≥1000	≥2
		>50~90	≥36	≥1170	≥930	≥2

表 4-250　管材的标准时效热处理制度

牌号	状态		规格	时效工艺
	时效前	时效后		
QBe2、C17200	M	TF00	所有尺寸	315~355℃×3~4h，空冷
	Y	TH04	所有尺寸	315~355℃×2~3h，空冷

注：产品时效需要安装夹具时，保温时间可适当延长。

4. 红色黄铜无缝管（摘自 GB/T 26290—2010）

本标准适用于管道工程、锅炉连接管道、建筑装饰及其他类似用途的红色黄铜无缝管。

1）牌号、状态、规格（见表 4-251）。

表 4-251　管材的牌号、状态、规格

牌号	状态	规格/mm(in)			
		外径	壁厚		长度
			A 型(普通强度)	B 型(高强度)	
85	软态(M) 半硬态(Y_2)	10.3(0.405)~324(12.750)	1.57(0.062)~9.52(0.375)	2.54(0.100)~12.7(0.500)	≤7000(276.432)

注：经供需双方协商，可提供其他规格的管材。

2）标记示例。

产品标记按产品名称、牌号、状态、精度等级、规格和标准编号的顺序表示。标记示例如下：

用 H85 制造的、软状态、普通精度、外径为 21.3mm、壁厚为 2.72mm、定尺长度为 3000mm 的圆管标记为：

管　H85M　ϕ21.3 × 2.72 × 3000　GB/T 26290—2010

用 H85 制造的、半硬状态、高精度、外径为 42.2mm、壁厚为 4.93mm 的圆管标记为：

管 H85Y_2 高　ϕ42.2×4.93　GB/T 26290—2010

3）外径和壁厚及其允许偏差（见表 4-252～表 4-253）。

表 4-252　外径和壁厚及其允许偏差　［单位：mm（in）］

公称尺寸 DN	外径		壁厚（A 型(普通强度)）			壁厚（B 型(高强度)）		
	公称外径	平均外径允许偏差	公称壁厚	允许偏差 普通精度	允许偏差 高精度	公称壁厚	允许偏差 普通精度	允许偏差 高精度
1/8	10.3(0.405)	-0.10(0.004)	1.57(0.062)	公称壁厚的±8%	±0.10(0.004)	2.54(0.100)	公称壁厚的±8%	±0.15(0.006)
1/4	13.7(0.540)	-0.10(0.004)	2.08(0.082)		±0.13(0.005)	3.12(0.123)		±0.18(0.007)
3/8	17.1(0.675)	-0.13(0.005)	2.29(0.090)		±0.13(0.005)	3.23(0.127)		±0.18(0.007)
1/2	21.3(0.840)	-0.13(0.005)	2.72(0.107)		±0.15(0.006)	3.78(0.149)		±0.20(0.008)
3/4	26.7(1.050)	-0.15(0.006)	2.90(0.114)		±0.15(0.006)	3.99(0.157)		±0.23(0.009)
1	33.4(1.315)	-0.15(0.006)	3.20(0.126)		±0.18(0.007)	4.62(0.182)		±0.25(0.010)
1¼	42.2(1.660)	-0.15(0.006)	3.71(0.146)		±0.20(0.008)	4.93(0.194)		±0.25(0.010)
1½	48.3(1.900)	-0.15(0.006)	3.81(0.150)		±0.20(0.008)	5.16(0.203)		±0.28(0.011)
2	60.3(2.375)	-0.20(0.008)	3.96(0.156)	公称壁厚的±10%	±0.23(0.009)	5.61(0.221)	公称壁厚的±10%	±0.30(0.012)
2½	73.0(2.875)	-0.20(0.008)	4.75(0.187)		±0.25(0.010)	7.11(0.280)		±0.38(0.015)
3	88.9(3.500)	-0.25(0.010)	5.56(0.219)		±0.30(0.012)	7.72(0.304)		±0.41(0.016)
3½	102(4.000)	-0.25(0.010)	6.35(0.250)		±0.33(0.013)	8.15(0.321)		±0.43(0.017)
4	114(4.500)	-0.30(0.012)	6.35(0.250)		±0.36(0.014)	8.66(0.341)		±0.46(0.018)
5	141(5.562)	-0.36(0.014)	6.35(0.250)		±0.36(0.014)	9.52(0.375)		±0.48(0.019)
6	168(6.625)	-0.41(0.016)	6.35(0.250)		±0.36(0.014)	11.1(0.437)		±0.69(0.027)
8	219(8.625)	-0.51(0.020)	7.92(0.312)		±0.56(0.022)	12.7(0.500)		±0.89(0.035)
10	273(10.750)	-0.56(0.0220)	9.27(0.365)		±0.76(0.030)	12.7(0.500)		±1.0(0.040)
12	324(12.750)	-0.61(0.024)	9.52(0.375)		±0.76(0.030)	—	—	—

注：管材其他的外径和壁厚要求由供需双方协商确定。

表 4-253　管材标准规格及其允许偏差与理论重量对比关系

（单位：mm）

公称尺寸 DN	外径		壁厚			理论重量 /(kg/m)	壁厚			理论重量 /(kg/m)
	公称外径	平均外径允许偏差	公称壁厚	允许偏差			公称壁厚	允许偏差		
				普通精度	高精度			普通精度	高精度	
			A 型（普通强度）				B 型（高强度）			
1/8	10.3	-0.10	1.57	公称壁厚的±8%	0.10	0.376	2.54	公称壁厚的±8%	0.15	0.540
1/4	13.7	-0.10	2.08		0.13	0.665	3.12		0.18	0.909
3/8	17.1	-0.13	2.29		0.13	0.933	3.23		0.18	1.23
1/2	21.3	-0.13	2.72		0.15	1.39	3.78		0.20	1.83
3/4	26.7	-0.15	2.90		0.15	1.89	3.99		0.23	2.48
1	33.4	-0.15	3.20		0.18	2.65	4.62		0.25	3.66
1¼	42.2	-0.15	3.71		0.20	3.91	4.93		0.25	5.04
1½	48.3	-0.15	3.81		0.20	4.66	5.16		0.28	6.10
2	60.3	-0.20	3.96	公称壁厚的±10%	0.23	6.18	5.61	公称壁厚的±10%	0.30	8.44
2½	73.0	-0.20	4.75		0.25	8.91	7.11		0.38	12.9
3	88.9	-0.25	5.56		0.30	12.7	7.72		0.41	17.3
3½	102	-0.25	6.35		0.33	16.7	8.15		0.43	21.0
4	114	-0.30	6.35		0.36	18.9	8.66		0.46	25.1
5	141	-0.36	6.35		0.36	23.5	9.52		0.48	34.5
6	168	-0.41	6.35		0.36	28.3	11.1		0.69	47.9
8	219	-0.51	7.92		0.56	46.0	12.7		0.89	72.0
10	273	-0.56	9.27		0.76	67.3	12.7		1.0	90.9
12	324	-0.61	9.52		0.76	82.3	—	—	—	—

注：其他外径和壁厚要求的管材由供需双方协商确定。

4）力学性能（见表 4-254）。

表 4-254　管材的室温力学性能

状态	抗拉强度 R_m/MPa ≥	规定塑性延伸强度 $R_{P0.5}$/MPa ≥	伸长率 A_{50mm}(%) ≥
M	276	83	35
Y_2	303	124	—

4.4.1.7　铜及铜合金线材

1）铜及铜合金线材的化学成分。见表 4-255～表 4-260。

表 4-255　锰黄铜线材化学成分（摘自 GB/T 21652—2008）

牌号	化学成分(质量分数,%)												
	Cu	Mn	Ni+Co	Ti+Al	Pb	Fe	Si	B	P	Sb	Bi	Zn	杂质总和
HMn62-13	59～65	10～15	0.05～0.5	0.5～2.5	0.03	0.05	0.05	0.01	0.005	0.005	0.005	余量	0.15

注：1. 元素含量为上下限者为合金元素，元素含量为单个数值者为杂质元素，单个数值表示最高限量。
　　2. 杂质总和为表中所列杂质元素实测值总和。
　　3. 表中用“余量”表示的元素含量为 100%减去表中所列元素实测值所得。

表 4-256　锑黄铜和铋黄铜线材化学成分（摘自 GB/T 21652—2008）

牌号	化学成分(质量分数,%)									
	Cu	Sb	B、Ni、Fe、Sn 等	Si	Fe	Bi	Pb	Cd	Zn	杂质总和
HSb60-0.9	58～62	0.3～1.5	0.05<Ni+Fe+B<0.9				0.2	0.01	余量	0.2
HSb61-0.8-0.5	59～63	0.4～1.2	0.05<Ni+Sn+B<1.2	0.3～1.0	0.2		0.2	0.01	余量	0.3
HBi60-1.3	58～62	0.05<Sb+B+Ni+Sn<1.2			0.1	0.3～2.3	0.2	0.01	余量	0.3

注：1. 元素含量为上下限者为合金元素，元素含量为单个数值者为杂质元素，单个数值表示最高限量。
　　2. 杂质总和为表中所列杂质元素实测值总和。
　　3. 表中用“余量”表示的元素含量为 100%减去表中所列元素实测值所得。

表 4-257　青铜线材化学成分（摘自 GB/T 21652—2008）

牌号	化学成分(质量分数,%)												
	Cr	Zr	Pb	Mg	Fe	Si	P	Sb	Bi	Al	B	Cu	杂质总和
QCr1-0.18	0.5～1.5	0.05～0.30	0.05	0.05	0.10	0.10	0.10	0.01	0.01	0.05	0.02	余量	0.3

注：1. 元素含量为上下限者为合金元素，元素含量为单个数值者为杂质元素，单个数值表示最高限量。
　　2. 杂质总和为表中所列杂质元素实测值总和。
　　3. 表中用“余量”表示的元素含量为 100%减去表中所列元素实测值所得。

表 4-258　青铜线材化学成分（摘自 GB/T 21652—2008）

牌号	化学成分(质量分数,%)					
	Sn	P	Pb	Fe	Zn	Cu
QSn5-0.2(C51000)	4.2~5.8	0.03~0.35	0.05	0.10	0.30	余量

注：1. Cu+所列出元素总和≥99.5%。
2. 元素含量为上下限者为合金元素，元素含量为单个数值者为杂质元素，单个数值表示最高限量。
3. 表中用“余量”表示的元素含量为100%减去表中所列元素实测值所得。

表 4-259　青铜线材化学成分（摘自 GB/T 21652—2008）

牌号	化学成分(质量分数,%)									
	Sn	B	Zn	Fe	Cr	Ti	Ni+Co	Mn	P	Cu	杂质总和
QSn15-1-1	12~18	0.002~1.2	0.5~2	0.1~1		0.002		0.6	0.5	余量	1.0
QCr4.5-2.5-0.6			0.05	0.05	3.5~5.5	1.5~3.5	0.2~1.0	0.5~2	0.005	余量	0.1

注：1. 元素含量为上下限者为合金元素，元素含量为单个数值者为杂质元素，单个数值表示最高限量。
2. 杂质总和为表中所列杂质元素实测值总和。
3. 表中用“余量”表示的元素含量为100%减去表中所列元素实测值所得。

表 4-260　白铜线材化学成分（摘自 GB/T 21652—2008）

牌号	化学成分(质量分数,%)															
	Cu	Ni+Co	Fe	Mn	Pb	Si	Sn	P	Al	Ti	C	S	Sb	Bi	Zn	杂质总和
BZn9-29	60.0~63.0	7.2~10.4	0.3	0.5	0.03	0.15	0.08	0.005	0.005	0.005	0.03	0.005	0.002	0.002	余量	0.8
BZn12-26	60.0~63.0	10.5~13.0	0.3	0.5	0.03	0.15	0.08	0.005	0.005	0.005	0.03	0.005	0.002	0.002	余量	0.8
BZn18-20	60.0~63.0	16.5~19.5	0.3	0.5	0.03	0.15	0.08	0.005	0.005	0.005	0.03	0.005	0.002	0.002	余量	0.8
BZn22-16	60.0~63.0	20.5~23.5	0.3	0.5	0.03	0.15	0.08	0.005	0.005	0.005	0.03	0.005	0.002	0.002	余量	0.8
BZn25-18	56.0~59.0	23.5~26.5	0.3	0.5	0.03	0.15	0.08	0.005	0.005	0.005	0.03	0.005	0.002	0.002	余量	0.8
BZn40-20	38.0~42.0	38.0~41.5	0.3	0.5	0.03	0.15	0.08	0.005	0.005	0.005	0.10	0.005	0.002	0.002	余量	0.8

注：1. 元素含量为上下限者为合金元素，元素含量为单个数值者为杂质元素，单个数值表示最高限量。
2. 杂质总和为表中所列杂质元素实测值总和。
3. 表中用“余量”表示的元素含量为100%减去表中所列元素实测值所得。

2）铜及铜合金线材的尺寸及允许偏差。见表 4-261～表 4-263。

表 4-261　圆形线材的直径及其允许偏差（摘自 GB/T 21652—2008）　（单位：mm）

公称直径	允许偏差 ≤	
	较高级	普通级
0.05～0.1	±0.003	±0.005
>0.1～0.2	±0.005	±0.010
>0.2～0.5	±0.008	±0.015
>0.5～1.0	±0.010	±0.020
>1.0～3.0	±0.020	±0.030
>3.0～6.0	±0.030	±0.040
>6.0～13.0	±0.040	±0.050

注：1. 经供需双方协商，可供应其他规格和允许偏差的线材，具体要求应在合同中注明，否则按普通级供货。
2. 线材偏差等级须在订货合同中注明，否则按普通级供货。
3. 需方要求单向偏差时，其值为表中数值的 2 倍。

表 4-262　正方形、正六角形线材的对边距及其允许偏差（摘自 GB/T 21652—2008）

（单位：mm）

对边距	允许偏差 ≤		截面形状
	较高级	普通级	
≤3.0	±0.030	±0.040	s　a
>3.0～6.0	±0.040	±0.050	
>6.0～13.0	±0.050	±0.060	

注：1. 经供需双方协商，可供应其他规格和允许偏差的线材，具体要求应在合同中注明。
2. 线材偏差等级须在订货合同中注明，否则按普通级供货。
3. 需方要求单向偏差时，其值为表中数值的 2 倍。

表 4-263　正方形、正六角形线材的圆角半径（摘自 GB/T 21652—2008）（单位：mm）

对边距	≤2	>2～4	>4～6	>6～10	>10～13
圆角半径 r	≤0.4	≤0.5	≤0.6	≤0.8	≤1.2

3）铜及铜合金线材的力学性能见表 4-264。

表 4-264　线材的室温纵向力学性能（摘自 GB/T 21652—2008）

牌号	状态	直径(对边距)/mm	抗拉强度 R_m/MPa	伸长率 A_{100mm} (%)
TU1 TU2	M	0.05～8.0	≤255	≥25
	Y	0.05～4.0	≥345	
		>4.0～8.0	≥310	≥10
T2 T3	M	0.05～0.3	≥195	≥15
		>0.3～1.0	≥195	≥20
		>1.0～2.5	≥205	≥25
		>2.5～8.0	≥205	≥30
	Y_2	0.05～8.0	255～365	
	Y	0.05～2.5	≥380	
		>2.5～8.0	≥365	
H62 H63	M	0.05～0.25	≥345	≥18
		>0.25～1.0	≥335	≥22
		>1.0～2.0	≥325	≥26
		>2.0～4.0	≥315	≥30
		>4.0～6.0	≥315	≥34
		>6.0～13.0	≥305	≥36

（续）

牌　号	状　态	直径（对边距）/mm	抗拉强度 R_m/MPa	伸长率 A_{100mm}（%）
H62 H63	Y_8	0.05~0.25	≥360	≥8
		>0.25~1.0	≥350	≥12
		>1.0~2.0	≥340	≥18
		>2.0~4.0	≥330	≥22
		>4.0~6.0	≥320	≥26
		>6.0~13.0	≥310	≥30
	Y_4	0.05~0.25	≥380	≥5
		>0.25~1.0	≥370	≥8
		>1.0~2.0	≥360	≥10
		>2.0~4.0	≥350	≥15
		>4.0~6.0	≥340	≥20
		>6.0~13.0	≥330	≥25
	Y_2	0.05~0.25	≥430	
		>0.25~1.0	≥410	≥4
		>1.0~2.0	≥390	≥7
		>2.0~4.0	≥375	≥10
		>4.0~6.0	≥355	≥12
		>6.0~13.0	≥350	≥14
	Y_1	0.05~0.25	590~785	
		>0.25~1.0	540~735	
		>1.0~2.0	490~685	
		>2.0~4.0	440~635	
		>4.0~6.0	390~590	
		>6.0~13.0	360~560	
	Y	0.05~0.25	785~980	
		>0.25~1.0	685~885	
		>1.0~2.0	635~835	
		>2.0~4.0	590~785	
		>4.0~6.0	540~735	
		>6.0~13.0	490~685	
	T	0.05~0.25	≥850	
		>0.25~1.0	≥830	
		>1.0~2.0	≥800	
		>2.0~4.0	≥770	
H65	M	0.05~0.25	≥335	≥18
		>0.25~1.0	≥325	≥24
		>1.0~2.0	≥315	≥28
		>2.0~4.0	≥305	≥32
		>4.0~6.0	≥295	≥35
		>6.0~13.0	≥285	≥40
	Y_8	0.05~0.25	≥350	≥10
		>0.25~1.0	≥340	≥15
		>1.0~2.0	≥330	≥20
		>2.0~4.0	≥320	≥25
		>4.0~6.0	≥310	≥28
		>6.0~13.0	≥300	≥32
	Y_4	0.05~0.25	≥370	≥6
		>0.25~1.0	≥360	≥10
		>1.0~2.0	≥350	≥12

（续）

牌　号	状　态	直径(对边距)/mm	抗拉强度 R_m/MPa	伸长率 A_{100mm} (%)
H65	Y_4	>2.0~4.0	≥340	≥18
		>4.0~6.0	≥330	≥22
		>6.0~13.0	≥320	≥28
	Y_2	0.05~0.25	≥410	
		>0.25~1.0	≥400	≥4
		>1.0~2.0	≥390	≥7
		>2.0~4.0	≥380	≥10
		>4.0~6.0	≥375	≥13
		>6.0~13.0	≥360	≥15
	Y_1	0.05~0.25	540~735	
		>0.25~1.0	490~685	
		>1.0~2.0	440~635	
		>2.0~4.0	390~590	
		>4.0~6.0	375~570	
		>6.0~13.0	370~550	
	Y	0.05~0.25	685~885	
		>0.25~1.0	635~835	
		>1.0~2.0	590~785	
		>2.0~4.0	540~735	
		>4.0~6.0	490~685	
		>6.0~13.0	440~635	
	T	0.05~0.25	≥830	
		>0.25~1.0	≥810	
		>1.0~2.0	≥800	
		>2.0~4.0	≥780	
H68 H70	M	0.05~0.25	≥375	≥18
		>0.25~1.0	≥355	≥25
		>1.0~2.0	≥335	≥30
		>2.0~4.0	≥315	≥35
		>4.0~6.0	≥295	≥40
		>6.0~8.5	≥275	≥45
	Y_8	0.05~0.25	≥385	≥18
		>0.25~1.0	≥365	≥20
		>1.0~2.0	≥350	≥24
		>2.0~4.0	≥340	≥28
		>4.0~6.0	≥330	≥33
		>6.0~8.5	≥320	≥35
	Y_4	0.05~0.25	≥400	≥10
		>0.25~1.0	≥380	≥15
		>1.0~2.0	≥370	≥20
		>2.0~4.0	≥350	≥25
		>4.0~6.0	≥340	≥30
		>6.0~8.5	≥330	≥32
	Y_2	0.05~0.25	≥410	
		>0.25~1.0	≥390	≥5
		>1.0~2.0	≥375	≥10
		>2.0~4.0	≥355	≥12
		>4.0~6.0	≥345	≥14
		>6.0~8.5	≥340	≥16

（续）

牌　号	状　态	直径（对边距）/mm	抗拉强度 R_m/MPa	伸长率 A_{100mm} (%)
H68 H70	Y_1	0.05～0.25	540～735	
		>0.25～1.0	490～685	
		>1.0～2.0	440～635	
		>0.2～4.0	390～590	
		>4.0～6.0	345～540	
		>6.0～8.5	340～520	
	Y	0.05～0.25	735～930	
		>0.25～1.0	685～885	
		>1.0～2.0	635～835	
		>2.0～4.0	590～785	
		>4.0～6.0	540～735	
		>6.0～8.5	490～685	
	T	0.1～0.25	≥800	
		>0.25～1.0	≥780	
		>1.0～2.0	≥750	
		>2.0～4.0	≥720	
		>4.0～6.0	≥690	
H80	M	0.05～12.0	≥320	≥20
	Y_2	0.05～12.0	≥540	
	Y	0.05～12.0	≥690	
H85	M	0.05～12.0	≥280	≥20
	Y_2	0.05～12.0	≥455	
	Y	0.05～12.0	≥570	
H90	M	0.05～12.0	≥240	≥20
	Y_2	0.05～12.0	≥385	
	Y	0.05～12.0	≥485	
H96	M	0.05～12.0	≥220	≥20
	Y_2	0.05～12.0	≥340	
	Y	0.05～12.0	≥420	
HPb59-1	M	0.5～2.0	≥345	≥25
		>2.0～4.0	≥335	≥28
		>4.0～6.0	≥325	≥30
	Y_2	0.5～2.0	390～590	
		>2.0～4.0	390～590	
		>4.0～6.0	375～570	
	Y	0.5～2.0	490～735	
		>2.0～4.0	490～685	
		>4.0～6.0	440～635	
HPb59-3	Y_2	1.0～2.0	≥385	
		>2.0～4.0	≥380	
		>4.0～6.0	≥370	
		>6.0～8.5	≥360	
	Y	1.0～2.0	≥480	
		>2.0～4.0	≥460	
		>4.0～6.0	≥435	
		>6.0～8.5	≥430	
HPb61-1	Y_2	0.5～2.0	≥390	≥10
		>2.0～4.0	≥380	≥10
		>4.0～6.0	≥375	≥15
		>6.0～8.5	≥365	≥15

（续）

牌　　号	状　　态	直径(对边距)/mm	抗拉强度 R_m/MPa	伸长率 A_{100mm} (%)
HPb61-1	Y	0.5~2.0	≥520	
		>2.0~4.0	≥490	
		>4.0~6.0	≥465	
		>6.0~8.5	≥440	
HPb62-0.8	Y_2	0.5~6.0	410~540	≥12
	Y	0.5~6.0	450~560	
HPb63-3	M	0.5~2.0	≥305	≥32
		>2.0~4.0	≥295	≥35
		>4.0~6.0	≥285	≥35
	Y_2	0.5~2.0	390~610	≥3
		>2.0~4.0	390~600	≥4
		>4.0~6.0	390~590	≥4
	Y	0.5~6.0	570~735	
HSn60-1 HSn62-1	M	0.5~2.0	≥315	≥15
		>2.0~4.0	≥305	≥20
		>4.0~6.0	≥295	≥25
	Y	0.5~2.0	590~835	
		>2.0~4.0	540~785	
		>4.0~6.0	490~735	
HSb60-0.9	Y_2	0.8~12.0	≥330	≥10
	Y	0.8~12.0	≥380	≥5
HSb61-0.8-0.5	Y_2	0.8~12.0	≥380	≥8
	Y	0.8~12.0	≥400	≥5
HBi60-1.3	Y_2	0.8~12.0	≥350	≥8
	Y	0.8~12.0	≥400	≥5
HMn62-13	M	0.5~6.0	400~550	≥25
	Y_4	0.5~6.0	450~600	≥18
	Y_2	0.5~6.0	500~650	≥12
	Y_1	0.5~6.0	550~700	
	Y	0.5~6.0	≥650	
QSn6.5-0.1 QSn6.5-0.4 QSn7-0.2 QSn5-0.2 QSi3-1	M	0.1~1.0	≥350	≥35
		>1.0~8.5		≥45
	Y_4	0.1~1.0	480~680	
		>1.0~2.0	450~650	≥10
		>2.0~4.0	420~620	≥15
		>4.0~6.0	400~600	≥20
		>6.0~8.5	380~580	≥22
	Y_2	0.1~1.0	540~740	
		>1.0~2.0	520~720	
		>2.0~4.0	500~700	≥4
		>4.0~6.0	480~680	≥8
		>6.0~8.5	460~660	≥10
	Y_1	0.1~1.0	750~950	
		>1.0~2.0	730~920	
		>2.0~4.0	710~900	
		>4.0~6.0	690~880	
		>6.0~8.5	640~860	

（续）

牌　号	状　态	直径(对边距)/mm	抗拉强度 R_m/MPa	伸长率 A_{100mm}(%)
QSn6.5-0.1 QSn6.5-0.4 QSn7-0.2 QSn5-0.2 QSi3-1	Y	0.1~1.0	880~1130	
		>1.0~2.0	860~1060	
		>2.0~4.0	830~1030	
		>4.0~6.0	780~980	
		>6.0~8.5	690~950	
QSn4-3	M	0.1~1.0	≥350	≥35
		>1.0~8.5		≥45
	Y_4	0.1~1.0	460~580	≥5
		>1.0~2.0	420~540	≥10
		>2.0~4.0	400~520	≥20
		>4.0~6.0	380~480	≥25
		>6.0~8.5	360~450	
	Y_2	0.1~1.0	500~700	
		>1.0~2.0	480~680	
		>2.0~4.0	450~650	
		>4.0~6.0	430~630	
		>6.0~8.5	410~610	
	Y_1	0.1~1.0	620~820	
		>1.0~2.0	600~800	
		>2.0~4.0	560~760	
		>4.0~6.0	540~740	
		>6.0~8.5	520~720	
	Y	0.1~1.0	880~1130	
		>1.0~2.0	860~1060	
		>2.0~4.0	830~1030	
		>4.0~6.0	780~980	
QSn4-4-4	Y_2	0.1~8.5	≥360	≥12
	Y	0.1~8.5	≥420	≥10
QSn15-1-1	M	0.5~1.0	≥365	≥28
		>1.0~2.0	≥360	≥32
		>2.0~4.0	≥350	≥35
		>4.0~6.0	≥345	≥36
	Y_4	0.5~1.0	630~780	≥25
		>1.0~2.0	600~750	≥30
		>2.0~4.0	580~730	≥32
		>4.0~6.0	550~700	≥35
	Y_2	0.5~1.0	770~910	≥3
		>1.0~2.0	740~880	≥6
		>2.0~4.0	720~850	≥8
		>4.0~6.0	680~810	≥10
	Y_1	0.5~1.0	800~930	≥1
		>1.0~2.0	780~910	≥2
		>2.0~4.0	750~880	≥2
		>4.0~6.0	720~850	≥3
	Y	0.5~1.0	850~1080	
		>1.0~2.0	840~980	
		>2.0~4.0	830~960	
		>4.0~6.0	820~950	

（续）

牌　号	状　态	直径（对边距）/mm	抗拉强度 R_m/MPa	伸长率 A_{100mm}（%）
QAl7	Y_2	1.0~6.0	≥550	≥8
	Y	1.0~6.0	≥600	≥4
QAl9-2	Y	0.6~1.0	≥580	
		>1.0~2.0		≥1
		>2.0~5.0		≥2
		>5.0~6.0	≥530	≥3
QCr1、QCr1-0.18	CYS	1.0~6.0	≥420	≥9
	CSY	>6.0~12.0	≥400	≥10
QCr4.5-2.5-0.6	M	0.5~6.0	400~600	≥25
	CYS,CSY	0.5~6.0	550~850	
QCd1	M	0.1~6.0	≥275	≥20
	Y	0.1~0.5	590~880	
		>0.5~4.0	490~735	
		>4.0~6.0	470~685	
B19	M	0.1~0.5	≥295	≥20
		>0.5~6.0		≥25
	Y	0.1~0.5	590~880	
		>0.5~6.0	490~785	
BFe10-1-1	M	0.1~1.0	≥450	≥15
		>1.0~6.0	≥400	≥18
	Y	0.1~1.0	≥780	
		>1.0~6.0	≥650	
BFe30-1-1	M	0.1~0.5	≥345	≥20
		>0.5~6.0		≥25
	Y	0.1~0.5	685~980	
		>0.5~6.0	590~880	
BMn3-12	M	0.05~1.0	≥440	≥12
		>1.0~6.0	≥390	≥20
	Y	0.05~1.0	≥785	
		>1.0~6.0	≥685	
BMn40-1.5	M	0.05~0.20	≥390	≥15
		>0.20~0.50		≥20
		>0.50~6.0		≥25
	Y	0.05~0.20	685~980	
		>0.20~0.50	685~880	
		>0.50~6.0	635~835	
BZn9-29 BZn12-26	M	0.1~0.2	≥320	≥15
		>0.2~0.5		≥20
		>0.5~2.0		≥25
		>2.0~8.0		≥30
	Y_8	0.1~0.2	400~570	≥12
		>0.2~0.5	380~550	≥16
		>0.5~2.0	360~540	≥22
		>2.0~8.0	340~520	≥25
	Y_4	0.1~0.2	420~620	≥6
		>0.2~0.5	400~600	≥8
		>0.5~2.0	380~590	≥12
		>2.0~8.0	360~570	≥18

（续）

牌　号	状　态	直径(对边距)/mm	抗拉强度 R_m/MPa	伸长率 A_{100mm}(%)
BZn9-29 BZn12-26	Y_2	0.1~0.2	480~680	
		>0.2~0.5	460~640	≥6
		>0.5~2.0	440~630	≥9
		>2.0~8.0	420~600	≥12
	Y_1	0.1~0.2	550~800	
		>0.2~0.5	530~750	
		>0.5~2.0	510~730	
		>2.0~8.0	490~630	
	Y	0.1~0.2	680~880	
		>0.2~0.5	630~820	
		>0.5~2.0	600~800	
		>2.0~8.0	580~700	
	T	0.5~4.0	≥720	
BZn15-20 BZn18-20	M	0.1~0.2	≥345	≥15
		>0.2~0.5		≥20
		>0.5~2.0		≥25
		>2.0~8.0		≥30
	Y_8	0.1~0.2	450~600	≥12
		>0.2~0.5	435~570	≥15
		>0.5~2.0	420~550	≥20
		>2.0~8.0	410~520	≥24
	Y_4	0.1~0.2	470~660	≥10
		>0.2~0.5	460~620	≥12
		>0.5~2.0	440~600	≥14
		>2.0~8.0	420~570	≥16
	Y_2	0.1~0.2	510~780	
		>0.2~0.5	490~735	
		>0.5~2.0	440~685	
		>2.0~8.0	440~635	
	Y_1	0.1~0.2	620~860	
		>0.2~0.5	610~810	
		>0.5~2.0	595~760	
		>2.0~8.0	580~700	
	Y	0.1~0.2	735~980	
		0.2~0.5	735~930	
		>0.5~2.0	635~880	
		>2.0~8.0	540~785	
	T	0.5~1.0	≥750	
		>1.0~2.0	≥740	
		>2.0~4.0	≥730	
BZn22-16 BZn25-18	M	0.1~0.2	≥440	≥12
		0.2~0.5		≥16
		>0.5~2.0		≥23
		>2.0~8.0		≥28
	Y_8	0.1~0.2	500~680	≥10
		>0.2~0.5	490~650	≥12
		>0.5~2.0	470~630	≥15
		>2.0~8.0	460~600	≥18

（续）

牌　号	状　态	直径(对边距)/mm	抗拉强度 R_m/MPa	伸长率 A_{100mm}(%)
BZn22-16 BZn25-18	Y_4	0.1~0.2	540~720	
		>0.2~0.5	520~690	≥6
		>0.5~2.0	500~670	≥8
		>2.0~8.0	480~650	≥10
	Y_2	0.1~0.2	640~830	
		>0.2~0.5	620~800	
		>0.5~2.0	600~780	
		>2.0~8.0	580~760	
	Y_1	0.1~0.2	660~880	
		>0.2~0.5	640~850	
		>0.5~2.0	620~830	
		>2.0~8.0	600~810	
	Y	0.1~0.2	750~990	
		>0.2~0.5	740~950	
		>0.5~2.0	650~900	
		>2.0~8.0	630~860	
	T	0.1~1.0	≥820	
		>1.0~2.0	≥810	
		>2.0~4.0	≥800	
BZn40-20	M	1.0~6.0	500~650	≥20
	Y_4	1.0~6.0	550~700	≥8
	Y_2	1.0~6.0	600~850	
	Y_1	1.0~6.0	750~900	
	Y	1.0~6.0	800~1000	

注：1. 伸长率指标均指位伸试样在标距内断裂值。
2. 经供需双方协商可供应其余规格、状态和性能的线材，具体要求应在合同中注明。
3. 直径 0.3~0.5mm 的硅青铜线材和硬态锡青铜线材，应进行反复弯曲试验，弯曲次数应不少于 3 次，弯曲处不产生裂纹。
4. 用做弹簧的锡青铜线材和硅青铜线材，应进行缠绕试验，于线材两倍直径的圆柱体上缠绕 10 圈不裂。
5. 当用户要求并在合同中注明时，锑黄铜和铋黄铜线应进行脱锌腐蚀性能的试验。牌号为 HSb60-0.9，HSb61-0.8-0.5，HBi60-1.3 的铜线，平均失锌层的深度不应大于 0.15mm。如用户不要求，供方可不进行此项试验，但应保证符合本条规定。

4.4.1.8　铜及铜合金扁线（见表 4-265~表 4-272）

表 4-265　产品的牌号、状态、规格（摘自 GB/T 3114—2010）

牌　号	状　态	规格(厚度×宽度)/mm
T2、TU1、TP2	软(M)、硬(Y)	(0.5~6.0)×(0.5~15.0)
H62、H65、H68、H70、H80、H85、H90B	软(M)、半硬(Y_2)、硬(Y)	(0.5~6.0)×(0.5~15.0)
HPb59-3、HPb62-3	半硬(Y_2)	(0.5~6.0)×(0.5~15.0)
HBi60-1.3、HSb60-0.9、HSb61-0.8-0.5	半硬(Y_2)	(0.5~6.0)×(0.5~12.0)
QSn6.5-0.1、QSn6.5-0.4、QSn7-0.2 QSn5-0.2	软(M)、半硬(Y_2)、硬(Y)	(0.5~6.0)×(0.5~12.0)
QSn4-3、QSi3-1	硬(Y)	(0.5~6.0)×(0.5~12.0)
BZn15-20、BZn18-20、BZn22-16	软(M)、半硬(Y_2)	(0.5~6.0)×(0.5~15.0)
QCr1-0.18、QCr1	固溶+冷加工+时效(CYS)、固溶+时效+冷加工(CSY)	(0.5~6.0)×(0.5~15.0)

注：扁线的厚度与宽度之比应在 1∶1~1∶7 的范围，其他范围的扁线由供需双方协商确定。

产品标记按产品名称、牌号、状态、规格和标准编号的顺序表示。标记示例如下：

示例 1：用 T2 制造的、软状态、高精度、厚度为 1.0mm、宽度为 4.0mm 的扁线标记为：

扁线 T2M 高　1.0×4.0　GB/T 3114—2010

示例 2：用 H65 制造的、硬状态、普通精度、厚度为 2.0mm、宽度为 6.0mm 的扁线标记为：

扁线 H65Y　2.0×6.0　GB/T 3114—2010

表 4-266　H90B 牌号的化学成分

合金牌号	化学成分(质量分数,%)							
	主成分			杂质成分≤				
	Cu	B	Zn	Ni	Fe	Si	Pb	杂质总和
H90B	89~91	0.05~0.3	余量	0.5	0.02	0.5	0.02	0.5

注：1. 杂质总和为表中所列杂质元素实测值总和。
2. 表中用“余量”表示的元素含量为 100%减去表中所列元素实测值所得。

表 4-267　扁线对边距及其允许偏差

（单位：mm）

牌　号	对边距	允许偏差,±	
		普通级	高级
T2、TU1、TP2、H62、H65、H68、H70、H80、H85、H90B、HPb59-3、HPb62-3、HBi60-1.3、HSb60-0.9、HSb61-0.8-0.5	0.5~1.0	0.02	0.01
	>1.0~3.0	0.03	0.015
	>3.0~6.0	0.03	0.02
	>6.0~10.0	0.05	0.03
	>10.0	0.10	0.07
QSn6.5-0.1、QSn6.5-0.4、QSn4-3、QSi3-1、QSn7-0.2、QSn5-0.2、BZn15-20、BZn18-20、BZn22-16、QCr1-0.18、QCr1	0.5~1.0	0.03	0.02
	>1.0~3.0	0.06	0.03
	>3.0~6.0	0.08	0.05
	>6.0~10.0	0.10	0.07
	>10.0	0.18	0.10

注：1. 经供需双方协商，可供应其他规格和允许偏差的扁线，具体要求应在合同中注明。
2. 扁线偏差等级须在订货合同中注明，否则按普通级供货。
3. 当用户要求扁线单向偏差时，厚度偏差为表中数值的规定，宽度偏差为表中数值的 2 倍。

表 4-268　扁线的侧面弯曲度

（单位：mm）

扁线宽度	侧面弯曲度≤
0.5~5.0	10(在任意 2000mm 长度上)
>5.0	15(在任意 2000mm 长度上)

表 4-269　扁线圆角半径

（单位：mm）

	尖角	方角			圆角
厚度 t	≤5.0	≤1.5	>1.5~5.0	>5.0	3.0~5.0
圆角半径 r	≤0.08	≤0.3	≤0.4	≤1.0	≤1.0

表 4-270　扁线圆边曲率半径

（单位：mm）

	圆边	全圆边
厚度 t	≤5.0	≥0.5
圆边曲率半径 R	≤1.25t	≤0.75t

表 4-271　铜及铜合金扁线边棱形状

形状特点	圆角	圆边	全圆边
边棱形状示意图	A A	A A	A A
说明	圆角的圆弧不一定正切于“A”点，角“A”点应圆滑过渡	圆边的圆弧应与产品轴线对称，角“A”点应圆滑过渡	圆角的圆弧不一定正切于“A”点，但应与产品轴线对称，角“A”点应圆滑过渡

表 4-272　扁线的室温纵向力学性能

牌　号	状态	对边距/mm	抗拉强度 R_m /MPa	伸长率 A_{100mm} (%)
			≥	
T2、TU1、TP2	M	0.5~15.0	175	25
	Y	0.5~15.0	325	—
H62	M	0.5~15.0	295	25
	Y_2	0.5~15.0	345	10
	Y	0.5~15.0	460	—
H68、H65	M	0.5~15.0	245	28
	Y_2	0.5~15.0	340	10
	Y	0.5~15.0	440	—
H70	M	0.5~15.0	275	32
	Y_2	0.5~15.0	340	15
H80、H85、H90B	M	0.5~15.0	240	28
	Y_2	0.5~15.0	330	6
	Y	0.5~15.0	485	—
HPb59-3	Y_2	0.5~15.0	380	15
HPb62-3	Y_2	0.5~15.0	420	8
HSb60-0.9	Y_2	0.5~12.0	330	10
HSb61-0.8-0.5	Y_2	0.5~12.0	380	8
HBi60-1.3	Y_2	0.5~12.0	350	8
QSn6.5-0.1、QSn6.5-0.4、QSn7-0.2、QSn5-0.2	M	0.5~12.0	370	30
	Y_2	0.5~12.0	390	10
	Y	0.5~12.0	540	—
QSn4-3、QSi3-1	Y	0.5~12.0	735	—
BZn15-20、BZn18-20、BZn22-18	M	0.5~15.0	345	25
	Y_2	0.5~15.0	550	—
QCr1-0.18、QCr1	CYS CSY	0.5~15.0	400	10

注：经双方协商可供其他力学性能的扁线，具体要求应在合同中注明。

4.4.1.9　铜及铜合金拉制棒（见表 4-273～表4-280）　见表 4-273 和表 4-274。

（1）铜及铜合金拉制棒的牌号、状态和规格

表 4-273　铜及铜合金拉制棒的牌号、状态和规格（摘自 GB/T 4423—2007）

牌号	状态	直径(或对边距离)/mm	
		圆形棒、方形棒、六角形棒	矩形棒
T2、T3、TP2、H96、TU1、TU2	Y(硬) M(软)	3～80	3～80
H90	Y(硬)	3～40	
H80、H65	Y(硬) M(软)	3～40	
H68	Y_2(半硬) M(软)	3～80 13～35	
H62	Y_2(半硬)	3～80	3～80
HPb59-1	Y_2(半硬)	3～80	3～80
H63、HPb63-0.1	Y_2(半硬)	3～40	
HPb63-3	Y(硬) Y_2(半硬)	3～30 3～60	3～80
HPb61-1	Y_2(半硬)	3～20	
HFe59-1-1、HFe58-1-1、HSn62-1、HMn58-2	Y(硬)	4～60	
QSn6.5-0.1、QSn6.5-0.4、QSn4-3、QSn4-0.3、QSi3-1、QAl9-2、QAl9-4、QAl10-3-1.5、QZr0.2、QZr0.4	Y(硬)	4～40	
QSn7-0.2	Y(硬) T(特硬)	4～40	
QCd1	Y(硬) M(软)	4～60	
QCr0.5	Y(硬) M(软)	4～40	
QSi1.8	Y(硬)	4～15	
BZn15-20	Y(硬) M(软)	4～40	
BZn15-24-1.5	T(特硬) Y(硬) M(软)	3～18	
BFe30-1-1	Y(硬) M(软)	16～50	
BMn40-1.5	Y(硬)	7～40	

注：经双方协商，可供其他规格棒材，具体要求应在合同中注明。

表 4-274　矩形棒截面的宽高比

高度/mm	宽度/高度　≤
≤10	2.0
>10～≤20	3.0
>20	3.5

注：经双方协商，可供其他规格棒材，具体要求应在合同中注明。

棒材的不定尺长度规定如下：

直径（或对边距离）为 3～50mm，供应长度为 1000～5000mm。

直径（或对边距离）为 50～80mm，供应长度为 500～5000mm。

经双方协商，直径（或对边距离）不大于 10mm

的棒材，可成盘（卷）供货，其长度不小于4000mm。

定尺或倍尺长度应在不定尺范围内，并在合同中注明，否则按不定尺长度供货。

（2）标记示例　图4-20所示为铜及铜合金棒材截面尺寸。

1）用H62制造的、供应状态为Y_2、高精级、外径20mm、长度为2000mm的圆形棒，标记为：圆形棒 H62Y_2 高　20×2000　GB/T 4423—2007。

2）用T2制造的、供应状态为M、高精级、外径20mm、长度为2000mm的方形棒，标记为：方形棒 T2 M 高　20×2000　GB/T 4423—2007。

3）用HPb59-1制造的、供应状态为Y、普通级、高度为25mm，宽度为40mm、长度为2000mm的矩形棒，标记为：矩形棒 HPb59-1Y　25×40×2000　GB/T 4423—2007。

4）用H68制造的、供应状态为Y_2、高精级、对边距为30mm、长度为2000mm的六角形棒，标记为：六角形棒 H68 Y_2 高　30×2000　GB/T 4423—2007。

（3）化学成分　棒材的化学成分应符合GB/T 5231的规定。

（4）尺寸及其允许偏差　见表4-275~表4-278。

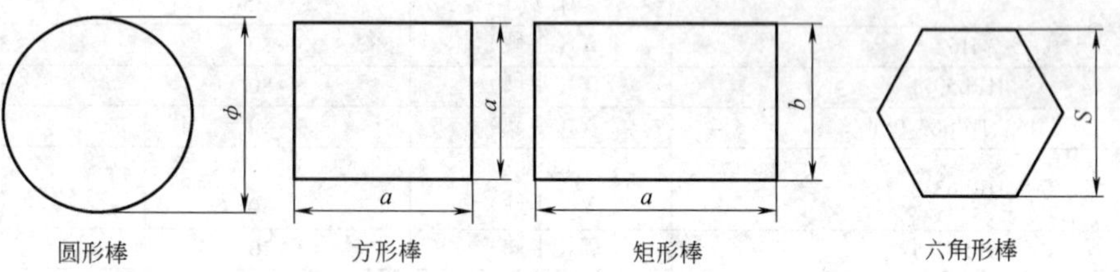

图4-20　铜及铜合金棒材截面尺寸

表4-275　圆形棒、方形棒和六角形棒材的尺寸及其允许偏差　（单位：mm）

直径（或对边距）	圆形棒				方形棒或六角形棒			
	紫黄铜类		青白铜类		紫黄铜类		青白铜类	
	高精级	普通级	高精级	普通级	高精级	普通级	高精级	普通级
≥3~≤6	±0.02	±0.04	±0.03	±0.06	±0.04	±0.07	±0.06	±0.10
>6~≤10	±0.03	±0.05	±0.04	±0.06	±0.04	±0.08	±0.08	±0.11
>10~≤18	±0.03	±0.06	±0.05	±0.08	±0.05	±0.10	±0.10	±0.13
>18~≤30	±0.04	±0.07	±0.06	±0.10	±0.06	±0,10	±0.10	±0.15
>30~≤50	±0.08	±0.10	±0.09	±0.10	±0.12	±0.13	±0.13	±0.16
>50~≤80	±0.10	±0.12	±0.12	±0.15	±0.15	±0.24	±0.24	±0.30

注：1. 单向偏差为表中数值的2倍。
2. 棒材直径或对边距允许偏差等级应在合同中注明，否则按普通级精度供货。

表4-276　矩形棒材的尺寸及其允许偏差（摘自GB/T 4423—2007）　（单位：mm）

宽度或高度	紫黄铜类		青铜类	
	高精级	普通级	高精级	普通级
3	±0.08	±0.10	±0.12	±0.15
>3~≤6	±0.08	±0.10	±0.12	±0.15
>6~≤10	±0.08	±0.10	±0.12	±0.15
>10~≤18	±0.11	±0.14	±0.15	±0.18
>18~≤30	±0.18	±0.21	±0.20	±0.24
>30~≤50	±0.25	±0.30	±0.30	±0.38
>50~≤80	±0.30	±0.35	±0.40	±0.50

注：1. 单向偏差为表中数值的2倍。
2. 矩形棒的宽度或高度允许偏差等级应在合同中注明，否则按普通级精度供货。

棒材的定尺或倍尺长度的允许偏差为+15mm。倍尺长度应加入锯切分段时的锯切量，每一锯切量为5mm。

方形棒、矩形棒和六角形棒的扭拧度，按每300mm不应超过1°控制（精确到度）。供货最大长度5000mm，总扭拧度不应超过15°。

多边形棒材的横截面的棱角处允许有圆角，其最大圆角半径R不应超过表4-277的规定。

（5）铜及铜合金拉制棒的力学性能　见表4-279和表4-280。

表 4-277　方形、矩形棒和六角形棒材的圆角半径　（单位：mm）

截面的名义宽度（对边距离）	3~6	>6~10	>10~18	>18~30	>30~50	>50~80
圆角半径	0.5	0.8	1.2	1.8	2.8	4.0

注：此项供方可不检验，但必须保证。

表 4-278　棒材的直度　（单位：mm）

长度	圆形棒				方形棒、六角形棒、矩形棒	
	3~≤20		>20~80			
	全长直度	每米直度	全长直度	每米直度	全长直度	每米直度
<1000	≤2		≤1.5		≤5	
≥1000~<2000	≤3		≤2		≤8	
≥2000~<3000	≤6	≤3	≤4	≤3	≤12	≤5
≥3000	≤12	≤3	≤8	≤3	≤15	≤5

注：1. 圆形棒的圆度不得超过其直径允许偏差之半。
2. 棒材端部应锯切平整，检验断口的端面可保留。

表 4-279　圆形棒、方形棒和六角形棒材的力学性能（摘自 GB/T 4423—2007）

牌号	状态	直径、对边距/mm	抗拉强度 R_m/MPa	断后伸长率 A（%）	布氏硬度 HBW
			≥		
T2　T3	Y	3~40	275	10	
		40~60	245	12	
		60~80	210	16	
	M	3~80	200	40	
TU1　TU2　TP2	Y	3~80			
H96	Y	3~40	275	8	
		40~60	245	10	
		60~80	205	14	
	M	3~80	200	40	
H90	Y	3~40	330		
H80	Y	3~40	390		
	M	3~40	275	50	
H68	Y_2	3~12	370	18	
		12~40	315	30	
		40~80	295	34	
	M	13~35	295	50	
H65	Y	3~40	390		
	M	3~40	295	44	
H62	Y_2	3~40	370	18	
		40~80	335	24	
HPb61-1	Y_2	3~20	390	11	
HPb59-1	Y_2	3~20	420	12	
		20~40	390	14	
		40~80	370	19	
HPb63-0.1 H63	Y_2	3~20	370	18	
		20~40	340	21	
HPb63-3	Y	3~15	490	4	
		15~20	450	9	
		20~30	410	12	
	Y_2	3~20	390	12	
		20~60	360	16	

（续）

牌号	状态	直径、对边距/mm	抗拉强度 R_m/MPa	断后伸长率 A（%）	布氏硬度 HBW
			≥		
HSn62-1	Y	4~40	390	17	
		40~60	360	23	
HMn58-2	Y	4~12	440	24	
		12~40	410	24	
		40~60	390	29	
HFe58-1-1	Y	4~40	440	11	
		40~60	390	13	
HFe59-1-1	Y	4~12	490	17	
		12~40	440	19	
		40~60	410	22	
QAl9-2	Y	4~40	540	16	
QAl9-4	Y	4~40	580	13	
QAl10-3-1.5	Y	4~40	630	8	
QSi3-1	Y	4~12	490	13	
		12~40	470	19	
QSi1.8	Y	3~15	500	15	
QSn6.5-0.1 QSn6.5-0.4	Y	3~12	470	13	
		12~25	440	15	
		25~40	410	18	
QSn7-0.2	Y	4~40	440	19	130~200
	T	4~40			≥180
QSn4-0.3	Y	4~12	410	10	
		12~25	390	13	
		25~40	355	15	
QSn4-3	Y	4~12	430	14	
		12~25	370	21	
		25~35	335	23	
		35~40	315	23	
QCd1	Y	4~60	370	5	≥100
	M	4~60	215	36	≤75
QCr0.5	Y	4~40	390	6	
	M	4~40	230	40	
QZr0.2　QZr0.4	Y	3~40	294	6	130①
BZn15-20	Y	4~12	440	6	
		12~25	390	8	
		25~40	345	13	
	M	3~40	295	33	
BZn15-24-1.5	T	3~18	590	3	
	Y	3~18	440	5	
	M	3~18	295	30	
BFe30-1-1	Y	16~50	490		
	M	16~50	345	25	
BMn40-1.5	Y	7~20	540	6	
		20~30	490	8	
		30~40	440	11	

注：直径或对边距离小于 10mm 的棒材不做硬度试验。

① 此硬度值为经淬火处理及冷加工时效后的性能参考值。

表 4-280　矩形棒材的力学性能

牌　号	状　态	高度/mm	抗拉强度 R_m/MPa	断后伸长率 A（%）
			≥	
T2	M	3~80	196	36
	Y	3~80	245	9
H62	Y_2	3~20	335	17
		20~80	335	23
HPb59-1	Y_2	5~20	390	12
		20~80	375	18
HPb63-3	Y_2	3~20	380	14
		20~80	365	19

4.4.1.10　易切削铜合金棒（见表 4-281~表 4-286）

表 4-281　产品的牌号、状态、规格（摘自 GB/T 26306—2010）

牌　号	状态	直径（或对边距）/mm	长度/mm
HPb57-4、HPb58-2、HPb58-3、HPb59-1、HPb59-2、HPb59-3、HPb60-2、HPb60-3、HPb62-3、HPb63-3	半硬（Y_2）、硬（Y）	3~80	500~6000
HBi59-1、HBi60-1.3、HBi60-2、HMg60-1、HSi75-3、HSi80-3	半硬（Y_2）	3~80	500~6000
HSb60-0.9、HSb61-0.8-0.5	半硬（Y_2）、硬（Y）	4~80	500~6000
HBi60-0.5-0.01、HBi60-0.8-0.01、HBi60-1.1-0.01	半硬（Y_2）	5~60	500~5000
QTe0.3、QTe0.5、QTe0.5-0.008、QS0.4、QSn4-4-4、QPb1	半硬（Y_2）、硬（Y）	4~80	500~5000

注：1. 直径（或对边距）不大于 10mm，长度不小于 4000mm 的棒材可成盘（卷）供货。
2. 经双方协商，可供其他规格牌号的棒材，具体要求应在合同中注明。

产品截面形状如图 4-20 所示。标记按产品名称、牌号、状态、精度等级、规格和标准编号的顺序表示，标记示例如下：

示例 1：用 HPb59-2 制造的、供应状态 Y_2、高精级、外径为 20mm、长度为 2000mm 的圆形棒，标记为：

圆棒　HPb59-2　Y_2　高　20 × 2000　GB/T 26306—2010

示例 2：用 HBi59-1 制造的、供应状态为 Y、高精级、边长为 20mm、长度为 2000mm 的方形棒，标记为：

正方形棒　HBi59-1　Y　高　20 × 2000　GB/T 26306—2010

示例 3：用 HSi75-3 制造的、供应状态为 Y_2、普通级、高度为 25mm、宽度为 40mm、长度为 2000mm 的矩形棒，标记为：

矩形棒　HSi75-3　Y_2　40 × 25 × 2000　GB/T 26306—2010

示例 4：用 QTe0.3 制造的、供应状态为 Y、高精级、对边距为 10mm、长度为 1000mm 的正六角形棒，标记为：

正六角形棒　QTe0.3　Y　高　10 × 1000　GB/T 26306—2010

棒材牌号为 HPb59-1、HPb59-3、HPb60-2、HPb62-3、HPb63-3、QTe0.5、QSn4-4-4 的化学成分应符合 GB/T 5231 中相应牌号的规定，其他牌号的化学成分应符合表 4-282 的规定。

表 4-282　棒材的化学成分

牌号	化学成分(质量分数,%)														
	Cu	Pb	Fe	Sn	Ni	Bi	Te	P	S	Si	Cd	Sb	As	Zn	杂质总和
HPb57-4	56.0~58.0	3.5~4.5	0.5	0.5	—	—	—	—	—	—	—	—	—	余量	1.2
HPb58-2	57.0~59.0	1.5~2.5	0.5	0.5	—	—	—	—	—	—	—	—	—	余量	1.0
HPb58-3	57.0~59.0	2.5~3.5	0.5	0.5	—	—	—	—	—	—	—	—	—	余量	1.0
HPb59-2	57.0~60.0	1.5~2.5	0.5	0.5	1.0	—	—	—	—	—	—	—	—	余量	1.0
HPb60-3	58.0~61.0	2.5~3.5	0.3	0.3	—	—	—	—	—	—	—	—	—	余量	0.8
HBi59-1	58.0~60.0	0.1	0.2	0.2	0.3	0.8~2.0	—	—	—	—	0.01	—	—	余量	0.3
HBi60-1.3①	59.0~62.0	0.2	0.1	—	—	0.3~2.3	—	—	—	—	0.01	—	—	余量	0.5
HBi60-2	59.0~62.0	0.1	0.2	0.3	0.3	2.0~3.5	—	—	—	—	0.01	—	—	余量	0.5
HBi60-0.5-0.01	58.5~61.5	0.1	—	—	—	0.45~0.65	0.010~0.015	—	—	—	0.01	—	0.01	余量	0.5
HBi60-0.8-0.01	58.5~61.5	0.1	—	—	—	0.70~0.95	0.010~0.015	—	—	—	0.01	—	0.01	余量	0.5
HBi60-1.1-0.01	58.5~61.5	0.1	—	—	—	1.00~1.25	0.010~0.015	—	—	—	0.01	—	0.01	余量	0.5
HMg60-1	59.0~61.0	0.1	0.2	0.3	0.3	0.3~0.8	Mg0.5~2.0	—	—	—	0.01	—	—	余量	0.5
HSi75-3	73.0~77.0	0.1	0.1	0.2	0.1	—	Mn<0.1	0.04~0.15	—	2.7~3.4	0.01	—	—	余量	0.5
HSi80-3	79.0~81.0	0.1	0.6	—	0.5	—	—	—	—	2.5~4.0	0.01	—	—	余量	1.5
HSb60-0.9	58.0~62.0	0.2	0.05~0.9②	—	—	—	—	—	—	—	0.01	0.3~1.5	—	余量	0.2
HSb61-0.8-0.5	59.0~63.0	0.2	—	—	—	—	—	—	—	0.3~1.0	0.01	0.4~1.2	—	余量	0.2
QPb1	≥99.5③	0.8~1.5	—	—	—	—	—	—	—	—	—	—	—	—	—
QS0.4	≥99.90④	—	—	—	—	—	—	0.002~0.005	0.20~0.50	—	—	—	—	—	—
QTe0.3⑤	余量	0.01	0.008	0.001	0.002	0.001	0.20~0.35	0.001	0.0025	—	0.01	0.0015	0.002	0.005	0.1
QTe0.5-0.008⑥	余量	0.01	0.008	0.01	0.005	0.001	0.4~0.6	0.004~0.012	0.003	—	0.01	0.003	0.002	0.008	0.2

注：1. 含量有上下限者为合金元素，含量为单个数值为杂质元素，单个数值表示最高限量。

2. 杂质总和为表中所列杂质元素实测值总和。

① 此牌号 0.05<Sb+B+Ni+Sn<1.2。

② 此值为 Ni+Fe+B 量。

③ 此值包含 Pb。

④ 此值包含 S 和 P。

⑤ 此牌号 Te+Cu+Ag≥99.9%。

⑥ 此牌号 Te+P+Cu+Ag≥99.8%。

表 4-283　棒材的直径（或对边距）及其允许偏差　（单位：mm）

直径(或对边距)	圆形		正方形、矩形、正六角形	
	高精级	普通级	高精级	普通级
3~6	±0.02	±0.04	±0.04	±0.07
>6~12	±0.03	±0.05	±0.04	±0.08
>12~18	±0.03	±0.06	±0.05	±0.10
>18~30	±0.04	±0.07	±0.06	±0.10
>30~50	±0.08	±0.10	±0.10	±0.13
>50~80	±0.10	±0.12	±0.15	±0.24

注：当需方有要求时，单向偏差值为表中数值的 2 倍。

表 4-284　棒材的直度　（单位：mm）

<table>
<tr><th>直径(或对边距)</th><th>长　度</th><th colspan="2">最大弧深</th></tr>
<tr><td colspan="4">圆　形</td></tr>
<tr><td rowspan="2"><6.35</td><td>1000~3000</td><td colspan="2">1.5(在任何 1000mm 长度上)</td></tr>
<tr><td>≥3000</td><td colspan="2">12(在任何 3000mm 长度上)</td></tr>
<tr><td rowspan="2">≥6.35</td><td>1000~3000</td><td>2(在任何 1000mm 长度上)</td><td rowspan="2">0.40(在总长度的任何 300mm 长度上)</td></tr>
<tr><td>≥3000</td><td>6.35(在任何 3000mm 长度上)</td></tr>
<tr><td colspan="4">正方形、矩形、正六角形</td></tr>
<tr><td rowspan="2"><6.35</td><td>1000~3000</td><td colspan="2">4(在任何 1000mm 长度上)</td></tr>
<tr><td>≥3000</td><td colspan="2">12.7(在任何 3000mm 长度上)</td></tr>
<tr><td rowspan="2">≥6.35</td><td>1000~3000</td><td colspan="2">3(在任何 1000mm 长度上)</td></tr>
<tr><td>≥3000</td><td colspan="2">9.5(在任何 3000mm 长度上)</td></tr>
</table>

表 4-285　方形、矩形和正六角形棒的圆角半径　（单位：mm）

截面的名义宽度(对边距)	3~6	>6~12	>12~18	>18~30	>30~50	>50~80
圆角半径	0.5	0.8	1.2	1.8	2.8	4.0

注：此项供方可不检验，但必须保证。

表 4-286　棒材的室温纵向力学性能

牌　号	状态	直径(或对边距)/mm	抗拉强度 R_m/MPa	伸长率 A(%)
			≥	
HPb57-4、HPb58-2、HPb58-3	Y_2	3~20	350	10
		>20~40	330	15
		>40~80	315	20
	Y	3~20	380	8
		>20~40	350	12
		>40~80	320	15
HPb59-1、HPb59-2、HPb60-2	Y_2	3~20	420	12
		>20~40	390	14
		>40~80	370	19
	Y	3~20	480	5
		>20~40	460	7
		>40~80	440	10
HPb59-3、HPb60-3、HPb62-3、HPb63-3	Y_2	3~20	390	12
		>20~40	360	15
		>40~80	330	20
	Y	3~20	490	6
		>20~40	450	9
		>40~80	410	12

（续）

牌　号	状态	直径（或对边距）/mm	抗拉强度 R_m /MPa	伸长率 A (%)
			≥	
HBi59-1、HBi60-2、HBi60-1.3、HMg60-1、HSi75-3	Y_2	3~20	350	10
		>20~40	330	12
		>40~80	320	15
HBi60-0.5-0.01、HBi60-0.8-0.01、HBi60-1.1-0.01	Y_2	5~20	400	20
		>20~40	390	22
		>40~60	380	25
HSb60-0.9、HSb61-0.8-0.5	Y_2	4~12	390	8
		>12~25	370	10
		>25~80	300	18
	Y	4~12	480	4
		>12~25	450	6
		>25~40	420	10
QSn4-4-4	Y_2	4~12	430	12
		>12~20	400	15
	Y	4~12	450	5
		>12~20	420	7
HSi80-3	Y_2	4~80	295	28
QTe0.3、QTe0.5、QTe0.5-0.008、QS0.4、QPb1	Y_2	4~80	260	8
	Y	4~80	330	4

注：矩形棒按短边长分档。

4.4.1.11　再生铜及铜合金棒（见表 4-287~表 4-293）

直接利用铜及铜合金废料，生产出的铜及铜合金产品。

表 4-287　产品的牌号、状态、规格（摘自 GB/T 26311—2010）

合金牌号①	产品状态	直径（或对边距）/mm	长度/mm
RT3	硬（Y）、软（M）	7~80	500~5000
RHPb59-2、RHPb58-2、RHPb57-3、RHPb56-4、	铸（Z）、挤制（R）、半硬（Y_2）		
RHPb62-2-0.1	挤制（R）、半硬（Y_2）		

注：经双方协商，可供其他规格棒材，具体要求应在合同中注明。

① 牌号前面“R”取“recycling”含义，表示再生铜及铜合金牌号。

表 4-288　矩形棒截面的宽高比

高度/mm	宽度/高度 ≤
≤10	2.0
>10~20	3.0
>20	3.5

注：经双方协商，可供其他宽高比棒材，具体要求应在合同中注明。

产品标记按产品名称、牌号、状态、精度、规格和标准编号的顺序表示。棒材的截面示意图见图 4-20。

示例 1：用 RHPb58-2 制造的、供应状态为铸态、直度为普通级，直径为 30mm，长度为 3000mm 的圆棒材标记为：

圆形棒 RHPb58-2Z　30 × 3000　GB/T 26311—2010

示例 2：用 RHPb59-2 制造的、供应状态为半硬态、直度为高级，高度为 25mm、宽度为 30mm、长度为 3000mm 的矩形棒标记为：

矩形棒 RHPb59-2Y_2 高　25 × 30 × 3000　GB/T 26311—2010

示例 3：用 RHPb56-4 制造的、供应状态为半硬态、直度为高级，边长为 15mm、长度为 3000mm 的方棒标记为：

正方形棒 RHPb56-4Y_2 高　15 × 3000　GB/T 26311—2010

示例 4：用 RT3 制造的、供应状态为半硬态、直度为普通级，对边距为 17mm 的六角形棒、长度为 3000mm 的六角形棒，标记为：

六角形棒 RT3Y_2　17×3000　GB/T 26311—2010

表 4-289　再生铜及铜合金棒材的化学成分

组别	牌号	化学成分(质量分数,%)								
		Cu	Pb	As	Fe	Sn	Fe+Sn	Ni	Zn	其他杂质总和
紫铜	RT3	≥99.80	≤0.06	—	≤0.10	—	—	—	—	≤0.10
铅黄铜	RHPb59-2	57.0~60.0	1.0~2.5	—	≤0.5	—	<1.0	≤0.5	余量	≤1.0
	RHPb58-2	56.5~59.5	1.0~3.0	—	≤0.8	—	<1.8	≤0.5	余量	≤1.2
	RHPb57-3	56.0~59.0	2.0~3.5	—	≤0.9	—	<2.0	≤0.6	余量	≤1.2
	RHPb56-4	54.0~58.0	3.0~4.5	—	≤1.0	—	<2.4	≤0.6	余量	≤1.2
含砷铅黄铜	RHPb62-2-0.1	60.0~63.0	1.7~2.8	0.08~0.15	≤0.2	≤0.2	—	—	余量	≤0.3

注：1. 经供需双方协议，可供应其他牌号的棒材。
2. 其他杂质包括 Al、Si、Mn、Cr、Cd、As、Sb、Bi 等元素。

表 4-290　棒材直径（或对边距）及其允许偏差　（单位：mm）

公称直径(或对边距)	拉制(Y、Y_2、Z、M)		挤制(R)
	高级	普通级	
7~10	±0.04	±0.08	±0.3
>10~18	±0.05	±0.10	
>18~30	±0.06	±0.10	
>30~50	±0.10	±0.13	±1.0%×直径(或对边距)
>50~80	±0.15	±0.24	

注：1. 单向偏差为表中数值的 2 倍。
2. 棒材直径允许偏差等级应在合同中注明，否则按普通精度供货。

表 4-291　棒材的直度　（单位：mm）

长　度	圆棒				矩形棒、方形棒、六角棒	
	≥7~20		≥20~80			
	全长直度	每米直度	全长直度	每米直度	全长直度	每米直度
<1000	≤2	—	≤1.5	—	≤5	—
≥1000~<2000	≤3	—	≤2	—	≤8	—
≥2000~<3000	≤6	≤3	≤4	≤3	≤12	≤5
≥3000	≤12	≤3	≤8	≤3	≤15	≤5

表 4-292 方棒、六角棒的横截面棱角处的圆角半径 （单位：mm）

对边距	圆角半径,≤
7~10	0.8
>10~18	1.2
>18~30	1.8
>30~50	2.8
>50~80	4.0

注：圆角半径供方可不作检查，但必须保证。

表 4-293 棒材的力学性能

牌　号	状　态	抗拉强度 R_m/MPa	伸长率 A(%)
		≥	
RT3	M	≥205	≥40
	Y	≥315	—
RHPb59-2	Z	≥250	—
	R	≥360	≥12
	Y_2	≥360	≥10
RHPb58-2	Z	≥250	—
	R	≥360	≥7
	Y_2	≥320	≥5
RHPb57-3	Z	≥250	—
	R	—	—
	Y_2	≥320	≥5
RHPb56-4	Z	≥250	—
	R	—	—
	Y_2	≥320	≥5
RHPb62-2-0.1	R	≥250	≥22
	Y_2	≥300	≥20

注：本表规定之外的状态或牌号，性能由供需双方协商确定。

4.4.1.12 铜及铜合金状态表示法（见表 4-294~表 4-303）（摘自 GB/T 29094—2012）

国家标准 GB/T 29094—2012 规定了铜及铜合金状态表示的基本原则和方法，适用于铜及铜合金制品。

铜及铜合金状态表示方法分三级表示。

一级状态用一个大写的英文字母表示，代表产品的基本生产方式。

在一级状态后加一位阿拉伯数字或一个大写英文字母表示二级状态，代表产品功能或具体生产工艺。在二级状态后加 1~3 位阿拉伯数字表示三级状态，代表产品的最终成型方式。

表 4-294 铜及铜合金的一级状态表示方法

一级状态代号	状态名称	说　明
M	制造状态	适用于通过铸造或热加工的初级制造而得到的状态
H	冷加工状态	适用于通过不同冷加工方法及控制变形量而得到的状态
O	退火状态	适用于通过退火来改变产品力学性能或晶粒度要求而得到的状态
T	热处理状态	适用于固溶热处理或者固溶热处理后再冷加工或热处理而得到的状态
W	焊接状态	适用于由各种状态的带材焊接加工成管材而得到的状态

表 4-295　制造状态（M）的二、三级状态表示方法

二级状态代号	状态名称	三级状态代号	状态名称
M0	铸造态	M01	砂型铸造
		M02	离心铸造
		M03	石膏型铸造
		M04	压力铸造
		M05	金属型铸造(永久型铸造)
		M06	熔型铸造
		M07	连续铸造
		M08	低压铸造
M1	热锻	M10	热锻-空冷
		M11	热锻-淬火
M2	热轧	M20	热轧
		M25	热轧+再轧
M3	热挤压	M30	热挤压
M4	热穿孔	M40	热穿孔
		M45	热穿孔+再轧

注：1. 以制造状态供货的主要是铸件和热加工产品，一般不需要进一步的热处理。
2. M 后的第一个数字是随材料变形程度的加大而递增的。

表 4-296　以冷变形量满足标准要求为基础的冷加工二、三级状态表示方法

二级状态代号	状态名称	三级状态代号	状态名称
H0	硬、弹	H00	1/8 硬
		H01	1/4 硬
		H02	1/2 硬
		H03	3/4 硬
		H04	硬
		H06	特硬
		H08	弹性
H1	高弹	H10	高弹性
		H12	特殊弹性
		H13	更高弹性
		H14	超高弹性

注：该类状态适用于板、带、棒、线材等产品类型。

表 4-297　以适应特殊产品满足标准要求为基础的冷加工二、三级状态表示方法

二级状态代号	状态名称	三级状态代号	状态名称
H5	拉拔	H50	热挤压+拉拔
		H52	热穿孔+拉拔
		H55	轻拉,轻冷加工
		H58	常规拉拔
H6	冷成型	H60	冷锻
		H63	铆接
		H64	旋压
		H66	冲压
H7	冷弯	H70	冷弯
H8	硬态拉拔	H80	拉拔(硬)
		H85	拉拔电线(1/2 硬)
		H86	拉拔电线(硬)
H9	异型冷加工	H90	翅片成形

注：1. 以上状态供货的产品，一般不需要进一步的热处理。
2. H 后的第一个数字是随材料变形程度的加大而递增的。

表 4-298 冷加工后进行热处理的二、三级状态表示方法

二级状态代号	状态名称	三级状态代号	状态名称
HR	冷加工+消除应力	HR01	1/4 硬+应力消除
		HR02	半硬+和应力消除
		HR04	硬+和应力消除
		HR06	特硬+和应力消除
		HR08	弹性+和应力消除
		HR10	高弹性+和应力消除
		HR12	特殊弹性+和应力消除
		HR50	拉拔+应力消除
		HR90	翅片成形+应力消除
HT	冷加工+有序强化	HT04	硬+有序强化
		HT08	弹性+有序强化
HE	冷加工+端部退火	HE80	硬态拉拔+端部退火

表 4-299 为满足公称平均晶粒尺寸的退火二、三级状态表示方法

二级状态代号	状态名称	三级状态代号	公称平均晶粒尺寸/mm
OS	有晶粒尺寸要求的退火	OS005	0.005
		OS010	0.010
		OS015	0.015
		OS025	0.025
		OS030	0.030
		OS035	0.035
		OS045	0.045
		OS050	0.050
		OS060	0.060
		OS065	0.065
		OS070	0.070
		OS100	0.100
		OS120	0.120
		OS150	0.150
		OS200	0.200

表 4-300 为满足力学性能的退火二、三级状态表示方法

二级状态代号	状态名称	三级状态代号	状态名称
O1	铸造态+热处理	O10	铸造+退火(均匀化)
		O11	铸造+沉淀热处理
O2	热锻轧+热处理	O20	热锻+退火
		O25	热轧+退火
O3	热挤压+热处理	O30	热挤压+退火
		O31	热挤压+沉淀热处理
O4	热穿孔+热处理	O40	热穿孔+退火
O5	调质退火	O50	轻退火
O6	退火	O60	软化退火
		O61	退火
		O65	拉伸退火
		O68	深拉退火
O7	完全软化退火	O70	完全软化退火
O8	退火到特定性能	O80	退火到 1/8 硬
		O81	退火到 1/4 硬
		O82	退火到 1/2 硬

表 4-301　热处理状态（T）的二、三级状态表示方法

二级状态代号	状态名称	三级状态代号	状态名称
TQ	淬火硬化	TQ00	淬火硬化
		TQ30	淬火硬化+退火
		TQ50	淬火硬化+调质退火
		TQ55	淬火硬化+调质退火+冷拉+应力消除
		TQ75	中间淬火
TB	固溶热处理	TB00	固溶热处理
TF	固溶热处理+沉淀热处理	TF00	固溶热处理+沉淀热处理
		TF01	沉淀热处理板-低硬化
		TF02	沉淀热处理板-高硬化
TX	固溶热处理+亚稳分解热处理	TX00	亚稳分解硬化
TD	固溶热处理+冷加工	TD00	固溶热处理+冷加工(1/8 硬)
		TD01	固溶热处理+冷加工(1/4 硬)
		TD02	固溶热处理+冷加工(1/2 硬)
		TD03	固溶热处理+冷加工(3/4 硬)
		TD04	固溶热处理+冷加工(硬)
		TD08	固溶热处理+冷加工(弹性)
TH	固溶热处理+冷加工+沉淀热处理	TH01	固溶热处理+冷加工(1/4 硬)+沉淀热处理
		TH02	固溶热处理+冷加工(1/2 硬)+沉淀热处理
		TH03	固溶热处理+冷加工(3/4 硬)+沉淀热处理
		TH04	固溶热处理+冷加工(硬)+沉淀热处理
		TH08	固溶热处理+冷加工(弹性)+沉淀热处理
TS	冷加工+亚稳分解热处理	TS00	冷加工(1/8 硬)+亚稳分解硬化
		TS01	冷加工(1/4 硬)+亚稳分解硬化
		TS02	冷加工(1/2 硬)+亚稳分解硬化
		TS03	冷加工(3/4 硬)+亚稳分解硬化
		TS04	冷加工(硬)+亚稳分解硬化
		TS06	冷加工(特硬)+亚稳分解硬化
		TS08	冷加工(弹性)+亚稳分解硬化
		TS10	冷加工(高弹性)+亚稳分解硬化
		TS12	冷加工(特殊弹性)+亚稳分解硬化
		TS13	冷加工(更高弹性)+亚稳分解硬化
		TS14	冷加工(超高弹性)+亚稳分解硬化
TL	沉淀热处理或亚稳分解热处理+冷加工	TL00	沉淀热处理或亚稳分解热处理+冷加工(1/8 硬)
		TL01	沉淀热处理或亚稳分解热处理+冷加工(1/4 硬)
		TL02	沉淀热处理或亚稳分解热处理+冷加工(1/2 硬)
		TL04	沉淀热处理或亚稳分解热处理+冷加工(硬)
		TL08	沉淀热处理或亚稳分解热处理+冷加工(弹性)
		TL10	沉淀热处理或亚稳分解热处理+冷加工(高弹性)
TR	沉淀热处理或亚稳分解热处理+冷加工+应力消除	TR01	沉淀热处理或亚稳分解热处理+冷加工(1/4 硬)+应力消除
		TR02	沉淀热处理或亚稳分解热处理+冷加工(1/2 硬)+应力消除

（续）

二级状态代号	状态名称	三级状态代号	状态名称
TR	沉淀热处理或亚稳分解热处理+冷加工+应力消除	TR04	沉淀热处理或亚稳分解热处理+冷加工（硬）+应力消除
TM	加工余热淬火硬化	TM00	加工余热淬火+冷加工（1/8 硬）
		TM01	加工余热淬火+冷加工（1/4 硬）
		TM02	加工余热淬火+冷加工（1/2 硬）
		TM03	加工余热淬火+冷加工（3/4 硬）
		TM04	加工余热淬火+冷加工（硬）
		TM06	加工余热淬火+冷加工（特硬）
		TM08	加工余热淬火+冷加工（弹性）

表 4-302　焊接管状态（W）的具体状态表示方法

二级状态代号	状态名称	三级状态代号	状态名称
WM	焊接状态	WM50	由退火带材焊接
		WM00	由 1/8 硬带材焊接
		WM01	由 1/4 硬带材焊接
		WM02	由 1/2 硬带材焊接
		WM03	由 3/4 硬带材焊接
		WM04	由硬带材焊接
		WM06	由特硬带材焊接
		WM08	由弹性带材焊接
		WM10	由高弹性带材焊接
		WM15	由退火带材焊接+消除应力
		WM20	由 1/8 硬带焊接+消除应力
		WM21	由 1/4 硬带焊接+消除应力
		WM22	由 1/2 硬带焊接+消除应力
		WM24	由 3/4 硬带焊接+消除应力
WO	焊接后退火状态	WO50	焊接+轻退火
		WO60	焊接+软退火
		WO61	焊接+退火
WC	焊接后轻冷加工	WC55	焊接+轻冷加工
WH	焊接后冷拉状态	WH00	焊接+拉拔（1/8 硬）
		WH01	焊接+拉拔（1/4 硬）
		WH02	焊接+拉拔（1/2 硬）
		WH03	焊接+拉拔（3/4 硬）
		WH04	焊接+拉拔（硬）
		WH06	焊接+拉拔（特硬）
		WH55	焊接+冷轧或轻拉
		WH58	焊接+冷轧或常规拉拔
		WH80	焊接+冷轧或硬拉
WR	焊接管+冷拉+应力消除	WR00	由 1/8 硬带焊接+拉拔+应力消除
		WR01	由 1/4 硬带焊接+拉拔+应力消除
		WR02	由 1/2 硬带焊接+拉拔+应力消除

（续）

二级状态代号	状态名称	三级状态代号	状态名称
WR	焊接管+冷拉+应力消除	WR03	由 3/4 硬带焊接+拉拔+应力消除
		WR04	由硬带焊接+拉拔+应力消除
		WR06	由特硬带焊接+拉拔+应力消除

表 4-303　新、旧状态代号对照表

旧代号	旧状态名称	新代号	新状态名称
R	热加工	M1～M4	热加工
M	退火（焖火）	O60	软化退火
M_2	轻软	O50	轻软退火
C	淬火	TQ00	淬火硬化
CY	淬火后冷轧（冷作硬化）	TQ55	淬火硬化与调质退火、冷拉与应力消除
CZ	淬火（自然时效）	TF00	沉淀热处理
CS	淬火（人工时效）		
CYS	淬火后冷轧、人工时效	TH04	固溶热处理+冷加工（硬）+沉淀热处理
CY_2S	淬火后冷轧（1/2 硬）、人工时效	TH02	固溶热处理+冷加工（1/2 硬）+沉淀硬化
CY_4S	淬火后冷轧（1/4 硬）、人工时效	TH01	固溶热处理+冷加工（1/4 硬）+沉淀硬化
CSY	淬火、人工时效、冷作硬化	TL00～TL101	沉淀热处理或亚稳分解热处理+冷加工
CZY	淬火、自然时效、冷作硬化		
Y	硬	H04、H80	硬、拉拔（硬）
Y_1	3/4 硬	H03	3/4 硬
Y_2	1/2 硬	H02、H55	1/2 硬
Y_4	1/4 硬	H01	1/4 硬
T	特硬	H06	特硬
TY	弹硬	H08	弹性

4.4.2　铝和铝合金

4.4.2.1　铸造铝合金和压铸铝合金（见表 4-304～表 4-316）

表 4-304　铸造铝合金的代号（摘自 GB/T 1173—2013）

铸造方法、变质处理代号		热处理状态代号	
S	砂型铸造	F	铸态
		T1	人工时效
J	金属型铸造	T2	退火
		T4	固溶处理加自然时效
R	熔模铸造	T5	固溶处理加不完全人工时效
K	壳型铸造	T6	固溶处理加完全人工时效
		T7	固溶处理加稳定化处理
B	变质处理	T8	固溶处理加软化处理

表 4-305 铸造铝合金化学成分（摘自 GB/T 1173—2013）

合金种类	合金牌号	合金代号	主要元素(质量分数,%)							
			Si	Cu	Mg	Zn	Mn	Ti	其他	Al
Al-Si 合金	ZAlSi7Mg	ZL101	6.5~7.5		0.25~0.45					余量
	ZAlSi7MgA	ZL101A	6.5~7.5		0.25~0.45			0.08~0.20		余量
	ZAlSi12	ZL102	10.0~13.0							余量
	ZAlSi9Mg	ZL104	8.0~10.5		0.17~0.35		0.2~0.5			余量
	ZAlSi5Cu1Mg	ZL105	4.5~5.5	1.0~1.5	0.4~0.6					余量
	ZAlSi5Cu1MgA	ZL105A	4.5~5.5	1.0~1.5	0.4~0.55					余量
	ZAlSi8Cu1Mg	ZL106	7.5~8.5	1.0~1.5	0.3~0.5		0.3~0.5	0.10~0.25		余量
	ZAlSi7Cu4	ZL107	6.5~7.5	3.5~4.5						余量
	ZAlSi12Cu2Mg1	ZL108	11.0~13.0	1.0~2.0	0.4~1.0		0.3~0.9			余量
	ZAlSi12Cu1Mg1Ni1	ZL109	11.0~13.0	0.5~1.5	0.8~1.3				Ni0.8~1.5	余量
	ZAlSi5Cu6Mg	ZL110	4.0~6.0	5.0~8.0	0.2~0.5					余量
	ZAlSi9Cu2Mg	ZL111	8.0~10.0	1.3~1.8	0.4~0.6		0.10~0.35	0.10~0.35		余量
	ZAlSi7Mg1A	ZL114A	6.5~7.5		0.45~0.75			0.10~0.20	Be 0~0.07	余量
	ZAlSi5Zn1Mg	ZL115	4.8~6.2		0.4~0.65	1.2~1.8			Sb 0.1~0.25	余量
	ZAlSi8MgBe	ZL116	6.5~8.5		0.35~0.55			0.10~0.30	Be 0.15~0.40	余量
	ZAlSi7Cu2Mg	ZL118	6.0~8.0	1.3~1.8	0.2~0.5		0.1~0.3	0.10~0.25		余量
Al-Cu 合金	ZAlCu5Mn	ZL201		4.5~5.3			0.6~1.0	0.15~0.35		余量
	ZAlCu5MnA	ZL201A		4.8~5.3			0.6~1.0	0.15~0.35		余量
	ZAlCu10	ZL202		9.0~11.0						余量
	ZAlCu4	ZL203		4.0~5.0						余量
	ZAlCu5MnCdA	ZL204A		4.6~5.3			0.6~0.9	0.15~0.35	Cd 0.15~0.25	余量
	ZAlCu5MnCdVA	ZL205A		4.6~5.3			0.3~0.5	0.15~0.35	Cd 0.15~0.25 V 0.05~0.3 Zr 0.15~0.25 B 0.005~0.6	余量
	ZAlR5Cu3Si2	ZL207	1.6~2.0	3.0~3.4	0.15~0.25		0.9~1.2		Zr 0.15~0.2 Ni 0.2~0.3 RE 4.4~5.0	余量
Al-Mg 合金	ZAlMg10	ZL301			9.5~11.0					余量
	ZAlMg5Si	ZL303	0.8~1.3		4.5~5.5		0.1~0.4			余量
	ZAlMg8Zn1	ZL305			7.5~9.0	1.0~1.5		0.10~0.20	Be 0.03~0.10	余量
Al-Zn 合金	ZAlZn11Si7	ZL401	6.0~8.0		0.1~0.3	9.0~13.0				余量
	ZAlZn6Mg	ZL402			0.5~0.65	5.0~6.5	0.2~0.5	0.15~0.25	Cr 0.4~0.6	余量

注：“RE”为“含铈混合稀土”，其中混合稀土总量应不少于 98%，铈含量不少于 45%。

表 4-306　铸造铝合金杂质元素允许含量（摘自 GB/T 1173—2013）

合金种类	合金牌号	合金代号	杂质元素(质量分数,%) ≤														
			Fe		Si	Cu	Mg	Zn	Mn	Ti	Zr	Ti+Zr	Be	Ni	Sn	Pb	其他杂质总和	
			S	J													S	J
Al-Si 合金	ZAlSi7Mg	ZL101	0.5	0.9		0.2		0.3	0.35			0.25	0.1		0.05	0.05	1.1	1.5
	ZAlSi7MgA	ZL01A	0.2	0.2		0.1		0.1	0.10						0.05	0.03	0.7	0.7
	ZAlSi12	ZL102	0.7	1.0		0.30	0.10	0.1	0.5	0.2							2.0	2.2
	ZAlSi9Mg	ZL104	0.6	0.9		0.1		0.25				0.15			0.05	0.05	1.1	1.4
	ZAlSi5Cu1Mg	ZL105	0.6	1.0				0.3	0.5			0.15	0.1		0.05	0.05	1.1	1.4
	ZAlSi5Cu1MgA	ZL105A	0.2	0.2				0.1	0.1						0.05	0.05	0.5	0.5
	ZAlSi8Cu1Mg	ZL106	0.6	0.8				0.2							0.05	0.05	0.9	1.0
	ZAlSi7Cu4	ZL107	0.5	0.6			0.1	0.3	0.5						0.05	0.05	1.0	1.2
	ZAlSi12Cu2Mg1	ZL108		0.7				0.2		0.20				0.3	0.05	0.05		1.2
	ZAlSi12Cu1Mg1Ni1	ZL109		0.7				0.2	0.2	0.20					0.05	0.05		1.2
	ZAlSi5Cu6Mg	ZL110		0.8				0.6	0.5						0.05	0.05		2.7
	ZAlSi9Cu2Mg	ZL111	0.4	0.4				0.1							0.05	0.05		1.2
	ZAlSi7Mg1A	ZL114A	0.2	0.2		0.2		0.1	0.1								0.75	0.75
	ZAlSi5Zn1Mg	ZL115	0.3	0.3		0.1			0.1						0.05	0.05	1.0	1.0
	ZAlSi8MgBe	ZL116	0.60	0.60		0.3		0.3	0.1		0.20				0.05	0.05	1.0	1.0
	ZAlSi7Cu2Mg	ZL118	0.3	0.3				0.1							0.05	0.05	1.0	1.5
Al-Cu 合金	ZAlCu5Mn	ZL201	0.25	0.3	0.3		0.05	0.2			0.2			0.1			1.0	1.0
	ZAlCu5MnA	ZL201A	0.15		0.1		0.05	0.1			0.15			0.05			0.4	
	ZAlCu10	ZL202	1.0	1.2	1.2		0.3	0.8	0.5					0.5			2.8	3.0
	ZAlCu4	ZL203	0.8	0.8	1.2		0.05	0.25	0.1	0.2	0.1				0.05	0.05	2.1	2.1
	ZAlCu5MnCdA	ZL204A	0.12	0.12	0.06		0.05	0.1			0.15			0.05			0.4	
	ZAlCu5MnCdVA	ZL205A	0.15	0.16	0.06		0.05										0.3	0.3
	ZAlR5Cu3Si2	ZL207	0.6	0.6				0.2									0.8	0.8
Al-Mg 合金	ZAlMg10	ZL301	0.3	0.3	0.3	0.1		0.15	0.15	0.15	0.20		0.07	0.05	0.05	0.05	1.0	1.0
	ZAlMg5Si	ZL303	0.5	0.5		0.1		0.2		0.2							0.7	0.7
	ZAlMg8Zn1	ZL305	0.3		0.2	0.1			0.1								0.9	
Al-Zn 合金	ZAlZn11Si7	ZL401	0.7	1.2		0.6			0.5								1.8	2.0
	ZAlZn6Mg	ZL402	0.5	0.8	0.3	0.25			0.1								1.35	1.65

注：熔模、壳型铸造的主要元素及杂质元素含量按表 4-307、表 4-308 中砂型指标检验。

表 4-307　铸造铝合金的力学性能（摘自 GB/T 1173—2013）

合金种类	合金牌号	合金代号	铸造方法	合金状态	力学性能 ≥		
					抗拉强度 R_m/MPa	伸长率 A(%)	布氏硬度 HBW
Al-Si合金	ZAlSi7Mg	ZL101	S、J、R、K	F	155	2	50
			S、J、R、K	T2	135	2	45
			JB	T4	185	4	50
			S、R、K	T4	175	4	50
			J、JB	T5	205	2	60
			S、R、K	T5	195	2	60
			SB、RB、KB	T5	195	2	60
			SB、RB、KB	T6	225	1	70
			SB、RB、KB	T7	195	2	60
			SB、RB、KB	T8	155	3	55
	ZAlSi7MgA	ZL101A	S、R、K	T4	195	5	60
			J、JB	T4	225	5	60
			S、R、K	T5	235	4	70
			SB、RB、KB	T5	235	4	70
			J、JB	T5	265	4	70
			SB、RB、KB	T6	275	2	80
			J、JB	T6	295	3	80
	ZAlSi12	ZL102	SB、JB、RB、KB	F	145	4	50
			J	F	155	2	50
			SB、JB、RB、KB	T2	135	4	50
			J	T2	145	3	50
	ZAlSi9Mg	ZL104	S、R、J、K	F	150	2	50
			J	T1	200	1.5	65
			SB、RB、KB	T6	230	2	70
			J、JB	T6	240	2	70
	ZAlSi5Cu1Mg	ZL105	S、J、R、K	T1	155	0.5	65
			S、R、K	T5	215	1	70
			J	T5	235	0.5	70
			S、R、K	T6	225	0.5	70
			S、J、R、K	T7	175	1	65
	ZAlSi5Cu1MgA	ZL105A	SB、R、K	T5	275	1	80
			J、JB	T5	295	2	80
	ZAlSi8Cu1Mg	ZL106	SB	F	175	1	70
			JB	T1	195	1.5	70
			SB	T5	235	2	60
			JB	T5	255	2	70
			SB	T6	245	1	80
			JB	T6	265	2	70
			SB	T7	225	2	60
			JB	T7	245	2	60
	ZAlSi7Cu4	ZL107	SB	F	165	2	65
			SB	T6	245	2	90
			J	F	195	2	70
			J	T6	275	2.5	100
	ZAlSi12Cu2Mg1	ZL108	J	T1	195	—	85
			J	T6	255	—	90
	ZAlSi12Cu1Mg1Ni1	ZL109	J	T1	195	0.5	90
			J	T6	245	—	100

（续）

合金种类	合金牌号	合金代号	铸造方法	合金状态	力学性能 ≥		
					抗拉强度 R_m/MPa	伸长率 A(%)	布氏硬度 HBW
Al-Si合金	ZAlSi5Cu6Mg	ZL110	S	F	125	—	80
			J	F	155	—	80
			S	T1	145	—	80
			J	T1	165	—	90
	ZAlSi9Cu2Mg	ZL111	J	F	205	1.5	80
			SB	T6	255	1.5	90
			J、JB	T6	315	2	100
	ZAlSi7Mg1A	ZL114A	SB	T5	290	2	85
			J、JB	T5	310	3	95
	ZAlSi5Zn1Mg	ZL115	S	T4	225	4	70
			J	T4	275	6	80
			S	T5	275	3.5	90
			J	T5	315	5	100
	ZAlSi8MgBe	ZL116	S	T4	255	4	70
			J	T4	275	6	80
			S	T5	295	2	85
			J	T5	335	4	90
	ZAlSi7Cu2Mg	ZL118	SB、RB	T6	290	1	90
			JB	T6	305	2.5	105
Al-Cu合金	ZAlCu5Mg	ZL201	S、J、R、K	T4	295	8	70
			S、J、R、K	T5	335	4	90
			S	T7	315	2	80
	ZAlCu5MgA	ZL201A	S、J、R、K	T5	390	8	100
	ZAlCu10	ZL202	S、J	F	104	—	50
			S、J	T6	163	—	100
	ZAlCu4	ZL203	S、R、K	T4	195	6	60
			J	T4	205	6	60
			S、R、K	T5	215	3	70
			J	T5	225	3	70
	ZAlCu5MnCdA	ZL204A	S	T5	440	4	100
	ZAlCu5MnCdVA	ZL205A	S	T5	440	7	100
			S	T6	470	3	120
			S	T7	460	2	110
	ZAlR5Cu3Si2	ZL207	S	T1	165	—	75
			J	T1	175	—	75
Al-Mg合金	ZAlMg10	ZL301	S、J、R	T4	280	9	60
	ZAlMg5Si	ZL303	S、J、R、K	F	143	1	55
	ZAlMg8Zn1	ZL305	S	T4	290	8	90
Al-Zn合金	ZAlZn11Si7	ZL401	S、R、K	T1	195	2	80
			J	T1	245	1.5	90
	ZAlZn6Mg	ZL402	J	T1	235	4	70
			S	T1	220	4	65

表 4-308 热处理工艺规范

合金牌号	合金代号	合金状态	固溶处理			时效处理		
			温度/℃	时间/h	冷却介质及温度/℃	温度/℃	时间/h	冷却介质
ZAlSi7MgA	ZL101A	T4	535±5	6~12	水 60~100	室温	≥24	—
		T5	535±5	6~12	水 60~100	室温	≥8	空气
						再 155±5	2~12	空气
		T6	535±5	6~12	水 60~100	室温	≥8	空气
						再 180±5	3~8	空气
ZAlSi5Cu1MgA	ZL105A	T5	525±5	4~6	水 60~100	160±5	3~5	空气
		T7	525±5	4~6	水 60~100	225±5	3~5	空气
ZAlSi7Mg1A	ZL114A	T5	535±5	10~14	水 60~100	室温	≥8	空气
						再 160±5	4~8	空气
ZAlSi5Zn1Mg	ZL115	T4	540±5	10~12	水 60~100	150±5	3~5	空气
		T5	540±5	10~12	水 60~100			
ZAlSi8MgBe	ZL116	T4	535±5	10~14	水 60~100	室温	≥24	—
		T5	535±5	10~14	水 60~100	175±5	6	空气
ZAlSi7Cu2Mg	ZL118	T6	490±5	4~6	水 60~100	室温	≥8	空气
			再 510±5	6~8		160±5	7~9	空气
			再 520±5	8~10				
ZAlCu5MnA	ZL201A	T5	535±5	7~9	水 60~100	室温	≥24	—
			再 545±5	7~9	水 60~100	160±5	6~9	
ZAlCu5MnCdA	ZL204A	T5	530±5	9				
			再 540±5	9	水 20~60	175±5	3~5	
ZAlCu5MnCdVA	ZL205A	T5	538±5	10~18	水 20~60	155±5	8~10	
		T6	538±5	10~18		175±5	4~5	
		T7	538±5	10~18		190±5	2~4	
ZAlRE5Cu3Si2	ZL207	T1				200±5	5~10	
ZAlMg8Zn1	ZL305	T4	435±5	8~10	水 80~100	室温	≥24	—
			再 490±5	6~8				

表 4-309 铸造铝合金的特性和用途

组别	合金牌号	合金代号	特性和用途
铝硅合金	ZAlSi7Mg	ZL101	耐蚀性、铸造工艺性能好、易气焊。用于制作形状复杂的零件，如仪器零件、飞机零件、工作温度低于 185℃ 的汽化器 在海水环境中使用时，铜含量≤0.1%（质量分数）
	ZAlSi7MgA	ZL101A	
	ZAlSi12	ZL102	用于制作形状复杂，载荷小而耐蚀的薄壁零件，工作温度≤200℃ 的高气密性零件
	ZAlSi9Mg	ZL104	用于制作形状复杂、承受静载荷或冲击作用的大型零件，如风机叶片、水冷气缸头。工作温度≤200℃
	ZAlSi5Cu1Mg	ZL105	强度高、切削性好。用于制作形状复杂、225℃ 以下工作的零件，如发动机气缸头
	ZAlSi8Cu1Mg	ZL106	用于制作工作温度在 225℃ 以下的零件，齿轮液压泵壳体等
	ZAlSi12Cu2Mg1	ZL108	用于制作重载、工作温度在 250℃ 的零件，如大功率柴油机活塞
	ZAlSi12Cu1Mg1Ni1	ZL109	用于制作工作温度在 250℃ 以下的零件，如大功率柴油机活塞
铝铜合金	ZAlCu5Mn	ZL201	焊接性能好，铸造性能差。用于制作工作温度在 175~300℃ 的零件，如支臂、梁柱
	ZAlCu4	ZL203	用于制作受重载荷、表面粗糙度较高而形状简单的厚壁零件，工作温度≤200℃

（续）

组别	合金牌号	合金代号	特性和用途
铝镁合金	ZAlMg10	ZL301	用于制作受冲击载荷、循环载荷、海水腐蚀和工作温度≤200℃的零件
铝锌合金	ZAlZn11Si7	ZL401	铸造性能好、耐蚀性能低。用于制作工作温度≤200℃、形状复杂的大型薄壁零件
	ZAlZn6Mg	ZL402	用于制作高强度零件，如压缩机活塞，飞机起落架

表 4-310　铝合金铸件的分类

（摘自 GB/T 9438—2013）

类别	定　义
Ⅰ类	承受重载荷，工作条件复杂，用于关键部位，铸件损坏将危及整机安全运行的重要铸件
Ⅱ类	承受中等载荷，用于重要部位，铸件损坏将影响部件的正常工作，造成事故的铸件
Ⅲ类	承受轻载荷或不承受载荷，用于一般部位的铸件

对于不承受载荷或承受轻载荷且没有特殊物理性能和使用性能要求的Ⅲ类铸件，经需方同意，可不进行化学成分分析。

单铸试样的力学性能应符合 GB/T 1173 的规定。

铸件按其类别检验附铸或本体试样力学性能。

用附铸试样或从铸件上切取的本体试样检验力学性能，三根试样的抗拉强度和伸长率的平均值分别不低于 GB/T 1173 规定值的 75% 和 50%。允许其中一根试样的性能偏低：Ⅰ类铸件指定部位的抗拉强度和伸长率分别不低于规定值的 70% 和 40%，Ⅰ类铸件非指定部位和Ⅱ类铸件分别不低于规定值的 65% 和 40%。

表 4-311　表面孔洞限量（摘自 GB/T 9438—2013）

铸件表面积/cm²	单个孔洞									成组孔洞						孔洞边缘距铸件边缘的距离/mm
	在 10cm×10cm 单位面积上孔洞总数/个 ≤			孔洞边距/mm ≥			一个铸件上的孔洞总数/个 ≤			以 3cm×3cm 单位面积为一组其孔洞数/个 ≤			在一个铸件上组的数量/组 ≤			
	Ⅰ	Ⅱ	Ⅲ	Ⅰ	Ⅱ	Ⅲ	Ⅰ	Ⅱ	Ⅲ	Ⅰ	Ⅱ	Ⅲ	Ⅰ	Ⅱ	Ⅲ	
<1000	2	4	6	15	10	10	4	6	7	2	3	4	1	2	2	不小于孔洞最大直径的2倍
1000～3000	2	4	6	15	10	10	6	8	9	2	3	4	2	3	4	
>3000～6000	2	4	6	15	10	10	10	10	13	2	3	4	2	3	4	
>6000～8000	2	4	6	15	10	10	15	15	17	2	3	4	3	4	6	
>8000～30000	2	4	6	15	10	10	18	18	20	2	3	4	3	4	6	
>30000	2	4	6	15	10	10	20	22	25	2	3	4	3	4	6	

注：在非加工表面上最大直径小于 1mm，加工后表面上最大直径小于 0.5mm 的单个孔洞不予计算。

除另有规定外，铸件可用焊补的方法修复。焊补方法由供需双方商定。

除另有规定外，焊补用填充金属应与铸件合金一致。

当采用氩弧焊焊补时，焊补面积、焊补次数和焊补最大深度，一般应符合表 4-314 的规定。特殊情况下的焊补，由供需双方商定。

表 4-312　铸件允许的焊补面积及数量（摘自 GB/T 9438—2013）

铸件类型	铸件表面积/cm²	焊补面积/cm² ≤	焊补处数/个 ≤	焊补最大深度/mm	一个铸件上总焊补数/个 ≤	焊区边缘最小间距
小型件	<1000	10(ϕ36mm)	3	—	3	不小于相邻两焊区最大直径的和
中型件	1000～3000	10	3	—	5	
		15(ϕ44mm)	2	—		
	>3000～6000	10	4	—	10	
		15	3	—		
		20(ϕ50mm)	2	10		
		25(ϕ56mm)	1	8		

（续）

铸件类型	铸件表面积/cm^2	焊补面积/cm^2 ≤	焊补处数/个 ≤	焊补最大深度/mm	一个铸件上总焊补数/个 ≤	焊区边缘最小间距
大型件	>6000~30000	10	4	—	13	不小于相邻两焊区最大直径的和
		15	4	—		
		20	3	10		
		25	2	8		
超大型铸件	>30000	10	5	—	15	
		20	5	—		
		30	3	25		
		40	2	20		

注：1. 焊补面积是指扩修后的面积。

2. 焊补面积小于 $2cm^2$ 的焊区，不计入焊补数。

表 4-313　铝合金压铸件的化学成分（摘自 GB/T 15114—2009）

序号	合金牌号	合金代号	化学成分(质量分数,%)									
			Si	Cu	Mn	Mg	Fe	Ni	Ti	Zn	Pb	Sn	Al
1	YZAlSi10Mg	YL101	9.0~10.0	≤0.6	≤0.35	0.40~0.60	≤1.3	≤0.50		≤0.50	≤0.10	≤0.15	余量
2	YZAlSi12	YL102	10.0~13.0	≤1.0	≤0.35	≤0.10	≤1.3	≤0.50		≤0.50	≤0.10	≤0.15	余量
3	YZAlSi10	YL104	8.0~10.5	≤0.3	0.2~0.5	0.17~0.30	≤1.0	≤0.50		≤0.40	≤0.05	≤0.01	余量
4	YZAlSi9Cu4	YL112	7.5~9.5	3.0~4.0	≤0.50	≤0.10	≤1.3	≤0.50		≤3.00	≤0.10	≤0.15	余量
5	YZAlSi11Cu3	YL113	9.5~11.5	2.0~3.0	≤0.50	≤0.10	≤1.3	≤0.30		≤3.00	≤0.10	≤0.35	余量
6	YZAlSi17Cu5Mg	YL117	16.0~18.0	4.0~5.0	≤0.50	0.45~0.65	≤1.3	≤0.10	≤0.1	≤1.50	≤0.10		余量
7	YZAlMg5Si1	YL302	≤0.35	≤0.25	≤0.35	7.5~8.5	≤1.8	≤0.15		≤0.15	≤0.10	≤0.15	余量

注：除有范围的元素和铁为必检元素外，其余元素在有要求时抽检。

表 4-314　铝合金压铸件的同轴度、对称度公差　（单位：mm）

被测量部位在测量方向上的尺寸	被测部位和基准部位在同一半模内			被测部位和基准部位不在同一半模内		
	二个部位都不动的	二个部位中有一个动的	两个部位都动的	二个部位都不动的	二个部位中有一个动的	两个部位都动的
	公差值					
≤30	0.15	0.30	0.35	0.30	0.35	0.50
>30~50	0.25	0.40	0.50	0.40	0.50	0.70
>50~120	0.35	0.55	0.70	0.55	0.70	0.85
>120~250	0.55	0.80	1.00	0.80	1.00	1.20
>250~500	0.80	1.20	1.40	1.20	1.40	1.60
>500~800	1.20			1.60		

注：表中不包括压铸件与镶嵌件有关部位的位置公差。

表 4-315　铝合金压铸件的平面度公差（摘自 GB/T 15114—2009）　（单位：mm）

被测量部位尺寸	铸态	整形后
	公差值	
≤25	0.20	0.10
>25~63	0.30	0.15

（续）

被测量部位尺寸	铸　态	整　形　后
	公　差　值	
>63~100	0.40	0.20
>100~160	0.55	0.25
>160~250	0.80	0.30
>250~400	1.10	0.40
>400~630	1.50	0.50
>630	2.00	0.70

表 4-316　铝合金压铸件的平行度、垂直度、端面跳动公差（摘自 GB/T 15114—2009）

（单位：mm）

被测量部位在测量方向上的尺寸	被测部位和基准部位在同一半模内			被测部位和基准部位不在同一半模内		
	二个部位都不动的	二个部位中有一个动的	两个部位都动的	二个部位都不动的	二个部位中有一个动的	两个部位都动的
	公　差　值					
≤25	0.10	0.15	0.20	0.15	0.20	0.30
>25~63	0.15	0.20	0.30	0.20	0.30	0.40
>63~100	0.20	0.30	0.40	0.30	0.40	0.60
>100~160	0.30	0.40	0.60	0.40	0.60	0.80
>160~250	0.40	0.60	0.80	0.60	0.80	1.00
>250~400	0.60	0.80	1.00	0.80	1.00	1.20
>400~630	0.80	1.00	1.20	1.00	1.20	1.40
>630	1.00			1.20		

4.4.2.2　加工铝合金

1. 铝及铝合金的牌号表示（见表 4-317~表 4-319）

纯铝牌号用 1×××四位数字（或符号）代号。第 2 位数字若为 0，表示对杂质不需特别控制；为 1~9 中的一个整数，则表示对一个或多个杂质元素有特殊要求；若为 A 表示原始纯铝；B~Y 表示原始纯铝的改型。第 3、4 位数表示铝的最低质量分数。如 1075 表示对单个杂质无特别要求，铝质量分数最少为 99.75%。

表 4-317　纯铝及铝合金的牌号表示

数字代号	材料名称	
1×××	纯铝（铝质量分数不小于 99.00%）	
2×××	铝合金	以铜为主要合金元素的铝合金
3×××		以锰为主要合金元素的铝合金
4×××		以硅为主要合金元素的铝合金
5×××		以镁为主要合金元素的铝合金
6×××		以镁和硅为主要合金元素，并以 Mg_2Si 相为强化相的铝合金
7×××		以锌为主要合金元素的铝合金
8×××		以其他元素为主要合金元素的铝合金
9×××	备用	

铝合金代号中，第 2 位表示对原始合金的修正，第 3、4 位不同的铝合金。如 2124 与 2024 都是铝铜合金，在铁、硅含量上稍有不同，2024 的铁硅质量分数不大于 0.50%，而 2124 的铁、硅质量分数分别不大于 0.3%及 0.2%。

表 4-318　原有铝合金代号（GB/T 340—1982）

名称	防锈铝	锻铝	硬铝	超硬铝	特殊铝	硬钎焊铝	纯铝
代号	LF	LD	LY	LC	LT	LQ	L

注：此表供参考。

2. 加工铝及铝合金状态代号

（1）一般规定　GB/T 16475—2008 标准适用于轧制、挤压、拉伸、锻造等方法生产的变形铝及铝合金产品。

状态代号分为基础状态代号和细分状态代号。基础状态代号用一个英文大写字母表示。细分状态代号用基础状态代号后缀一位或多位阿拉伯数字或英文大写字母来表示。这些阿拉伯数字或英文大写字母，表示影响产品特性的基本处理或特殊处理。

标准示例状态代号中的“×”表示未指定的任意一位阿拉伯数字，如“H2X”可表示“H21~H29”之间的任何一种状态，“H××4”可表示“H14~H194”，或“H224~H294”，或“H324~H394”之间的任何一种状态；“-”表示不指定的任意一位或多位阿拉伯数字，如“T-51”可表示末位两位数字为“51”的任何一种状态，如“T351、T651、T6151、

T7351、T7651”等。

表 4-319　铝及铝合金新旧牌号对照表

（摘自 GB/T 3190—2008）

新牌号	旧牌号	新牌号	旧牌号
1A99	原 LG5	4A17	原 LT17
1A97	原 LG4	5A01	原 LF15
1A93	原 LG3	5A02	原 LF2
1A90	原 LG2	5A03	原 LF3
1A85	原 LG1	5A05	原 LF5
1A50	原 LB2	5B05	原 LF10
1A30	原 L4-1	5A06	原 LF6
2A01	原 LY1	5B06	原 LF14
2A02	原 LY2	5A12	原 LF12
2A04	原 LY4	5A13	原 LF13
2A06	原 LY6	5A13	原 LF33
2A10	原 LY10	5A30	原 2103、1F16
2A11	原 LY11	5A41	原 LT41
2B11	原 LY8	5A43	原 LF43
2A12	原 LY12	5A66	原 LT66
2B12	原 LY9	6A01	原 6N01
2A13	原 LY13	6A51	原 651
2A14	原 LD10	6A02	原 LD2
2A16	原 LY16	6B02	原 LD2-1
2B16	原 LY16-1	6A51	原 651
2A17	原 LY17	7A01	原 LB1
2A20	原 LY20	7A03	原 LC3
2A50	原 LD5	7A04	原 LC4
2B50	原 LD6	7A05	曾用 705
2A70	原 LD7	7B05	原 7N01
2A80	原 LD8	7A09	原 LC9
2A90	原 LD9	7A10	原 LC10
3A21	原 LF21	7A15	原 LC15
4A01	原 LT1	7A19	原 LC19
4A11	原 LD11	7D68	原 7A60
4A13	原 LT13	8A06	原 L6

注：1. “原”是指化学成分与新牌号等同，且都符合 GB 3190—1982 规定的旧牌号。

2. 表中 LF、LD 等旧牌号名称参见表 4-317。

（2）基础状态代号

1）F——自由加工状态。适用于在成型过程中，对于加工硬化和热处理条件无特殊要求的产品，该状态产品对力学性能不作规定。

2）O——退火状态。适用于经完全退火后，获得最低强度的产品状态。

3）H——加工硬化状态。适用于通过加工硬化提高强度的产品。

4）W——固溶热处理状态。适用于经固溶热处理后，在室温下自然时效的一种不稳定状态。该状态不作为产品交货状态，仅表示产品处于自然时效阶段。

5）T——不同于 F、O 或 H 状态的热处理状态。适用于固溶热处理后，经过（或不经过）加工硬化达到稳定的状态。

（3）O 状态的细分状态代号

1）O1——高温退火后慢速冷却状态。适用于超声波检验或尺寸稳定化前，将产品或试样加热至近似固溶热处理规定的温度并进行保温（保温时间与固溶热处理规定的保温时间相近），然后出炉置于空气中冷却的状态。该状态产品对力学性能不作规定，一般不作为产品的最终交货状态。

2）O2——热机械处理状态。适用于使用方在产品进行热机械处理前，将产品进行高温（可至固溶热处理规定的温度）退火，以获得良好成型性的状态。

3）O3——均匀化状态。适用于连续铸造的拉线坯或铸带，为消除或减少偏析和利于后继加工变形而进行的高温退火状态。

（4）H 状态的细分状态代号

1）H 后面第 1 位数字表示的状态

① H 后面的第 1 位数字表示获得该状态的基本工艺，用数字 1~4 表示。

② H1×——单纯加工硬化的状态。适用于未经附加热处理，只经加工硬化即可获得所需强度的状态。

③ H2×——加工硬化后不完全退火的状态。适用于加工硬化程度超过成品规定要求后，经不完全退火，使强度降低到规定指标的产品。对于室温下自然时效软化的合金，H2×状态与对应的 H3×状态具有相同的最小极限抗拉强度值；对于其他合金，H2×状态与对应的 H1×状态具有相同的最小极限抗拉强度值，但伸长率比 H1×稍高。

④ H3×——加工硬化后稳定化处理的状态。适用于加工硬化后，经低温热处理或由于加工过程中的受热作用，致使其力学性能达到稳定的产品。H3×状态仅适用于在室温下时效（除非经稳定化处理）的合金。

⑤ H4×——加工硬化后涂漆（层）处理的状态。适用于加工硬化后，经涂漆（层）处理导致了不完全退火的产品。

2）H 后面第 2 位数字表示的状态

① H 后面的第 2 位数字表示产品的最终加工硬化程度，用数字 1~9 来表示。

② 数字 8 表示硬状态。通常采用 O 状态的最小抗拉强度与表 4-320 规定的强度差值之和，来确定 HX8 状态的最小抗拉强度值。

表 4-320　O 状态与 H×8 状态的最小抗拉强度差值

O 状态的最小抗拉强度/MPa	HX8 状态与 O 状态的最小抗拉强度差值/MPa
≤40	55
45~60	65
65~80	75
85~100	85
105~120	90
125~160	95
165~200	100
205~240	105
245~280	110
285~320	115
≥325	120

③ O（退火）状态与 H×8 状态之间的状态见表 4-321。

表 4-321　O 状态与 H×8 状态之间的状态

细分状态代号	最终加工硬化程度
H×1	最终抗拉强度极限值，为 O 状态与 H×2 状态的中间值
H×2	最终抗拉强度极限值，为 O 状态与 H×4 状态的中间值
H×3	最终抗拉强度极限值，为 H×2 状态与 H×4 状态的中间值
H×4	最终抗拉强度极限值，为 O 状态与 H×8 状态的中间值
H×5	最终抗拉强度极限值，为 H×4 状态与 H×6 状态的中间值
H×6	最终抗拉强度极限值，为 H×4 状态与 H×8 状态的中间值
H×7	最终抗拉强度极限值，为 H×6 状态与 H×8 状态的中间值

④ 数字 9 为超硬状态，用 H×9 表示。H×9 状态的最小抗拉强度极限值，超过 H×8 状态至少 10MPa 及以上。

3）H 后面第 3 位数字表示的状态

① H 后面的第 3 位数字或字母，表示影响产品特性，但产品特性仍接近其两位数字状态（H112、H116、H321 状态除外）的特殊处理。

② H×11——适用于最终退火后又进行了适量的加工硬化，但加工硬化程度又不及 H11 状态的产品。

③ H112——适用于经热加工成型但不经冷加工而获得一些加工硬化的产品。该状态产品对力学性能有要求。

④ H116——适用于镁的质量分数 ≥ 3.0% 的 5×××系合金制成的产品。这些产品最终经加工硬化后，具有稳定的拉伸性能和在快速腐蚀试验中具有合适的抗腐蚀能力。腐蚀试验包括晶间腐蚀试验和剥落腐蚀试验。这种状态的产品适用于温度不大于 65℃ 的环境。

⑤ H321——适用于镁的质量分数 ≥ 3.0% 的 5×××系合金制成的产品。这些产品最终经热稳定化处理后，具有稳定的拉伸性能和在快速腐蚀试验中具有合适的抗腐蚀能力。腐蚀试验包括晶间腐蚀试验和剥落腐蚀试验。这种状态的产品适用于温度不大于 65℃ 的环境。

⑥ H××4——适用于 H××状态坯料制作的花纹板或花纹带材。这些花纹板或花纹带材的力学性能与坯料不同，如 H22 状态的坯料经制作成花纹板后的状态为 H224。

⑦ H××5——适用于 H××状态带坯制作的焊接管。管材的几何尺寸与带坯相一致，但力学性能可能与带坯不同。

⑧ H32A——对 H32 状态进行强度和弯曲性能改良的工艺改进状态。

（5）T 状态的细分状态代号

1）T 后面的附加数字 1~10 表示的状态见表 4-322。

2）T1~T10 后面的附加数字表示的状态见表 4-323和表 4-324。

表 4-322　TX 状态代号说明与应用

状态代号	代号释义
T1	高温成型+自然时效 适用于高温成型后冷却、自然时效，不再进行冷加工（或影响力学性能极限的矫平、矫直）的产品
T2	高温成型+冷加工+自然时效 适用于高温成型后冷却，进行冷加工（或影响力学性能极限的矫平、矫直）以提高强度，然后自然时效的产品
T3①	固溶热处理+冷加工+自然时效 适用于固溶热处理后，进行冷加工（或影响力学性能极限的矫平、矫直）以提高强度，然后自然时效的产品

（续）

状态代号	代号释义
T4①	固溶热处理+自然时效 适用于固溶热处理后，不再进行冷加工（或影响力学性能极限的矫直、矫平），然后自然时效的产品
T5	高温成型+人工时效 适用高温成型后冷却，不经冷加工（或影响力学性能极限的矫直、矫平），然后进行人工时效的产品
T6①	固溶热处理+人工时效 适用于固溶热处理后，不再进行冷加工（或影响力学性能极限的矫直、矫平），然后人工时效的产品
T7①	固溶热处理+过时效 适用于固溶热处理后，进行过时效至稳定化状态。为了获取除力学性能外的其他一些重要特性，在人工时效时，强度在时效曲线上越过子最高峰点的产品
T8①	固溶热处理+冷加工+人工时效 适用于固溶热处理后，经冷加工（或影响力学性能极限的矫直、矫平）以提高强度，然后人工时效的产品
T9①	固溶热处理+人工时效+冷加工 适用于固溶热处理后，人工时效，然后进行冷加工（或影响力学性能极限的矫直、矫平）以提高强度的产品
T10	高温成型+冷加工+人工时效 适用于高温成型后冷却，经冷加工（或影响力学性能极限的矫直、矫平）以提高强度，然后进行人工时效的产品

① 某些6×××系或7×××系的合金，无论是炉内固溶热处理，还是高温成型后急冷，以保留可溶性组分在固溶体中，均能达到相同的固溶热处理效果，这些合金的T3、T4、T6、T7、T8和T9状态，可采用上述两种处理方法的任一种，但应保证产品的力学性能和其他性能（如抗腐蚀性能）。

表4-323　T1～T10后面的附加数字表示的状态

状态代号	代号释义
T51	适用于固溶热处理或高温成型后冷却。按规定量进行拉伸的厚板、薄板、轧制棒、冷精整棒、自由锻件、环形锻件或轧制环，这些产品拉伸后不再进行矫直。其规定的永久拉伸变形量如下：厚板1.5%～3%；薄板0.5%～3%；轧制棒或冷精整棒1%～3%；自由锻件、环形锻件或轧制1%～5%
T52	压缩消除应力状态。适用于固溶热处理或高温成型后冷却，通过压缩来消除压力，以产生1%～5%的永久变形量的产品
T54	拉伸与压缩相结合消除应力状态。适用于在终锻模内通过冷整形来消除应力的模锻件
T510	适用于固溶热处理或高温成型后冷却。按规定量进行拉伸的挤压棒材、型材和管材，以及拉伸（或拉拔）管材，这些产品拉伸后不再进行矫直。其规定的永久拉伸变形量如下：挤制棒材、型材和管材1%～3%；拉伸（或拉拔）管材0.5%～3%
T511	适用于固溶热处理或高温成型后冷却。按规定量进行拉伸的挤压棒材、型材和管材，以及拉伸（或拉拔）管材，这些产品拉伸后可轻微矫直以符合标准公差。其规定的永久拉伸变形量如下：挤制棒材、型材和管材1%～3%；拉伸（或拉拔）管材0.5%～3%

表4-324　T7×过时效状态

状态代号	代号释义
T79	初级过时效状态
T76	中级过时效状态。具有较高强度、好的抗应力腐蚀和剥落腐蚀性能
T74	中级过时效状态。其强度、抗应力腐蚀和抗剥落腐蚀性能介于T73和T76之间
T73	完全过时效状态。具有最好的抗应力腐蚀和抗剥落腐蚀性能
T81	适用于固溶热处理后，经1%左右的冷加工变形提高强度，然后进行人工时效的产品
T87	适用于固溶热处理后，经7%左右的冷加工变形提高强度，然后进行人工时效的产品

（6）W状成的细分状态代号

1）W_h——室温下具体自然时效时间的不稳定状态。例如，W2h表示产品淬火后，在室温下自然时效2h。

2）W_h/_51、W_h/_52、W_h/_54——表示室温下具体自然时效时间的不稳定消除应力状态。例如，W2h/351表示产品淬火后，在室温下自然时效2h便开始拉伸的消除应力状态。

（7）新、旧状态代号对照　见表4-325。

3. 铝和铝合金的尺寸规格和性能（见表4-326～表4-328）

表 4-325　新、旧状态代号对照

旧代号	新　代　号	旧代号	新　代　号
M	O	CYS	T51,T52 等
R	热处理不可强化合金:H112 或 F	CYZ	T2
R	热处理可强化合金:T1 或 F	CSY	T9
Y	HX8	MCS	T62①
Y_1	HX6	MCZ	T42①
Y_2	HX4	CGS1	T73
Y_4	HX2	CGS2	T76
T	HX9	CGS3	T74
CZ	T4	RCS	T5
CS	T6		

注：旧代号见 GB 340—1976《有色金属及合金产品牌号表示法》。

① 原以 R 状态交货的，替代 CZ、CS 试样性能的产品，其状态可分别对应新代号 T42、T62。

表 4-326　铝及铝合金加工产品的主要特点和应用范围

组别	合金代号	主要特点和应用范围
工业纯铝	1060,1050A	有高的塑性、耐酸性、导电性和导热性;但强度低,热处理不能强化,切削性能差。可气焊,氢原子焊和接触焊,不易钎焊;易压力加工、可引伸和弯曲。用于不承受载荷,但对塑性、焊接性、耐蚀性、导电性、导热性要求较高的零件或结构,如电线保护套管、电缆、电线等
	1035 8A06	
	1A85,1A90,1A93,1A97,1A99	工业用高纯铝。用于制造各种电静电容器用箔材及各种抗酸容器等
	1A30	纯铝,严格控制 Fe、Si,热处理和加工条件要求特殊。主要用于生产航天工业和兵器工业的零件
防锈铝	3A21	Al-Mn 系防锈铝,应用最广。强度不高,不能热处理强化,常用冷加工方法提高力学性能;退火状态下塑性高,冷作硬化时塑性低。用于制造油箱、汽油或润滑油导管,铆钉等
	5A02	Al-Mg 系防锈铝,强度较高,塑性与耐腐蚀性高;热处理不能强化,退火状态下可切削性不良,可抛光。用于焊接油箱,制造润滑油导管,车辆、船舶的内部装饰等
	5A03	Al-Mg 系防锈铝,性能与 5A02 相似,但焊接性能较好。用于制造在液体下工作的中等强度的焊接件,冷冲压的零件和骨架
	5A05,5B05	Al-Mg 系防锈铝,强度与 5A03 相当。热处理不能强化,退火状态塑性高,抗腐蚀性高。5A05 用于制造在液体中工作的焊接零件,油箱、管道和容器。5B05 用作铆接铝合金和镁合金结构的铆钉。铆钉在退火状态下铆接
	5A06	Al-Mg 系防锈铝,有较高的强度和腐蚀稳定性。气焊和点焊的焊接接头强度为基体强度的 90%~95%,切削性能良好。用于焊接容器、受力零件、飞机蒙皮及骨架零件
	5B06,5B13,5B33	新研制的高 Mg 合金,加入适量的 Ti、Be、Zr 等元素,提高了焊接性能。主要用作焊条线
	5B12	研制的新型高 Mg 合金,中上等强度。用于航天和无线电工业用的原板、型材和棒材
	5A43	低成分的 Al-Mg-Mn 系合金。用于生产冲制品的板材,铝锅、铝盒等
硬铝	2A01	低合金低强度硬铝,铆接铝合金结构用的主要铆钉材料。用于中等强度和工作温度不超过100℃的铆钉。耐蚀性低,铆入前应经过阳极氧化处理再填充氧化膜
	2A02	强度较高的硬铝,有较高的热强性,属耐热硬铝。塑性高,可热处理强化;耐腐蚀性比2A70,2A80 好。用于工作温度为 200~300℃ 的涡轮喷气发动机轴向压缩机叶片、高温下工作的模锻件,一般用作主要承力结构材料
	2A04	铆钉合金,有较高的抗剪强度和耐热性。用作结构的工作温度为 125~250℃ 的铆钉
	2B11	铆钉用合金,有中等抗剪强度,在退火、刚淬火和热态下塑性尚好,可以热处理强化。铆钉必须在淬火后 2h 内铆接,用作中等强度铆钉
	2B12	铆钉用合金,抗剪强度与 2A04 相当,其他性能与 2B11 相似。铆钉必须在淬火后 20min 内铆接,应用受到限制
	2A10	铆钉用合金,有较高的抗剪强度,耐蚀性不高,需经过阳极氧化等处理。用于工作温度不超过100℃要求、强度较高的铆钉
	2A11	应用最早的硬铝,一般称为标准硬铝。具有中等强度,在退火、刚淬火和热态下的可塑性尚好,可热处理强化,在淬火或自然时效状态下使用,点焊焊接性良好,用作中等强度的零件和构件,空气螺旋桨叶片、螺栓、铆钉等。铆钉应在淬火后 2h 内铆入结构

（续）

组别	合金代号	主要特点和应用范围
硬铝	2A12	高强度硬铝，可进行热处理强化，在退火和刚淬火条件下塑性中等，点焊焊接性良好，气焊和氩弧焊不良，抗蚀性不高。用于制作高载荷零件和构件（不包括冲压件和锻件），如飞机骨架零件、蒙皮、翼肋、铆钉等150℃以下工作的零件
	2A06	高强度硬铝，可作为150~250℃工作结构的板材，对淬火自然时效后冷作硬化的板材，在200℃长期（>100h）加热的情况下，不宜采用
	2A16	耐热硬铝，在高温下有较高的蠕变强度，在热态下有较高的塑性。可热处理强化，点焊、滚焊、氩弧焊焊接性能良好。用于250~350℃下工作的零件
	2A17	与2A16成分和性能大致相似，不同的是在室温下的强度和高温（225℃）下的持久强度超过2A16。而2A17的可焊性差，不能焊接。用于300℃以下要求高强度的锻件和冲压件
锻铝	6A02	工业上应用较为广泛的锻铝。具有中等强度（但低于其他锻铝），易于锻造、冲压，易于点焊和氢原子焊，气焊尚好。用于制造形状复杂的锻件和模锻件
	2A50	高强度锻铝。在热态下有高塑性，易于锻造、冲压；可以热处理强化，抗蚀性较好，可切削性能良好，接触焊、点焊性能良好，电弧焊和气焊性能不好。用于制造形状复杂的锻件和冲压件，如风机叶轮
	2B50	高强度锻铝。成分、性能与2A50相近，可互相通用，热态下的可塑性比2A50好
	2A70	耐热锻铝。成分与2A80基本相同，但加入微量的钛，含硅较少，热强度较高；可热处理强化，工艺性能比2A80稍好。用于制造内燃机活塞和高温下工作的复杂锻件，如压缩机叶轮等
	2A80	耐热锻铝。热态下可塑性稍低，可进行热处理强化，高温强度高，无挤压效应，焊接性能、耐蚀性、可切削性及应用同2A70
	2A90	应用较早的耐热锻铝，特性与2A70相近。目前已被热强性很高而且热态下塑性很好的2A70、2A80代替
	2A14	成分与特性有硬铝合金和锻铝合金的特点。用于承受高载荷和形状简单的锻件和模锻件。由于热压加工困难，限制了这种合金的应用
	6070	Al-Mg-Si系合金，相当于美国的6070合金。优点是耐蚀性较好。焊接性良好。可用于制造大型焊接构件
	4A11	Al-Mg-Si系合金，是锻、铸两用合金。主要用于制作蒸汽机活塞和气缸用材料，热膨胀系数小、抗磨性好
	6061 6063	Al-Mg-Si系合金，使用范围广，特别是各种建筑业。用于生产门、窗等轻质结构的构件及医疗卫生、办公用具等，也适用于机械零部件。其耐蚀性好，焊接性能优良，冷加工性较好，强度中等
超硬铝	7A03	可以热处理强化，常温时抗剪强度较高，耐蚀性、可切削性尚好。用作受力结构的铆钉。当工作温度在125℃以下时，可代替2A10
	7A04	最常用的超硬铝，在退火和刚淬火状态塑性中等。通常在淬火人工时效状态下使用，此时强度比一般硬铝高得多，但塑性较低。点焊焊接性良好，气焊不良，热处理的切削性良好。用于制造承受高载荷的零件，如飞机的大梁、蒙皮、翼肋、接头、起落架等
	7A09	高强度铝合金，塑性稍优于7A04，低于2A12，静疲劳强度、对缺口不敏感等优于7A04。用于制造飞机蒙皮和主要受力零件
特殊铝	4A01	含硅质量分数为5%，低合金化的二元铝硅合金，机械强度不高，抗蚀性极高，压力加工性能良好。用作焊条或焊棒，焊接铝合金制件

表 4-327　圆棒、方棒及六角棒铝材的尺寸和重量

截面形状	铝棒理论重量（每米长） $G/(\mathrm{kg/m})$
	$G=K_1\times10^{-3}d^2$

（续）

截面形状	铝棒理论重量（每米长） G/(kg/m)
方形（边长 a）	$G=K_2\times10^{-3}a^2$
六角形（对边距离 a）	$G=K_3\times10^{-3}a^2$

注：1. 供应长度：直径≤50mm 时，供应长度 1~6m；直径>50mm 时，供应长度 0.5~6m。
2. 表中系数 K_1、K_2、K_3 查表 4-328。

表 4-328　铝材每米长度或每平方米重量 G 计算公式的系数

铝材牌号	7A04 7A09	6A02 6B02	2A14 2A11	5A02 5A43 5A66	5A03 5083	5A05	5A06	3A21	2A06	2A12	2A16	纯铝	平均值
K_1	2.239	2.120	2.199	2.105	2.098	2.082	2.073	2.145	2.167	2.183	2.230	2.219	2.155
K_2	2.851	2.700	2.800	2.680	2.671	2.651	2.640	2.731	2.760	2.780	2.840	2.711	2.744
K_3	2.469	2.338	2.425	2.321	2.313	2.296	2.286	2.365	2.390	2.407	2.459	2.348	2.376

4.4.2.3　铝及铝合金挤压棒材（摘自 GB/T 3191—2010）（见表 4-329~表 4-336）

表 4-329　铝及铝合金挤压棒材的牌号和规格

牌号		供货状态	试样状态	规格
Ⅱ类 （2×××系、7×××系合金及含镁量平均值大于或等于 3%的 5×××系合金的棒材）	Ⅰ类 （除Ⅱ类外的其他棒材）			
—	1070A	H112	H112	圆棒直径：5~600mm；方棒、六角棒对边距离：5~200mm。长度：1~6m
—	1060	O	O	
		H112	H112	
—	1050A	H112	H112	
—	1350	H112	H112	
—	1035	O	O	
		H112	H112	
—	1200	H112	H112	
2A02	—	T1、T6	T62、T6	
2A06	—	T1、T6	T62、T6	
2A11	—	T1、T4	T42、T4	
2A12	—	T1、T4	T42、T4	
2A13	—	T1、T4	T42、T4	
2A14	—	T1、T6、T6511	T62、T6、T6511	
2A16	—	T1、T6、T6511	T62、T6、T6511	
2A50	—	T1、T6	T62、T6	
2A70	—	T1、T6	T62、T6	
2A80	—	T1、T6	T62、T6	
2A90	—	T1、T6	T62、T6	
2014、2014A	—	T4、T4510、T4511	T4、T4510、T4511	
		T6、T6510、T6511	T6、T6510、T6511	
2017	—	T4	T42、T4	

（续）

牌号		供货状态	试样状态	规格
Ⅱ类（2×××系、7×××系合金及含镁量平均值大于或等于3%的5×××系合金的棒材）	Ⅰ类（除Ⅱ类外的其他棒材）			
2017A	—	T4、T4510、T4511	T4、T4510、T4511	圆棒直径：5~600mm；方棒、六角棒对边距离：5~200mm。长度：1~6m
2024	—	O	O	
		T3、T3510、T3511	T3、T3510、T3511	
—	3A21	O	O	
		H112	H112	
—	3102	H112	H112	
—	3003、3103	O	O	
		H112	H112	
—	4A11	T1	T62	
—	4032	T1	T62	
—	5A02	O	O	
		H112	H112	
5A03	—	H112	H112	
5A05	—	H112	H112	
5A06	—	H112	H112	
5A12	—	H112	H112	
—	5005、5005A	H112	H112	
		O	O	
5019	—	H112	H112	
		O	O	
5049	—	H112	H112	
—	5251	H112	H112	
		O	O	
—	5052	H112	H112	
		O	O	
5154A	—	H112	H112	
		O	O	
—	5454	H112	H112	
		O	O	
5754	—	H112	H112	
		O	O	
5083	—	H112	H112	
		O	O	
5086	—	H112	H112	
		O	O	
—	6A02	T1、T6	T62、T6	
—	6101A	T6	T6	
—	6005、6005A	T5	T5	
		T6	T6	
7A04	—	T1、T6	T62、T6	
7A09	—	T1、T6	T62、T6	
7A15	—	T1、T6	T62、T6	
7003	—	T5	T5	
		T6	T6	
7005	—	T6	T6	
7020	—	T6	T6	

（续）

牌号		供货状态	试样状态	规格
Ⅱ类（2×××系、7×××系合金及含镁量平均值大于或等于 3%的 5×××系合金的棒材）	Ⅰ类（除Ⅱ类外的其他棒材）			
7021	—	T6	T6	圆棒直径：5～600mm；方棒、六角棒对边距离：5～200mm。长度：1～6m
7022	—	T6	T6	
7049A	—	T6、T6510、T6511	T6、T6510、T6511	
7075	—	O	O	
		T6、T6510、T6511	T6、T6510、T6511	
—	8A06	O	O	
		H112	H112	

棒材标记按产品名称、牌号、供货状态、规格及标准编号的顺序表示。标记示例如下：

示例 1：用 2024 合金制造的、供货状态为 T3511、直径为 30.00mm，定尺长度为 3000mm 的圆棒，标记为：

棒 2024-T3511 ϕ30×3000　GB/T 3191—2010

示例 2：用 2A11 合金制造的、供货状态为 T4、内切圆直径为 40.00mm 的高强度方棒，标记为：

高强方棒 2A11-T4 40　GB/T 3191—2010

直径（方棒、六角棒指内切圆直径）偏差分为五个等级。偏差等级应在合同（或订货单）中注明，未注明时按 A 级供货（见表 4-330）。

表 4-330　铝及铝合金挤压棒材的允许偏差　（单位：mm）

直径	允许偏差(-)				允许偏差(±)	
	A	B	C	D	E	
					Ⅰ类	Ⅱ类
5.00～6.00	0.30	0.48	—	—	—	—
>6.00～10.00	0.36	0.58	—	—	0.20	0.25
>10.00～18.00	0.43	0.70	1.10	1.30	0.22	0.30
>18.00～25.00	0.50	0.80	1.20	1.45	0.25	0.35
>25.00～28.00	0.52	0.84	1.30	1.50	0.28	0.38
>28.00～40.00	0.60	0.95	1.50	1.80	0.30	0.40
>40.00～50.00	0.62	1.00	1.60	2.00	0.35	0.45
>50.00～65.00	0.70	1.15	1.80	2.40	0.40	0.50
>65.00～80.00	0.74	1.20	1.90	2.50	0.45	0.70
>80.00～100.00	0.95	1.35	2.10	3.10	0.55	0.90
>100.00～120.00	1.00	1.40	2.20	3.20	0.65	1.00
>120.00～150.00	1.25	1.55	2.40	3.70	0.80	1.20
>150.00～180.00	1.30	1.60	2.50	3.80	1.00	1.40
>180.00～220.00	—	1.85	2.80	4.40	1.15	1.70
>220.00～250.00	—	1.90	2.90	4.50	1.25	1.95
>250.00～270.00	—	2.15	3.20	5.40	1.3	2.0
>270.00～300.00	—	2.20	3.30	5.50	1.5	2.4
>300.00～320.00	—	—	4.00	7.00	1.6	2.5
>300.00～400.00	—	—	4.20	7.20	—	—
>400.00～500.00	—	—	—	8.00	—	—
>500.00～600.00	—	—	—	9.00	—	—

方棒或六角棒的圆角半径应符合表 4-331 的规定。需要高精级时，应在合同（或订货单）中注明，未注明时按普通级供货。

除 O 状态以外，直径不大于 10mm 的棒材，允许有用手轻压即可消除的弯曲，其他规格的棒材弯曲度应符合表 4-332 的规定，需要采用高精级或超高精级

表 4-331　方棒或六角棒的圆角半径

（单位：mm）

边长或宽度	圆角半径　≤	
	普通级	高精级
<25.00	2	1.0
≥25.00～50.00	3	1.5
>50.00	5	2.0

时，应在合同（或订货单）中注明，未注明时按普通级供货。

表 4-332 铝及铝合金挤压棒材的允许弯曲度 （单位：mm）

直径(方棒、六角棒指内切圆直径)	弯曲度，≤					
	普通级		高精级		超高精级	
	任意 300mm 长度上	每米长度上	任意 300mm 长度上	每米长度上	任意 300mm 长度上	每米长度上
>10.00~80.00	1.5	3.0	1.2	2.5	0.8	2.0
>80.00~120.00	3.0	6.0	1.5	3.0	1.0	2.0
>120.00~150.00	5.0	10.0	1.7	3.5	1.5	3.0
>150.00~200.00	7.0	14.0	2.0	4.0	1.5	3.0

棒材端面应切平整。直径或对边距离小于 50.00mm 的棒材，切斜度不大于 5°；直径或对边距离不小于 50.00mm 的棒材，切斜度不大于 3°。

方棒和六角棒的任何部分绕纵轴的扭拧度，应符合表 4-333 的规定。需要采用高精级或超高精级时，应在合同（或订货单）中注明，未注明时按普通级供货。

表 4-333 棒材的允许扭拧度 （单位：mm）

类型	内切圆直径	扭拧度，≤					
		普通级		高精级		超高精级	
		每米长度上	全长 L/m	每米长度上	全长 L/m	每米长度上	全长 L/m
方棒	≤30.00	4	4×L	2	6	1	3
	>30.00~50.00	6	6×L	3	8	1.5	4
	>50.00~120.00	10	10×L	4	10	2	5
	>120.00~150.00	13	13×L	6	12	3	6
	>150.00~200.00	15	15×L	7	14	3	6
六角棒	≤14.00	4	4×L	3	3×L	2	2×L
	>14.00~38.00	11	11×L	8	8×L	5	5×L
	>38.00~100.00	18	18×L	12	12×L	9	9×L
	>100.00~150.00	25	25×L	—	—	—	—

定尺供货的棒材长度允许偏差为：+15mm。倍尺供应的棒材应加入锯切余量，每个锯口按 5mm 计算。

棒材的室温纵向拉伸力学性能应符合表 4-334 的规定。H112 状态的非热处理强化铝合金棒材，性能达到 O 状态规定时，可按 O 状态供货。超出表 4-334 规定范围的棒材性能由供需双方商定，并在合同（或订货单）中注明。

表 4-334 铝及铝合金挤压棒材的力学性能

牌号	供货状态	试样状态	直径(方棒、六角棒指内切圆直径)/mm	抗拉强度 R_m/MPa	规定塑性延伸强度 $R_{p0.2}$/MPa	断后伸长率(%)	
						A	A_{50mm}
				≥			
1070A	H112	H112	≤150.0	55	15	—	—
1060	O	O	≤150.00	60~95	15	22	—
	H112	H112		60	15	22	—
1050A	H112	H112	≤150.00	65	20	—	—
1350	H112	H112	≤150.00	60	—	25	—
1200	H112	H112	≤150.00	75	20	—	—
1035、8A06	O	O	≤150.00	60~120	—	25	—
	H112	H112		60	—	25	—
2A02	T1、T6	T62、T6	≤150.00	430	275	10	—

（续）

牌号	供货状态	试样状态	直径（方棒、六角棒指内切圆直径）/mm	抗拉强度 R_m/MPa	规定塑性延伸强度 $R_{p0.2}$/MPa	断后伸长率（%） A	断后伸长率（%） A_{50mm}
				≥			
2A06	T1、T6	T62、T6	≤22.00	430	285	10	—
			>22.00~100.00	440	295	9	—
			>100.00~150.00	430	285	10	—
2A11	T1、T4	T42、T4	≤150.00	370	215	12	—
2A12	T1、T4	T42、T4	≤22.00	390	255	12	—
			>22.00~150.00	420	255	12	—
2A13	T1、T4	T42、T4	≤22.00	315	—	4	—
			>22.00~150.00	345	—	4	—
2A14	T1、T6、T6511	T62、T6、T6511	≤22.00	440	—	10	—
			>22.00~150.00	450	—	10	—
2014、2014A	T4、T4510、T4511	T4、T4510、T4511	≤25.00	370	230	13	11
			>25.00~75.00	410	270	12	—
			>75.00~150.00	390	250	10	—
			>150.00~200.00	350	230	8	—
2014、2014A	T6、T6510、T6511	T6、T6510、T6511	≤25.00	415	370	6	5
			>25.00~75.00	460	415	7	—
			>75.00~150.00	465	420	7	—
			>150.00~200.00	430	350	6	—
			>200.00~250.00	420	320	5	—
2A16	T1、T6、T6511	T62、T6、T6511	≤150.00	355	235	8	—
2017	T4	T42、T4	≤120.00	345	215	12	—
2017A	T4、T4510、T4511	T4、T4510、T4511	≤25.00	380	260	12	10
			>25.00~75.00	400	270	10	—
			>75.00~150.00	390	260	9	—
			>150.00~200.00	370	240	8	—
			>200.00~250.00	360	220	7	—
2024	O	O	≤150.00	≤250	≤150	12	10
	T3、T3510、T3511	T3、T3510、T3511	≤50.00	450	310	8	6
			>50.00~100.00	440	300	8	—
			>100.00~200.00	420	280	8	—
			>200.00~250.00	400	270	8	—
2A50	T1、T6	T62、T6	≤150.00	355	—	12	—
2A70、2A80、2A90	T1、T6	T62、T6	≤150.00	355	—	8	—
3102	H112	H112	≤250.00	80	30	25	23
3003	O	O	≤250.00	95~130	35	25	20
	H112	H112		90	30	25	20
3103	O	O	≤250.00	95	35	25	20
	H112	H112		95~135	35	25	20
3A21	O	O	≤150.00	≤165	—	20	20
	H112	H112		90	—	20	—
4A11、4032	T1	T62	100.00~200.00	360	290	2.5	2.5
5A02	O	O	≤150.00	≤225	—	10	—
	H112	H112		170	70	—	—
5A03	H112	H112	≤150.00	175	80	13	13
5A05	H112	H112	≤150.00	265	120	15	15
5A06	H112	H112	≤150.00	315	155	15	15
5A12	H112	H112	≤150.00	370	185	15	15

（续）

牌号	供货状态	试样状态	直径（方棒、六角棒指内切圆直径）/mm	抗拉强度 R_m/MPa	规定塑性延伸强度 $R_{p0.2}$/MPa	断后伸长率（%） A	断后伸长率（%） A_{50mm}
				≥			
5052	H112	H112	≤250.00	170	70	—	—
	O	O		170~230	70	17	15
5005、5005A	H112	H112	≤200.00	100	40	18	16
	O	O	≤60.00	100~150	40	18	16
5019	H112	H112	≤200.00	250	110	14	12
	O	O	≤200.00	250~320	110	15	13
5049	H112	H112	≤250.00	180	80	15	15
5251	H112	H112	≤250.00	160	60	16	14
	O	O		160~220	60	17	15
5154A、5454	H112	H112	≤250.00	200	85	16	16
	O	O		200~275	85	18	18
5754	H112	H112	≤150.00	180	80	14	12
			>150.00~250.00	180	70	13	—
	O	O	≤150.00	180~250	80	17	15
5083	O	O	≤200.00	270~350	110	12	10
	H112	H112		270	125	12	10
5086	O	O	≤250.00	240~320	95	18	15
	H112	H112	≤200.00	240	95	12	10
6101A	T6	T6	≤150.00	200	170	10	10
6A02	T1、T6	T62、T6	≤150.00	295	—	12	12
6005、6005A	T5	T5	≤25.00	260	215	8	—
	T6	T6	≤25.00	270	225	10	8
			>25.00~50.00	270	225	8	—
			>50.00~100.00	260	215	8	—
6110A	T5	T5	≤120.00	380	360	10	8
	T6	T6	≤120.00	410	380	10	8
6351	T4	T4	≤150.00	205	110	14	12
	T6	T6	≤20.00	295	250	8	6
			>20.00~75.00	300	255	8	—
			>75.00~150.00	310	260	8	—
			>150.00~200.00	280	240	6	—
			>200.00~250.00	270	200	6	—
6060	T4	T4	≤150.00	120	60	16	14
	T5	T5		160	120	8	6
	T6	T6		190	150	8	6
6061	T6	T6	≤150.00	260	240	9	—
	T4	T4		180	110	14	—
6063	T4	T4	≤150.00	130	65	14	12
			>150.00~200.00	120	65	12	—
	T5	T5	≤200.00	175	130	8	6
	T6	T6	≤150.00	215	170	10	8
			>150.00~200.00	195	160	10	—
6063A	T4	T4	≤150.00	150	90	12	10
			>150.00~200.00	140	95	10	—
	T5	T5	≤200.00	200	160	7	5
	T6	T6	≤150.00	230	190	7	5
			>150.00~200.00	220	160	7	—

（续）

牌号	供货状态	试样状态	直径（方棒、六角棒指内切圆直径）/mm	抗拉强度 R_m/MPa	规定塑性延伸强度 $R_{p0.2}$/MPa	断后伸长率（%） A	断后伸长率（%） A_{50mm}
				≥			
6463	T4	T4	≤150.00	125	75	14	12
	T5	T5		150	110	8	6
	T6	T6		195	160	10	8
6082	T6	T6	≤20.00	295	250	8	6
			>20.00~150.00	310	260	8	—
			>150.00~200.00	280	240	6	—
			>200.00~250.00	270	200	6	—
7003	T5	T5	≤250.00	310	260	10	8
	T6	T6	≤50.00	350	290	10	8
			>50.00~150.00	340	280	10	8
7A04、7A09	T1,T6	T62,T6	≤22.00	490	370	7	—
			>22.00~150.00	530	400	6	—
7A15	T1,T6	T62,T6	≤150.00	490	420	6	—
7005	T6	T6	≤50.00	350	290	10	8
			>50.00~150.00	340	270	10	—
7020	T6	T6	≤50.00	350	290	10	8
			>50.00~150.00	340	275	10	—
7021	T6	T6	≤40.00	410	350	10	8
7022	T6	T6	≤80.00	490	420	7	5
			>80.00~200.00	470	400	7	—
7049A	T6、T6510、T6511	T6、T6510、T6511	≤100.00	610	530	5	4
			>100.00~125.00	560	500	5	—
			>125.00~150.00	520	430	5	—
			>150.00~180.00	450	400	3	—
7075	O	O	≤200.00	≤275	≤165	10	8
	T6、T6510、T6511	T6、T6510、T6511	≤25.00	540	480	7	5
			>25.00~100.00	560	500	7	—
			>100.00~150.00	530	470	6	—
			>150.00~250.00	470	400	5	—

当需方对 2A11、2A12、2A14、2A50、6A02、7A04、7A09 铝合金挤压棒材抗拉强度有更高要求时，应在合同（或订货单）中加注“高强”字样，其室温纵向拉伸力学性能应符合表 4-335 的规定。

表 4-335　高强度铝合金挤压棒材的力学性能

牌号	供货状态	试样状态	棒材直径（方棒、六角棒内切圆直径）/mm	抗拉强度 R_m/MPa	规定塑性延伸强度 $R_{p0.2}$/MPa	断后伸长率 A(%)
				≥		
2A11	T1、T4	T42、T4	20.00~120.00	390	245	8
2A12	T1、T4	T42、T4	20.00~120.00	440	305	8
6A02	T1、T6	T62、T6	20.00~120.00	305	—	8
2A50	T1、T6	T62、T6	20.00~120.00	380	—	10
2A14	T1、T6	T62、T6	20.00~120.00	460	—	8
7A04,7A09	T1,T6	T62,T6	≤20.00~100.00	550	450	6
			>100.00~120.00	530	430	6

表 4-336　铝合金棒高温持久纵向拉伸力学性能

牌　　号	温度/℃	应力/MPa	保温时间/h
2A02	270±3	64	100
		78[a]	50[①]
2A16	300±3	69	100

① 2A02 合金棒材，78MPa 应力，保温 50h 的试验结果不合结时，以 64MPa 应力，保温 100h 的试验结果作为高温持久纵向拉伸力学性能是否合格的最终判定依据。

4.4.2.4　铝及铝合金板、带材

（1）铝及铝合金板带材的力学性能（见表 4-337）

表 4-337　一般工业用铝及铝合金轧制板、带材的力学性能（摘自 GB/T 3880.2—2012）

牌号	供应试样状态[①]	厚度/mm	室温拉伸试验结果 抗拉强度 R_m/MPa	规定塑性延伸强度 $R_{p0.2}$/MPa	断后伸长率[②] A_{50mm}(%)
			≥		
1A97	H112	>4.5~80	附实测值		
1A93	F/	>4.5~150	—		
1A90 1A85	H112	>4.5~12.5	60	—	21
		>12.5~20			(19)
		>20~80	附实测值		
	F/	>4.5~150	—		
1080A	O H111	>0.2~0.5	60~90	15	26
		>0.5~1.5			28
		>1.5~3			31
		>3~6			35
		>6~12.5			35
	H12	>0.2~0.5	80~120	55	5
		>0.5~1.5			6
		>1.5~3			7
		>3~6			9
	H22	>0.2~0.5	80~120	50	8
		>0.5~1.5			9
		>1.5~3			11
		>3~6			13
	H14	>0.2~0.5	100~140	70	4
		>0.5~1.5			4
		>1.5~3			5
		>3~6			6
	H24	>0.2~0.5	100~140	60	5
		>0.5~1.5			6
		>1.5~3			7
		>3~6			9
	H16	>0.2~0.5	110~150	90	2
		>0.5~1.5			2
		>1.5~4			3
	H26	>0.2~0.5	110~150	80	3
		>0.5~1.5			3
		>1.5~4			4
	H18	>0.2~0.5	125	105	2
		>0.5~1.5			2
		>1.5~3			2

（续）

牌号	供应试样状态[1]	厚度/mm	室温拉伸试验结果		
			抗拉强度 R_m/MPa	规定塑性延伸强度 $R_{p0.2}$/MPa	断后伸长率[2] A_{50mm}(%)
			≥		
1080A	H112	>6~12.5	70	—	20
		>12.5~25	70	—	(20)
	F/	2.5~25	—	—	—
1070	O	>0.2~0.3	55~95	—	15
		>0.3~0.5			20
		>0.5~0.8			25
		>0.8~1.5		15	30
		>1.5~6			35
		>6~12.5			35
		>12.5~50			(30)
	H12	>0.2~0.3	70~100	—	2
		>0.3~0.5			3
		>0.5~0.8			4
		>0.8~1.5		55	6
		>1.5~3			8
		>3~6			9
	H22	>0.2~0.3	70	—	2
		>0.3~0.5			3
		>0.5~0.8			4
		>0.8~1.5		55	6
		>1.5~3			8
		>3~6			9
	H14	>0.2~0.3	85~120	—	1
		>0.3~0.5			2
		>0.5~0.8			3
		>0.8~1.5		65	4
		>1.5~3			5
		>3~6			6
	H24	>0.2~0.3	85	—	1
		>0.3~0.5			2
		>0.5~0.8			3
		>0.8~1.5		65	4
		>1.5~3			5
		>3~6			6
	H16	>0.2~0.5	100~135	—	1
		>0.5~0.8			2
		>0.8~1.5		75	3
		>1.5~4			4
	H26	>0.2~0.5	100	—	1
		>0.5~0.8			2
1070A	O H111	>0.2~0.5	60~90	15	23
		>0.5~1.5			25
		>1.5~3			29
		>3~6			32
		>6~12.5			35
		>12.5~25			(32)

（续）

牌号	供应试样状态[①]	厚度/mm	室温拉伸试验结果		
			抗拉强度 R_m/MPa	规定塑性延伸强度 $R_{p0.2}$/MPa	断后伸长率[②] A_{50mm}(%)
				≥	
1070A	H12	>0.2~0.5	80~120	55	5
		>0.5~1.5			6
		>1.5~3			7
		>3~6			9
	H22	>0.2~0.5	80~120	50	7
		>0.5~1.5			8
		>1.5~3			10
		>3~6			12
	H14	>0.2~0.5	100~140	70	4
		>0.5~1.5			4
		>1.5~3			5
		>3~6			6
	H24	>0.2~0.5	100~140	60	5
		>0.5~1.5			6
		>1.5~3			7
		>3~6			9
	H16	>0.2~0.5	110~150	90	2
		>0.5~1.5			2
		>1.5~4			3
	H18	>0.2~0.5	125	105	2
		>0.5~1.5			2
		>1.5~3			2
	H112	>6~12.5	70	20	20
		>12.5~25		—	—
	F/	2.5~150	—		
1060	O	>0.2~0.3	60~100	15	15
		>0.3~0.5			18
		>0.5~1.5			23
		>1.5~6			25
		>6~80			25
	H12	>0.5~1.5	80~120	60	6
		>1.5~6			12
	H22	>0.5~1.5	80	60	6
		>1.5~6			12
	H14	>0.2~0.3	95~135	70	1
		>0.3~0.5			2
		>0.5~0.8			2
		>0.8~1.5			4
		>1.5~3			6
		>3~6			10
	H24	>0.2~0.3	95	70	1
		>0.3~0.5			2
		>0.5~0.8			2
		>0.8~1.5			4
		>1.5~3			6
		>3~6			10

（续）

牌号	供应试样状态[①]	厚度/mm	室温拉伸试验结果		
			抗拉强度 R_m/MPa	规定塑性延伸强度 $R_{p0.2}$/MPa	断后伸长率[②] A_{50mm}(%)
			≥		
1060	H16	>0.2~0.3	110~155	75	1
		>0.3~0.5			2
		>0.5~0.8			2
		>0.8~1.5			3
		>1.5~4			5
	H18	>0.2~0.3	125	85	1
		>0.3~0.5			2
		>0.5~1.5			3
		>1.5~3			4
	H112	>4.5~6	75	—	10
		>6~12.5	75		10
		>12.5~40	70		(18)
		>40~80	60		(22)
	F/	>2.5~150	—		
1050	O	>0.2~0.5	60~100	—	15
		>0.5~0.8			20
		>0.8~1.5		20	25
		>1.5~6			30
		>6~50			28
	H12	>0.2~0.3	80~120	—	2
		>0.3~0.5			3
		>0.5~0.8			4
		>0.8~1.5		65	6
		>1.5~3			8
		>3~6			9
	H22	>0.2~0.3	80	—	2
		>0.3~0.5			3
		>0.5~0.8			4
		>0.8~1.5		65	6
		>1.5~3			8
		>3~6			9
	H14	>0.2~0.3	95~130	—	1
		>0.3~0.5			2
		>0.5~0.8			3
		>0.8~1.5		75	4
		>1.5~3			5
		>3~6			6
	H24	>0.2~0.3	95	—	1
		>0.3~0.5			2
		>0.5~0.8			3
		>0.8~1.5		75	4
		>1.5~3			5
		>3~6			6
	H16	>0.2~0.5	120~150	—	1
		>0.5~0.8		85	2
		>0.8~1.5			3
		>1.5~4			4

（续）

牌号	供应试样状态[①]	厚度/mm	室温拉伸试验结果 抗拉强度 R_m/MPa	规定塑性延伸强度 $R_{p0.2}$/MPa	断后伸长率[②] A_{50mm}(%)
			≥		
1050	H26	>0.2~0.5	120	—	1
		>0.5~0.8		85	2
1050A	O H111	>0.2~0.5	>65~95	20	20
		>0.5~1.5			22
		>1.5~3			26
		>3~6			29
		>6~12.5			35
		>12.5~80			(32)
	H12	>0.2~0.5	>85~125	65	2
		>0.5~1.5			4
		>1.5~3			5
		>3~6			7
	H22	>0.2~0.5	>85~125	55	4
		>0.5~1.5			5
		>1.5~3			6
		>3~6			11
	H14	>0.2~0.5	>105~145	85	2
		>0.5~1.5			2
		>1.5~3			4
		>3~6			5
	H24	>0.2~0.5	>105~145	75	3
		>0.5~1.5			4
		>1.5~3			5
		>3~6			8
	H16	>0.2~0.5	>120~160	100	1
		>0.5~1.5			2
		>1.5~4			3
	H26	>0.2~0.5	>120~160	90	2
		>0.5~1.5			3
		>1.5~4			4
	H18	>0.2~0.5	135	120	1
		>0.5~1.5	140		2
		>1.5~3			2
	H28	>0.2~0.5	140	110	2
		>0.5~1.5			2
		>1.5~3			3
	H19	>0.2~0.5	155	140	1
		>0.5~1.5	150	130	
		>1.5~3			
	H112	>6~12.5	75	30	20
		>12.5~80	70	25	—
	F/	2.5~150	—		

（续）

牌号	供应试样状态①	厚度/mm	室温拉伸试验结果		
			抗拉强度 R_m/MPa	规定塑性延伸强度 $R_{p0.2}$/MPa	断后伸长率② A_{50mm}(%)
			≥		
1145	O	>0.2~0.5	60~100	—	15
		>0.5~0.8			20
		>0.8~1.5		20	25
		>1.5~6			30
		>6~10			28
	H12	>0.2~0.3	80~120	—	2
		>0.3~0.5			3
		>0.5~0.8			4
		>0.8~1.5		65	6
		>1.5~3			8
		>3~4.5			9
	H22	>0.2~0.3	80	—	2
		>0.3~0.5			3
		>0.5~0.8			4
		>0.8~1.5			6
		>1.5~3			8
		>3~4.5			9
	H14	>0.2~0.3	95~125	—	1
		>0.3~0.5			2
		>0.5~0.8			3
		>0.8~1.5		75	4
		>1.5~3			5
		>3~4.5			6
	H24	>0.2~0.3	95	—	1
		>0.3~0.5			2
		>0.5~0.8			3
		>0.8~1.5			4
		>1.5~3			5
		>3~4.5			6
	H16	>0.2~0.5	120~145	—	1
		>0.5~0.8			2
		>0.8~1.5		85	3
		>1.5~4.5			4
	H26	>0.2~0.5	120	—	1
		>0.5~0.8			2
		>0.8~1.5			3
		>1.5~4.5			4
1235	O	>0.2~1	65~105	—	15
	H12	>0.2~0.3	95~130	—	2
		>0.3~0.5			3
		>0.5~1.5			6
		>1.5~3			8
		>3~4.5			9

（续）

牌号	供应试样状态①	厚度/mm	室温拉伸试验结果		
			抗拉强度 R_m/MPa	规定塑性延伸强度 $R_{p0.2}$/MPa	断后伸长率② A_{50mm}(%)
			≥		
1235	H22	>0.2~0.3	95	—	2
		>0.3~0.5			3
		>0.5~1.5			6
		>1.5~3			8
		>3~4.5			9
	H14	>0.2~0.3	115~150	—	1
		>0.3~0.5			2
		>0.5~1.5			3
		>1.5~3			4
	H24	>0.2~0.3	115	—	1
		>0.3~0.5			2
		>0.5~1.5			3
		>1.5~3			4
	H16	>0.2~0.5	130~165	—	1
		>0.5~1.5			2
		>1.5~4			3
	H26	>0.2~0.5	130	—	1
1200	O H111	>0.2~0.5	75~105	25	19
		>0.5~1.5			21
		>1.5~3			24
		>3~6			28
		>6~12.5			33
		>12.5~80			—
	H12	>0.2~0.5	95~135	75	2
		>0.5~1.5			4
		>1.5~3			5
		>3~6			6
	H22	>0.2~0.5	95~135	65	4
		>0.5~1.5			5
		>1.5~3			6
		>3~6			10
	H14	>0.2~0.5	105~155	95	1
		>0.5~1.5	115~155		3
		>1.5~3			4
		>3~6			5
	H24	>0.2~0.5	115~155	90	3
		>0.5~1.5			4
		>1.5~3			5
		>3~6			7
	H16	>0.2~0.5	120~170	110	1
		>0.5~1.5	130~170	115	2
		>1.5~4			3

（续）

牌号	供应试样状态[1]	厚度/mm	室温拉伸试验结果		
			抗拉强度 R_m/MPa	规定塑性延伸强度 $R_{p0.2}$/MPa	断后伸长率[2] A_{50mm}(%)
			≥		
包铝 2A11 2A11（正常包铝或工艺包铝）	O	>0.5~3	≤225	—	12
		>3~10	≤235	—	12
	O/T42[3]	>0.5~3	350	185	15
		>3~10	355	195	15
	T1/T42	>4.5~10	355	195	15
		>10~12	370	215	11
		>12.5~25	370	215	(11)
		>25~40	330	195	(8)
		>40~70	310	195	(6)
		>70~80	285	195	(4)
	T3	>0.5~1.5	375	215	15
		>1.5~3			17
		>3~10			15
	T4	>0.5~3	360	185	15
		>3~10	370	195	15
	F/	>4.5~150	—		
包铝 2A12 2A12（正常包铝或工艺包铝）	O	>0.5~4.5	≤215	—	14
		>4.5~10	≤235	—	12
	O/T42[3]	>0.5~3	390	245	15
		>3~10	410	265	12
	TV T42	>4.5~10	410	265	12
		>10~12.5	420	275	7
		>12.5~25	420	275	(7)
		>25~40	390	255	(5)
		>40~70	370	245	(4)
		>70~80	345	245	(2)
	T3	>0.5~1.6	405	270	15
		>1.6~10	420	275	15
	T4	>0.5~3	405	270	13
		>3~4.5	425	275	12
		>4.5~10	425	275	12
	F/	>4.5~150	—		
2A14（工艺包铝）	O	0.5~10	≤245	—	10
	T6	0.50~10	430	340	5
	T1/T62	>4.5~12.5	430	340	5
		>12.5~40	430	340	(5)
	F/	>4.5~150	—		
包铝 2E12 2E12	T3	0.8~1.5	405	270	(15)
		>1.5~3	≥420	275	(15)
		>3~6	425	275	(15)
2014（工艺包铝或不包铝）	O	>0.4~1.5	≤220	≤140	12
		>1.5~3			13
		>3~6			16
		>6~9			16
		>9~12.5			16
		>12.5~25			(10)

（续）

牌号	供应试样状态①	厚度/mm	室温拉伸试验结果 抗拉强度 R_m/MPa	规定塑性延伸强度 $R_{p0.2}$/MPa	断后伸长率② A_{50mm}(%)
			≥		
2014（工艺包铝或不包铝）	T3	>0.4~1.5	395	245	14
		>1.5~6	400	245	14
	T4	>0.4~1.5	395	240	14
		>1.5~6	395	240	14
		>6~12.5	400	250	14
		>12.5~40	400	250	(10)
		>40~100	395	250	(7)
	T6	>0.4~1.5	440	390	6
		>1.5~6	440	390	7
		>6~12	450	395	7
		>12.5~40	460	400	(6)
		>40~60	450	390	(4)
		>60~80	435	380	(4)
		>80~100	420	360	(4)
		>100~125	410	350	(4)
		>125~160	390	340	(2)
	F/	>4.5~150	—		
包铝2014（正常包铝）	O	>0.5~0.63	≤205	≤95	16
		>0.63~1	≤220		
		>1~2.5	≤205		
		>2.5~12.5	≤205		(9)
		>12.5~25	≤220d	—	(5)
	T3	>0.5~0.63	370	230	14
		>0.63~1	380	235	14
		>1~2.5	395	240	15
		>2.5~6.3	395	240	15
	T4	>0.5~0.63	370	215	14
		>0.63~1	380	220	14
		>1~2.5	395	235	15
		>2.5~6.3	395	235	15
	T6	>0.5~0.63	425	370	7
		>0.63~1	435	380	7
		>1~2.5	440	395	8
		>2.5~6.3	440	395	8
	F/	>4.5~150	—		
包铝2014A 2014A（正常包铝工艺包铝或不包铝）	O	>0.2~0.5	≤235	≤110	—
		>0.5~1.5			14
		>1.5~3			16
		>3~6			16
	T4	>0.2~0.5	400	225	—
		>0.5~1.5			13
		>1.5~6			14
		>6~12.5		250	14
		>12.5~25			(12)
		>25~40			(10)
		>40~80	395		(7)

（续）

牌号	供应试样状态①	厚度/mm	室温拉伸试验结果		
			抗拉强度 R_m/MPa	规定塑性延伸强度 $R_{p0.2}$/MPa	断后伸长率② A_{50mm}(%)
			≥		
包铝 2014A 2014A（正常包铝 工艺包铝 或不包铝）	T6	>0.2~0.5	440	380	—
		>0.5~1.5			6
		>1.5~3			7
		>3~6			8
		>6~12.5	460	410	8
		>12.5~25	460	410	(6)
		>25~40	450	400	(5)
		>40~60	430	390	(5)
		>60~90	430	390	(4)
		>90~115	420	370	(4)
		>115~140	410	350	(4)
2024（工艺包铝或不包铝）	O	>0.4~1.5	≤220	≤140	12
		>1.5~3			13
		>3~6			
		>6~9			
		>9~12			
		>12.5~25		—	(11)
	T3	>0.4~1.5	435	290	12
		>1.5~3	435	290	14
		>3~6	440	290	14
		>6~12.5	440	290	13
		>12.5~40	430	290	(11)
		>40~80	420	290	(8)
		>80~100	400	285	(7)
		>100~120	380	270	(5)
		>120~150	360	250	(5)
	T4	>0.4~1.5	425	275	12
		>1.5~6	425	275	14
	T8	>0.4~1.5	460	400	5
		>1.5~6	460	400	6
		>6~12.5	460	400	5
		>12.5~25	455	400	(4)
		>25~40	455	395	(4)
	F/	>4.5~80	—		
包铝 2024（正常包铝）	O	>0.2~0.25	≤205	≤95	10
		>0.25~1.6	≤205	≤95	12
		>1.6~12.5	≤220	≤95	12
		>12.5~45.5	≤220④	—	(10)
	T3	>0.2~0.25	400	270	10
		>0.25~0.5	405	270	12
		>0.5~1.6	405	270	15
包铝 2017 2017（正常包铝、工艺包铝或不包铝）	O	>0.4~1.6	≤215	—	12
		>1.6~2.9		≤110	
		>2.9~6			
		>6~25			
		>0.4~0.5	355	—	12
		>0.5~1.6		195	15
		>1.6~2.9			17
		>2.9~6.5			15
		>6.5~25		185	12

（续）

牌号	供应试样状态[①]	厚度/mm	室温拉伸试验结果 抗拉强度 R_m/MPa	规定塑性延伸强度 $R_{p0.2}$/MPa	断后伸长率[②] A_{50mm}(%)
			≥		
包铝2017 2017（正常包铝、工艺包铝或不包铝）	T3	>0.4~0.5	375	—	12
		>0.5~1.6		215	15
		>1.6~2.9			17
		>2.9~6			15
	T4	>0.4~0.5	355	—	12
		>0.5~1.6		195	15
		>1.6~2.9			17
		>2.9~6			15
	F/	>4.5~150	—		
包铝2017A 2017A（正常包铝、工艺包铝或不包铝）	O	0.4~1.5	≤225	≤145	12
		>1.5~3			14
		>3~6			13
		>6~9			
		>9~12.5			
		>12.5~25			(12)
	T4	0.4~1.5	390	245	14
		>1.5~6		245	15
		>6~12.5		260	13
		>12.5~40		250	(12)
		>40~60	385	245	(12)
		>60~80	370	240	(7)
		>80~120	360		(6)
		>120~150	350		(4)
		>150~180	330	220	(2)
		>180~200	330	200	(2)
3A21	O	>0.2~0.8	100~150	—	19
		>0.8~4.5			23
		>4.5~10			21
	H14	>0.8~1.3	145~215	—	6
		>1.3~4.5			6
	H24	>0.2~1.3	145	—	6
		>1.3~4.5			6
	H18	>0.2~0.5	185	—	1
		>0.5~0.8			2
		>0.8~1.3			3
		>1.3~4.5			4
	H112	>4.5~10	110	—	16
		>10~12.5	120	—	16
		>12.5~25	120		(16)
		>25~80	110		(16)
	F/	>4.5~150	—		
3102	H18	>0.2~0.5	160	—	3
		0.5~3			2
3003	O H111	>0.2~0.5	95~135	35	15
		>0.5~1.5			17
		>1.5~3			20
		>3~6			23

（续）

牌号	供应试样状态[①]	厚度/mm	室温拉伸试验结果 抗拉强度 R_m/MPa	规定塑性延伸强度 $R_{p0.2}$/MPa	断后伸长率[②] A_{50mm}(%)
			≥		
3003	O H111	>6~12.5	95~135	35	24
		>12.5~50			(23)
	H12	>0.2~0.5	120~160	90	3
		>0.5~1.5			4
		>1.5~3			5
		>3~6			6
	H22	>0.2~0.5	120~160	80	6
		>0.5~1.5			7
		>1.5~3			8
		>3~6			9
	H14	>0.2~0.5	145~195	125	2
		>0.5~1.5			2
		>1.5~3			3
		>3~6			4
	H24	>0.2~0.5	145~195	115	4
		>0.5~1.5			4
		>1.5~3			5
		>3~6			6
	H16	>0.2~0.5	170~210	150	1
		>0.5~1.5			2
		>1.5~4			2
3103	H14	>0.2~0.5	140~180	120	2
		>0.5~1.5			2
		>1.5~3			3
		>3~6			4
	H16	>0.2~0.5	160~200	145	1
		>0.5~1.5			2
		>1.5~4			2
		>4~6			2
	H18	>0.2~0.5	185	165	1
		>0.5~1.5			2
		>1.5~3			2
	H19	>0.2~0.5	200	175	1
		>0.5~1.5			2
		>1.5~3			2
	H112	>4.5~12.5	110	70	10
		>12.5~80	95	40	(18)
	F/	>20~80	—		
3004	O H111	>0.2~0.5	155~200	60	13
		>0.5~1.5			14
		>1.5~3			15
		>3~6			16
		>6~12.5			16
		>12.5~50			(14)
	H12	>0.2~0.5	190~240	155	2
		>0.5~1.5			3
		>1.5~3			4
		>3~6			5

（续）

牌号	供应试样状态①	厚度/mm	室温拉伸试验结果 抗拉强度 R_m/MPa	规定塑性延伸强度 $R_{p0.2}$/MPa	断后伸长率② A_{50mm}(%)
			≥		
3004	H14	>0.2~0.5	220~265	180	1
		>0.5~1.5			2
		>1.5~3			2
		>3~6			3
	H16	>0.2~0.5	240~285	200	1
		>0.5~1.5			1
		>1.5~4			2
	H18	>0.2~0.5	260	230	1
		>0.5~1.5			1
		>1.5~3			2
	H112	>4.5~12.5	160	60	7
		>12.5~40			(6)
		>40~80			(6)
	F/	>2.5~80	—		
3104	O H111	>0.2~0.5	155~195	—	10
		>0.5~0.8			14
		>0.8~1.3		60	16
		>1.3~3			18
	H12 H32	>0.5~0.8	195~245	—	3
		>0.8~1.3		145	4
		>1.3~3			5
	H22	>0.5~0.8	195	—	3
		>0.8~1.3			4
		>1.3~3			5
	H14 H34	>0.2~0.5	225~265	—	1
		>0.5~0.8			3
		>0.8~1.3		175	3
		>1.3~3			4
	H24	>0.2~0.5	225	—	1
		>0.5~0.8			3
		>0.8~1.3			3
		>1.3~3			4
	H16 H36	>0.2~0.5	245~285	—	1
		>0.5~0.8			2
		>0.8~1.3		195	3
		>1.3~3			4
	H26	>0.2~0.5	245	—	1
		>0.5~0.8			2
		>0.8~1.3			3
		>1.3~3			4
	H18 H38	>0.2~0.5	265	215	1
	H28	>0.2~0.5	265	—	1
	H19 H29 H39	>0.2~0.5	275	—	1
	F/	>2.5~80	—		

（续）

牌号	供应试样状态[①]	厚度/mm	室温拉伸试验结果		
			抗拉强度 R_m/MPa	规定塑性延伸强度 $R_{p0.2}$/MPa	断后伸长率[②] A_{50mm}(%)
			≥		
3005	O H111	>0.2~0.5	115~165	45	12
		>0.5~1.5			14
		>1.5~3			16
		>3~6			19
	H12	>0.2~0.5	145~195	125	3
		>0.5~1.5			4
		>1.5~3			4
		>3~6			5
	H22	>0.2~0.5	145~195	110	5
		>0.5~1.5			5
		>1.5~3			6
		>3~6			7
	H14	>0.2~0.5	170~215	150	1
		>0.5~1.5			2
		>1.5~3			2
		>3~6			3
	H24	>0.2~0.5	170~215	130	4
		>0.5~1.5			4
		>1.5~3			4
	H16	>0.2~0.5	195~240	175	1
		>0.5~1.5			2
		>1.5~4			2
	H18	>0.2~0.5	220	200	1
		>0.5~1.5			2
		>1.5~3			2
	H19	>0.2~0.5	235	210	1
		>0.5~1.5	235	210	1
	F/	>2.5~80	—		
4007	H12	>0.2~0.5	140~180	110	4
		>0.5~1.5			4
		>1.5~3			5
	F/	2.5~6	110	—	—
4015	O H111	>0.2~3	≤150	45	20
	H12	>0.2~0.5	120~175	90	4
		>0.5~3			4
	H14	>0.2~0.5	150~200	120	2
		>0.5~3			3
	H16	>0.2~0.5	170~220	150	1
		>0.5~3			2
	H18	>0.2~3	200~250	180	1
5A02	O	>0.5~1	165~225	—	17
		>1~10			19
	H14 H24 H34	>0.5~1	235	—	4
		>1~4.5			6

（续）

牌号	供应试样状态①	厚度/mm	室温拉伸试验结果		
			抗拉强度 R_m/MPa	规定塑性延伸强度 $R_{p0.2}$/MPa	断后伸长率② A_{50mm}(%)
			≥		
5A02	H18	>0.5~1	265	—	3
		>1~4.5			4
	H112	>4.5~12.5	175	—	7
		>12.5~25	175		(7)
		>25~80	155		(6)
	F/	>4.5~150	—		
5A03	O	>0.5~4.5	195	100	16
	H14 H24 H34	>0.5~4.5	225	195	8
	H112	>4.5~10	185	80	16
		>10~12.5	175	70	13
		>12.5~25	175	70	(13)
		>25~50	165	60	12
	F/	>4.5~150	—		
5A05	O	>0.5~4.5	275	145	16
	H112	>4.5~10	275	125	16
		>10~12.5	265	115	14
		>12.5~25	265	115	(14)
		>25~50	255	105	(12)
	F/	>4.5~150	—		
3105	O H111	>0.2~0.5	100~155	40	14
		>0.5~1.5			15
		>1.5~3			17
	H12	>0.2~0.5	130~180	105	3
		>0.5~1.5			4
		>1.5~3			4
	H14	>0.2~0.5	150~200	130	2
		>0.5~1.5			2
		>1.5~3			2
	H16	>0.2~0.5	175~225	160	1
		>0.5~1.5			2
		>1.5~3			2
	H18	>0.2~3	195	180	1
	H19	>0.2~1.5	215	190	1
	F/	>2.5~80	—		
4006	O	>0.2~0.5	95~130	40	17
		>0.5~1.5			19
		>1.5~3			22
		>3~6			25
	H12	>0.2~0.5	120~160	90	4
		>0.5~1.5			4
		>1.5~3			5
	H14	>0.2~0.5	140~180	120	3
		>0.5~1.5			3
		>1.5~3			3
	F/	2.5~6	—	—	—

（续）

牌号	供应试样状态[1]	厚度/mm	室温拉伸试验结果		
			抗拉强度 R_m/MPa	规定塑性延伸强度 $R_{p0.2}$/MPa	断后伸长率[2] A_{50mm}(%)
			≥		
4007	O H111	>0.2~0.5	110~150	45	15
		>0.5~1.5			16
		>1.5~3			19
		>3~6			21
		>6~12.5			25
5A06（工艺包铝或不包铝）	O	>0.5~4.5	315	155	16
	H112	>4.5~10	315	155	16
		>10~12.5	305	145	12
		>12.5~25	305	145	(12)
		>25~50	295	135	(6)
	F/	>4.5~150	—		
5005 5005A	O H111	>0.2~0.5	100~145	35	15
		>0.5~1.5			19
		>1.5~3			20
		>3~6			22
		>6~12.5			24
		>12.5~50			(20)
	H12	>0.2~0.5	125~165	95	2
		>0.5~1.5			2
		>1.5~3			4
		>3~6			5
	H22 H32	>0.2~0.5	125~165	80	4
		>0.5~1.5			5
		>1.5~3			6
		>3~6			8
	H14	>0.2~0.5	145~185	120	2
		>0.5~1.5			2
		>1.5~3			3
		>3~6			4
	H16	>0.2~0.5	165~205	145	1
		>0.5~1.5			2
		>1.5~3			3
		>3~4			3
	H18	>0.2~0.5	185	165	1
		>0.5~1.5			2
		>1.5~3			2
	H19	>0.2~0.5	205	185	1
		>0.5~1.5			2
		>1.5~3			2
	H112	>6~12.5	115	—	8
		>12.5~40	105		(10)
		>40~80	100		(16)
	F/	>2.5~150	—		
5040	H24 H34	0.8~1.8	220~260	170	6
	H26 H36	1.0~2	240~280	205	5

（续）

牌号	供应试样状态①	厚度/mm	室温拉伸试验结果		
			抗拉强度 R_m/MPa	规定塑性延伸强度 $R_{p0.2}$/MPa	断后伸长率② A_{50mm}(%)
			≥		
5049	O H111	>0.2~0.5	190~240	80	12
		>0.5~1.5			14
		>1.5~3			16
		>3~6			18
		>6~12.5			18
		>12.5~100			—
	H12	>0.2~0.5	220~270	170	4
		>0.5~1.5			5
		>1.5~3			6
		>3~6			7
	H14	>0.2~0.5	240~280	190	3
		>0.5~1.5			3
		>1.5~3			4
		>3~6			4
	H16	>0.2~0.5	265~305	220	2
		>0.5~1.5			3
		>1.5~3			3
		>3~6			3
	H26 H36	>0.2~0.5	265~305	190	4
		>0.5~1.5			4
		>1.5~3			5
		>3~6			6
	H18	>0.2~0.5	290	250	1
		>0.5~1.5			2
		>1.5~3			2
	H28 H38	>0.2~0.5	290	230	3
		>0.5~1.5			3
		>1.5~3			4
	H112	6~12.5	210	100	12
		>12.5~25	200	90	(10)
		>25~40	190	80	(12)
		>40~80	190	80	(14)
5449	O H111	>0.5~1.5	190~240	80	14
		>1.5~3			16
	H22	>0.5~1.5	220~270	130	8
		>1.5~3			10
	H24	>0.5~1.5	240~280	160	6
		>1.5~3			7
	H26	>0.5~1.5	265~305	190	4
		>1.5~3			5
	H28	>0.5~1.5	290	230	3
		>1.5~3			4
5050	O H111	>0.2~0.5	130~170	45	16
		>0.5~1.5			17
		>1.5~3			19
		>3~6			21
		>6~12.5			20
		>12.5~50			(20)

（续）

牌号	供应试样状态[1]	厚度/mm	室温拉伸试验结果		
			抗拉强度 R_m/MPa	规定塑性延伸强度 $R_{p0.2}$/MPa	断后伸长率[2] A_{50mm}(%)
			≥		
5050	H12	>0.2~0.5	155~195	130	2
		>0.5~1.5			2
		>1.5~3			4
	H14	>0.2~0.5	175~215	150	2
		>0.5~1.5			2
		>1.5~3			3
		>3~6			4
	H16	>0.2~0.5	195~235	170	1
		>0.5~1.5			2
		>1.5~3			2
		>3~4			3
	H18	>0.2~0.5	220	190	1
		>0.5~1.5			2
		>1.5~3			2
	H112	6~12.5	140	55	12
		>12.5~40			(10)
		>40~80			(10)
	F/	>2.5~80	—		
5251	O H111	>0.2~0.5	160~200	60	13
		>0.5~1.5			14
		>1.5~3			16
		>3~6			18
		>6~12.5			18
		>12.5~50			(18)
	H12	>0.2~0.5	190~230	150	3
		>0.5~1.5			4
		>1.5~3			5
		>3~6			8
	H22 H32	>0.2~0.5	190~230	120	4
		>0.5~1.5			6
		>1.5~3			8
		>3~6			10
	H14	>0.2~0.5	210~250	170	2
		>0.5~1.5			2
		>1.5~3			3
		>3~6			4
	H24 H34	>0.2~0.5	210~250	140	3
		>0.5~1.5			5
		>1.5~3			6
		>3~6			8
	H16	>0.2~0.5	230~270	200	1
		>0.5~1.5			2
		>1.5~3			3
		>3~4			3
	H18	>0.2~0.5	255	230	1
		>0.5~1.5			2
		>1.5~3			2
	F/	>2.5~80	—		

（续）

牌号	供应试样状态①	厚度/mm	室温拉伸试验结果		
			抗拉强度 R_m/MPa	规定塑性延伸强度 $R_{p0.2}$/MPa	断后伸长率② A_{50mm}(%)
			≥		
5052	O H111	>0.2~0.5	170~215	65	12
		>0.5~1.5			14
		>1.5~3			16
		>3~6			18
		>6~12.5	165~215		19
		>12.5~80			(18)
	H22 H32	>0.2~0.5	210~260	130	5
		>0.5~1.5			6
		>1.5~3			7
		>3~6			10
	H14	>0.2~0.5	230~280	180	3
		>0.5~1.5			3
		>1.5~3			4
		>3~6			4
	H24 H34	>0.2~0.5	230~280	150	4
		>0.5~1.5			5
		>1.5~3			6
		>3~6			7
	H16	>0.2~0.5	250~300	210	2
		>0.5~1.5			3
		>1.5~3			3
		>3~6			3
	H18	>0.2~0.5	270	240	1
		>0.5~1.5			2
		>1.5~3			2
	H112	>6~12.5	190	80	7
		>12.5~40	170	70	(10)
		>40~80	170	70	(14)
	F/	>2.5~150	—		
5154A	O H111	>0.2~0.5	215~275	85	12
		>0.5~1.5			13
		>1.5~3			15
		>3~6			17
		>6~12.5			18
		>12.5~50			(16)
	H12	>0.2~0.5	250~305	190	3
		>0.5~1.5			4
		>1.5~3			5
		>3~6			6
	H22 H32	>0.2~0.5	250~305	180	5
		>0.5~1.5			6
		>1.5~3			7
		>3~6			8
	H14	>0.2~0.5	270~325	220	2
		>0.5~1.5			3
		>1.5~3			3
		>3~6			4

（续）

牌号	供应试样状态[①]	厚度/mm	室温拉伸试验结果		
			抗拉强度 R_m/MPa	规定塑性延伸强度 $R_{p0.2}$/MPa	断后伸长率[②] A_{50mm}(%)
			≥		
5154A	H24 H34	>0.2~0.5	270~325	200	4
		>0.5~1.5			5
		>1.5~3			6
		>3~6			7
	H26 H36	>0.2~0.5	290~345	230	3
		>0.5~1.5			3
		>1.5~3			4
		>3~6			5
	H18	>0.2~0.5	310	270	1
		>0.5~1.5			1
		>1.5~3			1
	H28 H38	>0.2~0.5	310	250	3
		>0.5~1.5			3
		>1.5~3			3
	H19	>0.2~0.5	330	285	1
		>0.5~1.5			1
	H112	>6~12.5	220	125	8
		>12.5~40	215	90	(9)
		>40~80			(13)
	F/	2.5~80	—		
5454	O H111	>0.2~0.5	215~275	85	12
		>0.5~1.5			13
		>1.5~3			15
		>3~6			17
		>6~12.5			18
		>12.5~80			(16)
	H12	>0.2~0.5	250~305	190	3
		>0.5~1.5			4
		>1.5~3			5
		>3~6			6
	H22 H32	>0.2~0.5	250~305	180	5
		>0.5~1.5			6
		>1.5~3			7
		>3~6			8
	H14	>0.2~0.5	270~325	220	2
		>0.5~1.5			3
		>1.5~3			3
		>3~6			4
	H24 H34	>0.2~0.5	270~325	200	4
		>0.5~1.5			5
		>1.5~3			6
		>3~6			7
	H26 H36	>0.2~1.5	290~345	230	3
		>1.5~3			4
		>3~6			5
	H28 H38	>0.2~3	310	250	3

（续）

牌号	供应试样状态①	厚度/mm	室温拉伸试验结果		
			抗拉强度 R_m/MPa	规定塑性延伸强度 $R_{p0.2}$/MPa	断后伸长率② A_{50mm}(%)
			≥		
5454	H112	6~12.5	220	125	8
		>12.5~40	215	90	(9)
		>40~120			(12)
	F/	>4.5~150	—		
5754	O H111	>0.2~0.5	190~240	80	12
		>0.5~1.5			14
		>1.5~3			16
		>3~6			18
		>6~12.5			18
		>12.5~100			(17)
	H12	>0.2~0.5	220~270	170	4
		>0.5~1.5			5
		>1.5~3			6
		>3~6			7
	H14	>0.2~0.5	240~280	190	3
		>0.5~1.5			3
		>1.5~3			4
		>3~6			4
	H16	>0.2~0.5	265~305	220	2
		>0.5~1.5			3
		>1.5~3			3
		>3~6			3
	H18	>0.2~0.5	290	250	1
		>0.5~1.5			2
		>1.5~3			2
	H112	6~12.5	190	100	12
		>12.5~25		90	(10)
		>25~40		80	(12)
		>40~80			(14)
	F/	>4.5~150	—		
5082	H18 H38	>0.2~0.5	335	—	1
	H19 H39	>0.2~0.5	355	—	1
	F/	>4.5~150	—		
5182	O H111	>0.2~0.5	255~315	110	11
		>0.5~1.5			12
		>1.5~3			13
	H19	>0.2~1.5	380	320	1
5383	O H111	>0.2~0.5	290~360	145	11
		>0.5~1.5			12
		>1.5~3			13
		>3~6			15
		>6~12.5			16
		>12.5~50			(15)
		>50~80	285~355	135	(14)
		>80~120	275	130	(12)
		>120~150	270	125	(12)

（续）

牌号	供应试样状态[1]	厚度/mm	室温拉伸试验结果		
			抗拉强度 R_m/MPa	规定塑性延伸强度 $R_{p0.2}$/MPa	断后伸长率[2] A_{50mm}(%)
			≥		
5383	H22 H32	>0.2~0.5	305~380	220	5
		>0.5~1.5			6
		>1.5~3			7
		>3~6			8
	H24 H34	>0.2~0.5	340~400	270	4
		>0.5~1.5			5
		>1.5~3			6
		>3~6			7
	H116 H321	1.5~3	305	220	8
		>3~6			10
		>6~12.5			12
		>12.5~40			(10)
		>40~80	285	205	(10)
	H112	6~12.5	290	145	12
		>12.5~40			(10)
		>40~80	285	135	(10)
5086	O H111	>0.2~0.5	240~310	100	11
		>0.5~1.5			12
		>1.5~3			13
		>3~6			15
		>6~12.5			17
		>12.5~150			—
	H12	>0.2~0.5	275~335	200	3
		>0.5~1.5			4
		>1.5~3			5
		>3~6			6
	H22 H32	>0.2~0.5	275~335	185	5
		>0.5~1.5			6
		>1.5~3			7
		>3~6			8
	H14	>0.2~0.5	300~360	240	2
		>0.5~1.5			3
		>1.5~3			3
		>3~6			3
	H16	>0.2~0.5	325~385	270	1
		>0.5~1.5			2
		>1.5~3			2
		>3~4			2
	H18	>0.2~0.5	345	290	1
		>0.5~1.5			1
		>1.5~3			1
	H116 H321	1.5~3	275	195	8
		>3~6			9
		>6~12.5			10
		>12.5~50			(5)
	H112	>6~12.5	250	105	8
		>12.5~40	240	105	(5)
		>40~80	240	100	12
	F/	>4.5~150	—	—	—

（续）

牌号	供应试样状态[1]	厚度/mm	室温拉伸试验结果		
			抗拉强度 R_m/MPa	规定塑性延伸强度 $R_{p0.2}$/MPa	断后伸长率[2] A_{50mm}(%)
			≥		
6A02	O	>0.5~4.5	≤145	—	21
		>4.5~10			16
	O/T62[5]	>0.5~4.5	295	—	11
		>4.5~10			8
	T4	>0.5~0.8	195	—	19
		>0.8~2.9			21
		>2.9~4.5			19
		>4.5~10	175		17
	T6	>0.5~4.5	295	—	11
		>4.5~10			8
	T62[6]	>4.5~12.5	295	—	8
		>12.5~25			(7)
		>25~40	285		(6)
		>40~80	275		(6)
	T42[6]	>4.5~12.5	175	—	17
		>12.5~25			(14)
		>25~40	165		(12)
		>40~80			(10)
	F/	>4.5~150	—	—	—
6061	O	0.4~1.5	≤150	≤85	14
		>1.5~3			16
		>3~6			19
		>6~12.5			16
		>12.5~25			(16)
	T4	0.4~1.5	205	110	12
		>1.5~3			14
		>3~6			16
		>6~12.5			18
		>12.5~40			(15)
		>40~80			(14)
	T6	>0.4~1.5	290	240	6
		>1.5~3			7
		>3~6			10
		>6~12.5			9
		>12.5~40			(8)
		>40~80			(6)
		>80~100			(5)
	F/	>2.5~150	—		
6016	T4	0.4~3	170~250	80~140	24
	T6	0.4~3	260~300	180~260	10
6063	O	0.5~5	≤130	—	20
		>5~12.5			15
		>12.5~20			—
	O/T62[5]	0.5~5	230	180	—
		>5~12.5	220	170	—
		>12.5~20	220	170	6

（续）

牌号	供应试样状态[①]	厚度/mm	室温拉伸试验结果		
			抗拉强度 R_m/MPa	规定塑性延伸强度 $R_{p0.2}$/MPa	断后伸长率[②] A_{50mm}(%)
			≥		
6063	T4	0.5~5	150	—	10
		5~10	130		10
	T6	0.5~5	240	190	8
		>5~10	230	180	8
6082	O	0.4~1.5	≤150	≤85	14
		>1.5~3			16
		>3~6			18
		>6~12.5			17
		>12.5~25	≤155	—	—
	T4	0.4~1.5	205	110	12
		>1.5~3			14
		>3~6			15
		>6~12.5			14
		>12.5~40			—
		>40~80			—
	T6	0.4~1.5	310	260	6
		>1.5~3			7
		>3~6			10
		>6~12.5	300	255	9
	F/	>4.5~150	—		
包铝 7A04 包铝 7A09 7A04 7A09	O	0.5~10	≤245	—	11
	O/T62[⑤]	0.5~2.9	470	390	7
		>2.9~10	490	410	
	T6	0.5~2.9	480	400	
		>2.9~10	490	410	
	T1/T62	>4.5~10	490	410	
		>10~12.5	490	410	4
		>12.5~25			
		>25~40			3
	F/	>4.5~150	—		
7020	O	0.4~1.5	≤220	≤140	12
		>1.5~3			13
		>3~6			15
		>6~12.5			12
	T4[⑦]	0.4~1.5	320	210	11
		>1.5~3			12
		>3~6			13
		>6~12.5			14
	T6	0.4~1.5	350	280	7
		>1.5~3			8
		>3~6			10
		>6~12.5			10
		>12.5~40			(9)
		>40~100	340	270	(8)
		>100~150	330	260	(7)
		>150~175			(6)
		>175~200			(5)

（续）

牌号	供应试样状态①	厚度/mm	室温拉伸试验结果		
			抗拉强度 R_m/MPa	规定塑性延伸强度 $R_{p0.2}$/MPa	断后伸长率② A_{50mm}(%)
			≥		
7021	T6	1.5~3	400	350	7
		>3~6			6
7022	T6	3~12.5	450	370	8
		>12.5~25			(8)
		>25~50			(7)
		>50~100	430	350	(5)
		>100~200	410	330	(3)
7075（工艺包铝或不包铝）	O	0.4~0.8	≤275	≤145	10
		>0.8~1.5			
		>1.5~3			
		>3~6			
		>6~12.5			
		>12.5~75		—	(9)
	O/T62⑤	0.4~0.8	525	460	6
		>0.8~1.5	540	460	6
		>1.5~3	540	470	7
		>3~6	545	475	8
		>6~12.5	540	460	8
		>12.5~25	540	470	(6)
		>25~50	530	460	(5)
		>50~60	525	440	(4)
		>60~75	495	420	(4)
	T6	0.4~0.8	525	460	6
		>0.8~1.5	540	460	6
		>1.5~3	540	470	7
		>3~6	545	475	8
		>6~12.5	540	460	8
		>12.5~25	540	470	(6)
		>25~50	530	460	(5)
		>50~60	525	440	(4)
	T76	>1.5~3	500	425	7
		>3~6	500	425	8
		>6~12.5	490	415	7
	T73	>1.5~3	460	385	7
		>3~6	460	385	8
		>6~12.5	475	390	7
		>12.5~25	475	390	(6)
		>25~50	475	390	(6)
		>50~60	455	360	(5)
		>60~80	440	340	(5)
		>80~100	430	340	(5)
	F/	>6~50	—		
包铝7075（正常包铝）	O	>0.39~1.6	≤275	≤145	10
		>1.6~4			
		>4~12.5			
		>12.5~50		—	(9)

（续）

牌号	供应试样状态[1]	厚度/mm		室温拉伸试验结果		
				抗拉强度 R_m/MPa	规定塑性延伸强度 $R_{p0.2}$/MPa	断后伸长率[2] A_{50mm}(%)
				≥		
包铝 7075（正常包铝）	O/T62[5]	>0.39~1		505	435	7
		>1~1.6		515	445	8
		>1.6~3.2		515	445	8
		>3.2~4		515	445	8
		>4~6.3		525	455	8
		>6.3~12.5		525	455	9
		>12.5~25		540	470	(6)
		>25~50		530	460	(5)
		>50~60		525	440	(4)
	T6	>0.39~1		505	435	7
		>1~1.6		515	445	8
		>1.6~3.2		515	445	8
		>3.2~4		515	445	8
		>4~6.3		525	455	8
	T76	>3.1~4		470	390	8
		>4~6		485	405	8
	F/	>6~100		—		
包铝 7475（正常包铝）	O	1~1.6		≤250	≤140	10
		>1.6~3.2		≤260	≤140	10
		>3.2~4.8		≤260	≤140	10
		>4.8~6.5		≤270	≤145	10
	T761[8]	>1~1.6		455	379	9
		>1.6~2.3		469	393	9
		>2.3~3.2		469	393	9
		>3.2~4.8		469	393	9
		>4.8~6.5		483	414	9
7574（工艺包铝或不包铝）	T6	>0.35~6		515	440	9
	T76 T761[8]	1~1.6	纵向	490	420	9
			横向	490	415	9
		>1.6~2.3	纵向	490	420	9
			横向	490	415	9
		>2.3~3.2	纵向	490	420	9
			横向	490	415	9
		>3.2~4.8	纵向	490	420	9
			横向	490	415	9
		>4.8~6.5	纵向	490	420	9
			横向	490	415	9
8011	H14	>0.2~0.5		125~165	—	2
	H24	>0.2~0.5		125~165	—	3
	H16	>0.2~0.5		130~185	—	1
	H26	>0.2~0.5		130~185	—	2
	H18	>0.2~0.5		165	—	1
8011A	O H111	>0.2~0.5		85~130	30	19
		>0.5~1.5				21
		>1.5~3				24
		>3~6				25
		>6~12.5				30
	H22	>0.2~0.5		105~145	90	4
		>0.5~1.5				5
		>1.5~3				6

（续）

牌号	供应试样状态①	厚度/mm	室温拉伸试验结果		
			抗拉强度 R_m/MPa	规定塑性延伸强度 $R_{p0.2}$/MPa	断后伸长率② A_{50mm}(%)
				≥	
8011A	H14	>0.2~0.5	120~170	110	1
		>0.5~1.5	125~165		3
		>1.5~3			3
		>3~6			4
	H24	>0.2~0.5	125~165	100	3
		>0.5~1.5			4
		>1.5~3			5
		>3~6			6
	H16	>0.2~0.5	140~190	130	1
		>0.5~1.5	145~185		2
		>1.5~4			3
	H26	>0.2~0.5	145~185	120	2
		>0.5~1.5			3
		>1.5~4			4
	H18	>0.2~0.5	160	145	1
		>0.5~1.5	165		2
		>1.5~3			2
8079	H14	>0.2~0.5	125~175	—	2

① 供应状态与试样状态相同时只用一个符号表示，不同时写成分子分母的形式，只有一个时用/表示，如 F/。

② 在 A_{50mm} 栏中，有括号的值为 A 值适用于厚度大于 12.5mm 的板材，A 的原始标距为 $5.65\sqrt{S_0}$。

③ 对于 2A11、2A12、2017 合金的 O 状态板材，需要 T42 状态的性能值时，应在订货单（或合同）中注明，未注明时，不检测该性能。

④ 厚度为>12.5mm~25.00mm 的 2014、2024、2219 合金 O 状态的板材，其拉伸试样由芯材机加工得到，不得有包铝层。

⑤ 对于 6A02、6063、7A04、7A09 和 7075 合金的 O 状态板材，需要 T62 状态的性能值时，应在订货单（或合同）中注明，未注明时，不检测该性能。

⑥ 对于 6A02 合金 T1 状态的板材，当需方未注明需要 T62 或 T42 状态的性能时，由供方任选一种。

⑦ 应尽量避免订购 7020 合金 T4 状态的产品。T4 状态产品的性能是在室温下自然时效 3 个月后才能达到规定的稳定的力学性能，将淬火后的试样在 60℃~65℃的条件下持续 60h 后也可以得到近似的自然时效性能值。

⑧ T761 状态专用于 7475 合金薄板和带材，与 T76 状态的定义相同，是在固溶热处理后进行人工过时效以获得良好的抗剥落腐蚀性能的状态。

（2）铝及铝合金板、带材的尺寸　见表 4-338。

（3）铝及铝合金板、带材标记示例（GB/T 3880.1—2012）　按产品名称、牌号、状态、规格及标准编号的顺序表示。标记示例如下：

示例 1：用 3003 合金制造，状态为 H22，厚度为 2.00mm，宽度为 1200mm，长度为 2000mm 的板材，标记为

板　GB/T 3880.1-3003H22-2.00×1200×2000

示例 2：用 5052 合金制造，供应状态为 O，厚度为 1.00mm，宽度为 1050mm 的带材，标记为

带　GB/T 3880.1-5052O-1.00×1050

（4）铝及铝合金板、带材化学成分　合金的化学成分应符合表 4-339 的规定。其他牌号板、带材的化学成分应符合 GB/T 3190 的规定。用来制作食品器皿的带材应在合同中注明“食用”字样，且铅、镉、砷每个元素的含量不得超过质量分数 0.01%。

（5）铝及铝合金板、带材的允许偏差

1）冷轧板、带厚度及允许偏差。见表 4-340、表 4-341。

冷轧板、带材的厚度允许偏差分为普通级和高精级。厚度≥4.00mm 的 5A05、5A06 等含镁的质量分数大于 3%的合金，其厚度允许偏差普通级为名义厚度的±5%，其他板、带材的厚度允许偏差普通级符合表 4-340 的规定；冷轧板、带材的厚度允许偏差高精级应符合表 4-341 的规定。

表 4-338　铝及铝合金板、带材的尺寸（摘自 GB/T 3880.1—2012）　（单位：mm）

板、带材厚度	板材的宽度和长度		带材的宽度和内径	
	板材的宽度	板材的长度	带材的宽度	带材的内径
>0.20~0.50	500~1660	500~4000	≤1800.0	75、150、200、300、405、505、605、650、750
>0.50~0.80	500~1000	500~10000	≤2400.0	
>0.80~1.20	500~2400	1000~10000	≤2400.0	
>1.20~3.00	500~2400	1000~10000	≤2400.0	
>3.00~8.00	500~2400	1000~15000	≤2400.0	
>8.00~15.00	500~2500	1000~15000	—	—
>15.00~250.00	500~3500	1000~20000	—	—

注：1. 带材是否带套筒及套筒材质，由供需双方商定后在订货单（或合同）中注明。

2. A 类合金最大宽度为 2000mm。

表 4-339　铝及铝合金板、带材化学成分（摘自 GB/T 3880.1—2012）

牌号	质量分数(%)												
	Si	Fe	Cu	Mn	Mg	Cr	Ni	Zn	—	Ti	其他杂质		Al
											单个	合计	
4006	0.80~1.20	0.50~0.80	≤0.10	≤0.05	≤0.01	≤0.20	—	≤0.05	—	—	≤0.05	≤0.15	余量
4007	1.00~1.70	0.40~1.00	≤0.20	0.80~1.50	≤0.20	0.05~0.25	0.15~0.70	≤0.10	0.05Co	≤0.10	≤0.05	≤0.15	余量
4015	1.40~2.20	≤0.70	≤0.20	0.60~1.20	0.10~0.50	—	—	≤0.20	—	—	≤0.05	≤0.15	余量
5040	≤0.30	≤0.70	≤0.25	0.90~1.40	1.00~1.50	0.10~0.30	—	≤0.25	—	—	≤0.05	≤0.15	余量
5449	≤0.40	≤0.70	≤0.30	0.60~1.10	1.60~2.60	≤0.30	—	≤0.30	—	0.10	≤0.05	≤0.15	余量

注：1. 其他杂质指表中未列出或未规定数值的金属元素。

2. 铝的质量分数为 100%与等于或大于 0.010%的所有元素含量总和的差值，求和前各元素含量要表示到 0.0x%。

表 4-340　冷轧板、带材厚度的允许偏差（普通级）（摘自 GB/T 3880.3—2012）

（单位：mm）

厚度	规定的宽度										
	≤1000		>1000~1250		>1250~1600		>1600~2000		>2000~2500	>2500~3000	>3000~3500
	厚度允许偏差(±)										
	A 类	B 类	A 类	B 类	A 类	B 类	A 类	B 类	所有	所有	所有
>0.20~0.40	0.03	0.05	0.05	0.06	0.06	0.06				—	—
>0.40~0.50	0.05	0.05	0.06	0.08	0.07	0.08	0.08	0.09	0.12		
>0.50~0.60	0.05	0.05	0.07	0.08	0.07	0.08	0.08	0.09	0.12		
>0.60~0.80	0.05	0.06	0.07	0.08	0.07	0.08	0.09	0.10	0.13		
>0.80~1.00	0.07	0.08	0.08	0.09	0.08	0.09	0.10	0.11	0.15		
>1.00~1.20	0.07	0.08	0.09	0.10	0.09	0.10	0.11	0.12	0.15		
>1.20~1.50	0.09	0.10	0.12	0.13	0.12	0.13	0.13	0.14	0.15		
>1.50~1.80	0.09	0.10	0.12	0.13	0.12	0.13	0.14	0.15	0.15		
>1.80~2.00	0.09	0.10	0.12	0.13	0.12	0.13	0.14	0.15	0.15		
>2.00~2.50	0.12	0.13	0.14	0.15	0.14	0.15	0.15	0.16	0.16		
>2.50~3.00	0.13	0.15	0.16	0.17	0.16	0.17	0.17	0.18	0.18		
>3.00~3.50	0.14	0.15	0.17	0.18	0.17	0.18	0.22	0.23	0.19		
>3.50~4.00	0.15		0.18		0.18		0.23		0.24	0.51	0.57
>4.00~5.00	0.23		0.24		0.24		0.26		0.28	0.54	0.63
>5.00~6.00	0.25		0.26		0.26		0.26		0.28	0.60	0.69

表 4-341 冷轧板、带材厚度的允许偏差（高精级）（摘自 GB/T 3880.3—2012）

（单位：mm）

厚度	规定的宽度										
	≤1000		>1000~1250		>1250~1600		>1600~2000		>2000~2500	>2500~3000	>3000~3500
	厚度允许偏差(±)										
	A类	B类	A类	B类	A类	B类	A类	B类	所有	所有	所有
>0.20~0.40	0.02	0.03	0.04	0.05	0.05	0.06	—	—	—	—	—
>0.40~0.50	0.03	0.03	0.04	0.05	0.05	0.06	0.06	0.07	0.10		
>0.50~0.60	0.03	0.04	0.05	0.06	0.06	0.07	0.07	0.08	0.11		
>0.60~0.80	0.03	0.04	0.06	0.07	0.07	0.08	0.08	0.09	0.12		
>0.80~1.00	0.04	0.05	0.06	0.08	0.08	0.09	0.09	0.10	0.13		
>1.00~1.20	0.04	0.05	0.07	0.09	0.09	0.10	0.10	0.12	0.14		
>1.20~1.50	0.05	0.07	0.09	0.11	0.10	0.12	0.11	0.14	0.16		
>1.50~1.80	0.06	0.08	0.10	0.12	0.11	0.13	0.12	0.15	0.17		
>1.80~2.00	0.06	0.09	0.11	0.13	0.12	0.14	0.14	0.15	0.19		
>2.00~2.50	0.07	0.010	0.12	0.14	0.13	0.15	0.15	0.16	0.20		
>2.50~3.00	0.08	0.11	0.13	0.15	0.15	0.17	0.17	0.18	0.23		
>3.00~3.50	0.10	0.12	0.15	0.17	0.17	0.19	0.18	0.20	0.24		
>3.50~4.00	0.15		0.18		0.18		0.23		0.24	0.34	0.38
>4.00~5.00	0.18		0.24		0.24		0.25		0.28	0.36	0.42
>5.00~6.00	0.20		0.24		0.25		0.26		0.28	0.40	0.46

2）热轧板、带材的厚度允许偏差见表 4-342。

3）板材的宽度允许偏差：

① 冷轧板材的宽度偏差应符合表 4-343 的规定，需要高精级时，应供需双方协商并在订货单（或合同）中注明，未注明时按普通级，当需方要求正、负对称偏差时，应在订货单（或合同）中注明，其允许偏差值为表 4-343 中数值的一半。

表 4-342 热轧板、带材的厚度允许偏差（摘自 GB/T 3880.3—2012） （单位：mm）

厚度	规定的宽度				
	≤1250	>1250~1600	>1600~2000	>2000~2500	2500~3500
	厚度允许偏差(±)				
>2.50~4.00	0.28	0.28	0.32	0.35	0.40
>4.00~5.00	0.30	0.30	0.35	0.40	0.45
>5.00~6.00	0.32	0.32	0.40	0.45	0.50
>6.00~8.00	0.35	0.40	0.40	0.50	0.55
>8.00~10.00	0.45	0.50	0.50	0.55	0.60
>10.00~15.00	0.50	0.60	0.65	0.65	0.80
>15.00~20.00	0.60	0.70	0.75	0.80	0.90
>20.00~30	0.65	0.75	0.85	0.90	1.00
>30.00~40.00	0.75	0.85	1.00	1.10	1.20
>40.00~50.00	0.90	1.00	1.10	1.20	1.50
>50.00~60.00	1.10	1.20	1.40	1.50	1.70
>60.00~80.00	1.40	1.50	1.70	1.90	2.00
>80.00~100.00	1.70	1.80	1.90	2.10	2.20
>100.00~150.00	2.10	2.20	2.50	2.60	—
>150~220	2.50	2.60	2.90	3.00	—
>220~250	2.80	2.90	3.20	3.30	—

表 4-343　冷轧板材的宽度偏差　（单位：mm）

级别	厚度	下列宽度上的宽度允许偏差				
		≤500	>500~1250	>1250~2000	>2000~3000	>3000~3500
普通级	>0.20~3.00	+2.0 0	+5.0 0	+6.0 0	+8.0 0	—
	>3.00~6.00	+4.0 0	+6.0 0	+8.0 0	+12.0 0	—
高精级	>0.20~3.00	+1.5 0	+3.0 0	+4.0 0	+5.0 0	—
	>3.00~6.00	+3.0 0	+4.0 0	+5.0 0	+8.0 0	+8.0 0

② 热轧钢板的宽度偏差。切边供应的热轧板材其板材的宽度偏差应符合表 4-344 的规定，不切边供应的热轧板材，其板材的宽度允许偏差为+150mm，或由供需双方协商确定，并在订货单（或合同）中注明。

4）带材的宽度偏差。冷轧带材的宽度偏差应符合表 4-345 的规定。需要高精级时，应供需双方协商并在订货单（或合同）中注明，未注明时按普通级。需方有特殊要求时，应供需双方确定，并在订货单（或合同）中注明。

表 4-344　切边热轧板材的宽度偏差　（单位：mm）

厚度	下列宽度上的允许偏差			
	≤1000	>1000~2000	>2000~3000	>3000~3500
≤6.00	+5.0 0	+7.0 0	+8.0 0	+10.0 0
>6.00~12.00	+6.0 0	+7.0 0	+8.0 0	+10.0 0
>12.00~50.00	+6.0 0	+8.0 0	+9.0 0	+10.0 0
>50.00~200.00	+8.0 0	+8.0 0	+9.0 0	+10.0 0
>200.00~250.00	+11.0 0	+11.0 0	+12.0 0	+12.0 0

表 4-345　带材宽度允许偏差（普通级/高精度级）　（单位：mm）

厚度	规定的宽度					
	≤100	>100~300	>300~500	>500~1250	>1250~1650	>1650~2000
	宽度允许偏差(+)					
>0.20~0.60	0.5/0.3	0.6/0.4	1/0.6	3/1.5	4/2.5	5/3
>0.60~1.00	0.5/0.3	0.8/0.5	1.5/1	3/1.5	4/2.5	5/3
>1.00~2.00	0.6/0.4	1/0.7	2/1.2	3/2	4/2.5	5/3
>2.00~3.00	2/1	2/1	3/1.5	4/2	5/2.5	6/4
>3.00~6.00		3/1.5	4/2	5/3	5/3	8/5

5）板材的长度允许偏差。见表 4-346 和表 4-347。

6）板材的不平度分三类：纵向不平度 d_a（图 4-21a）；横向不平 d_b（图 4-21b）；局部不平度 d_c（图 4-21c）。

表 4-346　冷轧板材的长度偏差（摘自 GB/T 3880.3—2012）　（单位：mm）

级别	厚度	下列长度上的长度允许偏差				
		≤1000	>1000~2000	>2000~3000	>3000~5000	>5000
普通级	>0.20~6.00	+8 0	+10 0	+12 0	+14 0	+16 0
高精级	>0.20~3.00	+3 0	+4 0	+6 0	+8 0	+0.2%×公称长度
	>3.00~6.00	+4 0	+6 0	+8 0	+10 0	

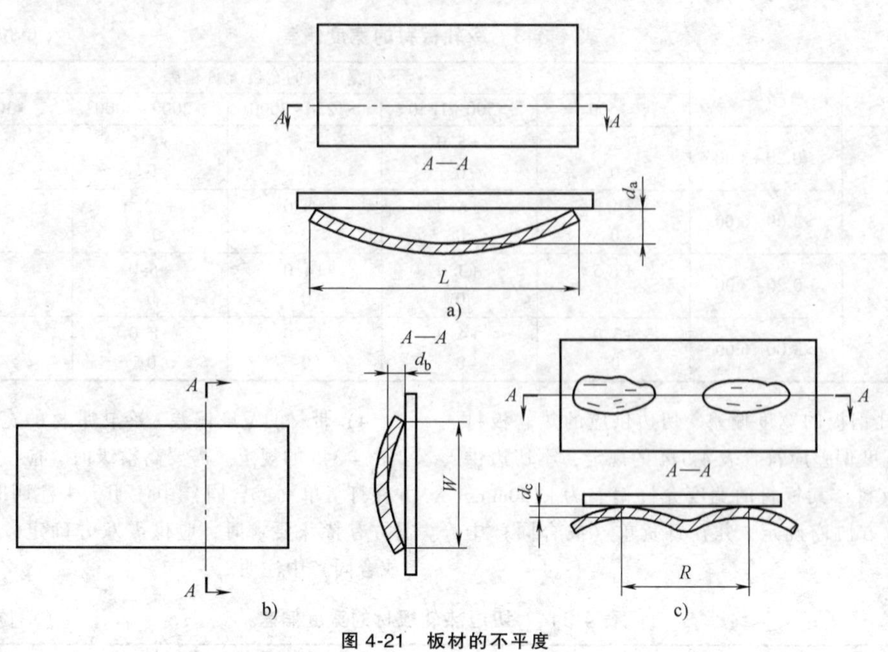

图 4-21 板材的不平度

a）纵向 b）横向 c）局部

表 4-347 热轧板材的长度偏差（摘自 GB/T 3880.3—2012） （单位：mm）

厚度	下列长度上的长度允许偏差①									
	≤1000		>1000~2000		>2000~3000		>3000~3500		>3500~6000	
	剪切	锯切	剪切	锯切	剪切	锯切	剪切	锯切	剪切	锯切
≤6.00	+10 0	+5 0	+12 0	+7 0	+14 0	+8 0	+16 0	+10 0	+18 0	+10 0
>6.00~12.00	+30 0	+6 0	+30 0	+7 0	+30 0	+8 0	+40 0	+10 0	+40 0	+10 0
>12.00~50.00	+40 0	+6 0	+40 0	+8 0	+40 0	+9 0	+50 0	+10 0	+50 0	+10 0
>50.00~200.00	—	+8 0	—	+8 0	—	+9 0	—	+10 0	—	+10 0
>200.00~250.00	—	+11 0	—	+11 0	—	+12 0	—	+12 0	—	+12 0

① 长度大于 6000mm 的板材，其长度偏差为+0.2%×公称长度。

除 O、F 状态外，其他状态板材的不平度普通级应符合表 4-348 的规定，高精级应符合表 4-349 的规定。需要高精级时，应供需双方协商并在订货单（或合同）中注明，未注明时按普通级。

对带材、O 或 F 状态的板材，以及厚度超出表 4-348或表 4-349 规定的板材有不平度要求时，可供需双方商定并在订货单（或合同）中注明。

表 4-348 板材的不平度——普通级（摘自 GB/T 3880.3—2012）

项目	厚度/mm	纵向不平度 d/L	横向不平度 d/W	局部不平度 d/R	纵向或横向上的最大不平度或端头部位的翘曲高度①	
					A 类合金	B 类合金
冷轧板材	>0.20~0.50	不要求或供需双方协商确定				
	>0.50~3.00	≤0.8%	≤1.0%	≤0.8%	≤20mm	≤35mm
	>3.00~6.00	≤0.6%	≤0.8%	≤0.5%		
热轧板材	>2.50~3.00	≤0.8%	≤1.0%	≤0.8%	≤25mm	≤40mn
	>3.00~6.00	≤0.6%	≤0.8%	≤0.5%		
	>6.00~50.00	≤0.5%	≤0.8%	≤0.5%		
	>50.00~250.00	≤0.4%	≤0.5%	不要求或供需双方协商确定		

注：L 为板材长度，W 为板材宽度，R 为任意不小于 300mm 的弦长，d 为波高。

① 端头部位是指沿板材长度方向上，两端 300mm 长度范围内所包含的端部整个板面。若板材为正方形，端头部位为靠边缘四周 300mm 所包含的正方形圈的板面。

表 4-349　板材的不平度——高精级（摘自 GB/T 3880.3—2012）

项目	厚度/mm	纵向不平度 d/L	横向不平度 d/W	局部不平度 d/R	纵向或横向上的最大不平度或端头部位翘曲高度①	
					A 类合金	B 类合金
冷轧板材	>0.20~0.50	不要求或供需双方协商确定				
	>0.50~3.00	≤0.4%	≤0.5%	≤0.5%	≤18mm	≤25mm
	>3.00~6.00	≤0.3%	≤0.4%	≤0.35%		
热轧板材	>2.50~3.00	≤0.4%	≤0.5%	≤0.5%	≤18mm	≤30mm
	>3.00~6.00	≤0.3%	≤0.4%	≤0.35%		
	>6.00~50.00	≤0.2%	≤0.4%	≤0.3%		
	>50.00~250.00	≤0.2%	≤0.2%	不要求或供需双方协商确定		

注：L 为板材长度，W 为板材宽度，R 为任意不小于 300mm 的弦长，d 为波高。

① 端头部位是指沿板材长度方向上，两端 300mm 长度范围内所包含的端部整个板面。若板材为正方形，端头部位为靠边缘四周 300mm 所包含的正方形圈的板面。

7）侧边弯曲度。

① 热轧板材。普通级不要求侧边弯曲度，高精级应符合表 4-350 的规定。需要高精级时，应供需双方协商并在订货单（或合同）中注明，未注明时按普通级。

② 冷轧板材。普通级不要求侧边弯曲度，高精级应符合表 4-351 的规定。需要高精级时，应供需双方协商并在订货单（或合同）中注明，未注明时按普通级。

③ 热轧带材。不要求侧边弯曲度。

④ 冷轧带材。普通级不要求侧边弯曲度，高精级应符合表 4-352 的规定。需要高精级时，应供需双方协商并在订货单（或合同）中注明，未注明时按普通级。

表 4-350　热轧板材的侧边弯曲度——高精级（摘自 GB/T 3880.3—2012）（单位：mm）

宽度	下列长度上的侧边弯曲度允许偏差			
	≤2000	>2000~3000	>3500~5000	>5000~10000
≤1250.0	≤4.00	≤7.00	≤10.00	不大于公称长度的 0.2%
>1250.0~1500.0	≤3.00	≤6.00	≤8.00	
>1500.0~2000.0	≤3.00	≤6.00	≤7.00	
>2000.0~3500.0	—	≤5.00	≤6.00	

表 4-351　冷轧板材的侧边弯曲度——高精级（摘自 GB/T 3880.3—2012）（单位：mm）

宽度	下列长度上的侧边弯曲度允许偏差				
	≤1000	>1000~2000	>2000~3500	>3500~5000	>5000~10000
100.0①~300.0	≤2.00	≤4.00	≤8.00	—	—
>300.0~600.0	≤1.50	≤3.00	≤5.00	—	—
>600.0~1000.0	≤1.00	≤2.00	≤4.00	≤5.00	不大于公称长度的 0.1%
>1000.0~2000.0	—	≤2.00	≤4.00	≤5.00	
>2000.0~3500.0	—	—	≤4.00	≤5.00	

① 宽度小于 100.0mm 的板材，其侧边弯曲度由供需双方协商确定。

表 4-352　冷轧带材的侧边弯曲度——高精级（摘自 GB/T 3880.3—2012）（单位：mm）

宽度①	带材的侧边弯曲度	宽度①	带材的侧边弯曲度
25.0~100.0	≤8	>600.0~1000.0	≤4
>100.0~300.0	≤6	>1000.0~2000.0	≤3
>300.0~600.0	≤5	>2000.0~3500.0	≤3

① 宽度小于 25.0mm 的带材，其侧边弯曲度由供需双方协商确定。

4.4.2.5　船用铝合金板材

（1）船用铝合金板材和标记　见表 4-353。

板材标记按产品名称、牌号、状态、规格及标准编号的顺序表示。标记示例如下：用 5086 合金制造，供应状态为 H32 状态，厚度为 6.00mm，宽度为 1500mm，长度为 3000mm 的板材，标记为

板　5086-H32　6.0×1500×3000　GB/T 22641—2008

（2）船用铝合金板材的包覆层　2A11、2A12、2024、5A06 和 7A19 合金的板材应进行双面包覆，其包铝分类、基体合金和包覆材料牌号、轧制后的板材状态、板材厚度及包覆层厚度应符合表 4-354 的规定。需方有特殊要求时，需与供方商定，并在合同中注明。

（3）尺寸偏差　见表 4-355 和表 4-356。

（4）力学性能（见表 4-357）

表 4-353 船用铝合金板材尺寸（摘自 GB/T 22641—2008） （单位：mm）

厚度	宽度①	长度
0.20~4.50	1000~2400	1000~8000
>4.50~10.00	1000~2000	1000~10000
>10.00~40.00	1000~2400	1000~10000
>40.00~150.00	500~2400	1000~10000

表 4-354 船用铝合金板材的包覆层（摘自 GB/T 22641—2008）

包铝分类	基体合金牌号	包覆材料牌号	板材状态	板材厚度/mm	每面包覆层厚度占板材厚度的比例(%) ≥
正常包铝	2A11、2A12、2024	1A50	O、T3、T4	0.50~1.60	4
				>1.60~10.00	2
	7A19	7A01	O、T76	0.50~1.60	4
				>1.60~7.00	2
工艺包铝	2A11、2A12、2024、5A06	1A50	所有	所有	≤1.5
	7A19	7A01	所有	所有	≤1.5

表 4-355 冷轧板材的厚度允许偏差（摘自 GB/T 22641—2008） （单位：mm）

厚度	下列宽度对应的厚度允许偏差①、②								
	≤1000		>1000~1250		>1250~1600		>1600~2000		>2000~2500
	A类	B类	A类	B类	A类	B类	A类	B类	所有合金
>0.20~0.40	±0.02	±0.03	±0.03	±0.04	±0.03	±0.04	—	—	—
>0.40~0.50	±0.03	±0.03	±0.04	±0.05	±0.04	±0.05	±0.04	±0.05	±0.09
>0.50~0.60	±0.03	±0.04	±0.04	±0.05	±0.04	±0.05	±0.04	±0.05	±0.09
>0.60~0.80	±0.03	±0.04	±0.06	±0.06	±0.05	±0.06	±0.07	±0.08	±0.10
>0.80~1.00	±0.04	±0.05	±0.06	±0.08	±0.07	±0.08	±0.08	±0.09	±0.11
>1.00~1.20	±0.04	±0.05	±0.07	±0.08	±0.07	±0.08	±0.09	±0.10	±0.14
>1.20~1.50	±0.05	±0.07	±0.08	±0.09	±0.08	±0.09	±0.11	±0.13	±0.15
>1.50~1.80	±0.06	±0.08	±0.09	±0.10	±0.09	±0.10	±0.12	±0.14	±0.15
>1.80~2.00	±0.06	±0.08	±0.09	±0.10	±0.09	±0.10	±0.14	±0.14	±0.15
>2.00~2.50	±0.07	±0.08	±0.09	±0.10	±0.09	±0.10	±0.15	±0.15	±0.16
>2.50~2.99	±0.08	±0.10	±0.12	±0.13	±0.12	±0.13	±0.17	±0.18	±0.18
≥3.00~3.50	±0.10	+0.12 -0.10	+0.15 -0.10	+0.17 -0.10	+0.16 -0.10	+0.17 -0.10	+0.18 -0.15	+0.19 -0.15	+0.19 -0.15
>3.50~4.00	+0.15 -0.10	+0.15 -0.10	+0.17 -0.10	+0.17 -0.10	+0.17 -0.10	+0.17 -0.10	+0.19 -0.15	+0.19 -0.15	+0.19 -0.15
>4.00~5.00	+0.18 -0.20	+0.18 -0.20	+0.22 -0.20	+0.22 -0.20	+0.22 -0.20	+0.22 -0.20	+0.25 -0.20	+0.25 -0.20	+0.28 -0.25
>5.00~6.00	±0.20	±0.20	+0.24 -0.20	+0.24 -0.20	+0.24 -0.20	+0.24 -0.20	+0.26 -0.20	+0.24 -0.20	+0.28 -0.25

① 要求偏差全为正或全为负时，其偏差值为表中正、负偏差值之和（即公差带等同）。
② 深加工受压容器材料需采用正偏差。

表 4-356 热轧船用铝合金板材的厚度允许偏差（摘自 GB/T 22641—2008） （单位：mm）

厚度	下列宽度对应的厚度允许偏差①、②			
	≤1250	>1250~1600	>1600~2000	>2000~2500
>4.50~5.00	+0.30 -0.20	+0.30 -0.20	+0.35 -0.20	+0.40 -0.25
>5.00~6.00	+0.32 -0.20	+0.32 -0.20	+0.40 -0.20	+0.45 -0.25
>6.00~8.00	+0.35 -0.20	+0.40 -0.20	+0.40 -0.20	+0.50 -0.25
>8.00~10.00	+0.45 -0.25	+0.50 -0.25	+0.50 -0.25	+0.55 -0.35

（续）

厚度	下列宽度对应的厚度允许偏差①、②			
	≤1250	>1250~1600	>1600~2000	>2000~2500
>10.00~12.00	+0.50 -0.25	+0.60 -0.25	+0.65 -0.25	+0.65 -0.35
>12.00~15.00	+0.50 -0.35	+0.60 -0.35	+0.65 -0.40	+0.65 -0.50
>15.00~20.00	+0.60 -0.35	+0.70 -0.35	+0.75 -0.40	+0.80 -0.50
>20.00~25.00	+0.65 -0.45	+0.75 -0.45	+0.85 -0.50	+0.90 -0.65
>25.00~30.00	+0.75 -0.45	+0.85 -0.45	+1.0 -0.50	+1.1 -0.65
>30.00~40.00	+0.90 -0.45	+1.0 -0.45	+1.1 -0.50	+1.2 -0.65
>40.00~50.00	+1.1 -0.45	+1.2 -0.45	+1.4 -0.50	+1.5 -0.65
>50.00~60.00	±1.1	±1.2	±1.4	±1.5
>60.00~80.00	±1.4	±1.5	±1.7	±1.9
>80.00~100.00	±1.7	±1.8	±1.9	±2.1
>100.00~150.00	±2.2	±2.2	±2.7	±2.8

① 当要求偏差全为正或全为负时，其偏差值为表中正、负偏差值之和（即公差带等同）。

② 深加工受压容器材料需采用正偏差。

表 4-357　船用铝合金板材的力学性能（摘自 GB/T 22641—2008）

牌号	包铝分类	供应状态	试样状态	厚度①/mm	室温拉伸试验结果				弯曲性能
					抗拉强度 R_m/MPa	规定塑性延伸强度 $R_{p0.2}$/MPa	断后伸长率(%)		90°弯曲半径
							A_{50mm}	$A_{5.65}$②	
					≥				
2A11	正常包铝或工艺包铝	O	O	>0.50~3.00	≤225		12		
				>3.00~10.00	≤235		12		
			T42③	>0.50~3.00	350	185	15		
				>3.00~10.00	355	195	15		
		T3	T3	>0.50~1.50	375	215	15		
				>1.50~3.00	375	215	17		
				>3.00~10.00	375	215	15		
		T4	T4	>0.50~3.00	360	185	15		
				>3.00~10.00	370	195	15		
		H112	T42	>4.50~10.00	355	195	15		
				>10.00~12.50	370	215	11		
				>12.50~25.00	370	215		11	
				>25.00~40.00	330	195		8	
		F	—	>4.50~150.00					
2A12	正常包铝或工艺包铝	O	O	0.50~4.00	≤215		14		
				>4.00~7.00	≤235		12		
		T4	T4	0.50~2.50	405	270	13		
				>2.50~6.00	425	275	11		
				>6.00~7.00	425	275	10		
		T0	T0	2.00~2.50	425	335	10		
				>2.50~4.50	455	345	8		
				>4.50~6.00	425	335	8		

（续）

牌号	包铝分类	供应状态	试样状态	厚度[①]/mm	室温拉伸试验结果				弯曲性能
					抗拉强度 R_m/MPa	规定塑性延伸强度 $R_{p0.2}$/MPa	断后伸长率(%)		90°弯曲半径
							A_{50mm}	$A_{5.65}$[②]	
					≥				
2024	不包铝	O	O	>0.50~12.50	≤220	≤95	12		
				>12.50~40.00	≤220			10	
			T42[③]	>0.50~6.00	425	260	15		
				>6.00~12.50	425	260	12		
				>12.50~25.00	420	260		7	
			T62[③]	>0.50~12.50	440	345	5		
				>12.50~25.00	435	345		4	
		T3	T3	>0.50~6.00	435	290	15		
				>6.00~12.50	440	290	12		
		T4	T4	>0.50~6.00	425	275	15		
		F	—	>4.50~150.00					
	正常包铝或工艺包铝	O	O	>0.50~1.50	≤205	≤95	12		
				>1.50~12.50	≤220	≤95	12		
				>12.50~40.00	≤220			10	
			T42[③]	>0.50~1.50	395	235	15		
				>1.50~6.00	415	250	15		
			T42[③]	>6.00~12.50	415	250	12		
				>12.50~25.00	420	260		7	
				>25.00~40.00	415	260		6	
			T62[③]	>0.50~1.50	415	325	5		
				>1.50~12.50	425	335	5		
		T3	T3	>0.50~1.50	405	270	15		
				>1.50~6.00	420	275	15		
		T3	T3	>6.00~12.50	425	275	12		
		T4	T4	>0.50~1.50	400	245	15		
				>1.50~6.00	420	275	15		
		F	—	>4.50~150.00					
3A21	—	O	O	0.50~0.80	100~150		19		0t
				>0.80~4.50	100~150		23		0t
				>4.50~6.00	100~150		21		0t
		H24、H34	H24、H34	0.50~0.80	145~215		6		0t
				>0.80~3.20	145~215		6		0t
				>3.20~6.00	145~215		6		2t
		H18	H18	0.50	186		1		
				>0.50~0.80	186		2		
				>0.80~1.30	186		3		
				>1.30~6.00	186		4		
		H112	H112	>4.50~10.00	107		16		
				>10.00~12.50	120		16		
				>12.50~25.00	120			16	
				>25.00~40.00	110			16	

（续）

牌号	包铝分类	供应状态	试样状态	厚度①/mm	室温拉伸试验结果				弯曲性能
					抗拉强度 R_m/MPa	规定塑性延伸强度 $R_{p0.2}$/MPa	断后伸长率(%)		90°弯曲半径
							A_{50mm}	$A_{5.65}$②	
					≥				
3003	—	O	O	>0.20~0.50	95~135	35	15		0t
				>0.50~1.50	95~135	35	17		0t
				>1.50~3.00	95~135	35	20		0t
				>3.00~6.00	95~135	35	23		1.0t
				>6.00~12.50	95~135	35	24		1.5t
				>12.50~40.00	95~135	35		23	
		H12	H12	>0.20~0.50	120~160	90	3		0t
				>0.50~1.50	120~160	90	4		0.5t
				>1.50~3.00	120~160	90	5		1.0t
				>3.00~6.00	120~160	90	6		1.0t
		H14	H14	>0.20~0.50	145~185	125	2		0.5t
				>0.50~1.50	145~185	125	2		1.0t
		H14	H14	>1.50~3.00	145~185	125	3		1.0t
				>3.00~6.00	145~185	125	4		2.0t
		H16	H16	>0.20~0.50	170~210	150	1		1.0t
				>0.50~1.50	170~210	150	2		1.5t
				>1.50~4.00	170~210	150	2		2.0t
		H18	H18	>0.20~0.50	190	170	1		1.5t
				>0.05~1.50	190	170	2		2.5t
				>1.50~3.00	190	170	2		3.0t
		H22	H22	>0.20~0.50	120~160	80	6		0t
				>0.50~1.50	120~160	80	7		0.5t
				>1.50~3.00	120~160	80	8		1.0t
				>3.00~6.00	120~160	80	9		1.0t
		H24	H24	>0.20~0.50	145~185	115	4		0.5t
				>0.50~1.50	145~185	115	4		1.0t
				>1.50~3.00	145~185	115	5		1.0t
				>3.00~6.00	145~185	115	6		2.0t
		H26	H26	>0.20~0.50	170~210	140	2		1.0t
				>0.50~1.50	170~210	140	3		1.5t
				>1.50~4.00	170~210	140	3		2.0t
		H28	H28	>0.20~0.50	190	160	2		1.5t
				>0.50~1.50	190	160	2		2.5t
				>1.50~3.00	190	160	3		3.0t
		H112	H112	>6.00~12.50	115	70	10		
				>12.50~40.00	100	40		18	
		F		>2.50~150.00					
5A01	—	O	O	0.50~4.50	325	165	10		
		H32	H32	0.50~4.50	365	245	8		
		H112	H112	>4.50~12.50	325	165	10		
				>12.50~40.0	325	165		10	

（续）

牌号	包铝分类	供应状态	试样状态	厚度①/mm	室温拉伸试验结果				弯曲性能
					抗拉强度 R_m/MPa	规定塑性延伸强度 $R_{p0.2}$/MPa	断后伸长率(%)		90°弯曲半径
							A_{50mm}	$A_{5.65}$②	
					≥				
5A02		O	O	0.50~1.00	167~225			16	
				>1.00~6.00	167~225			18	
		H24 H34	H24 H34	0.50~1.00	235		4		
				>1.00~6.00	235		6		
		H18	H18	0.50~1.00	265		3		
				>1.00~4.50	265		4		
		H112	H112	>4.50~12.50	177		7		
				>12.50~25.00	177			7	
				>25.00~40.00	157			6	
5A03		O	O	>0.50~4.50	195	100	16		
		H14、H24 H34	H14、H24 H34	>0.50~4.50	225	195	8		
		H112	H112	>4.50~10.00	185	80	16		
				>10.00~12.50	175	70	13		
				>12.50~25.00	175	70		13	
				>25.00~40.00	165	60		12	
		F		>4.50~150.00					
5A05		O	O	0.50~4.50	275	145	16		
		H112	H112	>4.50~10.00	275	125	16		
				>10.00~12.50	265	115	14		
				>12.50~25.00	265	115		14	
				>25.00~40.00	255	105		13	
5A06	工艺包铝	O	O	0.50~4.50	315	155	16		
		H112	H112	>4.50~10.00	315	155	16		
				>10.00~12.50	305	145	12		
				>12.50~25.00	305	145		12	
				>25.00~40.00	295	135		6	
5005		H22 H32	H22 H32	>0.50~1.50	125~165	80	5		
				>1.50~3.00	125~165	80	6		
		H24 H34	H24 H34	>0.50~1.50	145~185	110	4		
				>1.50~3.00	145~185	110	5		
		H26 H36	H26 H36	>0.50~1.50	165~205	135	3		
				>1.50~3.00	165~205	135	4		
5052		O H111	O H111	>0.20~0.50	170~215	65	12		0t
				>0.50~1.50	170~215	65	14		0t
				>1.50~3.00	170~215	65	16		0.5t
				>3.00~6.00	170~215	65	18		1.0t
				>6.00~12.50	165~215	65	19		2.0t
				>12.50~40.00	165~215	65		18	

（续）

牌号	包铝分类	供应状态	试样状态	厚度①/mm	室温拉伸试验结果				弯曲性能
					抗拉强度 R_m/MPa	规定塑性延伸强度 $R_{p0.2}$/MPa	断后伸长率(%)		90°弯曲半径
							A_{50mm}	$A_{5.65}$②	
					≥				
5052		H12	H12	>0.20~0.50	210~260	160	4		
				>0.50~1.50	210~260	160	5		
				>1.50~3.00	210~260	160	6		
				>3.00~6.00	210~260	160	3		
		H14	H14	>0.20~0.50	230~280	180	3		
				>0.50~1.50	230~280	180	3		
				>1.50~3.00	230~280	180	4		
				>3.00~6.00	230~280	180	4		
		H16	H16	>0.20~0.50	250~300	210	2		
				>0.50~1.50	250~300	210	3		
				>1.50~3.00	250~300	210	3		
				>3.00~4.00	250~300	210	3		
		H18	H18	>0.20~0.50	270	240	1		
				>0.50~1.50	270	240	2		
				>1.50~3.00	270	240	2		
		H22 H32	H22 H32	>0.20~0.50	210~260	130	5		0.5t
				>0.50~1.50	210~260	130	6		1.0t
				>1.50~3.00	210~260	130	7		1.5t
				>3.00~6.00	210~260	130	10		1.5t
		H24 H34	H24 H34	>0.20~0.50	230~280	150	4		0.5t
				>0.50~1.50	230~280	150	5		1.5t
				>1.50~3.00	230~280	150	6		2.0t
				>3.00~6.00	230~280	150	7		2.5t
		H26 H36	H26 H36	>0.20~0.50	250~300	180	3		1.5t
				>0.50~1.50	250~300	180	4		2.0t
		H26 H36	H26 H36	>1.50~3.00	250~300	180	5		3.0t
				>3.00~4.00	250~300	180	6		3.5t
		H38	H38	>0.20~0.50	270	210	3		
				>0.50~1.50	270	210	3		
				>1.50~3.00	270	210	4		
		H112	H112	>6.00~12.50	190	80	7		
				>12.50~40.00	170	70		10	
		F		>2.50~150.00					
5083		O	O	>0.20~0.50	275~350	125	11		0.5t
				>0.50~1.50	275~350	125	12		1.0t
				>1.50~2.99	275~350	125	13		1.0t
				≥3.00~6.00	275~350	125	15		1.5t
				>6.00~12.50	275~350	125	16		2.5t
				>12.50~40.00	275~350	125		15	

（续）

牌号	包铝分类	供应状态	试样状态	厚度①/mm	室温拉伸试验结果				弯曲性能
					抗拉强度 R_m/MPa	规定塑性延伸强度 $R_{p0.2}$/MPa	断后伸长率(%)		90°弯曲半径
							A_{50mm}	$A_{5.65}$②	
					≥				
5083		H12	H12	>0.20~0.50	315~375	250	3		
				>0.50~1.50	315~375	250	4		
				>1.50~3.00	315~375	250	5		
				>3.00~6.00	315~375	250	6		
		H14	H14	>0.20~0.50	340~400	280	2		
				>0.50~1.50	340~400	280	3		
				>1.50~3.00	340~400	280	3		
				>3.00~6.00	340~400	280	3		
		H16	H16	>0.20~0.50	360~420	300	1		
				>0.50~1.50	360~420	300	2		
				>1.50~3.00	360~420	300	2		
				>3.00~4.00	360~420	300	2		
		H22 H32	H22 H32	>0.20~0.50	305~380	215	5		0.5t
				>0.50~1.50	305~380	215	6		1.5t
				>1.50~3.00	305~380	215	7		2.0t
				>3.00~6.00	305~380	215	8		2.5t
		H24 H34	H24 H34	>0.20~0.50	340~400	250	4		1.0t
				>0.50~1.50	340~400	250	5		2.0t
				>1.50~3.00	340~400	250	6		2.5t
				>3.00~6.00	340~400	250	7		3.5t
		H26 H36	H26 H36	>0.20~0.50	360~420	280	2		
				>0.50~1.50	360~420	280	3		
		H26 H36	H26 H36	>1.50~3.00	360~420	280	3		
				>3.00~4.00	360~420	280	3		
		H116	H116	0.50~12.50	305	215	10		
		H321	H321	0.50~12.50	305~385	215	10		
		H112	H112	>6.00~12.50	275	125	12		
				>12.50~40.00	275	125		10	
		F		>4.50~150.00					
5383	—	O	O	3.00~2.50	290	145	17		
				>12.50~40.00	290	145		17	
		H116 H321	H116 H321	3.00~12.50	330	230	10		
5059		O	O	3.00~12.50	330	160	24		
				>12.50~40.00	330	160		24	
		H116 H321	H116 H321	3.00~12.50	370	270	10		

（续）

牌号	包铝分类	供应状态	试样状态	厚度①/mm	室温拉伸试验结果				弯曲性能
					抗拉强度 R_m/MPa	规定塑性延伸强度 $R_{p0.2}$/MPa	断后伸长率(%)		90°弯曲半径
							A_{50mm}	$A_{5.65}$②	
					≥				
5086		O	O	>0.20~0.50	240~310	100	11		0.5t
				>0.50~1.50	240~310	100	12		1.0t
				>1.50~2.99	240~310	100	13		1.0t
				≥3.00~6.00	240~310	100	15		1.5t
				>6.00~12.50	240~310	100	17		2.5t
				>12.50~40.00	240~310	100		16	
		H12	H12	>0.20~0.50	275~335	200	3		
				>0.50~1.50	275~335	200	4		
				>1.50~3.00	275~335	200	5		
				>3.00~6.00	275~335	200	6		
		H14	H14	>0.20~0.50	300~360	240	2		
				>0.50~1.50	300~360	240	3		
				>1.50~3.00	300~360	240	3		
				>3.00~6.00	300~360	240	3		
		H16	H16	>0.20~0.50	325~385	270	1		
				>0.50~1.50	325~385	270	2		
				>1.50~3.00	325~385	270	2		
				>3.00~4.00	325~385	270	2		
		H18	H18	>0.20~0.50	345	290	1		
				>0.50~1.50	345	290	1		
				>1.50~3.00	345	290	1		
		H22 H32	H22 H32	>0.20~0.50	275~335	185	5		0.5t
				>0.50~1.50	275~335	185	6		1.5t
				>1.50~3.00	275~335	185	7		2.0t
				>3.00~6.00	275~335	185	8		2.5t
		H24 H34	H24 H34	>0.20~0.50	300~360	220	4		1.0t
				>0.50~1.50	300~360	220	5		2.0t
				>1.50~3.00	300~360	220	6		2.5t
				>3.00~6.00	300~360	220	7		3.5t
		H26 H36	H26 H36	>0.20~0.50	325~385	250	2		
				>0.50~1.50	325~385	250	3		
				>1.50~3.00	325~385	250	3		
				>3.00~4.00	325~385	250	3		
		H112	H112	>6.00~12.50	250	105	8		
				>12.50~40.00	240	105		9	
		H116	H116	>3.00~6.00	275	195	8		
				>6.00~12.50	275	195	10		
		H321	H321	>3.00~6.00	275~355	195	8		
				>6.00~8.00	275~355	195	9		

（续）

牌号	包铝分类	供应状态	试样状态	厚度①/mm	室温拉伸试验结果				弯曲性能
					抗拉强度 R_m/MPa	规定塑性延伸强度 $R_{p0.2}$/MPa	断后伸长率(%)		90°弯曲半径
							A_{50mm}	$A_{5.65}$②	
					≥				
5454		O	O	0.50	215~275	85	12		0.5t
				>0.50~1.50	215~275	85	13		0.5t
				>1.50~2.99	215~275	85	15		1.0t
				≥3.00~6.00	215~285	85	17		1.5t
				>6.00~12.50	215~285	85	18		2.5t
				>12.50~40.00	215~285	85		16	
		H112	H112	6.00~12.50	220	125	8		
				>12.50~40.0	215	90		9	
		H12	H12	0.50	250~305	190	3		
				>0.50~1.50	250~305	190	4		
				>1.50~3.00	250~305	190	5		
				>3.00~6.00	250~305	190	6		
		H14	H14	0.50	270~325	220	2		
				>0.50~3.00	270~325	220	3		
				>3.00~6.00	270~325	220	4		
		H32 H22	H32 H22	0.50	250~305	180	5		0.5t
				>0.50~1.50	250~305	180	6		1.0t
				>1.50~2.99	250~305	180	7		2.0t
				≥3.00~6.00	250~305	180	8		2.5t
		H24 H34	H24 H34	0.50	270~325	200	4		1.0t
				>0.50~1.50	270~325	200	5		2.0t
				>1.50~3.00	270~325	200	6		2.5t
				>3.00~6.00	270~325	200	7		3.0t
		H26 H36	H26 H36	≥0.50~1.50	290~345	230	3		
				>1.50~3.00	290~345	230	4		
				>3.00~6.00	290~345	230	5		
		H28、H38	H28、H38	≥0.50~3.00	310	250	3		
5456		O	O	0.50~6.30	290~365	130~205	16		
				>6.30~12.50	285~360	125~205	16		
				>12.50~40.00	285~360	125~205		14	
		H111	H111	0.50~12.50	295	180	14		
		H112	H112	>6.30~12.50	290	130	12		
				>12.50~40.00	290	130		10	
		H116	H116	1.60~7.00	315	230	10		
		H321	H321	4.00~12.50	315~405	230~315	12		
5754		O H111	O H111	0.50	190~240	80	12		0t
				>0.50~1.50	190~240	80	14		0.5t
				>1.50~2.99	190~240	80	16		1.0t

（续）

牌号	包铝分类	供应状态	试样状态	厚度①/mm	室温拉伸试验结果				弯曲性能
					抗拉强度 R_m/MPa	规定塑性延伸强度 $R_{p0.2}$/MPa	断后伸长率(%)		90°弯曲半径
							A_{50mm}	$A_{5.65}$②	
					≥				
5754		O H111	O H111	≥3.00~6.00	190~240	80	18		1.0t
				>6.00~12.50	190~240	80	18		2.0t
				>12.50~40.00	190~240	80		17	
		H112	H112	>6.00~12.50	190	100	12		
				>12.50~25.00	190	90		10	
				>25.00~40.00	190	80		12	
		H12	H12	0.50	220~270	170	4		
				>0.50~1.50	220~270	170	5		
				>1.50~3.00	220~270	170	6		
				>3.00~6.00	220~270	170	7		
		H14	H14	0.50~1.50	240~280	190	3		
				>1.50~6.00	240~280	190	4		
		H16	H16	0.50	265~305	220	2		
				>0.50~6.00	265~305	220	3		
		H18	H18	0.50	290	250	1		
				>0.50~3.00	290	220	2		
		H22 H32	H22 H32	0.50	220~270	130	7		0.5t
				>0.50~1.50	220~270	130	8		1.0t
				>1.50~3.00	220~270	130	10		1.5t
				>3.00~6.00	220~270	130	11		1.5t
		H24 H34	H24 H34	0.50	240~280	160	6		1.0t
				>0.50~1.50	240~280	160	6		1.5t
				>1.50~3.00	240~280	160	7		2.0t
				>3.00~6.00	240~280	160	8		2.5t
		H26 H36	H26 H36	0.50	265~305	190	4		1.5t
				>0.50~1.50	265~305	190	4		2.0t
				>1.50~3.00	265~305	190	5		2.0t
				>3.00~6.00	265~305	190	5		3.5t
		H28	H28	0.50~1.50	290	230	3		
		H38	H38	>1.50~3.00	290	230	4		
6061		O	O	0.40~1.50	≤150	≤85	14		0.5t
				>1.50~3.00	≤150	≤85	16		1.0t
				>3.00~6.00	≤150	≤85	19		1.0t
				>6.0~12.50	≤150	≤85	16		2.0t
				>12.50~25.00	≤150	≤85		16	
		T4	T4	0.50~1.50	205	110	12		1.0t
				>1.50~3.00	205	110	14		1.5t
				>3.00~6.00	205	110	16		3.0t
				>6.00~12.50	205	110	18		4.0t

（续）

牌号	包铝分类	供应状态	试样状态	厚度①/mm	室温拉伸试验结果 抗拉强度 R_m/MPa	规定塑性延伸强度 $R_{p0.2}$/MPa	断后伸长率(%) A_{50mm}	$A_{5.65}$②	弯曲性能 90°弯曲半径
					≥				
6061		T451	T451	0.50~1.50	205	110	12		
				>1.50~3.00	205	110	14		
				>3.00~6.00	205	110	16		
				>6.00~12.50	205	110	18		
		T6	T6	0.50~1.50	290	240	6		2.5t
				>1.50~3.00	290	240	7		3.5t
				>3.00~6.00	290	240	10		4.0t
				>6.00~12.50	290	240	9		5.0t
		T651	T651	0.50~1.50	290	240	6		
				>1.50~3.00	290	240	7		
				>3.00~6.00	290	240	10		
				>6.00~12.50	290	240	9		
7A19		O	O	0.50~3.00	≤240		12		
				>3.00~6.00	≤260		11		
			T76③	0.50~3.00	370	290	9		
				>3.00~6.00	360	280	8		
		T76	T76	0.50~3.00	380	300	9		
				>3.00~6.00	370	290	8		

① 当厚度超出表中规定时，其力学性能附实测结果；需要 CCS 证书的板材，应经双方协商，并在合同中注明力学性能。

② $A_{5.65}$表示原始标距（L_0）为 $5.65\sqrt{S_0}$的断后伸长率。

③ 以 O 状态订货的板材，要求检验淬火状态的力学性能时应在合同中注明，未注明时不检验。

4.4.2.6　铝及铝合金箔（简称铝箔）（见表 4-358~表 4-363）

表 4-358　铝箔的牌号、状态和规格（摘自 GB/T 3198—2010）

牌号	状态	规格/mm 厚度 T	宽度	管芯内径	卷外径
1050、1060、1070、1100、1145、1200、1235	O	0.0045~0.2000	50.0~1820.0	75.0、76.2、150.0、152.4、300.0、400.0、406.0	150~1200
	H22	>0.0045~0.2000			
	H14、H24	0.0045~0.0060			
	H16、H26	0.0045~0.2000			
	H18	0.0045~0.2000			
	H19	>0.0060~0.2000			
2A11、2A12	O、H18	0.0300~0.2000			100~1500
3003	O	0.0090~0.0200			100~1500
	H22	0.0200~0.2000			
	H14、H24	0.0300~0.2000			
	H16、H26	0.1000~0.2000			
	H18	0.0100~0.2000			
	H19	0.0180~0.1000			
3A21	O	0.0300~0.0400			
	H22	>0.0400~0.2000			
	H24	0.1000~0.2000			
	H18	0.0300~0.2000			

（续）

牌号	状态	规格/mm			
		厚度 T	宽度	管芯内径	卷外径
4A13	O、H18	0.0300～0.2000	50.0～1820.0	75.0、76.2、150.0、152.4、300.0、400.0、406.0	100～1500
5A02	O	0.0300～0.2000			
	H16、H26	0.1000～0.2000			
	H18	0.0200～0.2000			
5052	O	0.0300～0.2000			
	H14、H24	0.0500～0.2000			
	H16、H26	0.1000～0.2000			
	H18	0.0500～0.2000			
	H19	>0.1000～0.2000			
5082、5083	O、H18、H38	0.1000～0.2000			
8006	O	0.0060～0.2000			250～1200
	H22	0.0350～0.2000			
	H24	0.0350～0.2000			
	H26	0.0350～0.2000			
	H18	0.0180～0.2000			
8011、8011A、8079	O	0.0060～0.2000			
	H22	0.0350～0.2000			
	H24	0.0350～0.2000			
	H26	0.0350～0.2000			
	H18	0.0180～0.2000			
	H19	0.0350～0.2000			

铝箔的标记按照产品名称、牌号、状态和标准编号的顺序表示。标记示例如下：

示例 1：8011 牌号、O 状态、厚度为 0.0160mm、宽度为 900.0mm 的铝箔卷，标记为：

铝箔　8011-O　0.016×900　GB/T 3198—2010

示例 2：1235 牌号、O 状态、厚度为 0.0060mm、宽度为 780.0mm、长度为 12000m 的铝箔，标记为：

铝箔　1235-O　0.006 × 780 × 12000　GB/T 3198—2010

表 4-359　铝箔的厚度允许偏差

（单位：mm）

厚度 T	高精级	普通级
0.0045～0.0090	±5%T	±6%T
>0.0090～0.2000	±4%T	±5%T

注：1. 2A11、2A12、5A02、5052 合金箔的局部厚度允许偏差为±10%T，其他铝箔的局部厚度偏差应符合表中的规定。

2. 需要高精级时，应在合同（或订货单）中注明，未注明时按普通级供货。

铝箔的针孔个数、针孔直径应符合表 4-363 的规定，需要采用高精级或超高精级时，应在合同（或订货单）中注明，未注明时按普通级供货。

表 4-360　铝箔的平均厚度允许偏差

卷批量/t	平均厚度允许偏差/mm
≤3	±5%T
>3～10	±4%T
>10	±3%T

注：铝箔的平均厚度 E_m 按下式计算

$$E_m = \frac{P \times 10^6}{L \times W \times D}$$

式中　E_m—铝箔的平均厚度（mm）；

P—铝箔卷的净重（kg）；

L—铝箔长度（mm）；

W—铝箔宽度（mm）；

D—铝箔密度（g/cm^3），常用牌号的密度值见表 4-361。

表 4-361　常用铝和铝合金的密度

牌号	密度/(g/cm^3)
1050	2.705
1060	2.705
1070	2.700
1100	2.710
1145	2.700
1200	2.700
1235	2.705
3003	2.730
5052	2.680
8006	2.740
8011	2.710
8011A	2.710
8079	2.720

表 4-362　铝箔的尺寸和力学性能

牌号	状态	厚度 T/mm	室温拉伸试验结果		
			抗拉强度 R_m/MPa	伸长率(%)，≥	
				A_{50mm}	A_{100mm}
1050、1060、1070、1100、1145、1200、1235	O	0.0045～<0.0060	40～95	—	—
		0.0060～0.0090	40～100	—	—
		>0.0090～0.0250	40～105	—	1.5
		>0.0250～0.0400	50～105	—	2.0
		>0.0400～0.0900	55～105	—	2.0
		>0.0900～0.1400	60～115	12	—
		>0.1400～0.2000	60～115	15	—
	H22	0.0045～0.0250	—	—	—
		>0.0250～0.0400	90～135	—	2
		>0.0400～0.0900	90～135	—	3
		>0.0900～0.1400	90～135	4	—
		>0.1400～0.2000	90～135	6	—
	H14、H24	>0.0045～0.0250	—	—	—
		>0.0250～0.0400	110～160	—	2
		>0.0400～0.0900	110～160	—	3
		>0.0900～0.1400	110～160	4	—
		>0.1400～0.2000	110～160	6	—
	H16、H26	0.0045～0.0250	—	—	—
		>0.0250～0.0900	125～180	—	1
		>0.0900～0.2000	125～180	2	—
	H18	0.0045～0.0060	≥115	—	—
		>0.0060～0.2000	≥140	—	—
	H19	>0.0060～0.2000	≥150	—	—
2A11	O	0.0300～0.0490	≤195	1.5	—
		>0.0490～0.2000	≤195	3.0	—
	H18	0.0300～0.0490	≥205	—	—
		>0.0490～0.2000	≥215	—	—
2A12	O	0.0300～0.0490	≤195	1.5	—
		>0.0490～0.2000	≤205	3.0	—
	H18	0.0300～0.0490	≥225	—	—
		>0.0490～0.2000	≥245	—	—
3003	O	0.0090～0.0120	80～135	—	—
		>0.0180～0.2000	80～140	—	—
	H22	0.0200～0.0500	90～130	—	3.0
		>0.0500～0.2000	90～130	10.0	—
	H14	0.0300～0.2000	140～170	—	—
	H24	0.0300～0.2000	140～170	1.0	—
	H16	0.1000～0.2000	≥180	—	—
	H26	0.1000～0.2000	≥180	1.0	—
	H18	0.0100～0.2000	≥190	1.0	—
	H19	0.0180～0.1000	≥200	—	—
3A21	O	0.0300～0.0400	85～140	—	3.0
	H22	>0.0400～0.2000	85～140	8.0	—
	H24	0.1000～0.2000	130～180	1.0	—
	H18	0.0300～0.2000	≥190	0.5	—
5A02	O	0.0300～0.0490	≤195	—	—
		0.0500～0.2000	≤195	4.0	—

（续）

牌号	状态	厚度 T/mm	室温拉伸试验结果		
			抗拉强度 R_m/MPa	伸长率(%)，≥	
				A_{50mm}	A_{100mm}
5A02	H16	0.0500～0.2000	≤195	4.0	—
	H16、H26	0.1000～0.2000	≥255	—	—
	H18	0.0200～0.2000	≥265	—	—
5052	O	0.0300～0.2000	175～225	4	—
	H14、H24	0.0500～0.2000	250～300	—	—
	H16、H26	0.1000～0.2000	≥270	—	—
	H18	0.0500～0.2000	≥275	—	—
	H19	0.1000～0.2000	≥285	1	—
8006	O	0.0060～0.0090	80～135	—	1
		>0.0090～0.0250	85～140	—	2
		>0.0250～0.040	85～140	—	3
		>0.040～0.0900	90～140	—	4
		>0.0900～0.1400	110～140	15	—
		>0.1400～0.200	110～140	20	—
	H22	>0.0350～0.0900	120～150	5.0	—
		>0.0900～0.1400	120～150	15	—
		>0.1400～0.2000	120～150	20	—
	H24	0.0350～0.0900	125～150	5.0	—
		>0.0900～0.1400	125～155	15	—
		>0.1400～0.2000	125～155	18	—
	H26	0.0900～0.1400	130～160	10	—
		0.1400～0.2000	130～160	12	—
	H18	0.0060～0.0250	≥140	—	—
		>0.0250～0.0400	≥150	—	—
		>0.0400～0.0900	≥160	—	1
		>0.0900～0.2000	≥160	0.5	—
8011 8011A 8079	O	0.0060～0.0090	50～100	—	0.5
		>0.0090～0.0250	55～100	—	1
		>0.0250～0.0400	55～110	—	4
		>0.0400～0.0900	60～120	—	4
		>0.0900～0.1400	60～120	13	—
		>0.1400～0.2000	60～120	15	—
	H22	0.0350～0.0400	90～150	—	1.0
		>0.0400～0.0900	90～150	—	2.0
		>0.0900～0.1400	90～150	5	—
		>0.1400～0.2000	90～150	6	—
	H24	0.0350～0.0400	120～170	2	—
		>0.0400～0.0900	120～170	3	—
		>0.0900～0.1400	120～170	4	—
		>0.1400～0.2000	120～170	5	—
	H26	0.0350～0.0090	140～190	1	—
		>0.0900～0.2000	140～190	2	—
	H18	0.0350～0.2000	≥160	—	—
	H19	0.0350～0.2000	≥170	—	—

表 4-363 铝箔的允许针孔个数和尺寸

厚度/mm	针孔个数，≤						针孔直径/mm ≤		
	任意 1m² 内			任意 4mm×4mm 或 1mm×16mm 面积上的针孔个数					
	超高精级	高精级	普通级	超高精级	高精级	普通级	超高精级	高精级	普通级
0.0045～<0.0060	供需双方商定			6	7	8	0.1	0.2	0.3
0.0060	500	1000	1500						
>0.0060～0.0065	400	600	1000						
>0.0065～0.0070	150	300	500						
>0.0070～0.0090	100	150	200						
>0.0090～0.0120	20	50	100						
>0.0120～0.0180	10	30	50	3					
>0.0180～0.0200	3	20	30						
>0.0200～0.0400	0	5	10						
>0.0400	0	0	0	0					

4.4.2.7 一般工业用铝及铝合金挤压型材（见表 4-364～表 4-366）

表 4-364 一般工业用铝及铝合金挤压型材按成分分类（摘自 GB/T 6892—2015）

按成分分类	定义	典型牌号
Ⅰ类	1×××系、3×××系、5×××系、6×××系及镁限量平均值小于 4%的 5×××系合金型材	1060、1350、1050A、1100、1200、3A21、3003、3103、5A02、5A03、5005、5005A、5051A、5251、5052、5154A、5454、5754、6A02、610lA、6101B、6005、6005A、6106、6008、6351、6060、6360、6061、6261、6063、6063A、6463、6463A、6081、6082
Ⅱ类	2×××系、7×××系及镁限量平均值不小于 4%的 5×××系合金型材	2A11、2A12、2014、2014A、2024、2017、2017A、5A05、5A06、5019、5083、5086、7A04、7003、7005、7020、7021、7022、7049A、7075、7178

表 4-365 一般工业用铝及铝合金表面处理的型材牌号、表面处理类别、膜层代号（摘自 GB/T 6892—2015）

牌号	表面处理类别			膜层代号	备注
6005、6063、6063A、6060、6061、6463 6463A	阳极氧化			AA5、AA10、AA15、AA20、AA25	膜层代号中： “AA”代表阳极氧化类别； “AA”后的数字标示阳极氧化膜最小平均膜厚限定值
	阳极氧化+电泳涂漆	阳极氧化+有光透明漆 阳极氧化+亚光透明漆		EA21、EA16、EA13	膜层代号中： “EA”代表阳极氧化+有光或亚光透明漆类别 “EA”后的数字标示阳极氧化与电泳涂漆复合膜最小局部膜厚限定值
		阳极氧化+有光有色漆 阳极氧化+亚光有色漆		ES21	膜层代号中： “ES”代表阳极氧化+有光或亚光有色漆类别 “ES”后的数字标示阳极氧化与电泳涂漆复合膜最小局部膜厚限定值
	粉末喷涂			GA40	膜层代号中： “GA”代表粉末喷涂类别； “GA”后的数字标示最小局部膜厚限定值
	液体喷涂	丙烯酸漆喷涂		LB20	膜层代号中： “LB”代表丙烯酸漆喷涂类别； “LB”后的数字标示最小平均膜厚限定值
		氟碳漆喷涂	二涂（底漆加面漆）	LF2-30	膜层代号中： “LF2”代表氟碳漆喷涂一二涂类别； “LF2”后的数字标示最小平均膜厚限定值
			三涂（底漆、面漆加清漆）	LF3-40	膜层代号中： “LF3”代表氟碳漆喷涂一三涂类别； “LF3”后的数字标示最小平均膜厚限定值
			四涂（底漆、阻挡漆、面漆加清漆）	LF4-65	膜层代号中： “LF4”代表氟碳漆喷涂一四涂类别； “LF4”后的数字标示最小平均膜厚限定值

表 4-366　铝及铝合金挤压型材的力学性能（摘自 GB/T 6892—2015）

牌号	状态	壁厚/mm	室温拉伸试验结果				布氏硬度参考值 HBW
			抗拉强度 R_m/MPa	规定塑性延伸强度 $R_{p0.2}$/MPa	断后伸长率①,②(%)		
					A	A_{50mm}	
			≥				
1060	O	—	60~95	15	22	20	—
	H112	—	60	15	22	20	—
1350	H112	—	60	—	25	23	20
1050A	H112	—	60	20	25	23	20
1100	O	—	75~105	20	22	20	—
	H112	—	75	20	22	20	—
1200	H112	—	75	25	20	18	23
2A11	O	—	≤245	—	12	10	—
	T4	≤10.00	335	190	—	10	—
		>10.00~20.00	335	200	10	8	—
		>20.00~50.00	365	210	10	—	—
2A12	O	—	≤245	—	12	10	—
	T4	≤5.00	390	295	—	8	—
		>5.00~10.00	410	295	—	8	—
		>10.00~20.00	420	305	10	8	—
		>20.00~50.00	440	315	10	—	—
2014 2014A	O、H111	—	≤250	≤135	12	10	45
	T4 T4510 T4511	≤25.00	370	230	11	10	110
		>25.00~75.00	410	270	10	—	110
	T6 T6510 T6511	≤25.00	415	370	7	5	140
		>25.00~75.00	460	415	7	—	140
2024	O、H111	—	≤250	≤150	12	10	47
	T3 T3510 T3511	≤15.00	395	290	8	6	120
		>15.00~50.00	420	290	8	—	120
	T8 T8510 T8511	≤50.00	455	380	5	4	130
2017	O	—	≤245	≤125	16	16	—
	T4	≤12.50	345	215	—	12	—
		>12.50~100.00	345	195	12	—	—
2017A	T4 T4510 T4511	≤30.00	380	260	10	8	105
3A21	O、H112	—	≤185	—	16	14	—
3003	H112	—	95	35	25	20	30
3103	H112	—	95	35	25	20	28
5A02	O、H112	—	≤245	—	12	10	—
5A03	O、H112	—	180	80	12	10	—
5A05	O、H112	—	255	130	15	13	—
5A06	O、H112	—	315	160	15	13	—

（续）

牌号	状态	壁厚/mm		室温拉伸试验结果				布氏硬度参考值 HBW
				抗拉强度 R_m/MPa	规定塑性延伸强度 $R_{p0.2}$/MPa	断后伸长率[①,②]（%）		
						A	A_{50mm}	
				≥				
5005	O、H111	≤20.00		100~150	40	20	18	30
5005A	H112	—		100	40	18	16	30
5019	H112	≤30.00		250	110	14	12	65
5051A	H112	—		150	60	16	14	40
5251	H112	—		160	60	16	14	45
5052	H112	—		170	70	15	13	47
5154A	H112	≤25.00		200	85	16	14	55
5454	H112	≤25.00		200	85	16	14	60
5754	H112	≤25.00		180	80	14	12	47
5083	H112	—		270	125	12	10	70
5086	H112	—		240	95	12	10	65
6A02	T4	—		180	—	12	10	—
	T6	—		295	230	10	8	—
6101A	T6	≤50.00		200	170	10	8	70
6101B	T6	≤15.00		215	160	8	6	70
6005	T1	≤12.50		170	100	—	11	—
	T5	≤6.30		250	200	—	7	—
		>6.30~25.00		250	200	8	7	—
	T4	≤25.00		180	90	15	13	50
	T6	实心型材	≤5.00	270	225	—	6	90
			>5.00~10.00	260	215	—	6	85
			>10.00~25.00	250	200	8	6	85
		空心型材	≤5.00	255	215	—	6	85
			>5.00~15.00	250	200	8	6	85
6005A	T5	≤6.30		250	200	—	7	—
		>6.30~25.00		250	200	8	7	—
	T4	≤25.00		180	90	15	13	50
	T6	实心型材	≤5.00	270	225	—	6	90
			>5.00~10.00	260	215	—	6	85
			>10.00~25.00	250	200	8	6	85
		空心型材	≤5.00	255	215	—	6	85
			>5.00~15.00	250	200	8	6	85
6106	T6	≤10.00		250	200	—	6	75
6008	T4	≤10.00		180	90	15	13	50
	T6	实心型材	≤5.00	270	225	—	6	90
			>5.00~10.00	260	215	—	6	85
		空心型材	≤5.00	255	215	—	6	85
			>5.00~15.00	250	200	—	6	85
6351	O	—		≤160	≤110	14	12	35
	T4	≤25.00		205	110	14	12	67
	T5	≤5.00		270	230	—	6	90
	T6	≤5.00		290	250	—	6	95
		>5.00~25.00		300	255	10	8	95
6060	T4	≤25.00		120	60	16	14	50
	T5	≤5.00		160	120	—	6	60
		>5.00~25.00		140	100	8	6	60

（续）

牌号	状态	壁厚/mm	抗拉强度 R_m/MPa	规定塑性延伸强度 $R_{p0.2}$/MPa	断后伸长率①,②(%) A	断后伸长率①,②(%) A_{50mm}	布氏硬度参考值 HBW
			≥				
6060	T6	≤3.00	190	150	—	6	70
		>3.00~25.00	170	140	8	6	70
	T66③	≤3.00	215	160	—	6	75
		>3.00~25.00	195	150	8	6	75
6360	T4	≤25.00	110	50	16	14	40
	T5	≤25.00	150	110	8	6	50
	T6	≤25.00	185	140	8	6	60
	T66③	≤25.00	195	150	8	6	65
6061	T4	≤25.00	180	110	15	13	65
	T5	≤16.00	240	205	9	7	—
	T6	≤5.00	260	240	—	7	95
		>5.00~25.00	260	240	10	8	95
6261	O	—	≤170	≤120	14	12	—
	T4	≤25.00	180	100	14	12	—
	T5	≤5.00	270	230	—	7	—
		>5.00~25.00	260	220	9	8	—
		>25.00~50.00	250	210	9	—	—
	T6	实心型材 ≤5.00	290	245	—	7	100
		实心型材 >5.00~10.00	280	235	—	7	100
		空心型材 ≤5.00	290	245	—	7	100
		空心型材 >5.00~10.00	270	230	—	8	100
6063	T4	≤25.00	130	65	14	12	50
	T5	≤3.00	175	130	—	6	65
		>3.00~25.00	160	110	7	5	65
	T5	≤10.00	215	170	—	6	75
		>10.00~25.00	195	160	8	6	75
	T66③	≤10.00	245	200	—	6	80
		>10.00~25.00	225	180	8	6	80
6063A	T4	≤25.00	150	90	12	10	50
	T5	≤10.00	200	160	—	5	75
		>10.00~25.00	190	150	6	4	75
	T6	≤10.00	230	190	—	5	80
		>10.00~25.00	220	180	5	4	80
6463	T4	≤50.00	125	75	14	12	46
	T5	≤50.00	150	110	8	6	60
	T6	≤50.00	195	160	10	8	74
6463A	T1	≤12.00	115	60	—	10	—
	T5	≤12.00	150	110	—	6	—
	T6	≤3.00	205	170	—	6	—
		>3.00~12.00	205	170	—	8	—
6081	T6	≤25.00	275	240	8	6	95
6082	O、H111	—	≤160	≤110	14	12	35
	T4	≤25.00	205	110	14	12	70
	T5	≤5.00	270	230	—	6	90
	T6	≤5.00	290	250	—	6	95
		>5.00~25.00	310	260	10	8	95
7A04	O	—	≤245	—	10	8	—
	T6	≤10.00	500	430	—	4	—
		>10.00~20.00	530	440	6	4	—
		>20.00~50.00	560	460	6	—	—

（续）

牌号	状态	壁厚/mm	室温拉伸试验结果				布氏硬度参考值 HBW
			抗拉强度 R_m/MPa	规定塑性延伸强度 $R_{p0.2}$/MPa	断后伸长率①,②(%)		
					A	A_{50mm}	
			≥				
7003	T5	—	310	260	10	8	—
	T6	≤10.00	350	290	—	8	110
		>10.00~25.00	340	280	10	8	110
7005	T5	≤25.00	345	305	10	8	—
	T6	≤40.00	350	290	10	8	110
7020	T6	≤40.00	350	290	10	8	110
7021	T6	≤20.00	410	350	10	8	120
7022	T6 T6510 T6511	≤30.00	490	420	7	5	133
7049A	T6 T6510 T6511	≤30.00	610	530	5	4	170
7075	T6 T6510 T6511	≤25.00	530	460	6	4	150
		>25.00~60.00	540	470	6	—	150
	T73 T73510 T73511	≤25.00	485	420	7	5	135
	T76 T76510 T76511	≤6.00	510	440	—	5	—
		>6.00~50.00	515	450	6	5	—
7178	T6 T6510 T6511	≤1.60	565	525	—	—	—
		>1.60~6.00	580	525	—	3	—
		>6.00~35.00	600	540	4	3	—
		>35.00~60.00	595	530	4	—	—
	T76 T76510 T76511	>3.00~6.00	525	455	—	5	—
		>6.00~25.00	530	460	6	5	—

① 如无特殊要求或说明，A 适用于壁厚大于 12.5mm 的型材，A_{50mm} 适用于壁厚不大于 12.5mm 的型材。

② 壁厚不大于 1.6mm 的型材不要求伸长率，如有要求，可供需双方协商并在订货单（或合同）中注明。

③ 固溶热处理后人工时效，通过工艺控制使力学性能达到本标准要求的特殊状态。

4.4.2.8 铝及铝合金花纹板

（1）代号、花纹图案、牌号、状态和尺寸，见图 4-22 和表 4-367。

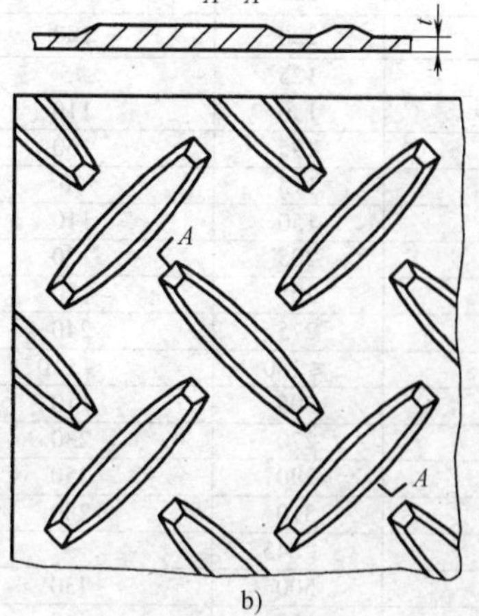

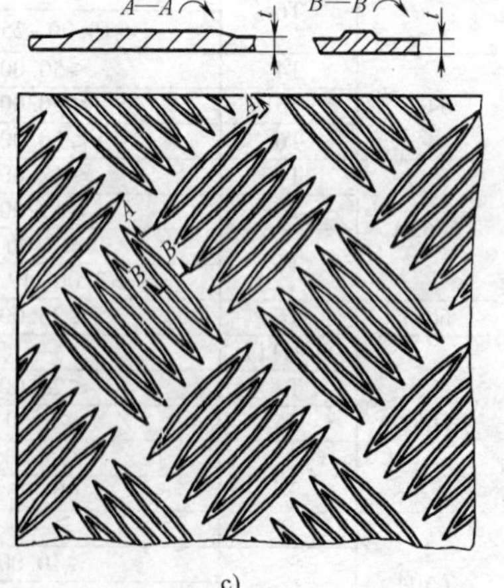

图 4-22 铝及铝合金花纹板

a)~c) 1~4 号花纹板

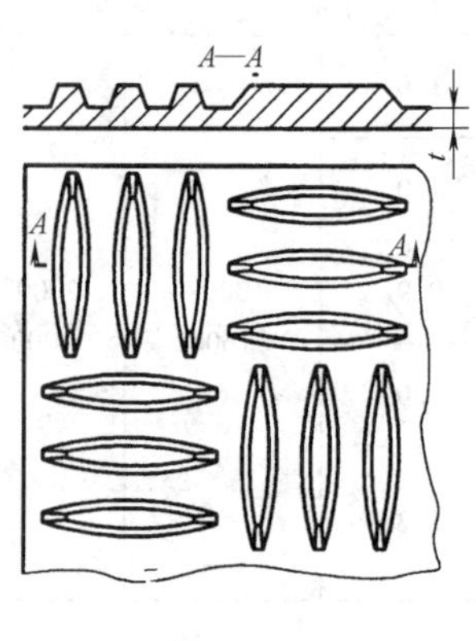

d)

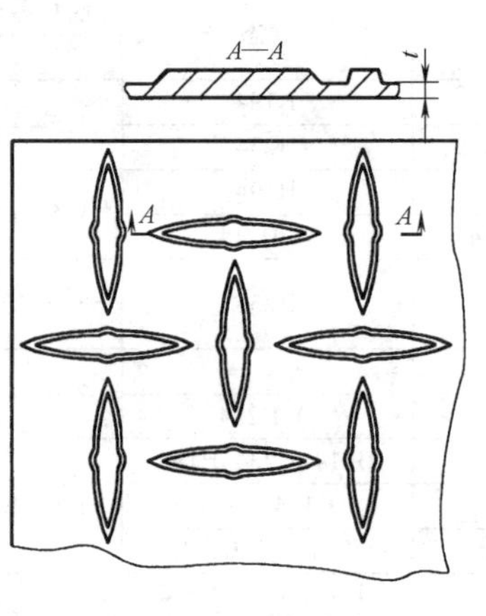

e)

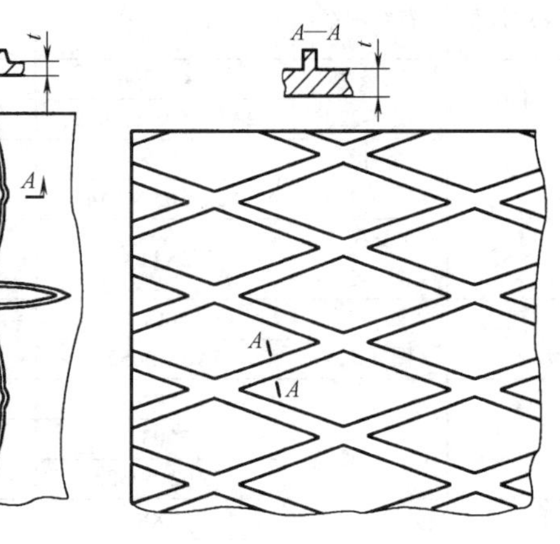

f)

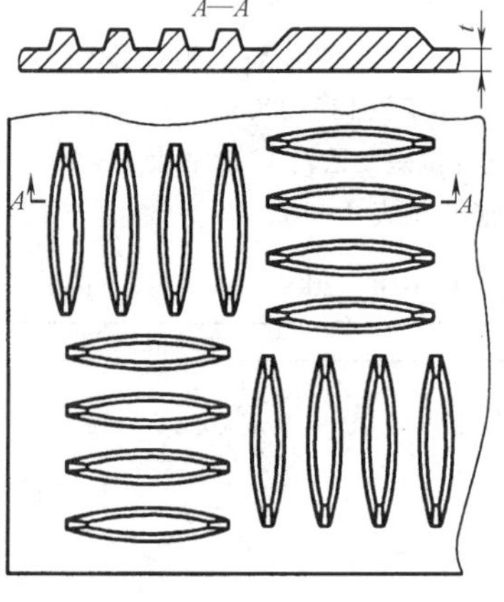

g)

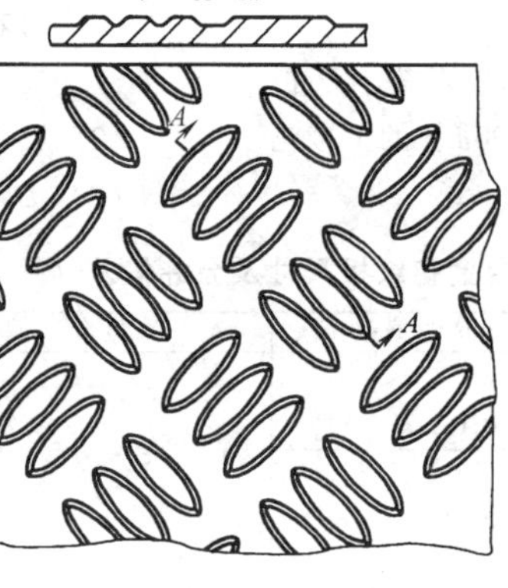

h)

i)

图 4-22　铝及铝合金花纹板（续）

d）1~4 号花纹板　e）~i）5~9 号花纹板

表 4-367　花纹代号、图案、牌号、状态和尺寸（摘自 GB/T 3618—2006）

花纹代号	花纹图案	牌　　号	状态	底板厚度	筋高	宽度	长度
				mm			
1 号	方格型（图 4-22a）	2A12	T4	1.0~3.0	1.0	1000~1600	2000~10000
2 号	扁豆型（图 4-22b）	2A11、5A02、5052	H234	2.0~4.0	1.0		
		3105、3003	H194				
3 号	五条型（图 4-22c）	1×××、3003	H194	1.5~4.5	1.0		
		5A02、5052、3105、5A43、3003	O、H114				

（续）

花纹代号	花纹图案	牌　　号	状态	底板厚度	筋高	宽度	长度
				mm			
4号	三条型（图 4-22d）	1×××、3003	H194	1.5~4.5	1.0	1000~1600	2000~10000
		2A11、5A02、5052	H234				
5号	指针型（图 4-22e）	1×××	H194	1.5~4.5	1.0		
		5A02、5052、5A43	O、H114				
6号	菱型（图 4-22f）	2A11	H234	3.0~8.0	0.9		
7号	四条型（图 4-22g）	6061	O	2.0~4.0	1.0		
		5A02、5052	O、H234				
8号	三条型（图 4-22h）	1×××	H114、H234、H194	1.0~4.5	0.3		
		3003	H114、H194				
		5A02、5052	O、H114、H194				
9号	星月型（图 4-22i）	1×××	H114、H234、H194	1.0~4.0	0.7		
		2A11	H194				
		2A12	T4	1.0~3.0			
		3003	H114、H234、H194	1.0~4.0			
		5A02、5052	H114、H234、H194				

注：1. 要求其他合金、状态及规格时，应由供需双方协商并在合同中注明。

2. 2A11、2A12 合金花纹板双面可带有 1A50 合金包覆层，其每面包覆层平均厚度应不小于底板公称厚度的 4%。

标记示例：

用 2A12 合金制造的、淬火自然时效状态、底板公称厚度 1.50mm、宽 1000mm、长 2000mm 的 1 号花纹板，标记为

1 号花纹板　2A12-T4 1.5×1000×2000　GB/T 3618—2006

（2）尺寸及允许偏差　见表 4-368 和表 4-369。

（3）力学性能　见表 4-370。

表 4-368　铝及铝合金花纹板尺寸及允许偏差（摘自 GB/T 3618—2006）（单位：mm）

底板厚度	底板厚度允许偏差	宽度允许偏差	长度允许偏差
1.00~1.20	0 −0.18	±5	±5
>1.20~1.60	0 −0.22		
>1.60~2.00	0 −0.26		
>2.00~2.50	0 −0.30		
>2.50~3.20	0 −0.36		
>3.20~4.00	0 −0.42		
>4.00~5.00	0 −0.47		
>5.00~8.00	0 −0.52	—	

注：1. 要求底板厚度偏差为正值时，需供需双方协商，并在合同中注明。

2. 厚度>4.5~8.0mm 的花纹板不切边供货。但经双方协商并在合同中注明，也可切边供货。

表 4-369　筋高允许偏差（摘自 GB/T 3618—2006）

花纹板代号	筋高允许偏差/mm
1号、2号、3号、4号、5号、6号	±0.4
7号	±0.5
8号、9号	±0.1

表 4-370　力学性能（摘自 GB/T 3618—2006）

花纹代号	牌号	状态	抗拉强度 R_m/MPa	规定塑性延伸强度 $R_{p0.2}$/MPa	断后伸长率 A_{50}(%)	弯曲系数
			≥			
1 号、9 号	2A12	T4	405	255	10	
2 号、4 号、6 号、9 号	2A11	H234、H194	215		3	
4 号、8 号、9 号	3003	H114、H234	120		4	4
		H194	140		3	8
3 号、4 号、5 号、8 号、9 号	1×××	H114	80		4	2
		H194	100		3	6
3 号、7 号	5A02、5052	O	≤150		14	3
2 号、3 号		H114	180		3	3
2 号、4 号、7 号、8 号、9 号		H194	195		3	8
3 号	5A43	O	≤100		15	2
		H114	120		4	4
7 号	6061	O	≤150		12	

注：计算截面积所用的厚度为底板厚度。

4.4.3　镁合金

4.4.3.1　铸造镁合金（见表 4-371）

表 4-371　铸造镁合金的力学性能（摘自 GB/T 1177—1991）

合金牌号	合金代号	热处理状态	抗拉强度 R_m/MPa	规定塑性延伸强度 $R_{p0.2}$/MPa	伸长率 A (%)
			≥		
ZMgZnSZr	2M1	T1	235	140	5
ZMSZn4RE1Zr	ZM2	T1	200	135	2
ZMgRE3ZnZr	ZM3	F	120	85	1.5
		T2	120	85	1.5
ZMgRE3Zn2Zr	ZM4	T1	140	95	2
ZMgAl8Zn	ZM5	F	145	75	7
		T4	230	75	6
ZMgAl8Zn	ZM5	T6	230	100	2
ZMgRE2ZnZr	ZM6	T6	230	135	3
ZMgZn8AgZr	ZM7	T4	265		6
		T6	275		4
ZMgAl10Zn	ZM10	F	145	85	1
		T4	230	85	4
		T6	230	130	1

注：热处理状态代号：F—铸态；T1—人工时效；T2—退火；T4—固溶处理；T6—固溶处理加完全人工时效。

4.4.3.2 镁合金压铸件（见表4-372~表4-377）

表4-372 镁合金压铸件的化学成分（摘自GB/T 25747—2010）

序号	合金牌号	合金代号	元素含量(质量分数,%)									
			Al	Zn	Mn	Si	Cu	Ni	Fe	RE	其他元素	Mg
1	YZMgAl2Si	YM102	1.8~2.5	≤0.20	0.18~0.70	0.70~1.20	≤0.01	≤0.001	≤0.005	—	≤0.01	余量
2	YZMgAl2Si(B)	YM103	1.8~2.5	≤0.25	0.50~0.15	0.70~1.20	≤0.008	≤0.001	≤0.0035	0.06~0.25	≤0.01	余量
3	YZMgAl4Si(A)	YM104	3.5~5.0	≤0.12	0.20~0.50	0.50~1.50	≤0.06	≤0.030	—	—	—	余量
4	YZMgAl4Si(B)	YM105	3.5~5.0	≤0.12	0.35~0.70	0.50~1.50	≤0.02	≤0.002	≤0.0035	—	≤0.02	余量
5	YZMgAl4Si(S)	YM106	3.5~5.0	≤0.20	0.18~0.70	0.50~1.50	≤0.01	≤0.002	≤0.004	—	≤0.02	余量
6	YZMgAl2Mn	YM202	1.6~2.5	≤0.20	0.33~0.70	≤0.08	≤0.008	≤0.001	≤0.004	—	≤0.01	余量
7	YZMgAl5Mn	YM203	4.4~5.4	≤0.22	0.26~0.60	≤0.10	≤0.01	≤0.002	≤0.004	—	≤0.02	余量
8	YZMgAl6Mn(A)	YM204	5.5~6.5	≤0.22	0.13~0.60	≤0.50	≤0.35	≤0.030	—	—	—	余量
9	YZMgAl6Mn	YM205	5.5~6.5	≤0.22	0.24~0.60	≤0.10	≤0.01	≤0.002	≤0.005	—	≤0.02	余量
10	YZMgAl8Zn1	YM302	7.0~8.1	0.4~1.0	0.13~0.35	≤0.30	≤0.10	≤0.010	—	—	≤0.30	余量
11	YZMgAl9Zn1(A)	YM303	8.3~9.7	0.35~1.00	0.13~0.50	≤0.50	≤0.10	≤0.030	—	—	—	余量
12	YZMgAl9Zn1(B)	YM304	8.3~9.7	0.35~1.00	0.13~0.50	≤0.50	≤0.35	≤0.030	—	—	—	余量
13	YZMgAl9Zn1(D)	YM305	8.3~9.7	0.35~1.00	0.15~0.50	≤0.10	≤0.03	≤0.002	≤0.005	—	≤0.02	余量

注：除有范围的元素和铁为必检元素外，其余元素有要求时抽检。

表4-373 压铸镁合金试样的力学性能

序号	合金牌号	合金代号	拉伸性能			布氏硬度HBW
			抗拉强度 R_m/MPa	规定塑性延伸强度 $R_{p0.2}$/MPa	伸长率 A(%)($L_0=50$)	
1	YZMgAl2Si	YM102	230	120	12	55
2	YZMgAl2Si(B)	YM103	231	122	13	55
3	YZMgAl4Si(A)	YM104	210	140	6	55
4	YZMgAl4Si(B)	YM105	210	140	6	55
5	YZMgAl4Si(S)	YM106	210	140	6	55
6	YZMgAl2Mn	YM202	200	110	10	58
7	YZMgAl5Mn	YM203	220	130	8	62
8	YZMgAl6Mn(A)	YM204	220	130	8	62
9	YZMgAl6Mn	YM205	220	130	8	62
10	YZMgAl8Zn1	YM302	230	160	3	63
11	YZMgAl9Zn1(A)	YM303	230	160	3	63
12	YZMgAl9Zn1(B)	YM304	230	160	3	63
13	YZMgAl9Zn1(D)	YM305	230	160	3	63

注：表中未特殊说明的数值均为最小值。

表 4-374　平面度公差　（单位：mm）

被测量部位尺寸	铸态	整形后
	公差值	
≤25	0.20	0.10
>25~63	0.30	0.15
>63~100	0.40	0.20
>100~160	0.55	0.25
>160~250	0.80	0.30
>250~400	1.10	0.40
>400~630	1.50	0.50
>630	2.00	0.70

表 4-375　平行度、垂直度、轴向圆跳动公差　（单位：mm）

被测量部位在测量方向上的尺寸	被测部位和基准部位在同一半模内			被测部位和基准部位不在同一半模内		
	两个部位都不动的	两个部位中有一个动的	两个部位都动的	两个部位都不动的	两个部位中有一个动的	两个部位都动的
	公差值					
≤25	0.10	0.15	0.20	0.15	0.20	0.30
>25~63	0.15	0.20	0.30	0.20	0.30	0.40
>63~100	0.20	0.30	0.40	0.30	0.40	0.60
>100~160	0.30	0.40	0.60	0.40	0.60	0.80
>160~250	0.40	0.60	0.80	0.60	0.80	1.00
>250~400	0.60	0.80	1.00	0.80	1.00	1.20
>400~630	0.80	1.00	1.20	1.00	1.20	1.40
>630	1.00	—	—	1.20	—	—

表 4-376　同轴度、对称度公差　（单位：mm）

被测量部位在测量方向上的尺寸	被测量部位和基准部位在同一半模内			被测量部位和基准部位不在同一半模内		
	两个部位都不动的	两个部位中有一个动的	两个部位都动的	两个部位都不动的	两个部位中有一个动的	两个部位都动的
	公差值					
≤30	0.15	0.30	0.35	0.30	0.35	0.50
>30~50	0.25	0.40	0.50	0.40	0.50	0.70
>50~120	0.35	0.55	0.70	0.55	0.70	0.85
>120~250	0.55	0.80	1.00	0.80	1.00	1.20
>250~500	0.80	1.20	1.40	1.20	1.40	1.60
>500~800	1.20	—	—	1.60	—	—

注：表 4-375、表 4-376 不包括压铸件与镶嵌件有关部位的位置公差。

表 4-377　国内外主要压铸镁合金代号对照表

合金系列	GB/T 25748	ISO 16220:2006	ASTM B93/B93M-07	JIS H 5303:2006	EN 1753—1997
MgAlSi	YM102	MgAl2Si	AS21A	MDC6	MB21310
	YM103	MgAl2Si(B)	AS21B	—	—
	YM104	MgAl4Si(A)	AS41A	—	—
	YM105	MgAl4Si	AS41B	MDC3B	MB21320
	YM106	MgAl4Si(S)	—	—	—
MgAlMn	YM202	MgAl2Mn	—	MDC5	MB21210
	YM203	MgAl5Mn	AM50A	MDC4	MB21220
	YM204	MgAl6Mn(A)	AM60A	—	—
	YM205	MgAl6Mn	AM60B	MDC2B	MB21230

（续）

合金系列	GB/T 25748	ISO 16220:2006	ASTM B93/B93M-07	JIS H 5303:2006	EN 1753—1997
MgAlZn	YM302	MgAl8Zn1	—	—	MB21110
	YM303	MgAl9Zn1(A)	AZ91A	—	MB21120
	YM304	MgAl9Zn1(B)	AZ91B	MDC1B	MB21121
	YM305	MgAl9Zn1(D)	AZ91D	MDC1D	—

4.4.3.3　变形镁及镁合金（摘自 GB/T 5153—2003）

（1）牌号的命名规则

1）纯镁牌号以 Mg 加数字的形式表示，Mg 后的数字表示 Mg 的质量分数。

2）镁合金牌号以英文字母加数字再加英文字母的形式表示。前面的英文字母是其最主要的合金组成元素代号（元素代号符合表 4-378 的规定）；其后的数字表示其最主要的合金组成元素的大致含量；最后面的英文字母为标识代号，用以标识各具体组成元素相异或元素含量有微小差别的不同合金。

表 4-378　镁合金牌号中的元素代号

元素代号	元素名称	元素代号	元素名称
A	铝	M	锰
B	铋	N	镍
C	铜	P	铅
D	镉	Q	银
E	稀土	R	铬
F	铁	S	硅
G	钙	T	锡
H	钍	W	镱
K	锆	Y	锑
L	锂	Z	锌

镁合金牌号示例 1：

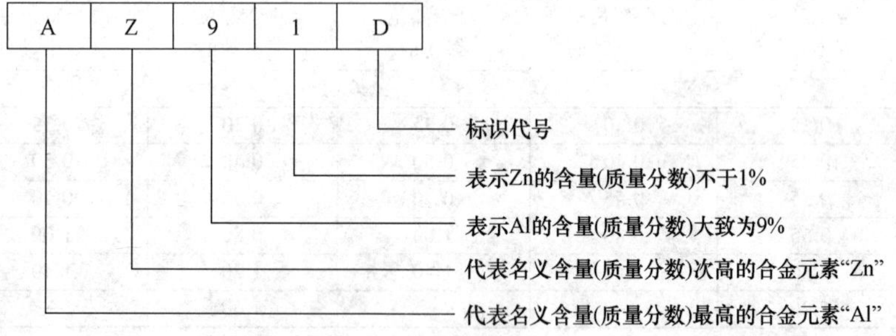

镁合金牌号示例 2：

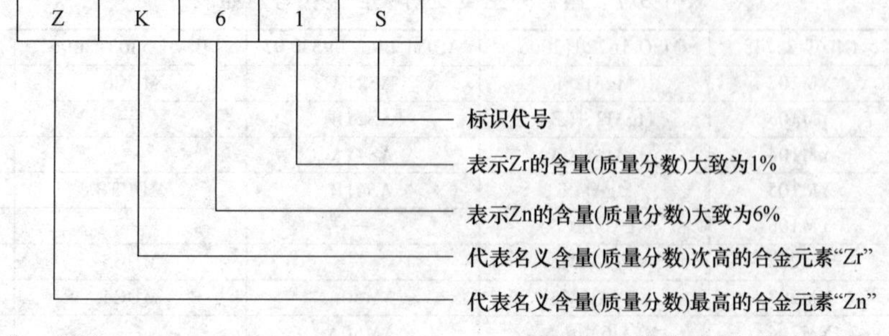

（2）化学成分　见表 4-379。

（3）新旧牌号对照　见表 4-380。

表 4-379 菱形镁和镁合金的化学成分（摘自 GB/T 5153—2003）

合金组别	牌号	化学成分(质量分数,%)														
		Mg	Al	Zn	Mn	Ce	Zr	Si	Fe	Ca	Cu	Ni	Ti	Be	其他元素[①] 单个	其他元素[①] 总计
Mg	Mg99.95	≥99.95	≤0.01		≤0.004			≤0.005	≤0.003			≤0.001	≤0.01		≤0.005	≤0.05
	Mg99.50[②]	≥99.50														≤0.50
	Mg99.00[②]	≥99.00														≤1.0
MgAlZn	AZ31B	余量	2.5~3.5	0.60~1.4	0.20~1.0			≤0.08	≤0.003	≤0.04	≤0.01	≤0.001			≤0.05	≤0.30
	AZ31S	余量	2.4~3.6	0.50~1.5	0.15~0.40			≤0.10	≤0.005		≤0.05	≤0.005			≤0.05	≤0.30
	AZ31T	余量	2.4~3.6	0.50~1.5	0.05~0.40			≤0.10	≤0.05		≤0.05	≤0.005			≤0.05	≤0.30
	AZ40M	余量	3.0~4.0	0.20~0.80	0.15~0.50			≤0.10	≤0.05		≤0.05	≤0.005		≤0.01	≤0.01	≤0.30
	AZ41M	余量	3.7~4.7	0.80~1.4	0.30~0.60			≤0.10	≤0.05		≤0.05	≤0.005		≤0.01	≤0.01	≤0.30
	AZ61A	余量	5.8~7.2	0.40~1.5	0.15~0.50			≤0.10	≤0.005		≤0.05	≤0.005				≤0.30
	AZ61M	余量	5.5~7.0	0.50~1.5	0.15~0.50			≤0.10	≤0.05		≤0.05	≤0.005		≤0.01	≤0.01	≤0.30
	AZ61S	余量	5.5~6.5	0.50~1.5	0.15~0.40			≤0.10	≤0.005		≤0.05	≤0.005			≤0.05	≤0.30
	AZ62M	余量	5.0~7.0	2.0~3.0	0.20~0.50			≤0.10	≤0.05		≤0.05	≤0.005		≤0.01	≤0.01	≤0.30
	AZ63B	余量	5.3~6.7	2.5~3.5	0.15~0.60			≤0.08	≤0.003		≤0.01	≤0.001				≤0.30
	AZ80A	余量	7.8~9.2	0.20~0.80	0.12~0.50			≤0.10	≤0.005		≤0.05	≤0.005				≤0.30
	AZ80M	余量	7.8~9.2	0.20~0.80	0.15~0.50			≤0.10	≤0.05		≤0.05	≤0.005		≤0.01	≤0.01	≤0.30
	AZ80S	余量	7.8~9.2	0.20~0.80	0.12~0.40			≤0.10	≤0.005		≤0.05	≤0.005			≤0.05	≤0.30
	AZ91D	余量	8.5~9.5	0.45~0.90	0.17~0.40			≤0.08	≤0.004		≤0.025	≤0.001		0.0005~0.003	≤0.01	
MgMn	M1C	余量	≤0.01		0.50~1.3			≤0.05	≤0.01		≤0.01	≤0.001			≤0.05	≤0.30
	M2M	余量	≤0.20	≤0.30	1.3~2.5			≤0.10	≤0.05		≤0.05	≤0.007		≤0.01	≤0.01	≤0.20
	M2S	余量			1.2~2.0			≤0.10			≤0.05	≤0.01			≤0.05	≤0.30
MgZnZr	ZK61M	余量	≤0.05	5.0~6.0	≤0.10		0.30~0.90	≤0.05	≤0.05		≤0.05	≤0.005		≤0.01	≤0.01	≤0.30
	ZK61S	余量		4.8~6.2			0.45~0.80								≤0.05	≤0.30
MgMnRE	ME20M	余量	≤0.20	≤0.30	1.3~2.2	0.15~0.35		≤0.10	≤0.05		≤0.05	≤0.007		≤0.01	≤0.01	≤0.30

① 其他元素指在本表表头中列出了元素符号，但在本表中却未规定极限数值含量的元素。

② Mg99.50、Mg99.00 中镁的质量分数 = 100% -（Fe+Si）的质量分数 - 除 Fe、Si 之外的所有元素的质量分数 ≥0.01% 的杂质元素的质量分数之和。

表 4-380　新、旧牌号对照表（摘自 GB/T 5153—2003）

新牌号	旧牌号	新牌号	旧牌号
M2M	MB1	AZ80M	MB7
AZ40M	MB2	ME20M	MB8
AZ41M	MB3	ZK61M	MB15
AZ61M	MB5	Mg99.50	Mg1
AZ62M	MB6	Mg99.00	Mg2

4.4.3.4　镁及镁合金板、带材（见表 4-381～表 4-385）

表 4-381　镁及镁合金板、带材的牌号、状态和规格（摘自 GB/T 5154—2010）

牌号	状态	规格/mm		
		厚度	宽度	长度
Mg99.00	H18	0.20	3.0～6.0	≥100
M2M AZ40M	O	0.80～10.00	400～1200	1000～3500
	H112、F	>8.00～70.00	400～1200	1000～3500
AZ41M	H18、O	0.40～2.00	≤1000	≤2000
	O	>2.00～10.00	400～1200	1000～3500
	H112、F	>8.00～70.00	400～1200	1000～2000
AZ31B	H24	>0.40～2.00	≤600	≤2000
		>2.00～4.00	≤1000	≤2000
		>8.00～32.00	400～1200	1000～3500
		>32.00～70.00	400～1200	1000～2000
	H26	6.30～50.00	400～1200	1000～2000
	O	>0.40～1.00	≤600	≤2000
		>1.00～8.00	≤1000	≤2000
		>8.00～70.00	400～1200	1000～2000
	H112、F	>8.00～70.00	400～1200	1000～2000
ME20M	H18、O	0.40～0.80	≤1000	≤2000
	H24、O	>0.80～10.00	400～1200	1000～3500
	H112、F	>8.00～32.00	400～1200	1000～3500
		>32.00～70.00	400～1200	1000～2000

注：新、旧牌号及状态对照见表 4-385。

产品标记按产品名称、牌号、状态、规格和标准编号的顺序表示。标记示例如下：

示例 1：AZ41M 牌号、H112 状态、厚度为 30mm、宽度为 1000mm、长度 2500mm 的板材，标记为：

镁板　AZ41M-H112　30×1000×2500　GB/T 5154—2010

示例 2：Mg99.00 牌号、O 状态、厚度为 0.20mm、宽度为 5mm 的带材，标记为：

镁带　Mg99.00-O　0.20×5　GB/T 5154—2010

表 4-382　镁及镁合金剪切板、带材的厚度、宽度、长度尺寸允许偏差　（单位：mm）

厚度	产品厚度允许偏差		剪切板、带材宽度、长度尺寸允许偏差		锯切板材宽度、长度尺寸允许偏差				
	宽度				尺寸范围				
	≤1000	>1000～1200	宽度允许偏差	长度允许偏差	≤800	>800～1000	>1000～1200	>1200～2000	>2000
0.20	±0.02	—	±0.1	—	—				
0.40～0.80	±0.04	—	±2	±5					
>0.80～1.00	±0.05	—	±3	±5					
>1.00～1.20	±0.06	±0.08	±3	±5					
>1.20～2.00	±0.07	±0.10	±4	±5					
>2.00～3.00	±0.10	±0.12	±4	±10					
>3.00～4.00	±0.11	±0.15	±5	±10					
>4.00～5.00	±0.14	±0.17	±5	±10					
>5.00～6.00	±0.17	±0.18	±6	±10					

（续）

厚度	产品厚度允许偏差		剪切板、带材宽度、长度尺寸允许偏差		锯切板材宽度、长度尺寸允许偏差				
	宽度		宽度允许偏差	长度允许偏差	尺寸范围				
	≤1000	>1000~1200			≤800	>800~1000	>1000~1200	>1200~2000	>2000
>6.00~8.00	±0.20	±0.20	±7	±10	±4	±5	±6	±7	±8
>8.00~10.00	±0.22	±0.22	±8	±10					
>10.00~12.00	±0.25	±0.25	±9	±12					
>12.00~20.00	±0.50	±0.50	±10	±16					
>20.00~26.00	±0.75	±0.75	—	—					
>26.00~40.00	±1.00	±1.00	—	—					
>40.00~60.00	±1.50	±1.50	—	—					
>60.00~70.00	±1.90	±1.90	—	—					

表 4-383 镁及镁合金板材的不平度 （单位：mm）

板材厚度	板材任意 1m 长度上的不平度，≤					
	板材宽度					
	≤800		>800~1000		>1000~1200	
	普通级	高精级	普通级	高精级	普通级	高精级
0.40~2.00	8	5	12	8	—	—
>2.00~8.00	15	5	15	9	20	12
>8.00~20.00	12	5	12	6	16	7
>20.00~70.00	8	4	8	5	10	6

表 4-384 镁及镁合金板材的室温力学性能

牌号	状态	板材厚度/mm	抗拉强度 R_m/MPa	规定塑性延伸强度 $R_{p0.2}$/MPa	规定非比例压缩强度 $R_{p0.2}$/MPa	断后伸长率(%) $A_{5.65}$	断后伸长率(%) A_{50mm}
			≥				
M2M	O	0.80~3.00	190	110	—	—	6.0
		>3.00~5.00	180	100	—	—	5.0
		>5.00~10.00	170	90	—	—	5.0
	H112	8.00~12.50	200	90	—	—	4.0
		>12.50~20.00	190	100	—	4.0	—
		>20.00~70.00	180	110	—	4.0	—
AZ40M	O	0.80~3.00	240	130	—	—	12.0
		>3.00~10.00	230	120	—	—	12.0
	H112	8.00~12.50	230	140	—	—	10.0
		>12.50~20.00	230	140	—	8.0	—
		>20.00~70.00	230	140	70	8.0	—
AZ41M	H18	0.40~0.80	290	—	—	—	2.0
	O	0.40~3.00	250	150	—	—	12.0
		>3.00~5.00	240	140	—	—	12.0
		>5.00~10.00	240	140	—	—	10.0
	H112	8.00~12.50	240	140	—	—	10.0
		>12.50~20.00	250	150	—	6.0	—
		>20.00~70.00	250	140	80	10.0	—
AZ31B	O	0.40~3.00	225	150			12.0
		>3.00~12.50	225	140			12.0
		>12.50~70.00	225	140		10.0	
	H24	4.00~8.00	270	200			6.0
		>8.00~12.50	255	165			8.0
		>12.50~20.00	250	150		8.0	
		>20.00~70.00	235	125		8.0	
	H26	6.30~10.00	270	186			6.0
		>10.00~12.50	265	180			6.0
		>12.50~25.00	255	160		6.0	
		>25.00~50.00	240	150		5.0	
	H112	8.00~12.50	230	140			10.0
		>12.50~20.00	230	140		8.0	
		>20.00~32.00	230	140	70	8.0	
		>32.00~70.00	230	130	60	8.0	

（续）

牌号	状态	板材厚度/mm	抗拉强度 R_m/MPa	规定塑性延伸强度 $R_{p0.2}$/MPa	规定非比例压缩强度 $R_{p0.2}$/MPa	断后伸长率(%) $A_{5.65}$	断后伸长率(%) A_{50mm}
			≥				
ME20M	H18	0.40~0.80	260	—	—	—	2.0
	H24	>0.80~3.00	250	160	—	—	8.0
		>3.00~5.00	240	140	—	—	7.0
		>5.00~10.00	240	140	—	—	6.0
	O	0.40~3.00	230	120	—	—	12.0
		>3.00~10.00	220	110	—	—	10.0
	H112	8.00~12.50	220	110	—	—	10.0
		>12.50~20.00	210	110	—	10.0	—
		>20.00~32.00	210	110	70	7.0	—
		>32.00~70.00	200	90	50	6.0	—

表 4-385　镁及镁合金新旧牌号和新旧状态对照表

新牌号	旧牌号	新状态	旧状态
Mg99.00	Mg2	F	—
M2M	MB1	H112	R
AZ40M	MB2	O	M
AZ41M	MB3	H24	Y_2
ME20M	MB8	H18	Y
AZ31B	—	H26	Y_3

4.4.3.5　镁合金锻件（见表 4-386 和表 4-387）

表 4-386　拉伸性能（摘自 GB/T 26637—2011）

合金牌号	状态	R_m(≥) MPa	R_m(≥) (kis)	$R_{p0.2}$(≥) MPa	$R_{p0.2}$(≥) (kis)	伸长率(%)(≥) δ_4
AZ31B	F	234	(34.0)	131	(19.0)	6
AZ61A	F	262	(38.0)	152	(22.0)	6
AZ80A	F	290	(42.0)	179	(26.0)	5
AZ80A	T5	290	(42.0)	193	(28.0)	2
ZK60A 模锻件①	T5	290	(42.0)	179	(26.0)	7
ZK60A 模锻件①	T6	296	(43.0)	221	(32.0)	4

注：为保证与本标准的一致性，每一抗拉强度值和屈服强度值都应修正至 0.7MPa（0.1kis），每一伸长率值都应修正至最接近 0.5%，且应按照 ASTM E29 中的圆整方法进行修正。

① 只适用于厚度不大于 76mm（3in.）的模锻件。自由锻件的抗拉强度要求可以降低，但需供需双方协商。

表 4-387　镁合金锻件化学成分范围①、②

元素	成分(%) 合金 AZ31B (UNS No. M11311)	合金 AZ61A (UNS No. M11610)	合金 AZ80A (UNS No. M11800)	合金 ZK60A (UNS No. M16600)
Mg	余量	余量	余量	余量
Al	2.5~3.5	5.8~7.2	7.8~9.2	—
Mn	0.20~1.0	0.15~0.5	0.12~0.5	—
Zn	0.6~1.4	0.40~1.5	0.20~0.8	4.8~6.2
Zr	—	—	—	≤0.45
Si	≤0.10	≤0.10	≤0.10	—
Cu	≤0.05	≤0.05	≤0.05	—
Ni	≤0.005	≤0.005	≤0.005	—
Fe	≤0.005	≤0.005	≤0.005	—
Ca	≤0.04	—	—	—
其他杂质③	≤0.30	≤0.30	≤0.30	≤0.30

注：应对本表中列出的元素进行常规分析。当怀疑或显示存在其他元素含量超出表中范围时，应进行进一步分析以确定这些元素是否超出极限。

为便于接收或退货，宜将测量值或分析后计算值修正至最接近于本表中所列数值范围修正至小数点最后一位。

① 除非另外注明，成分范围是质量百分比。

② 合金的牌号与 ASTM B951 一致。

③ 包括表中所列的未给出一定范围的元素。

4.4.4　钛及钛合金

4.4.4.1　铸造钛及钛合金（见表 4-388）

表 4-388a　铸造钛及钛合金牌号和化学成分（摘自 GB/T 15073—2014）

铸造钛及钛合金		化学成分(质量分数,%)																
		主要成分								杂质 ≤								
																	其他元素	
牌号	代号	Ti	Al	Sn	Mo	V	Zr	Nb	Ni	Pb	Fe	Si	C	N	H	O	单个	总和
ZTi1	ZTA1	余量	—	—	—	—	—	—	—	—	0.25	0.10	0.10	0.03	0.015	0.25	0.10	0.40
ZTi2	ZTA2	余量	—	—	—	—	—	—	—	—	0.30	0.15	0.10	0.05	0.015	0.35	0.10	0.40
ZTi3	ZTA3	余量	—	—	—	—	—	—	—	—	0.40	0.15	0.10	0.05	0.015	0.40	0.10	0.40
ZTAli4	ZTA5	余量	3.3~4.7	—	—	—	—	—	—	—	0.30	0.15	0.10	0.04	0.015	0.20	0.10	0.40
ZTiAl5Sn2.5	ZTA7	余量	4.0~6.0	2.0~3.0	—	—	—	—	—	—	0.50	0.15	0.10	0.05	0.015	0.20	0.10	0.40
ZTiPd0.2	ZTA9	余量	—	—	—	—	—	—	—	0.12~0.25	0.25	0.10	0.10	0.05	0.015	0.40	0.10	0.40
ZTiMo0.3Ni0.8	ZTA10	余量	—	—	0.2~0.4	—	—	—	0.6~0.9	—	0.30	0.10	0.10	0.05	0.015	0.25	0.10	0.40
ZTiAl6Zr2Mo1V1	ZTA15	余量	5.5~7.0	—	0.5~2.0	0.8~2.5	1.5~2.5	—	—	—	0.30	0.15	0.10	0.05	0.015	0.20	0.10	0.40
ZTiAl4V2	ZTA17	余量	3.5~4.5	—	—	1.5~3.0	—	—	—	—	0.25	0.15	0.10	0.05	0.015	0.20	0.10	0.40
ZTiMo32	ZTB32	余量	—	—	30.0~34.0	—	—	—	—	—	0.30	0.15	0.10	0.05	0.015	0.15	0.10	0.40
ZTiAl6V4	ZTC4	余量	5.50~6.75	—	—	3.5~4.5	—	—	—	—	0.40	0.15	0.10	0.05	0.015	0.25	0.10	0.40
ZTiAl6Sn4.5Nb2Mo1.5	ZTC21	余量	5.5~6.5	4.0~5.0	1.0~2.0	—	—	1.5~2.0	—	—	0.30	0.15	0.10	0.05	0.015	0.20	0.10	0.40

注：1. 其他元素是指钛及钛合金铸件生产过程中固有存在的微量元素，一般包括 Al、V、Sn、Mo、Cr、Mn、Zr、Ni、Cu、Si、Nb、Y 等（该牌号中含有的合金元素应除去）。

2. 其他元素单个含量和总量只有在需方有要求时才考虑分析。

表 4-388b　钛及钛合金附铸试样的室温力学性能（摘自 GB/T 6614—2014）

代号	牌号	抗拉强度 R_m/MPa ≥	规定塑性延伸强度 $R_{p0.2}$/MPa≥	伸长率 A(%) ≥	硬度 HBW ≤
ZTA1	ZTi1	345	275	20	210
ZTA2	ZTi2	440	370	13	235
ZTA3	ZTi3	540	470	12	245
ZTA5	ZTiAl4	590	490	10	270
ZTA7	ZTiAl5Sn2.5	795	725	8	335
ZTA9	ZTiPd0.2	450	380	12	235
ZTA10	ZTiMo0.3Ni0.8	483	345	8	235
ZTA15	ZTiAl6Zr2Mo1V1	885	785	5	—
ZTA17	ZTiAl4V2	740	660	5	—
ZTB32	ZTiMo32	795	—	2	260
ZTC4	ZTiAl6V4	835(895)	765(825)	5(6)	365
ZTC21	ZTiAl6Sn4.5Nb2Mo1.5	980	850	5	350

注：括号内的性能指标为氧含量控制较高时测得。

表 4-388c　钛及钛合金铸件消除应力退火制度（摘自 GB/T 6614—2014）

合金代号	温度/℃	保温时间/min	冷却方式
ZTA1、ZTA2、ZTA3	500~600	30~60	炉冷或空冷
ZTA5	550~650	30~90	
ZTA7	550~650	30~120	
ZTA9、ZTA10	500~600	30~120	
ZTA15	550~750	30~240	
ZTA17	550~650	30~240	
ZTC4	550~650	30~240	

4.4.4.2　**钛及钛合金型材的牌号和化学成分**（见表 4-389）

表 4-389　钛及钛合金牌号和化学成分（质量分数）（摘自 GB/T 3620.1—2007）　（%）

合金牌号	名义化学成分	主要成分								杂质 ≤						
		Ti	Al	Sn	Mo	Pd	Ni	Si	B	Fe	C	N	H	O	其他元素	
															单一	总和
TA1ELI	工业纯钛	余量								0.10	0.03	0.012	0.008	0.10	0.05	0.20
TA1	工业纯钛	余量								0.20	0.08	0.03	0.015	0.18	0.10	0.40
TA1-1	工业纯钛	余量	≤0.20					≤0.08		0.15	0.05	0.03	0.003	0.12		0.10
TA2ELI	工业纯钛	余量								0.20	0.05	0.03	0.008	0.10	0.05	0.20
TA2	工业纯钛	余量								0.30	0.08	0.03	0.015	0.25	0.10	0.40
TA3ELI	工业纯钛	余量								0.25	0.05	0.04	0.008	0.18	0.05	0.20
TA3	工业纯钛	余量								0.30	0.08	0.05	0.015	0.35	0.10	0.40
TA4ELI	工业纯钛	余量								0.30	0.05	0.05	0.008	0.25	0.05	0.20
TA4	工业纯钛	余量								0.50	0.08	0.05	0.015	0.40	0.10	0.40
TA5	Ti-4Al-0.005B	余量	3.3~4.7						0.005	0.30	0.08	0.04	0.015	0.15	0.10	0.40
TA6	Ti-5A1	余量	4.0~5.5							0.30	0.08	0.05	0.015	0.15	0.10	0.40
TA7	T15A1-2.5Sn	余量	4.0~6.0	2.0~3.0						0.50	0.08	0.05	0.015	0.20	0.10	0.40
TA7ELI①	Ti-5Al-2.5SnELI	余量	4.50~5.75	2.0~3.0						0.25	0.05	0.035	0.0125	0.12	0.05	0.30
TA8	Ti-0.05Pd	余量				0.04~0.08				0.30	0.08	0.03	0.015	0.25	0.10	0.40
TA8-1	Ti-0.05Pd	余量				0.04~0.08				0.20	0.08	0.03	0.015	0.13	0.10	0.40
TA9	Ti-0.2Pd	余量				0.12~0.25				0.30	0.08	0.03	0.015	0.25	0.10	0.40
TA9-1	Ti-0.2Pd	余量				0.12~0.25				0.20	0.08	0.03	0.015	0.18	0.10	0.40
TA10	Ti-0.3Mo-0.8Ni	余量			0.2~0.4		0.6~0.9			0.30	0.08	0.03	0.015	0.25	0.10	0.40
TA11	Ti-8Al-1Mo-1V	余量	7.35~8.35		0.75~1.25	0.75~1.25				0.30	0.08	0.05	0.015	0.12	0.10	0.30
TA12	Ti-5.5Al-4Sn-2Zr-1Mo-1Nd-0.25Si	余量	4.8~6.0	3.7~4.7	0.75~1.25		1.5~2.5	0.2~0.35	0.6~1.2	0.25	0.08	0.05	0.0125	0.15	0.10	0.40
TA12-1	T15.5Al-4Sn-2Zr-1Mo-1Nd-0.25Si	余量	4.5~5.5	3.7~4.7	1.0~2.0		1.5~2.5	0.2~0.35	0.6~1.2	0.25	0.08	0.04	0.0125	0.15	0.10	0.30
TA13	Ti-2.5Cu	余量	Cu:2.0~3.0							0.20	0.08	0.05	0.010	0.20	0.10	0.30

TA14	Ti-2. 3A1-11Sn-5Zr-1Mo-0. 2Si	余量	2. 0~2. 5	10. 52~11. 5	0. 8~1. 2		4. 0~6. 0	0. 10~0. 50		0. 20	0. 08	0. 05	0. 0125	0. 20	0. 10	0. 30
TA15	Ti-6. 5Al-1Mo-1V-2Zr	余量	5. 5~7. 1		0. 5~2. 0	0. 8~2. 5	1. 5~2. 5	≤0. 15		0. 25	0. 08	0. 05	0. 015	0. 15	0. 10	0. 30
TA15-1	Ti-2. 5Al-1Mo-1V-1. 5Zr	余量	2. 0~3. 0		0. 5~1. 5	0. 5~1. 5	1. 0~2. 0	≤0. 10		0. 15	0. 05	0. 04	0. 003	0. 12	0. 10	0. 30
TA15-2	Ti-4Al-1Mo-1V-1. 5Zr	余量	3. 5~4. 5		0. 5~1. 5	0. 5~1. 5	1. 0~2. 0	≤0. 10		0. 15	0. 05	0. 04	0. 003	0. 12	0. 10	0. 30
TA16	Ti-2Al-2. 5Zr	余量	1. 8~2. 5				2. 0~3. 0	≤0. 12		0. 25	0. 08	0. 04	0. 006	0. 15	0. 10	0. 30
TA17	Ti-4Al-2V	余量	3. 5~4. 5			1. 5~3. 0		≤0. 15		0. 25	0. 08	0. 05	0. 015	0. 15	0. 10	0. 30
TA18	Ti-3Al-2. 5V	余量	2. 0~3. 5			1. 5~3. 0				0. 25	0. 08	0. 05	0. 015	0. 12	0. 10	0. 30
TA19	Ti-6Al-2Sn-4Zr-2Mo-0. 1Si	余量	5. 5~6. 5	1. 8~2. 2	1. 8~2. 2		3. 6~4. 4	≤0. 1. 3		0. 25	0. 05	0. 05	0. 0125	0. 15	0. 10	0. 30
TA20	Ti-4Al-3V-1. 5Zr	余量	3.5~4.5		2.5~3.5		1.0~2.0	≤0.10		0.15	0.05	0.04	0.003	0.12	0.10	0.30
TA21	Ti-1Al-1Mn	余量	0.4~1.5			0.5~1.3	≤0.30	≤0.12		0.30	0.10	0.05	0.012	0.15	0.10	0.30
TA22	Ti-3Al-1Mo-1Ni-1Zr	余量	2.5~3.5	0.5~1.5	Ni:0.3~1.0		0.8~2.0	≤0.15		0.20	0.10	0.05	0.015	0.15	0.10	0.30
TA22-1	Ti-3Al-1Mo-1Ni-1Zr	余量	2.5~3.5	0.2~0.8	Ni:0.3~0.8		0.5~1.0	≤0.04		0.20	0.10	0.04	0.008	0.10	0.10	0.30
TA23	Ti-2.5Al-2Zr-1Fe	余量	2.2~3.0		Fe:0.8~1.2		1.7~2.3	≤0.15			0.10	0.04	0.010	0.15	0.10	0.30
TA23-1	Ti-2.5Al-2Zr-1Fe	余量	2.2~3.0		Fe:0.8~1.1		1.7~2.3	≤0.10			0.10	0.04	0.008	0.10	0.10	0.30
TA24	Ti-3Al-2Mo-2Zr	余量	2.5~3.5	1.0~2.5			1.0~3.0	≤0.15		0.30	0.10	0.05	0.015	0.15	0.10	0.30
TA24-1	Ti-3Al-2Mo-2Zr	余量	1.5~2.5	1.0~2.0			1.0~3.0	≤0.04		0.15	0.10	0.04	0.010	0.10	0.10	0.30
TA25	Ti-3Al-2.5V-0.05Pb	余量	2.5~3.5		2.0~3.0			Pb:0.04~0.08		0.25	0.08	0.03	0.015	0.15	0.10	0.40
TA26	Ti-3Al-2.5V-0.1Ru	余量	2.5~3.5		2.0~3.0			Ru:0.08~0.14		0.25	0.08	0.03	0.015	0.15	0.10	0.40
TA27	Ti-0.10Ru	余量			Ru:0.08~0.14					0.30	0.08	0.03	0.015	0.25	0.10	0.40
TA27-1	Ti-0.10Ru	余量			Ru:0.08~0.14					0.20	0.08	0.03	0.015	0.18	0.10	0.40
TA28	Ti-3Al	余量	2.0~3.0							0.30	0.08	0.05	0.015	0.15	0.10	0.40

（续）

合金牌号	名义化学成分	主要成分											杂质 ≤					其他元素	
		Ti	Al	Sn	Mo	V	Cr	Fe	Zr	Pd	Nb	Si	Fe	C	N	H	O	单一	总和
TB2	Ti-5Mo-5V-8Cr-3Al	余量	2.5~3.5		4.7~5.7	4.7~5.7	7.5~8.5						0.30	0.05	0.04	0.015	0.15	0.10	0.40
TB3	Ti-3.5Al-10Mo-8V-1Fe	余量	2.7~3.7		9.5~11.0	7.5~8.5		0.8~1.2						0.05	0.04	0.015	0.15	0.10	0.40
TB4	Ti-4Al-7Mo-10V-2Fe-1Zr	余量	3.0~4.5		6.0~7.8	9.0~10.5		1.5~2.5	0.5~1.5					0.05	0.04	0.015	0.20	0.10	0.40
TB5	Ti-15V-3Al-3Cr-3Sn	余量	2.5~3.5	2.5~3.5		14.0~16.0	2.5~3.5						0.25	0.05	0.05	0.015	0.15	0.10	0.30
TB6	Ti-10V-2Fe-3Al	余量	2.6~3.4			9.0~11.0		1.6~2.2						0.05	0.05	0.0125	0.13	0.10	0.30
TB7	Ti-32Mo	余量			30.0~34.0								0.30	0.08	0.05	0.015	0.20	0.10	0.40
TB8	Ti-15Mo-3Al-2.7Nb-0.25Si	余量	2.5~3.5		14.0~16.0						2.4~3.2	0.15~0.25	0.40	0.05	0.05	0.015	0.17	0.10	0.40
TB9	Ti-3Al-8V-6Cr-4Mo-4Zr	余量	3.0~4.0		3.5~4.5	7.5~8.5	5.5~6.5		3.5~4.5	≤0.10			0.30	0.05	0.03	0.030	0.14	0.10	0.40
TB10	Ti-5Mo-5V-2Cr-3Al	余量	2.5~3.5		4.5~5.5	4.5~5.5	1.5~2.5						0.30	0.05	0.04	0.015	0.15	0.10	0.40
TB11	Ti-15Mo	余量			14.0~16.0								0.10	0.10	0.05	0.015	0.20	0.10	0.40

TC1	Ti-2Al-1.5Mn	余量	1.0~2.5						0.7~2.0			0.30	0.08	0.05	0.012	0.15	0.10	0.40	
TC2	Ti-4Al-1.5Mn	余量	3.5~5.0						0.8~2.0			0.30	0.08	0.05	0.012	0.15	0.10	0.40	
TC3	Ti-5Al-4V	余量	4.5~6.0			3.5~4.5						0.30	0.08	0.05	0.015	0.15	0.10	0.40	
TC4	Ti-6Al-4V	余量	5.5~6.75			3.5~4.5						0.30	0.08	0.05	0.015	0.20	0.10	0.40	
TC4ELI	Ti-6Al-4VELI	余量	5.5~6.5			3.5~4.5						0.25	0.08	0.03	0.0120	0.13	0.10	0.30	
TC6	Ti-6Al-1.5Cr-2.5Mo-0.5Fe-0.3Si	余量	5.5~7.0		2.0~3.0		0.8~2.3	0.2~0.7			0.15~0.40		0.08	0.05	0.015	0.18	0.10	0.40	
TC8	Ti-6.5Al-3.5Mo-0.25Si	余量	5.8~6.8		2.8~3.8						0.20~0.35	0.40	0.08	0.05	0.015	0.15	0.10	0.40	
TC9	Ti-6.5Al-3.5Mo-2.5Sn-0.3Si	余量	5.8~6.8	1.8~2.8	2.8~3.8						0.2~0.4	0.40	0.08	0.05	0.015	0.15	0.10	0.40	
TC10	Ti-6Al-6V-2Sn-0.5Cu-0.5Fe	余量	5.5~6.5	1.5~2.5		5.5~6.5		0.35~1.0		0.35~1.0			0.08	0.04	0.015	0.20	0.10	0.40	

（续）

合金牌号	名义化学成分	主要成分										杂质 ≤						
		Ti	Al	Sn	Mo	V	Cr	Fe	Zr	Nb	Si	Fe	C	N	H	O	其他元素	
																	单一	总和
TC11	Ti-6.5Al-3.5Mo-1.5Zr-0.3Si	余量	5.8～7.0		2.8～3.8				0.8～2.0		0.2～0.35	0.25	0.08	0.05	0.012	0.15	0.10	0.40
TC12	Ti-5Al-4Mo-4Cr-2Zr-2Sn-1Nb	余量	4.5～5.5	1.5～2.5	3.5～4.5		3.5～4.5		1.5～3.0	0.5～1.5		0.30	0.08	0.05	0.015	0.20	0.10	0.40
TC15	Ti-5Al-2.5Fe	余量	4.5～5.5	1.5～2.5	3.5～4.5		3.5～4.5		1.5～3.0	0.5～1.5		0.30	0.08	0.05	0.015	0.20	0.10	0.40
TC16	Ti-3Al-5Mo-4.5V	余量	2.2～3.8		4.5～5.5	4.0～5.0					≤0.15	0.25	0.08	0.05	0.012	0.15	0.10	0.30
TC17	Ti-5Al-2Sn-2Zr-4Mo-4Cr	余量	4.5～5.5	1.5～2.5	3.5～4.5				1.5～2.5			0.25	0.05	0.05	0.0125	0.08～0.13	0.10	0.30
TC18	Ti-5Al-4.75Mo-4.75v-1Cr-1Fe	余量	4.4～5.7		4.0～5.5	4.0～5.5	0.5～1.5	0.5～1.5	≤0.30		≤0.15		0.08	0.05	0.015	0.18	0.10	0.30
TC19	Ti-6Al-2Sn-4Zr-6Mo	余量	5.5～6.5	1.75～2.25	5.5～6.5				3.5～4.5			0.15	0.04	0.04	0.0125	0.15	0.10	0.40
TC20	Ti-6Al-7Nb	余量	5.5～6.5							6.5～7.5	Ta≤0.5	0.25	0.08	0.05	0.009	0.20	0.10	0.40
TC21	Ti-6Al-2Mo-1.5Cr-2Zr-2Sn-2Nb	余量	5.2～6.8	1.6～2.5	2.2～3.3		0.9～2.0		1.6～2.5	1.7～2.3		0.15	0.08	0.05	0.015	0.15	0.1	0.40
TC22	Ti-6Al-4V-0.05Pd	余量	5.5～6.75			3.5～4.5				Pd：0.04～0.08		0.40	0.08	0.05	0.015	0.20	0.10	0.40

① TA7 ELI 牌号的杂质“Fe+O”的总和应不大于0.32%。

4.4.4.3　钛及钛合金板材

（1）牌号、制造方法、供应状态及规格分类见表 4-390。

标记示例：

产品标记按产品名称、牌号、供应状态、规格和标准编号的顺序表示。标记示例如下：用 TA2 制成的厚度为 3.0mm、宽度 500mm、长度 2000mm 的退火态板材，标记为

板 TA2 M 3.0×500×2000　GB/T 3621—2007

（2）尺寸允许偏差　见表 4-391、表 4-392。

表 4-390　牌号、制造方法、供应状态及规格分类（摘自 GB/T 3621—2007）

牌　号	制造方法	供应状态	规　格		
			厚度/mm	宽度/mm	长度/mm
TA1、TA2、TA3、TA4、TA5、TA6、TA7、TA8、TA8-1、TA9、TA9-1、TA10、TA11、TA15、TA17、TA18、TC1、TC2、TC3、TC4、TC4ELI	热轧	热加工状态（R） 退火状态（M）	>4.75~60.0	400~3000	1000~4000
	冷轧	冷加工状态（Y） 退火状态（M） 固溶状态（ST）	0.30~6	400~1000	1000~3000
TB2	热轧	固溶状态（ST）	>4.0~10.0	400~3000	1000~4000
	冷轧	固溶状态（ST）	1.0~4.0	400~1000	1000~3000
TB5、TB6、TB8	冷轧	固溶状态（ST）	0.30~4.75	400~1000	1000~3000

注：1. 工业纯钛板材供货的最小厚度为 0.3mm，其他牌号的最小厚度见表 4-394，如对供货厚度和尺寸规格有特殊要求，可由供需双方协商。

2. 当需方在合同中注明时，可供应消应力状态（m）的板材。

表 4-391　板材厚度的允许偏差（摘自 GB/T 3621—2007）　（单位：mm）

厚度	宽　度		
	400~1000	>1000~2000	>2000
0.3~0.5	±0.05		
>0.5~0.8	±0.07		
>0.8~1.1	±0.09		
>1.1~1.5	±0.11		
>1.5~2.0	±0.15		
>2.0~3.0	±0.18		
>3.0~4.0	±0.22		
>4.0~6.0	±0.35	±0.40	
>6.0~8.0	±0.40	±0.60	±0.80
>8.0~10.0	±0.50	±0.60	±0.80
>10.0~15.0	±0.70	±0.80	±1.00
>15.0~20.0	±0.70	±0.90	±1.10
>20.0~30.0	±0.90	±1.00	±1.20
>30.0~40.0	±1.10	±1.20	±1.50
>40.0~50.0	±1.20	±1.50	±2.00
>50.0~60.0	±1.60	±2.00	±2.50

表 4-392　板材宽度和长度允许偏差（摘自 GB/T 3621—2007）　（单位：mm）

厚　度	宽　度	宽度允许偏差	长　度	长度允许偏差
0.3~4.0	400~1000	+10 0	1000~3000	+15 0
>4.0~20.0	400~3000	+15 0	1000~4000	+20 0
>20.0~60.0	400~3000	+20 0	1000~4000	+25 0

TB6 板材允许有轻微板面波浪，厚度≤5mm 时，其平整度不大于 50mm/m；厚度≤4mm 的 TB5、TB8 和 TB2 板材的平整度不大于 30mm/m；超出以上厚度时，双方协商。其他牌号板材的平整度应符合表 4-393的规定。

（3）板材力学性能　见表 4-394 和表 4-395。

（4）板材工艺性能　见表 4-396。

表 4-393　板材的平整度（摘自 GB/T 3621—2007）

厚度/mm	规定宽度的平整度/(mm/m)	
	≤2000	>2000
≤4	20	—
>4~10	18	20
>10~20	15	18
>20~35	13	15
>35~60	8	13

表 4-394　板材室温力学性能（摘自 GB/T 3621—2007）

牌号		状态	板材厚度/mm	抗拉强度 R_m/MPa	规定塑性延伸强度 $R_{p0.2}$/MPa	断后伸长率[①] A(%) ≥
TA1		M	0.3~25.0	≥240	140~310	30
TA2		M	0.3~25.0	≥400	275~450	25
TA3		M	0.3~25.0	≥500	380~550	20
TA4		M	0.3~25.0	≥580	485~655	20
TA5		M	0.5~1.0 >1.0~2.0 >2.0~5.0 >5.0~10.0	≥685	≥585	20 15 12 12
TA6		M	0.8~1.5 >1.5~2.0 >2.0~5.0 >5.0~10.0	≥685		20 15 12 12
TA7		M	0.8~1.5 >1.6~2.0 >2.0~5.0 >5.0~10.0	735~930	≥685	20 15 12 12
TA8		M	0.8~10	≥400	275~450	20
TA8-1		M	0.8~10	≥240	140~310	24
TA9		M	0.8~10	≥400	275~450	20
TA9-1		M	0.8~10	≥240	140~310	24
TA10[②]	A类	M	0.8~10.0	≥485	≥345	18
	B类	M	0.8~10.0	≥345	≥275	25
TA11		M	5.0~12.0	≥895	≥825	10
TA13		M	0.5~2.0	540~770	460~570	18
TA15		M	0.8~1.8 >1.8~4.0 >4.0~10.0	930~1130	≥855	12 10 8
TA17		M	0.5~1.0 >1.1~2.0 >2.1~4.0 >4.1~10.0	685~835		25 15 12 10

（续）

牌　号	状　态	板材厚度/mm	抗拉强度 R_m/MPa	规定塑性延伸强度 $R_{p0.2}$/MPa	断后伸长率① A(%)　≥
TA18	M	0.5～2.0 >2.0～4.0 >4.0～10.0	590～735		25 20 15
TB2	ST STA	1.0～3.5	≤980 1320		20 8
TB5	ST	0.8～1.75 >1.75～3.18	705～945	690～835	12 10
TB6	ST	1.0～5.0	≥1000		6
TB8	ST	0.3～0.6 >0.6～2.5	825～1000	795～965	6 8
TC1	M	0.5～1.0 >1.0～2.0 >2.0～5.0 >5.0～10.0	590～735		25 25 20 20
TC2	M	0.5～1.0 >1.0～2.0 >2.0～5.0 >5.0～10.0	≥685		25 15 12 12
TC3	M	0.8～2.0 >2.0～5.0 >5.0～10.0	≥880		12 10 10
TC4	M	0.8～2.0 >2.0～5.0 >5.0～10.0 10.0～25.0	≥895	≥830	12 10 10 8
TC4ELI	M	0.8～25.0	≥860	≥795	10

① 厚度不大于 0.64mm 的板材，延伸率报实测值。

② 正常供货按 A 类，B 类适应于复合板复材，当需方要求并在合同中注明时，按 B 类供货。

表 4-395　板材高温力学性能（摘自 GB/T 3621—2007）

合金牌号	板材厚度/mm	试验温度/℃	抗拉强度 R_m/MPa　≥	持久强度 σ_{100h}/MPa　≥
TA6	0.8～10	350 500	420 340	390 195
TA7	0.8～10	350 500	490 440	440 195
TA11	5.0～12	425	620	
TA15	0.8～10	500 550	635 570	440 440
TA17	0.5～10	350 400	420 390	390 360
TA18	0.5～10	350 400	340 310	320 280

（续）

合金牌号	板材厚度/mm	试验温度/℃	抗拉强度 R_m/MPa ≥	持久强度 σ_{100h}/MPa ≥
TC1	0.5~10	350	340	320
		400	310	295
TC2	0.5~10	350	420	390
		400	390	360
TC3、TC4	0.8~10	400	590	540
		500	440	195

表 4-396 板材工艺性能（摘自 GB/T 3621—2007）

牌号	状态	板材厚度/mm	弯芯直径/mm	弯曲角 α/(°)
TA1	M	<1.8	3T	105
		1.8~4.75	4T	
TA2	M	<1.8	4T	
		1.8~4.75	5T	
TA3	M	<1.8	4T	
		1.8~4.75	5T	
TA4	M	<1.8	5T	
		1.8~4.75	6T	
TA8	M	<1.8	4T	
		1.8~4.75	5T	
TA8-1	M	<1.8	3T	
		1.8~4.75	4T	
TA9	M	<1.8	4T	
		1.8~4.75	5T	
TA9-1	M	<1.8	3T	
		1.8~4.75	4T	
TA10	M	<1.8	4T	
		1.8~4.75	5T	
TC4	M	<1.8	9T	
		1.8~4.75	10T	
TC4ELI	M	<1.8	9T	
		1.8~4.75	10T	
TB5	M	<1.8	4T	
		1.8~3.18	5T	
TB8	M	<1.8	3T	
		1.8~2.5	3.5T	
TA5	M	0.5~5.0	3T	60
TA6	M	0.8~1.5	3T	50
		>1.5~5.0		40
TA7	M	0.8~2.0		50
		>2.0~5.0		40
TA13	M	0.5~2.0	2T	180
TA15	M	0.8~5.0	3T	30
TA17	M	0.5~1.0		80
		>1.0~2.0		60
		>2.0~5.0		50

（续）

牌　号	状　态	板材厚度/mm	弯芯直径/mm	弯曲角 α/(°)
TA18	M	0.5~1.0	3T	100
		>1.0~2.0		70
		>2.0~5.0		60
TB2	ST	1.0~3.5		120
TC1	M	0.5~1.0		100
		>1.0~2.0		70
		>2.0~5.0		60
TC2	M	0.5~1.0		80
		>1.0~2.0		60
		>2.0~5.0		50
TC3	M	0.8~2.0		35
		>2.0~5.0		30

4.4.4.4　钛及钛合金丝材

（1）力学性能　见表 4-397。

（2）钛合金丝材直径允许偏差　见表 4-398。

4.4.4.5　换热器及冷凝器用钛及钛合金管

（1）冷轧钛及钛合金无缝管的牌号、状态和规格　见表 4-399~表 4-401。

表 4-397　钛及钛合金丝的力学性能（摘自 GB/T 3623—2007）

牌号	直径/mm	室温力学性能	
		抗拉强度 R_m/MPa	断后伸长率 A(%)
TA1	4.0~7.0	≥240	≥24
TA2		≥400	≥20
TA3		≥500	≥18
TA4		≥580	≥15
TA1	0.1~<4.0	≥240	≥15
TA2		≥400	≥12
TA3		≥500	≥10
TA4		≥580	≥8
TA1-1	1.0~7.0	295~470	≥30
TC4ELI	1.0~7.0	≥860	≥10
TC4	1.0~2.0	≥925	≥8
	≥2.0~7.0	≥895	≥10

注：直径小于 2.0 的丝材的延伸率不满足要求时可按实测值报出。

表 4-398　钛合金丝材直径允许偏差（摘自 GB/T 3623—2007）　（单位：mm）

直径	0.1~0.2	>0.2~0.5	>0.5~1.0	>1.0~2.0	>2.0~4.0	>4.0~7.0
允许偏差	-0.025	-0.04	-0.06	-0.08	-0.10	-0.14

注：经供需双方协商，可供应其他规格或允许偏差的丝材。

表 4-399　冷轧钛及钛合金无缝管（摘自 GB/T 3625—2007）

牌号	状态	外径/mm	壁厚/mm 0.5	0.6	0.8	1.0	1.25	1.5	2.0	2.5	3.0	3.5	4.0	4.5
TA1、TA2、TA3、TA9、TA9-1、TA10	退火态 M	>10~15	○	○	○	○	○	○	○					
		>15~20		○	○	○	○	○	○	○				
		>20~30		○	○	○	○	○	○	○				
		>30~40					○	○	○	○	○			
		>40~50					○	○	○	○	○	○		
		>50~60						○	○	○	○	○	○	
		>60~80							○	○	○	○	○	○

注：“○”表示可以按本标准生产的规格。

表 4-400 焊接管（摘自 GB/T 3625—2007）

牌号	状态	外径/mm	壁厚/mm 0.5	0.6	0.8	1.0	1.25	1.5	2.0	2.5
TA1、TA2、TA3、TA9、TA9-1、TA10	退火态 M	16	○	○	○	○				
		19	○	○	○	○	○			
		25、27	○	○	○	○	○	○		
		31、32、33			○	○	○	○	○	
		38						○	○	○
		50							○	○
		63							○	○

注："○"表示可以按标准生产的规格。

表 4-401 焊接-轧制管（摘自 GB/T 3625—2007）

牌号	状态	外径/mm	壁厚/mm 0.5	0.6	0.8	1.0	1.25	1.5	2.0
TA1、TA2、TA3、TA9-1、TA9、TA10	退火态 M	6~10	○	○	○	○	○		
		>10~15	○	○	○	○	○	○	
		>15~30	○	○	○	○	○	○	○

注："○"表示可以按标准生产的规格。

标记示例：

产品标记按产品名称、牌号、生产方式、状态、规格、标准编号的顺序表示。标记示例如下：

1）按本标准生产的 TA2 冷轧无缝管，退火状态，外径为 36mm，壁厚为 4mm，长度为 3000mm，标记为

管 TA2 S M ϕ36×4×3000 GB/T 3625—2007

2）按本标准生产的 TA1 焊接管，退火状态，外径为 25mm，壁厚为 0.6mm，长度为 4000mm，标记为

管 TA1 W M ϕ25×0.6×4000 GB/T 3625—2007

3）按本标准生产的 TA1 焊接-轧制管，退火状态，外径为 19mm，壁厚为 0.5mm，长度为 4000mm，标记为

管 TA1 WR M ϕ19×0.5×4000 GB/T 3625—2007

（2）尺寸和尺寸允许偏差 管材外径及壁厚的允许偏差应符合表 4-402 的规定。管材壁厚的允许偏差不适用于焊接管的焊缝处。

（3）力学性能 见表 4-403。

表 4-402 外径及壁厚的允许偏差（摘自 GB/T 3625—2007）（单位：mm）

外径	外径允许偏差	壁厚允许偏差
6~25	±0.10	±10%
>25~38	±0.13	
>38~50	±0.15	
>50~60	±0.18	
>60~80	±0.25	

表 4-403 室温力学性能（摘自 GB/T 3625—2007）

合金牌号	状态	室温力学性能 抗拉强度 R_m/MPa	规定塑性延伸强度 $R_{p0.2}$/MPa	断后伸长率 A_{50mm}(%)
TA1	退火态 M	≥240	140~310	≥24
TA2		≥400	275~450	≥20
TA3		≥500	380~550	≥18
TA9		≥400	275~450	≥20
TA9-1		≥240	140~310	≥24
TA10		≥460	≥300	≥18

4.4.4.6　钛及钛合金无缝管（见表 4-404～表 4-408）

本标准适用于冷轧（冷拔）方法生产的钛及钛合金无缝管，适用于一般工业用。

表 4-404　管材牌号、状态和规格（摘自 GB/T 3624—2010）

牌号	状态	外径/mm	壁厚/mm															
			0.2	0.3	0.5	0.6	0.8	1.0	1.25	1.5	2.0	2.5	3.0	3.5	4.0	4.5	5.0	5.5
TA1 TA2 TA8 TA8-1 TA9 TA9-1 TA10	退火态（M）	3～5	○	○	○	○	—	—	—	—	—	—	—	—	—	—	—	—
		>5～10	—	○	○	○	○	○	○	—	—	—	—	—	—	—	—	—
		>10～15	—	—	○	○	○	○	○	○	○	—	—	—	—	—	—	—
		>15～20	—	—	—	○	○	○	○	○	○	○	—	—	—	—	—	—
		>20～30	—	—	—	○	○	○	○	○	○	○	○	—	—	—	—	—
		>30～40	—	—	—	—	—	○	○	○	○	○	○	○	—	—	—	—
		>40～50	—	—	—	—	—	—	○	○	○	○	○	○	○	—	—	—
		>50～60	—	—	—	—	—	—	—	○	○	○	○	○	○	○	○	—
		>60～80	—	—	—	—	—	—	—	○	○	○	○	○	○	○	○	○
		>80～110	—	—	—	—	—	—	—	—	—	○	○	○	○	○	○	○

注：○表示可以按本标准生产的规格。

表 4-405　TA3 管材状态和规格

牌号	状态	外径/mm	壁厚/mm											
			0.5	0.6	0.8	1.0	1.25	1.5	2.0	2.5	3.0	3.5	4.0	4.5
TA3	退火态（M）	>10～15	○	○	○	○	○	○	○	—	—	—	—	—
		>15～20	—	○	○	○	○	○	○	○	—	—	—	—
		>20～30	—	○	○	○	○	○	○	○	—	—	—	—
		>30～40	—	—	—	—	○	○	○	○	○	—	—	—
		>40～50	—	—	—	—	○	○	○	○	○	○	—	—
		>50～60	—	—	—	—	—	○	○	○	○	○	○	—
		>60～80	—	—	—	—	—	—	○	○	○	○	○	○

注：○表示可以按本标准生产的规格。

表 4-406　室温力学性能

牌号	状态	抗拉强度 R_m/MPa	规定塑性延伸强度 $R_{p0.2}$/MPa	断后伸长率 A_{50mm}(%)
TA1	退火(M)	≥240	140～310	≥24
TA2		≥400	275～450	≥20
TA3		≥500	380～550	≥18
TA8		≥400	275～450	≥20
TA8-1		≥240	140～310	≥24
TA9		≥400	275～450	≥20
TA9-1		≥240	140～310	≥24
TA10		≥460	≥300	≥18

表 4-407　外径及允许偏差　　（单位：mm）

外径	允许偏差	外径	允许偏差
3～10	±0.15	>50～80	±0.65
>10～30	±0.30	>80～100	±0.75
>30～50	±0.50	>100	±0.85

注：管材壁厚允许偏差应不超过其名义壁厚的±12.5%。

表 4-408　管材长度　　（单位：mm）

规格	无缝管		
	外径≤15	外径>15	
		壁厚≤2.0	壁厚>2.0～5.5
长度	500～4000	500～9000	500～6000

产品标记按产品名称、牌号、状态、规格、标准编号的顺序表示。标记示例如下：

按本标准生产的 TA2 无缝管，退火状态，外径为 30mm，壁厚为 1.5mm，长度为 3500mm，标记为：

管 TA2 M　ϕ30×1.5×3500　GB/T 3624—2010

钛及钛合金的工艺性能试验：

1. 压扁试验

需方要求并在合同（或订货单）中注明时，管材应进行压扁试验。压至规定的压板间距 H 时，管材表面不应出现裂纹。H 按下式计算：

$$H=\frac{(1+e)t}{e+t/D}$$

式中　H——压板间距（mm）；

t——管材名义壁厚（mm）；

D——管材名义外径（mm）；

e——常数，当管材直径小于等于 25.4mm 时，e 取 0.04，当管材直径大于 25.4mm 时，e 取 0.06。

对于 $D/t<10$ 的管材进行压扁试验时，在管材内表面相当于“6 点钟”和“12 点钟”位置产生的裂纹不作为拒收的依据。

2. 水（气）压试验

需方要求并在合同（或订货单）中注明时，管材应进行水压或气压试验，需方选定的试验方式应在合同（或订货单）中注明。合同（或订货单）中未注明时，供方可不进行试验，但必须保证其符合下述中最低水压或气压试验要求。

水压试验时，需方选定的试验压力应在合同（或订货单）中注明。合同（或订货单）中未注明时，试验压力按以下式计算：

$$p=\frac{St}{D/2-0.4t}$$

式中　p——试验压力（MPa）；

S——允许应力（MPa），取相应规定非比例延伸强度最小值的 50%；

D——管材名义外径，（mm）；

t——管材名义壁厚（mm）。

当管材名义外径不大于 76mm 时，水压试验的最大压力不大于 17.2MPa；当管材名义外径大于 76mm 时，水压试验的最大压力不大于 19.3MPa。试验时压力保持 5s，管材应不发生畸变或泄漏。

气压试验时，管材内部气压试验的压力为 0.7MPa，试验时压力保持 5s，管材应不发生泄漏。

3. 弯曲试验

当需方要求并在合同（或订货单）中注明时，外径不大于 60mm 的管材应进行弯曲试验。弯芯直径为管材外径的 12 倍，冷弯 90°后管材表面应无裂纹。TA3 管材弯曲试验指标由供需双方协商确定。

4.4.5　锌合金压铸件（见表 4-409 ~ 表 4-413）（摘自 GB/T 13821—2009）

表 4-409　锌合金牌号对照及典型的力学、物理性能表

锌压铸合金							
中国合金代号	YX040A	YX040B	YX041	YX043	YX081	YX111	YX272
北美商业标准(NADCA)	No. 3	No. 7	No. 5	No. 2	ZA-8	ZA-12	ZA-27
美国材料试验学会(ASTM)	AG-40A	AG-40B	AG-41A	—	—	—	—
力学性能							
极限抗拉强度/MPa	283	283	328	359	372	400	426
屈服强度/MPa	221	221	269	283	283~296	310~331	359~370
抗压屈服强度/MPa	414	414	600	641	252	269	358
伸长率(%)	10	13	7	7	6~10	4~7	2.0~3.5
布氏硬度/HBW	82	80	91	100	100~106	95~105	116~122
抗剪强度/MPa	214	214	262	317	275	296	325
冲击强度/J	58	58	65	47.5	32~48	20~37	9~16
疲劳强度/MPa	47.6	47.6	56.5	58.6	103	—	145
杨氏模量/GPa	—	—	—	—	85.5	83	77.9
物理性能							
密度/(g/cm^3)	6.6	6.6	6.7	6.6	6.3	6.03	5.00
熔化温度范围/℃	381~387	381~387	380~386	379~390	375~404	377~432	372~484

（续）

物理性能							
比热容/[J/(kg·℃)]	419	419	419	419	435	450	525
热膨胀系数×10^{-6}/K^{-1}	27.4	27.4	27.4	27.8	23.2	24.1	26.0
热传导率/[W/(m·K)]	113	113	109	104.7	115	116	122.5
泊松比	0.30	0.30	0.30	0.30	0.30	0.30	0.30

注：本附录力学性能数据是采用专用试样模具获得的单铸试样进行试验而得到的参考结果。

表 4-410　锌合金压铸件的分类

类别	使 用 要 求	检 验 项 目
1	具有结构和功能性要求	尺寸公差、表面质量、化学成分、其他特殊要求
2	无特殊要求的零部件	表面质量、化学成分、尺寸公差

表 4-411　锌合金压铸件的表面分级

级别	符号	使 用 范 围	表面粗糙度 *Ra*
1	Y1	镀、抛光、研磨的表面，相对运动的配合面，危险应力区表面	不大于 1.6μm
2	Y2	要求密封的表面、装配接触面等	不大于 3.2μm
3	Y3	保护性的涂覆表面及紧固接触面，油漆打腻表面，其他表面	不大于 6.3μm

表 4-412　锌合金压铸件化学成分（质量分数）

序号	合金牌号	合金代号	主要成分(%)				杂质含量(≤)(%)			
			Al	C	Mg	Zn	Fe	Pb	Sn	Cd
1	YZZnAl4A	YX040A	3.5~4.3	≤0.25	0.02~0.06	余量	0.10	0.005	0.003	0.004
2	YZZnAl4B	YX040B	3.5~4.3	≤0.25	0.005~0.02	余量	0.075	0.003	0.001	0.002
3	YZZnAl4Cu1	YX041	3.5~4.3	0.75~1.25	0.03~0.08	余量	0.10	0.005	0.003	0.004
4	YZZnAl4Cu3	YX043	3.5~4.3	2.5~3.0	0.02~0.05	余量	0.10	0.005	0.003	0.004
5	YZZnAl8Cu1	YX081	8.0~8.8	0.8~1.3	0.015~0.03	余量	0.075	0.006	0.003	0.006
6	YZZnAl11Cu1	YX111	10.5~11.5	0.5~1.2	0.015~0.03	余量	0.075	0.006	0.003	0.006
7	YZZnAl27Cu2	YX272	25.0~28.0	2.0~2.5	0.010~0.02	余量	0.075	0.006	0.003	0.006

表 4-413　锌合金压铸件表面质量分级表（摘自 GB/T 13821—2009）

序号	缺陷名称	检 验 范 围	表面质量级别			说　明
			1 级	2 级	3 级	
1	花纹麻面 有色斑点	三者面积不超过总面积的百分数(%)	5	25	40	
2	流痕	深度/mm	≤0.05	≤0.07	≤0.15	
		面积不大于总面积百分数(%)	5	15	30	
3	冷隔	深度/mm	不允许	≤1/5 壁厚	≤1/4 壁厚	在同一部位对应处不允许同时存在 长度是指缺陷流向的展开长度
		长度不大于铸件最大轮廓尺寸/mm		1/10	1/5	
		所在面上不允许超过的数量		2 处	2 处	
		离铸件边缘距离/mm		≥4	≥4	
		两冷隔间距/mm		≥10	≥10	

（续）

序号	缺陷名称		检验范围	表面质量级别			说明
				1级	2级	3级	
4	擦伤		深度(≤)/mm	0.05	0.01	0.25	除1级表面外，浇口部位允许增加一倍
			面积不大于总面积百分数(%)	3	5	10	
5	凹陷		凹入深度/mm	≤0.10	≤0.30	≤0.50	
6	黏附物痕迹		整个铸件不允许超过	不允许	1处	2处	
			占带缺陷表面积百分数(%)		5	10	
7	边角残缺深度		铸件边长≤100mm时	0.3	0.5	1.0	不超过边长度的5%
			铸件边长>100mm时	0.5	0.8	1.2	
8	气泡	平均直径≤3mm	每100cm² 缺陷个数不超过个数	不允许	1	2	允许两种气泡同时存在，但大气泡≤3个，总数≤10个，且边距≥10mm
			整个铸件不超过个数		3	7	
			离铸件边缘距离/mm		≥3	≥3	
			气泡凸起高度/mm		≤0.2	≤0.3	
		平均直径3~6mm	每100cm² 缺陷个数不超过	不允许	1	1	
			整个铸件气泡不超过		1	3	
			离铸件边缘距离/mm		≥5	≥5	
			气泡凸起高度/mm		≤0.3	≤0.5	
9	顶杆痕迹		凹入铸件深度不超过该处壁厚的	不允许	1/10	1/10	
			最大凹入量		0.4	0.4	
			凸起高度/mm		≥0.2	≥0.2	
10	网状痕迹		凸起或凹下/mm	不允许	≤0.2	≤0.2	
11	各类缺陷总和		面积不超过总面积的百分数(%)	5	30	50	

4.4.6　铅及铅锑合金

4.4.6.1　铅及铅锑合金板（见表4-414～表4-418）

产品标记按产品名称、标准编号、牌号和规格的顺序表示。标记示例如下：

示例1：用PbSb0.5制造的，厚度为3.0mm、宽度为2500mm、长度5000mm的普通级板材，标记为：

板 GB/T 1470-PbSb0.5-3.0×2500×5000

示例2：用PbSb0.5制造的、厚度为3.0mm、宽度为2500mm、长度5000mm的高精级的板材，标记为：

板 GB/T 1470-PbSb0.5 高-3.0×2500×5000

PbSb2、PbSb4、PbSb6、PbSb8的铅锑合金板材硬度应符合表4-419的规定，其他牌号的铅锑合金板材硬度由供需双方协商确定。

板材部分牌号理论重量见表4-418。

表4-414　铅及铅锑合金板牌号、规格（摘自GB/T 1470—2014）

牌号	加工方式	规格/mm		
		厚度	宽度	长度
Pb1、Pb2	轧制	0.3~120.0	≤2500	≥1000
PbSb0.5、PbSb1、PbSb2、PbSb4、PbSb6、PbSb8、PbSb1-0.1-0.05、PbSb2-0.1-0.05、PbSb3-0.1-0.05、PbSb4-0.1-0.05、PbSb5-0.1-0.05、PbSb6-0.1-0.05、PbSb7-0.1-0.05、PbSb8-0.1-0.05、PbSb4-0.2-0.5、PbSb6-0.2-0.5、PbSb8-0.2-0.5		1.0~120.0		

注：1. 经供需双方协商，可供其他牌号和规格的板材。

2. 经供需双方协商厚度≤6mm、长度≥2000mm的铅及铅锑合金板可供应卷材。

表 4-415 铅及铅锑合金板化学成分（摘自 GB/T 1470—2014）

组别	牌号	化学成分(%)																
		主成分						杂质含量 ≤										
		Pb①	Ag	Sb	Cu	Sn	Te	Sb	Cu	As	Sn	Bi	Fe	Zn	Mg+Ca	Se	Ag	杂质总和
纯铅	Pb1	≥99.992	—	—	—	—	—	0.001	0.001	0.0005	0.001	0.004	0.0005	0.0005	—	—	0.0005	0.008
	Pb2	≥99.90	—	—	—	—	—	0.05	0.01	0.01	0.005	0.03	0.002	0.002	—	—	0.002	0.10
铅锑合金	PbSb0.5		—	0.3~0.8	—	—	—											
	PbSb1		—	0.8~1.3	—	—	—											
	PbSb2		—	1.5~2.5	—	—	—											
	PbSb4		—	3.5~4.5	—	—	—											
	PbSb6		—	5.5~6.5	—	—	—											
	PbSb8		—	7.5~8.5	—	—	—											
硬铅锑合金	PbSb4-0.2-0.5		—	3.5~4.5	0.05~0.2	0.05~0.5	—											
	PbSb6-0.2-0.5		—	5.5~6.5	0.05~0.2	0.05~0.5	—											
	PbSb8-0.2-0. 5	余量	—	7.5~8.5	0.05~0.2	0.05~0.5	—						杂质总和≤0.3					
特硬铅锑合金	PbSb1-0.1-0.05		0.01~0.5	0.5~1.5	0.05~0.2	—	0.04~0.1											
	PbSb2-0.1-0.05		0.01~0.5	1.6~2.5	0.05~0.2	—	0.04~0.1											
	PbSb3-0.1-0.05		0.01~0.5	2.6~3.5	0.05~0.2	—	0.04~0.1											
	PbSb4-0.1-0.05		0.01~0.5	3.6~4.5	0.05~0.2	—	0.04~0.1											
	PbSb5-0.1-0.05		0.01~0.5	4.6~5.5	0.05~0.2	—	0.04~0.1											
	PbSb6-0.1-0.05		0.01~0.5	5.6~6.5	0.05~0.2	—	0.04~0.1											
	PbSb7-0.1-0.05		0.01~0.5	6.6~7.5	0.05~0.2	—	0.04~0.1											
	PbSb8-0.1-0.05		0.01~0.5	7.6~8.5	0.05~0.2	—	0.04~0.1											

注：杂质总和为表中所列杂质之和。

① 铅含量按 100%减去所列杂质含量的总和计算，所得结果不再进行修约。

表 4-416 铅及铅锑合金板外形尺寸及其允许偏差（摘自 GB/T 1470—2014）

（单位：mm）

厚度	厚度允许偏差①		宽度允许偏差		长度允许偏差	
	普通级	高精级	≤1000	>1000～2500	≤2000	>2000
0.3	±0.05	±0.04	+10 0	+15 0	+30 0	+40 0
>0.3～0.7	±0.06	±0.05				
>0.7～2.0	±0.10	±0.08				
>2.0～-5.0	±0.25	±0.15				
>5.0～10.0	±0.35	±0.25				
>10.0～15.0	±0.40	±0.30				
>15.0～30.0	±0.45	±0.40	+10 0	+15 0	+15 0	+20 0
>30.0～60.0	±0.60	±0.50				
>60.0～120.0	±0.90	±0.60	+10 0	+15 0	+15 0	+25 0

注：当需方对厚度、宽度、长度允许偏差有特殊要求时，由供需双方协商。

① 当要求厚度允许偏差全为（+）或（-）单向偏差时，其值应为表中对应数值的两倍。

表 4-417 铅及铅锑合金板的硬度（摘自 GB/T 1470—2014）

牌号	维氏硬度 HV ≥	牌号	维氏硬度 HV ≥
PbSb2	6.6	PbSb6	8.1
PbSb4	7.2	PbSb8	9.5

表 4-418 板材部分牌号理论重量（摘自 GB/T 1470—2014）

厚度/mm	理论重量/(kg/m^2)					
	Pb1，Pb2	PbSb0.5	PbSb2	PbSb4	PbSb6	PbSb8
0.5	5.67	5.66	5.63	5.58	5.53	5.48
1.0	11.34	11.32	11.25	11.15	11.06	10.97
2.0	22.68	22.64	22.50	22.30	22.12	21.94
3.0	34.02	33.96	33.75	33.45	33.18	32.91
4.0	45.36	45.28	45.00	44.60	44.24	43.88
5.0	56.70	56.60	56.25	55.75	55.30	54.85
6.0	68.04	67.90	67.50	66.90	66.36	65.82
7.0	79.38	79.24	78.75	78.05	77.42	76.79
8.0	90.72	90.56	90.00	89.20	88.48	87.76
9.0	102.06	101.88	101.25	100.35	99.54	98.73
10.0	113.40	113.20	112.50	111.50	110.60	109.70
15.0	170.10	169.80	168.75	167.25	165.90	164.55
20.0	226.80	226.40	225.00	223.00	221.20	219.40
25.0	283.50	283.00	281.25	278.75	276.50	274.25
30.0	340.20	339.60	337.50	334.50	331.80	329.10
40.0	453.60	452.80	450.00	446.00	442.40	438.80
50.0	567.00	566.00	562.50	557.50	553.00	548.50
60.0	680.40	679.20	675.00	669.00	663.00	658.20
70.0	793.80	792.40	787.50	780.50	774.20	767.90
80.0	907.20	905.60	900.00	892.00	884.80	877.60
90.0	1020.60	1018.80	1012.50	1003.50	995.40	987.30
100.0	1134.00	1132.00	1125.00	1115.00	1106.00	1097.00
110.0	1247.40	1245.20	1237.50	1226.50	1216.60	1206.70

4.4.6.2　铅及铅锑合金管（见表 4-419 ~ 表 4-426）（摘自 GB/T 1472—2014）

产品标记按产品名称、标准编号、牌号、状态、规格的顺序表示。标记示例如下：

示例 1：用 Pb2 制造的、挤制状态、内径为 50mm，壁厚为 6mm，长度为 3000mm 的铅管，标记为

直管 GB/T 1472-Pb2 R-ϕ50×6×3000

示例 2：用 PbSb0.5 制造的、挤制状态、内径为 50mm，壁厚为 6mm 的高精级盘状管，标记为

盘状管 GB/T 1472-PbSb0.5 R 高 ϕ50×6

表 4-419　铅及铅锑合金管的牌号、状态、规格

牌号	状态	规格/mm		
		内径	壁厚	长度
Pb1、Pb2	挤制(R)	5~230	2~12	直管：≤4000 盘状管：≥2500
PbSb0.5、PbSb2、PbSb4、PbSb6、PbSb8		10~200	3~14	

注：经供需双方协商，可供其他牌号、规格管材。

表 4-420　铅及铅锑合金管的化学成分

牌号	化学成分(质量分数,%)										
	主要成分		杂质含量 ≤								
	Pb[①]		Ag	Cu	Sb	As	Bi	Sn	Zn	Fe	杂质总和
Pb1	≥99.992		0.0005	0.001	0.001	0.0005	0.004	0.001	0.0005	0.0005	0.008
Pb2	≥99.90		0.002	0.01	0.05	0.01	0.03	0.005	0.002	0.002	0.10
PbSb0.5	余量	0.3~0.8	杂质总和≤0.3								
PbSb2		1.5~2.5									
PbSb4		3.5~4.5									
PbSb6		5.5~6.5									
PbSb8		7.5~8.5									

注：杂质总和为表中所列杂质之和。

① 铅含量按 100%减去 Sb 含量和所列杂质含量的总和计算，所得结果不再进行修约。

表 4-421　纯铅管的常用规格　（单位：mm）

公称内径	公称壁厚									
	2	3	4	5	6	7	8	9	10	12
5、6、8、10、13、16、20	○	○	○	○	○	○	○	○	○	○
25、30、35、38、40、45、50	—	○	○	○	○	○	○	○	○	○
55、60、65、70、75、80、90、100	—	—	○	○	○	○	○	○	○	○
110	—	—	—	○	○	○	○	○	○	○
125、150	—	—	—	—	○	○	○	○	○	○
180、200、230	—	—	—	—	—	—	○	○	○	○

注：1. "○" 表示常用规格。

2. 需要其他规格的产品由供需双方商定。

表 4-422　铅锑合金管的常用规格　（单位：mm）

公称内径	公称壁厚									
	3	4	5	6	7	8	9	10	12	14
10、15、17、20、25、30、35、40、45、50	○	○	○	○	○	○	○	○	○	○
55、60、65、70	—	○	○	○	○	○	○	○	○	○
75、80、90、100	—	—	○	○	○	○	○	○	○	○
110	—	—	—	○	○	○	○	○	○	○
125、150	—	—	—	—	○	○	○	○	○	○
180、200	—	—	—	—	—	—	○	○	○	○

注：1. "○" 表示常用规格。

2. 需要其他规格的产品由供需双方商定。

表 4-423 铅及铅锑合金管内径允许偏差 （单位：mm）

精度等级	内径								
	5～10	>10～20	>20～30	>30～40	>40～55	>55～110	>110～150	>180～200	>200
普通级①	±0.50	±0.80	±1.20	±1.60	±2.20	±3.00	±5.00	±6.00	±8.00
高精级①	±0.30	±0.40	±0.60	±0.80	±1.20	±1.60	±2.50	±3.00	±4.00

① 当要求内径允许偏差全为（+）或（-）单向偏差时，其值应为表中对应数值的两倍。

表 4-424 铅及铅锑合金管壁厚允许偏差 （单位：mm）

精度等级	内径	壁厚										
		2	3	4	5	6	7	8	9	10	12	14
普通级①	<100	±0.20	±0.25	±0.40	±0.50	±0.60	±0.65	±0.70	±0.75	±1.00	±1.20	±1.20
	≥100	—	—	±0.50	±0.60	±0.70	±0.75	±0.85	±0.85	±1.20	±1.30	±1.50
高精级①	5～230	±0.20	±0.20	±0.30	±0.30	±0.50	±0.50	±0.50	±0.50	±1.00	±1.00	±1.00

① 当要求壁厚允许偏差全为（+）或（-）单向偏差时，其值应为表中对应数值的两倍。

表 4-425 常用规格纯铅管理论重量

内径/mm	管壁厚度/mm									
	2	3	4	5	6	7	8	9	10	12
	理论重量/(kg/m)(密度 11.34g/cm³)									
5	0.5	0.9	1.3	1.8	2.3	3.0	3.7	4.7	5.3	7.3
6	0.6	1.0	1.4	1.9	2.6	3.2	4.1	4.8	5.7	7.7
8	0.7	1.2	1.7	2.3	3.0	3.7	4.5	5.4	6.4	8.5
10	0.8	1.4	2.0	2.7	3.4	4.2	5.1	6.3	7.1	9.4
13	1.1	1.7	2.4	3.2	4.1	5.0	6.0	7.0	8.2	10.7
16	1.3	2.0	2.8	3.7	4.7	5.7	6.8	8.0	9.3	12.0
20	1.6	2.5	3.4	4.4	5.5	6.7	8.0	9.3	10.7	13.7
25	—	3.0	4.1	5.4	6.6	8.0	9.4	10.9	12.5	15.8
30	—	3.5	4.9	6.2	7.7	9.2	10.8	12.5	14.2	17.9
35	—	4.1	5.6	7.1	8.8	10.5	12.3	14.1	16.0	20.1
38	—	4.4	6.0	7.6	9.4	11.2	13.1	15.1	17.1	21.4
40	—	4.6	6.3	8.0	9.8	11.7	13.7	15.7	17.8	22.2
45	—	5.1	7.0	8.9	10.9	13.0	15.1	17.3	19.6	24.3
50	—	5.7	7.7	9.8	12.0	14.2	16.5	18.9	21.4	26.5
55	—	—	8.4	10.7	13.1	15.5	18.0	20.5	23.1	28.6
60	—	—	9.1	11.6	14.1	16.7	19.4	22.1	24.9	30.8
65	—	—	9.8	12.4	15.2	18.8	20.8	24.6	26.9	32.9
70	—	—	10.5	13.3	16.2	19.1	22.2	25.3	28.5	35.0
75	—	—	11.3	14.2	17.3	20.4	23.6	27.1	30.3	37.2
80	—	—	12.0	15.1	18.3	21.7	26.0	28.5	32.0	39.3
90	—	—	13.4	16.9	20.5	24.2	27.9	31.8	35.6	43.6
100	—	—	14.8	18.7	22.6	26.7	30.8	35.0	39.2	47.9
110	—	—	—	20.5	24.8	29.2	33.6	38.2	42.7	52.1
125	—	—	—	—	28.0	32.9	37.9	42.9	48.1	58.6
150	—	—	—	—	33.3	39.1	45.0	50.9	57.1	69.3

（续）

内径/mm	管壁厚度/mm									
	2	3	4	5	6	7	8	9	10	12
	理论重量/(kg/m)(密度 11.34g/cm³)									
180	—	—	—	—	—	—	53.6	60.5	67.7	82.2
200	—	—	—	—	—	—	59.3	67.5	74.8	90.7
230	—	—	—	—	—	—	67.8	76.5	85.5	103.5

表 4-426　铅锑合金管与纯铅管之间每米理论重量换算关系

牌号	密度/(g/cm³)	换算系数	牌号	密度/(g/cm³)	换算系数
Pb1.Pb2	11.34	1.0000	PbSb4	11.15	0.9850
PbSb0.5	11.32	0.9982	PbSb6	11.06	0.9753
PbSb2	11.25	0.9921	PbSb8	10.97	0.9674

4.4.7　烧结金属材料规范（摘自 GB/T 19076—2003）

4.4.7.1　概述

本部分包括用于制造轴承和结构零件的烧结金属材料的化学成分和物理力学性能。选择粉末冶金材料时，应该注意其性能不仅取决于化学成分和密度，而且取决于制造工艺。用于特定用途的烧结材料，其性能没必要和用于其他工况的锻、铸造材料的性能相同，因此，建议需方和可能的生产厂家联系。

表 4-427~表 4-437 所列数值由具有平均化学成分的材料用压制和烧结的试样得出，可作为材料选用的指南。

表 4-427~表 4-437 列出的数值既不能由硬度值计算得出，也不能由取自零件的拉伸试样测定的力学性能数值来进行验证。

若需方要求用零件进行的验证必须达到规定的力学性能值时，则必须得到供方同意，并将之标注于零件图和（或）与需方零件图有关的技术文件上。

4.4.7.2　烧结金属材料专用代码

1. 材料专用代码

第一组材料专用代码包含一到三个大写字母，描述基体金属及添加合金元素的方法：

F　纯铁粉或混入有合金添加剂的铁粉

FD　加入有扩散合金化添加剂的铁粉末

FL　预合金化钢粉

FX　渗铜钢

C　混入有合金添加剂的铜粉

CL　预合金化铜基粉末

FLD　加入有扩散合金化添加剂的预合金钢粉（待用）

FLA　加入有合金化添加剂的预合金钢粉（待用）

材料专用代码的第二组包含二到六个字母-数字字符。用两位不带小数点的数字表示溶解碳（化合碳）的质量分数（铜基材料和不锈钢除外），例如，03 代表含碳量（质量分数）0.3%。这一组中的第三个代码用一个大写字母代表含量最高的合金元素（如果存在的话），随后是其质量分数，用一个或两个数字表示，例如，05 表示 0.5%，10 表示 10%，2 表示 2.0%。最后一个字符用一个大写字母表示含量第二高的合金元素（如果存在的话），但不标明其含量。

材料专用代码的第三组表示最小屈服强度值（对于热处理材料用拉伸强度），单位是 MPa，H 字符表示该材料经过热处理。

2. 表示合金元素的字母

表示合金元素的字母如下：

C = Copper（铜）　G = Graphite（石墨）

M = Molybdenum（钼）　N = Nickel（镍）

P = Phosphorous（磷）　T = Tin（锡）

Z = Zinc（锌）

3. 标识系统举例

例 1：-C-T10-K110：铜基合金，添加 10% 的锡，径向压溃强度 110MPa。

例 2：-F-08C2-620H：铁基材料，含碳 0.8%，含铜 2%，在热处理状态下最小拉伸强度 620MPa。

例 3：-FD-05N4C-240：含 0.5% 碳的铁基合金，加入有扩散合金化添加剂镍（4%）和铜，最小屈服强度 240MPa。

例 4：-FL-05N2M-860H：预合金化镍（2%）钼钢，含碳 0.5%，在热处理状态下，最小拉伸强度 860MPa。

例 5：-FX-08C20-410：渗铜铁基材料，最小屈服强度 410MPa。

例 6：-FL-304-260N：在含氮气氛中烧结的 304 不锈钢，最小屈服强度 260MPa（关于不锈钢牌号的详细情况请参阅表 4-436）。

例 7：GB/T 19076-F-05C2-620H，是用国家标准号的识别代码与材料专用代码连在一起的一个用于采购的例子。

如果要用到描述代码，只要将代表粉末冶金的 P 置于以上举例代码的前面即可。

注意：FLA 表示预合金粉中有其他元素加入。在这种情况下，所添加元素应放在特征代码的第三组，置于最小屈服强度值之前。例如，-FLA-05M2-N4C2-600 表示预合金化钼（2%）钢粉，含碳 0.5%，以元素形式加入有 4%的镍和 2%的铜，最小屈服强度值为 600MPa。

4.4.7.3 常用烧结材料的显微组织特性

1. 用于轴承的铁，铁-铜，铁-青铜，铁-碳-石墨材料（见表 4-427）

在铁-铜轴承中，铜应该熔化并渗入周围的小孔中，对于含铜量高于 2%者，可观察到一些游离铜。若含铜量等于或小于 2%时，则一般不会出现游离铜，轴承中应有一个最小程度的原始颗粒界。

依据制造工艺，铁-石墨材料在其显微组织中应含有游离石墨或游离石墨与化合碳的混合物，铁-青铜材料的显微组织兼有铁和青铜组织的外观。

2. 用于轴承材料的青铜和青铜-石墨材料（见表 4-428）

在 90-10 铜-锡青铜轴承中，组织应是 α 铜，不存在灰色的铜-锡化合物，并有极少量淡红色的富铜区。

3. 用于结构零件的铁和碳钢材料（见表 4-429）

烧结材料组织中的碳含量可从金相组织中的珠光体质量分数来估计，100%的珠光体近似于含碳（质量分数）0.8%，碳能快速溶于铁中，因此，在 1040℃烧结 5min 后就很难观察到非化合碳了。

4. 用于结构零件的铜钢和铜-碳钢材料（见表 4-430）

添加的铜粉大约在 1080℃熔解，然后渗入铁粉的颗粒之间和小孔隙中，有助于烧结。一般情况下，含铜 2%及以下的烧结合金有极微量或没有非溶解铜，当铜的含量较高时，可以看到析出的铜相。铜熔于铁中，但不能渗入到较大颗粒的芯部，当铜熔化时，发生扩散或迁移，在其后留下相当大的孔隙，这在显微组织中很容易观察到。化合碳含量可用表 4-429中的方法根据显微组织进行金相估计。

5. 结构零件用磷钢（见表 4-431）

含碳量（质量分数）小于 0.1%的磷钢，显微组织主要是铁素体。当用 4%的硝酸乙醇腐蚀液浸蚀时，能识别出高磷区和低磷区。随着碳含量的增加，能观察到灰色或深色的细小片状珠光体区和浅色的铁素体区。通过添加铜，在显微组织中能观察到网状的富铜区，磷钢还有一个显著特点是孔隙圆化。

6. 结构零件用镍钢（见表 4-432）

在常规烧结中，与铁和石墨混合的细镍粉不能充分扩散。烧结态镍钢的显微组织为浅色的奥氏体富镍区及其边缘的针状马氏体或贝氏体。在高于 1150℃的温度下烧结时，富镍区的体积分数将降低。在热处理状态下，富镍区呈浅色，在其芯部为奥氏体，边缘为针状马氏体（在×1000 倍下观察）。这种多相组织是正常的，基体为马氏体，取决于淬火速率，细珠光体的含量（质量分数）为 0~35%。

7. 结构零件用扩散合金化镍-铜-钼钢（见表 4-433）

这些材料都是用添加有石墨粉的扩散合金化粉末制成的，具有多相显微组织。烧结态扩散合金化钢的显微组织类似于表 4-432 中的镍钢，但含有较大比例的贝氏体和马氏体，经热处理后，显微组织类似于热处理后的镍钢。

8. 结构零件用预合金化镍-钼-锰钢（见表 4-434）

这些材料都是由添加有石墨粉的预合金钢粉烧结而成，热处理后，主要为均匀的回火马氏体组织。

9. 结构零件用渗铜钢或渗铜合金钢（见表 4-435）

在×100 倍至×1000 倍的范围内能清楚地观察到富铜相，如果存在熔渗区，则能测定零件中铜相的分布，尽管铜不能填充所有的孔隙，但它会借助毛细管的作用首先填充颗粒连接处的细孔。化合碳的含量仅只与铁相有关。

10. 结构零件用奥氏体、铁素体、马氏体不锈钢（见表 4-436）

-FL303，-FL304，-FL316 牌号不锈钢在烧结状态都具有奥氏体组织，且有生成孪晶的迹象。在 316L 牌号不锈钢中，仅有很少或没有原始颗粒界、铬的碳化物、氮化物或氧化物的迹象。

-FL410，-FL430，-FL434 牌号在烧结状态下是铁素体组织，没有明显的起始颗粒界、氧化物或碳化物的迹象，但在显微组织中，存在微量的残留碳或氮。-FL410 热处理牌号由烧结周期经正常冷却后得到充分马氏体。也可单独进行硬化，但在两种情况下，一般都要进行回火，以得到最佳韧性。

11. 结构零件用铜基合金（见表 4-437）

黄铜，青铜和锌白铜都应烧结到很难观察到原始颗粒界。在烧结良好的青铜合金中，α 青铜晶粒都是从原始细晶粒簇开始生成长大，并且没有明显青灰色的金属间化合物的迹象。

表 4-427　轴承用材料：铁、铁-铜、铁-青铜、铁-碳-石墨

参数	符号	单位	铁		铁-铜		铁-青铜①				铁-碳-石墨①		数值
			牌号②		牌号②		牌号②				牌号②		
			-F-00-K170	-F-00-K220	-F-00C2-K200	-F-00C2-K250	-F-03C36T-K90	-F-03C36T-K120	-F-03C45T-K70	-F-03C45T-K100	-F-03G3-K70	-F-03G3-K80	
化学成分(质量分数)													标准值
$C_{化合}$③		%	<0.3	<0.3	<0.3	<0.3	<0.5	<0.5	<0.5	<0.5	<0.5	<0.5	
Cu		%	—	—	1~4	1~4	34~38	34~38	43~47	43~47	—	—	
Fe		%	余量	余量	余量	余量	余量	余量	余量	余量	余量	余量	
Sn		%	—	—	—	—	3.5~4.5	3.5~4.5	4.5~5.5	4.5~5.5	—	—	
石墨		%	—	—	—	—	0.3~1.0	0.3~1.0	<1.0	<1.0	2.0~3.5	2.0~3.5	
其他元素总和　max		%	2	2	2	2	2	2	2	2	2	2	
开孔孔隙度	P	%	22	17	22	17	24	19	24	19	20	13	
径向压溃强度　min	K	MPa	170	220	200	250	90~265	120~345	70~245	100~310	70~175	80~210	
密度(干态)	ρ	g/cm^3	5.8	6.2	5.8	6.2	5.8	6.2	5.6	6.0	5.6	6.0	参考值
线膨胀系数④		$10^{-6}K^{-1}$	12	12	12	12	14	14	14	14	12	12	

① 所给出径向压溃强度值的范围表明化合碳和游离石墨之间须保持平衡。
② 所有材料可浸渍润滑剂。
③ 仅只铁相的。
④ 参考值。

表 4-428　轴承用青铜、青铜-石墨材料

参数	符号	单位	青铜			青铜-石墨			数值
			牌号①			牌号①			
			-C-T10-K110	-C-T10-K140	-C-T10-K180	-C-T10G-K90	-C-T10G-K120	-C-T10G-K160	
化学成分(质量分数)									标准值
Cu		%	余量	余量	余量	余量	余量	余量	
Sn		%	8.5~11.0	8.5~11.0	8.5~11.0	8.5~11.0	8.5~11.0	8.5~11.0	
石墨		%	—	—	—	0.5~2.0	0.5~2.0	0.5~2.0	
其他元素总和　max		%	2	9	2	2	2	2	
开孔孔隙度　min	P	%	27	22	15	27	22	17	
径向压溃强度　min	K	MPa	110	140	180	90	120	160	
密度(干态)	ρ	g/cm^3	6.1	6.6	7.0	5.9	6.4	6.8	②
线膨胀系数②		$10^{-6}K^{-1}$	18	18	18	18	18	18	

① 所有材料都能浸渍润滑剂。
② 参考值。

表 4-429　结构零件用铁基材料：铁与碳钢

参数		符号	单位	铁			碳钢								数值
				牌号			牌号								
				-F-00-100	-F-00-120	-F-00-140	-F05-140	-F-05-170	-F-05-340H①	-F-05-480H①	-F-08-210	-F-08-240	-F-08-450H②	-F-08-550H②	
化学成分（质量分数）															标准值
$C_{化合}$			%	<0.3	<0.3	<0.3	0.3~0.6	0.3~0.6	0.3~0.6	0.3~0.6	0.6~0.9	0.6~0.9	0.6~0.9	0.6~0.9	标准值
Cu			%	—	—	—	—	—	—	—	—	—	—	—	标准值
Fe			%	余量	余量	余量	余量	余量	余量	余量	余量	余量	余量	余量	标准值
其他元素总和	max		%	2	2	2	2	2	2	2	2	2	2	2	标准值
拉伸屈服强度	min	$R_{p0.2}$	MPa	100	120	140	140	170			210	240			标准值
极限拉伸强度	min	R_m	MPa						340	480			450	550	标准值
表观硬度			HV5	62	75	85	90	120	280HV10	300HV10	120	140	320HV10	360HV10	参考值
表观硬度			洛氏	60HRF	70HRF	80HRF	40HRB	60HRB	20HRC	25HRC	60HRB	70HRB	28HRC	33HRC	参考值
密度		ρ	g/cm³	6.7	7.0	7.3	6.6	7.0	6.6	7.0	6.6	7.0	6.6	7.0	参考值
拉伸强度		R_m	MPa	170	210	260	220	275	410	550	290	390	520	620	参考值
拉伸屈服强度		$R_{p0.2}$	MPa	120	150	170	160	200	①	①	240	260	③	③	参考值
伸长率		A_{25}	%	3	4	7	1	2	nm④	nm④	1	1	nm④	nm④	参考值
杨氏模量			GPa	120	140	160	115	140	115	140	115	140	115	140	参考值
泊松比				0.25	0.27	0.28	0.25	0.27	0.25	0.27	0.25	0.27	0.25	0.27	参考值
无凹口锤式冲击能			J	8	24	47	5	8	4	5	5	7	5	7	参考值
压缩屈服强度		(0.1%)	MPa	120	125	130	210	225	300	420	290	290	400	550	参考值
横向断裂强度			MPa	340	500	660	440	550	720	970	510	690	790	950	参考值
疲劳极限 90%存活率⑤			MPa	65	80	100	80	105	160	220	120	170	210	260	参考值

注：这些材料可通过加添加剂提高可切削性能，表中所列性能不变。

① 在 850℃，于 0.5%的碳势保护气氛中加热 30min 进行奥氏体化后油淬火，再在 180℃回火 1h。

② 在 850℃，于 0.8%的碳势保护气氛中加热 30min 进行奥氏体化后油淬火，再在 180℃回火 1h。

③ 经过热处理的材料，拉伸强度和极限拉伸强度近似相等。

④ nm＝没有测量。

⑤ 由旋转弯曲试验测存活率为 90%的疲劳寿命。按 GB/T 4337（ISO 3928）切削加工试样。

表 4-430 结构零件用铁基材料：铜钢和铜-碳钢

参数		符号	单位	铜钢		铜-碳钢								数值
				牌号		牌号								
				-F-00C2-140	-F-00C2-175	-F-05C2-270	-F-05C2-300	-F-05C2-500H①	-F-05C2-620H①	-F-08C2-350	-F-08C2-390	-F-08C2-500H②	-F-05C2-620H②	
化学成分(质量分数)														标准值
$C_{化合}$			%	<0.3	<0.3	0.3~0.6	0.3~0.6	0.3~0.6	0.3~0.6	0.6~0.9	0.6~0.9	0.6~0.9	0.6~0.9	标准值
Cu			%	1.5~2.5	1.5~2.5	1.5~2.5	1.5~2.5	1.5~2.5	1.5~2.5	1.5~2.5	1.5~2.5	1.5~2.5	1.5~2.5	标准值
Fe			%	余量	余量	余量	余量	余量	余量	余量	余量	余量	余量	标准值
其他元素总和	max		%	2	2	2	2	2	2	2	2	2	2	标准值
拉伸屈服强度	min	$R_{p0.2}$	MPa	140	175	270	300	③	③	350	390	③	③	标准值
极限拉伸强度	min	R_m	MPa					500	620			500	620	标准值
表观硬度			HV5	70	90	115	150	310HV10	390HV10	140	165	360HV10	430HV10	参考值
表观硬度			洛氏	26HRB	39HRB	57HRB	68HRB	27HRC	36HRC	70HRB	78HRB	33HRC	40HRC	参考值
密度		ρ	g/cm^3	6.6	7.0	6.6	7.0	6.6	70	6.6	7.0	6.6	7.0	参考值
拉伸强度		R_m	MPa	210	235	325	390	580	690	390	480	570	690	参考值
拉伸屈服强度		$R_{p0.2}$	MPa	180	205	300	330	③	③	360	420	③	③	参考值
伸长率		A_{25}	%	2	3	nm④	1	nm④	nm④	nm④	nm④	nm④	nm④	参考值
杨氏模量			GPa	115	140	115	140	115	140	115	140	115	140	参考值
泊松比				0.25	0.27	0.25	0.27	0.25	0.27	0.25	0.27	0.25	0.27	参考值
无凹口锤式冲击能			J	7	8	7	10	5	7	7	8	6	6	参考值
压缩屈服强度		(0.1%)	MPa	160	185	380	400	560	660	450	480	560	690	参考值
横向断裂强度			MPa	390	445	620	760	800	930	800	980	830	1000	参考值
疲劳极限 90%存活率⑤			MPa	80	89	130	200	220	260	150	200	230	270	参考值
疲劳极限 50%存活率⑥			MPa			110	160			120	150			参考值

注：这些材料可通过添加剂提高可切削性能，但表中所列性能不变。

① 在 850℃、0.5%的碳势保护气氛中加热 30min 进行奥氏体化后油淬火，再在 180℃回火 1h。

② 在 850℃、0.8%的碳势保护气氛中加热 30min 进行奥氏体化后油淬火，再在 180℃回火 1h。

③ 过热处理的材料拉伸强度和极限拉伸强度近似相等。

④ nm=没有测量。

⑤ 由旋转弯曲试验测存活率为 90%的疲劳寿命，试样是按 GB/T 4337（ISO 3928）切削加工的。

⑥ 根据四点平面弯曲试验测存活率为 50%的疲劳寿命，试样按 GB/T 4337（ISO 3928）制造，非切削加工试样。

表 4-431　结构零件用铁基材料：磷钢

参数	符号	单位	磷钢①		磷-碳钢		铜-磷钢		铜-磷-碳钢		数值
			牌号		牌号		牌号		牌号		
			-F-00P05-180	-F-00P05-210	-F-05P05-270	-F-05P05-320	-F-00C2P-260	-F-00C2P-300	-P-05C2P-320	-F-05C2P-380	
化学成分(质量分数)											标准值
$C_{化合}$		%	<0.1	<0.1	0.3~0.6	0.3~0.6	<0.3	<0.3	0.3~0.6	0.3~0.6	标准值
Cu		%	—	—	—	—	1.5~2.5	1.5~2.5	1.5~2.5	1.5~2.5	标准值
P		%	0.40~0.50	0.40~0.50	0.40~0.50	0.40~0.50	0.40~0.50	0.40~0.50	0.40~0.50	0.40~0.50	标准值
Fe		%	余量	余量	余量	余量	余量	余量	余量	余量	标准值
其他元素总和 max		%	2	2	2	2	2	2	2	2	标准值
拉伸屈服强度 min	$R_{p0.2}$	MPa	180	210	270	320	260	300	320	380	标准值
表观硬度		HV5	70	120	130	150	120	140	140	160	参考值
表观硬度		洛氏	40HRB	60HRB	65HRB	72HRB	60HRB	69HRB	69HRB	74HRB	参考值
密度	ρ	g/cm^3	6.6	7.0	6.6	7.0	6.6	7.0	6.6	7.0	参考值
拉伸强度	R_m	MPa	300	400	400	480	400	500	450	550	参考值
拉伸屈服强度	$R_{p0.2}$	MPa	210	240	305	365	300	340	360	400	参考值
伸长率	A_{25}	%	4	9	3	5	3	6	2	3	参考值
杨氏模量		GPa	115	140	115	140	115	140	115	140	参考值
泊松比			0.25	0.27	0.25	0.27	0.25	0.27	0.25	0.27	参考值
无凹口锤式冲击能		J	18	30	9	15					参考值
横向断裂强度		MPa	600	900	700	1000			820	1120	参考值
疲劳极限 50%存活率②		MPa	110	140	140	175	130	160	150	180	参考值

① 当这些材料用于磁性方面时，事先应向供应商咨询。一些粉末冶金软磁材料在 IEC 60404-8-9 中已标准化。

② 根据四点平面弯曲试验测存活率为 50%的疲劳寿命，试样按 GB/T 4337（ISO 3928）制造，非切削加工试样。

表 4-432　结构零件用铁基材料：镍钢

参数	符号	单位	镍钢 牌号 -F-05N2-140	-F-05N2-180	-F-05N2-550H①	-F-05N2-800H①	-F-08N2-260	-F-08N2-600H②	-F-08N2-900H②	-F-05N4-180	-F-05N4-240	-F-05N4-600H①	-F-05N4-900H①	数值
化学成分(质量分数) $C_{化合}$		%	0.3~0.6	0.3~0.6	0.3~0.6	0.3~0.6	0.6~0.9	0.6~0.9	0.6~0.9	0.3~0.6	0.3~0.6	0.3~0.6	0.3~0.6	标准值
Ni		%	1.5~2.5	1.5~2.5	1.5~2.5	1.5~2.5	1.5~2.5	1.5~2.5	1.5~2.5	3.5~4.5	3.5~4.5	3.5~4.5	3.5~4.5	标准值
Fe		%	余量	余量	余量	余量	余量	余量	余量	余量	余量	余量	余量	标准值
其他元素总和 max		%	2	2	2	2	2	2	2	2	2	2	2	标准值
拉伸屈服强度 min	$R_{p.02}$	MPa	140	180	③	③	260	③	③	180	240	③	③	标准值
极限拉伸强度 min	R_m	MPa			550	800		600	900			600	900	标准值
表观硬度		HV5	80	140	330HV10	350HV10	160	350HV10	380HV10	107	145	270HV10	350HV10	参考值
表观硬度		洛氏	44HRB	62HRB	23HRC	31HRC	74HRB	26HRC	35HRC	53HRB	71HRB	21HRC	31HRC	参考值
密度	ρ	g/cm^3	6.6	7.0	6.6	7.0	7.0	6.7	7.0	6.6	7.0	6.6	7.0	参考值
拉伸强度	R_m	MPa	280	360	620	900	430	620	1000	285	410	610	930	参考值
拉伸屈服强度	$R_{p0.2}$	MPa	170	220	③	③	300	③	③	220	280	③	③	参考值
伸长率	A_{25}	%	1.5	2.5	nm④	nm④	1.5	nm④	nm④	1.0	3.0	nm④	nm④	参考值
杨氏模量		GPa	115	140	115	140	140	120	140	115	140	115	140	参考值
泊松比			0.25	0.27	0.25	0.27	0.27	0.25	0.27	0.25	0.27	0.25	0.27	参考值
无凹口锤式冲击能		J	8	20	5	7	15	5	7	8	20	6	9	参考值
压缩屈服强度	(0.1%)	MPa	230	270	530	650	350	680	940	240	280	510	710	参考值
横向断裂强度		MPa	450	740	830	1200	800	830	1280	500	830	860	1380	参考值
疲劳寿命 90%存活率⑤		MPa	100	130	180	260	150	200	320	120	150	190	290	参考值

注：这些材料可通过添加剂提高可切削性能，但表中所列性能不变。

① 在 850℃，于 0.5%的碳势保护气氛中加热 30min 进行奥氏体化后油淬火，再在 260℃回火 1h。

② 在 850℃，于 0.8%的碳势保护气氛中加热 30min 进行奥氏体化后油淬火，再在 260℃回火 1h。

③ 经过热处理的材料拉伸强度和极限拉伸强度近似相等。

④ nm＝没有测量。

⑤ 由旋转弯曲试验测存活率为 90%的疲劳寿命，试样是按 GB/T 4337（ISO 3928）切削加工的。

表 4-433　结构零件用铁基材料：扩散合金化镍-铜-钼钢

参数		符号	单位	镍-铜-钼钢①										数值
				牌号										
				-FD-05N2C-360	-FD-05N2C-400	-FD-05N2C-440	-FD-05N2C-950H②	-FD-05N2C-1100H②	-FD-05N4C-400	-FD-05N4C-420	-FD-05N4C-450	-FD-05N4C 930H②	-FD-05N4C-1100H②	
化学成分（质量分数）														标准值
$C_{化合}$			%	0.3~0.6	0.3~0.6	0.3~0.6	0.3~0.6	0.3~0.6	0.3~0.6	0.3~0.6	0.3~0.6	0.3~0.6	0.3~0.6	
Ni			%	1.5~2.0	1.5~2.0	1.5~2.0	1.5~2.0	1.5~2.0	3.5~4.5	3.5~4.5	3.5~4.5	3.5~4.5	3.5~4.5	
Cu			%	1.0~2.0	1.0~2.0	1.0~2.0	1.0~2.0	1.0~2.0	1.0~2.0	1.0~2.0	1.0~2.0	1.0~2.0	1.0~2.0	
Mo			%	0.4~0.6	0.4~0.6	0.4~0.6	0.4~0.6	0.4~0.6	0.4~0.6	0.4~0.6	0.4~0.6	0.4~0.6	0.4~0.6	
Fe			%	余量	余量	余量	余量	余量	余量	余量	余量	余量	余量	
其他元素总和	max		%	2	2	2	2	2	2	2	2	2	2	
拉伸屈服强度	min	$R_{p0.2}$	MPa	360	400	440	③	③	400	420	450	③	③	
极限拉伸强度	min	R_m	MPa				950	1100				930	1100	
表观硬度			HV5	155	180	210	400HV10	480HV10	170	200	230HV10	390HV10	460HV10	参考值
			洛氏	73HRB	80HRB	86HRB	37HRC	45HRC	82HRB	86HRB	92HRB	36HRC	43HRC	
密度		ρ	g/cm³	6.9	7.1	7.4	7.1	7.4	6.9	7.1	7.4	7.1	7.4	
拉伸强度④		R_m	MPa	540	590	680	1020	1170	650	750	875	1000	1170	
拉伸屈服强度④		$R_{p0.2}$	MPa	390	420	460	③	③	440	460	485	③	③	
伸长率		A_{25}	%	2	3	4	nm⑤	nm⑤	1	2	3	nm⑤	nm⑤	
杨氏模量			GPa	135	150	170	150	170	135	150	170	150	170	
泊松比				0.27	0.27	0.28	0.27	0.28	0.27	0.27	0.28	0.27	0.28	
无凹口锤式冲击能			J	14	22	38	11	15	21	28	39	10	15	
压缩屈服强度		（0.1%）	MPa	350	380	430	1170	1380	410	440	510	1060	1240	
横向断裂强度			MPa	1040	1200	1450	1420	1650	1220	1380	1630	1420	1650	
疲劳极限 90%存活率⑥			MPa	190	220	260	400	490	200	240	290	350	410	
疲劳极限 50%存活率⑦			MPa	170	200	240	380	—	190	220	260	—	—	

① 这些材料是由扩散合金化粉末与石墨粉的混合粉制成的。

② 经过热处理的材料拉伸屈服强度和极限拉伸强度值大致相等。

③ 在 850℃，于 0.5%的碳势保护气氛加热 30min 进行奥氏体化后油淬火，再在 180℃回火 1h。

④ 性能是按 GB/T 7963（ISO 2740）制得的试样经压制、烧结、热处理后（不进行切削加工）测得的。

⑤ nm＝没有测量。

⑥ 由旋转弯曲试验测存活率为 90%的疲劳寿命，试样是按 GB/T 4337（ISO 3928）切削加工的。

⑦ 根据四点平面弯曲试验测存活率为 50%的疲劳寿命，试样按 GB/T 4337（ISO 3928）制得，非切削加工试样。

表 4-434 结构零件用铁基材料：预合金化镍-钼-锰钢

参数		符号	单位	镍-钼-锰钢①						数值
				牌号						
				-FL-05M07N-620H②、③	-FL-05M07N-830H②、③	-FL-05M1-940H③、④	-FL-05M1-1120H③、④	-FL-05N2M-650H③、⑤	-FL-05N2M-860H③、⑤	
化学成分(质量分数)										标准值
$C_{化合}$			%	0.4~0.7	0.4~0.7	0.4~0.7	0.4~0.7	0.4~0.7	0.4~0.7	标准值
Ni			%	0.4~0.5	0.4~0.5	—	—	1.75~1.90	1.75~1.90	标准值
Mo			%	0.55~0.85	0.55~0.85	0.75~0.95	0.75~0.95	0.50~0.85	0.50~0.85	标准值
Mn			%	0.2~0.5	0.2~0.5	0.10~0.25	0.10~0.25	0.1~0.6	0.1~0.6	标准值
Fe			%	余量	余量	余量	余量	余量	余量	标准值
其他元素总和	max		%	2	2	2	2	2	2	标准值
拉伸屈服强度	min	$R_{p0.2}$	MPa	⑥	⑥	⑥	⑥	⑥	⑥	标准值
极限拉伸强度	min	R_m	MPa	620	830	940	1120	650	860	标准值
表观硬度			HV10	340	380	350	380	320	380	参考值
表观硬度			洛氏	30HRC	36HRC	32HRC	36HRC	28HRC	35HRC	参考值
密度		ρ	g/cm^3	6.7	7.0	7.0	7.2	6.7	7.0	参考值
拉伸强度⑦		R_m	MPa	690	900	1020	1190	720	930	参考值
伸长率⑦		A_{25}	%	nm⑧	nm⑧	nm⑧	nm⑧	nm⑧	nm⑧	参考值
杨氏模量			GPa	120	140	140	155	120	140	参考值
泊松比				0.25	0.27	0.27	0.27	0.25	0.27	参考值
无凹口锤式冲击能			J	8	11	10	15	7	12	参考值
压缩屈服强度		(0.1%)	MPa	650	970	1140	1270	750	1000	参考值
横向断裂强度			MPa	1020	1280	1480	1750	1100	1390	参考值
疲劳极限 90%存活率⑨			MPa	240	300	310	360	250	330	参考值

① 这些材料由预合金化粉末与石墨粉的混合粉制成的。
② 合金粉末的名义成分是：0.45%Ni，0.7%Mo，0.35%Mn，Fe 余量。
③ 850℃，于 0.6%的碳势保护气氛中加热 30min 奥氏体化后，油淬火，再在 180℃回火 1h。
④ 合金粉末名义成分：0.85%Mo，0.2%Mn，Fe 余量。
⑤ 合金粉末名义成分：1.8%Ni，0.7%Mo，0.3%Mn，Fe 余量。
⑥ 热处理材料的拉伸屈服强度和极限拉伸强度值近似相等。
⑦ 处理态的拉伸性能是由按 GB/T 7963（ISO 2740）切削加工的试样测得的。
⑧ nm＝没有测量。
⑨ 旋转弯曲试验测存活率为 90%的疲劳寿命，试样是按 GB/T 4337（ISO 3928）由切削加工制得的。

表 4-435　结构零件用铁基材料：渗铜钢或渗铜合金钢

参数	符号	单位	渗铜钢 牌号 -FX-08C10-340	-FX-08C10-760H①	-FX-08C20-410	-FX-08C20-620H①	数值
化学成分(质量分数)							标准值
$C_{化合}$②		%	0.6~0.9	0.6~0.9	0.6~0.9	0.6~0.9	
Cu		%	8~15	8~15	15~25	15~25	
Fe		%	余量	余量	余量	余量	
其他元素总和 max		%	2	2	2	2	
拉伸屈服强度 min	$R_{p0.2}$	MPa	340	③	410	③	
极限拉伸强度 min	R_m	MPa		760		620	
表观硬度		HV5	210	460HV10	210	390HV10	参考值
		洛氏	89HRB	43HRC	90HRB	36HRC	
密度	ρ	g/cm^3	7.3	7.3	7.3	7.3	
拉伸强度	R_m	MPa	600	830	550	690	
拉伸屈服强度	$R_{p0.2}$	MPa	410	③	480	③	
伸长率	A_{25}	%	3	nm④	1	nm④	
杨氏模量⑤		GPa	160	160	145	145	
泊松比⑤			0.28	0.28	0.24	0.24	
无凹口锤式冲击能		J	14	9	9	7	
压缩屈服强度	(0.1%)	MPa	490	790	480	510	
横向断裂强度		MPa	1140	1300	1080	1100	
疲劳极限 90%存活率⑥		MPa	230	280	160	190	

① 在 850℃，于 0.8%的碳势保护气氛中加热 30min 进行奥氏体化后油淬火，再在 180℃回火 1h。
② 仅基于铁相的。
③ 经过热处理的材料拉伸屈服强度和极限拉伸强度近似相等。
④ nm=没有测量。
⑤ 其值来源于超声谐振测量。
⑥ 由旋转弯曲试验测存活率为 90%的疲劳寿命，试样是按 GB/T 4337（ISO 3928）切削加工制得的。

表 4-436　结构零件用铁基材料：奥氏体、马氏体和铁素体不锈钢

参数	符号	单位	奥氏体不锈							马氏体不锈钢	铁素体不锈钢			数值
			牌号							牌号	牌号			
			-FL303-170N①303	-FL303-260N②303	-FL304-210N①304	-FL304-260N②304	-FL316-170N①316	-FL316-260N②316	-FL316-150③316L	-FL410-620H④410	-FL410-140⑤410L	-FL430-170⑤430L	-FL434-170⑤434L	
化学成分(质量分数)														标准值
Cr		%	17~19	17~19	18~20	18~20	16~18	16~18	16~18	11.5~13.5	11.5~13.5	16~18	16~18	
Ni		%	8~13	8~13	8~12	8~12	10~14	10~14	10~14	—	—	—	—	
Mo		%	—	—	—	—	2~3	2~3	2~3	—	—	—	0.75~1.25	
S		%	0.15~0.30	0.15~0.30	—	—	—	—	—	<0.03	<0.03	<0.03	<0.03	
C		%	<0.15	<0.15	<0.08	<0.08	<0.08	<0.08	<0.03	0.10~0.25	<0.03	<0.03	<0.03	
N		%	0.2~0.6	0.2~0.6	0.2~0.6	0.2~0.6	0.2~0.6	0.2~0.6	<0.03	0.2~0.6	<0.03	<0.03	<0.03	
Fe		%	余量	余量	余量	余量	余量	余量	余量	余量	余量	余量	余量	
其他元素总和　max		%	3	3	3	3	3	3	3	3	3	3	3	
拉伸屈服强度　min	$R_{p0.2}$	MPa	170	260	210	260	170	260	150	f	140	170	170	
极限拉伸强度　min	R_m	MPa								620④				
表观硬度		HV5	120	180	125	140	115	125	75	300HV10④	80	80	95	参考值
		洛氏	62HRB	70HRB	61HRB	68HRB	59HRB	65HRB	45HRB	23HRC④	45HRB	45HRB	50HRB	
密度	ρ	g/cm^3	6.4	6.9	6.4	6.9	6.4	6.9	6.9	6.5	6.9	7.1	7.0	
拉伸强度	R_m	MPa	270	470	300	480	280	480	390	720	330	340	340	
拉伸屈服强度	$R_{p0.2}$	MPa	220	310	260	310	230	310	210	⑥	180	210	210	
伸长率	A_{25}	%	nm⑦	10	nm⑦	8	nm⑦	13	21	nm⑦	16	20	15	
杨氏模量		GPa	105	140	105	140	105	140	140	125	165	170	165	
泊松比			0.25	0.27	0.25	0.27	0.25	0.27	0.27	0.25	0.27	0.27	0.27	
无凹口锤式冲击能		J	5	47	5	34	7	65	88	3	68	108	88	
压缩屈服强度	(0.1%)	MPa	260	320	260	320	250	320	220	640	190	230	230	
横向断裂强度		MPa	590	nm⑦	nm⑦	nm⑦	nm⑦	nm⑦	nm⑦	780	nm⑦	nm⑦	nm⑦	
疲劳极限 90%存活率⑧		MPa	90	145	105	160	75	130	115	240	125	170	150	

注：1. 烧结不锈钢的耐蚀性不必与熔铸不锈钢相同，一般地，奥氏体不锈钢以 316L 最佳，其次是 304 和 303，而这些又都比马氏体钢和铁素体钢要好，在后者当中又以 434 最佳。

2. 烧结会影响耐蚀性，因此，-FL316-150 材料的耐蚀性比其他在氮气氛中烧结的要好。

3. 建议在用烧结不锈钢之前，在预期环境中进行腐蚀试验。

① -FL303-170N，-FL304-210N，-FL316-170N 都是于 1150℃在含氮气氛（如分解氨）中烧结的。

② -FL303-260N，-FL304-260N，-FL316-260N 都是于 1290℃在含氮气氛（如分解氨）中烧结的。

③ -FL316-150N 是于 1290℃在无氮气氛（如氢气，或真空中充氩气）中烧结的。

④ -FL410-620H 是于 1150℃在含氮气氛（如分解氨）中烧结的，通过快冷硬化，然后在 180℃回火 1h。

⑤ -FL410-140，-FL430-170，-FL434-170 都是于 1290℃在无氮气氛（如氢气，或真空中充氩气）中烧结的。

⑥ 经过热处理的材料拉伸屈服强度和极限拉伸强度近似相等。

⑦ nm = 没有测量。

⑧ 由旋转弯曲试验测存活率为 90%的疲劳寿命，试样是按 GB/T 4337（ISO 3928）切削加工的。

表 4-437　结构零件用有色金属材料：铜基合金

参数		符号	单位	黄铜				青铜	锌白铜	数值
				牌号				牌号	牌号	
				-CL-Z20-75	-CL-Z20-80	-CL-Z30-100	-CL-Z30-110	-C-T10-90R①	-CL-N182-120	
化学成分(质量分数)										标准值
Sn			%	—	—	—	—	8.5~11.0	—	
Zn			%	余量	余量	余量	余量	余量	余量	
Ni			%	—	—	—	—	—	16~20	
Cu			%	77~80	77~80	68~72	68~72	余量	62~66	
其他元素总和	max		%	2	2	2	2	2	— 2	
拉伸屈服强度	min	$R_{p0.2}$	MPa	75	80	100	110	90	120	
表观硬度			HV5	50	68	72	84	68	82	参考值
			洛氏	73HRH	82HRH	84HRH	92HRH	82HRH	90HRH	
密度		ρ	g/cm³	7.6	8.0	7.6	8.0	7.2	7.9	
拉伸强度		R_m	MPa	160	240	190	230	150	230	
拉伸屈服强度		$R_{p0.2}$	MPa	90	120	110	130	110	140	
伸长率		A_{25}	%	9	18	14	17	4	11	
杨氏模量			GPa	85	100	80	90	60	95	
压缩泊松比				0.31	0.31	0.31	0.31	0.31	0.31	
无凹口锤式冲击能			J	37	61	31	52	5	33	
压缩屈服强度		(0.1%)	MPa	80	100	120	130	140	170	
横向断裂强度			MPa	360	480	430	590	310	500	

① 字母 R 表示材料经过了复压。

4.5　金属废料

下面的几个标准规定了铜及铜合金废料（简称废铜），铝及铝合金废料（简称废铝），铅及铅合金废料（简称废铅）的分类、试验方法、检验规则和包装、标志、运输及储存的有关规定。这些标准适用于这些废料的国内外贸易及有色金属熔炼企业的再生回收。

以下标准通过引用也成为本标准的适用内容：GB 16487.2《进口废物环境保护控制标准　冶炼渣》；GB 16487.7《进口废物环境保护控制标准　废有色金属》；GB 16487.9《进口废物环境保护控制标准　废电线电缆》。

4.5.1　铜及铜合金废料

4.5.1.1　分类（见表 4-438）

表 4-438　铜及铜合金废料的分类（摘自 GB/T 13587—2006）

废铜分类			品质与形状
类别	组别	废铜名称	
I 类：纯铜废料	废裸线	1 号铜线 No. 1 Copper Wire (Barley, Berry)①	裸铜线构成的废铜料： 1 级：由无绝缘皮的纯铜线（无涂层）组成，铜线直径>1.6mm 2 级：由洁净的纯铜线和铜电缆线（无涂层）组成。铜线直径>1.6mm，不允许含有烧过的易碎的铜线
		2 号铜线 No. 2 Copper Wire(Birch)	裸铜线组成的废铜料： 1）铜的质量分数≥94% 2）不允许含有镀铅、镀锡的铜线、焊接过的铜线、黄铜和青铜线、绝缘铜线和脆的过烧线。不大于 0.8mm 的细丝线不超过 5% 3）不允许夹杂铁（含钢）和非金属物质，油的质量分数<5% 4）需用适当方式清除尘垢
		漆包线 Enamel Copper Wire	1 级：纯漆包线，无杂质 2 级：经过焚烧脱漆，表面有氧化层，无杂质
	铜混合废料	特种紫杂铜 Special Copper	1）纯铜零部件及其他各种纯铜制品（含纯铜裸线）构成的废料，含铜的质量分数>99.95% 2）不允许含有水垢、油污、涂层、油漆等及其他杂质 3）不许含有毛丝、车屑、磨屑和厚度<1mm 的铜板
		1 号紫杂铜 No. 1 Heavy Copper(Candy)	1）洁净的、无合金、无涂层的加工下脚料、导电板、整流器片以及直径>1.6mm的铜线组成的废料 2）允许带有洁净的铜管和其他纯铜块状料 3）不得含有焚烧过的脆质铜线
		2 号紫杂铜 No. 2 Copper(Cliff)	1）混杂的纯铜制品构成的废料。含铜的质量分数≥94% 2）不得含有：过多的铅、锡、焊接的废铜、黄铜、青铜；过多的油、钢铁、非金属废料、带非铜接头的铜管或带有残渣的铜管、烧过的或有绝缘性的铜线、毛丝、焚烧后的脆质铜线、泥土等
	铜米	1 号铜米 No. 1 Copper Nodules	1）用废电线加工而成的铜颗粒，含铜的质量分数≥99% 2）不含涂层、其他金属及杂质，无绝缘物
		2 号铜米 No. 2 Copper Nodules	1）用废电线加工而成的铜颗粒，表面无涂层，含铜的质量分数≥99% 2）不含其他金属，绝缘物等夹杂物的质量分数<2%
	废铜板箔	薄铜板 Light Copper(Dream)	1）混杂的废铜，含铜的质量分数≥88% 2）包括薄铜板、流水槽、落水管（雨水管）、铜壶、热水器及类似的废铜 3）不允许含有：烧过的细铜线、未完全烧过的带有绝缘皮的电线、镀铜件、镀铜板、磨屑料、散热器、冰箱零件、印制线路板、筛网；过量含铅、锡、焊料的废铜和黄铜、青铜；过量的油、铁（含废钢）和非金属、灰渣泥土
		铜箔 Copper Foil	铜箔厂和线路板厂产生的铜箔构成的废料： 1 级：纯废铜箔，无任何夹杂 2 级：纯废铜箔，夹杂物的质量分数≤3% 3 级：纯废铜箔，允许含有黏结剂

（续）

类别	组别	废铜名称	品质与形状
Ⅱ类：铜合金废料	黄铜废料	普通黄铜 Plain Brass	普通黄铜零部件组成的废料： 1级：按照牌号分类的普通黄铜零部件、块状废料。夹杂物的质量分数<1% 2级：由两种以上牌号的普通黄铜零部件和块状废料组成，夹杂物的质量分数<1%
		水暖零件 Cocks and Faucets(Grape)	1）各式各样的红色黄铜[②]和黄铜制成的干净的水暖件（包括镀铬或镀镍构件）组成的废料 2）不得含有煤气开关（龙头）、啤酒的出酒嘴、以铝和锌为母材制成的水暖件 3）半红黄铜[③]零件不允许超过35%
		黄铜铸件 Yellow Brass Castings(Ivory)	1）黄铜铸造的机械零件构成的废料 2）不得有含量超过质量分数15%的镀镍材料 3）不允许铸件长度超出300mm
		非普通黄铜 Non-Plain Brass	1）除普通黄铜之外的各种黄铜构成的废料 2）不允许含有屑末 3）夹杂物由供需双方商定 1级：按照牌号分类 2级：两种以上牌号的废料混合，如铅黄铜、铝黄铜等
		黄铜管 Brass Pipe(Melon)	1）不带镀件与焊接材料的黄铜管组成的废料 2）不允许含有沉淀物、冷凝管及用黄铜铸件连接的黄铜管 3）管件应完整、洁净
		海军黄铜管 Admiralty Brass Condenser Tubes (Pales)	1）洁净完整的海军黄铜[④]冷凝管件构成的废料，电镀、非电镀的均可 2）不允许含有镍合金、铝合金及腐蚀材料
		黄铜混合料 Yellow Brass Scrap(Honey)	1）黄铜铸件、轧制黄铜、棒材、管材和多种黄铜组成的废料，包括有镀层黄铜 2）不允许含有锰青铜、铝青铜、非熔焊散热器和散热器部件、铁，以及较脏和受腐蚀的材料
	特殊黄铜废料	黄铜炮弹壳 Brass Shell Cases	1）发射过的炮弹壳构成的废料 2）不含雷管及其他杂质 3）牌号及成分由供需双方商定
		黄铜子弹弹壳 Brass Small Arms and Rifle Shells	1）发射过的黄铜子弹壳构成的废料 2）不允许带弹头、铁和其他任何杂质 3）牌号和成分由供需双方商定
	白铜废料	白铜废件 Copper-Nickel Scrap	1）按照牌号分类的铜镍合金管件、管、薄片、金属板、板坯或其他经过锻造的废件构成的废料。铸件、阀门、浇冒口等，根据协议可以包括在内，但需分别包装 2）废料中杂质的质量分数<2%
	青铜废料	锰青铜 Manganese Bronze Solids(Parch)	1）铜的质量分数不少于55%、铅不超过1%的锰青铜块构成的废料 2）不允许夹杂铝青铜和硅青铜
		车辆无衬里轴瓦 Unlined Standard Red Car Boxes (Clean Joumals)(Fence)	1）无衬里的和（或）焊接的铁路机车轴瓦，以及无衬里的和（或）焊接的车辆轴颈轴承构成的废料 2）不允许混有黄铜轴瓦和铁衬里轴瓦
		车辆带衬里轴瓦 Lined Standard Red Car Boxes (Lined Journals)(Ferry)	1）标准的巴氏合金衬里的铁路（红）轴瓦或巴氏合金衬里的车辆焊接轴承构成的废料 2）不允许含黄铜轴瓦和铁衬里轴瓦

（续）

废铜分类			品质与形状
类别	组别	废铜名称	
Ⅱ类：铜合金废料	青铜废料	其他青铜 Other Bronze	1)除以上铜合金之外的废青铜组成的废料 2)不含车屑、磨屑 1 级：单一牌号的青铜废料，夹杂物的质量分数<1% 2 级：同一名称的青铜废料混合，如锡青铜的若干个牌号混合的废料，夹杂物的质量分数<1% 3 级：不同名称的青铜废料混合在一起，如锡青铜和铝青铜废料。混合在一起，夹杂物的质量分数<1%
Ⅲ类：废水箱	废水箱	铜水箱 Copper Radiators	各种车辆铜及铜合金水箱构成的废料： 1 级：由纯铜或相同牌号合金废水箱组成，去掉所有的铁件 2 级：由混合牌号的废汽车水箱，去掉所有的铁件
Ⅳ：铜及其合金新废料	铜及其合金新废料	纯铜 Pure Copper	1)铜材加工厂和制造厂在加工制造过程中产生的纯铜废料构成，如边角料、切头、废次材、半成品、线材、废品等 2)不允许混入车屑、磨屑和其他夹杂物 1 级：表面光亮，无氧化、表面无污物及涂层、无油污 2 级：允许表面有油污或氧化物，含量由供需双方确定 3 级：表面有镀层、漆层
		铜合金 New Copper Alloy	1)铜材加工厂、制造厂在加工制造过程中产生的铜合金废料构成，如边角料、切头、废次材、半成品、线材、废品等 2)不允许含有车屑、磨屑和其他夹杂物 1 级：单一牌号，表面无氧化、油污和涂层 2 级：单一牌号，允许表面有氧化或油污、涂层 3 级：两种以上牌号的混合废料，表面无氧化、油污或涂层 4 级：两种以上牌号的混合废料，允许表面有氧化、油污或涂层
Ⅴ类：屑末	铜合金屑末	纯铜屑 Pure Copper Filings	纯铜屑构成的废料： 1 级：不含油、水分、合金铜屑和杂质 2 级：允许含有少量的油或水，不含其他杂质 3 级：允许含有油、水或夹杂物，含量由供需双方商定
		铜合金屑 Copper Alloy Filings	铜合金屑构成的废料： 1 级：单一牌号的铜合金屑，不含杂质、油和水 2 级：单一牌号的铜合金屑，夹杂物的质量分数<5%，允许含少量的油或水 3 级：混合的铜合金屑，不含杂质、油和水 4 级：混合的铜合金屑，夹杂物的质量分数<5%，允许含少量的油或水
Ⅵ类：切片	切片	含铜切片 High Density(Zebra)	1)由中速分离技术产生的重金属，包括铜、黄铜、锌、无磁性不锈钢和铜线 2)废料必须干燥，不过度氧化 3)其中含其他金属的种类及其含量，非金属杂质的含量应由买卖双方商定
Ⅶ类：带皮的电线电缆	废电缆	铅皮电缆、塑料皮电缆、橡胶皮电缆 Cable With Various Types of Insulation	电缆构成的含铜废料： 1 级：同一名称、同一规格、无夹杂物 2 级：同一名称、不同规格，无夹杂 3 级：混合废电缆，无夹杂
	废电线	带皮电线 Copper Wire with Insulation	电线组成的含铜废料： 1 级：同一名称、同一规格、无夹杂物 2 级：同一名称、不同规格，无夹杂 3 级：不同名称、不同规格的混合废电线

（续）

废铜分类			品质与形状
类别	组别	废铜名称	
Ⅷ类：含铜灰渣	含铜灰	铜灰、铜泥 Copper Ash and Slurry	含铜的灰尘、烟尘、铜泥等，铜含量由双方议定
	含铜渣	铜渣 Copper Dross	含铜的炉底结块、熔渣，铜含量由双方议定

① 括号中的英文名称为该种废料的美国分类代号。

② 红色黄铜在美国为 C23000，对应我国为 H85。

③ 半红黄铜在美国为 C84300、C84400、C84410、C84500、C84800，对应我国大致为 $ZQSnD_{3-11-4}$。

④ 海军黄铜在美国为 C44300、C44400、C44500，对应我国为 HSn70-1。

4.5.1.2 要求

1）本标准对铜及铜合金的牌号一般不作规定，供需双方对牌号有要求时，可以在合同中注明。供需双方对牌号有异议时，可以协商解决。

2）废铜应按照本标准规定的类别、组别和名称（级别）进行回收和贸易，不同的类别、组别和名称（级别）不应相互混合。本规定未列入的其他废铜归入相近的类别中。

3）废铜中不允许混有密封容器、易燃、易爆物品，有毒、腐蚀性、医疗废物和带有放射性的物品。废铜中对环境造成影响的夹杂物和放射性污染的控制，按照 GB 16487.2、GB 16487.7、GB 16487.9 进行。

4）废旧武器零部件应由供方做安全检查处理后方可供货。

5）废铜表面的杂物应予以清除。

6）块状废铜单件的最大外形尺寸，本标准不作具体规定，但应在可运输的情况下，由供需双方协商确定，并在合同中注明。

7）混入废铜中的文物，应按照国家有关规定。

8）废铜中的铜含量指以金属状态存在的铜，不含铜的化合物（铜灰渣、泥除外）。

9）需方有其他特殊要求时，可由供需双方协商确定，并在合同中注明。

4.5.1.3 试验方法

1）铜及铜合金废料可采用感官确定类别、组别和名称（级别）。

2）废铜的化学成分分析按照 GB/T 5121 规定的方法进行，供需双方有异议时，可以协商确定分析方法。但仲裁分析应按照 GB/T 5121 规定的方法进行，含铜灰渣、泥的分析可参照 GB/T 3884.1 的方法进行。

3）废铜的洁净程度用目视检验。

4）扣除杂质的方法、外形尺寸及单块重量的测量方式，由供需双方协商确定，并在合同中注明。

4.5.1.4 检验规则

1）废铜应由供方技术监督部门进行检验，也可委托其他检验部门进行检验，保证其质量符合标准及合同的规定，并填写质量证明书。

2）需方应对收到的废铜按照标准以及合同的规定进行检验，如检验结果与标准或合同的规定不符时，应单独封存，并在收到之日起 15 天内向供方提出，由供需双方协商解决。

3）废铜应成批提交检验，每批应由同一类别、同一组别和同一级别组成。

4）取样。铜及铜合金废料、废件的取样方法以及其他有关事宜由供需双方协商。

4.5.1.5 标志

每批废铜均要附有标签，其上注明：①供方名称；②废铜名称；③废铜类别、组别、级别；④批号；⑤批重；⑥标准编号；⑦其他。

4.5.1.6 包装

1）经供需双方协商确定，废铜可以打包或压块方式供货。

2）碎料和铜灰渣应有包装。包装方式、尺寸和重量由供需双方协商确定，并在合同中注明。

4.5.1.7 运输和贮存

1）散装的不同类别的废铜在运输过程中不应混装。

2）废铜在运输、装卸、堆放过程中，严禁混入爆炸物、易燃物、垃圾、腐蚀物，以及有毒、放射性物品，也不得用被以上物品污染的装卸工具装运，有特殊要求时，应有防雨、防雪、防火设施。

4.5.1.8 质量证明书

每批废铜交货时，必须附有质量证明书，写明：①供方名称；②废铜名称；③废铜类别、组别、级别；④批号及批重；⑤出厂日期；⑥检验结果；⑦技术监督部门的印记；⑧本标准编号；⑨其他。

4.5.2　铝及铝合金废料

4.5.2.1　废铝的分类与要求（见表 4-439）

表 4-439　废铝的分类与要求（摘自 GB/T 13586—2006）

废铝分类①、②			要求③、④、⑤
类别	组别	废铝名称	
变形铝及铝合金废料	铝电线、铝电缆、铝导电板	光亮铝线 New Pure Aluminum Wire and Cable (Talon)	1)新的、洁净的纯铝电线、电缆构成的废铝 2)不允许混入铝合金线、毛丝、丝网、铁、绝缘皮和其他杂质
		混合光亮铝线 New Mixed Aluminum Wire and Cable (Tann)	1)新的、洁净的纯铝电线、电缆与少量6×××系合金电线、电缆混合构成的废铝 2)6×××系合金电线、电缆不超过废铝总量的10% 3)不允许混入毛丝、丝网、铁、绝缘皮和其他杂质
		旧铝线 Old Pure Aluminum Wire and Cable (Tastre)	1)旧的纯铝电线、电缆构成的废铝 2)表面氧化物及污物低于废铝总量的1% 3)不允许混入铝合金线、毛丝、丝网、铁、绝缘皮和其他杂质
		旧混合铝线 Old Mixed Aluminum Wire and Cable (Tassel)	1)旧的纯铝电线、电缆与少量6×××系合金电线、电缆混合构成的废铝 2)6×××系合金电线、电缆低于废铝总量的10%，表面氧化物及污物不超过废铝总量的1% 3)不允许混入毛丝、丝网、铁、绝缘皮和其他杂质
		废电线 Insulated Aluminum Wire Scrap(Twang)	带有绝缘皮的各类铝电线构成的废铝
		新钢芯铝绞线 New Aluminum Cable Steel Reinforced	制造过程中产生的废钢芯铝绞线，无夹杂物
		旧钢芯铝绞线 Old Aluminum Cable Steel Reinforced	旧的钢芯铝绞线，无夹杂物
		导电板 Current-Conducting Plate	1)各种电器设备和设施中的铝导电板构成的废铝 2)不允许混带夹杂物
	铝箔	新铝箔 New Aluminum Foil(Terse)	1)洁净的、新的、无涂层的1×××和/或3×××和/或8×××系列铝箔构成的废铝 2)不允许混入电镀箔、涂铝铝箔、纸、塑料及其他杂质
		旧铝箔 Post Consumer Aluminum Foil(Tesla)	1)无涂层的1×××,3×××和8×××系旧的家用包装铝箔和铝箔容器构成的废铝 2)材料可以被电镀，有机残留物低于废铝总量的5% 3)不允许混入涂铝铝箔条、化学腐蚀箔、复合箔、铁、纸、塑料和其他非金属杂质
	铝易拉罐	新易拉罐 New Aluminum Can Stock(Take)	1)新的、洁净的、低铜的铝易拉罐(表面可覆盖印刷涂层)，以及其边角料构成的废铝 2)油脂不超过废铝总量的1% 3)不允许混入罐盖、铁、污物和其他杂物
		旧易拉罐 Post-Consumer Aluminum Can Scrap (Talc)	1)盛过食物或饮料的铝罐构成的废铝 2)不允许混入其他废金属、箔、锡罐、塑料瓶、纸、玻璃和其他非金属杂质
		易拉罐碎片 Shredded Aluminum Used Beverage Can(UBC)Scrap(Talcred)	1)易拉罐碎片构成的废铝($\rho = 190 \sim 275kg/m^3$) 2)通过孔径4599μm网筛的碎片小于废铝总量的5% 3)废铝必须经过磁选，不允许混入其他任何铝制品、铁、铅、瓶盖、塑料罐及其他塑料制品、玻璃、木料、污物、油脂、垃圾和其他杂物

（续）

废铝分类①、②			要求③、④、⑤
类别	组别	废铝名称	
变形铝及铝合金废料	铝易拉罐	易拉罐压块 Densified Aluminum Used Beverage Can(UBC)Scrap(Taldack)	1)易拉罐压块构成的废铝(ρ=562~802 ks/m³) 2)块的两边应有易于捆绑的捆绑槽,每块重量不超过 27.2kg,建议块的公称尺寸范围为(254mm×330mm×260mm)~(508mm×159mm×229mm) 3)合成一捆的所有块的尺寸必须相同,建议捆的尺寸范围为(1040~1120mm)×(1300~1370mm)×(1370~1420mm)。捆绑方法:用宽不小于16mm、厚 0.50mm 的钢带,每捆每排垂直捆一道,水平方向最少捆二道。不得使用滑动垫木和/或任何材料的支撑板 4)废铝必须经过磁性分离,不允许混入铝易拉罐以外的任何铝产品,不允许混入废钢、铅、瓶盖、玻璃、木料、塑料罐及其他塑料制品、污物、油脂和其他杂物
		打捆易拉罐 Baled Aluminum Used Beverge Can(UBC)Scrap(Taldon)	1)打捆的、未压扁易拉罐(ρ=225~273kg/m³),或打捆的、压扁易拉罐(ρ=353kg/m³)构成的废铝 2)捆的最小规格为 0.85m³,建议尺寸为(610~1020mm)×(760~1320mm)×(1020~2135mm)。捆绑方法:4~6 条 16mm×0.50mm 的钢带,或 6~10 条 13 号钢线(允许使用同等强度和数量的铝带或铝线)。不用滑动的垫木和/或任何材料的支撑板 3)废铝必须经过磁选,不允许混入铝易拉罐以外的任何铝产品,不允许混入废钢、铅、瓶盖、玻璃、木料、塑料罐及其他塑料制品、污物、油脂和其他杂物
	铝板	新 PS 基板 New,Clean Aluminum Lithographic Sheets(Tabloid)	1)1×××和/或 3×××系列牌号的印刷用铝板(表面无油漆涂层)构成的废铝 2)铝板最小尺寸为 80mm×80mm 3)不允许混入纸、塑料、油墨和其他任何杂物
		旧 PS 基板 Clean Aluminum Lithographic Sheets(Tablet)	1)1×××和/或 3×××系列牌号的印刷用铝板构成的废铝 2)铝板最小尺寸为 80mm×80mm 3)不允许混入纸、塑料、过多油墨的薄板和其他任何杂物
		涂漆铝板 Painted Siding(Tale)	1)洁净的低铜板(一面或两面有油漆,不含塑料涂层)构成的废铝 2)不允许混入铁和污物、腐蚀物、泡沫、玻璃纤维等其他非金属物品
		飞机铝板 Aluminum Aircraft Sheet(Tepid)	飞机用铝板构成的废铝
		低铜铝板 Mixed Low Copper Aluminum Clippings and Solids(Taboo)	1)由多种牌号⑤的低铜铝板(厚度大于 0.38mm)混合构成的新的、洁净的、表面无涂层、无油漆的废铝板; 2)油脂低于废铝总量的 1% 3)不允许混入 2×××或 7×××系铝合金板,不允许混入毛丝、丝网、直径小于 1.27mm 的冲屑,污物和其他非金属物品
		同类铝板 Segregated Aluminum Sheet	同种牌号⑥的铝板材,厚度>0.38mm
		混合新铝板 Mixed New Aluminum Alloy Clippings and Solids(Tough)	1)由多种牌号⑥的铝板(厚度大于 0.38mm)混合构成的新的、洁净的、表面无涂层和漆层的废铝板 2)油脂不超过废铝总量的 1% 3)不允许混入毛丝、丝网、直径小于 1.27mm 的冲屑、污物和其他非金属物品
		杂旧铝板 Clean Mixed Old Alloy Sheet Aluminum (Taint 或 Tabor)	1)由多种牌号⑥的洁净铝板混合构成的废铝 2)涂漆铝板低于废铝总量的 10%,油脂低于废铝总量的 1% 3)不允许混入箔、百叶帘、铸件、毛丝、丝网、易拉罐、散热器片、飞机铝杈、瓶盖、塑料、污物和其他非金属物品

（续）

废铝分类[①,②]			要求[③,④,⑤]
类别	组别	废铝名称	
变形铝及铝合金废料	散热器片	散热器铝片 Aluminum Copper Radiators(Talk)	1)洁净的热交换铝片或铜管上的铝翅片构成的废铝 2)不允许混入铜管、铁和其他杂物
	边角料	新边角料 New Machine Waste	1)新的、洁净的、无涂层的、同种牌号[⑥]的变形铝及铝合金边角料、废次材、切头、切尾料构成的废铝 2)油污和油脂不超过废铝总量的 1% 3)不允许混入箔、毛丝、丝网和其他杂质
		混合边角料 Mixed Machine Waste	1)由多种牌号[⑥]的变形铝及铝合金边角料、块构成的、新的、洁净的、无涂层的混合废铝 2)油污和油脂不超过废铝总量的 1% 3)不允许混入 7×××系铝合金、油、毛丝、丝网和其他杂质
	器具	铝器具 Aluminum Implement	1)锅、盆、瓶等构成的废铝 2)不允许混带夹杂物
	其他	同类铝材 Segregated Aluminum Forgings and Extrusions(Tread A)	1)同种牌号[⑥]的铝锻件、挤压件(表面可覆盖涂层)构成的废铝。主要包括铝门窗型材、铝管、铝棒及其他工业用铝型材 2)不允许混入铝箔或其他任何夹杂物
		杂铝材 Mixed Forgings and Extrusions	1)多种牌号[⑥]的铝锻件、铝挤压件(表面可覆盖涂层)构成的废铝 2)不允许混带夹杂物
铸造铝合金废料	铸锭	杂铝铸锭 Sweated Aluminum(Throb)	1)以废铝熔铸成的锭或块 2)不允许混带夹杂物
	活塞	无拉杆铝活塞 Clean Aluminum Pistons(Tarry A)	1)洁净的铝活塞(不含拉杆)构成的废铝 2)油污和油脂不超过废铝总量的 2% 3)不允许混入轴套、轴、铁环和非金属夹杂
		带拉杆铝活塞 Clean Aluminum Pistons with Struts (Tarry B)	1)洁净的铝活塞(可以含拉杆)构成的废铝 2)油污和油脂不超过废铝总量的 2% 3)不允许混入轴套、轴、铁环和非金属夹杂
		夹铁铝活塞 Irony Aluminum Pistons(Tarry C)	由含铁铝活塞构成的废铝
	汽车铝铸件	汽车铝铸件 Aluminum Auto Castings(Trump)	1)各种汽车用铝铸件构成的废铝 2)铸件尺寸应达到目视容易鉴别的程度 3)油污和油脂低于废铝总量的 2%,含铁量不超过废铝总量的 3% 4)不允许混入污物、黄铜、轴套及非金属物品
	飞机铝铸件	飞机铝铸件 Aluminum Airplane Castings(Twist)	1)各种洁净的、飞机用铝铸件构成的废铝 2)油污和油脂不超过废铝总量的 2%,含铁量不超过废铝总量的 3% 3)不允许混入污物、黄铜、轴套和非金属物品
	其他	同类铝铸件 Segregated New Aluminum Castings(Tread B)	1)同种牌号[⑥]的、新的、洁净的、无涂层的铝铸件、锻件和挤压件构成的废铝 2)不允许混入屑、不锈钢、锌、铁、污物、油、润滑剂和其他非金属物品
		混合铝铸件 Mixed Aluminum Castings(Tense)	1)各种洁净的铝铸件(可包括汽车或飞机铝铸件)混合构成的废铝 2)油污和油脂不超过废铝总量的 2%,含铁量不超过废铝总量的 3% 3)不允许混入铝锭、黄铜、污物和其他非金属物品

（续）

废铝分类①、②		要求③、④、⑤
类别	废铝名称	
铝及铝合金屑	同类铝屑 Segregated Aluminum Borings and turnings(Teens)	1)同种牌号⑥的、洁净的铝合金屑构成的废铝 2)通过孔径833μm网筛的细屑低于废铝总量的3%，不含氧化物 3)不允许混入污物、铁、不锈钢、镁、油、易燃液体、水分和其他非金属物品
	混合铝屑 Mixed Aluminum Borings and Turnings (Telic)	1)由多种牌号⑥的、洁净的、未腐蚀的铝合金屑混合构成的废铝 2)通过孔径833μm网筛的细屑低于废铝总量的3%，铁含量不超过废铝总量的10% 3)不允许混入污物、铁、不锈钢、镁、油、易燃的车屑混合物、水分和其他非金属物品
铝及铝合金碎片	铝碎片 Floated Fragmentizer Aluminum Scrap(from Automobile Shredders) (Twitch)	1)含有铝或铝合金的干燥切片构成的废铝 2)锌低于废铝总量的1%，镁低于废铝总量的1%，铁含量不超过废铝总量的1%，非金属总含量不超过废铝总量的2%，橡胶和塑料不超过废铝总量的1% 3)不允许混入过度氧化的材料和气胎罐及密封的，或加压密封的容器
	混合碎片 Recyclable Concentrates of Shredded Mixed Nonferrous Scrap Metal in Pieces- Derived from Fragmentizers for further Separation of Contained Materials (Zorba⑦)	1)由铝、铜、铅、镁、不锈钢、镍、锡及锌等有色金属的碎料(其中可能混带有石块、玻璃、橡胶、塑料和木料)构成的废铝 2)各种金属的比例不限，某种金属可以为零，比例由买卖双方协议决定 3)不允许混入放射性的物品、渣或灰
铝灰渣	熔渣(撇渣) Aluminum Dross	1)铝及铝合金在熔炼过程中产生的松散状或块状撇渣构成的废铝 2)不允许混带夹杂物
	炉底结块 Aluminum Slag	铝及铝合金炉底结块构成的废铝
	铝灰 Aluminum Ash	铝及铝合金熔铸过程中产生的铝灰构成的废铝

① 废铝的牌号由供需双方协商确定，并在合同中注明。
② 经供需双方商定，可供应表中未列出的其他废铝。
③ 块状废铝单件的最大外形尺寸由供需双方协商确定，并在合同中注明。
④ 废铝中不允许混有易燃、易爆、有毒、有腐蚀性或带有放射性的物品，不允许混有医疗废物或密封容器。
⑤ 废铝表面的杂物应尽量予以清除。
⑥ 同种牌号指组别、顺序号均相同的铝及铝合金牌号的集合；多种牌号指组别或顺序号不同的铝及铝合金牌号的集合。
⑦ Zorba后应加数字（代表其中有色金属含量）形式进一步标注，如Zorba63，表示废铝中含有63%的有色金属。

4.5.2.2 试验方法

1）一般通过目视检验废铝的组成成分与形态，并确定废铝质量是否与对应废铝名称的要求相符。

2）废铝的化学成分分析按照GB/T 7999或GB/T 6987或供需双方商定的分析方法进行，仲裁分析应按GB/T 6987进行。

3）进口废铝中对环境造成影响的夹杂物和放射性污染物的检验，应按GB 16487.7、GB 16487.2、GB 16487.9的规定进行。

4）废铝中杂质的扣除方法、废铝外形尺寸及单块重量的测量方法等本标准中，未规定的试验方法由供需双方协商确定。

4.5.3 铅及铅合金废料

4.5.3.1 废铅的分类（见表4-440）

表 4-440　铅及铅合金废料的分类（摘自 GB/T 13588—2006）

类别	组别	废料名称	品质与形状
Ⅰ类：铅及铅合金块状废料	纯铅废料	纯铅件 Pure Lead	包括废铅板、管、棒和线，如耐腐蚀用的铅板衬里、铅管、废铅包衬材料、电解残极、废铅锭等 1 级：同一牌号的金属铅，无夹杂物 2 级：同一牌号的金属铅，夹杂物的质量分数<1% 3 级：牌号混合的金属铅，无夹杂物 4 级：牌号混合的金属铅，夹杂物的质量分数<1%
	铅合金废料	铅合金 Lead Alloy	包括报废的铅合金板、管、棒和线，报废的铅合金制的机械零部件，废印刷铅版、铅字、电器熔断器的保险铅丝等 1 级：同一牌号的铅合金，无夹杂物 2 级：同一牌号的铅合金，夹杂物的质量分数<3% 3 级：牌号混合的铅合金，无夹杂物 4 级：牌号混合的铅合金，夹杂物的质量分数<3%
	废电缆护套铅	电缆铅 Lead Cable	包括报废的电缆护套铅等 1 级：干净的铅护套，不含夹杂物 2 级：铅护套，含有夹杂物
	铅及铅合金新废料	铅新料 New Lead	包括铅加工材和铅制品在生产和加工过程中产生的边角料、残次品等 1 级：同一牌号的金属铅或铅合金，无夹杂物 2 级：同一牌号的金属铅或铅合金，夹杂物的质量分数<3% 3 级：牌号混合的金属铅或铅合金，无夹杂物 4 级：牌号混合的金属铅或铅合金，夹杂物的质量分数<3%
	废铅基铸造轴承合金	铅轴承 Lead Bearing	包括各种机械设备上的废旧轴承 1 级：同一牌号的废铅基铸造轴承，无夹杂物，油污的质量分数≤1% 2 级：同一牌号的废铅基铸造轴承，允许含有夹杂物，油污的质量分数<1% 3 级：牌号混合的废铅基铸造轴承，无夹杂物，油污的质量分数<1% 4 级：牌号混合的废铅基铸造轴承，允许含有夹杂物
	杂铅锭	铅锭 Lead Ingot	含铅量的质量分数>90%的各种铅及铅合金废料熔炼而成的不规则铅锭
	民用的废铅制品、包装品	其他铅 Other Lead	包括废铅容器、药管等包装物、仪表的铅封，铅及其合金的器皿、渔具的铅坠等
	特殊废铅	弹头 Bullet	包括报废的子弹头
Ⅱ类：废铅蓄电池	栅极板	极板 Polar Plate	包括汽车、火车、电瓶车等交通运输设备中的废铅蓄电池的栅极板 1 级：洁净的栅极板，不含任何夹杂物 2 级：栅极板，表面含有铅膏
	混合废料	混合铅 Mixed Lead	包括铅柱头、连接体。主要指碎的铅栅极和铅灰的混合物
	铅灰	铅灰 Lead Ash	铅泥或铅膏，主要成分是硫酸铅、氧化铅等，质量由双方商定
	整体废铅电池	铅蓄电池 Lead Battery	各种交通工具的铅电池，网络通信、矿山井下大电池、电动车电池、摩托车电池、电瓶车电池等 电池壳完整，酸不外泄 电池壳完整，不带酸

（续）

类别	组别	废料名称	品质与形状
Ⅲ类：铅及铅合金屑料	纯铅屑	纯铅屑 Pure Lead Borings and Turnings	包括铅在机械加工过程中产生的屑料 1级：单一牌号，不含油和夹杂物 2级：单一牌号，允许含油和夹杂物，油和夹杂物含量由供需双方商定 3级：混合牌号，不含油和夹杂物 4级：混合牌号，允许含油和夹杂物，油和夹杂物含量由供需双方商定
	铅合金屑	铅合金屑 Alloy Lead Borings and Turnings	包括铅及合金 1级：单一牌号，不含油和夹杂物 2级：单一牌号，允许含油和夹杂物，油和夹杂物含量由供需双方商定 3级：混合牌号，不含油和夹杂物 4级：混合牌号，允许含油和夹杂物，油和夹杂物含量由供需双方商定
Ⅳ类：铅渣、铅灰及铅烟尘	铅灰渣	铅灰渣 Lead Dross	1级：含铅的质量分数≥80%，含水的质量分数≤8%的铅废渣 2级：含铅的质量分数≥60%，含水的质量分数≤8%的铅废渣、铅灰 3级：含铅的质量分数≥30%，含水的质量分数≤8%的铅废渣、铅烟尘 4级：含铅的质量分数≥10%，含水的质量分数≤8%的铅废渣、铅烟尘

4.5.3.2　要求

1）此标准对废铅的牌号一般不作规定，供需双方对牌号有要求时，可以在合同中注明；供需双方有异议时，可以协商解决。

2）废铅应按照标准规定的类别、组别和级别进行回收和贸易；不同的类别、组别和级别不应相互混合。

3）废铅中不允许混有密封容器，易燃、易爆、有毒、腐蚀性（废电池除外）、医疗废物以及带有放射性的物品。废铅蓄电池中的酸液必须集中进行无害化处理，进入流通领域的废铅电池不允许有酸液外溢。

4）废旧武器零部件应由供方做安全检查处理后方可供货。

5）废铅表面的杂物应予以清除。

6）块状废铅单件的最大外形尺寸，标准不作具体规定，但应在可运输的情况下，由供需双方协商确定，并在合同中注明。

7）需要打包供应的废铅由供需双方协商确定。

8）混入废铅中的国家文物，应按照国家有关规定处理。

9）需方有其他特殊要求时，可由供需双方协商确定，并在合同中注明。

4.5.3.3　试验方法

1）铅及铅合金废料可采用感观确定类别、组别和级别。废铅的洁净程度用目视检验。

2）铅及铅合金废料的化学成分分析按照GB/T 4103规定的方法进行，供需双方有异议时，可以协商确定分析方法。但仲裁分析应按照GB/T 4103规定的方法进行。

3）扣除杂质的方法、外形尺寸及单块重量的测量方式由供需双方协商确定，并在合同中注明。

4.5.3.4　包装

废铅是有毒的危险物，必须有良好的包装，防止废铅或废酸的泄露。包装方式、尺寸和重量由供需双方协商确定，并在合同中注明。

4.5.3.5　运输和贮存

1）不同类别和组别的废铅在运输过程中不宜混装。

2）废铅在运输、装卸、堆放过程中，严禁暴露到环境中，并须有防雨、防雪设施。废铅的包装物不得再用于其他的包装。

3）废铅蓄电池在运输、装卸、堆放过程中，严禁废酸外泄。

4.5.3.6　质量证明书

每批废铅交货时，必须附有质量证明书，写明：①供方名称；②废铅名称；③废铅类别、组别、级别；④批号及批重；⑤出厂日期；⑥检验结果；⑦技术监督部门的印记；⑧标准编号；⑨其他。

4.6　非金属材料

4.6.1　橡胶

橡胶的主要成分是生橡胶（天然的或合成的），生橡胶的分子是线型的或含有支链型的长链状的，是一种不饱和的橡胶烃（烯烃）。生橡胶受热发黏遇冷变硬，只能在 5~35℃ 范围内保持弹性。其强度差，不耐磨，不耐溶剂，不能直接用于制造橡胶制品。生橡胶必须经过硫化才能使用。硫化是将一定量的硫化剂（如硫黄）加入生胶中，在规定的温度下加热、保温，使生胶分子交联成立体的网状结构，成为具有高弹性的硫化胶。可以用有机多硫化物、过氧化物、金属氧物等代替硫黄作为硫化剂。生胶中还按使用要求加入各种配合剂以提高其性能，有补强剂（提高强度、耐磨性等，如炭黑），软化剂（提高柔软性，如松香），填充剂（增加容积、节约生胶、降低成本，如陶土、滑石粉、硫酸钡等），防老剂（减缓老化过程），还有硫化促进剂、着色剂等。

4.6.1.1　常用橡胶的品种性能和用途

常用橡胶的品种、性能和用途见表 4-441，表中除天然橡胶外，其余都是由石油、煤、天然气制成的合成橡胶。合成橡胶由于来源充沛、价格便宜而得到广泛的应用。

表 4-441　常用橡胶的品种、性能和用途

品种(代号)	化学组成	性能特点和用途
天然橡胶 (NR)	橡胶烃(聚异戊二烯)为主,含少量树脂酸、无机盐等	弹性大,抗撕裂和电绝缘性优良,耐磨性和耐寒性好,易与其他材料黏合,综合性能优于多种合成橡胶。缺点是耐氧性和耐臭氧酸差,容易老化变质,耐油性和耐溶蚀性不好,抗酸碱能力低,耐热性差,工作温度不超过100℃。用于制作轮胎、胶管、胶带、电缆绝缘层
丁苯橡胶 (SBR)	丁二烯和苯乙烯的共聚体	产量最大的合成橡胶,耐磨性、耐老化和耐热性超过天然橡胶。缺点是弹性较低,抗屈挠性能差。加工性能差,用于代替天然橡胶制作轮胎、胶管等
顺丁橡胶 (BR)	由丁二烯聚合而成	结构与天然橡胶基本一致,弹性与耐磨性优良,耐老化性好,耐低温性优越,发热小,易与金属黏合。缺点是强度较低,加工性能差。产量仅次于丁苯橡胶,一般与天然橡胶或丁苯橡胶混用。主要用于制造轮胎、运输带和特殊耐寒制品
异戊橡胶 (IR)	以异戊二烯为单体,聚合而成	化学组成、结构与天然橡胶相似,性能也相近。有天然橡胶大部分优点,耐老化性能优于天然橡胶。缺点是弹力和强度较差,加工性能差,成本较高。可代替天然橡胶作轮胎、胶管、胶带等
氯丁橡胶 (CR)	由氯丁二烯作单体,聚合而成	具有优良的抗氧、抗臭氧性,不易燃、着火后能自熄,耐油、耐溶剂、耐酸碱,耐老化、气密性好,力学性能不低于天然橡胶。主要缺点是耐寒性差,比重较大,相对成本高,电绝缘性不好。用于重型电缆护套,要求耐油、耐腐蚀的胶管、胶带、化工设备衬里,要求耐燃的地下矿山运输带、密封圈、黏结剂等
丁基橡胶 (IIR)	异丁烯和少量异戊二烯或丁二烯的共聚体	耐臭氧、耐老化、耐热性好,可长期工作在130℃以下,能耐一般强酸和有机溶剂,吸振、阻尼性好,电绝缘性非常好。缺点是弹性不好(现有品种中最差),加工性能差。用作内胎、气球、电线、电缆绝缘层,防振制品,耐热运输带等
丁腈橡胶 (NBR)	丁二烯和丙烯腈的共聚体	耐汽油和脂肪烃油的能力特别好,仅次于聚硫橡胶、丙烯酸酯橡胶和氟橡胶。耐磨性、耐水性、耐热性及气密性均较好。缺点是强度和弹力较低,耐寒和耐臭氧性能差,电绝缘性不好。用于制造各种耐油制品,如耐油的胶管、密封圈等,也作耐热运输带
乙丙橡胶 (EPM)	乙烯和丙烯的共聚体	相对密度最小(0.865)、成本较低的新品种,化学稳定性很好(仅不耐浓硝酸),耐臭氧、耐老化性能很好,电绝缘性能突出,耐热可达150℃左右,耐酮脂等极性溶剂,但不耐脂肪烃及芳香烃。缺点是黏着性差、硫化缓慢。用于化工设备衬里、电线、电缆包皮,蒸气胶管,汽车配件
硅橡胶 (Si)	主链含有硅、氟原子的特种橡胶	耐高温可达300℃,低温可达-100℃,是目前最好的耐寒、耐高温橡胶,绝缘性优良。缺点是强度低,耐油、溶剂、酸碱性能差,价格较贵。主要用于耐高、低温制品,如胶管、密封件、电缆绝缘层。由于无毒无味,用于食品、医疗

（续）

品种(代号)	化学组成	性能特点和用途
氟橡胶 (FPM)	由含氟共聚体得到的	耐高温可达300℃,耐油性是最好的。不怕酸碱,抗辐射及高真空性能优良,力学性能、电绝缘、耐化学药品腐蚀、耐大气老化等能力都很好,性能全面。缺点是加工性差,价格昂贵,耐寒性差,弹性较低。主要用于飞机、火箭的密封材料、胶管等
聚氨酯橡胶 (UR)	由聚酯(或聚醚)与二异氰酸脂类化合物聚合物而成	在各种橡胶中耐磨性最高。强度、弹性高,耐油性,耐臭氧、耐老化、气密性也都很好。缺点是耐湿性较差,耐水和耐碱性不好,耐溶剂性较差。用于制作轮胎及耐油、耐苯零件、垫圈防振制品,以及要求高耐磨、高强度、耐油的场合
聚丙烯酸酯橡胶 (AR)	由丙烯酸酯与丙烯腈乳液共聚而成	有良好的耐热、耐油性,可在180℃以下热油中使用;耐老化、耐氧化、耐紫外光线,气密性较好。缺点是耐寒性较差,在水中会膨胀,耐芳香族类溶剂性能差,弹性、耐磨、电绝缘性和加工性能不好。用于制造密封件,耐热油软管,化工衬里等
氯磺化聚乙烯橡胶 (CSM)	用氯和 SO_2 处理聚乙烯后再经硫化而成	耐候性高于其他橡胶,耐臭氧和耐老化性能优良;不易燃,耐热、耐溶剂、耐磨、耐酸碱性能较好,电绝缘性尚可。缺点是加工性能不好,价格较贵,因而使用不广。用于制造耐油垫圈、电线、电缆包皮和化工衬里
氯醇橡胶 (共聚型 CHC 均聚型 CHR)	由环氧氯丙烷与环氧氯乙烷共聚,或由环氧氯丙烷均聚而成	耐溶剂、耐水、耐碱、耐老化性能极好;耐热性、耐候性、耐臭氧性、气密性好;抗压缩变形良好,容易加工,便宜。缺点是强度较低、弹性差、电绝缘性较低。用于作胶管、密封件、胶辊、容器衬里等
氯化聚乙烯橡胶	乙烯、氯乙烯与二氯乙烯的三元聚合物	性能与氯磺化聚乙烯橡胶相近。其特点是流动性好,容易加工,有优良的耐大气老化性、耐臭氧性和耐电晕性。缺点是弹性差,电绝缘性较低。用于胶管、胶带、胶辊、化工容器衬里等
聚硫橡胶 (T)	分子主链含有硫的特殊橡胶	耐油性突出,化学稳定性也很好,能耐臭氧、日光、各种氧化剂、碱及弱酸等。缺点是耐热、耐寒性不好、力学性能很差;压缩变形大,冷流现象严重,易燃烧,有催泪性气味。工业上很少使用作耐油制品,大多用作密封腻子或油库覆盖层

4.6.1.2 工业用橡胶板（摘自 GB/T 5574—2008）（见表 4-442 和表 4-443）

表 4-442 工业用橡胶板公称尺寸及偏差（单位：mm）

公称尺寸	0.5	1.0	1.5	2.0	2.5	3.0	4.0	5.0	6.0	8.0	10
偏差	±0.2	±0.2	±0.2	±0.3	±0.3	±0.3	±0.4	±0.5	±0.5	±0.8	±1.0

公称尺寸	12	14	16	18	20	22	25	30	40	50
偏差	±1.2	±1.4	±1.5	±1.5	±1.5	±1.5	±2.0	±2.0	±2.0	±2.0

注：1. 工业用橡胶板宽度为 50~2000mm，偏差为±20mm。

2. 工业用橡胶板按性能分为三类见下表

类别	耐油性能	体积变化率 ΔV(%)
A	不耐油	
B	中等耐油 3 号标准油,100℃×72h	+40~+90
C	耐油 3 号标准油,100℃×72h	-5~+40

表 4-443 工业用橡胶板基本性能

抗拉强度/MPa	≥3	≥4	≥5	≥7	≥10	≥14	≥17
代号	03	04	05	07	10	14	17

断后伸长率(%)	≥100	≥150	≥200	≥250	≥300	≥350	≥400	≥500	≥600
代号	1	1.5	2	2.5	3	3.5	4	5	6

橡胶国际硬度或肖尔 A 硬度	30	40	50	60	70	80	90
代号	H3	H4	H5	H6	H7	H8	H9
硬度偏差	+5 -4						

（续）

代号	热空气老化性能			指标
A_r1	热空气老化 70℃×72h	抗拉强度降低率(%)	≤	30
		断后伸长率降低率(%)	≤	40
A_r2	热空气老化 100℃×72h	抗拉强度降低率(%)	≤	20
		断后伸长率降低率(%)	≤	50

注：工业用橡胶板标记示例：

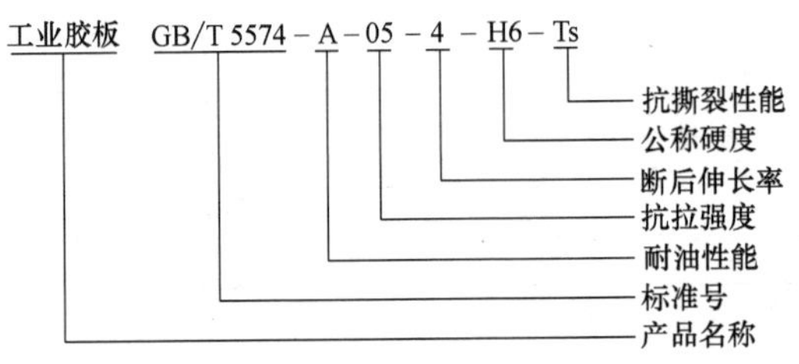

4.6.1.3　石棉橡胶板（见表 4-444～表 4-446）

表 4-444　石棉橡胶板的牌号、性能规格（摘自 GB/T 3985—2008）

牌号	表面颜色	性能							
		R_m /MPa ≥	面密度 /(g/cm²)	压缩率 (%)	回弹率 (%) ≥	蠕变松弛率 (%) ≤	耐热耐压要求		
							温度/℃	蒸气压力 /MPa	要求
XB510	墨绿色	21.0	1.6～2.0	7～17	45	50	500～510	13～14	保持 30min 不被击穿
XB450		18.0					440～540	11～12	
XB400	紫色	15.0					390～400	8～9	
XB350	红色	12.0			40		340～350	7～8	
XB300		9.0					290～300	4～5	
XB200	灰色	6.0			35		190～200	2～3	
XB150		5.0					140～150	1.5～2	

表 4-445　耐油石棉橡胶板等级牌号和推荐使用范围（摘自 GB/T 539—2008）

分类	等级牌号	表面颜色	推荐使用范围
一般工业用耐油石棉橡胶板	NY510	草绿色	温度 510℃以下、压力 5MPa 以下的油类介质
	NY400	灰褐色	温度 400℃以下、压力 4MPa 以下的油类介质
	NY300	蓝色	温度 300℃以下、压力 3MPa 以下的油类介质
	NY250	绿色	温度 250℃以下、压力 2.5MPa 以下的油类介质
	NY150	暗红色	温度 150℃以下、压力 1.5MPa 以下的油类介质
航空工业用耐油石棉橡胶板	HNY300	蓝色	温度 300℃以下的航空燃油、石油基润滑油及冷气系统的密封垫片

表 4-446　耐油石棉橡胶板的物理机械性能（摘自 GB/T 539—2008）

等级牌号		NY10	NY400	NY300	NY250	NY150	HNY300
横向抗拉强度/MPa	≥	18.0	15.0	12.7	11.0	9.0	12.7
压缩率(%)		7～17					
回弹率(%)	≥	50			45	35	50
蠕变松弛率(%)	≤	45				—	45
面密度/(g/cm³)		1.6～2.0					
常温柔软性		在直径为试样公称厚度 12 倍的圆棒上弯曲 180°，试样不得出现裂纹等破坏迹象					

（续）

等级牌号		NY10	NY400	NY300	NY250	NY150	HNY300
浸渍 IRM903 油后性能（149℃,5h）	横向抗拉强度/MPa ≥	15.0	12.0	9.0	7.0	5.0	9.0
	增重率(%) ≤	30					
	外观变化	—					无起泡
浸渍 ASTM 燃料油 B 后性能(21~30℃,5h)	增厚率(%)	0~20				—	0~20
	浸油后柔软性	—					同常温柔软性要求
对金属材料的腐蚀性		—					无腐蚀
常温油密封性	介质压力/MPa	18	16	15	10	8	15
	密封要求	保持 30min,无渗漏					
氮气泄漏率/[mL/(h·mm)] ≤		300					

注：厚度大于 3mm 的耐油石棉橡胶板，不做抗拉强度试验。

4.6.1.4　橡胶管（见表 4-447~表 4-450）

表 4-447　压缩空气用织物增强橡胶软管静液压要求（摘自 GB/T 1186—2007）

软管型别	工作压力/MPa	试验压力/MPa	最小爆破压力/MPa	在试验压力下尺寸变化	
				长度	直径
1,2,3	1.0	2.0	4.0	±5%	±5%
4 和 5	1.6	3.2	6.4	±5%	±5%
6 和 7	2.5	5.0	10.0	±5%	±5%

注：1. 1 型一般工业用；2、4、6 型重型建筑用；3、5、7 型具有良好的耐油性，重型建筑用。
2. 工作温度范围：A 类-25~70℃；B 类-40~70℃。

表 4-448　内衬层和外覆层的最小厚度（单位：mm）

型别	1	2	3	4	5	6	7
内衬层	1.0	1.0	1.0	1.5	1.5	2.0	2.0
外覆层	1.5	1.5	1.5	2.0	2.0	2.5	2.5

表 4-449　公称内径和公差（单位：mm）

公称内径	公差	公称内径	公差
5	±0.5	40(38),50,63	±1.5
6.3,8,10,12.5,16,20(19)	±0.75	80(76),100(102)	±2.0
25,31.5	±1.25		

注：括号中的数字是供选择的。

表 4-450　拉伸强度和拉断伸长率

软管型别	软管组成	拉伸强度/MPa	拉断伸长率(%)	软管型别	软管组成	拉伸强度/MPa	拉断伸长率(%)
1	内衬层	5.0	200	2、3、4、5、6、7	内衬层	7.0	250
	外覆层	7.0	250		外覆层	10.0	300

1. 气体焊接设备焊接、切割和类似作业用橡胶软管（见表 4-451~表 4-453）

表 4-451　气体焊接设备橡胶软管公称内径、内径、公差和同心度（摘自 GB/T 2550—2015）

公称内径	内径/mm	公差/mm	同心度(最大)/mm
4	4	±0.40	1
4.8	4.8		
5	5		

（续）

公称内径	内径/mm	公差/mm	同心度(最大)/mm
6.3	6.3	±0.40	1
7.1	7.1		
8	8	±0.50	
9.5	9.5		
10	10		
12.5	12.5	±0.60	
16	16		
20	20		1.25
25	25		
32	32	±1.0	
40	40	±1.25	1.50
50	50		

注：对于中间的尺寸，数字宜从 R20 优先数系中选取（见 GB/T 321），公差按表 1 所示的相邻较大内径规格的公差计。

表 4-452　气体焊接设备橡胶软管拉伸强度和拉断伸长率（摘自 GB/T 2550—2016）

胶层	拉伸强度/MPa	拉断伸长率(%)
橡胶内衬层	5	200
外覆层	7	250
塑料衬里	5	120

表 4-453　气体焊接设备橡胶软管静液压要求（摘自 GB/T 2550—2016）

额定值	乙炔软管（所有尺寸）	轻型（公称内径≤6.3）	中型（所有尺寸）
最大工作压力	0.3MPa	1MPa	2MPa
验证压力	0.6MPa	2MPa	4MPa
最小爆破压力	0.9MPa	3MPa	6MPa
在最大工作压力下长度变化	±5%		
在最大工作压力下直径变化	±10%		

2. 钢丝编织增强液压型橡胶软管及软管组合件

（1）分类　根据软管的结构、工作压力和耐油性能分类规定了 8 个类型：

1）1ST 和 R1A 型：具有单层钢丝编织增强层和厚外覆层的软管。

2）2ST 和 R2A 型：具有两层钢丝编织增强层和厚外覆层的软管。

3）1SN 和 R1AT 型：具有单层钢丝编织增强层和薄外覆层的软管。

4）2SN 和 R2AT 型：具有两层钢丝编织增强层和薄外覆层的软管。

除为无需剥掉外覆层或一部分外覆层以装配管接头而具有薄外覆层外，1SN/R1AT 和 2SN/R2AT 型的增强层尺寸，分别与 1ST/R1A 和 2ST/R2A 型相同。1ST 和 1SN 型的压力等级与 R1A 和 R1AT 型不同；2ST 和 2SN 型的压力等级与 R2A 和 R2AT 型也不同。

R1A、R2A、R1AT 和 R2AT 型不进行耐真空和耐磨试验。

（2）尺寸　见表 4-454 和表 4-455。

（3）要求

1）静液压要求见表 4-456。

表 4-454　橡胶软管的尺寸（摘自 GB/T 3683—2011）　（单位：mm）

公称内径	所有类别		R1ATS,1SN,1ST 型		1ST 型		1SN,R1ATS 型			R2ATS,2SN,2ST 型		2ST 型		2SN,R2ATS 型		
	内径		增强层外径		软管外径		软管外径	外覆层厚度		增强层外径		软管外径		软管外径	外覆层厚度	
	最小	最大	最小	最大	最小	最大	最大	最小	最大	最小	最大	最小	最大	最大	最小	最大
5	4.6	5.4	8.9	10.1	11.9	13.5	12.5	0.8	1.5	10.6	11.7	15.1	16.7	14.1	0.8	1.5
6.3	6.1	7.0	10.6	11.7	15.1	16.7	14.1	0.8	1.5	12.1	13.3	16.7	18.3	15.7	0.8	1.5
8	7.7	8.5	12.1	13.3	16.7	18.3	15.7	0.8	1.5	13.7	14.9	18.3	19.9	17.3	0.8	1.5
10	9.3	10.1	14.5	15.7	19.0	20.6	18.1	0.8	1.5	16.1	17.3	20.6	22.2	19.7	0.8	1.5
12.5	12.3	13.5	17.5	19.1	22.0	23.8	21.5	0.8	1.5	19.0	20.6	23.8	25.4	23.1	0.8	1.5
16	15.5	16.7	20.6	22.2	25.4	27.0	24.7	0.8	1.5	22.2	23.8	27.0	28.6	26.3	0.8	1.5
19	18.6	19.8	24.6	26.2	29.4	31.0	28.6	0.8	1.5	26.2	27.8	31.0	32.6	30.2	0.8	1.5
25	25.0	26.4	32.5	34.1	36.9	39.3	36.6	0.8	1.5	34.1	35.7	38.5	40.9	38.9	1.0	2.0
31.5	31.4	33.0	39.3	41.7	44.4	47.6	44.8	1.0	2.0	43.2	45.7	49.2	52.4	49.6	1.0	2.0
38	37.7	39.3	45.6	48.0	50.8	54.0	52.1	1.3	2.5	49.6	52.0	55.6	58.8	56.0	1.3	2.5
51	50.4	52.0	58.7	61.9	65.1	68.3	65.9	1.3	2.5	62.3	64.7	68.2	71.4	68.6	1.3	2.5
63	63.1	65.1								74.6	77.8			81.8	1.3	2.5

注：公称内径 63 只适用于 R2ATS。

表 4-455　橡胶软管的同心度（摘自 GB/T 3683—2011）

公称内径	壁厚最大变化		
	内径和外径之间/mm	内径和增强层直径之间/mm	
	所有型别	1ST,1SN 和 R1ATS 型	2ST,2SN 和 R2ATS 型
≤6.3	0.8	0.4	0.5
>6.3~19	1.0	0.6	0.7
>19	1.3	0.8	0.9

表 4-456　最大工作压力、验证压力和最小爆破压力（摘自 GB/T 3683—2011）

公称内径/mm	最大工作压力/MPa		验证压力/MPa		最小爆破压力/MPa	
	1ST,1SN,R1ATS 型	2ST,2SN,R2ATS 型	1ST,1SN,R1ATS 型	2ST,2SN,R2ATS 型	1ST,1SN,R1ATS 型	2ST,2SN,R2ATS 型
5	25.0	41.5	50.0	83.0	100.0	166.0
6.3	22.5	40.0	45.0	80.0	90.0	160.0
8	21.5	35.0	43.0	70.0	86.0	140.0
10	18.0	33.0	36.0	66.0	72.0	132.0
12.5	16.0	27.5	32.0	55.0	64.0	110.0
16	13.0	25.0	26.0	50.0	52.0	100.0
19	10.5	21.5	21.0	43.0	42.0	86.0
25	8.7	16.5	18.0	33.0	36.0	66.0
31.5	6.2	12.5	13.0	25.0	26.0	50.0
38	5.0	9.0	10.0	18.0	20.0	36.0
51	4.0	8.0	8.0	16.0	16.0	32.0
63	—	7.0	—	14.0	—	28.0

注：公称内径 63mm 只适用于 R2ATS 型。

2）脉冲性能。对于 1ST/R1A 型和 1SN/R1AT 型软管，当公称内径为 25mm 及以下的软管，在等于 125%最大工作压力的脉冲压力下进行试验，公称内径为 31mm 及以上软管，在等于 100%最大工作压力的脉冲压力下进行试验，软管都应能承受 150000 次脉冲。

对于 2ST/R2A 型和 2SN/R2AT 型软管，当在等于 133%最大工作压力的脉冲压力下进行试验时，软管应能承受 200000 次脉冲。

在达到规定的脉冲次数之前，不应出现泄漏或其他故障。此试验应视为破坏性试验，试验后试样应废弃。

3）最小弯曲半径见表 4-457。

4）耐真空性能见表 4-458。

3. 织物增强液压型橡胶软管

（1）分类　根据结构、工作压力和最小弯曲半径规定了 5 种软管的类型：

1）1 型：带有一层编织织物增强层的软管。

2）2 型：带有一层或多层织物增强层的软管。

3）3 型：带有一导或多层织物增强层的软管（较高工作压力）。

4）R3 型：带有二层编织织物增强层的软管。

5）R6 型：带有一层编织织物增强层的软管。

表 4-457　最小弯曲半径　（单位：mm）

公称内径	最小弯曲半径
5	90
6.3	100
8	115
10	130
12.5	180
16	200
19	240
25	300
31.5	420
38	500
51	630

表 4-458　耐真空度

公称内径/mm	负表压(最大)/MPa	
	1ST 和 1SN 型	2ST 和 2SN 型
5 6.3 8 10 12.5 16	-0.080	-0.095
19 25	—	-0.080
31.5 38 51	-0.060	—

注：R1A 型、R2A 型、R1AT 型和 R2AT 型软管无耐真空性能要求。

1 型不进行脉冲或耐具空试验。R3 型不进行耐真空或耐磨试验。R6 型不进行脉冲、耐真空或耐磨试验。

（2）尺寸　见表 4-459 和表 4-460。

表 4-459　软管的尺寸（摘自 GB/T 15329.1—2003）

公称内径	内径/mm 所有型别		外径/mm 1 型		2 型		3 型		R6 型		R3 型	
	最小	最大	最小	最大	最小	最大	最小	最大	最小	最大	最小	最大
5	4.4	5.2	10.0	11.6	11.0	12.6	12.0	13.5	10.3	11.9	11.9	13.5
6.3	5.9	6.9	11.6	13.2	12.6	14.2	13.6	15.2	11.9	13.5	13.5	15.1
8	7.4	8.4	13.1	14.7	14.1	15.7	16.1	17.7	13.5	15.1	16.7	18.3
10	9.0	10.0	14.7	16.3	15.7	17.3	17.7	19.3	15.1	16.7	18.3	19.8
12.5	12.1	13.3	17.7	19.7	18.7	20.7	20.7	22.7	19.0	20.3	23.0	24.6
16	15.3	16.5	21.9	23.9	22.9	24.9	24.9	26.9	22.2	23.8	26.2	27.8
19	18.2	19.8			26.0	28.0	28.0	30.0	25.4	27.8	31.0	32.5
25	24.6	26.2			32.9	35.9	34.4	37.4			36.9	39.3
31.5	30.8	32.8					40.8	43.8			42.9	46.0
38	37.1	39.1					47.6	51.6				
51	49.8	51.8					60.3	64.3				
60	58.8	61.2					70.0	74.0				
80	78.8	81.2					91.5	96.5				
100	98.6	101.4					113.5	118.5				

表 4-460　软管的同心度（摘自 GB/T 15329.1—2003）

公称内径/mm	内径与外径之间的最大壁厚偏差/mm
6.3 及以下	0.8
6.3 以上但小于或等于 19	1.0
19 以上	1.3

（3）要求

1）静液压要求见表 4-461。试验时，公称内径不大于 31.5mm 的软管，在最大工作压力下的长度变化率为-4%～+2%；公称内径大于 31.5mm 的软管，在最大工作压力下的长度变化率为0～+5%。

表 4-461　最大工作压力、试验压力和最小爆破压力（摘自 GB/T 15329.1—2003）

公称内径/mm	最大工作压力/MPa 1 型	2 型	3 型	R6 型	R3 型	试验压力/MPa 1 型	2 型	3 型	R6 型	R3 型	最小爆破压力/MPa 1 型	2 型	3 型	R6 型	R3 型
5	2.5	8.0	16.0	3.5	10.5	5.0	16.0	32.0	7.0	21.0	10.0	32.0	64.0	14.0	42.0
6.3	2.5	7.5	14.5	3.0	8.8	5.0	15.0	29.0	6.0	17.5	10.0	30.0	58.0	120	35.0
8	2.0	6.8	13.0	3.0	8.2	4.0	13.6	26.0	6.0	16.5	8.0	27.2	52.0	120	33.0
10	2.0	6.3	11.0	3.0	7.9	4.0	12.6	22.0	6.0	15.8	8.0	25.2	44.0	120	31.5
12.5	1.6	5.8	9.3	3.0	7.0	3.2	11.6	18.6	6.0	14.0	6.4	23.2	37.2	120	28.0
16	1.6	5.0	8.0	2.6	6.1	3.2	10.0	16.0	5.2	12.2	6.4	20.0	32.0	105	24.5
19	—	4.5	7.0	2.2	5.2	—	9.0	14.0	4.4	10.5	—	18.0	28.0	88	21.0
25	—	4.0	5.5	—	3.9	—	8.0	11.0	—	7.9	—	16.0	22.0	—	15.8
31.5	—	—	4.5	—	2.6	—	—	9.0	—	5.2	—	—	18.0	—	10.5
38	—	—	4.0	—	—	—	—	8.0	—	—	—	—	16.0	—	—
51	—	—	3.3	—	—	—	—	6.6	—	—	—	—	13.2	—	—
60	—	—	2.5	—	—	—	—	5.0	—	—	—	—	10.0	—	—
80	—	—	1.8	—	—	—	—	3.6	—	—	—	—	7.2	—	—
100	—	—	1.0	—	—	—	—	2.0	—	—	—	—	4.0	—	—

2）最小弯曲半径见表 4-462。取一段长度至少为最小弯曲半径四倍的试样。弯曲前在直放的状态下用卡尺测量软管的外径，然后将软管从 180°弯曲到其最小弯曲半径，用卡尺测量扁平度。

当弯曲到表 4-462 给出的最小弯曲半径，在弯曲的内侧测量时，扁平度不应超过原始外径的 10%。

表 4-462　最小弯曲半径（摘自 GB/T 15329.1—2003）

公称内径	最小弯曲半径/mm				
	1 型	2 型	3 型	R6 型	R3 型
5	35	25	40	50	80
6.3	45	40	45	65	80
8	65	50	55	80	100
10	75	60	70	80	100
12.5	90	70	85	100	125
16	115	90	105	125	140
19		110	130	150	150
25		150	150		205
31.5			190		255
38			240		
51			300		
60			400		
80			500		
100			600		

3）脉冲性能。脉冲试验流体温度为 100℃±3℃。

对于 2 型软管，当在等于最大工作压力 125%的脉冲压力下进行试验时，软管应能承受至少 100000 次脉冲循环。

对于 3 型和 R3 型软管，当对公称内径不大于 25mm，在等于最大工作压力 133%的脉冲压力下，进行试验时，当公称内径大于 25mm，在最大工作压力 100%的脉冲压力下进行试验时，软管都应能承受至少 200000 次的脉冲循环。在达到规定的循环次数之前不应有泄漏或其他故障。此试验为破坏性试验，试样用后废弃。

4）真空性能见表 4-463。

表 4-463　真空度（摘自 GB/T 15329.1—2003）

<table>
<tr><th rowspan="2">公称内径/mm</th><th colspan="2">负压表(最大)/MPa</th><th rowspan="2">公称内径/mm</th><th colspan="2">负压表(最大)/MPa</th></tr>
<tr><th>2 型</th><th>3 型和 R3 型</th><th>2 型</th><th>3 型和 R3 型</th></tr>
<tr><td>5</td><td rowspan="5">-0.060</td><td rowspan="6">-0.080</td><td>25</td><td rowspan="7"></td><td>-0.060</td></tr>
<tr><td>6.3</td><td>31.5</td><td rowspan="6"></td></tr>
<tr><td>8</td><td>38</td></tr>
<tr><td>10</td><td>51</td></tr>
<tr><td>12.5</td><td>60</td></tr>
<tr><td>16</td><td rowspan="2"></td><td>80</td></tr>
<tr><td>19</td><td>-0.060</td><td>100</td></tr>
</table>

注：对 1 型和 R6 型软管没有耐真空要求。

4. 钢丝缠绕增强外覆橡胶的液压橡胶软管

（1）分类　软管按其结构、工作压力和耐油性能分为 5 种类型：

1）4SP 型：4 层钢丝缠绕的中压软管。

2）4SH 型：4 层钢丝缠绕的高压软管。

3）R12 型：4 层钢丝缠绕苛刻条件下的高温中压重型软管。

4）R13 型：多层钢丝缠绕苛刻条件下的高温高压重型软管。

5）R15 型：多层钢丝缠绕苛刻条件下的高温超高压重型软管。

软管的尺寸见表 4-464；增强层外径和软管外径见表 4-465；软管的同心度见表 4-466。

表 4-464　软管的尺寸（摘自 GB/T 10544—2013）

公称内径/mm	内径/mm									
	4SP 型		4SH 型		R12 型		R13 型		R15 型	
	最小	最大	最小	最大	最小	最大	最小	最大	最小	最大
6.3	6.3	7.0	—	—	—	—	—	—	—	—
10	9.3	10.1	—	—	9.3	10.1	—	—	9.3	10.1

（续）

公称内径/mm	内径/mm									
	4SP 型		4SH 型		R12 型		R13 型		R15 型	
	最小	最大	最小	最大	最小	最大	最小	最大	最小	最大
12.5	12.3	13.5	—	—	12.3	13.5	—	—	12.3	13.5
16	15.5	16.7	—	—	15.5	16.7	—	—	—	—
19	18.6	19.8	18.6	19.8	18.6	19.8	18.6	19.8	18.6	19.8
25	25.0	26.4	25.0	26.4	25.0	26.4	25.0	26.4	25.0	26.4
31.5	31.4	33.0	31.4	33.0	31.4	33.0	31.4	33.0	31.4	33.0
38	37.7	39.3	37.7	39.3	37.7	39.3	37.7	39.3	37.7	39.3
51	50.4	52.0	50.4	52.0	50.4	52.0	50.4	52.0	—	—

表 4-465　增强层外径和软管外径（摘自 GB/T 10544—2013）　（单位：mm）

公称内径	4SP 型				4SH 型				R12 型				R13 型				R15 型			
	增强层外径		软管外径		增强层外径		软管外径		增强层外径		软管外径		增强层外径		软管外径		增强层外径		软管外径	
	最小	最大	最小	最大	最小	最大	最小	最大	最小	最大	最小	最大	最小	最大	最小	最大	最小	最大	最小	最大
6.3	14.1	15.3	17.1	18.7	—	—	—	—	—	—	—	—	—	—	—	—	—	—	—	—
10	16.9	18.1	20.6	22.2	—	—	—	—	16.6	17.8	19.5	21.0	—	—	—	—	—	20.3	—	23.3
12.5	19.4	21.0	23.8	25.4	—	—	—	—	19.9	21.5	23.0	24.6	—	—	—	—	—	24.0	—	26.8
16	23.0	24.6	27.4	29.0	—	—	—	—	23.8	25.4	26.6	28.2	—	—	—	—	—	—	—	—
19	27.4	29.0	31.4	33.0	27.6	29.2	31.4	33.0	26.9	28.4	29.9	31.5	28.2	29.8	31.0	33.2	—	32.9	—	36.1
25	34.5	36.1	38.5	40.9	34.4	36.0	37.5	39.9	34.1	35.7	36.8	39.2	34.9	36.4	37.6	39.8	—	38.9	—	42.9
31.5	45.0	47.0	49.2	52.4	40.9	42.9	43.9	47.1	42.7	45.1	45.4	48.6	45.6	48.0	48.3	51.3	—	48.4	—	51.5
38	51.4	53.4	55.6	58.8	47.8	49.8	51.9	55.1	49.2	51.6	51.9	55.0	53.1	55.5	55.8	58.8	—	56.3	—	59.6
51	64.3	66.3	68.2	71.4	62.2	64.2	66.5	69.7	62.5	64.8	65.1	68.3	66.9	69.3	69.5	72.7	—	—	—	—

表 4-466　软管的同心度（摘自 GB/T 10544—2013）

公称内径/mm	壁厚最大偏差/mm	
	内径与外径之间	内径与增强层外径之间
6.3	0.8	0.5
>6.3～≤19	1.0	0.7
>19	1.3	0.9

（2）要求

1）静液压要求见表 4-467。

当按照 ISO 1402 或 ISO 6605 进行试验时，软管在最大工作压力下的长度变化，4SP 和 4SH 型不应大于+2%和小于−4%，R12、R13 和 R15 型不应大于+2%和小于−2%。

表 4-467　最大工作压力、试验压力和最小爆破压力（摘自 GB/T 10544—2013）

公称内径/mm	最大工作压力/MPa					试验压力/MPa					最小爆破压力/MPa				
	4SP	4SH	R12	R13	R15	4SP	4SH	R12	R13	R15	4SP	4SH	R12	R13	R15
6.3	45.0	—	—	—	—	90.0	—	—	—	—	180.0	—	—	—	—
10	44.5	—	28.0	—	42.0	89.0	—	56.0	—	84.0	178.0	—	112.0	—	168.0
12.5	41.5	—	28.0	—	42.0	83.0	—	56.0	—	84.0	166.0	—	112.0	—	168.0
16	35.0	—	28.0	—	—	70.0	—	56.0	—	—	140.0	—	112.0	—	—
19	35.0	42.0	28.0	35.0	42.0	70.0	84.0	56.0	70.0	84.0	140.0	168.0	112.0	140.0	168.0
25	28.0	38.0	28.0	35.0	42.0	56.0	76.0	56.0	70.0	84.0	112.0	152.0	112.0	140.0	168.0
31.5	21.0	32.5	21.0	35.0	42.0	42.0	65.0	42.0	70.0	84.0	84.0	130.0	84.0	140.0	168.0
38	18.5	29.0	17.5	35.0	42.0	37.0	58.0	35.0	70.0	84.0	74.0	116.0	70.0	140.0	168.0
51	16.5	25.0	17.5	35.0	—	33.0	50.0	35.0	70.0	—	66.0	100.0	70.0	140.0	—

2）最小弯曲半径见表4-468。

表4-468 最小弯曲半径（摘自GB/T 10544—2013）

公称内径/mm	最小弯曲半径/mm				
	4SP	4SH	R12	R13	R15
6.3	150	—	—	—	—
10	180	—	130	—	150
12.5	230	—	180	—	200
16	250	—	200	—	—
19	300	280	240	240	265
25	340	340	300	300	330
31.5	460	460	420	420	445
38	560	560	500	500	530
51	660	700	630	630	—

3）耐脉冲性能。

对于耐油基流体脉冲，脉冲试验应按ISO 6803或IOS 6605进行。对于试验流体的温度，4SP和4SH型应为100℃，R12、R13和R15型应为120℃。

对于4SP和4SH型软管，当在最大工作压力133%的脉冲压力下试验时，软管应能承受至少400000次脉冲。

对于R12型软管，当在最大工作压力133%的脉冲压力下试验时，软管应能承受至少500000次脉冲。

对于R13和R15型软管，当在最大工作压力120%的脉冲压力下试验时，软管应能承受至少500000次脉冲。

对于耐水基流体脉冲，脉冲试验应按ISO 6803或ISO 6605进行。试验流体的温度应为60℃，试验流体应使用ISO 6743-4规定的HFC，HFAE，HFAS或HFB。

对于4SP和4SH型软管，当在最大工作压力133%的压力下试验时，软管应能承受至少400000次脉冲。

对于R12型软管，当在最大工作压力133%的脉冲压力下试验时，软管应能承受至少500000次脉冲。

对于R13和R15型软管，当在最大工作压力120%的脉冲压力下试验时，软管应能承受至少500000次脉冲。

在达到规定的脉冲次数之前，软管应该无泄漏和异常现象。此试验应看作是破坏性试验，试样应在试验后报废。

4）在2.5MPa及以下压力下输送液态或气态液化石油气（LPG）和天然气的橡胶软管及软管组合件（摘自GB/T 10546—2013）。

1）分类：

软管应为下列型别之一：

——D型：排放软管。

——D-LT型：低温排放软管。

——SD型：螺旋线增强的排吸软管。

——SD-LTR型：低温（粗糙内壁）螺旋线增强的排吸软管。

——SD-LTS型：低温（光滑内壁）螺旋线增强的排吸软管。

所有型别软管可为：

——电连线式，用符号M标示和标志。

——导电式，借助导电橡胶层，用符号Ω标示和标志。

——非导电式，仅在软管组合件的一个管接头上安装有金属连接线。

2）材料和结构：

软管由下列部分组成：

——一层耐正戊烷的橡胶内衬层。

——多层机织、编织或缠绕纺织材料或者编织或缠绕钢丝增强层。

——一层埋置的螺旋线增强层（仅SD，SD-LTR和SD-LTS型）。

——两根或多根低电阻电连接线（仅标示M的软管）。

——耐磨和耐室外暴露的橡胶外覆层，外覆层刺孔以便于气体渗透。

——管内非埋置的螺旋钢丝，适于在-50℃下使用（仅SD-LTR型）。

组合件应由装配厂将金属管接头装配到软管上。

在与不锈钢材料接触时不应使用氯化材料。

3）尺寸公差（见表4-469、表4-470）。

对于不带内装式管接头的软管，当按照GB/T 9573—2003方法A进行测量时，软管的内径和外径尺寸以及其公差，依据型别，应符合表4-469或表4-470给出的值。

对于带有内装式管接头的软管，表中的外径不适合。

所有软管的内衬层和外覆层的最小厚度应为1.6mm。

4）物理性能（见表4-471）。

表4-469 D、D-LT型胶管尺寸

公称内径	内径/mm	公差/mm	外径/mm	公差/mm	最小弯曲半径/mm
12	12.7	±0.5	22.7	±1.0	100
15	15	±0.5	25	±1.0	120
16	15.9	±0.5	25.9	±1.0	125
19	19	±0.5	31	±1.0	160

（续）

公称内径	内径/mm	公差/mm	外径/mm	公差/mm	最小弯曲半径/mm
25	25	±0.5	38	±1.0	200
32	32	±0.5	45	±1.0	250
38	38	±0.5	52	±1.0	320
50	50	±0.6	66	±1.2	400
51	51	±0.6	67	±1.2	400
63	63	±0.6	81	±1.2	550
75	75	±0.6	93	±1.2	650
76	76	±0.6	94	±1.2	650
80	80	±0.6	98	±1.2	725
100	100	±1.6	120	±1.6	800
150	150	±2.0	174	±2.0	1200
200	200	±2.0	224	±2.0	1600
250	254	±2.0	—	—	2000
300	305	±2.0	—	—	2500

注：公称内径 250 和 300 仅应用于内接式连接管。

表 4-470　SD，SD-LT 型胶管尺寸

公称内径	内径/mm	公差/mm	外径/mm	公差/mm	最小弯曲半径/mm
12	12.7	±0.5	22.7	±1.0	90
15	15	±0.5	25	±1.0	95
16	15.9	±0.5	25.9	±1.0	95
19	19	±0.5	31	±1.0	100
25	25	±0.5	38	±1.0	150
32	32	±0.5	45	±1.0	200
38	38	±0.5	52	±1.0	280
50	50	±0.5	66	±1.2	350
51	51	±0.6	67	±1.2	350
63	63	±0.6	81	±1.2	480
75	75	±0.6	93	±1.2	550
76	76	±0.6	94	±1.2	550
80	80	±0.6	98	±1.2	680
100	100	±1.6	120	±1.6	720
150	150	±2.0	174	±2.0	1000
200	200	±2.0	224	±2.0	1400
250	254	±2.0	—	—	1750
300	305	±2.0	—	—	2100

注：公称内径 250 和 300 仅应用于内接式连接管。

表 4-471　胶料物理性能

性能		要求		试验方法
		内衬层	外覆层	
拉伸强度/MPa	min	10	10	ISO 37(哑铃试片)
扯断伸长率(%)	min	250	250	ISO 37(哑铃试片)
耐磨耗/mm^3	max	—	170	GB/T 9867—2008,方法 A
老化性能				GB/T 3512—2001(14d/70℃热空气老化)
硬度变化/IRHD	max	+10	+10	ISO 48
拉伸强度变化(%)	max	±30	±30	ISO 37
拉断伸长率变化(%)	max	-35	-35	ISO 37
耐液体性能				
质量增加(%)	max	+10	—	ISO 1817,23℃下浸入正戊烷中 7d 后
硬度变化/IRHD	max	+10/-3	—	ISO 1817,23℃下浸入正戊烷 7d,然后在 40℃下干燥 70h 后
质量减少/%	max	-5 -10 (-LT 型)	—	ISO 1817,23℃下浸入正戊烷 7d,然后在 40℃下干燥 70h 后

4.6.2　塑料

塑料是以合成树脂为原料，加入适当的填充材料制成的。目前，塑料在各机械中得到广泛的应用。根据塑料的热性能分为热固性塑料和热塑性塑料两大类。

热固性塑料制成的零件在成形时，原料在热和压力作用下，先软化并有部分熔融，变为固体。这种塑料成形后不能再度受热而软化，成为其他形状的零件。属于这类的塑料如：酚醛塑料、脲醛塑料、环氧树脂塑料及聚酯等。

热塑性塑料在受热时熔融，冷却后固结成形，如再受相当温度又可以重新塑制，因此，又称为热熔性塑料。属于这类的塑料如：聚氯乙烯、聚苯乙烯、聚酰胺（尼龙）、聚甲醛和有机玻璃等。

塑料的成形工艺简单易行，加入温度一般在400℃以下，表4-472列出工程塑料常用的成形方法、特点和应用。塑料还可以用机械加工的方法进行加工，如车、钻、刨、铣、磨、刮等，在塑料零件的表面，可以喷涂、涂刷、粘贴等处理，有的还可以电镀。

4.6.2.1　塑料的分类、名称、特性和应用

表4-473和表4-474给出常用热固性塑料和热塑性塑料的特性和用途。表4-475为常用塑料，供选用参考。

表4-472　工程塑料常用的成形方法、特点和应用

成形方法	特点和应用
压制成形	在金属模中放置塑料粉及填料，加压、加热并保持一定时间，即可制成塑料制品。一般用于热固性塑料成形，也可用于热塑性塑料
注射成形	在专用的塑料注射机的料桶内，放入颗粒状或粉状原料，加热使其软化后，用推杆或螺旋加压，使料桶内的塑料经喷嘴注射到模具中，制成产品。此法适用于形状复杂、批量大的零件。常用材料如聚乙烯、ABS、聚酰胺、聚丙烯等
挤出成形	在专用的塑料挤出机的加料漏斗内，连续放入颗粒状或粉状原料，加热使其软化后，用推杆或螺旋加压，使料桶内的塑料经模口挤出，模口的形状即为制成产品的端面形状。此法适用加工管状、棒状制品
浇铸成形	将树脂和填料装入模具中，在常压或低压下在烘箱中加热固化即得。用于酚醛、环氧树脂等热固性塑料的成形，常用于制造大型塑料零件
吹塑成形	将塑料管材或板材加热，使之软化，装入模具，用压缩空气吹入，使塑料充满模型，得到空心零件。用于聚乙烯、软聚氯乙烯、聚丙烯、聚苯乙烯等，制造空心制品，如瓶子
真空成形	将塑料板材加热软化，借真空的作用使之贴在模具表面，冷却后可得到所需的零件。用于聚苯乙烯、ABS、聚碳酸酯、聚氯乙烯、聚砜等热塑性塑料制造薄壁制品，如盘、壳、盖、罩等敞口制品

表4-473　常用热固性塑料的特性与用途

名　称	特性与用途
酚醛塑料（PF）	力学性能很好，耐热性较高，工作温度可以超过100℃，在水润滑下摩擦因数很低（0.01～0.03），pv值很高，电性能优良，抗酸碱腐蚀能力较好，成型简便，价廉。缺点是较脆，耐光性差，加工性差，只能模压。用于制造电器绝缘件、水润滑轴承、轴瓦、带轮、齿轮、摩擦轮等
脲醛塑料	脲醛树脂和填料、颜料及其他添加剂组成。有优良的电绝缘性，耐电弧好，硬度高，耐磨，耐弱碱、有机溶剂，透明度好，制品彩色鲜艳，价格低廉，无臭无味，但不耐酸和强碱。缺点是强度、耐水性、耐热性都不及酚醛塑料。用于制造电绝缘件、装饰件和日用品
三聚氰胺甲醛塑料	性能同上，但耐水、耐热性能较好，耐电弧性能很好，在20～100℃之间性能无变化。使用矿物填料时，可在150～200℃范围内使用。无臭无毒，但价格较贵。用于制造电气绝缘件，要求较高的日用品，餐具、医疗器具等
环氧树脂塑料（EP）	强度较高，韧性较好，电绝缘性能好，有防水、防霉能力，可在-80～150℃下长期工作，在强碱及加热情况下容易被碱分解，脂环型环氧树脂的使用温度可达200～300℃。用于制造塑料模具，精密量具，机械、仪表和电气构件

（续）

名　　称	特性与用途
有机硅塑料	有机硅树脂与石棉、云母或玻璃纤维等配制而成。耐热性高，可在 180~200℃ 长期工作。耐高压电弧，高频绝缘性好，能耐碱、盐和弱酸不耐强酸和有机溶剂。用作高绝缘件，湿热带地区电机、电气绝缘件、耐热件等
聚邻苯二甲酸二丙烯树脂塑料（DAP）聚间苯二甲酸二丙烯树脂塑料（DAIP）	DAP 和 DAIP 是两种异构件，性能相近，前者应用较多。耐热性较高（DAP 工作温度为 -60~180℃，DAIP 工作温度为 180~230℃），电绝缘性优异，可耐强酸、强碱及一切有机溶剂，尺寸稳定性高，工艺性能好。缺点是磨损大，成本高。用于制造高速航行器材中的耐高温零件，尺寸稳定性要求高的电子元件，化工设备结构件
聚氨酯塑料	柔韧、耐磨、耐油、耐化学药品、耐辐射、易于成形，但不耐强酸，泡沫聚氨酯的密度小，导热性低，具有优良的弹性、隔热、保温和吸声、防振性能。主要用于泡沫塑料

表 4-474　常用热塑性塑料的特性和用途

名　　称	特性和用途
低密度聚乙烯（LDPE）	有良好的柔软性、延伸性、电绝缘性和透明性，但机械强度、隔湿性、隔气性、耐溶剂性较差。用作各种薄膜和注射、吹塑制品，如包装袋、建筑及农用薄膜、挤出管材（饮水管、排灌管）
高密度聚乙烯（HDPE）	有较高的刚性和韧性，优良的机械强度和较高的使用温度（80℃），有较好的耐溶剂性、耐蒸气渗透性和耐环境应力开裂性。用作中空的各种耐腐蚀容器，自行车、汽车零件，硬壁压力管、电线电缆外套管，冷热食品、纺织品的高强度超薄薄膜，以及建筑装饰板等
中密度聚乙烯（MDPE）	有较好的刚性、良好的成型工艺性和低温特性，其抗拉强度、硬度、耐热性不如 HDPE，但耐应力开裂性和强度长期保持性较好。用作压力管道、各种容器及高速包装用薄膜；还可制造发泡制品
超高分子量聚乙烯（UHMW-PE）	除具有一般 HDPE 的性能外，还具有突出的耐磨性、低摩擦因数和自润滑性，耐高温蠕变性和耐低温性（即使在 -269℃ 也可使用）；优良的抗拉强度、极高的冲击韧度，且低温下也不下降；噪声阻尼性好；同时具有卓越的化学稳定性和耐疲劳性；电绝缘性能优良，无毒性 用途十分广泛，主要用于制造耐摩擦、抗冲击的机械零件，代替部分钢铁和其他耐磨材料，如制造齿轮、轴承、导轨、汽车部件、泥浆泵叶轮，以及人造关节、体育器械、大型容器、异型管材
聚丙烯（PP）	这是最轻塑料之一，特点是软化点高、耐热性好，连续使用温度高达 110~120℃，抗拉强度和刚性都较好，硬度大、耐磨性好，电绝缘性能和化学稳定性很好，其薄膜阻水、阻气性很好且无毒，冲击韧度高、透光率高。主要缺点是低温冲击性差、易脆化。主要用于医疗器具、家用厨房用器具，家电零部件，化工耐腐蚀零件，以及包装箱、管材、板材；薄膜用于纺织品和食品包装
聚酰胺（又称尼龙）（PA）	有尼龙-6、尼龙-66、尼龙 1010、尼龙-610、铸型尼龙、芳香尼龙等品种。尼龙坚韧、耐磨、耐疲劳、抗蠕变性优良；耐水浸但吸水性大。PA-6 的弹性、冲击韧度较高；PA-66 的强度较高、摩擦因数小；PA-610 的性能与 PA-66 相似，但吸水性和刚度都较小；PA-1010 半透明，吸水性、耐基性好；铸型 PA 与 PA-6 相似，但强度和耐磨性均高，吸水性较小；芳香 PA 的耐热性较高，耐辐射和绝缘性优良。尼龙用于汽车、机械、化工和电气零部件，如轴承、齿轮、凸轮、泵叶轮、高压密封圈、阀座、输油管、储油容器等；铸型 PA 可制大型机械零件
硬质聚氯乙烯（PVC）	机械强度较高，化学稳定性及介电性优良，耐油性和抗老化性也较好，易熔接及粘合，价格较低。缺点是使用温度低（在60℃以下），线膨胀系数大，成型加工性不良。制品有管、棒、板、焊条及管件、工业型材和成型各种机械零件，以及用作耐蚀的结构材料，或设备衬里材料（代替有色合金、不锈钢和橡胶）及电气绝缘材料
软质聚氯乙烯（PVC）	抗拉强度、抗弯强度及冲击韧度均较硬质聚氯乙烯低，但破裂伸长率较高，质柔软、耐摩擦、挠曲，弹性良好，吸水性低，易加工成型，有良好的耐寒性和电气性能，化学稳定性强，能制各种鲜艳而透明的制品。缺点是使用温度低，在 -15~55℃。以制造工业、农业、民用薄膜（雨衣、台布），人造革和电线、电线包覆等为主，还有各种中空容器及日常生活用品

（续）

名　　称	特性和用途
橡胶改性聚苯乙烯（HIPS-A）	有较好的韧性和一定的冲击韧度，透明度优良，化学稳定性，耐水、耐油性能较好，且易于成型。作透明件，如汽车用各种灯罩和电气零件等
橡胶改性聚苯乙烯（203A）	有较高的韧性和冲击韧度；耐酸、耐碱性能好，不耐有机溶剂、电气性能优良；透光性好，着色性佳，并易成型。作一般结构零件和透明结构零件，以及仪表零件、油浸式多点切换开关、电器仪表外壳等
丙烯腈、丁二烯苯乙烯共聚物（ABS）	具有良好的综合性能，即高的冲击韧度和良好的力学性能，优良的耐热、耐油性能及化学稳定性，易加工成型，表面光泽性好，无毒、吸水性低，易进行涂装、着色和电镀等表面装饰，介电性能良好，用途很广。在工业中作一般结构件或耐磨受力传动零件，如齿轮、泵叶轮、轴承；电机、仪表及电视机等外壳；建筑行业中的管材、板材；用 ABS 制成泡沫夹层板可做小轿车车身
聚甲基丙烯酸甲酯（PMMA）	这是最重要的光学塑料，具有优良的综合性能，优异的光学性能，透明性可与光学玻璃媲美，几乎不吸收可见光的全波段光，透光率>91%，光泽好、轻而强韧，成型加工性良好，耐化学药品性、耐候性好。缺点是表面硬度低、易划伤，静电性强，受热吸水易膨胀。可作光学透镜及工业透镜、光导纤维、各种透明罩、窗用玻璃、防弹玻璃及高速航空飞机玻璃和文化用品、生活用品
372 塑料（有机玻璃塑料）（MMA/S）	具有综合优良的物化性能，优良的透明度和光泽度，透光率≥90%，机械强度较高，无色、耐光、耐候，易着色，极易加工成型。缺点是表面硬度不够，易擦毛。主要用作透明或不透明的塑料件，如表蒙、光学镜片，各种车灯灯罩、透明管道、仪表零件和各种家庭用品
聚酰亚胺（PI）	耐热性好、强度高，可在-240～260℃下长期使用，短期可在400℃使用，高温下具有突出的介电性能、力学性能、耐辐照性能、耐燃性能、耐磨性能、自润滑性，制品尺寸稳定性好，耐大多数溶剂、油脂等。缺点是冲击强度对缺口敏感性强，易受强碱及浓无机酸的浸蚀，且不易长期浸于水中。适用于高温、高真空条件下作减磨、自润滑零件，高温电机、电器零件
聚砜（PSU）	有很高的力学性能、绝缘性能和化学稳定性，可在-100～150℃长期使用；在高温下能保持常温下所具有的各种力学性能和硬度，蠕变值很小；用 PTFE 充填后，可作摩擦零件。适用于高温下工作的耐磨受力传动零件，如汽车分速器盖，齿轮及电绝缘零件等
聚酚氧（苯氧基树脂）	具有优良的力学性能，高的刚性、硬度和冲击韧度，冲击韧度可与聚碳酸酯相比；良好的延展性和可塑性，突出的尺寸稳定性；在具有油润滑的条件下比聚甲醛、聚碳酸酯还耐磨损、耐蠕变性能、电绝缘性能优异，一般推荐最高使用温度为77℃。适用于精密的形状复杂的耐磨受力传动零件，仪表、计算机、汽车、飞机零件
聚苯醚（PPO）	在高温下有良好的力学性能，特点是抗拉强度和蠕变性极好，具有较高的耐热性（长期使用温度为-127～120℃），吸湿性低，尺寸稳定性强，成型收缩率低，电绝缘性优良，耐高浓度的酸、碱、盐的水溶液；但溶于氯化烃和芳香烃中，在丙酮、苯甲醇、石油中龟裂和膨胀。适用在高温工作下的耐磨受力传动零件，耐腐蚀的化工设备与零件，还可代替不锈钢作外科医疗器械
氯化聚醚	耐化学腐蚀性能优异，仅次于聚四氯乙烯，耐腐蚀等级相当于金属镍级；在高温下不耐浓硝酸、浓过氧化氢和湿氯气，可在120℃下长期使用；强度、刚性比尼龙、聚甲醛等低、耐磨性优异仅次于聚甲醛；吸水性小，成品收缩率小、尺寸稳定，可用火焰喷镀法涂于金属表面。缺点是低温脆性大。代替有色金属和合金、不锈钢作耐腐蚀设备与零件，作为在腐蚀介质中使用的低速或高速、低载荷的精密耐磨受力传动零件
聚碳酸酯（PC）	具有突出的耐冲击韧度（为一般热塑性塑料之首）和抗蠕变性能；有很高的耐热性，耐寒性也很好，脆化温度达-100℃；抗弯、抗拉强度与尼龙相当，并有较高的伸长率和弹性模量，尺寸稳定性好，耐磨性与尼龙相当，有一定抗腐蚀能力，透明度高；但易产生应力开裂。用于制作传递中小载荷的零部件，如齿轮、蜗轮、齿条、凸轮、轴承、螺钉、螺母、离心泵叶轮、阀门、安全帽、需高温消毒的医疗手术器皿，无色透明聚碳酸酯可用于制造飞机、车、船挡风玻璃等

（续）

名　称	特性和用途
聚甲醛 （POM）	抗拉强度、冲击韧度、刚性、疲劳强度、抗蠕变性能都很高，尺寸稳定性好，吸水性小，摩擦因数小，且有突出的自润滑性、耐磨性和耐化学药品性，价格低于尼龙。缺点是加热易分解。在机械、电器、建筑、仪表等方面广泛用作轴承、齿轮、凸轮、管材、导轨等，代替铜、铸锌等有色金属和合金，并可作电动工具外壳，化工、水、煤气的管道和阀门等
聚对苯二甲酸乙二酯 （PETP）	具有很高的力学性能、抗拉强度超过聚甲醛，抗蠕变性能、刚性硬度都胜过多种工程塑料，吸水性小、线胀系数小、尺寸稳定性高，热力学性能和冲击性能很差，耐磨性同聚甲醛和尼龙。主要用于纤维（我国称“涤纶”），少量用于薄膜和工程塑料；薄膜主要用于电气绝缘材料和片基，如电影胶片、磁带，用作耐磨受力传动零件
聚四氟乙烯 （PTFE）	耐高低温性能好，可在-250～260℃内长期使用，耐磨性好、静摩擦因数是塑料中最小的，自润滑性电绝缘性优良具有优异的化学稳定性，强酸、强碱、强氧化剂、油脂、酮、醚、醇在高温下对它也不起作用。缺点是力学性能较低，刚性差、有冷流动性、热导率低、热膨胀大，需采用烧结法成型加工，费用较高。主要用作耐化学腐蚀、耐高温的密封元件，也作输送腐蚀介质的高温管道，耐腐蚀衬里、容器，以及轴承、轨道导轨、无油润滑活塞环、密封圈等
聚三氟氯乙烯 （PCTFE）	耐热、电性能和化学稳定性仅次于 PTFE；在180℃的酸、碱和盐的溶液中亦不溶胀或侵蚀；机械强度、抗蠕变性能、硬度都比 PTFE 好些；长期使用温度为-190～130℃，涂层与金属有一定的附着力，其表面坚韧、耐磨、有较高的强度。悬浮液涂于金属表面可作防腐、电绝缘防潮等涂层
全氟（乙烯-丙烯） 共聚物 （FEP）	力学性能、化学稳定性、电绝缘性、自润滑性等基本上与 PTFE 相同，可在-250～200℃长期使用；突出的优点是冲击韧度高，即使带缺口的试样也冲不断。用于制作要求大批量生产或外形复杂的零件，并可用注射成型代替 PTFE 的冷压烧结成型

表 4-475　常用工程塑料选用参考实例

用途	要　求	应用举例	材　料
一般 结构零件	强度和耐热性无特殊要求。一般用来代替钢材或其他材料，但由于批量大，要求有较高的生产率、成本低，有时对外观有一定要求	汽车调节器盖及喇叭后罩壳、电动机罩壳、各种仪表罩壳、盖板、手轮、手柄、油管、管接头、紧固件等	高密度聚乙烯、聚氯乙烯、改性聚苯乙烯（203A，204）、ABS、聚丙烯等。这些材料只承受较低的载荷，可在 60～80℃范围内使用
	同上，并要求有一定的强度	罩壳、支架、盖板、紧固件等	聚甲醛、尼龙 1010
透明 结构零件	除上述要求外，必须具有良好的透明度	透明罩壳、汽车用各类灯罩、油标、油杯、光学镜片、信号灯、防护玻璃及透明管道等	改性有机玻璃（372）、改性聚苯乙烯（204）、聚碳酸酯
耐磨受力 传动零件	要求有较高的强度、刚性、韧性、耐磨性、耐疲劳性、并有较高的热变形温度、尺寸稳定	轴承、齿轮、齿条、蜗轮、凸轮、辊子、联轴器等	尼龙、MC 尼龙、聚甲醛、聚碳酸酯、聚酚氧、氯化聚醚、线型聚酯等。这类塑料的抗拉强度都在 58.8kPa 以上，使用温度可达 80～120℃
减磨自 润滑零件	对机械强度要求往往不高，但运动速度较高，故要求具有低的摩擦系数，优异的耐磨性和自润滑性	活塞环、机械动密封圈、填料、轴承等	聚四氟乙烯、聚四氟乙烯填充的聚甲醛、聚全氟乙丙烯（F-46）等。在小载荷、低速时可采用低压聚乙烯
耐高温 结构零件	除耐磨受力传动零件和减磨自润滑零件要求外，还必须具有较高的热变形温度及高温抗蠕变性	高温工作的结构传动零件，如汽车分速器盖、轴承、齿轮、活塞环、密封圈、阀门、螺母等	聚砜、聚苯醚、氟塑料（F-4，F-46）、聚苯亚胺、聚苯硫醚，以及各种玻璃纤维增强塑料等。这些材料都可在 150℃以上使用
耐腐蚀设 备与零件	对酸、碱和有机溶剂等化学药品具有良好的抗腐蚀能力，还具有一定的机械强度	化工容器、管道、阀门、泵、风机、叶轮、搅拌器，以及它们的涂层或衬里等	聚四氟乙烯、聚全氟乙丙烯、聚三氯氧乙烯 F-3、氯化聚醚、聚氯乙烯、低压聚乙烯、聚丙烯、酚醛塑料等

4.6.2.2 常用塑料的性能数据（见表 4-476～表 4-482）

表 4-476 热固性塑料的物理、力学性能

塑料名称（填充物或增强物）	代号	密度/(g/cm³)	抗拉强度/MPa	拉伸模量/GPa	伸长率(%)	抗压强度/MPa	硬度	成型收缩率(%)
酚醛	PF							
木粉		1.37～1.46	35～62	5.5～11.7	0.4～0.8	172～214	100～115HRM	0.4～0.9
碎布		1.37～1.45	41～55	6.2～7.6	1～4	138～193	105～115HRM	0.3～0.9
脲醛	UF							
纤维素		1.47～1.52	38～90	6.8～10.3	<1	172～310	110～120HRM	0.6～1.4
三聚氰胺	MF							
纤维素		1.47～1.52	34～90	7.6～9.6	0.6～1.0	228～310	115～125HRM	0.5～1.5
碎布		1.5	55～76	9.7～11.0	—	—	—	—
环氧	EP							
双酚 A 型，无填料		1.11～1.40	28～90	2.41	3～6	103～172	80～110HRM	0.1～1.0
矿物		1.6～2.1	28～69	—	—	124～276	100～112HRM	0.2～1.0
玻纤		1.6～2.0	35～137	20.7	4	124～276	100～112HRM	0.1～0.8
酚醛型 矿物		1.6～2.0	35～86	14.5	—	165～331	巴柯 70～74	0.4～0.8
脂环族 浇铸料		1.16～1.21	55～83	3.41	—	103～138	—	—
聚邻苯二甲酸二丙烯酯	PDAP							
玻纤		1.61～1.87	41～76	9.7～15.1	3～5	172～241	80～87HRE	0.05～0.5
矿物		1.65～1.80	35～62	8.3～15.1	—	—	—	—
有机硅	SI							
浇铸料		0.99～1.5	2.4～6.9	—	100～700	—	15～65HSA	0～0.6
矿物		1.80～2.05	28～41	—	—	69～110	80～90HRM	0～0.5
聚氨酯	PUR							
浇铸料		1.1～1.5	1.2～69	0.064～0.69	100～1000	138	10HSA，90HSD	2.0

表 4-477 热塑性塑料的物理、力学性能

塑料名称	代号	密度/(g/cm³)	吸水率(%)	抗拉强度/MPa	拉伸模量/GPa	断后伸长率(%)	抗压强度/MPa	硬度	成型收缩率(%)
聚乙烯（高密度）	HDPE	0.941～0.965	<0.01	21～38	0.4～1.03	20～100（断裂）	18.6～24.5	60～70HSD	1.5～4.0
聚乙烯（低密度）	LDPE	0.91～0.925	<0.01	3.9～15.7	0.12～0.24	90～800	—	41～50HSD 10HRR	1.2～4.0
聚乙烯，超高分子量	UNMWPE	0.94	<0.01	30～34	0.68～0.95	400～480	—	50HRR	4.0
氯化聚乙烯	CPE	1.08	—	10.3～12.4	—	200～650	—	65～70HSD	—
聚丙烯	PP	0.90～0.91	0.03～0.04	35～40	1.1～1.6	200	—	50～102HRR	1.0～2.5

（续）

塑料名称	代号	密度/(g/cm^3)	吸水率(%)	抗拉强度/MPa	拉伸模量/GPa	断后伸长率(%)	抗压强度/MPa	硬度	成型收缩率(%)
聚氯乙烯，硬质	PVC	1.30～1.58	0.07～0.4	45～50	3.3	20～40	—	14～17HB	0.1～0.5
聚氯乙烯，软质	PVC	1.16～1.35	0.5～1.0	10～25	—	100～450	—	50～75HSA	1～5
聚苯乙烯	PS	1.04～1.10	0.03～0.30	50～60	2.8～4.2	1.0～3.7	—	65～80HRM	0.2～0.7
丙烯腈-丁二烯-苯乙烯	ABS	1.03～1.06	0.20～0.25	21～63	1.8～2.9	23～60	18～70	62～121HRR	0.3～0.6
聚甲基丙烯酸甲酯(有机玻璃)	PMMA	1.17～1.20	0.20～0.40	50～77	2.4～3.5	2～7	—	10～18HB	0.2～0.6
聚酰胺（尼龙）-6	PA-6	1.13～1.15	1.9～2.0	54～78	—	150～250	60～90	85～114HRR	—
聚酰胺（尼龙）-66	PA-66	1.14～1.15	1.5	57～83	—	40～270	90～120	100～118HRR	1.5～2.2
聚酰胺（尼龙）-610	PA-610	1.07～1.09	0.5	47～60	—	100～240	70～90	90～130HRR	1.5～2.0
聚酰胺（尼龙）-1010	PA-1010	1.04～1.07	0.39	52～55	1.6	100～250	65	71HB	1～2.5
聚酰胺（尼龙）-铸型	PA-MC	1.10	0.6～1.2	77～92	2.4～3.6	20～30	—	14～21HB	径向 3～4 纵向 7～12
聚酰胺（尼龙）-芳香		1.35～1.36	0.4	80～120	2.8	70～150	—	93HRM	—
聚甲醛(均聚)	POM	1.42～1.43	0.20～0.27	58～70	2.9～3.1	15～75	122	118～120HRR 80～94HRM	2.0～2.5
聚甲醛(共聚)	POM	1.41～1.43	0.22～0.29	62～68	2.8	40～75	113	120HRR 78～84HRM	2.0～3.0
聚碳酸酯	PC	1.18～1.20	0.2～0.3	60～88	2.5～3.0	80～95	—	68～86HRM	0.5～0.8
聚氯醚		1.40	0.01	42～56	1.1	60～130	66～76	100HRM	0.4～0.6
聚酚氧		1.17～1.18	0.13	55～70	2.4～2.7	50～100	—	118～123HRR	0.3～0.4
聚对苯二甲酸乙二(醇)酯	PETP	1.37～1.38	0.08～0.09	57	2.8～2.9	50～300	—	68～98HRM	—
聚对苯二甲酸丁二(醇)酯	PBTP	1.30～1.55	0.03～0.09	52.5～65	2.6	—	—	118HRR	1.5～2.5
聚四氟乙烯	PTFE	2.1～2.2	0.01～0.02	14～25	0.4	250～500	—	50～65HSD	1～5 (模压)
聚三氟氯乙烯	PCTFE	2.1～2.2	0.02	31～42	1.1～2.1	50～190	—	74HSD	1～2.5
聚全氟乙烯丙烯	FEP	2.1～2.2	0.01	19～22	0.35	250～330	—	60～65HSD	2～5
聚酰亚胺(均苯型)	PI	1.42～1.43	0.2～0.3	94.5	—	6～8	>276	92～102HRM	—
聚酰亚胺(醚酐型)		1.36～1.38	0.3	120	—	6～10	>230	—	0.5～1.0

（续）

塑料名称	代号	密度/（g/cm³）	吸水率（%）	抗拉强度/MPa	拉伸模量/GPa	断后伸长率（%）	抗压强度/MPa	硬度	成型收缩率（%）
聚酰亚胺（聚醚型）		1.27	0.25	105～140 97	3.0	60	140	109～110HRM	0.5～0.7
聚酰亚胺（聚酰胺型）		1.42	0.33（饱和）	152	4.5	7.6	221	86HRE	0.6～1.0
聚砜	PSU	1.24～1.61	0.3	66～68	2.5～4.5	2～5 50～100	276	69～74HRM	0.4～0.7
聚苯		1.24	—	14	0.15	10.8	62	7.5HSD	—
聚对二甲苯		1.10～1.42	0.01～0.06	63～91	2.5～3.2	50～200	—	—	—

表 4-478　一些共混聚合物的物理、力学性能

塑料名称	密度/（g/cm³）	抗拉强度/MPa	伸长率（%）	抗弯强度/MPa	弯曲弹性模量/GPa	冲击强度悬臂梁，缺口/（J/m）	硬度 洛氏/邵氏[①]/布氏 HR/HS/HBW
聚乙烯共混物							
HDPE/LDPE	0.923～0.933	0.14～0.18	10～25	—	—	—	55～64HSD
聚氯乙烯共混物							
PVC/NBR	—	5.51	100	—	—	—	—
PVC（硬质）/EVA	1.34	50	160	—	—	—	—
PVC/ABS	1.19	45～46	—	—	2.4	—	—
PVC/PEC	—	40～53.3（屈服）	80（屈服）	—	2.20～3.40	33～118	—
丙烯腈-丁二烯-苯乙烯共混物							
ABS/PVC	1.21	38.5	20（断裂）	20.7～37.6（屈服）	0.69～2.21（屈服）	667～800	50～102HRR
ABS/PSU	1.13	—	—	50.8（屈服）	2.41（屈服）	506.7	115HRR
ABS/PC	1.14	—	—	50.5（屈服）	2.55（屈服）	549.4	118HRR
聚酰胺（尼龙）共混物							
PA/聚烯烃	—	56（干态）	—	—	1.93	820	114HRR
聚甲醛共混物							
POM/弹性体	1.34	46	200	—	1.41	940	—
POM/PTFE（粉）	—	抗压强度 80	—	—	—	—	—
POM/PTFE（纤维）	—	抗压强度 108.1	—	—	—	—	—
聚碳酸酯共混物							
PC/ABS	1.14	55.5（屈服）	—	98.6	2.76	570.7	118HRR

（续）

塑料名称	密度 /(g/cm³)	抗拉强度 /MPa	伸长率 (%)	抗弯强度 /MPa	弯曲弹性模量 /GPa	冲击强度 悬臂梁，缺口 /(J/m)	硬度 洛氏/邵氏①/布氏 HR/HS/HBW
PC/PE	—	47	—	70	—	2347	—
PC/PS	—	63	—	94.2	—	464.1	—
PC/PS/PE	—	50~57	—	76.7~83.5	—	1120~3147	—
PC/PBTP/弹性体	1.20~1.22	31~59	100~150	58~86	1.65~2.96	709.4~853.4	—
PC/PETP	—	55.2	16.5	75.2	2.07	960.1	114HRR
PC/PTFE	—	54~58（屈服）	29~30	75~80	2~2.1	0.3~0.4	—
PC/PMMA	1.19	56~60	40~65	97~102	2.5~2.65	28~40	95~97HRR
热塑性聚酯共混物							
PBTP/聚烯烃	—	—	6.5~7.3	45~115	0.95~1.80	90~250	—
PBTP/聚醚酯类弹性体	—	—	110~410	—	1.16~2.00	6.5~2.4	—
PBTP/PETP	—	315~440	3.3~5.5	486~745	—	—	—
聚砜共混物							
PSU/PTFE	—	100	—	—	—	—	—
PSU/PMMA/ABS	1.20~1.22	56.5~63.5（屈服）	4.5	91.5~100	2.64~3.00	58.3~85.3	90HRM
PSU/ABS	1.13	50.8（屈服）	30	91.7（5%应变）	2.52	—	—

注：表中材料代号名称见表 4-477。

表 4-479　热固性塑料的热性能

塑料名称（填充物或增强物）	代号	线胀系数 /($10^{-5}K^{-1}$)	热导率 /[W/(m·K)]	热变形温度 /℃ 1.82MPa	最高使用温度 /℃
酚醛（木粉）	PF	3.0~4.5	0.16~0.32	149~188	149~177
（碎布）		1.8~2.4	0.38~0.50	121~166	104~121
脲醛（纤维素）	UF	2.2~3.6	0.29~0.42	127~143	94
三聚氰胺（纤维素）	MF	4.0~4.5	0.20	132	121
（碎布）		—	—	154	121
环氧双酚 A 型（无填料）	EP	4.5~6.5	0.19	46~260	121~260
（矿物）		2.0~6.0	0.17~1.47	121~260	149~260
（玻纤）		—	0.17~0.42	121~260	149~260
酚醛型（矿物）		1.8~4.3	0.33~1.04	154~260	204~260
脂环族（浇铸料）		—	—	260~288	249~288
聚邻苯二甲酸二丙烯酯（玻纤）	PDAP	1.0~3.6	0.20~0.62	166~282	149~204
（矿物）		—	—	160~282	149~204
有机硅（浇铸料）	SI	30.0~80.0	0.14~0.31	—	—
（矿物）		2.0~5.0	0.30	>260	316
聚氨酯（浇铸料）	PUR	10~20	—	—	—

注：材料代号名称见表 4-476。

表 4-480 热塑性塑料的热性能

塑料名称	代号	比热容 /[kJ/(kg·K)]	线胀系数 /(10^{-5} K^{-1})	热导率 /[W/(m·K)]	热变形温度/℃		最高使用温度(无载荷)/℃	连续耐热温度 /℃
					1.82MPa	0.46MPa		
聚乙烯,高密度	HDPE	2.30	11~13	0.46~0.52	43~54	60~88	79~121	85
聚乙烯,低密度	LDPE	—	16~18	0.35		38~49	82~100	—
聚乙烯,超高分子量	UHMWPE	—	7.2	—		68~82	—	—
氯化聚乙烯	CPE	—	—	—	—	—	—	121
聚丙烯	PP	1.93	10.8~11.2	0.1~0.21	52~60	85~110	88~116	—
聚氯乙烯,硬质	PVC	1.05~1.47	5~6	0.15~0.21	54~79	57~82	66~79	—
聚氯乙烯,软质	PVC	1.26~2.10	7~25	0.13~0.17	—	—	60~79	—
聚苯乙烯	PS	1.40	3.6~8.0	0.10~0.14	79~99	—	60~79	—
丙烯腈-苯乙烯	AS	1.34~1.42	3.6~3.8	—	83~93	—	—	—
丙烯腈-丁二烯-苯乙烯	ABS	1.26~1.67	5.8~8.5	0.19~0.33	87~99	99~107	66~99	130~190
聚甲基丙烯酸甲酯(有机玻璃)	PMMA	1.47	5~9	0.17~0.25	85~100	—	65~95	—
聚酰胺(尼龙)-6	PA-6	1.67~2.09	7.9~8.7	0.21~0.35	60~68	149~185	82~121	—
聚酰胺(尼龙)-66	PA-66	1.67	9.1~10.0	0.26~0.35	66~104	182~243	82~149	—
聚酰胺(尼龙)-610	PA-610	1.67~2.09	9.0	—	—	149	—	—
聚酰胺(尼龙)-1010	PA-1010	—	10.5	—	45(马丁)	—	—	—
聚酰胺(尼龙),MC	PA-MC	—	8~9	—	94	—	—	—
聚酰胺(尼龙),芳香	PA 芳香	—	2.8	—	125	—	—	—
聚甲醛,均聚	POM	1.47	10	—	124	170	91	121
聚甲醛,共聚	POM	1.47	11	—	110	158	100	80
聚碳酸酯	PC	1.17~1.26	6~7	0.19	129~141	132~143	121	120
聚氯醚		—	8~11.9	—	100	—	—	—
聚酚氧		1.67	3.7~6.1	—	80~85	—	—	65~80
聚对苯二甲酸乙二(醇)酯	PETP	1.17	6.0~9.5	0.15	85	116	79	—
聚对苯二甲酸丁二(醇)酯	PBTP	1.17~2.30	6	—	54	154	138	—
聚四氟乙烯	PTFE	1.05	10~12	0.25	—	121	288	—
聚三氟氯乙烯	PCTFE	0.92	4.5~7.0	0.20~0.22	—	138	177~199	—
聚全氟乙烯丙烯	FEP	1.17	8.5~10.5	0.25	—	70	204	—
聚酰亚胺,均苯型	PI	1.13	—	0.33~0.37	360	—	260	60~88
聚酰亚胺,醚酐型		—	—	—	—	—	—	—
聚酰亚胺,聚醚型		—	4.7~5.6	0.07	197~200	207~210	170	—
聚酰亚胺,聚酰胺型		—	−0.8~3.6	−0.67~0.24	278	—	—	—
聚砜	PSU	1.30	3.4~5.6	0.26	174~179	181	149	—

表 4-481　共混聚合物的热性能

共混物名称	热变形温度/℃		共混物名称	热变形温度/℃	
	1.82MPa	0.46MPa		1.82MPa	0.46MPa
HDPE/LDPE	51.6～56.1	—	POM/PTFE(纤维)	54(马丁)	—
PP/EPR	54	—	PC/ABS	118.3	126.7
PP/EPDM	41.8～53	—	PC/PE	98～127.5	—
PVC/PEC	67～68	—	PC/PBTP/弹性体	60～121	99～129
PVC/ACR	60～65	—	PC/PETP	37.8	115
PS(结晶型)/SBS	—	78～82	PC/PTFE	—	135
ABS/PVC	147	161	PC/PMMA	103～105	—
ABS/TPU	182	206	PBTP/PETP	61～66	—
ABS/PSU	302	320	PPO/BR/PE	116(马丁)	—
ABS/PC	246	261	PPO/ABS	128(马丁)	—
PA/聚烯烃	71	227	PPO/MBS	134(马丁)	—
POM/弹性体	90	—	PSU/PTFE	145(马丁)	—
POM/PTFE(粉)	60(马丁)	—	PSU/ABS	148.9	—

注：材料代号名称见表 4-477。

表 4-482　塑料的耐腐蚀性能相对指数

塑料名称(代号)	相对耐热性	相对耐腐蚀性				
		有机溶剂	盐类	碱类	酸类	氧化
热塑性塑料						
聚乙烯(PE)	1	5	10	10	10	8
聚丙烯(PP)	3	5	10	10	10	8
聚氯乙烯,硬质(PVC)	4	6	10	10	10	6
聚氯乙烯,软质(PVC)	3	4	10	9	10	6
聚二氯乙烯	7	6	10	10	10	9
聚偏二氯乙烯(PVDC)	4	5	10	7	10	7
氯乙烯-乙酸乙烯酯	3	3	10	9	10	5
聚苯乙烯(PS)	3	2	10	10	10	4
丙烯腈-丁二烯-苯乙烯(ABS)	3	4	10	8	9	4
丙烯酸酯树脂	3	3	10	5	9	4
聚甲基丙烯酸甲酯(有机玻璃)(PMMA)	3	4	10	7	9	4
尼龙 66(PA-66)	6	7	10	7	3	2
聚甲醛(POM)	7	9	10	3	3	3
聚碳酸酯(PC)	8	6	10	1	7	6
聚氯醚	8	9	10	10	10	9
聚四氟乙烯(PTFE)	9	10	10	10	10	10
聚三氟氯乙烯(PCTFE)	8	10	10	10	10	10
聚全氟乙烯丙烯(FEP)	—	—	—	—	—	—
聚六氟丙烯	8	10	10	10	10	10
甲基纤维素(MC)	3	10	2	1	1	2
热固性塑料						
酚醛树脂(PF)	8	9	10	3	10	3
增强酚醛树脂	10	9	10	3	10	4
三聚氰胺甲醛塑料(MF)	8	8	10	8	7	4

4.6.2.3 塑料管材

(1) 工业用硬聚氯乙烯（PVC-U）管材　这些管材适用于工业用硬聚氯乙烯管道系统，也适用于承压给排水输送以及污水处理、水处理、石油、化工、电力电子、冶金、电镀、造纸、食品饮料、医药、中央空调、建筑等领域的粉体、液体的输送。

当用于输送易燃易爆介质时，应符合防火、防爆的有关规定。当用于输送饮用水、食品饮料、医药时，其卫生性能应符合有关规定。

设计时应考虑输送介质随温度变化对管材的影响；应考虑管材的低温脆性和高温蠕变。建议使用温度为-5~45℃。

图 4-23 示出管材长度。

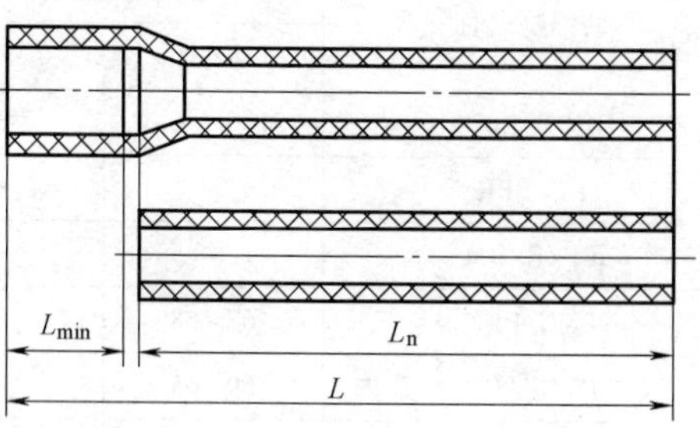

图 4-23　管材长度

1）尺寸及偏差见表 4-483 和表 4-484。

表 4-483　管材规格尺寸、壁厚及其偏差　（单位：mm）

公称外径 d_n	壁厚 e 及其偏差													
	管系列 S 和标准尺寸比 SDR													
	S20 SDR41		S16 SDR33		S12.5 SDR26		S10 SDR21		S8 SDR17		S6.3 SDR13.6		S5 SDR11	
	e_{min}	偏差	e_{min}	偏差	e_{min}	偏差	e_{min}	偏差	e_{min}	偏差	e_{min}	偏差	e_{min}	偏差
16	—	—	—	—	—	—	—	—	—	—	—	—	2.0	+0.4
20	—	—	—	—	—	—	—	—	—	—	—	—	2.0	+0.4
25	—	—	—	—	—	—	—	—	—	—	2.0	+0.4	2.3	+0.5
32	—	—	—	—	—	—	—	—	2.0	+0.4	2.4	+0.5	2.9	+0.5
40	—	—	—	—	—	—	2.0	+0.4	2.4	+0.5	3.0	+0.5	3.7	+0.6
50	—	—	—	—	2.0	+0.4	2.4	+0.5	3.0	+0.5	3.7	+0.6	4.6	+0.7
63	—	—	2.0	+0.4	2.5	+0.5	3.0	+0.5	3.8	+0.6	4.7	+0.7	5.8	+0.8
75	—	—	2.3	+0.5	2.9	+0.5	3.6	+0.6	4.5	+0.7	5.6	+0.8	6.8	+0.9
90	—	—	2.8	+0.5	3.5	+0.6	4.3	+0.7	5.4	+0.8	6.7	+0.9	8.2	+1.1
110	—	—	3.4	+0.6	4.2	+0.7	5.3	+0.8	6.6	+0.9	8.1	+1.1	10.0	+1.2
125	—	—	3.9	+0.6	4.8	+0.7	6.0	+0.8	7.4	+1.0	9.2	+1.2	11.4	+1.4
140	—	—	4.3	+0.7	5.4	+0.8	6.7	+0.9	8.3	+1.1	10.3	+1.3	12.7	+1.5
160	4.0	+0.6	4.9	+0.7	6.2	+0.9	7.7	+1.0	9.5	+1.2	11.8	+1.4	14.6	+1.7
180	4.4	+0.7	5.5	+0.8	6.9	+0.9	8.6	+1.1	10.7	+1.3	13.3	+1.6	16.4	+1.9
200	4.9	+0.7	6.2	+0.9	7.7	+1.0	9.6	+1.2	11.9	+1.4	14.7	+1.7	18.2	+2.1
225	5.5	+0.8	6.9	+0.9	8.6	+1.1	10.8	+1.3	13.4	+1.6	16.6	+1.9	—	—
250	6.2	+0.9	7.7	+1.0	9.6	+1.2	11.9	+1.4	14.8	+1.7	18.4	+2.1	—	—
280	6.9	+0.9	8.6	+1.1	10.7	+1.3	13.4	+1.6	16.6	+1.9	20.6	+2.3	—	—
315	7.7	+1.0	9.7	+1.2	12.1	+1.5	15.0	+1.7	18.7	+2.1	23.2	+2.6	—	—
355	8.7	+1.1	10.9	+1.3	13.6	+1.6	16.9	+1.9	21.1	+2.4	26.1	+2.9	—	—
400	9.8	+1.2	12.3	+1.5	15.3	+1.8	19.1	+2.2	+23.7	+2.6	29.4	+3.2	—	—

注：1. 考虑到安全性，最小壁厚应不小于 2.0mm。

2. 除了有其他规定之外，尺寸应与 GB/T 10798 一致。

表 4-484　平均外径及平均外径偏差和圆度（摘自 GB/T 4219.1—2008）（单位：mm）

公称外径 d_n	平均外径 $d_{em,min}$	平均外径公差	圆度(最大)(S20～S16)	圆度(最大)(S12.5～S5)	承口最小深度 L_{min}(图 4-23)
16	16.0	+0.2		0.5	13.0
20	20.0	+0.2		0.5	15.0
25	25.0	+0.2		0.5	17.5
32	32.0	+0.2		0.5	21.0
40	40.0	+0.2	1.4	0.5	25.0
50	50.0	+0.2	1.4	0.6	30.0
63	63.0	+0.3	1.5	0.8	36.5
75	75.0	+0.3	1.6	0.9	42.5
90	90.0	+0.3	1.8	1.1	50.0
110	110.0	+0.4	2.2	1.4	60.0
125	125.0	+0.4	2.5	1.5	67.5
140	140.0	+0.5	2.8	1.7	75.0
160	160.0	+0.5	3.2	2.0	85.0
180	180.0	+0.6	3.6	2.2	95.0
200	200.0	+0.6	4.0	2.4	105.0
225	225.0	+0.7	4.5	2.7	117.5
250	250.0	+0.8	5.0	3.0	130.0
280	280.0	+0.9	6.8	3.4	145.0
315	315.0	+1.0	7.6	3.8	162.5
355	355.0	+1.1	8.6	4.3	182.5
400	400.0	+1.2	9.6	4.8	205.0

2）物理性能见表 4-485。

表 4-485　物理性能（摘自 GB/T 4219.1—2008）

项目	要求
密度 ρ/(kg/m^3)	1330～1460
维卡软化温度(VST)/℃	≥80
纵向回缩率(%)	≤5
二氯甲烷浸渍试验	试样表面无破坏

3）力学性能见表 4-486。

表 4-486　力学性能（摘自 GB/T 4219.1—2008）

项目	试验参数			要求
	温度/℃	环应力/MPa	时间/h	
静液压试验	20	40.0	1	无破裂、无渗漏
	20	34.0	100	
	20	30.0	1000	
	60	10.0	1000	
落锤冲击性能	0℃(−5℃)			TIR≤10%

4）适用性。管材连接后应通过液压试验。试验条件按表 4-487 规定。

表 4-487　系统适用性（摘自 GB/T 4219.1—2008）

项目	试验参数			要求
	温度/℃	环应力/MPa	时间/h	
系统液压试验	20	16.8	1000	无破裂、无渗漏
	60	5.8	1000	

5）PVC-U 管材预测强度见图 4-24。

10～60℃温度范围内，硬聚氯乙烯管材 MRS 为 25.0MPa，最小要求静液压强度的值（见图 4-24 的参照曲线）用下式计算：

$$\lg t=-164.461-29349.493\times\frac{\lg\sigma}{T}+60126.534\times\frac{1}{T}+75.079\times\lg\sigma$$

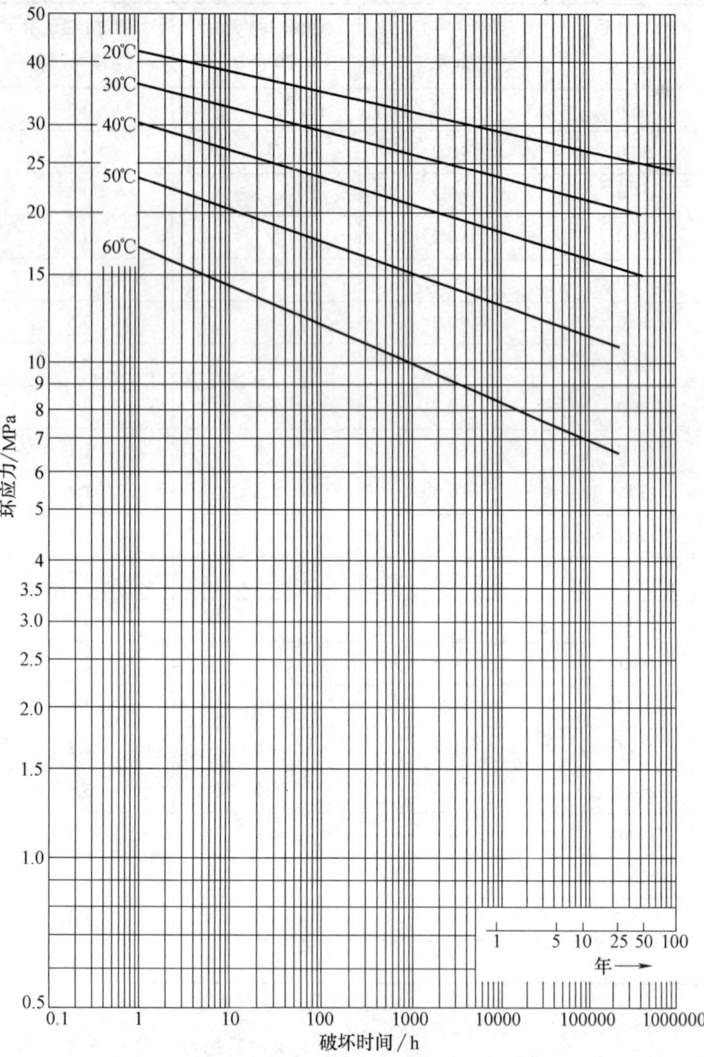

图 4-24 PVC-U 预测静液压强度参照曲线

（2）工业用氯化聚氯乙烯（PVC-C）管 这些管材适用于石油、化工、污水处理与水处理，电力电子、冶金、采矿、电镀、造纸、食品饮料、医药等工业领域。当用于输送易燃、易爆介质时，应符合防火、防爆的有关规定。

1）管材规格尺寸见表 4-488～表 4-490。

表 4-488 管材规格尺寸（摘自 GB/T 18998.2—2003） （单位：mm）

公称外径 d_n	公称壁厚 e_n			
	管系列 S			
	S10	S6.3	S5	54
	标准尺寸比 SDR			
	SDR21	SDR13.6	SDR11	SDR9
20	2.0(0.96)*	2.0(1.5)*	2.0(1.9)*	2.3
25	2.0(1.2)*	2.0(1.9)*	2.3	2.8
32	2.0(1.6)*	2.4	2.9	3.6
40	2.0(1.9)*	3.0	3.7	4.5
50	2.4	3.7	4.6	5.6
63	3.0	4.7	5.8	7.1

（续）

公称外径 d_n	公称壁厚 e_n			
	管系列 S			
	S10	S6.3	S5	54
	标准尺寸比 SDR			
	SDR21	SDR13.6	SDR11	SDR9
75	3.6	5.6	6.8	8.4
90	4.3	6.7	8.2	10.1
110	5.3	8.1	10.0	12.3
125	6.0	9.2	11.4	14.0
140	6.7	10.3	12.7	15.7
160	7.7	11.8	14.6	17.9
180	8.6	13.3	—	—
200	9.6	14.7	—	—
225	10.8	16.6	—	—

注：1. 考虑到刚度的要求，带“*”规格的管材壁厚增加到 2.0mm，进行液压试验时用括号内的壁厚计算试验压力。

2. 管材规格用 S××公称外径 d_n×公称壁厚 e_n 表示，例：S5　d_n50×e_n　5.6。

表 4-489　平均外径及偏差和圆度的最大值（摘自 GB/T 18998.2—2003）　（单位：mm）

平均外径 d_{em}		圆度的最大值	平均外径 d_{em}		圆度的最大值
公称外径 d_n	允许偏差		公称外径 d_n	允许偏差	
20	+0.2 0	0.5	110	+0.4 0	1.4
25	+0.2 0	0.5	125	+0.4 0	1.5
32	+0.2 0	0.5	140	+0.5 0	1.7
40	+0.2 0	0.5	160	+0.5 0	2.0
50	+0.2 0	0.6	180	+0.6 0	2.2
63	+0.3 0	0.8	200	+0.6 0	2.4
75	+0.3 0	0.9	225	+0.7 0	2.7
90	+0.3 0	1.1	—	—	—

表 4-490　壁厚偏差（摘自 GB/T 18998.2—2003）　（单位：mm）

公称壁厚 e_n	允许偏差	公称壁厚 e_n	允许偏差
2.0	+0.4 0	$7.0<e_n\leqslant 8.0$	+1.0 0
$2.0<e_n\leqslant 3.0$	+0.5 0	$8.0<e_n\leqslant 9.0$	+1.1 0
$3.0<e_n\leqslant 4.0$	+0.6 0	$9.0<e_n\leqslant 10.0$	+1.2 0
$4.0<e_n\leqslant 5.0$	+0.7 0	$10.0<e_n\leqslant 11.0$	+1.3 0
$5.0<e_n\leqslant 6.0$	+0.8 0	$11.0<e_n\leqslant 12.0$	+1.4 0
$6.0<e_n\leqslant 7.0$	+0.9 0	$12.0<e_n\leqslant 13.0$	+1.5 0

（续）

公称壁厚 e_n	允许偏差	公称壁厚 e_n	允许偏差
$13.0<e_n\leq14.0$	+1.6 0	$16.0<e_n\leq17.0$	+1.9 0
$14.0<e_n\leq15.0$	+1.7 0	$17.0<e_n\leq18.0$	+2.0 0
$15.0<e_n\leq16.0$	+1.8 0		

2）物理性能见表 4-491。

表 4-491　物理性能（摘自 GB/T 18998.2—2003）

项　目	要　求	项　目	要　求
密度/(kg/m³)	1450~1650	纵向回缩率/(%)	≤5
维卡软化温度/℃	≥110	氯含量(质量百分比)/(%)	≥60

3）力学性能见表 4-492。

表 4-492　力学性能（摘自 GB/T 18998.2—2003）

项　目	试验参数			要　求
	温度/℃	静液压应力/MPa	时间/h	
静液压试验	20	43	≥1	无破裂、无渗漏
	95	5.6	≥165	
	95	4.6	≥1000	
静液压状态下热稳定性试验	95	3.6	≥8760	
落锤冲击试验	试验温度(0±1)℃			TIR≤10%

（3）聚四氟乙烯管材　见表 4-493。

表 4-493　聚四氟乙烯管材（单位：mm）

公称内径	5.0 6.0 7.0 8.0	9.0 10.0 11.0 12.0	13.0 14.0 15.0 16.0 17.0 18.0	19.0	20.0 25.0	25.0	30.0	30.0
壁厚	0.5,1.0 1.5,2.0	1.0,1.5 2.0	1.5,2.0	1.6,2.0	1.5,2.0	2.5	1.5,2.0	2.5
内径极限偏差	±0.5	±0.5	±1.0	±1.0	±1.0	±1.5	±1.0	±1.5
壁厚极限偏差	±0.3	±0.3	±0.3	±0.3	±0.3	±0.3	±0.3	±0.3

注：管长度≥200mm。

4.6.2.4　塑料板材

（1）浇铸型工业有机玻璃板材

1）性能指标见表 4-494。

表 4-494　板材性能指标（摘自 GB/T 7134—2008）

序号	项　目		指标 无色	指标 有色
1	抗拉强度/MPa		≥70	≥65
2	拉伸断裂应变(%)		≥3	—
3	拉伸弹性模量/MPa		≥3000	—
4	简支梁无缺口冲击强度/(kJ/m²)		≥17	≥15
5	维卡软化温度/℃		≥100	—
6	加热时尺寸变化(收缩)(%)		≤2.5	—
7	总透光率(%)		≥91	—
8	420nm 透光率(厚度 3mm)(%)	氙弧灯照射之前	≥90	—
		氙弧灯照射 1000h 之后	≥88	—

注：如有需要，可对弯曲强度、洛氏硬度、热变形温度、线性膨胀系数、光折射指数、密度、吸水性和银纹进行测定。

2）尺寸和公差见表 4-495 和表 4-496。

表 4-495　板材的长度和宽度公差　（单位：mm）

长度或宽度	公差	长度或宽度	公差
≤1000	+3 0	2001~3000	+9 0
1001~2000	+6 0	≥3001	+0.3% 0

表 4-496　板材厚度公差　（单位：mm）

厚度	公差	厚度	公差	厚度	公差
1.5	±0.2	6.0	±0.5	18.0	±1.0
2.0	±0.4	8.0	±0.5	20.0	±1.5
2.5	±0.4	9.0	±0.6	25.0	±1.5
2.8	±0.4	10.0	±0.6	30.0	±1.7
3.0	±0.4	11.0	±0.7	35.0	±1.7
3.5	±0.5	12.0	±0.7	40.0	±2.0
4.0	±0.5	13.0	±0.8	45.0	±2.0
4.5	±0.5	15.0	±1.0	50.0	±2.5
5.0	±0.5	16.0	±1.0		

注：板材幅面尺寸在（1700mm×1900~2000mm×3000mm 时），厚度公差允许增加 20%，板材幅面尺寸大于 2000mm×3000mm 时，厚度公差允许增加 30%。

（2）硬质聚氯乙烯板材（厚度 1mm 以上）（摘自 GB/T 22789.1—2008）

1）分类。硬质聚氯乙烯板材按加工工艺，分为层压板材和挤出板材。根据板材的特点和其主要性能（拉伸屈服强度、简支梁冲击强度、维卡软化温度），可将层压板材和挤出板材各分为五类：

① 第 1 类：一般用途级。

② 第 2 类：透明级。

③ 第 3 类：高模量级。

④ 第 4 类：高抗冲级。

⑤ 第 5 类：耐热级。

2）尺寸和极限偏差见表 4-497~表 4-500。

表 4-497　长度和宽度的极限偏差　（单位：mm）

公称尺寸(l)	长度、宽度极限偏差		公称尺寸(l)	长度、宽度极限偏差	
	层压板材	挤出板材		层压板材	挤出板材
l≤500	+4 0	+3 0	1500<l≤2000	+4 0	+6 0
500<l≤1000		+4 0	2000<l≤4000		+7 0
1000<l≤1500		+5 0			

表 4-498　直角度极限偏差　（单位：mm）

公称尺寸(长×宽)	极限偏差(两对角线的差)		公称尺寸(长×宽)	极限偏差(两对角线的差)	
	层压板材	挤出板材		层压板材	挤出板材
1800×910	5	7	2000×1000	5	7

表 4-499　厚度的极限偏差（一般用途）

厚度 d/mm	极限偏差(%)		厚度 d/mm	极限偏差(%)	
	层压板材	挤出板材		层压板材	挤出板材
1≤d≤5	±15	±13	20<d	±7	±7
5<d≤20	±10	±10			

注：压花板材厚度偏差由供需双方协商确定。

表 4-500　厚度的极限偏差（特殊用途）

名称	极限偏差/mm
层压板材	±(0.1+0.05×厚度)
挤出板材	±(0.1+0.03×厚度)

注：压花板材厚度偏差由当事双方协商确定。

3）基本性能见表 4-501。

表 4-501　基本性能（摘自 GB/T 22789.1—2008）

性能	试验方法	单位	层压板材					挤出板材				
			第 1 类 一般用途级	第 2 类 透明级	第 3 类 高模量级	第 4 类 高抗冲级	第 5 类 耐热级	第 1 类 一般用途级	第 2 类 透明级	第 3 类 高模量级	第 4 类 高抗冲级	第 5 类 耐热级
拉伸屈服应力	GB/T 1040.2 Ⅰ B 型	MPa	≥50	≥45	≥60	≥45	≥50	≥50	≥45	≥60	≥45	≥50
拉伸断裂伸长率	GB/T 1040.2 Ⅰ B 型	%	≥5	≥5	≥8	≥10	≥8	≥8	≥5	≥3	≥8	≥10
拉伸弹性模量	GB/T 1040.2 Ⅰ B 型	MPa	≥2500	≥2500	≥3000	≥2000	≥2500	≥2500	≥2000	≥3200	≥2300	≥2500
缺口冲击强度（厚度小于 4mm 的板材不做缺口冲击强度）	GB/T 1043.1 1epA 型	kJ/m^2	≥2	≥1	≥2	≥10	≥2	≥2	≥1	≥2	≥5	≥2
维卡软化温度	ISO 306:2004 方法 B50	℃	≥75	≥65	≥78	≥70	≥90	≥70	≥60	≥70	≥70	≥85
加热尺寸变化率		%	−3～+3					厚度：1.0mm≤d≤2.0mm：−10～+10 2.0mm<d≤5.0mm：−5～+5 5.0mm<d≤10.0mm：−4～+4 d>10.0mm：−4～+4				
层积性（层间剥离力）			无气泡、破裂或剥落（分层剥离）									
总透光率（只适用于第 2 类）	ISO 13468-1	%	厚度：d≤2.0mm：≥82 2.0mm<d≤6.0mm：≥78 6.0mm<d≤10.0mm：≥75 d>10.0mm：—									

注：压花板材的基本性能由供需双方协商确定。

（3）软聚氯乙烯压延薄膜和片材　这部分薄膜和片材是由悬浮法聚氯乙烯树脂加入增塑剂、稳定剂及其他助剂，以压延成型方法生产的光面或浅花纹软聚氯乙烯压延薄膜和片材。

1）产品分类见表 4-502～表 4-504。

表 4-502　产品按用途分类

（摘自 GB/T 3830—2008）

分　类	简　称
雨衣用薄膜	雨衣膜
民杂用薄膜或片材	民杂膜或片
印花用薄膜	印花膜
农业用薄膜	农业膜
工业用薄膜	工业膜
玩具用薄膜	玩具膜

表 4-503　产品按增塑剂添加量分类

（摘自 GB/T 3830—2008）

分类	简称	增塑剂添加量
特软质薄膜	特软膜	增塑剂含量大于等于 56PHR 的薄膜
软质薄膜	软质膜	增塑剂含量在 20PHR～55PHR 的薄膜

注：PHR 指每百份聚氯乙烯树脂中添加的增塑剂份数。软质膜包括表 4-502 中的六类产品。

表 4-504　产品按透明程度分类

（摘自 GB/T 3830—2008）

分类	简称	透明程度
高透明薄膜	高透膜	雾度小于等于 2% 的薄膜
一般薄膜	一般膜	雾度大于 2% 的薄膜

2）厚度和宽度极限偏差。厚度极限偏差不超过公称尺寸的±10%。宽度公称尺寸小于 1000mm 时，极限偏差为±10mm；宽度公称尺寸大于等于 1000mm 时，极限偏差为±25mm。

3）外观指标见表 4-505 和表 4-506。

表 4-505　外观指标

项　目	指　标
色泽	均匀
花纹	清晰、均匀
冷疤	不明显
气泡	不明显
喷霜	不明显
穿孔	不应存在
永久性皱褶	不应存在
卷端面错位	≤5mm
收卷	平整

表 4-506　黑点和杂质的累计许可量及分散度

项　目	指标				
	雨衣膜 特软膜	印花膜	民杂片 工业膜	玩具膜 高透膜	民杂膜 农业膜
0.8mm 以上的黑点、杂质	不允许	不允许	不允许	不允许	不允许
0.3～0.8mm 的黑点、杂质许可量/(个/m^2)	20	25	35	20	25
0.3～0.8mm 的黑点、杂质分散度/[个(100mm×100mm)]	5	6	7	5	6

4）物理力学性能（见表 4-507 和表 4-508）

表 4-507　雨衣膜、民杂膜、民杂片、印花膜、玩具膜、农业膜、工业膜物理力学性能

（摘自 GB/T 3830—2008）

序号	项　目		指标						
			雨衣膜	民杂膜	民杂片	印花膜	玩具膜	农业膜	工业膜
1	拉伸强度/MPa	纵向 横向	≥13.0	≥13.0	≥15.0	≥11.0	≥16.0	≥16.0	≥16.0
2	断裂伸长率(%)	纵向 横向	≥150	≥150	≥180	≥130	≥220	≥210	≥200
3	低温伸长率(%)	纵向 横向	≥20	≥10	—	≥8	≥20	≥22	≥10

（续）

序号	项目		雨衣膜	民杂膜	民杂片	印花膜	玩具膜	农业膜	工业膜
			指标						
4	直角撕裂强度/(kN/m)	纵向 横向	≥30	≥40	≥45	≥30	≥45	≥40	≥40
5	尺寸变化率(%)	纵向 横向	≤7	≤7	≤5	≤7	≤6	—	—
6	加热损失率(%)		≤5.0	≤5.0	≤5.0	≤5.0	—	≤5.0	≤5.0
7	低温冲击性(%)		—	≤20	≤20	—	—	—	—
8	水抽出率(%)		—	—	—	—	—	≤1.0	—
9	耐油性		—	—	—	—	—	—	不破裂

注：低温冲击性属供需双方协商确定的项目，测试温度由供需双方协商确定。

表 4-508　特软膜、高透膜物理力学性能（摘自 GB/T 3830—2008）

序号	项目		指标：特软膜	指标：高透膜
1	拉伸强度/MPa	纵向 横向	≥9.0	≥15.0
2	断裂伸长率(%)	纵向 横向	≥140	≥180
3	低温伸长率(%)	纵向 横向	≥30	≥10
4	直角撕裂强度/(kN/m)	纵向 横向	≥20	≥50
5	尺寸变化率(%)	纵向 横向	≤8	≤7
6	加热损失率(%)		≤5.0	≤5.0
7	雾度(%)		—	≤2.0

4.7　复合材料

4.7.1　常用复合材料的分类和性能

常用复合材料按组成分类列于表 4-509。此外，还可以按复合材料的作用，分为用于制作结构件的结构复合材料；具有声、光、电、热等功能的复合材料。

按结构形式分为层结构复合材料和缠绕结构复合材料。

复合材料具有比强度和比弹性模量高，减振性能好，减摩耐磨、自润滑性能好，耐热性和化学稳定性好，破损安全性好。有些材料只具备上述的一部分优点。表 4-510 列出几种典型高性能复合材料与常用材料的性能对比。由此可看出重量相同的条件下，复合材料可以达到更大的承载能力和刚度。此外，还可以按照使用要求设计新的复合材料，具有一般材料难以达到的综合性能。复合材料的应用见表 4-511。

表 4-509　常用复合材料分类（按复合材料的组成分类）

增强材料 \ 基体材料		金属	无机非金属：陶瓷	无机非金属：玻璃	无机非金属：碳素	有机非金属：塑料	有机非金属：橡胶
金属		金属基复合材料	陶瓷基复合材料	金属网嵌玻璃		金属丝增强塑料	金属丝增强橡胶
无机非金属	陶瓷	金属基超硬合金	增强陶瓷	陶瓷增强玻璃		陶瓷纤维增强塑料	陶瓷纤维增强橡胶
	玻璃					玻璃纤维增强塑料	玻璃纤维增强橡胶
	碳素	碳纤维增强金属	增强陶瓷		碳纤维增强碳复合材料	碳纤维增强塑料	碳纤维增强橡胶
有机非金属	高聚物纤维					高聚物纤维增强塑料	高聚物纤维增强橡胶

表 4-510　几种典型高性能复合材料与常用材料的性能对比

材料		密度 /(g/cm³)	抗拉强度 /GPa	比强度 /GPa	拉伸弹性模量 /GPa	比拉伸弹性模量 /GPa	冲击韧度 /(kJ/m²)	线胀系数/ $10^{-6}K^{-1}$
复合材料	碳纤维/环氧	1.6	1.8	1.13	128	80	74.5	0.2
	芳纶纤维/环氧	1.4	1.5	1.07	80	57	196	1.8
	硼纤维/环氧	2.0	1.6	0.8	220	110	—	4.0
	石墨纤维/环氧	2.0	0.8	0.36	231	105	—	2.0
金属	钢	7.8	1.4	0.18	210	26.9	—	12
	铝合金	2.8	0.5	0.18	77	27.5	—	23
	钛合金	4.5	1.0	0.22	110	24.4	—	9.0
聚合物	尼龙 6	1.2	0.07	0.06	2.7	2.25	1.18	40

注：1. 比强度=抗拉强度/相对密度（比重）。
2. 比拉伸弹性模量=拉伸弹性模量/相对密度（比重）。

表 4-511　复合材料的应用

部　门	应用举例
建筑工业	轻结构房层、建筑装饰、雕塑，卫生设备，储水箱，波形瓦，门、窗构件，地面等
化学工业	防腐管、罐、泵、阀，防腐设备衬里
铁路运输	客车车厢，车门窗，座椅，水箱，卫生间，冷藏车，地板，集装箱及各种通信器材等
汽车工业	车身，构件，仪表盘，地板，座椅，消防车、运输槽车等
造船工业	艇身及船上各种设备，门窗及装饰，用具等
电器工业	层压板，绝缘管，绝缘子，路灯灯具，电线杆，带电操作工具
军械及航空工业	引信体，子弹，弹壳，枪托，火箭发射筒，飞机平尾，垂尾，机身蒙皮，减速板，机翼，直升机旋翼，机身口盖等
机械制造工业	造纸、纺织、化纤、食品机械部件和配件，消声设备，泵，风机，叶轮，带轮，齿轮，轴套等
农业，渔业	粮仓，温室，饲料仓，水渠，喷雾器，农用车等
体育用品	各种体育器材，如赛艇，赛车，滑板，雪橇，球拍，撑竿等

4.7.2　树脂基复合材料（见表 4-512～表 4-515）

表 4-512　玻璃纤维增强热固性塑料的物理力学性能

性　能	环氧树脂						酚醛树脂		
	双酚 A 型环氧		酚醛环氧		脂环族	脂肪族	高强玻纤	改性酚醛开刀丝玻纤	层压板
	玻纤	层压板	玻纤、填料	层压板	层压板	层压板			
成型收缩率(%)	0.1～0.8	—	0.4～0.8	—	—	—	0.1～0.4	—	—
抗拉强度/MPa	35～138	220～412	34～86	216～284	196～235	332	48～124	78～102	196
断后伸长率(%)	4	—	—	—	—	—	0.2	—	—
抗压强度/MPa	124～276	201～492	165～330	—	220～274	155	110～248	100～115	—
抗弯强度/MPa	55～206	112～442	69～150	370	294～392	339	84～413	170～215	245

（续）

性　能	环氧树脂						酚醛树脂		
	双酚A型环氧		酚醛环氧		脂环族	脂肪族	高强玻纤	改性酚醛	层压板
	玻纤	层压板	玻纤、填料	层压板	层压板	层压板		开刀丝玻纤	
缺口冲击韧度/(kJ/m²)	0.63~21	196~274（无缺口）	0.63~1.1	—	137~167（无缺口）	306（无缺口）	1~18	98~180（无缺口）	210（无缺口）
拉伸弹性模量/GPa	20.6	—	14.5	—	—	—	13~22.7	—	—
弯曲模量/GPa	13.8~31	—	9.6~19.2	—	24.5	—	7.9~22.7	—	—
洛氏硬度、肖氏硬度、巴柯尔	100~112 HRM	—	70~74 巴柯尔	—	—	23.6HB	—	—	30HB
线膨胀系数/$10^{-5}K^{-1}$	1.1~5	—	1.8~4.3	—	—	—	—	—	—
热变形温度/℃(1.82MPa)	107~260	—	154~230	—	—	—	176~315	≥250（马丁温度）	—
热导率/[W/(m·K)]	0.17~0.42	—	0.35	—	—	—	—	—	—
密度/(g/cm³)	1.6~2	—	1.6~2.05	1.6~1.7	1.6~1.7	—	1.44~1.56	1.6~1.72	1.60~1.70
吸水率(%)(24h)	0.04~0.2	—	0.04~0.29	0.93	—	—	0.20	0.05~0.15	—
（饱和）	—	—	0.15~0.30	—	—	—	0.35	—	—
介质强度/(kV/mm)	9.8~15.7	—	12.8~17.7	—	—	—	—	—	11.8~27.6

性　能	酚醚树脂		聚酰亚胺	不饱和聚酯树脂					糠酮树脂
	层压板	模压件开刀丝玻纤	50%玻纤（体积分数）	短切玻纤	玻璃布	SMC①	BMC②	玻纤	层压板
成型收缩率(%)	—	—	0.20	0.1~0.2	0.02~0.2	0.05~0.40	0.05~0.40	0.1~1.0	—
抗拉强度/MPa	282~317	76~198	44	20.7~68.9	207~344	48~172	20.7~68.9	27.6~65	209
断后伸长率(%)	—	—	—	<1	1~2	3	—	—	—
抗压强度/MPa	—	104~142	23	138~207	172~344	103~206	96~206	103~248	350
抗弯强度/MPa	430	114~190	147	48~138	276~344	68.9~248	110~165	58.6~179	147
缺口冲击韧度/(kJ/m²)	83.6	70~191	12.3	3.2~3.4	10~63	14.7~46.2	4.2~27.3	1.5~33.6	186（无缺口）
拉伸弹性模量/GPa	—	—	—	6.9~17	10~31	4.6~17.2	10~17.2	13.8~19.3	—
弯曲模量/GPa	—	—	13.6	6.9~11.8	6.9~20.6	6.9~15	—	13.8	—
洛氏硬度、肖氏硬度、巴柯尔	—	巴柯尔 56~59	118HRM	巴柯尔 50~80	巴柯尔 50~80	巴柯尔 50~70	巴柯尔 50~65	—	95HRE
线膨胀系数/($10^{-5}k^{-1}$)	—	—	1.3	2~3.3	2~3.3	1.4~2	—	1.5~3.3	—
热变形温度/℃(1.82MPa)	>250	>250	309	>204	>204	190~260	160~204	204~260	>300（马丁耐热）
热导率/[W/(m·/K)]	—	—	0.36	—	—	—	0.75~0.92	0.63~1.05	—
密度/(g/cm³)	1.78	1.52	1.60~1.70	1.65~2.32	1.50~2.10	1.65~2.60	1.72~2.1	2.0~2.3	1.70
吸水率(%)(24h)	0.04	0.04	0.70	0.06~0.28	0.05~0.5	0.10~0.25	0.10~0.45	0.03~0.50	0.10
（饱和）	—	—	—	—	—	—	—	—	—
介质强度(kV/mm)	—	—	17.6	13.6~16.5	13.8~19.7	15~19.7	11.8~15.4	9.8~20.9	17.5

① 片状模塑料。

② 团状模塑料。

表 4-513　不同含量玻璃纤维增强热塑性塑料的物理及力学性能

材　　料	聚碳酸酯（PC）		聚酰胺(PA) 尼龙 6	聚酰胺(PA) 尼龙 66	聚酰胺(PA) 尼龙 66	聚酰胺(PA) 尼龙 1010	聚酰胺(PA) 尼龙 610	聚酰胺(PA) 尼龙 612
玻纤含量(体积分数)	10%	30%	30%~35%	30%~33%	20%+20%碳纤	28%	33%	30%~35%
成型收缩率(%)	0.2~0.5	0.1~0.2	0.3~0.5	0.2~0.6	0.25~0.35	0.4~0.5	—	0.2~0.5
抗拉强度/MPa	65	131	165① 110②	193① 152②	238	58	170	152① 138②
断后伸长率(%)	5~7	2~5	—	3~4① 5~7②	3~4	—	—	4
抗压强度/MPa	93	124~138	131~158 165①	154 165~276①	—	137	145	152①
抗弯强度/MPa	103~110	158~172	227① 145②	282① 172②	343	202	234	220 241①
冲击韧度/(kJ/m²)(缺口)	2.5~5.5	3.6~6.3	4.6~7.1① 7.8②	4.2~4.6	3.78	81.8 (无缺口)	6	8.3① 6.2②
拉伸弹性模量/GPa	3.4~4	8.6~9.6	10① 5.5②	9①	—	7.7	—	
弯曲模量/GPa	3.4	7.6	9.6① 5.5②	9~10① 5.5②	19.6	4.1	4.1	7.6① 6.2②
洛氏硬度、肖氏硬度	75HRM 118HRR	92HRM 119HRR	96HRM① 78HRR②	101HRR 109HRR①	—	11.48HB	10.65HB	93HRM
线膨胀系数/$10^{-5}K^{-1}$	3.2~3.8	2.2~2.3	1.6~8	1.5~5.4	2.07	—	—	—
热变形温度/℃(1.82MPa)	138~142	146~149	200~215	254①	260	马丁温度 176	马丁温度 195	199~218①
热导率/[W/(m·K)]	0.20~ 0.22	0.22~ 0.32	0.24~ 0.48	0.21~ 0.49	—	—	—	0.43
密度/(g/cm³)	1.27~1.28	1.4~1.43	1.35~1.42	1.15~1.40	1.40	1.19	1.30	1.30~1.38
吸水率(%)(24h)	0.12~0.15	0.08~0.14	1.1~1.2	0.7~1.1	0.50	—	—	0.20
介质强度/(kV/mm)	20.9	18.5~18.7	15.8~17.7	14.2~19.7	—	—	—	20.5

材　　料	聚酰胺酰亚胺	聚醚酰亚胺	聚醚醚酮(PEEK)	高密度聚乙烯(HDPE)	ABS	聚甲醛(POM) 均聚	聚甲醛(POM) 共聚	聚四氟乙烯(PTFE)
玻纤含量(体积分数)	30%	30%	30%	30%	20%	20%	25%	25%
成型收缩率(%)	0.2~0.4	0.1~0.2	0.2	0.2~0.6	0.2	0.9~1.2	0.4~1.8	1.8~2
抗拉强度/MPa	221	172~196	162	62	72~90	59~62	127	13.8~18.6
断后伸长率(%)	2.3	2~5	3	1.5~2.5	3	6~7	2~3	200~300
抗压强度/MPa	264	162~165	154	34~41	96	124	117	6.9~9.6
抗弯强度/MPa	317	227~255	227~289	55~65	96~120	103	193	13.8
冲击韧度/(kJ/m²)(缺口)	3.2	3.6~4.2	4.2~5.4	2.3~3.1	2.3~2.9	1.7~2.1	2.1~3.8	5.7
拉伸弹性模量/GPa	14.5	9~11	8.6~11	5.5~6.2	5.1~6.1	6.9	8.6~9.6	1.4~1.6
弯曲模量/GPa	11.7	8.3~8.6			4.5~5.5	5	7.6	1.62
洛氏硬度、肖氏硬度	94HRE	125HRM 123HRR	—	75~90HRR	85~98HRM 107HRR	90HRM	79HRM	60~70 HSD
线膨胀系数/$10^{-5}K^{-1}$	1.3~1.8	2~2.1	1.5~2.2	4.8	2.1	3.8~8.1	2~4.4	7.7~10
热变形温度/℃(1.82MPa)	281	208~215	288~315	121	99	157	163	—
热导率/[W/(m·K)]	0.68	0.25~0.39	0.2	0.36~0.46	—	—	—	0.34~0.42
密度/(g/cm³)	1.61	1.49~1.51	1.49~1.54	1.18~1.28	1.18~1.22	1.54~1.56	1.55~1.61	2.2~2.3
吸水率(%)(24h)	—	0.18~0.20	0.06~0.12	0.02~0.06	0.18~0.20	0.25	0.22~0.29	—
介质强度/(kV/mm)	33.1	19.5~24.8	—	19.7~21.7	18	193	18.9~22.9	12.6

（续）

材料	聚苯醚和改性聚苯醚	聚苯硫醚（PPS）	聚丙烯均聚（PP）	聚氯乙烯（PVC）	聚砜（PSU）	改性聚砜	聚醚砜
	玻纤含量(体积分数)						
	30%	40%	40%	15%	30%	30%	20%
成型收缩率(%)	0.1~0.4	0.2~0.4	0.3~0.5	0.1	0.1~0.3	0.1~0.3	0.2~0.5
抗拉强度/MPa	103~127	120~158	58~103	82	100	103~131	170~138
断后伸长率(%)	2~5	0.9~4	1.5~4	2.3	1.5	1.9~3	2~3.5
抗压强度/MPa	123	145~179	61~68	62	131	—	134~165
抗弯强度/MPa	145~158	156~220	72~152	93	138	138~176	169~190
冲击韧度(缺口)/(kJ/m²)	3.6~4.8	2.3~3.2	2.9~4.2	2.1	2.3	2.1~4.2	2.5~3.6
拉伸弹性模量/GPa	6.9~8.9	7.6	7.6~10	6	9.3	5.7~6.89	5.9
弯曲模量/GPa	7.6~7.9	11.7~12.4	6.5~6.9	5.2	7.2	8.86	5.9~6.2
洛氏硬度、肖氏硬度	115~116HRR	123HRR	102~111HRR	118HRR	90~100HRM	80~85HRM	98~99HRM
线膨胀系数/$10^{-5}K^{-1}$	1.4~2.5	2.2	2.7~3.2	—	2.5	4.8~5.4	2.3~3.2
热变形温度/℃(1.82MPa)	135~158	252~263	149~165	68	177	160~167	209~218
热导率/[W/(m·K)]	0.15~0.17	0.29~0.45	0.35~0.37	—	—	—	—
密度/(g/cm⁻³)	1.27~1.36	1.6~1.67	1.22~1.23	1.54	1.46	1.52	1.51
吸水率(%)(24h)	0.06	0.02~0.05	0.05~0.06	0.01	0.3	0.10~0.20	0.15~0.40
(饱和)	—	—	0.09~0.10	—	—	0.43	1.65~2.1
介质强度/(kV/mm)	21.7~24.8	14.2~17.7	19.7~20.1	23.6~31.5	—	15.7	14.8~19.7

① 干燥状态。

② 相对湿度 50%。

表 4-514 碳纤维增强热塑性树脂的性能

性能＼材料	聚砜		线型聚酯		乙烯-四氟乙烯共聚物	
	纯树脂	碳纤维 30%	纯树脂	碳纤维 30%	纯树脂	碳纤维 30%
密度/(g/cm³)	1.24	1.37	1.32	1.47	1.70	1.73
吸水率(%)(24h)	0.20	0.15	0.03	0.04	0.02	0.018
(饱和)	0.60	0.38	—	0.23	—	—
加工收缩率(%)	0.7~0.8	0.1~0.2	1.7~2.3	0.1~0.2	15~2.0	0.15~0.25
抗拉强度/MPa	71	161	56	140	45	105
断后伸长率(%)	20~100	2~3	10	2~3	150	2~3
抗弯强度/MPa	108	224	91	203	70	140
弯曲模量/GPa	2.7	14.3	2.4	14	1.4	11.6
抗剪强度/MPa	63	66	49	56	42	49
冲击韧度(悬臂梁)/(kJ/m²)						
缺口	2.5	2.5	0.63	2.5	未断	8.4~16.5
无缺口	126	12.6~14.7	52.5	8.4~10.5	未断	21
热变形温度/℃(1.85MPa)	174	185	68	221	74	241
线膨胀系数/($10^{-5}K^{-1}$)	5.6	1.08	9.5	0.9	7.6	1.4
热导率/[W/(m·K)]	0.26	0.79	0.15	0.94	0.23	0.81
表面电阻率/Ω	10^8	1~3	10^{15}	2~4	5×10^{14}	3~5

表 4-515　纤维增强尼龙 66 塑料的物理力学性能

性　　能	纯尼龙 66	纤维增强尼龙 66(质量分数)			
		碳纤维 20%	碳纤维 30%	碳纤维 40%	碳纤维 20% 玻纤 20%
密度/(g/cm³)	1.14	1.23	1.28	1.34	1.40
吸水率(%)(24h)	1.60	0.6	0.5	0.4	0.5
(饱和)	—	2.7	2.4	2.1	—
成型收缩率(3mm 厚)(%)	1.5	0.2~0.3	0.15~0.25	0.15~0.25	0.25~0.35
抗拉强度/MPa	83	196	245	280	238
断后伸长率(%)	10	3~4	3~4	3~4	3~4
抗弯强度/MPa	105	294	357	420	343
弯曲模量/GPa	2.8	16.8	20.3	23.8	19.6
抗剪强度/MPa	67	84	91	98	91
冲击韧度/(kJ/m²)					
缺口悬臂梁	1.89	2.31	3.15	3.36	3.78
无缺口悬臂梁	—	—	25.2	23.3	33.6
热变形温度/℃(1.85MPa)	66	257	257	260	260
线膨胀系数/($10^{-5}K^{-1}$)	8.1	2.52	1.89	1.44	2.07
热导率/[W/(m·K)]	0.25	0.79	1.01	1.23	0.92
表面电阻率/Ω	10^{15}	20~30	3~5	1~3	—

4.7.3　复合钢板

4.7.3.1　不锈钢复合钢板和钢带（见表 4-516~表 4-520）

这些钢板和钢带是以不锈钢做复层，以碳钢和低合金钢做基层的厚度大于或等于 4mm 的复合钢板和钢带。产品适用于制造石油、化工、轻工、海水淡化、核工业的各类压力容器，储罐等的构件。

表 4-516　复合钢板材料、分类、代号、用途（摘自 GB/T 8165—2008）

材料				分类、代号、用途				
复层		基层		级别	代号			用　　途
标准号	GB/T 3280 GB/T 4237	标准号	GB/T 3274　GB/T 713 GB/T 3531　GB/T 710		爆炸法	轧制法	爆炸-轧制法	
典型钢号	06Cr13 06Cr13Al 022Cr17Ti 06Cr18Ni11Ti 06Cr19Ni10 06Cr17Ni12Mo2 022Cr17Ni12Mo2 022Cr25Ni7Mo4N 022Cr22Ni5Mo3N 022Cr19Ni5Mo3Si2N 06Cr25Ni20 06Cr23Ni13	典型钢号	Q235-A、B、C Q345-A、B、C Q245R Q345R 15CrMoR 09MnNiDR08Ae	Ⅰ级	BⅠ	RⅠ	BRⅠ	适用于不允许有未结合区存在的、加工时要求严格的结构件上
				Ⅱ级	BⅡ	RⅡ	BRⅡ	适用于可允许有少量未结合区存在的结构件上
				Ⅲ级	BⅢ	RⅢ	BRⅢ	适用于复层材料只作为耐腐蚀层来使用的一般结构件上

注：1. 不锈钢复合钢板（带）的制造方法有三种：爆炸法（代号 B）、轧制法（代号 R）、爆炸-轧制法（代号 BR）。复层可在基层的一面或双面复合。

2. 不锈钢复合钢板（带）的尺寸如下：

1）复合中厚板厚度不小于 δ=6mm；复合钢带厚度 δ=0.8~6mm。

2）复层厚度 δ=0.5~14mm，通常为 2~3mm，也可根据需方要求，由供需双方商定复层厚度。

3）基层最小厚度：复合钢板总厚度 δ>8mm 时，基层最小厚度为 6mm；复合钢带的基层最小厚度由供需双方协商。

4）复合钢板宽度为 1450~4000mm；复合钢带宽度为 1000~1400mm。

5）复合钢板（带）长度 L=4~10m。

3. 复合钢板质量按理论质量交货。基层密度按 7.85g/cm³，复层密度按 GB/T 4229 的规定。

表 4-517　复合钢板（带）厚度允许偏差（摘自 GB/T 8165—2008）

复层厚度允许偏差		复合钢板(带)总厚度允许偏差		
Ⅰ级、Ⅱ级	Ⅲ级	复合中厚板总公称厚度/mm	允许偏差(%)	
			Ⅰ级、Ⅱ级	Ⅲ级
不大于复层公称尺寸的±9%，且不大于 1mm	不大于复层公称尺寸的±10%且不大于 1mm	6~7	+10 −8	±9
		>7~15	+9 −7	±8
		>15~25	+8 −6	±7
		>25~30	+7 −5	±6
		>30~60	+6 −4	±5
		>60	协商	协商

表 4-518　复合钢板力学性能（摘自 GB/T 8165—2008）

级别	界面抗剪强度 J_b/MPa，≥	上屈服强度 R_{eH}/MPa	抗拉强度 R_m/MPa	伸长率 A(%)	冲击吸收能量 KV_2/J
Ⅰ级 Ⅱ级	210	不小于基层钢板标准值①	不小于基层钢板标准下限值，且不大于上限值 35MPa②	不小于基层对应厚度钢板标准值③	应符合基层对应厚度钢板的规定④
Ⅲ级	200				

① 复合钢板和钢带的屈服点下限值可按下式计算：$\sigma_s=\dfrac{t_1R_{p1}+t_2R_{p2}}{t_1+t_2}$

式中，R_{p1} 为复层钢板的屈服点下限值（MPa）；R_{p2} 为基层钢板的屈服点下限值（MPa）；t_1 为复层钢板的厚度（mm）；t_2 为基层钢板的厚度（mm）。

② 复合钢板和钢带的抗拉强度下限值可按下式计算：$\sigma_b=\dfrac{t_1R_{m1}+t_2R_{m2}}{t_1+t_2}$

式中，R_{m1} 为复层钢板的抗拉强度下限值（MPa）；R_{m2} 为基层钢板的抗拉强度下限值（MPa）；t_1 为复层钢板的厚度（mm）；t_2 为基层钢板的厚度（mm）。

③ 当复层伸长率标准值小于基层标准值，复合钢板伸长率小于基层，但又不小于复层标准值时，允许剖去复层仅对基层进行拉伸试验，其伸长率应不小于基层标准值。

④ 复合钢板复层不进行冲击功试验。

表 4-519　复合钢板（带）检验项目和面积结合率（摘自 GB/T 8165—2008）

检验项目				复合钢板(带)面积结合率			
检验项目	爆炸复合			界面结合级别	类别	结合率(%)	未复合状态
	Ⅰ级(BⅠ BRⅠ RⅠ)	Ⅱ级(BⅡ BRⅡ RⅡ)	Ⅲ级(BⅢ BRⅢ RⅢ)	Ⅰ级	BⅠ BRⅠ RⅠ	100	单个未结合区长度不大于 50mm，面积不大于 900mm² 以下的未结合区不计
拉伸试验	○	○	○	Ⅱ级	BⅡ BRⅡ RⅡ	≥99	单个未结合区长度不大于 50mm，面积不大于 2000mm²
外弯试验	△	△	△				
内弯试验	○	○	△				
剪切强度	○	○	○				
冲击试验	○	○	△				
超声波探伤	○	○	○	Ⅲ级	BⅢ BRⅢ RⅢ	≥95	单个未结合区长度不大于 75mm，面积不大于 4500mm²
晶间腐蚀	△	△	△				
外形尺寸	○	○	○				
表面质量	○	○	○				
复层厚度	○	○	○				

注：1. "○"表示必须进行的检验项目；"△"表示按需方要求的检验项目。

2. 复合钢板（带）面积结合率计算公式如下：$J=\dfrac{S-S_1}{S}\times100\%$

式中，J 为结合率（%）；S 为复合钢板的面积（cm^2）；S_1 为未结合区的总面积（cm^2）。

表 4-520　复合钢板（带）弯曲试验（摘自 GB/T 8165—2008）

厚度/mm	试样宽度/mm	弯曲角度/(°)	弯芯直径 d/mm		试验结果	
			内弯	外弯	内弯	外弯
≤25	$b=2a$	180	$a<20,d=2a$ $a\geqslant 20,d=3a$		在弯曲部分的外侧不得产生肉眼可见的裂纹	
>25	$b=2a$	180	加工基层厚度至 25mm，弯芯直径按基层钢板标准			

注：1. a 为复合钢板（带）总厚度。
2. 内弯是指复层在弯曲的内侧；外弯是指复层在弯曲的外侧。

4.7.3.2　钛-钢复合钢板（见表 4-521～表 4-525）

表 4-521　钛-钢复合钢板的分类、代号和用途（摘自 GB/T 8547—2006）

复合板种类			代号	用　途
轧制复合板	轧制复合板	1 类	R1	0 类：用于过渡接头、法兰等高结合强度，且不允许不结合区存在的复合板 1 类：将钛材作为强度设计材料或特殊用途的复合板，如管板等 2 类：将钛材作为耐蚀设计，而不考虑其强度的复合板或代替衬里使用
		2 类	R2	
	爆炸-轧制复合板	1 类	BR1	
		2 类	BR2	
爆炸复合板		0 类	B0	
		1 类	B1	
		2 类	B2	

表 4-522　钛-钢复合钢板的尺寸　（单位：mm）

复合钢板基层		复合钢板复层		复合钢板宽度	复合钢板长度
厚度	厚度允差	厚度	厚度允差		
4～18 >18～28 >28～46 >46～64 >64～100	±0.8 ±1.0 ±1.2 ±1.5 ±2.0	1.5～10	爆炸复合钢板：<复材名义厚度的±10% 爆炸-轧制复合钢板：<复材名义厚度的$^{+20\%}_{-10\%}$	最大 2200	最大 4500

注：1. 钛-钢复合钢板基材的厚度间隔按 GB/T 709 的规定。
2. 1mm 厚的钛板和钢板的理论质量分别为 4.51kg/m² 和 7.85kg/m²。
3. 供货状态：钛-钢复合钢板以轧制（R）、爆炸（B）、爆炸-轧制（BR）状态供货。爆炸复合钢板以消除应力状态供货，其热处理制度为：温度（540±25）℃，保温时间 1～5h，加热和冷却速度 50～200℃/h。
4. 钛-钢复合钢板的宽度大于 1100mm 或长度大于 3000mm 时，允许拼焊，拼板最小宽度不小于 300mm。
5. 标记示例如下：
1）复材厚度为 6mm 的 TA2、基材厚度为 30mm 的 Q235B 钢、宽度为 1000mm、长度为 3000mm、消除应力状态的 1 类爆炸复合板，其标记为

TA2/Q235B B1m 6/30×1000×3000 GB/T 8547—2006

2）复材厚度为 2mm 的 TA1、基材厚度为 10mm 的 Q235B 钢、宽度为 1100mm、长度为 3500mm 的 2 类爆炸-轧制复合板，其标记为

TA1/Q235B BR2 2/10×1100×3500 GB/T 8547—2006

表 4-523　钛-钢复合钢板的力学性能

拉伸试验		剪切试验		弯曲试验	
抗拉强度 R_m/MPa	伸长率(%)	抗剪强度 τ/MPa		弯曲角 α/(°)	弯曲直径 D/mm
		0 类复合板	其他类复合板		
$>R_{mj}$	≥基材或复材标准中较低一方的规定值	≥196	≥140	内弯 180，外弯由复材标准决定	内弯时：按基材标准规定，不够 2 倍时取 2 倍 外弯时：为复合钢板厚度的 3 倍

注：1. 表中的力学性能为复材金属作为设计强度部分的数值。在此条件下，复合钢板的抗拉强度（R_m）理论下限标准值 R_{mL} 按下式计算：$R_{mL}=\dfrac{t_1R_{m1}+t_2R_{m2}}{t_1+t_2}$
式中，R_{m1} 为基材抗拉强度下限标准值（MPa）；R_{m2} 为复材抗拉强度下限标准值（MPa）；t_1 为基材厚度（mm）；t_2 为复材厚度（mm）。
2. 抗剪强度适用于复材厚度为 1.5mm 及以上的复合钢板。
3. 基材为锻件时，不进行弯曲试验。
4. 爆炸-轧制复合钢板的伸长率可由供需双方商定。

表 4-524　钛-钢复合钢板的复层与基层的结合面积

0类	1类	2类
面积结合率为100%	面积结合率大于98%；单个不结合区的长度不大于75mm，其面积不大于45cm²	面积结合率大于95%；单个不结合区面积不大于60cm²

表 4-525　铜-钢复合钢板的尺寸、复合方式（摘自 GB/T 13238—1991）

总厚度		复层厚度		长度		宽度		复合方式
公称厚度/mm	允差(%)	公称厚度/mm	允差(%)	公称长度/mm	允差(%)	公称宽度/mm	允差(%)	
8~30	+12 −8	2~6	±10	≥1000	+25 −10	≥1000	+20 −10	1)爆炸复合 2)轧制复合

注：1. 复合钢板的长度、宽度按50mm的倍数进级。
2. 复合钢板的不平整度每米小于12mm。
3. 复合钢板理论质量计算按钢的密度为7.85g/cm³，铜及铜合金的密度按相应牌号的密度计算。
4. 复合钢板交货状态为热轧。
5. 复层钢表面允许有不超过0.2mm的个别划痕和压痕。
6. 复合钢板的验收按GB/T 247的规定。

4.7.3.3　铜-钢复合钢板（见表 4-526 和表 4-527）

表 4-526　铜-钢复合钢板的材料（摘自 GB/T 13238—1991）

复层材料		基层材料		复层材料		基层材料	
牌号	化学成分规定	牌号	化学成分规定	牌号	化学成分规定	牌号	化学成分规定
TU1 T2	GB/T 5231	Q235 20g、16Mng 20R、16MnR	GB/T 700 GB/T 713 GB/T 6654	B30	GB/T 5234	16Mn 20	GB/T 1591 GB/T 699

表 4-527　铜-钢复合钢板的力学性能

σ_b/MPa ≥	复合钢板的 τ_b/MPa ≥	复合钢板的 δ_5(%) ≥	复合钢板的冷弯试验
$\frac{t_1\sigma_1+t_2\sigma_2}{t_1+t_2}$ 式中　σ_1——基材抗拉强度下限值，MPa； σ_2——复材抗拉强度下限值，MPa； t_1——基材厚度，mm； t_2——复材厚度，mm	100	基材的标准规定值	每批复合板取两个横向试样进行冷弯试验。弯曲时一个试样的复层在外侧，另一个试样的复层在内侧，试验方法和结果按基层钢板的有关标准规定

注：1. 复层厚度大于3mm的冷弯试样进行冷弯试验时，试样出现黏结面脱层不作考核。
2. 复层厚度小于或等于3mm的复合钢板不进行抗剪强度试验。
3. 当用冷弯试验的试样检查复合强度时，其两个冷弯试样弯曲部位边缘产生脱层的长度，不得超过试样总长度的50%。

4.7.3.4　钢铝复合用钢带（表 4-528~表 4-530）

表 4-528　表面质量分类和代号（摘自 GB/T 28904—2012）

级别	名称	适用的交货状态	特　征
FA	普通级表面	热轧状态	钢带表面允许有深度（或高度）不超过钢带厚度公差之半的麻点、凹面、划痕等轻微、局部的缺陷，但应保证钢带允许的最小厚度
FB	较高级表面	热轧酸洗状态 冷轧状态	钢带表面允许有少量不影响成形性及涂、镀附着力的缺陷，如轻微的划伤、压痕、麻点、辊印及氧化色等
FC	高级精整表面	冷轧状态	钢带两面中较好的一面无目视可见的明显缺陷，另一面应达到FB的要求

注：1. 钢带的代号由GL（“钢铝”汉语拼音首字母）表示。
2. 冷轧钢带按表面结构分为：D—麻面；B—光亮表面。

表 4-529　钢的代号和化学成分（摘自 GB/T 28904—2012）

代号	化学成分(质量分数,%)								
	C	Si	Mn	P	S	Als	Cr	Ni	N
GL	≤0.02	≤0.03	≤0.40	0.015～0.025	≤0.020	≤0.020	0.02～0.06	0.02～0.06	≤0.02

注：经供需双方协商，也可采用其他化学成分。

表 4-530　钢铝复合用冷连轧钢带的力学性能（摘自 GB/T 28904—2012）

代号	交货状态	拉伸试验①						夏比 V 型冲击试验③,④	
		屈服强度② R_{eL}/MPa	抗拉强度 R_m /MPa	以下厚度(mm)的断后伸长率 A_{50mm}(%) $b=25mm$				试验温度 /℃	冲击吸收能量 KV_2/J
				≥1.0～<2.5	≥2.5～<3.0	≥3.0～<4.0	≥4.0～10.0		
GL	热轧 热轧酸洗	≤350	300～450	—	≥28	≥30	≥32	-40	≥17
	冷轧	≤240	≥270	≥39	≥39	—	—	—	—

① 拉伸试样取纵向。

② 当没有明显的屈服时，屈服强度取 $R_{p0.2}$。

③ 冲击试样取横向。当钢带不能取标准尺寸（10mm×10mm×55mm）的冲击试样时，可用 10mm×7.5mm×55mm 或10mm×5mm×55mm 的小尺寸冲击试样（应采用尽可能大的试样尺寸）代替，冲击能量规定值应分别为表中值的 75%及 50%。当钢带厚度小于 6mm 时，不做冲击试验。

④ 冲击试验结果为一组三个试样的算数平均值，允许有一个试样的试验结果小于规定值，但不得小于规定值的 75%。

第5章 连接总论

5.1 设计连接应考虑的问题

机械都是由零件组成的，各组成零件之间形成连接，这些连接可以分成两类：静连接与动连接。被连接两零件之间没有相对运动的称为静连接，如螺栓连接、键连接、焊接、粘接等。有相对运动的称为动连接，如齿轮传动、蜗杆传动、链传动、带传动等。本书所谓“连接”都是指静连接。

在设计连接时主要应考虑以下问题：

1）连接的类型应与被连接件的形状和载荷情况相适应。机械零件的接合面常为平面、圆柱面、圆锥面或其他特殊形状的表面（如花键），为了使连接可靠，这些接合面应该有足够大的尺寸，并按具体情况选择连接形式，如螺栓连接、焊接、粘接、铆钉连接、键连接等。用于连接的零件称为紧固件，如螺栓、螺母、垫圈、铆钉、销等。

2）有足够的承载能力。两个机械零件相互连接的部分包括连接件和被连接件，此部分称为连接接头，连接接头应该有足够的强度。如板状连接用螺栓或铆钉连接时，要在板上钻孔，轴与轮毂用键连接时，要加工键槽，这些结构不但使被连接件承载面积减小，而且引起应力集中。接头材料的利用程度可以用强度系数 φ 表示

$$\varphi = F_M / F_O$$

式中 F_M——按接头各种失效形式中求得的承载能力的最低值；

F_O——未经削弱的被连接件承载能力，如钢板未钻孔时的承载能力。

3）加工、装配、修理方便。在各种机器中紧固件的零件数目都很多，在装配机器时，主要是实现各种零件之间的连接，因此紧固件的加工、装配、修理方便，对于机器的工艺性评价影响非常大。此外，螺栓、螺母、垫圈、铆钉、销钉等紧固件应采用标准件，同一台机器上，紧固件的规格应尽量减少。

4）保证连接的可靠性。除保证连接的强度以外，还应注意避免其他失效形式的发生，如避免螺纹连接的松脱、焊缝裂纹等。

5）对于不同材料组成的零件，如铜合金蜗轮轮缘和铸铁（或钢）制轮芯，应该采用便于拆开的连接，以便将两种材料分别回收，最好采用螺栓连接，而不宜采用铸造连接。

6）避免连接加工时产生污染，因此应避免采用焊接或粘接，必须采用时应安排必要的措施。

7）避免或减小连接产生的变形。焊接常引起很大的变形，设计和施工中应尽量避免。精密机械中很小的变形也可能对机械的精度产生较大的影响，必须避免。如用螺钉把导轨固定在机座上面，螺钉的扭紧力引起导轨变形，减小螺钉压紧部分与导轨连接处的刚度，可以提高导轨的直线性（见图5-1）。

必要时可以把几种连接形式组合使用，能够达到更好的效果，如铆-焊、键-过盈配合，点焊-粘接等。

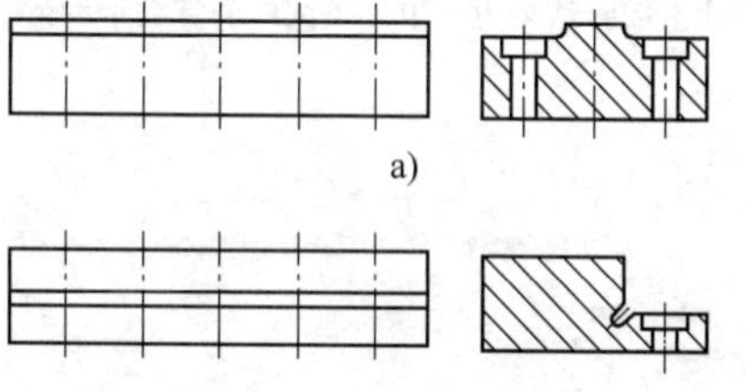

图5-1 减小螺钉压紧变形对导轨精度的影响

a）刚性结构 b）柔性连接结构

5.2 连接的类型和选择

5.2.1 可拆卸与不可拆卸连接

（1）可拆卸连接 经过多次反复装拆，连接件和被连接件仍能保持原来的连接质量而不损坏的连接方式，如螺纹连接、键连接等。

（2）不可拆卸连接 拆开这类连接时，必须把连接件或被连接件损坏，如铆接、焊接等。

过盈配合连接可以拆卸，但不能多次反复装拆使用，近年来采用高压泵装拆过盈配合连接的结构，使它的性能得到改善。

连接形式应按照所连接的零件在机器使用过程中是否要求能够经常拆卸，或拆卸后是否要求连接件和被连接件保持完整来选择。

5.2.2 按锁合分类

按连接所依据的原理，连接可以分为力锁合、形锁合和材料锁合三类。

(1) 力锁合连接　在两个零件的接合面上有正压力，靠由此产生的摩擦力传力，从而使两个零件没有相对运动。正压力可以是惯性力、电磁力、重力或由螺钉、过盈配合装配产生的预紧力。这种连接形式在载荷反向时可以没有空回，但在有振动时容易松动。此外，为了产生足够大的摩擦力，必须有相当大的正压力，这就使紧固件的尺寸（如螺钉直径）较大。

(2) 形锁合连接　依靠连接件和被连接件的形状交错啮合，把两个零件连接在一起，如铰制孔螺栓连接、平键连接、花键连接、圆柱销连接等。在没有载荷时两个零件的接合面之间一般没有压力。这类连接拆卸方便，适用于振动或冲击较大的场合。

(3) 材料锁合连接　用某些材料，如钎焊剂、胶黏剂等把两个零件连接起来，这种情况多为不可拆卸连接。

表5-1、表5-2可供选择连接形式时参考。

表5-1　连接零件选择参考表

主要特征	个别特征	焊接	钎焊	粘接	铆接	螺栓连接	摩擦锁合连接	形状锁合连接
功能	载荷多样性	很好(能受各方向的载荷)	有限制(主要受切应力)	有限制(主要受切应力)	有限制(主要受切应力)	好(接合零件靠摩擦锁紧时)	好(在摩擦闭合方向内能受各方向的载荷)	有限制(特别对无预紧的连接)
	对中能力	没有(只在有附加结构措施时才有)	没有(只在有附加结构措施时才有)	没有(只在有附加结构措施时才有)	好(特别当采用热铆时)	有限的(需附加结构措施-普通螺栓) 好(铰制孔螺栓)	有限的(在与摩擦的闭合力,即正压力垂直的方向内)	好(特别是有预紧的连接)
	减振性、刚性	刚性好、几乎没有附加阻尼	刚性好,几乎没有附加阻尼	刚性好,几乎没有附加阻尼	刚性较好,附加阻尼较大(与铆钉布置有关)	刚性可满足一般要求,附加阻尼与结构关系很大	刚性较好,可能有附加阻尼	刚性较好,可能有附加阻尼(预紧时)
	其他功能	密封性能决定于结构和工艺	密封、导电和传热	密封、电绝缘	没有	可有相对运动(用特殊螺纹)	没有	可有相对运动(限制在一个方向)
结构布置	结构多样性	很好(对于形状) 较好(对于材料)	有限的(对于形状) 好(对于材料)	有限的(对于形状) 好(对于材料)	有限的(用于标准型材的连接)	有限的(对于标准型材的连接)	好(大多数不要求工作表面有特殊形状)	有限的(要求专用的形状锁合零件)
	材料利用	好(由于结构合理)	好(应力集中小)	好(应力集中小)	不好(因为应力分布不合理)	不好(因为应力分布不合理)	好(由于结构合理)	不好(因为应力分布经常是不合理的)
	静承载能力	很好(决定于接缝材料)	好(决定于剪切面结构设计)	好(决定于剪切面结构设计)	有限的(铆钉布置决定应力分布)	有限的(决定于螺栓的质量和数目)	有限的(决定于摩擦因数和锁紧力)	有限的(因为应力分布不合理)
	动承载能力	有限(取决于形状和冶金的缺陷)	好(应力集中小)	好(应力集中小)	不好(形状和力流引起的应力集中都大)	有限的(螺纹应力集中和预紧力较大)	好(按力流和变形方法设计的结构)	不好(形状和力流引起的应力集中都大)
	所需空间	小(焊缝形状可按结构特点调整)	大(要求大的接缝面)	大(要求大的接缝面)	中等	中等	中等(按所需锁紧力而定)	中等(按零件形状而定)

（续）

主要特征	个别特征	焊接	钎焊	粘接	铆接	螺栓连接	摩擦锁合连接	形状锁合连接
可靠性、美观	可靠性	很好（对无间隙焊接）	好（对无间隙钎焊）	有限的（露天长期受载）	好	较差（沉降现象、松脱）	好（预紧力不衰减时）	有限的（可能脱开、有间隙）
	造型	好或尚好（光滑表面或由标准型材限制）	好（光滑表面）	好（光滑表面）	尚好	尚好	尚好	尚好
装配检验	难度	低（与要求有关）	高	高	低（加工、装配简单、精度要求低）	低（加工简单，标准件）	中等（公差严、工作面形状简单）	高（制造公差严、装配简单）
	自动化程度	较高	尚好（工艺装备困难）	尚好（工艺装备困难）	高	高（装配简单）	尚好（工具和装配昂贵）	高（大批量生产）
	可拆卸性能	不可能	一定条件下可能	一定条件下可能	较差（要破坏铆钉）	很好（装配简单）	尚好	好
	质量可靠性	较好（小焊缝尺寸，焊缝表面容易观察时）	较差（钎焊不好难看出）	较差（检验困难）	好（铆钉易检查）	好	好，但昂贵	好（容易检查）
使用	过载性能	差（靠塑性变形）	不可能	不可能	差	较好	差	较好
	再利用可能性	几乎没有	几乎没有	很困难	有可能（扩孔后用新铆钉）	好	好	好
	温度性能	很好	有限的热强度	有限的热强度	好	好	较差（由于锁紧力变化）	较好
	耐腐蚀性能	较差	好（因为无间隙连接）	较差（有老化倾向）	较差	较差	好	较差
维护	检查维护	昂贵（用X射线或超声波等）	昂贵（用X射线或超声波）	昂贵（用X射线或超声波）	较易	简单	较差（因摩擦面看不见）	简单（容易拆开检查）
	修理	好（用焊接方法修理）	可能	几乎不可能	可能	可能	可能	可能
	废品材料回收可能	好	较差	较差	较差	好	较好	好
制造成本		低	高	高	低	低	中等	高

表 5-2　几种连接形式主要性能的比较

序号	连接的主要性能	不可拆卸连接			可拆卸连接				
		铆接	焊接	粘接	过盈配合	螺纹连接	键连接	花键连接	弹性环连接
1	不削弱被连接件强度	C	C	A	B	C	C	C	B
2	接头承载能力不低于被连接零件	A	A	B	A	B	B	A	A
3	被连接零件相互位置均衡、准确	C	C	C	A	C	B	A	A
4	装拆方便	D	D	D	C 或 D	A	B	A	A
5	工艺性好	C	A	B	A 或 B	A	B	A	A
6	有互换性	A	A	A	A	A	A	A	A
7	结构简单	C	A	A	A	B	C	C	C

注：A 为好，B 为中等，C 为差，D 为不可能。

5.3　连接设计的几个问题

5.3.1　连接类型的选择

1）采用的连接件类型和数量尽量少，以减少拆卸工作量和拆卸使用的工具种类。在同一台机械设备中连接件的类型、尺寸、材料种类应尽量相同或尽可能少。图 5-2a 所示的齿轮块结构，因两个齿轮距离近，采用分别加工再用螺钉连接起来的结构显然是不合理的。而如图 5-2b 所示，用粉末冶金制造，合成为一个零件，加工、拆卸都简化了。

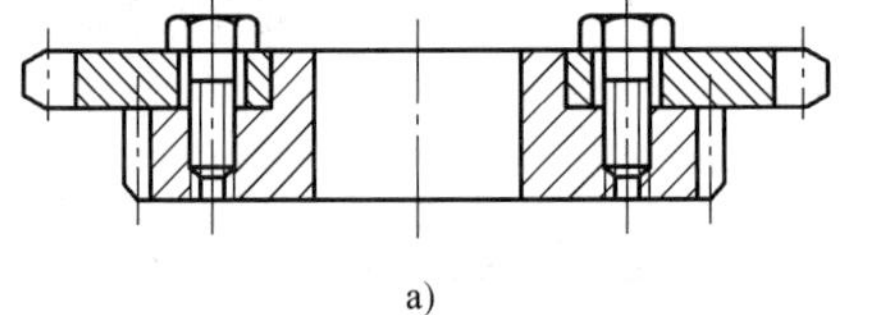
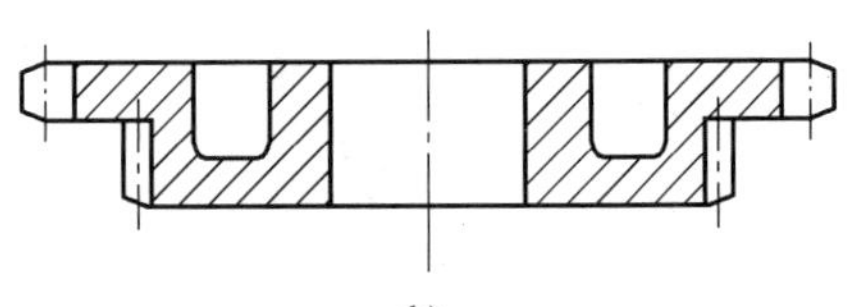

图 5-2　齿轮结构尽量合成一个
a）不合理结构　b）合理结构

2）采用容易拆卸的连接。尽量采用可拆卸连接，如螺纹连接、键连接、销钉连接等，避免采用铆接、焊接、粘接等。图 5-3 所示为蜗轮的常用结构，因为铜合金成本较高，所以采用铸铁或铸钢的轮心以节约铜合金。图 5-3a 所示为用铸造的方法在铸铁的轮心上加铸青铜齿圈，回收时把铜合金轮缘与铸铁轮心分开困难。图 5-3b 所示为过盈配合的齿圈和轮心，用压配合连接，拆卸比较容易。图 5-3c 所示为用螺纹连接的结构，拆卸最方便。

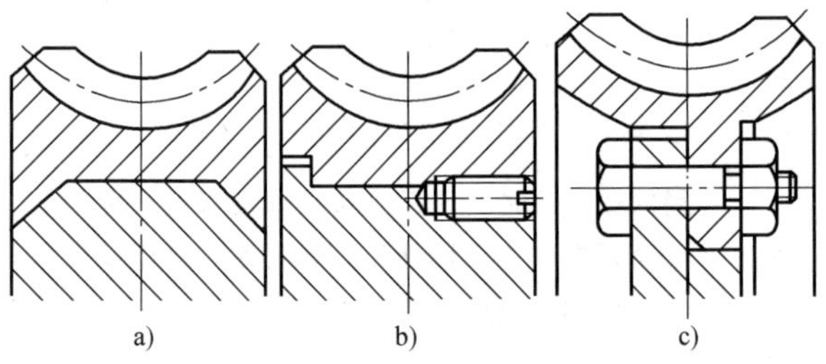

图 5-3　组合式蜗轮结构
a）铸造连接　b）过盈配合连接　c）螺纹连接

5.3.2　被连接件接合面设计

两个相关零件的接合面常用平面、圆柱面、圆锥面，而以平面和圆柱面使用最多。在设计时应注意以下几个方面。

（1）接合面应具有合理的形状　图 5-4 所示为箱体底面与地面接触部分的形状。图 5-4a 所示为整个底面接触，效果不好，它要求地面十分平才能够得到很好的接触。图 5-4b 中只有 4 个角与地面接触，容易得到较好的接合。

（2）接合面的尺寸应足够大　如图 5-5a 所示，由螺钉固定的凸缘形零件，受左右变方向的力矩 M，由于接触面的接触部分在中间而且面积很小，两边有很大的间隙，连接螺钉很快松脱。改为图 5-5b 所示的结构以后，得到了改善。

如图 5-6a 所示，由螺栓连接两个零件，为了调整的需要，被连接件上面开有长孔，用弹簧垫圈，垫圈与被连接件接触面太小，容易压坏其表面。采用图 5-6b 所示的结构，垫圈尺寸加大，合理。

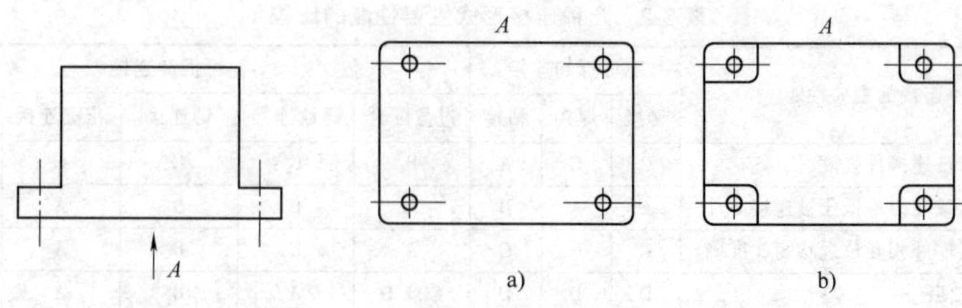

图 5-4　箱体底面的合理形状

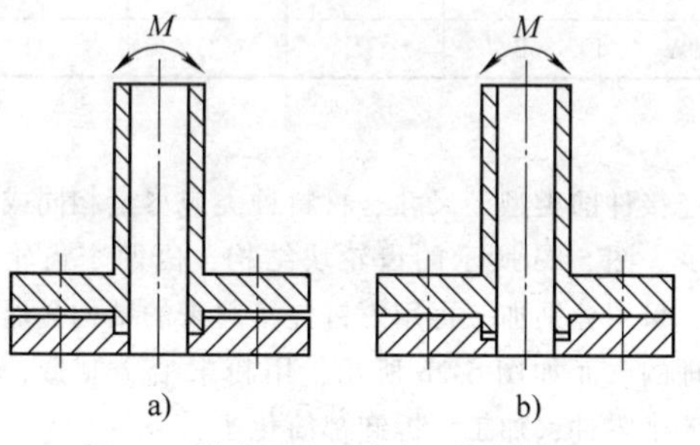

图 5-5　接合面的尺寸应足够大（一）

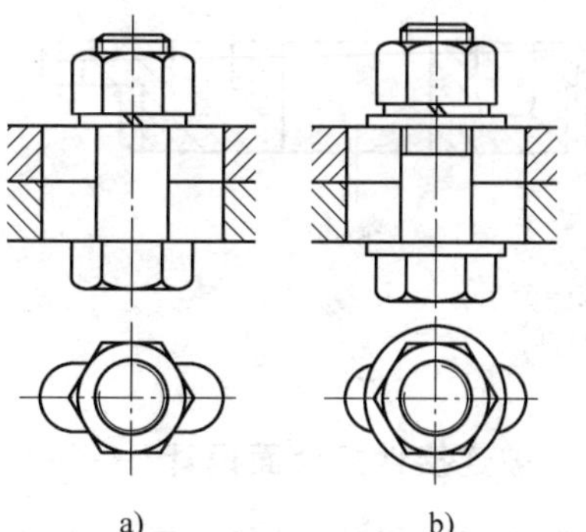

图 5-6　接合面的尺寸应足够大（二）

（3）接合面应有较高的质量　接合面应有较高的平面度和较低的表面粗糙度值，并应有足够的硬度。特别在使用高强度螺栓时，由于螺栓的预紧力很大，会将螺钉头和螺母的支承面压陷，零件表面粗糙峰压下，使螺栓预紧力丧失或松脱。过盈配合表面粗糙度也应适当要求，以保证装配质量。

5.3.3　注意连接接头和紧固件的应力集中问题

（1）减小接头中各紧固件受力的不均匀性　在一个连接接头中有多个紧固件时，这些紧固件受力常是不均匀的，如气缸盖就用多个螺钉连接，应尽量使这些螺钉受力均匀，如提高加工精度（如花键）、采用配作方法（如销钉）、提高装配的一致性（如控制螺栓的扭紧力矩）等。图 5-7 所示为铆接、焊接中力分布不均匀问题，螺纹连接的各螺纹之间受力也是不均匀的。因此，在设计中应控制沿受力方向布置的螺栓数目，焊缝长度和螺母的高度，并要求接头材料有较高的塑性，使载荷能够得到均化。

（2）避免削弱被连接件的强度　螺钉、铆钉连接都要求在被连接件上面钻孔，键连接要求在轴上面加工键槽，这些结构都会使被连接件强度降低，它不但减小了被连接件的尺寸，而且产生应力集中。应考虑选择对被连接件强度削弱较小的连接形式，如粘接、弹性环连接等，并采用减小应力集中的结构，如减荷槽。图 5-8 所示为几种应力集中较小的轴毂连接结构。

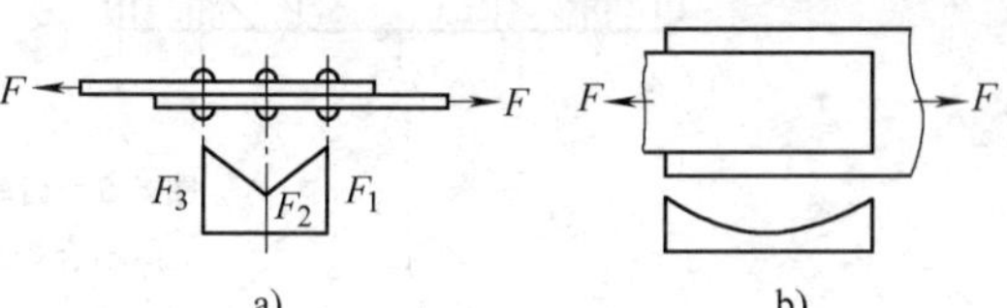

图 5-7　铆接、焊接中力分布不均匀问题

a）铆接受力不均匀现象　b）焊缝受力不均匀现象

5.3.4　考虑环境和工作条件的要求

在常温环境、冲击或变载荷条件下工作的气缸或液压缸螺栓，长螺栓的柔度较大，抗冲击的能力强，宜采用图 5-9b 所示的结构。在高温环境中工作的螺栓，则由于图 5-9b 所示的结构热变形较大，使其预紧力丧失较多，宜采用图 5-9a 所示的结构。

5.3.5　使连接受力情况合理

连接的受力应适合于该连接形式的特点。合理的受力可以充分发挥连接的作用。如普通螺栓连接是靠摩擦力传递横向载荷的，若采用铰制孔螺栓，则螺栓直径可以减小很多，铆钉适用于承受横向载荷。图 5-10所示的点焊连接应承受剪切载荷，避免承受拉伸或翻倒力矩，因此应采用图 5-10a 所示的结构。

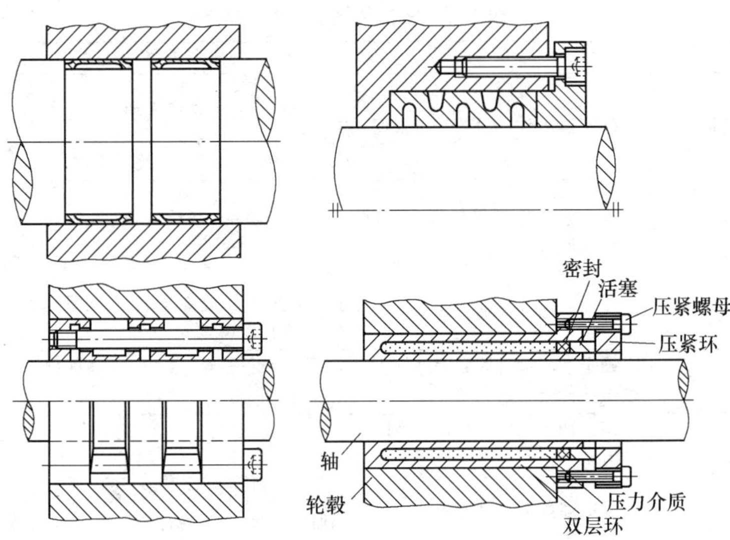

图 5-8 几种应力集中较小的轴毂连接结构

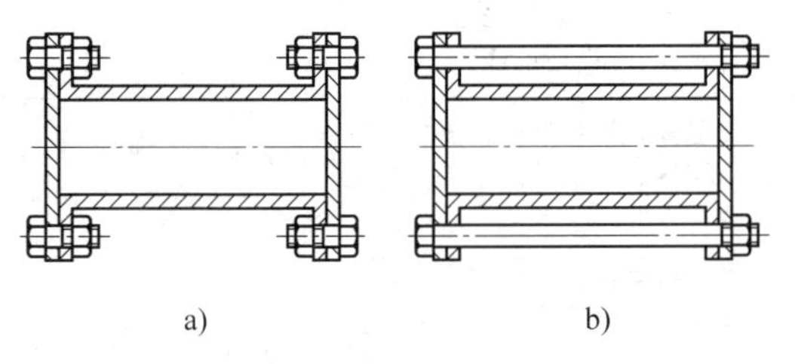

图 5-9 考虑工作环境设计螺栓连接

a) 短螺栓 b) 长螺栓

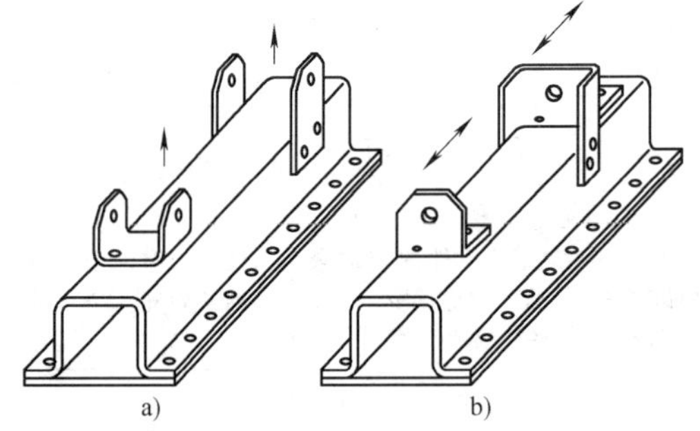

图 5-10 点焊连接适合的载荷形式

5.3.6 当前对紧固件提出的更高要求

近年来微电子技术和计算机技术、生物工程技术、新材料制造技术、航空航天技术等的快速发展，推动了机械制造业的发展，对最基础的机械零件——紧固件也提出了更高的要求。这些要求主要体现在性能、功能、安全、可靠性等方面。可以归纳为以下10个方面：

1) 要求更广泛的通用性和互换性。

2) 降低生产和安装成本。

3) 减少污染，保护环境，避免紧固件制造过程中产生的噪声、烟雾、废水等，随着紧固件的产量迅速增长，这一要求日益受到重视。

4) 必须满足新材料要求。例如，碳纤维复合材料、新型塑料、新型合金等性能优越的新材料在机械中的应用迅速增加，要求研制新的紧固件或对现有紧固件进行改进，否则会出现机械零件与紧固件不匹配的现象。

5) 满足航天等特殊环境的要求。

6) 可靠性更加重要。要求在湿度大、温度高、腐蚀气氛浓、交变载荷下可靠地工作。

7) 使用寿命更长。要求大批量生产的紧固件质量稳定。

8) 要有可控性。要求紧固件安装质量及预紧程度能够可靠地控制。

9) 具有综合性能。要求更易于装卸，既有高的承载能力，又有良好的自锁性能，还要在紧固件即将发生失效时能够发出信号显示，以便及时更换。

10) 要有选择手段。为用户选择适用的紧固件提供有效的指导手段，可以帮助用户正确选择新的紧固件（见表 5-3、表 5-4），并从选用到安装提供有效的指导。

表 5-3　紧固件试验项目说明

序号	名　称	目　　的	主要内容	适用零件
1	抗拉强度试验	确定紧固件本身的抗拉强度	对机加工试件或实物进行拉力试验	螺栓、螺钉、螺母、紧定螺钉、自攻螺钉、环槽、铆钉、高抗剪铆钉等
2	硬度试验	检查紧固件的机械性质、全脱碳层深度等	布氏硬度、洛氏硬度、维氏硬度、显微硬度检查	螺栓、螺钉、紧定螺钉、自攻螺钉、垫圈、销、铆钉等
3	抗剪强度试验	确定紧固件抗剪强度	将紧固件放在夹具的半圆孔内，进行双剪试验	螺钉、铆钉等
4	板夹紧力试验	确定抽心铆钉等紧固件产生在被连接件上的压紧力	将两板连接起来以后，加横向拉力	铆钉、螺钉
5	心杆固紧力试验	确定抽心铆钉与被连接件的固紧力	在专用夹具上试验	拉丝抽心铆钉
6	锁紧性能试验	确定螺母的自锁能力	安装时测锁紧力矩，做多周期加力试验，拧下螺母测松脱力矩	各种螺母、螺钉、锁紧装置等
7	密封试验	检验紧固件防液、气介质泄漏性能	用典型压力容器，装入各种紧固件进行测量	螺钉、螺栓、螺母等
8	振动试验	鉴定各种紧固件系统在加速振动下的防松或抗振能力	将紧固件固定在夹具上，使之产生一定的夹紧力，在振动台上进行实验，有纵向或横向振动	螺栓、各种螺钉、铆钉等
9	扳手特性试验	鉴定螺母能重复经受拧紧和拧出力矩转动而不产生永久变形的能力	反复拧紧拧松紧固件至一定拧紧力矩达到产品技术条件规定的次数	螺栓、各种螺钉、螺母、锁紧装置
10	旋具槽转矩试验	鉴定转矩槽承受转矩的能力	反复扭紧螺钉，测试槽寿命	有槽紧固件
11	紧固件杆部膨胀特性试验	检查可变形实心铆钉和抽心铆钉杆部膨胀特性	在夹具上装紧铆钉，测量钉杆直径变化	铆钉
12	自锁螺母永久变形试验	鉴定自锁螺母的自锁能力	将试样装到芯棒上，测量其扭紧扭松力矩	自锁螺母
13	应力松弛试验	试验紧固件的应力松弛	在应力松弛试验机上，保持受载试样初始长度，加热温度可达1260℃，求一定时间后预载的减小值	在高温下工作的紧固件
14	应力持久性试验	试验不受结构和尺寸限制的各种紧固件可能产生的脆变	在试件上加稳定的静载荷	多用于高强度钢制造的紧固件
15	应力腐蚀试验	确定紧固件放入在加速应力腐蚀条件下对应力腐蚀开裂的相对敏感性	在 NaCl 质量分数为 3.5%的溶液中，加载达技术条件规定的最小破坏拉力的 75%。每小时浸入 10min，观察裂纹或断裂	在应力腐蚀条件下工作的紧固件
16	晶间腐蚀试验	确定铝合金紧固件抗电化腐蚀能力	将紧固件放入用浓硝酸与氢氟酸配成的溶液中酸蚀，检查晶间腐蚀深度是否符合规定	铝制紧固件
17	盐雾试验	确定紧固件在模拟高温度和盐度大气条件下的相对抗盐雾腐蚀的能力	空气湿度在 95%～98%（体积分数）之间，在规定的雾化箱内，在质量分数为 5%的盐水中雾化，持续试验时间为 96h	在盐雾中工作的紧固件
18	湿度试验	确定紧固件在模拟高湿度大气条件下的相对抗湿能力	试验温度在 49℃左右，相对湿度在 90%左右，持续时间 96h	在潮湿环境下工作的紧固件
19	抗疲劳试验	鉴定紧固件在室温下的抗疲劳性能	利用疲劳试验机和夹具进行试验	受变应力的螺栓、螺母等紧固件

表 5-4　力学性能抽查项目

抽查项目	碳素钢或合金钢										不锈钢		
	螺栓①、螺柱、螺钉	螺母	机器螺钉②	紧定螺钉	自攻螺钉	木螺钉	垫圈	销	铆钉	挡圈	螺栓、螺钉和螺柱		螺母
											≤M5	>M5	
抗拉强度	●		●								●	●	
硬度	●	●	●	●	●		●	●				●	●
屈服强度												●	
伸长率												●	
保证应力		●											●
楔负载强度(头部紧固性)	●												
脱碳层	●			●									
转矩试验		●		●	●						●		
弹性							●	●		●			
韧性							●	●					
拧入性					●								

注：表中抽查项目(带“●”者)按产品类别列出，对各种产品实际可实施的抽查项目应按相应产品标准确定。

① 螺钉仅指内六角圆柱头螺钉、内六角花形圆柱头螺钉及圆柱头内花键螺钉。

② 机器螺钉指开槽和十字槽螺钉，也适用于异形螺钉及不脱出螺钉。

5.4　紧固件标记方法（摘自 GB/T 1237—2000）

5.4.1　紧固件产品的完整标记（见图 5-11）

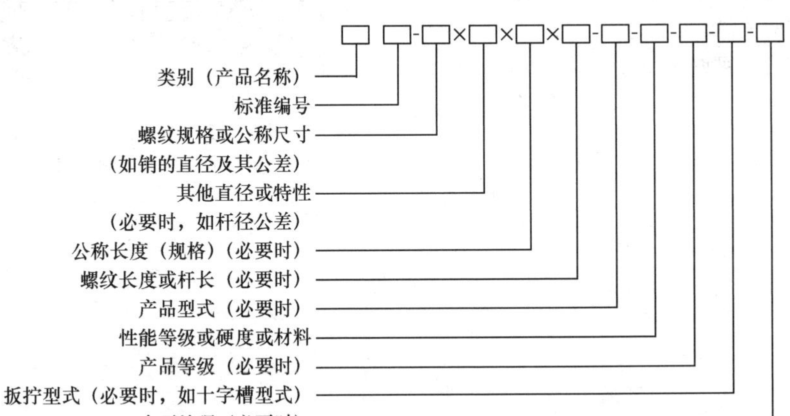

图 5-11　紧固件产品的完整标记

5.4.2　标记的简化原则

1）类别（名称）、标准年代号及其前面的“-”，允许全部或部分省略。省略年代号的标准应以现行标准为准。

2）标记中的“-”允许全部或部分省略；标记中“其他直径或特性”前面的“×”允许省略。但省略后不应导致对标记的误解，一般以空格代替。

3）当产品标准中只规定一种产品型式、性能等级或硬度或材料、产品等级、扳拧型式及表面处理时，允许全部或部分省略。

4）当产品标准中规定两种及其以上的产品型式、性能等级或硬度或材料、产品等级、扳拧型式及表面处理时，应规定可以省略其中的一种，并在产品标准的标记示例中给出省略后的简化标记。

5.4.3　标记示例

1）螺纹规格 d = M12、公称长度 l = 80mm、性能等级为 10.9 级、表面氧化、产品等级为 A 级的六角头螺栓的标记：

螺栓　GB/T 5782—2016-M12 × 80-10.9-A-O（完整标记）

2）螺纹规格 d = M12、公称长度 l = 80mm、性能等级为 8.8 级、表面氧化、产品等级为 A 级的六角头螺栓的标记：

螺栓　GB/T 5782　M12×80　（简化标记）

3）螺纹规格 D = M12、性能等级为 10 级、表面氧化、产品等级为 A 级的 1 型六角螺母的标记：

螺母　GB/T 6170—2015-M12-10-A-O　（完整标记）

5.5　固定连接系统的分类

各种机构零件都能够实现某种使用功能，而这种功能之所以能够实现，是因为设计机械零件时其结构符合某种物理、化学或生物的原理。总结归纳起来，机械连接件就是按照某些原理设计的。这种按连接件基本原理分类的连接方法，称为“锁合”。前面介绍的各种连接件按锁合方式可以分为图 5-12 所示的 3 类（第 4 类是前两类的综合）。

（1）形状锁合（见图 5-12a）　靠连接的相互交错的外形实现连接的结构，如平键、花键、铆钉连接等。这种连接方式只要在最便于拆卸的方向施加很小的力，就可以把连接拆开。

（2）力锁合（见图 5-12b）　靠在零件结合面间的摩擦力或场力（如磁力、重力）、离心力等的作用实现连接，如过盈配合连接。

（3）材料锁合（见图 5-12c）　靠材料（如黏结剂）把两个零件连接起来。这种连接方式只有把零件表面的材料去除才能够把连接拆开，如粘接等。

（4）力与形状锁合（见图 5-12d）　这种锁合方式是形状锁合与力锁合的综合，如螺纹连接就是利用了螺纹的形状和摩擦力。

这种分类方法有利于引导设计师创造新的结构。传动件、联轴器、离合器等也可以按照其传力的原理进行分类。

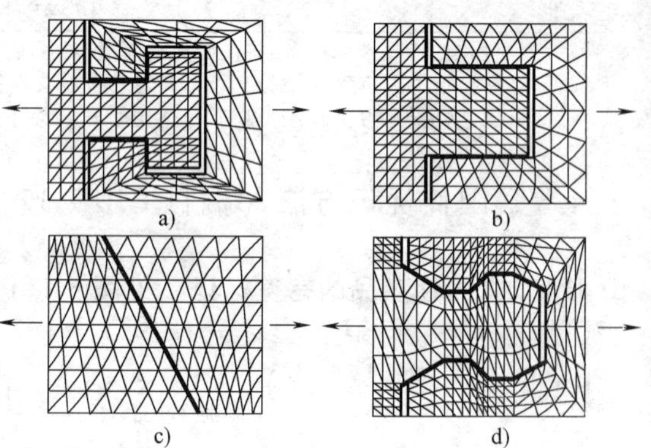

图 5-12　连接形式的示意图

a）形状锁合　b）力锁合　c）材料锁合　d）力与形状锁合

第6章　螺纹和螺纹连接

6.1　螺纹

6.1.1　螺纹分类

1. 概述

螺纹分类主要有如下几种方法：

（1）用途法　紧固、密封、传动、管、普通（或一般用途）、专用等。

（2）牙型法　梯形、锯齿形、圆牙、矩形、三角形、短牙、60°牙、55°牙等。

（3）配合性质和型式法　过渡、过盈、间隙、锥/锥、柱/锥、柱/柱等。

（4）螺距或直径相对大小法　粗牙、细牙、超细牙、小螺纹等。

（5）单位制法　寸制、米制。

（6）发明者姓氏或发明国及发布组织法　惠氏、爱克姆、美制、寸制、ISO、EN等。

注：因螺纹标记较为简单并具有唯一性，建议在图样和合同中采用标记代号定义螺纹，必要时可加注相应的标准编号。

2. 分类示例

按用途分类（见图6-1）。

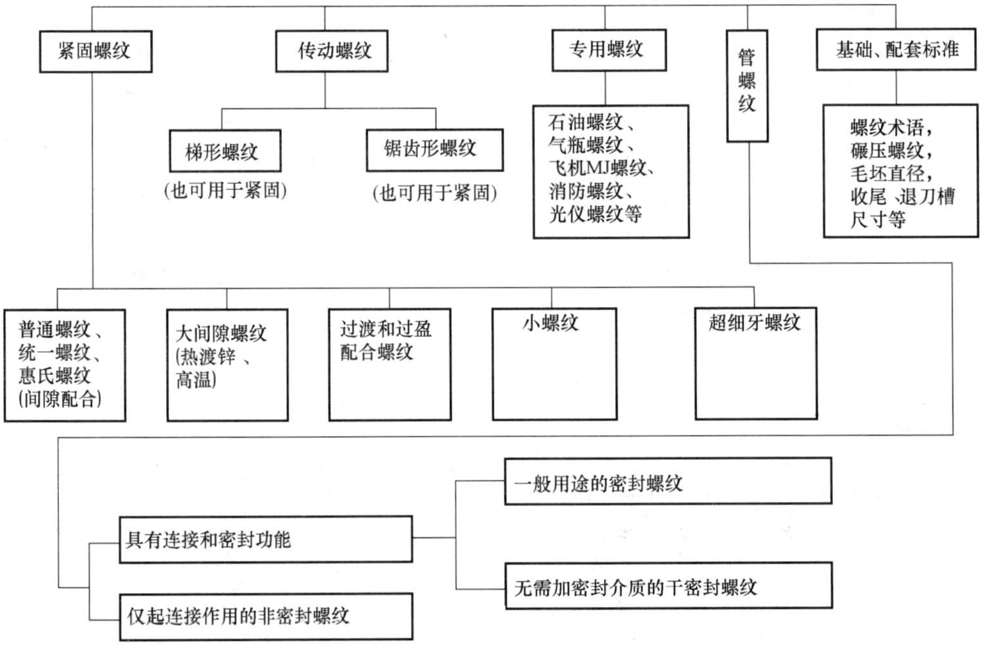

图6-1　螺纹分类

管螺纹按牙型分，则可进一步分为两类：55°管螺纹和60°管螺纹。前者是由英国人发明的，后者是由美国人发明的。

6.1.2　螺纹术语

1. 概述

螺纹术语标准是制定各种螺纹参数标准的基础。我国现行的《螺纹术语》标准GB/T 14791—2013规定了各种螺纹的通用术语，而不包含专用螺纹的专用术语。“各种螺纹”涉及圆柱和圆锥螺纹、对称牙型和非对称牙型螺纹。

2. 常用术语

（1）螺旋线　沿着圆柱或圆锥表面运动的点的轨迹，该点的轴向位移和相应的角位移成定比。

（2）螺纹牙型　在通过螺纹轴线的剖面上，螺纹的轮廓形状。

（3）原始三角形　形成螺纹牙型的三角形，其底边平行于中径圆柱或中径圆锥的母线。

（4）原始三角形高度　由原始三角形顶点沿垂直于螺纹轴线方向到其底边的距离。

(5) 基本牙型　削去原始三角形的顶部和底部所形成的内、外螺纹共有的理论牙型。它是确定螺纹设计牙型的基础。

(6) 牙顶　在螺纹凸起的顶部，连接相邻两个牙侧的螺纹表面。

(7) 牙底　在螺纹沟槽的底部，连接相邻两个牙侧的螺纹表面。

(8) 牙侧　在通过螺纹轴线的剖面上，牙顶和牙底之间的那部分螺旋表面。

(9) 牙型高度　在螺纹牙型上，牙顶到牙底在垂直于螺纹轴线方向上的距离，简称牙高。

(10) 牙型角　在螺纹牙型上，两相邻牙侧间的夹角。

(11) 牙型半角　牙型角的一半。

(12) 牙侧角　在螺纹牙型上，牙侧与螺纹轴线的垂线间的夹角。

(13) 公称直径　代表螺纹尺寸的直径。

(14) 大径　与外螺纹牙顶或内螺纹牙底相切的假想圆柱或圆锥的直径。

(15) 小径　与外螺纹牙底或内螺纹牙顶相切的假想圆柱或圆锥的直径。

(16) 顶径　与外螺纹或内螺纹牙顶相切的假想圆柱或圆锥的直径，即外螺纹的大径或内螺纹的小径。

(17) 底径　与外螺纹或内螺纹牙底相切的假想圆柱或圆锥的直径，即外螺纹的小径或内螺纹的大径。

(18) 中径　一个假想圆柱或圆锥的直径，该圆柱或圆锥的母线通过牙型上沟槽和凸起宽度相等的地方。该假想圆柱或圆锥称为中径圆柱或中径圆锥。

只有在中径圆柱或中径圆锥的母线（中径线）上所测量出的中径值才符合本定义。另外，有时人们习惯用“中径”作为“中径”“单一中径”和“作用中径”三种中径的统称，使用者应注意区分、辨别。

(19) 单一中径　一个假想圆柱或圆锥的直径，该圆柱或圆锥的母线通过牙型上沟槽宽度等于二分之一基本螺距的地方。

(20) 作用中径　在规定的旋合长度内，恰好包容实际螺纹的一个假想螺纹的中径，这个假想螺纹具有理想的螺距、牙侧角以及牙型高度，并保证包容时不与实际螺纹在大径和小径处发生干涉。

(21) 基准直径　设计给定的密封管螺纹的基本大径。用它确定基准平面的轴向位置。

(22) 螺距　相邻两牙在中径线上对应两点间的轴向距离。

螺距、导程、螺纹牙厚和槽宽都是在中径线上定义的。

(23) 导程　同一条螺旋线上的相邻两牙在中径线上对应两点间的轴向距离。

(24) 螺纹升角（导程角）　在中径圆柱或中径圆锥上，螺旋线的切线与垂直于螺纹轴线的平面的夹角。

此特指中径圆柱或中径圆锥上的螺旋线升角。

(25) 螺纹牙厚　在螺纹牙型上，一个螺纹凸起的两牙侧间在中径线上的轴向距离。

(26) 螺纹槽宽　在螺纹牙型上，一个螺纹沟槽的两牙侧间在中径线上的轴向距离。

(27) 螺纹接触高度　在两个相互配合螺纹的牙型上，牙侧重合部分在垂直于螺纹轴线方向上的距离。

(28) 大径间隙　在设计牙型上，同轴装配的内螺纹牙底与外螺纹牙顶之间的径向距离。

(29) 小径间隙　在设计牙型上，同轴装配的内螺纹牙顶与外螺纹牙底之间的径向距离。

(30) 螺纹旋合长度　两个相互配合的螺纹沿螺纹轴线方向相互旋合部分的长度。

(31) 基准平面　垂直于锥螺纹轴线、具有基准直径的平面，简称基面。

(32) 基准距离　从基准平面到外锥螺纹小端的距离，简称基距。

(33) 右旋螺纹　顺时针旋转时旋入的螺纹。

(34) 左旋螺纹　逆时针旋转时旋入的螺纹。

6.1.3　普通螺纹

1. 概述

普通螺纹是一种使用量最大的紧固连接螺纹。它具有规格多、公差带种类多、旋合性好、易于加工、连接牢固、适用范围广等特点。与其相关的标准有：GB/T 192—2003《普通螺纹　基本牙型》；GB/T 193—2003《普通螺纹　直径与螺距系列》；GB/T 9144—2003《普通螺纹　优选系列》；GB/T 196—2003《普通螺纹　基本尺寸》；GB/T 197—2003《普通螺纹　公差》；GB/T 15756—2008《普通螺纹　极限尺寸》；GB/T 3934—2003《普通螺纹量规　技术条件》等。与加工有关的信息见相应的丝锥、板牙、搓丝板、滚丝轮、底孔直径、搓（滚）丝前的毛坯直径、倒角、肩距退刀槽和收尾等标准。螺纹表面电镀层厚度按 GB/T 5267.1—2002 规定选取。

2. 牙型

(1) 基本牙型　基本牙型如图 6-2 所示。图中的 $H=0.866025P$。

(2) 设计牙型　性能等级高于或等于 8.8 级的紧

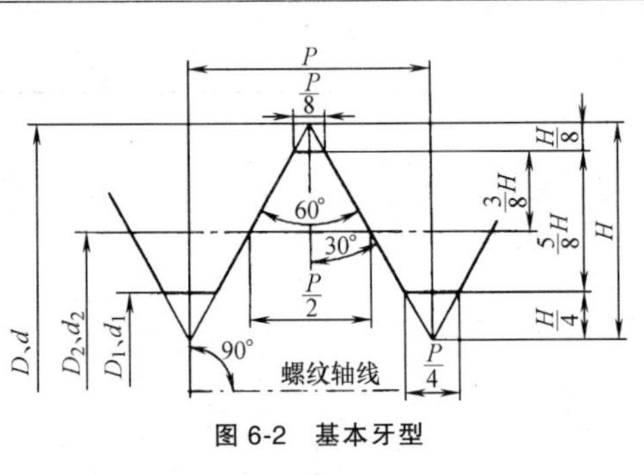

图 6-2　基本牙型

固件（见 GB/T 3098.1—2010），其外螺纹牙底轮廓要有圆滑连接的曲线，曲线部分的半径 R 不应小于 $0.125P$。内螺纹的设计牙型对牙底形状无要求，与基本牙型基本相同。外螺纹设计牙型如图 6-3 所示。

3. 直径与螺距系列

1）直径与螺距系列按表 6-1 的规定。普通螺纹的优选系列在表 6-2 中选取。

2）系列的选择原则。螺纹直径应优先选用第一系列，其次是第二系列，第三系列尽可能不用。表中括号内的螺距应尽可能不用。

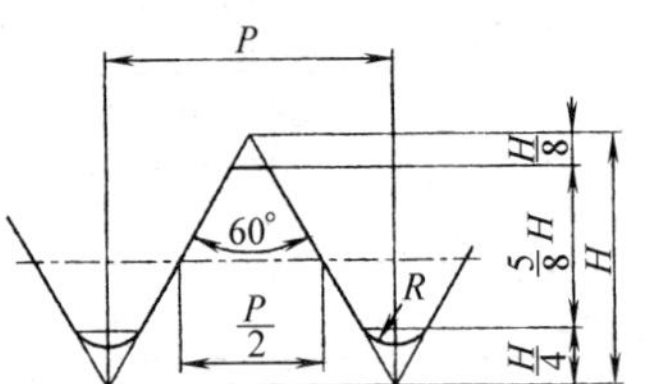

图 6-3　外螺纹的设计牙型

4. 基本尺寸

$D=d$；$D_2=d_2=d-2\times\frac{3}{8}H$；$D_1=d_1=d-2\times\frac{5}{8}H$；$H=\frac{\sqrt{3}}{2}P$。

普通螺纹的基本尺寸见表 6-1。

表 6-1　普通螺纹基本尺寸（摘自 GB/T 193—2003 和 GB/T 196—2003）（单位：mm）

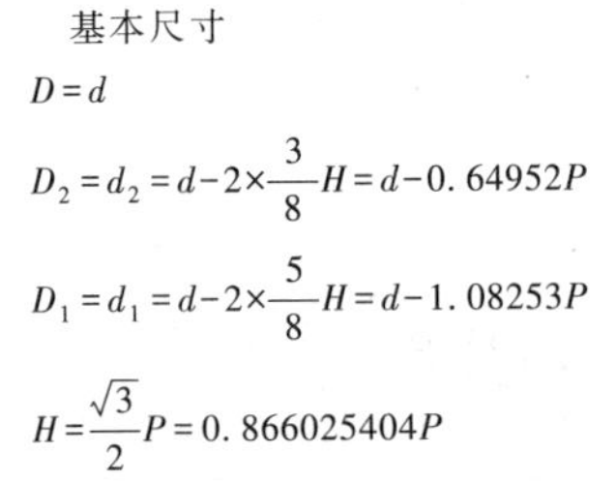

基本尺寸

$D=d$

$D_2=d_2=d-2\times\frac{3}{8}H=d-0.64952P$

$D_1=d_1=d-2\times\frac{5}{8}H=d-1.08253P$

$H=\frac{\sqrt{3}}{2}P=0.866025404P$

公称直径 D、d			螺距 P	中径 D_2 或 d_2	小径 D_1 或 d_1
第一系列	第二系列	第三系列			
1			**0.25**	0.838	0.729
			0.2	0.870	0.783
	1.1		**0.25**	0.938	0.829
			0.2	0.970	0.883
1.2			**0.25**	1.038	0.929
			0.2	1.070	0.983
	1.4		**0.3**	1.205	1.075
			0.2	1.270	1.183
1.6			**0.35**	1.373	1.221
			0.2	1.470	1.383
	1.8		**0.35**	1.573	1.421
			0.2	1.670	1.583
2			**0.4**	1.740	1.567
			0.25	1.838	1.729
	2.2		**0.45**	1.908	1.713
			0.25	2.038	1.929
2.5			**0.45**	2.208	2.013
			0.35	2.273	2.121
3			**0.5**	2.675	2.459
			0.35	2.773	2.621

公称直径 D、d			螺距 P	中径 D_2 或 d_2	小径 D_1 或 d_1
第一系列	第二系列	第三系列			
	3.5		**0.6**	3.110	2.850
			0.35	3.273	3.121
4			**0.7**	3.545	3.242
			0.5	3.675	3.459
	4.5		**0.75**	4.013	3.688
			0.5	4.175	3.959
5			**0.8**	4.480	4.134
			0.5	4.675	4.459
		5.5	0.5	5.175	4.959
6			**1**	5.350	4.917
			0.75	5.513	5.188
	7		**1**	6.350	5.917
			0.75	6.513	6.188
8			**1.25**	7.188	6.647
			1	7.350	6.917
			0.75	7.513	7.188
		9	**1.25**	8.188	7.647
			1	8.350	7.917
			0.75	8.513	8.188
10			**1.5**	9.026	8.376

（续）

公称直径 D、d 第一系列	第二系列	第三系列	螺距 P	中径 D_2 或 d_2	小径 D_1 或 d_1
10			1.25	9.188	8.647
			1	9.350	8.917
			0.75	9.513	9.188
		11	**1.5**	10.026	9.376
			1	10.350	9.917
			0.75	10.513	10.188
12			**1.75**	10.863	10.106
			1.25	11.188	10.647
			1	11.350	10.917
	14		**2**	12.701	11.835
			1.5	13.026	12.376
			1.25①	13.188	12.647
			1	13.350	12.917
		15	1.5	14.026	13.376
			1	14.350	13.917
16			**2**	14.701	13.835
			1.5	15.026	14.376
			1	15.350	14.917
		17	1.5	16.026	15.376
			1	16.350	15.917
	18		**2.5**	16.376	15.294
			2	16.701	15.835
			1.5	17.026	16.376
			1	17.350	16.917
20			**2.5**	18.376	17.294
			2	18.701	17.835
			1.5	19.026	18.376
			1	19.350	18.917
	22		**2.5**	20.376	19.294
			2	20.701	19.835
			1.5	21.036	20.376
			1	21.350	20.917

公称直径 D、d 第一系列	第二系列	第三系列	螺距 P	中径 D_2 或 d_2	小径 D_1 或 d_1
24			**3**	22.051	20.752
			2	22.701	21.835
			1.5	23.026	22.376
			1	23.350	22.917
		25	2	23.701	22.835
			1.5	24.026	23.376
			1	24.350	23.917
		26	1.5	25.026	24.376
	27		**3**	25.051	23.752
			2	25.701	24.835
			1.5	26.026	25.376
			1	26.350	25.917
		28	2	26.701	25.835
			1.5	27.026	26.376
			1	27.350	26.917
30			**3.5**	27.727	26.211
			(3)	28.051	26.752
			2	28.701	27.835
			1.5	29.026	28.376
			1	29.350	28.917
		32	2	30.701	29.835
			1.5	31.026	30.376
	33		**3.5**	30.727	29.211
			(3)	31.051	29.752
			2	31.701	30.835
			1.5	32.026	31.376
		35②	1.5	34.026	33.376
36			**4**	33.402	31.670
			3	34.051	32.752
			2	34.701	33.835
			1.5	35.026	34.376
		38	1.5	37.026	36.376

（续）

公称直径 D、d			螺距	中径	小径	公称直径 D、d			螺距	中径	小径
第一系列	第二系列	第三系列	P	D_2 或 d_2	D_1 或 d_1	第一系列	第二系列	第三系列	P	D_2 或 d_2	D_1 或 d_1
	39		**4**	36.402	34.670	56			**5.5**	52.428	50.046
			3	37.051	35.752				4	53.402	51.670
			2	37.701	36.835				3	54.051	52.752
			1.5	38.026	37.376				2	54.701	53.835
		40	3	38.051	36.752				1.5	55.026	54.376
			2	38.701	37.835			58	4	55.402	53.670
			1.5	39.026	38.376				3	56.051	54.752
42			**4.5**	39.077	37.129				2	56.701	55.835
			4	39.402	37.670				1.5	57.026	56.376
			3	40.051	38.752		60		**5.5**	56.428	54.046
			2	40.701	39.835				4	57.402	55.670
			1.5	41.026	40.376				3	58.051	56.752
	45		**4.5**	42.077	40.129				2	58.701	57.835
			4	42.402	40.670				1.5	59.026	58.376
			3	43.051	41.752			62	4	59.402	57.670
			2	43.701	42.835				3	60.051	58.752
			1.5	44.026	43.376				2	60.701	59.835
48			**5**	44.752	42.587				1.5	61.026	60.376
			4	45.402	43.670	64			**6**	60.103	57.505
			3	46.051	44.752				4	61.402	59.670
			2	46.701	45.835				3	62.051	60.752
			1.5	47.026	46.376				2	62.701	61.835
		50	3	48.051	46.752				1.5	63.026	62.376
			2	48.701	47.835			65	4	62.402	60.670
			1.5	49.026	48.376				3	63.051	61.752
	52		**5**	48.752	46.587				2	63.701	62.835
			4	49.402	47.670				1.5	64.026	63.376
			3	50.051	48.752		68		**6**	64.103	61.505
			2	50.701	49.835				4	65.406	63.670
			1.5	51.026	50.376				3	66.051	64.752
		55	4	52.402	50.670				2	66.701	65.835
			3	53.051	51.752				1.5	67.026	66.376
			2	53.701	52.835			70	6	66.103	63.505
			1.5	54.026	53.376				4	67.402	65.670

（续）

公称直径 D、d			螺距	中径	小径	公称直径 D、d			螺距	中径	小径
第一系列	第二系列	第三系列	P	D_2 或 d_2	D_1 或 d_1	第一系列	第二系列	第三系列	P	D_2 或 d_2	D_1 或 d_1
		70	3	68.051	66.752	100			6	96.103	93.505
			2	68.701	67.835				4	97.402	95.670
			1.5	69.026	68.376				3	98.051	96.752
72			6	68.103	65.505				2	98.701	97.835
			4	69.402	67.670		105		6	101.103	98.505
			3	70.051	68.752				4	102.402	100.670
			2	70.701	69.835				3	103.051	101.752
			1.5	71.026	70.376				2	103.701	102.835
		75	4	72.402	70.670	110			6	106.103	103.505
			3	73.051	71.752				4	107.402	105.670
			2	73.701	72.835				3	108.051	106.752
			1.5	74.026	73.376				2	108.701	107.835
	76		6	72.103	69.505		115		6	111.103	108.505
			4	73.402	71.670				4	112.402	110.670
			3	74.051	72.752				3	113.051	111.752
			2	74.701	73.835				2	113.701	112.835
			1.5	75.026	74.376		120		6	116.103	113.505
		78	2	76.701	75.835				4	117.402	115.670
80			6	76.103	73.505				3	118.051	116.752
			4	77.402	75.670				2	118.701	117.835
			3	78.051	76.752	125			8	119.804	116.340
			2	78.701	77.835				6	121.103	118.505
			1.5	79.026	78.376				4	122.402	120.670
		82	2	80.701	79.835				3	123.051	121.752
	85		6	81.103	78.505				2	123.701	122.835
			4	82.402	80.670		130		8	134,804	121.340
			3	83.051	81.752				6	126.103	123.505
			2	83.701	82.835				4	127.402	125.670
90			6	86.103	83.505				3	128.051	126.752
			4	87.402	85.670				2	128.701	127.835
			3	88.051	86.752			135	6	131.103	128.505
			2	88.701	87.835				4	132.402	130.670
	95		6	91.103	88.505				3	133.051	131.752
			4	92.402	90.670				2	133.701	132.835
			3	93.051	91.752	140			8	134.804	131.340
			2	93.701	92.835				6	136.103	133.505

（续）

公称直径 D、d 第一系列	第二系列	第三系列	螺距 P	中径 D_2 或 d_2	小径 D_1 或 d_1	公称直径 D、d 第一系列	第二系列	第三系列	螺距 P	中径 D_2 或 d_2	小径 D_1 或 d_1
140			4	137.402	135.670			185	4	182.402	180.670
			3	138.051	136.752				3	183.051	181.752
			2	138.701	137.835		190		8	184.804	181.340
		145	6	141.103	138.505				6	186.103	183.505
			4	142.402	140.670				4	187.402	185.670
			3	143.051	141.752				3	188.051	186.752
			2	143.701	142.835			195	6	191.103	188.505
	150		8	144.804	144.340				4	192.402	190.670
			6	146.103	143.505				3	193.051	191.752
			4	147.402	145.670	200			8	194.804	191.340
			3	148.051	146.752				6	196.103	193.505
			2	148.701	147.835				4	197.402	195.670
		155	6	151.103	148.505				3	198.051	196.752
			4	152.402	150.670			205	6	201.103	198.505
			3	153.051	151.752				4	202.402	200.670
160			8	154.804	151.340				3	203.051	201.752
			6	156.103	153.505		210		8	204.804	201.340
			4	157.402	155.670				6	206.103	203.505
			3	158.051	156.752				4	207.402	205.670
		165	6	161.103	158.505				3	208.051	206.752
			4	162.402	160.670			215	6	211.103	208.505
			3	163.051	161.752				4	212.402	210.670
			2	163.701	162.835				3	213.051	211.752
	170		8	164.804	161.340	220			8	214.804	211.340
			6	166.103	163.505				6	216.103	213.505
			4	167.402	165.670				4	217.402	215.670
			3	168.051	166.752				3	218.051	216.752
		175	6	171.103	168.505			225	6	221.103	218.505
			4	172.402	170.670				4	222.402	220.670
			3	173.051	171.752				3	223.051	221.752
180			8	174.804	171.340			230	8	224.804	221.340
			6	176.103	173.505				6	226.103	223.505
			4	177.402	175.670				4	227.402	225.670
			3	178.051	176.752				3	228.051	226.752
		185	6	181.103	178.505			235	6	231.103	228.505

（续）

公称直径 D、d			螺距	中径	小径	公称直径 D、d			螺距	中径	小径
第一系列	第二系列	第三系列	P	D_2 或 d_2	D_1 或 d_1	第一系列	第二系列	第三系列	P	D_2 或 d_2	D_1 或 d_1
		235	4	232.402	230.670			265	4	262.402	260.670
			3	233.051	231.752			270	8	264.804	261.340
	240		8	234.804	231.340				6	266.103	263.505
			6	236.103	233.505				4	267.402	265.670
			4	237.402	235.670			275	6	271.103	268.505
			3	238.051	236.752				4	272.402	270.670
		245	6	241.103	238.505	280			8	274.804	271.340
			4	242.402	240.670				6	276.103	273.505
			3	243.051	241.752				4	277.402	275.670
250			8	244.804	241.340			285	6	281.103	278.505
			6	246.103	243.505				4	282.402	280.670
			4	247.402	245.670			290	8	284.804	281.340
			3	248.051	246.752				6	286.103	283.505
		255	6	251.103	248.505				4	287.402	285.670
			4	252.402	250.670			295	6	291.103	288.505
	260		8	254.804	251.340				4	292.402	290.670
			6	256.103	253.505		300		8	294.804	291.340
			4	257.402	255.670				6	296.103	293.505
		265	6	261.103	258.505				4	297.402	295.670

注：1. 公称直径优先选用第一系列，其次选用第二系列，最后选用第三系列。
2. 尽可能避免用括号内的螺距。
3. 黑体螺距为粗牙螺距，其余为细牙螺距。
① M14×1.25 仅用于火花塞。
② M35×1.5 仅用于滚动轴承锁紧螺母。

表 6-2 普通螺纹 优选系列（摘自 GB/T 9144—2003）（单位：mm）

公称直径		螺距		公称直径		螺距	
第一系列	第二系列	粗牙	细牙	第一系列	第二系列	粗牙	细牙
1		0.25	—	12		1.75	1.5 1.25
					14	2	1.5
1.2		0.25		16		2	1.5
	1.4	0.3	—		18	2.5	2 1.5
1.6		0.35		20		2.5	2 1.5
	1.8	0.35			22	2.5	2 1.5
2		0.4	—	24		3	2
					27	3	2
2.5		0.45		30		3.5	2
3		0.5	—		33	3.5	2
	3.5	0.6		36		4	3
4		0.7			39	4	3
5		0.8	—	42		4.5	3
					45	4.5	3
6		1		48		5	3
	7	1	—		52	5	4
8		1.25	1	56		5.5	4
					60	5.5	4
10		1.5	1.25 1	64		6	4

5. 牙底形状

内、外螺纹牙底实际轮廓上的任何点不应超越按基本牙型和公差带位置所确定的最大实体牙型。

对机械性能高于和等于 8.8 级的紧固件（机械性能见 GB/T 3098.1—2010），其外螺纹牙底轮廓应没有反向圆弧，并且牙底各处的圆弧半径应不小于 0.125P。牙底最小圆弧半径值 R_{min} 见表 6-3。

在最大小径 d_{3max} 位置处，两个 $R_{min}=0.125P$ 的圆弧通过螺纹最大实体牙侧与量规通端小径圆柱的交点（量规符合 GB/T 3934—2003 的规定），并且与螺纹最小实体牙侧相切，如图 6-4 所示。

表 6-3　外螺纹最小牙底圆弧半径

螺距 P/mm	R_{min}/μm	螺距 P/mm	R_{min}/μm
0.2	25	1.5	188
0.25	31	1.75	219
0.3	38	2	250
0.35	44	2.5	313
0.4	50	3	375
0.45	56	3.5	438
0.5	63	4	500
0.6	75	4.5	563
0.7	88	5	625
0.75	94	5.5	688
0.8	100	6	750
1	125	8	1000
1.25	156		

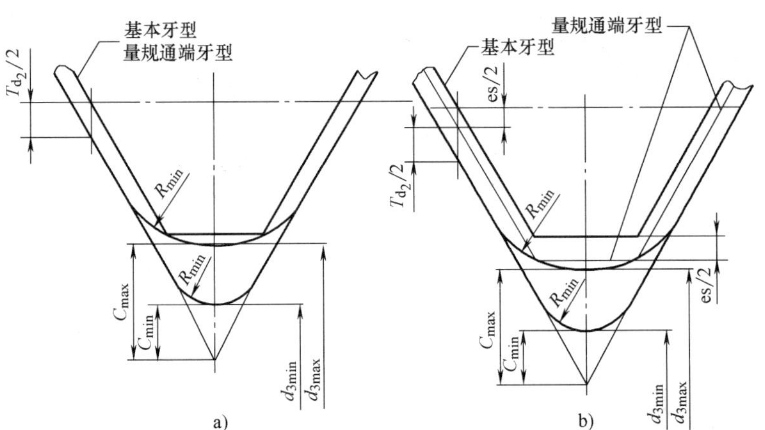

图 6-4　外螺纹牙底形状

a）公差带 h 的位置　b）公差带 e、f 和 g 的位置

最大削平高度 C_{max} 的计算式为

$$C_{max}=\frac{H}{4}-R_{min}$$

$$\left\{1-\cos\left[\frac{\pi}{3}-\arccos\left(1-\frac{T_{d_2}}{4\times R_{min}}\right)\right]\right\}+\frac{T_{d_2}}{2}$$

建议采用$\frac{H}{6}$削平高度（对应的牙底圆弧半径为 $R=0.14434P$），并且以$\frac{H}{6}$削平高度作为外螺纹小径（d_3）应力计算的基础（相应数值见 GB/T 2516—2003）。

最小削平高度 C_{min} 的计算式为

$$C_{min}=0.125P=\frac{H}{7}$$

对机械性能等级低于 8.8 级的紧固件，其外螺纹牙底形状宜优先遵守上述要求（机械性能等级等于和高于 8.8 级的紧固件）。牙底圆弧对于承受疲劳和冲击载荷的螺纹紧固件或其他螺纹连接件是特别重要的。但除了外螺纹最大小径 d_{3max} 应小于量规通端的最小小径外（量规符合 GB/T 3934—2003 的规定），对外螺纹牙底没有其他的限制要求。

6. 公差

（1）基本偏差　外螺纹的上极限偏差（es）和内螺纹的下极限偏差（EI）为基本偏差。基本偏差决定了螺纹公差带相对于设计牙型的位置。

内螺纹有 G 和 H 两种位置，如图 6-5 所示；外螺纹有 e、f、g 和 h 四种位置，如图 6-6 所示。公差带见表基本偏差值见表 6-4。

（2）公差等级　公差等级决定了螺纹公差带的大小。对内、外螺纹的底径，无公差等级要求。最大实体底径 D_{min} 和 d_{1max} 取决于基本偏差大小和牙底形状；最小实体底径 D_{max} 和 d_{1min} 取决于刀具所能达到的（最小）削平高度。内、外螺纹的顶径和中径公差等级按表 6-5 选取，公差值见表 6-6～表 6-9。

（3）旋合长度　旋合长度分为三组，短组 S、中组 N 和长组 L 的数值见表 6-10。

（4）优选公差带　推荐按表 6-11 和表 6-12 选用螺纹公差带。

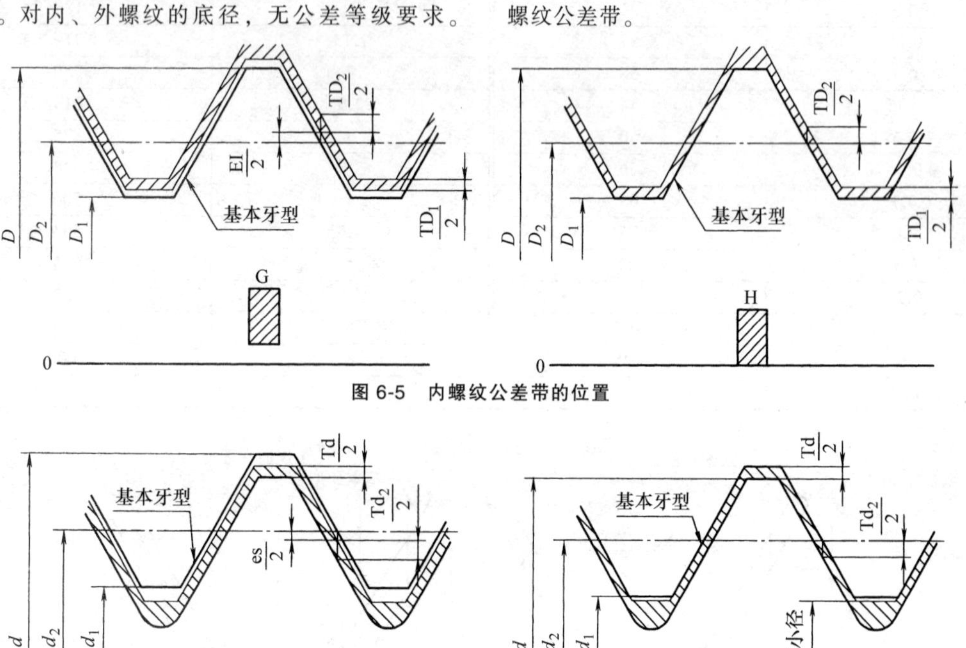

图 6-5　内螺纹公差带的位置

图 6-6　外螺纹公差带的位置

表 6-4　普通螺纹基本偏差（GB/T 197—2003）　　（单位：μm）

螺距 P/mm	内螺纹		外螺纹			
	G	H	e	f	g	h
	EI	EI	es	es	es	es
0.2	+17	0	—	—	-17	0
0.25	+18	0	—	—	-18	0
0.3	+18	0	—	—	-18	0
0.35	+19	0	—	-34	-19	0
0.4	+19	0	—	-34	-19	0
0.45	+20	0	—	-35	-20	0
0.5	+20	0	-50	-36	-20	0
0.6	+21	0	-53	-36	-21	0
0.7	+22	0	-56	-38	-22	0

（续）

螺距 P/mm	内螺纹		外螺纹			
	G	H	e	f	g	h
	EI	EI	es	es	es	es
0.75	+22	0	-56	-38	-22	0
0.8	+24	0	-60	-38	-24	0
1	+26	0	-60	-40	-26	0
1.25	+28	0	-63	-42	-28	0
1.5	+32	0	-67	-45	-32	0
1.75	+34	0	-71	-48	-34	0
2	+38	0	-71	-52	-38	0
2.5	+42	0	-80	-58	-42	0
3	+48	0	-85	-63	-48	0
3.5	+53	0	-90	-70	-53	0
4	+60	0	-95	-75	-60	0
4.5	+63	0	-100	-80	-63	0
5	+71	0	-106	-85	-71	0
5.5	+75	0	-112	-90	-75	0
6	+80	0	-118	-95	-80	0
8	+100	0	-140	-118	-100	0

表 6-5　螺纹顶径和中径的公差等级

螺纹直径	公差等级	螺纹直径	公差等级
内螺纹小径 D_1	4、5、6、7、8	外螺纹大径 d	4、6、8
内螺纹中径 D_2	4、5、6、7、8	外螺纹中径 d_2	3、4、5、6、7、8、9

表 6-6　普通螺纹内螺纹小径公差（摘自 GB/T 197—2003）　（单位：μm）

螺距 P/mm	公差等级					螺距 P/mm	公差等级				
	4	5	6	7	8		4	5	6	7	8
0.2	38	48	—	—	—	1.5	190	236	300	375	475
0.25	45	56	71	—	—	1.75	212	265	335	425	530
0.3	53	67	85	—	—	2	236	300	375	475	600
0.35	63	80	100	—	—	2.5	280	355	450	560	710
0.4	71	90	112	—	—	3	315	400	500	630	800
0.45	80	100	125	—	—	3.5	355	450	560	710	900
0.5	90	112	140	180	—	4	375	475	600	750	950
0.6	100	125	160	200	—	4.5	425	530	670	850	1060
0.7	112	140	180	224	—	5	450	560	710	900	1120
0.75	118	150	190	236	—	5.5	475	600	750	950	1180
0.8	125	160	200	250	315	6	500	630	800	1000	1250
1	150	190	236	300	375	8	630	800	1000	1250	1600
1.25	170	212	265	335	425						

表 6-7　普通螺纹内螺纹中径公差（摘自 GB/T 197—2003）　（单位：μm）

公称直径 D/mm		螺距 P/mm	公差等级				
>	≤		4	5	6	7	8
0.99	1.4	0.2	40	—	—	—	—
		0.25	45	56	—	—	—
		0.3	48	60	75	—	—

（续）

公称直径 D/mm		螺距 P/mm	公差等级				
>	≤		4	5	6	7	8
1.4	2.8	0.2	42	—	—	—	—
		0.25	48	60	—	—	—
		0.35	53	67	85	—	—
		0.4	56	71	90	—	—
		0.45	60	75	95	—	—
2.8	5.6	0.35	56	71	90	—	—
		0.5	63	80	100	125	—
		0.6	71	90	112	140	—
		0.7	75	95	118	150	—
		0.75	75	95	118	150	—
		0.8	80	100	125	160	200
5.6	11.2	0.75	85	106	132	170	—
		1	95	118	150	190	236
		1.25	100	125	160	200	250
		1.5	112	140	180	224	280
11.2	22.4	1	100	125	160	200	250
		1.25	112	140	180	224	280
		1.5	118	150	190	236	300
		1.75	125	160	200	250	315
		2	132	170	212	265	335
		2.5	140	180	224	280	355
22.4	45	1	106	132	170	212	—
		1.5	125	160	200	250	315
		2	140	180	224	280	355
		3	170	212	265	335	425
		3.5	180	224	280	355	450
		4	190	236	300	375	475
		4.5	200	250	315	400	500
45	90	1.5	132	170	212	265	335
		2	150	190	236	300	375
		3	180	224	280	355	450
		4	200	250	315	400	500
		5	212	265	335	425	530
		5.5	224	280	355	450	560
		6	236	300	375	475	600
90	180	2	160	200	250	315	400
		3	190	236	300	375	475
		4	212	265	335	425	530
		6	250	315	400	500	630
		8	280	355	450	560	710
180	355	3	212	265	335	425	530
		4	236	300	375	475	600
		6	265	335	425	530	670
		8	300	375	475	600	750

表 6-8　普通螺纹外螺纹大径公差（摘自 GB/T 197—2003）　（单位：μm）

螺距	公差等级			螺距	公差等级		
P/mm	4	6	8	P/mm	4	6	8
0.2	36	56	—	1.5	150	236	375
0.25	42	67	—	1.75	170	265	425
0.3	48	75	—	2	180	280	450
0.35	53	85	—	2.5	212	335	530
0.4	60	95	—	3	236	375	600
0.45	63	100	—	3.5	265	425	670
0.5	67	106	—	4	300	475	750
0.6	80	125	—	4.5	315	500	800
0.7	90	140	—	5	335	530	850
0.75	90	140	—	5.5	355	560	900
0.8	95	150	236	6	375	600	950
1	112	180	280	8	450	710	1180
1.25	132	212	335				

表 6-9　普通螺纹外螺纹中径公差（摘自 GB/T 197—2003）　（单位：μm）

公称直径 d/mm		螺距	公差等级						
>	≤	P/mm	3	4	5	6	7	8	9
0.99	1.4	0.2	24	30	38	48	—	—	—
		0.25	26	34	42	53	—	—	—
		0.3	28	36	45	56	—	—	—
1.4	2.8	0.2	25	32	40	50	—	—	—
		0.25	28	36	45	56	—	—	—
		0.35	32	40	50	63	80	—	—
		0.4	34	42	53	67	85	—	—
		0.45	36	45	56	71	90	—	—
2.8	5.6	0.35	34	42	53	67	85	—	—
		0.5	38	48	60	75	95	—	—
		0.6	42	53	67	85	106	—	—
		0.7	45	56	71	90	112	—	—
		0.75	45	56	71	90	112	—	—
		0.8	48	60	75	95	118	150	190
5.6	11.2	0.75	50	63	80	100	125	—	—
		1	56	71	90	112	140	180	224
		1.25	60	75	95	118	150	190	236
		1.5	67	85	106	132	170	212	265
11.2	22.4	1	60	75	95	118	150	190	236
		1.25	67	85	106	132	170	212	265
		1.5	71	90	112	140	180	224	280
		1.75	75	95	118	150	190	236	300
		2	80	100	125	160	200	250	315
		2.5	85	106	132	170	212	265	335
22.4	45	1	63	80	100	125	160	200	250
		1.5	75	95	118	150	190	236	300
		2	85	106	132	170	212	265	335
		3	100	125	160	200	250	315	400
		3.5	106	132	170	212	265	335	425
		4	112	140	180	224	280	355	450
		4.5	118	150	190	236	300	375	475

（续）

公称直径 d/mm		螺距 P/mm	公差等级						
>	≤		3	4	5	6	7	8	9
45	90	1.5	80	100	125	160	200	250	315
		2	90	112	140	180	224	280	355
		3	106	132	170	212	265	335	425
		4	118	150	190	236	300	375	475
		5	125	160	200	250	315	400	500
		5.5	132	170	212	265	335	425	530
		6	140	180	224	280	355	450	560
90	180	2	95	118	150	190	236	300	375
		3	112	140	180	224	280	355	450
		4	125	160	200	250	315	400	500
		6	150	190	236	300	375	475	600
		8	170	212	265	335	425	530	670
180	355	3	125	160	200	250	315	400	500
		4	140	180	224	280	355	450	560
		6	160	200	250	315	400	500	630
		8	180	224	280	355	450	560	710

表 6-10 普通螺纹螺纹旋合长度（摘自 GB/T 197—2003）（单位：mm）

公称直径 D、d		螺距 P	旋合长度			
			S	N		L
>	≤		≤	>	≤	>
0.99	1.4	0.2	0.5	0.5	1.4	1.4
		0.25	0.6	0.6	1.7	1.7
		0.3	0.7	0.7	2	2
1.4	2.8	0.2	0.5	0.5	1.5	1.5
		0.25	0.6	0.6	1.9	1.9
		0.35	0.8	0.8	2.6	2.6
		0.4	1	1	3	3
		0.45	1.3	1.3	3.8	3.8
2.8	5.6	0.35	1	1	3	3
		0.5	1.5	1.5	4.5	4.5
		0.6	1.7	1.7	5	5
		0.7	2	2	6	6
		0.75	2.2	2.2	6.7	6.7
		0.8	2.5	2.5	7.5	7.5
5.6	11.2	0.75	2.4	2.4	7.1	7.1
		1	3	3	9	9
		1.25	4	4	12	12
		1.5	5	5	15	15
11.2	22.4	1	3.8	3.8	11	11
		1.25	4.5	4.5	13	13
		1.5	5.6	5.6	16	16
		1.75	6	6	18	18
		2	8	8	24	24
		2.5	10	10	30	30

（续）

公称直径 D、d		螺距 P	旋合长度			
			S	N		L
>	≤		≤	>	≤	>
22.4	45	1	4	4	12	12
		1.5	6.3	6.3	19	19
		2	8.5	8.5	25	25
		3	12	12	36	36
		3.5	15	15	45	45
		4	18	18	53	53
		4.5	21	21	63	63
45	90	1.5	7.5	7.5	22	22
		2	9.5	9.5	28	28
		3	15	15	45	45
		4	19	19	56	56
		5	24	24	71	71
		5.5	28	28	85	85
		6	32	32	95	95
90	180	2	12	12	36	36
		3	18	18	53	53
		4	24	24	71	71
		6	36	36	106	106
		8	45	45	132	132
180	355	3	20	20	60	60
		4	26	26	80	80
		6	40	40	118	118
		8	50	50	150	150

表 6-11　普通螺纹内螺纹优选公差带（摘自 GB/T 197—2003）

精　度	公差带位置 G			公差带位置 H		
	S	N	L	S	N	L
精　密				4H	5H	6H
中　等	(5G)	**6G**	(7G)	**5H**	**[6H]**	**7H**
粗　糙		(7G)	(8G)		7H	8H

注：公差带优先选用顺序：粗字体公差带、一般字体公差带、括号内公差带。大量生产的紧固件螺纹，推荐采用带方框的粗字体公差带。

表 6-12　外螺纹选用公差带（摘自 GB/T 197—2003）

精度	公差带位置 e			公差带位置 f			公差带位置 g			公差带位置 h		
	S	N	L	S	N	L	S	N	L	S	N	L
精　密								(4g)	(5g4g)	(3h4h)	**4h**	(5h4h)
中　等		**6e**	(7e6e)		**6f**		(5g6g)	**[6g]**	(7g6g)	(5h6h)	6h	(7h6h)
粗　糙		(8e)	(9e8e)					8g	(9g8g)			

注：公差带优先选用顺序：粗字体公差带、一般字体公差带、括号内公差带。大量生产的紧固件螺纹，推荐采用带方框的粗字体公差带。

7. 普通螺纹的极限偏差

螺纹中径和顶径的极限偏差值见表 6-13。内、外螺纹牙底轮廓上的任何点，不应超越按基本牙型和公差带位置所确定的最大实体牙型。表中外螺纹小径的偏差值是依据$\frac{H}{6}$削平高度所给出的，它可用于外螺纹的应力计算。

注意，外螺纹小径的偏差计算式为$-\left(|es|+\frac{H}{6}\right)$。

如无其他特殊说明，公差带适用于涂镀前的螺纹。涂镀后，螺纹轮廓上的任何点不应超越按公差带位置 H 或 h 所确定的最大实体牙型。

注意，公差带仅适用于薄涂镀层的螺纹，如电镀螺纹。

表 6-13　螺纹的极限偏差（摘自 GB/T 2516—2003）　（单位：μm）

基本大径/mm		螺距/mm	内螺纹					外螺纹					
			公差带	中径		小径		公差带	中径		大径		小径
>	≤			ES	EI	ES	EI		es	ei	es	ei	用于计算应力的偏差
0.99	1.4	0.2	—	—	—	—	—	3h4h	0	-24	0	-36	-29
			4H	+40	0	+38	0	4h	0	-30	0	-36	-29
			5G	—	—	—	—	5g6g	-17	-55	-17	-73	-46
			5H	—	—	—	—	5h4h	0	-38	0	-36	-29
			—	—	—	—	—	5h6h	0	-38	0	-56	-29
			—	—	—	—	—	6e	—	—	—	—	—
			—	—	—	—	—	6f	—	—	—	—	—
			6G	—	—	—	—	6g	-17	-65	-17	-73	-46
			6H	—	—	—	—	6h	0	-48	0	-56	-29
			—	—	—	—	—	7e6e	—	—	—	—	—
			7G	—	—	—	—	7g6g	—	—	—	—	—
			7H	—	—	—	—	7h6h	—	—	—	—	—
			8G	—	—	—	—	8g	—	—	—	—	—
			8H	—	—	—	—	9g8g	—	—	—	—	—
		0.25	—	—	—	—	—	3h4h	0	-26	0	-42	-36
			4H	+45	0	+45	0	4h	0	-34	0	-42	-36
			5G	+74	+18	+74	+18	5g6g	-18	-60	-18	-85	-54
			5H	+56	0	+56	0	5h4h	0	-42	0	-42	-36
			—	—	—	—	—	5h6h	0	-42	0	-67	-36
			—	—	—	—	—	6e	—	—	—	—	—
			—	—	—	—	—	6f	—	—	—	—	—
			6G	—	—	—	—	6g	-18	-71	-18	-85	-54
			6H	—	—	—	—	6h	0	-53	—	-67	-36
			—	—	—	—	—	7e6e	—	—	—	—	—
			7G	—	—	—	—	7g6g	—	—	—	—	—
			7H	—	—	—	—	7h6h	—	—	—	—	—
			8G	—	—	—	—	8g	—	—	—	—	—
			8H	—	—	—	—	9g8g	—	—	—	—	—
		0.3	—	—	—	—	—	3h4h	0	-28	0	-48	-43
			4H	+48	0	+53	0	4h	0	-36	0	-48	-43
			5G	+78	+18	+85	+18	5g6g	-18	-63	-18	-93	-61
			5H	+60	0	+67	0	5h4h	0	-45	0	-48	-43
			—	—	—	—	—	5h6h	0	-45	0	-75	-43
			—	—	—	—	—	6e	—	—	—	—	—
			—	—	—	—	—	6f	—	—	—	—	—
			6G	+93	+18	+103	+18	6g	-18	-74	-18	-93	-61
			6H	+75	0	+85	0	6h	0	-56	0	-75	-43
			—	—	—	—	—	7e6e	—	—	—	—	—
			7G	—	—	—	—	7g6g	—	—	—	—	—
			7H	—	—	—	—	7h6h	—	—	—	—	—
			8G	—	—	—	—	8g	—	—	—	—	—
			8H	—	—	—	—	9g8g	—	—	—	—	—

（续）

基本大径/mm		螺距/mm	内螺纹					外螺纹					
			公差带	中径		小径		公差带	中径		大径		小径
>	≤			ES	EI	ES	EI		es	ei	es	ei	用于计算应力的偏差
1.4	2.8	0.2	—	—	—	—	—	3h4h	0	-25	0	-36	-29
			4H	+42	0	+38	0	4h	0	-32	0	-36	-29
			5G	—	—	—	—	5g6g	-17	-57	-17	-73	-46
			5H	—	—	—	—	5h4h	0	-40	0	-36	-29
			—	—	—	—	—	5h6h	0	-40	0	-56	-29
			—	—	—	—	—	6e	—	—	—	—	—
			—	—	—	—	—	6f	-32	-82	-32	-88	-61
			6G	—	—	—	—	6g	-17	-67	-17	-73	-46
			6H	—	—	—	—	6h	0	-50	0	-56	-29
			—	—	—	—	—	7e6e	—	—	—	—	—
			7G	—	—	—	—	7g6g	—	—	—	—	—
			7H	—	—	—	—	7h6h	—	—	—	—	—
			8G	—	—	—	—	8g	—	—	—	—	—
			8H	—	—	—	—	9g8g	—	—	—	—	—
		0.25	—	—	—	—	—	3h4h	0	-28	0	-42	-36
			4H	+48	0	+45	0	4h	0	-36	0	-42	-36
			5G	+78	+18	+74	+18	5g6g	-18	-63	-18	-85	-54
			5H	+60	0	+56	0	5h4h	0	-45	0	-42	-36
			—	—	—	—	—	5h6h	0	-45	0	-67	-36
			—	—	—	—	—	6e	—	—	—	—	—
			—	—	—	—	—	6f	-33	-89	-33	-100	-69
			6G	—	—	—	—	6g	-18	-74	-18	-85	-54
			6H	—	—	—	—	6h	0	-56	0	-67	-36
			—	—	—	—	—	7e6e	—	—	—	—	—
			7G	—	—	—	—	7g6g	—	—	—	—	—
			7H	—	—	—	—	7h6h	—	—	—	—	—
			8G	—	—	—	—	8g	—	—	—	—	—
			8H	—	—	—	—	9g8g	—	—	—	—	—
		0.35	—	—	—	—	—	3h4h	0	-32	0	-53	-51
			4H	+53	0	+63	0	4h	0	-40	0	-53	-51
			5G	+86	+19	+99	+19	5g6g	-19	-69	-19	-104	-70
			5H	+67	0	+80	0	5h4h	0	-50	0	-53	-51
			—	—	—	—	—	5h6h	0	-50	0	-85	-51
			—	—	—	—	—	6e	—	—	—	—	—
			—	—	—	—	—	6f	-34	-97	-34	-119	-85
			6G	+104	+19	+119	+19	6g	-19	-82	-19	-104	-70
			6H	+85	0	+100	0	6h	0	-63	0	-85	-51
			—	—	—	—	—	7e6e	—		—	—	—
			7G	—	—	—	—	7g6g	-19	-99	-19	-104	-70
			7H	—	—	—	—	7h6h	0	-80	0	-85	-51
			8G	—	—	—	—	8g	—	—	—	—	—
			8H	—	—	—	—	9g8g	—	—	—	—	—

（续）

基本大径/mm		螺距/mm	内螺纹					外螺纹					
			公差带	中径		小径		公差带	中径		大径		小径
>	≤			ES	EI	ES	EI		es	ei	es	ei	用于计算应力的偏差
1.4	2.8	0.4	—	—	—	—	—	3h4h	0	-34	0	-60	-58
			4H	+56	0	+71	0	4h	0	-42	0	-60	-58
			5G	+90	+19	+109	+19	5g6g	-19	-72	-19	-114	-77
			5H	+71	0	+90	0	5h4h	0	-53	0	-60	-58
			—	—	—	—	—	5h6h	0	-53	0	-95	-58
			—	—	—	—	—	6e	—	—	—	—	—
			—	—	—	—	—	6f	-34	-101	-34	-129	-92
			6G	+109	+19	+131	+19	6g	-19	-86	-19	-114	-77
			6H	+90	0	+112	0	6h	0	-67	0	-95	-58
			—	—	—	—	—	7e6e	—	—	—	—	—
			7G	—	—	—	—	7g6g	-19	-104	-19	-114	-77
			7H	—	—	—	—	7h6h	0	-85	0	-95	-58
			8G	—	—	—	—	8g	—	—	—	—	—
			8H	—	—	—	—	9g8g	—	—	—	—	—
		0.45	—	—	—	—	—	3h4h	0	-36	0	-63	-65
			4H	+60	0	+80	0	4h	0	-45	0	-63	-65
			5G	+95	+20	+120	+20	5g6g	-20	-76	-20	-120	-85
			5H	+75	0	+100	0	5h4h	0	-56	0	-63	-65
			—	—	—	—	—	5h6h	0	-56	0	-100	-65
			—	—	—	—	—	6e	—	—	—	—	—
			—	—	—	—	—	6f	-35	-106	-35	-135	-100
			6G	+115	+20	+145	+20	6g	-20	-91	-20	-120	-85
			6H	+95	0	+125	0	6h	0	-71	0	-100	-65
			—	—	—	—	—	7e6e	—	—	—	—	—
			7G	—	—	—	—	7g6g	-20	-110	-20	-120	-85
			7H	—	—	—	—	7h6h	0	-90	0	-100	-65
			8G	—	—	—	—	8g	—	—	—	—	—
			8H	—	—	—	—	9g8g	—	—	—	—	—
2.8	5.6	0.35	—	—	—	—	—	3h4h	0	-34	0	-53	-51
			4H	+56	0	+63	0	4h	0	-42	0	-53	-51
			5G	+90	+19	+99	+19	5g6g	-19	-72	-19	-104	-70
			5H	+71	0	+80	0	5h4h	0	-53	0	-53	-51
			—	—	—	—	—	5h6h	0	-53	0	-85	-51
			—	—	—	—	—	6e	—	—	—	—	—
			—	—	—	—	—	6f	-34	-101	-34	-119	-85
			6G	+109	+19	+119	+19	6g	-19	-86	-19	-104	-70
			6H	+90	0	+100	0	6h	0	-67	0	-85	-51
			—	—	—	—	—	7e6e	—	—	—	—	—
			7G	—	—	—	—	7g6g	-19	-104	-19	-104	-70
			7H	—	—	—	—	7h6h	0	-85	0	-85	-51
			8G	—	—	—	—	8g	—	—	—	—	—
			8H	—	—	—	—	9g8g	—	—	—	—	—

（续）

基本大径/mm		螺距/mm	内螺纹					外螺纹					
			公差带	中径		小径		公差带	中径		大径		小径
>	≤			ES	EI	ES	EI		es	ei	es	ei	用于计算应力的偏差
2.8	5.0	0.5	—	—	—	—	—	3h4h	0	-38	0	-67	-72
			4H	+63	0	+90	0	4h	0	-48	0	-67	-72
			5G	+100	+20	+132	+20	5g6g	-20	-80	-20	-126	-92
			5H	+80	0	+112	0	5h4h	0	-60	0	-67	-72
			—	—	—	—	—	5h6h	0	-60	0	-106	-72
			—	—	—	—	—	6e	-50	-125	-50	-156	-122
			—	—	—	—	—	6f	-36	-111	-36	-142	-108
			6G	+120	+20	+160	+20	6g	-20	-95	-20	-126	-92
			6H	+100	0	+140	0	6h	0	-75	0	-106	-72
			—	—	—	—	—	7e6e	-50	-145	-50	-156	-122
			7G	+145	+20	+200	+20	7g6g	-20	-115	-20	-126	-92
			7H	+125	0	+180	0	7h6h	0	-95	0	-106	-72
			8G	—	—	—	—	8g	—	—	—	—	—
			8H	—	—	—	—	9g8g	—	—	—	—	—
		0.6	—	—	—	—	—	3h4h	0	-42	0	-80	-87
			4h	+71	0	+100	0	4h	0	-53	0	-80	-87
			5G	+111	+21	+146	+21	5g6g	-21	-88	-21	-146	-108
			5H	+90	0	+125	0	5h4h	0	-67	0	-80	-87
			—	—	—	—	—	5h6h	0	-67	0	-125	-87
			—	—	—	—	—	6e	-53	-138	-53	-178	-140
			—	—	—	—	—	6f	-36	-121	-36	-161	-123
			6G	+133	+21	+181	+21	6g	-21	-106	-21	-146	-108
			6H	+112	0	+160	0	6h	0	-85	0	-125	-87
			—	—	—	—	—	7e6e	-53	-159	-53	-178	-140
			7G	+161	+21	+221	+21	7g6g	-21	-127	-21	-146	-108
			7H	+140	0	+200	0	7h6h	0	-106	0	-125	-87
			8G	—	—	—	—	8g	—	—	—	—	—
			8H	—	—	—	—	9g8g	—	—	—	—	—
		0.7	—	—	—	—	—	3h4h	0	-45	0	-90	-101
			4H	+75	0	+112	0	4h	0	-56	0	-90	-101
			5G	+117	+22	+162	+22	5g6g	-22	-93	-22	-162	-123
			5H	+95	0	+140	0	5h4h	0	-71	0	-90	-101
			—	—	—	—	—	5h6h	0	-71	0	-140	-101
			—	—	—	—	—	6e	-56	-146	-56	-196	-157
			—	—	—	—	—	6f	-38	-128	-38	-178	-139
			6G	+140	+22	+202	+22	6g	-22	-112	-22	-162	-123
			6H	+118	0	+180	0	6h	0	-90	0	-140	-101
			—	—	—	—	—	7e6e	-56	-168	-56	-196	-157
			7G	+172	+22	+246	+22	7g6g	-22	-134	-22	-162	-123
			7H	+150	0	+224	0	7h6h	0	-112	0	-140	-101
			8G	—	—	—	—	8g	—	—	—	—	—
			8H	—	—	—	—	9g8g	—	—	—	—	—

（续）

基本大径/mm		螺距/mm	内螺纹					外螺纹					
			公差带	中径		小径		公差带	中径		大径		小径
>	≤			ES	EI	ES	EI		es	ei	es	ei	用于计算应力的偏差
2.8	5.6	0.75	—	—	—	—	—	3h4h	0	-45	0	-90	-108
			4H	+75	0	+118	0	4h	0	-56	0	-90	-108
			5G	+117	+22	+172	+22	5g6g	-22	-93	-22	-162	-130
			5H	+95	0	+150	0	5h4h	0	-71	0	-90	-108
			—	—	—	—	—	5h6h	0	-71	0	-140	-108
			—	—	—	—	—	6e	-56	-146	-56	-196	-164
			—	—	—	—	—	6f	-38	-128	-38	-178	-146
			6G	+140	+22	+212	+22	6g	-22	-112	-22	-162	-130
			6H	+118	0	+190	0	6h	0	-90	0	-140	-108
			—	—	—	—	—	7e6e	-56	-168	-56	-196	-164
			7G	+172	+22	+258	+22	7g6g	-22	-134	-22	-162	-130
			7H	+150	0	+236	0	7h6h	0	-112	0	-140	-108
			8G	—	—	—	—	8g	—	—	—	—	—
			8H	—	—	—	—	9g8g	—	—	—	—	—
		0.8	—	—	—	—	—	3h4h	0	-48	0	-95	-115
			4H	+80	0	+125	0	4h	0	-60	0	-95	-115
			5G	+124	+24	+184	+24	5g6g	-24	-99	-24	-174	-140
			5H	+100	0	+160	0	5h4h	0	-75	0	-95	-115
			—	—	—	—	—	5h6h	0	-75	0	-150	-115
			—	—	—	—	—	6e	-60	-155	-60	-210	-176
			—	—	—	—	—	6f	-38	-133	-38	-188	-153
			6G	+149	+24	+224	+24	6g	-24	-119	-24	-174	-140
			6H	+125	0	+200	0	6h	0	-95	0	-150	-115
			—	—	—	—	—	7e6e	-60	-178	-60	-210	-176
			7G	+184	+24	+274	+24	7g6g	-24	-142	-24	-174	-140
			7H	+160	0	+250	0	7h6h	0	-118	0	-150	-115
			8G	+224	+24	+339	+24	8g	-24	-174	-24	-260	-140
			8H	+200	0	+315	0	9g8g	-24	-214	-24	-260	-140
5.6	11.2	0.75	—	—	—	—	—	3h4h	0	-50	0	-90	-108
			4H	+85	0	+118	0	4h	0	-63	0	-90	-108
			5G	+128	+22	+172	+22	5g6g	-22	-102	-22	-162	-130
			5H	+106	0	+150	0	5h4h	0	-80	0	-90	-108
			—	—	—	—	—	5h6h	0	-80	0	-140	-108
			—	—	—	—	—	6e	-56	-156	-56	-196	-164
			—	—	—	—	—	6f	-38	-138	-38	-178	-146
			6G	+154	+22	+212	+22	6g	-22	-122	-22	-162	-130
			6H	+132	0	+190	0	6h	0	-100	0	-140	-108
			—	—	—	—	—	7e6e	-56	-181	-56	-196	-164
			7G	+192	+22	+258	+22	7g6g	-22	-147	-22	-162	-130
			7H	+170	0	+236	0	7h6h	0	-125	0	-140	-108
			8G	—	—	—	—	8g	—	—	—	—	—
			8H	—	—	—	—	9g8g	—	—	—	—	—

（续）

基本大径/mm		螺距/mm	内螺纹					外螺纹					
			公差带	中径		小径		公差带	中径		大径		小径
>	≤			ES	EI	ES	EI		es	ei	es	ei	用于计算应力的偏差
5.6	11.2	1	—	—	—	—	—	3h4h	0	-56	0	-112	-144
			4H	+95	0	+150	0	4h	0	-71	0	-112	-144
			5G	+144	+26	+216	+26	5g6g	-26	-116	-26	-206	-170
			5H	+118	0	+190	0	5h4h	0	-90	0	-112	-144
			—	—	—	—	—	5h6h	0	-90	0	-180	-144
			—	—	—	—	—	6e	-60	-172	-60	-240	-204
			—	—	—	—	—	6f	-40	-152	-40	-220	-184
			6G	+176	+26	+262	+26	6g	-26	-138	-26	-206	-170
			6H	+150	0	+236	0	6h	0	-112	0	-180	-144
				—	—	—	—	7e6e	-60	-200	-60	-240	-204
			7G	+216	+26	+326	+26	7g6g	-26	-166	-26	-206	-170
			7H	+190	0	+300	0	7h6h	0	-140	0	-180	-144
			8G	+262	+26	+401	+26	8g	-26	-206	-26	-306	-170
			8H	+236	0	+375	0	9g8g	-26	-250	-26	-306	-170
		1.25	—	—	—	—	—	3h4h	0	-60	0	-132	-180
			4H	+100	0	+170	0	4h	0	-75	0	-132	-180
			5G	+153	+28	+240	+28	5g6g	-28	-123	-28	-240	-208
			5H	+125	0	+212	0	5h4h	0	-95	0	-132	-180
			—	—	—	—	—	5h6h	0	-95	0	-212	-180
			—	—	—	—	—	6e	-63	-181	-63	-275	-243
			—	—	—	—	—	6f	-42	-160	-42	-254	-222
			6G	+188	+28	+293	+28	6g	-28	-146	-28	-240	-208
			6H	+160	0	+265	0	6h	0	-118	0	-212	-180
			—	—	—	—	—	7e6e	-63	-213	-63	-275	-243
			7G	+228	+28	+363	+28	7g6g	-28	-178	-28	-240	-208
			7H	+200	0	+335	0	7h6h	0	-150	0	-212	-180
			8G	+278	+28	+453	+28	8g	-28	-218	-28	-363	-208
			8H	+250	0	+425	0	9g8g	-28	-264	-28	-363	-208
		1. 5	—	—	—	—	—	3h4h	0	-67	0	-150	-217
			4H	+112	0	+190	0	4h	0	-85	0	-150	-217
			5G	+172	+32	+268	+32	5g6g	-32	-138	-32	-268	-249
			5H	+140	0	+236	0	5h4h	0	-106	0	-150	-217
			—	—	—	—	—	5h6h	0	-106	0	-236	-217
			—	—	—	—	—	6e	-67	-199	-67	-303	-284
			—	—	—	—	—	6f	-45	-177	-45	-281	-262
			6G	+212	+32	+332	+32	6g	-32	-164	-32	-268	-249
			6H	+180	0	+300	0	6h	0	-132	0	-236	-217
			—	—	—	—	—	7e6e	-67	-237	-67	-303	-284
			7G	+256	+32	+407	+32	7g6g	-32	-202	-32	-268	-249
			7H	+224	0	+375	0	7h6h	0	-170	0	-236	-217
			8G	+312	+32	+507	+32	8g	-32	-244	-32	-407	-249
			8H	+280	0	+475	0	9g8g	-32	-297	-32	-407	-249

（续）

基本大径/mm		螺距/mm	内螺纹					外螺纹					
			公差带	中径		小径		公差带	中径		大径		小径
>	≤			ES	EI	ES	EI		es	ei	es	ei	用于计算应力的偏差
11.2	22.4	1	—	—	—	—	—	3h4h	0	−60	0	−112	−144
			4H	+100	0	+150	0	4h	0	−75	0	−112	−144
			5G	+151	+26	+216	+26	5g6g	−26	−121	−26	−206	−170
			5H	+125	0	+190	0	5h4h	0	−95	0	−112	−144
			—	—	—	—	—	5h6h	0	−95	0	−180	−144
			—	—	—	—	—	6e	−60	−178	−60	−240	−204
			—	—	—	—	—	6f	−40	−158	−40	−220	−184
			6G	+186	+26	+262	+26	6g	−26	−144	−26	−206	−170
			6H	+160	0	+236	0	6h	0	−118	0	−180	−144
			—	—	—	—	—	7e6e	−60	−210	−60	−240	−204
			7G	+226	+26	+326	+26	7g6g	−26	−176	−26	−206	−170
			7H	+200	0	+300	0	7h6h	0	−150	0	−180	−144
			8G	+276	+26	+401	+26	8g	−26	−216	−26	−306	−170
			8H	+250	0	+375	0	9g8g	−26	−262	−26	−306	−170
		1.25	—	—	—	—	—	3h4h	0	−67	0	−132	−180
			4H	+112	0	+170	0	4h	0	−85	0	−132	−180
			5G	+168	+28	+240	+28	5g6g	−28	−134	−28	−240	−208
			5H	+140	0	+212	0	5h4h	0	−106	0	−132	−180
			—	—	—	—	—	5h6h	0	−106	0	−212	−180
			—	—	—	—	—	6e	−63	−195	−63	−275	−243
			—	—	—	—	—	6f	−42	−174	−42	−254	−222
			6G	+208	+28	+293	+28	6g	−28	−160	−28	−240	−208
			6H	+180	0	+265	0	6h	0	−132	0	−212	−180
			—	—	—	—	—	7e6e	−63	−233	−63	−275	−243
			7G	+252	+28	+363	+28	7g6g	−28	198	−28	−240	−208
			7H	+224	0	+335	0	7h6h	0	−170	0	−212	−180
			8G	+308	+28	+453	+28	8g	−28	−240	−28	−363	−208
			8H	+280	0	+425	0	9g8g	−28	−293	−28	−363	−208
		1.5	—	—	—	—	—	3h4h	0	−71	0	−150	−217
			4H	+118	0	+190	0	4h	0	−90	0	−150	−217
			5G	+182	+32	+268	+32	5g6g	−32	−144	−32	−268	−249
			5H	+150	0	+236	0	5h4h	0	−112	0	−150	−217
			—	—	—	—	—	5h6h	0	−112	0	−236	−217
			—	—	—	—	—	6e	−67	−207	−67	−303	−284
			—	—	—	—	—	6f	−45	−185	−45	−281	−262
			6G	+222	+32	+332	+32	6g	−32	−172	−32	−268	−249
			6H	+190	0	+300	0	6h	0	−140	0	−236	−217
			—	—	—	—	—	7e6e	−67	−247	−67	−303	−284
			7G	+268	+32	+407	+32	7g6g	−32	−212	−32	−268	−249
			7H	+236	0	+375	0	7h6h	0	−180	0	−236	−217
			8G	+332	+32	+507	+32	8g	−32	−256	−32	−407	−249
			8H	+300	0	+475	0	9g8g	−32	−312	−32	−407	−249

（续）

基本大径/mm		螺距/mm	内螺纹					外螺纹					
			公差带	中径		小径		公差带	中径		大径		小径
>	≤			ES	EI	ES	EI		es	ei	es	ei	用于计算应力的偏差
11.2	22.4	1.75	—	—	—	—	—	3h4h	0	-75	0	-170	-253
			4H	+125	0	+212	0	4h	0	-95	0	-170	-253
			5G	+194	+34	+299	+34	5g6g	-34	-152	-34	-299	-287
			5H	+160	0	+265	0	5h4h	0	-118	0	-170	-253
			—	—	—	—	—	5h6h	0	-118	0	-265	-253
			—	—	—	—	—	6e	-71	-221	-71	-336	-324
			—	—	—	—	—	6f	-48	-198	-48	-313	-301
			6G	+234	+34	+369	+34	6g	-34	-184	-34	-299	-287
			6H	+200	0	+335	0	6h	0	-150	0	-265	-253
			—	—	—	—	—	7e6e	-71	-261	-71	-336	-324
			7G	+284	+34	+459	+34	7g6g	-34	-224	-34	-299	-287
			7H	+250	0	+425	0	7h6h	0	-190	0	-265	-253
			8G	+349	+34	+564	+34	8g	-34	-270	-34	-459	-287
			8H	+315	0	+530	0	9g8g	-34	-334	-34	-459	-287
		2	—	—	—	—	—	3h4h	0	-80	0	-180	-289
			4H	+132	0	+236	0	4h	0	-100	0	-180	-289
			5G	+208	+38	+338	+38	5g6g	-38	-163	-38	-318	-327
			5H	+170	0	+300	0	5h4h	0	-125	0	-180	-289
			—	—	—	—	—	5h6h	0	-125	0	-280	-289
			—	—	—	—	—	6e	-71	-231	-71	-351	-360
			—	—	—	—	—	6f	-52	-212	-52	-332	-341
			6G	+250	+38	+413	+38	6g	-38	-198	-38	-318	-327
			6H	+212	0	+375	0	6h	0	-160	0	-280	-289
			—	—	—	—	—	7e6e	-71	-271	-71	-351	-360
			7G	+303	+38	+513	+38	7g6g	-38	-238	-38	-318	-327
			7H	+265	0	+475	0	7h6h	0	-200	0	-280	-289
			8G	+373	+38	+638	+38	8g	-38	-288	-38	-488	-327
			8H	+335	0	+600	0	9g8g	-38	-353	-38	-448	-327
		2.5	—	—	—	—	—	3h4h	0	-85	0	-212	-361
			4H	+140	0	+280	0	4h	0	-106	0	-212	-361
			5G	+222	+42	+397	+42	5g6g	-42	-174	-42	-377	-403
			5H	+180	0	+355	0	5h4h	0	-132	0	-212	-361
			—	—	—	—	—	5h6h	0	-132	0	-335	-361
			—	—	—	—	—	6e	-80	-250	-80	-415	-441
			—	—	—	—	—	6f	-58	-228	-58	-393	-419
			6G	+266	+42	+492	+42	6g	-42	-212	-42	-377	-403
			6H	+224	0	+450	0	6h	0	-170	0	-335	-361
			—	—	—	—	—	7e6e	-80	-292	-80	-415	-441
			7G	+322	+42	+602	+42	7g6g	-42	-254	-42	-377	-403
			7H	+280	0	+560	0	7h6h	0	-212	0	-335	-361
			8G	+397	+42	+752	+42	8g	-42	-307	-42	-572	-403
			8H	+355	0	+710	0	9g8g	-42	-377	-42	-572	-403

（续）

基本大径/mm		螺距/mm	内螺纹					外螺纹					
			公差带	中径		小径		公差带	中径		大径		小径
>	≤			ES	EI	ES	EI		es	ei	es	ei	用于计算应力的偏差
22.4	45	1	—	—	—	—	—	3h4h	0	-63	0	-112	-144
			4H	+106	0	+150	0	4h	0	-80	0	-112	-144
			5G	+158	+26	+218	+26	5g6g	-26	-126	-26	-206	-170
			5H	+132	0	+190	0	5h4h	0	-100	0	-112	-144
			—	—	—	—	—	5h6h	0	-100	0	-180	-144
			—	—	—	—	—	6e	-60	-185	-60	-240	-204
			—	—	—	—	—	6f	-40	-165	-40	-220	-184
			6G	+196	+26	+262	+26	6g	-26	-151	-26	-206	-170
			6H	+170	0	+236	0	6h	0	-125	0	-180	-144
			—	—	—	—	—	7e6e	-60	-220	-60	-240	-204
			7G	+238	+26	+326	+26	7g6g	-26	-186	-26	-206	-170
			7H	+212	0	+300	0	7h6h	0	-160	0	-180	-144
			8G	—	—	—	—	8g	-26	-226	-26	-306	-170
			8H	—	—	—	—	9g8g	-26	-276	-26	-306	-170
		1.5	—	—	—	—	—	3h4h	0	-75	0	-150	-217
			4H	+125	0	+190	0	4h	0	-95	0	-150	-217
			5G	+192	+32	+268	+32	5g6g	-32	-150	-32	-268	-249
			5H	+160	0	+236	0	5h4h	0	-118	0	-150	-217
			—	—	—	—	—	5h6h	0	-118	0	-236	-217
			—	—	—	—	—	6e	-67	-217	-67	-303	-284
			—	—	—	—	—	6f	-45	-195	-45	-281	-262
			6G	+232	+32	+332	+32	6g	-32	-182	-32	-268	-249
			6H	+200	0	+300	0	6h	0	-150	0	-236	-217
			—	—	—	—	—	7e6e	-67	-257	-67	-303	-284
			7G	+282	+32	+407	+32	7g6g	-32	-222	-32	-268	-249
			7H	+250	0	+375	0	7h6h	0	-190	0	-236	-217
			8G	+347	+32	+507	+32	8g	-32	-268	-32	-407	-249
			8H	+315	0	+475	0	9g8g	-32	-332	-32	-407	-249
		2	—	—	—	—	—	3h4h	0	-85	0	-180	-289
			4H	+140	0	+236	0	4h	0	-106	0	-180	-289
			5G	+218	+38	+338	+38	5g6g	-38	-170	-38	-318	-327
			5H	+180	0	+300	0	5h4h	0	-132	0	-180	-289
			—	—	—	—	—	5h6h	0	-132	0	-280	-289
			—	—	—	—	—	6e	-71	-241	-71	-351	-360
			—	—	—	—	—	6f	-52	-222	-52	-332	-341
			6G	+262	+38	+413	+38	6g	-38	-208	-38	-318	-327
			6H	+224	0	+375	0	6h	0	-170	0	-280	-289
			—	—	—	—	—	7e6e	-71	-283	-71	-351	-360
			7G	+318	+38	+513	+38	7g6g	-38	-250	-38	-318	-327
			7H	+280	0	+475	0	7h6h	0	-212	0	-280	-289
			8G	+393	+38	+638	+38	8g	-38	-307	-38	-488	-327
			8H	+355	0	+600	0	9g8g	-38	-373	-38	-488	-327

（续）

基本大径/mm		螺距/mm	内螺纹					外螺纹					
			公差带	中径		小径		公差带	中径		大径		小径
>	≤			ES	EI	ES	EI		es	ei	es	ei	用于计算应力的偏差
22.4	45	3	—	—	—	—	—	3h4h	0	-100	0	-236	-433
			4H	+170	0	+315	0	4h	0	-125	0	-236	-433
			5G	+260	+48	+448	+48	5g6g	-48	-208	-48	-423	-481
			5H	+212	0	+400	0	5h4h	0	-160	0	-236	-433
			—	—	—	—	—	5h6h	0	-160	0	-375	-433
			—	—	—	—	—	6e	-85	-285	-85	-460	-518
			—	—	—	—	—	6f	-63	-263	-63	-438	-496
			6G	+313	+48	+548	+48	6g	-48	-248	-48	-423	-481
			6H	+265	0	+500	0	6h	0	-200	0	-375	-433
			—	—	—	—	—	7e6e	-85	-335	-85	-460	-518
			7G	+383	+48	+678	+48	7g6g	-48	-298	-48	-423	-481
			7H	+335	0	+630	0	7h6h	0	-250	0	-375	-433
			8G	+473	+48	+848	+48	8g	-48	-363	-48	-648	-481
			8H	+425	0	+800	0	9g8g	-48	-448	-48	-648	-481
		3.5	—	—	—	—	—	3h4h	0	-106	0	-265	-505
			4H	+180	0	+355	0	4h	0	-132	0	-265	-505
			5G	+277	+53	+503	+53	5g6g	-53	-223	-53	-478	-558
			5H	+224	0	+450	0	5h4h	0	-170	0	-265	-505
			—	—	—	—	—	5h6h	0	-170	0	-425	-505
			—	—	—	—	—	6e	-90	-302	-90	-515	-595
			—	—	—	—	—	6f	-70	-282	-70	-495	-575
			6G	+333	+53	+613	+53	6g	-53	-265	-53	-478	-558
			6H	+280	0	+560	0	6h	0	-212	0	-425	-505
			—	—	—	—	—	7e6e	-90	-355	-90	-515	-595
			7G	+408	+53	+763	+53	7g6g	-53	-318	-53	-478	-558
			7H	355	0	+710	0	7h6h	0	-265	0	-425	-505
			8G	+503	+53	+953	+53	8g	-53	-388	-53	-723	-558
			8H	+450	0	+900	0	9g8g	-53	-478	-53	-723	-558
		4	—	—	—	—	—	3h4h	0	-112	0	-300	-577
			4H	+190	0	+375	0	4h	0	-140	0	-300	-577
			5G	+296	+60	+535	+60	5g6g	-60	-240	-60	-535	-637
			5H	+236	0	+475	0	5h4h	0	-180	0	-300	-577
			—	—	—	—	—	5h6h	0	-180	0	-475	-577
			—	—	—	—	—	6e	-95	-319	-95	-570	-672
			—	—	—	—	—	6f	-75	-299	-75	-550	-652
			6G	+360	+60	+660	+60	6g	-60	-284	-60	-535	-637
			6H	+300	0	+600	0	6h	0	-224	0	-475	-577
			—	—	—	—	—	7e6e	-95	-375	-95	-570	-672
			7G	+435	+60	+810	+60	7g6g	-60	-340	-60	-535	-637
			7H	+375	0	+750	0	7h6h	0	-280	0	-475	-577
			8G	+535	+60	+1010	+60	8g	-60	-415	-60	-810	-637
			8H	+475	0	+950	0	9g8g	-60	-510	-60	-810	-637

（续）

基本大径/mm		螺距/mm	内螺纹					外螺纹					
			公差带	中径		小径		公差带	中径		大径		小径
>	≤			ES	EI	ES	EI		es	ei	es	ei	用于计算应力的偏差
22.4	45	4.5	—	—	—	—	—	3h4h	0	−118	0	−315	−650
			4H	+200	0	+425	0	4h	0	−150	0	−315	−650
			5G	+313	+63	+593	+63	5g6g	−63	−253	−63	−563	−713
			5H	+250	0	+530	0	5h4h	0	−190	0	−315	−650
			—	—	—	—	—	5h6h	0	−190	0	−500	−650
			—	—	—	—	—	6e	−100	−336	−100	−600	−750
			—	—	—	—	—	6f	−80	−316	−80	−580	−730
			6G	+378	+63	+733	+63	6g	−63	−299	−63	−563	−713
			6H	+315	0	+670	0	6h	0	−236	0	−500	−650
			—	—	—	—	—	7e6e	−100	−400	−100	−600	−750
			7G	+463	+63	+913	+63	7g6g	−63	−363	−63	−563	−713
			7H	+400	0	+850	0	7h6h	0	−300	0	−500	−650
			8G	+563	+63	+1123	+63	8g	−63	−438	−63	−863	−713
			8H	+500	0	+1060	0	9g8g	−63	−538	−63	−863	−713
45	90	1.5	—	—	—	—	—	3h4h	0	−80	0	−150	−217
			4H	+132	0	+190	0	4h	0	−100	0	−150	−217
			5G	+202	+32	+268	+32	5g6g	−32	−157	−32	−268	−249
			5H	+170	0	+236	0	5h4h	0	−125	0	−150	−217
			—	—	—	—	—	5h6h	0	−125	0	−236	−217
			—	—	—	—	—	6e	−67	−227	−67	−303	−284
			—	—	—	—	—	6f	−45	−205	−45	−281	−262
			6G	+244	+32	+332	+32	6g	−32	−192	−32	−268	−249
			6H	+212	0	+300	0	6h	0	−160	0	−236	−217
			—	—	—	—	—	7e6e	−67	−267	−67	−303	−284
			7G	+297	+32	+407	+32	7g6g	−32	−232	−32	−268	−249
			7H	+265	0	+375	0	7h6h	0	−200	0	−236	−217
			8G	+367	+32	+507	+32	8g	−32	−282	−32	−407	−249
			8H	+335	0	+475	0	9g8g	−32	−347	−32	−407	−249
		2	—	—	—	—	—	3h4h	0	−90	0	−180	−289
			4H	+150	0	+236	0	4h	0	−112	0	−180	−289
			5G	+228	+38	+338	+38	5g6g	−38	−178	−38	−318	−327
			5H	+190	0	+300	0	5h4h	0	−140	0	−180	−289
			—	—	—	—	—	5h6h	0	−140	0	−280	−289
			—	—	—	—	—	6e	−71	−251	−71	−351	−360
			—	—	—	—	—	6f	−52	−232	−52	−332	−341
			6G	+274	+38	+413	+38	6g	−38	−218	−38	−318	−327
			6H	+236	0	+375	0	6h	0	−180	0	−280	−289
			—	—	—	—	—	7e6e	−71	−295	−71	−351	−360
			7G	+338	+38	+513	+38	7g6g	−38	−262	−38	−318	−327
			7H	+300	0	+475	0	7h6h	0	−224	0	−280	−289
			8G	+413	+38	+638	+38	8g	−38	−318	−38	−488	−327
			8H	+375	0	+600	0	9g8g	−38	−393	−38	−488	−327

（续）

基本大径/mm		螺距/mm	内螺纹					外螺纹					
			公差带	中径		小径		公差带	中径		大径		小径
>	≤			ES	EI	ES	EI		es	ei	es	ei	用于计算应力的偏差
45	90	3	—	—	—	—	—	3h4h	0	-106	0	-236	-433
			4H	+180	0	+315	0	4h	0	-132	0	-236	-433
			5G	+272	+48	+448	+48	5g6g	-48	-218	-48	-423	-481
			5H	+224	0	+400	0	5h4h	0	-170	0	-236	-433
			—	—	—	—	—	5h6h	0	-170	0	-375	-433
			—	—	—	—	—	6e	-85	-297	-85	-460	-518
			—	—	—	—	—	6f	-63	-275	-63	-438	-496
			6G	+328	+48	+548	+48	6g	-48	-260	-48	-423	-481
			6H	+280	0	+500	0	6h	0	-212	0	-375	-433
			—	—	—	—	—	7e6e	-85	-350	-85	-460	-518
			7G	+403	+48	+678	+48	7g6g	-48	-313	-48	-423	-481
			7H	+355	0	+630	0	7h6h	0	-265	0	-375	-433
			8G	+498	+48	+848	+48	8g	-48	-383	-48	-648	-481
			8H	+450	0	+800	0	9g8g	-48	-473	-48	-648	-481
		4	—	—	—	—	—	3h4h	0	-118	0	-300	-577
			4H	+200	0	+375	0	4h	0	-150	0	-300	-577
			5G	+310	+60	+535	+60	5g6g	-60	-250	-60	-535	-637
			5H	+250	0	+475	0	5h4h	0	-190	0	-300	-577
			—	—	—	—	—	5h6h	0	-190	0	-475	-577
			—	—	—	—	—	6e	-95	-331	-95	-570	-672
			—	—	—	—	—	6f	-75	-311	-75	-550	-652
			6G	+375	+60	+660	+60	6g	-60	-296	-60	-535	-637
			6H	+315	0	+600	0	6h	0	-236	0	-475	-577
			—	—	—	—	—	7e6e	-95	-395	-95	-570	-672
			7G	+460	+60	+810	+60	7g6g	-60	-360	-60	-535	-637
			7H	+400	0	+750	0	7h6h	0	-300	0	-475	-577
			8G	+560	+60	+1010	+60	8g	-60	-435	-60	-810	-637
			8H	+500	0	+950	0	9g8g	-60	-535	-60	-810	-637
		5	—	—	—	—	—	3h4h	0	-125	0	-335	-722
			4H	+212	0	+450	0	4h	0	-160	0	-335	-722
			5G	+336	+71	+631	+71	5g6g	-71	-271	-71	-601	-793
			5H	+265	0	+560	0	5h4h	0	-200	0	-335	-722
			—	—	—	—	—	5h6h	0	-200	0	-530	-722
			—	—	—	—	—	6e	-106	-356	-106	-636	-828
			—	—	—	—	—	6f	-85	-335	-85	-615	-807
			6G	+406	+71	+781	+71	6g	-71	-321	-71	-601	-793
			6H	+335	0	+710	0	6h	0	-250	0	-530	-722
			—	—	—	—	—	7e6e	-106	-421	-106	-636	-828
			7G	+496	+71	+971	+71	7g6g	-71	-386	-71	-601	-793
			7H	+425	0	+900	0	7h6h	0	-315	0	-530	-722
			8G	+601	+71	+1191	+71	8g	-71	-471	-71	-921	-793
			8H	+530	0	+1120	0	9g8g	-71	-571	-71	-921	-793

（续）

基本大径/mm		螺距/mm	内螺纹					外螺纹					
			公差带	中径		小径		公差带	中径		大径		小径
>	≤			ES	EI	ES	EI		es	ei	es	ei	用于计算应力的偏差
45	90	5.5	—	—	—	—	—	3h4h	0	−132	0	−355	−794
			4H	+224	0	+475	0	4h	0	−170	0	−355	−794
			5G	+355	+75	+675	+75	5g6g	−75	−287	−75	−635	−869
			5H	+280	0	+600	0	5h4h	0	−212	0	−355	−794
			—	—	—	—	—	5h6h	0	−212	0	−560	−794
			—	—	—	—	—	6e	−112	−377	−112	−672	−906
			—	—	—	—	—	6f	−90	−355	−90	−650	−884
			6G	+430	+75	+825	+75	6g	−75	−340	−75	−635	−869
			6H	+355	0	+750	0	6h	0	−265	0	−560	−794
			—	—	—	—	—	7e6e	−112	−447	−112	−672	−906
			7G	+525	+75	+1025	+75	7g6g	−75	−410	−75	−635	−869
			7H	+450	0	+950	0	7h6h	0	−335	0	−560	−794
			8G	+635	+75	+1255	+75	8g	−75	−500	−75	−975	−869
			8H	+560	0	+1180	0	9g8g	−75	−605	−75	−975	−869
		6	—	—	—	—	—	3h4h	0	−140	0	−375	−866
			4H	+236	0	+500	0	4h	0	−180	0	−375	−866
			5G	+380	+80	+710	+80	5g6g	−80	−304	−80	−680	−946
			5H	+300	0	+630	0	5h4h	0	−224	0	−375	−866
			—	—	—	—	—	5h6h	0	−224	0	−600	−866
			—	—	—	—	—	6e	−118	−398	−118	−718	−984
			—	—	—	—	—	6f	−95	−375	−95	−695	−961
			6G	+455	+80	+880	+80	6g	−80	−360	−80	−680	−946
			6H	+375	0	+800	0	6h	0	−280	0	−600	−866
			—	—	—	—	—	7e6e	−118	−473	−118	−718	−984
			7G	+555	+80	+1080	+80	7g6g	−80	−435	−80	−680	−946
			7H	+475	0	+1000	0	7h6h	0	−355	0	−600	−866
			8G	+680	+80	+1330	+80	8g	−80	−530	−80	−1030	−946
			8H	+600	0	+1250	0	9g8g	−80	−640	−80	−1030	−946
90	180	2	—	—	—	—	—	3h4h	0	−95	0	−180	−289
			4H	+160	0	+236	0	4h	0	−118	0	−180	−289
			5G	+238	+38	+338	+38	5g6g	−38	−188	−38	−318	−327
			5H	+200	0	+300	0	5h4h	0	−150	0	−180	−289
			—	—	—	—	—	5h6h	0	−150	0	−280	−289
			—	—	—	—	—	6e	−71	−261	−71	−351	−360
			—	—	—	—	—	6f	−52	−242	−52	−332	−341
			6G	+288	+38	+413	+38	6g	−38	−228	−38	−318	−327
			6H	+250	0	+375	0	6h	0	−190	0	−280	−289
			—	—	—	—	—	7e6e	−71	−307	−71	−351	−360
			7G	+353	+38	+513	+38	7g6g	−38	−274	−38	−318	−327
			7H	+315	0	+475	0	7h6h	0	−236	0	−280	−289
			8G	+438	+38	+638	+38	8g	−38	−338	−38	−488	−327
			8H	+400	0	+600	0	9g8g	−38	−413	−38	−488	−327

（续）

基本大径/mm		螺距/mm	内螺纹					外螺纹					
			公差带	中径		小径		公差带	中径		大径		小径
>	≤			ES	EI	ES	EI		es	ei	es	ei	用于计算应力的偏差
90	180	3	—	—	—	—	—	3h4h	0	-112	0	-236	-433
			4H	+190	0	+315	0	4h	0	-140	0	-236	-433
			5G	+284	+48	+448	+48	5g6g	-48	-228	-48	-423	-481
			5H	+236	0	+400	0	5h4h	0	-180	0	-236	-433
			—	—	—	—	—	5h6h	0	-180	0	-375	-433
			—	—	—	—	—	6e	-85	-309	-85	-460	-518
			—	—	—	—	—	6f	-63	-287	-63	-438	-496
			6G	+348	+48	+548	+48	6g	-48	-272	-48	-423	-481
			6H	+300	0	+500	0	6h	0	-224	0	-375	-433
			—	—	—	—	—	7e6e	-85	-365	-85	-460	-518
			7G	+423	+48	+678	+48	7g6g	-48	-328	-48	-423	-481
			7H	+375	0	+630	0	7h6h	0	-280	0	-375	-433
			8G	+523	+48	+848	+48	8g	-48	-403	-48	-648	-481
			8H	+475	0	+800	0	9g8g	-48	-498	-48	-648	-481
		4	—	—	—	—	—	3h4h	0	-125	0	-300	-577
			4H	+212	0	+375	0	4h	0	-160	0	-300	-577
			5G	+325	+60	+535	+60	5g6g	-60	-260	-60	-535	-637
			5H	+265	0	+475	0	5h4h	0	-200	0	-300	-577
			—	—	—	—	—	5h6h	0	-200	0	-475	-577
			—	—	—	—	—	6e	-95	-345	-95	-570	-672
			—	—	—	—	—	6f	-75	-325	-75	-550	-652
			6G	+395	+60	+660	+60	6g	-60	-310	-60	-535	-637
			6H	+335	0	+600	0	6h	0	-250	0	-475	-577
			—	—	—	—	—	7e6e	-95	-410	-95	-570	-672
			7G	+485	+60	+810	+60	7g6g	-60	-375	-60	-535	-637
			7H	+425	0	+750	0	7h6h	0	-315	0	-475	-577
			8G	+590	+60	+1010	+60	8g	-60	-460	-60	-810	-637
			8H	+530	0	+950	0	9g8g	-60	-560	-60	-810	-637
		6	—	—	—	—	—	3h4h	0	-150	0	-375	-866
			4H	+250	0	+500	0	4h	0	-190	0	-375	-866
			5G	+395	+80	+710	+80	5g6g	-80	-316	-80	-680	-946
			5H	+315	0	+630	0	5h4h	0	-236	0	-375	-866
			—	—	—	—	—	5h6h	0	-236	0	-600	-866
			—	—	—	—	—	6e	-118	-418	-118	-718	-984
			—	—	—	—	—	6f	-95	-395	-95	-695	-961
			6G	+480	+80	+880	+80	6g	-80	-380	-80	-680	-946
			6H	+400	0	+800	0	6h	0	-300	0	-600	-866
			—	—	—	—	—	7e6e	-118	-493	-118	-718	-984
			7G	+580	+80	+1080	+80	7g6g	-80	-455	-80	-680	-946
			7H	+500	0	+1000	0	7h6h	0	-375	0	-600	-866
			8G	+710	+80	+1330	+80	8g	-80	-555	-80	-1030	-946
			8H	+630	0	+1250	0	9g8g	-80	-680	-80	-1030	-946

（续）

基本大径/mm		螺距/mm	内螺纹					外螺纹					
			公差带	中径		小径		公差带	中径		大径		小径
>	≤			ES	EI	ES	EI		es	ei	es	ei	用于计算应力的偏差
90	180	8①	—	—	—	—	—	3h4h	0	-170	0	-450	-1155
			4H	+280	0	+630	0	4h	0	-212	0	-450	-1155
			5G	+380	+100	+900	+100	5g6g	-100	-365	-100	-810	-1255
			5H	+355	0	+800	0	5h4h	0	-265	0	-450	-1155
			—	—	—	—	—	5h6h	0	-265	0	-710	-1155
			—	—	—	—	—	6e	-140	-475	-140	-850	-1295
			—	—	—	—	—	6f	-118	-453	-118	-828	-1273
			6G	+550	+100	+1100	+100	6g	-100	-435	-100	-810	-1255
			6H	+450	0	+1000	0	6h	0	-335	0	-710	-1155
			—	—	—	—	—	7e6e	-140	-565	-140	-850	-1295
			7G	+660	+100	+1350	+100	7g6g	-100	-525	-100	-810	-1255
			7H	+560	0	+1250	0	7h6h	0	-425	0	-710	-1155
			8G	+810	+100	+1700	+100	8g	-100	-630	-100	-1280	-1255
			8H	+710	0	+1600	0	9g8g	-100	-770	-100	-1280	-1255
180	355	3	—	—	—	—	—	3h4h	0	-125	0	-236	-433
			4H	+212	0	+315	0	4h	0	-160	0	-236	-433
			5G	+313	+48	+448	+48	5g6g	-48	-248	-48	-423	-481
			5H	+265	0	+400	0	5h4h	0	-200	0	-236	-433
			—	—	—	—	—	5h6h	0	-200	0	-375	-433
			—	—	—	—	—	6e	-85	-335	-85	-460	-518
			—	—	—	—	—	6f	-63	-313	-63	-438	-496
			6G	+383	+48	+548	+48	6g	-48	-298	-48	-423	-481
			6H	+335	0	+500	0	6h	0	-250	0	-375	-433
			—	—	—	—	—	7e6e	-85	-400	-85	-460	-518
			7G	+473	+48	+678	+48	7g6g	-48	-363	-48	-423	-481
			7H	+425	0	+630	0	7h6h	0	-315	0	-375	-433
			8G	+578	+48	+848	+48	8g	-48	-448	-48	-648	-481
			8H	+530	0	+800	0	9g8g	-48	-548	-48	-648	-481
		4	—	—	—	—	—	3h4h	0	-140	0	-300	-577
			4H	+236	0	+375	0	4h	0	-180	0	-300	-577
			5G	+360	+60	+535	+60	5g6g	-60	-284	-60	-535	-637
			5H	+300	0	+475	0	5h4h	0	-224	0	-300	-577
			—	—	—	—	—	5h6h	0	-224	0	-475	-577
			—	—	—	—	—	6e	-95	-375	-95	-570	-672
			—	—	—	—	—	6f	-75	-355	-75	-550	-652
			6G	+435	+60	+660	+60	6g	-60	-340	-60	-535	-637
			6H	+375	0	+660	0	6h	0	-280	0	-475	-577
			—	—	—	—	—	7e6e	-95	-450	-95	-570	-672
			7G	+535	+60	+810	+60	7g6g	-60	-415	-60	-535	-637
			7H	+475	0	+750	0	7h6h	0	-355	0	-475	-577
			8G	+660	+60	+1010	+60	8g	-60	-510	-60	-810	-637
			8H	+600	0	+950	0	9g8g	-60	-620	-60	-810	-637

（续）

基本大径/mm		螺距/mm	内螺纹					外螺纹					
			公差带	中径		小径		公差带	中径		大径		小径
>	≤			ES	EI	ES	EI		es	ei	es	ei	用于计算应力的偏差
180	355	6	—	—	—	—	—	3h4h	0	-160	0	-375	-866
			4H	+265	0	+500	0	4h	0	-200	0	-375	-866
			5G	+415	+80	+710	+80	5g6g	-80	-330	-80	-680	-946
			5H	+335	0	+630	0	5h4h	0	-250	0	-375	-866
			—	—	—	—	—	5h6h	0	-250	0	-600	-866
			—	—	—	—	—	6e	-118	-433	-118	-718	-984
			—	—	—	—	—	6f	-95	-410	-95	-695	-961
			6G	+505	+80	+880	+80	6g	-80	-395	-80	-680	-946
			6H	+425	0	+800	0	6h	0	-315	0	-600	-866
			—	—	—	—	—	7e6e	-118	-518	-118	-718	-984
			7G	+610	+80	+1080	+80	7g6g	-80	-480	-80	-680	-946
			7H	+530	0	+1000	0	7h6h	0	-400	0	-600	-866
			8G	+750	+80	+1330	+80	8g	-80	-580	-80	-1030	946
			8H	+670	0	+1250	0	9g8g	0	-710	-80	-1030	-946
		8	—	—	—	—	—	3h4h	0	-180	0	-450	-1155
			4H	+300	0	+630	0	4h	0	-224	0	-450	-1155
			5G	+475	+100	+900	+100	5g6g	-100	-380	-100	-810	-1255
			5H	+375	0	+800	0	5h4h	0	-280	0	-450	-1155
			—	—	—	—	—	5h6h	0	-280	0	-710	-1155
			—	—	—	—	—	6e	-140	-495	-140	-850	-1295
			—	—	—	—	—	6f	-118	-473	-118	-828	-1273
			6G	+575	+100	+1100	+100	6g	-100	-455	-100	-810	-1255
			6H	+475	0	+1000	0	6h	0	-355	0	-710	-1155
			—	—	—	—	—	7e6e	-140	-590	-140	-850	-1295
			7G	+700	+100	+1350	+100	7g6g	-100	-550	-100	-810	-1255
			7H	+600	0	+1250	0	7h6h	0	-450	0	-710	-1155
			8G	+850	+100	+1700	+100	8g	-100	-660	-100	-1280	-1255
			8H	+750	0	+1600	0	9g8g	-100	-810	-100	-1280	-1255

注：ES 和 es 分别为内、外螺纹的上极限偏差代号；EI 和 ei 分别为内、外螺纹的下极限偏差代号。

① 8mm 螺距仅适用于基本大径大于和等于 125mm 的螺纹。

8. 普通螺纹公差计算公式

标准 GB/T 197—2003 规定的数值是建立在实际生产经验基础之上。为了建立一个固定的公差技术体系，特统计归纳出数学公式。

中径和顶径公差值及基本偏差值按下面给出的公式计算，并且圆整到 R40 优先数系的最临近值。当出现小数时，此数要进一步圆整到最临近的整数值。

为了给出均匀的公差系列值，R40 圆整原则不是完全遵守的。

当按下面给出的公式计算出的数值与公差表（表 6-4～表 6-10）内所规定的数值有差异时，以公差表内所规定的数值为准。

（1）基本偏差计算公式

$$EI_G=15+11P$$

$$EI_H=0$$

$$es_e=-(50+11P)$$

（对 $P\leqslant0.45$mm 的螺纹，此公式不适用）

$$es_f=-(30+11P)$$

（对 $P\leqslant0.3$mm 的螺纹，此公式不适用）

$$es_g=-(15+11P)$$

$$es_h=0$$

注意，EI 和 es 的单位为 μm，P 的单位为 mm。

（2）顶径公差计算公式

1）外螺纹的大径公差计算公式

① 6 级公差的公差值计算式为

$$T_d(6)=180P^{\frac{2}{3}}-\frac{3.15}{\sqrt{P}}$$

② 4 级公差的公差值计算式为

$$T_d(4)=0.63T_d(6)$$

③ 8 级公差的公差值计算式为

$$T_d(8)=1.6T_d(6)$$

注意，T_d 的单位为 μm，P 的单位为 mm。

2）内螺纹的小径公差计算公式

① 6 级公差的公差值计算式，

当 $0.2mm\leqslant P\leqslant 0.8mm$ 时为

$$T_{D_1}(6)=433P-190P^{1.22}$$

当 $P\geqslant 1mm$ 时

$$T_{D_1}(6)=230P^{0.7}$$

② 4 级公差的公差值计算式为

$$T_{D_1}(4)=0.63T_{D_1}(6)$$

③ 5 级公差的公差值计算式为

$$T_{D_1}(5)=0.8T_{D_1}(6)$$

④ 7 级公差的公差值计算式为

$$T_{D_1}(7)=1.25T_{D_1}(6)$$

⑤ 8 级公差的公差值计算式为

$$T_{D_1}(8)=1.6T_{D_1}(6)$$

注意，T_{D_1} 的单位为 μm，P 的单位为 mm。

（3）中径公差计算公式

1）外螺纹的中径公差计算公式

① 6 级公差的公差值计算式为

$$T_{d_2}(6)=90P^{0.4}d^{0.1}$$

② 3 级公差的公差值计算式为

$$T_{d_2}(3)=0.5T_{d_2}(6)$$

③ 4 级公差的公差值计算式为

$$T_{d_2}(4)=0.63T_{d_2}(6)$$

④ 5 级公差的公差值计算式为

$$T_{d_2}(5)=0.8T_{d_2}(6)$$

⑤ 7 级公差的公差值计算式为

$$T_{d_2}(7)=1.25T_{d_2}(6)$$

⑥ 8 级公差的公差值计算式为

$$T_{d_2}(8)=1.6T_{d_2}(6)$$

⑦ 9 级公差的公差值计算式为

$$T_{d_2}(9)=2T_{d_2}(6)$$

注意，T_{d_2} 的单位为 μm，d 的单位为 mm。

2）内螺纹的中径公差计算公式

① 4 级公差的公差值计算式为

$$T_{D_2}(4)=0.85T_{d_2}(6)$$

② 5 级公差的公差值计算式为

$$T_{D_2}(5)=1.06T_{d_2}(6)$$

③ 6 级公差的公差值计算式为

$$T_{D_2}(6)=1.32T_{d_2}(6)$$

④ 7 级公差的公差值计算式为

$$T_{D_2}(7)=1.7T_{d_2}(6)$$

⑤ 8 级公差的公差值计算式为

$$T_{D_2}(8)=2.12T_{d_2}(6)$$

注意，T_{D_2} 值要小于和等于 $0.25P$。

（4）旋合长度计算公式

$$l_{Nmin}\approx 2.24Pd^{0.2}$$

$$l_{Nmax}\approx 6.7Pd^{0.2}$$

注意，公式中的 d 为各螺纹公称直径分段内最靠近分段下限并符合表 6-1 所规定的标准公称直径值。l_N、P 和 d 的单位为 mm。

9. 代号和标记

（1）螺纹代号　粗牙螺纹用字母“M”及“公称直径”表示；细牙螺纹用字母“M”及“公称直径×螺距”表示；多线螺纹用字母“M”及“公称直径×Ph 导程 P 螺距”表示。

（2）公差带代号　螺纹公差带代号包括中径公差带和顶径公差带。中径公差带在前，顶径公差带在后。两者代号相同时只标一个代号。

螺纹公差带代号与螺纹代号之间用“-”分开。

在下列情况下，中等公差精度螺纹不标注其公差带代号：

内螺纹：-5H 公称直径小于和等于 1.4mm 时；-6H公称直径大于和等于 1.6mm 时。

注意，对螺距为 0.2mm 螺纹，其公差等级为 4 级。

外螺纹：-6h 公称直径小于和等于 1.4mm 时；-6g公称直径大于和等于 1.6mm 时。

表示螺纹副时，前面写内螺纹公差带代号，后面写外螺纹公差带代号，中间用斜线“/”分开。

（3）其他必要说明信息　旋合长度和旋向。

1）旋合长度。中等旋合长度（N）时，不标注旋合长度代号。短和长旋合长度时，在公差带代号后分别标注旋合长度代号 S 和 L。

旋合长度代号与公差带代号间用“-”分开。

2）左旋螺纹。对左旋螺纹，在旋合长度代号后标注“LH”。右旋螺纹不标旋向代号。

（4）标记示例

M10-5g6g；M10×1；M20×2-6H/5g6g-LH；M16×

Ph3P1.5；M10-7H-L。

10. 量规

（1）量规种类　各种量规的代号、功能、牙型及使用规则见表 6-14。

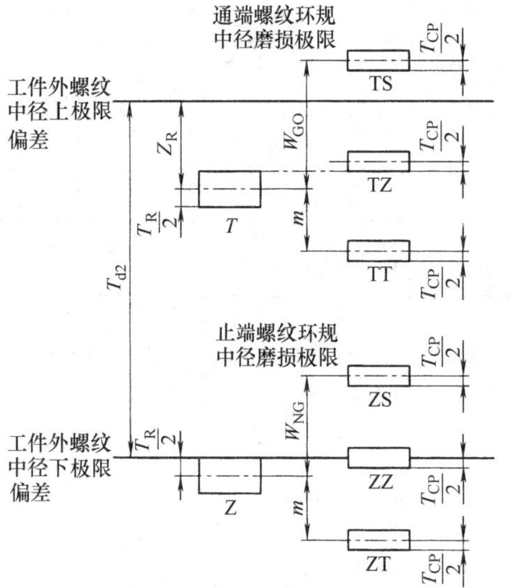

图 6-7　螺纹环规和校对塞规的中径公差带

（2）螺纹环规及其校对塞规　螺纹环规和校对螺纹塞规的中径公差带如图 6-7 所示，公差值和位置要素值见表 6-15。

（3）螺纹塞规　螺纹塞规的中径公差带如图 6-8 所示，公差值和位置要素值见表 6-15。

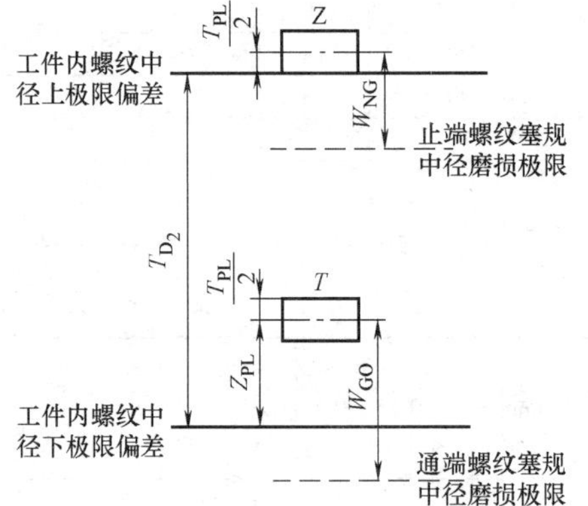

图 6-8　螺纹塞规的中径公差带

（4）量规的牙侧角和螺距公差　螺纹量规的牙侧角公差见表 6-16，螺距公差见表 6-17。

（5）螺纹量规的大径、中径和小径值　螺纹量规大径、中径和小径的尺寸及偏差计算式见表 6-18。

表 6-14　螺纹量规的代号、功能、牙型及使用规则（摘自 GB/T 3934—2003）

螺纹量规名称	代号	功　能	牙　型	使用规则
通端螺纹塞规	T	检查工件内螺纹的作用中径和大径	完整的外螺纹牙型	应与工件内螺纹旋合通过
止端螺纹塞规	Z	检查工件内螺纹的单一中径	截短的外螺纹牙型	允许与工件内螺纹两端的螺纹部分旋合，旋合量应不超过两个螺距；对于三个或少于三个螺距的工件内螺纹，不应完全旋合通过
通端螺纹环规	T	检查工件外螺纹的作用中径和小径	完整的内螺纹牙型	应与工件外螺纹旋合通过
止端螺纹环规	Z	检查工件外螺纹的单一中径	截短的内螺纹牙型	允许与工件外螺纹两端的螺纹部分旋合，旋合量应不超过两个螺距；对于三个或少于三个螺距的工件外螺纹，不应完全旋合通过
校通-通螺纹塞规	TT	检查新的通端螺纹环规的作用中径	完整的外螺纹牙型	应与新的通端螺纹环规旋合通过
校通-止螺纹塞规	TZ	检查新的通端螺纹环规的单一中径	截短的外螺纹牙型	允许与新的通端螺纹环规两端的螺纹部分旋合，但旋合量应不超过一个螺距
校通-损螺纹塞规	TS	检查使用中通端螺纹环规的单一中径	截短的外螺纹牙型	允许与通端螺纹环规两端的螺纹部分旋合，但旋合量应不超过一个螺距
校止-通螺纹塞规	ZT	检查新的止端螺纹环规的单一中径	完整的外螺纹牙型	应与新的止端螺纹环规旋合通过
校止-止螺纹塞规	ZZ	检查新的止端螺纹环规的单一中径	完整的外螺纹牙型	允许与新的止端螺纹环规两端的螺纹部分旋合，但旋合量应不超过一个螺距
校止-损螺纹塞规	ZS	检查使用中止端螺纹环规的单一中径	完整的外螺纹牙型	允许与止端螺纹环规两端的螺纹部分旋合，但旋合量应不超过一个螺距

表 6-15　螺纹量规中径公差和位置要素值（摘自 GB/T 3934—2003）　　（单位：μm）

工件内、外螺纹的中径公差 T_{D_2}、T_{d_2}	T_R	T_{PL}	T_{CP}	m	Z_R	Z_{PL}	W_{GO}		W_{NG}	
							通端螺纹环规	通端螺纹塞规	止端螺纹环规	止端螺纹塞规
24~50	8	6	6	10	−4	0	10	8	7	6
>50~80	10	7	7	12	−2	2	12	9.5	9	7.5
>80~125	14	9	8	15	2	6	16	12.5	12	9.5
>125~200	18	11	9	18	8	12	21	17.5	15	11.5
>200~315	23	14	12	22	12	16	25.5	21	19.5	15
>315~500	30	18	15	27	20	24	33	27	25	19
>500~670	38	22	18	33	28	32	41	33	31	23

表 6-16　牙侧角公差（摘自 GB/T 3934—2003）

螺距 P/mm	0.2	0.25	0.3	0.35	0.4	0.45	0.5	0.6	0.7	0.75	0.8	1	1.25	1.5	1.75	2 2.5	3	3.5	4 4.5 5	5.5 6 8
完整螺纹牙型的牙侧角公差 $T_{\frac{\alpha_1}{2}}$/(′)	60	48	40	35	31	26	25	21	18	17	16	15	13	12	11	10	9	9	8	8
截短螺纹牙型的牙侧角分差 $T_{\frac{\alpha_2}{2}}$/(′)												16	16	16	16	14	13	12	11	10

注：1. 螺纹牙侧角的实际偏差可以是正的或负的。

2. 牙型面有效长度内的直线度误差应不超过螺纹牙侧角公差所限制的范围，并且对于公称直径小于和等于 100mm 螺纹其最大值应不大于 2μm；对于公称直径大于 100mm 的应不大于 3μm。

表 6-17　螺距公差（摘自 GB/T 3934—2003）　　（单位：mm）

螺纹量规螺纹部分长度	≤14	>14~32	>32~50	>50~80
螺距公差 T_P	0.004	0.005	0.006	0.007

注：螺距公差 T_P 适用于螺纹量规螺纹长度内任意牙数，实际偏差可以是正的或负的。

表 6-18　螺纹量规直径的基本尺寸及其偏差（摘自 GB/T 3934—2003）

量规名称	大径		中径		小径	
	尺寸	偏差	尺寸	偏差	尺寸	偏差
通端螺纹塞规	$D+EI+Z_{PL}$	$\pm T_{PL}$	D_2+EI+Z_{PL}	$\pm\frac{T_{PL}}{2}$	$\leqslant D_1+EI$ 具有间隙槽 b_2 或圆弧半径	
止端螺纹塞规	$D_2+EI+T_{D_2}+\frac{T_{PL}}{2}+2F_1$	$\pm T_{PL}$	$D_2+EI+T_{D_2}+\frac{T_{PL}}{2}$	$\pm\frac{T_{PL}}{2}$	$\leqslant D_1+EI$ 具有间隙槽 b_3 或圆弧半径	
通端螺纹环规	$\geqslant d+es+T_{PL}$ 具有间隙槽 b_1 或圆弧半径		d_2+es-Z_R	$\pm\frac{T_R}{2}$	D_1+es	$\pm\frac{T_R}{2}$
校通-通螺纹塞规	$d+es$	$\pm T_{PL}$①	d_2+es-Z_R-m	$\pm\frac{T_{CP}}{2}$	$\leqslant D_1+es-Z_R-m$ 具有间隙槽 b_2 或圆弧半径	
校通-止螺纹塞规	$d_2+es-Z_R+\frac{T_R}{2}+2F_1$	$\pm\frac{T_{PL}}{2}$	$d_2+es-Z_R+\frac{T_R}{2}$	$\pm\frac{T_{CP}}{2}$	$\leqslant D_1+es-\frac{T_R}{2}$ 具有间隙槽 b_3 或圆弧半径	

（续）

量规名称	大径		中径		小径	
	尺寸	偏差	尺寸	偏差	尺寸	偏差
校通-损螺纹塞规	$d_2+es-Z_R+W_{GO}+2F_1$	$\pm\frac{T_{PL}}{2}$	$d_2+es-Z_R+W_{GO}$	$\pm\frac{T_{CP}}{2}$	$\leqslant D_1+es-\frac{T_R}{2}$ 具有间隙槽 b_3 或圆弧半径	
止端螺纹环规	$\geqslant d+es+T_{PL}$ 具有间隙槽 b_3 或圆弧半径		$d_2+es-T_{d_2}-\frac{T_R}{2}$	$\pm\frac{T_R}{2}$	$d_2+es-T_{d_2}-\frac{T_R}{2}-2F_1$	$\pm T_R$
校止-通螺纹塞规	$d+es$	$\pm T_{PL}$①	$d_2+es-T_{d_2}-\frac{T_R}{2}-m$	$\pm\frac{T_{CP}}{2}$	$\leqslant D_1+es-T_{d_2}-\frac{T_R}{2}-m$ 具有间隙槽 b_2 或圆弧半径	
校止-止螺纹塞规	$d+es-T_{d_2}$	$\pm T_{PL}$	$d_2+es-T_{d_2}$	$\pm\frac{T_{CP}}{2}$	$\leqslant D_1+es-T_{d_2}$ 具有间隙槽 b_2 或圆弧半径	
校止-损螺纹塞规	$d+es-T_{d_2}-\frac{T_R}{2}+W_{NG}$	$\pm T_{PL}$	$d_2+es-T_{d_2}-\frac{T_R}{2}+W_{NG}$	$\pm\frac{T_{CP}}{2}$	$\leqslant D_1+es-T_{d_2}$ 具有间隙槽 b_2 或圆弧半径	

① 如果螺纹牙型的大径部分是尖的，则可以稍稍削平，在这种情况下，大径尺寸允许小于该下极限偏差。

6.1.4　小螺纹

1. 概述

小螺纹是指公称直径相对较小的螺纹，主要用于仪器仪表、钟表等行业。小螺纹在牙型和公差体系上不同于普通螺纹，各国单独为小螺纹制定了标准。目前米制国家坚持小螺纹的最大尺寸系列要小于 1mm；寸制国家则坚持小螺纹的最大尺寸系列要延伸到 1.4mm，以便同 UN 螺纹的最小直径 1.524mm 相接。在标记代号方面，一些国家仍坚持用“M”代号来标记小螺纹；而另一些国家则认为两螺纹在牙型上已不同，要求用新代号“S”标记小螺纹。

我国现行的小螺纹标准为 GB/T 15054.1~.4—1994。

2. 牙型

（1）基本牙型　基本牙型如图 6-9 所示。

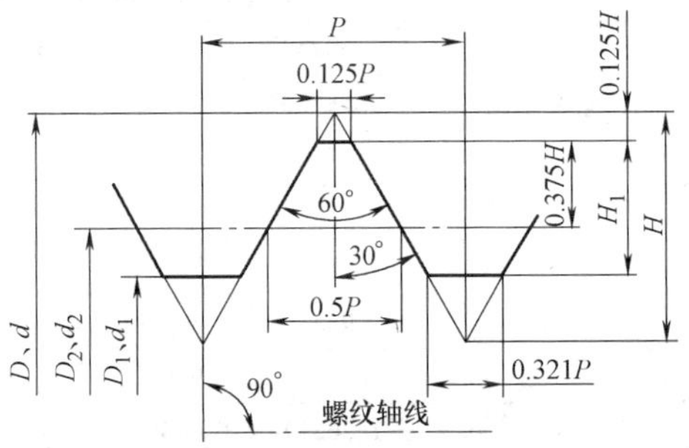

图 6-9　基本牙型

（$H=0.866025P$，$H_1=0.48P$）

（2）设计牙型　设计牙型见表 6-19。

3. 直径与螺距系列

直径与螺距系列按表 6-19 的规定选取，应优先选用第一系列直径。

表 6-19　小螺纹的直径与螺距系列（摘自 GB/T 15054.3—1994）　（单位：mm）

$H_1=0.48P$

$h_3=0.56P$

$a_c=0.08P$

$R_{max}=0.2P$

标记示例：

内螺纹　S 0.9-4H5

外螺纹　S 0.9LH-5h3

螺纹副　S 0.9-4H5/5h3

公称直径 第一系列	公称直径 第二系列	螺距 P	内、外螺纹中径 $d_2=D_2$	外螺纹小径 d_3	内螺纹小径 D_1	公称直径 第一系列	公称直径 第二系列	螺距 P	内、外螺纹中径 $d_2=D_2$	外螺纹小径 d_3	内螺纹小径 D_1
0.3		0.08	0.248038	0.210200	0.223200		0.7	0.175	0.586334	0.504000	0.532000
	0.35	0.09	0.291543	0.249600	0.263600	0.8		0.2	0.670096	0.576000	0.608000
0.4		0.1	0.335048	0.288000	0.304000		0.9	0.225	0.753858	0.648000	0.684000
	0.45	0.1	0.385048	0.338000	0.354000	1		0.25	0.837620	0.720000	0.760000
0.5		0.125	0.418810	0.360000	0.380000		1.1	0.25	0.937620	0.820000	0.860000
	0.55	0.125	0.468810	0.410000	0.430000	1.2		0.25	1.037620	0.920000	0.960000
0.6		0.15	0.502572	0.432000	0.456000		1.4	0.5	1.205144	1.064000	1.112000

注：内、外小螺纹的优选公差带分别为 4H5 和 5h3。

4. 基本尺寸

$D=d$；$D_2=d_2=d-0.75H=d-0.64952P$；$D_1=d-0.96P$；$d_3=d-1.12P$。

基本尺寸见表 6-20。

表 6-20 基本尺寸（摘自 GB/T 15054.3—1994）

（单位：mm）

公称直径 第一系列	公称直径 第二系列	螺距 P	外、内螺纹中径 $d_2=D_2$	外螺纹小径 d_3	内螺纹小径 D_1
0.3		0.08	0.248038	0.210200	0.223200
	0.35	0.09	0.291543	0.249600	0.263600
0.4		0.1	0.335048	0.288000	0.304000
	0.45	0.1	0.385048	0.338000	0.354000
0.5		0.125	0.418810	0.360000	0.380000
	0.55	0.125	0.468810	0.410000	0.430000
0.6		0.15	0.502572	0.432000	0.456000
	0.7	0.175	0.586334	0.504000	0.532000
0.8		0.2	0.670096	0.576000	0.608000
	0.9	0.225	0.753858	0.648000	0.684000
1		0.25	0.837620	0.720000	0.760000
	1.1	0.25	0.937620	0.820000	0.860000
1.2		0.25	1.037620	0.920000	0.960000
	1.4	0.3	1.205144	1.064000	1.112000

5. 公差

（1）基本偏差　外螺纹的上极限偏差（es）和内螺纹的下极限偏差（EI）为基本偏差。它决定了螺纹公差带相对于设计牙型的位置。

外螺纹公差带位置为 h，如图 6-10 所示；内螺纹小径的公差带位置为 H，中径有 H 和 G 两种公差带位置，大径的公差带位置与其中径的相同，如图 6-11 所示。内螺纹大径和中径的基本偏差值见表 6-21。

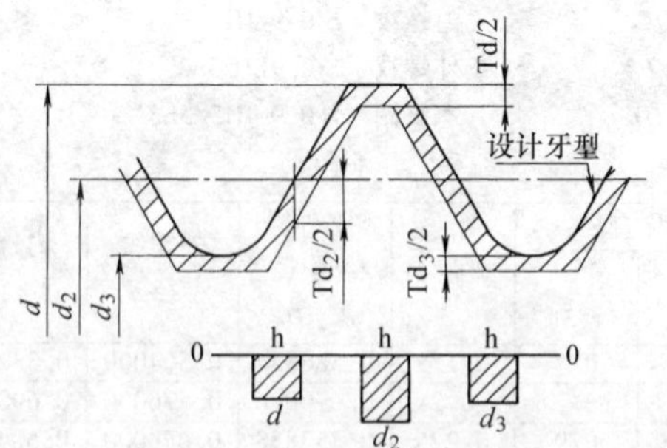

图 6-10　外螺纹公差带位置

（2）公差等级　内、外螺纹的顶径和中径公差等级及外螺纹的小径公差等级按表 6-22 选取，公差值见表 6-23～表 6-25。内螺纹的最大大径取决于刃具尺寸，无公差限制。

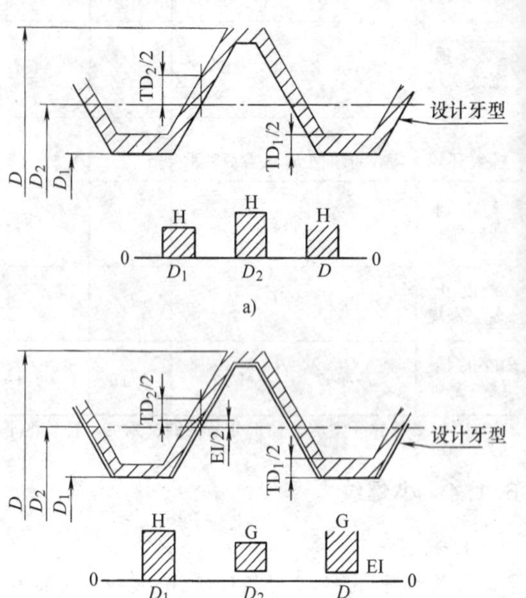

图 6-11　内螺纹公差带位置

表 6-21 内螺纹大径和中径的基本偏差

（摘自 GB/T 15054.4—1994）

（单位：μm）

螺距 P /mm	H EI	G EI
0.08	0	+6
0.09	0	+6
0.1	0	+6
0.125	0	+8
0.15	0	+8
0.175	0	+10
0.2	0	+10
0.225	0	+10
0.25	0	+12
0.3	0	+12

表 6-22 公差等级

螺纹直径	公差等级
内螺纹中径 D_2	3、4
内螺纹小径 D_1	5、6
外螺纹大径 d	3、5
外螺纹中径 d_2	5
外螺纹小径 d_3	4

表 6-23　内、外螺纹的顶径公差

（摘自 GB/T 15054.4—1994）

（单位：μm）

螺距 P /mm	内螺纹小径 D_1 公差等级		外螺纹大径 d 公差等级	
	5	6	3	5
0.08	17		16	
0.09	22		18	
0.1	26	38	20	
0.125	35	55	20	32
0.15	46	66	25	40
0.175	53	73	25	45
0.2	57	77	30	50
0.225	61	81	30	50
0.25	65	85	35	
0.3	73	93	40	

表 6-24　内、外螺纹的中径公差

（摘自 GB/T 15054.4—1994）

（单位：μm）

螺距 P /mm	内螺纹中径 D_2 公差等级		外螺纹中径 d_2 公差等级
	3	4	5
0.08	14	20	20
0.09	16	22	22
0.1	18	24	24
0.125	18	26	26
0.15	20	28	28
0.175	22	32	32
0.2	26	36	36
0.225	30	40	40
0.25	32	44	44
0.3	38	50	50

表 6-25　外螺纹小径（d_3）公差

（摘自 GB/T 15054.4—1994）

螺距 P/mm	公差等级 4 的小径（d_3）公差 /μm
0.08	20
0.09	22
0.1	24
0.125	28
0.15	32
0.175	36
0.2	40
0.225	44
0.25	48
0.3	56

6.1.5　热浸镀锌螺纹

1. 热浸镀锌螺纹在内螺纹上容纳镀锌层

（1）范围　GB/T 22028—2008 规定了在内螺纹上容纳镀锌层螺纹的牙型、直径与螺距系列、基本尺寸、公差、标记和极限尺寸。该标准适用于热浸镀锌螺纹紧固件。外螺纹表面上有热镀锌层，内螺纹为镀后攻螺纹。

（2）使用通则　内螺纹镀后攻螺纹所留大间隙（AZ 或 AX 基本偏差），用于容纳外螺纹表面上的热浸镀锌镀层；外螺纹镀前采用 GB/T 197—2003 所规定的标准公差带位置和标准公差等级。标准规定内螺纹工件的抗剪切强度，允许低于标准普通螺纹所具有的抗剪切强度。GB/T 22028—2008 规定的大间隙内螺纹，不能与 GB/T 22029—2008 规定的大间隙外螺纹形成配合连接。这种配合对螺纹的抗剪切强度削弱过多。

螺纹基本牙型应符合 GB/T 192—2003 的规定。螺纹直径与螺距系列应符合 GB/T 9144—2003 所规定的、公称直径大于和等于 10mm 的粗牙系列。螺纹基本尺寸应符合 GB/T 196—2003 的规定。

（3）公差　外螺纹为 h、g、e 和 f，其基本偏差（es）应符合 GB/T 197—2003 的规定；内螺纹为 AZ 和 AX，其基本偏差（EI）为正值，基本偏差值见表 6-26。

推荐采用 AZ 基本偏差的内螺纹与镀后经过离心处理的热浸镀锌外螺纹组成配合；采用 AX 基本偏差的内螺纹与镀后没有经过离心处理的热浸镀锌外螺纹（厚镀层）组成配合。

表 6-26　内螺纹的基本偏差

螺距 P/mm	AZ	AX
	EI/μm	EI/μm
1.5	+330	+310
1.75	+335	+365
2	+340	+420
2.5	+350	+530
3	+360	+640
3.5	+370	+750
4	+380	+860
4.5	+390	+970
5	+400	+1080
5.5	+410	+1190
6	+420	+1300

注：内螺纹基本偏差计算式：$EI_{AZ}=+(300+20P)$；$EI_{AX}=+(220P-20)$。其中，EI 的单位为 μm，P 的单位为 mm。

螺纹中径和顶径的公差等级为 6 级。其公差值应符合 GB/T 197—2003 的规定。

（4）极限尺寸　公差带为 6AZ 和 6AX 的内螺纹极限尺寸分别见表 6-27 和表 6-28。公差带为 6h、6g、6e 和 6f 的外螺纹极限尺寸应符合 GB/T 15756—2008 的规定。

表 6-27　6AZ 内螺纹的极限尺寸　（单位：mm）

螺纹（粗牙）	旋合长度 N		中径 D_2		小径 D_1		大径 D
	>	≤	max	min	max	min	min
M10	5	15	9.536	9.356	9.006	8.706	10.330
M12	6	18	11.398	11.198	10.776	10.441	12.335
M14	8	24	13.253	13.041	12.550	12.175	14.340
M16	8	24	15.253	15.041	14.550	14.175	16.340
M18	10	30	16.950	16.726	16.094	15.644	18.350
M20	10	30	18.950	18.726	18.094	17.644	20.350
M22	10	30	20.950	20.726	20.094	19.644	22.350
M24	12	36	22.676	22.411	21.612	21.112	24.360
M27	12	36	25.676	25.411	24.612	24.112	27.360
M30	15	45	28.377	28.097	27.141	26.581	30.370
M33	15	45	31.377	31.097	30.141	29.581	33.370
M36	18	53	34.082	33.782	32.650	32.050	36.380
M39	18	53	37.082	36.782	35.650	35.050	39.380
M42	21	63	39.782	39.467	38.189	37.519	42.390
M45	21	63	42.782	42.467	41.189	40.519	45.390
M48	24	71	45.487	45.152	43.697	42.987	48.400
M52	24	71	49.487	49.152	47.697	46.987	52.400
M56	28	85	53.193	52.838	51.206	50.456	56.410
M60	28	85	57.193	56.838	55.206	54.456	60.410
M64	32	95	60.898	60.523	58.725	57.925	64.420

表 6-28　6AX 内螺纹的极限尺寸　（单位：mm）

螺纹（粗牙）	旋合长度 N		中径 D_2		小径 D_1		大径 D
	>	≤	max	min	max	min	min
M10	5	15	9.516	9.336	8.986	8.686	10.310
M12	6	18	11.428	11.228	10.806	10.471	12.365
M14	8	24	13.333	13.121	12.630	12.255	14.420
M16	8	24	15.333	15.121	14.630	14.255	16.420
M18	10	30	17.130	16.906	16.274	15.824	18.530
M20	10	30	19.130	18.906	18.274	17.824	20.530
M22	10	30	21.130	20.906	20.274	19.824	22.530
M24	12	36	22.956	22.691	21.892	21.392	24.640
M27	12	36	25.956	25.691	24.892	24.392	27.640
M30	15	45	28.757	28.477	27.521	26.961	30.750
M33	15	45	31.757	31.477	30.521	29.961	33.750
M36	18	53	34.562	34.262	33.130	32.530	36.860
M39	18	53	37.562	37.262	36.130	35.530	39.860
M42	21	63	40.362	40.047	38.769	38.099	42.970
M45	21	63	43.362	43.047	41.769	41.099	45.970
M48	24	71	46.167	45.832	44.377	43.667	49.080
M52	24	71	50.167	49.832	48.377	47.667	53.080
M56	28	85	53.973	53.618	51.986	51.236	57.190
M60	28	85	57.973	57.618	55.986	55.236	61.190
M64	32	95	61.778	61.403	59.605	58.805	65.300

2. 热浸镀锌螺纹在外螺纹上容纳镀锌层

（1）范围　GB/T 22029—2008 规定了在外螺纹上容纳镀锌层螺纹的牙型、直径与螺距系列、基本尺寸、公差、标记和极限尺寸。该标准适用于热浸镀锌螺纹紧固件。外螺纹表面上有热镀锌层，内螺纹为镀后攻螺纹。

（2）使用通则　外螺纹镀前所留大间隙（az 基本偏差），用于容纳外螺纹表面上的热浸镀锌镀层；内螺纹镀后攻螺纹，采用 GB/T 197—2003 所规定的标准公差带位置和标准公差等级。由于应力面积减少，采用标准的外螺纹工件的抗拉强度，允许低于标准普通螺纹工件所具有的抗拉强度。

GB/T 22029—2008 规定的大间隙外螺纹不能与 GB/T 22028—2008 规定的大间隙内螺纹形成配合连接。这种配合对螺纹的抗剪切强度削弱过多。

螺纹直径与螺距系列应符合 GB/T 9144—2003 所规定的、公称直径大于和等于 10mm 的粗牙系列。螺纹基本尺寸应符合 GB/T 196—2003 的规定。

（3）公差　螺纹基本牙型应符合 GB/T 192—2003 的规定。对机械性能高于和等于 8.8 级的紧固件，其外螺纹设计牙型的牙底轮廓应没有反向圆弧，并且牙底各处的圆弧半径应不小于 0.125P。外螺纹最小牙底圆弧半径值 R_{min} 见表 6-29。

外螺纹的基本偏差见表 6-30。

表 6-29　外螺纹的最小牙底圆弧半径　（单位：mm）

螺距 P	最小牙底圆弧半径 R_{min}	螺距 P	最小牙底圆弧半径 R_{min}
1.5	0.188	4	0.500
1.75	0.219	4.5	0.563
2	0.250	5	0.625
2.5	0.313	5.5	0.688
3	0.375	6	0.750
3.5	0.438		

表 6-30　外螺纹的基本偏差

螺距	az	螺距	az
P/mm	es/μm	P/mm	es/μm
1.5	-330	4	-380
1.75	-335	4.5	-390
2	-340	5	-400
2.5	-350	5.5	-410
3	-360	6	-420
3.5	-370		

注：外螺纹基本偏差计算式：$es_{az}=-(300+20P)$。其中，es 的单位为 μm，P 的单位为 mm。

螺纹中径和顶径的公差等级为 6 级。其公差值应符合 GB/T 197—2003 的规定。

（4）镀前和镀后的螺纹尺寸　如果无其他特殊说明，标准规定的螺纹公差带适用于镀前螺纹。镀后，外螺纹实际轮廓上的任何点，不应超越按公差位置 h 所确定的最大实体牙型。

（5）螺纹标记　螺纹标记应符合 GB/T 197—2003 的规定。

示例：公称直径为 12mm、中径和顶径公差带为 6az、中等旋合长度、右旋、单线的粗牙外螺纹 M12-6az。

（6）极限尺寸　公差带为 6az 的外螺纹极限尺寸见表 6-31。公差带为 6H 和 6G 的内螺纹极限尺寸应符合 GB/T 15756—2008 的规定。

表 6-31　外螺纹大径和中径的极限尺寸及抗拉面积小径　（单位：mm）

螺纹	旋合长度 N		大径 d		中径 d_2		小径[①]
（粗牙）	>	≤	max	min	max	min	max
M10	5	15	9.670	9.434	8.696	8.564	7.829
M12	6	18	11.665	11.400	10.528	10.378	9.518
M14	8	24	13.660	13.380	12.361	12.201	11.206
M16	8	24	15.660	15.380	14.361	14.201	13.206
M18	10	30	17.650	17.315	16.026	15.856	14.583
M20	10	30	19.650	19.315	18.026	17.856	16.583

（续）

螺纹（粗牙）	旋合长度 N		大径 d		中径 d_2		小径[①]
	>	≤	max	min	max	min	max
M22	10	30	21.650	21.315	20.026	19.856	18.583
M24	12	36	23.640	23.265	21.691	21.491	19.959
M27	12	36	26.640	26.265	24.691	24.491	22.959
M30	15	45	29.630	29.205	27.357	27.145	25.336
M33	15	45	32.630	32.205	30.357	30.145	28.336
M36	18	53	35.620	35.145	33.022	32.798	30.713
M39	18	53	38.620	38.145	36.022	35.798	33.713
M42	21	63	41.610	41.110	38.687	38.451	36.089
M45	21	63	44.610	44.110	41.687	41.451	39.089
M48	24	71	47.600	47.070	44.352	44.102	41.465
M52	24	71	51.600	51.070	48.352	48.102	45.465
M56	28	85	55.590	55.030	52.018	51.753	48.842
M60	28	85	59.590	59.030	56.018	55.753	52.842
M64	32	95	63.580	62.980	59.683	59.403	56.219

① 用于计算抗拉应力面积。

（7）外螺纹抗拉应力面积计算的依据　以 $H/6$ 削平高度所对应的外螺纹小径（其基本偏差 $es_{az}=-H/6$），作为计算外螺纹抗拉应力面积的依据。

6.1.6　过滤配合螺纹

过渡配合螺纹属普通螺纹技术体系，但外螺纹中径公差带不同。过渡螺纹要求内、外螺纹中径配合较紧，在承载条件下，外螺纹不得从机体螺孔中脱落出来。普通螺纹则要求内、外螺纹中径为间隙配合，以保证螺纹的快速装配。

在采用过渡配合螺纹时，应该在螺纹之外使用辅助锁紧结构，以弥补螺纹中径锁紧力的不足部分。辅助锁紧结构见表 6-32。

表 6-32　辅助锁紧结构（摘自 GB/T 1167—1996）

辅助锁紧形式	机体材料	备注	辅助锁紧形式	机体材料	备注
螺纹收尾锁紧	钢、铸铁和铝合金等	是一种最常用的锁紧形式 用于通孔和不通孔 不适用于动载荷较大的场合 螺尾的最大轴向长度为 2.5P	端面顶尖锁紧	钢、铸铁和铝合金等	用于不通孔 顶尖的光滑圆柱直径应小于内螺纹的小径。顶尖的圆锥角应与麻花钻钻头的刃角重合
平凸台锁紧	铝合金等	用于通孔和不通孔 凸台端面应与螺纹轴线垂直。其直径应不小于 1.5d	厌氧型螺纹锁固密封剂	钢、铸铁和铝合金等	涂于螺纹表面，具有锁紧和密封功能。与前三种辅助锁紧形式结合使用，可使螺柱的承载能力进一步提高

过渡配合螺纹的基本牙型和设计牙型与普通螺纹的牙型完全相同。直径与螺距系列见表 6-33。内、外螺纹的大径、中径及小径的极限偏差见表 6-34 和表 6-35。优选公差带见表 6-36。

表 6-33　直径与螺距系列（摘自 GB/T 1167—1996）　（单位：mm）

公称直径		螺距		公称直径		螺距	
第一系列	第二系列	粗牙	细牙	第一系列	第二系列	粗牙	细牙
5		0.8		20		2.5	1.5
6		1			22	2.5	1.5
8		1.25	1	24		3	2
10		1.5	1.25		27	3	
12		1.75	1.25	30		3.5	
	14	2	1.5		33	3.5	
16		2	1.5	36		4	
	18	2.2	1.5		39	4	

表 6-34　内螺纹中径和小径的极限偏差（摘自 GB/T 1167—1996）

公称直径 d/mm	螺距 P /mm	中径偏差/μm				小径偏差/μm	
		上极限偏差			下极限偏差	上极限偏差	下极限偏差
		3H	4H	5H	3H、4H、5H	5H	5H
5	0.8	+63	+80	+100	0	+160	0
6	1	+75	+95	+118	0	+190	0
8	1.25	+80	+100	+125	0	+212	0
	1	+75	+95	+118	0	+190	0
10	1.5	+90	+112	+140	0	+236	0
	1.25	+80	+100	+125	0	+212	0
12	1.75	+100	+125	+160	0	+265	0
	1.25	+90	+112	+140	0	+212	0
14	2	+106	+132	+170	0	+300	0
	1.5	+95	+118	+150	0	+236	0
16	2	+106	+132	+170	0	+300	0
	1.5	+95	+118	+150	0	+236	0
18	2.5	+112	+140	+180	0	+355	0
	1.5	+95	+118	+150	0	+236	0
20	2.5	+112	+140	+180	0	+355	0
	1.5	+95	+118	+150	0	+236	0
22	2.5	+112	+140	+180	0	+355	0
	1.5	+95	+118	+150	0	+236	0
24	3	+132	+170	+212	0	+400	0
	2	+112	+140	+180	0	+300	0
27	3	+132	+170	+212	0	+400	0
30	3.5	+140	+180	+224	0	+450	0
33	3.5	+140	+180	+224	0	+450	0
36	4	+150	+190	+236	0	+475	0
39	4	+150	+190	+236	0	+475	0

表 6-35　外螺纹中径和大径的极限偏差（摘自 GB/T 1167—1996）

公称直径 d/mm	螺距 P /mm	中径偏差/μm				大径偏差/μm	
		上极限偏差	下极限偏差			上极限偏差	下极限偏差
		3k、2km、4kj	3k	2km	4kj	6h	6h
5	0.8	+48	0	+10	−12	0	−150
6	1	+56	0	+11	−15	0	−180
8	1.25	+60	0	+12	−15	0	−212
	1	+56	0	+11	−15	0	−180

（续）

公称直径 d/mm	螺距 P /mm	中径偏差/μm				大径偏差/μm	
		上极限偏差	下极限偏差			上极限偏差	下极限偏差
		3k、2km、4kj	3k	2km	4kj	6h	6h
10	1.5	+67	0	+14	-18	0	-236
	1.25	+60	0	+12	-15	0	-212
12	1.75	+75	0	+15	-20	0	-265
	1.25	+67	0	+14	-18	0	-212
14	2	+80	0	+17	-20	0	-280
	1.5	+71	0	+15	-19	0	-236
16	2	+80	0	+17	-20	0	-280
	1.5	+71	0	+15	-19	0	-236
18	2.5	+85	0	+18	-21	0	-335
	1.5	+71	0	+15	-19	0	-236
20	2.5	+85	0	+18	-21	0	-335
	1.5	+71	0	+15	-19	0	-236
22	2.5	+85	0	+18	-21	0	-335
	1.5	+71	0	+15	-19	0	-236
24	3	+100	0	+20	-25	0	-375
	2	+85	0	+18	-21	0	-280
27	3	+100	0	+20	-25	0	-375
30	3.5	+106	0	+21	-26	0	-425
33	3.5	+106	0	+21	-26	0	-425
36	4	+112	0	+22	-28	0	-475
39	4	+112	0	+22	-28	0	-475

表 6-36　优选公差带（摘自 GB/T 1167—1996）

使用场合	内螺纹公差带/外螺纹公差带
精密	4H/2km;(3H/3k)
一般	4H/4kj;(4H/3K);(5H/3K)

注：优先选用不带括号的公差带。

螺纹的完整标记由螺纹代号、中径公差带代号组成。对左旋螺纹，应在螺纹尺寸代号之后加注左旋代号“LH”；对粗牙螺纹，在螺纹尺寸代号中不注出螺距值。

标记示例：

内螺纹：M16-4H

外螺纹：M16 LH-4kj

螺纹副：M10×1.25-4H/4kj

在螺纹以外推荐采用表 6-32 列出的辅助锁紧结构。

6.1.7　过盈配合螺纹（见表 6-37～表 6-49）

表 6-37　过盈配合和过渡配合螺纹比较

配合形式	过盈配合螺纹	过渡配合螺纹
锁紧要素	一元(中径)	二元(中径+辅助结构)
中径分组	分 3～4 组	不分组
螺纹精度	极高	较高
成本	高	低
应用场合	军品	民品

过盈配合螺纹主要用于批量不大的军工产品。过盈配合螺纹的基本牙型与普通螺纹的相同。外螺纹设计牙型如图 6-12 所示，图中 $R_{min} \geqslant 1.25P$。

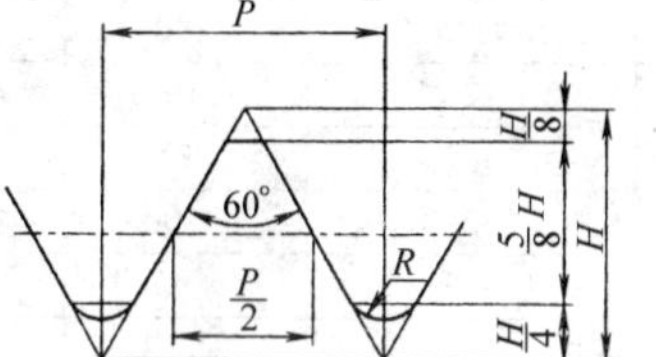

图 6-12　外螺纹的设计牙型

表 6-38　直径与螺距系列及螺纹的基本尺寸
（摘自 GB/T 1181—1998）（单位：mm）

公称直径 D、d		螺距 P		中径	小径
第一系列	第二系列	粗牙	细牙	D_2、d_2	D_1、d_1
5		0.8		4.480	4.134
6		1		5.350	4.917
8		1.25		7.188	6.647
			1	7.350	6.917
10		1.5		9.026	8.376
			1.25	9.188	8.647
12			1.5	11.026	10.376
			1.25	11.188	10.647
	14		1.5	13.026	12.376
16			1.5	15.026	14.376
	18		1.5	17.026	16.376
20			1.5	19.026	18.376

表 6-39　基本偏差（摘自 GB/T 1181—1998）　（单位：μm）

螺距 P/mm	内螺纹			外螺纹				
	中径 D_2	小径 D_1		大径 d		中径 d_2		
	下极限偏差 EI	下极限偏差 EI		上极限偏差 es		下极限偏差 ei		
	H	D	C	e	c	m	n	p
0.8	0	+90		-60		+24	+34	+48
1	0	+90		-60		+26	+38	+53
1.25	0	+95		-63		+28	+42	+56
1.5	0		+140		-140	+32	+45	+63

表 6-40　公差等级

直　径	公差等级	备　注
D_1	4、5	内螺纹大径的最大值和外螺纹小径的最小值,依刃具牙顶的削平高度而定
D_2	2	
d	6	
d_2	3	

表 6-41　中径和顶径公差（摘自 GB/T 1181—1998）　（单位：μm）

公称直径 D、d /mm		螺距 P/mm	内螺纹			外螺纹	
			中径 T_{D_2}	小径 T_{D_1}		大径 T_d	中径 T_{d_2}
>	≤			4 级	5 级		
2.8	5.6	0.8	50	125	160	150	48
5.6	11.2	1	60	150	190	180	56
5.6	11.2	1.25	63	170	212	212	60
		1.5	71	190	236	236	67
11.2	22.4	1.25	71	170	212	212	67
		1.5	7	190	236	236	71

表 6-42　公差带及其分组数（摘自 GB/T 1181—1998）

内螺纹材料/外螺纹材料	内螺纹公差带/外螺纹公差带	中径公差带分组数
铝合金或镁合金/钢	2H/3p	3
钢/钢	2H/3n	4
钛合金/钢	2H/3m	4
铝、镁合金/非铁金属螺柱或钢制螺套	2H/3m	3

注：1. 机体材料为铝合金或镁合金时，D_1 的公差等级取 5 级；机体材料为钢或钛合金时，D_1 的公差等级取 4 级。

2. 外螺纹按单一中径进行分组；内螺纹按作用中径进行分组。

表 6-43　2H/3p 中径分组极限偏差（摘自 GB/T 1181—1998）　（单位：μm）

公称直径 D、d /mm		螺距 P/mm	外螺纹 3p				内螺纹 2H				中径径向过盈量(平均)	
>	≤		es	3—2 交界	2—1 交界	ei	ES	3—2 交界	2—1 交界	EI	max	min
2.8	5.6	0.8	+96	+80	+64	+48	+50	+33	+16	0	64	31
5.6	11.2	1	+109	+90	+71	+53	+60	+40	+20	0	70	31
		1.25	+116	+96	+76	+56	+63	+42	+21	0	75	34
		1.5	+130	+108	+85	+63	+71	+47	+23	0	84	38
11.2	22.4	1.25	+123	+101	+78	+56	+71	+47	+23	0	77	31
		1.5	+134	+110	+86	+63	+75	+50	+25	0	85	36

表 6-44　2H/3n 中径分组极限偏差（摘自 GB/T 1181—1998）　（单位：μm）

公称直径 D、d/mm		螺距 P/mm	外螺纹 3n					内螺纹 2H					中径径向过盈量(平均)	
>	≤		es	4—3 交界	3—2 交界	2—1 交界	ei	ES	4—3 交界	3—2 交界	2—1 交界	EI	max	min
2.8	5.6	0.8	+82	+70	+58	+46	+34	+50	+38	+25	+13	0	45	21
5.6	11.2	1	+94	+80	+66	+52	+38	+60	+45	+30	+16	0	50	21
		1.25	+102	+87	+72	+57	+42	+63	+47	32	+16	0	56	25
		1.5	+112	+95	+78	+61	+45	+71	+53	+36	+18	0	60	25
11.2	22.4	1.25	+109	+92	+75	+58	+42	+71	+53	+36	+18	0	57	22
		1.5	+116	+98	+80	+62	+45	+75	+56	+38	+20	0	61	24

表 6-45　2H/3m 中径分组（4 组）极限偏差（摘自 GB/T 1181—1998）　（单位：μm）

公称直径 D、d/mm		螺距 P/mm	外螺纹 3m					内螺纹 2H					中径径向过盈量(平均)	
>	≤		es	4—3 交界	3—2 交界	2—1 交界	ei	ES	4—3 交界	3—2 交界	2—1 交界	EI	max	min
2.8	5.6	0.8	+72	+60	+48	+36	+24	+50	+38	+25	+13	0	35	11
5.6	11.2	1	+82	+68	+54	+40	+26	+60	+45	+30	+16	0	38	9
		1.25	+88	+73	+58	+43	+28	+63	+47	+32	+16	0	42	11
		1.5	+99	+82	+65	+48	+32	+71	+53	+36	+18	0	47	12
11.2	22.4	1.25	+95	+79	+62	+45	+28	+71	+53	+36	+18	0	44	9
		1.5	+103	+85	+67	+49	+32	+75	+56	+38	+20	0	48	11

表 6-46　2H/3m 中径分组（3 组）极限偏差（摘自 GB/T 1181—1998）　（单位：μm）

公称直径 D、d/mm		螺距 P/mm	外螺纹 3m				内螺纹 2H				中径径向过盈量(平均)	
>	≤		es	3—2 交界	2—1 交界	ei	ES	3—2 交界	2—1 交界	EI	max	min
2.8	5.6	0.8	+72	+56	+40	+24	+50	+33	+16	0	40	7
5.6	11.2	1	+82	+63	+44	+26	+60	+40	+20	0	43	4
		1.25	+88	+68	+48	+28	+63	+42	+21	0	47	6
		1.5	+99	+77	+55	+32	+71	+47	+23	0	54	8
11.2	22.4	1.25	+95	+73	+51	+28	+71	+47	+23	0	50	4
		1.5	+103	+80	+56	+32	+75	+50	+25	0	55	6

表 6-47　螺纹和牙侧角的极限偏差（摘自 GB/T 1181—1998）

螺距 P/mm	极限偏差	
	螺距[①]/μm	牙侧角/(′)
0.8	±12	±40
1		
1.25		
1.5	±16	±30

① 特指任何两牙间的螺距偏差。

表 6-48　旋合长度（摘自 GB/T 1181—1998）

内螺纹机体材料	旋合长度
钢、钛合金	$1d$~$1.25d$
铝合金、镁合金	$1.5d$~$2d$

注：旋合长度过长或过短时，需调整螺纹公差。

表 6-49　装配力矩（摘自 GB/T 1181—1998）　（单位：N · m）

螺纹规格（公称直径×螺距）	2H/3p		2H/3n		2H/3m①	
	max	min	max	min	max	min
5×0.8	7.00	3.30				
6×1	12.00	5.00	15.00	7.70	14.80	5.40
8×1	25.70	11.90	30.70	15.00	34.20	12.20
8×1.25	24.10	10.30	33.80	17.80	37.10	15.10
10×1.25	44.10	22.50	64.20	28.30	59.20	24.00
10×1.5	46.90	23.60	65.10	26.90	62.80	25.00
12×1.25	65.40	29.50	95.40	36.20	102.10	30.40
12×1.5	72.10	34.30	100.90	40.00	112.80	37.40
14×1.5	95.70	45.50	131.00	51.00	146.40	48.60
16×1.5	128.70	61.00	178.40	70.00	199.50	66.20
18×1.5	166.60	79.00	233.10	91.00	260.60	86.00
20×1.5	201.60	95.00	277.70	110.00	310.50	103.00

注：1. 在同一组别内进行螺纹装配。

2. 在保证力矩前提下，可在不同组别间进行螺纹装配。

① 特指内、外螺纹材料分别为钛合金和钢（中径分为 4 组）的装配力矩。有色金属螺柱或钢螺套（中径分为 3 组）的装配力矩由用户自定。

6.1.8　55°密封管螺纹

1. 概述

55°密封管螺纹属惠氏螺纹家族，在欧洲和英联邦国家具有较大的影响，在水、煤气管道行业占有垄断地位。此螺纹为一般用途（常用）型，由于可在螺纹配合面间添加密封介质，使其具有较高的经济性，即比较适合于机械加工。另外，从 1952 年起，此螺纹就已纳入国际标准（ISO 7-1）行列，因此现行的国际螺纹管件标准中所采用的螺纹一般为 55°管螺纹。美国发明的 60°管螺纹就没有如此地位㊀。我国现行的 55°密封管螺纹国家标准为 GB/T 7306.1—2000 和 GB/T 7306.2—2000，与其配套的量规和刃具标准分别为：JB/T 10031—1999、GB/T 20324—2006、GB/T 20328—2006、GB/T 20333 ~ 20334—2006、JB/T 9999—2013 和 JB/T 10000—2013。

注意，JB/T 10031—1999 与 ISO 7-2：2000 间有许多关键技术性差异，使用时要注意。

2. 牙型

圆锥螺纹的设计牙型如图 6-13 所示。

圆柱内螺纹的设计牙型如图 6-14 所示。

3. 基准平面的位置

圆锥外螺纹基准平面的理论位置位于距小端面等于基准距离并垂直于螺纹轴线的平面内；圆柱和圆锥内螺纹基准平面的理论位置位于深入螺孔半个螺距（距大端面等于 0.5P）并垂直于螺纹轴线的平面内，如图 6-15 所示。

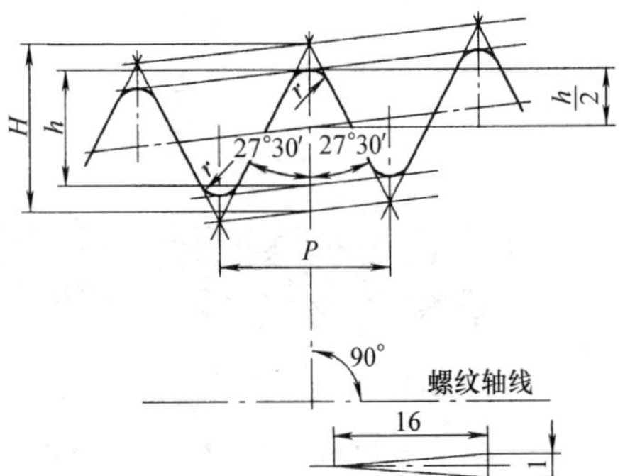

图 6-13　圆锥螺纹的设计牙型

注：$H=0.960237P$；$h=0.640327P$；$r=0.137278P$；$P=25.4/n$。

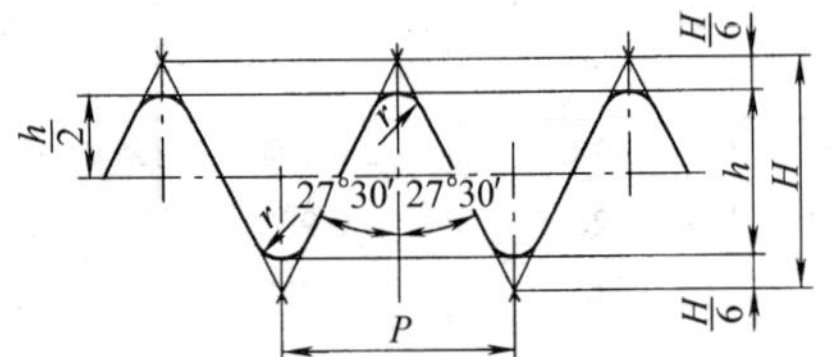

图 6-14　圆柱内螺纹设计牙型

注：$H=0.960491P$；$h=0.640327P$；$r=0.137329P$；$H/6=0.160082P$；$P=25.4/n$。

㊀ 欧洲人基本不用 60°管螺纹，而北美洲人基本上不用 55°管螺纹。

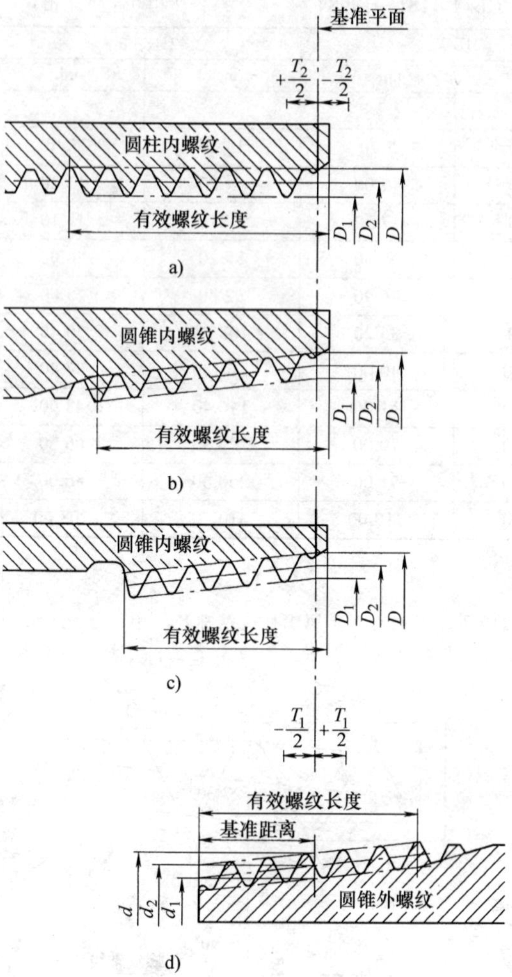

a)

b)

c)

d)

图 6-15 基准平面的位置及有效螺纹长度

4. 基本尺寸

螺纹的中径（D_2、d_2）和小径（D_1、d_1）的计算式为

$$d_2 = D_2 = d - 0.640327P$$

$$d_1 = D_1 = d - 1.280654P$$

螺纹的基本尺寸及规格见表 6-50。

5. 连接形式

55°密封管螺纹有两种连接形式。圆锥内螺纹与圆锥外螺纹形成“锥/锥”配合；圆柱内螺纹与圆锥外螺纹形成“柱/锥”配合。使用者选择何种连接形式与螺纹副的密封能力大小无直接关系，主要取决于产品的地域性。除英国外，欧共体国家基本上仅采用“柱/锥”配合连接形式；而余下的其他地区（如亚洲等）则主要采用“锥/锥”配合连接形式，“柱/锥”配合使用得较少。

6. 公差

外螺纹基准平面轴向位置的极限偏差应符合表 6-51 第 4 栏的规定。

内螺纹基准平面轴向位置的极限偏差应符合表 6-51 第 7 栏的规定。圆柱内螺纹各直径的径向极限偏差为相应基准平面轴向极限偏差的$\frac{1}{16}$。

7. 有效螺纹长度

外螺纹的最小有效螺纹长度不应小于其基准距离的实际值加相应的装配余量。对应基准距离为基本值、最大值和最小值三种情况，表 6-51 的 9、10 和 11 栏分别规定了外螺纹的最小有效螺纹长度。

表 6-50 螺纹的基本尺寸（单位：mm）

1	2	3	4	6	7	8	9
尺寸代号	每 25.4mm 内的牙数 n	螺距 P	牙高 H	基面上的基本直径			基准距离
				大径（基准直径）$d=D$	中径 $d_2=D_2$	小径 $d_1=D_1$	
1/16	28	0.907	0.581	7.723	7.142	6.561	4.0
1/8	28	0.907	0.581	9.728	9.147	8.566	4.0
1/4	19	1.337	0.856	13.157	12.301	11.445	6.0
3/8	19	1.337	0.856	16.662	15.806	14.950	6.4
1/2	14	1.814	1.162	20.955	19.793	18.631	8.2
3/4	14	1.814	1.162	26.441	25.279	24.117	9.5
1	11	2.309	1.479	33.249	31.770	30.291	10.4
1¹/₄	11	2.309	1.479	41.910	40.431	38.952	12.7
1¹/₂	11	2.309	1.479	47.803	46.324	44.845	12.7

（续）

1	2	3	4	6	7	8	9
尺寸代号	每 25.4mm 内的牙数 n	螺距 P	牙高 H	基面上的基本直径			基准距离
				大径（基准直径）$d=D$	中径 $d_2=D_2$	小径 $d_1=D_1$	
2	11	2.309	1.479	59.614	58.135	56.656	15.9
$2^1/_2$	11	2.309	1.479	75.184	73.705	72.226	17.5
3	11	2.309	1.479	87.884	86.405	84.926	20.6
4	11	2.309	1.479	113.030	111.551	110.072	25.4
5	11	2.309	1.479	138.430	136.951	135.472	28.6
6	11	2.309	1.479	163.830	162.351	160.872	28.6

表 6-51　螺纹公差　（单位：mm）

1	2	3	4		5	6	7		8		9	10	11
尺寸代号	每 25.4 mm 内的牙数 n	基准距离					圆锥内螺纹基面轴向位移的极限偏差 $\pm T_2/2$		装配余量		外螺纹的有效螺纹长度不小于		
		基本	极限偏差 $\pm T_1/2$		最大	最小					基本	最大	最小
			≈	圈数			≈	圈数	≈	圈数			
1/16	28	4.0	0.9	1	4.9	3.1	1.1	$1^1/_4$	2.5	$2^3/_4$	6.5	7.4	5.6
1/8	28	4.0	0.9	1	4.9	3.1	1.1	$1^1/_4$	2.5	$2^3/_4$	6.5	7.4	5.6
1/4	19	6.0	1.3	1	7.3	4.7	1.7	$1^1/_4$	3.7	$2^3/_4$	9.7	11.0	8.4
3/8	19	6.4	1.3	1	7.7	5.1	1.7	$1^1/_4$	3.7	$2^3/_4$	10.1	11.4	8.8
1/2	14	8.2	1.8	1	10.0	6.4	2.3	$1^1/_4$	5.0	$2^3/_4$	13.2	15.0	11.4
3/4	14	9.5	1.8	1	11.3	7.7	2.3	$1^1/_4$	5.0	$2^3/_4$	14.5	16.3	12.7
1	11	10.4	2.3	1	12.7	8.1	2.9	$1^1/_4$	6.4	$2^3/_4$	16.8	19.1	14.5
$1^1/_4$	11	12.7	2.3	1	15.0	10.4	2.9	$1^1/_4$	6.4	$2^3/_4$	19.1	21.4	16.8
$1^1/_2$	11	12.7	2.3	1	15.0	10.4	2.9	$1^1/_4$	6.4	$2^3/_4$	19.1	21.4	16.8
2	11	15.9	2.3	1	18.2	13.6	2.9	$1^1/_4$	7.5	$3^1/_4$	23.4	25.7	21.1
$2^1/_2$	11	17.5	3.5	$1^1/_2$	21.0	14.0	3.5	$1^1/_2$	9.2	4	26.7	30.2	23.2
3	11	20.6	3.5	$1^1/_2$	24.1	17.1	3.5	$1^1/_2$	9.2	4	29.8	33.3	26.3
4	11	25.4	3.5	$1^1/_2$	28.9	21.9	3.5	$1^1/_2$	10.4	$4^1/_2$	35.8	39.3	32.3
5	11	28.6	3.5	$1^1/_2$	32.1	25.1	3.5	$1^1/_2$	11.5	5	40.1	43.6	36.6
6	11	28.6	3.5	$1^1/_2$	32.1	25.1	3.5	$1^1/_2$	11.5	5	40.1	43.6	36.6

当内螺纹孔底螺纹末端为螺尾结构时，内螺纹的最小有效螺纹长度应能容纳具有表 6-51 第 10 栏长度的外螺纹（见图 6-15a 和图 6-15b）；当内螺纹末端带有退刀结构时，内螺纹的最小有效螺纹应不小于表 6-51第 11 栏长度的 80%，并且孔深应能容纳具有表 6-51 第 10 栏长度的外螺纹。

注意，螺纹始端倒角的轴向长度不得大于 1P。

8. 标记

管螺纹的标记由螺纹特征代号和尺寸代号组成。

1）螺纹特征代号：

Rc——圆锥内螺纹；

Rp——圆柱内螺纹；

R_1——与 Rp 配合使用的圆锥外螺纹；

R_2——与 Rc 配合使用的圆锥外螺纹。

对左旋螺纹，在尺寸代号后加注“LH”。

表示螺纹副时，内、外螺纹的特征代号用斜线分开，左边表示内螺纹，右边表示外螺纹，中间用斜线分开。

2）尺寸代号见表 6-50。

标记示例：

圆锥内螺纹　$Rc1^1/_2$；

圆柱内螺纹　$Rp1^1/_2$；

圆锥外螺纹　$R1^1/_2$，$R_2 1\frac{1}{2}$；

左旋螺纹副　$Rc/R_2 1^1/_2$-LH。$Rp/R_1 1\frac{1}{2}$-LH。

6.1.9　60°密封管螺纹

1. 概述

用于密封连接的 60°管螺纹分为一般用途密封管螺纹和干密封管螺纹。使用时，前者可以在螺纹副内填加密封介质；而后者则要求完全依靠螺纹自身形成密封。所以一般用途密封管螺纹可以采用大小较为适中的公差，属经济型螺纹，产品设计中常用；而干密封管螺纹则规定了较为严格的公差，属精密型螺纹，仅用于一些特殊场合。

一般用途密封管螺纹简称为 60°密封管螺纹。它同 55°密封管螺纹构成了密封管螺纹的两大体系，两种牙型共存是密封管螺纹领域的基本特征。为减少刀、量具的种类，设计者应该从中选取一种螺纹作为经常使用螺纹。

我国现行的 60°密封管螺纹国家标准为 GB/T 12716—2011；与其配套的刃具标准为 JB/T 8364.1~5—2010。

2. 牙型

圆锥螺纹牙型如图 6-16 所示。

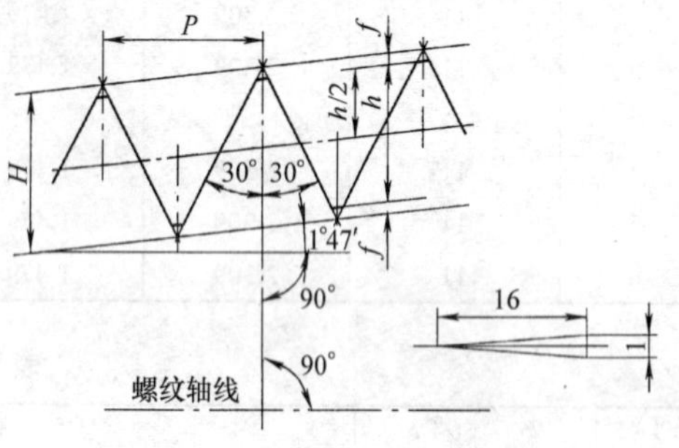

图 6-16　圆锥管螺纹基本牙型

注：$H=0.866025P$；$h=0.800000P$；$f=0.033P$；$P=25.4/n$。

3. 基准平面的位置

圆锥外螺纹基准平面的理论位置位于距小端面等于基准距离并垂直于螺纹轴线的平面内；圆柱和圆锥内螺纹基准平面的理论位置位于大端平面内。当内螺纹大端倒角的大径大于大端面内螺纹的大径时，内螺纹基准平面理论位置位于螺纹大径圆锥或圆柱与倒角圆锥的相交处。如图 6-17 所示。

4. 基本尺寸

螺纹的基本尺寸及规格见表 6-52。

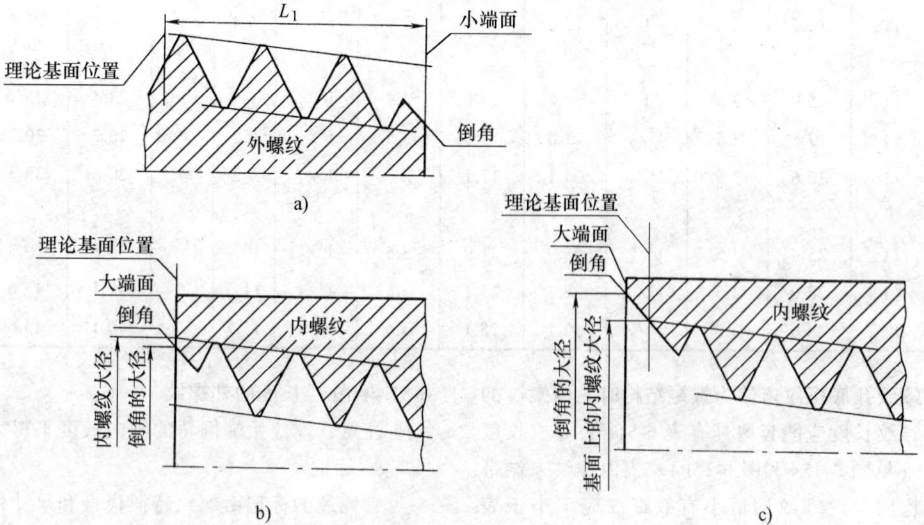

图 6-17　理论基面的位置

表 6-52　锥管螺纹的基本尺寸（摘自 GB/T 12716—2011）　（单位：mm）

螺纹的尺寸代号	每 25.4mm 内的螺纹牙数 n	基面上的基本直径 大径（基准直径）$d=D$	中径 $d_2=D_2$	小径 $d_1=D_1$	基准距离 L_1 长度	基准距离 L_1 牙数	装配余量 L_3 长度	装配余量 L_3 圈数
1/16	27	7.895	7.142	6.389	4.064	4.32	2.822	3
1/8	27	10.242	9.489	8.736	4.102	4.36	2.822	3
1/4	18	13.616	12.487	11.358	5.786	4.10	4.234	3
3/8	18	17.055	15.926	14.797	6.096	4.32	4.234	3
1/2	14	21.223	19.772	18.321	8.128	4.48	5.443	3
3/4	14	26.568	25.117	23.666	8.611	4.75	5.443	3
1	11.5	33.228	31.461	29.694	10.160	4.60	6.627	3
$1^1/_4$	11.5	41.985	40.218	38.451	10.668	4.83	6.627	3
$1^1/_2$	11.5	48.054	46.287	44.520	10.668	4.83	6.627	3
2	11.5	60.092	58.325	56.558	11.074	5.01	6.627	3
$2^1/_2$	8	72.699	70.159	67.619	17.323	5.46	6.350	2
3	8	88.608	86.068	83.528	19.456	6.13	6.350	2
$3^1/_2$	8	101.316	98.776	96.236	20.853	6.57	6.350	2
4	8	113.973	111.433	108.893	21.438	6.75	6.350	2
5	8	140.952	138.412	135.872	23.800	7.50	6.350	2
6	8	167.792	165.252	162.712	24.333	7.66	6.350	2
8	8	218.441	215.901	213.361	27.000	8.50	6.350	2
10	8	272.312	269.772	267.232	30.734	9.68	6.350	2
12	8	323.032	320.492	317.952	34.544	10.88	6.350	2
14	8	354. 905	352. 365	349. 825	39. 675	12. 50	6. 350	2
16	8	405. 784	403. 244	400. 704	46. 025	14. 50	6. 350	2
18	8	456. 565	454. 025	451. 485	50. 800	16. 00	6. 350	2
20	8	507. 246	504. 706	502. 166	53. 975	17. 00	6. 350	2
24	8	608. 608	606. 068	603. 528	60. 325	19. 00	6. 350	2

5. 连接形式

60°密封管螺纹有两种连接形式。圆锥内螺纹与圆锥外螺纹形成“锥/锥”配合；圆柱内螺纹与圆锥外螺纹形成“柱/锥”配合。

6. 公差

圆锥外螺纹基准平面轴向位置的极限偏差为±1P。

圆锥内螺纹基准平面轴向位置的极限偏差为±1P。

圆柱内螺纹基准平面轴向位置的极限偏差为±1.5P。各直径的径向极限偏差为相应基准平面轴向极限偏差的$\frac{1}{16}$。

管螺纹的牙顶高和牙底高的上极限偏差为零，下极限偏差为负值，其公差应符合表 6-53 的规定。使用中一般由刃具来保证牙高要求。

圆锥管螺纹的牙侧角、锥度和螺距公差应符合表 6-54 的规定。使用中一般由刃具来保证。

表 6-53　螺纹的牙顶高和牙底高公差（摘自 GB/T 12716—2011）

每 25.4mm 内的螺纹牙数 n	牙顶高和牙底高公差 /mm
27	0.061
18	0.079
14	0.081
11.5	0.086
8	0.094

表 6-54　圆锥管螺纹的牙侧角、圆锥半角和螺距的极限偏差（摘自 GB/T 12716—2011）

每 25.4mm 轴向长度内所包含的牙数 n	中径线锥度(1/16)的极限偏差/mm	有效螺纹的导程累积偏差①/mm	牙侧角偏差/(°)
27	+1/96 -1/192	±0. 076	±1. 25
18、14			±1
11. 5、8			±0. 75

① 对有效螺纹长度大于 25. 4mm 的螺纹，其导程累积误差的最大测量跨度为 25. 4mm。

7. 有效螺纹长度

外螺纹的最小有效螺纹长度不应小于其基准距离的实际值加相应的装配余量。

内螺纹的最小有效螺纹长度应能容纳长度为最大基准距离加装配余量的外螺纹。

8. 标记

管螺纹的标记由螺纹特征代号和螺纹尺寸代号组成。

1）螺纹特征代号：

NPT——圆锥螺纹；

NPSC——圆柱内螺纹。

对左旋螺纹，在尺寸代号后加注“LH”。

2）尺寸代号见表 6-52。

标记示例：

圆锥内螺纹或圆锥外螺纹　NPT3/8-LH

圆柱内螺纹　NPSC3/8

6.1.10　55°非密封管螺纹

1. 概述

55°非密封管螺纹属惠氏螺纹，螺纹本身无密封功能。但它可锁紧两平面或两光滑圆锥面间的配合，在螺纹之外形成密封。使用中值得注意的问题是不能将无密封功能的圆柱内螺纹（G）与圆锥外螺纹（R）组成密封连接，要知道非密封螺纹与密封螺纹在牙顶圆弧要求、底径公差等方面是有区别的。我国现行的 55°非密封管螺纹标准为 GB/T 7307—2001，与其配套的量规和刃具标准分别为 GB/T 10922—2006、GB/T 20324—2006、GB/T 20325—2006、GB/T 20333—2006 和 GB/T 20334—2006。

2. 牙型

圆柱螺纹的设计牙型如图 6-18 所示。

螺纹牙顶圆弧可在顶径公差范围内削平。

3. 基本尺寸

螺纹的中径（D_2、d_2）和小径（D_1、d_1）的计算式为

$$D_2=d_2=d-0.640327P$$

$$D_1=d_1=d-1.280654P$$

螺纹的基本尺寸及规格见表 6-55。

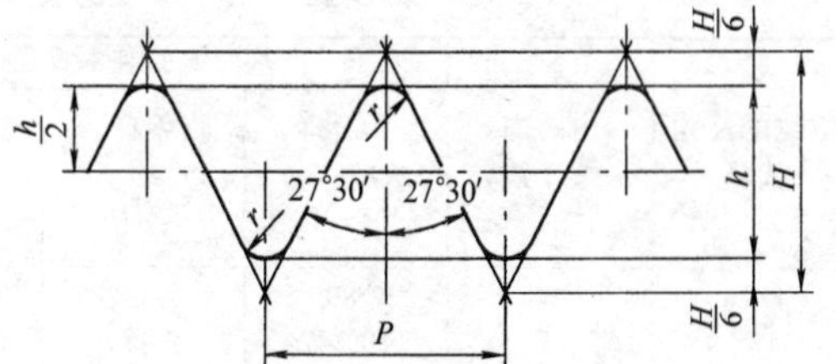

图 6-18　圆柱螺纹设计牙型

注：$H=0.960491P$；$h=0.640327P$；$r=0.137329P$；$P=25.4/n$。

4. 公差

内、外螺纹的公差带如图 6-19 所示。内螺纹的下极限偏差和外螺纹的上极限偏差为零；内、外螺纹底径公差的大小由生产者自定，中径和顶径公差见表 6-55。

5. 标记

圆柱管螺纹的标记由螺纹特征代号、尺寸代号和公差等级代号组成。

1）螺纹特征代号为 G。

2）公差等级代号：对外螺纹分 A、B 两级标记；对内螺纹则不标记。

对左旋螺纹，在公差等级代号后加注“LH”。

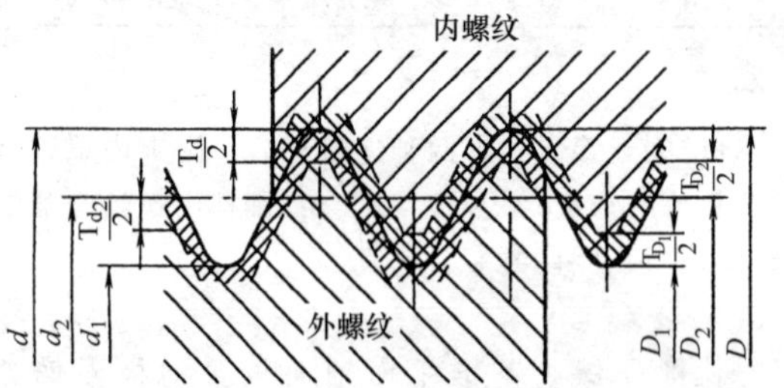

图 6-19　螺纹公差带的位置

表示螺纹副时，仅需标注外螺纹的标记代号。

3）尺寸代号见表 6-55。

标记示例：

左旋内螺纹　$G1^1/_2$-LH

A 级外螺纹　$G1^1/_2A$

左旋螺纹副　$G1^1/_2A$-LH

表 6-55　螺纹的基本尺寸和公差（摘自 GB/T 7307—2001）　（单位：mm）

1	2	3	4	6	7	8
尺寸代号	每 25.4mm 内的牙数 n	螺距 P	牙高 H	基本直径		
				大径 $d=D$	中径 $d_2=D_2$	小径 $d_1=D_1$
1/16	28	0.907	0.581	7.723	7.142	6.561
1/8	28	0.907	0.581	9.728	9.147	8.566

（续）

1	2	3	4	6	7	8
尺寸代号	每 25.4mm 内的牙数 n	螺距 P	牙高 H	基本直径		
				大径 $d=D$	中径 $d_2=D_2$	小径 $d_1=D_1$
1/4	19	1.337	0.856	13.157	12.301	11.445
3/8	19	1.337	0.856	16.662	15.806	14.950
1/2	14	1.814	1.162	20.955	19.793	18.631
5/8	14	1.814	1.162	22.911	21.749	20.587
3/4	14	1.814	1.162	26.441	25.279	24.117
7/8	14	1.814	1.162	30.201	29.039	27.877
1	11	2.309	1.479	33.249	31.770	30.291
$1^1/_8$	11	2.309	1.479	37.897	36.418	34.939
$1^1/_4$	11	2.309	1.479	41.910	40.431	38.952
$1^1/_2$	11	2.309	1.479	47.803	46.324	44.845
$1^3/_4$	11	2.309	1.479	53.746	52.267	50.788
2	11	2.309	1.479	59.614	58.135	56.656
$2^1/_4$	11	2.309	1.479	65.710	64.231	62.752
$2^1/_2$	11	2.309	1.479	75.184	73.705	72.226
$2^3/_4$	11	2.309	1.479	81.534	80.055	78.576
3	11	2.309	1.479	87.884	86.405	84.926
$3^1/_2$	11	2.309	1.479	100.330	98.851	97.372
4	11	2.309	1.479	113.030	111.551	110.072
$4^1/_2$	11	2.309	1.479	125.730	124.251	122.772
5	11	2.309	1.479	138.430	136.951	135.472
$5^1/_2$	11	2.309	1.479	151.130	149.651	148.172
6	11	2.309	1.479	163.830	162.351	160.872

1	9	10	11	12	13	14	15	16	17
尺寸代号	外螺纹					内螺纹			
	大径公差 T_d		中径公差 $T_{d_2}^{①}$			中径公差 $T_{D_2}^{①}$		小径公差 T_{D_1}	
	下极限偏差	上极限偏差	下极限偏差		上极限偏差	下极限偏差	上极限偏差	下极限偏差	上极限偏差
			A 级	B 级					
1/16	-0.214	0	-0.107	-0.214	0	0	+0.107	0	+0.282
1/8	-0.214	0	-0.107	-0.214	0	0	+0.107	0	+0.282
1/4	-0.250	0	-0.125	-0.250	0	0	+0.125	0	+0.445
3/8	-0.250	0	-0.125	-0.250	0	0	+0.125	0	+0.445
1/2	-0.284	0	-0.142	-0.284	0	0	+0.142	0	+0.541
5/8	-0.284	0	-0.142	-0.284	0	0	+0.142	0	+0.541
3/4	-0.284	0	-0.142	-0.284	0	0	+0.142	0	+0.541
7/8	-0.284	0	-0.142	-0.284	0	0	+0.142	0	+0.541
1	-0.360	0	-0.180	-0.360	0	0	+0.180	0	+0.640
$1^1/_8$	-0.360	0	-0.180	-0.360	0	0	+0.180	0	+0.640
$1^1/_4$	-0.360	0	-0.180	-0.360	0	0	+0.180	0	+0.640
$1^1/_2$	-0.360	0	-0.180	-0.360	0	0	+0.180	0	+0.640
$1^3/_4$	-0.360	0	-0.180	-0.360	0	0	+0.180	0	+0.640
2	-0.360	0	-0.180	-0.360	0	0	+0.180	0	+0.640

（续）

1	9	10	11	12	13	14	15	16	17
尺寸代号	外螺纹					内螺纹			
	大径公差 T_d		中径公差 T_{d_2}①			中径公差 T_{D_2}①		小径公差 T_{D_1}	
	下极限偏差	上极限偏差	下极限偏差 A级	下极限偏差 B级	上极限偏差	下极限偏差	上极限偏差	下极限偏差	上极限偏差
$2^1/_4$	−0.434	0	−0.217	−0.434	0	0	+0.217	0	+0.640
$2^1/_2$	−0.434	0	−0.217	−0.434	0	0	+0.217	0	+0.640
$2^3/_4$	−0.434	0	−0.217	−0.434	0	0	+0.217	0	+0.640
3	−0.434	0	−0.217	−0.434	0	0	+0.217	0	+0.640
$3^1/_2$	−0.434	0	−0.217	−0.434	0	0	+0.217	0	+0.640
4	−0.434	0	−0.217	−0.434	0	0	+0.217	0	+0.640
$4^1/_2$	−0.434	0	−0.217	−0.434	0	0	+0.217	0	+0.640
5	−0.434	0	−0.217	−0.434	0	0	+0.217	0	+0.640
$5^1/_2$	−0.434	0	−0.217	−0.434	0	0	+0.217	0	+0.640
6	−0.434	0	−0.217	−0.434	0	0	+0.217	0	+0.640

① 对薄壁管件，此公差适用于平均中径，该中径是测量两个互相垂直直径的算术平均值。

6.1.11　80°非密封管螺纹（摘自 GB/T 29537—2013）（见表 6-56～表 6-59）

表 6-56　设计牙型和计算公式

设计牙型	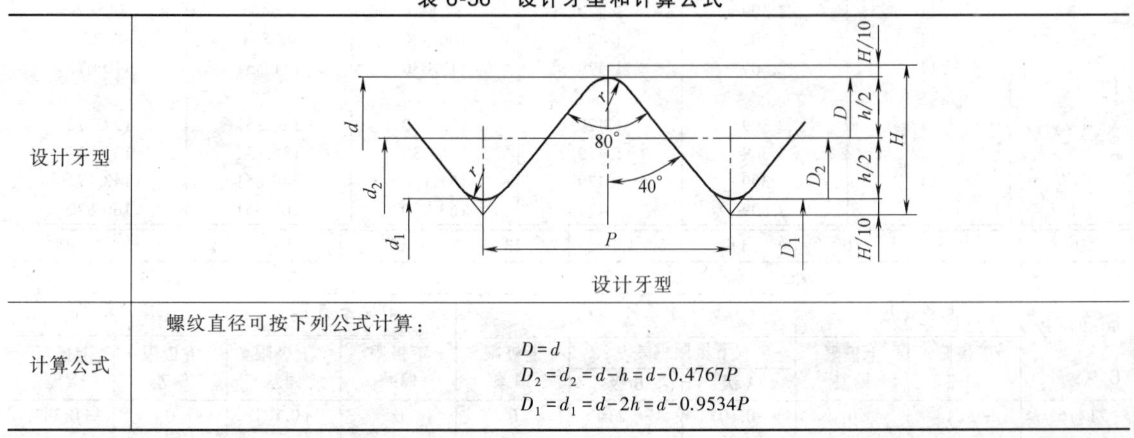设计牙型
计算公式	螺纹直径可按下列公式计算： $D=d$ $D_2=d_2=d-h=d-0.4767P$ $D_1=d_1=d-2h=d-0.9534P$

表 6-57　80°圆柱管螺纹的标准系列和基本尺寸　　（单位：mm）

螺纹标记代号	牙数 n	螺距 P	牙高 h	大径 $D=d$	中径 $D_2=d_2$	小径 $D_1=d_1$	圆弧半径 r
Pg 7	20	1.27	0.61	12.50	11.89	11.28	0.14
Pg 9	18	1.41	0.67	15.20	14.53	13.86	0.15
Pg 11	18	1.41	0.67	18.60	17.93	17.26	0.15
Pg 13.5	18	1.41	0.67	20.40	19.73	19.06	0.15
Pg 16	18	1.14	0.67	22.50	21.83	21.16	0.15
Pg 21	16	1.588	0.76	28.30	27.54	26.78	0.17
Pg 29	16	1.588	0.76	37.00	36.24	35.48	0.17
Pg 36	16	1.588	0.76	47.00	46.24	45.48	0.17
Pg 42	16	1.588	0.76	54.00	53.24	52.48	0.17
Pg 48	16	1.588	0.76	59.30	58.54	57.78	0.17

内螺纹直径的下极限偏差（EI）和外螺纹直径的上极限偏差（es）为基本偏差，其基本偏差为零。

内、外螺纹各自只有一种公差。每种螺纹的大径、中径和小径公差值相同。

内螺纹的直径极限尺寸和公差应符合表 6-58 的规定。

外螺纹的直径极限尺寸和公差应符合表 6-59 的规定。

表 6-58　内螺纹的直径极限尺寸和公差　（单位：mm）

螺纹标记代号	大径 D		中径 D_2		小径 D_1		直径公差 T_D
	min	max	min	max	min	max	
Pg 7	12.50	12.65	11.89	12.04	11.28	11.43	0.15
Pg 9	15.20	15.35	14.53	14.68	13.86	14.01	0.15
Pg 11	18.60	18.75	17.93	18.08	17.26	17.41	0.15
Pg 13.5	20.40	20.55	19.73	19.88	19.06	19.21	0.15
Pg 16	22.50	22.65	21.83	21.98	21.16	21.31	0.15
Pg 21	28.30	28.55	27.54	27.79	26.78	27.03	0.25
Pg 29	37.00	37.25	36.24	36.49	35.48	35.73	0.25
Pg 36	47.00	47.25	46.24	46.49	45.48	45.73	0.25
Pg 42	54.00	54.25	53.24	53.49	52.48	52.73	0.25
Pg 48	59.30	59.55	58.54	58.79	57.78	58.03	0.25

表 6-59　外螺纹的直径极限尺寸和公差　（单位：mm）

螺纹标记代号	大径 d		中径 d_2		小径 d_1		直径公差 T_d
	max	min	max	min	max	min	
Pg 7	12.50	12.30	11.89	11.69	11.28	11.08	0.20
Pg 9	15.20	15.00	14.53	14.33	13.86	13.66	0.20
Pg 11	18.60	18.40	17.93	17.73	17.26	17.06	0.20
Pg 13.5	20.40	20.20	19.73	19.53	19.06	18.86	0.20
Pg 16	22.50	22.30	21.83	21.63	21.16	20.96	0.20
Pg 21	28.30	28.00	27.54	27.24	26.78	26.48	0.30
Pg 29	37.00	36.70	36.24	35.94	35.48	35.18	0.30
Pg 36	47.00	46.70	46.24	45.94	45.48	45.18	0.30
Pg 42	54.00	53.70	53.24	52.94	52.48	52.18	0.30
Pg 48	59.30	59.00	58.54	58.24	57.78	57.48	0.30

80°圆柱管螺纹标记应采用表 6-57～表 6-59 内第 1 列所规定的代号。省略螺纹的螺距和公差带内容。对左旋螺纹，应在螺纹尺寸代号后面加注“LH”。用“-”分开螺纹尺寸代号与旋向代号。

示例：

具有标准系列和标准公差的右旋内螺纹或外螺纹：Pg 21

6.1.12　用于管路的普通螺纹系列

6.1.12.1　概述

普通螺纹在机械紧固连接方面使用量最大。由于它具备尺寸系列多、公差等级多和公差带位置多等特点，人们有时也将它用于非螺纹密封的管道上。但使用中要注意：这种做法只能用于不同外界直接发生关系的局部管子上，不可盲目地扩大其使用范围。因为普通螺纹不属于管螺纹行列，这种做法还没有被世界各国普遍地接受。只有管螺纹的刃、量具供应不上或产品批量较少时才用。

我国于 2013 年颁布了 GB /T 1414—2013 普通螺纹　管路系列标准。此系列是根据管子尺寸的限制从普通螺纹标准系列（GB/T 193）中选出来的。

6.1.12.2　系列

用于管路的普通螺纹系列见表 6-60。

表 6-60　普通螺纹的管路系列（GB/T 1414—2013）　（单位：mm）

公称直径 D、d 第 1 选择	公称直径 D、d 第 2 选择	螺距 P	公称直径 D、d 第 1 选择	公称直径 D、d 第 2 选择	螺距 P
8		1		60	2
10		1	64		2
	14	1.5		68	2
16		1.5	72		3
	18	1.5		76	2
20		1.5	80		2
	22	2、1.5		85	2
24		2	90		3、2
	27	2	100		3、2
30		2		115	3、2
	33	2	125		2
	39	2	140		3、2
42		2		150	2
48		2	160		2
	56	2		170	3

6.1.13 统一螺纹

6.1.13.1 牙型

统一螺纹（Unified and American Screw Threads, ASA B1.1—1989）是英国、美国等国家广泛使用的英制螺纹。

（1）基本牙型　基本牙型及其计算公式如图 6-20所示。基本牙型的尺寸见表 6-61。

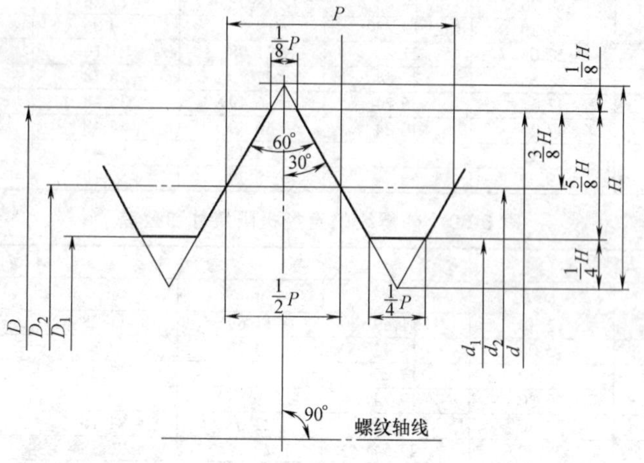

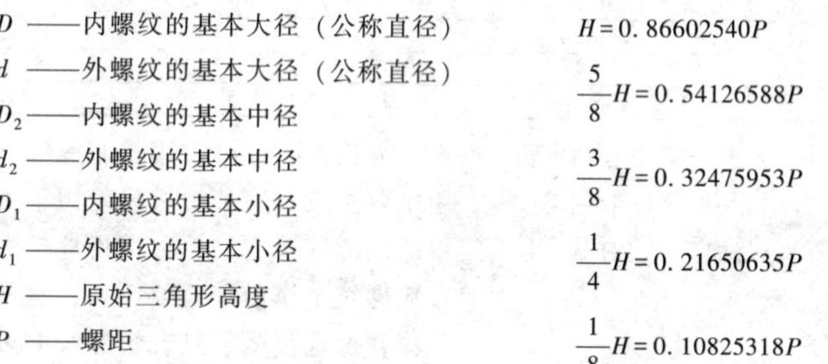

D ——内螺纹的基本大径（公称直径）
d ——外螺纹的基本大径（公称直径）
D₂——内螺纹的基本中径
d₂——外螺纹的基本中径
D₁——内螺纹的基本小径
d₁——外螺纹的基本小径
H ——原始三角形高度
P ——螺距
H = 0.86602540P
5/8 H = 0.54126588P
3/8 H = 0.32475953P
1/4 H = 0.21650635P
1/8 H = 0.10825318P

图 6-20　基本牙型

表 6-61　基本牙型尺寸（摘自 GB/T 20669—2006）　　（单位：in）

n /(牙数/in)	螺距 P	H	$\frac{5}{8}H$	$\frac{3}{8}H$	$\frac{1}{4}H$	$\frac{1}{8}H$
80	0.01250000	0.010825	0.006766	0.004059	0.002706	0.001353
72	0.01388889	0.012028	0.007518	0.004511	0.003007	0.001504
64	0.01562500	0.013532	0.008457	0.005074	0.003383	0.001691
56	0.01785714	0.015465	0.009665	0.005799	0.003866	0.001933
48	0.02083333	0.018042	0.011276	0.006766	0.004511	0.002255
44	0.02272727	0.019682	0.012301	0.007381	0.004921	0.002460
40	0.02500000	0.021651	0.013532	0.008119	0.005413	0.002706
36	0.02777778	0.024056	0.015035	0.009021	0.006014	0.003007
32	0.03125000	0.027063	0.016915	0.010149	0.006766	0.003383
28	0.03571429	0.030929	0.019331	0.011599	0.007732	0.003866
24	0.04166667	0.036084	0.022553	0.013532	0.009021	0.004511
20	0.05000000	0.043301	0.027063	0.016238	0.010825	0.005413
18	0.05555556	0.048113	0.030070	0.018042	0.012028	0.006014
16	0.06250000	0.054127	0.033829	0.020297	0.013532	0.006766
14	0.07142857	0.061859	0.038662	0.023197	0.015465	0.007732
13	0.07692308	0.066617	0.041636	0.024982	0.016654	0.008327
12	0.08333333	0.072169	0.045105	0.027063	0.018042	0.009021
11	0.09090909	0.078730	0.049206	0.029524	0.019682	0.009841
10	0.10000000	0.086603	0.054127	0.032476	0.021651	0.010825
9	0.11111111	0.096225	0.060141	0.036084	0.024056	0.012028

（续）

n /（牙数/in）	螺距 P	H	$\frac{5}{8}H$	$\frac{3}{8}H$	$\frac{1}{4}H$	$\frac{1}{8}H$
8	0. 12500000	0. 108253	0. 067658	0. 040595	0. 027063	0. 013532
7	0. 14285714	0. 123718	0. 077324	0. 046394	0. 030929	0. 015465
6	0. 16666667	0. 144338	0. 090211	0. 054127	0. 036084	0. 018042
5	0. 20000000	0. 173205	0. 108253	0. 064952	0. 043301	0. 021651
4. 5	0.22222222	0. 192450	0. 120281	0. 072169	0. 048113	0. 024056
4	0. 25000000	0. 216506	0. 135316	0. 081190	0. 054127	0. 027063

（2）设计牙型　设计牙型如图 6-21 所示。它与基本牙型基本相同，两者的区别是设计牙型的牙底一般为圆弧状。

螺纹代号为 UN、UNC、UNF，UNEF。其符号含义如下：UN—统一螺纹；C—粗牙；F—细牙；EF—超细牙。

对一般机械工程和商品紧固件，应优先选择粗牙（UNC 或 UNRC）和细牙（UNF 或 UNRF）系列。如需要更小螺距的螺纹则选用超细牙系列（UNEF 或 UNREF）。粗牙细牙和超细牙系列统称为分类螺距系列。当分类螺距系列无法满足使用需求时，从 8 个恒定螺距系列（UN 或 UNR）中选取牙数，优先选取 8、12 和 16 牙系列，不推荐选用括号内的牙数（4 牙）。

1）内螺纹。内螺纹的设计牙型与基本牙型基本相同。两者区别是：设计牙型的牙底一般为圆弧状，它取决于刀具牙顶形状；而基本牙型的牙底则为平底。内螺纹设计牙型的最大牙底圆弧半径为 0. 07216878P。

2）外螺纹。设计牙型的牙底为圆弧状，其最大牙底圆弧半径为 0. 14433757P。当对最小牙底圆弧半径没有具体要求时，其牙底圆弧取决于刀具牙顶形状；当要求最小牙底圆弧半径不小于 0. 10825318P 时（螺纹代号为 UNR 或 UNRC、UNRF、UNREF），则应选用满足牙底圆弧半径要求的刀具加工螺纹。

（3）螺纹尺寸的米制化　先按英寸单位计算螺纹直径的极限尺寸（最终尺寸），然后利用 1in = 25. 4mm 进行米制尺寸转化，最后进行米制尺寸的圆整。

表 6-61 内的数据，是计算螺纹直径基本尺寸的依据。因基本尺寸不是螺纹的最终尺寸，表中数据不宜以米制尺寸形式用于基本尺寸计算。

螺纹牙型的米制尺寸可以作为设计螺纹刀具和量规的参考尺寸。其米制转化值见表 6-62。

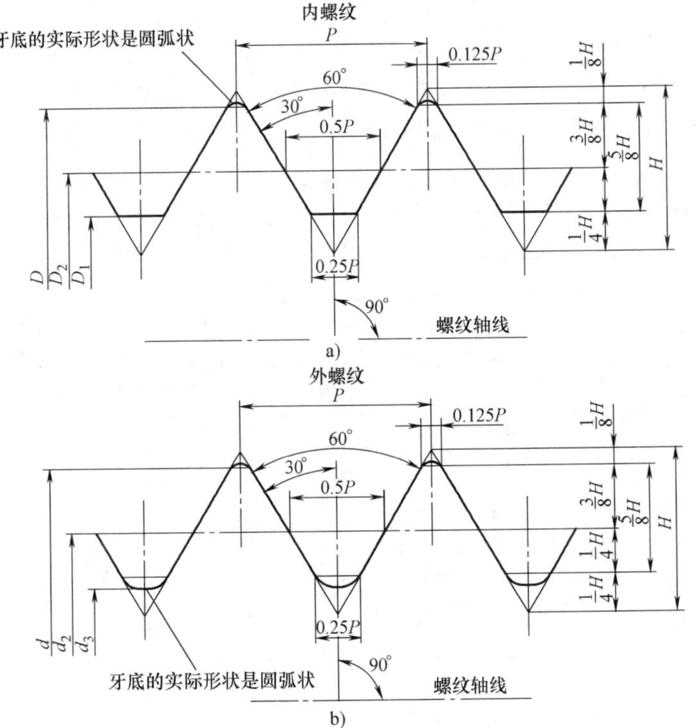

图 6-21　统一螺纹的设计牙型

a）内螺纹的设计牙型　b）外螺纹的设计牙型

表 6-62　螺纹基本牙型尺寸的米制转化值（摘自 GB/T 20669—2006）　（单位：mm）

牙数/in n	螺距 P	H	$\frac{5}{8}H$	$\frac{3}{8}H$	$\frac{1}{4}H$	$\frac{1}{8}H$
80	0.3175000	0.27496	0.17186	0.10310	0.06873	0.03437
72	0.3527778	0.30551	0.19096	0.11458	0.07638	0.03820
64	0.3968750	0.34371	0.21481	0.12888	0.08593	0.04295
56	0.4535714	0.39281	0.24549	0.14729	0.09820	0.04910
48	0.5291666	0.45827	0.28641	0.17186	0.11458	0.05728
44	0.5772727	0.49992	0.31245	0.18748	0.12499	0.06248
40	0.6350000	0.54994	0.34371	0.20622	0.13749	0.06873
36	0.7055556	0.61102	0.38189	0.22913	0.15276	0.07638
32	0.7937500	0.68740	0.42964	0.25778	0.17186	0.08593
28	0.9071430	0.78560	0.49101	0.29461	0.19639	0.09820
24	1.0583334	0.91653	0.57285	0.34371	0.22913	0.11458
20	1.2700000	1.09985	0.68740	0.41245	0.27496	0.13749
18	1.4111112	1.22207	0.76378	0.45827	0.30551	0.15276
16	1.5875000	1.37483	0.85926	0.51554	0.34371	0.17186
14	1.8142857	1.57122	0.98201	0.58920	0.39281	0.19639
13	1.9538462	1.69207	1.05755	0.63454	0.42301	0.21151
12	2.1166666	1.83309	1.14567	0.68740	0.45827	0.22913
11	2.3090909	1.99974	1.24983	0.74991	0.49992	0.24996
10	2.5400000	2.19972	1.37483	0.82489	0.54994	0.27496
9	2.8222222	2.44412	1.52758	0.91653	0.61102	0.30551
8	3.1750000	2.74963	1.71851	1.03111	0.68740	0.34371
7	3.6285714	3.14244	1.96403	1.17841	0.78560	0.39281
6	4.2333334	3.66619	2.29136	1.37483	0.91653	0.45827
5	5.0800000	4.39941	2.74963	1.64978	1.09985	0.54994
4.5	5.6444444	4.88823	3.05514	1.83309	1.22207	0.61102
4	6.3500000	5.49925	3.43703	2.06223	1.37483	0.68740

6.1.13.2　螺纹直径与牙数标准组合系列（见表 6-63）

表 6-63　螺纹直径与牙数标准组合系列（摘自 GB/T 20670—2006）

公称直径		基本大径 D,d /in	n/（牙数/in）										
			分类螺距系列			恒定螺距系列							
第一系列	第二系列		粗牙 UNC UNRC	细牙 UNF UNRF	超细牙 UNEF UNREF	4 UN UNR	6 UN UNR	8 UN UNR	12 UN UNR	16 UN UNR	20 UN UNR	28 UN UNR	32 UN UNR
0		0.0600		80									
	1	0.0730	64	72									
2		0.0860	56	64									
	3	0.0990	48	56									
4		0.1120	40	48									
5		0.1250	40	44									
6		0.1380	32	40									UNC
8		0.1640	32	36									UNC
10		0.1900	24	32									UNF
	12	0.2160	24	28	32							UNF	UNEF
1/4		0.2500	20	28	32						UNC	UNF	UNEF
5/16		0.3125	18	24	32						20	28	UNEF
3/8		0.3750	16	24	32					UNC	20	28	UNEF

（续）

公称直径		基本大径 D,d /in	n/(牙数/in)										
			分类螺距系列			恒定螺距系列							
第一系列	第二系列		粗牙 UNC UNRC	细牙 UNF UNRF	超细牙 UNEF UNREF	4 UN UNR	6 UN UNR	8 UN UNR	12 UN UNR	16 UN UNR	20 UN UNR	28 UN UNR	32 UN UNR
7/16		0.4375	14	20	28					16	UNF	UNEF	32
1/2		0.5000	13	20	28					16	UNF	UNEF	32
9/16		0.5625	12	18	24				UNC	16	20	28	32
5/8		0.6250	11	18	24				12	16	20	28	32
	11/16	0.6875			24				12	16	20	28	32
3/4		0.7500	10	16	20				12	UNF	UNEF	28	32
	13/16	0.8125			20				12	16	UNEF	28	32
7/8		0.8750	9	14	20				12	16	UNEF	28	32
	15/16	0.9375			20				12	16	UNEF	28	32
1		1.0000	8	12	20			UNC	UNF	16	UNEF	28	32
	1⅟16	1.0625			18			8	12	16	20	28	
1⅛		1.1250	7	12	18			8	UNF	16	20	28	
	1 3/16	1.1875			18			8	12	16	20	28	
1¼		1.2500	7	12	18			8	UNF	16	20	28	
	1 5/16	1.3125			18			8	12	16	20	28	
1⅜		1.3750	6	12	18		UNC	8	UNF	16	20	28	
	1 7/16	1.4375			18		6	8	12	16	20	28	
1½		1.5000	6	12	18		UNC	8	UNF	16	20	28	
	1 9/16	1.5625			18		6	8	12	16	20		
1⅝		1.6250			18		6	8	12	16	20		
	1 11/16	1.6875			18		6	8	12	16	20		
1¾		1.7500	5				6	8	12	16	20		
	1 13/16	1.8125					6	8	12	16	20		
1⅞		1.8750					6	8	12	16	20		
	1 15/16	1.9375					6	8	12	16	20		
2		2.0000	4½				6	8	12	16	20		
	2⅛	2.1250					6	8	12	16	20		
2¼		2.2500	4½				6	8	12	16	20		
	2⅜	2.3750					6	8	12	16	20		
2½		25000	4			UNC	6	8	12	16	20		
	2⅝	2.6250				(4)	6	8	12	16	20		
2¾		2.7500	4			UNC	6	8	12	16	20		
	2⅞	2.8750				(4)	6	8	12	16	20		
3		3.0000	4			UNC	6	8	12	16	20		
	3⅛	3.1250				(4)	6	8	12	16			
3¼		3.2500	4			UNC	6	8	12	16			
	3⅜	3.3750				(4)	6	8	12	16			
3½		3.5000	4			UNC	6	8	12	16			
	3⅝	3.6250				(4)	6	8	12	16			
3¾		3.7500	4			UNC	6	8	12	16			
	3⅞	3.8750				(4)	6	8	12	16			
4		4.0000	4			UNC	6	8	12	16			
	4⅛	4.1250				(4)	6	8	12	16			
4¼		4.2500				4	6	8	12	16			
	4⅜	4.3750				(4)	6	8	12	16			

（续）

公称直径		基本大径	n/（牙数/in）										
			分类螺距系列			恒定螺距系列							
第一系列	第二系列	D,d /in	粗牙 UNC UNRC	细牙 UNF UNRF	超细牙 UNEF UNREF	4 UN UNR	6 UN UNR	8 UN UNR	12 UN UNR	16 UN UNR	20 UN UNR	28 UN UNR	32 UN UNR
4½		4.5000				4	6	8	12	16			
	4⅝	4.6250				(4)	6	8	12	16			
4¾		4.7500				4	6	8	12	16			
	4⅞	4.8750				(4)	6	8	12	16			
5		5.0000				4	6	8	12	16			
	5⅛	5.1250				(4)	6	8	12	16			
5¼		5.2500				4	6	8	12	16			
	5⅜	5.3750				(4)	6	8	12	16			
5½		5.5000				4	6	8	12	16			
	5⅝	5.6250				(4)	6	8	12	16			
5¾		5.7500				4	6	8	12	16			
	5⅞	5.8750				(4)	6	8	12	16			
6		6.0000				4	6	8	12	16			

注：1. 对基本大径小于 1/4in 的前 10 个螺纹，其公称直径栏内所列出的自然数是公称直径代码，不是公称直径的英寸值。

2. 在恒定螺距系列栏内，如果出现分类螺距系列代号（UNC、UNF、UNEF），则表示此规格已纳入分类螺距系列之中，它们也适用于有最小牙底圆弧半径要求的螺纹（UNRC、UNRF、UNREF）。

6.1.13.3　统一螺纹的基本尺寸（见表 6-64）

表 6-64　统一螺纹的基本尺寸（摘自 GB/T 20668—2006）　　（单位：in）

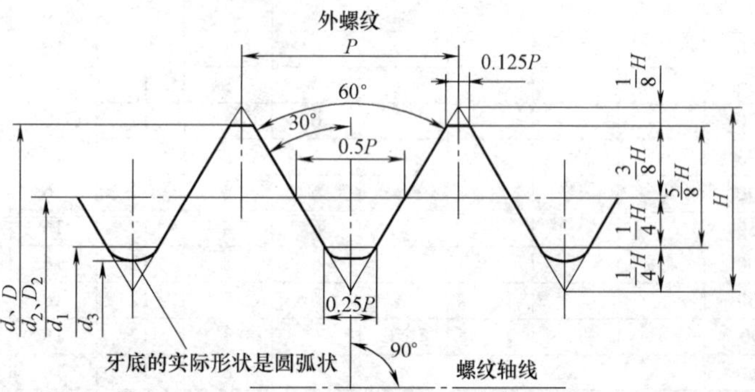

公称直径	基本大径 D、d	n /（牙数/in）	系列代号	基本中径 D_2、d_2	内螺纹 基本小径 $D_1$①	外螺纹 基本小径（参考） d_3
0	0.0600	80	UNF	0.0519	0.0465	0.0451
1	0.0730	64	UNC	0.0629	0.0561	0.0544
1	0.0730	72	UNF	0.0640	0.0580	0.0565
2	0.0860	56	UNC	0.0744	0.0667	0.0647
2	0.0860	64	UNF	0.0759	0.0691	0.0674
3	0.0990	48	UNC	0.0855	0.0764	0.0742
3	0.0990	56	UNF	0.0874	0.0797	0.0777
4	0.1120	40	UNC	0.0958	0.0849	0.0822
4	0.1120	48	UNF	0.0985	0.0894	0.0872
5	0.1250	40	UNC	0.1088	0.0979	0.0952
5	0.1250	44	UNF	0.1102	0.1004	0.0979

（续）

公称直径	基本大径 D、d	n /(牙数/in)	系列代号	基本中径 D_2、d_2	内螺纹 基本小径 $D_1$①	外螺纹 基本小径(参考) d_3
6	0.1380	32	UNC	0.1177	0.1042	0.1008
6	0.1380	40	UNF	0.1218	0.1109	0.1082
8	0.1640	32	UNC	0.1437	0.1302	0.1268
8	0.1640	36	UNF	0.1460	0.1339	0.1309
10	0.1900	24	UNC	0.1629	0.1449	0.1404
10	0.1900	32	UNF	0.1697	0.1562	0.1528
12	0.2160	24	UNC	0.1889	0.1709	0.1664
12	0.2160	28	UNF	0.1928	0.1773	0.1735
12	0.2160	32	UNEF	0.1957	0.1822	0.1788
1/4	0.2500	20	UNC	0.2175	0.1959	0.1905
1/4	0.2500	28	UNF	0.2268	0.2113	0.2075
1/4	0.2500	32	UNEF	0.2297	0.2162	0.2128
5/16	0.3125	18	UNC	0.2764	0.2524	0.2463
5/16	0.3125	20	UN	0.2800	0.2584	0.2530
5/16	0.3125	24	UNF	0.2854	0.2674	0.2629
5/16	0.3125	28	UN	0.2893	0.2738	0.2700
5/16	0.3125	32	UNEF	0.2922	0.2787	0.2753
3/8	0.3750	16	UNC	0.3344	0.3073	0.3006
3/8	0.3750	20	UN	0.3425	0.3209	0.3155
3/8	0.3750	24	UNF	0.3479	0.3299	0.3254
3/8	0.3750	28	UN	0.3518	0.3363	0.3325
3/8	0.3750	32	UNEF	0.3547	0.3412	0.3378
7/16	0.4375	14	UNC	0.3911	0.3602	0.3524
7/16	0.4375	16	UN	0.3969	0.3698	0.3631
7/16	0.4375	20	UNF	0.4050	0.3834	0.3780
7/16	0.4375	28	UNEF	0.4143	0.3988	0.3950
7/16	0.4375	32	UN	0.4172	0.4037	0.4003
1/2	0.5000	13	UNC	0.4500	0.4167	0.4084
1/2	0.5000	16	UN	0.4594	0.4323	0.4256
1/2	0.5000	20	UNF	0.4675	0.4459	0.4405
1/2	0.5000	28	UNEF	0.4768	0.4613	0.4575
1/2	0.5000	32	UN	0.4797	0.4662	0.4628
9/16	0.5625	12	UNC	0.5084	0.4723	0.4633
9/16	0.5625	16	UN	0.5219	0.4948	0.4881
9/16	0.5625	18	UNF	0.5264	0.5024	0.4963
9/16	0.5625	20	UN	0.5300	0.5084	0.5030
9/16	0.5625	24	UNEF	0.5354	0.5174	0.5129
9/16	0.5625	28	UN	0.5393	0.5238	0.5200
9/16	0.5625	32	UN	0.5422	0.5287	0.5253
5/8	0.6250	11	UNC	0.5660	0.5266	0.5167
5/8	0.6250	12	UN	0.5709	0.5348	0.5258
5/8	0.6250	16	UN	0.5844	0.5573	0.5506
5/8	0.6250	18	UNF	0.5889	0.5649	0.5588
5/8	0.6250	20	UN	0.5925	0.5709	0.5655
5/8	0.6250	24	UNEF	0.5979	0.5799	0.5754
5/8	0.6250	28	UN	0.6018	0.5863	0.5825
5/8	0.6250	32	UN	0.6047	0.5912	0.5878

（续）

公称直径	基本大径 D、d	n /(牙数/in)	系列代号	基本中径 D_2、d_2	内螺纹 基本小径 $D_1$①	外螺纹 基本小径(参考) d_3
11/16	0.6875	12	UN	0.6334	0.5973	0.5883
11/16	0.6875	16	UN	0.6469	0.6198	0.6131
11/16	0.6875	20	UN	0.6550	0.6334	0.6280
11/16	0.6875	24	UNEF	0.6604	0.6424	0.6379
11/16	0.6875	28	UN	0.6643	0.6488	0.6450
11/16	0.6875	32	UN	0.6672	0.6537	0.6503
3/4	0.7500	10	UNC	0.6850	0.6417	0.6309
3/4	0.7500	12	UN	0.6959	0.6598	0.6508
3/4	0.7500	16	UNF	0.7094	0.6823	0.6756
3/4	0.7500	20	UNEF	0.7175	0.6959	0.6905
3/4	0.7500	28	UN	0.7268	0.7113	0.7075
3/4	0.7500	32	UN	0.7297	0.7162	0.7128
13/16	0.8125	12	UN	0.7584	0.7223	0.7133
13/16	0.8125	16	UN	0.7719	0.7448	0.7381
13/16	0.8125	20	UNEF	0.7800	0.7584	0.7530
13/16	0.8125	28	UN	0.7893	0.7738	0.7700
13/16	0.8125	32	UN	0.7922	0.7787	0.7753
7/8	0.8750	9	UNC	0.8028	0.7547	0.7427
7/8	0.8750	12	UN	0.8209	0.7848	0.7758
7/8	0.8750	14	UNF	0.8286	0.7977	0.7899
7/8	0.8750	16	UN	0.8344	0.8073	0.8006
7/8	0.8750	20	UNEF	0.8425	0.8209	0.8155
7/8	0.8750	28	UN	0.8518	0.8363	0.8325
7/8	0.8750	32	UN	0.8547	0.8412	0.8378
15/16	0.9375	12	UN	0.8834	0.8473	0.8383
15/16	0.9375	16	UN	0.8969	0.8698	0.8631
15/16	0.9375	20	UNEF	0.9050	0.8834	0.8780
15/16	0.9375	28	UN	0.9143	0.8988	0.8950
15/16	0.9375	32	UN	0.9172	0.9037	0.9003
1	1.0000	8	UNC	0.9188	0.8647	0.8512
1	1.0000	12	UNF	0.9459	0.9098	0.9008
1	1.0000	16	UN	0.9594	0.9323	0.9256
1	1.0000	20	UNEF	0.9675	0.9459	0.9405
1	1.0000	28	UN	0.9768	0.9613	0.9575
1	1.0000	32	UN	0.9797	0.9662	0.9628
1 1/16	1.0625	8	UN	0.9813	0.9272	0.9137
1 1/16	1.0625	12	UN	1.0084	0.9723	0.9633
1 1/16	1.0625	16	UN	1.0219	0.9948	0.9881
1 1/16	1.0625	18	UNEF	1.0264	1.0024	0.9963
1 1/16	1.0625	20	UN	1.0300	1.0084	1.0030
1 1/16	1.0625	28	UN	1.0393	1.0238	1.0200
1 1/8	1.1250	7	UNC	1.0322	0.9704	0.9549
1 1/8	1.1250	8	UN	1.0438	0.9897	0.9762
1 1/8	1.1250	12	UNF	1.0709	1.0348	1.0258
1 1/8	1.1250	16	UN	1.0844	1.0573	1.0506
1 1/8	1.1250	18	UNEF	1.0889	1.0649	1.0588
1 1/8	1.1250	20	UN	1.0925	1.0709	1.0655

（续）

公称直径	基本大径 D、d	n /（牙数/in）	系列代号	基本中径 D_2、d_2	内螺纹 基本小径 $D_1$①	外螺纹 基本小径（参考） d_3
1⅛	1.1250	28	UN	1.1018	1.0863	1.0825
1 3/16	1.1875	8	UN	1.1063	1.0522	1.0387
1 3/16	1.1875	12	UN	1.1334	1.0973	1.0883
1 3/16	1.1875	16	UN	1.1469	1.1198	1.1131
1 3/16	1.1875	18	UNEF	1.1514	1.1274	1.1213
1 3/16	1.1875	20	UN	1.1550	1.1334	1.1280
1 3/16	1.1875	28	UN	1.1643	1.1488	1.1450
1¼	1.2500	7	UNC	1.1572	1.0954	1.0799
1¼	1.2500	8	UN	1.1688	1.1147	1.1012
1¼	1.2500	12	UNF	1.1959	1.1598	1.1508
1¼	1.2500	16	UN	1.2094	1.1823	1.1756
1¼	1.2500	18	UNEF	1.2319	1.1899	1.1838
1¼	1.2500	20	UN	1.2175	1.1959	1.1905
1¼	1.2500	28	UN	1.2268	1.2113	1.2075
1 5/16	1.3125	8	UN	1.2313	1.1772	1.1637
1 5/16	1.3125	12	UN	1.2584	1.2223	1.2133
1 5/16	1.3125	16	UN	1.2719	1.2448	1.2381
1 5/16	1.3125	18	UNEF	1.2764	1.2524	1.2463
1 5/16	1.3125	20	UN	1.2800	1.2584	1.2530
1 5/16	1.3125	28	UN	1.2893	1.2738	1.2700
1⅜	1.3750	6	UNC	1.2667	1.1946	1.1765
1⅜	1.3750	8	UN	1.2938	1.2397	1.2262
1⅜	1.3750	12	UNF	1.3209	1.2848	1.2758
1⅜	1.3750	16	UN	1.3344	1.3073	1.3006
1⅜	1.3750	18	UNEF	1.3389	1.3149	1.3088
1⅜	1.3750	20	UN	1.3425	1.3209	1.3155
1⅜	1.3750	28	UN	1.3518	1.3363	1.3325
1 7/16	1.4375	6	UN	1.3292	1.2571	1.2390
1 7/16	1.4375	8	UN	1.3563	1.3022	1.2887
1 7/16	1.4375	12	UN	1.3834	1.3473	1.3383
1 7/16	1.4375	16	UN	1.3969	1.3698	1.3631
1 7/16	1.4375	18	UNEF	1.4014	1.3774	1.3713
1 7/16	1.4375	20	UN	1.4050	1.3834	1.3780
1 7/16	1.4375	28	UN	1.4143	1.3988	1.3950
1½	1.5000	6	UNC	1.3917	1.3196	1.3015
1½	1.5000	8	UN	1.4188	1.3647	1.3512
1½	1.5000	12	UNF	1.4459	1.4098	1.4008
1½	1.5000	16	UN	1.4594	1.4323	1.4256
1½	1.5000	18	UNEF	1.4639	1.4399	1.4338
1½	1.5000	20	UN	1.4675	1.4459	1.4405
1½	1.5000	28	UN	1.4768	1.4613	1.4575
1 9/16	1.5625	6	UN	1.4542	1.3821	1.3640
1 9/16	1.5625	8	UN	1.4813	1.4272	1.4137
1 9/16	1.5625	12	UN	1.5084	1.4723	1.4633
1 9/16	1.5625	16	UN	1.5219	1.4948	1.4881
1 9/16	1.5625	18	UNEF	1.5264	1.5024	1.4963
1 9/16	1.5625	20	UN	1.5300	1.5084	1.5030

（续）

公称直径	基本大径 D、d	n /(牙数/in)	系列代号	基本中径 D_2、d_2	内螺纹基本小径 $D_1$①	外螺纹基本小径(参考) d_3
1⅝	1.6250	6	UN	1.5167	1.4446	1.4265
1⅝	1.6250	8	UN	1.5438	1.4897	1.4762
1⅝	1.6250	12	UN	1.5709	1.5348	1.5258
1⅝	1.6250	16	UN	1.5844	1.5573	1.5506
1⅝	1.6250	18	UNEF	1.5889	1.5649	1.5588
1⅝	1.6250	20	UN	1.5925	1.5709	1.5655
1 11/16	1.6875	6	UN	1.5792	1.5071	1.4890
1 11/16	1.6875	8	UN	1.6063	1.5522	1.5387
1 11/16	1.6875	12	UN	1.6334	1.5973	1.5883
1 11/16	1.6875	16	UN	1.6469	1.6198	1.6131
1 11/16	1.6875	18	UNEF	1.6514	1.6274	1.6213
1 11/16	1.6875	20	UN	1.6550	1.6334	1.6280
1¾	1.7500	5	UNC	1.6201	1.5335①	1.5118
1¾	1.7500	6	UN	1.6417	1.5696	1.5515
1¾	1.7500	8	UN	1.6688	1.6147	1.6012
1¾	1.7500	12	UN	1.6959	1.6598	1.6508
1¾	1.7500	16	UN	1.7094	1.6823	1.6756
1¾	1.7500	20	UN	1.7175	1.6959	1.6905
1 13/16	1.8125	6	UN	1.7042	1.6321	1.6140
1 13/16	1.8125	8	UN	1.7313	1.6772	1.6637
1 13/16	1.8125	12	UN	1.7584	1.7223	1.7133
1 13/16	1.8125	16	UN	1.7719	1.7448	1.7381
1 13/16	1.8125	20	UN	1.7800	1.7584	1.7530
1⅞	1.8750	6	UN	1.7667	1.6946	1.6765
1⅞	1.8750	8	UN	1.7938	1.7397	1.7262
1⅞	1.8750	12	UN	1.8209	1.7848	1.7758
1⅞	1.8750	16	UN	1.8344	1.8073	1.8006
1⅞	1.8750	20	UN	1.8425	1.8209	1.8155
1 15/16	1.9375	6	UN	1.8292	1.7571	1.7390
1 15/16	1.9375	8	UN	1.8563	1.8022	1.7887
1 15/16	1.9375	12	UN	1.8834	1.8473	1.8383
1 15/16	1.9375	16	UN	1.8969	1.8698	1.8631
1 15/16	1.9375	20	UN	1.9050	1.8834	1.8780
2	2.0000	4½	UNC	1.8557	1.7594	1.7354
2	2.0000	6	UN	1.8917	1.8196	1.8015
2	2.0000	8	UN	1.9188	1.8647	1.8512
2	2.0000	12	UN	1.9459	1.9098	1.9008
2	2.0000	16	UN	1.9594	1.9323	1.9256
2	2.0000	20	UN	1.9675	1.9459	1.9405
2⅛	2.1250	6	UN	2.0167	1.9446	1.9265
2⅛	2.1250	8	UN	2.0438	1.9897	1.9762
2⅛	2.1250	12	UN	2.0709	2.0348	2.0258
2⅛	2.1250	16	UN	2.0844	2.0573	2.0506
2⅛	2.1250	20	UN	2.0925	2.0709	2.0655
2¼	2.2500	4½	UNC	2.1057	2.0094	1.9854
2¼	2.2500	6	UN	2.1417	2.0696	2.0515
2¼	2.2500	8	UN	2.1688	2.1147	2.1012

（续）

公称直径	基本大径 D、d	n /（牙数/in）	系列代号	基本中径 D_2、d_2	内螺纹 基本小径 $D_1$①	外螺纹 基本小径（参考） d_3
2¼	2.2500	12	UN	2.1959	2.1598	2.1508
2¼	2.2500	16	UN	2.2094	2.1823	2.1756
2¼	2.2500	20	UN	2.2175	2.1959	2.1905
2⅜	2.3750	6	UN	2.2667	2.1946	2.1765
2⅜	2.3750	8	UN	2.2938	2.2397	2.2262
2⅜	2.3750	12	UN	2.3209	2.2848	2.2758
2⅜	2.3750	16	UN	2.3344	2.3073	2.3006
2⅜	2.3750	20	UN	2.3425	2.3209	2.3155
2½	2.5000	4	UNC	2.3376	2.2294	2.2023
2½	2.5000	6	UN	2.3917	2.3196	2.3015
2½	2.5000	8	UN	2.4188	2.3647	2.3512
2½	2.5000	12	UN	2.4459	2.4098	2.4008
2½	2.5000	16	UN	2.4594	2.4323	2.4256
2½	2.5000	20	UN	2.4675	2.4459	2.4405
2⅝	2.6250	4	UN	2.4626	2.3544	2.3273
2⅝	2.6250	6	UN	2.5167	2.4446	2.4265
2⅝	2.6250	8	UN	2.5438	2.4897	2.4762
2⅝	2.6250	12	UN	2.5709	2.5348	2.5258
2⅝	2.6250	16	UN	2.5844	2.5573	2.5506
2⅝	2.6250	20	UN	2.5925	2.5709	2.5655
2¾	2.7500	4	UNC	2.5876	2.4794	2.4523
2¾	2.7500	6	UN	2.6417	2.5696	2.5515
2¾	2.7500	8	UN	2.6688	2.6147	2.6012
2¾	2.7500	12	UN	2.6959	2.6598	2.6508
2¾	2.7500	16	UN	2.7094	2.6823	2.6756
2¾	2.7500	20	UN	2.7175	2.6959	2.6905
2⅞	2.8750	4	UN	2.7126	2.6044	2.5773
2⅞	2.8750	6	UN	2.7667	2.6946	2.6765
2⅞	2.8750	8	UN	2.7938	2.7397	2.7262
2⅞	2.8750	12	UN	2.8209	2.7848	2.7758
2⅞	2.8750	16	UN	2.8344	2.8073	2.8006
2⅞	2.8750	20	UN	2.8425	2.8209	2.8155
3	3.0000	4	UNC	2.8376	2.7294	2.7023
3	3.0000	6	UN	2.8917	2.8196	2.8015
3	3.0000	8	UN	2.9188	2.8647	2.8512
3	3.0000	12	UN	2.9459	2.9098	2.9008
3	3.0000	16	UN	2.9594	2.9323	2.9256
3	3.0000	20	UN	2.9675	2.9459	2.9405
3⅛	3.1250	4	UN	2.9626	2.8544	2.8273
3⅛	3.1250	6	UN	3.0167	2.9446	2.9265
3⅛	3.1250	8	UN	3.0438	2.9897	2.9762
3⅛	3.1250	12	UN	3.0709	3.0348	3.0258
3⅛	3.1250	16	UN	3.0844	3.0573	3.0506
3¼	3.2500	4	UNC	3.0876	2.9794	2.9523
3¼	3.2500	6	UN	3.1417	3.0696	3.0515
3¼	3.2500	8	UN	3.1688	3.1147	3.1012
3¼	3.2500	12	UN	3.1959	3.1598	3.1508

（续）

公称直径	基本大径 D、d	n /(牙数/in)	系列代号	基本中径 D_2、d_2	内螺纹 基本小径 $D_1$①	外螺纹 基本小径(参考) d_3
3¼	3.2500	16	UN	3.2094	3.1823	3.1756
3⅜	3.3750	4	UN	3.2126	3.1044	3.0773
3⅜	3.3750	6	UN	3.2667	3.1946	3.1765
3⅜	3.3750	8	UN	3.2938	3.2397	3.2262
3⅜	3.3750	12	UN	3.3209	3.2848	3.2758
3⅜	3.3750	16	UN	3.3344	3.3073	3.3006
3½	3.5000	4	UNC	3.3376	3.2294	3.2023
3½	3.5000	6	UN	3.3917	3.3196	3.3015
3½	3.5000	8	UN	3.4188	3.3647	3.3512
3½	3.5000	12	UN	3.4459	3.4098	3.4008
3½	3.5000	16	UN	3.4594	3.4323	3.4256
3⅝	3.6250	4	UN	3.4626	3.3544	3.3273
3⅝	3.6250	6	UN	3.5167	3.4446	3.4265
3⅝	3.6250	8	UN	3.5438	3.4897	3.4762
3⅝	3.6250	12	UN	3.5709	3.5348	3.5258
3⅝	3.6250	16	UN	3.5844	3.5573	3.5506
3¾	3.7500	4	UNC	3.5876	3.4794	3.4523
3¾	3.7500	6	UN	3.6417	3.5696	3.5515
3¾	3.7500	8	UN	3.6688	3.6147	3.6012
3¾	3.7500	12	UN	3.6959	3.6598	3.6508
3¾	3.7500	16	UN	3.7094	3.6823	3.6756
3⅞	3.8750	4	UN	3.7126	3.6044	3.5773
3⅞	3.8750	6	UN	3.7667	3.6946	3.6765
3⅞	3.8750	8	UN	3.7938	3.7397	3.7262
3⅞	3.8750	12	UN	3.8209	3.7848	3.7758
3⅞	3.8750	16	UN	3.8344	3.8073	3.8006
4	4.0000	4	UNC	3.8376	3.7294	3.7023
4	4.0000	6	UN	3.8917	3.8196	3.8015
4	4.0000	8	UN	3.9188	3.8647	3.8512
4	4.0000	12	UN	3.9459	3.9098	3.9008
4	4.0000	16	UN	3.9594	3.9323	3.9256
4⅛	4.1250	4	UN	3.9626	3.8544	3.8273
4⅛	4.1250	6	UN	4.0167	3.9446	3.9265
4⅛	4.1250	8	UN	4.0438	3.9897	3.9762
4⅛	4.1250	12	UN	4.0709	4.0348	4.0258
4⅛	4.1250	16	UN	4.0844	4.0573	4.0506
4¼	4.2500	4	UN	4.0876	3.9794	3.9523
4¼	4.2500	6	UN	4.1417	4.0696	4.0515
4¼	4.2500	8	UN	4.1688	4.1147	4.1012
4¼	4.2500	12	UN	4.1959	4.1598	4.1508
4¼	4.2500	16	UN	4.2094	4.1823	4.1756
4⅜	4.3750	4	UN	4.2126	4.1044	4.0773
4⅜	4.3750	6	UN	4.2667	4.1946	4.1765
4⅜	4.3750	8	UN	4.2938	4.2397	4.2262
4⅜	4.3750	12	UN	4.3209	4.2848	4.2758
4⅜	4.3750	16	UN	4.3344	4.3073	4.3006
4½	4.5000	4	UN	4.3376	4.2294	4.2023

（续）

公称直径	基本大径 D、d	n /（牙数/in）	系列代号	基本中径 D_2、d_2	内螺纹 基本小径 $D_1$①	外螺纹 基本小径（参考） d_3
4½	4.5000	6	UN	4.3917	4.3196	4.3015
4½	4.5000	8	UN	4.4188	4.3647	4.3512
4½	4.5000	12	UN	4.4459	4.4098	4.4008
4½	4.5000	16	UN	4.4594	4.4323	4.4256
4⅝	4.6250	4	UN	4.4626	4.3544	4.3273
4⅝	4.6250	6	UN	4.5167	4.4446	4.4265
4⅝	4.6250	8	UN	4.5438	4.4897	4.4762
4⅝	4.6250	12	UN	4.5709	4.5348	4.5258
4⅝	4.6250	16	UN	4.5844	4.5573	4.5506
4¾	4.7500	4	UN	4.5876	4.4794	4.4523
4¾	4.7500	6	UN	4.6417	4.5696	4.5515
4¾	4.7500	8	UN	4.6688	4.6147	4.6012
4¾	4.7500	12	UN	4.6959	4.6598	4.6508
4¾	4.7500	16	UN	4.7094	4.6823	4.6756
4⅞	4.8750	4	UN	4.7126	4.6044	4.5773
4⅞	4.8750	6	UN	4.7667	4.6946	4.6765
4⅞	4.8750	8	UN	4.7938	4.7397	4.7262
4⅞	4.8750	12	UN	4.8209	4.7848	4.7758
4⅞	4.8750	16	UN	4.8344	4.8073	4.8006
5	5.0000	4	UN	4.8376	4.7294	4.7023
5	5.0000	6	UN	4.8917	4.8196	4.8015
5	5.0000	8	UN	4.9188	4.8647	4.8512
5	5.0000	12	UN	4.9459	4.9098	4.9008
5	5.0000	16	UN	4.9594	4.9323	4.9256
5⅛	5.1250	4	UN	4.9626	4.8544	4.8273
5⅛	5.1250	6	UN	5.0167	4.9446	4.9265
5⅛	5.1250	8	UN	5.0438	4.9897	4.9762
5⅛	5.1250	12	UN	5.0709	5.0348	5.0258
5⅛	5.1250	16	UN	5.0844	5.0573	5.0506
5¼	5.2500	4	UN	5.0876	4.9794	4.9523
5¼	5.2500	6	UN	5.1417	5.0696	5.0515
5¼	5.2500	8	UN	5.1688	5.1147	5.1012
5¼	5.2500	12	UN	5.1959	5.1598	5.1508
5¼	5.2500	16	UN	5.2094	5.1823	5.1756
5⅜	5.3750	4	UN	5.2126	5.1044	5.0773
5⅜	5.3750	6	UN	5.2667	5.1946	5.1765
5⅜	5.3750	8	UN	5.2938	5.2397	5.2262
5⅜	5.3750	12	UN	5.3209	5.2848	5.2758
5⅜	5.3750	16	UN	5.3344	5.3073	5.3006
5½	5.5000	4	UN	5.3376	5.2294	5.2023
5½	5.5000	6	UN	5.3917	5.3196	5.3015
5½	5.5000	8	UN	5.4188	5.3647	5.3512
5½	5.5000	12	UN	5.4459	5.4098	5.4008
5½	5.5000	16	UN	5.4594	5.4323	5.4256
5⅝	5.6250	4	UN	5.4626	5.3544	5.3273
5⅝	5.6250	6	UN	5.5167	5.4446	5.4265
5⅝	5.6250	8	UN	5.5438	5.4897	5.4762

（续）

公称直径	基本大径 D、d	n /（牙数/in）	系列代号	基本中径 D_2、d_2	内螺纹 基本小径 D_1[①]	外螺纹 基本小径（参考） d_3
5⅝	5.6250	12	UN	5.5709	5.5348	5.5258
5⅝	5.6250	16	UN	5.5844	5.5573	5.5506
5¾	5.7500	4	UN	5.5876	5.4794	5.4523
5¾	5.7500	6	UN	5.6417	5.5696	5.5515
5¾	5.7500	8	UN	5.6688	5.6147	5.6012
5¾	5.7500	12	UN	5.6959	5.6598	5.6508
5¾	5.7500	16	UN	5.7094	5.6823	5.6756
5⅞	5.8750	4	UN	5.7126	5.6044	5.5773
5⅞	5.8750	6	UN	5.7667	5.6946	5.6765
5⅞	5.8750	8	UN	5.7938	5.7397	5.7262
5⅞	5.8750	12	UN	5.8209	5.7848	5.7758
5⅞	5.8750	16	UN	5.8344	5.8073	5.8006
6	6.0000	4	UN	5.8736	5.7294	5.7023
6	6.0000	6	UN	5.8917	5.8196	5.8015
6	6.0000	8	UN	5.9188	5.8647	5.8512
6	6.0000	12	UN	5.9459	5.9098	5.9008
6	6.0000	16	UN	5.9594	5.9323	5.9256

注：螺纹直径基本尺寸按下列公式计算：$D_2=d_2=D-2\times\frac{3}{8}H=D-0.64951905P$；$D_1=D-2\times\frac{5}{8}H=D-1.08253175P$；$d_3=d-2\times\frac{11}{16}H=d-1.19078493P$。

式中，$H=0.86602540P$。

① 此 D_1 的精确值为 1.533494。在本表内，此 D_1 保留 4 位小数，基值为 1.5335；在计算 D_{1min} 极限尺寸时，$D_{1min}=D_1$，此 D_1 保留 3 位小数，其值为 1.533。

6.1.13.4　统一螺纹的公差

1. 尺寸和公差符号

H—原始三角形高度

P—螺距

n—25.4mm 轴向长度内所包含的牙数

LE—旋合长度

es—外螺纹直径的上极限偏差（基本偏差）

EI—内螺纹直径的下极限偏差（基本偏差）

T_{D_2}—内螺纹中径公差

T_{d_1}—外螺纹中径公差

T_{D_1}—内螺纹小径公差

T_d—外螺纹大径公差

SE—特殊配合（螺纹标记）

PD—中径（螺纹标记）

MOD—修正内螺纹小径极限（螺纹标记）

2. 公差

（1）公差带种类

① 外螺纹公差带有 1A、2A 和 3A 三种。1A 和 2A 螺纹的基本偏差 es 为负值；3A 螺纹的基本偏差 es 为零。

② 内螺纹公差带有 1B、2B 和 3B 三种。内螺纹的基本偏差 EI 为零。

③ 内、外螺纹的公差带位置如图 6-22 和图 6-23 所示。各种公差带的选用原则见表 6-65。

④ 外螺纹的三种公差带可以与内螺纹的三种公差带形成各种组成配合。

表 6-65　螺纹公差带的选用原则

公差带	用　　途	备　　注
1A 和 1B	用于要求容易装配、基本大径不小于 0.25in 的粗牙和细牙系列螺纹	螺纹的公差较大，外螺纹基本偏差不能用于容纳涂镀层
2A 和 2B	使用最多、最广的公差带，包括螺纹紧固件	外螺纹的基本偏差可以用于容纳涂镀层
3A 和 3B	用于形成螺纹紧配合	对螺纹的螺距和牙侧角单项要素精度有较高要求

（2）基本偏差和公差　对标准系列和标准旋合长度螺纹，其基本偏差以及中径和顶径公差的英寸值

见表 6-66 和表 6-67。

(3) 标准旋合长度

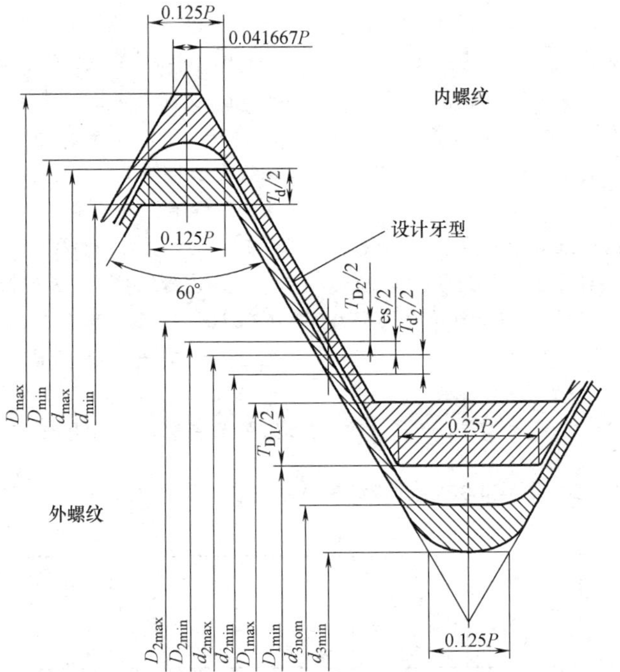

图 6-22　1A、2A、1B 和 2B 螺纹的公差带位置（摘自 GB/T 20666—2006）

注：d_{3nom} 为外螺纹小径的公称尺寸。

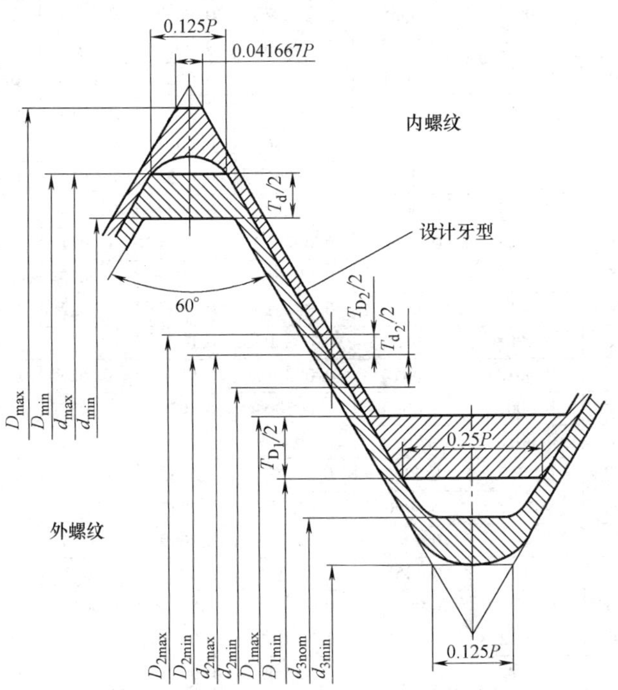

图 6-23　3A 和 3B 螺纹的公差带位置（摘自 GB/T 20666—2006）

① 中径公差的标准旋合长度。表 6-66 和表 6-67 所规定的中径公差，仅适用于标准旋合长度范围之内的标准系列螺纹。

对粗牙和细牙螺纹，以及恒定螺距系列内牙数少于 12 牙的螺纹，其标准旋合长度范围为大于 $5P$，小于和等于 $1.5D$。

对超细牙螺纹以及恒定螺距系列内牙数多于和等于 12 牙的螺纹，其标准旋合长度范围为大于 $5P$，小于和等于 $15P$。

② 内螺纹小径公差的标准旋合长度。表 6-66 和表 6-67 所规定的内螺纹小径公差，仅适用于标准旋合长度范围之内的标准系列螺纹。其标准旋合长度范围为大于 $0.667D$，小于和等于 $1.5D$。

（4）公差修正

① 中径公差的修正。

a）对标准系列螺纹，如果其旋合长度超出表 6-68和表 6-69 所规定的标准旋合长度范围，则其中径公差应按标准所规定的公式进行计算。代入公式的旋合长度 LE 为其实际旋合长度值。

b）对特殊系列螺纹，其中径公差应按表 6-68 和表 6-69 所规定的公式进行计算。如果其旋合长度在大于 $5P$、小于和等于 $15P$ 范围之内，则其代入公式的旋合长度 LE 为 $9P$；如果其旋合长度在大于 $5P$、小于和等于 $15P$ 范围之外，则其代入公式的旋合长度 LE 为其实际旋合长度值。

② 内螺纹小径公差的修正。对旋合长度在大于 $0.667D$，小于和等于 $1.5D$ 范围之外的螺纹，其小径公差应按表 6-68 所规定的修正系数进行修正。当公式计算结果与公差表所规定数值出现差异时，以公差表规定数值为准。

表 6-66　2A、2B、3A 和 3B 统一螺纹的基本偏差和公差（摘自 GB/T 20666—2006）

（单位：in）

公称直径	n/（牙数/in）	系列代号	2A 外螺纹基本偏差 es	外螺纹大径公差 T_d	中径公差 T_{d_2} 或 T_{D_2}				内螺纹小径公差 T_{D_1}	
					2A	2B	3A	3B	2B	3B
0	80	UNF	0.0005	0.0032	0.001762	0.0023	0.0013	0.0017	0.0049	0.0049
1	64	UNC	0.0006	0.0038	0.001970	0.0026	0.0015	0.0019	0.0061	0.0061
1	72	UNF	0.0006	0.0035	0.001899	0.0025	0.0014	0.0019	0.0054	0.0054
2	56	UNC	0.0006	0.0041	0.002127	0.0028	0.0016	0.0021	0.0070	0.0070
2	64	UNF	0.0006	0.0038	0.002040	0.0027	0.0015	0.0020	0.0061	0.0061
3	48	UNC	0.0007	0.0045	0.002302	0.0030	0.0017	0.0022	0.0081	0.0081
3	56	UNF	0.0007	0.0041	0.002191	0.0028	0.0016	0.0021	0.0068	0.0068
4	40	UNC	0.0008	0.0051	0.002507	0.0033	0.0019	0.0024	0.0090	0.0090
4	48	UNF	0.0007	0.0045	0.002361	0.0031	0.0018	0.0023	0.0074	0.0074
5	40	UNC	0.0008	0.0051	0.002562	0.0033	0.0019	0.0025	0.0083	0.0083
5	44	UNF	0.0007	0.0048	0.002484	0.0032	0.0019	0.0024	0.0075	0.0075
6	32	UNC	0.0008	0.0060	0.002820	0.0037	0.0021	0.0027	0.0098	0.0097
6	40	UNF	0.0008	0.0051	0.002614	0.0034	0.0020	0.0025	0.0077	0.0077
8	32	UNC	0.0009	0.0060	0.002916	0.0038	0.0022	0.0028	0.0087	0.0086
8	36	UNF	0.0008	0.0055	0.002804	0.0036	0.0021	0.0027	0.0077	0.0077
10	24	UNC	0.0010	0.0072	0.003319	0.0043	0.0025	0.0032	0.0106	0.0106
10	32	UNF	0.0009	0.0060	0.003004	0.0039	0.0023	0.0029	0.0079	0.0079
12	24	UNC	0.0010	0.0072	0.003400	0.0044	0.0026	0.0033	0.0098	0.0098
12	28	UNF	0.0010	0.0065	0.003224	0.0042	0.0024	0.0031	0.0084	0.0084
12	32	UNEF	0.0010	0.0060	0.003183	0.0041	0.0024	0.0031	0.0074	0.0073
1/4	20	UNC	0.0011	0.0081	0.003731	0.0049	0.0028	0.0036	0.0115	0.0108
1/4	28	UNF	0.0010	0.0065	0.003322	0.0043	0.0025	0.0032	0.0084	0.0077
1/4	32	UNEF	0.0010	0.0060	0.003228	0.0042	0.0024	0.0031	0.0074	0.0067
5/16	18	UNC	0.0012	0.0087	0.004041	0.0053	0.0030	0.0039	0.0127	0.0106
5/16	20	UN	0.0012	0.0081	0.004060	0.0053	0.0030	0.0040	0.0115	0.0096
5/16	24	UNF	0.0011	0.0072	0.003660	0.0048	0.0027	0.0036	0.0097	0.0080
5/16	28	UN	0.0010	0.0065	0.003495	0.0045	0.0026	0.0034	0.0084	0.0069

（续）

公称直径	n/（牙数/in）	系列代号	2A 外螺纹基本偏差 es	外螺纹大径公差 T_d	中径公差 T_{d_2} 或 T_{D_2}				内螺纹小径公差 T_{D_1}	
					2A	2B	3A	3B	2B	3B
5/16	32	UNEF	0.0010	0.0060	0.003301	0.0043	0.0025	0.0032	0.0074	0.0059
3/8	16	UNC	0.0013	0.0094	0.004363	0.0057	0.0033	0.0043	0.0141	0.0109
3/8	20	UN	0.0012	0.0081	0.004124	0.0054	0.0031	0.0040	0.0115	0.0088
3/8	24	UNF	0.0011	0.0072	0.003804	0.0049	0.0029	0.0037	0.0097	0.0073
3/8	28	UN	0.0011	0.0065	0.003559	0.0046	0.0027	0.0035	0.0084	0.0063
3/8	32	UNEF	0.0010	0.0060	0.003365	0.0044	0.0025	0.0033	0.0074	0.0057
7/16	14	UNC	0.0014	0.0103	0.004713	0.0061	0.0035	0.0046	0.0158	0.0115
7/16	16	UN	0.0014	0.0094	0.004626	0.0060	0.0035	0.0045	0.0141	0.0102
7/16	20	UNF	0.0013	0.0081	0.004167	0.0054	0.0031	0.0041	0.0115	0.0082
7/16	28	UNEF	0.0011	0.0065	0.003616	0.0047	0.0027	0.0035	0.0084	0.0063
7/16	32	UN	0.0010	0.0060	0.003422	0.0044	0.0026	0.0033	0.0074	0.0057
1/2	13	UNC	0.0015	0.0109	0.004965	0.0065	0.0037	0.0048	0.0169	0.0117
1/2	16	UN	0.0014	0.0094	0.004678	0.0061	0.0035	0.0046	0.0141	0.0097
1/2	20	UNF	0.0013	0.0081	0.004288	0.0056	0.0032	0.0042	0.0115	0.0078
1/2	28	UNEF	0.0011	0.0065	0.003668	0.0048	0.0028	0.0036	0.0084	0.0063
1/2	32	UN	0.0010	0.0060	0.003474	0.0045	0.0026	0.0034	0.0074	0.0057
9/16	12	UNC	0.0016	0.0114	0.005225	0.0068	0.0039	0.0051	0.0181	0.0120
9/16	16	UN	0.0014	0.0094	0.004725	0.0061	0.0035	0.0046	0.0141	0.0093
9/16	18	UNF	0.0014	0.0087	0.004547	0.0059	0.0034	0.0044	0.0127	0.0082
9/16	20	UN	0.0013	0.0081	0.004280	0.0056	0.0032	0.0042	0.0115	0.0077
9/16	24	UNEF	0.0012	0.0072	0.003960	0.0051	0.0030	0.0039	0.0097	0.0070
9/16	28	UN	0.0011	0.0065	0.003715	0.0048	0.0028	0.0036	0.0084	0.0063
9/16	32	UN	0.0011	0.0060	0.003521	0.0046	0.0026	0.0034	0.0074	0.0057
5/8	11	UNC	0.0017	0.0121	0.005501	0.0072	0.0041	0.0054	0.0194	0.0125
5/8	12	UN	0.0016	0.0114	0.005443	0.0071	0.0041	0.0053	0.0181	0.0115
5/8	16	UN	0.0014	0.0094	0.004769	0.0062	0.0036	0.0046	0.0141	0.0089
5/8	18	UNF	0.0014	0.0087	0.004652	0.0060	0.0035	0.0045	0.0127	0.0081
5/8	20	UN	0.0013	0.0081	0.004324	0.0056	0.0032	0.0042	0.0115	0.0077
5/8	24	UNEF	0.0012	0.0072	0.004004	0.0052	0.0030	0.0039	0.0097	0.0070
5/8	28	UN	0.0011	0.0065	0.003759	0.0049	0.0028	0.0037	0.0084	0.0063
5/8	32	UN	0.0011	0.0060	0.003565	0.0046	0.0027	0.0035	0.0074	0.0057
11/16	12	UN	0.0016	0.0114	0.005485	0.0071	0.0041	0.0053	0.0181	0.0112
11/16	16	UN	0.0014	0.0094	0.004811	0.0063	0.0036	0.0047	0.0141	0.0086
11/16	20	UN	0.0013	0.0081	0.004366	0.0057	0.0033	0.0043	0.0115	0.0077
11/16	24	UNEF	0.0012	0.0072	0.004046	0.0053	0.0030	0.0039	0.0097	0.0070
11/16	28	UN	0.0011	0.0065	0.003801	0.0049	0.0029	0.0037	0.0084	0.0063
11/16	32	UN	0.0011	0.0060	0.003607	0.0047	0.0027	0.0035	0.0074	0.0057
3/4	10	UNC	0.0018	0.0129	0.005894	0.0077	0.0044	0.0057	0.0210	0.0128
3/4	12	UN	0.0017	0.0114	0.005524	0.0072	0.0041	0.0054	0.0181	0.0109
3/4	16	UNF	0.0015	0.0094	0.005024	0.0065	0.0038	0.0049	0.0141	0.0086
3/4	20	UNEF	0.0013	0.0081	0.004405	0.0057	0.0033	0.0043	0.0115	0.0077
3/4	28	UN	0.0012	0.0065	0.003840	0.0050	0.0029	0.0037	0.0084	0.0063
3/4	32	UN	0.0011	0.0060	0.003646	0.0047	0.0087	0.0036	0.0074	0.0057
13/16	12	UN	0.0017	0.0114	0.005561	0.0072	0.0042	0.0054	0.0181	0.0106
13/16	16	UN	0.0015	0.0094	0.004887	0.0064	0.0037	0.0048	0.0141	0.0086
13/16	20	UNEF	0.0013	0.0081	0.004442	0.0058	0.0033	0.0043	0.0115	0.0077
13/16	28	UN	0.0012	0.0065	0.003877	0.0050	0.0029	0.0038	0.0084	0.0063

（续）

公称直径	n/（牙数/in）	系列代号	2A外螺纹基本偏差 es	外螺纹大径公差 T_d	中径公差 T_{d_2} 或 T_{D_2}				内螺纹小径公差 T_{D_1}	
					2A	2B	3A	3B	2B	3B
13/16	32	UN	0.0011	0.0060	0.003683	0.0048	0.0028	0.0036	0.0074	0.0057
7/8	9	UNC	0.0019	0.0139	0.006305	0.0082	0.0047	0.0061	0.0228	0.0134
7/8	12	UN	0.0017	0.0114	0.005596	0.0073	0.0042	0.0055	0.0181	0.0104
7/8	14	UNF	0.0016	0.0103	0.005420	0.0070	0.0041	0.0053	0.0158	0.0090
7/8	16	UN	0.0015	0.0094	0.004922	0.0064	0.0037	0.0048	0.0141	0.0086
7/8	20	UNEF	0.0013	0.0081	0.004477	0.0058	0.0034	0.0044	0.0115	0.0077
7/8	28	UN	0.0012	0.0065	0.003912	0.0051	0.0029	0.0038	0.0084	0.0063
7/8	32	UN	0.0011	0.0060	0.003718	0.0048	0.0028	0.0036	0.0074	0.0057
15/16	12	UN	0.0017	0.0114	0.005629	0.0073	0.0042	0.0055	0.0181	0.0102
15/16	16	UN	0.0015	0.0094	0.004955	0.0064	0.0037	0.0048	0.0141	0.0086
15/16	20	UNEF	0.0014	0.0081	0.004510	0.0059	0.0034	0.0044	0.0115	0.0077
15/16	28	UN	0.0012	0.0065	0.003945	0.0051	0.0030	0.0038	0.0084	0.0063
15/16	32	UN	0.0011	0.0060	0.003751	0.0049	0.0028	0.0037	0.0074	0.0057
1	8	UNC	0.0020	0.0150	0.006750	0.0088	0.0051	0.0066	0.0250	0.0150
1	12	UNF	0.0018	0.0114	0.005862	0.0076	0.0044	0.0057	0.0181	0.0100
1	16	UN	0.0015	0.0094	0.004987	0.0065	0.0037	0.0049	0.0141	0.0086
1	20	UNEF	0.0014	0.0081	0.004542	0.0059	0.0034	0.0044	0.0115	0.0077
1	28	UN	0.0012	0.0065	0.003977	0.0052	0.0030	0.0039	0.0084	0.0063
1	32	UN	0.0011	0.0060	0.003783	0.0049	0.0028	0.0037	0.0074	0.0057
1 1/16	8	UN	0.0020	0.0150	0.006827	0.0089	0.0051	0.0067	0.0250	0.0150
1 1/16	12	UN	0.0017	0.0114	0.005692	0.0074	0.0043	0.0055	0.0181	0.0100
1 1/16	16	UN	0.0015	0.0094	0.005018	0.0065	0.0038	0.0049	0.0141	0.0086
1 1/16	18	UNEF	0.0014	0.0087	0.004776	0.0062	0.0036	0.0047	0.0127	0.0081
1 1/16	20	UN	0.0014	0.0081	0.004573	0.0059	0.0034	0.0045	0.0115	0.0077
1 1/16	28	UN	0.0012	0.0065	0.004008	0.0052	0.0030	0.0039	0.0084	0.0063
1 1/8	7	UNC	0.0022	0.0164	0.007250	0.0094	0.0054	0.0071	0.0276	0.0171
1 1/8	8	UN	0.0021	0.0150	0.006901	0.0090	0.0052	0.0067	0.0250	0.0150
1 1/8	12	UNF	0.0018	0.0114	0.006013	0.0078	0.0045	0.0059	0.0181	0.0100
1 1/8	16	UN	0.0015	0.0094	0.005047	0.0066	0.0038	0.0049	0.0141	0.0086
1 1/8	18	UNEF	0.0014	0.0087	0.004805	0.0062	0.0036	0.0047	0.012	0.0081
1 1/8	20	UN	0.0014	0.0081	0.004602	0.0060	0.0035	0.0045	0.0115	0.0077
1 1/8	28	UN	0.0012	0.0065	0.004037	0.0052	0.0030	0.0039	0.0084	0.0063
1 3/16	8	UN	0.0021	0.0150	0.006973	0.0091	0.0052	0.0068	0.0250	0.0150
1 3/16	12	UN	0.0017	0.0114	0.005749	0.0075	0.0043	0.0056	0.0181	0.0100
1 3/16	16	UN	0.0015	0.0094	0.005075	0.0066	0.0038	0.0049	0.0141	0.0086
1 3/16	18	UNEF	0.0014	0.0087	0.004833	0.0063	0.0036	0.0047	0.0127	0.0081
1 3/16	20	UN	0.0014	0.0081	0.004630	0.0060	0.0035	0.0045	0.0115	0.0077
1 3/16	28	UN	0.0012	0.0065	0.004065	0.0053	0.0030	0.0040	0.0084	0.0063
1 1/4	7	UNC	0.0022	0.0164	0.007392	0.0096	0.0055	0.0072	0.0276	0.0171
1 1/4	8	UN	0.0021	0.0150	0.007043	0.0092	0.0053	0.0069	0.0250	0.0150
1 1/4	12	UNF	0.0018	0.0114	0.006155	0.0080	0.0046	0.0060	0.0181	0.0100
1 1/4	16	UN	0.0015	0.0094	0.005103	0.0066	0.0038	0.0050	0.0141	0.0086
1 1/4	18	UNEF	0.0015	0.0087	0.004861	0.0063	0.0036	0.0047	0.0127	0.0081
1 1/4	20	UN	0.0014	0.0081	0.004658	0.0061	0.0035	0.0045	0.0115	0.0077
1 1/4	28	UN	0.0012	0.0065	0.004093	0.0053	0.0031	0.0040	0.0084	0.0063
1 5/16	8	UN	0.0021	0.0150	0.007110	0.0092	0.0053	0.0069	0.0250	0.0150
1 5/16	12	UN	0.0017	0.0114	0.005803	0.0075	0.0044	0.0057	0.0181	0.0100

（续）

公称直径	n/（牙数/in）	系列代号	2A 外螺纹基本偏差 es	外螺纹大径公差 T_d	中径公差 T_{d_2} 或 T_{D_2}				内螺纹小径公差 T_{D_1}	
					2A	2B	3A	3B	2B	3B
1 5/16	16	UN	0.0015	0.0094	0.005129	0.0067	0.0038	0.0050	0.0141	0.0086
1 5/16	18	UNEF	0.0015	0.0087	0.004887	0.0064	0.0037	0.0048	0.0127	0.0081
1 5/16	20	UN	0.0014	0.0081	0.004684	0.0061	0.0035	0.0046	0.0115	0.0077
1 5/16	28	UN	0.0012	0.0065	0.004119	0.0054	0.0031	0.0040	0.0084	0.0063
1 3/8	6	UNC	0.0024	0.0182	0.007970	0.0104	0.0060	0.0078	0.0306	0.0206
1 3/8	8	UN	0.0022	0.0150	0.007177	0.0093	0.0054	0.0070	0.0250	0.0150
1 3/8	12	UNF	0.0019	0.0114	0.006289	0.0082	0.0047	0.0061	0.0181	0.0100
1 3/8	16	UN	0.0015	0.0094	0.005155	0.0067	0.0039	0.0050	0.0141	0.0086
1 3/8	18	UNEF	0.0015	0.0087	0.004913	0.0064	0.0037	0.0048	0.0127	0.0081
1 3/8	20	UN	0.0014	0.0081	0.004710	0.0061	0.0035	0.0046	0.0115	0.0077
1 3/8	28	UN	0.0012	0.0065	0.004145	0.0054	0.0031	0.0040	0.0084	0.0063
1 7/16	6	UN	0.0024	0.0182	0.008034	0.0104	0.0060	0.0078	0.0306	0.0200
1 7/16	8	UN	0.0022	0.0150	0.007241	0.0094	0.0054	0.0071	0.0250	0.0150
1 7/16	12	UN	0.0018	0.0114	0.005854	0.0076	0.0044	0.0057	0.0181	0.0100
1 7/16	16	UN	0.0016	0.0094	0.005180	0.0067	0.0039	0.0051	0.0141	0.0086
1 7/16	18	UNEF	0.0015	0.0087	0.004938	0.0064	0.0037	0.0048	0.0127	0.0081
1 7/16	20	UN	0.0014	0.0081	0.004735	0.0062	0.0036	0.0046	0.0115	0.0077
1 7/16	28	UN	0.0013	0.0065	0.004170	0.0054	0.0031	0.0041	0.0084	0.0063
1 1/2	6	UNC	0.0024	0.0182	0.008097	0.0105	0.0061	0.0079	0.0306	0.0200
1 1/2	8	UN	0.0022	0.0150	0.007304	0.0095	0.0055	0.0071	0.0250	0.0150
1 1/2	12	UNF	0.0019	0.0114	0.006416	0.0083	0.0048	0.0063	0.0181	0.0100
1 1/2	16	UN	0.0016	0.0094	0.005204	0.0068	0.0039	0.0051	0.0141	0.0086
1 1/2	18	UNEF	0.0015	0.0087	0.004962	0.0065	0.0037	0.0048	0.0127	0.0081
1 1/2	20	UN	0.0014	0.0081	0.004759	0.0062	0.0036	0.0046	0.0115	0.0077
1 1/2	28	UN	0.0013	0.0065	0.004194	0.0055	0.0031	0.0041	0.0084	0.0063
1 9/16	6	UN	0.0024	0.0182	0.008159	0.0106	0.0061	0.0080	0.0306	0.0200
1 9/16	8	UN	0.0022	0.0150	0.007366	0.0096	0.0055	0.0072	0.0250	0.0150
1 9/16	12	UN	0.0018	0.0114	0.005902	0.0077	0.0044	0.0058	0.0181	0.0100
1 9/16	16	UN	0.0016	0.0094	0.005228	0.0068	0.0039	0.0051	0.0141	0.0086
1 9/16	18	UNEF	0.0015	0.0087	0.004986	0.0065	0.0037	0.0049	0.0127	0.0081
1 9/16	20	UN	0.0014	0.0081	0.004783	0.0062	0.0036	0.0047	0.0115	0.0077
1 5/8	6	UN	0.0025	0.0182	0.008219	0.0107	0.0062	0.0080	0.0306	0.0200
1 5/8	8	UN	0.0022	0.0150	0.007426	0.0097	0.0056	0.0072	0.0250	0.0150
1 5/8	12	UN	0.0018	0.0114	0.005925	0.0077	0.0044	0.0058	0.0181	0.0100
1 5/8	16	UN	0.0016	0.0094	0.005251	0.0068	0.0039	0.0051	0.0141	0.0086
1 5/8	18	UNEF	0.0015	0.0087	0.005009	0.0065	0.0038	0.0049	0.0127	0.0081
1 5/8	20	UN	0.0014	0.0081	0.004806	0.0062	0.0036	0.0047	0.0115	0.0077
1 11/16	6	UN	0.0025	0.0182	0.008278	0.0108	0.0062	0.0081	0.0306	0.0200
1 11/16	8	UN	0.0022	0.0150	0.007485	0.0097	0.0056	0.0073	0.0250	0.0150
1 11/16	12	UN	0.0018	0.0114	0.005947	0.0077	0.0045	0.0058	0.0181	0.0100
1 11/16	16	UN	0.0016	0.0094	0.005273	0.0069	0.0040	0.0051	0.0141	0.0086
1 11/16	18	UNEF	0.0015	0.0087	0.005031	0.0065	0.0038	0.0049	0.0127	0.0081
1 11/16	20	UN	0.0014	0.0081	0.004828	0.0063	0.0036	0.0047	0.0115	0.0077
1 3/4	5	UNC	0.0027	0.0205	0.008922	0.0116	0.0067	0.0087	0.0340	0.0240
1 3/4	6	UN	0.0025	0.0182	0.008335	0.0108	0.0063	0.0081	0.0306	0.0200
1 3/4	8	UN	0.0023	0.0150	0.007542	0.0098	0.0057	0.0074	0.0250	0.0150
1 3/4	12	UN	0.0018	0.0114	0.00569	0.0078	0.0045	0.0058	0.0181	0.0100

（续）

公称直径	n/（牙数/in）	系列代号	2A外螺纹基本偏差 es	外螺纹大径公差 T_d	中径公差 T_{d_2} 或 T_{D_2}				内螺纹小径公差 T_{D_1}	
					2A	2B	3A	3B	2B	3B
1¾	16	UN	0.0016	0.0094	0.005295	0.0069	0.0040	0.0052	0.0141	0.0086
1¾	20	UN	0.0015	0.0081	0.004850	0.0063	0.0036	0.0047	0.0115	0.0077
1¹³⁄₁₆	6	UN	0.0025	0.0182	0.008391	0.0109	0.0063	0.0082	0.0306	0.0200
1¹³⁄₁₆	8	UN	0.0023	0.0150	0.007598	0.0099	0.0057	0.0074	0.0250	0.0150
1¹³⁄₁₆	12	UN	0.0018	0.0114	0.005990	0.0078	0.0045	0.0058	0.0181	0.0100
1¹³⁄₁₆	16	UN	0.0016	0.0094	0.005316	0.0069	0.0040	0.0052	0.0141	0.0086
1¹³⁄₁₆	20	UN	0.0015	0.0081	0.004871	0.0063	0.0037	0.0047	0.0115	0.0077
1⅞	6	UN	0.0025	0.0182	0.008447	0.0110	0.0063	0.0082	0.0306	0.0200
1⅞	8	UN	0.0023	0.0150	0.007654	0.0100	0.0057	0.0075	0.0250	0.0150
1⅞	12	UN	0.0018	0.0114	0.006011	0.0078	0.0045	0.0059	0.0181	0.0100
1⅞	16	UN	0.0016	0.0094	0.005337	0.0069	0.0040	0.0052	0.0141	0.0086
1⅞	20	UN	0.0015	0.0081	0.004892	0.0064	0.0037	0.0048	0.0115	0.0077
1¹⁵⁄₁₆	6	UN	0.0026	0.0182	0.008501	0.0111	0.0064	0.0083	0.0306	0.0200
1¹⁵⁄₁₆	8	UN	0.0023	0.0150	0.007708	0.0100	0.0058	0.0075	0.0250	0.0150
1¹⁵⁄₁₆	12	UN	0.0018	0.0114	0.006031	0.0078	0.0045	0.0059	0.0181	0.0100
1¹⁵⁄₁₆	16	UN	0.0016	0.0094	0.005357	0.0070	0.0040	0.0052	0.0141	0.0086
1¹⁵⁄₁₆	20	UN	0.0015	0.0081	0.004912	0.0064	0.0037	0.0048	0.0115	0.0077
2	4½	UNC	0.0029	0.0220	0.009514	0.0124	0.0071	0.0093	0.0358	0.0267
2	6	UN	0.0026	0.0182	0.008554	0.0111	0.0064	0.0083	0.0306	0.0200
2	8	UN	0.0023	0.0150	0.007761	0.0101	0.0058	0.0076	0.0250	0.0150
2	12	UN	0.0018	0.0114	0.006051	0.0079	0.0045	0.0059	0.0181	0.0100
2	16	UN	0.0016	0.0094	0.005377	0.0070	0.0040	0.0052	0.0141	0.0086
2	20	UN	0.0015	0.0081	0.004932	0.0064	0.0037	0.0048	0.0115	0.0077
2⅛	6	UN	0.0026	0.0182	0.008658	0.0113	0.0065	0.0084	0.0306	0.0200
2⅛	8	UN	0.0024	0.0150	0.007865	0.0102	0.0059	0.0077	0.0250	0.0150
2⅛	12	UN	0.0018	0.0114	0.006089	0.0079	0.0046	0.0059	0.0181	0.0100
2⅛	16	UN	0.0016	0.0094	0.005415	0.0070	0.0041	0.0053	0.0141	0.0086
2⅛	20	UN	0.0015	0.0081	0.004970	0.0065	0.0037	0.0048	0.0115	0.0077
2¼	4½	UNC	0.0029	0.0220	0.009719	0.0126	0.0073	0.0095	0.0358	0.0267
2¼	6	UN	0.0026	0.0182	0.008759	0.0114	0.0066	0.0085	0.0306	0.0200
2¼	8	UN	0.0024	0.0150	0.007966	0.0104	0.0060	0.0078	0.0250	0.0150
2¼	12	UN	0.0018	0.0114	0.006127	0.0080	0.0046	0.0060	0.0181	0.0100
2¼	16	UN	0.0016	0.0094	0.005453	0.0071	0.0041	0.0053	0.0141	0.0086
2¼	20	UN	0.0015	0.0081	0.005008	0.0065	0.0038	0.0049	0.0115	0.0077
2⅜	6	UN	0.0027	0.0182	0.008856	0.0115	0.0066	0.0086	0.0306	0.0200
2⅜	8	UN	0.0024	0.0150	0.008063	0.0105	0.0060	0.0079	0.0250	0.0150
2⅜	12	UN	0.0018	0.0114	0.006162	0.0080	0.0046	0.0060	0.0181	0.0100
2⅜	16	UN	0.0016	0.0094	0.005488	0.0071	0.0041	0.0054	0.0141	0.0086
2⅜	20	UN	0.0015	0.0081	0.005043	0.0066	0.0038	0.0049	0.0115	0.0077
2½	4	UNC	0.0031	0.0238	0.010361	0.0135	0.0078	0.0101	0.0375	0.0300
2½	6	UN	0.0027	0.0182	0.008951	0.0116	0.0067	0.0087	0.0306	0.0200
2½	8	UN	0.0024	0.0150	0.008158	0.0106	0.0061	0.0080	0.0250	0.0150
2½	12	UN	0.0019	0.0114	0.006197	0.0081	0.0046	0.0060	0.0181	0.0100
2½	16	UN	0.0017	0.0094	0.005523	0.0072	0.0041	0.0054	0.0141	0.0086
2½	20	UN	0.0015	0.0081	0.005078	0.0066	0.0038	0.0050	0.0115	0.0077
2⅝	6	UN	0.0027	0.0182	0.009042	0.0118	0.0068	0.0088	0.0306	0.0200
2⅝	8	UN	0.0025	0.0150	0.008249	0.0107	0.0062	0.0080	0.0250	0.0150

（续）

公称直径	n/（牙数/in）	系列代号	2A 外螺纹基本偏差 es	外螺纹大径公差 T_d	中径公差 T_{d_2} 或 T_{D_2}				内螺纹小径公差 T_{D_1}	
					2A	2B	3A	3B	2B	3B
2⅝	12	UN	0.0019	0.0114	0.006230	0.0081	0.0047	0.0061	0.0181	0.0100
2⅝	16	UN	0.0017	0.0094	0.005556	0.0072	0.0042	0.0054	0.0141	0.0086
2⅝	20	UN	0.0015	0.0081	0.005111	0.0066	0.0038	0.0050	0.0115	0.0077
2¾	4	UNC	0.0032	0.0238	0.010542	0.0137	0.0079	0.0103	0.0375	0.0300
2¾	6	UN	0.0027	0.0182	0.009132	0.0119	0.0068	0.0089	0.0306	0.0200
2¾	8	UN	0.0025	0.0150	0.008339	0.0108	0.0063	0.0081	0.0250	0.0150
2¾	12	UN	0.0019	0.0114	0.006263	0.0081	0.0047	0.0061	0.0181	0.0100
2¾	16	UN	0.0017	0.0094	0.005589	0.0073	0.0042	0.0054	0.0141	0.0086
2¾	20	UN	0.0015	0.0081	0.005144	0.0067	0.0039	0.0050	0.0115	0.0077
2⅞	6	UN	0.0028	0.0182	0.009219	0.0120	0.0069	0.0090	0.0306	0.0200
2⅞	8	UN	0.0025	0.0150	0.008426	0.0110	0.0063	0.0082	0.0250	0.0150
2⅞	12	UN	0.0019	0.0114	0.006294	0.0082	0.0047	0.0061	0.0181	0.0100
2⅞	16	UN	0.0017	0.0094	0.005620	0.0073	0.0042	0.0055	0.0141	0.0086
2⅞	20	UN	0.0016	0.0081	0.005175	0.0067	0.0039	0.0050	0.0115	0.0077
3	4	UNC	0.0032	0.0238	0.010714	0.0139	0.0080	0.0104	0.0375	0.0300
3	6	UN	0.0028	0.0182	0.009304	0.0121	0.0070	0.0091	0.0306	0.0200
3	8	UN	0.0026	0.0150	0.008511	0.0111	0.0064	0.0083	0.0250	0.0150
3	12	UN	0.0019	0.0114	0.006324	0.0082	0.0047	0.0062	0.0181	0.0100
3	16	UN	0.0017	0.0094	0.005650	0.0073	0.0042	0.0055	0.0141	0.0086
3	20	UN	0.0016	0.0081	0.005205	0.0068	0.0039	0.0051	0.0115	0.0077
3⅛	6	UN	0.0028	0.0182	0.009388	0.0122	0.0070	0.0092	0.0306	0.0200
3⅛	8	UN	0.0026	0.0150	0.008595	0.0112	0.0064	0.0084	0.0850	0.0150
3⅛	12	UN	0.0019	0.0114	0.006354	0.0083	0.0048	0.0062	0.0181	0.0100
3⅛	16	UN	0.0017	0.0094	0.005680	0.0074	0.0043	0.0055	0.0141	0.0086
3¼	4	UNC	0.0033	0.0238	0.010879	0.0141	0.0082	0.0106	0.0375	0.0300
3¼	6	UN	0.0028	0.0182	0.009469	0.0123	0.0071	0.0092	0.0306	0.0200
3¼	8	UN	0.0026	0.0150	0.008676	0.0113	0.0065	0.0085	0.0250	0.0150
3¼	12	UN	0.0019	0.0114	0.006383	0.0083	0.0048	0.0062	0.0181	0.0100
3¼	16	UN	0.0017	0.0094	0.005709	0.0074	0.0043	0.0056	0.0141	0.0086
3⅜	6	UN	0.0029	0.0182	0.009549	0.0124	0.0072	0.0093	0.0306	0.0200
3⅜	8	UN	0.0026	0.0150	0.008756	0.0114	0.0066	0.0085	0.0250	0.0150
3⅜	12	UN	0.0019	0.0114	0.006411	0.0083	0.0048	0.0063	0.0181	0.0100
3⅜	16	UN	0.0017	0.0094	0.005737	0.0075	0.0043	0.0056	0.0141	0.0086
3½	4	UNC	0.0033	0.0288	0.011036	0.0143	0.0083	0.0108	0.0375	0.0300
3½	6	UN	0.0029	0.0182	0.009626	0.0125	0.0072	0.0094	0.0306	0.0200
3½	8	UN	0.0026	0.0150	0.008833	0.0115	0.0066	0.0086	0.0250	0.0150
3½	12	UN	0.0019	0.0114	0.006438	0.0084	0.0048	0.0063	0.0181	0.0100
3½	16	UN	0.0017	0.0094	0.005764	0.0075	0.0043	0.0056	0.0141	0.0086
3⅝	6	UN	0.0029	0.0182	0.009703	0.0126	0.0073	0.0095	0.0306	0.0200
3⅝	8	UN	0.0027	0.0150	0.008910	0.0116	0.0067	0.0087	0.0250	0.0150
3⅝	12	UN	0.0019	0.0114	0.006465	0.0084	0.0048	0.0063	0.0181	0.0100
3⅝	16	UN	0.0017	0.0094	0.005791	0.0075	0.0043	0.0056	0.0141	0.0086
3¾	4	UNC	0.0034	0.0238	0.011188	0.0145	0.0084	0.0109	0.0375	0.0300
3¾	6	UN	0.0029	0.0182	0.009778	0.0127	0.0073	0.0095	0.0306	0.0200
3¾	8	UN	0.0027	0.0150	0.008985	0.0117	0.0067	0.0088	0.0250	0.0150
3¾	12	UN	0.0019	0.0114	0.006491	0.0084	0.0049	0.0063	0.0181	0.0100
3¾	16	UN	0.0017	0.0094	0.005817	0.0076	0.0044	0.0057	0.0141	0.0086

（续）

公称直径	n/（牙数/in）	系列代号	2A外螺纹基本偏差 es	外螺纹大径公差 T_d	中径公差 T_{d_2} 或 T_{D_2}				内螺纹小径公差 T_{D_1}	
					2A	2B	3A	3B	2B	3B
3⅞	6	UN	0.0030	0.0182	0.009852	0.0128	0.0074	0.0096	0.0306	0.0200
3⅞	8	UN	0.0027	0.0150	0.009059	0.0118	0.0068	0.0088	0.0250	0.0150
3⅞	12	UN	0.0020	0.0114	0.006517	0.0085	0.0049	0.0064	0.0181	0.0100
3⅞	16	UN	0.0018	0.0094	0.005843	0.0076	0.0044	0.0057	0.0141	0.0086
4	4	UNC	0.0034	0.0238	0.011334	0.0147	0.0085	0.0111	0.0375	0.0300
4	6	UN	0.0030	0.0182	0.009924	0.0129	0.0074	0.0097	0.0306	0.0200
4	8	UN	0.0027	0.0150	0.009131	0.0119	0.0068	0.0089	0.0250	0.0150
4	12	UN	0.0020	0.0114	0.006542	0.0085	0.0049	0.0064	0.0181	0.0100
4	16	UN	0.0018	0.0094	0.005868	0.0076	0.0044	0.005.7	0.0141	0.0086
4⅛	6	UN	0.0030	0.0182	0.009996	0.0130	0.0075	0.0097	0.0306	0.0200
4⅛	8	UN	0.0028	0.0150	0.009203	0.0120	0.0069	0.0090	0.0250	0.0150
4⅛	12	UN	0.0020	0.0114	0.006567	0.0085	0.0049	0.0064	0.0181	0.0100
4⅛	16	UN	0.0018	0.0094	0.005893	0.0077	0.0044	0.0057	0.0141	0.0086
4¼	4	UN	0.0034	0.0238	0.011475	0.0149	0.0086	0.0112	0.0375	0.0300
4¼	6	UN	0.0030	0.0182	0.010065	0.0131	0.0075	0.0098	0.0306	0.0200
4¼	8	UN	0.0028	0.0150	0.009272	0.0121	0.0070	0.0090	0.0250	0.0150
4¼	12	UN	0.0020	0.0114	0.006591	0.0086	0.0049	0.0064	0.0181	0.0100
4¼	16	UN	0.0018	0.0094	0.005917	0.0077	0.0044	0.0058	0.0141	0.0086
4⅜	6	UN	0.0030	0.0182	0.010133	0.0132	0.0076	0.0099	0.0306	0.0200
4⅜	8	UN	0.0028	0.0150	0.009340	0.0121	0.0070	0.0091	0.0250	0.0150
4⅜	12	UN	0.0020	0.0114	0.006614	0.0086	0.0050	0.0064	0.0181	0.0100
4⅜	16	UN	0.0018	0.0094	0.005940	0.0077	0.0045	0.0058	0.0141	0.0086
4½	4	UN	0.0035	0.0238	0.011611	0.0151	0.0087	0.0113	0.0375	0.0300
4½	6	UN	0.0031	0.0182	0.010201	0.0133	0.0077	0.0099	0.0306	0.0200
4½	8	UN	0.0028	0.0150	0.009408	0.0122	0.0071	0.0092	0.0250	0.0150
4½	12	UN	0.0020	0.0114	0.006637	0.0086	0.0050	0. 0065	0.0181	0.0100
4½	16	UN	0.0018	0.0094	0.005963	0.0078	0.0045	0.0058	0.0141	0.0086
4⅝	6	UN	0.0031	0.0182	0.010268	0.0133	0.0077	0.0100	0.0306	0.0200
4⅝	8	UN	0.0028	0.0150	0.009475	0.0123	0.0071	0.0092	0.0250	0.0150
4⅝	12	UN	0.0020	0.0114	0.006660	0.0087	0.0050	0.0065	0.0181	0.0100
4⅝	16	UN	0.0018	0.0094	0.005986	0.0078	0.0045	0.0058	0.0141	0.0086
4¾	4	UN	0.0035	0.0238	0.011743	0.0153	0.0088	0.0114	0.0375	0.0300
4¾	6	UN	0.0031	0.0182	0.010333	0.0134	0.0077	0.0101	0.0306	0.0200
4¾	8	UN	0.0029	0.0150	0.009540	0.0124	0.0072	0.0093	0.0250	0.0150
4¾	12	UN	0.0020	0.0114	0.006682	0.0087	0.0050	0.0065	0.0181	0.0100
4¾	16	UN	0.0018	0.0094	0.006008	0.0078	0.0045	0.0059	0.0141	0.0086
4⅞	6	UN	0.0031	0.0182	0.010398	0.0135	0.0078	0.0101	0.0306	0.0200
4⅞	8	UN	0.0029	0.0150	0.009605	0.0125	0.0072	0.0094	0.0250	0.0150
4⅞	12	UN	0.0020	0.0114	0.006704	0.0087	0.0050	0.0065	0.0181	0.0100
4⅞	16	UN	0.0018	0.0094	0.006030	0.0078	0.0045	0.0059	0.0141	0.0086
5	4	UN	0.0036	0.0238	0.011872	0.0154	0.0089	0.0116	0.0375	0.0300
5	6	UN	0.0031	0.0182	0.010462	0.0136	0.0078	0.0102	0.0306	0.0200
5	8	UN	0.0029	0.0150	0.009669	0.0126	0.0073	0.0094	0.0250	0.0150
5	12	UN	0.0020	0.0114	0.006726	0.0087	0.0050	0.0066	0.0181	0.0100
5	16	UN	0.0018	0.0094	0.006052	0.0079	0.0045	0.0059	0.0141	0.0086
5⅛	6	UN	0.0032	0.0182	0.010525	0.0137	0.0079	0.0103	0.0306	0.0200
5⅛	8	UN	0.0029	0.0150	0.009732	0.0127	0.0073	0.0095	0.0250	0.0150

（续）

公称直径	n/（牙数/in）	系列代号	2A 外螺纹基本偏差 es	外螺纹大径公差 T_d	中径公差 T_{d_2} 或 T_{D_2}				内螺纹小径公差 T_{D_1}	
					2A	2B	3A	3B	2B	3B
5⅛	12	UN	0.0020	0.0114	0.006747	0.0088	0.0051	0.0066	0.0181	0.0100
5⅛	16	UN	0.0018	0.0094	0.006073	0.0079	0.0046	0.0059	0.0141	0.0086
5¼	4	UN	0.0036	0.0238	0.011997	0.0156	0.0090	0.0117	0.0375	0.0300
5¼	6	UN	0.0032	0.0182	0.010587	0.0138	0.0079	0.0103	0.0306	0.0200
5¼	8	UN	0.0029	0.0150	0.009794	0.0127	0.0073	0.0095	0.0250	0.0150
5¼	12	UN	0.0020	0.0114	0.006768	0.0088	0.0051	0.0066	0.0181	0.0100
5¼	16	UN	0.0018	0.0094	0.006094	0.0079	0.0046	0.0059	0.0141	0.0086
5⅜	6	UN	0.0032	0.0182	0.010649	0.0138	0.0080	0.0104	0.0306	0.0200
5⅜	8	UN	0.0030	0.0150	0.009856	0.0128	0.0074	0.0096	0.0250	0.0150
5⅜	12	UN	0.0020	0.0114	0.006789	0.0088	0.0051	0.0066	0.0181	0.0100
5⅜	16	UN	0.0018	0.0094	0.006115	0.0079	0.0046	0.0060	0.0141	0.0086
5½	4	UN	0.0036	0.0238	0.012119	0.0158	0.0091	0.0118	0.0375	0.0300
5½	6	UN	0.0032	0.0182	0.010709	0.0139	0.0080	0.0104	0.0306	0.0200
5½	8	UN	0.0030	0.0150	0.009916	0.0129	0.0074	0.0097	0.0250	0.0150
5½	12	UN	0.0020	0.0114	0.006809	0.0089	0.0051	0.0066	0.0181	0.0100
5½	16	UN	0.0018	0.0094	0.006135	0.0080	0.0046	0.0060	0.0141	0.0086
5⅝	6	UN	0.0032	0.0182	0.010769	0.0140	0.0081	0.0105	0.0306	0.0200
5⅝	8	UN	0.0030	0.0150	0.009976	0.0130	0.0075	0.0097	0.0250	0.0150
5⅝	12	UN	0.0020	0.0114	0.006829	0.0089	0.0051	0.0067	0.0181	0.0100
5⅝	16	UN	0.0018	0.0094	0.006155	0.0080	0.0046	0.0060	0.0141	0.0086
5¾	4	UN	0.0037	0.0238	0.012237	0.0159	0.0092	0.0119	0.0375	0.0300
5¾	6	UN	0.0032	0.0182	0.010827	0.0141	0.0081	0.0106	0.0306	0.0200
5¾	8	UN	0.0030	0.0150	0.010034	0.0130	0.0075	0.0098	0.0250	0.0150
5¾	12	UN	0.0021	0.0114	0.006848	0.0089	0.0051	0.0067	0.0181	0.0100
5¾	16	UN	0.0019	0.0094	0.006174	0. 0080	0.0046	0.0060	0.0141	0.0086
5⅞	6	UN	0.0033	0.0182	0.010886	0.0142	0.0082	0.0106	0.0306	0.0200
5⅞	8	UN	0.0030	0.0150	0.010093	0.0131	0.0076	0.0098	0.0250	0.0150
5⅞	12	UN	0.0021	0.0114	0.006868	0.0089	0.0052	0.0067	0.0181	0.0100
5⅞	16	UN	0.0019	0.0094	0.006194	0.0081	0.0046	0.0060	0.0141	0.0086
6	4	UN	0.0037	0.0238	0.012353	0.0161	0.0093	0.0120	0.0375	0.0300
6	6	UN	0.0033	0.0182	0.010943	0.0142	0.0082	0.0107	0.0306	0.0200
6	8	UN	0.0030	0.0150	0.010150	0.0132	0.0076	0.0099	0.0250	0.0150
6	12	UN	0.0021	0.0114	0.006887	0.0090	0.0052	0.0067	0.0181	0.0100
6	16	UN	0.0019	0.0094	0.006213	0.0081	0.0047	0.0061	0.0141	0.0086

注：计算外螺纹最小中径 $d_{2\min}$、基本偏差 es 以及 1A、3A、1B、2B 和 3B 中径公差时，需代入保留 6 位小数的 2A 中径公差值。

表 6-67　1A 和 1B 统一螺纹的基本偏差和公差（摘自 GB/T 20666—2006）

（单位：in）

公称直径	n（牙数/in）	系列代号	外螺纹基本偏差 es	外螺纹大径公差 T_d	中径公差 T_{d_2} 或 T_{D_2}		内螺纹小径公差 T_{D_1}
					1A	1B	
1/4	20	UNC	0.0011	0.0122	0.0056	0.0073	0.0115
1/4	28	UNF	0.0010	0.0098	0.0050	0.0065	0.0084
5/16	18	UNC	0.0012	0.0131	0.0061	0.0079	0.0127
5/16	24	UNF	0.0011	0.0108	0.0055	0.0071	0.0097

（续）

公称直径	n/（牙数/in）	系列代号	外螺纹基本偏差 es	外螺纹大径公差 T_d	中径公差 T_{d_2} 或 T_{D_2}		内螺纹小径公差 T_{D_1}
					1A	1B	
3/8	16	UNC	0.0013	0.0142	0.0065	0.0085	0.0141
3/8	24	UNF	0.0011	0.0108	0.0057	0.0074	0.0097
7/16	14	UNC	0.0014	0.0155	0.0071	0.0092	0.0158
7/16	20	UNF	0.0013	0.0122	0.0063	0.0081	0.0115
1/2	13	UNC	0.0015	0.0163	0.0074	0.0097	0.0169
1/2	20	UNF	0.0013	0.0122	0.0064	0.0084	0.0115
9/16	12	UNC	0.0016	0.0172	0.0078	0.0102	0.0181
9/16	18	UNF	0.0014	0.0131	0.0068	0.0089	0.0127
5/8	11	UNC	0.0017	0.0182	0.0083	0.0107	0.0194
5/8	18	UNF	0.0014	0.0131	0.0070	0.0091	0.0127
3/4	10	UNC	0.0018	0.0194	0.0088	0.0115	0.0210
3/4	16	UNF	0.0015	0.0142	0.0075	0.0098	0.0141
7/8	9	UNC	0.0019	0.0208	0.0095	0.0123	0.0228
7/8	14	UNF	0.0016	0.0155	0.0081	0.0106	0.0158
1	8	UNC	0.0020	0.0225	0.0101	0.0132	0.0250
1	12	UNF	0.0018	0.0172	0.0088	0.0114	0.0181
1⅛	7	UNC	0.0022	0.0246	0.0109	0.0141	0.0276
1⅛	12	UNF	0.0018	0.0172	0.0090	0.0117	0.0181
1¼	7	UNC	0.0022	0.0246	0.0111	0.0144	0.0276
1¼	12	UNF	0.0018	0.0172	0.0092	0.0120	0.0181
1⅜	6	UNC	0.0024	0.0273	0.0120	0.0155	0.0306
1⅜	12	UNF	0.0019	0.0172	0.0094	0.0123	0.0181
1½	6	UNC	0.0024	0.0273	0.0121	0.0158	0.0306
1½	12	UNF	0.0019	0.0172	0.0096	0.0125	0.0181
1¾	5	UNC	0.0027	0.0308	0.0134	0.0174	0.0340
2	4½	UNC	0.0029	0.0330	0.0143	0.0186	0.0358
2¼	4½	UNC	0.0029	0.0330	0.0146	0.0190	0.0358
2½	4	UNC	0.0031	0.0357	0.0155	0.0202	0.0375
2¾	4	UNC	0.0032	0.0357	0.0158	0.0206	0.0375
3	4	UNC	0.0032	0.0357	0.0161	0.0209	0.0375
3¼	4	UNC	0.0033	0.0357	0.0163	0.0212	0.0375
3½	4	UNC	0.0033	0.0357	0.0166	0.0215	0.0375
3¾	4	UNC	0.0034	0.0357	0.0168	0.0218	0.0375
4	4	UNC	0.0034	0.0357	0.0170	0.0221	0.0375

表 6-68　内螺纹小径公差的修正系数（摘自 GB/T 20666—2006）

旋合长度		备　注
>	≤	
—	0.333D	超短旋合长度，0.5 倍的标准公差
0.333D	0.667D	短旋合长度，0.75 倍的标准公差
0.667D	1.5D	标准旋合长度，不修正
1.5D	—	长旋合长度，1.25 倍的标准公差

注：当内螺纹小径公差大于 0.394P 时，则取内螺纹小径公差为 0.394P。

表 6-69　统一螺纹公差计算公式（摘自 GB/T 20666—2006）

螺纹	直径	公差带	公差计算公式	备　注
外螺纹	直径基本偏差	1A 和 2A	$0.3T_{d_2}(2A)$	$T_{d_2}(2A)$为 2A 中径公差代号
		3A	0	
	大径	1A	$0.09\sqrt[3]{P^2}$	
		2A 和 3A	$0.06\sqrt[3]{P^2}$	
	中径	1A	$1.5T_{d_2}(2A)$	$T_{d_2}(2A)$为 2A 中径公差代号
		2A	$0.0015\sqrt[3]{D}+0.0015\sqrt{LE}+0.015\sqrt[3]{P^2}$	计算标准公差时：LE 取 D 或 $9P$
		3A	$0.75T_{d_2}(2A)$	$T_{d_2}(2A)$为 2A 中径公差代号
内螺纹	小径	1B 和 2B	$0.05\sqrt[3]{P^2}+0.03P/D-0.002$	$D<1/4$in 时，公差限定在 $0.25P-0.4P^2\leqslant T_{D_1}\leqslant 0.394P$ 内
			$0.25P-0.4P^2$	$D\geqslant 1/4$in，牙数 80~4 牙/in 时
			$0.15P$	$D\geqslant 1/4$in，牙数小于 4 牙/in 时
		3B	$0.05\sqrt[3]{P^2}+0.03P/D-0.002$	80~13 牙/in 时，公差限定在 $0.23P-1.5P^2\leqslant T_{D_1}\leqslant 0.394P$ 内；牙数小于 13 牙/in 时，公差限定在 $0.12P\leqslant T_{D_1}\leqslant 0.394P$ 内
	中径	1B	$1.95T_{d_2}(2A)$	$T_{d_2}(2A)$为 2A 中径公差代号
		2B	$1.30T_{d_2}(2A)$	
		3B	$0.975T_{d_2}(2A)$	

6.1.13.5　统一螺纹的标记

1）螺纹的基本标记。对具有标准系列、标准旋合长度和标准公差的右旋螺纹，其标记由公称直径或基本大径的英寸值、牙数、螺纹代号和公差带代号 4 项内容组成。对左旋螺纹，在公差带代号后添加左旋代号“LH”。

螺纹代号：粗牙螺纹 UNC 或 UNRC；细牙螺纹 UNF 或 UNRF；超细牙螺纹 UNEF 或 UNREF；恒定螺距系列螺纹 UN 或 UNR。

螺纹代号内如含有字母“R”，则表示外螺纹牙底的最小圆弧半径为 0.10825318P。

示例：

2-12　UN-2A

- 2 —— 公称直径
- 12 —— 牙数 /in
- UN —— 螺纹代号
- 2A —— 公差带代号

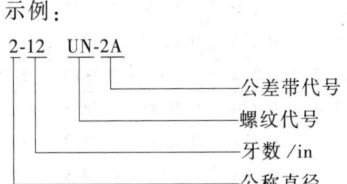

2）非标准系列螺纹的标记。对按标准公差计算公式选取公差的非标准系列螺纹，其标记为：在“基本标记”的基础上补充各个直径（大径 Major dia.、中径 PD、小径 Minor dia.）极限尺寸的英寸值。

非标准系列螺纹代号为 UNS 或 UNRS。

3）涂镀螺纹的标记。对涂镀螺纹，其标记在“基本标记”的基础上补充镀前和镀后螺纹顶径（大径 Major dia. 或小径 Minor dia.）和中径 PD 极限尺寸的英寸值。

当 2A 螺纹的基本偏差用于容纳涂镀层时，基镀后最大值为螺纹基本尺寸；镀前极限尺寸为 2A 螺纹的标准极限尺寸。

对 3A 和 1A 螺纹，其镀后最大值为 3A 和 1A 螺纹标准极限尺寸的最大值（可以省略标注）；其镀前极限尺寸为 3A 和 1A 螺纹的特殊极限尺寸（SPL）。

对 1B、2B 和 3B 内螺纹，其镀后最小值为 1B、2B 和 3B 螺纹标准极限尺寸的最小值（可以省略标注）；其镀前极限尺寸为 1B、2B 和 3B 螺纹的特殊极限尺寸（SPL）。

4）特殊旋合长度螺纹的标记。对因采用特殊旋合长度而修正过中径公差的标准螺纹，在其公差带代号前加注代号“SE”，并注出特殊中径 PD 极限尺寸的英寸值和特殊旋合长度 LE 的英寸值。如其顶径公差也是特殊值，也需注出顶径极限尺寸的英寸值。

5）修正顶径极限尺寸螺纹的标记。如仅修改螺纹顶径极限尺寸，则在公差带代号后加注代号“MOD”，并注出其特殊顶径（大径 Major dia.、小径 Minor dia.）极限尺寸的英寸值。

6.1.13.6　统一螺纹的极限尺寸

按下列公式计算螺纹的极限尺寸。

$$d_{max}=d+es$$

$$d_{min}=d_{max}-T_d$$

$$d_{2max}=d_{max}-\frac{3}{4}H=d_{max}-0.64951905P$$

$$d_{2min}=d_{2max}-T_{d_2}$$

$$d_{3max}=d_{max}-\frac{11}{8}H=d_{max}-1.19078493P$$

$$D_{min}=D$$

$$D_{2min}=D_{min}-\frac{3}{4}H=D_{min}-0.64951905P$$

$$D_{2max}=D_{2min}+T_{D_2}$$

$$D_{1min}=D_{min}-\frac{5}{4}H=D_{min}-1.08253175P$$

$$D_{1max}=D_{1min}+T_{D_1}$$

标准系列、2A 和 2B 及 3A 和 3B 统一螺纹的极限尺寸见表 6-70 和表 6-71。

表 6-70　标准系列、2A 和 2B 统一螺纹的极限尺寸（摘自 GB/T 20667—2006）

（单位：in）

公称尺寸（牙数）	系列代号	外螺纹 2A					内螺纹 2B				
		大径		中径		UNR 最大小径(参考)	小径		中径		大径
		max	min	max	min		min	max	min	max	min
0-80	UNF	0.0595	0.0563	0.0514	0.0496	0.0446	0.0465	0.0514	0.0519	0.0542	0.0600
1-64	UNC	0.0724	0.0686	0.0623	0.0603	0.0538	0.0561	0.0622	0.0629	0.0655	0.0730
1-72	UNF	0.0724	0.0689	0.0634	0.0615	0.0559	0.0580	0.0634	0.0640	0.0665	0.0730
2-56	UNC	0.0854	0.0813	0.0738	0.0717	0.0641	0.0667	0.0737	0.0744	0.0772	0.0860
2-64	UNF	0.0854	0.0816	0.0753	0.0733	0.0668	0.0691	0.0752	0.0759	0.0786	0.0860
3-48	UNC	0.0983	0.0938	0.0848	0.0825	0.0735	0.0764	0.0845	0.0855	0.0885	0.0990
3-56	UNF	0.0983	0.0942	0.0867	0.0845	0.0770	0.0797	0.0865	0.0874	0.0902	0.0990
4-40	UNC	0.1112	0.1061	0.0950	0.0925	0.0814	0.0849	0.0939	0.0958	0.0991	0.1120
4-48	UNF	0.1113	0.1068	0.0978	0.0954	0.0865	0.0894	0.0968	0.0985	0.1016	0.1120
5-40	UNC	0.1242	0.1191	0.1080	0.1054	0.0944	0.0979	0.1062	0.1088	0.1121	0.1250
5-44	UNF	0.1243	0.1195	0.1095	0.1070	0.0972	0.1004	0.1079	0.1102	0.1134	0.1250
6-32	UNC	0.1372	0.1312	0.1169	0.1141	0.1000	0.104	0.114	0.1177	0.1214	0.1380
6-40	UNF	0.1372	0.1321	0.1210	0.1184	0.1074	0.111	0.119	0.121	0.1252	0.1380
8-32	UNC	0.1631	0.1571	0.1428	0.1399	0.1259	0.130	0.139	0.143	0.1475	0.1640
8-36	UNF	0.1632	0.1577	0.1452	0.1424	0.1301	0.134	0.142	0.146	0.1496	0.1640
10-24	UNC	0.1890	0.1818	0.1619	0.1586	0.1394	0.145	0.155	0.1629	0.1672	0.1900
10-32	UNF	0.1891	0.1831	0.1688	0.1658	0.1519	0.156	0.164	0.1697	0.1736	0.1900
12-24	UNC	0.2150	0.2078	0.1879	0.1845	0.1654	0.171	0.181	0.1889	0.1933	0.2160
12-28	UNF	0.2150	0.2085	0.1918	0.1886	0.1725	0.177	0.186	0.1928	0.1970	0.2160
12-32	UNEF	0.2150	0.2090	0.1947	0.1915	0.1778	0.182	0.190	0.1957	0.1998	0.2160
1/4-20	UNC	0.2489	0.2408	0.2164	0.2127	0.1894	0.196	0.207	0.2175	0.2224	0.2500
1/4-28	UNF	0.2490	0.2425	0.2258	0.2225	0.2065	0.211	0.220	0.2268	0.2311	0.2500
1/4-32	UNEF	0.2490	0.2430	0.2287	0.2255	0.2118	0.216	0.224	0.2297	0.2339	0.2500
5/16-18	UNC	0.3113	0.3026	0.2752	0.2712	0.2451	0.252	0.265	0.2764	0.2817	0.3125
5/16-20	UN	0.3113	0.3032	0.2788	0.2747	0.2518	0.258	0.270	0.2800	0.2853	0.3125
5/16-24	UNF	0.3114	0.3042	0.2843	0.2806	0.2618	0.267	0.277	0.2854	0.2902	0.3125
5/16-28	UN	0.3115	0.3050	0.2883	0.2848	0.2690	0.274	0.282	0.2893	0.2938	0.3125
5/16-32	UNEF	0.3115	0.3055	0.2912	0.2879	0.2743	0.279	0.286	0.2922	0.2965	0.3125
3/8-16	UNC	0.3737	0.3643	0.3331	0.3287	0.2993	0.307	0.321	0.3344	0.3401	0.3750
3/8-20	UN	0.3738	0.3657	0.3413	0.3372	0.3143	0.321	0.332	0.3425	0.3479	0.3750
3/8-24	UNF	0.3739	0.3667	0.3468	0.3430	0.3243	0.330	0.340	0.3479	0.3528	0.3750
3/8-28	UN	0.3739	0.3674	0.3507	0.3471	0.3314	0.336	0.345	0.3518	0.3564	0.3750
3/8-32	UNEF	0.3740	0.3680	0.3537	0.3503	0.3368	0.341	0.349	0.3547	0.3591	0.3750
7/16-14	UNC	0.4361	0.4258	0.3897	0.3850	0.3510	0.360	0.376	0.3911	0.3972	0.4375
7/16-16	UN	0.4361	0.4267	0.3955	0.3909	0.3617	0.370	0.384	0.3969	0.4029	0.4375
7/16-20	UNF	0.4362	0.4281	0.4037	0.3995	0.3767	0.383	0.395	0.4050	0.4104	0.4375

（续）

公称尺寸（牙数）	系列代号	外螺纹 2A					内螺纹 2B				
		大径		中径		UNR 最大小径(参考)	小径		中径		大径
		max	min	max	min		min	max	min	max	min
7/16-28	UNEF	0.4364	0.4299	0.4132	0.4096	0.3939	0.399	0.407	0.4143	0.4190	0.4375
7/16-32	UN	0.4365	0.4305	0.4162	0.4128	0.3993	0.404	0.411	0.4172	0.4216	0.4375
1/2-13	UNC	0.4985	0.4876	0.4485	0.4435	0.4069	0.417	0.434	0.4500	0.4565	0.5000
1/2-16	UN	0.4986	0.4892	0.4580	0.4533	0.4242	0.432	0.446	0.4594	0.4655	0.5000
1/2-20	UNF	0.4987	0.4906	0.4662	0.4619	0.4392	0.446	0.457	0.4675	0.4731	0.5000
1/2-28	UNEF	0.4989	0.4924	0.4757	0.4720	0.4564	0.461	0.470	0.4768	0.4816	0.5000
1/2-32	UN	0.4990	0.4930	0.4787	0.4752	0.4618	0.466	0.474	0.4797	0.4842	0.5000
9/16-12	UNC	0.5609	0.5495	0.5068	0.5016	0.4617	0.472	0.490	0.5084	0.5152	0.5625
9/16-16	UN	0.5611	0.5517	0.5205	0.5158	0.4867	0.495	0.509	0.5219	0.5280	0.5625
9/16-18	UNF	0.5611	0.5524	0.5250	0.5205	0.4949	0.502	0.515	0.5264	0.5323	0.5625
9/16-20	UN	0.5612	0.5531	0.5287	0.5244	0.5017	0.508	0.520	0.5300	0.5356	0.5625
9/16-24	UNEF	0.5613	0.5541	0.5342	0.5302	0.5117	0.517	0.527	0.5354	0.5405	0.5625
9/16-28	UN	0.5614	0.5549	0.5382	0.5345	0.5189	0.524	0.532	0.5393	0.5441	0.5625
9/16-32	UN	0.5614	0.5554	0.5411	0.5376	0.5242	0.529	0.536	0.5422	0.5468	0.5625
5/8-11	UNC	0.6233	0.6112	0.5643	0.5588	0.5150	0.527	0.546	0.5660	0.5732	0.6250
5/8-12	UN	0.6234	0.6120	0.5693	0.5639	0.5242	0.535	0.553	0.5709	0.5780	0.6250
5/8-16	UN	0.6236	0.6142	0.5830	0.5782	0.5492	0.557	0.571	0.5844	0.5906	0.6250
5/8-18	UNF	0.6236	0.6149	0.5875	0.5828	0.5574	0.565	0.578	0.5889	0.5949	0.6250
5/8-20	UN	0.6237	0.6156	0.5912	0.5869	0.5642	0.571	0.582	0.5925	0.5981	0.6250
5/8-24	UNEF	0.6238	0.6166	0.5967	0.5927	0.5742	0.580	0.590	0.5979	0.6031	0.6250
5/8-28	UN	0.6239	0.6174	0.6007	0.5969	0.5814	0.586	0.595	0.6018	0.6067	0.6250
5/8-32	UN	0.6239	0.6179	0.6036	0.6000	0.5867	0.591	0.599	0.6047	0.6093	0.6250
11/16-12	UN	0.6859	0.6745	0.6318	0.6263	0.5867	0.597	0.615	0.6334	0.6405	0.6875
11/16-16	UN	0.6861	0.6767	0.6455	0.6407	0.6117	0.620	0.634	0.6469	0.6532	0.6875
11/16-20	UN	0.6862	0.6781	0.6537	0.6493	0.6267	0.633	0.645	0.6550	0.6607	0.6875
11/16-24	UNEF	0.6863	0.6791	0.6592	0.6552	0.6367	0.642	0.652	0.6604	0.6657	0.6875
11/16-28	UN	0.6864	0.6799	0.6632	0.6594	0.6439	0.649	0.657	0.6643	0.6692	0.6875
11/16-32	UN	0.6864	0.6804	0.6661	0.625	0.6492	0.654	0.661	0.6672	0.6719	0.6875
3/4-10	UNC	0.7482	0.7353	0.6832	0.6773	0.6291	0.642	0.663	0.6850	0.6927	0.7500
3/4-12	UN	0.7483	0.7369	0.6942	0.6887	0.6491	0.660	0.678	0.6959	0.7031	0.7500
3/4-16	UNF	0.7485	0.7391	0.7079	0.7029	0.6741	0.682	0.696	0.7094	0.7159	0.7500
3/4-20	UNEF	0.7487	0.7406	0.7162	0.7118	0.6892	0.696	0.707	0.7175	0.7232	0.7500
3/4-28	UN	0.7488	0.7423	0.7256	0.7218	0.7063	0.711	0.720	0.7268	0.7318	0.7500
3/4-32	UN	0.7489	0.7429	0.7286	0.7250	0.7117	0.716	0.724	0.7297	0.7344	0.7500
13/16-12	UN	0.8108	0.7994	0.7567	0.7511	0.7116	0.722	0.740	0.7584	0.7656	0.8125
13/16-16	UN	0.8110	0.8016	0.7704	0.7655	0.7366	0.745	0.759	0.7719	0.7783	0.8125
13/16-20	UNEF	0.8112	0.8031	0.7787	0.7743	0.7517	0.758	0.770	0.7800	0.7858	0.8125
13/16-28	UN	0.8113	0.8048	0.7881	0.7842	0.7688	0.774	0.782	0.7893	0.7943	0.8125
13/16-32	UN	0.8114	0.8054	0.7911	0.7874	0.7742	0.779	0.786	0.7922	0.7970	0.8125
7/8-9	UNC	0.8731	0.8592	0.8009	0.7946	0.7408	0.755	0.778	0.8028	0.8110	0.8750
7/8-12	UN	0.8733	0.8619	0.8192	0.8136	0.7741	0.785	0.803	0.8209	0.8282	0.8750
7/8-14	UNF	0.8734	0.8631	0.8270	0.8216	0.7883	0.798	0.813	0.8286	0.8356	0.8750
7/8-16	UN	0.8735	0.8641	0.8329	0.8280	0.7991	0.807	0.821	0.8344	0.8408	0.8750
7/8-20	UNEF	0.8737	0.8656	0.8412	0.8367	0.8142	0.821	0.832	0.8425	0.8483	0.8750
7/8-28	UN	0.8738	0.8673	0.8506	0.8467	0.8313	0.836	0.845	0.8518	0.8569	0.8750
7/8-32	UN	0.8739	0.8679	0.8536	0.8499	0.8367	0.841	0.849	0.8547	0.8595	0.8750
15/16-12	UN	0.9358	0.9244	0.8817	0.8761	0.8366	0.847	0.865	0.8834	0.8907	0.9375

（续）

公称尺寸（牙数）	系列代号	外螺纹 2A					内螺纹 2B				
		大径		中径		UNR 最大小径(参考)	小径		中径		大径
		max	min	max	min		min	max	min	max	min
15/16-16	UN	0.9360	0.9266	0.8954	0.8904	0.8616	0.870	0.884	0.8969	0.9033	0.9375
15/16-20	UNEF	0.9361	0.9280	0.9036	0.8991	0.8766	0.883	0.895	0.9050	0.9109	0.9375
15/16-28	UN	0.9363	0.9298	0.9131	0.9092	0.8938	0.899	0.907	0.9143	0.9194	0.9375
15/16-32	UN	0.9364	0.9304	0.9161	0.9123	0.8992	0.904	0.911	0.9172	0.9221	0.9375
1-8	UNC	0.9980	0.9830	0.9168	0.9101	0.8492	0.865	0.890	0.9188	0.9276	1.0000
1-12	UNF	0.9982	0.9868	0.9441	0.9382	0.8990	0.910	0.928	0.9459	0.9535	1.0000
1-16	UN	0.9985	0.9891	0.9579	0.9529	0.9241	0.932	0.946	0.9594	0.9659	1.0000
1-20	UNEF	0.9986	0.9905	0.9661	0.9616	0.9391	0.946	0.957	0.9675	0.9734	1.0000
1-28	UN	0.9988	0.9923	0.9756	0.9716	0.9563	0.961	0.970	0.9768	0.9820	1.0000
1-32	UN	0.9989	0.9929	0.9786	0.9748	0.9617	0.966	0.974	0.9797	0.9846	1.0000
1 1/16-8	UN	1.0605	1.0455	0.9793	0.9725	0.9117	0.927	0.952	0.9813	0.9902	1.0625
1 1/16-12	UN	1.0608	1.0494	1.0067	1.0010	0.9616	0.972	0.990	1.0084	1.0158	1.0625
1 1/16-16	UN	1.0610	1.0516	1.0204	1.0154	0.9866	0.995	1.009	1.0219	1.0284	1.0625
1 1/16-18	UNEF	1.0611	1.0524	1.0250	1.0202	0.9949	1.002	1.015	1.0264	1.0326	1.0625
1 1/16-20	UN	1.0611	1.0530	1.0286	1.0241	1.0016	1.008	1.020	1.0300	1.0359	1.0625
1 1/16-28	UN	1.0613	1.0548	1.0381	1.0341	1.0188	1.024	1.032	1.0393	1.0445	1.0625
1 1/8-7	UNC	1.1228	1.1064	1.0300	1.0228	0.9527	0.970	0.998	1.0322	1.0416	1.1250
1 1/8-8	UN	1.1229	1.1079	1.0417	1.0348	0.9741	0.990	1.015	1.0438	1.0528	1.1250
1 1/8-12	UNF	1.1232	1.1118	1.0691	1.0631	1.0240	1.035	1.053	1.0709	1.0787	1.1250
1 1/8-16	UN	1.1232	1.1141	1.0829	1.0779	1.0491	1.057	1.071	1.0844	1.0910	1.1250
1 1/8-18	UNEF	1.1236	1.1149	1.0875	1.0827	1.0574	1.065	1.078	1.0889	1.0951	1.1250
1 1/8-20	UN	1.1236	1.1155	1.0911	1.0865	1.0641	1.071	1.082	1.0925	1.0985	1.1250
1 1/8-28	UN	1.1238	1.1173	1.1006	1.0966	1.0813	1.086	1.095	1.1018	1.1070	1.1250
1 3/16-8	UN	1.1854	1.1704	1.1042	1.0972	1.0366	1.052	1.077	1.1063	1.1154	1.1875
1 3/16-12	UN	1.1858	1.1744	1.1317	1.1260	1.0866	1.097	1.115	1.1334	1.1409	1.1875
1 3/16-16	UN	1.1860	1.1766	1.1454	1.1403	1.1116	1.120	1.134	1.1469	1.1535	1.1875
1 3/16-18	UNEF	1.1861	1.1774	1.1500	1.1452	1.1199	1.127	1.140	1.1514	1.1577	1.1875
1 3/16-20	UN	1.1861	1.1780	1.1536	1.1490	1.1266	1.133	1.145	1.1550	1.1610	1.1875
1 3/16-28	UN	1.1863	1.1798	1.1631	1.1590	1.1438	1.149	1.157	1.1643	1.1696	1.1875
1 1/4-7	UNC	1.2478	1.2314	1.1550	1.1476	1.0777	1.095	1.123	1.1572	1.1668	1.2500
1 1/4-8	UN	1.2479	1.2329	1.1667	1.1597	1.0991	1.115	1.140	1.1688	1.1780	1.2500
1 1/4-12	UNF	1.2482	1.2368	1.1941	1.1879	1.1490	1.160	1.178	1.1959	1.2039	1.2500
1 1/4-16	UN	1.2485	1.2391	1.2079	1.2028	1.1741	1.182	1.196	1.2094	1.2160	1.2500
1 1/4-18	UNEF	1.2485	1.2398	1.2124	1.2075	1.1823	1.190	1.203	1.2139	1.2202	1.2500
1 1/4-20	UN	1.2486	1.2405	1.2161	1.2114	1.1891	1.196	1.207	1.2175	1.2236	1.2500
1 1/4-28	UN	1.2488	1.2423	1.2256	1.2215	1.2063	1.211	1.220	1.2268	1.2321	1.2500
1 5/16-8	UN	1.3104	1.2954	1.2292	1.2221	1.1616	1.177	1.202	1.2313	1.2405	1.3125
1 5/16-12	UN	1.3108	1.2994	1.2567	1.2509	1.2116	1.222	1.240	1.2584	1.2659	1.3125
1 5/16-16	UN	1.3110	1.3016	1.2704	1.2653	1.2366	1.245	1.259	1.2719	1.2786	1.3125
1 5/16-18	UNEF	1.3110	1.3023	1.2749	1.2700	1.2448	1.252	1.265	1.2764	1.2828	1.3125
1 5/16-20	UN	1.3111	1.3030	1.2786	1.2739	1.2516	1.258	1.270	1.2800	1.2861	1.3125
1 5/16-28	UN	1.3113	1.3048	1.2881	1.2840	1.2688	1.274	1.282	1.2893	1.2947	1.3125
1 3/8-6	UNC	1.3726	1.3544	1.2643	1.2563	1.1741	1.195	1.225	1.2667	1.2771	1.3750
1 3/8-8	UN	1.3728	1.3578	1.2916	1.2844	1.2240	1.240	1.265	1.2938	1.3031	1.3750
1 3/8-12	UNF	1.3731	1.3617	1.3190	1.3127	1.2739	1.285	1.303	1.3209	1.3291	1.3750
1 3/8-16	UN	1.3735	1.3641	1.3329	1.3277	1.2991	1.307	1.321	1.3344	1.3411	1.3750

（续）

公称尺寸（牙数）	系列代号	外螺纹 2A					内螺纹 2B				
		大径		中径		UNR 最大小径(参考)	小径		中径		大径
		max	min	max	min		min	max	min	max	min
1⅜-18	UNEF	1.3735	1.3648	1.3374	1.3325	1.3073	1.315	1.328	1.3389	1.3453	1.3750
1⅜-20	UN	1.3736	1.3655	1.3411	1.3364	1.3141	1.321	1.332	1.3425	1.3486	1.3750
1⅜-28	UN	1.3738	1.3673	1.3506	1.3465	1.3313	1.336	1.345	1.3518	1.3572	1.3750
1 7/16-6	UN	1.4351	1.4169	1.3268	1.3188	1.2366	1.257	1.288	1.3292	1.3396	1.4375
1 7/16-8	UN	1.4353	1.4203	1.3541	1.3469	1.2865	1.302	1.327	1.3563	1.3657	1.4375
1 7/16-12	UN	1.4357	1.4243	1.3816	1.3757	1.3365	1.347	1.365	1.3834	1.3910	1.4375
1 7/16-16	UN	1.4359	1.4265	1.3953	1.3901	1.3615	1.370	1.384	1.3969	1.4036	1.4375
1 7/16-18	UNEF	1.4360	1.4273	1.3999	1.3950	1.3698	1.377	1.390	1.4014	1.4078	1.4375
1 7/16-20	UN	1.4361	1.4280	1.4036	1.3989	1.3766	1.383	1.395	1.4050	1.4112	1.4375
1 7/16-28	UN	1.4362	1.4297	1.4130	1.4088	1.3937	1.399	1.407	1.4143	1.4197	1.4375
1½-6	UNC	1.4976	1.4794	1.3893	1.3812	1.2991	1.320	1.350	1.3917	1.4022	1.5000
1½-8	UN	1.4978	1.4828	1.4166	1.4093	1.3490	1.365	1.390	1.4188	1.4283	1.5000
1½-12	UNF	1.4981	1.4867	1.4440	1.4376	1.3989	1.410	1.428	1.4459	1.4542	1.5000
1½-16	UN	1.4984	1.4890	1.4578	1.4525	1.4240	1.432	1.446	1.4594	1.4662	1.5000
1½-18	UNEF	1.4985	1.4898	1.4624	1.4574	1.4323	1.440	1.453	1.4639	1.4704	1.5000
1½-20	UN	1.4986	1.4905	1.4661	1.4613	1.4391	1.446	1.457	1.4675	1.4737	1.5000
1½-28	UN	1.4987	1.4922	1.4755	1.4713	1.4562	1.461	1.470	1.4768	1.4823	1.5000
1 9/16-6	UN	1.5601	1.5419	1.4518	1.4436	1.3616	1.382	1.413	1.4542	1.4648	1.5625
1 9/16-8	UN	1.5603	1.5453	1.4791	1.4717	1.4115	1.427	1.452	1.4813	1.4909	1.5625
1 9/16-12	UN	1.5607	1.5493	1.5066	1.5007	1.4615	1.472	1.490	1.5084	1.5161	1.5625
1 9/16-16	UN	1.5609	1.5515	1.5203	1.5151	1.4865	1.495	1.509	1.5219	1.5287	1.5625
1 9/16-18	UNEF	1.5610	1.5523	1.5249	1.5199	1.4948	1.502	1.515	1.5264	1.5329	1.5625
1 9/16-20	UN	1.5611	1.5530	1.5286	1.5238	1.5016	1.508	1.520	1.5300	1.5362	1.5625
1⅝-6	UN	1.6225	1.6043	1.5142	1.5060	1.4240	1.445	1.475	1.5167	1.5274	1.6250
1⅝-8	UN	1.6228	1.6078	1.5416	1.5342	1.4740	1.490	1.515	1.5438	1.5535	1.6250
1⅝-12	UN	1.6232	1.6118	1.5691	1.5632	1.5240	1.535	1.553	1.5709	1.5786	1.6250
1⅝-16	UN	1.6234	1.6140	1.5828	1.5775	1.5490	1.557	1.571	1.5844	1.5912	1.6250
1⅝-18	UNEF	1.6235	1.6148	1.5874	1.5824	1.5573	1.565	1.578	1.5889	1.5954	1.6250
1⅝-20	UN	1.6236	1.6155	1.5911	1.5863	1.5641	1.571	1.582	1.5925	1.5987	1.6250
1 11/16-6	UN	1.6850	1.6668	1.5767	1.5684	1.4865	1.507	1.538	1.5792	1.5900	1.6875
1 11/16-8	UN	1.6853	1.6703	1.6041	1.5966	1.5365	1.552	1.577	1.6063	1.6160	1.6875
1 11/16-12	UN	1.6857	1.6743	1.6316	1.6257	1.5865	1.597	1.615	1.6334	1.6411	1.6875
1 11/16-16	UN	1.6859	1.6765	1.6453	1.6400	1.6115	1.620	1.634	1.6469	1.6538	1.6875
1 11/16-18	UNEF	1.6860	1.6773	1.6499	1.6449	1.6198	1.627	1.640	1.6514	1.6579	1.6875
1 11/16-20	UN	1.6861	1.6780	1.6536	1.6488	1.6266	1.633	1.645	1.6550	1.6613	1.6875
1¾-5	UNC	1.7473	1.7268	1.6174	1.6085	1.5091	1.533	1.567	1.6201	1.6317	1.7500
1¾-6	UN	1.7475	1.7293	1.6392	1.6309	1.5490	1.570	1.600	1.6417	1.6525	1.7500
1¾-8	UN	1.7477	1.7327	1.6665	1.6590	1.5989	1.615	1.640	1.6688	1.6786	1.7500
1¾-12	UN	1.7482	1.7368	1.6941	1.6881	1.6490	1.660	1.678	1.6959	1.7037	1.7500
1¾-16	UN	1.7484	1.7390	1.7078	1.7025	1.6740	1.682	1.696	1.7094	1.7163	1.7500
1¾-20	UN	1.7485	1.7404	1.7160	1.7112	1.6890	1.696	1.707	1.7175	1.7238	1.7500
1 13/16-6	UN	1.8100	1.7918	1.7017	1.6933	1.6115	1.632	1.663	1.7042	1.7151	1.8125
1 13/16-8	UN	1.8102	1.7952	1.7290	1.7214	1.6614	1.677	1.702	1.7313	1.7412	1.8125
1 13/16-12	UN	1.8107	1.7993	1.7566	1.7506	1.7115	1.722	1.740	1.7584	1.7662	1.8125
1 13/16-16	UN	1.8109	1.8015	1.7703	1.7650	1.7365	1.745	1.759	1.7719	1.7788	1.8125
1 13/16-20	UN	1.8110	1.8029	1.7785	1.7736	1.7515	1.758	1.770	1.7800	1.7863	1.8125
1⅞-6	UN	1.8725	1.8543	1.7642	1.7558	1.6740	1.695	1.725	1.7667	1.7777	1.8750

（续）

公称尺寸（牙数）	系列代号	外螺纹 2A					内螺纹 2B				
		大径		中径		UNR 最大小径(参考)	小径		中径		大径
		max	min	max	min		min	max	min	max	min
$1\frac{7}{8}$-8	UN	1.8727	1.8577	1.7915	1.7838	1.7239	1.740	1.765	1.7938	1.8038	1.8750
$1\frac{7}{8}$-12	UN	1.8732	1.8618	1.8191	1.8131	1.7740	1.785	1.803	1.8209	1.8287	1.8750
$1\frac{7}{8}$-16	UN	1.8734	1.8640	1.8328	1.8275	1.7990	1.807	1.821	1.8344	1.8413	1.8750
$1\frac{7}{8}$-20	UN	1.8735	1.8654	1.8410	1.8361	1.8140	1.821	1.832	1.8425	1.8489	1.8750
$1\frac{15}{16}$-6	UN	1.9349	1.9167	1.8266	1.8181	1.7364	1.757	1.788	1.8292	1.8403	1.9375
$1\frac{15}{16}$-8	UN	1.9352	1.920g	1.8540	1.8463	1.7864	1.802	1.827	1.8563	1.8663	1.9375
$1\frac{15}{16}$-12	UN	1.9357	1.9243	1.8816	1.8756	1.8365	1.847	1.865	1.8834	1.8912	1.9375
$1\frac{15}{16}$-16	UN	1.9359	1.9265	1.8953	1.8899	1.8615	1.870	1.884	1.8969	1.9039	1.9375
$1\frac{15}{16}$-20	UN	1.9360	1.9279	1.9035	1.8986	1.8765	1.883	1.895	1.9050	1.9114	1.9375
2-$4\frac{1}{2}$	UNC	1.9971	1.9751	1.8528	1.8433	1.7325	1.759	1.795	1.8557	1.8681	2.0000
2-6	UN	1.9974	1.9792	1.8891	1.8805	1.7989	1.820	1.850	1.8917	1.9028	2.0000
2-8	UN	1.9977	1.9827	1.9165	1.9087	1.8489	1.865	1.890	1.9188	1.9289	2.0000
2-12	UN	1.9982	1.9868	1.9441	1.9380	1.8990	1.910	1.928	1.9459	1.9538	2.0000
2-16	UN	1.9984	1.9890	1.9578	1.9524	1.9240	1.932	1.946	1.9594	1.9664	2.0000
2-20	UN	1.9985	1.9904	1.9660	1.9611	1.9390	1.946	1.957	1.9675	1.9739	2.0000
$2\frac{1}{8}$-6	UN	2.1224	2.1042	2.0141	2.0054	1.9239	1.945	1.975	2.0167	2.0280	2.1250
$2\frac{1}{8}$-8	UN	2.1226	2.1076	2.0414	2.0335	1.9738	1.990	2.015	2.0438	2.0540	2.1250
$2\frac{1}{8}$-12	UN	2.1232	2.1118	2.0691	2.0630	2.0240	2.035	2.053	2.0709	2.0788	2.1250
$2\frac{1}{8}$-16	UN	2.1234	2.1140	2.0828	2.0774	2.0490	2.057	2.071	2.0844	2.0914	2.1250
$2\frac{1}{8}$-20	UN	2.1235	2.1154	2.0910	2.0860	2.0640	2.071	2.082	2.0925	2.0990	2.1250
$2\frac{1}{4}$-$4\frac{1}{2}$	UNC	2.2471	2.2251	2.1028	2.0931	1.9825	2.009	2.045	2.1057	2.1183	2.2500
$2\frac{1}{4}$-6	UN	2.2474	2.2292	2.1391	2.1303	2.0489	2.070	2.100	2.1417	2.1531	2.2500
$2\frac{1}{4}$-8	UN	2.2476	2.2326	2.1664	2.1584	2.0988	2.115	2.140	2.1688	2.1792	2.2500
$2\frac{1}{4}$-12	UN	2.2482	2.2368	2.1941	2.1880	2.1490	2.160	2.178	2.1959	2.2039	2.2500
$2\frac{1}{4}$-16	UN	2.2484	2.2390	2.2078	2.2023	2.1740	2.182	2.196	2.2094	2.2165	2.2500
$2\frac{1}{4}$-20	UN	2.2485	2.2404	2.2160	2.2110	2.1890	2.196	2.207	2.2175	2.2240	2.2500
$2\frac{3}{8}$-6	UN	2.3723	2.3541	2.2640	2.2551	2.1738	2.195	2.225	2.2667	2.2782	2.3750
$2\frac{3}{8}$-8	UN	2.3726	2.3576	2.2914	2.2833	2.2238	2.240	2.265	2.2938	2.3043	2.3750
$2\frac{3}{8}$-12	UN	2.3732	2.3618	2.3191	2.3129	2.2740	2.285	2.303	2.3209	2.3289	2.3750
$2\frac{3}{8}$-16	UN	2.3734	2.3640	2.3328	2.3273	2.2990	2.307	2.321	2.3344	2.3415	2.3750
$2\frac{3}{8}$-20	UN	2.3735	2.3654	2.3410	2.3360	2.3140	2.321	2.332	2.3425	2.3491	2.3750
$2\frac{1}{2}$-4	UNC	2.4969	2.4731	2.3345	2.3241	2.1992	2.229	2.267	2.3376	2.3511	2.5000
$2\frac{1}{2}$-6	UN	2.4973	2.4791	2.3890	2.3800	2.2988	2.320	2.350	2.3917	2.4033	2.5000
$2\frac{1}{2}$-8	UN	2.4976	2.4826	2.4164	2.4082	2.3488	2.365	2.390	2.4188	2.4294	2.5000
$2\frac{1}{2}$-12	UN	2.4981	2.4867	2.4440	2.4378	2.3989	2.410	2.428	2.4459	2.4540	2.5000
$2\frac{1}{2}$-16	UN	2.4983	2.4889	2.4577	2.4522	2.4239	2.432	2.446	2.4594	2.4666	2.5000
$2\frac{1}{2}$-20	UN	2.4985	2.4904	2.4660	2.4609	2.4390	2.446	2.457	2.4675	2.4741	2.5000
$2\frac{5}{8}$-6	UN	2.6223	2.6041	2.5140	2.5050	2.4238	2.445	2.475	2.5167	2.5285	2.6250
$2\frac{5}{8}$-8	UN	2.6225	2.6075	2.5413	2.5331	2.4737	2.490	2.515	2.5438	2.5545	2.6250
$2\frac{5}{8}$-12	UN	2.6231	2.6117	2.5690	2.5628	2.5239	2.535	2.553	2.5709	2.5790	2.6250
$2\frac{5}{8}$-16	UN	2.6233	2.6139	2.5827	2.5771	2.5489	2.557	2.571	2.5844	2.5916	2.6250
$2\frac{5}{8}$-20	UN	2.6235	2.6154	2.5910	2.5859	2.5640	2.571	2.582	2.5925	2.5991	2.6250
$2\frac{3}{4}$-4	UNC	2.7468	2.7230	2.5844	2.5739	2.4491	2.479	2.517	2.5876	2.6013	2.7500
$2\frac{3}{4}$-6	UN	2.7473	2.7291	2.6390	2.6299	2.5488	2.570	2.600	2.6417	2.6536	2.7500
$2\frac{3}{4}$-8	UN	2.7475	2.7325	2.6663	2.6580	2.5987	2.615	2.640	2.6688	2.6796	2.7500
$2\frac{3}{4}$-12	UN	2.7481	2.7367	2.6940	2.6877	2.6489	2.660	2.678	2.6959	2.7040	2.7500
$2\frac{3}{4}$-16	UN	2.7483	2.7389	2.7077	2.7021	2.6739	2.682	2.696	2.7094	2.7167	2.7500

（续）

公称尺寸（牙数）	系列代号	外螺纹 2A					内螺纹 2B				
		大径		中径		UNR 最大小径（参考）	小径		中径		大径
		max	min	max	min		min	max	min	max	min
2¾-20	UN	2.7485	2.7404	2.7160	2.7109	2.6890	2.696	2.707	2.7175	2.7242	2.7500
2⅞-6	UN	2.8722	2.8540	2.7639	2.7547	2.6737	2.695	2.725	2.7667	2.7787	2.8750
2⅞-8	UN	2.8725	2.8575	2.7913	2.7829	2.7237	2.740	2.765	2.7938	2.8048	2.8750
2⅞-12	UN	2.8731	2.8617	2.8190	2.8127	2.7739	2.785	2.803	2.8209	2.8291	2.8750
2⅞-16	UN	2.8733	2.8639	2.8327	2.8271	2.7989	2.807	2.821	2.8344	2.8417	2.8750
2⅞-20	UN	2.8734	2.8653	2.8409	2.8357	2.8139	2.821	2.832	2.8425	2.8492	2.8750
3-4	UNC	2.9968	2.9730	2.8344	2.8327	2.6991	2.729	2.767	2.8376	2.8515	3.0000
3-6	UN	2.9972	2.9790	2.8889	2.8796	2.7987	2.820	2.850	2.8917	2.9038	3.0000
3-8	UN	2.9974	2.9824	2.9162	2.9077	2.8486	2.865	2.890	2.9188	2.9299	3.0000
3-12	UN	2.9981	2.9867	2.9440	2.9377	2.8989	2.910	2.928	2.9459	2.9541	3.0000
3-16	UN	2.9983	2.9889	2.9577	2.9521	2.9239	2.932	2.946	2.9594	2.9667	3.0000
3-20	UN	2.9984	2.9903	2.9659	2.9607	2.9389	2.946	2.957	2.9675	2.9743	3.0000
3⅛-6	UN	3.1222	3.1040	3.0139	3.0045	2.9237	2.945	2.975	3.0167	3.0289	3.1250
3⅛-8	UN	3.1224	3.1074	3.0412	3.0326	2.9736	2.990	3.015	3.0438	3.0550	3.1250
3⅛-12	UN	3.1231	3.1117	3.0690	3.0626	3.0239	3.035	3.053	3.0709	3.0792	3.1250
3⅛-16	UN	3.1233	3.1139	3.0827	3.0770	3.0489	3.057	3.071	3.0844	3.0918	3.1250
3¼-4	UNC	3.2467	3.2229	3.0843	3.0734	2.9490	2.979	3.017	3.0876	3.1017	3.2500
3¼-6	UN	3.2472	3.2290	3.1389	3.1294	3.0487	3.070	3.100	3.1417	3.1540	3.2500
3¼-8	UN	3.2474	3.2324	3.1662	3.1575	3.0986	3.115	3.140	3.1688	3.1801	3.2500
3¼-12	UN	3.2481	3.2367	3.1940	3.1876	3.1489	3.160	3.178	3.1959	3.2042	3.2500
3¼-16	UN	3.2483	3.2389	3.2077	3.2020	3.1739	3.182	3.196	3.2094	3.2168	3.2500
3⅜-6	UN	3.3721	3.3539	3.2638	3.2543	3.1736	3.195	3.225	3.2667	3.2791	3.3750
3⅜-8	UN	3.3724	3.3574	3.2912	3.2824	3.2236	3.240	3.265	3.2938	3.3052	3.3750
3⅜-12	UN	3.3731	3.3617	3.3190	3.3126	3.2739	3.285	3.303	3.3209	3.3292	3.3750
3⅜-16	UN	3.3733	3.3639	3.3327	3.3270	3.2989	3.307	3.321	3.3344	3.3419	3.3750
3½-4	UNC	3.4967	3.4729	3.3343	3.3233	3.1990	3.229	3.267	3.3376	3.3519	3.5000
3½-6	UN	3.4971	3.4789	3.3888	3.3792	3.2986	3.320	3.350	3.3917	3.4042	3.5000
3½-8	UN	3.4974	3.4824	3.4162	3.4074	3.3486	3.365	3.390	3.4188	3.4303	3.5000
3½-12	UN	3.4981	3.4867	3.4440	3.4376	3.3989	3.410	3.428	3.4459	3.4543	3.5000
3½-16	UN	3.4983	3.4889	3.4577	3.4519	3.4239	3.432	3.446	3.4594	3.4669	3.5000
3⅝-6	UN	3.6221	3.6039	3.5138	3.5041	3.4236	3.445	3.475	3.5167	3.5293	3.6250
3⅝-8	UN	3.6223	3.6073	3.5411	3.5322	3.4735	3.490	3.515	3.5438	3.5554	3.6250
3⅝-12	UN	3.6231	3.6117	3.5690	3.5625	3.5239	3.535	3.553	3.5709	3.5793	3.6250
3⅝-16	UN	3.6233	3.6139	3.5827	3.5769	3.5489	3.557	3.571	3.5844	3.5919	3.6250
3¾-4	UNC	3.7466	3.7228	3.5842	3.5730	3.4489	3.479	3.517	3.5876	3.6021	3.7500
3¾-6	UN	3.7471	3.7289	3.6388	3.6290	3.5486	3.570	3.600	3.6417	3.6544	3.7500
3¾-8	UN	3.7473	3.7323	3.6661	3.6571	3.5985	3.615	3.640	3.6688	3.6805	3.7500
3¾-12	UN	3.7481	3.7367	3.6940	3.6875	3.6489	3.660	3.678	3.6959	3.7043	3.7500
3¾-16	UN	3.7483	3.7389	3.7077	3.7019	3.6739	3.682	3.696	3.7094	3.7170	3.7500
3⅞-6	UN	3.8720	3.8538	3.7637	3.7538	3.6735	3.695	3.725	3.7667	3.7795	3.8750
3⅞-8	UN	3.8723	3.8573	3.7911	3.7820	3.7235	3.740	3.765	3.7938	3.8056	3.8750
3⅞-12	UN	3.8730	3.8616	3.8189	3.8124	3.7738	3.785	3.803	3.8209	3.8294	3.8750
3⅞-16	UN	3.8732	3.8638	3.8326	3.8268	3.7988	3.807	3.821	3.8344	3.8420	3.8750
4-4	UNC	3.9966	3.9728	3.8342	3.8229	3.6989	3.729	3.767	3.8376	3.8523	4.0000
4-6	UN	3.9970	3.9788	3.8887	3.8788	3.7985	3.820	3.850	3.8917	3.9046	4.0000
4-8	UN	3.9973	3.9823	3.9161	3.9070	3.8485	3.865	3.890	3.9188	3.9307	4.0000
4-12	UN	3.9980	3.9866	3.9439	3.9374	3.8988	3.910	3.928	3.9459	3.9544	4.0000

（续）

公称尺寸（牙数）	系列代号	外螺纹 2A 大径 max	外螺纹 2A 大径 min	外螺纹 2A 中径 max	外螺纹 2A 中径 min	UNR 最大小径(参考)	内螺纹 2B 小径 min	内螺纹 2B 小径 max	内螺纹 2B 中径 min	内螺纹 2B 中径 max	内螺纹 2B 大径 min
4-16	UN	3.9982	3.9888	3.9576	3.9517	3.9238	3. 932	3.946	3.9594	3.9670	4.0000
4⅛-6	UN	4.1220	4.1038	4.0137	4.0037	3.9235	3. 945	3.975	4.0167	4.0297	4.1250
4⅛-8	UN	4.1222	4.1072	4.0410	4.0318	3.9734	3.990	4.015	4.0438	4.0558	4.1250
4⅛-12	UN	4.1230	4.1116	4.0689	4.0623	4.0258	4.035	4.053	4.0709	4.0794	4.1250
4⅛-16	UN	4.1232	4.1138	4.0826	4.0767	4.0488	4.057	4.071	4.0844	4.0921	4.1250
4¼-4	UN	4.2466	4.2228	4.0842	4.0727	3.9489	3.979	4.017	4.0876	4.1025	4.2500
4¼-6	UN	4.2470	4.2288	4.1387	4.1286	4.0485	4.070	4.100	4.1417	4.1548	4.2500
4¼-8	UN	4.2472	4.2322	4.1660	4.1567	4.0984	4.115	4.140	4.1688	4.1809	4.2500
4¼-12	UN	4.2480	4.2366	4.1939	4.1873	4.1488	4.160	4.178	4.1959	4.2045	4.2500
4¼-16	UN	4.2482	4.2388	4.2076	4.2017	4.1738	4.182	4.196	4.2094	4.2171	4.2500
4⅜-6	UN	4.3720	4.3538	4.2637	4.2536	4.1735	4.195	4.225	4.2667	4.2799	4.3750
4⅜-8	UN	4.3722	4.3572	4.2910	4.2817	4.2234	4.240	4.265	4.2938	4.3059	4.3750
4⅜-12	UN	4.3730	4.3616	4.3189	4.3123	4.2738	4.285	4.303	4.3209	4.3295	4.3750
4⅜-16	UN	4.3732	4.3638	4.3326	4.3267	4.2988	4.307	4.321	4.3344	4.3421	4.3750
4½-4	UN	4.4965	4.4727	4.3341	4.3225	4.1988	4.229	4.267	4.3376	4.3527	4.5000
4½-6	UN	4.4969	4.4787	4.3886	4.3784	4.2984	4.320	4.350	4.3917	4.4050	4.5000
4½-8	UN	4.4972	4.4822	4.4160	4.4066	4.3484	4.365	4.390	4.4188	4.4310	4.5000
4½-12	UN	4.4980	4.4866	4.4439	4.4373	4.3988	4.410	4.428	4.4459	4.4545	4.5000
4½-16	UN	4.4982	4.4888	4.4576	4.4516	4.4238	4.432	4.446	4.4594	4.4672	4.5000
4⅝-6	UN	4.6219	4.6037	4.5136	4.5033	4.4234	4.445	4.475	4.5167	4.5300	4.6250
4⅝-8	UN	4.6222	4.6072	4.5410	4.5315	4.4734	4.490	4.515	4.5438	4.5561	4.6250
4⅝-12	UN	4.6230	4.6116	4.5689	4.5622	4.5238	4.535	4.553	4.5709	4.5796	4.6250
4⅝-16	UN	4.6232	4.6138	4.5826	4.5766	4.5488	4.557	4.571	4.5844	4.5922	4.6250
4¾-4	UN	4.7465	4.7227	4.5841	4.5721	4.4488	4.479	4.517	4.5876	4.6029	4.7500
4¾-6	UN	4.7469	4.7287	4.6386	4.6283	4.5484	4.570	4.600	4.6417	4.6551	4.7500
4¾-8	UN	4.7471	4.7321	4.6659	4.6564	4.5983	4.615	4.640	4.6688	4.6812	4.7500
4¾-12	UN	4.7480	4.7366	4.6939	4.6872	4.6488	4.660	4.678	4.6959	4.7046	4.7500
4¾-16	UN	4.7482	4.7388	4.7076	4.7016	4.6738	4.682	4.696	4.7094	4.7172	4.7500
4⅞-6	UN	4.8719	4.8537	4.7636	4.7532	4.6734	4.695	4.725	4.7667	4.7802	4.8750
4⅞-8	UN	4.8721	4.8571	4.7909	4.7813	4.7233	4.740	4.765	4.7938	4.8063	4.8750
4⅞-12	UN	4.8730	4.8616	4.8189	4.8122	4.7738	4.785	4.803	4.8209	4.8296	4.8750
4⅞-16	UN	4.8732	4.8638	4.8326	4.8266	4.7988	4.807	4.821	4.8344	4.8422	4.8750
5-4	UN	4.9964	4.9726	4.8340	4.8221	4.6987	4.729	4.767	4.8376	4.8530	5.0000
5-6	UN	4.9969	4.9787	4.8886	4.8781	4.7984	4.820	4.850	4.8917	4.9053	5.0000
5-8	UN	4.9971	4.9821	4.9159	4.9062	4.8483	4.865	4.890	4.9188	4.9314	5.0000
5-12	UN	4.9980	4.9866	4.9439	4.9372	4.8988	4.910	4.928	4.9459	4.9546	5.0000
5-16	UN	4.9982	4.9888	4.9576	4.9515	4.9238	4.932	4.946	4.9594	4.9673	5.0000
5⅛-6	UN	5.1218	5.1036	5.0135	5.0030	4.9233	4.945	4.975	5.0167	5.0304	5.1250
5⅛-8	UN	5.1221	5.1071	5.0409	5.0312	4.9733	4.990	5.015	5.0438	5.0565	5.1250
5⅛-12	UN	5.1230	5.1116	5.0689	5.0622	5.0238	5.035	5.053	5.0709	5.0797	5.1250
5⅛-16	UN	5.1232	5.1138	5.0826	5.0765	5.0488	5.057	5.071	5.0844	5.0923	5.1250
5¼-4	UN	5.2464	5.2226	5.0840	5.0720	4.9487	4.979	5.017	5.0876	5.1032	5.2500
5¼-6	UN	5.2468	5.2286	5.1385	5.1279	5.0483	5.070	5.100	5.1417	5.1555	5.2500
5¼-8	UN	5.2471	5.2321	5.1659	5.1561	5.0983	5.115	5.140	5.1688	5.1815	5.2500
5¼-12	UN	5.2480	5.2366	5.1939	5.1871	5.1488	5.160	5.178	5.1959	5.2047	5.2500
5¼-16	UN	5.2482	5.2388	5.2076	5.2015	5.1738	5.182	5.196	5.2094	5.2173	5.2500
5⅜-6	UN	5.3718	5.3536	5.2635	5.2529	5.1733	5.195	5.225	5.2667	5.2805	5.3750

（续）

公称尺寸（牙数）	系列代号	外螺纹 2A					内螺纹 2B				
		大径		中径		UNR 最大小径(参考)	小径		中径		大径
		max	min	max	min		min	max	min	max	min
5⅜-8	UN	5.3720	5.3570	5.2908	5.2809	5.2232	5.240	5.265	5.2938	5.3066	5.3750
5⅜-12	UN	5.3730	5.3616	5.3189	5.3121	5.2738	5.285	5.303	5.3209	5.3297	5.3750
5⅜-16	UN	5.3732	5.3638	5.3326	5.3265	5.2988	5.307	5.321	5.3344	5.3423	5.3750
5½-4	UN	5.4964	5.4726	5.3340	5.3219	5.1987	5.229	5.267	5.3376	5.3534	5.5000
5½-6	UN	5.4968	5.4786	5.3885	5.3778	5.2983	5.320	5.350	5.3917	5.4056	5.5000
5½-8	UN	5.4970	5.4820	5.4158	5.4059	5.3482	5.365	5.390	5.4188	5.4317	5.5000
5½-12	UN	5.4980	5.4866	5.4439	5.4371	5.3988	5.410	5.428	5.4459	5.4548	5.5000
5½-16	UN	5.4982	5.4888	5.4576	5.4515	5.4238	5.432	5.446	5.4594	5.4674	5.5000
5⅝-6	UN	5.6218	5.6036	5.5135	5.5027	5.4233	5.445	5.475	5.5167	5.5307	5.6250
5⅝-8	UN	5.6220	5.6070	5.5408	5.5308	5.4732	5.490	5.515	5.5438	5.5568	5.6250
5⅝-12	UN	5.6230	5.6116	5.5689	5.5621	5.5238	5.535	5.553	5.5709	5.5798	5.6250
5⅝-16	UN	5.6232	5.6138	5.5826	5.5764	5.5488	5.557	5.571	5.5844	5.5924	5.6250
5¾-4	UN	5.7463	5.7225	5.5839	5.5717	5.4486	5.479	5.517	5.5876	5.6035	5.7500
5¾-6	UN	5.7468	5.7286	5.6385	5.6277	5.5483	5.570	5.600	5.6417	5.6558	5.7500
5¾-8	UN	5.7470	5.7320	5.6658	5.6558	5.5982	5.615	5.640	5.6688	5.6818	5.7500
5¾-12	UN	5.7479	5.7365	5.6938	5.6870	5.6487	5.660	5.678	5.6959	5.7048	5.7500
5¾-16	UN	5.7481	5.7387	5.7075	5.7013	5.6737	5.682	5.696	5.7094	5.7174	5.7500
5⅞-6	UN	5.8717	5.8535	5.7634	5.7525	5.6732	5.695	5.725	5.7667	5.7809	5.8750
5⅞-8	UN	5.8720	5.8570	5.7908	5.7807	5.7232	5.740	5.765	5.7938	5.8069	5.8750
5⅞-12	UN	5.8729	5.8615	5.8188	5.8119	5.7737	5.785	5.803	5.8209	5.82998	5.8750
5⅞-16	UN	5.8731	5.8637	5.8325	5.8263	5.7987	5.807	5.821	5.8344	5.8425	5.8750
6-4	UN	5.9963	5.9725	5.8339	5.8215	5.6986	5.729	5.767	5.8376	5.8537	6.0000
6-6	UN	5.9967	5.9785	5.8884	5.8775	5.7982	5.820	5.850	5.8917	5.9059	6.0000
6-8	UN	5.9970	5.9820	5.9158	5.9057	5.8482	5.865	5.890	5.9188	5.9320	6.0000
6-12	UN	5.9979	5.9865	5.9438	5.9369	5.8987	5.910	5.928	5.9459	5.9549	6.0000
6-16	UN	5.9981	5.9887	5.9575	5.9513	5.9237	5.932	5.946	5.9594	5.9675	6.0000

表 6-71 标准系列、3A 和 3B 统一螺纹的极限尺寸（摘 GB/T 20667—2006） （单位：in）

公称尺寸（牙数）	系列代号	外螺纹 3A					内螺纹 3B				
		大径		中径		UNR 最大小径(参考)	小径		中径		大径
		max	min	max	min		min	max	min	max	min
0-80	UNF	0.0600	0.0568	0.0519	0.0506	0.0451	0.0465	0.0514	0.0519	0.0536	0.0600
1-64	UNC	0.0730	0.0692	0.0629	0.0614	0.0544	0.0561	0.0622	0.0629	0.0648	0.0730
1-72	UNF	0.0730	0.0695	0.0640	0.0626	0.0565	0.0580	0.0634	0.0640	0.0659	0.0730
2-56	UNC	0.0860	0.0819	0.0744	0.0728	0.0647	0.0667	0.0737	0.0744	0.0765	0.0860
2-64	UNF	0.0860	0.0822	0.0759	0.0744	0.0674	0.0691	0.0752	0.0759	0.0779	0.0860
3-48	UNC	0.0990	0.0945	0.0855	0.0838	0.0742	0.0764	0.0845	0.0855	0.0877	0.0990
3-56	UNF	0.0990	0.0949	0.0874	0.0858	0.0777	0.0797	0.0865	0.0874	0.0895	0.0990
4-40	UNC	0.1120	0.1069	0.0958	0.0939	0.0822	0.0849	0.0939	0.0958	0.0982	0.1120
4-48	UNF	0.1120	0.1075	0.0985	0.0967	0.0872	0.0894	0.0968	0.0985	0.1008	0.1120
5-40	UNC	0.1250	0.1199	0.1088	0.1069	0.0952	0.0979	0.1062	0.1088	0.1113	0.1250
5-44	UNF	0.1250	0.1202	0.1102	0.1083	0.0979	0.1004	0.1079	0.1102	0.1126	0.1250
6-32	UNC	0.1380	0.1320	0.1177	0.1156	0.1008	0.1040	0.1139	0.1177	0.1204	0.1380
6-40	UNF	0.1380	0.1329	0.1218	0.1198	0.1082	0.1110	0.1186	0.1218	0.1243	0.1380
8-32	UNC	0.1640	0.1580	0.1437	0.1415	0.1268	0.1300	0.1388	0.1437	0.1465	0.1640
8-36	UNF	0.1640	0.1585	0.1460	0.1439	0.1309	0.1340	0.1416	0.1460	0.1487	0.1640
10-24	UNC	0.1900	0.1828	0.1629	0.1604	0.1404	0.1450	0.1555	0.1629	0.1661	0.1900
10-32	UNF	0.1900	0.1840	0.1697	0.1674	0.1528	0.1560	0.1641	0.1697	0.1726	0.1900
12-24	UNC	0.2160	0.2088	0.1889	0.1863	0.1664	0.1710	0.1807	0.1889	0.1922	0.2160
12-28	UNF	0.2160	0.2095	0.1928	0.1904	0.1735	0.1770	0.1857	0.1928	0.1959	0.2160

（续）

公称尺寸（牙数）	系列代号	外螺纹 3A					内螺纹 3B				
		大径		中径		UNR 最大小径(参考)	小径		中径		大径
		max	min	max	min		min	max	min	max	min
12-32	UNEF	0.2160	0.2100	0.1957	0.1933	0.1788	0.1820	0.1895	0.1957	0.1988	0.2160
1/4-20	UNC	0.2500	0.2419	0.2175	0.2147	0.1905	0.1960	0.2607	0.2175	0.2211	0.2500
1/4-28	UNF	0.2500	0.2435	0.2268	0.2243	0.2075	0.2110	0.2190	0.2268	0.2300	0.2500
1/4-32	UNEF	0.2500	0.2440	0.2297	0.2273	0.2128	0.2160	0.2229	0.2297	0.2328	0.2500
5/16-18	UNC	0.3125	0.3038	0.2764	0.2734	0.2463	0.2520	0.2630	0.2764	0.2803	0.3125
5/16-20	UN	0.3125	0.3044	0.2800	0.2770	0.2530	0.2580	0.2680	0.2800	0.2840	0.3125
5/16-24	UNF	0.3125	0.3053	0.2854	0.2827	0.2629	0.2670	0.2754	0.2854	0.2890	0.3215
5/16-28	UN	0.3215	0.3060	0.2893	0.2867	0.2700	0.2740	0.2807	0.2893	0.2927	0.3125
5/16-32	UNEF	0.3125	0.3065	0.2922	0.2897	0.2753	0.2790	0.2846	0.2922	0.2954	0.3125
3/8-16	UNC	0.3750	0.3656	0.3344	0.3311	0.3006	0.3070	0.3182	0.3344	0.3387	0.3750
3/8-20	UN	0.3750	0.3669	0.3425	0.3394	0.3155	0.3210	0.3392	0.3425	0.3465	0.3750
3/8-24	UNF	0.3750	0.3678	0.3479	0.3450	0.3254	0.3300	0.3372	0.3479	0.3516	0.3750
3/8-28	UN	0.3750	0.3685	0.3518	0.3491	0.3325	0.3360	0.3426	0.3518	0.3553	0.3750
3/8-32	UNEF	0.3750	0.3690	0.3547	0.3522	0.3378	0.3410	0.3469	0.3547	0.3580	0.3750
7/16-14	UNC	0.4375	0.4272	0.3911	0.3876	0.3524	0.3600	0.3717	0.3911	0.3957	0.4375
7/16-16	UN	0.4375	0.4281	0.3969	0.3934	0.3631	0.3700	0.3800	0.3969	0.4014	0.4375
7/16-20	UNF	0.4375	0.4294	0.4050	0.4019	0.3780	0.3830	0.3916	0.4050	0.4091	0.4375
7/16-28	UNEF	0.4375	0.4310	0.4143	0.4116	0.3950	0.3990	0.4051	0.4143	0.4178	0.4375
7/16-32	UN	0.4375	0.4315	0.4172	0.4146	0.4003	0.4040	0.4094	0.4172	0.4205	0.4375
1/2-13	UNC	0.5000	0.4891	0.4500	0.4463	0.4084	0.4170	0.4284	0.4500	0.4548	0.5000
1/2-16	UN	0.5000	0.4906	0.4594	0.4559	0.4256	0.4320	0.4420	0.4594	0.4640	0.5000
1/2-20	UNF	0.5000	0.4919	0.4675	0.4643	0.4405	0.4460	0.4537	0.4675	0.4717	0.5000
1/2-28	UNEF	0.5000	0.4935	0.4768	0.4740	0.4575	0.4610	0.4676	0.4768	0.4804	0.5000
1/2-32	UN	0.5000	0.4940	0.4797	0.4771	0.4628	0.4660	0.4719	0.4797	0.4831	0.5000
9/16-12	UNC	0.5625	0.5511	0.5084	0.5045	0.4633	0.4720	0.4843	0.5084	0.5135	0.5625
9/16-16	UN	0.5625	0.5531	0.5219	0.5184	0.4881	0.4950	0.5041	0.5219	0.5265	0.5625
9/16-18	UNF	0.5625	0.5538	0.5264	0.5230	0.4963	0.5020	0.5106	0.5264	0.5308	0.5625
9/16-20	UN	0.5625	0.5544	0.5300	0.5268	0.5030	0.5080	0.5161	0.5300	0.5342	0.5625
9/16-24	UNEF	0.5625	0.5553	0.5354	0.5324	0.5129	0.5170	0.5244	0.5354	0.5393	0.5625
9/16-28	UN	0.5625	0.5560	0.5393	0.5365	0.5200	0.5240	0.5301	0.5393	0.5429	0.5625
9/16-32	UN	0.5625	0.5565	0.5422	0.5396	0.5253	0.5290	0.5344	0.5422	0.5456	0.5625
5/8-11	UNC	0.6250	0.6129	0.5660	0.5619	0.5167	0.5270	0.5391	0.5660	0.5714	0.6250
5/8-12	UN	0.6250	0.6136	0.5709	0.5668	0.5258	0.5350	0.5463	0.5709	0.5762	0.6250
5/8-16	UN	0.6250	0.6156	0.5844	0.5808	0.5506	0.5570	0.5662	0.5844	0.5890	0.6250
5/8-18	UNF	0.6250	0.6163	0.5889	0.5854	0.5588	0.5650	0.5730	0.5889	0.5934	0.6250
5/8-20	UN	0.6250	0.6169	0.5925	0.5893	0.5655	0.5710	0.5786	0.5925	0.5967	0.6250
5/8-24	UNEF	0.6250	0.6178	0.5979	0.5949	0.5754	0.5800	0.5869	0.5979	0.6018	0.6250
5/8-28	UN	0.6250	0.6185	0.6018	0.5990	0.5825	0.5860	0.5926	0.6018	0.6055	0.6250
5/8-32	UN	0.6250	0.6190	0.6047	0.6020	0.5878	0.5910	0.5969	0.6047	0.6082	0.6250
11/16-12	UN	0.6875	0.6761	0.6334	0.6293	0.5883	0.5970	0.6085	0.6334	0.6387	0.6875
11/16-16	UN	0.6875	0.6781	0.6469	0.6433	0.6131	0.6200	0.6284	0.6469	0.6516	0.6875
11/16-20	UN	0.6875	0.6794	0.6550	0.6517	0.6280	0.6330	0.6411	0.6550	0.6593	0.6875
11/16-24	UNEF	0.6875	0.6803	0.6604	0.6574	0.6379	0.6420	0.6494	0.6604	0.6643	0.6875
11/16-28	UN	0.6875	0.6810	0.6643	0.6614	0.6450	0.6490	0.6551	0.6643	0.6680	0.6875
11/16-32	UN	0.6875	0.6815	0.6672	0.6645	0.6503	0.6540	0.6594	0.6672	0.6707	0.6875
3/4-10	UNC	0.7500	0.7371	0.6850	0.6806	0.6309	0.6420	0.6545	0.6850	0.6907	0.7500
3/4-12	UN	0.7500	0.7386	0.6959	0.6918	0.6508	0.6600	0.6707	0.6959	0.7013	0.7500
3/4-16	UNF	0.7500	0.7406	0.7094	0.7056	0.6756	0.6820	0.6909	0.7094	0.7143	0.7500
3/4-20	UNEF	0.7500	0.7419	0.7175	0.7142	0.6905	0.6960	0.7036	0.7175	0.7218	0.7500

（续）

公称尺寸（牙数）	系列代号	外螺纹 3A					内螺纹 3B				
		大径		中径		UNR 最大小径（参考）	小径		中径		大径
		max	min	max	min		min	max	min	max	min
3/4-28	UN	0.7500	0.7435	0.7268	0.7239	0.7075	0.7110	0.7176	0.7268	0.7305	0.7500
3/4-32	UN	0.7500	0.7440	0.7297	0.7270	0.7128	0.7160	0.7219	0.7297	0.7333	0.7500
13/16-12	UN	0.8125	0.8011	0.7584	0.7542	0.7133	0.7220	0.7329	0.7584	0.7638	0.8125
13/16-16	UN	0.8125	0.8031	0.7719	0.7682	0.7381	0.7450	0.7534	0.7719	0.7767	0.8125
13/16-20	UNEF	0.8125	0.8044	0.7800	0.7767	0.7530	0.7580	0.7661	0.7800	0.7843	0.8125
13/16-28	UN	0.8125	0.8060	0.7893	0.7864	0.7700	0.7740	0.7801	0.7893	0.7931	0.8125
13/16-32	UN	0.8125	0.8065	0.7922	0.7894	0.7753	0.7790	0.7844	0.7922	0.7958	0.8125
7/8-9	UNC	0.8750	0.8611	0.8028	0.7981	0.7427	0.7550	0.7681	0.8028	0.8089	0.8750
7/8-12	UN	0.8750	0.8636	0.8209	0.8167	0.7758	0.7850	0.7952	0.8209	0.8264	0.8750
7/8-14	UNF	0.8750	0.8647	0.8286	0.8245	0.7899	0.7980	0.8067	0.8286	0.8339	0.8750
7/8-16	UN	0.8750	0.8656	0.8344	0.8307	0.8006	0.8070	0.8159	0.8344	0.8392	0.8750
7/8-20	UNEF	0.8750	0.8669	0.8425	0.8391	0.8155	0.8210	0.8286	0.8425	0.8469	0.8750
7/8-28	UN	0.8750	0.8685	0.8518	0.8489	0.8325	0.8360	0.8426	0.8518	0.8556	0.8750
7/8-32	UN	0.8750	0.8690	0.8547	0.8519	0.8378	0.8410	0.8469	0.8547	0.8583	0.8750
15/16-12	UN	0.9375	0.9261	0.8834	0.8792	0.8383	0.8470	0.8575	0.8834	0.8889	0.9375
15/16-16	UN	0.9375	0.9281	0.8969	0.8932	0.8631	0.8700	0.8784	0.8969	0.9017	0.9375
15/]6-20	UNEF	0.9375	0.9294	0.9050	0.9016	0.8780	0.8830	0.8911	0.9050	0.9094	0.9375
15/16-28	UN	0.9375	0.9310	0.9143	0.9113	0.8950	0.8990	0.9051	0.9143	0.9181	0.9375
15/16-32	UN	0.9375	0.9315	0.9172	0.9144	0.9003	0.9040	0.9094	0.9172	0.9209	0.9375
1-8	UNC	1.0000	0.9850	0.9188	0.9137	0.8512	0.8650	0.8797	0.9188	0.9254	1.0000
1-12	UNF	1.0000	0.9886	0.9459	0.9415	0.9008	0.9100	0.9198	0.9459	0.9516	1.0000
1-16	UN	1.0000	0.9906	0.9594	0.9557	0.9256	0.9320	0.9409	0.9594	0.9643	1.0000
1-20	UNEF	1.0000	0.9919	0.9675	0.9641	0.9405	0.9460	0.9536	0.9675	0.9719	1.0000
1-28	UN	1.0000	0.9935	0.9768	0.9738	0.9575	0.9610	0.9676	0.9768	0.9807	1.0000
1-32	UN	1.0000	0.9940	0.9797	0.9769	0.9628	0.9660	0.9719	0.9797	0.9834	1.0000
1⅟16-8	UN	1.0625	1.0475	0.9813	0.9762	0.9137	0.9270	0.9422	0.9813	0.9880	1.0625
1⅟16-12	UN	1.0625	1.0511	1.0084	1.0041	0.9633	0.9720	0.9823	1.0084	1.0139	1.0625
1⅟16-16	UN	1.0625	1.0531	1.0219	1.0181	0.9881	0.9950	1.0034	1.0219	1.0268	1.0625
1⅟16-18	UNEF	1.0625	1.0538	1.0264	1.0228	0.9963	1.0020	1.0105	1.0264	1.0311	1.0625
1⅟16-20	UN	1.0625	1.0544	1.0300	1.0266	1.0030	1.0080	1.0161	1.0300	1.0345	1.0625
1⅟16-28	UN	1.0625	1.0560	1.0393	1.0363	1.0200	1.0240	1.0301	1.0393	1.0432	1.0625
1⅛-7	UNC	1.1250	1.1086	1.0322	1.0268	0.9549	0.9700	0.9875	1.0322	1.0393	1.1250
1⅛-8	UN	1.1250	1.1100	1.0438	1.0386	0.9762	0.9900	1.0047	1.0438	1.0505	1.1250
1⅛-12	UNF	1. 1250	1.1136	1.0709	1.0664	1.0258	1.0350	1.0448	1.0709	1.0768	1.1250
1⅛-16	UN	1.1250	1.1156	1.0844	1.0806	1.0506	1.0570	1.0659	1.0844	1.0893	1.1250
1⅛-18	UNEF	1.1250	1.1163	1.0889	1.0853	1.0588	1.0650	1.0730	1.0889	1.0936	1.1250
1⅛-20	UN	1.1250	1.1169	1.0925	1.0890	1.0655	1.0710	1.0786	1.0925	1.0970	1.1250
1⅛-28	UN	1.1250	1.1185	1.1018	1.0988	1.0825	1.0860	1.0926	1.1018	1.1057	1.1250
1³⁄16-8	UN	1.1875	1.1725	1.1063	1.1011	1.0387	1.0520	1.0672	1.1063	1.1131	1.1875
1³⁄16-12	UN	1.1875	1.1761	1.1334	1.1291	1.0883	1.0970	1.1073	1.1334	1.1390	1.1875
1³⁄16-16	UN	1.1875	1.1781	1.1469	1.1431	1.1131	1.1200	1.1284	1.1469	1.1518	1.1875
1³⁄16-18	UNEF	1.1875	1.1788	1.1514	1.1478	1.1213	1.1270	1.1355	1.1514	1.1561	1.1875
1³⁄16-20	UN	1.1875	1.1794	1.1550	1.1515	1.1280	1.1330	1.1411	1.1550	1.1595	1.1875
1³⁄16-28	UN	1.1875	1.1810	1.1643	1.1613	1.1450	1.1490	1.1551	1.1643	1.1683	1.1875
1¼-7	UNC	1.2500	1.2336	1.1572	1.1517	1.0799	1.0950	1.1125	1.1572	1.1644	1.2500
1¼-8	UN	1.2500	1.2350	1.1688	1.1635	1.1012	1.1150	1.1297	1.1688	1.1757	1.2500
1¼-12	UNF	1.2500	1.2386	1.1959	1.1913	1.1508	1.1600	1.1698	1.1959	1.2019	1.2500

（续）

公称尺寸（牙数）	系列代号	外螺纹 3A					内螺纹 3B				
		大径		中径		UNR 最大小径(参考)	小径		中径		大径
		max	min	max	min		min	max	min	max	min
1¼-16	UN	1.2500	1.2406	1.2094	1.2056	1.1756	1.1820	1.1909	1.2094	1.2144	1.2500
1¼-18	UNEF	1.2500	1.2418	1.2139	1.2103	1.1838	1.1900	1.1980	1.2139	1.2186	1.2500
1¼-20	UN	1.2500	1.2419	1.2175	1.2140	1.1905	1.1960	1.2036	1.2175	1.2220	1.2500
1¼-28	UN	1.2500	1.2435	1.2268	1.2237	1.2075	1.2110	1.2176	1.2268	1.2308	1.2500
1⁵⁄₁₆-8	UN	1.3125	1.2975	1.2313	1.2260	1.1637	1.1770	1.1922	1.2313	1.2382	1.3125
1⁵⁄₁₆-12	UN	1.3125	1.3011	1.2584	1.2540	1.2133	1.2220	1.2323	1.2584	1.2641	1.3125
1⁵⁄₁₆-16	UN	1.3125	1.3031	1.2719	1.2681	1.2381	1.2450	1.2534	1.2719	1.2769	1.3125
1⁵⁄₁₆-18	UNEF	1.3125	1.3038	1.2764	1.2727	1.2463	1.2520	1.2605	1.2764	1.2812	1.3125
1⁵⁄₁₆-20	UN	1.3125	1.3044	1.2800	1.2765	1.2530	1.2580	1.2661	1.2800	1.2846	1.3125
1⁵⁄₁₆-28	UN	1.3125	1.3060	1.2893	1.2862	1.2700	1.2740	1.2801	1.2893	1.2933	1.3125
1⅜-6	UNC	1.3750	1.3568	1.2667	1.2607	1.1765	1.1950	1.2146	1.2667	1.2745	1.3750
1⅜-8	UN	1.3750	1.3600	1.2938	1.2884	1.2262	1.2400	1.2547	1.2938	1.3008	1.3750
1⅜-12	UNF	1.3750	1.3636	1.3209	1.3162	1.2758	1.2850	1.2948	1.3209	1.3270	1.3750
1⅜-16	UN	1.3750	1.3656	1.3344	1.3305	1.3006	1.3070	1.3159	1.3344	1.3394	1.3750
1⅜-18	UNEF	1.3750	1.3663	1.3389	1.3352	1.3088	1.3150	1.3230	1.3389	1.3437	1.3750
1⅜-20	UN	1.3750	1.3669	1.3425	1.3390	1.3155	1.3210	1.3286	1.3425	1.3471	1.3750
1⅜-28	UN	1.3750	1.3685	1.3518	1.3487	1.3325	1.3360	1.3426	1.3518	1.3558	1.3750
1⁷⁄₁₆-6	UN	1.4375	1.4193	1.3292	1.3232	1.2390	1.2570	1.2771	1.3292	1.3370	1.4375
1⁷⁄₁₆-8	UN	1.4375	1.4225	1.3563	1.3509	1.2887	1.3020	1.3172	1.3563	1.3634	1.4375
1⁷⁄₁₆-12	UN	1.4375	1.4261	1.3834	1.3790	1.3383	1.3470	1.3573	1.3834	1.3891	1.4375
1⁷⁄₁₆-16	UN	1.4375	1.4281	1.3969	1.3930	1.3631	1.3700	1.3784	1.3969	1.4020	1.4375
1⁷⁄₁₆-18	UNEF	1.4375	1.4288	1.4014	1.3977	1.3713	1.3770	1.3855	1.4014	1.4062	1.4375
1⁷⁄₁₆-20	UN	1.4375	1.4294	1.4050	1.4014	1.3780	1.3830	1.3911	1.4050	1.4096	1.4375
1⁷⁄₁₆-28	UN	1.4375	1.4310	1.4143	1.4112	1.3950	1.3990	1.4051	1.4143	1.4184	1.4375
1½-6	UNC	1.5000	1.4818	1.3917	1.3856	1.3015	1.3200	1.3396	1.3917	1.3996	1.5000
1½-8	UN	1.5000	1.4850	1.4188	1.4133	1.3512	1.3650	1.3797	1.4188	1.4259	1.5000
1½-12	UNF	1.5000	1.4886	1.4459	1.4411	1.4008	1.4100	1.4198	1.4459	1.4522	1.5000
1½-16	UN	1.5000	1.4906	1.4594	1.4555	1.4256	1.4320	1.4409	1.4594	1.4645	1.5000
1½-18	UNEF	1.5000	1.4913	1.4639	1.4602	1.4388	1.4400	1.4480	1.4639	1.4687	1.5000
1½-20	UN	1.5000	1.4919	1.4675	1.4639	1.4405	1.4460	1.4536	1.4675	1.4721	1.5000
1½-28	UN	1.5000	1.4935	1.4768	1.4737	1.4575	1.4610	1.4676	1.4768	1.4809	1.5000
1⁹⁄₁₆-6	UN	1.5625	1.5443	1.4542	1.4481	1.3640	1.3820	1.4021	1.4542	1.4622	1.5625
1⁹⁄₁₆-8	UN	1.5625	1.5475	1.4813	1.4758	1.4137	1.4270	1.4422	1.4813	1.4885	1.5625
1⁹⁄₁₆-12	UN	1.5625	1.5511	1.5084	1.5040	1.4633	1.4720	1.4823	1.5084	1.5142	1.5625
1⁹⁄₁₆-16	UN	1.5625	1.5531	1.5219	1.5180	1.4881	1.4950	1.5034	1.5219	1.5270	1.5625
1⁹⁄₁₆-18	UNEF	1.5625	1.5538	1.5264	1.5227	1.4963	1.5020	1.5105	1.5264	1.5313	1.5625
1⁹⁄₁₆-20	UN	1.5625	1.5544	1.5300	1.5264	1.5030	1.5080	1.5161	1.5300	1.5347	1.5625
1⅝-6	UN	1.6250	1.6068	1.5167	1.5105	1.4265	1.4450	1.4646	1.5167	1.5247	1.6250
1⅝-8	UN	1.6250	1.6100	1.5438	1.5382	1.4762	1.4900	1.5047	1.5438	1.5510	1.6250
1⅝-12	UN	1.6250	1.6136	1.5709	1.5665	1.5258	1.5350	1.5448	1.5709	1.5767	1.6250
1⅝-16	UN	1.6250	1.6156	1.5844	1.5805	1.5506	1.5570	1.5659	1.5844	1.5895	1.6250
1⅝-18	UNEF	1.6250	1.6163	1.5889	1.5851	1.5588	1.5650	1.5730	1.5889	1.5938	1.6250
1⅝-20	UN	1.6250	1.6169	1.5925	1.5889	1.5655	1.5710	1.5786	1.5925	1.5972	1.6250
1¹¹⁄₁₆-6	UN	1.6875	1.6693	1.5792	1.5730	1.4890	1.5070	1.5271	1.5792	1.5873	1.6875
1¹¹⁄₁₆-8	UN	1.6875	1.6725	1.6063	1.6007	1.5387	1.5520	1.5672	1.6063	1.6136	1.6875
1¹¹⁄₁₆-12	UN	1.6875	1.6761	1.6334	1.6289	1.5883	1.5970	1.6073	1.6334	1.6392	1.6875
1¹¹⁄₁₆-16	UN	1.6875	1.6781	1.6469	1.6429	1.6131	1.6200	1.6284	1.6469	1.6520	1.6875

（续）

公称尺寸（牙数）	系列代号	外螺纹 3A					内螺纹 3B				
		大径		中径		UNR 最大小径(参考)	小径		中径		大径
		max	min	max	min		min	max	min	max	min
1¹¹⁄₁₆-18	UNEF	1.6875	1.6788	1.6514	1.6476	1.6213	1.6270	1.6355	1.6514	1.6563	1.6875
1¹¹⁄₁₆-20	UN	1.6875	1.6794	1.6550	1.6514	1.6280	1.6330	1.6411	1.6550	1.6597	1.6875
1¾-5	UNC	1.7500	1.7295	1.6201	1.6134	1.5118	1.5330	1.5575	1.6201	1.6288	1.7500
1¾-6	UN	1.7500	1.7318	1.6417	1.6354	1.5515	1.5700	1.5896	1.6417	1.6498	1.7500
1¾-8	UN	1.7500	1.7350	1.6688	1.6631	1.6012	1.6150	1.6297	1.6688	1.6762	1.7500
1¾-12	UN	1.7500	1.7386	1.6959	1.6914	1.6508	1.6600	1.6698	1.6959	1.7017	1.7500
1¾-16	UN	1.7500	1.7406	1.7094	1.7054	1.6756	1.6820	1.6909	1.7094	1.7146	1.7500
1¾-20	UN	1.7500	1.7419	1.7175	1.7139	1.6905	1.6960	1.7036	1.7175	1.7222	1.7500
1¹³⁄₁₆-6	UN	1.8125	1.7943	1.7042	1.6979	1.6140	1.6320	1.6521	1.7042	1.7124	1.8125
1¹³⁄₁₆-8	UN	1.8125	1.7975	1.7313	1.7256	1.6637	1.6770	1.6922	1.7313	1.7387	1.8125
1¹³⁄₁₆-12	UN	1.8125	1.8011	1.7584	1.7539	1.7133	1.7220	1.7323	1.7584	1.7642	1.8125
1¹³⁄₁₆-16	UN	1.8125	1.8031	1.7719	1.7679	1.7381	1.7450	1.7534	1.7719	1.7771	1.8125
1¹³⁄₁₆-20	UN	1.8125	1.8044	1.7800	1.7763	1.7530	1.7580	1.7661	1.7800	1.7847	1.8125
1⅞-6	UN	1.8750	1.8568	1.7667	1.7604	1.6765	1.6950	1.7146	1.7667	1.7749	1.8750
1⅞-8	UN	1.8750	1.8600	1.7938	1.7881	1.7262	1.7400	1.7547	1.7938	1.8013	1.8750
1⅞-12	UN	1.8750	1.8636	1.8209	1.8164	1.7758	1.7850	1.7948	1.8209	1.8268	1.8750
1⅞-16	UN	1.8750	1.8656	1.8344	1.8304	1.8006	1.8070	1.8159	1.8344	1.8396	1.8750
1⅞-20	UN	1.8750	1.8669	1.8425	1.8388	1.8155	1.8210	1.8286	1.8425	1.8473	1.8750
1¹⁵⁄₁₆-6	UN	1.9375	1.9193	1.8292	1.8228	1.7390	1.7570	1.7771	1.8292	1.8375	1.9375
1¹⁵⁄₁₆-8	UN	1.9375	1.9225	1.8563	1.8505	1.7887	1.8020	1.8172	1.8563	118638	1.9375
1¹⁵⁄₁₆-12	UN	1.9375	1.9261	1.8834	1.8789	1.8383	1.8470	1.8573	1.8834	1.8893	1.9375
1¹⁵⁄₁₆-16	UN	1.9375	1.9281	1.8969	1.8929	1.8631	1.8700	1.8784	1.8969	1.9021	1.9375
1¹⁵⁄₁₆-20	UN	1.9375	1.9294	1.9050	1.9013	1.8780	1.8830	1.8911	1.9050	1.9098	1.9375
2-4½	UNC	2.0000	1.9780	1.8557	1.8486	1.7354	1.7590	1.7861	1.8557	1.8650	2.0000
2-6	UN	2.0000	1.9818	1.8917	1.8853	1.8015	1.8200	1.8396	1.8917	1.9000	2.0000
2-8	UN	2.0000	1.9850	1.9188	1.9130	1.8512	1.8650	1.8797	1.9188	1.9264	2.0000
2-12	UN	2.0000	1.9886	1.9459	1.9414	1.9008	1.9100	1.9198	1.9459	1.9518	2.0000
2-16	UN	2.0000	1.9906	1.9594	1.9554	1.9256	1.9320	1.9409	1.9594	1.9646	2.0000
2-20	UN	2.0000	1.9919	1.9675	1.9638	1.9405	1.9460	1.9536	1.9675	1.9723	2.0000
2⅛-6	UN	2.1250	2.1068	2.0167	2.0102	1.9265	1.9450	1.9646	2.0167	2.0251	2.1250
2⅛-8	UN	2.1250	2.1100	2.0438	2.0379	1.9762	1.9900	2.0047	2.0438	2.0515	2.1250
2⅛-12	UN	2.1250	2.1136	2.0709	2.0663	2.0258	2.0350	2.0448	2.0709	2.0768	2.1250
2⅛-16	UN	2.1250	2.1156	2.0844	2.0803	2.0506	2.0570	2.0659	2.0844	2.0897	2.1250
2⅛-20	UN	2.1250	2.1169	2.0925	2.0888	2.6655	2.0710	2.0786	2.0925	2.0973	2.1250
2¼-4½	UNC	2.2500	2.2280	2.1057	2.0984	1.9854	2.0090	2.0361	2.1057	2.1152	2.2500
2¼-6	UN	2.2500	2.2318	2.1417	2.1351	2.0515	2.0700	2.0896	2.1417	2.1502	2.2500
2¼-8	UN	2.2500	2.2350	2.1688	2.1628	2.1012	2.1150	2.1297	2.1688	2.1766	2.2500
2¼-12	UN	2.2500	2.2386	2.1959	2.1913	2.1508	2.1600	2.1698	2.1959	2.2019	2.2500
2¼-16	UN	2.2500	2.2406	2.2094	2.2053	2.1756	2.1820	2.1909	2.2094	2.2147	2.2500
2¼-20	UN	2.2500	2.2419	2.2175	2.2137	2.1905	2.1960	2.2036	2.2175	2.2224	2.2500
2⅜-6	UN	2.3750	2.3568	2.2667	2.2601	2.1765	2.1950	2.2146	2.2667	2.2753	2.3750
2⅜-8	UN	2.3750	2.3600	2.2938	2.2878	2.2262	2.2400	2.2547	2.2938	2.3017	2.3750
2⅜-12	UN	2.3750	2.3636	2.3209	2.3163	2.2758	2.2850	2.2948	2.3209	2.3269	2.3750
2⅜-16	UN	2.3750	2.3656	2.3344	2.3303	2.3006	2.3070	2.3159	2.3344	2.3398	2.3750
2⅜-20	UN	2.3750	2.3669	2.3425	2.3387	2.3155	2.3210	2.3286	2.3425	2.3474	2.3750
2½-4	UNC	2.5000	2.4762	2.3376	2.3298	2.2023	2.2290	2.2594	2.3376	2.3477	2.5000
2½-6	UN	2.5000	2.4818	2.3917	2.3850	2.3015	2.3200	2.3396	2.3917	2.4004	2.5000

（续）

公称尺寸（牙数）	系列代号	外螺纹 3A					内螺纹 3B				
		大径		中径		UNR 最大小径(参考)	小径		中径		大径
		max	min	max	min		min	max	min	max	min
2½-8	UN	2.5000	2.4850	2.4188	2.4127	2.3512	2.3650	2.3797	2.4188	2.4268	2.5000
2½-12	UN	2.5000	2.4886	2.4459	2.4413	2.4008	2.4100	2.4198	2.4459	2.4519	2.5000
2½-16	UN	2.5000	2.4906	2.4594	2.4553	2.4256	2.4320	2.4409	2.4594	2.4648	2.5000
2½-20	UN	2.5000	2.4919	2.4675	2.4637	2.4405	2.4460	2.4536	2.4675	2.4725	2.5000
2⅝-6	UN	2.6250	2.6068	2.5167	2.5099	2.4265	2.4450	2.4646	2.5167	2.5255	2.6250
2⅝-8	UN	2.6250	2.6100	2.5438	2.5376	2.4762	2.4900	2.5047	2.5438	2.5518	2.6250
2⅝-12	UN	2.6250	2.6136	2.5709	2.5662	2.5258	2.5350	2.5448	2.5709	2.5770	2.6250
2⅝-16	UN	2.6250	2.6156	2.5844	2.5802	2.5506	2.5570	2.5659	2.5844	2.5898	2.6250
2⅝-20	UN	2.6250	2.6169	2.5925	2.5887	2.5655	2.5710	2.5786	2.5925	2.5975	2.6250
2¾-4	UNC	2.7500	2.7262	2.5876	2.5797	2.4523	2.4790	2.5094	2.5876	2.5979	2.7500
2¾-6	UN	2.7500	2.7318	2.6417	2.6349	2.5515	2.5700	2.5896	2.6417	2.6506	2.7500
2¾-8	UN	2.7500	2.7350	2.6688	2.6625	2.6012	2.6150	2.6297	2.6688	2.6769	2.7500
2¾-12	UN	2.7500	2.7386	2.6959	2.6912	2.6508	2.6600	21669s	2.6959	2.7020	2.7500
2¾-16	UN	2.7500	2.7406	2.7094	2.7052	2.6756	2.6820	2.6909	2.7094	2.7148	2.7500
2¾-20	UN	2.7500	2.7419	2.7175	2.7136	2.6905	2.6960	2.7036	2.7175	2.7225	2.7500
2⅞-6	UN	2.8750	2.8568	2.7667	2.7598	2.6765	2.6950	2.7146	2.7667	2.7757	2.8750
2⅞-8	UN	2.8750	2.8600	2.7938	2.7875	2.7262	2.7400	2.7547	2.7938	2.8020	2.8750
2⅞-12	UN	2.8750	2.8636	2.8209	2.8162	2.7758	2.7850	2.7948	2.8209	2.8270	2.8750
2⅞-16	UN	2.8750	2.8656	2.8344	2.8302	2.8006	2.8070	2.8159	2.8344	2.8399	2.8750
2⅞-20	UN	2.8750	2.8669	2.8425	2.8386	2.8155	2.8210	2.8286	2.8425	2.8475	2.8750
3-4	UNC	3.0000	2.9762	2.8376	2.8296	2.7023	2.7290	2.7594	2.8376	2.8480	3.0000
3-6	UN	3.0000	2.9818	2.8917	2.8847	2.8015	2.8200	2.8396	2.8917	2.9008	3.0000
3-8	UN	3.0000	2.9850	2.9188	2.9124	2.8512	2.8650	2.8797	2.9188	2.9271	3.0000
3-12	UN	3.0000	2.9886	2.9459	2.9412	2.9008	2.9100	2.9198	2.9459	2.9521	3.0000
3-16	UN	3,0000	2.9906	2.9594	2.9552	2.9256	2.9320	2.9409	2.9594	2.9649	3.0000
3-20	UN	3.0000	2.9919	2.9675	2.9636	2.9405	2.9460	2.9536	2.9675	2.9726	3.0000
3⅛-6	UN	3.1250	3.1068	3.0167	3.0097	2.9265	2.9450	2.9646	3.0167	3.0259	3.1250
3⅛-8	UN	3.1250	3.1100	3.0438	3.0374	2.9762	2.9900	3.0047	3.0438	3.0522	3.1250
3⅛-12	UN	3.1250	3.1136	3.0709	3.0661	3.0258	3.0350	3.0448	3.0709	3.0771	3.1250
3⅛-16	UN	3.1250	3.1156	3.0844	3.0801	3.0506	3.0570	3.0659	3.0844	3.0899	3.1250
3¼-4	UNC	3.2500	3.2262	3.0876	3.0794	2.9523	2.9790	3.0094	3.0876	3.0982	3.2500
3¼-6	UN	3.2500	3.2318	3.1417	3.1346	3.0515	3.0700	3.0896	3.1417	3.1509	3.2500
3¼-8	UN	3.2500	3.2350	3.1688	3.1623	3.1012	3.1150	3.1297	3.1688	3.1773	3.2500
3¼-12	UN	3.2500	3.2386	3.1959	3.1911	3.1508	3.1600.	3.1698	3.1959	3.2021	3.2500
3¼-16	UN	3.2500	3.2406	3.2094	3.2051	3.1756	3.1820	3.1909	3.2094	3.2150	3.2500
3⅜-6	UN	3.3250	3.3568	3.2667	3.2595	3.1765	3.1950	3.2146	3.2667	3.2760	3.3750
3⅜-8	UN	3.3750	3.3600	3.2938	3.2872	3.2262	3.2400	3.2547	3.2938	3.3023	3.3750
3⅜-12	UN	3.3750	3.3636	3.3209	3.3161	3.2758	3.2850	3.2948	3.3209	3.3272	3.3750
3⅜-16	UN	3.3750	3.3656	3.3344	3.3301	3.3006	3.3070	3.3159	3.3344	3.3400	3.3750
3½-4	UNC	3.5000	3.4762	3.3376	3.3293	3.2023	3.2290	3.2594	3.3376	3.3484	3.5000
3½-6	UN	3.5000	3.4818	3.3917	3.3845	3.3015	3.3200	3.3396	3.3917	3.4011	3.5000
3½-8	UN	3.5000	3.4850	3.4188	3.4122	3.3512	3.3650	3.3797	3.4188	3.4274	3.5000
3½-12	UN	3.5000	3.4886	3.4459	3.4411	3.4008	3.4100	3.4198	3.4459	3.4522	3.5000
3½-16	UN	3.5000	3.4906	3.4594	3.4551	3.4256	3.4320	3.4409	3.4594	3.4650	3.5000
3⅝-6	UN	3.6250	3.6068	3.5167	3.5094	3.4265	3.4450	3.4646	3.5167	3.5262	3.6250
3⅝-8	UN	3.6250	3.6100	3.5438	3.5371	3.4762	3.4900	3.5047	3.5438	3.5525	3.6250
3⅝-12	UN	3.6250	3.6136	3.5709	3.5661	3.5258	3.5350	3.5448	3.5709	3.5772	3.6250

（续）

公称尺寸（牙数）	系列代号	外螺纹 3A					内螺纹 3B				
		大径		中径		UNR 最大小径（参考）	小径		中径		大径
		max	min	max	min		min	max	min	max	min
3⅝-16	UN	3.6250	3.6156	3.5844	3.5801	3.5506	3.5570	3.5659	3.5844	3.5900	3.6250
3¾-4	UNC	3.7500	3.7262	3.5876	3.5792	3.4523	3.4790	3.5094	3.5876	3.5985	3.7500
3¾-6	UN	3.7500	3.7318	3.6417	3.6344	3.5515	3.5700	3.5896	3.6417	3.6512	3.7500
3¾-8	UN	3.7500	3.7350	3.6688	3.6621	3.6012	3.6150	3.6297	3.6688	3.6776	3.7500
3¾-12	UN	3.7500	3.7386	3.6959	3.6910	3.6508	3.6600	3.6698	3.6959	3.7022	3.7500
3¾-16	UN	3.7500	3.7406	3.7094	3.7050	3.6756	3.6820	3.6909	3.7094	3.7151	3.7500
3⅞-6	UN	3.8750	3.8568	3.7667	3.7593	3.6765	3.6950	3.7146	3.7667	3.7763	3.8750
3⅞-8	UN	3.8750	3.8600	3.7938	3.7870	3.7262	3.7400	3.7547	3.7938	3.8026	3.8750
3⅞-12	UN	3.8750	3.8636	3.8209	3.8160	3.7758	3.7850	3.7948	3.8209	3.8273	3.8750
3⅞-16	UN	3.8750	3.8656	3.8344	3.8300	3.8006	3.8070	3.8159	3.8344	3.8401	3.8750
4-4	UNC	4.0000	3.9762	3.8376	3.8291	3.7023	3.7290	3.7594	3.8376	3.8487	4.0000
4-6	UN	4.0000	3.9818	3.8917	3.8843	3.8015	3.8200	3.8396	3.8917	3.9014	4.0000
4-8	UN	4.0000	3.9850	3.9188	3.9120	3.8512	3.8650	3.8797	3.9188	3.9277	4.0000
4-12	UN	4.0000	3.9886	3.9459	3.9410	3.9008	3.9100	3.9198	3.9459	3.9523	4.0000
4-16	UN	4.0000	3.9906	3.9594	3.9550	3.9256	3.9320	3.9409	3.9594	3.9651	4.0000
4⅛-6	UN	4.1250	4.1068	4.0167	4.0092	3.9265	3.9450	3.9646	4.0167	4.0264	4.1250
4⅛-6	UN	4.1250	4.1100	4.0438	4.0369	3.9762	3.9900	4.0047	4.0438	4.0528	4.1250
4⅛-6	UN	4.1250	4.1136	4.0709	4.0660	4.0258	4.0350	4.0048	4.0709	4.0773	4.1250
4⅛-6	UN	4.1250	4.1156	4.0844	4.0800	4.0506	4.0570	4.0659	4.0844	4.0901	4.1250
4¼-4	UN	4.2500	4.2262	4.0876	4.0790	3.9523	3.9790	4.0094	4.0876	4.0988	4.2500
4¼-6	UN	4.2500	4.2318	4.1417	4.1342	4.0515	4.0700	4.0896	4.1417	4.1515	4.2500
4¼-8	UN	4.2500	4.2350	4.1688	4.1618	4.1012	4.1150	4.1297	4.1688	4.1778	4.2500
4¼-12	UN	4.2500	4.2386	4.1959	4.1910	4.1508	4.1600	4.1698	4.1959	4.2023	4.2500
4¼-16	UN	4.2500	4.2406	4.2094	4.2050	4.1756	4.1820	4.1909	4.2094	4.2152	4.2500
4⅜-6	UN	4.3750	4.3568	4.2667	4.2591	4.1765	4.1950	4.2146	4.2667	4.2766	4.3750
4⅜-8	UN	4.3750	4.3600	4.2938	4.2868	4.2262	4.2400	4.2547	4.2938	4.3029	4.3750
4⅜-12	UN	4.3750	4.3636	4.3209	4.3159	4.2758	4.2850	4.2948	4.3209	4.3273	4.3750
4⅜-16	UN	4.3750	4.3656	4.3344	4.3299	4.3006	4.3070	4.3159	4.3344	4.3402	4.3750
4½-4	UN	4.5000	4.4762	4.3376	4.3289	4.2023	4.2290	4.2594	4.3376	4.3489	4.5000
4½-6	UN	4.5000	4.4818	4.3917	4.3840	4.3015	4.3200	4.3396	4.3917	4.4016	4.5000
4½-8	UN	4.5000	4.4850	4.4188	4.4117	4.3512	4.3650	4.3797	4.4188	4.4280	4.5000
4½-12	UN	4.5000	4.4886	4.4459	4.4409	4.4008	4.4100	4.4198	4.4459	4.4524	4.5000
4½-16	UN	4.5000	4.9606	4.4594	4.4549	4.4256	4.4320	4.4409	4.4594	4.4652	0.4500
4⅝-6	UN	4.6250	4.6068	4.5167	4.5090	4.4265	4.4450	4.4646	4.5167	4.5267	4.6250
4⅝-8	UN	4.6250	4.6100	4.4538	4.5367	4.4762	4.4900	4.5047	4.5438	4.5530	4.6250
4⅝-12	UN	4.6250	4.6136	5.5709	4.5659	4.5258	4.5350	4.5448	4.5709	4.5774	4.6250
4⅝-16	UN	4.6250	4.6156	4.5844	4.5799	4.5506	4.5570	4.5659	4.5844	4.902	4.6250
4¾-4	UN	4.7500	4.7262	4.5876	4.5788	4.4523	4.4790	4.5094	4.5876	4.5990	4.7500
4¾-6	UN	4.7500	4.7318	4.6417	4.6340	4.5515	4.5700	4.5896	4.6417	4.6518	4.7500
4¾-8	UN	4.7500	4.7350	4.6688	4.6616	4.6012	4.6150	4.6297	4.6688	4.6781	4.7500
4¾-12	UN	4.7500	4.7386	4.6959	4.6909	4.6508	4.6600	4.6698	4.6959	4.7024	4.7500
4¾-16	UN	4.7500	4.7406	4.7094	4.7049	4.6756	4.6820	4.6909	4.7094	4.7153	4.7500
4⅞-6	UN	4.8750	4.8568	4.7667	4.7589	4.6765	4.6950	4.7146	4.7667	4.7768	4.8750

（续）

公称尺寸（牙数）	系列代号	外螺纹 3A					内螺纹 3B				
		大径		中径		UNR 最大小径(参考)	小径		中径		大径
		max	min	max	min		min	max	min	max	min
4⅞-8	UN	4.8750	4.8600	4.7938	4.7866	4.7262	4.7400	4.7547	4.7938	4.8032	4.8750
4⅞-12	UN	4.8750	4.8636	4.8209	4.8159	4.7758	4.7850	4.7948	4.8209	4.8274	4.8750
4⅞-16	UN	4.8750	4.8656	4.8344	4.8299	4.8006	4.8070	4.8159	4.8344	4.8403	4.8750
5-4	UN	5.0000	4.9762	4.8376	4.8287	4.7023	4.7290	4.7594	4.8376	4.8492	5.0000
5-6	UN	5.0000	4.9818	4.8917	4.8839	4.8015	4.8200	4.8396	4.8917	4.9019	5.0000
5-8	UN	5.0000	4.9850	4.9188	4.9115	4.8512	4.8650	4.8797	4.9188	4.9282	5.0000
5-12	UN	5.0000	4.9886	4.9459	4.9409	4.9008	4.9100	4.9198	4.9459	4.9525	5.0000
5-16	UN	5.0000	4.9906	4.9594	4.9549	4.9256	4.9320	4.9409	4.9594	4.9653	5.0000
5⅛-6	UN	5.1250	5.1068	5.0167	5.0088	4.9265	4.9450	4.9646	5.0167	5.0270	5.1250
5⅛-8	UN	5.1250	5.1100	5.0438	5.0365	4.9762	4.9900	5.0047	5.0438	5.0533	5.1250
5⅛-12	UN	5.1250	5.1136	5.0709	5.0658	5.0258	5.0350	5.0448	5.0709	5.0775	5.1250
5⅛-16	UN	5.1250	5.1156	5.0844	5.0798	5.0506	5.0570	5.0659	5.0844	5.0903	5.1250
5¼-4	UN	5.2500	5.2262	5.0876	5.0786	4.9523	4.9790	5.0094	5.0876	5.0993	5.2500
5¼-6	UN	5.2500	5.2318	5.1417	5.1338	5.0515	5.0700	5.0896	5.1417	5.1520	5.2500
5¼-8	UN	5.2500	5.2350	5.1688	5.1615	5.1012	5.1150	5.1297	5.1688	5.1783	5.2500
5¼-12	UN	5.2500	5.2386	5.1959	5.1908	5.1508	5.1600	5.1698	5.1959	5.2025	5.2500
5¼-16	UN	5.2500	5.2406	5.2094	5.2048	5.1756	5.1820	5.1909	5.2094	5.2153	5.2500
5⅜-6	UN	5.3750	5.3568	5.2667	5.2587	5.1765	5.1950	5.2146	5.2667	5.2771	5.3750
5⅜-8	UN	5.3750	5.3600	5.2938	5.2864	5.2262	5.2400	5.2547	5.2938	5.3034	5.3750
5⅜-12	UN	5.3750	5.3636	5.3209	5.3158	5.2758	5.2850	5.2948	5.3209	5.3275	5.3750
5⅜-16	UN	5.3750	5.3656	5.3344	5.3298	5.3006	5.3070	5.3159	5.3344	5.3404	5.3750
5½-4	UN	5.5000	5.4762	5.3376	5.3285	5.2023	5.2290	5.2594	5.3376	5.3494	5.5000
5½-6	UN	5.5000	5.4818	5.3917	5.3837	5.3015	5.3200	5.3396	5.3917	5.4021	5.5000
5½-8	UN	5.5000	5.4850	5.4188	5.4114	5.3512	5.3650	5.3797	5.4188	5.4285	5.5000
5½-12	UN	5.5000	5.4886	5.4459	5.4408	5.4008	5.4100	5.4198	5.4459	5.4525	5.5000
5½-16	UN	5.5000	5.4906	5.4594	5.4548	5.4256	5.4320	5.4409	5.4594	5.4654	5.5000
5⅝-6	UN	5.6250	5.6068	5.5167	5.5086	5.4265	5.4450	5.4646	5.5167	5.5272	5.6250
5⅝-8	UN	5.6250	5.6100	5.5438	5.5363	5.4762	5.4900	5.5047	5.5438	5.5535	5.6250
5⅝-12	UN	5.6250	5.6136	5.5709	5.5658	5.5258	5.5350	5.5448	5.5709	5.5776	5.6250
5⅝-16	UN	5.6250	5.6156	5.5844	5.5798	5.5506	5.5570	5.5659	5.5844	5.5904	5.6250
5¾-4	UN	5.7500	5.7262	5.5876	5.5784	5.4523	5.4790	5.5094	5.5876	5.5995	5.7500
5¾-6	UN	5.7500	5.7318	5.6417	5.6336	5.5515	5.5700	5.5896	5.6417	5.6523	5.7500
5¾-8	UN	5.7500	5.7350	5.6688	5.6613	5.6012	5.6150	5.6297	5.6688	5.6786	5.7500
5¾-12	UN	5.7500	5.7386	5.6959	5.6908	5.6508	5.6600	5.6698	5.6959	5.7026	5.7500
5¾-16	UN	5.7500	5.7406	5.7094	5.7048	5.6756	5.6820	5.6909	5.7094	5.7154	5.7500
5⅞-6	UN	5.8750	5.8568	5.7667	5.7585	5.6765	5.6950	5.7146	5.7667	5.7773	5.8750
5⅞-8	UN	5.8750	5.8600	5.7938	5.7862	5.7262	5.7400	5.7547	5.7938	5.8036	5.8750
5⅞-12	UN	5.8750	5.8636	5.8209	5.8157	5.7758	5.7850	5.7948	5.8209	5.8276	5.8750
5⅞-16	UN	5.8750	5.8656	5.8344	5.8298	5.8006	5.8070	5.8159	5.8344	5.8404	5.8750
6-4	UN	6.0000	5.9762	5.8376	5.8283	5.7023	5.7290	5.7594	5.8376	5.8496	6.0000
6-6	UN	6.0000	5.9818	5.8917	5.8835	5.8015	5.8200	5.8396	5.8917	5.9024	6.0000
6-8	UN	6.0000	5.9850	5.9188	5.9112	5.8512	5.8650	5.8797	5.9188	5.9287	6.0000
6-12	UN	6.0000	5.9886	5.9459	5.9407	5.9008	5.9100	5.9198	5.9459	5.9526	6.0000
6-16	UN	6.0000	5.9906	5.9594	5.9547	5.9256	5.9320	5.9409	5.9594	5.9655	6.0000

6.1.14　常用螺纹的识别

6.1.14.1　概述

目前世界上的螺纹种类多达几百种。对同一种螺纹，各国标准间往往存在某些差异，有时甚至标记中所使用的螺纹特征代号也不相同，或者一个代号可能代表几种完全不同的螺纹。这些都给螺纹识别带来困难，直接影响产品进出口贸易、技术交流与转让、设备维修等。为帮助用户识别螺纹，特从日本、德国和法国的螺纹标准手册中精选出目前常用螺纹的标记、牙型图和标准号，编排出常用螺纹识别表。

识别螺纹的关键是找出相应螺纹的标准号。实际生产中用户常常遇到下面两种困难情况。

1）已知道螺纹的标记。这时可利用螺纹特征代号，查表后获得螺纹的标准号。

2）不知道螺纹的标记。首先利用螺纹的用途来判断螺纹的分类（如紧固、管子、密封、传动、专用等），再结合产品来源国初步判定出可能的几种螺纹。查表后获取有关牙型信息。最后利用产品测绘（牙型角、锥度、削平高度和螺距）来进一步地核实，确定出一种螺纹。如果产品实物也没有，则用户凭经验自选一种螺纹。

6.1.14.2　常用螺纹识别表

常用螺纹识别表见表6-72及图6-24（分图1～分图44）。

表6-72　常用螺纹识别表

特征代号	标记示例	螺纹名称	标准号	牙型分图号
Acme	$1^3/_4$-4Acme-2G	29°梯形螺纹(爱克姆螺纹)	ANSI B1.5;BS 1104	1
AMO	0.800-36AMO	显微镜物镜螺纹	ANSI B1.11	2
ANPT	3/8-18ANPT	航空锥管螺纹	MIL-P-7105	3
BA	8BA.	英国协会螺纹	BS93	4
BC	BC 5/16	自行车螺纹	JIS B0225	5
BCSG	$4^1/_2$API BCSG	套管偏梯形螺纹	API Std 5B	6
BSF	1/2in-16BSF	惠氏螺纹(细牙)	BS 84	7
BSMO	0.800-36 BSMO	显微镜物镜螺纹	BS 3569	
BSW	1/4in-20BSW	惠氏螺纹(粗牙)	BS 84	
BUTT	2.5-8 BUTT-2A	锯齿螺纹	ANSI B1.9	8
Buttress	2.0 BS Buttress 8tpi	锯齿螺纹	BS 1657	9
CSG	7API CSG	套管短圆螺纹	API Std 5B	11
CTC	CTC 75	薄钢电线管螺纹	JIS B0204	12
CTG	CTG 16	厚钢电线管螺纹	JIS B0204	13
CTV	CTV8	自行车螺纹	JIS D9422	14
E	E27	爱迪生螺纹(电工螺纹)	IEC 399,EN 60399,ASAC44 JIS C7709,DIN 40400, GB/T 1005, BS EN 60399,ГOCT 6042	15
FG	FG14.3	自行车螺纹	DIN 79012	5
FH	$3^1/_2$ API FH	贯眼型钻杆接头螺纹	API Spec 7	16
F-PTF	1/4-27 F-PTF	干密封管螺纹	ANSI B1.20.3/.4	17
G	$G1^1/_2$ $G1^1/_2A$ $G1^1/_2B$	55°非密封管螺纹	NF E03-005 JIS B0202 BS 2779 DIN ISO 228-1 ISO 228-1 GB/T 7307 ГOCT 6357	7
Gg	$Gg4^1/_2''$ Gg 51	钻杆圆锥管螺纹	DIN 20314	16
			DIN 4941	29
Glasg	Glasg 99	玻璃容器盖螺纹	DIN 40450	37
IF	4 API IF	内平型钻杆接头螺纹	API Spec 7	16
LCSG	7 API LCSG	长式套管圆螺纹	API Std 5B	11

（续）

特征代号	标记示例	螺纹名称	标准号	牙型分图号
LP	2API LP	管线管螺纹	API Std 5B	18
M	M10 M10×1	ISO 一般用途米制螺纹（普通螺纹）	NF E03-001，-013，-014，-051~056. JIS B0205，B0207. ISO 261，724，965/1~3. ANSI B1.13M. DIN13. BS 3643. GB/T 192，193，196，197. ГОСТ 9150，8724，16093，24705.	14
M	M30×2keg	米制圆锥外螺纹	DIN 158	19
	M30	大间隙米制螺纹	DIN 2510-2	14
	M0.8	小螺纹	DIN 14. ГОСТ 9150，24705，8724，9000.	20
MJ	MJ6×1-4H5H	航空米制螺纹	ISO 5855. ANSI B1.21M. DIN EN 2158-2. GJB 3. 1~3. 5	21
N	$1^1/_4$-8N-2	美国国家螺纹	ASA B1.1	22
NC	12-24 NC-2	美国国家粗牙螺纹		
NEF	12-32NEF-2	美国国家超细牙螺纹		
NF	12-28NF-2	美国国家细牙螺纹		
NC	API NC 26	数字型钻杆接头螺纹	API Spec 7	16
NGO	903-14 NGO-RH-EXT	煤气罐阀门螺纹	ANSI B57. 1	22
NGS	1/8-27 NGS	煤气圆柱螺纹	ANSI B57. 1	
NGT	3/8-18 NGT-RH-EXT	煤气圆锥螺纹	ANSI B57. 1	3
NH	3/4-8 NH	消防软管接头螺纹	ANSI B1.20. 7	22
NPS	1/8-27 NPS	美国标准圆柱管螺纹	ANSI B2.1	23
NPSC	1/8-27 NPSC	美国管接头用圆柱内螺纹	ANSI B1. 20. 1	
NPSF	1/8-27 NPSF	燃料干密封圆柱内螺纹	ANSI B1. 20. 3	17
NPSH	$1\text{-}11^1/_2$ NPSH	软管非密封圆柱管螺纹	ANSI B1. 20. 1	22
NPSI	1/8-27 NPSI	干密封圆柱内螺纹	ANSI B1. 20. 3	17
NPSL	1/8-27 NPSL	锁紧螺母用圆柱管螺纹	ANSI B1. 20. 1	23
NPSM	1/8-27 NPSM	机械连接用圆柱管螺纹	ANSI B1. 20. 1	22
NPT	1/8-27 NPT	一般用途圆锥管螺纹（密封）	ANSI B1. 20. 1	3
NPTF	1/8-27 NPTF-1	干密封圆锥管螺纹	ANSI B1. 20. 3	17
NPTR	1/2-14 NPTR	围栏管机械连接锥螺纹	ANSI B1. 20. 1	3
NR	12-24 NR-2	控制牙底圆弧半径的美国国家螺纹（r = 0. 108 ~ 0.144P）	MIL-B-7838	33
NS	1/4-24 NS-1	特殊系列的美国国家螺纹	ASA B1. 1	22
Pg	Pg 16	导线管钢皮螺纹	DIN 40430	12
PTF-SAE SHORT	1/8-27 PTF-SAE SHORT	干密封短式圆锥管螺纹	ANSI B1. 20. 3	17

（续）

特征代号	标记示例	螺纹名称	标准号	牙型分图号
PTF-SPL SHORT	1/8-27 PTF-SPL SHORT	干密封特短式圆锥管螺纹	ANSI B1. 20. 3	17
PTF-SPL EXTRA SHORT	1/8-27 PTF-SPL EXTRA SHORT	干密封超短式圆锥管螺纹	ANSI B1. 20. 3	
R	$R1^1/_2$	55°密封圆锥外螺纹	NF E03-004. JIS B0203. BS21. ISO 7-1. DIN 2999. DIN 3858. GB/T 7306. ГОСТ 6211.	24
R_c	$R_c1^1/_2$	55°密封圆锥内螺纹	NF E03-004. JIS B0203. BS21. ISO 7-1. GB/T 7306. ГОСТ 6211.	
R_p	$R_p1/2$	55°密封圆柱内螺纹	NF E03-004. JIS B0203. BS21. ISO 7-1. GB/T 7306. ГОСТ 6211. DIN 2999,3858.	7
R_d	$R_d40\times1/6$	圆弧螺纹	NF F00-016,-032. DIN 405.	25
	$R_d40\times1/7''$	呼吸器用圆弧螺纹	DIN 3182	26
	$R_d80\times10$	吊钩用圆弧螺纹	DIN 15403	27
	$R_d40\times5$	大接触高度圆弧螺纹	DIN 20400	
	$R_d59\times7$	带间隙和陡牙侧的圆弧螺纹	DIN 262	28
	$R_d50\times7$	带间隙和平缓牙侧的圆弧螺纹	DIN 264	25
	R_d70	0. 5mm 以下钢板的圆弧螺纹	DIN 7273	38
REG	$2^3/_8$ API REG	正规型钻杆接头螺纹	API Spec 7	16
S	S0.9	ISO 小螺纹	NF E03-501～504. JIS B0201. BS4827. ISO/R 1501. GB/T 15054	20
	S40×7	米制锯齿形螺纹(3°/30°)	DIN 513	30
	S25×1.5	锯齿细牙螺纹(3°/30°)	DIN 20401	
	S630×2	液压机床锯齿螺纹(0°/45°)	DIN 2781	31

（续）

特征代号	标记示例	螺纹名称	标准号	牙型分图号
SGT	3/4-14 SGT	煤气罐专用圆锥螺纹	ANSI B57. 1	32
SM	SM1/16	缝纫机螺纹	JIS B0226	33
SPL-PTF	1/2-27 SPL-PTF OD 0. 500	特殊系列的干密封管螺纹	ANSI B1. 20. 3	17
Stub Acme	1/2-20 Stub Acme	短牙爱克姆螺纹	ANSI B1. 8	34
Sucker Rod	3/4 API Sucker Rod	抽油杆螺纹	API Spec 11B	35
TBG	$4^1/_2$ API TBG	不加厚油管螺纹	API Std 5B	11
Tr	Tr40×7	ISO 米制梯形螺纹	NF E03-615～618. ISO 2901～2904. JIS B0216. BS 5346,DIN103. GB/T 5796, ГОСТ 9484,9562,24737,24738,24739	36
	Tr48×8	短牙米制梯形螺纹	DIN 380	39
	Tr48×12	火车用带间隙的爱克姆螺纹	DIN 263	40
	Tr32×1.5	拔丝夹头用梯形螺纹	DIN 6341-2	36
	Tr40×5	圆梯形螺纹	DIN 30295	41
Tr Artillerie	Tr Artillerie 60×5	火炮用锯齿形螺纹（3°/45°）	NF E03-611	42
TV	TV10	汽车螺纹	JIS D4208	14
TW	TW80	29°梯形螺纹	JIS B0222	43
UN	$2^1/_2$-16UN-2B	ISO 英制螺纹	ISO 263,725,5864. ANSI B1. 1. BS1580.	14
UNC	1/4-20 UNC-2A	ISO 英制粗牙螺纹	JIS B0206,0210. ISO 263,725,5864. ANSI B1. 1,BS1580.	
UNEF	1/4-32 UNEF-2A	ISO 英制超细牙螺纹	ISO 263,725,5864. ANSI B1. 1,BS1580.	
UNF	1/4-28 UNF-2A	ISO 英制细牙螺纹	JIS B0208,0212. ISO 263,725,5864. ANSI B1. 1,BS1580.	
UNJ	3. 500-12UNJ-3A	航空英制螺纹	ISO 3161,BS4084. MIL-S-8879.	21
UNJC	3. 500-4UNJC-3A	航空英制粗牙螺纹	ISO 3161	
UNJF	1. 375-12UNJF-3A	航空英制细牙螺纹	BS 4084, MIL-S-8879	
UNJEF	1. 1875-18UNJEF-3A	航空英制超细牙螺纹		

（续）

特征代号	标记示例	螺纹名称	标准号	牙型分图号
UNM	0. 80 UNM	统一小螺纹	ANSI B1. 10 BS 3369	20
UNR	$2^1/_2$-16 UNR-3A	外螺纹牙底为圆弧的 UN 螺纹	ANSI B1. 1	14
UNRS	1/4-24 UNRS-3A	特殊系列的 UNR 螺纹	ANSI B1. 1.	
UNS	1/4-24 UNS-3A	特殊系列的 UN 螺纹	ANSI B1. 1, BS 1580.	
UPTBG	$4^1/_2$ API UPTBG	外加厚油管螺纹	API Std 5B	11
Vg	Vg10	轮胎气门螺纹	DIN 7756	44
W	W 3/16	保险丝螺纹	DIN 49301	7
XCSG	$4^1/_2$API XCSG	直连型套管螺纹	API Std 5B	10

注：牙型分图如图 6-24 所示。

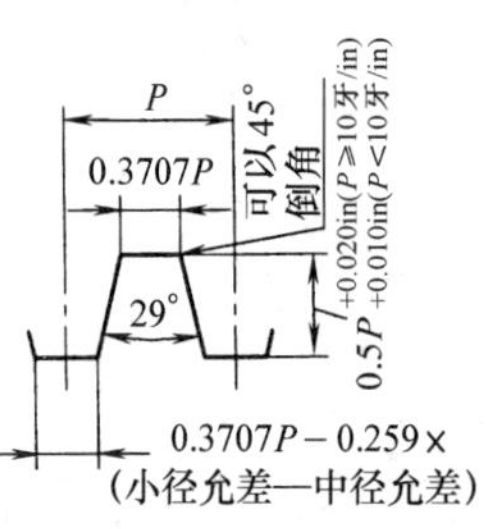
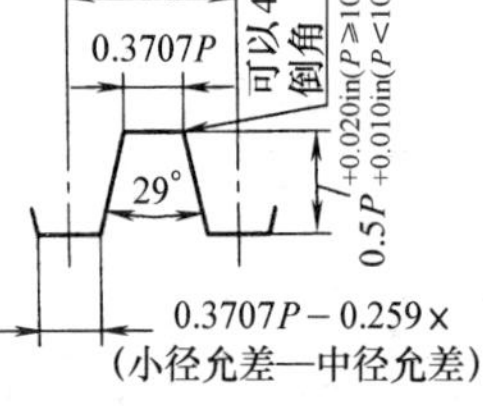

图 1

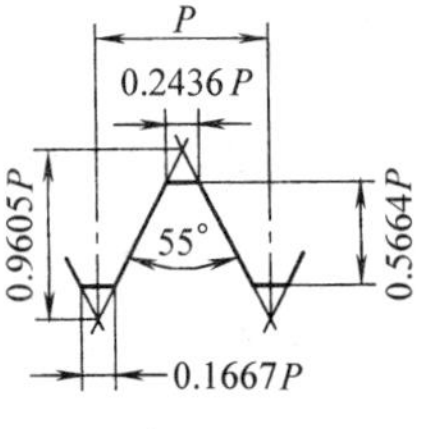
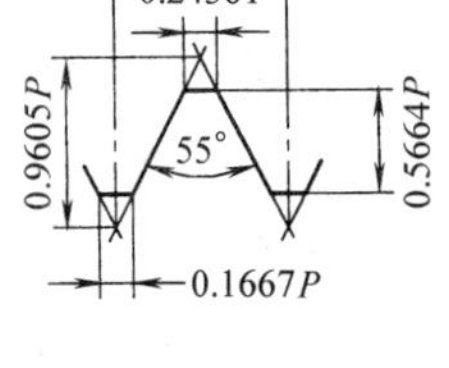
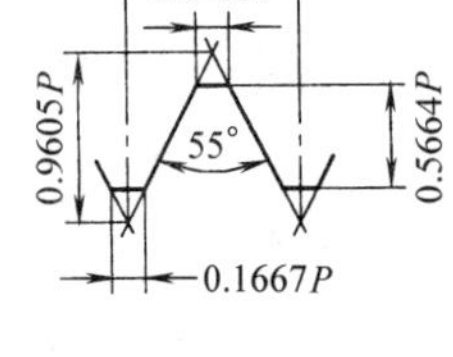

图 2

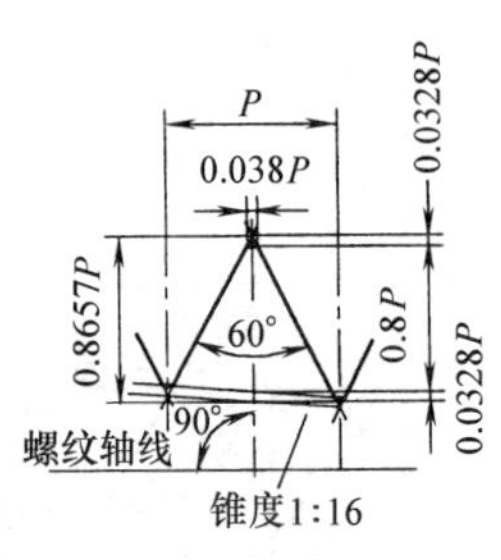
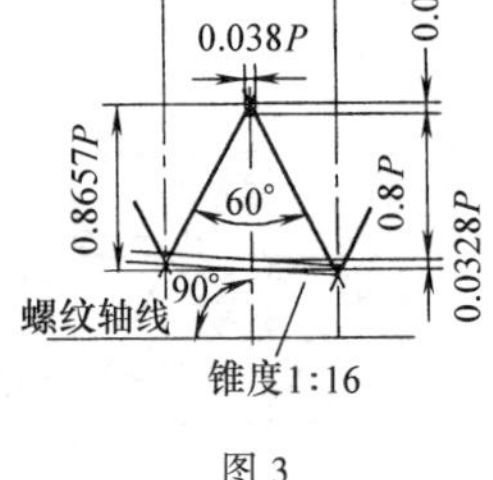

图 3

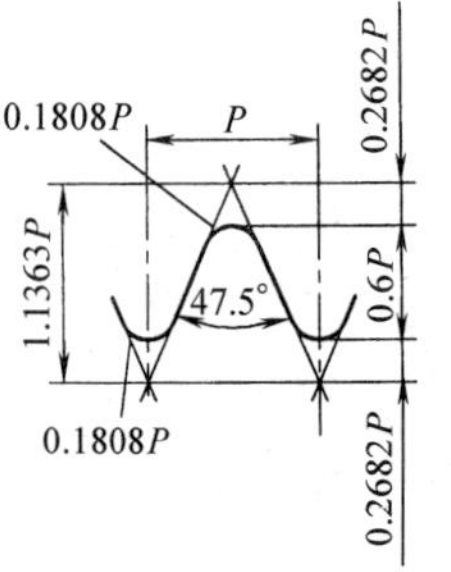

图 4

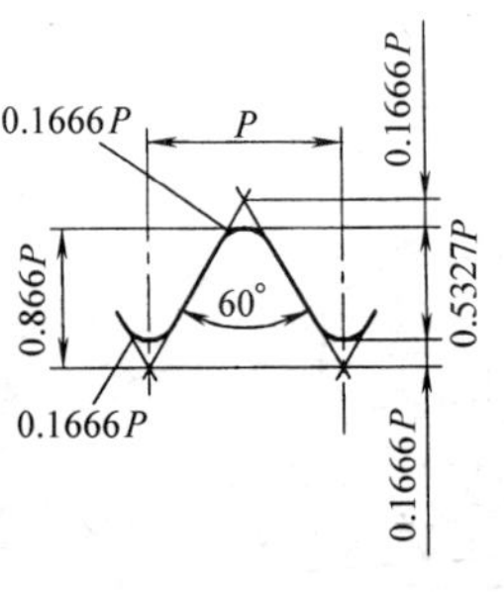

图 5

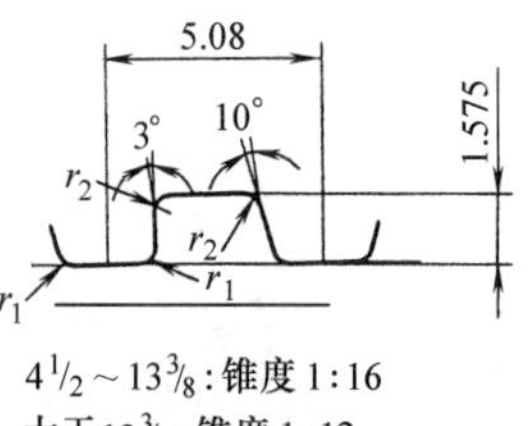
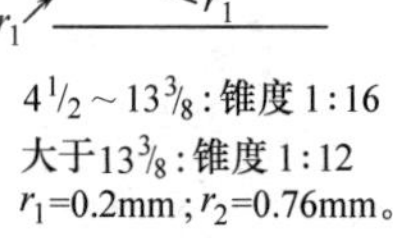

图 6

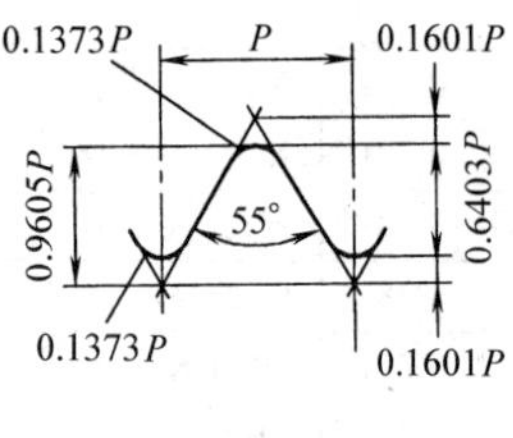

图 7

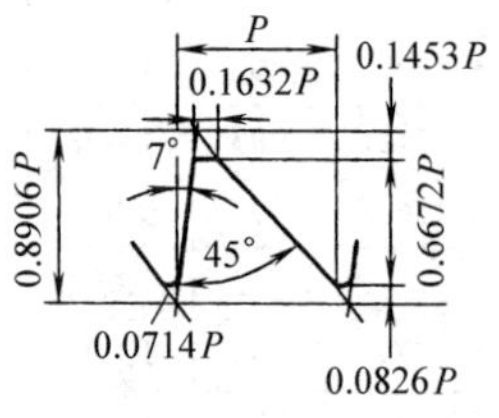

图 8

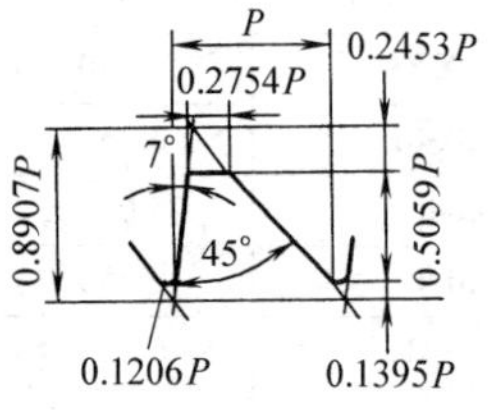

图 9

图 6-24　常用螺纹识别表图

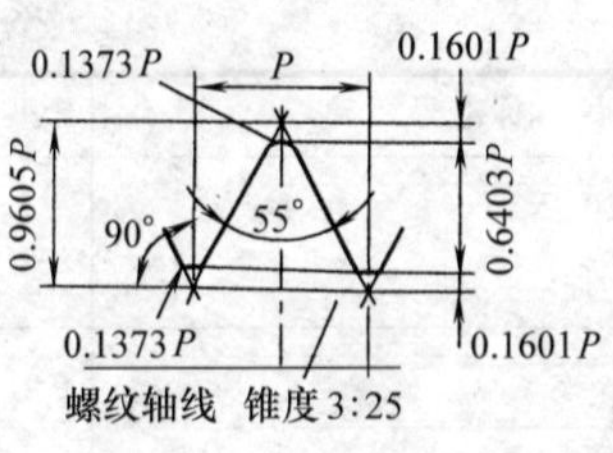

规格	锥度	P	h	r_1	r_2
$5 \sim 7^5/8$	0.125	4.232	1.35～1.40	0.23～0.30	0.15
$8^5/8 \sim 10^3/4$	0.104	5.08	1.58～1.90	0.23～0.30	0.08～0.23

图 10

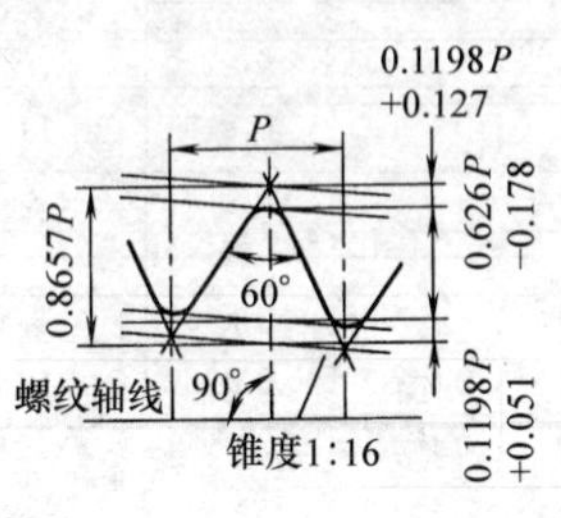

图 11

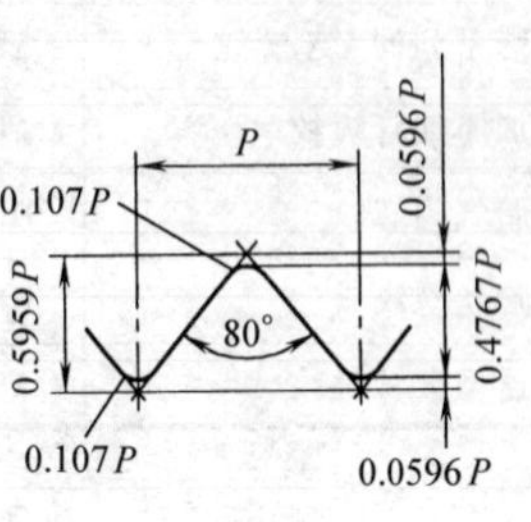

图 12

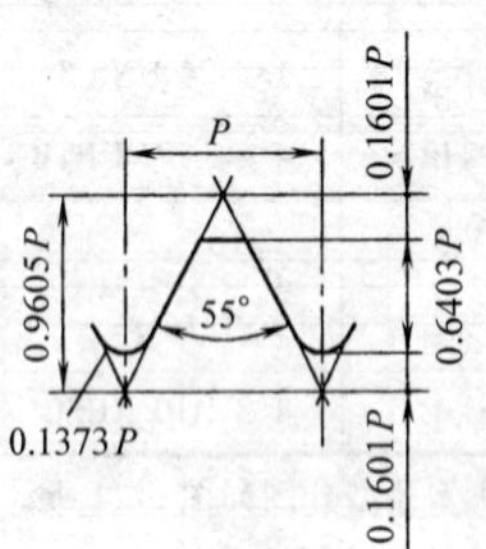

图 13

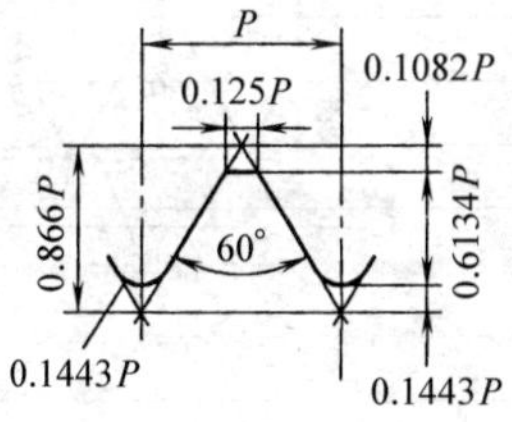

P
0.1082P
0.125P
0.866P
60°
0.6134P
0.1443P
0.1443P

图 14

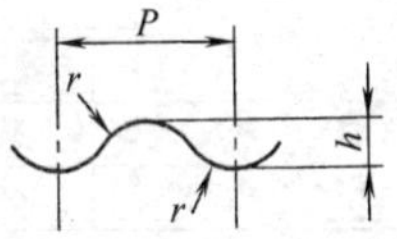

P
r
h
r

(mm)

图中	E5	E10	E14	E16	E27	E33	E40
P	0.978	1.814	2.822	2.5	3.629	4.233	6.350
h	0.215	0.51	0.8	0.75	1.095	1.3	1.8
r	0.323	0.531	0.822	0.708	1.025	1.187	1.85

图 15

V-0.038R
V-0.040 螺纹牙型
V-0.050

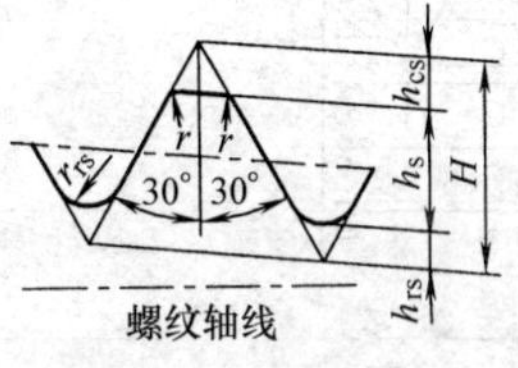

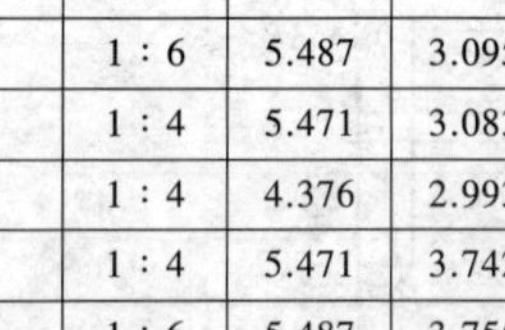

V-0.065 螺纹牙型

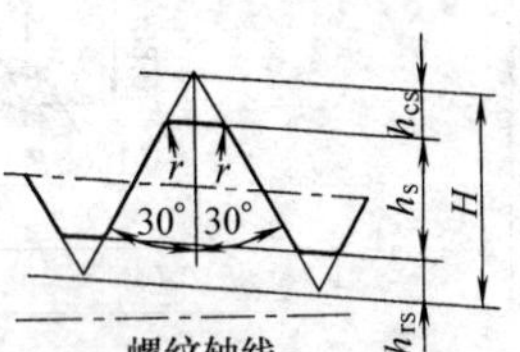

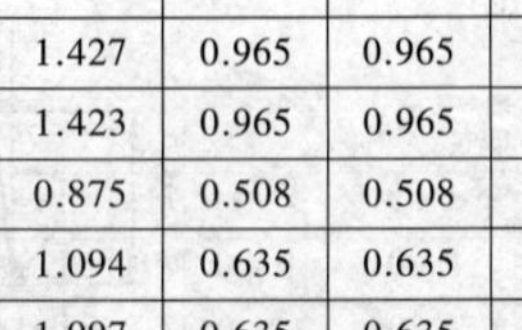

(mm)

螺纹牙型	螺距	锥度	H	h_s	h_{cs}	h_{rs}	r_{rs}	r	螺纹代号
V-0.038R	6.350(4)	1 : 6	5.487	3.095	1.427	0.965	0.965	0.381	NC
V-0.038R	6.350(4)	1 : 4	5.471	3.083	1.423	0.965	0.965	0.381	NC
V-0.040	5.080(5)	1 : 4	4.376	2.993	0.875	0.508	0.508	0.381	FH, Gg, REG
V-0.050	6.350(4)	1 : 4	5.471	3.742	1.094	0.635	0.635	0.381	Gg, REG
V-0.050	6.350(4)	1 : 6	5.487	3.755	1.097	0.635	0.635	0.381	FH, REG
V-0.065	6.350(4)	1 : 6	5.487	2.831	1.426	1.229	—	0.381	FH, IF

图 16

图 6-24 常用

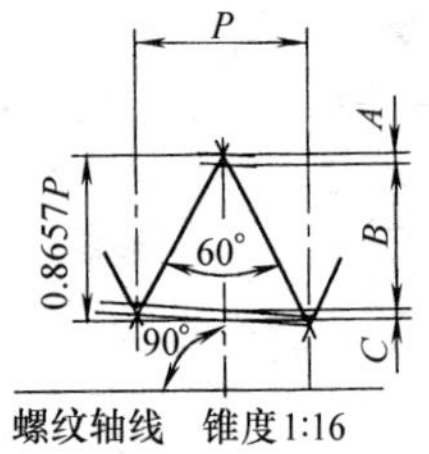

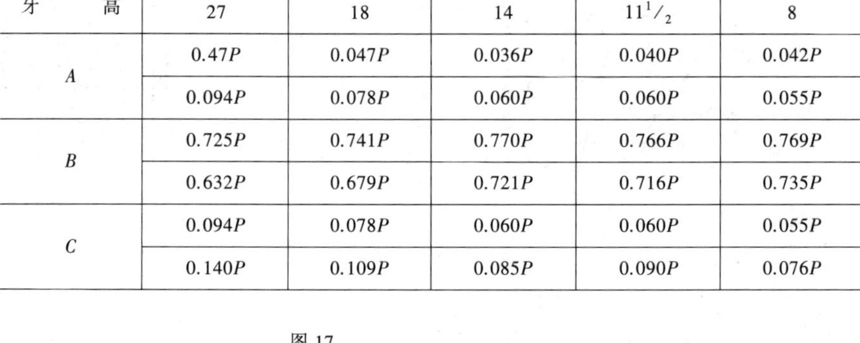

削平高度、牙　高	牙/in				
	27	18	14	$11^1/_2$	8
A	0.47P	0.047P	0.036P	0.040P	0.042P
	0.094P	0.078P	0.060P	0.060P	0.055P
B	0.725P	0.741P	0.770P	0.766P	0.769P
	0.632P	0.679P	0.721P	0.716P	0.735P
C	0.094P	0.078P	0.060P	0.060P	0.055P
	0.140P	0.109P	0.085P	0.090P	0.076P

图 17

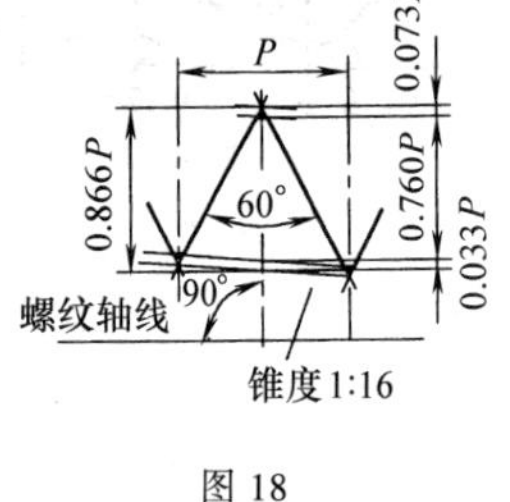

图 18

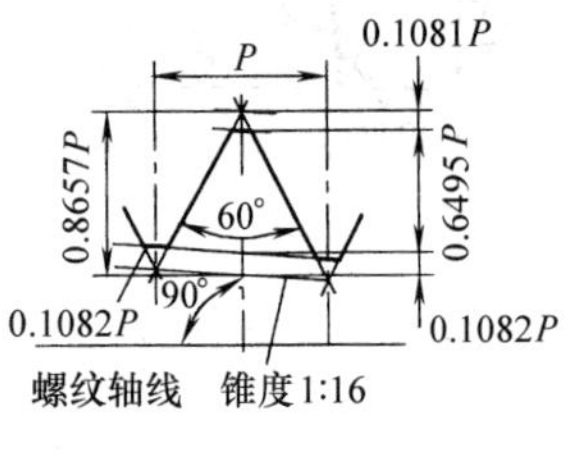

图 19

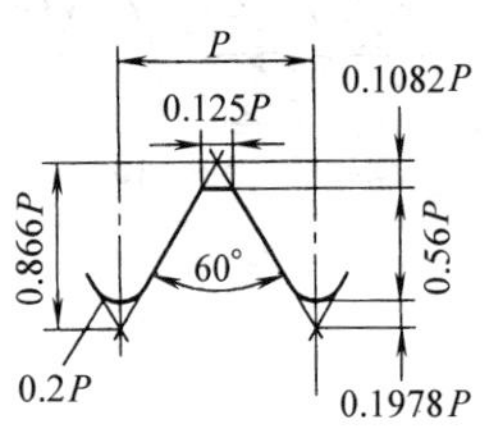

图 20

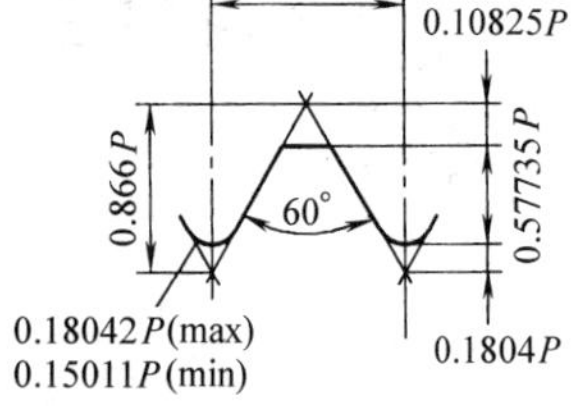
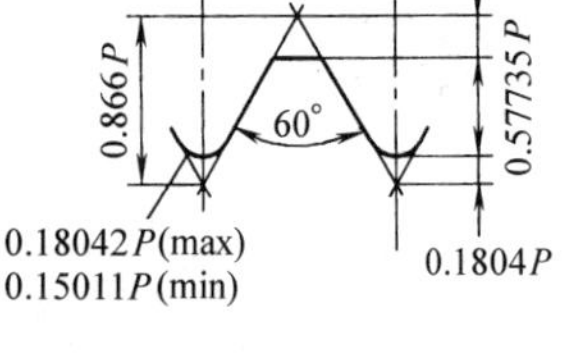

图 21

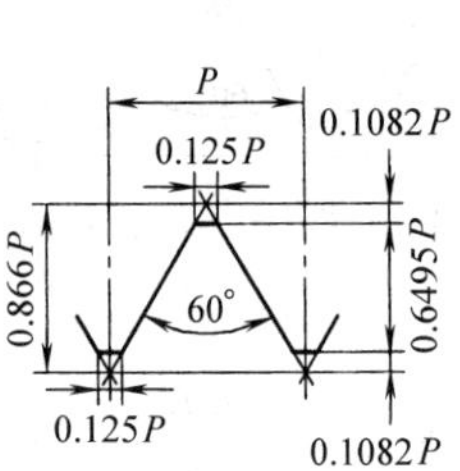
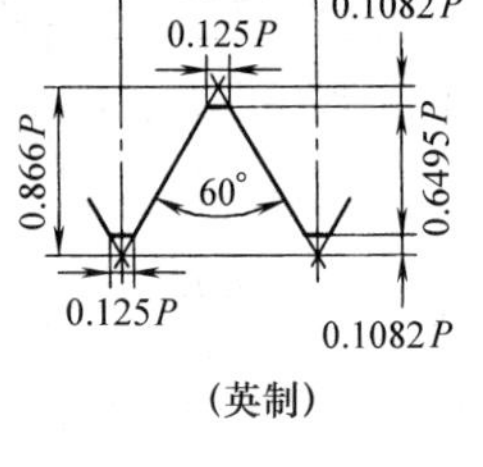

(英制)

图 22

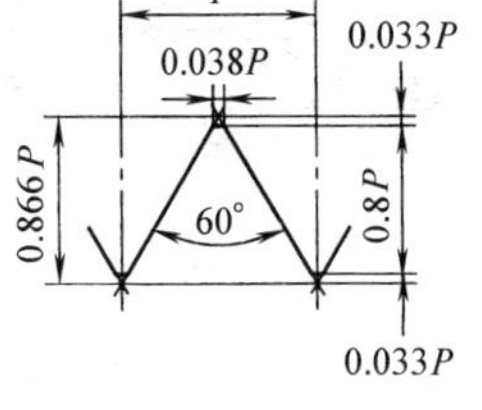
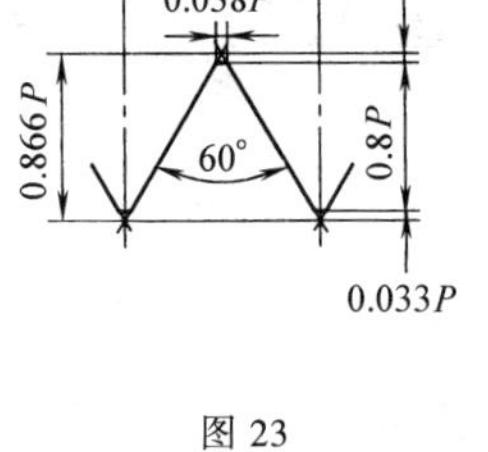

图 23

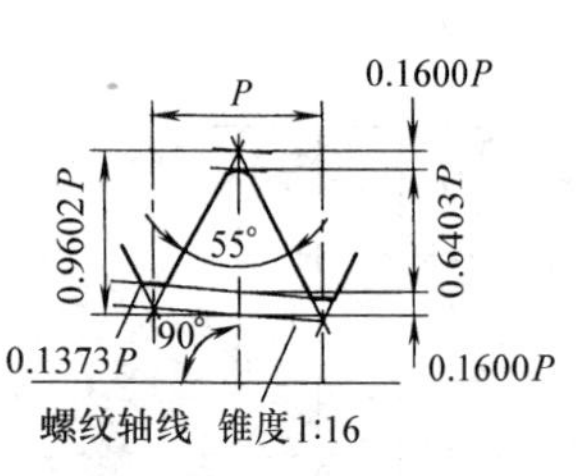

图 24

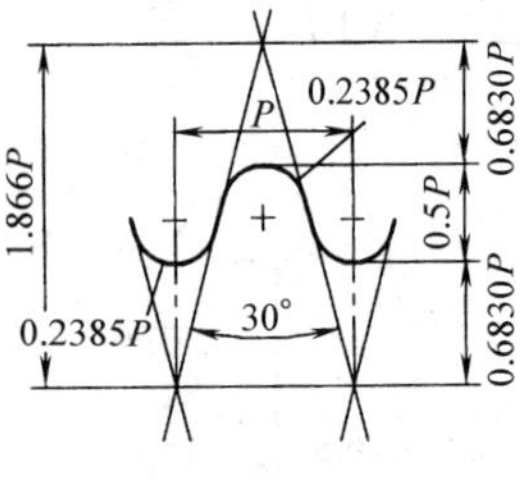

图 25

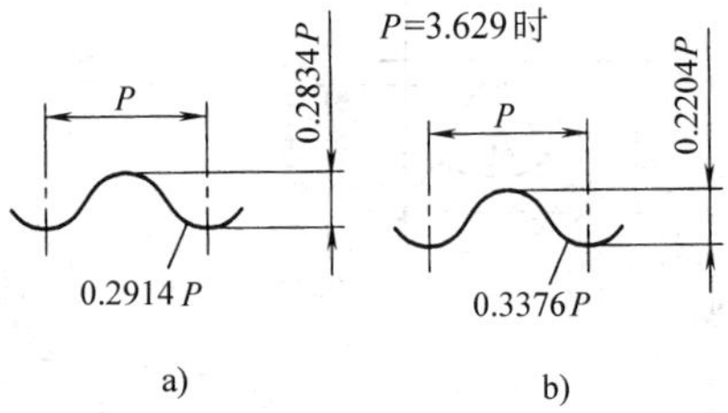

图 26

螺纹识别表图(续)

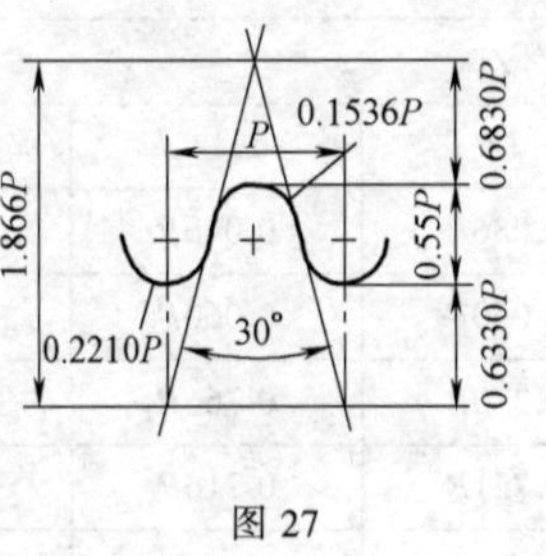

1.866P
0.1536P
0.6830P
0.55P
0.6330P
0.2210P
30°
P
图 27

P
3.573P
1.465P
0.6429P
1.465P
15°56′
图 28

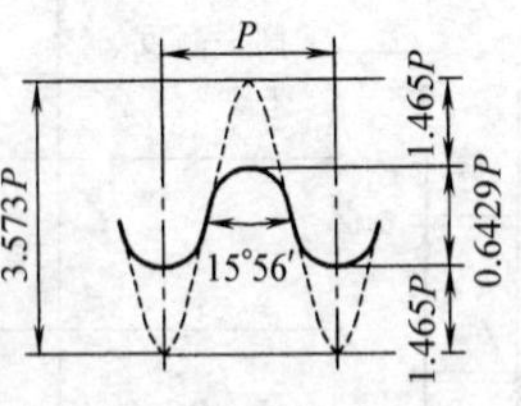

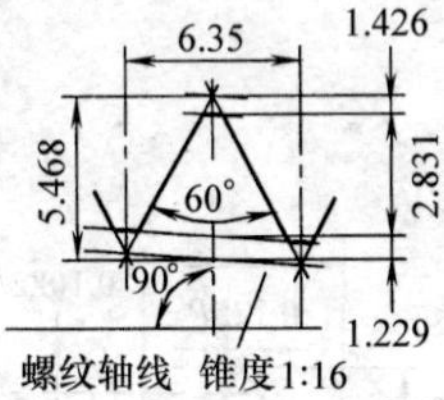

6.35
1.426
5.468
60°
2.831
90°
1.229
螺纹轴线
锥度1:16
图 29

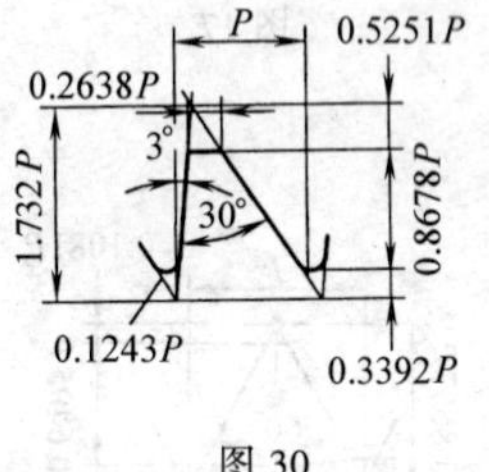

P
0.5251P
0.2638P
3°
1.732P
30°
0.8678P
0.1243P
0.3392P
图 30

P
0.25P
0.25P
0.075P
0.075P
1.0P
45°
0.575P
0.1237P
0.175P
图 31

P
0.038P
0.0328P
0.8657P
60°
0.8P
0.0328P
90°
螺纹轴线
锥度1:8
图 32

P
0.1082P
0.866P
60°
0.6495P
0.1082P
0.1082P
图 33

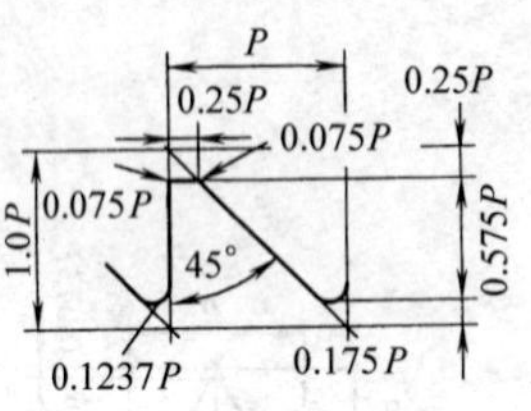

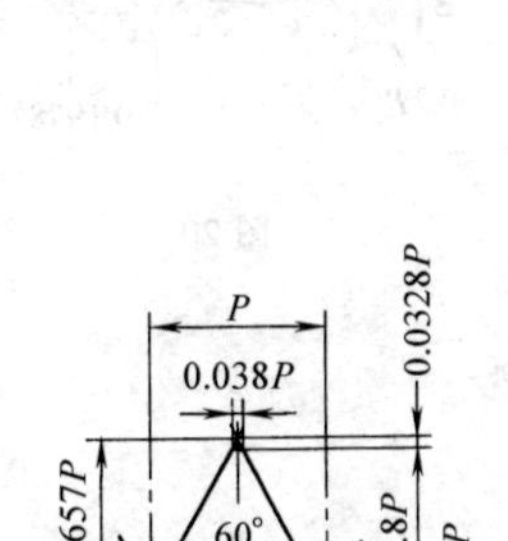

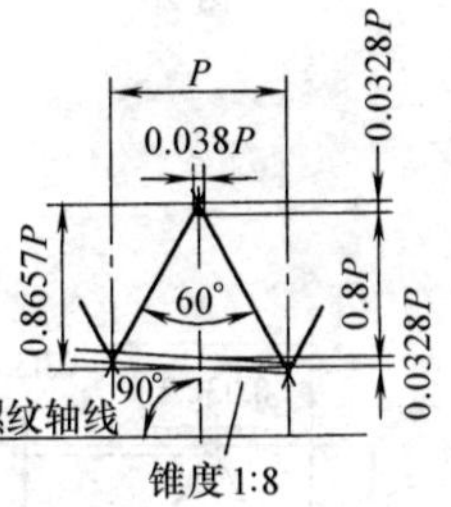

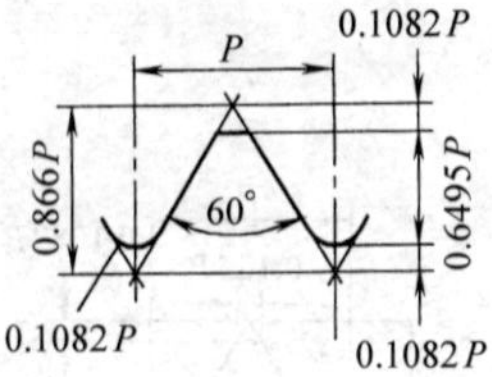

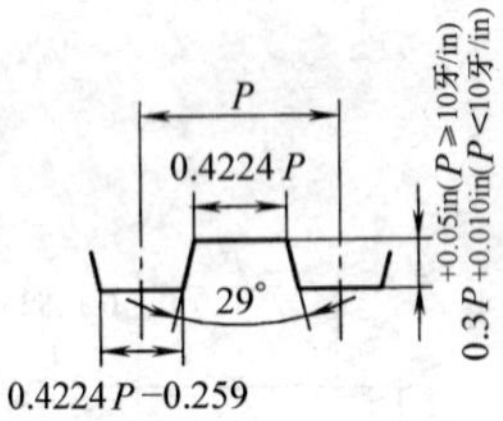

P
0.4224P
29°
+0.05in(P≥10牙/in)
0.3P+0.010in(P<10牙/in)
0.4224P−0.259
×(小径允差)
图 34

P=2.54mm
P
0.1083P
0.866P
60°
0.6494P
0.1083P(min)
0.1445P(max)
0.1083P
图 35

P
1.866P
0.5ac
(max)
30°
0.5P+ac
ac
(max)

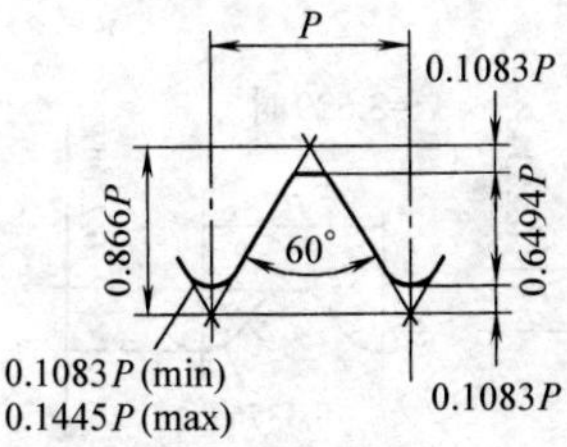

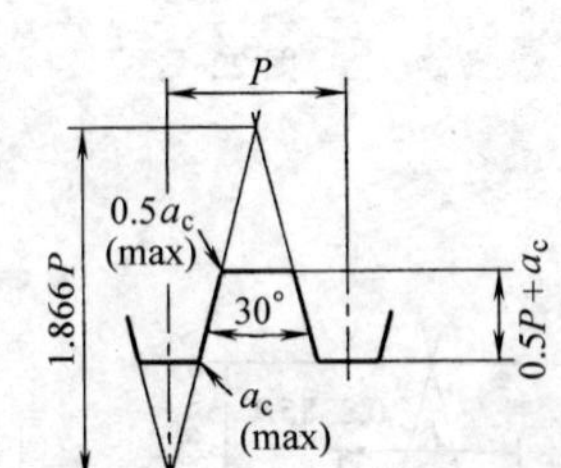

P	1.5	2~5	6~12	14~44
a_c	0.15	0.25	0.5	1

图 36

P
r2
r1
50°
h

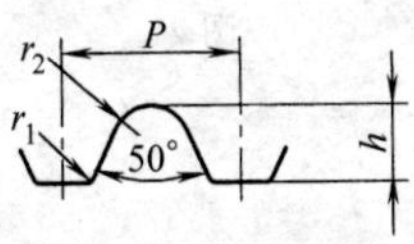

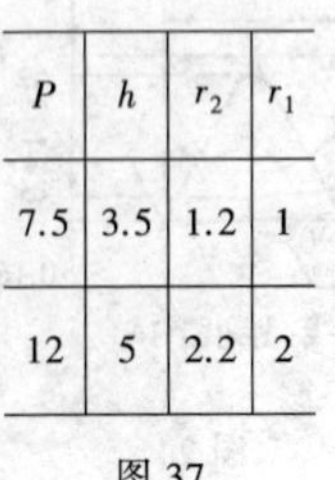

P	h	r_2	r_1
7.5	3.5	1.2	1
12	5	2.2	2

图 37

图 6-24　常用

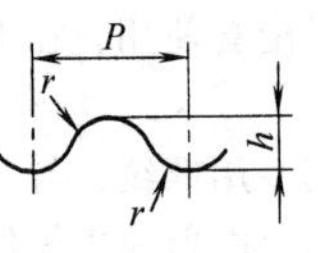

P	h	r
3	0.75	0.8
4	1	1

图 38

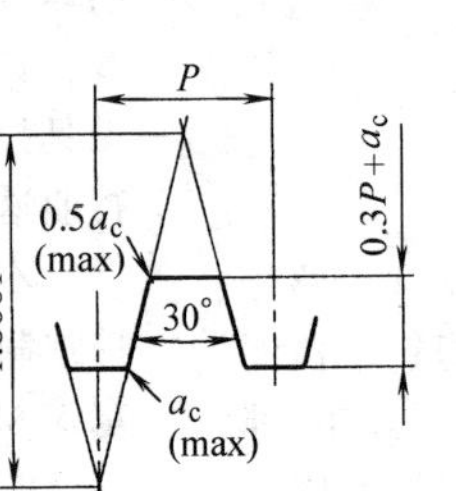
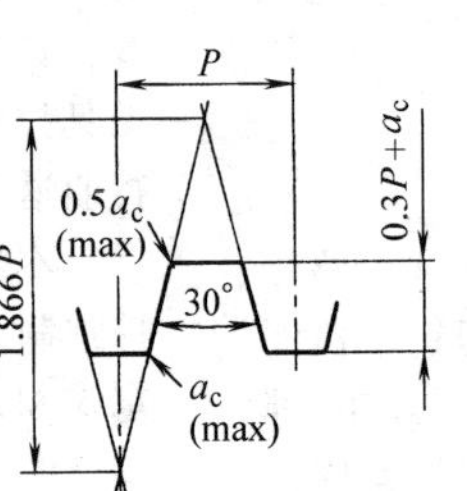

P	1.5	2~5	6~12	14~24
a_c	0.15	0.25	0.5	1

图 39

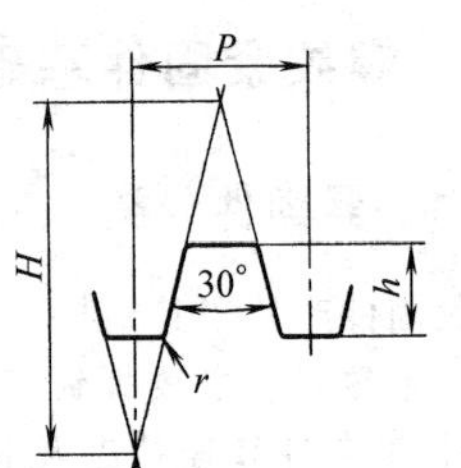

	P	h	a_c	r	H
单线	12	6.5	0.5	0.25	22.329
双线	8	4.25	0.75	0.25	14.928

图 40

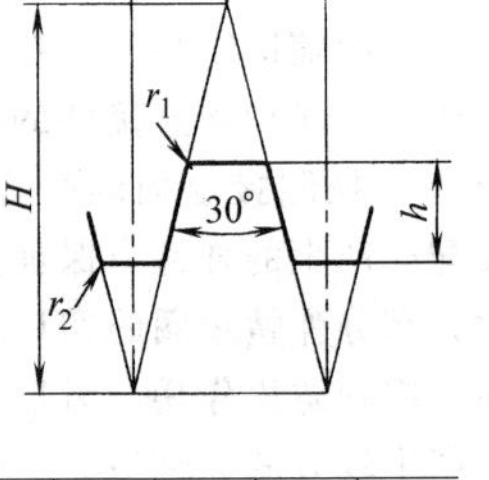
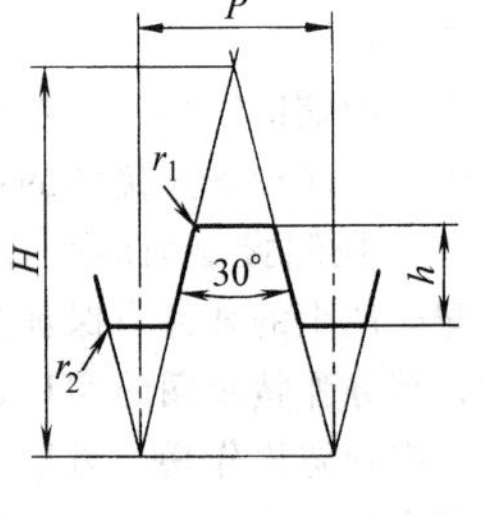

P	r_1	r_2	h	a_c
4	0.7	0.5	2.5	0.25
5	0.8	0.6	3	0.25

图 41

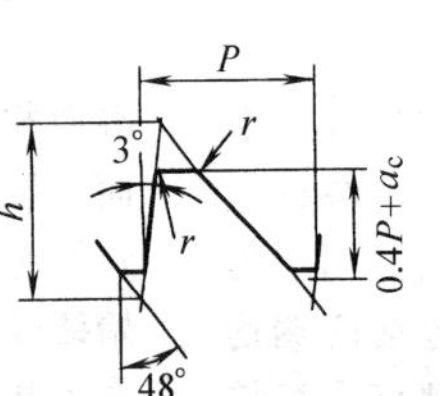
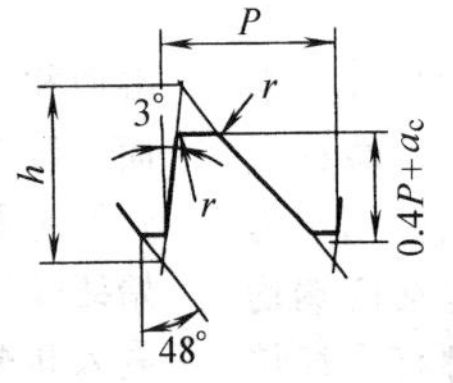

$a_c = 0.03p$

$r = 0.03p$

$h = 0.43p$

图 42

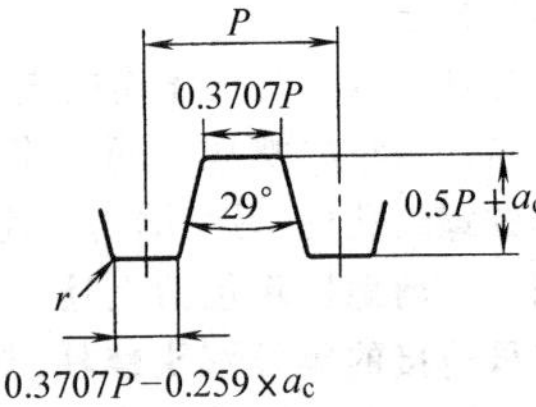

$a_c = 0.25$

$r = 0.25$

图 43

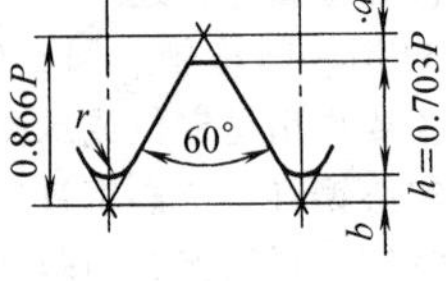

	P	h_3	a	b,r
Vg5	0.705	0.400	0.110	0.100
Vg5.2	1.058	0.690	0.150	0.080
Vg6	0.794	0.450	0.075	0.100
Vg8	0.794	0.588	0.094	0.094
Vg9.6	1.000	0.703	0.040	—
Vg10	0.907	0.638	0.100	0.100
Vg12	0.907	0.687	0.103	0.103

图 44

螺纹识别表图(续)(分图 1~44)

6.2　螺纹紧固件基础

6.2.1　紧固件分类

紧固件产品按其结构可分为螺栓、螺柱、螺母、螺钉、木螺钉、自攻螺钉、销、垫圈、铆钉、挡圈、紧固件-组合件和连接副及其他十二大类。其中，除销、垫圈、铆钉、挡圈和其他类外均为螺纹紧固件。本章只介绍螺纹紧固件和与之配套使用的垫圈。

区分螺纹紧固件的最简单的方法是看标准名称，每个产品标准的名称都明确表明该产品的类别。产品分类原则和主要特点举例如下：

螺栓类零件一般与螺母配套使用，装配时先将螺栓穿入被连接件的孔内，然后旋入螺母，靠拧紧螺母完成紧固过程。除六角头螺栓外，还有一些其他型式的螺栓，如方头螺栓、带榫螺栓、方颈螺栓、地脚螺栓、T形槽用螺栓等。当然，有时也将螺栓拧入被连接件机体的内螺纹孔，此时其作用与螺钉一样，但仍称为螺栓。

螺柱是因其与机体连接成为一个固定的螺纹柱端而得名。最早的螺柱是两端带螺纹的零件,一端拧入机体的螺纹孔内,另一端用以连接其他零件,并用螺母紧固。目前螺柱除包括上述产品以外,还包括两端均用螺母连接的等长双头螺柱、焊接螺柱和螺杆。焊接螺柱的一端与机体焊接,用于可焊接材料;螺杆通体制出连续的螺纹,现场使用可根据实际需要截取,十分方便灵活。

螺母是内螺纹紧固件，与螺栓、螺柱等外螺纹零件配套使用，六角螺母是最常用的。有效力矩型锁紧螺母利用其有效力矩部分产生附加防松力矩，大大提高连接的可靠性；圆螺母主要用来调节和固定轴类零件上零件的位置；焊接螺母焊接在被连接件上，适合用于薄壁零件的单面连接，克服薄壁零件加工螺纹的困难，提高连接强度和可靠性；铆螺母利用其“管身”的永久变形铆接在金属或其他材料的型材上，适合用于箱盒和管子等薄壁零件，避免在薄壁零件加工螺纹，提高连接强度和可靠性，又有一定的密封性能。

螺钉（也称机器螺钉）一般直接拧入被连接件机体的螺纹孔内，靠扳拧螺钉完成紧固过程。螺钉常用的扳拧部分的型式有开槽、十字槽、内六角、内六角花形等；不同的扳拧型式可施加的扭矩不同，一般来讲，开槽扭矩最小，十字槽高于开槽，内六角和内六角花形可施加较大的扭矩，内六角花形更突出。紧定螺钉依靠轴向压力固定零件，末端型式不同，选用时应注意；无头紧定螺钉可全部拧入机体，不露出被连接件表面，有头紧定螺钉可以施加更大的安装扭矩。不脱出螺钉安装在被连接件上，成为其一部分，能自由转动，不会脱落，用于经常拆装，螺钉易丢失的连接，如电缆接头。吊环螺钉用于起吊较重的设备，具有较高的安全要求，安装时应注意，不得借助工具拧紧。螺钉也常与螺母配套使用，在电工、电子行业这种情况较多。

木螺钉和自攻螺钉使用专用螺纹，与其相配的零件预制光孔，装配时在预制孔内形成内螺纹，完成攻螺纹和紧固过程。一些规格较小的木螺钉拧入较软的木材时可以不加工或只加工很小的预制孔；自钻自攻螺钉的末端带有钻头，装配时钻头部分先在被连接件上钻出预制孔，然后攻螺纹；墙板自攻螺钉可直接拧入被连接件。

紧固件-组合件由生产厂将单个或几个垫圈在螺纹加工前套装在螺纹紧固件杆部，形成永久组合，使用者在装配中不需要套装垫圈，避免垫圈脱落或漏装，大大提高工作效率，在装配线上使用十分方便。紧固件连接副是为保证达到预期的连接要求提供的螺纹紧固件及附件的规定组合，用于特定的使用环境，如钢结构连接、高温条件等。

垫圈是螺纹紧固件连接的辅助零件，平垫圈的两端面相互平行，其主要作用是保护被连接件的接触表面，改善接触表面的状态，控制接触面的摩擦因数。弹簧垫圈利用垫圈在装配时产生的弹性力保证连接副始终保持一定的轴向力，部分弹簧垫圈的切口部分会嵌入相配零件的支承面，起到防松作用。齿形弹性垫圈的齿高出垫圈表面，产生较大的局部应力，提高摩擦力矩，用于某些接线端子，可划破机体表面层，提高导电性。

单耳、双耳、外舌和圆螺母用止动垫圈是把螺母或螺栓与被连接件固定在一起。防松可靠，可用于常温或高温部位（如发动机）的防松连接。装拆时需将垫圈的“耳”打弯或扳直，可能影响工作效率，不宜用于经常拆装的结构。

销轴用平垫圈用于阻挡带孔销或销轴上的零件轴向移动。

工字钢用方斜垫圈、槽钢用方斜垫圈用于将工字钢、槽钢翼缘的斜面垫平，使螺母支承面垂直于螺杆轴线，避免受弯曲力。

除上述螺纹紧固件和垫圈外，还有一些非螺纹紧固件。销产品包括开口销、圆柱销、圆锥销、销轴、槽销和弹性销等，其主要作用是定位或承受一定的剪切力；铆钉产品包括实心铆钉、空心铆钉、半空心铆钉、抽芯铆钉和击芯铆钉，利用铆钉的塑性变形将零件铆接在一起。某些电气产品还利用铆钉做导体。挡圈产品包括刚性挡圈、弹性挡圈、锁紧挡圈、夹紧挡圈和开口挡圈等，用于轴系零件的固定；焊钉产品在钢结构建筑、锅炉和桥梁等工程中大量使用，将其焊接在钢结构上，以提高混凝土等与钢结构的结合强度。

6.2.2　紧固件结构要素

6.2.2.1　紧固件专用螺纹

（1）自攻螺钉用螺纹　（摘自 GB/T 5280—2002）其结构型式及尺寸系列见表 6-73。

自攻螺纹的规格标记为字母“ST”和以毫米为单位的螺纹公称大径尺寸值，如公称大径尺寸为 3.5mm 的自攻螺纹标记为“ST3.5”。

（2）自攻锁紧螺钉的螺杆　粗牙普通螺纹系列（摘自 GB/T 6559—1986）的结构型式及尺寸系列见表 6-74。自攻锁紧螺钉螺杆的标记采用普通螺纹标记代号。

（3）木螺钉用螺纹　木螺钉用螺纹（GB/T 922—1986）的结构型式及尺寸系列见表6-75。木螺钉螺纹的标记采用螺纹公称大径尺寸作为标记代号。

表 6-73　自攻螺钉用螺纹（摘自 GB/T 5280—2002）　（单位：mm）

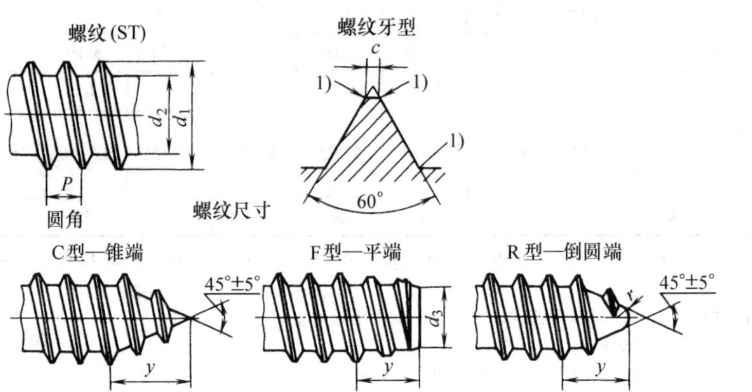

螺纹规格		ST 1.5	ST 1.9	ST 2.2	ST 2.6	ST 2.9	ST 3.3	ST 3.5	ST 3.9	ST 4.2	ST 4.8	ST 5.5	ST 6.3	ST 8	ST 9.5
P	≈	0.5	0.6	0.8	0.9	1.1	1.3	1.3	1.3	1.4	1.6	1.8	1.8	2.1	2.1
d_1	max.	1.52	1.90	2.24	2.57	2.90	3.30	3.53	3.91	4.22	4.80	5.46	6.25	8.00	9.65
	min.	1.38	1.76	2.10	2.43	2.76	3.12	3.35	3.73	4.04	4.62	5.28	6.03	7.78	9.43
d_2	max.	0.91	1.24	1.63	1.90	2.18	2.39	2.64	2.92	3.10	3.58	4.17	4.88	6.20	7.85
	min.	0.84	1.17	1.52	1.80	2.08	2.29	2.51	2.77	2.95	3.43	3.99	4.70	5.99	7.59
d_3	max.	0.79	1.12	1.47	1.73	2.01	2.21	2.41	2.67	2.84	3.30	3.86	4.55	5.84	7.44
	min.	0.69	1.02	1.37	1.60	1.88	2.08	2.26	2.51	2.69	3.12	3.68	4.34	5.64	7.24
c	max.	0.1	0.1	0.1	0.1	0.1	0.1	0.1	0.1	0.1	0.15	0.15	0.15	0.15	0.15
r①	≈	—	—	—	—	—	—	0.5	0.6	0.6	0.7	0.8	0.9	1.1	1.4
y 参考②	C 型	1.4	1.6	2	2.3	2.6	3	3.2	3.5	3.7	4.3	5	6	7.5	8
	F 型	1.1	1.2	1.6	1.8	2.1	2.5	2.5	2.7	2.8	3.2	3.6	3.6	4.2	4.2
	R 型	—	—	—	—	—	—	2.7	3	3.2	3.6	4.3	5	6.3	—
号码 No.③		0	1	2	3	4	5	6	7	8	10	12	14	16	20

① r 是参考尺寸，仅供指导。末端不一定是完整的球面，但触摸时不应是尖锐的。

② 不完整螺纹的长度。

③ 以前的螺纹标记，仅为信息。

表 6-74　自攻锁紧螺钉的螺杆（摘自 GB/T 6559—1986）　（单位：mm）

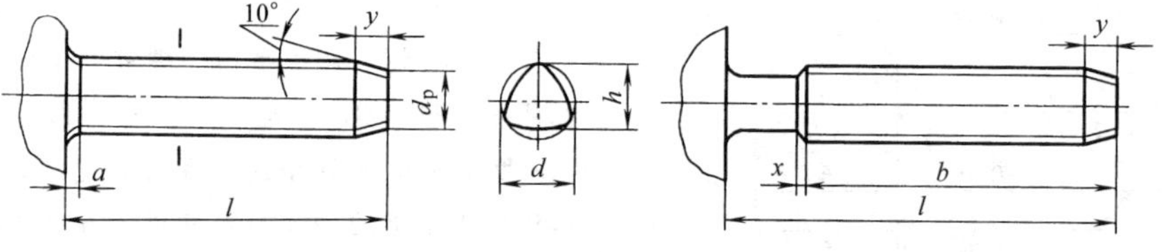

（续）

螺纹规格		M2	M2.5	M3	（M3.5）	M4	M5	M6	M8	M10	M12
P		0.4	0.45	0.5	0.6	0.7	0.8	1	1.25	1.5	1.75
a	max	0.8	0.9	1	1.2	1.4	1.6	2	2.5	3	3.5
b	min	10	12	16	20	24	30	35	35	35	35
d	max	2.04	2.58	3.08	3.58	4.13	5.13	6.16	8.17	10.18	12.19
	min	1.96	2.48	2.98	3.48	3.98	4.98	5.99	7.98	9.97	11.95
h	max	1.95	2.46	2.95	3.43	3.96	4.93	5.93	7.91	9.89	11.87
	min	1.87	2.36	3.85	3.33	3.81	4.78	5.78	7.76	9.74	11.72
y	≈	1.4	1.4	1.5	1.8	2.0	2.5	3.0	3.8	4.5	5.5
d_p	max	1.65	2.14	2.60	3.00	3.45	4.35	5.19	6.96	8.72	10.49
x	max	1	1.1	1.25	1.5	1.75	2	2.5	3.2	3.8	4.4
长度 l（公称）尺寸范围		4~12	5~16	6~20	8~25	8~30	10~35	12~40	16~50	20~60	25~80
小于等于此长度制成全螺纹		10	12	16	20	25	30	35	35	35	35

注：1. 螺纹的其余参数的基本尺寸按 GB/T 196—2003 规定；公差按 GB/T 197—2003 的 6g 级规定，供制造碾制螺纹工具使用，在制品上不予检查。

2. 末端外接圆直径（d_p）由制造工艺保证，在制品上不予检查。

3. 尽可能不采用括号内的规格。

4. 对于每种直径公称长度最短的不适用于沉头和半沉头螺钉。

5. 长度尺寸系列：4，5，6，8，10，12，（14），16，20，25，30，35，40，45，50，（55），60，（65），70，80。

表 6-75 木螺钉用螺纹（摘自 GB/T 922—1986）

（单位：mm）

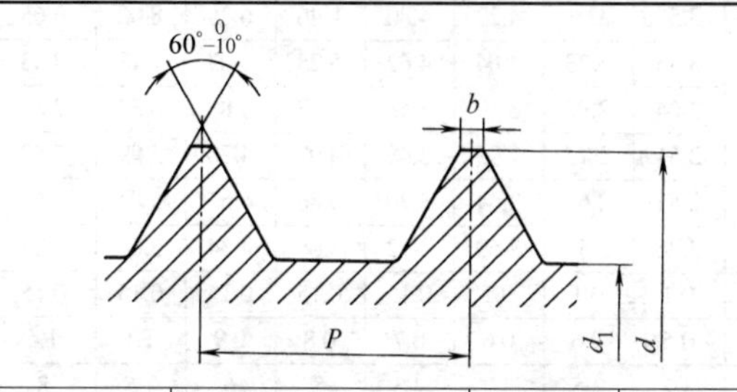

d	螺纹小径 d_1 基本尺寸	螺纹小径 d_1 极限偏差	螺距 P	b ≤
1.6	1.2		0.8	
2	1.4	0	0.9	0.25
2.5	1.8	−0.25	1	
3	2.1		1.2	
3.5	2.5	0	1.4	
4	2.8	−0.40	1.6	
（4.5）	3.2		1.8	0.3
5	3.5		2	
（5.5）	3.8	0	2.2	
6	4.2	−0.48	2.5	
（7）	4.9		2.8	
8	5.6		3	0.35
10	7.2	0	3.5	
12	8.7	−0.58	4	
16	12	0	5	0.4
20	15	−0.70	6	

注：尽量不采用括号内规格。

6.2.2.2 紧固件扳拧部分结构及尺寸

（1）六角产品的对边宽度（摘自 GB/T 3104—1982）（见表 6-76） 六角扳拧是螺纹紧固件中最常用的扳拧形式之一，其对边尺寸不仅影响扳拧力矩，而且对连接强度和防松性能也有影响。为了在不损伤产品扳拧部分的情况下获得较大的扳拧力矩，通常应使用套筒扳手或呆扳手，使用活扳手时应注意适当调节扳手开口大小。

（2）紧固件用六角花形 紧固件用六角花形截面为多段圆弧，较普通六角和内六角传递力矩大，受力均匀，可扳拧次数多，更适用于自动化装配，是一种较理想的扳拧型式。紧固件用六角花形分两种型式，内六角花形（GB/T 6188—2008）适用于螺钉、自攻螺钉及木螺钉等内扳拧零件；E 型（GB/T 6189—1986）适用于螺栓、螺母等外扳拧零件。内六角花形的型式尺寸见表 6-77；E 型六角花形的型式尺寸见表 6-78。

（3）螺钉用十字槽 螺钉、自攻螺钉、木螺钉用十字槽（GB/T 944.1—1985）包括 H 型十字槽和 Z 型十字槽两种型式，目前优先推荐槽型为 H 型。H 型十字槽的型式与尺寸见表 6-79；Z 型十字槽的型式与尺寸见表 6-80。

表 6-76　六角产品的对边宽度 *s*（GB/T 3104—1982）

（单位：mm）

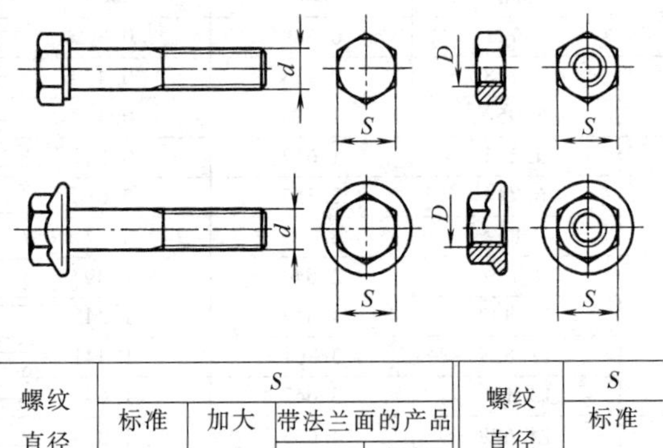

螺纹直径	S 标准系列	S 加大系列	S 带法兰面的产品 螺栓	S 带法兰面的产品 螺母	螺纹直径	S 标准系列
1.6	3.2	—	—	—	42	65
2	4	—	—	—	45	70
2.5	5	—	—	—	48	75
3	5.5	—	—	—	52	80
4	7	—	—	—	56	85
5	8	—	7	8	60	90
6	10	—	8	10	64	95
7	11	—	—	—	68	100
8	13	—	10	13	72	105
10	16	—	13	15	76	110
12	18	21	15	18	80	115
14	21	24	18	21	85	120
16	24	27	21	24	90	130
18	27	30	—	—	95	135
20	30	34	27	30	100	145
22	34	36	—	—	105	150
24	36	41	—	—	110	155
27	41	46	—	—	115	165
30	46	50	—	—	120	170
33	50	55	—	—	125	180
36	55	60	—	—	130	185
39	60	65	—	—	140	200
—	—	—	—	—	150	210

注：螺栓和螺钉头下圆角半径见 GB/T 3105—2002。

表 6-77　紧固件用内六角花形（摘自 GB/T 6188—2008）

（单位：mm）

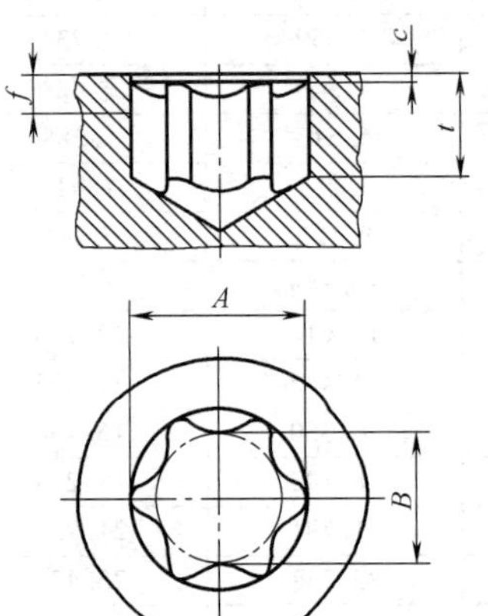

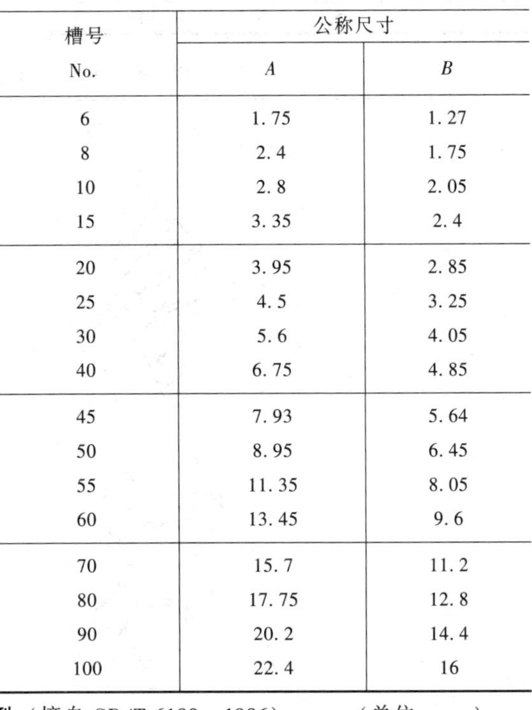

槽号 No.	公称尺寸 A	公称尺寸 B
6	1.75	1.27
8	2.4	1.75
10	2.8	2.05
15	3.35	2.4
20	3.95	2.85
25	4.5	3.25
30	5.6	4.05
40	6.75	4.85
45	7.93	5.64
50	8.95	6.45
55	11.35	8.05
60	13.45	9.6
70	15.7	11.2
80	17.75	12.8
90	20.2	14.4
100	22.4	16

表 6-78　紧固件用六角花形—E 型（摘自 GB/T 6189—1986）　（单位：mm）

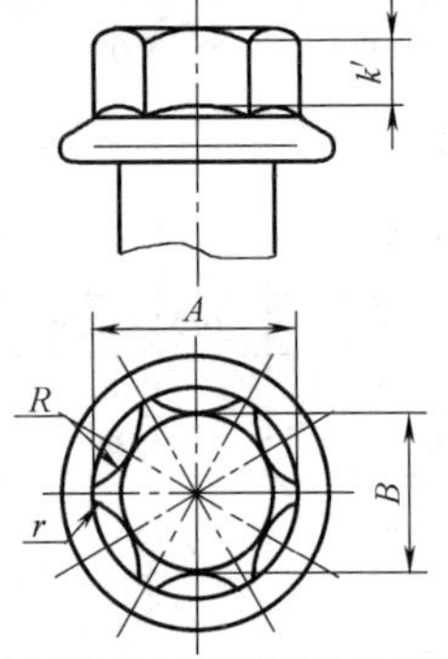

（续）

代号	A		B		R	r
	min	max	min	max	min	max
E4	3.659	3.734	2.651	2.711	0.689	0.369
E5	4.548	4.623	3.253	3.328	0.914	0.420
E6	5.513	5.588	3.878	3.953	1.274	0.407
E8	7.251	7.341	5.150	5.225	1.617	0.572
E10	9.156	9.246	6.654	6.744	2.355	0.686
E12	10.889	10.999	7.762	7.852	2.399	0.877
E14	12.616	12.726	9.049	9.139	2.644	1.093
E16	14.445	14.555	10.322	10.432	3.013	1.245
E18	16.350	16.460	11.719	11.829	3.361	1.441
E20	18.108	18.238	13.027	13.137	3.647	1.641
E24	21.791	21.921	15.578	15.688	4.635	1.824
E28	25.347	25.477	18.103	18.233	5.386	2.121
E32	28.852	28.982	21.161	21.291	5.643	2.873
E36	32.429	32.589	23.810	23.940	6.356	3.226
E40	35.985	36.145	26.416	26.546	7.059	3.571

表 6-79　螺钉用 H 型十字槽（摘自 GB/T 944.1—1985）

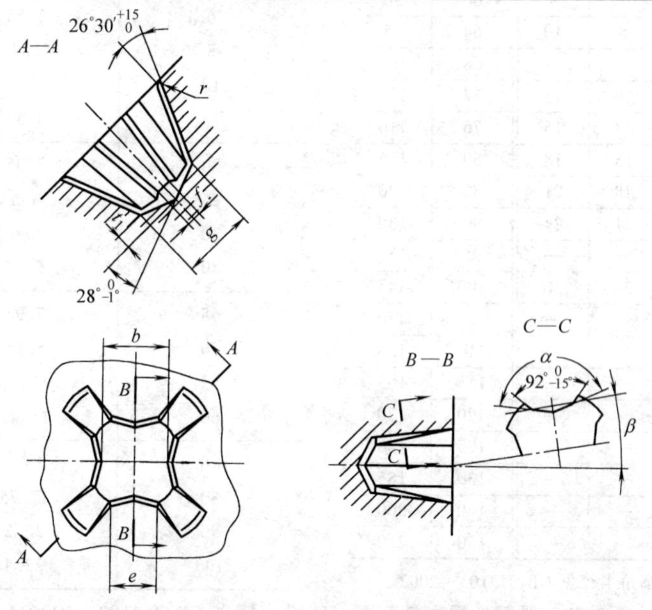

槽号 No			0	1	2	3	4
b	mm	0 −0.03	0.61	0.97	1.47	2.41	3.48
e			0.26~0.36	0.41~0.46	0.79~0.84	1.98~2.03	2.39~2.44
g		+0.05 0	0.81	1.27	2.29	3.81	5.08
f			0.31~0.36	0.51~0.56	0.66~0.74	0.79~0.86	1.19~1.27
r		公称	0.3	0.5	0.6	0.8	1
t_1		参考	0.22	0.34	0.61	1.01	1.35
α		0 −15′	—	138°	140°	146°	153°
β		+15′ 0	7°	7°	5°45′	5°45′	7°

表 6-80　螺钉用 Z 型十字槽（摘自 GB/T 944.1—1985）

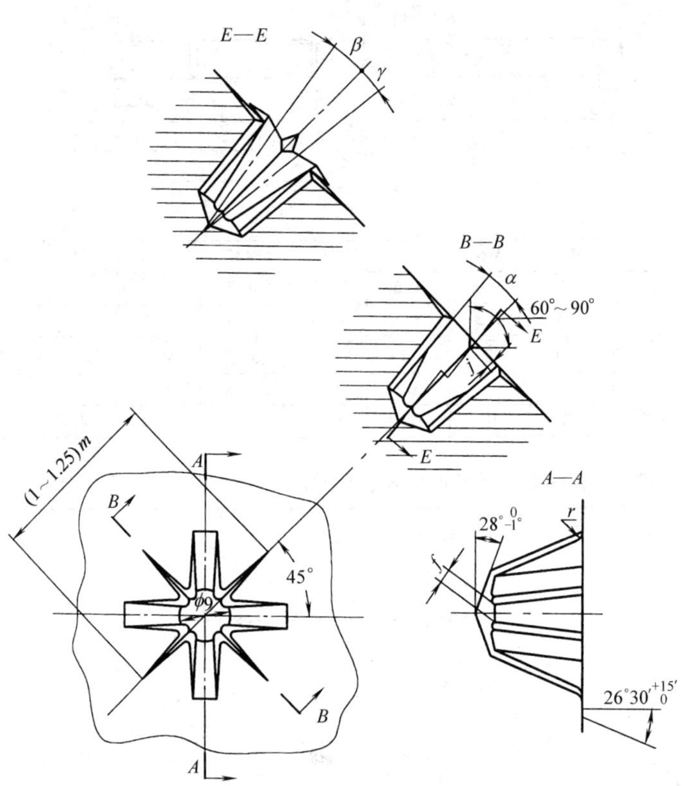

槽　号　No			0	1	2	3	4
b	mm	0 −0.05	0.76	1.27	1.83	2.72	3.96
f		0 −0.025	0.48	0.74	1.03	1.42	2.16
g		0 −0.05	0.86	1.32	2.34	3.86	5.08
r_1		max	0.30	0.30	0.38	0.51	0.64
r_2		max	0.10	0.13	0.15	0.25	0.38
j		max	0.13	0.15	0.15	0.20	0.20
α		+15′ 0	7°	7°	5°45′	5°45′	7°
β		0 −15′	7°45′	7°45′	6°20′	6°20′	7°45′
ν		0 −15′	4°23′	4°23′	3°	3°	4°23′
δ		0 −7′	46°	46°	46°	56°15′	56°15′

6.2.2.3　螺栓锁紧用孔（见表 6-81、表 6-82）

表 6-81　开口销孔的位置、尺寸及公差（摘自 GB/T 5278—1985）　（单位：mm）

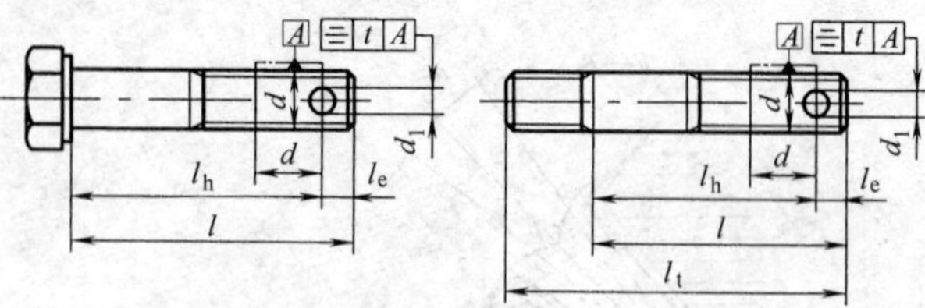

螺纹规格 d		M4	M5	M6	M7	M8	M10	M12	M14	M16	M18	M20
d_1	H14	1	1.2	1.6	1.6	2	2.5	3.2	3.2	4	4	4
l_e	min	2.3	2.6	3.3	3.3	3.9	4.9	5.9	6.5	7	7.7	7.7
螺纹规格 d		M22	M24	M27	M30	M33	M36	M39	M42	M45	M48	M52
d_1	H14	5	5	5	6.3	6.3	6.3	6.3	8	8	8	8
l_e	min	8.7	10	10	11.2	11.2	12.5	12.5	14.7	14.7	16	16

表 6-82　螺栓用金属丝孔的位置、尺寸及公差（摘自 GB/T 5278—1985）（单位：mm）

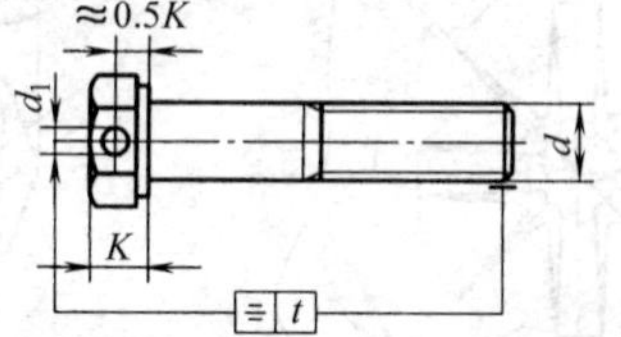

螺纹规格 d		M4	M5	M6	M7	M8	M10	M12	M14	M16	M18	M20
d_1	H14	1.2	1.2	1.6	1.6	2	2	2	2	3	3	3
螺纹规格 d		M22	M24	M27	M30	M33	M36	M39	M42	M45	M48	M52
d_1	H14	3	3	3	3	4	4	4	4	4	4	5

注：形位公差 t 见下表

产品等级	A	B	C
公差　t	2IT13	2IT14	2IT15

6.2.2.4　螺纹紧固件的应力截面积和承载面积

螺纹紧固件的应力截面积和承载面积（GB/T 16823.1—1997）是进行紧固件设计计算的重要参数。螺纹紧固件的应力截面积适用于计算外螺纹的应力和内螺纹保证应力；支承面承受载荷部分的面积（简称承载面积）是计算支承面压应力的基础。

（1）应力截面积　螺纹的应力截面积计算公式如下：

$$A_s = \frac{\pi}{4}\left(\frac{d_2 + d_3}{2}\right)^2$$

或　　$A_s = 0.7854(d-0.9382P)^2$

式中　A_s——螺纹的应力截面积（mm^2）；

d——外螺纹大径的公称尺寸（mm）；

d_2——螺纹中径的公称尺寸（mm）；

d_3——螺纹小径的公称尺寸（d_1）减去螺纹原始三角形高度（H）的 1/6 值，即

$$d_3 = d_1 - \frac{H}{6}$$

H——螺纹原始三角形高度（$H = 0.866025P$）（mm）；

P——螺距（mm）；

π——圆周率，$\pi = 3.1416$。

粗牙螺纹 M1 ~ M68（GB/T 193—2003）和细牙螺纹 M8×1 ~ M130×6（GB/T 193—2003）的应力截面积（A_s，取 3 位有效数字）见表 6-83。

（2）承载面积　常用支承面形状的支承面积（A_b，一般取 3 位有效数字）的计算公式见表 6-84。典型的螺纹紧固件的承载面积（A_b）值及承载面积与应力截面积之比（A_b/A_s，简称面积比）见表6-85。

表 6-83　螺纹紧固件的应力截面积（摘自 GB/T 16823.1—1997）

粗牙螺纹			细牙螺纹		
螺纹直径 d/mm	螺距 P/mm	应力截面积 A_s/mm^2	螺纹直径 d/mm	螺距 P/mm	应力截面积 A_s/mm^2
1	0.25	0.46	8	1	39.2
1.1	0.25	0.588	10	1	64.5
1.2	0.25	0.732	10	1.25	61.2
1.4	0.3	0.983	12	1.25	92.1
1.6	0.35	1.27	12	1.5	88.1
1.8	0.35	1.70	14	1.5	125
2	0.4	2.07	16	1.5	167
2.2	0.45	2.48	18	1.5	216
2.5	0.45	3.39	20	1.5	272
3	0.5	5.03	20	2	258
3.5	0.6	6.78	22	1.5	333
4	0.7	8.78	24	2	384
4.5	0.75	11.3	27	2	496
5	0.8	14.2	30	2	621
6	1	20.1	33	2	761
7	1	28.9	36	3	865
8	1.25	36.6	39	3	1030
10	1.5	58.0	45	3	1400
12	1.75	84.3	52	4	1830
14	2	115	56	4	2144
16	2	157	60	4	2490
18	2.5	192	64	4	2851
20	2.5	245	72	6	3460
22	2.5	303	76	6	3890
24	3	353	80	6	4340
27	3	459	85	6	4950
30	3.5	561	90	6	5590
33	3.5	694	95	6	6270
36	4	817	100	6	7000
39	4	976	105	6	7760
42	4.5	1120	110	6	8560
45	4.5	1310	115	6	9390
48	5	1470	120	6	10300
52	5	1760	125	6	11200
56	5.5	2030	130	6	12100
60	5.5	2360			
64	6	2680			
68	6	3060			

表 6-84　承载面积计算公式

支承面的形状	支承面积的计算公式
圆　形	$A_{b1}=\frac{\pi}{4}(d_w^2-d_h^2)=0.7854(d_w^2-d_h^2)$
六角形	$A_{b2}=\frac{\sqrt{3}}{2}S^2-\frac{\pi d_h^2}{4}=0.8660\times S^2-0.7854\times d_h^2$
方　形	$A_{b3}=S^2-\frac{\pi d_h^2}{4}=S^2-0.7854\times d_h^2$

表 6-85 典型螺纹紧固件的承载面积及承载面积与应力截面积之比

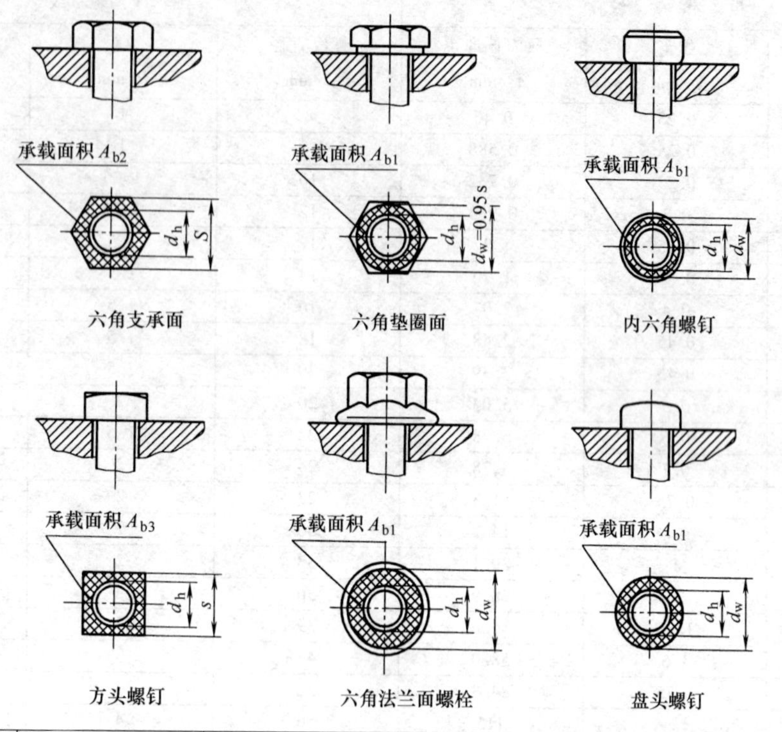

螺纹规格	螺栓或螺钉通孔直径 d_h /mm	承载面积与应力截面积					
		六角标准系列			六角垫圈面标准系列		
		对边宽度 S /mm	承载面积 A_{b2} /mm^2	面积比 A_{b2}/A_s	支承面直径 $d_w=0.95S$ /mm	承载面积 A_{b1} /mm^2	面积比 A_{b1}/A_s
M3	3.4	5.5	17.1	3.4	5.22	12.3	2.4
M4	4.5	7	26.5	3.0	6.65	18.8	2.1
M5	5.5	8	31.7	2.2	7.60	21.6	1.5
M6	6.6	10	52.4	2.6	9.5	36.7	1.8
M7	7.6	11	59.4	2.1	10.45	40.4	1.4
M8	9	13	82.7	2.3	12.35	56.2	1.5
M8×1	9	13	82.7	2.1	12.35	56.2	1.4
M10	11	16	127	2.2	15.20	86.4	1.5
M10×1.25	11	16	127	2.1	15.20	86.4	1.4
M12	13.5	18	137	1.6	17.10	86.5	1.0
M12×1.25	13.5	18	137	1.5	17.10	86.5	0.94
M14	15.5	21	193	1.7	19.95	124	1.1
M14×1.5	15.5	21	193	1.5	19.95	124	0.99
M16	17.5	24	258	1.6	22.80	168	1.1
M16×1.5	17.5	24	258	1.5	22.80	168	1.0
M18	20	27	317	1.7	25.65	203	1.1
M18×1.5	20	27	317	1.5	25.65	203	0.94
M20	22	30	399	1.6	28.50	258.5	1.1
M20×1.5	22	30	399	1.5	28.50	258.5	0.95
M22	24	34	549	1.8	32.30	367	1.2
M22×1.5	24	34	549	1.6	32.30	367	1.1
M24	26	36	591	1.7	34.20	388	1.1

（续）

螺纹规格	螺栓或螺钉通孔直径 d_h /mm	承载面积与应力截面积					
		六角标准系列			六角垫圈面标准系列		
		对边宽度 S /mm	承载面积 A_{b2} /mm²	面积比 A_{b2}/A_s	支承面直径 $d_w=0.95S$ /mm	承载面积 A_{b1} /mm²	面积比 A_{b1}/A_s
M24×2	26	36	591	1.5	34.20	388	1.0
M27	30	41	749	1.6	38.95	485	1.1
M27×2	30	41	749	1.5	38.95	485	0.98
M30	33	46	977	1.7	43.70	645	1.1
M30×2	33	46	977	1.6	43.70	645	1.0
M33	36	50	1150	1.7	47.50	754	1.1
M33×2	36	50	1150	1.5	47.50	754	0.99
M36	39	55	1430	1.8	52.25	950	1.2
M36×3	39	55	1430	1.7	52.25	950	1.1
M39	42	60	1730	1.8	57.00	1170	1.2
M39×3	42	60	1730	1.7	57.00	1170	1.1
M42	45	65	2070	1.8	—	—	—
M45	48	70	2430	1.9	—	—	—
M48	52	75	2750	1.9	—	—	—
M52	56	80	3080	1.8	—	—	—
M56	62	85	3240	1.6	—	—	—
M60	66	90	3590	1.5	—	—	—
M64	70	95	3970	1.5	—	—	—
M68	74	100	4360	1.4	—	—	—
M72×6	78	105	4770	1.4	—	—	—
M76×6	82	110	5200	1.3	—	—	—
M80×6	86	115	5640	1.3	—	—	—
M12	13.5	21	239	2.8	19.95	169	2.0
M14	15.5	24	310	2.7	22.80	220	1.9
M16	17.5	27	391	2.5	25.65	276	1.8
M18	20	30	461	2.4	28.50	324	1.7
M20	22	34	621	2.5	32.30	439	1.8
M22	24	36	670	2.2	34.20	466	1.5
M24	26	41	925	2.6	38.95	661	1.9
M27	30	46	1130	2.5	43.70	793	1.7
M30	33	50	1310	2.3	47.50	917	1.6
M33	36	55	1600	2.3	52.25	1130	1.6
M36	39	60	1920	2.4	57.00	1360	1.7
M39	42	65	2270	2.3	61.75	1610	1.6

螺纹规格	螺栓或螺钉通孔直径 d_h /mm	承载面积与应力截面积					
		内六角圆柱头螺钉			方头螺栓		
		支承面直径 d_w /mm	承载面积 A_{b1} /mm²	面积比 A_{b1}/A_s	对边宽度 S /mm	承载面积 A_{b3} /mm²	面积比 A_{b3}/A_s
M1.6	1.8	2.72	3.27	2.57	—	—	—
M2	2.4	3.40	4.56	2.20	—	—	—
M2.5	2.9	4.18	7.12	2.10	—	—	—
M3	3.4	5.07	11.11	2.21	—	—	—
M4	4.5	6.53	17.59	2.00	—	—	—

（续）

螺纹规格	螺栓或螺钉通孔直径 d_h /mm	承载面积与应力截面积					
		内六角圆柱头螺钉			方头螺栓		
		支承面直径 d_w /mm	承载面积 A_{b1} /mm²	面积比 A_{b1}/A_s	对边宽度 S /mm	承载面积 A_{b3} /mm²	面积比 A_{b3}/A_s
M5	5.5	8.30	30.35	2.14	—	—	—
M6	6.6	9.38	34.89	1.74	—	—	—
M8	9	12.33	55.79	1.52	—	—	—
M10	11	15.33	89.54	1.54	16	161	2.8
M12	13.5	17.23	90.02	1.07	18	181	2.1
M14	15.5	20.17	130.83	1.14	21	252	2.2
M16	17.5	23.17	181.11	1.15	24	335	2.1
M18	20	—	—	—	27	415	2.2
M20	22	28.87	274.48	1.12	30	520	2.1
M22	24	—	—	—	34	704	2.3
M24	26	34.81	420.77	1.19	36	765	2.2
M27	30	—	—	—	41	974	2.1
M30	33	43.61	638.40	1.14	46	1261	2.2
M36	39	52.54	973.47	1.19	55	2170	2.7
M42	45	—	—	—	65	2635	2.4
M48	52	—	—	—	75	3501	2.4

螺纹规格	螺栓或螺钉通孔直径 d_h /mm	承载面积与应力截面积					
		六角法兰面螺栓			盘头螺钉		
		支承面直径 d_w /mm	承载面积 A_{b1} /mm²	面积比 A_{b1}/A_s	支承面直径 d_w /mm	承载面积 A_{b1} /mm²	面积比 A_{b1}/A_s
M1.6	1.8	—	—	—	3.2	5.5	4.3
M2	2.4	—	—	—	4	8.04	3.9
M2.5	2.9	—	—	—	5	13.0	3.8
M3	3.4	—	—	—	5.6	15.6	3.1
M4	4.5	—	—	—	8	34.4	3.9
M5	5.5	9.4	45.64	3.2	9.5	47.1	3.3
M6	6.6	11.6	71.47	3.6	12	78.9	3.9
M8	9	14.9	110.75	3.0	16	137	3.7
M10	11	18.7	179.61	3.1	20	219	3.8
M12	13.5	22.6	258.01	3.1	—	—	—
M14	15.5	26.4	358.70	3.1	—	—	—
M16	17.5	30.6	494.89	3.2	—	—	—

6.2.3 紧固件公差

紧固件属通用互换性要求很高的通用零部件产品，其制造精度不仅直接影响产品的互换性，而且影响连接强度、防松效果以及生产成本，无论设计、使用和生产紧固件都应依据其使用要求选择适当的公差。

6.2.3.1 螺栓、螺钉和螺母公差

普通螺栓、螺钉和螺母以及自攻螺钉公差（GB/T 3103.1—2002）按其产品公差大小分为A、B和C级（产品等级），A级最精确，C级最不精确。确定公差水平的原则见表6-86。

表6-86 确定螺栓、螺钉和螺母公差的原则

部位	公差 产品等级		
	A	B	C
螺纹、杆部和支承面	紧的	紧的	松的
其他部位	紧的	松的	松的

精密机械用螺栓、螺钉和螺母公差（GB/T

3103.2—1982)适用的螺纹直径为 1~3mm，产品等级 F 级。

（1）螺栓、螺钉和螺母的尺寸公差　螺栓、螺钉和螺母的尺寸公差见表 6-87。

表 6-87　螺栓、螺钉和螺母的尺寸公差

部位	公差			
	产品等级			
	A	B	C	F
内螺纹	6H	6H	7H	螺纹直径 1~1.4mm，内螺纹：5H；外螺纹：4h 螺纹直径 >1.4~3mm，内螺纹：6H；外螺纹：5h
外螺纹	6g	6g	8g	
螺纹长度 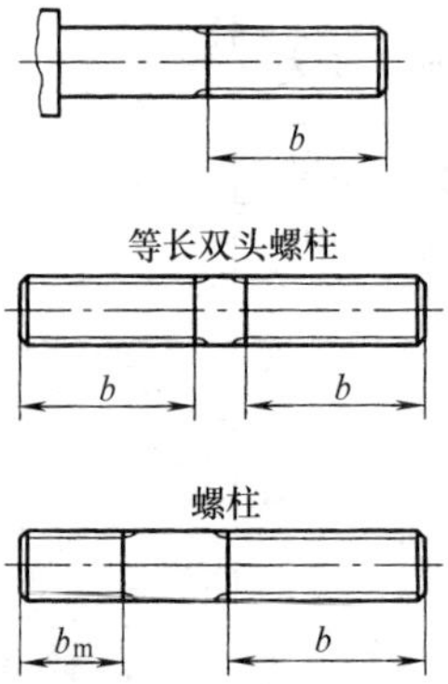 等长双头螺柱 螺柱	b^{+2P}_{0} bm　js16	b^{+2P}_{0} bm　js17	b^{+2P}_{0} bm　js17	b^{+2P}_{0}
	b 的公差（$^{+2P}_{0}$）仅用于在产品标准中未规定无螺纹杆部长度 l_s 和夹紧长度 l_g 的螺栓			
公称长度 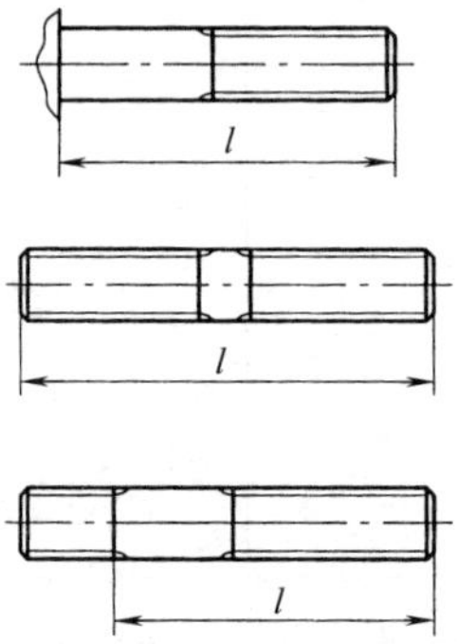	js15	js17	$l \leqslant 150$：js17 $l > 150$：±IT17	h13

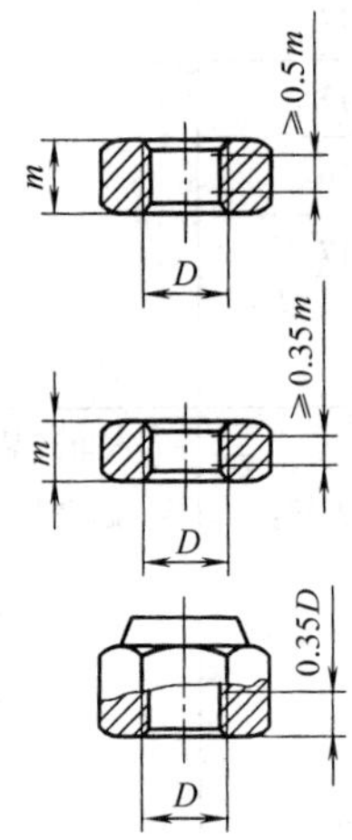

（续）

<table>
<tr><td rowspan="3">部　　位</td><td colspan="4">公　　差</td></tr>
<tr><td colspan="4">产　品　等　级</td></tr>
<tr><td>A</td><td>B</td><td>C</td><td>F</td></tr>
<tr><td>对边宽度 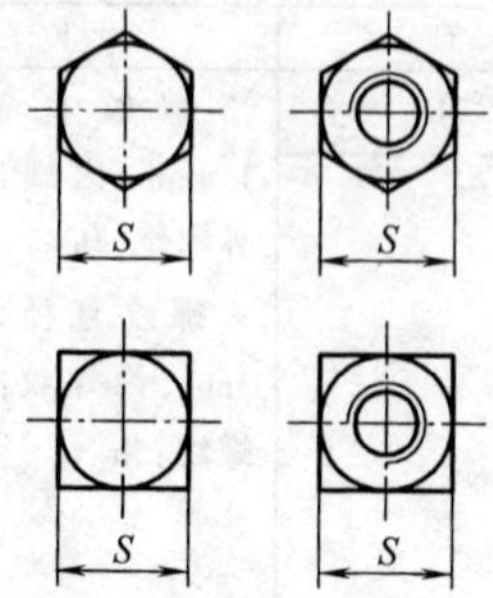
S</td><td>S/mm：≤30　公差：h13
S/mm：>30　公差：h14</td><td colspan="2">S/mm：≤18　公差：h14
S/mm：>18，≤60　公差：h15
S/mm：>60，≤180　公差：h16
S/mm：>180　公差：h17</td><td>h12</td></tr>
<tr><td>对角宽度 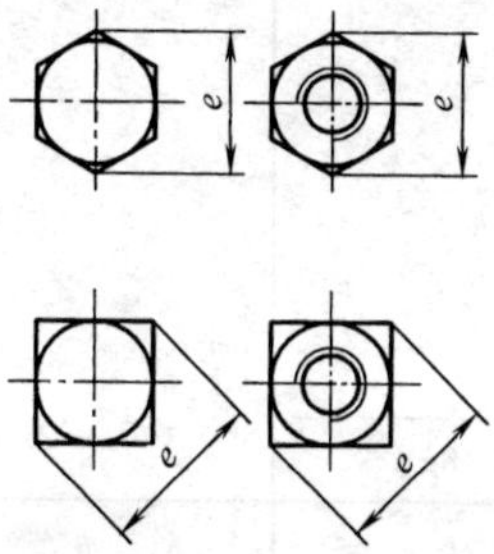
e</td><td colspan="3">六角产品：$e_{min} \geqslant 1.13S_{min}$
带法兰面及其他冷镦而无切边工序的六角头部：
$e_{min} \geqslant 1.12S_{min}$；
四方产品：$e_{min} \geqslant 1.3S_{min}$</td><td>六角产品：
$e_{min} \geqslant 1.12S_{min}$</td></tr>
<tr><td>头部高度 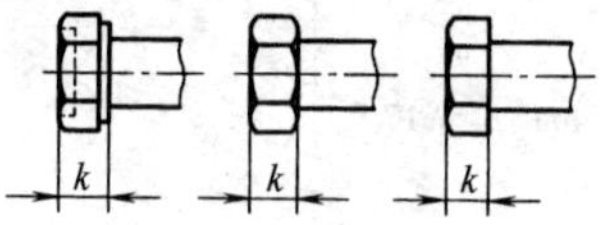
k</td><td>js14</td><td>js15</td><td>k/mm：<10　公差：js16
k/mm：≥10　公差：js17</td><td></td></tr>
<tr><td>螺母高度 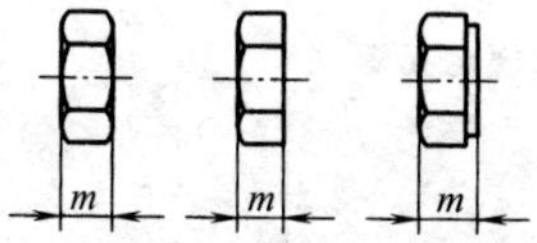
m</td><td colspan="2">≤M12：h14
>M12～M18：h15
>M18：h16</td><td>h17</td><td>h13</td></tr>
<tr><td>扳拧高度 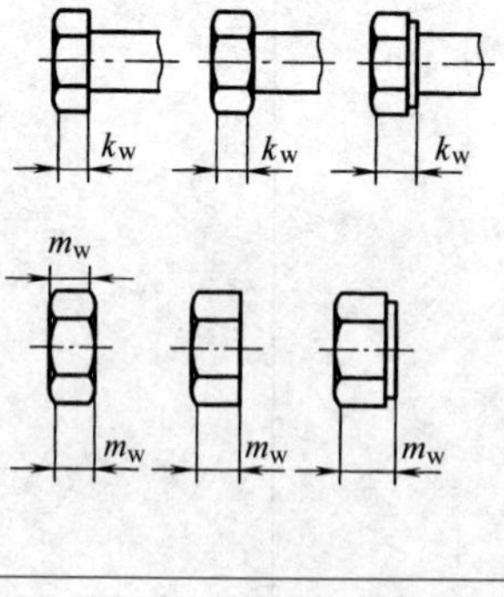
k_W　m_W</td><td colspan="3">$k_W \geqslant 0.7k_{min}$
$m_W \geqslant 0.8m_{min}$</td><td>$m_W \geqslant m_{min}$</td></tr>
</table>

（续）

<table>
<tr><td rowspan="3">部　　位</td><td colspan="6">公　　差</td></tr>
<tr><td colspan="6">产　品　等　级</td></tr>
<tr><td colspan="2">A</td><td>B</td><td>C</td><td colspan="2">F</td></tr>
<tr><td rowspan="11">内六角</td><td>S /mm</td><td>公差</td><td rowspan="11">—</td><td rowspan="11">—</td><td colspan="2" rowspan="11">—</td></tr>
<tr><td>0.7</td><td>EF8</td></tr>
<tr><td>0.9</td><td>JS9</td></tr>
<tr><td>1.3</td><td>K9</td></tr>
<tr><td>1.5</td><td rowspan="4">D11</td></tr>
<tr><td>2</td></tr>
<tr><td>2.5</td></tr>
<tr><td>3</td></tr>
<tr><td>4</td><td>E11</td></tr>
<tr><td>5~14</td><td>E12</td></tr>
<tr><td>>14</td><td>D12</td></tr>
<tr><td colspan="2">$e_{min} \geqslant 1.14S_{min}$</td></tr>
<tr><td rowspan="4">开槽宽度</td><td>n /mm</td><td>公差 /mm</td><td colspan="2" rowspan="4">—</td><td>n /mm</td><td>公差</td></tr>
<tr><td>≤1</td><td>+0.20
+0.06</td><td><0.3</td><td>C11</td></tr>
<tr><td>>1 ≤3</td><td>+0.31
+0.06</td><td>≥0.3
<0.4</td><td>C12</td></tr>
<tr><td>>3 ≤6</td><td>+0.37
+0.07</td><td>≥0.4</td><td>C13</td></tr>
<tr><td rowspan="7">头部直径</td><td colspan="3">h13
滚花头用±IT13</td><td>—</td><td colspan="2">—</td></tr>
<tr><td colspan="3" rowspan="4">h14</td><td rowspan="4">—</td><td>螺纹直径 /mm</td><td>公差</td></tr>
<tr><td>1~1.4</td><td>h10</td></tr>
<tr><td>>1.4~2</td><td>h12</td></tr>
<tr><td>>2~3</td><td>h13</td></tr>
<tr><td colspan="3" rowspan="2"></td><td rowspan="2"></td><td>开槽产品</td><td>十字槽产品</td></tr>
<tr><td>1~1.4
h12
>1.4~3
h13</td><td>h13</td></tr>
</table>

（续）

<table>
<tr><th rowspan="3">部　　位</th><th colspan="5">公　　差</th></tr>
<tr><th colspan="5">产　品　等　级</th></tr>
<tr><th>A</th><th>B</th><th>C</th><th colspan="2">F</th></tr>
<tr><td rowspan="3">头部高度 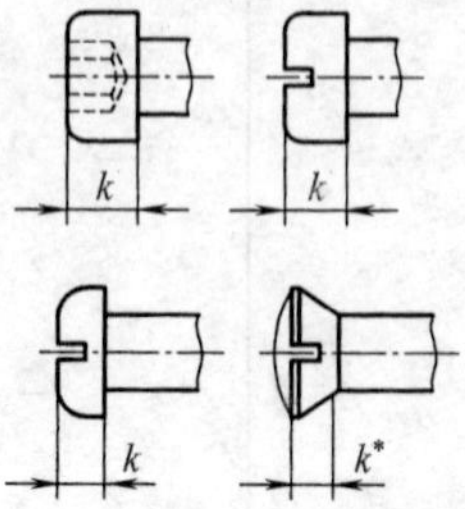</td><td rowspan="2">≤M5：h13
>M5：h14</td><td rowspan="2">—</td><td rowspan="2">—</td><td>开槽产品</td><td>十字槽产品</td></tr>
<tr><td>≤0.8：h11；
>0.8<1.2：h12；
≥1.2：h13</td><td>≤0.8：h12；
>0.8：h13</td></tr>
<tr><td colspan="5">* 沉头螺钉的头部高度尺寸在产品标准中仅规定最大值。
对沉头螺钉推荐采用直径与高度的综合检查</td></tr>
<tr><td rowspan="2">杆径 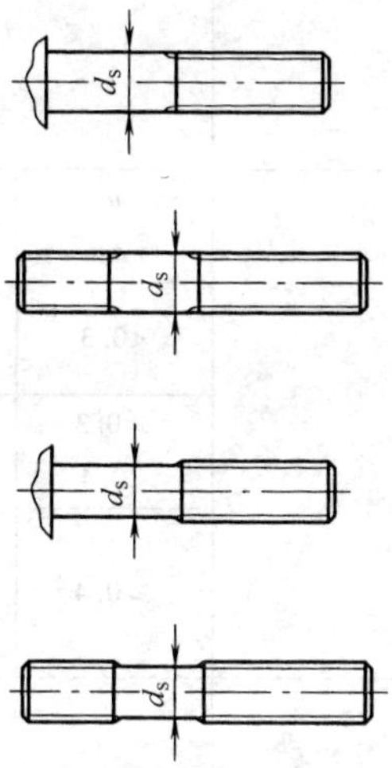</td><td>h13</td><td>h14</td><td>±IT15</td><td colspan="2">h13</td></tr>
<tr><td colspan="5">细杆杆径≈螺纹中径</td></tr>
<tr><td>支承面直径和垫圈面高度 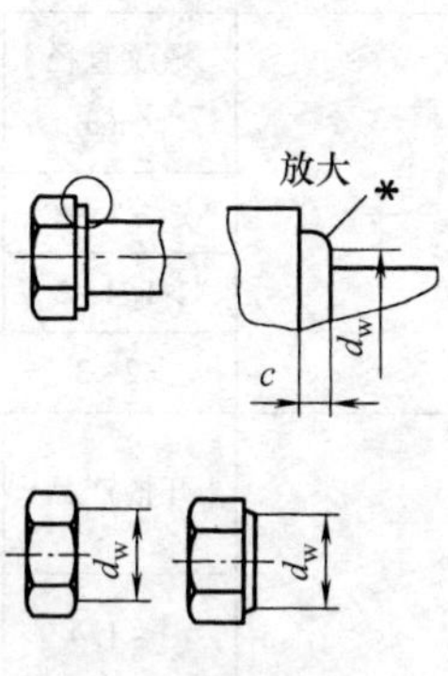</td><td colspan="2">$d_{wmin}=s_{min}-IT16$，用于 $s<21mm$
$d_{wmin}=0.95s_{min}$，用于 $s\geqslant 21mm$
$d_{wmax}=s_{实际}$
（mm）<table><tr><th rowspan="2">螺纹直径</th><th colspan="2">c</th></tr><tr><th>min</th><th>max</th></tr><tr><td>≥1.6～2.5</td><td>0.10</td><td>0.25</td></tr><tr><td>>2.5～4</td><td>0.15</td><td>0.4</td></tr><tr><td>4～6</td><td>0.15</td><td>0.5</td></tr><tr><td>6～14</td><td>0.15</td><td>0.6</td></tr><tr><td>14～36</td><td>0.2</td><td>0.8</td></tr><tr><td>>36</td><td>0.3</td><td>1</td></tr></table>* 形状由制造者决定</td><td colspan="3">—</td></tr>
</table>

（续）

部　　位	公差 产品等级 A	B	C	F
支承面 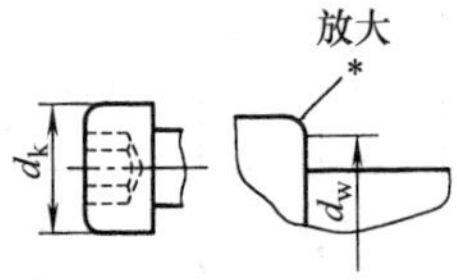 放大 * d_k　d_w	(mm) 螺纹直径: ≤2.5 — d_w min: $d_{kmin}-0.14$ >2.5~5 — $d_{kmin}-0.25$ >5~10 — $d_{kmin}-0.4$ >10~16 — $d_{kmin}-0.5$ >16~24 — $d_{kmin}-0.8$ >24~36 — $d_{kmin}-1.0$ >36 — $d_{kmin}-1.2$ * 形状由制造者决定			—
开槽螺母 d_e	h14	h15	h16	—
开槽螺母 m	h14	h15	h17	—
开槽螺母 W	h14	h15	h17	—
开槽螺母 n m_W 见 GB/T 6170 的值。	H14	H14	H15	—

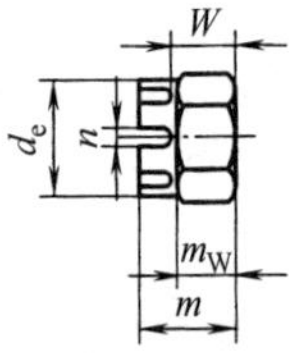

（2）螺栓、螺钉、螺柱和螺母的形位公差　A、　表 6-88，F 级见 GB/T 3103.2—1982。
B、C 级螺栓、螺钉、螺柱和螺母的形位公差见

表 6-88　螺栓、螺钉和螺母的形位公差

部　　位	公差 t A 级	B 级	C 级	选取 t 的基本尺寸
1. 外螺纹件　形状公差　扳拧部位				
外扳拧 120°(6处)　90°(4处) a　3×对边　a　2×对边	—			
内扳拧 120°(6处) a　3×对边	—			
2. 外螺纹件　位置度公差　扳拧部位				
C　MD[b] d^a　120°(6处)	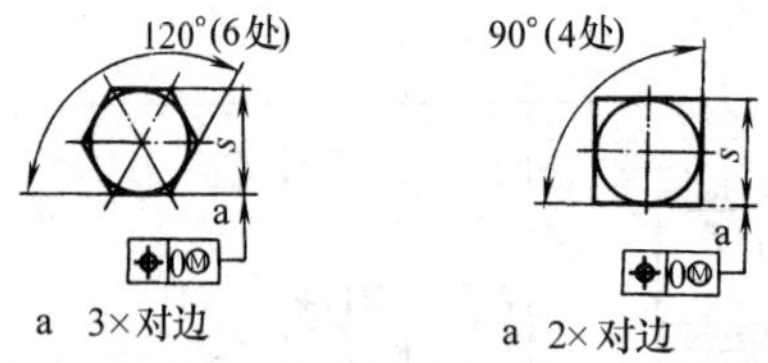 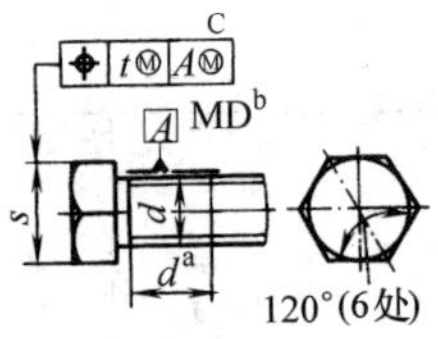 2IT13	2IT14	2IT15	s
C　MD[b] d^a　120°(6处)	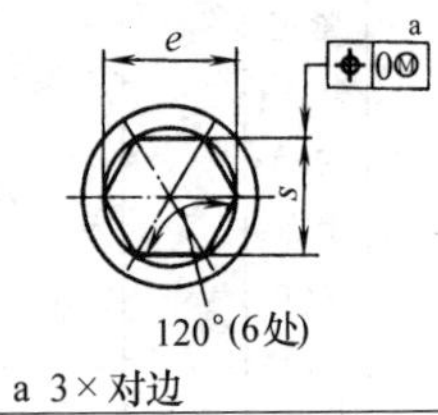 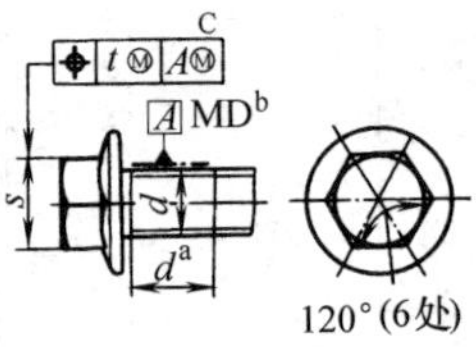 2IT13	2IT14	—	s

（续）

部位	公差 t A级	公差 t B级	公差 t C级	选取 t 的基本尺寸
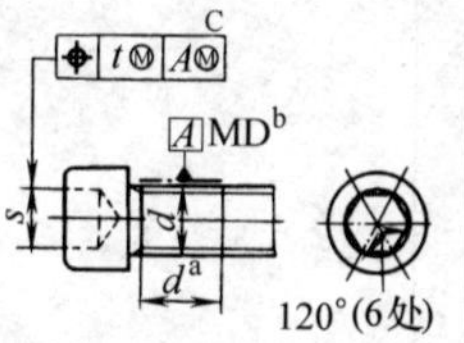	2IT13	—	—	d
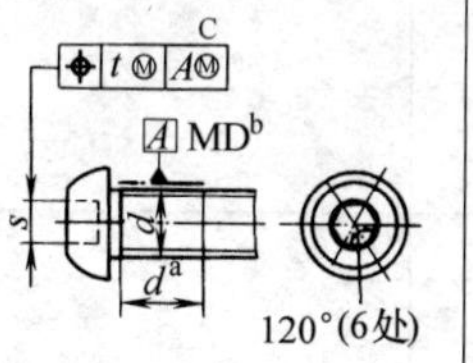	2IT13	—	—	d
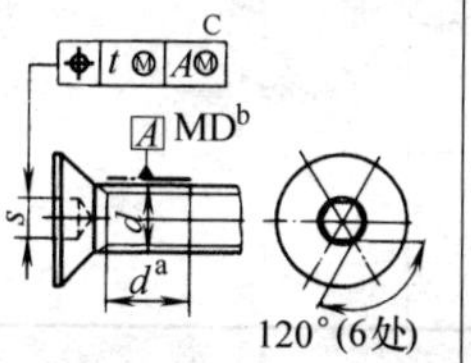	2IT13	—	—	d
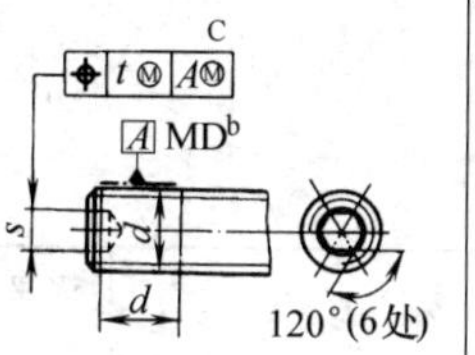	2IT12	—	—	d
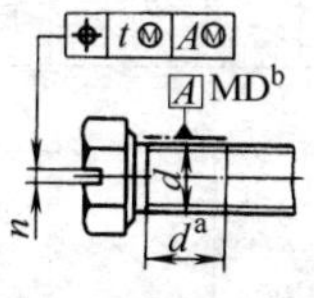	2IT12	2IT13	2IT14	d
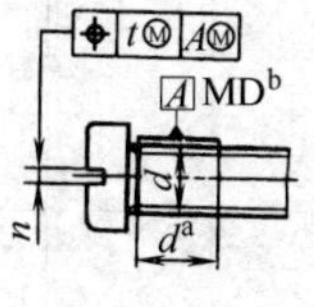	2IT12	2IT13	2IT14	d
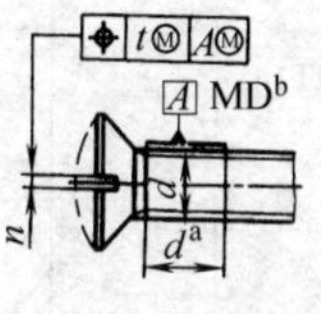	2IT12	2IT13	2IT14	d
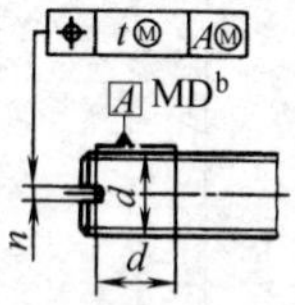	2IT12	—	—	d
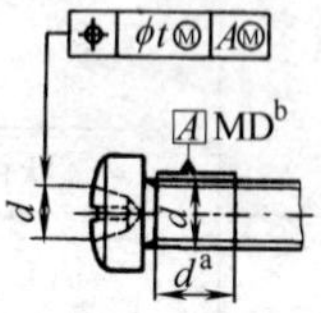	2IT13	—	—	d
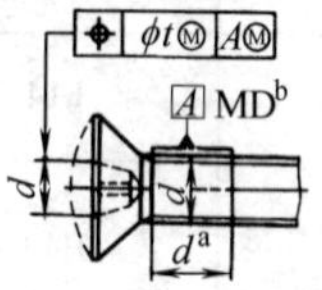	2IT13	—	—	d
3. 外螺纹件　位置度公差　其他部位				
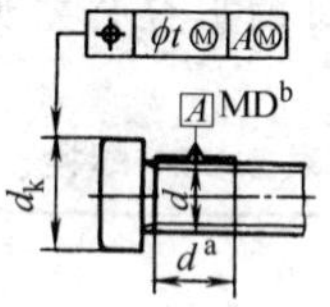	2IT13	2IT14	2IT15	d_k
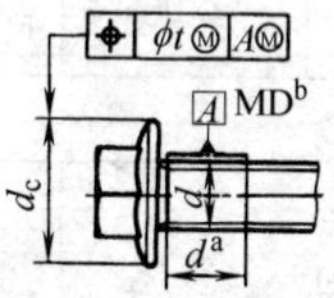	2IT13	2IT14	—	d_c
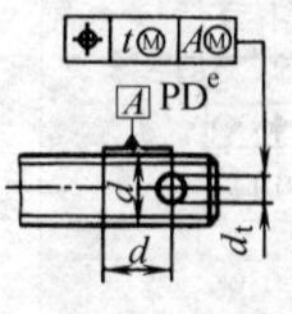	2IT13	2IT14	2IT15	d
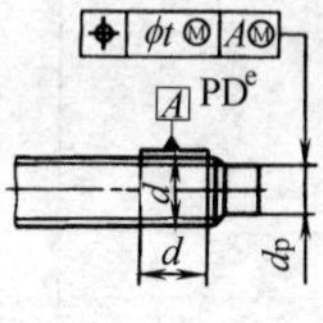	紧定螺钉：IT13 其他螺钉：2IT13	—	—	d

（续）

部位	公差 t A 级	公差 t B 级	公差 t C 级	选取 t 的基本尺寸
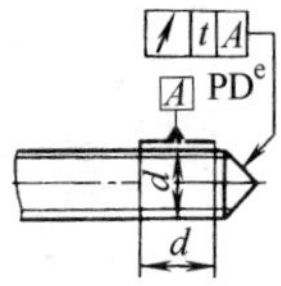	IT13	—	—	d
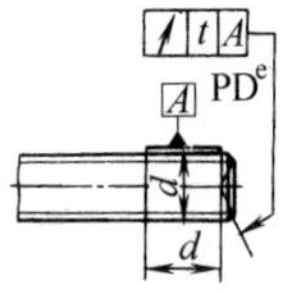	IT13	—	—	d
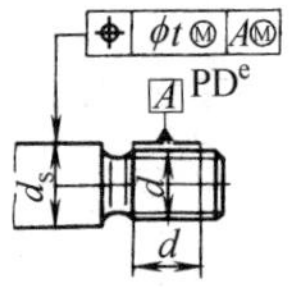	2IT13	2IT14	2IT15	d
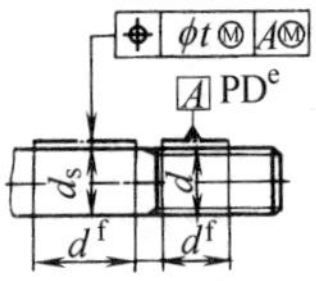	IT13	IT14	IT15	d
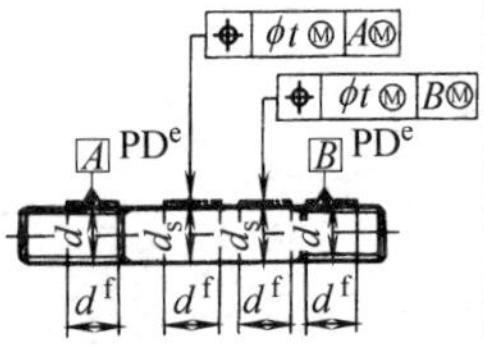	IT13	IT14	—	d
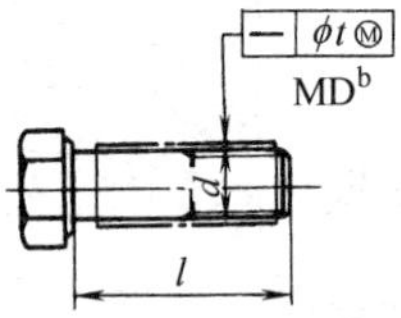	≤8：$t=0.002l+0.05$；>8：$t=0.0025l+0.05$		$d≤8$：$t=2(0.002l+0.05)$；$d>8$：$t=2(0.0025l+0.05)$	—
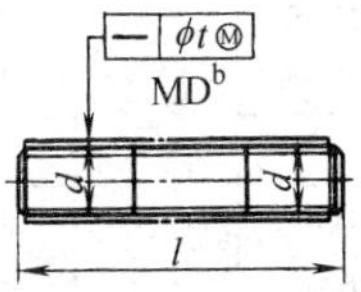	≤8：$t=0.002l+0.05$；>8：$t=0.0025l+0.05$		—	—

部位	公差 t A 级	公差 t B 级	公差 t C 级	选取 t 的基本尺寸
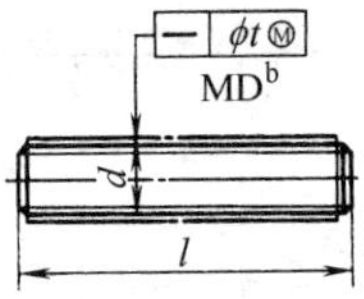	—		$d≤8$：$t=2(0.002l+0.05)$；$d>8$：$t=2(0.0025l+0.05)$	—
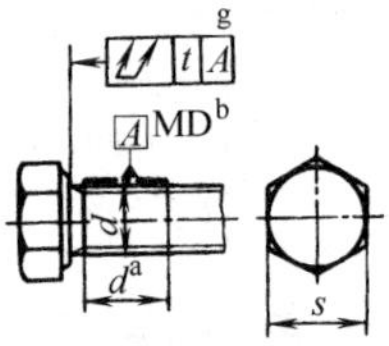 g 直径至0.8s	0.04		—	1.6
	0.04		—	2
	0.08		—	2.5
	0.08		—	3
	0.08		—	3.5
	0.08		—	4
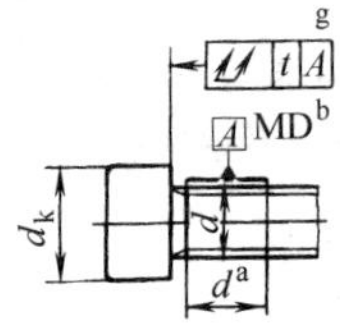 g 直径至0.8d_k	0.15		0.3	5
	0.15		0.3	6
	0.15		0.3	7
	0.17		0.34	8
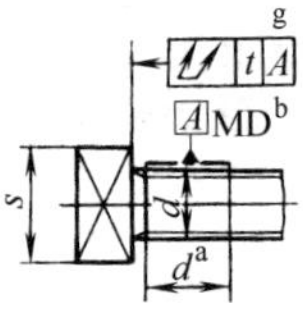 g 直径至0.8s	0.21		0.42	10
	0.25		0.50	12
	0.29		0.58	14
	0.34		0.68	16
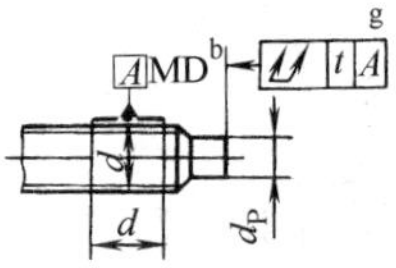 g 直径至0.8d_p	0.38		0.76	18
	0.42		0.84	20
	0.46		0.92	22
	0.50		1.00	24
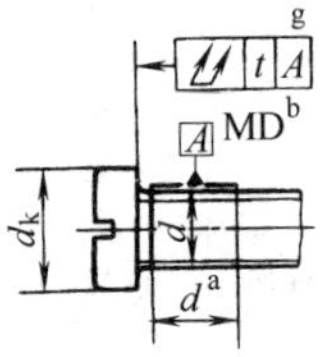 g 直径至0.8d_k	0.57		1.14	27
	0.63		1.26	30
	0.69		1.38	33
	0.76		1.52	36
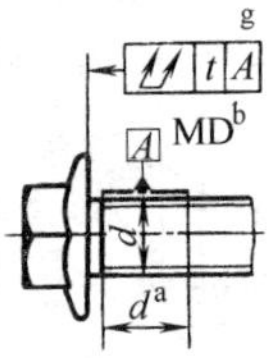 g 任何径向线上最高点的线	0.82		1.64	39
	0.44		0.88	42
	0.47		0.94	45
	0.50		1	48
	0.55		1.1	52

（续）

部位	公差 t A级	公差 t B级	公差 t C级	选取 t 的基本尺寸
4. 外螺纹　支承面形状允许误差				
放大 φ i；h；t；d；d_a；d_w h　d_{amax} 和 d_{wmin} 间的径向线 i　按产品标准规定	0.005d			d

a. 基准 A 应尽可能靠近头部，并在距头部 0.5d 兴以内。基准 A 可以是光杆或者螺纹，但不应包括螺纹收尾或头下圆角部分

b. MD 表示该公差适用于螺纹大径轴线为基准

c. 3×对边

d. 对十字槽位置度的仲裁检验应使用 GB/T 944.1 规定的量规进行评定

e. PD 表示该公差适用于螺纹中径轴线为基准

f. 基准 A 应尽可能靠近杆部的各个部分，但应避开螺纹收尾

5. 螺母　形状公差　扳拧部位

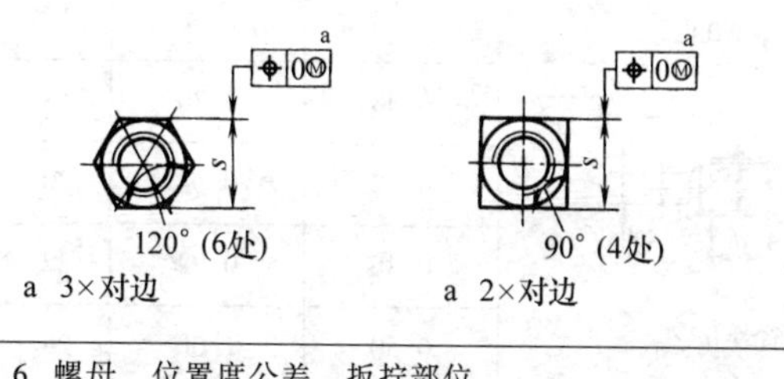

部位	公差 t A级	公差 t B级	公差 t C级	选取 t 的基本尺寸
6. 螺母　位置度公差　扳拧部位				
a　tⓂ AⓂ；A；s；D a　3×对边　120°（6处）	2IT13	2IT14	2IT15	s
a　tⓂ AⓂ；A；s；D a　3×对边　120°（6处）	2IT13	2IT14	—	s
a　tⓂ AⓂ；A；s；D a　2×对边　90°（4处）	2IT13	2IT14	2IT15	s
7. 螺母　位置度公差　其他部位				
φtⓂ AⓂ；A；d_c；D	2IT14	2IT15	—	d_c
3×　tⓂ AⓂ；A；n；D	2IT13	2IT14	2IT15	D
φtⓂ AⓂ；A；d_k；D	2IT13	2IT14	—	d_k

部位	A	B	C	选取 t 的基本尺寸
a　t A；A；D；s a　直径至0.8s	0.04		—	1.6
				2
	0.08			2.5
				3
				3.5
				4
a　t A；A；D；s a　直径至0.8s	0.15	0.3	—	5
				6
				7
	0.17	0.34		8
	0.21	0.42		10
	0.25	0.50		12
a　t A；A；D；d_k a　直径至0.8d_k	0.29	0.58		14
	0.34	0.68		16
	0.38	0.76		18
	0.42	0.84		20
	0.46	0.92		22
	0.50	1		24

（续）

部　位	公差 t A级	公差 t B级	公差 t C级	选取 t 的基本尺寸
a　任何径向线上最高点的线	0.57		1.14	27
	0.63		1.26	30
	0.69		1.38	33
	0.76		1.52	36
	0.82		1.64	39
	0.44		0.88	42
	0.47		0.94	45
	0.50		1	48
	0.55		1.1	52

部　位	公差 t A级	公差 t B级	公差 t C级	选取 t 的基本尺寸
8. 螺母支承面形状允许误差				
放大 a　d_{amax} 和 d_{wmin} 间的径向线 b　按产品标准规定	0.005D		—	—

6.2.3.2　平垫圈公差

平垫圈公差（GB/T 3103.3—2000）适用的螺纹直径为 1~150mm，按其产品质量和公差大小分为 A 和 C 级（产品等级），A 级最精确，C 级最不精确。平垫圈公差见表 6-89。

6.2.3.3　耐热用螺纹连接副公差

耐热用螺纹连接副包括用于既能承受高温、交变载荷，又要在相当大的程度上保证预紧力和耐疲劳强度的工况条件下使用的等长双头螺柱、双头螺柱、六角头螺栓、六角法兰面螺栓、六角螺母、罩螺母及受力套管。

耐热用螺纹连接副公差（GB/T 3103.4—1992）适用的螺纹直径为 M12～M180×6，适用的受力套管公称直径为 21~270mm，按其产品质量和公差大小分为 TA、TB 和 TC 级，TA 级最精确，TC 级最不精确。

（1）表面粗糙度　耐热用螺纹连接副的表面粗糙度见表 6-90。

（2）螺纹　大间隙配合的普通螺纹的牙型及基本尺寸按 GB/T 192—2003 和 GB/T 196—2003 规定，外螺纹的牙底形状按 GB/T 197—2003 的规定。内螺纹的公差为 6H 级，外螺纹大径及中径极限偏差见表 6-91。

表 6-89　平垫圈公差（摘自 GB/T 3103.3—2000）　（单位：mm）

部　位	公差 产品等级 A h	A d_1 公差	A h_1	C h	C d_1 公差
通孔（冲压） 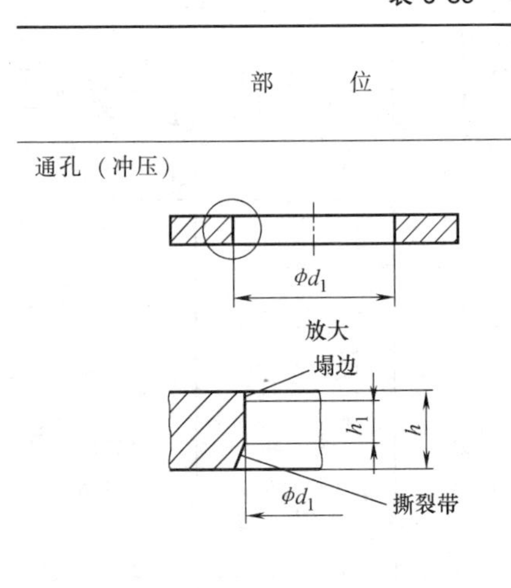	$h≤4$ $h>4$	H13 H14	0.5h 0.3h	$h≤4$ $h>4$	H14 H15
	塌边和撕裂带尚未规定，但将要提出			h_1、塌边和撕裂带尚未规定，但将要提出	
	h_1 是在 d_1 规定公差范围内孔的部分				

（续）

部位	公差：产品等级 A		公差：产品等级 C	
外径（冲压） 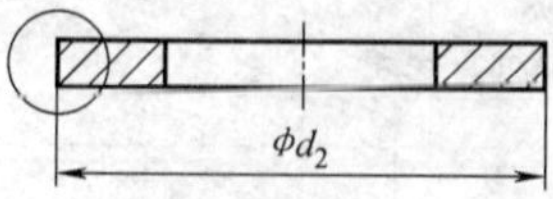 ϕd_2 放大 撕裂带 h_2 n 塌边	h	d_2 公差	d_2 公差	
	$h\leqslant 4$ $h>4$	h14 h15	h16	
	h_2、塌边和撕裂带尚未规定，但将要提出 h_2 是在 d_2 规定公差范围的外径部分			
厚度 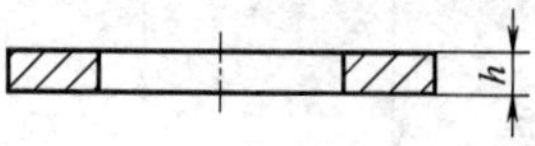 h	h	公差	h	公差
	$h\leqslant 0.5$ $0.5<h\leqslant 1$ $1<h\leqslant 2.5$ $2.5<h\leqslant 4$ $4<h\leqslant 6$ $6<h\leqslant 10$ $10<h\leqslant 20$	±0.05 ±0.1 ±0.2 ±0.3 ±0.6 ±1 ±1.2	$h\leqslant 0.5$ $0.5<h\leqslant 1$ $1<h\leqslant 2.5$ $2.5<h\leqslant 4$ $4<h\leqslant 6$ $6<h\leqslant 10$ $10<h\leqslant 20$	±0.1 ±0.2 ±0.3 ±0.6 ±1 ±1.2 ±1.6
倒角 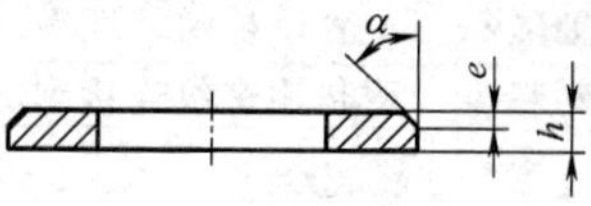 α e h	$\alpha=30°\sim45°$ $e_{min}=0.25h$ $e_{max}=0.5h$			
形位公差 同一部位厚度不均匀度 Δh 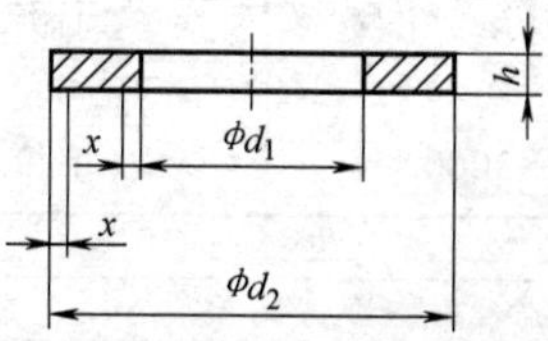 h x ϕd_1 x ϕd_2 Δh 的要求适用于孔的内棱边间与外棱边间的距离。 $x=0.1\ (d_2-d_1)$，即圆周宽度的 60%	h	Δh	不要求	
	$h\leqslant 0.5$ $0.5<h\leqslant 1$ $1<h\leqslant 2.5$ $2.5<h\leqslant 4$ $4<h\leqslant 6$ $6<h\leqslant 10$ $10<h\leqslant 20$	0.025 0.05 0.1 0.15 0.2 0.3 0.4		
同轴度 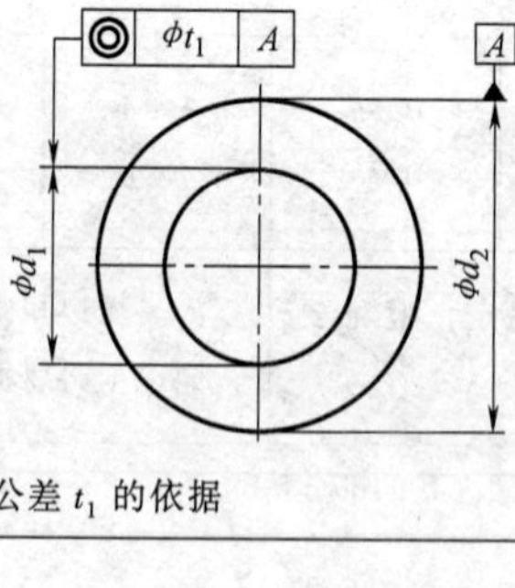 ◎ ϕt_1 A　A ϕd_1 ϕd_2 d_2 为选取公差 t_1 的依据	d_2	t_1	d_2	t_1
	$d_2\leqslant 50$ $d_2>50$	2IT12 2IT13	$d_2\leqslant 50$ $d_2>50$	2IT15 2IT16

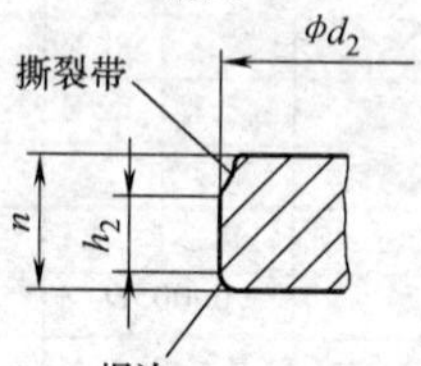

（续）

<table>
<tr><td rowspan="3">部　　位</td><td colspan="3">公　　差</td></tr>
<tr><td colspan="3">产　品　等　级</td></tr>
<tr><td colspan="2">A</td><td>C</td></tr>
<tr><td rowspan="17">平面度

公差 t_2 与厚度 h 的公差系互为独立的公差</td><td>h
/mm</td><td>t_2[①]
/mm</td><td rowspan="17">不要求</td></tr>
<tr><td colspan="2">非不锈钢</td></tr>
<tr><td>$h≤0.5$</td><td>0.1</td></tr>
<tr><td>$0.5<h≤1$</td><td>0.15</td></tr>
<tr><td>$1<h≤2.5$</td><td>0.2</td></tr>
<tr><td>$2.5<h≤4$</td><td>0.3</td></tr>
<tr><td>$4<h≤6$</td><td>0.4</td></tr>
<tr><td>$6<h≤10$</td><td>0.5</td></tr>
<tr><td>$10<h≤20$</td><td>1</td></tr>
<tr><td colspan="2">不锈钢</td></tr>
<tr><td>$h≤0.5$</td><td>0.15</td></tr>
<tr><td>$0.5<h≤1$</td><td>0.22</td></tr>
<tr><td>$1<h≤2.5$</td><td>0.3</td></tr>
<tr><td>$2.5<h≤4$</td><td>0.45</td></tr>
<tr><td>$4<h≤6$</td><td>0.6</td></tr>
<tr><td>$6<h≤10$</td><td>0.9</td></tr>
<tr><td>$10<h≤20$</td><td>1.5</td></tr>
</table>

① 去除毛刺后测量平面度。

表 6-90　耐热用螺纹连接副的表面粗糙度　（单位：μm）

部　　位	表面粗糙度 R_a								
	TA			TB			TC		
	螺栓、螺柱	螺母	受力套管	螺栓、螺柱	螺母	受力套管	螺栓、螺柱	螺母	受力套管
牙侧	3.2	6.3	—	3.2	6.3	—	6.3	6.3	—
牙底	3.2	6.3	—	3.2	6.3	—	6.3	工艺确定	—
支承面	3.2	3.2	3.2	3.2	3.2	6.3	6.3	6.3	—
杆部与螺纹过渡处	3.2	—	—	3.2	—	—	6.3	—	—
螺母放扳手面	12.5	12.5	—	12.5	12.5	—	工艺确定	工艺确定	—
轴向孔	6.3	—	—	12.5	—	—	—	—	—
其余表面	12.5	12.5	—	12.5	12.5	12.5	12.5	12.5	—

表 6-91　大间隙配合普通螺纹的极限偏差　（单位：μm）

螺纹规格	外螺纹中径 d_2		外螺纹大径 d	
	上极限偏差	下极限偏差	上极限偏差	下极限偏差
M12	-177	-327	-177	-442
M16	-177	-337	-177	-457
M20	-200	-370	-200	-535
M24、M27	-212	-412	-212	-507
M30、M33	-225	-437	-225	-650
M36、M39	-237	-461	-237	-712
M42、M45	-250	-486	-250	-750
M48、M52	-265	-515	-265	-795
M56	-280	-545	-280	-840
M64～M90×6	-354	-634	-354	-954
M100×6～M120×6	-413	-713	-413	-1013
M125×6～M150×6	-472	-772	-472	-1072
M160×6～M180×6	-531	-831	-531	-1131

根据使用要求，大间隙配合的外螺纹或内螺纹允许制成带锥度的螺纹，其锥度的大小由供需双方协议。

TA、TB 和 TC 级螺纹基本尺寸按 GB/T 196—2003 的规定，公差带按 GB/T 197—2003 规定的 6H（内螺纹）及 6g（外螺纹）。

（3）尺寸公差　耐热用螺纹连接副的尺寸公差见表 6-92。表中图示仅是举例，公差要求也适用于其他结构型式的耐热螺栓和螺母。

（4）形位公差　耐热用螺纹连接副的形位公差见表 6-93。表中规定的形位公差与制造工艺、测量或试验方法无关。

表 6-92　6H/6g 配合螺纹公差

部位	尺寸代号	公差 产品等级 TA	 TB	 TC
等长双头螺柱 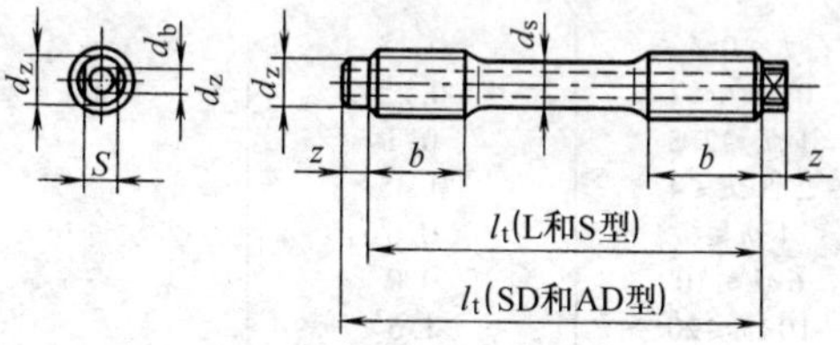	b	+IT15		—
	d_b	H13		—
	d_s	h12		—
	d_z	h13		—
	l_t	js13	js15	—
	S	h13		—
	z	js14	js15	—
螺柱（腰状杆或等粗杆） 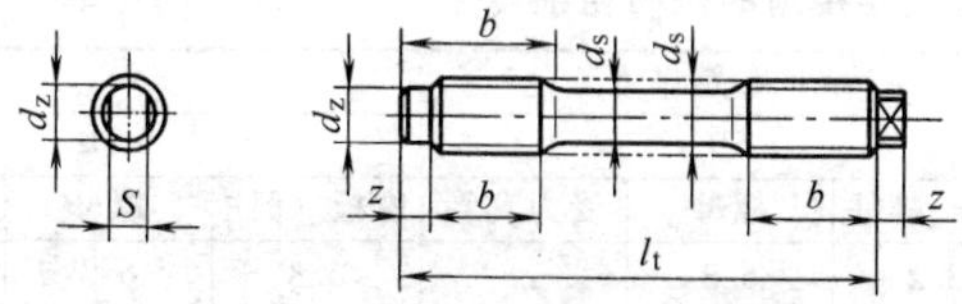	b	+IT15		—
	d_s	h12		—
	d_z	h13		—
	l_t	js13	js15	—
	S	h13		—
对等粗杆 b 的公差为+1.5P（P——螺距）	z	js14	js15	—
螺栓（腰状杆或等粗杆） 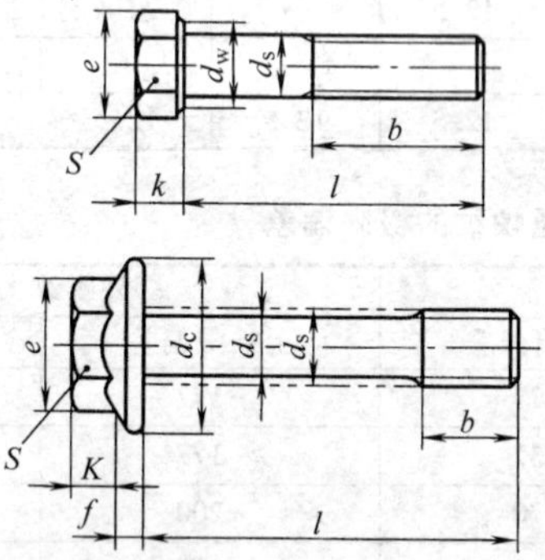	b	+IT15		
	d_b	h13		
	d_s	h12		
	d_w	$d_{w\min}=S_{\min}-IT15$		
	e	$e_{\min}\geqslant 1.13S_{\min}$		
	f	js14		js15
	K	js14		js15
	l	js15		js16
	S	h13　$S\leqslant 30$mm h14　$S>30$mm		h14 $S\leqslant 19$mm h15 $S>19$mm
六角螺母 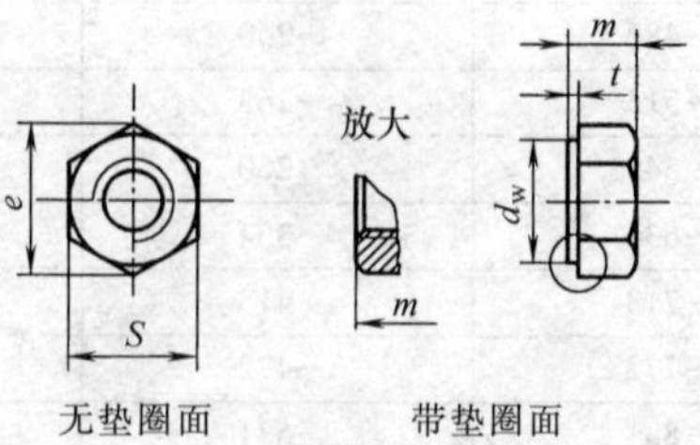	d_w	h13		
	e	$e_{\min}\geqslant 1.13S_{\min}$		
	m	+IT14		+IT15
	l_t	js13	js15	
	S	h13　$S\leqslant 30$mm h14　$S>30$mm		h15
无垫圈面　带垫圈面	t	js14		

表 6-93　耐热用螺纹连接的形位公差

部　　位	选取公差 t 的依据	公　差/mm		
		产品等级		
		TA	TB	TC
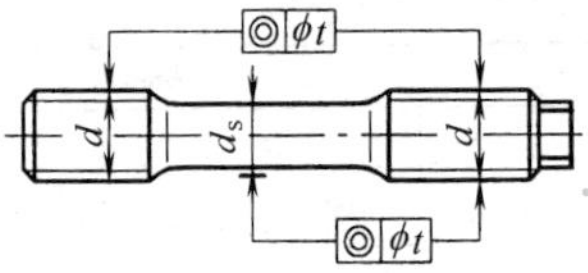	d	2IT10	2IT13	—
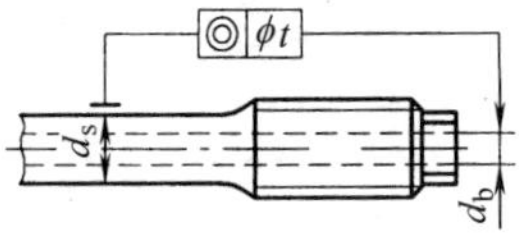	d	2IT13	2IT14	—
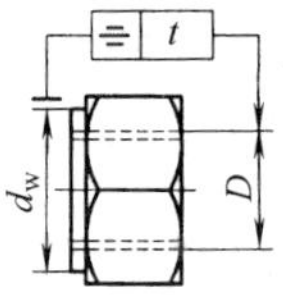	D	2IT12	2IT13	2IT14
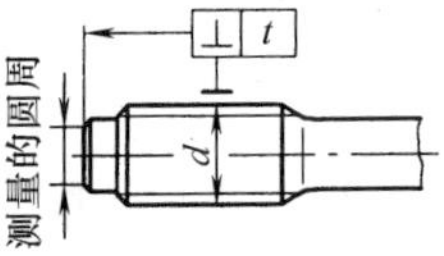	d	t=0.009×测量的圆周	t=0.0175×测量的圆周	—
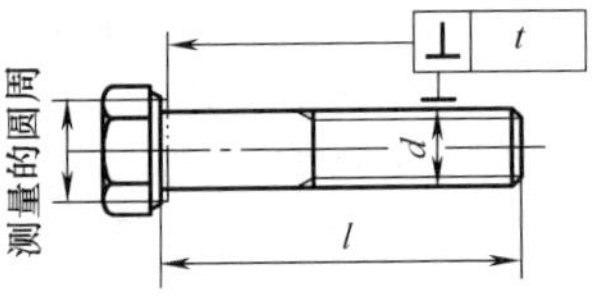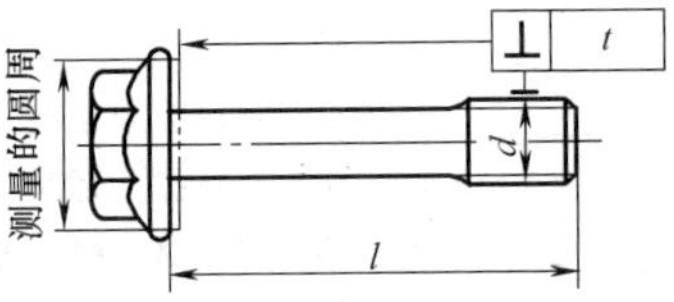	d	t=0.05，l≤60；t=0.1，l>60 ≤120；t=0.13，l>120	d≤M39：t=0.009×测量的圆周 d>M39：t=0.0045×测量的圆周	

6.2.4　力学和工作性能

在紧固件各项性能中，力学和工作性能至关重要，是设计选用和衡量紧固件的基本依据。在现行国际和国家标准中将其统称为机械性能（GB/T 3098 系列标准）。

6.2.4.1　螺栓、螺钉和螺柱

（1）范围　螺栓、螺钉和螺柱的力学性能（摘自 GB/T 3098.1—2010）　适用于碳钢或合金钢制造的螺栓、螺钉和螺柱等外螺纹紧固件，无论何种形状，只要用于承受轴向拉力载荷的场合，均应保证其具有足够的抗拉强度、屈服点和韧度等。对于紧定螺钉及类似的不规定抗拉强度的螺纹紧固件及承剪零件的性能要求与之不同。当工作温度高于300°C或低于-50°C时，产品的力学性能可能发生明显改变，使用中应予以注意。

（2）性能等级的标记和标志

1）性能等级的标记代号用一个带点的数字表示，如 4.6。点前的数字表示公称抗拉强度 σ_b 的 1/100。点后数字表示公称屈服点 σ_s（或 $\sigma_{p0.2}$）与公称抗拉

强度 σ_b 的比值的 10 倍。如标记代号为 4.6，则 σ_b = 400MPa，σ_s = 240MPa。

2）性能等级的标志方法见表 6-94。对所有规定标志性能等级的产品，在产品上必须同时制出制造者的识别标志、商标（鉴别）。对于小螺栓、螺钉或头部形状不允许按表 6-94 的规定标志时，可使用表6-95 中的时钟面法标志；对螺柱允许使用表 6-95 中规定的标志代号。

表 6-94 性能等级标志（摘自 GB/T 3098.1—2010）

品种	标志代号	标 志 部 位	标 志 要 求
六角和六角花形头螺栓和螺钉	1）制造者的识别标志 2）性能等级	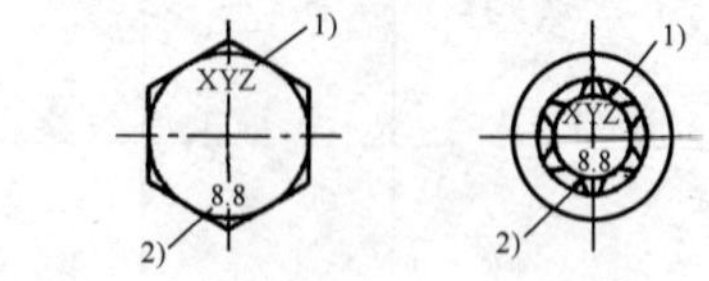	对所有 $d \geqslant 5$mm，性能等级的标志是强制性的。在头部顶面用凸字或凹字标志，或在头部侧面用凹字标志。可以省略代号中的“．”
内六角和内六角花形圆柱头螺钉	1）制造者的识别标志 2）性能等级	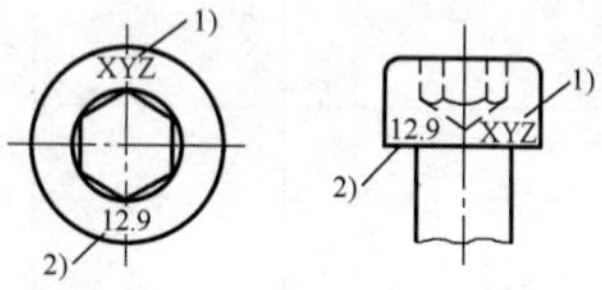	对 $d \geqslant 5$mm 的产品，均要求最好在头部顶面用凸字或凹字标志，或在头部侧面用凹字标志
圆头方颈螺栓	1）制造者的识别标志 2）性能等级	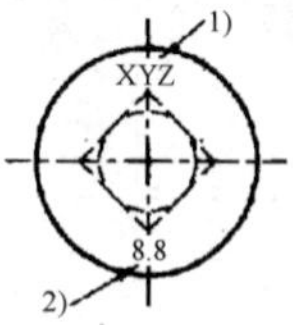	对 $d \geqslant 5$mm，所有性能等级的产品，标志是强制性的。在头部顶面用凸字或凹字标志
螺柱	1）制造者的识别标志 2）性能等级	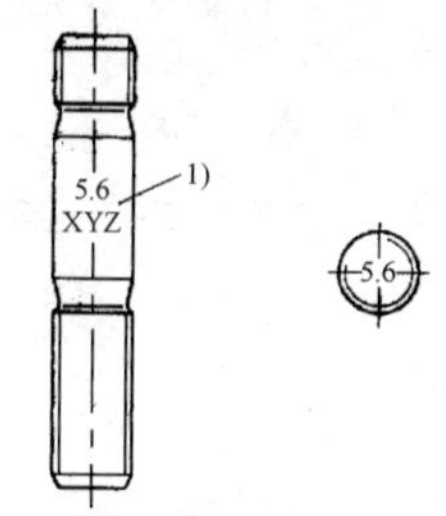	对 5.6、8.8，10.9，12.9 和 12.9 级及公称直径 ≥ 5mm 的螺柱要求制出标志。 在螺柱无螺纹杆部用凹字标志。对于过盈配合的螺柱，标志应在拧入螺母端标志性能等级
左旋外螺纹零件		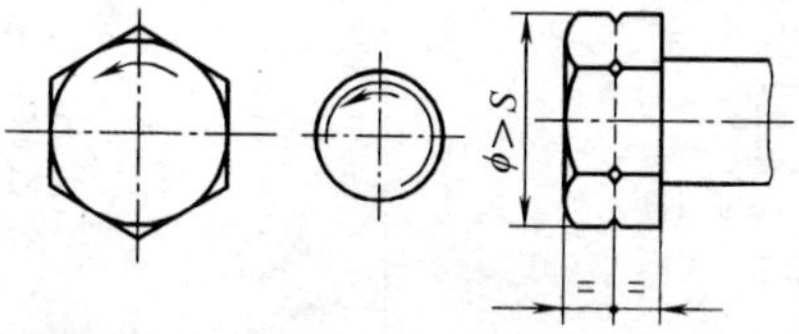	在头部顶面或末端进行标志。对于螺柱，标志应在拧入螺母端。允许采用在扳拧部分棱角处开槽标志

表 6-95 性能等级时钟面法和专用标志（摘自 GB/T 3098.1—2010）

	性能等级								
	4.6	4.8	5.6	5.8	6.8	8.8	9.8	10.9	12.9
标志代号	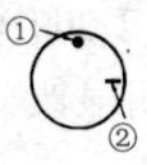	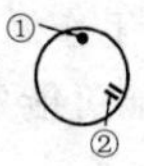	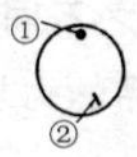	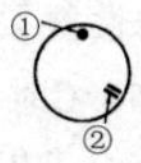		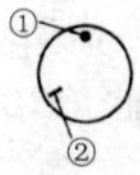	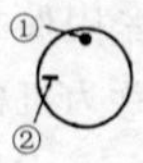	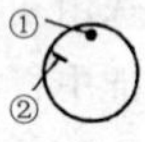	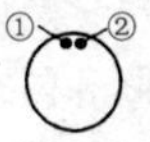
螺柱标志						○	+	□	△

① 12 点的位置（参照标志）应标志制造者的识别标志，或者标志一个圆点。

② 用一个长划线或两个长划线标志，对 12.9 级用一个圆点标志。

（3）材料　适合各力学性能等级的材料及热处理状态见表 6-96。对材料的要求只规定其类别和部分主要化学成分的极限要求，对于 8.8~12.9 级的产品，还必须遵循最低回火温度要求。根据供需双方协议，当供方能够保证机械性能要求时，可以采用表 6-96 以外的材料和热处理。

（4）力学性能　螺栓、螺钉和螺柱的机械性能指标见表 6-97。

最小拉伸载荷反映螺栓、螺钉和螺柱实物的抗拉强度，由产品的螺纹应力截面积和最小抗拉强度的乘积确定。粗牙螺纹产品的最小拉伸载荷见表 6-98；细牙螺纹产品的最小拉伸载荷见表 6-99。对一端为粗牙螺纹、另一端为细牙螺纹的双头螺柱，应按对粗牙螺纹的规定选取载荷。

最小保证载荷反映螺纹产品实物不产生明显塑性变形所能承受载荷的极限，由产品的螺纹应力截面积和保证应力的乘积确定。粗牙螺纹的保证载荷见表 6-100；细牙螺纹的保证载荷见表 6-101。对一端为粗牙螺纹、另一端为细牙螺纹的双头螺柱，应按对粗牙螺纹的规定选取载荷。

螺纹规格小于 M3 的和螺纹规格为 M3~M10，因长度太短而不能实施拉力试验的螺栓和螺钉，可用扭矩试验代替拉力试验，其破坏扭矩（GB/T 3098.13—1996）见表 6-102。

表 6-96　适合各力学性能等级的材料及热处理（摘自 GB/T 3098.1—2010）

性能等级	材料和热处理	化学成分极限（熔炼分析，%）① C min	C max	P max	S max	B② max	回火温度/℃ min
4.6③④	碳钢或添加元素的碳钢	—	0.55	0.050	0.060	未规定	—
4.8④							
5.6③		0.13	0.55	0.050	0.060		
5.8④		—	0.55	0.050	0.060		
6.8④		0.15	0.55	0.050	0.060		
8.8⑥	添加元素的碳钢（如硼或锰或铬）淬火并回火或	0.15⑤	0.40	0.025	0.025	0.003	425
	碳钢淬火并回火或	0.25	0.55	0.025	0.025		
	合金钢淬火并回火⑦	0.20	0.55	0.025	0.025		
9.8⑥	添加元素的碳钢（如硼或锰或铬）淬火并回火或	0.15⑤	0.40	0.025	0.025	0.003	425
	碳钢淬火并回火或	0.25	0.55	0.025	0.025		
	合金钢淬火并回火⑦	0.20	0.55	0.025	0.025		
10.9⑥	添加元素的碳钢（如硼或锰或铬）淬火并回火或	0.20⑤	0.55	0.025	0.025	0.003	425
	碳钢淬火并回火或	0.25	0.55	0.025	0.025		
	合金钢淬火并回火⑦	0.20	0.55	0.025	0.025		
12.9⑥⑧⑨	合金钢淬火并回火⑦	0.30	0.50	0.025	0.025	0.003	425
<u>12.9</u>⑥⑧⑨	添加元素的碳钢（如硼或锰或铬或钼）淬火并回火	0.28	0.50	0.025	0.025	0.003	380

① 有争议时，实施成品分析。

② 硼的质量分数可达 0.005%，非有效硼由添加钛和/或铝控制。

③ 对 4.6 和 5.6 级冷镦紧固件，为保证达到要求的塑性和韧性，可能需要对其冷镦用线材或冷镦紧固件产品进行热处理。

④ 这些性能等级允许采用易切钢制造，其硫、磷和铅的最大质量分数为：硫 0.34%；磷 0.11%；铅 0.35%。

⑤ 对含碳量低于 0.25%的添加硼的碳钢，其锰的最低质量分数分别为：8.8 级为 0.6%；9.8 级和 10.9 级为 0.7%。

⑥ 对这些性能等级用的材料，应有足够的淬透性，以确保紧固件螺纹截面的芯部在“淬硬”状态、回火前获得约 90%的马氏体组织。

⑦ 这些合金钢至少应含有下列的一种元素，其最小质量分数分别为：铬 0.30%；镍 0.30%；钼 0.20%；钒 0.10%。当含有二、三或四种复合的合金成分时，合金元素的质量分数不能少于单个合金元素质量分数总和的 70%。

⑧ 对 12.9/<u>12.9</u> 级表面不允许有金相能测出的白色磷化物聚集层。去除磷化物聚集层应在热处理前进行。

⑨ 当考虑使用 12.9/<u>12.9</u> 级，应谨慎从事。紧固件制造者的能力、服役条件和扳拧方法都应仔细考虑。除表面处理外，使用环境也可能造成紧固件的应力腐蚀开裂。

表 6-97　螺栓、螺钉和螺柱的机械和物理性能（摘自 GB/T 3098.1—2010）

No.	机械或物理性能		性能等级									
			4.6	4.8	5.6	5.8	6.8	8.8 $d\leqslant$16mm①	8.8 $d>$16mm②	9.8 $d\leqslant$16mm	10.9	12.9/<u>12.9</u>
1	抗拉强度 R_m/MPa	公称③	400		500		600	800		900	1000	1200
		min	400	420	500	520	600	800	830	900	1040	1220
2	下屈服强度 R_{eL}④/MPa	公称③	240	—	300	—	—	—	—	—	—	—
		min	240	—	300	—	—	—	—	—	—	—
3	规定非比例延伸 0.2% 的应力 $R_{P0.2}$/MPa	公称③	—	—	—	—	—	640	640	720	900	1080
		min	—	—	—	—	—	640	660	720	940	1100
4	紧固件实物的规定非比例延伸 0.0048d 的应力 R_{Pf}/MPa	公称③	—	320	—	400	480	—	—	—	—	—
		min	—	340⑤	—	420⑤	480⑤	—	—	—	—	—
5	保证应力 S_P⑥/MPa	公称	225	310	280	380	440	580	600	650	830	970
	保证应力比	$S_{P,公称}/R_{eL,min}$ 或 $S_{P,公称}/R_{P0.2,min}$ 或 $S_{P,公称}/R_{Pf,min}$	0.94	0.91	0.93	0.90	0.92	0.91	0.91	0.90	0.88	0.88
6	机械加工试件的断后伸长率 A(%)	min	22	—	20	—	—	12	12	10	9	8
7	机械加工试件的断面收缩率 Z(%)	min	—					52		48	48	44
8	紧固件实物的断后伸长率 A_f	min	—	0.24	—	0.22	0.20	—	—	—	—	—
9	头部坚固性		不得断裂或出现裂缝									
10	维氏硬度/HV, $F\geqslant$98N	min	120	130	155	160	190	250	255	290	320	385
		max	220⑦				250	320	335	360	380	435
11	布氏硬度/HBW, $F=30D^2$	min	114	124	147	152	181	245	250	286	316	380
		max	209⑦				238	316	331	355	375	429
12	洛氏硬度/HRB	min	67	71	79	82	89	—				
		max	95.0⑦				99.5	—				
	洛氏硬度/HRC	min	—					22	23	28	32	39
		max	—					32	34	37	39	44
13	表面硬度/HV0.3	max	—					⑧			⑧⑨	⑧⑩
14	螺纹未脱碳层的高度 E/mm	min	—					1/2H_1			2/3H_1	3/4H_1
	螺纹全脱碳层的深度 G/mm	max	—					0.015				
15	再回火后硬度的降低值/HV	max	—					20				
16	破坏扭矩 M_B/Nm	min	—					按 GB/T 3098.13 的规定				
17	吸收能量 KV⑪⑫/J	min	—		27	—		27	27	27	27	⑬
18	表面缺陷		GB/T 5779.1⑭									GB/T 5779.3

① 数值不适用于栓接结构。
② 对栓接结构 $d\geqslant$M12。
③ 规定公称值，仅为性能等级标记制度的需要。
④ 在不能测定下屈服强度 R_{eL} 的情况下，允许测量规定非比例延伸 0.2%的应力 $R_{P0.2}$。
⑤ 对性能等级 4.8、5.8 和 6.8 的 $R_{Pf,min}$ 数值尚在调查研究中。表中数值是按保证载荷比计算给出的，而不是实测值。
⑥ 表 6-100 和表 6-101 规定了保证载荷值。
⑦ 在紧固件的末端测定硬度时，应分别为：250HV、238HB 或 HRB_{max} 99.5。
⑧ 当采用 HV0.3 测定表面硬度及芯部硬度时，紧固件的表面硬度不应比芯部硬度高出 30HV 单位。
⑨ 表面硬度不应超出 390HV。
⑩ 表面硬度不应超出 435HV。
⑪ 试验温度在−20℃下测定。
⑫ 适用于 $d\geqslant$16mm。
⑬ KV 数值尚在调查研究中。
⑭ 由供需双方协议，可用 GB/T 5779.3 代替 GB/T 5779.1。

表 6-98　粗牙螺纹最小拉力载荷（摘自 GB/T 3098.1—2010）

螺纹规格 (d)	螺纹公称应力截面积 $A_{s,公称}$①/mm²	性能等级								
		4.6	4.8	5.6	5.8	6.8	8.8	9.8	10.9	12.9/$\underline{12.9}$
		最小拉力载荷 $F_{m,min}(A_{s,公称} \times R_{m,min})$/N								
M3	5.03	2010	2110	2510	2620	3020	4020	4530	5230	6140
M3.5	6.78	2710	2850	3390	3530	4070	5420	6100	7050	8270
M4	8.78	3510	3690	4390	4570	5270	7020	7900	9130	10700
M5	14.2	5680	5960	7100	7380	8520	11350	12800	14800	17300
M6	20.1	8040	8440	10000	10400	12100	16100	18100	20900	24500
M7	28.9	11600	12100	14400	15000	17300	23100	26000	30100	35300
M8	36.6	14600②	15400	18300②	19000	22000	29200②	32900	38100②	44600
M10	58	23200②	24400	29000②	30200	34800	46400②	52200	60300②	70800
M12	84.3	33700	35400	42200	43800	50600	67400③	75900	87700	103000
M14	115	46000	48300	57500	59800	69000	92000③	104000	120000	140000
M16	157	62800	65900	78500	81600	94000	125000③	14100	163000	192000
M18	192	76800	80600	96000	99800	115000	159000	—	200900	234000
M20	245	98000	103000	122000	127000	147000	203000	—	255000	299000
M22	303	121000	127000	152000	158000	182000	252000	—	315000	370000
M24	353	141000	148000	176000	184000	2120000	293000	—	367000	431000
M27	459	184000	193000	230000	239000	275000	381000	—	477000	560000
M30	561	224000	236000	280000	292000	337000	466000	—	583000	684000
M33	694	278000	292000	347000	361000	416000	576000	—	722000	847000
M36	817	327000	343000	408000	425000	490000	678000	—	850000	997000
M39	976	390000	410000	488000	508000	586000	810000	—	1020000	1200000

① A_s，公称的计算见 6.2.2.4 节

② 6az 螺纹（GB/T 22029）的热浸镀锌紧固件，应按 GB/T 5267.3 中附录 A 的规定。

③ 对栓接结构为：70000N（M12）、95500N（M14）和 130000N（M16）。

表 6-99　细牙螺纹最小拉力载荷（摘自 GB/T 3098.1—2010）

螺纹规格 (d×P)	螺纹公称应力截面积 $A_{s,公称}$①/mm²	性能等级								
		4.6	4.8	5.6	5.8	6.8	8.8	9.8	10.9	12.9/$\underline{12.9}$
		最小拉力载荷 $F_{m,min}(A_{s,公称} \times R_{m,min})$/N								
M8×1	39.2	15700	16500	19600	20400	23500	31360	35300	40800	47800
M10×1.25	61.2	24500	25700	30600	31800	36700	49000	55100	63600	74700
M10×1	64.5	25800	27100	32300	33500	38700	51600	58100	67100	78700
M12×1.5	88.1	35200	37000	44100	45800	52900	70500	79300	91600	107000
M12×1.25	92.1	36800	38700	46100	47900	55300	73700	82900	95800	112000
M14×1.5	125	50000	52500	62500	65000	75000	100000	112000	130000	152000
M16×1.5	167	66800	70100	83500	86800	100000	134000	150000	174000	204000
M18×1.5	216	86400	90700	108000	112000	130000	179000	—	225000	264000
M20×1.5	272	109000	114000	136000	141000	163000	226000	—	283000	332000
M22×1.5	333	133000	140000	166000	173000	200000	276000	—	346000	406000
M24×2	384	154000	161000	192000	200000	230000	319000	—	399000	469000
M127×2	496	198000	208000	248000	258000	298000	412000	—	516000	605000
M30×2	621	248000	261000	310000	323000	373000	515000	—	646000	758000
M33×2	761	304000	320000	380000	396000	457000	632000	—	791000	928000
M36×3	865	346000	363000	432000	450000	519000	718000	—	900000	1055000
M39×3	1030	412000	433000	515000	536000	618000	855000	—	1070000	1260000

① $A_{s,公称}$的计算见 6.2.2.4 节。

表 6-100　粗牙螺纹保证载荷（摘自 GB/T 3098.1—2010）

螺纹规格 (d)	螺纹公称应力截面积 $A_{s,公称}$①/mm²	性能等级								
		4.6	4.8	5.6	5.8	6.8	8.8	9.8	10.9	12.9/12.9
		保证载荷 $F_P(A_{s,公称}\times S_{P,公称})$/N								
M3	5.03	1130	1560	1410	1910	2210	2920	3270	4180	4880
M3.5	6.78	1530	2100	1900	2580	2980	3940	4410	5630	6580
M4	8.78	1980	2720	2460	3340	3860	5100	5710	7290	8520
M5	14.2	3200	4400	3980	5400	6250	8230	9230	11800	13800
M6	20.1	4520	6230	5630	7640	8840	11600	13100	16700	19500
M7	28.9	6500	8960	8090	11000	12700	16800	18800	24000	28000
M8	36.6	8240②	11400	10200②	13900	16100	21200②	23800	30400②	35500
M10	58	13000②	18000	16200②	22000	25500	33700②	37700	48100②	56300
M12	84.3	19000	26100	23600	32000	37100	48900③	54800	70000	81800
M14	115	25900	35600	32200	43700	50600	66700③	74800	95500	112000
M16	157	35300	48700	44000	59700	69100	91000③	102000	130000	152000
M18	192	43200	59500	53800	73000	84500	115000	—	159000	186000
M20	245	55100	76000	68600	93100	108000	147000	—	203000	238000
M22	303	68200	93900	84800	115000	133000	182000	—	252000	294000
M24	353	79400	109000	98800	134000	155000	212000	—	293000	342000
M27	459	103000	142000	128000	174000	202000	275000	—	381000	445000
M30	561	126000	174000	157000	213000	247000	337000	—	466000	544000
M33	694	156000	215000	194000	264000	305000	416000	—	576000	673000
M36	817	184000	253000	229000	310000	359000	490000	—	678000	792000
M39	976	220000	303000	273000	371000	429000	586000		810000	947000

① $A_{s,公称}$的计算见 6.2.2.4 节。

② 6az 螺纹（GB/T 22029）的热浸镀锌紧固件，应按 GB/T 5267.3 中附录 A 的规定。

③ 对栓接结构为：50700N（M12）、68800N（M14）和 94500N（M16）。

表 6-101　细牙螺纹保证载荷（摘自 GB/T 3098.1—2010）

螺纹规格 (d×P)	螺纹公称应力截面积 $A_{s,公称}$①/mm²	性能等级								
		4.6	4.8	5.6	5.8	6.8	8.8	9.8	10.9	12.9/12.9
		保证载荷 $F_P(A_{s,公称}\times S_{P,公称})$/N								
M8×1	39.2	8820	12200	11000	14900	17200	22700	25500	32500	38000
M10×1.25	61.2	13800	19000	17100	23300	26900	35500	39800	50800	59400
M10×1	64.5	14500	20000	18100	24500	28400	37400	41900	53500	62700
M12×1.5	88.1	19800	27300	24700	33500	38800	51100	57300	73100	85500
M12×1.25	92.1	20700	28600	25800	35000	40500	53400	59900	76400	89300
M14×1.5	125	28100	38800	35000	47500	55000	72500	81200	104000	121000
M16×1.5	167	37600	51800	46800	63500	73500	96900	109000	139000	162000
M18×1.5	216	48600	67000	60500	82100	95000	130000	—	179000	210000
M20×1.5	272	61200	84300	76200	103000	120000	163000	—	226000	264000
M22×1.5	333	74900	103000	93200	126000	146000	200000	—	276000	323000
M24×2	384	864.00	119000	108000	146000	169000	230000	—	319000	372000
M27×2	496	112000	154000	139000	188000	218000	298000	—	412000	481000
M30×2	621	140000	192000	174000	23600	273000	373000	—	515000	602000
M33×2	761	171000	236000	213000	289000	335000	457000	—	632000	738000
M36×3	865	195000	268000	242000	329000	381000	519000	—	718000	839000
M39×3	1030	232000	319000	288000	391000	453000	618000	—	855000	999000

① $A_{s,公称}$的计算见 6.2.2.4 节。

表 6-102　螺栓和螺钉破坏扭矩（摘自 GB/T 3098.13—1996）

螺纹规格 d	螺距 P /mm	最小破坏扭矩 /N·m 性能等级 8.8	9.8	10.9	12.9	螺纹规格 d	螺距 P /mm	最小破坏扭矩 /N·m 性能等级 8.8	9.8	10.9	12.9
M1	0.25	0.033	0.036	0.040	0.045	M5	0.8	7.6	8.3	9.3	10
M1.2	0.25	0.075	0.082	0.092	0.10	M6	1	13	14	16	17
M1.4	0.3	0.12	0.13	0.14	0.16	M7	1	23	25	28	31
M1.6	0.35	0.16	0.18	0.20	0.22	M8	1.25	33	36	40	44
M2	0.4	0.37	0.40	0.45	0.50	M8×1	1	38	42	46	52
M2.5	0.45	0.82	0.90	1.0	1.1	M10	1.5	66	72	81	90
M3	0.5	1.5	1.7	1.9	2.1	M10×1	1	84	92	102	114
M3.5	0.6	2.4	2.7	3.0	3.3	M10×1.25	1.25	75	82	91	102
M4	0.7	3.6	3.9	4.4	4.9						

注：最小破坏扭矩值适用于 6g、6f 和 6e 级螺纹。

6.2.4.2　螺母

（1）范围　螺母的力学性能（GB/T 3098.2—2015）适用于碳钢或合金钢制造的、对边宽度符合 GB/T 3104—1982 规定的、公称高度≥0.5D的、需要规定保证载荷的、螺纹直径3～39mm 的 6H 级螺母，工作温度-50～300 °C（用易切钢制造的螺母不能用于 250 °C以上）。设计选用时应注意，当螺纹公差不是 6H 级或组合件的螺纹公差配合不是 6H/6g 时，脱扣强度将受到影响，影响程度见表 6-103。

表 6-103　螺纹公差对强度的影响

螺纹直径 /mm	保证载荷(%) 6H	7H	6G
≤2.5	100	—	95.5
>2.5～7	100	95.5	97
>7～16	100	96	97.5
>16～39	100	98	98.5

（2）性能等级的标记和标志

1）公称高度≥0.8D（螺纹有效长度≥0.6D）的螺母，用可与该螺母相配螺栓中最高性能等级螺栓的性能等级标记的第一部分数字标记，见表 6-104。

表 6-104　公称高度≥0.8D 螺母的标记制度

螺母性能等级	相配的螺栓、螺钉和螺柱 性能等级	直径范围/mm	1 型 直径范围/mm	2 型 直径范围/mm
4	3.6、4.6、4.8	>16	>16	—
5	3.6、4.6、4.8	≤16	≤39	—
	5.6、5.8	≤39		
6	6.8	≤39	≤39	—
8	8.8	≤39	≤39	>16，≤39
9	9.8	≤16	—	≤16
10	10.9	≤39	≤39	—
12	12.9	≤39	≤16	≤39

注：一般来说，性能等级较高的螺母，可以替换性能等级较低的螺母。螺栓—螺母组合件的应力高于螺栓的屈服强度或保证应力是可行的。

2）公称高度≥0.5D，而<0.8D（螺纹有效长度≥0.4D、<0.6D）螺母，用“0”和一个数字标记，其中，数字表示用淬硬芯棒测出的保证应力的 1/100（以 MPa 计）；而“0”表示这种螺母组合件的实际承载能力比数字表示的承载能力低，见表 6-105。

表 6-105　公称高度≥0.5D，而<0.8D 螺母的标记制度和保证应力

螺母性能等级	公称保证应力 /MPa	实际保证应力 /MPa
04	400	380
05	500	500

3）性能等级的标志见表 6-106。对≥M5 的所有性能等级的六角螺母均应标志性能等级，同时制出制造者的标识、商标（鉴别）。

（3）材料　对材料的要求只规定部分主要化学成分的极限要求（表 6-107）。

（4）力学性能　螺母的力学性能指标见表 6-108。

（5）保证载荷　螺母的保证载荷反映螺母抗螺纹变形能力，由产品的螺纹应力截面积（A_s）和保证应力（S_p）的乘积确定。粗牙螺纹的保证载荷见表 6-109，细牙螺纹的保证载荷见表 6-110。

6.2.4.3　有效力矩型螺母力学性能（摘自 GB/T 3098.9—2010）

有效力矩型螺母力学性能应符合 GB/T 3098.2—2010 的规定。

当全金属锁紧螺母的工作温度超出-50～+150℃范围时，使用者应向紧固件材料方面的专家咨询，以确定可以适用的材料。

表 6-106　螺母性能等级标志代号

标志代号		6	8	9	10	12	05
性能等级		6	8	9	10	12	05
代号		6	8	9	10	12	05
供选择的标志	时钟面法符号						—

		标志位置	标志要求
性能等级标志	代号标志		在支承面或侧面打凹字标志，或在倒角面打凸字标志，但凸字标志不应凸出到螺母支承面
	时钟面法标志		在支承面打凹字标志，或在倒角面打凸字标志，但凸字标志不应凸出到螺母支承面。用圆点代表“0”点，用短划所对应的时钟时针读数表示等级
左旋螺纹标志		$\phi > S$	在一个支承面上打凹箭头标志。允许采用在扳拧部分棱角处开槽标志

表 6-107　螺母材料的化学成分

性能等级		化学成分（质量分数，%） C max	Mn min	P max	S max
4、5、6	—	0.50	—	0.110	0.150
8、9	04	0.58	0.25	0.060	0.150
10	05	0.58	0.30	0.048	0.058
12	—	0.58	0.45	0.048	0.058

注：1. 4、5、6、04、05 级允许用易切钢制造（供需双方另有协议除外），其硫、磷及铅的最大质量分数为：硫 0.30%；磷 0.11%；铅 0.35%。

2. 对于 10、12、15 级，为改善螺母的力学性能，必要时，可增添合金元素。

表 6-108　螺母的力学性能

性能等级	粗牙螺母（GB/T 3098.2）				细牙螺母（GB/T 3098.2）				螺母	
	螺纹直径 D /mm	保证应力 S_p /MPa	维氏硬度 HV min	维氏硬度 HV max	螺纹直径 D /mm	保证应力 S_p /MPa	维氏硬度 HV min	维氏硬度 HV max	热处理	型式
04	≤39	380	188	302	≤39	380	188	302	不淬火回火	薄型
05	≤39	500	272	353	≤39	500	272	353	淬火并回火	薄型

（续）

性能等级	粗牙螺母(GB/T 3098.2) 螺纹直径 D /mm	保证应力 S_p /MPa	维氏硬度 HV min	维氏硬度 HV max	细牙螺母(GB/T 3098.2) 螺纹直径 D /mm	保证应力 S_p /MPa	维氏硬度 HV min	维氏硬度 HV max	螺母 热处理	螺母 型式
5	≤4	520	130	302	8~16	690	175	302	不淬火回火	1 型
	>4~7	580								
	>7~10	590								
	>10~16	610								
	>16~39	630	146		>16~39	720	190			
6	≤4	600	150	302				302	不淬火回火	1 型
	>4~7	670			8~10	770	188			
	>7~10	680			>10~16	780				
	>10~16	700			>16~33	870	233			
	>16~39	720	170		>33~39	930				
8	≤4	800	180	302	—	—	—	—	不淬火回火	1 型
	>4~7	855	200							
	>7~10	870								
	>10~16	880								
	>16~39	890	180	302	8~16	890	195	302		2 型
	—	—	—	—		955	250	353	淬火并回火	1 型
	>16~39	920	233	353	>16~33	1030	295			
					>33~39	1090				
9	≤4	900	170	302	—	—	—	—	不淬火回火	2 型
	>4~7	915	188							
	>7~10	940								
	>10~16	950								
	>16~39	920								
10	≤10	1040	272	353	8~10	1100	295	353	淬火并回火	1 型
	>10~16	1050			>10~16	1110				
	>16~39	1060			—	—	—			
	—	—	—	—	>16~39	1080	260			2 型
12	≤10	1140	295	353	—	—	—	—	淬火并回火	1 型
	>10~16	1170								
	≤7	1150	272		8~10	1200	295	353		2 型
	>7~10	1160								
	>10~16	1190			>10~16					
	>16~39	1200			—	—	—	—		

注：1. 最低硬度仅对经热处理的螺母或规格太大而不能进行保证载荷试验的螺母，才是强制性的；对其他螺母，是指导性的。对不淬火回火而又能满足保证载荷试验的螺母，最低硬度应不作为拒收（考核）依据。

2. D>16mm 的 6 级细牙螺母，也可以淬火并回火处理，由制造者确定。

表 6-109　粗牙螺纹螺母的保证载荷

螺纹规格	螺距/mm	螺纹的应力截面积 A_s/mm²	性能等级 04	05	4	5	6	8		9	10	12	
			保证载荷 $(A_s \times S_p)$/N										
			薄型	薄型	1型	1型	1型	1型	2型	2型	1型	1型	2型
M3	0.5	5.03	1910	2500	—	2600	3000	4000	—	4500	5200	5700	5800
M3.5	0.6	6.78	2580	3400	—	3550	4050	5400	—	6100	7050	7700	7800
M4	0.7	8.78	3340	4400	—	4550	5250	7000	—	7900	9150	10000	10100
M5	0.8	14.2	5400	7100	—	8250	9500	12140	—	13000	14800	16200	16300
M6	1	20.1	7640	10000	—	11700	13500	17200	—	18400	20900	22900	23100
M7	1	28.9	11000	14500	—	16800	19400	24700	—	26400	30100	32900	33200
M8	1.25	36.6	13900	18300	—	21600	24900	31800	—	34400	38100	41700	42500
M10	1.5	58	22000	29000	—	34200	39400	50500	—	54500	60300	66100	67300
M12	1.75	84.3	32000	42200	—	51400	59000	74200	—	80100	88500	98600	100300
M14	2	115	43700	57500	—	70200	80500	101200	—	109300	120800	134600	136900
M16	2	157	59700	78500	—	95800	109900	138200	—	149200	164900	183700	186800
M18	2.5	192	73000	96000	97900	121000	138200	176600	170900	176600	203500	—	230400
M20	2.5	245	93100	122500	125000	154400	176400	225400	218100	225400	259700	—	294000
M22	2.5	303	115100	151500	154500	190900	218200	278800	269700	278800	321200	—	363600
M24	3	353	134100	176500	180000	222400	254200	324800	314200	324800	374200	—	423600
M27	3	459	174400	229500	234100	289200	330500	422300	408500	422300	486500	—	550800
M30	3.5	561	213200	280500	286100	353400	403900	516100	499300	516100	594700	—	673200
M33	3.5	694	263700	347000	353900	437200	499700	638500	617700	638500	735600	—	832800
M36	4	817	310500	408500	416700	514700	588200	751600	727100	751600	866000	—	980400
M39	4	976	370900	488000	497800	614900	702700	897900	868600	897900	1035000	—	1171000

表 6-110　细牙螺纹螺母的保证载荷

螺纹直径 D/mm	螺距 P/mm	螺纹应力面积 A_s/mm²	性能等级 04	05	5	6	8		10		12
			薄型	薄型	1型	1型	1型	2型	1型	2型	
			保证载荷 $(A_s \times S_p)$/N								
8	1	39.2	14900	19600	27000	30200	37400	34900	43100	41400	47000
10	1	64.5	24500	32200	44500	49700	61600	57400	71000	68000	77400
10	1.25	61.2	23300	30600	44200	47100	58400	54500	67300	64600	73400
12	1.25	92.1	35000	46000	63500	71800	88000	82000	102200	97200	110500
12	1.5	88.1	33500	44000	60800	68700	84100	78400	97800	92900	105700
14	1.5	125	47500	62500	86300	97500	119400	111200	138800	131900	150000
16	1.5	167	63500	83500	115200	130300	159500	148600	185400	176200	200400
18	1.5	215	81700	107500	154800	187000	221500	—	—	232000	—
18	2	204	77500	102000	146900	177500	210100	—	—	220300	—
20	1.5	272	103400	136000	195800	236600	280200	—	—	293800	—
20	2	258	98000	129000	185800	224500	265700	—	—	278600	—
22	1.5	333	126500	166500	239800	289700	343000	—	—	359600	—
22	2	318	120800	159000	229000	276700	327500	—	—	343400	—
24	2	384	145900	192000	276500	334100	395500	—	—	414700	—
27	2	496	188500	248000	351100	431500	510900	—	—	535700	—
30	2	621	236000	310500	447100	540300	639600	—	—	670700	—
33	2	761	289200	380500	547900	662100	783800	—	—	821900	—
36	3	865	328700	432500	622800	804400	942800	—	—	934200	—
39	3	1030	391400	515000	741600	957900	1123000	—	—	1112000	—

当工作温度在或接近 -50℃和+120℃时，可能降低非金属嵌件锁紧螺母的有效力矩性能，也可能需要选择合适的非金属材料。当工作温度超出 -50 ~ +120℃范围时，使用者应向紧固件材料方面的专家咨询，以确定可以适用的材料。

拧入和拧出有效力矩值不应超过表 6-111 ~ 表 6-118 规定的数值。

对于验收检查，除非另有协议，应进行第 1 次拧入/拧出试验。

对于初次型式试验和仲裁试验，除非另有协议，应进行第 5 次拧出试验。

随着重复使用的次数增加，有效力矩的性能降低。螺母再次使用前，使用者应考虑性能下降的影响。

当要求时，有效力矩型非金属嵌件锁紧螺母进行耐温性能试验。

表 6-111　04 级有效力矩型螺母试验夹紧力和有效力矩

螺纹规格 (D)或 (D×P)	试验夹紧力 F_{80}①/N	评价总摩擦因数夹紧力 μ_{tot} 上极限 F_{75}②/N	下极限 F_{65}③/N	有效力矩/N·m 第一次拧入 $T_{Fv,max}$④	第一次拧出 $T_{Fd,min}$⑤	第五次拧出 $T_{Fd,min}$⑤
M3	1528	1433	1242	0.43	0.12	0.08
M4	2672	2505	2171	0.9	0.18	0.12
M5	4320	4050	3510	1.6	0.29	0.2
M6	6112	5730	4966	3	0.45	0.3
M7	8800	8250	7150	4.5	0.65	0.45
M8	11120	10425	9035	6	0.85	0.6
M8×1	11920	11175	9685			
M10	17600	16500	14300	10.5	1.5	1
M10×1.25	18640	17475	15145			
M10×1	19600	18375	15925			
M12	25600	24000	20800	15.5	2.3	1.6
M12×1.5	26800	25125	21775			
M12×1.25	28000	26250	22750			
M14	34960	32775	28405	24	3.3	2.3
M14×1.5	38000	35625	30875			
M16	47760	44775	38805	32	4.5	3
M16×1.5	50800	47625	41275			
M18	58400	54750	47450	42	6	4.2
M18×1.5	65360	61275	53105			
M20	74480	69825	60515	54	7.5	5.3
M20×1.5	82720	77550	67210			
M22	92080	86325	74815	68	9.5	6.5
M22×1.5	101200	94875	82225			
M24	107280	100575	87165	80	11.5	8
M24×2	116720	109425	94835			
M27	139520	130800	113360	94	13.5	10
M27×2	150800	141375	122525			
M30	170560	159900	138580	108	16	12
M30×2	188800	177000	153400			
M33	210960	197775	171405	122	18	14
M33×2	231360	216900	187980			
M36	248400	232875	201825	136	21	16
M36×3	262960	246525	213655			
M39	296720	278175	241085	150	23	18
M39×3	313120	293550	254410			

注：用统计程序控制法（SPC）对有效力矩试验的评定与统计无关。

① 3 mm≤d≤39mm 的 04 级螺母的夹紧力，等于 04 级螺母保证载荷的 80%。保证载荷值在 GB/T 3098.2—2010 中给出。

② 夹紧力的上极限值等于保证载荷的 75%。

③ 夹紧力的下极限值等于保证载荷的 65%。

④ 第 1 次拧入有效力矩仅适用于全金属锁紧螺母；对非金属嵌件锁紧螺母，第 1 次拧入有效力矩的最大值为这些数值的 50%。

⑤ 表中数值要求在实验室条件下完成。这类紧固件的应用取决于其适用性，在正常使用时，零件的性能也可能会改变。对产品性能有疑问时，推荐对整个接头（用实际使用的零件）进行附加的试验。

表 6-112　05 级有效力矩型螺母试验夹紧力和有效力矩

螺纹规格 (D)或 (D×P)	试验夹紧力 F_{80}①/N	评价总摩擦因数夹紧力 μ_{tot}		有效力矩/N·m		
		上极限 F_{75}②/N	下极限 F_{65}③/N	第一次拧入 $T_{Fv,max}$④	第一次拧出 $T_{Fd,min}$⑤	第五次拧出 $T_{Fd,min}$⑤
M3	2000	1875	1625	0.6	0.15	0.1
M4	3520	3300	2860	1.2	0.22	0.15
M5	5680	5325	4615	2.1	0.35	0.24
M6	8000	7500	6500	4	0.55	0.4
M7	11600	10875	9425	6	0.85	0.6
M8	14640	13725	11895	8	1.15	0.8
M8×1	15680	14700	12740			
M10	23200	21750	18850	14	2	1.4
M10×1.25	24480	22950	19890			
M10×1	25760	24150	20930			
M12	33760	31650	27430	21	3.1	2.1
M12×1.5	35200	33000	28600			
M12×1.25	36800	34500	29900			
M14	46000	43125	37375	31	4.4	3
M14×1.5	50000	46875	40625			
M16	62800	58875	51025	42	6	4.2
M16×1.5	66800	62625	54275			
M18	76800	72000	62400	56	8	5.5
M18×1.5	86000	80625	69875			
M20	98000	91875	79625	72	10.5	7
M20×1.5	108800	102000	88400			
M22	121200	113625	98475	90	13	9
M22×1.5	133200	124875	108225			
M24	141200	132375	114725	106	15	10.5
M24×2	153600	144000	124800			
M27	183600	172125	149175	123	17	12
M27×2	198400	186000	161200			
M30	224400	210375	182325	140	19	14
M30×2	248400	323875	201825			
M33	277600	260250	225550	160	21.5	15.5
M33×2	304400	285375	247325			
M36	326800	306375	265525	180	24	17.5
M36×3	346000	324375	281125			
M39	390400	366000	317200	200	26.5	19.5
M39×3	412000	386250	334750			

注：用统计程序控制法（SPC）对有效力矩试验的评定与统计无关。

① 3 mm≤d≤39mm 的 05 级螺母的夹紧力，等于 04 级螺母保证载荷的 80%。保证载荷值在 GB/T 3098.2—2010 中给出。

② 夹紧力的上极限值等于保证载荷的 75%。

③ 夹紧力的下极限值等于保证载荷的 65%。

④ 第 1 次拧入有效力矩仅适用于全金属锁紧螺母；对非金属嵌件锁紧螺母，第 1 次拧入有效力矩最大值为这些数值的 50%。

⑤ 本表中数值要求在实验室条件下完成。这类紧固件的应用取决于其适用性，在正常使用时，零件的性能也可能会改变。对产品性能有疑问时，推荐对整个接头（用实际使用的零件）进行附加的试验。

表 6-113　5 级有效力矩型螺母试验夹紧力和有效力矩

螺纹规格 (D)或 (D×P)	试验夹紧力 F_{80}①/N	评价总摩擦因数夹紧力 μ_{tot}		有效力矩/N·m		
		上极限 F_{75}②/N	下极限 F_{65}③/N	第一次拧入 $T_{Fv,max}$④	第一次拧出 $T_{Fd,min}$⑤	第五次拧出 $T_{Fd,min}$⑤
M3	1528	1433	1242	0.43	0.12	0.18
M4	2672	2505	2171	0.9	0.18	0.12
M5	4320	4050	3510	1.6	0.29	0.2
M6	6112	5730	4966	3	0.45	0.3
M7	8800	8250	7150	4.5	0.65	0.45
M8	11120	10425	9035	6	0.85	0.6
M8×1	11920	11175	9685			
M10	17600	16500	14300	10.5	1.5	1
M10×1.25	18640	17475	15145			
M10×1	19600	18375	15925			
M12	25600	24000	20800	15.5	2.3	1.6
M12×1.25	26800	25125	21775			
M12×1.25	28000	26250	22750			
M14	34960	32775	28405	24	3.3	2.3
M14×1.5	38000	35625	30875			
M16	47760	44775	38805	32	4.5	3
M16×1.5	50800	47625	41275			
M18	58400	54750	47450	42	6	4.2
M18×1.5	65680	61575	53365			
M20	74480	69825	60515	54	7.5	5.3
M20×1.5	82400	77250	66950			
M22	92000	86250	74750	68	9.5	6.5
M22×1.5	100800	94500	81900			
M24	107200	100500	87100	80	11.5	8
M24×2	116800	109500	94900			
M27	113600	106500	92300	94	13.5	10
M27×2	123200	115500	100100			
M30	139200	130500	113100	108	16	12
M30×2	153600	144000	124800			
M33	172000	161250	139750	122	18	14
M33×2	188800	177000	153400			
M36	202400	189750	164450	136	21	16
M36×3	214400	201000	174200			
M39	242400	227250	196950	150	23	18
M39×2	255200	239250	207350			

注：用统计程序控制法（SPC）对有效力矩试验的评定与统计无关。

① 5 级螺母的夹紧力：当 3mm≤d≤24mm 时，等于 5.8 级螺栓保证载荷的 80%；当 d>24mm 时，等于 4.8 级螺栓保证载荷的 80%。螺栓保证载荷值在 GB/T 3098.1—2010 中给出。

② 夹紧力的上极限值等于保证载荷的 75%。

③ 夹紧力的下极限值等于保证载荷的 65%。

④ 第 1 次拧入有效力矩仅适用于全金属锁紧螺母；对非金属嵌件锁紧螺母，第 1 次拧入有效力矩最大值为这些数值的 50%。

⑤ 本表中数值要求在实验室条件下完成。这类紧固件的应用取决于其适用性，在正常使用时，零件的性能也可能会改变。对产品性能有疑问时，推荐对整个接头（用实际使用的零件）进行附加的试验。

表 6-114　6 级有效力矩型螺母试验夹紧力和有效力矩

螺纹规格 (D)或 (D×P)	试验夹紧力 F_{80}[①]/N	评价总摩擦因数夹紧力 μ_{tot}		有效力矩/N·m		
		上极限 F_{75}[②]/N	下极限 F_{65}[③]/N	第一次拧入 $T_{Fv,max}$[④]	第一次拧出 $T_{Fd,min}$[⑤]	第五次拧出 $T_{Fd,min}$[⑤]
M3	1768	1658	1437	0.43	0.12	0.08
M4	3088	2895	2509	0.9	0.18	0.12
M5	5000	4688	4063	1.6	0.29	0.2
M6	7072	6630	5746	3	0.45	0.3
M7	10160	9525	8255	4.5	0.65	0.45
M8	12880	12075	10465	6	0.85	0.6
M8×1	13760	12900	11180			
M10	20400	19125	16575	10.5	1.5	1
M10×1.25	21520	20175	17485			
M10×1	22720	21300	18460			
M12	29680	27825	24115	15.5	2.3	1.6
M12×1.5	31040	29100	25220			
M12×1.25	32400	30375	26325			
M14	40480	37950	32890	24	3.3	2.3
M14×1.5	44000	41250	35750			
M16	55280	51825	44915	32	4.5	3
M16×1.5	58800	55125	47775			
M18	67600	63375	54925	42	6	4.2
M18×1.5	76000	71250	61750			
M20	86400	81000	70200	54	7.5	5.3
M20×1.5	96000	90000	78000			
M22	106400	99750	86450	68	9.5	6.5
M22×1.5	116800	109500	94900			
M24	124000	116250	100750	80	11.5	8
M24×2	135200	126750	109850			
M27	161600	151500	131300	94	13.5	10
M27×2	174400	163500	141700			
M30	197600	185250	160550	108	16	12
M30×2	218400	204750	177450			
M33	244000	228750	198250	122	18	14
M33×2	268000	251250	217750			
M36	287200	269250	233350	136	21	16
M36×3	304800	285750	247650			
M39	343200	321750	278850	150	23	18
M39×3	362400	339750	294450			

注：用统计程序控制法（SPC）对有效力矩试验的评定与统计无关。

① 6 级螺母的夹紧力等于 6.8 级螺栓保证载荷的 80%；螺栓保证载荷值在 GB/T 3098.1—2010 中给出。

② 夹紧力的上极限值等于保证载荷的 75%。

③ 夹紧力的下极限值等于保证载荷的 65%。

④ 第 1 次拧入有效力矩仅适用于全金属锁紧螺母；对非金属嵌件锁紧螺母，第 1 次拧入有效力矩最大值为这些数值的 50%。

⑤ 本表中数值要求在实验室条件下完成。这类紧固件的应用取决于其适用性，在正常使用时，零件的性能也可能会改变。对产品性能有疑问时，推荐对整个接头（用实际使用的零件）进行附加的试验。

表 6-115　8 级有效力矩型螺母试验夹紧力和有效力矩

螺纹规格 (D)或 (D×P)	试验夹紧力 F_{80}①/N	评价总摩擦因数夹紧力 μ_{tot}		有效力矩/N·m		
		上极限 F_{75}②/N	下极限 F_{65}③/N	第一次拧入 $T_{Fv,max}$④	第一次拧出 $T_{Fd,min}$⑤	第五次拧出 $T_{Fd,min}$⑤
M3	2336	2190	1898	0.43	0.12	0.08
M4	4080	3825	3315	0.9	0.18	0.12
M5	6584	6173	5350	1.6	0.29	0.2
M6	9280	8700	7540	3	0.45	0.3
M7	13440	12600	10920	4.5	0.65	0.45
M8	16960	15900	13780	6	0.85	0.6
M8×1	18160	17025	14755			
M10	26960	25275	21905	10.5	1.5	1
M10×1.25	28400	26625	23075			
M10×1	29920	28050	24310			
M12	39120	36675	31785	15.5	2.3	1.6
M12×1.5	40880	38325	33215			
M12×1.25	42720	40050	34710			
M14	53360	50025	43355	24	3.3	2.3
M14×1.5	58000	54375	47125			
M16	72800	68250	59150	32	4.5	3
M16×1.5	77520	72675	62985			
M18	92000	86250	74750	42	6	4.2
M18×1.5	104000	97500	84500			
M20	117600	110250	95550	54	7.5	5.3
M20×1.5	130400	122250	105950			
M22	145600	136500	118300	68	9.5	6.5
M22×1.5	160000	150000	130000			
M24	169600	159000	137800	80	11.5	8
M24×2	184000	172500	149500			
M27	220000	206250	178750	94	13.5	10
M27×2	238400	223500	193700			
M30	269600	252750	219050	108	16	12
M30×2	298400	279750	242450			
M33	332800	312000	270400	122	18	14
M33×2	365600	342750	297050			
M36	392000	367000	318500	136	21	16
M36×3	415200	389250	337350			
M39	468800	439500	380900	150	23	18
M39×3	494400	463500	401700			

注：用统计程序控制法（SPC）对有效力矩试验的评定与统计无关。

① 8 级螺母的夹紧力等于 8.8 级螺栓保证载荷的 80%；螺栓保证载荷值在 GB/T 3098.1—2010 中给出。

② 夹紧力的上极限值等于保证载荷的 75%。

③ 夹紧力的下极限值等于保证载荷的 65%。

④ 第 1 次拧入有效力矩仅适用于全金属锁紧螺母；对非金属嵌件锁紧螺母，第 1 次拧入有效力矩最大值为这些数值的 50%。

⑤ 本表中数值要求在实验室条件下完成。这类紧固件的应用取决于其适用性，在正常使用时，零件的性能也可能会改变。对产品性能有疑问时，推荐对整个接头（用实际使用的零件）进行附加的试验。

表 6-116　9 级有效力矩型螺母试验夹紧力和有效力矩

螺纹规格 (D)或 (D×P)	试验夹紧力 $F_{80}^{①}$/N	评价总摩擦因数夹紧力 μ_{tot} 上极限 $F_{75}^{②}$/N	下极限 $F_{65}^{③}$/N	有效力矩/N·m 第一次拧入 $T_{Fv,max}$④	第一次拧出 $T_{Fd,min}$⑤	第五次拧出 $T_{Fd,min}$⑤
M3	2616	2453	2126	0.43	0.12	0.08
M4	4568	4283	3712	0.9	0.18	0.12
M5	7384	6923	6000	1.6	0.29	0.2
M6	10480	9825	8515	3	0.45	0.3
M7	15040	14100	12220	4.5	0.65	0.45
M8	19040	17850	15470	6	0.85	0.6
M8×1	20400	19125	16575			
M10	30160	28275	24505	10.5	1.5	1
M10×1.25	31840	29850	25870			
M10×1	33520	31425	27235			
M12	43840	41100	35620	15.5	2.3	1.6
M12×1.5	45840	42975	37245			
M12×1.25	47920	44925	38935			
M14	59840	56100	48620	24	3.3	2.3
M14×1.5	64960	60900	52780			
M16	81600	76500	66300	32	4.5	3
M16×1.5	87200	81750	70850			

注：用统计程序控制法（SPC）对有效力矩试验的评定与统计无关。

① 9 级螺母的夹紧力等于 9.8 级螺栓保证载荷的 80%；螺栓保证载荷值在 GB/T 3098.1—2010 中给出。

② 夹紧力的上极限值等于保证载荷的 75%。

③ 夹紧力的下极限值等于保证载荷的 65%。

④ 第 1 次拧入有效力矩仅适用于全金属锁紧螺母；对非金属嵌件锁紧螺母，第 1 次拧入有效力矩最大值为这些数值的 50%。

⑤ 本表中数值要求在实验室条件下完成。这类紧固件的应用取决于其适用性，在正常使用时，零件的性能也可能会改变。对产品性能有疑问时，推荐对整个接头（用实际使用的零件）进行附加的试验。

表 6-117　10 级有效力矩型螺母试验夹紧力和有效力矩

螺纹规格 (D)或 (D×P)	试验夹紧力 $F_{80}^{①}$/N	评价总摩擦因数夹紧力 μ_{tot} 上极限 $F_{75}^{②}$/N	下极限 $F_{65}^{③}$/N	有效力矩/N·m 第一次拧入 $T_{Fv,max}$④	第一次拧出 $T_{Fd,min}$⑤	第五次拧出 $T_{Fd,min}$⑤
M3	3344	3135	2717	0.6	0.15	0.1
M4	5832	5468	4739	1.2	0.22	0.15
M5	9440	8850	7670	2.1	0.35	0.24
M6	13360	12525	10855	4	0.55	0.4
M7	19200	18000	15600	6	0.85	0.6
M8	24320	22800	19760	8	1.15	0.8
M8×1	26000	24375	21125			
M10	38480	36075	31265	14	2	1.4
M10×1.25	40640	38100	33020			
M10×1	42800	40125	34775			
M12	56000	52500	43500	21	3.1	2.1
M12×1.5	58480	54825	47515			
M12×1.25	61120	57300	49660			
M14	76400	71625	62075	31	4.4	3
M14×1.5	83200	78000	67600			
M16	104000	97500	84500	42	6	4.2
M16×1.5	111200	104250	90350			

（续）

螺纹规格（D）或（$D\times P$）	试验夹紧力 $F_{80}^{①}$/N	评价总摩擦因数夹紧力 μ_{tot}		有效力矩/N·m		
		上极限 $F_{75}^{②}$/N	下极限 $F_{65}^{③}$/N	第一次拧入 $T_{Fv,max}$④	第一次拧出 $T_{Fd,min}$⑤	第五次拧出 $T_{Fd,min}$⑤
M18	127200	119250	103350	56	8	5.5
M18×1.5	143200	134250	116350			
M20	162400	152250	131950	72	10.5	7
M20×1.5	180800	169500	146900			
M22	201600	189000	163800	90	13	9
M22×1.5	220800	207000	179400			
M24	234400	219750	190450	106	15	10.5
M24×2	255200	239250	207350			
M27	304800	285750	247650	123	17	12
M27×2	329600	309000	267800			
M30	372800	349500	302900	140	19	14
M30×2	412000	386250	334750			
M33	460800	432000	374400	160	21.5	15.5
M33×2	505600	474000	410800			
M36	542400	508500	440700	180	24	17.5
M36×3	574400	538500	466700			
M39	648000	607500	526500	200	26.5	19.5
M39×3	684000	641250	555750			

注：用统计程序控制法（SPC）对有效力矩试验的评定与统计无关。

① 10 级螺母的夹紧力等于 10.9 级螺栓保证载荷的 80%；螺栓保证载荷值在 GB/T 3098.1—2010 中给出。

② 夹紧力的上极限值等于保证载荷的 75%。

③ 夹紧力的下极限值等于保证载荷的 65%。

④ 第 1 次拧入有效力矩仅适用于全金属锁紧螺母；对非金属嵌件锁紧螺母，第 1 次拧入有效力矩最大值为这些数值的 50%。

⑤ 本表中数值要求在实验室条件下完成。这类紧固件的应用取决于其适用性，在正常使用时，零件的性能也可能会改变。对产品性能有疑问时，推荐对整个接头（用实际使用的零件）进行附加的试验。

表 6-118　12 级有效力矩型螺母试验夹紧力和有效力矩

螺纹规格（D）或（$D\times P$）	试验夹紧力 $F_{80}^{①}$/N	评价总摩擦因数夹紧力 μ_{tot}		有效力矩/N·m		
		上极限 $F_{75}^{②}$/N	下极限 $F_{65}^{③}$/N	第一次拧入 $T_{Fv,max}$④	第一次拧出 $T_{Fd,min}$⑤	第五次拧出 $T_{Fd,min}$⑤
M3	3904	3660	3172	0.6	0.15	0.1
M4	6816	6390	5538	1.2	0.22	0.15
M5	11040	10350	8970	2.1	0.35	0.24
M6	15600	14625	12675	4	0.55	0.4
M7	22400	21000	18200	6	0.85	0.6
M8	28400	26625	23075	8	1.15	0.8
M8×1	30400	28500	24700			
M10	45040	42225	36595	14	2	1.4
M10×1.25	47520	44550	38610			
M10×1	50160	47025	40755			
M12	65440	61350	53170	21	3.1	2.1
M12×1.5	68400	64125	55575			
M12×1.25	71440	66975	58045			
M14	89600	84000	72800	31	4.4	3
M14×1.5	96800	90750	78650			
M16	121600	114000	98800	42	6	4.2
M16×1.5	129600	121500	105300			

（续）

螺纹规格 (*D*)或 (*D*×*P*)	试验夹紧力 F_{80}①/N	评价总摩擦因数夹紧力 μ_{tot} 上极限 F_{75}②/N	下极限 F_{65}③/N	有效力矩/N·m 第一次拧入 $T_{Fv,max}$④	第一次拧出 $T_{Fd,min}$⑤	第五次拧出 $T_{Fd,min}$⑤
M18	148800	139500	120900	56	8	5.5
M18×1.5	168000	157500	136500			
M20	190400	178500	154700	72	10.5	7
M20×1.5	211200	198000	171600			
M22	235200	220500	191100	90	13	9
M22×1.5	258400	242250	209950			
M24	273600	256500	222300	106	15	10.5
M24×2	297600	279000	241800			
M27	356000	333750	289250	123	17	12
M27×2	384800	360750	312650			
M30	435200	408000	353600	140	19	14
M30×2	481600	451500	391300			
M33	538400	504750	437450	160	21.5	15.5
M33×2	590400	553500	479700			
M36	633600	594000	514800	180	24	17.5
M36×3	671200	629250	545350			
M39	757600	710250	615550	200	26.5	19.5
M39×3	799200	749250	649350			

注：用统计程序控制法（SPC）对有效力矩试验的评定与统计无关。

① 12 级螺母的夹紧力等于 12.9 级螺栓保证载荷的 80%；螺栓保证载荷值在 GB/T 3098.1—2010 中给出。

② 夹紧力的上极限值等于保证载荷的 75%。

③ 夹紧力的下极限值等于保证载荷的 65%。

④ 第 1 次拧入有效力矩仅适用于全金属锁紧螺母；对非金属嵌件锁紧螺母，第 1 次拧入有效力矩最大值为这些数值的 50%。

⑤ 本表中数值要求在实验室条件下完成。这类紧固件的应用取决于其适用性，在正常使用时，零件的性能也可能会改变。对产品性能有疑问时，推荐对整个接头（用实际使用的零件）进行附加的试验。

6.2.4.4　不锈钢螺栓、螺钉、螺柱和螺母

（1）范围　不锈钢螺栓、螺钉、螺柱和螺母的力学性能（GB/T 3098.6—2014、GB/T 3098.15—2014）用于由奥氏体、马氏体和铁素体耐腐蚀不锈钢制造的、任何形状的、螺纹直径为 1.6～39mm 的螺栓、螺钉、螺柱和螺母。螺母的对边宽度不应小于 1.45*D*，螺纹有效长度不应小于 0.6*D*。

（2）性能等级的标记和标志

1）性能等级的标记代号见表 6-119、表 6-120。

表 6-119　不锈钢螺栓、螺钉和螺柱的标记代号（摘自 GB/T 3098.6—2014）

类别	标记制度		
钢的类别①	奥氏体	马氏体	铁素体
钢的组别①	A1　A2　A3②　A4②　A5	C1　C4　C3	F1
性能等级	50 软；70 冷加工；80 高强度	C1：50 软，70、110 淬火并回火；C4：50 软，70 淬火并回火；C3：80 淬火并回火	45 软；60 冷加工

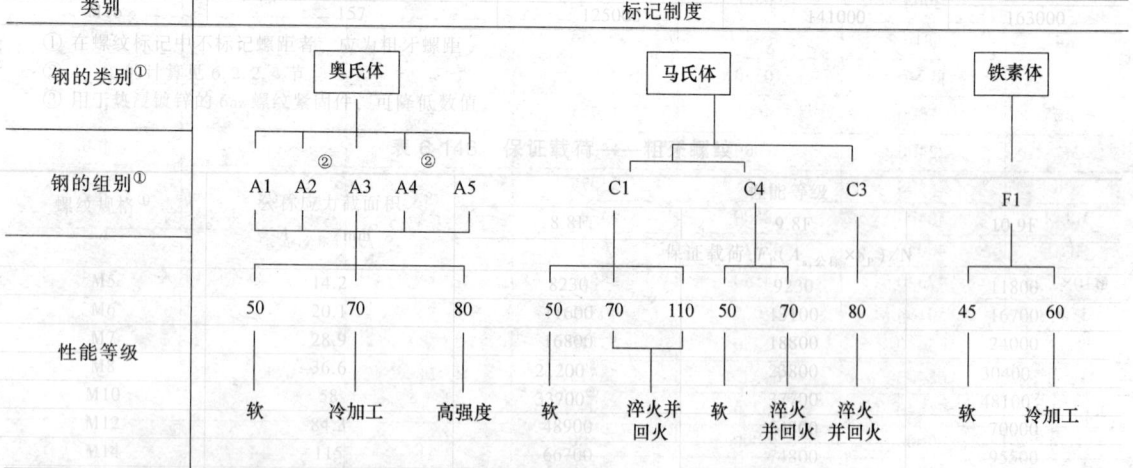

① 表中钢的类别和组别的分级见 GB/T 3098.6—2014 附录 B。

② 碳的质量分数低于 0.03%的低碳不锈钢，可增加标记 L，如 A4L—80。

表 6-120 不锈钢螺母的标记代号（摘自 GB/T 3098.15—2014）

类别	标记制度										
钢的类别①	奥氏体			马氏体						铁素体	
钢的组别①	A1 A2① A3 A4① A5			C1			C4		C3	F1	
性能等级	50	70	80	50	70	110	50	70	80	45	60
1 型螺纹薄螺母	025	035	040	025	035	055	025	035	040	020	030
	软	冷加工	高强度	软	淬火并回火		软	淬火并回火	淬火并回火	软	冷加工

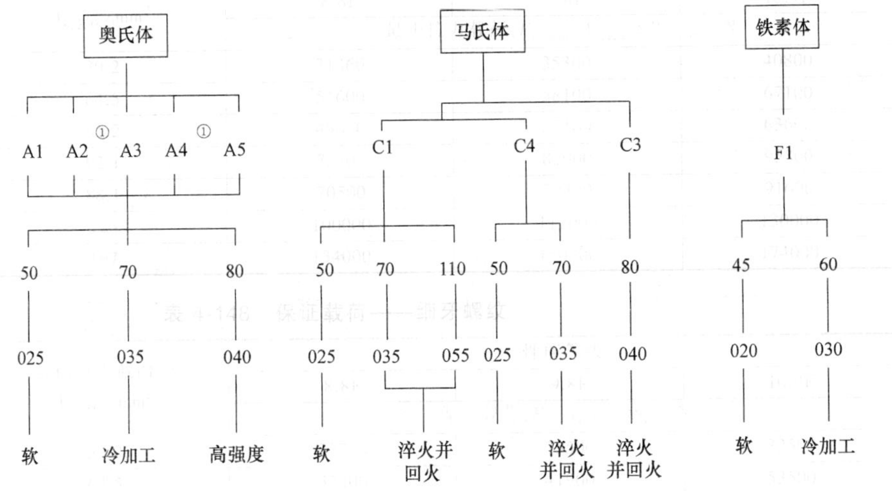

① 含碳质量分数低于 0.03%的低碳不锈钢，可增加标记“L”，如 A4L—80。

2）性能等级的标志方法见表 6-121。对所有标志性能等级的产品，在产品上必须同时制出制造者标识、商标（鉴别）。

（3）材料　按标准生产的紧固件适用的不锈钢化学成分见表 6-122。

（4）力学性能　在常温下，马氏体钢和铁素体钢紧固件的机械性能指标见表 6-123 和表 6-124；奥氏体钢紧固件的力学性能指标见表 6-125 和表 6-126；螺纹规格≤5mm 的奥氏体钢螺钉的破坏扭矩见表 6-127。

表 6-121 性能等级的标志方法

品　　种	标志代号	标　志　部　位	标志要求
六角头螺栓、内六角和内六角花形圆柱头螺钉	与标记代号一致	 A2-70　A2-70　A2-70	在头部顶面用凸字或凹字标志，或在头部侧面用凹字标志
螺柱	由供需双方协议		
螺母		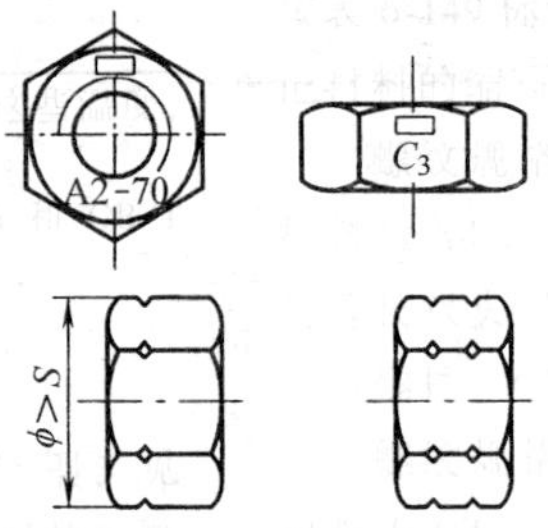 A2-70　C_3　$\phi > S$	在支承面或侧面打凹字标志，或在倒角面打凸字标志，但凸字标志不应凸出到螺母支承面
左旋螺纹	见表 6-94		

表 6-122　适合各力学性能等级的材料化学成分（摘自 GB/T 3098.6—2014）

类别	组别	化学成分（质量分数,%）							
		C	Si	Mn	P	S	Cr	Mo	Ni	Cu
奥氏体	A1	0.12	1	6.5	0.2	0.15~0.35	16~19	0.7	5~10	1.75~2.25
	A2	0.10	1	2	0.05	0.03	15~20	—	8~19	4
	A3	0.08	1	2	0.045	0.03	17~19	—	9~12	1
	A4	0.08	1	2	0.045	0.03	16~18	2~3	10~15	4
	A5	0.08	1	2	0.045	0.03	16~18.5	2~3	10.5~14	1
马氏体	C1	0.09~0.15	1	1	0.05	0.03	11.5~14	—	1	—
	C3	0.17~0.25	1	1	0.04	0.03	16~18	—	1.5~2.5	—
	C4	0.08~0.15	1	1.5	0.06	0.15~0.35	12~14	0.6	1	—
铁素体	F1	0.12	1	1	0.04	0.03	15~18	—	1	—

表 6-123　马氏体钢和铁素体钢螺栓、螺钉和螺柱的力学性能指标

（摘自 GB/T 3098.6—2014）

材料组别	性能等级	抗拉强度 R_m /MPa min	规定塑性伸长应力 $R_{p0.2}$/MPa min	伸长率 A/mm min	硬度		
					HV	HBW	HRC
C1	50	500	250	0.2d	155~220	147~209	—
	70	700	410	0.2d	220~330	209~314	20~34
	110	1100	820	0.2d	350~440	—	36~45
C3	80	800	640	0.2d	240~340	228~323	21~35
C4	50	500	250	0.2d	155~220	147~209	—
	70	700	410	0.2d	220~330	209~314	20~34
F1	45	450	250	0.2d	135~220	128~209	—
	60	600	410	0.2d	180~285	171~271	—

表 6-124　马氏体和铁素体钢螺母的力学性能指标

（摘自 GB/T 3098.15—2014）

类别	组别	性能等级		保证应力 S_p/MPa		硬度		
		1 型螺母（m≥0.8D）	薄螺母（0.5D≤m<0.8D）	1 型螺母（m≥0.8D）	薄螺母（0.5D≤m<0.8D）	HBW	HRC	HV
马氏体	C1	50	025	500	250	147~209	—	155~220
		70	—	700	—	209~314	20~34	220~330
		110[①]	055[①]	1100	550	—	36~45	350~440
	C3	80	040	800	400	228~323	21~35	240~340
	C4	50	—	500	—	147~209	—	155~220
		70	035	700	350	209~314	20~34	220~330
铁素体	F[②]	45	020	450	200	128~209	—	135~220
		60	030	600	300	171~271	—	180~285

① 淬火并回火，最低回火温度为 275°C。

② 螺纹公称直径 D≤24mm。

表 6-125　奥氏体钢螺栓、螺钉和螺柱的力学性能指标（GB/T 3098.6—2014）

钢的组别	性能等级	螺纹直径	抗拉强度 σ_b/MPa min	规定非比例伸长应力 $\sigma_{p0.2}$/MPa min	断后伸长量 δ/mm min
A1、A2、A3、A4、A5	50	≤M39	500	210	0.6d
	70	≤M24	700	450	0.4d
	80	≤M24	800	600	0.3d

表 6-126　奥氏体不锈钢螺母的力学性能指标（摘自 GB/T 3098.15—2014）

类型	组别	性能等级		螺纹直径范围 D /mm	保证应力 S_p/N · mm^{-2}	
		1 型螺母 ($m \geq 0.8D$)	薄螺母 ($0.5D \leq m < 0.8D$)		1 型螺母 ($m \geq 0.8D$)	薄螺母 ($0.5D \leq m < 0.8D$)
奥氏体	A1、A2、A3、A4、A5	50	025	≤39	500	250
		70	035	≤24①	700	350
		80	040	≤24①	800	400

① 螺纹公称直径 D>24mm 的紧固件，其力学性能应由供需双方协议，并可按本表给出的组别和性能等级标志。

表 6-127　奥氏体钢螺栓和螺钉的破坏扭矩（摘自 GB/T 3098.6—2014）

粗牙螺纹	破坏扭矩 M_{Bmin}/N · m		
	性能等级		
	50	70	80
M1.6	0.15	0.2	0.24
M2	0.3	0.4	0.48
M2.5	0.6	0.9	0.96
M3	1.1	1.6	1.8
M4	2.7	3.8	4.3
M5	5.5	7.8	8.8
M6	9.3	13	15
M8	23	32	37
M10	46	65	74
M12	80	110	130
M16	210	290	330

对马氏体和铁素体钢螺栓和螺钉的破坏扭矩值，应由供需双方协议。

6.2.4.5　紧定螺钉

（1）范围　紧定螺钉力学性能（GB/T 3098.3—2016）适用于碳钢或合金钢制造的、螺纹直径为 1.6~30mm 的粗牙螺纹，M8×1~M30×2 的细牙螺纹的紧定螺钉，及类似的不规定抗拉强度的螺纹紧固件，工作温度-50~150℃。

（2）性能等级的标记和标志　紧定螺钉利用其拧入内螺纹时产生的轴向压力紧固零件，影响其效果的主要因素是硬度，所以用硬度来衡量其力学性能；一般认为，硬度越高，性能越好。自然，性能等级标记代号就与螺钉的硬度值有关。

性能等级代号由数字（最低维氏硬度的 10%）和表示硬度的字母 H 组成（见表 6-128）。

紧定螺钉一般不要求标志。如有特殊需要，由供需双方协议，按性能等级标记代号进行标志，但不要求标志制造者的识别标志、商标（鉴别）。

表 6-128　紧定螺钉性能等级的标记（摘自 GB/T 3098.3—2016）

性能等级	14H	22H	33H	45H
维氏硬度 HV_{min}	140	220	330	450

（3）材料　适合各力学性能等级的材料及热处理状态见表6-129。对材料的要求只规定部分主要化学成分的极限要求。对性能等级为 45H 级的紧定螺钉，当满足标准规定的扭矩试验时，亦可采用其他材料。

表 6-129　适合各力学性能等级的材料及热处理（摘自 GB/T 3098.3—2016）

硬度等级	材　料	热处理①	化学成分极限（熔炼分析）②（%）			
			C		P	S
			max	min	max	max
14H	碳　钢③	—	0.50	—	0.11	0.15
22H	碳　钢④	淬火并回火	0.50	0.19	0.05	0.05
33H	碳　钢④	淬火并回火	0.50	0.19	0.05	0.05
45H	碳钢④,⑤	淬火并回火	0.50	0.45	0.05	0.05
	添加元素的碳钢④（如硼或锰或铬）	淬火并回火	0.50	0.28	0.05	0.05
	合金钢④,⑥	淬火并回火	0.50	0.30	0.05	0.05

① 不允许表面硬化。
② 有争议时，实施成品分析。
③ 可以使用易切钢，其铅、磷和硫的最大质量分数分别为 0.35%、0.11%、0.34%。
④ 可以使用最大含铅量为 0.35%的钢。
⑤ 仅适用于 $d \leq$ M16。
⑥ 这些合金钢至少应含有下列的一种元素，其最小质量分数分别为铬 0.30%、镍 0.30%、钼 0.20%、钒 0.10%。当含有二、三或四种复合的合金成分时，合金元素的质量分数不能少于单个合金元素质量分数总和的 70%。

表 6-130　紧定螺钉的力学性能（摘自 GB/T 3098.3—2016）

力学性能			性能等级			
			14H	22H	33H	45H
维氏硬度 HV10		min	140	220	330	450
		max	290	300	440	560
布氏硬度 HBW，$F=30D^2$		min	133	209	314	428
		max	276	285	418	532
洛氏硬度	HRB	min	75	95	—	—
		max	105	见注 1	—	—
	HRC	min	—	见注 1	33	45
		max	—	30	44	53
保证扭矩			—	—	—	见表 6-131
螺纹未脱碳层的最小高度 E		min	—	$1/2H_1$	$2/3H_1$	$3/4H_1$
全脱碳层的最大深度 G/mm		max	—	0.015	0.015	见注 2
表面硬度　HV0.3		max	—	320	450	580

注：1. 对 22H 级如进行洛氏硬度试验，对 22H 级需要采用 HRB 试验最小值和 HRC 试验最大值。

2. 45H 级不允许有全脱碳。

表 6-131　内六角紧定螺钉的保证扭矩（摘自 GB/T 3098.3—2016）

螺纹直径 d/mm	试验螺钉的最小长度/mm				保证扭矩/N·m
	平端	凹端	锥端	圆柱端	
3	4	5	5	6	0.9
4	5	6	6	8	2.5
5	6	6	8	8	5
6	8	8	8	10	8.5
8	10	10	10	12	20
10	12	12	12	16	40
12	16	16	16	20	65
16	20	20	20	25	160
20	25	25	25	30	310
24	30	30	30	35	520
30	36	36	36	45	860

（4）力学性能　在常温下，紧定螺钉的力学性能见表 6-130，内六角紧定螺钉的保证扭矩要求见表 6-131。

6.2.4.6　自攻螺钉

自攻螺钉力学性能（GB/T 3098.5—2016）适用于渗碳钢制造的、螺纹规格为 ST2.2～ST9.5 的自攻螺钉。自攻螺钉不区分力学性能等级，也就没有性能等级的标记和标志，主要力学性能和工作性能要求见表 6-132。

6.2.4.7　自挤螺钉

自挤螺钉力学性能（GB/T 3098.7—2000）适用于渗碳钢或合金钢制造的、螺纹规格为 M2～M12 的自挤螺钉。自挤螺钉不区分力学性能等级，产品不做标志。

（1）材料和热处理　自挤螺钉应由渗碳钢冷镦制造，表 6-133 给出的化学成分仅是指导性的。螺钉应进行渗碳淬火并回火处理，心部硬度为 290～370HV10，表面硬度应≥450HV0.3，表面渗碳层深度按表 6-134 规定。

表 6-132　自攻螺钉的主要力学性能和工作性能（摘自 GB/T 3098.5—2016）

螺纹规格		ST2.2	ST2.6	ST2.9	ST3.3	ST3.5	ST3.9	ST4.2	ST4.8	ST5.5	ST6.3	ST8	ST9.5
破坏扭矩(min)/N·m		0.45	0.90	1.5	2.0	2.7	3.4	4.4	6.3	10.0	13.6	30.5	68.0
渗碳层深度 mm	min	0.04		0.05			0.10				0.15		
	max	0.10		0.18			0.23				0.28		
表面硬度≥		450HV 0.3											
心部硬度		螺纹≤ST 3.9：270～370HV5，螺纹≥ST4.2：270～370HV10											
显微组织		在渗碳层与心层间的显微组织不应呈现带状亚共析铁素体											

表 6-133　自挤螺钉的材料化学成分

（摘自 GB/T 3098.7—2000）

性能等级	化学成分(%)			
	w_C		w_{Mn}	
	min	max	min	max
桶样	0.15	0.25	0.70	1.65
检验	0.13	0.27	0.64	1.71

表 6-134　自挤螺钉表面渗碳层深度

（摘自 GB/T 3098.7—2000）（单位：mm）

螺纹规格	渗碳层深度	
	min	max
M2、M2.5	0.04	0.12
M3、M3.5	0.05	0.18
M4、M5	0.10	0.25
M6、M8	0.15	0.28
M10、M12	0.15	0.32

（2）力学性能和工作性能　自挤螺钉主要力学和工作性能要求见表 6-135。

表 6-135　自挤螺钉主要力学性能和工作性能要求

（摘自 GB/T 3098.7—2000）

螺纹规格	拧入扭矩 /N·m max	最小破坏扭矩 /N·m min	破坏拉力载荷（参考）/N min
M2	0.3	0.5	1940
M2.5	0.6	1.2	3150
M3	1.1	2.1	4680
M3.5	1.7	3.4	6300
M4	2.5	4.9	8170
M5	5	10	13200
M6	8.5	17	18700
M8	21	42	34000
M10	43	85	53900
M12	75	150	78400

6.2.4.8　不锈钢自攻螺钉的力学性能（摘自 GB/T 3098.21—2014）

1. 标记代号（见表 6-136、表 6-137）

表 6-136　自攻螺钉不锈钢组别和性能等级标记制度

<table>
<tr><th>类别</th><th colspan="5">标记制度</th></tr>
<tr><td>钢的类别</td><td colspan="2">奥氏体</td><td colspan="2">马氏体</td><td>铁素体</td></tr>
<tr><td>钢的组别</td><td colspan="2">A2①　A3　A4①　A5</td><td>C1</td><td>C3</td><td>F1</td></tr>
<tr><td rowspan="2">性能等级</td><td>20H</td><td>25H</td><td>30H</td><td>40H</td><td>25H</td></tr>
<tr><td>冷加工</td><td>冷加工</td><td>淬火并回火</td><td>淬火并回火</td><td>冷加工</td></tr>
</table>

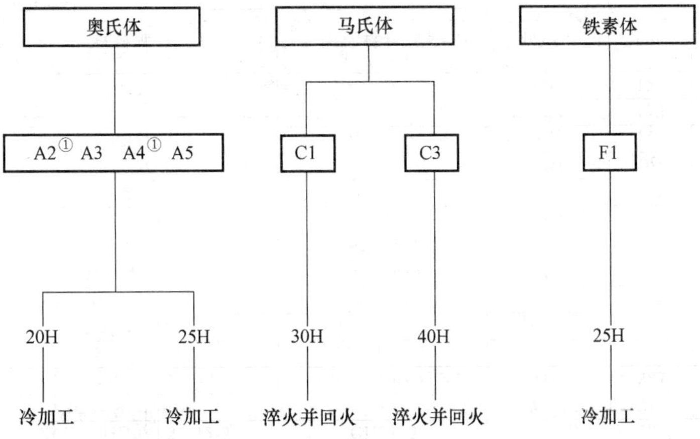

① 含碳量低于 0.03%的低碳奥氏体不锈钢，可增加标记“L”，如 A4L-25H。

性能等级（第二部分）标记由两个数字和字母 H 组成。其中，数字表示最低维氏硬度的 1/10，字母表示硬度，如表 6-137 所示。

表 6-137　性能等级的标记与维氏硬度对照表

性能等级	20H	25H	30H	40H
维氏硬度 min	200HV	250HV	300HV	400HV

注：示例 1：A4-25H 表示：奥氏体钢、冷加工、最低硬度为 250HV。
　　示例 2：C3-40H 表示：马氏体钢、淬火并回火、最低硬度为 400HV。

2. 不锈钢自攻螺钉的化学成分（见表 6-138）

表 6-138　不锈钢组别与化学成分（摘自 GB/T 3098.21—2014）

类别	组别	化学成分(质量分数,%①)									注
		C	Si	Mn	P	S	Cr	Mo	Ni	Cu	
奥氏体	A2	0.10	1	2	0.050	0.03	15~22	②	8~19	4	③④
	A3	0.08	1	2	0.045	0.03	17~19	②	9~12	1	⑤
	A4	0.08	1	2	0.045	0.03	16~18.5	2~3	10~15	4	④⑥
	A5	0.08	1	2	0.045	0.03	16~18.5	2~3	10.5~14	1	⑤⑥
马氏体	C1	0.09~0.15	1	1	0.05	0.03	11.5~14	—	1	—	⑥
	C3	0.17~0.25	1	1	0.04	0.03	16~18	—	1.5~2.5	—	
铁素体	F1	0.12	1	1	0.04	0.03	15~18	⑦	1	—	⑧⑨

① 除另有表示外，均为最大值。
② 由制造者决定钼含量。但对某些使用场合，如有必要限定钼的极限含量，则必须在订单中由用户注明。
③ 若铬质量分数低于 17%，则镍的最小质量分数应为 12%。
④ 对最大含碳量达到 0.03%的奥氏体不锈钢，氮质量分数最高可达到 0.22%。
⑤ 为稳定组织，钛质量分数应为≥(5×C%)~0.8%，或铌（钶，旧称）和（或）钽质量分数应为≥10×C~1.0%。
⑥ 对较大直径的产品，为达到规定的机械性能，在制造者提供的说明书中，可能有较高的碳含量，但对奥氏体钢不应超过 0.12%。
⑦ 由制造者决定钼含量。
⑧ 钛质量分数可能为≥(5×C%)~0.8%。
⑨ 铌（钶，旧称）和（或）钽质量分数为≥(10×C%)~1.0%。

3. 硬度（见表 6-139）

表 6-139　不锈钢自攻螺钉的硬度

类别	组别	性能等级	硬度 min	
马氏体	C1	30H	表面硬度	300HV
	C3	40H		400HV
奥氏体	A2、A3、A4、A5	20H	心部硬度①	200HV
		25H		250HV
铁素体	F1	25H		250HV

① 螺纹规格≤ST3.9，应使用 HV5；
螺纹规格>ST3.9，应使用 HV10。

4. 常用材料（摘自 GB/T 3098.21—2014）（见表 6-140、表 6-141）

表 6-140　冷镦和冷挤压用不锈钢（摘自 ISO 4954：1993）

序号	钢的类型(标记①) 名称	ISO 4954:1979	C	Si max	Mn max	P max	S max	Cr	Mo	Ni	其他	紧固件组别标记③
	铁素体钢											
71	X3Cr17E	—	≤0.04	1.00	1.00	0.040	0.030	16.0~18.0		≤1.0		F1
72	X6Cr17E	D1	≤0.08	1.00	1.00	0.040	0.030	16.0~18.0		≤1.0		F1
73	X6CrMo171E	D2	≤0.08	1.00	1.00	0.040	0.030	16.0~18.0	0.90~1.30	≤1.0		F1
74	X6CrTi12E	—	≤0.08	1.00	1.00	0.040	0.030	10.5~12.5		≤0.50	Ti:6×%C≤1.0	F1
75	X6CrNb12E	—	≤0.08	1.00	1.00	0.040	0.030	10.5~12.5		≤0.50	Nb:6×%C≤1.0	F1
	马氏体钢											
76	X12Cr13E	D10	0.90~0.15	1.00	1.00	0.040	0.030	11.5~13.5		≤1.0		C1
77	X19CrNi16 2E	D12	0.14~0.23	1.00	1.00	0.040	0.030	15.0~17.5		1.5~2.5		C3
	奥氏体钢											
78	X2CrNi18 10E	D20	≤0.030	1.00	2.00	0.045	0.030	17.0~19.0		9.0~12.0		A2④
79	X5CrNi18 9E	D21	≤0.07	1.00	2.00	0.045	0.030	17.0~19.0		8.0~11.0		A2
80	X10CrNi18 9E	D22	≤0.12	1.00	2.00	0.045	0.030	17.0~19.0		8.0~10.0		A2
81	X5CrNi18 12E	D23	≤0.07	1.00	2.00	0.045	0.030	17.0~19.0		11.0~13.0		A2
82	X6CrNi18 16E	D25	≤0.08	1.00	2.00	0.045	0.030	15.0~17.0		17.0~19.0		A2

(表中 C~其他 各列为化学成分(质量分数②,%))

（续）

钢的类型(标记①)			化学成分(质量分数②,%)									紧固件组别标记③
序号	名称	ISO 4954:1979	C	Si max	Mn max	P max	S max	Cr	Mo	Ni	其他	
83	X6CrNiTi18 10E	D26	≤0.08	1.00	2.00	0.045	0.030	17.0~19.0		9.0~12.0	Ti:5×%C≤0.80	A3④
84	X5CrNiMo17 12 2E	D29	≤0.07	1.00	2.00	0.045	0.030	16.5~18.5	2.0~2.5	10.5~13.5		A4
85	X6CrNiMoTi17 12 2E	D30	≤0.08	1.00	2.00	0.045	0.030	16.5~18.5	2.0~2.5	11.0~14.0	Ti:5×%C≤0.80	A5④
86	X2CrNiMo17 13 3E	—	≤0.030	1.00	2.00	0.045	0.030	16.5~18.5	2.5~3.0	11.5~14.5		A4⑤
87	X2CrNiMoN17 13 3E	—	≤0.030	1.00	2.00	0.045	0.030	16.5~18.5	2.5~3.0	11.5~14.5	N:0.12~0.22	A4⑤
88	X3CrNiCu18 9 3E	D32	≤0.04	1.00	2.00	0.045	0.030	17.0~19.0		8.5~10.5	Cu:3.00~4.00	A2

① 第 1 列的标记是顺序编号。第 2 列的标记是根据 ISO/TC 17/SC 2 建议的标记制度。第 3 列的标记表示 在 ISO 4954:1979（1993 修订）使用并已作废的编号。

② 本表未列出的元素，未经用户同意，不能增加，除非需要精练。应采取合理的预防措施，以防止某些元素（来自制造过程中混入的废料或其他金属）的增加，因为这些元素会影响材料的淬透性、机械性能和使用性能。

③ 不是 ISO 4954 的内容。

④ 稳定型钢。

⑤ 有极好的耐晶间腐蚀性。

因氯化物导致应力腐蚀（如室内游泳池）造成螺栓、螺钉和螺柱失效的风险，可通过使用表 6-141 给出的材料而降低。

表 6-141　耐氯化物导致应力腐蚀的奥氏体不锈钢（摘自 EN 10088-1：1995）

奥氏体不锈钢（代号/材料编号）	化学成分(质量分数,%)									
	C max	Si max	Mn max	P max	S max	N	Cr	Mo	Ni	Cu
X2CrNiMoN17-13-5（1.4439）	0.03	1.0	2.0	0.045	0.015	0.12~0.22	16.5~18.5	4.0~5.0	12.5~14.5	
X1NiCrMoCu25-20-5（1.4539）	0.02	0.7	2.0	0.030	0.010	≤0.15	19.0~21.0	4.0~5.0	24.0~26.0	1.2~2.0
X1NiCrMoCuN25-20-7（1.4529）	0.02	0.5	1.0	0.030	0.010	0.15~0.25	19.0~21.0	6.0~7.0	24.0~26.0	0.5~1.5
X2CrNiMoN22-5-3①（1.4462）	0.03	1.0	2.0	0.035	0.015	0.10~0.22	21.0~23.0	2.5~3.5	4.5~6.5	

① 奥氏体-铁素体不锈钢。

6.2.4.9　细晶粒非调质钢螺栓、螺钉和螺柱（摘自 GB/T 3098.22—2009）

1. 牌号和性能等级（见表 6-142）
2. 力学和物理性能（见表 6-143）

表 6-142　适用的紧固件产品、规格和性能等级

材料牌号	螺纹公称直径/mm	性能等级	适用的产品
MFT8	5~16	8.8F、08、8F	螺栓、螺钉、螺柱和螺杆
MFT9	5~16	9.8F、09、8F	
MFT10	5~16	10.9F、010.9F	螺柱和螺杆

表 6-143　螺栓、螺钉和螺柱的力学和物理性能

分项条号	力学和物理性能		性能等级		
			8.8F	9.8F	10.9F
1	抗拉强度 R_m/MPa	公称①	800	900	1000
		min	800	900	1040
2	规定非比例伸长 0.2%的应力，$R_{P0.2}$/MPa	公称①	640	720	940
		min	640	720	940
3	保证应力 S_P②/MPa	公称	580	650	830
	保证应力比 $S_{P,公称}/R_{P0.2,min}$		0.91	0.90	0.88
4	机械加工试件的断后伸长率 A(%)	min	12	10	9

（续）

分项条号	力学和物理性能		性能等级 8.8F	9.8F	10.9F
5	机械加工试件的断面收缩率 Z(%)	min	52	48	48
6	头部坚固性		不得断裂		
7	维氏硬度　HV　$F \geqslant 98$N	min	250	290	320
		max	320	360	380
8	布氏硬度　HBW　$F=30D^2$	min	238	276	304
		max	304	342	361
9	洛氏硬度　HRC	min	22	28	32
		max	32	37	39
10	破坏扭矩 M_B/Nm	min	见 GB/T 3098.13		
11	吸收能量 KV[③,④]/J	min	27		
12	表面缺陷		GB/T 5779.1[⑤]		

① 性能等级的标记制度仅要求规定公称值。
② 表 6-146 和表 6-148 规定了保证载荷。
③ 在-20℃试验温度下测定的数值。
④ 适用于 d=16mm。
⑤ 如用 GB/T 5779.3 代替，应由供需双方协议。

3. 化学成分（见表 6-144）

表 6-144　材料牌号和熔炼化学成分（质量分数，%）

材料牌号	C	Si	Mn	P	S	V	Nb	其他元素
MFT8	0.16~0.26	≤0.30	1.20~1.60	≤0.025	≤0.015	或添加	添加	或添加
MFT9	0.18~0.26	≤0.30	1.25~1.60	≤0.025	≤0.015	或添加	添加	或添加
MFT10	0.10~0.28	≤0.60	1.30~2.20	≤0.025	≤0.015	或添加	或添加	或添加

4. 工作能力（见表 6-145~表 6-148）

表 6-145　最小拉力载荷——粗牙螺纹

螺纹规格[①] d	公称应力截面积 $A_{s,公称}$[②]/mm²	性能等级 8.8F	9.8F	10.9F
		最小拉力载荷，$F_{m,min}(A_{s,公称} \times R_{m,min})$/N		
M5	14.2	11350	12800	14800
M6	20.1	16100	18100	20900
M7	28.9	23100	26000	30100
M8	36.6	29200[③]	32900	38100[③]
M10	58	46400[③]	52200	60300[③]
M12	84.3	67400	75900	87700
M14	115	92000	104000	120000
M16	157	125000	141000	163000

① 在螺纹标记中不标记螺距者，应为粗牙螺距。
② $A_{s,公称}$的计算见 6.2.2.4 节。
③ 用于热浸镀锌的 6az 螺纹紧固件，可降低数值。

表 6-146　保证载荷——粗牙螺纹

螺纹规格[①] d	公称应力截面积 $A_{s,公称}$/mm²	性能等级 8.8F	9.8F	10.9F
		保证载荷，$F_P(A_{s,公称} \times S_P)$/N		
M5	14.2	8230	9230	11800
M6	20.1	11600	13100	16700
M7	28.9	16800	18800	24000
M8	36.6	21200[②]	23800	30400[②]
M10	58	33700[②]	37700	48100[②]
M12	84.3	48900	54800	70000
M14	115	66700	74800	95500
M16	157	91000	102000	130000

① 在螺纹标记中不标记螺距者，应为粗牙螺距。
② 用于热浸镀锌的 6az 螺纹紧固件，可降低数值。

表 6-147　最小拉力载荷——细牙螺纹

螺纹规格 $d \times P$	公称应力截面积 $A_{s,公称}/mm^2$	性能等级		
		8.8F	9.8F	10.9F
		最小拉力载荷, $F_{m,min}(A_{s,公称} \times R_{m,min})$/N		
M8×1	39.2	31360	35300	40800
M10×1	64.5	51600	58100	67100
M10×1.25	61.2	49000	55100	63600
M12×1.25	92.1	73700	82900	95800
M12×1.5	88.1	70500	79300	91600
M14×1.5	125	100000	112000	130000
M16×1.5	167	134000	150000	174000

表 4-148　保证载荷——细牙螺纹

螺纹规格 $d \times P$	公称应力截面积 $A_{s,公称}/mm^2$	性能等级		
		8.8F	9.8F	10.9F
		保证载荷, $F_P(A_{s,公称} \times S_P)$/N		
M8×1	39.2	22700	25500	32500
M10×1	64.5	37400	41900	53500
M10×1.25	61.2	35500	39800	50800
M12×1.25	92.1	53400	59900	76400
M12×1.5	88.1	51100	57300	73100
M14×1.5	125	72500	81200	104000
M16×1.5	167	96900	109000	139000

6.2.4.10　-200～+700℃使用的螺栓和螺母（摘自 GB/T 3098.8—2010）

1. 材料和力学性能等级

表 6-149 给出了最低工作温度可达-200℃的奥氏体钢紧固件。该材料的性能应符合 GB/T 3098.6 和 GB/T 3098.15 的规定。

表 6-149　符合 GB/T 3098.6 和 GB/T 3098.15 奥氏体钢紧固件的最低工作温度

持续工作的最低温度(近似值)	钢的组别①	性能等级	
		螺栓	螺母
-60℃②	A2L		
	A2	50	50
	A3		70
-200℃③	A4L	70	80
	A4		
	A5		

注：高于这些温度，对使用没有影响。低于这些温度，应按使用条件，进行相应的性能试验。

① 铜的质量分数≤1%（按 GB/T 3098.6 和 GB/T 3098.15 的规定）。

② 有头螺栓。

③ 螺柱。

适用于高温达+700℃的钢和镍合金钢，见表 6-150。该材料性能应符合 DIN EN 10269 对热处理状态的规定。

2. 螺栓连接副的承载能力（见表 6-151～表 6-155）

由螺栓和螺母组成的一个连接副，必须符合以下要求，方可认为是全承载能力的：

1）相配的螺栓和螺母分别是全承载能力的，螺母还应符合：对粗牙螺母，不低于 1 型螺母高度，或对细牙螺母，不低于 2 型螺母高度。

2）螺纹公差相配适当，如 6H/6g。

3）螺母材料的抗拉强度应高于螺栓材料抗拉强度的 70%。

4）螺栓与螺母材料的合理匹配见表 6-151。

注意，如果按表 6-151 选取螺栓材料，并采用了受力套管时，则该受力套管应优先选择与螺栓相同的材料。

3. 标记

由具有冷韧性或高温强度材料制造的紧固件，应按表 6-149 标记钢的组别和性能等级，或表 6-150 标记材料的缩写，例如：

螺纹规格 d=M30、公称长度 l=200mm、L 型、材料为 A4-70、产品等级为 TB 级、经表面氧化处理的等长双头螺柱的标记：

螺柱　GB/T 13807.2　LM30×200-TB-A4-70-氧化

螺纹规格 d=M30、公称长度 l=200mm、L 型、材料为 GA、产品等级为 TB 级、经表面氧化处理的等长双头螺柱的标记：

螺柱　GB/T 13807.2　LM30×200-TB-GA-氧化

对奥氏体螺栓或螺母设计要求一定的材料时，应以材料编号替代按 GB/T 3098.6 或 GB/T 3098.15 选择钢的组别的标记：

螺柱 GB/T 13807.2 LM30×200-TB-1.4541-70-氧化

表 6-150 DIN EN 10269 钢和镍合金钢适用的工作温度

DIN EN 10269 规定的工作温度范围			材料				螺栓和(或)螺母硬度/HV	
min	短时间① max	长时间② max	缩写	编号	牌号	状态③	min	max
-120℃	—	—	KB	1.5680	X12Ni5	+NT	157	203
						+QT	173	235
—	400℃	500℃	Y④	1.1181	C35E	+N	150	200
—	400℃	500℃	YK	1.1181	C35E	+QT	165	210
—	400℃	—	YB	1.5511	35B2	+QT	165	210
-60℃	500℃	550℃	KG	1.7218	25CrMo4	+QT	195	240
-100℃	500℃	—	GC	1.7225	42CrMo4	+QT	275	337
—	500℃	550℃	GA	1.7709	21CrMoV5-7	+QT	225	272
—	600℃	550℃	GB	1.7711	40CrMoV46	+QT	272	320
—	550℃	600℃	V⑤	1.4923	X22CrMoV12-1	+QT 1⑤	256	303
—	550℃	600℃	VH⑥	1.4923	X22CrMoV12-1	+QT 2⑥	287	367
—	600℃	600℃	VW	1.4913	X19CrMoNbVN11-1	+QT	287	367
—	650℃	670℃	S	1.4986	X7CrNiMoBNb16-16	+WW+P	210	272
-196℃	650℃	650℃	SD	1.4980	X6NiCrTiMoVB25-15-2	+AT+P	287	367
-196℃	650℃	800℃	SB	2.4952	NiCr20TiAl	+AT+P	320	417

① 给出屈服强度和抗拉强度的温度上限。
② 给出蠕变极限和持久强度极限的温度上限。
③ DIN EN 10269 中的各种状态：
+N：正火；
+NT：正火和回火；
+QT：淬火并回火；
+WW：热加工硬化；
+AT：固溶；
+P：时效硬化；
④ 仅对螺母。
⑤ 缩写 V 按 DIN EN 10269，材料 X22CrMoV12-1 机械加工试件的规定非比例延伸 0.2%的应力 $R_{P0.2}\geqslant 600$MPa（+QT1）。
⑥ 缩写 VH 按 DIN EN 10269，材料 X22CrMoV12-1 机械加工试件的规定非比例延伸 0.2%的应力 $R_{P0.2}\geqslant 600$MPa（+QT2）。

表 6-151 螺栓与螺母材料的合理匹配

			螺栓															螺母	
			奥氏体不锈钢性能等级		钢和镍合金钢													保证应力① S_p/MPa	
			50	70	KB	YK	YB	KG	GA	GB	GC	V	VH	VW	S	SD	SB	粗牙 1 型	细牙 2 型
螺母	奥氏体不锈钢性能等级	50	○	—	—	—	—	—	—	—	—	—	—	—	—	—	—	629②	725②
		70	○	○	—	—	—	—	—	—	—	—	—	—	—	—	—	800②	875②
		80	●	●	—	—	—	—	—	—	—	—	—	—	—	—	—	886②	950②
	钢和镍合金钢	KB	—	—	●	—	—	—	—	—	—	—	—	—	—	—	—	654	748
		Y	—	—	—	○	○	○	—	—	—	—	—	—	—	—	—	714	800
		YK	—	—	—	●	●	●	—	—	—	—	—	—	—	—	—	714	800
		YB	—	—	—	○	○	○	—	—	—	—	—	—	—	—	—	714	800
		KG	—	—	—	—	—	○	●	—	—	—	—	—	—	—	—	800	875
		GA	—	—	—	—	—	●	●	●	●	—	—	—	—	—	—	937	995
		GB	—	—	—	—	—	—	○	○	○	—	—	—	—	—	—	937	995

（续）

			螺栓															螺母	
			奥氏体不锈钢性能等级		钢和镍合金钢													保证应力①S_p/MPa	
			50	70	KB	YK	YB	KG	GA	GB	GC	V	VH	VW	S	SD	SB	粗牙 1型	细牙 2型
螺母	钢和镍合金钢	GC	—	—	—	—	—	—	○	○	○	—	—	—	—	—	—	937	995
		V	—	—	—	—	—	—	—	—	—	○	○	○	—	—	—	971	1025
		VH	—	—	—	—	—	—	—	—	—	○	○	○	—	—	—	971	1025
		VW	—	—	—	—	—	—	—	—	—	○	○	○	—	—	—	971	1025
		S	—	—	—	—	—	—	—	—	—	—	—	—	○	—	—	775	838
		SD	—	—	—	—	—	—	—	—	—	—	—	—	—	○	—	971	1025
		SB	—	—	—	—	—	—	—	—	—	—	—	—	—	—	○	1057	1100
螺栓	抗拉强度 R_m/MPa	max	—	—	710	650	650	750	850	1000	1060	950	1050	1050	850	1150	1300		
		min	500	700	530	500	500	600	700	850	860	800	900	900	650	900	1000		

注：●优先匹配的；○允许匹配的；—不推荐的。

① 在确定保证应力时，考虑试验芯棒的硬度应高于与螺母匹配的螺栓的硬度。但螺母的保证应力应当高于匹配的螺栓中最高性能等级的最小抗拉强度值。

② 为了在检测中识别全承载能力的螺母，必须施加比 GB/T 3098.15 提高了的保证应力。按 GB/T 3098.15 对 70 级和 80 级的要求，大批量生产较小规格的螺母时，通常采用冷加工；只对 50 级的大规格螺母采用热加工。若按本标准对特殊螺母的要求，小批量生产大多数采用棒料经切削加工而成。这些棒料由于冷作硬化（拉拔）变形的不均匀性，在其横截面内各点的机械性能也不均匀。因此，这样制造的螺母存在着风险，即在检验保证载荷时，虽然采用了淬硬试棒，但测定的保证应力只能达到 GB/T 3098.15 规定的较低的保证应力值。所以，与一个较软的螺栓匹配时，不能达到最小拉力载荷。因此，这里要求采用较高的保证应力。

表 6-152　粗牙螺纹螺栓的最小拉力载荷（$A_{s,公称} \times R_{m,min}$/kN）

螺纹规格 d	螺纹应力截面积 $A_{s,公称}$/mm^2	奥氏体不锈钢性能等级		钢和镍合金钢									
		50	70	KB	YK YB	KG	GA	GB	GC	V	VH VW	S	SD	SB
M3	5.03	2.52	3.52	2.67	2.52	3.02	3.52	4.28	4.33	4.02	4.53	3.27	4.53	5.03
M3.5	6.78	3.39	4.75	3.59	3.39	4.07	4.75	5.76	5.83	5.42	6.10	4.41	6.10	6.78
M4	8.78	4.39	6.15	4.65	4.39	5.27	6.15	7.46	7.55	7.02	7.90	5.71	7.90	8.78
M5	14.2	7.10	9.94	7.53	7.1	8.52	9.94	12.1	12.2	11.4	12.8	9.23	12.8	14.2
M6	20.1	10.1	14.1	10.7	10.1	12.1	14.1	17.1	17.3	16.1	18.1	13.1	18.1	20.1
M7	28.9	14.5	20.2	15.3	14.5	17.3	20.2	24.6	24.9	23.1	26.0	18.8	26.0	28.9
M8	36.6	18.3	25.6	19.4	18.3	22.0	25.6	31.1	31.5	29.3	32.9	23.8	32.9	36.6
M10	58.0	29.0	40.6	30.7	29.0	34.8	40.6	49.3	49.9	46.4	52.2	37.7	52.0	58.0
M12	84.3	42.2	59.0	44.7	42.2	50.6	59.0	71.7	72.5	67.4	75.9	54.8	75.9	84.3
M14	115	57.5	80.5	61.0	57.5	69.0	80.5	97.8	98.9	92.0	104	74.8	104	115
M16	157	78.5	110	83.2	78.5	94.2	110	133	135	126	141	102	141	157
M18	192	96.0	134	102	96.0	115	134	153	165	154	173	125	173	192
M20	245	123	172	130	123	147	172	208	211	196	221	159	221	245
M22	303	152	212	161	152	182	212	258	261	242	273	197	273	303
M24	353	177	247	187	177	212	247	300	304	282	318	229	318	353
M27	459	230	—	243	230	275	321	390	395	367	413	298	413	459
M30	561	281	—	297	281	337	393	477	482	449	505	365	505	561
M33	694	347	—	368	347	416	486	590	597	555	625	451	625	694
M36	817	409	—	433	409	490	572	694	703	654	735	531	735	817
M39	976	488	—	517	488	586	683	830	839	781	878	634	878	976

表 6-153 粗牙螺纹螺母的保证载荷（$A_{s,公称} \times S_p$/kN）

螺纹规格 d	螺纹应力截面积 $A_{s,公称}$/mm²	奥氏体不锈钢性能等级			钢和镍合金钢							
		50	70	80	KB	Y YK YB	KG	GA GB GC	V VH VW	S	SD	SB
M3	5.03	3.16	4.02	4.46	3.29	3.59	4.02	4.71	4.88	3.81	4.88	5.32
M3.5	6.78	4.26	5.42	6.01	4.43	4.84	5.42	6.35	6.58	5.13	6.58	7.17
M4	8.78	5.52	7.02	7.78	5.74	6.27	7.02	8.23	8.53	6.65	8.53	9.28
M5	14.2	8.93	11.4	12.6	9.29	10.1	11.4	13.3	13.8	10.7	13.8	15.0
M6	20.1	12.6	16.1	17.8	13.1	14.4	16.1	18.8	19.5	15.2	19.5	21.2
M7	28.9	18.2	23.1	25.6	18.9	20.6	23.1	27.1	28.1	21.9	28.1	30.5
M8	36.6	23.0	29.3	32.4	23.9	26.1	29.3	34.3	35.5	27.7	35.5	38.7
M10	58.0	36.5	46.4	51.4	37.9	41.4	46.4	54.3	56.3	43.9	56.3	61.3
M12	84.3	53.0	67.4	74.7	55.1	60.2	67.4	79.0	81.9	63.8	81.9	89.1
M14	115	72.3	92.0	102	75.2	82.1	92.0	108	112	87.1	112	122
M16	157	99	126	139	103	112	126	147	152	119	152	166
M18	192	121	154	170	126	137	154	180	186	145	186	203
M20	245	154	196	217	160	175	196	230	238	185	238	259
M22	303	191	242	268	198	216	242	284	294	229	294	320
M24	353	222	282	313	231	252	282	331	343	267	343	373
M27	459	289	—	—	300	328	367	430	446	347	446	485
M30	561	353	—	—	367	401	449	526	545	425	545	593
M33	694	437	—	—	454	496	555	650	674	525	674	734
M36	817	514	—	—	534	583	654	766	793	618	793	864
M39	976	614	—	—	638	697	781	915	948	739	948	1032

表 6-154 细牙螺纹螺栓的最小拉力载荷（$A_{s,公称} \times R_{m,min}$/kN）

螺纹规格 $d \times P$	螺纹应力截面积 $A_{s,公称}$/mm²	奥氏体不锈钢性能等级		钢和镍合金钢										
		50	70	KB	YK YB	KG	GA	GB	GC	V	VH VW	S	SD	SB
M8×1	39.2	19.6	27.4	20.8	19.6	23.5	27.4	33.3	33.7	31.4	35.3	25.5	35.3	39.2
M10×1	64.5	32.3	45.2	34.2	32.3	38.7	45.2	54.8	55.7	51.6	58.1	41.9	58.1	64.5
M10×1.25	61.2	30.6	42.8	32.4	30.6	36.7	42.8	52.0	52.6	49.0	55.1	39.8	55.1	61.2
M12×1.25	92.1	46.1	64.5	48.8	46.1	55.3	64.5	78.3	79.2	73.7	82.9	59.9	82.9	92.1
M12×1.5	88.1	44.1	61.7	46.7	44.1	52.9	61.7	74.9	75.8	70.5	79.3	57.3	79.3	88.1
M14×1.5	125	62.5	88	66.3	62.5	75.0	87.5	106	108	100	113	81.3	113	125
M16×1.5	167	83.5	117	88.5	83.5	100	117	142	144	134	150	109	150	167
M18×1.5	215	108	151	114	108	129	151	183	185	172	194	140	194	215
M18×2	204	102	143	108	102	122	143	173	175	163	184	133	184	204
M20×1.5	272	136	190	144	136	163	190	231	234	218	245	177	245	272
M20×2	258	129	181	137	129	155	181	219	222	206	232	168	232	258
M22×1.5	333	167	233	176	165	200	233	283	286	266	300	216	300	333
M22×2	318	159	223	169	159	191	223	270	273	254	286	207	286	318
M24×2	384	192	269	204	192	230	269	326	330	307	346	250	346	384
M27×2	496	248	—	263	248	298	347	422	427	397	446	322	446	496
M30×2	621	311	—	329	311	373	435	528	534	497	559	404	559	621
M33×2	761	381	—	403	381	457	533	647	654	609	685	495	685	761
M36×3	865	433	—	458	433	519	606	735	744	692	779	562	779	865
M39×3	1030	515	—	546	515	618	721	876	886	824	927	670	927	1030

表 6-155　细牙螺纹螺母的保证载荷（$A_{s,公称} \times S_P$/kN）

螺纹规格 $d \times P$	螺纹应力截面积 $A_{s,公称}$/mm²	奥氏体不锈钢性能等级			钢和镍合金钢							
		50	70	80	KB	Y YK YB	KG	GA GB GC	V VH VW	S	SD	SB
M8×1	39.2	28.4	34.3	37.2	29.3	31.4	34.3	39.0	40.2	32.8	40.2	43.1
M10×1	64.5	46.8	56.4	61.3	48.2	51.6	56.4	64.2	66.1	54.1	66.1	71.0
M10×1.25	61.2	44.4	53.6	58.2	45.8	49.0	53.6	60.9	62.7	51.3	62.7	67.3
M12×1.25	92.1	66.8	80.6	87.5	68.9	73.7	80.6	91.6	94.4	77.2	94.4	101.3
M12×1.5	88.1	63.9	77.1	83.7	65.9	70.5	77.1	87.7	90.3	73.8	90.3	96.9
M14×1.5	125	90.6	109	119	93.5	100	109	124	128	105	128	138
M16×1.5	167	121	146	159	125	134	146	166	171	140	171	184
M18×1.5	215	156	188	204	161	172	188	214	220	180	220	237
M18×2	204	148	179	194	153	163	179	203	209	171	209	224
M20×1.5	272	197	238	258	203	218	238	271	279	228	279	299
M20×2	258	187	226	245	193	206	226	257	264	216	264	284
M22×1.5	333	241	291	316	249	266	291	331	341	279	341	366
M22×2	318	231	278	302	238	254	278	316	326	266	326	350
M24×2	384	278	336	365	287	307	336	382	394	322	394	422
M27×2	496	360	—	—	371	397	434	494	508	416	508	546
M30×2	621	450	—	—	465	497	543	618	637	520	637	683
M33×2	761	552	—	—	569	609	666	757	780	638	780	837
M36×3	865	627	—	—	647	692	757	861	887	725	887	952
M39×3	1030	747	—	—	770	824	901	1025	1056	863	1056	1133

4. 高温或/和低温紧固件用钢国标与 DIN EN 10269 材料牌号对照（见表 6-156）

表 6-156　高温或/和低温紧固件用钢国际与 DIN EN 10269 材料牌号对照

DIN EN 10269 规定的温度范围			材料					螺栓和(或)螺母硬度/HV	
min	短时间① max	长时间② max	缩写	编号	材料牌号	国标材料牌号	状态③	min	max
-120℃	—	—	KB	1.5680	X12Ni5	—	+NT	157	203
							+QT	173	235
—	400℃	500℃	Y④	1.1181	C35E	ML35Mn	+N	150	200
—	400℃	500℃	YK	1.1181	C35E	ML35Mn	+QT	165	210
—	400℃	—	YB	1.5511	35B2	ML35B	+QT	165	210
-60℃	500℃	550℃	KG	1.7218	25CrMo4	ML30CrMo	+QT	195	240
-100℃	500℃	—	GC	1.7225	42CrMo4	ML42CrMo	+QT	275	337
—	500℃	550℃	GA	1.7709	21CrMoV5-7	25Cr2MoV	+QT	225	272
—	600℃	550℃	GB	1.7711	40CrMoV4-6	35CrMoV	+QT	272	320
—	550℃	600℃	V⑤	1.4923	X22CrMoV12-1	21Cr12MoV	+QT1⑤	256	303
—	550℃	600℃	VH⑥	1.4923	X22CrMoV12-1	21Cr12MoV	+QT2⑥	287	367
—	600℃	600℃	VW	1.4913	X19CrMoNbVN11-1	18Cr12MoVNbN	+QT	287	367
—	650℃	670℃	S	1.4986	X7CrNiMoBNb16-16	—	+WW+P	210	272
-196℃	650℃	650℃	SD	1.4980	X6NiCrTiMoVB25-15-2	GH2132	+AT+P	287	367
-196℃	650℃	800℃	SB	2.4952	NiCr20TiAl	GH4080A	+AT+P	320	417

注：X12Ni5、X7CrNiMoBNb16-16 我国目前尚无对应牌号。

① 给出屈服强度和抗拉强度的温度上限。

② 给出蠕变极限和持久强度极限的温度上限。

③ DIN EN 10269 的各种状态：

+N：正火；

+NT：正火和回火；

+QT：淬火并回火；

+WW：热加工硬化

+AT：固溶；

+P：时效硬化。

④ 仅对螺母。

⑤ 缩写 V 按 DIN EN 10269，材料 X22CrMoV12-1 规定非比例延伸 0.2%的应力 $R_{P0.2} \geqslant 600N/mm^2$（+QT1）；

⑥ 缩写 VH 按 DIN EN 10269，材料 X22CrMoV12-1 规定非比例延伸 0.2%的应力 $R_{P0.2} \geqslant 600N/mm^2$（+QT2）。

6.3 紧固件产品

6.3.1 螺栓（见表 6-157～表 6-184）

表 6-157 粗牙（摘自 GB/T 5782—2016）细牙（摘自 GB/T 5785—2016）六角头螺栓

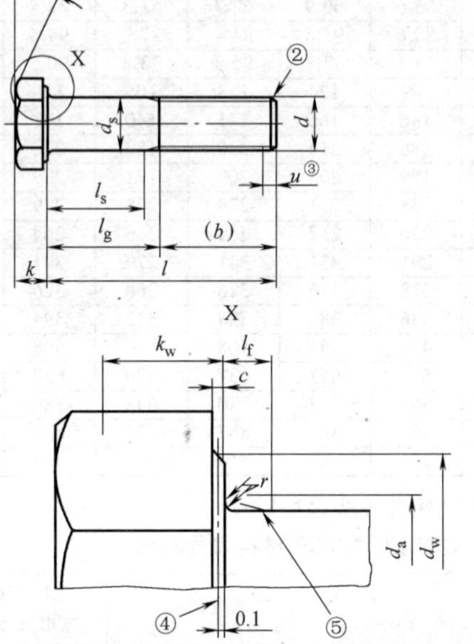

标记示例：

螺纹规格为 M12、公称长度 l＝80mm、性能等级为 8.8 级、表面不经处理、产品等级为 A 级的六角头螺栓螺纹规格为 M12×1.5、公称长度 l＝80mm、细牙螺纹、性能等级为 8.8 级、表面不经处理、产品等级为 A 级的六角头螺栓的标记为

螺栓 GB/T 5785 M12×1.5×80

螺纹规格 (6g)		d	M1.6	M2	M2.5	M3	(M3.5)	M4	M5	M6
		d×P								
b（参考）		l≤125	9	10	11	12	13	14	16	18
		125<l≤200	15	16	17	18	19	20	22	24
		l>200	28	29	30	31	22	33	35	37
e min		A 级	3.41	4.32	5.45	6.01	6.58	7.66	8.79	11.05
		B 级	3.28	4.18	5.31	5.88	6.44	7.50	8.63	10.89
s	min		3.20	4.00	5.00	5.50	6.00	7.00	8.00	10.00
	max	A 级	3.02	3.82	4.82	5.32	5.82	6.78	7.78	9.78
		B 级	2.90	3.70	4.70	5.20	5.70	6.64	7.64	9.64
k(公称)			1.1	1.4	1.7	2	2.4	2.8	3.5	4
l 长度范围(公称)			12,16	16,20	16～25	20～30	20～35	25～40	25～50	30～60
螺纹规格 (6g)		d	M8	M10	M12	(M14)	M16	(M18)	M20	(M22)
		d×P	M8×1	M10×1	M12×1.5		M16×1.5		M20×1.5	
				(M10×1.25)	(M12×1.25)	(M14×1.5)		(M18×1.5)	(M20×2)	(M22×1.5)
b（参考）		l≤125	22	26	30	34	38	42	46	50
		125<l≤200	28	32	36	40	44	48	52	56
		l>200	41	45	49	53	57	61	65	69
e min		A 级	14.38	17.77	20.03	23.36	26.75	30.14	33.53	37.72
		B 级	14.20	17.59	19.85	22.76	26.17	29.56	32.95	37.29
s	min		13.00	16.00	18.00	21.00	24.00	27.00	30.00	34.00
	max	A 级	12.73	15.73	17.73	20.67	23.67	26.67	29.67	33.38
		B 级	12.57	15.57	17.57	20.16	23.16	26.16	29.16	33.00
k(公称)			5.3	6.4	7.5	8.8	10	11.5	12.5	14
l 长度范围(公称)			40～80	45～100	50～120	60～140	65～160	70～180	80～200	90～220

（续）

螺纹规格（6g）		M24	（M27）	M30	（M33）	M36	（M39）	M42	（M45）
螺纹规格（6g）	d	M24	（M27）	M30	（M33）	M36	（M39）	M42	（M45）
	$d×P$	M24×2		M30×2		M36×3		M42×3	
			（M27×2）		（M33×2）		（M39×3）		（M45×3）
b（参考）	$l≤125$	54	60	66	—	—	—	—	—
	$125<l≤200$	60	66	72	78	84	90	96	102
	$l>200$	73	79	85	91	97	103	109	115
e min	A 级	39.98	—	—	—	—	—	—	—
	B 级	39.55	45.2	50.85	55.37	60.79	66.44	71.3	76.95
s min		36.00	41	46	50	55.0	60.0	65	70.0
s max	A 级	35.38	—	—	—	—	—	—	—
	B 级	35.00	40	45	49	53.8	58.8	63.1	68.1
k（公称）		15	17	18.7	21	22.5	25	26	28
l 长度范围（公称）		90~240	100~260	100~300	130~320	140~340	150~380	160~440	180~440

螺纹规格（6g）		M48	（M52）	M56	（M60）	M64
螺纹规格（6g）	d	M48	（M52）	M56	（M60）	M64
	$d×P$	M48×3		M56×4		M64×4
			（M52×4）		（M60×4）	
b（参考）	$l≤25$	—	—	—	—	—
	$125<l≤200$	108	116	—	—	—
	$l>200$	121	129	127	145	153
e min	A 级	—	—	—	—	—
	B 级	89.6	88.25	93.56	99.21	104.86
s min		75.0	80.0	85.0	90.0	95.0
s max	A 级	—	—	—	—	—
	B 级	73.1	78.1	82.8	87.8	92.8
k（公称）		30	33	35	38	40
l 长度范围（公称）		180~480	200~480	220~500	240~500	260~500

注：1. 螺栓的性能等级和表面处理见下表：

性能等级	钢	$d<3$mm，$d>39$mm，按协议；3mm≤d≤39mm：5.6、8.8、10.9；3mm≤d≤16mm：9.8
	不锈钢	d≤24mm：A2-70、A4-70，；24mm<d≤39mm：A2-50、A4-50；$d>39$mm，按协议
	有色金属	CU2、CU3、AL4
表面处理	钢	不经处理或电镀或非电解锌片涂层
	不锈钢	简单处理或钝化处理
	有色金属	简单处理或电镀

2. $l_{gmax}=l_{公称}-b$。

3. 括号内的螺纹规格为非优选的螺纹规格，请优先选择无括号的优选的螺纹规格。

4. 长度尺寸系列为：12、16、20（5 进位）、60（10 进位）、180（20 进位）、500。

① $\beta=15°\sim30°$。

② 末端应倒角，（GB/T 2）对粗牙螺纹规格≤M4 可为辗制末端。

③ 不完整螺纹的长度 $u≤2P$。

④ d_w 的仲裁基准。

⑤ 最大圆弧过渡。

表 6-158　六角头螺杆带孔（摘自 GB/T 31.1—2013 和 GB/T 32.1—1988）**和头部带孔螺栓**

（单位：mm）

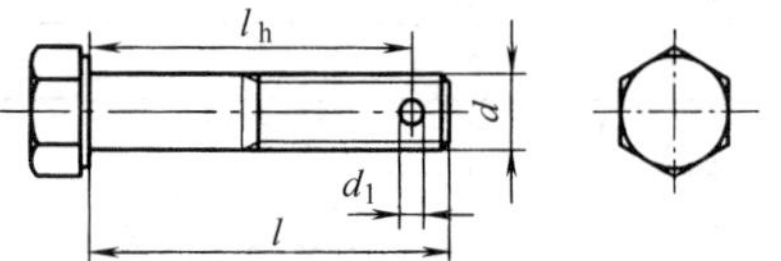

GB/T 31.1

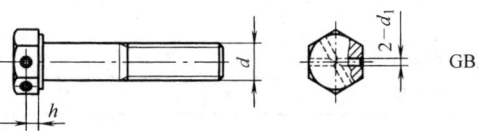

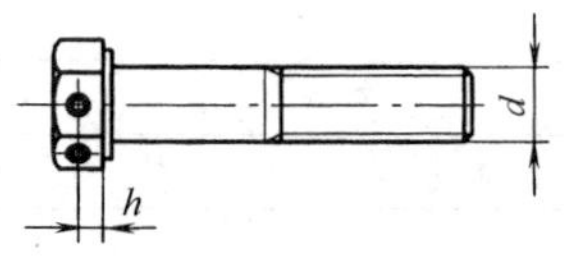

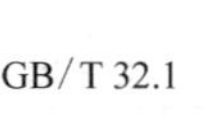

GB/T 32.1

标记示例：

螺纹规格 d=M12、公称长度 l=80mm、性能等级为 8.8 级、表面氧化、A 级六角头螺杆带孔螺栓，标记为

螺栓　GB/T 31.1　M12×80

（续）

螺纹规格 d(6g)		M6	M8	M10	M12	(M14)	M16	(M18)	M20	(M22)	M24	(M27)	M30	M36	M42	M48
d_{1min}	GB/T 31.1	1.6	2	2.5	3.2		4			5			6.3		8	
	GB/T 32.1	1.6	2				3							4		
h		2	2.6	3.2	3.7	4.4	5	5.7	7	7.5	8.5	9.3	11.5	5	13	15
l(GB/T 31.1)		30~60	35~80	40~100	45~120	50~140	55~160	65~180	65~200	70~220	80~240	90~300	90~300	110~300	130~300	140~300
性能等级	钢	5.6,8.8,10.9													按协议	
	不锈钢	A2-70,A4-70										A2-50,A4-50				
表面处理	钢	①氧化;②镀锌钝化														
	不锈钢	不经处理														

注：1. 尽可能不采用括号内的规格。

2. 长度系列：30（5进位）、(55)、(60)、(65)、(70)（10进位）、160（20进位）、300。

表6-159　细牙螺杆带孔（摘自 GB/T 31.3—1988 和 GB/T 32.3—1988）和细牙头部带孔六角头螺栓

（单位：mm）

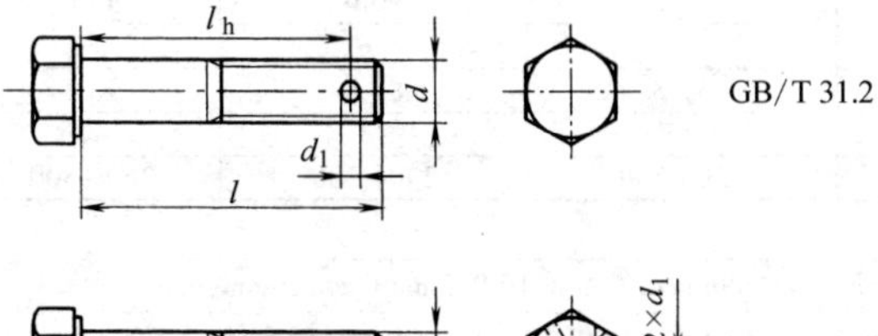

标记示例：

螺纹规格 d=M12×1.5、公称长度 l=80mm、细牙螺纹、性能等级为8.8级、表面氧化、A级六角头螺杆带孔螺栓，标记为

螺栓　GB/T 31.3　M12×1.5×80

螺纹规格 $d\times P$(6g)		M8×1	M10×1	M12×1.5	(M14×1.5)	M16×1.5	(M18×1.5)	M20×2
d_{1min}	GB/T 31.3	2	2.5	3.2		4		
	GB/T 32.3	2				3		
$l-l_h$		4		5		6		
$h\approx$		2.6	3.2	3.7	4.4	5	5.7	6.2
性能等级	钢	8.8,10.9						
	不锈钢	A2-70						
螺纹规格 $d\times P$(6g)		(M22×1.5)	M24×2	(M27×2)	M30×2	M36×3	M42×3	M48×3
d_{1min}	GB/T 31.3	5			6.3		8	
	GB/T 32.3	3				4		
$l-l_h$		7		8	9	10	12	
$h\approx$		7	7.5	8.5	9.3	11.2	13	15
性能等级	钢	8.8,10.9					按协议	
	不锈钢	A2-50						
表面处理	钢	①氧化;②镀锌钝化						
	不锈钢	不经处理						

注：尽可能不采用括号内的规格。

表 6-160　六角头螺栓　全螺纹（摘自 GB/T 5783—2016）

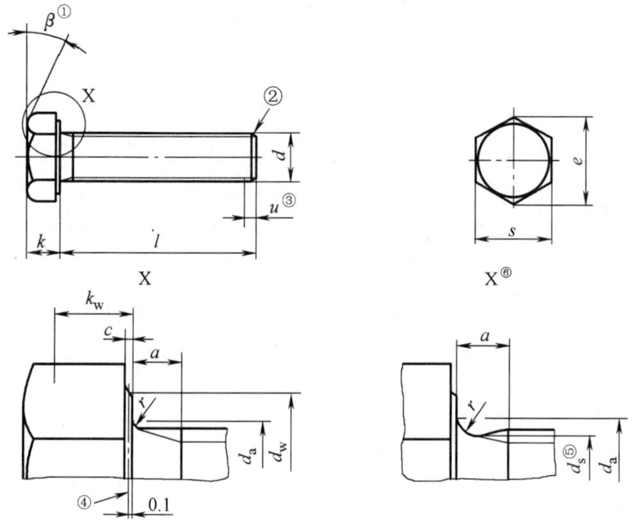

标记示例：

螺纹规格为 M12、公称长度 l = 80mm、全螺纹、性能等级为 8.8 级、表面不经处理、产品等级为 A 级的六角头螺栓的标记为

螺栓　GB/T 5783　M12×80

螺纹规格 d(6g)			M1.6	M2	M2.5	M3	(M3.5)	M4	M5	M6
a_{max}			1.05	1.20	1.35	1.50	1.80	2.1	2.40	3.00
e_{min}		A 级	3.41	4.32	5.45	6.01	6.58	7.66	8.79	11.05
		B 级	3.28	4.18	5.31	5.88	6.44	7.50	8.63	10.89
s	max		3.20	4.00	5.00	5.50	6	7	8	10
	min	A 级	3.02	3.82	4.82	5.32	5.82	6.78	7.78	9.78
		B 级	2.90	3.70	4.70	5.20	5.70	6.64	7.64	9.64
k(公称)			1.1	1.4	1.7	2	2.4	2.8	3.5	4
l 长度范围(公称)			2~16	4~20	5~25	6~30	20~35	8~40	10~50	12~60
螺纹规格 d(6g)			M8	M10	M12	(M14)	M16	(M18)	M20	(M22)
a_{max}			4.10	4.50	5.30	6.00	6.00	7.50	7.50	7.50
e_{min}		A 级	14.38	17.77	20.03	23.36	26.75	30.14	33.53	37.72
		B 级	14.20	17.59	19.85	22.78	26.17	29.56	32.95	37.29
s	max		13	16	18	21	24	27	30	34
	min	A 级	12.73	15.73	17.73	20.67	23.67	26.67	29.67	33.38
		B 级	12.57	15.57	17.57	20.16	23.16	26.16	29.16	33.00
k(公称)			5.3	6.4	7.5	8.8	10	11.5	12.5	14
l 长度范围(公称)			16~80	20~100	25~120	30~140	30~150	35~150	40~150	40~150
螺纹规格 d(6g)			M24	(M27)	M30	(M33)	M36	(M39)	M42	(M45)
a_{max}			9.00	9.00	10.50	10.50	12.00	12.00	13.50	13.50
e_{min}		A 级	39.98	—	—	—	—	—	—	—
		B 级	39.55	45.20	50.85	55.37	60.79	66.44	71.30	76.95
s	max		36	41	46	50	55	60	65	70
	min	A 级	35.38	—	—	—	—	—	—	—
		B 级	35.00	40	45.00	49.00	53.80	58.80	63.10	68.10
k(公称)			15	17	18.7	21	22.5	25	26	28
l 长度范围(公称)			50~150	55~150	60~150	65~200	70~150	80~200	80~200	90~200

（续）

螺纹规格 d(6g)			M48	(M52)	M56	(M60)	M64
a_{max}			15.00	15.00	16.5	16.5	18.00
e_{min}		A 级	—	—	—	—	—
		B 级	89.60	88.25	93.56	99.21	104.86
s	max		75	80	85	90	95
	min	A 级	—	—	—	—	—
		B 级	73.10	78.10	82.80	87.80	92.80
k(公称)			30	33	35	38	40
l 长度范围(公称)			100~200	100~200	110~200	130~200	120~200

注：1. 螺栓的性能等级和表面处理见下表：

性能等级	钢	d<3mm,d>39mm,按协议;3mm≤d≤39mm:5.6、8.8、10.9;3mm≤d≤16mm:9.8
	不锈钢	d≤24mm:A2-70、A4-70;24mm≤d≤39mm:A2-50、A4-50;d>39mm,按协议
	有色金属	CU2、CU3、AL4
表面处理	钢	不经处理或电镀或热浸镀锌层
	不锈钢	简单处理或钝化处理
	有色金属	简单处理或电镀

2. 括号内的螺纹规格为非优选的螺纹规格，请优先选择无括号的优选的螺纹规格。

3. 长度系列为：2（1 进位）、6（2 进位）、12（4 进位）、25（5 进位）、70（10 进位）、160（20 进位）200。

① $\beta=15°\sim30°$。

② 末端应倒角（GB/T 2）。

③ 不完整螺纹的长度 $u\leqslant2P$。

④ d_w 的仲裁基准。

⑤ $d_s\approx$螺纹中径。

⑥ 允许的形状。

表 6-161　细牙全螺纹六角头螺栓（摘自 GB/T 5786—2016）（图同表 6-160）（单位：mm）

螺纹规格 $d\times P$ (6g)			M8×1	M10×1	M12×1.5	(M14×1.5)	M16×1.5	(M18×1.5)	(M20×2)
				(M10×1.25)	(M12×1.25)				M20×1.5
a_{max}			3	3(4)②	4.5(4)②	4.5	4.5	4.5	4.5(6)②
e_{min}		A 级	14.38	17.77	20.03	23.36	26.75	30.14	33.53
		B 级	14.20	17.59	19.85	22.78	26.17	29.56	32.95
s	max		13	16	18	21	24	27	30
	min	A 级	12.73	15.73	17.73	20.67	23.67	26.67	29.67
		B 级	12.57	15.57	17.57	20.16	23.16	26.16	29.16
k(公称)			5.3	6.4	7.5	8.8	10	11.5	12.5
l①		A 级	16~90	20~100	25~120	30~140	35~150	35~150	40~150
		B 级					160	160~180	160~200
螺纹规格($d\times P$) (6g)			(M22×1.5)	M24×2	(M27×2)	M30×2	(M33×2)	M36×3	(M39×3)
a_{max}			4.5	6	6	6	6	9	9
e_{min}		A 级	37.72	39.98					
		B 级	37.29	39.55	45.2	50.85	55.37	60.79	66.44
s	max		34	36	41	46	50	55	60
	min	A 级	33.38	35.38					
		B 级	33	35	40	45	49	53.8	58.8
k(公称)			14	15	17	18.7	21	22.5	25
l①		A 级	45~150	40~150					
		B 级	160~220	160~200	55~280	40~220	65~360	40~220	80~380

（续）

螺纹规格（d×P）（6g）			M42×3	（M45×3）	M48×3	（M52×4）	M56×4	（M60×4）	M64×4
a_{max}			9	9	9	12	12	12	12
e_{min}		B 级	71.3	76.95	82.6	88.25	93.56	99.21	104.86
s	max		65	70	75	80	85	90	95
	min	B 级	63.1	68.1	73.1	78.1	82.8	87.8	92.8
k（公称）			26	28	30	33	35	38	40
l①		B 级	90~420	90~440	100~480	100~500	120~500	110~500	130~500

注：1. 螺栓的性能等级和表面处理见下表：

性能等级	钢	d≤39mm：5.6、8.8、10.9；d>39mm，按协议；
	不锈钢	d<24mm：A2-70、A4-70；24mm≤d≤39mm：A2-50、A4-50；d>39mm，按协议
	有色金属	CU2、CU3、AL4
表面处理	钢	不经处理或电镀或非电解锌片涂层
	不锈钢	简单处理或钝化处理
	有色金属	简单处理或电镀

2. 括号内的螺纹规格为非优选的螺纹规格，请优先选择无括号的优选的螺纹规格。

① 长度系列为：16、20、25~70（5 进位）、7~160（10 进位）、160~500（20 进位）。

标记示例：

螺纹规格为 M12×1.5、公称长度 l=80mm、细牙螺纹、全螺纹、性能等级为 8.8 级、表面不经处理、产品等级为 A 级的六角头螺栓的标记为

螺栓　GB/T 5786　M12×1.5×80

表 6-162　六角头头部带槽螺栓（摘自 GB/T 29.1—2013）　（单位：mm）

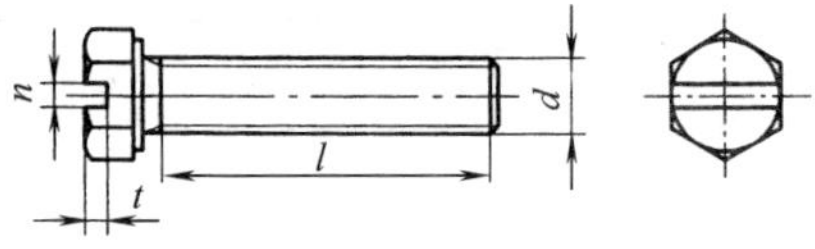

标记示例：

螺纹规格 d=M12、公称长度 l=80mm、性能等级为 8.8 级、表面氧化、全螺纹、A 级六角头头部带槽螺栓，标记为

螺栓　GB/T 29.1　M12×80

螺纹规格 d(6g)		M3	M4	M5	M6	M8	M10	M12
n		0.8	1.2	1.2	1.6	2	2.5	3
t（公称）		0.7	1	1.2	1.4	1.9	2.4	3
$l_{公称}$		6~30	8~40	10~50	12~60	16~80	20~100	25~120
性能等级	钢	5.6,8.8,10.9						
	不锈钢	A2-70,A4-70						

注：其他尺寸见表 6-160。

表 6-163　B 级细杆六角头螺栓（摘自 GB/T 5784—1986）　（单位：mm）

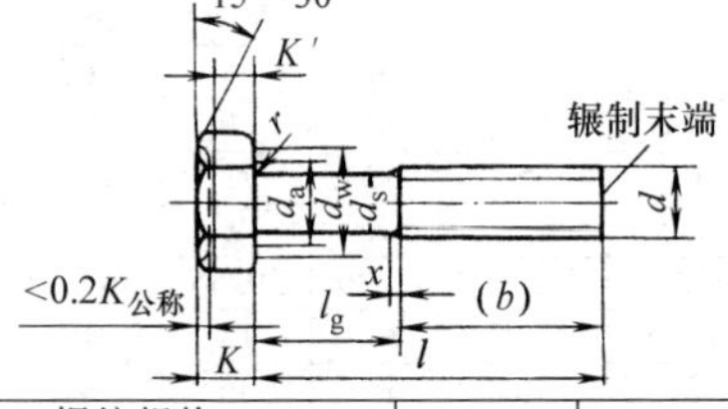

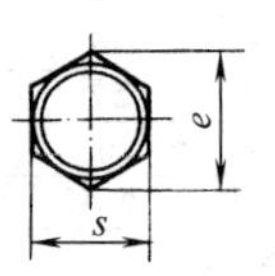

标记示例：

螺纹规格 d=M12、公称长度 l=80mm、性能等级为 5.8 级、不经表面处理、B 级六角头螺栓，标记为

螺栓　GB/T 5784　M12×80

螺纹规格 d(6g)		M3	M4	M5	M6	M8	M10	M12	（M14）	M16	M20
b（参考）	l≤125	12	14	16	18	22	26	30	34	38	46
	125<l≤200					28	32	36	40	44	52
e_{min}		5.98	7.50	8.63	10.89	14.20	17.59	19.85	22.78	26.17	32.95
s	max	5.5	7	8	10	13	16	18	21	24	30
	min	5.20	6.64	7.64	9.64	12.57	15.57	17.57	20.16	23.16	29.16
K（公称）		2	2.8	3.5	4	5.3	6.4	7.5	8.8	10	12.5
l①		20~30	20~40	25~50	25~60	30~80	40~100	45~120	50~140	55~150	65~150
性能等级	钢	5.8,6.8,8.8									
	不锈钢	A2-70									
表面处理	钢	①不经处理；②镀锌钝化									
	不锈钢	不经处理									

注：尽可能不采用括号内的规格。

① 长度系列为 20~50（5 进位），（55）、60、（65）、70~150（10 进位）。

表 6-164　B 级细杆螺杆带孔和头部带孔六角头螺栓（摘自 GB/T 31.2—1998 和 GB/T 32.2—1988）

（单位：mm）

GB/T 31.2

GB/T 32.2

标记示例：

1）螺纹规格 d=M12、公称长度 l=80mm、性能等级为 5.8 级、不经表面处理、B 级螺杆带孔六角头螺栓的标记：

螺栓　GB/T 31.2　M12×80。

2）螺纹规格 d=M12、公称长度 l=80mm、性能等级为 5.8 级、不经表面处理、B 级头部带孔六角头螺栓的标记：

螺栓　GB/T 32.2　M12×80。

螺纹规格 d(6g)		M6	M8	M10	M12	(M14)	M16	M20
d_{1min}	GB/T 31.2	1.6	2	2.5	3.2		4	
	GB/T 32.2	1.6	2				3	
$l-l_h$		3	4		5		6	
h≈		2	2.6	3.2	3.7	4.4	5.0	6.2
性能等级	钢	5.8,6.8,8.8						
	不锈钢	A2-70						
表面处理	钢	①不经处理;②镀锌钝化;③氧化						
	不锈钢	不经处理						

注：尽可能不采用括号内的规格。

表 6-165　C 级六角头螺栓（摘自 GB/T 5780—2016）**和全螺纹六角头螺栓**（摘自 GB/T 5781—2016）

（单位：mm）

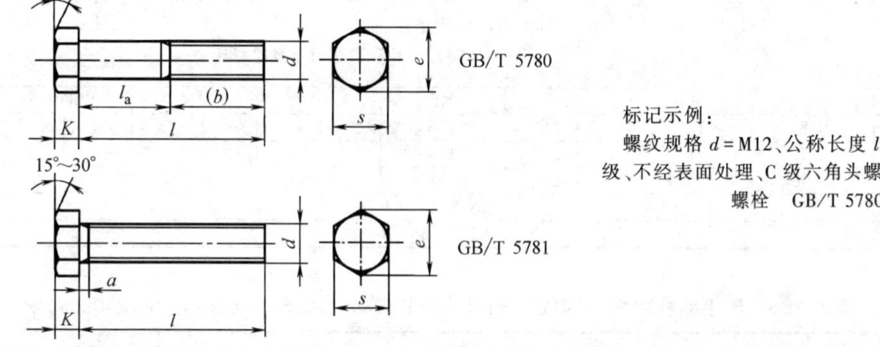

标记示例：

螺纹规格 d=M12、公称长度 l=80mm、性能等级为 4.8 级、不经表面处理、C 级六角头螺栓，标记为

螺栓　GB/T 5780　M12×80

螺纹规格 d(8g)		M5	M6	M8	M10	M12	(M14)	M16	(M18)	M20	(M22)	M24	(M27)
b	l≤125	16	18	22	26	30	34	38	42	46	50	54	60
	125<l≤200	22	24	28	32	36	40	44	48	52	56	60	66
	l>200	35	37	41	45	49	53	57	61	65	69	73	79
a_{max}		2.4	3	4	4.5	5.3	6	6	7.5	7.5	7.5	9	9
e_{min}		8.63	10.89	14.2	17.59	19.85	22.78	26.17	29.56	32.95	37.29	39.55	45.2
K(公称)		3.5	4	5.3	6.4	7.5	8.8	10	11.5	12.5	14	15	17
S	max	8	10	13	16	18	21	24	27	30	34	36	41
	min	7.64	9.64	12.57	15.57	17.57	20.16	23.16	26.16	29.16	33	35	40
l	GB/T 5780	25~50	30~60	40~80	45~100	55~120	60~140	65~160	80~180	65~200	90~220	100~240	110~260
	GB/T 5781	10~50	12~60	16~80	20~100	25~180	30~140	30~160	35~180	40~200	45~220	50~240	55~280
性能等级	钢	4.6,4.8											
表面处理	钢	①不经处理;②电镀;③非电解锌片涂层											

螺纹规格 d(8g)		M30	(M33)	M36	(M39)	M42	(M45)	M48	(M52)	M56	(M60)	M64
b	l≤125	66	72									
	125<l≤200	72	78	84	90	96	102	108	116		132	
	l>200	85	91	97	103	109	115	121	129	137	145	153
a_{max}		10.5	10.5	12	12	13.5	13.5	15	15	16.5	16.5	18
e_{min}		50.85	55.37	60.79	66.44	72.02	76.95	82.6	88.25	93.56	99.21	104.86
K(公称)		18.7	21	22.5	25	26	28	30	33	35	38	40
S	max	46	50	55	60	65	70	75	80	85	90	95
	min	45	49	53.8	58.8	63.8	68.1	73.1	78.1	82.8	87.8	92.8

（续）

螺纹规格 d(8g)		M30	(M33)	M36	(M39)	M42	(M45)	M48	(M52)	M56	(M60)	M64
l①	GB/T 5780	120~300	130~320	140~360	150~400	180~420	180~440	200~480	200~500	240~500	240~500	260~500
	GB/T 5781	60~300	65~360	70~360	80~400	80~420	90~440	100~480	100~500	110~500	120~500	120~500
性能等级	钢	4.6,4.8				按协议						
表面处理	钢	①不经处理;②电镀;③非电解锌片涂层										

注：尽可能不采用括号内的规格。

① 长度系列为 10、12、16、20~70（5 进位），70~150（10 进位），180~500（20 进位）。

表 6-166　六角头加强杆螺栓（摘自 GB/T 27—2013）　　（单位：mm）

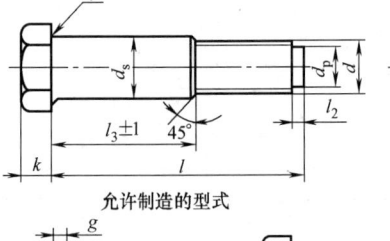

允许制造的型式

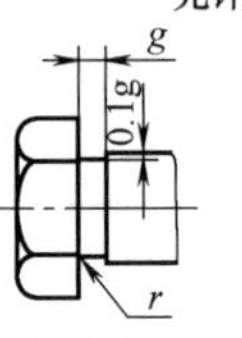

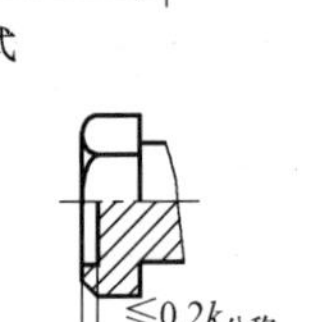

注：无螺纹部分杆径（d_2）末端 45°倒角根据制造工艺要求，允许制成大于 45°、小于 1.5P（粗牙螺纹螺距）的颈部。

标记示例：

螺纹规格 d=M12、公称长度 l=80mm、性能等级为 8.8 级、表面氧化、A 级六角头铰制孔用螺栓，标记为

螺栓　GB/T 27　M12×80

d_s 按 m6 制造时应加标记 m6：

螺栓　GB/T 27　M12m6×80

螺纹规格 d(6g)			M6	M8	M10	M12	(M14)	M16	(M18)	M20
d_s (h9)		max	7	9	11	13	15	17	19	21
s	max		10	13	16	18	21	24	27	30
	min	A 级	9.78	12.73	15.73	17.73	20.67	23.67	26.67	29.67
		B 级	9.64	12.57	15.57	17.57	20.16	23.16	26.16	29.16
K(公称)			4	5	6	7	8	9	10	11
d_p			4	5.5	7	8.5	10	12	13	15
l_2			1.5		2		3			4
e_{min}		A 级	11.05	14.38	17.77	20.03	23.35	26.75	30.14	33.53
		B 级	10.89	14.20	17.59	19.85	22.78	26.17	29.56	32.95
g			2.5				3.5			
l①			25~65	25~80	30~120	35~180	40~180	45~200	50~200	55~200
$l-l_3$			12	15	18	22	25	28	30	32
性能等级			8.8							
表面处理			氧　化							

螺纹规格 d(6g)			(M22)	M24	(M27)	M30	M36	M42	M48
$d_{s\,max}$ (h9)			23	25	28	32	38	44	50
s	max		34	36	41	46	55	65	75
	min	A 级	33.38	35.38					
		B 级	33	35	40	45	53.8	63.8	73.1
K(公称)			12	13	15	17	20	23	26
d_p			17	18	21	23	28	33	38
l_2			4		5		6	7	8
e_{min}		A 级	37.72	39.98					
		B 级	37.29	39.55	45.2	50.85	60.79	72.02	82.60
g			3.5	5					
l①			60~200	65~200	75~200	80~230	90~300	110~300	120~300
$l-l_3$			35	38	42	50	55	65	70
性能等级			8.8					按协议	
表面处理			氧　化						

注：尽可能不采用括号内的规格。

① 长度系列为 25、(28)、30 (32)、35、(38)，40~50（5 进位），(55)、60、(65)、70、(75)、80、(85)、90、(95)、100~260（10 进位），280、300。

表 6-167　十字槽凹穴六角头螺栓（摘自 GB/T 29.2—2013）　　（单位：mm）

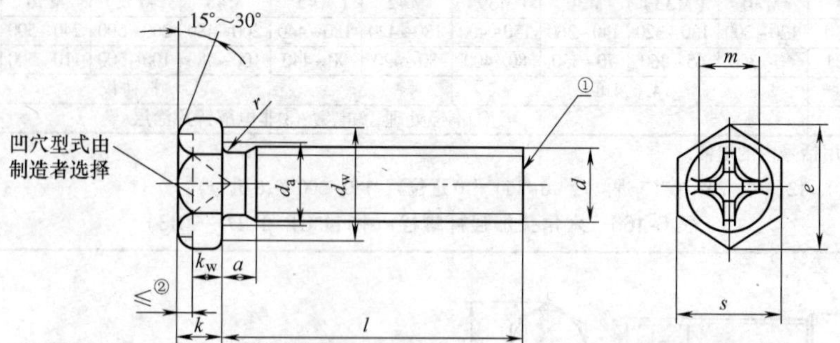

螺纹规格 d(6g)		M4	M5	M6	M8
a	max	2.1	2.4	3	3.75
d_a	max	4.7	5.7	6.8	9.2
e	min	7.50	8.53	10.89	14.20
s	max	7	8	10	13
	min	6.64	7.64	9.64	12.57

① 辗制末端（GB/T 2）。

② 0.2$k_{公称}$。

表 6-168　六角头螺杆带孔加强杆螺栓（摘自 GB/T 28—2013）　　（单位：mm）

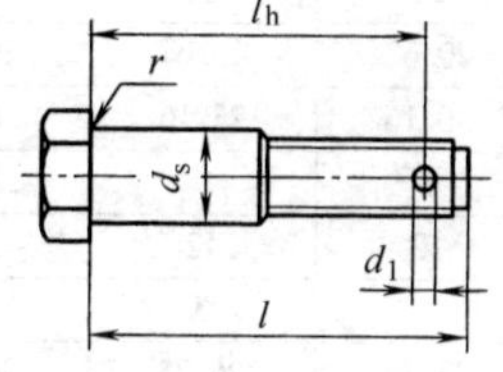

标记示例：

1）螺纹规格 d=M12、公称长度 l=80mm、性能等级为 8.8 级、表面氧化、A 级六角头螺杆带孔铰制孔用螺栓的标记：

螺栓　GB/T 28　M12×80

2）d_s 按 m6 制造时应加标记 m6：

螺栓　GB/T 28　M12m6×80

螺纹规格 d(6g)		M6	M8	M10	M12	(M14)	M16	(M18)	M20
d_1	max	1.85	2.25	2.75	3.5		4.3		
	min	1.6	2	2.5	3.2		4		
l		25~65	25~80	30~120	35~180	40~180	45~200	50~200	55~200

螺纹规格 d(6g)		(M22)	M24	(M27)	M30	M36	M42	M48
d_1	max	5.3			6.66		8.36	
	min	5			6.3		8	
l		60~200	165~200	75~200	80~230	90~300	110~300	120~300

注：1. 尽可能不采用括号内的规格。

2. 长度系列同表 6-166。

表 6-169　B 级加大系列和 B 级细杆加大系列六角法兰面螺栓

（摘自 GB/T 5789—1986 和 GB/T 5790—1986）　　（单位：mm）

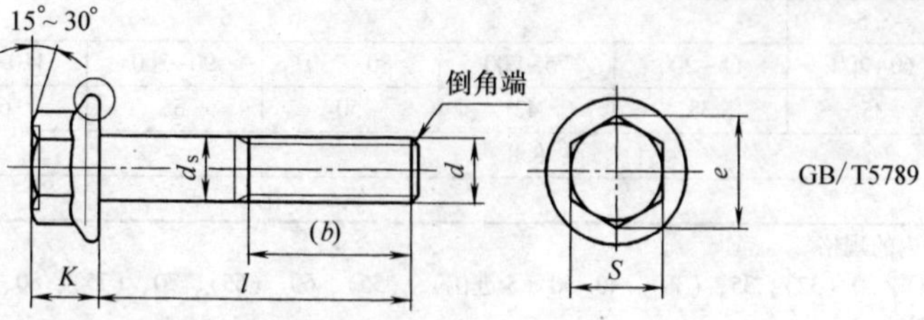

（续）

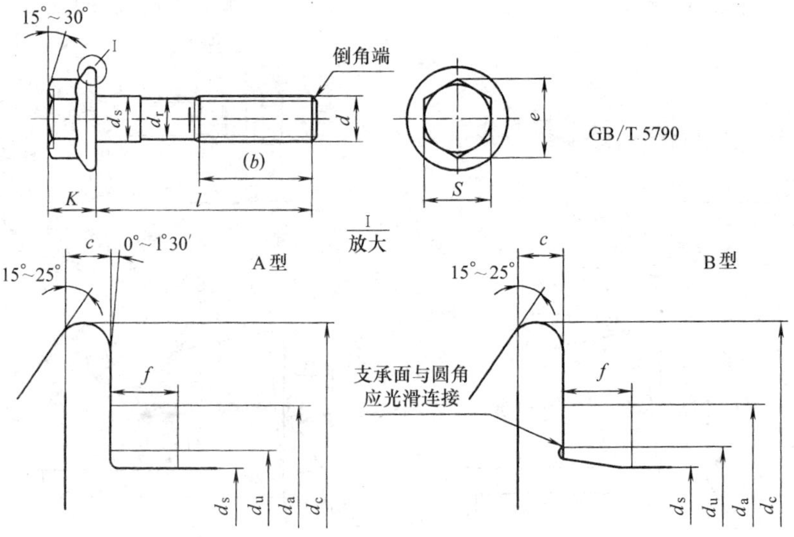

标记示例：

1）螺纹规格 d=M12、公称长度 l=80mm、性能等级为 8.8 级、表面氧化、A 或 B 型六角法兰面螺栓的标记：

螺栓　GB/T 5789　M12×80

2）螺纹规格 d=M12、公称长度 l=80mm、性能等级为 8.8 级、表面氧化、A 型六角法兰面螺栓的标记：

螺栓　GB/T 5789　AM12×80

3）螺纹规格 d=M12、公称长度 l=80mm、性能等级为 8.8 级、表面氧化、细杆、A 或 B 型六角法兰面螺栓的标记：

螺栓　GB/T 5790　M12×80

4）螺纹规格 d=M12、公称长度 l=80mm、性能等级为 8.8 级、表面氧化、细杆、A 型六角法兰面螺栓的标记：

螺栓　GB/T 5790　AM12×80

螺纹规格 d (6g)		M5	M6	M8	M10	M12	(M14)	M16	M20
b	l≤125	16	18	22	26	30	34	38	48
	125<l≤200	—	—	28	32	36	40	44	52
d_{amax}	A 型	5.7	6.8	9.2	11.2	13.7	15.7	17.7	22.4
	B 型	6.2	7.4	10	12.6	15.2	17.7	20.7	25.7
c_{min}		1	1.1	1.2	1.5	1.8	2.1	2.4	3
d_{cmax}		11.8	14.2	18	22.3	26.6	30.5	35	43
d_{umax}		5.5	6.6	9	11	13.5	15.5	17.5	22
d_{smax}		5	6	8	10	12	14	16	20
f_{max}		1.4	2			3			4
e_{min}		8.56	10.8	14.08	16.32	19.68	22.58	25.94	32.66
K_{max}		5.4	6.5	8.1	9.2	10.4	12.4	14.1	17.7
S_{max}		8	10	13	15	18	21	24	30
l①	GB/T 5789	10~50	12~60	16~80	20~100	25~120	30~140	35~160	40~200
	GB/T 5790	30~50	35~60	40~80	45~100	50~120	55~140	60~160	70~200
性能等级	钢	8.8,10.9							
	不锈钢	A2-70							
表面处理	钢	①氧化;②镀锌钝化							
	不锈钢	不经处理							

注：尽可能不采用括号内的规格。

① 长度系列（mm）为 10、12、16、20~50（5 进位），(55)、60、(65)、70~200（10 进位）。

表 6-170 六角法兰面螺栓小系列

和六角法兰面螺栓细牙小系列（摘自 GB/T 16674.1—2016 和 GB/T 16674.2—2016）

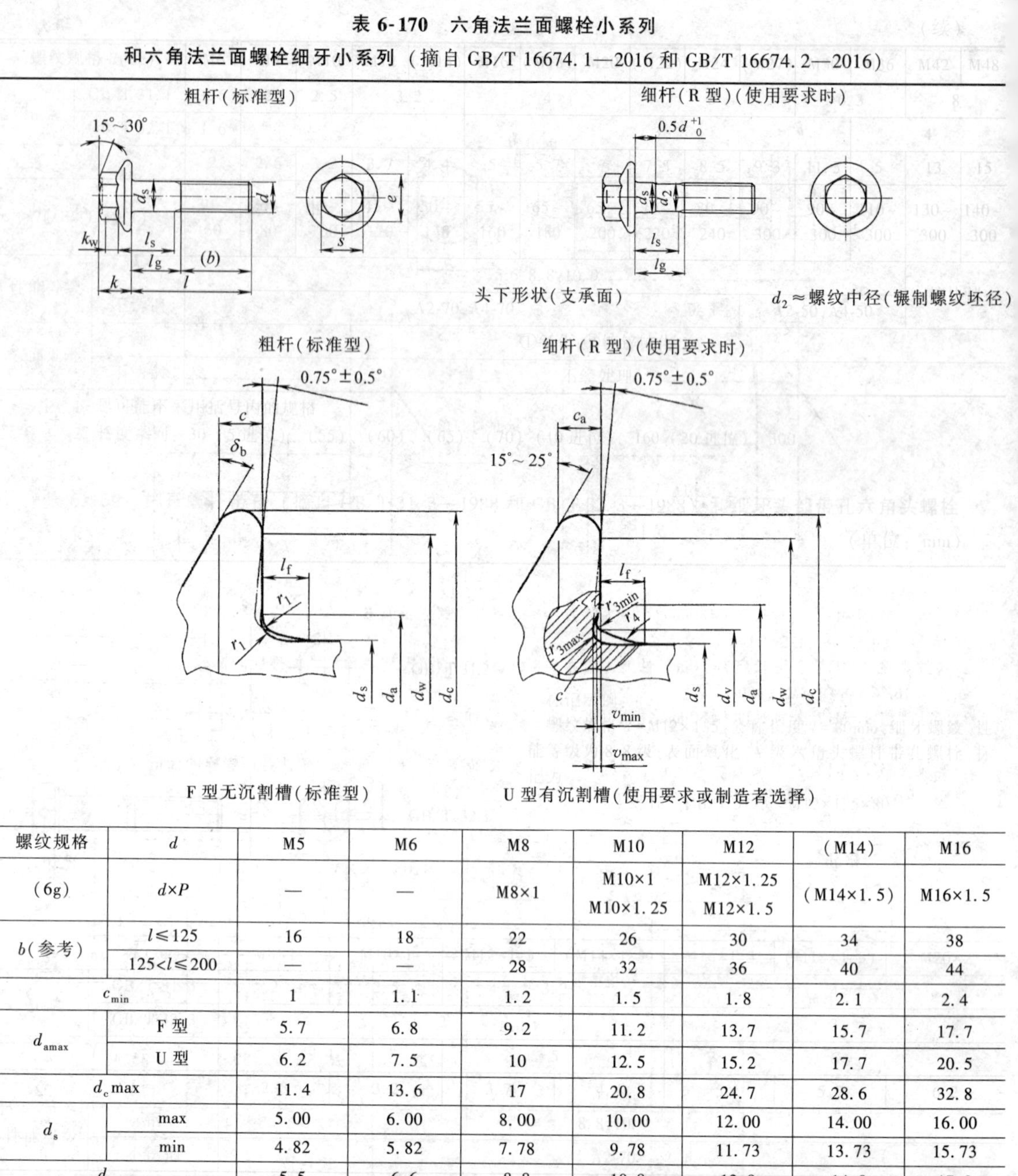

螺纹规格	d	M5	M6	M8	M10	M12	(M14)	M16
(6g)	$d\times P$	—	—	M8×1	M10×1 M10×1.25	M12×1.25 M12×1.5	(M14×1.5)	M16×1.5
b(参考)	$l\leqslant125$	16	18	22	26	30	34	38
	$125<l\leqslant200$	—	—	28	32	36	40	44
c_{min}		1	1.1	1.2	1.5	1.8	2.1	2.4
d_{amax}	F 型	5.7	6.8	9.2	11.2	13.7	15.7	17.7
	U 型	6.2	7.5	10	12.5	15.2	17.7	20.5
d_c max		11.4	13.6	17	20.8	24.7	28.6	32.8
d_s	max	5.00	6.00	8.00	10.00	12.00	14.00	16.00
	min	4.82	5.82	7.78	9.78	11.73	13.73	15.73
d_{vmax}		5.5	6.6	8.8	10.8	12.8	14.8	17.2
d_{wmin}		9.4	11.6	14.9	18.7	22.5	26.4	30.6
e_{min}		7.59	8.71	10.95	14.26	16.5	19.86	23.15
k_{max}		5.6	6.9	8.5	9.7	12.1	12.9	15.2
k_{wmin}		2.3	2.9	3.8	4.3	5.4	5.6	6.8
l_{fmax}		1.4	1.6	2.1	2.1	2.1	2.1	3.2
r_{1min}		0.2	0.25	0.4	0.4	0.6	0.6	0.6
r^{e}_{2max}		0.3	0.4	0.5	0.6	0.7	0.9	1
r_3	max	0.25	0.26	0.36	0.45	0.54	0.63	0.72
	min	0.10	0.11	0.16	0.20	0.24	0.28	0.32
r_4（参考）		4	4.4	5.7	5.7	5.7	5.7	8.8

（续）

螺纹规格	d	M5	M6	M8	M10	M12	(M14)	M16
s	max	7.00	8.00	10.00	13.00	15.00	18.00	21.00
	min	6.78	7.78	9.78	12.73	14.73	17.73	20.67
v	max	0.15	0.20	0.25	0.30	0.35	0.45	0.50
	min	0.05	0.05	0.10	0.15	0.15	0.20	0.25
l①		25~50	30~60	35~80	40~100	45~120	50~140	55~160
性能等级	钢	8.8,9.8,10.9,12.9/12.9						
	不锈钢	A2-70						
表面处理	钢	① 不经处理;②电镀(按 GB/T 5267.1);③非电解锌片涂层						
	不锈钢	①简单处理②钝化处理						

注：1. 尽可能不采用括号内的规格。

2. 标记示例：

1）螺纹规格 d=M12、公称长度 l=80mm、由制造者任选 U 型或 F 型、小系列、8.8 级、表面不经处理、产品等级为 A 级的六角系列的法兰面螺栓的标记：

螺栓　GB/T 16674.1　M12×80。

2）螺纹规格 d=M12、公称长度 l=80mm、F 型、小系列、8.8 级、表面不经处理、产品等级为 A 级的六角系列的法兰面　螺栓的标记：

螺栓 GB/T 16674.1　M12×80-F。

3）上述两例如在特殊情况下，要求细杆 R 型时，则应增加“R”的标记：螺栓　GB/T 16674.1　M12×80-R。

① 长度系列为 10、12、16、20~50（5 进位），55、60、65、70~160（10 进位）。

表 6-171　C 级方头螺栓（摘自 GB/T 8—1988）　（单位：mm）

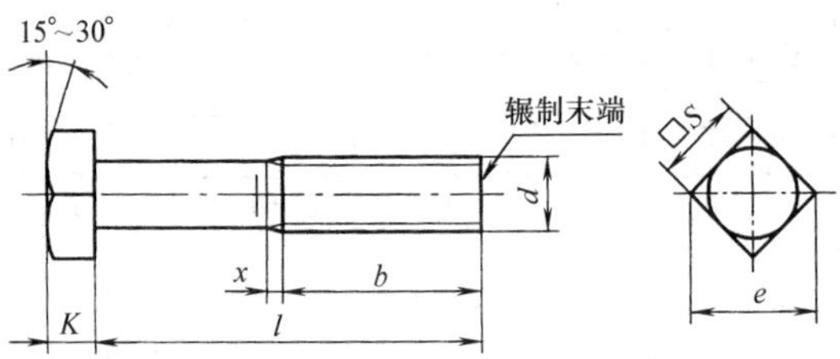

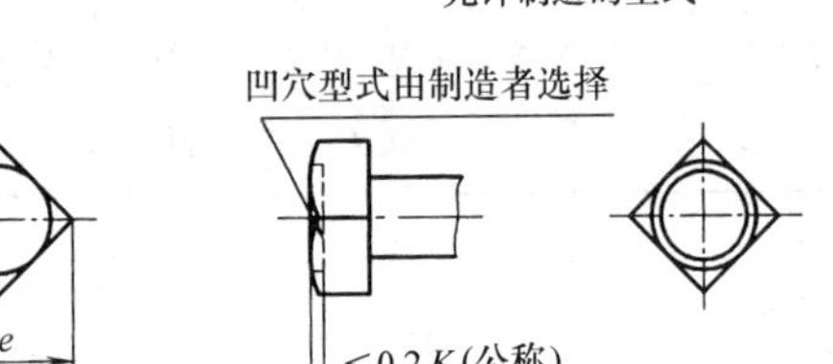

标记示例：

螺纹规格 d=M12、公称长度 l=80mm、性能等级为 4.8 级、不经表面处理的方头螺栓，标记如下：

螺栓　GB/T 8　M12×80

螺纹规格 d(8g)		M10	M12	(M14)	M16	(M18)	M20	(M22)	M24	(M27)	M30	M36	M42	M48
b（参考）	l≤125	26	30	34	38	42	46	50	54	60	66	78	—	—
	125<l≤200	32	36	40	44	48	52	56	60	66	72	84	96	108
	l>200	—	—	53	57	61	65	69	73	79	85	97	109	121
e_{min}		20.24	22.84	26.21	30.11	34.01	37.91	42.9	45.5	52.0	58.5	69.94	82.03	95.03
K		7	8	9	10	12	13	14	15	17	19	23	26	30
S_{max}		16	18	21	24	27	30	34	36	41	46	55	65	75
x_{max}		3.8	4.2	5		6.3			7.5		8.8	10	11.3	12.5
l①		20~100	25~120	25~140	30~160	35~180	35~200	50~220	55~240	60~260	60~300	80~300	80~300	110~300
性能等级	钢	4.8												
表面处理	钢	①不经处理;②氧化;③镀锌钝化												

注：尽可能不采用括号内的规格。

① 长度系列（mm）为 20~50（5 进位），(55)、60、(65)、70~160（10 进位），180~300（20 进位）。

表 6-172　小方头螺栓（摘自 GB/T 35—2013）　　（单位：mm）

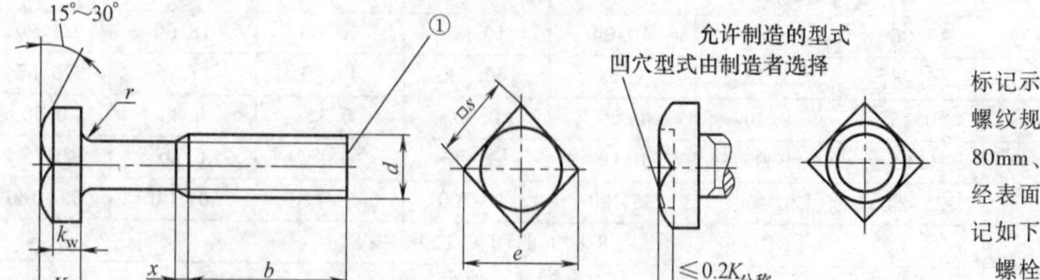

标记示例：

螺纹规格 d=M12、公称长度 l=80mm、性能等级为 4.8 级、不经表面处理的小方头螺栓，标记如下：

螺栓　GB/T 35　M12×80

无螺纹部分杆径约等于螺纹中径或螺纹大径。

螺纹规格 d(6g)		M5	M6	M8	M10	M12	(M14)	M16	(M18)	M20	(M22)	M24	(M27)	M30	M36	M42	M48
b（参考）	l≤125	16	18	22	26	30	34	38	42	46	50	54	60	66	78	—	—
	125<l≤200	—	—	28	32	36	40	44	48	52	56	60	66	72	84	96	108
	l>200	—	—	—	—	—	—	57	61	65	69	73	79	85	97	109	121
e_{min}		9.93	12.53	16.34	20.24	22.84	26.21	30.11	34.01	37.91	42.9	45.5	52	58.5	69.94	82.03	95.05
K(公称)		3.5	4	5	6	7	8	9	10	11	12	13	15	17	20	23	26
k_w		2.28	2.63	3.33	4.03	4.70	5.4	6.1	6.8	7.45	8.15	8.85	10.25	11.65	13.71	15.81	17.91
r_{min}		0.2	0.25	0.4	0.4	0.6	0.6	0.6	0.8	0.8	0.8	0.8	1	1	1	1.2	1.6
S_{max}		8	10	13	16	18	21	24	27	30	34	36	41	46	55	65	75
x_{max}		2	2.5	3.2	3.8	4.3	5		6.3			7.5		8.8	10	11.3	12.5
l②		20~50	30~60	35~80	40~100	45~120	55~140	55~160	60~180	65~200	70~220	80~240	90~260	90~300	110~300	130~300	140~300
性能等级	钢	5.8,8.8														按协议	
表面处理	钢	①不经处理;②镀锌钝化															

注：尽可能不采用括号内的规格。

① 辗制末端（GB/T 2）。

② 长度系列（mm）为 20~50（5 进位），(55)、60、(65)、70~160（10 进位），180~300（20 进位）。

表 6-173　圆头方颈螺栓（摘自 GB/T 12—2013）　　（单位：mm）

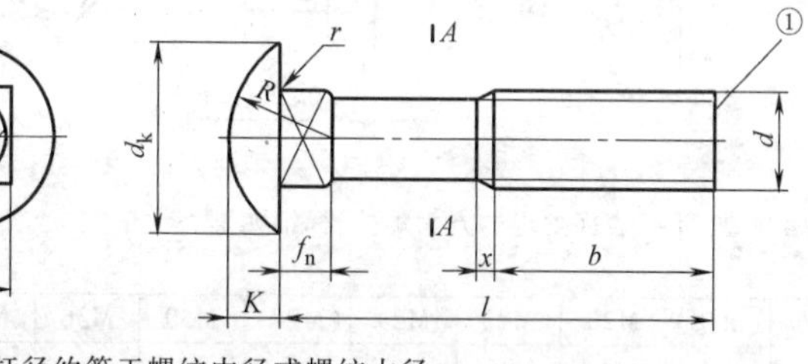

标记示例：

螺纹规格 d=M12、公称长度 l=80mm、性能等级为 4.8 级、不经表面处理的半圆头方颈螺栓，标记如下：

螺栓　GB/T 12　M12×80

无螺纹部分杆径约等于螺纹中径或螺纹大径。

螺纹规格 d(8g)		M6	M8	M10	M12	(M14)	M16	M20
b（参考）	l≤125	18	22	26	30	34	38	46
	125<l≤200	—	28	32	36	40	44	52
d_{kmax}		13.1	17.1	21.3	25.3	29.3	33.6	41.6
f_{nmax}		4.4	5.4	6.4	8.45	9.45	10.45	12.55
K_{max}		4.08	5.28	6.48	8.9	9.9	10.9	13.1
V_{nmax}		6.3	8.36	10.36	12.43	14.43	16.43	20.82
R		7	9	11	13	15	18	22
x_{max}		2.5	3.2	3.8	4.3	5		6.3
l②		16~60	16~80	25~100	30~120	40~140	45~160	60~200
性能等级		4.6,4.8						
表面处理		①不经处理;②镀锌钝化						

注：尽可能不采用括号内的规格。

① 辗制末端（GB/T 2）。

② 长度系列为 16、20~50（5 进位），(55)、60、(65)、70~160（10 进位），180、200。

表 6-174　小半圆头低方颈螺栓（摘自 GB/T 801—1998）　（单位：mm）

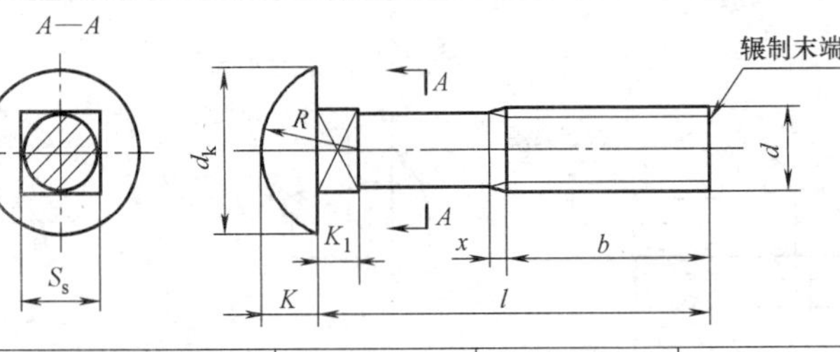

标记示例：

螺纹规格 d=M12、公称长度 l=80mm、性能等级为 4.8 级、不经表面处理的半圆头低方颈螺栓的标记：

螺栓　GB/T 801　M12×80。

螺纹规格 d(8g)		M6	M8	M10	M12	M16	M20
b（参考）	l≤125	18	22	26	30	38	46
	125<l≤200					44	52
d_{kmax}		14.2	18	22.3	26.6	35	43
K_{max}		3.6	4.8	5.8	6.8	8.9	10.9
S_{smax}		6.48	8.58	10.58	12.7	16.7	20.84
l①		12~60	14~80	20~100	20~120	30~160	35~160
性能等级		4.8,8.8,10.9					
表面处理		①不经处理;②镀锌钝化;③热镀锌					

注：尽可能不采用括号内的规格。

① 长度系列（mm）为 12、(14)、16、20~65（5 进位），70~160（10 进位）。

表 6-175　扁圆头方颈螺栓（摘自 GB/T 14—2013）　（单位：mm）

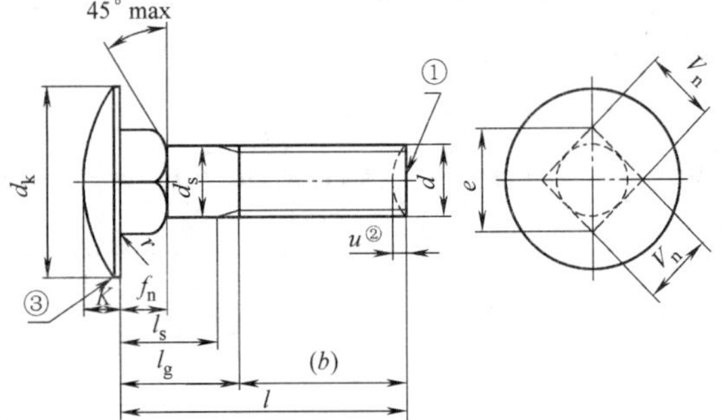

标记示例：

螺纹规格 d=M12、公称长度 l=80mm、性能等级为 4.8 级、不经表面处理的扁圆头方颈螺栓，标记如下：

螺栓　GB/T 14　M12×80

螺纹规格 d		M5	M6	M8	M10	M12	M16	M20
b	l≤125	16	18	22	26	30	38	46
	125<l≤200	—	—	28	32	36	44	52
	l>200	—	—	—	—	—	57	65
d_{kmax}		13	16	20	24	30	38	46
d_s		5.48	6.48	8.58	10.58	12.7	16.7	20.84
e_{min}		5.9	7.2	9.6	12.2	14.7	19.9	24.9
f_{nmax}		4.1	4.6	5.6	6.6	8.8	12.9	15.9
K_{max}		3.1	3.6	4.6	5.8	6.8	8.9	10.9
r_{max}		0.4	0.5	0.8	0.8	1.2	1.2	1.6
V_{max}		5.48	6.48	8.58	10.58	12.7	16.7	20.84
l④		20~50	30~60	40~80	45~100	55~120	65~200	75~200
性能等级		4.6,4.8,8.8						
表面处理		①不经处理;②镀锌钝化;③热镀锌						

① 辗制末端（GB/T 2）。

② 不完整螺纹的长度 $u≤2P$。

③ 圆的或平的。

④ 长度系列（mm）为 20~80（5 进位），90~160（10 进位），180、200。

表 6-176 加强半圆头方颈螺栓（摘自 GB/T 794—1993） （单位：mm）

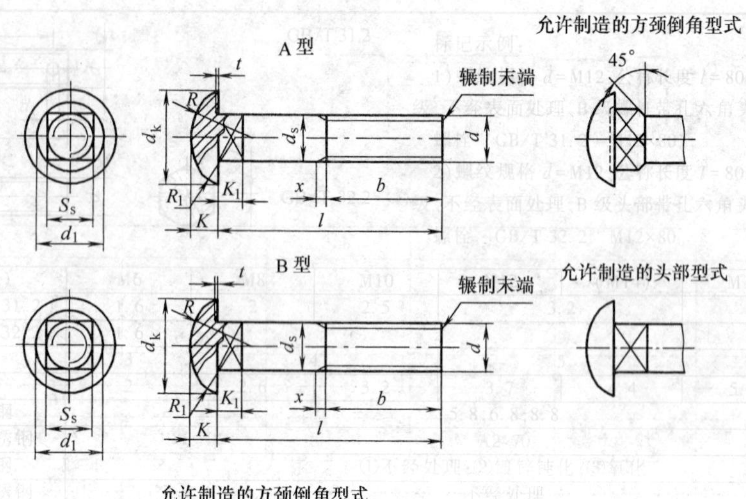

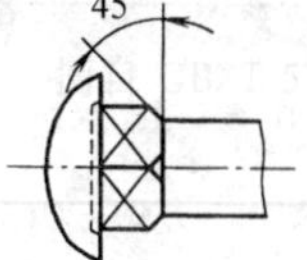

允许制造的方颈倒角型式

标记示例：

螺纹规格 d=M12、公称长度 l=80mm、性能等级为 8.8 级，不经表面处理的 A 型加强半圆头方颈螺栓，标记如下：

螺栓 GB/T 794 M12×80

螺纹规格 d		M6	M8	M10	M12	(M14)	M16	M20
螺纹公差	A 型	6g						
	B 型	8g						
b（参考）	l≤125	18	22	26	30	34	38	46
	125<l≤200		28	32	36	40	44	52
d_{kmax}		15.1	19.1	24.3	29.3	33.6	36.6	45.6
d_1		10	13.5	16.5	20	23	26	32
K_{max}		3.98	4.98	6.28	7.48	8.9	9.9	11.9
K_{1max}		4.4	5.4	6.4	8.45	9.45	10.45	12.55
R		14	18	24	26	30	34	40
R_1		4.5	5	7	9	10	10.5	14
S_{smax}		6.3	8.36	10.36	12.43	14.43	16.43	20.52
x_{max}		2.5	3.2	3.8	4.2	5		6.3
l①		20~60	25~80	40~100	45~120	50~140	55~160	65~200
产品等级	A 型	B 级						
	B 型	C 级						
性能等级	A 型	8.8						
	B 型	3.6,4.8						
表面处理	A 型	氧化						
	B 型	①不经处理;②氧化						

注：尽可能不采用括号内的规格。

① 长度系列（mm）为 20~50（5 进位），(55)、60、(65)、70~160（10 进位），180、200。

表 6-177　圆头带榫螺栓（摘自 GB/T 13—2013）　（单位：mm）

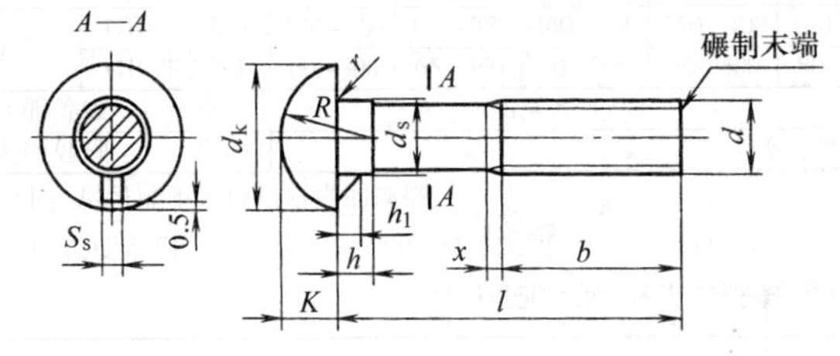

标记示例：

螺纹规格 d=M12、公称长度 l=80mm、性能等级为 4.8 级、不经表面处理的半圆头带榫螺栓的标记为

螺栓　GB/T 13　M12×80

螺纹规格 d (8g)		M6	M8	M10	M12	(M14)	M16	M20	M24
b（参考）	l≤125	18	22	26	30	34	38	46	54
	125<l≤200		28	32	36	40	44	52	60
d_{kmax}		12.1	15.1	18.1	22.3	25.3	29.3	35.6	43.6
S_{smax}		2.7		3.8		4.8			6.3
h_{1max}		2.7	3.2	3.8	4.3	5.3		6.3	7.4
K_{max}		4.08	5.28	6.48	8.9	9.9	10.9	13.1	17.1
d_{kmax}		6.48	8.58	10.58	12.7	14.7	16.7	20.84	24.84
h_{min}		4	5	6	7	8	9	11	13
R		6	7.5	9	11	13	15	18	22
x_{max}		2.5	3.2	3.8	4.3	5		6.3	7.5
l①		20~60	20~80	30~100	35~120	35~140	50~160	60~200	80~200
性能等级		4.6,4.8							
表面处理		①不经处理;②镀锌钝化							

注：尽可能不采用括号内的规格。

① 长度系列（mm）为 20~50（5 进位），(55)、60、(65)、70~160（10 进位），180、200。

表 6-178　扁圆头带榫螺栓（摘自 GB/T 15—2013）　（单位：mm）

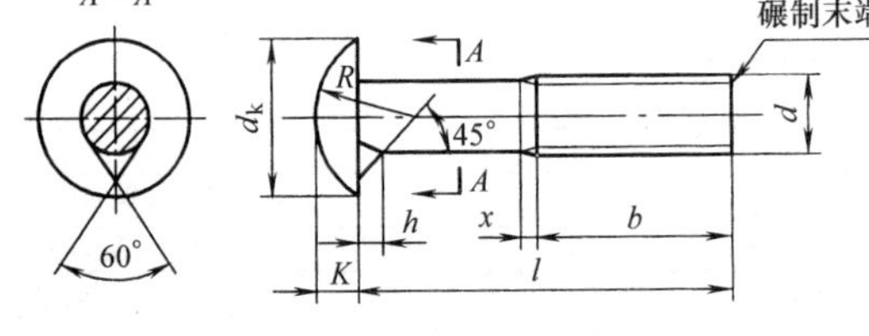

标记示例：

螺纹规格 d=M12、公称长度 l=80mm、性能等级为 4.8 级、不经表面处理的大半圆头带榫螺栓、标记如下：

螺栓 GB/T 15　M12×80

螺纹规格 d (8g)		M6	M8	M10	M12	(M14)	M16	M20	M24
b（参考）	l≤125	18	22	26	30	34	38	46	54
	125<l≤200		28	32	36	40	44	52	60
d_{kmax}		15.1	19.1	24.3	29.3	33.6	36.6	45.6	53.9
h_{max}		3.5	4.3	5.5	6.7	7.7	8.8	9.9	12
K_{max}		3.48	4.48	5.48	6.48	7.9	8.9	10.9	13.1
R		11	14	18	22		26	32	34
x_{max}		2.5	3.2	3.8	4.3	5		6.3	7.5
l①		20~60	20~80	30~100	35~120	35~140	50~160	60~200	80~200
性能等级		4.8							
表面处理		①不经处理;②镀锌钝化							

注：尽可能不采用括号内的规格。

① 长度系列（mm）为 20~50（5 进位），(55)、60、(65)、70~160（10 进位），180、200。

表 6-179　沉头方颈、沉头带榫和沉头双榫螺栓

（摘自 GB/T 10—2013、GB/T 11—2013、GB/T 800—1988）、

（单位：mm）

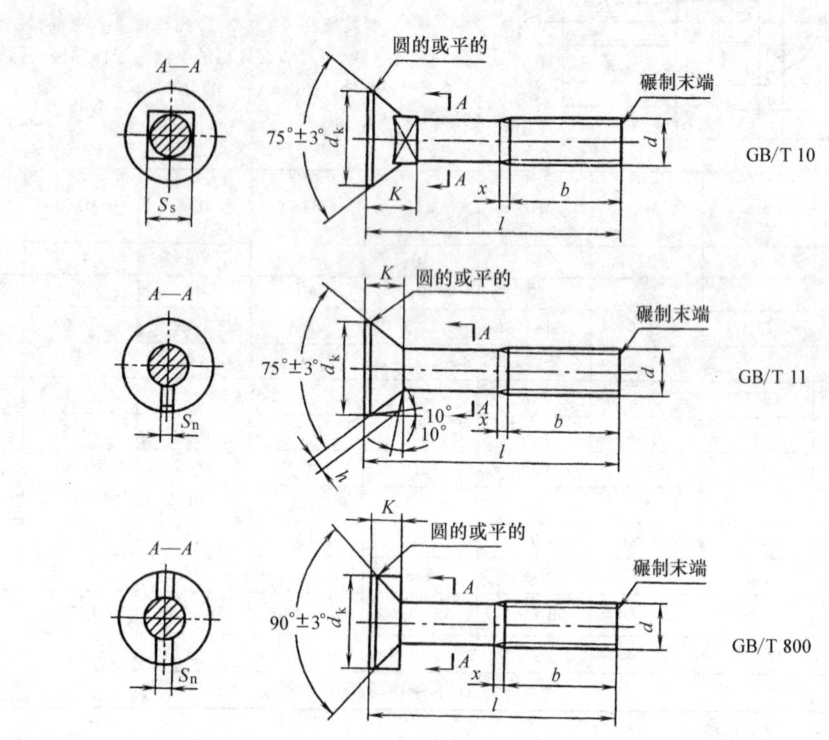

螺纹规格 d（8g）		M6	M8	M10	M12	（M14）	M16	M20	（M22）	M24
b（参考）	l≤125	18	22	26	30	34	38	46	50	54
	125<l≤200		28	32	36	40	44	52	56	60
d_{kmax}		11.05	14.55	17.55	21.65	24.65	28.65	36.8	40.8	45.8
K_{max}	GB/T 10	6.1	7.25	8.45	11.05		13.05	15.05		
	GB/T 11	4.1	5.3	6.2	8.5	8.9	10.2	13	14.3	16.5
	GB/T 800	3	4.1	4.5	5.5					
h_{max}		1.2	1.6	2.1	2.4	2.9	3.3	4.2	4.5	5
S_{xmax}		6.36	8.36	10.36	12.43		16.43	20.52		
S_{nmax}	GB/T 11	2.3		3.2		3.7	4.2		5.7	
	GB/T 800	3.2	4.2	5.24						
x_{max}		2.5	3.2	3.8	4.3	5		6.3		7.5
长度范围	GB/T 10	25~60	25~80	30~100	30~120		45~160	55~200		
	GB/T 11	25~60	30~80	35~100	40~120	45~140	45~160	60~200	65~200	80~200
	GB/T 800	30~60	35~80	40~80	45~80					

注：1. 长度系列：25~50（5 进位）、（55）、60、（65）、70~160（10 进位）、180、200。

2. GB/T 10 只有 M6~M12、M16、M20。GB/T 800 只有 M6~M12。

表 6-180　T 形槽用螺栓（摘自 GB/T 37—1988）　（单位：mm）

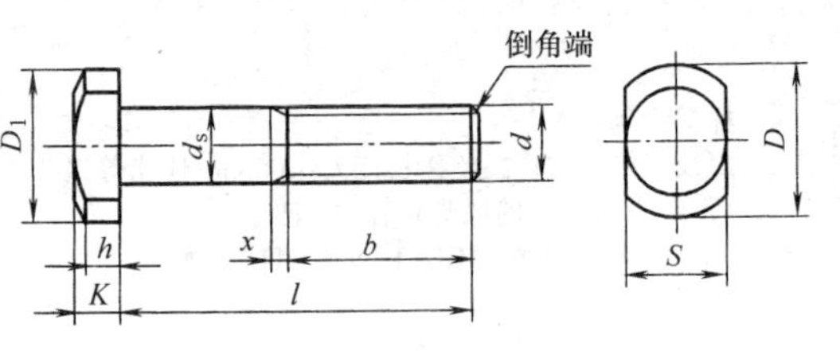

标记示例：

螺纹规格 d=M12、公称长度 l=80mm、性能等级为 8.8 级、表面氧化的 T 形槽用螺栓，标记为

螺栓　GB/T 37　M12×80

螺纹规格 d (6g)		M5	M6	M8	M10	M12	M16	M20	M24	M30	M36	M42	M48
b（参考）	l≤125	16	18	22	26	30	38	46	54	66	78		
	125<l≤200			28	32	36	44	52	60	72	84	96	108
	l>200						57	65	73	85	97	109	121
$d_{s\ max}$		5	6	8	10	12	16	20	24	30	36	42	48
D		12	16	20	25	30	38	46	58	75	85	95	105
K_{max}		4.24	5.24	6.24	7.29	9.29	12.35	14.35	16.35	20.42	24.42	28.42	32.5
h		2.8	3.4	4.1	4.8	6.5	9	10.4	11.8	14.5	18.5	22	26
S(公称)		9	12	14	18	22	28	34	44	57	67	76	86
x_{max}		2	2.5	3.2	3.8	4.2	5	6.3	7.5	8.8	10	11.3	12.5
l①		25~50	30~60	35~80	40~100	45~120	55~160	65~200	80~240	90~300	110~300	130~300	140~300
性能等级	钢	8.8										按协议	
表面处理	钢	①氧化；②镀锌钝化											

注：尽可能不采用括号内的规格。

① 长度系列为 25~50（5 进位），(55)、60、(65)、70~160（10 进位），180~300（20 进位）。

表 6-181　活节螺栓（摘自 GB/T 798—1988）　（单位：mm）

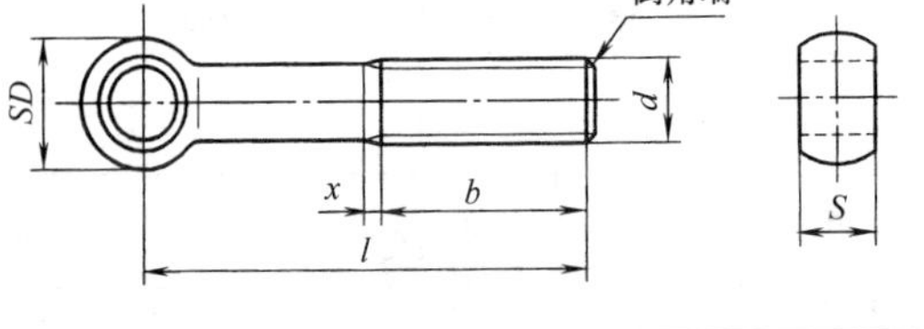

标记示例：

螺纹规格 d=M12、公称长度 l=80mm、性能等级为 4.6 级、不经表面处理的活节颈螺栓，标记为

螺栓　GB/T 798　M12×80

螺纹规格 d (8g)		M4	M5	M6	M8	M10	M12	M16	M20	M24	M30	M36
d_1(公称)		3	4	5	6	8	10	12	16	20	25	30
S(公称)		5	6	8	10	12	14	18	22	26	34	40
b		14	16	18	22	26	30	38	52	60	72	84
D		8	10	12	14	18	20	28	34	42	52	64
x_{max}		1.75	2	2.5	3.2	3.8	4.2	5	6.3	7.5	8.8	10
l①		20~35	25~45	30~55	35~70	40~110	50~130	60~160	70~180	90~260	110~300	130~300
性能等级	钢	4.6；5.6										
表面处理	钢	①不经处理；②镀锌钝化										

注：尽可能不采用括号内的规格。

① 长度系列为 25~50（5 进位），(55)、60、(65)、70~160（10 进位），180~300（20 进位）。

表 6-182　地脚螺栓（摘自 GB/T 799—1988）　　（单位：mm）

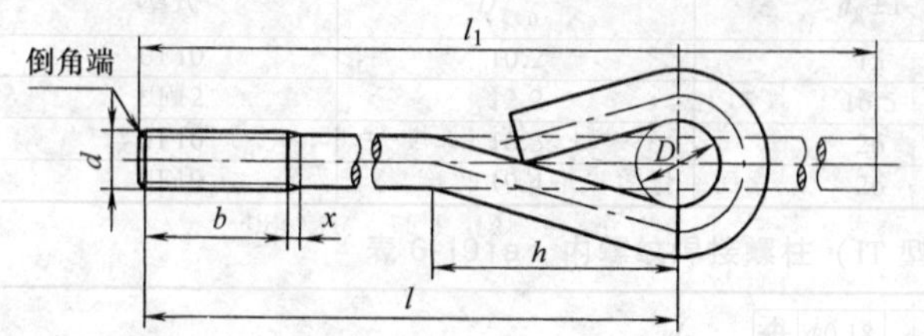

标记示例：

螺纹规格 d=M12、公称长度 l=400mm、性能等级为 3.6 级、不经表面处理的地脚螺栓，标记为

螺栓　GB/T 799　M12×400

螺纹规格 d (8g)		M6	M8	M10	M12	M16	M20	M24	M30	M36	M42	M48
b	max	27	31	36	40	50	58	68	80	94	106	118
	min	24	28	32	36	44	52	60	72	84	96	108
D		10		15	20		30		45	60		70
h		41	46	65	82	93	127	139	192	244	261	302
l_1		l+37		l+53	l+72		l+110		l+165	l+217		l+225
x_{max}		2.5	3.2	3.8	4.2	5	6.3	7.5	8.8	10	11.3	12.5
l①		80~160	120~220	160~300	160~400	220~500	300~630	300~800	400~1000	500~1000	630~1250	630~1500
性能等级	钢	3.6									按协议	
表面处理	钢	①不经处理；②氧化；③镀锌钝化										

① 长度系列为 80、120、160、220、300、400、500、630、800、1000、1250、1500。

表 6-183　钢网架螺栓球节点用高强度螺栓（摘自 GB/T 16939—2016）　　（单位：mm）

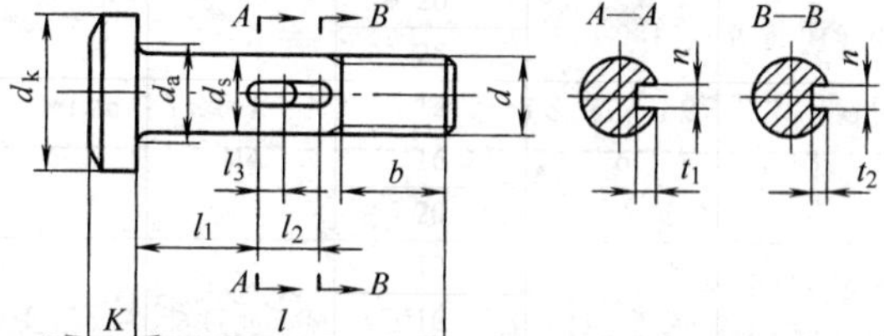

标记示例：

螺纹规格 d=M30、公称长度 l=98mm、性能等级为 10.9 级、表面氧化的钢网架球节用高强度螺栓，标记为

螺栓　GB/T 16939　M30×98

螺纹规格 d (6g)	M12	M14	M16	M20	M24	M27	M30	M36
P	1.75	2	2	2.5	3	3	3.5	4
b_{min}	15	17	20	25	30	33	37	44
d_{kmax}	18	21	24	30	36	41	46	55
d_{smin}	11.65	13.65	15.65	19.58	23.58	26.58	29.58	35.50
k_{nom}	6.4	7.5	10	12.5	15	17	18.7	22.5
d_{amax}	15.20	17.20	19.20	24.40	28.40	32.40	35.40	42.40
l_{nom}	50	54	62	73	82	90	98	125
l_{1nom}	18		22	24		28		43
l_{2ref}	10		13	16	18	20	24	26
n_{min}	3			5		6		8
t_{1min}	2.2			2.7		3.62		4.62
t_{2min}	1.7			2.2		2.7		3.62
性能等级	10.9S							
表面处理	氧　化							

（续）

螺纹规格 d (6g)	M39	M42	M45	M48	M56×4	M60×4	M64×4	M68×4	M72×4	M76×4	M80×4	M85×4
P	4	4.5	4.5	5	4	4	4	4	4	4	4	4
b_{min}	47	50	55	58	66	70	74	78	83	87	92	98
d_{kmax}	60	65	70	75	90	95	100	100	105	110	125	125
d_{smax}	38.50	41.50	44.50	47.50	55.86	59.86	63.86	67.94	71.98	76.02	80.06	84.98
k_{nom}	25	26	28	30	35	38	40	45	45	50	55	55
d_{amax}	45.40	48.60	52.60	56.60	67.00	71.00	75.00	79.00	83.00	87.00	91.00	96.00
l_{nom}	128	136	145	148	172	196	205	215	230	240	245	265
l_{1nom}	43		48		53		58		63			68
l_{2ref}	26	30			42	57		65	70	75	80	85
n_{min}	8											
t_{1min}	4.62											
t_{2min}	3.62											
性能等级	9.8S											
表面处理	氧化											

表 6-184　钢结构用扭剪型高强度螺栓（摘自 GB/T 3632—2008）　（单位：mm）

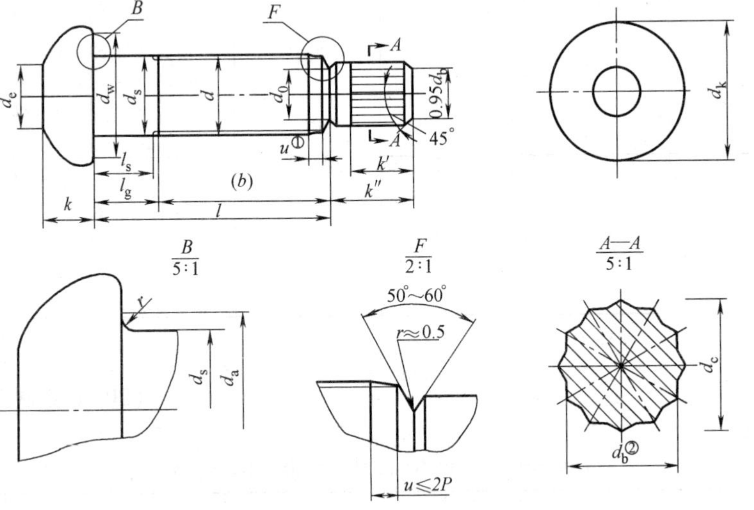

螺纹规格 d		M16	M20	(M22)③	M24	(M27)③	M30
P④		2	2.5	2.5	3	3	3.5
d_{amax}		18.83	24.4	26.4	28.4	32.84	35.84
d_s	max	16.43	20.52	22.52	24.52	27.84	30.84
	min	15.57	19.48	21.48	23.48	26.16	29.16
d_{wmin}		27.9	34.5	38.5	41.5	42.8	46.5
d_{kmax}		30	37	41	44	50	55
k	公称	10	13	14	15	17	19
	max	10.75	13.90	14.90	15.90	17.90	20.05
	min	9.25	12.10	13.10	14.10	16.10	17.95

（续）

螺纹规格 d		M16	M20	(M22)③	M24	(M27)③	M30
k'_{min}		12	14	15	16	17	18
k''_{max}		17	19	21	23	24	25
r_{min}		1.2	1.2	1.2	1.6	2.0	2.0
d_0 ≈		10.9	13.6	15.1	16.4	18.6	20.6
d_b	公称	11.1	13.9	15.4	16.7	19.0	21.1
	max	11.3	14.1	15.6	16.9	19.3	21.4
	min	11.0	13.8	15.3	16.6	18.7	20.8
d_c ≈		12.8	16.1	17.8	19.3	21.9	24.4
d_e ≈		13	17	18	20	22	24

① 为不完整螺纹的长度。
② d_b 为内切圆直径。
③ 括号内的规格为第二系列，应优先选用第一系列（不带括号）的规格。
④ P—螺距。

6.3.2　螺柱（见表 6-185～表 6-191）

表 6-185　双头螺柱 $b_m=1d$（摘自 GB/T 897—1988）$b_m=1.25d$（摘自 GB/T 898—1988）、$b_m=1.5d$（摘自 GB/T 899—1988）和 $b_m=2d$（摘自 GB/T 900—1988）（单位：mm）

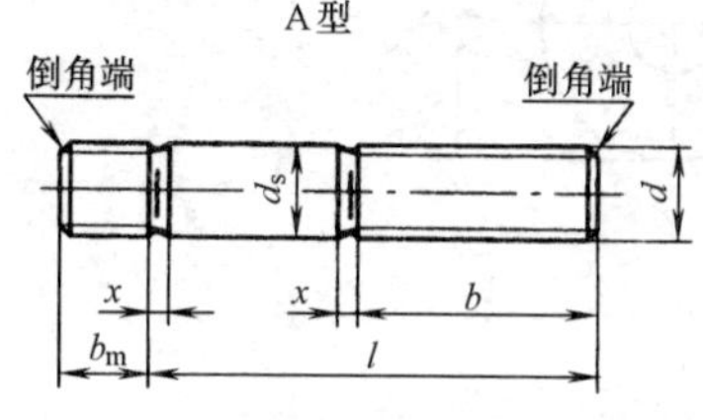

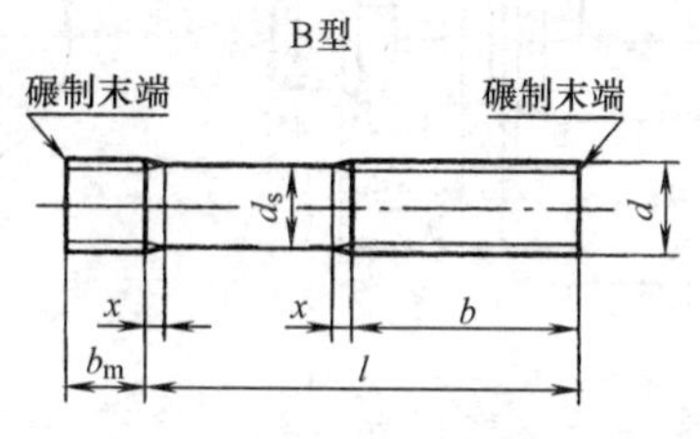

标记示例：

1）两端均为粗牙普通螺纹，d=10mm、l=50mm、性能等级为 4.8 级、不经表面处理、B 型、$b_m=1d$ 的双头螺柱，标记为

螺柱　GB/T 897　M10×50

2）旋入机体一端为过渡配合螺纹的第一种配合，旋入螺母一端为粗牙普通螺纹，d=10mm、l=50mm、性能等级为 8.8 级、镀锌钝化、B 型、$b_m=1d$ 的双头螺柱，标记为

螺柱　GB/T 897　GM10—M10×50—8.8—Zn · D

螺纹规格 d(6g)		M2	M2.5	M3	M4	M5	M6	M8	M10	M12	(M14)	M16
b_m（公称）	GB/T 897					5	6	8	10	12	14	16
	GB/T 898					6	8	10	12	15	18	20
	GB/T 899	3	3.5	4.5	6	8	10	12	15	18	21	24
	GB/T 900	4	5	6	8	10	12	16	20	24	28	32
x_{max}		2.5P										
$\frac{l}{b}$ ①		$\frac{12\sim16}{6}$ $\frac{18\sim25}{10}$	$\frac{14\sim18}{8}$ $\frac{20\sim30}{11}$	$\frac{16\sim20}{6}$ $\frac{22\sim40}{12}$	$\frac{16\sim22}{8}$ $\frac{25\sim40}{14}$	$\frac{16\sim22}{10}$ $\frac{25\sim50}{16}$	$\frac{20\sim22}{10}$ $\frac{25\sim30}{14}$ $\frac{32\sim75}{18}$	$\frac{20\sim22}{12}$ $\frac{25\sim30}{16}$ $\frac{32\sim90}{22}$	$\frac{25\sim28}{14}$ $\frac{30\sim38}{16}$ $\frac{40\sim120}{26}$ $\frac{130}{32}$	$\frac{25\sim30}{16}$ $\frac{32\sim40}{20}$ $\frac{45\sim120}{30}$ $\frac{130\sim180}{36}$	$\frac{30\sim35}{18}$ $\frac{38\sim45}{25}$ $\frac{50\sim120}{34}$ $\frac{130\sim180}{40}$	$\frac{30\sim38}{20}$ $\frac{40\sim55}{30}$ $\frac{60\sim120}{38}$ $\frac{130\sim200}{44}$

（续）

螺纹规格 d(6g)		M2	M2.5	M3	M4	M5	M6	M8	M10	M12	(M14)	M16
性能等级	钢	4.8,5.8,6.8,8.8,10.9,12.9										
	不锈钢	A2-50、A2-70										
表面处理	钢	①不经处理;②氧化;③镀锌钝化										
	不锈钢	不经处理										

螺纹规格 d (8g)		(M18)	M20	(M22)	M24	(M27)	M30	(M33)	M36	(M39)	M42	M48
b_m（公称）	GB/T 897	18	20	22	24	27	30	33	36	39	42	48
	GB/T 898	22	25	28	30	35	38	41	45	49	52	60
	GB/T 899	27	30	33	36	40	45	49	54	58	63	72
	GB/T 900	36	40	44	48	54	60	66	72	78	84	96
x_{max}		2.5P										
$\frac{l}{b}$ ①		$\frac{35\sim40}{22}$ $\frac{45\sim60}{35}$ $\frac{65\sim120}{42}$ $\frac{130\sim200}{48}$	$\frac{35\sim40}{25}$ $\frac{45\sim65}{35}$ $\frac{70\sim120}{46}$ $\frac{130\sim200}{52}$	$\frac{40\sim45}{30}$ $\frac{50\sim70}{40}$ $\frac{75\sim120}{50}$ $\frac{130\sim200}{56}$	$\frac{45\sim50}{30}$ $\frac{55\sim75}{45}$ $\frac{80\sim120}{54}$ $\frac{130\sim200}{60}$	$\frac{50\sim60}{35}$ $\frac{65\sim85}{50}$ $\frac{90\sim120}{60}$ $\frac{130\sim200}{66}$	$\frac{60\sim65}{40}$ $\frac{70\sim90}{50}$ $\frac{95\sim120}{66}$ $\frac{130\sim200}{72}$ $\frac{210\sim250}{85}$	$\frac{65\sim70}{45}$ $\frac{75\sim95}{60}$ $\frac{100\sim120}{72}$ $\frac{130\sim200}{78}$ $\frac{210\sim300}{91}$	$\frac{65\sim75}{45}$ $\frac{80\sim110}{60}$ $\frac{120}{78}$ $\frac{130\sim200}{84}$ $\frac{210\sim300}{97}$	$\frac{70\sim80}{50}$ $\frac{85\sim110}{60}$ $\frac{120}{84}$ $\frac{130\sim200}{90}$ $\frac{210\sim300}{103}$	$\frac{70\sim80}{50}$ $\frac{85\sim110}{70}$ $\frac{120}{90}$ $\frac{130\sim200}{96}$ $\frac{210\sim300}{109}$	$\frac{80\sim90}{60}$ $\frac{95\sim10}{80}$ $\frac{120}{102}$ $\frac{130\sim200}{108}$ $\frac{210\sim300}{121}$
性能等级	钢	4.8,5.8,6.8,8.8,10.9,12.9										
	不锈钢	A2-50、A2-70										
表面处理	钢	①不经处理;②氧化;③镀锌钝化										
	不锈钢	不经处理										

注：1. 尽可能不采用括号内的规格。

2. 旋入机体端可以采用过渡或过盈配合螺纹：GB/T 897~899：GM、G2M；GB/T 900：GM、G3M、YM。

3. 旋入螺母端可以采用细牙螺纹。

① 长度系列为 12、(14)、16、(18)、20、(22)、25、(28)、30、(32)、35、(38)、40、45、50、(55)、60、(65)、70、75、80、85、90、95、100~260（10 进位）、280、300。

表 6-186　B 级等长双头螺柱（摘自 GB/T 901—1988）　　（单位：mm）

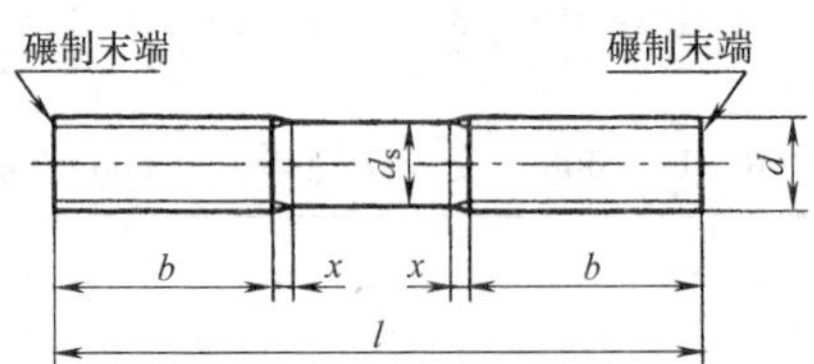

标记示例：

螺纹规格 d=M12、公称长度 l=100mm、性能等级为 4.8 级、不经表面处理的 B 级等长双头螺柱，标记为

螺柱　GB/T 901　M12×100

螺纹规格 d(6g)	M2	M2.5	M3	M4	M5	M6	M8	M10	M12	(M14)	M16	(M18)
b	10	11	12	14	16	18	28	32	36	40	44	48
x_{max}	1.5P											
l ①	10~60	10~80	12~250	16~300	20~300	25~300	32~300	40~300	50~300	60~300	60~300	60~300

（续）

螺纹规格 d(8g)		M20	(M22)	M24	(M27)	M30	(M33)	M36	(M39)	M42	M48	M56
b		52	56	60	66	72	78	84	89	96	108	124
x_{max}		1.5P										
l①		70~300	80~300	90~300	100~300	120~400	140~400	140~500	140~500	140~500	150~500	190~500
性能等级	钢	4.8,5.8,6.8,8.8,10.9,12.9										
	不锈钢	A2-50、A2-70										
表面处理	钢	①不经处理;②镀锌钝化										
	不锈钢	不经处理										

注：尽可能不采用括号内的规格。

① 长度系列为 10、12、(14)、16、(18)、20、(22)、25、(28)、30、(32)、35、(38)、40、45、50、(55)、60、(65)、70、(75)、80、(85)、90、(95)、100~260（10 进位）、280、300、320、350、380、400、420、450、480、500。

表 6-187　C 级等长双头螺柱（摘自 GB/T 953—1988）　　（单位：mm）

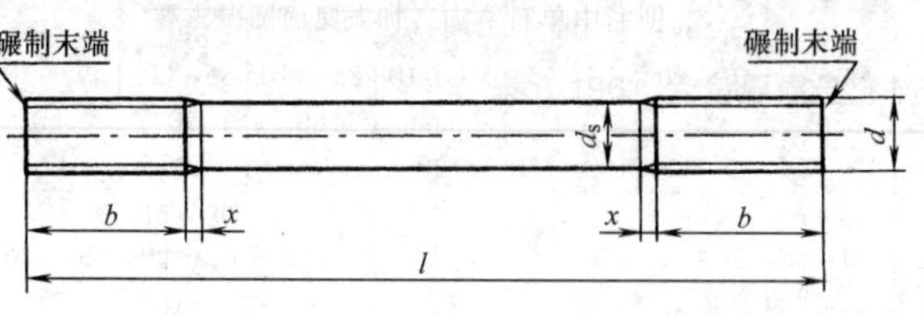

标记示例：

1）螺纹规格 d=M10、公称长度 l=100mm、螺纹长度 b=26mm、性能等级为 4.8 级、不经表面处理的 C 级等长双头螺柱，标记为

螺柱　GB/T 953 M10×100

2）需要加长螺纹时，应加标记 Q：

螺柱　GB/T 953 M10×100—Q

螺纹规格 d(8g)		M8	M10	M12	(M14)	M16	(M18)	M20	(M22)
b	标准	22	26	30	34	38	42	46	50
	加长	41	45	49	53	57	61	65	69
x_{max}		1.5P							
l①		100~600	100~800	150~1200	150~1200	200~1500	200~1500	260~1500	260~1800
性能等级	钢	4.8,6.8,8.8							
表面处理	钢	①不经处理;②镀锌钝化							
螺纹规格 d(8g)		M24	(M27)	M30	(M33)	M36	(M39)	M42	M48
b	标准	54	60	66	72	78	84	90	102
	加长	73	79	85	91	97	103	109	121
x_{max}		1.5P							
l①		300~1800	300~2000	350~2500	350~2500	350~2500	350~2500	500~2500	500~2500
性能等级	钢	4.8,6.8,8.8							
表面处理	钢	①不经处理;②镀锌钝化							

注：尽可能不采用括号内的规格。

① 长度系列为 100~200（10 进位）、220~320（20 进位），350、380、400、420、450、480、500~1000（50 进位），1100~2500（100 进位）。

表 6-188　手工焊用焊接螺柱（摘自 GB/T 902.1—2008）　　（单位：mm）

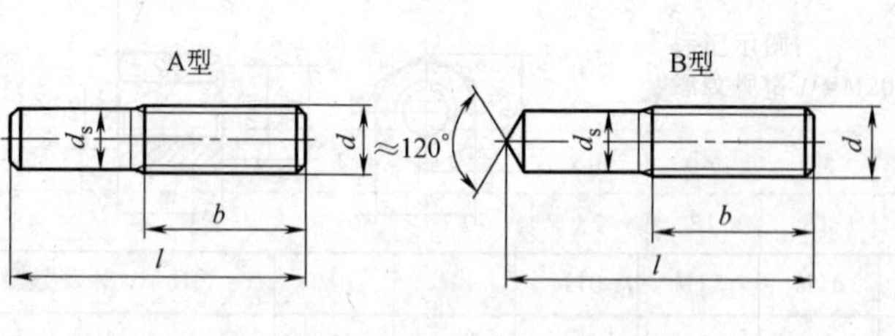

标记示例

螺纹规格 d=M10、公称长度 l=50mm、螺纹长度 b=26mm、性能等级为 4.8 级、不经表面处理、按 A 型制造的手工焊接螺柱的标记为

螺柱　GB/T 902.1　M10×50

需要加长螺纹时应加标记 Q：

螺柱　GB/T 902.1　M10×50—Q

按 B 型制造时应加标记 B：

螺柱　GB/T 902.1　BM10×50—B

（续）

螺纹规格 d(6g)		M3	M4	M5	M6	M8	M10	M12	(M14)	M16	(M18)	M20
b	标准	12	14	16	18	22	26	30	34	38	42	46
	加长	15	20	22	24	28	45	49	53	57	61	65
l① 长度范围		10~80	10~80	12~90	16~100	20~200	25~240	30~240	35~280	45~280	50~300	60~300
全螺纹最大长度		16	20		25	30	35	45	50	55	60	
性能等级	钢	4.8										
表面处理	钢	1)不经处理;2)镀锌钝化										

注：1. 长度小于或等于全螺纹最大长度时制成全螺纹。

2. 尽可能不采用括号内的规格。

① 公称，长度系列为 10、12、16、20~50（5 进位）、(55)、60、(65)、70~160（10 进位）、180~300（20 进位）。

表 6-189a　电弧螺柱焊用焊接螺柱（PD 型）（摘自 GB/T 902.2—2010）（单位：mm）

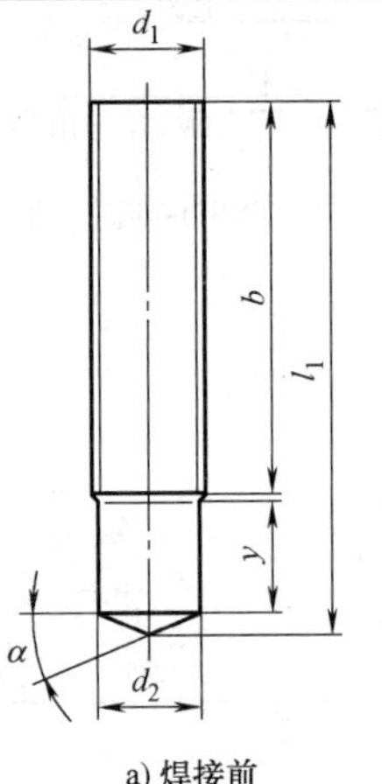

a) 焊接前

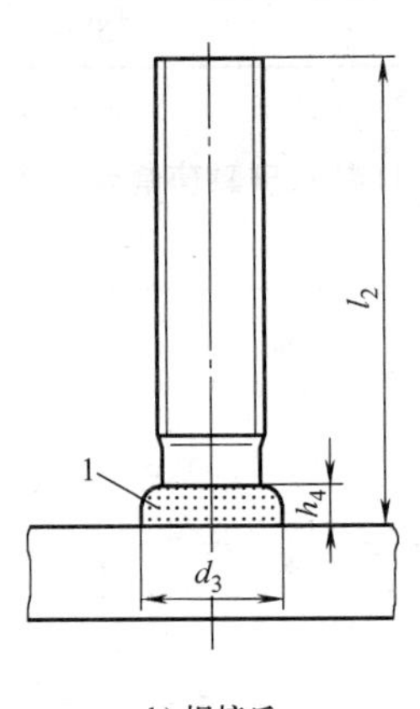

b) 焊接后

1—焊接部位。

d_1	M6		M8		M10		M12		M16		M20		M24	
d_2	5.35		7.19		9.03		10.86		14.6		18.38		22.05	
d_3	8.5		10		12.5		15.5		19.5		24.5		30	
h_4	3.5		3.5		4		4.5		6		7		10	
$\alpha \pm 2.5°$	22.5°		22.5°		22.5°		22.5°		22.5°		22.5°		22.5°	
$l_1 \pm 1$	$l_2+2.2$		$l_2+2.4$		$l_2+2.6$		$l_2+3.1$		$l_2+3.9$		$l_2+4.3$		$l_2+5.1$	
l_2	y_{max}	b	y_{max}	b	y_{max}	b	y_{min}	b	y_{min}	b	y_{min}	b	y_{min}	b
15	9	—	—	—	—	—	—	—	—	—	—	—	—	—
20	9	—	9	—	9.5	—	—	—	—	—	—	—	—	—
25	9	—	9	—	9.5	—	11.5	—	—	—	—	—	—	—
30	9	—	9	—	9.5	—	11.5	—	13.5	—	—	—	—	—
35	—	20	9	—	9.5	—	11.5	—	13.5	—	15.5	—	—	—
40	—	20	9	—	9.5	—	11.5	—	13.5	—	15.5	—	—	—
45	—	—	9	—	9.5	—	11.5	—	13.5	—	15.5	—	—	—
50	—	—	—	40	—	40	—	40	13.5	—	—	35	20	—
55	—	—	—	—	—	—	—	—	—	40	—	40	—	—
60	—	—	—	—	—	—	—	—	—	40	—	40	—	—
65	—	—	—	—	—	—	—	—	—	40	—	40	—	—
70	—	—	—	—	—	—	—	—	—	—	—	40	—	50
80	—	—	—	—	—	—	—	—	—	—	—	50	—	50
100	—	—	—	—	—	40	—	40	—	80	—	70	—	70
140	—	—	—	—	—	80	—	80	—	80	—	—	—	—
150	—	—	—	—	—	80	—	80	—	80	—	—	—	—
160	—	—	—	—	—	80	—	80	—	80	—	—	—	—

表 6-189b　带缩杆的螺纹螺柱（RD 型）（摘自 GB/T 902.2—2010）　　（单位：mm）

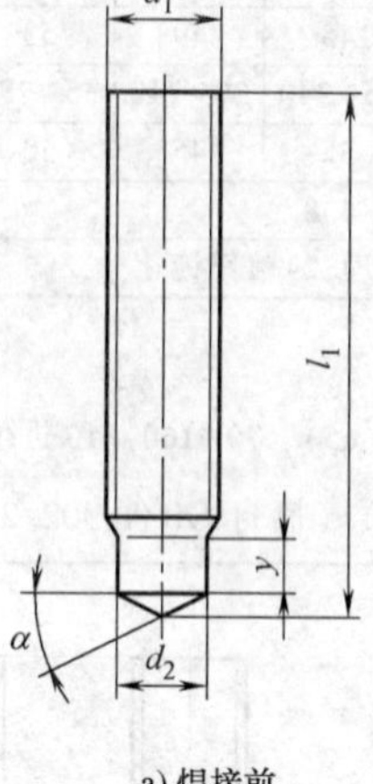

a) 焊接前

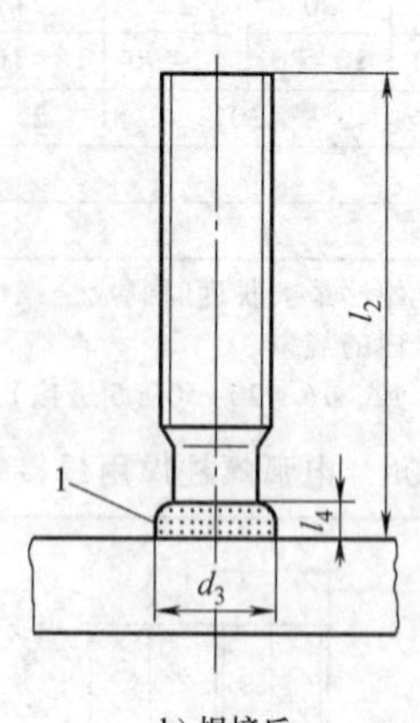

b) 焊接后

1—焊接部位。

15mm≤l_2≤100mm 尺寸。

d_1	M6	M8	M10	M12	M16	M20	M24
d_2	4.7	6.2	7.9	9.5	13.2	16.5	20
d_3	7	9	11.5	13.5	18	23	28
h_4	2.5	2.5	3	4	5	6	7
y_{min}	4	4	5	6	7.5/11①	9/13①	12/15①
α±2.5°	22.5°	22.5°	22.5°	22.5°	22.5°	22.5°	22.5°
l_1±1	l_2+2.0	l_2+2.2	l_2+2.4	l_2+2.8	l_2+3.6	l_2+3.9	l_2+4.7

① 斜划（/）后的尺寸适用于 RF 型斜划后的磁环。

表 6-189c　内螺纹螺柱（ID 型）（摘自 GB/T 902.2—2010）　　（单位：mm）

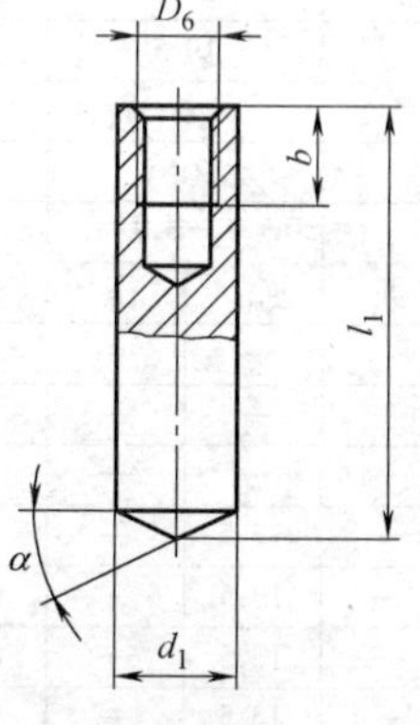

a) 焊接前

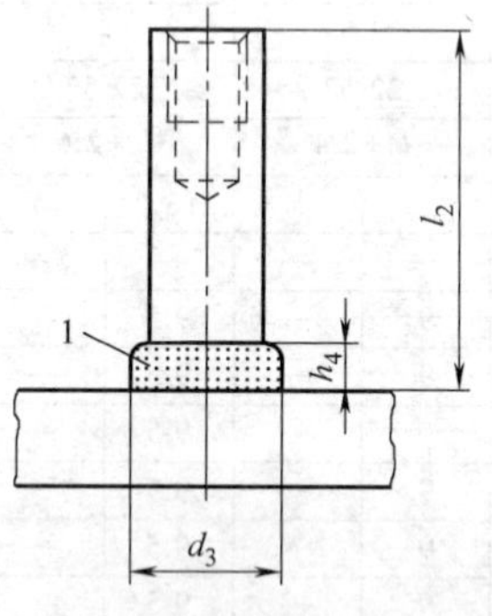

b) 焊接后

1—焊接部位。

d_1	10	10	12	14.6	14.6	16	18
D_6	M5	M6	M8	M8	M10	M10	M12
d_3	13	13	16	18.5	18.5	21	23
b	7	9	9.5	15	15	15	18
h_4	4	4	5	6	6	7	7
l_2	15	15	20	25	25	25	30
α±2.5°	22.5°	22.5°	22.5°	22.5°	22.5°	22.5°	22.5°
l_1±1	l_2+2.8	l_2+2.8	l_2+3.4	l_2+3.9	l_2+3.9	l_2+3.9	l_2+4.2

表 6-190a　磁环（PF 型）（摘自 GB/T 902.2—2010）　　（单位：mm）

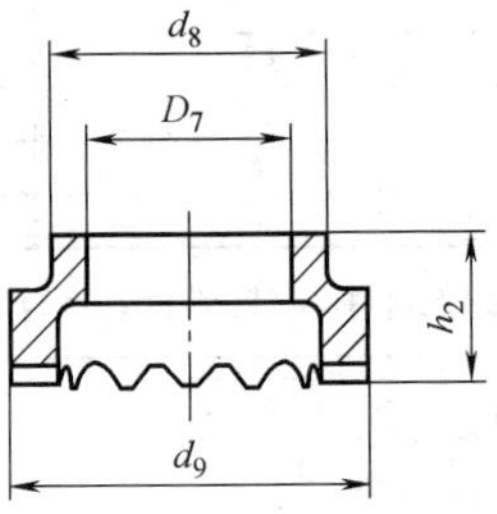

型式	$D_7{}^{+0.5}_{0}$	$d_8 \pm 1$	$d_9 \pm 1$	$h_2 \approx$
PF6	5.6	9.5	11.5	6.5
PF8	7.4	11.5	15	6.5
PF10	9.2	15	17.8	6.5
PF12	11.1	16.5	20	9
RF16	15.0	20	26	11
RF20	18.6	30.7	33.8	10
RF24	22.4	30.7	38.5	18.5

表 6-190b　磁环（RF 型）（摘自 GB/T 902.2—2011）　　（单位：mm）

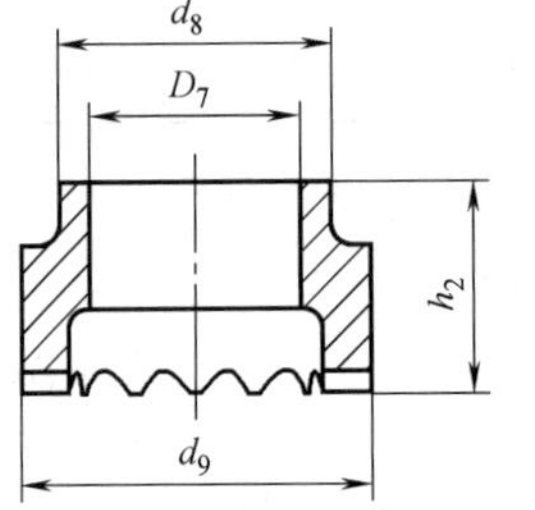

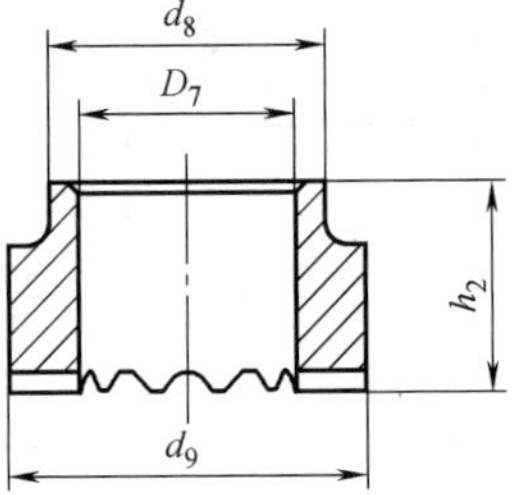

型式	$D_7{}^{+0.4}_{0}$	$d_8 \pm 1$	$d_9 \pm 1$	$h_2 \approx$
RF6	6.2	9.5	12.2	10
RF8	8.2	12	15.3	9
RF10	10.2	15	18.5	11.5
RF12	12.2	17	20	13
RF16	16.3/14①	20.5/26.2①	26.5/32.5①	15.3/8.8①
RF20	20.3/17.5①	26.2/28.5①	32	22/9
RF24	24.3/21①	26.2/30.4②	33/36②	25/13①

① 斜划（/）后的尺寸适用于表 6-189b 斜划后的螺柱。
② 由制造者确定。

表 6-190c　磁环（UF 型）（摘自 GB/T 902.2—2010）　　（单位：mm）

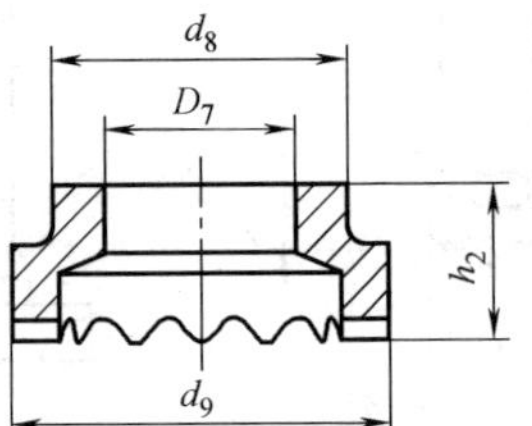

（续）

型式	$D_7{}^{+0.5}_{0}$	$d_8 \pm 1$	$d_9 \pm 1$	$h_2 \approx$
UF10	10.2	15	17.8	10
UF12	12.2	16.5	20	10.7
UF16	16.3	26	30	13
UF19	19.4	26	30.8	18.7

表 6-191a　内螺纹焊接螺柱（IT 型）（摘自 GB/T 902.3—2008）　　（单位：mm）

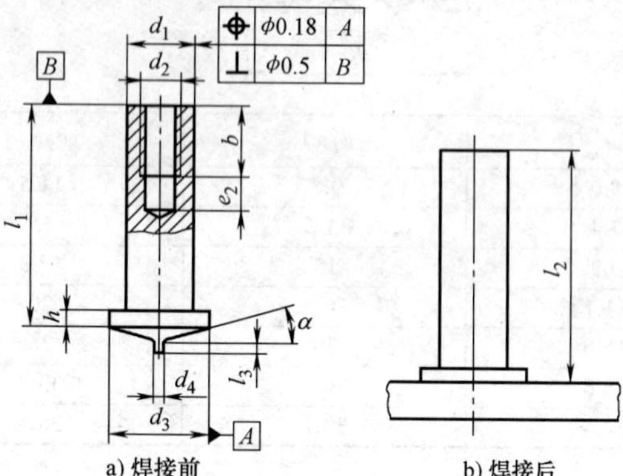

a) 焊接前　　b) 焊接后

$l_2 \approx l_1 + 0.3\text{mm}$。

d_1 ±0.1	d_2	l_1 $^{+0.6}_{0}$①	b $^{+0.5}_{0}$	e_2 min	d_3 +0.2	d_4 +0.08	l_3 ±0.05	h	α ±1°
5	M3	10	5	2.5	6.5	0.75	0.80	0.8~1.4	3°
		12							
		16							
		20							
		25							
6	M4	12	6	3	7.5				
		16							
		20							
7.1	M5	12	7.5	3	9		0.85		
		16							
		20							
		25							

① 其他长度由双方协议，但 l_1 最小值应大于等于 $1.5d_1$。

表 6-191b　PT 型焊接螺柱（摘自 GB/T 902.3—2008）　　（单位：mm）

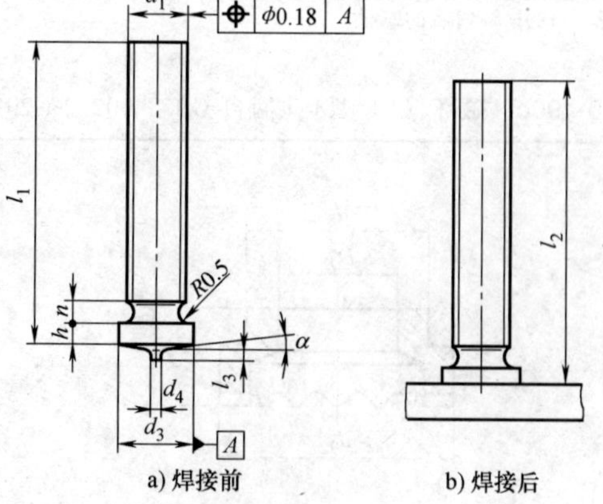

a) 焊接前　　b) 焊接后

$l_2 \approx l_1 - 0.3\text{mm}$。

（续）

d_1	l_1 $^{+0.6}_{0}$ ①	d_3 ±0.2	d_4 ±0.08	l_3 ±0.05	h	n max	α ±1°
M3	6	4.5	0.6	0.55	0.7~1.4	1.5	3°
	8						
	10						
	12						
	16						
	20						
M4	8	5.5	0.65				
	10						
	12						
	16						
	20						
	25						
M5	10	6.5	0.75	0.80	0.8~1.4	2	
	12						
	16						
	20						
	25						
	30						
M6	10	7.5					
	12						
	16						
	20						
	25						
	30						
M8	12	9		0.85	0.8~1.4	3	
	16						
	20						
	25						
	30						

① 其他长度由双方协议。

6.3.3　螺杆（见表 6-192）

表 6-192　螺杆（摘自 GB/T 15389—1994）　（单位：mm）

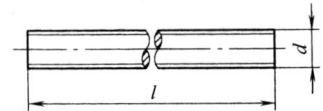

标记示例：

螺纹规格 d = M10、公称长度 l = 1000mm、性能等级为 4.8 级、不经表面处理的螺杆的标记为

螺杆　GB/T 15389　M10×1000

螺纹规格（6g）		M4	M5	M6	M8	M10	M12	（M14）	M16	（M18）
	d	M4	M5	M6	M8	M10	M12	（M14）	M16	（M18）
	d×P	—	—	—	M8×1	M10×1	M12×1.5	（M14×1.5）	M16×1.5	（M18×1.5）
		—	—	—	—	（M10×1.25）	（M12×1.25）	—	—	—

（续）

螺纹规格(6g)	d	M20	(M22)	M24	(M27)	M30	(M33)	M36	(M39)	M42
	d×P	M20×1.5	(M22×1.5)	M24×2	(M27×2)	M30×2	(M33×2)	M36×3	(M39×3)	M42×3
		—	—	—	—	—	—	—	—	—
性能等级	钢	4.6、4.8、5.6、5.8								
	不锈钢	A2-70、A4-70								
	有色金属	CU2 或 CU3								
表面处理	钢	①不经处理；②镀锌钝化								
	不锈钢	不经处理								
	有色金属	不经处理								

注：1. 尽可能不采用括号内的规格。

2. 螺杆长度 l 系列为 1000、2000、3000、4000。

6.3.4　螺母（见表 6-193～表 6-236）

表 6-193　1 型六角螺母（摘自 GB/T 6170—2015）**和细牙 1 型六角螺母**（摘自 GB/T 6171—2016）

（单位：mm）

标记示例：

螺纹规格为 M12、性能等级为 8 级、不经表面处理、A 级 1 型六角螺母，标记为

螺母　GB/T 6170　M12

螺纹规格(6H)	D	M1.6	M2	M2.5	M3	(M3.5)	M4	M5	M6	M8	M10	M12	(M14)
	D×P									M8×1	M10×1	M12×1.5	(M14×1.5)
											(M10×1.25)	(M12×1.25)	
e_{min}		3.41	4.32	5.45	6.01	6.58	7.66	8.79	11.05	14.38	17.77	20.03	23.36
s	max	3.2	4	5	5.5	6	7	8	10	13	16	18	21
	min	3.02	3.82	4.82	5.32	5.82	6.78	7.78	9.78	12.73	15.73	17.73	20.67
m_{max}		1.3	1.6	2	2.4	2.8	3.2	4.7	5.2	6.8	8.4	10.8	12.8
性能等级	钢	按协议						6,8,10(QT)					
	不锈钢	A2-70、A4-70											
	有色金属	CU2、CU3、AL4											
螺纹规格(6H)	D	M16	(M18)	M20	(M22)	M24	(M27)	M30	(M33)	M36			
	D×P	M16×1.5	(M18×1.5)	(M20×2)	(M22×1.5)	M24×2	(M27×2)	M30×2	(M33×2)	M36×3			
				M20×1.5									
e_{min}		26.75	29.56	32.95	37.29	39.55	45.2	50.85	55.37	60.79			
s	max	24	27	30	34	36	41	46	50	55			
	min	23.67	26.16	29.16	33	35	40	45	49	53.8			
m_{max}		14.8	15.8	18	19.4	21.5	23.8	25.6	28.7	31			
性能等级	钢	6,8,10(QT)	6,8(QT),10(QT)										
	不锈钢	A2-70、A4-70					A2-50、A4-50						
	有色金属	CU2、CU3、AL4											
螺纹规格(6H)	D	(M39)	M42	(M45)	M48	(M52)	M56	(M60)	M64				
	D×P	(M39×3)	M42×3	(M45×3)	M48×3	(M52×4)	M56×4	(M60×4)	M64×4				
e_{min}		66.44	71.30	76.95	82.60	88.25	93.56	99.21	104.86				
s	max	60	65	70	75	80	85	90	95				
	min	58.8	63.1	68.1	73.1	78.1	82.8	87.8	92.8				
m_{max}		33.4	34	36	38	42	45	48	51				
性能等级	钢	6,8(QT),10(QT)	按协议										
	不锈钢	A2-50、A4-50	按协议										
	有色金属	CU2、CU3、AL4											
表面处理(全部尺寸)	钢	①不经处理；②电镀；③非电解锌片涂层；④热浸镀锌层											
	不锈钢	①简单处理；②钝化处理											
	有色金属	①简单处理；②电镀											

注：1. 括号内的螺纹规格为非优选的螺纹规格。

2. QT—淬火并回火。

表 6-194　C 级 1 型六角螺母（摘自 GB/T 41—2016）　（单位：mm）

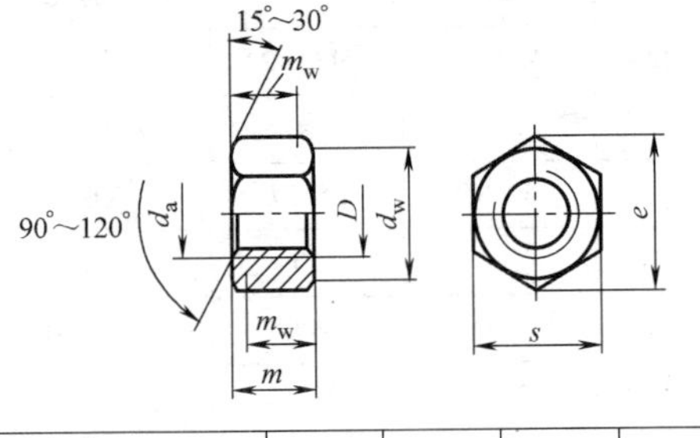

标记示例：

螺纹规格为 M12、性能等级为 5 级、不经表面处理、C 级的 1 型六角螺母，标记为

螺母　GB/T 41　M12

螺纹规格 D（7H）		M5	M6	M8	M10	M12	(M14)	M16	(M18)	M20	(M22)	M24	(M27)
e_{min}		8.63	10.89	14.20	17.59	19.85	22.78	26.17	29.56	32.95	37.29	39.55	45.2
s	max	8	10	13	16	18	21	24	27	30	34	36	41
	min	7.64	9.64	12.57	15.57	17.57	20.16	23.16	26.16	29.16	33	35	40
m_{max}		5.6	6.4	7.90	9.50	12.20	13.9	15.90	16.90	19.00	20.20	22.30	24.70
性能等级	钢	5											
表面处理	钢	①不经处理；②电镀；③非电解锌片涂层；④热浸镀锌层；⑤由供需协议											

螺纹规格 D（7H）		M30	(M33)	M36	(M39)	M42	(M45)	M48	(M52)	M56	(M60)	M64
e_{min}		50.85	55.37	60.79	66.44	71.30	76.95	82.6	88.25	93.56	99.21	104.86
s	max	46	50	55	60	65	70	75	80	85	90	95
	min	45	49	53.8	58.8	63.1	68.1	73.1	78.1	82.8	87.8	92.8
m_{max}		26.40	29.50	31.90	34.30	34.90	36.90	38.90	42.90	45.90	48.90	52.40
性能等级	钢	5				按协议						
表面处理	钢	①不经处理；②电镀；③非电解锌片涂层；④热浸镀锌层；⑤由供需协议										

注：尽可能不采用括号内的规格。

表 6-195　2 型六角螺母粗牙（摘自 GB/T 6175—2016）和 2 型六角螺母细牙（摘自 GB/T 6176—2016）　（单位：mm）

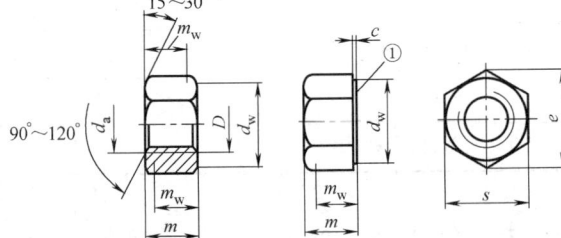

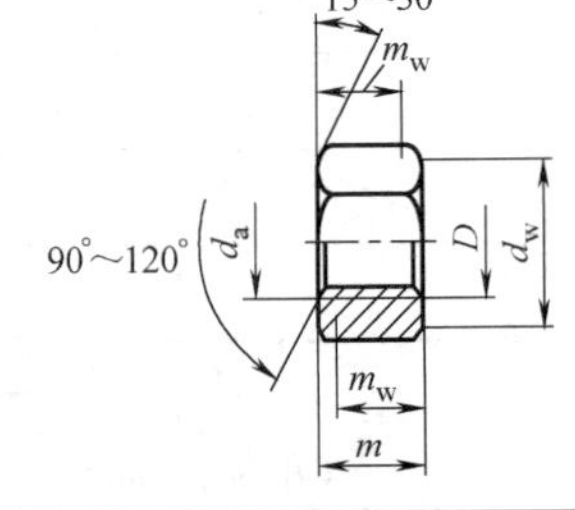

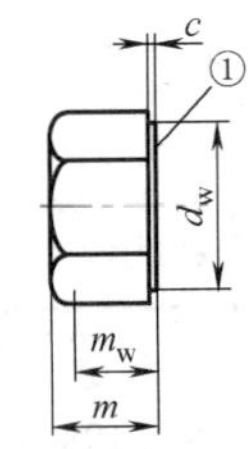

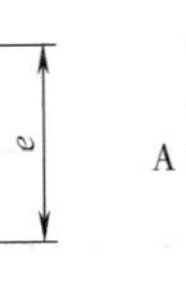

标记示例：

螺纹规格为 M16、性能等级为 10 级、表面不经处理、A 级 2 型六角螺母，标记为

螺母　GB/T 6175　M16

螺纹规格（6H）		M5	M6	M8	M10	M12	(M14)	M16	
螺纹规格（6H）	D×P			M8×1	M10×1	M12×1.5	(M14×1.5)	M16×1.5	(M18×1.5)
					(M10×1.25)	(M12×1.25)			
e_{min}		8.79	11.05	14.38	17.77	20.03	23.36	26.75	29.56
s	max	8	10	13	16	18	21	24	27.00
	min	7.78	9.78	12.73	15.73	17.73	20.67	23.67	26.16
m_{max}		5.1	5.7	7.5	9.3	12	14.1	16.4	17.6
性能等级	GB/T 6175	10(QT)、12(QT)							
	GB/T 6176	8、10(QT)、12(QT)							10(QT)
表面处理	钢	①不经处理；②电镀；③非电解锌片涂层；④由供需协议							

（续）

螺纹规格（6H）								
	D	M20		M24		M30		M36
	D×P	（M20×2） M20×1.5	（M22×1.5）	M24×2	（M27×2）	M30×2	（M33×2）	M36×3
e_{min}		32.95	37.29	39.55	45.2	50.85	55.37	60.79
s	max	30	34	36	41	46	50	55
	min	29.16	33	35	40	45	49	53.8
m_{max}		20.3	21.8	23.9	26.7	28.6	32.5	34.7
性能等级	GB/T 6175	10(QT)、12(QT)						
	GB/T 6176	10(QT)						
表面处理	钢	①不经热处理;②电镀;③非电解锌片涂层;④由供需协议						

注：1. 括号内为非优选的螺纹规格。

2. QT—淬火并回火。

3. 要求垫圈面型式时，应在订单中注明。

表 6-196　六角厚螺母（摘自 GB/T 56—1988）　　（单位：mm）

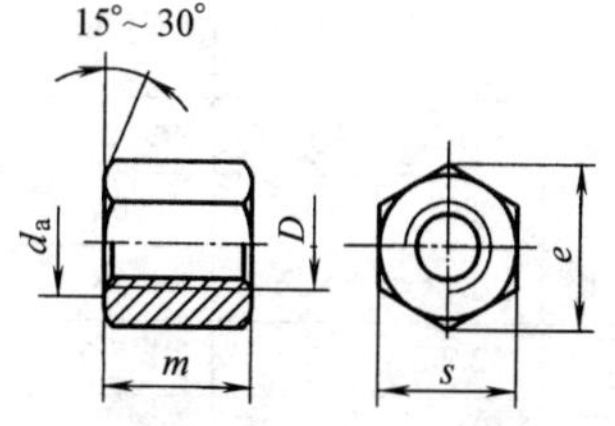

标记示例：

螺纹规格 D＝M20、性能等级为 5 级、不经表面处理的六角厚螺母，标记为

螺母　GB/T 56　M20

螺纹规格 D（6H）		M16	（M18）	M20	（M22）	M24	（M27）	M30	M36	M42	M48
e_{min}		26.17	29.56	32.95	37.29	39.55	45.2	50.85	60.79	72.09	82.6
s	max	24	27	30	34	36	41	46	55	65	75
	min	23.16	26.16	29.16	33	35	40	45	53.8	63.8	73.1
m_{max}		25	28	32	35	38	42	48	55	65	75
性能等级	钢	5,8,10									
表面处理	钢	①不经处理;②氧化									

注：尽可能不采用括号内的规格。

表 6-197　球面六角螺母（摘自 GB/T 804—1988）　　（单位：mm）

标记示例：

螺纹规格 D＝M20、性能等级为 8 级、表面氧化的球面六角螺母，标记为

螺母　GB/T 804　M20

螺纹规格 D（6H）	M6	M8	M10	M12	M16	M20	M24	M30	M36	M42	M48
$d_{a min}$	6	8	10	12	16	20	24	30	36	42	48

（续）

螺纹规格 D(6H)		M6	M8	M10	M12	M16	M20	M24	M30	M36	M42	M48
d_1		7.5	9.5	11.5	14	18	22	26	32	38	44	50
e_{min}		11.05	14.38	17.77	20.03	26.75	32.95	39.55	50.85	60.79	72.09	82.6
s	max	10	13	16	18	24	30	36	46	55	65	75
	min	9.78	12.73	15.73	17.73	23.67	29.16	35	45	53.8	63.8	73.1
m_{max}		10.29	12.35	16.35	20.42	25.42	32.5	38.5	48.5	55.6	65.6	75.6
m'_{min}		7.77	9.32	12.52	15.66	19.66	25.2	30	38	43.52	51.52	59.52
R		10	12	16	20	25	32	36	40	50	63	70
性能等级	钢	8,10										
表面处理	钢	氧化										

注：A 级用于 $D \leqslant$ M16；B 级用于 $D>$M16。

表 6-198　六角薄螺母（摘自 GB/T 6172.1—2016）**和细牙六角薄螺母**（摘自 GB/T 6173—2016）

（单位：mm）

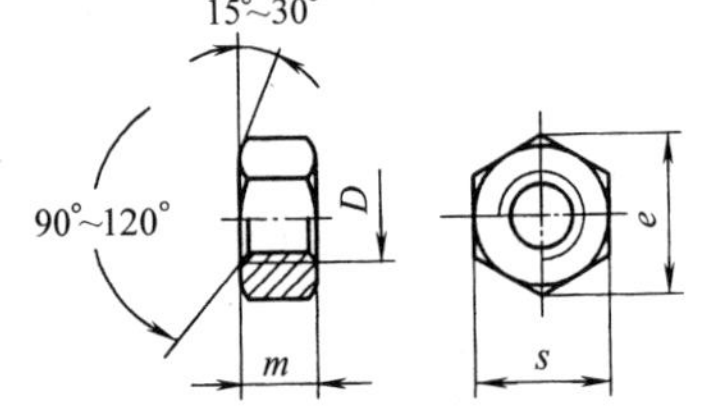

标记示例：

螺纹规格为 M12、性能等级为 04 级、不经表面处理、A 级、倒角的六角薄螺母，标记为

螺母　GB/T 6172.1　M12

螺纹规格(6H)	D	M1.6	M2	M2.5	M3	M3.5	M4	M5	M6	M8	M10	M12	(M14)	M16
	$D \times P$									M8×1	M10×1	M12×1.5	(M14×1.5)	M16×1.5
											(M10×1.25)	(M12×1.25)		
e_{min}		3.41	4.32	5.45	6.01	6.58	7.66	8.79	11.05	14.38	17.77	20.03	23.36	26.75
s	max	3.2	4	5	5.5	6	7	8	10	13	16	18	21	24
	min	3.02	3.82	4.82	5.32	6.58	6.78	7.78	9.78	12.73	15.73	17.73	20.67	23.67
m_{max}		1	1.2	1.6	1.8	2	2.2	2.7	3.2	4	5	6	7	8
性能等级	钢	按协议								04,05(QT)				
	不锈钢	A2—035、A4—035												
	有色金属	CU2、CU3、AL4												

螺纹规格(6H)	D	(M18)	M20	(M22)	M24	(M27)	M30	(M33)	M36
	$D \times P$	(M18×1.5)	(M20×2)	(M22×1.5)	M24×2	(M27×2)	M30×2	(M33×2)	M36×3
			M20×1.5						
e_{min}		29.56	32.95	37.29	39.55	45.2	50.85	55.37	60.79
s	max	27	30	34	36	41	46	50	55
	min	26.16	29.16	33	35	40	45	49	53.8
m_{max}		9	10	11	12	13.5	15	16.5	18
性能等级	钢	04,05(QT)							
	不锈钢	A2—035、A4—035				A2—025、A4—025			
	有色金属	CU2、CU3、AL4							

（续）

螺纹规格（6H）		(M39)	M42	(M45)	M48	(M52)	M56	(M60)	M64
	D	(M39)	M42	(M45)	M48	(M52)	M56	(M60)	M64
	$D \times P$	(M39×3)	M42×3	(M45×3)	M48×3	(M52×4)	M56×4	(M60×4)	M64×4
e_{min}		66.44	71.30	76.95	82.60	88.25	93.56	99.21	104.86
s	max	60	65	70	75	80	85	90	95
	min	58.8	63.1	68.1	73.1	78.1	82.8	87.8	92.8
m_{max}		19.5	21	22.5	24	26	28	30	32
性能等级	钢	04,05(QT)	按协议						
	不锈钢	A2—025、A4—025	按协议						
	有色金属	CU2、CU3、AL4							
表面处理（全部尺寸）	钢	①不经处理;②电镀;③非电解锌片涂层;④热浸镀锌							
	不锈钢	①不经处理;②钝化处理							
	有色金属	①不经处理;②电镀							

注：括号内为非优选的螺纹规格。

表 6-199 无倒角六角薄螺母（摘自 GB/T 6174—2016）（单位：mm）

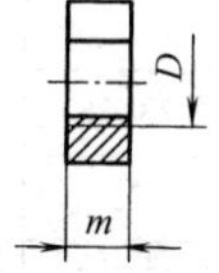
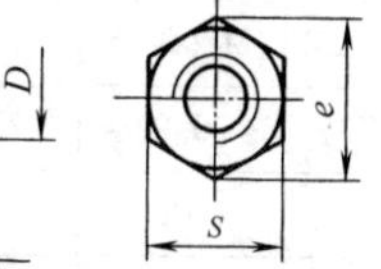

标记示例：

螺纹规格为 M6、钢螺母硬度大于或等于 110HV30、不经表面处理、B 级的无倒角六角薄螺母的标记为

螺母 GB/T 6174 M6

螺纹规格 D(6H)		M1.6	M2	M2.5	M3	(M3.5)	M4	M5	M6	M8	M10
e_{min}		3.28	4.18	5.31	5.88	6.44	7.50	8.63	10.89	14.20	17.59
s	max	3.2	4	5	5.5	6.0	7	8	10	13	16
	min	2.9	3.7	4.7	5.2	5.7	6.64	7.64	9.64	12.57	15.57
m_{max}		1	1.2	1.6	1.8	2	2.2	2.7	3.2	4	5
性能等级	钢	硬度 110HV30,min									
	有色金属	材料符合 GB/T 3098.10									
表面处理	钢	①不经处理;②电镀;③非电解锌片涂层									
	有色金属	①简单处理;②电镀									

注：尽可能不采用括号内的规格。

表 6-200　2 型六角法兰面粗牙、细牙螺母（摘自 GB/T 6177.1—2016 和 GB/T 6177.2—2016）

（单位：mm）

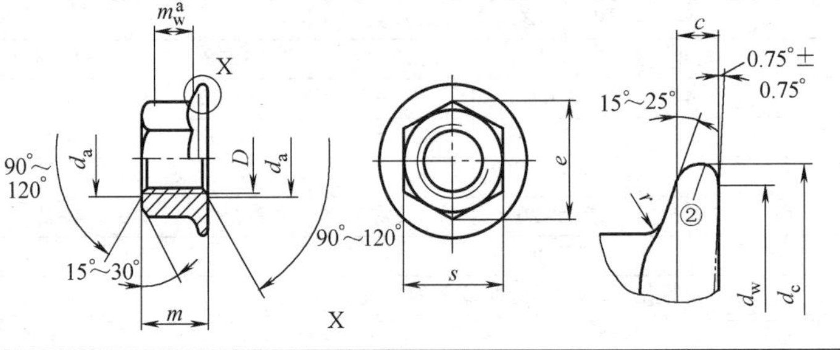

标记示例：

螺纹规格为 M12、性能等级为 10 级、表面氧化、产品等级为 A 级的 2 型六角法兰面螺母，标记为

螺母　GB/T 6177.1　M12

螺纹规格（6H）									
	D	M5	M6	M8	M10	M12	(M14)	M16	M20
	D×P			M8×1	M10×1.25	M12×1.25	(M14×1.5)	M16×1.5	M20×1.5
					(M10×1)	(M12×1.5)			
d_{cmin}		11.8	14.2	17.9	21.8	26	29.9	34.5	42.8
e_{min}		8.79	11.05	14.38	16.64	20.03	23.36	26.75	32.95
s	max	8	10	13	15	18	21	24	30
	min	7.78	9.78	12.73	14.73	17.73	20.67	23.67	29.16
m	max	5	6	8	10	12	14	16	20
	min	4.7	5.7	7.64	9.64	11.57	13.3	15.3	18.7
性能等级	钢	8、10(QT)、12(QT)							
	不锈钢	A2-70							
表面处理	钢	①不经处理；②电镀；③非电解锌片涂层；④热浸镀锌层							
	不锈钢	①简单处理；②钝化处理							

注：1. 尽可能不采用括号内的规格。

2. QT—淬火并回火。

① m_w 是扳拧高度。

② 棱边形状由制造者任选。

表 6-201　A 和 B 级粗牙（摘自 GB/T 6178—1986 和 GB/T 9457—1988）**、细牙Ⅰ型六角开槽螺母**

（单位：mm）

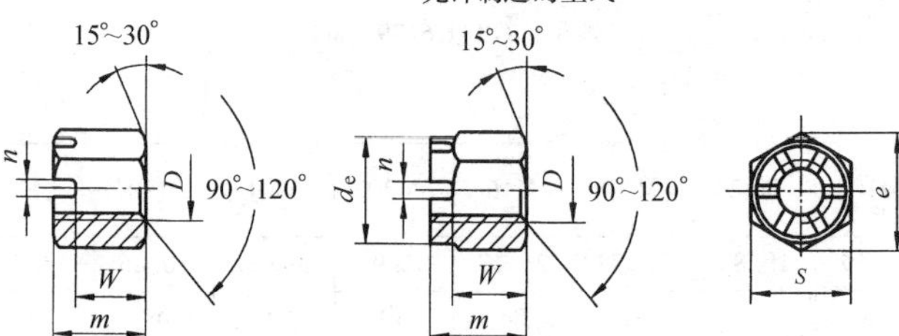

标记示例：

螺纹规格 D=M12、性能等级为 8 级、表面氧化、A 级Ⅰ型六角开槽螺母，标记为

螺母　GB/T 6178　M12

螺纹规格（6H）									
	D	M4	M5	M6	M8	M10	M12	(M14)	M16
	D×P				M8×1	M10×1	M12×1.5	(M14×1.5)	M16×1.5
						M10×1.25	M12×1.25		
e_{min}		7.66	8.79	11.05	14.38	17.77	20.03	23.35	26.75
s	max	7	8	10	13	16	18	21	24
	min	6.78	7.78	9.78	12.73	15.73	17.73	20.67	23.67
m_{max}		5	6.7	7.7	9.8	12.4	15.8	17.8	20.8

（续）

螺纹规格（6H）		M4	M5	M6	M8	M10	M12	（M14）	M16
螺纹规格（6H）	D	M4	M5	M6	M8	M10	M12	（M14）	M16
	$D \times P$				M8×1	M10×1	M12×1.5	（M14×1.5）	M16×1.5
						M10×1.25	M12×1.25		
W	max	3.2	4.7	5.2	6.8	8.4	10.8	12.8	14.8
	min	2.9	4.4	4.9	6.44	8.04	10.37	12.37	14.37
n_{min}		1.2	1.4	2	2.5	2.8	3.5	3.5	4.5
d_e									
开口销		1×10	1.2×12	1.6×14	2×16	2.5×20	3.2×22	3.2×25	4×28
性能等级	钢	6,8,10							
表面处理	钢	①氧化;②不经处理;③镀锌钝化							

螺纹规格（6H）									
螺纹规格（6H）	D		M20		M24		M30		M36
	$D \times P$	（M18×1.5）	M20×2	（M22×1.5）	M24×2	（M27×2）	M30×2	（M33×2）	M36×3
			M20×1.5						
d_{wmin}		24.8	27.7	31.4	33.2	38	42.7	46.6	51.1
e	min	29.56	32.95	37.29	39.55	45.2	50.85	55.37	60.79
s	max	27	30	34	36	41	46	50	55
	min	26.16	29.16	33	35	40	45	49	53.8
m_{max}		21.8	24	27.4	29.5	31.8	34.6	37.7	40
m'_{min}		12.08	13.52	14.85	16.16	18.37	19.44	22.16	23.52
W	max	15.8	18	19.4	21.5	23.8	25.6	28.7	31
	min	15.1	17.3	18.56	20.66	22.96	24.76	27.86	30
n_{min}		4.5		5.5			7		
d_e		25	28	30	34	38	42	46	50
开口销		4×32	4×36	5×40		5×45	6.3×50	6.3×60	6.3×63
性能等级	钢	6,8,10							
表面处理	钢	①氧化;②不经处理;③镀锌钝化							

注：尽可能不采用括号内的规格。

表 6-202　C 级Ⅰ型六角开槽螺母（摘自 GB/T 6179—1986）　（单位：mm）

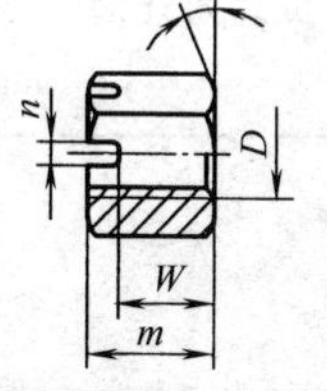

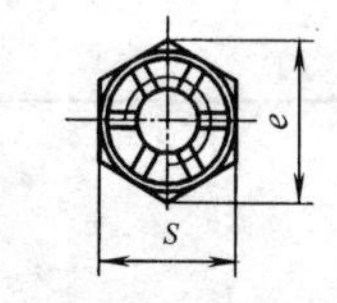

标记示例：

螺纹规格 D=M5、性能等级为 5 级、不经表面处理、C 级Ⅰ型六角开槽螺母,标记为

螺母　GB/T 6179　M5

螺纹规格 D（6H）		M5	M6	M8	M10	M12	（M14）	M16	M20	M24	M30	M36
e_{min}		8.63	10.89	14.20	17.59	19.85	22.78	26.17	32.95	39.55	50.85	60.79
s	max	8	10	13	16	18	21	24	30	36	46	55
	min	7.64	9.64	12.57	15.57	17.57	20.16	23.16	29.16	35	45	53.8
m_{max}		7.6	8.9	10.94	13.54	17.17	18.9	21.9	25	30.3	35.4	40.9
W	max	5.6	6.4	7.94	9.54	12.17	13.9	15.9	19	22.3	26.4	31.9
	min	4.4	4.9	6.44	8.04	10.37	12.1	14.1	16.9	20.2	24.3	29.4
n_{min}		1.4	2	2.5	2.8	3.5	3.5	4.5		5.5	7	
开口销		1.2×12	1.6×14	2×16	2.5×20	3.2×22	3.2×25	4×28	4×36	5×40	6.3×50	6.3×63
性能等级	钢	4,5										
表面处理	钢	①不经处理;②镀锌钝化										

注：尽可能不采用括号内的规格。

表 6-203　A 级和 B 级粗牙（摘自 GB/T 6180—1986 和 GB/T 9458—1988）、细牙Ⅱ型六角开槽螺母

（单位：mm）

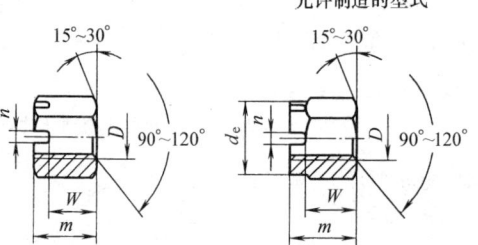

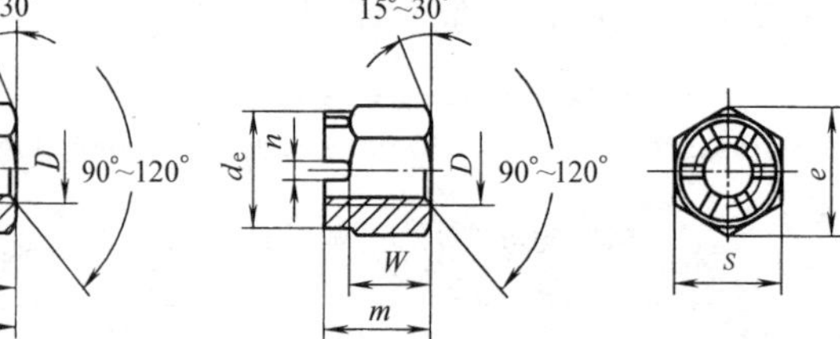

标记示例：

1）螺纹规格 D=M5、性能等级为 9 级、表面氧化、A 级Ⅱ型六角开槽螺母，标记为

螺母　GB/T 6180　M5

2）螺纹规格 D=M8×1、性能等级为 8 级、表面氧化、A 级Ⅱ型六角开槽细牙螺母，标记为

螺母　GB/T 9458　M8×1

螺纹规格（6H）		M5	M6	M8	M10	M12	（M14）	M16
螺纹规格（6H）	D	M5	M6	M8	M10	M12	（M14）	M16
	D×P			M8×1	M10×1	M12×1.5	（M14×1.5）	M16×1.5
					M10×1.25	M12×1.25		
e_{min}		8.79	11.05	14.38	17.77	20.03	23.35	26.75
s	max	8	10	13	16	18	21	24
	min	7.78	9.78	12.73	15.73	17.73	20.67	23.67
m_{max}		7.1	8.2	10.5	13.3	17	19.1	22.4
W	max	5.1	5.7	7.5	9.3	12	14.1	16.4
	min	4.8	5.4	7.14	8.94	11.57	13.67	15.97
n_{min}		1.4	2	2.5	2.8	3.5	3.5	4.5
d_{emax}								
开口销		1.2×12	1.6×14	2×16	2.5×20	3.2×22	3.2×25	4×28
性能等级	GB/T 6180	9,12						
	GB/T 9458	8,10						
表面处理	钢	①氧化；②不经处理；③镀锌钝化						

螺纹规格（6H）									
螺纹规格（6H）	D		M20		M24		M30		M36
	D×P	（M18×1.5）	M20×2	（M22×1.5）	M24×2	（M27×2）	M30×2	（M33×2）	M36×3
			M20×1.5						
e_{min}		29.56	32.95	37.29	39.55	45.2	50.85	55.37	60.79
s	max	27	30	34	36	41	46	50	55
	min	26.16	29.16	33	35	40	45	49	53.8
m_{max}		23.6	26.3	29.8	31.9	34.7	37.6	41.5	43.7
W	max	17.6	20.3	21.8	23.9	26.7	28.6	32.5	34.7
	min	16.9	19.46	20.5	23.06	25.4	27.78	30.9	33.7
n_{min}		4.5		5.5			7		
d_{emax}		25	28	30	24	38	42	46	50
开口销		4×32	4×36	5×40		5×45	6.3×50	6.3×60	6.3×63
性能等级	GB/T 6180	9,12							
	GB/T 9458	10							
表面处理	钢	①氧化；②镀锌钝化							

注：尽可能不采用括号内的规格。

表 6-204　A 级和 B 级粗牙（摘自 GB/T 6181—1986 和 GB/T 9459—1988）、细牙六角开槽薄螺母

（单位：mm）

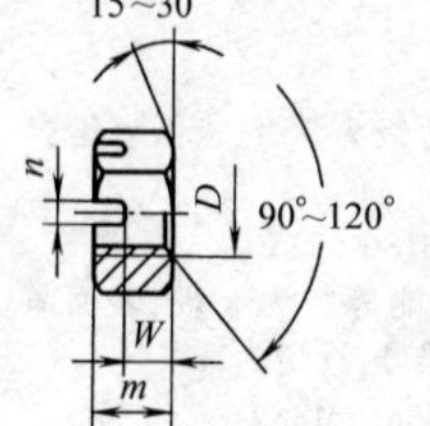

标记示例：

1）螺纹规格 D=M12、性能等级为 04 级、不经表面处理、A 级六角开槽薄螺母，标记为

螺母　GB/T 6181　M12

2）螺纹规格 D=M10×1、性能等级为 04 级、不经表面处理、A 级六角开槽细牙薄螺母，标记为

螺母　GB/T 9459　M10×1

螺纹规格（6H）		M5	M6	M8	M10	M12	（M14）	M16
	D	M5	M6	M8	M10	M12	（M14）	M16
	$D \times P$			M8×1	M10×1	M12×1.5	（M14×1.5）	M16×1.5
					M10×1.25	M12×1.25		
e_{min}		8.79	11.05	14.38	17.77	20.03	23.35	26.75
s	max	8	10	13	16	18	21	24
	min	7.78	9.78	12.73	15.73	17.73	20.67	23.67
m_{max}		5.1	5.7	7.5	9.3	12	14.1	16.4
W	max	3.1	3.2	4.5	5.3	7	9.1	10.4
	min	2.8	2.9	4.2	5	6.64	8.74	9.79
n_{min}		1.4	2	2.5	2.8	3.5	3.5	4.5
开口销		1.2×12	1.6×14	2×16	2.5×20	3.2×22	3.2×25	4×28
性能等级	钢	04,05						
	不锈钢[①]	A2-50						
表面处理	钢	①氧化；②不经处理；③镀锌钝化						
	不锈钢	不经处理						

螺纹规格（6H）									
	D		M20		M24		M30		M36
	$D \times P$	（M18×1.5）	M20×2	（M22×1.5）	M24×2	（M27×2）	M30×2	（M33×2）	M36×3
			M20×1.5						
e_{min}		29.56	32.95	37.29	39.55	45.2	50.85	55.37	60.79
s	max	27	30	34	36	41	46	50	55
	min	26.16	29.16	33	35	40	45	49	53.8
m_{max}		17.6	20.3	21.8	23.9	26.7	28.6	32.5	34.7
W	max	11.6	14.3	14.8	15.9	18.7	19.6	23.5	25.7
	min	10.9	13.6	14.1	15.2	17.86	18.76	22.66	24.86
n_{min}		4.5		5.5			7		
开口销		4×32	4×36	5×40		5×45	6.3×50	6.3×60	6.3×63
性能等级	钢	04,05							
	不锈钢[①]	A2-50							
表面处理	钢	①氧化；②不经处理；③镀锌钝化							
	不锈钢	不经处理							

注：尽可能不采用括号内的规格。

① 仅用于 GB/T 6181。

表 6-205　1 型非金属嵌件粗牙、细牙六角锁紧螺母（摘自 GB/T 889.1—2015 和 GB/T 889.2—2016）（单位：mm）

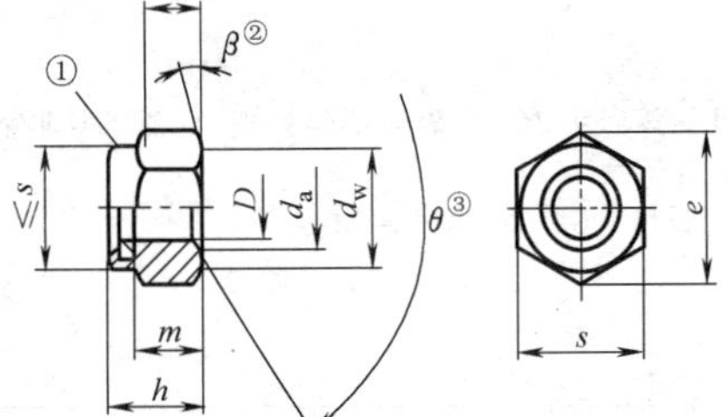

标记示例：

螺纹规格 D=M12、性能等级为 8 级、表面氧化、A 级 Ⅰ 型非金属嵌件六角锁紧螺母，标记为

螺母　GB/T 889.1　M12

螺纹规格（6H）		M3	M4	M5	M6	M8	M10	M12	(M14)	M16	M20	M24	M30	M36
	D	M3	M4	M5	M6	M8	M10	M12	(M14)	M16	M20	M24	M30	M36
	$D\times P$					M8×1	M10×1 M10×1.25	M12×1.25 M12×1.5	(M14×1.5)	M16×1.5	M20×1.5	M24×2	M30×2	M36×3
e_{min}		6.01	7.66	8.79	11.05	14.38	17.77	20.03	23.36	26.75	32.95	39.55	50.85	60.79
s	max	5.5	7	8	10	13	16	18	21	24	30	36	46	55
	min	5.32	6.78	7.78	9.78	12.73	15.73	17.73	20.67	23.67	29.16	35	45	53.8
h	max	4.5	6	6.8	8	9.5	11.9	14.9	17	19.1	22.8	27.1	32.6	38.9
m_{min}		2.15	2.9	4.4	4.9	6.44	8.04	10.37	12.1	14.1	16.9	20.2	24.3	29.4
性能等级	钢	按协议		5,8,10(QT)							5,8(QT),10(QT)			
表面处理	钢	①不经处理；②镀锌钝化												

注：1. 尽可能不采用括号内的规格。

2. A 级用于 $D\leqslant16$mm，B 级用于 $D>16$mm 的螺母。

① 有效力矩部分形状由制造者自选。

② $\beta=15^\circ\sim30^\circ$。

③ $\theta=90^\circ\sim120^\circ$。

表 6-206　A 和 B 级 Ⅰ 型全金属六角锁紧螺母（摘自 GB/T 6184—2000）（单位：mm）

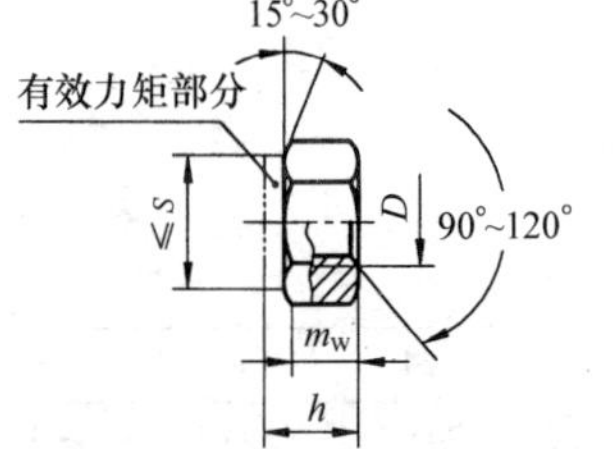

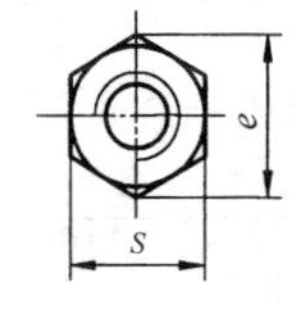

标记示例：

螺纹规格 D=M12、性能等级为 8 级、表面氧化、A 级 Ⅰ 型全金属六角锁紧螺母，标记为

螺母　GB/T 6184　M12

螺纹规格（6H）	D	M5	M6	M8	M10	M12	(M14)	M16	(M18)	M20	(M22)	M24	M30	M36
e_{min}		8.79	11.05	14.38	17.77	20.03	23.36	26.75	29.56	32.95	37.29	39.55	50.85	60.79
s	max	8	10	13	16	18	21	24	27	30	34	36	46	55
	min	7.78	9.78	12.73	15.73	17.73	20.67	23.67	26.16	29.16	33	35	45	53.8
h	max	5.3	5.9	7.1	9	11.6	13.2	15.2	17	19	21	23	26.9	32.5
	min	4.8	5.4	6.44	8.04	10.37	12.1	14.1	15.01	16.9	18.1	20.2	24.3	29.4
m_{wmin}		3.52	3.92	5.15	6.43	8.3	9.68	11.28	12.08	13.52	14.5	16.16	19.44	23.52
性能等级	钢	5、8、10												
表面处理	钢	①不经处理；②电镀；③非电解锌片涂层；④供需协议												

注：1. 尽可能不采用括号内的规格。

2. QT—淬火并回火。

表 6-207 2 型非金属嵌件六角锁紧螺母（摘自 GB/T 6182—2016） （单位：mm）

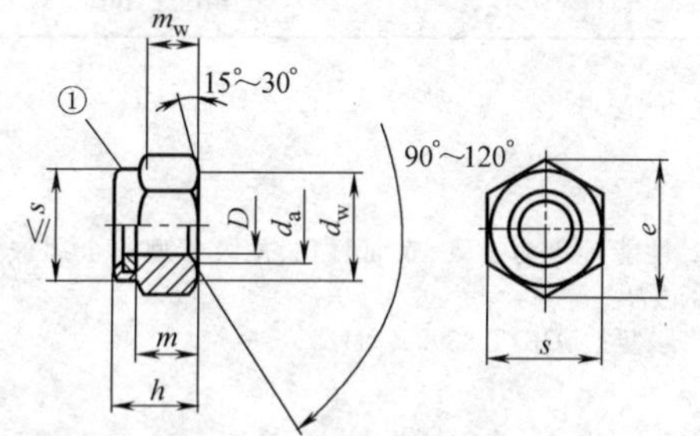

标记示例：

螺纹规格为 M12、性能等级为 10 级、表面不经处理、A 级 2 型非金属嵌件六角锁紧螺母，标记为

螺母 GB/T 6182 M12

螺纹规格（6H）	D	M5	M6	M8	M10	M12	(M14)	M16	M20	M24	M30	M36
e_{min}		8.79	11.05	14.38	17.77	20.03	23.35	26.75	32.95	39.55	50.85	60.79
s	max	8	10	13	16	18	21	24	30	36	46	55
	min	7.78	9.78	12.73	15.73	17.73	20.67	23.67	29.16	35	45	53.8
h_{max}		7.2	8.5	10.2	12.8	16.1	18.3	20.7	25.1	29.5	35.6	42.6
m_{min}		4.8	5.4	7.14	8.94	11.57	13.4	15.7	19	22.6	27.3	33.1
性能等级	钢	10(QT),12(QT)										
表面处理	钢	①不经处理;②电镀;③非电解锌片涂层;④供需协议										

注：1. 尽可能不采用括号内的规格。

2. QT—淬火并回火。

① 有效力矩部分，形状由制造者任选。

表 6-208 粗牙（摘自 GB/T 6185.1—2016）和细牙（摘自 GB/T 6185.2—2016）2 型全金属六角锁紧螺母 （单位：mm）

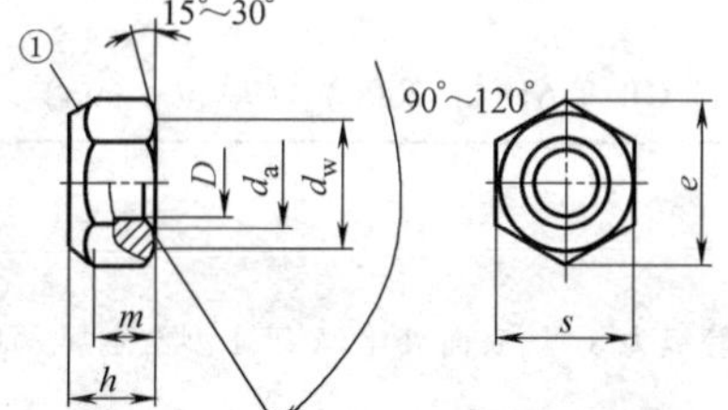

标记示例：

螺纹规格为 M12、性能等级为 8 级、表面不经处理、A 级 2 型全金属六角锁紧螺母，标记为

螺母 GB/T 6185.1 M12

螺纹规格（6H）	D	M5	M6	M8	M10	M12	(M14)	M16	M20	M24	M30	M36
	D×P			M8×1	M10×1	M12×1.25	(M14×1.5)	M16×1.5	M20×1.5	M24×2	M30×2	M36×3
					M10×1.25	M12×1.5						
e_{min}		8.79	11.05	14.38	17.77	20.03	23.35	26.75	32.95	39.55	50.85	60.79
s	max	8	10	13	16	18	21	24	30	36	46	55
	min	7.78	9.78	12.73	15.73	17.73	20.67	23.67	29.16	35	45	53.8
h	max	5.1	6	8	10	12	14.1	16.4	20.3	23.9	30	36
	min	4.8	5.4	7.14	8.94	11.57	13.4	15.7	19	22.6	27.3	33.1
m_{min}		3.52	3.92	5.15	6.43	8.3	9.68	11.28	13.52	16.16	19.44	23.52
性能等级	钢	GB/T 6185.1				5,8,10(QT),12(QT)						
		GB/T 6185.2				8mm≤D≤16mm:8,10(QT)、12(QT);16mm<D≤36mm:8(QT)、10(QT)						
表面处理	钢	①不经处理;②电镀;③非电解锌片涂层;④供需协议										

注：尽可能不采用括号内的规格。

① 有效力矩部分形状由制造者自选。

表 6-209　2 型全金属六角锁紧螺母 9 级（摘自 GB/T 6186—2000）　（单位：mm）

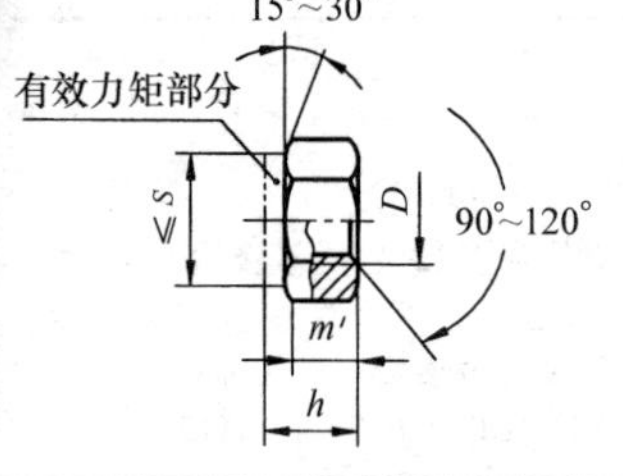

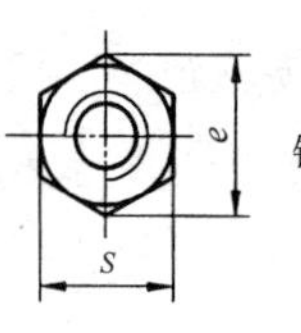

标记示例：

螺纹规格 D=M12、性能等级为 9 级、表面氧化、A 级 Ⅱ 型全金属六角锁紧螺母，标记为

螺母　GB/T 6186　M12

螺纹规格 D (6H)		M5	M6	M8	M10	M12	(M14)	M16	M20	M24	M30	M36
e_{min}		8.79	11.05	14.38	17.77	20.03	23.36	26.75	32.95	39.55	50.85	60.79
s	max	8	10	13	16	18	21	24	30	36	46	55
	min	7.78	9.78	12.73	15.73	17.73	20.67	23.67	29.16	35	45	53.8
h	max	5.3	6.7	8	10.5	13.3	15.4	17.9	21.8	26.4	31.8	38.5
	min	4.8	5.4	7.14	8.94	11.57	13.4	15.7	19	22.6	27.3	33.1
m_{wmin}		3.84	4.32	5.71	7.15	9.26	10.7	12.6	15.2	18.1	21.8	26.5
性能等级	钢	9										
表面处理	钢	①氧化；②镀锌钝化										

注：尽可能不采用括号内的规格。

表 6-210a　2 型非金属嵌件粗牙、细牙六角法兰面锁紧螺母

（摘自 GB/T 6183.1—2016、GB/T 6183.2—2016）　（单位：mm）

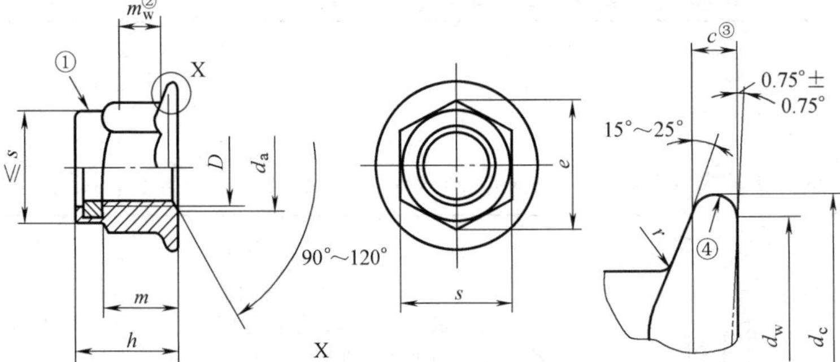

标记示例：

螺纹规格 $D \times P$=M12×1.5、细牙螺纹、性能等级为 8 级、表面不经处理、产品等级为 A 级的 2 型非金属嵌件六角法兰面锁紧螺母，标记为

螺母　GB/T 6183.2　M12×1.5

螺纹规格 (6H)		M5	M6	M8	M10	M12	(M14)	M16	M20
	$D \times P$			M8×1	M10×1	M12×1.5	(M14×1.5)	M16×1.5	M20×1.5
					M10×1.25	M12×1.25			
d_{cmin}		11.8	14.2	17.9	21.8	26	29.9	34.5	42.8
c_{min}		1	1.1	1.2	1.5	1.8	2.1	2.4	3
e_{min}		8.79	11.05	14.38	16.64	20.03	23.36	26.75	32.95
h_{max}		7.10	9.10	11.1	13.5	16.1	18.2	20.3	24.8
m_{min}		4.7	5.7	7.64	9.54	11.57	13.3	15.3	18.7
s	max	8	10	13	15	18	21	24	30
	min	7.78	9.78	12.73	14.73	17.73	20.67	23.67	29.16
性能等级	GB/T 6183.1	8、10(QT)							
	GB/T 6183.2	8mm≤D≤16mm：6、8、10(QT)；16mm<D≤20mm：6(QT)、8(QT)、10(QT)							
表面处理		①不经处理；②电镀；③非电解锌片涂层；④供需协议							

注：尽可能不采用括号内的规格。

① 有效力矩部分形状由制造者自选。

② m_w—扳拧高度。

③ c 在 $d_{w\,min}$ 处测量。

④ 棱边形状由制造者任选。

表 6-210b　2 型全金属六角法兰面粗牙、细牙锁紧螺母

（摘自 GB/T 6187.1—2016 和 GB/T 6187.2—2016）　　（单位：mm）

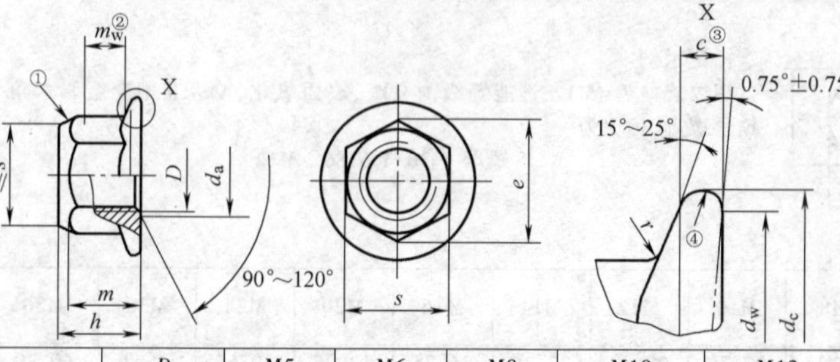

标记示例：

螺纹规格为 M12、性能等级为 8 级，表面不经处理、产品等级为 A 级的 2 型全金属六角法兰面锁紧螺母的标记为

螺母 GB/T 6187.1　M12

螺纹规格（6H）		M5	M6	M8	M10	M12	（M14）	M16	M20
	D×P			M8×1	M10×1	M12×1.5	（M14×1.5）	M16×1.5	M20×1.5
					M10×1.25	M12×1.25			
$d_{c\min}$		11.8	14.2	17.9	21.8	26	29.9	34.5	42.8
$c_{\min}$		1	1.1	1.2	1.5	1.8	2.1	2.4	3
$e_{\min}$		8.79	11.05	14.38	16.64	20.03	23.36	26.75	32.95
$h_{\max}$		6.2	7.3	9.4	11.4	13.8	15.9	18.3	22.4
$m_{\min}$		4.7	5.7	7.64	9.54	11.57	13.3	15.3	18.7
s	max	8	10	13	15	18	21	24	30
	min	7.78	9.78	12.73	14.73	17.73	20.67	23.67	29.16
性能等级	GB/T 6187.1	8、10(QT)、12(QT)							
	GB/T 6187.2	8mm≤D≤16mm：6、8、10(QT)；16mm<D≤20mm：6(QT)、8(QT)、10(QT)							
表面处理		①不经处理；②电镀；③非电解锌片涂层；④供需协议							

① 有效力矩部分形状由制造者自选。

② m_w—扳拧高度。

③ c 在 $d_{w\min}$ 处测量。

④ 棱边形状由制造者任选。

表 6-211　小六角特扁细牙螺母（摘自 GB/T 808—1988）

（单位：mm）

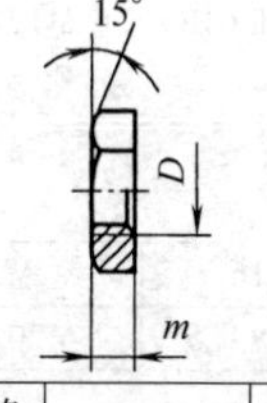

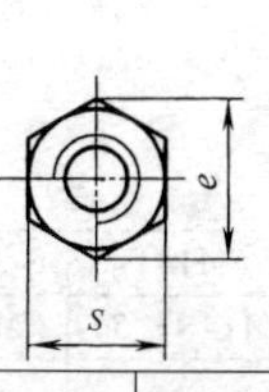

允许制造的型式

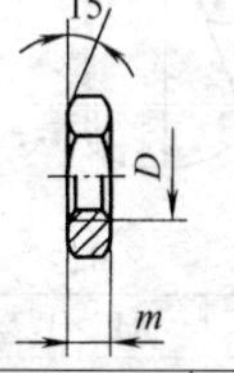

标记示例：

螺纹规格 D=M10×1、材料为 Q215、不经表面处理的小六角特扁细牙螺母的标记为

螺母　GB/T 808　M10×1

螺纹规格（6H）	D×P	M4×0.5	M5×0.5	M6×0.75	M8×1	M8×0.75	M10×1	M10×0.75	M12×1.25	M12×1
e	min	7.66	8.79	11.05	13.25	13.25	15.51	15.51	18.90	18.90
S	max	7	8	10	12	12	14	14	17	17
	min	6.78	7.78	9.78	11.73	11.73	13.73	13.73	16.73	16.73
m	max	1.7	1.7	2.4	3	2.4	3	2.4	3.74	3
	min	1.3	1.3	2	2.6	2	2.6	2	3.26	2.6
螺纹规格（6H）	D×P	M14×1	M16×1.5	M16×1	M18×1.5	M18×1	M20×1	M22×1	M24×1.5	M24×1
e	min	21.10	24.49	24.49	26.75	26.75	30.14	33.53	35.72	35.72
S	max	19	22	22	24	24	27	30	32	32
	min	18.67	21.67	21.67	23.16	23.16	26.16	29.16	31	31
m	max	3.2	4.24	3.2	4.24	3.44	3.74	3.74	4.24	3.74
	min	2.8	3.76	2.8	3.76	2.96	3.26	3.26	3.76	3.26
材　料		Q215、Q235、HPb59-1								
表面处理		①不经处理；②镀锌钝化								

表 6-212　钢结构用扭剪型高强度螺栓连接副用螺母（摘自 GB/T 3632—2008）

（单位：mm）

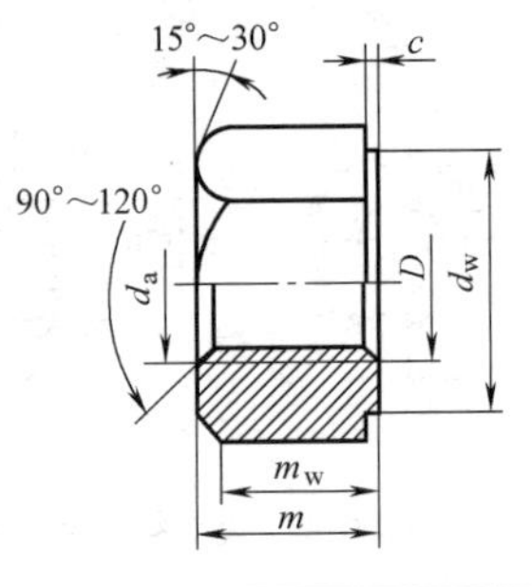

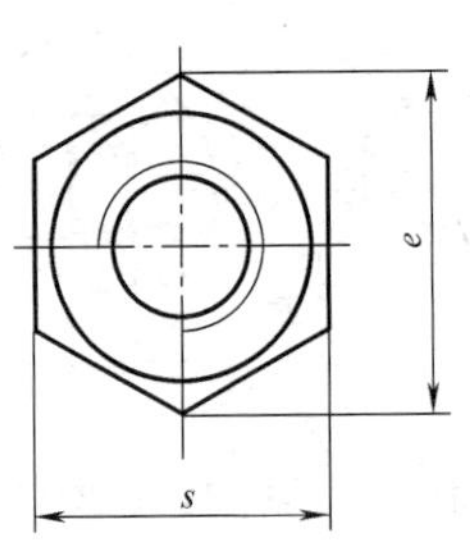

螺纹规格 D		M16	M20	(M22)①	M24	(M27)①	M30
P		2	2.5	2.5	3	3	3.5
d_a	max	17.3	21.6	23.8	25.9	29.1	32.4
	min	16	20	22	24	27	30
d_{wmin}		24.9	31.4	33.3	38.0	42.8	46.5
e_{min}		29.56	37.29	39.55	45.20	50.85	55.37
m	max	17.1	20.7	23.6	24.2	27.6	30.7
	min	16.4	19.4	22.3	22.9	26.3	29.1
m_{wmin}		11.5	13.6	15.6	16.0	18.4	20.4
c	max	0.8	0.8	0.8	0.8	0.8	0.8
	min	0.4	0.4	0.4	0.4	0.4	0.4
s	max	27	34	36	41	46	50
	min	26.16	33	35	40	45	49
支承面对螺纹轴线的全跳动公差		0.38	0.47	0.50	0.57	0.64	0.70
每 1000 件钢螺母的质量 /kg(ρ=7.85kg/dm^3)		61.51	118.77	146.59	202.67	288.51	374.01

① 括号内的规格为第二系列，应优先选用第一系列（不带括号）的规格。

表 6-213　C 级方螺母（摘自 GB/T 39—1988）

（单位：mm）

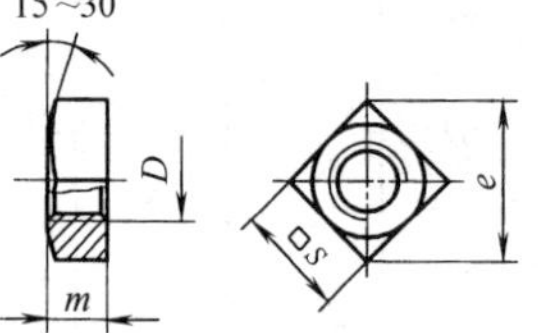

标记示例：

螺纹规格 D=M16、性能等级为 5 级、不经表面处理、C 级方螺母的标记为

螺母　GB/T 39　M12

螺纹规格 D (7H)		M3	M4	M5	M6	M8	M10	M12	(M14)	M16	(M18)	M20	(M22)	M24
S	max	5.5	7	8	10	13	16	18	21	24	27	30	34	36
	min	5.2	6.64	7.64	9.64	12.57	15.57	17.57	20.16	23.16	26.16	29.16	33	35
m	max	2.4	3.2	4	5	6.5	8	10	11	13	15	16	18	19
	min	1.4	2	2.8	3.8	5	6.5	8.5	9.2	11.2	13.2	14.2	16.2	16.9
e	min	6.76	8.63	9.93	12.53	16.34	20.24	22.84	26.21	30.11	34.01	37.91	42.9	45.5

注：尽可能不采用括号内的规格。

表 6-214 圆螺母和小圆螺母（摘自 GB/T 812—1988 和 GB/T 810—1988）（单位：mm）

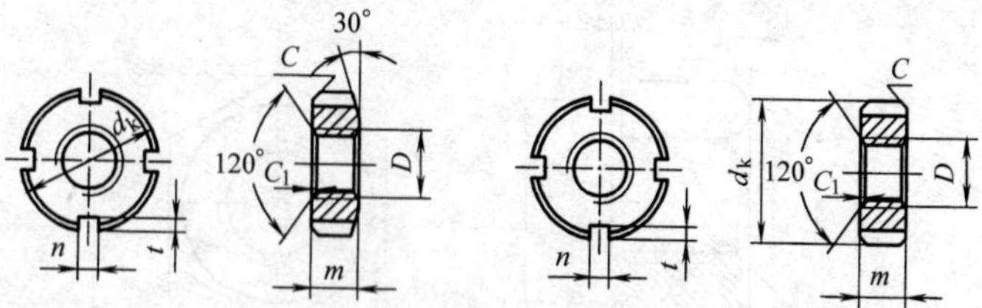

标记示例：

1）螺纹规格 D=M16×1.5、材料为 45 钢、槽或全部热处理后硬度 35~45HRC、表面氧化的小圆螺母，标记如下：

螺母 GB/T 810 M16×1.5

2）螺纹规格 D=M16×1.5、材料为 45 钢、槽或全部热处理后硬度 35~45HRC、表面氧化的圆螺母，标记如下：

螺母 GB/T 812 M16×1.5

螺纹规格 $D\times P$（6H）	GB/T 810						GB/T 812[①]						
	d_k	m	n_{min}	t_{min}	C	C_1	d_k	d_1	m	n_{min}	t_{min}	C	C_1
M10×1	20	6	4	2	0.5	0.5	22	16	8	4	2	0.5	0.5
M12×1.25	22						25	19					
M14×1.5	25						28	20					
M16×1.5	28						30	22					
M18×1.5	30		5	2.5			32	24		5	2.5		
M20×1.5	32						35	27					
M22×1.5	35	8					38	30	10	5	2.5	1	
M24×1.5	38		5	2.5	0.5	0.5	42	34	10	5	2.5	1	0.5
M25×1.5[①]	—				1								
M27×1.5	42						45	37					
M30×1.5	45						48	40					
M33×1.5	48						52	43		6	3		
M35×1.5[①]	—		6	3									
M36×1.5	52						55	46				1.5	
M39×1.5	55						58	49					
M40×1.5[①]	—												
M42×1.5	58						62	53					
M45×1.5	62						68	59					
M48×1.5	68	10					72	61	12	8	3.5		
M50×1.5[①]	—												
M52×1.5	72		8	3.5			78	67					
M55×2[①]	—												
M56×2	78					1	85	74					1
M60×2	80						90	79					
M64×2	85						95	84					
M65×2[①]	—												
M68×2	90						100	88	15	10	4		
M72×2	95	12					105	93					
M75×2[①]	—				1.5								
M76×2	100		10	4			110	98					
M80×2	105						115	103					
M85×2	110						120	108		12	5		
M90×2	115						125	112	18				

（续）

螺纹规格 D×P（6H）	GB/T 810						GB/T 812①						
	d_k	m	n_{min}	t_{min}	C	C_1	d_k	d_1	m	n_{min}	t_{min}	C	C_1
M95×2	120	12	10	4	1.5	1	130	117	18	12	5	1.5	1
M100×2	125		12	5			135	122					
M105×2	130	15					140	127					
M110×2	135						150	135		14	6		
M115×2	140		14	6			155	140	22				
M120×2	145						160	145					
M125×2	150						165	150					
M130×2	160						170	155					
M140×2	170	18					180	165	26				
M150×2	180		14	6	1.5	1	200	180	26	16	7	1.5	1
M160×3	195				2	1.5	210	190				2	1.5
M170×3	205						220	200					
M180×3	220	22	16	7			230	210	30				
M190×3	230						240	220					
M200×3	240						250	230					
垂直度公差 δ	按 GB/T 1184 附表 3 中 9 级规定												
材料	45 钢												
热处理及表面处理	①槽部或全部热处理后硬度 35～45HRC； ②调质硬度 24～30HRC； ③氧化												

① GB/T 812 的规格仅用于滚动轴承锁紧装置。

表 6-215　端面带孔圆螺母和侧面带孔圆螺母（摘自 GB/T 815—1988 和 GB/T 816—1988）　（单位：mm）

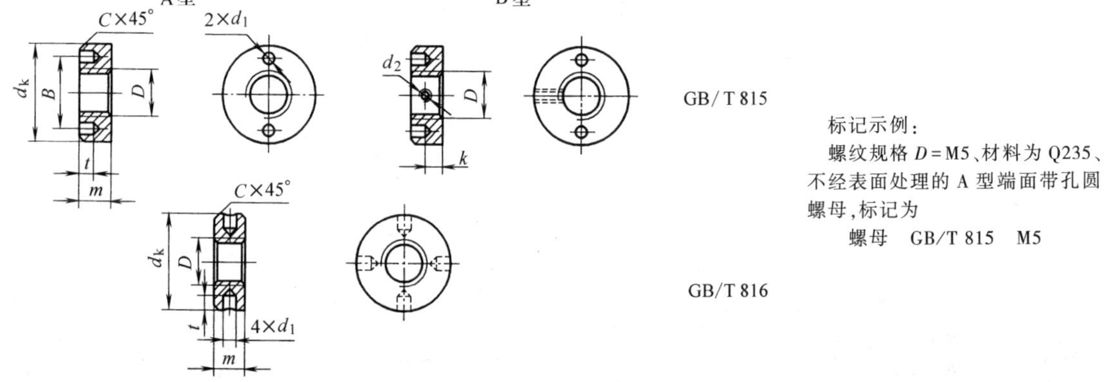

标记示例：

螺纹规格 D＝M5、材料为 Q235、不经表面处理的 A 型端面带孔圆螺母，标记为

螺母　GB/T 815　M5

螺纹规格 D(6H)		M2	M2.5	M3	M4	M5	M6	M8	M10
d_{kmax}		5.5	7	8	10	12	14	18	22
m_{max}		2	2.2	2.5	3.5	4.2	5	6.5	8
d_1		1	1.2	1.5		2	2.5	3	3.5
t	GB/T 815	2	2.2	1.5	2	2.5	3	3.5	4
	GB/T 816	1.2		1.5	2	2.5	3	3.5	4
B		4	5	5.5	7	8	10	13	15
k		1	1.1	1.3	1.8	2.1	2.5	3.3	4
d_2		M1.2	M1.4	M1.4	M2	M2	M2.5	M3	M3
垂直度 δ		按 GB/T 3103.1 第 11.2 条对 A 级产品的规定							
材料		Q235							
表面处理		①不经表面处理；②氧化；③镀锌钝化							

表 6-216　带槽圆螺母（摘自 GB/T 817—1988）　　（单位：mm）

A型

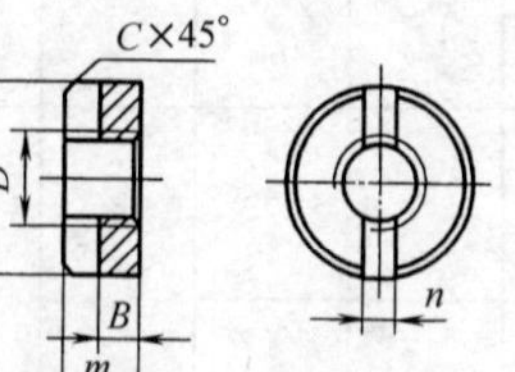

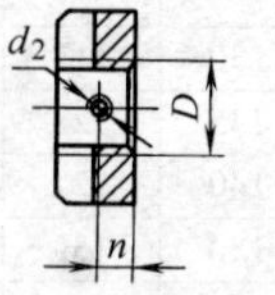

B型

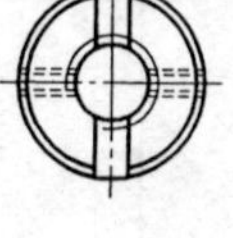

标记示例：

螺纹规格 D=M5、材料为 Q235、不经表面处理的 A 型带槽圆螺母，标记为

螺母　GB/T 817　M5

螺纹规格 D (6H)		M1.4	M1.6	M2	M2.5	M3	M4	M5	M6	M8	M10	M12
d_{kmax}		3	4	1.5	5.5	6	8	10	11	14	18	22
m_{max}		1.6	2	2.2	2.5	3	3.5	4.2	5	6.5	8	10
B_{max}		1.1	1.2	1.4	1.6	2	2.5	2.8	3	4	5	6
n	公称	0.4		0.5	0.6	0.8	1	1.2	1.6	2	2.5	3
	min	0.46		0.56	0.66	0.86	0.96	1.26	1.66	2.06	2.56	3.06
	max	0.6		0.7	0.8	1	1.31	1.51	1.91	2.31	2.81	3.31
k					1.1	1.3	1.8	2.1	2.5	3.3	4	5
C		0.1		0.2			0.3	0.4		0.5		0.8
d_2					M1.4			M2			M3	M4
垂直度 δ		按 GB/T 3103.1 第 11.2 条对 A 级产品的规定										
材　　料		Q235										
表面处理		①不经表面处理；②氧化；③镀锌钝化										

表 6-217　组合式盖形螺母（摘自 GB/T 802.1—2008）　　（单位：mm）

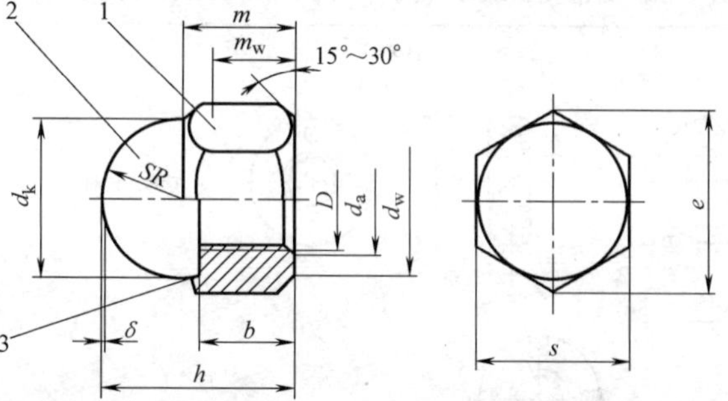

1—螺母体　2—螺母盖　3—铆合部位，形状由制造者任选

螺纹规格 D①		M4	M5	M6	M8	M10	M12
	第 1 系列	M4	M5	M6	M8	M10	M12
	第 2 系列				M8×1	M10×1	M12×1.5
	第 3 系列					M10×1.25	M12×1.25
P②		0.7	0.8	1	1.25	1.5	1.75
d_a	max	4.6	5.75	6.75	8.75	10.8	13
	min	4	5	6	8	10	12
d_k　≈		6.2	7.2	9.2	13	16	18
d_{wmin}		5.9	6.9	8.9	11.6	14.6	16.6
e_{min}		7.66	8.79	11.05	14.38	17.77	20.03
h(max=公称)		7	9	11	15	18	22
m　≈		4.5	5.5	6.5	8	10	12
b　≈		2.5	4	5	6	8	10
m_{wmin}		3.6	4.4	5.2	6.4	8	9.6
SR　≈		3.2	3.6	4.6	6.5	8	9

（续）

螺纹规格 D①		M4	M5	M6	M8	M10	M12
	第 1 系列	M4	M5	M6	M8	M10	M12
	第 2 系列				M8×1	M10×1	M12×1.5
	第 3 系列					M10×1.25	M12×1.25
s	公称	7	8	10	13	16	18
	min	6.78	7.78	9.78	12.73	15.73	17.73
δ ≈		0.5	0.5	0.8	0.8	0.8	1
P②		2	2	2.5	2.5	2.5	3
d_a	max	15.1	17.3	19.5	21.6	23.7	25.9
	min	14	16	18	20	22	24
d_k ≈		20	22	25	28	30	34
d_{wmin}		19.6	22.5	24.9	27.7	31.4	33.3
e_{min}		23.35	26.75	29.56	32.95	37.29	39.55
h(max=公称)		24	26	30	35	38	40
m ≈		13	15	17	19	21	22
b ≈		11	13	14	16	18	19
m_{wmin}		10.4	12	13.6	15.2	16.8	17.6
SR ≈		10	11.5	12.5	14	15	17
s	公称	21	24	27	30	34	36
	min	20.67	23.67	26.16	29.16	33	35
δ ≈		1	1	1.2	1.2	1.2	1.2

① 尽可能不采用括号内的规格；按螺纹规格第 1~第 3 系列，依次优先选用。

② P—粗牙螺纹螺距。

表 6-218　嵌装圆螺母（摘自 GB/T 809—1988）　　（单位：mm）

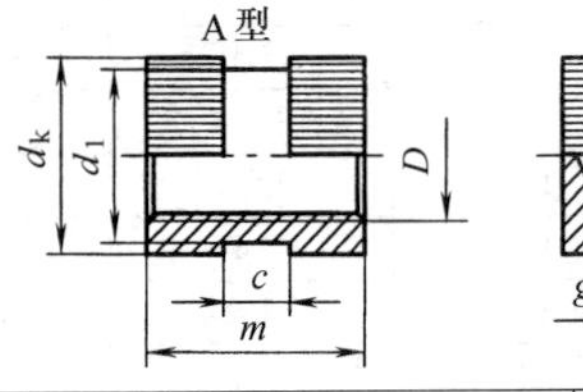

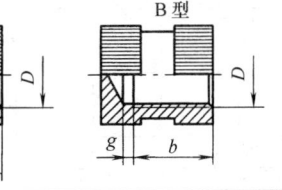

标记示例：

螺纹规格 D=M5、高度 m=10mm、材料为 H62 的 A 型嵌装圆螺母的标记为

螺母　GB/T 809　M5×10

螺纹规格 D (6H)				M2	M2.5	M3	M4	M5	M6	M8	M10	M12
d_k（滚花前）	max			4	4.5	5	6	8	10	12	15	18
	min			3.82	4.32	4.82	6.82	7.78	9.78	11.73	14.73	17.73
d_1	max			3	3.5	4	5	7	9	10	13	16
m 公称	b min	e	g									
2	—	0.6	—									
3		0.8										
4		1.2										
5												
6	2.76	2	1.5									
8	4.26											
10	5.71	3										
12	7.71											
14	9.71	4										
16	10.65											
18	11.65		2.5									
20	13.65	6										
25	18.58											
30	19.58	8										
材料				H62、HPb59—1								

注：粗折线为 A 型的选用范围；虚折线为 B 型的选用范围。

表 6-219　焊接方螺母（摘自 GB/T 13680—1992）　　（单位：mm）

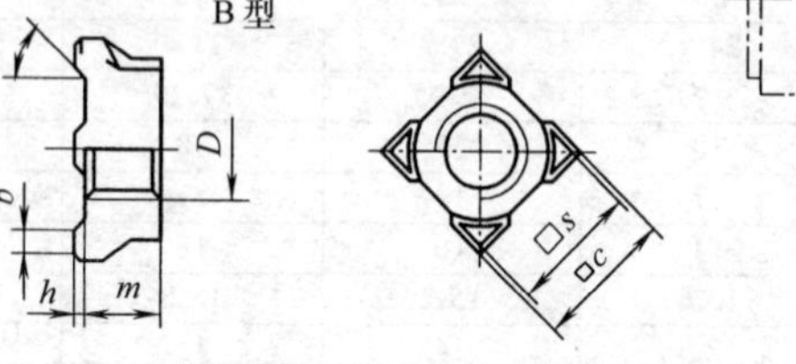
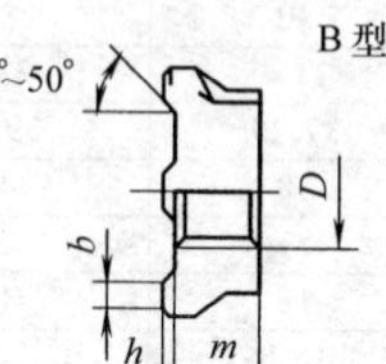

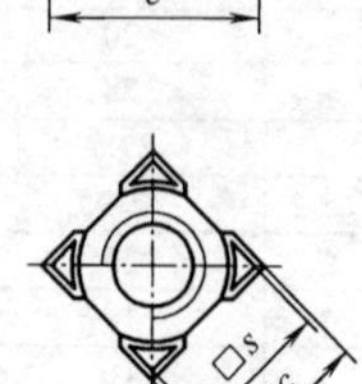

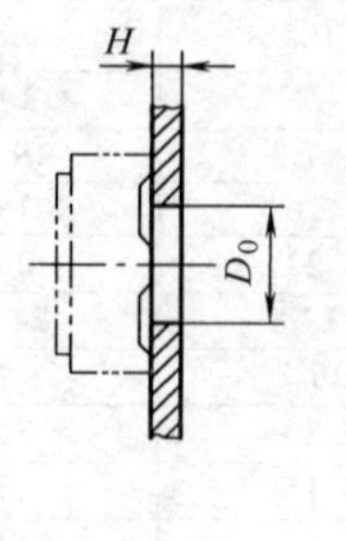

标记示例：

螺纹规格 D=M10、材料为含碳量不大于0.25%的钢、不经表面处理的 A 型焊接方螺母，标记为

螺母 GB/T 13680　M10

螺纹规格（6G）		M4	M5	M6	M8	M10	M12	M14	M16
	D	M4	M5	M6	M8	M10	M12	M14	M16
	$D \times P$				M8×1	M10×1 （M10×1.25）	M12×1.5 （M12×1.25）	（M14×1.5）	M16×1.5
b	max	0.8	1	1.2	1.5	1.8	2	2.5	
	min	0.5	0.7	0.9	1.2	1.4	1.6	2.1	
b_1	max	1.5					2		
	min	0.3					0.5		
d_3	max	5.18	6.18	7.72	10.22	12.77	13.77	17.07	19.13
	min	5	6	7.5	10	12.5	13.5	16.8	18.8
d_a	max	4.6	5.75	6.75	8.75	10.8	13	15.1	17.3
	min	4	5	6	8	10	12	14	16
d_{min}		8.63	9.93	12.53	16.34	20.24	22.84	26.21	30.11
h	max	0.7	0.9	0.9	1.1	1.3	1.5	1.5	1.7
	min	0.5	0.7	0.7	0.9	1.1	1.3	1.3	1.5
m	max	3.5	4.2	5	6.5	8	9.5	11	13
	min	3.2	3.9	4.7	6.14	7.64	9.14	10.3	12.3
s	max	7	8	10	13	16	18	21	24
	min	6.64	7.64	9.64	12.57	15.57	17.57	20.16	23.16
D_0	max	6.075	7.09	8.09	10.61	12.61	14.91	16.91	18.93
	min	6	7	8	10.5	12.5	14.8	16.8	18.8
H	max	3	3.5	4	4.5	5		6	
	min	0.75	0.9		1	1.25	1.5	2	
材料		含碳的质量分数不大于0.25%，且具有可焊性的钢							
保证载荷/N		6800	11000	15500	28300	44800	65300	89700	123000
表面处理		①不经处理；②镀锌钝化							

注：尽可能不采用括号内的规格。

表 6-220　焊接六角螺母（摘自 GB/T 13681—1992）　　（单位：mm）

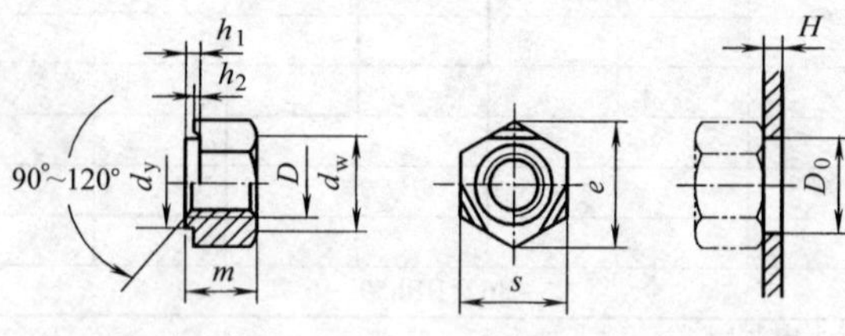

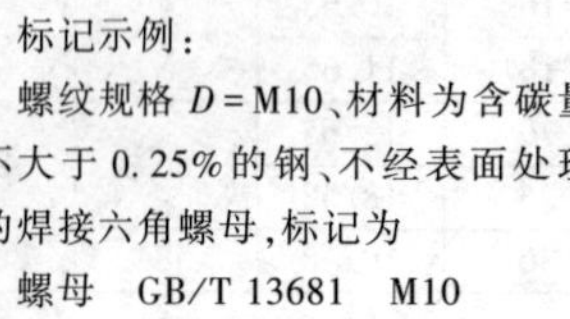

标记示例：

螺纹规格 D=M10、材料为含碳量不大于0.25%的钢、不经表面处理的焊接六角螺母，标记为

螺母　GB/T 13681　M10

（续）

螺纹规格（6G）	D	M4	M5	M6	M8	M10	M12	M14	M16
	D×P				M8×1	M10×1	M12×1.5	(M14×1.5)	M16×1.5
						(M10×1.25)	(M12×1.25)		
d_a	max	4.6	5.75	6.75	8.75	10.8	13	15.1	17.3
	min	4	5	6	8	10	12	14	16
d_w	min	7.88	8.88	9.63	12.63	15.63	17.37	19.57	21.57
e	min	9.83	10.95	12.02	15.38	18.74	20.91	24.27	26.51
d_y	max	5.97	6.96	7.96	10.45	12.45	14.75	16.75	18.735
	min	5.885	6.87	7.87	10.34	12.34	14.64	16.64	18.605
d_3	max	6.18	7.22	8.22	10.77	12.77	15.07	17.07	19.13
	min	6	7	8	10.5	12.5	14.8	16.8	18.8
h_1	max	0.65	0.7	0.75	0.9	1.15	1.4	1.8	
	min	0.55	0.6		0.75	0.95	1.2	1.6	
h_2	max	0.35	0.40		0.50	0.65	0.80	1	
	min	0.25	0.30		0.35	0.50	0.60	0.80	
b	max	1		1.12	1.25	1.55	1.55	1.9	
	min	0.6		0.68	0.75	0.95	0.95	1.1	
m	max	3.5	4	5	6.5	8	10	11	13
	min	3.2	3.7	4.7	6.14	7.64	9.64	10.3	12.3
s	max	9	10	11	14	17	19	22	24
	min	8.78	9.78	10.73	13.73	16.73	18.67	21.67	23.67
D_0	max	6.075	7.09	8.09	10.61	12.61	14.91	16.91	18.93
	min	6	7	8	10.5	12.5	14.8	16.8	18.8
H	max	3	3.5	4	4.5	5		6	
	min	0.75	0.9		1	1.25	1.5	2	
材料		含碳的质量分数不大于 0.25%，且具有可焊性的钢							
保证载荷/N		6800	11000	15500	28300	44800	65300	89700	123000
表面处理		①不经处理；②镀锌钝化							

注：尽可能不采用括号内的规格。

表 6-221　平头铆螺母（GB/T 17880.1—1999）　（单位：mm）

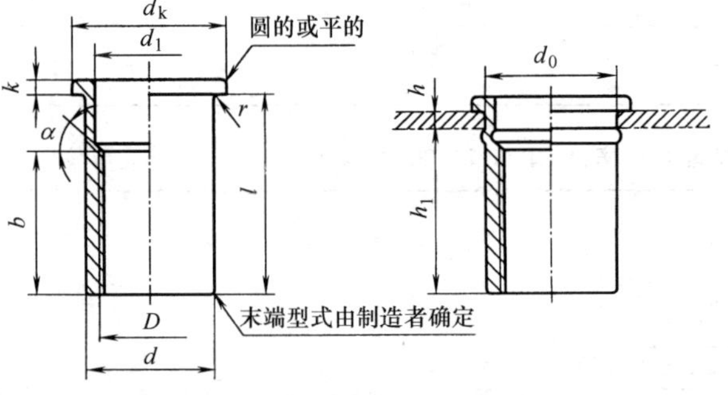

标记示例：

螺纹规格 D=M8、长度规格 l=15mm、材料 ML10、表面镀锌钝化的平头铆螺母的标记为

铆螺母　GB/T 17880.1　M8×15

b=(1.25～1.5D)；α 由制造者确定；

允许在支承面和(或)d 圆周表面制出花纹，其型式与尺寸由制造者确定。

螺纹规格（6H）	D	M3	M4	M5	M6	M8	M10	M12
	D×P	—	—	—	—	—	M10×1	M12×1.5
d	$^{-0.03}_{-0.10}$	5	6	7	9	11	13	15
d_1	H12	4.0	4.8	5.6	7.5	9.2	11	13
d_k	max	8	9	10	12	14	16	18
k		0.8		1.0	1.5		1.8	
r		0.2				0.3		

（续）

螺纹规格	D	M3	M4	M5	M6	M8	M10	M12
(6H)	D×P	—	—	—	—	—	M10×1	M12×1.5
d_0	$^{-0.15}_{0}$	5	6	7	9	11	13	15
h_1	参考	5.8	7.5	9.3	11	12.3	15.0	17.5
l	max	铆接厚度 h 推荐						
7.5		0.25~1.0						
8.5		1.0~2.0						
9.0			0.25~1.0					
9.5		2.0~3.0						
10.0			1.0~2.0					
10.5		3.0~4.0						
11.0			2.0~3.0	0.25~1.0				
12.0			3.0~4.0	1.0~2.0				
13.0				2.0~3.0				
13.5					0.5~1.5			
14.0				3.0~4.0				
15.0					1.5~3.0	0.5~1.5		
16.5					3.0~4.5	1.5~3.0		
18.0					4.5~6.0	3.0~4.5	0.5~1.5	
19.5						4.5~6.0	1.5~3.0	
21.0							3.0~4.5	0.5~1.5
22.5							4.5~6.0	1.5~3.0
24.0								3.0~4.5
25.5								4.5~6.0
保证载荷/N	钢	3900	6800	11500	16500	25000	32000	34000
min	铝	1900	4000	6500	7800	12300	17500	—
头部结合力/N	钢	2236	3220	4348	6149	9034	11926	13914
min	铝	1242	1789	2435	3416	5019	6626	—
剪切力/N	钢	1100	2100	2600	3800	5400	6900	7500
min	铝	640	1200	1900	2700	3900	4200	—
材料	钢	08F、ML10						
	铝	5056、6061						
表面处理	钢	镀锌钝化						
	铝	不经处理						

表 6-222 沉头铆螺母（摘自 GB/T 17880.2—1999） （单位：mm）

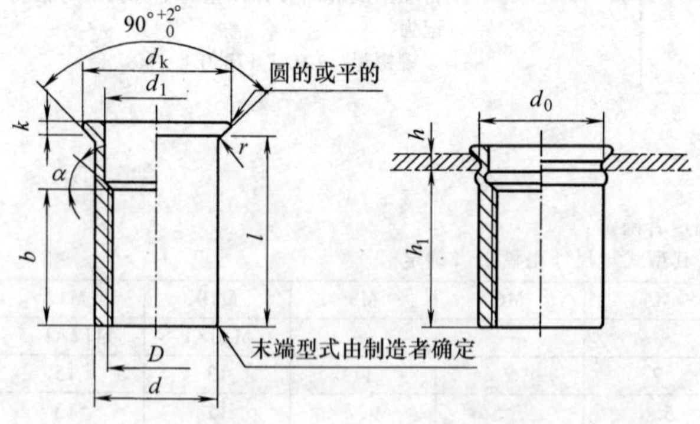

标记示例：

螺纹规格 D=M8、长度规格 l=16.5mm、材料 ML10、表面镀锌钝化的沉头铆螺母的标记为

铆螺母 GB/T 17880.2 M8×16.5

$b=(1.25\sim1.5D)$；α 由制造者确定；

允许在支承面和(或)d 圆周表面制出花纹，其型式与尺寸由制造者确定。

（续）

螺纹规格(6H)	D	M3	M4	M5	M6	M8	M10	M12
	D×P	—	—	—	—	—	M10×1	M12×1.5
d	$^{-0.03}_{-0.10}$	5	6	7	9	11	13	15
d_1	H12	4.0	4.8	5.6	7.5	9.2	11	13
d_k	max	8	9	10	12	14	16	18
k		1.5						
r		0.2				0.3		
d_0	$^{-0.15}_{0}$	5	6	7	9	11	13	15
h_1	参考	5.8	7.5	9.3	11	12.3	15.0	17.5
l	max	铆接厚度 h　推荐						
9.0		1.7~2.5						
10.0		2.5~3.5						
10.5			1.7~2.5					
11.0		3.5~4.5						
11.5			2.5~3.5					
12.5			3.5~4.5	1.7~2.5				
13.5				2.5~3.5				
14.5				3.5~4.5				
15.0					1.7~3.0			
16.5					3.0~4.5	1.7~3.0		
18.0					4.5~6.0	3.0~4.5		
19.5						4.5~6.0	1.7~3.0	
21.0							3.0~4.5	
22.5							4.5~6.0	1.7~3.0
24.0							6.0~7.5	3.0~4.5
25.5								4.5~6.0
27.0								6.0~7.5
保证载荷/N min	钢	3900	6800	11500	16500	25000	32000	34000
	铝	1900	4000	6500	7800	12300	17500	—
头部结合力/N min	钢	2236	3220	4348	6149	9034	11926	13914
	铝	1242	1789	2435	3416	5019	6626	—
剪切力/N min	钢	1100	2100	2600	3800	5400	6900	7500
	铝	640	1200	1900	2700	3900	4200	—
材　料	钢	08F、ML10						
	铝	5056、6061						
表面处理	钢	镀锌钝化						
	铝	不经处理						

表 6-223 小沉头铆螺母（摘自 GB/T 17880.3—1999）（单位：mm）

标记示例：

螺纹规格 D=M8、长度规格 l=15mm、材料 ML10、表面镀锌钝化的小沉头铆螺母的标记为

铆螺母 GB/T 17880.3 M8×15

$b=(1.25\sim1.5D)$；α 由制造者确定；

允许在支承面和(或)d 圆周表面制出花纹，其型式与尺寸由制造者确定。

螺纹规格 (6H)	D	M3	M4	M5	M6	M8	M10	M12
	$D\times P$	—	—	—	—	—	M10×1	M12×1.5
d	$^{-0.03}_{-0.10}$	5	6	7	9	11	13	15
d_1	H12	4.0	4.8	5.6	7.5	9.2	11	23
d_k	max	5.5	6.75	8.0	10.0	12.0	14.5	16.5
k		0.35	0.5	0.6			0.85	
r		0.2				0.3		
d_0	$^{-0.15}_{0}$	5	6	7	9	11	13	15
h_1	参考	5.8	7.5	9.3	11	12.3	15.0	17.5
l	max	铆接厚度 h 推荐						
7.5		0.5~1.0						
8.5		1.0~2.0						
9.0			0.5~1.0					
9.5		2.0~3.0						
10.0			1.0~2.0					
11.0			2.0~3.0	0.5~1.0				
12.0				1.0~2.0				
13.0				2.0~3.0				
13.5					0.5~1.5			
15.0					1.5~3.0	0.5~1.5		
16.5					3.0~4.5	1.5~3.0		
18.0						3.0~4.5	0.5~1.5	
19.5							1.5~3.0	
21.0							3.0~4.5	0.5~1.5
22.5								1.5~3.0
24.0								3.0~4.5
保证载荷/N min	钢	3900	6800	11500	16500	25000	32000	34000
剪切力/N min	钢	1100	2100	2600	3800	5400	6900	7500
材料	钢	08F、ML10						
表面处理	钢	镀锌钝化						

表 6-224　120°小沉头铆螺母（摘自 GB/T 17880.4—1999）　（单位：mm）

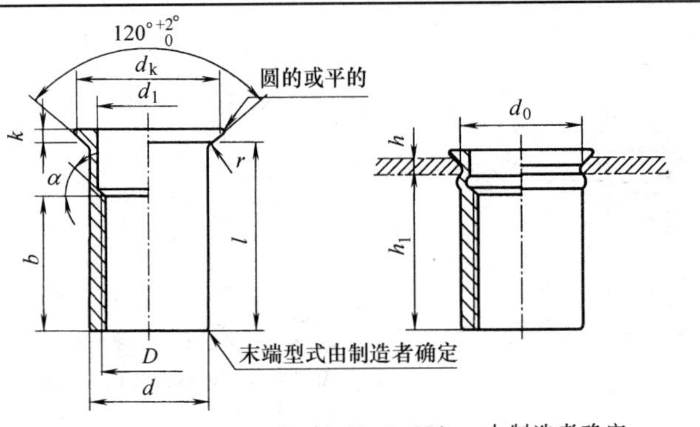

标记示例：

螺纹规格 D=M8、长度规格 l=15mm、材料 ML10、表面镀锌钝化的 120°小沉头铆螺母的标记为

铆螺母　GB/T 17880.4　M8×15

b=(1.25~1.5D)；α 由制造者确定；

允许在支承面和(或) d 圆周表面制出花纹，其型式与尺寸由制造者确定。

螺纹规格 (6H)	D	M3	M4	M5	M6	M8	M10	M12
	$D\times P$	—	—	—	—	—	M10×1	M12×1.5
d	$^{-0.03}_{-0.10}$	5	6	7	9	11	13	15
d_1	H12	4.0	4.8	5.6	7.5	9.2	11	23
d_k	max	6.5	8.0	9.0	11.0	13.0	16.0	18.0
k		0.35	0.5	0.6			0.85	
r		0.2				0.3		
d_0	$^{-0.15}_{0}$	5	6	7	9	11	13	15
h_1	参考	5.8	7.5	9.3	11	12.3	15.0	17.5
l	max	铆接厚度 h　推荐						
7.5		0.5~1.0						
8.5		1.0~2.0						
9.0			0.5~1.0					
9.5		2.0~3.0						
10.0			1.0~2.0					
11.0			2.0~3.0	0.5~1.0				
12.0				1.0~2.0				
13.0				2.0~3.0				
13.5					0.5~1.5			
15.0					1.5~3.0	0.5~1.5		
16.5					3.0~4.5	1.5~3.0		
18.0						3.0~4.5	0.5~1.5	
19.5							1.5~3.0	
21.0							3.0~4.5	0.5~1.5
22.5								1.5~3.0
24.0								3.0~4.5
保证载荷/N min	钢	3900	6800	11500	16500	25000	32000	34000
剪切力/N min	钢	1100	2100	2600	3800	5400	6900	7500
材　料	钢	08F、ML10						
表面处理	钢	镀锌钝化						

表 6-225　平头六角铆螺母（摘自 GB/T 17880.5—1999）　（单位：mm）

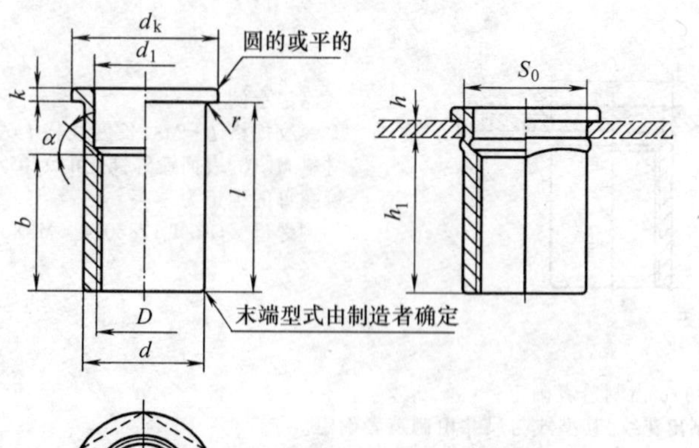

标记示例：
螺纹规格 D=M8、长度规格 l=15mm、材料 ML10、表面镀锌钝化的平头六角铆螺母的标记为
铆螺母　GB/T 17880.5　M8×15

$b=(1.25\sim1.5D)$；α 由制造者确定。

螺纹规格（6H）		M6	M8	M10	M12
	D	M6	M8	M10	M12
	$D\times P$	—	—	M10×1	M12×1.5
s	$^{-0.03}_{-0.10}$	9	11	13	15
d_1	H12	8	10	11.5	13.5
d_k	max	12	14	16	18
k		1.5		1.8	
r		0.2	0.3		
S_0	$^{+0.15}_{0}$	9	11	13	15
h_1	参考	11	12.3	15.0	17.5
l	max	铆接厚度 h　推荐			
13.5		0.5~1.5			
15.0		1.5~3.0	0.5~1.5		
16.5		3.0~4.5	1.5~3.0		
18.0		4.5~6.0	3.0~4.5	0.5~1.5	
19.5			4.5~6.0	1.5~3.0	
21.0				3.0~4.5	0.5~1.5
22.5				4.5~6.0	1.5~3.0
24.0					3.0~4.5
25.5					4.5~6.0
保证载荷 N min	钢	16500	25000	32000	34000
	铝	7800	12300	17500	—
头部结合力 N min	钢	6149	9034	11926	13914
	铝	3416	5019	6626	—
剪切力 N min	钢	3800	5400	6900	7500
	铝	2700	3900	4200	—
材　　料	钢	08F、ML10			
	铝	5056、6061			
表面处理	钢	镀锌钝化			
	铝	不经处理			

表 6-226　蝶形螺母　圆翼（摘自 GB/T 62.1—2004）（单位：mm）

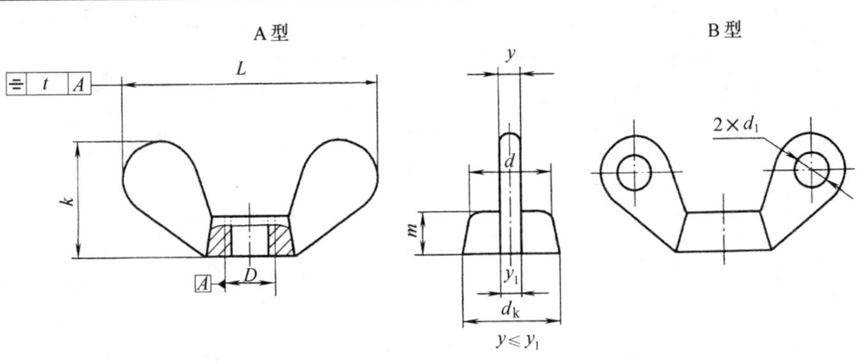

螺纹规格 D	M2	M2.5	M3	M4	M5	M6	M8	M10	M12	(M14)	M16	(M18)	M20	(M22)	M24
d_k	4	5	5	7	8.5	10.5	14	18	22	26	26	30	34	38	43
d　≈	3	4	4	6	7	9	12	15	18	22	22	25	28	32	36
L	12	16	16	20	25	32	40	50	60	70	70	80	90	100	112
k	6	8	8	10	12	16	20	25	30	35	35	40	45	50	56
m_{min}	2	3	3	4	5	6	8	10	12	14	14	16	18	20	22
y_{max}	2.5	2.5	2.5	3	3.5	4	4.5	5.5	7	8	8	8	9	10	11
y_{1max}	3	3	3	4	4.5	5	5.5	6.5	8	9	9	10	11	12	13
d_{1max}	2	2.5	3	4	4	5	6	7	8	9	10	10	11	11	12
t_{max}	0.3	0.3	0.4	0.4	0.5	0.5	0.6	0.7	1	1.1	1.2	1.4	1.5	1.6	1.8

注：尽可能不用括号内的规格。

表 6-227　圆翼蝶形螺母技术条件和引用标准

		钢	不锈钢	有色金属
材料[①]		Q215、Q235 (GB/T 700) KT 30-6 (GB/T 978)	1Cr18Ni9 (GB/T 1220)	H62 (GB/T 5231)
螺纹	公差	7H		
	标准	GB/T 193、GB/T 9145		
保证扭矩	等级	Ⅰ级	Ⅰ级	Ⅱ级
	标准	GB/T 3098.20		
表面处理		氧化； 电镀，技术要求按 GB/T 5267.1	简单处理	简单处理
验收及包装		GB/T 90.1、GB/T 90.2		

① 材料牌号仅系推荐采用的，制造者可根据实际条件与经验选用其他材料牌号及技术条件。

表 6-228　蝶形螺母　方翼（摘自 GB/T 62.2—2004）　（单位：mm）

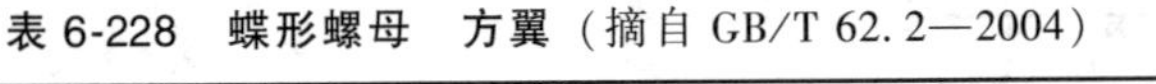

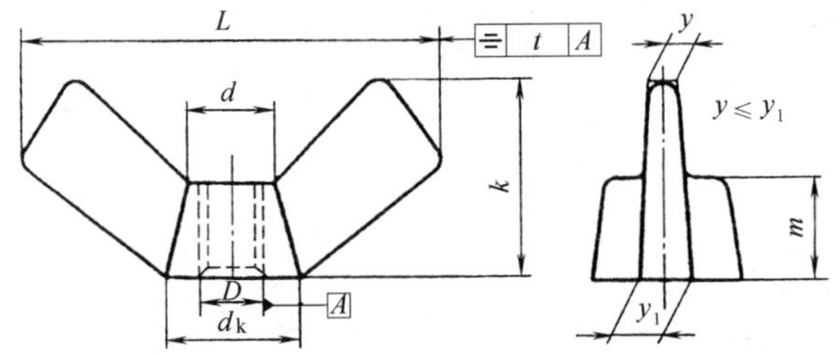

标记示例：

螺纹规格 M10，材料为 Q215，保证转矩为Ⅰ级、表面氧化处理、两翼为长方形的螺母，标记为

螺母　GB/T 62.2　M10

（续）

螺纹规格 D	d_k min	d ≈	L		k		m_{min}	y_{max}	y_{1max}	t_{max}
M3	6.5	4	17	±1.5	9	±1.5	3	3	4	0.4
M4	6.5	4	17		9		3	3	4	0.4
M5	8	6	21		11		4	3.5	4.5	0.5
M6	10	7	27		13		4.5	4	5	0.5
M8	13	10	31	±2	16		6	4.5	5.5	0.6
M10	16	12	36		18		7.9	5.5	6.5	0.7
M12	20	16	48		23		9	7	8	1
（M14）	20	16	48		23	±2	9	7	8	1.1
M16	27	22	68		35		12	8	9	1.2
（M18）	27	22	68		35		12	8	9	1.4
M20	27	22	68		35		12	8	9	1.5

注：尽可能不采用括号内的规格。

表 6-229　方翼蝶形螺母技术条件和引用标准（摘自 GB/T 62.2—2004）

		钢、铁	不锈钢	有色金属
材　　料①		Q215、Q235 （GB/T 700） KT 30-6 （GB/T 978）	1Cr18Ni9 （GB/T 1220）	H 62 （GB/T 5231）
螺纹	公差	7H		
	标准	GB/T 193、GB/T 9145		
保证扭矩	等级	Ⅰ级	Ⅰ级	Ⅱ级
	标准	GB/T 3098.20		
表面处理		氧化； 电镀，技术要求按 GB/T 5267.1	简单处理	简单处理
验收及包装		GB/T 90.1、GB/T 90.2		

① 材料牌号仅系推荐采用的，制造者可根据实际条件与经验使用其他材料牌号及技术条件。

表 6-230　冲压蝶形螺母（摘自 GB/T 62.3—2004）　　（单位：mm）

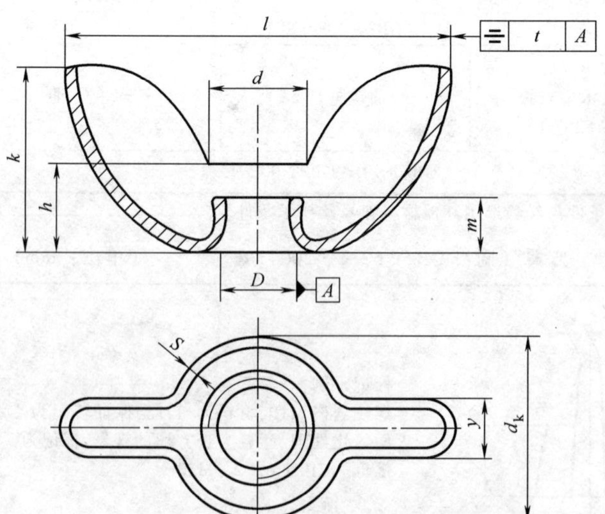

标记示例：

螺纹规格 D = M5、材料为 Q215、保证扭矩为Ⅱ级、经表面氧化处理、用钢板冲压制成的 A 型蝶形螺母，标记为

螺母　GB/T 62.3　M5

（续）

螺纹规格 D	d_k max	d ≈	L		k		h ≈	y_{max}	A 型（高型） m		A 型（高型） S	B 型（低型） m		B 型（低型） S	t_{max}
M3	10	5	16	±1	6.5	±1	2	4	3.5	±0.5	1	1.4	±0.3	0.8	0.4
M4	12	6	19		8.5		2.5	5	4			1.6			0.4
M5	13	7	22		9		3	5.5	4.5			1.8			0.5
M6	15	9	25		9.5		3.5	6	5	±0.8		2.4	±0.4	1	0.5
M8	17	10	28		11		5	7	6		1.2	3.1	±0.5	1.2	0.6
M10	20	12	35	±1.5	12		6	8	7			3.8			0.7

表 6-231　冲压蝶形螺母技术条件和引用标准（摘自 GB/T 62.3—2004）

项目		内容
材　　料①		钢 Q215、Q235 （GB/T 700）
螺纹	公差	7H（通规）
	标准	GB/T 193、GB/T 9145
保证力矩	等级	A 型：Ⅱ级；B 型：Ⅲ级
	标准	GB/T 3098.20
表面处理		①氧化；②电镀技术要求按 GB/T 5267.1
验收及包装		GB/T 90.1、GB/T 90.2

① 材料牌号仅是推荐采用的，制造者可根据实际条件与经验选用其他材料牌号及技术条件。

表 6-232　压铸蝶形螺母（摘自 GB/T 62.4—2004）　（单位：mm）

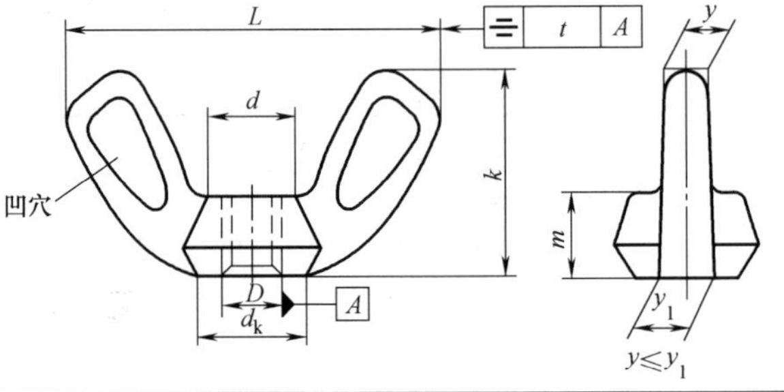

标记示例：

螺纹规格 D = M5、材料为 ZZnAlD4-3、保证扭矩为Ⅱ级、不经表面处理、用锌合金压铸制成的蝶形螺母，标记为

螺母　GB/T 62.4　M5

螺纹规格 D	d_k min	d ≈	L		k		m min	y max	y_1 max	t max
M3	5	4	16	±1.5	8.5	±1.5	2.4	2.5	3	0.4
M4	7	6	21		11		3.2	3	4	0.4
M5	8.5	7	21		11		4	3.5	4.5	0.5
M6	10.5	9	23		14		5	4	5	0.5
M8	13	10	30		16		6.5	4.5	5.5	0.6
M10	16	12	37	±2	19		8	5.5	6.5	0.7

注：有无凹穴及其型式与尺寸，由制造者确定。

表 6-233　压铸蝶形螺母技术条件和引用标准（摘自 GB/T 62.4—2004）

项目		内容
材　　料①		锌合金 ZZnAlD4-3（GB/T 8738）
螺纹	公差	7H
	标准	GB/T 193、GB/T 9145
保证扭矩	等级	Ⅱ级
	标准	GB/T 3098.20
表面处理		
验收及包装		GB/T 90.1、GB/T 90.2

① 材料牌号仅是推荐采用的，制造者可根据实际条件与经验选用其他材料牌号及技术条件。

表 6-234 环形螺母（摘自 GB/T 63—1988） （单位：mm）

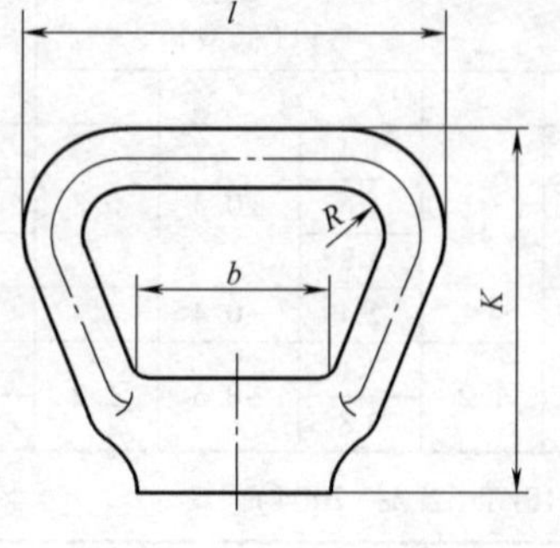

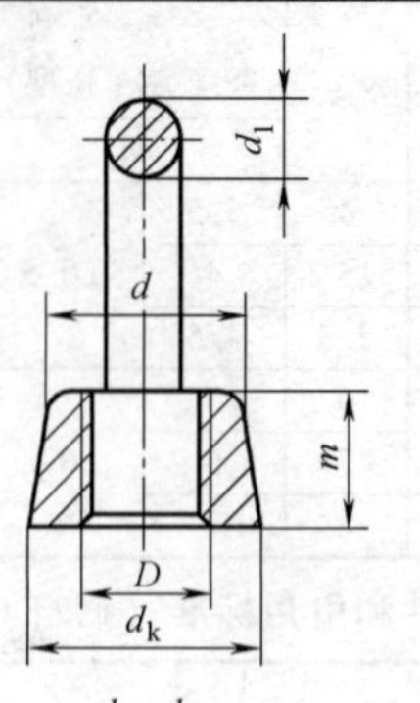

标记示例：

螺纹规格 D = M16、材料 ZCuZn40Mn2、不经表面处理的环形螺母，标记为

螺母 GB/T 63 M16

螺纹规格 D (6H)	M12	(M14)	M16	(M18)	M20	(M22)	M24
d_k	24		30		36		46
d	20		26		30		38
m	15		18		22		26
K	52		60		72		84
l	66		76		86		98
d_1	10		12		13		14
R	6				8		10
材料	ZCuZn40Mn2						

注：尽可能不采用括号内的规格。

表 6-235 扣紧螺母（摘自 GB/T 805—1988） （单位：mm）

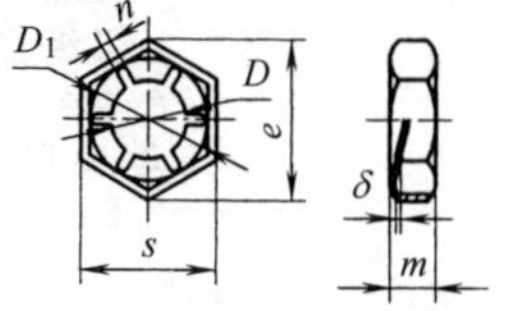

标记示例：

螺纹规格 D = M12、材料为 65Mn、热处理硬度 30～45HRC、表面氧化的扣紧螺母，标记为

螺母 GB/T 805 M12

螺纹规格 D×P	D max	D min	s max	s min	D_1	n	e	m	δ
6×1	5.3	5	10	9.73	7.5	1	11.5	3	0.4
8×1.25	7.16	6.8	13	12.73	9.5	1	16.2	4	0.5
10×1.5	8.86	8.5	16	15.73	12		19.6	5	0.6
12×1.75	10.73	10.3	18	17.73	14	1.5	21.9		0.7
(14×2)	12.43	12	21	20.67	16	1.5	25.4	6	0.8
16×2	14.43	14	24	23.67	18		27.7		
(18×2.5)	15.93	15.5	27	26.16	20.5	2	31.2	7	1
20×2.5	17.93	17.5	30	29.16	22.5		34.6		
(22×2.5)	20.02	19.5	34	33	25		36.9		
24×3	21.52	21	36	35	27	2.5	41.6	9	1.2
(27×3)	24.52	24	41	40	30		47.3		
20×3.5	27.02	26.5	46	45	34		53.1		1.4
36×4	32.62	32	55	53.8	40	3	63.5	12	
42×4.5	38.12	37.5	65	63.8	47		75		1.8
48×5	43.62	43	75	73.1	54		86.5	14	
材料及热处理要求	65Mn，淬火并回火，硬度 30～40HRC								
表面处理	氧化、镀锌钝化								

表 6-236　滚花高螺母和滚花薄螺母（摘自 GB/T 806—1988 和 GB/T 807—1988）

（单位：mm）

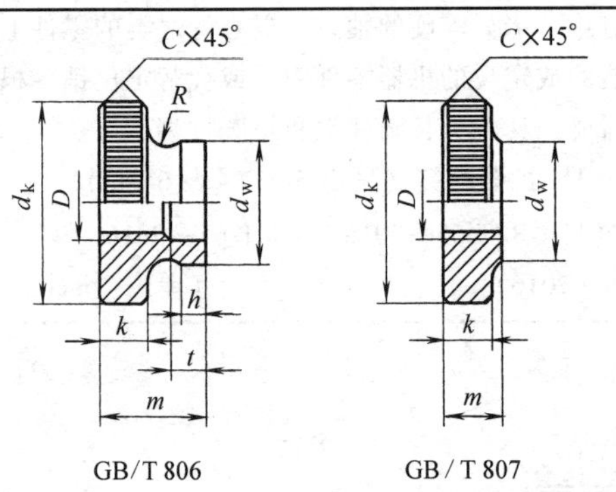

标记示例：

螺纹规格 D=M5、性能等级为 5 级、不经表面处理的滚花高螺母和滚花薄螺母分别标记为

螺母　GB/T 806　M5

螺母　GB/T 807　M5

螺纹规格 D (6H)		M1.4	M1.6	M2	M2.5	M3	M4	M5	M6	M8	M10
d_k（滚花前）	max	6	7	8	9	11	12	16	20	24	30
	min	5.78	6.78	7.78	8.78	10.73	11.73	15.73	19.67	23.67	29.67
d_w	max	3.5	4	4.5	5	6	8	10	12	16	20
	min	3.2	3.7	4.2	4.7	5.7	7.64	9.64	11.57	15.57	19.48
C		0.2				0.3		0.5		0.8	
GB/T 806	m_{max}		4.7	5	5.5	7	8	10	12	16	20
	k		2	2	2.2	2.8	3	4	5	6	8
GB/T 806	t_{max}		1.5		2		2.5	3	4	5	6.5
	R_{min}		1.25		1.5	2		2.5	3	4	5
	h		0.8	1		1.2	1.5	2	2.5	3	3.8
	d_1		3.6	3.8	4.4	5.2	6.4	9	11	13	17.5
GB/T 807	m_{max}	2	2.5			3		4	5	6	8
	k	1.5	2			2.5		3.5	4	5	6

6.3.5　螺钉

标准的螺钉产品主要包括机器螺钉、紧定螺钉、轴位螺钉、定位螺钉、滚花头螺钉、不脱出螺钉及吊环螺钉等。螺钉的主要扳拧形式分为开槽（一字槽）、十字槽、内六角和内六角花形等。螺钉头部几何形状分为：盘头、圆柱头、沉头、半沉头、方头、滚花头和无头。紧定螺钉末端形式分为：平端、凹端、锥端和圆柱端，机器螺钉一般为碾制末端。

机器螺钉可直接拧入被连接件机体的螺纹孔内，有时也用于拧入螺母，主要承受轴向拉力载荷，较螺栓连接结构紧凑，单面紧固，装拆方便。但其规格范围小，多为低性能等级，开槽和十字槽螺钉不适合用于大载荷；紧定螺钉利用其拧入内螺纹产生的轴向压力紧固零件，其紧固效果取决于螺钉的硬度和末端形式。定位螺钉轴位螺钉主要用于固定在机体上，轴位部分起到轴的作用。用于确定被连接件的位置，起到类似于定位销的作用。滚花头螺钉可以直接用手而不借助扳拧工具拧紧，用于经常拆装或调整且拧紧力矩要求不高的场合。不脱出螺钉的无螺纹杆部较细，将螺钉装入零件的光孔（一般在面板上）内，因孔径大于螺钉螺纹大径，所以应在螺钉杆部装上夹紧挡圈或开口挡圈，因此螺钉不会从孔内脱出，适用于需经常拆卸的插接件和仪器仪表面板的固定。吊环螺钉用于吊运设备，安全性要求高，为保证其承载能力不受影响，安装时，旋进吊环螺钉应使支承面紧密贴合，但不准使用工具扳紧。

开槽螺钉机械性能等级多为 4.8 级，加工工艺及扳拧工具简单，安装扭矩较低，但易打滑；适合手工装配，不适合自动化装配机高速拧紧。十字槽螺钉的扳拧部分有 H 型和 Z 型十字槽（GB/T 819.1—2016），国内以 H 型十字槽为主；主要用于低性能等级和 8.8 级沉头螺钉；适合自动化装配；拧紧时需施加一定的轴向压力，以便传递扭矩；为保持正常的工作性能，使用旋具的型号应与螺钉槽号相匹配。内六角螺钉用于高强度（如 8.8~12.9 级），安装扭矩高，可获得可靠的拧紧效果，手工和自动化装配均可使用。内六角花形用于 4.8~12.9 级，结构合理，安装扭矩高，适合自动化装配，手工装配也可使用；在一般情况下，可以取代开槽、十字槽以及内六角。

平端紧定螺钉用于轴系上经常拆卸的零件中，末端对轴表面产生最小程度的变形；锥端紧定螺钉的末端经常起定位作用，尤其用于淬硬轴零件；圆柱端紧定螺钉用于诸如淬硬的轴系、空心管之类的零件上永久安装的或定位的机器零件中，或代替定位销，根据结构需要，又分为长圆柱端和短圆柱端。

6.3.5.1 机器螺钉（见表 6-237~表 6-243）

表 6-237 开槽圆柱头、盘头、沉头、半沉头螺钉（摘自 GB/T 65—2016、GB/T 67—2016、GB/T 68—2016、GB/T 69—2016）（单位：mm）

GB/T 65

GB/T 67

GB/T 68

GB/T 69

标记示例：

螺纹规格 d = M5、公称长度 l = 20mm、性能等级为 4.8 级、不经表面处理的开槽圆柱头螺钉标记为

螺钉 GB/T 65 M5×20

螺纹规格 d		M1.6	M2	M2.5	M3	(M3.5)	M4	M5	M6	M8	M10
a_{max}		0.7	0.8	0.9	1	1.2	1.4	1.6	2	2.5	3
b_{min}		25				38					
n(公称)		0.4	0.5	0.6	0.8	1	1.2	1.2	1.6	2	2.5
x_{max}		0.9	1	1.1	1.25	1.5	1.75	2	2.5	3.2	3.8
d_{kmax}	GB/T 65	3.00	3.80	4.50	5.50	6	7	8.5	10	13	16
	GB/T 67	3.2	4	5	5.6	7	8	9.5	12	16	20
	GB/T 68 GB/T 69	3	3.8	4.7	5.5	7.3	8.4	9.3	11.3	15.8	18.3
k_{max}	GB/T 65	1.10	1.40	1.80	2.00	2.4	2.6	3.3	3.9	5	6
	GB/T 67	1	1.3	1.5	1.8	2.1	2.4	3	3.6	4.8	6
	GB/T 68 GB/T 69	1	1.2	1.5	1.65	2.35	2.7		3.3	4.65	5

（续）

螺纹规格 d		M1.6	M2	M2.5	M3	（M3.5）	M4	M5	M6	M8	M10
t_{min}	GB/T 65	0.45	0.6	0.7	0.85	1	1.1	1.3	1.6	2	2.4
	GB/T 67	0.35	0.5	0.6	0.7	0.8	1	1.2	1.4	1.9	2.4
	GB/T 68	0.32	0.4	0.5	0.6	0.9	1	1.1	1.2	1.8	2
	GB/T 69	0.64	0.8	1	1.2	1.4	1.6	2	2.4	3.2	3.8
r_{min}	GB/T 65 GB/T 67	0.1					0.2		0.25	0.4	
r_{max}	GB/T 68 GB/T 69	0.4	0.5	0.6	0.8	0.9	1	1.3	1.5	2	2.5
r_f（参考）	GB/T 67	0.5	0.6	0.8	0.9	1	1.2	1.5	1.8	2.4	3
r_f　≈	GB/T 69	3	4	5	6		9.5	12	16.5	19.5	
w_{min}	GB/T 69	0.4	0.5	0.6	0.7		1	1.2	1.4	2	2.3
w_{min}	GB/T 65 GB/T 67	0.4 0.3	0.5 0.4	0.7 0.5	0.75 0.7	1 0.8	1.1 1	1.3 1.2	1.6 1.4	2 1.9	2.4 2.4
l①	GB/T 65	2~16	3~20	3~25	4~30	5~35	5~40	6~50	8~60	10~80	12~80
	GB/T 67	2~16	2.5~20	3~25	4~30	5~35	5~40	6~50	8~60	10~80	12~80
	GB/T 68 GB/T 69	2.5~16	3~20	4~25	5~30	6~35	6~40	8~50	8~60	10~80	12~80
全螺纹时最大长度		30				GB/T 65—40　GB/T 67~69—45					
性能等级	钢	按协议				4.8,5.8					
	不锈钢	A2-50、A2-70									
	有色金属	按协议				CU2、CU3、AL4					
表面处理	钢	①不经处理；②电镀；③非电解涂层；④按协议									
	不锈钢	①简单处理；②钝化处理									
	有色金属	①简单处理；②电镀									

① 长度系列为 2、3、4、5、6~12（2 进位）（14）、16、20~50（5 进位）、（55）、60、（65）、70、（75）、80。

表 6-238　十字槽盘头、沉头、半沉头、圆柱头、小盘头螺钉（摘自 GB/T 818—2016、GB/T 819.1—2016、GB/T 819.2—2016、GB/T 820—2015、GB/T 822—2016、GB/T 823—2016）

（单位：mm）

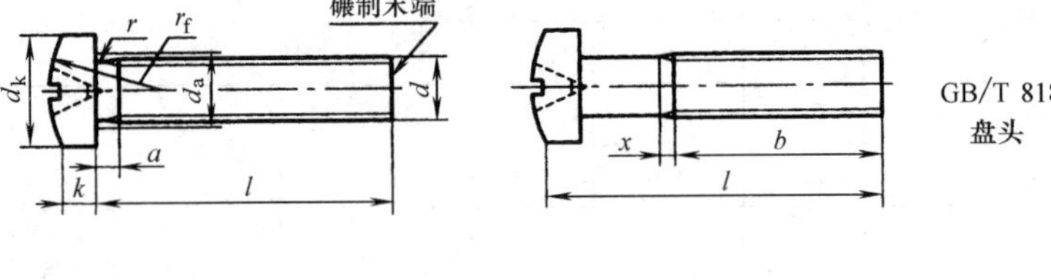

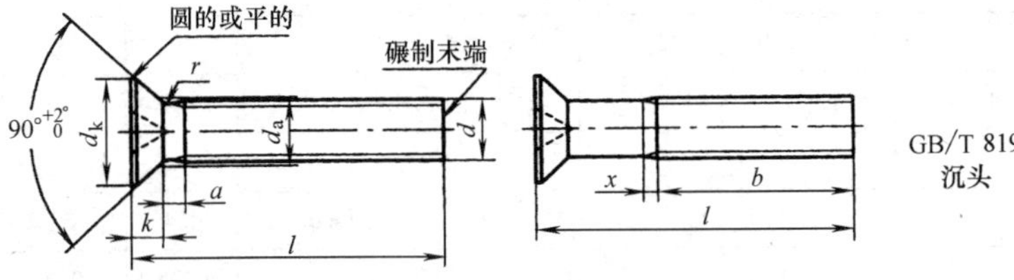

标记示例：

螺纹规格为 M5、公称长度 l=20mm、性能等级为 4.8 级、不经表面处理、A 级 H 型十字槽盘头螺钉，标记为

螺钉　GB/T 818　M5×20

（续）

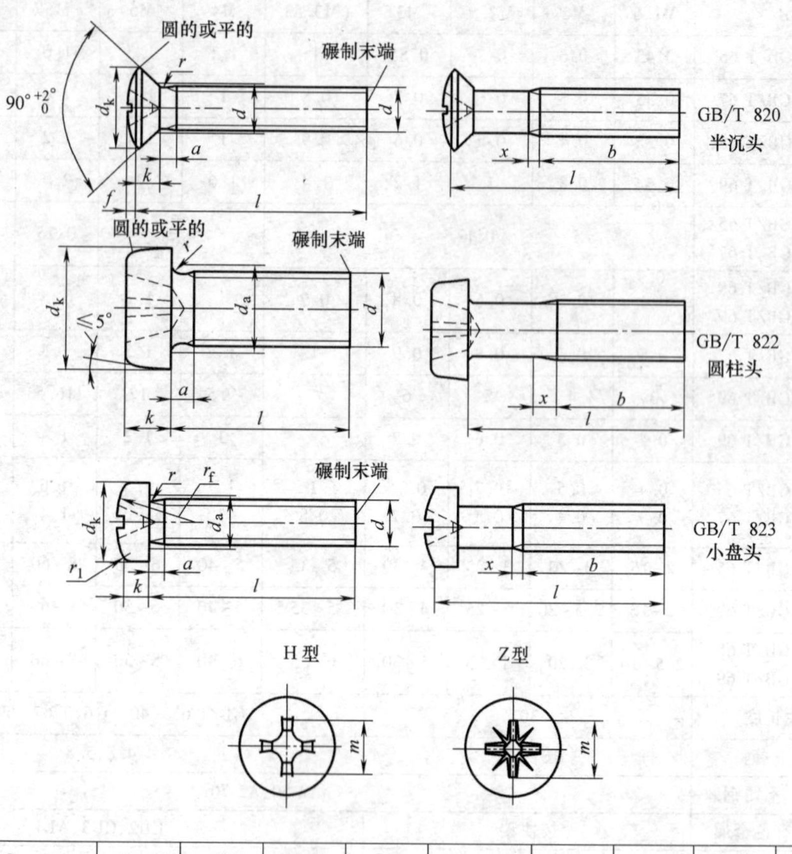

螺纹规格 d		M1.6	M2	M2.5	M3	(M3.5)	M4	M5	M6	M8	M10
a_{max}		0.7	0.8	0.9	1	1.2	1.4	1.6	2	2.5	3
b_{min}		25				38					
d_{amax}		2.0	2.6	3.1	3.6	4.1	4.7	5.7	6.8	9.2	11.2
x_{max}		0.9	1	1.1	1.25	1.5	1.75	2	2.5	3.2	3.8
$d_{k\ max}$	GB/T 818	3.2	4	5	5.6	7	8	9.5	12	16	20
	GB/T 819.1 GB/T 820	3	3.8	4.7	5.5	7.3	8.4	9.3	11.3	15.8	18.3
	GB/T 822			4.5	5	6	7	8.5	10	13.0	
	GB/T 823		3.5	4.5	5.5	6	7	9	10.5	14	
k_{max}	GB/T 818	1.3	1.6	2.1	2.4	2.6	3.1	3.7	4.6	6	7.5
	GB/T 819.1 GB/T 820	1	1.2	1.5	1.65	2.35	2.7		3.3	4.65	5
	GB/T 822			1.8	2.0	2.4	2.6	3.3	3.9	5	
	GB/T 823		1.4	1.8	2.15	2.45	2.75	3.45	4.1	5.4	
r_{min}	GB/T 818	0.1					0.2		0.25	0.4	
	GB/T 822			0.1			0.2		0.25	0.4	
	GB/T 823			0.1			0.2			0.25	0.4

（续）

螺纹规格 d				M1.6	M2	M2.5	M3	(M3.5)	M4	M5	M6	M8	M10
r_{max}	GB/T 819 GB/T 820			0.4	0.5	0.6	0.8	0.9	1	1.3	1.5	2	2.5
r_f ≈	GB/T 818			2.5	3.2	4	5	6	6.5	8	10	13	16
	GB/T 820			3	4	5	6	8.5	9.5		12	16.5	19.5
	GB/T 823				4.5	6	7	8	9	12	14	18	
f	GB/T 820			0.4	0.5	0.6	0.7	0.8	1	1.2	1.4	2	2.3
十字槽	GB/T 818	槽号		0		1		2			3	4	
		H 型插入深度	max	0.95	1.2	1.55	1.8	1.9	2.4	2.9	3.6	4.6	5.8
			min	0.7	0.9	1.15	1.4	1.4	1.9	2.4	3.1	4	5.2
		Z 型插入深度	max	0.9	1.42	1.5	1.75	1.93	2.34	2.74	3.45	4.5	5.69
			min	0.65	1.17	1.25	1.50	1.48	1.89	2.29	3.03	4.05	5.24
	GB/T 819.1	槽号		0		1		2			3	4	
		H 型插入深度	max	0.9	1.2	1.8	2.1	2.4	2.6	3.2	3.5	4.6	5.7
			min	0.6	0.9	1.4	1.7	1.9	2.1	2.7	3	4	5.1
		Z 型插入深度	max	0.95	1.2	1.73	2.01	2.2	2.51	3.05	3.45	4.6	5.64
			min	0.7	0.95	1.48	1.76	1.75	2.06	2.6	3	4.15	5.19
	GB/T 820	槽号		0		1		2			3	4	
		H 型插入深度	max	1.2	1.5	1.85	2.2	2.75	3.2	3.4	4	5.25	6
			min	0.9	1.2	1.5	1.8	2.25	2.7	2.9	3.5	4.75	5.5
		Z 型插入深度	max	1.2	1.4	1.75	2.08	2.70	3.1	3.35	3.85	5.2	6.05
			min	0.95	1.15	1.5	1.83	2.25	2.65	2.9	3.4	4.75	5.6
	GB/T 822	槽号			1		2				3		4
		H 型插入深度	max			1.20	0.86	1.15	1.45	2.14	2.25	3.73	
			min			1.62	1.43	1.73	2.03	2.73	2.86	4.36	
		Z 型插入深度	max			1.10	1.22	1.34	1.60	2.26	2.46	3.88	
			min			1.35	1.42	1.80	2.06	2.72	2.92	4.34	
	GB/T 823	槽号			1		2			3			
		H 型插入深度	max		1.01	1.42	1.43	1.73	2.03	2.73	2.86	4.36	
			min		0.60	1.00	0.86	1.15	1.45	2.14	2.26	3.73	
l①				3~16	3~20	3~25	4~30	5~35	5~40	6~50	8~60	10~60	12~60
全螺纹时最大长度	GB/T 818			25	25	25	25	40	40	40	40	40	
	GB/T 819.1 GB/T 820			30				45 45	45				
	GB/T 822					30	30	40	40				
	GB/T 823				20	25	30	35	40	50			
性能等级	钢			按协议				4.8					
	不锈钢	GB/T 818 GB/T 820		A2-50、A2-70									
		GB/T 822		A2-70									
		GB/T 823		A1-50、C4-50									
	有色金属			按协议				CU2、CU3、AL4					
表面处理	钢			①不经处理；②电镀；③非电解锌片涂层									
	不锈钢			①简单处理；②钝化处理									
	有色金属			①简单处理；②电镀									

注：尽可能不采用括号内规格。

① 长度系列为 2、2.5、3、4、5、6~16（2 进位），20~80（5 进位）。GB/T 818 的 M5 长度范围为 6~45。

表 6-239　十字槽沉头螺钉（摘自 GB/T 819.2—2016）　　（单位：mm）

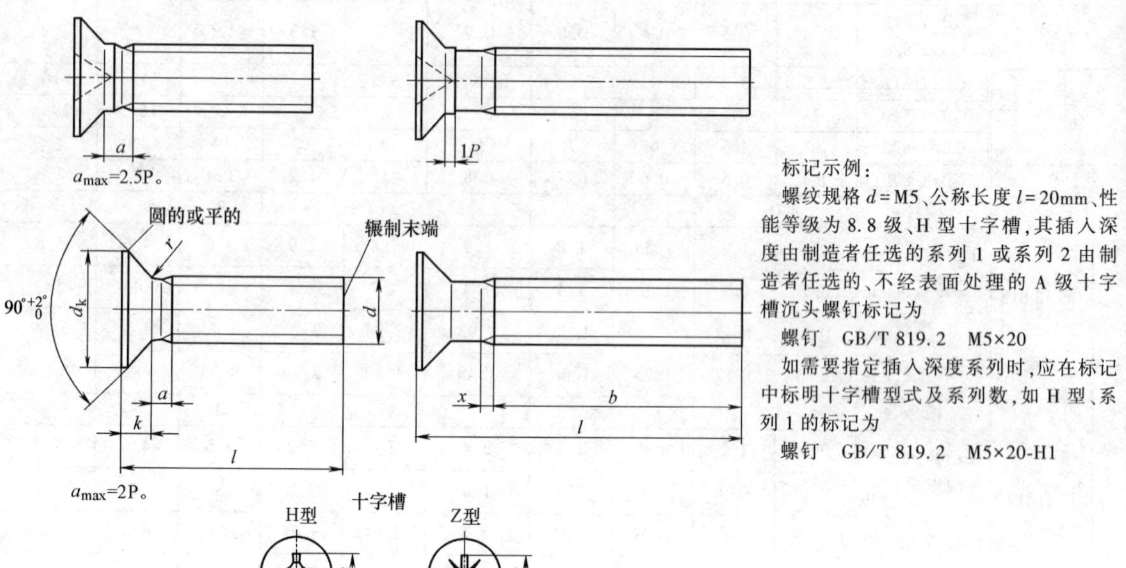

标记示例：

螺纹规格 d=M5、公称长度 l=20mm、性能等级为 8.8 级、H 型十字槽，其插入深度由制造者任选的系列 1 或系列 2 由制造者任选的、不经表面处理的 A 级十字槽沉头螺钉标记为

螺钉　GB/T 819.2　M5×20

如需要指定插入深度系列时，应在标记中标明十字槽型式及系列数，如 H 型、系列 1 的标记为

螺钉　GB/T 819.2　M5×20-H1

螺纹规格 d				M2	M2.5	M3	(M3.5)	M4	M5	M6	M8	M10
b_{min}				25			38					
x_{max}				1	1.1	1.25	1.5	1.75	2	2.5	3.2	3.8
d_{kmax}实际值				3.8	4.7	5.5	7.3	8.4	9.3	11.3	15.8	18.3
k_{max}				1.2	1.5	1.65	2.35	2.7		3.3	4.65	5
r_{max}				0.5	0.6	0.8	0.9	1	1.3	1.5	2	2.5
十字槽	系列 1（深的）	槽号		0	1		2			3	4	
		H 型插入深度	max	1.2	1.8	2.1	2.4	2.6	3.2	3.5	4.6	5.7
			min	0.9	1.4	1.7	1.9	2.1	2.7	3	4	5.1
		Z 型插入深度	max	1.2	1.73	2.01	2.20	2.51	3.05	3.45	4.60	5.64
			min	0.95	1.48	1.76	1.75	2.06	2.60	3.00	4.15	5.19
	系列 2（浅的）	槽号		0	1		2			3	4	
		H 型插入深度	max	1.2	1.55	1.8	2.1	2.6	2.8	3.3	4.4	5.3
			min	0.9	1.25	1.4	1.6	2.1	2.3	2.8	3.9	4.8
		Z 型插入深度	max	1.2	1.47	1.83	2.05	2.51	2.72	3.18	4.32	5.23
			min	0.95	1.22	1.48	1.61	2.06	2.27	2.73	3.87	4.78
l①				3~20	3~25	4~30	5~35	5~40	6~50	8~60	10~60	12~60
性能等级	钢			按协议		8.8						
	不锈钢			A2-70								
	有色金属			按协议		CU2、CU3						
表面处理	钢			①不经处理;②电镀;③非电解镀锌片涂层								
	不锈钢			①简单处理;②钝化处理								
	有色金属			①简单处理;②电镀								

注：尽可能不采用括号内规格。

① 长度系列为 2、2.5、3、4、5、6~16（2 进位），20~80（5 进位）、GB/T 818 的 M5 长度范围为 6~45。

表 6-240　精密机械用十字槽螺钉（摘自 GB/T 13806.1—1992）　（单位：mm）

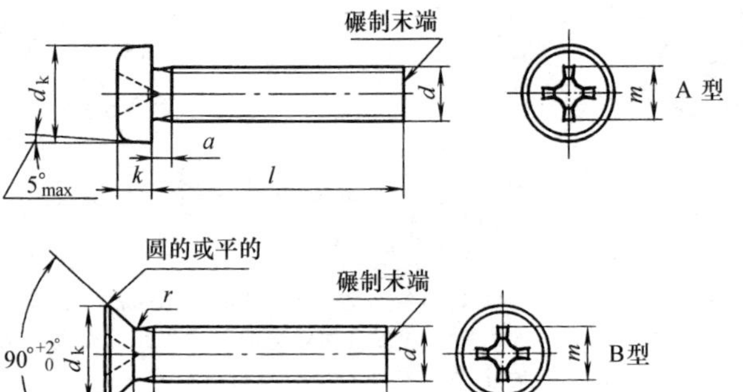

标记示例：

1）螺纹规格 d=M1.6、公称长度 l=2.5mm、产品等级为 F 级、不经表面处理、用 Q215 制造的 A 型十字槽圆柱头螺钉，标记为

螺钉　GB/T 13806.1　M1.6×2.5

2）产品等级为 A 级，用 H68 制造，B 型，其余同上，标记为

螺钉　GB/T 13806.1　BM1.6×2.5—AH68

螺纹规格 d				M1.2	（M1.4）	M1.6	M2	M2.5	M3
a_{max}				0.5	0.6	0.7	0.8	0.9	1
d_k	max	A 型		2	2.3	2.6	3	3.8	5
		B 型		2	2.35	2.7	3.1	3.8	5.5
		C 型		2.2	2.5	2.8	3.5	4.3	5.5
k	max	A 型		0.55			0.7	0.9	1.4
		B、C 型		0.7		0.8	0.9	1.1	1.4
H 型十字槽	槽号 No			0				1	
	插入深度	A 型	min	0.20	0.25	0.28	0.30	0.40	0.85
			max	0.32	0.35	0.40	0.45	0.60	1.10
		B 型	min	0.5		0.6	0.7	0.8	1.1
			max	0.7		0.8	0.9	1.1	1.4
		C 型	min	0.7		0.8	0.9	1.1	1.2
			max	0.9		1.0	1.1	1.4	1.5
l①				1.6~4	1.8~5	2~6	2.5~8	3~10	4~10
材料				钢：Q215；铜：H68、HPb59-1					
表面处理				①不经表面处理；②氧化；③镀锌钝化					

注：尽可能不采用括号内规格。

① 长度系列为 1.6、（1.8）、2、（2.2）、2.5、（2.8）、3、（3.5）、4、（4.5）、5、（5.5）、6、（7）、8、（9）、10。

表 6-241　开槽带孔球面圆柱头螺钉（摘自 GB/T 832—1988）　　（单位：mm）

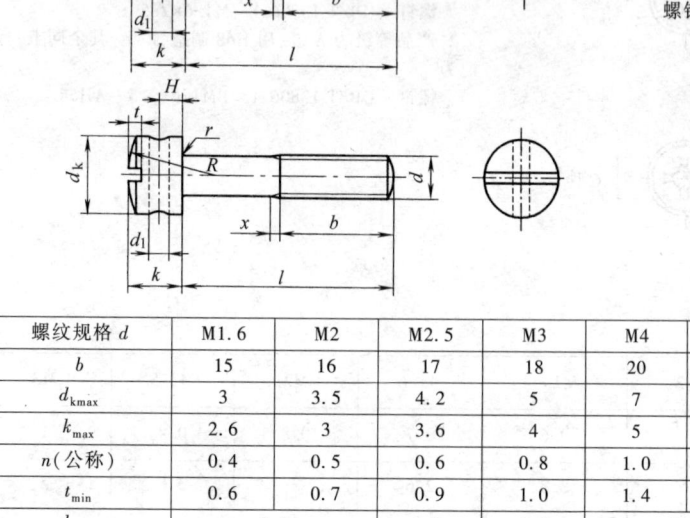

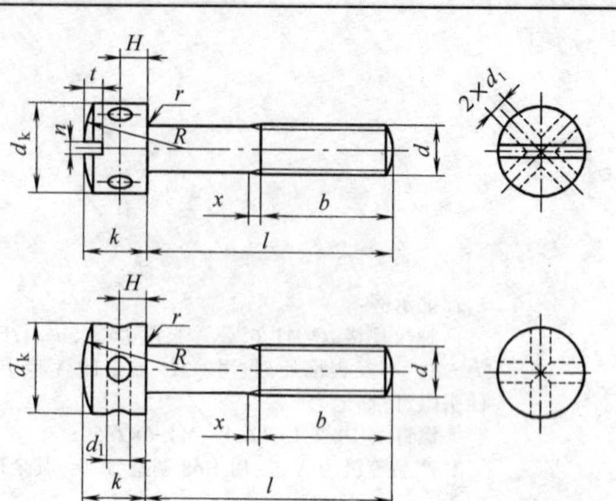

标记示例：

螺纹规格 d=M5、公称长度 l=20mm、性能等级为 4.8 级、不经表面处理的开槽带孔球面圆柱头螺钉，标记为

螺钉　GB/T 832　M5×20

螺纹规格 d		M1.6	M2	M2.5	M3	M4	M5	M6	M8	M10
b		15	16	17	18	20	22	24	28	32
d_{kmax}		3	3.5	4.2	5	7	8.5	10	12.5	15
k_{max}		2.6	3	3.6	4	5	6.5	8	10	12.5
n(公称)		0.4	0.5	0.6	0.8	1.0	1.2	1.5	2.0	2.5
t_{min}		0.6	0.7	0.9	1.0	1.4	1.7	2.0	2.5	3.0
d_{1min}		1.0		1.2	1.5	2.0		3.0		4.0
H(公称)		0.9	1.0	1.2	1.5	2.0	2.5	3.0	4.0	5.0
l①		2.5~16	2.5~20	3~25	4~30	6~40	8~50	10~60	12~60	20~60
全螺纹时最大长度		50								
性能等级	钢	4.8								
	不锈钢	A1-50、C4-50								
表面处理	钢	①不经处理；②镀锌钝化								
	不锈钢	不经处理								

① 长度系列为 2.5、3、4、5、6~16（25 进位），20~60（5 进位）。

表 6-242　开槽大圆柱头螺钉和开槽球面大圆柱头螺钉（摘自 GB/T 833—1988 和 GB/T 947—1988）

（单位：mm）

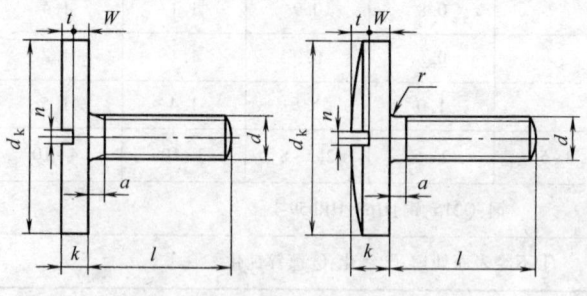

GB/T 833　　GB/T 947

标记示例：

螺纹规格 d=M5、公称长度 l=20mm、性能等级为 4.8 级、不经表面处理的开槽大圆柱头螺钉和开槽大球面圆柱头螺钉，分别标记为

螺钉　GB/T 833　M5×20

螺钉　GB/T 947　M5×20

（续）

螺纹规格 d		M1.6	M2	M2.5	M3	M4	M5	M6	M8	M10
d_{kmax}		6	7	9	11	14	17	20	25	30
k_{max}		1.2	1.4	1.8	2	2.8	3.5	4	5	6
a_{max}		0.7	0.8	0.9	1	1.4	1.6	2	2.5	3
n(公称)		0.4	0.5	0.6	0.8	1.0	1.2	1.5	2.0	2.5
t_{min}		0.6	0.7	0.9	1	1.4	1.7	2.0	2.5	3
W_{min}		0.26	0.36	0.56	0.66	1.06	1.22	1.3	1.5	1.8
l①	GB/T 833	2.5~5	3~6	4~8	4~10	5~12	6~14	8~16	10~16	12~20
	GB/T 947	2~5	2.5~6	3~8	4~10	5~12	6~14	8~16	10~16	12~20
性能等级	钢	4.8								
	不锈钢	A1-50、C4-50								
表面处理	钢	①不经处理;②镀锌钝化								
	不锈钢	不经处理								

① 长度系列为 2.5、3、4、5、6~16（2 进位），20。

表 6-243　内六角花形盘头、半沉头、低圆柱头螺钉

（摘自 GB/T 2672—2004、GB/T 2674—2004、GB/T 2671.1—2004）　　（单位：mm）

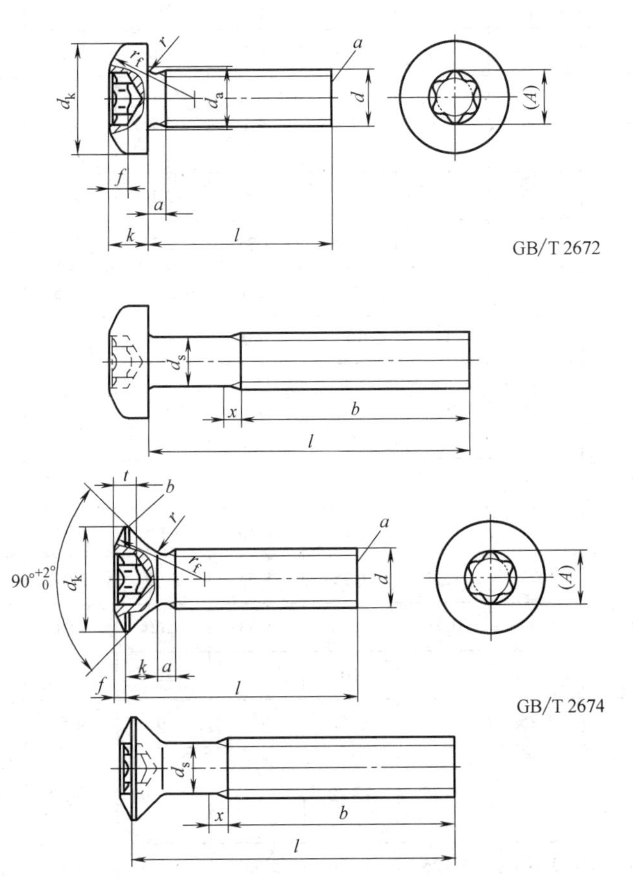

（续）

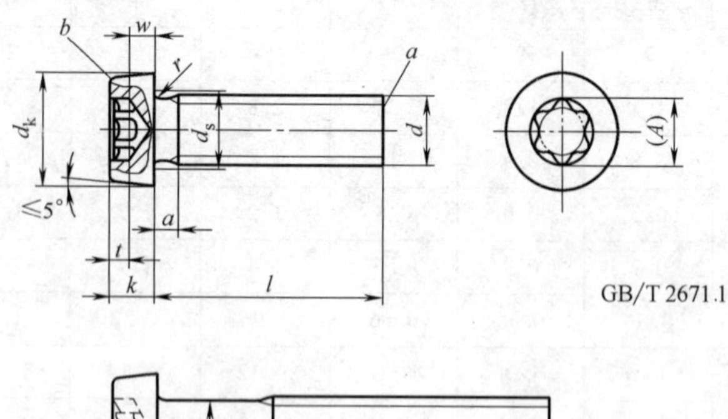

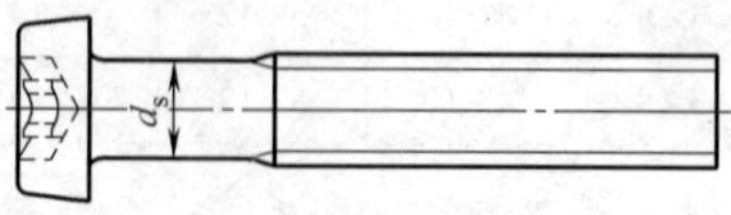

螺纹规格 d		M2	M2.5	M3	（M3.5）	M4	M5	M6	M8	M10
螺距 P		0.4	0.45	0.5	0.6	0.7	0.8	1.0	1.25	1.5
a_{max}		0.8	0.9	1.0	1.2	1.4	1.6	2	2.5	3
b_{min}		25	25	25	38	38	38	38	38	38
d_k	GB/T 2672	4.0	5.0	5.6	7.0	8.0	9.5	12	16	20
	GB/T 2674	3.8	4.7	5.5	7.3	8.4	9.3	11.3	15.8	18.3
	GB/T 2671.1	3.8	4.5	5.5	6.0	7.0	8.5	10	13	16
d_a	GB/T 2672 GB/T 2671.1	2.6	3.1	3.6	4.1	4.7	5.7	6.8	9.2	11.2
k	GB/T 2672	1.6	2.1	2.4	2.6	3.1	3.7	4.6	6	7.5
	GB/T 2674	1.2	1.5	1.65	2.35	2.7	2.7	3.3	4.65	5
	GB/T 2671.1	1.55	1.85	2.4	2.6	3.1	3.65	4.4	5.8	6.9
r	GB/T 2674	0.5	0.6	0.85	0.9	1.0	1.3	1.5	2.0	2.5
	GB/T 2672 GB/T 2671.1	0.1	0.1	0.1	0.1	0.2	0.2	0.25	0.4	0.4
w	GB/T 2671.1	0.5	0.7	0.75	1.0	1.1	1.3	1.6	2	2.4
t	GB/T 2672	0.77	1.04	1.27	1.33	1.66	1.91	2.42	3.18	4.02
	GB/T 2674	0.77	1.04	1.15	1.53	1.80	2.03	2.42	3.31	3.81
	GB/T 2671.1	0.84	0.91	1.27	1.33	1.66	1.91	2.29	3.05	3.43
内六角花形槽号		6	8	10	15	20	25	30	45	50
A(参考值)		1.75	2.4	2.8	3.35	3.95	4.5	5.6	7.95	8.95
l	GB/T 2672 GB/T 2674	3~20	3~25	4~30	5~35	5~40	6~50	8~60	10~60	12~60
	GB/T 2671.1	3~20	3~25	4~30	5~35	5~40	6~50	8~60	10~80	12~80

注：长度 l 尺寸系列为 3、4、5、6~12（2 进位），(14)、16、20~50（5 进位），(55)、60、(65)、70、(75)、80。

6.3.5.2　紧定螺钉（见表 6-244~表 6-246）

表 6-244　开槽锥端、平端、凹端、长圆柱端紧定螺钉

（摘自 GB/T 71—1985、GB/T 73—1985、GB/T 74—1985、GB/T 75—1985）（单位：mm）

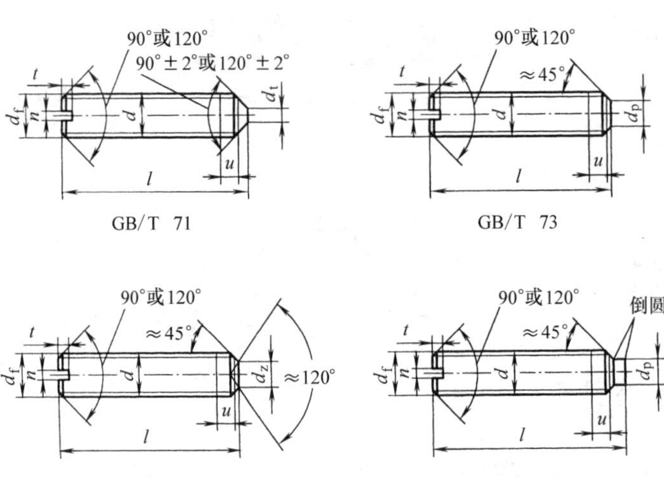

u（不完整螺纹的长度）$<2P$，P—螺距

标记示例：

螺纹规格 d=M5、公称长度 l=12mm、性能等级为 14H 级、表面氧化的开槽锥端紧定螺钉，标记为

螺钉　GB/T 71　M5×12

螺纹规格 d		M1.2	M1.6	M2	M2.5	M3	M4	M5	M6	M8	M10	M12
d_{fmax}		螺纹小径										
d_{pmax}		0.6	0.8	1.0	1.5	2.0	2.5	3.5	4.0	5.5	7.0	8.5
n（公称）		0.2	0.25		0.4		0.6	0.8	1	1.2	1.6	2
t	max	0.52	0.74	0.84	0.95	1.05	1.42	1.63	2	2.5	3	3.6
	min	0.4	0.56	0.64	0.72	0.8	1.12	1.28	1.6	2	2.4	2.8
d_{tmax}		0.12	0.16	0.2	0.25	0.3	0.4	0.5	1.5	2	2.5	3
z_{max}			1.05	1.25	1.5	1.75	2.25	2.75	3.25	4.3	5.3	6.3
d_{zmax}			0.8	1	1.2	1.4	2	2.5	3	5	6	8
l①	GB/T 71	2~6	2~8	3~10	3~12	4~16	6~20	8~25	8~30	10~40	12~50	14~60
	GB/T 73	2~6	2~8	2~10	2.5~12	3~16	4~20	5~25	6~30	8~40	10~50	12~60
	GB/T 74		2~8	2.5~10	3~12	3~16	4~20	5~25	6~30	8~40	10~50	12~60
	GB/T 75		2.5~8	3~10	4~12	5~16	6~20	8~25	8~30	10~40	12~50	14~60
性能等级	钢	14H、22H										
	不锈钢	A1-50										

① 长度系列为 2、2.5、3、4、5、6~12（2 进位），(14)、16、20~50（5 进位），(55)、60。

表 6-245　内六角平端、锥端、圆柱端、凹端紧定螺钉（摘自 GB/T 77—2007、GB/T 78—2007、GB/T 79—2007、GB/T 80—2007）　　（单位：mm）

GB/T　77

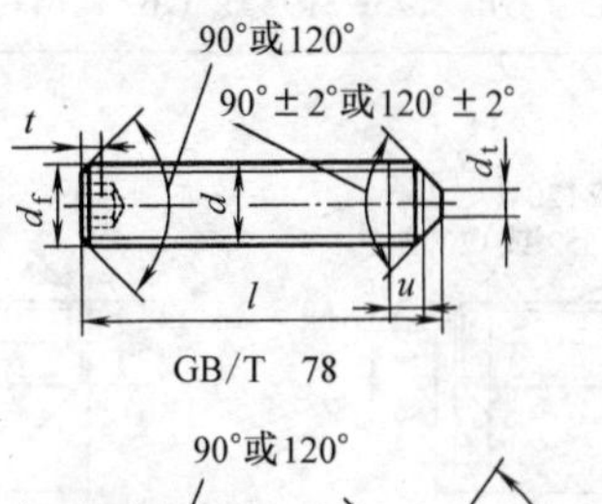

GB/T　78

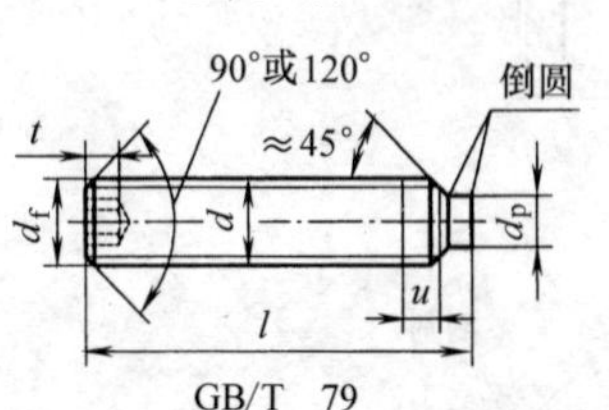

GB/T　79

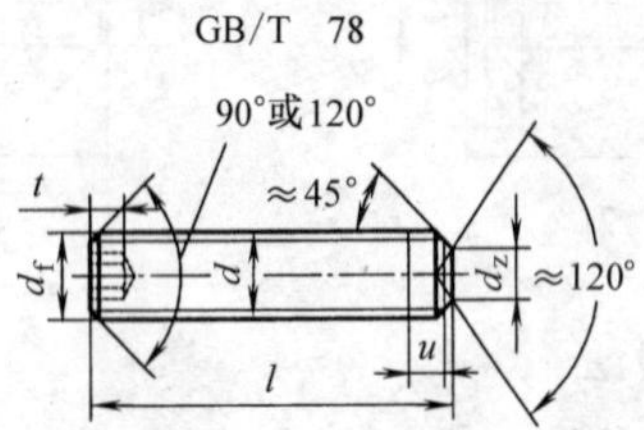

GB/T　80

内六角底部型式由制造者选择　　允许倒圆或制出沉孔

u（不完整螺纹的长度）$\leqslant 2P$

标记示例：

1）螺纹规格 d = M6、公称长度 l = 12mm、性能等级为 33H 级、表面氧化的内六角平端紧定螺钉，标记为

螺钉 GB/T 77　M6×12

2）螺纹规格 d = M6、公称长度 l = 12mm、z_{min} = 3mm（长圆柱端）、性能等级为 33H 级、表面氧化的内六角圆柱端紧定螺钉，标记为

螺钉 GB/T 78　M6×12

3）当采用短圆柱端时，应加 z 的标记（如 z_{min} = 1.5mm）为

螺钉　GB/T 79　M6×12×1.5

螺纹规格		d	M1.6	M2	M2.5	M3	M4	M5	M6	M8	M10	M12	M16	M20	M24
d_p		max	0.8	1.0	1.5	2.0	2.5	3.5	4.0	5.5	7.0	8.5	12.0	15.0	18.0
d_f		≈	螺纹小径												
e_{min}			0.809	1.011	1.454	1.733	2.30	2.87	3.44	4.58	5.72	6.86	9.15	11.43	13.72
s（公称）			0.7	0.9	1.3	1.5	2.0	2.5	3.0	4.0	5.0	6.0	8.0	10.0	12.0
t_{min}		①	0.7	0.8	1.2		1.5	2.0		3.0	4.0	4.8	6.4	8.0	10.0
		②	1.5	1.7	2.0		2.5	3.0	3.5	5.0	6.0	8.0	10.0	12.0	15.0
z	max	短圆柱端	0.65	0.75	0.88	1.0	1.25	1.5	1.75	2.25	2.75	3.25	4.3	5.3	6.3
		长圆柱端	1.05	1.25	1.5	1.75	2.25	2.75	3.25	4.3	5.3	6.3	8.36	10.36	12.43
	min	短圆柱端	0.4	0.5	0.63	0.75	1.0	1.25	1.5	2.0	2.5	3.0	4.0	5.0	6.0
		长圆柱端	0.8	1.0	1.25	1.5	2.0	2.5	3.0	4.0	5.0	6.0	8.0	10.0	12.0
d_{zmax}			0.8	1.0	1.2	1.4	2.0	2.5	3.0	5.0	6.0	8.0	10.0	14.0	16.0
d_{tmax}			0						1.5	2.0	2.5	3.0	4.0	5.0	6.0
l[3]		GB/T 77	2~8	2~10	2.5~12	3~16	4~20	5~25	6~30	8~40	10~50	12~60	16~60	20~60	25~60
		GB/T 78	2~8	2~10	2.5~12	3~16	4~20	5~25	6~30	8~40	10~50	12~60	16~60	20~60	25~60
		GB/T 79	2~8	2.5~10	3~12	4~16	5~20	6~25	8~30	8~40	10~50	12~60	14~60	20~60	25~60
		GB/T 80	2~8	2~10	2.5~12	3~16	4~20	5~25	6~30	8~40	10~50	12~60	16~20	20~60	25~60
性能等级		钢	45H												
		不锈钢	A1、A2、A3、A4、A5												
		非铁合金	CU2、CU3、AL4												

① 短螺钉的最小扳手啮合深度。

② 长螺钉的最小扳手啮合深度。

③ 长度系列为 2、2.5、3、4、5、6~12（2 进位），(14)、16、20~50（5 进位），(55)、60。

表 6-246　方头长圆柱球面端、凹端、长圆柱端、短圆柱锥端、平端紧定螺钉

（摘自 GB/T 83—1988、GB/T 84—1988、GB/T 85—1988、GB/T 86—1988、GB/T 821—1988）

（单位：mm）

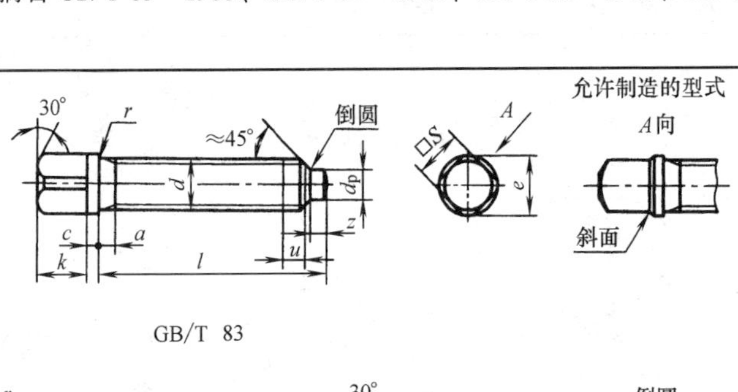

GB/T 83

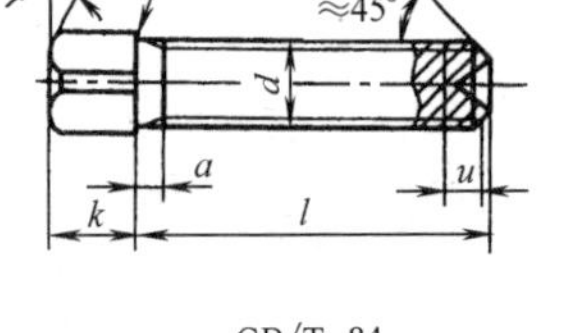

GB/T 84

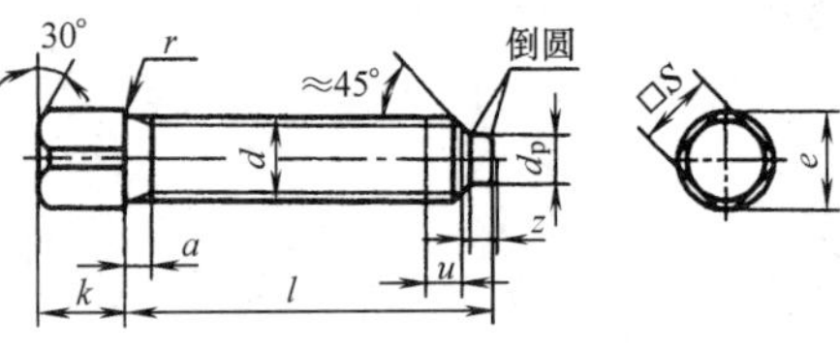

GB/T 85

标记示例：

螺纹规格 d=M10、公称长度 l=30mm、性能等级为 33H 级、表面氧化的方头长圆柱球面端紧定螺钉，标记为

螺钉　GB/T 83　M10×30

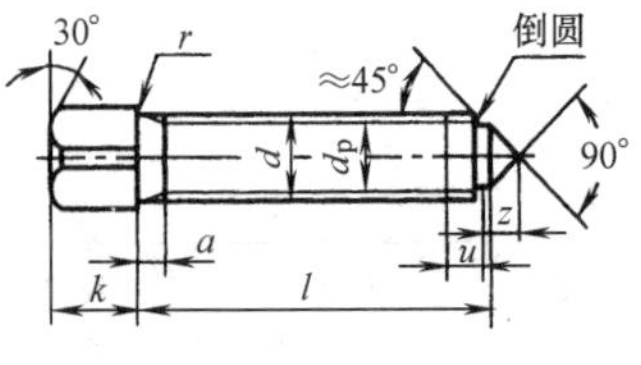

GB/T 86

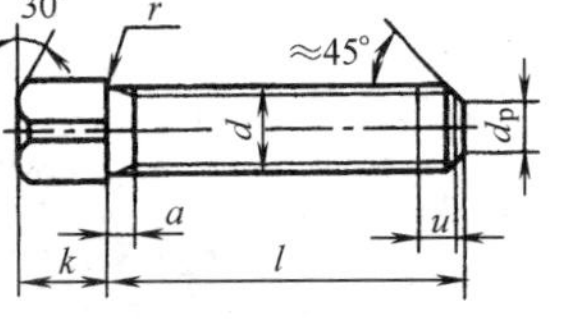

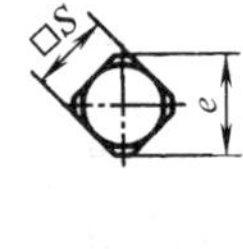

GB/T 821

螺纹规格 d		M5	M6	M8	M10	M12	M16	M20
d_{pmax}		3.5	4.0	5.5	7.0	8.5	12	15
e_{min}		6	7.3	9.7	12.2	14.7	20.9	27.1
S 公称		5	6	8	10	12	17	22
k 公称	GB/T 83			9	11	13	18	23
	GB/T 84 GB/T 85 GB/T 86 GB/T 821	5	6	7	8	10	14	18
c	≈			2	3		4	5
z_{min}	GB/T 83			4	5	6	8	10
	GB/T 85	2.5	3	4	5	6	8	10
	GB/T 86	3.5	4	5	6	7	9	11
d_z	max	2.5	3	5	6	7	10	13
	min	2.25	2.75	4.7	5.7	6.64	9.64	12.57
l①	GB/T 83			16~40	20~50	25~60	30~80	35~100
	GB/T 84	10~30	12~30	14~40	20~50	25~60	30~80	40~100
	GB/T 85 GB/T 86	12~30	12~30	14~40	20~50	25~60	25~80	40~100
	GB/T 821	8~30	8~30	10~40	12~50	14~60	20~80	40~100
性能等级	钢	33H、45H						
	不锈钢	A1-50、C4-50						
表面处理	钢	①氧化；②镀锌钝化						
	不锈钢	不经处理						

① 长度系列为 8、10、12、(14)、16、20~50（5 进位），(55)、60~100（10 进位）。

6.3.5.3 内六角螺钉（见表 6-247～表 6-250）

表 6-247 内六角圆柱头螺钉（摘自 GB/T 70.1—2008） （单位：mm）

允许制造的型式

标记示例：

螺纹规格 d=M5、公称长度 l=20mm、性能等级为 8.8 级、表面氧化的内六角圆柱头螺钉，标记为

螺钉 GB/T 70 M5×20

螺纹规格 d		M1.6	M2	M2.5	M3	M4	M5	M6	M8	M10	M12
b(参考)		15	16	17	18	20	22	24	28	32	36
d_{kmax}	光滑	3	3.8	4.5	5.5	7	8.5	10	13	16	18
	滚花	3.14	3.98	4.68	5.68	7.22	8.72	10.22	13.27	16.27	18.27
k_{max}		1.6	2	2.5	3	4	5	6	8	10	12
e_{min}		1.73		2.3	2.87	3.44	4.58	5.72	6.86	9.15	11.43
s(公称)		1.5		2	2.5	3	4	5	6	8	10
t_{min}		0.7	1	1.1	1.3	2	2.5	3	4	5	6
l①		2.5～16	3～20	4～25	5～30	6～40	8～50	10～60	12～80	16～100	20～120
螺纹规格 d		(M14)	M16	M20	M24	M30	M36	M42	M48	M56	M64
b 参考		40	44	52	60	72	84	96	108	124	140
d_{kmax}	光滑	21	24	30	36	45	54	63	72	84	96
	滚花	21.33	24.33	30.33	36.39	45.39	54.46	63.46	72.46	84.54	96.54
k_{max}		14	16	20	24	30	36	42	48	56	64
e_{min}		13.72	16.00	19.44	21.73	25.15	30.85	36.57	41.13	46.83	52.53
s 公称		12	14	17	19	22	27	32	36	41	46
t_{min}		7	8	10	12	15.5	19	24	28	34	38
l①		25～140	25～160	30～200	40～200	45～200	55～200	60～300	70～300	80～300	90～300
性能等级	钢	d<3：按协议；3mm≤d≤39mm：8.8，10.9，12.9；d>39：按协议									
	不锈钢	d≤24mm：A2-70～A5-70；24mm<d≤39mm：A2-50～A5-50；d>39mm：按协议									
表面处理	钢	①氧化；②镀锌钝化									
	不锈钢	简单处理									

注：尽可能不采用括号内规格。

① 长度系列 2.5、3、4、5、6～12（2 进位），(14)、16、20～70（5 进位），80～160（10 进位），180～300（20 进位）。

表 6-248　内六角平圆头螺钉（摘自 GB/T 70.2—2008）　（单位：mm）

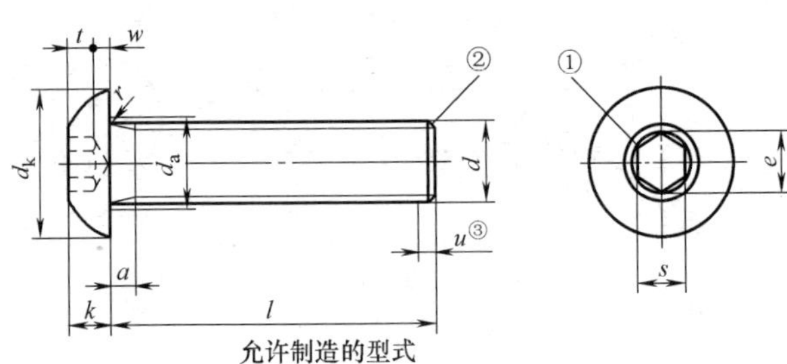

允许制造的型式

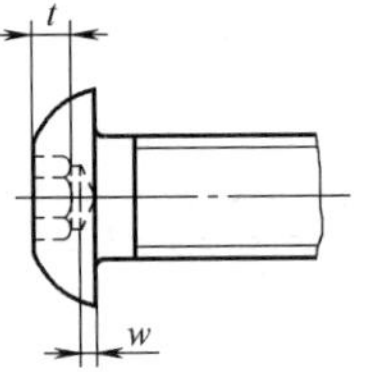

螺纹规格 d		M3	M4	M5	M6	M8	M10	M12	M16
P④		0.5	0.7	0.8	1	1.25	1.5	1.75	2
a	max	1.0	1.4	1.6	2	2.50	3.0	3.50	4
	min	0.5	0.7	0.8	1	1.25	1.5	1.75	2
d_{amax}		3.6	4.7	5.7	6.8	9.2	11.2	14.2	18.2
d_k	max	5.7	7.60	9.50	10.50	14.00	17.50	21.00	28.00
	min	5.4	7.24	9.14	10.07	13.57	17.07	20.48	27.48
e_{min}⑤		2.3	2.87	3.44	4.58	5.72	6.86	9.15	11.43
k	max	1.65	2.20	2.75	3.3	4.4	5.5	6.60	8.80
	min	1.40	1.95	2.50	3.0	4.1	5.2	6.24	8.44
r_{min}		0.1	0.2	0.2	0.25	0.4	0.4	0.6	0.6
s	公称	2	2.5	3	4	5	6	8	10
	max	2.080	2.58	3.080	4.095	5.140	6.140	8.175	10.175
	min	2.020	2.52	3.020	4.020	5.020	6.020	8.025	10.025
t_{min}		1.04	1.3	1.56	2.08	2.6	3.12	4.16	5.2
w_{min}		0.2	0.3	0.38	0.74	1.05	1.45	1.63	2.25
l		6~12	8~16	10~30	10~30	10~40	16~40	16~50	20~50
性能等级		8.8,10.9,12.9							

注：对切制内六角，当尺寸达到最大极限时，由于钻孔造成的过切不应超过内六角任何一面长度（t）的 20%。

① 内六角口部允许稍许倒圆或沉孔。

② 末端倒角，d≤M4 的为碾制末端，见 GB/T 2。

③ 不完整螺纹的长度 $u \leq 2P$。

④ P—螺距。

⑤ $e_{min}=1.14s_{min}$。

表 6-249 内六角沉头螺钉（摘自 GB/T 70.3—2008）（单位：mm）

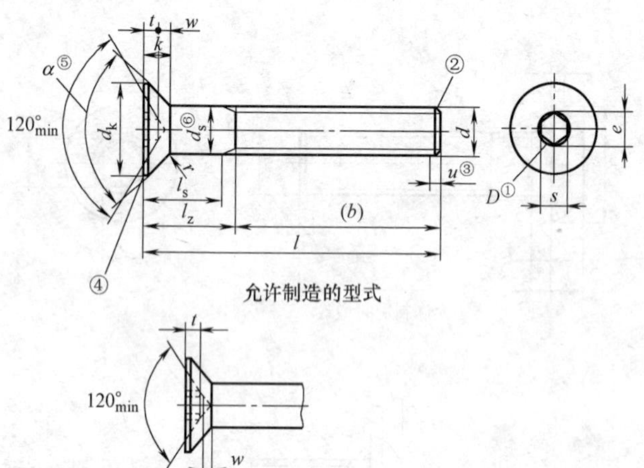

螺纹规格 d		M3	M4	M5	M6	M8	M10	M12	(M14)①	M16	M20
P⑦		0.5	0.7	0.8	1	1.25	1.5	1.75	2	2	2.5
b(参考)		18	20	22	24	28	32	36	40	44	52
d_{amax}		3.3	4.4	5.5	6.6	8.54	10.62	13.5	15.5	17.5	22
d_k	理论值 max	6.72	8.96	11.20	13.44	17.92	22.40	26.88	30.80	33.60	40.32
	实际值 min	5.54	7.53	9.43	11.34	15.24	19.22	23.12	26.52	29.01	36.05
d_s	max	3.00	4.00	5.00	6.00	8.00	10.00	12.00	14.0	16.00	20.00
	min	2.86	3.82	4.82	5.82	7.78	9.78	11.73	13.73	15.73	19.67
e_{min}⑧		2.3	2.87	3.44	4.58	5.72	6.86	9.15	11.43	11.43	13.72
k_{max}		1.86	2.48	3.1	3.72	4.96	6.2	7.44	8.4	8.8	10.16
F_{max}⑨		0.25	0.25	0.3	0.35	0.4	0.4	0.45	0.5	0.6	0.75
r_{min}		0.1	0.2	0.2	0.25	0.4	0.4	0.6	0.6	0.6	0.8
s⑩	公称	2	2.5	3	4	5	6	8	10	10	12
	max	2.080	2.58	3.080	4.095	5.140	6.140	8.175	10.175	10.175	12.212
	min	2.020	2.52	3.020	4.020	5.020	6.020	8.025	10.025	10.025	12.032
t_{min}		1.1	1.5	1.9	2.2	3	3.6	4.3	4.5	4.8	5.6
w_{min}		0.25	0.45	0.66	0.7	1.16	1.62	1.8	1.62	2.2	2.2
l		8~30	8~40	8~50	8~60	10~80	12~100	20~100	25~100	30~100	35~100
性能等级		8.8,10.9,12.9									

注：对切制内六角，当尺寸达到最大极限时，由于钻孔造成的过切，不应超过内六角任何一面长度（t）的 20%。

① 内六角口部允许稍许倒圆或沉孔。

② 末端倒角，$d \leqslant$ M4 的为碾制末端，见 GB/T 2。

③ 不完整螺纹的长度 $u \leqslant 2P$。

④ 头部棱边可以是圆的或平的，由制造者任选。

⑤ $\alpha = 90° \sim 92°$。

⑥ d_a 适用于规定了 l_{smin} 数值的产品。

⑦ P—螺距。

⑧ $e_{min} = 1.14 s_{min}$。

⑨ F 是头部的沉头公差。量规的 F 尺寸公差为：${}^{0}_{-0.01}$。

⑩ s 应用综合测量方法进行检验。

表 6-250　内六角花形圆柱头螺钉（摘自 GB/T 2671.2—2004）　（单位：mm）

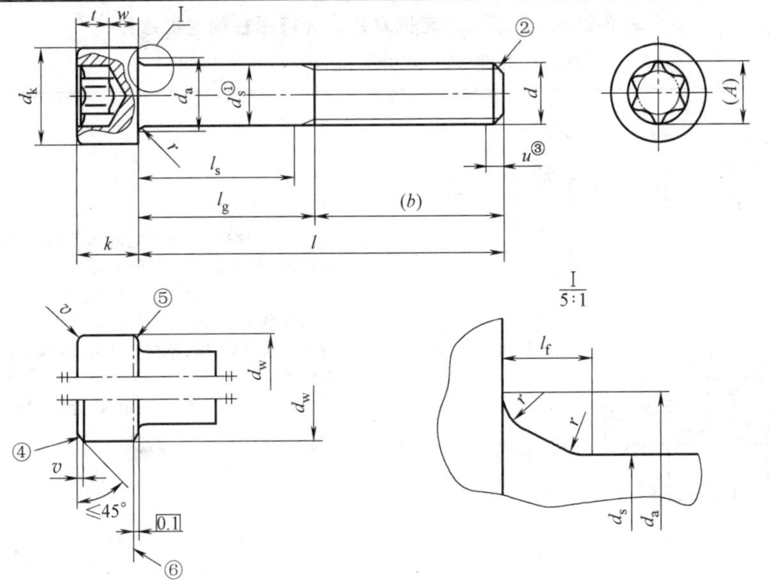

最大的头下圆角

$l_{fmax} = 1.7r_{max}$

$r_{max} = \frac{d_{amax} - d_{smax}}{2}$

螺纹规格 d			M2	M2.5	M3	M4	M5	M6	M8	M10	M12	(M14)	M16	(M18)	M20
螺距 P			0.4	0.45	0.5	0.7	0.8	1	1.25	1.5	1.75	2	2	2.5	2.5
b(参考)			16	17	18	20	22	24	28	32	36	40	44	48	52
d_k	max		3.80	4.50	5.50	7.00	8.50	10.00	13.00	16.00	18.00	21.00	24.00	27.00	30.00
	max		3.98	4.68	5.68	7.22	8.72	10.22	13.27	16.27	18.27	21.33	24.33	27.33	30.33
	min		3.62	4.32	5.32	6.78	8.28	9.78	12.73	15.73	17.73	20.67	23.67	26.67	29.67
$d_{a\,max}$			2.6	3.1	3.6	4.7	5.7	6.8	9.2	11.2	13.7	15.7	17.7	20.2	22.4
d_s	max		2.00	2.50	3.00	4.00	5.00	6.00	8.00	10.00	12.00	14.00	16.00	18.00	20.00
	min		1.86	2.36	2.86	3.82	4.82	5.82	7.78	9.78	11.73	13.73	15.73	17.73	19.67
$l_{f\,max}$			0.51	0.51	0.51	0.6	0.6	0.68	1.02	1.02	1.45	1.45	1.45	1.87	2.04
k	max		2.00	2.50	3.00	4.00	5.00	6.00	8.00	10.00	12.00	14.00	16.00	18.00	20.00
	min		1.86	2.36	2.86	3.82	4.82	5.7	7.64	9.64	11.57	13.57	15.57	17.57	19.48
r_{min}			0.1	0.1	0.1	0.2	0.2	0.25	0.4	0.4	0.6	0.6	0.6	0.6	0.8
v_{max}			0.2	0.25	0.3	0.4	0.5	0.6	0.8	1	1.2	1.4	1.6	1.8	2
$d_{w\,min}$			3.48	4.18	5.07	6.53	8.03	9.38	12.33	15.33	17.23	20.17	23.17	25.87	28.87
w_{min}			0.55	0.85	1.15	1.4	1.9	2.3	3.3	4	4.8	5.8	6.8	7.8	8.6
内六角花形	槽号 No.		6	8	10	20	25	30	45	50	55	60	70	80	90
	A(参考)		1.75	2.4	2.8	3.95	4.5	5.6	7.95	8.95	11.35	13.45	15.7	17.75	20.2
	t	max	0.84	1.04	1.27	1.80	2.03	2.42	3.31	4.02	5.21	5.99	7.01	8.00	9.20
		min	0.71	0.91	1.01	1.42	1.65	2.02	2.92	3.62	4.82	5.62	6.62	7.50	8.69
l⑦			2~20	4~25	5~30	6~40	8~50	10~60	12~80	16~100	20~120	25~140	25~160	30~180	30~200

注：尽可能不用括号内的规格。

① d_s 适用于规定了 l_{smin} 数值的产品。

② 末端倒角，或 $d \leqslant$ M4 的规格为碾制末端。

③ 不完整螺纹的长度 $u \leqslant 2P$。

④ 头的顶部棱边可以是圆的或倒角的，由制造者任选。

⑤ 底部棱边可以是圆的或倒角到 d_w，但均不得有毛刺。

⑥ d_w 的仲裁基准。

⑦ l 长度系列 3，4，5，6~12（2 进位），16，20~70（5 进位），80~160（10 进位），180，200。

6.3.5.4 定位和轴位螺钉（见表 6-251 ~ 表 6-253）

表 6-251 开槽锥端定位螺钉、开槽圆柱端定位螺钉

（摘自 GB/T 829—1988 和 GB/T 72—1988）（单位：mm）

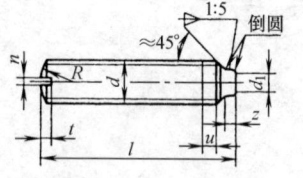

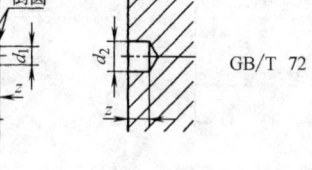

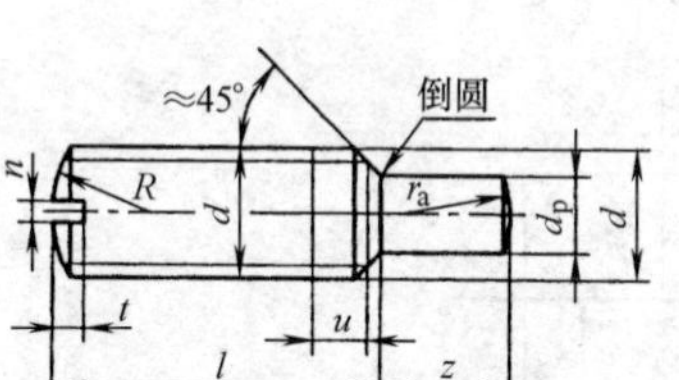

GB/T 72

GB/T 829

标记示例：

1）螺纹规格 d = M10、公称长度 l = 20mm、性能等级为 14H 级、不经表面处理的开槽锥端定位螺钉，标记为

螺钉 GB/T 72 M10×20

2）螺纹规格 d = M5、公称长度 l = 10mm、长度 z = 5mm、性能等级为 14H 级、不经表面处理的开槽圆柱端定位螺钉，标记为

螺钉 GB/T 829 M5×10×5

螺纹规格 d		M1.6	M2	M2.5	M3	M4	M5	M6	M8	M10	M12
d_{pmax}		0.8	1	1.5	2	2.5	3.5	4	5.5	7.0	8.5
n 公称		0.25		0.4		0.6	0.8	1	1.2	1.6	2
t_{max}		0.74	0.84	0.95	1.05	1.42	1.63	2	2.5	3	3.6
R ≈		1.6	2	2.5	3	4	5	6	8	10	12
d_1 ≈					1.7	2.1	2.5	3.4	4.7	6	7.3
d_2（推荐）					1.8	2.2	2.6	3.5	5	6.5	8
z	GB/T 72				1.5	2	2.5	3	4	5	6
	GB/T 829 范围	1~1.5	1~2	1.2~2.5	1.5~3	2~4	2.5~5	3~6	4~8	5~10	
	GB/T 829 系列	1, 1.2, 1.5, 2, 2.5, 3, 4, 5, 6, 8, 10									
l①	GB/T 72				4~16	4~20	5~20	6~25	8~35	10~45	12~50
	GB/T 829	1.5~3	1.5~4	2~5	2.5~6	3~8	4~10	5~12	6~16	8~20	
性能等级	钢	14H、33H									
	不锈钢	A1-50、C4-50									
表面处理	钢	①不经处理；②发蓝（仅用于 GB/T 72）；③镀锌钝化									
	不锈钢	不经处理									

注：尽可能不采用括号内规格。

① 长度系列为 1.5、2、2.5、3、4、5、6~12（2 进位），（14）、16、20~50（5 进位）。

表 6-252 开槽盘头定位螺钉（摘自 GB/T 828—1988）（单位：mm）

标记示例：

螺纹规格 d = M6、公称长度 l = 6mm、长度 z = 4mm、性能等级为 14H 级、不经表面处理的开槽盘头定位螺钉，标记为

螺钉 GB/T 828 M6×6×4

螺纹规格 d	M1.6	M2	M2.5	M3	M4	M5	M6	M8	M10
a_{max}	0.7	0.8	0.9	1.0	1.4	1.6	2.0	2.5	3.0
d_{kmax}	3.2	4.0	5.0	5.6	8.0	9.5	12.0	16.0	20.0
k_{max}	1.0	1.3	1.5	1.8	2.4	3.0	3.6	4.8	6.0
n（公称）	0.4	0.5	0.6	0.8	1.2		1.6	2	2.5

（续）

d_{Pmax}		0.8	1	1.5	2	2.5	3.5	4	5.5	7
t_{min}		0.35	0.5	0.6	0.7	1.0	1.2	1.4	1.9	2.4
r_e	≈	1.12	1.4	2.1	2.8	3.5	4.9	5.6	7.7	9.8
z	公称	1~1.5	1~2	1.2~2.5	1.5~3	2~4	2.5~5	3~6	4~8	5~10
	系列	1, 1.2, 1.5, 2, 2.5, 3, 4, 5, 6, 8, 10								
l①		1.5~3	1.5~4	2~5	2.5~6	3~8	4~10	5~12	6~16	8~20
性能等级	钢	14H、33H								
	不锈钢	A1-50、C4-50								
表面处理	钢	①不经处理；②镀锌钝化								
	不锈钢	不经处理								

注：尽可能不采用括号内规格。

① 长度系列为 1.5、2、2.5、3、4、5、6~12（2 进位），(14)、16、20。

表 6-253　开槽圆柱头螺钉、开槽无头轴位螺钉、开槽球面圆柱头轴位螺钉

（摘自 GB/T 830—1988、GB/T 831—1988 和 GB/T 946—1988）　　（单位：mm）

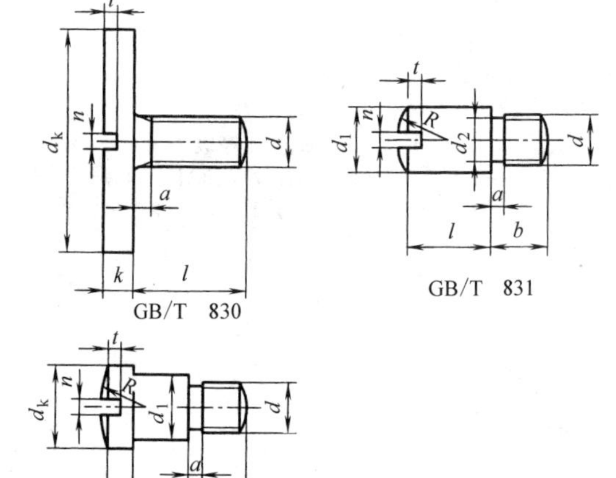

标记示例：

1）螺纹规格 d=M5、公称长度 l=10mm、性能等级为 8.8 级、不经表面处理的开槽圆柱头轴位螺钉，标记为

螺钉　GB/T 830 M5×10

2）d_1 按 f 9 制造时，应加标记 f 9：

螺钉　GB/T 830 M5f 9×10

3）螺纹规格 d=M5、公称长度 l=10mm、性能等级为 14H 级、不经表面处理的开槽无头轴位螺钉，标记为

螺钉　GB/T 831 M5×10

4）d_1 按 f 9 制造时，应加标记 f 9：

螺钉　GB/T 831 M5f 9×10

螺纹规格 d		M1.6	M2	M2.5	M3	M4	M5	M6	M8	M10
b		2.5	3	3.5	4	5	6	8	10	12
a	≈	1				1.5		2		3
d_1	max	2.48	2.98	3.47	3.97	4.97	5.97	7.96	9.96	11.95
	min	2.42	2.92	3.395	3.895	4.895	5.895	7.87	9.87	11.84
d_2		1.1	1.4	1.8	2.2	3	3.8	4.5	6.2	7.8
d_{kmax}		3.5	4	5	6	8	10	12	15	20
k_{max}	GB/T 830	1.32	1.52	1.82	2.1	2.7	3.2	3.74	5.24	6.24
	GB/T 946	1.2	1.6	1.8	2	2.8	3.5	4	5	6
n(公称)	GB/T 830 GB/T 946	0.4	0.5	0.6	0.8	1.2		1.6	2	2.5
	GB/T 831	0.4	0.5		0.6	0.8		1.2	1.6	2
t_{min}	GB/T 830	0.35	0.5	0.6	0.7	1	1.2	1.4	1.9	2.4
	GB/T 831 GB/T 946	0.6	0.7	0.9	1	1.4	1.7	2	2.5	3
R　≈	GB/T 831	2.5	3	3.5	4	5	6	8	10	12
	GB/T 946	3.5	4	5	6	8	10	12	15	20

（续）

螺纹规格 d		M1.6	M2	M2.5	M3	M4	M5	M6	M8	M10
l①	GB/T 830 GB/T 946	1~6	1~8		1~10		1~12	1~14	2~16	2~20
	GB/T 831	2~3	2~4	2~5	2.5~6	3~8	4~10	5~12	6~16	6~20
性能等级	钢	8.8(GB/T 830、GB/T 946);14H(GB/T 831)								
	不锈钢	A1-50、C4-50								
表面处理	钢	①不经处理;②镀锌钝化								
	不锈钢	不经处理								

注：尽可能不采用括号内规格。

① 长度系列为 1、1.2、1.6、2、2.5、3、4、5、6~12（2 进位），（14）、16、20。

6.3.5.5 不脱出螺钉（见表 6-254~表 6-256）

表 6-254 开槽盘头、沉头、半沉头不脱出螺钉（摘自 GB/T 837—1988、GB/T 948—1988、GB/T 949—1988）（单位：mm）

标记示例：

螺纹规格 d = M5、公称长度 l = 16mm、性能等级为 4.8 级、不经表面处理的开槽盘头不脱出螺钉，标记为

螺钉 GB/T 837 M5×16

螺纹规格 d		M3	M4	M5	M6	M8	M10
b		4	6	8	10	12	15
d_{kmax}	GB/T 837	5.6	8.0	9.5	12.0	16.0	20.0
	GB/T 948 GB/T 949	6.3	9.4	10.4	12.6	17.3	20.0
k_{max}	GB/T 837	1.8	2.4	3.0	3.6	4.8	6.0
	GB/T 948 GB/T 949	1.65	2.70		3.30	4.65	5.00
n(公称)		0.8	1.2		1.6	2.0	2.5
t_{min}	GB/T 837	0.7	1.0	1.2	1.4	1.9	2.4
	GB/T 948	0.6	1.0	1.1	1.2	1.8	2.0
	GB/T 949	1.2	1.6	2.0	2.4	3.2	3.8
d_1	max	2.0	2.8	3.5	4.5	5.5	7.0
l①		10~25	12~30	14~40	20~50	25~60	30~60
性能等级	钢	4.8					
	不锈钢	A1-50、C4-50					
表面处理	钢	①不经处理;②镀锌钝化					
	不锈钢	不经处理					

① 长度系列为 10、12、（14）、16、20~50（5 进位），（55）、60。

表 6-255　六角头不脱出螺钉（摘自 GB/T 838—1988）　　（单位：mm）

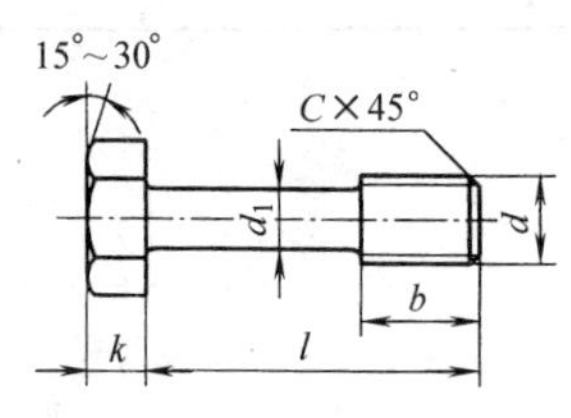

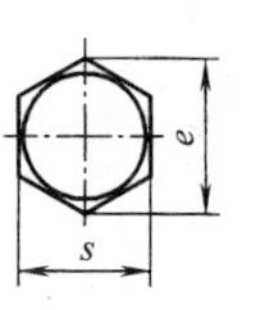

标记示例：

螺纹规格 d = M6、公称长度 l = 20mm、性能等级为 4.8 级、不经表面处理的六角头不脱出螺钉，标记为

螺钉　GB/T 838 M6×20

螺纹规格 d		M5	M6	M8	M10	M12	M14	M16
b		8	10	12	15	18	20	24
K（公称）		3.5	4	5.3	6.4	7.5	8.8	10
s_{max}		8	10	12	16	18	21	24
e_{min}		8.79	11.05	14.38	17.77	20.03	23.35	26.75
d_{1max}		3.5	4.5	5.5	7.0	9.0	11.0	12.0
l① 长度范围		14~40	20~50	25~65	30~80	30~100	35~100	40~100
性能等级	钢	4.8						
	不锈钢	A1-50、C4-50						
表面处理	钢	①不经处理；②镀锌钝化						
	不锈钢	不经处理						

① 长度系列为（14）、16、20~50（5 进位），（55）、60、（65）、70、75、80、90、100。

表 6-256　滚花头不脱出螺钉（摘自 GB/T 839—1988）　　（单位：mm）

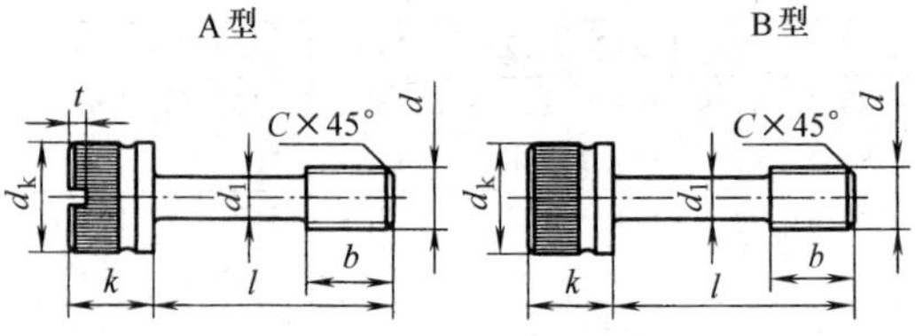

标记示例：

1）螺纹规格 d = M6、公称长度 l = 20mm、性能等级为 4.8 级、不经表面处理、按 A 型制造的滚花头不脱出螺钉，标记为

螺钉　GB/T 839 M6×20

2）按 B 型制造时，应加标记 B：

螺钉　GB/T 839 BM5×16

螺纹规格 d		M3	M4	M5	M6	M8	M10
b		4	6	8	10	12	15
d_k（滚花前）	max	5	8	9	11	14	17
k	max	4.5	6.5	7	10	12	13.5
n	公称	0.8	1.2		1.6	2	2.5
t	min	0.7	1.0	1.2	1.4	1.9	2.4
d_1	max	2.0	2.8	3.5	4.5	5.5	7.0
l①	长度范围	10~25	12~30	14~40	20~50	25~60	30~60
性能等级	钢	4.8					
	不锈钢	A1-50、C4-50					
表面处理	钢	①不经处理；②镀锌钝化					
	不锈钢	不经处理					

① 长度系列为 10、12、（14）、16、20~50（5 进位），（55）、60。

6.3.5.6　吊环螺钉（见表 6-257）

表 6-257　吊环螺钉（摘自 GB/T 825—1988）　　（单位：mm）

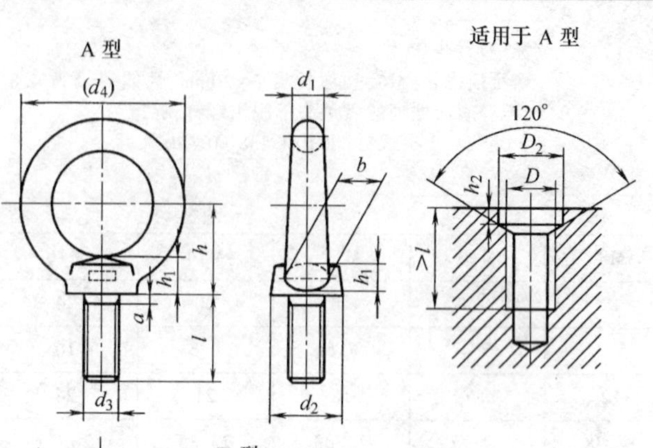

标记示例：

螺纹规格 d=M20、材料为 20 钢、经正火处理、不经表面处理的 A 型吊环螺钉，标记为

螺钉　GB/T 825 M20

规格 d		M8	M10	M12	M16	M20	M24	M30	M36	M42	M48	M56	M64	M72×6	M80×6	M100×6
d_1	max	9.1	11.1	13.1	15.2	17.4	21.4	25.7	30	34.4	40.7	44.7	51.4	63.8	71.8	79.2
	min	7.6	9.6	11.6	13.6	15.6	19.6	23.5	27.5	31.2	37.4	41.1	46.9	58.8	66.8	73.6
D_1	公称	20	24	28	34	40	48	56	67	80	95	112	125	140	160	200
	min	19	23	27	32.9	38.8	46.8	54.6	65.5	78.1	92.9	109.9	122.3	137	157	196.7
d_2	max	21.1	25.1	29.1	35.2	41.4	49.4	57.7	69	82.4	97.7	114.7	128.4	143.8	163.8	204.2
	min	19.6	23.6	27.6	33.6	69.3	47.6	55.5	66.5	79.2	94.1	111.1	123.9	138.8	158.8	198.6
l(公称)		16	20	22	28	35	40	45	55	65	70	80	90	100	115	140
d_2(参考)		36	44	52	62	72	88	104	123	144	171	196	221	260	296	350
h		18	22	26	31	36	44	53	63	74	87	100	115	130	150	175
a_{max}		2.5	3	3.5	4	5	6	7	8	9	10	11	12			
a_{1max}		3.75	4.5	5.25	6	7.5	9	10.5	12	13.5	15	16.5	18			
b		10	12	14	16	19	24	28	32	38	46	50	58	72	80	88
d_3	公称(max)	6	7.7	9.4	13	16.4	19.6	25	30.8	34.6	41	48.3	55.7	63.7	71.7	91.7
	min	5.82	7.48	9.18	12.73	16.13	19.27	24.67	29.91	35.21	40.61	47.91	55.24	63.24	17.24	91.16
D		M8	M10	M12	M16	M20	M24	M30	M36	M42	M48	M56	M64	M72×6	M80×6	M100×6
D_2	公称(min)	13	15	17	22	28	32	38	45	52	60	68	75	85	95	115
	max	13.43	15.43	17.52	22.52	28.52	32.62	38.62	45.62	52.74	60.74	68.74	75.74	85.87	95.87	115.87
h_2	公称(min)	2.5	3	3.5	4.5	5	7	8	9.5	10.5	11.5	12.5	13.5	14		
	max	2.9	3.4	3.98	4.98	5.48	7.58	8.58	40.08	11.2	12.2	13.2	14.2	14.7		

（续）

规格 d	M8	M10	M12	M16	M20	M24	M30	M36	M42	M48	M56	M64	M72×6	M80×6	M100×6
单螺钉最大起吊质量/t	0.16	0.25	0.40	0.63	1	1.6	2.5	4	6.3	8	10	16	20	25	40
材料	20 钢、25 钢														
表面处理	一般不进行表面处理。根据使用要求，可进行镀锌钝化、镀铬，电镀后应立即进行驱氢处理														

6.3.5.7 滚花螺钉（见表 6-258～表 6-260）

表 6-258　滚花高头螺钉和滚花平头螺钉

（摘自 GB/T 834—1988 和 GB/T 835—1988）　　（单位：mm）

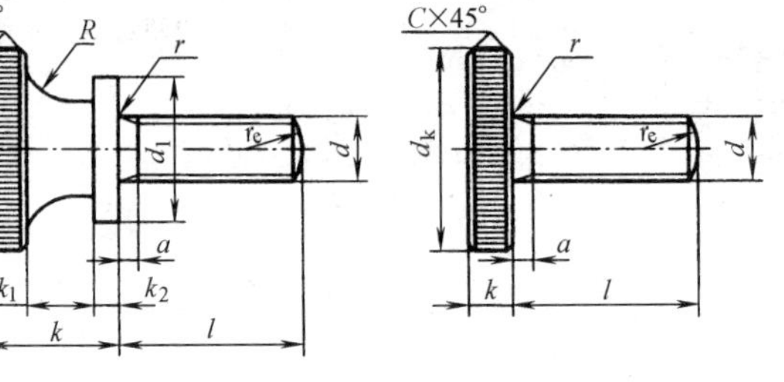

标记示例：

螺纹规格 d=M5、公称长度 l=20mm、性能等级为 4.8 级、不经表面处理的滚花高头螺钉和滚花平头螺钉，分别标记为

螺钉　GB/T 834 M5×20

螺钉　GB/T 835 M5×20

螺纹规格 d		M1.6	M2	M2.5	M3	M4	M5	M6	M8	M10
d_{kmax}		7	8	9	11	12	16	20	24	30
k_{max}	GB/T 834	4.7	5	5.5	7	8	10	12	16	20
	GB/T 835	2		2.2	2.8	3	4	5	6	8
k_1		2		2.2	2.8	3	4	5	6	8
k_2		0.8	1		1.2	1.5	2	2.5	3	3.8
R	≈	1.25		1.5	2		2.5	3	4	5
r_{min}		0.1				0.2		0.25	0.4	
r_e		2.24	2.8	3.5	4.2	5.6	7	8.4	11.2	14
d_1		4	4.5	5	6	8	10	12	16	20
l①长度范围	GB/T 834	2～8	2.5～10	3～12	4～16	5～16	6～20	8～25	10～30	12～35
	GB/T 835	2～12	4～16	5～16	6～20	8～25	10～25	12～30	16～35	20～45
性能等级	钢	4.8								
	不锈钢	A1-50、C4-50								
表面处理	钢	①不经处理；②镀锌钝化								
	不锈钢	不经处理								

① 长度系列为 2、2.5、3、4、5、6、8、10、12、(14)、16、20～45（5 进位）。

表 6-259　滚花小头螺钉（摘自 GB/T 836—1988）　　（单位：mm）

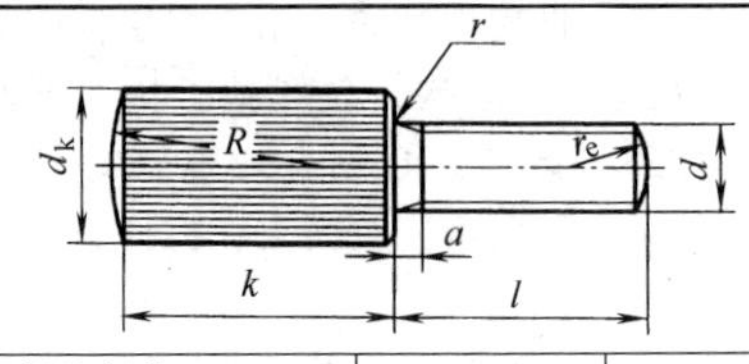

标记示例：

螺纹规格 d=M5、公称长度 l=20mm、性能等级为 4.8 级、不经表面处理的滚花小头螺钉，标记为

螺钉　GB/T 836 M5×20

螺纹规格 d		M1.6	M2	M2.5	M3	M4	M5	M6
d_k	max	3.5	4	5	6	7	8	10
k	max	10	11		12		13	
R	≈	4		5	6	8		10
r	min	0.1				0.2		0.25

（续）

螺纹规格 d		M1.6	M2	M2.5	M3	M4	M5	M6
r_e		2.24	2.8	3.5	4.2	5.6	7	8.4
l①	长度范围	3~16	4~20	5~20	6~25	8~30	10~35	12~40
性能等级	钢	4.8						
	不锈钢	A1-50、C4-50						
表面处理	钢	①不经处理；②镀锌钝化						
	不锈钢	不经处理						

① 长度系列为 3、4、5、6、8、10、12、(14)、16、20~40（5 进位）。

表 6-260　塑料滚花螺钉（摘自 GB/T 840—1988）　（单位：mm）

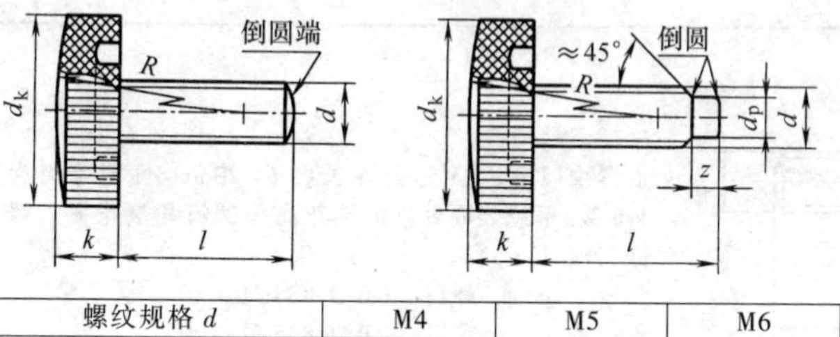

标记示例：

1）螺纹规格 d=M10、公称长度 l=30mm、性能等级为 14H 级、表面氧化、按 A 型制造的塑料滚花头螺钉，标记为

螺钉　GB/T 840 M10×30

2）按 B 型制造时，应加标记 B：

螺钉　GB/T 840 M10×30

螺纹规格 d		M4	M5	M6	M8	M10	M12	M16
d_k	max	12	16	20	25	28	32	40
k	max	5	6		8		10	12
d_P	max	2.5	3.5	4	5.5	7	8.5	12
z	min	2	2.5	3	4	5	6	8
R	≈	25	32	40	50	55	65	80
l①	长度范围	8~30	10~40	12~40	16~45	20~60	25~60	30~80
材料		头部用 ABS 塑料或供需双方协议允许的其他材料。A 型 Q215、Q235；B 型 35 钢						
表面处理	钢	①氧化；②镀锌钝化						

① 长度系列为 8、10、12、16、20~50（5 进位），60、70、80。

6.3.6　自攻螺钉和木螺钉

自攻螺钉在扳拧过程中靠坚硬的螺纹在被连接零件的预制光孔（自钻自攻螺钉靠自身的钻头状末端钻出光孔）内攻出螺纹，达到连接和紧固的目的。木螺钉的工作原理和自攻螺钉基本一致，只是一般不进行热处理，适合拧入木制或其他较软的零件。由于不需事先在零件上制出内螺纹，省去了攻螺纹的工序，大大提高了加工和装配的效率，降低了使用成本，而且螺钉螺纹和内螺纹配合紧密，紧固效果较好。自攻螺钉包括自攻螺钉、自攻锁紧螺钉和自钻自攻螺钉。

自攻螺钉采用自攻螺钉专用螺纹，为了便于攻螺纹，其螺纹牙宽小于牙间宽度，并要求心部较软，表面经淬硬处理。自攻螺钉的头部形式分为盘头、沉头、半沉头和六角头；扳拧形式分为开槽、十字槽、六角和内六角花形；末端形式分为锥端（C 型）和平端（F 型）。

自攻锁紧螺钉螺纹具有弧形三角截面。螺钉经表面淬硬，可拧入黑色或有色金属材料的预制光孔内，挤压形成符合普通螺纹结构尺寸的内螺纹。在拧入过程中，由于其横截面上为三个榫形凸起，使局部压应力较高，降低了拧入扭矩。攻螺纹的过程结束，弹性变形在楔面两侧得到恢复，产生较大的拧出阻力。这种螺钉具有低拧入力矩、高锁紧性能，比自攻螺钉具有更好的工作性能。在拧出自攻锁紧螺钉后，所形成的螺纹仍可拧入机器螺钉。自攻锁紧螺钉的关部形式分为盘头、沉头、半沉头、六角头和圆柱头；扳拧形式分为十字槽、内六角花形和六角。受十字槽扳拧扭矩的限制，十字槽自攻锁紧螺钉规格较小（M2.5~M6），用于连接强度相对较低的部位；内六角花形及六角头自攻锁紧螺钉规格较大（M6~M12），可承受较大的扳拧扭矩。

自钻自攻螺钉的末端为钻头状，安装时，先由钻头末端钻出底孔，再攻出螺纹，用于多层板件的连接或大型面板（屋顶）结构，现场施工特别方便，具有良好的综合经济效益。自钻自攻螺钉头型分为盘头、沉头、半沉头和六角法兰面头；扳拧形式分为十字槽和六角。

木螺钉采用木螺钉专用螺纹，其螺纹牙宽小于牙间宽度。木螺钉的头部形式分为圆、沉头、半沉头和六角头；扳拧形式分为开槽、十字槽和六角；末端型式按其加工成形方法分为车螺纹、搓螺纹和铣螺纹，目前以车螺纹产品居多。

6.3.6.1　自攻螺钉（见表 6-261 ~ 表 6-266）

表 6-261　十字槽盘头、沉头和半沉头自攻螺钉

（摘自 GB/T 845—1985、GB/T 846—1985 和 GB/T 847—1985）　　（单位：mm）

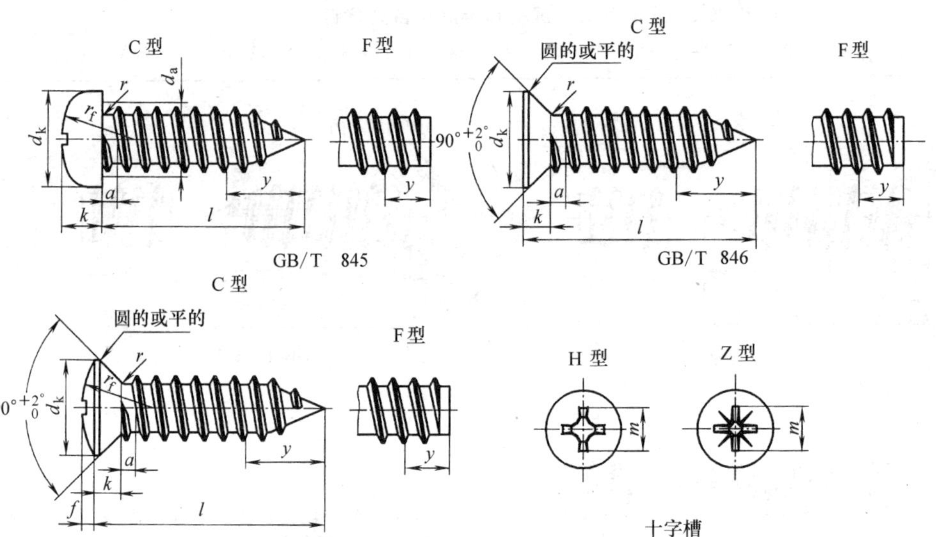

标记示例：

螺纹规格 ST3.5、公称长度 l=16mm、H 型槽、表面镀锌钝化的 C 型十字槽盘头自攻螺钉，标记为

自攻螺钉　GB/T 845 ST 3.5×16

螺纹规格				ST2.2	ST2.9	ST3.5	ST4.2	ST4.8	ST5.5	ST6.3	ST8	ST9.5
螺距 P				0.8	1.1	1.3	1.4	1.6	1.8		2.1	
a	max			0.8	1.1	1.3	1.4	1.6	1.8		2.1	
d_{kmax}	GB/T 845			4	5.6	7	8	9.5	11	12	16	20
	GB/T 846 GB/T 847			3.8	5.5	7.3	8.4	9.3	10.3	11.3	15.8	18.3
k_{max}	GB/T 845			1.6	2.4	2.6	3.1	3.7	4	4.6	6	7.5
	GB/T 846 GB/T 847			1.1	1.7	2.35	2.6	2.8	3	3.15	4.65	5.25
y(参考)	C 型			2	2.6	3.2	3.7	4.3	5	6	7.5	8
	F 型			1.6	2.1	2.5	2.8	3.2	3.6		4.2	
十字槽槽号　No				0	1	2			3		4	
十字槽插入深度	H 型	GB/T 845	min	0.85	1.4		1.9	2.4	2.6	3.1	4.15	5.2
			max	1.2	1.8	1.9	2.4	2.9	3.1	3.6	4.7	5.8
	Z 型		min	0.95	1.45	1.5	1.95	2.3	2.55	3.05	4.05	5.25
			max	1.2	1.75	1.9	2.35	2.75	3	3.5	4.5	5.7
	H 型	GB/T 846	min	0.9	1.7	1.9	2.1	2.7	2.8	3	4	5.1
			max	1.2	2.1	2.4	2.6	3.2	3.3	3.5	4.6	5.7
	Z 型		min	0.95	1.6	1.75	2.05	2.6	2.75	3	4.15	5.2
			max	1.2	2	2.2	2.5	3.05	3.2	3.45	4.6	5.56
	H 型	GB/T 847	min	1.2	1.8	2.25	2.7	2.9	2.95	3.5	4.75	5.5
			max	1.5	2.2	2.75	3.2	3.4	3.45	4	5.25	6
	Z 型		min	1.15	1.8	2.25	2.65	2.9	2.95	3.4	4.75	5.6
			max	1.4	2.1	2.7	3.1	3.35	3.4	3.85	5.2	6.05
l[①] 长度范围	GB/T 845			4.5~16	6.5~19	9.5~25	9.5~32	9.5~38	13~38		16~50	
	GB/T 846 GB/T 847			4.5~16	6.5~19	9.5~25	9.5~32		13~38		16~50	

（续）

螺纹规格	ST2.2	ST2.9	ST3.5	ST4.2	ST4.8	ST5.5	ST6.3	ST8	ST9.5
性能等级	见表 6-143								
表面处理	镀锌钝化								

① 长度系列为 4.5、6.5、9.5、13、16、19、22、25、32、38、45、50。

表 6-262　开槽盘头、沉头和半沉头自攻螺钉

（摘自 GB/T 5282—1985、GB/T 5283—1985、GB/T 5284—1985）　　（单位：mm）

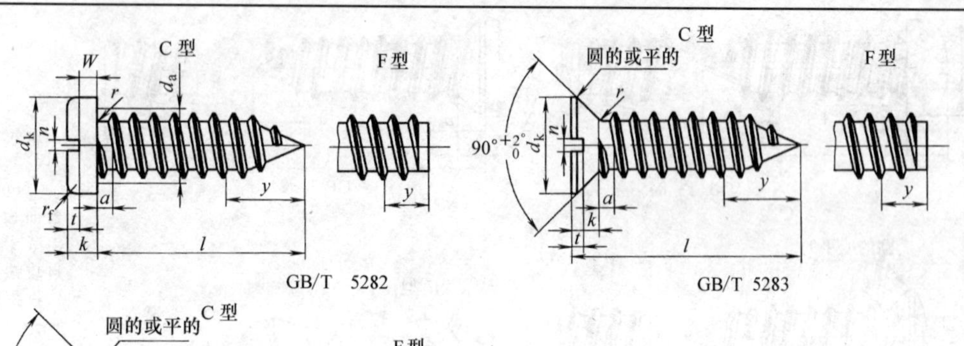

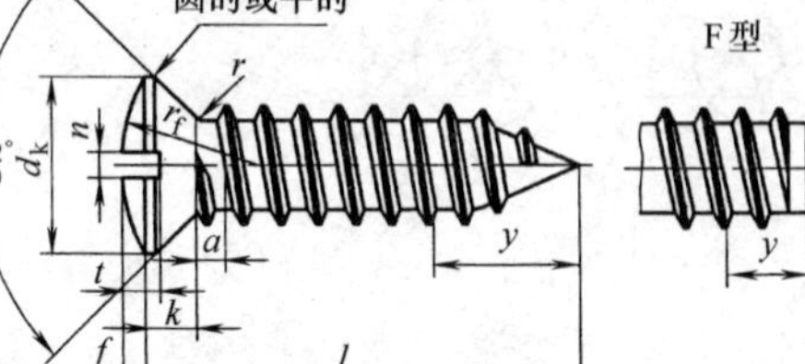

GB/T 5284

标记示例：

螺纹规格 ST 3.5、公称长度 l = 16mm、H 型槽、表面镀锌钝化的 C 型开槽盘头自攻螺钉标记为

自攻螺钉　BG/T 5282　ST 3.5×16

螺纹规格		ST2.2	ST2.9	ST3.5	ST4.2	ST4.8	ST5.5	ST6.3	ST8	ST9.5
螺距 P		0.8	1.1	1.3	1.4	1.6	1.8		2.1	
a	max	0.8	1.1	1.3	1.4	1.6	1.8		2.1	
d_{kmax}	GB/T 5282	4	5.6	7	8	9.5	11	12	16	20
	GB/T 5283 GB/T 5284	3.8	5.5	7.3	8.4	9.3	10.3	11.3	15.8	18.3
k_{max}	GB/T 5282	1.6	2.4	2.6	3.1	3.7	4	4.6	6	7.5
	GB/T 5283 GB/T 5284	1.1	1.7	2.35	2.6	2.8	3	3.15	4.65	5.25
n	公称	0.5	0.8	1	1.2		1.6		2	2.5
t_{min}	GB/T 5282	0.5	0.7	0.8	1	1.2	1.3	1.4	1.9	2.4
	GB/T 5283	0.4	0.6	0.9	1	1.1		1.2	1.8	2
	GB/T 5284	0.8	1.2	1.4	1.6	2	2.2	2.4	3.2	3.8
y（参考）	C 型	2	2.6	3.2	3.7	4.3	5	6	7.5	8
	F 型	1.6	2.1	2.5	2.8	3.2	3.6		4.2	
l[①] 长度范围	GB/T 5282	4.5~16	6.5~19	6.5~22	9.5~25	9.5~32	13~32	13~38	16~50	
	GB/T 5283	4.5~16	6.5~19	9.5~25	9.5~32		16~38		19~50	22~50
	GB/T 5284	4.5~16	6.5~19	9.5~22	9.5~25	9.5~32	13~32	13~38	16~50	19~50
性能等级		见表 6-143								
表面处理		镀锌钝化								

① 长度系列为 4.5、6.5、9.5、13、16、19、22、25、32、38、45、50。

表 6-263　六角头自攻螺钉和十字槽凹穴六角头自攻螺钉

（摘自 GB/T 5285—1985、GB/T 9456—1988）　　（单位：mm）

标记示例：

螺纹规格 ST 3.5、公称长度 l = 16mm、表面镀锌钝化的 C 型六角头自攻螺钉，标记为

自攻螺钉　GB/T 5285　ST 3.5×16

螺纹规格			ST2.2	ST2.9	ST3.5	ST4.2	ST4.8	ST5.5	ST6.3	ST8	ST9.5
螺距 P			0.8	1.1	1.3	1.4	1.6	1.8		2.1	
a	max		0.8	1.1	1.3	1.4	1.6	1.8		2.1	
s	max		3.2	5	5.5	7	8		10	13	16
e	min		3.38	5.4	5.96	7.59	8.71		10.95	14.26	17.62
k	max		1.3	2.3	2.6	3	3.8	4.1	4.7	6	7.5
十字槽 H 型				1	2				3		
	插入深度	min		0.95	0.91	1.40	1.80		2.36	3.20	
		max		1.32	1.43	1.90	2.33		2.86	3.86	
y（参考）	C 型		2	2.6	3.2	3.7	4.3	5	6	7.5	8
	F 型		1.6	2.1	2.5	2.8	3.2	3.6		4.2	
l[①]长度范围	GB/T 5285		4.5~16	6.5~19	6.5~22	9.5~25	9.5~32	13~32	13~38	13~50	16~50
	GB/T 9456			6.5~19	9.5~22	9.5~25	9.5~32		13~38	13~50	
性能等级			见表 6-143								
表面处理			镀锌钝化								

① 长度系列为 4.5、6.5、9.5、13、16、19、22、25、32、38、45、50。

表 6-264　六角凸缘自攻螺钉（摘自 GB/T 16824.1—2016）和六角法兰面自攻螺钉（摘自 GB/T 16824.2—2016）　（单位：mm）

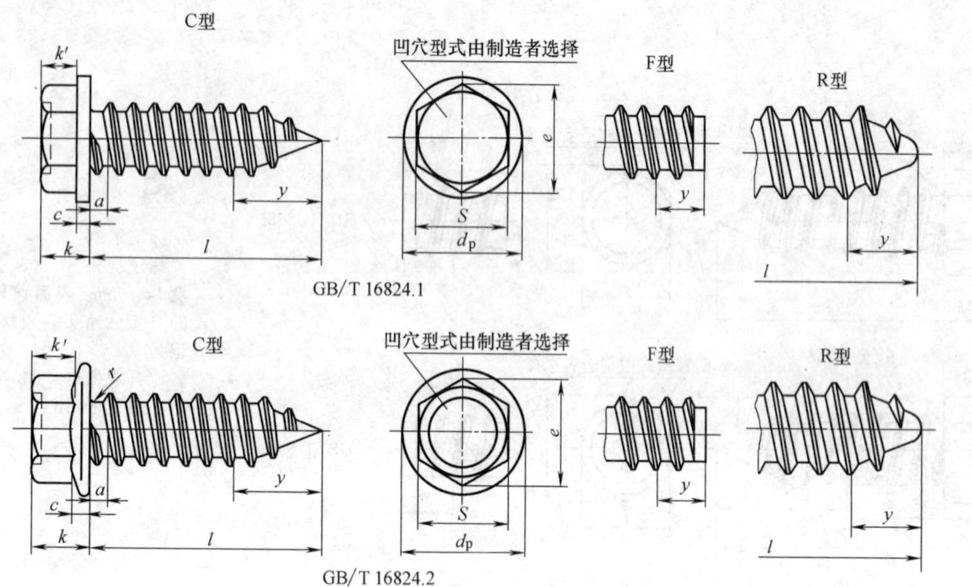

标记示例：

螺纹规格为 ST3.5、公称长度 l=16mm、钢机械性能按 GB/T 3098.5、C 型末端、表面镀锌（A3L；镀锌、厚度 8μm、光亮、黄彩虹铬酸盐处理）、产品等级 A 级的六角凸缘自攻螺钉的标记为

自攻螺钉 GB/T 16824.1 ST 3.5×16

螺纹规格为 ST3.5、公称长度 l=16mm、不锈钢机械性能按 A4-20H（GB/T 3098.21）、R 型末端、表面简单处理、产品等级 A 级的六角凸缘自攻螺钉的标记为

自攻螺钉 GB/T 16824.1　ST 3.5×16 A4-20H R

尺寸 a 是从第一扣完整螺纹的小径处测量。

螺纹规格		ST2.2	ST2.9	ST3.5	ST3.9	ST4.2	ST4.8	ST5.5	ST6.3	ST8	ST9.5
螺距 P		0.8	1.1	1.3		1.4	1.6	1.8		2.1	
a	max	0.8	1.1	1.3		1.4	1.6	1.8		2.1	
d_p max	GB/T 16824.1	4.2	6.3	8.3		8.8	10.5	11.0	13.5	18.0	—
	GB/T 16824.2	4.5	6.4	7.5	—	8.5	10.0	11.2	12.8	16.8	21.0
c min	GB/T 16824.1	0.25	0.4	0.6		0.8	0.9	1.0		1.2	—
	GB/T 16824.2	0.3	0.4	0.5	—	0.6		0.8	1	1.2	1.4
s max	GB/T 16824.1	3.0	4.0	5.5		7.0	8.0		10.0	13.0	—
	GB/T 16824.2	3.0	4.0	5.0	—	5.0	7.0		8.0	10.0	13.0
e min	GB/T 16824.1	3.2	4.28	5.96		7.59	8.71		10.95	14.26	—
	GB/T 16824.2	3.16	4.27	5.36	—	5.92	7.55		8.66	10.89	14.16
k max	GB/T 16824.1	2.0	2.8	3.4		4.1	4.3	5.4	5.9	7.0	—
	GB/T 16824.2	2.2	3.2	3.8	—	4.3	5.2	6	6.7	8.6	10.7
k' min	GB/T 16824.1	0.9	1.3	1.5		1.8	2.2	2.7	3.1	3.3	—
	GB/T 16824.2	0.85	1.25	1.6	—	1.8	2.2	2.5	2.8	3.7	4.6
y（参考）	C 型	2	2.6	3.2	3.5	3.7	4.3	5	6	7.5	8
	F 型	1.6	2.1	2.5	2.7	2.8	3.2	3.6		4.2	
l[①]长度范围	GB/T 16824.1	4.5~19	6.5~19	6.5~22	9.5~25		9.5~32	13~38	13~50	16~50	—
	GB/T 16824.2	4.5~16	6.5~19	9.5~22	—	9.5~25	9.5~32	13~38		16~50	19~50
性能等级	钢	GB/T 3098.5									
	不锈钢	A2-20H、A4-20H、A5-20H									
表面处理	钢	①不经处理；②电镀；③非电解锌片涂层									
	不锈钢	①简单处理；②钝化处理									

① 长度系列：4.5、6.5、9.5、13（3 进位）25、32、38、45、50。

表 6-265　十字槽自攻螺钉（摘自 GB/T 13806.2—1992）　（单位：mm）

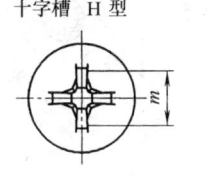

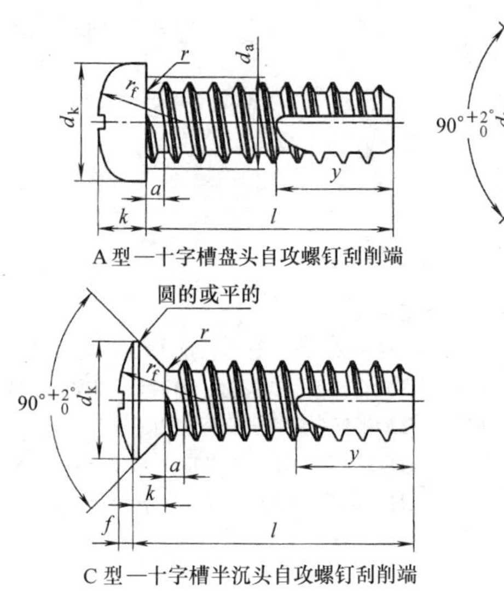

标记示例：

螺纹规格 ST2.2、公称长度 l = 6mm、镀锌钝化的 A 型—十字槽盘头自攻螺钉刮削端，标记为

自攻螺钉　GB/T 13806.2　ST 2.2×6

螺纹规格				ST1.5	(ST1.9)	ST2.2	(ST2.6)	ST2.9	ST3.5	ST4.2
螺　距　P				0.5	0.6	0.8	0.9	1.1	1.3	1.4
a	max			0.5	0.6	0.8	0.9	1.1	1.3	1.4
d_{kmax}	A 型			2.8	3.5	4.0	4.3	5.6	7.0	8.0
	B、C 型			2.8	3.5	3.8	4.8	5.5	7.3	8.4
k_{max}	A 型			0.9	1.1	1.6	2.0	2.4	2.6	3.1
	B、C 型			0.8	0.9	1.1	1.4	1.7	2.35	2.6
L_n	max			0.7	0.9	1.6		2.1	2.5	2.8
十字槽槽号 No				0			1		2	
十字槽插入深度	H 型	A 型	min	0.5	0.7	0.85	1.1	1.4		1.95
			max	0.7	0.9	1.2	1.5	1.8	1.9	2.35
		B 型	min	0.7	0.8	0.9	1.3	1.7	1.9	2.1
			max	0.9	1.0	1.2	1.6	2.1	2.4	2.6
		C 型	min	0.9	1.0	1.2	1.4	1.8	2.25	
			max	1.1	1.2	1.5	1.8	2.2	2.75	
l[①]长度范围				4~8		4.5~10	4.5~16	4.5~20	7~25	
性能等级				见表 6-143						
表面处理				镀锌钝化						

注：尽可能不采用括号内规格。

① 长度系列为 4、(4.5)、5、(5.5)、6、(7)、8、(9.5)、10、13、16、20、(22)、25。

表 6-266　内六角花形盘头螺钉（摘自 GB/T 2670.1—2004）、**内六角花形沉头螺钉**（摘自 GB/T 2670.2—2004）、**内六角花形半沉头螺钉**（摘自 GB/T 2670.3—2004）（单位：mm）

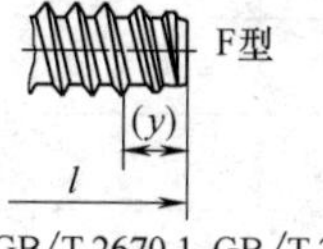

GB/T 2670.1

GB/T 2670.2

GB/T 2670.3

GB/T 2670.1、GB/T 2670.2和GB/T 2670.3 F、R型末端

标记示例：

螺纹规格 ST3.5、公称长度 l=16mm、表面镀锌的 C 型内六角花形盘头螺钉、内六角花形沉头螺钉和内六角花形半沉头螺钉分别标记为

自攻螺钉　GB/T 2670.1　ST 3.5×16

自攻螺钉　GB/T 2670.2　ST 3.5×16

自攻螺钉　GB/T 2670.3　ST 3.5×16

螺纹规格			ST2.9	ST3.5	ST4.2	ST4.8	ST5.5	ST6.3
螺距 P			1.1	1.3	1.4	1.6	1.8	1.8
a	max		1.1	1.3	1.4	1.6	1.8	1.8
d_k 公称=max	GB/T 2670.1		5.6	7	8	9.5	11	12
	GB/T 2670.2		5.5	7.3	8.4	9.3	10.3	11.3
	GB/T 2670.3		5.5	7.3	8.4	9.3	10.3	11.3
k max	GB/T 2670.1		2.4	2.6	3.1	3.7	4	4.6
	GB/T 2670.2		1.7	2.35	2.6	2.8	3	3.15
	GB/T 2670.3		1.7	2.35	2.6	2.8	3	3.15
f≈	GB/T 2670.3		0.7	0.8	1	1.2	1.3	1.4
r_f≈	GB/T 2670.3		6	8.5	9.5	9.5	11	12
y 参考	C 型		2.6	3.2	3.7	4.3	5	6
	F 型		2.1	2.5	2.8	3.2	3.6	3.6
	R 型		—	2.7	3.2	3.6	4.3	5
六角花形	槽号 No.		10	15	20	25	25	30
	A 参考		2.8	3.35	3.95	4.5	4.5	5.6
	t min	GB/T 2670.1	1.01	1.14	1.42	1.65	1.65	2.02
		GB/T 2670.2	0.65	1	1.14	1.39	1.65	2.02
		GB/T 2670.3	1.01	1.14	1.42	1.65	1.65	2.02
l①长度范围			6.5~19	9.5~25	9.5~32	9.5~32	13~38	13~38
力学性能			按 GB/T 3098.5 规定					
表面处理			①不经表面处理　②电镀按 GB/T 5267.1					

① 长度系列为 4.5、6.5、9.5、13、16、19、22、25、32、38、45、50。

6.3.6.2　自挤螺钉（见表 6-267～表 4-271）

表 6-267　十字槽盘头、沉头和半沉头自挤螺钉（摘自 GB/T 6560—2014、GB/T 6561—2014、GB/T 6562—2014）　（单位：mm）

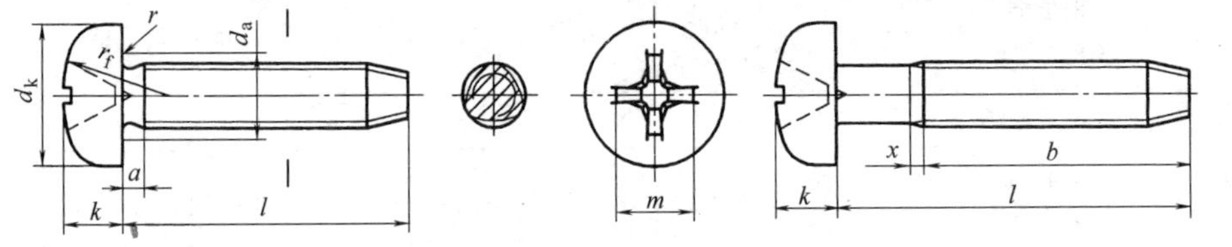

GB/T 6560

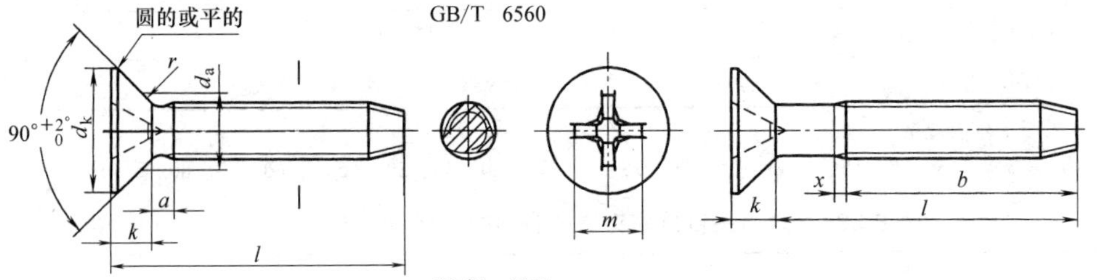

圆的或平的

GB/T 6561

圆的或平的

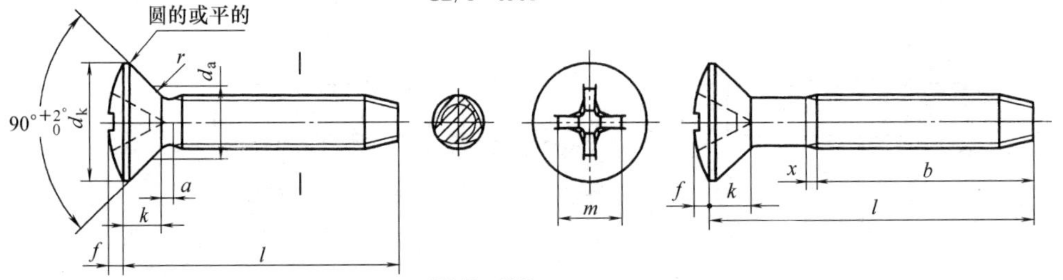

GB/T 6562

标记示例：

螺纹规格为 M5、公称长度 l = 20mm、H 型十字槽、表面镀锌（A3L：镀锌、厚度 8μm，光亮、黄彩虹铬酸盐处理的）十字槽盘头自挤螺钉，标记为

自挤螺钉 GB/T 6560 M5×20

螺纹规格				M2	M2.5	M3	M4	M5	M6	M8	M10
a_{max}				0.8	0.9	1	1.4	1.6	2	2.5	3
b_{min}				25	25	25	38	38	38	38	38
x_{max}				1	1.1	1.25	1.75	2	2.5	3.2	3.8
d_{kmax}	GB/T 6560			4	5	5.6	8	9.5	12	16	20
	GB/T 6561 GB/T 6562			3.8	4.7	5.5	8.4	9.3	11.3	15.8	18.3
k_{max}	GB/T 6560			1.6	2.1	2.4	3.1	3.7	4.6	6	7.5
	GB/T 6561 GB/T 6562			1.2	1.5	1.65	2.7	2.7	3.3	4.65	5
十字槽槽号 No				0	1		2		3	4	
十字槽插入深度	H 型	GB/T 6560	min	0.9	1.15	1.4	1.9	2.4	3.1	4	5.2
			max	1.2	1.55	1.8	2.4	2.9	3.6	4.6	5.8
		GB/T 6561	min	0.9	1.25	1.4	2.1	2.3	2.8	3.9	4.8
			max	1.2	1.55	1.8	2.6	2.8	3.3	4.4	5.3
		GB/T 6562	min	1.2	1.5	1.8	2.7	2.9	3.5	4.75	5.5
			max	1.5	1.85	2.2	3.2	3.4	4	5.25	6
	Z 型	GB/T 6560	min	1.17	1.25	1.5	1.89	2.29	3.03	4.05	5.24
			max	1.42	1.5	1.75	2.34	2.74	3.46	4.5	5.69
		GB/T 6561	min	0.95	1.22	1.48	2.06	2.27	2.73	3.87	4.78
			max	1.2	1.47	1.73	2.51	2.72	3.18	4.32	5.23
		GB/T 6562	min	1.15	1.5	1.83	2.65	2.9	3.4	4.75	5.6
			max	1.4	1.75	2.08	3.1	3.35	3.85	5.2	6.05

（续）

螺纹规格		M2	M2.5	M3	M4	M5	M6	M8	M10
全螺纹时最大长度	GB/T 6560	30	30	30	40	40	40	40	40
	GB/T 6561 GB/T 6562	30	30	30	45	45	45	45	45
l[①]长度范围	GB/T 6560	3~16	4~20	4~25	6~30	8~40	8~50	10~60	16~80
	GB/T 6561 GB/T 6562	4-16	5~20	6~25	8~30	10~40	10~50	14~60	20~80
性能等级		GB/T 3098.7							
表面处理		①电镀；②非电解锌片涂层							

注：尽可能不采用括号内规格。

① 长度系列为 4、5、6、8、10、12、（14）、16、20、25、30、35、40、45、50、（55）、60、70、80。

表 6-268 六角头自挤螺钉（摘自 GB/T 6563—2014） （单位：mm）

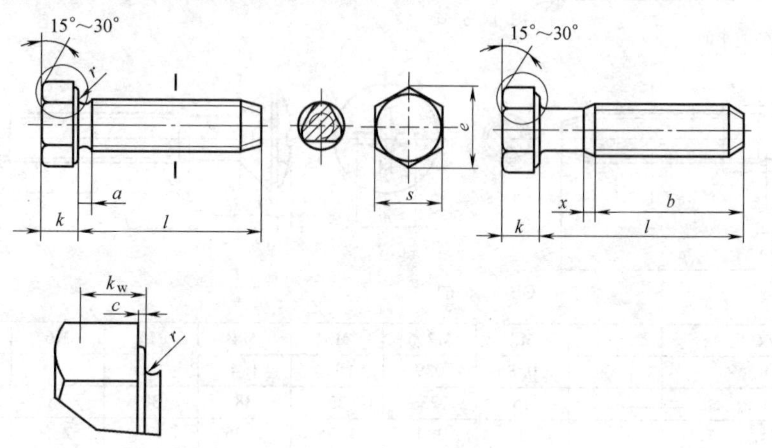

标记示例：

螺纹规格为 M6、公称长度 l=30mm、表面镀锌（A3L；镀锌、厚度 8μm、光亮、黄彩虹铬酸盐处理）的 A 级六角头自挤螺钉的标记为

自挤螺钉 GB/T 6563 M6×30

螺纹规格		M2	M2.5	M3	M4	M5	M6	M8	M10	M12
a	max	1.2	1.35	1.5	2.1	2.4	3	4	4.5	5.3
b	min	25	25	25	38	38	38	38	38	38
c	max	0.25	0.25	0.4	0.4	0.5	0.5	0.6	0.6	0.6
	min	0.10	0.10	0.15	0.15	0.15	0.15	0.15	0.15	0.15
e	min	4.32	5.45	6.01	7.66	8.79	11.05	14.38	17.77	20.03
k	公称	1.4	1.7	2	2.8	3.5	4	5.3	6.4	7.5
r	min	0.1	0.1	0.1	0.2	0.2	0.25	0.4	0.4	0.6
x	max	1	1.1	1.25	1.75	2	2.5	3.2	3.8	4.4
s	max	4	5	5.5	7	8	10	13	16	18
	min	3.82	4.82	5.32	6.78	7.78	9.78	12.78	15.73	17.73
l长度范围		3~16	4~20	4~25	6~30	8~40	8~50	10~60	12~80	(14)~80
性能等级		GB/T 3098.7								
表面处理		①电镀；②非电解锌片涂层								

注：1. 尽可能不采用括号内规格。

2. 长度尺寸系列：3、4、5、6、8、10、12、（14）、16、20、（5 进位）50、（55）、60、70、80。

表 6-269　内六角花形圆柱头自挤螺钉（摘自 GB/T 6564.1—2014）　（单位：mm）

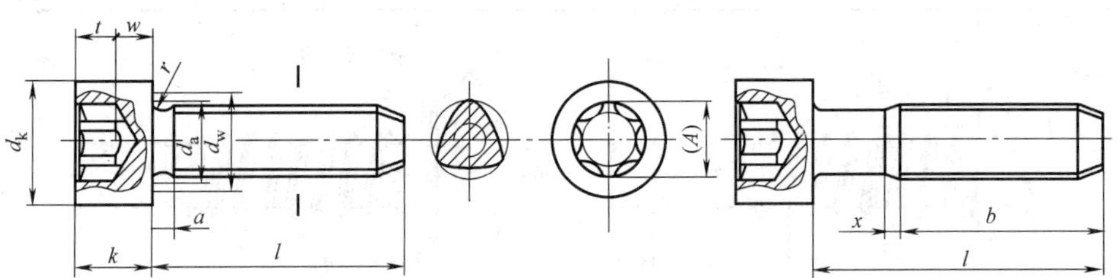

标记示例：

螺纹规格为 M6、公称长度 l=30mm、表面镀锌（A3L：镀锌、厚度 8μm、光亮、黄彩虹铬酸盐处理的 A 级内六角花形圆柱头自挤螺钉的标记为

自挤螺钉　GB/T 6564.1　M6×30

螺纹规格			M2	M2.5	M3	M4	M5	M6	M8	M10	M12
a		max	0.8	0.9	1	1.4	1.6	2	2.5	3	3.5
b		min	25	25	25	38	38	38	38	38	38
d_k		max[c]	3.8	4.5	5.5	7	8.5	10	13	16	18
d_a		max	2.6	3.1	3.6	4.7	5.7	6.8	9.2	11.2	13.7
k		max	2	2.5	3	4	5	6	8	10	12
		min	1.86	2.36	2.86	3.82	4.82	5.7	7.64	9.64	11.57
r		min	0.1	0.1	0.1	0.2	0.2	0.25	0.4	0.4	0.6
d_w		min	3.48	4.18	5.07	6.53	8.03	9.38	12.33	15.33	17.23
w		min	0.55	0.85	1.15	1.4	1.9	2.3	3.3	4	4.8
内六角花形	槽号 No.		6	8	10	20	25	30	45	50	55
	A	参考	1.75	2.4	2.8	3.95	4.5	5.6	7.95	8.95	11.35
	t	max	0.84	1.04	1.27	1.8	2.03	2.42	3.31	4.02	5.21
		min	0.71	0.91	1.01	1.42	1.65	2.02	2.92	3.62	4.82
x		max	1	1.1	1.25	1.75	2	2.5	3.2	3.8	4.4
l			3~16	4~20	4~25	6~30	8~40	8~50	10~60	12~80	(14)~80
性能等级			GB/T 3098.7								
表面处理			①电镀；②非电解锌片涂层								

注：l 长度系列 3、4、5、6、8、10、12、(14)、16、20、(5 进位) 50、(55)、60、70、80。

表 6-270　十字槽盘头、沉头和半沉头自钻自攻螺钉（摘自 GB/T 15856.1—2002、GB/T 15856.2—2002、GB/T 15856.3—2002）　（单位：mm）

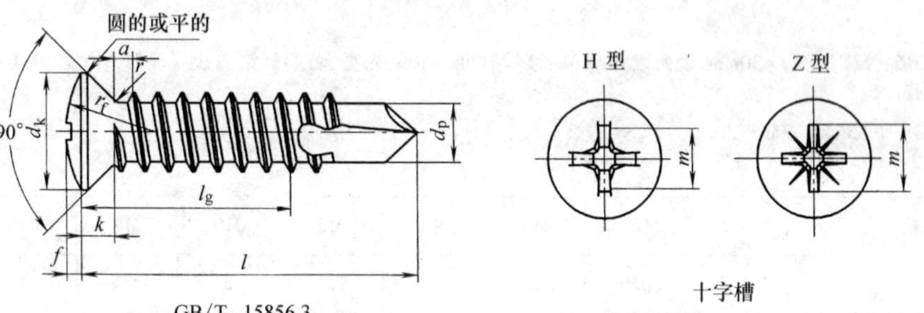

标记示例：

螺纹规格 ST4.2，公称长度 l=16mm，H 型槽表面镀锌钝化的十字槽盘头自钻自攻螺钉，标记为

自攻螺钉　GB/T 15856.1　ST4.2×16

螺纹规格				ST2.9	ST3.5	ST4.2	ST4.8	ST5.5	ST6.3
螺距 P				1.1	1.3	1.4	1.6	1.8	
a	max			1.1	1.3	1.4	1.6	1.8	
d_{kmax}	GB/T 15856.1			5.6	7	8	9.5	11	12
	GB/T 15856.2 GB/T 15856.3			5.5	7.3	8.4	9.3	10.3	11.3
k_{max}	GB/T 15856.1			2.4	2.6	3.1	3.7	4	4.6
	GB/T 15856.2 GB/T 15856.3			1.7	2.35	2.6	2.8	3	3.15
d_p	≈			2.3	2.8	3.6	4.1	4.8	5.8
十字槽槽号	No			1	2			3	
十字槽插入深度	H 型	GB/T 15856.1	min	1.4		1.9	2.4	2.6	3.1
			max	1.8	1.9	2.4	2.9	3.1	3.6
	Z 型		min	1.45	1.5	1.95	2.3	2.55	3.05
			max	1.75	1.9	2.35	2.75	3	3.5
	H 型	GB/T 15856.2	min	1.7	1.9	2.1	2.7	2.8	3
			max	2.1	2.4	2.6	3.2	3.3	3.5
	Z 型		min	1.6	1.75	2.05	2.6	2.75	3
			max	2	2.2	2.5	3.05	3.2	3.45
	H 型	GB/T 15856.3	min	1.8	2.25	2.7	2.9	2.95	3.5
			max	2.2	2.75	3.2	3.4	3.45	4
	Z 型		min	1.8	2.25	2.65	2.9	2.95	3.4
			max	2.1	2.7	3.1	3.35	3.4	3.85
钻削范围（板厚）			≥	0.7		1.75			2
			≤	1.9	2.25	3	4	5.25	6
l[①] 长度范围				13~19	13~25	13~38	16~50	19~50	

① 长度系列为 13、16、19、22、25、32、38、45、50。

表 6-271 六角法兰面自钻自攻螺钉（摘自 GB/T 15856.4—2002）

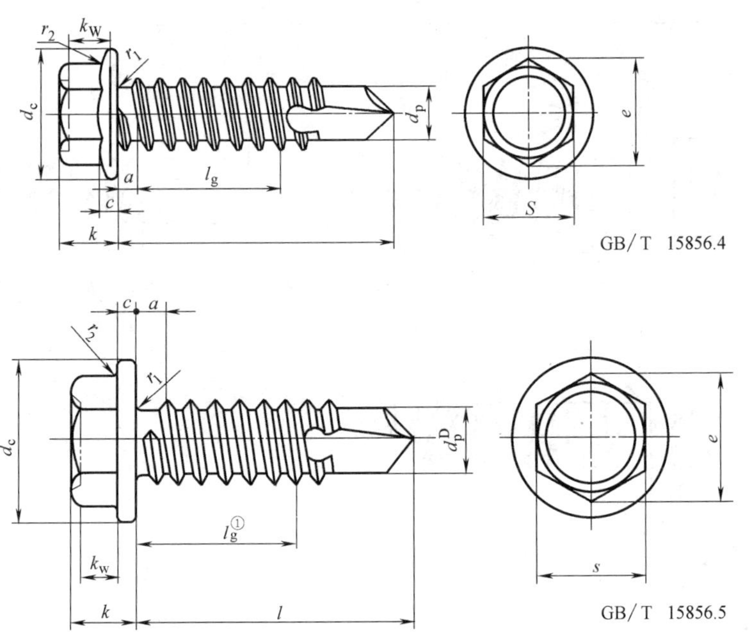

标记示例：

螺纹规格 ST4.2、公称长度 l=16mm、表面镀锌钝化的六角头自钻自攻螺钉标记为

自攻螺钉 GB/T 15856.4 ST4.2×16

（单位：mm）

螺纹规格		ST2.9	ST3.5	ST4.2	ST4.8	ST5.5	ST6.3
螺距 P		1.1	1.3	1.4	1.6	1.8	
a max		1.1	1.3	1.4	1.6	1.8	
d_c max		6.3	8.3	8.8	10.5	11	13.5
s 公称		4.0	5.5	7.0	8.0		10.0
e min		4.28	5.96	7.59	8.71		10.95
k max		2.8	3.4	4.1	4.3	5.4	5.9
k_W min		1.3	1.5	1.8	2.2	2.7	3.1
钻削范围（板厚）	≥	0.7		1.75			2
	≤	1.9	2.25	3	4.4	5.25	6
l② 长度范围		9.5~19	9.5~25	13~38	13~50	16~50	19~50
性能等级		GB/T 3098.11					
表面处理		①不经表面处理；②电镀					

① l_g—第一扣完整螺纹至支承面的距离。

② 长度系列为 9.5、13、16、19、22、25、32、38、45、50。l>50 的六角法兰面自钻自攻螺钉的长度规格由供需双方协议，但其长度规格应符合 l=55、（5 进位）、100、（10 进位）、200。

6.3.6.3 木螺钉（见表 6-272~表 6-274）

表 6-272 开槽圆头、沉头和半沉头木螺钉（摘自 GB/T 99—1986、GB/T 100—1986、GB/T 101—1986）

（单位：mm）

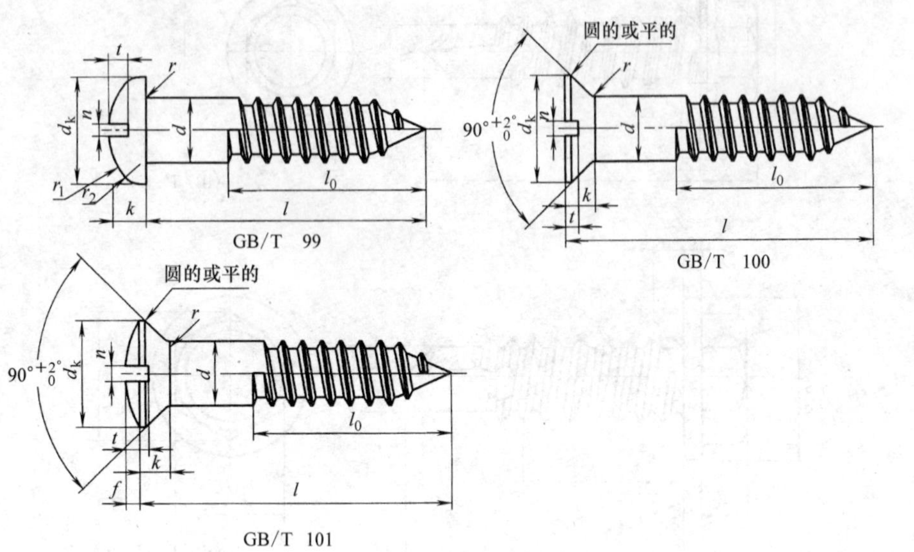

标记示例：

公称直径 10mm、长度 100mm、材料为 Q215、不经表面处理的开槽圆头木螺钉，标记为

木螺钉 GB/T 99 10×100

d(公称)		1.6	2	2.5	3	3.5	4	(4.5)	5	(5.5)	6	(7)	8	10
$d_{k\ max}$	GB/T 99	3.2	3.9	4.63	5.8	6.75	7.65	8.6	9.5	10.5	11.05	13.35	15.2	18.9
	GB/T 100 GB/T 101	3.2	4	5	6	7	8	9	10	11	12	14	16	20
k	GB/T 99	1.4	1.6	1.98	2.37	2.65	2.95	3.25	3.5	3.95	4.34	4.86	5.5	6.8
	GB/T 100 GB/T 101	1	1.2	1.4	1.7	2	2.2	2.7	3	3.2	3.5	4	4.5	5.8
n(公称)		0.4	0.5	0.6	0.8	0.9	1	1.2	1.2	1.4	1.6	1.8	2	2.5
r_f ≈	GB/T 99	1.6	2.3	2.6	3.4	4	4.8	5.2	6	6.5	6.8	8.2	9.7	12.1
	GB/T 101	2.8	3.6	4.3	5.5	6.1	7.3	7.9	9.1	9.7	10.9	12.4	14.5	18.2
t_{min}	GB/T 99	0.64	0.70	0.90	1.06	1.26	1.38	1.60	1.90	2.10	2.20	2.34	2.94	3.60
	GB/T 100	0.48	0.58	0.64	0.79	0.95	1.05	1.30	1.46	1.56	1.71	1.95	2.2	2.90
	GB/T 101	0.64	0.74	0.9	1.1	1.36	1.46	1.8	2.0	2.2	2.3	2.8	3.1	4.04
l[①] 长度范围	GB/T 99	6~12	6~14	6~22	8~25	8~38	12~65	14~80	16~90	22~90	22~120	38~120		65~120
	GB/T 100	6~12	6~16	6~25	8~30	8~40	12~70	16~85	18~100	25~100	25~120	40~120		75~120
	GB/T 101	6~12	6~16	6~25	8~30	8~40	12~70	16~85	18~100	30~100	30~120	40~120		70~120
材料	碳素钢	Q215、Q235 (GB/T 700)												
	铜及铜合金	H62、HPb59-1 GB/T 4424、GB/T 4425												
表面缺陷		螺纹表面不允许有裂缝、折叠。除螺纹最初两扣和螺尾外，不允许有扣不完整表面不允许有浮锈，不允许有影响使用的裂缝、凹痕、毛刺、圆钝和飞边												

注：尽可能不采用括号内的规格。

① 长度系列为 6~20（2 进位）、(22)、25、30、(32)、35、(38)、40~90（5 进位）、100、120。

表 6-273　六角头木螺钉（摘自 GB/T 102—1986）　（单位：mm）

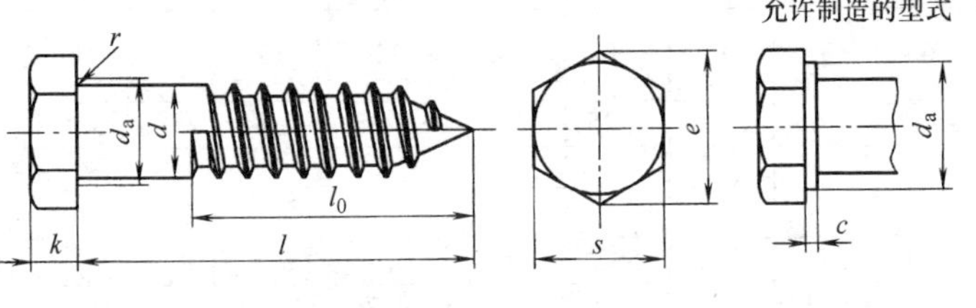

标记示例：

公称直径 100mm、长度 100mm、材料为 Q215、不经表面处理的六角头木螺钉，标记为

木螺钉　GB/T 102　10×100

d(公称)		6	8	10	12	16	20
e_{min}		10.89	14.20	17.59	19.85	26.17	32.95
k(公称)		4	5.3	6.4	7.5	10	12.5
s_{max}		10	13	16	18	24	30
l①长度范围		35~65	40~80	40~120	65~140	80~180	120~250
材料	碳素钢	Q215、Q235(GB/T 700)					
	铜及铜合金	H62、HPb 59-1　(GB/T 4424、GB/T 4425)					
表面缺陷		螺纹表面不允许有裂缝、折叠。除螺纹最初两扣和螺尾外，不允许有扣不完整表面不允许有浮锈，不允许有影响使用的裂缝、凹痕、毛刺、圆钝和飞边					

① 公称长度系列为 35、40、50、65、80~200（20 进位）、(225)、(250)。

表 6-274　十字槽圆头、沉头和半沉头木螺钉（摘自 GB/T 950—1986、GB/T 951—1986、GB/T 952—1986）　（单位：mm）

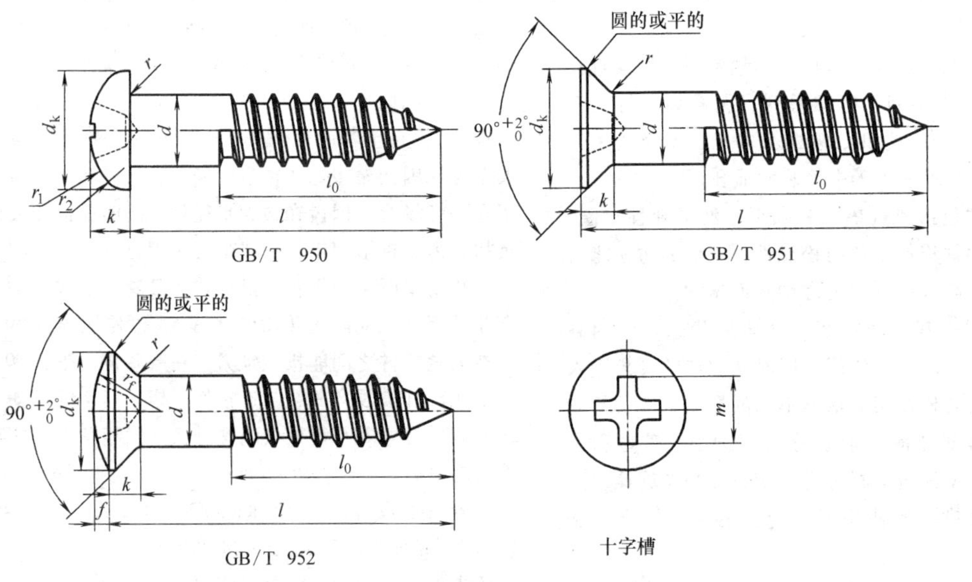

标记示例：

公称直径 10mm、长度 100mm、材料为 Q215、不经表面处理的十字槽圆头木螺钉，标记为

木螺钉　GB/T 950　10×100

（续）

d(公称)			2	2.5	3	3.5	4	(4.5)	5	(5.5)	6	(7)	8	10
d_{kmax}	GB/T 950		3.9	4.63	5.8	6.75	7.65	8.6	9.5	10.5	11.05	13.35	15.2	18.9
	GB/T 951 GB/T 952		4	5	6	7	8	9	10	11	12	14	16	20
k_{max}	GB/T 950		1.6	1.98	2.37	2.65	2.95	3.25	3.5	3.95	4.34	4.86	5.5	6.8
	GB/T 951 GB/T 952		1.2	1.4	1.7	2	2.2	2.7	3	3.2	3.5	4	4.5	5.8
r_f	GB/T 950		2.3	2.6	3.4	4	4.8	5.2	6	6.5	6.8	8.2	9.7	12.1
	GB/T 952		3.6	4.3	5.5	6.1	7.3	7.9	9.1	9.7	10.9	12.4	14.5	18.2
十字槽号			1		2					3			4	
十字槽（H型）插入深度	GB/T 950	max	1.32	1.52	1.63	1.83	2.23	2.43	2.63	2.76	3.26	3.56	4.35	5.35
		min	0.9	1.1	1.06	1.25	1.64	1.84	2.04	2.16	2.65	2.93	3.77	4.75
	GB/T 951	max	1.32	1.52	1.73	2.13	2.73	3.13	3.33	3.36	3.96	4.46	4.95	5.95
		min	0.95	1.14	1.20	1.60	2.19	2.58	2.77	2.80	3.39	3.87	4.41	5.39
	GB/T 952	max	1.52	1.72	1.83	2.23	2.83	3.23	3.43	3.46	4.06	4.56	5.15	6.15
		min	1.14	1.34	1.30	1.69	2.28	2.68	2.87	2.90	3.48	3.97	4.60	5.58
l①长度范围			6~16	6~25	8~30	8~40	12~70	16~85	18~100	25~100	25~120	40~120		70~120
材料	碳素钢		Q215、Q235（GB/T 700）											
	铜及铜合金		H62、HPb59-1（GB/T 4424、GB/T 4425）											
表面缺陷			螺纹表面不允许有裂缝、折叠。除螺纹最初两扣和螺尾外，不允许有扣不完整表面不允许有浮锈，不允许有影响使用的裂缝、凹痕、毛刺、圆钝和飞边											

注：尽可能不采用括号内的规格。

① 公称长度系列为：6~（22）（2进位）、25、30、（32）、35、（38）、40~90（5进位）、100、120。

6.3.7 垫圈

垫圈是与螺纹紧固件配套使用的零件，主要包括平垫圈、弹性垫圈、止动垫圈和异型垫圈。

平垫圈的两端面相互平行，主要用于改善支承面的接触状态，在不提高机体表面质量的情况下保证较稳定的扭矩系数，从而有效地控制预紧力。按其直径的大小可分为小系列、标准系列、大系列和特大系列。产品等级有A级和C级两个等级，A级适用于精装配通孔，C级适用于中等装配通孔。

弹性垫圈包括弹簧垫圈和鞍形、波形弹性垫圈。属于螺纹紧固件连接中的防松元件，它们的防松能力随着螺纹连接副中的预紧力之增加而增加。

弹簧垫圈以其工作状态（全压缩状态）时的高应力对螺纹连接起防松作用，同时其切口的尖角嵌入被连接件中起防松作用。根据不同的振动条件及行业使用要求，弹簧垫圈按形状分为螺旋型、鞍型和波型。鞍型和波型弹簧垫圈可应用于右旋和左旋螺纹。

螺旋弹簧垫圈按使用条件分为轻型、标准型和重型。

弹性垫圈按形状分为鞍型和波型。其共同特点是：弹力均匀、载荷偏心小、规格较小。在一定的载荷下，弹性好，适用于表面硬度较低的被连接件；装拆时不会划伤被连接件表面。

锁紧垫圈分为内齿、外齿和锥形；内锯齿、外锯齿和锥形锯齿锁紧垫圈。依靠齿形受压产生的弹力，以及齿嵌入连接件及支承面表面产生的阻力起锁紧作用。内、外齿锁紧垫圈由于齿形的强度较低，弹力有限，一般适用于小规格、低性能等级的连接；内、外锯齿锁紧垫圈强度高，可用于性能等级较高及较大规格。齿形与锯齿锁紧垫圈均不宜用于过硬或过软的连接件。

内齿和内锯齿主要用于有头螺钉（如开槽圆柱头螺钉），也推荐用于因外观或防止钩挂物质或影响安全等原因而希望遮住锯齿的场合；外齿和外锯齿应用在一切场合，因齿在最大半径处，故能提供较大的抗扭转力；锥形用于沉头或半沉头螺钉。

止动垫圈采用平垫圈的形式，具有一个或多个能弯曲的部分或能防止转动的“耳”，以使螺栓或螺母与被夹紧零件之间能机械锁紧。在一些情况下，其中一个止动耳被预弯曲，与连接件固定，其余的止动耳在连接后打弯并与螺栓头或螺母扳手面相贴合，达到锁紧之目的。

若使用适当，止动垫圈可产生可靠的锁紧效果，但需有专门设计与之配套；如果装配质量低劣，则可能产生失效，一般不能重复使用。

球面垫圈与锥面垫圈配合使用，具有自动调整位置、定心功能，使螺栓（或螺母）支承面与杆部垂直、消除弯曲应力。

6.3.7.1　**平垫圈**（见表 6-275 和表 6-276）

表 6-275　平垫圈 A 级、平垫圈倒角型 A 级和小垫圈 A 级

（摘自 GB/T 97.1—2002、GB/T 97.2—2002、GB/T 848—2002）　　（单位：mm）

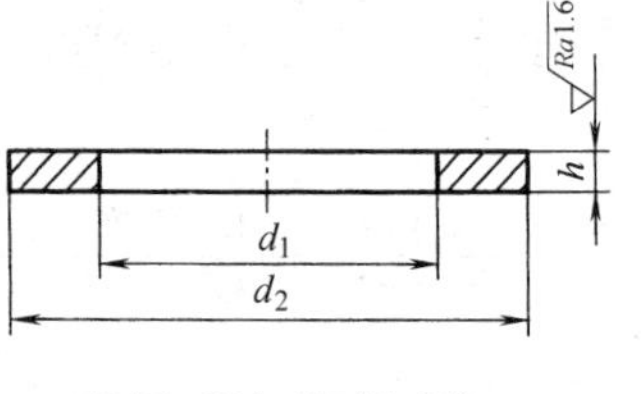

GB/T　97.1、GB/T　848

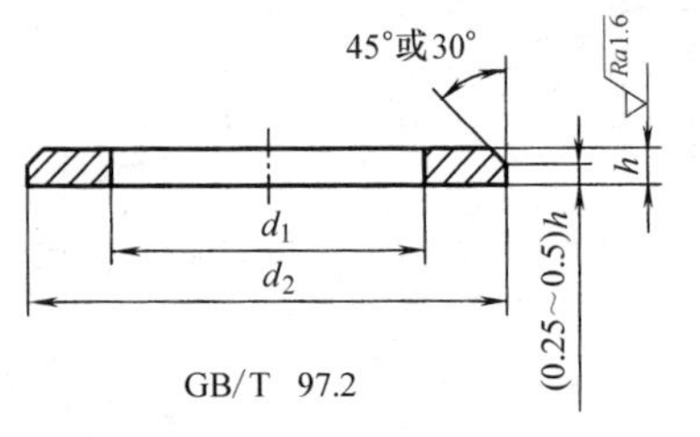

GB/T　97.2

标记示例：

标准系列、规格 8mm、性能等级为 140HV 级、不经表面处理的平垫圈，标记为

垫圈　GB/T 97.1　8

$\sqrt{Ra1.6}$ 用于 $h \leqslant 3$mm，$\sqrt{Ra3.2}$ 用于 3mm$<h \leqslant 6$mm，$\sqrt{Ra6.3}$ 用于 $h>6$mm

规格（螺纹大径）		1.6	2	2.5	3	4	5	6	8	10	12	(14)	16	20	24	30	36
GB/T 97.1	d_1	1.7	2.2	2.7	3.2	4.3	5.3	6.4	8.4	10.5	13	15	17	21	25	31	37
	d_2	4	5	6	7	9	10	12	16	20	24	28	30	37	44	56	66
	h	0.3		0.5		0.8	1	1.6		2	2.5		3		4		5
GB/T 97.2	d_1						5.3	6.4	8.4	10.5	13	15	17	21	25	31	37
	d_2						10	12	16	20	24	28	30	37	44	56	66
	h						1	1.6		2	2.5		3		4		5
GB/T 848	d_1	1.7	2.2	2.7	3.2	4.3	5.3	6.4	8.4	10.5	13	15	17	21	25	31	37
	d_2	3.5	4.5	5	6	8	9	11	15	18	20	24	28	34	39	50	60
	h	0.3		0.5		0.8	1	1.6		2	2.5		3		4		5
性能等级	钢	140HV、200HV、300HV															
	奥氏体不锈钢	A140、A200、A350															
表面处理	钢	①镀锌钝化；②不经处理															
	奥氏体不锈钢	不经处理															

注：括号内为非优选尺寸。

表 6-276　平垫圈 C 级、大垫圈 C 级和特大垫圈 C 级

（摘自 GB/T 95—2002、GB/T 96.2—2002、GB/T 5287—2002）　　（单位：mm）

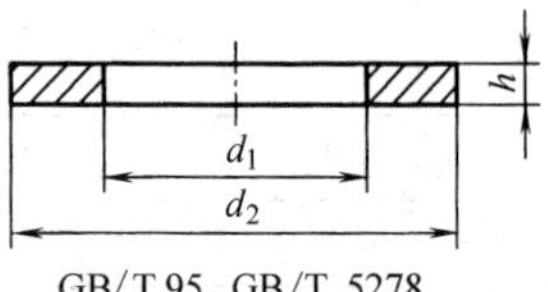

GB/T 95、GB/T　5278

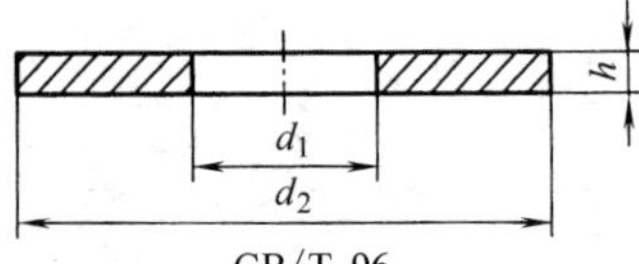

GB/T　96

标记示例：

标准系列、规格 8mm、性能等级为 100HV 级、不经表面处理的平垫圈，标记为

垫圈　GB/T 95　8

（续）

规格(螺纹大径)		3	4	5	6	8	10	12	(14)	16	20	24	30	36
GB/T 95	d_1	3.4	4.5	5.5	6.5	9	11	13.5	15.5	17.5	22	26	33	39
	d_2	7	9	10	12	16	20	24	28	30	37	44	56	66
	h	0.5	0.8	1	1.6		2	2.5		3		4		5
GB/T 96.2	d_1	3.4	4.5	5.5	6.6	9	11	13.5	15.5	17.5	22	26	33	39
	d_2	9	12	15	18	24	30	37	44	50	60	72	92	110
	h	0.8	1	1	1.6	2	2.5	3			4	5	6	8
GB/T 5287	d_1			5.5	6	6	9	11	13.5	15.5	17.5	22	26	33
	d_2			18	22	28	34	44	50	56	72	85	105	125
	h			2		3		4		5	6			8
性能等级	钢	100HV												
	奥氏体不锈钢	A140												
表面处理	钢	GB/T 95：不经处理；GB/T 96、GB/T 5287：①不经处理；②镀锌钝化												
	奥氏体不锈钢	不经处理												

注：括号内为非优选尺寸。

6.3.7.2　弹性垫圈（见表6-277~表6-280）

表6-277　标准型、轻型和重型弹簧垫圈

（摘自GB/T 93—1987、GB/T 859—1987、GB/T 7244—1987）　　（单位：mm）

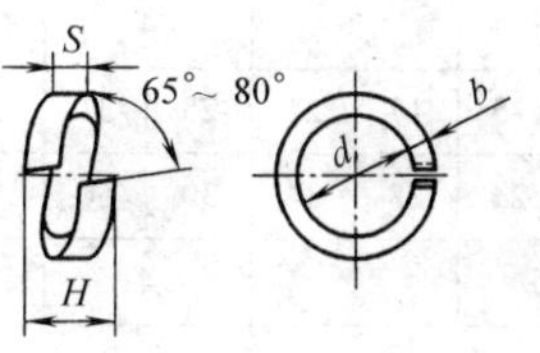

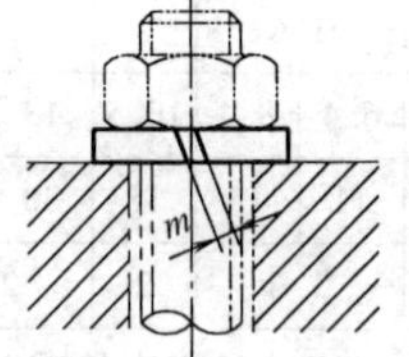

标记示例：

规格16mm、材料为65Mn、表面氧化处理的标准型弹簧垫圈，标记为

垫圈　GB/T 93　16

规格(螺纹大径)		2	2.5	3	4	5	6	8	10	12	(14)	16	(18)
d_{min}		2.1	2.6	3.1	4.1	5.1	6.1	8.1	10.2	12.2	14.2	16.2	18.2
GB/T 93	$S_{公称}$	0.5	0.65	0.8	1.1	1.3	1.6	2.1	2.6	3.1	3.6	4.1	4.5
	$b_{公称}$	0.5	0.65	0.8	1.1	1.3	1.6	2.1	2.6	3.1	3.6	4.1	4.5
	S_{max}	1.25	1.63	2	2.75	3.25	4	5.25	6.5	7.75	9	10.25	11.25
	$m \leqslant$	0.25	0.33	0.4	0.55	0.65	0.8	1.05	1.3	1.55	1.8	2.05	2.25
GB/T 859	$S_{公称}$			0.6	0.8	1.1	1.3	1.6	2	2.5	3	3.2	3.6
	$b_{公称}$			1	1.2	1.5	2	2.5	3	3.5	4	4.5	5
	S_{max}			1.5	2	2.75	3.25	4	5	6.25	7.5	8	9
	$m \leqslant$			0.3	0.4	0.55	0.65	0.8	1	1.25	1.5	1.6	1.8
GB/T 7244	$S_{公称}$						1.8	2.4	3	3.5	4.1	4.8	5.3
	$b_{公称}$						2.6	3.2	3.8	4.3	4.8	5.3	5.8
	S_{max}						4.5	6	7.5	8.75	10.25	12	13.25
	$m \leqslant$						0.9	1.2	1.5	1.75	2.05	2.4	2.65
弹性试验载荷/N		700	1160	1760	3050	5050	7050	12900	20600	30000	41300	56300	69000
弹　　性		弹性试验后的自由高度应不小于1.67$S_{公称}$											

（续）

规格（螺纹大径）		20	(22)	24	(27)	30	(33)	36	(39)	42	(45)	48
d_{min}		20.2	22.5	24.5	27.5	30.5	33.5	36.5	39.5	42.5	45.5	48.5
GB/T 93	$S_{公称}$	5	5.5	6	6.8	7.5	8.5	9	10	10.5	11	12
	$b_{公称}$	5	5.5	6	6.8	7.5	8.5	9	10	10.5	11	12
	S_{max}	12.5	13.75	15	17	18.75	21.25	22.5	25	26.25	27.5	30
	m ≤	2.5	2.75	3	3.4	3.75	4.25	4.5	5	5.25	5.5	6
GB/T 859	$S_{公称}$	4	4.5	5	5.5	6						
	$b_{公称}$	5.5	6	7	8	9						
	S_{max}	10	11.25	12.5	13.75	15						
	m ≤	2	2.25	2.5	2.75	3						
GB/T 7244	$S_{公称}$	6	6.6	7.1	8	9	9.9	10.8				
	$b_{公称}$	6.4	7.2	7.5	8.5	9.3	10.2	11.0				
	S_{max}	15	16.5	17.75	20	22.5	24.75	27				
	m ≤	3	3.3	3.55	7	7.5	7.95	5.4				
规格（螺纹大径）		20	(22)	24	(27)	30	(33)	36	(39)	42	(45)	48
弹性试验载荷/N		88000	110000	127000	167000	204000	255000	298000	343000	394000	457000	518000
弹　性		弹性试验后的自由高度应不小于 $1.67S_{公称}$										
材料及热处理	弹簧钢	65Mn、70、60Si2Mn，淬火并回火处理，硬度 42～50HRC										
	不锈钢	30Cr13、1Cr18Ni9Ti[①]										
	铜及铜合金	QSi3-1，硬度≥90HBW										
表面处理	弹簧钢	氧化、磷化、镀锌钝化										
	不锈钢											
	铜及铜合金											

注：尽可能不采用括号内的规格。

① 1Cr18Ni9Ti 牌号在 GB/T 20878—2007 中已被删除，下同。

表 6-278　鞍形弹簧垫圈和波形弹簧垫圈

（摘自 GB/T 7245—1987 和 GB/T 7246—1987）　　（单位：mm）

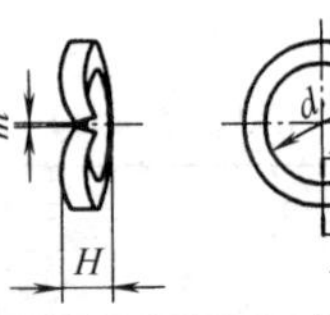

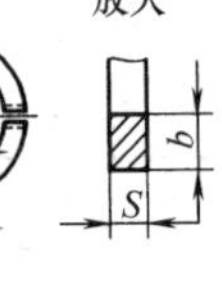

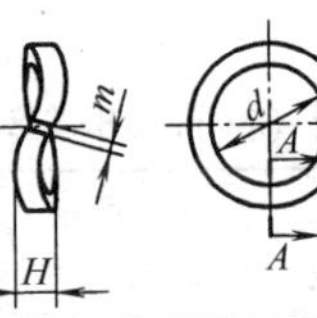

A—A 放大

标记示例：

规格 16mm、材料为 Mn、表面氧化处理的鞍形弹簧垫圈、波形弹簧垫圈，分别标记为

垫圈　GB/T 7245　16

垫圈　GB/T 7246　16

规格（螺纹大径）		3	4	5	6	8	10	12	(14)	16	(18)	20	(22)	24	(27)	30
d_{min}		3.1	4.1	5.1	6.1	8.1	10.2	12.2	14.2	16.2	18.2	20.2	22.5	24.5	27.5	30.5
H_{max}		1.3	1.4	1.7	2.2	2.75	3.15	3.65	4.3	5.1		5.9		7.5		10.5
S 公称		0.6	0.8	1.1	1.3	1.6	2	2.5	3	3.2	3.6	4	4.5	5	5.5	6
b 公称		1	1.2	1.5	2	2.5	3	3.5	4	4.5	5	5.5	6	7	8	9
弹性试验载荷/N		1760	3050	5050	7050	12900	20600	30000	41300	56300	69000	88000	110000	127000	167000	204000
弹性试验后的自由高度 ≥		0.9	1	1.25	1.6	2.1	2.4	2.8	3.2	3.8		4.4		5.6		8
材料及热处理	弹簧钢	65Mn、70、60Si2Mn：淬火并回火处理，硬度 42～50HRC														
	不锈钢	30Cr13、1Cr18Ni9Ti														
	铜及铜合金	QSi3-1，硬度≥90HBW														
表面处理	弹簧钢	氧化、磷化、镀锌钝化														
	不锈钢															
	铜及铜合金															

注：尽可能不采用括号内的规格。

表 6-279　波形弹性垫圈（摘自 GB/T 955—1987）　　（单位：mm）

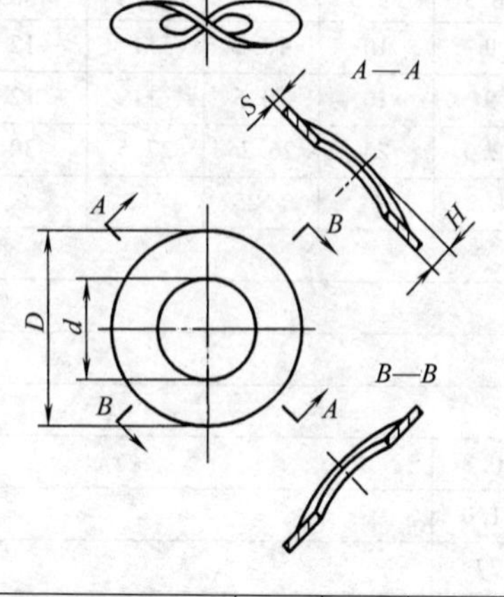

标记示例：

规格 16mm、材料为 65Mn、表面氧化处理的波形弹性垫圈，标记为

垫圈　GB/T 955　16

规格(螺纹大径)		3	4	5	6	8	10	12	(14)	16	(18)	20	(22)	24	(27)	30
d_{min}		32	4.3	5.3	6.4	8.4	10.5	13	15	17	19	21	23	25	28	31
D_{max}		8	9	11	12	15	21	24	28	30	34	36	40	44	50	56
H_{max}		1.6	2	2.2	2.6	3	4.2	5	5.9	6.3	6.5	7.4	7.8	8.2	9.4	10
H_{min}		0.8	1	1.1	1.6	1.5	2.1	2.5	3	3.2	3.3	3.7	3.9	4.1	4.7	5
S		0.5				0.8	1.0	1.2	1.5			1.6	1.8		2	
弹性试验载荷/N		—	2700	4400	6150	11300	18000	26300	36100	49200	60000	78000	97000	111000	146000	178000
弹性		弹性试验后的自由高度应不小于 H_{min}														
材料及热处理	弹簧钢	65Mn，淬火并回火处理，硬度 40～50HRC														
	铜及铜合金	QSn6.5～0.1														
表面处理	弹簧钢	氧化、镀锌钝化														
	铜及铜合金	钝化														

注：尽可能不采用括号内的规格。

表 6-280　鞍形弹簧垫圈（摘自 GB/T 860—1987）　　（单位：mm）

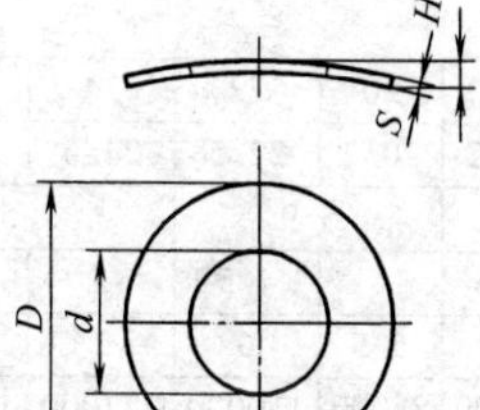

标记示例：

规格 6mm、材料为 65Mn、表面氧化处理的鞍形弹性垫圈的标记为

垫圈 GB/T 860 6

规格(螺纹大径)	2	2.5	3	4	5	6	8	10
d_{min}	2.2	2.7	3.2	4.3	5.3	6.4	8.4	10.5
D_{max}	4.5	5.5	6	8	11	12	15	21
H_{max}	1	1.1	1.3	1.6	1.8	2.2	3.4	4
H_{min}	0.5	0.55	0.65	0.8	0.9	1.1	1.7	2
S 公称	0.3		0.4	0.5				0.8

（续）

规格(螺纹大径)		2	2.5	3	4	5	6	8	10
弹性试验载荷/N					2700	4400	6150	11300	18000
弹性		弹性试验后的自由高度应不小于 H_{min}							
弹簧钢		65Mn,淬火并回为处理,硬度 40~50HRC							
铜及铜合金		QSn6.5~0.1							
表面处理	弹簧钢	氧化、镀锌钝化							
	铜及铜合金	钝化							

注：尽可能不采用括号内的规格。

6.3.7.3 锁紧垫圈（见表 6-281 和表 6-282）

表 6-281　内齿、内锯齿、外齿、外锯齿锁紧垫圈

（摘自 GB/T 861.1—1987、GB/T 861.2—1987、GB/T 862.1—1987、GB/T 862.2—1987）

（单位：mm）

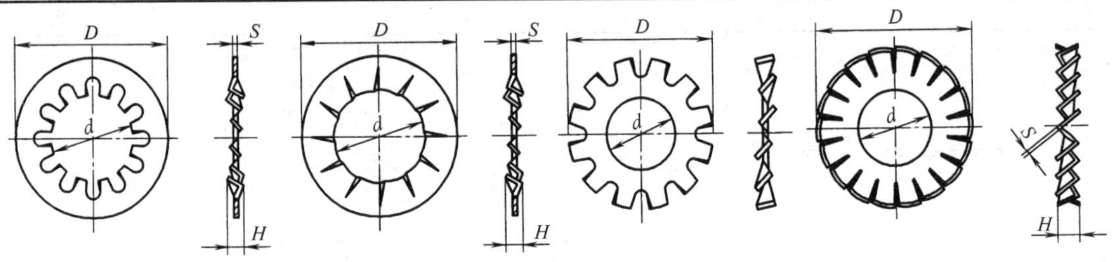

标记示例：

规格 16mm、材料为 65Mn、表面氧化处理的内齿锁紧垫圈，标记为

垫圈　GB/T 861.1　16

规格(螺纹大径)		2	2.5	3	4	5	6	8	10	12	(14)	16	(18)	20
d_{min}		2.2	2.7	3.2	4.3	5.3	6.4	8.4	10.5	12.5	14.5	16.5	19	21
D_{max}		4.5	5.5	6	8	10	11	15	18	20.5	24	26	30	33
S		0.3		0.4	0.5	0.6		0.8	1.0		1.2		1.5	
齿数 min	GB/T 861.1 / GB/T 861.2	6			8				9	10		12		
	GB/T 861.1	7			8		9	10	12		14			16
	GB/T 862.2	9			11		12	14	16		18			20
材料及热处理	弹簧钢	65Mn,淬火并回火处理,硬度 40~50HRC												
	铜及铜合金	QSn6.5~0.1												
表面处理	弹簧钢	氧化、镀锌钝化												
	铜及铜合金	钝化												

注：尽可能不采用括号内的规格。

表 6-282　锥形锁紧垫圈和锥形锯齿锁紧垫圈（摘自 GB/T 956.1—1987、GB/T 965.2—1987）

（单位：mm）

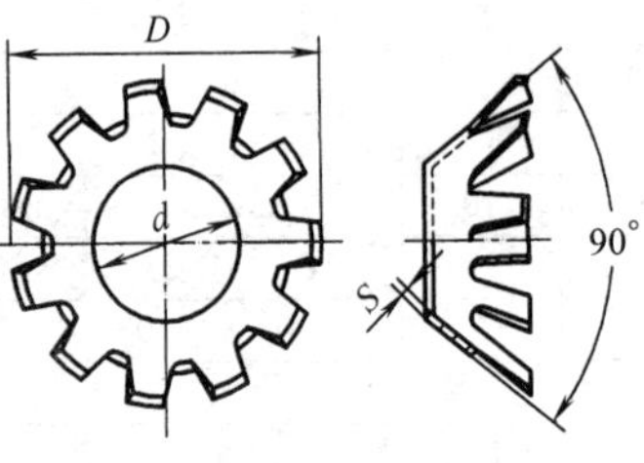

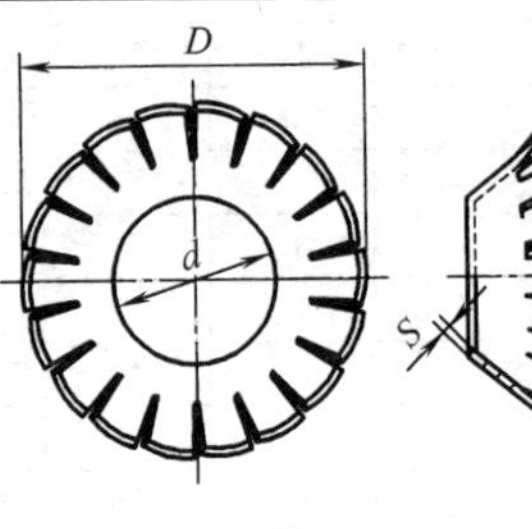

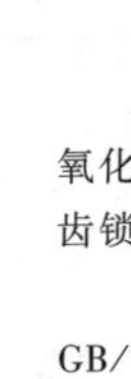

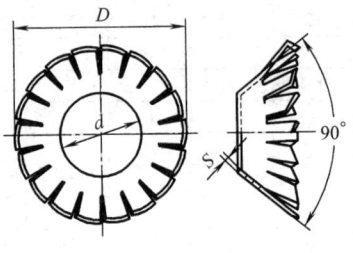

标记示例：

规格 6mm、材料为 65Mn、表面氧化处理的锥形锁紧垫圈和锥形锯齿锁紧垫圈，分别标记为

垫圈　GB/T 956.1　6；垫圈　GB/T 956.2　6

（续）

规格(螺纹大径)		3	4	5	6	8	10	12
d_{min}		3.2	4.3	5.3	6.4	8.4	10.5	12.5
D ≈		6	8	9.8	11.8	15.3	19	23
S		0.4	0.5	0.6		0.8	1.0	
齿数	GB/T 956.1	6	8		10			
min	GB/T 956.2	12		14	16	18	20	26
材料及热处理	弹簧钢	65Mn，淬火并回火处理，硬度40~50HRC						
	铜及铜合金	QSn6.5-0.1						
表面处理	弹簧钢	氧、镀锌钝化						
	铜及铜合金	钝化						

6.3.7.4 **止动垫圈**（见表6-283~表6-285）

表6-283 单耳止动垫圈和双耳止动垫圈（摘自GB/T 854—1988和GB/T 855—1988）

（单位：mm）

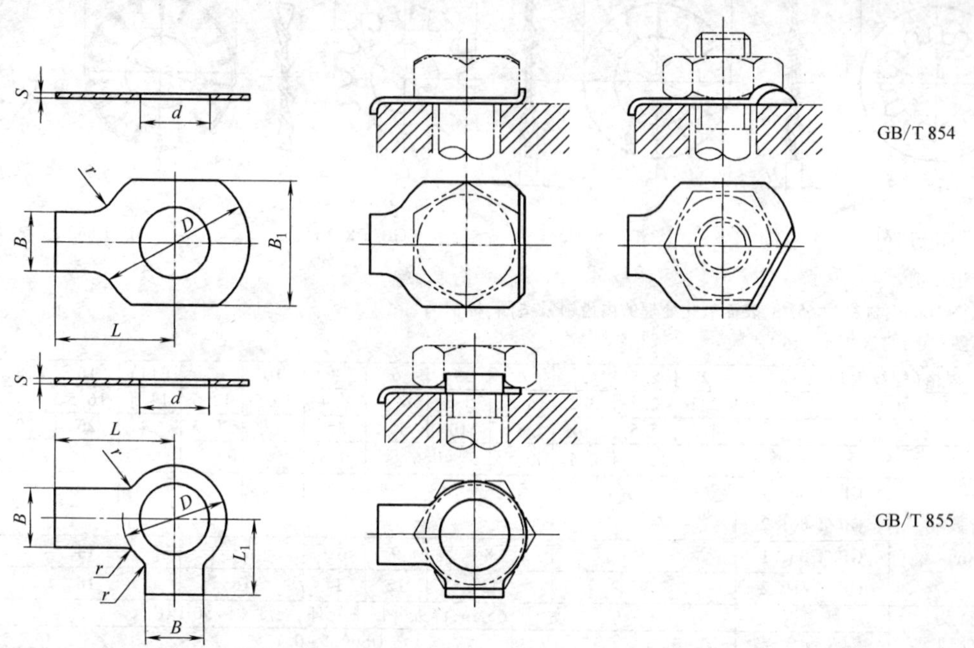

标记示例：

规格10mm、材料为Q235、经退火处理、表面氧化处理的单耳止动垫圈，标记为

垫圈 GB/T 854 10

规格(螺纹大径)		2.5	3	4	5	6	8	10	12	(14)	16
d_{min}		2.7	3.2	4.2	5.3	6.4	8.4	10.5	13	15	17
L 公称		10	12	14	16	18	20	22	28		
L_1 公称		4	5	7	8	9	11	13	16		
S		0.4			0.5				1		
B		3	4	5	6	7	8	10	12		15
B_1		6	7	9	11	12	16	19	21	25	32
r	GB/T 854	2.5				4		6	10		
	GB/T 854	1					2				
D_{max}	GB/T 854	8	10	14	17	19	22	26	32		40
	GB/T 854	5		8	9	11	14	17	22		27

（续）

规格(螺纹大径)		(18)	20	(22)	24	(27)	30	36	42	48
d_{min}		19	21	23	25	28	31	37	43	50
L(公称)		36		42		48	52	62	70	80
L_1(公称)		22		25		30	32	38	44	50
S		1				1.5				
B		18		20		24	26	30	35	40
B_1		38		39	42	48	55	65	78	90
r	GB/T 854	10				15				
	GB/T 854	3							4	
D_{max}	GB/T 854	45		50		58	63	75	88	100
	GB/T 854	32		36		41	46	55	65	75
材料及热处理		Q215、Q235、10、15；退火								
表面处理		氧化								

注：尽可能不采用括号内的规格。

表 6-284　外舌止动垫圈（摘自 GB/T 856—1988）　　（单位：mm）

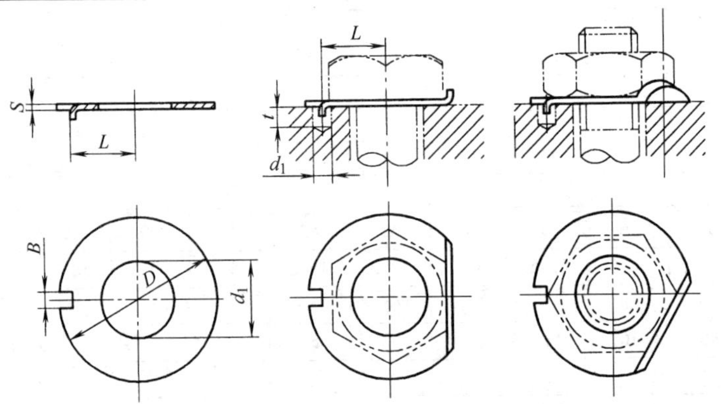

标记示例：

规格 10mm、材料为 Q215、经退火处理、表面氧化处理的外舌止动垫圈，标记为

垫圈　GB/T 856 10

规格(螺纹大径)	2.5	3	4	5	6	8	10	12	(14)	16
d_{min}	2.7	3.2	4.2	5.3	6.4	8.4	10.5	13	15	17
D_{max}	10	12	14	17	19	22	26	32		40
b_{max}	2	2.5		3.5			4.5			5.5
L 公称	3.5	4.5	5.5	7	7.5	8.5	10	12		15
S	0.4			0.5				1		
d_1	2.5	3		4			5			6
t	3			4			5	6		

规格(螺纹大径)	(18)	20	(22)	24	(27)	30	36	42	48
d_{min}	19	21	23	25	28	31	37	43	50
D_{max}	45		50		58	63	75	88	100
b_{max}	6		7		8		11		13
L 公称	18		20		23	25	31	36	40
S	1				1.5				
d_1	7		8		9		12		14
t	7				10			12	13
材料及热处理	Q215、Q235、10、15；退火								
表面处理	氧　化								

注：尽可能不采用括号内的规格。

表 6-285　圆螺母用止动垫圈（摘自 GB/T 858—1988）　　（单位：mm）

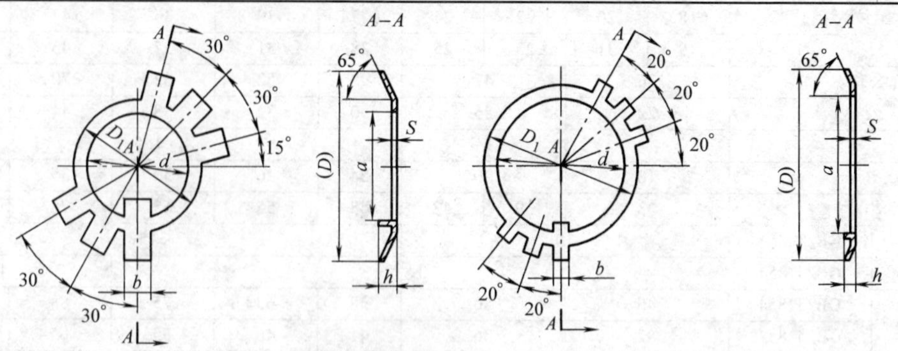

标记示例：

规格 16mm、材料为 Q215、经退火处理、表面氧化处理的圆螺母用止动垫圈，标记为

垫圈　GB/T 858　16

规格(螺纹大径)	10	12	14	16	18	20	22	24	25	27	30	33
d	10.5	12.5	14.5	16.5	18.5	20.5	22.5	24.5	25.5	27.5	30.5	33.5
D(参考)	25	28	32	34	35	38	42	45		48	52	56
D_1	16	19	20	22	24	27	30	34		37	40	43
S	1											1.5
b	3.8			4.8								5.7
a	8	9	11	13	15	17	19	21	22	24	27	30
h	3				4					5		
规格(螺纹大径)	35	36	39	40	42	45	48	50	52	55	56	60
d	35.5	36.5	39.5	40.5	42.5	45.5	48.5	50.5	52.5	56	57	61
D(参考)	56	60	62		66	72	76		82		90	94
D_1	43	46	49		53	59	61		67		74	79
S	1.5											
b	5.7					7.7						
a	32	33	36	37	39	42	45	47	49	52	53	57
h	5								6			
规格(螺纹大径)	64	65	68	72	75	76	80	85	90	95	100	105
d	65	66	69	73	76	77	81	86	91	96	101	106
D(参考)	100		105	110		115	120	125	130	135	140	145
D_1	84		88	93		98	103	108	112	117	122	127
S	1.5								2			
b	7.7		9.6						11.6			
a	61	62	65	69	71	72	76	81	86	91	96	101
h	6			7								
规格(螺纹大径)	110	115	120	125	130	140	150	160	170	180	190	200
d	111	116	121	126	131	141	151	161	171	181	191	201
D(参考)	156	160	166	170	176	186	206	216	226	236	246	156
D_1	135	140	145	150	155	165	180	190	200	210	220	230
S	2						2.5					
b	13.5						15.5					
a	106	111	116	121	126	136	146	156	166	176	186	196
h	7							5				
材料及热处理	Q215、Q235、10、15，退火											
表面处理	氧化											

6.3.7.5　方斜垫圈和球面垫圈（见表 6-286～表 6-288）

表 6-286　工字钢用方斜垫圈和槽钢用方斜垫圈

（摘自 GB/T 852—1988 和 GB/T 853—1988）　（单位：mm）

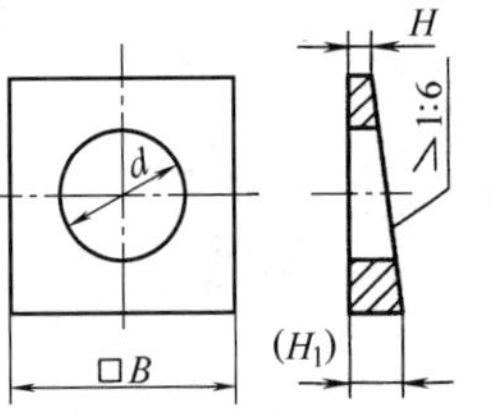

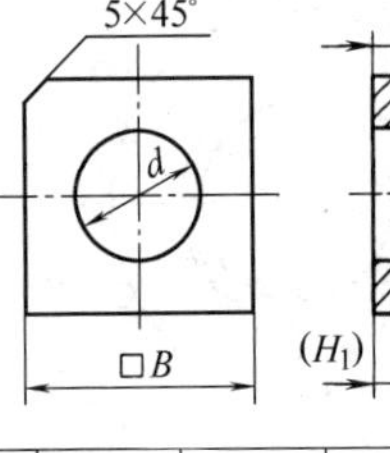

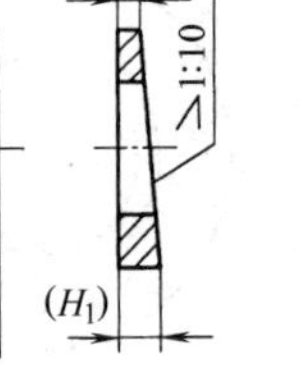

标记示例：

规格 16mm、材料为 Q215、不经表面处理的工字钢用方斜垫圈，标记为

垫圈　GB/T 852　16

规格(螺纹大径)		6	8	10	12	16	(18)	20	(22)	24	(27)	30	36
d_{min}		6.6	9	11	13.5	17.5	20	22	24	26	30	33	39
B		16	18	22	28	35	40			50		60	70
H		2					3						
(H_1)	GB/T 852	4.7	5	5.7	6.7	7.7	9.7			11.3		13	14.7
	GB/T 853	3.6	3.8	4.2	4.8	5.4	7			8		9	10
材料及热处理		Q215、Q235											
表面处理		不经处理											

注：尽可能不采用括号内的规格。

表 6-287　球面垫圈和锥面垫圈（摘自 GB/T 849—1988 和 GB/T 850—1988）

（单位：mm）

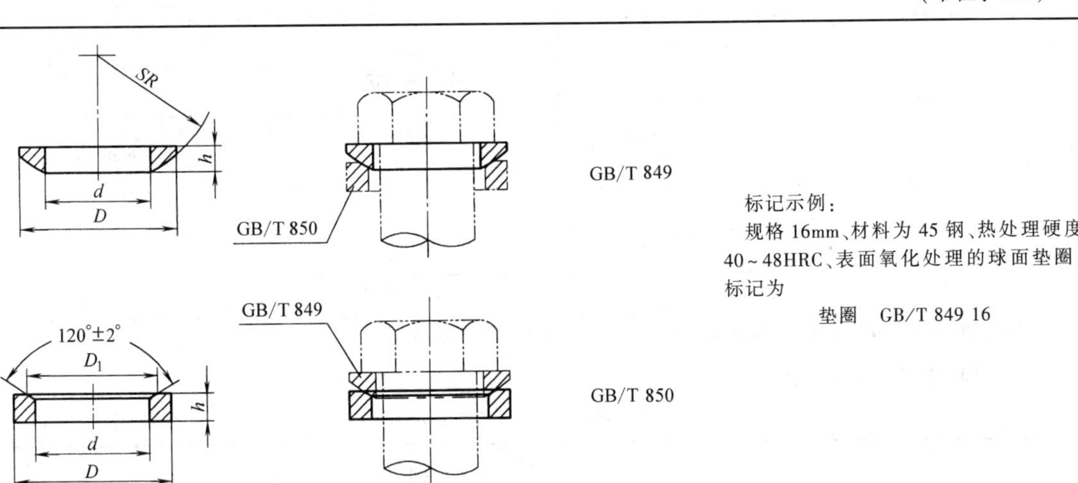

标记示例：

规格 16mm、材料为 45 钢、热处理硬度 40～48HRC、表面氧化处理的球面垫圈，标记为

垫圈　GB/T 849 16

规格(螺纹大径)		6	8	10	12	16	20	24	30	36	42	48
GB/T 849	d_{min}	6.40	8.40	10.50	13.00	17.00	21.00	25.00	31.00	37.00	43.00	50.00
	D_{max}	12.5	17.00	21.00	24.00	30.00	37.00	44.00	56.00	66.00	78.00	92.00
	h_{max}	3.00	4.00		5.00	6.00	6.60	9.60	9.80	12.00	16.00	20.00
	R	10	12	16	20	25	32	36	40	50	63	70
GB/T 850	d_{min}	8	10	12.5	16	20	25	30	36	43	50	60
	D_{max}	12.5	17	21	24	30	37	44	56	66	78	92
	h_{max}	2.6	3.2	4	4.7	5.1	6.6	6.8	9.9	14.3	14.4	17.4
	D_1	12	16	18	23.5	29	34	38.5	45.2	64	69	78.6
H	≈	4	5	6	7	8	10	13	16	19	24	30
材料及热处理		45 钢，热处理硬度 40～48HRC										
表面处理		氧　化										

表 6-288　钢结构用扭剪型高强度螺栓连接副用垫圈（摘自 GB/T 3632—2008）

（单位：mm）

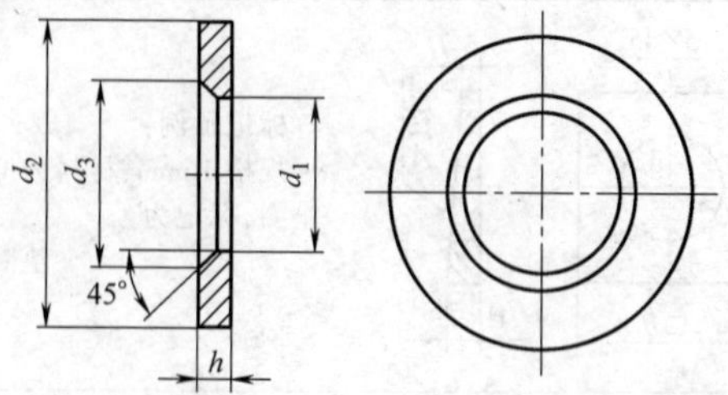

规格(螺纹大径)		16	20	(22)①	24	(27)①	30
d_1	min	17	21	23	25	28	31
	max	17.43	21.52	23.52	25.52	28.52	31.62
d_2	min	31.4	38.4	40.4	45.4	50.1	54.1
	max	33	40	42	47	52	56
h	公称	4.0	4.0	5.0	5.0	5.0	5.0
	min	3.5	3.5	4.5	4.5	4.5	4.5
	max	4.8	4.8	5.8	5.8	5.8	5.8
d_3	min	19.23	24.32	26.32	28.32	32.84	35.84
	max	20.03	25.12	27.12	29.12	33.64	36.64

注：钢结构用扭剪型高强度螺栓连接副各零件的性能等级和材料见下表：

类别	性能等级	推荐材料	适用规格
螺栓	10.9S	20MnTiB ML20MnTiB	≤M24
		35VB 35CrMo	M27、M30
螺母	10H	45、35 ML35	≤M30
垫圈		45、35	

① 括号内的规格为第二系列，应优先选用第一系列（不带括号）的规格。

6.3.7.6　开口垫圈（见表 6-289）

表 6-289　开口垫圈（摘自 GB/T 851—1988）

（单位：mm）

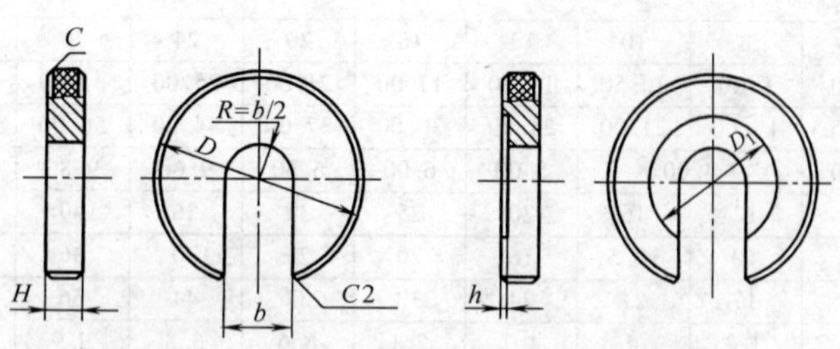

标记示例：

规格 16mm、外径 50mm、材料为 45 钢、热处理硬度 40~48HRC、表面氧化处理、按 A 型和按 B 型制造的开口垫圈，分别标记为

垫圈　GB/T 851　16—50；垫圈　GB/T 851　B16—50

（续）

规格(螺纹大径)	5	6	8	10	12	16	20	24	30	36
b	6	8	10	12	14	18	22	26	32	40
D_1	13	15	19	23	26	32	42	50	60	72
h	0.6	0.8	1.0		1.5		2.0			2.5
C	0.5		0.8	1.0		1.5		2.0		2.5
D	H									
16	4									
20	4	5								
25	4	5	6							
30	4	5	6	7						
35		6	7	7	8					
40			7	8	8	10				
50			7	8	8	10	10			
60				8	10	10	10	12		
70					10	10	10	12	14	
80					10	12	12	12	14	
90						12	12	12	14	16
100						12	12	14	14	16
110							14	14	16	
120							14	16	16	16
130								16	18	
140									18	18
160										20
材料及热处理	45 钢，热处理硬度 40~48HRC									
表面处理	氧化									

6.3.8　紧固件组合件

紧固件组合件是由紧固件专业生产厂将垫圈与外螺纹零件组装成套，形成不可分的组合件，使用者在装配时不需要另装垫圈，有使用方便、省时、高效、安全可靠等优点。尤其对于采用多个紧固件连接的结构和流水作业的场合，如电气柜的接线柱，效果更明显。根据使用的外螺纹紧固件的品种，可分为螺栓组合件、螺钉组合件和自攻螺钉组合件三类。

6.3.8.1 螺钉或螺栓组合件（见表 6-290～表 6-296）

表 6-290 螺栓或螺钉和垫圈组合件（摘自 GB/T 9074.1—2002） （单位：mm）

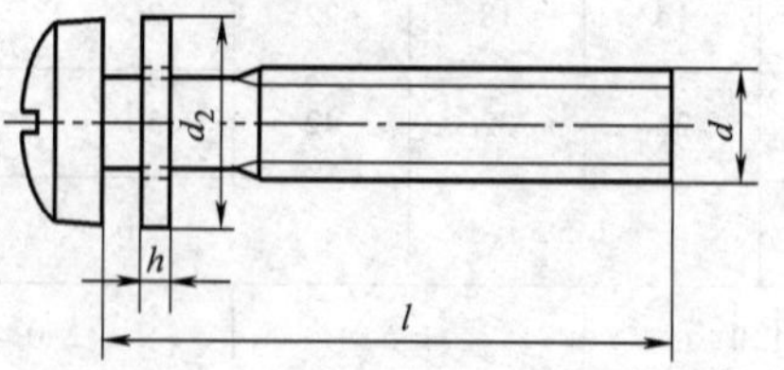

带光杆的螺钉

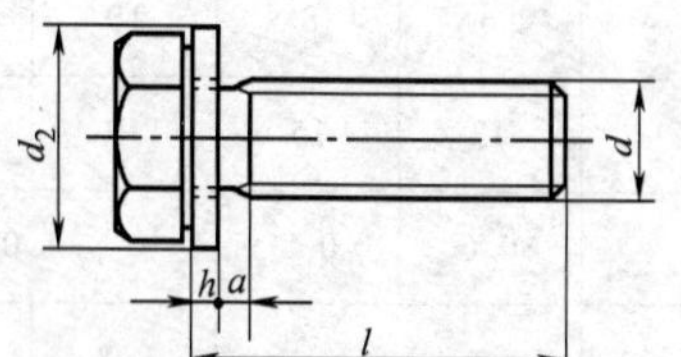

螺纹制到垫圈处的螺栓

螺纹规格① d	a② max	d_{a1}③ max	平垫圈尺寸					
			小系列 S型		标准系列 N型		大系列 L型	
			h 公称	d_2 max	h 公称	d_2 max	h 公称	d_2 max
M2	2P	2.4	0.6	4.5	0.6	5	0.6	6
M2.5		2.8	0.6	5	0.6	6	0.6	8
M3		3.3	0.6	6	0.6	7	0.8	9
(M3.5)		3.7	0.8	7	0.8	8	0.8	11
M4		4.3	0.8	8	0.8	9	1	12
M5		5.2	1	9	1	10	1	15
M6		6.2	1.6	11	1.6	12	1.6	18
M8		8.4	1.6	15	1.6	16	2	24
M10		10.2	2	18	2	20	2.5	30
M12		12.6	2	20	2.5	24	3	37

螺栓或螺钉和垫圈的组合代号

螺栓或螺钉		垫圈		
		S型	N型	L型
标准编号	代号	代号 S	代号 N	代号 L
GB/T 5783	S1	—	×	×
GB/T 5782	S2	—	×	×
GB/T 818	S3	—	×	×
GB/T 70.1	S4	×	×	×
GB/T 67	S5	—	×	×
GB/T 65	S6	×	×	×

注：1. 标记示例：

1）六角头螺栓和平垫圈组合件包括：一个 GB/T 5783 M6×30 8.8 级螺栓（代号 S1）和一个 GB/T 97.4 标准系列垫圈（代号 N）的标记：

螺栓和垫圈组合件 GB/T 9074.1 M6×30 8.8 S1 N

2）六角头螺栓和平垫圈组合件包括：一个头下带 U 型沉割槽的 GB/T 5783 M6×30 8.8 级螺栓（代号 S1）和一个 GB/T 97.4 标准系列垫圈（代号 N）的标记：

螺栓和垫圈组合件 GB/T 9074.1 M6×30 8.8 U S1 N

2. 根据 GB/T 97.4。“—”表示无此型式；“×”表示可选用的组合体。

① 尽可能不采用括号内的规格。

② 从垫圈支承面到第一扣完整螺纹始端的最大距离，当用平面（即用未倒角的环规）测量时，垫圈应与螺钉支承面或头下圆角接触。

③ d_{a1}为过渡圆直径。

表 6-291　十字槽盘头螺钉和外锯齿锁紧垫圈组合件（摘自 GB/T 9074.2—1988）
十字槽盘头螺钉和弹簧垫圈组合件（摘自 GB/T 9074.3—1988）
十字槽盘头螺钉、弹簧垫圈和平垫圈组合件（摘自 GB/T 9074.4—1988）

（单位：mm）

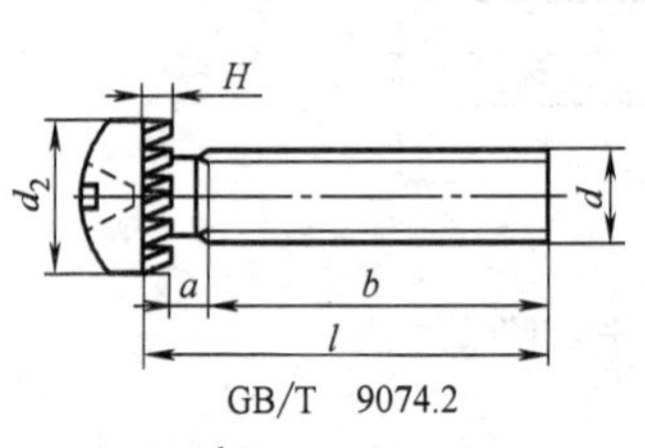

GB/T　9074.2

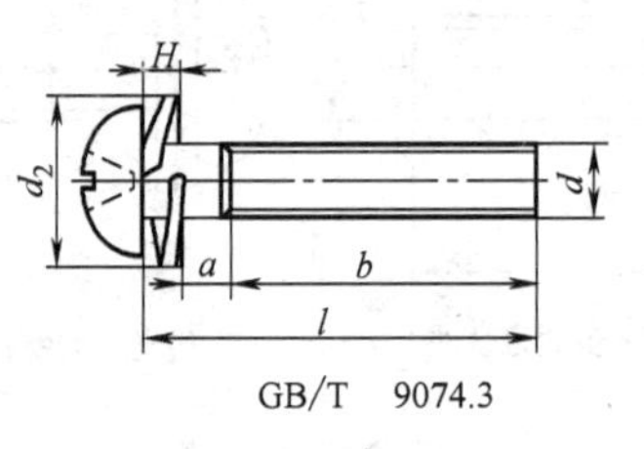

GB/T　9074.3

GB/T　9074.4

标记示例：

螺纹规格 d = M6、公称长度 l = 20mm、性能等级为 4.8 级、表面镀锌钝化的十字槽盘头螺钉和外锯齿锁紧垫圈组合件，标记如下：

螺钉组合件　GB/T 9074.2　M6×20

螺纹规格 d		M3	M4	M5	M6
a_{max}		1.0	1.4	1.6	2.0
b_{min}		25	38		
d_2(公称)	GB/T 9074.4	7	9	10	12
	GB/T 9074.2	6	8	10	11
h(公称)		0.5	0.8	1.0	1.6
H(公称)	GB/T 9074.3 GB/T 9074.4	1.6	2.2	2.6	3.2
H　≈	GB/T 9074.2	1.2	1.5	1.8	
d_2(公称)		5.23	6.78	8.75	10.71
全螺纹时最大长度		25	40		
l①		8~30	10~40	12~45	14~50
相关标准　螺钉		GB/T 818			
相关标准　垫圈	GB/T 9074.2	GB/T 9074.27			
	GB/T 9074.3	GB/T 9074.26			
	GB/T 9074.4	GB/T 9074.24、GB/T 9074.26			
表面处理		①镀锌钝化；②氧化			
其他技术要求		垫圈应能自由转动而不脱落			

注：尽可能不采用括号内规格。

① 长度系列（mm）为 8、10、12、（14）、16、20~50（5 进位）。

表 6-292　十字槽小盘头螺钉和平垫圈组合件（摘自 GB/T 9074.5—2004）

（单位：mm）

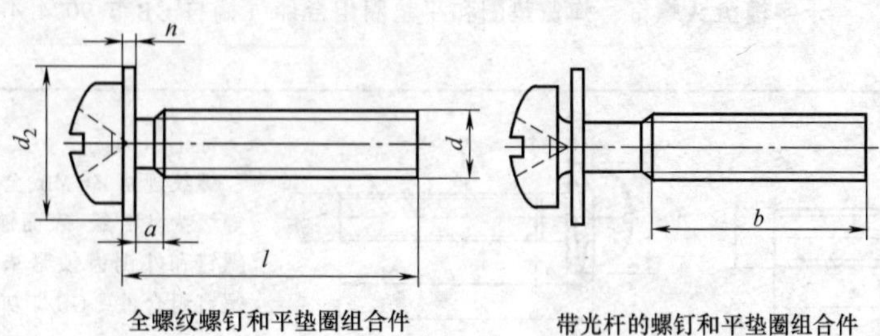

全螺纹螺钉和平垫圈组合件　　带光杆的螺钉和平垫圈组合件

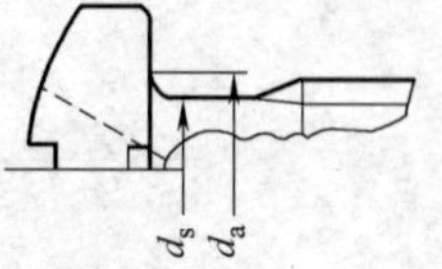

过渡圆直径d_a和杆径d_s

十字槽小盘头螺钉和平垫圈组合件示例

螺纹规格 d	a max	d_a max	平垫圈尺寸					
			小系列 S 型		标准系列 N 型		大系列 L 型	
			h 公称	d_2 max	h 公称	d_2 max	h 公称	d_2 max
M2	2P（P 为螺距）	2.4	0.6	4.5	0.6	5	0.6	6
M2.5		2.8	0.6	5	0.6	6	0.6	8
M3		3.3	0.6	6	0.6	7	0.8	9
（M3.5）		3.7	0.8	7	0.8	8	0.8	11
M4		4.3	0.8	8	0.8	9	1	12
M5		5.2	1	9	1	10	1	15
M6		6.2	1.6	11	1.6	12	1.6	18
M8		8.4	1.6	15	1.6	16	2	24

技术条件	项目		螺钉	垫圈
	力学性能	等级	4.8[①]	200HV
		标准	GB/T 3098.1	GB/T 97.4
	表面处理		镀锌技术要求，按 GB/T 5267.1	
	验收及包装		GB/T 90.1、GB/T 90.2	

注：标记示例：

1）十字槽小盘头螺钉和平垫圈组合件包括：一个 GB/T 823 M5×20-4.8 级螺钉（代号 S1）和一个 GB/T 97.4 标准系列垫圈（代号 N）；组合件表面镀锌钝化（省略标记）的标记：

螺钉和垫圈组合件　GB/T 9074.5　M5×20 S1 N

2）十字槽小盘头螺钉和平垫圈组合件包括：一个 GB/T 823 M5×20-4.8 级螺钉（代号 S1）和一个 GB/T 97.4 大系列垫圈（代号 L）；组合件表面镀锌钝化（省略标记）的标记：

螺钉和垫圈组合件　GB/T 9074.5　M5×20 S1 L

① 按 GB/T 3098.1 检查中发生争议时，应去除垫圈进行仲裁检查。

表 6-293　十字槽小盘头螺钉和弹簧垫圈组合件（摘自 GB/T 9074.7—1988）
十字槽小盘头螺钉、弹簧垫圈和平垫圈组合件（摘自 GB/T 9074.8—1988）

（单位：mm）

GB/T 9074.7

GB/T 9074.8

标记示例：

螺纹规格 d=M5、公称长度 l=20mm、性能等级为 4.8 级、表面镀锌钝化的十字槽小盘头螺钉和平垫圈组合件，标记如下：螺钉组合件　GB/T 9074.5　M5×20

螺纹规格 d		M2.5	M3	M4	M5	M6
a_{max}		0.9	1.0	1.4	1.6	2.0
b_{min}		2.5		38		
d_2(公称)	GB/T 9074.6	8	9	12	15	18
	GB/T 9074.5 GB/T 9074.8	6	7	9	10	12
h(公称)	GB/T 9074.6	0.5	0.8	1.0	1.2	1.6
	GB/T 9074.5 GB/T 9074.8	0.5		0.8	1.0	1.6
H(公称)		1.50	2.00	2.75	3.25	4.00
d_2(参考)		4.34	5.23	6.78	8.75	10.71
全螺纹时最大长度		25		40		
长度范围①		6~25	8~30	10~40	12~45	14~50
相关标准	螺钉	GB/T 823				
	垫圈 GB/T 9074.7	GB/T 9074.26				
	垫圈 GB/T 9074.8	GB/T 9074.24、GB/T 9074.26				
表面处理		①镀锌钝化；②氧化				
其他技术要求		垫圈应能自由转动而不脱落				

注：尽可能不采用括号内规格。

① 长度系列（mm）为 6、8、10、12、(14)、16、20~50（5 进位）。

表 6-294　十字槽沉头螺钉和锥形锁紧垫圈组合件（摘自 GB/T 9074.9—1988）
十字槽半沉头螺钉和锥形锁紧垫圈组合件（摘自 GB/T 9074.10—1988）

（单位：mm）

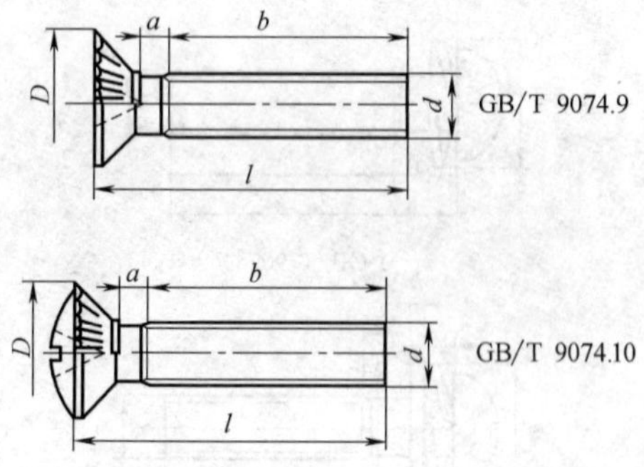

标记示例：

螺纹规格 d=M6、公称长度 l=20mm、性能等级为 4.8 级、表面镀锌钝化的十字槽沉头螺钉和锥形锁紧垫圈、锥形锁紧垫圈组合件，分别标记如下：

螺钉组合件　GB/T 9074.9　M5×20；螺钉组合件　GB/T 9074.10　M5×20

螺纹规格 d			M3	M4	M5	M6	M8
a_{max}			1.0	1.4	1.6	2.0	2.5
b_{min}			25	38			
D ≈			6.0	8.0	9.8	11.8	15.3
全螺纹时最大长度			30	45			
l①长度范围			8~30	10~35	12~40	14~50	16~60
相关标准	螺钉	GB/T 9074.9	GB/T 819				
		GB/T 9074.10	GB/T 820				
	垫圈		GB/T 9074.28				
表面处理			①镀锌钝化；②氧化				
其他技术要求			垫圈应能自由转动而不脱落				

注：尽可能不采用括号内规格。

① 长度系列（mm）为 8、10、12、（14）、16、20~50（5 进位）

表 6-295　**十字槽凹穴六角头螺栓和平垫圈组合件**（摘自 GB/T 9074.11—1988）
十字槽凹穴六角头螺栓和弹簧垫圈组合（摘自 GB/T 9074.12—1988）
十字槽凹穴六角头螺栓、弹簧垫圈和平垫圈组合件（摘自 GB/T 9074.13—1988）

（单位：mm）

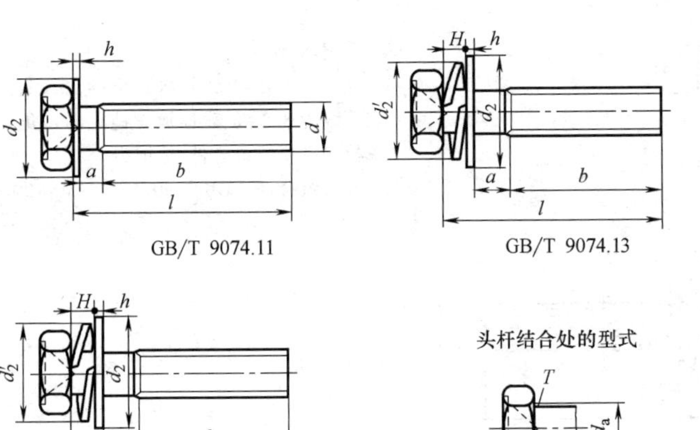

头杆结合处的型式

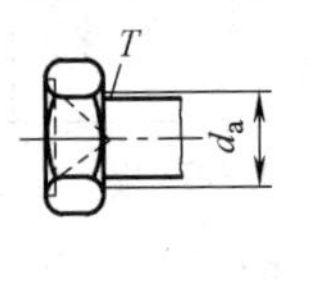

标记示例：

螺纹规格 d=M5、公称长度 l=20mm、性能等级为 5.8 级、表面镀锌钝化的十字槽凹穴六角头螺栓和平垫圈组合件，标记为

螺钉组合件　GB/T 9074.11　M5×20

螺纹规格 d			M4	M5	M6	M8
a_{max}			1.4	1.6	2.0	2.5
b_{min}			38			
h 公称			0.8	1.0	1.6	
H 公称			2.75	3.25	4.00	5.00
d_2 公称			9	10	12	16
d'_2(参考)			6.78	8.75	10.71	13.64
全螺纹时最大长度			40			
l① 长度范围			10~35	12~40	14~50	16~60
相关标准	螺栓		GB/T 29.2			
	垫圈	GB/T 9074.11	GB/T 9074.24			
		GB/T 9074.12	GB/T 9074.26			
		GB/T 9074.13	GB/T 9074.24、GB/T 9074.26			
表面处理			①镀锌钝化；②氧化			
其他技术要求			垫圈应能自由转动而不脱落			

注：尽可能不采用括号内规格。

① 长度系列（mm）为 8、10、12、(14)、16、20~50（5 进位）。

表 6-296　六角头螺栓和弹簧垫圈组合件（摘自 GB/T 9074.15—1988）
六角头螺栓和外锯齿锁紧垫圈组合件（摘自 GB/T 9074.16—1988）
六角头螺栓、弹簧垫圈和平垫圈组合件（摘自 GB/T 9074.17—1988）

（单位：mm）

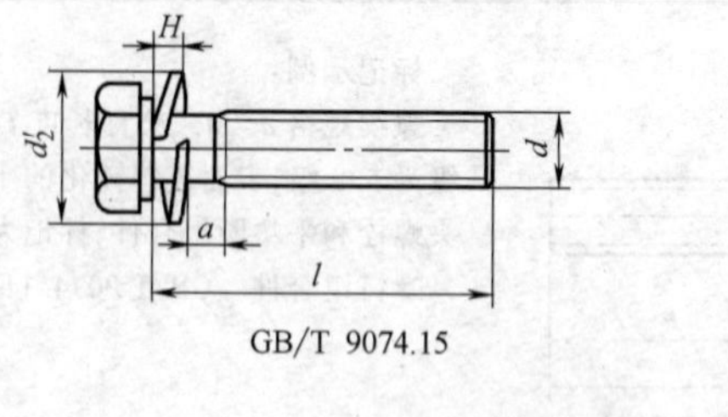

GB/T 9074.15

标记示例：

螺纹规格 d=M5、公称长度 l=20mm、性能等级为 8.8 级、表面镀锌钝化的六角头螺栓和平垫圈组合件，标记为

螺钉组合件　GB/T 9074.14　M5×20

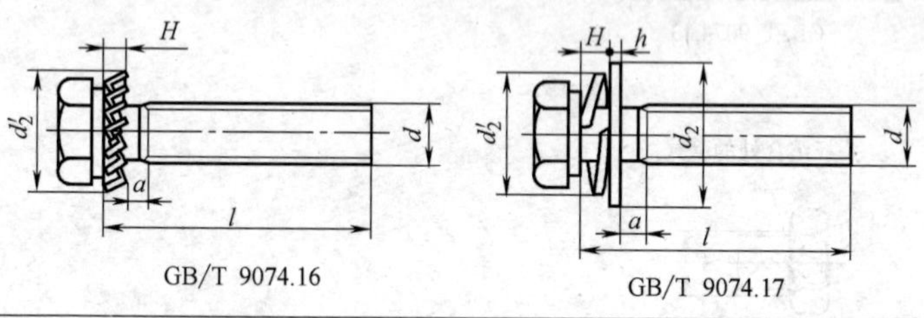

GB/T 9074.16　　GB/T 9074.17

螺纹规格 d		M3	M4	M5	M6	M8	M10	M12
a_{max}		1.0	1.4	1.6	2.0	2.5	3.0	3.5
h 公称		0.5	0.8	1.0	1.6		2.0	2.5
d_2 公称	GB/T 9074.14 GB/T 9074.17	7	9	10	12	16	20	24
	GB/T 9074.16	6	8	10	11	15	18	—
H 公称	GB/T 9074.15 GB/T 9074.17	1.6	2.2	2.6	3.2	4.0	5.0	6.0
H　≈	GB/T 9074.16	1.2	1.5	1.8		2.4	3.0	—
d_2'（参考）		5.23	6.78	8.75	10.71	13.64	16.59	19.53
l[①] 长度范围	GB/T 9074.14 GB/T 9074.15 GB/T 9074.16	8~30	10~35	12~40	16~50	20~65	25~80	30~100
	GB/T 9074.17				20~50	25~65	30~80	35~100
相关标准	螺栓	GB/T 5783						
	垫圈 GB/T 9074.14	GB/T 9074.24						
	垫圈 GB/T 9074.15	GB/T 9074.26						
	垫圈 GB/T 9074.16	GB/T 9074.27						
	垫圈 GB/T 9074.17	GB/T 9074.24、GB/T 9074.26						
表面处理		①镀锌钝化；②氧化						
其他技术要求		垫圈应能自由转动而不脱落						

注：尽可能不采用括号内规格。

① 长度系列（mm）为 8、10、12、16、20~50（5 进位）、(55)、60、(65)、70~100（10 进位）。

6.3.8.2　自攻螺钉组合件（见表 6-297 和表 6-298）

表 6-297　自攻螺钉和平垫圈组合件（摘自 GB/T 9074.18—2002）　（单位：mm）

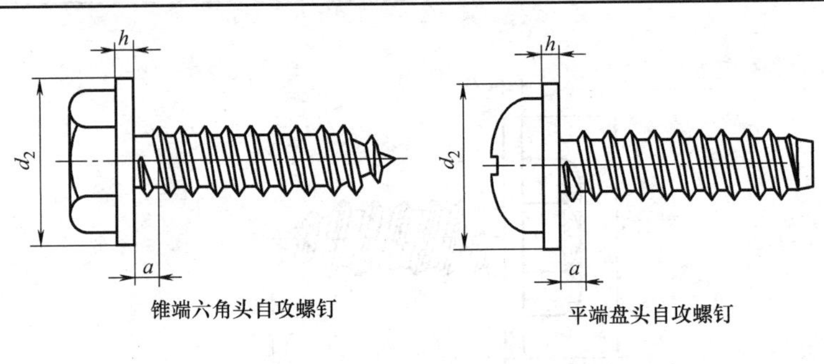

锥端六角头自攻螺钉　　平端盘头自攻螺钉

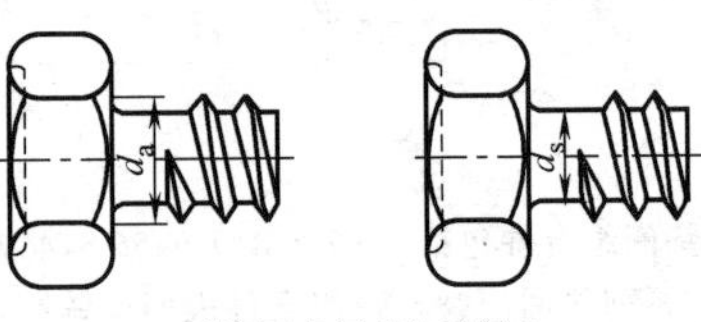

过渡圆直径d_a和杆径d_s

标记示例：

1）六角头自攻螺钉和平垫圈组合件包括：一个 GB/T 5285　ST4.2×16、锥端（C）六角头自攻螺钉（代号 S1）和一个 GB/T 97.5 标准系列垫圈（代号 N）的标记为

自攻螺钉和垫圈组合件　GB/T 9074.18　ST4.2×16　C　S1　N

2）十字槽盘头自攻螺钉和平垫圈组合件包括：一个 GB/T 845　ST4.2×16、锥端（C）、Z 型十字槽盘头自攻螺钉（代号 S2）和一个 GB/T 97.5 标准系列垫圈（代号 N）的标记为

自攻螺钉和垫圈组合件　GB/T 9074.18　ST4.2×16　C　Z　S2　N

螺纹规格	a max	d_a max	平垫圈尺寸			
			标准系列 N 型		大系列 L 型	
			h 公称	d_2 max	h 公称	d_2 max
ST2.2	0.8	2.1	1	5	1	7
ST2.9	1.1	2.8	1	7	1	9
ST3.5	1.3	3.3	1	8	1	11
ST4.2	1.4	4.03	1	9	1	12
ST4.8	1.6	4.54	1	10	1.6	15
ST5.5	1.8	5.22	1.6	12	1.6	15
ST6.3	1.8	5.93	1.6	14	1.6	18
ST8	2.1	7.76	1.6	16	2	24
ST9.5	2.1	9.43	2	20	2.5	30

自攻螺钉代号	标准编号及名称		代　号
	GB/T 5285	六角头自攻螺钉	S1
	GB/T 845	十字槽盘头自攻螺钉	S2
	GB/T 5282	开槽盘头自攻螺钉	S3

表 6-298　十字槽凹穴六角头自攻螺钉和平垫圈组合件（摘自 GB/T 9074.20—2004）

（单位：mm）

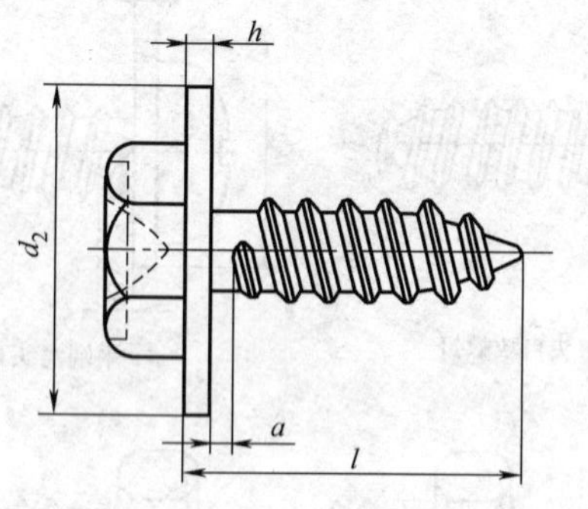

标记示例：

1）十字槽凹穴六角头自攻螺钉和平垫圈组合件包括：一个 GB/T 9456 ST4.2×16、锥端（C）　十字槽凹穴六角头自攻螺钉（代号 S1）和一个 GB/T 97.5 标准系列垫圈（代号 N）组合件表面镀锌钝化（省略标记）的标记为

自攻螺钉和垫圈组合件　GB/T 9074.20　ST4.2×16 S1 N

2）十字槽凹穴六角头自攻螺钉和平垫圈组合件包括：一个 GB/T 9456 ST4.2×16、锥端（C）　十字槽凹穴六角头自攻螺钉（代号 S1）和一个 GB/T 97.5 大系列垫圈（代号 L）组合件表面镀锌钝化（省略标记）的标记为

自攻螺钉和垫圈组合件　GB/T 9074.20　ST4.2×16 S1 L

螺纹规格		a max	d_a max	平垫圈尺寸			
				标准系列 N 型		大系列 L 型	
				h 公称	d_2 max	h 公称	d_2 max
ST2.9		1.1	2.8	1	7	1	9
ST3.5		1.3	3.3	1	8	1	11
ST4.2		1.4	4.03	1	9	1	12
ST4.8		1.6	4.54	1	10	1.6	15
ST6.3		1.8	5.93	1.6	14	1.6	18
ST8		2.1	7.76	1.6	16	2	24
相关标准	自攻螺钉	GB/T 3098.5					
	垫圈	GB/T 97.5					
表面处理		镀锌技术要求　按 GB/T 5267.1					

6.3.8.3　组合件用垫圈（见表 6-299～表 6-302）

表 6-299　组合件用平垫圈和大垫圈　（单位：mm）

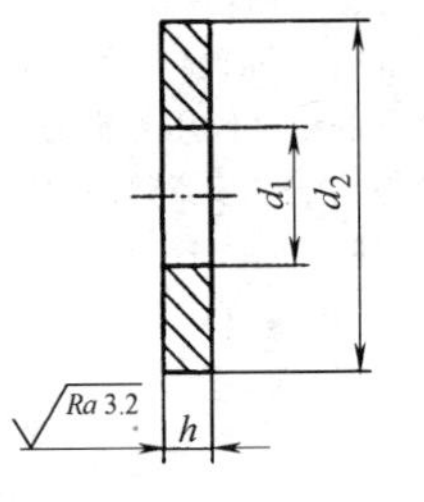

标记示例：

规格 4mm、性能等级为 140HV 级、不经表面处理的组合件用平垫圈、组合件用大垫圈，分别标记为

垫圈　GB/T 9074.24　4；垫圈　GB/T 9074.25　4

规格(螺纹大径)		2.5	3	4	5	6	8	10	12
d_{1max}		2.34	2.83	3.78	4.75	5.71	7.64	9.59	11.53
d_2 公称	GB/T 9074.24	6	7	9	10	12	16	20	24
	GB/T 9074.25	8	9	12	15	18	24	30	37
h 公称	GB/T 9074.24	0.50		0.80	1.00	1.60		2.00	2.5
	GB/T 9074.25	0.5	0.8	1	1.2	1.6	2	2.5	3
性能等级		140HV							
材料		钢							
表面处理		不经处理							

表 6-300　组合件用弹簧垫圈（摘自 GB/T 9074.26—1988）　（单位：mm）

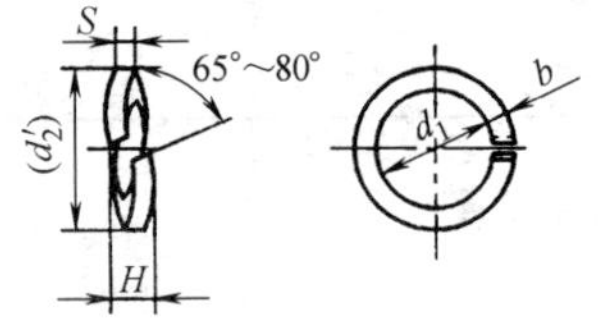

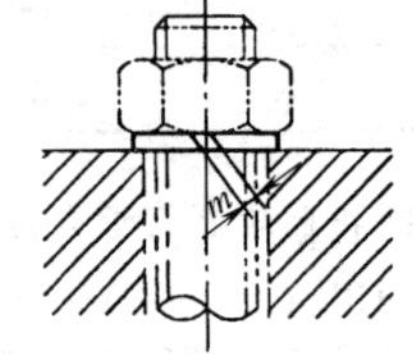

标记示例：

规格 4mm、材料为 65Mn、热处理硬度 42～50HRC、不经表面处理的组合件用弹簧垫圈的标记为

垫圈　GB/T 9074.26　4

规格(螺纹大径)		2.5	3	4	5	6	8	10	12
d_{1max}		2.34	2.83	3.78	4.75	5.71	7.64	9.59	11.53
S 公称		0.6	0.8	1.1	1.3	1.6	2.0	2.5	3.0
b 公称		1.0	1.2	1.5	2.0	2.5	3.0	3.5	4.0
H 公称		1.2	1.6	2.2	2.6	3.2	4.0	5.0	6.0
m　≤		0.30	0.40	0.55	0.65	0.80	1.00	1.25	1.50
d_2'(参考)		4.34	5.23	6.78	8.75	10.71	13.64	16.59	19.53
弹性试验载荷/N		1160	1760	3050	5050	7050	12900	20600	30000
弹性		弹性试验后的自由高度应不小于 $1.67S_{公称}$							
材　料		钢							
材料及热处理	弹簧钢	65Mn、70、60Si2Mn，淬火并回火处理，硬度 42～50HRC							
	不锈钢	3Cr13、1Cr18Ni9Ti							
	铜及铜合金	QSi3-1、硬度≥90HB							
表面处理	弹簧钢	氧化、磷化、镀锌钝化							
	不锈钢								
	铜及铜合金								

表 6-301 组合件用外锯齿锁紧垫圈和锥形锁紧垫圈（摘自 GB/T 9074.27—1988、GB/T 9074.28—1988）

（单位：mm）

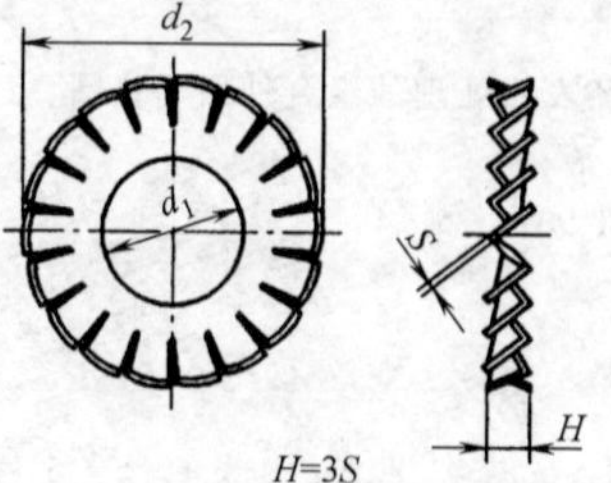

GB/T 9074.27

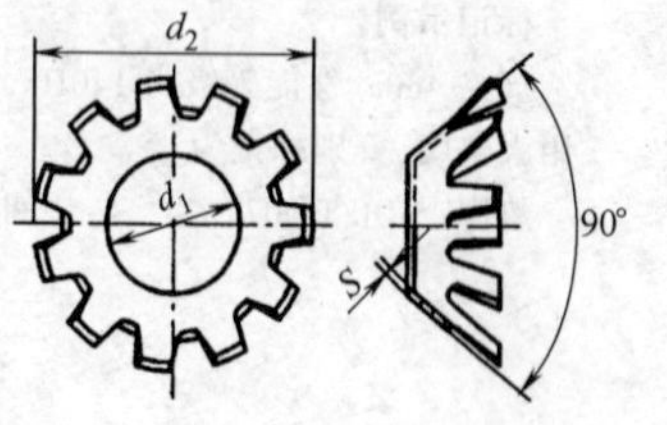

GB/T 9074.28

标记示例：

规格 4mm、材料为 65Mn、不经表面处理的组合件用外锯齿锁紧垫圈、组合件用锥形锁紧垫圈，分别标记为

垫圈 GB/T 9074.27 4；垫圈 GB/T 9074.28 4

规格（螺纹大径）		3	4	5	6	8	10	12
d_{1max}		2.83	3.78	4.75	5.71	7.64	9.59	11.53
d_2	GB/T 9074.27	6	8	10	11	15	18	20.5
	GB/T 9074.28	6	8	9.8	11.8	15.3	—	
S		0.4	0.5	0.6		0.8	1.0	
齿数 min	GB/T 9074.27	9	11		12	14	16	
	GB/T 9074.28	6	8		10		—	
材料及热处理	弹簧钢	65Mn，淬火并回火处理，硬度 40~50HRC						
	铜及铜合金	QSn6.5-0.1						
表面处理	弹簧钢	氧化、镀锌钝化						
	铜及铜合金	钝化						

表 6-302 自攻螺钉组合件用平垫圈和自攻螺钉组合件用大垫圈

（摘自 GB/T 9074.29—1988、GB/T 9074.30—1988）（单位：mm）

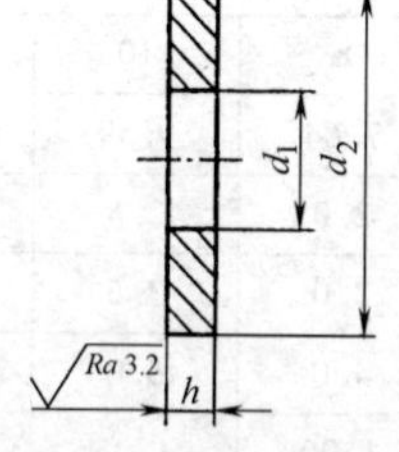

标记示例：

规格 4.2mm、性能等级为 140HV 级、不经表面处理的自攻螺钉组合件用平垫圈、自攻螺钉组合件用大垫圈，分别标记为

垫圈 GB/T 9074.29 4.2；垫圈 GB/T 9074.30 4.2。

规格（螺纹大径）		2.9	3.5	4.2	4.8	5.5	6.3	8
d_{1max}	GB/T 9074.29	2.56	3.10	3.67	4.18	4.82	5.58	7.27
	GB/T 9074.30	2.56	3.12	3.67	4.12	4.82	5.52	7.27
d_2 公称	GB/T 9074.29	6	8	9	10	12	14	
	GB/T 9074.30	9	11	12	15		18	21
h 公称	GB/T 9074.29	0.8	1.0			1.6		
	GB/T 9074.30	1.0			1.6			2.0
性能等级		140HV						
材料		钢						
表面处理		不经处理						

（续）

螺距 P	收尾 x_{max}		肩距 a_{max}			退　刀　槽			
	一般	短的	一般	长的	短的	g_{1min}	g_{2max}	d_g①	$r≈$
1.75	4.3	2.2	5.3	7	3.5	3	5.25	d-2.6	1
2	5	2.5	6	8	4	3.4	6	d-3	1
2.5	6.3	3.2	7.5	10	5	4.4	7.5	d-3.6	1.2
3	7.5	3.8	9	12	6	5.2	9	d-4.4	1.6
3.5	9	4.5	10.5	14	7	6.2	10.5	d-5	1.6
4	10	5	12	16	8	7	12	d-5.7	2
4.5	11	5.5	13.5	18	9	8	13.5	d-6.4	2.5
5	12.5	6.3	15	20	10	9	15	d-7	2.5
5.5	14	7	16.5	22	11	11	17.5	d-7.7	3.2
6	15	7.5	18	24	12	11	18	d-8.3	3.2
参考值	≈2.5P	≈1.25P	≈3P	=4P	=2P	—	≈3P	—	—

内螺纹的收尾、肩距和退刀槽

螺距 P	收尾 x max		肩距 A		退　刀　槽			
					G_1		D_g③	R ≈
	一般	短的	一般	长的	一般	短的②		
0.25	1	0.5	1.5	2			D+0.3	
0.3	1.2	0.6	1.8	2.4				
0.35	1.4	0.7	2.2	2.8				
0.4	1.6	0.8	2.5	3.2				
0.45	1.8	0.9	2.8	3.6				
0.5	2	1	3	4	2	1		0.2
0.6	2.4	1.2	3.2	4.8	2.4	1.2		0.3
0.7	2.8	1.4	3.5	5.6	2.8	1.4		0.4
0.75	3	1.5	3.8	6	3	1.5		0.4
0.8	3.2	1.6	4	6.4	3.2	1.6		0.4
1	4	2	5	8	4	2	D+0.5	0.5
1.25	5	2.5	6	10	5	2.5		0.6
1.5	6	3	7	12	6	3		0.8
1.75	7	3.5	9	14	7	3.5		0.9
2	8	4	10	16	8	4		1
2.5	10	5	12	18	10	5		1.2
3	12	6	14	22	12	6		1.5
3.5	14	7	16	24	14	7		1.8
4	16	8	18	26	16	8		2
4.5	18	9	21	29	18	9		2.2
5	20	10	23	32	20	10		2.5
5.5	22	11	25	35	22	11		2.8
6	24	12	28	38	24	12		3
参考值　≈	4P	2P	(6~5)P	(8~6.5)P	4P	2P		0.5P

注：1. 外螺纹应优先选用“一般”长度的收尾和肩距；“短的”收尾和“短的”肩距仅用于结构受限制的螺纹件上；产品等级为 B 或 C 级的螺纹，紧固件可采用“长的”肩距。

2. 内螺纹应优先选用“一般”长度的收尾和肩距；容屑需要较大空间时可选用“长”肩距，结构限制时可选用“短”收尾。

① d_g 公差为 h13（d>3mm）、h12（$d≤3$mm），d 为螺纹公称直径（大径）代号。

②“短的”退刀槽仅在结构受限制时采用。

③ D_g 公差为 H13。D 为螺纹公称直径（大径）代号。

6.4　螺纹零件的结构要素

6.4.1　螺纹收尾、肩距、退刀槽（摘自 GB/T 3—1997）（见表 6-303）

表 6-303a　外螺纹的收尾和肩距　　（单位：mm）

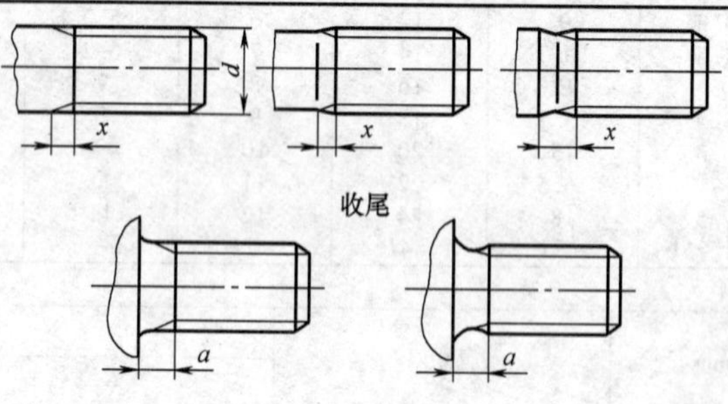

收尾

肩距

外螺纹的收尾的肩距

螺距 P	收尾 x max		肩距 d max		
	一般	短的	一般	长的	短的
0.2	0.5	0.25	0.6	0.8	0.4
0.25	0.6	0.3	0.75	1	0.5
0.3	0.75	0.4	0.9	1.2	0.6
0.35	0.9	0.45	1.05	1.4	0.7
0.4	1	0.5	1.2	1.6	0.8
0.45	1.1	0.6	1.35	1.8	0.9
0.5	1.25	0.7	1.5	2	1
0.6	1.5	0.75	1.8	2.4	1.2
0.7	1.75	0.9	2.1	2.8	1.4
0.75	1.9	1	2.25	3	1.5
0.8	2	1	2.4	3.2	1.6
1	2.5	1.25	3	4	2
1.25	3.2	1.6	4	5	2.5
1.5	3.8	1.9	4.5	6	3
1.75	4.3	2.2	5.3	7	3.5
2	5	2.5	6	8	4
2.5	6.3	3.2	7.5	10	5
3	7.5	3.8	9	12	6
3.5	9	4.5	10.5	14	7
4	10	5	12	16	8
4.5	11	5.5	13.5	18	9
5	12.5	6.3	15	20	10
5.5	14	7	16.5	22	11
6	15	7.5	18	24	12
参考值	$\approx 2.5P$	$\approx 1.25P$	$\approx 3P$	$=4P$	$=2P$

注：应优先选用“一般”长度的收尾和肩距；“短”收尾和“短”肩距仅用于结构受限制的螺纹件上；产品等级为 B 或 C 级的螺纹紧固件可采用“长”肩距。

表 6-303b　外螺纹退刀槽　（单位：mm）

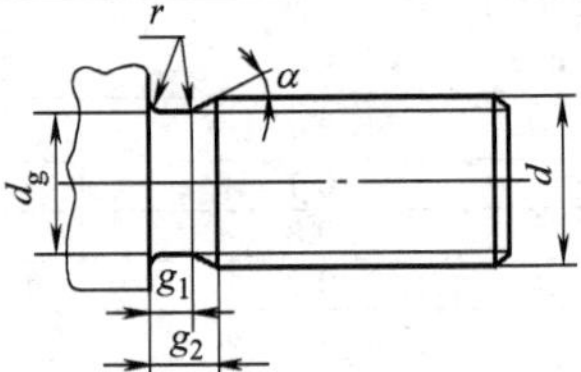

外螺纹退刀槽

螺距 P	g_2 max	g_1 min	d_g	$r\approx$
0.25	0.75	0.4	$d-0.4$	0.12
0.3	0.9	0.5	$d-0.5$	0.16
0.35	1.05	0.6	$d-0.6$	0.16
0.4	1.2	0.6	$d-0.7$	0.2
0.45	1.35	0.7	$d-0.7$	0.2
0.5	1.5	0.8	$d-0.8$	0.2
0.6	1.8	0.9	$d-1$	0.4
0.7	2.1	1.1	$d-1.1$	0.4
0.75	2.25	1.2	$d-1.2$	0.4
0.8	2.4	1.3	$d-1.3$	0.4
1	3	1.6	$d-1.6$	0.6
1.25	3.75	2	$d-2$	0.6
1.5	4.5	2.5	$d-2.3$	0.8
1.75	5.25	3	$d-2.6$	1
2	6	3.4	$d-3$	1
2.5	7.5	4.4	$d-3.6$	1.2
3	9	5.2	$d-4.4$	1.6
3.5	10.5	6.2	$d-5$	1.6
4	12	7	$d-5.7$	2
4.5	13.5	8	$d-6.4$	2.5
5	15	9	$d-7$	2.5
5.5	17.5	11	$d-7.7$	3.2
6	18	11	$d-8.3$	3.2
参考值	$\approx 3P$	—	—	—

注：1. d 为螺纹公称直径代号。
2. d_g 公差为：h13（$d>3$mm）；
h12（$d\leqslant 3$mm）。

表 6-303c　内螺纹收尾和肩距　（单位：mm）

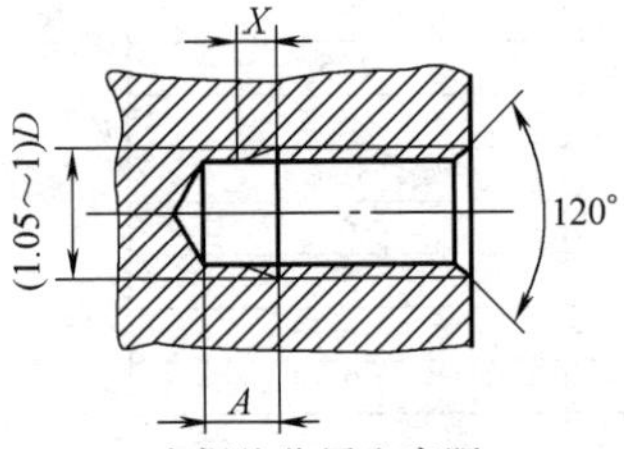

内螺纹收尾和肩距

螺距 P	收尾 X max		肩距 A	
	一般	短的	一般	长的
0.2	0.8	0.4	1.2	1.6
0.25	1	0.5	1.5	2
0.3	1.2	0.6	1.8	2.4

（续）

螺距 P	收尾 X_{max}		肩距 A	
	一般	短的	一般	长的
0.35	1.4	0.7	2.2	2.8
0.4	1.6	0.8	2.5	3.2
0.45	1.8	0.9	2.8	3.6
0.5	2	1	3	4
0.6	2.4	1.2	3.2	4.8
0.7	2.8	1.1	3.5	5.6
0.75	3	1.5	3.8	6
0.8	3.2	1.6	4	6.4
1	4	2	5	8
1.25	5	2.5	6	10
1.5	6	3	7	12
1.75	7	3.5	9	14
2	8	4	10	16
2.5	10	5	12	18
3	12	6	14	22
3.5	14	7	16	24
4	16	8	18	26
4.5	18	9	21	29
5	20	10	23	32
5.5	22	11	25	35
6	24	12	28	38
参考值	$=4P$	$=2P$	$\approx 6\sim5P$	$\approx 8\sim6.5P$

注：应优先选用“一般”长度的收尾和肩距；容屑需要较大空间时可选用“长”肩距，结构限制时可选用“短”收尾。

表 6-303d 内螺纹退刀槽（单位：mm）

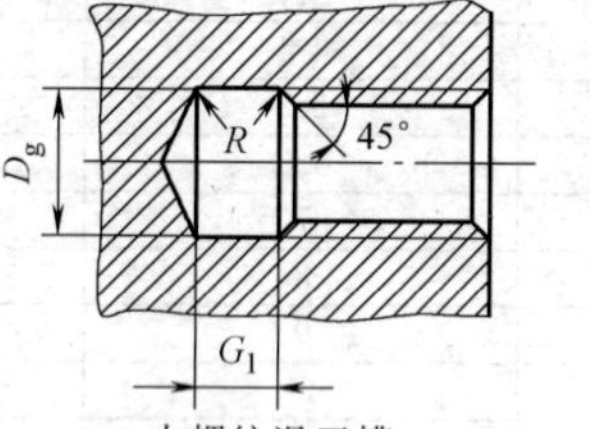

内螺纹退刀槽

螺距 P	G_1		D_g	R ≈
	一般	短的		
0. 5	2	1	D+0. 3	0. 2
0. 6	2. 4	1. 2		0. 3
0. 7	2. 8	1. 4		0. 4
0. 75	3	1. 5		0. 4
0. 8	3. 2	1. 6		0. 4
1	4	2	D+0. 5	0. 5
1. 25	5	2. 5		0. 6
1. 5	6	3		0. 8
1.75	7	3.5		0. 9
2	8	4		1
2.5	10	5		1. 2
3	12	6		1. 5
3.5	14	7		1. 8
4	16	8		2
4.5	18	9		2. 2
5	20	10		2. 5
5.5	22	11		2. 8
6	24	12		3
参考值	$=4P$	$=2P$	—	$\approx 0.5P$

注：1. “短”退刀槽仅在结构受限制时采用。

2. D_g 公差为 H13。

3. D 为螺纹公称直径代号。

6.4.2 螺钉拧入深度和钻孔深度（见表 6-304 和表 6-305）

表 6-304　粗牙螺栓、螺钉的拧入深度，攻螺纹深度和钻孔深度　（单位：mm）

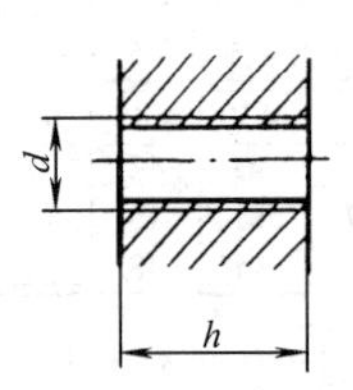

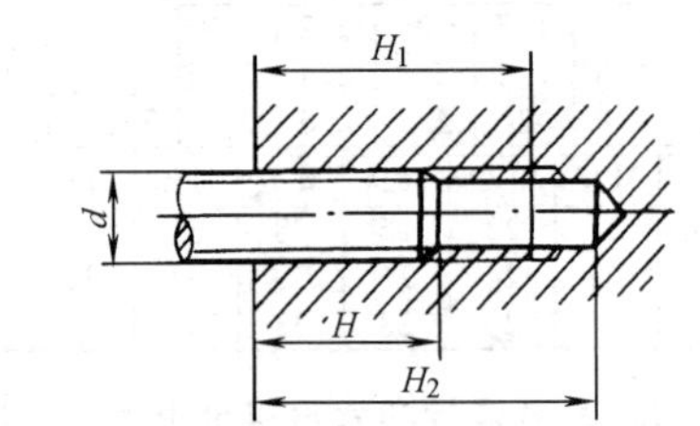

公称直径 d	钢和青铜				铸铁				铝			
	通孔	盲孔			通孔	盲孔			通孔	盲孔		
	拧入深度 h	拧入深度 H	攻螺纹深度 H_1	钻孔深度 H_2	拧入深度 h	拧入深度 H	攻螺纹深度 H_1	钻孔深度 H_2	拧入深度 h	拧入深度 H	攻螺纹深度 H_1	钻孔深度 H_2
3	4	3	4	7	6	5	6	9	8	6	7	10
4	5.5	4	5.5	9	8	6	7.5	11	10	8	10	14
5	7	5	7	11	10	8	10	14	12	10	12	16
6	8	6	8	13	12	10	12	17	15	12	15	20
8	10	8	10	16	15	12	14	20	20	16	18	24
10	12	10	13	20	18	15	18	25	24	20	23	30
12	15	12	15	24	22	18	21	30	28	24	27	36
16	20	16	20	30	28	24	28	33	36	32	36	46
20	25	20	24	36	35	30	35	47	45	40	45	57
24	30	24	30	44	42	35	42	55	55	48	54	68
30	36	30	36	52	50	45	52	68	70	60	67	84
36	45	36	44	62	65	55	64	82	80	72	80	98
42	50	42	50	72	75	65	74	95	95	85	94	115
48	60	48	58	82	85	75	85	108	105	95	105	128

表 6-305　普通螺纹的内、外螺纹余留长度，钻孔余留深度　（单位：mm）

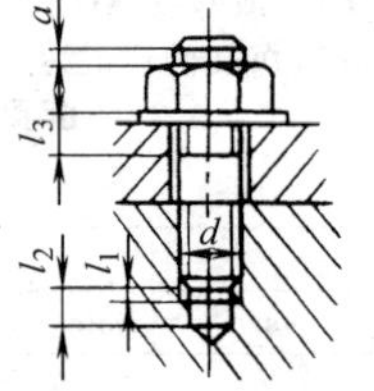

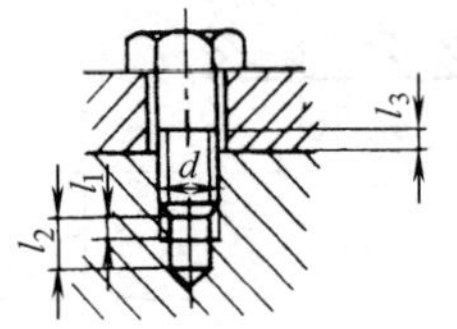

螺距 P		0.5	0.7	0.75	0.8	1	1.25	1.5	1.75	2	2.5	3	3.5	4	4.5	5	5.5	6
余留长度	内螺纹 l_1	1	1.5	1.5	1.5	2	2.5	3	3.5	4	5	6	7	8	9	10	11	12
	钻孔 l_2	4	5	6	6	7	9	10	13	14	17	20	23	26	30	33	36	40
	外螺纹 l_3	2	2.5	2.5	2.5	3.5	4	4.5	5.5	6	7	8	9	10	11	13	16	18
末端长度 a		1~2	2~3			2.5~4		3.5~5		4.5~6.5		5.5~8		7~11		10~15		

6.4.3　螺栓钻孔直径和沉孔尺寸（见表 6-306 ~ 表 6-310）

表 6-306　螺栓和螺钉通孔（摘自 GB/T 5277—1985）　　（单位：mm）

螺纹规格 d		M1	M1.2	M1.4	M1.6	M1.8	M2	M2.5	M3	M3.5	M4	M4.5	M5	M6	M7	M8	M10	M12	M14
螺孔直径	精装配	1.1	1.3	1.5	1.7	2	2.2	2.7	3.2	3.7	4.3	4.8	5.3	6.4	7.4	8.4	10.5	13	15
	中等装配	1.2	1.4	1.6	1.8	2.1	2.4	2.9	3.4	3.9	4.5	5	5.5	6.6	7.6	9	11	13.5	15.5
	粗装配	1.3	1.5	1.8	2	2.2	2.6	3.1	3.6	4.2	4.8	5.3	5.8	7	8	10	12	14.5	16.5
螺纹规格 d		M16	M18	M20	M22	M24	M27	M30	M33	M36	M39	M42	M45	M48	M52	M56	M60	M64	
螺孔直径	精装配	17	19	21	23	25	28	31	34	37	40	43	46	50	54	58	62	66	
	中等装配	17.5	20	22	24	26	30	33	36	39	42	45	48	52	56	62	66	70	
	粗装配	18.5	21	24	26	28	32	35	38	42	45	48	52	56	62	66	70	74	

表 6-307　六角螺栓和六角螺母用沉孔（摘自 GB/T 152.4—1988）　　（单位：mm）

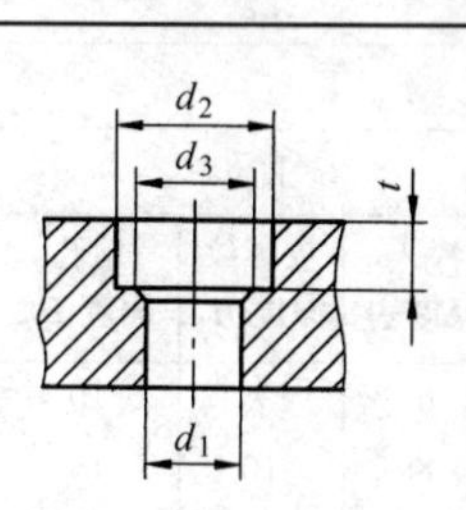

螺纹规格 d	M1.6	M2	M2.5	M3	M4	M5	M6	M8	M10	M12
d_2(H15)	5	6	8	9	10	11	13	18	22	26
d_3										16
d_1(H13)	1.8	2.4	2.9	3.4	4.5	5.5	6.6	9.0	11.0	13.5
螺纹规格 d	M14	M16	M20	M24	M30	M36	M42	M48	M56	M64
d_2(H15)	30	33	40	48	61	71	82	98	112	125
d_3	18	20	24	28	36	42	48	56	68	76
d_1(H13)	15.5	17.5	22	26	33	39	45	52	62	70

表 6-308　圆柱头用沉孔（摘自 GB/T 152.3—1988）　　（单位：mm）

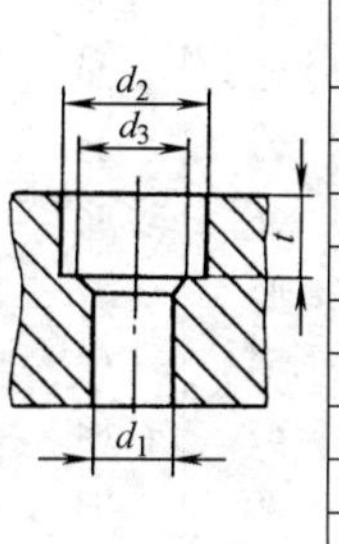

螺纹规格 d	适用于 GB/T 70											
	M4	M5	M6	M8	M10	M12	M14	M16	M20	M24	M30	M36
d_2(H13)	8.0	10.0	11.0	15.0	18.0	20.0	24.0	26.0	33.0	40.0	48.0	57.0
t(H13)	4.6	5.7	6.8	9.0	11.0	13.0	15.0	17.5	21.5	25.5	32.0	38.0
d_3						16	18	20	24	28	6	42
d_1(H13)	4.5	5.5	6.6	9.0	11.0	13.5	15.5	17.5	22.0	26.0	33.0	39.0
	适用于 GB/T 6190、GB/T 6191、GB/T 65											
d_2(H13)	8	10	11	15	18	20	24	26	33			
t(H13)	3.2	4.0	4.7	6.7	7.0	8.0	9.0	10.5	12.5			
d_3						16	18	20	24			
d_1(H13)	4.5	5.5	6.6	9.0	11.0	13.5	15.5	17.5	22			

表 6-309　沉头用沉孔（摘自 GB/T 152.2—2014）　　（单位：mm）

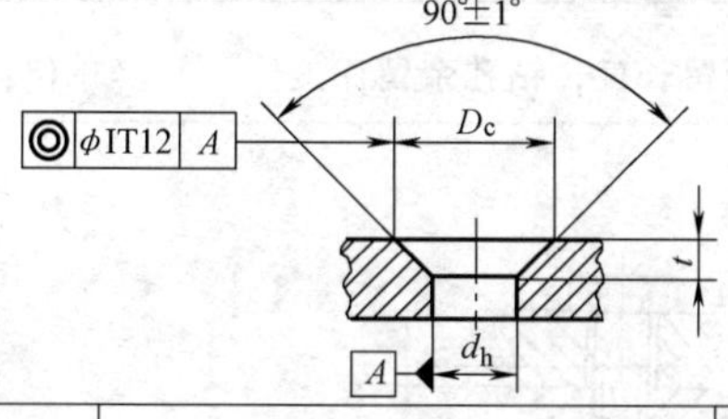

标记示例：

头部形状符合 GB/T 5279、螺纹规格为 M4 的沉头螺钉，或螺纹规格为 ST4.2 的自攻螺钉用公称规格为 4mm 沉孔的标记为

沉孔　GB/T 152.2-4

公称规格	螺纹规格		d_h①		D_c		t
			min（公称）	max	min（公称）	max	≈
1.6	M1.6	—	1.80	1.94	3.6	3.7	0.95
2	M2	ST2.2	2.40	2.54	4.4	4.5	1.05
2.5	M2.5	—	2.90	3.04	5.5	5.6	1.35
3	M3	ST2.9	3.40	3.58	6.3	6.5	1.55
3.5	M3.5	ST3.5	3.90	4.08	8.2	8.4	2.25
4	M4	ST4.2	4.50	4.68	9.4	9.6	2.55
5	M5	ST4.8	5.50	5.68	10.40	10.65	2.58
5.5	—	ST5.5	6.00②	6.18	11.50	11.75	2.88
6	M6	ST6.3	6.60	6.82	12.60	12.85	3.13
8	M8	ST8	9.00	9.22	17.30	17.55	4.28
10	M10	ST9.5	11.00	11.27	20.0	20.3	4.65

① 按 GB/T 5277 中等装配系列的规定，公差带为 H13。

② GB/T 5277 中无此尺寸。

表 6-310　地脚螺栓孔和凸缘　（单位：mm）

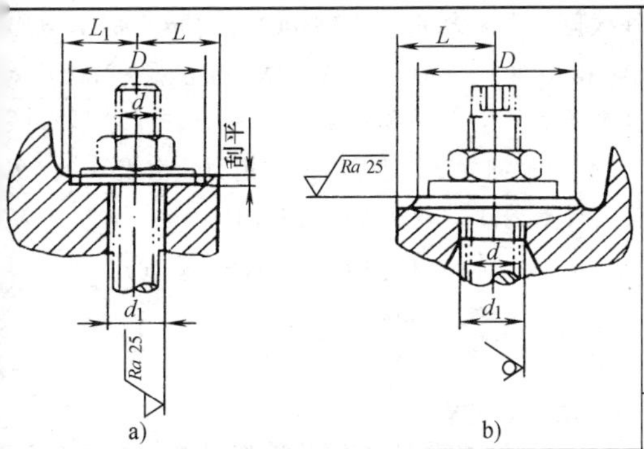

d	16	20	24	30	36	42	48	56	64	76	90	100	115	130
d_1	20	25	30	40	50	55	65	80	95	110	135	145	165	185
D	45	48	60	85	100	110	130	170	200	220	280	280	330	370
L	25	30	35	50	55	60	70	95	110	120	150	150	175	200
L_1	22	25	30	50	55	60	70	—	—	—	—	—	—	—
	图 a,采用钻孔							图 b,采用铸孔						

注：根据结构和工艺要求，必要时尺寸 L 及 L_1 可以变动。

6.4.4　扳手空间（见表 6-311）

表 6-311　扳手空间　（单位：mm）

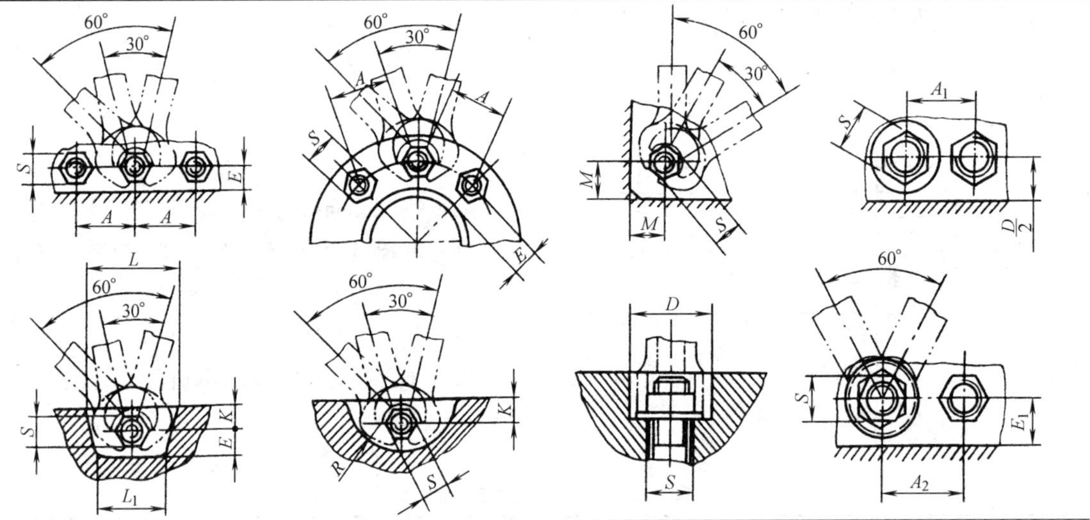

螺纹直径 d	S	A	A_1	A_2	E	E_1	M	L	L_1	R	D
3	5.5	18	12	12	5	7	11	30	24	15	14
4	7	20	16	14	6	7	12	34	28	16	16
5	8	22	16	15	7	10	13	36	30	18	20
6	10	26	18	18	8	12	15	46	38	20	24
8	13	32	24	22	11	14	18	55	44	25	28
10	16	38	28	26	13	16	22	62	50	30	30
12	18	42	—	30	14	18	24	70	55	32	—
14	21	48	36	34	15	20	26	80	65	36	40
16	24	55	38	38	16	24	30	85	70	42	45
18	27	62	45	42	19	25	32	95	75	46	52
20	30	68	48	46	20	28	35	105	85	50	56
22	34	76	55	52	24	32	40	120	95	58	60
24	36	80	58	55	24	34	42	125	100	60	70
27	41	90	65	62	26	36	46	135	110	65	76
30	46	100	72	70	30	40	50	155	125	75	82
33	50	108	76	75	32	44	55	165	130	80	88
36	55	118	85	82	36	48	60	180	145	88	95
39	60	125	90	88	38	52	65	190	155	92	100
42	65	135	96	96	42	55	70	205	165	100	106
45	70	145	105	102	45	60	75	220	175	105	112
48	75	160	115	112	48	65	80	235	185	115	126
52	80	170	120	120	48	70	84	245	195	125	132
56	85	180	126		52		90	260	205	130	138
60	90	185	134		58		95	275	215	135	145
64	95	195	140		58		100	285	225	140	152

6.5 螺栓、螺钉、双头螺柱强度计算

6.5.1 螺栓组受力计算

在计算螺栓组时，要求出受力最大的螺栓载荷。着先把螺栓组所受载荷向接合面螺栓组几何中心简化，可分解为四种典型受力情况，表 6-312 介绍了这四种典型载荷。表 6-313 给出这四种情况中每个螺栓受力的计算方法。应注意，横向载荷和转矩对螺栓组中螺栓的作用力，应该分别求出每个螺栓受力后向量合成，求出每个螺栓受力。在一组螺栓中，找出受力最大的螺栓进行强度计算，求出螺栓直径，其余螺栓取同一直径。

【例题 6-1】 如图 6-25 所示，由 6 个普通螺栓固定的钢板，受力 $F=8400\text{N}$。求每个螺栓受力。

$$\theta=\arctan\frac{100}{150}=32.69°$$

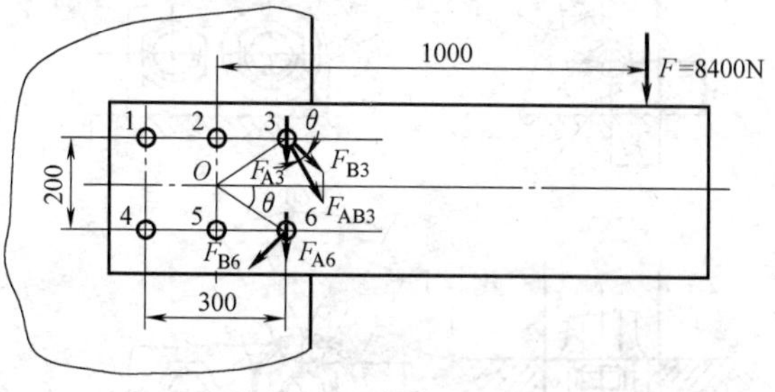

图 6-25 例题 6-1 图

解 1）将载荷向螺栓组中心 O 点简化。螺栓组受外载荷：横向力 $F_x=F=8400\text{N}$；扭转力矩 $T_z=F\times L=8400\times1000\text{N}\cdot\text{mm}=8.4\times10^6\text{N}\cdot\text{mm}$。分别计算对每个螺栓的作用力，再合成。

2）求横向力 F_x 对螺栓的作用力。由表 6-313 螺栓受力计算公式，各螺栓受力相同。

$$F_{A1}=F_{A2}=F_{A3}=F_{A4}=F_{A5}=F_{A6}=F_A=\frac{F_x}{Z}=\frac{8400}{6}\text{N}=1400\text{N}$$

3）求扭转力矩 T_z 对螺栓的作用力 由表 6-313 螺栓受力计算公式，各螺栓受力相同。

$$r_1=r_3=r_4=r_6=\sqrt{100^2+150^2}\text{mm}=180.3\text{mm}$$

$$r_2=r_4=100\text{mm}$$

$$F_{B1}=F_{B2}=F_{B3}=F_{B4}=F_{B5}=F_{B6}=F_B=\frac{T_z}{r_1+r_2+\cdots+r_n}=\frac{8.4\times10^6}{4\times180.3+2\times100}\text{N}=9119\text{N}$$

4）由图 6-25 可知，F_{A3}、F_{B3} 的合力 F_{AB3} 与 F_{A6}、F_{B6} 的合力 F_{AB6} 相等而且是最大值。

$$F_{AB3}=\sqrt{F_{A3}^2+F_{B3}^2+2F_{A3}F_{B3}\cos\theta°}=\sqrt{1400^2+9119^2+2\times1400\times9119\times\cos32.69°}\text{N}=10325\text{N}=F_{AB6}$$

表 6-312 螺栓组受力情况分析

螺栓组受力一般情况简图	螺栓组所受载荷分解	螺栓组典型载荷
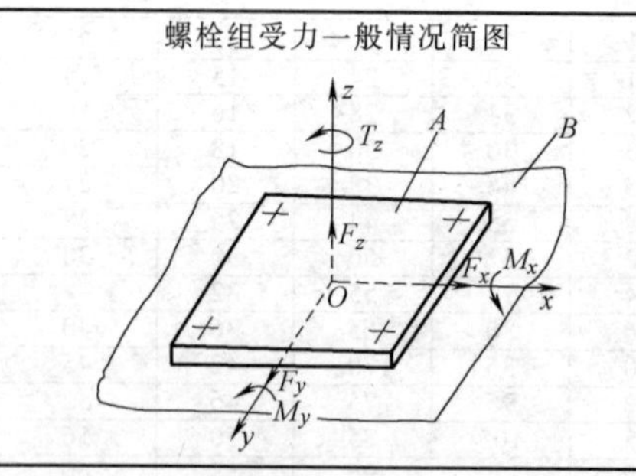	沿 x 方向受力 F_x	受横向力螺栓组
	沿 y 方向受力 F_y	
	沿 z 方向受力 F_z	受轴向力螺栓组
	绕 x 轴翻转力矩 M_x	受翻转力矩螺栓组
	绕 y 轴翻转力矩 M_y	
	绕 z 轴转矩 T_z	受扭转力矩螺栓组

表 6-313 螺栓受力计算公式

螺栓组载荷情况	每个螺栓受力计算公式	
受横向力螺栓组 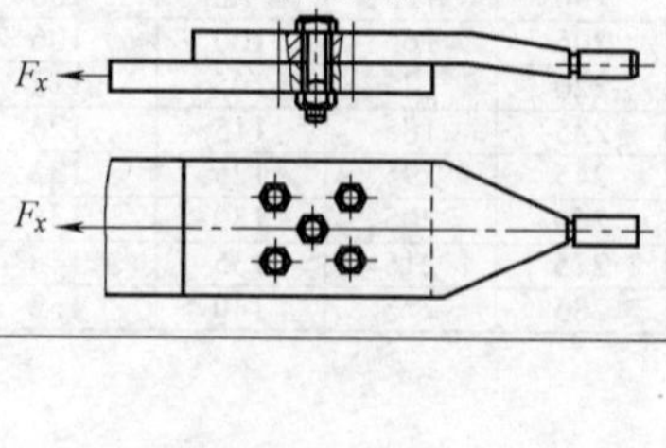	普通螺栓	加强杆螺栓
	$F_A=\frac{F_x}{Z}$ 各螺栓受力相等	$F'_A=\frac{F_x}{Z}$ 各螺栓受力相等

（续）

螺栓组载荷情况	每个螺栓受力计算公式	
受扭转力矩螺栓组	$F_B=\dfrac{T_z}{r_1+r_2+\cdots+r_n}$ 各螺栓受力相等	$F'_B=\dfrac{T_z r_{max}}{r_1^2+r_2^2+\cdots+r_n^2}$ 各螺栓受力与其至中心的距离成正比例
受轴向力螺栓组	$F_C=\dfrac{F_z}{Z}$　各螺栓受力相等	
受翻转力矩螺栓组	$F_D=\dfrac{M_x L_{max}}{L_1^2+L_2^2+\cdots+L_n^2}$　各螺栓受力与其与中心轴线的距离成正比	

按螺栓受横向力 F_{AB1} 计算其直径，取螺栓组各螺栓直径相同即可。

【例题 6-2】 如表 6-313 图所示气缸连接中，气缸中气体最大压力 $p=2.5\text{MPa}$，气缸内径 $D_2=320\text{mm}$。用 16 个螺栓连接气缸与气缸盖。气缸材料为铸钢，用钢皮石棉垫片，要求保证气密性。求在充气前后螺栓受力。

解　1）螺栓组的载荷 F_z 可以根据气缸直径和气体压力 p 求得，即

$$F_z=\frac{\pi}{4}D_2^2p=\left(\frac{\pi}{4}\times320^2\times2.5\right)\text{N}=201062\text{N}$$

每个螺栓的轴向载荷 $F_C=\dfrac{F_z}{Z}=\dfrac{201062}{16}\text{N}=12566\text{N}$

2）为了气缸的气密性，在充气后螺栓所需残余预紧力 $F'_P=KF_C$。式中，系数 K 查表 6-314 求得。

表 6-314　受轴向力紧螺栓所须残余预紧力系数 K

工作情况	一般连接	F_C 为变载荷	F_C 为冲击载荷	压力容器或重要连接
K	0.2~0.6	0.6~1.0	1.0~1.5	1.5~1.8

按重要连接，查表 6-314，取 $K=1.6$，则残余预紧力 $F'_P=KF_C=1.6\times12566\text{N}=20106\text{N}$

3）螺栓所受的总载荷 F_0 和预紧力 F_P，可由以下公式求得：

$$F_0=F_C+F'_P \tag{6-1}$$

$$F_P=F'_P+(1-\lambda)F_C \tag{6-2}$$

式中，λ 为螺栓连接的相对刚度，查表 6-315 求得。

表 6-315　螺栓连接的相对刚度 λ

垫片材料	金属(或无垫片)	皮革	铜皮石棉	橡胶
λ	0.2~0.3	0.7	0.8	0.9

在此采用铜皮石棉垫片，取 $\lambda=0.8$

螺栓所受的总载荷　$F_0=F_C+F'_P=12566\text{N}+20106\text{N}=32672\text{N}$

每个螺栓的预紧力　$F_P=F'_P+(1-\lambda)F_C=20106\text{N}+(1-0.8)\times12566\text{N}=22619\text{N}$

根据螺栓所受的总载荷 $F_9=32672\text{N}$，按强度计算螺栓直径。

【例题 6-3】　轴承支座的尺寸和受力如图 6-26 所示。求螺栓的载荷和预紧力。

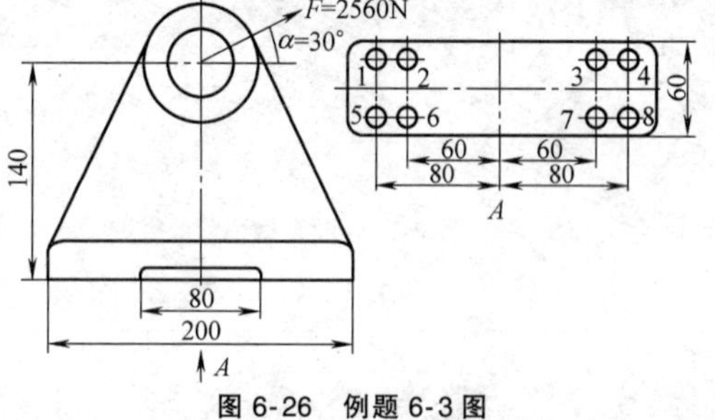

图 6-26　例题 6-3 图

解　1）将载荷向相互连接的两零件接合面螺栓组中心 O 点简化，螺栓组受外载荷如下：

横向力 $F_x=F\cos\alpha=2560\text{N}\times\cos30°=2217\text{N}$

轴向力 $F_z=F\sin\alpha=2560\text{N}\times\sin30°=1280\text{N}$

翻转力矩 $M_y=F_xH=2217\times140\text{N}\cdot\text{mm}=3.104\times10^5\text{N}\cdot\text{mm}$

在以上各载荷的作用下，此螺栓连接应满足以下条件：螺栓有足够的抗拉强度；在翻转力矩 M_y 和轴向力 F_z 作用下，支座右端不压坏地面；左端与地面不分离；在横向力 F_x 作用下支座不打滑。

2）求螺栓承受载荷，螺栓受翻转力矩 M_y 和轴向力 F_z 的综合作用。

查表 6-313，由翻转力矩 M_y 产生的最大拉力

$$F_D=\frac{M_xL\max}{L_1^2+L_2^2+\cdots+L_n^2}=\frac{3.104\times10^5\times80}{4\times80^2+4\times60^2}\text{N}=620.8\text{N}$$

查表 6-313，由轴向力 F_z 产生的拉力

$$F_C=\frac{F_z}{Z}=\frac{1280}{8}\text{N}=160\text{N}$$

以上两项相加，受力最大螺栓的载荷　$F_{CD}=F_C+F_D=(160+642.6)\text{N}=802.6\text{N}$

3）取每个螺栓预紧力 $F_P=1200\text{N}$。预紧力 F_P 引起两零件接合面间的压应力 $\sigma_P=\frac{ZF_P}{A}=\frac{8\times1200}{12000}\text{MPa}=0.8\text{MPa}$。

式中，接合面面积 $A=bL(1-\alpha)=100\times200\times(1-0.4)\text{mm}^2=12000\text{mm}^2$。$\alpha$ 为缺口长度 80mm 与接合面长度 $L=200\text{mm}$ 之比：$\alpha=\frac{80}{200}=0.4$。

翻转力矩 M_y 引起两零件接合面间的压应力 $\sigma_M=\frac{M_y}{W}=\frac{3.104\times10^5}{6.67\times10^5}\text{MPa}=0.466\text{MPa}$。

式中 $W=\frac{bL^2}{6}(1-\alpha^4)=\frac{100\times200^2}{6}(1-0.4^4)\text{mm}^3=6.67\times10^5\text{mm}^3$。

轴向力 F_z 引起的接合面压应力减小量 $\sigma_s=\frac{F_z}{A}=\frac{1280}{12000}\text{MPa}=0.107\text{MPa}$。

考虑螺栓刚度远小于地基刚度（$\lambda\approx0$），因而可以不必计算连接件的相对刚度，而以应力直接代数相加。

接合面右端压应力 $\sigma_r=\sigma_p+\sigma_M-\sigma_z=0.8+0.466-0.107\text{MPa}=1.159\text{MPa}<[\sigma_p]=2.5\text{MPa}$

接合面左端压应力 $\sigma_1=\sigma_p-\sigma_M-\sigma_z=(0.8-0.466-0.107)\text{MPa}=0.227\text{MPa}>0$

按工作要求，σ_r 应小于接合面的许用挤压应力 $[\sigma_p]$。由表 6-316 查得，混凝土地基 $[\sigma_p]=2.5\text{MPa}$；而 σ_1 应>0，以保证接合面不分离。以上二个条件都满足。表明取每个螺栓预紧力 $F_P=1200\text{N}$ 是合理的，接合面的形状和尺寸是可用的。

表 6-316　接合面材料的许用挤压应力 $[\sigma_p]$

材料	钢	铸铁	混凝土	砖(水泥浆缝)	木材
$[\sigma_p]$/MPa	$0.8\sigma_s$	$(0.4\sim0.5)\sigma_B$	2~3	1.5~2.0	2~4

4）校核在横向力 $F_x=2295\text{N}$ 作用下，轴承支座不滑动。连接的接合面间的摩擦因数 $f=0.28$。轴承支座与地基表面之间的正压力为

$$F_H=ZF_P-F_z=(8\times1200-1280)\text{N}=8320\text{N}$$

最大摩擦力为 $F_H\times f=8320\times0.28\text{N}=2330\text{N}>F_x=2295\text{N}$

表明轴承支座不会滑动。如不满足应加附加装置。

5）螺栓所受拉力。由于螺栓与地基相比刚度极小，因而在式（6-1）和式（6-2）中，可以取 $\lambda\approx0$，从而导出螺栓受力为

$$F_0\approx F_P=1200\text{N}$$

可按这一数值计算螺栓尺寸。

6.5.2 按强度计算螺栓尺寸的常用算法（见表 6-317～表 6-321）

表 6-317　加强杆螺栓强度计算

结构简图	计算项目	计算公式	说明
受横向载荷铰制孔螺栓连接	按挤压强度计算 按抗剪强度计算	$\sigma_p=\dfrac{F'_A}{d_0\delta}\leqslant[\sigma_p]$ $\tau=\dfrac{F'_A}{m\dfrac{\pi}{4}d_0^2}\leqslant[\tau]$	F'_A—螺栓所受横向载荷见表 6-313 m—螺栓受剪面个数 d_0—螺栓受剪面直径 δ—受挤压高度(取 δ_1、δ_2 中的较小值)
	加强杆螺栓许用应力	静载荷	变载荷
	许用挤压应力$[\sigma_p]$ 许用切应力$[\tau]$	钢$[\sigma_p]=\dfrac{\sigma_s}{1.25}$ 铸铁$[\sigma_p]=\dfrac{\sigma_s}{2\sim2.5}$ $[\tau]=\dfrac{\sigma_s}{2.5}$	$[\sigma_p]$—将静载荷的许用值乘以 0.7～0.8 $[\tau]=\dfrac{\sigma_s}{3.5\sim5}$

表 6-318　普通螺栓强度计算

结构简图	计算项目	计算公式	说明
受轴向载荷松螺栓连接	螺杆拉断	$\sigma=\dfrac{F_C}{\dfrac{\pi}{4}d_1^2}\leqslant[\sigma]$ $[\sigma]=\dfrac{R_e}{S_S}$	F_C—轴向载荷按表 6-313 计算 d_1—螺纹小径 R_e—螺栓屈服强度 S_S—安全系数，一般取 1.2～1.7
受横向载荷紧螺栓连接	螺栓受轴向预紧力 F_P 压紧被连接件，在被连接件之间产生摩擦力 F_A，传递横向载荷 螺杆受拉伸扭转综合作用	预紧力 $F_P=\dfrac{K_fF_A}{mf}$ $\sigma=\dfrac{1.3F_P}{\dfrac{\pi}{4}d_1^2}\leqslant[\sigma]$ $[\sigma]=\dfrac{R_e}{S_S}$	F_A—横向载荷，按表 6-313 计算 K_f—可靠性系数，取 1.1～1.3 m—接合面数 f—接合面间摩擦因数 d_1—螺纹小径 R_e—螺栓屈服强度 S_S—安全系数，由表 6-319 查得
受轴向载荷紧螺栓连接	静载荷按螺栓最大拉伸力 F_0 计算[式(6-1)]	$\sigma=\dfrac{1.3F_0}{\dfrac{\pi}{4}d_1^2}\leqslant[\sigma]$ $[\sigma]=\dfrac{R_e}{S_S}$	F_0—螺栓所受的总载荷表 6-313 d_1—螺纹小径 R_e—螺栓屈服强度 S_S—安全系数，由表 6-319 查得
	变载荷按螺栓应力幅 σ_a 计算	$\sigma_a=\lambda\dfrac{2F_C}{\pi d_1^2}\leqslant[\sigma_a]$	F_C—轴向载荷，按表 6-313 计算 $[\sigma_a]$—许用应力幅按表 6-320 计算

表 6-319　预紧螺栓连接的安全系数 S_S

材料种类	静载荷			变载荷		
	M6~M16	M16~M30	M30~M60	M6~M16	M16~M30	M30~M60
碳钢	4~3	3~2	2~1.3	10~6.5	6.5	6.5~10
合金钢	5~4	4~2.5	2.5	7.5~5	5	6~7.5

表 6-320　许用应力幅 $[\sigma_a]$ 计算

许用应力幅计算公式	$[\sigma_a]=\dfrac{\varepsilon K_t K_u \sigma_{-1t}}{K_\sigma S_a}$										
尺寸因数 ε	螺栓直径 d/mm	<12	16	20	24	30	36	42	48	56	64
	ε	1	0.87	0.8	0.74	0.65	0.64	0.60	0.57	0.54	0.53
螺纹制造工艺因数 K_t	切制螺纹 $K_t=1$，滚制、搓制螺纹 $K_t=1.25$										
受力不均匀因数 K_u	受压螺母 $K_u=1$，受拉螺母 $K_u=1.5\sim1.6$										
试件的疲劳极限 σ_{-1t}	见表 6-321										
缺口应力集中因数 K_σ	螺栓材料 R_m/MPa	400		600		800		1000			
	K_σ	3		3.9		4.8		5.2			
安全因数 S_a	安装螺栓情况	控制预紧力			不控制预紧力						
	S_a	1.5~2.5			2.5~5						

表 6-321　常用螺纹材料力学性能

（单位：MPa）

材料	抗拉强度 R_m	屈服强度 R_e	疲劳极限 σ_{-1t}
10	340~420	210	120~150
Q215-A	340~420	220	
Q235-A	410~470	240	120~160
35	540	320	170~220
45	610	360	190~250
15MnVB	1000~1200	800	
40Cr	750~1000	650~900	240~340
30CrMnSi	1080~1200	900	

【例题 6-4】 在例题 6-1 中，采用普通螺栓连接或加强杆螺栓连接，分别计算螺栓尺寸。

解　(1) 采用普通螺栓连接　由表 6-318，预紧力 $F_P=\dfrac{K_f F_A}{mf}$。在此例中，预紧力 F_A 为例题 6-1 中的 F_{AB1}，即 $F_A=F_{AB1}=10325\text{N}$。

F_P 计算式中，取 $m=1$，$f=0.16$，$K_f=1.2$ 代入，得

$$F_P=\frac{K_f F_A}{mf}=\frac{1.2\times10325}{1\times0.16}\text{N}=77438\text{N}$$

由表 6-318，按拉扭综合作用计算螺栓直径，计算公式为

$$\sigma=\frac{1.3F_P}{\dfrac{\pi}{4}d_1^2}\leqslant[\sigma],\ [\sigma]=\frac{R_e}{S_S}$$

采用 6.8 级螺栓，$R_e=480\text{MPa}$，由表 6-319，安全系数 $S_S=2$（假定螺栓直径 $d=30\text{mm}$），则

$$[\sigma]=\frac{R_e}{S_S}=\frac{480}{2}\text{MPa}=240\text{MPa}$$

由螺栓直径计算公式，得

$$d_1=\sqrt{\frac{4\times1.3F_P}{\pi\times\sigma}}=\sqrt{\frac{5.2\times77438}{\pi\times240}}\text{mm}=23.1\text{mm}$$

按 GB/T 196—2003 选 M30 螺栓，其小径 $d_1=26.211\text{mm}$

(2) 按加强杆螺栓设计

1) 求螺栓所受的横向力（加强杆螺栓与普通螺栓受力不同，不能再用例题 6-1 的计算结果按表 6-313受扭转力矩的加强杆螺栓），各螺栓受力与至中心的距离成正比。

$$F'_{B3}=\frac{T_z r_{max}}{r_1^2+r_2^2+\cdots+r_n^2}=\frac{8.4\times10^6\times180.3}{4\times180.3^2+2\times100^2}\text{N}=10095\text{N}$$

求 F_{A3} 与 F'_{B3} 之合力 F_{AB3} 为

$$F_{AB3}=\sqrt{F_{A3}^2+F'^2_{B3}+2F_{A3}F'_{B3}\cos\theta}$$
$$=\sqrt{1400^2+10095^2+2\times1400\times10095\times\cos32.69}\text{N}$$
$$=11299\text{N}$$

2）确定许用压力。螺栓仍取 6.8 级，则按表 6-317，其许用应力为

$$[\tau]=\frac{Re}{2.5}=\frac{480}{2.5}\text{MPa}=192\text{MPa}$$

$$[\sigma_p]=\frac{Re}{1.25}=\frac{480}{1.25}\text{MPa}=384\text{MPa}$$

3）求螺栓尺寸。先按抗剪强度计算螺栓钉杆直径 d_0，由 $\tau=\dfrac{F'_A}{m\dfrac{\pi}{4}d_0^2}\leqslant[\tau]$，得

$$d_0=\sqrt{\frac{4F'_A}{m\pi[\tau]}}=\sqrt{\frac{4\times11299}{1\times\pi\times192}}\text{mm}=8.66\text{mm}$$

查六角头加强杆螺栓国家标准 GB/T 27—2013，选用 M8 六角头加强杆螺栓（钉杆直径 $d_0=9$mm）取板厚 $b_1=b_2=10$mm，则由图 6-27 可知，挤压面尺寸为 $\delta_1=8$mm，$\delta_2=l-(l-l_3)-\delta_1=(30-15-10)$mm $=5$mm $=\delta_{min}$，按 $\delta_2=5$mm 计算，得

$$\sigma_P=\frac{F'_A}{d_0\delta_2}=\frac{11299}{9\times5}=251\text{MPa}\leqslant[\sigma_P]=384\text{MPa}$$

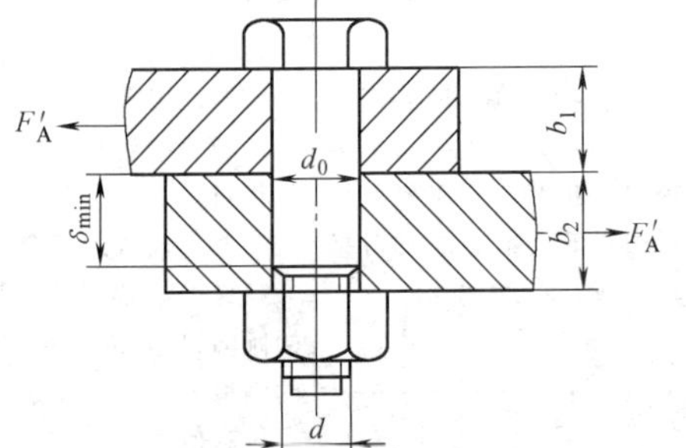

图 6-27　例题 6-4 图

6.5.3　德国工程师协会技术准则 VDI 2230《高强度螺栓连接系统计算》简介

德国工程师协会技术准则 VDI 2230《高强度螺栓连接系统计算》，是根据德国对于螺栓连接的研究有关成果制定的。目的是向参加实际工作的设计师推荐一种计算方法，以帮助他们解决准确地确定螺栓连接参数。下面扼要介绍 VDI 2230《2003 年 2 月版》。

6.5.3.1　VDI 2230 适用范围

1）钢制螺栓。

2）牙型角 $\alpha=60°$的螺栓。

3）高强度螺栓，即性能等级 8.8~12.9。

4）一般螺栓，工作载荷为轴向静载荷，或轴向动载荷。其所受的力作用线与螺栓轴线平行。此外，可能还有弯曲力矩。

5）计算表格中给出的数据 M4 至 M39。此准则可以用类推的方法用于其他材料制造的螺栓，强度较低或者强度不符合 DIN EN 898-1（即 ISO 898-1，GB/T 3098.1 等同采用）规定的强度值。对于尺寸较大的螺栓（如大于 M39 的规格），也可以用同样的计算方法。

6）此准则应用于接触面尺寸在限制值以内。如果超过了限制值，此处的方法不再适用，否则会产生较大的计算误差。

7）材料性质数据只用于室温条件下，即对于较高或较低的温度必须予以修正。特殊的工作条件（如有腐蚀、冲击载荷）不能处理。

8）这一准则原则上并不排斥要用实验和（或）数值计算（有限元、边界元）进行验证。特别是对于重要连接的场合，推荐采用这些方法。

6.5.3.2　有关 VDI 2230 的条令、法令、管理规程

1）TRD 106 钢制螺栓和螺母（德国蒸汽锅炉委员会 DITR，DIN 伯林-比托姆柏林销售部）。

2）TRD 309 螺栓

3）27/23/EG 准则。压力容器法律要求的准则。

6.5.3.3　VDI 2230 计算方法的基本原理

这里简单介绍 VDI 2230—2003 年 2 月版本的一些内容，主要通过例题进行介绍。其表格公式等参考 VDI 2230—2003。

（1）VDI 2230 的计算方法　这是在一般的单个螺栓强度计算方法的基础上发展起来的，但是在理论与应用方面有很大的不同：

1）考虑了拧紧后结合面、钉头和螺母支承面，由于表面粗糙度引起的压陷，引起的预紧力的减少量 F_z。

2）具体考虑拧紧力的变化范围。按采用的拧紧工具（如显示转矩的扳手），按表 6-322 确定拧紧系数 α_A。拧紧系数 α_A = 最大拧紧力 F_{Mmax}/最小拧紧力 F_{Mmin}。

3）用计算法按零件的材料和尺寸确定螺栓和被连接件的柔度。

4）考虑力作用点对传力比 ϕ_D 的影响，引入载荷导入系数 n。

（2）螺栓连接的类型　见表 6-323。

（3）连接模型图中主要尺寸和重要参数之间的关系　见图 6-28。

表 6-322　拧紧系数 α_A

<table>
<tr><th>拧紧系数
α_A</th><th>分散度
$\frac{\Delta F_M}{2F_m}=\frac{\alpha_A-1}{\alpha_A+1}$</th><th>拧紧方法</th><th>调整方法</th><th colspan="2">说　　明</th></tr>
<tr><td>1.05~1.2</td><td>±2%~±10%</td><td>用超声波控制拧紧引起的伸长量</td><td>回声时间</td><td colspan="2">1)数值要求定标
2)$l_k/d<2$ 时,允许误差逐渐增加
3)直接机械连接误差较小,间接连接误差较大</td></tr>
<tr><td>1.1~1.5</td><td>±5%~±20%</td><td>机械法测量伸长量</td><td>用长度测量方法调整</td><td colspan="2">1)要求准确地确定螺栓的轴向弹性柔度。分散度主要决定于测量技术的精确度
2)$l_k/d<2$ 时,允许误差逐渐增加</td></tr>
<tr><td>1.2~1.4</td><td>±9%~±17%</td><td>用屈服点控制拧紧,机动或手动拧紧</td><td>相对力矩或转角系数作为输入量</td><td colspan="2" rowspan="2">分散度主要由螺栓屈服强度的分散度确定。在此,测量螺栓的尺寸是为了求得 F_{Mmin}。设计螺栓需要根据拧紧系数求得 F_{Mmax},并与拧紧方法一致</td></tr>
<tr><td>1.2~1.4</td><td>±9%~±17%</td><td>用角度控制拧紧,机动或手动拧紧</td><td>实验确定预紧力矩和转角</td></tr>
<tr><td>1.2~1.6</td><td>±9%~±23%</td><td>液压拧紧</td><td>按长度或压力测量</td><td colspan="2">1)较小的值用于长螺栓($l_k/d\geqslant5$)
2)较大的值用于短螺栓($l_k/d\leqslant2$)</td></tr>
<tr><td>1.4~1.6</td><td>±17%~±23%</td><td>拧紧时用控制扭矩扳手,显示力矩扳手,或测量力矩的精密拧紧工具控制转矩</td><td>用螺栓样品进行实验,确定所需的拧紧力矩。用测量螺栓伸长的方法</td><td>较低值,要求作大量校准,或测试实验(如 20 次)需要传递的转矩有较小的分散度(如±5%)</td><td rowspan="3">较低值用于:
1)较小的转角,对应于刚度相对较大的连接
2)相对较软的结合面
3)结合表面没有“卡住”的倾向,即采用磷化或足够的润滑
较高值用于:
1)较大的转角,对应于柔度相对较大的连接和细牙螺纹
2)结合表面硬度高而且表面粗糙</td></tr>
<tr><td>1.6~2.0
(摩擦因数 B 级)</td><td>±23%~±33%</td><td rowspan="2">拧紧时用控制扭矩扳手,显示力矩扳手,或测量力矩的精密拧紧工具控制转矩</td><td rowspan="2">根据摩擦因数(表面情况和润滑)确定所需的拧紧力矩</td><td rowspan="2">较低值用于测力矩平稳拧紧和精密的拧紧装置
较高值用于给定信号控制,或自动切断拧紧力矩的扳手</td></tr>
<tr><td>1.7~2.5
(摩擦因数 A 级)</td><td>±26%~±43%</td></tr>
<tr><td>2.5~4</td><td>±43%~±60%</td><td>用冲击扳手或有惯性矩控制的扳手拧紧</td><td>螺栓的校准靠产生所需的拧紧力矩(对于预计的摩擦因数)和一个附加系数</td><td colspan="2">较低值用于:
1)大量校准实验(再拧紧力矩)
2)用于水平零件的螺栓
3)传递冲击时没有间隙</td></tr>
</table>

表 6-323　螺栓连接的类型

单个螺栓连接		多个螺栓连接						螺栓连接
对中或偏心		在一个平面中	轴　对　称			对称	不对称	螺栓轴线
圆柱或圆锥体	梁	梁	圆平面	凸缘有密封	凸缘有平面支承	长方形底板多螺栓连接	多螺栓连接	连接几何形状
	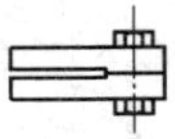	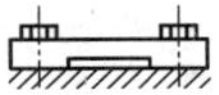		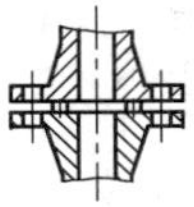		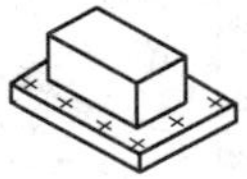	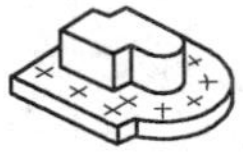	
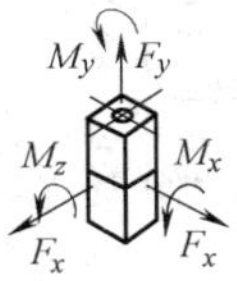	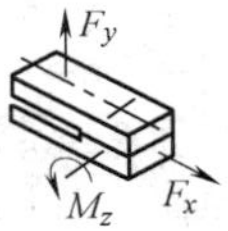	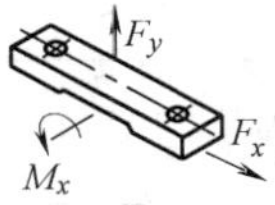	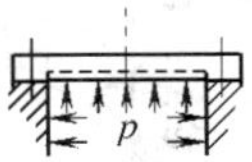	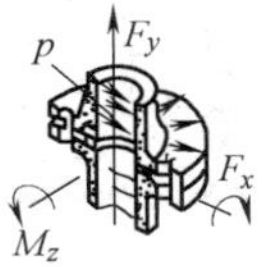	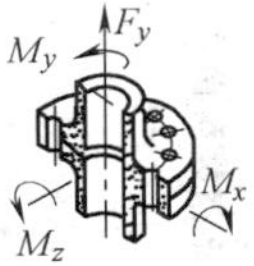	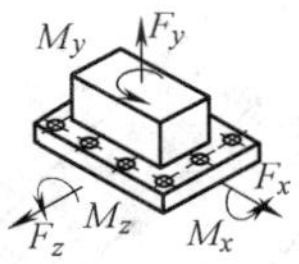	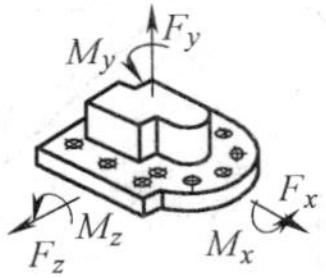	相关的载荷
轴向力 F_A 横向力 F_Q 工作力矩 M_R	轴向力 F_A 横向力 F_Q 梁平面内力矩 M_Z	轴向力 F_A 横向力 F_Q 梁平面内力矩 M_Z	内压力 p	轴向力 F_A（管道压力）工作力矩 M_B 内压力 p	轴向力 F_A 扭转力矩 M_T 工作力矩 M_B	轴向力 F_A 横向力 F_Q 扭转力矩 M_T 工作力矩 M_B	轴向力 F_A 横向力 F_Q 扭转力矩 M_T 工作力矩 M_B	力和力矩

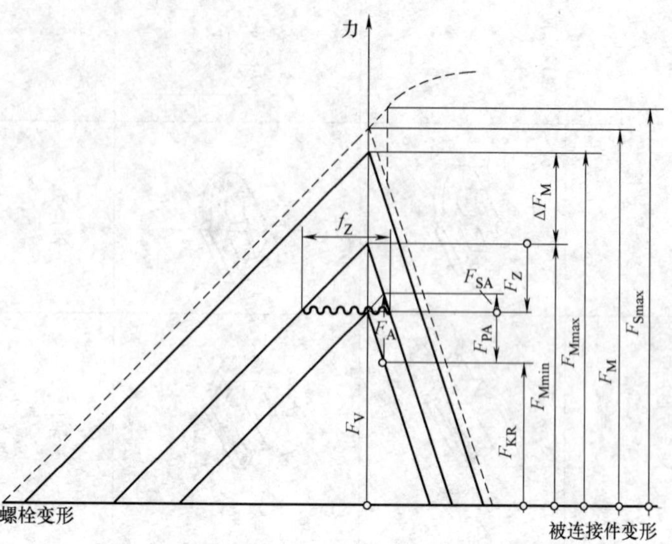

图 6-28　连接模型图中主要尺寸和重要参数之间的关系

f_Z—由于压陷引起的塑性变形量　F_Z—由于工作过程中的压陷，导致预紧力的损失量　F_M—装配预紧力，$\Delta F_M = F_{Mmax} - F_{Mmin}$　F_{Mmax}—装配最大预紧力，是设计时必须考虑的，尽管拧紧技术和工作时产生的零件表面压陷值，缺乏精确的数据，还是能够求得所需的夹紧力　F_{Mmin}—装配要求的最小预紧力，当没有精确的拧紧技术和最大摩擦因数的数据时，可以由它导出 F_{Mmax}　F_{SA}—增加的螺栓轴向载荷　F_{PA}—有外载荷作用时，轴向载荷的一部分，它是被夹紧零件承受载荷的改变量　F_{Smax}—螺栓载荷的最大值　F_A—轴向载荷　F_{KR}—残余预紧力，$F_{KR} \geqslant F_{Kerf}$　F_{Kerf}—要求的残余预紧力　F_V—预紧力，$F_V \geqslant F_{Verf}$　F_{Verf}—要求的预紧力

表 6-324 列出普通螺栓的装配预紧力 F_{Mtab} 和拧紧力矩 M_A。取螺杆直径系数 $v=0.9$。$d_T=0.9d_3$。米制标准螺纹按 DIN ISO 262；六角头螺栓的头部尺寸按 DIN ISO 4014～4018；六角头螺栓按 DIN 34800，内六角圆柱头螺钉按 DIN ISO 4762；中等精度孔按 DIN EN 20273。

表 6-324　普通螺栓的装配预紧力和拧紧力矩（米制标准螺纹）

规格	性能等级	装配预紧力 F_{Mtab}/kN							拧紧力矩 M_A/N·m						
		摩擦因数 μ_G							摩擦因数($\mu_K=\mu_G$)						
		0.08	0.10	0.12	0.14	0.16	0.20	0.24	0.08	0.10	0.12	0.14	0.16	0.20	0.24
M4	8.8	4.6	4.5	4.4	4.3	4.2	3.9	3.7	2.3	2.6	3.0	3.3	3.6	4.1	4.5
	10.9	6.8	6.7	6.5	6.3	6.1	5.7	5.4	3.3	3.9	4.6	4.8	5.3	6.0	6.6
	12.9	8.0	7.8	7.6	7.4	7.1	6.7	6.3	3.9	4.5	5.1	5.6	6.2	7.0	7.8
M5	8.8	7.6	7.4	7.2	7.0	6.8	6.4	6.0	4.4	7.2	7.9	6.5	7.1	8.1	9.0
	10.9	11.1	10.8	10.6	10.3	10.0	9.4	8.8	6.5	7.6	8.6	9.5	10.4	11.9	13.2
	12.9	13.0	12.7	12.4	12.0	11.7	11.0	10.3	7.6	8.9	10.0	11.2	12.2	14.0	15.5
M6	8.8	10.7	10.4	10.2	9.9	9.6	9.0	8.4	7.7	9.0	10.1	11.3	12.3	14.1	15.6
	10.9	15.7	15.3	14.9	14.5	14.1	13.2	12.4	11.3	13.2	14.9	16.5	18.0	20.7	22.9
	12.9	18.4	17.9	17.5	17.0	16.5	15.5	14.5	13.2	15.4	17.4	19.3	21.1	24.2	26.8
M7	8.8	15.5	15.1	14.8	14.4	14.0	13.1	12.3	12.6	14.8	16.8	18.7	20.5	23.6	26.2
	10.9	22.7	22.5	21.7	21.1	20.5	19.3	18.1	18.5	21.7	24.7	27.5	30.1	34.7	38.5
	12.9	26.6	26.0	25.4	24.7	24.0	22.6	21.2	21.6	25.4	28.9	32.2	35.2	40.6	45.1
M8	8.8	19.5	19.1	18.6	18.1	17.6	16.5	15.5	18.5	21.6	24.6	27.3	29.8	34.3	38.0
	10.9	28.7	28.0	27.3	26.6	25.8	24.3	22.7	27.2	31.1	36.1	40.1	43.8	50.3	55.8
	12.9	33.6	32.8	32.0	31.1	30.2	28.4	26.6	31.8	37.2	42.2	46.9	51.2	58.9	65.3

（续）

规格	性能等级	装配预紧力 F_{Mtab}/kN 摩擦因数 μ_G							拧紧力矩 M_A/N·m 摩擦因数（$\mu_K=\mu_G$）						
		0.08	0.10	0.12	0.14	0.16	0.20	0.24	0.08	0.10	0.12	0.14	0.16	0.20	0.24
M10	8.8	31.0	30.3	29.6	28.8	27.9	26.3	24.7	36	43	48	54	59	68	75
	10.9	45.6	44.5	43.4	42.2	41.0	38.6	36.2	53	63	71	79	87	100	110
	12.9	53.3	52.1	50.8	49.4	48.0	45.2	42.4	62	73	83	93	101	116	129
M12	8.8	45.2	44.1	43.0	41.9	40.7	38.3	35.9	63	73	84	93	102	117	130
	10.9	66.3	64.8	63.2	61.5	59.8	56.3	52.8	92	108	123	137	149	172	191
	12.9	77.6	75.9	74.0	72.0	70.0	65.8	61.8	108	126	144	160	175	201	223
M14	8.8	62.0	60.6	59.1	57.5	55.9	52.6	49.3	100	117	133	148	162	187	207
	10.9	91.0	88.9	86.7	84.4	82.1	77.2	72.5	146	172	195	218	238	274	304
	12.9	106.5	104.1	101.5	98.8	96.0	90.4	84.8	171	201	229	255	279	321	356
M16	8.8	84.7	82.9	80.9	78.8	76.6	72.2	67.8	153	180	206	230	252	291	325
	10.9	124.4	121.7	118.8	115.7	112.6	106.1	99.6	224	264	302	338	370	428	477
	12.9	145.5	142.4	139.0	135.4	131.7	124.1	116.6	262	309	354	395	433	501	558
M18	8.8	107	104	102	99	96	91	85	220	259	295	329	360	415	462
	10.9	152	149	145	141	137	129	121	314	369	421	469	513	592	657
	12.9	178	174	170	165	160	151	142	367	432	292	549	601	692	769
M20	8.8	136	134	130	127	123	116	109	308	363	415	464	509	588	655
	10.9	194	190	186	181	176	166	156	438	517	592	661	725	838	933
	12.9	227	223	217	212	206	194	182	513	605	692	773	848	980	1092
M22	8.8	170	166	162	158	154	145	137	417	495	567	634	697	808	901
	10.9	242	237	231	225	219	207	194	595	704	807	904	993	1151	1284
	12.9	283	277	271	264	257	242	228	696	824	945	1057	1162	1347	1502
M24	8.8	196	192	188	183	178	168	157	529	625	714	798	875	1011	1126
	10.9	280	274	267	260	253	239	224	754	890	1017	1136	1246	1440	1604
	12.9	327	320	313	305	296	279	262	882	1041	1190	1329	1458	1685	1877
M27	8.8	257	252	246	240	234	220	207	772	915	1050	1176	1292	1498	1672
	10.9	367	359	451	342	333	314	295	1100	1304	1496	1674	1840	2134	2381
	12.9	429	420	410	400	389	367	345	1287	1526	1750	1959	2153	2497	2787
M30	8.8	313	307	300	292	284	268	252	1053	1246	1428	1597	1754	2931	2265
	10.9	446	437	427	416	405	382	359	1500	1775	2033	2274	2498	2893	3226
	12.9	522	511	499	487	474	447	420	1755	2077	2380	2662	2923	3386	3775
M33	8.8	389	381	373	363	354	334	314	1415	1679	1928	2161	2377	2759	3081
	10.9	554	543	531	517	504	475	447	2015	2392	2747	3078	3385	3930	4388
	12.9	649	635	621	605	589	556	523	2358	2799	3214	3601	3961	4598	5135
M36	8.8	458	448	438	427	415	392	368	1825	2164	2482	2778	3054	3541	3951
	10.9	652	638	623	608	591	558	524	2600	3082	3535	3957	4349	5043	5627
	12.9	763	747	729	711	692	653	614	3042	3607	4136	4631	5089	5902	6585
M39	8.8	548	537	525	512	498	470	443	2348	2791	3208	3597	3958	4598	5137
	10.9	781	765	748	729	710	670	630	3345	3975	4569	5123	5637	6594	7317
	12.9	914	895	875	853	831	784	738	3914	4652	5346	5994	6596	7664	8562

表6-325列出细杆螺栓的装配预紧力 F_{Mtab} 和拧紧力矩 M_A。取螺杆直径系数 $v=0.9$，米制标准螺纹按 DIN ISO 262。六角头螺栓的头部尺寸按 DIN ISO 4014~4018。六角螺栓按 DIN 34800 或圆柱螺栓按 DIN ISO 4762 和中等精度孔按 DIN EN 20273。

表6-325　细杆螺栓的装配预紧力和拧紧力矩（米制标准螺纹）

规格	性能等级	装配预紧力 F_{Mtab}/kN							拧紧力矩 M_A/N·m						
		摩擦因数 μ_G							摩擦因数($\mu_K=\mu_G$)						
		0.08	0.10	0.12	0.14	0.16	0.20	0.24	0.08	0.10	0.12	0.14	0.16	0.20	0.24
M4	8.8														
	10.9														
	12.9														
M5	8.8														
	10.9														
	12.9														
M6	8.8	7.5	7.3	7.0	6.8	6.5	6.0	5.6	5.4	6.2	7.0	7.7	8.3	9.4	10.3
	10.9	11.0	10.7	10.3	9.9	9.6	8.9	8.2	7.9	9.1	10.3	11.3	12.3	13.9	15.2
	12.9	12.9	12.5	12.1	11.6	11.2	10.4	9.6	9.2	10.7	12.0	13.2	14.3	16.2	17.7
M7	8.8	11.1	10.8	10.5	10.1	9.8	9.1	8.4	9.0	10.5	11.9	13.2	14.3	16.3	17.9
	10.9	16.3	15.9	15.4	14.8	14.3	13.3	12.3	13.3	15.5	17.5	19.3	21.0	23.9	26.2
	12.9	19.1	18.6	18.0	17.4	16.8	15.6	14.4	15.5	18.1	20.5	22.6	24.6	28.0	30.7
M8	8.8	13.8	13.4	13.0	12.5	12.1	11.2	10.4	13.1	15.2	17.1	18.9	20.5	23.3	25.5
	10.9	20.3	19.7	19.1	18.4	17.8	16.5	15.3	19.2	22.3	25.2	27.8	30.1	34.2	37.4
	12.9	23.8	23.1	22.3	21.5	20.8	19.3	17.9	22.5	26.1	29.5	32.5	35.3	40.0	43.8
M10	8.8	22.1	21.5	20.8	20.1	19.4	18.0	16.7	26	30	34	38	41	46	51
	10.9	32.5	31.5	30.5	29.5	28.4	26.4	24.5	38	44	50	55	60	68	75
	12.9	38.0	36.9	35.7	34.5	33.3	30.9	28.6	45	52	59	65	70	80	87
M12	8.8	32.3	31.4	30.4	30.4	28.3	26.3	24.4	45	52	59	65	71	80	88
	10.9	47.5	46.1	44.6	43.1	41.6	38.7	35.8	66	77	87	96	104	118	130
	12.9	55.6	53.9	53.9	50.5	48.7	45.2	41.9	77	90	101	112	122	138	152
M14	8.8	44.5	43.2	41.8	40.4	39.0	36.3	33.6	71	83	94	104	113	129	141
	10.9	65.3	63.4	61.4	59.4	57.3	53.2	49.4	105	122	138	153	166	189	207
	12.9	76.4	74.2	71.9	69.5	67.1	62.3	57.8	123	143	162	179	195	221	243
M16	8.8	61.8	60.1	58.3	56.5	54.6	50.8	47.2	111	131	148	165	179	205	226
	10.9	90.8	88.3	85.7	82.9	80.1	74.6	69.3	164	192	218	242	264	301	331
	12.9	106.3	103.4	100.3	97.0	93.8	87.3	81.1	191	225	255	283	308	352	388
M18	8.8	77	75	72	70	68	63	58	159	186	210	232	253	288	316
	10.9	110	106	103	100	96	89	83	226	264	299	331	360	410	450
	12.9	128	124	121	117	113	105	97	265	309	350	387	421	480	527
M20	8.8	100	97	94	91	88	82	76	225	264	300	332	362	414	455
	10.9	142	138	134	130	125	117	108	320	376	427	473	516	589	649
	12.9	166	162	157	152	147	136	127	375	440	499	554	604	689	759
M22	8.8	125	122	118	115	111	103	96	308	363	413	460	502	575	634
	10.9	179	174	169	163	158	147	137	439	517	589	655	715	819	903
	12.9	209	203	197	191	185	172	160	514	605	689	766	837	958	1057
M24	8.8	143	140	135	131	127	118	109	387	454	515	572	623	711	783
	10.9	204	199	193	187	180	168	156	551	646	734	814	887	1013	1115
	12.9	239	233	226	218	211	196	182	644	756	859	953	1038	1185	1305
M27	8.8	190	185	180	174	169	157	146	571	673	768	854	933	1069	1180
	10.9	271	264	256	248	240	224	208	814	959	1093	1216	1329	1523	1680
	12.9	317	309	300	291	281	262	244	952	1122	1279	1424	1555	1782	1966
M30	8.8	231	224	218	211	204	190	177	775	912	1038	1154	1259	1441	1589
	10.9	329	320	310	301	291	271	252	1104	1299	1479	1643	1793	2052	2263
	12.9	384	374	363	352	340	317	294	1292	1520	1730	1923	2099	2402	2648
M33	8.8	289	282	274	265	257	239	223	1051	1241	1417	1578	1724	1978	2185
	10.9	412	401	390	378	365	341	317	1497	1767	2017	2247	2456	2818	3112
	12.9	482	470	456	442	428	399	371	1752	2068	2361	2629	2874	3297	3642
M36	8.8	338	330	320	310	300	279	260	1350	1592	1814	2019	2205	2526	2788
	10.9	482	469	456	442	427	398	370	1923	2267	2584	2875	3140	3598	3971
	12.9	564	549	533	517	500	466	433	2251	2653	3024	3364	3675	4211	4646
M39	8.8	409	398	387	375	363	339	315	1750	2069	2364	2635	2882	3309	3657
	10.9	582	567	551	534	517	482	449	2493	2947	3367	3752	4104	4713	5209
	12.9	681	664	645	625	605	564	525	2917	3448	3940	4391	4803	5515	6095

表 6-326 列出普通螺栓的装配预紧力 F_{Mtab} 和拧紧力矩 M_A。取螺杆直径系数 $v=0.9$。$d_T=0.9d_3$，米制细牙螺纹按 DIN ISO 262。六角头螺栓的头部尺寸按 DIN ISO 4014～4018。六角螺栓按 DIN 34800，或圆柱螺栓按 DIN ISO 4762 和中等精度孔按 DIN EN 20273。

表 6-326　普通螺栓的装配预紧力和拧紧力矩（米制细牙螺纹）

规格	性能等级	装配预紧力 F_{Mtab}/kN							拧紧力矩 M_A/N·m						
		摩擦因数 μ_G							摩擦因数($\mu_K=\mu_G$)						
		0.08	0.10	0.12	0.14	0.16	0.20	0.24	0.08	0.10	0.12	0.14	0.16	0.20	0.24
M8×1	8.8	21.2	20.7	20.2	19.7	19.2	18.1	17.0	19.3	22.8	26.1	29.2	32.0	37.0	41.2
	10.9	31.1	30.4	29.7	28.9	28.1	26.5	24.9	28.4	33.5	38.3	42.8	47.0	54.3	60.5
	12.9	36.4	35.6	34.7	33.9	32.9	31.0	29.1	33.2	39.2	44.9	50.1	55.0	63.6	70.8
M9×1	8.8	27.7	27.2	26.5	25.9	25.2	23.7	22.3	28.0	33.2	38.1	42.6	46.9	54.4	60.7
	10.9	40.7	39.9	39.0	38.0	37.0	34.9	32.8	41.1	48.8	55.9	62.6	68.8	79.8	89.1
	12.9	47.7	46.7	45.6	44.4	43.3	40.8	38.4	48.1	57.0	65.4	73.3	80.6	93.4	104.3
M10×1	8.8	35.2	34.5	33.7	32.9	32.0	30.2	28.4	39	46	53	60	66	76	85
	10.9	51.7	50.6	49.5	48.3	47.0	44.4	41.7	57	68	78	88	97	112	125
	12.9	60.4	59.2	57.9	56.5	55.0	51.9	48.8	67	80	91	103	113	131	147
M10×1.25	8.8	33.1	32.4	31.6	30.8	29.9	28.2	26.5	38	44	51	57	62	72	80
	10.9	48.6	47.5	46.4	45.2	44.0	41.4	38.9	55	65	75	83	92	106	118
	12.9	56.8	55.6	54.3	52.9	51.4	48.5	45.5	65	76	87	98	107	124	138
M12×1.25	8.8	50.1	49.1	48.0	46.8	45.6	43.0	40.4	66	79	90	101	111	129	145
	10.9	73.6	72.1	70.5	68.7	66.9	63.2	59.4	97	116	133	149	164	190	212
	12.9	86.2	84.4	82.5	80.4	78.3	73.9	69.5	114	135	155	174	192	222	249
M12×1.5	8.8	47.6	46.6	45.5	44.3	43.1	40.6	38.2	64	76	87	97	107	123	137
	10.9	70.0	68.5	66.8	65.1	63.3	59.7	56.0	95	112	128	143	157	181	202
	12.9	81.9	80.1	78.2	76.2	74.1	69.8	65.6	111	131	150	167	183	212	236
M14×1.5	8.8	67.8	66.4	64.8	63.2	61.5	58.1	54.6	104	124	142	159	175	203	227
	10.9	99.5	97.5	95.2	92.9	90.4	85.3	80.2	153	182	209	234	257	299	333
	12.9	116.5	114.1	111.4	108.7	105.8	99.8	93.9	179	213	244	274	301	349	390
M16×1.5	8.8	91.4	89.6	87.6	85.5	83.2	78.6	74.0	159	189	218	244	269	314	351
	10.9	134.2	131.6	128.7	125.5	122.3	155.5	108.7	233	278	320	359	396	461	515
	12.9	157.1	154.0	150.6	146.9	143.1	135.1	127.2	273	325	374	420	463	539	603
M18×1.5	8.8	122	120	117	115	112	105	99	237	283	327	368	406	473	530
	10.9	174	171	167	163	159	150	141	337	403	465	523	578	674	755
	12.9	204	200	196	191	186	176	166	394	472	544	613	676	789	884
M18×2	8.8	114	112	109	107	104	98	92	229	271	311	348	383	444	495
	10.9	163	160	156	152	148	139	131	326	386	443	496	545	632	706
	12.9	191	187	182	178	173	163	153	381	452	519	581	638	740	826
M20×1.5	8.8	154	151	148	144	141	133	125	327	392	454	511	565	660	741
	10.9	219	215	211	206	200	190	179	466	558	646	728	804	940	1055
	12.9	257	252	246	241	234	222	209	545	653	756	852	941	1100	1234
M22×1.5	8.8	189	186	182	178	173	164	154	440	529	613	692	765	896	1006
	10.9	269	264	259	253	247	233	220	627	754	873	985	1090	1276	1433
	12.9	315	309	303	296	289	273	257	734	882	1022	1153	1275	1493	1677
M24×1.5	8.8	228	224	219	214	209	198	187	570	686	796	899	995	1166	1311
	10.9	325	319	312	305	298	282	266	811	977	1133	1280	1417	1661	1867
	12.9	380	373	366	357	347	330	311	949	1143	1326	1498	1658	1943	2185
M24×2	8.8	217	213	209	204	198	187	177	557	666	769	865	955	1114	1248
	10.9	310	304	297	290	282	267	251	793	949	1095	1232	1360	1586	1777
	12.9	362	355	348	339	331	312	294	928	1110	1282	1442	1591	1856	2080

（续）

规格	性能等级	装配预紧力 F_{Mtab}/kN							拧紧力矩 M_A/N·m						
		摩擦因数 μ_G							摩擦因数($\mu_K=\mu_G$)						
		0.08	0.10	0.12	0.14	0.16	0.20	0.24	0.08	0.10	0.12	0.14	0.16	0.20	0.24
M27×1.5	8.8	293	288	282	276	269	255	240	822	992	1153	1304	1445	1697	1910
	10.9	418	410	402	393	383	363	342	1171	1413	1643	1858	2059	2417	2720
	12.9	489	480	470	460	448	425	401	1370	1654	1922	2174	2409	2828	3183
M27×2	8.8	281	276	270	264	257	243	229	806	967	1119	1262	1394	1630	1829
	10.9	400	393	384	375	366	346	326	1149	1378	1594	1797	1986	2322	2605
	12.9	468	460	450	439	428	405	382	1344	1612	1866	2103	2324	2717	3049
M30×2	8.8	353	347	339	331	323	306	288	1116	1343	1556	1756	1943	2276	2557
	10.9	503	494	483	472	460	436	411	1590	1912	2216	2502	2767	3241	3641
	12.9	588	578	565	552	539	510	481	1861	2238	2594	2927	3238	3793	4261
M33×2	8.8	433	425	416	407	397	376	354	1489	1794	2082	2352	2565	3054	3435
	10.9	617	606	593	580	565	535	505	2120	2555	2965	3350	3710	4350	4892
	12.9	722	709	694	678	662	626	591	2481	2989	3470	3921	4341	5090	5725
M36×2	8.8	521	512	502	490	478	453	427	1943	2345	2725	3082	3415	4010	4513
	10.9	742	729	714	698	681	645	609	2767	3340	3882	4390	4864	5711	6428
	12.9	869	853	836	817	797	755	712	3238	3908	4542	5137	5692	6683	7522
M39×2	8.8	618	607	595	581	567	537	507	2483	3002	3493	3953	4383	5151	5801
	10.9	880	864	847	828	808	765	722	3537	4276	4974	5631	6243	7336	8263
	12.9	1030	1011	991	969	945	896	845	4139	5003	5821	6589	7306	8585	9669

表 6-327 列出细杆螺栓的装配预紧力 F_{Mtab} 和拧紧力矩 M_A。取 $v=0.9$，米制细牙螺纹按 DIN ISO 262。六角头螺栓的头部尺寸按 DIN ISO 4014 至 4018。六角螺栓按 DIN 34800 或圆柱螺栓按 DIN ISO 4762 和中等精度孔按 DIN EN 20273。

表 6-327　细杆螺栓的装配预紧力和拧紧力矩（米制细牙螺纹）

规格	性能等级	装配预紧力 F_{Mtab}/kN							拧紧力矩 M_A/N·m						
		摩擦因数 μ_G							摩擦因数($\mu_K=\mu_G$)						
		0.08	0.10	0.12	0.14	0.16	0.20	0.24	0.08	0.10	0.12	0.14	0.16	0.20	0.24
M8×1	8.8	15.5	15.0	14.6	14.1	13.6	12.7	11.8	14.1	15.6	18.8	20.9	22.8	26.0	28.6
	10.9	22.7	22.1	21.4	20.7	20.0	18.6	17.3	20.7	24.3	27.7	30.7	33.5	38.2	42.1
	12.9	26.6	25.8	25.1	24.3	23.4	21.8	20.3	24.3	28.5	32.4	35.9	39.2	44.7	49.2
M9×1	8.8	20.5	20.0	19.4	18.8	18.2	16.9	15.7	20.7	24.4	27.8	31.0	33.8	38.8	42.8
	10.9	30.1	29.3	28.5	27.6	26.7	24.9	23.1	30.4	35.9	40.9	45.5	49.7	57.0	62.9
	12.9	35.3	34.3	33.3	32.3	31.2	29.1	27.1	35.6	42.0	47.8	53.2	58.2	66.7	73.6
M10×1	8.8	26.3	25.6	24.9	24.1	23.3	21.8	20.3	29	34	39	44	48	55	61
	10.9	38.6	37.6	36.5	35.4	34.3	32.0	29.8	43	50	58	64	70	81	90
	12.9	45.2	44.0	42.8	41.5	40.1	37.4	34.9	50	59	68	75	82	95	105
M10×1.25	8.8	24.2	23.5	22.8	22.1	21.3	19.8	18.4	28	32	37	41	44	51	56
	10.9	35.5	34.5	33.5	32.4	31.3	29.1	27.1	40	47	54	60	65	74	82
	12.9	41.5	40.4	39.2	37.9	36.6	34.1	31.7	47	55	63	70	76	87	96
M12×1.25	8.8	37.3	36.4	35.3	34.3	33.1	30.9	28.7	49	58	67	74	81	93	103
	10.9	54.8	53.4	51.9	50.3	48.6	45.4	42.2	72	86	98	109	119	137	151
	12.9	64.1	62.5	60.7	58.8	56.9	53.1	49.4	85	100	114	127	139	160	177
M12×1.5	8.8	34.8	33.8	32.8	31.8	30.7	28.6	26.5	47	55	63	70	76	87	95
	10.9	51.1	49.7	48.2	46.6	45.1	42.0	39.0	69	81	92	102	111	127	140
	12.9	59.8	58.1	56.4	54.6	52.8	49.1	45.6	81	95	108	120	130	149	164

（续）

规格	性能等级	装配预紧力 F_{Mtab}/kN							拧紧力矩 M_A/N·m						
		摩擦因数 μ_G							摩擦因数（$\mu_K=\mu_G$）						
		0.08	0.10	0.12	0.14	0.16	0.20	0.24	0.08	0.10	0.12	0.14	0.16	0.20	0.24
M14×1.5	8.8	50.3	49.0	47.6	46.1	44.6	41.6	38.7	78	91	104	116	127	146	161
	10.9	73.9	72.0	69.9	67.7	65.5	61.1	56.8	114	134	153	171	187	214	236
	12.9	86.5	84.2	81.8	79.3	76.7	71.5	66.5	133	157	179	200	218	250	276
M16×1.5	8.8	68.6	66.9	65.1	63.4	61.1	57.1	53.1	119	141	162	181	198	228	252
	10.9	100.8	98.3	95.6	92.7	89.8	83.8	78.0	175	207	238	265	290	334	370
	12.9	118.0	115.0	111.8	108.5	105.0	98.1	91.3	205	243	278	310	340	391	433
M18×1.5	8.8	93	90	88	85	83	77	72	179	213	245	274	301	347	385
	10.9	132	129	125	122	118	110	103	255	304	349	390	428	494	548
	12.9	154	151	147	142	138	129	120	299	355	408	457	501	578	641
M18×2	8.8	85	82	80	77	75	70	65	169	200	227	253	276	317	350
	10.9	121	117	114	110	107	99	93	241	284	324	360	394	451	498
	12.9	141	137	133	129	125	116	108	282	333	379	422	461	528	583
M20×1.5	8.8	117	115	112	108	105	98	92	249	298	342	384	422	488	542
	10.9	167	163	159	154	150	140	131	355	424	488	547	601	694	771
	12.9	196	191	186	181	175	164	153	416	496	571	640	703	813	903
M22×1.5	8.8	145	142	138	134	130	122	114	338	404	466	523	575	666	741
	10.9	207	202	197	191	185	173	162	481	575	663	744	819	948	1055
	12.9	242	236	230	224	217	203	189	563	673	776	871	958	1110	1234
M24×1.5	8.8	176	172	167	163	158	148	138	439	526	607	682	751	871	970
	10.9	250	245	238	232	225	211	197	625	749	865	972	1070	1241	1381
	12.9	293	286	279	271	263	246	230	731	876	1012	1137	1252	1452	1616
M24×2	8.8	165	161	156	152	147	137	128	422	502	576	645	708	816	905
	10.9	235	229	223	216	209	196	182	601	715	821	919	1008	1163	1290
	12.9	274	268	261	253	245	229	213	703	837	961	1075	1179	1361	1509
M27×1.5	8.8	227	222	217	211	204	192	179	637	765	885	996	1098	1276	1422
	10.9	323	316	308	300	291	273	255	907	1090	1260	1418	1564	1817	2025
	12.9	378	370	361	351	341	319	298	1061	1275	1475	1660	1830	2126	2370
M27×2	8.8	215	210	204	198	192	180	168	616	735	846	948	1042	1205	1339
	10.9	306	298	291	282	274	256	239	877	1047	1205	1351	1484	1717	1907
	12.9	358	349	340	330	320	300	279	1026	1225	1410	1581	1737	2009	2232
M30×2	8.8	271	265	258	251	243	228	212	857	1026	1183	1329	1462	1694	1884
	10.9	386	377	367	357	346	324	303	1221	1461	1685	1892	2082	2413	2684
	12.9	452	441	430	418	405	379	354	1429	1710	1972	2214	2436	2823	3141
M33×2	8.8	334	327	318	309	300	281	263	1148	1377	1591	1788	1970	2286	2545
	10.9	476	465	453	441	428	401	374	1635	1962	2266	2547	2805	3255	3625
	12.9	557	544	530	516	500	469	438	1914	2296	2652	2981	3283	3810	4242
M36×2	8.8	404	395	385	374	363	341	318	1504	1808	2091	2353	2594	3014	3360
	10.9	575	563	548	533	517	485	453	2143	2575	2978	3352	3694	4293	4785
	12.9	673	658	641	624	605	568	530	2507	3013	3485	3922	4323	5023	5599
M39×2	8.8	480	469	458	445	432	405	379	1929	2322	2689	3029	3341	3886	4335
	10.9	683	669	652	634	616	578	540	2748	3307	3830	4314	4758	5535	6174
	12.9	800	782	763	742	721	676	632	3215	3870	4482	5048	5568	6477	7225

表 6-328 列出各种材料表面和润滑状态下螺栓连接的摩擦因数等级。力图使摩擦因数达到 B 级以上，以得到尽可能高的预紧力而其分散程度较小。这并不意味着自然地采用最小的摩擦因数，或摩擦因数分布显示相当的等级。表 6-329 列出在室温条件下，结合面静摩擦因数值。表 6-330 列出螺栓直径的选择。

表 6-328　各种材料表面和润滑剂状态下螺栓连接的摩擦因数等级

摩擦因数等级	μ_G 和 μ_K 的范围	对应的典型选择条件	
		表面材料	润滑剂
A	0.04～0.10	金属表面 氧化 磷化	固体润滑剂，如 MoS_2、石墨、PTFE（聚四氟乙烯）、PA（聚酰胺）、PE（聚乙烯）、PI（反式聚异戊二烯），在漆层中或在涂胶中，作为表面防护
		热镀锌，如 Zn、Zn/Fe、Zn/Ni 等	液状石蜡
		多层镀锌	弥散石蜡
B	0.08～0.16	金属表面 氧化 磷化	固体润滑剂，如 MoS_2、石墨、PTFE（聚四氟乙烯）、PA（聚酰胺）、PE（聚乙烯）、PI（反式聚异戊二烯），在漆层中或在涂胶中，作为表面防护
		热镀锌，如 Zn，Zn/Fe、Zn/Ni 等	液状石蜡
		铝和镁合金	弥散石蜡，润滑脂，油（供应状态）
		热镀锌	MoS_2、石墨、弥散石蜡
		有机涂层	合成固体润滑剂或弥散石蜡
		奥氏体钢	固体润滑剂或石蜡
C	0.14～0.24	奥氏体钢	弥散石蜡，涂胶
		金属表面 磷化	供应状态（少量润滑油）
		热镀锌层，如 Zn、Zn/Fe、Zn/Ni 等 吸附锌镀层	无
D	0.20～0.35	奥氏体钢	油
		热镀锌层，如 Zn、Zn/Fe、Zn/Ni 等	无
E	≥0.30	热镀锌层，如 Zn、Zn/Fe、Zn/Ni 等 奥氏体钢 铝、镁合金	无

表 6-329　结合面静摩擦因数 μ_T

材料组合	静摩擦因数 μ_T	
	干（无润滑）	有润滑
钢-钢或铸钢	0.1～0.23	0.07～0.12
钢-灰铸铁	0.12～0.24	0.06～0.1
灰铸铁-灰铸铁	0.15～0.3	0.2
青铜-钢	0.12～0.28	0.18
灰铸铁-青铜	0.28	0.15～0.2
钢-铜合金	0.07	
钢-铝合金	0.1～0.28	0.05～0.18
铝-铝	0.21	

表 6-330　螺栓直径的选择

力 F/N	公称直径/mm		
	性能等级		
	12.9	10.9	8.8
250	—	—	—
400	—	—	—
630	—	—	—
1000	3	3	3
1600	3	3	3
2500	3	3	4
4000	4	4	5
6300	4	5	6
10000	5	6	8
16000	6	8	10
25000	8	10	12
40000	10	12	14
63000	12	14	16
100000	16	18	20
160000	20	22	24
250000	24	27	30
400000	30	33	36
630000	36	39	—

【例题 6-5】 已知：承受动载荷和轴向偏心载荷 $F_A=8500N$ 的连接，螺栓性能等级 12.9，用测力矩扳手装配。

求 1）在表 6-330 第一列中最接近的较大载荷是 10000N。

2）"承受动载荷和轴向偏心载荷"提高 2 个等级，$F_{Mmin}=25000N$。

3）"用测力矩扳手装配"提高 1 个等级，$F_{Mmin}=40000N$。

4）对于 $F_{Mmin}=40000N$，由第二列（性能等级 12.9）取 M10。

解 1）在表 6-330 第一列中，选取螺栓连接最接近的较大载荷。如果承受复合的载荷（有轴向和横向载荷），而 $F_{Amax}<F_{Qmax}/\mu_{Tmin}$，则只考虑 F_{Qmax}。

2）所需的最小预紧力 F_{Mmin}，按以下步骤增加数值等级：

① 对按静态 F_{Qmax} 设计的连接，或横向动载荷的连接，提高 4 级（见图 6-29a）。

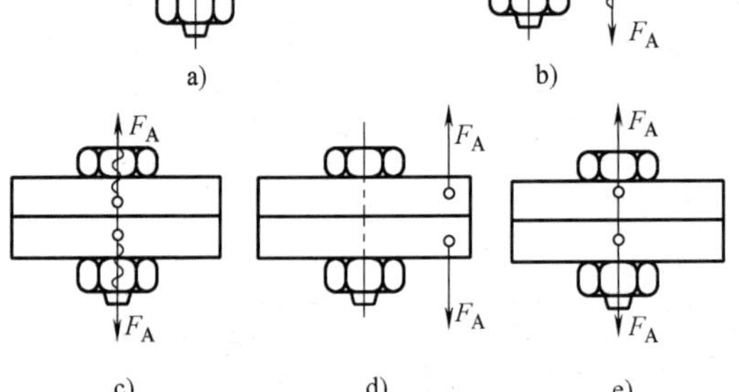

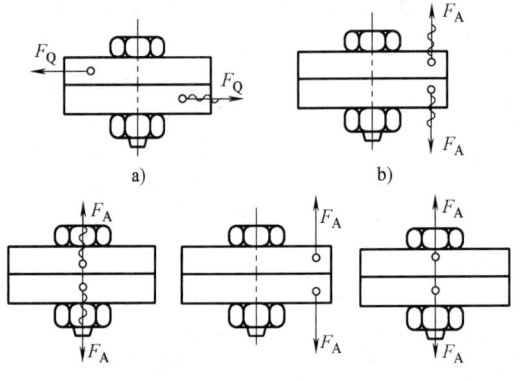

图 6-29　几种情况下预紧力的增加值

a）提高 4 级　b）提高 2 级

c）、d）提高 1 级　e）不提高等级

② 对按动载荷或偏心作用的轴向载荷 F_{Amax} 设计的连接，提高 2 级（见图 6-29b）。

③ 对按中心作用的轴向动载荷（见图 6-29c），或偏心作用的轴向静载荷（见图 6-29d）设计的连接，提高 1 级。

④ 对按中心作用的轴向静载荷设计的连接，不提高等级。（见图 6-29e）。

3）还应该按以下要求进一步增加所需的最小预紧力 F_{Mmin}，从而得到所需的最大预紧力 F_{Mmin}：

① 当采用调整到最终拧紧力矩的简单旋转扳手拧紧时，增加 2 级。

② 当使用扭矩扳手或精密扳手（利用螺栓的动态扭矩测定或测量螺栓的伸长量控制拧紧力矩）时，增加 1 级。

③ 利用塑性变形范围内的扭转角度控制或计算机控制的屈服点测控拧紧，不提高等级。

4）在表 6-330 中，确定的第一列力的数值右边，相对的 2~4 列，按不同的性能等级初步确定所需螺栓的直径，然后作精确校核（从略）。

螺栓材料、力学性能和物理性能见表 6-331。高温和超高温材料及力学性能见表 6-332。

普通螺栓和细杆螺栓的规格、尺寸及最小承载能力见表 6-333 和表 6-334。螺栓、螺母和压紧的钢制零件压陷量见表 6-335。

表 6-331　螺栓材料、力学和物理性能

材料种类	材料符号	材料数字	抗拉强度 R_{mmin} /MPa	0.2%抗拉强度 $R_{p0.2min}$ /MPa	抗剪强度 τ_{Bmin} /MPa	表面压强极限 p_G/MPa	弹性模量 E/MPa	密度 ρ /(kg/dm³)	线膨胀系数(20℃/100℃) α_T/ $10^{-6}K^{-1}$
普通结构钢	USt 37-2 St 50-2	1.0036 1.0050	340 470	230 290	200 280	490 710	— 205000	— 7.85	— 11.1
低合金调质钢	Cq 45 35CrNiMo6 38MnSi-V5 5-BY 16MnCr5	1.1192 1.6582 — 1.7131	700 1200 900 1000	500 1000 600 850	460 720 580 650	630 1080 810 900	— 205000 — —	— 7.85 — —	— 11.1 — —
烧结金属	SINT-D30	—	510	370	300	450	130000	7	12
奥氏体结构钢	X5 CrNi18 12 X5 CrNiMo 17 12 2 X5 NiCrTi26 15	1.4303 1.4401 1.4980	500 510 960	185 205 660	400 410 670	630 460 860	200000	7.90	16.5
铸铁	GJL-250 GJL-260 Cr GJS-400 GJS-500 GJS-600	0.6020 — 0.7040 0.7050 0.7060	250 260 400 500 600	— — 250 320 370	290 290 360 450 540	850 600 600 750 900	110000 110000 169000 169000 174000	7.20	10.0
锻铝合金	AlMgSi 1 F31 AlMgSi 1 F28 AlMg4.5Mn F27	3.2315.62 3.2315.61 3.3547.08	290 260 260	250 200 110	170 150 150	260 230 230	— — 75000	2.70 2.70 2.66	23.4 23.4 23.7
锻造铝合金	GK-AlSi9Cu3 GD-AlSi9Cu3 GK-AlSi7Mg wa	3.2163.02 3.2163.05 3.2371.62	180 240 250	110 140 200	110 140 150	220 290 380	75000 75000 73000	2.75 2.75 2.65	21.0 21.0 22.0
镁合金	GD-AZ 91(MgAl9Zn1) GK-AZ 91-T4	— —	200 240	150 120	130 160	180 210	— 45000	— 1.80	— 27.0
钛合金	TiAl6V4	3.7165.10	890	820	600	890	110000	4.43	8.6

表 6-332 高温和超高温材料及力学性能（摘自 DIN EN 10269）

材料数字	材料代号（按 DIN 17006）	R_m /MPa	$R_{p0.2}$ /MPa	高温屈服强度 $R_{p0.2}$/MPa（$d\leqslant 100$mm）						蠕变极限 $R_{p0.2/10000}$						
		min	min	200℃	300℃	400℃	500℃	600℃	700℃	200℃	300℃	400℃	500℃	600℃	700℃	800℃
1.5511	35B2	500	300	229	192	173					208④	147	35			
1.7218	25CrMo4	600	440	412	363	304	235					274⑤	147	64⑥		
1.7709	21CrMoV5-7	700	550	500	460	410	350					429⑤	238	116⑥		
1.7711	40CrMoV4-7	850	700	631	593	554	470	293				361⑦	242	138①		
1.4301	X5CrNi18-10	500	190	127	110	98	92	90①					121⑥	94	35	
1.4923	X21CrMoNiV12-1	800	600	530	480	420	335	280①				436⑦	289	79		
1.4980	X6NiCrTiMoVB25-15-2	900	635	560	540	520	490	430	310②				580	320	190⑧	
2.4952	NiCr20TiAl(Nimonic 80a)	1000	600	568	560	540	520	500	450③				624	398	173	58

材料数字	材料代号（按 DIN 17006）	E/(10^3 MPa)	λ/[W/(m·K)]	弹性模量 $E_T/10^3$MPa						线膨胀系数 $\alpha_1/10^{-6}K^{-1}$						
		120℃		200℃	300℃	400℃	500℃	600℃	700℃	200℃	300℃	400℃	500℃	600℃	700℃	800℃
1.5511	35B2	211	42	196	186	177	164	127		12.1	12.9	13.5	13.9	14.1		
1.7218	25CrMo4															
1.7709	21CrMoV5-7		33													
1.7711	40CrMoV4-7		33													
1.4301	X5CrNi18-10	200	15	186	179	172	165			16.5	17.0	17.5	18.0			
1.4923	X21CrMoNiV12-1	216	24	200	190	179	167	127		11.0	11.5	12.0	12.3	12.5		
1.4980	X6NiCrTiMoVB25-15-2	211	12	200	192	183	173	162		17.5	18.7	18.0	18.2	18.5	18	
2.4952	NiCr20TiAl	216	13	208	202	196	189	179	161	12.6	13.1	13.5	13.7	14.0		

①$t=550$℃；②$t=650$℃；③$t=650$℃；④$t=350$℃；⑤$t=450$℃；⑥$t=550$℃；⑦$t=450$℃；⑧$t=650$℃。

表 6-333 普通螺栓的规格、尺寸及最小承载能力

规格	螺距 P/mm	中径 d_2/mm	应力计算截面积 A_S/mm^2	小径截面积 $A_{\sigma 3}/mm^2$	按屈服强度最小值的载荷 $F_{0.2min}$/N 性能等级		
					8.8	10.9	12.9
米制标准螺纹							
M4	0.7	3.545	8.78	7.749	5600	8300	9700
M5	0.8	4.480	14.2	12.69	9100	13300	15600
M6	1	5.350	20.1	17.89	12900	18900	22100
M7	1	6.350	28.9	26.18	18500	27000	32000
M8	1.25	7.188	36.6	32.84	23400	34500	40500
M10	1.5	9.026	58.0	52.30	37000	55000	64000

（续）

规格	螺距 P/mm	中径 d_2/mm	应力计算截面积 A_S/mm^2	小径截面积 $A_{\sigma3}/mm^2$	按屈服强度最小值的载荷 $F_{0.2min}$/N 性能等级 8.8	10.9	12.9
米制标准螺纹							
M12	1.75	10.863	84.3	76.25	54000	79000	93000
M14	2	12.701	115	104.7	74000	108000	127000
M16	2	14.701	157	144.1	100000	148000	173000
M18	2.5	16.376	193	175.1	127000	181000	212000
M20	2.5	18.376	245	225.2	162000	230000	270000
M22	2.5	20.376	303	281.5	200000	285000	335000
M24	3	22.051	353	324.3	233000	330000	390000
M27	3	25.051	459	427.1	305000	430000	500000
M30	3.5	27.727	561	519.0	370000	530000	620000
M33	3.5	30.727	694	647.2	460000	650000	760000
M36	4	33.402	817	759.3	540000	770000	900000
M39	4	36.402	976	913.0	640000	920000	1070000
米制细牙螺纹							
M8	1	7.350	39.2	36.03	25000	37000	43000
M9	1	8.350	51.0	47.45	32500	48000	56000
M10	1	9.350	64.5	60.45	41500	61000	71000
M10	1.25	9.188	61.2	56.29	39000	58000	67000
M12	1.25	11.188	92.1	86.03	59000	87000	101000
M12	1.5	11.026	88.1	81.07	56000	83000	97000
M14	1.5	13.026	125	116.1	80000	118000	138000
M16	1.5	15.026	167	157.5	107000	157000	184000
M18	1.5	17.026	216	205.1	143000	203000	238000
M18	2	16.701	204	189.8	135000	192000	224000
M20	1.5	19.026	272	259.0	180000	255000	300000
M22	1.5	21.026	333	319.2	220000	315000	365000
M24	1.5	23.026	401	385.7	265000	375000	440000
M24	2	22.701	384	364.6	255000	360000	420000
M27	1.5	26.026	514	497.2	340000	485000	570000
M27	2	25.701	496	473.2	325000	465000	550000
M30	1.5	29.026	642	622.8	425000	600000	710000
M30	2	28.701	621	596.0	410000	580000	680000
M33	1.5	32.026	784	762.6	520000	740000	860000
M33	2	31.701	761	732.8	500000	720000	840000
M36	2	34.701	915	883.8	580000	830000	970000
M36	3	34.051	865	820.4	570000	810000	950000
M39	2	37.701	1082	1049.0	714000	1010000	1190000
M39	3	37.051	1028	979.7	680000	970000	1130000

注：普通螺栓的米制标准螺纹和细牙螺纹，螺距按 DIN 13-1 和-28，截面积按 DIN 13-28，小径按 DIN 13-28，最低屈服强度按 DIN EN ISO 898-1。

表 6-334　细杆螺栓的规格、尺寸及最小承载能力

规格	螺距 P/mm	中径 d_3/mm	杆径 d_T/mm	截面积 A_T/mm²	按屈服强度最小值的载荷 $F_{0.2min}$/N		
					性能等级		
					8.8	10.9	12.9
米制标准螺纹							
M4	0.7	3.141	2.83	6.28	4000	5900	6900
M5	0.8	4.019	3.62	10.3	6600	9700	11300
M6	1	4.773	4.30	14.5	9300	13600	15900
M7	1	5.773	5.20	21.2	13600	19900	23300
M8	1.25	6.466	5.82	26.6	17000	25000	29500
M10	1.5	8.160	7.34	42.4	27000	40000	46500
M12	1.75	9.853	8.87	61.8	39500	58000	68000
M14	2	11.546	10.4	84.8	54000	80000	93000
M16	2	13.546	12.2	117	75000	110000	128000
M18	2.5	14.933	13.4	142	94000	133000	156000
M20	2.5	16.933	15.2	182	120000	171000	201000
M22	2.5	18.933	17.0	228	151000	214000	250000
M24	3	20.319	18.3	263	173000	247000	290000
M27	3	23.319	21.0	346	228000	325000	380000
M30	3.5	25.706	23.1	420	275000	395000	460000
M33	3.5	28.706	25.8	524	345000	495000	580000
M36	4	31.093	28.0	615	405000	580000	680000
M39	4	34.093	30.7	739	490000	700000	810000
米制细牙螺纹							
M8	1	6.773	6.10	29.2	18700	27500	32000
M9	1	7.773	7.00	38.4	24600	36000	42500
M10	1	8.773	7.90	49.0	31500	46000	54000
M10	1.25	8.466	7.62	45.6	29000	43000	50000
M12	1.25	10.466	9.42	69.7	44500	66000	77000
M12	1.5	10.160	9.14	65.7	42000	62000	72000
M14	1.5	12.160	10.94	94.1	60000	88000	103000
M16	1.5	14.160	12.74	128	82000	120000	140000
M18	1.5	16.160	14.54	166	110000	156000	183000
M18	2	15.546	13.99	154	101000	145000	169000
M20	1.5	18.160	16.34	210	138000	197000	231000
M22	1.5	20.160	18.14	259	171000	243000	285000
M24	1.5	22.160	19.94	312	206000	295000	345000
M24	2	21.546	19.39	295	195000	280000	325000
M27	1.5	25.160	22.64	403	265000	380000	445000
M27	2	24.546	22.09	383	255000	360000	420000
M30	1.5	28.160	25.34	504	335000	475000	550000
M30	2	27.546	24.79	483	320000	455000	530000
M33	1.5	31.160	28.04	618	410000	580000	680000

（续）

规格	螺距 P/mm	中径 d_3/mm	杆径 d_T/mm	截面积 A_T/mm^2	按屈服强度最小值的载荷 $F_{0.2min}$/N		
					性能等级		
					8.8	10.9	12.9
米制细牙螺纹							
M33	2	30.546	27.49	594	390000	560000	650000
M36	2	33.546	30.19	716	470000	670000	780000
M36	3	32.319	29.09	664	440000	620000	730000
M39	2	36.546	32.89	850	561000	799000	935000
M39	3	35.319	31.79	794	520000	750000	870000

注：细杆螺栓的米制普通螺纹和细牙螺纹，螺距和小径按 DIN 13-1，-5，屈服强度按 DIN EN ISO 898-1。

【例题 6-6】 已知：液压缸内活塞和活塞杆的连接情况如图 6-30 所示，$D_Z=80mm$，$D_{St}=25mm$，$L_g=60mm$，$L=55mm$，液压缸内压力 $p_{max}=5.5MPa$。计算连接活塞和活塞杆之间的连接螺栓。

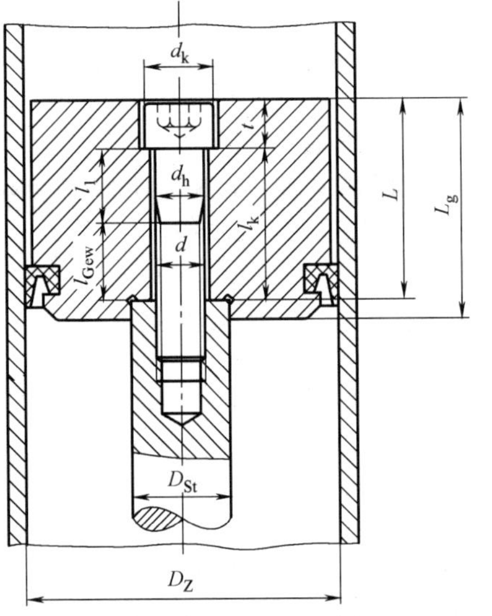

图 6-30　例题 6-6 图

解　（1）分析　活塞是一个产生压力的零件，每小时 300 个工作行程。因此轴向载荷可以看作是一个动载荷。由于螺栓还要有密封的作用，因而在不受载荷的情况下，还应该保持不少于 $F_{Krmin}=10^3N$，以保证安全。活塞材料为 16MnCr5，活塞杆材料为 C45（德国碳素钢牌号相当我国 45 钢）。表面粗糙度 $R_Z=16\mu m$。

拧紧连接螺栓时，使用能够指示力矩的扳手。

（2）计算步骤

1）初步确定螺栓公称直径，核算其适用范围。

活塞的受压面积 $A=(D_z^2-D_{St}^2)\times\frac{\pi}{4}=(80^2-25^2)\times\frac{\pi}{4}=4536mm^2$。所受的轴向载荷 $F_{Amax}=p_{max}A=5.5\times4536=24.9kN$。对于集中作用的动载荷 $F_{Amax}=24.9\times10^3N$ 和 $F_Q=0N$，螺栓的直径可以按以下的步骤进行计算：

① 取 $F=25000N$ 作为仅次于 F_{Amax} 的最大比较载荷。

② 对于集中作用的轴向动载荷，取最小装配预紧力 $F_{Mmin}=40000N$。

③ 用指示力矩的扳手拧紧，取最大装配预紧力 $F_{Mmax}=63000N$。

④ 由表 6-330 第 2 列，选择尺寸为 M12 的螺栓，其性能等级为 12.9。为的是减小对活塞杆截面的削弱。

选择圆柱螺栓 ISO 4762—M12×60-12.9，得到尺寸如下

按 DIN 974 沉头孔尺寸	$T=13mm$
夹紧部分长度	$l_k=L-t=(55-13)mm=42mm$
螺杆部分长度	$l_1=24mm$
未拧入螺纹孔的自由螺纹长度	$l_{Gew}=l_k-l_1=(42-24)mm=18mm$
“中等”孔直径（按 DIN ISO 273）	$d_h=13.5mm$
螺距	$P=1.75mm$
螺纹中径	$d_2=10.863mm$
螺纹小径	$d_3=9.85mm$
螺栓头直径	$d_k=18mm$

（续）

螺栓头支承面直径	$d_W = 17.23\text{mm}$
小径处截面积	$A_{d3} = \pi d_3^2/4 = \pi\times 9.85^2/4 = 76.25\text{mm}^2$
公称截面积	$A_N = \pi d^2/4 = \pi 12^2/4 = 113.1\text{mm}^2$
计算应力的面积	$A_S = \dfrac{\pi}{4}\left(\dfrac{d_2+d_3}{2}\right)^2 = \dfrac{\pi}{4}\left(\dfrac{10.863+9.85}{2}\right)^2 = 84.3\text{mm}^2$

2）拧紧系数。按采用的拧紧工具（显示转矩的扳手），拧紧系数 α_A 按表 6-322 确定。对摩擦因数为 B 级，拧紧系数取 $\alpha_A = 1.7$。

3）确定所需最小的夹紧力。这一连接是中心对称的，而且在中心加载。按照给出的条件 $F_{Kerf} = F_{KRmin} = 10^3\text{N}$。

4）求工作载荷、弹性柔度 δ_S、弹性回复和载荷导出系数

① 螺栓的弹性柔度 δ_S。取螺栓材料弹性模量 $E_S = 2.05\times 10^5\text{MPa}$，将其代入弹性柔度计算式进行计算，得螺栓头的弹性柔度为

$$\delta_{SK} = \frac{0.4d}{E_S A_N} = \frac{0.4\times 12}{2.05\times 10^5\times 113.1} = 0.207\times 10^{-6}\text{mm/N}$$

螺栓钉杆的弹性柔度为

$$\delta_1 = \frac{l_1}{E_S A_N} = \frac{24}{2.05\times 10^5\times 113.1}\text{mm/N} = 1.035\times 10^{-6}\text{mm/N}$$

未拧入螺纹的弹性柔度为

$$\delta_{Gew} = \frac{l_{Gew}}{E_S A_{d3}} = \frac{18}{2.05\times 10^5\times 76.25}\text{mm/N} = 1.152\times 10^{-6}\text{mm/N}$$

拧入螺纹和螺母的弹性柔度为

$$\delta_{GM} = \delta_G + \delta_M = \frac{l_G}{E_S A_{d3}} + \frac{l_M}{E_S A_N} = \frac{0.5d}{E_S A_{d3}} + \frac{0.33d}{E_S A_N} = \left(\frac{0.5\times 12}{2.05\times 10^5\times 76.25} + \frac{0.33\times 12}{2.05\times 10^5\times 113.1}\right)\text{mm/N} = 0.556\times 10^{-6}\text{mm/N}$$

所以，螺栓的弹性柔度 $\delta_S = \delta_{SK} + \delta_1 + \delta_{Gew} + \delta_{GM} = (0.207 + 1.035 + 1.152 + 0.556)\times 10^{-6}\text{mm/N} = 2.95\times 10^{-6}\text{mm/N}$

② 被连接件的弹性柔度 δ_P。考虑到螺栓头部支承面直径（$d_W = 17.23\text{mm}$）和活塞杆支承面直径（$D_{St} = 25\text{mm}$）相差很小，这一连接近似可以看作是一个穿孔螺栓。为了简化计算，取支承面平均直径为

$$d_{Wm} = (d_W + D_{St})/2 = (17.23+25)\text{mm}/2 = 21.11\text{mm}$$

为了计算被连接件活塞的弹性柔度，首先计算直径 D_A 的极限值 D_{Agr}：

$$D_{Agr} = d_{Wm} + w\times l_k\times \tan\varphi_D$$

取 $\beta_L = \dfrac{l_k}{d_{Wm}} = \dfrac{42}{21.11} = 1.99$，基本实体的外径 $D_A = D_Z = 80\text{mm}$，可得

$$\gamma = D_A/d_{Wm} = 80/21.11 = 3.79$$

对于穿孔螺栓（DSV），$\tan\varphi_D$ 的计算值为

$$\tan\varphi_D = 0.362 + 0.032\ln(\beta_L/2) + 0.153\ln\gamma = 0.362 + 0.032\ln(1.99/2) + 0.153\ln 3.79 = 0.566$$

对于在接触区内假想接触面的外径（考虑近似的按 DSV 计算），得到以下的关系：

$D_A = D_Z = 80\text{mm}$

对于螺栓连接，取 $w = 1$。由公式计算得

$$D_{A,Gr} = d_{Wm} + w\times l_k\times \tan\phi_D = (21.11 + 1\times 42\times 0.566)\text{mm} = 44.88\text{mm} < 80\text{mm} = D_A$$

考虑被夹紧活塞的变形，按两个对称的圆锥回转体计算，取弹性模量 $E_P = 205\times 10^3\text{MPa}$，则

$$\delta_P = \frac{2\ln\left[\dfrac{(d_{Wm}+d_h)(d_{Wm}+wl_k\tan\phi_D - d_h)}{(d_{Wm}-d_h)(d_{Wm}+wl_k\tan\phi_D + d_h)}\right]}{wE_P\pi d_k\tan\phi_D} = \frac{2\times\ln\left[\dfrac{(21.11+13.5)(21.11+1\times 42\times 0.566-13.5)}{(21.11-13.5)(21.11+1\times 42\times 0.566+13.5)}\right]}{1\times 2.05\times 10^5\times\pi\times 13.5\times 0.566}\text{mm/N} = 0.363\times 10^{-6}\text{mm/N}$$

③ 计算传力比 ϕ_k。当外力作用在螺栓头时为

$$\phi_k = \frac{\delta_P}{\delta_P + \delta_S} = \frac{0.363}{0.363 + 0.295} = 0.11$$

这一结果不能直接用于计算，必须引入载荷导入系数 n。一个基本实体（有一些小的台肩）作为基础件，即没有连接的基础件。在 $l_A = 0$ 条件下，只考虑作用在中心的载荷。连接情况按力的作用为 SV6 作出的。螺栓头边缘至零件边缘的尺寸 a_k 为

$$a_k = (D_Z - d_{Wm})/2 = (80-21.11)\text{mm}/2 = 29.45\text{mm}$$

$$a_k/h=29.45/42=0.7$$

$$l_A/h=0$$

根据以上数据，按 $a_k/h \geqslant 0.5$，查表得 $n=0.7$。由此求得载荷系数 ϕ_n 为

$$\phi_n=n\phi_k=0.07\times0.11=0.008$$

5）求因为压陷产生的预紧力丧失量 f_2。按表 6-335，考虑承受沿轴线作用的载荷和表面粗糙度 $Rz=16\mu m$。螺纹和钉头每一处压陷量为 3μm，内部接触面压陷量为 2μm。因此总压陷量 f_z 为

$$f_z=8\times10^{-3}\text{mm}$$

表 6-335　螺栓、螺母和压紧的钢制零件压陷量

表面粗糙度 Rz/μm（按 DIN 4768）	载荷性质	压陷量 f_z（参考）/μm		
		螺纹	每一个螺栓头或螺母支承面	每一个内部接触面
<10	拉-压	3	2.5	1.5
	剪切	3	3	2
10～<40	拉-压	3	3	2
	剪切	3	4.5	2.5
40～<160	拉-压	3	4	3
	剪切	3	6.5	3.5

可以求得预加载荷的损失量为

$$F_z=f_z\frac{1}{\delta_S+\delta_P}$$

$$=8\times10^{-3}\times\frac{1}{2.95\times10^{-6}+3.63\times10^{-6}}\text{N}$$

$$=2.415\times10^3\text{N}$$

6）要求的最小装配预紧力按公式计算如下：

$$F'_{Mmin}=F_{Kerf}+(1-\phi_{cn})F_{Amax}+F_Z+\Delta F^{vth}$$

$$=[1000+(1-0.008)24900+2415+0]\text{N}$$

$$=28116\text{N}$$

7）要求的最大装配预紧力按公式计算如下：

$$F'_{Mmax}=\alpha_A F'_{Mmin}=1.7\times28116\text{N}=47797\text{N}$$

8）求装配应力和计算螺栓的尺寸，对于利用材料达到最小屈服强度 90% 螺栓连接。取螺纹摩擦因数 $\mu_{Gmin}=0.1$，装配预紧力可以按表 6-324 选取：

性能等级 12.9　　$F_{Mzul}=F_{MTab}=75.9\text{kN}$

性能等级 10.9　　$F_{Mzul}=F_{MTab}=64.8\text{kN}$

此设计可以改进为取较经济的圆柱螺栓 DIN EN ISO 4762—M12×60-10.9。因为 $F'_{Mmax}<F_{Mzul(10.9)}$，所选择的螺栓满足工作要求。

9）工作应力。计算最大的螺栓受力为

$$F_{Smax}=F_{Mzul}=+\phi_n F_{Amax}$$

$$=64800\text{N}+0.008\times24900\text{N}=64999\text{N}$$

最大拉伸应力为

$$\sigma_{Zmax}=F_{Mmax}/A_S=(64999/84.3)\text{MPa}=771\text{MPa}$$

最大扭切应力为

$$\tau_{max}=M_G/W_P=(58700/218)\text{MPa}=269.3\text{MPa}$$

式中，$M_G=F_{Mzul}\times\frac{d_2}{2}\left(\frac{P}{\pi d_2}+1.155\mu_{Gmin}\right)$

$$=\left[64800\times\frac{10.863}{2}\left(\frac{1.75}{\pi\times10.863}+1.155\times0.1\right)\right]\text{N}\cdot\text{mm}$$

$$=58700\text{N}\cdot\text{mm}$$

$$W_P=\frac{\pi}{16}d_s^2=\frac{\pi}{16}\left(\frac{d_2+d_3}{2}\right)^2$$

$$=\frac{\pi}{16}\left(\frac{10.863+9.85}{2}\right)^2\text{mm}^3=218\text{mm}^3$$

求得合成应力 σ_{redB} 为

$$\sigma_{redB}=\sqrt{\sigma_{Zmax}^2+3(k_\tau\tau_{max})^2}$$

$$=\sqrt{771^2+3(0.5\times269.3)^2}\text{MPa}$$

$$=806\text{MPa}$$

螺栓的安全系数：

$$S_F=R_{p0.2min}/\sigma_{redB}=940/806=1.17$$

因此螺栓能够承受最大的工作载荷。

10）变应力。考虑本例题为中心加载和固定，螺栓所受的连续变应力为

$$\sigma_a=\frac{F_{sao}-F_{SAU}}{2A_S}=\frac{\phi_n(F_{Amax}-F_{Amin})}{2A_S}$$

$$=\frac{0.008(24900-0)}{2\times84.3}\text{N/mm}^2=1.2\text{MPa}$$

在热处理以前滚压而成的螺栓，其疲劳极限计算如下：

$$\sigma_{ASV}=0.85(150/d+45)$$

$$=0.85(150/12+45)\text{MPa}=48.9\text{MPa}$$

这一连接具有较高的疲劳强度，$\sigma_a \ll \sigma_{ASV}$。

11）求表面压强。支承螺栓头的较小的面积为

$$A_{Pmin}=\frac{\pi}{4}(d_w^2-d_h^2)$$

$$=\frac{\pi}{4}(17.23^2-13.5^2)\text{mm}^2=90\text{mm}^2$$

在装配条件下，表面压强为

$$p_{Mmax}=\frac{F_{Mzul}}{A_{Pmin}}=\frac{64.8\times10^3}{90}=720\text{MPa}$$

查表 6-331，16MnCr 材料的表面压力极限为

$$p_G=900\text{MPa}$$

安全系数 $S_p=p_G/p_{Mmax}=900/720=1.25$

计算 p_{Bmax} 工作情况下的压强，可以省略，因为 $F_z>\phi_n F_{Amax}=199$

12）最小拧入深度 M_{eff}。查表 6-331 活塞杆材料 C45 的抗剪强度 $\tau_{Bmin}=460MPa$。

取最小拧入深度的相对值 $M_{eff}/d=0.9$，得

$$M_{eff}=0.9d=0.9\times12mm=10.8mm$$

要减去螺纹倒角，其尺寸为

$$(d-d_3)/2=(12-9.85)mm/2=1.1mm$$

螺纹拧入的有效长度为

$$m_{vorh}=l_S-l_k-1.1=(60-42-1.1)mm=16.9mm$$

螺纹拧入的有效长度实际值为

$$m_{vorh\ eff}=m_{vorh}-0.8P=(16.9-0.8\times1.75)mm=15.5mm$$

由此可得 $m_{vorh\ eff}>M_{eff}$，这一螺栓的拧入深度足够。

13）抵抗滑动的安全限度（从略）。

14）求拧紧力矩。查表 6-324，对于摩擦因数 $\mu_{Gmin}=\mu_{Kmin}=0.1$，得所需的拧紧力矩为 $M_A=108\ N\cdot m$。

【例题 6-7】 VDI 2230 方法与常用《机械设计》螺纹连接强度计算方法比较。

1）按 VDI 2230 例 B2，凸缘联轴器传递转矩 $M_{Tmax}=13000N\cdot m$，螺栓数目 $i=12$，摩擦因数 $\mu=0.15$，螺栓分布圆直径 $D_t=258mm$，则每个螺栓所受横向力为

$$F_{Qmax}=\frac{2M_{Tmax}}{iD_t}=\frac{2\times13000000}{12\times258}N=8398N$$

按 VDI 2230 计算所需螺栓为 M16，10.9 级。

2）按我国常用《机械设计》教材方法计算，则每个螺栓所需预紧力为

$$F_P=\frac{K_f F_{Qmax}}{\mu}=\frac{1.2\times8398}{0.15}N=67184N$$

取安全系数 $S=3.5$，螺栓强度等级 10.9，屈服强度 $R_{eL}=900MPa$，许用应力为

$$[\sigma]=\frac{R_{eL}}{S}=\frac{900}{3.5}MPa=257MPa$$

按公式计算螺栓小径 d_1 为

$$d_1=\sqrt{\frac{4\times1.3F_P}{\pi[\sigma]}}=\sqrt{\frac{4\times1.3\times67184}{\pi\times257}}mm=20.8mm$$

查螺纹标准，取 M24。

3）结论：用《机械设计》的方法计算所得螺栓直径，比 VDI 2230 计算所得要大。

标准螺纹和细牙螺纹的系列及尺寸见表 6-336。螺纹通孔尺寸见表 6-337。米制螺纹见图 6-31。

表 6-336 标准螺纹和细牙螺纹的系列及尺寸

标准螺纹											
d/mm			P	d_2	A	d_S	A_S	d_k	A_k	d_T	A_T
系列 1	系列 2	系列 3	/mm	/mm	/mm²	/mm	/mm²	/mm	/mm²	/mm	/mm²
M4			0.7	3.545	12.6	3.343	8.78	3.141	7.75	2.8	6.1
	M4.5		0.75	4.013	15.9	3.797	11.3	3.580	10.0	3.2	8.0
M5			0.8	4.480	19.6	4.250	14.2	4.019	12.7	3.6	10.2
M6			1.0	5.350	28.3	5.062	20.1	4.773	17.9	4.3	14.5
		M7	1.0	6.350	38.5	6.062	28.9	5.773	26.2	5.2	21.2
M8			1.25	7.188	50.3	6.827	36.6	6.466	32.8	5.8	26.4
		M9	1.25	8.188	63.6	7.827	48.1	7.466	43.8	6.7	35.2
M10			1.5	9.026	78.5	8.593	58.0	8.160	52.3	7.3	41.9
		M11	1.5	10.026	95.0	9.593	72.3	9.160	65.9	8.2	52.8
M12			1.75	10.863	113	10.358	84.3	9.853	76.3	9	63.6
	M14		2.0	12.701	154	12.124	115	11.546	105	10	78.5
M16			2.0	14.701	201	14.124	157	13.546	144	12	113
	M18		2.5	16.376	254	15.655	192	14.933	175	13	133
M20			2.5	18.376	314	17.655	245	16.933	225	15	177
	M22		2.5	20.376	380	19.655	303	18.933	282	17	227
M24			3.0	22.051	452	21.185	352	20.319	324	18	254
	M27		3.0	25.051	573	24.185	459	23.319	427	21	346
M30			3.5	27.727	707	26.717	561	25.706	519	23	415

（续）

细牙螺纹										
d/mm×P/mm			d_2 /mm	A /mm^2	d_S /mm	A_S /mm^2	d_k /mm	A_k /mm^2	d_T /mm	A_T /mm^2
系列 1	系列 2	系列 3								
M8×1			7.35	50.3	7.061	39.2	6.773	36.0	6.0	28.3
M10×0.75			9.513	78.5	9.296	67.9	9.080	64.7	8.2	52.8
×1.25			9.188	78.5	8.827	61.2	8.466	56.3	7.6	45.4
M12×1			11.350	113	11.061	96.1	10.773	91.1	9.7	73.9
×1.25			11.188	113	10.827	92.1	10.466	86.0	9.4	69.4
	M14×1		13.350	154	13.061	134	12.773	128	11.5	104
	×1.5		13.026	154	12.593	125	12.160	116	11	95
		M15×1	14.350	177	14.061	155	13.773	149	12.5	123
M16×1			15.350	201	15.061	178	14.773	171	13	133
×1.5			15.026	201	14.593	167	14.160	157	12.5	123
		M17×1	16.350	227	16.061	203	15.773	195	14	154
	M18×1		17.350	254	17.061	229	16.773	221	15	177
	×1.5		17.026	254	16.593	216	16.160	205	14.5	165
M20×1			19.350	314	19.061	285	18.773	277	17	227
×1.5			19.026	314	18.593	271	18.160	259	16	201
	M22×1		21.350	380	21.061	348	20.773	339	18.5	269
	×1.5		21.026	380	20.593	333	20.160	319	18	254
M24×1.5			23.026	452	22.593	401	22.160	386	20	314
×2			22.701	452	22.123	384	21.546	365	19	283
		M25×1.5	24.026	491	23.593	437	23.160	421	20.5	330
	M27×1.5		26.026	573	25.593	514	25.160	497	22.5	398
	×2		25.701	573	25.123	496	24.546	479	22	380
M30×1.5			29.026	707	28.593	642	28.160	623	25	491
×2			28.701	707	28.123	621	27.546	596	24.5	471

表 6-337　螺纹通孔尺寸　（单位：mm）

螺纹直径	通孔			螺纹直径	通孔			螺纹直径	通孔		
	精	中	粗		精	中	粗		精	中	粗
3	3.2	3.4	3.6	16	17	17.5	18.5	42	43	45	48
3.5	3.7	3.9	4.2	18	19	20	21	45	46	48	52
4	4.3	4.5	4.8	20	21	22	24	48	50	52	56
5	5.3	5.5	5.8	22	23	24	26	52	54	56	62
6	6.4	6.6	7	24	25	26	28	56	58	62	66
7	7.4	7.6	8	27	28	30	32	60	62	66	70
8	8.4	9	10	30	31	33	35	64	66	70	74
10	10.5	11	12	33	34	36	38	68	70	74	78
12	13	13.5	14.5	36	37	39	42	72	74	78	82
14	15	15.5	16.5	39	40	42	45	76	78	82	86

米制螺纹如图 6-31 所示。表 6-336 列出标准螺纹和细牙螺纹的系列及尺寸。表 6-337 列出螺纹的通孔尺寸。

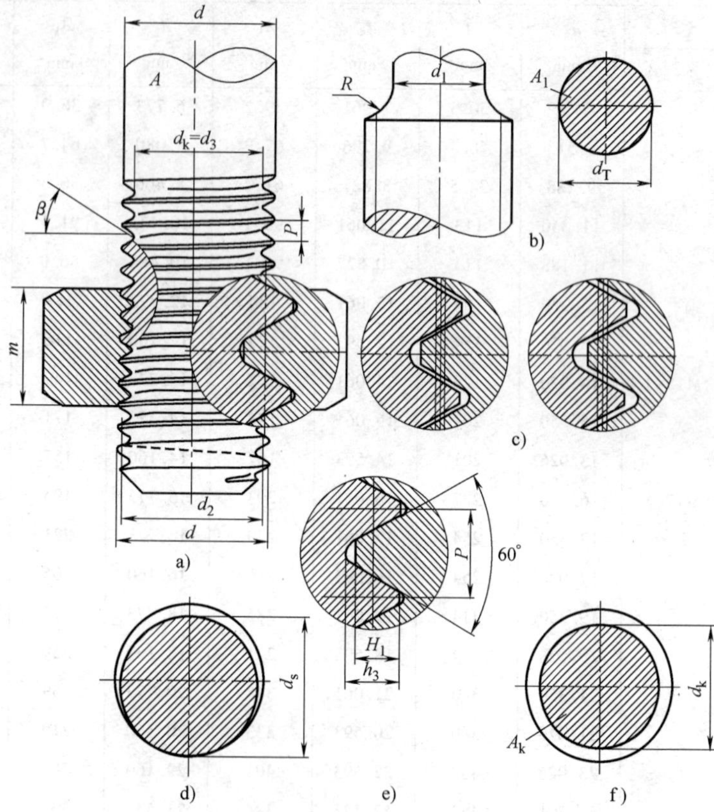

图 6-31　米制螺纹（按 DIN 13）

a）螺杆和螺母齿形截面放大图和 A 杆的截面　b）受拉螺栓尾部 A_T 尾部截面积

c）间隙等级　精　中　粗　d）受应力截面积 A_S　e）齿形　f）小径截面积 A_k

d—大径和公称直径　d_2—中径 $=d-0.64953P$　d_3—小径 $=d-1.22687P$

d_S—应力计算直径 $=0.5(d_2+d_3)$　d_T—受拉螺栓的细杆直径，$d_T\approx0.9d_3$

H_1—螺纹工作高度 $=0.54127P$　h_3—螺纹高度 $=0.61343P$　m—螺母厚度

P—螺距　R—根部圆角半径 $=0.14434P$　β—齿面半角 $=30°$

第 7 章　轴毂连接和销连接

7.1　键连接

7.1.1　键和键连接的类型、特点和应用（见表 7-1）

表 7-1　键和键连接的类型、特点和应用

类型		结构图例	特点		应用
			连接	键	
平键连接	普通型平键（GB/T 1096—2003）、薄型平键（GB/T 1567—2003）	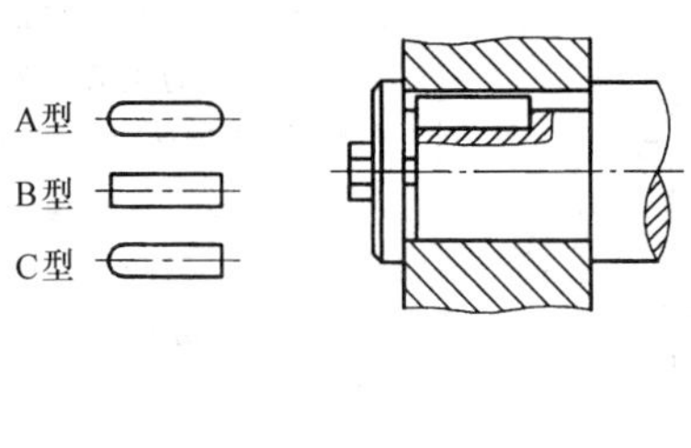 A型 B型 C型	靠侧面传递转矩。对中良好，装拆方便。不能实现轴上零件的轴向固定	A 型用端铣刀加工轴槽，键在槽中固定良好，但应力集中较大；B 型用盘铣刀加工轴槽，轴的应力集中较小；C 型用于轴端	应用最广，也适用于高精度、高速或承受变载、冲击的场合 薄型平键适用于薄壁结构和其他特殊用途的场合
	导向型平键（GB/T 1097—2003）	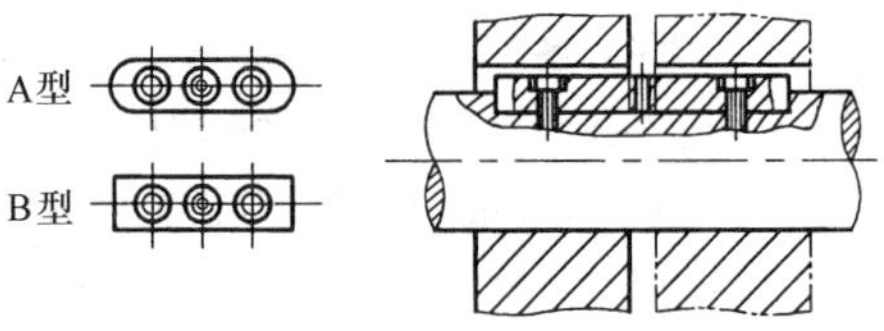 A型 B型		键用螺钉固定在轴上，键与毂槽为动配合，轴上零件能做轴向移动。为了拆卸方便，设有起键螺钉	用于轴上零件轴向移动量不大的场合，如变速箱中的滑移齿轮
	滑键	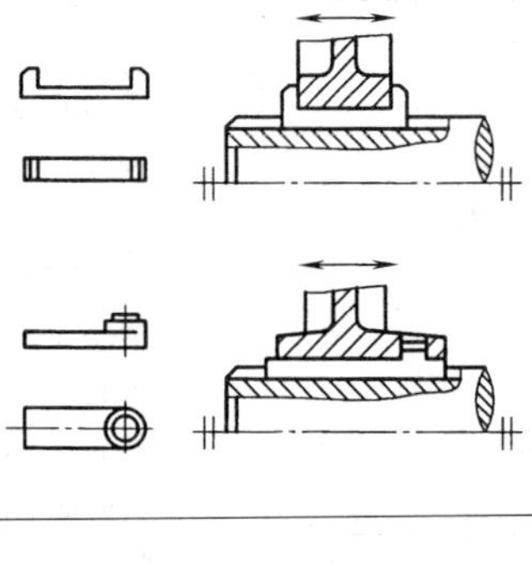		键固定在轮毂上，轴上零件带键在轴上的键槽中做轴向移动	用于轴上零件轴向移动量较大的场合
半圆键连接	半圆键（GB/T 1099.1—2003）	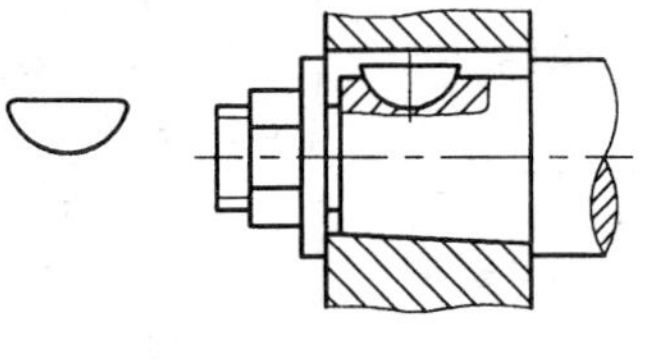	靠侧面传递转矩。键在轴槽中能绕槽底圆弧曲率中心摆动，装配方便。键槽较深，对轴的削弱较大		一般用于轻载，适用于轴的锥形端部

（续）

类型		结构图例	特点：连接	特点：键	应用
楔键连接	普通型楔键（GB/T 1564—2003）、钩头型楔键（GB/T 1565—2003）、薄型楔键（GB/T 16922—1997）	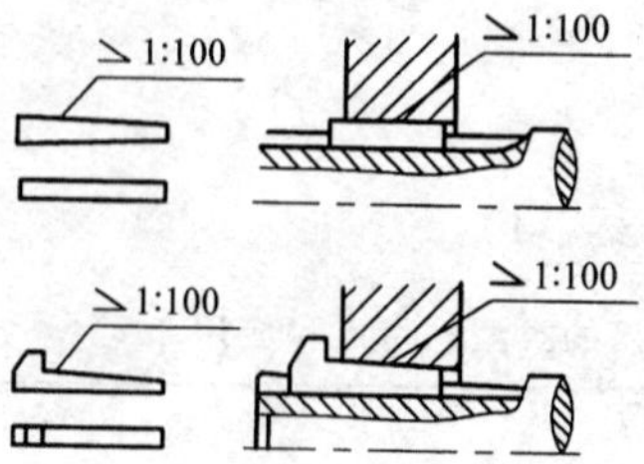 ≥1:100 ≥1:100 ≥1:100 ≥1:100	键的上下两面是工作面。键的上表面和毂槽的底面各有 1∶100 的斜度，装配时需打入，靠楔紧作用传递转矩。能轴向固定零件和传递单方向的轴向力。但使轴上零件与轴的配合产生偏心与偏斜		用于精度要求不高、转速较低时传递较大的、双向的或有振动的转矩 有钩头的用于不能从另一端将键打出的场合。钩头供拆卸用，应注意加保护罩
切向键连接	切向键（GB/T 1974—2003）	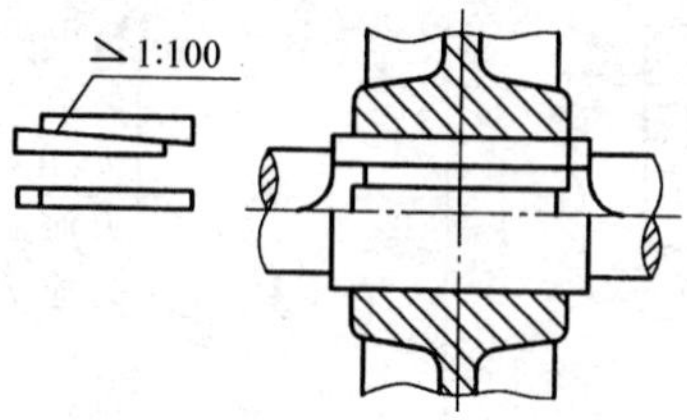 ≥1:100	由两个斜度为 1∶100 的楔键组成。工作面上的压力沿轴的切线方向作用，能传递很大的转矩 一个切向键只能传递一个方向的转矩，传双向转矩时，必须用互成 120°～135°角的两个键；两个不够，可用四个		用于载荷很大，对中要求不严的场合 由于键槽对轴削弱较大，常用于直径大于 100mm 的轴上

7.1.2 键的选择和键连接的强度校核计算

键连接的强度校核可按表 7-2 中所列公式进行。如强度不够，可采用双键，这时应考虑键的合理布置：两个平键最好相隔 180°；两个半圆键则应沿轴布置在同一条直线上；两个楔键夹角一般为 90°～120°。双键连接的强度按 1.5 个键计算。如果轮毂允许适当加长，也可相应地增加键的长度，以提高单键连接的承载能力。但一般采用的键长不宜超过 1.8d。

表 7-3 列出了键连接的许用应力。

表 7-2 键连接的强度校核公式

键的类型		计算内容	强度校核公式	说明
半圆键		连接工作面挤压	$\sigma_p=\dfrac{2T}{dkl}\leqslant[\sigma_p]$	T—传递的转矩（N·mm） d—轴的直径（mm） l—键的工作长度（mm），A 型 $l=L-b$；B 型 $l=L$；C 型 $l=L-b/2$ k—键与轮毂的接触高度（mm）；平键 $k=0.4h$；半圆键 k 查表 7-7 b—键的宽度（mm） t—切向键工作面宽度（mm） c—切向键倒角的宽度（mm） μ—摩擦因数，对钢和铸铁 $\mu=0.12\sim0.17$ $[\sigma_p]$—键、轴、轮毂三者中最弱材料的许用挤压应力（MPa），见表 7-3 $[p]$—键、轴、轮毂三者中最弱材料的许用压强（MPa）见表 7-3
平键	静连接	连接工作面挤压	$\sigma_p=\dfrac{2T}{dkl}\leqslant[\sigma_p]$	
平键	动连接	连接工作面压力	$p=\dfrac{2T}{dkl}\leqslant[p]$	
楔键		连接工作面挤压	$\sigma_p=\dfrac{12T}{bl(6\mu d+b)}\leqslant[\sigma_p]$	
切向键		连接工作面挤压	$\sigma_p=\dfrac{T}{(0.5\mu+0.45)dl(t-c)}\leqslant[\sigma_p]$	

表 7-3　键连接的许用应力　（单位：MPa）

许用应力	连接工作方式	键或毂，轴的材料	载荷性质 静载荷	轻微冲击	冲击
许用挤压应力[σ_p]	静连接	钢	125~150	100~120	60~90
		铸铁	70~80	50~60	30~45
许用压强[p]	动连接	钢	50	40	30

注：如与键有相对滑动的键槽经表面硬化处理，[p]可提高 2~3 倍。

键材料采用抗拉强度不低于 590MPa 的键用钢，通常为 45 钢；如轮毂系非铁金属或非金属材料，键可用 20 钢、Q235A 钢等。

7.1.3　键连接的尺寸系列、公差配合和表面粗糙度

1. 平键（见表 7-4~表 7-6）

表 7-4　普通平键（摘自 GB/T 1095—2003 和 GB/T 1096—2003）　（单位：mm）

普通平键的型式与尺寸
（GB/T 1096—2003）

键和键槽的剖面尺寸
（GB/T 1095—2003）

标记示例：

1）圆头普通平键（A 型），$b=10$mm，$h=8$mm，$L=25$，标记为

键　10×8×25

2）对于同一尺寸的平头普通平键（B 型）或单圆头普通平键（C 型），分别标记为

GB/T 1096—2003　键　B10×8×25；GB/T 1096—2003　键　C10×8×25

轴径 d	键的基本尺寸 b(h8)	h 矩形(h11) / 方形(h8)	c 或 r	L(h14)	键槽尺寸 轴槽深 t_1 基本尺寸	轴槽深 t_1 极限偏差	毂槽深 t_2 基本尺寸	毂槽深 t_2 极限偏差	b	圆角半径 r min	圆角半径 r max
6~8	2	2	0.16~0.25	6~20	1.2	+0.1 0	1	+0.1 0	公称尺寸同键，公差见表 7-9	0.08	0.16
>8~10	3	3		6~36	1.8		1.4				
>10~12	4	4		8~45	2.5		1.8				

（续）

轴径 d	键的基本尺寸				键槽尺寸						
	b(h8)	h 矩形(h11) 方形(h8)	c 或 r	L(h14)	轴槽深 t_1 基本尺寸	轴槽深 t_1 极限偏差	毂槽深 t_2 基本尺寸	毂槽深 t_2 极限偏差	b	圆角半径 r min	圆角半径 r max
>12~17	5	5	0.25~0.4	14~56	3.0	+0.1 0	2.3	+0.1 0	公称尺寸同键，公差见表7-9	0.16	0.25
>17~22	6	6		14~70	3.5		2.8				
>22~30	8	7		18~90	4.0		3.3				
>30~38	10	8	0.4~0.6	22~110	5.0	+0.2 0	3.3	+0.2 0		0.25	0.4
>38~44	12	8		28~140	5.0		3.3				
>44~50	14	9		36~160	5.5		3.8				
>50~58	16	10		45~180	6.0		4.3				
>58~65	18	11		50~200	7.0		4.4				
>65~75	20	12	0.6~0.8	56~220	7.5		4.9			0.4	0.6
>75~85	22	14		63~250	9.0		5.4				
>85~95	25	14		70~280	9.0		5.4				
>95~110	28	16		80~320	10.0		6.4				
>110~130	32	18		90~360	11		7.4				
>130~150	36	20	1~1.2	100~400	12	+0.3 0	8.4	+0.3 0		0.7	1.0
>150~170	40	22		100~400	13		9.4				
>170~200	45	25		110~450	15		10.4				
>200~230	50	28		125~500	17		11.4				
>230~260	56	32	1.6~2.0	140~500	20		12.4			1.2	1.6
>260~290	63	32		160~500	20		12.4				
>290~330	70	36		180~500	22		14.4				
>330~380	80	40	2.5~3	200~500	25		15.4			2	2.5
>380~440	90	45		220~500	28		17.4				
>440~500	100	50		250~500	31		19.5				
L 系列	6、8、10、12、14、16、18、20、22、25、28、32、36、40、45、50、56、63、70、80、90、100、110、125、140、160、180、200、220、250、280、320、360、400、450、500										

注：1. 在工作图中，轴槽深用 $d-t_1$ 或 t_1 标注，毂槽深用 $d+t_2$ 标注。（$d-t_1$）和（$d+t_2$）尺寸极限偏差按相应的 t_1 和 t_2 的极限偏差选取，但（$d-t_1$）极限偏差取负号（-）。

2. 当键长大于 500mm 时，其长度应按 GB/T 321—2005 优先数和优先数系的 R20 系列选取。

3. 键高偏差，对于 B 型键应为 h9。

4. 当需要时，键允许带起键螺孔。起键螺孔的尺寸按键宽参考表 7-6 中的 d_0 选取。螺孔的位置距键端为 $b\sim2b$，较长的键可以采用两个对称的起键螺孔。

表 7-5　薄型平键（摘自 GB/T 1566—2003 和 GB 1567—2003）　（单位：mm）

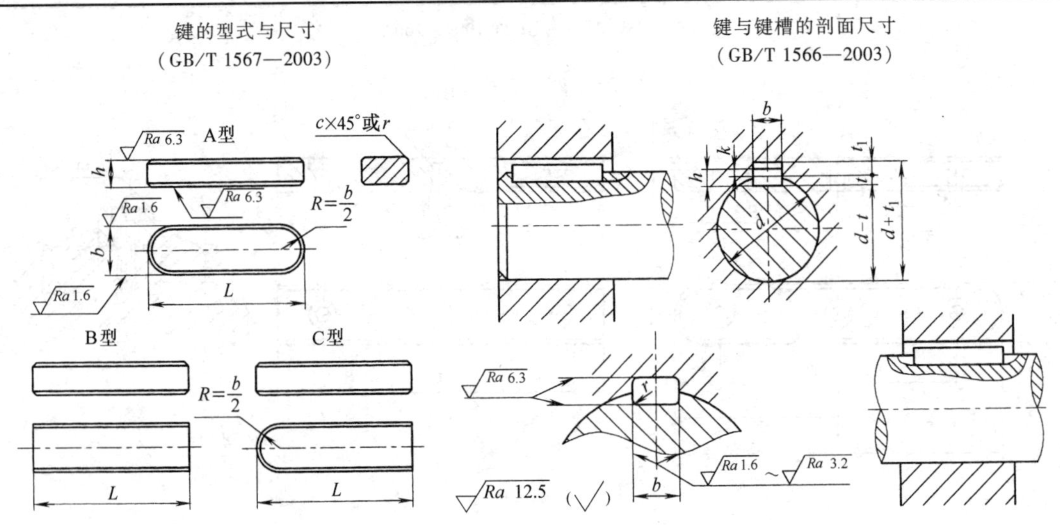

标记示例：

1）圆头薄型平键（A 型），$b=18$mm，$h=7$mm，$L=110$mm，标记为

GB/T 1567—2003　键　18×7×110

2）对于同一尺寸的平头薄型平键（B 型）或单圆头薄型平键（C 型），分别标记为

GB/T 1567—2003　键　B18×7×110

GB/T 1567—2003　键　C18×7×110

轴径	键的基本尺寸				键槽尺寸					
					轴槽深 t		毂槽深 t_1			
d	b(h8)	h(h11)	c 或 r	L(h14)	基本尺寸	极限偏差	基本尺寸	极限偏差	b	圆角半径 r
12～17	5	3	0.25～0.4	10～56	1.8	+0.1 0	1.4	+0.1 0	公称尺寸同键，公差见表 7-9	0.16～0.25
>17～22	6	4		14～70	2.5		1.8			
>22～30	8	5		18～90	3		2.3			
>30～38	10	6	0.4～0.6	22～110	3.5	+0.1 0	2.8	+0.1 0		0.25～0.4
>38～44	12	6		28～140	3.5		2.8			
>44～50	14	6		36～160	3.5		2.8			
>50～58	16	7		45～180	4		3.3			
>58～65	18	7		50～200	4	+0.2 0	3.3	+0.2 0		
>65～75	20	8	0.6～0.8	56～220	5		3.3			0.4～0.6
>75～85	22	9		63～250	5.5		3.8			
>85～95	25	9		70～280	5.5		3.8			
>95～110	28	10		80～320	6		4.3			
>110～130	32	11		90～360	7		4.4			
>130～150	36	12	1.0～1.2	100～400	7.5		4.9			0.70～1.0
L 系列	10、12、14、16、18、20、22、25、28、32、36、40、45、50、56、63、70、80、90、100、110、125、140、160、180、200、220、250、280、320、360、400									

表 7-6　导向型平键（摘自 GB/T 1097—2003）　（单位：mm）

键的型式和尺寸(GB/T 1097—2003)

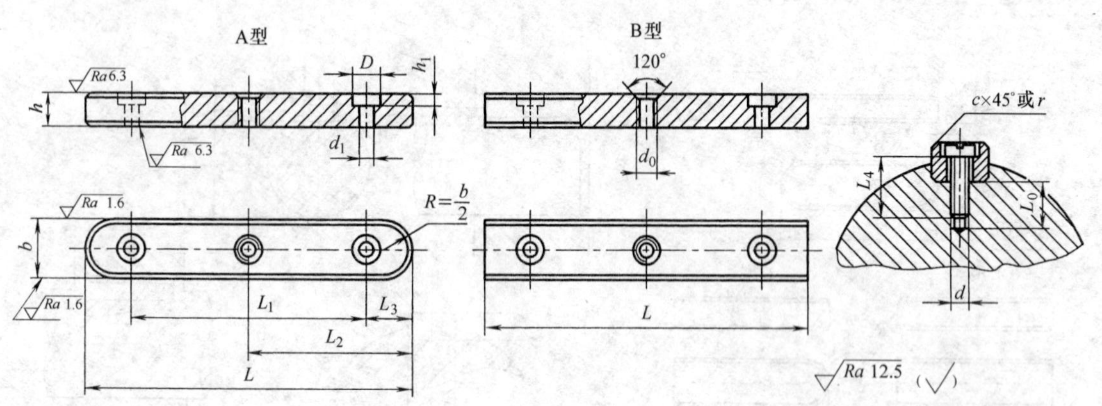

标记示例：

1）圆头导向平键（A 型），$b=16$mm，$h=10$mm，$L=100$mm，标记为

GB/T 1097　键　16×100

2）方头导向平键（B 型），$b=16$mm，$h=10$mm，$L=100$mm，标记为

GB/T 1097　键　B16×100

b(h8)	8	10	12	14	16	18	20	22	25	28	32	36	40	45
h(h11)	7	8	8	9	10	11	12	14	14	16	18	20	22	25
c 或 r	0.25~0.4	0.4~0.6					0.6~0.8					1.0~1.2		
h_1	2.4		3.0	3.5		4.5			6		7	8		
d_0	M3		M4	M5		M6			M8		M10	M12		
d_1	3.4		4.5	5.5		6.6			9		11	14		
D	6		8.5	10		12			15		18	22		
c_1	0.3		0.5									1.0		
L_0	7	8	10			12			15		18	22		
螺钉 ($d_0 \times L_4$)	M3×8	M3×10	M4×10	M5×10	M5×10	M6×12	M6×12	M6×16	M8×16	M8×16	M10×20	M12×25		
L	25~90	25~110	28~140	36~160	45~180	50~200	56~220	63~250	70~280	80~320	90~360	100~400	100~400	110~450

L 与 L_1、L_2、L_3 的对应长度系列

L	25、28、32、36、40、45、50、56、63、70、80、90、100、110、125、140、160、180、200、220、250、280、320、360、400、450
L_1	13、14、16、18、20、23、26、30、36、40、48、54、60、66、75、80、90、100、110、120、140、160、180、200、220、250
L_2	12.5、14、16、18、20、22.5、25、28、31.5、35、40、45、50、55、62、70、80、90、100、110、125、140、160、180、200、225
L_3	6、7、8、9、10、11、12、13、14、15、16、18、20、22、25、30、35、40、45、50、55、60、70、80、90、100

注：1. b 和 h 根据轴径 d 由表 7-4 选取。

2. 固定螺钉按 GB/T 65—2000《开槽圆柱头螺钉》的规定。

3. 键槽的尺寸应符合 GB/T 1095—2003《平键　键槽的剖面尺寸》的规定，见表 7-4。

4. 当键长大于 450mm 时，其长度按 GB/T 321—2005《优先数和优先数系》的 R20 系列选取。

2. 半圆键（见表 7-7）

表 7-7　半圆键　　（单位：mm）

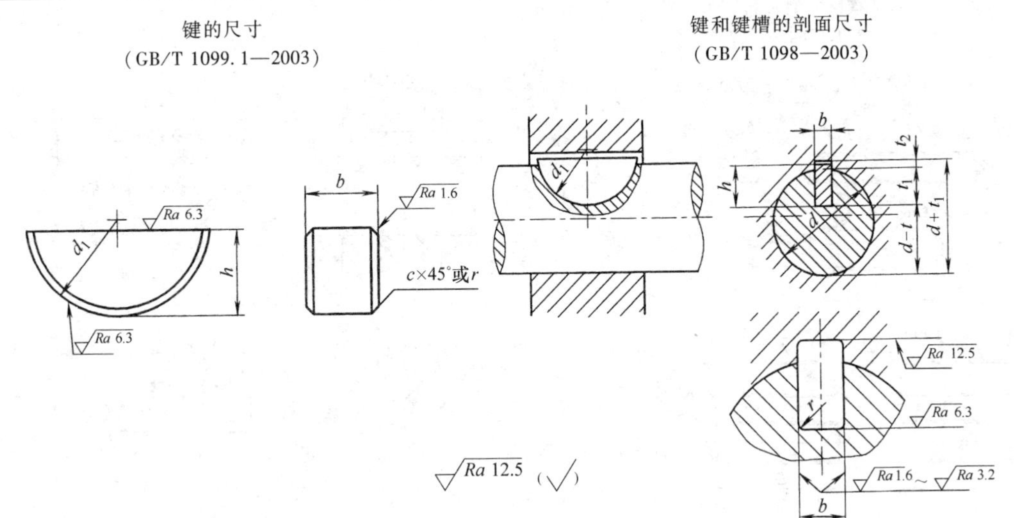

标记示例：

半圆键 $b=8\text{mm}, h=11\text{mm}, d_1=28\text{mm}$，标记为

GB/T 1099　键　8×11×28

轴径 d 传递转矩用	轴径 d 定位用	键 b	键 h (h12)	键 d_1 (h12)	键 $L\approx$	键 c	每1000件质量 /kg	轴 t 基本尺寸	轴 t 极限偏差	轮毂 t_1 基本尺寸	轮毂 t_1 极限偏差	k	圆角半径 r	b
3～4	3～4	1.0	1.4	4	3.9	0.16～0.25	0.031	1.0	+0.1 0	0.6	+0.1 0	0.4	0.08～0.16	基本尺寸同键，公差见表7-9
>4～5	>4～6	1.5	2.6	7	6.8		0.153	2.0		0.8		0.72		
>5～6	>6～8	2.0	2.6	7	6.8		0.204	1.8		1.0		0.97		
>6～7	>8～10	2.0	3.7	10	9.7		0.414	2.9		1.0		0.95		
>7～8	>10～12	2.5	3.7	10	9.7		0.518	2.7		1.2		1.2		
>8～10	>12～15	3.0	5.0	13	12.7		1.10	3.8	+0.2 0	1.4		1.43		
>10～12	>15～18	3.0	6.5	16	15.7		1.8	5.3		1.4		1.4	0.16～0.25	
>12～14	>18～20	4.0	6.5	16	15.7	0.25～0.4	2.4	5.0		1.8		1.8		
>14～16	>20～22	4.0	7.5	19	18.6		3.27	6.0		1.8		1.75		
>16～18	>22～25	5.0	6.5	16	15.7		3.01	4.5		2.3		2.35		
>18～20	>25～28	5.0	7.5	19	18.6		4.09	5.5		2.3		2.32		
>20～22	>28～32	5.0	9.0	22	21.6		5.73	7.0		2.3		2.29		
>22～25	>32～36	6.0	9.0	22	21.6		6.88	6.5	+0.3 0	2.8		2.87		
>25～28	>36～40	6.0	10	25	24.5		8.64	7.5		2.8	+0.2 0	2.83		
>28～32	40	8.0	11	28	27.4	0.4～0.6	14.1	8		3.3		3.51	0.25～0.4	
>32～38		10	13	32	31.4		19.3	10		3.3		3.67		

注：轴和毂键槽宽度 b 极限偏差统一为 $^{0}_{-0.025}$。

3. 楔键（见表 7-8）

表 7-8　楔键（摘自 GB/T 1563—2003）　（单位：mm）

普通楔键的型式和尺寸（GB/T 1564—2003）

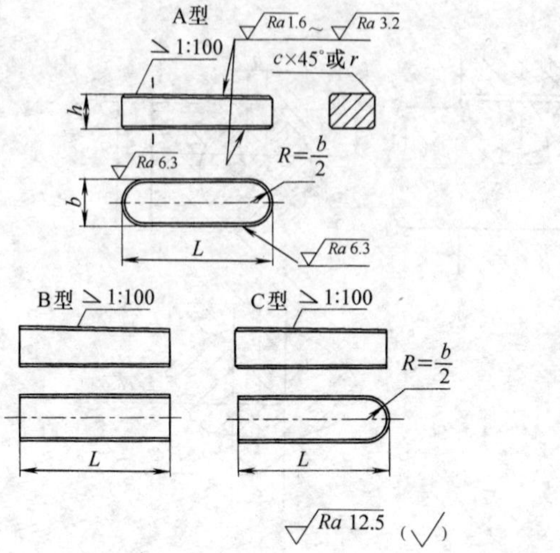

A型　$\angle$1:100　Ra1.6～Ra3.2　$c\times45°$或r　h　Ra6.3　$R=\frac{b}{2}$　b　L　Ra6.3

B型 $\angle$1:100　C型 $\angle$1:100　$R=\frac{b}{2}$　L　L

Ra12.5（√）

键槽尺寸（GB/T 1563—2003）

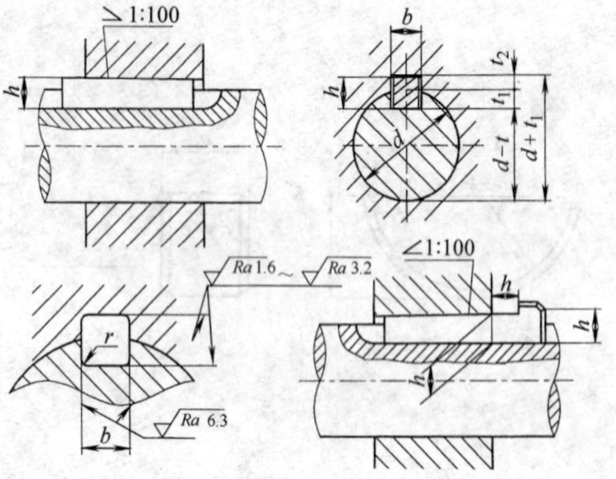

$\angle$1:100　h　b　t_2　t_1　d　$d-t$　$d+t_1$　Ra1.6～Ra3.2　r　Ra6.3　b　$\angle$1:100　h　h　h

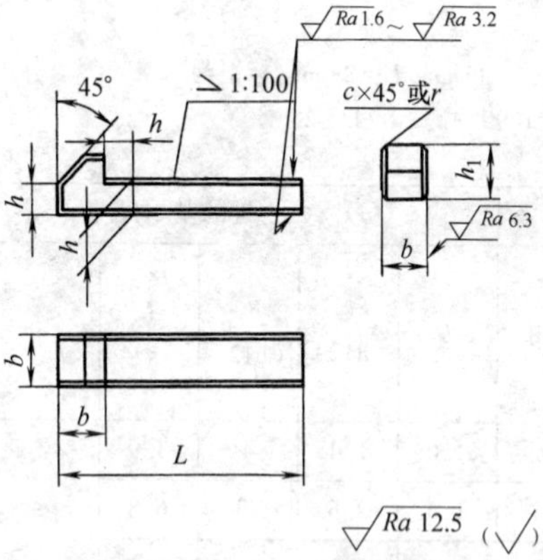

标记示例：

1）圆头普通楔键（A 型），$b=16$mm，$h=10$mm，$L=100$mm，标记为

GB/T 1564　键　16×100

2）对于同一尺寸的平头普通楔键（B 型）或单圆头普通楔键（C 型），分别标记为

GB/T 1564　键　B16×100

GB/T 1564　键　C16×100

钩头楔键尺寸（GB/T 1565—2003）

Ra1.6～Ra3.2　45°　$\angle$1:100　$c\times45°$或r　h　h　h　h_1　Ra6.3　b　b　b　L

Ra12.5（√）

标记示例：

钩头楔键，$b=16$mm，$h=10$mm，$L=100$mm，标记为

GB/T 1565　键　16×100

轴径	键的基本尺寸						键槽				
					L(h14)		轴 t_1		轮毂 t_2		圆角半径
d	b (h8)	h (h11)	c 或 r	h_1	GB/T 1564—2003	GB/T 1565—2003	基本尺寸	极限偏差	基本尺寸	极限偏差	r
6～8	2	2	0.16～0.25	—	6～20	—	1.2	+0.1 0	0.5	+0.1 0	0.08～0.16
>8～10	3	3			6～36		1.8		0.9		
>10～12	4	4		7	8～45	14～45	2.5		1.2		
>12～17	5	5	0.25～0.4	8	10～56	14～56	3.0		1.7		0.16～0.25
>17～22	6	6		10	14～70		3.5		2.2		
>22～30	8	7		11	18～90		4.0	+0.2 0	2.4	+0.2 0	
>30～38	10	8	0.4～0.6	12	22～110		5.0		2.4		0.25～0.40
>38～44	12	8		12	28～140		5.0		2.4		
>44～50	14	9		14	36～160		5.5		2.9		
>50～58	16	10		16	45～180		6.0		3.4		
>58～65	18	11		18	50～200		7.0		3.4		

（续）

轴　径	键的基本尺寸						键　　槽				
					L(h14)		轴 t_1		轮毂 t_2		圆角半径 r
d	b (h8)	h (h11)	c 或 r	h_1	GB/T 1564—2003	GB 1565—2003	基本尺寸	极限偏差	基本尺寸	极限偏差	
>65~75	20	12	0.6~0.8	20	56~220		7.5	+0.2 0	3.9	+0.2 0	0.40~0.60
>75~85	22	14		22	63~250		9.0		4.4		
>85~95	25	14		22	70~280		9.0		4.4		
>95~110	28	16		25	80~320		10.0		5.4		
>110~130	32	18		28	90~360		11.0		6.4		
>130~150	36	20	1.0~1.2	32	100~400		12	+0.3 0	7.1	+0.3 0	0.70~1.00
>150~170	40	22		36	100~400		13		8.1		
>170~200	45	25		40	110~450、110~400		15		9.1		
>200~230	50	28		45	125~500		17		10.1		
>230~260	56	32	1.6~2.0	50	140~500		20		11.1		1.2~1.6
>260~290	63	32		50	160~500		20		11.1		
>290~330	70	36		56	180~500		22		13.1		
>330~380	80	40	2.5~3.0	63	200~500		25		14.1		2.0~2.5
>380~440	90	45		70	220~500		28		16.1		
>440~500	100	50		80	250~500		31		18.1		
L 系列	6、8、10、、12、14、16、18、20、22、25、28、32、36、40、45、50、56、63、70、80、90、100、110、125、140、160、180、200、220、250、280、320、360、400、450、500										

注：1. 安装时，键的斜面与轮毂槽的斜面紧密配合。

2. 键槽宽 b（轴和毂）尺寸公差 D10。

4. 键和键槽的几何公差、配合及尺寸标注

1）当键长与键宽比 $L/b \geqslant 8$ 时，键宽在长度方向上的平行度公差等应按 GB 1184—1996 选取：当 $b \leqslant 6$mm时，取 7 级；b 为 8~36mm 时，取 6 级；$b \geqslant 40$mm 时，取5 级。

2）轴槽和毂槽对轴线对称度公差等级，根据不同工作要求参照键连接的配合按 7~9 级（GB/T 1184—1996）选取。

当同时采用平键与过盈配合连接，特别是过盈量较大时，则应严格控制键槽的对称度公差，以免装配困难。

3）键和键槽配合的松紧，取决于键槽宽公差带的选取。如何选取见表 7-9。

4）在工作图中，轴槽深用（$d-t_1$）或 t_1 标注，轮槽深用（$d+t_2$）标注。（$d-t_1$）和（$d+t_2$）两个组合尺寸的偏差，应按相应的 t_1 和 t_2 的偏差选取，但（$d-t_1$）的偏差值应取负值（−）。对于楔键，（$d+t_2$）及 t_2 指的是大端轮毂槽深度。

表 7-9　键和键槽尺寸公差带　（单位：μm）

键的基本尺寸 /mm	键的公差带				键槽尺寸公差带					
	b	h	L	d_1	槽　宽 b					槽长 L
	h9	h11	h14	h12	松连接		正常连接		紧密连接	H14
					轴 H9	毂 D10	轴 N9	毂 JS9	轴与毂 P9	
≤3	0 −25	$^{2}_{-60}\left(^{0}_{-25}\right)$		0 −100	+25 0	+60 +20	−4 −29	±12.5	−6 −31	+250 0
>3~6	0 −30	$^{0}_{-75}\left(^{0}_{-30}\right)$		0 −120	+30 0	+78 +30	0 −30	±15	−12 −42	+300 0

（续）

键的基本尺寸/mm	键的公差带				键槽尺寸公差带					
	b	h	L	d_1	槽　宽 b					槽长 L
					松连接		正常连接		紧密连接	
	h9	h11	h14	h12	轴 H9	毂 D10	轴 N9	毂 JS9	轴与毂 P9	H14
>6~10	0 -36	0 -90	0 -360	0 -150	+36 0	+98 +40	0 -36	±18	-15 -51	+360 0
>10~18	0 -43	0 -110	0 -430	0 -180	+43 0	+120 +50	0 -43	±21	-18 -61	+430 0
>18~30	0 -52	0 -130	0 -520	0 -210	+52 0	+149 +65	0 -52	±26	-22 -74	+52 0
>30~50	0 -62	0 -160	0 -620	0 -250	+62 0	+180 +80	0 -62	±31	-26 -88	+620 0
>50~80	0 -74	0 -190	0 -740	0 -300	+74 0	+220 +100	0 -74	±37	-32 -106	+740 0
>80~120	0 -87	0 -220	0 -870	0 -350	+87 0	+260 +120	0 -87	±43	-37 -124	+870 0
>120~180	0 -100	0 -250	0 -1000	0 -400	+100 0	+305 +145	0 -100	±50	-43 -143	+1000 0
>180~250	0 -115	0 -290	0 -1150	0 -460	+115 0	+355 +170	0 -115	±57	-50 -165	+1150 0

注：1. 括号内数值为 h9 值，适用于 B 型普通平键。

2. 半圆键无较松连接形式。

3. 楔键槽宽轴和毂都取 D10。

4. 尺寸标注图参考表 7-1~表 7-8。

5. 薄型楔键（见表 7-10、表 7-11）

表 7-10　薄型楔键和键槽的剖面尺寸及公差（摘自 GB/T 16922—1997）（单位：mm）

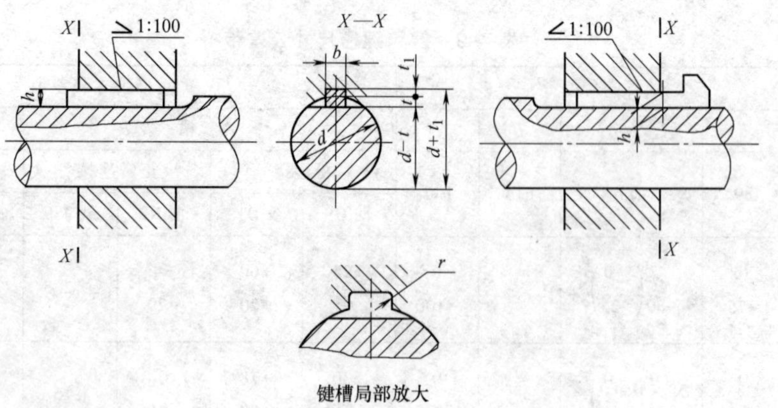

键槽局部放大

（续）

轴 基本 直径 d	键 基本 尺寸 $b \times h$	键槽(轮毂)						平台(轴) 深度 t	
		宽度 b		深度 t_1		半径 r			
		基本尺寸	极限偏差 D10	基本尺寸	极限偏差	最小	最大	基本尺寸	极限偏差
22～30	8×5	8	+0.098 +0.040	1.7	+0.1 0	+0.16	0.25	3.0	+0.1 0
>30～38	10×6	10		2.2		0.25	0.40	3.5	
>38～44	12×6	12	+0.120 +0.050	2.2				3.5	
>44～50	14×6	14		2.2				3.5	
>50～58	16×7	16		2.4	+0.2 0			4	+0.2 0
>58～65	18×7	18		2.4				4	
>65～75	20×8	20	+0.149 +0.065	2.4		0.40	0.60	5	
>75～85	22×9	22		2.9				5.5	
>85～95	25×9	25		2.9				5.5	
>95～110	28×10	28		3.4				6	
>110～130	32×11	32	+0.180 +0.080	3.4				7	
>130～150	36×12	36		3.9		0.70	1	7.5	
>150～170	40×14	40		4.4				9	
>170～200	45×16	45		5.4				10	
>200～230	50×18	50		6.4				11	

注：$(d-t)$ 和 $(d+t_1)$ 两个组合尺寸的极限偏差按相应的 t 和 t_1 的极限偏差选取，但 $(d-t)$ 极限偏差值应取负号（-）。

表 7-11　薄型楔键尺寸及公差（摘自 GB/T 16922—1997）　　（单位：mm）

A 型

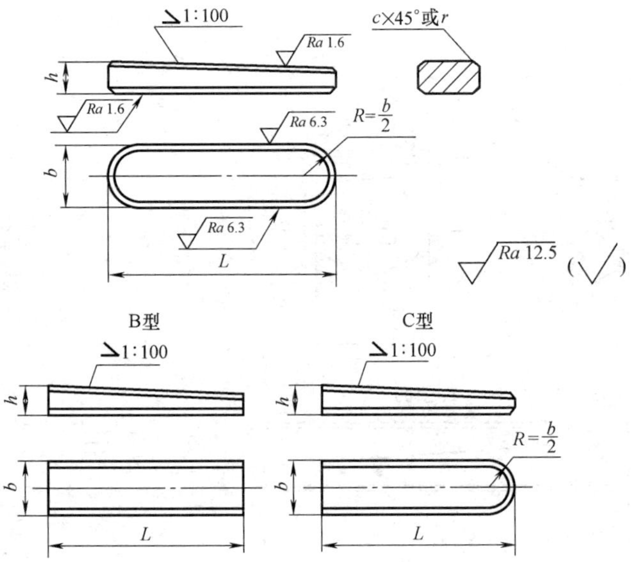

1∶100　Ra 1.6　$c \times 45°$或r　h　Ra 1.6　Ra 6.3　$R=\frac{b}{2}$　b　Ra 6.3　L　Ra 12.5 (√)

B型　1∶100　h　b　L

C型　1∶100　h　$R=\frac{b}{2}$　b　L

（续）

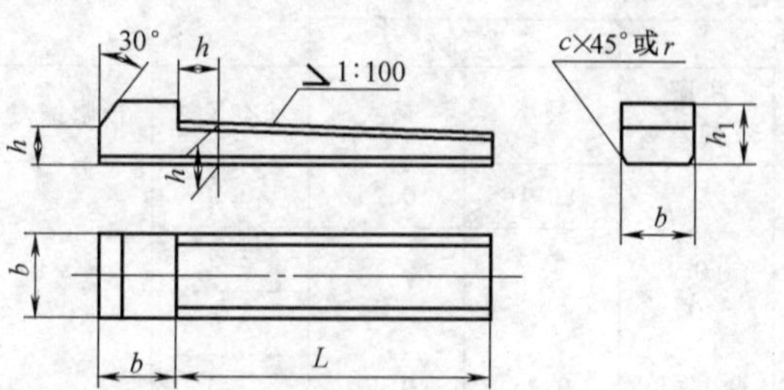

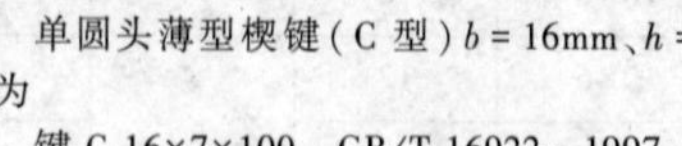

注：楔键的上、下工作面表面粗糙度参数 Ra 值也可选用 3.2μm。

标记示例：

圆头薄型楔键（A 型）$b=16$mm、$h=7$mm、$L=100$mm，标记为

键 A 16×7×100 GB/T 16922—1997

平头薄型楔键（B 型）$b=16$mm、$h=7$mm、$L=100$mm，标记为

键 B 16×7×100 GB/T 16922—1997

单圆头薄型楔键（C 型）$b=16$mm、$h=7$mm、$L=100$mm，标记为

键 C 16×7×100 GB/T 16922—1997

		8	10	12	14	16	18	20	22	25	28	32	36	40	45	50
b	基本尺寸	8	10	12	14	16	18	20	22	25	28	32	36	40	45	50
	极限偏差 h9	0 -0.036		0 -0.043				0 -0.052				0 -0.062				
h	基本尺寸	5	6	6	6	7	7	8	9	9	10	11	12	14	16	18
	极限偏差 h11	0 -0.075				0 -0.090						0 -0.110				
c 或 r[①]	最小	0.25	0.40				0.6						1.0			
	最大	0.40	0.60				0.8						1.2			
键的长度 L(H14)		20~70	25~90	32~125	36~140	45~180	50~200	56~220	63~250	70~280	80~320	90~360	100~400	125~400	140~400	160~400

L 系列：20、22、25、28、32、36、40、45、50、56、63、70～110（10 进位）、125、140～220（20 进位）、250、280～400（40 进位）

① 只对长边和圆头的边倒角，其他边只去毛刺。

6. 切向键（见表 7-12）

表 7-12 切向键（摘自 GB/T 1974—2003）（单位：mm）

普通切向键、强力切向键及键槽尺寸（GB/T 1974—2003）

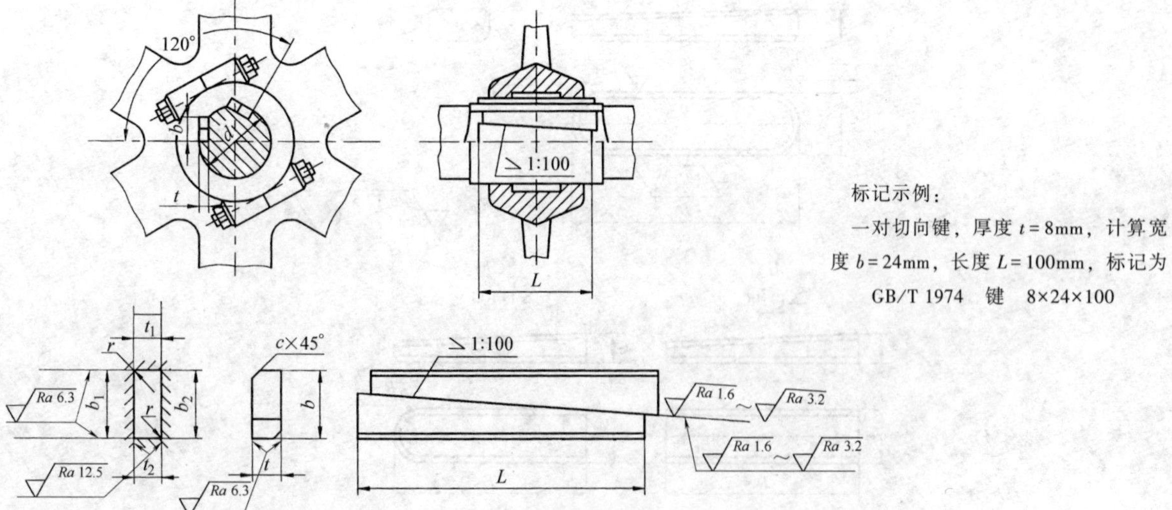

标记示例：

一对切向键，厚度 $t=8$mm，计算宽度 $b=24$mm，长度 $L=100$mm，标记为

GB/T 1974 键 8×24×100

（续）

轴径 d	普通切向键										强力切向键									
	键		键槽								键		键槽							
			深度				计算宽度		半径 r				深度				计算宽度		半径 r	
	t	c	轮毂 t_1		轴 t_2						t	c	轮毂 t_1		轴 t_2					
			基本尺寸	极限偏差	基本尺寸	极限偏差	轮毂 b_1	轴 b_2	最小	最大			基本尺寸	极限偏差	基本尺寸	极限偏差	轮毂 b_1	轴 b_2	最小	最大
60	7	0.6~0.8	7	0 -0.2	7.3	+0.2 0	19.3	19.6	0.4	0.6										
65							20.1	20.5												
70							21.0	21.4												
75	8		8		8.3		23.2	23.5												
80							24.0	24.4												
85							24.8	25.2												
90							25.6	26.0												
95	9		9		9.3		27.8	28.2												
100							28.6	29.0			10	1~1.2	10	0 -0.2	10.3	+0.2 0	30	30.4	0.7	1.0
110							30.1	30.6			11		11		11.4		33	33.5		
120	10	1~1.2	10		10.3		33.2	33.6	0.7	1.0	12		12	0 -0.3	12.4	+0.3 0	36	36.5		
130							34.6	35.1			13		13		13.4		39	39.5		
140	11		11		11.4		37.7	38.3			14		14		14.4		42	42.5		
150							39.1	39.7			15	1.6~2	15		15.4		45	45.5	1.2	1.6
160	12		12	0 -0.3	12.4	+0.3 0	42.1	42.8			16		16		16.4		48	48.5		
170							43.5	44.2			17		17		17.4		51	51.5		
180							44.9	45.6			18		18		18.4		54	54.5		
190	14		14		14.4		49.6	50.3			19	2.5~3	19		19.4		57	57.5	2.0	2.5
200		1.6~2.0					51.0	51.7	1.2	1.6	20		20		20.4		60	60.5		
220	16		16		16.4		57.1	57.8			22		22		22.4		66	66.5		
240							59.9	60.6			24		24		24.4		72	72.5		
250	18		18		18.4		64.6	65.3			25		25		25.4		75	75.5		
260							66.0	66.7			26		26		26.4		78	78.5		
280	20	2.5~3	20		20.4		72.1	72.8	2.0	2.5	28	3~4	28		28.4		84	84.5	2.5	3.0
300							74.8	75.5			30		30		30.4		90	90.5		
320	22		22		22.4		81.0	81.6			32		32		32.4		96	96.5		
340							83.6	84.3			34		34		34.4		102	102.5		
360	26		26		26.4		93.2	93.8			36		36		36.4		108	108.5		
380							95.9	96.6			38		38		38.4		114	114.5		
400							98.6	99.3			40		40		40.4		120	120.5		
420	30	3~4	30		30.4		108.2	108.8	2.5	3.0	42		42		42.4		126	126.5		
450							112.3	112.9			45	4~5	45		45.4		135	135.5	3.0	4.0

（续）

轴径 d	普通切向键										强力切向键									
	键		键槽								键		键槽							
	t	c	深度 轮毂 t_1		深度 轴 t_2		计算宽度		半径 r		t	c	深度 轮毂 t_1		深度 轴 t_2		计算宽度		半径 r	
			基本尺寸	极限偏差	基本尺寸	极限偏差	轮毂 b_1	轴 b_2	最小	最大			基本尺寸	极限偏差	基本尺寸	极限偏差	轮毂 b_1	轴 b_2	最小	最大
480	34	3~4	34	0 -0.3	34.4	+0.3 0	123.1	123.8	2.5	3.0	48	4~5	48	0 -0.3	48.5	+0.3 0	144	144.7	3.0	4.0
500							125.9	126.6			50		0		50.5		150	150.7		
530	38		38		38.4		136.7	137.4			53		53		53.5		159	159.7		
560							40.8	141.5			56		56		56.5		68	168.7		
600	42		42		40.4		153.1	153.8			60	5~6	60		60.5		180	180.7	4.0	5.0
630							157.1	157.8			63		63		63.5		189	189.7		

注：1. 键的厚度 t、计算宽度 b 分别与轮毂槽的 t_1、计算宽度 b_1 相同。

2. 对普通切向键，若轴径位于表列尺寸 d 的中间数值时，采用与它最接近的稍大轴径的 t、t_1 和 t_2，但 b 和 b_1、b_2 须用以下公式计算：$b=b_1=\sqrt{t\ (d-t)}$　$b_2=\sqrt{t_2\ (d-t_2)}$。

3. 强力切向键，若轴径位于表列尺寸 d 的中间数时，或者轴径超过 630mm 时，键与键槽的尺寸用以下公式计算：$t=t_1=0.1d$；$b=b_1=0.3d$；$t_2=t+0.3\text{mm}$（当 $t\leqslant 10\text{mm}$）；$t_2=t+0.4\text{mm}$（当 $10\text{mm}<t\leqslant 45\text{mm}$）。$t_2=t+0.5\text{mm}$（当 $t>45\text{mm}$）；$b_2=\sqrt{t_2\ (d-t_2)}$。

4. 键厚度 t 的极限偏差为 h11。

5. 键的抗拉强度不低于 600MPa。

6. 键长 L 按实际结构定，一般建议取比轮毂宽度长 10%~15%。

7.2　花键连接

7.2.1　花键基本术语

摘自 GB/T 15758—2008，该标准适用于矩形、渐开线和端齿花键，其他花键也可参照使用。

1. 一般术语

（1）花键连接　两零件上等距分布且键数相同的键齿相互连接，并传递转矩或运动的同轴偶件。

（2）齿线　渐开线花键分度圆柱或分度圆锥面、矩形花键平分齿高的圆柱面或端齿花键平分工作齿高的基准平面与齿面的交线（见图 7-1）。

（3）基准平面　渐开线花键的基本齿条或端齿花键上的假想平面。在该平面上，齿厚与齿距之比为一个给定的标准值（通常为 0.5）。

（4）平齿根花键　在渐开线花键同一齿槽上，两侧渐开线齿形各由一段齿根圆弧与齿根圆相连接的花键，如图 7-2a 所示。

（5）圆齿根花键　在渐开线花键端平面同一齿槽上，两侧渐开线齿形由一段或近似一段齿根圆弧与齿根圆相连接的花键，如图 7-2b 所示。

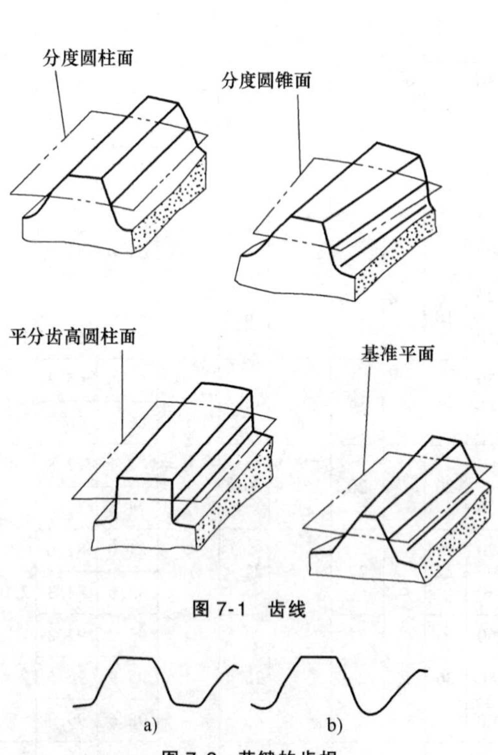

图 7-1　齿线

图 7-2　花键的齿根
a）平齿根　b）圆齿根

(6) 结合深度　内花键小圆至外花键大圆的径向距离（不包括倒棱深度），如图 7-3 所示。

(7) 齿形裕度　在渐开线花键连接中，渐开线齿形超过结合深度的径向距离（见图 7-3）。它是用来补偿内花键小圆和外花键大圆相对于分度圆的同轴度误差。

(8) 工作齿面　在花键副工作时，两花键传递转矩或运动的齿面（含齿形裕度），如图 7-3 所示。

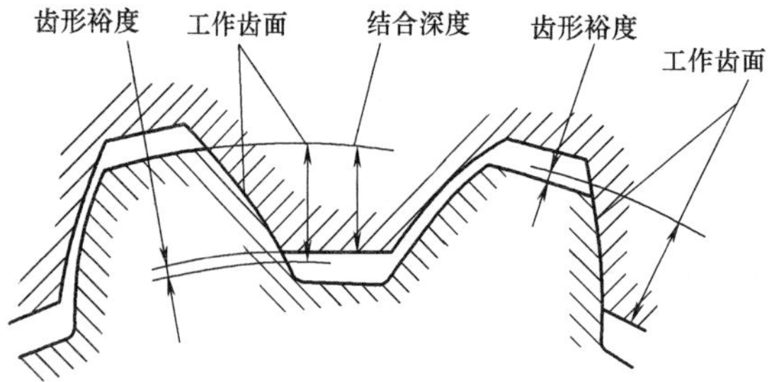

图 7-3　结合深度和齿形裕度

2. 花键的种类

(1) 矩形花键　端平面上，外花键的键齿或内花键的键槽，两侧齿形为相互平行的直线且对称于轴平面的花键。分为圆柱直齿矩形花键和圆柱斜齿矩形花键。

(2) 渐开线花键　键齿在圆柱（或圆锥）上，且齿形为渐开线的花键。分为圆柱直齿渐开线花键、圆锥直齿渐开线花键和圆柱斜齿渐开线花键。

3. 齿廓

(1) 基本齿廓　基本齿条的法向齿廓，是确定花键尺寸的依据（见图 7-4）。

(2) 基本齿条　直径为无穷大的无误差的理想渐开线花键（见图 7-4）。

(3) 基准线　基本齿条的法向平面与基准平面的交线。基准线是横贯基本齿廓的一条直线，以此线为基准，确定基本齿廓的尺寸，如图 7-4 所示。

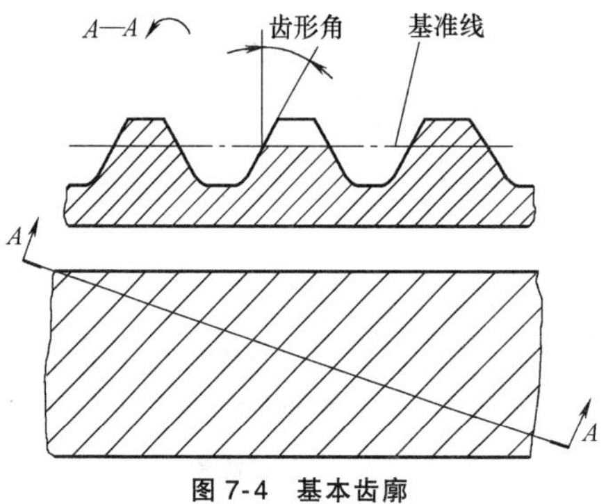

图 7-4　基本齿廓

(4) 齿形角　过基本齿廓与基准线交点的径向线与齿廓所夹锐角，如图 7-4 所示。

4. 基本参数

(1) 模数　表示渐开线花键键齿大小的参数。其数值为齿距除以圆周率 π 所得的商，单位为 mm。

(2) 法向模数　法向齿距除以圆周率 π 所得的商。

(3) 端面模数　端面齿距除以圆周率 π 所得的商。

(4) 压力角　过渐开线齿形上任一点的径向线，与过该点的齿形切线所夹的锐角。

(5) 标准压力角　分度圆上的法向压力角。

(6) 齿距　在分度圆上，两相邻同侧齿面间的弧长。

(7) 螺旋角　对于圆柱斜齿花键，圆柱螺旋线的切线与通过切点的圆柱体素线之间所夹的锐角。对渐开线花键通常是指分度圆的螺旋角。

(8) 齿槽角　直线齿形内花键，其齿槽两侧齿形的夹角，如图 7-5 所示。

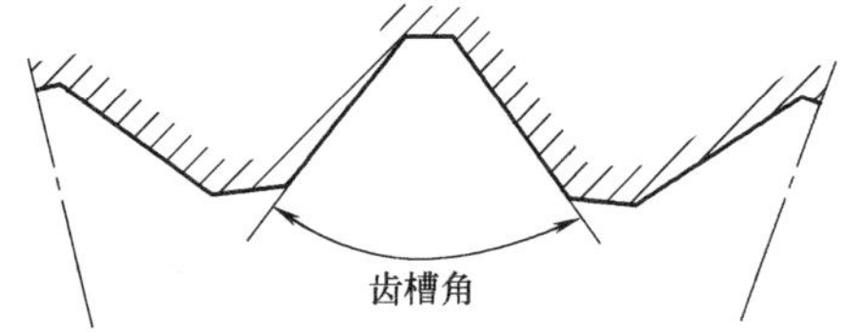

图 7-5　齿槽角

(9) 圆锥素线　小径圆锥表面与通过花键轴平面的交线，如图 7-6 所示。

(10) 圆锥素线斜角　内外花键圆锥素线与花键轴线所夹锐角，如图 7-6 所示。

(11) 基面　在圆锥花键连接中，规定花键参数、尺寸公差的端平面。基面的位置规定在外花键小端，并应与设计给定的内花键基面重合，如图 7-6 所示。

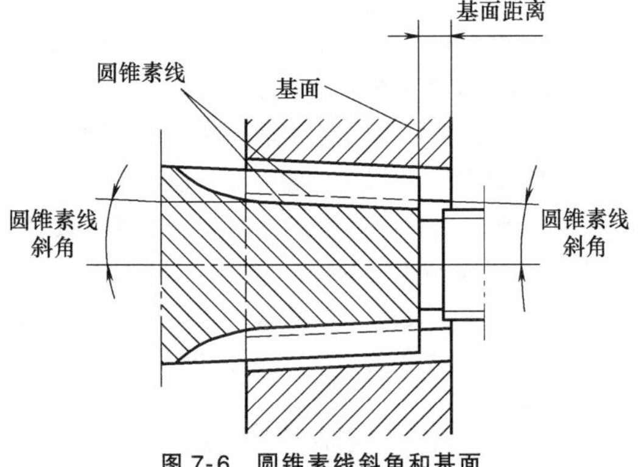

图 7-6　圆锥素线斜角和基面

（12）基面距离　从基面到圆锥内花键小端端面的距离，如图 7-6 所示。

（13）分度圆　渐开线花键分度圆柱面或分度圆锥面与端平面的交线，如图 7-7 所示。它（对圆锥直齿花键为基面上的分度圆）是计算花键尺寸的基准圆，该圆上的模数和压力角为标准值。

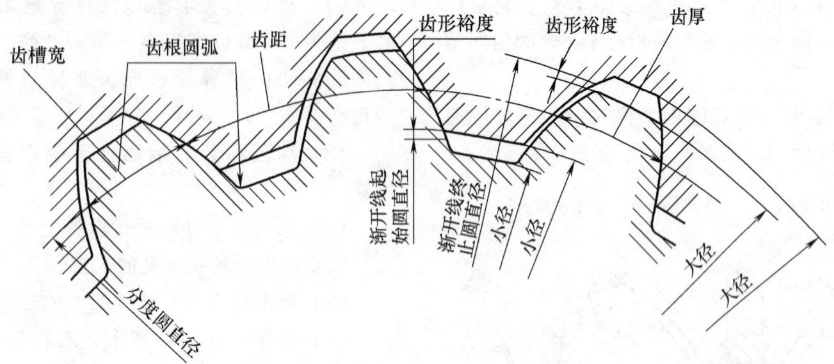

图 7-7　渐开线花键的圆和直径

5. 误差、公差及测量

（1）加工公差　实际齿槽宽或实际齿厚允许的变动量。

（2）综合误差　花键齿槽或键齿的形状误差和位置误差的综合。

（3）综合公差　允许的综合误差。

（4）总公差　加工公差与综合公差之和。

（5）齿距累积误差　在分度圆上（矩形花键在大圆上），任意两同侧齿面间的实际弧长与理论弧长之差的最大绝对值。

（6）齿形误差　在齿形工作部分（包括齿形裕度部分，不包括齿顶倒棱），包容实际齿形的两条理论齿形之间的法向距离。

（7）齿向误差　在花键长度范围内，包容实际齿线的两条理论齿线之间的弧长。

（8）齿槽角极限偏差　实际齿槽角相对于基本齿槽角的上、下极限偏差。

（9）齿圈径向跳动　花键在一转范围内，测头在齿槽内或键齿上于分度圆附近双面接触，测头相对于回转轴线的最大变动量，见图 7-8a。

（10）棒间距　借助两量棒测量内花键实际齿槽宽时，两量棒间的内侧距离，见图 7-8b。

（11）跨棒距　借助两量棒测量外花键实际齿厚时，两量棒间的外侧距离，如图 7-9 所示。

（12）变换系数　跨棒距值的变换系数，其值为跨棒距的变动量与齿厚的变动量之比。

（13）公法线长度　相隔 K 个齿的两外侧齿面，各与两平行平面之中的一个平面相切，此两平面之间的垂直距离。

（14）公法线平均长度　同一花键上实际测得的公法线长度的平均值。

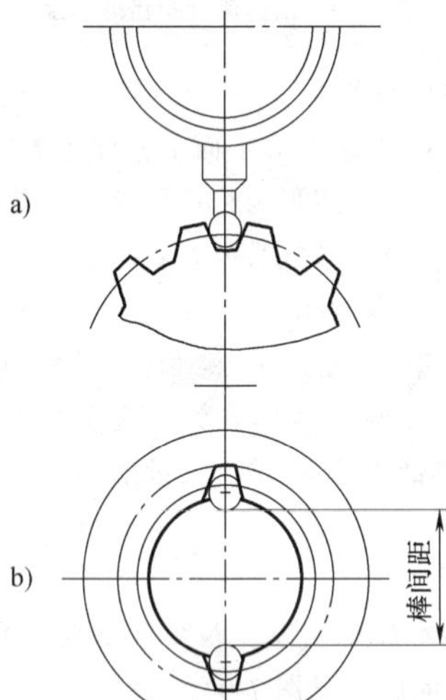

图 7-8　花键测量
a）外花键齿圈径向跳动
b）内花键棒间距

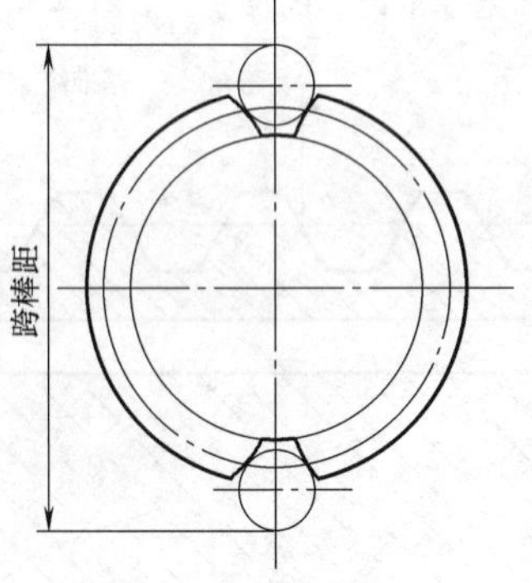

图 7-9　外花键跨棒距

7.2.2　矩形花键连接

7.2.2.1　矩形花键公称尺寸系列（见表 7-13 和表 7-14）

表 7-13　矩形花键公称尺寸系列（摘自 GB/T 1144—2001）　　（单位：mm）

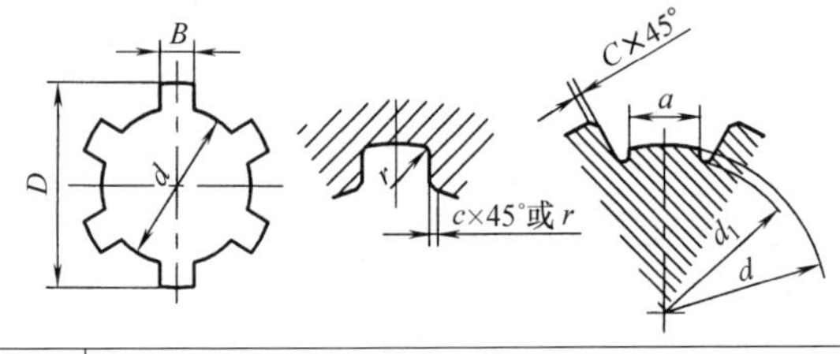

标记示例：

已知花键规格　$N\times d\times D\times B$，如 6×23×26×6，则

1）花键副　$6\times23\dfrac{H7}{f7}\times26\dfrac{H10}{a11}\times6\dfrac{H11}{d10}$　GB/T 1144—2001

2）内花键　6×23H7×26H10×6H11　GB/T 1144—2001

3）外花键　6×23f7×26a11×6d10　GB/T 1144—2001

小径 d	轻系列 规格 $N\times d\times D\times B$	轻系列 C	轻系列 r	轻系列 参考 $d_{1\min}$	轻系列 参考 $a_{\min}$	中系列 规格 $N\times d\times D\times B$	中系列 C	中系列 r	中系列 参考 $d_{1\min}$	中系列 参考 $a_{\min}$
11						6×11×14×3	0.2	0.1		
13						6×13×16×3.5				
16						6×16×20×4	0.3	0.2	14.4	1.0
18						6×18×22×5			16.6	1.0
21						6×21×25×5			19.5	2.0
23	6×23×26×6	0.2	0.1	22	3.5	6×23×28×6			21.2	1.2
26	6×26×30×6	0.3	0.2	24.5	3.8	6×26×32×6	0.4	0.3	23.6	1.2
28	6×28×32×7			26.6	4.0	6×28×34×7			25.8	1.4
32	6×32×36×6			30.3	2.7	8×32×38×6			29.4	1.0
36	8×36×40×7			34.4	3.5	8×36×42×7			33.4	1.0
42	8×42×46×8			40.5	5.0	8×42×48×8			39.4	2.5
46	8×46×50×9			44.6	5.7	8×46×54×9	0.5	0.4	42.6	1.4
52	8×52×58×10	0.4	0.3	49.6	4.8	8×52×60×10			48.6	2.5
56	8×56×62×10			53.5	6.5	8×56×65×10			52.0	2.5
62	8×62×68×12			59.7	7.3	8×62×72×12	0.6	0.5	57.7	2.4
72	10×72×78×12			69.6	5.4	10×72×82×12			67.7	1.0
82	10×82×88×12			79.3	8.5	10×82×92×12			77.0	2.9
92	10×92×98×14			89.6	9.9	10×92×102×14			87.3	4.5
102	10×102×108×16			99.6	11.3	10×102×112×16			97.7	6.2
112	10×112×120×18	0.5	0.4	108.8	10.5	10×112×125×18			106.2	4.1

注：1. N—键数；D—大径；B—键宽或键槽宽。

2. d_1 和 a 值仅适用于展成法加工。

表 7-14　矩形内花键型式及长度系列（摘自 GB/T 10081—2005）　　（单位：mm）

A型　　B型　　C型　　D型

花键小径 d	11	13	16~21	23~32	36~52	56~62	72~92	102~112
花键长度 l 或 l_1+l_2	10~50		10~80		22~120		32~200	
孔的最大长度 L	50	80		120	200	250		300
花键长度 l 或 l_1+l_2 系列	10,12,15,18,22,25,28,30,32,36,38,42,45,48,50,56,60,63,71,75,80,85,90,95,100,110,120,130,140,160,180,200							

7.2.2.2 矩形花键的公差与配合（见表 7-15 和表 7-16）

表 7-15 矩形花键的尺寸公差带（摘自 GB/T 1144—2001）（单位：μm）

内花键				外花键			装配型式
d	D	B		d	D	B	
公差带	公差带	公差带：拉削后不热处理	公差带：拉削后热处理	公差带	公差带	公差带	
一般用							
H7	H10	H9	H11	f7	a11	d10	滑动
				g7		f9	紧滑动
				h7		h10	固定
精密传动用							
H5	H10	H7，H9		f5	a11	d8	滑动
				g5		f7	紧滑动
				h5		h8	固定
H6				f6		d8	滑动
				g6		f7	紧滑动
				h6		h8	固定

注：1. 精密传动用的内花键，当需要控制键侧配合间隙时，槽宽可选用 H7，一般情况下可选用 H9。

2. d 为 H6 和 H7 的内花键允许与高一级的外花键配合。

表 7-16 矩形花键的位置度、对称度公差（摘自 GB/T 1144—2001）（单位：mm）

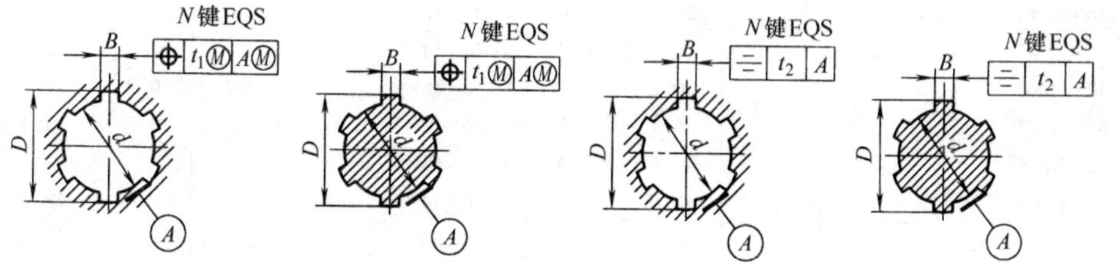

键槽宽或键宽 B		3	3.5~6	7~10	12~18
		t_1			
键槽		0.010	0.015	0.020	0.025
键	滑动、固定	0.010	0.015	0.020	0.025
	紧滑动	0.006	0.010	0.013	0.016
		t_2			
一般用		0.010	0.012	0.015	0.018
精密传动用		0.006	0.008	0.009	0.011

注：花键的等分度公差值等于键宽的对称度公差。

7.2.3 圆柱直齿渐开线花键

GB/T 3478.1～3478.9—2008《圆柱直齿渐开线花键》（以下简称渐开线花键）主要特点如下：

1. 代替了三角花键标准

标准中 45°压力角花键的内容，包括了三角花键标准的全部内容，有些项目更为完善，便于设计和制造质量可靠的三角花键。

2. 内容全面、适用范围广

标准规定子 15 种模数、4 种基本齿廓、3 种压力角、4 个公差等级、6 种齿侧配合、4 种检验方法，齿数范围为 10～100（允许向两端延伸），可以满足各机械行业产品要求。

3. 未单独规定定心方式

因渐开线花键有自动定心特性，没必要单独规定其他定心方式（如大径定心、小径定心、分度圆的同心圆定心等）。否则，会影响它的自动定心作用，影响承载能力。对于特殊要求采用其他定心方式的传动，可在构件设计时考虑。

4. 规定了“齿形裕度 C_F”

为保证齿形配合和工作时不干涉，规定了齿形裕度 C_F 值。

5. 规定了“作用尺寸”

对花键副齿侧配合侧隙、内花键齿槽宽和外花键齿厚，除规定了实际尺寸极限值外，还规定了作用尺寸极限值。保证了产品设计时选定的配合性质和精度，以及互换性要求。

6. 对 45°压力角内花键齿形，允许为直线

对 45°压力角的内花键齿形，允许加工成直线齿形，以便于花键加工和拉刀制造。理论分析和长期使用实践表明，这种齿形的花键，有足够的可靠性，可以保证产品质量。

7. 给出齿圈径向跳动公差 F_r

齿圈径向跳动是花键在一转范围内，测头在齿槽或键齿上于分度圆附近双面接触时，测头相对于回转轴线的最大变动量。可见该项误差不影响花键配合，所以国际标准未作规定。为便于产品设计，国标给出了齿圈径向跳动公差 F_r，供参照选用。

8. 有利于少切削和无屑加工

标准中规定了 37.5°、45°压力角花键。加工这些花键的切削量比 30°压力角花键少；还便于采用无屑加工（冷挤压、冷打、冷轧等工艺方法加工）。

9. 并列给出尺寸、公差值和计算式

标准中给出了常用规格花键设计所需的各项尺寸和公差值，供设计人员选择；并且给出了相应的计算式，便于非常用规格花键的设计，也便于计算机设计。

7.2.3.1　圆柱直齿渐开线花键基本参数

基本参数为模数 m 和标准压力角 α_D。

1）模数 m 为 15 种，分为两个系列，见表 7-17。

2）标准压力角 α_D 有 30°、37.5°、45°三种，基本齿廓为齿形角。

表 7-17　渐开线花键模数 m（摘自 GB/T 3478.1—2008）　（单位：mm）

0.25	0.5	(0.75)	1	(1.25)	1.5	(1.75)	2
2.5		3	(4)	5	(6)	(8)	10

注：1. 括号内为第二系列，优先采用第一系列。
2. 30°、37.5°压力角花键无 $m=0.25$mm；45°压力角模数范围 0.25~2.5mm。

7.2.3.2　参数选择

选用模数时，应注意以下几点：

从表 7-17 中应优先选用第 1 系列的模数。

对于结合长度相同、材料和热处理相同的渐开线花键，在分度圆直径相同时，模数大小对花键的承载能力影响不大。选用模数时，应考虑传动结构的几何尺寸、允许空间、载荷大小以及公差等级等因素的影响。如果花键所受载荷较大、公差等级较低时，应选用较大模数。不同模数应用的范围大体如下：

0.25~1.75 的小模数，通常用在结构紧凑、传递载荷不很大的传动机构上。如轿车、微型汽车变速器各挡轴、航空发动机附件传动机构、调节与锁紧机构等。

2~4 的中模数，通常用于结构紧凑、传递载荷较大（甚至很大）的传动机构上。如载货汽车的传动轴、半轴、变速器各挡传动轴；航空减速器传动轴、发动机螺旋桨轴等。

5~10 的大模数，主要用于结构尺寸不受限制的大载荷传动机构上。如内燃机车变速器传动轴、工程机械和矿山机械传动机构等。

选用压力角时，应注意以下几点：

对于渐开线花键，压力角大，键齿弯曲强度大。但传递转矩相同时，键齿表面正压力也大、摩擦力大，耐磨性能和滑动性能差，但便于无屑加工。

应考虑传动构件有无滑动、配合性质、工艺方法等因素，同时要考虑耐磨性。

30°压力角的花键，目前应用很广泛。它不仅适用于传递转矩（动力），而且适用于传递运动；还可用于固定联结、浮动联结和滑动联结。另外也可用于操纵机构和锁紧机构。如汽车和拖拉机变速器各挡传动轴、汽车传动轴和半轴、航空发动机螺旋桨轴、附件传动机构传动轴、航空减速器各传动轴、铝镁箱体上的螺柱锁紧标准件等。

37.5°压力角的花键，适用于冷成型的无屑加工。其应用范围在 30°和 45°压力角花键之间。

45°压力角的花键，由于键齿矮、压力角大，对零件切削材料少，因此适用于薄壁零件联结无屑加工（冷轧、冷挤压、冷打等工艺方法）。通常用于精度不高的固定联结，如汽车转向轴、发动机的操纵轴、调节机构等。

7.2.3.3　基本齿廓

1）标准中按 3 种齿形角、2 种齿根形状，规定了 4 种基本齿廓，见图 7-10，参数见表 7-18。

渐开线花键的基本齿廓是指基本齿条的法向齿廓，是确定渐开线花键尺寸的依据。

基准是贯穿基本齿廓的一条直线，是确定基本齿廓尺寸的基准，在基准线上齿槽宽与齿厚相等。

所有基本齿廓的齿形裕度 C_F 值相等，均为 $0.1m$。

2）在齿形角确定后，基本齿廓也就确定了。只是对 30°齿形角的基本齿廓，需按传动载荷的大小、结构状况等情况，选平齿根或圆齿根的基本齿廓。

30°平齿根应用得最广泛。对一般传动，30°平齿根花键强度足够，而且刀具制造容易、经济。

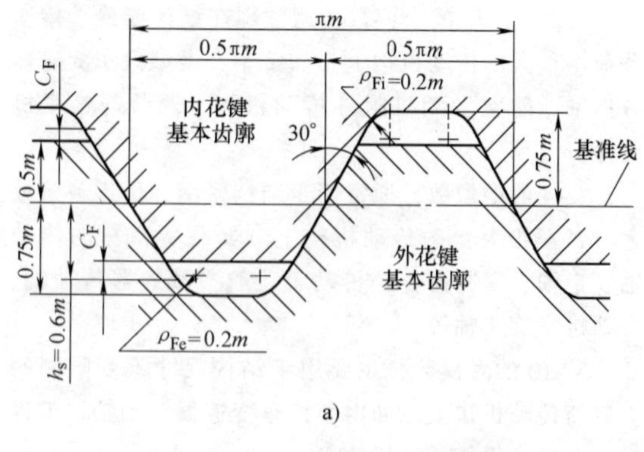

a)

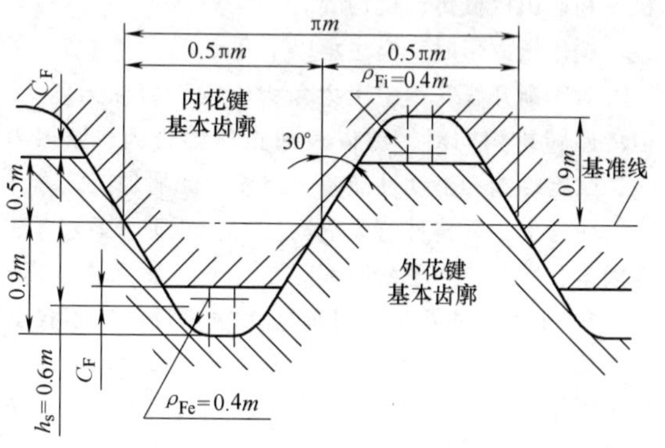

b)

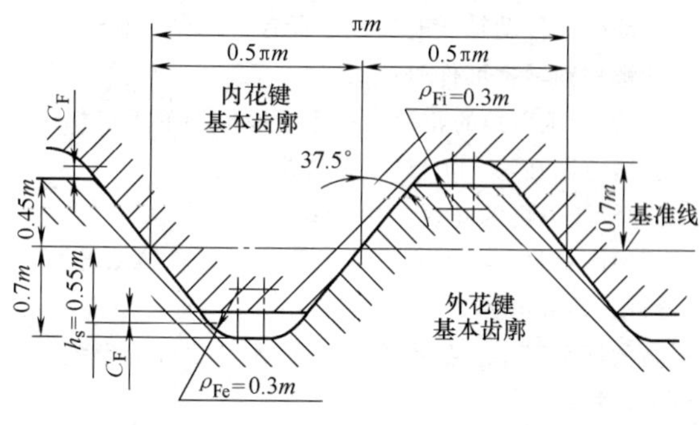

c)

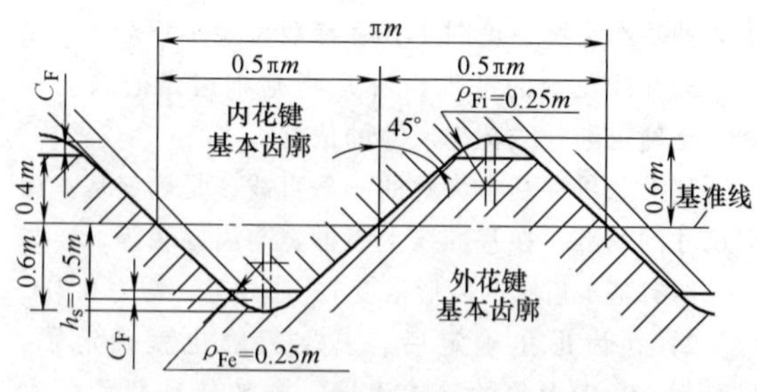

d)

图 7-10　基本齿廓

a）30°平齿根　b）30°圆齿根

c）37.5°圆齿根　d）45°圆齿根

表 7-18　基本齿廓参数（GB/T 3478.1—2008）

参数项目	基本齿廓			
	30°平齿根	30°圆齿根	37.5°圆齿根	45°圆齿根
齿顶高	0.5m	0.5m	0.45m	0.4m
工作齿高	1.0m	1.0m	0.9m	0.8m
径向间隙	0.25m	0.4m	0.25m	0.2m
齿形裕度	0.1m	0.1m	0.1m	0.1m
齿根圆弧半径	0.20m	0.4m	0.3m	0.25m

30°圆齿根比平齿根弯曲强度（齿根应力集中小），承载能力大。但刀具制造困难。通常适用大载荷的传动轴。如航空发动机螺旋桨轴、减速器主传动轴等。

37.5°和45°圆齿根的内花键允许采用平齿根，以便于拉削制造。此时，大径尺寸最小值应大于渐开线终止圆直径。

3）尺寸计算公式。

花键尺寸计算公式见表 7-19。其中，外花键渐开线起始圆直径 D_{Femax} 计算公式，按齿条形刀具加工原理推导如下（见图 7-11）：

$$D_{\text{Femax}}=2\times\overline{OB}=2\times\sqrt{\overline{OA}^2+\overline{AB}^2}$$

$$=2\times\sqrt{(0.5D_{\text{b}})^2+(\overline{AP}-\overline{BP})^2}$$

$$=2\times\sqrt{(0.5D_{\text{b}})^2+\left(0.5D\sin\alpha_{\text{D}}-\frac{\overline{PC}}{\sin\alpha_{\text{D}}}\right)^2}$$

$$=2\times\sqrt{(0.5D_{\text{b}})^2+\left(0.5D\cdot\sin\alpha_{\text{D}}-\frac{h_{\text{s}}-\dfrac{0.5es_{\text{V}}}{\tan\alpha_{\text{D}}}}{\sin\alpha_{\text{D}}}\right)^2}$$

式中　D_{b}——基圆直径（mm）；

D——分度圆直径（mm）；

α_{D}——标准压力角（°）；

es_{V}——外花键作用齿厚的上极限偏差（mm）。

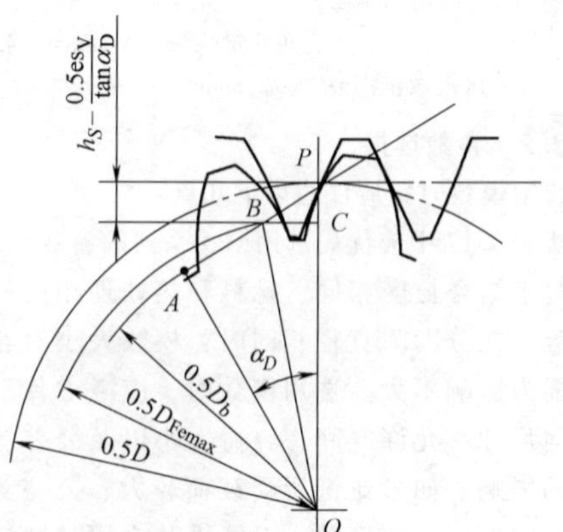

图 7-11　外花键渐开线起始圆直径

7.2.3.4　渐开线花键的几何尺寸计算（见表 7-19）

表 7-19　渐开线花键的几何尺寸计算

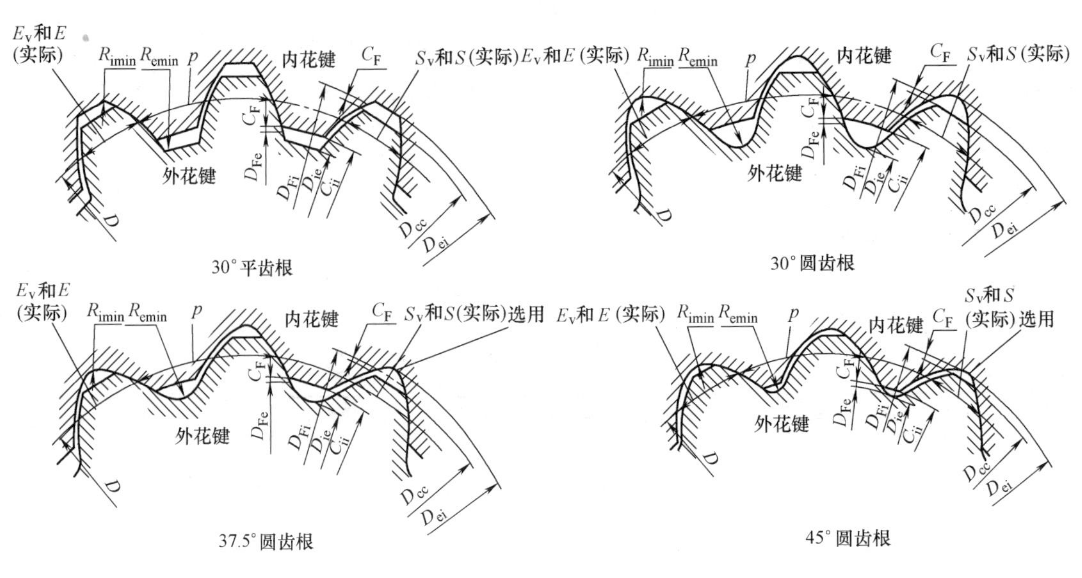

项　　目	代号	公式或说明
分度圆直径	D	$D=mz$
基圆直径	D_b	$D_b=mz\cos\alpha_D$
齿距	p	$p=\pi m$
内花键大径基本尺寸		
30°平齿根	D_{ei}	$D_{ei}=m(z+1.5)$
30°圆齿根	D_{ei}	$D_{ei}=m(z+1.8)$
37.5°圆齿根[①]	D_{ei}	$D_{ei}=m(z+1.4)$
45°圆齿根[②]	D_{ei}	$D_{ei}=m(z+1.2)$
内花键大径下极限偏差		0
内花键大径公差		从 IT12、IT13 或 IT14 选取
内花键渐开线终止圆直径最小值		
30°平齿根和圆齿根	D_{Fimin}	$D_{Fimin}=m(z+1)+2C_F$
37.5°圆齿根	D_{Fmin}	$D_{Fmin}=m(z+0.9)+2C_F$
45°圆齿根	D_{Fimin}	$D_{Fimin}=m(z+0.8)+2C_F$
内花键小径基本尺寸[③]	D_{ii}	$D_{ii}=D_{Feimax}+2C_F$
基本齿槽宽（内花键分度圆上弧齿槽宽）	E	$E=0.5\pi m$
作用齿槽宽（理想全齿外花键分度圆上弦齿厚）	E_V	
作用齿槽宽最小值	E_{Vmin}	$E_{Vmin}=0.5\pi m$
实际齿槽宽最大值（实测单个齿槽弧齿宽）	E_{max}	$E_{max}=E_{Vmin}+(T+\lambda)$
实际齿槽宽最小值	E_{min}	$E_{min}=E_{Vmin}+\lambda$
作用齿槽宽最大值	E_{Vmax}	$E_{Vmax}=E_{max}-\lambda$
外花键大径基本尺寸		
30°平齿根和圆齿根	D_{ee}	$D_{ee}=m(z+1)$
37.5°圆齿根	D_{ee}	$D_{ee}=m(z+0.9)$
45°圆齿根	D_{ee}	$D_{ee}=m(z+0.8)$
外花键渐开线起始圆直径最大值[④]	D_{Femax}	$D_{Femax}=2\sqrt{(0.5D_b)^2+\left(0.5D\sin\alpha_D-\dfrac{h_s-\dfrac{0.5es_V}{\tan\alpha_D}}{\sin\alpha_D}\right)^2}$ 式中 $h_s=0.6m$
外花键小径基本尺寸		
30°平齿根	D_{ie}	$D_{ie}=m(z-1.5)$
30°圆齿根	D_{ie}	$D_{ie}=m(z-1.8)$

（续）

项　　目	代号	公式或说明
37.5°圆齿根	D_{ie}	$D_{ie}=m(z-1.4)$
45°圆齿根	D_{ie}	$D_{ie}=m(z-1.2)$
外花键小径公差		从 IT12、IT13 和 IT14 中选取
基本齿厚(外花键分度圆上弧齿厚)	S	$S=0.5\pi m$
作用齿厚最大值	S_{Vmax}	$S_{Vmax}=S+es_V$
实际齿厚最小值	S_{min}	$S_{min}=S_{Vmax}-(T+\lambda)$
实际齿厚最大值	S_{max}	$S_{max}=S_{Vmax}-\lambda$
作用齿厚最小值	S_{Vmin}	$S_{Vmin}=S_{min}+\lambda$
齿形裕度⑤	C_F	$C_F=0.1m$
内、外花键齿根圆弧最小曲率半径	R_{imin} R_{emin}	
30°平齿根		$R_{imin}=R_{emin}=0.2m$
30°圆齿根		$R_{imin}=R_{emin}=0.4m$
37.5°圆齿根		$R_{imin}=R_{emin}=0.3m$
45°圆齿根		$R_{imin}=R_{emin}=0.25m$

注：内花键基准齿形的齿根圆角半径 ρ_{Fi} 和外花键基准齿形的齿根圆角半径 ρ_{Fe} 均为定值。工作中允许平齿根和圆齿根的基准齿形在内、外花键上混合使用。

①、② 35°和 45°圆齿根内花键允许选用平齿根，此时，内花键大径基本尺寸 D_{ei} 应大于内花键渐开线终止圆直径最小值 D_{Fimin}。

③ 对所有内花键齿侧配合类别，均按 H/h 配合类别取 D_{Femax} 值。

④ 表中公式是按齿条形刀具加工原理推导的。

⑤ 对基准齿形，齿形裕度 C_F 均等于 0.1m；对花键，除 H/h 配合类别外，其他各种配合类别的齿形裕度均有变化。m 为模数。

7.2.3.5　渐开线花键公差与配合

（1）渐开线花键公差　渐开线花键的公差等级是指齿槽宽与齿厚及其有关参数，即齿距累积误差、齿形误差和齿向误差的公差等级，公差等级按总公差（$T+\lambda$）的大小划分。按 GB 3478.1—2008，对 30°压力角渐开线花键，规定了 4、5、6、7 四个公差等级；对 45°压力角渐开线花键，规定了 6、7 两个公差等级，对于 4、5 级，通常需磨削加工；对 6、7 级，只需滚齿、插齿或拉削加工。有关渐开线花键公差见表 7-20～表 7-25。

表 7-20　渐开线花键公差计算　（单位：μm）

公差等级	齿槽宽和齿厚的总公差 $(T+\lambda)$	综合公差 λ	齿距累积公差 F_P	齿形公差 f_f	齿向公差 F_β
4	$10i^{①}+40i^{②}$		$2.5\sqrt{L}+6.3$	$1.6\varphi_f+10$	$0.8\sqrt{g}+4$
5	$16i^{①}+64i^{②}$	$\lambda=0.6$	$3.55\sqrt{L}+9$	$2.5\varphi_f+16$	$1.0\sqrt{g}+5$
6	$25i^{①}+100i^{②}$	$\sqrt{(F_P)^2+(f_f)^2+(F_\beta)^2}$	$5\sqrt{L}+12.5$	$4\varphi_f+25$	$1.25\sqrt{g}+6.3$
7	$40i^{①}+160i^{②}$		$7.1\sqrt{L}+18$	$6.3\varphi_f+40$	$2.0\sqrt{g}+10$
说明	L—分度圆周长之半（mm），即 $L=\pi mz/2$；φ_f—公差因数，$\varphi_f=m+0.0125D$（mm）；g—花键长度（mm）				

注：加工公差 T 为总公差（$T+\lambda$）与综合公差 λ 之差，即（$T+\lambda$）$-\lambda$。

① 以分度圆直径 D 为基础的公差，其公差单位 i 计算如下：

当 $D\leqslant 500$mm 时，$i^{①}=0.45\sqrt[3]{D}+0.001D$；当 $D>500$mm 时，$i^{①}=0.004D+2.1$。

② 以基本齿槽宽 E 或基本齿厚 S 为基础的公差，其公差单位 i 计算如下：

$i^{②}=0.45\sqrt[3]{E}+0.001E$ 或 $i^{②}=0.45\sqrt[3]{S}+0.001S$

式中，D、E 和 S 的单位为 mm。

表 7-21　总公差（$T+\lambda$）、综合公差 λ、齿距累积公差 F_p 和齿形公差 f_f　（单位：μm）

z	公差等级 4				5				6				7			
	$T+\lambda$	λ	F_p	f_f	$T+\lambda$	λ	F_p	f_f	$T+\lambda$	λ	F_p	f_f	$T+\lambda$	λ	F_p	f_f
$m=1$mm																
11	31	13	17	12	50	19	24	19	78	27	33	30	124	41	48	47
12	31	13	17	12	50	19	24	19	79	28	34	30	126	42	49	47

（续）

z	公差等级															
	4				5				6				7			
	$T+\lambda$	λ	F_p	f_f	$T+\lambda$	λ	F_p	f_f	$T+\lambda$	λ	F_p	f_f	$T+\lambda$	λ	F_p	f_f
$m=1$mm																
13	32	13	18	12	51	19	25	19	78	28	35	30	127	42	50	47
14	32	13	18	12	51	20	26	19	80	29	36	30	128	43	51	47
15	32	14	18	12	52	20	26	19	81	29	37	30	129	43	52	47
16	32	14	19	12	52	20	27	19	81	29	38	30	130	44	54	48
17	33	14	19	12	52	20	27	19	82	30	38	30	131	45	55	48
18	33	14	20	12	53	21	28	19	82	30	39	30	132	45	56	48
19	33	14	20	12	53	21	28	19	83	31	40	30	133	46	57	48
20	33	15	20	12	53	21	29	19	84	31	41	30	134	46	58	48
21	34	15	21	12	54	21	29	19	84	31	41	30	134	47	59	48
22	34	15	21	12	54	22	30	19	85	32	42	30	135	47	60	48
23	34	15	21	12	54	22	30	19	85	32	43	30	136	48	61	48
24	34	15	22	12	55	22	31	19	86	32	43	30	137	48	62	48
35	34	16	22	12	55	22	31	19	86	33	44	30	138	48	62	48
26	35	16	22	12	55	23	32	19	86	33	44	30	138	49	63	48
27	35	16	23	12	56	23	32	19	87	33	45	30	139	49	64	48
28	35	16	23	12	56	23	33	19	87	34	46	30	140	50	65	48
29	35	16	23	12	56	23	33	19	88	34	46	30	140	50	66	49
30	35	16	23	12	56	24	33	19	88	34	47	30	141	51	67	49
31	35	17	24	12	57	24	34	19	89	34	47	31	142	51	68	49
32	36	17	24	12	57	24	34	20	89	35	48	31	142	52	68	49
33	36	17	24	12	57	24	35	20	89	35	48	31	143	52	69	49
34	36	17	25	12	57	24	35	20	90	35	49	31	144	52	70	49
35	36	17	25	12	58	25	35	20	90	36	50	31	144	53	71	49
36	36	17	25	12	58	25	36	20	91	36	50	31	145	53	71	49
37	36	18	25	12	58	25	36	20	91	36	51	31	145	54	72	49
38	36	18	26	12	58	25	36	20	91	37	51	31	146	54	73	49
39	37	18	26	12	59	25	37	20	92	37	52	31	147	54	74	49
40	37	18	26	12	59	26	37	20	92	37	52	31	147	55	74	49
$m=2$mm																
11	39	16	21	14	63	23	30	22	98	33	42	34	157	49	60	54
12	40	16	22	14	64	23	31	22	99	34	43	34	159	50	62	54
13	40	16	22	14	64	23	32	22	100	34	44	34	160	51	63	55
14	40	17	23	14	65	24	33	22	101	35	46	34	162	52	65	55
15	41	17	23	14	65	24	33	22	102	3	47	34	163	53	67	55
16	41	17	24	14	66	25	34	22	103	36	48	35	164	54	68	55
17	41	17	25	14	66	25	35	22	104	37	49	35	166	55	70	55
18	42	18	25	14	67	26	36	22	104	37	50	35	167	55	71	55
19	42	18	26	14	67	26	36	22	105	38	51	35	168	56	73	56
20	42	18	26	14	68	26	37	22	106	38	52	35	169	57	74	56
21	43	19	27	14	68	27	38	22	106	39	53	35	170	58	76	56
22	43	19	27	14	69	27	39	22	107	39	54	35	171	58	77	56
23	43	19	28	14	69	28	39	22	108	40	55	35	172	59	78	56
24	43	19	28	14	69	28	40	23	108	40	56	35	173	60	80	56
25	44	20	28	14	70	28	40	23	109	41	57	35	174	60	81	57
26	44	20	29	14	70	19	41	23	110	41	58	36	175	61	82	57
27	44	20	29	14	70	29	42	23	110	42	59	36	476	62	83	57
28	44	20	30	14	71	29	42	23	111	42	59	36	177	62	85	57
29	44	21	30	14	71	30	43	23	111	43	60	36	178	63	86	57
30	45	21	31	14	72	30	43	23	112	43	61	36	179	64	87	57
31	45	21	31	14	72	30	44	23	112	44	62	36	180	64	88	57

（续）

z	公差等级															
	4				5				6				7			
	$T+\lambda$	λ	F_p	f_f	$T+\lambda$	λ	F_p	f_f	$T+\lambda$	λ	F_p	f_f	$T+\lambda$	λ	F_p	f_f
$m=2$mm																
32	45	21	31	14	72	31	45	23	113	44	63	36	181	65	89	58
33	45	22	32	15	73	31	45	23	113	45	63	36	181	66	90	58
34	46	22	32	15	73	31	46	23	114	45	64	36	182	66	91	58
35	46	22	33	15	73	31	46	23	114	45	65	36	183	67	92	58
36	46	22	33	15	73	32	47	23	115	46	66	37	184	67	94	58
37	46	22	33	15	74	32	47	23	115	46	66	37	184	68	95	58
38	46	23	34	15	74	32	48	23	116	47	67	37	185	69	96	59
39	46	23	34	15	74	33	48	23	116	47	68	37	186	69	97	59
40	47	23	34	15	75	33	49	23	117	48	69	37	187	70	98	59
$m=2.5$mm																
11	42	17	23	15	68	24	32	23	106	35	45	36	170	53	65	58
12	43	17	23	15	69	25	33	23	107	36	47	37	171	54	67	58
13	43	17	24	15	69	25	34	23	108	37	48	37	173	55	69	58
14	44	18	25	15	70	26	35	23	109	38	50	37	174	56	71	59
15	44	18	25	15	70	26	36	23	110	38	51	37	176	57	72	59
16	44	19	26	15	71	27	37	23	111	39	52	37	177	58	74	59
17	45	19	27	15	71	27	38	24	112	40	53	37	179	59	76	59
18	45	19	27	15	72	28	39	24	112	40	55	37	180	60	78	59
19	45	20	28	15	72	28	40	24	113	41	56	37	181	61	79	59
20	46	20	28	15	73	29	40	24	114	42	57	37	182	62	81	60
21	46	20	29	15	73	28	41	24	115	42	58	38	184	62	82	60
22	46	21	30	15	74	29	42	24	115	43	59	38	185	63	84	60
23	46	21	30	15	74	30	43	24	116	43	60	38	186	64	85	60
24	47	21	31	15	75	30	43	24	117	44	61	38	187	65	87	60
25	47	21	31	15	75	31	44	24	118	44	62	38	188	66	88	61
26	47	22	32	15	76	31	45	24	118	45	63	38	189	66	90	61
27	48	22	32	15	76	31	46	24	119	45	64	38	190	67	91	61
28	48	22	33	15	76	32	46	24	119	46	65	39	191	68	92	61
29	48	22	33	15	77	32	47	25	120	47	66	39	192	69	94	61
30	48	23	33	15	77	33	48	25	121	47	67	39	193	69	95	62
31	49	23	34	16	78	33	48	25	121	48	68	39	194	70	96	62
32	49	23	34	16	78	33	49	25	122	48	69	39	195	71	98	62
33	49	24	35	16	78	34	49	25	122	49	69	39	196	71	99	62
34	49	24	35	16	79	34	50	25	123	49	70	39	197	72	100	62
35	49	24	36	16	79	34	51	25	123	50	71	39	198	73	101	63
36	50	24	36	16	79	35	51	25	124	50	72	39	198	73	102	63
37	50	25	36	16	80	35	52	25	125	51	73	40	199	74	104	63
38	50	25	37	16	80	35	52	25	125	51	74	40	200	75	105	63
39	50	25	37	16	80	36	53	25	126	51	74	40	201	75	106	63
40	50	25	38	16	81	36	53	25	126	52	75	40	202	76	107	64
$m=3$mm																
11	45	18	24	15	72	26	35	25	113	38	48	39	181	57	69	61
12	46	18	25	16	73	26	36	25	114	39	50	39	182	58	71	62
13	46	19	26	16	74	27	37	25	115	39	52	39	184	59	74	62
14	46	19	27	16	74	28	38	25	116	40	53	39	186	60	76	62
15	47	19	27	16	75	28	39	25	117	41	55	39	187	61	78	62
16	47	20	28	16	76	29	40	25	118	42	56	39	189	62	80	63
17	48	20	29	16	76	29	41	25	119	42	57	40	190	63	82	63
18	48	21	29	16	77	30	42	25	120	43	59	40	192	64	83	63
19	48	21	30	16	77	30	43	25	121	44	60	40	194	66	85	63

（续）

z	公差等级															
	4				5				6				7			
	$T+\lambda$	λ	F_p	f_f	$T+\lambda$	λ	F_p	f_f	$T+\lambda$	λ	F_p	f_f	$T+\lambda$	λ	F_p	f_f
$m=3$mm																
20	49	21	31	16	78	31	44	25	121	44	61	40	194	66	87	64
21	49	22	31	16	78	31	44	25	122	45	62	40	196	67	89	64
22	49	22	32	16	79	32	45	26	123	46	63	40	197	68	90	64
23	50	22	32	16	79	32	46	26	124	46	65	40	198	69	92	64
24	50	23	33	16	80	32	47	26	125	47	66	41	199	69	93	65
25	50	23	33	16	80	33	48	26	125	48	67	41	200	70	95	65
26	50	23	34	16	81	33	48	26	126	48	68	41	201	71	97	65
27	51	24	34	16	81	34	49	26	127	49	69	41	203	72	98	65
28	51	24	35	16	81	34	50	26	127	49	70	41	204	73	100	66
29	51	24	36	17	82	35	50	26	128	50	71	41	205	74	101	66
30	51	24	36	17	82	35	51	26	129	51	72	41	206	74	102	66
31	52	25	37	17	83	35	52	26	129	51	73	42	207	75	104	66
32	52	25	37	17	83	36	53	27	130	52	74	42	208	76	105	66
33	52	25	37	17	83	36	53	27	130	52	75	42	209	77	107	67
34	52	26	38	17	94	37	54	27	131	53	76	42	210	78	108	67
35	53	26	38	17	84	37	55	27	132	53	77	42	210	78	109	67
36	53	26	39	17	85	37	55	27	132	54	78	42	211	79	110	67
37	53	26	39	17	85	38	56	27	133	54	79	42	212	80	112	68
38	53	27	40	17	85	38	57	27	133	55	79	43	213	81	113	68
39	54	27	40	17	86	38	57	27	134	55	80	43	214	81	114	68
40	54	27	41	17	86	39	58	27	134	56	81	43	215	82	115	68
$m=5$mm																
11	54	22	30	19	86	31	42	30	134	46	59	48	215	69	84	76
12	54	22	31	19	87	32	43	30	136	47	61	48	217	70	87	76
13	55	23	32	19	88	33	45	30	137	48	63	48	219	72	90	77
14	55	23	33	19	89	34	46	31	138	49	65	48	221	73	92	77
15	56	24	33	20	89	34	48	31	140	50	67	49	223	75	95	77
16	56	24	34	20	90	35	49	31	141	51	68	49	225	76	98	78
17	57	25	35	20	91	36	50	31	142	52	70	49	227	77	100	78
18	57	25	36	20	91	36	51	31	143	53	72	50	229	79	102	78
19	58	26	37	20	92	37	52	31	144	54	74	50	230	80	105	79
20	58	26	38	20	93	38	53	32	145	55	75	50	232	81	107	79
21	58	27	38	20	93	38	54	32	146	56	77	50	233	82	109	80
22	59	27	39	20	94	39	56	32	147	57	78	50	235	84	111	80
23	59	28	40	20	95	39	57	32	148	57	80	51	237	85	113	80
24	59	28	41	20	95	40	58	32	149	58	81	51	238	86	115	81
25	60	28	41	20	96	41	59	32	150	59	82	51	239	87	117	81
26	60	29	42	21	96	41	60	32	150	60	84	52	241	88	119	82
27	61	29	43	21	97	42	61	33	151	61	85	52	242	89	121	82
28	61	30	43	21	97	42	62	33	152	61	87	52	243	90	123	82
29	61	30	44	21	98	43	63	33	153	62	88	52	245	92	125	83
30	61	30	45	21	98	43	63	33	154	63	89	52	246	93	127	83
31	62	31	45	21	99	44	64	33	155	64	90	53	247	94	129	84
32	62	31	46	21	99	44	65	34	155	64	92	53	248	95	130	84
33	62	31	46	21	100	45	66	34	156	65	93	53	250	96	132	84
34	63	32	47	21	100	45	67	34	157	66	94	54	251	97	134	85
35	63	32	48	22	101	46	68	34	158	67	95	54	252	98	136	85
36	63	33	48	22	101	46	69	34	158	67	96	54	253	99	137	86
37	64	33	49	22	102	47	70	34	159	68	98	54	254	100	139	86
38	64	33	49	22	102	47	70	34	160	69	99	54	255	101	141	86

（续）

z	公差等级															
	4				5				6				7			
	$T+\lambda$	λ	F_p	f_f	$T+\lambda$	λ	F_p	f_f	$T+\lambda$	λ	F_p	f_f	$T+\lambda$	λ	F_p	f_f
$m=5$mm																
39	64	37	50	22	103	48	71	34	160	69	100	55	257	102	142	87
40	64	34	51	22	103	48	72	35	161	70	101	55	258	103	144	87

注：当齿数 z 超出表中值时，上述公差可用表 7-20 中公式计算。

表 7-22　齿向公差 F_β　（单位：μm）

花键长度 g/mm / 公差等级	≤5	>5~10	>10~15	>15~20	>20~25	>25~30	>30~35	>35~40	>40~45	>45~50	>50~55	>55~60	>60~70	>70~80	>80~90	>90~100
4	6	7	7	8	8	8	9	9	9	10	10	10	11	11	12	12
5	7	8	9	9	10	10	11	11	12	12	12	13	13	14	14	15
6	9	10	11	12	13	13	14	14	15	15	16	16	17	17	18	19
7	14	16	18	19	20	21	22	23	23	24	25	25	27	28	29	30

注：当花键长度 g(mm) 不为表中数值时，可按表 7-19 中公式计算。

表 7-23　内花键小径 D_{ii} 极限偏差和外花键大径 D_{ee} 公差

直径 D_{ii} 和 D_{ee} /mm	内花键小径 D_{ii} 极限偏差/μm			外花键大径 D_{ee} 公差/μm		
	模数 m/mm					
	0.25~0.75	1~1.75	2~10	0.25~0.75	1~1.75	2~10
	H10	H11	H12	IT10	IT11	IT12
≤6	+48 0	—	—	48	—	—
>6~10	+58 8	+90 0	—	58	—	—
>10~18	+70 0	+110 0	+180 0	70	110	—
>18~30	+84 0	+130 0	+210 0	84	130	210
>30~50	+100 0	+160 0	+250 0	100	160	250
>50~80	+120 0	+190 0	+300 0	120	190	300
>80~120	—	+220 0	+350 0	—	220	350
>120~180	—	+250 0	+400 0	—	250	400
>180~250	—	—	+460 0	—	—	460
>250~315	—	—	+520 0	—	—	520
>315~400	—	—	+570 0	—	—	570
>400~500	—	—	+630 0	—	—	630
>500~630	—	—	+700 0	—	—	700
>630~800	—	—	+800 0	—	—	800
>800~1000	—	—	+900 0	—	—	900

注：若花键尺寸超出表中数值时，按 GB/T 1800—2009《公差与配合》取值。

表 7-24　作用齿槽宽 E_V 下极限偏差和作用齿厚 S_V 上极限偏差　（单位：μm）

分度圆直径 D /mm	基本偏差						
	H	d	e	f	h	js	k
	作用齿槽宽 E_V 下极限偏差	作用齿厚 S_V 上极限偏差 es_V					
≤6	0	-30	-20	-10	0	$+\frac{(T+\lambda)}{2}$	$+(T+\lambda)$
>6~10	0	-40	-25	-13	0		
>10~18	0	-50	-32	-16	0		
>18~30	0	-65	-40	-20	0		
>30~50	0	-80	-50	-25	0		
>50~80	0	-100	-60	-30	0		
>80~120	0	-120	-72	-36	0		
>120~180	0	-145	-85	-43	0		
>180~250	0	170	-100	-50	0		
>250~315	0	-190	-110	-56	0		
>315~400	0	-210	-125	-62	0		
>400~500	0	-230	-135	-68	0		
>500~630	0	-260	-145	-76	0		
>630~800	0	-290	-160	-80	0		
>800~1000	0	-320	-170	-86	0		

注：1. 当表中的作用齿厚上极限偏差 es_V 值不能满足需要时，对 30°压力角花键允许采用 GB/T 1800—2009《公差与配合总论标准公差与基本偏差》中的基本偏差 c 或 b；对 45°压力角花键，允许采用 e 或 d。

2. 总公差（$T+\lambda$）的数值见表 7-20。

表 7-25　外花键小径 D_{ie} 和大径 D_{ee} 的上极限偏差 $es_V/\tan\alpha_D$

分度圆直径 D /mm	标准压力角 α_D						
	30°	30°	30°	45°	30°和 45°	30°	30°和 45°
	d	e	f		h	js	k
	$es_V/\tan\alpha_D$/μm						
≤6	-52	-35	-17	-10	0	$+(T+\lambda)/2\tan\alpha_D$ ①	$+(T+\lambda)/\tan\alpha_D$ ①
>6~10	-69	-43	-12	-13	0		
>10~18	-87	-55	-28	-16	0		
>18~30	-113	-69	-35	-20	0		
>30~50	-139	-87	-43	-25	0		
>50~80	-173	-104	-52	-30	0		
>80~120	-208	-125	-62	-36	0		
>120~180	-251	-147	-74	-43	0		
>180~250	-294	-173	-87	-50	0		
>250~315	-329	-191	-97	-56	0		
>315~400	-364	-217	-107	-62	0		
>400~500	-398	-234	-118	-68	0		
>500~630	-450	-251	-132	-76	0		
>630~800	-502	-277	-139	-80	0		
>800~1000	-554	-294	-149	-86	0		

① 对于大径，取值为零。

（2）渐开线花键齿侧配合　渐开线花键连接，键齿侧面既起驱动作用，又有自动定心作用。齿侧配合采用基孔制，用改变外花键作用齿厚上偏差的方法实现不同的配合。齿侧配合的公差带分布见图 7-12。齿侧配合的性质取决于最小作用侧隙，与公差等级无关（配合类别 H/k 和 H/js 除外）。在连接中允许不同公差等级的内、外花键相互配合。表 7-26 列出渐开线花键参数示例。

按 GB/T 3478.1—2008，对 $\alpha_D=30°$ 渐开线花键连接，规定六种齿侧配合类别：H/k、H/js、H/h、H/f、H/e 和 H/d；对 $\alpha_D=45°$ 渐开线花键连接，规定三种齿侧配合类别：H/k、H/h 和 H/f。

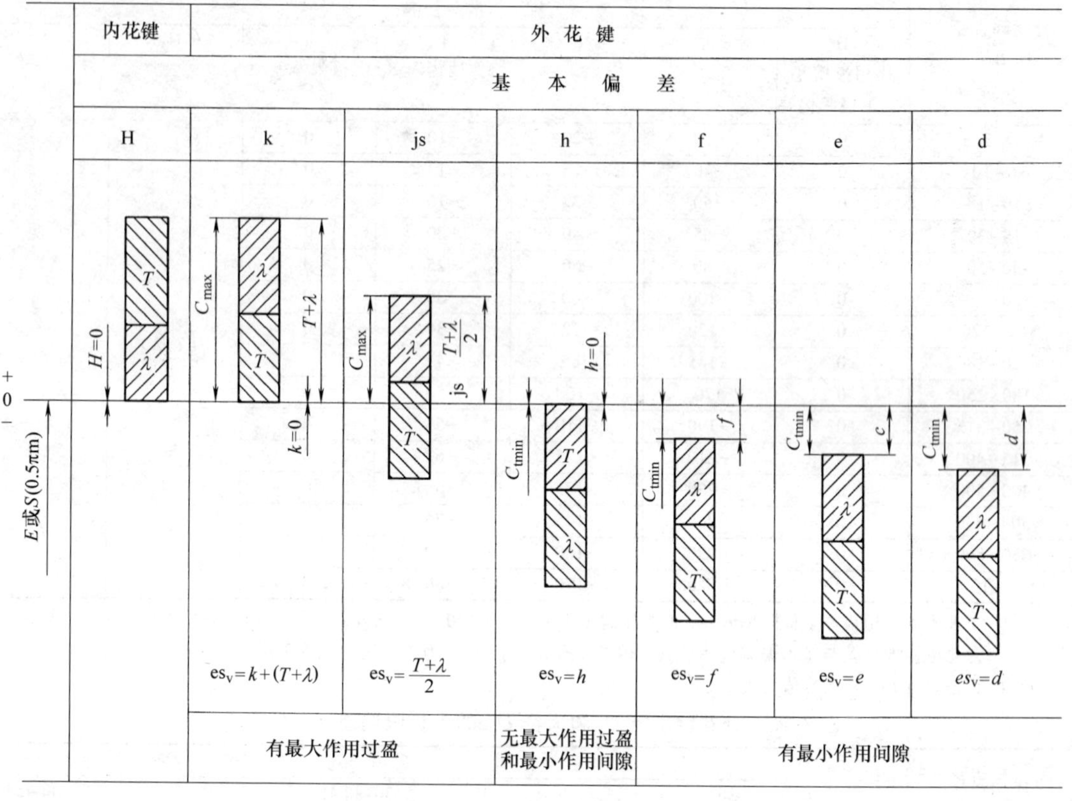

图 7-12　齿侧配合公差带分布

表 7-26　渐开线花键参数示例　（单位：mm）

内花键参数			外花键参数		
齿数	z	24	齿数	z	24
模数	m	2.5	模数	m	2.5
压力角	α_D	30°	压力角	α_D	30°
公差等级和配合类别	5H	5H(GB/T 3478.1—2008)	公差等级和配合类别	5h	5h(GB/T 3478.1—2008)
大径	D_{ei}	$63.75^{+0.30}_{0}$	大径	D_{ee}	$62.50^{0}_{-0.30}$
渐开线终止圆直径最小值	D_{Fimin}	63	渐开线起始圆直径最大值	D_{Femax}	57.24
小径	D_{ii}	$57.74^{+0.30}_{0}$	小径	D_{ie}	$56.25^{0}_{-0.30}$
实际齿槽宽最大值	E_{max}	4.002	作用齿厚最大值	S_{Vmax}	3.927
作用齿槽宽最小值	E_{Vmin}	3.927	实际齿厚最小值	S_{min}	3.852
实际齿槽宽最小值	E_{min}	3.957	作用齿厚最小值	S_{Vmin}	3.882
作用齿槽宽最大值	E_{Vmax}	3.972	实际齿厚最大值	S_{max}	3.897
齿根圆弧最小曲率半径	R_{imin}	R0.50	齿根圆弧最小曲率半径	R_{emin}	R0.50
齿距累积公差	F_p	0.043	齿距累积公差	F_p	0.043
齿形公差	f_f	0.024	齿形公差	f_f	0.024
齿向公差	F_β	0.010	齿向公差	F_β	0.010

7.2.3.6　渐开线花键参数标注与标记

（1）渐开线花键参数表　在零件图上，应给出制造花键时所需的全部尺寸、公差和参数。列出参数表，表中项目可按需增减，必要时可画出齿形图。

（2）渐开线花键标记方法　在有关图样和技术文件中，需要标记时，应符合如下规定：

内花键：INT

外花键：EXT

花键副：INT/EXT

齿数：z（前面加齿数值）

模数：m（前面加模数值）

30°平齿根：30P

30°圆齿根：30R

45°圆齿根：45

公差等级：4、5、6 或 7（当内、外花键公差等级不同时，见表 7-27 中例 2）

配合类别：H（内花键）

k、js、h、f、e 或 d（外花键）

标准号：GB/T 3478.1—2008

渐开线花键标记示例见表 7-27。

表 7-27　渐开线花键标记示例

示例		标记方法	
例 1	花键副，齿数 24、模数 2.5mm、30°圆齿根、公差等级为 5 级、配合类别为 H/h	花键副	INT/EXT　24z×2.5m×30R×5H/5h　GB/T 3478.1—2008
		内花键	INT　24z×2.5m×30R×5H　GB/T 3478.1—2008
		外花键	EXT　24z×2.5m×30R×5h　GB/T 3478.1—2008
例 2	花键副，齿数 24、模数 2.5mm，内花键为 30°平齿根，公差等级为 6 级、外花键为 30°圆齿根，公差等级为 5 级、配合类别为 H/h	花键副	INT/EXT　24z×2.5m×30P/R×6H/5h　GB/T 3478.1—2008
		内花键	INT　24z×2.5m×30P×6H　GB/T 3478.1—2008
		外花键	EXT　24z×2.5m×30R×5h　GB/T 3478.1—2008
例 3	花键副，齿数 24、模数 2.5mm、45°圆根角，内花键公差等级为 6 级，外花键公差等级为 7 级，配合类别为 H/h	花键副	INT/EXT　24z×2.5m×45ST×6H/7h　GB/T 3478.1—2008
		内花键	INT　24z×2.5m×45×6H　GB/T 3478.1—2008
		外花键	EXT　24z×2.5m×45×7h　GB/T 3478.1—2008

7.2.4　圆锥直齿渐开线花键

7.2.4.1　术语代号和定义

GB/T 18842—2008 标准用于内花键齿形为直线，外花键齿形为渐开线，标准压力角 45°，模数为 0.50～1.50mm，锥度为 1∶15 的圆锥直齿渐开线花键。圆锥直齿渐开线花键专用术语、代号和定义见表 7-28。

7.2.4.2　几何尺寸计算公式（见表 7-29）

表 7-28　圆锥直齿渐开线花键专用术语、代号和定义（摘自 GB/T 18842—2008）

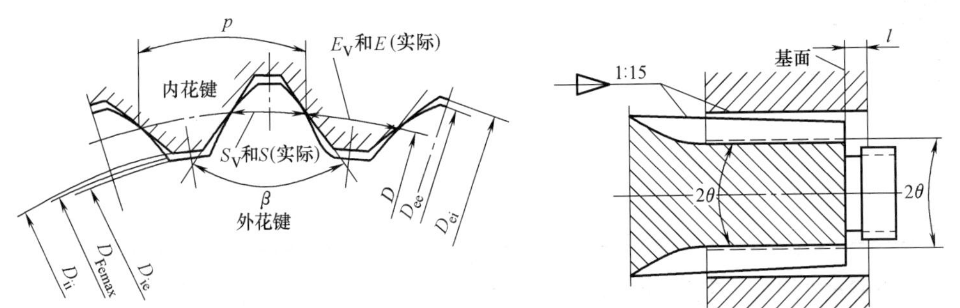

术语	代号	定义
基面		规定花键参数、尺寸及其公差的端平面。基面的位置规定在外花键的小端，并与设计给定的内花键基面重合
圆锥素线		小径圆锥面与花键轴平面的交线
齿槽角	β	内花键同一齿槽两侧齿形所夹的锐角
圆锥素线斜角	θ	内、外花键圆锥素线与花键轴线所夹的锐角
基面距离	l	从基面到内花键小端端面的距离

表 7-29　圆锥直齿渐开线花键几何尺寸计算公式（摘自 GB/T 18842—2008）

项目	代号	公式或说明
模数	m	0.5,0.75,1.00,1.25,1.50
齿数	z	
标准压力角	α_D	45°
分度圆直径	D	mz

（续）

项　目	代号	公式或说明
基圆直径	D_b	$mz\cos\alpha_D$
齿距	p	πm
内花键大径公称尺寸	D_{ei}	$m(z+1.2)$
内花键大径下极限偏差		0
内花键大径公差		从 IT12、IT13 或 IT14 中选取（见 GB/T 1800.4）
内花键小径基本尺寸	D_{ii}	$D_{Femax}+2C_F$（取 D_{Femax} 公式中 $es_V=0$）
内花键小径极限偏差		见表 7-31
基本齿槽宽	E	$0.5\pi m$
作用齿槽宽最小值	E_{Vmin}	$0.5\pi m$
实际齿槽宽最大值	E_{max}	$E_{Vmin}+(T+\lambda)$
实际齿槽宽最小值	E_{min}	$E_{Vmin}+\lambda$
作用齿槽宽最大值	E_{Vmax}	$E_{Vmin}-\lambda$
外花键作用齿厚上极限偏差	es_V	$(T+\lambda)$（按基本偏差 k）
外花键大径公称尺寸	D_{ee}	$m(z+0.8)$
外花键大径极限偏差		见表 7-31
外花键渐开线起始圆直径最大值	D_{Femax}	$2\sqrt{(0.5D_b)^2+\left[0.5D\sin\alpha_D-\dfrac{0.5m-\dfrac{0.5es_V}{\tan\alpha_D}}{\sin\alpha_D}\right]^2}$
外花键小径公称尺寸	D_{ie}	$m(z-1.2)$
外花键小径上极限偏差		$+(T+\lambda)$
外花键小径公差		从 IT12、IT13 或 IT14 中选取
基本齿厚	S	$0.5\pi m$
作用齿厚最大值	S_{Vmax}	$S+es_V$
实际齿厚最小值	S_{min}	$S_{Vmax}-(T+\lambda)$
实际齿厚最大值	S_{max}	$S_{Vmax}-\lambda$
作用齿厚最小值	S_{Vmin}	$S_{min}+\lambda$
齿形裕宽	C_F	$0.1m$
内花键齿槽角	β	$90°-360°E/(\pi D)$
圆锥素线斜角	θ	$\arctan[(z-1.2)/30(z+0.8)]$

7.2.4.3　圆锥直齿渐开线花键尺寸系列（见表 7-30 和表 7-31）

表 7-30　外花键大径公称尺寸 D_{ee}、内圆锥齿槽角 β 和圆锥素线斜角 θ（摘自 GB/T 18842—2008）

（单位：mm）

m	0.50	0.75	1.00	1.25	1.50	内花键齿槽角	内花键圆锥
z	$D_{ee}=m(z+0.8)$					β	素线斜角 θ
32	16.4	24.6	32.8	41.0	49.2	84°22′3″	1°47′34″
34	17.4	26.1	34.8	43.5	52.2	84°42′21″	1°47′58″
36	18.4	27.6	36.8	46.0	55.2	85°	1°48′20″
38	19.4	29.1	38.8	48.5	58.2	85°15′47″	1°48′39″
40	20.4	30.6	40.8	51.0	61.2	85°30′	1°48′56″
44	22.4	33.6	44.8	56.0	67.2	85°54′33″	1°49′26″
48		36.6	48.8	61.0	73.2	86°15′	1°49′51″
52				66.0	79.2	86°32′18″	1°50′13″

注：当表中尺寸不能满足要求时，允许选用不按表中规定的齿数，但必须保持标准中的几何参数关系和公差配合，以便采用标准刀具。此时，相应的公差见 GB/T 3478.1，β 和 θ 值按表 7-28 中公式计算。

表 7-31 圆锥渐开线花键尺寸（摘自 GB/T 18842—2008） （单位：mm）

齿数 z	分度圆直径 D	内花键			内花键			内花键	外花键			外花键		外花键
		大径 D_{ei}	小径 D		齿槽最大宽度		基本距离 l（参考）	大径 D_{ee}		小径 D_{ie}	作用齿厚		渐开线起始圆直径最大值 D_{Femax}
			公称尺寸	极限偏差	实际槽宽 E_{max} 6H 7H	作用槽宽 E_{Vmax} 6H 7H		公称尺寸	极限偏差		最大值 S_{Vmax} 6k 7k	最小值 S_{Vmin} 6k 7k	
$m=0.5, E=S=E_{Vmin}=S_{min}=0.5\pi m=0.785$													
32	16.0	16.60	15.61	+0.076 0	0.855 0.898	0.826 0.855	3	16.40	0 −0.070	15.40	0.855 0.898	0.814 0.828	15.51
34	17.0	17.60	16.61		0.856 0.899	0.827 0.856	3	17.40		16.40	0.856 0.899	0.814 0.828	16.51
36	18.0	18.60	17.61		0.857 0.899	0.828 0.856	3	18.40	0 −0.084	17.40	0.857 0.899	0.814 0.829	17.51
38	19.0	19.60	18.61	+0.084 0	0.857 0.900	0.828 0.856	4	19.40		18.40	0.857 0.900	0.815 0.829	18.51
40	20.0	20.60	19.61		0.858 0.901	0.828 0.856	4	20.40		19.40	0.858 0.901	0.815 0.830	19.51
44	22.0	22.60	21.61		0.859 0.903	0.828 0.857	4	22.40		21.40	0.859 0.903	0.816 0.831	21.51
$m=0.75, E=S=E_{Vmin}=E_{Vmin}=0.5\pi m=1.178$													
32	24.0	24.90	23.41	+0.084 0	1.259 1.307	1.227 1.260	4	24.60	0 −0.084	23.10	1.259 1.307	1.210 1.225	23.26
34	25.5	26.40	24.91		1.259 1.308	1.227 1.260	4	26.10		24.60	1.259 1.308	1.210 1.226	24.76
36	27.0	27.90	26.41		1.260 1.309	1.227 1.260	4	27.60		26.10	1.260 1.309	1.211 1.227	26.26
38	28.5	29.40	27.91		1.261 1.310	1.228 1.261	5	29.10		27.60	1.261 1.310	1.211 1.227	27.76
40	30.0	30.90	29.41		1.261 1.311	1.228 1.261	5	30.60	0 −0.100	29.10	1.261 1.311	1.212 1.228	29.26
44	33.0	33.90	32.41	+0.100 0	1.263 1.313	1.228 1.262	5	33.60		32.10	1.263 1.313	1.213 1.229	32.26
48	36.0	36.90	35.41		1.264 1.315	1.228 1.262	5	36.60		35.10	1.264 1.315	1.214 1.231	35.26
$m=1.00, E=S=E_{Vmin}=S_{min}=0.5\pi m=1.571$													
32	32.0	33.20	31.22	+0.160 0	1.660 1.713	1.625 1.661	5	32.80	0 −0.160	30.80	1.660 1.713	1.606 1.623	31.02
34	34.0	35.20	33.22		1.661 1.715	1.626 1.663	5	34.80		32.80	1.661 1.715	1.606 1.623	33.02
36	36.0	37.20	35.21		1.662 1.716	1.626 1.663	5	36.80		34.80	1.662 1.716	1.607 1.624	35.01
38	38.0	39.20	37.21		1.662 1.717	1.626 1.663	6	38.80		36.80	1.662 1.717	1.608 1.625	37.01
40	40.0	41.20	39.21		1.663 1.718	1.626 1.663	6	40.80		38.80	1.663 1.718	1.608 1.626	39.01
44	44.0	45.20	43.21		1.664 1.720	1.626 1.664	6	44.80		42.80	1.664 1.720	1.609 1.627	43.01
48	48.0	49.20	47.21		1.665 1.722	1.626 1.664	6	48.80		46.80	1.665 1.722	1.610 1.629	47.01

（续）

齿数 z	分度圆直径 D	内花键			内花键			外花键				
		大径 D_{ei}	小径 D 公称尺寸	小径 D 极限偏差	齿槽最大宽度 实际槽宽 E_{max} $\frac{6H}{7H}$	齿槽最大宽度 作用槽宽 E_{Vmax} $\frac{6H}{7H}$	基本距离 l（参考）	大径 D_{ee} 公称尺寸	大径 D_{ee} 极限偏差	小径 D_{ie}	作用齿厚 最大值 S_{Vmax} $\frac{6k}{7k}$	作用齿厚 最小值 S_{Vmin} $\frac{6k}{7k}$	渐开线起始圆直径最大值 D_{Femax}
$m=1.25, E=S=E_{Vmin}=S_{min}=0.5\pi m=1.963$													
32	40.0	41.50	39.02	+0.160 0	2.059/2.117	2.022/2.062	6	41.00	0 -0.160	38.50	2.059/2.117	2.000/2.018	38.77
34	42.5	44.00	41.52		2.060/2.118	2.022/2.062	6	43.50		41.00	2.060/2.118	2.001/2.019	41.27
36	45.0	46.50	44.02		2.061/2.119	2.022/2.062	6	46.00		43.50	2.061/2.119	2.002/2.020	43.77
38	47.5	49.00	46.52		2.061/2.121	2.022/2.063	6	48.50		46.00	2.061/2.121	2.002/2.021	46.27
40	50.0	51.50	49.02		2.062/2.122	2.022/2.063	6	51.00	0 -0.190	48.50	2.062/2.122	2.003/2.022	48.77
44	55.0	56.50	54.01	+0.190 0	2.064/2.124	2.023/2.063	6	56.00		53.50	2.064/2.124	2.004/2.024	53.76
48	60.0	61.50	59.01		2.065/2.126	2.023/2.064	6	61.00		58.50	2.065/2.126	2.005/2.025	58.76
52	65.0	66.50	64.01		2.066/2.128	2.023/2.064	6	66.00		63.50	2.066/2.128	2.007/2.027	63.76
$m=1.5, E=S=E_{Vmin}=E_{Vmin}=0.5\pi m=2.356$													
32	48.0	49.80	46.82	+0.160 0	2.458/2.520	2.418/2.461	6	49.20	0 -0.160	46.20	2.458/2.520	2.396/2.415	46.52
34	51.0	52.80	49.82		2.459/2.521	2.418/2.461	6	52.20		49.20	2.459/2.521	2.397/2.461	49.52
36	54.0	55.80	52.82	+0.190 0	2.460/2.523	2.419/2.461	6	55.20	0 -0.190	52.20	2.460/2.523	2.397/2.417	52.52
38	57.0	58.80	55.82		2.461/2.524	2.419/2.462	6	58.20		55.20	2.461/2.524	2.398/2.418	55.52
40	60.0	61.80	58.82		2.462/2.525	2.419/2.462	6	61.20		58.20	2.462/2.525	2.399/2.419	58.52
44	66.0	67.80	64.82		2.463/2.528	2.419/2.463	6	67.20		64.20	2.463/2.528	2.400/2.421	64.52
48	72.0	73.80	70.82		2.465/2.532	2.420/2.464	6	73.20		70.20	2.465/2.530	2.401/2.422	70.52
52	78.0	79.80	76.81		2.466/2.523	2.420/2.464	6	79.20		76.20	2.466/2.532	2.403/2.424	76.51

注：表中分子分母表示不同精度时对应的 E_{max}、E_{Vmax}、S_{Vmax}、S_{Vmin} 值。

7.2.4.4 圆锥直齿渐开线花键公差（见表 7-32～表 7-34）

表 7-32　齿槽宽和齿厚的公差（6 级用）　（单位：μm）

m/mm	0.50				0.75				1.00				1.25				1.50			
z	$T+\lambda$	λ	F_p	f_f	$T+\lambda$	λ	F_p	f_f	$T+\lambda$	λ	F_p	f_f	$T+\lambda$	λ	F_p	f_f	$T+\lambda$	λ	F_p	f_f
32	70	29	38	28	81	32	43	29	89	35	48	31	96	37	52	32	102	40	56	33
34	71	29	38	28	81	32	44	29	90	35	49	31	97	38	53	32	103	41	57	34
36	72	29	39	28	82	33	45	29	91	36	50	31	98	39	55	32	104	41	59	34

（续）

m/mm	0.50				0.75				1.00				1.25				1.50			
z	T+λ	λ	F_p	f_f	T+λ	λ	F_p	f_f	T+λ	λ	F_p	f_f	T+λ	λ	F_p	f_f	T+λ	λ	F_p	f_f
38	73	30	40	28	83	33	46	29	91	37	51	31	98	39	56	32	105	42	60	34
40	74	30	41	28	83	34	47	30	92	37	52	31	99	40	57	32	106	43	61	34
44	75	31	42	28	85	35	48	30	93	38	54	31	101	41	59	33	107	44	63	34
48	76	32	43	28	86	36	50	30	95	39	56	31	102	42	61	33	109	45	66	35
52	76	32	44	28	87	37	52	30	96	40	58	32	103	44	63	33	110	47	68	35

表 7-33　齿槽宽和齿厚的公差（7 级用）　（单位：μm）

m/mm	0.50				0.75				1.00				1.25				1.50			
z	T+λ	λ	F_p	f_f	T+λ	λ	F_p	f_f	T+λ	λ	F_p	f_f	T+λ	λ	F_p	f_f	T+λ	λ	F_p	f_f
32	113	43	54	44	129	47	62	47	142	52	68	49	154	55	74	51	164	59	80	53
34	114	43	55	44	130	48	63	47	144	52	70	49	155	56	76	51	165	60	82	53
36	114	44	56	45	131	49	64	47	145	53	71	49	156	57	78	51	166	61	83	54
38	115	45	57	45	132	49	66	47	146	54	73	49	158	58	79	52	168	62	85	54
40	116	46	58	45	133	50	67	47	147	55	74	49	159	59	81	52	169	63	87	54
41	118	46	60	45	135	51	69	47	149	56	77	50	161	61	84	52	172	65	90	55
48	119	47	62	45	137	53	71	48	151	58	80	50	163	62	87	53	174	66	94	55
52	121	48	63	45	139	54	74	48	153	59	82	50	165	64	90	53	176	68	97	56

表 7-34　花键的齿向公差 $F_β$　（单位：μm）

花键长度/mm		~15	>20~25	>25~30	>30~35	>35~40	>40~45	>45~50	>50~55	>55~60	>60~70	>70~80	>80
公差等级	6 级	11	12	13	13	14	14	15	15	16	16	17	17
	7 级	18	19	20	21	22	23	23	24	25	25	27	28

7.2.4.5　圆锥直齿渐开线花键

参数表示示例（见表 7-35 和表 7-36）

表 7-35　内花键参数表（示例）

齿数	32
模数	1mm
齿槽角	84°22′03″
实际齿槽宽最大值	1.660mm
作用齿槽宽最大值	1.625mm
作用齿槽宽最小值	1.571mm
公差等级与配合类别	6H GB/T 18842—2008
配对零件图号	×××—××—××

表 7-36　外花键参数表（示例）

齿数	32
模数	1mm
标准压力角	45°
实际齿厚最大值	1.571mm(参考)
作用齿厚最大值	1.606mm
作用齿厚最小值	1.660mm
公差等级与配合类别	6k GB/T 18842—2008
配对零件图号	×××—××—××

花键连接的类型和尺寸，通常根据被连接件的结构特点、使用要求和工作条件选择。为了避免键齿工作表面压溃（过盈连接）或过度磨损（间隙连接），应进行必要的强度校核计算。

7.2.5　花键连接的强度计算

7.2.5.1　通用简单算法

此法适用于矩形花键和渐开线花键。

花键连接的类型和尺寸，通常根据被连接件的结构特点、使用要求及工作条件选择。为避免键齿工作表面压溃（过盈连接）或过度磨损（间隙连接），应进行必要的强度校核计算，计算公式如下：

过盈连接　$\sigma_p=\dfrac{2T}{\psi Zhld_m}\leqslant[\sigma_p]$

间隙连接　$p=\dfrac{2T}{\psi Zhld_m}\leqslant[p]$

式中　T——传递的转矩（N · mm）；

ψ——各齿间载荷不均匀系数，一般取 ψ = 0.7~0.8，齿数多时取偏小值；

Z——花键的齿数；

l——齿的工作长度（mm）；

h——键齿工作高度（mm）；

d_m——平均直径（mm）。

矩形花键　$h=\dfrac{D-d}{2}-2C$；$D_m=\dfrac{D+d}{2}$

渐开线花键　$h=\begin{cases}m & \alpha_D=30° \\ 0.8m & \alpha_D=45°;\end{cases}$　$D_m=D$

式中　C——倒角尺寸（mm）；

m——模数（mm）。

$[\sigma_p]$——花键连接许用挤压应力（MPa），见表 7-37；

$[p]$——许用压强（MPa），见表 7-37。

精确算法见 7.2.5.2 节。

7.2.5.2　矩形花键承载能力计算（精确算法）

GB/T 17855—1999《花键承载能力计算方法》，规定了矩形花键承载能力计算的主要内容，包括：花键受载分析、系数的确定，以及齿面接触强度、齿根抗弯强度、齿根抗剪强度、齿面耐磨损能力的计算方法及外花键扭转与弯曲承载能力计算方法等内容。

（1）常见的失效形式　见表 7-38。

（2）承载能力计算　在产品设计时，应根据花键零件的具体结构、受力状态、材料热处理及硬度、精度等级等情况，选择上述内容的全部或部分进行花键承载能力计算。

表 7-37　花键连接的许用挤压应力和许用压强

（单位：MPa）

连接工作方式		许用值	使用和制造情况	齿面未经热处理	齿面经热处理
过盈连接		许用挤压应力 $[\sigma_p]$	不良 中等 良好	35~50 60~100 80~120	40~70 100~140 120~200
间隙连接	空载下移动	许用压强 $[p]$	不良 中等 良好	15~20 20~30 25~40	20~35 30~60 40~70
	载荷作用下移动	许用压强 $[p]$	不良 中等 良好	—	3~10 5~15 10~20

注：1. 使用和制造不良，是指受变载荷，有双向冲击、振动频率高和振幅大，润滑不好（对动连接）、材料硬度不高和精度不高等。

2. 同一情况下，$[\sigma_p]$ 或 $[p]$ 的较小值，用于工作时间长和较重要的场合。

3. 内、外花键材料的抗拉强度不低于 590MPa。

1）术语与代号。在花键承载能力计算中采用的术语和代号见表 7-39。

表 7-38　花键常见的失效形式

失效形式	主要特征	主要原因	预防措施
键齿面压溃	键齿面及次表面材料出现明显的金属流动；在齿顶、齿端出现飞边；键齿面被压陷，作用侧隙增大	花键材料硬度偏低；接触应力过高；单项误差（ΔF_p、Δf_f、ΔF_β）偏大	提高齿面硬度；提高花键的公差等级、压缩单项公差（F_p、f_f、F_β）；增加接触面积，降低接触应力
键齿面磨损	键齿面材料大量磨掉；齿厚明显减薄（或齿槽宽增大）；工作齿面与键齿面非工作部分交界处出现台阶，作用侧隙增大	存在摩擦磨损或微动磨损；有较大振动和冲击载荷；润滑不良；润滑油有杂质产生磨粒磨损，或有活性成分产生腐蚀磨损；作用侧隙偏大	采用强制润滑；控制润滑油清洁度及活性成分；采用较小作用侧隙；键齿面喷涂（镀）相应材料
键齿面柔伤（冷作硬化伤）	通常发生在齿端、齿根、齿顶或几个键齿上；键齿接触表面局部呈疲劳片状剥落；有冷作硬化现象	键齿表面局部应力过大；齿面硬度低；受变动载荷；花键的单项误差（ΔF_p、Δf_f、ΔF_β）偏大	提高齿面硬度；压缩单项公差（F_p、f_f、F_β）；增加润滑；键齿面喷涂（镀）相应材料
键齿过载断裂	通常发生在键齿根部；断口有呈放射状裂纹高速扩展区；断口无贝壳纹疲劳线和明显的宏观塑性变形	键齿所受弯曲应力过高；载荷严重集中，突然过载；单项误差偏大（载荷偏向齿端、齿顶或集中在个别齿上）；材料缺陷	设计时充分考虑强度裕度；防止过载（采取安全设置）；缩小单项公差；控制材料与加工质量
键齿疲劳断裂	一般疲劳折断的键齿断口分三个区： 1）断裂源区：疲劳折断的发源处，是贝壳纹疲劳线的焦点，位于齿根受拉侧 2）疲劳扩展区：有由焦点向外扩展的疲劳线（或放射状台阶） 3）瞬断区：类似过载断裂的断口	齿根受交变应力过大，花键强度裕度小；材料或热处理等因素（如材料缺陷、热处理齿根有裂纹）；齿根最小曲率半径小，应力集中大	选择较好材料；控制材料和热处理质量（齿根探伤）；采用圆齿根花键，减小应力集中

表 7-39　术语、代号及说明（摘自 GB/T 17855—1999）

序号	术语	代号	单位	说　　明
1	输入转矩	T	N·m	输入给花键副的转矩
2	输入功率	P	kW	输入给花键副的功率
3	转速	n	r/min	花键副的转速
4	名义切向力	F_t	N	花键副所受的名义切向力

（续）

序号	术语	代号	单位	说明
5	平均圆直径	d_m	mm	矩形花键大径与小径之和的一半
6	单位载荷	W	N/mm	单一键齿在单位长度上所受的法向载荷
7	键数(齿数)	N	1	花键的键数(齿数)
8	结合长度	l	mm	内花键与外花键相配合部分的长度(按名义值)
9	压轴力	F	N	花键副所受的与轴线垂直的径向作用力
10	弯矩	M_b	N·m	作用在花键副上的弯矩
11	使用系数	K_1	1	主要考虑由于传动系统外部因素而产生的动力过载影响的系数
12	齿侧间隙系数	K_2	1	当花键副承受压轴力时,考虑花键副齿侧配合间隙(过盈)对各键齿上所受载荷影响的系数
13	分配系数	K_3	1	考虑由于花键的齿距累积误差(分度误差),影响各键齿载荷分配不均的系数
14	轴向偏载系数	K_4	1	考虑由于花键的齿向误差和安装后花键副的同轴度误差,以及受载后花键扭转变形,影响各键齿沿轴向受载不均匀的系数
15	齿面压应力	σ_H	MPa	键齿表面计算的平均接触压应力
16	工作齿高	h_w	mm	键齿工作高度,$h_w=h_{min}$
17	外花键大径	D	mm	外花键大径的基本尺寸
18	内花键小径	d	mm	内花键小径的基本尺寸
19	齿面接触强度的计算安全系数	S_H	1	S_H 值一般可取 1.25~1.50 较重要的及淬火的花键取较大值,一般的未经淬火的花键取较小值
20	齿面许用压应力	$[\sigma_H]$	MPa	
21	材料的屈服强度	$\sigma_{0.2}$	MPa	花键材料的屈服强度(按表层取值)
22	齿根弯曲应力	σ_F	MPa	花键齿根的计算弯曲应力
23	全齿高	h	mm	花键的全齿高,$h=(D-d)/2$
24	弦齿厚	S_{Fn}	mm	花键齿根危险截面(最大弯曲应力处)的弦齿厚
25	许用齿根弯曲应力	$[\sigma_F]$	MPa	
26	材料的抗拉强度	σ_b	MPa	花键材料的抗拉强度
27	抗弯强度的计算安全系数	S_F	1	一般情况 S_F 取 1.25~2.00
28	齿根最大切应力	τ_{Fmax}	MPa	
29	切应力	τ_{tn}	MPa	靠近花键收尾处的剪应力
30	应力集中系数	α_{tn}	1	
31	外花键小径	d	mm	外花键小径的基本尺寸
32	作用直径	d_h	mm	当量应力处的直径,相当于光滑扭棒的直径
33	齿根圆角半径	ρ	mm	一般指外花键齿根圆弧最小曲率半径
34	许用切应力	$[\tau_F]$	MPa	
35	齿面磨损许用压应力	$[\sigma_{H1}]$	MPa	花键副在 10^8 次循环数以下工作时的许用压应力
36	齿面磨损许用压应力	$[\sigma_{H2}]$	MPa	花键副长期工作无磨损的许用压应力
37	当量应力	σ_V	MPa	计算花键扭转与抗弯强度时,切应力与弯曲应力的合成应力
38	弯曲应力	σ_{Fa}	MPa	计算花键扭转与抗弯强度时的弯曲应力
39	转换系数	K	1	确定作用直径 d_h 的转换系数
40	许用应力	$[\sigma_V]$	MPa	计算花键扭转与抗弯强度时的许用应力
41	作用侧隙	C_V	mm	花键副的全齿侧隙
42	位移量	e_0	mm	花键副的内外花键两轴线的径向相对位移量

2）受力分析。

① 无载荷。对于无误差的花键连接，在其无载荷状态时（不计自重，下同），内外花键各齿的中心线（或对称面）是重合的。键齿两侧间隙相等，均为作用侧隙之半，见图 7-13a。

② 受纯转矩载荷。对无误差的花键连接，在其只传递转矩 T 而无压轴力 F 时，同侧的各齿面在转矩的作用下，彼此接触、作用侧隙相等，内、外花键的两轴线仍是同轴的，如图 7-13b 所示。所有键齿承受同样大小的载荷，如图 7-14 所示。

③ 受纯压轴力载荷。对无误差的花键连接，在只承受压轴力 F 而无转矩 T 时，内、外花键的两轴线出现一个位移量 e_0（见图 7-13c）。当花键副回转时，各键齿两侧面所受载荷的大小按图 7-15 所示周期性变化，此时花键副容易磨损。

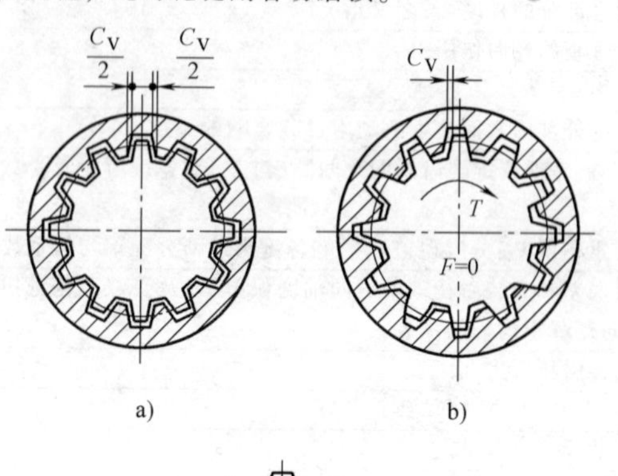

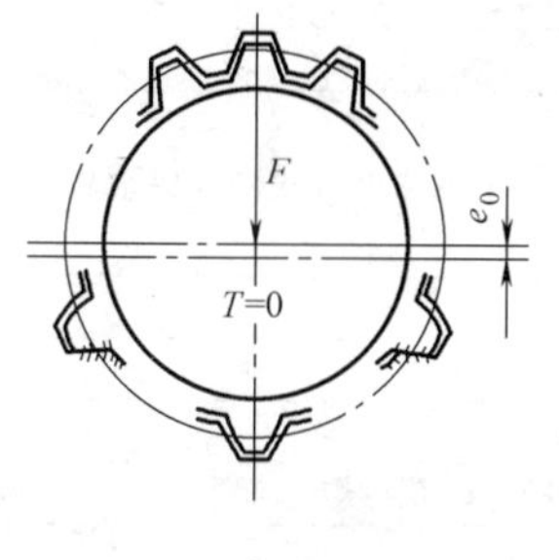

图 7-13　内、外渐开线花键的相对位置

a）无载荷、有间隙　b）只承受转矩 T 无压轴力 F

c）只承受压轴力 F 无转矩 T

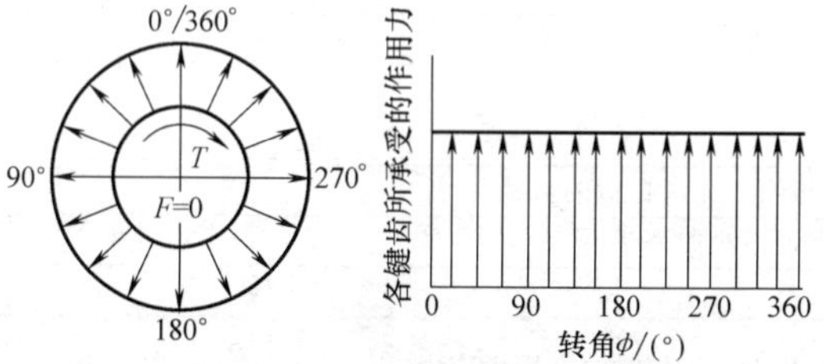

图 7-14　只传递转矩 T 无压轴力 F 时的载荷分配

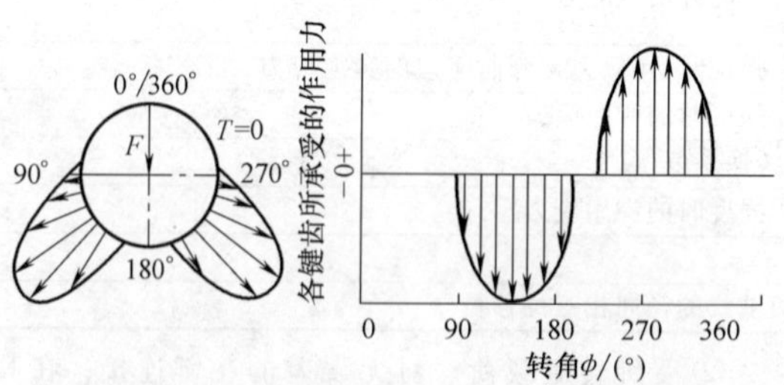

图 7-15　只承受压轴力 F 而无转矩 T 时的载荷分配

④ 受转矩和压轴力两种载荷。对于误差的花键联接，在其承受转矩 T 和压轴力 F 两种载荷时，内、外花键的相对位置和各键齿所受载荷的大小和方向，决定于所受转矩 T 和压轴力 F 的大小及两者的比例。

当花键副所受的载荷主要是转矩 T，压轴力 F 是次要的或很小时，该花键副回转后，各键齿两侧面的受力状态发生周期性变化，如图 7-16 所示。

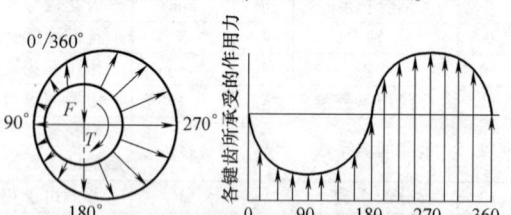

图 7-16　同时承受转矩 T 和压轴力 F，转矩 T 占优势时的载荷分配

当花键副所受的载荷主要是压轴力 F，转矩 T 是次要的或很小时，该花键副回转后，各键齿两侧面受力状态发生周性变化，如图 7-17 所示。在这种情况下，花键副也容易磨损。

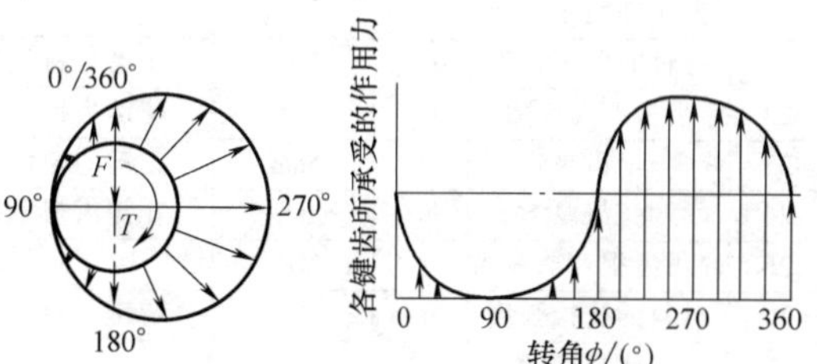

图 7-17　同时承受压轴力 F 和转矩 T，压轴力占优势时的载荷分配

（3）花键承载能力计算中的系数

1）使用系数 K_1。此系数主要考虑由于传动系统外部因素引起的动力过载影响的系数。

此系数可以通过精密测量获得，也可经过对全系统分析后确定。在上述方法不能实现时，可参考表 7-40 取值。

表 7-40　使用系数 K_1

原动机①（输入端）	工作机②（输出端）		
	均匀、平稳	中等冲击	严重冲击
均匀、平稳	1.00	1.25	1.75 或更大
轻微冲击	1.25	1.50	2.00 或更大
中等冲击	1.50	1.75	2.25 或更大

① 均匀平稳的原动机：电动机、蒸汽机、燃气轮机等；轻微冲击的原动机：多缸内燃机等；中等冲击的原动机：单缸内燃机等。

② 均匀平稳的工作机：电动机、带式输送机、通风机、透平压缩机、均匀密度材料搅拌机等；中等冲击的工作机：机床主传动、非均匀密度材料搅拌机、多缸柱塞泵、航空或舰船螺旋桨等；严重冲击的工作机：冲床、剪床、轧机、钻机等。

2）齿侧间隙系数 K_2。当花键副承受压轴力 F 作用时，其各键齿的受力状态将失去均匀性。因花键侧隙发生变化，内、外花键的两轴线将出现一个位移量 e_0，如图 7-13c 所示。该位移量会影响花键的承载能力。这一影响用齿侧间隙系数 K_2 予以考虑。对小径定心的矩形花键，可取 $K_2=1.1\sim2.0$。

当压轴力较小、花键副精度较高时，可取 $K_2=1.1\sim3.0$；当压轴力较大、花键副精度较低时，可取 $K_2=2.0\sim3.0$；当压轴力为零时（只承受转矩），$K_2=1.0$。

3）分配系数 K_3。花键副的内、外花键的两轴线在同轴状态下，由于花键位置度误差（键齿等分度误差、对称度误差）的影响，使各键齿所受载荷不同。这种影响用分配系数 K_3 予以考虑。

符合 GB/T 1144 标准规定的精密传动用的矩形花键，$K_3=1.1\sim1.2$；符合该标准规定的一般用途的矩形花键，$K_3=1.3\sim1.6$。对于经过磨合，各键齿均可参与工作，且受载荷基本相同的花键副，取$K_3=1.0$。

4）轴向偏载系数 K_4。由于花键侧面对轴线的平行度误差、安装后的同轴度误差和受载后的扭转变形，使键齿沿轴向所受载荷不均匀，用轴向偏载系数 K_4 予以考虑。其值可从表 7-41 中选取。

表 7-41　轴向偏载系数 K_4

系列或模数/mm	平均圆直径 d_m/mm	l/d_m ≤1.0	>1.0~1.5	>1.5~2.0
轻系列或 $m\leq2$	≤30	1.1~1.3	1.2~1.6	1.3~1.7
	>30~50	1.2~1.5	1.4~2.0	1.5~2.3
	>50~80	1.3~1.7	1.6~2.4	1.7~2.9
	>80~120	1.4~1.9	1.8~2.8	1.9~3.5
	>120	1.5~2.1	2.0~3.2	2.1~4.1
中系列或 $2<m\leq5$	≤30	1.2~1.6	1.3~2.1	1.4~2.4
	>30~50	1.3~1.8	1.5~2.5	1.6~3.0
	>50~80	1.4~2.0	1.7~2.9	1.8~3.6
	>80~120	1.5~2.2	1.9~3.3	2.0~4.2
	>120	1.6~2.4	2.1~3.6	2.2~4.8
$5<m\leq10$	≤30	1.3~2.0	1.4~2.8	1.5~3.4
	>30~50	1.4~2.2	1.6~3.2	1.7~4.0
	>50~80	1.5~2.4	1.8~3.6	1.9~4.6
	>80~120	1.6~2.6	2.0~3.9	2.1~5.2
	>120	1.7~2.8	2.2~4.2	2.3~5.6

对磨合后的花键副，各键齿沿轴向载荷分布基本相同时，可取 $K_4=1.0$。当花键精度较高、花键结合长度 l 和平均圆直径 d_m 较小时，表 7-41 中的轴向偏载系数 K_4 取较小值，反之取较大值。

（4）计算公式　矩形花键承载能力计算公式见表 7-42。

表 7-42　矩形花键承载能力计算公式

项目		代号	公式
载荷计算	输入转矩	T	$T=9549P/n$
	名义切向力	F_t	$F_t=2000T/d_m$
	单位载荷	W	$W=F_t/(N\cdot t)$
齿面接触强度计算	齿面压应力	σ_H	$\sigma_H=W/h_W$　式中，$h_W=h_{min}$
	齿面许用压应力	$[\sigma_H]$	$[\sigma_H]=\sigma_{0.2}/(S_HK_1K_2K_3K_4)$
	满足条件		$\sigma_H\leq[\sigma_H]$
齿根抗弯强度计算	齿根弯曲应力	σ_F	$\sigma_F=6hW/S_{Fn}^2$　式中，S_{Fn}按最小键宽或齿根过渡曲线上的最小键宽（两者的小值）
	许用弯曲应力	$[\sigma_F]$	$[\sigma_F]=\sigma_b/(S_FK_1K_2K_3K_4)$　式中，$S_F=1.25\sim2.00$
	满足条件		$\sigma_F\leq[\sigma_F]$
齿根抗剪强度计算	齿根最大扭转切应力	τ_{Fmax}	$\tau_{Fmax}=\tau_{tn}\alpha_{tn}$ 式中，$\tau_{tn}=\dfrac{16000T}{\pi d_h^3}$　$d_h=d+\dfrac{Kd(D-d)}{D}$　K 值轻系列取 0.50、中系列取 0.45 $\alpha_{tn}=\dfrac{d}{d_h}\left(1+0.17\dfrac{h}{\rho}\left(1+\dfrac{0.94}{0.1+\dfrac{h}{\rho}}\right)+\dfrac{6.38\left(1+0.1\dfrac{h}{\rho}\right)}{\left(2.38+\dfrac{d}{2h}\left(\dfrac{h}{\rho}+0.04\right)^{1/3}\right)^2}\right)$
	许用切应力	$[\tau_F]$	$[\tau_F]=[\sigma_F]/2$
	满足条件		$\tau_{Fmax}\leq[\tau_F]$
10^8 循环数下工作耐磨损计算	齿面压应力	σ_H	$\sigma_M=W/h_W$　式中，$h_W=h_{min}$
	齿面磨损许用应力		见表 7-43
	满足条件	$[\sigma_{H1}]$	$\sigma_H\leq[\sigma_{H1}]$

（续）

项目		代号	公式
长期工作无磨损计算	齿面压应力	σ_H	$\sigma_H=W/h_W$　式中，$h_W=h_{min}$
	齿面磨损许用应力		见表 7-43
	满足条件	$[\sigma_{H2}]$	$\sigma_H\leqslant[\sigma_{H2}]$
外花键扭转与抗弯强度计算	当量应力	σ_V	$\sigma_V=\sqrt{\sigma_{Fn}^2+3\tau_{tn}^2}$ 式中，$\sigma_{Fn}=\dfrac{32000M_b}{\pi d_h^2}$ $\tau_{tn}=\dfrac{16000T}{\pi d_h^3}$ $d_h=D_{ie}+\dfrac{KD_{ie}(D_{ce}-D_{ie})}{D_{ce}}$　K 值轻系列取 0.50、中系列取 0.45
	许用应力	$[\sigma_V]$	$[\sigma_V]=\sigma_{0.2}/(S_FK_1K_2K_3K_4)$ 式中，$S_F=1.25\sim2.00$
	满足条件		$\sigma_V=[\sigma_V]$

【例题 7-1】 中系列矩形花键副：$6\times21\dfrac{H7}{f7}\times25\dfrac{H10}{a11}\times5\dfrac{H11}{d10}$，已知输入功率 $P=8.83$kW，转速 $n=1275$r/min，输入端连接离合器（平稳），输出端连接齿轮（轻微冲击），花键结合长度 $l=30$mm，工作齿高 $h_w=2$mm，全齿高 $h=2$mm，齿根圆角半径 $\rho=0.2$mm，大径 $D=25$mm，小径 $d=21$mm，材料为低碳合金钢、表面渗碳淬火、表面硬度为 58～64HRC、$\sigma_{0.2}\geqslant965$MPa、$\sigma_b=1080$MPa。校核花键强度。

【解】（1）载荷计算

① 输入转矩 $T=9549\times P/n=9549\times8.83/1275\text{N}\cdot\text{m}=66.13\text{N}\cdot\text{m}$。

② 名义切向力 $F_t=2000\times T/d_m=2000\times66.13/[(25+21)/2]\text{N}=5750.4\text{N}$。

③ 单位载荷 $W=F_t/(Nl)=5750.4/(6\times30)\text{N/mm}=31.95\text{N/mm}$。

（2）齿面接触强度计算

① 齿面压应力 $\sigma_H=W/h_w=31.95/2\text{MPa}=15.98\text{MPa}$。

② 齿面许用压应力计算：取 $S_H=1.4$、$K_1=1.25$、$K_2=1.2$、$K_3=1.3$、$K_4=1.4$ 代入齿面许用压应力计算式，得

$$[\sigma_H]=\sigma_{0.2}/(S_HK_1K_2K_3K_4)=965/(1.4\times1.25\times1.2\times1.3\times1.4)\text{MPa}=252.5\text{MPa}$$

计算结果：满足 $\sigma_H\leqslant[\sigma_H]$ 条件，安全。

（3）齿根抗弯强度计算

① 齿根弯曲应力 $\sigma_F=6hW/S_{Fn}^2=6\times2\times31.95/5^2\text{MPa}=15.3\text{MPa}$。

② 齿根许用弯曲应力：取 $S_F=1.5$，$K_1\sim K_4$ 取值同前面一样，代入齿根许用弯曲应力计算式，得

$$[\sigma_F]=\sigma_b/(S_FK_1K_2K_3K_4)=1080/(1.5\times1.25\times1.2\times1.3\times1.4)\text{MPa}=263.7\text{MPa}$$

计算结果：满足 $\sigma_F\leqslant[\sigma_F]$ 条件，安全。

（4）齿根抗剪强度计算

① 作用直径 $d_h=d+\dfrac{Kd(D-d)}{D}$

$$=\left(21+\frac{0.45\times21(25-21)}{25}\right)\text{mm}=22.51\text{mm}$$

式中，由表 7-43 查得 $K=0.45$。

② 切应力 $\tau_{tn}=\dfrac{16000T}{\pi d_h^3}$

$$=\frac{16000\times66.13}{\pi\times22.51^3}\text{MPa}=29.5\text{MPa}$$

③ 应力集中系数

$$\alpha_{tn}=\frac{d}{d_h}\left\{1+0.17\frac{h}{\rho}\left(1+\frac{3.94}{0.1+\frac{h}{\rho}}\right)+\frac{6.38\left(1+0.1\frac{h}{\rho}\right)}{\left(2.38+\frac{d}{2h}\left(\frac{h}{\rho}+0.04\right)^{1/3}\right)^2}\right\}$$

$$=\frac{21}{22.51}\left\{1+0.17\times\frac{2}{0.2}\left(1+\frac{3.94}{0.1+\frac{2}{0.2}}\right)+\frac{6.38\left(1+0.1\times\frac{2}{0.2}\right)}{\left[2.38+\frac{21}{2\times2}\left(\frac{2}{0.2}+0.04\right)^{1/3}\right]^2}\right\}=3.2$$

表 7-43　K 值

轻系列矩形花键	0.5	较少齿渐开线花键	0.3
中系列矩形花键	0.45	较多齿渐开线花键	0.15

④ 齿根最大切应力 $\tau_{Fmax}=\tau_{tn}\alpha_{tn}=29.5\times3.2\text{MPa}=94.4\text{MPa}$

⑤ 许用切应力　$[\tau_F]=(\sigma_F)/2=263.7/2\text{MPa}=131.9\text{MPa}$

计算结果：满足 $\tau_{Fmax}\leqslant[\tau_F]$ 条件，安全。

(5) 齿面耐磨损能力计算

① 花键副在 10^8 循环数下工作时耐磨损能力计算：

齿面压应力 $\sigma_H=15.98\text{MPa}$。

齿面磨损许用压应力 $[\sigma_{H1}]=205\text{MPa}$（查表 7-44 得）

计算结果：满足 $\sigma_H\leqslant[\sigma_{H1}]$ 条件，安全。

② 花键副长期工作无磨损时耐磨损能力计算：

齿面压应力 $\sigma_H=22.8\text{MPa}$

齿面磨损许用压应力 $[\sigma_{H2}]=0.4\times58\text{MPa}=23.2\text{MPa}$

计算结果：满足 $\sigma_H\leqslant[\sigma_{H2}]$ 条件，可以长期无磨损（或很少磨损）工作。

(6) 外花键的抗剪与抗弯强度计算

① 当量应力 $\sigma_V=\sqrt{\sigma_{Fn}^2+3\tau_m^2}=\sqrt{0^2+3\times29.5^2}\text{MPa}=51.1\text{MPa}$　($M_b=0$，$\sigma_{Fn}=0$)

② 许用应力 $[\sigma_V]=\sigma_{0.2}/(S_FK_1K_2K_3K_4)=965/(1.5\times1.25\times1.2\times1.3\times1.4)\text{MPa}=235.7\text{MPa}$

计算结果：满足 $\sigma_V\leqslant[\sigma_V]$ 条件，安全。

表 7-44　σ_{H1} 值、σ_{H2} 值（摘自 GB/T 17855—1999）

σ_{H1} 值						σ_{H2} 值	
未经热处理 20HRC	调质处理 28HRC	淬火 40HRC	淬火 45HRC	淬火 50HRC	渗碳、渗氮、淬火 60HRC	未经热处理	0.028×布氏硬度值
						调质处理	0.032×布氏硬度值
						淬火	0.3×洛氏硬度值
95	110	135	170	185	205	渗碳、渗氮淬火	0.4×洛氏硬度值

7.3　胀套连接选用和设计

7.3.1　胀套连接类型和选择（见表 7-45）

表 7-45　胀套连接类型和选择

形式	结构特点与应用	轴直径 d/mm	能传递的转矩与轴向力 T/N·m	F_a/kN
Z1（见表 7-48 图）	锥环是整体的，半锥角 $\alpha=16°42'$，不自锁，便于拆卸。可代替各种键连接或过盈配合连接使用。为传递较大载荷可采用多对环，单侧压紧不超过 4 对环，双侧压紧可达 8 对环。有轴毂配合面对中者对中精度较高	20~500	4~278000	4~1110
Z2（见表 7-49 图）	由一个开口的双锥内环、一个开口的双锥外环和两个双锥压紧环组成。半锥角约 14°，不自锁。用内六角螺钉压紧，压紧时因弹性环没有相对于轴毂的轴向移动，故与 Z1 型比较，同样压紧力能产生更大的径向压力。为便于拆卸，在一个压紧环上有拆卸用螺纹，沿圆周共有三处。因内外环有开口，连接需要轴毂配合面对中	20~1000	270~2000000	27~4000
Z3（见表 7-50 图）	内外锥环用内六角螺钉压紧，可设计成自锁，以便传递较大载荷，在一个锥环上须备有拆卸螺纹孔。接合面较长，能自动对中。用于旋转精度要求高和传递大载荷的场合	20~150	300~28500	30~380
Z4（见表 7-51 图）	由锥度不同的开口双锥内环与开口双锥外环及两个双锥压紧环组成。用内六角螺钉压紧。其他特点同 Z2 型，但接合面长，对中精度高。用于旋转精度要求较高和传递较大载荷的场合	70~300	6850~245000	197~1650

（续）

形式	结构特点与应用	轴直径	能传递的转矩与轴向力	
		d/mm	T/N · m	F_a/kN
Z5 （见表 7-52 图）	同 Z4 型，但各锥环锥度相同，且内环中间有凸缘，便于拆卸，锥度较小、自锁，可传递很大载荷。接合面较长，对中精度较高。用于传递很大载荷和对中精度要求较高的场合	100~600	14400~1380000	288~4610

7.3.2　胀紧连接套设计

各种胀套已标准化，选用时只需根据设计的轴、轮毂尺寸及传递载荷的大小，按标准选择合适的型号和尺寸，然后校核其承载能力。

（1）按载荷校核胀套的承载能力　传递的载荷应满足下列要求：

传递转矩时　　$T \leqslant T_t$

传递轴向力时　　$F_a \leqslant F_t$

传递联合作用的转矩和轴向力时

$$F=\sqrt{F_a^2+\left(\frac{2T}{d}\right)^2} \leqslant F_t$$

式中　T——传递的转矩（N · mm）；

T_t——一个胀紧连接套的额定转矩（N · mm）；

F_a——传递的轴向力（N）；

d——胀紧连接套内径（mm）。

当一个胀套满足不了要求时，可用两个以上的胀套串联使用（这时单个胀套传递载荷的能力随胀套数目的增加而降低，故套数不宜过多，一般不超过 3~4 对）。其总的额定载荷为（以转矩为例）

$$T_{tn}=mT_t$$

式中　T_{tn}——n 为胀套的总额定转矩（N · m）；

m——额定载荷系数，见表 7-46。

表 7-46　胀套的额定载荷系数 m 值及接触系数 C 值

连接中胀套的数量 n	Z1 型		Z2 型		Z3、Z4、Z5 型	
	m	C	m	C	m	C
1	1.00	0.3	1.00	0.6	1.0	0.9
2	1.56	0.6	1.8	0.8	1.8	0.9
3	1.86	0.8	2.7	0.9	2.7	0.9
4	2.03	0.9				

（2）胀紧连接结合面的公差与表面粗糙度　推荐与胀套结合的轴、孔公差带及表面粗糙度 Ra 的最大值见表 7-47。

表 7-47　与胀套结合的轴和毂孔直径的公差带及表面粗糙度 Ra 值

胀套型式	胀套内径 d/mm	轴的公差带	毂孔的公差带	表面粗糙度 Ra/μm
Z1	≤38	h6	H7	0.8
	>38	h8	H8	1.6
Z2	所有直径	h7 或 h8	H7 或 H8	3.2
Z3		h8	H8	1.6
Z4		h9 或 k9	N9 或 H9	3.2
Z5		h8	H8	3.2

（3）Z1~Z5 型胀紧连接套　其公称尺寸、参数及应用结构见表 7-48~表 7-52。

表 7-48　Z1 型胀紧连接套的公称尺寸、参数及应用结构

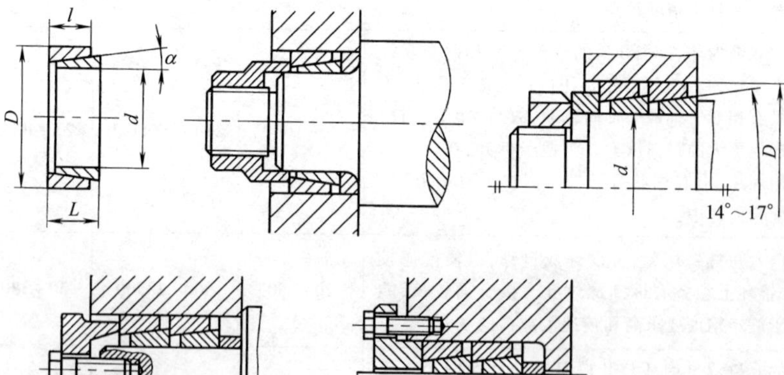

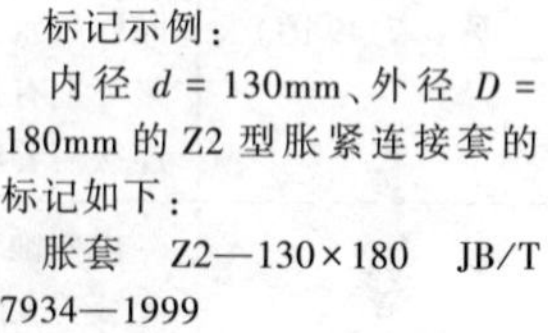

标记示例：

内径 d = 130mm、外径 D = 180mm 的 Z2 型胀紧连接套的标记如下：

胀套　Z2—130×180　JB/T 7934—1999

（续）

公称尺寸				当胀套与轴接触压强 $p_f=100\text{MPa}$ 时额定载荷			公称尺寸				当胀套与轴接触压强 $p_f=100\text{MPa}$ 时额定载荷		
d	D	L	l	轴向力 F_t	转矩 T_t	对胀套施加的轴向力 F_E/kN	d	D	L	l	轴向力 F_t	转矩 T_t	对胀套施加的轴向力 F_E/kN
mm				/kN	/N·m		mm				/kN	/N·m	
10	13	4.5	3.7	1.4	7.0	15	90	101	17	15	51	2290	310
12	15			1.6	9.8		95	106			54	2550	320
13	16			1.8	11		100	114	21	18.7	70	3500	420
14	18	6.3	5.3	2.8	19	24	105	119			73.2	3820	435
15	19			3.0	22		110	124			77	4250	450
16	20			3.2	25	25	120	134			84	5050	490
18	22			3.6	32	26	125	139			92	5750	540
20	25			4.0	40	30	130	148	28	25.3	124	8050	700
22	26			4.5	50		140	158			134	9350	750
24	28			4.8	56		150	168			143	10700	800
25	30			5.0	60	32	160	178			152.5	12200	850
28	32			5.6	80	33	170	191	33	30	192	16300	1100
30	35			6.0	90	36	180	201			204	18300	1150
32	36			6.4	100	37	190	211			214	20400	1200
35	40	7.0	6.0	8.2	150	48	200	224	38	34.8	262	26200	1400
36	42			8.4	160	50	210	234			275	28900	1500
38	44			8.6	166	57	220	244			288	37700	1600
40	45	8.0	6.6	9.9	200	63	240	267	42	39.5	358	43000	2000
42	48			10.4	220	68	250	280	48	44	415	52000	2100
45	52	10	8.6	14.6	330	95	260	290			435	56500	2200
48	55			15.6	370	98	280	313	53	49	520	72500	2700
50	57			16.2	400	105	300	333			555	83000	2800
55	62			17.8	490	110	320	360	65	59	710	114000	3500
56	64	12	10.4	22.0	610	130	340	380			755	128500	3700
60	68			23.5	700	150	360	400			800	144000	3900
63	71			24.8	780	155	390	420			845	160500	4100
65	73			25.6	830	160	400	440			890	178500	4500
70	79	14	12.2	32.0	1120	200	420	460			935	196000	4700
75	84			34.4	1290	210	450	490			998	224500	4900
80	91	17	15	45.0	1810	280	480	520			1070	256000	5100
85	96			48	2040	300	500	540			1110	278000	5300

注：1. 胀套材料多为 65 钢，65Mn，55Cr2，60Cr2。

2. 如果 p_f 不取 100MPa，则相应的 F_t、T_t、F_E 可根据 p_f 计算，即 $F_t=\pi d l\mu p_f$，$T_t=\dfrac{\pi d^2 l\mu p_f}{2}$；$F_E=\dfrac{zT_t}{d\mu}\left[\tan\left(\dfrac{\alpha}{2}+\arctan\mu\right)+\mu\right]$，这里 μ 为连接面间摩擦因数，通常取 $\mu=0.07\sim0.16$。

表 7-49　Z2 型胀紧连接套的公称尺寸和参数

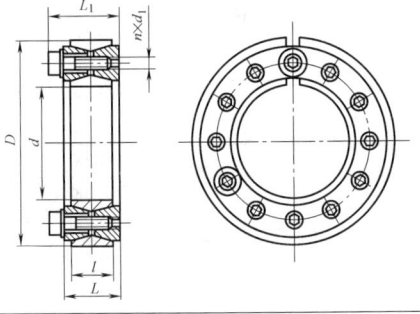

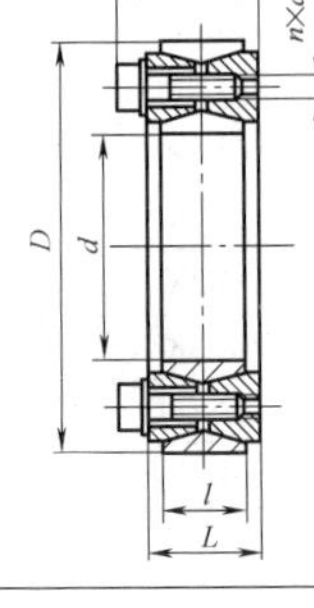

标记示例：

内径 $d=130\text{mm}$、外径 $D=180\text{mm}$ 的 Z2 型胀紧连接套的标记如下：

胀套　Z2—130×180　JB/T 7934—1999

（续）

公称尺寸					内六角螺钉		额定负荷		胀套与轴结合面上的压强
d	D	l	L	L_1	规格	数量	轴向力	转矩	
mm							F_t/kN	T_t/kN·m	p_f/MPa
20	47	17	20	27.5	M6×18	8	27	0.27	210
22								0.30	195
25	50					9	30	0.38	190
28	55					10	33	0.47	185
30								0.50	175
35	60					12	40	0.70	180
38	63					14	46	0.88	185
40	65							0.92	180
42	72	20	24	33.5	M8×22	12	65	1.36	200
45	75						72	1.62	210
50	80						71	1.77	190
55	85					14	83	2.27	200
60	90							2.47	180
65	95					16	93	3.04	190
70	110	24	28	39.5	M10×25	14	132	4.60	210
75	115						131	4.90	195
80	120							5.20	180
85	125					16	148	6.30	195
90	130						147	6.60	180
95	135					18	167	7.90	195
100	145	29	33	47.0	M12×30	14	192	9.60	195
105	150						190	9.98	185
110	155						191	10.50	180
120	165					16	218	13.10	185
125	170					18	220	13.78	180
130	180	34	38	52.0	M12×35	20	272	17.60	165
140	190					22	298	20.90	165
150	200					24	324	24.20	170
160	210					26	350	28.00	
170	225	38	44	60	M14×45	22	386	32.80	160
180	235					24	420	37.80	165
190	260	46	52	68		28	490	46.50	150
200	260					30	525	52.50	150
210	275	50	56	74	M16×50	24	599	62.89	151
220	285					26	620	68.00	150
240	305					30	715	85.50	160
250	315					32	768	96.00	162
260	325					34	800	104.00	165
280	355	60	66	86.5	M18×60	32	915	128.00	145
300	375					36	1020	153.00	150
320	405	72	78	100.5	M20×70		1310	210.00	
340	425							224.00	145
360	455	84	90	116.0	M22×80		1630	294.00	
380	475						1620	308.00	135
400	495						1610	322.00	130
420	515					40	1780	374.00	135

（续）

公称尺寸					内六角螺钉		额定负荷		胀套与轴结合面上的压强
d	D	l	L	L_1	规格	数量	轴向力	转矩	
mm							F_t/kN	T_t/kN·m	p_f/MPa
450	555	96	102	130.0	M24×90	40	2056	461.25	124
480	585					42	2160	518.40	
500	605					44	2240	560.00	123
530	640					45	2330	617.00	121
560	670					48	2440	680.00	120
600	710					50	2580	775.00	118
630	740					52	2680	844.00	117
670	780					56	2820	944.00	116
710	820					60	2970	1054.00	115
750	860					62	3130	1173.00	115
800	910					66	3260	1300.00	112
850	960					70	3500	1487.00	113
900	1010					75	3680	1650.00	112
950	1060					80	3870	1838.00	
1000	1110					82	4000	2000.00	110

注：Z2 型胀紧连接套螺钉的性能等级为 12.8 级。

表 7-50　Z3 型胀紧连接套的公称尺寸和参数

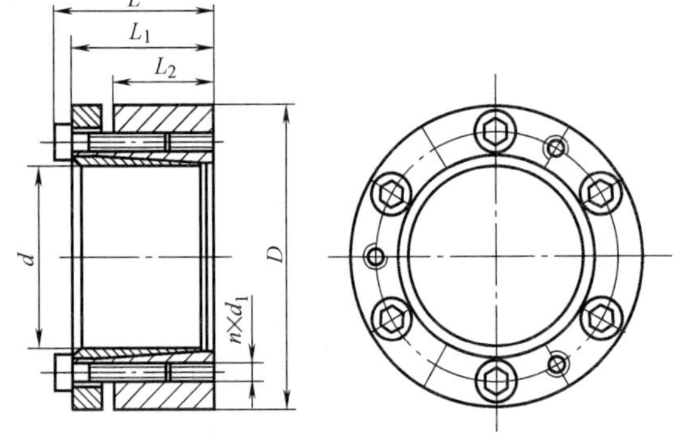

标记示例：

内径 d = 130mm、外径 D = 180mm 的 Z3 型胀紧连接套的标记如下：

胀套　Z3—130×180　JB/T 7934—1999

公称尺寸					内六角螺钉		额定负荷		胀套与轴结合面上的压强
d	D	L	L_1	L_2	规格	数量	轴向力	转矩	
mm							F_t/kN	T_t/kN·m	p_f/MPa
20	47	37	31	21.7	M6×20	4	30	0.3	287
22								0.33	260
25	50					5	35	0.44	287
28	55							0.49	256
30								0.53	239
35	60					6	45	0.81	246
40	65							0.94	215
45	75	46	38	25.3	M8×25			1.86	283
50	80							2.07	255
55	85					7	90	2.54	270
60	90							2.77	247
65	95					8	105	3.58	261

（续）

公称尺寸					内六角螺钉		额定负荷		胀套与轴结合面上的压强
d	D	L	L_1	L_2	规格	数量	轴向力	转矩	
mm							F_t/kN	T_t/kN · m	p_f/MPa
70	110	60	50	33.4	M10×35	7	140	5.1	244
75	115							5.46	228
80	120							5.85	214
85	125					8	175	7.45	230
90	130							7.90	217
95	135					10	205	9.9	257
100	145	68	58	40.8			220	11	192
105	150							11.55	210
110	155							12.1	175
120	165					12	260	15.7	192
125	170				M12×40	10	320	17.5	189
130	180							20.7	188
140	190							22.5	175
150	200	77	65	45.4		12	380	28.5	196

注：Z3 型胀紧连接套螺钉的力学性能等级为 12.8 级。

表 7-51　Z4 型胀紧连接套的公称尺寸和参数（摘自 JB/T 7934—1999）

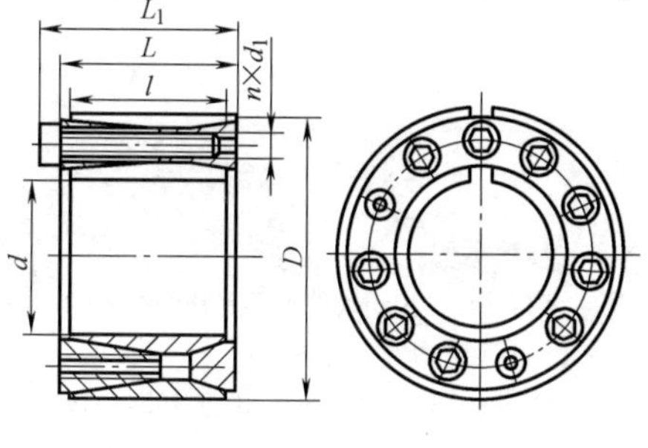

标记示例：

内径 d = 200mm、外径 D = 270mm 的 Z4 型胀紧连接套的标记如下：

胀套　Z4—200×270　JB/T 7934—1999

公称尺寸						n	额定载荷		胀套与轴结合面上的压力	螺钉的拧紧力矩	质量 /kg
d	D	l	L	L_1	L_2		轴向力	转矩			
mm							F_t/kN	T_t/kN · m	p_f/MPa	T_A/N · m	
70	120	56	62	74	M12	8	197	6850	201	145	3.3
80	130					12	291	11650	263		3.7
90	140						290	13000	234		4.0
100	160	74	80	94	M14	15	389	19700	213	230	7.2
110	170						483	22600	242		7.7
120	180						482	28900	222		8.3
125	185						480	30000	212		8.5
130	190							31200	205		8.8
140	200					18	574	40200	227		9.3
150	210						572	42900	212		10.0
160	230	83	94	110	M16		800	64000	227	355	14.9
170	240						795	67800	214		15.7
180	250					21	923	83000	235		16.4
190	260						921	88000	223		17.2
200	270					24	1050	105000	242		18.8

（续）

公称尺寸							额定载荷		胀套与轴结合面上的压力	螺钉的拧紧力矩	质量
d	D	l	L	L_1	L_2	n	轴向力	转矩			
mm							F_t/kN	T_t/kN·m	p_f/MPa	T_A/N·m	/kg
210	290	110	116	134	M18	20	1118	117300	197	485	23.0
220	300					21	1120	123000	189		27.7
240	320					24	1280	153000	198		29.8
250	330					27	1282	160200	205		31.0
260	340						1430	186000			32.0
280	370	130	136	156	M20	24	1650	230000	192	690	46.0
300	390							245000	179		49.0

注：Z4 型胀紧连接套螺钉的力学性能等级为 12.9 级。

表 7-52　Z5 型胀紧连接套的公称尺寸和参数

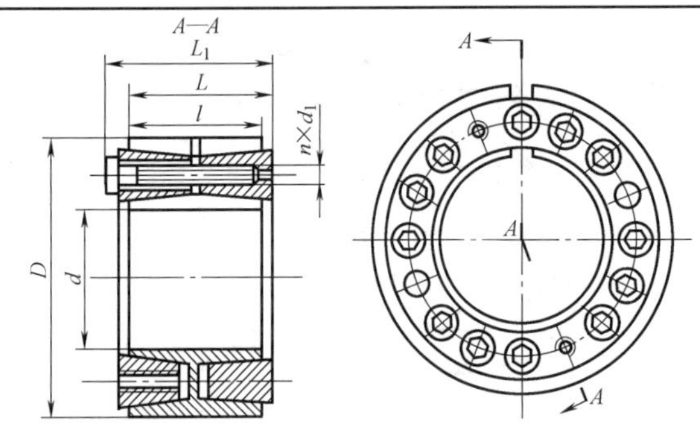

标记示例：

内径 d = 300mm、外径 D = 375mm 的 Z5 型胀紧连接套的标记如下：

胀套　Z5—300×375　JB/T 7934—1999

公称尺寸					内六角螺钉		额定负荷		胀套与轴结合面上的压强
d	D	l	L	L_1	规格	数量	轴向力	转矩	
mm							F_t/kN	T_t/kN·m	p_f/MPa
100	145	60	65	77	M12×60	10	288	14.4	192
110	155							15.8	175
120	165					12	346	20.8	192
130	180	68	74	86	M12×70	15	433	28.1	193
140	190					18	519	36.3	214
150	200							39.0	200
160	210					21	606	48.5	219
170	225	75	81	95	M14×75	18	712	60.6	215
180	235							54.1	203
190	250	88	94	108	M14×90	29	792	75.2	178
200	260					24	950	95.0	203
210	275	98	104	120	M16×100	18	970	102.0	187
220	285						990	109.0	183
240	305					24	1318	158.0	222
250	315						1340	167.5	215
260	325					25	1370	178.0	
280	355	120	126	144	M18×120	24	1590	222.5	188
300	375					25	1650	248.0	183
320	405	135	142	162	M20×130		2140	344.0	192
340	425							365.0	181
360	455	158	165	187	M22×160		2670	480.0	176
380	475							508.0	166
400	495							535.0	158
420	515					30	3200	673.0	181

（续）

公称尺寸					内六角螺钉		额定负荷		胀套与轴结合面上的压强
d	D	l	L	L_1	规格	数量	轴向力	转矩	
mm							F_t/kN	T_t/kN·m	p_f/MPa
450	555	172	180	204	M24×160	30	3700	832.5	175
480	585					32	3950	948.0	
500	605							988.0	168
530	640	190	200	227	M27×180	30	4320	1145.0	157
560	670							1210.0	148
600	710					32	4610	1380.0	147

注：Z5 型胀紧连接套螺钉的力学性能等级为 12.8 级。

7.4 圆柱面过盈连接（见表 7-53、表 7-54 和图 7-18）

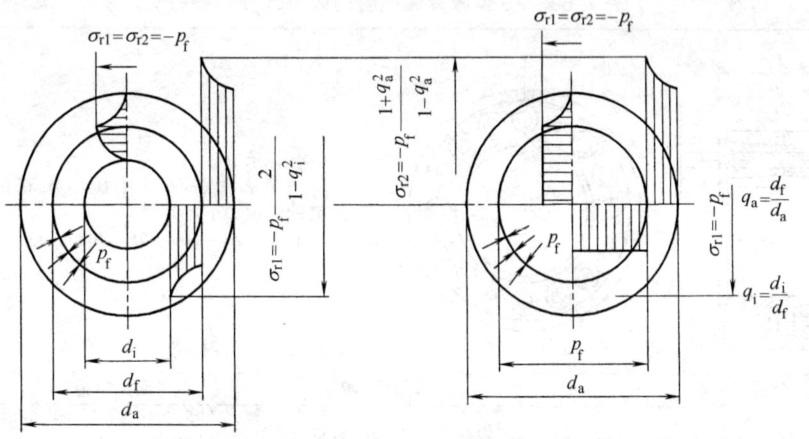

图 7-18 过盈连接配合面应力分布

7.4.1 圆柱面过盈连接计算公式

表 7-53 过盈连接所需的最小过盈量（摘自 GB/T 5371—2004）

计算内容		计算公式	说明
传递载荷所需的最小结合压力	传递转矩 T	$p_{fmin}=\dfrac{2T}{\pi d_f^2 l_f \mu}$	l_f 为配合长度
	承受轴向力 F_x	$p_{fmin}=\dfrac{F_x}{\pi d_f l_f \mu}$	μ 为摩擦因数
	传递力	$p_{fmin}=\dfrac{F_t}{\pi d_f^2 l_f \mu}$	$F_t=\sqrt{F_x^2+\left(\dfrac{2T}{d_t}\right)^2}$
包容件直径比		$q_a=\dfrac{d_f}{d_a}$	
被包容件直径比		$q_i=\dfrac{d_i}{d_f}$	对实心轴 $q_i=0$
包容件传递载荷所需的最小直径变化量		$e_{amin}=p_{fmin}\dfrac{d_f}{E_a}C_a$	$C_a=\dfrac{1+q_a^2}{1-q_a^2}+\nu_a$ 系数 C_a 值可查表 7-55
被包容件传递载荷所需的最小直径变化量		$e_{imin}=p_{fmin}\dfrac{d_f}{E_i}C_i$	$C_i=\dfrac{1+q_i^2}{1-q_i^2}-\nu_i$ 系数 C_i 值可查表 7-55
传递载荷所需的最小有效过盈量		$\delta e_{imin}=e_{amin}+e_{imin}$	
考虑压平量的最小过盈量		$\delta_{min}=\delta_{emin}+2(S_a+S_i)$	对纵向过盈联结，取 $S_a=1.6Ra_a$，$S_i=1.6Ra_i$

表 7-54　计算过盈连接不产生塑性变形所允许的最大过盈量

计算内容	计算公式	说明
包容件不产生塑性变形所允许的最大结合压力	塑性材料：$p_{famax}=a\sigma_{sa}$ 脆性材料：$p_{famin}=b\dfrac{\sigma_{ba}}{2\sim3}$	$a=\dfrac{1-q_a^2}{\sqrt{3+q_a^4}}$，$b=\dfrac{1-q_a^2}{1+q_a^2}$ 系数 a、b 值可查图 7-19
被包容件不产生塑性变形所允许的最大结合压力	塑性材料：$p_{fimax}=c\sigma_{si}$ 脆性材料：$p_{fimax}=c\dfrac{\sigma_{bi}}{2\sim3}$	$c=\dfrac{1-q_i^2}{2}$ 系数 c 值可查图 7-19 当实心轴 $q_i=0$ 时，$c=0.5$
连接件不产生塑性变形的最大结合压力	p_{fmax} 取 p_{famax} 和 p_{fimax} 中的较小者	
连接件不产生塑性变形的传递力	$F_t=p_{fmax}\pi d_f l_f \mu$	
包容件不产生塑性变形所允许的最大直径变化量	$e_{amax}=\dfrac{p_{fmax}d_f}{E_a}C_a$	$C_a=\dfrac{1+q_a^2}{1-q_a^2}+\gamma_a$ 系数 C_a 值可查表 7-55
被包容件不产生塑性变形所允许的最大直径变化量	$e_{imax}=\dfrac{p_{fmax}d_f}{E_i}C_i$	$C_i=\dfrac{1+q_i^2}{1-q_i^2}-\gamma_i$ 系数 C_i 值可查表 7-55
连接件不产生塑性变形所允许的最大有效过盈量	$\delta_{emax}=e_{emax}+e_{imax}$	

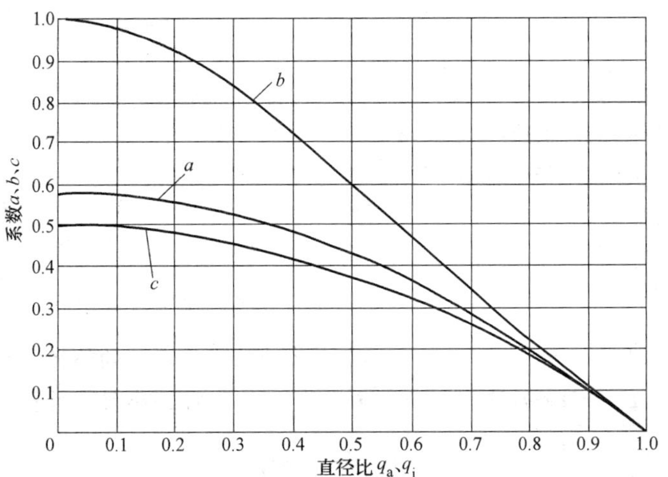

图 7-19　系数 a、b、c 曲线

表 7-55　系数 C_a 和 C_i

直径比 q_a 或 q_i	C_a		C_i	
	$\nu_a=0.3$	$\nu_a=0.25$	$\nu_i=0.3$	$\nu_i=0.25$
0			0.700	0.750
0.10	1.320	1.270	0.720	0.770
0.14	1.340	1.290	0.740	0.790
0.20	1.383	1.333	0.783	0.833
0.25	1.433	1.383	0.833	0.883
0.28	1.470	1.420	0.870	0.920
0.31	1.512	1.426	0.912	0.962
0.35	1.579	1.529	0.979	1.029

（续）

直径比 q_a 或 q_i	C_a		C_i	
	$\nu_a=0.3$	$\nu_a=0.25$	$\nu_i=0.3$	$\nu_i=0.25$
0.40	1.681	1.631	1.081	1.131
0.45	1.808	1.758	1.208	1.258
0.50	1.967	1.917	1.367	1.417
0.53	2.081	2.031	1.481	1.531
0.56	2.214	2.164	1.614	1.664
0.60	2.425	2.375	1.825	1.875
0.63	2.616	2.566	2.016	2.066
0.67	2.929	2.879	2.329	2.379
0.71	3.333	3.283	2.733	2.783
0.75	3.871	3.821	3.271	3.321
0.80	4.855	4.805	4.255	4.305
0.85	6.507	6.457	5.907	5.957
0.90	9.826	9.776	9.226	9.276

注：ν 为泊松比。

7.4.2　配合的选择原则

1）过盈配合按 GB/T 1800.1、GB/T 1800.2 和 GB/T 1801 的规定选择。

2）选出的配合，其最大过盈量［δ_{max}］和最小过盈量［δ_{min}］应满足下列要求：

① 保证过盈连接传递给定的载荷：［δ_{min}］>δ_{min}。

② 保证连接件不产生塑性变形：［δ_{max}］≤δ_{emin}。

7.4.3　配合的选择步骤

1）初选基本过盈量 δ_b。

① 一般情况，可取 $\delta_b \approx \dfrac{\delta_{min}+\delta_{emax}}{2}$。

② 当要求有较多的连接强度储备时，可取$\delta_{emax}>\delta_b>\dfrac{\delta_{min}+\delta_{emax}}{2}$。

③ 当要求有较多的连接件材料强度储备时，可取 $\delta_{min}<\delta_b<\dfrac{\delta_{min}+\delta_{emax}}{2}$。

2）按初选的基本过盈量 δ_b 和结合直径 d_f，由图 7-20 查出配合的基本偏差代号。

3）按基本偏差代号和 δ_{emax}、δ_{min}，由 GB/T 1801 和 GB/T 1800.2 确定选用的配合和孔、轴公差带。

配合选择参考图如图 7-20 所示。

7.4.4　校核计算（见表 7-56）

7.4.5　包容件的外径扩大量和被包容件的内径缩小量的计算（见表 7-57）

表 7-56　校核计算公式

计算内容	计算公式	说　明
最小传递力	$F_{fmin}=[p_{fmin}]\pi d_f l_f \mu$	$[p_{fmin}]=\dfrac{[\delta_{min}]-2(S_a+S_i)}{d_f\left(\dfrac{C_a}{E_a}+\dfrac{C_i}{E_i}\right)}$
包容件的最大应力	塑性材料：$\sigma_{amax}=\dfrac{[p_{fmax}]}{a}$ 脆性材料：$\sigma_{amax}=\dfrac{[p_{fmax}]}{b}$	$[p_{fmax}]=\dfrac{[\delta_{max}]}{d_f\left(\dfrac{C_a}{E_a}+\dfrac{C_i}{E_i}\right)}$
被包容件的最大应力	$\sigma_{imax}=\dfrac{[p_{fmax}]}{c}$	

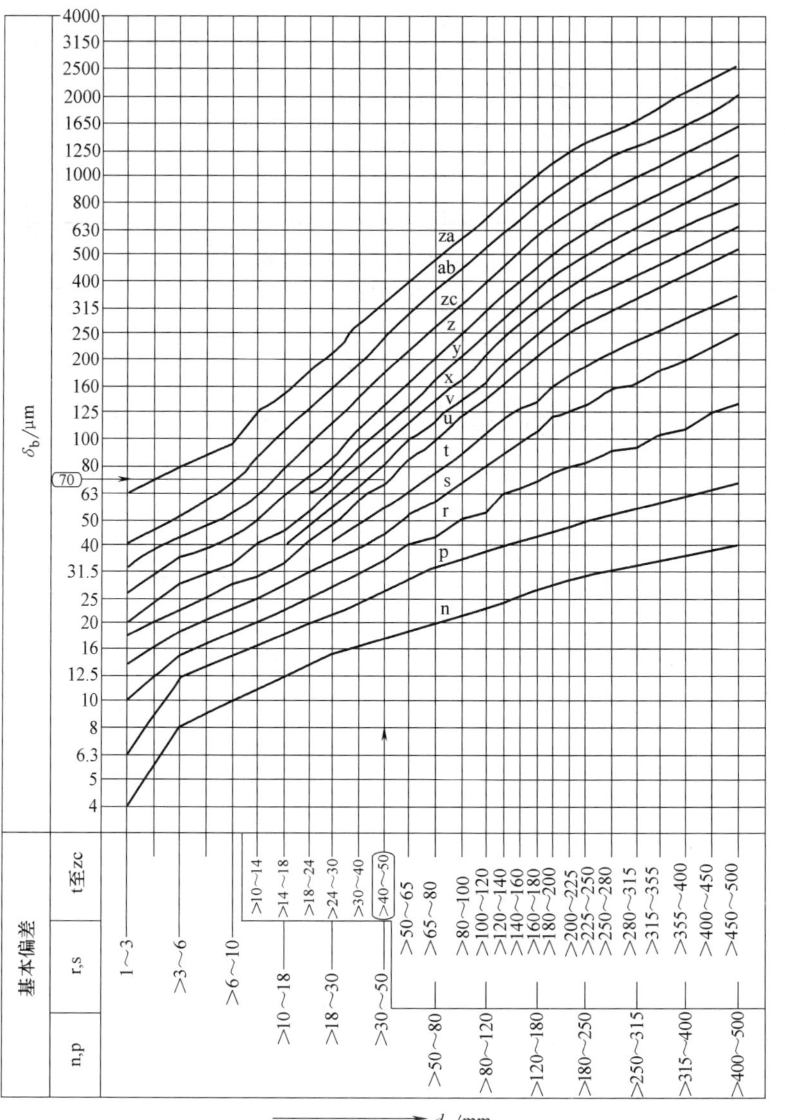

图 7-20　配合选择参考图（摘自 GB/T 5371—2004）

表 7-57　过盈配合引起的非配合处直径变化计算公式

计算内容	计算公式	说　明	计算内容	计算公式	说　明
包容件的外径扩大量	$\Delta d_a=\dfrac{2p_f d_a q_a^2}{E_a(1-q_i^2)}$	p_f 取（p_{fmax}）或（p_{fmin}）	被包容件的内径缩小量	$\Delta d_i=\dfrac{2p_f d_i}{E_i(1-q_i^2)}$	p_f 取（p_{fmax}）或（p_{fmin}）

7.4.6　过盈配合计算常用数值（见表 7-58～表 7-60）

表 7-58　纵向过盈连接的摩擦因数

材　料	摩擦因数 μ	
	无润滑	有润滑
钢-钢	0.07～0.16	0.05～0.13
钢-铸钢	0.11	0.08
钢-结构钢	0.10	0.07
钢-优质结构钢	0.11	0.08

（续）

材　料	摩擦因数 μ	
	无润滑	有润滑
钢-青铜	0.15~0.2	0.03~0.06
钢-铸铁	0.12~0.15	0.05~0.10
铸铁-铸铁	0.15~0.25	0.05~0.10

表 7-59　横向过盈连接的摩擦因数

材　料	结合方式、润滑	摩擦因数 μ
钢-钢	油压扩径，压力油为矿物油	0.125
	油压扩径，压力油为甘油，结合面排油干净	0.18
	在电炉中加热包容件至 300℃	0.14
	在电炉中加热包容件至 300℃以后，结合面脱脂	0.2
钢-铸铁	油压扩径，压力油为矿物油	0.1
钢-铝镁合金	无润滑	0.10~0.15

表 7-60　弹性模量、泊松比和线膨胀系数

材　料	弹性模量 E/MPa	泊松比 ν	线膨胀系数 $\alpha/10^{-6}℃^{-1}$	
			加热　≈	冷却　≈
碳钢、低合金钢、合金结构钢	200000~235000	0.3~0.31	11	-8.5
灰口铸铁 HT15-33 HT20-40	70000~80000	0.24~0.25	10	-8
灰口铸铁 HT25-47 HT30-54	105000~130000	0.24~0.26	10	-8
可锻铸铁	90000~100000	0.25	10	-8
非合金球墨铸铁	160000~180000	0.28~0.29	10	-8
青铜	85000	0.35	17	-15
黄铜	80000	0.36~0.37	18	-16
铝合金	69000	0.32~0.36	21	-20
镁合金	40000	0.25~0.3	25.5	-25

7.5　圆锥过盈配合的计算和选用

7.5.1　圆锥过盈连接的特点、型式及用途

（1）圆锥过盈连接的特点

1）包容件和被包容件无须加热或冷却就能进行装配。

2）可实现较小直径的装配。

3）当轴向定位要求不高时，可得到配合零件的互换性。

4）可通过控制轴向位移来精确地调整其过盈量。

5）可实现多次拆装，并不损伤其结合面。

（2）圆锥过盈连接的型式及用途　圆锥过盈连接有以下两种型式：

1）不带中间套的圆锥过盈连接（图 7-21）。用于中、小尺寸，或不需要多次装拆的连接。

2）带中间套的圆锥过盈连接。用于大型、重载和需要多次装拆的连接。图 7-22a 所示为带外锥面中间套的圆锥过盈连接；图 7-22b 所示为带内锥面中间套的圆锥过盈连接。

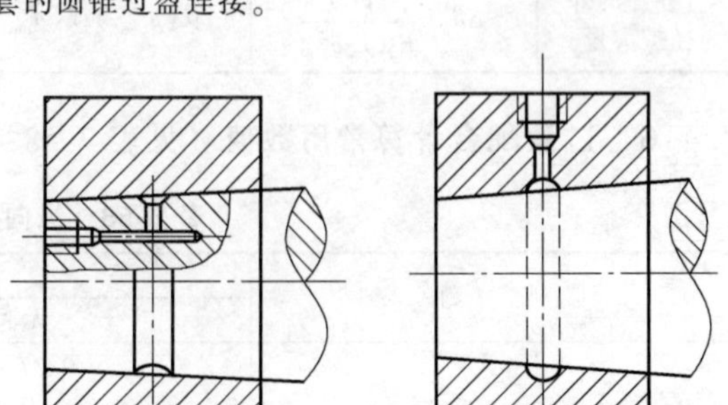

图 7-21　不带中间套的圆锥过盈连接

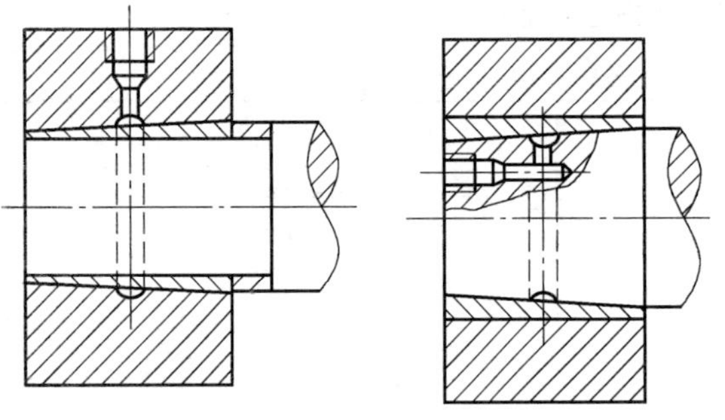

图 7-22　带中间套的圆锥过盈连接
a）外锥面中间套　b）内锥面中间套

7.5.2　计算用的主要符号、含义和单位（见表 7-61）

表 7-61　计算用的主要符号、含义和单位
（摘自 GB/T 15755—1995）

符号	含　　义	单位
δ	过盈量	mm
δ_e	有效过盈量	mm
d_{f1}	结合面最小圆锥直径	mm
d_{f2}	结合面最大圆锥直径	mm
d_m	结合面平均圆锥直径	mm
d_a	包容件外径	mm
d_i	被包容件内径	mm
l_f	结合长度	mm
C	结合面锥度	/
q_a	包容件直径比	/
q_i	被包容件直径比	/
S_a	包容件压平深度	mm
S_i	被包容件压平深度	mm
e_a	包容件直径变化量	mm
e_i	被包容件直径变化量	mm
p_f	结合压力	MPa
p_x	装拆油压	MPa
T	转矩	N · mm
F_x	轴向力	N
F_t	传递力	N
F_{xi}	压入力	N
F_{xe}	压出力	N
Δp_f	中间套变形所需压力	MPa
E_a	轴向位移量	mm
d	中间套圆柱面直径	mm
d_{fi1}	中间套最小圆锥直径	mm
d_{fi2}	中间套最大圆锥直径	mm
X	中间套与相关件配合间隙	mm
K	安全系数	/
μ	摩擦因数	/
ν	泊松比	/
σ_s	屈服强度	MPa
σ_b	抗拉强度	MPa
E	弹性模量	MPa
R_a	轮廓算术平均偏差	mm

注：除另有说明外，表中符号加下标“a”表示包容件；“i”表示被包容件。

7.5.3　计算基础与假定条件

1）计算是以两个简单厚壁圆筒在弹性范围内的连接为计算基础。

2）计算的假定条件：包容件与被包容件处于平面应力状态，即轴向应力 $\sigma_z=0$；包容件与被包容件在结合长度上结合压力为常数；材料的弹性模量为常数；计算的强度理论按变形能理论。

3）圆锥面过盈连接的计算与 GB 5371 规定的圆柱面过盈连接计算相同，但应注意如下：

① 结合直径 d_f 应以结合面平均圆锥直径 d_m 代替，即

$$d_m=d_{f2}-\frac{Cl_f}{2}\quad 或\ d_m=d_{f1}+\frac{Cl_f}{2}\quad 或\ d_m=\frac{1}{2}(d_{f1}+d_{f2})$$

② 材料是否产生塑性变形，应以装拆油压进行计算。装拆油压一般比实际结合压力大 10%。

③ 用油压装拆时，结合面间存在油膜，因此装拆时的摩擦因数与连接工作时的摩擦因数不同。在连接工作时的摩擦因数，推荐取 $\mu=0.12$；用油压装拆时的摩擦因数，推荐取 $\mu=0.02$。

④ 圆锥过盈连接的锥度 C，推荐选用 1 : 20，1 : 30，1 : 50。其结合长度推荐为 $l_f\leqslant1.5d_m$。

7.5.4　计算公式（见表 7-62 和表 7-63）

表 7-62　圆锥过盈连接传递载荷所需的最小过盈量

计算内容		计算公式	说明
传递载荷所需的最小结合压力	传递转矩	$p_{fmin}=\dfrac{2TK}{\pi d_m^2 l_f\mu}$	根据连接的重要程度，推荐 $K=1.2\sim3$。
	承受轴向力	$p_{fmin}=\dfrac{F_xK}{\pi d_m l_f\mu}$	连接工作时摩擦因数 μ 查表 7-59，推荐：$\mu=0.12$
	传递力	$p_{fmin}=\dfrac{F_tK}{\pi d_m l_f\mu}$	$F_t=\sqrt{F_x^2+\left(\dfrac{2T}{d_m}\right)^2}$
包容件直径比		$q_a=\dfrac{d_m}{d_a}$	
被包容件直径比		$q_i=\dfrac{d_i}{d_m}$	对实心轴 $q_i=0$
包容件传递载荷所需的最小直径变化量		$e_{amin}=p_{fmin}\dfrac{d_m}{E_a}C_a$	$C_a=\dfrac{1+q_a^2}{1-q_a^2}+\gamma_a$ C_a 值查表 7-55
被包容件传递载荷所需的最小直径变化量		$e_{imin}=p_{fmin}\dfrac{d_m}{E_i}C_i$	$C_i=\dfrac{1+q_i^2}{1-q_i^2}-\gamma_i$ G 值可查（本手册表 7-55）
传递载荷所需的最小有效过盈量		$\delta_{emin}=e_{amin}+e_{imin}$	
考虑压平量的最小过盈量		$\delta_{min}=\delta_{emin}+2(S_a+S_i)$	不带中间套： $S_a=1.6R_{aa}$ $S_i=1.6R_{ai}$ 带中间套： $S_a=1.6(R_{aa}+R_{aaa})$ $S_i=1.6(R_{ai}+R_{aii})$

表 7-63　圆锥过盈连接件不产生塑性变形所容许的最大有效过盈量

计算内容	计算公式	说　明
包容件不产生塑性变形所容许的最大结合压力	塑性材料：$p_{famax}=a\sigma_{sa}$ 脆性材料：$p_{famax}=b\cdot\dfrac{\sigma_{ha}}{2\sim3}$	$a=\dfrac{1-q_a^2}{\sqrt{3+q_a^4}}$ $b=\dfrac{1-q_a^2}{1+q_a^2}$ a、b 值可查图 7-19
被包容件不产生塑性变形所容许的最大结合压力	塑性材料：$p_{fimax}=c\cdot\sigma_{si}$ 脆性材料：$p_{fimax}=c\cdot\dfrac{\sigma_{bi}}{2\sim3}$	$c=\dfrac{1-q_i^2}{2}$ c 值可查图 7-19 对实心轴 $q_i=0$ 此时 $c=0.5$
连接件不产生塑性变形的最大结合压力	p_{fmax} 取 p_{famax} 和 p_{fimax} 中的较小者	
包容件不产生塑性变形所容许的最大直径变化量	$e_{amax}=\dfrac{p_{fmax}d_m}{E_a}C_a$	$C_a=\dfrac{1+q_a^2}{1-q_a^2}+\nu_a$ C_a 值可查表 7-55
被包容件不产生塑性变形所容许的最大直径变化量	$e_{imax}=\dfrac{p_{fmax}d_m}{E_i}C_i$	$C_i=\dfrac{1+q_i^2}{1-q_i^2}-\nu_i$ C_i 可查表 7-55
连接件不产生塑性变形所容许的最大有效过盈量	$\delta_{emax}=e_{amax}+e_{imax}$	

7.5.5　圆锥过盈配合的选用

过盈配合连接件的圆锥公差按 GB 11334《圆锥公差》选择，即给出圆锥的理论正确圆锥角 α（或锥度 C）和圆锥直径公差 T_D。由 T_D 确定两个极限圆锥。此时圆锥角误差和圆锥的形状误差均应在极限圆锥所限定的区域内。

当圆锥角公差、圆锥的形状公差有更高的要求时，可再给出圆锥角公差 AT、圆锥的形状公差 T_F。此时，AT 和 T_F 仅占 T_D 的一部分。

选出的配合，其最大过盈量［δ_{max}］和最小过盈量［δ_{min}］应满足下列要求：

1）保证过盈连接传递给定的载荷，即［δ_{min}］>δ_{min}。

2）保证连接件不产生塑性变形，即［δ_{max}］≤δ_{2max}。

配合的选择步骤：

1. 对结构型圆锥过盈配合

① 确定配合基准制，推荐优先选用基孔制。

② 初选基本过盈量 δ_b。一般情况，可取 $\delta_b\approx(\delta_{min}+\delta_{emax})/2$；当要求有较多的连接强度储备时，可取 $\delta_{emax}>\delta_b>(\delta_{min}+\delta_{emax})/2$；

当要求有较多的连接件材料强度储备时，可取 $\delta_{min}<\delta_b<(\delta_{min}+\delta_{emax})/2$。

③ 按初选的基本过盈量 δ_b 和以基本圆锥直径（一般取最大圆锥直径）为基本尺寸，由图 7-20 查出配合的基本偏差代号。

④ 按查出的基本偏差代号、基本圆锥直径和 δ_{emax}、δ_{min}，由 GB 1801～1802 确定选用的配合和内、外圆锥直径公差带。

2. 对位移型圆锥过盈配合

① 确定内、外圆锥直径公差带。其基本偏差，推荐选用 H、h、Js、js，公差等级，按 GB 1800 选取。

② 对有基面距要求的圆锥过盈配合，应根据基面距的尺寸公差要求，按 GB 12360—2005《圆锥配合》附录 C 计算选取内、外圆锥直径公差带。

③ 由 GB 1801 给出的极限过盈量（或自行确定），选取配合的最大过盈量［δ_{max}］和最小过盈量［δ_{min}］。

④ 按［δ_{min}］和［δ_{max}］计算轴向位移极限值 E_{amin}、E_{amax} 和轴向位移公差 T_E。

$$E_{amin}=\frac{1}{C}[\delta_{min}]\quad E_{amax}=\frac{1}{C}[\delta_{max}]$$

$$T_E=E_{amax}-E_{amin}$$

采用油压装拆圆锥过盈连接时，装配和拆卸的参数可按表 7-64 的公式进行计算。

表 7-64　油压装拆圆锥过盈连接计算公式（摘自 GB/T 15755—1995）

计算内容	计算公式	说明
确定中间套尺寸	外锥面中间套：$d_{fi1}=1.03d+3$ $d_{fi2}=d_{fi1}+Cl_f$ 内锥面中间套：$d_{fi2}=0.97d-3$ $d_{fi1}=d_{fi2}-Cl_f$	带中间套的圆锥过盈连接必须进行此项计算
中间套与相关件圆柱面配合	外锥面中间套推荐： $d\leqslant100$mm 时按$\frac{G_6}{h_5}$ $d>100\sim200$mm 时按$\frac{G_7}{h_6}$ $d>200$mm 时按$\frac{G_7}{h_7}$ 内锥面中间套推荐： $d\leqslant100$mm 时按$\frac{H_6}{n_5}$ $d>100$mm 时按$\frac{H_7}{p_6}$	
中间套与相关件圆柱面配合极限间隙	按 GB 1800 的规定计算： X_{min} X_{max}	计算中间套变形所需压力时按最大间隙
轴向位移的极限值	不带中间套： $E_{amin}=\frac{1}{C}[\delta_{min}]$ $E_{amax}=\frac{1}{C}[\delta_{max}]$ 带中间套： $E_{amin}=\frac{1}{C}\{[\delta_{min}]+X_{max}\}$ $E_{amax}=\frac{1}{C}\{[\delta_{max}]+X_{max}\}$	
装配时中间套变形所需压力	$\Delta p_f=\frac{EX_{max}}{2d}\left[1-\left(\frac{d}{d_m}\right)^2\right]$	
配合的最大结合压力	不带中间套： $[p_{fmax}]=\frac{[\delta_{max}]}{d_m\left(\frac{C_a}{E_a}+\frac{C_i}{E_i}\right)}$ 带中间套； $[p_{fmax}]=\frac{[\delta_{max}]}{d_m\left(\frac{C_a}{E_a}+\frac{C_i}{E_i}\right)}+\Delta p_f$	
装拆油压	$p_x=1.1[p_{fmax}]$	应使 $p_x<p_{fmax}$，否则应重新选择材料
压入力	$F_{xi}=p_x\pi d_m l_f\left(\mu+\frac{C}{2}\right)$	油压装配时的摩擦因数，推荐 $\mu=0.02$
压出力	$F_{xe}=p_x\pi d_m l_f\left(\mu-\frac{C}{2}\right)$	油压拆卸时的摩擦因数，推荐 $\mu=0.02$。当 $(\mu-c/2)$ 出现负数时，其压出力为负值。应注意采用安全措施，防止弹出

7.5.6　圆锥过盈连接校核计算（见表 7-65 和表 7-66）

表 7-65　圆锥过盈配合验算公式

计算内容		计算公式	说明
最小结合压力		$[p_{fmin}]=\dfrac{[\delta_{min}]-2(S_a+S_i)}{d_m\left(\dfrac{C_a}{E_a}+\dfrac{C_i}{E_i}\right)}$	S_a 和 S_i 按表 7-61 的规定
最小传递载荷	传递转矩	$M_{min}=\dfrac{[p_{fmin}]\pi d_m^2 l_f\mu}{2}$	连接工作时的摩擦因数，μ 值查 GB 5371，推荐 $\mu=0.12$
	传递力	$F_{tmin}=[p_{fmin}]\pi d_m l_f\mu$	
包容件最大应力		塑性材料：$\sigma_{amax}=\dfrac{p_x}{a}$ 脆性材料：$\sigma_{amax}=\dfrac{p_x}{b}$	
被包容件最大应力		$\sigma_{imax}=\dfrac{p_x}{c}$	

表 7-66　包容件的外径扩大量和被包容件的内径缩小量计算公式

计算内容	计算公式	说明
包容件的外径扩大量	$\Delta d_a=\dfrac{2p_f d_a q_a^2}{E_a(1-q_a^2)}$	p_f 取$[p_{fmax}]$或$[p_{fmin}]$
被包容件的内径缩小量	$\Delta d_i=\dfrac{2p_f d_i}{E_i(1-q_i^2)}$	p_f 取$[p_{fmax}]$或$[p_{fmin}]$
中间套与相关件圆柱面配合极限间隙	X_{min} X_{max}	按 GB 极限与配合有关表规查得、计算
轴向位移量 E_a 的极限值	不带中间套：$E_{amin}=\dfrac{1}{C}Y_{min}$ $E_{amax}=\dfrac{1}{C}Y_{max}$ 带中间套：$E_{amin}=\dfrac{1}{C}\{Y_{min}+X_{max}\}$ $E_{amax}=\dfrac{1}{C}\{Y_{max}+X_{max}\}$	Y_{min}—圆锥配合的最小过盈 Y_{max}—圆锥配合的最大过盈
装配时中间套变形所需压力	$\Delta p_f=\dfrac{EX_{max}}{2d}\left[1-\left(\dfrac{d}{d_m}\right)^2\right]$	
配合的最大结合压力	不带中间套：$[p_{fmax}]=\dfrac{Y_{max}}{d_m\left(\dfrac{C_2}{E_2}+\dfrac{C_1}{E_1}\right)}$ 带中间套：$[p_{fmax}]=\dfrac{Y_{max}}{d_m\left(\dfrac{C_2}{E_2}+\dfrac{C_1}{E_1}\right)}+\Delta p_f$	
装拆油压	$p_x=1.1[p_{fmax}]$	应使 $p_x<\min[p_{max1},p_{max2}]$ p_{max1}、p_{max2} 由表 7-64 求得
压入力	$F_{xi}=p_x\pi d_m l_f\left(\mu+\dfrac{C}{2}\right)$	C—锥度 油压装配时，摩擦因数推荐取 $\mu=0.02$
压出力	$F_{xe}=p_x\pi d_m l_f\left(\mu-\dfrac{C}{2}\right)$	拆卸时的摩擦因数，推荐取 $\mu=0.02$，当 F_{xe} 为负值时，应注意采用安全措施，防止弹出

7.5.7 设计计算例题

【例题 7-2】 设计圆锥过盈配合结构如图 7-23。包容件与被包容件材料 35CrMo，调质处理，硬度 269~302HBW，中间套材料 45 钢，调质硬度 241~286HBW。包容件外径 $d_2=460\text{mm}$，中间套圆柱面直径 $d=300\text{mm}$，结合面最大圆锥直径 $d_{f2}=320\text{mm}$，结合面长度 $l_f=400\text{mm}$，结合面锥度 $C=1:5=0.02$，包容件和被包容的屈服点 $\sigma_{s2}=\sigma_{s1}=540\text{MPa}$，包容件、被包容件和中间套的弹性模量 $E_2=E_1=E=2.1\times10^5\text{MPa}$。包容件和被包容件的泊松比 $\nu_2=\nu_1=0.3$。传递转矩 $T=370\text{kN}\cdot\text{m}$，承受轴向力 $F_a=470\text{kN}$。圆锥、圆柱结合面的轮廓算术平均偏差 $Ra=0.0016\text{mm}$。

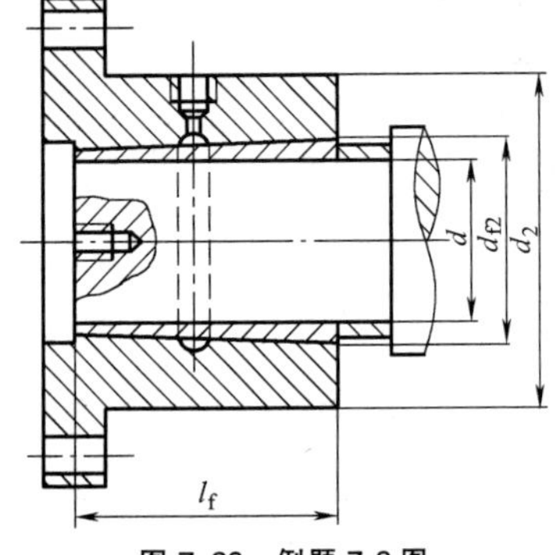

图 7-23 例题 7-2 图

【解】 1）计算此圆锥过盈配合传递的力所需最小压强

$$p_{min}=\frac{K\sqrt{F_a^2+\left(\frac{2T}{d_m}\right)^2}}{\mu\pi d_m l_f}$$

$$=\frac{1.5\sqrt{470000^2+\left(\frac{2\times370000000}{316}\right)^2}}{0.12\times\pi\times316\times400}\text{MPa}$$

$$=75.2\text{MPa}$$

式中，结合面平均圆锥直径 $d_m=d_{f2}-\frac{Cl_f}{2}=\left(320-\frac{\frac{1}{50}\times400}{2}\right)\text{mm}=316\text{mm}$

根据 GB/T 15755—1995 推荐取 $K=1.2\sim3$，$\mu=0.12$，本题目中取 $K=1.5$。

2）计算传递外载荷所需最小过盈

$$\delta_{emin}=p_{min}d_m\left(\frac{C_1}{E_1}+\frac{C_2}{E_2}\right)\times10^3$$

$$=\left[75.2\times316\times\left(\frac{0.7+3.0877}{2.1\times10^5}\right)\times10^3\right]\mu\text{m}$$

$$=428.6\mu\text{m}$$

式中，$C_1=\frac{1+(d_1/d_m)^2}{1-(d_1/d_m)^2}-\nu_1=\frac{1+\left(\frac{0}{316}\right)^2}{1-\left(\frac{0}{310}\right)^2}-0.3$

$$=0.7$$

$$C_2=\frac{1+(d_m/d_2)^2}{1-(d_m/d_2)^2}-\nu_2=\frac{1+\left(\frac{316}{460}\right)^2}{1-\left(\frac{316}{460}\right)^2}+0.3$$

$$=3.0877$$

3）考虑压平量的要求最小过盈量

$$\delta_{min}=\delta_{emin}+2u\times2$$

$$=\delta_{emin}+2\times1.6(R_{a1}+R_{a2})$$

$$=[428.6+2\times1.6(1.6+1.6)\times2]\mu\text{m}$$

$$=449.1\mu\text{m}$$

式中，因为锥套内外与轴和包围件接触，共有 4 个表面，所以 $2u$ 应加倍计算。

4）计算不产生塑性变形所容许的最大结合压力。对包容件：

$$p_{max2}=\frac{1-(d_m/d_2)^2}{\sqrt{3+(d_m/d_2)^4}}\times\sigma_{s2}$$

$$=\left(\frac{1-(316/460)^2}{\sqrt{3+(316/460)^4}}\times540\right)\text{MPa}=158.8\text{MPa}$$

对被包容件：

$$p_{max1}=\frac{1-(d_1/d_m)^2}{2}\sigma_{s1}$$

$$=\left(\frac{1-(0/316)^2}{2}\times540\right)\text{MPa}=270\text{MPa}$$

取 p_{max1}、p_{max2}之较小者作为连接件不产生塑性变形的最大允许值，并按它计算最大的容许直径变化量。

5）计算不产生塑性变形允许的最大直径变化量

$$\delta_{emax}=p_{max2}d_m\left(\frac{C_1}{E_1}+\frac{C_2}{E_2}\right)\times10^3$$

$$=\left[158.8\times316\left(\frac{0.7+3.0877}{2.1\times10^5}\right)\times10^3\right]\mu\text{m}$$

$$=905\mu\text{m}$$

6）选择配合

① 确定内外锥直径公差。内外锥的锥度为 1：50，选取内锥公差 H7，外锥公差 h6。

② 选定过盈量：

最小过盈　$Y_{min}>\delta_{min}=449.1\mu\text{m}$

最大过盈　$Y_{max}<\delta_{emax}=905\mu\text{m}$

据此，按国家标准选 $\phi316\frac{\text{H7}}{\text{x6}}$。

公差为 $\phi316\text{H7}\begin{pmatrix}+0.057\\0\end{pmatrix}$；$\phi316\text{x6}\begin{pmatrix}+0.626\\+0.590\end{pmatrix}$。

由以上数据求得 $Y_{min}=(590-57)\ \mu m=533\mu m$

$$Y_{max}=626\mu m$$

③ 选定中间套与轴的圆柱面配合：

选配合 $\phi300\dfrac{G7}{h7}$，得 $\phi300G7^{+0.69}_{+0.17}$；$\phi300h7^{\ 0}_{-0.52}$。

由以上数据求得：

最大间隙　$X_{max}=(69+52)\ \mu m=121\mu m$

最小间隙　$X_{min}=(17-0)\ \mu m=17\mu m$

7）计算轴向位移的极限值

$$E_{amax}=\frac{Y_{max}+X_{max}}{C}=\frac{0.626+0.121}{\dfrac{1}{50}}mm=37.35mm$$

$$E_{amin}=\frac{Y_{min}+X_{max}}{C}=\frac{0.533+0.121}{\dfrac{1}{50}}mm=32.7mm$$

8）装配时中间套变形所需的压力：

$$\Delta p_f=\frac{EX_{max}}{2d}\left[1-\left(\frac{d}{d_m}\right)^2\right]$$

$$=\frac{2.1\times10^5\times0.121}{2\times300}\left[1-\left(\frac{300}{316}\right)^2\right]MPa$$

$$=4.18MPa$$

9）实际最大结合压力：

$$[p_{fmax}]=\frac{Y_{max}}{d_m\left(\dfrac{C_2}{E_2}+\dfrac{C_1}{E_1}\right)}+\Delta p_f$$

$$=\left[\frac{0.626}{316\left(\dfrac{3.0877+0.7}{2.1\times10^5}\right)}+4.18\right]MPa$$

$$=114MPa$$

10）装拆油压：

$$p_x=1.1[p_{fmax}]=(1.1\times114)MPa$$

$$=125.4MPa$$

11）压入力：

$$F_{xi}=p_x\pi d_m l_f\left(\mu+\frac{C}{2}\right)$$

$$=\left[125.4\times\pi\times316\times400\times\left(0.2+\frac{0.02}{2}\right)\right]kN$$

$$=1494kN$$

12）压出力：

$$F_{xe}=p_x\pi d_m l_f\left(\mu-\frac{C}{2}\right)$$

$$=125.4\times\pi\times316\times400\times\left(0.02-\frac{0.02}{2}\right)kN$$

$$=498kN$$

校核计算：

1）实际最小结合压力

$$[p_{fmin}]=\frac{Y_{min}-2\times2u}{d_m\left(\dfrac{C_1}{E_1}+\dfrac{C_2}{E_2}\right)}$$

$$=\frac{0.533-2\times2\times1.6\times(0.0016+0.0016)}{316\times\left(\dfrac{0.7+3.0877}{2.1\times10^5}\right)}MPa$$

$$=89.92MPa$$

2）传递最小载荷

① 传递转矩：

$$T_{min}=\frac{[p_{fmin}]\pi d_m^2 l_f\mu}{2}$$

$$=\frac{89.92\times\pi\times316^2\times400\times0.12}{2}kN\cdot m$$

$$=677kN\cdot m$$

② 传递力：

$$F_{tmin}=[p_{fmin}]\pi d_m l_f\mu$$

$$=(89.92\times\pi\times316\times400\times0.12)kN$$

$$=4285kN$$

3）零件的应力

① 包容件最大应力：

$$\sigma_{2max}=\frac{p_x}{\dfrac{1-(d_m/d_2)^2}{\sqrt{3+(d_m/d_2)^4}}}$$

$$=\frac{125.4}{\dfrac{1-(316/460)^2}{\sqrt{3+(316/460)^4}}}MPa=426.4MPa<\sigma_{s2}$$

② 被包容件最大应力

$$\sigma_{1max}=\frac{p_x}{\dfrac{1-(d_1/d_m)^2}{2}}=\frac{125.4}{\dfrac{1-(0/316)}{2}}MPa$$

$$=250.8MPa<\sigma_{s1}$$

7.5.8　结构设计

7.5.8.1　结构要求

1）为了降低圆锥面过盈连接两端的应力集中，在包容件或被包容件端部可采用卸载槽、过渡圆弧等结构形式。

2）连接件材料相同时，为了避免黏着和装拆时表面擦伤，包容件和被包容件的结合面应具有不同的表面硬度。

3）为了便于装拆，在包容件结合面的两端加工成15°的倒角，或在被包容件两端加工成过渡圆槽。

4）进油孔和进油环槽，可以设在包容件上，也可以设在被包容件上，以结构设计允许和装拆方便为准。进油环槽的位置，应放在大约位于包容件的重心处，但不能离两端太近，以免影响密封性。

5）进油环槽的边缘必须倒圆，以免影响结合面压力油的挤出。

6）为了使油压分布均匀，并能迅速建立油压和释放油压，应在包容件或被包容件结合面上刻排油槽。

在被包容件的结合面上，沿轴向刻有 4~8 条均匀分布的细刻线，如图 7-24 所示，也可在包容件的结合面上，刻一条螺旋形的细刻线，如图 7-25 所示。

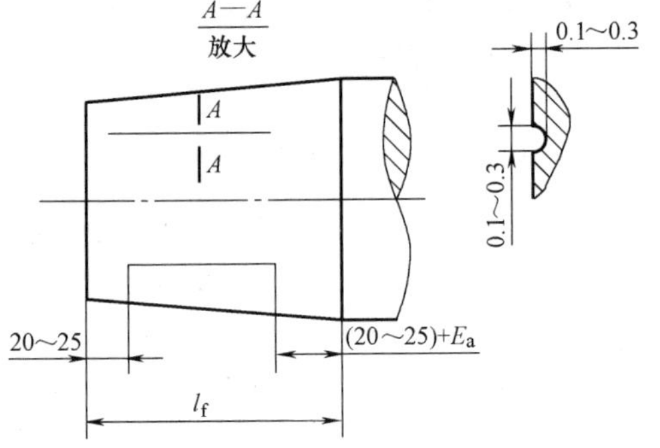

图 7-24　包容件上轴向细刻线

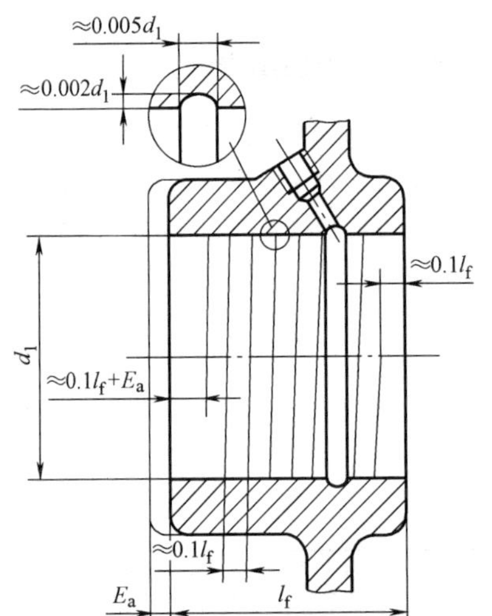

图 7-25　包容件上的螺旋形细刻线

7）需多次装拆或大尺寸圆锥过盈连接，应采用中间套。中间套一般采用 45 钢，并经调质处理，其硬度 241~286HBW。

8）经多次装拆的圆锥过盈连接，由于表面压平过盈量减小，设计压入行程应比计算值加大 0.5~1mm。

7.5.8.2　对结合面的要求

（1）尺寸精度　包容件最大圆锥直径公差按 GB 1800规定的 IT6 或 IT7 选取；被包容件的最大圆锥直径公差按 GB 1800 规定的 IT5 或 IT6 选取。

（2）表面粗糙度

① 对圆锥面：当 $d_m \leqslant 180$mm 时，$R_a \leqslant 0.8\mu m$；当 $d_m > 180$mm 时，$Ra \leqslant 1.6\mu m$。

② 对圆柱面：$Ra \leqslant 1.6\mu m$。

（3）接触精度　圆锥面接触率应不低于 80%。

7.5.8.3　压力油的选择

1）通常使用矿物油，推荐油在 50℃ 时的运动黏度为 $30 \sim 45 mm^2/s$。

2）油应清洁，不得含有杂质和污物。

7.5.8.4　装配和拆卸

（1）装配

1）将连接件的结合面擦净，并涂以润滑油。

2）将连接件装在一起，用手推移包容件，直至推不动时为止，以此状态下的位置为压入行程的起点。

3）压装开始时，轴向压力不能过大。以后随着油压的加大而逐步提高，但不能超过最大轴向压力。

4）压装之后，轴向压力应继续保持 15~30min，以免包容件脱出。

5）压装后应放置 3h 才可承受载荷。

6）压装速度一般为 2~5mm/s。

（2）拆卸

1）拆卸时高压油应缓慢注入，需 5~10min 才可将套脱开。

2）拆卸时油的压力一般不超过规定值。当拆卸困难时，可适当提高油压，但最大不得超过规定值的 10%。

3）锥度大的圆锥过盈连接件，在油压下脱开时有自卸能力$\left(\mu - \frac{C}{2} < 0\right)$，必须采取防护措施，防止包容件自动弹出。

7.5.9　螺母压紧的圆锥面过盈连接

这种连接见图 7-26。拧紧螺母可使配合面压紧，形成过盈结合。大多用于轴端连接，有时可作为过载

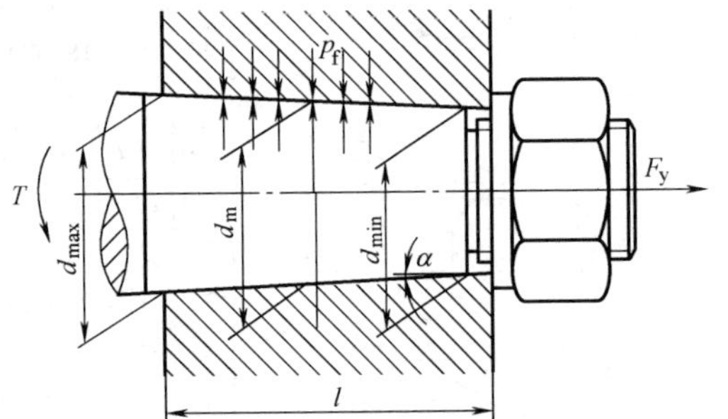

图 7-26　螺母压紧的过盈连接

保护装置。

配合面的锥度小时，所需的轴向力小，但不易拆卸；锥度大时，拆卸方便，但所需轴向力增大。通常锥度可取 1∶30~1∶8。

连接计算可根据圆锥面过盈连接的特点，参考表 7-62 公式进行。

图 7-26 中，轴向力 F_y 与锥面间压力 p_f、传递转矩 T 之间的关系式为

$$F_y = p_f \pi d l \tan\left(\frac{\alpha}{2}+\beta\right)$$

$$T = p_f \pi d_m^2 l \mu / 2$$

式中　d_m——锥面平均直径；

l——锥面长度；

β——摩擦角，可取为 6°~7°，$\tan\beta=\mu$；

α——锥顶角，$\tan\alpha = 1:8 \sim 1:30$。

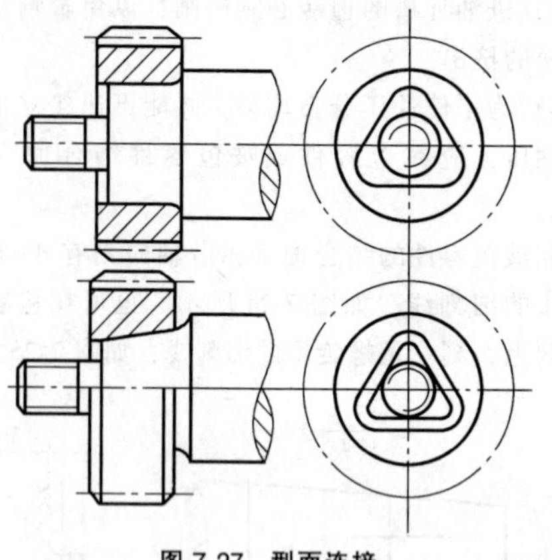

图 7-27　型面连接

3）加工比较复杂，特别是为了保证配合精度，最后工序大多要在专用机床上进行磨削加工。

型面连接起始于 16 世纪的钟表机械，因其制造工艺复杂，逐渐被键或花键所取代，美国、德国、苏联、瑞典和瑞士等国，对型面连接进行了系统的研究，并在机床与工具等产业中采用。我国也开展了这方面的研究。

7.6　型面连接

7.6.1　结构、特点和应用

轮毂与轴沿光滑非圆表面接触而构成的连接，称为型面连接（见图 7-27）。轴和毂孔可做成柱形或锥形。前者只能传递转矩，可用于不在载荷下移动的间隙连接；后者除传递转矩外，还能传递轴向力，当不允许有间隙和可靠性要求较高时，常采用锥形非圆表面。

型面连接特点：

1）装拆方便，能保证良好的对中性。

2）连接面上没有应力集中源，减少了应力集中，故可传递较大的转矩。

7.6.2　型面连接的廓形和尺寸

型面连接的廓形在我国尚未标准化。为测量和加工方便，大多数推荐等距廓形（见图 7-27），具有对应两条相互平行的切线距离相等的性质。其廓形有凸多边形、圆弧多边形和直线包络等距廓形三大类（见图 7-28）。

德国已有三边形型面连接 P3G 的标准 DIN32711 和方形型面连接 P4C 的标准 DIN32712。其廓形见表 7-67 中的表图。

表 7-67　型面连接尺寸

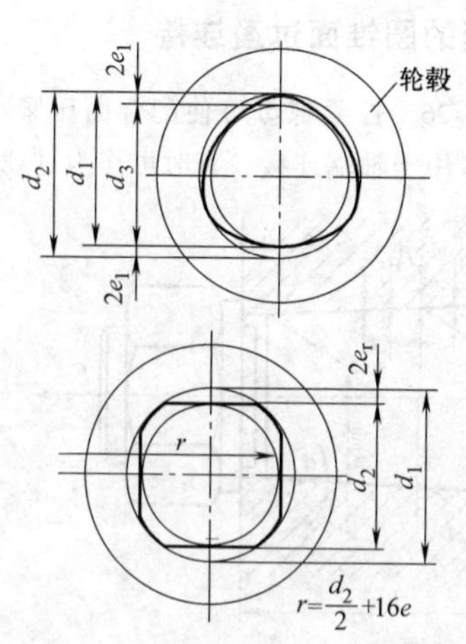

P3G DIN 32711								P4C DIN 32712							
d_1	d_2	d_3	e_1	d_1	d_2	d_3	e_1	d_1	d_2	e	e_r	d_1	d_2	e	e_r
14	14.88	13.12	0.44	50	53.6	46.4	1.8	14	11	1.6	0.75	50	43	6	1.75
16	17	15	0.5	55	59	51	2	16	13	2	0.75	55	48	6	1.75
18	19.12	16.88	0.56	60	64.5	55.5	2.25	18	15	2	0.75	60	53	6	1.75
20	21.26	18.74	0.63	65	69.9	60.1	2.45	20	17	3	0.75	65	58	6	1.75
22	23.4	20.6	0.7	70	75.6	64.4	2.8	22	18	3	1	70	60	6	2.5
25	26.6	23.4	0.8	75	81.3	68.7	3.15	25	21	5	1	75	65	6	2.5
28	29.8	26.2	0.9	80	86.7	73.3	3.35	28	24	5	1	80	70	8	2.5
30	32	28	1	85	92.1	77.9	3.55	30	25	5	1.25	85	75	8	2.5
32	34.24	29.76	1.12	90	98	82	4	32	27	5	1.25	90	80	8	2.5
35	37.5	32.5	1.25	95	103.5	86.5	4.25	35	30	5	1.25	95	85	8	2.5
40	42.8	37.2	1.4	100	109	91	4.5	40	35	6	1.25	100	90	8	2.5
45	48.2	41.8	1.6	—	—	—	—	45	40	6	1.25	—	—	—	—

P3G、P4C 廓形曲线在直角坐标系中，可用下列方程表示：

$$x=\frac{D_1}{2}\cos\phi-e\cos(n\phi)\cos\phi-ne\sin(n\phi)\sin\phi$$

$$y=\frac{D_1}{2}\sin\phi-e\cos(n\phi)\sin\phi+ne\sin(n\phi)\cos\phi$$

式中　n——边数，一般取 3 或 4。

表 7-67 中给出德国标准供参考。

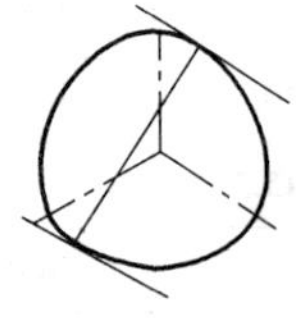

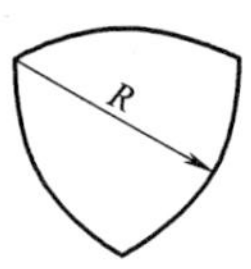

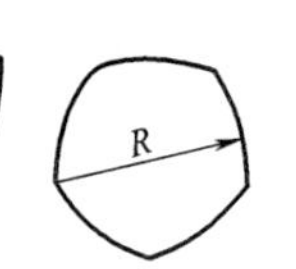

a)　b)

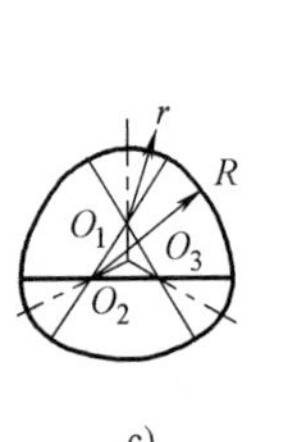

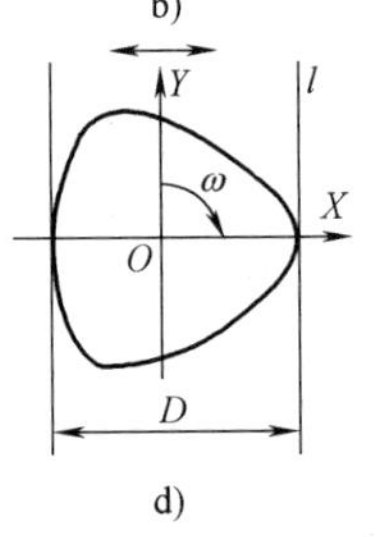

c)　d)

图 7-28　型面连接廓形

a）廓形测量图　b）凸多边形　c）圆弧 3 边形　d）直线包络廓形

7.6.3　强度计算公式

如图 7-29 所示，型面连接工作时，表面所受压力的分布情况。最大压强 p_{max} 的计算公式为

P3G 连接：$p_{max}=\dfrac{T}{l_f\ (2.36d_1e_1+0.05d_1^2)}$

P4G 连接：$p_{max}=\dfrac{T}{l_f\ (\pi d_re_r+0.05d_r^2)}$

式中　T——传递的转矩（N·mm）；

l_f——工作长度（mm）；

d_1——当量圆直径（mm）；

d_r——计算直径（mm），$d_r=d_2+2e$；

e_1、e_r——轮廓偏移量（mm）。

许用压强 $[p]=Kp$。

p_0 推荐值：钢和铸钢为 150MPa；灰铸铁为 90MPa；可锻铸铁为 110MPa；青铜、黄铜为 50MPa；AlCuMg 合金淬火为 100MPa。

载荷系数 K：单向转动、静载 $K=1.1$；单向转动、轻微冲击 $K=1$；单向转动、剧烈冲击 $K=0.75$；双向转动、轻微冲击 $K=0.6$；双向转动，剧烈冲击 $K=0.45$。

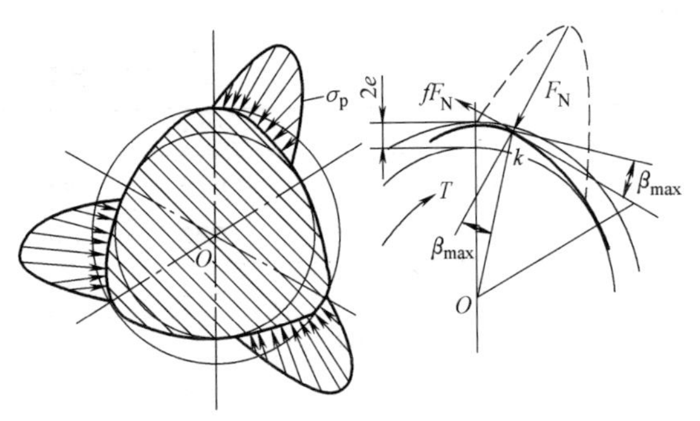

图 7-29　型面连接受力

7.7　星盘连接

星盘由特种弹簧钢经淬火与回火制成，形状如图 7-30 所示。当星盘受到轴向力时，其外径增大，内径缩小，从而形成与轮毂和轴的摩擦连接，可以传递载荷。

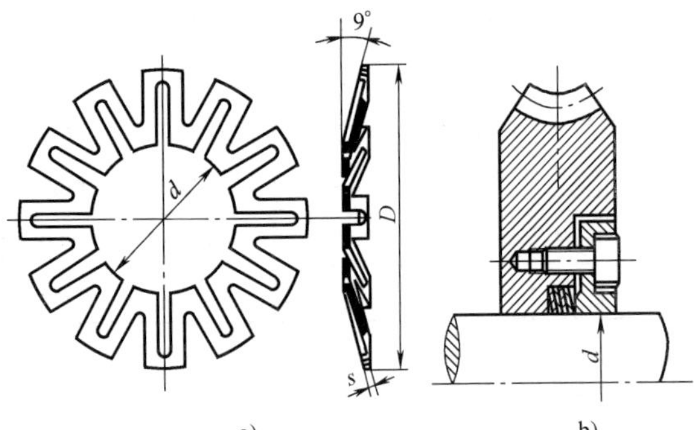

图 7-30　星盘连接

a）星盘的形状和尺寸　b）星盘连接

星盘连接的优点：

1）不削弱轴的载面。

2）连接完全没有间隙，有利受动载荷。

3）所需轴向压紧力小，可多次拆装。

4）装配时可以按需要，调整零件的轴向和周向位置。

5）与星盘连接的零件要求加工精度不高。

表 7-68 给出德国星盘资料供参考。选择的计算公式如下：

要求的螺钉预紧力

$$F_v=aF_t/i$$

式中　F_v——一个螺钉的预紧力；

a——连接中的星盘数目；

F_t——每个螺栓的预紧力（表 7-68）；

i——连接中的螺钉数目。

可传递的转矩

$$T_F = aT_t$$

式中　T_F——由连接传递的转矩；

a——连接中的星盘数；

T_t——每个星盘能传递的转矩（见表 7-68）。

表 7-68　星盘的资料（参考图 7-30）

d/mm	D/mm	S/mm	T_t/N·m	F_t/N	d/mm	D/mm	S/mm	T_t/N·m	F_t/N
6	18	0.5	0.34	180	30	52	1.15	25	2900
7	18	0.5	0.52	250	32	52	1.15	28.5	3300
8	18	0.5	0.72	310	36	52	1.15	33.5	3750
9	22	0.6	0.99	370	38	62	1.15	40.5	3600
10	22	0.6	1.26	430	40	62	1.15	45.5	4000
11	22	0.6	1.53	500	42	62	1.15	51	4450
12	27	0.65	1.95	520	45	62	1.15	60	5200
13	27	0.65	2.40	590	48	70	1.15	68	5000
14	27	0.65	2.80	680	50	70	1.15	75	5500
15	27	0.65	3.30	770	55	70	1.15	93	7000
16	37	0.9	5.10	1030	60	80	1.15	112	6800
17	37	0.9	5.90	1150	65	90	1.15	131	6700
18	37	0.9	6.80	1270	70	90	1.15	154	8000
20	37	0.9	8.70	1540	75	100	1.15	176	7800
22	42	0.9	9.90	1490	80	100	1.15	205	9300
24	42	0.9	12.20	1760	85	110	1.15	230	9000
25	42	0.9	13.50	1900	90	110	1.15	260	10600
28	52	1.15	21	2550	100	120	1.15	325	11900

7.8　销连接

7.8.1　销连接的类型、特点和应用（见表 7-69）

表 7-69　销连接的类型、特点和应用

类　型	结构图例	特点和应用
圆柱销 GB/T 119.1—2000 GB/T 119.2—2000		主要用于定位，也可用于连接。直径公差有 m6、h8 两种，以满足不同的使用要求。常用的加工方法是配钻、铰，以保证要求的装配精度
内螺纹圆柱销 GB/T 120.1—2000 GB/T 120.2—2000		主要用于定位，也可用于连接。内螺纹供拆卸用，有 A、B 型两种规格。B 型用于盲孔。直径公差只有 m6 一种。销钉直径最小为 6mm。常用的加工方法是配钻、铰，以保证要求的装配精度
无头销轴 GB/T 880—2008		两端用开口销锁住，拆卸方便。用于铰链连接处

（续）

<table>
<tr><th>类　型</th><th>结构图例</th><th colspan="2">特点和应用</th></tr>
<tr><td>弹性圆柱销　直槽　重型
GB/T 879.1—2000
弹性圆柱销　直槽　轻型
GB/T 879.2—2000</td><td></td><td colspan="2">有弹性，装配后不易松脱。钻孔精度要求低，可多次拆装。刚性较差，不适用于高精度定位。可用于有冲击、振动的场合</td></tr>
<tr><td>弹性圆柱销　卷制　重型
GB/T 879.3—2000
弹性圆柱销　卷制　标准型
GB/T 879.4—2000
弹性圆柱销　卷制　轻型
GB/T 879.5—2000</td><td></td><td colspan="2">销钉由钢板卷制，加工方便。有弹性，装配后不易松脱。钻孔精度要求低，可多次拆装。刚性较差，不适用于高精度定位。可用于有冲击、振动的场合</td></tr>
<tr><td>圆锥销
GB/T 117—2000</td><td>1:50</td><td colspan="2">有 1∶50 的锥度，与有锥度的铰制孔相配。拆装方便，可多次拆装，定位精度比圆柱销高，能自锁。一般两端伸出被连接件，以便拆装</td></tr>
<tr><td>内螺纹圆锥销
GB/T 118—2000</td><td>1:50</td><td colspan="2">螺纹孔用于拆卸。可用于盲孔，有 1∶50 的锥度，与有锥度的铰制孔相配。拆装方便，可多次拆装，定位精度比圆柱销高，能自锁。一般两端伸出被连接件，以便拆装</td></tr>
<tr><td>螺尾锥销
GB/T 881—2000</td><td>1:50</td><td colspan="2">螺纹孔用于拆卸，拆卸方便。有 1∶50 的锥度，与有锥度的铰制孔相配。拆装方便，可多次拆装，定位精度比圆柱销高，能自锁。一般两端伸出被连接件，以便拆装</td></tr>
<tr><td>开尾圆锥销
GB/T 877—1986</td><td>1:50</td><td colspan="2">有 1∶50 的锥度，与有锥度的铰制孔相配。打入销孔后，末端可以稍张开，避免松脱。用于有冲击、振动的场合</td></tr>
<tr><td>开口销
GB/T 91—2000</td><td></td><td colspan="2">用于锁定其他零件，如轴、槽形螺母等，是一种较可靠的锁紧方法，应用广泛</td></tr>
<tr><td>销轴
GB/T 882—2008</td><td></td><td colspan="2">用于作铰接轴，用开口销锁紧，工作可靠</td></tr>
<tr><td>槽销带导杆及全长平行沟槽
GB/T 13829.1—2004</td><td></td><td rowspan="4">沿销体母线辗压或模锻 3 条（相隔 120°）不同形状和深度的沟槽，打入销孔与孔壁压紧，不易松脱。能承受振动和变载荷。销孔不需铰光，可多次装拆</td><td rowspan="2">全长有平行槽，端部有导杆或倒角。销与孔壁间压力分布较均匀。用于有严重振动和冲击载荷的场合</td></tr>
<tr><td>槽销带倒角及全长平行沟槽
GB/T 13829.2—2004</td><td></td></tr>
<tr><td>槽销中部槽长为 1/3 全长
GB/T 13829.3—2004</td><td></td><td rowspan="2">槽中部的短槽等于全长的 1/2 或 1/3。常用作心轴，将带毂的零件固定在有槽处</td></tr>
<tr><td>槽销中部槽长为 1/2 全长
GB/T 13829.4—2004</td><td></td></tr>
</table>

（续）

类　型	结构图例	特点和应用	
槽销　全长锥槽 GB/T 13829.5—2004	1:50	沿销体母线辗压或模锻 3 条（相隔 120°）不同形状和深度的沟槽，打入销孔与孔壁压紧，不易松脱。能承受振动和变载荷。销孔不需铰光，可多次装拆	槽为楔形，作用与圆锥销相似。销与孔壁间压力分布不均匀。比圆锥销拆装方便而定位的精度较低
槽销　半长锥槽 GB/T 13829.6—2004			
槽销　半长倒锥槽 GB/T 13829.7—2004			常用作轴杆
圆头槽销 GB/T 13829.8—2004			可代替铆钉或螺钉，用于固定标牌、管夹子等
沉头槽销 GB/T 13829.9—2004			

7.8.2　销的选择和销连接的强度计算

定位销一般用两个，其直径根据结构决定，应考虑在拆装时不产生永久变形。中小尺寸的机械常用直径为 10～16mm 的销。

销的材料通常为 35 钢、45 钢，并进行硬化处理。许用切应力 $[\tau]=80\sim100\text{MPa}$，许用弯曲应力 $[\sigma_b]=120\sim150\text{MPa}$。弹性圆柱销多用 65Mn，其许用切应力 $[\tau]=120\sim130\text{MPa}$。受力较大，要求抗腐蚀等的场合可以采用 30CrMnSiA、12Cr13（旧牌号 1Cr13）、2Cr15、1Cr18Ni9Ti、H63。

安全销的材料，可选用 35、45、50 或 T8A、T10A，热处理后硬度为 30～36HRC。销套材料可用 45、35SiMn、40Cr 等。热处理后硬度为 40～50HRC 安全销的抗剪强度极限可取为 $\tau_b=(0.6\sim0.7)\sigma_b$，$\sigma_b$ 为材料的抗拉强度。

销的强度计算公式见表 7-70。

表 7-70　销的强度计算公式

销的类型	受力情况图	计算内容	计算公式
圆柱销	F_t　d　F_t	销的抗剪强度	$\tau=\dfrac{4F_t}{\pi d^2 z}\leqslant[\tau]$
	d　D　T $d=(0.13\sim0.20)D$ $l=(1.0\sim1.5)D$	销或被连接零件工作面的抗压强度	$\sigma_p=\dfrac{4T}{Ddl}\leqslant[\sigma_p]$
		销的抗剪强度	$\tau=\dfrac{2T}{Ddl}\leqslant[\tau]$

（续）

销的类型	受力情况图	计算内容	计算公式
圆锥销	$d=(0.2\sim0.3)D$	销的抗剪强度	$\tau=\dfrac{4T}{\pi d^2 D}\leqslant[\tau]$
销轴	$a=(1.5\sim1.7)d$ $b=(2.0\sim3.5)d$	销或拉杆工作面的抗压强度	$\sigma_p=\dfrac{F_t}{2ad}\leqslant[\sigma_p]$ 或 $\sigma_p=\dfrac{F_t}{bd}\leqslant[\sigma_p]$
		销轴的抗剪强度	$\tau=\dfrac{F_t}{2\times\dfrac{\pi d^2}{4}}\leqslant[\tau]$
		销轴的抗弯强度	$\sigma_b\approx\dfrac{F_t(a+0.5b)}{4\times0.1d^3}\leqslant[\sigma_b]$
安全销		销的直径	$d=1.6\sqrt{\dfrac{T}{D_0 z\tau_b}}$
说明	F_t—横向力(N) T—转矩(N·mm) z—销的数量 d—销的直径(mm)，对于圆锥销，d 为平均直径 l—销的长度(mm) D—轴径(mm)	D_0—安全销中心圆直径(mm) $[\tau]$—销的许用切应力(MPa) $[\sigma_p]$—销连接的许用压应力(MPa) $[\sigma_b]$—许用弯曲应力(MPa) τ_b—销材料的抗剪强度(MPa)	

注：若用两个弹性圆柱销套在一起使用时，其抗剪强度可取两个销抗剪强度之和。

7.8.3　销连接的标准元件

7.8.3.1　圆柱销（见表 7-71～表 7-74）

表 7-71　圆柱销　不淬硬钢和奥氏体不锈钢（摘自 GB/T 119.1—2000）

圆柱销　淬硬钢和马氏体不锈钢（摘自 GB/T 119.2—2000）　　（单位：mm）

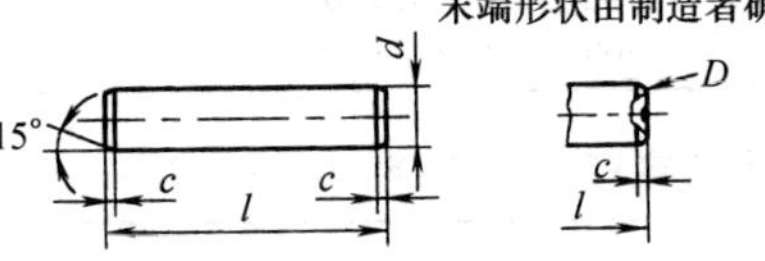

标记示例：

1）公称直径 d=8mm、公差为 m6、公称长度 l=30mm、材料为钢、不经淬火、不经表面处理的圆柱销的标记：

销　GB/T 119.1　8m6×30

2）尺寸公差同上，材料为钢、普通淬火（A 型）、表面氧化处理的圆柱销的标记：

销　GB/T 119.2　8×30

3）尺寸公差同上，材料为 C1 组马氏体不锈钢、表面氧化处理的圆柱销的标记：

销　GB/T 119.2　6×30-C1

GB/T 119.1	d	0.6	0.8	1	1.2	1.5	2	2.5	3	4	5	6	8	10	12	16	20	25	30	40	50
	c	0.12	0.16	0.2	0.25	0.3	0.35	0.4	0.5	0.63	0.8	1.2	1.6	2	2.5	3	3.5	4	5	6.3	8
	l	2～6	2～8	4～10	4～12	4～16	6～20	6～24	8～30	8～40	10～50	12～60	14～80	18～95	22～140	26～180	35～200	50～200	60～200	80～200	95～200

（续）

GB/T 119.2	d	1	1.5	2	2.5	3	4	5	6	8	10	12	16	20
	c	0.2	0.3	0.35	0.4	0.5	0.63	0.8	1.2	1.6	2	2.5	3	3.5
	l	3~10	4~16	5~20	6~24	8~30	10~40	12~50	14~60	18~80	22~100	26~100	40~100	50~100
	1. 材料为钢A型、普通淬火，硬度550~650HV30；B型、表面淬火，表面硬度600~700HV1；渗碳深度0.25~0.4mm，硬度550HV1；马氏体不锈钢C1淬火并回火，硬度460~560HV30 2. 表面粗糙度 $Ra \leqslant 0.8\mu m$													

注：1. 钢硬度125~245HV30，奥氏体不锈钢A1硬度210~280HV30。

2. 公差m6，表面粗糙度 $Ra \leqslant 0.8\mu m$；公差h8，表面粗糙度 $Ra \leqslant 1.6\mu m$。

3. l 系列（公称尺寸，单位mm）：2，3，4，5，6，8，10，12，14，16，18，20，22，24，26，28，30，32，35，40，45，50，55，60，65，70，75，80，85，90，100。公称长度大于100mm，按20mm递增。

表7-72 内螺纹圆柱销 不淬硬钢和奥氏体不锈钢（摘自GB/T 120.1—2000） 内螺纹圆柱销 淬硬钢和马氏体不锈钢（摘自GB/T 120.2—2000）

（单位：mm）

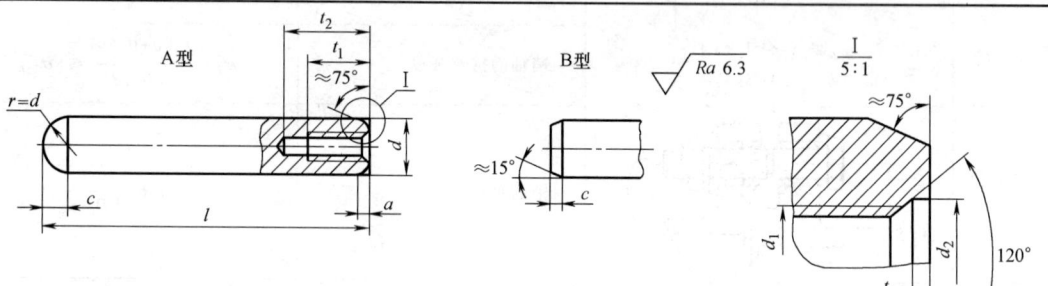

A型—球面圆柱端，适用于普通淬火钢和马氏体不锈钢　B型—平端，适用于表面淬火钢，其余尺寸见A型

标记示例：

公称直径 d=10mm、公差为m6、公称长度 l=60mm、材料为A1组奥氏体不锈钢，表面简单处理的内螺纹圆柱销：

销　GB/T 120.1—2000　10×60-A1

d(公称)m6	6	8	10	12	16	20	25	30	40	50
a	0.8	1	1.2	1.6	2	2.5	3	4	5	6.3
c_1	1.2	1.6	2	2.5	3	3.5	4	5	6.3	8
d_1	M4	M5	M6	M6	M8	M10	M16	M20	M20	M24
t_1	6	8	10	12	16	18	24	30	30	36
t_2 min	10	12	16	20	25	28	35	40	40	50
c	2.1	2.6	3	3.8	4.6	6	6	7	8	10
l(商品规格范围)	16~60	18~80	22~100	26~120	32~160	40~200	50~200	60~200	80~200	100~200
l 系列(公称尺寸)	16，18，20，22，24，26，28，30，32，35，40，45，50，55，60，65，70，75，80，85，90，95，100，120，140，160，180，200。公称长度大于200mm，按20mm递增									

表7-73 开槽无头螺钉（摘自GB/T 878—2007）

（单位：mm）

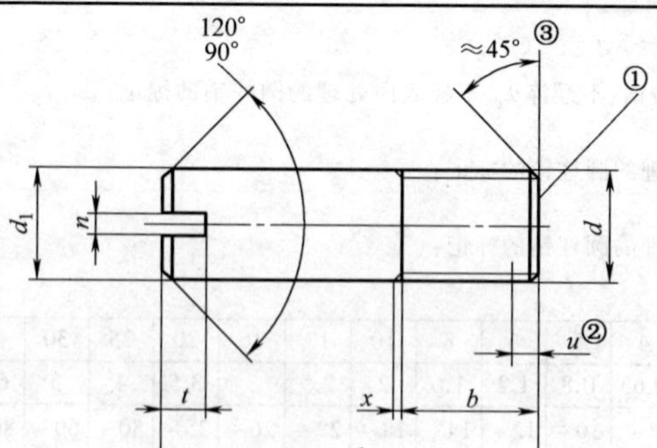

①平端（GB/T 2）

②不完整螺纹的长度 $u \leqslant 2P$

③45°仅适用于螺纹小径以内的末端部分

（续）

螺纹规格 d		M1	M1.2	M1.6	M2	M2.5	M3	(M3.5)	M4	M5	M6	M8	M10
P		0.25	0.25	0.35	0.4	0.45	0.5	0.6	0.7	0.8	1	1.25	1.5
b_0^{+2P}		1.2	1.4	1.9	2.4	3	3.6	4.2	4.8	6	7.2	9.6	12
d_1	min	0.86	1.06	1.46	1.86	2.36	2.85	3.32	3.82	4.82	5.82	7.78	9.78
	max	1.0	1.2	1.6	2.0	2.5	3.0	3.5	4.0	5.0	6.0	8.0	10.0
n	公称	0.2	0.25	0.3	0.3	0.4	0.5	0.5	0.6	0.8	1	1.2	1.6
	min	0.26	0.31	0.36	0.36	0.46	0.56	0.56	0.66	0.86	1.06	1.25	1.66
	max	0.40	0.45	0.50	0.50	0.60	0.70	0.70	0.80	1.0	1.2	1.51	1.91
t	min	0.63	0.63	0.88	1.0	1.10	1.25	1.5	1.75	2.0	2.5	3.1	3.75
	max	0.78	0.79	1.06	1.2	1.33	1.5	1.78	2.05	2.35	2.9	3.6	4.25
x_{max}		0.6	0.6	0.9	1	1.1	1.25	1.5	1.75	2	2.5	3.2	3.8
公称长度 l		2.5~4	3~5	4~6	5~8	5~10	6~12	8~(14)	8~(14)	10~20	12~25	14~30	16~35

注：1. 长度尺寸系列（mm）为 2.5、3、4.5、6、8、10、12、(14)、16、20、25、30、35。
2. 括号内的尺寸尽量不用。

表 7-74　弹性圆柱销直槽轻型（摘自 GB/T 879.2—2000）

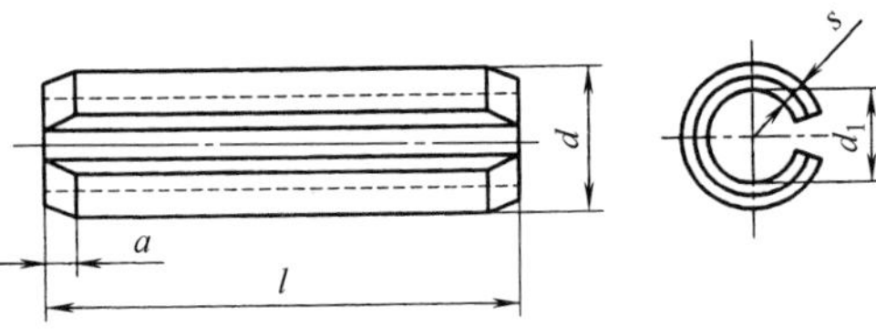

标记示例：

公称直径 d=12mm、公称长度 l=50mm、材料为钢(st)、热处理硬度 500~560HV30、表面氧化处理、直槽轻型弹性圆柱销的标记为

销　GB/T 879.2　12×50

对 $d \geqslant$ 10mm 的弹性销，也可由制造者选用单面倒角的形式

d/mm	公称		2	2.5	3	3.5	4	4.5	5	6	8	10	12	13	14	16	18	20	21	25
	装配前	max	2.4	2.9	3.5	4.0	4.6	5.1	5.6	6.7	8.8	10.8	12.8	13.8	14.8	16.8	18.9	20.9	21.9	25.9
		min	2.3	2.8	3.3	3.8	4.4	4.9	5.4	6.4	8.5	10.5	12.5	13.5	14.5	16.5	18.5	20.5	21.5	25.5
d_1/mm(装配前)			1.9	2.3	2.7	3.1	3.4	3.9	4.4	4.9	7	8.5	10.5	11	11.5	13.5	15	16.5	17.5	21.5
a/mm	max		0.4	0.45	0.45	0.5	0.7	0.7	0.7	0.9	1.8	2.4	2.4	2.4	2.4	2.4	2.4	2.4	2.4	3.4
	min		0.2	0.25	0.25	0.3	0.5	0.5	0.5	0.7	1.5	2.0	2.0	2.0	2.0	2.0	2.0	2.0	2.0	3.0
s/mm			0.2	0.25	0.3	0.35	0.5	0.5	0.5	0.75	0.75	1	1	1.2	1.5	1.5	1.7	2	2	2
最小剪切载荷/kN（双面剪）			1.5	2.4	3.5	4.6	8	8.8	10.4	18	24	40	48	66	84	98	126	158	168	202
公称长度 l/mm			4~30	4~30	4~40	4~40	4~50	6~50	6~85	10~120	10~140	10~180	10~200	10~200	10~200	10~200	10~200	10~200	10~200	10~200

7.8.3.2　圆锥销（见表 7-75~表 7-78）

表 7-75　圆锥销（摘自 GB/T 117—2000）　（单位：mm）

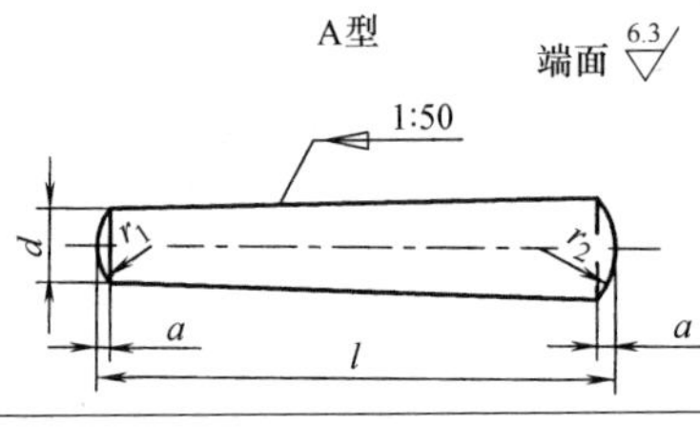

$r_1 \approx d$　　$r_2 \approx \frac{a}{2}+d+\frac{(0.021)^2}{8a}$

标记示例：

公称直径 d=10mm，长度 l=60mm，材料 35 钢，热处理硬度 28~38HRC，表面氧化处理的 A 型圆锥销，标记为

销　GB/T 117　10×60

（续）

d(公称)h10	0.6	0.8	1	1.2	1.5	2	2.5	3	4	5
a ≈	0.08	0.1	0.12	0.16	0.2	0.25	0.3	0.4	0.5	0.63
l(商品规格范围)	4~8	5~12	6~16	6~20	8~24	10~35	10~35	12~45	14~55	18~60
每100mm长重量/kg ≈	0.0003	0.0005	0.0007	0.001	0.0015	0.003	0.0044	0.0062	0.0107	0.018
d(公称)h10	6	8	10	12	16	20	25	30	40	50
a ≈	0.8	1	1.2	1.6	2	2.5	3	4	5	6.3
l(商品规格范围)	22~90	22~120	26~160	32~180	40~200	45~200	50~200	55~200	60~200	65~200
l系列(公称尺寸)	2,3,4,5,6,8,10,12,14,16,18,20,22,24,26,28,30,32,35,40,45,50,55,60,65,70,75,80,85,90,95,100,公称长度大于100mm,按20mm递增									

注：1. A型（磨削）：锥面表面粗糙度 $Ra=0.8\mu m$；B型（切削或冷镦）：锥面表面粗糙度 $Ra=3.2\mu m$。

2. 材料：钢、易切钢（Y12、Y15）、碳素钢（35钢，28~38HRC；45钢；38~46HRC）、合金钢（30CrMnSiA，35~41HRC）、不锈钢（1Cr13、2Cr13、Cr17Ni2、0Cr18Ni9Ti）。

表 7-76 内螺纹圆锥销（摘自 GB/T 118—2000） （单位：mm）

A型

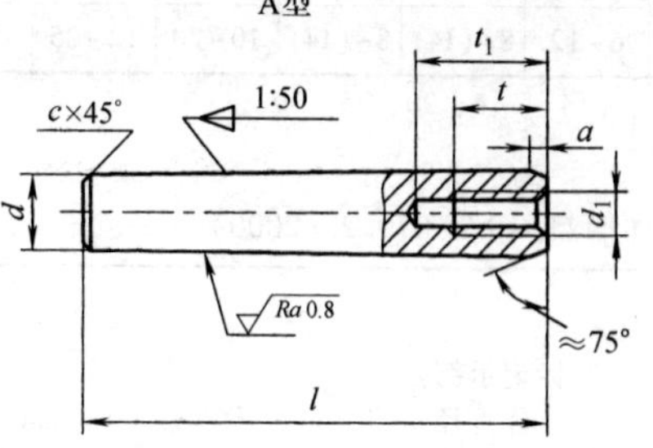

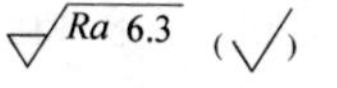

B型

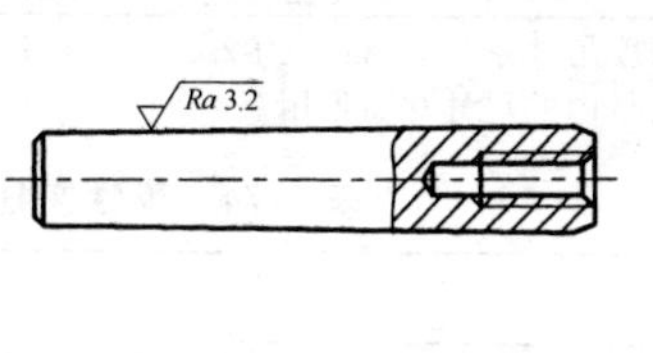

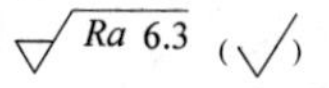

标记示例：

公称直径 $d=10mm$、长度 $l=60mm$、材料为35钢、热处理硬度28~38HRC、表面氧化处理的A型内螺纹圆锥销的标记

销 GB/T 118 10×60

d(公称)h10	6	8	10	12	16	20	25	30	40	50
a	0.8	1	1.2	1.6	2	2.5	3	4	5	6.3
d_1	M4	M5	M6	M8	M10	M12	M16	M20	M20	M24
t_1	6	8	10	12	16	18	24	30	30	36
t_{2min}	10	12	16	20	25	28	35	40	40	50
d_2	4.3	5.3	6.4	8.4	10.5	13	17	21	21	25
l(商品规格范围)	16~60	18~80	22~100	26~120	32~160	40~200	50~200	60~200	80~200	120~200
l系列(公称尺寸)	16,18,20,22,24,26,28,30,32,35,40,45,50,55,60,65,70,75,80,85,90,95,100。公称长度大于100mm,按20mm递增									

注：同表 7-76。

表 7-77 螺尾锥销（摘自 GB/T 881—2000） （单位：mm）

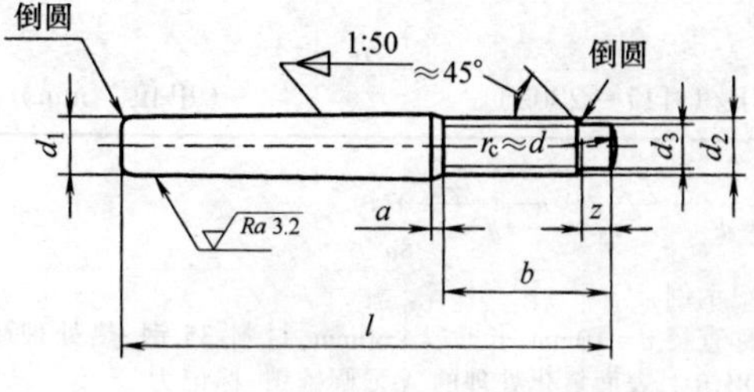

标记示例：

公称直径 $d_1=8mm$、公称长度 $l=60mm$、材料为Y12或Y15、不经热处理、不经表面氧化处理的螺尾锥销，标记为

销 GB/T 881 8×60

（续）

d_1(公称)h10	5	6	8	10	12	16	20	25	30	40	50
a　max	2.4	3	4	4.5	5.3	6	6	7.5	9	10.5	12
b　max	15.6	20	24.5	27	30.5	39	39	45	52	65	78
d_2	M5	M6	M8	M10	M12	M16	M16	M20	M24	M30	M36
d_3　max	3.5	4	5.5	7	8.5	12	12	15	18	23	28
z　max	1.5	1.75	2.25	2.75	3.25	4.3	4.3	5.3	6.3	7.5	9.4
l(商品规格范围)	40~50	45~60	55~75	65~100	85~120	100~160	120~190	140~250	160~280	190~320	220~400
l 系列(公称尺寸)	40,45,50,55,60,65,75,85,100,120,140,160,190,220,250,280,320,360,400										

表 7-78　开尾圆锥销（摘自 GB/T 877—1986）　　（单位：mm）

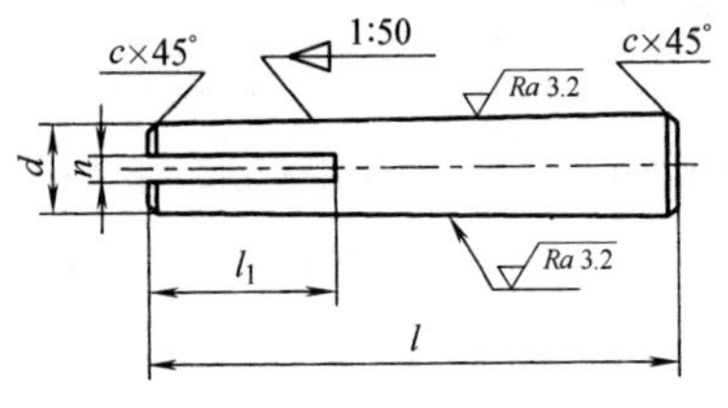

标记示例：

公称直径 d=10mm、长度 l=60mm、材料为 35 钢、不经热处理及表面处理的开尾锥销，标记为

销　GB/T 877　10×60

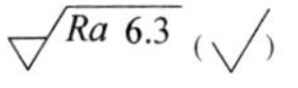

d(公称)h10	3	4	5	6	8	10	12	16
n(公称)	0.8		1		1.6		2	
l_1	10		12	15	20	25	30	40
c　≈	0.5		1			1.5		
l(商品规格范围)	30~55	35~60	40~80	50~100	60~120	70~160	80~120	100~200
l 系列(公称尺寸)	30,32,35,40,45,50,55,60,65,70,75,80,85,90,95,100,120,140,160,180,200							

7.8.3.3　开口销（见表 7-79、表 7-80）

表 7-79　开口销（摘自 GB/T 91—2000）　　（单位：mm）

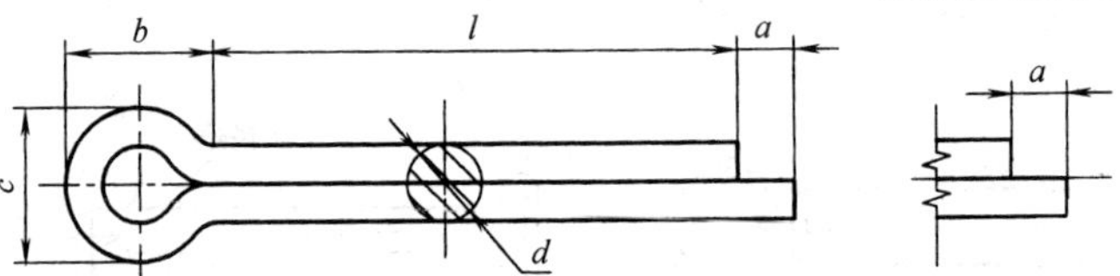

标记示例：

公称规格为 5mm、长度 l=50mm、材料为 Q215 或 Q235 不经表面处理的开口销，标记为

销　GB/T 91　5×50

公称规格[①]		0.6	0.8	1	1.2	1.6	2.0	2.5	3.2	4.0	5.0	6.3	8.0	10	13	16	20
d	max	0.5	0.7	0.9	1.0	1.4	1.8	2.3	2.9	3.7	4.6	5.9	7.5	9.5	12.4	15.4	19.3
	min	0.4	0.6	0.8	0.9	1.3	1.7	2.1	2.7	3.5	4.4	5.7	7.3	8.3	12.1	15.1	19.0
a_{max}[②]		1.6			2.5				3.2	4				6.3			
b　≈		2.0	2.4	3.0	3.0	3.2	4.0	5.0	6.4	8.0	10	12.6	16	20	26	32	40
c max	max	1.0	1.4	1.8	2.0	2.8	3.6	4.6	5.8	7.4	9.2	11.8	15	19	24.8	30.8	38.5
	min	0.9	1.2	1.6	1.7	2.8	3.2	4.0	5.1	6.5	8.0	10.3	13.1	16.5	21.7	27.0	33.8

（续）

l(商品长度规格范围)	4~12	5~16	6~20	8~25	8~32	10~40	12~50	14~63	18~80	22~100	32~125	40~160	45~200	71~250	112~280	160~280
l系列(公称尺寸)	4,5,6,8,10,12,14,16,18,20,22,25,28,32,36,40,45,50,56,63,71,80,90,100,112,120,125,140,160,180,200,224,250,280															

注：根据使用需要，由供需双方协议，可采用公称规格为3.6mm或12mm的规格。

① 公称规格等于开口销孔的直径。

② $a_{\min}=\frac{1}{2}a_{\max}$。

表 7-80 开口销材料及技术要求

	材料			表面处理
	种类	牌号	标准号	
材料及表面处理	碳素钢	Q215—A、Q235—A Q215—B、Q235—B	GB/T 700	不经处理
				镀锌钝化按GB/T 5267
				磷化按GB/T 11376
	不锈钢	1Cr18Ni9Ti 0Cr18Ni9Ti	GB/T 1220	简单处理
	铜及其合金	H63	GB/T 5232	简单处理

7.8.3.4 销轴（见表7-81）

表 7-81 无头销轴和销轴（摘自GB/T 880—2008和GB/T 882—2008）（单位：mm）

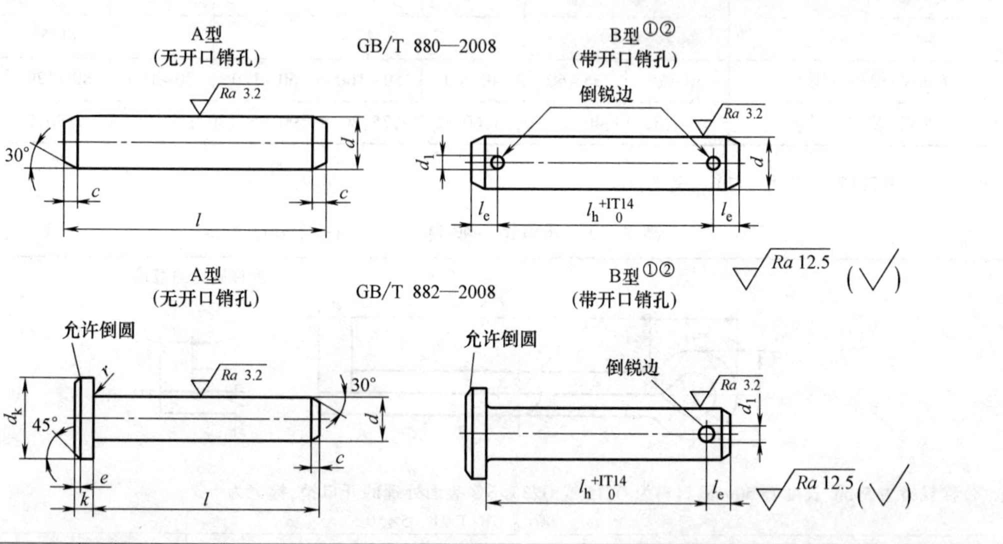

d h11	3	4	5	6	8	10	12	14	16	18	20	22	24	27	30	33	36	40	45	50	55	60	70	80	90	100
d_1 h13	0.8	1	1.2	1.6	2	3.2		4		5			6.3		8				10				13			
$c_{\max}$	1		2				3				4										6					
GB/T 882 d_k	5	6	8	10	14	18	20	22	25	28	30	33	36	40	44	47	50	55	60	66	72	78	90	100	110	120
GB/T 882 k	1		1.6	2	3	4			4.5	5		5.5	6		8				9		11	12	13			
GB/T 882 r	0.6								1																	
GB/T 882 e	0.5		1				1.6				2										3					

（续）

l_{emin}	1.6	2.2	2.9	3.2	3.5	4.5	5.5	6		7	8		9		10				12		14		16			
l	6~30	8~40	10~50	12~60	16~80	20~100	24~120	28~140	32~160	35~180	40~200	45~200	50~200	55~200	60~200	65~200	70~200	80~200	90~200	100~200	120~200	120~200	140~200	160~200	180~200	200

注：1. 长度 l 系列为 6~32（2 进位），35~100（5 进位），120~200（20 进位）。

2. 用于铁路和开口销承受交变横向力的场合时，推荐采用表中规定的下一档较大的开口销及相应的孔径。

① B 型其余尺寸、角度和表面粗糙度值见 A 型。

② 某些情况下，不能按 $l-l_e$ 计算 l_h 尺寸，所需要的尺寸应在标记中注明，但不允许 l_h 尺寸小于表中规定的数值。

7.8.3.5　槽销

按国家标准规定，槽销的形式有九种，见表 7-82~表 7-87，按使用要求参照表 7-69 选择。

表 7-82　槽销　带导杆及全长平行沟槽（摘自 GB/T 13829.1—2004）

槽销　带倒角及全长平行沟槽（摘自 GB/T 13829.2—2004）　（单位：mm）

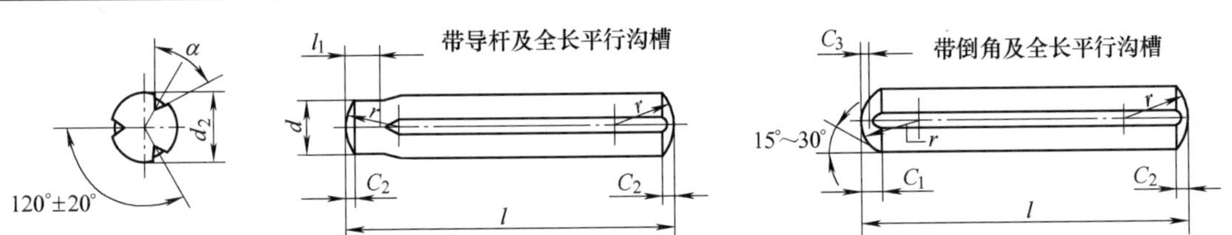

标记示例：

1）公称直径 d=6mm、公称长度 l=50mm、材料为碳钢、硬度为 125~245HV30、不经表面处理的带导杆及全长平行沟槽，或带倒角及全长平行沟槽的槽销，分别标记如下：销　GB/T 13829.1　6×50；销　GB/T 13829.2　6×50

2）公称直径 d=6mm、公称长度 l=50mm、材料为 A1 组奥氏体不锈钢、硬度为 210~280HV30、表面简单处理的带导杆及全长平行沟槽的槽销，标记如下：销　GB/T 13829.1　6×50-A1

d(公称)	1.5	2	2.5	3	4	5	6	8	10	12	16	20	25
d 公差	h9				h11								
l_{1max}	2	2	2.5	2.5	3	3	4	4	5	5	5	7	7
l_{1min}	1	1	1.5	1.5	2	2	3	3	4	4	4	6	6
C_2　≈	0.2	0.25	0.3	0.4	0.5	0.63	0.8	1	1.2	1.6	2	2.5	3
C_3　≈	0.12	0.18	0.25	0.3	0.4	0.5	0.6	0.8	1	1.2	1.6	2	2.5
C_1	0.6	0.8	1	1.2	1.4	1.7	2.1	2.6	3	3.8	4.6	6	7.5
d_2	1.60	2.15	2.65	3.20	4.25	5.25	6.30	8.30	10.35	12.35	16.40	20.50	25.50
d_2 的极限偏差	$^{+0.05}_{0}$		±0.05							±0.10			
最小抗剪力（双剪）①/kN	1.6	2.84	4.4	6.4	11.3	17.6	25.4	45.2	70.4	101.8	181	283	444
l(商品规格范围)	8~20	8~30	10~30	10~40	10~60	14~60	14~80	14~100	14~100	18~100	22~100	26~100	26~100

注：1. 扩展直径 d_2 仅适用于由碳钢制成的槽销。对于其他材料，由供需双方协议。扩展直径 d_2 应使用光滑通、止环规进行检验。

2. l 系列（公称尺寸）为 8±0.25、10±0.25、12±0.5、14±0.5、16±0.5、18±0.5、20±0.5、22±0.5、24±0.5、26±0.5、28±0.5、30±0.5、32±0.5、35±0.5、40±0.5、45±0.5、50±0.5、55±0.75、60±0.75、65±0.75、70±0.75、75±0.75、80±0.75、85±0.75、90±0.75、95±0.75、100±0.75。

① 最小抗剪力仅适用于由碳钢制成的槽销。

表 7-83　槽销　中部槽长为 1/3 全长（摘自 GB/T 13829.3—2004）

槽销　中部槽长为 1/2 全长（摘自 GB/T 13829.4—2004）　　（单位：mm）

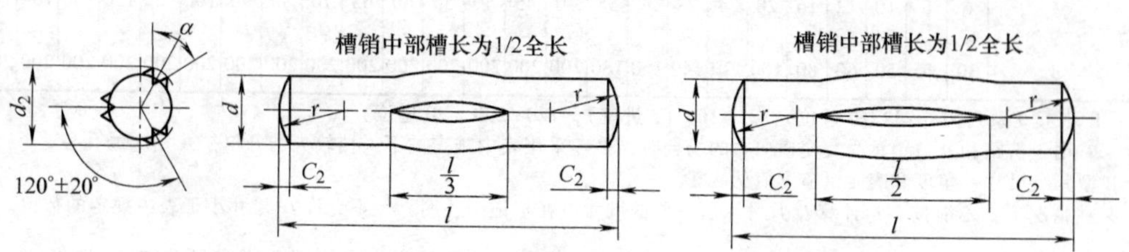

标记示例：

1）公称直径 d=6mm、公称长度 l=50mm、材料为碳钢、硬度为 125~245HV30、不经表面处理的中部槽长为 1/3 全长，或中部槽长为 1/2 全长的槽销，分别标记如下：销　GB/T 13829.3　6×50；销　GB/T 13829.4　6×50

2）公称直径 d=6mm、公称长度 l=50mm、材料为 A1 组奥氏体不锈钢、硬度为 210~280HV30、表面简单处理的中部槽长为 1/3 全长的槽销，标记如下：销　GB/T 13829.3　6×50-A1

d(公称)	1.5	2	2.5	3	4	5	6	8	10	12	16	20	25
d 公差	h9				h11								
C_2 ≈	0.2	0.25	0.3	0.4	0.5	0.63	0.8	1	1.2	1.6	2	2.5	3
d_2	1.60 1.63	2.10 2.15	2.60 2.65	3.10 3.15 3.20	4.15 4.20 4.25 4.30	5.15 5.20 5.25 5.30	6.15 6.25 6.30 6.35	8.20 8.25 8.30 8.35 8.40	10.20 10.30 10.40 10.45 10.40	12.25 12.30 12.40 12.50	16.25 16.30 16.40 16.50	20.25 20.30 20.40 20.50	25.25 25.30 25.40 25.50
d_2 的极限偏差	+0.05 0		±0.05							±0.10			
最小抗剪力(双剪)[①]/kn	1.6	2.84	4.4	6.4	11.3	17.6	25.4	45.2	70.4	101.8	181	283	444
l(商品规格范围)	8~20	8~30	10~30	10~40	10~60	14~60	14~80	14~100	14~100	18~100	22~100	26~100	26~100
d_2	1.60	1.63	2.10	2.15	2.60	2.65	3.10	3.15	3.20	4.15	4.20	4.25	4.30
l(商品规格范围)	8~12	14~20	12~20	22~30	12~16	18~30	12~16	18~24	26~40	18~20	22~30	32~45	50~60
d_2	5.15	5.20	5.25	5.30	6.15	6.25	6.30	6.35	8.20	8.25	8.30	8.35	8.40
l(商品规格范围)	18~20	22~30	32~55	60	22~24	26~35	40~60	65~80	26~30	32~35	40~45	50~65	70~100
d_2	10.20	10.30	10.40	10.45	10.40	12.25	12.30	12.40	12.50	16.25	16.30	16.40	16.50
l(商品规格范围)	32~40	45~55	60~75	80~100	120~160	40~45	50~60	65~80	85~200	45	50~60	65~80	85~200
d_2	20.25	20.30	20.40	20.50	25.25	25.30	25.40	25.50					
l(商品规格范围)	45~50	55~65	70~90	95~200	45~500	55~65	70~90	95~200					

注：1. 扩展直径 d_2 仅适用于由碳钢制成的槽销。对于其他材料，由供需双方协议。扩展直径 d_2 应使用光滑通、止环规进行检验。

2. l 系列（公称尺寸）为 8±0.25、10±0.25、12±0.5、14±0.5、16±0.5、18±0.5、20±0.5、22±0.5、24±0.5、26±0.5、28±0.5、30±0.5、32±0.5、35±0.5、40±0.5、45±0.5、50±0.5、55±0.75、60±0.75、65±0.75、70±0.75、75±0.75、80±0.75、85±0.75、90±0.75、95±0.75、100±0.75、120±0.75、140±0.75、160±0.75、180±0.75、200±0.75。

① 最小抗剪力仅适用于由碳钢制成的槽销。

表 7-84　槽销　全长锥槽（摘自 GB/T 13829.5—2004）　　（单位：mm）

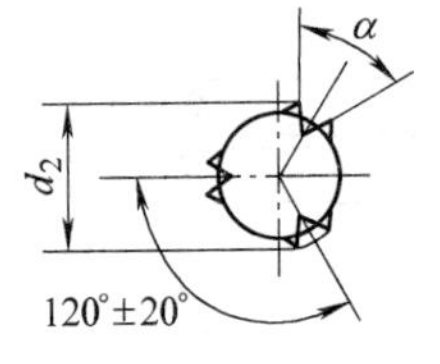

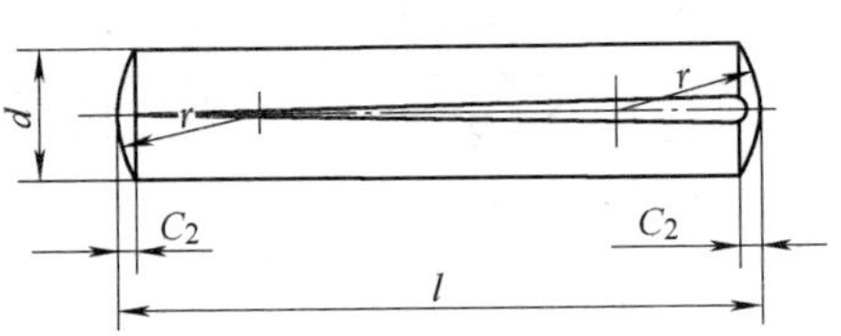

标记示例：

1）公称直径 d=6mm、公称长度 l=50mm、材料为碳钢、硬度为 125~245HV30、不经表面处理的全长锥槽的槽销，标记如下：销　GB/T 13829.5　6×50

2）公称直径 d=6mm、公称长度 l=50mm、材料为 A1 组奥氏体不锈钢、硬度为 210~280HV30、表面简单处理的全长锥槽的槽销，标记如下：销　GB/T 13829.5　6×50-A1

d(公称)	1.5	2	2.5	3	4	5	6	8	10	12	16	20	25
d 公差	h8				h11								
C_2 ≈	0.2	0.25	0.3	0.4	0.5	0.63	0.8	1	1.2	1.6	2	2.5	3
d_2	1.63 1.6	2.15	2.7 2.65	3.25 3.3 3.25 3.2	4.3 4.35 4.3 4.25	5.3 5.35 5.3 5.25	6.3 6.35 6.3 6.25	8.35 8.4 8.55 8.3 8.25	10.4 10.45 10.4 10.35 10.3	12.4 12.45 12.4 12.3	16.65 16.6 16.55 16.5	20.6	25.6
d_2 的极限偏差	+0.05 0		±0.05							±0.10			
最小抗剪力（双剪）①/kN	1.6	2.84	4.4	6.4	11.3	17.6	25.4	45.2	70.4	101.8	181	283	444
l(商品规格范围)	8~20	8~30	10~30	10~40	10~60	14~60	14~80	14~100	14~100	18~100	22~100	26~100	26~100
d_2	1.63	1.6	2.15	2.7	2.65	3.25	3.3	3.25	3.2	4.3	4.35	4.3	4.25
l(商品规格范围)	8~10	12~20	80~30	8~16	18~30	8	10~16	18~24	26~40	18~10	12~20	22~35	40~60
d_2	5.3	5.35	5.3	5.25	6.3	6.35	6.3	6.25	8.35	8.4	8.55	8.3	8.25
l(商品规格范围)	8~12	14~20	22~40	45~60	10~12	14~30	32~50	55~80	12~16	18~30	32~55	60~80	85~100
d_2	10.4	10.45	10.4	10.35	10.3	12.4	12.45	12.4	12.3	16.65	16.6	16.55	16.5
l(商品规格范围)	14~20	22~40	45~60	65~100	120	14~20	22~40	45~65	70~120	24	26~50	55~90	95~120
d_2	20.6	25.6											
l(商品规格范围)	26~120	26~120											

注：1. 扩展直径 d_2 仅适用于由碳钢制成的槽销。对于其他材料，由供需双方协议。扩展直径 d_2 应使用光滑通、止环规进行检验。

2. l 系列（公称尺寸）为 8±0.25、10±0.25、12±0.5、14±0.5、16±0.5、18±0.5、20±0.5、22±0.5、24±0.5、26±0.5、28±0.5、30±0.5、32±0.5、35±0.5、40±0.5、45±0.5、50±0.5、55±0.75、60±0.75、65±0.75、70±0.75、75±0.75、80±0.75、85±0.75、90±0.75、95±0.75、100±0.75、120±0.75。

① 最小抗剪力仅适用于由碳钢制成的槽销。

表 7-85 槽销 半长锥槽（摘自 GB/T 13829.6—2004） （单位：mm）

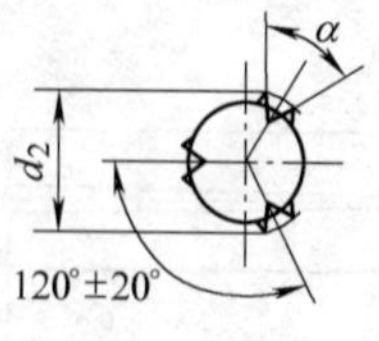

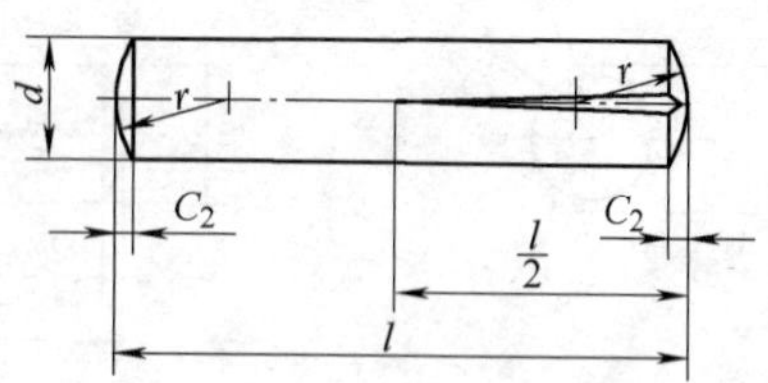

标记示例：

1）公称直径 d=6mm、公称长度 l=50mm、材料为碳钢、硬度为 125~245HV30、不经表面处理的半长锥槽的槽销，标记如下：销 GB/T 13829.6 6×50

2）公称直径 d=6mm、公称长度 l=50mm、材料为 A1 组奥氏体不锈钢、硬度为 210~280HV30、表面简单处理的半长锥槽的槽销，标记如下：销 GB/T 13829.6 6×50-A1

d(公称)	1.5	2	2.5	3	4	5	6	8	10	12	16	20	25
d 公差	h9				h11								
C_2 ≈	0.2	0.25	0.3	0.4	0.5	0.63	0.8	1	1.2	1.6	2	2.5	3
d_2	1.63	2.15	2.65 2.70	3.2 3.25 3.3 3.25	4.25 4.3 4.35 4.3	5.25 5.3 5.35 5.3	6.25 6.30 6.35 6.30	8.25 8.3 8.35 8.4 8.35	10.3 10.35 10.4 10.45 10.4 10.35	12.3 12.35 12.4 12.45 12.4 12.35	16.5 16.55 16.6 16.55	20.55 20.6	25.5 25.6
d_2 的极限偏差	+0.05 0		±0.05							±0.10			
最小抗剪力（双剪）①/kN	1.6	2.84	4.4	6.4	11.3	17.6	25.4	45.2	70.4	101.8	181	283	444
l(商品规格范围)	8~20	8~30	10~30	10~40	10~60	14~60	14~80	14~100	14~100	18~100	22~100	26~100	26~100
d_2	1.63	2.15	2.65	2.7	3.2	3.25	3.3	3.25	4.25	4.30	4.35	4.30	5.25
l(商品规格范围)	8~20	8~30	8~10	12~30	8~10	12~16	18~30	32~40	10~12	14~20	22~40	45~60	10~12
d_2	5.30	5.35	5.30	6.25	6.30	6.35	6.30	8.25	8.3	8.35	8.4	8.35	10.30
l(商品规格范围)	14~20	22~50	55~60	10~16	18~24	26~60	65~80	14~16	18~20	22~40	45~75	80~100	14~20
d_2	10.35	10.40	10.45	10.40	10.35	12.30	12.35	12.40	12.45	12.40	12.35	16.50	16.55
l(商品规格范围)	22~24	26~45	50~80	85~120	140~200	18~20	22~24	26~45	50~80	85~120	140~200	26~30	32~55
d_2	16.60	16.55	20.55	20.60	25.50	25.60							
l(商品规格范围)	60~100	120~200	26~50	55~200	26~50	55~200							

注：1. 扩展直径 d_2 仅适用于由碳钢制成的槽销。对于其他材料，由供需双方协议。扩展直径 d_2 应使用光滑通、止环规进行检验。

2. l 系列（公称尺寸）为 8±0.25、10±0.25、12±0.5、14±0.5、16±0.5、18±0.5、20±0.5、22±0.5、24±0.5、26±0.5、28±0.5、30±0.5、32±0.5、35±0.5、40±0.5、45±0.5、50±0.5、55±0.75、60±0.75、65±0.75、70±0.75、75±0.75、80±0.75、85±0.75、90±0.75、95±0.75、100±0.75、120±0.75、140±0.75、160±0.75、180±0.75、200±0.75。

① 最小抗剪力仅适用于由碳钢制成的槽销。

表 7-86　槽销　半长倒锥槽（摘自 GB/T 13829.7—2004）　（单位：mm）

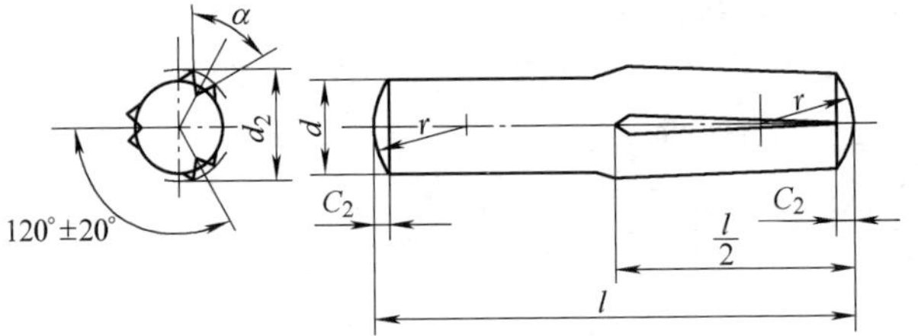

标记示例：

1）公称直径 d=6mm、公称长度 l=50mm、材料为碳钢、硬度为 125～245HV30、不经表面处理的半长倒锥槽的槽销，标记如下：销　GB/T 13829.5　6×50

2）公称直径 d=6mm、公称长度 l=50mm、材料为 A1 组奥氏体不锈钢、硬度为 210～280HV30、表面简单处理的半长倒锥槽的槽销，标记如下：销　GB/T 13829.5　6×50-A1

d(公称)	1.5	2	2.5	3	4	5	6	8	10	12	16	20	25
d 公差	h9				h11								
C_2　≈	0.2	0.25	0.3	0.4	0.5	0.63	0.8	1	1.2	1.6	2	2.5	3
d_2	1.6 1.63	2.1 2.15	2.6 2.65 2.70	3.1 3.15 3.2 3.25	4.15 4.2 4.25 4.30	5.15 5.2 5.25 5.30	6.15 6.25 6.3 6.35	8.2 8.25 8.3 8.35 8.4 8.35	10.2 10.3 10.4 10.45 10.4	12.25 12.3 12.4 12.5 12.45	16.25 16.3 16.4 16.5 16.45	20.25 20.3 20.4 20.5 20.45	25.25 25.3 25.4 25.5 25.45
d_2 的极限偏差	+0.05 0		±0.05							±0.10			
最小抗剪力（双剪）①/kN	1.6	2.84	4.4	6.4	11.3	17.6	25.4	45.2	70.4	101.8	181	283	444
l(商品规格范围)	8～20	8～30	8～30	8～40	10～60	10～60	12～80	14～100	18～160	26～200	26～200	26～200	26～200
d_2	1.6	1.63	2.1	2.15	2.6	2.65	2.7	3.1	3.15	3.2	3.25	4.15	4.2
l(商品规格范围)	8～10	12～20	8～16	18～30	8～12	14～20	22～30	8～12	14～16	18～24	26～40	10～12	14～20
d_2	4.25	4.3	5.15	5.2	5.25	5.3	6.15	6.25	6.3	6.35	8.2	8.25	8.3
l(商品规格范围)	22～35	40～60	10～12	14～20	22～35	40～60	12～16	18～24	26～40	45～80	14～20	22～24	26～30
d_2	8.35	8.4	8.35	10.2	10.3	10.4	10.45	10.4	12.25	12.3	12.4	12.5	12.45
l(商品规格范围)	32～45	50～75	80～100	18～24	26～35	40～50	55～90	95～160	26～30	32～40	45～55	60～100	120～200
d_2	16.25	16.3	16.40	16.5	16.45	20.25	20.3	20.4	20.5	20.45	25.25	25.3	25.4
l(商品规格范围)	26～30	32～40	45～55	60～100	120～200	26～35	40～45	50～55	60～120	140～200	26～35	40～45	50～55

表 7-87　圆头槽销和沉头槽销（摘自 GB/T 13829.8—2004 和 GB/T 13829.9—2004）

（单位：mm）

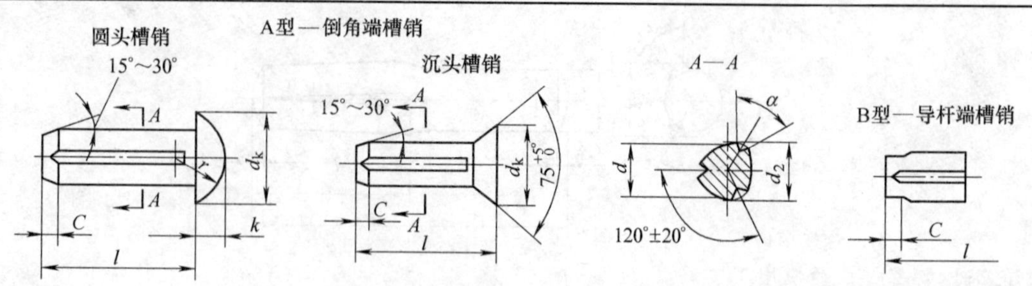

标记示例：

1）公称直径 d=6mm、公称长度 l=50mm、材料为冷镦钢、硬度为 125~245HV30，不经表面处理的圆头槽销，或沉头槽销，分别标记如下：销　GB/T 13829.8　6×50；销　GB/T 13829.9　6×50

2）如果要指明用 A 型—倒角端槽销或 B 型—导杆端槽销，分别标记如下：销　GB/T 13829.8　6×50—A；销　GB/T 13829.9　6×50—B

d	公称	1.4	1.6	2	2.5	3	4	5	6	8	10	12	16	20
	max	1.40	1.60	2.00	2.500	3.000	4.0	5.0	6.0	8.00	10.00	12.0	16.0	20.0
	min	1.35	1.55	1.95	2.425	2.925	3.9	4.9	5.9	7.85	9.85	11.8	15.8	19.8
d_k	max	2.6	3.0	3.7	4.6	5.45	7.25	9.1	10.8	14.4	16.0	19.0	25.0	32.0
	min	2.2	2.6	3.3	4.2	4.95	6.75	8.5	10.2	13.6	14.9	17.7	23.7	30.7
k	max	0.9	1.1	1.3	1.6	1.95	2.55	3.15	3.75	5.0	7.4	8.4	10.9	13.9
	min	0.7	0.9	1.1	1.4	1.65	2.25	2.85	3.45	4.6	6.5	7.5	10.0	13.0
r ≈		1.4	1.6	1.9	2.4	2.8	3.8	4.6	5.7	7.5	8	9.5	13	16.5
C		0.42	0.48	0.6	0.75	0.9	1.2	1.5	1.8	2.4	3.0	3.6	4.8	6
d_2		1.50	1.70	2.15	2.70	3.20	4.25	5.25	6.30	8.30	10.35	12.35	16.40	20.50
d_2 的极限偏差		$^{+0.05}_{0}$			±0.05							±0.10		
l（商品规格范围）		3~6	3~8	3~10	3~12	4~16	5~20	6~25	8~30	10~40	12~40	16~40	20~40	25~40

注：1. 扩展直径 d_2 仅适用于由冷镦钢制成的槽销。对于其他材料由供需双方协议。扩展直径 d_2 应使用光滑通、止环规进行检验。

2. l 系列（公称尺寸）为 3±0.2、4±0.3、5±0.3、6±0.3、8±0.3、10±0.3、12±0.4、16±0.4、20±0.5、25±0.5、30±0.5、35±0.5、40±0.5。

第8章　焊、粘、铆连接

8.1　焊接概述

在产品制造工业中，焊接是一种重要的加工工艺。在工业发达国家，焊接结构的用钢量已占钢产量的45%左右。焊接已广泛应用于机械制造、造船、海洋工程、汽车、石油、化工、航天、核能、电力、电子及建筑等部门。

8.1.1　焊接方法

在焊接过程中可以采用加热和加压手段。加热又可分为加热至熔化和不熔化。加热的类型又可分为电弧热、电阻热、高能束等。主要焊接方法分类如下：

- 焊接方法
  - 电弧焊
    - 焊条电弧焊（通称手工电弧焊）（SMAW）
    - 埋弧焊（CAW）
    - 钨极惰性气体保护焊（GTAW，旧称TIG）
    - 熔化极惰性气体保护电弧焊（GMAW，旧称MIG）
    - 熔化极混合气体保护焊（MAG）
    - 药芯焊丝电弧焊（FCAW）
    - 等离子弧焊（PAW）
  - 电阻焊
  - 高能焊
    - 电子束焊
    - 激光焊
  - 钎焊
  - 其他焊接方法
    - 电渣焊
    - 高频电阻焊（通称高频焊）
    - 气焊
    - 气压焊
    - 爆炸焊
    - 摩擦焊
    - 扩散焊

1. 焊接方法介绍

（1）电弧焊　这是应用最广的焊接方法。

1）焊条电弧焊。这是发展最早而仍应用最广的方法。它用外部涂有涂料的焊条作电极和填充金属，电弧在焊条端部和被焊工件表面之间燃烧，涂料在电弧热的作用下产生气体以保护电弧，而熔化产生的熔渣覆盖在熔池表面，防止熔化金属与周围气体的相互作用。熔渣还与熔化金属产生冶金物理化学反应，或添加合金元素，改善焊缝金属性能。焊条电弧焊设备简单，操作灵活，配用相应的焊条可适用于普通碳钢、低合金结构钢、不锈钢、铜、铝及其合金的焊接。重要铸铁部件的修复，也可采用焊条电弧焊。

2）埋弧焊。它以机械化连续送进的焊丝作为电极和填充金属。焊接时，在焊接区的上面覆盖一层颗粒状焊剂，电弧在焊剂层下燃烧，将焊丝端部和局部母材熔化，形成焊缝。

在电弧热的作用下，一部分焊剂熔化成熔渣，并与液态金属发生冶金反应，改善焊缝的成分和性能。熔渣浮在金属熔池表面，保护焊缝金属，防止氧、氮等气体的浸入。

埋弧焊可以采用较大的焊接电流。与焊条电弧焊相比，其优点是焊缝质量好，焊接速度快。适用于机械化焊接大型工件的直缝和环缝。

埋弧焊已广泛用于碳钢、低合金结构钢和不锈钢的焊接。

3）钨极惰性气体保护焊。它利用钨极和工件之间的电弧使金属熔化形成焊缝。焊接过程中钨极不熔化，只起电极的作用。同时由焊炬的喷嘴送进氩气以保护焊接区。还可根据需要另外添加填充金属焊丝。

此方法能很好地控制电流，是焊接薄板和打底焊的一种很好的方法。它可以用于各种金属焊接，尤其适用于焊接铝、镁及其合金。焊缝质量好，但比其他电弧焊方法的焊接速度慢。

4）熔化极气体保护电弧焊。利用连续送进的焊丝与工件之间燃烧的电弧作热源，由焊炬喷嘴喷出的气体保护电弧进行焊接。

此方法常用的保护气体有氩气、氦气、CO_2 气或这些气体的混合气。以氩气或氦气为保护气时，称为熔化极惰性气体保护焊；以惰性气体与氧化性气体（O_2、CO_2）混合气为保护气时，称为气体保护电弧焊；利用 CO_2 作为保护气体时，则称为二氧化碳气体保护焊，简称 CO_2 焊。

此方法的主要优点是可以方便地进行各种位置的焊接，焊接速度较快，熔敷效率较高。适用于焊接大部分主要金属，包括碳素钢、合金钢、不锈钢、铝、镁、铜、钛、锆及镍合金。

5）药芯焊丝电弧焊。这也是利用连续送进的焊丝与工件之间燃烧的电弧为热源来进行焊接的，可以认为是气体保护焊的一种类型。药芯焊丝是由薄钢带卷成圆形钢管，填进各种粉料，经拉制而成焊丝。焊接时，外加保护气体，主要是 CO_2。粉料受热分解或熔化，起造渣、保护熔池、渗合金及稳弧等作用。

药芯焊丝电弧焊不另加保护气体时，叫作自保护药芯焊丝电弧焊，它以管内粉料分解产生的气体作为保护气体。这种方法焊丝的伸出长度变化不会影响保护效果。自保护焊特别适于露天大型金属结构的安装作业。

药芯焊丝电弧焊可以用于大多数黑色金属各种厚度、各种接头的焊接，已经得到了广泛的应用。

（2）电阻焊　以固体电阻热为能源的电阻焊方法，主要有点焊、缝焊及对焊等。

电阻焊一般是利用电流通过工件时所产生的电阻热，将两工件之间的接触表面熔化，从而实现连接的焊接方法。通常使用较大的电流，焊接过程中始终要施加压力。

定位焊和缝焊的特点在于焊接电流（单相）大（几千至几万安培），通电时间短（几周波至几秒），设备昂贵、复杂，生产率高，因此适于大批量生产。主要用于焊接厚度小于 3mm 的薄板组件，如轿车外壳等。各类钢材、铝、镁等有色金属及其合金、不锈钢等均可焊接。

对焊是利用电阻热将两工件沿整个端面同时焊接起来的一种电阻焊方法。对焊的生产率高、易于实现自动化，因而获得广泛应用，如工件的接长（带钢、型材、线材、钢筋、钢轨、管道）；环形工件的对焊（汽车轮辋、链环）；异种金属的对焊（刀具、阀杆、铝铜导电接头）等。

对焊可分为电阻对焊和闪光对焊两种。电阻对焊是将两工件端面压紧，利用电阻热加热至塑性状态，然后迅速施加顶锻压力完成焊接的方法，适用于小断面（小于 $250mm^2$）金属型材的对接。

闪光对焊由闪光和顶锻两个阶段组成。闪光的主要作用是加热工件，使整个端面达到熔化；顶锻的作用是封闭工件端面的间隙，同时挤出端面的液态金属及氧化夹杂物，并使接头区产生一定的塑性变形，以促进再结晶，从而获得牢固的接头。

闪光对焊可以焊接碳素钢、合金钢、铜、铝、钛和不锈钢等各种金属。预热闪光对焊低碳钢管，最大可以焊接截面 $32000mm^2$ 的管子。

（3）高能焊

1）电子束焊。以集中的高速电子束，轰击工件表面时产生热能进行焊接的方法。电子束产生在真空室内并加速。

电子束焊与电弧焊相比，主要的特点是焊缝熔深大、熔宽小、焊缝金属纯度高。它既可以用在很薄材料的精密焊接，又可以用在很厚的（最厚达 300mm）构件焊接。它可以焊接各种金属，还能解决异种金属、易氧化金属及难熔金属的焊接。此方法主要用于要求高质量产品的焊接，但不适合于大批量产品。

2）激光焊。利用大功率相干单色光子流聚焦而成的激光束为热源进行的焊接。主要采用 CO_2 气体激光器。

此方法的优点是不需要在真空中进行，缺点是穿透力远不如电子束焊。激光焊时能进行精确的能量控制，因而可以实现精密微型器件的焊接。它能用于很多金属，特别是能解决一些难焊金属及异种金属的焊接。

（4）钎焊　利用熔点比被焊材料的熔点低的金属作钎料，加热使钎料熔化，润湿被焊金属表面，使液相与固相之间相互熔解和扩散而形成钎焊接头。

钎料的液相线温度高于 450°C 而低于母材金属的熔点时，称为硬钎焊；低于 450°C 时，称为软钎焊。根据热源或加热方法的不同，钎焊可分为火焰钎焊、感应钎焊、炉中钎焊、浸渍钎焊、电阻钎焊等。

钎焊时由于加热温度比较低，故对工件材料的性能影响较小，焊件的应力变形也较小。但钎焊接头的强度一般比较低，耐热能力较差。

钎焊可以用于焊接碳素钢、不锈钢、铝、铜等金属材料，还可以连接异种金属、金属与非金属。适合于焊接承受载荷不大或常温下工作的接头，对于精密的、微型的及复杂得多缝的焊件尤其适用。

（5）其他焊接方法

1）电渣焊。这是以熔渣的电阻热为能源的焊接方法。焊接过程是在立焊位置，在由两工件端面与两侧水冷铜滑块形成的装配间隙内进行。焊接时利用电流通过熔渣产生的电阻热，将工件端部熔化。

电渣焊的优点是可焊的工件厚度大（从 30mm 到大于 1000mm），生产率高。主要用于大断面对接接头及 T 形接头的焊接。

电渣焊可用于各种钢结构的焊接，也可用于铸钢件的组焊。电渣焊接头由于加热及冷却均较慢，焊接热影响区宽、显微组织粗大、韧性低，因此焊接以后一般须进行正火处理。

2）高频焊。焊接时利用高频电流在工件内产生的电阻热，使工件焊接区表层加热到熔化或塑性状态，随即施加顶锻力而实现金属的结合。

高频焊要根据产品配备专用设备。生产率高，焊接速度可达 30m/min。主要用于制造管子的纵缝或螺旋缝的焊接。

3）气焊。用气体火焰为热源的焊接方法。应用最多的是以乙炔气作燃料的氧乙炔火焰。此方法设备简单、操作方便。但气焊加热速度及生产率较低，焊接热影响区较大，并且容易引起较大的焊件变形。

气焊可用于黑色金属、有色金属及其合金的焊接。一般适用于维修及单件薄板焊接。

4）气压焊。它也是以气体火焰为热源。焊接时将两对接工件的端部加热到一定温度，随即施加压力，从而获得牢固的接头。气压焊常用于钢轨焊接和钢筋焊接。

5）爆炸焊。利用炸药爆炸所产生的能量实现金属连接。在爆炸波作用下，两件金属瞬间即可被加速撞击形成金属的结合。

在各种焊接方法中，爆炸焊可以焊接的异种金属的组合最广。此法可将冶金上不相容的两种金属焊接成为各种过渡接头。爆炸焊大多用于表面积很大的平板覆层，是制造复合板的高效方法。

6）摩擦焊。它是利用两表面间的机械摩擦所产生的热来实现金属的连接。

摩擦焊时热量集中在接合面处，因此焊接热影响区窄。两表面间必须施加压力，在加热终止时增大压力，使热态金属受顶锻而结合。

此方法生产率高，原理上所有能进行热锻的金属都能用此方法焊接。它还可用于异种金属的焊接。适用于工件截面为圆形及圆管的对接。目前最大的焊接截面为 20000mm^2。

7）扩散焊。此焊接一般在真空或保护气氛下进行。焊接时，使两被焊工件的表面在高温和较大压力下接触并保温一定时间，经过原子相互扩散而结合。焊前要求工件表面粗糙度低于一定值，并要清洗工件表面的氧化物等杂质。

扩散焊对被焊材料性能几乎不产生有害作用。它可以焊接很多同种和异种金属，以及一些非金属材料，如陶瓷等。它可以焊接复杂的结构及厚度相差很大的工件。

2. 焊接方法的选择

要求选择的焊接方法能保证焊接产品的质量，并使生产率高，成本低，因此应从以下几方面考虑。

（1）产品特点

1）产品结构类型。可分为以下四类：

① 结构类，如桥梁、建筑钢结构、石油化工容器等。

② 机械零部件类，如箱体、机架、齿轮等。

③ 半成品类，如各种有缝管、工字梁等。

④ 微电子器件类，如印制电路板元器件与铜箔电路的焊接。

不同类型产品，因焊缝长短、形状、焊接位置、质量要求各不相同，因而采取适用的焊接方法也不同。

结构类产品中长焊缝和环缝宜采用埋弧焊。焊条电弧焊用于单件、小批量和短焊缝及空间位置焊缝的焊接。机械类产品焊缝一般较短，选用焊条电弧焊及气体保护电弧焊（一般厚度）。薄板件，如汽车车身采用电阻焊。半成品类的产品，焊缝规则、大批量，应采用机械化焊接方法，如埋弧焊、气体保护电弧焊、高频焊。微电子器件要求导电性、受热程度小等，宜采用电子束焊、激光焊、扩散焊及钎焊等方法。

2）工件厚度。各种焊接方法因所用热源不同，各有其适用的材料厚度范围，如图 8-1 所示。

3）接头形式和焊接位置。接头形式有对接、搭接、角接等。对接形式适用于大多数焊接方法。钎焊一般只适于连接面积比较大而材料厚度较小的搭接接头。

一件产品的各个接头，可能需要在不同的焊接位置焊接，包括平焊、立焊、横焊、仰焊及全位置焊接等。焊接时应尽可能使产品接头处于平焊位置，这样就可以选择优质、高效的焊接方法，如埋弧焊和气体保护电弧焊。

4）母材性能。

① 母材的物理性能。当焊接热导率较高的金属，如铜、铝及其合金时，应选择热输入强度大、具有较高焊透能力的焊接方法，以使被焊金属在最短的时间内达到熔化状态，并使工件变形最小。对于电阻率较高的金属，可采用电阻焊。对于钼、钽等难熔金属，可采用电子束焊。对于异种金属，因其物理性能相差

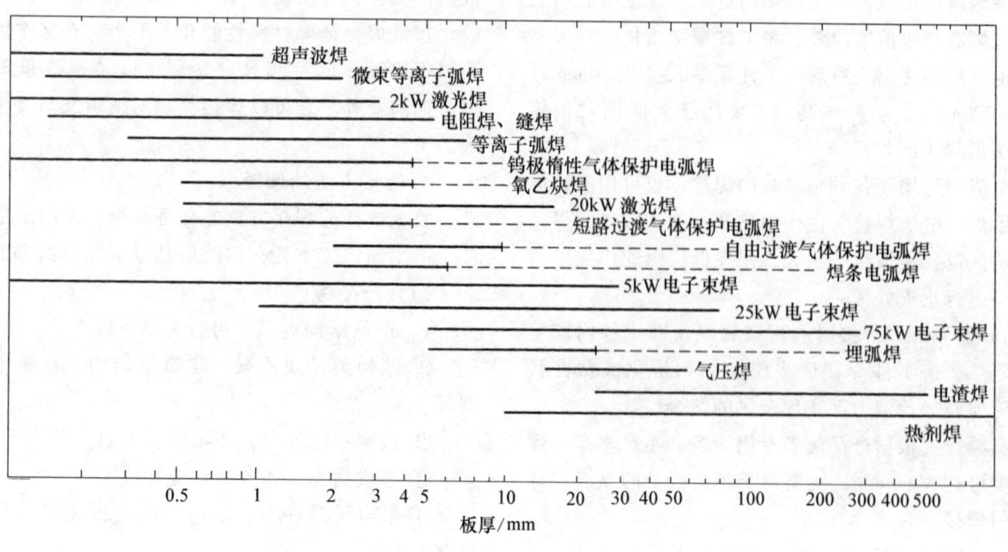

图 8-1　各种焊接方法适用的厚度范围

注：1. 由于技术的发展，激光焊及等离子弧焊可焊厚度有增加趋势。

2. 虚线表示采用多道焊。

较大，可采用不易形成脆性中间相的方法，如电阻对焊、闪光对焊、爆炸焊、摩擦焊、扩散焊及激光焊等。

② 母材的力学性能。被焊材料的强度、塑性、硬度等力学性能，会影响焊接过程的顺利进行。如爆炸焊时，要求所焊的材料具有足够的强度与塑性，并能承受焊接工艺过程中发生的快速变形。选用的焊接方法应该便于得到力学性能与母材相接近的接头。

③ 母材的冶金性能。普通碳素钢和低合金钢采用一般的电弧焊方法都可以进行焊接。钢材的合金含量，特别是碳含量越高，越难焊接，可以选用的焊接方法越少。

对于铝、镁及其合金等活性金属材料，不宜选用具有氧化性的 CO_2 电弧焊、埋弧焊，而应选用惰性气体保护焊。对于不锈钢，可采用手工电弧焊和惰性气体保护焊。表 8-1 列出常用材料适用的焊接方法。

（2）生产条件

1）技术水平。在产品设计时，要考虑制造厂的技术条件，其中焊工水平尤为重要。

通常焊工需经培训合格取证，并要定期复验，持证上岗。焊条电弧焊、钨极氩弧焊、埋弧焊、气体保护电弧焊等都是分别取证的。电子束焊、激光焊时，由于设备及辅助装置较为复杂，要求有更高的基础知识和操作技术水平。

2）设备。包括焊接电源，机械化系统，控制系统和辅助设备。

焊接电源有交流电源和直流电源两大类，前者构造简单，成本低。

焊条电弧焊只需一台电源，配用焊接电缆及夹持焊条的焊钳即可，设备最简单。

气体保护电弧焊要有自动送进焊丝装置、自动行走装置、输送保护气体系统、冷却水系统及焊炬等。

真空电子束焊需配用高压电源、真空室和专门的电子枪。激光焊要有一定功率的激光器及聚焦系统。另外，两者都要有专门的工装和辅助设备，因而成本也比较高。电子束焊机还要有高压安全防护措施，以及防止 X 射线辐射的屏蔽设施。

3）避免污染环境和施工时引起火灾。

表 8-1 供选择焊接方法参考。

8.1.2　焊接材料

焊接材料包括焊条、焊丝、焊剂、钎料、钎剂、保护气体等。

1. 焊条

焊条是涂有药皮的供焊条电弧焊用的熔化电极，它由药皮和焊芯两部分组成，如图 8-2 所示。焊条的规格、分类、代号、选择参见表 8-2～表 8-5。

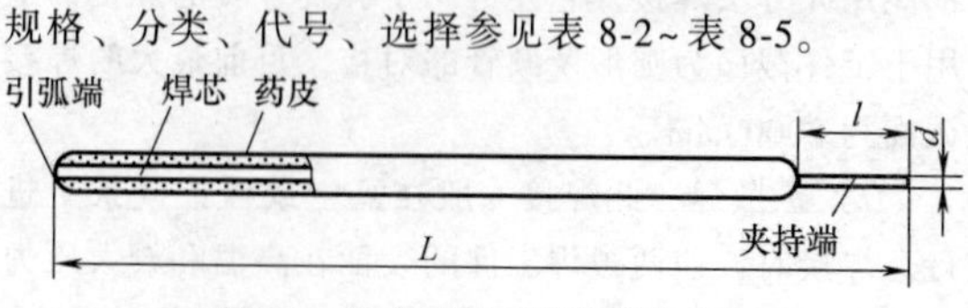

图 8-2　焊条的组成及和部分名称

L—焊条长度　l—夹持端长度　d—焊条直径

表 8-1　常用材料适用的焊接方法

材料	厚度/mm	焊接方法																									
		焊条电弧焊	埋弧焊	气体保护电弧焊				管状焊丝电弧焊	钨极惰性气体保护焊	等离子弧焊	电渣焊	气压焊	电阻焊	闪光焊	气焊	扩散焊	摩擦焊	电子束焊	激光焊	硬钎焊							软钎焊
				射流过渡	潜弧	脉冲弧	短路电弧													火焰钎焊	炉中钎焊	感应加热钎焊	电阻加热钎焊	浸渍钎焊	红外线钎焊	扩散钎焊	
碳素钢	≤3	△	△			△	△		△				△	△	△			△	△	△	△	△	△	△	△	△	△
	>3~6	△	△	△	△	△	△	△	△				△	△	△		△	△	△	△	△	△	△	△	△	△	△
	>6~19	△	△	△	△	△		△					△	△	△		△	△	△	△	△	△					△
	>19	△	△	△	△	△		△			△	△		△	△		△	△			△					△	
低合金钢	≤3	△	△			△	△		△				△	△	△	△		△	△	△	△	△	△	△	△	△	△
	>3~6	△	△	△		△	△	△	△				△	△		△	△	△	△	△	△	△				△	△
	>6~19	△	△	△		△		△						△		△	△	△	△	△	△	△				△	
	>19	△	△	△		△		△			△			△		△	△	△			△					△	
不锈钢	≤3	△	△			△	△		△	△			△	△	△	△		△	△	△	△	△	△	△	△	△	△
	>3~6	△	△	△		△	△	△	△	△			△	△		△	△	△	△	△	△	△				△	△
	>6~19	△	△	△		△		△		△				△		△	△	△	△	△	△	△				△	△
	>19	△	△	△		△		△			△					△	△	△			△					△	
铸铁	>3~6	△													△					△	△	△				△	△
	>6~19	△	△	△				△							△					△	△	△				△	△
	>19	△	△	△				△							△						△					△	
镍和镍合金	≤3	△				△	△		△	△			△	△	△			△	△	△	△	△	△	△	△	△	△
	>3~6	△	△	△		△	△		△	△			△	△			△	△	△	△	△	△				△	△
	>6~19	△	△	△		△				△				△			△	△	△	△	△					△	
	>19	△		△		△					△			△			△	△			△					△	
铝和铝合金	≤3			△		△			△	△			△	△	△	△	△	△	△	△	△	△	△	△	△	△	△
	>3~6			△		△			△				△	△		△	△	△	△	△	△			△		△	△
	>6~19			△					△					△			△	△		△	△			△		△	
	>19			△							△	△		△				△			△					△	
钛和钛合金	≤3					△			△	△			△	△		△		△	△		△	△			△	△	
	>3~6			△		△			△	△				△		△	△	△	△		△					△	
	>6~19			△		△			△	△				△		△	△	△	△		△					△	
	>19			△		△								△		△		△			△					△	
铜和铜合金	≤3					△			△	△				△				△		△	△	△	△			△	△
	>3~6			△		△				△				△			△	△		△	△		△			△	△
	>6~19			△										△			△	△		△	△					△	
	>19			△										△				△			△					△	
镁和镁合金	≤3					△			△									△	△	△	△					△	
	>3~6			△		△			△					△			△	△	△	△	△					△	
	>6~19			△		△								△			△	△	△		△					△	
	>19			△		△								△				△									
难熔合金	≤3					△			△	△				△				△		△	△	△	△		△	△	
	>3~6			△		△				△				△				△		△	△					△	
	>6~19													△													
	>19																										

注：有△表示被推荐。

表 8-2　钢铁焊条的规格（尺寸）　　（单位：mm）

焊条直径	焊条长度						
	非合金钢及细晶粒钢焊条（GB/T 5117—2012）	热强钢焊条（GB/T 5118—2012）	不锈钢焊条（GB/T 983—2012）	堆焊焊条（GB/T 984—2001）		铸铁焊条（GB/T 10044—2006）	
				冷拔焊芯	铸造焊芯①	冷拔焊芯	铸造焊芯
1.6	200~250		220~260				
2.0	250~350	250~350		230~300			
2.5			230~350			200~300	
3.2	350~450	350~450	300~460	300~450	230~350	300~450	
4.0			340~460				350~400
5.0				350~450			350~500
6.0	450~700	450~700			300~350	400~500	
8.0							
10							

① 堆焊焊条中的复合焊芯焊条和碳化钨管状焊条的尺寸规定与铸造焊芯焊条相同。

表 8-3　焊条按用途分类及其代号

焊条型号			焊条牌号			
焊条大类（按化学成分分类）			焊条大类（按用途分类）			
国家标准编号	名　称	代　号	类别	名　称	代号	
					字母	汉字
GB/T 5117—2012	非合金钢及细晶粒钢焊条	E	一	结构钢焊条	J	结
GB/T 5118—2012	热强钢焊条	E	一	结构钢焊条	J	结
			二	钼和铬钼耐热钢焊条	R	热
			三	低温钢焊条	W	温
GB/T 983—2012	不锈钢焊条	E	四	不锈钢焊条	G	铬
					A	奥
GB/T 984—2001	堆焊焊条	ED	五	堆焊焊条	D	堆
GB/T 10044—2006	铸铁焊条	EZ	六	铸铁焊条	Z	铸
			七	镍及镍合金焊条	Ni	镍
GB/T 3670—1995	铜及铜合金焊条	TCu	八	铜及铜合金焊条	T	铜
GB/T 3669—2001	铝及铝合金焊条	E	九	铝及铝合金焊条	L	铝
			十	特殊用途焊条	TS	特

表 8-4　焊条药皮类型及主要特点

序号	药皮类型	电源种类	主要特点
0	不属于已规定的类型	不规定	在某些焊条中采用氧化锆、金红石等组成的新渣系目前尚未形成系列
1	氧化钛型	DC（直流）、AC（交流）	含多量氧化钛，焊条工艺性能良好，电弧稳定，再引弧方便，飞溅很小，熔深较浅，熔渣覆盖性良好，脱渣容易，焊缝波纹特别美观，可全位置焊接，尤宜于薄板焊接，但焊缝塑性和抗裂性稍差。随药皮中钾、钠及铁粉等用量的变化，分为高钛钾型、高钛钠型及铁粉钛型等
2	钛钙型	DC、AC	药皮中氧化钛质量分数30%以上，钙、镁的碳酸盐20%以下。焊条工艺性能良好，熔渣流动性好，熔深一般，电弧稳定，焊缝美观，脱渣方便。适用于全位置焊接，如J422即属此类型。它是目前非合金钢及细晶粒钢焊条中使用最广泛的一种焊条
3	钛铁矿型	DC、AC	药皮中钛铁矿的质量分数≥30%。焊条熔化速度快，熔渣流动性好，熔深较深，脱渣容易，焊波整齐，电弧稳定。平焊、横角焊工艺性能较好，立焊稍次，焊缝有较好的抗裂性
4	氧化铁型	DC、AC	药皮中含多量氧化铁和较多的锰铁脱氧剂。熔深大，熔化速度快，焊接生产率较高，电弧稳定，再引弧方便；立焊、仰焊较困难，飞溅稍大，焊缝抗热裂性能较好，适用于中厚板焊接。由于电弧吹力大，适合于野外操作。若药皮中加入一定量的铁粉，则为铁粉氧化铁型

（续）

序号	药皮类型	电源种类	主 要 特 点
5	纤维素型	DC、AC	药皮中含质量分数 15%以上的有机物，30%左右的氧化钛。焊接工艺性能良好，电弧稳定，电弧吹力大，熔深大，熔渣少，脱渣容易。可作向下立焊、深熔焊或单面焊双面成形焊接。立、仰焊工艺性好，适用于薄板结构、油箱管道、车辆壳体等焊接。随药皮中稳弧剂、粘结剂含量变化，分为高纤维素钠型（采用直流反接）、高纤维素钾型两类
6	低氢钾型	DC、AC	药皮组分以碳酸盐和萤石为主，焊条使用前需经 300~400℃烘焙。短弧操作，焊接工艺性一般，可全位置焊接。焊缝有良好的抗裂性和综合力学性能。适宜于焊接重要的焊接结构。按照药皮中稳弧剂量、铁粉量和粘结剂不同，分为低氢钠型、低氢钾型和铁粉低氢型等
7	低氢钠型	DC	
8	石墨型	DC、AC	药皮中含有多量石墨，通常用于铸铁或堆焊焊条。采用低碳钢焊芯时，焊接工艺性较差，飞溅较多，烟雾较大，熔渣少，适用于平焊。采用非钢铁金属焊芯时，就能改善其工艺性能，但电流不宜过大
9	盐基型	DC	药皮中含多量氯化物和氟化物，主要用于铝及铝合金焊条。吸潮性强，焊前要烘干。药皮熔点低，熔化速度快。采用直流电源，焊接工艺性较差，短弧操作，熔渣有腐蚀性，焊后需用热水清洗

表 8-5　常用非合金钢及细晶粒钢焊条型号

焊条型号	焊条牌号	药皮类型	焊接位置	电流种类	抗拉强度 R_m/MPa	屈服强度 R_{eL}/MPa	断后伸长率 A(%)	冲击吸收能量	
								试验温度/°C	平均值①/J
E4303	J422	钛钙型	平、立、横、仰	交流、直流	≥430	≥330	20	0	27
E5003	J502	钛钙型	平、立、横、仰	交流、直流	≥490	≥400	20	0	27
E5015	J507	低氢钠型	平、立、横、仰	直流反接	≥490	≥400	20	—	27
E5016	J506	低氢钾型	平、立、横、仰	交流直流反接	≥490	≥400	20	-30	27

① 5 个试样，舍去最大值和最小值，其余 3 个值平均；3 个值中要有两个值不小于 27J，另一个值不小于 20J。

GB/T 5117—2012《非合金钢及细晶粒钢焊条》，规定了非合金钢及细晶粒钢焊条分类型号、技术要求、试验方法及检验规则等。焊条型号根据熔敷金属的力学性能、药皮类型、焊接位置和电流种类划分。非合金钢及细晶粒钢焊条有 E43 系列 10 个型号，E50 系列 18 个型号。表 8-5 列出了常用非合金钢及细晶粒钢焊条型号。

焊条型号含义如下：字母“E”表示焊条；前两位数字表示熔敷金属抗拉强度的最小值，E43 系列≥420MPa；第三位数字表示焊条焊接的位置，“0”及“1”表示焊条适用于全位置焊（平、立、横、仰），“2”表示适用于平焊及平角焊，“4”表示适用于向下立焊；第三位和第四位数字组合时，表示焊接电流种类及药皮类型。所有型号焊条都规定熔敷金属力学性能，并规定硫、磷极限含量。低氢焊条及一些型号焊条还规定了熔敷金属化学成分。

E4303 和 E5003，这两类焊条为钛钙型。熔渣流动性良好，脱渣容易，电弧稳定，熔深适中，飞溅少，焊波整齐。适用于全位置焊接，焊接电流为交流或直流正反接，主要用于焊接较重要的碳钢结构。

E4315 和 E5015，这两类焊条为低氢钠型。熔渣流动性好，焊接工艺性能一般，焊波较粗，角焊缝略凸、熔深适中，脱渣性较好，焊接时要求焊条干燥，并采用短弧焊。可全位置焊接，焊接电流为直流反接（工件接负极）。这类焊条的熔敷金属氢含量低，具有良好的抗裂性能和力学性能。主要用于焊接重要的碳钢结构，也可焊接与焊条强度相当的低合金钢结构。

E4316 和 E5016，这两类焊条药皮，在与 E4315 和 E5015 型焊条药皮基本相似的基础上，添加了稳弧剂，电弧稳定。焊接电流为交流或直流反接。工艺性能、焊接位置、熔敷金属力学性能和抗裂性能，以及应用都与 E4315 和 E5015 焊条相似。

E4315、E4316、E5015、E5016 这四类低氢型焊条，规定药皮中水的质量分数不大于 0.60%，熔敷金属扩散氢含量不大于 8.0mL/100g（甘油法）。

型号分类也是按熔敷金属抗拉强度的最小值来分。E50 系列的熔敷金属抗拉强度≥490MPa。

每一个焊条型号可以有多种焊条药皮配方，也就是有多种焊条牌号。例如，焊条型号 E4303，有 J422、J422GM、J422Fe 等几个焊条牌号。其中“J”表示结构钢焊条；前两位数字表示熔敷金属抗拉强度的最小值（≥420MPa）；第三位数字表示焊条药皮类型和焊接电流种类；“GM”表示盖面用焊条；“Fe”表示铁粉钛钙型焊条，该焊条有较高的熔敷效率。

2. 焊丝

常用焊丝标准见表 8-6。

表 8-6　常用焊丝标准

标准号	标准名称
GB/T 5293—1999	埋弧焊用碳钢焊丝和焊剂
GB/T 14957—1994	熔化焊用钢丝
GB/T 17854—1999	埋弧焊用不锈钢焊丝和焊剂
GB/T 8110—2008	气体保护电弧焊用碳钢、低合金钢焊丝
GB/T 10045—2001	碳钢药芯焊丝
GB/T 17853—1999	不锈钢药芯焊丝
GB/T 14957—1994	熔化焊用钢丝
GB/T 17493—2008	低合金钢药芯焊丝
GB/T 12470—2003	埋弧焊用低合金钢焊丝和焊剂
GB/T 10044—2006	铸铁焊条及焊丝
GB/T 10858—2008	铝及铝合金焊丝
GB/T 9460—2008	铜及铜合金焊丝
GB/T 15620—2008	镍及镍合金焊丝
YB/T 5092—2005	焊接用不锈钢丝

（1）气体保护焊丝　表 8-7 列出了气体保护焊用低碳钢、合金钢焊丝。

碳素钢的金属极气体保护电弧焊最常在 Ar-CO_2 混合保护气体或单独用 CO_2 为保护气体下进行。用 CO_2 得到的焊缝熔深要比采用 Ar-CO_2 混合气体的大。对于薄的材料，50%～80%的 Ar，余为 CO_2 的混合气体更具优越性。然而，50%～70%Ar 余为 CO_2 的混合气体在气体状态下是不稳定的，必须在使用前与单一气体组成混合。它们比起单独使用 CO_2 提供低的熔深、较高的短路速率和较低的最小电流和电压。这对于焊接薄板具有优越性。不管采用何种气体，总的线能量限制熔化和熔深。因此，许多用户对于这种方法限制于材料厚度不超过 13mm。

1）ER50-2 焊丝主要用于镇静钢、半镇静钢和沸腾钢的单道焊，也可用于某些多道焊的场合。由于添加了脱氧剂，这种填充金属能够用来焊接表面有锈和污物的钢材，但可能损害焊缝质量，它取决于表面条件。ER50-2 填充金属广泛地用于用 GTAW 方法生产的高质量和高韧性焊缝。这些填充金属亦很好地适用于在单面焊接，而不需要在接头反面采用根部气体保护。

2）ER50-3 焊丝适用于焊接单道和多道焊缝。典型的母材标准通常与 ER50-2 类别适用的一样。ER50-3 焊丝是使用广泛的 GMAW 焊丝。

3）ER50-4 焊丝适用于焊接其条件要求比 ER50-3 焊丝填充金属能提供更多脱氧能力的钢种。典型的母材标准通常与 ER50-2 类别适用的一样。该类别不要求冲击试验。

4）ER50-6 焊丝适用于单道焊，又适用于多道焊。它们特别适合于期望有平滑焊道的金属薄板和有中等数量铁锈或热轧氧化皮的型钢和钢板。在进行 CO_2 气体保护或 Ar+O_2 或 Ar+CO_2 混合气体保护焊接时，这些焊丝允许较高的电流范围。然而，当采用二元和三元混合保护气体时，这些焊丝要求比上述焊丝有较高的氧化性。

5）ER50-7 焊丝适用于单道焊和多道焊。与 ER50-3 焊丝填充金属相比，它们可以在较高的速度下焊接。与那些填充金属相比，它们还提供某些较好的润湿作用和焊道成形。在进行 CO_2 保护气体或 Ar+O_2 混合气体或 Ar+CO_2 混合气体焊接时，这些焊丝允许采用较高的电流范围。然而，当采用二元或三元混合气体时，这些焊丝要求像上面所述的焊丝有较高的氧化性（更多的 CO_2 或 O_2）。典型的母材标准通常与 ER50-2 类别适用的一样。

6）ER49-1 焊丝适用于单道焊和多道焊，具有良好的抗气孔性能，用以焊接低碳钢和某些低合金钢。

7）ER49-A1 焊丝的填充金属，除了加有 0.5% 的 Mo 外，与碳钢焊丝填充金属相似。添加钼提高焊缝金属的强度，特别是高温下的强度，使抗腐蚀性能有所提高。然而，它降低焊缝金属的韧性。典型的应用包括焊接 C-Mo 钢母材。

8）ER55-B2 焊丝的填充金属用于焊接在高温和腐蚀情况下使用的 1/2Cr-1/2Mo、1Cr-1/2Mo 和 1-1/4Cr-1/2Mo 钢。它们也用来连接 Cr-Mo 钢与碳钢的异种钢接头。可使用气体保护电弧焊的所有过渡形式。控制预热，层间温度和焊后热处理对避免裂纹是非常关键的。焊丝在焊后热处理状态下进行试验。

9）ER49-B2L 焊丝的填充金属，除了低的碳含量（≤0.05%）及由此带来较低的强度水平外，与 ER55-B2 焊丝的填充金属是一样的。同时硬度也有所降低，并在某些条件下改善耐蚀性。这种合金具有较好的抗裂性，较适合于在焊态下，或当严格的焊后热处理作业可能产生问题时使用的焊缝。

10）ER62-B3 焊丝的填充金属用于焊接高温、高压管子和压力容器用 2-1/4Cr-1Mo。它们也可用来连接 Cr-Mo 钢与碳素钢的结合。通过控制预热、层间温度和焊后热处理对避免裂纹非常重要。这些焊丝是在焊后热处理状态下进行分类的。当它们在焊态下使用，由于强度较高，应谨慎使用。

11）ER55-B3L 焊丝的填充金属除了低碳含量（≤0.05%）和强度较低外，与 ER62-B3 类别是一样的。这些合金具有较好的抗裂性而适合于焊态下使用的焊缝。

表 8-7 气体保护焊用低碳钢、合金钢焊丝（摘自 GB/T 8110—2008） （%）

焊丝型号	熔敷金属化学成分(质量分数,%)												
	C	Mn	Si	P	S	Ni	Cr	Mo	V	Ti	Zr	Al	Cu①	其他元素总量
碳钢														
ER50-2	0.07	0.90~1.40	0.40~0.70	0.025	0.025	0.15	0.15	0.15	0.03	0.05~0.15	0.02~0.12	0.05~0.15	0.50	—
ER50-3	0.06~0.15		0.45~0.75							—	—	—		
ER50-4		1.00~1.50	0.65~0.85											
ER50-6		1.40~1.85	0.80~1.15											
ER50-7	0.07~0.15	1.50~2.00②	0.50~0.80											
ER49-1	0.11	1.80~2.10	0.65~0.95	0.030	0.030	0.30	0.20	—	—					
碳钼钢														
ER49-A1	0.12	1.30	0.30~0.70	0.025	0.025	0.20	—	0.40~0.65	—	—	—	—	0.35	0.50
铬钼钢														
ER55-B2	0.07~0.12	0.40~0.70	0.40~0.70	0.025	0.025	0.20	1.20~1.50	0.40~0.65	—	—	—	—	0.35	0.50
ER49-B2L	0.05													
ER55-B2-MnV	0.06~0.10	1.20~1.60	0.60~0.90	0.030		0.25	1.00~1.30	0.50~0.70	0.20~0.40					
ER55-B2-Mn		1.20~1.70					0.90~1.20	0.45~0.65	—					
ER62-B3	0.07~0.12	0.40~0.70	0.40~0.70	0.025		0.20	2.30~2.70	0.90~1.20						
ER55-B3L	0.05													
ER55-B6	0.10		0.50			0.60	4.50~6.00	0.45~0.65						
ER55-B8	0.10					0.50		0.80~1.20						
ER62-B9③	0.07~0.13	1.20	0.15~0.50	0.010	0.010	0.80	8.00~10.50	0.85~1.20	0.15~0.30			0.04	0.20	
镍钢														
ER55-Ni1	0.12	1.25	0.40~0.80	0.025	0.025	0.80~1.10	0.15	0.35	0.05	—	—	—	0.35	0.50
ER55-Ni2						2.00~2.75	—	—	—					
ER55-Ni3						3.00~3.75	—	—	—					
锰钼钢														
ER55-D2	0.07~0.12	1.60~2.10	0.50~0.80	0.025	0.025	0.15	—	0.40~0.60	—	—	—	—	0.50	0.50
ER62-D2														
ER55-D2-Ti	0.12	1.20~1.90	0.40~0.80			—		0.20~0.50		0.20				
其他低合金钢														
ER55-1	0.10	1.20~1.60	0.60	0.025	0.020	0.20~0.60	0.30~0.90	—	—	—	—	—	0.20~0.50	0.50
ER69-1	0.08	1.25~1.80	0.20~0.55	0.010	0.010	1.40~2.10	0.30	0.25~0.55	0.05	0.10	0.10	0.10	0.25	
ER76-1	0.09	1.40~1.80				1.90~2.60	0.50		0.04					
ER83-1	0.10		0.25~0.60			2.00~2.80	0.60	0.30~0.65	0.03					
ERXX-G	供需双方协商确定													

注：表中单值均为最大值。

① 如果焊丝镀铜，则焊丝中 Cu 含量和镀铜层中 Cu 含量之和不应大于 0.50%。

② Mn 的最大含量可以超过 2.00%，但每增加 0.05%的 Mn，最大含 C 量应降低 0.01%。

③ Nb（Cb）：0.02%~0.10%；N：0.03%~0.07%；(Mn+Ni)≤1.50%。

12）ER55-Ni1 焊丝用于焊接在-45℃低温下要求好的韧性的低合金高强度钢。

13）ER55-Ni2 焊丝用于焊接 2.5Ni 钢和在-60℃低温下要求良好韧性的材料。

14）ER55-Ni3 通常用于焊接低温运行的 3.5Ni 钢。

15）ER55-D2 焊丝和 ER62-D2 焊丝之间的不同点在于保护气体不同和力学性能要求不同。这些类别的填充金属含有钼提高了强度和当采用 CO_2 作为保护气体焊接时，提供高效的脱氧剂来控制气孔。在常用的和难焊的碳钢与低合金钢中，它们可提供射线探伤高质量的焊缝及极好的焊缝成形。采用短路和脉冲弧焊方法时，它们显示出极好的多种位置的焊接特性。焊缝致密性与强度的结合使得这些类别的填充金属适合于碳钢与低合金高强度钢在焊态和焊后热处理状态的单道焊和多道焊。

16）ER55-1 焊丝是耐大气腐蚀用焊丝，由于添加了 Cu、Cr、Ni 等合金元素，焊缝金属具有良好的耐大气腐蚀性能，主要用于铁路货车用 Q450NQR1 等钢的焊接。

17）ER69-1、ER76-1 和 ER83-1 焊丝通常应用于高强度和高韧性材料。这些填充金属同样用于要求抗拉强度超过 690MPa 和在-50℃低温下具有高韧性结构钢的焊接。采用的线能量大小不同，这些类别的焊丝的焊缝熔敷金属的力学性能会发生变化。

18）ER55-B6 焊丝含有 4.5%～6.0%铬和约 0.5%钼。本类别填充金属用于焊接相似成分的母材，通常为管子或管道。该合金是一种空气淬硬的材料，因此当用这种填充金属进行焊接时要求预热和焊后热处理。

19）ER55-B8 焊丝含有 8.0%～10.5%铬和约 1.0%钼。本类别填充金属用于焊接相似成分的母材，通常为管子或管道。该合金是一种空气淬硬的材料，因此当用这种填充金属进行焊接时要求预热和焊后热处理。

20）ER62-B9 焊丝是 9Cr-1Mo 焊丝的改型，其中加入铌（钶）和钒，可提高在高温下的强度、韧性、疲劳寿命、抗氧化性和耐蚀性。由于该合金具有较高的高温性能，所以目前用不锈钢和铁素体钢制造的部件可以用单一合金制造，可消除异种钢焊缝所带来的问题。该类焊丝还应确定冲击韧性或高温蠕变强度性能。由于碳和铌（钶）不同含量的影响，规定值和试验要求必须由供需双方协商确定。

该类焊丝的焊后热处理是非常关键的，必须严格控制。显微组织完全转变为马氏体的温度相对较低，因此，在完成焊接和进行焊后热处理之前，推荐使焊件冷却到至少 93℃，使其尽可能多地转变成马氏体。允许的最高焊后热处理温度也是很关键的。因为蠕变温度的下限 Ac_1 也相对较低。为有助于进行合适的焊后热处理，提出了限制（Mn+Ni）的含量。Mn 和 Ni 的组合趋向于降低 Ac_1 温度，当焊后热处理温度接近 Ac_1，可能引起微观组织的部分转变。通过限制 Mn+Ni，焊后热处理温度将此 Ac_1 足够低，以避免部分转变的发生。

21）ER××-G 焊丝是不包括在前面类别中的那些填充金属。对它们仅规定了某些力学性能要求。焊丝用于单道焊和多道焊。

（2）药芯型焊丝　金属粉型药芯焊丝型号为 E××C-×（-H×），其中字母“E”表示焊丝，字母“C”表示金属粉型药芯焊丝，其他符号说明如下：

熔敷金属抗拉强度以字母“E”后面的两个符号“××”表示熔敷金属的最低抗拉强度；熔敷金属化学成分以第一个短划“-”后面的符号“×”表示熔敷金属化学成分代号；熔敷金属扩散氢含量（可选附加代号）以型号中如果出现第二个短划“-”及字母“H×”时，表示熔敷金属扩散氢含量，×为扩散氢含量最大值。

完整焊丝型号示例如下：

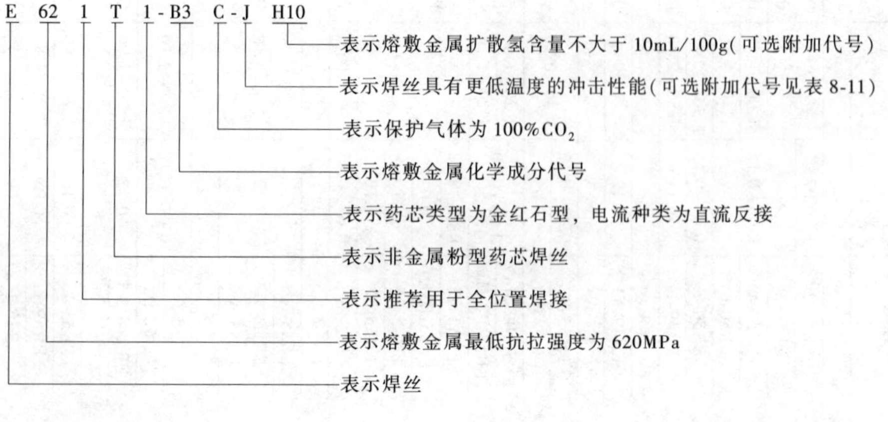

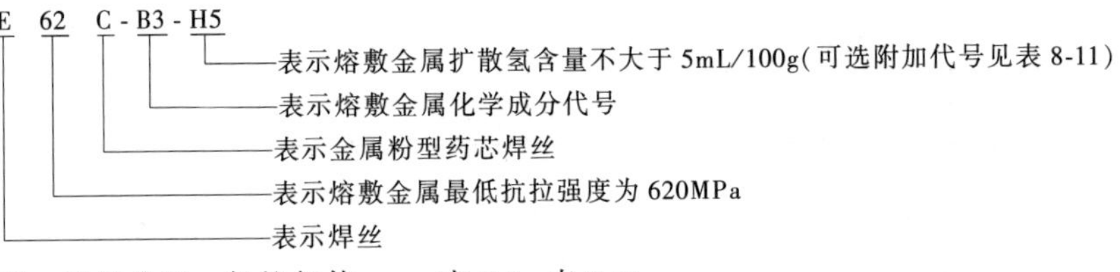

药芯型焊丝的药芯类型、焊接位置、保护气体、电流种类及熔敷金属的化学成分和力学性能见表 8-8~表 8-11。

表 8-8　药芯类型、焊接位置、保护气体及电流种类（摘自 GB/T 17493—2008）

焊丝	药芯类型	药芯特点	型号	焊接位置	保护气体①	电流种类
非金属粉型	1	金红石型，熔滴呈喷射过渡	E××0T1-×C	平、横	CO_2	直流反接
			E××0T1-×M		Ar+(20%~25%)CO_2	
			E××1T1-×C	平、横、仰、立向上	CO_2	
			E××1T1-×M		Ar+(20%~25%)CO_2	
	4	强脱硫、自保护型，熔滴呈粗滴过渡	E××0T4-×	平、横	—	
	5	氧化钙-氟化物型，熔滴呈粗滴过渡	E××0T5-×C		CO_2	
			E××0T5-×M		Ar+(20%~25%)CO_2	
			E××1T5-×C	平、横、仰、立向上	CO_2	直流反接或正接②
			E××1T5-×M		Ar+(20%~25%)CO_2	
	6	自保护型，熔滴呈喷射过渡	E××0T6-×	平、横	—	直流反接
	7	强脱硫、自保护型，熔滴呈喷射过渡	E××0T7-×			直接正接
			E××1T7-×	平、横、仰、立向上		
	8	自保护型，熔滴呈喷射过渡	E××0T8-×	平、横		
			E××1T8-×	平、横、仰、立向上		
	11	自保护型，熔滴呈喷射过渡	E××0T11-×	平、横		
			E××1T11-×	平、横、仰、立向下		
	×③	③	E××0T×-G	平、横		③
			E××1T×-G	平、横、仰、立向上或向下		
			E××0T×-GC	平、横	CO_2	
			E××1T×-GC	平、横、仰、立向上或向下		
			E××0T×-GM	平、横	Ar+(20%~25%)CO_2	
			E××1T×-GM	平、横、仰、立向上或向下		
	G	不规定	E××0TG-×	平、横	不规定	不规定
			E××1TG-×	平、横、仰、立向上或向下		
			E××0TG-G	平、横		
			E××1TG-G	平、横、仰、立向上或向下		
金属粉型		主要为纯金属和合金，熔渣极少，熔滴呈喷射过渡	E××C-B2,-B2L	不规定	Ar+(1%~5%)O_2	不规定
			E××C-B3,-B3L			
			E××C-B6,-B8			
			E××C-Ni1,-Ni2,-Ni3			
			E××C-D2			
			E××C-B9		Ar+(5%~25%)CO_2	
			E××C-K3,-K4			
			E××C-W2			
		不规定	E××C-G	不规定		

① 为保证焊缝金属性能，应采用表中规定的保护气体。如供需双方协商也可采用其他保护气体。
② 某些 E××1T5-×C，-×M 焊丝，为改善立焊和仰焊的焊接性能，焊丝制造厂也可能推荐采用直流正接。
③ 可以是上述任一种药芯类型，其药芯特点及电流种类应符合该类药芯焊丝相对应的规定。

表 8-9 药芯型焊丝（摘自 GB/T 17493—2008）

型号	熔敷金属化学成分(质量分数,%)											
	C	Mn	Si	S	P	Ni	Cr	Mo	V	Al	Cu	其他元素总量
非金属粉型钼钢焊丝												
E49×T5-A1C,-A1M E55×T1-A1C,-A1M	0.12	1.25	0.80	0.030	0.030	—	—	0.40~0.65	—	—	—	—
非金属粉型铬钼钢焊丝												
E55×T1-B1C,-B1M	0.05~0.12	1.25	0.80	0.030	0.030	—	0.40~0.65	0.40~0.65	—	—	—	—
E55×T1-B1LC,-B1LM	0.05											
E55×T1-B2C,-B2M	0.05~0.12						1.00~1.50					
E55×T5-B2C,-B2M												
E55×T1-B2LC,-B2LM	0.05											
E55×T5-B2LC,-B2LM												
E55×T1-B2HC,-B2HM	0.10~0.15											
E62×T1-B3C,-B3M	0.05~0.12											
E62×T5-B3C,-B3M												
E69×T1-B3C,-B3M												
E62×T1-B3LC,-B3LM	0.05						2.00~2.50	0.90~1.20				
E62×T1-B3HC,-B3HM	0.10~0.15											
E55×T1-B6C,-B6M	0.05~0.12		1.00		0.040	0.40	4.0~6.0	0.45~0.65			0.50	
E55×T5-B6C,-B6M												
E55×T1-B6LC,-B6LM	0.05											
E55×T5-B6LC,-B6LM												
E55×T1-B8C,-B8M	0.05~0.12						8.0~10.5	0.85~1.20				
E55×T5-B8C,-B8M												
E55×T1-B8LC,-B8LM	0.05				0.030							
E55×T5-B8LC,-B8LM												
E62×T1-B9C①,-B9M①	0.08~0.13	1.20	0.50	0.015	0.020	0.80			0.15~0.30	0.04	0.25	
非金属粉型镍钢焊丝												
E43×T1-Ni1C,-Ni1M	0.12	1.50	0.80	0.030	0.030	0.80~1.10	0.15	0.35	0.05	1.8②	—	—
E49×T1-Ni1C,Ni1M												
E49×T6-Ni1												
E49×T8-Ni1												
E55×T1-Ni1C,-Ni1M												
E55×T5-Ni1C,-Ni1M												

非金属粉型镍钢焊丝											
E49×T8-Ni2	0.12	1.50	0.80	0.030	0.030	1.75~2.75	—	—	—	1.8②	—	—
E55×T8-Ni2												
E55×T1-Ni2C,-Ni2M												
E55×T5-Ni2C,-Ni2M												
E62×T1-Ni2C,-Ni2M												
E55×T5-Ni3C,-Ni3M③						2.75~3.75						
E62×T5-Ni3C,-Ni3M												
E55×T11-Ni3												
非金属粉型锰钼钢焊丝												
E62×T1-D1C,-D1M	0.12	1.25~2.00	0.80	0.030	0.030	—	—	0.25~0.55	—	—	—	—
E62×T5-D2C,-D2M	0.15	1.65~2.25										
E69×T5-D2C,-D2M												
E62×T1-D3C,-D3M	0.12	1.00~1.75						0.40~0.65				
非金属粉型其他低合金钢焊丝												
E55×T5-K1C,-K1M	0.15	0.80~1.40	0.80	0.030	0.030	0.80~1.10	0.15	0.20~0.65	0.05	—	—	—
E49×T4-K2		0.50~1.75				1.00~2.00		0.35		1.8②		
E49×T7-K2												
E49×T8-K2												
E49×T11-K2												
E55×T8-K2												
E55×T1-K2C,-K2M												
E55×T5-K2C,-K2M												
E62×T1-K2C,-K2M												
E62×T5-K2C,-K2M												
E69×T1-K3C,-K3M		0.75~2.25				1.25~2.60		0.25~0.65		—		
E69×T5-K3C,-K3M												
E76×T1-K3C,-K3M												
E76×T5-K3C,-K3M												
E76×T1-K4C,-K4M		1.20~2.25				1.75~2.60	0.20~0.60	0.20~0.65	0.03			
E76×T5-K4C,-K4M												
E83×T5-K4C,-K4M												
E83×T1-K5C,-K5M	0.10~0.25	0.60~1.60				0.75~2.00	0.20~0.70	0.15~0.55	0.05			
E49×T5-K6C,K6M	0.15	0.50~1.50				0.40~1.00	0.20	0.15		1.8②		
E43×T8-K6												
E49×T8-K6												
E69×T1-K7C,-K7M		1.00~1.75				2.00~2.75	—	—	—	—		

（续）

型号	熔敷金属化学成分（质量分数，%）											
	C	Mn	Si	S	P	Ni	Cr	Mo	V	Al	Cu	其他元素总量
非金属粉型其他低合金钢焊丝												
E62×T8-K8	0.15	1.00～2.00	0.40	0.030	0.030	0.50～1.50	0.20	0.20	0.05	1.8[②]	—	—
E69×T1-K9C，-K9M	0.07	0.50～1.50	0.60	0.015	0.015	1.30～3.75		0.50		—	0.06	
E55×T1-W2C，-W2M	0.12	0.50～1.30	0.35～0.80	0.030	0.030	0.40～0.80	0.45～0.70	—	—		0.30～0.75	
E×××T×-G[③] -GC[③]，-GM[③] E×××TG-G[③]	—	≥0.50	1.00			≥0.50	≥0.30	≥0.20	≥0.10	1.8[②]	—	
金属粉型铬钼钢焊丝												
E55C-B2	0.05～0.12	0.40～1.00	0.25～0.60	0.030	0.025	0.20	1.00～1.50	0.40～0.65	0.03	—	—	0.50
E49C-B2L	0.05										0.35	
E62C-B3	0.05～0.12						2.00～2.50	0.90～1.20				
E55C-B3L	0.05											
E55C-B6	0.10			0.025		0.60	4.50～6.00	0.45～0.65				
E55C-B8						0.20	8.00～10.50	0.80～1.20				
E62C-B9[④]	0.08～0.13	1.20	0.50	0.015	0.020	0.80		0.85～1.20	0.15～0.30	0.04	0.20	
金属粉型镍钢焊丝												
E55C-Ni1	0.12	1.50	0.90	0.030	0.025	0.80～1.10	—	0.30	0.03	—	0.35	0.50
E49C-Ni2	0.08	1.25				1.75～2.75		—				
E55C-Ni2	0.12	1.50										
E55C-Ni3						2.75～3.75						
金属粉型锰钼钢焊丝												
E62C-D2	0.12	1.00～1.90	0.90	0.030	0.025	—	—	0.40～0.60	0.03	—	0.35	0.50
金属粉型其他低合金钢焊丝												
E62C-K3	0.15	0.75～2.25	0.80	0.025	0.025	0.50～2.50	0.15	0.25～0.65	0.03	—	0.35	0.50
E69C-K3												
E76C-K3												
E76C-K4							0.15～0.65					
E83C-K4												
E55C-W2	0.12	0.50～1.30	0.35～0.80	0.030		0.40～0.80	0.45～0.70	—			0.30～0.75	
E××1C-G[⑤]	—	—	—	—	—	≥0.50	≥0.30	≥0.20	—	—	—	—

注：除另有注明外，所列单值均为最大值。

① Nb：0.02%～0.10%；N：0.02%～0.07%；（Mn+Ni）≤1.50%。

② 仅适用于自保护焊丝。

③ 对于 E×××T×-G 和 E×××TG-G 型号，元素 Mn、Ni、Cr、Mo 或 V 至少有一种应符合要求。

④ Nb：0.02%～0.10%；N：0.03%～0.07%；（Mn+Ni）≤1.50%。

⑤ 对于 E××C-G 型号，元素 Ni、Cr 或 Mo 至少有一种应符合要求。

表 8-10　熔敷金属的力学性能

型号①	试样状态	抗拉强度 R_m/MPa	规定塑性延伸强度 $R_{p0.2}$/MPa	伸长率 A (%)	冲击性能② 冲击吸收能量 KV/J	冲击性能② 试验温度 /℃
非金属粉型						
E49×T5-A1C,-A1M	焊后热处理	490～620	≥400	≥20	≥27	-30
E55×T1-A1C,-A1M		550～690	≥470	≥19	—	
E55×T1-B1C,-B1M,-B1LC,-B1LM						
E55×T1-B2C,-B2M,-B2LC,-B2LM,-B2HC,-B2HM						
E55×T5-B2C,-B2M,-B2LC,-B2LM						
E62×T1-B3C,-B3M,-B3LC,-B3LM,-B3HC,-B3HM		620～760	≥540	≥17		
E62×T5-B3C,-B3M						
E69×T1-B3C,-B3M		690～830	≥610	≥16		
E55×T1-B6C,-B6M,-B6LC,-B6LM		550～690	≥470	≥19		
E55×T5-B6C,-B6M,-B6LC,-B6LM						
E55×T1-B8C,-B8M,-B8LC,-B8LM						
E55×T5-B8C,-B8M,-B8LC,-B8LM						
E62×T1-B9C,-B9M		620～830	≥540	≥16		
E43×T1-Ni1C,-Ni1M	焊态	430～550	≥340	≥22	≥27	-30
E49×T1-Ni1C,Ni1M		490～620	≥400	≥20		
E49×T6-Ni1						
E49×T8-Ni1						
E55×T1-Ni1C,-Ni1M		550～690	≥470	≥19		
E55×T5-Ni1C,-Ni1M	焊后热处理					-50
E49×T8-Ni2	焊态	490～620	≥400	≥20		-30
E55×T8-Ni2		550～690	≥470	≥19		
E55×T1-Ni2C,-Ni2M						-40
E55×T5-Ni2C,-Ni2M	焊后热处理					-60
E62×T1-Ni2C,-Ni2M	焊态	620～760	≥540	≥17		-40
E55×T5-Ni3C,-Ni3M	焊后热处理	550～690	≥470	≥19		-70
E62×T5-Ni3C,-Ni3M		620～760	≥540	≥17		
E55×T11-Ni3	焊态	550～690	≥470	≥19		-20
E62×T1-D1C,-D1M	焊态	620～760	≥540	≥17		-40
E62×T5-D2C,-D2M	焊后热处理					-50
E69×T5-D2C,-D2M		690～830	≥610	≥16		-40
E62×T1-D3C,-D3M	焊态	620～760	≥540	≥17		-30
E55×T5-K1C,-K1M		550～690	≥470	≥19		-40
E49×T4-K2	焊态	490～620	≥400	≥20		-20
E49×T7-K2						-30
E49×T8-K2						
E49×T11-K2						0
E55×T8-K2		550～690	≥470	≥19		-30
E55×T1-K2C,-K2M						
E55×T5-K2C,-K2M						
E62×T1-K2C,-K2M		620～760	≥540	≥17		-20
E62×T5-K2C,-K2M						-50
E69×T1-K3C,-K3M		690～830	≥610	≥16		-20
E69×T5-K3C,-K3M						-50
E76×T1-K3C,-K3M		760～900	≥680	≥15		-20
E76×T5-K3C,-K3M						-50

（续）

型号①	试样状态	抗拉强度 R_m/MPa	规定塑性延伸强度 $R_{p0.2}$/MPa	伸长率 A（%）	冲击性能②	
					冲击吸收能量 KV/J	试验温度/℃
非金属粉型						
E76×T1-K4C，-K4M	焊态	760~900	≥680	≥150	≥27	-20
E76×T5-K4C，-K4M						-50
E83×T5-K4C，-K4M		830~970	≥745	≥14		
E83×T1-K5C，-K5M					—	—
E49×T5-K6C，K6M		490~620	≥400	≥20	≥27	-60
E43×T8-K6		430~550	≥340	≥22		-30
E49×T8-K6		490~620	≥400	≥20		
E69×T1-K7C，-K7M		690~830	≥610	≥16		-50
E62×T8-K8		620~760	≥540	≥17		-30
E69×T1-K9C，-K9M		690~830③	560~670	≥18	≥47	-50
E55×T1-W2C，-W2M		550~690	≥470	≥19	≥27	-30
金属粉型						
E49C-B2L	焊后热处理	≥515	≥400	≥19	—	—
E55C-B2		≥550	≥470			
E55C-B3L				≥17		
E62C-B3		≥620	≥540			
E55C-B6		≥550	≥470			
E55C-B8						
E62C-B9		≥620	≥410	≥16		
E49C-Ni2	焊态	≥490	≥400	≥24	≥27	-60
E55C-Ni1		≥550	≥470			-45
E55C-Ni2	焊后热处理					-60
E55C-Ni3						-75
E62C-D2	焊态	≥620	≥540	≥17		-30
E62C-K3				≥18		-50
E69C-K3		≥690	≥610	≥16		
E76C-K3		≥760	≥680	≥15		
E76C-K4						
E83C-K4		≥830	≥750	≥15		
E55C-W2		≥550	≥470	≥22		-30

注：1. 对于 E×××T×-G，-GC，-GM 及 E×××TG-×和 E×××TG-G 型焊丝，熔敷金属冲击性能由供需双方商定。
　　2. 对于 E××C-G 型焊丝，除熔敷金属抗拉强度外，其他力学性能由供需双方商定。
① 在实际型号中“×”用相应的符号替代。
② 非金属粉型焊丝型号中带有附加代号“J”时，对于规定的冲击吸收功，试验温度应降低 10℃。
③ 对于 E69×T1-K9C，-K9M 所示的抗拉强度范围不是要求值，而是近似值。

表 8-11　熔敷金属扩散氢含量

扩散氢可选附加代号	扩散氢含量（水银法或色谱法）/（mL/100g）
H15	≤15.0
H10	≤10.0
H5	≤5.0

1）非金属粉型焊丝的说明及应用。非金属粉型焊丝的药芯以造渣的矿物质粉为主，含有部分纯金属粉和合金粉。

对于一种给定的焊丝，除非特别注意焊接工艺、试样制备细节（甚至试样在焊缝中的位置）、试验温度和试验机的操作等，否则一块试件与另一块试件，甚至一个冲击试样与另一个冲击试样的试验结果之间可能存在明显的差别。

气体保护和自保护焊丝，其熔敷金属的碳含量对淬硬性的作用是不同的。气体保护焊丝通常采用 Mn-Si 脱氧系统，碳含量对硬度的影响可遵从于许多典型的碳当量公式。许多自保护焊丝采用铝合金体系来提供保护和脱氧，铝的作用之一是改善碳对淬硬性的作用。因此，采用自保护焊丝获得的硬度水平要低于典型的碳当量公式的指示水平。

E××0T×-××型药芯焊丝主要推荐用于平焊和横焊位置，但在焊接中采用适当的电流和较小的焊丝尺寸，也可用在其他位置上。对于直径小于2.4mm的焊丝，使用制造厂推荐的电流范围的下限，就可以用于立焊和仰焊。其他较大直径的焊丝通常用于平焊和横焊位置的焊接。

焊丝型号E×××T×-××中T后面的×（1、4、5、6、7、8、11或G）表示不同的药芯类型，每类焊丝有类似药芯成分，具有特殊的焊接性能及类似的渣系。但“G”类焊丝除外，其每个焊丝之间工艺特性可能差别很大。

① E×××T1-×C类焊丝采用CO_2作保护气体，但是在制造者推荐用于改进工艺性能时，尤其是用于立焊和仰焊时，也可以采用$Ar+CO_2$的混合气体，混合气体中增加Ar的含量会增加焊缝金属中锰和硅的含量，以及铬等某些其他合金的含量。这会提高屈服强度和抗拉强度，并可能影响冲击性能。

E×××T1-×M类焊丝按本标准采用Ar+(20%~25%)CO_2作保护气体。采用减少Ar含量的Ar/CO_2混合气体或采用CO_2保护气体会导致电弧特性和立焊及仰焊焊接特性发生某些变化，同时可能减少焊缝金属中锰、硅和某些其他合金成分，这会降低屈服强度和抗拉强度，并可能影响冲击性能。

该类焊丝用于单道焊和多道焊，采用直流反接。大直径（≥2.0mm）焊丝可用于平焊和平角焊，小直径（≤1.6mm）可用于全位置焊，该类焊丝药芯为金红石型，熔滴呈喷射过渡，飞溅小，焊缝成型较平或微凸状，溶渣适中，覆盖完全。

② E×××T4-×类焊丝是自保护型，采用直流反接。用于平焊位置和横焊位置的单道焊或多道焊，尤其可用来焊接装配不良的接头。该类焊丝药芯具有强脱硫能力，熔滴呈粗滴过渡，焊缝金属抗裂性能良好。

③ E×××T5-×C，-×M类焊丝也可如E×××T1-×C，-×M类焊丝一样，在实际生产中根据需要分别对保护气体稍作调整。

E××0T5-××类焊丝主要用于平焊位置和平角焊位置的单道焊和多道焊，根据制造厂的推荐采用直流反接或正接，该类焊丝药芯为氧化钙-氟化物型，熔滴呈粗滴过渡，焊道成型为微凸状，熔渣薄且不能完全覆盖焊道，焊缝金属具有优良的冲击性能及抗热裂和冷裂性能。

某些E××1T5-××类焊丝采用直流正接可用于全位置焊接。

④ E×××T6-×类焊丝是自保护型，采用直流反接，熔滴呈喷射过渡，焊缝熔深大，易脱渣。可用于平焊和横焊位置的单道焊或多道焊。焊缝金属具有较高的低温冲击性能。

⑤ E×××T7-×类焊丝是自保护型，采用直流正接，熔滴呈喷射过渡，用于单道焊或多道焊。大直径焊丝用于高熔敷率的平焊和横焊，小直径焊丝用于全位置焊接。焊丝药芯有强脱硫能力，焊缝金属具有很好的抗裂性能。

⑥ E×××T8-×类焊丝是自保护型，采用直流正接，熔滴呈喷射过渡。可用于全位置的单道焊或多道焊。焊缝金属具有良好的低温冲击性能和抗裂性能。

⑦ E×××T11-×类焊丝是自保护型，采用直流正接，熔滴呈喷射过渡。适用于全位置单道焊或多道焊。有关板厚方面的限制可向制造厂咨询。

⑧ E×××T×-G、E×××TG-×、E×××TG-G类焊丝设定为以上确定类别之外的一种药芯焊丝，分类代号中的“G”表示合金元素的要求、熔敷金属的冲击性能、试样状态、药芯类型、保护气体或焊接位置等等，需由供需双方商定。

2）金属粉型焊丝的说明及应用。金属粉型焊丝的药芯以纯金属粉和合金粉为主，熔渣极少，熔敷效率较高，可用于单道或多道焊。

① E55C-B2型焊丝用于焊接在高温和腐蚀情况下使用的1/2Cr-1/2Mo、1Cr-1/2Mo和1-1/4Cr-1/2Mo钢。它们也用作Cr-Mo钢与碳素钢的异种钢连接。可呈现喷射、短路或粗滴等过渡形式。控制预热，道间温度和焊后热处理对避免裂纹非常重要。

② E49C-B2L型焊丝除了低碳含量（≤0.05%）及由此带来较低的强度水平外，与E55C-B2型焊丝是一样的。同时硬度也有所降低，并在某些条件下改善抗腐蚀性能，具有较好的抗裂性。

③ E62C-B3型焊丝用于焊接高温、高压管子和压力容器用2-1/4Cr-1Mo钢。它们也可用来连接Cr-Mo钢与碳钢。控制预热、道间温度和焊后热处理对避免裂纹非常重要。该类焊丝在焊后热处理状态下进行分类的，当它们在焊态下使用时，由于强度较高，应谨慎。

④ E55C-B3L型焊丝该类焊丝除了低碳含量（≤0.05%）和强度较低外，与E62C-B3型焊丝是一样的，具有较好的抗裂性。

⑤ E55C-Ni1型焊丝用于焊接在-45℃低温下要求良好韧性的低合金高强度钢。

⑥ E49C-Ni2、E55C-Ni2 型焊丝用于焊接 2.5Ni 钢和在-60℃低温下要求良好韧性的材料。

⑦ E55C-Ni3 型焊丝通常用于焊接低温运行的 3.5Ni 钢。

⑧ E62C-D2 型焊丝含有钼，提高了强度，当采用 CO_2 作为保护气体焊接时，提供高效的脱氧剂来控制气孔。在常用的和难焊的碳素钢与低合金钢中，它们可提供射线照相高质量的焊缝及极好的焊缝成型。采用短路和脉冲弧焊方法时，它们显示出极好的多种位置的焊接特性。焊缝致密性与强度的结合使得该类焊丝适合于碳钢与低合金高强度钢在焊态和焊后热处理状态的单道焊和多道焊。

⑨ E55C-B6 型焊丝该类焊丝含有 4.5%~6.0%的 Cr 和约 0.5%的 Mo，是一种空气淬硬的材料，焊接时要求预热和焊后热处理。用于焊接相似成分的管材。

⑩ E55C-B8 型焊丝含有 8.0%~10.5%的 Cr 和约 1.0%的 Mo，是一种空气淬硬的材料，焊接时要求预热和焊后热处理。用于焊接相似成分的管材。

⑪ E62C-B9 型焊丝是 9Cr-1Mo 焊丝的改型，其中加入 Nb 和 V，可提高高温下的强度、韧性、疲劳寿命、抗氧化性和耐蚀性。该类焊丝还应确定冲击韧性或高温蠕变强度。由于 C 和 Nb 不同含量的影响，规定值和试验要求必须由供需双方协商确定。

该类焊丝的热处理非常关键，必须严格控制。显微组织完全转变为马氏体的温度相对较低，因此，在完成焊接和进行焊后热处理之前，建议使焊件冷却到至少 100℃，使其尽可能多的转变成马氏体。允许的最高焊后热处理温度也是很关键的，因为珠光体向奥氏体转变的开始温度 Ac_1 也相对较低，当焊后热处理温度接近 Ac_1，可能引起微观组织的部分转变。为有助于进行合适的焊后热处理，提出了限制（Mn+Ni）的含量。Mn 和 Ni 会降低 Ac_1 温度，通过限制 Mn+Ni，焊后热处理温度将比 Ac_1 足够低，以避免发生部分转变。

⑫ E62C-K3、E69C-K3 和 E76C-K3 型焊丝焊缝金属的典型成分为 1.5%Ni 和不大于 0.35%Mo。这些焊丝用于许多最低屈服强度为 550~760MPa 的高强度应用中，主要在焊态下使用。典型的应用包括船舶焊接、海上平台结构焊接以及其他许多要求低温韧性的钢结构焊接。

该类型的其他焊丝的熔敷金属 Mn、Ni 和 Mo 较高，通常具有高的强度。

⑬ E76C-K4 和 E83C-K4 型焊丝与 E××C-K3 型焊丝产生相似的熔敷金属，但加有约 0.5%的 Cr，提高了强度，满足了超过 830MPa 抗拉强度的许多应用需求。

⑭ E55C-W2 型焊丝的焊缝金属中加入约 0.5%的 Cu，可与许多耐腐蚀的耐候结构钢相匹配。为满足焊缝金属强度、塑性和缺口韧性要求，也推荐加入 Cr 和 Ni。

⑮ E××C-G 型焊丝设定为以上确定类别之外的一种药芯焊丝，熔敷金属的抗拉强度应符合本标准的要求，分类代号中的“G”表示合金元素的要求、熔敷金属的其他力学性能、试样状态、保护气体等等，需由供需双方商定。

（3）常用实心焊丝　表 8-12 是根据 GB/T 14957—1994《熔化焊用钢丝》、GB/T 5293—1999《埋弧焊用碳钢焊丝和焊剂》、GB/T 17854—1999《埋弧焊用不锈钢焊丝和焊剂》及 YB/T 5092—2005《焊接用不锈钢丝》综合而得的。

焊丝牌号举例：

H 08 Mn2 Si A

- A——优质品。（S、P 含量都 ≤ 0.03%）
- Si——含 Si 量 ≤ 1%
- Mn2——含 Mn 量约 2%
- 08——含 C 量约 0.08%
- H——焊丝

表 8-12　常用焊接用钢丝牌号及化学成分

钢种	牌号	化学成分(%)								
		C	Mn	Si	Cr	Ni	Mo	其他	S≤	P≤
碳素结构钢	H08A	≤0.10	0.30~0.55	≤0.03	≤0.20 H08C 为 0.10	≤0.30 H08C 为 0.10	—	—	0.03	0.03
	H08E								0.02	0.02
	H08C								0.015	0.015
	H08Mn		0.80~1.10	≤0.07					0.04	0.04
	H08MnA								0.03	0.03
	H15A	0.11~0.18	0.35~0.65	≤0.03					0.03	0.03
	H15Mn		0.80~1.10						0.035	0.035

（续）

钢种	牌号	化学成分(%)								
		C	Mn	Si	Cr	Ni	Mo	其他	S≤	P≤
合金结构钢	H10Mn2	≤0.12	1.50～1.90	≤0.07	≤0.20		—	Cu≤0.20	0.035	0.035
	H08MnSi	≤0.11	1.20～1.50	0.04～0.70					0.035	0.035
	H08Mn2Si		1.70～2.10	0.65～0.95					0.035	0.035
	H08Mn2SiA		1.80～2.10	0.65～0.95					0.03	0.03
	H10MnSi	≤0.14	0.80～1.10	0.60～0.90					0.035	0.035
	H11MnSi	0.07～0.15	1.00～1.50	0.65～0.95		≤0.30	≤0.15	V≤0.05	0.025	0.035
	H11Mn2SiA		1.40～1.85	0.85～1.15		≤0.15				0.025
	H10MnSiMo	≤0.14	0.90～1.20	0.70～1.10		≤0.15	0.15～0.25	Cu≤0.20	0.03	0.035
	H10MnSiMoTiA	0.08～0.12	1.00～1.30	0.40～0.70		≤0.30	0.20～0.40	Ti0.05～0.15	0.025	0.03
	H08MnMoA	≤0.10	1.20～1.60	≤0.25			0.30～0.5	（加入量）Ti0.15	0.03	
	H08Mn2MoA	0.06～0.11	1.60～1.90	≤0.25			0.50～0.70			
	H10Mn2MoA	0.08～0.13	1.70～2.00	≤0.40			0.60～0.80			
	H08Mn2MoVA	0.06～0.11	1.60～1.90	≤0.25			0.50～0.70	V0.06～0.12		
	H10Mn2MoVA	0.08～1.13	1.70～2.00	≤0.40			0.60～0.80			
	H08CrNi2MoA	0.05～0.10	0.50～0.85	0.10～0.30	0.70～1.00	1.40～1.80	0.20～0.40	—	0.025	0.030
	H30CrMnSiA	0.25～0.35	0.80～1.10	0.90～1.20	0.80～1.10	≤0.30	—			0.025
铬钼耐热钢	H08CrMoA	≤0.10	0.40～0.70	0.15～0.35	0.8～1.10	≤0.30	0.40～0.60	—	0.03	0.030
	H13CrMoA	0.11～0.16					0.40～0.60	—	0.03	
	H18CrMoA	0.15～0.22					0.15～0.25	—	0.025	
	H08CrMoVA	≤0.10			1.00～1.30		0.50～0.70	V0.15～0.35	0.03	
	H10CrMoA	≤0.12			0.45～0.65		0.40～0.60	—	0.03	
	H08CrMnSiMoVA	≤0.10	1.20～1.60	0.60～0.90	0.95～1.25	≤0.25	0.50～0.70	V0.20～0.40	0.03	
	H08Cr2MoA	≤0.10	0.40～0.70	0.15～0.35	2.00～2.50		0.90～1.20	—	0.03	
	H1Cr5Mo	≤0.12	0.40～0.70		4.0～6.0	≤0.30	0.40～0.60	—	0.03	
不锈钢	H0Cr14	≤0.06	≤0.6	≤0.7	13.0～15.0	≤0.60	—	—	0.03	0.03
	H1Cr13	≤0.12	≤0.60	≤0.50	11.5～13.5	≤0.60				
	H2Cr13	0.13～0.21	≤0.60	≤0.60	12.0～14.0	≤0.60				
	H1Cr17	≤0.10	≤0.60	≤0.50	15.5～17.0	≤0.60				
	H1Cr19Ni9	≤0.14	1.0～2.0	≤0.60	18.0～20.0	8.0～10.0				
	H0Cr21Ni10	≤0.08	1.0～2.5	≤0.60	19.5～22.0	9.0～11.0			0.03	
	H00Cr21Ni10	≤0.03			19.5～22.0	9.0～11.0			0.02	
	H1Cr24Ni13	≤0.12			23.0～25.0	12.0～14.0			0.03	
	H1Cr24Ni13Mo2	≤0.12			23.0～25.0	12.0～14.0	2.0～3.0		0.03	
	H0Cr26Ni21	≤0.08			25.0～28.0	20.0～22.5	—		0.03	
	H1Cr26Ni21	≤0.15			25.0～28.0	20.0～22.5			0.03	
	H0Cr19Ni12Mo2	≤0.08			18.0～20.0	11.0～14.0	2.0～3.0		0.03	0.03
	H00Cr25Ni22Mn4Mo2N	≤0.03	3.50～5.50	≤0.50	24.0～26.0	21.5～23.0	2.0～2.8	N0.10～0.15	0.02	0.03
	H0Cr17Ni4Cu4Nb	≤0.05	0.25～0.75	≤0.75	15.5～17.5	4.0～5.0	≤0.75	Cu3.0～4.0 Nb0.15～0.45	0.03	0.03
	H00Cr19Ni12Mo2	≤0.03	1.0～2.5	≤0.60	18.0～20.0	11.0～14.0	2.0～3.0	—	0.03	0.03
	H00Cr19Ni12Mo2Cu2	≤0.03			18.0～20.0	11.0～14.0	2.0～3.0	Cu1.0～2.5	0.02	0.03

（续）

钢种	牌号	化学成分(%)								
		C	Mn	Si	Cr	Ni	Mo	其他	S≤	P≤
不锈钢	H0Cr19Ni14Mo3	≤0.08	1.0~2.5	≤0.60	18.5~20.5	13.0~15.0	3.0~4.0	—	0.03	0.03
	H0Cr20Ni10Ti	≤0.08			18.5~20.5	9.0~10.5	—	Ti9×C%~1.0	0.03	
	H0Cr20Ni10Nb	≤0.08			19.0~21.5	9.0~11.0	—	Nb10×C%~1.0	0.03	
	H1Cr21Ni10Mn6	≤0.10	5.0~7.0	≤0.60	20.0~22.0	9.0~11.0	—	—	0.02	
	H00Cr20Ni25Mo4Cu	≤0.03	1.0~2.5	≤0.60	19.0~21.0	24.0~26.0	4.0~5.0	Cu1.0~2.0	0.02	

8.1.3　焊接材料的选择

使用时，根据焊接结构材料的化学成分、力学性能、焊接工艺性、使用环境（有无腐蚀介质、高温或低温等）、焊接结构形状的复杂程度及刚性大小、受力情况和现场焊接设备条件等情况综合考虑。

（1）考虑母材的力学性能和化学成分

1）碳素结构钢、低合金高强度结构钢的焊接。根据设计规定，大多数结构要求焊缝金属与母材等强度。可按所用结构钢的强度，来选择相应强度等级的焊接材料。但要注意以下两点：

① 一般钢材是按屈服强度等级，而结构钢焊接材料等级，是指其抗拉强度的最低保证值，所以应按结构钢抗拉强度等级，来选择抗拉强度等级相同或稍高的焊接材料（等强或高匹配）。但不是越高越好，焊缝强度过高反而有害。

② 对于刚性大，受力情况复杂的焊接结构，为了改善焊接工艺，降低预热温度，可以选择抗拉强度比母材低一级的焊接材料（低匹配）。

2）合金结构钢的焊接。如果需要保证焊接接头的高温性能或耐腐蚀性能，要求焊缝金属的主要合金成分与母材相近或相同。

3）母材中的碳、硫、磷等元素含量较高时，应选用抗裂性好的低氢型焊接材料。

（2）考虑焊件的工作条件和使用性能　包括焊件所承受的载荷和接触的介质等，选择满足使用要求的焊接材料。

1）在高温或低温条件下工作的焊件，相应选用耐热钢及低温用钢焊接材料。

2）接触腐蚀介质的焊件，应选用不锈钢或其他耐腐蚀焊接材料。

3）承受振动载荷或冲击载荷的焊件，除保证抗拉强度外，还应选用塑性和韧性较高的低氢型焊接材料。

（3）考虑焊件几何形状、刚性及焊缝位置　对于形状复杂、结构刚性大及大厚度焊件，由于在焊接过程中易产生较大的焊接应力，从而可能导致裂纹的产生，要求选用抗裂性能好的低氢型焊接材料。

焊接部位为空间各向位置时，要选择全位置焊的焊接材料。

（4）考虑操作工艺性及施工条件　钛钙型药皮的J422和J502焊条，操作工艺性较好，在满足焊缝使用性能和抗裂性的条件下，尽量采用。

在容器内部焊接时，应采取有效的通风措施，排除有害的焊接烟尘；在附近有易燃物时，应注意防火。

（5）考虑劳动生产率和经济合理性　铁粉焊条可以提高平焊位置的焊接电流、焊接速度，从而提高效率。

CO_2 和 $Ar+CO_2$ 混合气体保护焊，自动化程度高、质量好、成本低、焊缝含氢量低、焊接接头疲劳强度高，适合于在现场施工条件下全位置焊接，应尽量采用。

厚板平焊位置和大直径环缝的焊接，可采用窄间隙埋弧焊，以及一般埋弧焊，焊接效率较高。

8.2　焊接结构设计

8.2.1　焊接结构的特点

近年来，在造船、锅炉、压力容器等制造部门，主要采用焊接结构。在大型桥梁、高层建筑结构领域，采用工厂焊接杆件，工地用高强度螺栓拼装的栓焊钢结构。

焊接结构可以用轧材，如板材、型材、管材焊成，也可用轧材、铸件、锻件拼焊而成，给结构设计带来很大的方便。壁厚可以相差很大，可按承受载荷的情况配置截面形状和尺寸。可以根据需要，在不同部位选用不同强度和不同耐磨、耐蚀、耐高温等性能的材料。可以简化铸锻件结构，以及节省相应的木模、锻模费用。对于机座、机身、壳体及各种箱形、框形、筒形、环形构件，特别是单件、小批生产的、以及有较多变型或要经常更新设计的成批生产的零部件，采用焊接结构，较之整铸、整锻结构，常常可以节省金属、减轻重量、缩短生产周期、降低制造成本。

特大零部件，如大型水压机的横梁、底座及立柱，大型轧钢机的机架，水轮机的转轮等，采用以小拼大的电渣焊方法，可大幅度降低所需铸、锻件的重量等级。

经过精加工的机件，可采用电子束焊接，焊后无须精修即达设计要求。图 8-3 所示为航空专用传动齿轮的电子束焊接结构，可以使得轴向尺寸更加紧凑。

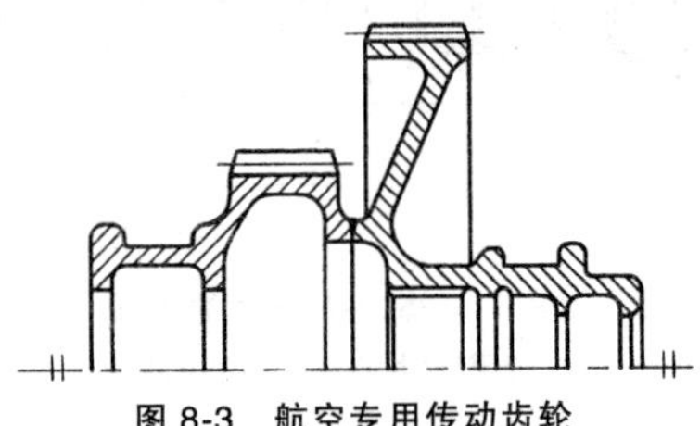

图 8-3　航空专用传动齿轮

某些产品或零部件，如锅炉锅筒、球形容器、大型汽轮机空心转子、核反应堆压力壳、船舶的船体等，只适合于采用焊接结构。

8.2.2　采用焊接结构时应注意的问题

1. 焊接接头性能的不均匀

焊接接头由焊缝、热影响区和母材组成。焊缝是母材和填充金属在焊接热作用下熔合而成的铸造金属组织。邻近焊缝的母材受焊接热作用而发生组织变化，该部分称为热影响区。因此，在整个焊接接头处的化学成分、金属组织、物理性能和力学性能均有差别。所以，须注意在选择母材和焊接材料及制订焊接工艺时，应能保证焊接接头的性能符合设计规定的技术要求。

2. 母材（被焊的材料）的焊接性

焊接性是指在一定的焊接工艺条件下，获得优质焊接接头的难易程度。不同材料焊接性也有差别。钢材的焊接性可用它的碳当量 C_{eq} 作初步评价：

$$C_{eq}=w(C)+\frac{w(Mn)}{6}+\frac{w(Cr+Mo+V)}{5}+\frac{w(Cu+Ni)}{15}$$

碳当量越高，焊接性越差。表现在焊接困难增加，焊缝的可靠性降低。钢中碳和合金元素含量较高时，虽然具有较高的强度，但其碳当量也相应提高，增加焊接难度，应慎重选用。必须采用时，应在结构设计时和焊接工艺中采取措施。当 $C_{eq}>0.45\%$ 时，焊接厚度大于 25mm 的钢板，须进行预热焊接。随着板厚增加，预热温度也要相应提高，有时还需焊后缓冷。

3. 焊接应力和变形

焊接是一个不均匀加热过程。从焊接一开始，焊接应力和焊接变形即伴随产生，焊接以后则留下残余应力和变形。焊接残余应力的存在，在一定条件下对结构强度有不利影响。焊接残余应力的逐渐释放，又会引起结构形状和尺寸的变化，影响产品的正常使用。较重要的焊接结构，焊后应有热处理或其他能消除与减少焊接残余应力的措施。焊后，结构产生超过允许范围的变形，须矫正合格后才能投入使用。因此，在设计焊接结构时，应选择适当的结构形状、焊缝布置、焊接接头形式和坡口的几何尺寸等，使之有利于降低接头的刚性，以减少焊接残余应力，有利于控制焊接变形。

4. 应力集中

焊接结构整体性强、刚性大，对应力集中较为敏感。如果焊接结构断面变化过急，没有平缓过渡或适当的圆角，以及焊缝存在内部或外部缺陷，都会引起不同程度的应力集中。这往往是焊接结构疲劳破坏和脆性断裂的主要起因。因此，要尽量避免产生应力集中的各种因素，建立焊接和质量检验的有利条件，以控制焊缝内外的质量。对于在动载或低温工作条件下的高强度钢焊接结构，制造时更需要采取磨削及堆焊等措施，减少断面突变，以降低应力集中。

5. 结构的刚度和吸振能力

钢材的抗拉强度和弹性模量都比铸铁高，但吸振能力比铸铁低。当采用焊接钢结构取代对刚度和吸振能力有高要求的铸铁构件（如机床床身）时，则不能按许用应力削减其截面，而必须按刚度和抗振要求进行结构设计。

6. 焊接缺陷

在焊接过程中产生的缺陷有裂纹、未焊透、咬边、气孔和夹渣等。在结构设计和焊接生产过程中，应预防和避免产生缺陷，焊后进行必要的质量检验和检测。根据产品的质量标准和要求进行评定，不允许的超标缺陷要消除。产品质量标准或要求的确定要适当。

8.2.3　焊接结构的设计原则

1. 合理选择和利用材料

1）所选用的材料要能同时满足使用性能和加工

性能的要求。使用性能包括结构所要求的强度、塑性、韧性、耐磨性、耐蚀性、抗蠕变能力等。加工性能主要是保证材料的焊接性，其次是冷热加工性能，如热切割、热弯、冷弯、切削和热处理等性能。

2）结构上有特殊性能要求的部位，可采用特殊材料，其余用能满足一般要求的普通材料。例如，对于有防腐蚀要求的结构，可采用以普通低碳钢做基体，以不锈钢薄层为工作面的复合钢板；或者在基体表面堆焊耐蚀层。对于有耐磨要求的结构，可以仅在工作面上堆焊或喷焊耐磨合金层。

3）尽量选用轧制的标准型材和异型材。由于轧制型材表面光洁平整、性能均匀，可以减少备料工作量和焊缝数量。优化的型钢组合，可以获得重量轻、强度高和刚性大的焊接结构。

4）提高材料的利用率。划分组成焊接结构的零部件时，要充分考虑到备料过程中合理排料的可能性。计算机辅助设计和数控热切割下料技术，可以很有效地提高材料利用率。

2. 合理设计结构的形式

1）不要受铸造、锻造、铆接等结构形式的影响，应设计出能发挥焊接优点的构造形式。图 8-4 所示为铆接改为焊接的结构设计。图 8-4b 受铆接结构的影响，因而设计模仿铆接形式的焊接结构，这是不良的设计，图 8-4c 所示的则是合理的焊接结构设计。图 8-5 所示为油压机的焊接结构和铸造结构。铸钢件结构包括上梁、中间支座，底座总计质量为 195.5t。改为焊接结构后，总计质量为 135.2t，铸件与焊件质量比为1.45：1，合理地节约了材料与工时。

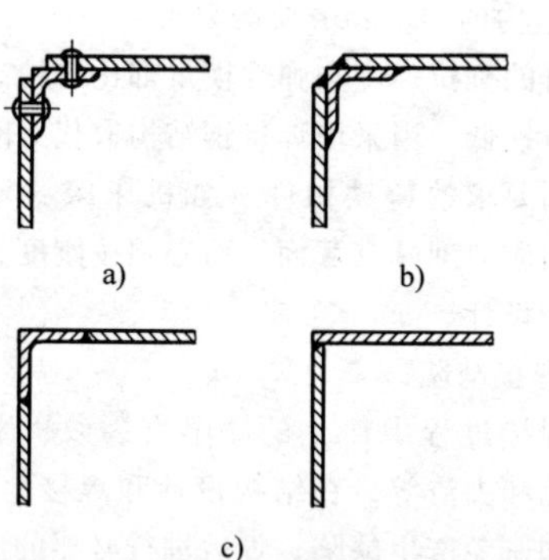

图 8-4　铆接改为焊接的结构设计

a）铆接结构　b）模仿铆接形式的焊接结构

c）合理的焊接结构

2）优化结构的截面形状，力求结构用料最少而承载能力最强。对于梁、柱等焊接构件，应在保证壁板稳定的条件下，增大其截面的外形尺寸，把材料配置在离中性轴较远的地方，以增加截面的惯性矩，提高构件的抗压强度和抗弯刚度。对于双向受弯、受扭或要求防潮的构件，应选方形、矩形或圆筒形的封闭截面。对于压力容器，宜优先选择球形的容器，因为它受力最合理，而且在容积相同情况下，比其他筒形容器消耗的材料更少。

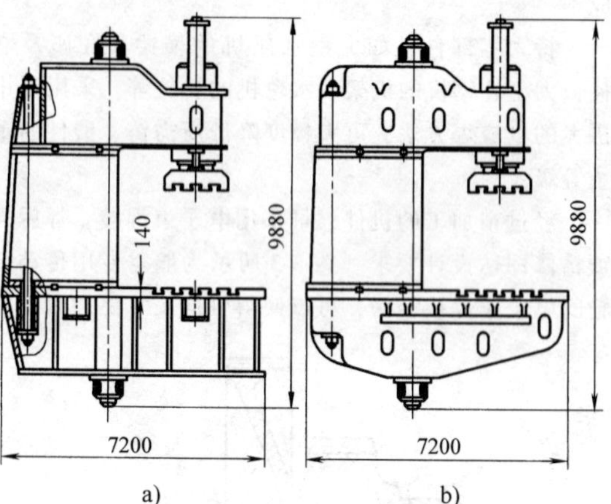

图 8-5　12500kN 单臂油压机

a）焊接结构　b）铸造结构

3）既要重视结构的整体设计，也要重视结构的细部处理。在焊接结构的破坏事故中，绝大多数是因局部构造设计不合理造成的。例如，力的传递不合理，存在严重应力集中，或者产生附加应力等。

表 8-13 列举了一些焊接结构设计中细部的处理。

4）有利于机械化或自动化生产。尽量采用简单、平直的结构形式，减少短而不规则的焊缝，以便于实现机械化或自动化的装配和焊接。

3. 减少焊接量

合理设计以减少结构的焊缝，也就简化了焊接工艺，有利于控制焊接变形和缺陷。尽量选用轧制型材、冲压件来代替一部分焊接件。对于形状复杂、角焊缝多而密集的批量结构件，可用铸钢件代替。对于角焊缝，在保证强度的前提下，尽可能用最小的焊脚尺寸。对接焊缝，在保证熔深的条件下，应选用填充金属量最少的坡口形式。

4. 合理布置焊缝

轴对称的焊接结构，宜对称布置焊缝，或者使焊缝接近于对称轴，这样有利于控制焊接变形。应该避免焊缝汇交，避免密集焊缝。在结构上宁可让次要焊缝中断，也要使重要焊缝连续。这在受力上是合理的，而长焊缝又有利于采用埋弧焊。尽可能使焊缝避开以下部位：高工作应力处、有应力集中处、待机械加工面以及需变质处理的表面。

表 8-13　焊接结构设计中细部的处理

<table>
<tr><th>改进前</th><th>改进后</th><th>说明</th></tr>
<tr><td> 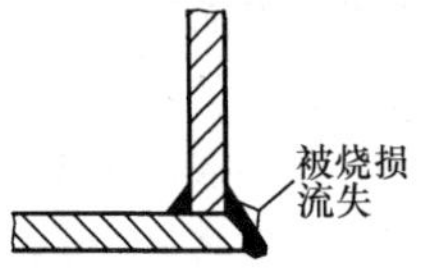</td><td> 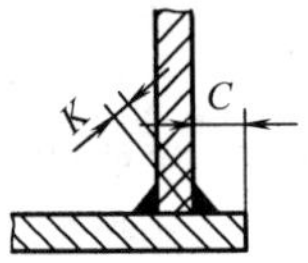</td><td>改进前板边缘留量 C 不足，焊时被烧损，引起焊缝金属流失，影响焊脚尺寸 K。建议按下表选取 C 值
<table><tr><td>K</td><td>3</td><td>4</td><td>5</td><td>6</td><td>8</td><td>10</td><td>12</td><td>14</td><td>16</td><td>18</td><td>20</td></tr><tr><td>C</td><td>6</td><td>10</td><td>10</td><td>12</td><td>15</td><td>18</td><td>20</td><td>25</td><td>25</td><td>30</td><td>30</td></tr></table></td></tr>
<tr><td> </td><td> </td><td>注意力的作用方向，尽量避免角焊缝或母材厚度方向受拉伸</td></tr>
<tr><td> 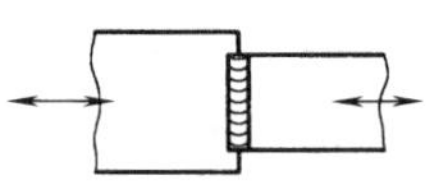</td><td> 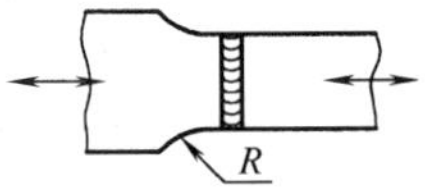</td><td>在动载荷作用下，结构断面变化处尽可能不设置焊缝，并使其平缓过渡或做出圆角</td></tr>
<tr><td> 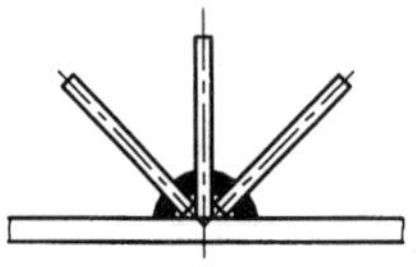</td><td> 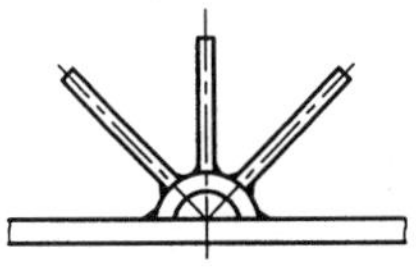</td><td>焊缝过于密集，施焊困难，无法保证焊接质量</td></tr>
<tr><td> 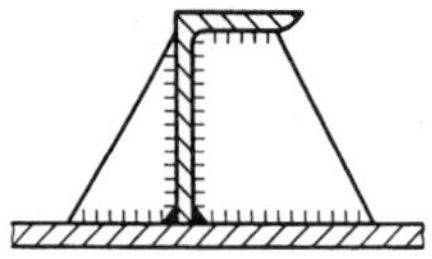</td><td> 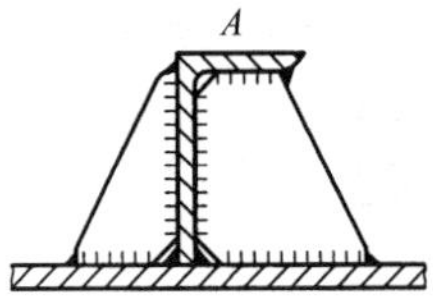</td><td>肋板的设计要便于装配，避免焊缝汇交，并避开轧材高杂质区（A 点），还须保证肋板外缘的焊缝质量</td></tr>
<tr><td> 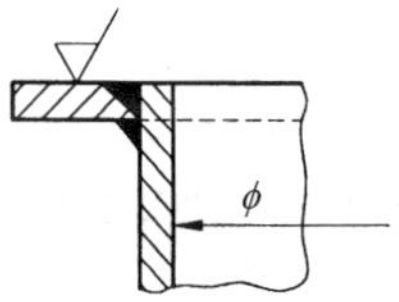</td><td> 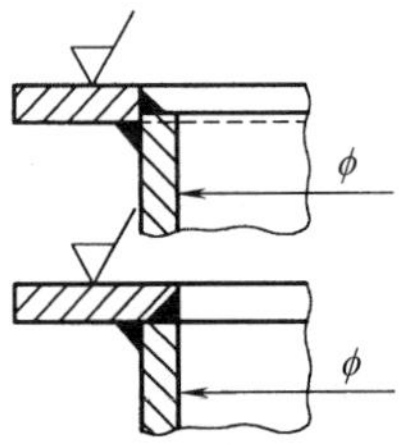</td><td>筒体或管道与法兰连接，焊缝尽量避开待加工面，以免浪费焊缝金属</td></tr>
<tr><td> 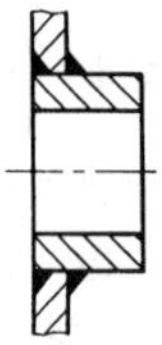</td><td> 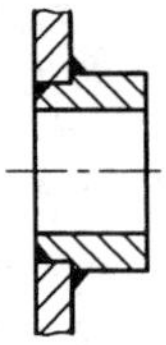</td><td>壁板与轴承座连接，在轴承座上加工坡口，比在壁板上容易加工；做出止口，便于装配定位</td></tr>
<tr><td> 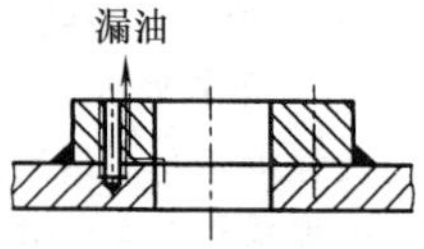</td><td> 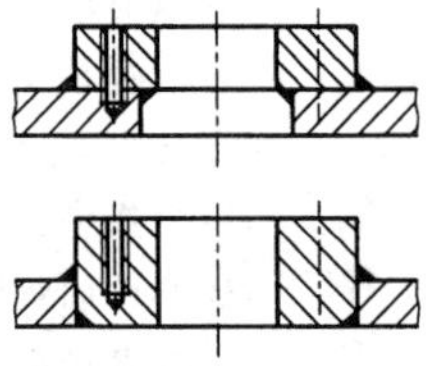</td><td>减速箱体凸缘（螺钉座）与箱体焊接，应注意防止漏油</td></tr>
</table>

5. 施工方便

必须使结构上每条焊缝都能方便地施焊和质量检测，即具有可达性。为此，焊缝周围要留有足够的供焊接和质量检测用的操作空间。图 8-6 所示为由型材组焊的构件，左边的结构有些焊缝无法进行焊接。图 8-7 所示为考虑焊缝适合于射线探伤的结构设计，左边的结构不理想，因操作费事而容易漏检或误判。

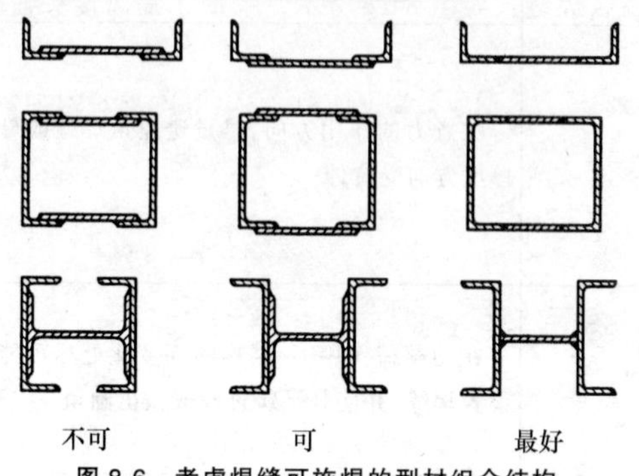

图 8-6 考虑焊缝可施焊的型材组合结构

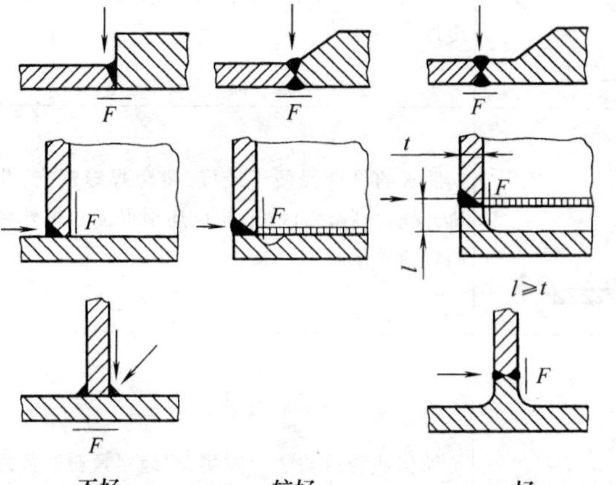

图 8-7 适于射线探伤的焊接结构设计

此外，结构上的焊缝应尽量在工厂中焊接，力求减少在工地焊接的工作量。减少手工焊接量，扩大埋弧焊及 CO_2 焊接范围。

6. 有利于生产组织与管理

设计大型焊接结构时，宜采用部件组装的生产方式，即对结构进行合理分段。要综合考虑起重运输条件、焊接应力与变形控制、焊后热处理、机械加工、质量检验等因素，以利于工厂的组织与管理。

8.2.4 焊接接头的形式及工作特性

焊接接头是焊接结构重要的组成部分。它的性能好坏，直接影响焊接结构整体的可靠性。焊接接头往往是焊接结构的几何形状与尺寸发生变化的部位，有时会造成某些构件的不连续性，导致接头的应力分布不均匀。焊接接头的形式不同，其应力集中程度也不同。制造过程中发生的错边、焊接缺陷、角变形等，都将加剧应力集中，使工作应力分布不均。

焊缝金属与母材在化学成分上的差异，以及所经受的焊接热循环和热应变循环的不同，造成焊接接头中焊缝、热影响区及母材各区域的化学成分和金属组织存在着不同程度的差异，导致焊接接头在力学性能、物理化学性能等的不均匀性。

焊接过程中热源高度集中地作用于工件局部，产生较高的焊接应力和变形，会使焊接接头的局部过早地达到屈服点，同时也会影响结构的刚度、尺寸稳定性，以及结构的其他使用性能。

1. 电弧焊接头

（1）对接接头　用于连接在同一平面的金属板，如图 8-8 所示。它传力效率最高，应力集中较低，并易保证焊透和排除焊接缺陷，可获得较好的综合性能，是重要零件和结构的首选接头。

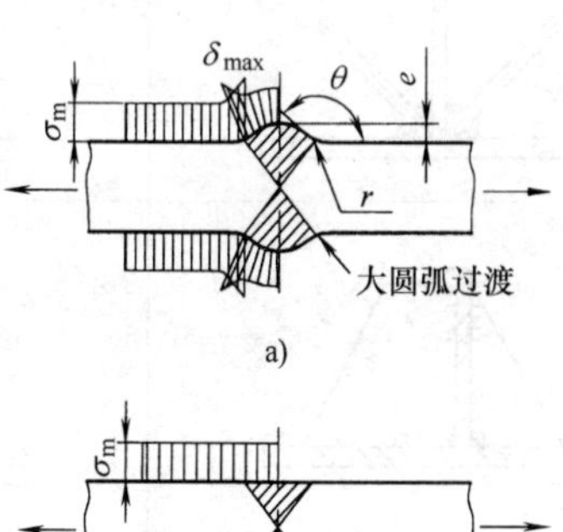

图 8-8 对接接头的应力分布

a）一般接头及焊脚处加工成圆弧过渡

b）削平焊缝余高接头

优质对接接头的工作应力分布较均匀。应力集中产生于焊趾处，应力集中系数 $K_T\left(=\dfrac{\sigma_{max}}{\sigma_m}\right)$ 与焊缝余高 e、焊缝向母材的过渡角 θ、焊脚处的过渡圆弧半径 r 有关，见图 8-8。如在焊脚处磨削成适当圆弧过渡（见图 8-8a），则 K_T 显著降低；如削平焊缝余高，则没有应力集中（见图 8-8b）。

焊接工艺缺陷（如未焊透、咬边、裂纹、夹渣、气孔等）和焊接变形（如错边、角变形等），会加剧应力集中，对强度尤其是动载强度不利。采用保留垫板的单面焊缝，虽然解决了未焊透，但在焊缝根部仍存在着较高的应力集中，且在垫板与母材的间隙中容易发生腐蚀。

当两块被连接板的厚度相差较大时，应将厚板削薄至与薄板厚度相同后焊接。为防止因板厚不同引起作用力偏心传递，两块板的中心应尽可能重合，如图 8-9 所示。

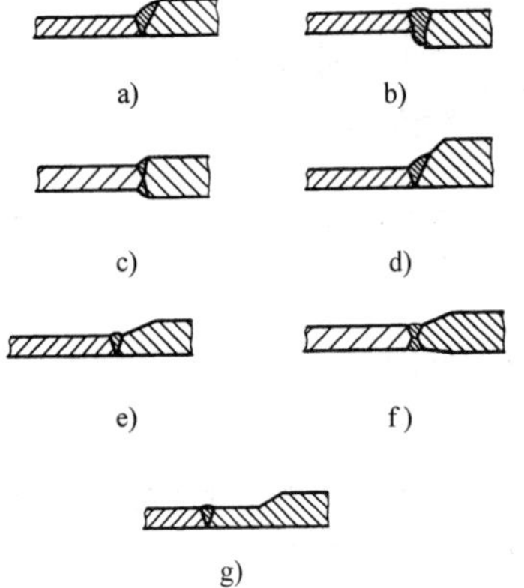

图 8-9　不等厚度断面对接接头

a)、b)、c)、d) 用于静载　e)、f)、g) 用于动载

（2）搭接接头（见图 8-10）　它的工作应力分布较复杂，母材及焊接材料消耗量较大，强度尤其是动载强度较低。但由于它的焊前准备工作量比对接接头要少，对于焊工的技术水平要求比对接接头低，因而广泛用于工作条件好的不重要结构中。常用的搭接接头形式如图 8-10 所示。其中，K 为焊脚尺寸。

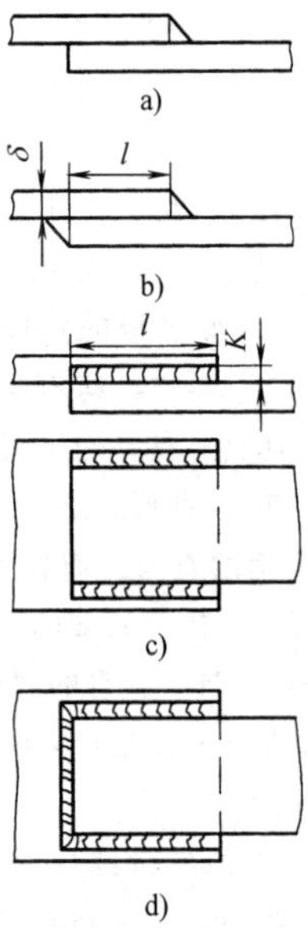

图 8-10　搭接接头的基本形式

a) 单面正面角焊缝　b) 双面正面角焊缝

c) 侧面角焊缝　d) 联合角焊缝

搭接接头的构件形状变化较大，它的应力集中程度比对接接头大。正面角焊缝（与受力方向垂直）以焊脚和焊根处的应力集中最大，如图 8-11 所示。减小 θ 角和增加根部熔深可降低应力集中。

只有一条正面角焊缝的搭接接头（见图 8-10a），强度很低，故应在背面加焊一条正面角焊缝（见图 8-10b）。当背面无法焊接第二条焊缝时，可采用单面锯齿状焊缝，如图 8-12 所示，有助于提高接头强度。图 8-10b 所示的搭接接头，由于作用力偏心，会产生附加弯曲应力，使应力集中加剧。为了减小这种附加弯曲应力，两板的搭接长度应大于板厚的 4 倍（$l \geqslant 4\delta$）。

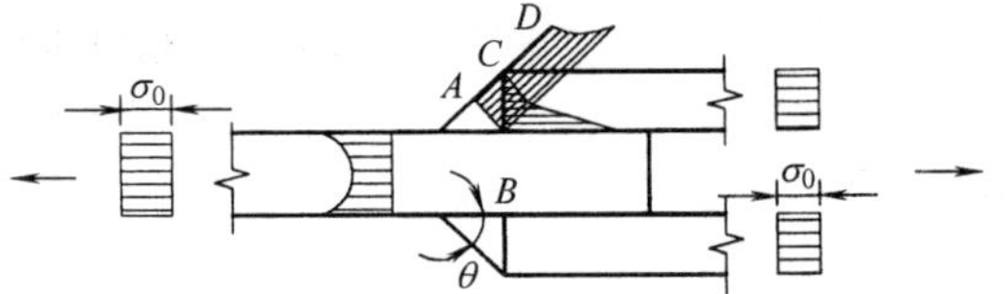

图 8-11　搭接接头正面角焊缝的应力分布

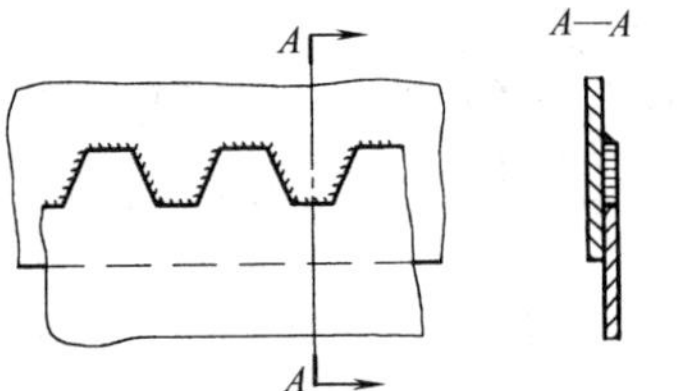

图 8-12　锯齿状焊缝搭接接头

侧面角焊缝搭接接头，截面积为 S_1、S_2 的两个板搭接，如图 8-13a 所示。受载荷作用时，焊缝上的切应力 τ 呈不均匀分布，应力的最大值在焊缝的两端。应力集中系数与 l/K 和 σ/τ 有关。l/K 和 σ/τ 越大，应力集中越严重。因此，侧面角焊缝搭接接头中，搭接长度不宜大于 $40K$（动载时）或 $60K$（静载时）。采用正面和侧面角焊缝同时存在的联合搭接接头，有助于改善接头应力分布的不均匀，如图 8-13b 所示。

（3）T 型接头和十字接头　这两种是连接相互垂直板件的重要接头形式。具有较严重的应力集中，接头强度通常低于母材。在如图 8-14a 所示方向受力时，未熔透的十字接头在根部和焊脚处，应力集中系数较大。熔透的十字接头其应力集中显著减小，如图 8-14b 所示，而且使垂直板在轴向力作用下，焊缝中的应力由以切应力为主，转变为正应力，可大为提高接头强度，适用于承受动载的结构。

只受压载荷的十字接头，如端面接触良好，大部分载荷经由端面直接传递，焊缝所承受的载荷减少，故焊缝可以不熔透，角焊缝的尺寸也可以减小。

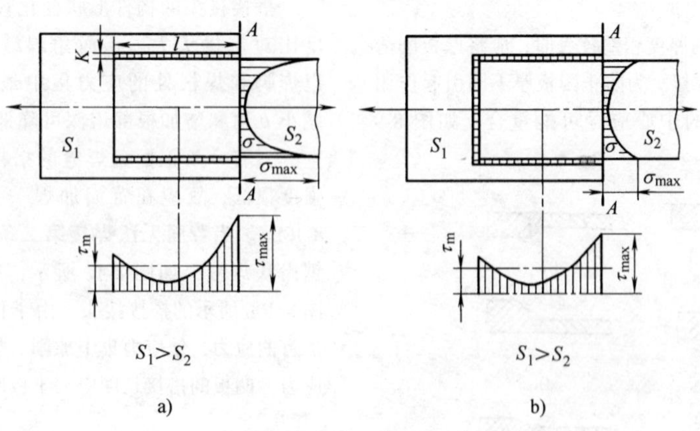

图 8-13　侧面和联合角焊缝搭接接头的应力分布

a）侧面角焊缝　b）联合角焊缝

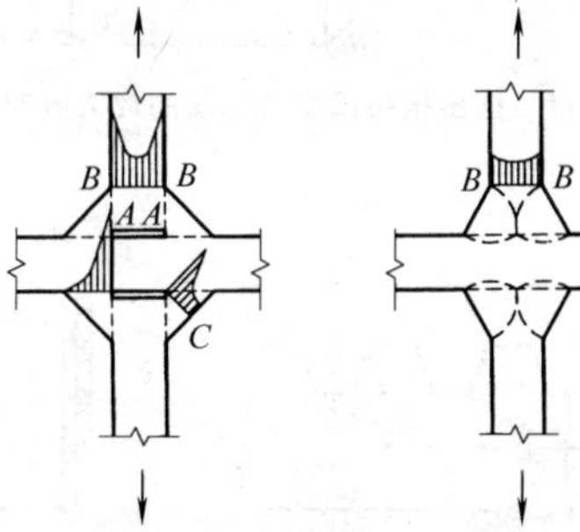

图 8-14　十字接头的应力分布

a）未开坡口未熔透　b）开坡口熔透

如图 8-15 所示方向受力的十字接头，焊缝不承受工作应力，但会引起接头在焊缝根部 A 点和焊缝脚部 B 点产生应力集中。双面焊缝的接头（见图 8-15b），B 点的应力集中系数大于 A 点；而单面焊缝接头（见图 8-15a），A 点的应力集中系数显著增加，且大于 B 点。可见即便是焊缝不受工作应力的十字接头，单面焊缝也是不可取的。

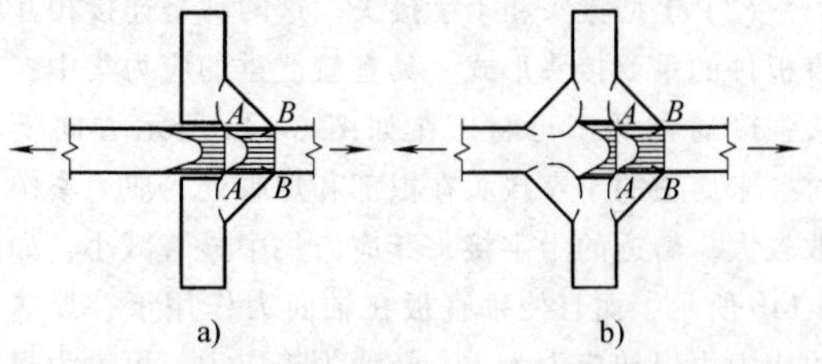

图 8-15　焊缝不承受工作应力的十字接头

a）单面焊缝　b）双面焊缝

T 型接头和十字接头应避免在钢板厚度方向受拉，以防止钢板沿轧制方向出现层状撕裂。如在两个方向均受较大的拉力，必要时可在交叉处焊入锻件、铸件或轧材，如图 8-16 所示。

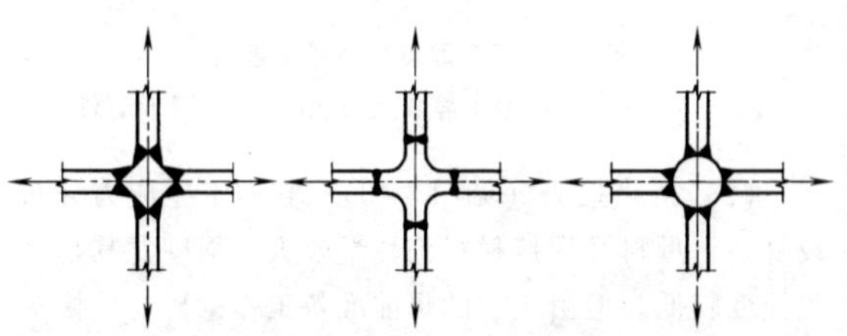

图 8-16　双向受拉十字接头的设计

（4）角接接头　它常用于箱形构件，通常采用的接头形式如图 8-17 所示。图 8-17a 为最常见的形式，装配方便，是最经济的角接接头；图 8-17a、8-17b、8-17c 只有单面焊缝，对承受箭头所示方向的弯矩不利；图 8-17d、8-17e、8-17f 有双面焊缝，具有较大的抗弯能力；图 8-17g 大多用于厚板，焊缝尺寸小，外观平整，但易产生层状撕裂；图 8-17h、8-17i、8-17j 用于不等厚度板的角接接头；图 8-17b、8-17d、8-17e、8-17j、8-17k 具有整齐的棱角；图 8-17c、8-17e、8-17f 具有良好的抗层状撕裂性能；图 8-17m、8-17n、8-17o 三种形式适合于薄板；图 8-17k 不但保证接头有正确的直角，而且也有较大的刚性。对于重要结构最好采用图 8-17m 的形式，使焊缝远离弯曲的部位。图 8-17j 具有圆滑的圆角和较大的刚性。图 8-17p 的刚性较大，但存在较大的应力集中，在载荷较大时要谨慎使用。

（5）电弧焊接头的坡口选择　其坡口的基本形式与尺寸见 GB/T 985.1—2008 和 GB/T 985.3—2008。设计图中所用的焊缝符号见 GB/T 324—2008。

常用对接接头的坡口形式及适用场合见表 8-14。要根据焊接方法、焊接规范及板厚来选取。在确保焊

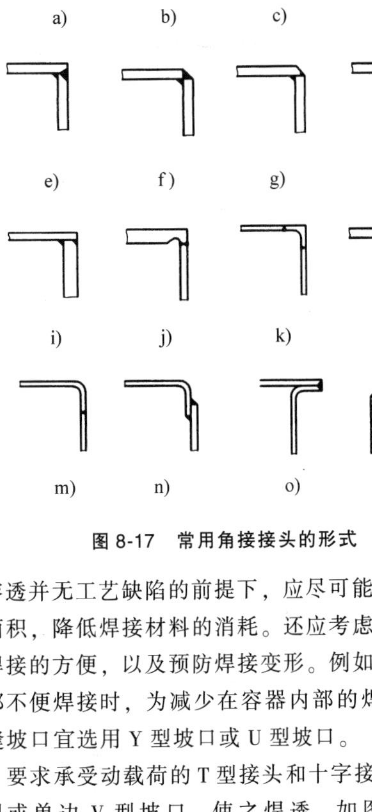

图 8-17　常用角接接头的形式

缝熔透并无工艺缺陷的前提下，应尽可能减小坡口的截面积，降低焊接材料的消耗。还应考虑坡口的加工和焊接的方便，以及预防焊接变形。例如，厚壁容器内部不便焊接时，为减少在容器内部的焊接工作量，环缝坡口宜选用 Y 型坡口或 U 型坡口。

要求承受动载荷的 T 型接头和十字接头，应采用 K 型或单边 V 型坡口，使之焊透，如图 8-18a、图 8-18b所示。这样不仅节省填充金属，而且疲劳强度也高。要求完全焊透的 T 型接头，采用单边 V 型坡口单面焊，焊后再背面清根焊满，比 K 型坡口更为可靠。对厚板的 T 型接头和十字接头，应采用 J 型或双 J 型坡口，如图 8-18c、图 8-18d 所示，以减少焊缝填充金属的消耗量。

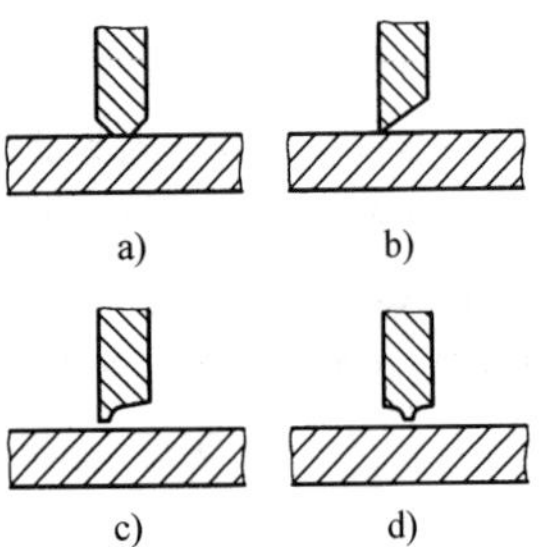

图 8-18　T 型接头的坡口形式

2. 电阻焊接头

(1) 定位焊接头　主要用于两块薄板的连接，被连接钢板的厚度一般不大于 3mm，两块板的厚度相差不大于 3 倍。常见的定位焊接头形式如图 8-19 所示。定位焊接头还适合于棒与板、棒与棒的连接，尤其适合于冲压构件的连接，如图 8-20 所示。

定位焊接头的焊点主要用于承受剪切力。单排定位焊接头中，焊点除受切应力外，还承受偏心力矩引起的附加拉应力，接头强度较低，如图 8-21 所示。采用双盖板定位焊接头，如图 8-19c 所示，可避免偏心力矩的产生。

表 8-15 所列为推荐定位焊接头的尺寸。

表 8-14　常用对接接头的坡口形式及应用

坡口形式及简图	适　用　场　合
I 型坡口 	1）适用于 3mm 以下的薄板，不加填充金属 2）板厚不大于 6mm 的焊条电弧焊和板厚不大于 20mm 的埋弧焊，但要选择合适的焊接参数和坡口间隙 b 3）当载荷较大时，焊后应在背面补焊封底焊道
卷边坡口	1）适用于 3mm 以下薄板，能防止烧穿和便于焊接，不加填充金属 2）卷边部分较高而未全部熔化时，接头的反面会有严重的应力集中，不宜作工作焊缝，只宜作联系焊缝
Y 型坡口 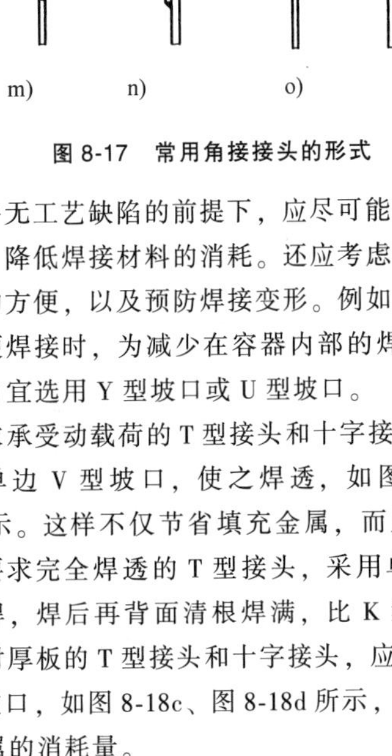	1）最常用的坡口形式，适用于 3～30mm 板厚的对接焊 2）焊后有较大的角变形，当板较厚时，焊缝填充金属消耗量较大 3）加工比较方便
双 Y 型坡口	1）板较厚时，比 Y 形坡口可节省 1/2 的焊缝填充金属，且角变形较小。若由两边交替进行焊接，角变形可进一步减小。采用不对称的双 Y 型坡口，既可降低角变形，又可降低工件的翻转次数 2）背面焊前，要进行清根
U 型坡口	1）适用于厚度为 20mm 以上板的焊接，角变形和焊缝填充金属的消耗量都较少，且节省焊接时间 2）坡口的加工较复杂
窄间隙坡口	1）适用于 60～250mm 板厚的窄间隙埋弧焊，首层焊一道，以后每层焊两道。内部坡口侧可采用任何明弧焊 2）坡口加工困难，加工精度高 3）焊缝填充金属的消耗量极少

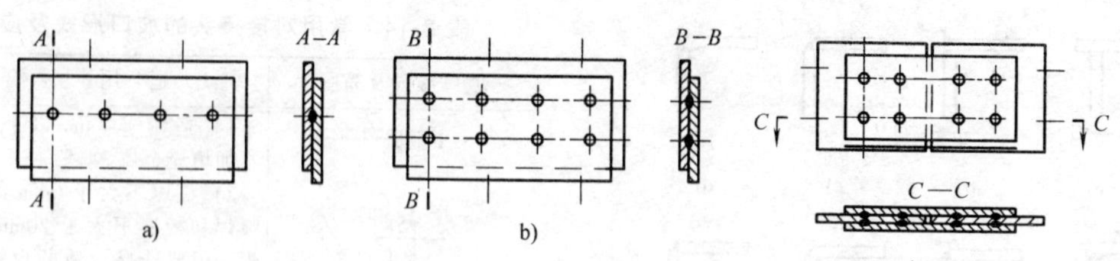

图 8-19 常见定位焊接头的形式

a）单排点焊接头 b）多排定位焊接头 c）加双盖板点焊接头

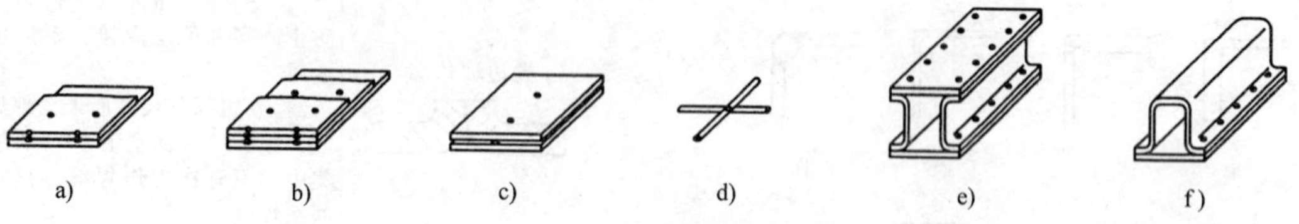

图 8-20 定位焊接头及构件

a）两板搭接 b）三板搭接 c）棒与板搭接 d）棒与棒搭接 e）、f）用点焊连接的冲压件

表 8-15 推荐定位焊接头尺寸 （单位：mm）

薄件厚度 δ	熔核直径 d	单排焊缝最小搭边宽度 b①		最小工艺点距②			备注
		轻合金	钢、钛合金	轻合金	低合金钢	不锈钢、耐热钢耐热合金	
0.3	$2.5^{\pm1}$	8	6	8	7	5	
0.5	3.0^{+1}	10	8	11	10	7	
0.8	3.5^{+1}	12	10	13	11	9	
1.0	4.0^{+1}	14	12	14	12	10	
1.2	5.0^{+1}	16	13	15	13	11	
1.5	6.0^{+1}	18	14	20	14	12	
2.0	$7.0^{+1.5}$	20	16	25	18	14	
2.5	$8.0^{+1.5}$	22	18	30	20	16	
3.0	$9.0^{+1.5}$	26	20	35	24	18	
4.0	11^{+2}	30	26	45	32	24	
4.5	12^{+2}	34	30	50	36	26	
5.0	13^{+2}	36	34	55	40	30	
5.5	14^{+2}	38	38	60	46	34	
6.0	15^{+2}	43	44	65	52	40	

① 搭边尺寸不包括弯边圆角半径 r；点焊双排焊缝或连接三个以上零件时，搭接边应增加 25%～30%。

② 点焊两板件的板厚比大于 2，或连接 3 个以上零件时，点距应增加 10%～20%。

（2）缝焊接头 它的焊缝是由定位焊焊点重叠

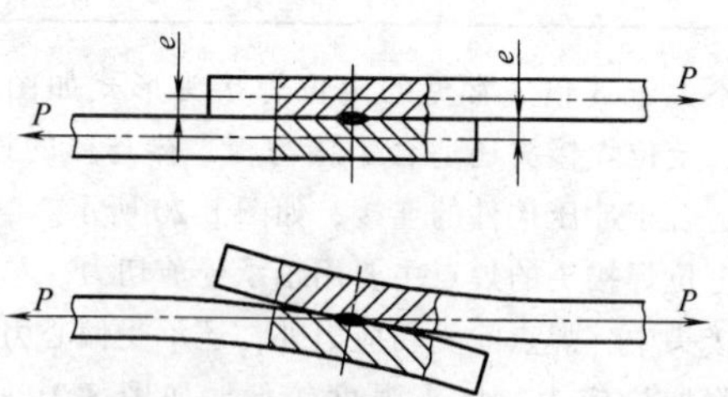

图 8-21 单排定位焊接头的附加拉应力

而成，其工作应力分布比定位焊接头均匀，静载强度和疲劳强度明显高于定位焊接头。在母材焊接性良好时，其静载强度可与母材等强，因为缝焊焊缝的横截面积，通常是母材横截面积的 2 倍以上。

缝焊接头具有较好的水密性和气密性，适用于板厚小于 2mm 薄板容器等的焊接。搭接时搭接部分的宽度一般是板厚的 5～6 倍。推荐缝焊接头的尺寸见表 8-16。

8.2.5 焊接接头的静载强度计算

1. 许用应力设计法

（1）电弧焊接头的静载强度计算 根据焊缝所起的作用，焊缝可分为承载焊缝与非承载焊缝。承载

表 8-16　推荐缝焊接头尺寸

(单位：mm)

薄件厚度δ	焊缝宽度 d	最小搭边宽度 b		备　注
		轻合金	钢、钛合金	
0.3	2.0^{+1}	8	6	
0.5	2.5^{+1}	10	8	
0.8	3.0^{+1}	10	10	
1.0	3.5^{+1}	12	12	
1.2	4.5^{+1}	14	13	
1.5	5.5^{+1}	16	14	
2.0	$6.5^{+1.5}$	18	16	
2.5	$7.5^{+1.5}$	20	18	
3.0	$8.0^{+1.5}$	24	20	

注：1. 搭边尺寸不包括弯边圆角半径 r；缝焊双排焊缝或连接3个以上零件时，搭边应增加25%～35%。

2. 压痕深度 $c'<0.15\delta$，焊透率 $A=30\%\sim70\%$。重叠量 $l'-f=(15\sim20)\%l'$　可保证气密性，而 $l'-f=(40\sim50)\%l'$　可获得最高强度。

焊缝（习惯上称工作焊缝）传递全部或部分载荷，焊缝与被连接的元件是串联的，如图 8-22a、图 8-22b 所示。非承载焊缝（习惯上称联系焊缝）只传递很少的载荷，焊缝与被连接的元件是并联的，只起连接作用，如图 8-22c、图8-22d 所示。

1）基本假定。为简化计算，在焊接接头的静载强度计算中，采用如下假定：

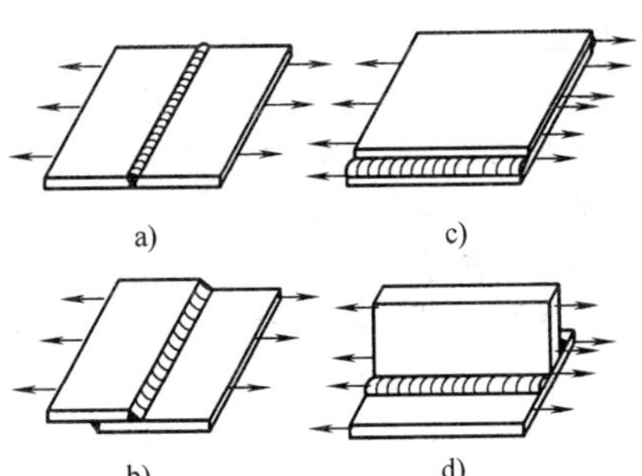

图 8-22　承载焊缝与非承载焊缝

a)、b) 承载焊缝　c)、d) 非承载焊缝

① 不考虑焊接残余应力对焊接接头静载强度的影响。

② 不考虑焊根和焊脚处的应力集中，接头的应力均匀分布，以平均应力计算。

③ 焊脚尺寸的大小对角焊缝单位面积的强度没有影响。

2）焊接接头静载强度的简易计算方法。

① 对接接头。熔透对接接头的静载强度计算公式，与基本金属（母材）的计算公式完全相同。焊缝的计算厚度取被连接的两板中较薄板的厚度；焊缝的计算长度一般取焊缝的实际长度。开坡口熔透的 T 型接头和十字接头，按对接焊缝进行强度计算。焊缝的计算厚度取立板的厚度。一般情况下，按等强度原则选择焊缝填充金属的优质低合金结构钢和碳素结构钢的对接焊缝，可不进行强度计算。对接焊缝受简单载荷作用的强度计算公式见表 8-17。

表 8-17　对接焊缝接头静载强度计算公式

名　称	简　图	计算公式	备　注
对接接头		受拉：$\sigma=\dfrac{F}{l\delta}\leqslant[\sigma_l']$	$[\sigma_l']$—焊缝的许用拉应力 $[\sigma_a']$—焊缝的许用压应力 $[\tau']$—焊缝的许用切应力 $\delta\leqslant\delta_1$
		受压：$\sigma=\dfrac{F}{l\delta}\leqslant[\sigma_a']$	
		受剪：$\tau=\dfrac{F_t}{l\delta}\leqslant[\tau']$	
		平面内弯矩 M_1：$\sigma=\dfrac{6M_1}{l^2\delta}\leqslant[\sigma_l']$	
		平面外弯矩 M_2：$\sigma=\dfrac{6M_2}{l\delta^2}\leqslant[\sigma_l']$	
开坡口熔透 T 型接头或十字接头		受拉：$\sigma=\dfrac{F}{l\delta}\leqslant[\sigma_l']$	
		受压：$\sigma=\dfrac{F}{l\delta}\leqslant[\sigma_a']$	
		受剪：$\tau=\dfrac{F_t}{l\delta}\leqslant[\tau']$	
		平面内弯矩 M_1：$\sigma=\dfrac{6M_1}{l^2\delta}\leqslant[\sigma_l']$	
		平面外弯矩 M_2：$\sigma=\dfrac{6M_2}{l\delta^2}\leqslant[\sigma_l']$	

② 角接接头。在其静载强度简化计算中，假定所有角焊缝是在切应力作用下破坏的，其破断面在角焊缝内接三角形的最小高度截面上，且不考虑正面角焊缝与侧面角焊缝的强度差别。

角焊缝接头的强度按切应力计算。焊缝的计算长度一般取每条焊缝的实际长度减去 10mm。角焊缝的计算厚度取其内接三角形的最小高度，一般等腰直边角焊缝的计算厚度 $a=K\cos45°$，即 $a=0.7K$，见图 8-23a。图 8-23 所示为各种形状角焊缝的计算厚度。一般焊接方法的少量熔深可不予考虑；而对于埋弧焊和 CO_2 气体保护焊，所具有的较大均匀熔深 p 则应予以考虑，其计算厚度 $a=0.7\times(K+p)$，如图 8-23e 所示。当 $K\leqslant8$mm 时，可取 $a=K$；当 $K>8$mm 时，熔深一般取 3mm。开坡口部分熔透的角焊缝，其计算厚度按图 8-24所示方法确定。不熔透的对接接头应按角焊缝计算。

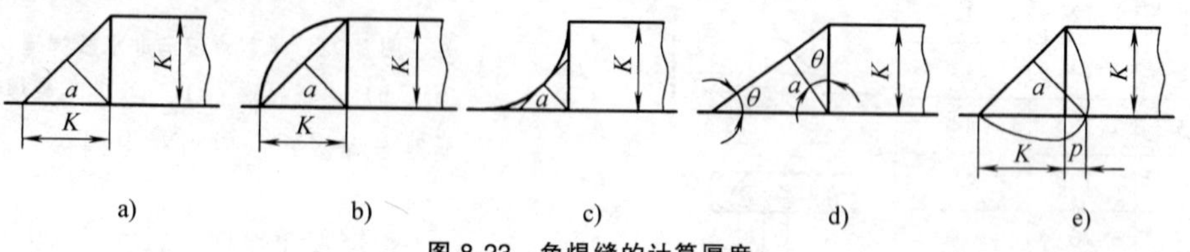

图 8-23　角焊缝的计算厚度

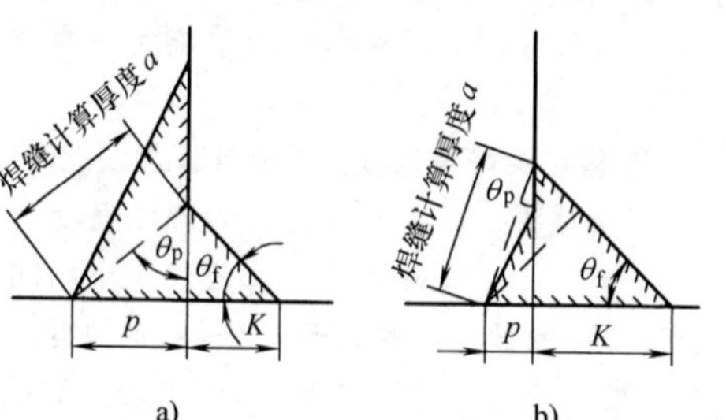

图 8-24　部分熔透角焊缝的计算厚度

a）$p>K(\theta_p<\theta_f)$　b）$p<K(\theta_p<\theta_f)$

角焊缝接头的静载强度基本计算公式见表 8-18。在设计计算角焊缝时，一般应遵循以下原则和规定：

a）侧面或正面角焊缝的计算长度不得小于 8K，并不小于 40mm。

b）角焊缝的最小焊角尺寸不应小于 4mm。当焊件厚度小于 4mm，可与焊件厚度相同。

c）不是主要用于承载的角焊缝，或因构造上需要而设置的角焊缝，其最小焊角尺寸，可根据被连接板的厚度及焊接工艺要求确定，最小焊脚尺寸的数值见表 8-19。

表 8-18　角焊缝接头静载强度基本计算公式

名称	简　图	计算公式	备　注
搭接接头		受拉或受压：$\tau=\dfrac{F}{a\Sigma l}\leqslant[\tau']$	$[\tau']$—焊缝的许用切应力 $\Sigma l=l_1+l_2+\cdots+l_5$
		第一法：分段计算法 $\tau=\dfrac{M}{al(h+a)+\dfrac{ah^2}{6}}\leqslant[\tau']$ 第二法：轴惯性矩计算法 $\tau=\dfrac{M}{I_x}y_{max}\leqslant[\tau']$ 第三法：极惯性矩计算法 $\tau=\dfrac{M}{I_p}r_{max}\leqslant[\tau']$	$I_p=I_x+I_y$ I_x、I_y—焊缝计算面积对 x 轴、y 轴的惯性矩 I_p—焊缝计算面积的极惯性矩 y_{max}—焊缝计算截面距 x 轴的最大距离 r_{max}—焊缝计算截面距 O 点的最大距离

（续）

名称	简　图	计算公式	备　注
T型接头和十字接头		拉：$\tau=\dfrac{F}{2ah}\leqslant[\tau']$	在承受压应力时，考虑到板的端面可以传递部分压力，许用应力从$[\tau']$提高到$[\sigma_a']$
		压：$\tau=\dfrac{F}{2ah}\leqslant[\sigma_a']$	
		平面内弯矩 M_1：$\tau=\dfrac{3M_1}{ah^2}\leqslant[\tau']$	
		平面外弯矩 M_2：$\tau=\dfrac{M_2}{ha(\delta+a)}\leqslant[\tau']$	
		弯：$\tau=\dfrac{4M(R+a)}{\pi[(R+a)^4-R^4]}\leqslant[\tau']$	
		扭：$\tau=\dfrac{2T(R+a)}{\pi[(R+a)^4-R^4]}\leqslant[\tau']$	
		弯：$\tau=\dfrac{M}{I_x}y_{max}\leqslant[\tau']$	
不熔透对接接头		拉：$\tau=\dfrac{F}{2al}\leqslant[\tau']$	V 型坡口： $\alpha\geqslant60°$时，$a=S$ $\alpha<60°$时，$a=0.75S$ U 型、J 型坡口： $\alpha=S$ $I_x=al(\delta-a)^2$ l—焊缝长度
		剪：$\tau=\dfrac{F_t}{2al}\leqslant[\tau']$	
		弯：$\tau=\dfrac{M}{I_x}y_{max}\leqslant[\tau']$	

d）在承受静载的次要焊件中，如果计算出的角焊缝焊脚尺寸，小于规定的最小值（表 8-19），可采用断续焊缝。断续焊缝的焊脚尺寸，可根据折算方法确定。断续焊缝的间距，在受压构件中不应大于 15δ，受拉构件中一般不应大于 30δ。δ 为被连接构件中较薄件的厚度。在腐蚀介质下工作的构件不得采用断续焊缝。

表 8-19　角焊缝的最小焊脚尺寸 K_{min}

（单位：mm）

被焊件中较厚件的厚度	K_{min}	
	碳素钢	低合金钢
$\delta\leqslant10$	4	6
$10<\delta\leqslant20$	6	8
$20<\delta\leqslant30$	8	10

③ 承受复杂载荷的焊接接头强度计算。应分别求出各载荷所引起的应力，然后计算合成应力。在计算合成应力前，先必须明确各应力的方向、性质和位置，确定合成应力最大点(即危险点)的合成应力。在危险点难以确定时，应选几个大应力点计算合成应力，以最大值的点为危险点。最大正应力和最大切应力不在同一点时，偏于安全的方法，是以最大正应力和平均切应力计算其合成应力。

3）按刚度条件选择角焊缝尺寸。焊接机床床身、底座、立柱和横梁等大型机件，一般工作应力较低，只相当于一般结构钢许用应力的 10%~20%。若按工作应力来设计角焊缝尺寸，其值必然很小；若按等强原则选择焊缝，则尺寸将过大，这会增加成本并产生严重的焊接残余应力和变形。因此，这类焊缝不宜再用强度条件选择尺寸，而应根据刚度条件确定焊缝尺寸。根据实践经验提出了如下经验作法，即以被焊件中较薄件强度的 33%、50% 和 100%作为焊缝强度来确定焊缝尺寸。例如，对 T 型接头的双面角焊缝，其焊角尺寸 K 与立板板厚 δ 的关系为

100%强度焊缝　$K=\dfrac{3}{4}\delta$

50%强度焊缝　$K=\dfrac{3}{8}\delta$

33%强度焊缝　$K=\dfrac{1}{4}\delta$

100%强度角焊缝即等强焊缝，主要用于集中载荷作用的部位，如导轨的焊接。50%强度的角焊缝用于焊接箱体中，一般指 $K=\dfrac{3}{4}\delta$ 的单面角焊缝，如图 8-25 所示。33%强度的角焊缝，主要用于不承载焊缝，它可以是单面的，也可以是双面的，如图 8-26 所示。按刚度条件设计的角焊缝尺寸见表 8-20。

4）焊缝的许用应力。它与焊接工艺、材料、接头形式、焊接检验的程度等因素有关。

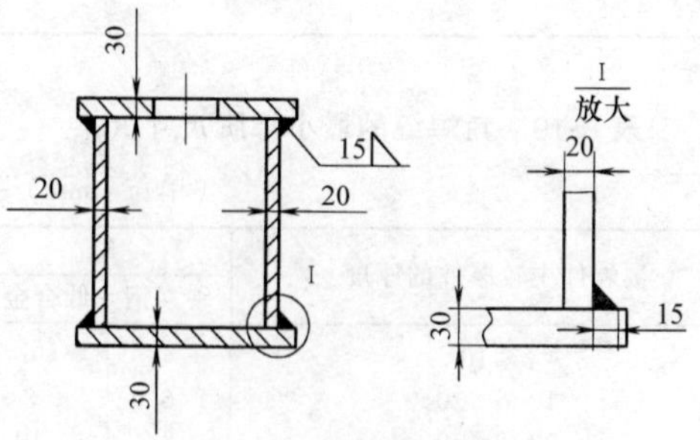

图 8-25　50%强度角焊缝

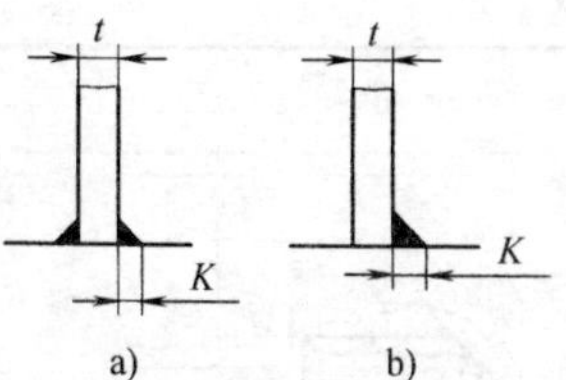

图 8-26　33%强度角焊缝

a）双面焊缝　b）单面焊缝

表 8-20　按刚度条件设计的角焊缝尺寸

（单位：mm）

板厚 δ	强度设计	刚度设计	
	100%强度 $K=\frac{3}{4}\delta$	50%强度 $K=\frac{3}{8}\delta$	33%强度 $K=\frac{1}{4}\delta$
6.36	4.76	4.76	4.76
7.94	6.35	4.76	4.76
9.53	7.94	4.76	4.76
11.11	9.53	4.76	4.76
12.70	9.53	4.76	4.76
14.27	11.11	6.35	6.35
15.88	12.70	6.35	6.35
19.05	14.27	7.94	6.35
22.23	15.88	9.53	7.94
25.40	19.05	9.53	7.94
28.58	22.23	11.11	7.94
31.75	25.40	12.70	7.94
34.93	28.58	12.70	9.53
38.10	31.75	14.29	9.53
41.29	34.88	15.88	11.11
44.45	34.95	19.05	11.11
50.86	38.10	19.05	12.70
53.98	41.29	22.23	14.29
56.75	44.45	22.23	14.29
60.33	44.45	25.40	15.88
63.50	47.61	25.40	15.88
66.67	50.80	25.40	19.05
69.85	50.80	25.40	19.05
76.20	56.75	28.58	19.05

机器焊接结构中焊缝的许用应力见表 8-21。起重机结构采用焊缝的许用应力见表 8-22。钢制压力容器采用焊缝的许用应力见表 8-23。

对于高强度钢、高强度铝合金及其他特殊材料制成的，或在特殊工作条件下(高温、腐蚀介质等)使用的焊接结构，其焊缝的许用应力，应按有关规定或通过专门试验确定。

表 8-21 机器焊接结构焊缝的许用应力

焊缝种类	应力状态	焊缝许用应力	
		一般 E43××型及 E50××型焊条电弧焊	低氢焊条电弧焊、埋弧焊、半埋弧焊
对接缝	拉应力	0.9[σ]	[σ]
	压应力	[σ]	[σ]
	切应力	0.6[σ]	0.65[σ]
角焊缝	切应力	0.6[σ]	0.65[σ]

注：1. 表中[σ]为基本金属的拉伸许用拉应力。

2. 此表适用于低碳钢及压力在 500MPa 以下的低合金结构钢。

表 8-22 起重机结构焊缝的许用应力

焊缝种类	应力种类	符号	用普通方法检查的焊条电弧焊	埋弧焊或用精确方法检查的焊条电弧焊
对接	拉伸、压缩应力	[σ']	0.8[σ]	[σ]
对接及角接焊缝	剪切应力	[τ']	$\frac{0.8[\sigma]}{\sqrt{2}}$	$\frac{[\sigma]}{\sqrt{2}}$

注：[σ]为基本金属的许用拉应力，[σ']为焊缝金属的许用拉应力，[τ']为焊缝的许用切应力。

表 8-23 钢制压力容器焊缝的许用应力

无损探伤的程度	焊缝类型		
	双面焊或相当于双面焊的全焊透对接焊缝	单面对接焊缝，沿焊缝根部全长具有紧贴基本金属垫板	单面焊环向对接焊缝，无垫板
100%探伤	[σ]	0.9[σ]	
局部探伤	0.85[σ]	0.8[σ]	
无法探伤			0.6[σ]

注：此表系数只适用于厚度不超过 16mm、直径不超过 600mm 的壳体环向焊缝。

（2）电阻焊接头的静载强度计算　点焊接头的静载强计算中，不考虑焊点受力不均匀的影响，焊点内工作应力均匀分布。点焊和缝焊接头受简单载荷作用的静载强度计算公式见表 8-24。碳素结构钢、低合金结构钢和部分铝合金的点焊接头、缝焊接头，其焊缝金属的许用拉应力为[σ']，许用切应力[τ_0']=(0.3~0.5)[σ']，抗撕拉许用应力[σ_0]=(0.25~0.3)[σ']。

表 8-24 电阻焊接头静载强度计算公式

名称	简图	计算公式	备注
点焊接头	F F 单面剪切 双面剪切	受拉或压： 1) 单面剪切：$\tau=\frac{4F}{ni\pi d^2}\leqslant[\tau_0']$ 2) 双面剪切：$\tau=\frac{2F}{ni\pi d^2}\leqslant[\tau_0']$	[τ_0']—焊点的许用切应力 i—焊点的排数 n—每排焊点个数 d—焊点直径 y_{max}—焊点距 x 轴的最大距离 y_j—j 焊点距 x 轴的距离
	y x M M x y₁ y₂ y₃ y	受弯： 1) 单面剪切：$\tau=\frac{4My_{max}}{i\pi d^2\sum_{j=1}^{n}y_j^2}\leqslant[\tau_0']$ 2) 双面剪切：$\tau=\frac{4My_{max}}{n\pi d^2\sum_{j=1}^{n}y_j^2}\leqslant[\tau_0']$	

（续）

名称	简　图	计算公式	备　注
缝焊接头		受拉或压：$\tau=\frac{F}{bl}\leqslant[\tau_0']$ 受弯：$\tau=\frac{6M}{bl^2}\leqslant[\tau_0']$	$[\tau_0']$—缝焊焊缝的许用切应力 b—焊缝宽度 l—焊缝长度

2. 极限状态设计法

我国 GB/T 50017—2003 钢结构设计规范，采用的是以概率理论为基础的极限状态设计法。它是目前国际上结构设计的较先进方法，以结构失效概率 P_F 来定义结构的可靠度，并以与其相对应的可靠性指标 β 来度量结构的可靠度，因而能较好地反映结构可靠度的实质，使设计概念更为科学、明确。考虑到多年以来在设计上的习惯和某些资料的不足，GB/T 50017—2003 采用分项系数的极限状态设计法，焊接接头强度的计算公式，在形式上与许用应力设计法相似，只是载荷数值要采用载荷设计值（载荷标准值乘以载荷的分项系数），焊缝强度采用焊缝的强度设计值。表 8-25 列出了焊接接头强度计算公式。在进行强度计算时，要采用载荷设计值 G_d。它与载荷标准值 G_k 的关系为

$$G_d=r_G G_k$$

式中　r_G——永久载荷分项系数，一般采用 1.2，当永久载荷效应对结构构件的承载能力有效时，应采用 1.0。

焊缝的强度设计值与钢材的尺寸、形状及焊缝质量有关，见表 8-26 和表 8-27。

表 8-25　焊接接头强度计算公式（极限状态法）

焊缝类型	简　图	计算公式	备　注
对接接头和 T 型接头中，垂直于轴心拉力的对接焊缝		$\sigma=\frac{F}{l\delta}\leqslant f_t^w$	F—轴心拉力或压力 l—焊缝计算长度 δ—在对接接头中为连接件的较小厚度，在 T 型接头中为腹板厚度 f_t^w、f_c^w—对接焊缝的抗拉、抗压强度设计值 F_t—通过焊缝形心的剪力 σ_f—角焊缝计算截面上垂直于焊缝的正应力 τ_f—与焊缝平行的切应力 f_f^w—角焊缝的强度设计值
对接接头和 T 型接头中，垂直于轴心压力的对接焊缝		$\sigma=\frac{F}{l\delta}\leqslant f_c^w$	
对接接头和 T 型接头中，承受弯矩和剪力共同作用的对接焊缝		$\sqrt{\sigma_f^2+3\tau_f^2}\leqslant 1.1f_t^w$	

表 8-26 钢铸件的强度设计值（摘自 GB 50017—2003） （单位：MPa）

钢 号	抗拉、抗压和抗弯 f	抗剪 f_v	端面承压(刨平顶紧) f_{ce}
ZG200-400	155	90	260
ZG230-450	180	105	290
ZG270-500	210	120	325
ZG310-570	240	140	370

表 8-27 焊缝的强度设计值（摘自 GB 50017—2003） （单位：MPa）

焊接方法和焊条型号	构件钢材		对接焊缝				角焊缝
	牌号	厚度或直径/mm	抗压 f_c^w	焊缝质量为下列等级时，抗拉 f_t^w		抗剪 f_v^w	抗拉、抗压和抗剪 f_f^w
				一级、二级	三级		
自动焊、半自动焊和E43型焊条的手工焊	Q235钢	≤16	215	215	185	125	160
		>16~40	205	205	175	120	
		>40~60	200	200	170	115	
		>60~100	190	190	160	110	
自动焊、半自动焊和E50型焊条的手工焊	Q345钢	≤16	310	310	265	180	200
		>16~35	295	295	250	170	
		>35~50	265	265	225	155	
		>50~100	250	250	210	145	
自动焊、半自动焊和E55型焊条的手工焊	Q390钢	≤16	350	350	300	205	220
		>16~35	335	335	285	190	
		>35~50	315	315	270	180	
		>50~100	295	295	250	170	
	Q420钢	≤16	380	380	320	220	220
		>16~35	360	360	305	210	
		>35~50	340	340	290	195	
		>50~100	325	325	275	185	

8.2.6 焊接接头的疲劳强度

1. 焊接接头的疲劳强度计算

（1）许用应力计算法 这种方法以疲劳试验或模拟疲劳试验为基础，利用最大应力 σ_{max}、最小应力 σ_{min} 及平均应力 σ_m 的疲劳图，推导出许用应力计算公式。

我国规定起重机金属结构的疲劳强度计算，采取许用应力计算法。

起重机结构中焊缝的疲劳许用应力见表 8-28。当焊接接头单独承受正应力时，表 8-28 中的应力循环特征系数 $r=\dfrac{\sigma_{min}}{\sigma_{max}}$；单独受切应力作用时，$r=\dfrac{\tau_{min}}{\tau_{max}}$；当同时承受正应力 σ_x、σ_y 和切应力 τ_{xy} 时，r 应按下式分别计算：

$$r_{xy}=\frac{\tau_{xymin}}{\tau_{xymax}} \qquad r_x=\frac{\sigma_{xmin}}{\sigma_{xmax}} \qquad r_y=\frac{\sigma_{ymin}}{\sigma_{ymax}}$$

计算时公式中的应力值要带各自的正负号。

当某种应力在同一载荷组合里显著大于其他两种应力时，则可不考虑其两种应力对疲劳强度的影响，直接按以下公式验算疲劳强度：

$$\sigma_{max} \leqslant [\sigma_r]$$

或

$$\tau_{max} \leqslant [\tau_r]$$

式中，$[\sigma_r]$ 为拉伸（或压缩）疲劳许用应力；$[\tau_r]$ 为剪切疲劳许用应力。

当接头同时承受正应力和切应力，强度验算应符合下式：

$$\left(\frac{\sigma_{xmax}}{[\sigma_{rx}]}\right)^2+\left(\frac{\sigma_{ymax}}{[\sigma_{ry}]}\right)^2-\frac{\sigma_{xmax}\sigma_{ymax}}{[\sigma_{rx}]\,[\sigma_{ry}]}+\left(\frac{\tau_{xymax}}{[\tau_r]}\right)^2 \leqslant 1.1$$

表 8-29 所列为疲劳许用应力的基本值，要结合表8-30中接头的应力集中情况等级选取。

表 8-28　起重机结构中焊缝疲劳许用应力

应力状态		疲劳许用应力计算公式	备　注
$r\leqslant 0$	拉伸	$[\sigma_{rl}]=\dfrac{1.67\,[\sigma_{-1}]}{1-0.67r}$	$[\sigma_{-1}]$—疲劳许用应力的基本值（$r=-1$），$[\sigma_{-1}]$ 的值见表 8-29 σ_b—结构件或接头材料的抗拉强度，Q235 钢取 $\sigma_b=380\text{MPa}$；16Mn 钢，$\sigma_b=500\text{MPa}$
	压缩	$[\sigma_{ra}]=\dfrac{2\,[\sigma_{-1}]}{1-r}$	
$r>0$	拉伸	$[\sigma_{rl}]=\dfrac{1.67\,[\sigma_{-1}]}{1-\left(1-\dfrac{[\sigma_{-1}]}{0.45\sigma_b}\right)r}$	
	压缩	$[\sigma_{ra}]=\dfrac{2\,[\sigma_{-1}]}{1-\left(1-\dfrac{[\sigma_{-1}]}{0.45\sigma_b}\right)r}$	
剪切疲劳许用应力		$[\tau_r]=\dfrac{[\sigma_{rl}]}{\sqrt{2}}$	取表 8-29 中与 K_0 相应的 $[\sigma_{rl}]$ 的值

表 8-29　疲劳许用应力基本值 $[\sigma_{-1}]$　（单位：MPa）

应力集中情况等级	材料类型	结构工作级别①							
		A_1	A_2	A_3	A_4	A_5	A_6	A_7	A_8
K_0	Q235					168.0	133.3	105.8	84.0
	16Mn					168.0	133.3	105.8	84.0
K_1	Q235				170.0	150.0	119.0	94.5	75.0
	16Mn				188.4	150.0	119.0	94.5	75.0
K_2	Q235			170.0	158.3	126.0	100.0	79.4	63.0
	16Mn			198.4	158.3	126.0	100.0	79.4	63.0
K_3	Q235		170.0	141.7	113.0	90.0	71.4	66.7	45.0
	16Mn		178.5	141.7	113.0	90.0	71.4	66.7	45.0
K_4	Q235	135.9	107.1	85.0	67.9	54.0	42.8	34.0	27.0
	16Mn	135.9	107.1	85.0	67.9	54.0	42.8	34.0	27.0

① 工作级别由起重机利用等级和载荷状态确定。详见 GB/T 3811—2008。

表 8-30　应力集中情况等级

接头形式	工艺方法说明	应力集中情况等级	接头形式	工艺方法说明	应力集中情况等级
	对接焊缝： 力方向垂直于焊缝 力方向平行于焊缝	 K_2 K_1		对接焊缝，焊缝受纵向剪切	K_0

（续）

接头形式	工艺方法说明	应力集中情况等级
非对称斜度 对称斜度 无斜度	不同厚度的对接焊缝，力方向垂直于焊缝 非对称斜度（1：4）~（1：5） 非对称斜度 1：3 对称斜度 1：3 对称斜度 1：2 非对称、无斜度	 K_1 K_2 K_1 K_2 K_4
	力方向垂直于焊缝，用双面角焊缝把构件焊在主要受力构件上 用连续角焊缝把横隔板、腹板的肋板、圆环或轮毂焊在主要受力构件上（如翼缘或轴）	K_2 K_2
	角焊缝，力方向平行于焊缝	K_1
	梁的盖板和腹板间的 K 型焊缝或角焊缝 梁的腹板横向对接焊缝	K_1 K_1
	十字接头焊缝，力方向垂直于焊缝 K 型焊缝 双向角焊缝	 K_3 K_4
	承受弯曲和剪切作用 K 型焊缝 双向角焊缝	 K_3 K_4
	承受集中载荷的翼缘和腹板间的焊缝 K 型焊缝 双面角焊缝	 K_3 K_4
	在整体主要构件侧面焊上，与其端面成直角布置的构件，力方向平行于焊缝 焊接件两端有侧角或带圆弧 焊接件两端无侧角	 K_3 K_4
A—A A—A	弯曲的翼缘与腹板间的焊缝 K 型焊缝 双面角焊缝	 K_3 K_4
	桁架节点各杆件用角焊缝连接	K_4
	用管子制成的桁架，其节点用角焊缝连接	K_4

（2）应力折减系数法　此方法中，疲劳许用应力 $[\sigma_r]$，是以静载时所选用的焊缝许用应力 $[\sigma']$ 值，乘上折减系数 β 而确定的，即

$$[\sigma_r]=\beta[\sigma']$$

$$\beta=\frac{1}{(aK_\sigma+b)-(aK_\sigma-b)r}$$

式中　a、b——材料系数，按表 8-31 选取；

K_σ——有效应力集中系数，按表 8-32 选取；

r——应力循环特征系数。

表 8-31　材料系数 a 和 b 的值

结构形式	钢种	系数	
		a	b
脉动循环载荷作用下的结构	碳素结构钢	0.75	0.3
	低合金结构钢	0.8	0.3
对称循环载荷作用下的结构	碳素结构钢	0.9	0.3
	低合金结构钢	0.95	0.3

表 8-32　焊接结构的有效应力集中系数 K_σ

焊接形式	K_σ		图　示（"a-a"为焊接接头的计算截面）
	碳素结构钢	低合金结构钢	
对接焊缝，焊缝全部焊透	1.0	1.0	
对接焊缝，焊缝根部未焊透	2.67	—	未焊透
搭接的端焊缝：			
1）焊条电弧焊	2.3	—	
2）埋弧焊	1.7	—	
侧缝焊，焊条电弧焊	3.4	4.4	
邻近焊缝的母材金属，对接焊缝的热影响区：			
1）经机械加工	1.1	1.2	
2）由焊缝至母体金属的过渡区足够平滑时，未经机械加工：			
直焊缝时	1.4	1.5	
斜焊缝时	1.3	1.4	
3）由焊缝至母材金属的过渡区足够平滑时，但焊缝高出母材金属 0.2δ，未经机械加工的直焊缝	1.8	2.2	
4）由焊缝至母材金属的过渡区足够平滑时，有垫圈的管子对接焊缝，未经机械加工	1.5	2.0	管子
5）沿力作用线的对接焊缝，未经机械加工	1.1	1.2	
邻近焊缝的母材金属，搭接焊缝中端焊缝的热影响区：			
1）焊趾长度比为 2~2.5 的端焊缝，未经机械加工	2.4	2.8	
2）焊趾长度比为 2~25 的端焊缝，经机械加工	1.8	2.1	
3）焊趾等长度的凸形端焊缝，未经机械加工	3.0	3.5	

（续）

焊接形式	K_σ		图示（“$a-a$”为焊接接头的计算截面）
	碳素结构钢	低合金结构钢	
4）焊趾长度比为 2~2.5 的端焊缝，未经机械加工，但经母体金属传递力	1.7	2.3	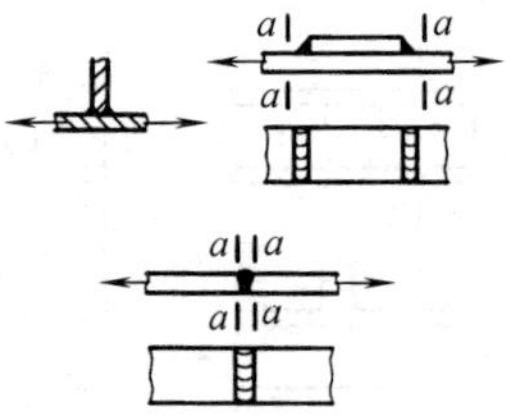
5）焊趾长度比为 2~2.5 的端焊缝，由焊缝至母材金属的过渡区经机械加工，经母材金属传递力	1.4	1.9	
6）焊趾等长度的凸形端焊缝，未经机械加工，但经母体金属传递力	2.2	2.6	
7）在母材金属上加焊直焊缝	2.0	2.3	
搭接焊缝中的侧焊缝：			
1）经焊缝传递力，并与截面对称	3.2	3.5	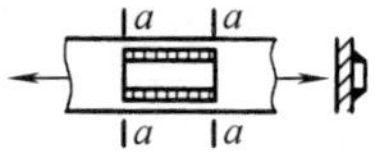
2）经焊缝传递力，与截面不对称	3.5	—	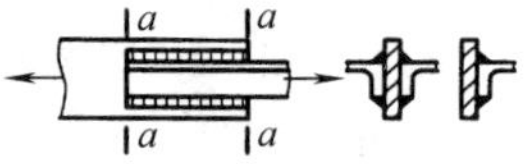
3）经母材金属传递力	3.0	3.8	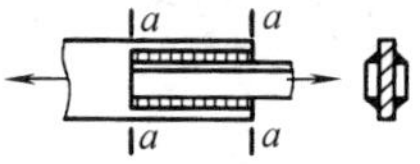
4）在母材金属上加焊纵向焊缝	2.2	2.5	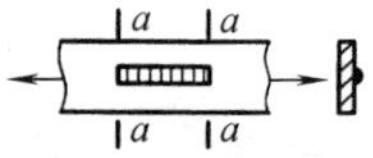
母材金属上加焊板件：			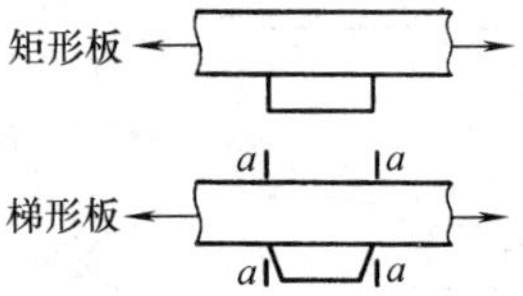 矩形板
1）加焊矩形板，周边焊接，应力集中区未经机械加工	2.5	3.5	
2）加焊矩形板，周边焊接，应力集中区经机械加工	2.0	—	梯形板
3）加焊梯形板，周边焊接，应力集中区经机械加工	1.5	2.0	
组合焊缝	3.0	—	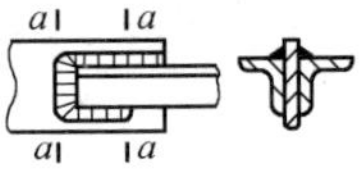

我国钢结构设计规范规定，对所有应力循环内的应力幅保持常量的常幅疲劳，疲劳强度按下式计算：

$$\Delta\sigma \leqslant [\Delta\sigma]$$

$$\Delta\sigma = \sigma_{max} - \sigma_{min}$$

$$[\Delta\sigma] = \left(\frac{C}{n}\right)^{1/\beta}$$

式中　$\Delta\sigma$——焊接部位的应力幅（MPa）；

σ_{max}——计算部位每次应力循环中的最大拉应力（取正值）（MPa）；

σ_{min}——计算部位每次应力循环中最小应力（拉应力取正值，压应力取负值）（MPa）；

$[\Delta\sigma]$——常幅疲劳的许用应力幅（MPa）；

n——应力循环次数；

C、β——参数，根据表 8-33 提供的连接类别，由表 8-34 确定。

对应力循环内的应力幅随机变化的变幅疲劳，若能预测结构在使用寿命期间各种载荷的频率分布、应力幅水平，以及频次分布总和所构成的设计应力谱，则可将其折算为等效常幅疲劳，按下式计算：

$$\Delta\sigma_e = \left[\frac{\Sigma n_i(\Delta\sigma_i)^\beta}{\Sigma n_i}\right]^{1/\beta} \leqslant [\Delta\sigma]$$

式中　$\Delta\sigma_e$——变幅疲劳的等效应力幅；

Σn_i——以应力循环次数表示的结构预期使用寿命；

n_i——预期寿命内应力幅达到 $\Delta\sigma_i$ 的应力循环次数。

表 8-33　参数 C 和 β 的值

连接类别	1	2	3	4	5	6	7	8
$C(\times10^{12})$	1940	861	3.26	2.18	1.47	0.96	0.65	0.41
β	4	4	3	3	3	3	3	3

表 8-34　疲劳计算的构件和连接分类

简　图	说　明	类别
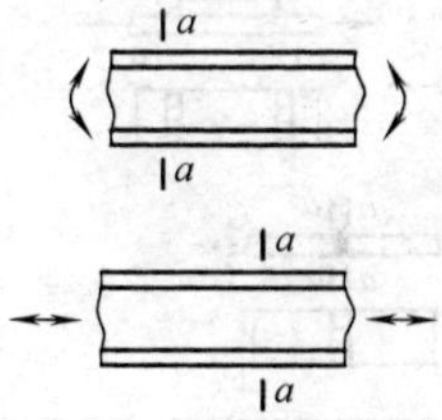	无连接处的主体金属： 轧制工字钢 钢板： 1）两侧为轧制边或刨边 2）两侧为自动、半自动切割边（切割质量标准应符合《钢结构工程施工及验收规范》一级标准）	 1 1 2
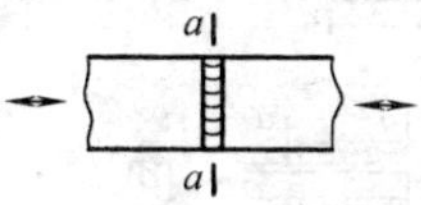	横向对接焊缝附近的主体金属： 1）焊缝经加工、磨平及无损检验（符合《钢结构工程施工及验收规范》一级标准） 2）焊缝经检验，外观尺寸符合一级标准	 2 3
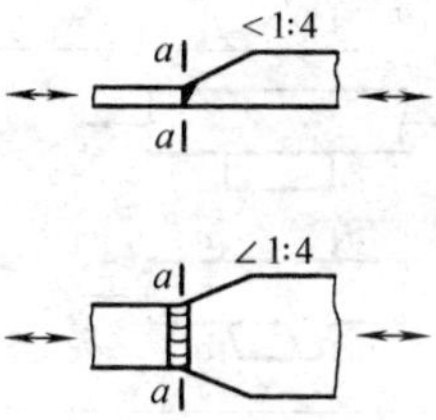	不同厚度（或宽度）横向对接焊缝附近的主体金属，焊缝加工成平滑过渡，并经无损检验符合一级标准	2
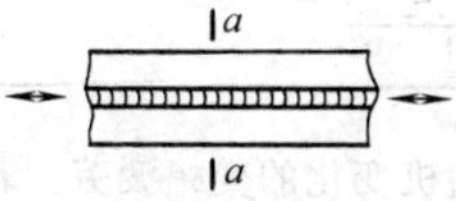	纵向对接焊缝附近的主体金属，焊缝经无损检验及外观尺寸检查，均符合二级标准	2
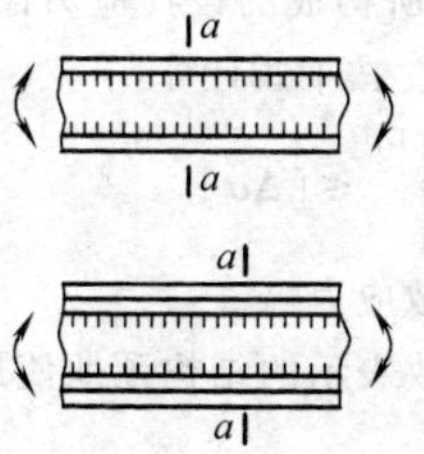	翼缘连接焊缝附近的主体金属（焊缝质量经无损检验符合二级标准） 1. 单层翼缘板 1）埋弧焊 2）焊条电弧焊 2. 双层翼缘板	 2 3 3
	横向肋板端部附近的主体金属： 1）肋端不断弧（采用回焊） 2）肋端断弧	 4 5

简　图	说　明	类别
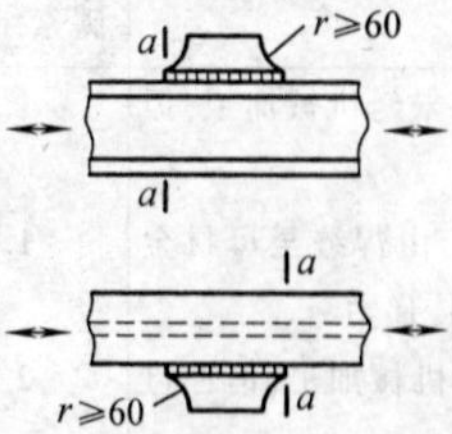	梯形节点板对焊于梁翼缘、腹板以及桁架构件处的主体金属，过渡处在焊后铲平、磨光、圆滑过渡，不得有焊接起弧、灭弧缺陷	5
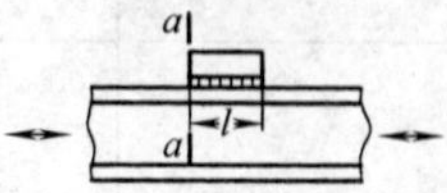	矩形节点板用角焊缝连于构件翼缘，或腹板处的主体金属，l>150mm	7
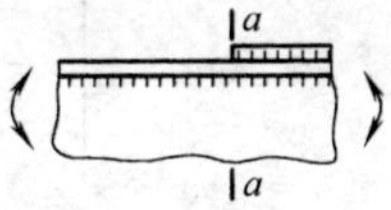	翼缘板中断处的主体金属板端有正面焊缝	7
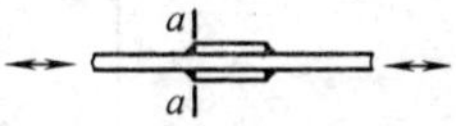	向正面角焊缝过渡处的主体金属	6
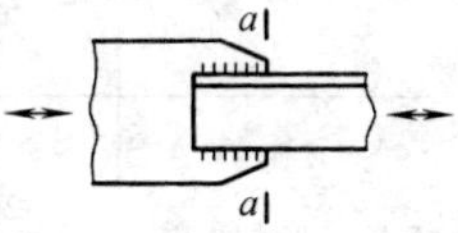	两侧面角焊缝连接端部的主体金属	8
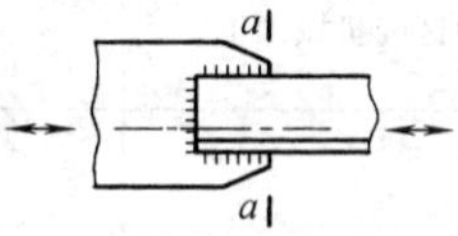	三面围焊的角焊缝端部主体金属	7
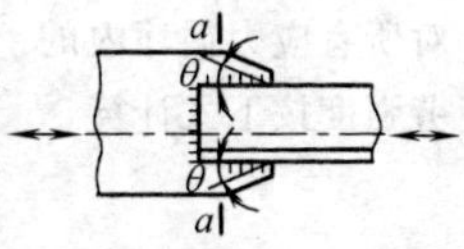	三面围焊（或两侧面）角焊缝连接的节点板主体金属（节点板计算宽度按扩散角 θ 等于 30°考虑）	7
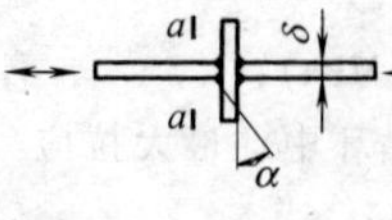	K 型对接焊缝处的主体金属，两板轴线偏离小于 0.15δ，焊缝经无损检验且焊脚角 $\alpha\leqslant45°$	5
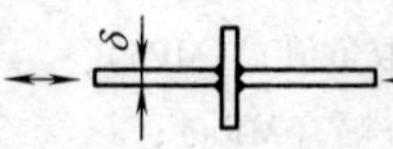	十字接头角焊缝处的主体金属，两板轴线偏离小于 0.15δ	7
角焊缝	按有效截面确定的应力幅计算	8

以上疲劳强度的计算，都是以“无缺陷”材料的高周疲劳作为研究对象，即低应力、高应力循环次数的疲劳。因此，一般不适于高应力、低应力循环次数，由反复性塑性应变产生破坏的低周疲劳问题。而且这类方法由于未考虑焊接结构中的缺陷、焊接接头的非均质性及实际加载频率等，因而疲劳强度计算与实际结构有一定的出入。

2. 提高焊接接头疲劳强度的措施

（1）减少应力集中　选择合理的结构形式和焊接接头形式，选择合适的焊缝形状和尺寸，合理布置焊缝，尽量使焊缝避开高工作应力区。图 8-27 和图 8-28所示为几种正误设计的比较。在选择焊接接头时，应优先选用应力集中小的对接接头，图 8-29 所示为角焊缝缝改为合理的对接焊缝实例。在必须采用角焊缝时，要采取综合措施，提高接头的疲劳强度。采用表面磨削的方法，使焊缝在焊脚处与母材均匀过渡；或者采用钨极氩弧焊，在焊脚处重熔整形（见图 8-30）也可以使焊缝圆滑过渡。重熔还可减少和消除焊脚处的非金属夹杂物，对提高接头的疲劳强度有利。

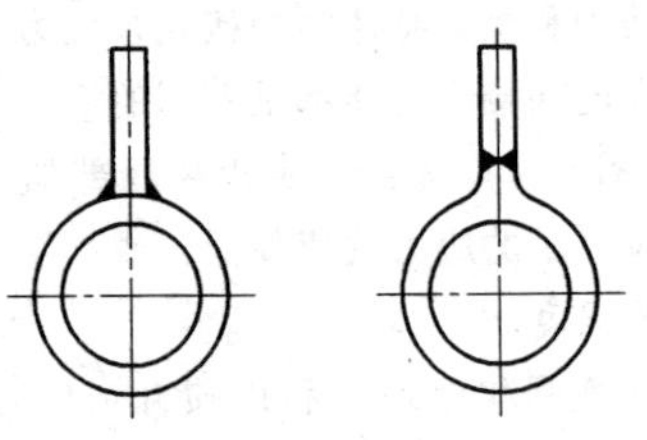

图 8-27　焊缝避开高应力区的设计

a）焊缝在高应力区　b）焊缝避开高应力区

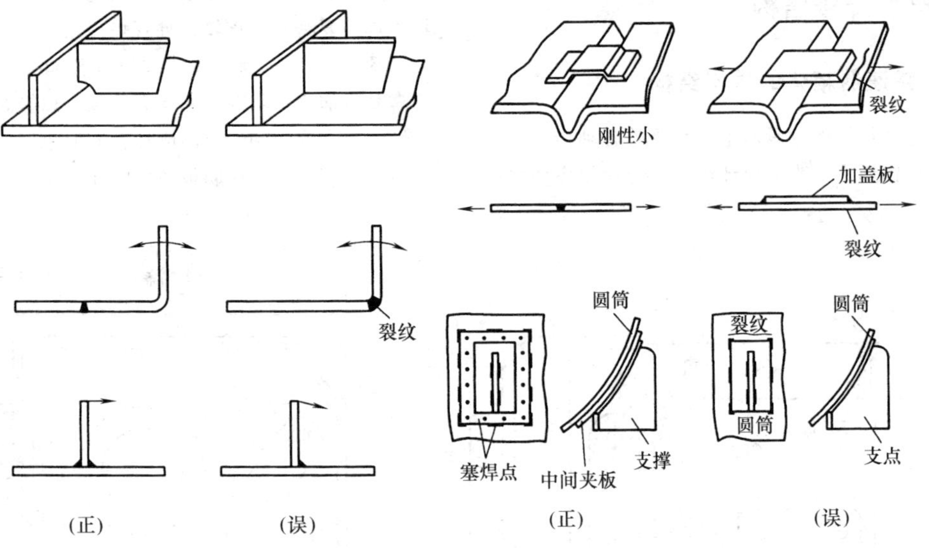

图 8-28　几种设计方案正误比较

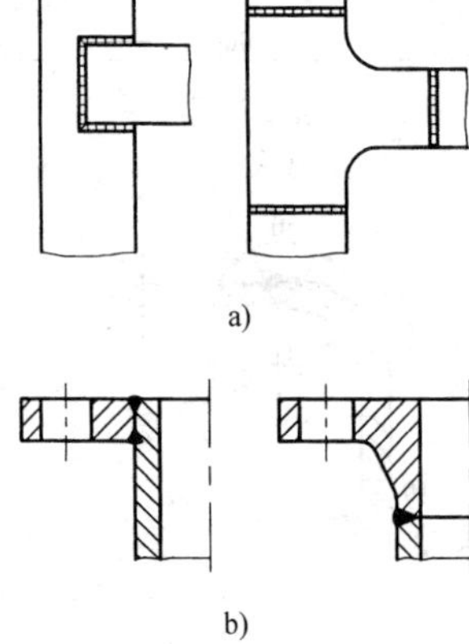

图 8-29　角焊缝改为合理对接焊缝的设计

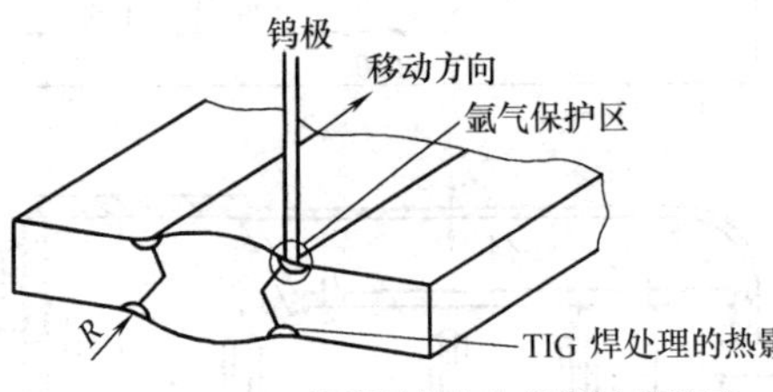

图 8-30　焊脚处钨极氩弧焊重熔整形

（2）调整焊接残余应力的分布　熔化焊接接头，在焊缝和近缝区存在着一个高焊接残余拉应力区，其值最高可达到或接近母材的屈服强度。这对接头强度是不利的，可以通过以下几个方面来改善：

1）采用合理的焊接方法和工艺参数，合理的接头形式和装配焊接顺序，以达到降低焊接残余应力，提高接头疲劳强度。

2）利用预超载拉伸方法，可降低焊接残余应力，有时还可在缺口处产生残余压应力，并使缺口钝化，对提高疲劳强度有利。

3）采用焊后对整体结构高温回火消除应力处理，降低结构和接头整体的焊接残余应力水平，对于改善疲劳强度和接头性能都是有利的。

4）在离开高应力区一定距离局部加热，使高焊接残余拉应力区的应力数值降低，或产生压应力，也可提高疲劳强度。

（3）表面强化处理　利用喷丸或锤击处理焊缝及过渡区的表面，可在表面产生残余压应力，可有效改善接头的疲劳强度。采用局部辗压或挤压近缝区，也有同样效果。

8.3　典型焊接结构

8.3.1　减速器箱体的焊接结构

在减速器箱体的轴承座上，承受着各轴传递力矩所产生的反作用力。为了保证齿轮的传动效率和使用寿命，一般是按刚度进行减速器箱体设计的。

焊接箱体具有结构紧凑、质量小，强度和刚度大，生产周期短等优点，适合于小批量生产。箱体一般用低碳钢板焊成，焊缝要密封，不得漏油。通常焊缝不必采用等强度接头。角焊缝的焊脚可取壁板厚度的 1/3～1/2，加强肋和隔板角焊缝可更小或用间断焊。焊后一般需要消除内应力处理。箱体设计还要考虑散热能力和油的冷却。

1. 整体式箱体

这类箱体常用于中、小型减速器上。图 8-31 所示为机床主轴箱整体式焊接箱体。该箱体前后轴承座为铸钢件。为了支撑各挡齿轮轴，箱体中间焊有三根延伸到底板的支撑。箱体四角都采用压弯成一定圆角的钢板（见图 B—B 剖面）。箱盖用冲压件制成，并在四周焊加强圈，以便安装挡油板和放置油封垫圈。箱体焊缝要密封。该箱体外观焊缝很少，美观大方。

图 8-32 所示为整体式圆形焊接箱体，其轴承座均靠肋板加固。箱壁外侧焊有肋板，以提高箱壁的稳定性，增强顶板和底板的刚性，同时也能改善箱体的散热条件。其中某些肋板还可兼作吊钩使用。

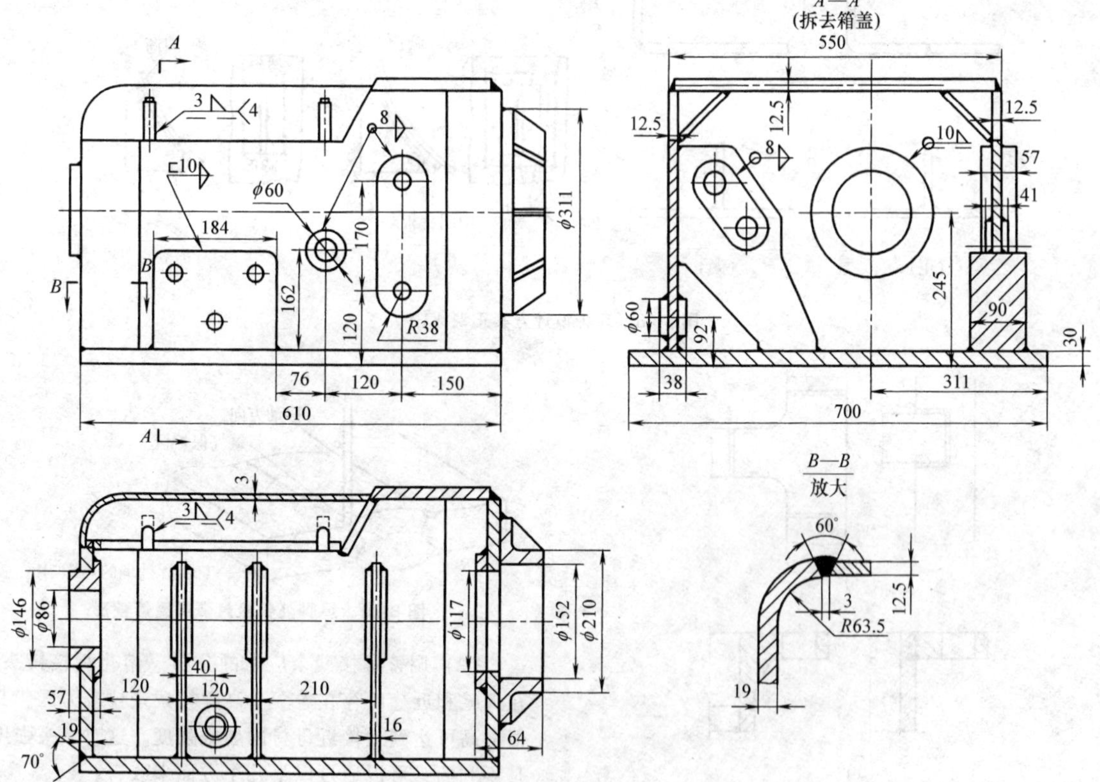

图 8-31　机床主轴箱整体式焊接箱体

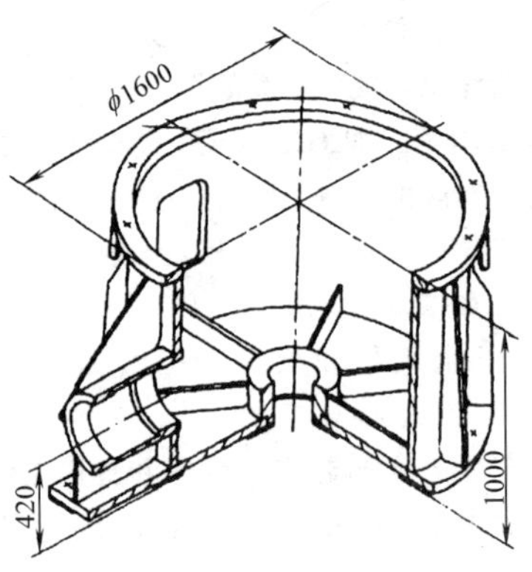

图 8-32　整体式圆形焊接箱体

2. 剖分式箱体

图 8-33 所示为单壁板剖分式箱体，主要是在单壁板上合理设计轴承座的结构，因为它对刚度影响很大。当壁板较厚或作为观察孔（图 8-33c）等要求不高时，壁板上可以直接加工出孔，但孔不宜过大，否则会明显降低箱体的刚性。当受力小，孔径不大时，采用图 8-33b 所示结构。其优点是结构简单，但装焊凸台不易定位，且不易与壁板贴紧。图 8-33a 所示的结构，其强度和刚度较大，但轴向定位困难。若要定位好，装配方便，保证座套的焊接精度，宜用座套上加工有台肩的图 8-33d 所示的结构。

为了提高箱壁的稳定性，改善受力状况，在轴承座上，应适当加肋。图 8-34a 所示的结构适用于轴承座受力较小的情况。图 8-34b、图 8-34c 所示的结构适用于受重载荷的轴承座。

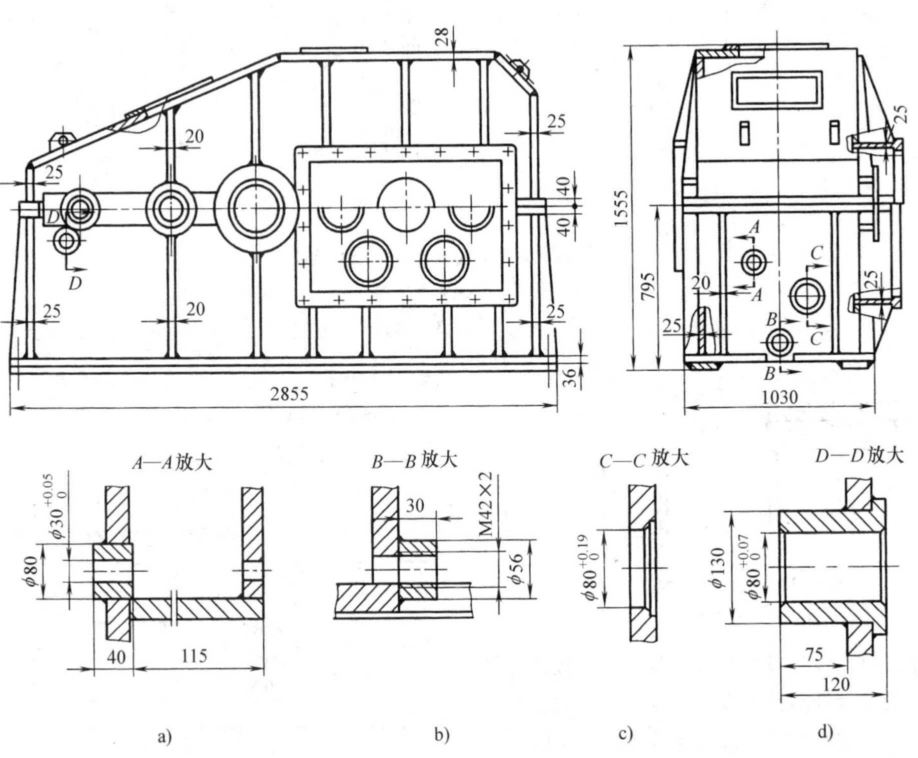

图 8-33　单壁板剖分式箱体

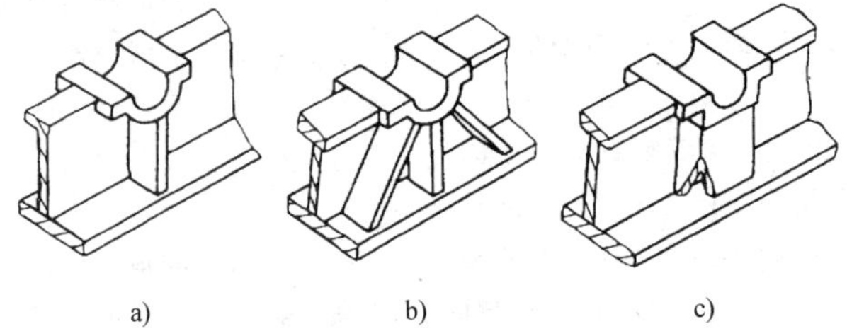

图 8-34　单壁板剖分式轴承座加肋形式

8.3.2 旋转体的焊接结构

1. 轮式旋转体

典型的轮式旋转体焊接结构如图 8-35 所示，它们均由轮缘、轮辐和轮毂三个基本构件焊成。为了增加轮体的刚性，有些在轮辐上焊加强肋。这三个构件的结构形式，取决于轮子的功能要求和焊接工艺要求。

（1）轮缘　焊接齿轮的齿圈和轮缘可以是整体式的，即轮齿直接从轮缘上切削出来；也可以是装配式的，在齿圈和轮缘之间靠压配合连接起来，如图 8-36所示。整体式的结构简单，制造容易；但轮缘材料除了必须同时满足轮齿的强度和齿面硬度的要求外，还要满足它与轮辐之间的焊接性要求。装配式的结构，其轮缘只起支承齿圈的作用，可以选择廉价的普通碳素结构钢，如 Q235A 等。而齿圈则可选择强度高，耐磨性好的材料，磨损后还可以拆换。

焊接飞轮的轮缘可用钢板组合的结构，取代厚大的锻件，如图 8-37a 所示。当需要很宽的轮缘时，可采取若干个飞轮并联的焊接结构，如图 8-37b 所示。

（2）轮辐　主要起支撑轮缘和传递轮缘与轮毂之间扭矩的作用。此外，还承受因离心力而产生的径向力和因轴向推力而引起的侧弯。

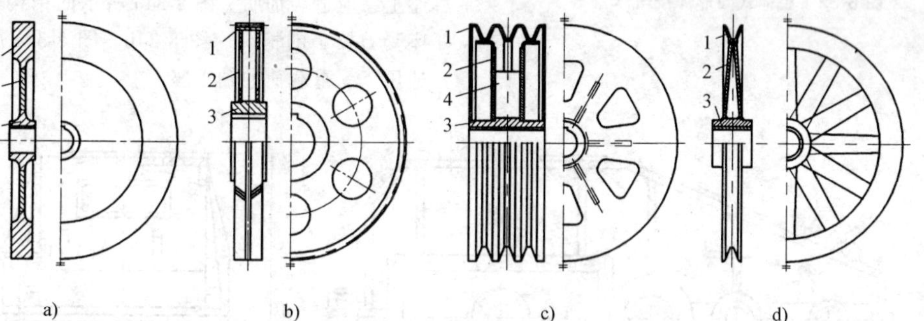

图 8-35　典型的轮式旋转体焊接结构

a）飞轮　b）齿轮　c）普通 V 带带轮　d）绳轮

1—轮缘　2—轮辐　3—轮毂　4—肋板

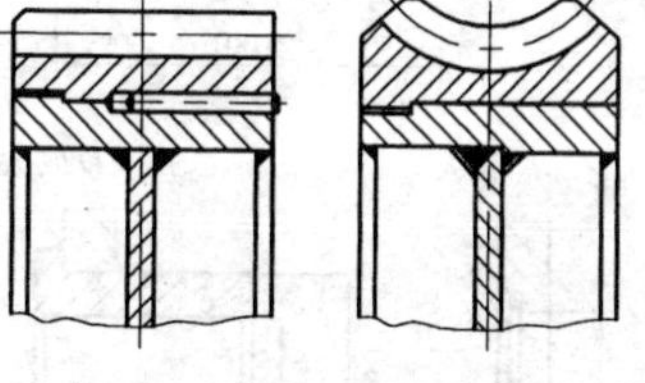

图 8-36　齿圈和轮缘的压配合连接

轮辐结构可以设计成板状或条状两种。板状的轮辐是按中心孔圆板计算其强度和刚度。条状的轮辐计算较为复杂，要把整个轮体看成超静定杆件系统来计算，按载荷求出辐条的内力，才能确定其截面形状和尺寸。

轮辐的材料，大多使用焊接性能好的 Q235 或 Q345（16Mn）等。

1）单辐板状轮辐。适用于轮缘较窄且受力小的旋转体。例如，焊接齿轮当其轮缘宽度小于分度圆直径的 15%～20%时，可以采用这种结构。直径大的辐板可用钢板拼接，其拼装焊缝的位置，要与轮缘的对接焊缝位置错开，见图 8-37a。为了减轻质量，可在辐板上开孔。开孔的数量，按旋转体直径大小确定，表 8-35 给出焊接圆柱齿轮辐板内开孔数量的参考值。孔的位置约在轮缘内径至轮毂外径中间，沿圆周均布。孔径约为齿顶圆直径的 10%～20%。

表 8-35　焊接圆柱齿轮辐板开孔数量

齿顶圆直径/mm	开圆孔数/个
<300	不开孔①
>300～500	4
>500～1500	5
>1500～3000	6
>3000	8

① 吊运靠轴孔或附设螺钉孔。

为了改善受力情况和提高轴向刚度，可在辐板两侧焊肋板，肋板的截面形状如图 8-38 所示。图 8-38a 所示为平板肋，适应性强，应用广泛。图 8-38b 的刚性大，空气阻力较小，载荷较大时适用。图 8-38c 所示为直接在辐板上冲出的凸肋，减少了焊缝，适用于批量大的轻型旋转体中。

连接肋板的角焊缝，可以是连续的或断续的。转速高、载荷大，以及有腐蚀情况的旋转体，宜用连续焊缝。其焊脚尺寸 K 按肋板厚度 δ 确定，通常 $K=$

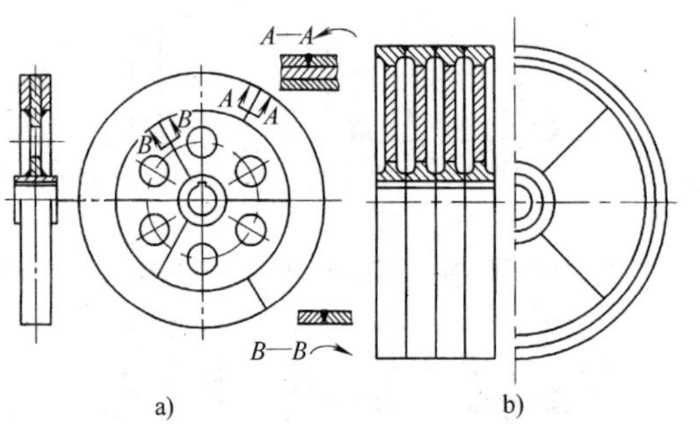

图 8-37　飞轮的焊接结构

a）钢板组合式结构　b）并联式结构

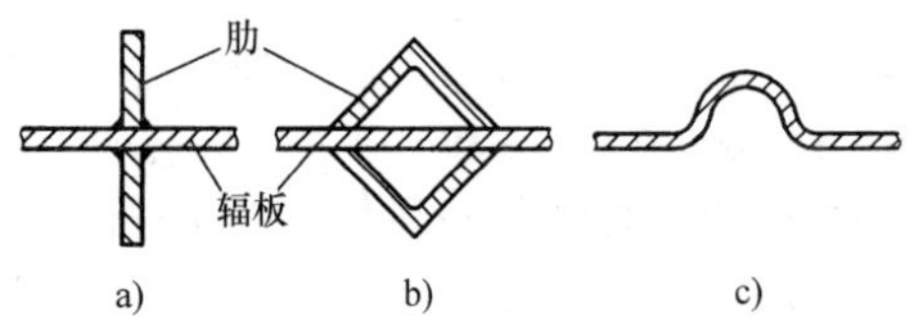

图 8-38　辐板上加肋板的截面形状

(0.5～0.7)δ。δ 按辐板厚度的 0.6 选取。

带肋板的结构，制造工艺较复杂，成本高，生产率低。因此，有时采用适当增加轮缘和辐板厚度的办法，或改用双辐板结构，取代有肋板的结构。

2）多辐板式轮辐。它适用于轮缘宽度大，而且同时受到较大轴向力和径向力的情况。当焊接齿轮轮缘的宽度，大于分度圆直径的 10%～20%时，采用双辐板；当轮缘宽度大于 1000～1500mm 时，采用三辐板。

各辐板的配置参照图 8-39 确定。若辐板与轮缘和轮毂的连接，采用双面角焊缝，则应在辐板上开孔，以便施焊内部焊缝。

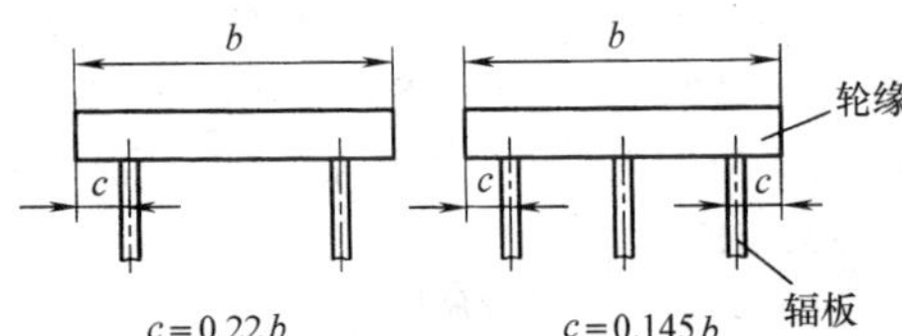

图 8-39　辐板配置

为了提高辐板的刚度和稳定性，可在两辐板之间设置肋板。因肋板施焊困难，现已逐渐用圆管加强两辐板的刚度，如图 8-40 所示。图中在辐板上钻一小透气孔 E，直径约 5mm，在消除应力热处理后，再用焊补或螺钉封堵。

3）条式轮辐。为了减少质量和节省金属，在大直径的旋转体中，常用的条式轮辐如图 8-35d 和图 8-41所示。

辐条的断面形状和尺寸，按受力性质和刚度要求确定。应优先选用型材（如扁钢、角钢或工字钢等）作辐条。大型旋转体可用钢板焊成工字形或箱形的

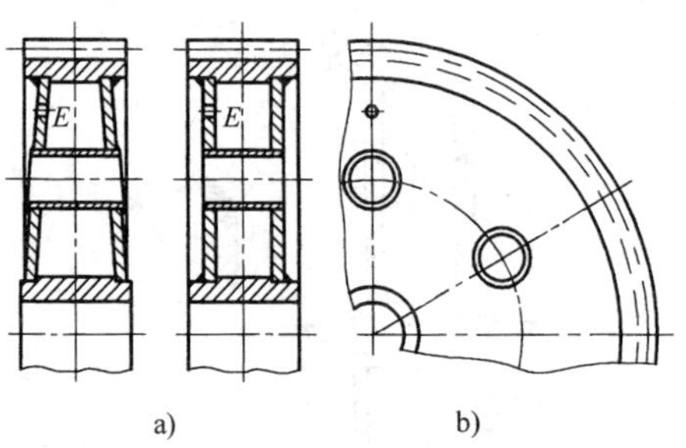

图 8-40　用圆管加强两辐板的刚度

a）斜齿轮　b）正齿或人字齿轮

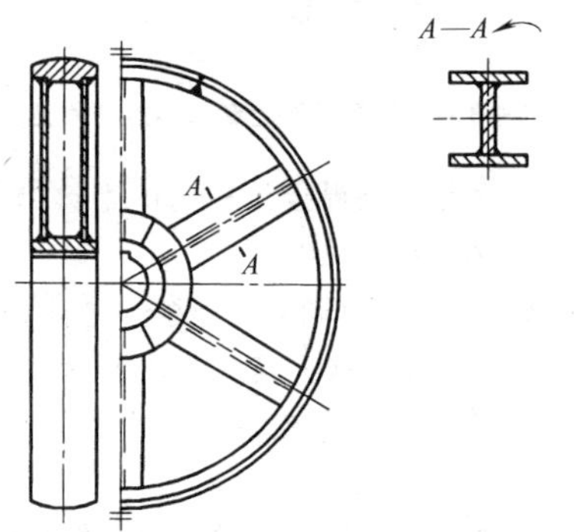

图 8-41　辐条式的焊接带轮

结构。

辐条数目越多，对轮缘的支承条件越好，但焊接工艺也增加了复杂性。适当增加轮缘和辐条的断面积或断面模量，可以减少辐条的数量。

（3）轮毂　为了能通过键把轮体装到转轴上，以及为轮辐提供充分的刚性支承，轮毂要具有足够的厚度，一般外径可取轴径的 1.2～1.6 倍。为了防止轮体在轴上发生摆动，轮毂的长度一般取轴径的 1.2～1.5 倍。

单辐板式的旋转体，其轮毂长度较短，可以设计成图 8-42 所示的结构。多辐板式旋转体的轮毂则较长，可以分段制造，然后并联使用，如图 8-37b 所示。如果与轴无拆换要求时，可设计成无轮毂的焊接旋转体结构，如图 8-43 所示。

轮毂的毛坯最好用锻件，其次是铸件。前者多用

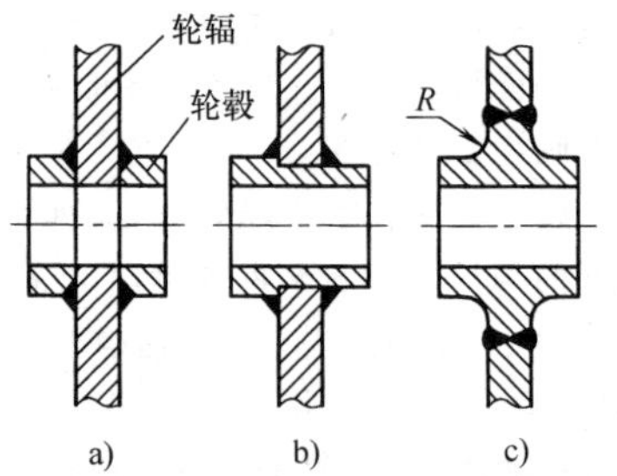

图 8-42　单辐板式旋转体轮毂的结构形式

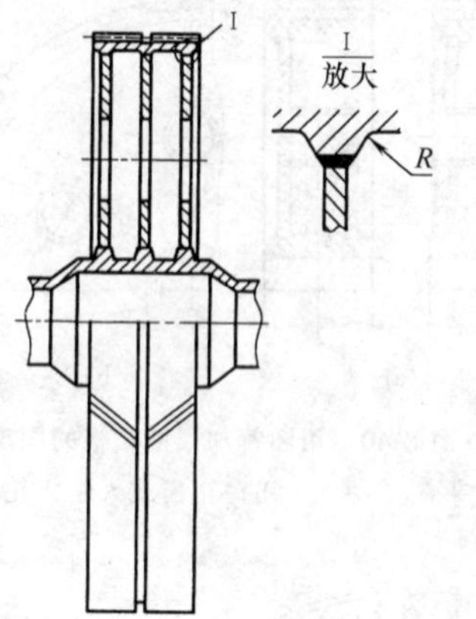

图 8-43　三辐板式无轮毂焊接旋转体结构

35 钢制造，后者常取焊接结构用碳素铸钢 ZG275—485H 钢（GB/T 7659—2010）。

（4）轮缘、轮辐和轮毂的连接　它们之间可用 T 型接头或对接接头连接，其焊缝均为承载焊缝。其中，以轮辐和轮毂之间的连接焊缝受力最大。图 8-42 所示为两者连接的基本结构形式。

图 8-42a 所示的辐板，直接把部分转矩经键传递到轴上，减轻了两环状角焊缝受力，因而可以用较小的焊缝尺寸。

图 8-42c 所示为适用于转速高，或经常逆转与受到冲击载荷的旋转体。需在轮毂的外缘（或轮缘的内侧）待焊部位，预先加工凸台，使之与轮辐对接。这样，就使焊缝避开了结构断面突变部位（应力集中区），易于施焊和焊缝探伤。凸台不宜过高，否则增加制造成本，但应保证施焊方便，且使热影响区不要落在拐角处。凸台两侧与基体相连处，应有较大的圆角过渡，焊缝与母材表面最好平齐。

图 8-42b 和图 8-44a 所示均为 T 型接头。其区别是前者有便于装配的止口。两者角焊缝尺寸均较大，填充焊缝金属量多，而且径向力与未焊透面垂直，疲劳强度低。图 8-44b 所示为焊透的 T 型接头，有较高的疲劳强度，但焊接工艺较复杂，成本高。图 8-44c 所示为较好的设计，轮毂（或轮缘）上加工止口，利于装配定位；辐板上做出单边 V 型坡口，保证垂直于径向力的面焊透，平行于径向力的止口面焊透与否，对疲劳强度影响很小。

对于双辐板的旋转体，内部施焊条件差，须减少两辐板之间的焊接工作量。推荐采用图 8-45 所示的接头形式。图 8-45c 所示为采用单面焊背面成形焊接工艺的结构。

在辐板式的轮体上，连接轮缘、轮辐和轮毂上的环形焊缝，是在刚性拘束下焊接的，易在焊缝或近缝

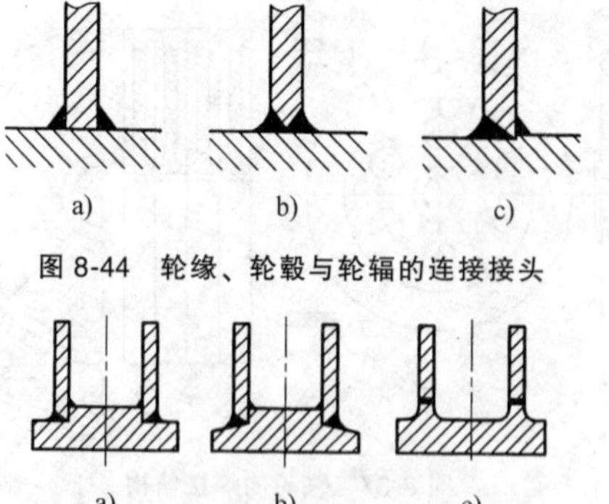

图 8-44　轮缘、轮毂与轮辐的连接接头

图 8-45　双辐板与轮毂或轮缘的连接结构

区的母材上产生裂纹。在工艺上要采取预热、调整施焊程序等措施。在结构设计上应注意如下：

1）避免用铸钢件或有层状夹杂的钢材作轮缘或轮毂的毛坯。

2）当轮缘或轮毂是中碳钢或焊接性较差的合金钢时，可在接头处先堆焊厚度约 6mm 的抗裂性能好的过渡金属层。

3）在保证焊缝质量的前提下，装配间隙和坡口角度宜小些。

4）把 T 型接头改为对接接头。

5）在不影响整体刚度的前提下，在辐板上适当开孔，以减少局部拘束度。

（5）轮式旋转体实例

1）单辐板圆柱人字齿轮如图 8-46 所示。该齿轮用于机械压力机上，法向模数 $m_n = 12\text{mm}$，齿数 $z = 70$，压力角 $\alpha = 20°$，螺旋角 $\beta = 30°$。材料：轮缘（齿圈）为 45 钢，轮毂为 35 钢，辐板为 Q235A。采用 CO_2 气体保护焊，H08Mn2SiA 焊丝。焊后经（625±25）℃消除应力热处理。切齿后，齿面中频淬火，达到45～50HRC。

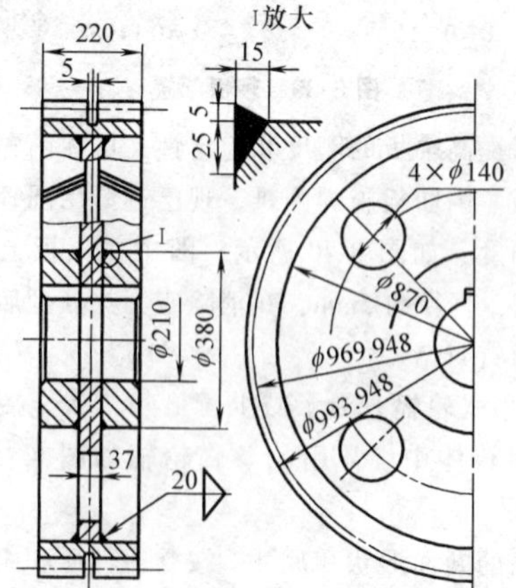

图 8-46　单辐板圆柱人字齿轮

该齿轮的特点是轮毂为组合式，两面用小坡口的焊缝连接。轮辐和轮缘连接不要求焊透，用双面角焊缝。

2）双辐板圆柱斜齿轮如图 8-47 所示。该齿轮法向模数 $m_n = 8\text{mm}$，齿数 $z = 92$，压力角 $\alpha = 20°$，螺旋角 $\beta = 8°48'10''$。材料：轮缘（齿圈）为 40CrMn4V，轮毂为 45 钢，轮辐和管子为 Q235A。采用 CO_2 气体保护焊，H08Mn2Si 焊丝。

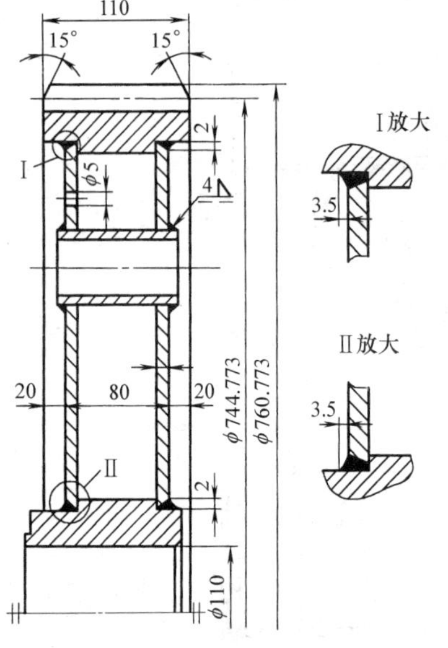

图 8-47　双辐板圆柱斜齿轮

该齿轮结构特点是：斜齿轮有轴向力，采用双辐板式结构。由三节直径 60mm 钢管，均布地连接两辐板，以提高其刚度和稳定性。轮缘、轮辐和轮毂之间的连接焊缝，均为单边 V 型坡口焊缝，内侧不焊。所有焊缝规则且连续，易于机械化和自动化生产。

3）双辐板式绳轮如图 8-48 所示。该绳轮用于重型挖掘机上。轮缘和轮毂均用 35 钢制造，轮辐和肋板为 Q235A。由于辐板上的开孔较大，其工作特点和辐条式的没有差别，内外焊缝施焊方便。

2. 筒式旋转体

它由筒身、端盖和轴颈等构件焊成。图 8-49 所示为了几种筒式旋转体的焊接结构。它们之间因用途和受力性质不同，在局部构造上有所差别。

（1）筒身　长的筒身由若干筒节接成。大直径筒节是由钢板卷圆后用纵向焊缝连接。筒节之间的连接，均应采用环缝对接接头。遇到壁厚不同的筒节对接时，应将较厚筒节的接边削薄，如图 8-49d 所示。相邻两筒节的纵向焊缝要相互错开。

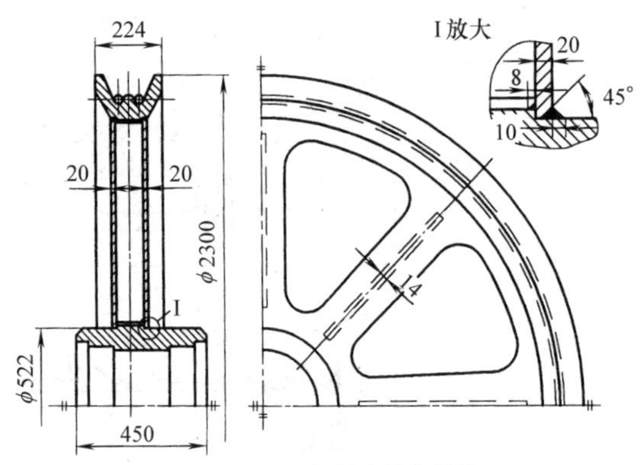

图 8-48　双辐板式焊接绳轮

为了防止筒身局部失稳，保持其圆度，可在筒壁外侧或内侧焊上刚性圈，如图 8-49b 所示。刚性圈的截面形状如图 8-50 所示。它与筒壁连接可用断续角焊缝，其总长不小于筒身周长的一半，在腐蚀介质中工作或受冲击载荷的筒身，应采用连续角焊缝，并用最小的焊脚尺寸。

在筒身上开人孔处需补强时，应重视孔形和补强板的设计。图 8-51a 所示的结构在交变载荷作用下，很快产生疲劳裂纹。如果设计成图 8-51b 所示的结构，即方孔周边磨去棱角，拐角做成圆角；补强板边缘也磨去棱角，并做成圆弧状；周围角焊缝向母材表面平滑过渡，则可提高其疲劳强度。

（2）端盖　又称封头。小直径的端盖常和轴颈一起铸造或锻造而成，如图 8-49a 所示；大直径端盖宜用钢板冲压，或采用拼焊制成。压型的端盖可设计成椭球形或碟形的曲面结构，不但强度和刚度好，而且可以实现与筒身对接。平端盖虽然备料简单，但和筒身的连接是角接，焊缝处在应力复杂区，在动载荷下不利。图 8-52 所示为球磨机端盖的两种结构，其端盖中心是进料口，作了补强。

（3）筒身、端盖和轴颈的连接　轴颈与端盖、端盖与筒身的连接方式，当有拆卸要求时，需设计法兰，用螺栓连接，其余采用焊接连接，如图 8-52 所示。平端盖与筒身连接用角接头，其疲劳强度较低。为提高它的疲劳强度，可改成对接接头，如图 8-53 所示。

端盖位于小直径的轴颈与大直径的筒身之间，受力复杂，其强度和刚度必须保证。图 8-54 提供几种可以加强端部的焊接结构形式。图 8-54a、图 8-54b 呈放射状设置肋板，图 8-54b 的外形平整美观，只能用于直径较大，筒内能施焊的情况。图 8-54c 所示为采用双层端盖的结构，刚性好，传递转矩能力强，且焊接工艺也较简单。图 8-55 所示为应用实例。

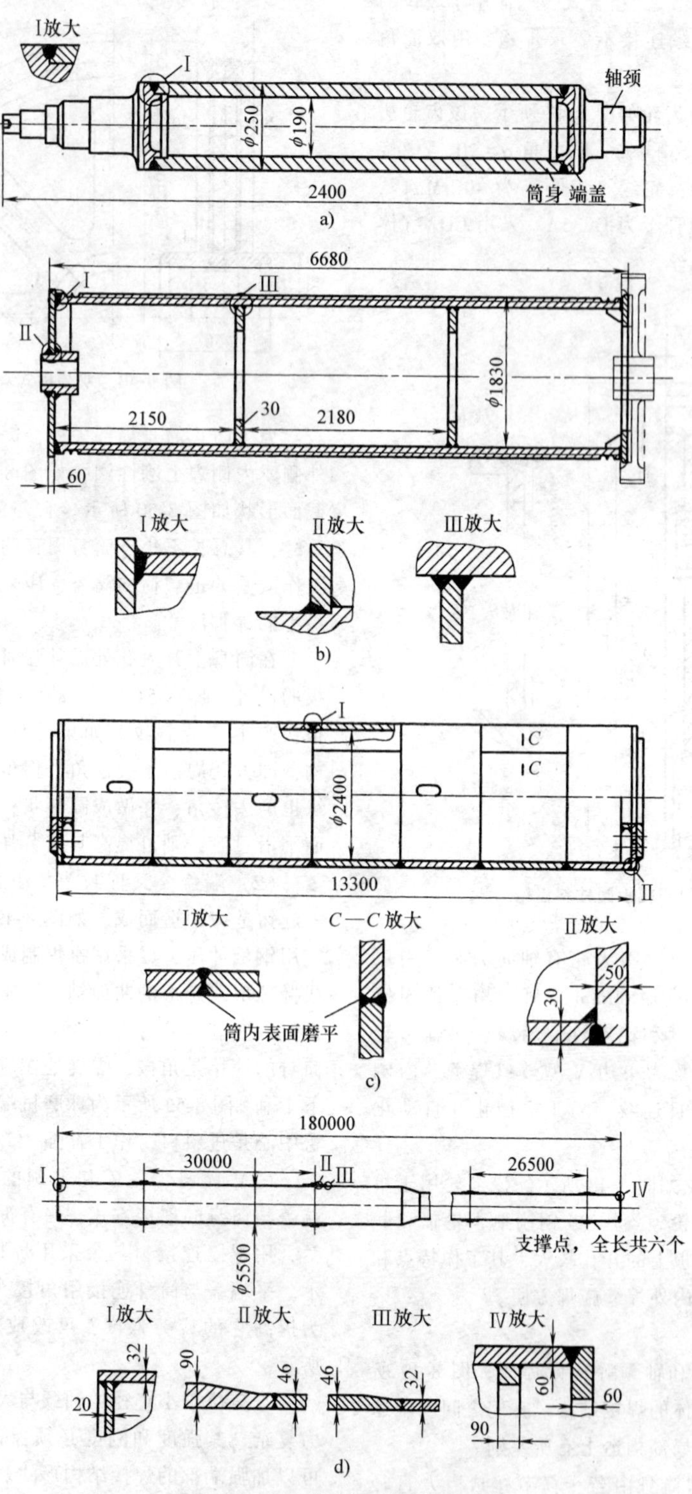

图 8-49　几种筒式旋转体的焊接结构

a）上料辊道　b）吊车卷扬筒　c）棒球磨机筒体　d）水泥回转窑筒体

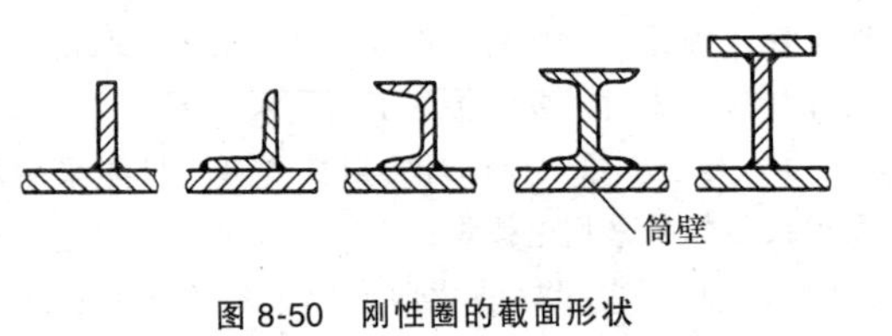

图 8-50　刚性圈的截面形状

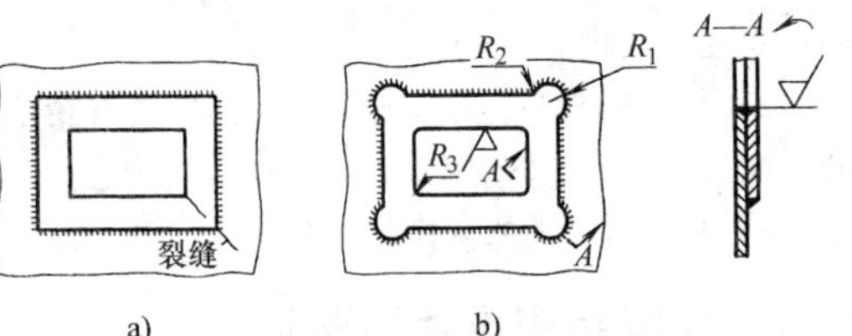

图 8-51　筒身上人孔和补强板的结构

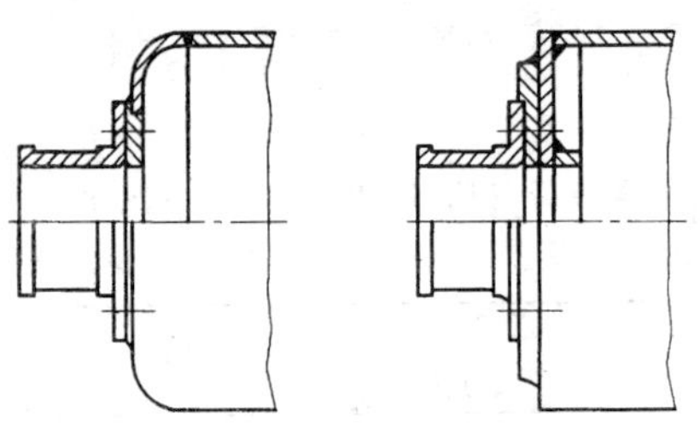

图 8-52　球磨机端盖的焊接结构

a）锻造端盖　b）平板端盖

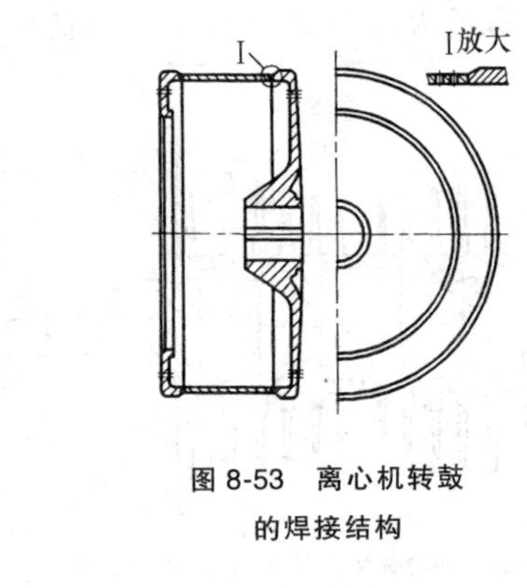

图 8-53　离心机转鼓的焊接结构

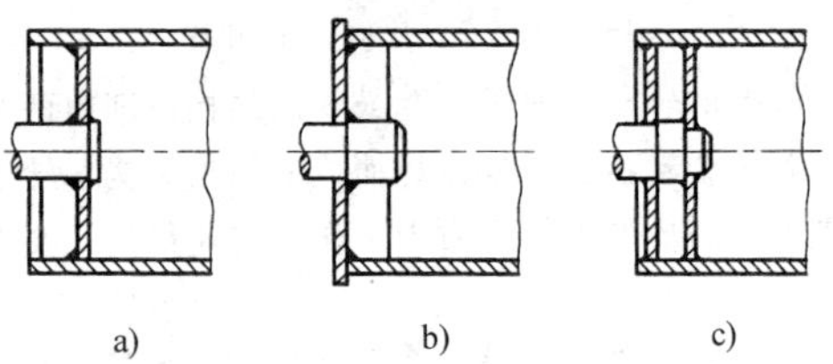

图 8-54　轴颈、端盖和筒身之间的加强结构

3. 汽轮机、燃气轮机转子

转子由主轴、叶轮和叶片等组成。现代转子可用整锻、套装和焊接方法制造。与其他两种方法相比，焊接的转子具有刚性好、起动惯性小、临界转速高、锻件尺寸小、质量易于保证等优点，已被广泛采用。

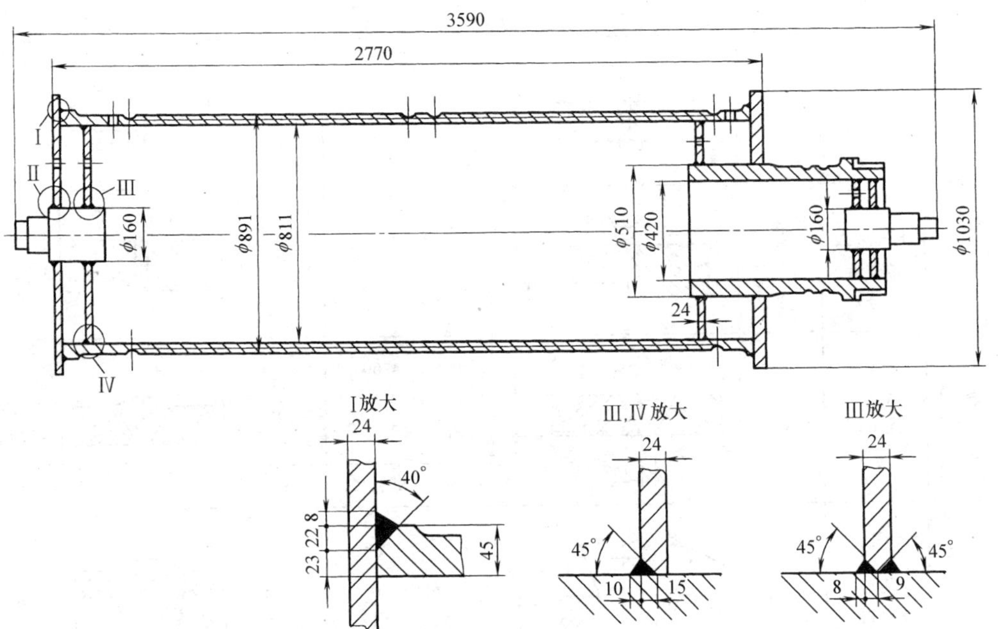

图 8-55　70/20t 起重机卷扬筒的焊接结构

图 8-56 所示为国产 300MW 汽轮机低压焊接转子。

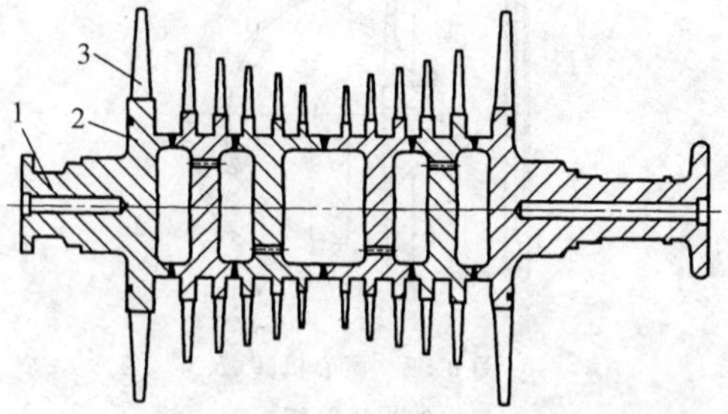

图 8-56　300MW 汽轮机低压焊接转子
1—主轴　2—叶轮　3—叶片

焊接的转子一般采用盘鼓式的结构，即由两个轴头，若干个轮盘和转鼓拼焊而成的锻焊结构。转子是在高温、高压的气体介质中工作，转速很高，要求高度可靠。因此，对材料及焊接质量要求十分严格。在设计焊接接头时，要解决好下列技术问题：

1）转子上每条厚的环形对接焊缝，只能采用单面焊接。如果采用电弧焊，必须保证第一道焊缝能充分焊透，并获得很好的背面成形，而又不致引起裂纹。在随后各层焊接过程中，也不得出现裂纹、夹渣和未焊透等缺陷。

2）保证轴头和轮盘装配和焊接后，具有精确的同心度。

3）具有可靠的质量检测条件。

8.4　焊缝结构设计制图资料

8.4.1　钢材焊接的坡口形式和尺寸（见表 8-36）

表 8-36　气焊、焊条电弧焊、气体保护焊和高能束焊的推荐坡口（摘自 GB/T 985.1—2008）

（单位：mm）

形式	母材厚度 t	坡口/接头种类	基本符号	横截面示意图	坡口尺寸	适用的焊接方法	焊缝示意图	备注
单面对接焊坡口	≤2	卷边坡口	 八	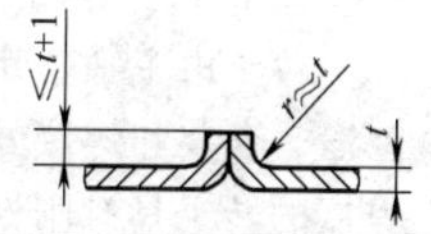		3 111 141 512		通常不填加焊接材料
	≤4	I 形坡口	||		$b≈t$	3,111,141		必要时加衬垫
	3≤t≤8				3≤b≤8	13		
					$b≈t$	141[①]		
	≤15				b≤1[②],0	52		
	≤100	I 形坡口（带衬垫）		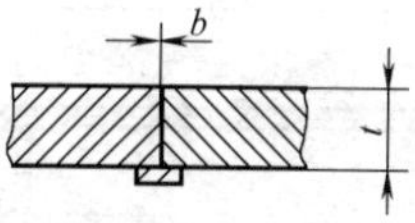		51	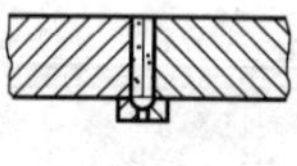	
		I 形坡口（带锁底）		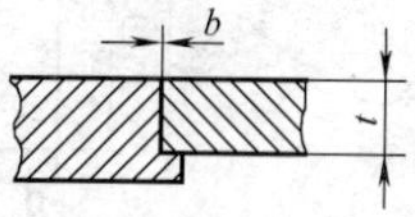			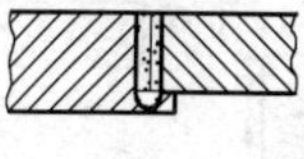	
	3≤t≤10	V 形坡口	V	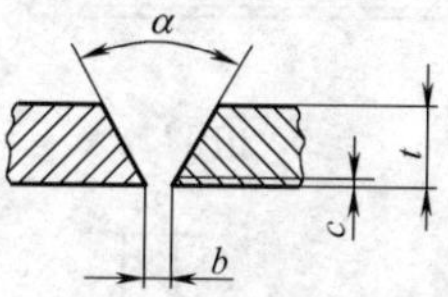	40°≤$α$≤60° b≤4 c≤2	3 111 13 141	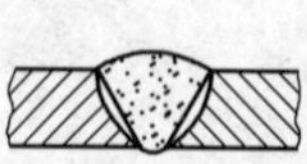	必要时加衬垫
	8≤t≤12				6°≤$α$≤8°,c≤2	52[②]		
	>16	陡边坡口		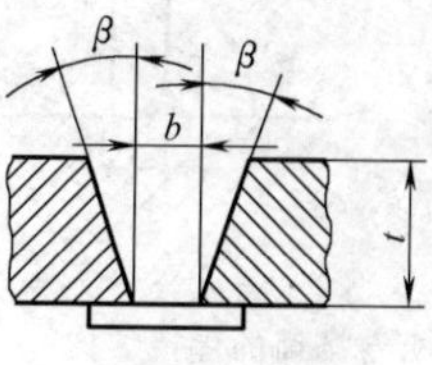	5°≤$β$≤20° 5≤b≤15	111 13	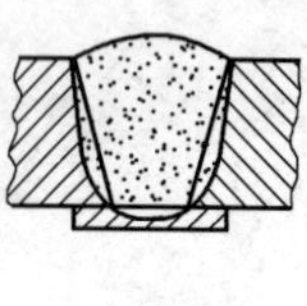	带衬垫

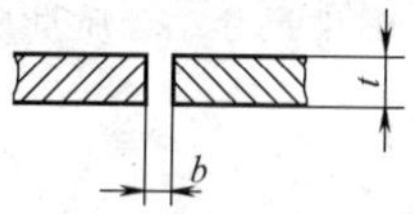

（续）

形式	母材厚度 t	坡口/接头种类	基本符号	横截面示意图	坡口尺寸	适用的焊接方法	焊缝示意图	备注
单面对接焊坡口	$5\leqslant t\leqslant 40$	V 形坡口（带钝边）		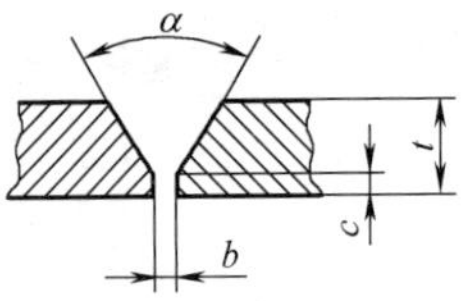	$\alpha\approx 60°$ $1\leqslant b\leqslant 4$ $2\leqslant c\leqslant 4$	111 13 141	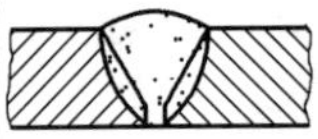	
	>12	U-V 形组合坡口		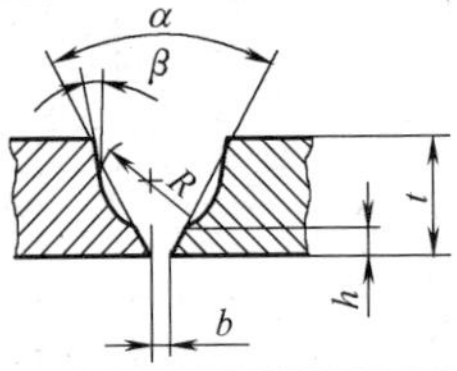	$60°\leqslant\alpha\leqslant 90°$ $8°\leqslant\beta\leqslant 12°$ $1\leqslant b\leqslant 3$	11 13 141	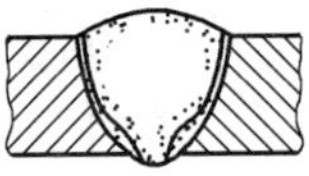	$6\leqslant R\leqslant 9$
	>12	V-V 形组合坡口		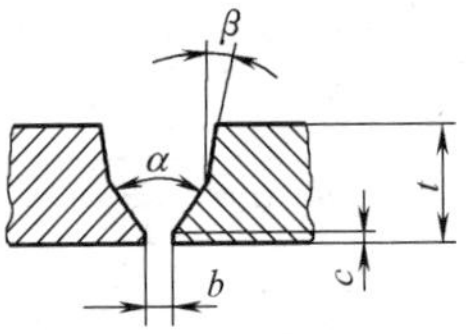	$60°\leqslant\alpha\leqslant 90°$ $10°\leqslant\beta\leqslant 15°$ $2\leqslant b\leqslant 4$ $c>2$	111 13 141	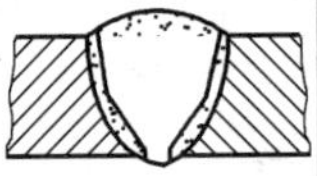	
	>12	U 形坡口		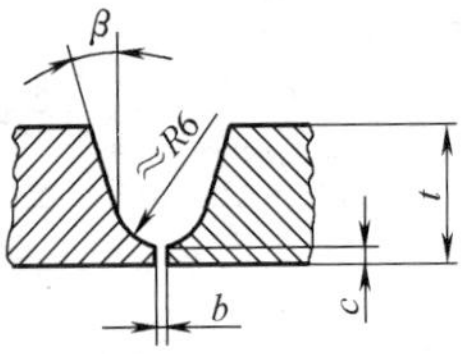	$8°\leqslant\beta\leqslant 12°$ $b\leqslant 4$ $c\leqslant 3$	111 13 141	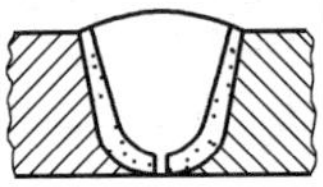	
	$3\leqslant t\leqslant 10$	单边 V 形坡口		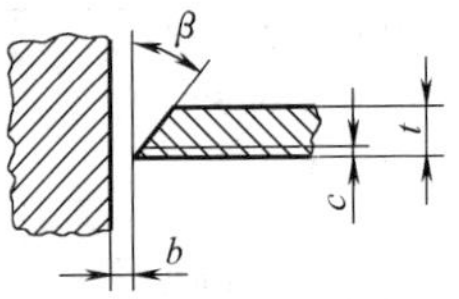	$35°\leqslant\beta\leqslant 60°$ $2\leqslant b\leqslant 4$ $1\leqslant c\leqslant 2$	111 13 141	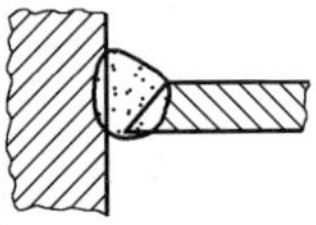	
				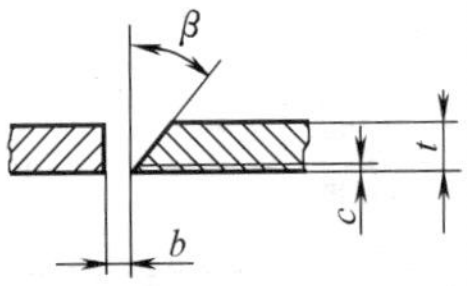				
	>16	单边陡边坡口		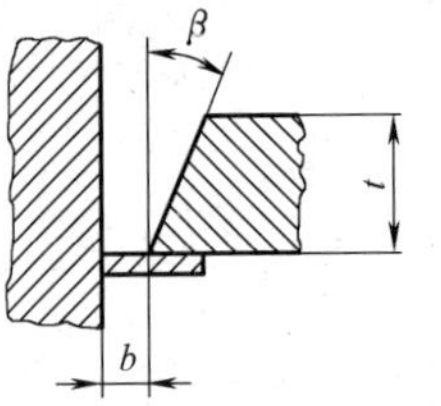	$15°\leqslant\beta\leqslant 60°$ $6\leqslant b\leqslant 12$	111	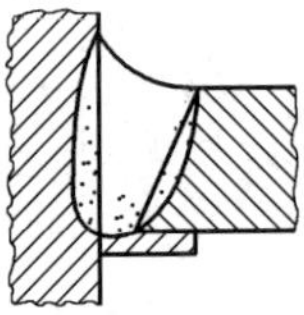	带衬垫
					$15°\leqslant\beta\leqslant 60°$ $b\approx 12$	13 141		
	>16	J 形坡口		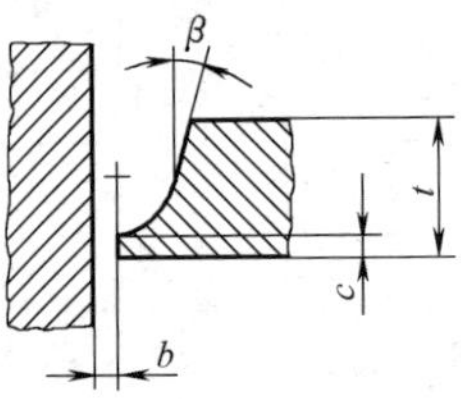	$10°\leqslant\beta\leqslant 20°$ $2\leqslant b\leqslant 4$ $1\leqslant c\leqslant 2$	111 13 141	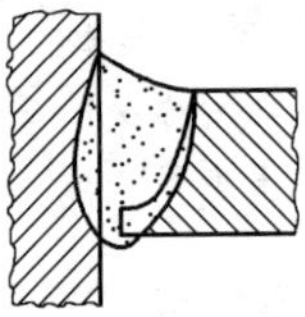	

（续）

形式	母材厚度 t	坡口/接头种类	基本符号	横截面示意图	坡口尺寸	适用的焊接方法	焊缝示意图	备注
单面对接焊坡口	≤15	T形接头		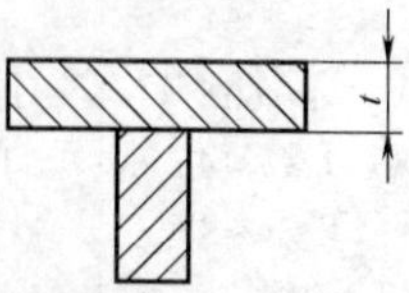		52	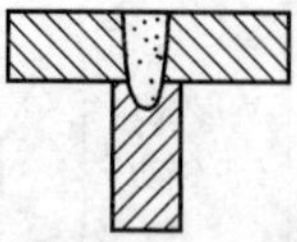	
	≤100					51		
	≤15			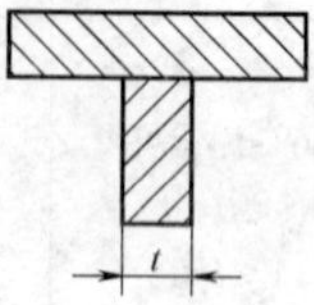		52	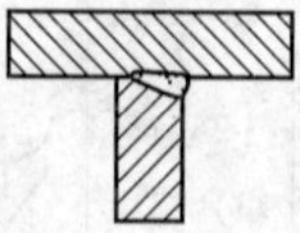	
	≤100					51		
双面对接焊坡口	≤8	I形坡口		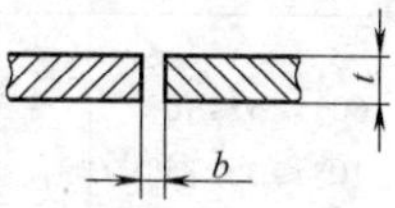	$b\approx t/2$	111 141 13		
	≤15				$b=0$	52		
	$3\leqslant t\leqslant 40$	V形坡口		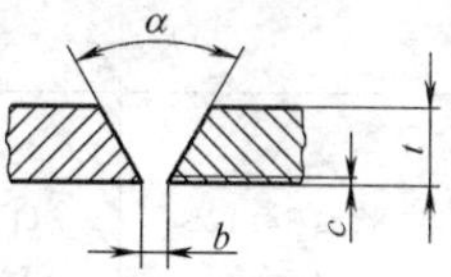	$\alpha\approx 60°$ $b\leqslant 3, c\leqslant 2$	111 141	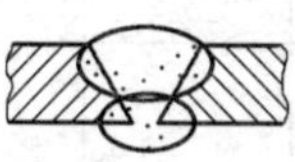	封底
					$40°\leqslant\alpha\leqslant 60°$ $b\leqslant 3, c\leqslant 2$	13		
	>10	带钝边V形坡口		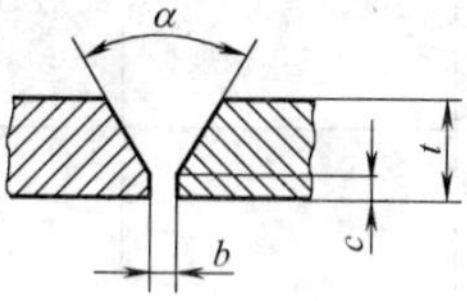	$\alpha\approx 60°$ $1\leqslant b\leqslant 3$ $2\leqslant c\leqslant 4$	111 141	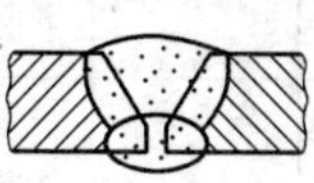	特殊情况下可适用更小的厚度和气保焊方法。注明封底
					$40°\leqslant\alpha\leqslant 60°$ $1\leqslant b\leqslant 3$ $2\leqslant c\leqslant 4$	13		
	>10	双V形坡口（带钝边）		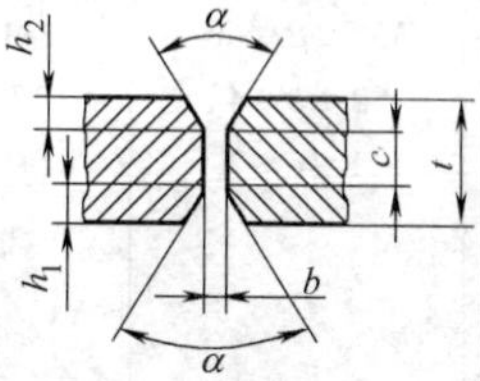	$\alpha\approx 60°$；$1\leqslant b\leqslant 4$ $2\leqslant c\leqslant 6$ $h_1=h_2=\frac{t-c}{2}$	111 141	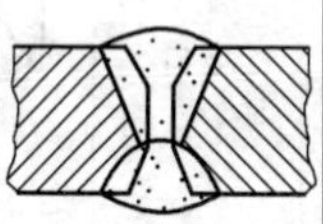	
					$40°\leqslant\alpha\leqslant 60°$	13		
	>10	双V形坡口		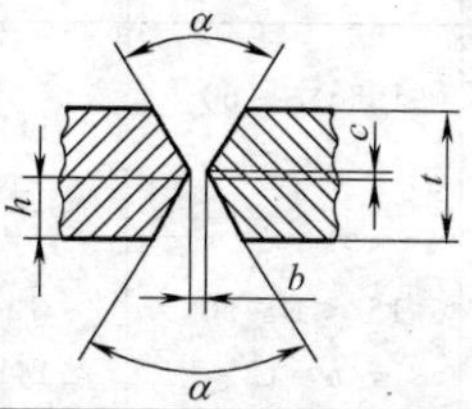	$\alpha\approx 60°$；$1\leqslant b\leqslant 3$ $c\leqslant 2$ $h\approx\frac{t}{2}$	111 141	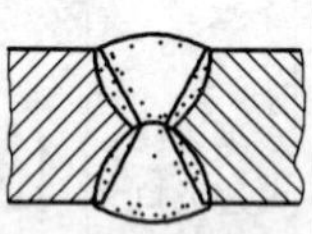	
					$40°\leqslant\alpha\leqslant 60°$	13		
		非对称双V形坡口		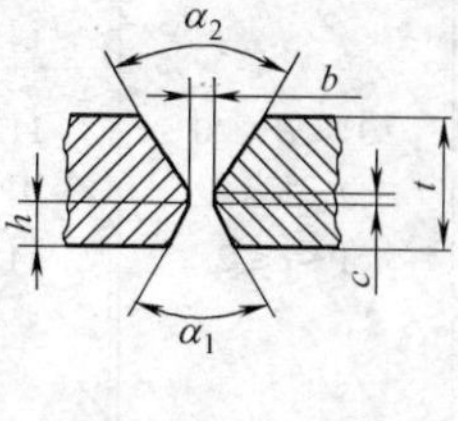	$\alpha_1\approx 60°$ $\alpha_2\approx 60°$；$1\leqslant b\leqslant 3$ $c\leqslant 2$ $h\approx\frac{t}{3}$	111 141	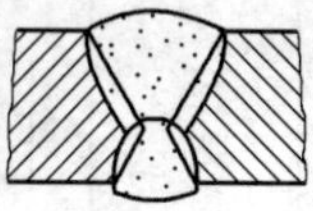	
					$40°\leqslant\alpha_1\leqslant 60°$ $40°\leqslant\alpha_2\leqslant 60°$	13		

（续）

形式	母材厚度 t	坡口/接头种类	基本符号	横截面示意图	坡口尺寸	适用的焊接方法	焊缝示意图	备注
双面对接焊坡口	>12	U 形坡口		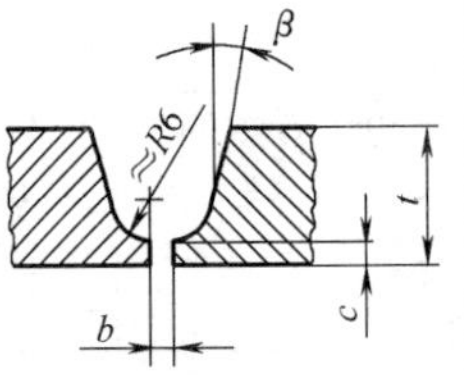	$8°\leqslant\beta\leqslant12°$ $1\leqslant b\leqslant3$ $c\approx5$	111 13	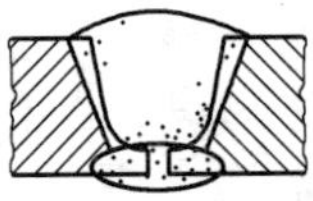	封底
					$8°\leqslant\beta\leqslant12°$ $b\leqslant3$ $c\approx5$	141①		
	≥30	双 U 形坡口		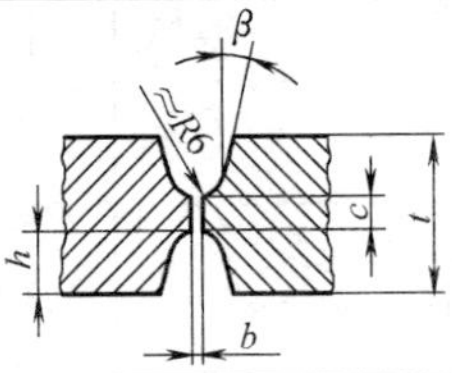	$8°\leqslant\beta\leqslant12°$ $b\leqslant3$ $c\approx3$ $h\approx\frac{t-c}{2}$	111 13 141①	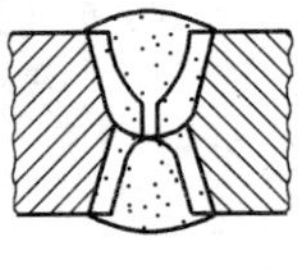	可制成与 V 形坡口相似的非对称坡口形式
	3≤t≤30	单边 V 形坡口		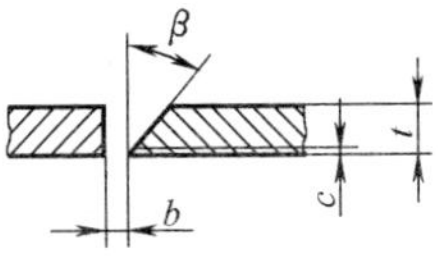	$35°\leqslant\beta\leqslant60°$ $1\leqslant b\leqslant4$ $c\leqslant2$	111 13 141①		封底
	>10	K 形坡口		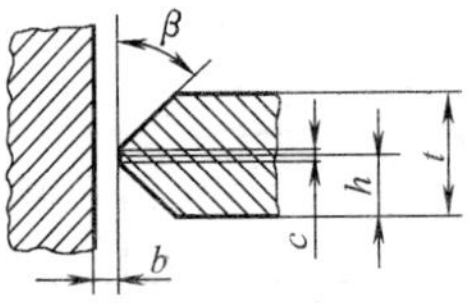	$35°\leqslant\beta\leqslant60°$ $1\leqslant b\leqslant4$ $c\leqslant2$ $h\approx\frac{t}{2}$ 或 $\approx\frac{t}{3}$	111 13 141①	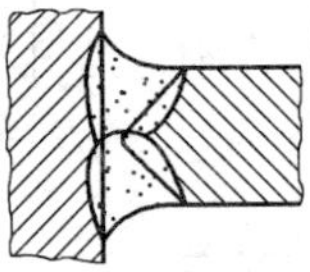	可制成与 V 形坡口相似的非对称坡口形式
	>10	K 形坡口		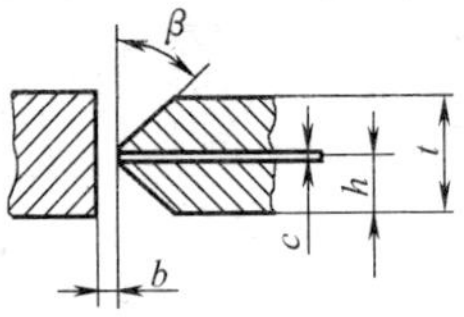	$35°\leqslant\beta\leqslant60°$ $1\leqslant b\leqslant4$ $c\leqslant2$ $h\approx\frac{t}{2}$ 或 $\approx\frac{3}{t}$	111 13 141①	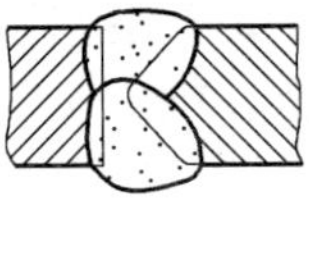	可制成与 V 形坡口相似的非对称坡口形式
	>16	J 形坡口		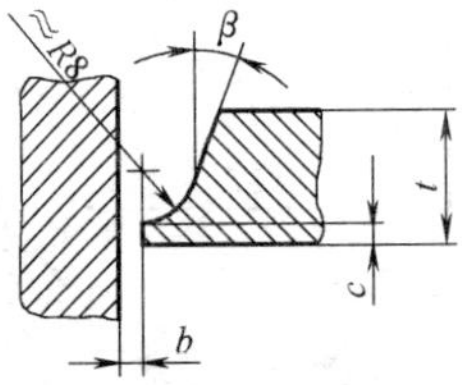	$10°\leqslant\beta\leqslant20°$ $1\leqslant b\leqslant3$ $c\geqslant2$	111 13 141①	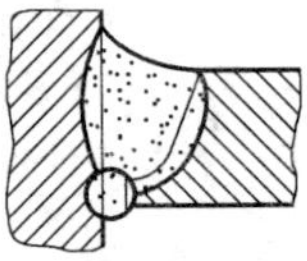	封底
	>30	双 J 形坡口		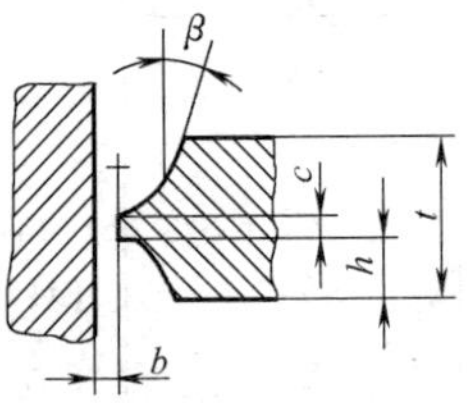	$10°\leqslant\beta\leqslant20°$ $b\leqslant3$ $c\geqslant2, h\approx\frac{t-c}{2}$ $c<2, h\approx t/2$	111 13 141①	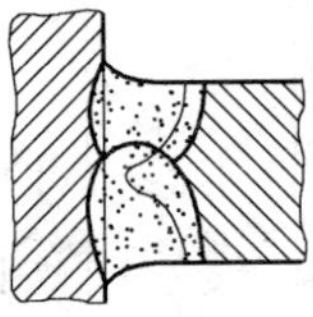	可制成与 V 形坡口相似的非对称坡口形式
	≤25	T 形接头		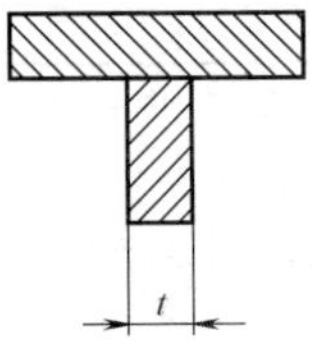		52	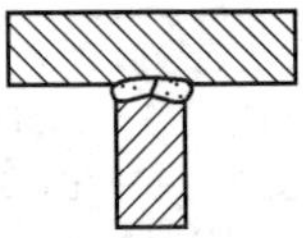	
	≤170					51		

（续）

形式	母材厚度 t	坡口/接头种类	基本符号	横截面示意图	坡口尺寸	适用的焊接方法	焊缝示意图	备注
角焊缝的接头形式	$t_1>2$ $t_2>2$	T形接头	(单面焊)	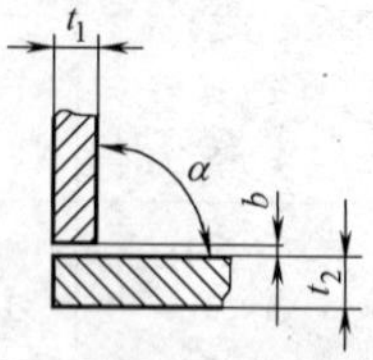	$70°\leqslant\alpha\leqslant100°$ $b\leqslant2$	3 111 13 141		适用的焊接方法不一定适用于整个工件厚度范围的焊接
	$t_1>2$ $t_2>2$	搭接		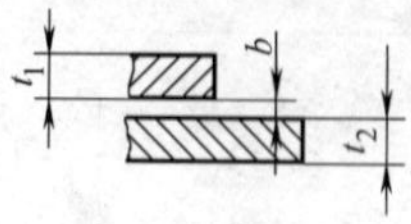	$b\leqslant2$	3 111 13 141	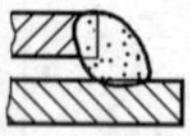	
	$t_1>2$ $t_2>2$	角接		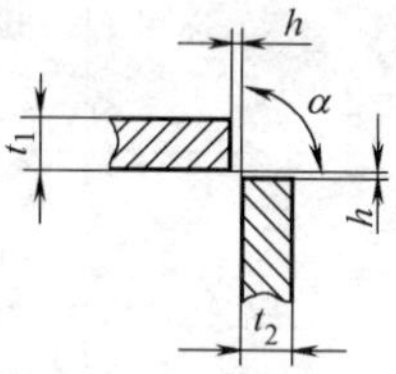	$60°\leqslant\alpha\leqslant120°$ $b\leqslant2$	3 111 13 141		
	$t_1>3$ $t_2>3$	角接	 (双面焊)	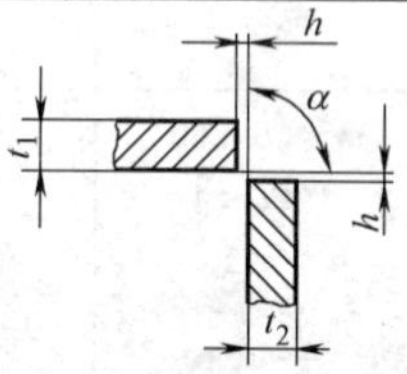	$70°\leqslant\alpha\leqslant100°$ $b\leqslant2$	3 111 13 141		
	$t_1>2$ $t_2>5$	角接	(双面焊)	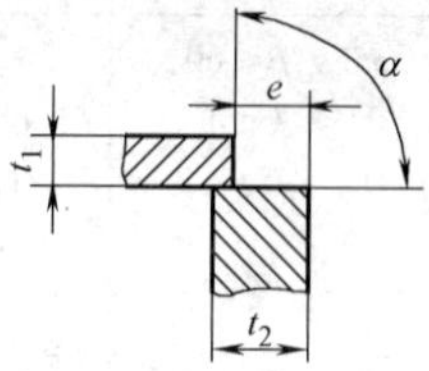	$60°\leqslant\alpha\leqslant120°$	3 111 13 141	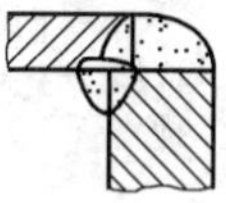	
	$2\leqslant t_1\leqslant4$ $2\leqslant t_2\leqslant4$	T形接头		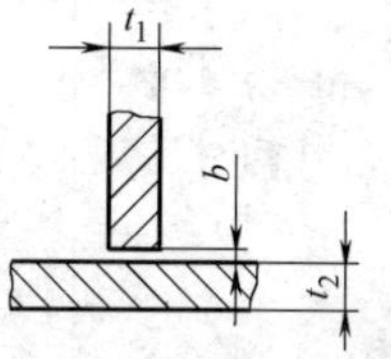	$b\leqslant2$	3 111 13 141	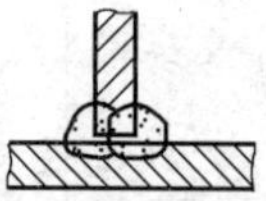	
	$t_1>4$ $t_2>4$						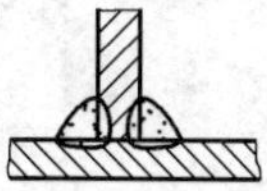	
窄间隙热丝焊坡口	$20\leqslant t\leqslant150$	U形坡口		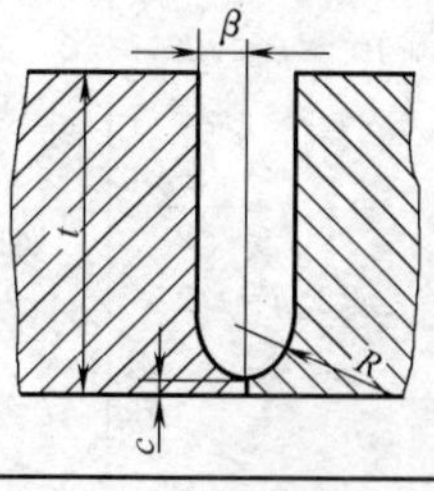	$1°\leqslant\beta\leqslant1.5°$ $c\approx2$	141 （热丝）	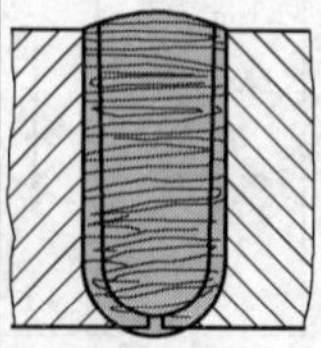	

注：焊接方法代号的意义：3—气焊；13—熔化极气体保护电弧焊；51—电子束焊；52—激光焊；111—焊条电弧焊；141—钨极惰性气体保护焊（TIG）；512—非真空电子束焊。

① 该种焊接方法不一定适用于整个工件厚度范围的焊接。

② 需要添加焊接材料。

8.4.2　非铁金属焊接坡口形式及尺寸（见表 8-37、表 8-38）

表 8-37　铝及铝合金气体保护焊的推荐坡口（摘自 GB/T 985.3—2008）（单位：mm）

形式	工件厚度 t	名称	基本符号	焊缝示意图	横截面示意图	坡口尺寸	适用的焊接方法	备注
单面对接焊坡口	$t\leqslant2$	卷边焊缝	八		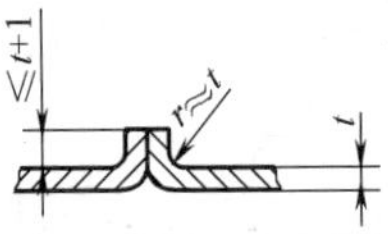		141	
	$t\leqslant4$	I 形焊缝	‖		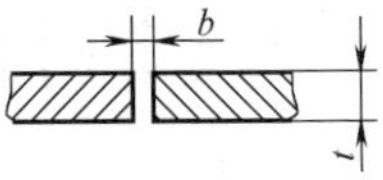	$b\leqslant2$	141	建议根部倒角
	$2\leqslant t\leqslant4$	带衬垫的 I 形焊缝	‖	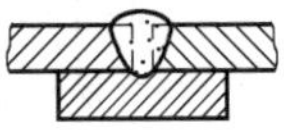	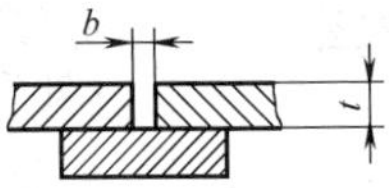	$b\leqslant1.5$	131	
	$3\leqslant t\leqslant5$	V 形焊缝	V	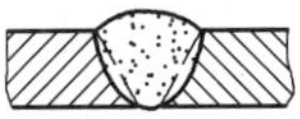	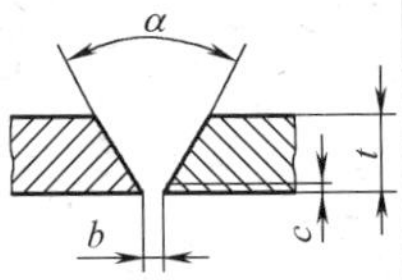	$\alpha\geqslant50°, b\leqslant3$ $c\leqslant2$	141	
						$60°\leqslant\alpha\leqslant90°$ $b\leqslant2, c\leqslant2$	131	
	$3\leqslant t\leqslant5$	带衬垫的 V 形焊缝	V	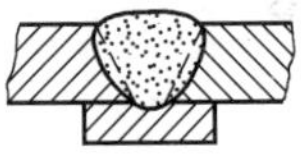	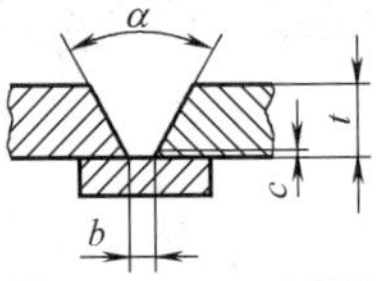	$60°\leqslant\alpha\leqslant90°$ $b\leqslant4$ $c\leqslant2$	131	
	$8\leqslant t\leqslant20$	带衬垫的陡边焊缝		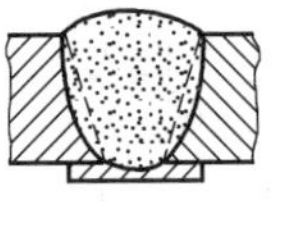	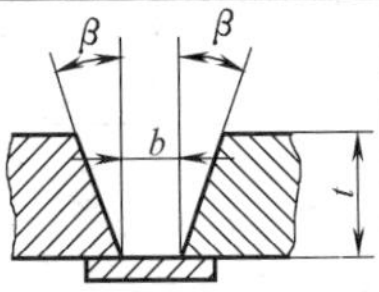	$15°\leqslant\beta\leqslant20°$ $3\leqslant b\leqslant10$	131	
	$3\leqslant t\leqslant15$	带钝边 V 形焊缝	Y	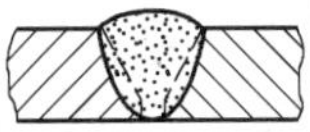	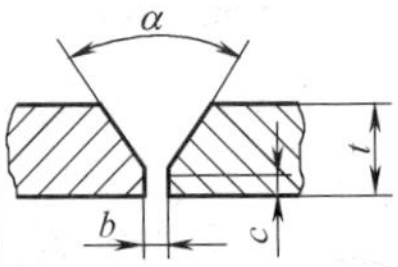	$\alpha\geqslant50°$ $b\leqslant2$ $c\leqslant2$	131 141	
	$6\leqslant t\leqslant25$	带钝边 V 形焊缝（带衬垫）	Y	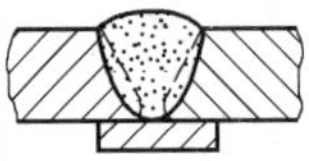	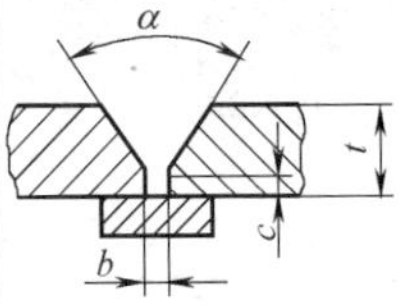	$\alpha\geqslant50°$ $4\leqslant b\leqslant10$ $c=3$	131	
	板 $t\geqslant12$ 管 $t\geqslant5$	带钝边 U 形焊缝	Y	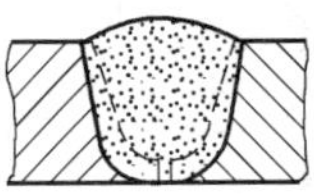	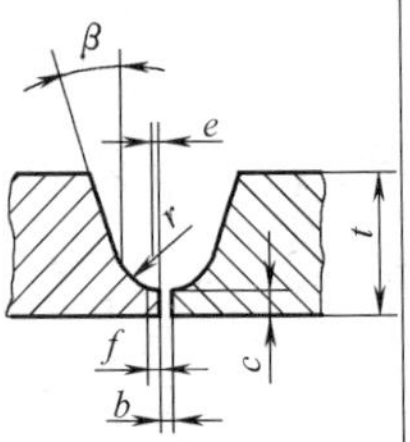	$15°\leqslant\beta\leqslant20°$ $2\leqslant c\leqslant4$ $4\leqslant r\leqslant6$ $3\leqslant f\leqslant4$ $0\leqslant e\leqslant4$；$b\leqslant2$	141	
	$5\leqslant t\leqslant30$					$1\leqslant b\leqslant3$	131	根部焊道建议采用 TIG 焊（141）

（续）

形式	工件厚度 t	焊缝 名称	基本符号	焊缝示意图	坡口形式及尺寸 横截面示意图	坡口尺寸	适用的焊接方法	备注
单面对接焊坡口	$4 \leqslant t \leqslant 10$	单边V形焊缝			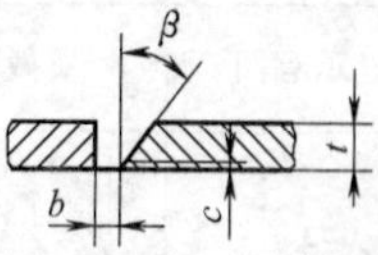	$\beta \geqslant 50°$ $b \leqslant 3$ $c \leqslant 2$	131 141	
	$3 \leqslant t \leqslant 20$	带衬垫单边V形焊缝		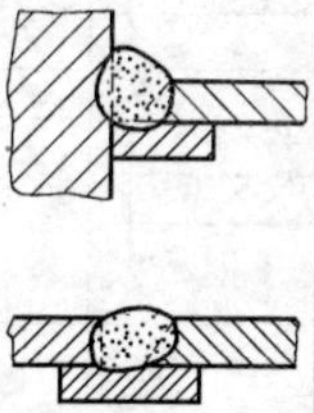	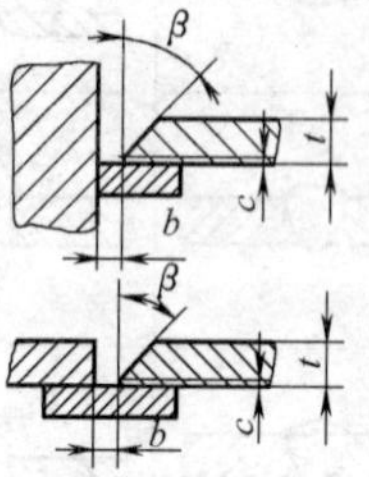	$50° \leqslant \beta \leqslant 70°$ $b \leqslant 6$ $c \leqslant 2$	131 141	
	$2 \leqslant t \leqslant 20$	锁底焊缝		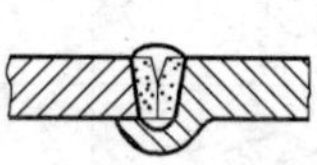	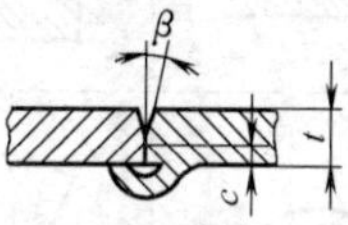	$20° \leqslant \beta \leqslant 40°$ $b \leqslant 3$ $1 \leqslant c \leqslant 3$	131 141	
	$6 \leqslant t \leqslant 40$	锁底焊缝		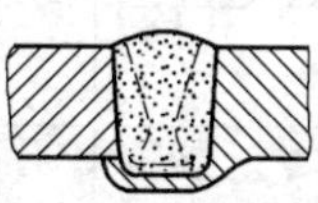	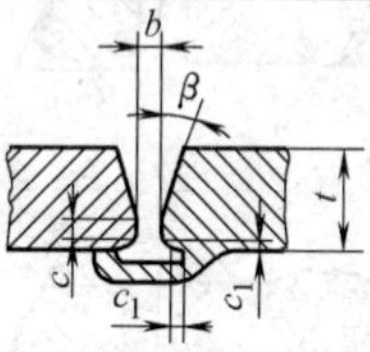	$10° \leqslant \beta \leqslant 20°$ $0 \leqslant b \leqslant 3$ $2 \leqslant c \leqslant 3$ $c_1 \geqslant 1$	131 141	
双面对接焊坡口	$6 \leqslant t \leqslant 20$	I形焊缝		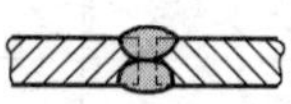	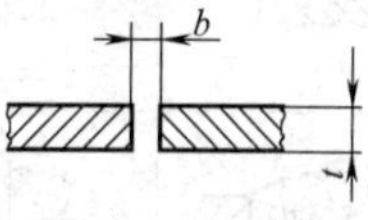	$b \leqslant 6$	131 141	
	$6 \leqslant t \leqslant 15$	带钝边V形焊缝封底			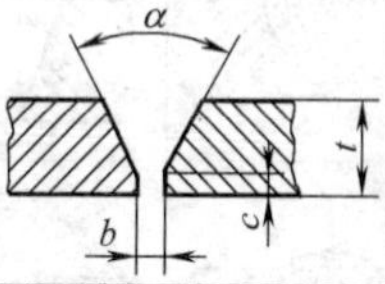	$\alpha \geqslant 50°$ $b \leqslant 3$ $2 \leqslant c \leqslant 4$	141 131	
	$6 \leqslant t \leqslant 15$	双面V形焊缝		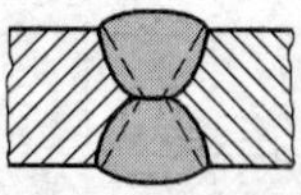	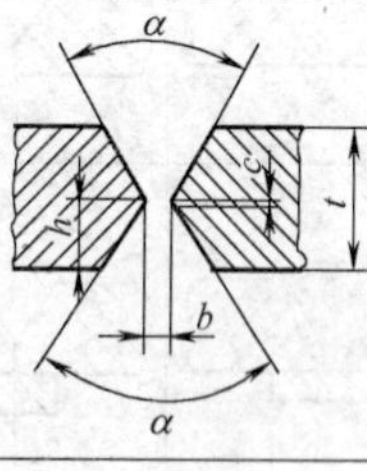	$\alpha \geqslant 60°$ $b \leqslant 3$ $c \leqslant 2$	141	
	$t>15$					$\alpha \geqslant 70°$ $b \leqslant 3$ $c \leqslant 2$	131	
	$6 \leqslant t \leqslant 15$	带钝边双面V形焊缝		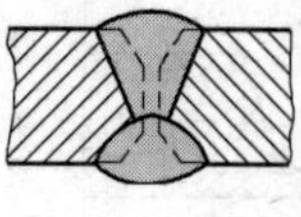	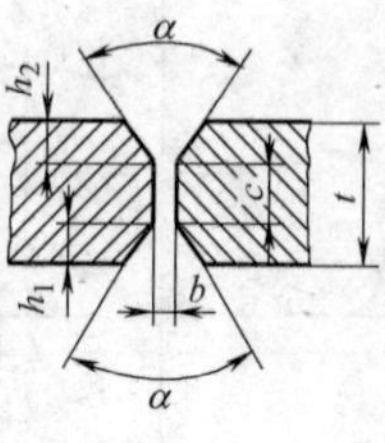	$\alpha \geqslant 50°$ $b \leqslant 3$ $2 \leqslant c \leqslant 4$ $h_1 = h_2$	141	
	$t>15$					$60° \leqslant \alpha \leqslant 70°$ $b \leqslant 3$ $2 \leqslant c \leqslant 6$ $h_1 = h_2$	131	

（续）

形式	焊缝				坡口形式及尺寸		适用的焊接方法	备注
	工件厚度 t	名称	基本符号	焊缝示意图	横截面示意图	坡口尺寸		
双面对接焊坡口	$3 \leqslant t \leqslant 15$	单边 V 形焊缝封底		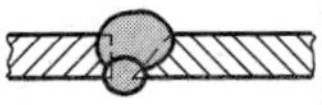	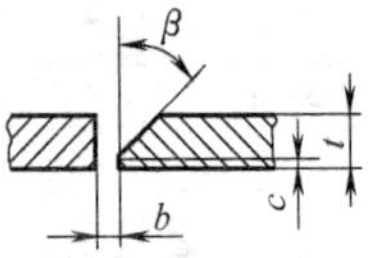	$\beta \geqslant 50°$ $b \leqslant 3$ $c \leqslant 2$	141 131	
	$t \geqslant 15$	带钝边双面 U 形焊缝		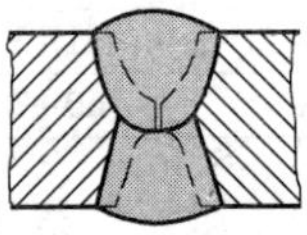	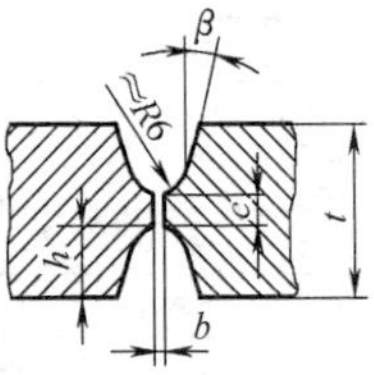	$15° \leqslant \beta \leqslant 20°$ $b \leqslant 3$ $2 \leqslant c \leqslant 4$ $h = 0.5(t-c)$	131	
T 形接头	$t_1 \geqslant 5$	单 V 形焊缝		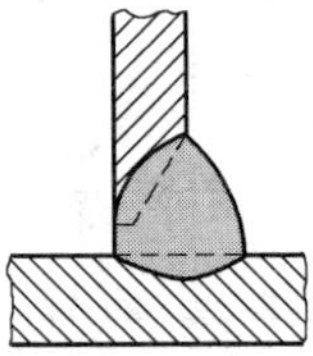	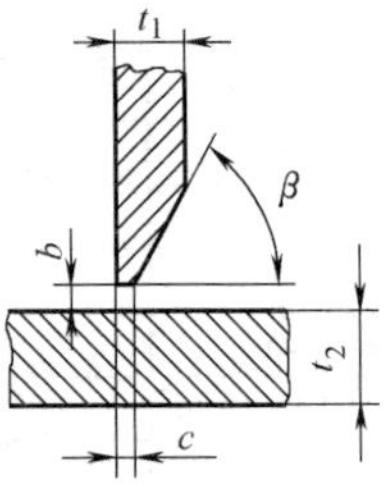	$\beta \geqslant 50°$ $b \leqslant 2$ $c \leqslant 2$ $t_2 \geqslant 5$	141 131	
	$t_1 \geqslant 8$	双 V 形焊缝		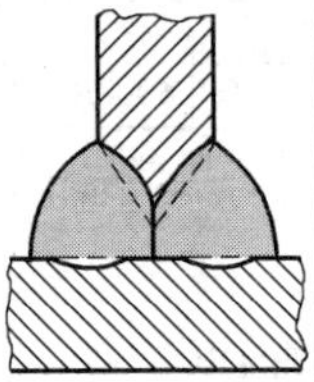	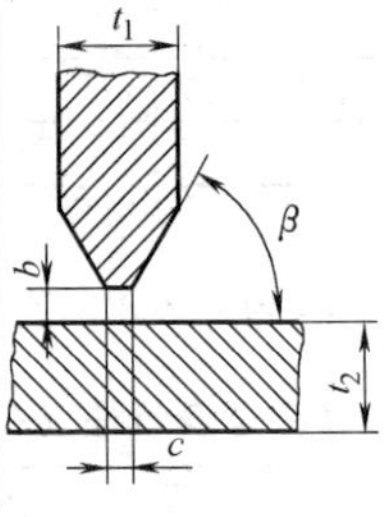	$\beta \geqslant 50°$ $b \leqslant 2$ $c \leqslant 2$ $t_2 \geqslant 8$	141 131	采用双人双面同时焊接工艺时，坡口尺寸可适当调整
		单面角焊缝		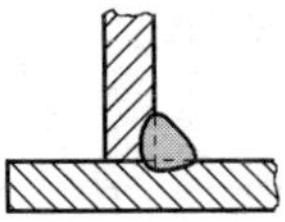	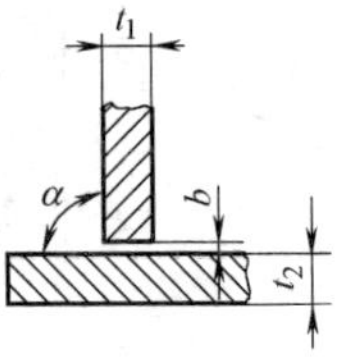	$\alpha = 90°$ $b \leqslant 2$	141 131	
		双面角焊缝		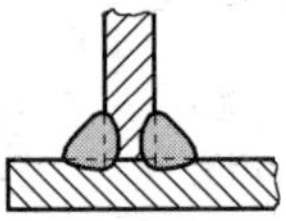	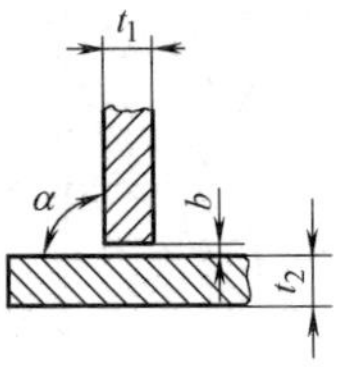	$\alpha = 90°$ $b \leqslant 2$	141 131	

注：1. 焊缝基本符号参见 GB/T 324。

2. 焊接方法代号的意义：131—熔化极惰性气体保护焊（MIG）；141—钨极惰性气体保护焊（TIG）。

表 8-38　铜及铜合金焊接坡口形式及尺寸　　（单位：mm）

坡口形式			I形（a）	I形（a）	I形带垫板（a）	V形（α, p, a）		V形（α, p, a）	X形（α, p, a）
坡口尺寸	氧-乙炔气焊	板厚	1~3	3~6	3~6	5~10		10~15	15~25
		间隙 a	1~1.5	1~2	3~4	1~3		2~3	2~3
		钝边 p				1.5~3.0		1.5~3	1~3
		角度 $\alpha(°)$						60~80	
	手工电弧焊	板厚				5~10			10~20
		间隙 a				0~2			0~2
		钝边 p				1~3			1.5~2
		角度 $\alpha(°)$				60~70			60~80
	碳弧焊	板厚	3~5		5~10				10~20
		间隙 a	2.0~2.5		2~3	2~2.5			2~2.5
		钝边 p			3~4	1~2			1.5~2
		角度 $\alpha(°)$			60~80				60~80
	钨极手工氩弧焊	板厚	3			6		12~18	>24
		间隙 a	0~1.5					0~1.5	
		钝边 p				1.5		1.5~3	
		角度 $\alpha(°)$				70~80		80~90	
	熔化极自动氩弧焊	板厚	3~4	6		8~10		12	
		间隙 a	1	2.5		1~2		1~2	
		钝边 p				2.5~3.0		2~3	
		角度 $\alpha(°)$				60~70		70~80	
	埋弧焊	板厚	3~4	5~6		8~10	12~16	21~25	≥20
		间隙 a	1	2.5		2~3	2.5~3	1~3	1~2
		钝边 p				3~4		4	2
		角度 $\alpha(°)$				60~70	70~80	80	60~65

8.4.3　焊缝符号和标注方法（见表 8-39~表 8-42）

表 8-39　焊缝符号表示法（摘自 GB/T 324—2008）

基本符号

名　称	示意图	符号	名　称	示意图	符号
卷边焊缝*（卷边完全熔化）		八	带钝边单边V形焊缝		
I形焊缝		‖	带钝边U形焊缝		
V形焊缝		V	带钝边J形焊缝		
单边V形焊缝			封底焊缝		
带钝边V形焊缝		Y			

（续）

基本符号

名　称	示意图	符号
角焊缝	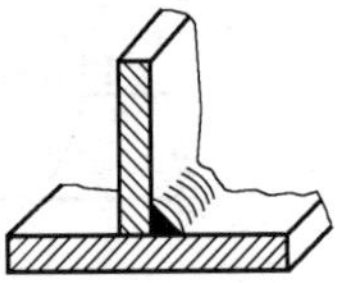	
塞焊缝或槽焊缝	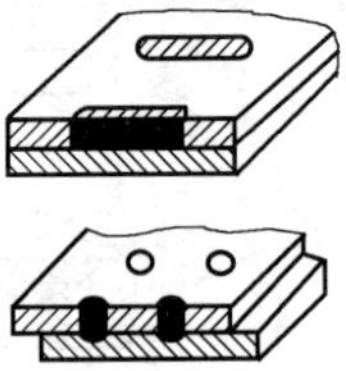	
点焊缝	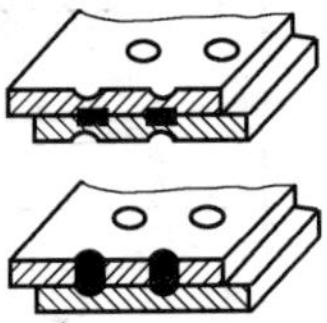	
缝焊缝	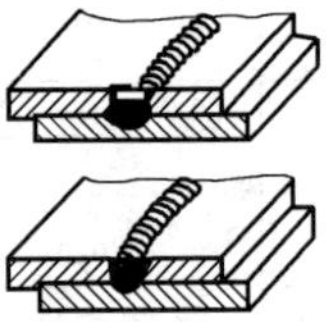	
陡边 V 形焊缝	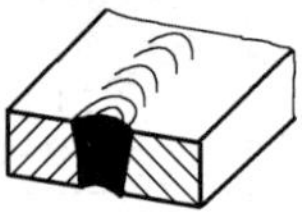	
陡边单 V 形焊缝	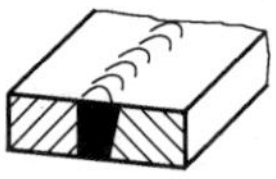	
端焊缝		
堆焊缝	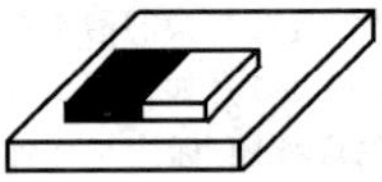	
平面连接（钎焊）	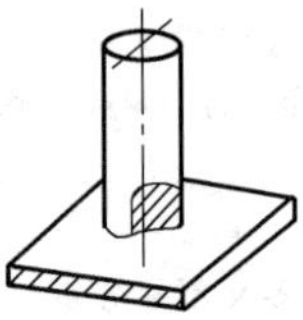 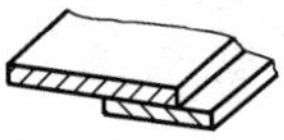	

名　称	示意图	符号
斜面连接（钎焊）	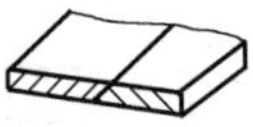	
折叠连接（钎焊）		
双面 V 形焊缝（X 焊缝）	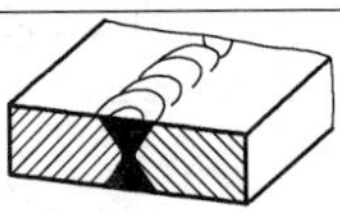	
双面单 V 形焊缝（K 焊缝）	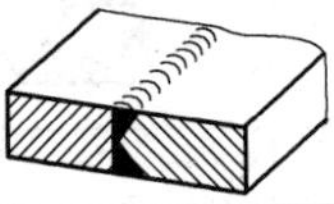	
带钝边的双面 V 形焊缝		
带钝边的双面单 V 形焊缝	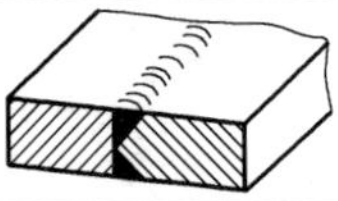	
双面 U 形焊缝	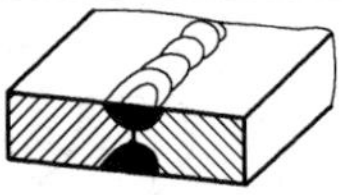	
平面		焊缝表面通常经过加工后平整
凹面		焊缝表面凹陷
凸面		焊缝表面凸起
圆滑过渡		焊趾处过渡圆滑
永久衬垫	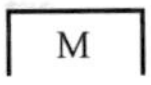 M	衬垫永久保留
临时衬垫	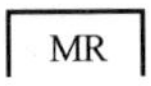 MR	衬垫在焊接完成后拆除
三面焊缝		三面带有焊缝
周围缝缝		沿着工件周边施焊的焊缝 标注位置为基准线与箭头线的交点处
现场焊缝		在现场焊接的焊缝
尾部		可以表示所需的信息

(续)

焊缝尺寸符号					
名　称	示 意 图	符号	名　称	示 意 图	符号
工件厚度	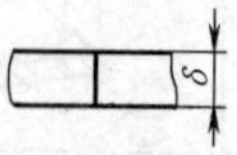δ	δ	焊缝宽度	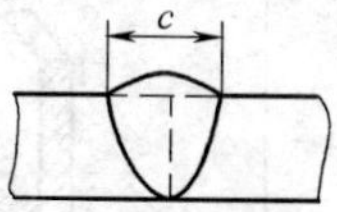c	c
坡口角度	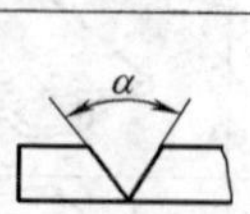α	α	焊脚尺寸	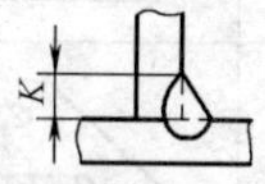K	K
坡口面角度	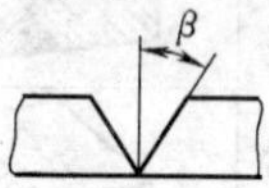β	β	定位焊:熔核直径 塞焊:孔径	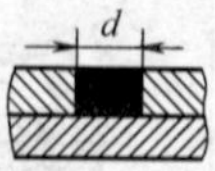d	d
根部间隙	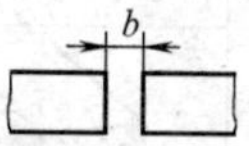b	b	焊缝段数	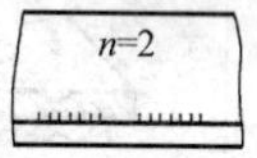n=2	n
钝边	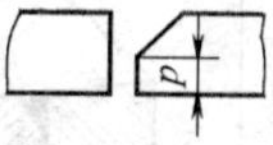p	p	焊缝长度	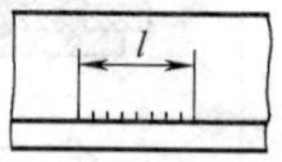l	l
根部半径	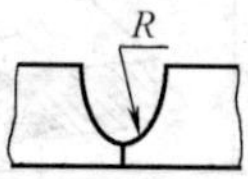R	R	焊缝间距	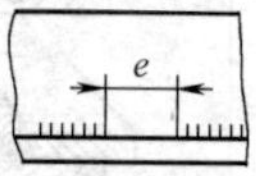e	e
坡口深度	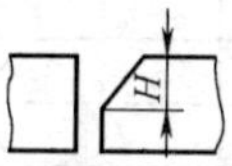H	H	相同焊缝数量	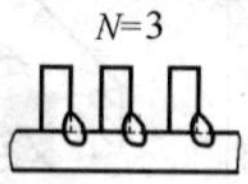N=3	N
焊缝有效厚度	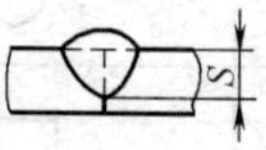S	S	余高	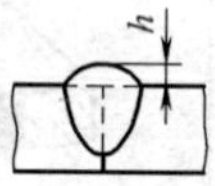h	h

焊缝尺寸符号及其标注位置

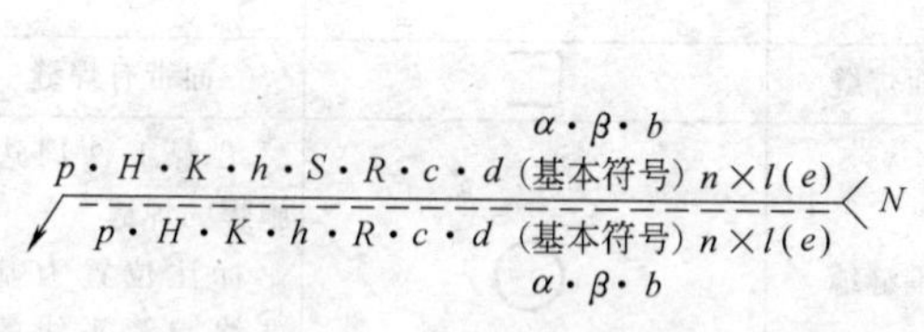
α · β · b
p · H · K · h · S · R · c · d (基本符号) n×l(e)
N
p · H · K · h · R · c · d (基本符号) n×l(e)
α · β · b

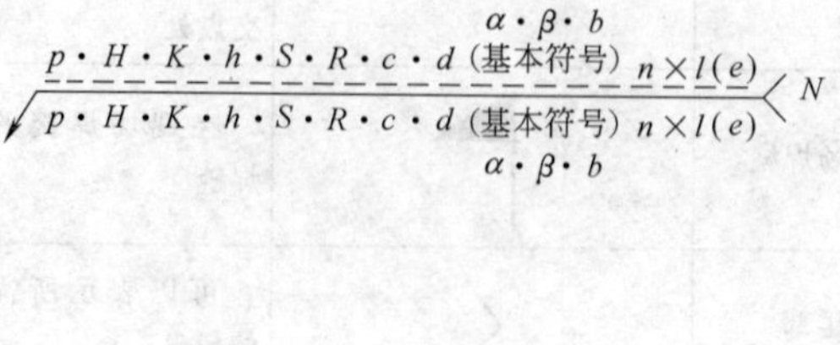
α · β · b
p · H · K · h · S · R · c · d (基本符号) n×l(e)
N
p · H · K · h · S · R · c · d (基本符号) n×l(e)
α · β · b

标注方法说明：

1)指引线一般由箭头线和两条基准线(一条为实线,另一条为虚线)两部分组成。如果焊缝在接头的箭头侧,则将基本符号标在基准线的实线侧(见表8-40中1);如果焊缝在接头的非箭头侧,则将基本符号标在基准线的虚线侧;标注对称焊缝及双面焊缝时,可不加虚线

2)基本符号左侧标注焊缝横截面上的尺寸,基本符号右侧标注焊缝长度方向尺寸,基本符号的上侧或下侧标注坡口角度、坡口面角度、根部间隙等尺寸

3)相同焊缝数量符号标在尾部

4)当标注的尺寸数据较多又不易分辨时,可在数据前面增加相应的尺寸符号

表 8-40 基本符号的应用实例（摘自 GB/T 324—2008）

序号	符号	示意图	标注示例
1		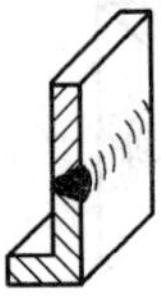	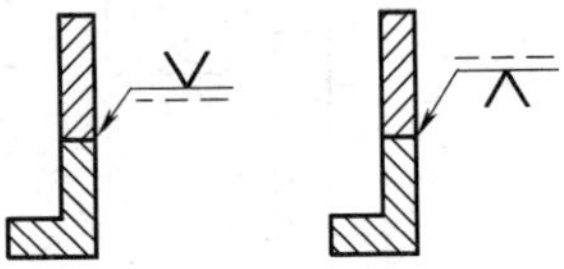
2		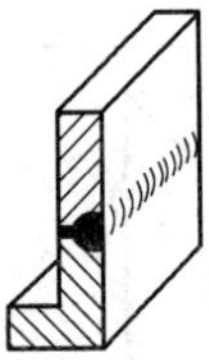	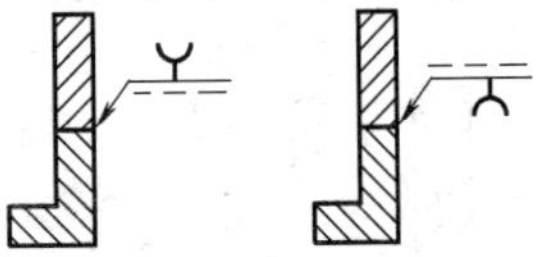
3		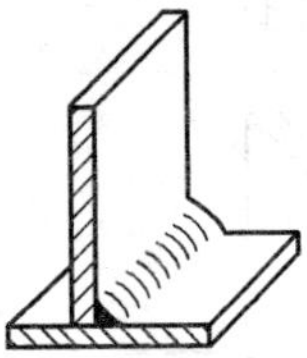	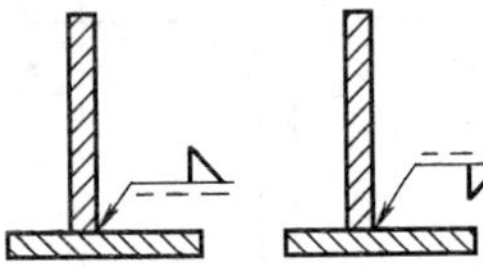
4		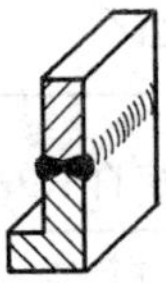	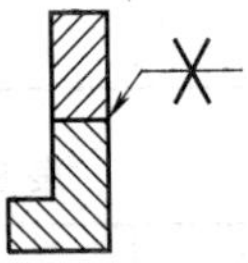
5		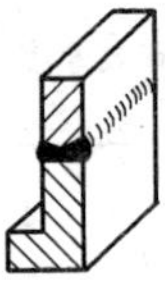	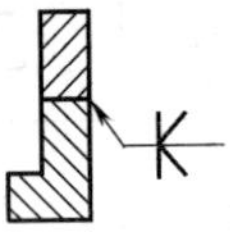

表 8-41 补充符号的应用和标注示例（摘自 GB/T 324—2008）

	名称	示意图	符号
补充符号应用示例	平齐的 V 形焊缝		
	凸起的双面 V 形焊缝		
	凹陷的角焊缝	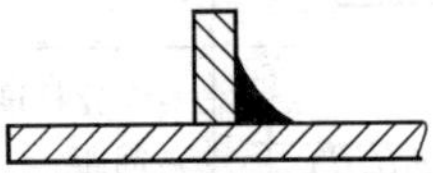	
	平齐的 V 形焊缝和封底焊缝		
	表面过渡平滑的角焊缝	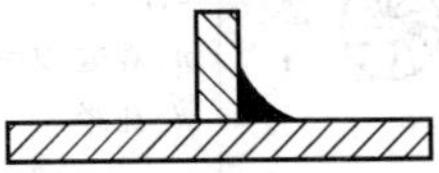	

（续）

	标注示例	示意图	符号
补充符号标注示例	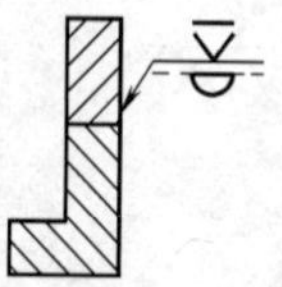	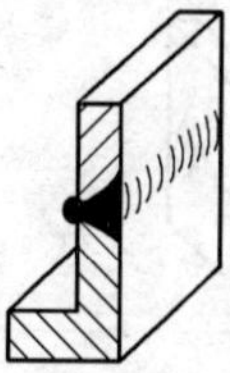	
	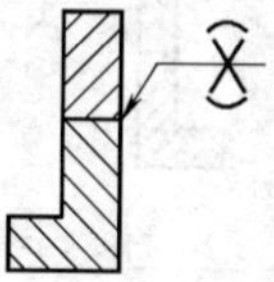	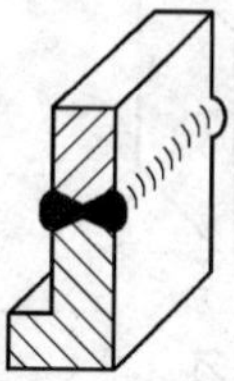	
	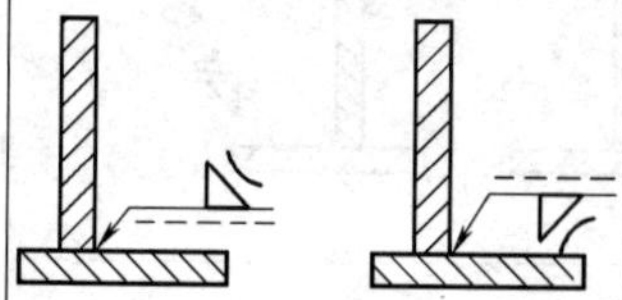	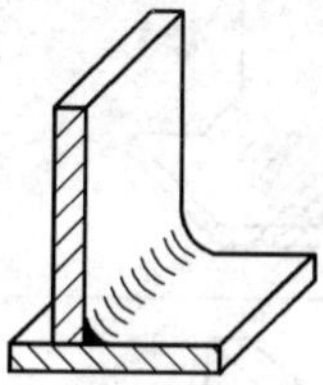	

表 8-42　焊缝尺寸标注的示例（摘自 GB/T 324—2008）

序号	名称	示意图	尺寸符号	标注方法
1	对接焊缝	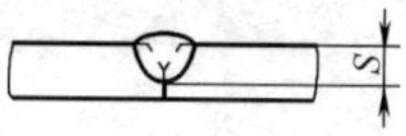	S:焊缝有效厚度	 S
2	连续角焊缝	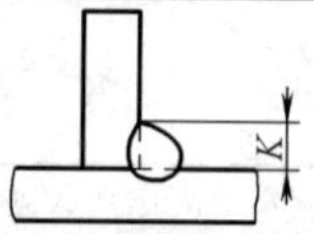	K:焊脚尺寸	 K
3	断续角焊缝	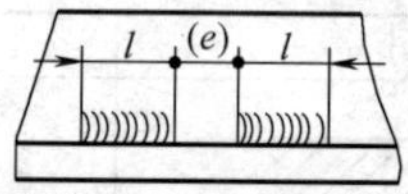	l:焊缝长度 e:间距 n:焊缝段数 K:焊脚尺寸	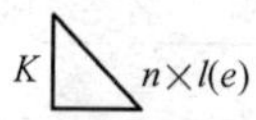 K $n\times l(e)$
4	交错断续角焊缝	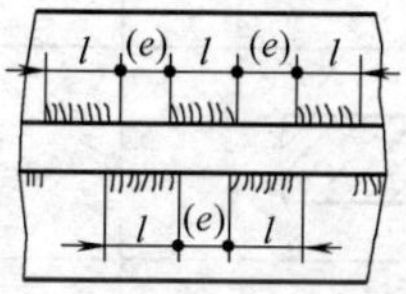	l:焊缝长度 e:间距 n:焊缝段数 K:焊脚尺寸	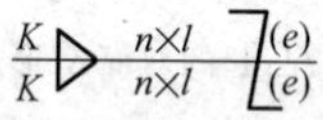 K $n\times l$ (e) K $n\times l$ (e)
5	塞焊缝或槽焊缝	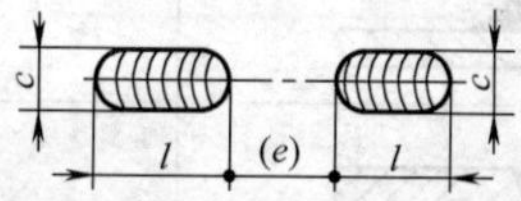	l:焊缝长度 e:间距 n:焊缝段数 c:槽宽	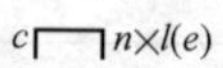 c $n\times l(e)$
		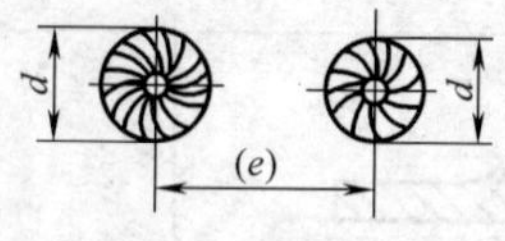	e:间距 n:焊缝段数 d:孔径	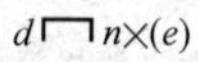 d $n\times(e)$

（续）

序号	名称	示意图	尺寸符号	标注方法
6	点焊缝	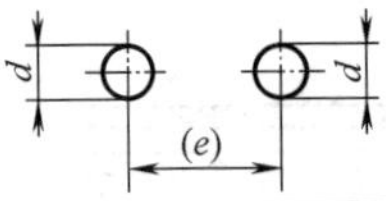 d　d　(e)	n：焊点数量 e：焊点距 d：熔核直径	$d\bigcirc n\times(e)$
7	缝焊缝	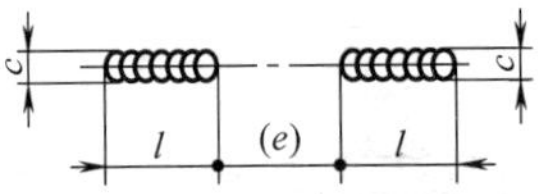 c　c　l　(e)　l	l：焊缝长度 e：间距 n：焊缝段数 c：焊缝宽度	c ⊖ $n\times l(e)$

8.4.4　焊接件结构的设计原则（见表 8-43）

表 8-43　焊接件结构设计的若干原则

设计原则	不好的设计	改进后的设计	说　明
施工方便，焊接和质量检测有足够的操作空间	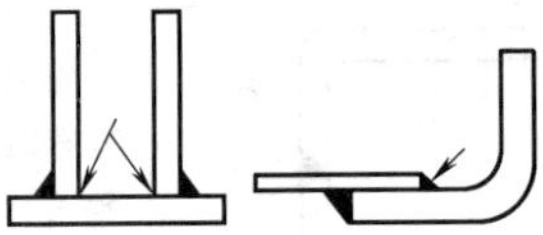	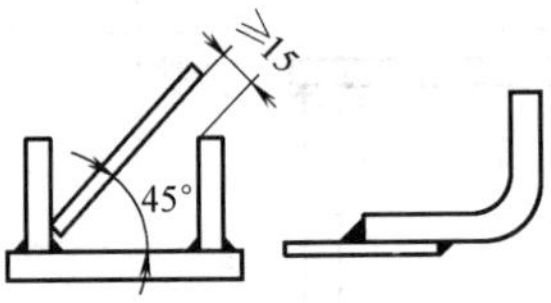 ≥15　45°	焊条电弧焊要考虑焊条操作空间
	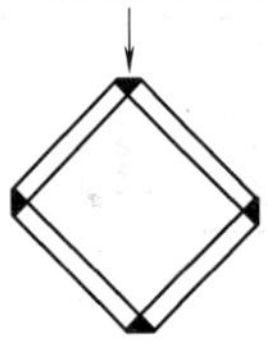	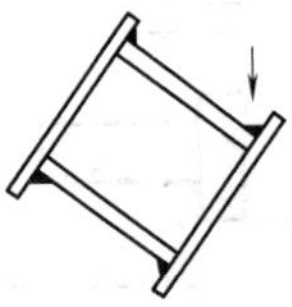	自动焊应考虑接头处便于存放焊剂
	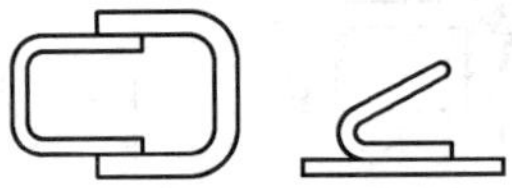	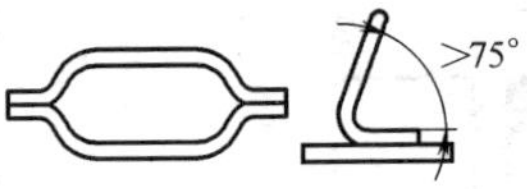 >75°	定位焊应考虑电极伸入方便
	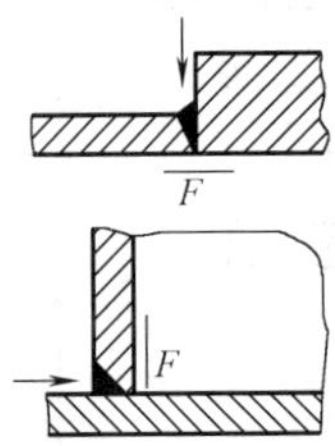 F　F	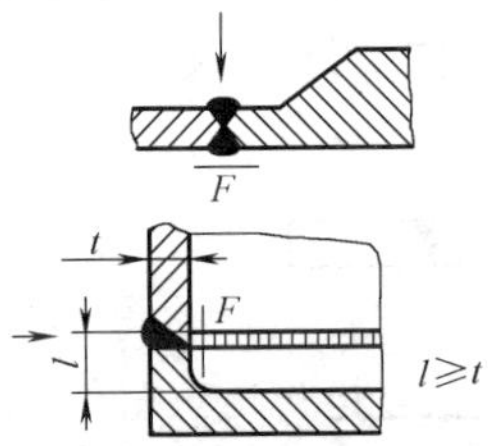 F　t　F　l　l≥t	考虑了焊缝适于射线探伤的结构
焊缝位置布置应有利于减少焊接应力与变形	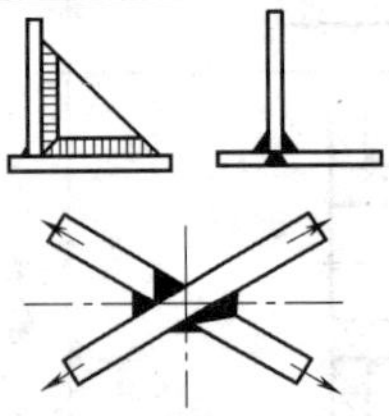	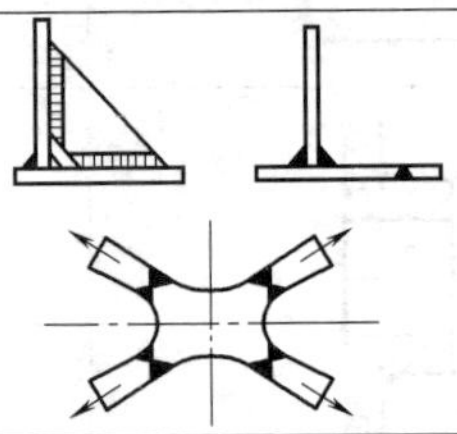	焊缝应避免过分密集或交叉
	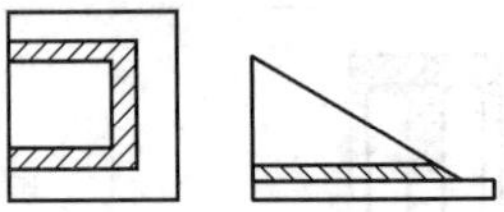	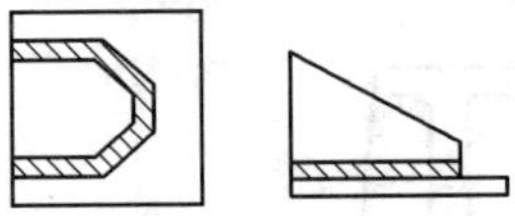	焊接端部应去除锐角
	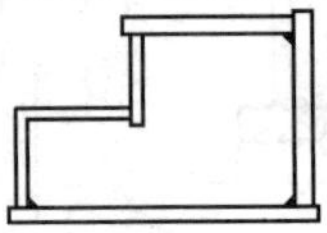	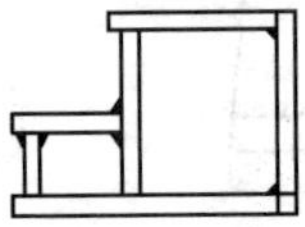	焊接件设计应具有对称性，焊缝布置与焊接顺序也应具有对称性

（续）

设计原则	不好的设计	改进后的设计	说　　明
	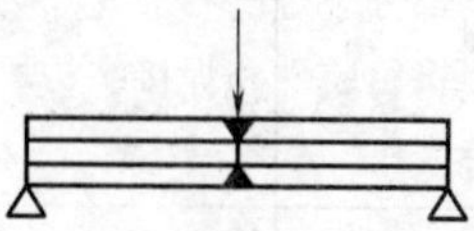	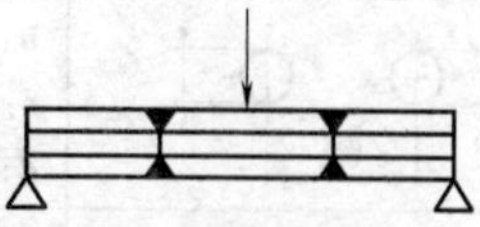	焊缝应避免集中载荷
注意焊缝受力	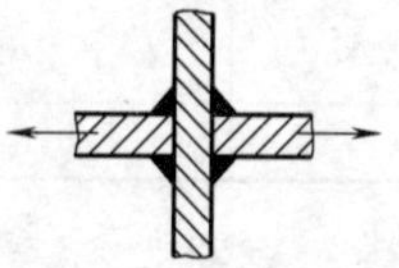		注意力的作用方向，尽量避免角焊缝或母材厚度方向受拉伸
	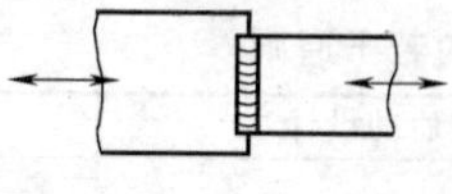	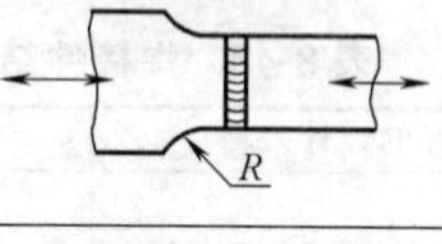 R	在动载荷作用下，结构断面变化处尽可能不设置焊缝，并使其平缓过渡或做出圆角
减少焊接工作量	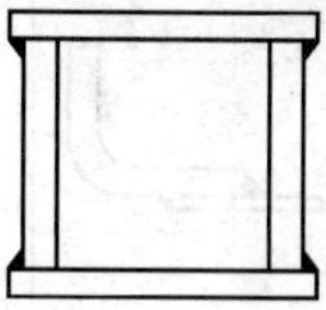	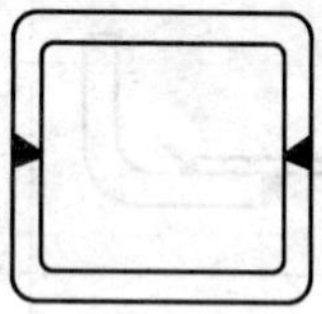	用钢板焊接的零件，先将钢板弯曲成一定形状再进行焊接较好（适当利用型钢和冲压件）
焊缝应避开加工面	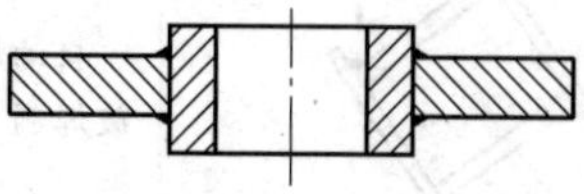	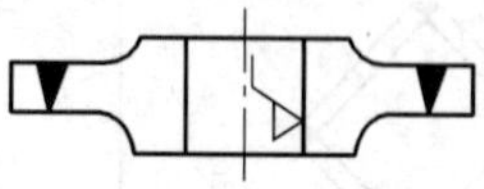	加工面应距焊缝远些
	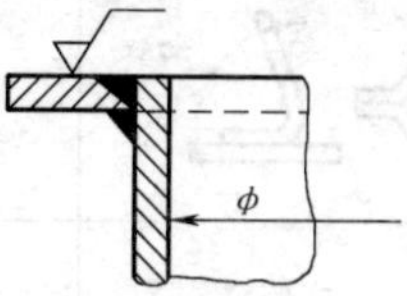 ϕ	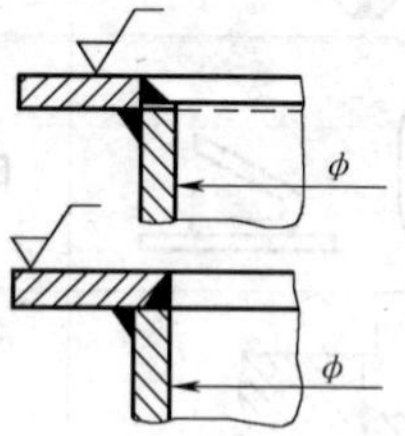 ϕ ϕ	焊缝不应在加工表面上
注意，不同厚度工件焊接	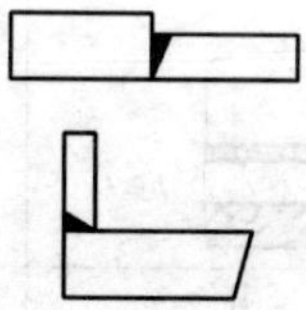	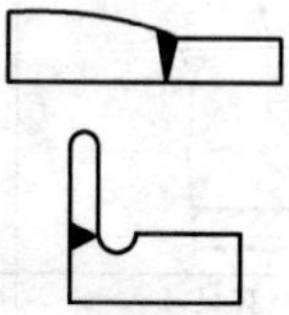	接头应平滑过渡
便于装配定位	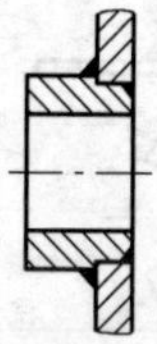	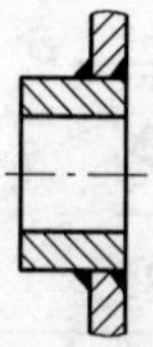	壁板与轴承座连接，在轴承座上加工坡口较之在壁板上容易；做出止口，便于装配定位
节约原材料	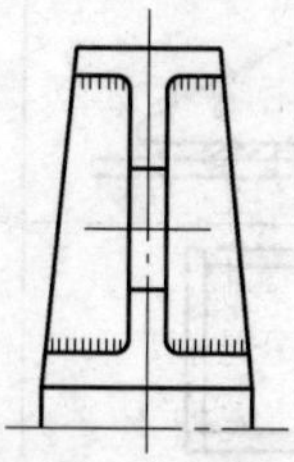	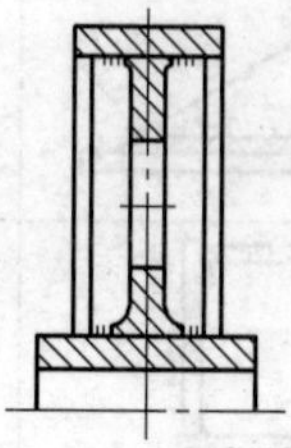	用钢板焊制零件时，尽量使用形状规范板料，以减少下料时产生的边角废料

8.4.5　焊接结构的一般尺寸公差和形位公差（摘自 GB/T 19804—2005）

1. 应用范围

本部分规定了焊接结构的尺寸（线性尺寸和角度尺寸）公差及形位公差，这些公差分四个等级，适用于普通制造精度。公差等级的选择应当满足实际需求。

本部分规定的一般尺寸公差和形位公差适用于焊件、焊接组装件和焊接结构。复杂的结构可根据需要做特殊规定。

2. 线性尺寸公差（见表 8-44）

表 8-44　线性尺寸公差　（单位：mm）

公差等级	公称尺寸 l 的范围										
	2~30	>30~120	>120~400	>400~1000	>1000~2000	>2000~4000	>4000~8000	>8000~12000	>12000~16000	>16000~20000	>20000
	公差 t										
A	±1	±1	±1	±2	±3	±4	±5	±6	±7	±8	±9
B		±2	±2	±3	±4	±6	±8	±10	±12	±14	±16
C		±3	±4	±6	±8	±11	±14	±18	±21	±24	±27
D		±4	±7	±9	±12	±16	±21	±27	±32	±36	±40

3. 角度尺寸公差（见表 8-45）

应采用角度的短边作为基准边，其长度可以延长至某特定的基准点。在这种情况下，基准点应标注在图样上。

有关公差见表 8-45。图 8-57 则给出了具体示例。

表 8-45　角度尺寸公差

公差等级	公称尺寸 l（工件长度或短边长度）范围/mm		
	0~400	>400~1000	>1000
	以角度表示的公差 $\Delta\alpha$/(°)		
A	±20′	±15′	±10′
B	±45′	±30′	±20′
C	±1°	±45′	±30′
D	±1°30′	±1°15′	±1°
公差等级	以长度表示的公差 t/(mm/m)		
A	±6	±4.5	±3
B	±13	±9	±6
C	±18	±13	±9
D	±26	±22	±18

注：t 为 $\Delta\alpha$ 的正切值，它可由短边的长度计算得出，以 mm/m 计，即每米短边长度内所允许的偏差值。

4. 直线度、平面度和平行度

表 8-46 规定的直线度、平面度及平行度公差既适用于焊件、焊接组装件或焊接构件的所有尺寸，也适用于图样上标注的尺寸。

其他形位公差，如同轴度和对称度公差未做规定。如果实际生产需要规定这种公差，应按 GB/T 1182 规定在图样上标注。

8.4.6　技术制图焊缝符号的尺寸、比例及简化表示法（摘自 GB/T 12212—2012）

1. 焊缝图示方法

绘制焊缝时，可用视图、剖视图或断面图表示，也可用轴测图示意地表示。焊缝表示方法见表 8-39~表 8-42。

焊缝画法如图 8-58a、图 8-58b、图 8-58c 和图

8-58d所示，表示焊缝的一系列细实线段允许示意绘制，也允许采用加粗线（$2d \sim 3d$）表示焊缝，如图8-58e、图8-58f所示。但在同一图样中，只允许采用一种画法。点焊缝、缝焊缝、塞焊缝和槽焊缝在长度方向或径向的视图画法见表8-48。

在表示焊缝端面的视图中，通常用粗实线绘出焊缝的轮廓。必要时，可用细实线画出焊接前的坡口形状等，如图8-59所示。

在剖视图或断面图上，焊缝的金属熔焊区通常应涂黑表示，如图8-60所示。若同时需要表示坡口等的形状时，熔焊区部分亦可按图8-59所示的规定绘制，如图8-61所示。

用轴测图示意地表示焊缝的画法，如图8-62a和图8-62b所示。

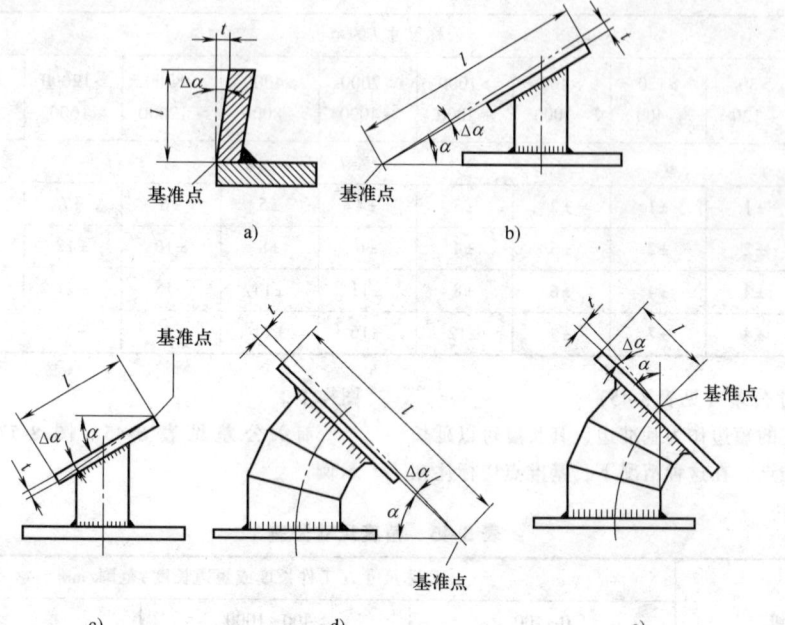

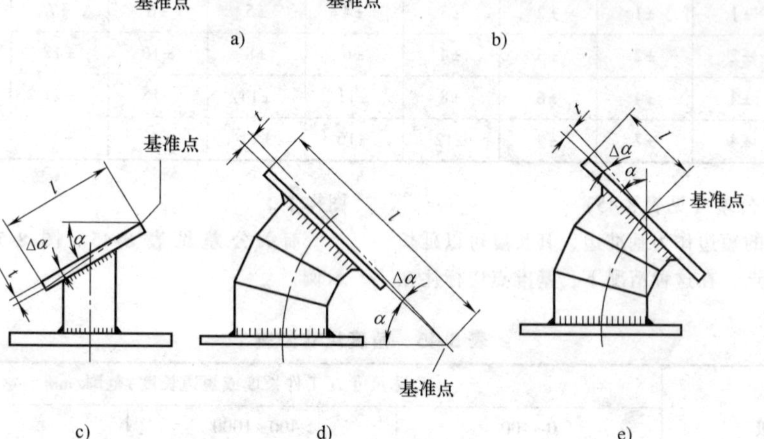

图8-57 焊接件角度尺寸公差

表8-46 直线度、平面度和平行度公差 （单位：mm）

公差等级	公称尺寸 l（对应表面的较长边）的范围									
	>30~120	>120~400	>400~1000	>1000~2000	>2000~4000	>4000~8000	>8000~12000	>12000~16000	>16000~20000	>20000
	公差 t									
E	±0.5	±1	±1.5	±2	±3	±4	±5	±6	±7	±8
F	±1	±1.5	±3	±4.5	±6	±8	±10	±12	±14	±16
G	±1.5	±3	±5.5	±9	±11	±16	±20	±22	±25	±25
H	±2.5	±5	±9	±14	±18	±26	±32	±36	±40	±40

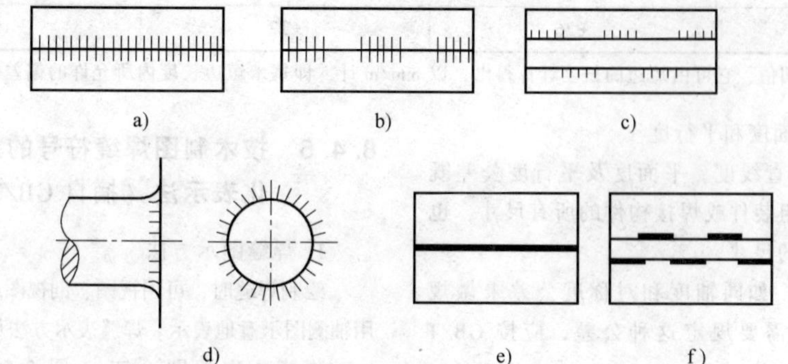

图8-58 焊缝画法

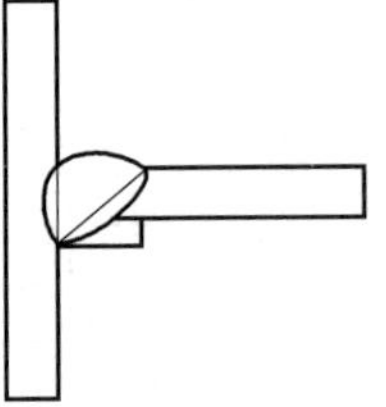

图 8-59　焊缝端面视图

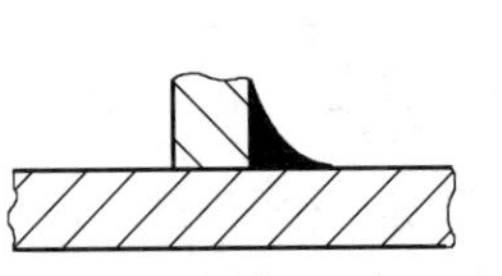

图 8-60　焊缝剖视图

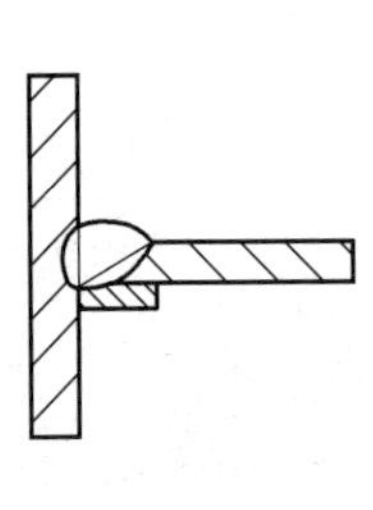

图 8-61　焊缝断面与坡口画法

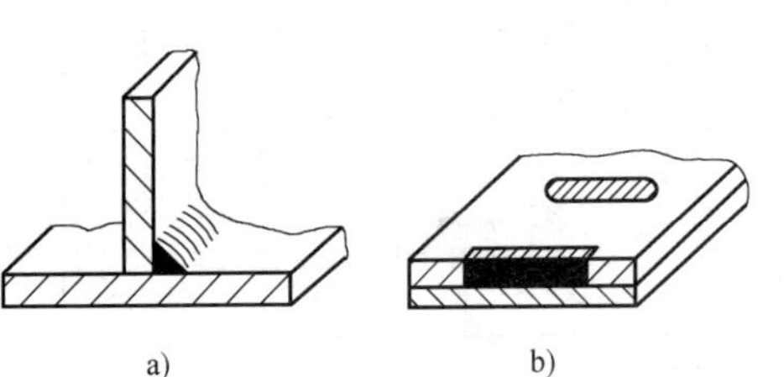

图 8-62　轴测图焊缝画法

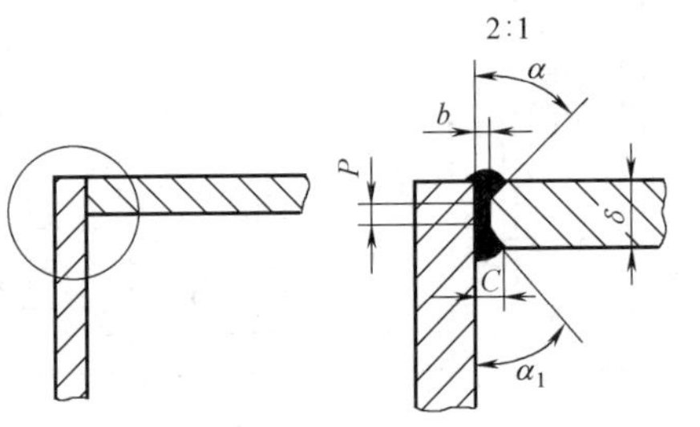

图 8-63　焊缝局部放大图

必要时，可将焊缝部位用局部放大图表示并标注尺寸，如图 8-63 所示。

当在图样中采用图示法绘出焊缝时，通常应同时标注焊缝符号，如图 8-64 所示。

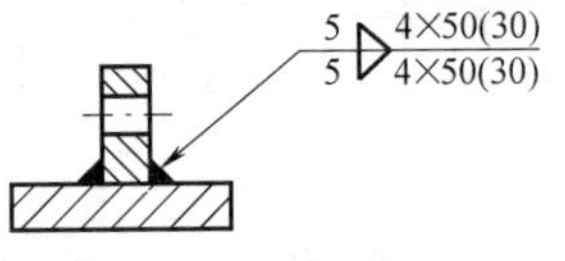

图 8-64　焊缝符号标注

2. 焊缝符号的尺寸和比例

（1）基本规定　在任一图样中，焊缝符号的线宽、焊缝符号中字体的字形、字高和字体笔划宽度应与图样中其他符号（如尺寸符号、表面结构符号、几何公差符号）的线宽、字体的字形、字高和笔划宽度相同。

焊缝符号的基准线由两条相互平行的细实线和细虚线组成，基准线一般与图样标题栏的长边相平行；必要时，也可与图样标题栏的长边相垂直。如图 8-65 所示，焊缝符号的指引线用细实线绘制。

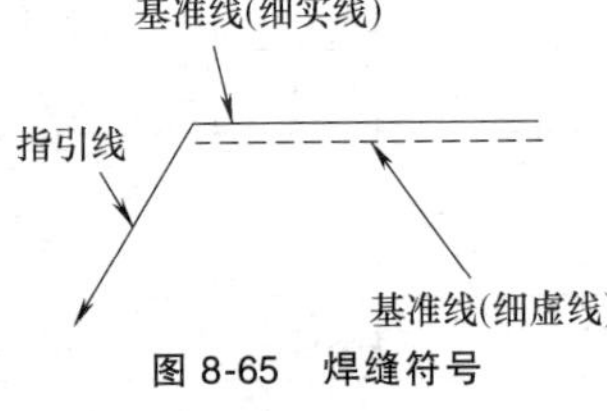

图 8-65　焊缝符号

（2）尺寸和比例（见图 8-66、图 8-67、表 8-47）

（3）基本符号的尺寸和比例（见表 8-48）

表 8-47　焊缝符号尺寸比例　（单位：mm）

项目					
可见轮廓线宽度	0.5	0.7	1	1.4	2
细实线宽度	0.25	0.35	0.5	0.7	1
数字和大写字母的高度(h)	3.5	5	7	10	14
焊缝图形符号的线宽[①]和字体的笔划宽度($d'=1/10h$)	0.35	0.5	0.7	1	1.4

① 当焊缝图形符号与基准线（细实线或细虚线）的线宽比较接近时，允许将焊缝图形符号加粗表示。

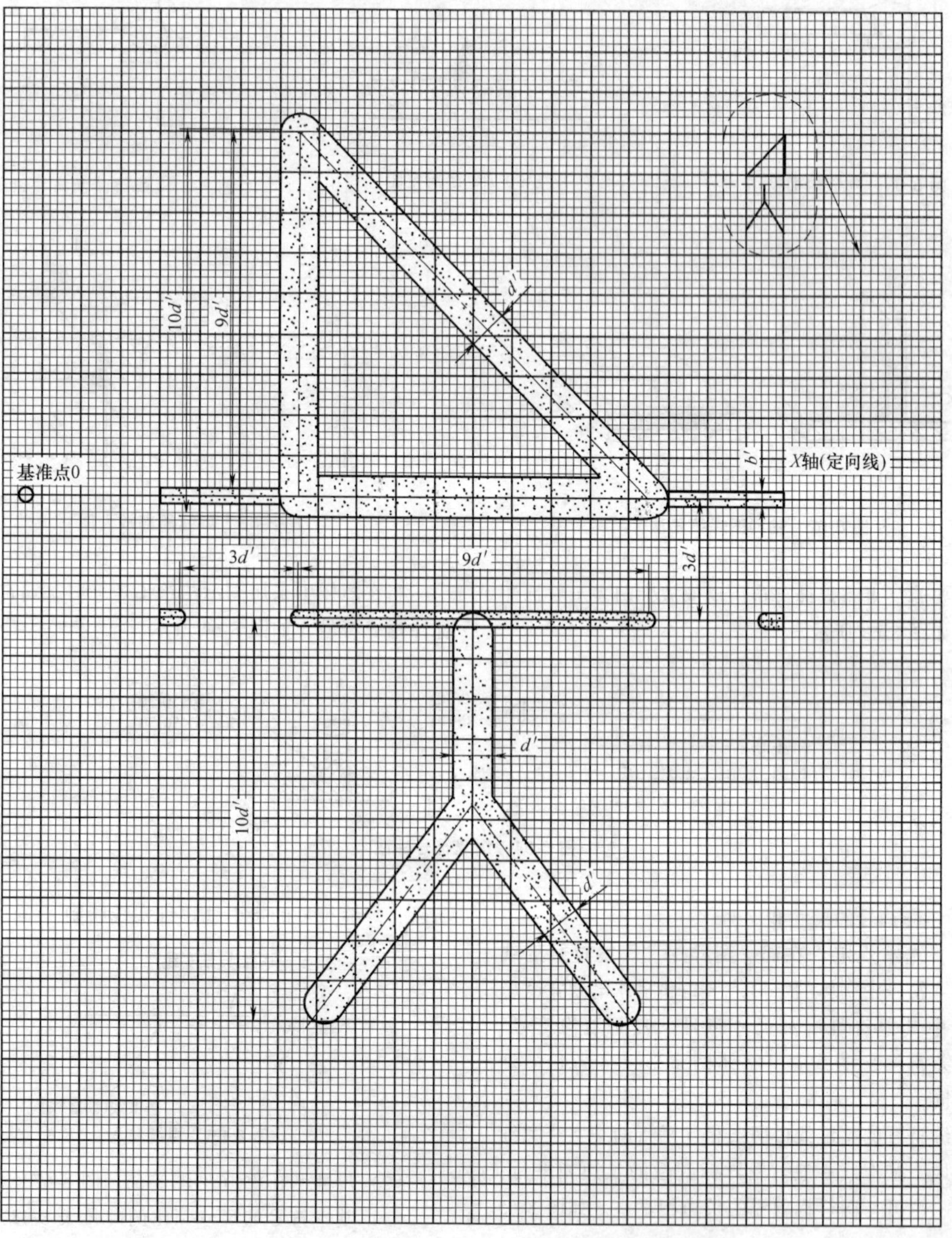

图 8-66　焊缝图形符号在双基准线上的位置和比例关系

注：d'=焊缝图形符号的线宽和字体的笔画宽度；b'=细实线的线宽。

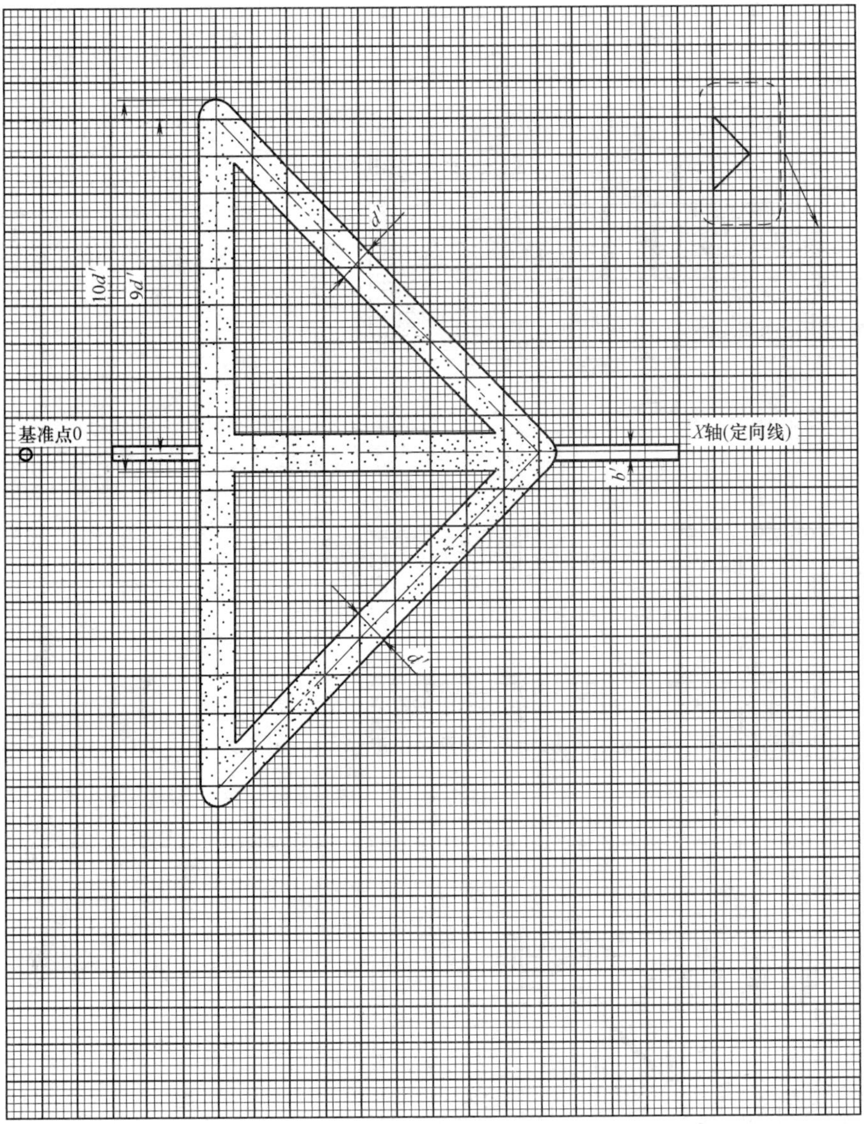

图 8-67　对称焊缝图形符号在基准线上的位置和比例关系

注：d' = 焊缝图形符号的线宽和字体的笔画宽度；b' = 细实线的线宽。

表 8-48　基本符号的尺寸和比例

序号	符　号	名　称	说　明
1	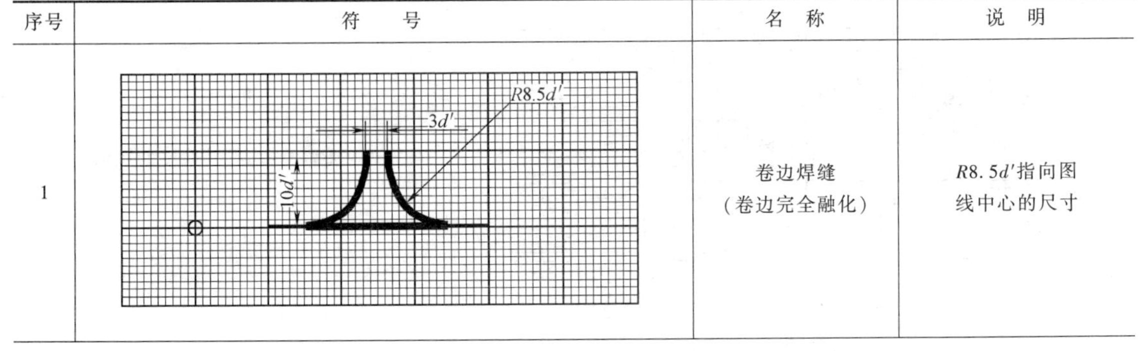	卷边焊缝（卷边完全融化）	$R8.5d'$指向图线中心的尺寸

（续）

序号	符　号	名　称	说　明
2	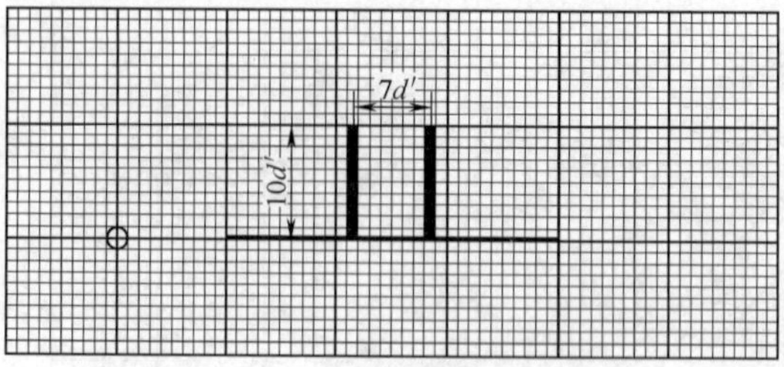 7d′　10d′	I 形焊缝	
3	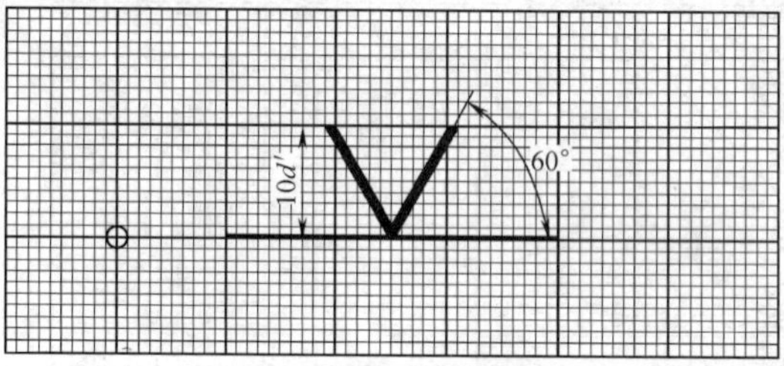 10d′　60°	V 形焊缝	
4	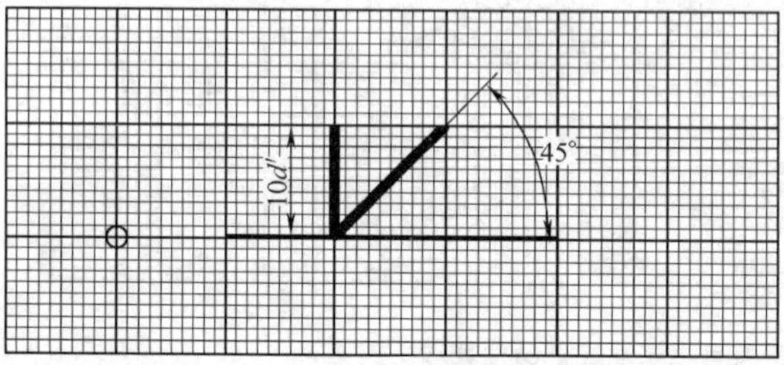 10d′　45°	单边 V 形焊缝	
5	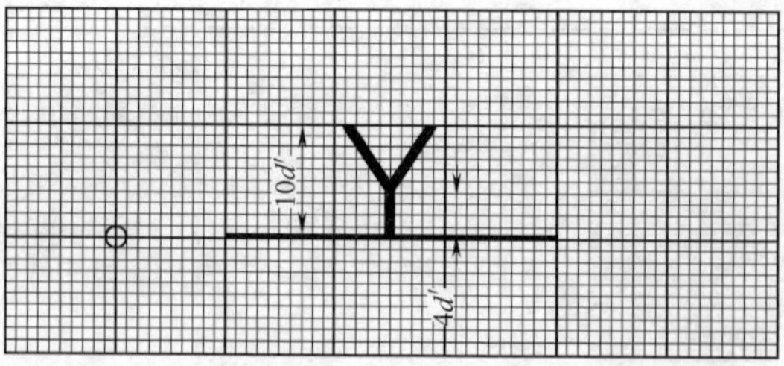 10d′　4d′	带钝边 V 形焊缝	其他尺寸参照序号 3

（续）

序号	符　号	名　称	说　明
6	10d′　4d′	带钝边单边 V 形焊缝	其他尺寸参照序号 4
7	R4.5d′　10d′　3d′	带钝边 U 形焊缝	$R4.5d'$为指向图线中心的尺寸
8		带钝边 J 形焊缝	尺寸参照序号 7
9	R8d′　5d′	封底焊缝	$R8d'$为指向图线中心的尺寸
10	10d′　45°	角焊缝	

（续）

序号	符　号	名　称	说　明
11	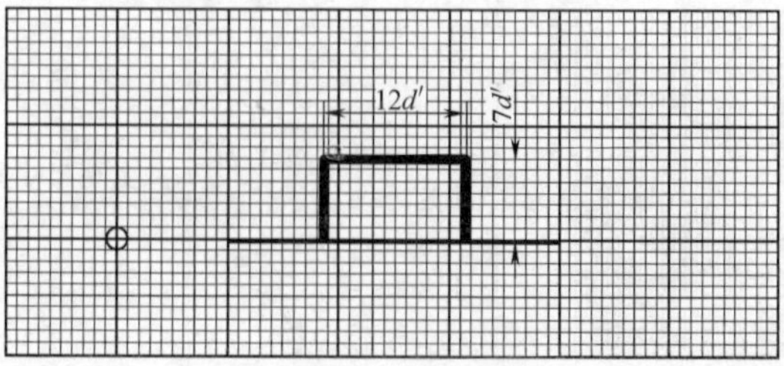 12d′　7d′	塞焊缝或槽焊缝	
12	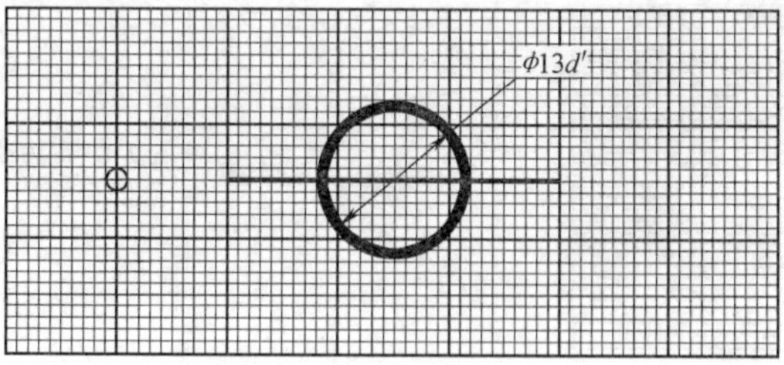 φ13d′	点焊缝	φ13d′为指向图线中心的尺寸
	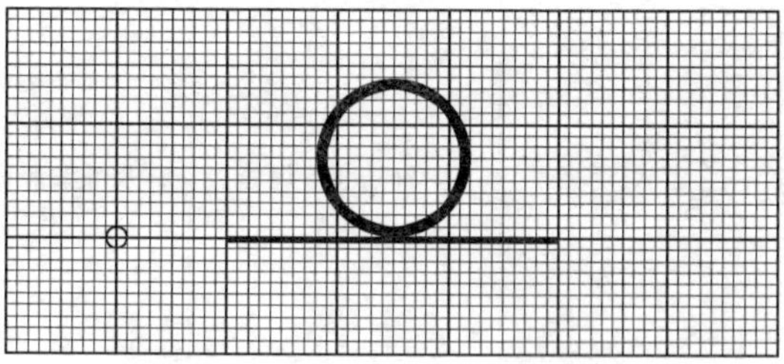		偏离中心；尺寸参照上图
13	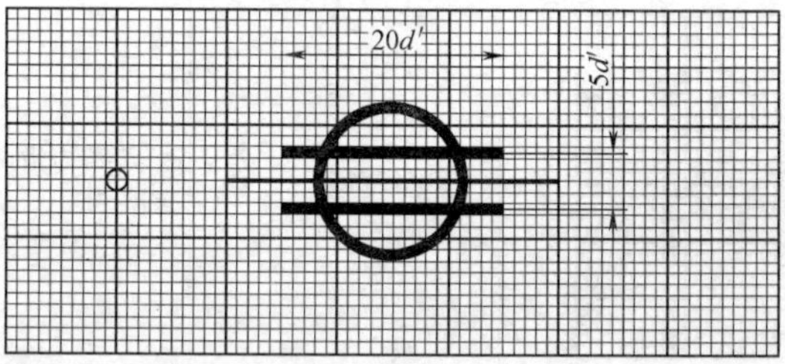 20d′　5d′	缝焊缝	其他尺寸参照序号12
	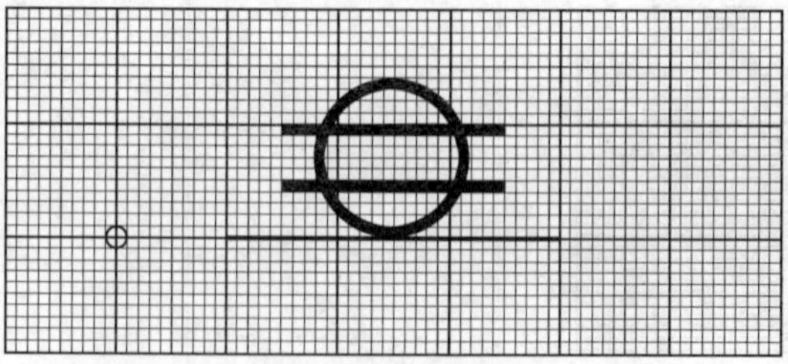		偏离中心；尺寸参照上图

（续）

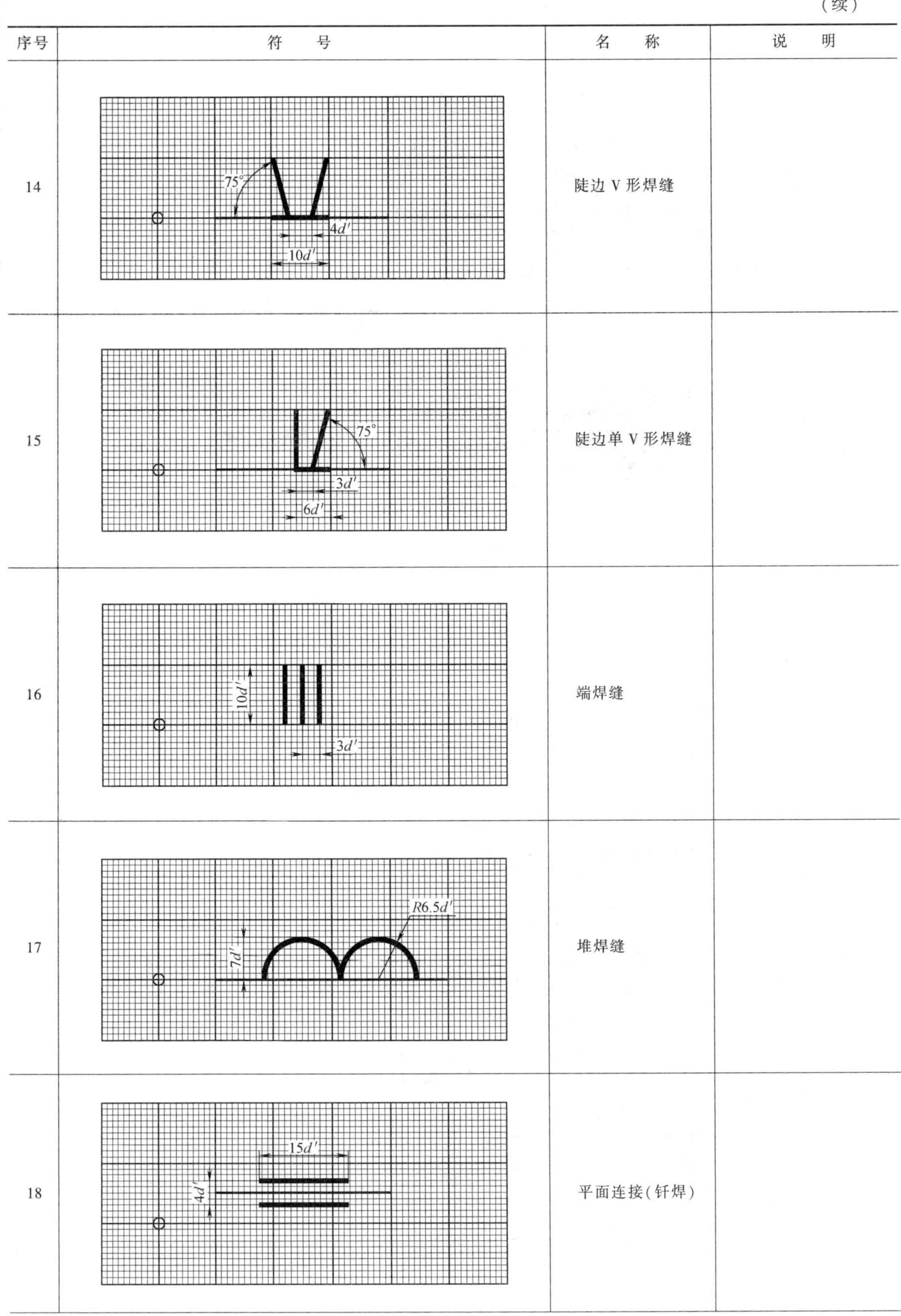

序号	符　　号	名　　称	说　　明
14		陡边 V 形焊缝	
15		陡边单 V 形焊缝	
16		端焊缝	
17		堆焊缝	
18		平面连接(钎焊)	

（续）

序号	符　　号	名　　称	说　　明
19	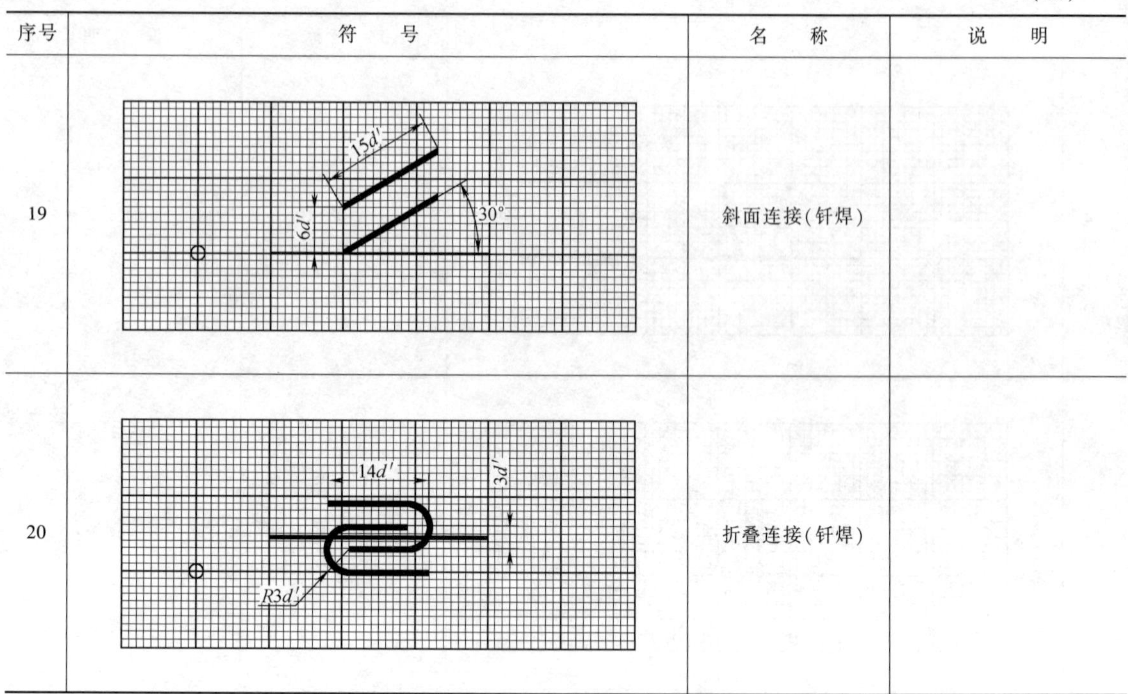	斜面连接（钎焊）	
20		折叠连接（钎焊）	

（4）补充符号的尺寸和比例（见表 8-49）

表 8-49　补充符号的尺寸和比例

序号	符　　号	名　　称	说　　明
1	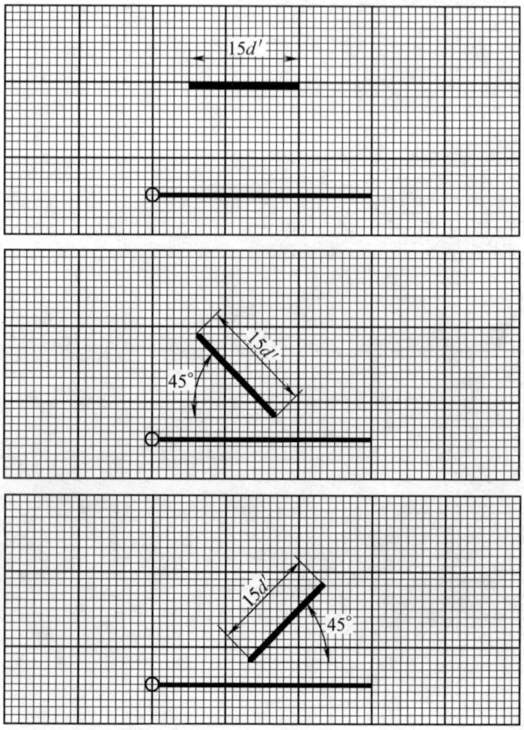 15d′ 15d′ 45° 15d′ 45°	平面符号	焊缝表面通常经过加工后平整

（续）

序号	符　　号	名　　称	说　　明
2	R7.5d′ R7.5d′	凹面符号	焊缝表面凹陷 $R7.5d'$ 为指向图线中心的尺寸
3		凸面符号	焊缝表面凸起尺寸参照序号 2
4	17d′ R6.5d′	圆滑过渡	焊趾处过渡圆滑
5	15d′ 8d′ M	永久衬垫	衬垫永久保留

（续）

序号	符　号	名　称	说　明
6	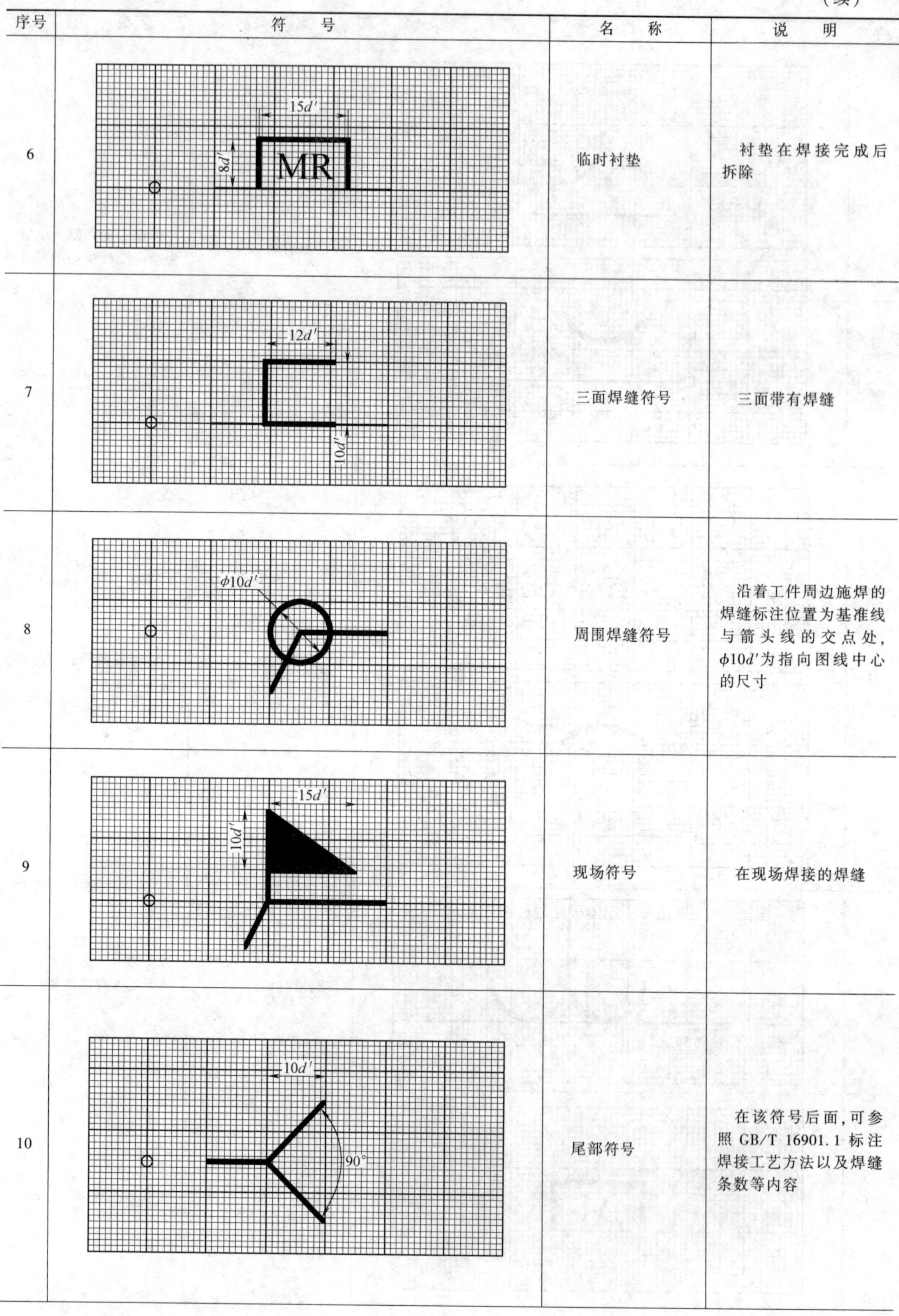	临时衬垫	衬垫在焊接完成后拆除
7		三面焊缝符号	三面带有焊缝
8		周围焊缝符号	沿着工件周边施焊的焊缝标注位置为基准线与箭头线的交点处，$\phi 10d'$为指向图线中心的尺寸
9		现场符号	在现场焊接的焊缝
10		尾部符号	在该符号后面，可参照 GB/T 16901.1 标注焊接工艺方法以及焊缝条数等内容

（续）

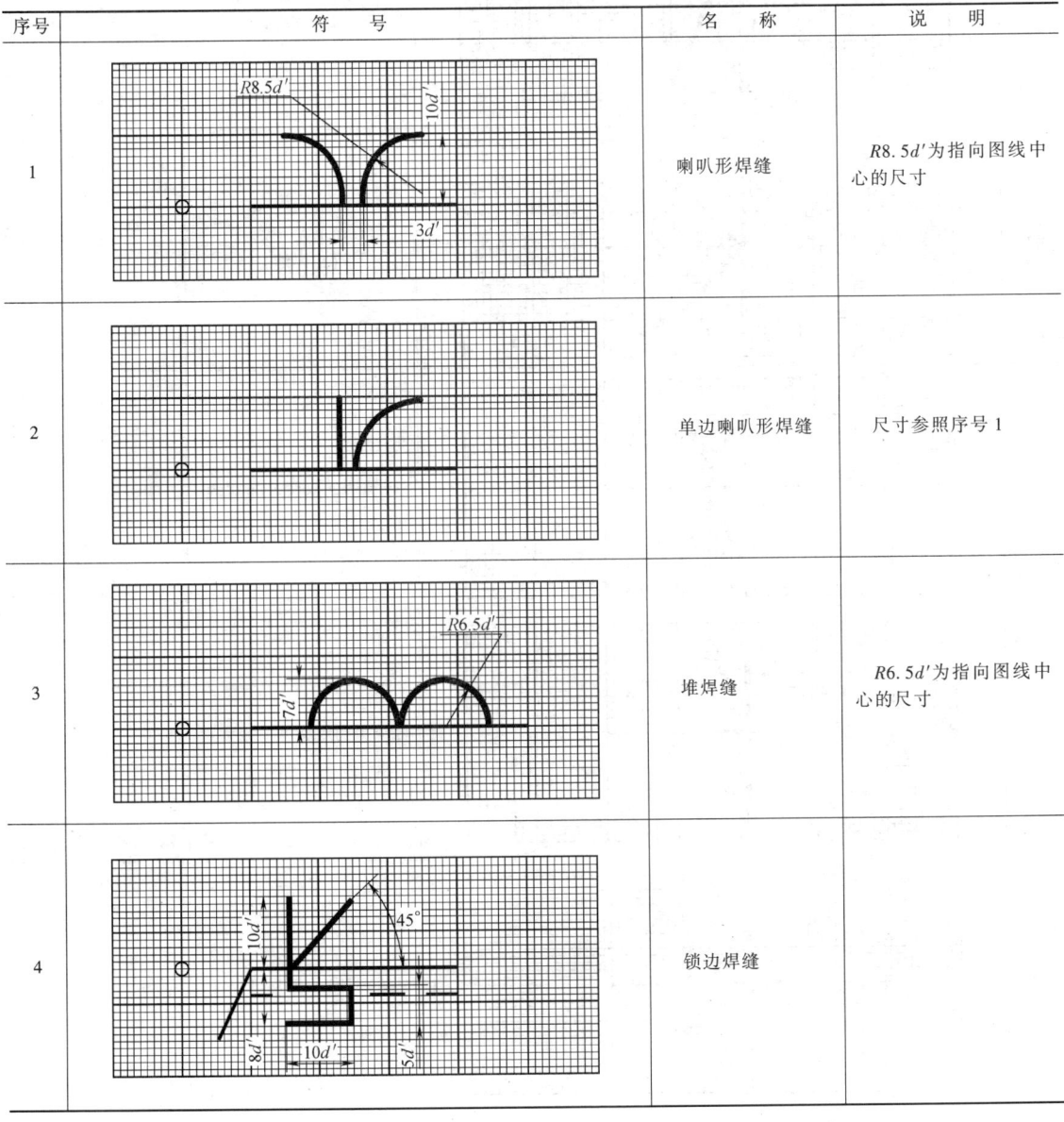

序号	符　　号	名　　称	说　　明
11	25d′ 10d′	交错断续焊接符号	表示焊缝由一组交错断续的相同焊缝组成

（5）特殊情况下使用的焊缝符号的尺寸和比例（见表 8-50）

表 8-50　特殊情况下使用的焊缝符号的尺寸和比例

序号	符　　号	名　　称	说　　明
1	R8.5d′ 10d′ 3d′	喇叭形焊缝	R8.5d′为指向图线中心的尺寸
2		单边喇叭形焊缝	尺寸参照序号 1
3	R6.5d′ 7d′	堆焊缝	R6.5d′为指向图线中心的尺寸
4	45° 10d′ 8d′ 10d′ 5d′	锁边焊缝	

常用的几种基本符号组合和基本符号与补充符号　　及焊缝尺寸符号组合的比例示例（见表 8-51）

表 8-51　基本符号组合的比例和尺寸

序号	符　号	名　称	说　明
1	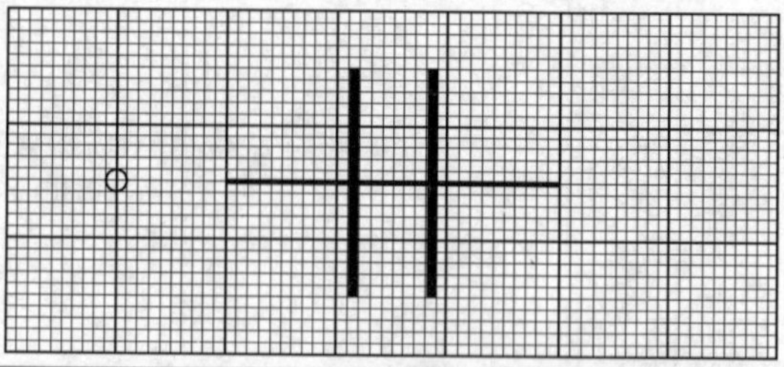	双面 I 形焊缝	
2	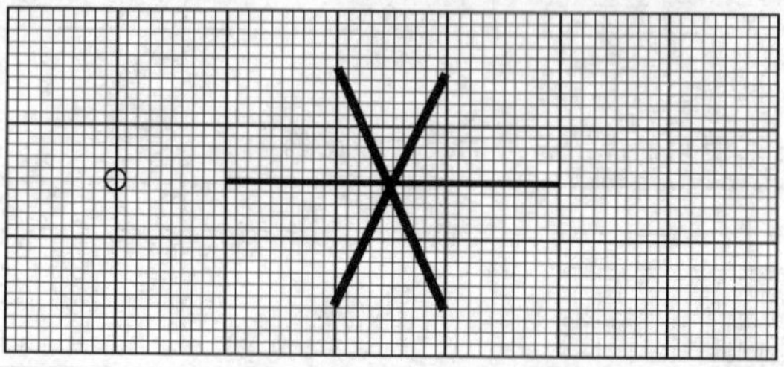	双面 V 形焊缝 （X 焊缝）	
3	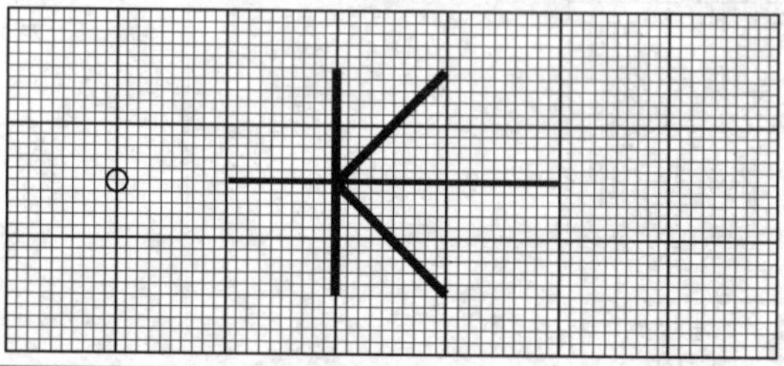	双面单 V 形焊缝 （K 焊缝）	
4	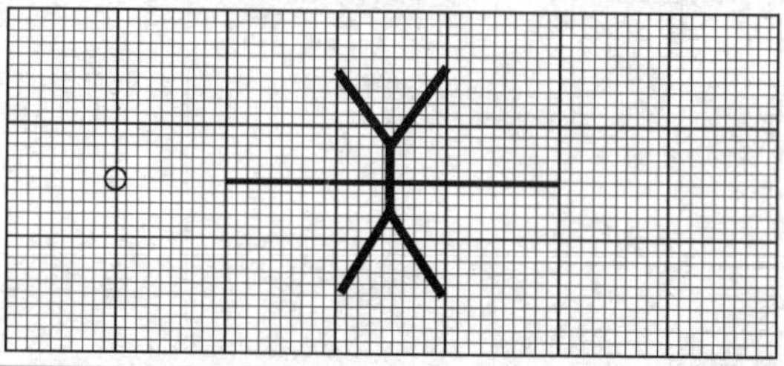	带钝边的双面 V 形焊缝	
5	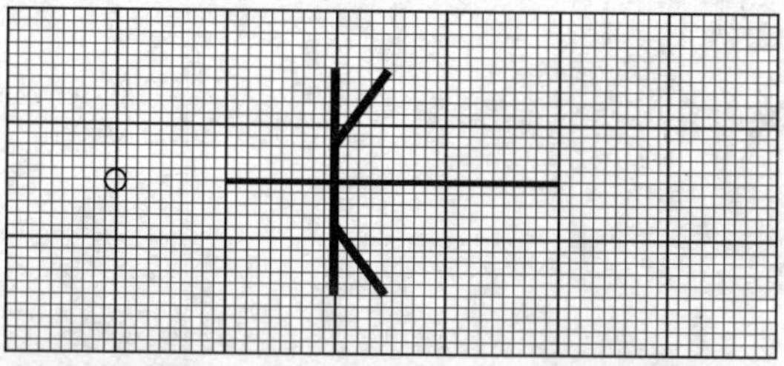	带钝边的双面单 V 形焊缝	
6	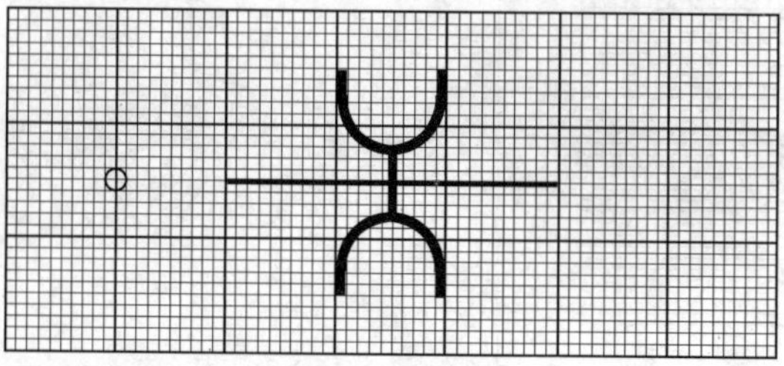	双面 U 形焊缝	

（续）

序号	符　　号	名　　称	说　　明
7	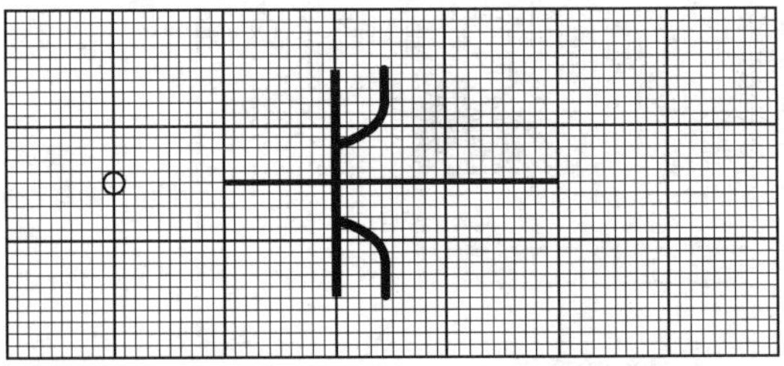	带钝边的双面 J 形焊缝	
8	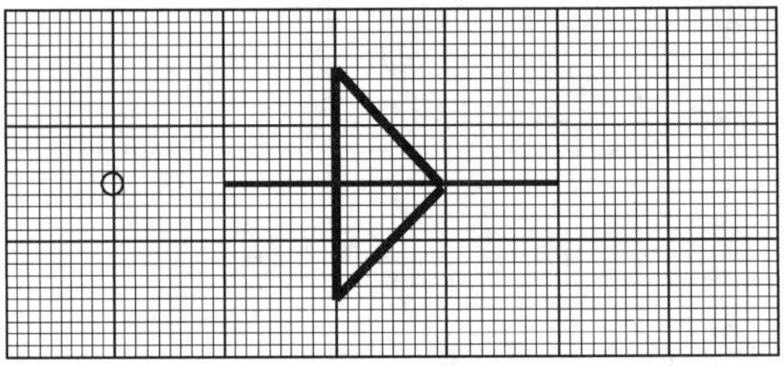	对称角焊缝	

序号	符号组合	示　　例	说　　明
1		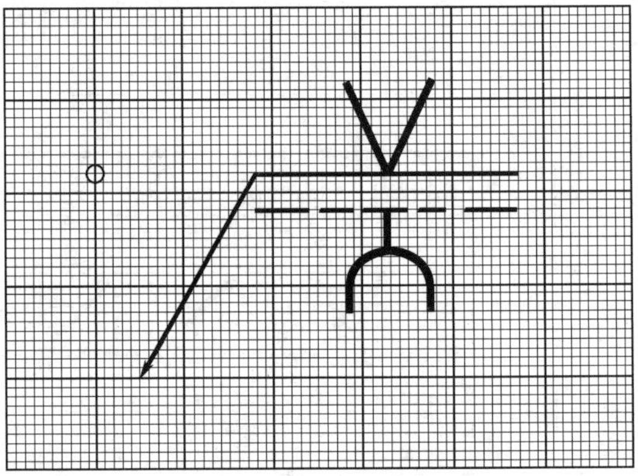	表示 V 形焊缝在箭头侧；带钝边 U 形焊缝在非箭头侧
2		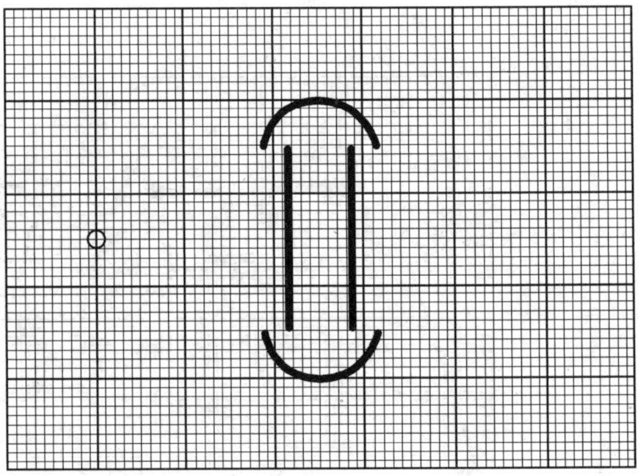	表示双面 I 形焊缝（凸面）

（续）

序号	符号组合	示例	说明
3		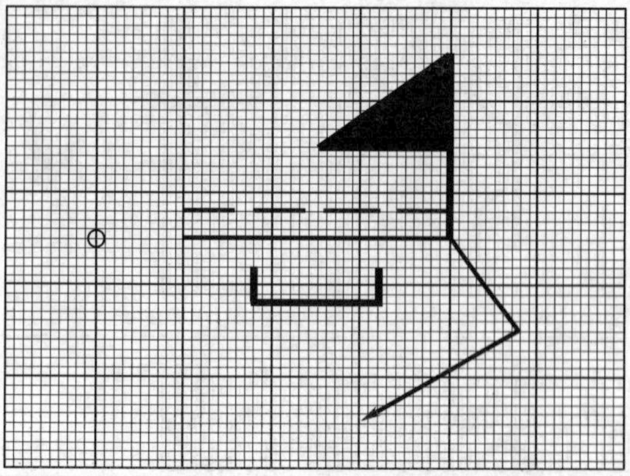 111/12	表示现场施焊；塞焊缝或槽焊缝在箭头侧。箭头线也可由基准线的左端引出，当标注位置受到限制时，允许弯折一次
4		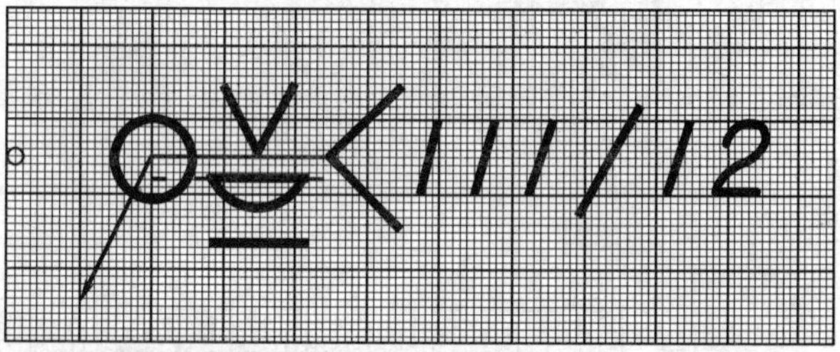	表示周围施焊；由埋弧焊形成的 V 形焊缝（平整）在箭头侧；由手工电弧焊形成的封底焊缝（平整）在非箭头侧
5		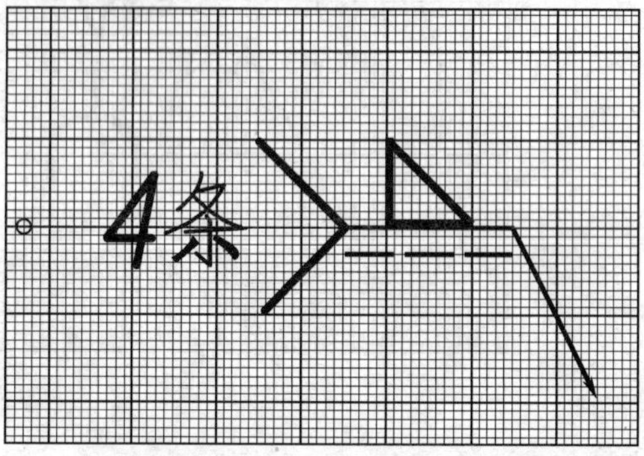 4条	表示相同角焊缝数量 $N=4$，在箭头侧
6		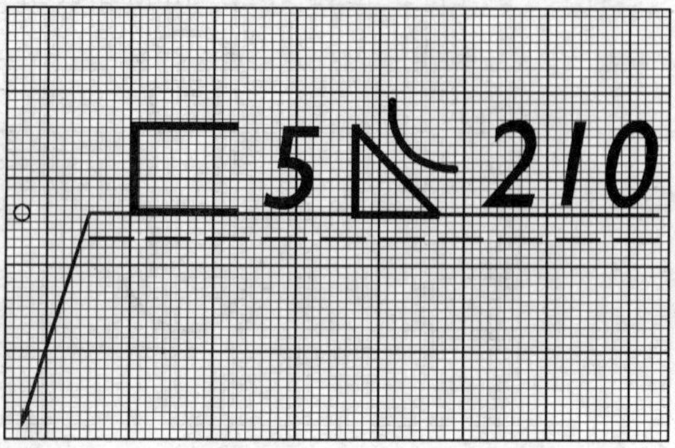 5 210	表示角焊缝（凹面）在箭头侧，焊脚尺寸为 5mm，焊缝长度为 210mm。工件三面带有焊缝

（续）

序号	符号组合	示　　例	说　　明
7		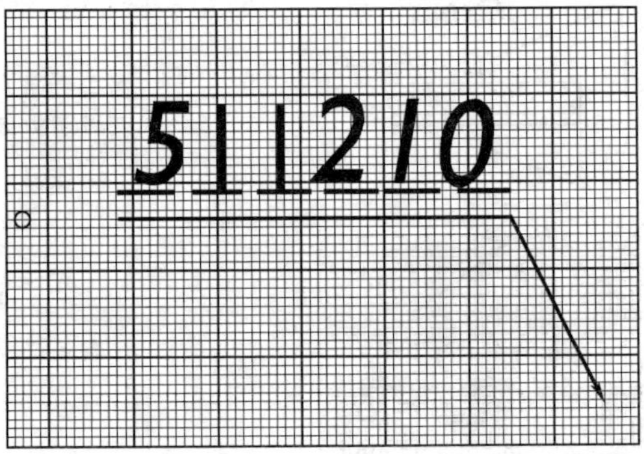 5‖210	表示 I 形焊缝在非箭头侧，焊缝有效厚度为 5mm，焊缝长度为 210mm
8	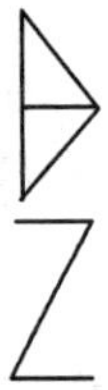	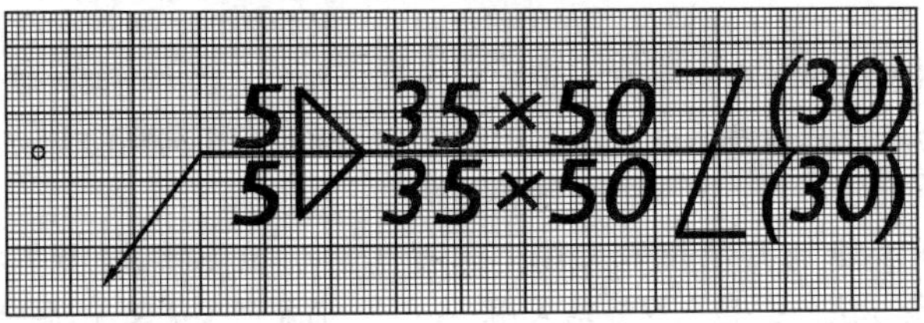 5 35×50 (30) 5 35×50 (30)	表示对称交错断续角焊缝焊脚尺寸为 5mm，相邻焊缝的间距为 30mm，焊缝段数为 35，每段焊缝长度为 50mm

3. 焊缝符号的简化标注方法（见表 8-52）

表 8-52　焊缝符号的简化标注方法

序号	标 注 示 例	说　　明
1	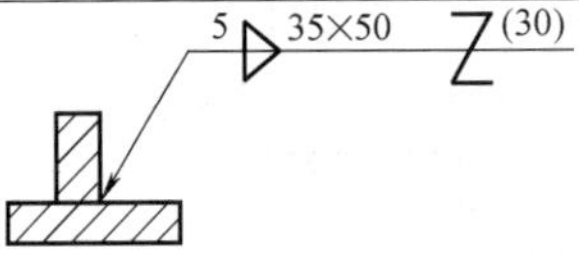 5 35×50 (30)	在焊缝符号中标注交错对称焊缝的尺寸时，允许在基准线上只标注一次
2	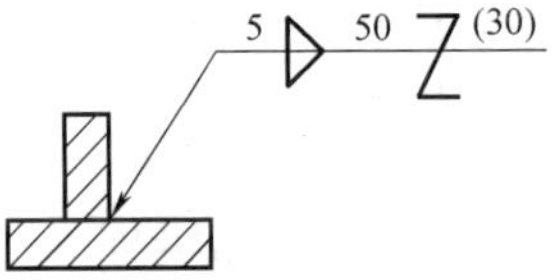 5 50 (30)	当断续焊缝、对称断续焊缝和交错断续焊缝的段数无严格要求时，允许省略焊缝段数
3	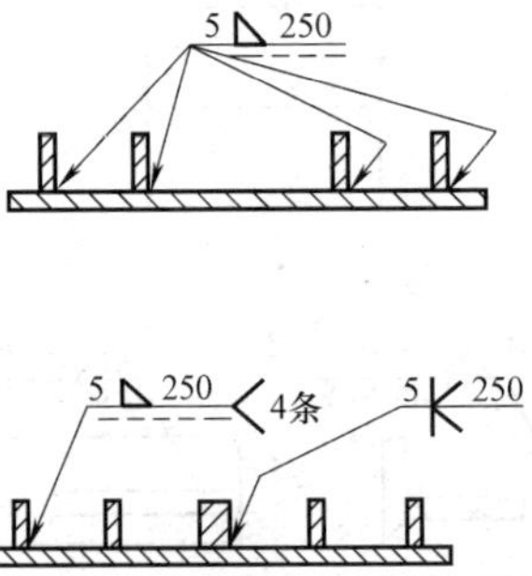 5 250 5 250 4条　5 250	在同一图样中，当若干条焊缝的坡口尺寸和焊缝符号均相同时，可采用图示的方法集中标注；当这些焊缝同时在接头中的位置均相同时，也可采用在焊缝符号的尾部加注相同焊缝数量的方法简化标。但其他形式的焊缝，仍需分别标注
4	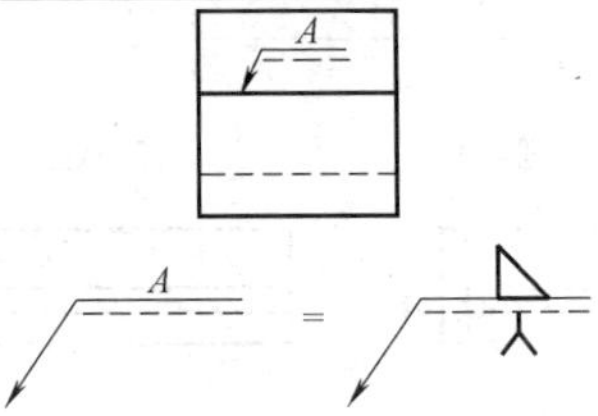 A A =	为了简化标注方法，或者标注位置受到限制时，可以标注焊缝简化代号，但必须在该图样下方或在标题栏附近说明这些简化代号的意义。当采用简化代号标注焊缝时，在图样下方或标题栏附近的代号和符号应是图形上所注代号和符号的 1.4 倍

（续）

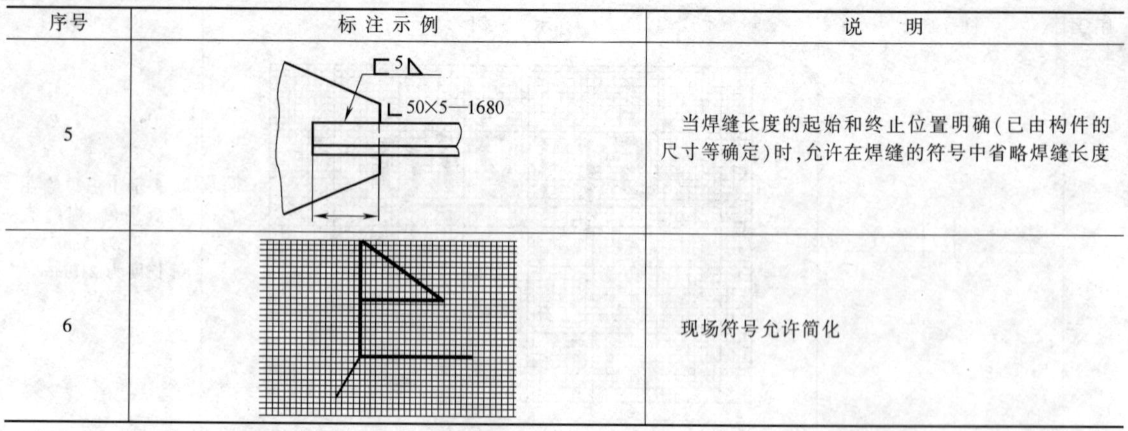

序号	标注示例	说　明
5	5△ 50×5—1680	当焊缝长度的起始和终止位置明确(已由构件的尺寸等确定)时,允许在焊缝的符号中省略焊缝长度
6		现场符号允许简化

当同一图样上全部焊缝所采用的焊接方法完全相同时，焊缝符号尾部表示焊接方法的代号可省略不注，但必须在技术要求或其他技术文件中注明“全部焊缝均采用……焊”等字样；当大部分焊接方法相同时，也可在技术要求或其他技术文件中注明“除图样中注明的焊接方法外，其余焊缝均采用……焊”等字样

当同一图样中全部焊缝相同且已用图示明确表示其位置时，可统一在技术要求中用符号表示或用文字说明，如“全部焊缝为5△”；当部分焊缝隙相同时，也可采用同样的方法表示，但剩余焊缝应在图样中明确标注。

在不致引起误解的情况下，当箭头线指向焊缝，而非箭头侧又无焊缝要求时，允许省略非箭头侧的基准线（虚线）。

4. 综合示例（见表 8-53）

表 8-53　焊缝符号的简化标注方法

序号	视图或剖视图画法示例	焊缝符号及定位尺寸简化注法示例	说　明
1	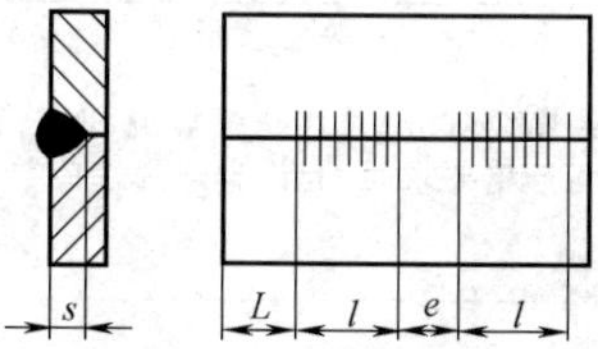 s　L　l　e　l	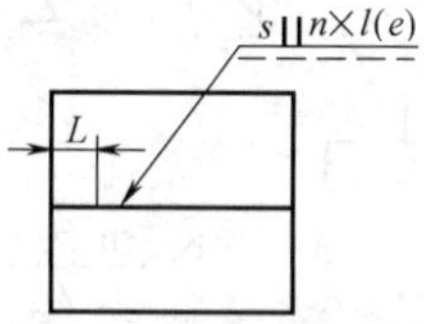 s ‖ $n\times l(e)$　L	继续 I 形焊缝在箭头侧；其中 L 是确定焊缝起始位置的定位尺寸
		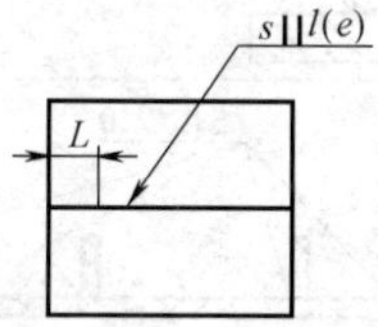 s ‖ $l(e)$　L	焊缝符号标注中省略了焊缝段数和非箭头侧的基准线(虚线)
2	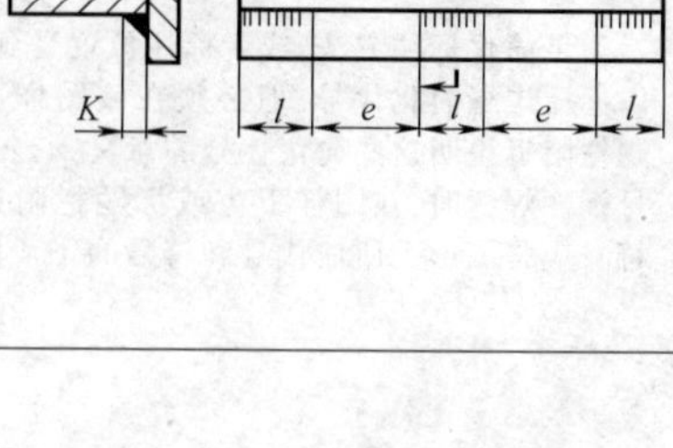 K　l　e　l　e　l	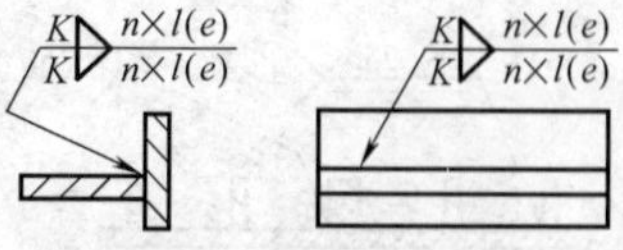 K $n\times l(e)$ / K $n\times l(e)$	对称断续角焊缝，构件两端均有焊缝
		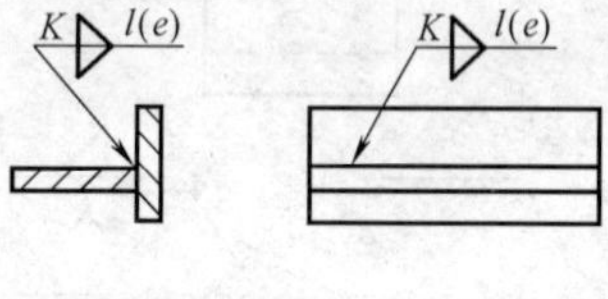 K $l(e)$	焊缝符号标注中省略了焊缝段数；焊缝符号中的尺寸只在基准线上标注一次

（续）

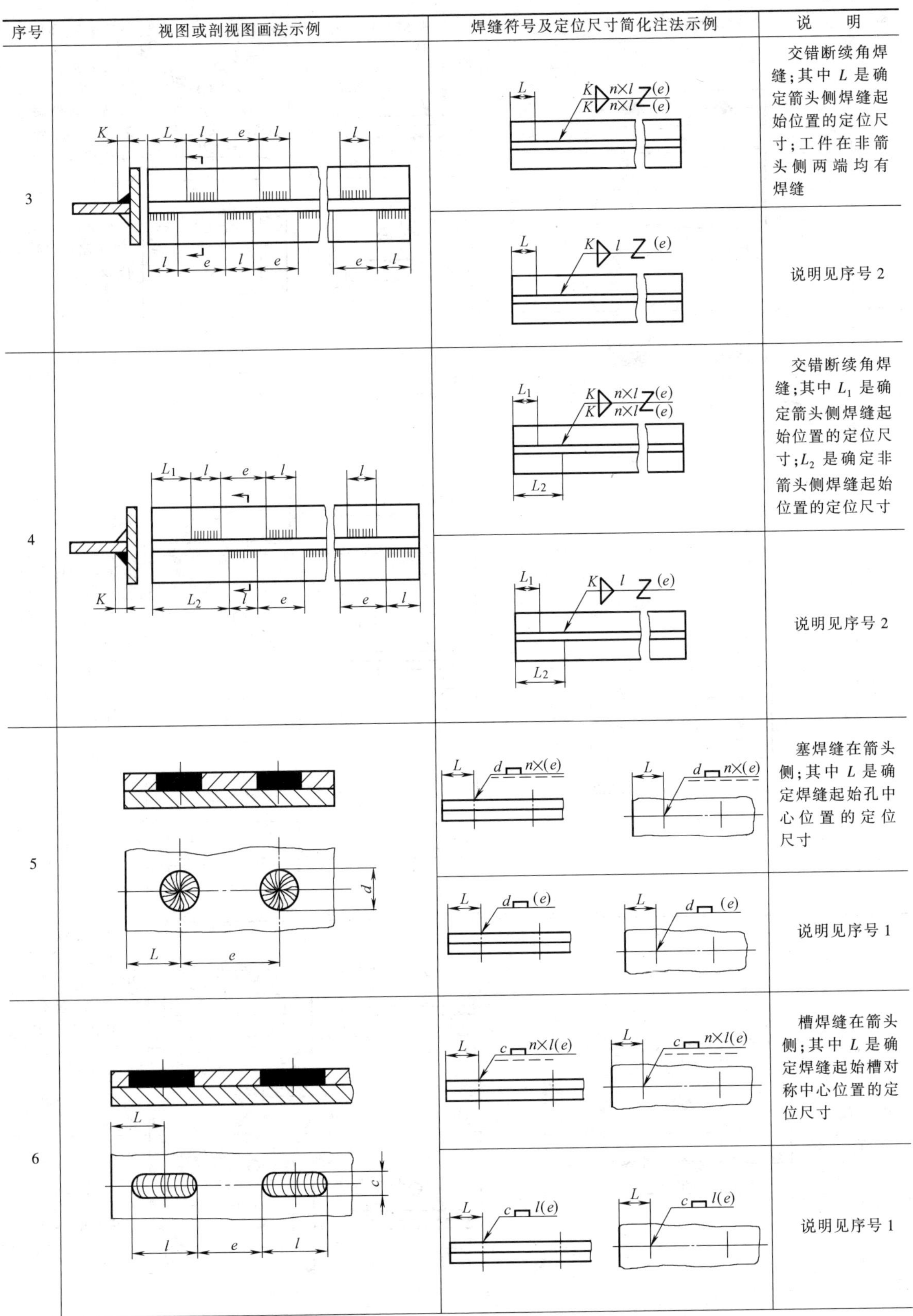

序号	视图或剖视图画法示例	焊缝符号及定位尺寸简化注法示例	说　明
3			交错断续角焊缝；其中 L 是确定箭头侧焊缝起始位置的定位尺寸；工件在非箭头侧两端均有焊缝
			说明见序号 2
4			交错断续角焊缝；其中 L_1 是确定箭头侧焊缝起始位置的定位尺寸；L_2 是确定非箭头侧焊缝起始位置的定位尺寸
			说明见序号 2
5			塞焊缝在箭头侧；其中 L 是确定焊缝起始孔中心位置的定位尺寸
			说明见序号 1
6			槽焊缝在箭头侧；其中 L 是确定焊缝起始槽对称中心位置的定位尺寸
			说明见序号 1

（续）

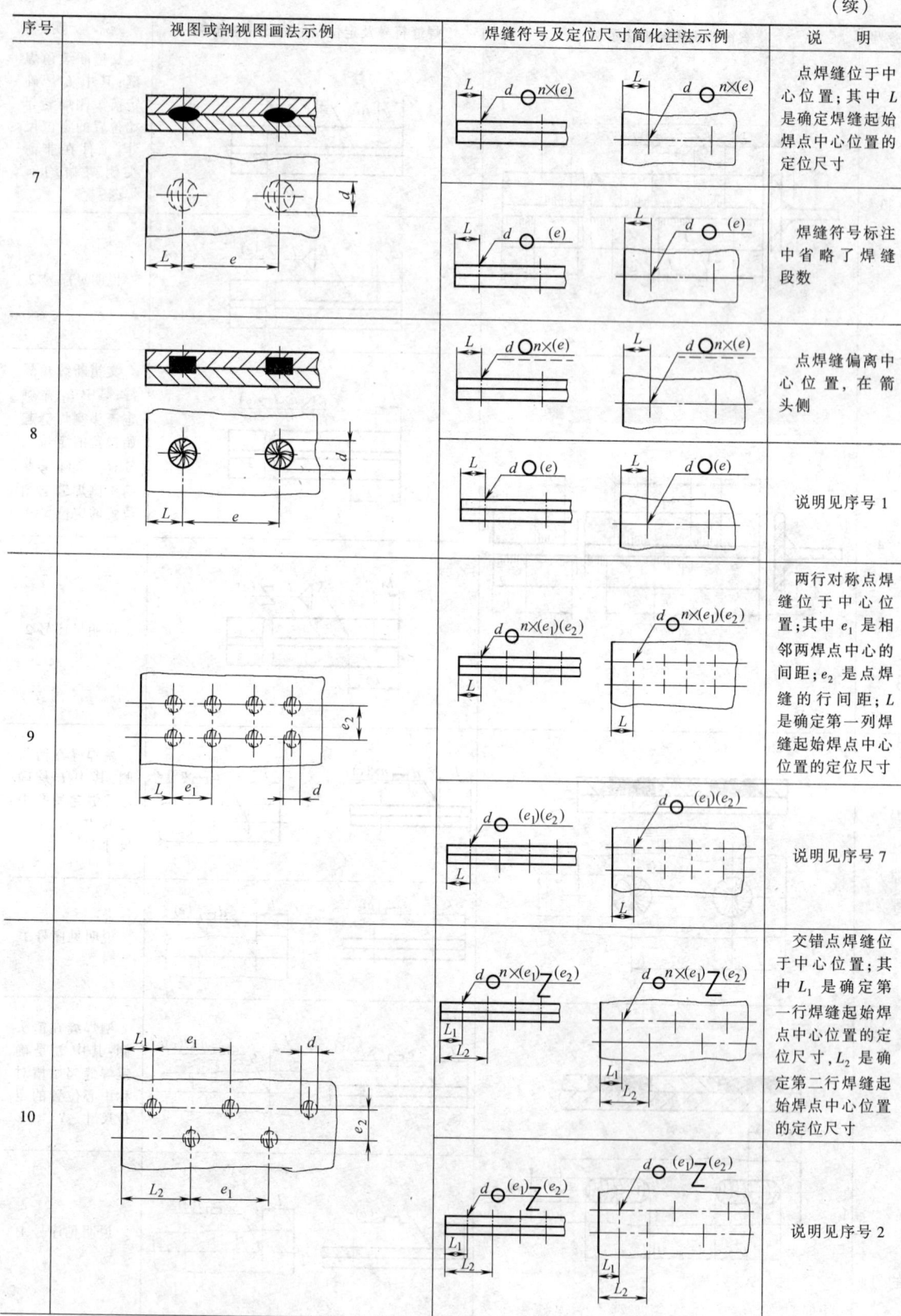

序号	视图或剖视图画法示例	焊缝符号及定位尺寸简化注法示例	说明
7	L e d	d ○ $n\times(e)$ L	点焊缝位于中心位置；其中 L 是确定焊缝起始焊点中心位置的定位尺寸
		d ○ (e) L	焊缝符号标注中省略了焊缝段数
8	L e d	d ○ $n\times(e)$ L	点焊缝偏离中心位置，在箭头侧
		d ○ (e) L	说明见序号 1
9	L e_1 d e_2	d ○ $n\times(e_1)(e_2)$ L	两行对称点焊缝位于中心位置；其中 e_1 是相邻两焊点中心的间距；e_2 是点焊缝的行间距；L 是确定第一列焊缝起始焊点中心位置的定位尺寸
		d ○ $(e_1)(e_2)$ L	说明见序号 7
10	L_1 e_1 d e_2 L_2 e_1	d ○ $n\times(e_1)$ Z (e_2) L_1 L_2	交错点焊缝位于中心位置；其中 L_1 是确定第一行焊缝起始焊点中心位置的定位尺寸，L_2 是确定第二行焊缝起始焊点中心位置的定位尺寸
		d ○ (e_1) Z (e_2) L_1 L_2	说明见序号 2

（续）

序号	视图或剖视图画法示例	焊缝符号及定位尺寸简化注法示例	说　明
11	l　e　l　c	c n×l(e)　c n×l(e)	缝焊缝位于中心位置；其中 L 是确定起始缝对中心位置的定位尺寸
		c l(e)　c l(e)	说明见序号 7
12	l　e　l　c	c n×l(e)　c n×l(e)	缝焊缝偏离中心位置，在箭头侧；说明见序号 11
		c l(e)　c l(e)	说明见序号 1

注：1. 图中 L、L_1、L_2、l、e、e_1、e_2、s、d、c、n 等是尺寸代号，在图样中应标出具体数值。
2. 在焊缝符号标注中省略焊缝段数和非箭头侧的基准线（虚线）时，必须认真分析，不得产生误解。

8.5　钎焊

8.5.1　概述

钎焊是采用比母材熔点低的金属材料作钎料，将焊件（母材）与钎料加热到钎料熔点，但是低于母材熔点的温度，使液态钎料润湿母材，填充接头间隙，并与母材互相扩散，实现连接焊件的方法。其过程如图 8-68 所示。

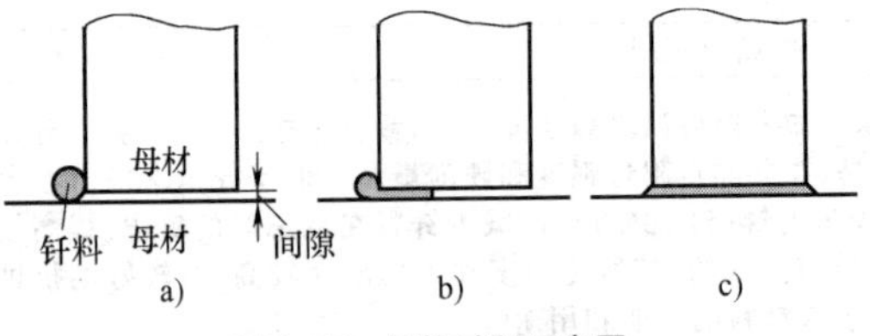

图 8-68　钎焊过程示意图

a）清洗被焊接零件后，放置钎料，对钎料和母材加热
b）钎料熔化，开始流入接头的间隙
c）钎料填满间隙，凝固后形成钎焊接头

钎焊与熔焊相比具有以下特点：

1）选择低熔点材料时，可以避免由于加热引起的母材尺寸和性能的变化。

2）钎焊时，焊件整体均匀加热，或焊缝周围大面积均匀加热，因此焊接件的变形和残余应力较小。

3）钎焊是靠液态钎料加热后自动流入焊缝间隙，因此，可以将多条焊缝或大批焊件同时或连续处理，生产效率高。

4）由于钎焊反应只在母材表面几微米至数十微米深度进行，不涉及母材深层结构，因此有利于用于不同金属或金属与非金属的连接。

5）钎焊缝的强度和耐热性都比母材金属低，为了提高强度一般要加大搭接面积以满足要求，使结构增大，重量增加。

钎焊适用范围很广，可以用于连接同种金属、异种金属、金属与非金属、非金属与非金属等。钎焊最适于焊接薄件、小件、精密件和形状复杂多焊缝的零件，多采用搭接焊缝。

在国防和尖端技术部门中，如火箭发动机、喷气发动机、原子能设备、硬质合金刀具、钻探钻头、散热器、电动机、变压器等的制造部门有广泛的应用，在电子工业、仪表工业也得到了广泛使用。

8.5.2　钎焊基本原理

钎焊接头的形成包括两个过程：首先是钎料熔化后填满接头间隙，其次是钎料与母材之间相互作用，冷却后，形成牢固的连接。

在钎焊过程中钎料熔化，母材不熔化，母材经过金属净化处理，并加热到要求的工作温度。钎料熔化后润湿母材表面，凝固后固结在母材表面。在浸润区钎料和母材产生合金化，这个过程称为扩散。扩散深度为几个微米到几个毫米之间。取决于两者的材料、结构等条件。

靠毛细管作用，液态钎料在两个零件之间的窄缝中流动。试验表明，如果狭缝宽度 b 小于或等于 0.3mm，则钎料在狭缝中流动时，能够上升的高度与狭缝宽度成反比。当狭缝宽度大于 0.3mm 时，上升高度，随狭缝宽度的增加迅速减小（见图 8-69）。

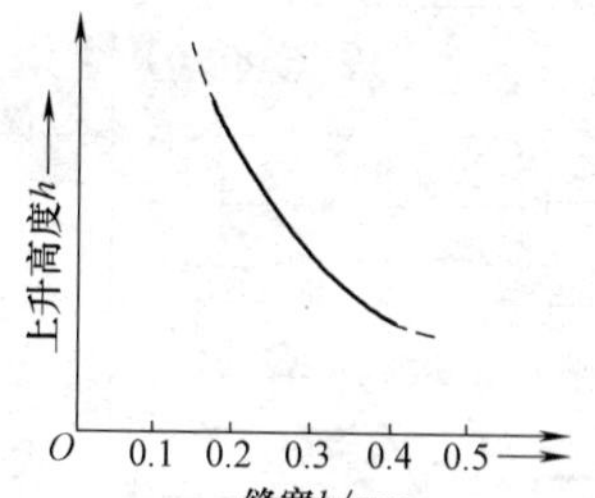

图 8-69　毛细上升高度与缝宽度的关系

8.5.3　钎料和钎剂的组成

1. 钎料

（1）对钎料的要求　钎焊时使用的填充金属称为钎料。钎焊接头的质量与性能在很大程度上决定于钎料。对钎料提出以下基本要求：

1）应具有合适的熔点。钎料的熔点至少应比母材的熔点低 40~50℃，以免母材局部熔化。

2）应具有良好的润湿性，能够充分填满接头间隙。

3）与母材能够形成牢固的结合。

4）成分稳定，尽量减少钎焊温度下元素的损耗，尽量避免选用稀贵金属和有害于环境的金属。

（2）钎料的分类组成和特性　钎料按其熔化温度范围分为软钎料和硬钎料两大类。软钎料的熔点在 450℃以下，硬钎料的熔点在 450℃以上。常用钎料的熔化温度范围如图 8-70 所示。表 8-54 列出了一些常用钎料的特性。

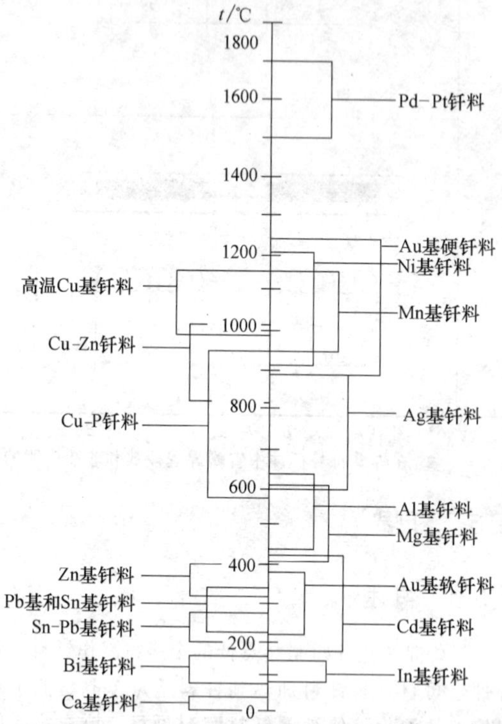

图 8-70　各类钎料的熔化温度范围

表 8-54　常用钎料的特性

类别	钎料种类	特点与应用
软钎料	锡基钎料	以锡铅(Sn-Pb)钎料应用最广。在锡中加入铅可以提高强度，当铅锡合金中，锡的重量百分比为 61.9%时，即形成熔点为 183℃的共晶，在共晶点附近强度和硬度最高。但是导电率随着含铅量的增加而降低。在锡铅钎料中加入少量的锑(Sb<3%)可以减少钎料在液态时的氧化，提高接头的热稳定性。其他锡铅钎料有含银、锌、锑、铜的，其熔化温度和工作温度较高，有较好的抗蚀和抗蠕变性能。表 8-55 列出一些常用锡基钎料的性能和用途
	铅基钎料	耐热性比锡基钎料好，见表 8-56
	镉基钎料	耐热性最好的软钎料，并具有较好的抗腐蚀性，加入锌是为了降低熔化温度及减轻液态钎料的氧化，并适当提高钎料强度，见表 8-57
	锌基钎料	锌的熔点为 419℃，加入锡和镉可以降低熔点。加入银、铜、铝等可以提高其抗腐蚀性。多数锌基钎料强度低，延性差。对钢、铜和铜合金润湿性差，主要应用焊接铝及铝合金，见表 8-58
	无铅钎料	为了避免长期与铅接触对人类的危害，发展无铅钎料。铅含量(质量分数)不超过 0.1%，熔化温度较高，见表 8-59

（续）

类别	钎料种类	特点与应用
硬钎料	铝基钎料	主要用于铝和铝合金的钎焊。有时加入铜、锌、锗等以满足工艺要求，见表 8-60
	银基钎料	应用最广的硬钎料，其熔点适中工艺性好，具有能润湿多种金属而且有良好的塑性、强度、导热性、导电性和耐各种介质腐蚀的性能。可以用于焊接低碳钢、结构钢、不锈钢、铜及其合金和难熔金属等，见表 8-61
	铜基钎料	纯铜也可以作钎料，其熔点为 1083℃。用作钎料时钎焊温度为 1100～1150℃。为防止焊件氧化，纯铜钎料多在还原气氛、惰性气氛或真空条件下钎焊钢、铜和铜合金，见表 8-62、表 8-63
	锰基钎料	较高温度下工作焊接件使用的钎料。锰的熔点为 1235℃。加入镍以后，熔点可以降低到 1005℃。塑性优良。常加入铬、钴、铁、硼等，降低其熔点，改善其工艺性能。适于在保护气体中钎焊，要求保护气体纯度高不适于火焰钎焊和高真空钎焊，见表 8-64
	镍基钎料	具有优良的抗腐蚀性和耐热性，用于钎焊高温下工作的零件镍的熔点很高（1452℃），热强度不足，常加入铬、硅、硼、磷、铁等以降低熔点、提高热强度，增加流动性，见表 8-65

表 8-55　锡铅钎料和锡银钎料的牌号、成分、性能和用途

牌号	化学成分（质量分数，%）				熔化温度/℃		电阻率 /μΩ·m	用　途
	Sn	Sb	Pb	杂质	固相线	液相线		
BSn4Pb	3～4	5～6	余量	<0.5	245	265	—	含锡量最低，脆性大，只用于钢的镀覆和钎焊不受冲击的零件以及卷边或销口钎缝
BSn18Pb	17～19	2～2.5	余量	<0.5	183	277	0.220	含锡量低，力学性能差，可用于钎焊铜、黄铜、镀锌铁皮等强度要求不高的场合以及钎焊低温工作的工件
BSn30Pb	29～31	1.5～2.0	余量	<0.5	183	256	0.182	是应用较广的钎料，润湿性较好，用于钎焊铜、黄铜、钢、锌板、白铁皮和散热器、仪表、无线电器械、电动机匝线、电缆套等
BSn40Pb	39～41	1.5～2.0	余量	<0.5	183	235	0.170	是应用最广的钎料，润湿性好，用于钎焊铜和铜合金、钢、镀锌铁皮等，可得到光洁表面。常用于钎焊散热器、无线电及电器开关设备、仪表零件等
BSn50Pb	49～51	≤0.8	余量	<0.5	183	210	0.156	钎焊散热器、计算机零件、铜和黄铜、白铁皮等
BSn55Pb	54～56	≤0.8	余量	<0.5	183	200	—	—
BSn60Pb	59～61	≤0.8	余量	<0.5	183	185	0.145	熔点最低，适于钎焊不能受高温和能充分填充窄毛细间隙的地方，如电子器件、电气开关零件、计算机零件、易熔金属制品和淬火钢件等
BSn90Pb	89～91	≤0.15	余量	<0.3	183	222	0.120	可钎焊大多数钢、铜和合金以及其他金属。由于钎料含铅少，特别适于钎焊食品器皿和医疗器材
HL605	95～97	—	—	Ag3～4	221	230	—	抗腐蚀性好，工作温度可达 100℃，适宜于钎焊铜、黄铜、铝青铜、铝黄铜等

表 8-56　铅基钎料牌号、成分、性能及用途

牌　号	化学成分（质量分数，%）				熔化温度范围/℃	电阻率 /μΩ·m	用　途
	Pb	Ag	Sn	杂质			
HLAgPb97	96～98	2.7～3.3	—	<0.5	300～305	0.20	钎焊铜及铜合金，工作温度<150℃
HLAgPb92—5.5	92	2.5	5.5	<0.5	295～305	—	
HLAgPb65—30—5	65	5	30	—	225～235	—	
HLAgPb83.5—15—1.5	83.5	1.5	15	<0.5	265～270	—	

表 8-57　镉基钎料牌号、成分、性能和用途

牌号	化学成分(质量分数,%)			熔化温度	抗拉强度	用途
	Cd	Ag	Zn	/℃	/MPa	
HL503	95	5	—	338~393	112.8	钎焊工作温度较高的铜和铜合金,如散热器及电机整流子。工作温度<250℃
HLAgCd96—1	96	3	1	300~325	110.8	
Cd79ZnAg	79	5	16	270~285	200	
HL508	92	5	3	320~360	—	

表 8-58　锌基钎料成分、熔化温度及用途

牌号	化学成分(质量分数,%)						熔化温度/℃		用途
	Zn	Sn	Pb	Cd	Al	Cu	固相线	液相线	
HL501	56~60	38~42	—	—	—	1.5~2.5	200	350	用于铝芯线的刮擦钎焊,也可钎焊铝、铝合金与铜接头
HL502	58~62	—	—	38~42	—	—	266	335	润湿性好,可钎焊铝和铝合金,铝与铜,耐蚀性尚好
HL607	8~10	29~33	49~53	8~10	—	—	150	210	钎焊铝芯电缆接头,接头耐蚀性差,表面须用保护措施
HL505	70~75	—	—	—	25~30	—	430	500	用于铝和铝合金钎焊,接头耐蚀性好

表 8-59　无铅钎料的化学成分（摘自 GB/T 20422—2006）

型号	熔化温度范围/℃	化学成分(质量分数,%)														
		Sn	Ag	Cu	Bi	Sb	In	Zn	Pb	Au	Ni	Fe	As	Al	Cd	杂质总量
S-Sn99Cu	227~235	余量	0.10	0.20~0.40	0.10	0.10	0.10	0.001	0.10	0.05	0.01	0.02	0.03	0.001	0.002	0.2
S-Sn99Cu1	227	余量	0.10	0.5~0.9	0.10	0.10	0.10	0.001	0.10	0.05	—	0.02	0.03	0.001	0.002	0.2
S-Sn97Cu3	227~310	余量	0.10	2.5~3.5	0.10	0.10	0.10	0.001	0.10	0.05	—	0.02	0.03	0.001	0.002	0.2
S-Sn97Ag3	221~230	余量	2.8~3.2	0.10	0.10	0.10	0.05	0.001	0.10	0.05	0.01	0.02	0.03	0.001	0.002	0.2
S-Sn96Ag4	221	余量	3.3~3.7	0.05	0.10	0.10	0.10	0.001	0.10	0.05	0.01	0.02	0.03	0.001	0.002	0.2
S-Sn96Ag4Cu	217~229	余量	3.7~4.3	0.3~0.7	0.10	0.10	0.10	0.001	0.10	0.05	0.01	0.02	0.03	0.001	0.002	0.2
S-Sn98Cu1Ag	217~227	余量	0.2~0.4	0.5~0.9	0.06	0.10	0.10	0.001	0.10	0.05	0.01	0.02	0.03	0.001	0.002	0.2
S-Sn95Cu4Ag1	217~353	余量	0.8~1.2	3.5~4.5	0.08	0.10	0.10	0.001	0.10	0.05	0.01	0.02	0.03	0.001	0.002	0.2
S-Sn92Cu6Ag2	217~380	余量	1.8~2.2	5.5~6.5	0.08	0.10	0.10	0.001	0.10	0.05	0.01	0.02	0.03	0.001	0.002	0.2
S-Sn91Zn9	199	余量	0.10	0.05	0.10	0.10	0.10	8.5~9.5	0.10	0.05	0.01	0.02	0.03	0.001	0.002	0.2
S-Sn95Sb5	230~240	余量	0.10	0.05	0.10	4.5~5.5	0.10	0.001	0.10	0.05	0.01	0.02	0.03	0.001	0.002	0.2
S-Bi58Sn42	139	41~43	0.10	0.05	余量	0.10	0.10	0.001	0.10	0.05	0.01	0.02	0.03	0.001	0.002	0.2

（续）

型号	熔化温度范围/℃	化学成分(质量分数,%)														
		Sn	Ag	Cu	Bi	Sb	In	Zn	Pb	Au	Ni	Fe	As	Al	Cd	杂质总量
S-Sn89Zn8Bi3	190~197	余量	0.10	0.05	2.8~3.2	0.10	0.10	7.5~8.5	0.10	0.05	0.01	0.02	0.03	0.001	0.002	0.2
S-Sn48In52	118	47.5~48.5	0.10	0.05	0.10	0.10	余量	0.001	0.10	0.05	0.01	0.02	0.03	0.001	0.002	0.2

注：1. 表中的单值均为最大值。
2. 表中的“余量”表示 100%与其余元素含量总和的差值。
3. 表中的“熔化温度范围”只作为资料参考，不作为对无铅钎料合金的要求。
4. S-Sn99Cu1 和 S-Sn97Cu3 中镍作为杂质时不作含量要求，需要注意的是，在已经授权的钎料合金专利中含有 Sn、Cu 和 Ni。

表 8-60　铝基钎料牌号、成分、性能和用途

分类	牌号	化学成分(质量分数,%)								熔化温度/℃		性能与用途
		Al	Si	Cu	Zn	Fe	Mg	Mn	其他总量	固相线	液相线	
铝硅	BAl88Si	余量	11.0~13.0	<0.30	<0.20	≤0.8	≤0.10	≤0.05		575	585	是一种通用钎料,适用于各种钎焊方法,具有极好的流动性和抗腐蚀性
	BAl90Si		9.0~11.0		<0.10		<0.05		Ti≤0.20	575	590	制成片状用于炉中钎焊和浸渍钎焊,钎焊温度比 BAl92Si 低
	BAl92Si		6.8~8.2	<0.25	≤0.20		—	≤0.10		575	615	流动性差,对铝的溶蚀小。制成片状用于炉中钎焊和浸渍钎焊
	BAl95Si		4.5~6.0	≤0.30	≤0.10	≤0.6	≤0.20	≤0.15	Ti≤0.15	575	630	—
铝硅铜	BAl86SiCu		9.3~10.7	3.3~4.7	≤0.2	≤0.8	≤0.1	≤0.15	Cr≤0.15	520	585	适用于各种钎焊方法,钎料的结晶温度间隔较大,易于控制钎料流动
铝硅镁	BAl86SiMg		11.0~13.0			≤0.8	1.0~2.0	≤0.10	—	559	579	真空钎焊用片状、丝状钎料,用于钎焊温度不高,流动性好的场合
	BAl89SiMg		9.5~10.5	≤0.25	≤0.2					555	590	
	BAl89SiMg(Bi)		9.5~10.5	≤0.25	≤0.2	≤0.8	1.0~2.0	≤0.10	Bi 0.02~0.2	555	590	
	BAl89Si(Mg)		9.5~11.0	≤0.25	≤0.2	≤0.8	0.20~1.0	≤0.10	—	559	591	
	BAl88Si(Mg)		11.0~13.0	≤0.25	≤0.2	≤0.8	0.10~0.50	≤0.10	—	562	582	
	BAl87SiMg		10.5~13.0	≤0.25	≤0.2	≤0.8	1.0~2.0	≤0.10	—	559	579	
铝硅锌	BAl87SiZn		9.0~11.0	≤0.30	0.5~3.0	≤0.8	≤0.05	≤0.05	—	576	588	
	BAl85SiZn		10.5~13.0	≤0.25	0.5~3.0	≤0.8	—	≤0.10	—	576	609	

注：1. 所有型号钎料中，Cd 元素的最大含量为 0.01，Pb 元素的最大含量为 0.025。
2. 其他每个未定义元素的最大含量为 0.05，未定义元素总含量不应高于 0.15。

表 8-61 银基钎料成分、性能及用途

牌号	化学成分(质量分数,%)						熔化温度/℃		用途
	Ag	Cu	Zn	Cd	Sn	其他	固相线	液相线	
BAg94Al	余量					Mn0.7~1.3 Al4.5~5.5	780	825	用于钎焊钛和钛合金
BAg10CuZn	9~11	52~54	余量	—	—	—	815	850	钎焊温度较高,塑性较差,用于钎焊 w(Cu)低于 58%的黄铜、铜零件、钢
BAg25CuZn	24~26	40~42	余量	—	—	—	745	775	有较好的润湿和填缝能力,可钎焊要求表面光洁、能承受冲击载荷的铜和铜合金、钢、不锈钢等零件,但 BAg45CuZn 钎焊温度较低,接头性能更好,是最常用的一种银钎料
BAg45CuZn	44~46	29~31	余量	—	—	—	665	745	
BAg50CuZn	49~51	33~35	余量	—	—	—	690	774	钎料结晶间隔较大,适用于钎焊间隙不均匀或要求钎缝圆角较大以及承受多次冲击载荷的零件
BAg65CuZn	64~66	19~21	余量	—	—	—	685	720	钎料熔化温度较低,强度和塑性好,用于钎焊性能要求高的黄铜、青铜和钢件
BAg70CuZn	69~71	24~26	余量	—	—	—	730	755	适宜钎焊要求电导性好的铜、黄铜、银等,含锌少可用于炉中钎焊
BAg40CuZnCdNi	39~41	15.5~16.5	17.3~18.3	25.1~26.5	—	Ni0.1~0.3	595	605	熔化温度最低的银基钎料,工艺性能和力学性能很好,用于钎焊铜和铜合金、钢、不锈钢,特别适宜于要求钎焊温度低的调质钢及铍青铜等。镉蒸气有毒
BAg50CuZnCd	49~51	14.5~16.5	14.5~18.5	17~19	—	—	625	635	BAg50CuZnCd 特别适用于钎焊温度要求不很严,而强度要求高的零件
BAg35CuZnCd	34~36	25~29	29~23	17~19	—	—	605	700	可填充较大和不均匀的间隙。但为了防偏析,要求加热快。钎焊铜和铜合金、钢、不锈钢
BAg50CuZnCdNi	49~51	14.5~16.5	13.5~17.5	15~17	—	Ni2.5~3.5	630	690	耐热和耐蚀性好,适于钎焊不锈钢及硬质合金
BAg56CuZnSn	55~57	21~23	15~19	—	4.5~5.5	—	620	650	BAg50CuZnCd 的代用品,以及钎焊不锈钢,钎缝与不锈钢色相近
BAg40CuZnSnNi	39~41	24~26	29.5~31.5	—	2.7~3.3	Ni1.3~1.65	634	640	BAg40CuZnCd 的代用品无毒,但性能不及 BAg40CuZnCd

表 8-62　铜和铜锌钎料的特性及用途

钎料型号	钎料牌号	化学成分(质量分数,%)							熔化温度范围/℃	抗拉强度/MPa	用　途
		Cu	Sn	Si	Fe	Mn	Zn	其他			
BCu	—	≥99	—	—	—	—	—	—	1083	—	主要用于还原性气体保护,惰性气体保护和真空条件下钎焊低碳钢、低合金钢、不锈钢、镍钨和钼等
BCu54Zn	H62	62±1.5	—	—	—	—	余量	—	900~905	313.8	应用最广的铜锌钎料,用来钎焊受力大的铜、镍、钢制零件
	H1CuZn46 HL103	54±2	—	—	—	—	余量	—	885~888	254	钎料塑性较差,主要用来钎焊不受冲击和弯曲的铜及其合金零件
BCu54Zn	H1CuZn52 HL102	48±2	—	—	—	—	余量	—	860~870	205	钎料相当脆,主要用来钎焊不受冲击和弯曲的 w(Cu)大于 68%的铜合金
	H1CuZn64 HL101	36±2	—	—	—	—	余量	—	800~823	29	钎料极脆,钎焊接头性能差,主要用于黄铜的钎焊
	Cu-Mn-Zn-Si	余量	—	0.2~0.6	—	24~32	14~20	—	825~831	411.6	用于硬质合金的钎焊
	HLD_2	余量	—	—	—	6~10	34~36	2~3	830~850	377	代替银钎料用于带锯的钎焊
BCu60-ZnFe-R	丝 222	58±1	0.85±0.15	0.1±0.05	0.8±0.4	0.06±0.03	余量	—	860~900	333.4	与 BCu60ZnSn-R 钎料相同
BCu60-ZnSn-R	丝 221	60±1	1±0.2	0.25±0.1	—	—	余量	—	890~905	343.2	可取代 H62 钎料以获得更致密的钎缝,尚可作为气焊黄铜用的焊丝
BCu58ZnMn	HL105	58±1	—	—	0.15	4±0.3	余量	—	880~909	304.2	锰可提高钎料的强度,塑性和对硬质合金的润湿能力,广泛用于硬质合金刀具、模具及采掘工具的钎焊
BCu48-ZnNi-R	—	48±2	—	0.15±0.1	—	—	余量	Ni10±1	921~935		用于有一定耐热要求的低碳钢、铸铁、镍合金零件的钎焊,对硬质合金工具也有良好的润湿能力

表 8-63　高温铜基钎料特性及用途

钎料牌号	化学成分(质量分数,%)						熔化温度范围/℃	钎焊温度范围/℃	用　途
	Cu	Ni	Si	B	Fe	其他			
HLCu-2	余量	17~19	1.6~1.9	0.15~0.25	0.8~1.2	Co=4.5~5.5 Mn=6~7	1027~1070	1080~1100	用途与 HLCuNi30-2-0.2 钎料相同,但钎焊温度较低,可避免母材晶粒长大和麻面等缺陷,HLCu-2a 因含锰量较低,火焰钎焊时的工艺性优于 HLCu-2
HLCu-2a	余量	17~19	1.6~1.9	0.15~0.25	0.8~1.2	Co=4.5~5.5 Mn=4.5~5.5	1050~1080	1090~1100	
QCu-4	余量	—	—	—	—	Co=10±1 Mn=31.5±1	940~950	1000~1050	主要用于气体保护钎焊不锈钢,钎焊接头工作温度可达538℃,钎焊马氏体不锈钢时可将钎焊与淬火处理合并进行,简化工艺过程
HLCuNi-30-2-0.2	余量	27~30	1.5~2	≤0.2	<1.5	—	1080~1120	1150~1200	该钎料在 600℃以下几乎与 1Cr18Ni9Ti 不锈钢等强度,主要用于不锈钢的钎焊,钎料熔点高,容易引起母材晶粒长大和近缝区麻面缺陷

表 8-64　锰基钎料的特性及用途

钎料牌号	化学成分(质量分数,%)							熔化温度范围/℃	钎焊温度范围/℃	用　途
	Mn	Ni	Cr	Cu	Co	Fe	其他			
BMn70NiCr	70±1	25±1	5±0.5	—	—	—	—	1035~1080	1150~1180	使用很广的一种锰基钎料,具有良好的润湿作用和填充间隙的能力,对母材的溶蚀作用小,可满足不锈钢波纹板夹层结构换热器的低真空钎焊的要求
BMn40NiCrFeCo	40±1	41±1	12±1	—	3±0.5	4±0.5	—	1065~1135	1180~1200	钎料的高温性能和抗腐蚀性稍高于 QMn-1 钎料,但钎焊温度更高,为避免母材晶粒长大,必须严格控制钎焊温度
BMn68NiCo	68±1	22±1	—	—	10±1	—	—	1050~1070	1120~1150	高温性能好,钎焊温度低于前两者,适宜于钎焊工作温度较高的薄件
BMn50NiCuCrCo	50±1	27.5±1	4.5±0.5	—	4.5±0.5	—	—	1010~1035	1060~1080	钎料熔化温度较低,能填充较大的接头间隙,特别适宜于在氩气保护下高频钎焊不锈钢接头
BMn65NiCoFeB	余量	16±1	—	—	16±1	3~3.5	B0.1~0.3	1010~1055	1060~1085	钎料在不锈钢上的润湿作用较差,可用于钎焊毛细管等易被钎料堵塞的场合
BMn45NiCu	45±1	20±1	—	35±1	—	—	—	950	1000	钎料熔点低,以适应分步钎焊及补钎的要求

表 8-65 镍基钎料成分、性能及用途

牌号	化学成分(质量分数,%)							熔化温度/℃		用途
	Ni	Cr	B	Si	Fe	C	P	固相线	液相线	
BNi74CrSiB	余量	13~15	2.75~3.5	4~5	4~5	0.6~0.9	—	975	1038	用于强度要求高以及高温合金钎焊接头如涡轮叶片,喷气发动机零件及高应力部件
BNi75CrSiB	余量	13~15	2.75~3.5	4~5	4~5	0.06	—	975	1075	用于高温喷气发动机零件以及室温及低温下工作的零件
BNi82CrSiB	余量	6~8	2.75~3.5	4~5	2.5~3.5	0.06	—	970	1000	与上述钎料相似,但能在较低温度下钎焊
BNi68CrWB	余量	9.5~10.5	2.2~2.8	3~4	2~3	0.06	W11.5~12.5	970	1095	接头抗氧化性比上述钎料较差,用于钎焊高温下受大应力的零件
BNi92SiB	余量	—	2.75~3.5	4~5	0.5	0.06	—	980	1010	与BNi74CrSiB钎料相似,但对保护气体和真空度的要求较低
BNi93SiB	余量	—	1.5~2.2	3~4	1.5	0.06	—	980	1065	用于要求钎缝圆角较大和韧性较好的场合,也能用来钎焊间隙较大的接头
BNi71CrSi	余量	18.5~19.5	—	9.75~10.5	—	0.10	—	1080	1135	用于钎焊在高温下工作的高强度和抗氧化的接头,还可用于钎焊不允许含硼的核部件
BNi89P	余量	—	—	—	—	0.10	P10~12	877	877	流动性好,对母材的溶蚀小,用于钎焊工作温度不是太高的不锈钢零件
BNi76CrP	余量	13~15	0.01	0.10	0.2	0.08	P9.7~10.5	890	890	钎焊蜂窝结构,薄壁管组件以及高温下使用的其他结构,又可用于不允许含硼的各种部件

（3）选择焊料时需注意的问题

1）尽量选择钎料的主要成分与母材的成分相同的钎料，有良好的润湿性。二者在元素周期表中的位置应尽量靠近，引起的电化学腐蚀较小，接头抗腐蚀性好。

2）钎料的熔点要低于母材至少40～50℃。

3）在钎焊温度下，钎料具有的化学稳定性，以免在焊件过程中焊料成分发生变化。

4）钎料本身具有良好的成形加工性，可以根据焊件工艺需要制造成丝、棒、片、箔、粉等形状。

2. 钎剂

钎剂的主要作用是去除钎焊金属和液态钎料表面上的氧化膜，保护钎焊金属和钎料在加热过程中不被氧化。改善钎料对母材金属表面的润湿性，促进钎料流动。钎剂可以按以下分类。

（1）软钎剂　进行软钎焊时使用的钎剂，分类见表8-66。根据表中的分类，对钎剂进行编码，如磷酸无机物类膏状钎剂的编号为3.2.1.C。

表8-66　软钎剂的分类

钎剂类型	钎剂基体	钎剂活性剂	钎剂形态
1　树脂类	1　松香	1　未添加活性剂 2　加入卤化物活性剂 3　加入非卤化物活性剂	A 液体 B 固体 C 膏状
	2　非松香(树脂)		
2　有机物类	1　水溶性		
	2　非水溶性		
3　无机物类	1　盐类	1　含有氯化铵 2　不含有氯化铵	
	2　酸类	1　磷酸 2　其他酸	
	3　碱类	氨和(或)铵	

注：也可能存在其他活性剂。

（2）硬钎剂　这类钎剂主要以硼砂、硼酸及其混合物为基体，以某种碱金属和碱土金属的氟化物，氟硼酸盐等具有合适的活性温度范围和去氧化物能力的高熔点钎剂。可以用于钎焊碳钢、铸铁、不锈钢、硬质合金、高温合金铜及铜合金等多种材料。但是此类金属的残渣具有不同程度的腐蚀性。钎焊后，应该注意予以清除。

8.5.4　钎焊方法

表8-67列出了常用的钎焊方法及其应用范围。

表8-67　各种钎焊方法的特点与应用范围

钎焊方法	特　　点	应用范围
烙铁钎焊	温度低	1)适用于钎焊温度低于300℃的软钎焊(用锡铅或铅基钎料) 2)钎焊薄件、小件。需钎剂
火焰钎焊	设备简单,通用性好,生产率低(手工操作时),要求操作技术高	1)适用于钎焊某些受焊件形状、尺寸及设备等的限制而不能用其他方法钎焊的工件,适于无电场合 2)可采用火焰自动钎焊 3)可焊接钢、不锈钢、硬质合金、铸铁、铜、银、铝等及其合金 4)常用钎料有铜锌、铜磷、银基、铝基及锌铝钎料
电阻钎焊	加热快,生产率高,操作技术易掌握	1)可在工件上通低压电,由工件上产生的电阻热直接加热,也可用碳电极通电,由碳电阻放出的电阻热间接加热工件 2)钎焊接头面积小于65～380mm^2时,经济效果最好 3)特别适用于钎焊某些不允许整体加热的工件 4)最宜焊铜,使用铜磷钎料可不用钎剂;也可用于焊银合金、铜合金、钢、硬质合金等 5)使用的钎料有铜锌、铜磷、银基。常用于钎焊刀具、电器触头、电动机定子线圈、仪表元件、导线端头等
感应钎焊	加热快,生产效率高 可局部加热,零件变形小,接头洁净,易满足电子电器产品的要求 受零件形状及大小的限制	1)钎料需预置,一般需用钎剂,否则应在保护气体或真空气氛中钎焊 2)因加热时间短,宜采用熔化温度范围小的钎料 3)适用于除铝、镁外的各种材料及异种材料的钎焊。特别适宜于焊接形状对称的管接头,法兰接头等 4)钎焊异种材料时,应考虑不同磁性及膨胀系数的影响 5)常用的钎料有银基、铜基

（续）

钎焊方法	特　点	应用范围
浸渍钎焊	加热快，生产效率高 当设备能力大时，可同时焊多件、多缝，宜大量连续生产，如制氧机铝制大型板式热交换器，单件或非连续生产	1）在熔融的钎料槽内浸渍钎焊 软钎料用于钎焊钢、铜和合金，特别适用于钎焊焊缝多的复杂工件，如换热器、电动机电枢导线等 硬钎料主要用于焊小件。缺点是钎料消耗量大 2）在熔盐槽中浸渍钎焊：工件需预置钎料及钎剂，钎焊工件浸入熔盐中预置钎料，在熔融的钎剂或含钎剂的熔盐中钎焊 所有的熔盐不仅起到钎剂的作用，而且能在钎焊的同时向焊件渗碳、渗氮 3）适用于焊钢、铜及其合金、铝及其合金、使用铜基、银基、铝基钎料 4）波峰钎焊主要应用于电子行业中印制电路板上电子元器件通孔插装技术（THT）的连接
炉中钎焊	炉内气氛可控，炉温易控制准确、均匀、工件整体加热、变形量小，可同时焊多件，多缝，适于大量生产，成本低 焊件尺寸受设备大小的限制	1）在空气炉中钎焊，如用软钎料钎焊钢和铜合金。铝基钎料焊铝合金，虽用钎剂，工件氧化仍较严重，故很少应用 2）在还原性气体如氢、分解氨的保护气氛中，不需焊剂，可用铜、银基钎料钎焊钢、不锈钢、无氧铜 3）在惰性气体如氩的保护气氛中，不用钎剂，可用含锂的银基钎料焊钢、不锈钢、银铜钎料焊铜、镍；或少用钎剂，以银基钎料焊钢，铜钎料焊不锈钢；使用钎剂时可以镍基钎料焊不锈钢、高温合金、钛合金，用铜钎料焊钢 4）在真空炉中钎焊，不需钎剂，以铜、镍基钎料焊不锈钢、高温合金（尤以含钛、铝高的高温合金为宜）；用银铜钎料焊铜、镍、可伐合金、银钛合金；用铝基钎料焊铝合金、钛合金
再流钎焊	加热方式和方法多样，对工件有些可以整体加热，有些可局部很窄区域加 工件作表面组装，处于水平位置焊接 适合流水线作业大批量生产	1）适于在平板表面上焊接多个小工件，特别适合精密电子印制电路板表面贴装元器件的连接 2）钎料为膏状，焊前需预置 3）需要整体均匀加热时，宜用热红外线、热风或气相加热，但气相加热的温度不能调节和控制 4）窄间距微电子元器件外引线的焊接宜用激光辐射加热

8.5.5　钎焊接头的设计

1. 钎焊接头的基本形式

钎焊接头的基本形式有对接、搭接、T 形接、角接或卷边接等。由于钎料的强度大多比母材强度低，这样的接头要达到与母材等强度，只有扩大钎缝的连接面积才有可能。

所以，设计钎焊的对接、T 形接和角接等接头时，尽可能使局部构造“搭接化”。图 8-71 所示为按此原则设计的接头例子。

搭接接头的缺点是浪费材料，增加结构重量，受力不合理，应力集中较大。

2. 钎焊接头搭接长度计算

搭接接头是钎焊常用接头，为了保证钎焊搭接接头与母材具有相等的承载能力，理论上可按下式计算搭接长度 L（图 8-72）：

$$L=a\cdot\frac{\sigma_b}{\tau}\cdot\delta$$

式中　L——搭接长度（mm）；

σ_b——强度较低或较薄母材的抗拉强度（MPa）；

τ——钎焊接头的抗剪强度（MPa）见表 8-68；

δ——母材厚度（mm）；

a——安全系数。

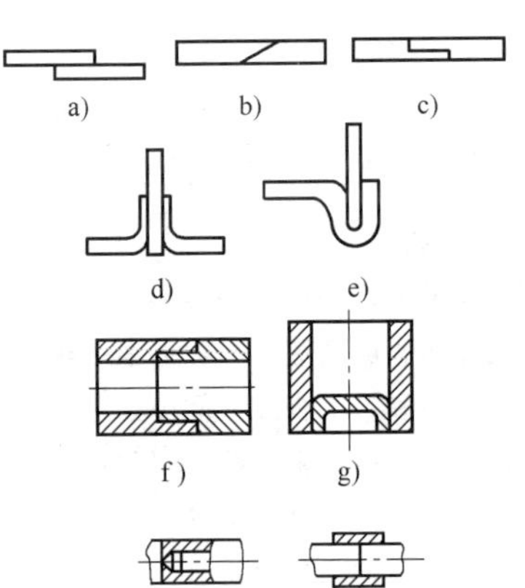

图 8-71　各类钎焊接头举例

a）普通搭接接头

b）、c）对接接头局部搭接化

d）、e）丁字接头和角接接头的局部搭接化

f）管件的套接接头　g）管与底板的接头形式

h）、i）杆件连接的接头形式

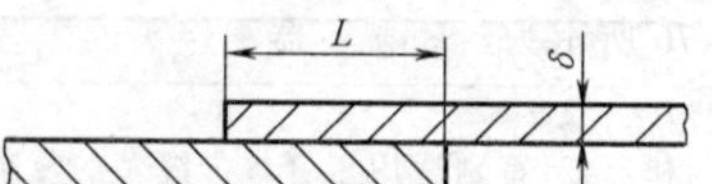

图 8-72　搭接长度计算

钎焊接头的强度除取决于钎料强度和钎焊过程各钎料与母材的相互作用外，还与钎焊方法、接头形式、钎焊工艺等因素有关。表 8-68 所列的抗剪强度提供参考。实际生产中搭接长度常取母材厚度的 2~3 倍，对于薄壁件可取 4~5 倍；但搭接长度很少超过 15mm。

表 8-68　常用金属钎焊接头的合适间隙和接头抗剪强度

钎焊金属	钎料	间隙 /mm	抗剪强度 /MPa
碳钢	铜	0.00~0.05	100~150
	黄铜	0.05~0.20	200~250
	银基钎料	0.05~0.15	150~240
	锡铅钎料	0.05~0.20	38~51
不锈钢	铜	0.02~0.07	
	铜镍钎料	0.03~0.20	370~500
	银基钎料	0.05~0.15	190~230
	镍基钎料	0.05~0.12	190~210
	锰基钎料	0.04~0.15	≈300
铜和铜合金	铜锌钎料	0.05~0.13	
	铜磷钎料	0.02~0.15	100~180
	银基钎料	0.05~0.13	160~220
	锡铅钎料	0.05~0.20	21~46
	镉基钎料	0.05~0.20	40~80
铝和铝合金	铝基钎料	0.10~0.30	60~100
	钎焊铝用软钎料	0.10~0.30	40~80

3. 接头间隙

钎焊是靠毛细作用使液态钎料填满间隙的，因此必须正确选择接头的间隙。间隙的大小很大程度上影响钎缝的致密性和接头强度。间隙太小，妨碍钎料流入，造成钎缝内夹渣或未钎透；间隙过大，破坏钎缝的毛细作用，钎料不能填满间隙。表 8-68 列出了常用金属的搭接接头的间隙范围。

在具体选用接头间隙时尚须考虑下列几个因素。

1）钎剂的影响。使用矿物型钎剂时，接头间隙应选得大些。若接头间隙过小，钎剂可能留在间隙中不能被钎料置换而形成夹渣。使用气体型钎剂或真空钎焊时，不存在排渣问题，接头间隙可取得小些。

2）母材与钎料相互作用影响。若母材与钎料相互作用小，间隙可取得小些，如用铜钎焊碳钢或不锈钢时可取小间隙；如用铝基钎料钎焊铝时，间隙应大些。因为母材的溶解会使钎料熔点提高，流动性降低。

3）钎料的流动性影响。易流动的钎料，如纯金属（铜）和共晶合金，以及自钎剂钎料，接头间隙应小些；结晶间隔大的钎料，流动性差，接头间隙可大些。

4）搭接长度。搭接长度越长，钎料与母材相互作用较大时，间隙应越大。因此，在保证接头强度下尽可采用最短的接头。

5）间隙位置。垂直位置的接头间隙应小些，以免钎料流出；水平位置的接头间隙可以大些。

6）热膨胀系数的影响。当材料不同，截面不等的零件，特别是对于套接类型接头，热膨胀系数的差异影响最大。如果套接内部的零件材料比外部零件材料的热膨胀系数大，则加热时，间隙变小；反之，加热时，间隙增大。因此，必须保证在钎焊温度下的间隙，而不是室温装配时的间隙。

7）预置钎料。在两板之间预先放置箔片钎料，不必考虑间隙大小，但接头钎焊时必须预加压力，使钎焊过程接头间隙减小，让钎料填充到一般粗糙度界面上的空隙中。

4. 接头的工艺性设计

所设计的钎焊接头不仅要保证其使用性能，还必须保证接头在钎焊过程能顺利地进行，不因接头的构造设计失误而导致接头出现未钎透、气孔、夹渣、钎料流失等工艺缺陷。

（1）考虑钎料在接头上的安置

在接头设计时就必须确定用什么形状的钎料，以什么方式和方法向接头间隙进给钎料。通常气体火焰钎焊和烙铁钎焊钎料是在钎焊时进给的，其他钎焊方法一般都是预先把钎料安置在接头上。安置的原则如下。

1）尽可能利用钎料的重力作用和间隙的毛细作用，以保证钎料良好地填满间隙。

2）钎料填缝时，间隙中的气体或钎剂有排出通道。

3）钎料应安置在不易润湿及加热中温度较低的零件上。

4）安置要牢靠，不致在钎焊过程中因意外干扰而错动位置。

图 8-73 所示为考虑了合理安置环状钎料的接头设计的例子。箔状钎料应以与钎缝相同的形状、相近的大小，直接置于接头间隙内，钎焊时施以一定压力压紧钎缝以保证填满间隙，如图 8-74 所示。

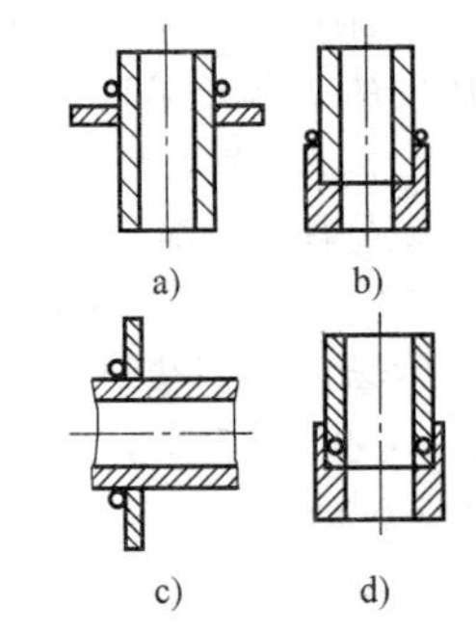

图 8-73　环状钎料的安置

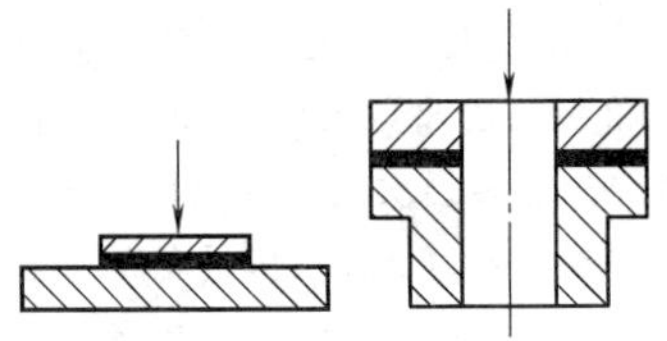

图 8-74　箔状钎料的安置方法

（2）考虑焊件的装配与定位

设计钎焊接头时必须考虑使焊前零件的装配与定位简便而又准确。图 8-75 所示为一些尺寸较小、结构简单的零件定位的例子，这些接头都具有“自保持”特点。

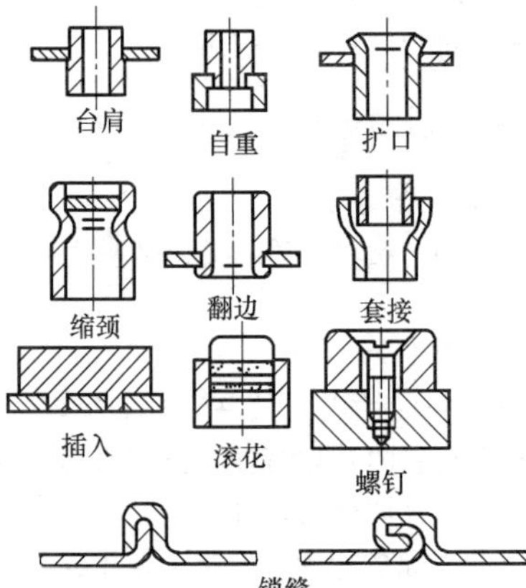

图 8-75　“自保持”定位钎焊接头举例

对于尺寸较大结构复杂的零件，一般采用专用夹具来定位与夹紧。这时接头设计不受限制，而对夹具则有较高的要求，如耐高温，抗氧化，具有足够的强度和刚性等。

（3）考虑工艺孔

工艺孔是指在接头上或零件上设计一些满足工艺要求的孔或洞。例如，钎焊接头处的盲孔和封闭的空间是不允许存在的，必须有排气或排出残留钎剂的通道。

大面积搭接的情况下，为防止中心围阱和夹渣，如果设计允许，可以在上面一片板料上打若干小孔，以利气体和残余钎剂排出。

图 8-76 所示为封闭型容器和接头的工艺孔例子。

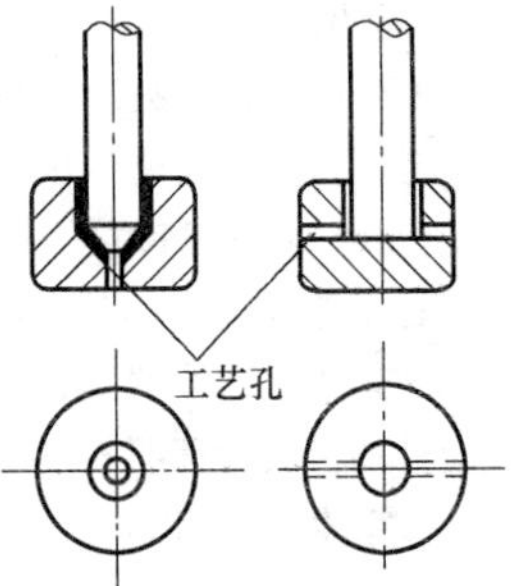

图 8-76　封闭型容器和接头的工艺孔

8.6　黏接

8.6.1　概述

黏接技术在现代工业尤其是航空、航天工业得到了广泛的应用。以美制运输机为例，1953 年设计的 C—130 型，黏接面积为 $9m^2$；1962 年设计的 C—141 型，黏接面积为 $560m^2$；1965 年设计的 C—54 型，黏接面积为 $3200m^2$。据报道，美制 B—55 轰炸机，机身表面积的 85%都采用了黏接结构。

1. 黏接原理

（1）机械作用　胶黏剂相当于许多小钩和榫头似地镶嵌在材料表面凹凸不平的孔隙中，把胶黏剂和被黏物连接在一起。

（2）扩散作用　在温度和压力作用下，由于分子的热运动等作用，使胶黏剂分子与被黏物表面分子相互扩散，从而在二者之间形成相互“交织”结合。然而在一般情况下，这种扩散作用不明显，产生的黏附力也很小。当胶黏剂是由具有链状结构的聚合物分子组成的，如被黏物是高聚物，在一定条件下，由于分子或链段的布朗运动，胶黏剂分子和被黏物分子互相扩散是可能的，互相扩散的实质就是在界面上发生互溶，产生很高的黏附强度。

（3）吸附作用　胶接过程中，胶黏剂在固化前具有流动性，在压力的作用下，使胶黏剂与被黏物相互紧密接触，发生分子间的吸附作用，使它们结合在一起。

（4）化学作用　某些胶黏剂分子能与被黏物表面形成牢固的化学键。化学键的形成需要特定的条件，但这种结合是比较牢固的。

（5）静电作用　根据在暗室中胶黏剂层从被黏物表面高速剥离时产生放电现象，说明胶黏剂与被黏物之间存在双电层，而黏附力主要是由双电层的静电引力引起的。

2. 黏接的特点

金属结构采用黏接，同铆接、螺栓连接以及焊接相比较，具有以下特点：

1）应力分布比较均匀，胶黏剂与被黏物表面依靠黏附作用形成“面连接”，能避免铆接、点焊和螺栓等“点连接”的应力集中，它不像铆接、螺栓连接那样需要在基材上钻孔，也不像焊接那样存在热影响区，因而可提高结构强度和整体刚度，改善结构的疲劳性能、腐蚀性能和破损安全性能。实验证明，飞机的某些构件由铆接改成黏接后，疲劳寿命提高3~10倍。

2）传力面积大，整个黏接面积都能承受载荷，因而承载能力高。例如，连接两块厚度为1mm的铝合金板材，当搭接面积为（30×30）mm^2时，黏接（采用室温固化环氧胶）的承载能力为11.1kN，铆接（采用一个直径3mm硬铝铆钉）承载能力为2.28kN；而点焊连接（一个焊点直径3mm）承载能力仅为2.85kN。在上述条件下，黏接的承载能力分别为焊接或铆接的4~5倍。

3）可黏接不同类的、极薄的或脆弱的材料。黏接不同模量、不同厚度的材料可避免用铆接、焊接时引起的扭曲变形。黏接不同金属（如铜—钢）可避免因接触电位差引起的腐蚀。黏接常常是连接极薄或脆弱材料唯一的可行方法。

4）胶层具有较好的密封性。如配合适当的接头形式，密封接头可耐压30MPa，真空密封可达1.33×10^{-11}MPa，胶黏剂通常具有电绝缘性，其绝缘率因胶黏剂不同而异，最高可达$10^{13\sim14}\Omega\cdot mm^2/m$。为满足某些电器元件的连接，可采用导电胶。导电胶的电导率可接近水银。胶黏剂具有防腐性能，胶接接头一般不需再做防腐处理。

黏接的缺点：

1）在当前的工程技术水平下，黏接强度的分散性较大，剥离强度较低，黏接性能易随环境—应力作用发生变化。

2）黏接要求胶黏剂与被黏物及其表面相匹配，零件尺寸配合公差要求严格，黏接表面需经特殊表面处理，结构黏接要求清洁，控制温度和湿度的环境，固化需要加温加压的工装模具和设备（如热压罐等），并要求实行严格的质量控制。

3）胶黏剂的耐热性一般都较低，通常抗胶黏剂使用温度在150℃以下。可在250℃以上使用的胶黏剂品种不多。以硅酸盐、磷酸盐等为基料的无机胶黏剂虽然可耐800~1000℃的高温，但由于性能较脆，只适于某些特殊结构的黏接。

3. 黏接的应用范围

1）黏接可用于不具有焊接性的材料或薄的工件，以及不适于采用铆接或螺栓连接的工件。

2）优先用于黏接轻金属。在飞机制造业中，采用黏接的有机翼、机身、螺旋桨和直升机的翼叶片。特别有价值的是对多层次结构即夹层结构允许在大范围内用金属黏接，因为这种结构具有高刚性和低重量。

3）在电子工业中，黏接的薄板选片组具有既能作为绝缘体，又能用来消除内部感应电动势的优点。在测量技术中，把应变片黏接在试件上。

4）在机械制造业方面得到广泛应用。如受力结构件黏接；金属切削刀具刀片在刀杆上的固定；模具的黏接镶拼；磨损尺寸恢复；断轴、破裂壳体的修复；铸件砂眼、气孔的修补；加工超差的挽回等。

5）在建筑、纺织、医学、轻工业、制鞋工业以及密封技术中都得到广泛的应用。

8.6.2　黏合剂的选择

1. 黏合剂的分类（见表8-69）

按照黏合剂的粘料性质分类，是一种常用的比较合理的分类方法。

2. 黏合剂的选择原则

（1）被黏物的性质　被黏物种类很多，性质各异，必须根据材料的具体特性去选择合适的黏合剂。各种材料常用黏合剂见表8-70。

（2）黏接对象的使用条件与工作环境

1）受外力情况。黏接接头所受外力可归纳为拉伸、剪切、撕裂、剥离四种类型，如图8-69所示。

表8-69　黏合剂的分类

黏合剂分类				常用黏合剂
有机黏合剂	合成黏合剂	树脂型	热塑性黏合剂	α-氰基丙烯酸酯
			热固性黏合剂	不饱和聚酯、环氧树脂、酚醛树脂
		橡胶型	树脂酸性	氯丁-酚醛
			单-橡胶	氯丁胶浆
		混合型	橡胶与橡胶	氯丁-丁腈
			树脂与橡胶	酚醛-丁腈、环氧-聚硫
			热固性树脂与热塑性树脂	酚醛-缩醛、环氧-尼龙
		动物黏合剂		骨胶、虫胶
	天然黏合剂	植物黏合剂		淀粉、松香、桃胶
		矿物黏合剂		沥青
		天然橡胶黏合剂		橡胶水

（续）

黏合剂分类		常用黏合剂
无机黏合剂	硫酸盐	石膏
	硅酸盐	水玻璃
	磷酸盐	磷酸-氧化铜
	硼酸盐	

表 8-70 常用黏合剂

被黏物材料名称	黏合剂名称
钢铁	环氧-聚酰胺胶、环氧-多胺胶、环氧-丁腈胶、环氧-聚砜胶、环氧-聚硫胶、环氧-尼龙胶、环氧-缩醛胶、酚醛-丁腈胶、第二代丙烯酸酯胶、厌氧胶、α-氰基丙烯酸酯胶、无机胶
铜及其合金	环氧-聚酰胺胶、环氧-丁腈胶、酚醛-缩醛胶、第二代丙烯酸酯胶、α-氰基丙烯酸酯胶、厌氧胶
铝及其合金	环氧-聚酰胺胶、环氧-缩醛胶、环氧-丁腈胶、环氧-脂肪胺胶、酚醛-缩醛胶、酚醛-丁腈胶、第二代丙烯酸酯胶、α-氰基丙烯酸酯胶、厌氧胶、聚氨酯胶
不锈钢	环氧-聚酰胺胶、酚醛-丁腈胶、聚氨酯胶、第二代丙烯酸酯胶、聚苯硫醚胶
镁及其合金	环氧-聚酰胺胶、酚醛-丁腈胶、聚氨酯胶、α-氰基丙烯酸酯胶
钛及其合金	环氧-聚酰胺胶、酚醛-缩醛胶、第二代丙烯酸酯胶
镍	环氧-聚酰胺胶、酚醛-丁腈胶、α-氰基丙烯酸酯胶
铬	环氧-聚酰胺胶、酚醛-丁腈胺、聚氨酯胶
锡	环氧-聚酰胺胶、酚醛-缩醛聚、聚氨酯胶
锌	环氧-聚酰胺胶
铅	环氧-聚酰胺胶、环氧-尼龙胶
玻璃钢(环氧、酚醛、不饱和聚酯)	环氧胶、酚醛-缩醛胶、第二代丙烯酸酯胶、α-氰基丙烯酸酯胶
胶(电)木	环氧-脂肪胺胶、酚醛-缩醛胶、α-氰基丙酸酯胶
层压塑料	环氧胶、酚醛-缩醛胶、α-氰基丙烯酸酯胶
有机玻璃	α-氰基丙烯酸酯胶、聚氨酯胶、第二代丙烯酸酯胶
聚苯乙烯	α-氰基丙烯酸酯胶
ABS	α-氰基烯酸酯胶、第二代丙烯酸酯胶、聚氨酯胶、不饱和聚酯胶
硬聚氯乙烯	过氯乙烯胶、酚醛-氯丁胶、第二代丙烯酸酯胶
软聚氯乙烯	聚氨酯胶、第二代丙烯酸酯胶、PVC 胶
聚碳酸酯	α-氰基丙烯酸酯胶、聚氨酯胶、第二代丙烯酸酯胶、不饱和聚酯胶
聚甲醛	环氧-聚酰胺胶、α-氰基丙烯酸酯胶
尼龙	环氧-聚酰胺胶、环氧-尼龙胶、聚氨酯胶
涤纶	氯丁-酚醛胶、聚酯胶
聚砜	α-氰基丙烯酸酯胶、第二代丙烯酸酯胶、聚氨酯胶、不饱和聚酯胶
聚乙(丙)烯	EVA 热熔胶、丙烯酸压敏胶、聚异丁烯胶
聚四氟乙烯	F-2 胶、F-4D 胶、FS-203 胶
天然橡胶	氯丁胶、聚氨酯胶、天然橡胶粘合剂
氯丁橡胶	氯丁胶、丁腈胶
丁腈橡胶	丁腈胶
丁苯橡胶	氯丁胶、聚氨酯胶
聚氨酯橡胶	聚氨酯胶、接枝氯丁胶
硅橡胶	硅橡胶
氟橡胶	FXY-3 胶
玻璃	环氧-聚酰胺胶、厌氧胶、不饱和聚酯胶
陶瓷	环氧胶
混凝土	环氧胶、酚醛-氯丁胶、不饱和聚酯胶
木(竹)材	白乳胶、脲醛胶、酚醛胶、环氧胶、丙烯酸酯乳液胶
棉织物	天然胶乳、氯丁胶、白乳胶
尼龙织物	氯丁乳胶、接枝氯丁胶、热熔胶
涤纶织物	氯丁-酚醛胶、氯丁胶乳、热熔胶

（续）

被黏物材料名称	黏合剂名称
纸张	聚乙烯醇胶、聚乙烯醇缩醛胶、白乳胶、热熔胶
泡沫橡胶	氯丁-酚醛胶、聚氨酯胶
聚苯乙烯泡沫	丙烯酸酯浮液
聚氯乙烯泡沫	氯丁胶、聚氨酯胶
聚氨酯泡沫	氯丁-酚醛胶、聚氨酯胶、丙烯酸酯乳液
聚氯乙烯薄膜	过聚乙烯胶、压敏胶
涤纶薄膜	氯丁-酚醛胶
聚丙烯薄膜	热熔胶、压敏胶
玻璃纸	压敏胶
皮革	氯丁胶、聚氨酯胶、热熔胶
人造革	接枝氧丁胶、聚氨酯胶
合成革	接枝氧丁胶、聚氨酯胶
仿牛皮革	聚氨酯胶、接枝氯丁胶、热熔胶
橡塑材料	聚氨酯胶、接枝氯丁胶、热熔胶

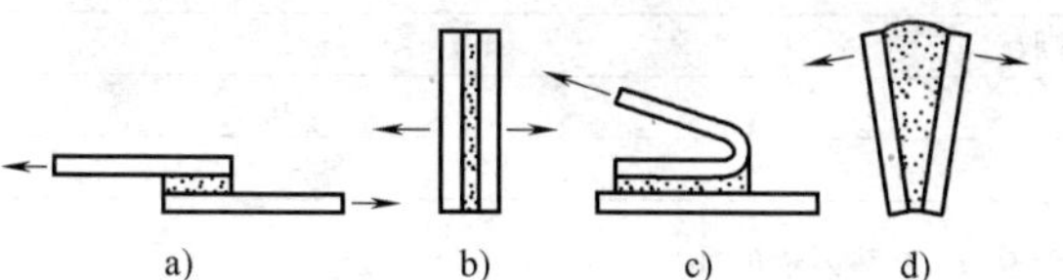

图 8-77 接头中胶层几种典型受力情况

a）剪切 b）正拉 c）剥离 d）撕裂

在通常情况下，合成树脂类黏合剂的拉伸、剪切强度较大，而剥离强度及撕裂强度较差；合成橡胶类黏合剂剥离、撕裂强度较高。对于承受持续性外力作用，或者承受冲击外力作用的黏接接头，一般选用耐老化性好的或柔韧的黏合剂。

在环氧树脂及酸性环氧树脂黏合剂中，其柔韧性的好坏顺序如下：环氧-胺<环氧-聚酰胺<环氧-聚硫橡胶。在酸性酚醛黏合剂中，柔韧性的顺序如下：酚醛-环氧<酚醛-聚酯酸乙烯酯<酚醛-丁腈橡胶。

黏合剂可分为结构型和非结构型两大类。可以按受外力的大小选择不同类型的黏合剂，见表 8-71。

表 8-71 按受外力大小选择黏合剂

黏接件的特点	黏合剂的选择		
	类型	组成	选择实例
必须保持稳定持久和高强度黏接	结构型	热固性树脂	环氧-聚硫橡胶类 酚醛-丁腈橡胶类
不需要保持长久的黏接或者对于黏接强度要求不高	非结构型	热塑性树脂	烯烃类弹性体

2）温度。耐高温、低温黏合剂见表 8-72 和表 8-73。

表 8-72 耐高温黏合剂

最高使用温度/℃	黏合剂牌号
200	TG801、204（JF—1）、J—01、JG—4、F—2、F—3、H—02、J—14、E—8、J—48、SG—200、南大—705、GPS—1
200~250	J—06—2、GPS—4、KH—506
250	609 密封胶、FS—203、GD—401、J—04、J—10、J—15、J—16、YJ—30
300	TG737、30—40 和 P—32 聚酰亚胺
350	J08、J—25、JG—3
400	4017 应变胶、KH—505
450	TG747、B—19 应变胶、J—09
500	604 密封胶、聚苯异味唑
550	聚苯硫醚
>800	TG757、WKT 无机胶
>1200	TG777、WJ2101、WPP—1 无机胶

用于冷热交变条件下工件的黏接，应选用既耐高温又耐低温，而且韧性较好的黏合剂，如酚醛-丁腈胶、聚酰亚胺胶和环氧-尼龙胶、环氧-酚醛胶等。

表 8-73 耐低温黏合剂

黏合剂牌号	使用温度范围/℃	黏合剂牌号	使用温度范围/℃
J11	-120~60	ZW—3	-200~70
1 号超低温胶	-273~60	PBI	-253~538
2 号超低温胶	-196~100	203（FSC—3）	-70~100
3 号超低温胶	-200~150	H—01	-170~200
E—6	-196~200	H—066	-196~150
TG106	-196~150	J—15	-70~250
679	-196~150	J—06—2	-196~250
HY—912	-196~50	WP—01 无机胶	-180~600
DW—3	-269~60	TG757	-196~800

3）黏合剂的耐酸碱性能。见表 8-74。

（3）黏接强度　见表 8-75。

表 8-74　黏合剂的耐酸碱性能

黏合剂	耐酸	耐碱	黏合剂	耐酸	耐碱
环氧—脂肪胺	尚可	良	聚氨酯	尚可	良
环氧—芳香胺	良	优	α—氰基丙烯酸	尚可	差
环氧—酸酐	良	良	厌氧	良	尚可
环氧—聚酰胺	尚可	差	第二代丙烯酸酯	良	尚可
环氧—聚硫	良	优	有机硅树脂	差	差
环氧—缩醛	良	良	聚乙烯醇	差	差
环氧—尼龙	尚可	差	聚酰亚胺	良	尚可
环氧—丁腈	良	良	白乳胶	尚可	尚可
环氧—酚醛	良	良	氯丁橡胶	良	良
环氧—聚砜	尚可	良	丁腈橡胶	尚可	尚可
酚醛—缩醛	良	尚可	丁苯橡胶	尚可	良
酚醛—丁腈	良	尚可	丁基橡胶	优	良
酚醛—氯丁	尚可	良	聚硫橡胶	良	良
脲醛	差	尚可	硅橡胶	差	尚可
不饱和聚酯	尚可	尚可	无机	尚可	差

表 8-75　黏合剂的强度特性

黏合剂种类	抗剪	抗拉	剥离	挠曲	扭曲	冲击	蠕变	疲劳
环氧树脂	好	中	差	差	差	差	好	差
酚醛树脂	好	中	差	差	差	差	好	差
氰基丙烯酸酯	好	中	差	差	差	差	好	差
尼龙	好	好	中	好	好	好	中	好
聚乙烯醇缩甲醛	好	好	中	好	好	好	中	好
聚乙烯醇缩丁醛	中	中	中	好	好	好	中	好
氰基橡胶	差	差	中	好	好	好	差	好
硅酮树脂	差	差	中	好	好	好	差	好
热固+热塑性树脂	好	好	好	好	好	好	好	好

8.6.3　黏接接头的设计

1. 黏接接头的设计原则

1）尽量使黏缝受剪力或拉力，尽量避免黏缝承受剥离和不均匀扯离，否则需要采取必要的加固措施。

2）在可能与允许的条件下，适当地增大黏接面积，以提高胶层承受载荷的能力。

3）黏接接头强度和被黏物强度在同一数量级上。接头表面粗糙度对有机胶以 $Ra2.5 \sim 6.3\mu m$ 为宜，无机胶以 $Ra100 \sim 25\mu m$ 为宜。

4）尽量采用混合连接方式。例如，黏接与机械相结合的混合连接：黏接加铆接，黏接加螺栓、穿销、定位焊、卷边等方式，可使黏接接头更牢固。

5）接头加工方便、夹具简单、黏接质量易于掌握。

2. 常用黏接接头形式

黏接接头承受拉伸力和剪切力的能力较好，而承受不均匀扯离力和剥离力的能力较差。通过测试表明，黏接接头承受的拉伸力为剪切力的 2~6 倍，为不均匀扯离力的 5 倍，为剥离力的 50 倍以上。表 8-76~表 8-78 列举了一些常用接头形式及其分析比较。

表 8-76　常见平板黏接接头形式及其分析比较

对　接	单盖板对接	双盖板对接	台阶对接
结构简图			
评价	稍好	很好	较好
特点及适用范围	将两个被黏接面涂胶后对合在一起，成为一体，基本上能保持工件原来的形状，适用于破损件修复 对于新设计的结构黏接接头，一定不要采用对接接头		

斜　接	斜　接	雀嘴斜接	双斜接	双盖斜接
结构简图				
评价	较好	较好	很好	好
特点及适用范围	将两个被黏物端部制成小于 90°角（一般不大于 45°）的对接，斜接长度不小于被黏物厚度的 5 倍，应力分布比较均匀，黏接面积大，不论纵向、横向承载能力均很高，也能保持原来的形状，是比较好的接头形式。但实际应用不广泛，斜面难于加工，胶层厚度难以保证			

搭　接	单搭接	双搭接	削斜搭接
结构简图			
评价	较好	好	很好
特点及应用	将平板被黏物涂胶后，叠合在另一平板被黏物端部一定长度上的黏接方式。主要承受剪切力，且分布比较均匀。黏接面积大，承载能力高，并随搭接宽度的增大而正比例地增加。通常接头长度不小于被黏物厚度的 4 倍，不大于宽度的 0.5~1 倍。但搭接接头都存在应力集，如将被黏物端部削斜、倒角、挖槽等，可减小应力集中，提高使用的可靠性		

（续）

嵌接			
	嵌接	镶块嵌接	双嵌
结构简图	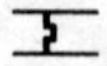	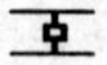	
评价	较好	好	很好
特点及应用	将一被黏物嵌入另一被黏物空隙中，称为嵌接。嵌接的黏接面积大，受力条件好，黏接强度高，是比较理想的黏接接头形式		

角接				
	角斜接	弯板角接	贴板角接	对嵌角接
结构简图				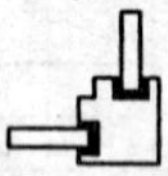
评价	较好	好	很好	好
特点及应用	角接是板材呈一定角度的黏接（一般为直角）。简单的角接受力情况很不好，黏接强度差。实际上必须经过适当的组合补强才能使用			

T 接				
	弯板T接	搭接T接	嵌接T接	加强T接
结构简图	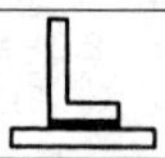		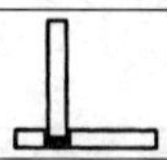	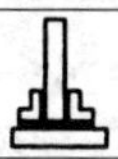
评价	较好	好	较好	很好
特点及应用	单纯的T型接头受到不均匀扯离和弯曲力作用，黏接强度极低；不应采用。确实需要时，可用一些补强措施			

表 8-77　圆棒、圆管的黏接接头形式

黏接接头分类		结构简图	黏接接头分类		结构简图
圆棒黏接接头	嵌接	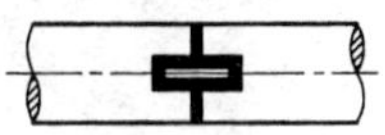	圆管黏接接头	内套接	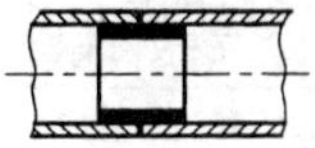
	台阶对接	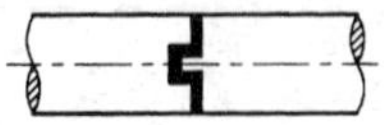		外套接	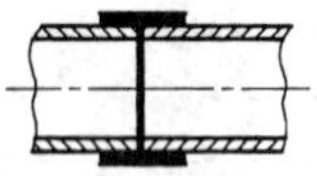
	外套接	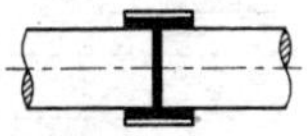		台阶对接	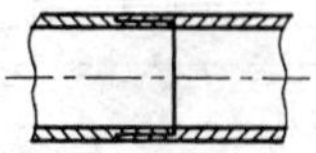
	斜接	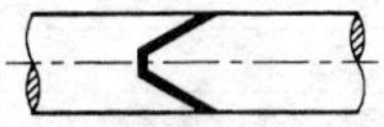		套对接	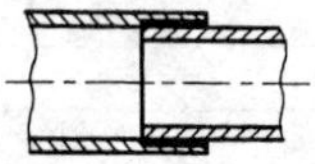

表 8-78　圆棒、圆管与平面黏接接头形式

黏接接头形式	圆棒与平面黏接接头		圆管与平面黏接接头		圆棒与圆管黏接接头	
	嵌接	镶接	嵌接	镶接		
结构简图	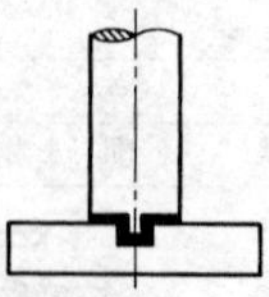	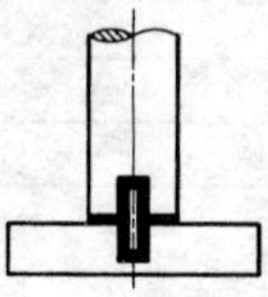	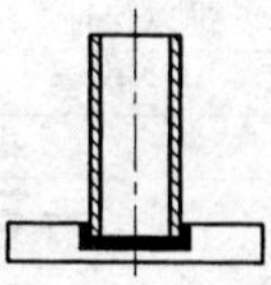	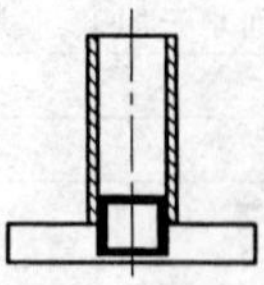	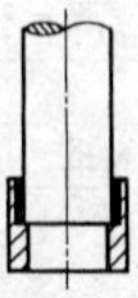	

3. 黏接接头的尺寸确定

（1）接头因子 α　黏接接头的强度受多种因素的影响，如黏合剂品种、黏接件材料、黏接工艺、使用环境等。因此，按黏接接头需要承受的载荷，尤其是永久载荷，来精确地确定接头的尺寸是困难的。目前较多地采用在纯经验的基础上，先取得接头因子，再确定接头的方法。

接头因子 α 的计算公式如下：

$$\alpha = t/l \tag{8-1}$$

式中　t——黏接件厚度；

l——接头搭接长度。

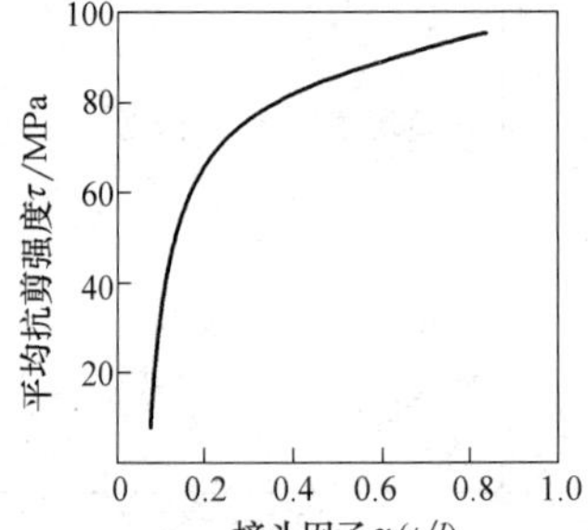

图 8-78　接头因子与抗剪强度的关系曲线

根据不同搭接长度和黏接件厚度所测得的平均抗剪强度，可制得抗剪强度与接头因子的关系曲线（图 8-78）。实际接头的应力条件，可由关系曲线中的某一点来表示。该点在横坐标上的值为接头尺寸 t/l，在纵坐标上的值则为黏合剂的平均抗剪强度 τ。该点与原点连线的斜率，即为黏接件的平均抗拉强度 σ。

接头参数间关系如下：

$$\sigma = F/t \tag{8-2}$$

$$\tau_l = F/l \tag{8-3}$$

$$\tau_l = \sigma t/l \tag{8-4}$$

式中　σ——黏接件平均抗拉强度；

τ_l——黏接件平均抗剪强度；

F——接头单位宽度承受的最大破坏负荷。

按图 8-78 和式（8-4），即可确定接头尺寸和平均破坏应力。

（2）黏接件最佳厚度 t　已知 F 和 l，由式(8-3)求得 τ。从图 8-78 纵坐标上引出 τ 值在曲线的交点确定相应的 α 值，利用已知 l 值，即可求得黏接件最佳厚度 t。

（3）接头最佳搭接长度 l　已知 F 和 t，由式（8-2）求得 σ，在图 8-78 上画出斜率 σ 的直线，$\sigma=\tau/\alpha$，利用直线和曲线的相交点在纵坐标上求得 τ，由式（8-4）导出接头最佳搭接长度 l。

对于圆柱体应作相应的修正。

圆管：

$$l=0.2\sigma_{0.2}(h^2+1)$$

圆棒（承受拉伸、扭曲载荷）：

$$l=0.25\sigma_{0.2}(0.01d^2+1)$$

圆棒（承受压缩载荷）：

$$l=0.15\sigma_{0.2}(0.01d^2+1)$$

式中　$\sigma_{0.2}$——偏离 0.2%时的屈服强度；

h——圆管壁厚；

d——圆棒直径。

4. 黏接结构的强化措施

当黏接强度不能满足要求时，还需采取强化措施。常用各种强化措施见表 8-79。

表 8-79　黏接结构强化措施一览表

分类		结构简图及工艺特点	适用范围
机械加工	嵌入波浪键	1)先在损坏的工件上确定裂纹纹路，分析断裂原因，做出黏接修复方案 2)波形键凸缘的选用数目一般为 5、7、9 等单数 3)在待修复的工件裂纹垂直方向上加工波形槽。波形键与波形槽之间的配合，最大允许间隙为 0.1～0.2mm。波形槽深度一般为工件壁厚的 0.7～0.8。波形槽的间距通常控制在 30mm 左右 4)用压缩空气吹净波形槽内的金属屑 5)用小型铆钉枪铆击波浪键，将其嵌入波形槽。铆击前，先将胶涂在槽内及波浪键的黏接部位 6)固化 $L=2.2b$　$d=(1.1\sim1.6)b$　$b=3\sim6$　$t=(1\sim1.2)b$	适用于黏接修复壁厚为 8～40mm，承受 6MPa 压力的铸件断裂处

（续）

分类		结构简图及工艺特点	适用范围
机械加工	嵌入销钉、螺栓、金属套	嵌入螺栓，在裂纹两端钻出止裂孔，攻螺纹，带胶装入 M5～M8 螺钉，两螺钉间相互重叠 1/4 左右，然后铆平 对于折断工件，对接后可在外周或内孔镶上金属套，使其结构得到加固 对接嵌外套　对接加外套　对接镶内套 对接嵌销轴　对接加外套　对接嵌外套	适用于管、轴的修复
	镶块与嵌入燕尾槽	1）镶块的方法。带胶装入镶块，再以定位焊或螺钉固定（下左图） 2）在裂缝或断裂处嵌入燕尾槽，效果相当好，但加工复杂 $t=(1/3\sim2/5)T$，$b=3T$，T 为工件壁厚，t 为燕尾槽厚，b 为燕尾槽宽（下右图）	当损坏部位较大，又要求外观平整时，可采用镶块的方法。嵌入燕尾槽的方法适用于受力较大的裂缝或断裂的修复
	定位焊加固	1）镶块补洞在四周用定位焊加固强化 2）一般在黏合剂初固化后进行定位焊，定位焊距离为 30～50mm 3）焊后清理角涂胶覆盖	适用于补洞或较长裂缝处的修复
	钢板加固	在损坏处贴上一块钢板，钢板厚可为 2～5mm，材料为 10～30 钢，尺寸要比损坏部位大 30～50mm，钢板要经过适当的表面处理，涂上黏合剂，贴合后再用螺钉或电焊加固	用于受力较大的断裂部位或孔洞
	构织铁丝网	对于孔洞的黏接修复，可在断面处钻排孔，孔间距为 20～25mm，孔径 2～4mm，孔深 7～12mm，在纵横方向插入相应直径的细铁丝构织成网状，并涂敷黏合剂，贴上玻璃布再用黏合剂填平	适用较大孔洞的黏接修复
粘贴玻璃布		在经过处理的被粘表面涂贴上几层玻璃纤维布，能够增加黏接面积，提高结合力，保证胶层厚度，提高黏接强度，是值得采用的好方法 粘贴玻璃布的层数一般为 1～3 层。玻璃布的厚度为 0.05～0.15mm，玻璃布的外层应比内层大，但不应超过黏接面积的 1.5 倍。玻璃布应选用无碱、无蜡类型，且经过一定的处理	适用于裂缝和小孔的修复，且黏接面间空隙较大的场合
防止剥离		为防止从胶层边缘开始产生剥离，采用端部加宽、削薄、斜面、卷边等方法，如下图 加宽　加铆　卷边　削薄	用于被黏物中有一种是软质材质的粘接
防止分层		如果平面搭接，使表层受到切应力，会造成材料内部分层破坏，为得到牢固的黏接，应采用斜接接头，让其纵向受力，避免层间剥离	适用于胶合板，纤维板，玻璃钢，石棉板等层压材料
改变接头的几何形状		1）搭接接头末端削成斜角形 2）将接头末端的材料去掉一部分，降低刚性 3）使接头末端弯曲 4）接头末端内部削成斜角 a)　b) c)　d)	适用于需要较高黏接强度的平面搭接

（续）

分　类	结构简图及工艺特点	适用范围
消除内应力	1)采用需膨胀黏接技术 2)降低固化反应活性 3)在黏合剂中加入活性增韧剂 4)加入无机粉末填料 5)固化后缓慢冷却 6)后固化	适用于内应力大的黏接修复场合
表面进行化学热处理	金属的结构黏接,经过化学处理后的黏接强度有极大的提高 化学处理就是金属表面脱脂之后,在一定条件下与酸、碱溶液接触,通过化学反应在金属表面上生成一层难溶于水的非金属膜,大大改善黏合剂与表面结合力,从而极大地提高黏接强度	适用于对性能要求较高的黏接修复
偶联剂处理	用偶联剂对被黏接表面处理,是强化黏接的一种有效方法,操作方便、用量少、效果好 偶联剂为 1%~2%的非水溶液或水溶液,涂敷后要在室温下晾干,再在 80~100℃烘干半小时	适用于对性能要求较高的黏接修复
加热固化	加热固化有利于分子进一步扩散渗透、缠结,使化学反应更加完全,提高固化程度和交联程度,减少蠕变,其强度可提高 50%~100%	获得较高的黏接强度
缠绕纤维增强	在黏接接头处带胶缠绕纤维,常用的是玻璃纤维,固化后为玻璃钢结构,强化效果非常好	适用于管或棒等圆形黏接接头

8.7　铆接

8.7.1　铆缝的设计

设计铆缝时，一般是根据工作要求及载荷情况选择铆缝型式，确定有关结构参数、铆钉直径和数量，然后进行强度校核。

1. 确定钢结构铆缝的结构参数

（1）钉孔直径 d_0　为了使铆合时铆钉容易穿过钉孔，应使钉孔直径 d_0 大于铆钉公称直径 d。铆钉用通孔直径 d_0 见表 8-80。

（2）铆钉间的距离　根据连接各部分强度条件近似相等，并考虑铆接工艺等方面的要求来确定。

根据钢结构设计规范 GB 50017—2003，铆钉间的距离应符合表 8-81 规定。

（3）铆钉长度的计算　见表 8-82。

2. 受拉（压）构件的铆接（见表 8-83 和表 8-84）

3. 构件受力矩的铆缝

这类铆缝应首先确定铆钉的排列型式和结构尺寸，求出受力最大的铆钉的载荷（表 8-85），然后校核连接的强度。

表 8-80　铆钉用通孔直径 d_0（摘自 GB/T 152.1—1988）　（单位：mm）

	d_0		0.6	0.7	0.8	1	1.2	1.4	1.6	2	2.5	3	3.5	4	5
	d 精装配		0.7	0.8	0.9	1.1	1.3	1.5	1.7	2.1	2.6	3.1	3.6	4.1	5.2
	d		6	8	10	12	14	16	18	20	22	24	27	30	36
	d_0	精装配	6.2	8.2	10.3	12.4	14.5	16.5							
		粗装配			11	13	15	17	19	21.5	23.5	25.5	28.5	32	38

注：1. 钉孔尽量采用钻孔，尤其是受变载荷的铆缝。也可以先冲（留 3~5mm 余量）后钻，既经济又能保证孔的质量。冲孔的孔壁有冲剪的痕迹及硬化裂纹，故只用于不重要的铆接中。

2. 铆钉直径 d 小于 8mm 时，一般只进行精装配。

表 8-81　铆钉或螺栓的最大、最小容许距离（摘自 GB 50017—2003）

名称	位置和方向			最大容许距离（取两者的较小值）	最小容许距离
中心间距	外排（垂直内力方向或顺内力方向）			$8d_0$ 或 $12t$	$3d_0$
	中间排	垂直内力方向		$16d_0$ 或 $24t$	
		顺内力方向	构件受压力	$12d_0$ 或 $18t$	
			构件受拉力	$16d_0$ 或 $24t$	
	沿对角线方向				
中心至构件边缘距离	顺内力方向			$4d_0$ 或 $8t$	$2d_0$
	垂直内力方向	剪切边或手工气割边			$1.5d_0$
		轧制边、自动气割或锯割边	高强度螺栓		
			其他螺栓或铆钉		$1.2d_0$

注：1　d_0 为螺栓或铆钉的孔径，t 为外层较薄板件的厚度。

2　钢板边缘与刚性构件（如角钢、槽钢等）相连的螺栓或铆钉的最大间距，可按中间排的数值采用。

表 8-82　铆钉长度推荐计算式

种　　类	推荐计算式	说　　明
钢制半圆头铆钉	$l=1.1\Sigma\delta+1.4d$	l—铆钉未铆合前钉材长度 d—铆钉直径 $\Sigma\delta$—被连接件的总厚度。为使铆钉胀满，铆钉孔一般取 $\Sigma\delta\leqslant 5d$
有色金属半圆头铆钉	$l=\Sigma\delta+1.4d$	

表 8-83　受拉（压）构件的铆缝计算

计 算 内 容	计 算 公 式	公式中符号说明
被铆件的横截面面积 A/mm^2	受拉构件　$A^{①}=\dfrac{F}{\psi[\sigma]}$ 受压构件　$A=\dfrac{F}{\zeta[\sigma]}$	F— 作用于构件上的拉（压）外载荷（N） ψ— 铆缝的强度系数，$\psi=\dfrac{t-a}{t}$，初算时可取 $\psi=0.6\sim0.8$ ζ— 压杆纵弯曲系数，见表 8-84 δ— 被铆件中较薄板的厚度，对于双盖板，两盖板厚度之和为一个被铆件（mm） d_0— 铆钉孔直径（mm）；见表 8-80 m— 每个铆钉的抗剪面数量 $[\sigma]$— 被铆件的许用拉（压）应力（MPa），见表 8-87 $[\sigma]_p$— 被铆件的许用挤压应力（MPa），见表 8-87 $[\tau]$— 铆钉许用切应力（MPa），见表 8-87
铆钉直径 d/mm	当 $\delta\geqslant 5\text{mm}$ 时，$d\approx 2\delta$ 当 $\delta=6\sim20\text{mm}$ 时，$d\approx(1.1\sim1.6)\delta$ 被连接件的厚度较大时，δ 前面的系数取较小值	
铆钉数量 Z	按铆钉抗剪强度： $Z^{②}=\dfrac{4F}{m\pi d_0^2[\tau]}$ 按被铆件抗压强度 $Z=\dfrac{F}{d_0\delta[\sigma]}$	

① 按计算面积 A，确定被铆件厚度 δ，或构件尺寸选定后再定 δ 值。

② 铆钉数量 Z，取两式中计算得到的大值，但不少于两个。

表 8-84　系数 ζ

λ	10	20	30	40	50	60	70	80	90	100	110	120	140	160	180	200
ζ	0.99	0.96	0.94	0.92	0.89	0.86	0.81	0.75	0.69	0.6	0.52	0.45	0.36	0.29	0.23	0.19

注：柔度 $\lambda=\dfrac{\mu l}{i_{\min}}$。式中，$\mu$ 为柱端系数；l 为构件的计算长度（m）；$i_{\min}$ 为被铆件截面最小惯量半径（mm）。

表 8-85 受力矩铆缝的铆钉最大载荷的计算

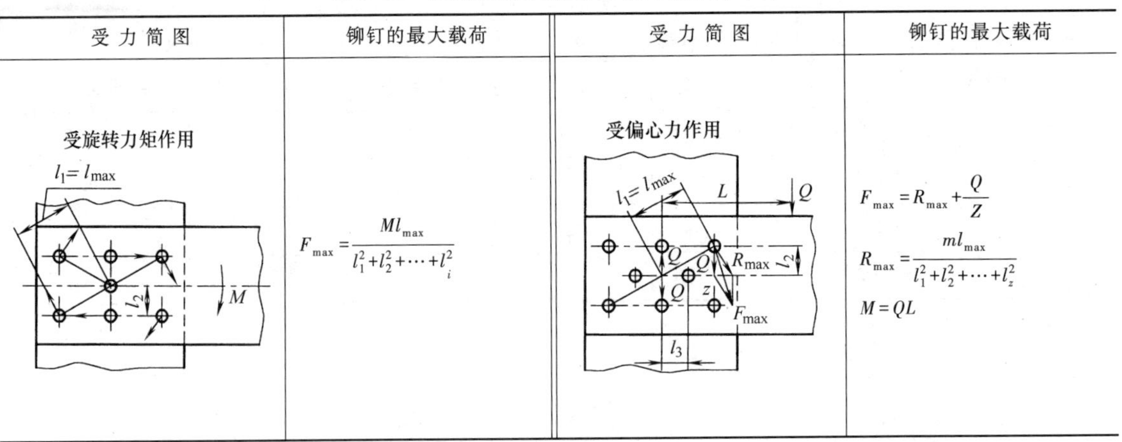

受力简图	铆钉的最大载荷	受力简图	铆钉的最大载荷
受旋转力矩作用	$F_{max}=\dfrac{Ml_{max}}{l_1^2+l_2^2+\cdots+l_i^2}$	受偏心力作用	$F_{max}=R_{max}+\dfrac{Q}{Z}$ $R_{max}=\dfrac{ml_{max}}{l_1^2+l_2^2+\cdots+l_z^2}$ $M=QL$

分析铆缝的受力时，若构件受一纯力矩，或是通过铆钉组形心外一点的外载荷，则认为各铆钉所受的外力与被铆件可能的相对位移成正比，因此，距铆钉组形心距离最大 l_{max} 的铆钉受力最大。若载荷通过铆钉组形心，可认为各铆钉所受的外力均等。

根据铆钉所受的 F_{max}，分别校核铆钉的抗剪强度和被铆件的抗压强度。计算公式如下：

$$\tau=\frac{4F_{max}}{\pi d_0^2 m}\leqslant[\tau]$$

$$\sigma_p=\frac{F_{max}}{d_0\delta}\leqslant[\sigma]_p$$

4. 铆钉材料和连接的许用应力

铆钉必须用高塑性材料制造。常用的铆钉材料及其应用见表 8-86，钢结构连接的许用应力见表 8-87。

表 8-86 铆钉材料及其应用

铆钉材料		应用
钢和合金钢	Q215A、Q235A、ML2、ML3	一般钢结构
	10、15、ML10、ML15	受力较大的钢结构
	ML20MnA	受力很大的钢结构
	1Cr18Ni9Ti①	不锈钢、钛合金等耐热、耐蚀结构
铜及其合金	T3、H62、HPb59—1	导电结构
	H62 防磁	有防磁要求的结构
铝及其合金	1050A(L3)、1035(L4)	非金属结构、标牌
	2A01(LY1)	受力较小或薄壁构件
	2A10(LY10)	一般结构件
	5B05(LF10)	镁合金结构件
	3A21(LF21)	铝合金及非金属结构

① 1Cr18Ti9Ti 牌号，在 GB/T 20878—2007 中已被删除。下同。

表 8-87a 钢结构连接的许用应力 （单位：MPa）

	材料		Q215A	Q235A	Q345
被铆件	$[\sigma]$		140~155	155~170	215~240
	$[\sigma]_p$	钻孔	280~310	310~340	430~480
		冲孔	240~265	265~290	365~410
铆钉	材料		10、15、ML10、ML15		1Cr18Ni9Ti
	$[\tau]$	钻孔	145		230
		冲孔	115		
	$[\sigma]_p$		240~320		

注：1. 被铆件之一厚度大于 16mm 时，许用应力取小值。

2. 受变载荷时，表中数值应减小 10%~20%。

3. 表 8-87b 为 GB/T 50017—2003 数据，供参考。

表 8-87b　铆钉连接的强度设计值（MPa）（摘自 GB 50017—2003）　（单位：MPa）

铆钉钢号和构件钢材牌号		抗拉(钉头拉脱)	抗剪 f_v^r		承压 f_c^r	
		f_t^r	Ⅰ类孔	Ⅱ类孔	Ⅰ类孔	Ⅱ类孔
铆钉	BL2 或 BL3	120	185	155	—	—
构件	Q235 钢	—	—	—	450	365
	Q345 钢	—	—	—	565	460
	Q390 钢	—	—	—	590	480

注：1　属于下列情况者为Ⅰ类孔：

1）在装配好的构件上按设计孔径钻成的孔；

2）在单个零件和构件上按设计孔径分别用钻模钻成的孔；

3）在单个零件上先钻成或冲成较小的孔径，然后在装配好的构件上再扩钻至设计孔径的孔。

2　在单个零件上一次冲成或不用钻模钻成设计孔径的孔属于Ⅱ类孔。

8.7.2　铆接结构设计中应注意的事项

1）铆接结构应具有良好的开敞性，以方便操作。进行结构设计时，应尽量为机械化铆接创造条件。

2）强度高的零件不应夹在强度低的零件之间，厚的、刚性大的零件布置在外侧，铆钉镦头尽可能安排在材料强度大或厚度大的零件一侧；为了减少铆件变形，铆钉镦头可以交替安排在被铆接件的两面。

3）铆接厚度一般规定不大于 $5d$（d 为铆钉直径）；被铆接件的零件不应多于 4 层。在同一结构上铆钉种类不宜太多，一般不要超过两种。在传力铆接中，排在力作用方向的铆钉数不宜超过 6 个，但不应少于 2 个。

4）冲孔铆接的承载能力，比钻孔铆接的承载能力约小 20%。因此，冲孔的方法只可用于不受力或受力较小的构件。

5）铆钉材料强度高，或被铆件材料较软，或镦头可能损伤构件时，在铆钉镦头处应加适当材料的薄垫圈。

6）铆钉材料一般应与被铆件相同，以避免因线膨胀系数不同而影响铆接强度，或与腐蚀介质接触而产生电化腐蚀。

8.7.3　铆钉

铆钉有空心的和实心的两大类。实心的大多用于受力大的金属零件的连接，空心的用于受力较小的薄板或非金属零件的连接。一般机械铆钉的主要类型、参数及其用途见表 8-88。

8.7.4　盲铆钉

8.7.4.1　概述

盲铆钉是用于单面铆接的紧固件。与一般的铆钉不同，它不需要从被连接件的两面进行铆接的操作。因此，可以用于某些被连接件一边由于结构的限制必须进行单面操作的场合。

常用的盲铆钉有抽芯铆钉和击芯铆钉。抽芯铆钉见图 8-79，铆钉插入被紧固件上的通孔以后，钉芯 2 受轴向拉力，钉芯的头部使钉体端 6 变形而形成盲铆头。图 8-80 所示为铆成的结构。8-89 所列为几种钉芯的结构。

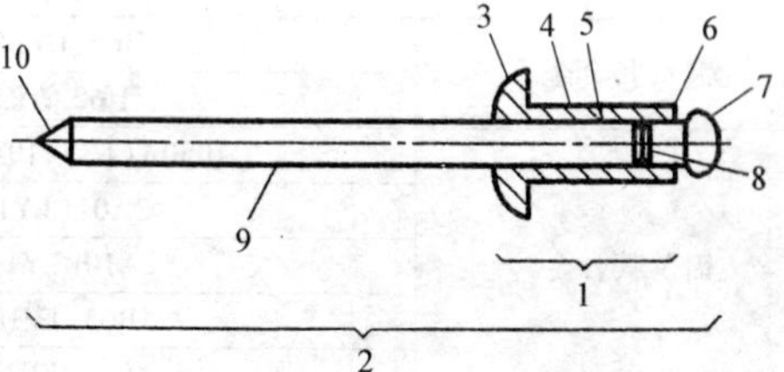

图 8-79　抽芯铆钉

1—钉体　2—钉芯　3—钉体头　4—钉体杆　5—钉体孔　6—钉体端　7—钉芯头　8—断裂槽　9—钉芯杆　10—钉芯端

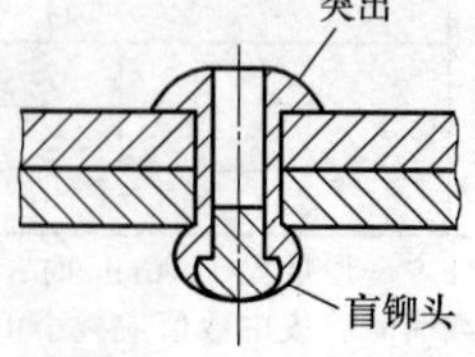

图 8-80　盲铆钉装配后

表 8-88　一般机械铆钉的主要类型、参数及其用途

（单位：mm）

标　准	简　图	d	10	12	14	16	18	20	22	24	27	30	36	用　途
GB/T 863.1—1986 半圆头铆钉（粗制）		l		20~90	22~100	26~110	32~150	32~150	38~180	52~180	55~180	55~180	58~200	用于承受较大剪力的铆缝，如金属结构中桥梁、桁架等
		d_k		22	25	30	33.4	36.4	40.0	44.4	49.4	54.8	63.8	
		K		8.5	9.5	10.5	13.3	14.8	16.3	17.8	20.2	22.2	26.2	
		R		11	12.5	15.5	16.5	18	20	22	26	27	32	
		r			0.5		0.5		0.8					
GB/T 863.2—1986 小半圆头铆钉（粗制）		l	12~15	16~60	20~70	25~80	28~90	30~200	35~200	38~200	40~200	42~200	48~200	
		d_k	16	19	22	25	28	32	36	40	43	48	58	
		$K\approx$	7.4	8.4	9.9	10.9	12.6	14.1	15.1	17.1	18.1	20.3	24.3	
		$R\approx$	8	9.5	11	13	14.5	16.5	18.5	20.5	22	24.5	30	
		r	0.5	0.6	0.6	0.8	0.8	1	1	1.2	1.2	1.6	2	
GB/T 864—1986 平锥头铆钉（粗制）		l		20~100	20~110	24~110	30~150	30~150	38~180	50~180	58~180	65~180	70~200	用于承受较大剪力
		d_k		21	25	29	32.4	35.4	39.9	41.4	46.4	51.4	61.8	
		K		10.5	12.8	14.8	16.8	17.8	20.2	22.7	24.7	28.2	34.6	
		r_1		2	2	2	2	3	3	3	3	3	3	
GB/T 865—1986 沉头铆钉（粗制）		l		20~75	20~100	24~100	28~150	30~150	38~180	50~180	55~180	60~200	65~200	用于表面要求平滑但受力不大的结构
		d_k		19.6	22.5	25.7	29	33.4	37.4	40.4	44.4	51.4	59.8	
		$R\approx$		6	7	8	9	11	12	13	14	17	19	
		b		0.6	0.6	0.6	0.6	0.6	0.6	0.8	0.8	0.8	0.8	
GB/T 866—1986 半沉头铆钉（粗制）		l		20~75	20~100	24~100	28~150	30~150	38~180	50~180	55~180	60~200	65~200	用于表面要求光滑但受力不大的结构
		d_k		19.6	22.5	25.7	29	33.4	37.4	40.4	44.4	51.4	59.3	
		$K\approx$		8.8	10.4	11.4	12.8	15.3	16.8	18.8	19.5	23	26	
		$R\approx$		17.5	19.5	24.7	27.7	32	36	38.5	44.5	55	63.6	
		W		6	7	8	9	11	12	13	14	17	19	
		b		0.6	0.6	0.6	0.6	0.6	0.8	0.8	0.8	0.8	0.8	
		r		0.5	0.5	0.5	0.5	0.5	0.5	0.8	0.8	0.8	0.8	

（续）

标准	简图	d	1	1.2	1.4	1.6	2	2.5	3	3.5	4	5	6	8	10	12	14	16	用途
GB/T 867—1986 半圆头铆钉		l	2~8	2.5~8	3~12	3~12	3~16	5~20	5~26	7~26	7~50	7~55	8~60	16~65	16~85	20~90	22~100	26~110	同 GB/T 863.1—1986
		d_k	2	2.3	2.7	3.2	3.74	4.84	5.54	6.59	7.39	9.09	11.35	14.35	17.35	21.42	21.42	29.12	
		K	0.7	0.8	0.9	1.2	1.4	1.8	2.2	2.3	2.6	3.2	3.84	5.04	6.24	8.29	9.20	10.29	
		$R\approx$	1	1.2	1.4	1.6	1.9	2.5	2.9	3.4	3.8	4.7	6	8	9	11	12.5	15.5	
		r	0.1	0.1	0.1	0.1	0.1	0.1	0.1	0.3	0.3	0.3	0.3	0.3	0.3	0.4	0.4	0.4	
GB/T 868—1986 平锥头铆钉		l					3~16	~20	6~24	6~28	8~32	10~40	12~10	16~60	16~60	18~110	18~110	24~110	
		d_k					3.84	4.74	5.64	6.59	7.49	9.29	11.15	14.75	18.35	20.12	24.42	28.42	
		K					1.2	1.5	1.7	2	2.2	2.7	3.2	4.24	5.24	6.24	7.29	8.29	
		r_1					0.7	0.7	0.7	1	1	1	1	1	1	1.5	1.5	1.5	
GB/T 109—1986 平头铆钉		l					4~8	5~10	6~14	6~18	8~22	10~26	12~30	16~30	20~30				用于金属薄板或皮革、帆布、木材、塑料
		d_k					4.24	5.24	6.24	7.29	8.29	10.29	12.35	16.35	20.42				
		K					1.2	1.4	1.6	1.8	2	2.2	2.6	3	3.44				
		r					0.1	0.1	0.1	0.3	0.3	0.3	0.3	0.5	0.5				
GB/T 872—1986 扁平头铆钉		l		1.5~6	2~7	2~8	2~13	3~15	3.5~30	5~36	5~40	6~50	7~50	9~50	10~50				
		d_k		2.4	2.7	3.2	3.74	4.74	5.74	6.79	7.79	9.79	11.85	15.85	19.42				
		K		0.58	0.58	0.58	0.63	0.68	0.88	0.88	1.13	1.13	1.33	1.33	1.63				
		r		0.1	0.1	0.1	0.1	0.1	0.1	0.3	0.3	0.3	0.3	0.3	0.3				
GB/T 869—1986 沉头铆钉	GB/T 869: $d\leqslant10$mm, α 为 90°。$d>10$mm, α 为 60°	l	2~8	2.5~8	3~12	3~12	3.5~16	5~18	5~22	6~24	6~30	6~50	6~50	12~60	16~75	18~75	20~100	24~100	表面须平滑，受载不大的铆缝
		d_k	2.03	0.23	0.83	3.03	4.05	4.75	5.35	6.28	7.18	8.98	10.62	14.22	17.82	18.86	21.76	24.96	
		K	0.5	0.5	0.7	0.7	1	1.1	1.2	1.4	1.6	2	2.4	3.2	4	6	7	8	
GB/T 954—1986 120°沉头铆钉	GB/T 954: α 为 120°	l		1.5~6	2.5~8	2.5~10	3~10	4~15	5~20	6~36	6~42	7~50	8~50	10~50					
		d_k		2.83	3.45	3.96	4.75	5.35	6.28	7.08	7.98	9.68	11.72	15.32					
		K		0.5	0.6	0.7	0.8	0.9	1	1.1	1.2	1.4	1.7	2.3					

GB/T 871—1986 扁圆头铆钉		l		1.5~6	2~8	2~8	2~18	3~16	3.5~30	5~36	5~40	6~50	7~50	9~50	10~50				用于受力不大的结构
		d_k		2.6	3	3.44	4.24	5.24	6.24	7.29	8.29	10.29	12.35	16.35	20.42				
		K		0.6	0.7	0.8	0.9	0.9	1.2	1.4	1.5	1.9	2.4	3.2	4.24				
		$R\approx$		1.7	1.9	2.2	2.9	4.3	5	5.7	6.8	8.7	9.3	12.2	14.5				
GB/T 1011—1986 大扁圆头铆钉		l					3.5~16	3.5~20	3.5~24	6~28	6~32	8~40	10~40	14~50					
		d_k					5.04	6.49	7.49	8.79	9.89	12.45	14.85	19.92					
		K					1	1.4	1.6	1.9	2.1	2.6	3	4.14					
		$R\approx$					3.6	4.7	5.4	6.3	7.3	9.1	10.9	14.5					
GB/T 870—1986 半沉头铆钉		l	2~8	2.5~8	3~12	3~12	3.5~16	5~18	5~22	6~24	6~30	6~50	6~50	12~60	16~75	18~75	20~100	24~100	用于表面要求光滑但受力不大的结构
		d_k	2.03	2.23	2.83	3.03	4.05	4.75	5.35	6.28	7.18	8.98	10.62	14.22	17.82	18.86	21.76	24.96	
		K	0.8	0.85	1.1	1.15	1.55	1.8	2.05	2.4	2.7	3.4	4	5.2	6.6	8.8	10.4	11.4	
		$R\approx$	1.8	1.8	2.5	2.6	3.8	4.2	4.5	5.3	6.3	7.6	9.5	13.6	17	17.5	19.5	24.7	
GB/T 1012—1986 120°半沉头铆钉	GB/T 870: $d\leqslant 10$mm, α 为 90° $d>10$mm, α 为 60° GB/T 1012: α 为 120°	l							5~24	6~28	6~32	8~40	10~40						
		d_k							6.28	7.08	7.98	9.68	11.72						
		K							1.8	1.9	2	2.2	2.5						
		$R\approx$							6.5	7.5	11	15.7	19						
GB/T 1013—1986 平锥头半空心铆钉		l			3~8	10~8	4~14	5~16	6~18	8~20	8~24	10~40	12~40	14~50	18~50				用于内部非金属材料结构
		d_k			2.7	3.2	3.84	4.74	5.64	6.59	7.49	9.29	11.15	14.75	18.35				
		K			0.9	0.9	1.2	1.5	1.7	2	2.2	2.7	3.2	4.24	5.24				
		r_1			0.7	0.7	0.7	0.7	0.7	1	1	1	1	1	1				
		d_t			0.77	0.87	1.12	1.62	2.12	2.32	2.62	3.66	4.66	6.16	7.7				
		t			1.64	1.84	2.24	2.74	3.24	3.79	4.29	5.29	6.29	8.35	10.35				
											2.52	3.46	4.16	4.66					
GB/T 875—1986 扁平头半空心铆钉		l		1.5~6	2~7	2~8	2~13	3~15	3.5~30	5~36	5~40	6~50	7~50	9~50	10~50				
		d_k		2.4	2.7	3.2	3.74	4.74	5.74	6.79	7.79	9.79	11.85	15.85	19.42				
		K		0.58	0.58	0.58	0.68	0.68	0.88	0.88	1.13	1.13	1.33	1.33	1.63				
		d_t		0.66	0.77	0.87	0.12	1.62	2.12	2.32	2.62	3.66	4.66	6.16	7.7				
		t		1.44	1.64	1.84	2.21	2.74	3.24	3.79	4.29	5.29	6.29	8.35	10.35				
											2.52	3.46	4.16	4.66					

（续）

标准	简图	d	1	1.2	1.4	1.6	2	2.5	3	3.5	4	5	6	8	10	12	14	16	用途
GB/T 1015—1986 沉头半空心铆钉		l			3~8	3~10	4~14	5~16	6~18	8~20	8~24	10~40	12~40	14~40	18~40				用于要求表面平滑的结构
		d_k			2.83	3.03	4.05	4.75	5.35	6.28	7.18	8.88	10.62	14.22	17.82				
		d_t（黑色）			0.77	0.87	1.12	1.62	2.12	2.32	2.62	3.66	4.66	6.16	7.7				
		d_t（有色）			0.77	0.87	1.12	1.62	2.12	2.32	2.52	3.46	4.16	4.66	7.7				
		t			1.64	1.84	2.24	2.74	3.24	3.79	4.29	5.29	6.29	8.35	10.35				
		K			0.7	0.7	1	1.1	1.2	1.4	1.6	2	2.4	3.2	4				
		r			0.1	0.1	0.1	0.1	0.1	0.3	0.3	0.3	0.3	0.3	0.3				
		b			0.2	0.2	0.2	0.2	0.2	0.2	0.4	0.4	0.4	0.4	0.4				
GB/T 874—1986 120°沉头半空心铆钉		l		1.5~6	2.5~8	2.5~10	3~10	4~14	5~20	6~36	6~42	7~50	8~50	10~50					
		d_k		2.83	3.45	3.95	4.75	5.35	6.28	7.08	7.98	9.68	11.72	15.82					
		d_t（黑色）		0.66	0.77	0.87	1.12	1.62	2.12	2.32	2.62	3.66	4.66	6.16					
		d_t（有色）		0.66	0.77	0.87	1.12	1.62	2.12	2.32	2.52	3.46	4.16	4.66					
		t		1.44	1.64	1.84	2.24	2.74	3.24	3.79	4.29	5.29	6.29	8.35					
		r		0.1	0.1	0.1	0.1	0.1	0.1	0.3	0.3	0.3	0.3	0.3					
		b		0.2	0.2	0.2	0.2	0.2	0.2	0.4	0.4	0.4	0.4	0.4					
		K		0.5	0.6	0.7	0.8	0.9	1	1.1	1.2	1.4	1.7	2.3					
GB/T 1016—1986 无头铆钉		l			6~14	6~20	8~30	8~38	10~50	14~60	16~60	18~60	21~60						用于有钉头铆钉安装不便的场合
		d_t			0.77	1.32	1.72	1.92	2.92	3.76	4.66	6.16	7.2						
		t			1.74	1.74	2.24	2.74	3.24	4.29	5.29	6.29	7.35						

标准	图	参数																	用途
GB/T 1014—1986 大扁圆头半空心铆钉		l					4~14	5~16	6~18	8~20	8~24	10~40	12~40	14~40					铆接方便，用于受力不大的结构
		d_k					5.04	6.49	7.49	8.79	9.89	12.45	14.85	19.92					
		K					1	1.4	1.6	1.9	2.1	2.6	3	4.14					
		R					3.6	4.7	5.4	6.3	7.3	9.1	10.9	14.5					
		d_1					1.12	1.62	2.12	2.32	2.62	3.66	4.66	6.16					
		t					2.24	2.74	3.24	3.79	4.29	5.29	6.29	8.35					
		$d_1$①									2.52	3.46	4.16	4.66					
GB/T 873—1986 扁圆头半空心铆钉		l		1.5~6	2~8	2~8	2~13	3~16	3.5~30	5~36	5~40	6~50	7~50	9~50	10~50				
		d_k		2.6	3	3.44	4.24	5.24	6.24	7.29	8.29	10.29	12.35	16.35	20.42				
		K		0.6	0.7	0.8	0.9	0.9	1.2	1.4	1.5	1.9	2.4	3.2	4.24				
		R		1.7	1.9	2.2	2.9	4.3	5	5.7	6.8	8.7	9.3	12.2	14.5				
		d_1		0.66	0.77	0.87	1.12	1.62	2.12	2.32	2.62	3.66	4.66	6.16	7.7				
		t		1.44	1.64	1.84	2.24	2.74	3.24	3.79	4.29	5.29	6.29	8.35	10.35				
		$d_1$①									2.52	3.46	4.16	4.66					
GB/T 876—1986 空心铆钉		l			1.5~5	2~5	2~6	2~8	2~10	2.5~10	3~12	3~15	3~15						用于受力不大的和非金属的结构
		d_k			2.6	2.8	3.5	4	5	5.5	6	8	10						
		K			0.5	0.5	0.6	0.6	0.7	0.7	0.82	1.12	1.12						
		r			0.15	0.2	0.25	0.25	0.25	0.3	0.3	0.5	0.7						
		d_1			0.8	0.9	1.2	1.7	2	2.5	2.9	4	5						
		t			0.2	0.22	0.25	0.25	0.3	0.3	0.35	0.35	0.35						
GB/T 827—1986 标牌铆钉	$d \leqslant 3$mm, $l_1=1$; $d>3$mm, $l_1=1.5$	l				3~6	3~8	3~10	4~12	6~18	8~12								用于铆标牌
		d_k				3.2	3.74	4.84	5.54	7.39	9.09								
		K				1.2	1.4	1.8	2	2.6	3.2								
		R				1.6	1.9	2.5	2.9	3.8	4.7								
		d_1				1.75	2.15	2.65	3.15	4.15	5.15								
		P				0.72	0.7	0.72	0.72	0.84	0.92								
		h				1.56	1.96	2.46	2.96	3.96	4.96								

① 仅 d=4mm、5mm、6mm、8mm。上面一行 d_1 适用于由钢材制成的铆钉，下面一行 d_1 适用于铝或铜材制成的铆钉。

表 8-89　几种钉芯的结构（摘自 GB/T 3099.2—2004）

名　　称	简　　图	特　　点
穿越式钉芯		铆钉铆接后，钉芯完全通过钉体孔，形成空心铆钉
断裂式钉芯		铆钉铆接后，钉芯断在芯头与芯杆交接处或其附近，钉芯头和一小部分芯杆留在钉体中
脱出式钉芯		铆钉铆接后，钉芯断在芯头与芯杆交接处或其附近，两者分别脱出钉体而形成空心铆钉
非断裂式钉芯		铆钉铆接后，钉芯不断裂
埋入式钉芯		铆钉铆接后，钉芯杆在钉体内或外的某点断裂
卡紧式钉芯		铆接时，钉芯和（或）钉体预期的变形产生较大的钉芯杆移出阻力，而在铆接后，钉芯在钉体头顶面齐平拉断，使该接头在钉体和钉芯杆上都有抗剪面
击入式钉芯		使用前，钉芯突出在钉体头之外，铆钉插入被紧固件的通孔以后，将钉击入钉体，直到与钉体头顶面齐平。钉体端被扩开，形成盲铆头

8.7.4.2　抽芯铆钉的力学性能等级与材料组合（见表 8-90）

抽芯铆钉的力学性能等级由两位数字组成，表示不同的钉体与钉芯材料组合或力学性能。同一力学性能等级，不同的抽芯铆钉型式，其力学性能不同。

表 8-90　抽芯铆钉力学性能等级与材料组合（摘自 GB/T 3098.19—2004）

性能等级	钉体材料			钉芯材料	
	种　　类	材料牌号	标准编号	材料牌号	标准编号
06	铝	1035		7A03 5183	GB/T 3190
08		5005、5A05			
10		5052、5A02		10、15、 35、45	GB/T 699 GB/T 3206
11		5056、5A05	GB/T 3190		
12	铝合金	5052、5A02		7A03 5183	GB/T 3190
15		5056、5A05		06Cr19Ni10 12Cr18Ni9	GB/T 4232
20				10、15、 35、45	GB/T 699 GB/T 3206
21	铜	T1 T2 T3	GB/T 14956	青铜	①
22				06Cr19Ni10 12Cr18Ni9	GB/T 4232
23	黄铜	①	①	①	①

（续）

性能等级	钉体材料			钉芯材料	
	种　类	材料牌号	标准编号	材料牌号	标准编号
30	碳素钢	08F、10	GB/T 699 GB/T 3206	10、15、 35、45	GB/T 699 GB/T 3206
40	镍铜合金	28-2.5-1.5 镍铜合金 （NiCu28-2.5-1.5）	GB/T 5235		
41				06Cr19Ni10 20Cr13	GB/T 4232
50	不锈钢	06Cr19Ni10 12Cr18Ni9	GB/T 1220	10、15 35、45	GB/T 699 GB/T 3206
51				06Cr19Ni10 20Cr13	GB/T 4232

① 数据待生产验证（含选用材料牌号）。

8.7.4.3　抽芯铆钉力学性能（见表 8-91～表 8-97）

表 8-91　抽芯铆钉最小剪切载荷——开口型（摘自 GB/T 3098.19—2004）

钉体直径 d/mm	性能等级							
	06	08	10 12	11 15	20 21	30	40 41	50 51
	最小剪切载荷/N							
2.4		172	250	350		650		
3.0	240	300	400	550	760	950		1800①
3.2	285	360	500	750	800	1100①	1400	1900①
4.0	450	540	850	1250	1500①	1700	2200	2700
4.8	660	935	1200	1850	2000	2900①	3300	4000
5.0	710	990	1400	2150		3100		4700
6.0	940	1170	2100	3200		4300		
6.4	1070	1460	2200	3400		4900	5500	

① 数据待生产验证（含选用材料牌号）。

表 8-92　抽芯铆钉最小拉力载荷——开口型（摘自 GB/T 3098.19—2004）

钉体直径 d/mm	性能等级							
	06	08	10 12	11 15	20 21	30	40 41	50 51
	最小拉力载荷/N							
2.4		258	350	550		700		
3.0	310	380	550	850	950	1100		2200①
3.2	370	450	700	1100	1000	1200	1900	2500①
4.0	590	750	1200	1800	1800	2200	3000	3500
4.8	860	1050	1700	2600	2500	3100	3700	5000
5.0	920	1150	2000	3100		4000		5800
6.0	1250	1560	3000	4600		4800		
6.4	1430	2050	3150	4850		5700	6800	

① 数据待生产验证（含选用材料牌号）。

表 8-93 抽芯铆钉最小剪切载荷——封闭型（摘自 GB/T 3098.19—2004）

钉体直径 d/mm	性能等级				
	06	11 15	20 21	30	50 51
	最小剪切载荷/N				
3.0		930			
3.2	460	1100	850	1150	2000
4.0	720	1600	1350	1700	3000
4.8	1000①	2200	1950	2400	4000
5.0		2420			
6.0		3350			
6.4	1220	3600①		3600	6000

① 数据待生产验证（含选用材料牌号）。

表 8-94 抽芯铆钉最小拉力载荷——封闭型（摘自 GB/T 3098.19—2004）

钉体直径 d/mm	性能等级				
	06	11 15	20 21	30	50 51
	最小拉力载荷/N				
3.0		1080			
3.2	540	1450	1300	1300	2200
4.0	760	2200	2000	1550	3500
4.8	1400①	3100	2800	2800	4400
5.0		3500			
6.0		4285			
6.4	1580	4900①		4000	8000

① 数据待生产验证（含选用材料牌号）。

表 8-95 抽芯铆钉钉头保持能力——开口型（摘自 GB/T 3098.19—2004）

钉体直径 d/mm	性能等级	
	06、08、10、11、12、15、20、21、40、41	30、50、51
	钉头保持能力/N	
2.4	10	30
3.0	15	35
3.2	15	35
4.0	20	40
4.8	25	45
5.0	25	45
6.0	30	50
6.4	30	50

表 8-96 抽芯铆钉钉芯断裂载荷——开口型（摘自 GB/T 3098.19—2004）

钉体材料	铝	铝	铜	钢	镍铜合金	不锈钢
钉芯材料	铝	钢、不锈钢	钢、不锈钢	钢	钢、不锈钢	钢、不锈钢
钉体直径 d/mm	钉芯断裂载荷(最大)/N					
2.4	1100	2000		2000		
3.0		3000	3000	3200		4100
3.2	1800	3500	3000	4000	4500	4500
4.0	2700	5000	4500	5800	6500	6500
4.8	3700	6500	5000	7500	8500	8500
5.0		6500		8000		9000
6.0		9000		12500		
6.4	6300	11000		13000	14700	

表 8-97　抽芯铆钉钉芯断裂载荷——封闭型（摘自 GB/T 3098.19—2004）

钉体材料	铝	铝	钢	不锈钢
钉芯材料	铝	钢、不锈钢	钢	钢、不锈钢
钉体直径 d/mm	钉芯断裂载荷(最大)/N			
3.2	1780	3500	4000	4500
4.0	2670	5000	5700	6500
4.8	3560	7000	7500	8500
5.0	4200	8000	8500	
6.0				
6.4	8000	10230	10500	16000

8.7.4.4　抽芯铆钉尺寸

1）封闭型平圆头抽芯铆钉。平圆头抽芯铆钉和铆钉孔如图 8-81 和图 8-82 所示。抽芯铆钉孔直径见表 8-98。不同型式和级别的抽芯铆钉尺寸见表 8-99~表 8-102。

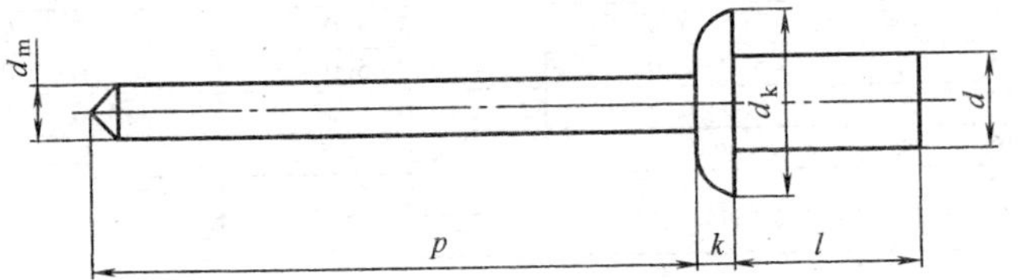

图 8-81　封闭型平圆头抽芯铆钉

表 8-98　抽芯铆钉孔直径（摘自 GB/T 12615.1—2004）

（单位：mm）

公称直径 d	d_{h1} min	d_{h1} max
3.2	3.3	3.4
4	4.1	4.2
4.8	4.9	5.0
5	5.1	5.2
6.4	6.5	6.6

注：表中数字适用图 8-82 和图 8-84。

图 8-82　平圆头抽芯铆钉孔

表 8-99　封闭型平圆头抽芯铆钉 11 级尺寸（摘自 GB/T 12615.1—2004）（单位：mm）

<table>
<tr><td rowspan="6">钉体</td><td rowspan="3">d</td><td>公称</td><td>3.2</td><td>4</td><td>4.8</td><td>5[①]</td><td>6.4</td></tr>
<tr><td>max</td><td>3.28</td><td>4.08</td><td>4.88</td><td>5.08</td><td>6.48</td></tr>
<tr><td>min</td><td>3.05</td><td>3.85</td><td>4.65</td><td>4.85</td><td>6.25</td></tr>
<tr><td rowspan="2">d_k</td><td>max</td><td>6.7</td><td>8.4</td><td>10.1</td><td>10.5</td><td>13.4</td></tr>
<tr><td>min</td><td>5.8</td><td>6.9</td><td>8.3</td><td>8.7</td><td>11.6</td></tr>
<tr><td>k</td><td>max</td><td>1.3</td><td>1.7</td><td>2</td><td>2.1</td><td>2.7</td></tr>
<tr><td rowspan="2">钉芯</td><td>d_m</td><td>max</td><td>1.85</td><td>2.35</td><td>2.77</td><td>2.8</td><td>3.71</td></tr>
<tr><td>p</td><td>min</td><td colspan="2">25</td><td colspan="3">27</td></tr>
<tr><td colspan="3">铆钉长度 l</td><td colspan="5" rowspan="2">推荐的铆接范围[②]</td></tr>
<tr><td colspan="2">公称(=min)</td><td>max</td></tr>
<tr><td colspan="2">6.5</td><td>7.5</td><td>0.5~2.0</td><td></td><td colspan="2"></td><td></td></tr>
<tr><td colspan="2">8</td><td>9</td><td>2.0~3.5</td><td>0.5~3.5</td><td colspan="2"></td><td></td></tr>
<tr><td colspan="2">8.5</td><td>9.5</td><td></td><td></td><td colspan="2">0.5~3.5</td><td></td></tr>
<tr><td colspan="2">9.5</td><td>10.5</td><td>3.5~5.0</td><td>3.5~5.0</td><td colspan="2">3.5~5.0</td><td></td></tr>
<tr><td colspan="2">11</td><td>12</td><td>5.0~6.5</td><td>5.0~6.5</td><td colspan="2">5.0~6.5</td><td></td></tr>
<tr><td colspan="2">12.5</td><td>13.5</td><td>6.5~8.0</td><td>6.5~8.0</td><td colspan="2"></td><td>1.5~6.5</td></tr>
<tr><td colspan="2">13</td><td>14</td><td></td><td></td><td colspan="2">6.5~8.0</td><td></td></tr>
<tr><td colspan="2">14.5</td><td>15.5</td><td></td><td>8~10</td><td colspan="2">8.0~9.5</td><td></td></tr>
<tr><td colspan="2">15.5</td><td>16.5</td><td></td><td></td><td colspan="2"></td><td>6.5~9.5</td></tr>
<tr><td colspan="2">16</td><td>17</td><td></td><td></td><td colspan="2">9.5~11.0</td><td></td></tr>
<tr><td colspan="2">18</td><td>19</td><td></td><td></td><td colspan="2">11~13</td><td></td></tr>
<tr><td colspan="2">21</td><td>22</td><td></td><td></td><td colspan="2">13~16</td><td></td></tr>
</table>

注：铆钉体的尺寸按 8.7.4.5 给出的计算公式求出。

① ISO 15973 无此规格。

② 符合表 8-99 尺寸和表 8-90 规定的材料组合与性能等级的铆钉铆接范围，用最小和最大铆接长度表示。最小铆接长度仅为推荐值。某些使用场合可能使用更小的长度。

表 8-100　封闭型平圆头抽芯铆钉 30 级尺寸（摘自 GB/T 12615.2—2004）（单位：mm）

钉体	d	公称	3.2	4	4.8	6.4
		max	3.28	4.08	4.88	6.48
		min	3.05	3.85	4.65	6.25
	d_k	max	6.7	8.4	10.1	13.4
		min	5.8	6.9	8.3	11.6
	k	max	1.3	1.7	2	2.7
钉芯	d_m	max	2	2.35	2.95	3.9
	p	min	25		27	
铆钉长度 l			推荐的铆接范围①			
公称（=min）	max					
6	7		0.5~1.5	0.5~1.5		
8	9		1.5~3.0	1.5~3.0	0.5~3.0	
10	11		3.0~5.0	3.0~5.0	3.0~5.0	
12	13		5.0~6.5	5.0~6.5	5.0~6.5	
15	16			6.5~10.5	6.5~10.5	3.0~6.5
16	17					6.5~8.0
21	22					8.0~12.5

注：铆钉体的尺寸按 8.7.4.5 给出的计算公式求出。

① 符合表 8-100 尺寸和表 8-90 规定的材料组合与性能等级的铆钉铆接范围，用最小和最大铆接长度表示。最小铆接长度仅为推荐值。某些使用场合可能使用更小的长度。

表 8-101　封闭型平圆头抽芯铆钉 06 级尺寸（摘自 GB/T 12615.3—2004）（单位：mm）

钉体	d	公称	3.2	4	4.8	6.4①
		max	3.28	4.08	4.88	6.48
		min	3.05	3.85	4.65	6.25
	d_k	max	6.7	8.4	10.1	13.4
		min	5.8	6.9	8.3	11.6
	k	max	1.3	1.7	2	2.7
钉芯	d_m	max	1.85	2.35	2.77	3.75
	p	min	25		27	
铆钉长度 l			推荐的铆接范围②			
公称（=min）	max					
8.0	9.0		0.5~3.5		1.0~3.5	
9.5	10.5		3.5~5.0	1.0~5.0		
11.0	12.0		5.0~6.5		3.5~6.5	
11.5	12.5			5.0~6.5		
12.5	13.5			6.5~8.0		1.5~7.0
14.5	15.5				6.5~9.5	7.0~8.5
18.0	19.0				9.5~13.5	8.5~10.0

注：铆钉体的尺寸按 8.7.4.5 给出的计算公式求出。

① ISO 15975 无此规格。

② 符合表 8-101 尺寸和表 8-90 规定的材料组合与性能等级的铆钉铆接范围，用最小和最大铆接长度表示。最小铆接长度仅为推荐值。某些使用场合可能使用更小的长度。

2）封闭型沉头抽芯铆钉。沉头抽芯铆钉和铆钉孔见图 8-83 和图 8-84。铆钉尺寸见表 8-103。

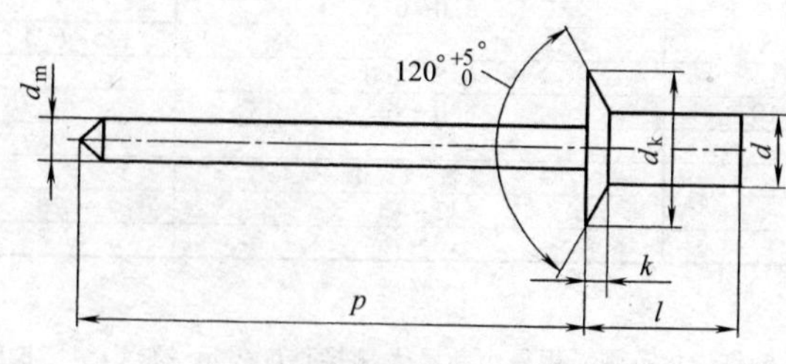

图 8-83　封闭型沉头抽芯铆钉

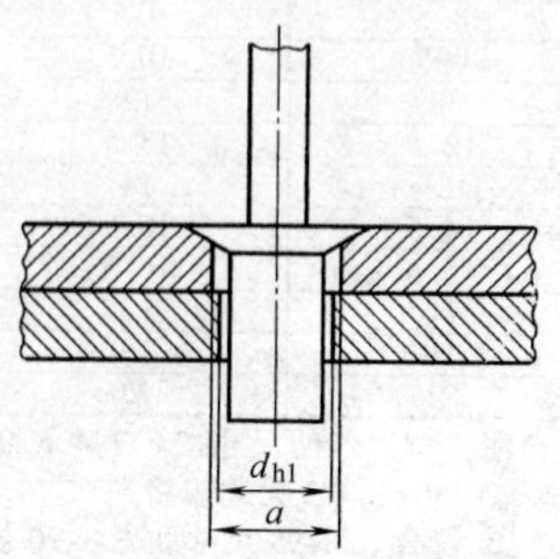

图 8-84　沉头抽芯铆钉孔

表 8-102　封闭型平圆头抽芯铆钉 51 级尺寸（摘自 GB/T 12615.4—2004）（单位：mm）

钉体	d	公称	3.2	4	4.8	6.4
		max	3.28	4.08	4.88	6.48
		min	3.05	3.85	4.65	6.25
	d_k	max	6.7	8.4	10.1	13.4
		min	5.8	6.9	8.3	11.6
	k	max	1.3	1.7	2	2.7
钉芯	d_m	max	2.15	2.75	3.2	3.9
	p	min	25		27	
铆钉长度 l			推荐的铆接范围①			
公称（=min）	max					
6	7		0.5~1.5	0.5~1.5		
8	9		1.5~3.0	1.5~3.0	0.5~3.0	
10	11		3.0~5.0	3.0~5.0	3.0~5.0	
12	13		5.0~6.5	5.0~6.5	5.0~6.5	1.5~6.5
14	15		6.5~8.0	6.5~8.0	—	—
16	17			8.0~11.0	6.5~9.0	6.5~8.0
20	21				9.0~12.0	8.0~12.0

注：铆钉体的尺寸按 8.7.4.5 给出的计算公式求出。

① 符合表 8-102 尺寸和表 8-90 规定的材料组合与性能等级的铆钉铆接范围，用最小和最大铆接长度表示。最小铆接长度仅为推荐值。某些使用场合可能使用更小的长度。

表 8-103　封闭型沉头抽芯铆钉 11 级尺寸（摘自 GB/T 12616.1—2004）（单位：mm）

钉体	d	公称	3.2	4	4.8	5①	6.4①
		max	3.28	4.08	4.88	5.08	6.48
		min	3.05	3.85	4.65	4.85	6.25
	d_k	max	6.7	8.4	10.1	10.5	13.4
		min	5.8	6.9	8.3	8.7	11.6
	k	max	1.3	1.7	2	2.1	2.7
钉芯	d_m	max	1.85	2.35	2.77	2.8	3.75
	p	min	25		27		
铆钉长度 l			推荐的铆接范围②				
公称（=min）	max						
8	9		2.0~3.5	2.0~3.5			
8.5	9.5				2.5~3.5		
9.5	10.5		3.5~5.0	3.5~5.0	3.5~5.0		
11	12		5.0~6.5	5.0~6.5	5.0~6.5		
12.5	13.5		6.5~8.0	6.5~8.0			1.5~6.5
13	14				6.5~8.0		
14.5	15.5			8.0~10.0	8.0~9.5		
15.5	16.5						6.5~9.5
16	17				9.5~11.0		
18	19				11.0~13.0		
21	22				13.0~16.0		

注：铆钉体的尺寸按 8.7.4.5 给出的计算公式求出。

① ISO 15974 无此规格。

② 符合表 8-103 尺寸和表 8-90 规定的材料组合与性能等级的铆钉铆接范围，用最小和最大铆接长度表示。最小铆接长度仅为推荐值。某些使用场合可能使用更小的长度。

8.7.4.5　抽芯铆钉连接计算公式

（1）钉体直径

1）最大钉体直径计算：

$$d_{max}=d_{公称}+0.08\text{mm}$$

2）最小钉体直径计算：

$$d_{min}=d_{公称}-0.15\text{mm}$$

（2）头部直径　最大头部直径按下式计算：

$$d_{kmax}=2.1d_{公称}$$

圆整到小数点后 1 位。

（3）头部直径公差　h16 用于 $d_{公称}=3.2$mm；h17 用于 $d_{公称}>3.2$mm。

（4）头部高度　最大头部高度按下式计算：

$$k_{max}=0.415d_{公称}$$

圆整到小数点后 1 位。

（5）铆钉孔直径　抽芯铆钉用铆钉孔直径计算如下：

$$d_{h1max}=d_{公称}+0.2\text{mm}$$

$$d_{h1min}=d_{公称}+0.1\text{mm}$$

第9章　机械传动设计总论

9.1　概述

9.1.1　机械传动的作用

在多数机械中传动部分占有重要地位。一般机械的组成包括原动机、传动装置、工作装置和控制系统四个部分。原动机产生的运动多为连续的单方向转动（如电动机、内燃机、水轮机等）或往复运动（如液压缸、气缸等），而工作装置要求的动作五花八门，各有不同，因此常常需要有传动装置把原动机的运动转变为能够满足使用要求的运动形式和速度，如把连续转动变为间歇运动，单向转动变为往复转动，高速转动变为低速（或反之），单一转速变为提供多种转速等。这就要求设计师按使用要求设计传动装置，常见的有：减速（增速）、变速（有级或无级）、间歇、反转、制动、回转运动转换成直线运动或反之、实现复杂的运动轨迹、运动分解（把一个原动机的动力分别给几个工作机）或合成（把几个原动件的运动合成驱动一个零件）等。

本手册内容包括实现回转运动和直线运动的几种常用零件。实现复杂运动的机构，如连杆机构、凸轮机构、棘轮机构、槽轮机构等的设计，可以参见其他手册、教材、专著。

9.1.2　机械传动的工作情况

由于工作机的载荷、转速及其变化情况不同，传动装置的典型工作情况有如下几种：

1）恒转矩，高恒转速，如水泵、通风机。

2）恒转矩，中等恒转速，如自动车床、板轧机。

3）恒转矩，低恒转速，如传送带、水泥磨。

4）恒功率，随速度升高转矩减小，如造纸机、纺织机的卷取机构。

5）变速的回转运动，如机床主轴。

6）直线运动，如机床进给运动。

按传动系统的载荷分类，则有静载荷和变载荷两大类，许多传动系统传递的都是变载荷，如汽车、起重机、工程机械等。在设计这些机械时要确定它的载荷谱，即在传动装置的一定工作周期内，不同载荷水平所占的时间分数，以此作为设计计算的依据。为了确定某种机械的载荷谱，可以参考已有的资料或标准，必要时要进行测试。

9.1.3　对机械传动设计的要求

1）满足工作机的运动要求，包括运动方式、速度、运动范围（行程）等。

2）满足工作机的工作能力要求，传动装置要有足够的强度、刚度、耐磨性、散热能力等。

3）足够的可靠性和寿命。

4）效率高，节能。

5）满足精度要求，包括运动精度、空回、运动平稳性等。

6）与原动机、工作机很好地匹配。

7）对环境的污染（噪声、废水、气、渣等）符合绿色设计要求，材料容易回用。

8）修理方便，选用标准件，更换方便。

9）满足尺寸、重量、成本、美观等要求。

9.1.4　机械传动系统的组成

可以把组成机械传动系统的零部件分成以下两大类：

1）标准传动部件。在设计传动系统时，推荐首选国内外能够得到的标准传动部件，如减速器、增速器、无级变速器、滚珠螺旋传动、联轴器、离合器等。这些成套部件有许多标准的产品生产。可以由国家标准、机械设计手册、产品样本等查到这些产品的性能参数，也可以由互联网查到有关的信息。选用标准传动部件可以缩短设计和加工时间，保证质量，便于修理和维护。

2）自行设计制造的机械传动零部件。没有适当可用的传动装置产品时，需要自行设计。设计师应按使用要求选择传动机构的结构形式，确定传动系统简图，可参考表9-1。

表 9-1　按使用要求选择传动机构的形式

对传动装置的要求	常用传动装置
回转运动⇒回转运动(增速或减速)	齿轮(圆柱齿轮、锥齿轮)传动、蜗杆传动、带传动、链传动、摩擦轮传动、谐波传动、摆线针轮传动
回转运动⇒直线运动	齿轮齿条、螺旋传动、凸轮传动、曲柄滑块、滚筒钢丝绳、带传动、链传动
连续转动⇒间歇转动	槽轮传动、棘轮传动
连续转动⇒往复摆动	曲柄摇杆机构、摆动从动件凸轮机构
连续转动⇒复杂运动规律	连杆机构、凸轮机构

9.2　机械传动的分类和选择

按工作原理，机构传动可分为啮合传动和摩擦传动两大类。摩擦传动有带传动、摩擦轮传动等，其结构简单，工作平稳，过载可以打滑，有安全保护作用，能吸收冲击和振动，容易实现无级变速，但传动比不准确，体积较大，适用于中小功率，用于多级传动装置的高速级。啮合传动有齿轮传动、蜗杆传动和链传动等，传动比准确，除蜗杆传动以外，效率高，可传递较大的功率。过载能力较大，可达到较高的精度，但制造要求较高。

9.2.1　啮合传动

1. 齿轮传动

应用普遍，类型较多，适应性广。大多数为传动比固定的传动，少数为有级变速传动。

1）圆柱齿轮传动　用于两平行轴布置，其功率与速度范围最大，效率最高，可靠性高，容易设计制造，是首先考虑采用的齿轮传动。但当制造和安装精度不高时噪声较大。斜齿圆柱齿轮可以达到较高的速度，但有轴向力。人字齿轮或双斜齿轮，可以抵消轴向力，螺旋角一般较大。渐开线圆柱齿轮有整套的加工、测量设备和工艺，能达到较高的精度和生产率，因此使用较广。圆弧齿轮接触强度高，但抗弯强度相对较低，不能磨齿，难达到高精度，速度受到限制，多用于重型机械的大齿轮。摆线齿轮能达到的最小齿数少，齿面接触应力小，耐磨性好，但无可分离性，制造费用高，使用少。

2）锥齿轮传动　主要用于相交两轴，有直齿、斜齿和曲线齿。直齿锥齿轮的噪声较大，一般用于低速传动（6m/s 以下），如经过磨齿，传动速度可以达到 20m/s。经过磨齿的斜齿锥齿轮的噪声较低。曲线齿锥齿轮的齿线多为圆弧，称为弧齿锥齿轮，由于其螺旋角沿齿宽的变动量大于斜齿锥齿轮，因而噪声较低。此外，它的工艺性好、成本低、强度高，在重载高速传动中广泛应用。曲线齿锥齿轮一般由专用机床配对制造。

3）准双曲面齿轮传动　用于交错的两轴之间传动。小齿轮可以不必悬臂安装，因而刚度较大。传动比比一般锥齿轮大，噪声小。但齿面滑动大、效率低、发热严重、胶合危险大，需要用专门的润滑油。多用于车辆的驱动（如汽车），以降低车辆的重心。一般由专业厂在专门机床上配对加工。

4）交错轴斜齿轮传动　用于交错两轴的斜齿圆柱齿轮传动，由于是点接触，齿面有较大的滑动，效率和承载能力均较低，一般用于传递运动或小功率传动，如机床进给装置、电影放映机等。

5）齿轮齿条传动　用于把回转运动变为直线运动或反之，结构简单，效率较高，不能自锁。与螺旋传动相比较，齿轮齿条传动更适用于要求较高速度的场合。

2. 蜗杆传动

用于交错两轴间的传动。可以用单级蜗杆传动实现较大的传动比，传动平稳，噪声低，能自锁，但效率低，容易胶合。为了避免胶合，蜗轮轮缘常用铜合金制造。在传动比大和速度低时，蜗杆传动效率很低，多用于中小功率或间歇工作条件。蜗杆传动的形式很多，目前圆柱蜗杆传动应用最广。单包络与双包络环面蜗杆传动性能好，但需要专门的设备和刀具加工，一般由专业厂生产。锥蜗杆传动目前应用有限，主要是因为精加工困难，需要用专门的机床和刀具。

3. 摆线针轮传动

输入轴和输出轴共线。单线传动可以实现较大的传动比，传递较大的功率，效率较高，目前已标准化，由专业厂制造。

4. 谐波传动

输入轴和输出轴共线。单级传动可以实现较大的传动比，效率较高，但不宜用于传递功率较大的场合。目前已标准化，由专业厂制造。

5. 链传动

用于距离较远的平行两轴之间的传动。结构简单，加工方便，容易实现多轴传动。它的瞬时速度有波动，不适用于精密传动，速度高时噪声较大，链条是标准件，由专业厂生产，链轮要自己设计制造。有一些无级变速传动，采用链传动，它的链条是专用的。链传动不适用于转向经常反复变化或要求瞬时传动比稳定的场合。

6. 同步带传动

它是啮合传动中唯一不需要润滑的传动方式。在啮合传动中它的结构最简单，制造最容易，成本低，弹性缓冲的能力最强，重量轻，两轴可以任意布置，噪声低。它的带由专业厂生产，带轮可自行设计制造，它在远距离、多轴传动时比较经济。其承载能力和寿命都不如链传动，抗冲击能力不如其他带传动。

7. 螺旋传动

用于把回转运动化为直线运动，能得到很大的轴向力，滑动螺旋结构简单，容易制造，噪声低，多数螺旋能自锁，但效率较低。滚动螺旋效率高，多用于要求精度高、转动灵活的场合，但噪声较大，价格较贵，滚动螺旋、螺母目前多由专业厂成套生产。

9.2.2 摩擦传动

1. 带传动

结构最简单，最容易制造、安装，在中心距大时最经济，噪声低，有弹性，能缓和冲击，有过载保护作用，可以多轴传动，不需润滑。但传动比不准确，不能用于精密传动，尺寸较大，容易由摩擦产生静电，带的寿命短，不宜用于高温和有酸、碱、油的场合。

1）平带传动　在各种机械传动中，结构最简单，中心距最大的传动。两轴可以任意布置，一般情况下，两轴平行，转向可以相同或相反，适用于高速，但尺寸较大，轴受力大。可以做成塔轮实现有级变速（一般不超过 4 级），也可装在锥形轮上，实现无级变速。

2）V 带传动　传递功率与转速相同条件下，尺寸与轴承载荷均小于平带传动，但效率较低，使用功率范围较小，是目前广泛使用的带传动形式。

为了满足各种工作要求，V 带有多种形式的断面，除普通 V 带外，有窄 V 带、宽 V 带、多楔带等。用 V 带可做成无级变速器。此外，还有圆形带传动，带的断面为圆形，结构简单，但传递功率很小。

2. 摩擦轮传动

结构简单，经济，尺寸比带传动紧凑，传动比不准确，摩擦表面采用非金属材料，噪声低，不需要润滑，但传动功率小，摩擦表面采用金属材料，需要较大的压紧力，轴承的载荷大，但承载能力大，尺寸紧凑，效率高。摩擦轮传动缓和冲击的能力小，两轴的轴线可任意布置。利用摩擦轮传动可以构成多种无级变速器，应用广泛。

几种常用的机械传动性能比较见表 9-2。

表 9-2　传动比固定的传动装置的常用范围和特性值

传动形式	最大功率 /kW	单级传动比	最大线速度 /(m/s)	最高转速 /(r/min)	单级效率 (%)
圆柱齿轮传动	3000(65000)	1~8(20)	50(210)	150000	96~99
行星齿轮传动	2000(35000)	3~13	50(100)	100000	98~99
锥齿轮传动	500(4000)	1~3(5)	40(130)	50000	96~98
准双曲面齿轮传动	300(500)	4~8	30(50)	20000	50~90
锥-圆柱齿轮传动	500(3000)	5~50	—	—	—
蜗杆传动	120(1000)	5~50(1~1000)	25(70)	40000	25~92
蜗杆-圆柱齿轮传动	100(250)	40~280(>1000)	—	—	—
交错轴斜齿轮传动	8(80)	1~5(10)	20(50)	20000	50~95
链传动	200(3000)	1~6(10)	10(40)	10000	95~98
平传动传	150(3600)	1~5(10)	25(120)	200000	96~98
V 带传动	100(4000)	1~8(15)	30(40)	8000	92~94
同步带传动	100(400)	1~10(20)	12(40)	30000	96~98
摩擦轮传动	10(200)	6(10)	25(50)	10000	96~97

注：表内数字为正常值，括号内数字为最大值。

9.3 传动系统的组成及传动件的选择

9.3.1 传动比

1. 传动比固定的传动

表 9-2 中给出了一些常用传动装置的单级传动比。但应该注意，有些是最大值，在一般设计中取值较小。下面是更详细的分析和推荐，由于资料来源和分析角度不同具体数据可能有一些不完全一致，请分析使用。

圆柱齿轮的传动比过大，会使大齿轮的直径很大，若采用多级齿轮传动，正确选定级数和分配传动比，结构比较紧凑。单级传动比不应超过 6~8（最大 10）。对于齿轮尺寸取决于整个设备结构的场合，如回转窑传动装置的开式大齿轮，传动比可达 20 以上。

直齿锥齿轮的传动比增加时，大齿轮的锥顶角加大，齿轮直径迅速增大，因此直齿锥齿轮的传动比多数小于 3（最大 5）。曲线齿锥齿轮的啮合情况较好，单级传动比可到 6（最大 10）。准双曲面齿轮的轴可以偏置，最大单级传动比可达 10~15。

蜗杆传动比受效率和尺寸的限制，单头蜗杆传动的效率低，多头蜗杆在传动比大时蜗轮尺寸很大。在传递动力时蜗杆传动的传动比一般不超过 50。只有传递运动的分度机构蜗杆传动，传动比可达 500~700（最大 1000）。

链传动的最大传动比受小链轮最小齿数、大链轮最大齿数和小链轮包角的限制，最大单级传动比不超过 6~7，对于速度较低（$v \leqslant 2m/s$），工作平稳性要求不高或传递运动的机构中，传动比可达 10~14。

带传动的最大传动比主要受大带轮直径和小轮包角的限制，平带传动的最大传动比为 3~5（有张紧装置时可达 10），V 带的摩擦较大，小轮包角可以小，传动比可达 5~8（有张紧装置时可达 15）。

摩擦轮传动的最大单级传动比主要受结构尺寸的限制。传动比大摩擦轮的尺寸就大，因此一般单级传动比小于 6（个别可以到 10）。在作无级变速器时，传动比一般小于 5。

谐波传动的单级传动比受制造精度和效率的限制，一般小于 200，个别可以达到 400。

摆线针轮传动的单级传动比受针轮针齿布置的限制，一般小于 71，最大值 87。

2. 传动比可变的传动

一般应优先选有级变速传动，比较经济可靠。要求较高或经常变速的传动装置，用齿轮变速器，要求较低的可用塔轮或配换齿轮。一般齿轮变速器只能在静止的情况下变速，而采用同步器或在传动系统中加入离合器则可以在转动时变速，如汽车变速器。

机械无级变速传动常用于功率范围在 0.5~75kW 的传动装置（最大可达 150kW）。也可以采用直流电动机、可调速的交流电动机等。

在要求传动装置带较重的载荷起动时，可以采用液力传动或液压传动。表 9-3 所列为传动比可变的各种传动装置的性能。

9.3.2　速度

各种传动装置当速度超过一定范围时，会发生振动、噪声、运转不稳定、发热、寿命显著降低等情况，甚至由于离心力过大而使传动件破裂。由于电动机的转速限制，高速传动多用于增速传动。

齿轮传动允许的线速度受加工精度与材料抗拉强度的限制。高速齿轮要求材料抗拉强度高，有较高的加工精度（只有 4 级以上高精度齿轮才能达到 100m/s以上的速度），为了减少噪声还要经过修形、修缘，还要求有较高的散热能力和平衡精度，有特殊的润滑和冷却措施。普通精度的直齿锥齿轮，只能达到 5m/s，特别精密的才能达到 20m/s。曲线齿锥齿轮普通精度等级可达 25m/s，精度特别高时可达 50m/s，在专门工厂中制造的高速齿轮，可达到 100m/s，甚至更高。

由于受行星轮离心力和润滑的限制，行星齿轮传动允许转速一般不超过 10000r/min。摆线针轮传动允许转速一般不超过 3000r/min。

蜗杆传动的允许线速度受滑动速度和蜗杆型式的限制，线速度高则滑动速度也高，易出现胶合。阿基米德圆柱蜗杆的允许滑动速度一般为 10m/s（与蜗轮、蜗杆材料有关），在润滑与冷却良好时可达 15m/s。对于容易形成全油膜润滑的蜗杆传动如圆弧齿蜗杆、双包络蜗杆，在参数选择合理，润滑良好时，线速度可达 70m/s，蜗杆转速达 40000r/min。

链传动的线速度高则离心力大，啮入冲击的动能与线速度的平方成正比，链节越大，速度的影响越大，磨损和噪声都大，寿命短。转速高时尽量采用小链节的链条。普通套筒滚子链的圆周速度不超过 10m/s，材料和结构特殊时（例如精度特别高，有尼龙衬瓦等）的链传动，线速度可达 30m/s，齿形链的允许线速度可达 40m/s。

带传动的线速度主要受离心力的限制，速度高，带与带轮之间的压力减小，带所受的离心应力增加，传递的功率减小，甚至不能传动。普通 V 带因带厚，弯曲应力大，散热差，允许圆周速度不超过 30m/s，一般在 25m/s 以下。平型胶带传动，由于胶带的密度大，允许线速度不超过 30m/s，薄型锦纶带可达 120m/s。转速高时，单位时间内，带的应力循环次数多，寿命短。平带轮转速一般不超过 18000r/min，V 带轮转速一般不超过 8000r/min。

摩擦轮传动的允许线速度和转速在理论上可以很高。对于非金属摩擦轮，由于材料弹性滞后引起发热的限制，在动力传动中，线速度一般不超过 20m/s，转速不超过 10000r/min。但在仪器的增速传动中转速可达 400000r/min。

表 9-3 传动比可变的各种传动装置的应用范围及特性

项目		有级变速齿轮传动	机械无级变速传动[10]				流体静压传动	流体动压传动	带整流器的直流电动机
			橡胶 V 带	链	摩擦轮	连杆式			
基础	功率范围/kW	2~150(400)	0.1~15(45)	0.16~75(130)	0.1~50(150)	0.1~10(15)[1]	5~250(1200)	10~150(150MW)	0.5~1000
	转速范围/(r/min)（输出端）	0~5000	500~4000	500~7000	0~4000	0~300	(0)[2]~4500 (10000)	(0)[2]~5000	0~4000 (10000)
转矩	从 n_{min}~n_{max} 时的转矩增长比	n_{max}/n_{min}	3.5	6	2~8	2	3(9)[17]	2.5[11]	1[3]
	起动时的转矩增长比	2.5~10	1.5	2.5	1~2.5	2.5	3(9)[17]	2.5~12	1.8[4]
	静止状态下能否传递	能	能	能	能	能	能[5]	能[12]	能[6]
转速	调速范围 R[18]	2~100	3~9	6~10	5~10(35)	∞[19]	5[15]	2.5[11]	1.2~20/50~∞
	能否换向[20]	能	不能	不能	部分	不能	能[16]	不能	能
	在静止状态可否变速	能	不能	部分[7]	部分[7]	能	能	能	能
	所调节传动比的恒定性[8]	精确	中等	好	中等	很小	好[15]	没有[14]	很小[9]
维护保养	正常保养措施及周期/h	换油，5000	换 V 带，≈4000	换油，2000	换油，2000/4000	换油，2000	换油，1000（最少每年一次）	换油，5000[13]	电刷，5000
	由制造厂商检查	不用	不用	不用	部分[7]	不用	部分[7]	不用	部分
	典型磨损部位	—	带、带轮、轴承	链、链轮齿	滚动体、摩擦衬垫（套）	自由轮（带超越离合器）	滑动密封（橡胶，金属）	轴承	电刷、集流环、电气元件

① 输出转矩至 400N·m（最大为 10^6N·m）。
② 在起动时。
③ 在超速 $n>n_{nenn}$ 时，转矩降低（功率恒定）。
④ 在过载电流下，短时间。
⑤ 注意爬行。
⑥ 也可传递，但相应的耗费很大。
⑦ 视结构形式而定。
⑧ 取决于转矩。
⑨ 带转速表时，很好。
⑩ 无齿轮传动级。
⑪ 在效率>70%时。
⑫ 在停车时无力矩。
⑬ 在机车传动装置中。
⑭ 在恒定输出转矩时为±2%。
⑮ 轴向柱塞式传动装置（注意起动时的不均匀性）。
⑯ 泵实际上不能。
⑰ 二次控制。
⑱ $R=i_{max}/i_{min}$。
⑲ 注意不均匀性。
⑳ 通过调节传动装置。

9.3.3　轴的位置

表 9-4 列出了常用传动装置在一般条件下，允许的输入轴和输出轴的相对位置。

表 9-4　常用传动装置允许的输入轴和输出轴相对位置

传动形式	两轴平行	两轴相交	两轴交错	两轴任意布置	共轴线
圆柱齿轮传动	○				
直齿锥齿轮传动		○(一般成90°角)			
准双曲面齿轮传动			○		
交错轴圆柱齿轮传动			○		
蜗杆传动			○		
链传动	○				
带传动	○	○	○	○	
摩擦轮传动	○	○	○		
多级齿轮传动	○	○	○	○	○
行星传动					○
谐波传动					○
摆线针轮传动					○
液力传动					○

注：表中○表示可以实现。

9.3.4　功率

圆柱齿轮传递的功率最大，使用的功率范围也最广。随着工业的发展，达到的功率可以更大。由于大锥齿轮制造困难，不易保证必要的精度，它的最大允许功率比圆柱齿轮小得多，一般小于 500kW，但曲线齿锥齿轮，在特殊情况下可以达到 4000kW。

蜗杆传动效率低，用于大功率连续运行传动很不经济。长期运行的蜗杆传动，在参数选择合理，效率较高时，功率一般在 50kW 以内，不超过 120kW。不经常使用而且使用时间很短的蜗杆传动，最大可达 1200kW。

交错轴斜齿轮传动是点接触，接触处的当量曲率半径小，滑动速度大，承载能力低。其功率正常情况下不超过 8kW，最大不超过 80kW。常用于传递运动的传动装置，功率很小。

摆线针轮传动传递的功率受转臂轴承承载能力的限制，一般不超过 100kW，短期工作可达 250kW。

谐波传动由于效率较低，大功率柔轮制造困难，以及柔轮材料强度和波发生器轴承承载能力的限制，主要由专业厂成批生产。目前主要用于小功率传动，短期工作可达 360kW。

链传动的传动功率主要受链条承载能力的限制，要加大传动功率，必须加大链节尺寸，增加排数，从而加大了链轮直径和宽度，增加链条重量，加大了动载荷和传动不均匀性。标准套筒滚子链一般不超过 100~200kW。齿形链最大允许功率一般为 680kW，特殊情况可达 4000kW。

平带传动的功率主要受带的抗拉强度和摩擦因数的限制。为了增加传动功率则要加大带的宽度和厚度，但这将引起沿带宽的拉力分布不均匀和大的弯曲应力，因此必须加大带轮直径，从而使整体尺寸加大。标准平带的最大允许功率一般不超过 150kW。多数在 100kW 以内，通常小于 50kW。有皮革贴面的强力锦纶带，摩擦因数大，抗拉强度高，功率可达 3600kW。

V 带传动的功率主要决定于带的速度、截面积和根数，加大这些参数必须加大带轮的直径或宽度，即加大带传动的尺寸。正常情况下，V 带传动的最大功率为 100kW。提高强力层材料的强度，加大外层材料的摩擦因数，采用耐热性好的压缩层材料，可把最大功率提高到 4000kW。

同步带传动的最大允许功率与带的材料、结构和齿形有关。目前一般不超过 100kW，采用各种措施后，由于传递带宽度的限制，极限值可达 400kW。

摩擦轮由于需要很大的压紧力，因而使轴和轴承的载荷很大、结构复杂，功率一般不超过 10kW。只有采用自动加压机构和卸载装置，并采用多流传动时最大功率可达 200kW。

9.3.5 效率

圆柱齿轮传动的效率最高，它与齿轮参数，齿面的相对滑动速度、加工精度、齿面表面粗糙度、材料和热处理、润滑状况等有关。按精度不同，圆柱齿轮的效率在 0.96 ~ 0.98 左右，精密加工的齿轮效率可达 0.99。锥齿轮的效率低于圆柱齿轮，直齿锥齿轮传动的效率 0.96 ~ 0.98，加工精度低的可能达到 0.92，曲齿锥齿轮传动的效率低一些，准双曲面齿轮传动的效率更低一些。

蜗杆传动的效率变化很大，与传动参数，蜗杆和蜗轮的材料搭配，表面处理情况和表面粗糙度，滑动速度，润滑状况等有关。如果各方面的情况较差，效率可能低于 45%，甚至可低到 25%。制造良好的传递动力的蜗杆传动，效率一般在 65% ~ 92%。特别精心设计，制造与润滑良好的新型蜗杆传动效率可达 98%。

摆线针轮传动的效率与传动比和结构有关，一般为 90% ~ 95%。传动比大时效率低。

谐波传动的效率与传动比、制造精度、材料、润滑等因素有关，在传动比为 80 ~ 250 时效率为 90% 左右。

链传动的效率与链的结构、精度、链轮的齿形、润滑状况等有关。标准短节距精密滚子链的效率最高可达到 97%，在润滑不良和链轮齿形较差时可低至 95%，齿形链的效率可达 98%。

平带传动的效率与带的材料、带的厚度和小轮直径之比、初拉力的大小等有关。带越厚、初拉力越大，效率越低。带材料的弹性模量小。弹性滑动与滞后损失大，效率低。平胶带传动的效率在正常工作情况下为 96% ~ 97%，强力锦纶带和钢带可达 98% 甚至 99% 以上，V 带传动因带较厚，小轮直径小，有径向滑动，效率比平带低。标准 V 带传动在正常工作情况下，效率可达 97%。如参数选择不当，材料不好，安装不合理，效率可低到 70% ~ 80%，同步带的效率一般为 96%，可达 98%。

摩擦轮传动的效率与结构形式、材料和润滑状况有关。润滑良好的金属摩擦轮传动在无几何滑动时的效率可达 98% ~ 99%，一般可达 96% ~ 97%。非金属摩擦轮传动的效率在有几何滑动时仅达到 60% ~ 70%。

9.3.6 价格和单位功率的重量

齿轮传动的价格主要决定于装置的结构形式、尺寸、材料、精度、热处理、润滑方式等。目前采用新型传动、高硬度、高精度、高可靠性的传动件，传动装置单位功率的重量降低，而单位功率的价格有提高。

圆弧齿圆柱齿轮比渐开线圆柱齿轮的体积小，重量轻。

锥齿轮的小齿轮支撑刚度差，又受到结构形状的限制，尺寸与重量都比圆柱齿轮大，价格也高。行星齿轮传动的尺寸和重量都比较小，与圆柱齿轮传动相比，一般可轻 1/4 ~ 1/3 或更多，但价格较贵。当锥齿轮与圆柱齿轮组合使用时锥齿轮应放在高速级。准双曲面齿轮传动的尺寸比直齿锥齿轮小，但价格较高。

蜗杆传动的尺寸和重量与传动比和功率相同的圆柱齿轮传动比会小一些，价格也较低。但蜗杆传动效率低，长期运转的电费消费较高，总价格未必低。

在传动比大时，谐波传动和摆线针轮传动的尺寸和重量都比齿轮传动小。

带传动尺寸大，但价格低，远低于齿轮传动和蜗杆传动。传递相同功率时，平带传动比 V 带传动尺寸大。链传动尺寸比带传动小而重量较大。由于链传动和带传动多用开式传动，防护罩的重量也很轻，因而它的价格和重量比齿轮箱低。

摩擦轮传动的价格低，在中小功率传动中，尺寸与齿轮传动接近。

9.3.7 噪声、抗冲击能力和寿命

摩擦轮传动、带传动、蜗杆传动的噪声最小。其中 V 带传动低于平带传动。齿轮传动的精度越低，噪声越大。一般是圆柱齿轮的噪声低于锥齿轮，斜齿或曲线齿低于直齿。

链传动的噪声低于低精度的齿轮，高于高精度齿轮传动。短节矩精密滚子链高于齿形链。

摩擦传动有缓冲作用，在受到冲击或过载时，由于打滑而起安全作用，保护其他零件不致损坏。但是在某些不允许打滑的传动系统中，不允许采用摩擦传动，如炼钢厂起重机的起重装置。

要提高啮合传动系统缓和冲击的能力，必须在传动系统中加入弹性元件。

各种传动零件中，齿轮传动的寿命最长，链传动较短，传动带的寿命则更短（带传动寿命一般指传动带寿命）。带传动的寿命与带的材料及工作条件有关，当工作平稳，环境清洁时带寿命为 3500 ~ 5000h。润滑与密封不良的蜗杆传动寿命很短。金属摩擦轮在润滑良好、工作平稳时寿命可以很长。

9.3.8　产生直线运动的传动机构

1）螺旋传动　常用于转动化为移动的机构，移动速度和移动范围都不能大。滑动螺旋有自锁作用，噪声小，运动平稳。精密加工的滑动螺旋和滚动螺旋能够达到很高的精度，可以用于精密定位机构的传动。螺旋传动的从动件可以向正反两个方向运动，滑动螺旋效率低。滚动螺旋耐冲击性能差。

2）齿轮齿条传动　效率比滑动螺旋传动高，磨损较小，可以达到较高的速度，移动范围可以达到几米。不能自锁。

3）曲柄滑块机构　最常见的是内燃机的曲轴、连杆与活塞组成的系统。活塞水泵，曲柄压力机中它也是主要的传动机构。工作行程受曲柄长度限制，一般较小。在运动过程中，速度变化较大。

4）偏心轮机构　是曲柄滑块机构的演变形式，其运动行程很小，速度不均匀。

5）凸轮机构　可以得到任意的运动规律，如控制内燃机出入气体阀门的凸轮机构，从动件作往复移动或摆动。一般情况下，凸轮机构受力较小。

6）利用挠性件的机构　挠性件有带、链、钢丝绳等。带的速度较高，受力较小，链可以承受较大的拉力，钢丝绳受力较大。带、链的行程较小，钢丝绳可以达到很大的运动范围。由于挠性件只能承受拉力，所以挠性件传动只能单向受力。

此外，能够产生直线运动的机构还有：液压传动、气压传动、电磁铁等。这些传动机构不属于本手册的内容，它们的设计请参考有关的手册或资料。

9.3.9　产生间歇运动的传动机构

（1）设计注意事项　设计间歇运动机构应该注意以下几个问题：

1）运动系数 τ　从动轮运动一次所需的时间 t_2 与主动轮旋转一个周期的时间 t_1 之比，即 $\tau=t_2/t_1$，τ 的值越大，则从动轮在一个工作周期中运动时间越长，停止时间越短。许多工作机械（如多工位自动机）要求停止时间长（运动系数大），因为在回转机构停止时才能进行各种加工。

2）加速度　在工作过程中，从动轮多次起动和停止，如果起动和停止的加速度很大，则由于惯性力的影响，机构工作不会平稳。

3）从动轮每次转过角度 φ 的大小和这一角度是否能够按使用要求调整和改变。

（2）常用间歇机构　常用的间歇运动机构如下：

1）棘轮机构　当棘爪杆往复摆动时，棘轮转过一个相应的角度。棘爪杆可以用曲柄摇杆机构或凸轮机构推动，采用调整结构，即可很容易地改变棘轮的转角。当棘轮的齿数很多时，可以得到每次运动只有很小的转角。为了避免棘爪与棘轮之间产生冲击，用于速度不高的场合。

2）槽轮机构　定位精度较高，可以用于较高的速度，如电影放映机的主动轮转速达到 1440r/min，应用较多。外槽轮的运动系数 $\tau=(z-2)/(2z)$。式中 z 为槽轮的槽数。选择槽轮的齿数可参考表 9-5。

表 9-5　外槽轮齿数与性能的关系

槽数 z	运动系数 τ	运动特性 ω_{2max}/ω_1	动力特性 $\varepsilon_{2max}/\omega_1^2$
3	1/6(4/24)	6.46	31.4
4	1/4(6/24)	2.41	5.41
6	1/3(8/24)	1.00	1.35
8	3/8(9/24)	0.620	0.700
12	5/12(10/24)	0.349	0.348

注：ω_1—主动轮角速度；ω_{2max}—从动轮最大角速度；ε_{2max}—从动轮最大角加速度。

3）凸轮式间歇运动机构（见图 9-1）　主动凸轮的圆柱面上有两端开口，不闭合的曲线沟槽（或凸脊），从动盘的端面上有均匀分布的圆柱销。当凸轮转动时，从动盘作间歇运动。凸轮式间歇运动机构结构简单，运转可靠，转位精确，不需要专门的定位装置，容易实现要求的运动系数 τ。在设计中可以采用适当措施，以减小动载荷避免冲击。这种机构精度要求高，加工比较复杂，安装调整较难。常用于高速、高精度的步进机构。

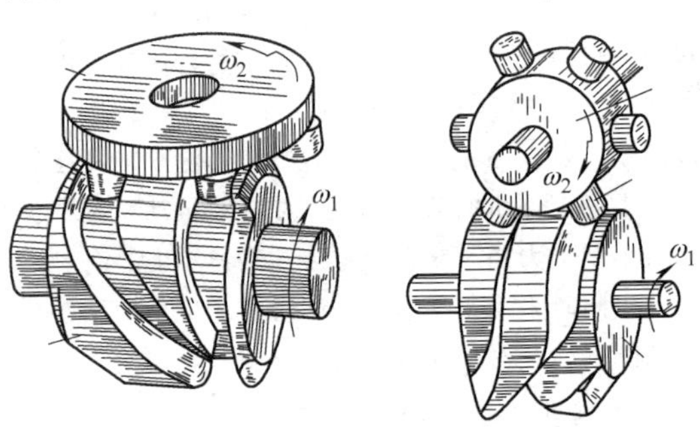

图 9-1　凸轮式间歇运动机构

4）不完全齿轮机构（见图 9-2）　主动轮 1 上面有几个轮齿，其余部分为外凸锁止弧，从动轮 2 上面有与主动轮相应的齿间和内凹锁止弧相间布置。有外啮合、内啮合和齿轮齿条机构。不完全齿轮设计灵活，容易实现不同的间歇运动要求，缺点是加工复杂，难以达到高精度，每次起动时有冲击，不宜用于高速传动。

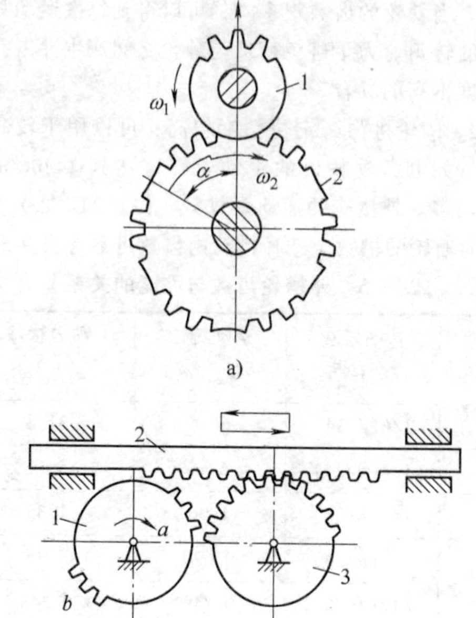

图 9-2　不完全齿轮机构

a）外啮合　b）齿轮齿条

9.3.10　传动的特殊要求

1. 起动

若传动系统的起动载荷超过原动机的起动转矩，则应在传动系统中设置离合器或液力耦合器等，以使原动机空载起动。

2. 制动

为了缩短停车过程或适应紧急制动需要，特别是转动惯量较大的系统，应有制动装置。制动可以分为空载制动（如金属切削机床、冲床、剪床等）和有载制动（如起重机、提升机）。制动装置设置在传动系统中或工作机的适当部位。在减速传动系统中，为了减小制动力矩，制动轮常装在高速轴上。有时还对动力机同时采用制动措施，如对电动机采用反接制动或耗能制动，对柴油机采用排气制动等。

3. 反向

对有反向要求的机械尽量利用原动机的反向功能（如电动机）。对内燃机等不便于反向的原动机，应在传动系统中设反向机构。还应该考虑工作要求，有的要求快速反向（如刨床、磨床、船舶等），有的要求停车反向（如起重机行走部分，提升机械等）。

4. 过载

当工作机载荷变化频繁，变化幅度较大，可能过载而本身又无过载保护装置时，应在传动系统中设过载保护元件，如摩擦传动、流体传动、安全离合器等。

5. 空挡和空载

当工作机起动、停车、变速频繁而动力机不能适应这一工况要求时，设计变速装置应设立空档。在空挡时，传动链脱开，工作机停车，原动机空载运转。

9.4　机电一体化传动装置设计要点

机电一体化技术是将机械、电子与信息技术有机结合，以实现工业产品和生产过程整体最优化的一种新技术。典型的机电一体化产品有机器人、数控机床和用微电子技术装备的办公设备、家用电器、印刷机械、纺织机械和自动化仪表等。

9.4.1　伺服系统的分类

（1）按驱动方式分类　可分为电气伺服、液压伺服和气动伺服。

（2）按控制原理分类　按有无检测反馈传感器及其检测部位可分为开环系统、闭环系统和半闭环系统。

1）开环系统。没有检测反馈装置的伺服系统。可采用步进电动机作为伺服系统的驱动装置，主要用于速度和精度要求不高的场合。

2）闭环系统。具有直接测量系统输出反馈装置的伺服系统，一般采用直流电动机或交流伺服电动机作原动机，用于速度和精度要求较高的大型机电一体化设备。

3）半闭环系统。在传动链的转动部位进行角位移的测量与反馈，即在传动链中间部位取出检测信号，进行反馈的系统。其精度和复杂程度在前两种之间。

（3）按被控量的性质分类　可分为位置控制伺服、速度控制伺服、加速度控制伺服、同步控制伺服、力和力矩控制伺服等。

9.4.2　机电一体化对机械传动的要求

机电一体化系统中的机械传动装置，已成为伺服系统的组成部分。

伺服系统是以机械参数（位移、速度、加速度、力和力矩等）为被控量的一种自动控制系统。它的基本要求是系统的输出能迅速而准确地响应输入指令的变化，应满足稳定性、高精度、快速、灵敏、可靠性等要求。

按对机电一体化系统中的机械传动装置要求，常用的传动形式有齿轮传动、蜗杆传动、同步带传动、链传动、滚珠螺旋传动、滚动导轨等。要求高精度、低摩擦、无（或极小）回程误差，因此在传动件选型、传动比分配、传动件结构设计、传动零件精度要求等方面都应该反映其特点。

9.5　例题

【例 9-1】　中华世纪坛是北京市迎接 21 世纪的建筑工程，以“易经”中的“天行健，君子以自强不息。地势坤，君子以厚德载物”的思想作为展示中华民族精神的依据。工程要求重达 3000t，直径为 47m 的代表“天”的圆坛以 r/(4~6)h 的速度转动。

【解】　针对此项任务，提出了三个设计方案，并对它们进行了分析和比较。

（1）水浮卸荷方案（见图 9-3）　该方案中，旋转圆坛下部为一直径 35m 的圆筒，放在直径 36m 的水槽中，圆筒底部距水槽 0.8m，水槽内水深 2.5m。由水承载旋转圆坛 95%的重量。其余 5%则由承载滚轮支持。由于水的摩擦阻力非常小，但承载能力却很大，所以对传动和支撑装置的要求相应较低。此方案设计新颖，转动灵活，平稳性好。但其不足之处是水槽占据一定高度（中华世纪坛总高度有很严格的限制），水在冬天会冻冰，夏天会发臭，遇地震等情况容易被破坏，如水池裂开而漏水等。

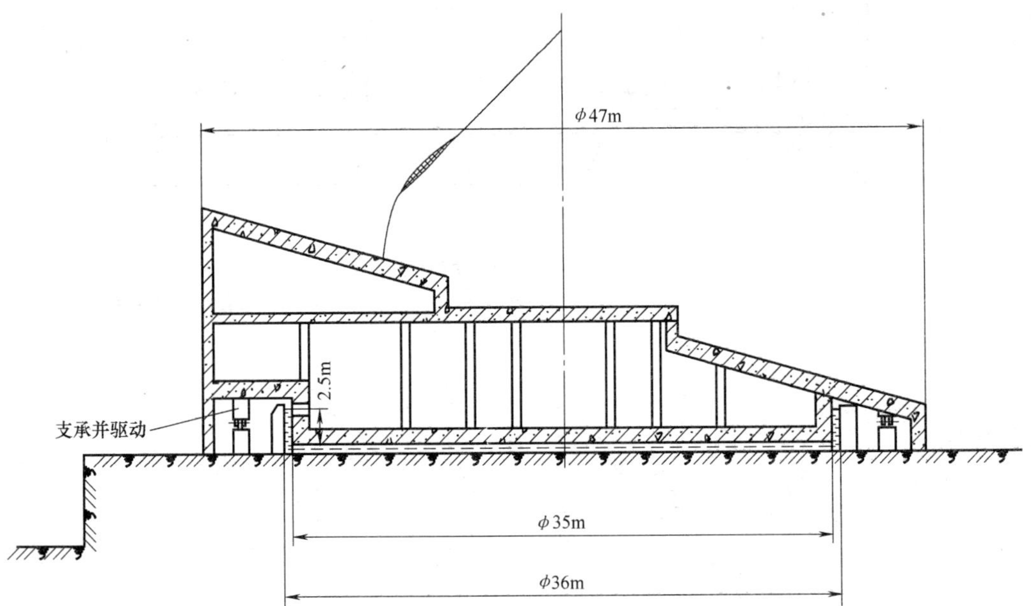

图 9-3　中华世纪坛水浮卸荷方案

（2）摩擦传动方案（见图 9-4）　该方案旋转圆坛由三圈共 296 个直径 1m 的塑料轮支持，在旋转圆坛下面有一钢圈，用摩擦轮驱动钢圈。这一方案的优点是，用塑料轮承载，用钢圈和摩擦轮传动，两种功能分开安排，符合“功能分担”的设计原理。其难点是塑料承载轮有老化问题，支承面很大，其平面度加工要求较高，加工有一定难度。拖动钢圈的圆度和与回转中心的同心度也是加工的难点。

（3）钢轮支撑与驱动方案（见图 9-5）　在直径为 13.6m 和 39m 的内环和外环圆周上分别安置 32 台和 64 台车组，每车组有 2 个钢制车轮，车轮直径为 600mm，宽度为 160mm。旋转圆坛有中心圆筒，用 20 个滚轮作中心定位。外圈车轮有 16 个驱动轮，各采用电动机→减速器→离合器→万向联轴器→驱动轮的方式进行驱动，用电气控制解决各驱动电动机均载问题。这一方案的优点是结构原理明确，便于加工、安装、使用，管理简单。

经全面和仔细的分析和比较，征求了多方面的意见以后，决定选用方案 3。

在方案确定以后，随着设计和施工的进展，为了确保设计的可靠实现，专门进行了实验室试验和现场测试，主要测试了车轮的阻力和摩擦因数，证明此方案切实可行。

内外圈各有两条轨道，选用 QU100 型标准起重机钢轨弯曲成圆形轨道。为保证各轮受力均匀，对轨道提出了很高的精度要求。水平平面度误差不超过 4mm，相邻两圈轨道高度差不超过 1mm，环形轨道圆度误差不超过 10mm。在混凝土环梁上预埋钢板（对钢板水平有一定要求），轨道安置在钢板上，采用垫铁调整钢轨水平，用水平仪测量。

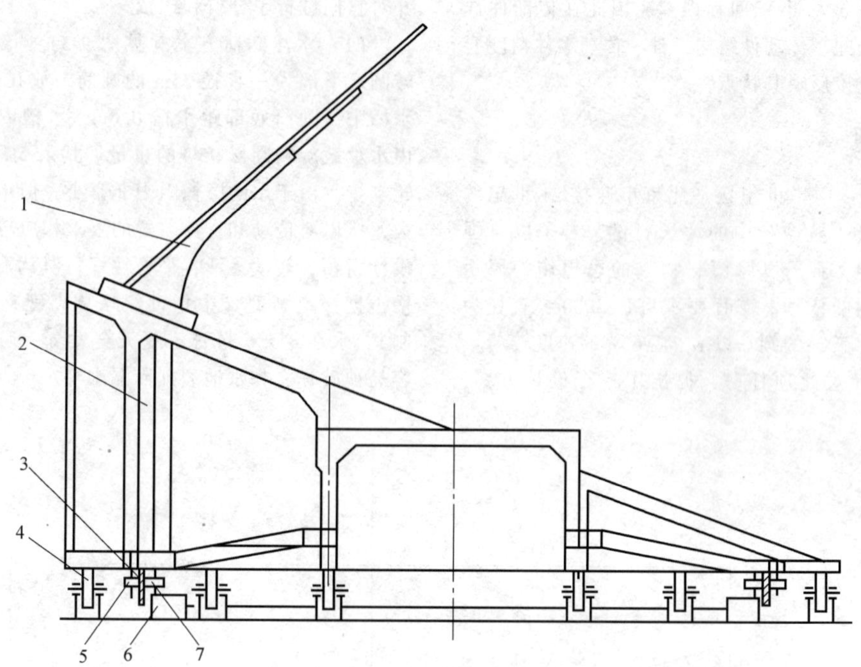

图 9-4　中华世纪坛摩擦传动方案

1—时空探针　2—钢结构　3—钢圈　4—塑料轮　5—压紧轮　6—传动装置　7—摩擦轮

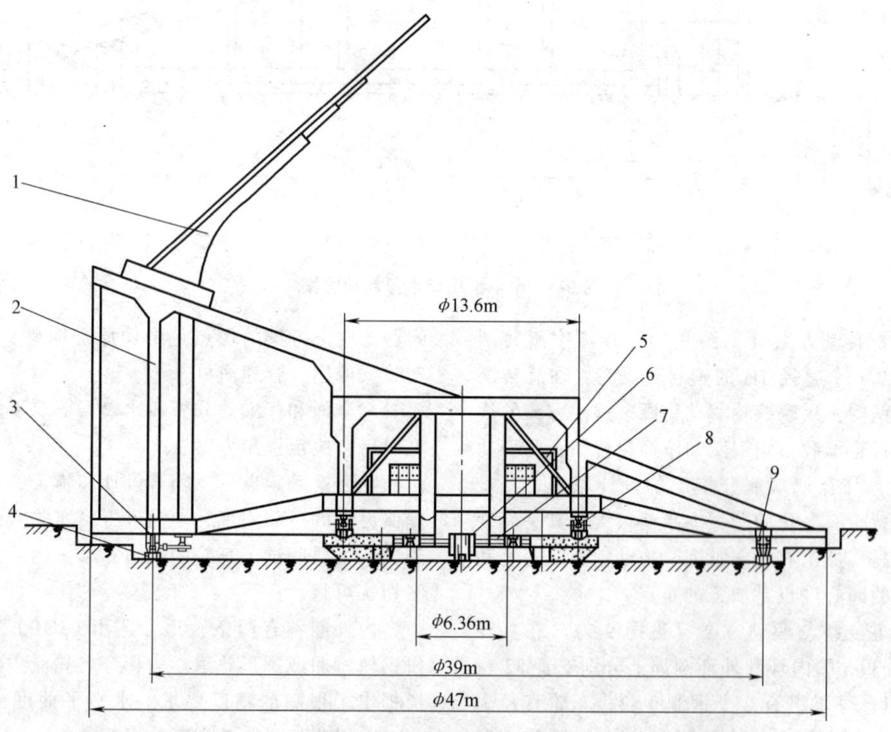

图 9-5　中华世纪坛钢轮支承与驱动方案

1—时空探针　2—钢结构　3—驱动车组　4—外环导轨　5—环形控制室　6—导电滑环　7—中心定位筒　8—内环车组　9—外环从动车组

为了使各轮承受的载荷均匀，采用了碟形弹簧均载（见图 9-6），考虑到内外两圈轨道存在高度误差，每个车轮都是独立的。

在圆坛中心设有直径 6.364m 的中心定位环，机械加工精度 2.3mm，此环与圆坛一起转动。定位环周围有 20 个导向滚轮中心定位，这些滚轮的支架固定在基础上，导向滚轮与中心定位环之间的半径间隙为 5mm。中心定位装置可以承受 8 级烈度地震的水平力设计指标 480t。

驱动系统（见图 9-7）采用变频器供电的交流异

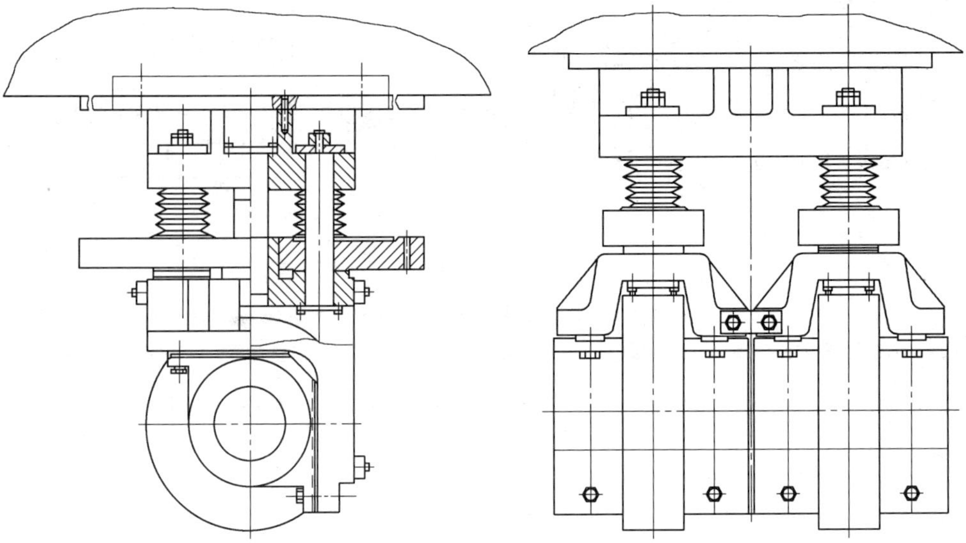

图 9-6　中华世纪坛碟形弹簧均载

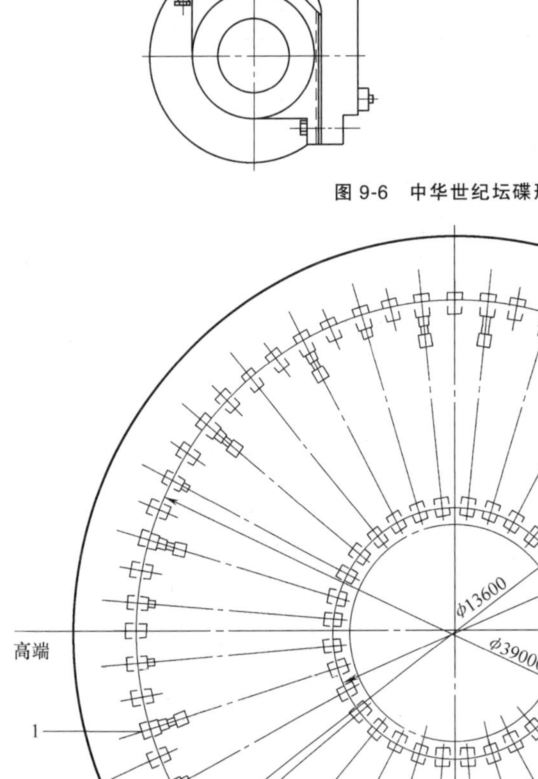

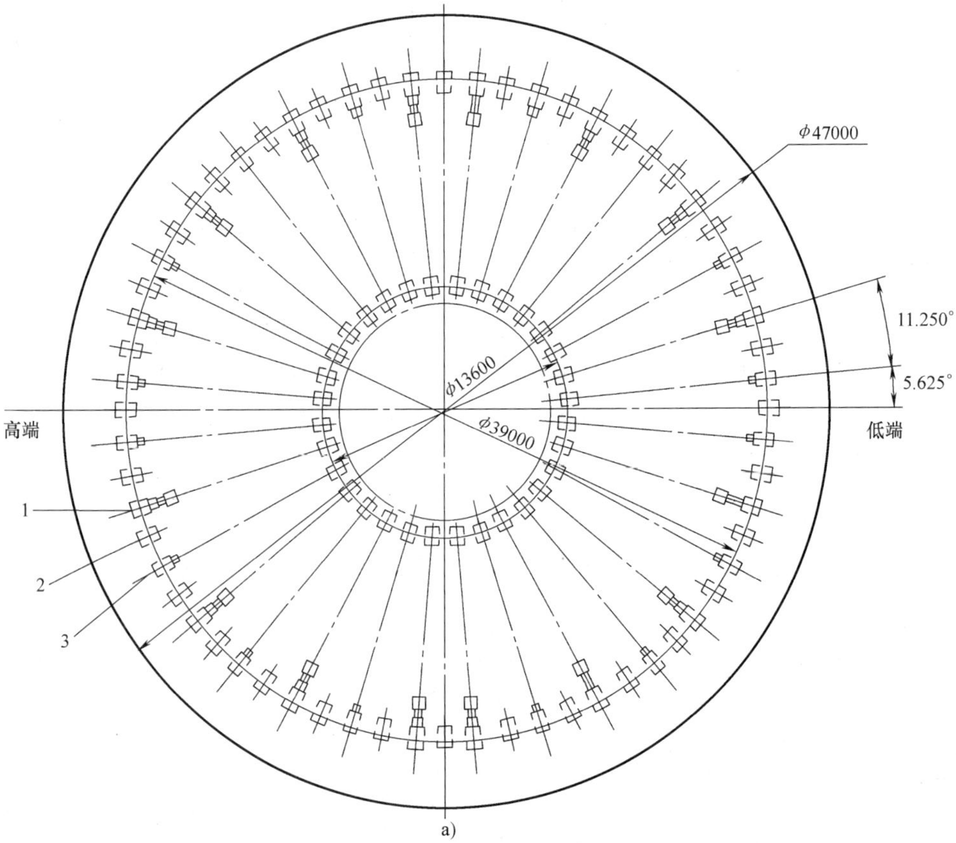

a)

图 9-7　中华世纪坛驱动系统方案

a）旋转圆坛支撑与驱动轮分布图　1—驱动轮　2—支撑轮　3—备用驱动轮

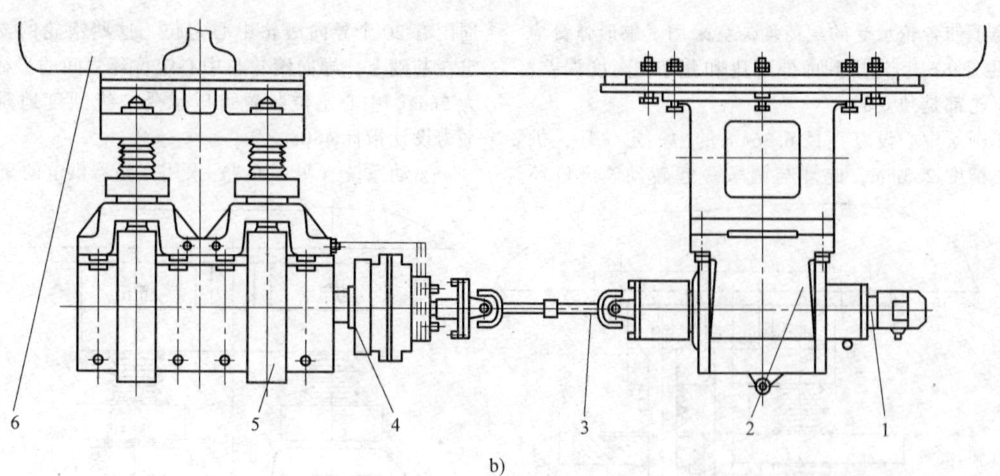

b)

图 9-7　中华世纪坛驱动系统方案（续）

b）驱动结构图　1—电动机　2—减速器　3—万向联轴器传动轴　4—电磁离合器　5—驱动车轮　6—坛体

步电动机，电动机容量为 0.44/0.88kW，选用双速三相笼型异步电动机。为了防止驱动力矩上升快的电动机过载，由计算机自动控制，起动时降低电动机供电频率（同时降低电压），限制电动机堵转电流及其输出力矩，使各电动机的负载均衡。电动机转速为 700/1400r/min。采用 6 级圆柱齿轮减速器，传动比为 3655。

在这一意义重大的机械设计中，充分分析比较了各种方案，选择了最优的结构方案，为了保证有足够的拖动力，进行了摩擦力、拖动功率等多项试验。充分体现了机械结构设计的三项基本原则——明确、简单、安全可靠。最后保证了中华世纪坛屹立在北京，安全可靠地运转。这是一个机械传动设计成功的典型实例。

【例 9-2】　设计一个圆形工作台的传动装置，并画出传动简图。工作台轴与地面垂直，要求它能围绕其中心做定轴转动，先向一个方向转动 180°，再向相反方向转动 180°，然后停车。完成全部动作时间为 20s，电动机转速为 960r/min。

【解】　（1）设计传动简图（见图 9-8）由电动机经带传动、蜗杆传动两次减速后，蜗轮转速为 3r/min，即每 20s 转动一周。曲柄连杆机构带动大齿轮，蜗轮与大齿轮之间用连杆 BC 联系。AB 与 CD 为连杆。设计连杆长度使 $ABCD$ 构成曲柄摇杆机构。曲柄摇杆机构把曲柄 AB（即蜗轮）的连续转动，变化为摇杆 CD 的往复摆动（即大齿轮的往复转动）。在两个极限位置时 CD 杆的位置用角 β_1、β_2 表示，大齿轮的摆动角为 $\theta=\beta_1-\beta_2$。大齿轮 z_5 推动小齿轮 z_6，设计齿轮的齿数使小齿轮的摆动角约为 180°，即可满足工作要求。z_5、z_6 应满足条件：

小齿轮的摆动角 $=\theta\dfrac{z_5}{z_6}\approx180°$。取 $AB=18\text{mm}$、$BC=40\text{mm}$、$CD=42\text{mm}$、$DA=50\text{mm}$，则有

$$\beta_1=\arccos\left(\frac{42^2+50^2-58^2}{2\times42\times50}\right)=77.62638°$$

$$\beta_2=\arccos\left(\frac{42^2+50^2-22^2}{2\times42\times50}\right)=25.84193°$$

$$\theta=\beta_1-\beta_2=51.78445°$$

由 $\theta\dfrac{z_5}{z_6}\approx180°$关系得

$$z_5=z_6\times\frac{180°}{\theta}=z_6\times\frac{180°}{51.78445°}=3.475947z_6$$

取 $z_6=17$、18、19、20、21、22 计算，结果见表 9-6。

表 9-6　z_6 取不同值所对应的转角误差

小齿轮齿数 z_6	大齿轮齿数 $z_5=3.475947z_6$	圆整后 z_5	实际传动比	工作台实际转角	转角误差（绝对值）
17	59.091	59	3.47059	179.72°	−0.27°
18	62.567	63	3.50000	181.2456°	1.246°
19	66.043	66	3.47368	179.8826°	−0.117°
20	69.519	70	3.50000	181.2456°	1.246°
21	72.995	73	3.47619	180.0126°	−0.126°
22	76.471	76	3.45454	178.8915°	1.109°

选择 $z_5=66$，$z_6=19$ 转角误差最小。

（2）设计带传动的传动比和蜗杆传动的传动比　带传动和蜗杆传动的总传动比 $i=i_1i_2=\frac{960}{3}=320$，取带传动传动比 $i_1=3.2$，蜗杆传动传动比 $i_2=100$。

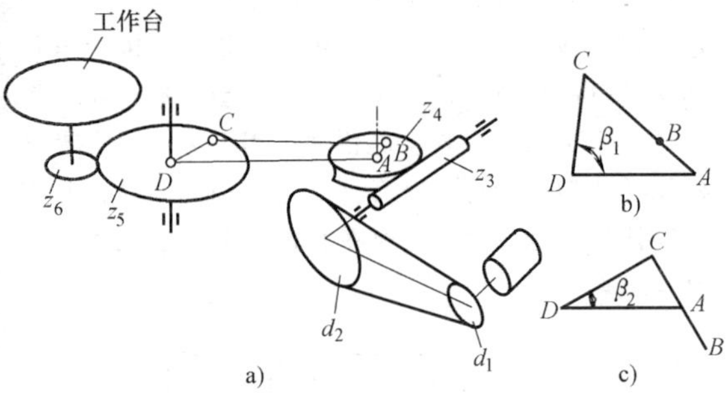

图 9-8　圆形工作台的传动装置设计

【例 9-3】　某光学仪器厂的机械加工车间经常加工目镜的螺距为 $P=1.5\text{mm}$，线数为 2、4、6、8 的内、外螺纹。该厂设计了图 9-9 所示的专用车床。该车床拆去了丝杠，由圆柱凸轮带动拖板在导轨上面左右移动。圆柱凸轮 2 转动一圈，刀具左右移动一次。操作者安装工件以后，车床自动按要求加工出多线螺纹的零件，加工完成后由操作者拆下零件。

【解】　若主轴转速为 n_1，凸轮转速为 n_2，则有

$$\frac{n_1}{n_2}=\frac{z_2z_4}{z_1z_3}$$

凸轮推程 h 与工件导程 P_h 的关系为

$$n_1P_h=n_2h$$

若要自动加工多线螺纹，应该有

$$\frac{n_1}{n_2}=a+\frac{1}{Z}$$

式中　a——整数；

Z——螺纹线数。

根据以上关系确定 P_h、h 及各轮齿数，可以保证车削一条螺纹以后自动进入下一条螺纹线，直到完成。螺纹线数与各齿轮的齿数关系见表 9-7。

表 9-7　螺纹线数与各齿轮的齿数关系

螺纹线数 Z	螺距 P_h/mm	螺纹导程 P_h/mm	z_1	z_2	z_3	z_4
2	1.5	3	24	96	24	147
4	1.5	6	24	48	24	147
6	1.5	9	24	48	36	147
8	1.5	12	36	36	24	147

注：凸轮推程 $h=73.5\text{mm}$。

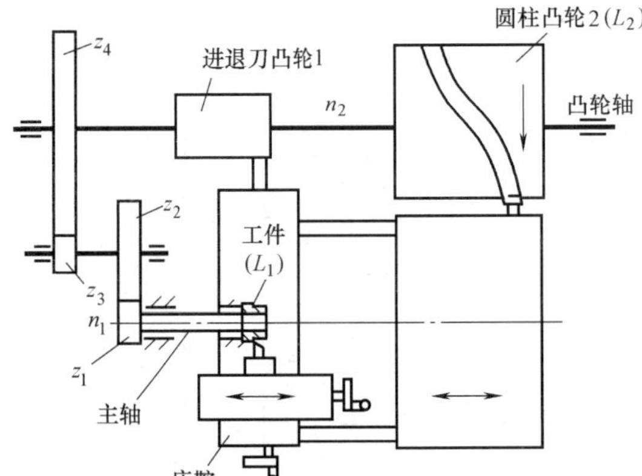

图 9-9　多线螺纹半自动车床传动简图

【例 9-4】[⊖]　据不完全统计，2011 年，国产矿用自卸车销量达到 7567 辆，与 2010 年相比，增长 51.34%。目前国内百吨级电传动矿用自卸车的设计还不够先进，在确定轮边减速器传动比时，往往参照国际相近吨位车型，而且国内自主生产的轮边电动机的性能与国际先进水平有较大差距，因此有必要研究适合国内电动机发展水平的轮边驱动系统最佳配置方法。

【解】（1）确定传动方式　百吨级矿用自卸车的传动方式有两种，即机械传动和电传动。机械传动的结构如图 9-10 所示，机械传动机构主要包括发动

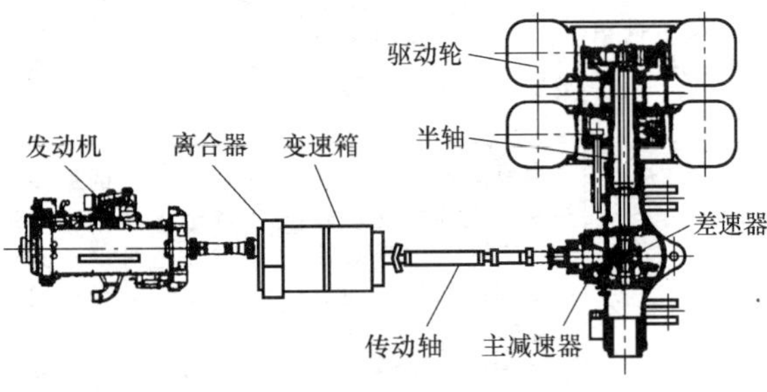

图 9-10　机械传动结构

机、离合器、变速箱、传动轴、主减速器、差速器、半轴等，各部件之间主要是机械能的传递；电传动结

⊖ 摘自文献：何建成，申焱华，张文明. 百吨级电传动矿用自卸车轮边驱动系统的配置优化［J］. 中国机械工程，2013，24（22）：3110-3113.

构如图 9-11 所示，电传动结构主要包括发动机、发电机、电动机、轮边减速器等，在动力传递过程中包含两次机械能与电能的转化及电能的传递。一次转化是发电机将发动机传递的机械能转化为电能，另一次转化是电动机将电能转化为机械能。

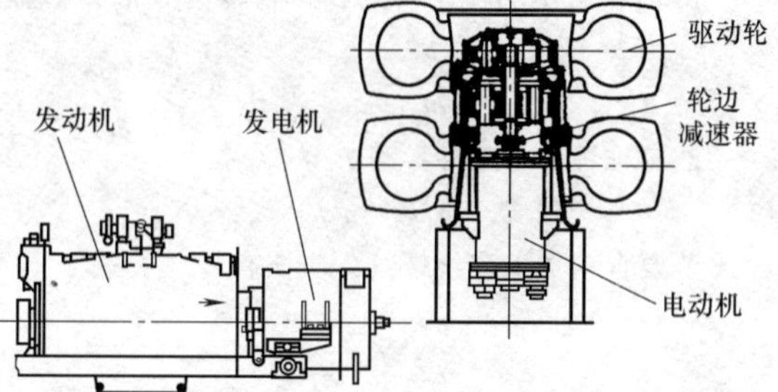

图 9-11 电传动结构

表 9-8 所列为机械传动与电传动几项重要性能的比较，电传动除了传动效率略低于机械传动以外，其余几项性能都要优于机械传动，因此目前百吨级以上矿车，除了个别车型采用机械传动以外，其余的大都采用电传动。

表 9-8 机械传动、电传动性能比较

类别	机械传动	电传动
传动系统效率	当变矩器锁止时，可以超过 90%，变矩器工作时效率较低	一般在 70%～90%，交流传动的效率比直流高
复杂程度	比较复杂	比较简单，交流传动系统更简单
可维护性能	整个系统需要润滑和保养，使用时间越长，维护成本越高	旋转部件轴承需要定期润滑，轮边减速器需要润滑和定期维护
发动机功率利用率	发动机功率利用低于 100%，工作状态受坡度、载荷和车速影响	发动机功率利用达到 100%，工作状态不受坡度、载荷和车速影响
牵引与制动特性对比	需要降低最高车速来获得更高的起动转矩和爬坡能力；下坡速度受到冷却系统油温升高的限制；停车转矩取决于传动系统的传动比	电传动系统的最高速度和最大功率时的速度的比值可以达到 10∶1；电传动可以通过对电动机的协同控制获得很高的制动转矩

（2）确定轮边减速器结构及传动比 电传动矿用自卸车中，轮边驱动系统是主要的动力传递系统，主要包括电动机和轮边减速器两部分。电动机将电能转化为机械能，轮边减速器将动力减速增扭传递到轮毂，以驱动轮胎转动提供矿车行驶所需动力。

国内外矿用汽车轮边减速器结构主要有三种，其传递结构原理图如图 9-12～图 9-14 所示。国外矿用自卸车品牌中，BELAZ 电传动矿用自卸车轮边减速器采用的是图 9-12 所示的轮边二级行星减速机构，其余品牌车型大都采用如图 9-13、图 9-14 所示的 GE 轮边二级或三级减速机构，吨位较小的采用二级减速机构，吨位较大的采用三级减速机构。国内电传动矿用自卸车也大都采用这三种行星减速机构。图 9-15 所示为根据大吨位电传动矿用自卸车需求设计的一种新型的轮边三级行星减速机构，该机构具有传动比变化范围大、安全系数高、轴向空间利用率高等优点。

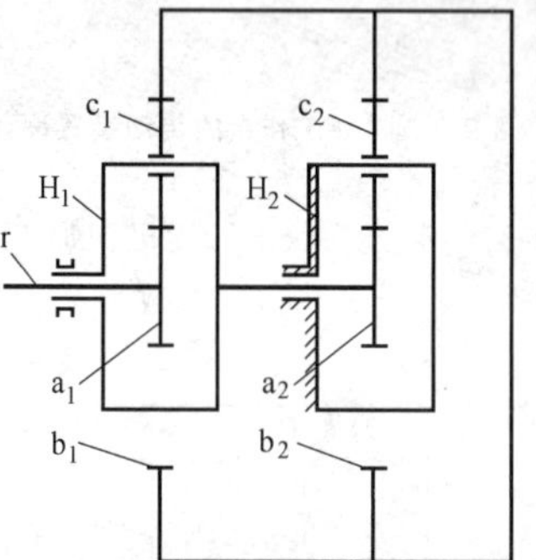

图 9-12 轮边二级行星减速机构传动原理

r—系统输入轴 a_1——一级太阳轮 c_1——一级行星轮 b_1——一级内齿圈 H_1——一级行星架 a_2—二级太阳轮 c_2—二级行星轮 b_2—二级内齿圈 H_2—二级行星架

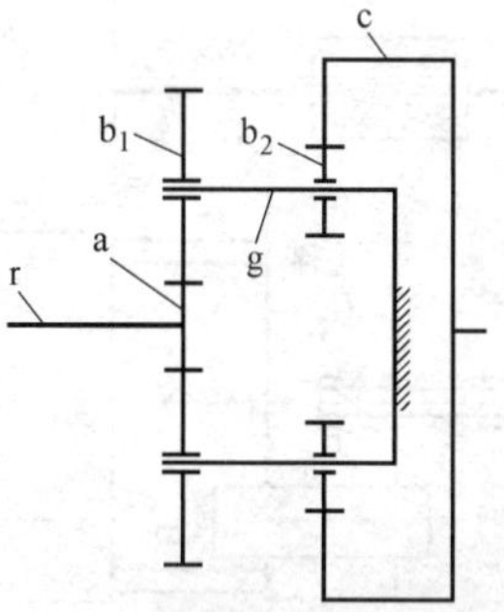

图 9-13 GE 轮边二级行星减速机构传动原理

r—系统输入轴 a—太阳轮 b_1—大行星轮 b_2—小行星轮 g—行星架 c—内齿圈（输出端）

通过对 TEREX、BELAZ、HITACHI、KOM-ATSU、LIEBHERR 五种品牌且载重从 109t 到 360t，近 30 款车型轮边减速器传动比 i 进行对比得到如图 9-16 所示的电传动矿用自卸车轮边减速器传动比分布情况。图 9-17 所示为按照不同品牌分类的轮边减速器传动比分布情况。

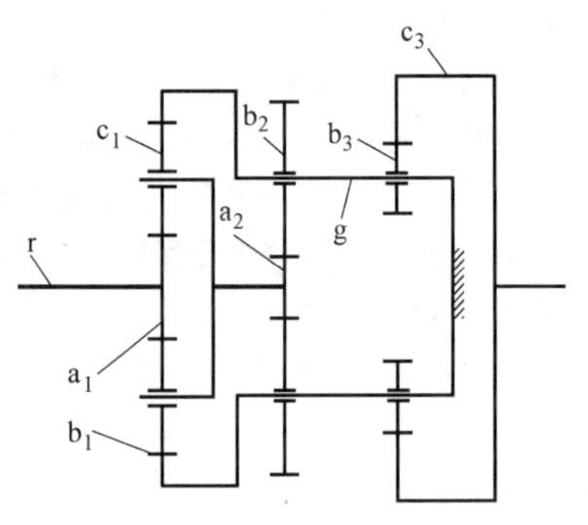

图 9-14　GE 轮边三级行星减速机构传动原理

r—系统输入轴　a_1——级太阳轮　b_1——级行星轮　c_1——级内齿圈　b_2—二级行星轮　b_3——三级行星轮　c_3—三级内齿圈（输出端）

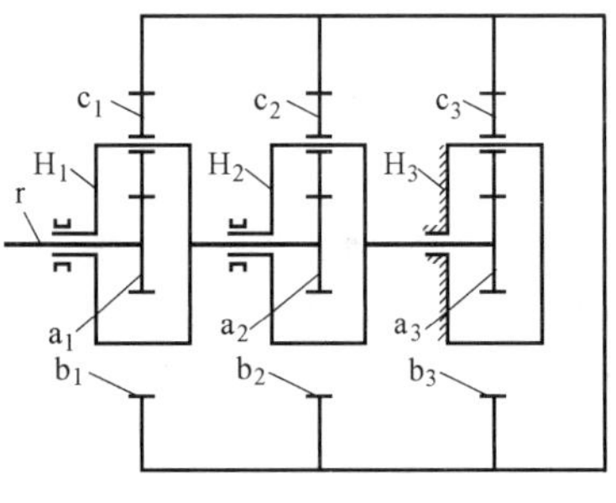

图 9-15　轮边三级行星减速机构传动原理

r—系统输入轴　a_1——级太阳轮　c_1——级行星轮　b_1——级内齿圈　H_1——级行星架　a_2—二级太阳轮　c_2—二级行星轮　b_2—二级内齿圈　H_2—二级行星架　a_3—三级太阳轮　c_3—三级行星轮　b_3—三级内齿圈　H_3—三级行星架

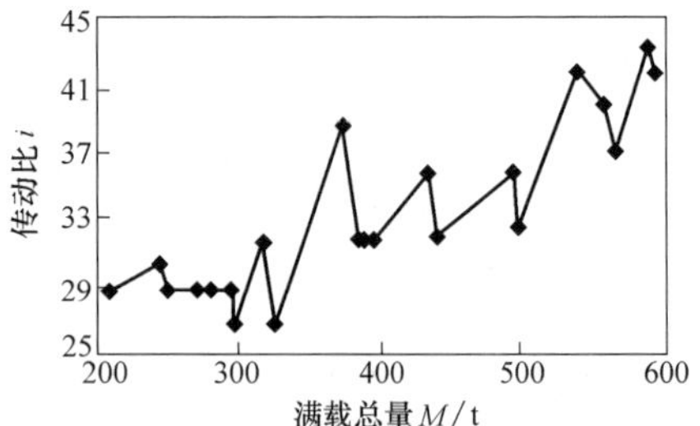

图 9-16　轮边减速器传动比分布情况

由图 9-17 可以看出，同一品牌车型，随着满载总量的增加，轮边减速器传动比有增大的趋势，而且存在满载总量相近车型的轮边减速器传动比相同的情况，也存在随着满载总量增大而轮边减速器传动比减小的情况。

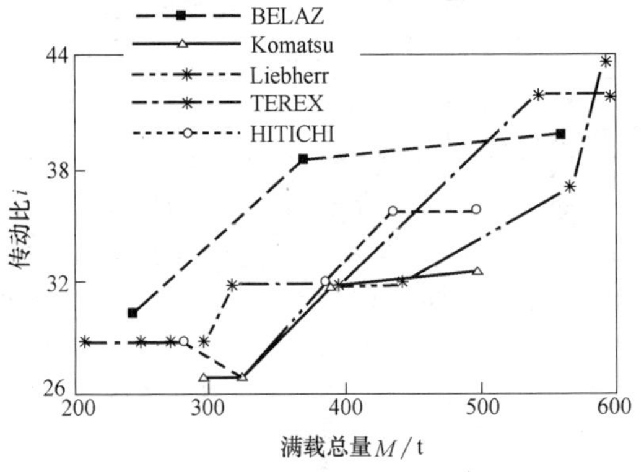

图 9-17　国际常见矿车轮边减速器传动比分布情况

（3）电动机选型及轮边减速器传动比计算　通过上面的分析可以看出，电传动矿用自卸车选配的轮边减速器传动比并没有随吨位增大而一直增大，而是中间存在波动。因此，在确定轮边减速器传动比时不能以车辆吨位为依据，车辆吨位的变化只是决定了行驶所需驱动力的大小和所需动力源即发动机功率大小。在对一款新型矿车进行设计时，其轮边驱动系统基本设计流程如图 9-18 所示。

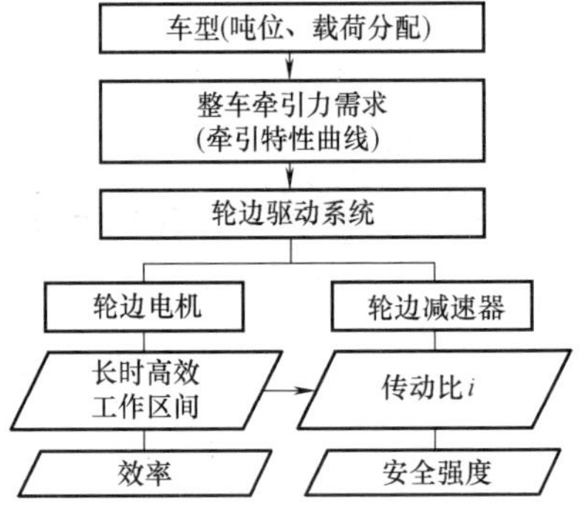

图 9-18　轮边驱动系统基本设计流程

汽车行驶方程为

$$F_t = F_f + F_i + F_j \tag{9-1}$$

这里，F_t 为驱动力；F_f 为滚动阻力，与路面滚动系数相关，矿山路面滚动系数一般取 0.02；F_i 为坡度阻力，与行驶路面坡度有关，电传动矿用自卸车的要求是最大爬坡度不应低于 16%；F_j 为加速阻力。

根据式（9-1）可以求得矿车在不同坡度上行驶时驱动力需求，但确定发动机功率大小还需要知道车辆行驶速度。在确定发动机功率时一般以矿车在 8% 坡度行驶时的功率需求为准。电传动自卸车满载时在 8% 坡度上爬长坡的稳定车速不应低于表 9-9 所规定的数值。

表 9-9　电传动矿用自卸车稳定车速要求

自卸车承载吨位/t	100~150	>150~200	>200~300
8%坡度上 稳定车速/(km/h)	10.5	11.0	11.5

由矿车在 8%坡度行驶时驱动力及最低车速要求，根据公式 $P=Fv$ 可以得到矿车行驶功率需求。但此功率并不能直接作为确定发动机功率的标准，在确定发动机功率时还需要考虑传递过程中发动机、发电机、电动机以及轮边减速器等的能量传递在各环节中的功率损失。另外，为了保证足够的动力，在确定发电机、电动机功率时还应考虑存在一定的过载空间，一般在选定电机功率时需要 20%以上的过载牵引空间。

根据功率选定电机以后，就得到电机的功率外特性曲线和传动效率变化曲线。图 9-19 所示为设计的载重 220t 电传动矿用自卸车选用电机的恒功率外特性曲线和效率曲线，电动机转速达到 292.4r/min 时，开始进入恒功区，直到电动机达到最高转速。但电动机转速低于 651.5r/min 时，只能持续工作一定时间，

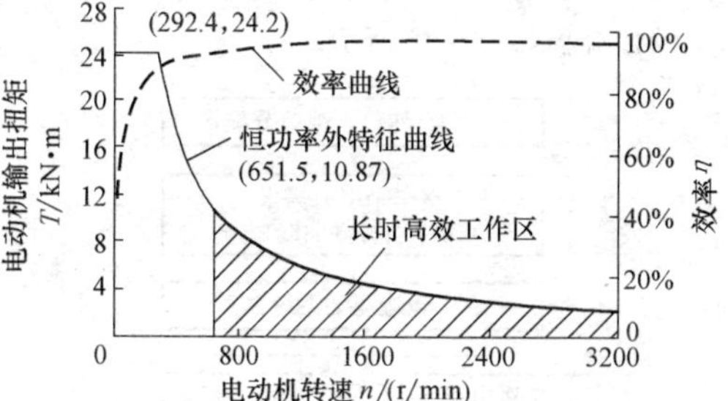

图 9-19　某矿车用电动机外特性和效率曲线

不能长时间持续工作，且电动机工作效率较低，小于 93%；转速达到 651.5r/min 以上，电动机才可以长时间工作，电动机效率也可提高到 93%以上。

为了保证矿车的持续工作和传动效率，轮边减速器传动比 i 需要满足矿车常用运行速度空间 7.5~30km/h 对应电机的长时高效工作区间，图 9-19 所示出为电动机长时高效工作区间，即电动机转速大于 651.5r/min 的空间。该高效工作区间范围较大，在确定传动比时为了保证车辆最高转速，一般让电机长时高效工作区起点来对应矿车运行速度 7.5km/h 来确定传动比 i。即

$$i=\frac{n}{v/(2\pi r)} \tag{9-2}$$

式中，n 为电动机转速，即电动机长时高效工作区初始点转速；v 为矿车运行速度，一般取值 7.5km/h；r 为轮胎滚动半径。

在 220t 矿车设计中，选用轮胎滚动半径为 1.7075m，根据式（9-2）求得轮边合理传动比为 55.89。但在实际设计过程中，考虑到空间、结构形式、齿轮强度、行星齿轮安装条件等因素，最终传动比确定为 55.09。BELAZ 75306 载重也是 220t，但轮边减速器传动比为 38.67，这是因为其选用电动机 DK-724 的长时高效工作区起点转速低于国内电动机决定的起点转速。

在轮边减速器进一步设计的过程中，还需考虑空间、结构形式、齿轮强度等因素。根据本方法设计的 220t 电动轮矿用自卸车已经生产完毕并投入试验，运行良好，证明了所述配置方法的可行性。

第10章 带 传 动

10.1 带传动的一般知识

10.1.1 传动带的种类及其选择

传动带的类型、特点、应用及其适用性能见表10-1和表10-2。带传动的形式和适用性见表10-3。

表10-1 传动带的类型、特点和应用

类型		简图	结构	特点	应用	说明
V带	普通V带		承载层为绳芯，楔角为40°，相对高度近似为0.7，梯形截面环形带有包边V带和切边V带两大类	当量摩擦因数大，允许包角小、传动比大、预紧力小。绳芯结构带体较柔软，曲挠性好	$v<30m/s$、$P<700kW$、$i\leqslant10$轴间距小的传动	其截面尺寸见表10-5和表10-6
	窄V带		承载层为绳芯，楔角为40°，相对高度近似为0.9，梯形截面环形带	能承受较大的预紧力，允许速度和曲挠次数高，传递功率大，节能	大功率、要求结构紧凑的传动	有两种尺寸制：基准宽度制和有效宽度制，其截面尺寸规格见表10-5和表10-6
	联组V带		将几根普通V带或窄V带的顶面用胶帘布等距粘结而成，有2、3、4或5根联成一组	传动中各根V带载荷均匀，可减少运转中振动和横转	结构紧凑、要求高的传动	联组窄V带截面尺寸规格见表10-24
	汽车V带	参见窄V带和普通V带	承载层为绳芯的V带，相对高度有0.9的，也有0.7的	曲挠性和耐热性好	汽车、拖拉机等内燃机专用，也可用于带轮和轴间距较小，工作温度较高的传动	
	齿形V带		承载层为绳芯结构，内周制成齿形的V带	散热性好，与轮槽黏附性好，是曲挠性最好的V带	同普通V带和窄V带	
	大楔角V带		承载层为绳芯，楔角为60°的聚氨酯环形带	质量均匀，摩擦因数大，传递功率大，外廓尺寸小，耐磨性、耐油性好	速度较高、结构特别紧凑的传动	
	宽V带		承载层为绳芯，相对高度近似为0.3的梯形截面环形带	曲挠性好，耐热性和耐侧压性能好	无级变速传动	

（续）

类型		简图	结构	特点	应用	说明
平带	胶帆布平带		由数层胶帆布粘合而成，有开边式和包边式	抗拉强度较大，耐湿性好，价廉；耐热、耐油性能差；开边式较柔软	$v<30$m/s、$P<500$kW、$i<6$轴间距较大的传动	v—带速（m/s） P—传递功率（kW）
	编织带		有棉织、毛织和缝合棉布带，以及用于高速传动的丝、麻、锦纶编织带。带面有覆胶和不覆胶两种	曲挠性好，传递功率小，易松弛	中、小功率传动	
	聚酰胺片基平带	聚酰胺片 特殊织物 聚酰胺片 铬鞣革	承载层为聚酰胺片（有单层和多层粘合），工作面贴有铬鞣革、挂胶帆布或特殊织物等层压而成	强度高，摩擦因数大，曲挠性好，不易松弛	大功率传动，薄型可用于高速传动	
	高速环形胶带	橡胶高速带 聚氨酯高速带	承载层为聚酯绳，橡胶高速带表面覆耐磨、耐油胶布	带体薄而软，曲挠性好，强度较高，传动平稳，耐油、耐磨性能好，不易松弛	高速传动	
特殊带	多楔带		在绳芯结构平带的基体下有若干纵向三角形楔的环形带，工作面是楔面，有橡胶和聚氨酯两种	具有平带的柔软，V带摩擦力大的特点；比V带传动平稳，外廓尺寸小	结构紧凑的传动，特别是要求V带根数多或轮轴垂直地面的传动	
	双面V带		截面为六角形。四个侧面均为工作面，承载层为绳芯，位于截面中心	可以两面工作，带体较厚，曲挠性差，寿命和效率较低	需要V带两面都工作的场合，如农业机械中多从动轮传动	
	圆形带		截面为圆形，有圆带、圆绳带、圆聚酰胺带等	结构简单	$v<15$m/s、$i=\frac{1}{2}\sim3$的小功率传动	最小带轮直径d_{min}可取$20\sim30d_b$（d_b为圆形带的直径）；轮槽可做成半圆形
同步带	梯形齿同步带		工作面为梯形齿，承载层为玻璃纤维绳芯、钢丝绳等的环形带，有氯丁胶和聚氨酯橡胶两种	靠啮合传动，承载层保证带齿齿距不变，传动比准确，轴压力小，结构紧凑，耐油、耐磨性较好，但安装制造要求高	$v<50$m/s、$P<300$kW、$i<10$，要求同步的传动，也可用于低速传动	
	曲线齿同步带		工作面为曲线齿，承载层为玻璃纤维、合成纤维绳芯的环形带，带的基体为氯丁胶	与梯形齿同步带相同，但工作时齿根应力集中小	大功率传动	

表 10-2 各种传动带的适用性

类别		材质	类型	传动、环境条件																	
				紧凑性	允许速度/(m/s)	运行噪声	双面传动	背面张紧	对称面重合性差	起停频繁	振动横转	粉尘条件	允许最高温度/℃	允许最低温度/℃	耐水性	耐油性	耐酸性	耐碱性	耐候性	防静电性	通用性
摩擦传动	V带	橡胶系	普通 V 带	B	30	B	C	C	C~D	B	B	C	70	-40	C	C	C	C	B	D	A
			轻型 V 带	B	30	B	C	B	C~D	A	B	C	70~90	-30~-40	C	C	C	C	B	A~D	B
			窄 V 带	A	40	B	C	C~D	D	B	B	C	90	-30	C	C	C	C	A	A	A
			联组 V 带	A~B	30~40	B	C	C~D	D	B	A	C	70~90	-30~-40	C	C	C	C	A~B	A	B
			汽车 V 带	A	30	B	C	C~D	D	B	B	C	90	-30	C	C	C	C	A	A	A
			齿形 V 带	A	40	B	C	C	D	B	B	C	90	-30	C	C	C	C	A	D	C
			宽 V 带	B	30	B	D	D	D	B	A	C	90	-30	C	C	C	C	A	D	A
		聚氨酯系	大楔角 V 带	A	45	B	D	D	D	C	B	B	60	-40	C	A	C~D	C~D	B	D	B
	平带	橡胶系	胶帆布平带	D	25	B	A	A	C~D	C	B	C	70	-40	C	D	C~D	C~D	B	D	A
			高速环形胶带	B	60	A	A	A	D	C	B	B	90	-30	C	C~D	C	C	B	A	B
		其他	棉麻织带	B	25 (50)	A	A	A	D	C	B	D	50	-40	D	C	D	C	B	D	C
			毛织带	D	30	B	A	A	D	C	B	B	60	-40	C	C	C	D	B	D	C
			锦纶片复合平带	B	80	A	A	A	D	C	A	C	80	-30	C	B	C	C	B	A	A
	特殊带	橡胶系	多楔带	A	40	B	D	B	D	B	A	B	90	-30	C	C	C	C	A	B	C
			双面 V 带	B	30	B	A	A	C~D	B	B	C	70	-40	C	C	C	C	B	A	C
		聚氨酯系	多楔带	B	40	B	D	B	D	C	A	B	60	-40	C	A	C~D	C~D	B	D	B
			圆形带	D	20	B	A	B	C~D	C	B	B	60	-20	D	A	C~D	C~D	B	D	B
啮合传动	同步带	橡胶系	梯形齿同步带	B	40	C	D	A	D	B~C	A	B	90	-35	C	B~C	C	C	B	A~D	A
			弧齿同步带	B	40	C	D	A	D	B~C	A	B	90	-35	C	B	C	C	B	A~D	B
		聚氨酯系	梯形齿同步带	B	30	C	D	A	D	B~C	A	B	60	-20	C	A	C	C	B	D	B

注：A 为良好的使用性；B 为可以使用；C 为必要时可以用；D 为不适用。

表 10-3 带传动的形式和各类带的适用性

传动形式	简图	允许带速 v /(m/s)	传动比 i	安装条件	工作特点
开口传动	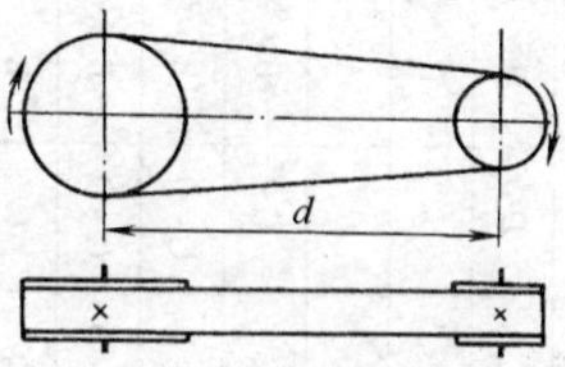	25~50	≤5 (≤7)	轮宽对称面应重合	平行轴、双向、同旋向传动
交叉传动	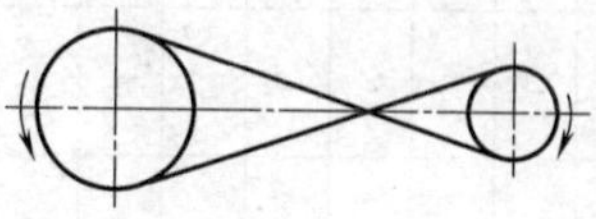	15	≤6		平行轴、双向、反旋向传动，交叉处有摩擦，$a>20b$(带宽)
半交叉传动		15	≤3 (≤2.5)	一轮宽对称面通过另一轮带的绕出点	交错轴、单向传动
有张紧轮的平行轴传动	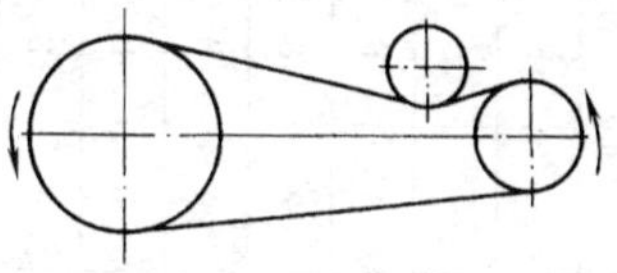	25~50	≤10	同开口传动，张紧轮在松边接近小带轮处，接头要求高	平行轴、单向、同旋向传动，用于 i 大 a 小的场合
有导轮的相交轴传动	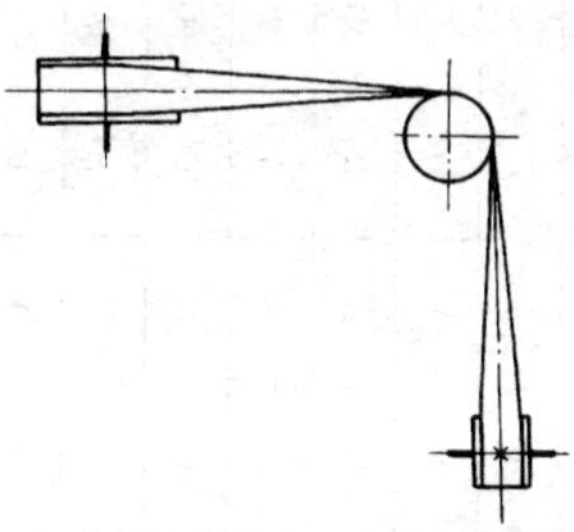	15	≤4	两轮轮宽对称面应与导轮圆柱面相切	交错轴、双向传动
多从动轮传动	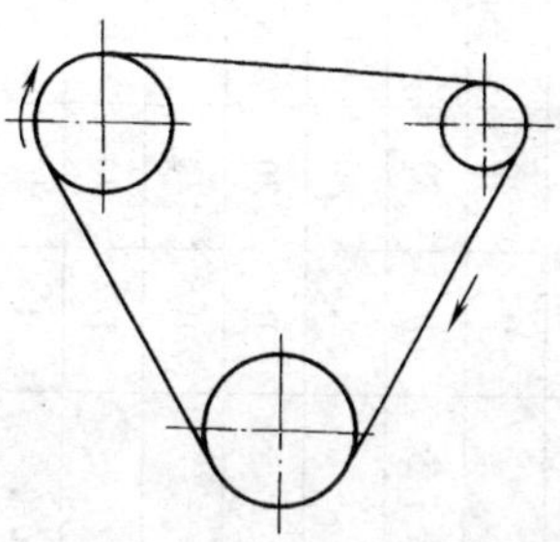	25	≤6	各轮轮宽对称面重合	带的曲挠次数多、寿命短
拨叉移动的带传动	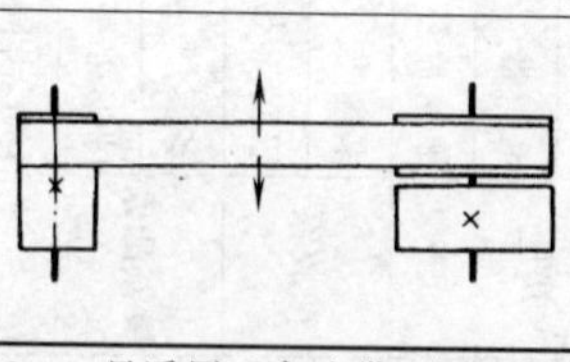	25	≤5	两轴平行	带边易磨损

注：1. $v>30$m/s 只适用于高速带、同步带等。
2. 括号中的 i 值适用 V 带、多楔带和同步带等。

10.1.2　带传动的效率

带传动效率的计算式为

$$\eta = \frac{T_o \times n_o}{T_i \times n_i} \times 100\%$$

式中　T——转矩（N·m）；

n——转速（r/min）。

带传动有下列几种功率损失：

1）滑动损失。带在工作时，由于带轮两边的拉力差及其相应的变形差形成弹性滑动，导致带与从动轮的速度损失。弹性滑动与载荷、速度、带轮直径和带的结构有关。弹性滑动率通常为 1%～2%。有些带传动还有几何滑动。

过载时将引起打滑，使带的运动处于不稳定状态，效率急剧下降，磨损加剧，严重影响带的寿命。

2）滞后损失。带在运行中会产生反复伸缩，特别是在带轮上的挠曲会使带体内部产生摩擦，引起功率损失。

3）空气阻力。高速传动时，运行中的风阻将引起转矩的损耗，其损耗与速度的平方成正比。因此设计高速带传动时，带的表面积宜小，尽量用厚而窄的带，带轮的轮辐表面要平滑（如轮辐用椭圆形截面）或用辐板以减小风阻。

4）轴承的摩擦损失。轴承受带拉力的作用，也是引起转矩损失的重要因素。滑动轴承的损失为 2%～5%，滚动轴承为 1%～2%。

考虑上述损失，带传动的效率为 80%～98%，视带的种类而定。进行传动设计时，可按表 10-4 选取。

表 10-4　带传动的效率

带的种类		效率（%）
平带①		83～98
有张紧轮的平带		80～95
普通 V 带②	帘布结构	87～92
	绳芯结构	92～96
窄 V 带		90～95
多楔带		92～97
同步带		93～98

① 复合平带取高值。

② V 带传动的效率与 $\frac{d_1}{h}$（d_1 为小带轮直径，h 为带高）有关：当 $\frac{d_1}{h} \approx 9$ 时，取低值；当 $\frac{d_1}{h} \approx 19$ 时，取高值。

10.1.3　带传动设计的典型问题

1. 带传动设计的典型已知条件

原动机种类、工作机名称及其特性、原动机额定功率和转速、工作制度、传动比、高速轴（小带轮）转速、许用带轮直径、轴间距要求等。

2. 设计要满足的条件

（1）运动学的条件　传动比 $i = n_1/n_2 = d_2/d_1$。

（2）几何条件　带轮直径、带长、中心距应满足一定的几何关系。

（3）传动能力条件　带传动有足够的传动能力和寿命。

其他条件　中心距、小轮包角、带速度应在合理范围内，此外还应考虑经济性、工艺性要求。

3. 设计结果

带的种类、带型、所需带根数或带宽、带长、带轮直径、轴间距、带轮的结构和尺寸、预紧力、轴载荷等。

10.2　V 带传动

10.2.1　基准宽度制和有效宽度制

基准宽度制是以基准线的位置和基准宽度 b_d，作为带轮与带标准化的基本尺寸，如图 10-1a 所示。

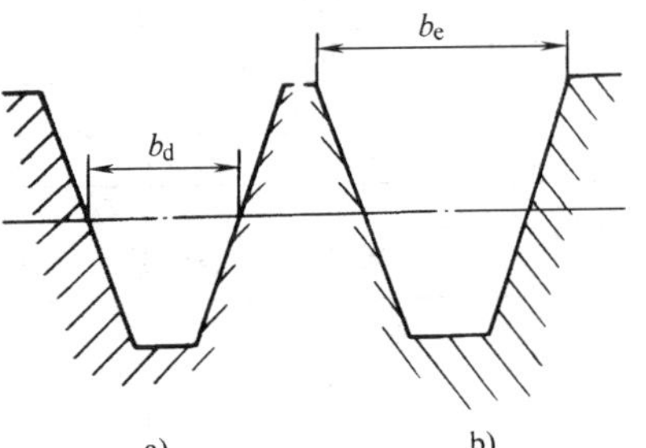

图 10-1　V 带的两种宽度制

a）基准宽度制　b）有效宽度制

有效宽度制规定轮槽两侧边的最外端宽度为有效宽度 b_e，如图 10-1b 所示。在轮槽有效宽度处的直径是有效直径。

由于尺寸制的不同，带的长度分别以基准长度和有效长度来表示。基准长度是在规定的张紧力下，V 带位于测量带轮基准直径处的周长；有效长度是在规定的张紧力下，位于测量带轮有效直径处的周长。

普通 V 带是用基准宽度制，窄 V 带则由于尺寸制的不同，有两种尺寸系列。在设计计算时，基本原理和计算公式是相同的。

10.2.2　尺寸规格

基准宽度制的普通 V 带和窄 V 带，其截面尺寸见表 10-5。有效宽度制窄 V 带截面尺寸见表 10-6。普通 V 带的基准长度系列见表 10-7。V 带露出高度可按表 10-8 选取。基准宽度制窄 V 带基准长度系列见表 10-9；有效宽度制，窄 V 带长度系列见表 10-10。

表 10-5　基准宽度制 V 带的截面尺寸（摘自 GB/T 11544—2012 和 GB/T 13575.1—2008）

（单位：mm）

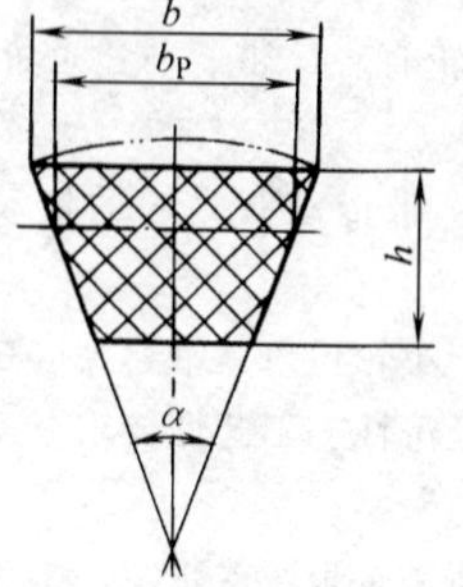

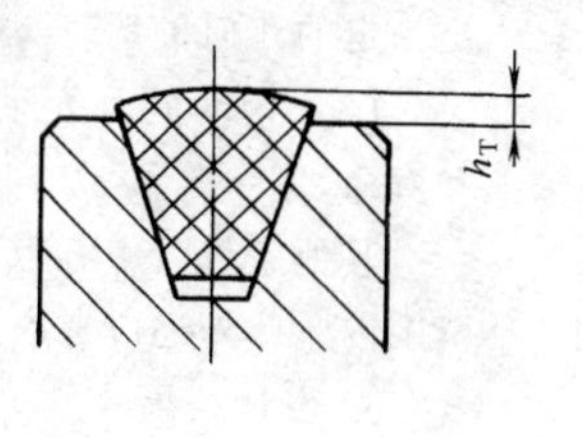

V带截面示意图

标记示例：

型号为 SPA 型，基准长度为 1250mm 的窄 V 带，其标记示例如下：

SPA1250　GB/T 11544—2012

型号		节宽 b_P	顶宽 b	高度 h	楔角 α	露出高度 h_T		适用槽形的基准宽度
						最大	最小	
普通 V 带	Y	5.3	6	4	40°	+0.8	−0.8	5.3
	Z	8.5	10	6		+1.6	−1.6	8.5
	A	11.0	13	8		+1.6	−1.6	11
	B	14.0	17	11		+1.6	−1.6	14
	C	19.0	22	14		+1.5	−2.0	19
	D	27.0	32	19		+1.6	−3.2	27
	E	32.0	38	23		+1.6	−3.2	32
窄 V 带	SPZ	8.5	10	8	40°	+1.1	−0.4	8.5
	SPA	11.0	13	10		+1.3	−0.6	11
	SPB	14.0	17	14		+1.4	−0.7	14
	SPC	19.0	32	18		+1.5	−1.0	19

表 10-6　有效宽度制窄 V 带截面尺寸（摘自 GB/T 13575.2—2008）　　（单位：mm）

型　号	截面尺寸	
	顶宽 b	高度 h
9N	9.5	8.0
15N	16.0	13.5
25N	25.5	23.0

表 10-7　普通 V 带基准长度（摘自 GB/T 11544—2012）　　（单位：mm）

截面型号						
Y	Z	A	B	C	D	E
200	406	630	930	1565	2740	4660
224	475	700	1000	1760	3100	5040
250	530	790	1100	1950	3330	5420
280	625	890	1210	2195	3730	6100
315	700	990	1370	2420	4080	6850
355	780	1100	1560	2715	4620	7650
400	920	1250	1760	2880	5400	9150
450	1080	1430	1950	3080	6100	12230
500	1330	1550	2180	3520	6840	13750
	1420	1640	2300	4060	7620	15280
	1540	1750	2500	4600	9140	16800
		1940	2700	5380	10700	

（续）

截面型号						
Y	Z	A	B	C	D	E
		2050 2200 2300 2480 2700	2870 3200 3600 4060 4430 4820 5370 6070	6100 6815 7600 9100 10700	12200 13700 15200	

表 10-8　V 带露出高度（摘自 GB/T 11544—2012）　（单位：mm）

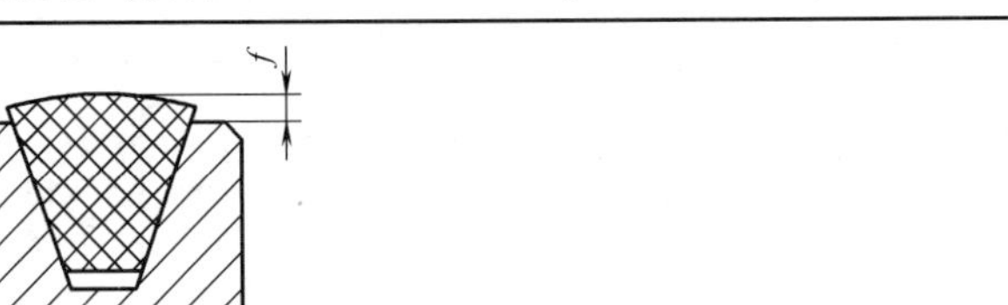

型号	露出高度 f	
	最大	最小
Y/YX	+0.8	−0.8
Z/ZX	+1.6	−1.6
A/AX	+1.6	−1.6
B/BX	+1.6	−1.6
C/CX	+1.5	−2.0
D/DX	+1.6	−3.2
E/EX	+1.6	−3.2
SPZ/XPZ	+1.1	−0.4
SPA/XPA	+1.3	−0.6
SPB/XPB	+1.4	−0.7
SPC/XPC	+1.5	−1.0

表 10-9　基准宽度制窄 V 带的基准长度系列（摘自 GB/T 11544—2012）（单位：mm）

基准长度 L_d		带型				配组公差	基准长度 L_d		带型				配组公差
公称尺寸	极限偏差	SPZ	SPA	SPB	SPC		公称尺寸	极限偏差	SPZ	SPA	SPB	SPC	
630	±6	○				2	2800 3150	±32	○ ○	○ ○	○ ○	○ ○	4
710 800	±8	○ ○	 ○			2	3550 4000	±40	○ 	○ ○	○ ○	○ ○	6
900 1000	±10	○ ○	○ ○			2	4500 5000	±50		○ 	○ ○	○ ○	6
1120 1250	±13	○ ○	○ ○	 ○		2	5600 6300	±63			○ ○	○ ○	10
1400 1600	±16	○ ○	○ ○	○ ○		2	7100 8000	±80			○ ○	○ ○	10
1800 2000	±20	○ ○	○ ○	○ ○	 ○	2	9000 10000	±100				○ ○	16
2240 2500	±25	○ ○	○ ○	○ ○	○ ○	4	11200 12500	±125				○ ○	16

表 10-10　有效宽度制窄 V 带长度系列（摘自 GB/T 11544—2012 及 13575. 2—2008）

（单位：mm）

公称有效长度			极限偏差	配组差
型号				
9N	15N	25N		
630			±8	4
670			±8	4
710			±8	4
760			±8	4
800			±8	4
850			±8	4
900			±8	4
950			±8	4
1015			±8	4
1080			±8	4
1145	—		±8	4
1205	—		±8	4
1270	1270		±8	4
1345	1345		±10	4
1420	1420		±10	6
1525	1525		±10	6
1600	1600		±10	6
1700	1700		±10	6

公称有效长度			极限偏差	配组差
型号				
9N	15N	25N		
1800	1800		±10	6
1900	1900		±10	6
2030	2030	—	±10	6
2160	2160	—	±13	6
2290	2290	—	±13	6
2410	2410	—	±13	6
2540	2540	2540	±13	6
2690	2690	2690	±15	6
2840	2840	2840	±15	10
3000	3000	3000	±15	10
3180	3180	3180	±15	10
3350	3350	3350	±15	10
3550	3550	3550	±15	10
—	3810	3810	±20	10
—	4060	4060	±20	10
—	4320	4320	±20	10
—	4570	4570	±20	10
	4830	4830	±20	10

公称有效长度			极限偏差	配组差
型号				
9N	15N	25N		
	5080	5080	±20	10
	5380	5380	±20	10
	5690	5690	±20	10
	6000	6000	±20	10
	6350	6350	±20	16
	6730	6730	±20	16
	7100	7100	±20	16
	7620	7620	±20	16
	8000	8000	±25	16
	8500	8500	±25	16
	9000	9000	±25	16
	—	9500	±25	16
	—	10160	±25	16
	—	10800	±30	16
		11430	±30	16
		12060	±30	24
		12700	±30	24

10. 2. 3　V 带传动的设计

V 带传动的设计准则是：保证带在工作中不打滑，并具有一定的疲劳寿命。

表 10-11 列出了 V 带传动的设计计算。

表 10-11　V 带传动的设计计算

序号	计算项目	符号	单位	计算公式和参数选定	说　明
1	设计功率	P_d	kW	$P_d=K_AP$	P—传递的功率(kW) K_A—工况系数,查表 10-12
2	选定带型			根据 P_d 和 n_1,由图 10-2、图 10-3 或图 10-4选取	n_1—小带轮转速(r/min)
3	传动比	i		$i=\dfrac{n_1}{n_2}=\dfrac{d_{p2}}{d_{p1}}$ 若计入滑动率 $i=\dfrac{n_1}{n_2}=\dfrac{d_{p2}}{(1-\varepsilon)d_{p1}}$	n_2—大带轮转速(r/min) d_{p1}—小带轮的节圆直径(mm) d_{p2}—大带轮的节圆直径(mm) ε—弹性滑动率,$\varepsilon=0.01\sim0.02$ 通常带轮的节圆直径可视为基准直径
4	小带轮的基准直径	d_{d1}	mm	按表 10-17、表 10-18、表 10-19 选定	为提高 V 带的寿命,宜选取较大的直径
5	大带轮的基准直径	d_{d2}	mm	$d_{d2}=id_{d1}(1-\varepsilon)$	d_{d2} 按表 10-18、表 10-19 选取标准值
6	带速	v	m/s	$v=\dfrac{\pi d_{p1}n_1}{60\times1000}\leqslant v_{max}$ 普通 V 带　$v_{max}=25\sim30$ 窄 V 带　$v_{max}=35\sim40$	一般 v 不得低于 5m/s 为充分发挥 V 带的传动能力,应使 $v\approx20$m/s

（续）

序号	计算项目	符号	单位	计算公式和参数选定	说　明
7	初定中心距	a_0	mm	$0.7(d_{d1}+d_{d2}) \leqslant a_0 < 2(d_{d1}+d_{d2})$	或根据结构要求定
8	所需基准长度	L_{d0}	mm	$L_{d0}=2a_0+\frac{\pi}{2}(d_{d1}+d_{d2})+\frac{(d_{d2}-d_{d1})^2}{4a_0}$	由表 10-9 选取相近的 L_d 对有效宽度制 V 带，按有效直径计算所需带长度，由表 10-10 选相近带长
9	实际中心距	a	mm	$a \approx a_0+\frac{L_d-L_{d0}}{2}$	安装时所需最小中心距 $a_{min}=a-(b_d+0.009L_d)$ 张紧或补偿伸长所需最大中心距 $a_{max}=a+0.02L_d$
10	小带轮包角	α_1	(°)	$\alpha_1=180°-\frac{d_{d2}-d_{d1}}{a}\times 57.3$	如 α_1 较小，应增大 a 或用张紧轮
11	单根 V 带传递的额定功率	P_1	kW	根据带型、d_{d1} 和 n_1 查表 10-17a~n	P_1 是 $\alpha=180°$、载荷平稳时，特定基准长度的单根 V 带基本额定功率
12	传动比 $i \neq 1$ 的额定功率增量	ΔP_1	kW	根据带型、n_1 和 i 查表 10-17 a~n	
13	V 带的根数	z		$z=\frac{P_d}{(P_1+\Delta P_1)K_\alpha K_L}$	K_α—小带轮包角修正系数，查表 10-13 K_L—带长修正系数，查表 10-15 和表 10-16
14	单根 V 带的预紧力	F_0	N	$F_0=500\left(\frac{2.5}{K_\alpha}-1\right)\frac{P_d}{zv}+mv^2$	m—V 带每米长的质量（kg/m）查表10-14
15	作用在轴上的力	F_r	N	$F_r=2F_0 z\sin\frac{\alpha_1}{2}$	
16	带轮的结构和尺寸				

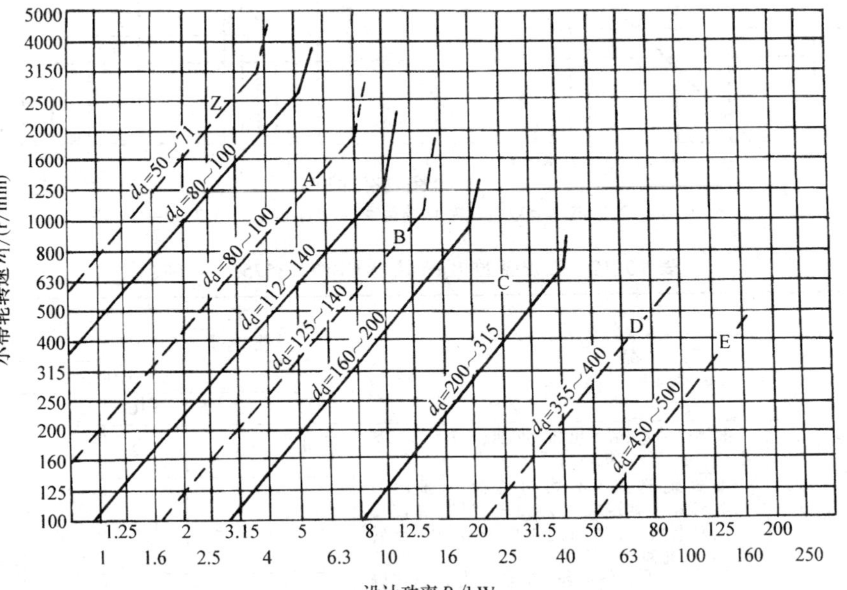

图 10-2　普通 V 带选型图（摘自 GB/T 13575.1—2008）

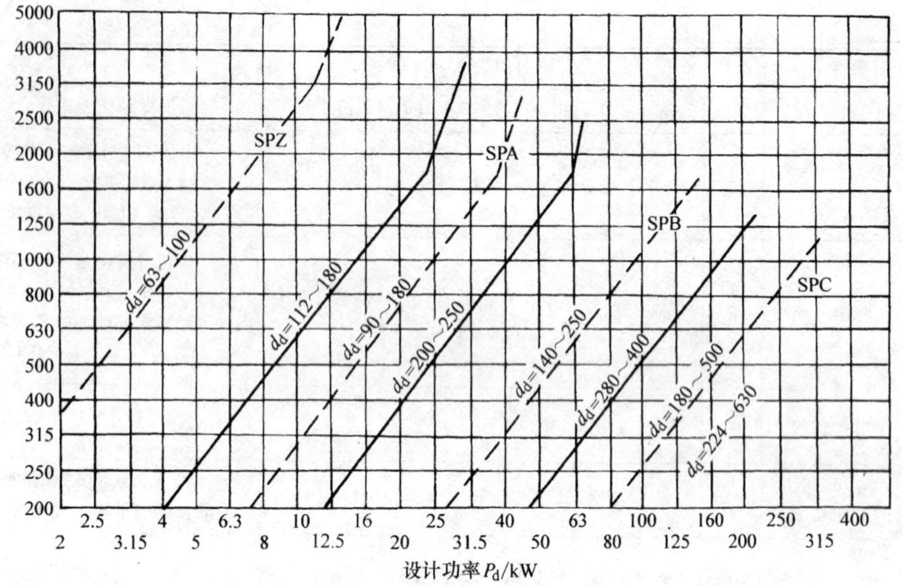

图 10-3　窄 V 带（基准宽度制）选型图（摘自 GB/T 13575.1—2008）

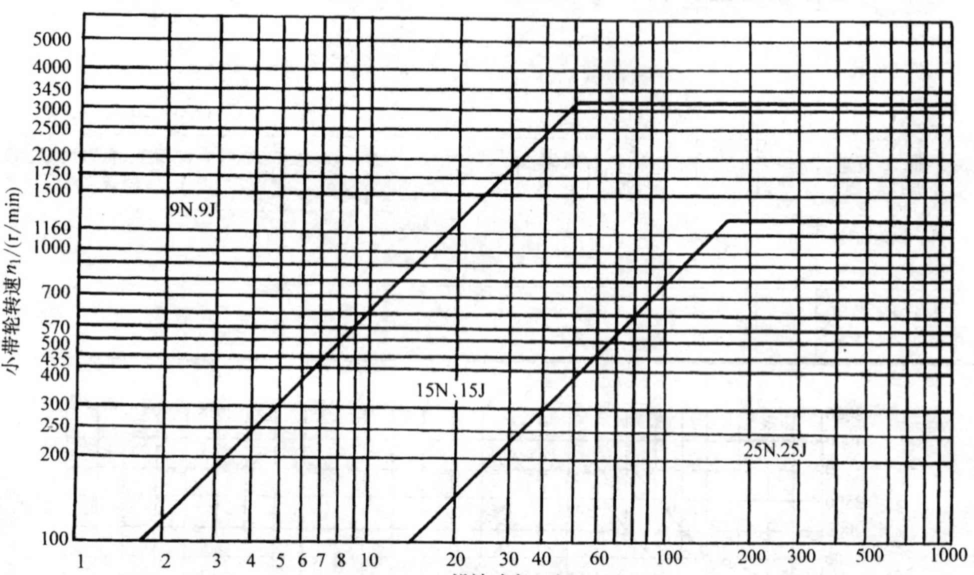

图 10-4　窄 V 带（有效宽度制）选型图（摘自 GB/T 13575.2—2008）

表 10-12　工况系数 K_A（摘自 GB/T 13575.1—2008）

工况		K_A					
		空载、轻载起动			重载起动		
		每天工作小时数/h					
		<10	10~16	>16	<10	10~16	>16
载荷变动最小	液体搅拌机、通风机和鼓风机(≤7.5kW)、离心式水泵和压缩机、轻载荷输送机	1.0	1.1	1.2	1.1	1.2	1.3
载荷变动小	带式输送机（不均匀负荷）、通风机(>7.5kW)、旋转式水泵和压缩机（非离心式）、发电机、金属切削机床、印刷机、旋转筛、锯木机和木工机械	1.1	1.2	1.3	1.2	1.3	1.4
载荷变动较大	制砖机、斗式提升机、往复式水泵和压缩机、起重机、磨粉机、冲剪机床、橡胶机械、振动筛、纺织机械、重载输送机	1.2	1.3	1.4	1.4	1.5	1.6

（续）

<table>
<tr><td rowspan="4" colspan="2">工 况</td><td colspan="6">K_A</td></tr>
<tr><td colspan="3">空载、轻载起动</td><td colspan="3">重载起动</td></tr>
<tr><td colspan="6">每天工作小时数/h</td></tr>
<tr><td><10</td><td>10~16</td><td>>16</td><td><10</td><td>10~16</td><td>>16</td></tr>
<tr><td>载荷变动很大</td><td>破碎机（旋转式、颚式等）、磨碎机（球磨、棒磨、管磨）</td><td>1.3</td><td>1.4</td><td>1.5</td><td>1.5</td><td>1.6</td><td>1.8</td></tr>
</table>

注：1. 空载、轻载起动—电动机（交流起动、三角起动、直流并励）、四缸以上的内燃机、装有离心式离合器、液力联轴器的动力机。

2. 重载起动—电动机（联机交流起动、直流复励或串励）、四缸以下的内燃机。

3. 反复起动、正反转频繁、工作条件恶劣等场合，K_A 应乘 1.2，有效宽度制窄 V 带乘 1.1。

4. 增速传动时 K_A 应乘下列系数：

增速比	1.25~1.74	1.75~2.49	2.5~3.49	≥3.5
系数	1.05	1.11	1.18	1.28

表 10-13 小带轮包角修正系数 K_α

（摘自 GB/T 13575.1—2008）

小带轮包角 (°)	K_α	小带轮包角 (°)	K_α
180	1	140	0.89
175	0.99	135	0.88
170	0.98	130	0.86
165	0.96	120	0.82
160	0.95	110	0.78
155	0.93	100	0.74
150	0.92	95	0.72
145	0.91	90	0.69

表 10-14 V 带每米长的质量 m

（普通 V 带摘自 GB/T 13575.1—2008，GB/T 13575.2—2008）

带 型		$m/(kg/m)$
普通 V 带	Y	0.023
	Z	0.060
	A	0.105
	B	0.170
	C	0.300
	D	0.630
	E	0.970
窄 V 带	SPZ	0.072
	SPA	0.112
	SPB	0.192
	SPC	0.370
	9N	0.08
	15N	0.20
	25N	0.57
	9J	0.122
	15J	0.252
	25J	0.693

表 10-15 普通 V 带和窄 V 带的带长修正系数 K_L（一）（摘自 GB/T 13575.1—2008）

普通 V 带

Y L_d	Y K_L	Z L_d	Z K_L	A L_d	A K_L	B L_d	B K_L	C L_d	C K_L	D L_d	D K_L	E L_d	E K_L
200	0.81	405	0.87	630	0.81	930	0.83	1565	0.82	2740	0.82	4660	0.91
224	0.82	475	0.90	700	0.83	1000	0.84	1760	0.85	3100	0.86	5040	0.92
250	0.84	530	0.93	790	0.85	1100	0.86	1950	0.87	3330	0.87	5420	0.94
280	0.87	625	0.96	890	0.87	1210	0.87	2195	0.90	3730	0.90	6100	0.96
315	0.89	700	0.99	990	0.89	1370	0.90	2420	0.92	4080	0.91	6850	0.99
355	0.92	780	1.00	1100	0.91	1560	0.92	2715	0.94	4620	0.94	7650	1.01
400	0.96	920	1.04	1250	0.93	1760	0.94	2880	0.95	5400	0.97	9150	1.05
450	1.00	1080	1.07	1430	0.96	1950	0.97	3080	0.97	6100	0.99	12230	1.11
500	1.02	1330	1.13	1550	0.98	2180	0.99	3520	0.99	6840	1.02	13750	1.15
		1420	1.14	1640	0.99	2300	1.01	4060	1.02	7620	1.05	15280	1.17
		1540	1.54	1750	1.00	2500	1.03	4600	1.05	9140	1.08	16800	1.19
				1940	1.02	2700	1.04	5380	1.08	10700	1.13		
				2050	1.04	2870	1.05	6100	1.11	12200	1.16		
				2200	1.06	3200	1.07	6815	1.14	13700	1.19		
				2300	1.07	3600	1.09	7600	1.17	15200	1.21		
				2480	1.09	4060	1.13	9100	1.21				
				2700	1.10	4430	1.15	10700	1.24				
						4820	1.17						
						5370	1.20						
						6070	1.24						

窄 V 带

L_d	SPZ K_L	SPA K_L	SPB K_L	SPC K_L
630	0.82			
710	0.84			
800	0.86	0.81		
900	0.88	0.83		
1000	0.90	0.85		
1120	0.93	0.87		
1250	0.94	0.89	0.82	
1400	0.96	0.91	0.84	
1600	1.00	0.93	0.86	
1800	1.01	0.95	0.88	
2000	1.02	0.96	0.90	0.81
2240	1.05	0.98	0.92	0.83
2500	1.07	1.00	0.94	0.86
2800	1.09	1.02	0.96	0.88
3150	1.11	1.04	0.98	0.90
3550	1.13	1.06	1.00	0.92
4000		1.08	1.02	0.94
4500		1.09	1.04	0.96
5000			1.06	0.98
5600			1.08	1.00
6300			1.10	1.02
7100			1.12	1.04
8000			1.14	1.06
9000				1.08
10000				1.10
11200				1.12
12500				1.14

表 10-16　带长修正系数 K_L（二）（用于有效宽度制窄 V 带）（摘自 GB/T 13575.2—2008）

L_e/mm	带型 9N、9J	带型 15N、15J	带型 25N、25J
630	0.83		
670	0.84		
710	0.85		
760	0.86		
800	0.87		
850	0.88		
900	0.89		
950	0.90		
1050	0.92		
1080	0.93		
1145	0.94	—	
1205	0.95	—	
1270	0.96	0.85	
1345	0.97	0.86	
1420	0.98	0.87	
1525	0.99	0.88	
1600	1.00	0.89	
1700	1.01	0.90	
1800	1.02	0.91	
1900	1.03	0.92	
2030	1.04	0.93	—
2160	1.06	0.94	—
2290	1.07	0.95	—
2410	1.08	0.96	—
2540	1.09	0.96	0.87
2690	1.10	0.97	0.88
2840	1.11	0.98	0.88
3000	1.12	0.99	0.89
3180	1.13	1.00	0.90
3350	1.14	1.01	0.91
3550	1.15	1.02	0.92
3810	—	1.03	0.93
4060	—	1.04	0.94
4320	—	1.05	0.94
4570	—	1.06	0.95
4830		1.07	0.96
5080		1.08	0.97
5380		1.09	0.98
5690		1.09	0.98
6000		1.10	0.99
6350		1.11	1.00
6730		1.12	1.01
7100		1.13	1.02
7620		1.14	1.03
8000		1.15	1.03
8500		1.16	1.04
9000		1.17	1.05
9500		—	1.06
10160		—	1.07
10800			1.08
11430			1.09
12060			1.09
12700			1.10

表 10-17a　Y 型 V 带的额定功率（摘自 GB/T 13575.1—2008）　（单位：kW）

n_1 /(r/min)	小带轮基准直径 d_{d1}/mm								传动比 i									
	20	25	28	31.5	35.5	40	45	50	1.00~1.02	1.03~1.04	1.05~1.08	1.09~1.12	1.13~1.18	1.19~1.24	1.25~1.34	1.35~1.50	1.51~1.99	≥2.00
	单根 V 带的基本额定功率 P_1								$i\neq1$ 时额定功率的增量 ΔP_1									
200	—	—	—	—	—	—	—	0.04										
400	—	—	—	—	—	—	0.04	0.05										
700	—	—	—	0.03	0.04	0.04	0.05	0.06										
800	—	0.03	0.03	0.04	0.05	0.05	0.06	0.07						0.00				
950	0.01	0.03	0.04	0.05	0.05	0.06	0.07	0.08										
1200	0.02	0.03	0.04	0.05	0.06	0.07	0.08	0.09										
1450	0.02	0.04	0.05	0.06	0.06	0.08	0.09	0.11										
1600	0.03	0.05	0.05	0.06	0.07	0.09	0.11	0.12										
2000	0.03	0.05	0.06	0.07	0.08	0.11	0.12	0.14							0.01			
2400	0.04	0.06	0.07	0.09	0.09	0.12	0.14	0.16										
2800	0.04	0.07	0.08	0.10	0.11	0.14	0.16	0.18										
3200	0.05	0.08	0.09	0.11	0.12	0.15	0.17	0.20										
3600	0.06	0.08	0.10	0.12	0.13	0.16	0.19	0.22									0.02	
4000	0.06	0.09	0.11	0.13	0.14	0.18	0.20	0.23										
4500	0.07	0.10	0.12	0.14	0.16	0.19	0.21	0.24										
5000	0.08	0.11	0.13	0.15	0.18	0.20	0.23	0.25									0.03	
5500	0.09	0.12	0.14	0.16	0.19	0.22	0.24	0.26										
6000	0.10	0.13	0.15	0.17	0.20	0.24	0.26	0.27										

表 10-17b Z 型 V 带的额定功率（摘自 GB/T 13575.1—2008） （单位：kW）

n_1 /(r/min)	小带轮基准直径 d_{d1}/mm						传动比 i									
	50	56	63	71	80	90	1.00~1.01	1.02~1.04	1.05~1.08	1.09~1.12	1.13~1.18	1.19~1.24	1.25~1.34	1.35~1.50	1.51~1.99	≥2.00
	单根 V 带的基本额定功率 P_1						$i\neq1$ 时额定功率的增量 ΔP_1									
200	0.04	0.04	0.05	0.06	0.10	0.10										
400	0.06	0.06	0.08	0.09	0.14	0.14										
700	0.09	0.11	0.13	0.17	0.20	0.22			0.00							
800	0.10	0.12	0.15	0.20	0.22	0.24										
960	0.12	0.14	0.18	0.23	0.26	0.28					0.01					
1200	0.14	0.17	0.22	0.27	0.30	0.33										
1450	0.16	0.19	0.25	0.30	0.35	0.36										
1600	0.17	0.20	0.27	0.33	0.39	0.40						0.02				
2000	0.20	0.25	1.32	0.39	0.44	0.48										
2400	0.22	0.30	0.37	0.46	0.50	0.54										
2800	0.26	0.33	0.41	0.50	0.56	0.60					0.03					
3200	0.28	0.35	0.45	0.54	0.61	0.64										
3600	0.30	0.37	0.47	0.58	0.64	0.68						0.04				
4000	0.32	0.39	0.49	0.61	0.67	0.72										
4500	0.33	0.40	0.50	0.62	0.67	0.73							0.05			
5000	0.34	0.41	0.50	0.62	0.66	0.73		0.02								0.06
5500	0.33	0.41	0.49	0.61	0.64	0.65										
6000	0.31	0.40	0.48	0.56	0.61	0.56										

表 10-17c A 型 V 带的额定功率（摘自 GB/T 13575.1—2008） （单位：kW）

n_1 /(r/min)	小带轮基准直径 d_{d1}/mm								传动比 i									
	75	90	100	112	125	140	160	180	1.00~1.01	1.02~1.04	1.05~1.08	1.09~1.12	1.13~1.18	1.19~1.24	1.25~1.34	1.35~1.51	1.52~1.99	≥2.00
	单根 V 带的基本额定功率 P_1								$i\neq1$ 时额定功率的增量 ΔP_1									
200	0.15	0.22	0.26	0.31	0.37	0.43	0.51	0.59	0.00	0.00	0.01	0.01	0.01	0.01	0.02	0.02	0.02	0.03
400	0.26	0.39	0.47	0.56	0.67	0.78	0.94	1.09	0.00	0.01	0.01	0.02	0.02	0.03	0.03	0.04	0.04	0.05
700	0.40	0.61	0.74	0.90	1.07	1.26	1.51	1.76	0.00	0.01	0.02	0.03	0.04	0.05	0.06	0.07	0.08	0.09
800	0.45	0.68	0.83	1.00	1.19	1.41	1.69	1.97	0.00	0.01	0.02	0.03	0.04	0.05	0.06	0.08	0.09	0.10
950	0.51	0.77	0.95	1.15	1.37	1.62	1.95	2.27	0.00	0.01	0.03	0.04	0.05	0.06	0.07	0.08	0.10	0.11
1200	0.60	0.93	1.14	1.39	1.66	1.96	2.36	2.74	0.00	0.02	0.03	0.05	0.07	0.08	0.10	0.11	0.13	0.15
1450	0.68	1.07	1.32	1.61	1.92	2.28	2.73	3.16	0.00	0.02	0.04	0.06	0.08	0.09	0.11	0.13	0.15	0.17
1600	0.73	1.15	1.42	1.74	2.07	2.45	2.54	3.40	0.00	0.02	0.04	0.06	0.09	0.11	0.13	0.15	0.17	0.19
2000	0.84	1.34	1.66	2.04	2.44	2.87	3.42	3.93	0.00	0.03	0.06	0.08	0.11	0.13	0.16	0.19	0.22	0.24
2400	0.92	1.50	1.87	2.30	2.74	3.22	3.80	4.32	0.00	0.03	0.07	0.10	0.13	0.16	0.19	0.23	0.26	0.29
2800	1.00	1.64	2.05	2.51	2.98	3.48	4.06	4.54	0.00	0.04	0.08	0.11	0.15	0.19	0.23	0.26	0.30	0.34
3200	1.04	1.75	2.19	2.68	3.16	3.65	4.19	4.58	0.00	0.04	0.09	0.13	0.17	0.22	0.26	0.30	0.34	0.39
3600	1.08	1.83	2.28	2.78	3.26	3.72	4.17	4.40	0.00	0.05	0.10	0.15	0.19	0.24	0.29	0.34	0.39	0.44
4000	1.09	1.87	2.34	2.83	3.28	3.67	3.98	4.00	0.00	0.05	0.11	0.16	0.22	0.27	0.32	0.38	0.43	0.48
4500	1.07	1.83	2.33	2.79	3.17	3.44	3.48	3.13	0.00	0.06	0.12	0.18	0.24	0.30	0.36	0.42	0.48	0.54
5000	1.02	1.82	2.25	2.64	2.91	2.99	2.67	1.81	0.00	0.07	0.14	0.20	0.27	0.34	0.40	0.47	0.54	0.60
5500	0.96	1.70	2.07	2.37	2.48	2.31	1.51	—	0.00	0.08	0.15	0.23	0.30	0.38	0.46	0.53	0.60	0.68
6000	0.80	1.50	1.80	1.96	1.87	1.37	—	—	0.00	0.08	0.16	0.24	0.32	0.40	0.49	0.57	0.65	0.73

表 10-17d　B 型 V 带的额定功率（摘自 GB/T 13575.1—2008）　（单位：kW）

n_1 /(r/min)	小带轮基准直径 d_{d1}/mm								传动比 i									
	125	140	160	180	200	224	250	280	1.00~1.01	1.02~1.04	1.05~1.08	1.09~1.12	1.13~1.18	1.19~1.24	1.25~1.34	1.35~1.51	1.52~1.99	≥2.00
	单根 V 带的基本额定功率 P_1								$i\neq1$ 时额定功率的增量 ΔP_1									
200	0.48	0.59	0.74	0.88	1.02	1.19	1.37	1.58	0.00	0.01	0.01	0.02	0.03	0.04	0.04	0.05	0.06	0.06
400	0.84	1.05	1.32	1.59	1.85	2.17	2.50	2.89	0.00	0.01	0.03	0.04	0.06	0.07	0.08	0.10	0.11	0.13
700	1.30	1.64	2.09	2.53	2.96	3.47	4.00	4.61	0.00	0.02	0.05	0.07	0.10	0.12	0.15	0.17	0.20	0.22
800	1.44	1.82	2.32	2.81	3.30	3.86	4.46	5.13	0.00	0.03	0.06	0.08	0.11	0.14	0.17	0.20	0.23	0.25
950	1.64	2.08	2.66	3.22	3.77	4.42	5.10	5.85	0.00	0.03	0.07	0.10	0.13	0.17	0.20	0.23	0.26	0.30
1200	1.93	2.47	3.17	3.85	4.50	5.26	6.04	6.90	0.00	0.04	0.08	0.13	0.17	0.21	0.25	0.30	0.34	0.38
1450	2.19	2.82	3.62	4.39	5.13	5.97	6.82	7.76	0.00	0.05	0.10	0.15	0.20	0.25	0.31	0.36	0.40	0.46
1600	2.33	3.00	3.86	4.68	5.46	6.33	7.20	8.13	0.00	0.06	0.11	0.17	0.23	0.28	0.34	0.39	0.45	0.51
1800	2.50	3.23	4.15	5.02	5.83	6.73	7.63	8.46	0.00	0.06	0.13	0.19	0.25	0.32	0.38	0.44	0.51	0.57
2000	2.64	3.42	4.40	5.30	6.13	7.02	7.87	8.60	0.00	0.07	0.14	0.21	0.28	0.35	0.42	0.49	0.56	0.63
2200	2.76	3.58	4.60	5.52	6.35	7.19	7.97	8.53	0.00	0.08	0.16	0.23	0.31	0.39	0.46	0.54	0.62	0.70
2400	2.85	3.70	4.75	5.67	6.47	7.25	7.89	8.22	0.00	0.08	0.17	0.25	0.34	0.42	0.51	0.59	0.68	0.76
2800	2.96	3.85	4.89	5.76	6.43	6.95	7.14	6.80	0.00	0.10	0.20	0.29	0.39	0.49	0.59	0.69	0.79	0.89
3200	2.94	3.83	4.80	5.52	5.95	6.05	5.60	4.26	0.00	0.11	0.23	0.34	0.45	0.56	0.68	0.79	0.90	1.01
3600	2.80	3.63	4.46	4.92	4.98	4.47	5.12	—	0.00	0.13	0.25	0.38	0.51	0.63	0.76	0.89	1.01	1.14
4000	2.51	3.24	3.82	3.92	3.47	2.14	—	—	0.00	0.14	0.28	0.42	0.56	0.70	0.84	0.99	1.13	1.27
4500	1.93	2.45	2.59	2.04	0.73	—	—	—	0.00	0.16	0.32	0.48	0.63	0.79	0.95	1.11	1.27	1.43
5000	1.09	1.29	0.81	—	—	—	—	—	0.00	0.18	0.36	0.53	0.71	0.89	1.07	1.24	1.42	1.60

表 10-17e　C 型 V 带的额定功率（摘自 GB/T 13575.1—2008）　（单位：kW）

n_1 /(r/min)	小带轮基准直径 d_{d1}/mm								传动比 i									
	200	224	250	280	315	355	400	450	1.00~1.01	1.02~1.04	1.05~1.08	1.09~1.12	1.13~1.18	1.19~1.24	1.25~1.34	1.35~1.51	1.52~1.99	≥2.00
	单根 V 带的基本额定功率 P_1								$i\neq1$ 时额定功率的增量 ΔP_1									
200	1.39	1.70	2.03	2.42	2.84	3.36	3.91	4.51	0.00	0.02	0.04	0.06	0.08	0.10	0.12	0.14	0.16	0.18
300	1.92	2.37	2.85	3.40	4.04	4.75	5.54	6.40	0.00	0.03	0.06	0.09	0.12	0.15	0.18	0.21	0.24	0.26
400	2.41	2.99	3.62	4.32	5.14	6.05	7.06	8.20	0.00	0.04	0.08	0.12	0.16	0.20	0.23	0.27	0.31	0.35
500	2.87	3.58	4.33	5.19	6.17	7.27	8.52	9.81	0.00	0.05	0.10	0.15	0.20	0.24	0.29	0.34	0.39	0.44
600	3.30	4.12	5.00	6.00	7.14	8.45	9.82	11.29	0.00	0.06	0.12	0.18	0.24	0.29	0.35	0.41	0.47	0.53
700	3.69	4.64	5.64	6.76	8.09	9.50	11.02	12.63	0.00	0.07	0.14	0.21	0.27	0.34	0.41	0.48	0.55	0.62
800	4.07	5.12	6.23	7.52	8.92	10.46	12.10	13.80	0.00	0.08	0.16	0.23	0.31	0.39	0.47	0.55	0.63	0.71
950	4.58	5.78	7.04	8.49	10.05	11.73	13.48	15.23	0.00	0.09	0.19	0.27	0.37	0.47	0.56	0.65	0.74	0.83
1200	5.29	6.71	8.21	9.81	11.53	13.31	15.04	16.59	0.00	0.12	0.24	0.35	0.47	0.59	0.70	0.82	0.94	1.06
1450	5.84	7.45	9.04	10.72	12.46	14.12	15.53	16.47	0.00	0.14	0.28	0.42	0.58	0.71	0.85	0.99	1.14	1.27
1600	6.07	7.75	9.38	11.06	12.72	14.19	15.24	15.57	0.00	0.16	0.31	0.47	0.63	0.78	0.94	1.10	1.25	1.41
1800	6.28	8.00	9.63	11.22	12.67	13.73	14.08	13.29	0.00	0.18	0.35	0.53	0.71	0.88	1.06	1.23	1.41	1.59
2000	6.34	8.06	9.62	11.04	12.14	12.59	11.95	9.64	0.00	0.20	0.39	0.59	0.78	0.98	1.17	1.37	1.57	1.76
2200	6.26	7.92	9.34	10.48	11.08	10.70	8.75	4.44	0.00	0.22	0.43	0.65	0.86	1.08	1.29	1.51	1.72	1.94
2400	6.02	7.57	8.75	9.50	9.43	7.98	4.34	—	0.00	0.23	0.47	0.70	0.94	1.18	1.41	1.65	1.88	2.12
2600	5.61	6.93	7.85	8.08	7.11	4.32	—	—	0.00	0.25	0.51	0.76	1.01	1.27	1.53	1.78	2.04	2.29
2800	5.01	6.08	6.56	6.13	4.16	—	—	—	0.00	0.27	0.55	0.82	1.10	1.37	1.64	1.92	2.19	2.47
3200	3.23	3.57	2.93	—	—	—	—	—	0.00	0.31	0.61	0.91	1.22	1.53	1.63	2.14	2.44	2.75

表 10-17f　D 型 V 带的额定功率（摘自 GB/T 13575.1—2008）　　（单位：kW）

n_1 /(r/min)	小带轮基准直径 d_{d1}/mm								传动比 i									
	355	400	450	500	560	630	710	800	1.00~1.01	1.02~1.04	1.05~1.08	1.09~1.12	1.13~1.18	1.19~1.24	1.25~1.34	1.35~1.51	1.52~1.99	≥2.00
	单根 V 带的基本额定功率 P_1								$i≠1$ 时额定功率的增量 ΔP_1									
100	3.01	3.66	4.37	5.08	5.91	6.88	8.01	9.22	0.00	0.03	0.07	0.10	0.14	0.17	0.21	0.24	0.28	0.31
150	4.20	5.14	6.17	7.18	8.43	9.82	11.38	13.11	0.00	0.05	0.11	0.15	0.21	0.26	0.31	0.36	0.42	0.47
200	5.31	6.52	7.90	9.21	10.76	12.54	14.55	16.76	0.00	0.07	0.14	0.21	0.28	0.35	0.42	0.49	0.56	0.63
250	6.36	7.88	9.50	11.09	12.97	15.13	17.54	20.18	0.00	0.09	0.18	0.26	0.35	0.44	0.57	0.61	0.70	0.78
300	7.35	9.13	11.02	12.88	15.07	17.57	20.35	23.39	0.00	0.10	0.21	0.31	0.42	0.52	0.62	0.73	0.83	0.94
400	9.24	11.45	13.85	16.20	18.95	22.05	25.45	29.08	0.00	0.14	0.28	0.42	0.56	0.70	0.83	0.97	1.11	1.25
500	10.90	13.55	16.40	19.17	22.38	25.94	29.76	33.72	0.00	0.17	0.35	0.52	0.70	0.87	1.04	1.22	1.39	1.56
600	12.39	15.42	18.67	21.78	25.32	29.18	33.18	37.13	0.00	0.21	0.42	0.62	0.83	1.04	1.25	1.46	1.67	1.88
700	13.70	17.07	20.63	23.99	27.73	31.68	35.59	39.14	0.00	0.24	0.49	0.73	0.97	1.22	1.46	1.70	1.95	2.19
800	14.83	18.46	22.25	25.76	29.55	33.38	36.87	39.55	0.00	0.28	0.56	0.83	1.11	1.39	1.67	1.95	2.22	2.50
950	16.15	20.06	24.01	27.50	31.04	34.19	36.35	36.76	0.00	0.33	0.66	0.99	1.32	1.60	1.92	2.31	2.64	2.97
1100	16.98	20.99	24.84	28.02	30.85	32.65	32.52	29.26	0.00	0.38	0.77	1.15	1.53	1.91	2.29	2.68	3.06	3.44
1200	17.25	21.20	24.84	26.71	29.67	30.15	27.88	21.32	0.00	0.42	0.84	1.25	1.67	2.09	2.50	2.92	3.34	3.75
1300	17.26	21.06	24.35	26.54	27.58	26.37	21.42	10.73	0.00	0.45	0.91	1.35	1.81	2.26	2.71	3.16	3.61	4.06
1450	16.77	20.15	22.02	23.59	22.58	18.06	7.99	—	0.00	0.51	1.01	1.51	2.02	2.52	3.02	3.52	4.03	4.53
1600	15.63	18.31	19.59	18.88	15.13	6.25	—	—	0.00	0.56	1.11	1.67	2.23	2.78	3.33	3.89	4.45	5.00
1800	12.97	14.28	13.34	9.59	—	—	—	—	0.00	0.63	1.24	1.88	2.51	3.13	3.74	4.38	5.01	5.62

表 10-17g　E 型 V 带的额定功率（摘自 GB/T 13575.1—2008）　　（单位：kW）

n_1 /(r/min)	小带轮基准直径 d_{d1}/mm								传动比 i									
	500	560	630	710	800	900	1000	1120	1.00~1.01	1.02~1.04	1.05~1.08	1.09~1.12	1.13~1.18	1.19~1.24	1.25~1.34	1.35~1.51	1.52~1.99	≥2.00
	单根 V 带的基本额定功率 P_1								$i≠1$ 时额定功率的增量 ΔP_1									
100	6.21	7.32	8.75	10.31	12.05	13.96	15.64	18.07	0.00	0.07	0.14	0.21	0.28	0.34	0.41	0.48	0.55	0.62
150	8.60	10.33	12.32	14.56	17.05	19.76	22.14	25.58	0.00	0.10	0.20	0.31	0.41	0.52	0.62	0.72	0.83	0.93
200	10.86	13.09	15.63	18.52	21.70	25.15	28.52	32.47	0.00	0.14	0.28	0.41	0.55	0.69	0.83	0.96	1.10	1.24
250	12.97	15.67	18.77	22.23	26.03	30.14	34.11	38.71	0.00	0.17	0.34	0.52	0.69	0.86	1.03	1.20	1.37	1.55
300	14.96	18.10	21.69	25.69	30.05	34.71	39.17	44.26	0.00	0.21	0.41	0.62	0.83	1.03	1.24	1.45	1.65	1.86
350	16.81	20.38	24.42	28.89	33.73	38.64	43.66	49.04	0.00	0.24	0.48	0.72	0.96	1.20	1.45	1.69	1.92	2.17
400	18.55	22.49	26.95	31.83	37.05	42.49	47.52	52.98	0.00	0.28	0.55	0.83	1.00	1.38	1.65	1.93	2.20	2.48
500	21.65	26.25	31.36	36.85	42.53	42.20	53.12	57.94	0.00	0.34	0.64	1.03	1.38	1.72	2.07	2.41	2.75	3.10
600	24.21	29.30	34.83	40.58	46.26	51.48	55.45	58.42	0.00	0.41	0.83	1.24	1.65	2.07	2.48	2.89	3.31	3.72
700	26.21	31.59	37.26	42.87	47.96	51.95	54.00	53.62	0.00	0.48	0.97	1.45	1.93	2.41	2.89	3.38	3.86	4.34
800	27.57	33.03	38.52	43.52	47.38	49.21	48.19	42.77	0.00	0.55	1.10	1.65	2.21	2.76	3.31	3.86	4.41	4.96
950	28.32	33.40	37.92	41.02	41.59	38.19	30.08	—	0.00	0.65	1.29	1.95	2.62	3.27	3.92	4.58	5.23	5.89
1100	27.30	31.35	33.94	33.74	29.06	17.65	—	—	0.00	0.76	1.52	2.27	3.03	3.79	4.40	5.30	6.06	6.82
1200	25.53	28.49	29.17	25.91	16.46	—	—	—	—	—	—	—	—	—	—	—	—	—
1300	22.82	24.31	22.56	15.44	—	—	—	—	—	—	—	—	—	—	—	—	—	—
1450	16.82	15.35	8.85	—	—	—	—	—	—	—	—	—	—	—	—	—	—	—

表 10-17h　SPZ 型窄 V 带的额定功率（摘自 GB/T 13575.1—2008）

d_{d1} /mm	i 或 $\frac{1}{i}$	小轮转速 n_k/r · min^{-1}															
		200	400	700	800	950	1200	1450	1600	2000	2400	2800	3200	3600	4000	4500	5000
		额定功率 P_N/kW															
63	1	0.20	0.35	0.54	0.60	0.68	0.81	0.93	1.00	1.17	1.32	1.45	1.56	1.66	1.74	1.81	1.85
	1.5	0.23	0.41	0.65	0.72	0.83	1.00	1.16	1.25	1.48	1.69	1.88	2.06	2.21	2.35	2.50	2.63
	≥3	0.24	0.43	0.68	0.76	0.88	1.06	1.23	1.33	1.58	1.81	2.03	2.22	2.40	2.56	2.74	2.88
71	1	0.25	0.44	0.70	0.78	0.90	1.08	1.25	1.35	1.59	1.81	2.00	2.18	2.33	2.46	2.59	2.68
	1.5	0.28	0.51	0.81	0.91	1.04	1.26	1.47	1.59	1.90	2.18	2.43	2.67	2.88	3.08	3.28	3.45
	≥3	0.29	0.53	0.85	0.95	1.09	1.33	1.55	1.68	2.00	2.30	2.58	2.83	3.07	3.28	3.51	3.71
80	1	0.31	0.55	0.88	0.99	1.14	1.38	1.60	1.73	2.05	2.34	2.61	2.85	3.06	3.24	3.42	3.56
	1.5	0.34	0.61	0.99	1.11	1.28	1.56	1.82	1.97	2.36	2.71	3.04	3.34	3.61	3.86	4.12	4.33
	≥3	0.35	0.64	1.03	1.15	1.33	1.62	1.90	2.06	2.46	2.84	3.18	3.51	3.80	4.06	4.35	4.58
90	1	0.37	0.67	1.09	1.21	1.40	1.70	1.98	2.14	2.55	2.93	3.26	3.57	3.84	4.07	4.30	4.46
	1.5	0.40	0.74	1.19	1.34	1.55	1.88	2.20	2.39	2.86	3.30	3.70	4.06	4.39	4.68	4.99	5.23
	≥3	0.41	0.76	1.23	1.38	1.60	1.95	2.28	2.47	2.96	3.42	3.84	4.23	4.58	4.89	5.22	5.48
100	1	0.43	0.79	1.28	1.44	1.66	2.02	2.36	2.55	3.05	3.49	3.90	4.26	4.58	4.85	5.10	5.27
	1.5	0.46	0.85	1.39	1.56	1.81	2.20	2.58	2.80	3.35	3.86	4.33	4.76	5.13	5.46	5.80	6.05
	≥3	0.47	0.87	1.43	1.60	1.86	2.27	2.66	2.88	3.46	3.99	4.48	4.92	5.32	5.67	6.03	6.30
112	1	0.51	0.93	1.52	1.70	1.97	2.40	2.80	3.04	3.62	4.16	4.64	5.06	5.42	5.72	5.99	6.14
	1.5	0.54	1.00	1.63	1.83	2.12	2.58	3.03	3.28	3.93	4.53	5.07	5.55	5.98	6.33	6.68	6.91
	≥3	0.55	1.02	1.66	1.87	2.17	2.65	3.10	3.37	4.04	4.65	5.21	5.72	6.16	6.54	6.91	7.17
125	1	0.59	1.09	1.77	1.99	2.30	2.80	3.28	3.55	4.24	4.85	5.40	5.88	6.27	6.58	6.83	6.92
	1.5	0.62	1.15	1.88	2.11	2.45	2.99	3.50	3.80	4.54	5.22	5.83	6.37	6.83	7.19	7.52	7.69
	≥3	0.63	1.17	1.91	2.15	2.50	3.05	3.58	3.88	4.65	5.35	5.98	6.53	7.01	7.40	7.75	7.95
140	1	0.68	1.26	2.06	2.31	2.68	3.26	3.82	4.13	4.92	5.63	6.24	6.75	7.16	7.45	7.64	7.60
	1.5	0.71	1.32	2.17	2.43	2.82	3.45	4.04	4.38	5.23	6.00	6.67	7.25	7.72	8.07	8.33	8.37
	≥3	0.72	1.34	2.20	2.47	2.87	3.51	4.11	4.46	5.33	6.12	6.81	7.41	7.90	8.27	8.56	8.63
160	1	0.80	1.49	2.44	2.73	3.17	3.86	4.51	4.88	5.80	6.60	7.27	7.81	8.19	8.40	8.41	8.11
	1.5	0.83	1.55	2.54	2.86	3.32	4.05	4.74	5.13	6.11	6.97	7.70	8.30	8.74	9.02	9.11	8.88
	≥3	0.84	1.57	2.58	2.90	3.37	4.11	4.81	5.21	6.21	7.09	7.85	8.46	8.93	9.22	9.34	9.14

表 10-17i　SPA 型窄 V 带的额定功率（摘自 GB/T 13575.1—2008）

d_{d1} /mm	i 或 $\frac{1}{i}$	小轮转速 n_k/r · min^{-1}															
		200	400	700	800	950	1200	1450	1600	2000	2400	2800	3200	3600	4000	4500	5000
		额定功率 P_N/kW															
90	1	0.43	0.75	1.17	1.30	1.48	1.76	2.02	2.16	2.49	2.77	3.00	3.16	3.26	3.29	3.24	3.07
	1.5	0.50	0.89	1.42	1.58	1.81	2.18	2.52	2.71	3.19	3.60	3.96	4.27	4.50	4.68	4.80	4.80
	≥3	0.52	0.94	1.50	1.67	1.92	2.32	2.69	2.90	3.42	3.88	4.29	4.63	4.92	5.14	5.32	5.37
100	1	0.53	0.94	1.49	1.65	1.89	2.27	2.61	2.80	3.27	3.67	3.99	4.25	4.42	4.50	4.48	4.31
	1.5	0.60	1.08	1.73	1.93	2.22	2.68	3.11	3.36	3.96	4.50	4.96	5.35	5.66	5.89	6.04	6.04
	≥3	0.62	1.13	1.81	2.02	2.33	2.82	3.28	3.54	4.19	4.78	5.29	5.72	6.08	6.35	6.56	6.62
112	1	0.64	1.16	1.86	2.07	2.38	2.86	3.31	3.57	4.18	4.71	5.15	5.49	5.72	5.85	5.83	5.61
	1.5	0.71	1.30	2.10	2.35	2.71	3.28	3.82	4.12	4.87	5.54	6.12	6.60	6.97	7.23	7.39	7.34
	≥3	0.74	1.35	2.18	2.44	2.82	3.42	3.98	4.30	5.11	5.82	6.44	6.96	7.38	7.69	7.91	7.91
125	1	0.77	1.40	2.25	2.52	2.90	3.50	4.06	4.38	5.15	5.80	6.34	6.76	7.03	7.16	7.09	6.75
	1.5	0.84	1.54	2.50	2.80	3.23	3.92	4.56	4.93	5.84	6.63	7.31	7.86	8.28	8.54	8.65	8.48
	≥3	0.86	1.59	2.58	2.89	3.34	4.06	4.73	5.12	6.07	6.91	7.63	8.23	8.69	9.01	9.17	9.06
140	1	0.92	1.66	2.71	3.03	3.49	4.23	4.91	5.29	6.22	7.01	7.64	8.11	8.39	8.48	8.27	7.69
	1.5	0.99	1.82	2.95	3.31	3.82	4.64	5.41	5.84	6.91	7.84	8.61	9.22	9.64	9.85	9.83	9.42
	≥3	1.01	1.86	3.03	3.40	3.93	4.78	5.58	6.03	7.14	8.12	8.94	9.59	10.05	10.32	10.35	10.00
160	1	1.11	2.04	3.30	3.70	4.27	5.17	6.01	6.47	7.60	8.53	9.24	9.72	9.94	9.87	9.34	8.28
	1.5	1.18	2.18	3.55	3.98	4.60	5.59	6.51	7.03	8.29	9.36	10.21	10.83	11.18	11.25	10.90	10.01
	≥3	1.20	2.22	3.63	4.07	4.71	5.73	6.68	7.21	8.52	9.63	10.53	11.20	11.60	11.72	11.42	10.58

（续）

d_{d1}/mm	i 或 $\frac{1}{i}$	200	400	700	800	950	1200	1450	1600	2000	2400	2800	3200	3600	4000	4500	5000
		小轮转速 n_k/r·min^{-1}															
		额定功率 P_N/kW															
180	1	1.30	2.39	3.89	4.36	5.04	6.10	7.07	7.62	8.90	9.93	10.67	11.09	11.15	10.81	9.78	7.99
	1.5	1.37	2.53	4.13	4.64	5.36	6.51	7.57	8.17	9.60	10.76	11.64	12.20	12.39	12.19	11.33	9.72
	≥3	1.39	2.58	4.21	4.73	5.47	6.65	7.74	8.35	9.83	11.04	11.96	12.56	12.81	12.65	11.85	10.30
200	1	1.49	2.75	4.47	5.01	5.79	7.00	8.10	8.72	10.13	11.22	11.92	12.19	11.98	11.25	9.50	6.75
	1.5	1.55	2.89	4.71	5.29	6.11	7.41	8.61	9.27	10.83	12.05	12.89	13.30	13.23	12.63	11.06	8.43
	≥3	1.58	2.93	4.79	5.38	6.22	7.55	8.77	9.45	11.06	12.32	13.21	13.67	13.64	13.09	11.58	9.06
224	1	1.71	3.17	5.16	5.77	6.67	8.05	9.30	9.97	11.51	12.59	13.15	13.13	12.45	11.04	8.15	3.87
	1.5	1.78	3.30	5.40	6.05	6.99	8.46	9.80	10.53	12.20	13.42	14.12	14.23	13.69	12.42	9.71	5.60
	≥3	1.80	3.35	5.48	6.14	7.10	8.60	9.96	10.71	12.43	13.69	14.44	14.60	14.11	12.89	10.23	6.17

表 10-17j　SPB 型窄 V 带的额定功率（摘自 GB/T 13575.1—2008）

d_{d1}/mm	i 或 $\frac{1}{i}$	200	400	700	800	950	1200	1450	1600	1800	2000	2200	2400	2800	3200	3600
		小轮转速 n_k/r·min^{-1}														
		额定功率 P_N/kW														
140	1	1.08	1.92	3.02	3.35	3.83	4.55	5.19	5.54	5.95	6.31	6.62	6.86	7.15	7.17	6.89
	1.5	1.22	2.21	3.53	3.94	4.52	5.43	6.25	6.71	7.27	7.70	8.23	8.61	9.20	9.51	9.52
	≥3	1.27	2.31	3.70	4.13	4.76	5.72	6.61	7.40	7.71	8.26	8.76	9.20	9.89	10.29	10.40
160	1	1.37	2.47	3.92	4.37	5.01	5.98	6.86	7.33	7.89	8.38	8.80	9.13	9.52	9.53	9.10
	1.5	1.51	2.76	4.44	4.96	5.70	6.86	7.92	8.50	9.21	9.85	10.41	10.88	11.57	11.87	11.74
	≥3	1.56	2.86	4.61	5.15	5.93	7.15	8.27	8.89	9.65	10.33	10.94	11.47	12.25	12.65	12.61
180	1	1.65	3.01	4.82	5.37	6.16	7.38	8.46	9.05	9.74	10.34	10.83	11.21	11.62	11.49	10.77
	1.5	1.80	3.30	5.33	5.96	6.86	8.26	9.53	10.22	11.06	11.80	12.44	12.97	13.66	13.83	13.40
	≥3	1.85	3.40	5.50	6.15	7.09	8.55	9.88	10.61	11.50	12.29	12.98	13.56	14.35	14.61	14.28
200	1	1.94	3.54	5.96	6.35	7.30	8.74	10.02	10.70	11.50	12.18	12.72	13.11	13.41	13.01	11.83
	1.5	2.08	3.84	6.21	6.94	7.99	9.62	11.03	11.87	12.82	13.64	14.33	14.86	15.46	15.36	14.46
	≥3	2.13	3.93	6.38	7.14	8.23	9.91	11.43	12.26	13.26	14.13	14.86	15.45	16.14	16.14	15.34
224	1	2.28	4.18	6.73	7.52	8.63	10.33	11.81	12.59	13.49	14.21	14.76	15.10	15.14	14.22	12.23
	1.5	2.42	4.47	7.24	8.10	9.33	11.21	12.87	13.76	14.80	15.68	16.37	16.86	17.19	16.57	14.86
	≥3	2.47	4.57	7.41	8.30	9.56	11.50	13.23	14.15	15.24	16.16	16.90	17.44	17.87	17.35	15.74
250	1	2.64	4.86	7.84	8.75	10.04	11.99	13.66	14.51	15.47	16.19	16.68	16.89	16.44	14.69	11.48
	1.5	2.79	5.15	8.35	9.33	10.74	12.87	14.72	15.68	16.78	17.66	18.28	18.65	18.49	17.03	14.11
	≥3	2.83	5.25	8.52	9.53	10.97	13.16	15.07	16.07	17.22	18.15	18.82	19.23	19.17	17.81	14.99
280	1	3.05	5.63	9.09	10.14	11.62	13.82	15.65	16.56	17.52	18.17	18.48	18.43	17.13	14.04	8.92
	1.5	3.20	5.93	9.60	10.72	12.32	14.70	16.72	17.73	18.83	19.63	20.09	20.18	19.18	16.38	11.56
	≥3	3.25	6.02	9.77	10.92	12.55	14.99	17.07	18.12	19.27	20.12	20.62	20.77	19.86	17.16	12.43
315	1	3.53	6.53	10.51	11.71	13.40	15.84	17.79	18.70	19.55	20.00	19.97	19.44	16.71	11.47	3.40
	1.5	3.68	6.82	11.02	12.30	14.09	16.72	18.85	19.87	20.88	21.46	21.58	21.20	18.76	13.81	6.04
	≥3	3.73	6.92	11.19	12.50	14.32	17.01	19.21	20.26	21.32	21.95	22.12	21.78	19.44	14.59	6.91
355	1	4.08	7.53	12.10	13.46	15.33	17.99	19.96	20.78	21.39	21.42	20.79	19.46	14.45	5.91	—
	1.5	4.22	7.82	12.61	14.04	16.03	18.86	21.02	21.95	22.71	22.88	22.40	21.22	16.50	8.25	—
	≥3	4.27	7.92	12.78	14.24	16.26	19.16	21.37	22.34	23.15	23.37	22.94	21.80	17.18	9.03	—

表 10-17k　SPC 型窄 V 带的额定功率（摘自 GB/T 13575.1—2008）

d_{d1}/mm	i 或 $\frac{1}{i}$	小轮转速 n_k/r·min^{-1}														
		200	300	400	500	600	700	800	950	1200	1450	1600	1800	2000	2200	2400
		额定功率 P_N/kW														
224	1	2.90	4.08	5.19	6.23	7.21	8.13	8.99	10.19	11.89	13.22	13.81	14.35	14.58	14.47	14.01
	1.5	3.26	4.62	5.91	7.13	8.28	8.39	10.43	11.90	14.05	15.82	16.69	17.59	18.17	18.43	18.32
	≥3	3.38	4.80	6.15	7.43	8.64	9.81	10.91	12.47	14.77	16.69	17.65	18.66	19.37	19.75	19.75
250	1	3.50	4.95	6.31	7.60	8.81	9.95	11.02	12.51	14.61	16.21	16.52	17.52	17.70	17.44	16.69
	1.5	3.86	5.49	7.03	8.49	9.89	11.21	12.46	14.21	16.77	18.82	19.79	20.75	21.30	21.40	21.01
	≥3	3.98	5.67	7.27	8.79	10.25	11.63	12.94	14.78	17.49	19.69	20.75	21.83	22.50	22.72	22.45
280	1	4.18	5.94	7.59	9.15	10.62	12.01	13.31	15.10	17.60	19.44	20.20	20.75	20.75	20.13	18.86
	1.5	4.54	6.48	8.31	10.05	11.70	13.27	14.75	16.81	19.76	22.05	23.07	23.99	24.34	24.09	23.17
	≥3	4.66	6.66	8.55	10.35	12.06	13.69	15.23	17.38	20.48	22.92	24.03	25.07	25.54	25.41	24.61
315	1	4.97	7.08	9.07	10.94	12.70	14.36	15.90	18.01	20.88	22.87	23.58	23.91	23.47	22.18	19.98
	1.5	5.33	7.62	9.79	11.84	13.73	15.62	17.34	19.72	23.04	25.47	26.46	27.15	27.07	26.14	24.30
	≥3	5.45	7.80	10.03	12.14	14.14	16.04	17.82	20.29	23.76	26.34	27.42	28.23	28.26	27.46	25.74
355	1	5.87	8.37	10.72	12.94	15.02	16.96	18.76	21.17	23.34	26.29	26.80	26.62	25.37	22.94	19.22
	1.5	6.23	8.91	11.44	13.84	16.10	18.22	20.20	22.88	26.50	28.90	29.68	29.86	28.97	26.90	23.54
	≥3	6.35	9.09	11.68	14.14	16.46	18.64	20.68	23.45	27.22	29.77	30.64	30.94	30.17	28.22	24.98
400	1	6.86	9.80	12.56	15.15	17.56	19.79	21.84	24.52	27.83	29.46	29.53	28.42	25.81	21.54	15.48
	1.5	7.22	10.34	13.28	16.04	18.64	21.05	23.28	26.23	29.99	32.07	32.41	31.66	29.41	25.50	19.79
	≥3	7.34	10.52	13.52	16.34	19.00	21.47	23.76	26.80	30.70	32.94	33.37	32.74	30.60	26.82	21.23
450	1	7.96	11.37	14.56	17.54	20.29	22.81	25.07	27.94	31.15	32.06	31.33	28.69	23.95	16.89	—
	1.5	8.32	11.91	15.28	18.43	21.37	24.07	26.51	29.65	33.31	34.67	34.21	31.92	27.54	20.85	—
	≥3	8.44	12.09	15.52	18.73	21.73	24.48	26.99	30.22	34.03	35.54	35.16	33.00	28.74	22.17	—
500	1	9.04	12.91	16.52	19.86	22.92	25.67	28.09	31.04	33.85	33.58	31.07	26.94	19.35	—	—
	1.5	9.40	13.45	17.24	20.76	24.00	26.93	29.53	32.75	36.01	36.18	34.57	30.18	22.94	—	—
	≥3	9.52	13.63	17.48	21.06	24.35	27.35	30.01	33.32	36.73	37.05	35.53	31.26	24.14	—	—
560	1	10.32	14.74	18.82	22.56	25.93	28.90	31.43	34.29	36.18	33.83	30.05	21.90	—	—	—
	1.5	10.68	15.27	19.54	23.46	27.01	30.16	32.87	36.00	38.34	36.44	32.93	25.14	—	—	—
	≥3	10.80	15.45	19.78	23.76	27.37	30.58	33.35	36.57	39.06	37.31	33.89	26.22	—	—	—

表 10-17l　9N、9J 型窄 V 带的额定功率（摘自 GB/T 13575.2—2008）　（单位：kW）

n_1/(r/min)	d_{e1}/mm													i				
	67	71	75	80	90	100	112	125	140	160	180	200	250	1.27~1.38	1.39~1.57	1.58~1.94	1.95~3.38	3.39~以上
	P_1													ΔP_1				
100	0.12	0.13	0.15	0.17	0.21	0.24	0.29	0.34	0.39	0.47	0.54	0.61	0.79	0.01	0.01	0.02	0.02	0.02
200	0.21	0.24	0.27	0.31	0.38	0.46	0.54	0.64	0.74	0.88	1.02	1.16	1.50	0.02	0.03	0.03	0.03	0.03
300	0.30	0.35	0.39	0.44	0.55	0.66	0.78	0.92	1.07	1.28	1.48	1.68	2.18	0.03	0.04	0.05	0.05	0.05
400	0.38	0.44	0.50	0.57	0.71	0.85	1.01	1.19	1.39	1.66	1.92	2.18	2.83	0.05	0.05	0.06	0.07	0.07
500	0.46	0.53	0.60	0.69	0.86	1.03	1.23	1.45	1.70	2.03	2.35	2.67	3.46	0.06	0.07	0.08	0.08	0.09
600	0.54	0.62	0.70	0.80	1.01	1.21	1.45	1.71	2.00	2.39	2.77	3.15	4.08	0.07	0.08	0.09	0.10	0.10
700	0.61	0.70	0.80	0.92	1.15	1.38	1.66	1.96	2.29	2.74	3.18	3.61	4.68	0.08	0.09	0.11	0.11	0.12
725	0.63	0.73	0.82	0.95	1.19	1.43	1.71	2.02	2.37	2.83	3.28	3.73	4.83	0.08	0.10	0.11	0.12	0.13
800	0.68	9.79	0.89	1.03	1.29	1.55	1.87	2.20	2.58	3.08	3.58	4.07	5.26	0.09	0.11	0.12	0.13	0.14
900	0.75	0.87	0.99	1.13	1.43	1.72	2.07	2.44	2.86	3.42	3.97	4.51	5.83	0.10	0.12	0.14	0.15	0.16

（续）

n_1/(r/min)	d_{e1}/mm													i				
	67	71	75	80	90	100	112	125	140	160	180	200	250	1.27~1.38	1.39~1.57	1.58~1.94	1.95~3.38	3.39~以上
	P_1													ΔP_1				
950	0.78	0.91	1.03	1.19	1.50	1.80	2.17	2.56	3.00	3.59	4.17	4.73	6.11	0.11	0.13	0.14	0.16	0.17
1000	0.81	0.94	1.08	1.24	1.56	1.89	2.27	2.68	3.14	3.75	4.36	4.95	6.39	0.11	0.13	0.15	0.16	0.17
1200	0.94	1.09	1.25	1.44	1.83	2.21	2.66	3.14	3.68	4.40	5.10	5.79	7.46	0.14	0.16	0.18	0.20	0.21
1400	1.06	1.24	1.42	1.64	2.08	2.51	3.03	3.58	4.21	5.02	5.82	6.60	8.46	0.16	0.19	0.21	0.23	0.24
1425	1.07	1.26	1.44	1.66	2.11	2.55	3.08	3.63	4.27	5.10	5.91	6.70	8.58	0.16	0.19	0.21	0.23	0.25
1500	1.12	1.31	1.50	1.73	2.20	2.67	3.21	3.80	4.46	5.32	6.17	6.99	8.93	0.17	0.20	0.23	0.25	0.26
1600	1.17	1.38	1.58	1.83	2.32	2.81	3.39	4.01	4.71	5.62	6.50	7.36	9.39	0.18	0.21	0.24	0.26	0.28
1800	1.28	1.51	1.73	2.01	2.56	3.10	3.74	4.42	5.19	6.19	7.16	8.09	10.25	0.21	0.24	0.27	0.30	0.31
2000	1.39	1.63	1.88	2.19	2.79	3.38	4.08	4.82	5.66	6.74	7.77	8.77	11.03	0.23	0.27	0.30	0.33	0.35
2200	1.49	1.76	2.02	2.35	3.01	3.65	4.41	5.21	6.11	7.26	8.36	9.40	11.73	0.25	0.29	0.33	0.36	0.38
2400	1.58	1.87	2.16	2.52	3.22	3.91	4.72	5.58	6.53	7.75	8.90	9.98	12.33	0.27	0.32	0.36	0.39	0.42
2600	1.67	1.98	2.29	2.68	3.43	4.16	5.03	5.93	6.94	8.21	9.41	10.51	12.84	0.30	0.35	0.39	0.43	0.45
2800	1.76	2.09	2.42	2.83	3.63	4.41	5.32	6.27	7.32	8.64	9.87	10.98	13.24	0.32	0.37	0.42	0.46	0.49
3000	1.84	2.19	2.54	2.97	3.82	4.64	5.59	6.59	7.68	9.04	10.29	11.40	13.53	0.34	0.40	0.45	0.49	0.52

表 10-17m　15N、15J 型窄 V 带的额定功率（摘自 GB/T 13575.2—2008）（单位：kW）

n_1/(r/min)	d_{e1}/mm												i				
	180	190	200	212	224	236	250	280	315	355	400	450	1.27~1.38	1.39~1.57	1.58~1.94	1.95~3.38	3.39~以上
	P_1												ΔP_1				
100	1.15	1.26	1.36	1.49	1.62	1.74	1.89	2.20	2.56	2.97	3.43	3.93	0.06	0.08	0.09	0.09	0.10
200	2.13	2.33	2.54	2.78	3.02	3.26	3.54	4.14	4.83	5.61	6.47	7.43	0.13	0.15	0.17	0.19	0.20
300	3.05	3.34	3.64	3.99	4.34	4.69	5.10	5.97	6.97	8.10	9.35	10.73	0.19	0.23	0.26	0.28	0.30
400	3.92	4.30	4.69	5.15	5.61	6.06	6.59	7.72	9.02	10.48	12.11	13.89	0.26	0.30	0.34	0.37	0.39
500	4.75	5.23	5.70	6.26	6.83	7.38	8.03	9.41	10.99	12.77	14.75	16.89	0.32	0.38	0.43	0.46	0.49
600	5.56	6.12	6.68	7.34	8.00	8.66	9.42	11.04	12.90	14.98	17.27	19.76	0.39	0.45	0.51	0.56	0.59
700	6.34	6.98	7.62	8.39	9.15	9.90	10.77	12.62	14.73	17.10	19.69	22.48	0.45	0.53	0.60	0.65	0.69
725	6.53	7.20	7.86	8.64	9.43	10.20	11.10	13.00	15.18	17.61	20.27	23.13	0.47	0.55	0.62	0.67	0.71
800	7.10	7.82	8.54	9.40	10.25	11.10	12.07	14.14	16.50	19.12	21.98	25.04	0.52	0.61	0.68	0.74	0.79
900	7.83	8.63	9.43	10.38	11.32	12.26	13.33	15.61	18.19	21.05	24.15	27.43	0.58	0.68	0.77	0.84	0.89
950	8.19	9.03	9.87	10.86	11.85	12.82	13.95	16.32	19.01	21.99	25.19	28.56	0.61	0.72	0.81	0.88	0.93
1000	8.54	9.42	10.29	11.33	12.36	13.38	14.55	17.02	19.81	22.89	26.19	29.65	0.65	0.76	0.85	0.93	0.98
1200	9.89	10.92	11.93	13.14	14.33	15.50	16.85	19.67	22.82	26.24	29.83	33.48	0.78	0.91	1.02	1.11	1.18
1400	11.16	12.32	13.46	14.82	16.15	17.46	18.96	22.07	25.50	29.14	32.84	36.43	0.91	1.06	1.19	1.30	1.38
1425	11.31	12.49	13.65	15.02	16.37	17.69	19.21	22.35	25.81	29.46	33.17	36.73	0.92	1.08	1.21	1.32	1.40
1500	11.76	12.98	14.19	15.61	17.01	18.38	19.94	23.17	26.70	30.39	34.08	37.54	0.97	1.14	1.28	1.39	1.48
1600	12.33	13.61	14.88	16.36	17.82	19.25	20.87	24.20	27.80	31.52	35.13	38.38	1.03	1.21	1.36	1.49	1.57
1800	13.41	14.80	16.17	17.77	19.33	20.85	22.56	26.03	29.70	33.33	36.63	—	1.16	1.36	1.53	1.67	1.77
2000	14.39	15.88	17.33	19.02	20.66	22.24	24.02	27.55	31.15	34.52	—	—	1.29	1.51	1.70	1.86	1.97
2200	15.27	16.83	18.35	20.11	21.80	23.42	25.22	28.71	32.11	—	—	—	1.42	1.67	1.88	2.04	2.16
2400	16.03	17.65	19.22	21.03	22.74	24.37	26.15	29.51	32.56	—	—	—	1.55	1.82	2.05	2.23	2.36
2600	16.67	18.34	19.94	21.76	23.47	25.07	26.79	29.89	—	—	—	—	1.68	1.97	2.22	2.41	2.56
2800	17.19	18.88	20.49	22.30	23.97	25.51	27.12	—	—	—	—	—	1.81	2.12	2.39	2.60	2.75
3000	17.59	19.28	20.87	22.63	24.23	25.67	27.11	—	—	—	—	—	1.94	2.27	2.56	2.79	2.95

表 10-17n　25N、25J 型窄 V 带的额定功率（摘自 GB/T 13575.2—2008）（单位：kW）

n_1/(r/min)	d_{e1}/mm												i				
	315	335	355	375	400	425	450	475	500	560	630	710	1.27~1.38	1.39~1.57	1.58~1.94	1.95~3.38	3.39~以上
	P_1												ΔP_1				
80	4.02	4.48	4.93	5.39	5.95	6.51	7.08	7.63	8.19	9.52	11.06	12.80	0.26	0.31	0.35	0.38	0.40
100	4.90	5.46	6.02	6.58	7.28	7.97	8.66	9.35	10.04	11.67	13.57	15.71	0.33	0.39	0.43	0.47	0.50
120	5.76	6.43	7.09	7.75	8.58	9.40	10.22	11.03	11.85	13.78	16.02	18.56	0.39	0.46	0.52	0.57	0.60
140	6.60	7.37	8.14	8.90	9.85	10.80	11.75	12.69	13.62	15.86	18.44	21.36	0.46	0.54	0.61	0.66	0.70
160	7.42	8.29	9.16	10.03	11.11	12.18	13.25	14.31	15.37	17.90	20.82	24.12	0.53	0.62	0.69	0.76	0.80
180	8.22	9.20	10.17	11.14	12.34	13.54	14.73	15.91	17.09	19.91	23.16	26.83	0.59	0.69	0.78	0.85	0.90
200	9.02	10.09	11.16	12.23	13.55	14.87	16.18	17.49	18.79	21.89	25.46	29.50	0.66	0.77	0.87	0.94	1.00
300	12.82	14.38	15.93	17.48	19.40	21.30	23.20	25.09	26.96	31.42	36.53	42.28	0.99	1.16	1.30	1.42	1.50
400	16.38	18.41	20.42	22.42	24.91	27.37	29.82	32.24	34.65	40.35	46.86	54.12	1.32	1.54	1.73	1.89	2.00
500	19.75	22.22	24.67	27.10	30.12	33.10	36.06	38.98	41.88	48.70	56.43	64.94	1.64	1.93	2.17	2.36	2.50
600	22.93	25.82	28.69	31.53	35.03	38.50	41.92	45.29	48.62	56.42	65.16	74.64	1.97	2.31	2.60	2.83	3.00
700	25.93	29.22	32.47	35.69	39.65	43.55	47.38	51.15	54.86	63.47	72.98	83.08	2.30	2.70	3.03	3.30	3.50
725	26.66	30.04	33.38	36.68	40.75	44.75	48.68	52.55	56.33	65.12	74.78	84.98	2.38	2.79	3.14	3.42	3.63
800	28.75	32.41	36.02	39.58	43.95	48.23	52.43	56.54	60.55	69.78	79.79	90.13	2.63	3.08	3.47	3.78	4.00
900	31.38	35.38	39.32	43.18	47.91	52.53	57.03	61.40	65.65	75.29	85.49	95.63	2.96	3.47	3.90	4.25	4.50
950	32.62	36.79	40.87	44.87	49.76	54.52	59.15	63.63	67.96	77.72	87.89	97.75	3.12	3.66	4.12	4.49	4.75
1000	33.82	38.13	42.35	46.49	51.52	56.41	61.14	65.71	70.10	79.93	89.98	99.42	3.29	3.85	4.33	4.72	5.00
1100	36.05	40.64	45.11	49.48	54.76	59.85	64.74	69.41	73.87	83.61	93.14	—	3.62	4.24	4.77	5.19	5.50
1200	38.07	42.90	47.59	52.13	57.60	62.82	67.78	72.48	76.9C	86.28	94.87	—	3.95	4.62	5.20	5.67	6.00
1300	39.87	44.89	49.75	54.42	60.01	65.28	70.24	74.86	79.12	87.84	—	—	4.27	5.01	5.63	6.14	6.50
1400	41.43	46.61	51.59	56.34	61.96	67.21	72.06	76.50	80.50	—	—	—	4.60	5.39	6.07	6.61	7.00
1425	41.74	47.03	51.99	56.76	62.38	67.60	72.41	76.79	80.71	—	—	—	4.68	5.49	6.18	6.73	7.13
1500	42.74	48.04	53.03	57.86	63.44	68.57	73.22	77.36	80.98	—	—	—	4.93	5.78	6.50	7.08	7.50
1600	43.80	49.16	54.22	58.96	64.42	69.33	73.66	77.39	—	—	—	—	5.26	6.16	6.93	7.55	8.00
1700	44.58	49.96	54.97	59.61	64.86	69.45	73.36	—	—	—	—	—	5.59	6.55	7.37	8.03	8.50
1800	45.08	50.42	55.33	59.80	64.74	68.91	—	—	—	—	—	—	5.92	6.93	7.80	8.50	9.00
1900	45.29	50.52	55.27	59.50	64.03	—	—	—	—	—	—	—	6.25	7.32	8.23	8.97	9.50

10.2.4　带轮

10.2.4.1　带轮材料

带轮材料常采用灰铸铁、钢、铝合金或工程塑料等。灰铸铁应用最广，当 $v\leqslant 30$m/s 时，用 HT200；当$v\geqslant 25\sim 45$m/s 时，则宜采用球墨铸铁或铸钢。也可用钢板冲压—焊接带轮。小功率传动可用铸铝或塑料。

10.2.4.2　带轮的结构

V 带轮的直径系列见表 10-18 和表 10-19；轮缘尺寸见表 10-20 和表 10-21。

轮辐部分有实心、辐板（或孔板）和椭圆轮辐三种，可根据带轮的基准直径，参照表 10-23 选定。

V 带轮的典型结构如图 10-5 和图 10-6 所示。

表 10-18　（基准宽度制）**普通和窄 V 带轮直径系列**（摘自 GB/T 13575.1—2008）

基准直径	槽型 Y	Z SPZ	A SPA	B SPB	C SPC	圆跳动公差 t
20	+					0.2
22.4	+					
25	+					
28	+					
31.5	+					
35.5	+					
40	+					
45	+					
50	+	+				
56	+	+				
63		⊕				
71		⊕				
75		⊕	+			
80	+	⊕	+			
85			+			
90	+	⊕	⊕			
95			⊕			
100	+	⊕	⊕			
106			⊕			0.3
112	+	⊕	⊕			
118			⊕			
125	⊕	⊕	⊕	+		
132		⊕	⊕	+		
140		⊕	⊕	⊕		
150		⊕	⊕	⊕		
160		⊕	⊕	⊕		
170				⊕		0.4
180		⊕	⊕	⊕		
200		⊕	⊕	⊕	+	
212					+	
224		⊕	⊕	⊕	⊕	
236					⊕	
250		⊕	⊕	⊕	⊕	

基准直径	槽型 Z SPZ	A SPA	B SPB	C SPC	D	E	圆跳动公差 t
265				⊕			0.5
280	⊕	⊕	⊕	⊕			
300				⊕			
315	⊕	⊕	⊕	⊕			
335				⊕			
355	⊕	⊕	⊕	⊕	+		
375					+		
400	⊕	⊕	⊕	⊕	+		
425					+		0.6
450		⊕	⊕	⊕	+		
475					+		
500	⊕	⊕	⊕	⊕	+	+	
530						+	
560		⊕	⊕	⊕	+	+	
600			⊕	⊕	+	+	
630	⊕	⊕	⊕	⊕	+	+	
670						+	0.8
710		⊕	⊕	⊕	+	+	
750			⊕	⊕	+		
800		⊕	⊕	⊕	+	+	
900			⊕	⊕	+	+	
1000			⊕	⊕	+	+	
1060					+		1
1120			⊕	⊕	+	+	
1250				⊕	+	+	
1400				⊕	+	+	
1500					+	+	
1600				⊕	+	+	
1800					+	+	1.2
1900						+	
2000				⊕	+	+	
2240						+	
2500						+	

注：1. 有+号的只用于普通 V 带，有⊕号的用于普通 V 带和窄 V 带。

2. 基准直径的极限偏差为±0.8%。

3. 轮槽基准直径间的最大偏差：Y 型为 0.3mm；Z、A、B、SPZ、SPA、SPB 型为 0.4mm；C、D、E、SPC 型为 0.5mm。

表 10-19　（有效宽度制）**窄 V 带轮直径系列**（摘自 GB/T 10413—2002）（单位：mm）

有效直径 d_e	9N/9J 选用情况	9N/9J $2\Delta d$	15N/15J 选用情况	15N/15J $2\Delta d$
67	○	4		
71	◎	4		
75	○	4		
80	◎	4		
85	○	4		
90	◎	4		
95	○	4		
100	◎	4		
106	○	4		
112	◎	4		

有效直径 d_e	9N/9J 选用情况	9N/9J $2\Delta d$	15N/15J 选用情况	15N/15J $2\Delta d$
118	○	4		
125	◎	4		
132	○	4		
140	◎	4		
150	○	4		
160	◎	4		
180	○	4	◎	7
190			○	7
200	◎	4	◎	7
212			○	7

（续）

有效直径 d_e	槽型 9N/9J 选用情况	9N/9J 2Δd	15N/15J 选用情况	15N/15J 2Δd	25N/25J 选用情况	25N/25J 2Δd
224	○	4	◎	7		
236			○	7		
250	◎	4	◎	7		
265			○	7		
280	○	4.5	◎	7		
300			○	7		
315	◎	5	◎	7	◎	5
335					○	5.4
355	○	5.7	○	7	◎	5.7
375					○	6
400	◎	6.4	◎	7	◎	6.4
425					○	6.8
450	○	7.2	○	7.2	◎	7.2
475					○	7.6
500	◎	8	◎	8	◎	8
530					○	

有效直径 d_e	槽型 9N/9J 选用情况	9N/9J 2Δd	15N/15J 选用情况	15N/15J 2Δd	25N/25J 选用情况	25N/25J 2Δd
560	○	9	○	9	◎	9
600					○	9.6
630	○	10.1	◎	10.1	◎	10.1
710	○	11.4	○	11.4	○	11.4
800	○	12.8	◎	12.8	◎	12.8
900			○	14.4	○	14.4
1000			◎	16	◎	16
1120			○	17.9	○	17.9
1250			◎	20	◎	20
1400			○	22.4	○	22.4
1600			○	25.6	◎	25.6
1800			○	28.8	○	28.8
2000					◎	32
2240					○	35.8
2500					◎	40

注：1. 有效直径 d_e 为其最小值，最大值 $d_{emax}=d_e+2\Delta d$。窄 V 带轮的径向和轴向圆跳动公差见表 10-22。

2. 选用情况：◎—优先选用；○—可以选用。

表 10-20 V 带轮轮缘尺寸（基准宽度制）（摘自 GB/T 10412—2002）

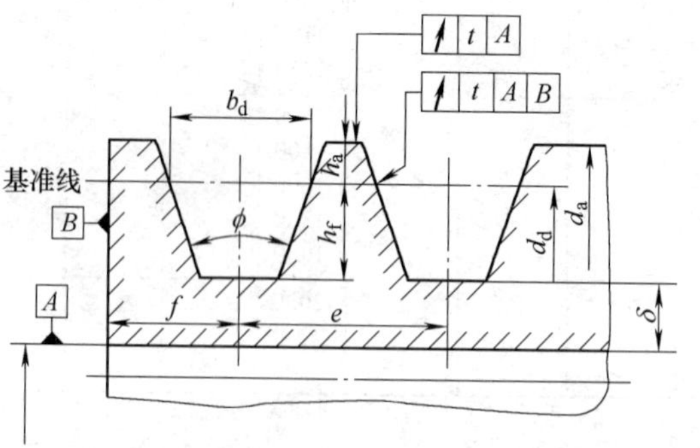

项目		符号	槽型 Y	Z / SPZ	A / SPA	B / SPB	C / SPC	D	E
基准宽度		b_d	5.3	8.5	11.0	14.0	19.0	27.0	52.0
基准线上槽深		h_{amin}	1.6	2.0	2.75	3.5	4.8	8.1	9.6
基准线下槽深		h_{fmin}	4.7	7.0 9.0	8.7 11.0	10.8 14.0	14.3 19.0	19.9	23.4
槽间距		e	8±0.3	12±0.3	15±0.3	19±0.4	25.5±0.5	37±0.6	44.5±0.7
第一槽对称面至端面的最小距离		f_{min}	6	7	9	11.5	16	23	28
槽间距累积极限偏差			±0.6	±0.6	±0.6	±0.8	±1.0	±1.2	±1.4
带轮宽		B	$B=(z-1)e+2f$　　z—轮槽数						
外径		d_a	$d_a=d_d+2h_a$						
轮槽角 φ	32°	相应的基准直径 d_d	≤60						
	34°			≤80	≤118	≤190	≤315		
	36°		>60					≤475	≤600
	38°			>80	>118	>190	>315	>475	>600
	极限偏差		±0.5°						

表 10-21　窄 V 带轮（有效宽度制）轮槽截面及尺寸（摘自 GB/T 13575.2—2008）　　（单位：mm）

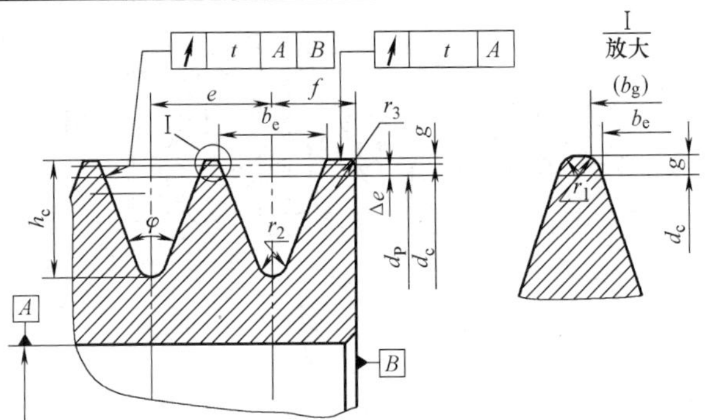

槽型	d_e	φ/(°)	b_e	Δe	e	f_{min}	h_c	(b_g)	g	r_1	r_2	r_3
9N、9J	≤90 >90~150 >150~305 >305	36 38 40 42	8.9	0.6	10.3 ±0.25	9	$9.5^{+0.5}_{0}$	9.23 9.24 9.26 9.28	0.5	0.2~ 0.5	0.5 1.0	1~2
15N、15J	≤255 >255~405 >405	38 40 42	15.2	1.3	17.5 ±0.25	13	$15.5^{+0.5}_{0}$	15.54 15.56 15.58	0.5	0.2~0.5	0.5~1.0	2~3
25N、25J	≤405 >405~570 >570	38 40 42	25.4	2.5	28.6 ±0.25	19	$25.5^{+0.5}_{0}$	25.74 25.76 25.78	0.5	0.2~0.5	0.5~1.0	3~5

表 10-22　有效宽度制窄 V 带轮的径向和轴向圆跳动公差（摘自 GB/T 10413—2002）　　（单位：mm）

有效直径基本值 d_e	径向圆跳动 t_1	轴向圆跳动 t_2	有效直径基本值 d_e	径向圆跳动 t_1	轴向圆跳动 t_2
d_e≤125	0.2	0.3	1000<d_e≤1250	0.8	1
125<d_e≤315	0.3	0.4	1250<d_e≤1600	1	1.2
315<d_e≤710	0.4	0.6	1600<d_e≤2500	1.2	1.2
710<d_e≤1000	0.6	0.8			

表 10-23　V 带轮的结构形式和辐板厚度　　（单位：mm）

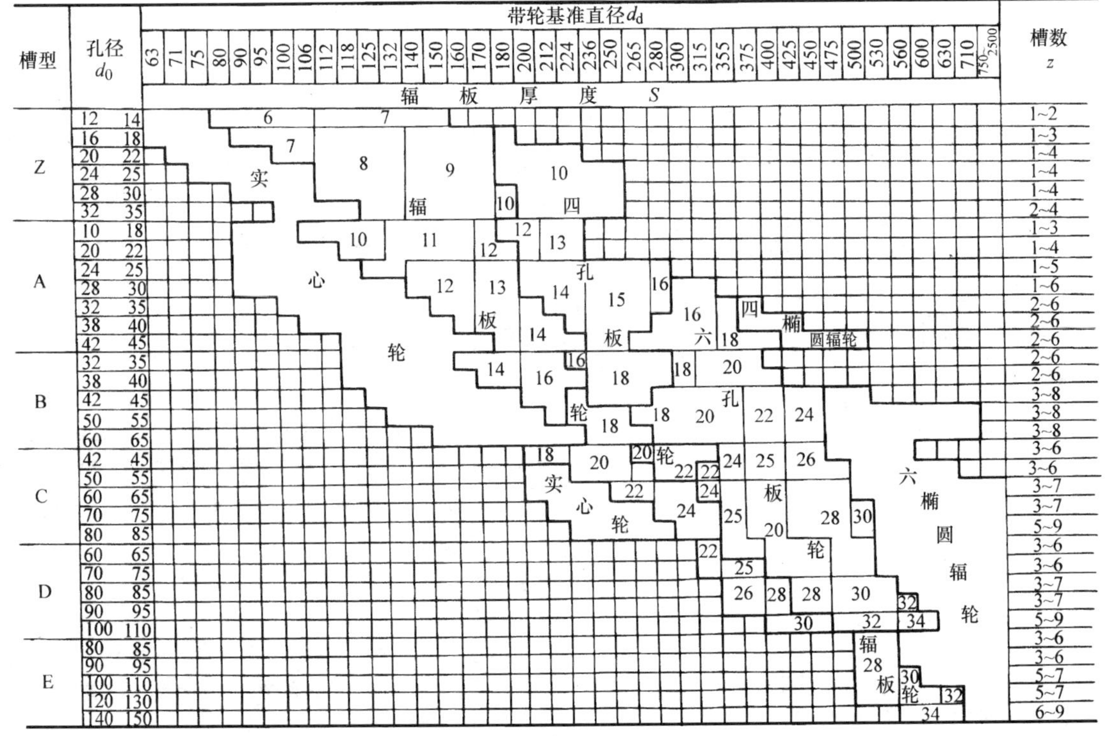

带轮基准直径 d_d：63, 71, 75, 80, 90, 95, 100, 106, 112, 118, 125, 132, 140, 150, 160, 170, 180, 200, 212, 224, 236, 250, 265, 280, 300, 315, 355, 375, 400, 425, 450, 475, 500, 530, 560, 600, 630, 710, 750~2500

辐板厚度 S

槽型	孔径 d_0	槽数 z
Z	12　14	1~2
	16　18	1~3
	20　22	1~4
	24　25	1~4
	28　30	1~4
	32　35	2~4
A	10　18	1~3
	20　22	1~4
	24　25	1~5
	28　30	1~6
	32　35	2~6
	38　40	2~6
	42　45	2~6
B	32　35	2~6
	38　40	2~6
	42　45	3~8
	50　55	3~8
	60　65	3~8
C	42　45	3~6
	50　55	3~6
	60　65	3~7
	70　75	3~7
	80　85	5~9
D	60　65	3~6
	70　75	3~6
	80　85	3~7
	90　95	3~7
	100　110	5~9
E	80　85	3~6
	90　95	3~6
	100　110	5~7
	120　130	5~7
	140　150	6~9

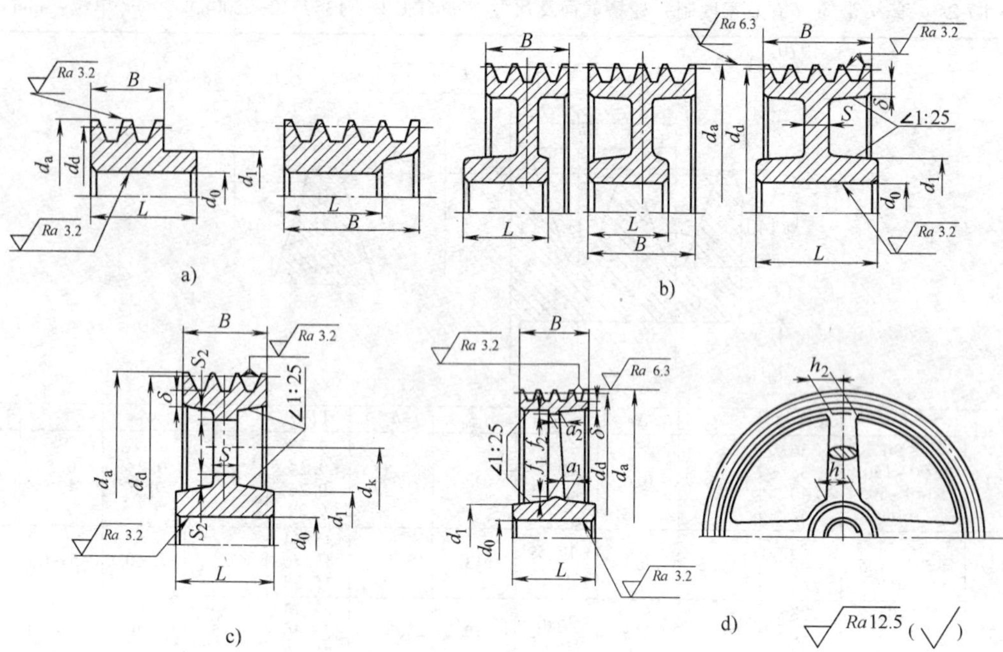

图 10-5　V 带轮的典型结构

a）实心轮　b）辐板轮　c）孔板轮　d）椭圆辐轮

$d_1=(1.8\sim2)d_0$，$L=(1.5\sim2)d_0$，S 查表 10-23，$S_1\geqslant1.5S$，$S_2\geqslant0.5S$，$h_1=290\sqrt[3]{\dfrac{P}{nA}}$mm［$P$—传递的功率（kW），$n$—带轮的转速（r/min），$A$—轮辐数］，$h_2=0.8h_1$，$a_1=0.4h_1$，$a_2=0.8a_1$，$f_1=0.2h_1$，$f_2=0.2h_2$

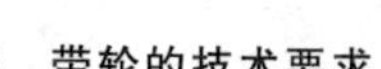

10.2.4.3　带轮的技术要求

1）V 带轮轮槽工作表面粗糙度 Ra 为 1.6μm 或 3.2μm；轴孔表面为 3.2μm，轴孔端面为 6.3μm；其余表面为 12.5μm。轮槽的棱边要倒角或倒钝。

2）轮槽对称平面与带轮轴线垂直度为±30′。

3）带轮的平衡按 GB/T 11357—2008 有关规定。

10.2.4.4　V 带传动设计中应注意的问题

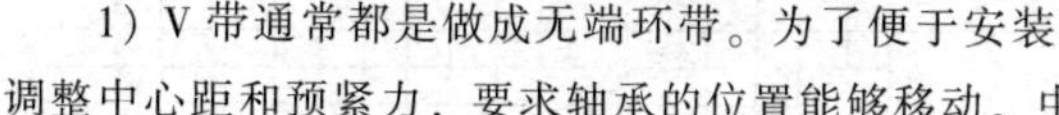

1）V 带通常都是做成无端环带。为了便于安装、调整中心距和预紧力，要求轴承的位置能够移动。中心距的调整范围见表 10-11。

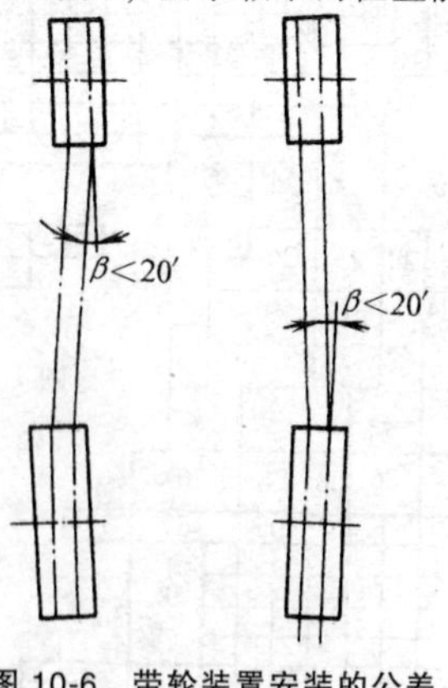

图 10-6　带轮装置安装的公差

2）多根 V 带传动时，为了避免各根 V 带的载荷分布不均，带的配组公差应满足表 10-7、表 10-9 及表 10-10 的规定。若更换带必须全部同时更换。

3）采用张紧轮传动，会增加带的曲挠次数，使带的寿命缩短。

4）传动装置中，各带轮轴线应相互平行，带轮对应轮槽的对称平面应重合，其公差不得超过±20′（见图 10-6）。

10.2.5　设计实例

【例 10-1】　设计由电动机驱动冲剪机床的普通 V 带传动。电动机为这个电机标准已废止建议调整为本手册所列的相近规格，额定功率 $P=7.5$kW，转速 $n_1=970$r/min，水泵轴转速为 $n_2=300$r/min，中心距约为 1000mm，每天工作 8h。

1）设计功率 P_d。由表 10-12 查得工况系数 $K_A=1.2$；

$$P_d=K_AP=(1.2\times7.5)\text{kW}=9\text{kW}$$

2）选定带型。根据 $P_d=9$kW 和 $n_1=970$r/min，由图 10-2 确定为 B 型。

3）传动比：

$$i=\frac{n_1}{n_2}=\frac{970}{300}=3.23$$

4）小轮基准直径。参考表 10-17 和图 10-2，取 $d_{d1}=140\text{mm}$

大轮基准直径：

$$d_{d2}=id_{d1}(1-\varepsilon)=[3.23\times140(1-0.01)]\text{mm}=447.7\text{mm}$$

由表 10-18 取 $d_{d2}=450\text{mm}$。

5）水泵轴的实际转速：

$$n_2=\frac{(1-\varepsilon)n_1d_{d1}}{d_{d2}}=\frac{(1-0.01)970\times140}{450}\text{r/min}=298.8\text{r/min}$$

6）带速：

$$v=\frac{\pi d_{p1}n_1}{60\times1000}=\frac{\pi\times140\times970}{60\times1000}\text{m/s}=7.11\text{m/s}$$

此处取 $d_{p1}=d_{d1}$。

7）初定中心距。按要求取 $a_0=1000\text{mm}$。

8）所需基准长度：

$$L_{d0}=2a_0+\frac{\pi}{2}(d_{d1}+d_{d2})+\frac{(d_{d2}-d_{d1})^2}{4a_0}$$

$$=\left[2\times1000+\frac{\pi}{2}(140+450)+\frac{(450-140)^2}{4\times1000}\right]\text{mm}=2870.9\text{mm}$$

由表 10-7 选取基准长度 $L_d=2800\text{mm}$。

9）实际中心距。按表 10-11 中 9 的计算公式：

$$a\approx a_0+\frac{L_d-L_{d0}}{2}=\left(1000+\frac{2800-2870.9}{2}\right)\text{mm}=964.6\text{mm}$$

安装时所需最小中心距：

$$a_{min}=a-0.015L_d=(964.6-0.015\times2800)\text{mm}=922.6\text{mm}$$

张紧或补偿伸长所需最大中心距：

$$a_{max}=a+0.03L_d=(964.6+0.03\times2800)\text{mm}=1048.6\text{mm}$$

10）小带轮包角：

$$\alpha_1=180°-\frac{d_{d2}-d_{d1}}{a}\times57.3°=180°-\frac{450-140}{964.6}\times57.3°=161.6°$$

11）单根 V 带的基本额定功率。根据 $d_{d1}=140\text{mm}$ 和 $n_1=970\text{r/min}$，由表 10-17d 查得 B 型带 $P_1=2.11\text{kW}$。

12）考虑传动比的影响，额定功率的增量 ΔP_1 由表 10-17d 查得：$\Delta P_1=0.306\text{kW}$。

13）V 带的根数：

由表 10-13 查得 $K_a=0.953$

由表 10-15 查得 $K_L=1.05$

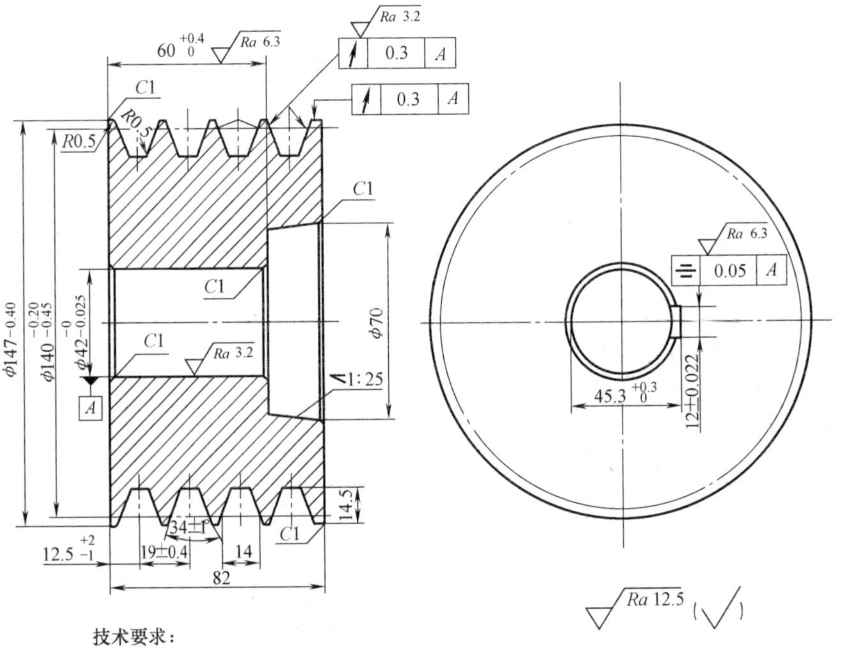

技术要求：

1.轮槽工作面不应有砂眼　气孔

2.各轮槽间距的累积误差不得超过±0.8，材料：HT200。

图 10-7　普通 V 带轮工作图

$$z=\frac{P_d}{(P_1+\Delta P_1)K_a K_L}$$

$$=\frac{9}{(2.11+0.306)\times0.953\times1.05}\text{根}=3.72\text{根取4根。}$$

14）单根 V 带的预紧力：

由表 10-14 查得 $m=0.17\text{kg/m}$

$$F_0=500\left(\frac{2.5}{K_a}-1\right)\frac{P_d}{zv}+mv^2$$

$$=\left[500\left(\frac{2.5}{0.953}-1\right)\frac{9}{4\times7.11}+0.17\times(7.11)^2\right]\text{N}$$

$$=265.4\text{N}$$

15）带轮的结构和尺寸。此处以小带轮为例，确定其结构和尺寸。

由 Y160M-6 电动机可知，其轴伸直径 $d=42\text{mm}$，长度 $L=110\text{mm}$。故小带轮轴孔直径应取 $d_0=42\text{mm}$，毂长应小于 110mm。

由表 10-23 查得，小带轮结构为实心轮。

轮槽尺寸及轮宽按表 10-20 计算，参考图 10-5 典型结构，画出小带轮工作图如图 10-7 所示。

10.3　联组窄 V 带（有效宽度制）传动及其设计特点

联组窄 V 带和普通 V 带比较，具有结构紧凑、寿命长、节能等特点，并能适用于高速传动（$v=35\sim45\text{m/s}$），近年来发展较快。

10.3.1　尺寸规格

联组窄 V 带的截面尺寸见表 10-24。联组窄 V 带的有效长度系列见表 10-25。

表 10-24　联组窄 V 带的截面尺寸

（单位：mm）

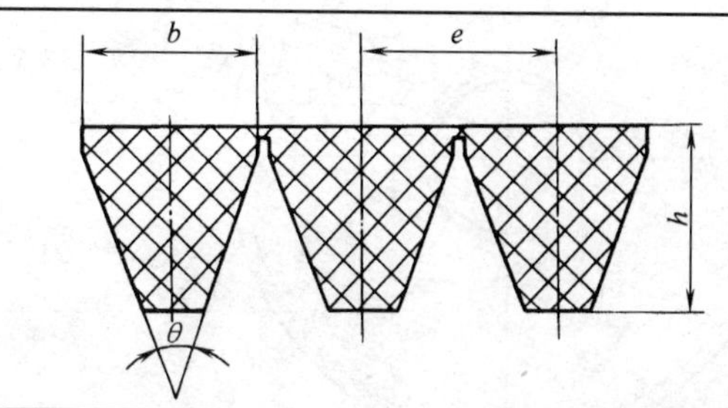

带型	b	h	e	θ	联组根数
9J	9.5	10	10.3	40°	2~5
15J	15.5	16	17.5		
25J	25.5	26.5	28.6		

表 10-25　窄 V 带和联组窄 V 带的有效长度系列　（单位：mm）

<table>
<tr><th colspan="2">有效长度 L_e</th><th colspan="3">带　型</th><th rowspan="2">配组公差</th></tr>
<tr><th>公称尺寸</th><th>极限偏差</th><th>9J</th><th>15J</th><th>25J</th></tr>
<tr><td>630</td><td rowspan="13">±8</td><td rowspan="31">9J</td><td rowspan="11"></td><td rowspan="24"></td><td rowspan="16">2.5</td></tr>
<tr><td>670</td></tr>
<tr><td>710</td></tr>
<tr><td>760</td></tr>
<tr><td>800</td></tr>
<tr><td>850</td></tr>
<tr><td>900</td></tr>
<tr><td>950</td></tr>
<tr><td>1010</td></tr>
<tr><td>1080</td></tr>
<tr><td>1145</td></tr>
<tr><td>1205</td><td rowspan="37">15J</td></tr>
<tr><td>1270</td></tr>
<tr><td>1345</td><td rowspan="8">±10</td></tr>
<tr><td>1420</td></tr>
<tr><td>1525</td></tr>
<tr><td>1600</td><td rowspan="9">5</td></tr>
<tr><td>1700</td></tr>
<tr><td>1800</td></tr>
<tr><td>1900</td></tr>
<tr><td>2030</td></tr>
<tr><td>2160</td><td rowspan="4">±13</td></tr>
<tr><td>2290</td></tr>
<tr><td>2410</td></tr>
<tr><td>2540</td><td rowspan="29">25J</td></tr>
<tr><td>2690</td><td rowspan="12">±15</td><td rowspan="11">7.5</td></tr>
<tr><td>2840</td></tr>
<tr><td>3000</td></tr>
<tr><td>3180</td></tr>
<tr><td>3350</td></tr>
<tr><td>3550</td></tr>
<tr><td>3810</td><td rowspan="22"></td></tr>
<tr><td>4060</td></tr>
<tr><td>4320</td></tr>
<tr><td>4570</td></tr>
<tr><td>4830</td></tr>
<tr><td>5080</td><td rowspan="7">10</td></tr>
<tr><td>5380</td><td rowspan="7">±20</td></tr>
<tr><td>5690</td></tr>
<tr><td>6000</td></tr>
<tr><td>6350</td></tr>
<tr><td>6730</td></tr>
<tr><td>7100</td></tr>
<tr><td>7620</td><td rowspan="6">12.5</td></tr>
<tr><td>8000</td><td rowspan="5">±25</td></tr>
<tr><td>8500</td></tr>
<tr><td>9000</td></tr>
<tr><td>9500</td></tr>
<tr><td>10160</td><td rowspan="5"></td><td rowspan="4">15</td></tr>
<tr><td>10800</td><td rowspan="4">±30</td></tr>
<tr><td>11430</td></tr>
<tr><td>12060</td></tr>
<tr><td>12700</td></tr>
</table>

10.3.2　设计计算

窄 V 带、联组窄 V 带（有效宽度制）的设计计算方法，可参照表 10-11 进行。但在设计计算时应考虑以下几点：

1）选择带型时，是根据设计功率 P_d 和小带轮转速 n_1 由图 10-4 选取。

2）确定大、小带轮直径时，应根据表 10-19 选定其有效直径 d_e。

3）计算传动比 i、带速 v 时，必须用带轮的节圆直径 d_p；而计算带长 L_e、中心距 a 和包角 α 时，则用带轮的有效直径 d_e。d_pδ-d_e 关系如下：

$$d_p = d_e - 2\Delta e$$

Δe 值查表 10-21。节圆直径 d_p 和有效直径 d_e 的对应关系也可由表 10-21 直接查得。

4）根据有效直径计算所需的带长，应按表 10-25 选取带的有效长度 L_e。

5）计算带的根数时，基本额定功率、$i \neq 1$ 时额定功率的增量，查表 10-17l～n，包角修正系数 K_α 查表 10-13，带长修正系数 K_L 查表 10-16。

6）联组窄 V 带的设计计算和窄 V 带完全相同，按所需根数选取联组带和组合形式。产品有 2、3、4、5 联组四种，可参考表 10-26。

表 10-26　联组窄 V 带的组合

所需窄 V 带根数	组合形式	所需窄 V 带根数	组合形式
6	3,3[①]	12	4,4,4
7	3,4	13	4,5,4
8	4,4	14	5,4,5
9	5,4	15	5,5,5
10	5,5	16	4,4,4,4
11	4,3,4		

① 数字表示一根联组窄 V 带的联组根数。

10.3.3　带轮

联组带轮（有效宽度制）的有效直径系列见表 10-19。带轮的设计中除轮缘尺寸按表 10-21 计算外，其余均可参照本章 10.2.4 节进行。

10.4　多楔带传动

10.4.1　尺寸规格

GB/T 16588—2009 规定了五种工业用环形多楔带和多楔带带轮槽的主要尺寸。PK 型多楔带主要用于汽车内燃机辅助设备的传动。多楔带截面尺寸见表 10-27。

带的有效长度按 GB/T 16588—2009 规定，并规定了有效长度的极限偏差，见表 10-28。用户可根据需要与制造厂协商。JB/T 5983—1992 规定的多楔带长度系列见表 10-29，可供选择带长时参考。

表 10-27　多楔带截面尺寸（摘自 GB/T 16588—2009）　　（单位：mm）

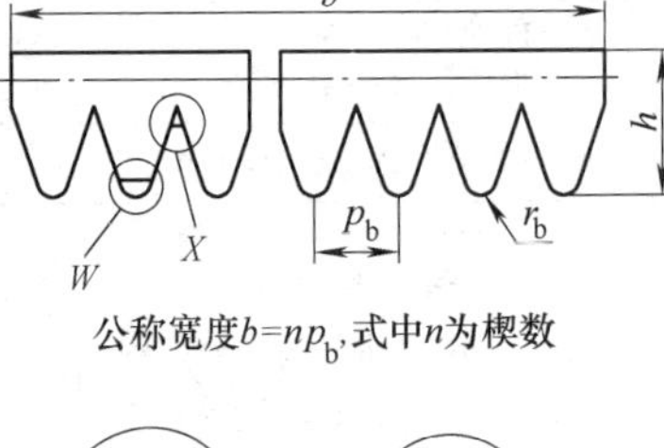

公称宽度 $b=np_b$，式中 n 为楔数

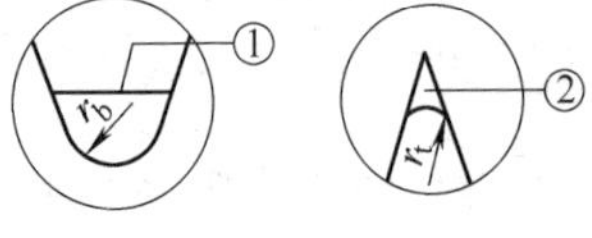

W（带轮齿顶）放大　X（带轮齿底）放大

①带也可选用平的楔顶轮廓线

②带的楔底轮廓线可位于该区的任何部位

型号	PH	PJ	PK	PL	PM
楔距 p_b	1.6	2.34	3.56	4.7	9.4
楔顶圆弧半径 r_{bmin}	0.3	0.4	0.5	0.4	0.75
槽底圆弧半径 r_{tmax}	0.15	0.2	0.25	0.4	0.75
带高 $h \approx$	3	4	6	10	17

注：楔距与带高的值仅为参考尺寸，楔距累积误差是一个重要参数，但它常受带的工作张力和抗拉体弹性模量的影响。

表 10-28　有效长度的极限偏差

（单位：mm）

有效长度 L_e	极限偏差			
	PJ	PK	PL	PM
$200<L_e\leqslant 500$	+4 -8	+4 -8		
$500<L_e\leqslant 750$	+5 -10	+5 -10		
$750<L_e\leqslant 1000$	+6 -12	+6 -12	+6 -12	
$1000<L_e\leqslant 1500$	+8 -16	+8 -16	+8 -16	
$1500<L_e\leqslant 2000$	+10 -20	+10 -20	+10 -20	
$2000<L_e\leqslant 3000$	+12 -24	+12 -24	+12 -24	+12 -24
$3000<L_e\leqslant 4000$			+15 -30	+15 -30
$4000<L_e\leqslant 6000$			+20 -40	+20 -40
$6000<L_e\leqslant 8000$			+30 -60	+30 -60
$8000<L_e\leqslant 12500$				+45 -90
$12500<L_e\leqslant 17000$				+60 -120

注：有效长度的极限偏差粗略计算如下：上极限偏差为 $+0.004L_e$；下极限偏差为 $-0.008L_e$；L_e 为有效长度。

表 10-29　多楔带长度系列

（摘自 JB/T 5983—1992）　（单位：mm）

长度系列 L_e			长度系列 L_e		
PJ	PL	PM	PJ	PL	PM
			1 250	2 800	5 600
450	1 250	2 240	1 320	3 000	6 300
475	1 320	2 360	1 400	3 150	6 700
500	1 400	2 500	1 500	3 350	7 100
560	1 500	2 650	1 600	3 550	8 000
630	1 600	2 800	1 700	3 750	9 000
710	1 700	3 000	1 800	4 000	10 000
750	1 800	3 150	1 900	4 250	11 200
800	1 900	3 350	2 000	4 500	12 500
850	2 000	3 550	2 120	4 750	13 200
900	2 120	3 750	2 240	5 000	14 000
950	2 240	4 000	2 360	5 300	15 000
1 000	2 360	4 250	2 500	5 600	16 000
1 060	2 500	4 500	—	6 000	—
1 120	2 650	5 000			

10.4.2　设计计算

多楔带传动的设计计算与 V 带传动基本相同。典型的多楔带设计是已知传动功率 P，主动轮转速 n_1，从动轮转速 n_2（或传动比 i），传动型式，工作情况及原动机种类等。

设计要求确定：带的类型、有效长度、楔数、带轮直径、传动中心距、作用在轴上的力，并画出带轮工作图。设计方法和步骤见表 10-30。

表 10-30　多楔带传动设计方法和步骤

计算项目	符号	单位	计算公式和参数选择	说　明
设计功率	P_d	kW	$P_d=K_AP$	P—传动功率(kW) K_A—工作情况系数,见表 10-31
带型			根据 P_d 和 n_1 由图 10-8 选取	n_1—小带轮转速(r/min)
传动比	i		$i=\dfrac{n_1}{n_2}\approx\dfrac{d_{p2}}{(1-\varepsilon)d_{p1}}$ $d_p=d_e+2\Delta e$ $\varepsilon=0.01\sim0.02$ Δe 值(mm)：PJ 型带 $\Delta e=1.2$，PL 型带 $\Delta e=3$，PM 型带 $\Delta e=4$	n_2—大带轮转速(r/min) d_{p1}、d_{p2}—小、大带轮节圆直径(mm) d_e—带轮有效直径(mm) Δe—有效线差
小带轮有效直径	d_{e1}	mm	由表 10-32 选取	为提高带的寿命，条件允许时，d_{e1} 尽量取较大值
大带轮有效直径	d_{e2}	mm	$d_{e2}=i(d_{e1}+2\Delta e)(1-\varepsilon)-2\Delta e$ 查表 10-32 选标准值	
带速	v	m/s	$v=\dfrac{\pi d_{p1}n_1}{60\times1000}\leqslant v_{max}$ $v_{max}\leqslant 30\text{m/s}$	若 v 过高，则应取较小的 d_{e1}，或选用较小的多楔带型号
初定中心距	a_0	mm	$0.7(d_{e1}+d_{e2})<a_0<2(d_{e1}+d_{e2})$	或根据结构定

（续）

计算项目	符号	单位	计算公式和参数选择	说　明
带的有效长度	L_e	mm	$L_{e0}=2a_0+\frac{\pi}{2}(d_{e1}+d_{e2})+\frac{(d_{e2}-d_{e1})^2}{4a_0}$	由 L_{e0} 按表 10-29 选取相近的标准 L_e，或按生产厂可购到的规格选用
计算中心距	a	mm	$a=a_0+\frac{L_e-L_{e0}}{2}$	为了安装方便和张紧胶带，还需给中心距留有一定的调整余量，见表 10-33
小带轮包角	α_1	rad	$\alpha_1\approx\pi-\frac{d_{e2}-d_{e1}}{a}$	一般 $\alpha_1\geqslant120°$，如 α_1 较小，应增大 a 或采用张紧轮
带每楔所传递的额定功率及其增量	P_1 ΔP_1	kW kW	根据带型、d_{e1} 和 n_1，由表 10-34 选取 根据带型和 i，由表 10-34 选取	
带的楔数	z		$z=\frac{P_d}{(P_0+\Delta P_0)K_\alpha K_L}$	K_α—包角修正系数，见表 10-35 K_L—带长修正系数，见表 10-36
有效圆周力	F_t	N	$F_t=\frac{P_d}{v}\times10^3$	
作用于轴上之力	F_r	N	$F_r=K_rF_t\sin\frac{\alpha_1}{2}$	K_r—带与带轮楔合系数，见表 10-37

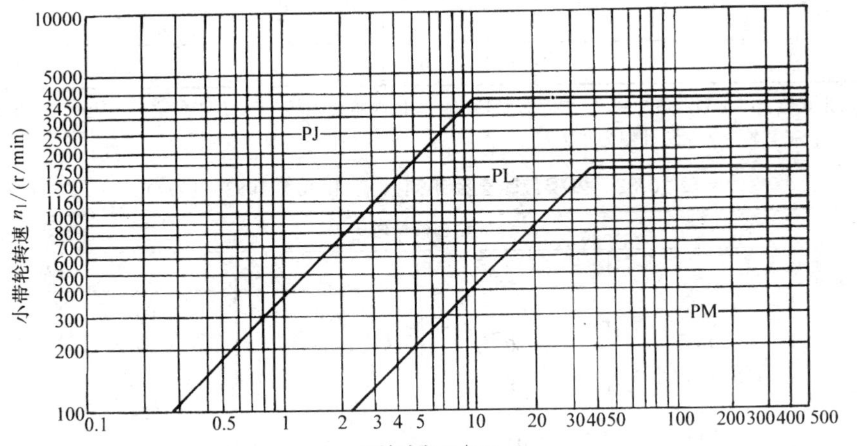

图 10-8　选择多楔带型图

表 10-31　多楔带工作情况系数 K_A（摘自 JB/T 5983—1992）

工　况	原动机类型					
	交流电动机（普通转矩、笼型、同步、分相式），直流电动机（并励），内燃机			交流电动机（大转矩、大转差率、单相、集电环式、串励），直流电动机（复励）		
	每天连续运转 ≤6h	每天连续运转 >6～16h	每天连续运转 >16～24h	每天连续运转 ≤6h	每天连续运转 >6～16h	每天连续运转 >16～24h
	K_A					
液体搅拌器；鼓风机和排气装置；离心泵和压缩机；功率在 7.5kW 以下（含 7.5kW）的风扇；轻型输送机	1.0	1.1	1.2	1.1	1.2	1.3

（续）

工况	原动机类型					
	交流电动机（普通转矩、笼型、同步、分相式），直流电动机（并励），内燃机			交流电动机（大转矩、大转差率、单相、集电环式、串励），直流电动机（复励）		
	每天连续运转 ≤6h	每天连续运转 >6~16h	每天连续运转 >16~24h	每天连续运转 ≤6h	每天连续运转 >6~16h	每天连续运转 >16~24h
	K_A					
带式输送机（砂子、尘物等）；和面机；功率超过7.5kW的风扇；发电机；洗衣机；机床；压力机、剪床；印刷机；往复式振动筛；正排量旋转泵	1.1	1.2	1.3	1.2	1.3	1.4
制砖机；斗式提升机；励磁机；活塞式压缩机；输送机（链板式、盘式、螺旋式）；锻压机床；造纸用打浆机；柱塞泵；正排量鼓风机；粉碎机；锯床和木工机械	1.2	1.3	1.4	1.4	1.5	1.6
破碎机（旋转式、颚式、滚动式）；研磨机（球式、棒式、圆筒式）；起重机；橡胶机械（压光机、模压机、轧制机）	1.3	1.4	1.5	1.6	1.6	1.8
节流机械	2.0	2.0	2.0	2.0	2.0	2.0

注：如使用张紧轮，将下列数值加到 K_A 中：张紧轮位于松边内侧为0；张紧轮位于松边外侧为0.1；张紧轮位于紧边内侧为0.1；张紧轮位于紧边外侧为0.2。

表 10-32　多楔带轮直径系列（摘自 JB/T 5983—1992）　（单位：mm）

带轮直径系列 d_e					
PJ		PL		PM	
20	95	75	280	180	750
22.4	100	80	300	200	800
25	106	90	315	212	850
28	112	95	335	224	900
31.5	118	100	355	236	950
33.5	125	106	375	250	1000
35.5	132	112	400	265	1120
37.5	140	118	425	280	
40	150	125	450	300	
42.5	160	132	470	315	
45	170	140	500	355	
47.5	180	150	560	375	
50	200	160	600	400	
53	212	170	630	425	
56	224	180	710	450	
60	236	200	750	475	
63	250	212		500	
71	265	224		560	
75	280	236		600	
80	300	250		630	
90		265		710	

注：选择小带轮有效直径时，不应小于表中该类型的最小直径值。

表 10-33　中心距调整量（摘自 JB/T 5983—1992）　（单位：mm）

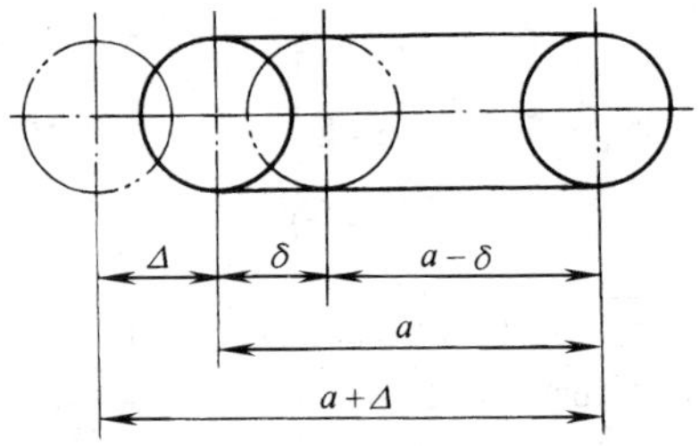

有效长度 L_e	Δ_{min}	δ_{min}
	PJ	
450~500	5	8
>500~750	8	10
>750~1000	10	11
>1000~1250	11	13
>1250~1500	13	14
>1500~1800	16	16
>1800~2000	18	18
>2000~2500	19	19
	PL	
1250~1500	16	22
>1500~1800	19	22
>1800~2000	22	24
>2000~2240	25	24
>2240~2500	29	25
>2500~3000	34	27
>3000~4000	40	29
>4000~5000	51	34
>5000~6000	160	35
	PM	
2240~2500	29	38
>2500~3000	34	40
>3000~4000	40	42
>4000~5000	51	46
>5000~6000	60	48
>6000~6700	76	54
>6700~8500	92	60
>8500~10000	106	67
>10000~11800	134	73
>11800~16000	168	86

表 10-34a　PJ 型多楔带每楔传递的

小轮转速 n_1/(r/min)	小带轮有效																
	20	22.4	25	28	31.5	35.5	37.5	40	42.5	45	47.5	50	53	56	60	63	71
	PJ 型多楔带包角 180°时每楔传递的基本额定功率 P_1																
200	0.01	0.01	0.01	0.01	0.01	0.01	0.01	0.02	0.02	0.02	0.02	0.03	0.03	0.03	0.04	0.04	0.04
300	0.01	0.01	0.01	0.01	0.01	0.02	0.02	0.03	0.03	0.03	0.04	0.04	0.04	0.04	0.04	0.05	0.06
400	0.01	0.01	0.01	0.02	0.02	0.03	0.03	0.04	0.04	0.04	0.04	0.05	0.05	0.06	0.06	0.07	0.07
500	0.01	0.01	0.01	0.02	0.03	0.04	0.04	0.04	0.04	0.05	0.06	0.06	0.07	0.07	0.07	0.08	0.10
600	0.01	0.01	0.02	0.02	0.03	0.04	0.04	0.05	0.05	0.06	0.07	0.07	0.07	0.08	0.09	0.10	0.11
700	0.01	0.01	0.02	0.03	0.04	0.04	0.05	0.06	0.06	0.07	0.07	0.08	0.09	0.10	0.10	0.11	0.13
800	0.01	0.01	0.02	0.03	0.04	0.05	0.06	0.07	0.07	0.07	0.08	0.09	0.10	0.10	0.11	0.12	0.14
900	0.01	0.01	0.02	0.04	0.04	0.06	0.06	0.07	0.07	0.08	0.09	0.10	0.11	0.12	0.13	0.13	0.16
950	0.01	0.02	0.03	0.04	0.04	0.06	0.07	0.07	0.08	0.09	0.10	0.10	0.11	0.12	0.13	0.14	0.16
1000	0.01	0.02	0.03	0.04	0.05	0.06	0.07	0.07	0.08	0.09	0.10	0.11	0.12	0.13	0.13	0.15	0.17
1100	0.01	0.02	0.03	0.04	0.05	0.07	0.07	0.08	0.09	0.10	0.11	0.12	0.13	0.14	0.15	0.16	0.19
1160	0.01	0.02	0.03	0.04	0.05	0.07	0.07	0.09	0.10	0.10	0.11	0.13	0.13	0.14	0.16	0.17	0.19
1200	0.01	0.02	0.03	0.04	0.06	0.07	0.08	0.09	0.10	0.11	0.12	0.13	0.14	0.15	0.16	0.17	0.20
1300	0.01	0.02	0.03	0.04	0.06	0.07	0.08	0.10	0.10	0.12	0.13	0.13	0.15	0.16	0.17	0.19	0.22
1400	0.01	0.02	0.04	0.05	0.06	0.08	0.09	0.10	0.11	0.13	0.13	0.14	0.16	0.17	0.19	0.20	0.23
1425	0.01	0.02	0.04	0.05	0.07	0.08	0.09	0.10	0.11	0.13	0.13	0.15	0.16	0.17	0.19	0.20	0.23
1500	0.01	0.02	0.04	0.05	0.07	0.08	0.10	0.10	0.12	0.13	0.14	0.16	0.16	0.18	0.19	0.21	0.23
1600	0.01	0.02	0.04	0.05	0.07	0.09	0.10	0.11	0.13	0.14	0.15	0.16	0.18	0.19	0.21	0.22	0.25
1700	0.01	0.03	0.04	0.06	0.07	0.10	0.10	0.12	0.13	0.15	0.16	0.17	0.19	0.20	0.22	0.23	0.27
1800	0.01	0.03	0.04	0.06	0.07	0.10	0.11	0.13	0.14	0.15	0.16	0.18	0.19	0.21	0.22	0.25	0.28
1900	0.01	0.03	0.04	0.06	0.08	0.10	0.12	0.13	0.15	0.16	0.17	0.19	0.20	0.22	0.24	0.25	0.30
2000	0.01	0.03	0.04	0.06	0.08	0.10	0.12	0.14	0.15	0.16	0.18	0.19	0.22	0.23	0.25	0.27	0.31
2200	0.01	0.03	0.04	0.07	0.09	0.11	0.13	0.15	0.16	0.18	0.19	0.21	0.23	0.25	0.27	0.29	0.34
2400	0.01	0.03	0.05	0.07	0.10	0.12	0.14	0.16	0.18	0.19	0.21	0.23	0.25	0.27	0.29	0.31	0.37
2600	0.01	0.03	0.05	0.07	0.10	0.13	0.15	0.17	0.19	0.21	0.22	0.25	0.27	0.29	0.31	0.34	0.39
2800	0.01	0.03	0.05	0.08	0.10	0.14	0.16	0.18	0.20	0.22	0.24	0.26	0.28	0.31	0.33	0.36	0.41
2850	0.01	0.03	0.05	0.08	0.11	0.14	0.16	0.18	0.20	0.22	0.25	0.26	0.29	0.31	0.34	0.37	0.42
3000	0.01	0.04	0.06	0.08	0.11	0.15	0.17	0.19	0.21	0.23	0.25	0.28	0.30	0.33	0.35	0.38	0.44
3200	0.01	0.04	0.06	0.09	0.12	0.16	0.18	0.20	0.22	0.25	0.27	0.29	0.31	0.34	0.37	0.40	0.46
3400	0.01	0.04	0.06	0.09	0.13	0.16	0.19	0.21	0.23	0.25	0.28	0.31	0.34	0.36	0.39	0.42	0.48
3600	0.01	0.04	0.06	0.10	0.13	0.17	0.19	0.22	0.25	0.27	0.29	0.32	0.35	0.37	0.40	0.44	0.51
4000	0.01	0.04	0.07	0.10	0.14	0.18	0.21	0.24	0.27	0.29	0.32	0.34	0.38	0.41	0.44	0.48	0.55
5000	—	0.04	0.07	0.12	0.16	0.22	0.25	0.28	0.31	0.35	0.38	0.41	0.45	0.48	0.52	0.57	0.65
6000	—	0.04	0.08	0.13	0.19	0.25	0.28	0.32	0.36	0.40	0.43	0.47	0.51	0.55	0.60	0.64	0.74
7000	—	0.04	0.08	0.14	0.20	0.27	0.31	0.36	0.40	0.44	0.48	0.52	0.57	0.61	0.66	0.71	0.84*
8000	—	0.04	0.09	0.15	0.22	0.29	0.34	0.39	0.43	0.48	0.52	0.57	0.61	0.66	0.71	0.76	0.89*
9000	—	0.03	0.09	0.16	0.23	0.31	0.37	0.42	0.46	0.51	0.56	0.60	0.65	0.70	0.75*	0.79*	0.92*
10000	—	0.02	0.09	0.16	0.24	0.33	0.38	0.43	0.48	0.54	0.58	0.63	0.68*	0.72*	0.77*	0.81*	0.92*

注：带轮材料：圆周速度小于 27m/s 时，为正常运转情况，标准带轮用灰铸铁制造；大于 27m/s 时，向制造厂咨询。带

基本额定功率 P_1（摘自 JB/T 5983—1992）　　（单位：kW）

直径 d_{e1}/mm								传动比 i									
75	80	95	100	112	125	140	150	1.00~1.01	1.02~1.05	1.06~1.11	1.12~1.18	1.19~1.26	1.27~1.38	1.39~1.57	1.58~1.94	1.95~3.38	≥3.39
								由传动比 i 引起的功率增量 ΔP_1									
0.04	0.04	0.06	0.06	0.07	0.08	0.09	0.10	0.00	0.00	0.00	0.00	0.00	0.00	0.00	0.00	0.00	0.00
0.07	0.07	0.08	0.09	0.10	0.11	0.13	0.14	0.00	0.00	0.00	0.00	0.00	0.00	0.00	0.00	0.00	0.00
0.08	0.09	0.10	0.12	0.13	0.15	0.16	0.18	0.00	0.00	0.00	0.00	0.00	0.00	0.00	0.00	0.00	0.00
0.10	0.10	0.13	0.14	0.16	0.18	0.20	0.22	0.00	0.00	0.00	0.00	0.00	0.00	0.00	0.00	0.00	0.00
0.12	0.13	0.16	0.16	0.19	0.21	0.24	0.25	0.00	0.00	0.00	0.00	0.00	0.00	0.00	0.01	0.01	0.01
0.13	0.14	0.18	0.19	0.19	0.25	0.28	0.30	0.00	0.00	0.00	0.00	0.00	0.00	0.00	0.01	0.01	0.01
0.16	0.16	0.20	0.22	0.25	0.28	0.31	0.33	0.00	0.00	0.00	0.00	0.00	0.01	0.01	0.01	0.01	0.01
0.17	0.18	0.22	0.24	0.27	0.31	0.34	0.37	0.00	0.00	0.00	0.00	0.00	0.01	0.01	0.01	0.01	0.01
0.18	0.19	0.23	0.25	0.28	0.32	0.36	0.39	0.00	0.00	0.00	0.00	0.01	0.01	0.01	0.01	0.01	0.01
0.19	0.19	0.25	0.26	0.30	0.34	0.37	0.40	0.00	0.00	0.00	0.00	0.01	0.01	0.01	0.01	0.01	0.01
0.20	0.22	0.26	0.28	0.32	0.37	0.41	0.44	0.00	0.00	0.00	0.00	0.01	0.01	0.01	0.01	0.01	0.01
0.21	0.22	0.28	0.30	0.34	0.38	0.43	0.46	0.00	0.00	0.00	0.00	0.01	0.01	0.01	0.01	0.01	0.01
0.22	0.23	0.28	0.31	0.35	0.39	0.44	0.47	0.00	0.00	0.00	0.00	0.01	0.01	0.01	0.01	0.01	0.01
0.23	0.25	0.31	0.33	0.37	0.42	0.47	0.51	0.00	0.00	0.00	0.01	0.01	0.01	0.01	0.01	0.01	0.01
0.25	0.27	0.33	0.35	0.40	0.45	0.51	0.54	0.00	0.00	0.00	0.01	0.01	0.01	0.01	0.01	0.01	0.01
0.25	0.27	0.33	0.36	0.40	0.46	0.51	0.55	0.00	0.00	0.00	0.01	0.01	0.01	0.01	0.01	0.01	0.01
0.27	0.28	0.34	0.37	0.43	0.48	0.54	0.57	0.00	0.00	0.00	0.01	0.01	0.01	0.01	0.01	0.01	0.01
0.28	0.30	0.37	0.40	0.45	0.50	0.56	0.60	0.00	0.00	0.00	0.01	0.01	0.01	0.01	0.01	0.01	0.01
0.30	0.31	0.39	0.42	0.47	0.53	0.60	0.63	0.00	0.00	0.00	0.01	0.01	0.01	0.01	0.01	0.01	0.01
0.31	0.33	0.40	0.43	0.49	0.55	0.63	0.67	0.00	0.00	0.00	0.01	0.01	0.01	0.01	0.01	0.01	0.01
0.33	0.34	0.43	0.46	0.51	0.58	0.65	0.70	0.00	0.00	0.00	0.01	0.01	0.01	0.01	0.01	0.01	0.01
0.34	0.36	0.44	0.48	0.54	0.61	0.68	0.73	0.00	0.00	0.00	0.01	0.01	0.01	0.01	0.01	0.01	0.01
0.37	0.39	0.48	0.51	0.59	0.66	0.73	0.78	0.00	0.00	0.00	0.01	0.01	0.01	0.01	0.01	0.01	0.01
0.40	0.42	0.51	0.55	0.63	0.70	0.78	0.84	0.00	0.00	0.01	0.01	0.01	0.01	0.01	0.01	0.01	0.01
0.43	0.45	0.55	0.59	0.67	0.75	0.84	0.90	0.00	0.00	0.01	0.01	0.01	0.01	0.01	0.01	0.01	0.02
0.45	0.48	0.58	0.63	0.71	0.79	0.89	0.94	0.00	0.00	0.01	0.01	0.01	0.01	0.01	0.01	0.02	0.02
0.46	0.48	0.60	0.63	0.72	0.81	0.90	0.95	0.00	0.00	0.01	0.01	0.01	0.01	0.01	0.01	0.02	0.02
0.48	0.51	0.62	0.66	0.75	0.84	0.93	0.99	0.00	0.00	0.01	0.01	0.01	0.01	0.01	0.02	0.02	0.02
0.50	0.53	0.65	0.70	0.79	0.87	0.97	1.03	0.00	0.00	0.01	0.01	0.01	0.01	0.01	0.02	0.02	0.02
0.53	0.56	0.68	0.73	0.83	0.92	1.01	1.07	0.00	0.00	0.01	0.01	0.01	0.01	0.02	0.02	0.02	0.02
0.55	0.58	0.72	0.76	0.86	0.95	1.05	1.11*	0.00	0.00	0.01	0.01	0.01	0.01	0.02	0.02	0.02	0.03
0.60	0.63	0.81	0.82	0.93	1.01	1.11*	1.17*	0.00	0.00	0.01	0.01	0.01	0.02	0.02	0.02	0.03	0.03
0.71	0.75	0.90	0.95	1.09*	1.14*	1.22*	1.25*	0.00	0.00	0.01	0.01	0.02	0.03	0.03	0.03	0.04	0.04
0.80	0.84	0.98*	1.04*	1.13*	1.19*	1.22*	1.25*	0.00	0.00	0.01	0.01	0.02	0.03	0.04	0.04	0.04	0.04
0.87*	0.90*	1.04*	1.09*	1.14*	1.16*			0.00	0.01	0.01	0.02	0.03	0.04	0.04	0.04	0.04	0.05
0.91*	0.95*	1.06*	1.08*	0.09*				0.00	0.01	0.01	0.02	0.03	0.04	0.04	0.05	0.05	0.06
0.93*	0.96*	1.03*	1.02*					0.00	0.01	0.01	0.03	0.04	0.04	0.05	0.06	0.06	0.07
0.93*	0.95*	0.95*						0.00	0.01	0.01	0.03	0.04	0.04	0.06	0.07	0.07	0.07

“*”者圆周速度大于 27m/s。下同。

表 10-34b　PL 型多楔带每楔传递的

小轮转速 n_1/(r/min)	小带轮有效																
	75	80	90	95	100	106	112	118	125	132	140	150	160	170	180	200	212
	PL 型多楔带包角 180°时每楔传递的基本额定功率 P_1																
100	0.07	0.08	0.10	0.11	0.12	0.13	0.13	0.14	0.16	0.17	0.19	0.20	0.22	0.24	0.25	0.28	0.30
200	0.11	0.15	0.19	0.20	0.22	0.23	0.25	0.26	0.30	0.31	0.34	0.37	0.40	0.43	0.46	0.52	0.55
300	0.19	0.22	0.26	0.28	0.31	0.33	0.35	0.37	0.42	0.44	0.48	0.53	0.57	0.62	0.66	0.75	0.79
400	0.24	0.27	0.33	0.36	0.39	0.42	0.45	0.48	0.54	0.57	0.63	0.67	0.74	0.80	0.86	0.97	1.02
500	0.28	0.32	0.40	0.43	0.47	0.51	0.54	0.58	0.66	0.69	0.76	0.83	0.90	0.97	1.01	1.18	1.25
540	0.31	0.34	0.43	0.46	0.50	0.54	0.58	0.62	0.70	0.74	0.81	0.89	0.96	1.04	1.11	1.26	1.34
575	0.32	0.37	0.45	0.49	0.53	0.57	0.61	0.66	0.74	0.78	0.86	0.94	1.01	1.10	1.17	1.33	1.41
600	0.33	0.37	0.46	0.51	0.55	0.60	0.63	0.68	0.76	0.81	0.89	0.97	1.05	1.13	1.22	1.38	1.46
700	0.37	0.43	0.53	0.57	0.63	0.68	0.72	0.78	0.89	0.92	1.01	1.11	1.21	1.30	1.40	1.58	1.67
800	0.42	0.47	0.59	0.64	0.70	0.75	0.81	0.87	0.98	1.03	1.14	1.25	1.35	1.46	1.57	1.77	1.87
900	0.46	0.52	0.65	0.71	0.77	0.84	0.90	0.95	1.08	1.14	1.26	1.38	1.50	1.61	1.73	1.96	2.07
1000	0.49	0.57	0.70	0.78	0.84	0.91	0.98	1.04	1.18	1.25	1.38	1.51	1.63	1.77	1.89	2.14	2.27
1100	0.54	0.61	0.76	0.84	0.91	0.98	1.06	1.13	1.28	1.35	1.49	1.63	1.78	1.91	2.05	2.32	2.45
1200	0.57	0.66	0.82	0.90	0.98	1.06	1.14	1.22	1.37	1.45	1.60	1.76	1.91	2.06	2.21	2.49	2.63
1300	0.60	0.69	0.87	0.95	1.04	1.13	1.22	1.30	1.47	1.55	1.72	1.88	2.04	2.20	2.36	2.66	2.81
1400	0.64	0.74	0.93	1.01	1.11	1.20	1.29	1.38	1.56	1.65	1.83	2.00	2.17	2.33	2.50	2.83	2.98
1500	0.68	0.78	0.98	1.07	1.17	1.27	1.37	1.46	1.65	1.75	1.93	2.19	2.29	2.47	2.65	2.98	3.16
1600	0.71	0.81	1.03	1.13	1.23	1.34	1.44	1.54	1.74	1.84	2.04	2.22	2.42	2.60	2.78	3.14	3.31
1700	0.75	0.86	1.07	1.19	1.30	1.37	1.51	1.62	1.83	1.93	2.13	2.33	2.54	2.73	2.92	3.29	3.47
1800	0.78	0.90	1.13	1.24	1.36	1.47	1.58	1.69	1.91	2.02	2.23	2.42	2.65	2.85	3.05	3.43	3.62
1900	0.81	0.93	1.17	1.30	1.42	1.53	1.65	1.77	1.99	2.11	2.33	2.55	2.76	2.98	3.18	3.57	3.76
2000	0.84	0.97	1.22	1.35	1.47	1.60	1.72	1.84	2.07	2.19	2.42	2.65	2.87	3.09	3.30	3.71	3.90
2100	0.87	1.00	1.27	1.40	1.53	1.66	1.78	1.91	2.16	2.28	2.51	2.75	2.98	3.20	3.42	3.80	4.03
2200	0.90	1.04	1.31	1.45	1.58	1.72	1.85	1.98	2.23	2.36	2.60	2.85	3.08	3.31	3.54	3.95	4.16
2300	0.93	1.07	1.36	1.50	1.63	1.78	1.91	2.04	2.31	2.44	2.69	2.94	3.19	3.42	3.64	4.07	4.27
2400	0.95	1.10	1.40	1.54	1.69	1.84	1.97	2.11	2.39	2.51	2.78	3.03	3.27	3.51	3.74	4.18	4.38
2600	1.01	1.17	1.48	1.64	1.79	1.94	2.09	2.24	2.53	2.66	2.94	3.21	3.46	3.71	3.94	4.38	4.58*
2800	1.06	1.23	1.57	1.73	1.89	2.05	2.21	2.36	2.66	2.80	3.09	3.36	3.63	3.88	4.11	4.54*	4.74*
2900	1.08	1.26	1.60	1.77	1.93	2.10	2.26	2.42	2.72	2.87	3.16	3.44	3.70	3.95	4.19*	4.62*	4.81*
3000	1.10	1.29	1.64	1.81	1.98	2.15	2.31	2.47	2.78	2.94	3.23	3.51	3.71	4.03	4.27*	4.68*	4.87*
3500	1.22	1.42	1.81	2.01	2.19	2.37	2.55	2.72	3.06	3.22	3.53	3.81*	4.08*	4.31*	4.54*		
4000	1.31	1.53	1.96	2.16	2.36	2.56	2.75	2.93	3.27	3.44*	3.74*	4.02*	4.26*				
4500	1.39	1.63	2.08	2.30	2.51	2.71	2.90	3.08	3.42*	3.58*	3.87*						
5000	1.45	1.69	2.17	2.39	2.60	2.80*	3.00*	3.18*	3.51*	3.65*							

基本额定功率 P_1（摘自 JB/T 5983—1992）　　　　（单位：kW）

直径 d_{e1}/mm							传动比 i									
224	236	250	280	300	315	355	1.00~1.01	1.02~1.05	1.06~1.11	1.12~1.18	1.19~1.26	1.27~1.38	1.39~1.57	1.58~1.94	1.95~3.38	≥3.39
							由传动比 i 引起的功率增量 ΔP_1									
0.31	0.33	0.37	0.40	0.44	0.48	0.51	0.00	0.00	0.00	0.00	0.01	0.01	0.01	0.01	0.01	0.01
0.58	0.61	0.67	0.75	0.82	0.89	0.96	0.00	0.00	0.00	0.01	0.01	0.01	0.01	0.01	0.01	0.01
0.84	0.88	0.96	1.07	1.17	1.28	1.38	0.00	0.00	0.01	0.01	0.01	0.01	0.01	0.02	0.02	0.02
1.08	1.13	1.25	1.38	1.51	1.65	1.78	0.00	0.00	0.01	0.01	0.01	0.02	0.02	0.03	0.03	0.03
1.31	1.38	1.51	1.68	1.84	2.01	2.16	0.00	0.00	0.01	0.01	0.02	0.02	0.03	0.03	0.04	0.04
1.40	1.48	1.62	1.80	1.97	2.14	2.31	0.00	0.00	0.01	0.01	0.02	0.03	0.03	0.04	0.04	0.04
1.48	1.56	1.71	1.89	2.08	2.26	2.44	0.00	0.00	0.01	0.01	0.02	0.03	0.04	0.04	0.04	0.04
1.54	1.62	1.78	1.97	2.16	2.35	2.54	0.00	0.01	0.01	0.01	0.02	0.03	0.04	0.04	0.04	0.04
1.76	1.85	2.03	2.25	2.47	2.68	2.89	0.00	0.01	0.01	0.02	0.03	0.04	0.04	0.04	0.05	0.05
1.98	2.07	2.28	2.52	2.76	3.00	3.23	0.00	0.01	0.01	0.02	0.03	0.04	0.04	0.05	0.06	0.06
2.19	2.30	2.51	2.78	3.05	3.30	3.56	0.00	0.01	0.01	0.03	0.04	0.04	0.05	0.06	0.07	0.07
2.39	2.51	2.75	3.04	3.32	3.60	3.86	0.00	0.01	0.01	0.03	0.04	0.05	0.06	0.07	0.07	0.07
2.59	2.72	2.97	3.28	3.59	3.88	4.16	0.00	0.01	0.02	0.03	0.04	0.05	0.07	0.07	0.08	0.08
2.78	2.92	3.19	3.83	3.83	4.14	4.44	0.00	0.01	0.02	0.04	0.05	0.06	0.07	0.08	0.09	0.09
2.96	3.11	3.39	3.74	4.07	4.39	4.69	0.00	0.01	0.02	0.04	0.05	0.07	0.07	0.08	0.09	0.10
3.14	3.30	3.60	3.96	4.30	4.63	4.93	0.00	0.01	0.02	0.04	0.06	0.07	0.08	0.09	0.10	0.10
3.32	3.48	3.79	4.16	4.51	4.85	5.15	0.00	0.01	0.02	0.04	0.06	0.07	0.09	0.10	0.10	0.11
3.48	3.65	3.98	4.36	4.71	5.05*	5.35*	0.00	0.01	0.03	0.04	0.07	0.08	0.10	0.10	0.11	0.12
3.65	3.82	4.15	4.54	4.90	5.23*	5.53*	0.00	0.01	0.03	0.05	0.07	0.08	0.10	0.11	0.12	0.13
3.80	3.98	4.31	4.71	5.07*	5.39*	5.68*	0.00	0.01	0.03	0.05	0.07	0.09	0.10	0.12	0.13	0.13
3.95	4.16	4.47	4.86*	5.22*	5.54*	5.80*	0.00	0.01	0.03	0.06	0.07	0.10	0.11	0.13	0.13	0.14
4.05	4.27	4.62	5.01*	5.36*	5.66*		0.00	0.01	0.04	0.06	0.08	0.10	0.12	0.13	0.14	0.15
4.22	4.41	4.75*	5.14*	5.50*			0.00	0.01	0.04	0.07	0.09	0.10	0.12	0.13	0.14	0.16
4.35	4.53	4.88*	5.26*	5.58*			0.00	0.01	0.04	0.07	0.09	0.11	0.13	0.14	0.16	0.16
4.46	4.65	4.99*	5.33*				0.00	0.01	0.04	0.07	0.10	0.11	0.13	0.15	0.16	0.17
4.57*	4.75*	5.09*	5.45*				0.00	0.01	0.04	0.07	0.10	0.12	0.14	0.16	0.17	0.18
4.77*	4.95*	5.28*					0.00	0.01	0.04	0.08	0.10	0.13	0.15	0.17	0.19	0.19
4.92*	5.09*						0.00	0.01	0.05	0.08	0.11	0.14	0.16	0.19	0.20	0.22
4.99*	5.15*						0.00	0.01	0.05	0.09	0.12	0.14	0.17	0.19	0.21	0.22
5.04*							0.00	0.02	0.05	0.09	0.13	0.15	0.18	0.19	0.22	0.23
							0.00	0.02	0.06	0.10	0.14	0.17	0.20	0.23	0.25	0.27
							0.00	0.02	0.07	0.12	0.16	0.20	0.23	0.26	0.28	0.31
							0.00	0.03	0.07	0.13	0.19	0.22	0.26	0.30	0.32	0.34
							0.00	0.03	0.09	0.15	0.21	0.25	0.29	0.33	0.36	0.38

表 10-34c　PM 型多楔带每楔传递的

小轮转速 n_1/(r/min)	小　带　轮　有　效												
	180	200	212	236	250	265	280	300	315	355	375	400	450
	PM 型多楔带包角 180°时每楔传递的基本额定功率 P_1												
100	0.58	0.72	0.79	0.85	0.99	1.06	1.13	1.26	1.33	1.53	1.60	1.79	2.05
200	1.03	1.20	1.42	1.55	1.81	1.93	2.06	2.31	2.44	2.80	2.93	3.30	3.78
300	1.43	1.81	2.00	2.19	2.55	2.74	2.92	3.28	3.46	3.99	4.17	4.69	5.39
400	1.81	2.30	2.54	2.78	3.26	3.50	3.73	4.20	4.43	5.12	5.34	6.01	6.39
500	2.16	2.76	3.06	3.55	3.93	4.21	4.50	5.07	5.35	6.18	6.45	7.26	8.32
540	2.30	2.94	3.25	3.57	4.19	4.50	4.80	5.41	5.71	6.59	6.88	7.43	8.86
575	2.42	3.09	3.42	3.76	4.41	4.74	5.06	5.69	6.01	6.95	7.25	8.15	9.33
600	2.50	3.20	3.54	3.89	4.57	4.91	5.24	5.90	6.22	7.19	7.50	8.44	9.65
675	2.74	3.51	3.90	4.28	5.03	5.40	5.77	6.50	6.86	7.92	8.26	9.28	10.59
700	2.81	3.62	4.01	4.41	5.18	5.57	5.95	6.69	7.06	8.15	8.50	9.55	10.89
800	3.12	4.02	4.16	4.90	5.77	6.19	6.62	7.45	7.86	9.05	9.44	10.59	12.04
870	3.33	4.29	4.77	5.24	6.16	6.62	7.06	7.94	8.38	9.65	10.02	11.26	12.78
900	3.41	4.40	4.89	5.37	6.33	6.79	7.25	8.15	8.60	9.90	10.32	11.54	13.08
1000	3.69	4.77	5.30	5.83	6.86	7.36	7.86	8.83	9.30	10.68	11.13	12.41	14.01
1100	3.95	5.12	5.69	6.25	7.36	7.89	8.43	9.46	9.96	11.41	11.88	13.20	14.82
1200	4.20	5.45	6.06	6.66	7.83	8.40	8.96	10.04	10.57	12.07	12.54	13.89	15.49*
1300	4.43	5.76	6.41	7.04	8.27	8.87	9.46	10.59	11.12	12.66	13.14	14.49*	16.03*
1400	4.66	6.06	6.74	7.40	8.69	9.31	9.91	10.70	11.63	13.17	13.66	14.97*	16.42*
1500	4.86	6.33	7.04	7.74	9.07	9.71	10.33	11.51	12.07	13.01*	14.08*	15.34*	
1600	5.66	6.59	7.33	8.05	9.42	10.08	10.71	11.90	11.99	13.91*	14.43*	15.60*	
1700	5.24	6.83	7.59	8.33	9.74	10.40	11.04	12.22	12.78*	14.24*	14.66*		
1800	5.41	7.05	7.83	8.59	10.02	10.63	11.32	12.50*	13.03*	14.43*	14.81*		
1900	5.56	7.25	8.05	8.82	10.26	10.93	11.56*	12.70*	13.22*	14.51*			
2000	5.70	7.43	8.24	9.02	10.46	11.12*	11.74*	12.85*	13.34*				
2200	5.92	7.71	8.54	9.33	10.74*	11.38*	11.95*	12.94*					
2400	6.09	7.91	8.74	9.50*	10.85*	11.43*	11.94*						
2600	6.18	8.00*	8.81*	9.54*	10.78*								
2800	6.20	7.99*	8.76*	9.44*									
2900	6.18	7.94*	8.68*	9.33*									
3000	6.13*	7.86*	8.57*										
3400	5.45*												
3800	5.04*												

基本额定功率 P_1（摘自 JB/T 5983—1992） （单位：kW）

直径 d_{e1}/mm				传动比 i									
500	560	600	710	1.00~1.01	1.02~1.05	1.06~1.11	1.12~1.18	1.19~1.26	1.27~1.38	1.39~1.57	1.58~1.94	1.95~3.38	≥3.39
				由传动比 i 引起的功率增量 ΔP_1									
2.31	2.56	2.81	3.05	0.00	0.01	0.01	0.02	0.03	0.04	0.04	0.05	0.05	0.06
4.26	4.73	5.19	5.60	0.00	0.01	0.02	0.04	0.06	0.07	0.09	0.10	0.10	0.11
6.06	6.74	7.39	8.04	0.00	0.01	0.04	0.07	0.09	0.11	0.13	0.15	0.16	0.17
7.76	8.61	9.44	10.25	0.00	0.02	0.05	0.09	0.12	0.15	0.17	0.19	0.22	0.22
9.35	10.35	11.32	12.26	0.00	0.02	0.07	0.11	0.16	0.19	0.22	0.25	0.27	0.28
9.95	11.01	12.03	13.02	0.00	0.02	0.07	0.12	0.16	0.20	0.24	0.26	0.29	0.31
10.47	11.56	12.62	13.64	0.00	0.03	0.07	0.13	0.18	0.22	0.25	0.28	0.31	0.33
10.82	11.95	13.04	14.08	0.00	0.03	0.07	0.13	0.19	0.22	0.26	0.29	0.32	0.34
11.85	13.06	14.20	15.29	0.00	0.03	0.09	0.15	0.21	0.25	0.29	0.33	0.34	0.38
12.18	13.41	14.56	15.65	0.00	0.03	0.09	0.16	0.22	0.26	0.31	0.34	0.37	0.40
13.41	14.70	15.89	16.98*	0.00	0.04	0.10	0.18	0.25	0.30	0.35	0.40	0.43	0.46
14.20	15.49	16.89*	17.74*	0.00	0.04	0.11	0.19	0.27	0.32	0.38	0.43	0.46	0.49
14.50	15.81	16.99*	18.02*	0.00	0.04	0.12	0.20	0.28	0.34	0.40	0.44	0.48	0.51
15.45	16.73*	17.84*	18.76*	0.00	0.04	0.13	0.22	0.31	0.37	0.43	0.49	0.54	0.57
16.23*	17.44*	18.42*		0.00	0.05	0.14	0.25	0.34	0.41	0.48	0.54	0.59	0.62
16.84*	17.95*			0.00	0.06	0.16	0.27	0.37	0.45	0.52	0.59	0.64	0.68
17.26*				0.00	0.06	0.17	0.29	0.40	0.48	0.57	0.63	0.69	0.73
				0.00	0.07	0.18	0.31	0.43	0.52	0.61	0.69	0.75	0.79
				0.00	0.07	0.19	0.34	0.46	0.56	0.66	0.73	0.80	0.85
				0.00	0.07	0.21	0.38	0.49	0.60	0.69	0.78	0.85	0.90
				0.00	0.08	0.22	0.38	0.52	0.63	0.74	0.84	0.91	0.96
				0.00	0.08	0.23	0.40	0.55	0.67	0.78	0.89	0.96	1.01
				0.00	0.09	0.25	0.43	0.58	0.71	0.83	0.93	1.01	1.07
				0.00	0.10	0.26	0.45	0.61	0.75	0.87	0.98	1.07	1.13
				0.00	0.10	0.28	0.49	0.67	0.82	0.95	1.07	1.17	1.25
				0.00	0.11	0.31	0.54	0.74	0.90	1.04	1.18	1.28	1.36
				0.00	0.13	0.34	0.59	0.80	0.97	1.13	1.28	1.39	1.47
				0.00	0.13	0.37	0.63	0.86	1.04	1.22	1.37	1.49	1.58
				0.00	0.13	0.37	0.66	0.89	1.07	1.26	1.42	1.54	1.64
				0.00	0.14	0.39	0.68	0.92	1.11	1.31	1.47	1.60	1.69
				0.00	0.16	0.44	0.77	1.04	1.26	1.48	1.66	1.81	1.92
				0.00	0.18	0.49	0.86	1.41	1.41	1.66	1.87	2.03	2.15

表 10-35　包角修正系数 K_α（摘自 JB/T 5983—1992）

小轮包角 α_1/(°)	包角修正系数 K_α	小轮包角 α_1/(°)	包角修正系数 K_α	小轮包角 α_1/(°)	包角修正系数 K_α
180	1.00	148	0.90	113	0.77
177	0.99	145	0.89	110	0.76
174	0.98	142	0.88	106	0.75
171	0.97	139	0.87	103	0.73
169	0.97	136	0.86	99	0.72
166	0.96	133	0.85	95	0.70
163	0.95	130	0.84	91	0.68
160	0.94	127	0.83	87	0.66
157	0.93	125	0.81	83	0.64
154	0.92	120	0.80		
151	0.91	117	0.79		

表 10-36　有效长度和带长修正系数 K_L（摘自 JB/T 5983—1992）

有效长度 L_e/mm	带长修正系数 K_L		
	PJ	PL	PM
450	0.78	—	—
500	0.79	—	—
630	0.83	—	—
710	0.85	—	—
800	0.87	—	—
900	0.89	—	—
1000	0.91	—	—
1120	0.93	—	—
1250	0.96	0.85	—
1400	0.98	0.87	—
1600	1.01	0.89	—
1800	1.02	0.91	—
2000	1.04	0.93	0.85
2360	1.08	0.96	0.86
2500	1.09	0.96	0.87
2650	—	0.98	0.88
2800	—	0.98	0.88
3000	—	0.99	0.89
3150	—	1.00	0.90
3350	—	1.01	0.91
3750	—	1.03	0.93
4000	—	1.04	0.94
4500	—	1.06	0.95
5000	—	1.07	0.97
5600	—	1.08	0.99
6300	—	1.11	1.01
6700	—	—	1.01
7500	—	—	1.03
8500	—	—	1.04
9000	—	—	1.05
10000	—	—	1.07
10600	—	—	1.08
12500	—	—	1.10
13200	—	—	1.12
15000	—	—	1.14
16000	—	—	1.15

表 10-37　多楔带与带轮的楔合系数 K_r

小带轮包角 α_1/(°)	180	170	160	150	140	130	120	110	100	90	80	70	60
楔合系数 K_r	1.50	1.56	1.63	1.71	1.80	1.91	2.04	2.20	2.38	2.61	2.92	3.30	3.82

10.4.3 设计实例

【例 10-2】 设计用于离心式鼓风机的多楔带传动，原动机为电动机，额定功率 $P=7.5\text{kW}$，转速 $n_1=720\text{r/min}$，离心式鼓风机转速 $n_2=450\text{r/min}$。鼓风机每天工作10~16h，要求中心距 955mm 左右。

【解】 1）确定设计功率 P_d。由表 10-31 查得工作情况系数 $K_A=1.1$，设计功率 $P_d=K_AP=1.1\times7.5\text{kW}=8.25\text{kW}$。

2）选择带型。由图 10-8，选择 PL 型多楔带。

3）计算传动比。$i=n_1/n_2=720/450=1.6$。

4）确定小带轮有效直径 d_{e1}，应使 $d_{e1}\geqslant d_{e\min}$。由表 10-32，得 $d_e=75\text{mm}$。取 $d_{e1}=125\text{mm}$。

5）大带轮有效直径。由表 10-30 公式：

$$d_{e2}=i(d_{e1}+2\Delta e)(1-\varepsilon)-2\Delta e$$

由表 10-30，$\Delta e=3$

$$d_{e2}=[1.6(125+2\times3)(1-0.02)-2\times3]\text{mm}=199.4\text{mm}$$

取 $d_{e2}=200\text{mm}$（参见表 10-32）。

6）计算初定带的有效长度 L_{e0} 和中心距 a_0。初定中心距 $a_0=955\text{mm}$；初定带的有效长度：

$$L_{e0}=2a_0+\frac{\pi}{2}(d_{e1}+d_{e2})+\frac{(d_{e2}-d_{e1})^2}{4a_0}$$

$$=\left[2\times955+\frac{\pi}{2}(200+125)+\frac{(200-125)^2}{4\times955}\right]\text{mm}=2422\text{mm}$$

由表 10-29 选标准带长 $L_e=2360\text{mm}$。

7）计算实际中心距 a：

$$a=a_0+\frac{L_e-L_{e0}}{2}$$

$$=\left(955+\frac{2360-2422}{2}\right)\text{mm}=924\text{mm}$$

8）确定中心距调整量。由表 10-33，得 $\Delta_{\min}=29\text{mm}$，$\delta_{\min}=25\text{mm}$。中心距尺寸范围为

$$(a-\delta)\sim(a+\Delta)$$

$$=[(924-25)\sim(924+29)]\text{mm}$$

$$=(899\sim953)\text{mm}$$

9）计算小带轮包角 α_1，确定包角系数 K_α。

$$\alpha_1=180°-\frac{d_{e2}-d_{e1}}{a}\times57.3$$

$$=180°-\frac{200-125}{924}\times57.3°=175.3°$$

查表 10-35，得 $K_\alpha=0.985$。

10）确定带长修正系数 K_L。查表 10-36，得 $K_L=0.96$。

11）确定每楔传递的基本额定功率 P_1 和传动比引起的功率增量 ΔP_1。查表 10-34b，得 $P_1=0.908\text{kW}$，$\Delta P_1=0.042\text{kW}$。

每楔能传递功率 $P_1+\Delta P_1=(0.908+0.042)\text{kW}=0.95\text{kW}$。

12）确定带的楔数：

$$z=\frac{P_d}{(P_1+\Delta P_1)K_\alpha K_L}=\frac{8.25}{0.95\times0.985\times0.96}$$

$$=9.2，取 z=10$$

13）确定压轴力 F_Q：

$$带速\ v=\frac{\pi d_{e1}n_1}{60\times1000}=\frac{\pi\times125\times720}{60\times1000}\text{m/s}=4.71\text{m/s}$$

由此得带传动有效拉力：

$$F_t=\frac{P_d\times1000}{v}=\frac{8.25\times1000}{4.71}\text{N}=1752\text{N}$$

$$F_Q=K_rF_t\sin\frac{\alpha_1}{2}$$

$$=\left(1.53\times1752\times\sin\frac{175.3°}{2}\right)\text{N}=2555\text{N}$$

10.4.4 带轮（见表 10-38a 和表 10-38b）

带轮每毫米有效直径的轮槽轴向圆跳动公差值为 0.002mm。轮槽表面粗糙度 Ra 的最大允许值为 3.2μm。

表 10-38a 多楔带轮轮槽尺寸（摘自 GB/T 16588—2009） （单位：mm）

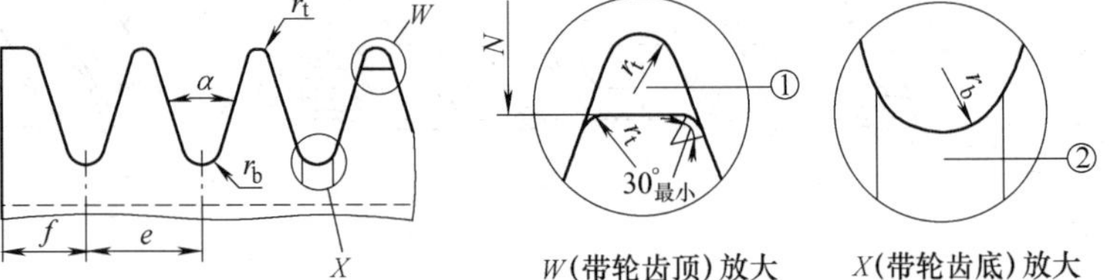

① 轮槽楔顶轮廓线可位于该区域任何部位。该轮廓线的两端应有一个与轮槽侧面相切的圆角(最小 30°)

② 轮槽槽底轮廓线可位于 r_b 弧线以下

（续）

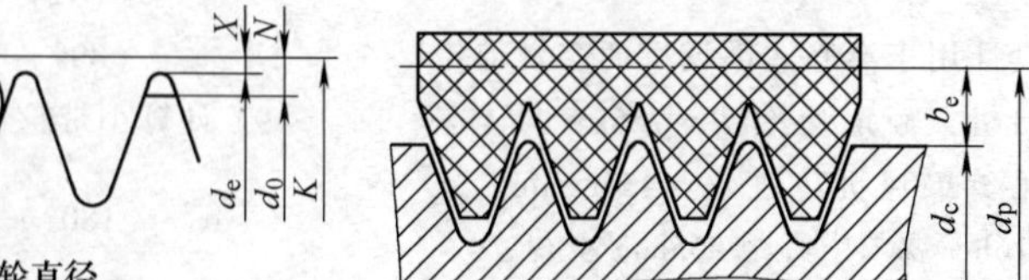

注：d_e 为有效直径；d_0 为外径；K 为检验用圆球或圆柱的外切线之间的距离；d_B 为检验用圆球或圆柱直径；b_e 为有效线差；d_p 为节径节面位置

型　　号	PH	PJ	PK	PL	PM
槽距 e	1.6±0.03	2.34±0.03	3.56±0.05	4.7±0.05	9.4±0.08
槽角 α/(°)	40±0.5	40±0.5	40±0.5	40±0.5	40±0.5
楔顶圆角半径 r_t，最大值	0.15	0.2	0.25	0.4	0.75
槽底圆弧半径 r_b，最大值	0.3	0.4	0.5	0.4	0.75
检验用圆球或圆柱直径 d_B	1±0.01	1.5±0.01	2.5±0.01	3.5±0.01	7±0.01
$2X$，公称值	0.11	0.23	0.99	2.36	4.53
$2N$，最大值	0.69	0.81	1.68	3.5	5.92
f，最小值	1.3	1.8	2.5	3.3	6.4
带轮最小有效直径 d_e	13	20	45	75	180
有效线差公称值 b_e	0.8	1.2	2	3	4

注：1. 表中所列 e 值极限偏差，仅用于两相邻槽中心线的间距。

2. 槽距的累积误差不得超过±0.3mm。

3. 槽的中心线应对带轮轴线呈 90°±0.5°。

4. 尺寸 N 不是从带轮有效直径端点量起，而是从检验用圆球或圆柱的外切线量起。

表 10-38b　多楔带轮公差（摘自 GB/T 16588—2009）　　（单位：mm）

有效直径 d_e	径向圆跳动	有效直径 d_e	槽间直径差值	
	公差值		槽　　数	直径最大差值
$d_e \leqslant 74$	0.13	$d_e \leqslant 74$	$n \leqslant 6$	0.1
			$n>6$	$0.1+(n-6)\times0.003$
$74<d_e \leqslant 250$	0.25	$74<d_e \leqslant 500$	$n \leqslant 10$	0.15
			$n>10$	$0.15+(n-10)\times0.005$
$d_e>250$ 后每增加 1mm	增加 0.0004	$d_e>500$	$n \leqslant 10$	0.215
			$n>10$	$0.25+(n-10)\times0.01$

10.5　同步带传动

10.5.1　一般传动用同步带（摘自 GB/T 13487—2017）

同步带的型式按齿的分布情况分为单面齿和双面齿、双面齿又分为对称齿和交错齿。按齿的形状分为梯形齿、曲线齿和圆弧齿（图 10-9）。

单面齿同步带的型号和物理性能见表 10-39。

10.5.2　梯形齿同步带

10.5.2.1　梯形齿同步带的规格（见表 10-40~表 10-42）

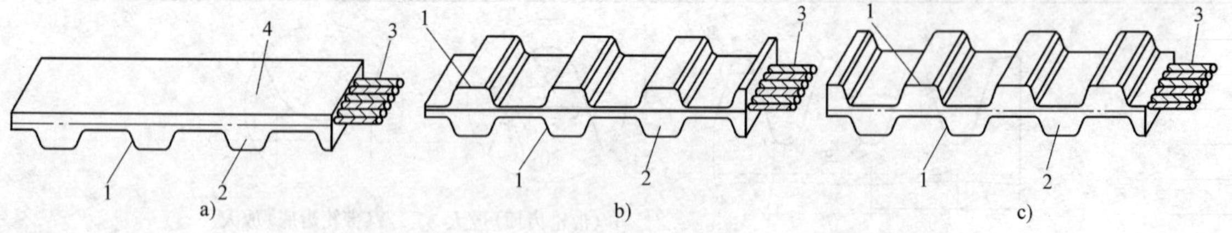

图 10-9　同步带的齿形和结构

a）单面梯形齿　b）对称双面梯形齿　c）交错双面梯形齿

1—齿布　2—带齿　3—芯绳　4—带背

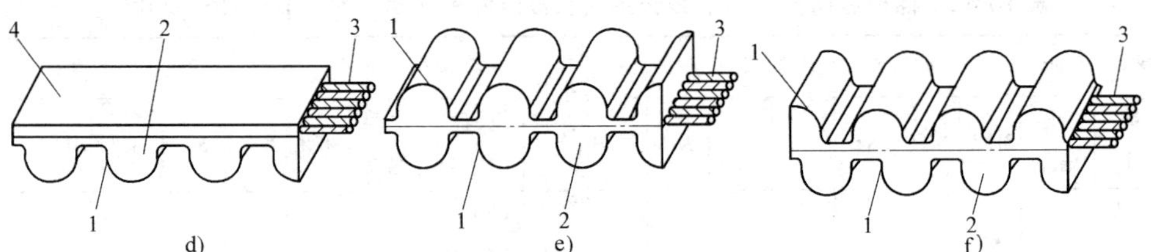

图 10-9 同步带的齿形和结构（续）

d）单面曲线齿、圆弧齿 e）对称双面曲线齿、圆弧齿 f）交错双面曲线齿、圆弧齿

1—齿布 2—带齿 3—芯绳 4—带背

表 10-39 单面齿同步带的型号和物理性能（摘自 GB/T 13487—2017）

项目和型号		拉伸强度/(N/mm) ≥	参考力伸长率		齿布粘合强度/(N/mm) ≥	芯绳粘合强度/N ≥	齿体剪切强度/(N/mm) ≥	带背硬度
			参考力/(N/mm)	伸长率(%) ≤				
曲线齿	H3M、S3M、R3M	90	70	4.0	—	—	—	由供需双方协商决定
	H5M、S5M、R5M	160	130		6	400	50	
	H8M、S8M、R8M	300	240		10	700	60	
	H14M、S14M、R14M	400	320		12	1200	80	
	H20M、S20M、R20M	520	410		15	1600	100	
圆弧齿	3M	90	70		—	—	—	
	5M	160	130		6	400	50	
	8M	300	240		10	700	60	
	14M	400	320		12	1200	80	
	20M	520	410		15	1600	100	
梯形齿	MXL、T2.5	60	45		—	—	—	
	XXL	70	55		—	—	—	
	XL、T5	80	60		5	200	50	
	L	120	90		6.5	380	60	
	H、T10	270	220		8	600	70	
	XH、T20	380	300		10	800	75	
	XXH	450	360		12	1500	90	

注：1. 拉伸强度值是对采用切开的带段作为试样时的测定结果的要求，当采用环形带作为试样时，需将测定结果除以 2，再与表中值进行比较。

2. 齿布粘合强度是指齿体的粘合强度。

表 10-40 梯形齿标准同步带的齿形尺寸（摘自 GB/T 11616—2013）（单位：mm）

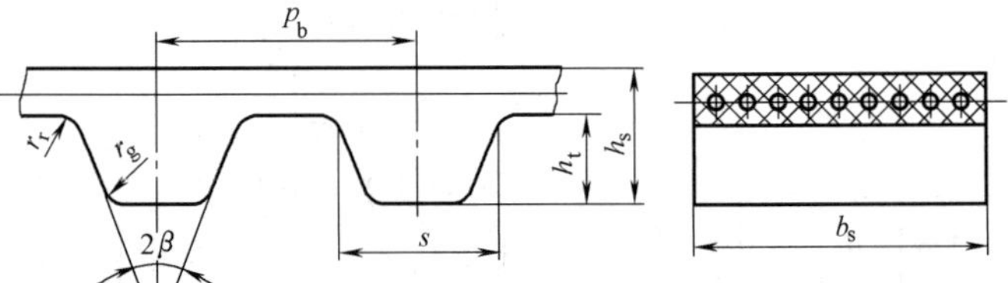

带型[①]	节距 p_b	齿形角 2β/(°)	齿根厚 s	齿高 h_t	带高[②] h_s	齿根圆角半径 r_r	齿顶圆角半径 r_a
MXL	2.032	40	1.14	0.51	1.14	0.13	0.13
XXL	3.175	50	1.73	0.76	1.52	0.20	0.30
XL	5.080	50	2.57	1.27	2.3	0.38	0.38
L	9.525	40	4.65	1.91	3.6	0.51	0.51
H	12.700	40	6.12	2.29	4.3	1.02	1.02
XH	22.225	40	12.57	6.35	11.2	1.57	1.19
XXH	31.750	40	19.05	9.53	15.7	2.29	1.52

① 带型即节距代号。MXL—最轻型；XXL—超轻型；XL—特轻型；L—轻型；H—重型；XH—特重型；XXH—超重型。

② 系单面带的带高。

表 10-41　梯形齿同步带的节线长系列及极限偏差（摘自 GB/T 11616—2013）

带长代号	节线长 L_p/mm 公称尺寸	节线长 L_p/mm 极限偏差	节线长上的齿数 MXL	XXL	XL	L	H	XH	XXH
36	91.44	±0.41	45	—					
40	101.60		50	—					
44	111.76		55	—					
48	121.92		60	—					
50	127.00		—	40					
56	142.24		70	—					
60	152.40		75	48	30				
64	162.56		80	—	—				
70	177.80		—	56	35				
72	182.88		90	—	—				
80	203.20		100	64	40				
88	223.52		110	—	—				
90	228.60		—	72	45				
100	254.00		125	80	50				
110	279.40	±0.46	—	88	55				
112	284.48		140	—	—				
120	304.80		—	96	60	—			
124	314.33		—	—	—	33			
124	314.96		155	—	—	—			
130	330.20		—	104	65	—			
140	355.60		175	112	70	—			
150	381.00		—	120	75	40			
160	406.40	±0.51	200	128	80	—			
170	431.80		—	—	85	—			
180	457.20		225	144	90	—			
187	476.25		—	—	—	50			
190	482.60		—	—	95	—			
200	508.00		250	160	100	—			
210	533.40	±0.61	—	—	105	56			
220	558.80		—	176	110	—			
225	571.50			—	—	60			
230	584.20				115	—	—		
240	609.60				120	64	48		
250	635.00				125	—	—		
255	647.70				—	68	—		
260	660.40				130	—	—		
270	685.80					72	54		
285	723.90					76	—		
300	762.00					80	60		
322	819.15	±0.66				86	—		
330	838.20					—	66		

带长代号	节线长 L_p/mm 公称尺寸	节线长 L_p/mm 极限偏差	节线长上的齿数 MXL	XXL	XL	L	H	XH	XXH
345	876.30	±0.66				92	—		
360	914.40					—	72		
367	933.45					98	—		
390	990.60					104	78		
420	1066.80	±0.76				112	84		
450	1143.00					120	90	—	
480	1219.20					128	96	—	
507	1289.05	±0.81				—	—	58	
510	1295.40					136	102	—	
540	1371.60					144	108	—	
560	1422.40					—	—	64	
570	1447.80					—	114	—	
600	1524.00					160	120	—	
630	1600.20	±0.86				—	126	72	
660	1676.40					—	132	—	
700	1778.00						140	80	56
750	1905.00	±0.91					150	—	—
770	1955.80						—	88	—
800	2032.00						160	—	64
840	2133.60	±0.97					—	96	—
850	2159.00						170	—	—
900	2286.00						180	—	72
980	2489.20	±1.02					—	112	—
1000	2540.00						200	—	80
1100	2794.00	±1.07					220	—	—
1120	2844.80	±1.12					—	128	—
1200	3048.00						—	—	96
1250	3175.00	±1.17					250	—	—
1260	3200.40						—	144	—
1400	3556.00	±1.22					280	160	112
1540	3911.60	±1.32					—	176	—
1600	4064.00						—	—	128
1700	4318.00	±1.37					340	—	—
1750	4445.00	±1.42						200	—
1800	4572.00							—	144

表 10-42 梯形齿同步带宽度 b_s 系列 (单位：mm)

带宽 代号	带宽 尺寸系列	极限偏差 L_p<838.20	极限偏差 L_p>838.20~1676.40		极限偏差 L_p>1676.40		带型 MXL	带型 XXL	带型 XL	带型 L	带型 H	带型 XH	带型 XXH
012	3.2	+0.5 −0.8					MXL	XXL					
019	4.8						MXL	XXL					
025	6.4						MXL	XXL	XL				
031	7.9						MXL	XXL	XL				
037	9.5								XL				
050	12.7	±0.8	+0.8 −1.3							L			
075	19.1				+0.8 −1.3					L	H		
100	25.4									L	H		
150	38.1										H		
200	50.8	+0.8 −1.3 (H)①	±1.3(H)	±0.48	+1.3 −1.5 (H)	±0.48					H	XH	XXH
300	76.2	+1.3 −1.5 (H)	±1.5(H)		+1.5 −2.0 (H)						H	XH	XXH
400	101.6											XH	XXH
500	127.0												XXH

① 极限偏差只适用于括号内的带型。

10.5.2.2 梯形齿同步带的性能（见图 10-10，表 10-43~表 10-45）

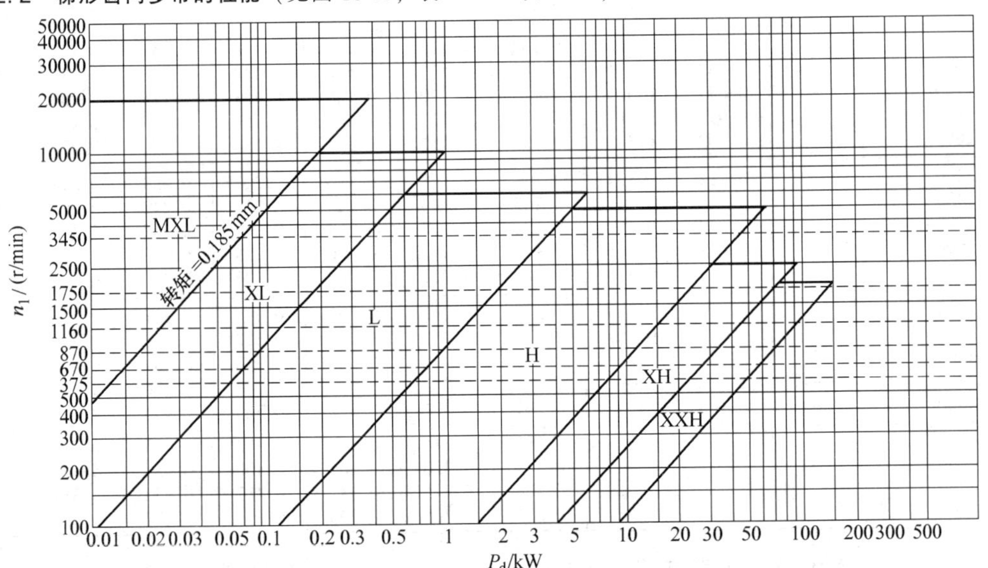

图 10-10 梯形齿同步带选型图

表 10-43 同步带允许最大线速度（摘自 GB/T 11362—2008）

带型	MXL、XXL、XL	L、H	XH、XXH
v_{max}/(m/s)	40~50	35~40	25~30

表 10-44 带的许用工作张力 T_a 及单位长度质量 m

带型	T_a/N	m/(kg/m)
MXL	27	0.007
XXL	31	0.010
XL	50.17	0.022
L	244.46	0.095
H	2100.85	0.448
XH	4048.90	1.484
XXH	6398.03	2.473

表 10-45a　XL 型带（节距 5.080mm，基准宽度 9.5mm）基准额定功率 P_0

（单位：kW）

小带轮转速 n_1/(r/min)	小带轮齿数和节圆直径/mm									
	10 16.17	12 19.40	14 22.64	16 25.87	18 29.11	20 32.34	22 35.57	24 38.81	28 45.28	30 48.51
950	0.040	0.048	0.057	0.065	0.073	0.081	0.089	0.097	0.113	0.121
1160	0.049	0.059	0.069	0.079	0.089	0.098	0.108	0.118	0.138	0.147
1425	—	0.073	0.085	0.097	0.109	0.121	0.133	0.145	0.169	0.181
1750	—	0.089	0.104	0.119	0.134	0.148	0.163	0.178	0.207	0.221
2850	—	0.145	0.169	0.193	0.216	0.240	0.263	0.287	0.333	0.355
3450	—	0.175	0.204	0.232	0.261	0.289	0.317	0.345	0.399	0.425
100	0.004	0.005	0.006	0.007	0.008	0.009	0.009	0.010	0.012	0.013
200	0.009	0.010	0.012	0.014	0.015	0.017	0.019	0.020	0.024	0.026
300	0.013	0.015	0.018	0.020	0.023	0.026	0.028	0.031	0.036	0.038
400	0.017	0.020	0.024	0.027	0.031	0.034	0.037	0.041	0.048	0.051
500	0.021	0.026	0.030	0.034	0.038	0.043	0.047	0.051	0.060	0.064
600	0.026	0.031	0.036	0.041	0.046	0.051	0.056	0.061	0.071	0.076
700	0.030	0.036	0.042	0.048	0.054	0.060	0.065	0.071	0.083	0.089
800	0.034	0.041	0.048	0.054	0.061	0.068	0.075	0.082	0.095	0.102
900	0.038	0.046	0.054	0.061	0.069	0.076	0.084	0.092	0.107	0.115
1000	0.043	0.051	0.060	0.068	0.076	0.085	0.093	0.102	0.119	0.127
1100	0.047	0.056	0.065	0.075	0.084	0.093	0.103	0.112	0.131	0.140
1200	—	0.061	0.071	0.082	0.092	0.102	0.112	0.122	0.142	0.152
1300	—	0.066	0.077	0.088	0.099	0.110	0.121	0.132	0.154	0.165
1400	—	0.071	0.083	0.095	0.107	0.119	0.131	0.142	0.166	0.178
1500	—	0.076	0.089	0.102	0.115	0.127	0.140	0.152	0.178	0.190
1600	—	0.082	0.095	0.109	0.122	0.136	0.149	0.163	0.189	0.203
1700	—	0.087	0.101	0.115	0.130	0.144	0.158	0.173	0.201	0.215
1800	—	0.092	0.107	0.122	0.137	0.152	0.168	0.183	0.213	0.228
2000	—	0.102	0.119	0.136	0.152	0.169	0.186	0.203	0.236	0.252
2200	—	0.112	0.131	0.149	0.168	0.186	0.204	0.223	0.259	0.277
2400	—	0.122	0.142	0.163	0.183	0.203	0.223	0.242	0.282	0.301
2600	—	0.132	0.154	0.176	0.198	0.219	0.241	0.262	0.304	0.325
2800	—	0.142	0.166	0.189	0.213	0.236	0.259	0.282	0.327	0.349
3000	—	0.152	0.178	0.203	0.228	0.252	0.277	0.301	0.349	0.373
3200	—	0.163	0.189	0.216	0.242	0.269	0.295	0.321	0.371	0.396
3400	—	0.173	0.201	0.229	0.257	0.285	0.312	0.340	0.393	0.420
3600	—	0.183	0.213	0.242	0.272	0.301	0.330	0.359	0.415	0.443
3800	—	—	—	0.256	0.287	0.317	0.348	0.378	0.436	0.465
4000	—	—	—	0.269	0.301	0.333	0.365	0.396	0.458	0.487
4200	—	—	—	0.282	0.316	0.349	0.382	0.415	0.478	0.509
4400	—	—	—	0.295	0.330	0.365	0.400	0.433	0.499	0.531
4600	—	—	—	0.308	0.345	0.381	0.417	0.452	0.519	0.552
4800	—	—	—	0.321	0.359	0.396	0.433	0.470	0.539	0.573

表 10-45b　L 型带（节距 9.525mm，基准宽度 25.4mm）基准额定功率 P_0

（单位：kW）

小带轮转速 n_1/(r/min)	小带轮齿数和节圆直径/mm														
	12 36.38	14 42.45	16 48.51	18 54.57	20 60.64	22 66.70	24 72.77	26 78.83	28 84.89	30 90.90	32 97.02	36 109.15	40 121.28	44 133.40	48 145.53
725	0.34	0.39	0.45	0.51	0.56	0.62	0.67	0.73	0.78	0.84	0.90	1.01	1.12	1.23	1.33
870	0.40	0.47	0.54	0.61	0.67	0.74	0.81	0.87	0.94	1.01	1.07	1.20	1.33	1.46	1.59
950	0.44	0.52	0.59	0.66	0.73	0.81	0.88	0.95	1.03	1.10	1.17	1.31	1.45	1.59	1.73
1160	0.54	0.63	0.72	0.81	0.90	0.98	1.07	1.16	1.25	1.33	1.42	1.59	1.76	1.93	2.09
1425	—	0.77	0.88	0.99	1.10	1.20	1.31	1.42	1.52	1.63	1.73	1.94	2.14	2.34	2.53
1750	—	0.95	1.08	1.21	1.34	1.47	1.60	1.73	1.86	1.98	2.11	2.35	2.59	2.81	3.03
2850	—	—	1.73	1.94	2.14	2.34	2.53	2.72	2.90	3.08	3.25	3.57	3.86	4.11	4.33
3450	—	—	2.08	2.32	2.55	2.78	3.00	3.21	3.40	3.59	3.77	4.09	4.35	4.56	4.69
100	0.05	0.05	0.06	0.07	0.08	0.09	0.09	0.10	0.11	0.12	0.12	0.14	0.16	0.17	0.19
200	0.09	0.11	0.12	0.14	0.16	0.17	0.19	0.20	0.22	0.23	0.25	0.28	0.31	0.34	0.37

（续）

小带轮转速 n_1/(r/min)	小带轮齿数和节圆直径/mm														
	12 36.38	14 42.45	16 48.51	18 54.57	20 60.64	22 66.70	24 72.77	26 78.83	28 84.89	30 90.90	32 97.02	36 109.15	40 121.28	44 133.40	48 145.53
300	0.14	0.16	0.19	0.21	0.23	0.26	0.28	0.30	0.33	0.35	0.37	0.42	0.47	0.51	0.56
400	0.19	0.22	0.25	0.28	0.31	0.34	0.37	0.40	0.43	0.47	0.50	0.56	0.62	0.68	0.74
500	0.23	0.27	0.31	0.35	0.39	0.43	0.47	0.50	0.54	0.58	0.62	0.70	0.77	0.85	0.93
600	0.28	0.33	0.37	0.42	0.47	0.51	0.56	0.60	0.65	0.70	0.74	0.83	0.93	1.02	1.11
700	0.33	0.38	0.43	0.49	0.54	0.60	0.65	0.70	0.76	0.81	0.87	0.97	1.08	1.18	1.29
800	0.37	0.43	0.50	0.56	0.62	0.68	0.74	0.80	0.86	0.93	0.99	1.11	1.23	1.35	1.47
900	0.42	0.49	0.56	0.63	0.70	0.77	0.83	0.90	0.97	1.04	1.11	1.24	1.38	1.51	1.65
1000	0.47	0.54	0.62	0.70	0.77	0.85	0.93	1.00	1.08	1.15	1.23	1.38	1.53	1.67	1.82
1100	0.51	0.60	0.68	0.77	0.85	0.93	1.02	1.10	1.18	1.27	1.35	1.51	1.68	1.83	1.99
1200	0.56	0.65	0.74	0.83	0.93	1.02	1.11	1.20	1.29	1.38	1.47	1.65	1.82	1.99	2.16
1300	0.60	0.70	0.80	0.90	1.00	1.10	1.20	1.30	1.39	1.49	1.59	1.78	1.96	2.15	2.33
1400	0.65	0.76	0.87	0.97	1.08	1.18	1.29	1.39	1.50	1.60	1.70	1.91	2.11	2.30	2.49
1500	0.70	0.81	0.93	1.04	1.15	1.27	1.38	1.49	1.60	1.71	1.82	2.04	2.25	2.45	2.65
1600	0.74	0.87	0.99	1.11	1.23	1.35	1.47	1.59	1.70	1.82	1.94	2.16	2.38	2.60	2.81
1700	0.79	0.92	1.05	1.18	1.30	1.43	1.56	1.68	1.81	1.93	2.05	2.29	2.52	2.74	2.96
1800	0.83	0.97	1.11	1.24	1.38	1.51	1.65	1.78	1.91	2.04	2.16	2.41	2.65	2.88	3.11
1900	0.88	1.03	1.17	1.31	1.45	1.59	1.73	1.87	2.01	2.14	2.27	2.53	2.78	3.02	3.25
2000	0.93	1.08	1.23	1.38	1.53	1.67	1.82	1.96	2.11	2.25	2.38	2.65	2.91	3.15	3.39
2200	1.02	1.18	1.35	1.51	1.68	1.83	1.99	2.15	2.30	2.45	2.60	2.88	3.16	3.41	3.65
2400	1.11	1.29	1.47	1.65	1.82	1.99	2.16	2.33	2.49	2.65	2.81	3.11	3.39	3.65	3.89
2600	1.20	1.39	1.59	1.78	1.96	2.15	2.33	2.51	2.68	2.85	3.01	3.32	3.61	3.87	4.10
2800	1.29	1.50	1.70	1.91	2.11	2.30	2.49	2.68	2.86	3.03	3.20	3.52	3.81	4.07	4.29
3000	1.38	1.60	1.82	2.04	2.25	2.45	2.65	2.85	3.03	3.21	3.39	3.71	4.00	4.24	4.45
3200	—	1.70	1.94	2.16	2.38	2.60	2.81	3.01	3.20	3.39	3.56	3.89	4.17	4.40	4.58
3400	—	1.81	2.05	2.29	2.52	2.74	2.96	3.17	3.37	3.55	3.73	4.05	4.32	4.53	4.67
3600		1.91	2.16	2.41	2.65	2.88	3.11	3.32	3.52	3.71	3.89	4.20	4.45	4.63	4.74
3800		2.01	2.27	2.53	2.78	3.02	3.25	3.47	3.67	3.86	4.03	4.33	4.56	4.70	4.76
4000	—	2.11	2.38	2.65	2.91	3.15	3.39	3.61	3.81	4.00	4.17	4.45	4.65	4.75	4.75
4200		—	2.49	2.77	3.03	3.28	3.52	3.74	3.94	4.13	4.29	4.55	4.71	4.76	4.70
4400			2.60	2.88	3.16	3.41	3.65	3.87	4.07	4.24	4.40	4.63	4.75	4.74	4.60
4600	—	—	2.70	3.00	3.27	3.53	3.77	3.99	4.18	4.35	4.49	4.69	4.76	4.69	4.46
4800			2.81	3.11	3.39	3.65	3.89	4.10	4.29	4.45	4.58	4.74	4.75	4.60	4.27

注：[虚线框]中数值为带轮圆周速度在 33m/s 以上时的功率值，设计时带轮用碳素钢或铸钢。

表 10-45c　H 型带（节距 12.7mm，基准宽度 76.2mm）基准额定功率 P_0（单位：kW）

小带轮转速 n_1/(r/min)	小带轮齿数和节圆直径/mm												
	14 56.60	16 64.68	18 72.77	20 80.85	22 88.94	24 97.02	26 105.11	28 113.19	30 121.28	32 129.36	36 145.53	40 161.70	44 177.87	48 194.04
725	4.51	5.15	5.79	6.43	7.08	7.71	8.35	8.99	9.63	10.26	11.53	12.79	14.05	15.30
870	5.41	6.18	6.95	7.71	8.48	9.25	10.01	10.77	11.53	12.29	13.80	15.30	16.78	18.26
950	—	6.74	7.58	8.42	9.26	10.09	10.92	11.75	12.58	13.40	15.04	16.66	18.28	19.87
1160	—	8.23	9.25	10.26	11.28	12.29	13.30	14.30	15.30	16.29	18.26	20.21	22.13	24.03
1425	—	—	11.33	12.57	13.81	15.04	16.26	17.47	18.68	19.87	22.24	24.56	26.83	29.06
1750	—	—	13.88	15.38	16.88	18.36	19.83	21.28	22.73	24.16	26.95	29.67	32.30	34.84
2850	—	—	—	24.56	26.84	29.06	31.22	33.33	35.37	37.33	41.04	44.40	47.39	49.96
3450	—	—	—	29.29	31.90	34.41	36.82	39.13	41.32	43.38	47.09	50.20	52.64	54.35
100	0.62	0.71	0.80	0.89	0.98	1.07	1.16	1.24	1.33	1.42	1.60	1.78	1.96	2.13
200	1.25	1.42	1.60	1.78	1.96	2.13	2.31	2.49	2.67	2.84	3.20	3.56	3.91	4.27
300	1.87	2.13	2.40	2.67	2.93	3.20	3.47	3.73	4.00	4.27	4.80	5.33	5.86	6.39
400	2.49	2.84	3.20	3.56	3.91	4.27	4.62	4.97	5.33	5.68	6.39	7.10	7.80	8.51
500	3.11	3.56	4.00	4.44	4.89	5.33	5.77	6.21	6.66	7.10	7.98	8.86	9.74	10.61
600	3.73	4.27	4.80	5.33	5.86	6.39	6.92	7.45	7.98	8.51	9.56	10.61	11.66	12.71
700	4.35	4.97	5.59	6.21	6.83	7.45	8.07	8.68	9.30	9.91	11.14	12.36	13.57	14.78
800	4.97	5.68	6.39	7.10	7.80	8.51	9.21	9.91	10.61	11.31	12.71	14.09	15.47	16.83
900	—	6.39	7.19	7.98	8.77	9.56	10.35	11.14	11.92	12.71	14.26	15.81	17.35	18.87
1000	—	7.10	7.98	8.86	9.74	10.61	11.49	12.36	13.23	14.09	15.81	17.52	19.20	20.87
1100	—	7.80	8.77	9.74	10.70	11.66	12.62	13.57	14.52	15.47	17.35	19.20	21.04	22.85
1200	—	8.51	9.56	10.61	11.66	12.71	13.75	14.78	15.81	16.83	18.87	20.87	22.85	24.80

（续）

小带轮转速 n_1/(r/min)	小带轮齿数和节圆直径/mm													
	14 56.60	16 64.68	18 72.77	20 80.85	22 88.94	24 97.02	26 105.11	28 113.19	30 121.28	32 129.36	36 145.53	40 161.70	44 177.87	48 194.04
1300		9.21	10.35	11.49	12.62	13.74	14.87	15.98	17.09	18.19	20.38	22.53	24.64	26.72
1400		9.91	11.14	12.36	13.57	14.78	15.98	17.18	18.36	19.54	21.87	24.16	26.40	28.59
1500	—	10.61	11.92	13.23	14.52	15.81	17.09	18.36	19.62	20.87	23.34	25.76	28.13	30.43
1600		11.31	12.71	14.09	15.47	16.83	18.19	19.54	20.88	22.20	24.80	27.35	29.82	32.23
1700		12.01	13.49	14.95	16.41	17.85	19.29	20.71	22.12	23.51	26.24	28.90	31.48	33.98
1800	—	12.71	14.26	15.81	17.35	18.87	20.38	21.87	23.34	24.80	27.66	30.43	33.11	35.68
1900	—	13.40	15.04	16.66	18.28	19.87	21.46	23.02	24.56	26.08	29.06	31.93	34.69	37.33
2000	—	14.09	15.81	17.52	19.20	20.87	22.53	24.16	25.76	27.35	30.43	33.40	36.24	38.93
2100	—	—	16.58	18.36	20.13	20.13	23.59	23.59	26.95	31.78	31.78	34.84	37.74	40.47
2200	—	—	17.35	19.20	21.04	22.85	24.64	26.40	28.13	29.82	33.11	36.24	39.19	41.96
2300	—	—	18.11	20.04	21.95	23.83	25.68	27.50	29.29	31.03	34.41	37.60	40.60	43.38
2400	—	—	18.87	20.87	22.85	24.80	26.72	28.59	30.43	32.23	35.68	38.93	41.96	44.73
2500	—	—	19.62	21.70	23.75	25.76	27.74	29.67	31.56	33.40	36.92	40.22	43.26	46.02
2600	—	—	20.38	22.53	24.64	26.72	28.75	30.73	32.67	34.55	38.14	41.47	44.51	47.24
2800	—	—	21.87	24.16	26.40	28.59	30.73	32.82	34.84	36.79	40.47	43.84	46.84	49.45
3000	—	—	23.35	25.76	28.13	30.43	32.67	34.84	36.93	38.93	42.67	46.02	48.93	51.35
3200	—	—	24.80	27.35	29.82	32.23	34.55	36.79	38.93	40.97	44.73	48.01	50.75	52.91
3400	—	—	26.24	28.90	31.49	33.98	36.38	38.67	40.85	42.91	46.64	49.79	52.30	54.11
3600	—	—	—	30.43	33.11	35.68	38.14	40.47	42.68	44.73	48.38	51.35	53.55	54.92
3800	—	—	—	31.93	34.69	37.33	39.84	42.20	44.40	46.43	49.96	52.67	54.49	55.33
4000	—	—	—	33.40	36.24	38.93	41.47	43.84	46.02	48.01	51.35	53.75	55.10	55.31
4200	—	—	—	34.84	37.74	40.47	43.03	45.39	47.53	49.45	52.55	54.56	55.37	54.84
4400	—	—	—	36.24	39.19	41.96	44.51	46.84	48.93	50.75	53.55	55.10	55.27	53.90
4600	—	—	—	37.60	40.60	43.38	45.92	48.20	50.20	51.91	54.35	55.36	54.78	52.46
4800	—	—	—	38.93	41.96	44.73	47.24	49.45	51.35	52.91	54.92	55.31	53.90	50.50

注：[虚线框]中数值为带轮圆周速度在 33m/s 以上时的功率值，设计时带轮用碳素钢或铸钢。

表 10-45d　XH 型带（节距 22.225mm，基准宽度 101.6mm）**基准额定功率 P_0**　（单位：kW）

小带轮转速 n_1/(r/min)	小带轮齿数和节圆直径/mm						
	22 155.64	24 169.79	26 183.94	28 198.08	30 212.23	32 226.38	40 282.98
575	18.82	20.50	22.17	23.83	25.48	27.13	33.58
585	19.14	20.85	22.55	24.23	25.91	27.58	34.13
690	22.50	24.49	26.47	28.43	30.38	32.30	39.81
725	23.62	25.70	27.77	29.81	31.94	33.85	41.65
870	28.18	30.63	33.05	35.44	37.80	40.13	49.01
950	30.66	33.30	35.91	38.47	41.00	43.47	52.85
1160	37.02	40.13	43.17	46.13	49.01	51.81	62.06
1425	44.70	48.28	51.73	55.05	58.22	61.24	71.52
1750	53.44	57.40	61.14	64.62	67.83	70.74	79.12
2850	—	78.45	80.45	81.36	81.10	79.57	—
3450	—	81.37	80.10	78.90	71.62	64.10	—
100	3.30	3.60	3.90	4.20	4.50	4.80	5.99
200	6.59	7.19	7.79	8.39	8.98	9.58	11.96
300	9.98	10.77	11.66	12.55	13.44	14.33	17.87
400	13.15	14.33	16.51	16.69	17.87	19.04	23.69
500	16.40	17.87	19.33	20.79	22.24	23.69	29.69
600	19.62	21.37	23.11	24.84	26.56	28.26	34.95
700	22.82	24.84	26.84	28.83	30.80	32.75	40.34
800	25.99	28.26	30.52	32.75	34.95	37.13	45.52
900	29.11	31.64	34.13	36.59	39.01	41.39	50.47
1000	32.19	34.95	37.67	40.34	42.96	45.52	55.17
1100	35.23	38.21	41.13	43.99	46.78	49.50	59.57
1200	38.21	41.39	44.50	47.53	50.47	53.32	63.65
1300	41.13	44.50	47.78	50.95	54.02	56.96	67.39
1400	43.99	47.53	50.96	54.25	57.40	60.41	70.74
1500	46.78	50.47	54.02	57.40	60.62	63.65	73.70
1600	49.50	53.32	56.96	60.41	63.65	66.67	76.22
1700	52.15	56.07	59.78	63.26	66.48	69.45	78.27

（续）

小带轮转速 n_1/(r/min)	小带轮齿数和节圆直径/mm						
	22 155.64	24 169.79	26 183.94	28 198.08	30 212.23	32 226.38	40 282.98
1800	54.71	58.71	62.46	65.93	69.11	71.98	79.84
1900	57.18	61.24	65.00	68.43	71.52	74.24	80.88
2000	59.57	63.65	67.39	70.74	73.70	76.22	81.37
2100	61.85	65.94	69.61	72.85	75.63	77.90	81.28
2200	64.04	68.09	71.67	74.76	77.30	79.27	80.59
2300	66.12	70.10	73.56	76.44	78.71	80.32	79.26
2400	68.09	71.98	75.26	77.90	79.84	81.02	77.26
2500	—	73.70	76.78	79.12	80.67	81.37	74.56
2600	—	75.26	78.09	80.09	81.19	81.35	71.15
2800	—	77.90	80.09	81.24	81.28	80.13	—
3000	—	79.84	81.19	81.28	80.00	77.26	—
3200	—	81.02	81.35	80.13	77.26	72.60	—
3400	—	81.41	80.48	77.11	72.95	66.05	—
3600	—	80.94	78.24	73.94	66.98	—	—

注：[虚线框]中数值为带轮圆周速度在 33m/s 以上时的功率值，设计时带轮用碳素钢或铸钢。

表 10-45e XXH 型带（节距 31.75mm，基准宽度 127mm）**基准额定功率 P_0**

（单位：kW）

小带轮转速 n_1/(r/min)	小带轮齿数和节圆直径/mm					
	22 222.34	24 242.55	26 262.76	30 303.19	34 343.62	40 404.25
575	42.09	45.76	49.39	56.52	63，45	73.41
585	42.79	46.52	50.21	57.44	64.46	74.53
690	50.11	54.40	58.62	66.83	74.70	85.74
725	52.51	56.98	61.36	69.87	77.97	89.25
870	62.23	67.36	72.34	81.85	90.66	102.38
950	67.41	72.85	78.10	88.01	97.01	108.55
1160	80.31	86.35	92.06	102.38	111.05	120.49
1425	94.85	101.13	106.80	116.11	122.36	125.12
1750	109.43	115.05	119.53	124.72	124.25	111.30
100	7.44	8.122	8.80	10.15	11.50	13.52
200	14.87	16.21	17.55	20.23	22.91	26.90
300	22.24	24.24	26.23	30.20	34.14	39.99
400	29.54	32.18	34.80	39.99	45.12	52.67
500	36.75	39.99	43.21	49.55	55.76	64.78
600	43.85	47.66	51.42	58.80	65.96	76.19
700	50.80	55.14	59.41	67.70	75.64	86.75
800	57.59	62.41	67.12	76.19	84.72	96.33
900	64.19	69.44	74.53	84.20	93.10	104.78
1000	70.58	76.19	81.58	91.67	100.71	111.97
1100	76.74	82.64	88.26	98.56	107.45	117.75
1200	82.64	88.75	94.50	104.79	113.25	121.98
1300	88.26	94.50	100.28	110.30	118.00	124.53
1400	93.57	99.86	105.56	115.05	121.63	125.24
1500	98.56	104.78	110.30	118.96	124.06	123.99
1600	103.19	109.26	114.46	121.98	125.18	120.62
1700	107.45	113.24	118.00	124.06	124.93	115.00
1800	111.31	116.71	120.88	125.12	123.20	106.99

注：[虚线框]中数值为带轮圆周速度在 33m/s 以上时的功率值，设计时带轮用碳素钢或铸钢。

10.5.2.3 梯形齿同步带设计计算

同步带传动的主要失效形式是同步带疲劳断裂，带齿的剪切和压馈，以及同步带两侧边、带齿的磨损。同步带传动设计时，主要是限制单位齿宽的拉力；必要时才校核工作齿面的压力。同步带传动的设计计算如图 10-10 和表 10-46 所示。

表 10-46　同步带传动的设计计算（摘自 GB/T 11362—2008）

计算项目	符号	单位	计算公式和参数选定	说　明
设计功率	P_d	kW	$P_d=K_AP$	P—传递的功率(kW) K_A—载荷修正系数,查表 10-48
选定带型、节距	p_b	mm	根据 P_d 和 n_1 由图 10-10 选取	n_1—小带轮转速(r/min)
小带轮齿数	z_1		$z_1\geqslant z_{min}$ z_{min}见表 14-47	带速 v 和安装尺寸允许时,z_1 尽可能选取较大值
小带轮节圆直径	d_1	mm	$d_1=\frac{z_1p_b}{\pi}$	可由表 10-45 查得
大带轮齿数	z_2		$z_2=iz_1=\frac{n_1}{n_2}z_1$	i—传动比 n—大带轮转速(r/min)
大带轮节圆直径	d_2	mm	$d_2=\frac{z_2p_b}{\pi}$	有些可由表 10-50 查得
带速	v	m/s	$v=\frac{\pi d_1n_1}{60\times1000}\leqslant v_{max}$	通常 XL、L—$v_{max}=50$ H—$v_{max}=40$ HX、XXH—$v_{max}=30$
初定中心距	a_0	mm	$0.7(d_1+d_2)\leqslant a_0\leqslant2(d_1+d_2)$	或根据结构要求决定
带节线长	L_p	mm	$L_p=2a_0\cos\phi+\frac{\pi(d_2+d_1)}{2}+\frac{\pi\phi(d_2-d_1)}{180}$	$\phi=\arcsin\left(\frac{d_2-d_1}{2a_0}\right)$
计算中心距	a	mm	1)近似公式(用于 z_2/z_1 较大) $a\approx M+\sqrt{M^2-\frac{1}{8}\left[\frac{P_b(z_2-z_1)}{\pi}\right]}$ 2)精确公式(用于 z_2/z_1 接近 1) $a=\frac{P_b(z_b-z_1)}{2\pi\cos\theta}$ $\mathrm{inv}\theta=\pi\frac{z_b-z_2}{z_2-z_1}$	$M=\frac{P_b}{8}(2z_b-z_1-z_2)$ z_b—带的齿数 θ(见图 10-11)的数值可查表或用逐步逼近法求得 $\mathrm{inv}\theta=\tan\theta-\theta$
小带轮啮合齿数	z_m		$z_m=\mathrm{ent}\left[\frac{z_1}{2}-\frac{p_bz_1}{2\pi^2a}(z_2-z_1)\right]$	ent[ ]—取括号内的整数部分
基准额定功率	P_0	kW	按下式计算 $P_0=\frac{(T_a-mv^2)v}{1000}$ 或由表 10-45 查得	T_a—带宽 b_{s0}的许用工作张力(N),查表 10-44 m—带宽 b_{s0}的单位长度质量(kg/m)查表 10-44 v—带的速度单位(m/s)
啮合齿数系数	k_z		$z_m\geqslant6$ 时,$k_z=1$ $z_m<6$ 时,$k_z=1-0.6(6-z_m)$	
额定功率	P_r	kW	$P_r=\left(k_zk_wT_a-\frac{b_smv^2}{b_{s0}}\right)\times v\times10^{-3}$ $P_r\approx k_zk_wP_o$	k_w—宽度系数 $k_w=\left(\frac{b_s}{b_{s0}}\right)^{1.14}$
带宽	b_s	mm	根据设计要求,$P_d\leqslant P_r$ 故带宽 $b_s\geqslant b_{s0}\left(\frac{p_d}{k_zp_0}\right)^{1/1.14}$	b_{s0}—带的基准宽度,见表 10-45 计算结果按 GB/T 11616 确定带宽,一般应使 $b_s<d_1$
验算工作能力	P	kW	$P_r=\left(k_zk_wT_s\frac{-b_smv^2}{b_{s0}}\right)v\times10^{-3}>P_d$ 时,传递能力足够	T_s 和 m 查表 10-44 $v=\frac{P_dd_1n_1}{60\times1000}$

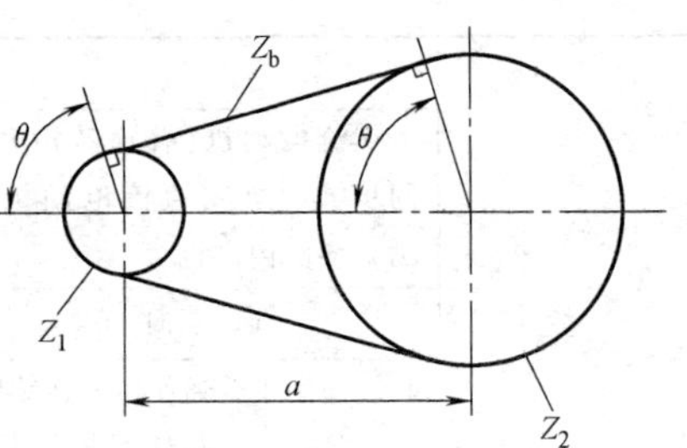

图 10-11　中心距计算

表 10-47　带轮最少计用齿数

小带轮转速 n_1/(r/min)	带型						
	MXL	XXL	XL	L	H	XH	XXH
	带轮最少许用齿数 z_{min}						
<900	10	10	10	12	14	22	22
900~<1200	12	12	10	12	16	24	24
1200~<1800	14	14	12	14	18	26	26
1800~<3600	16	16	12	16	20	30	—
3600~<4800	18	18	15	18	22	—	—

表 10-48　载荷修正系数 K_A（摘自 GB/T 11362—2008）

工作机	原动机					
	交流电动机（普通转矩笼型、同步电动机），直流电动机（并励），多缸内燃机			交流电动机（大转矩、大滑差率、单相、滑环），直流电动机（复励、串励），单缸内燃机		
	运转时间			运转时间		
	断续使用 每日 3~5h	普通使用 每日 8~10h	连续使用 每日 16~24h	断续使用 每日 3~5h	普通使用 每日 8~10h	连续使用 每日 16~24h
	K_A					
复印机、计算机、医疗器械	1.0	1.2	1.4	1.2	1.4	1.6
清扫机、缝纫机、办公机械、带锯盘	1.2	1.4	1.6	1.4	1.6	1.8
轻载荷传送带、包装机、筛子	1.3	1.5	1.7	1.5	1.7	1.9
液体搅拌机、圆形带锯、平碾盘、洗涤机、造纸机、印刷机械	1.4	1.6	1.8	1.6	1.8	2.0
搅拌机（水泥、黏性体）、带式输送机（矿石、煤、砂）、牛头刨床、中型挖掘机、离心压缩机、振动筛、纺织机械（整经机、绕线机）、回转压缩机、往复式发动机	1.5	1.7	1.9	1.7	1.9	2.1
输送机（盘式、吊式、升降式）、抽水泵、洗涤机、鼓风机（离心式，引风、排风）、发动机、激励机、卷扬机、起重机、橡胶加工机（压延、滚轧压出机）、纺织机械（纺纱、精纺、捻纱机、绕纱机）	1.6	1.8	2.0	1.8	2.0	2.2

（续）

工作机	原动机					
	交流电动机（普通转矩笼型、同步电动机），直流电动机（并励），多缸内燃机			交流电动机（大转矩、大滑差率、单相、滑环），直流电动机（复励、串励），单缸内燃机		
	运转时间			运转时间		
	断续使用 每日 3~5h	普通使用 每日 8~10h	连续使用 每日 16~24h	断续使用 每日 3~5h	普通使用 每日 8~10h	连续使用 每日 16~24h
	K_A					
离心分离机、输送机（货物、螺旋）、锤击式粉碎机、造纸机（碎浆）	1.7	1.9	2.1	1.9	2.1	2.3
陶土机械（硅、黏土搅拌）、矿山用混料机、强制送风机	1.8	2.0	2.2	2.0	2.2	2.4

注：1. 当增速传动时，将下列系数加到载荷修正系数 K_A 中去：

增速比	1.00~1.24	1.25~1.74	1.75~2.49	2.50~3.49	≥3.50
系　数	0	0.1	0.2	0.3	0.4

2. 当使用张紧轮时，还要将下列系数加到载荷修正系数 K_A 中去：

张紧轮的位置	松边内侧	松边外侧	紧边内侧	紧边外侧
系　数	0	0.1	0.1	0.2

3. 对带型为 14M 和 20M 的传动，当 $n_1 \leqslant 600$r/min 时，应追加系数（加进 K_A 中）：

n_1/(r/min)	≤200	201~400	401~600
K_A 增加值	0.3	0.2	0.1

4. 对频繁正反转、严重冲击、紧急停机等非正常传动，视具体情况修正 K_A。

10.5.2.4 梯形齿带轮（见表 10-49~表 10-53）

表 10-49 直边齿带轮的尺寸和公差（摘自 GB/T 11361—2008）　（单位：mm）

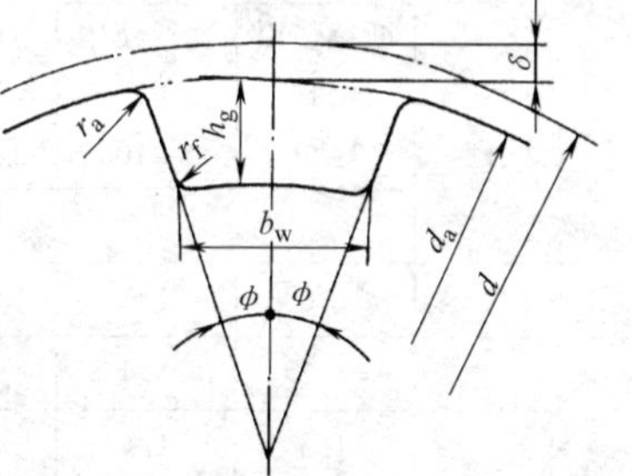

项目	符号	槽型						
		MXL	XXL	XL	L	H	XH	XXH
齿槽底宽	b_w	0.84±0.05	$0.96^{+0.05}_{0}$	1.32±0.05	3.05±0.10	4.19±0.13	7.90±0.15	12.17±0.18
齿高	h_g	$0.69^{0}_{-0.05}$	$0.84^{0}_{-0.05}$	$1.65^{0}_{-0.08}$	$2.67^{0}_{-0.10}$	$3.05^{0}_{-0.13}$	$7.14^{0}_{-0.13}$	$10.31^{0}_{-0.13}$
槽半角	φ±1.5°	20	25	25	20	20	20	20
齿根圆角半径	r_f	0.35	0.35	0.41	1.19	1.60	1.98	3.96
齿顶圆角半径	r_a	$0.13^{+0.05}_{0}$	$0.30^{+0.05}_{0}$	$0.64^{+0.05}_{0}$	$1.17^{+0.13}_{0}$	$1.60^{+0.13}_{0}$	$2.39^{+0.13}_{0}$	$3.18^{+0.13}_{0}$
两倍节顶距	2δ	0.508	0.508	0.508	0.762	1.372	2.794	3.048
外圆直径	d_a	$d_a=d-2\delta$						
外圆节距	p_a	$p_a=\dfrac{\pi d_a}{z}$（z—带轮齿数）						
根圆直径	d_f	$d_f=d_a-2h_g$						

表 10-50　标准同步带轮的直径（摘自 GB/T 11361—2008）　（单位：mm）

带轮齿数 $z_{1,2}$	标准直径													
	MXL		XXL		XL		L		H		XH		XXH	
	d	d_a	d	d_a	d	d_a	d	d_a	d	d_a	d	d_a	d	d_a
10	6.47	5.96	10.11	9.60	16.17	15.66	—	—	—	—	—	—	—	—
11	7.11	6.61	11.12	10.61	17.79	17.28	—	—	—	—	—	—	—	—
12	7.76	7.25	12.13	11.62	19.40	18.90	36.38	35.62	—	—	—	—	—	—
13	8.41	7.90	13.14	12.63	21.02	20.51	39.41	38.65	—	—	—	—	—	—
14	9.06	8.55	14.15	13.64	22.64	22.13	42.45	41.69	56.60	55.23	—	—	—	—
15	9.70	9.19	15.16	14.65	24.26	23.75	45.48	44.72	60.64	59.27	—	—	—	—
16	10.35	9.84	16.17	15.66	25.87	25.36	48.51	47.75	64.68	63.31	—	—	—	—
17	11.00	10.49	17.18	16.67	27.49	26.98	51.54	50.78	68.72	67.35	—	—	—	—
18	11.64	11.13	18.19	17.68	29.11	28.60	54.57	53.81	72.77	71.39	127.34	124.55	181.91	178.86
19	12.29	11.78	19.20	18.69	30.72	30.22	57.61	56.84	76.81	75.44	134.41	131.62	192.02	188.97
20	12.94	12.43	20.21	19.70	32.34	31.83	60.64	59.88	80.85	79.48	141.49	138.69	202.13	199.08
(21)	13.58	13.07	21.22	20.72	33.96	33.45	63.67	62.91	84.89	83.52	148.56	145.77	212.23	209.18
22	14.23	13.72	22.23	21.73	35.57	35.07	66.70	65.94	88.94	87.56	155.64	152.84	222.34	219.29
(23)	14.88	14.37	23.24	22.74	37.19	36.68	69.73	68.97	92.98	91.61	162.71	159.92	232.45	229.40
(24)	15.52	15.02	24.26	23.75	38.81	38.30	72.77	72.00	97.02	95.65	169.79	166.99	242.55	239.50
25	16.17	15.66	25.27	24.76	40.43	39.92	75.80	75.04	101.06	99.69	176.86	174.07	252.66	249.61
(26)	16.82	16.31	26.28	25.77	42.04	41.53	78.83	78.07	105.11	103.73	183.94	181.14	262.76	259.72
(27)	17.46	16.96	27.29	26.78	43.66	43.15	81.86	81.10	109.15	107.78	191.01	188.22	272.87	269.82
28	18.11	17.60	28.30	27.79	45.28	44.77	84.89	84.13	113.19	111.82	198.08	195.29	282.98	279.93
(30)	19.40	18.90	30.32	29.81	48.51	48.00	90.96	90.20	121.28	119.90	212.23	209.44	303.19	300.14
32	20.70	20.19	32.34	31.83	51.74	51.24	97.02	96.26	129.36	127.99	226.38	223.59	323.40	320.35
36	23.29	22.78	36.38	35.87	58.21	57.70	109.15	108.39	145.53	144.16	254.68	251.89	363.83	360.78
40	25.37	25.36	40.43	39.92	64.68	64.17	121.28	120.51	161.70	160.33	282.98	280.18	404.25	401.21
48	31.05	30.54	48.51	48.00	77.62	77.11	145.53	144.77	194.04	192.67	339.57	336.78	485.10	482.06
60	38.81	38.30	60.64	60.13	97.02	96.51	181.91	181.15	242.55	241.18	424.47	421.67	606.38	603.33
72	46.57	46.06	72.77	72.26	116.43	115.92	218.30	217.53	291.06	289.69	509.36	506.57	727.66	724.61
84	—	—	—	—	—	—	254.68	253.92	339.57	338.20	594.25	591.46	848.93	845.88
96	—	—	—	—	—	—	291.06	290.30	388.08	386.71	679.15	676.35	970.21	967.16
120	—	—	—	—	—	—	363.83	363.07	485.10	483.73	848.93	846.14	1212.76	1209.71
156	—	—	—	—	—	—	—	—	630.64	629.26	—	—	—	—

注：括号中的齿数为非优先的直径尺寸。

表 10-51　同步带轮的宽度（摘自 GB/T 11361—2008）　（单位：mm）

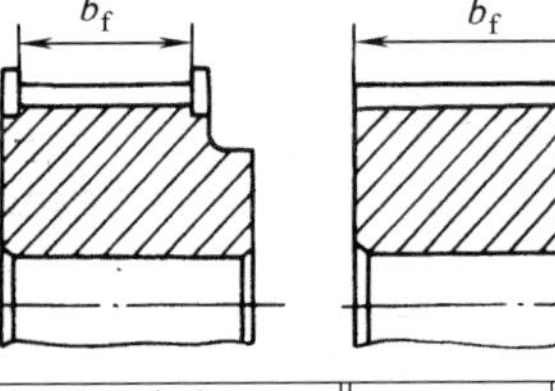

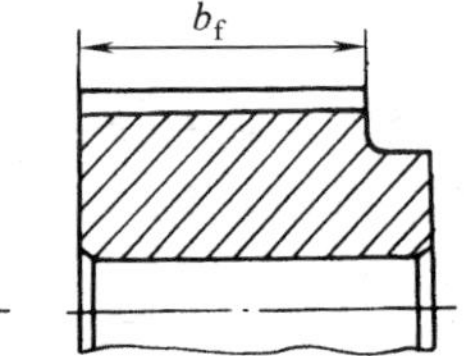

槽型	轮宽		带轮的最小宽度 b_f	
	代号	公称尺寸	双边挡圈	无挡圈
MXL XXL	012	3.2	3.8	5.6
	019	4.8	5.3	7.1
	025	6.4	7.1	8.9
XL	025	6.4	7.1	8.9
	031	7.9	8.6	10.4
	037	9.5	10.4	12.2
L	050	12.7	14.0	17.0
	075	19.1	20.3	23.3
	100	25.4	26.7	29.7

槽型	轮宽		带轮的最小宽度 b_f	
	代号	公称尺寸	双边挡圈	无挡圈
H	075	19.1	20.3	24.8
	100	25.4	26.7	31.2
	150	38.1	39.4	43.9
	200	50.8	52.8	57.3
	300	76.2	79.0	83.5
XH	200	50.8	56.6	62.6
	300	76.2	83.8	89.8
	400	101.6	110.7	116.7
XXH	200	50.8	56.6	64.1
	300	76.2	83.8	91.3
	400	101.6	110.7	118.2
	500	127.0	137.7	145.2

表 10-52　同步带轮的挡圈尺寸（摘自 GB/T 11361—2008）

带型	MXL	XXL	XL	L	H	XH	XXH
K_{min}	0.5	0.8	1.0	1.5	2.0	4.8	6.1
t	0.5~1.0	0.5~1.5	1.0~1.5	1.0~2.0	1.5~2.5	4.0~5.0	5.0~6.5

d_a—带轮外径（mm）

d_w—挡圈弯曲处直径（mm）

$d_w=(d_0+0.38)\pm0.25$

K—挡圈最小高度（mm）

注：1. 一般小带轮均装双边挡圈，或大、小轮的不同侧各装单边挡圈。

2. 轴间距 $a>8d_1$（d_1 为小带轮节径），两轮均装双边挡圈。

3. 轮轴垂直水平面时，两轮均应装双边挡圈；或至少主动轮装双边挡圈，从动轮下侧装单边挡圈。

表 10-53　同步带轮的公差和表面粗糙度（摘自 GB/T 11361—2008）　　（单位：mm）

项　目		符号	带轮外径 d_a								
			≤25.4	>25.4~50.8	>50.8~101.6	>101.6~177.8	>177.8~203.2	>203.2~254.0	>254.0~203.2	>304.8~508.0	>508.0
外径极限偏差		Δd_a	+0.05 0	+0.08 0	+0.10 0	+0.13 0	+0.15 0			+0.18 0	+0.20 0
节距偏差	任意两相邻齿	Δp	±0.03								
	90°弧内累积	Δp_Σ	±0.05	±0.08	±0.10	±0.13	±0.15			±0.18	±0.20
外圆径向圆跳动		δt_2	0.13					0.13+(d_a−203.2)×0.0005			
端面圆跳动		δt_1	0.10			0.001d_a			0.25+(d_a−254.0)×0.0005		
轮齿与轴孔平行度			<0.001B（B 为带轮宽度，B<10mm 时，按 10mm 计算）								
外圆锥度			<0.001B（B<10mm 时，按 10mm 计算）								
轴孔直径极限偏差		Δd_0	H7 或 H8								
外圆、齿面的表面粗糙度			Ra3.2~6.3								

10.5.2.5　设计实例

【例 10-3】　设计同步带传动。电动机为 Y180M-4，其额定功率 $P=18.5$kW，额定转速 $n_1=1470$r/min，传动比 $i=3.8$（减速），中心距约为 1000mm。每天两班制工作（按 16h 计）。用于橡胶加工机械。

【解】　1）设计功率 P_d。由表 10-48 查得 $K_A=2.0$

$$P_d=K_AP=(2.0\times18.5)\text{kW}=37\text{kW}$$

2）选定带型和节距。根据 $P_d=37$kW 和 $n_1=1470$r/min，由图 10-10 查得：

XH 型，节距 $p_b=22.225$mm。

3）小带轮齿数 z_1。根据带型 XH 和小带轮转速 n_1，由表 10-47 查得小带轮的最小齿数 $z_{1min}=26$，此处取 $z_1=25$。

4）小带轮节圆直径 d_1（也可由表 10-45 查得）：

$$d_1=\frac{z_1p_b}{\pi}=\frac{25\times22.225}{\pi}\text{mm}=176.86\text{mm}$$

由表 14-50 查得其外径 $d_{a1}=174.07$mm。

5）大带轮齿数 z_2：

$z_2=iz_1=3.8\times25=95$ 按表 10-50 取 $z_2=96$。

6）大带轮节圆直径 d_2（也可由表 10-45 查得）：

$$d_2=\frac{z_2p_b}{\pi}=\frac{96\times22.225}{\pi}\text{mm}=679.15\text{mm}$$

由表 10-50 查得其外径 $d_{a2}=676.35$mm。

7）带速 v：

$$v=\frac{\pi d_1n_1}{60\times1000}=\frac{\pi\times176.86\times1470}{60\times1000}\text{m/s}=13.61\text{m/s}$$

8）初定中心距 a_0：取 $a_0=1000$mm。

9）带长及其齿数：

$$L_0=2a_0+\frac{\pi}{2}(d_1+d_2)+\frac{(d_2-d_1)^2}{4a_0}$$

$$=\Big[2\times1000+\frac{\pi}{2}(176.86+679.15)+$$

$$\left.\frac{(679.15-176.86)^2}{4\times1000}\right]\text{mm}=3407.7\text{mm}$$

由表 10-41 查得应选用带长代号为 1400 的 XH 型同步带，其节线长 $L_p=3556\text{mm}$，节线长上的齿数 $z=160$。

10）实际中心距 a。此结构的中心距可调整：

$$a\approx a_0+\frac{L_p-L_0}{2}=\left[1000+\frac{3556-3407.7}{2}\right]\text{mm}$$

$$=1074.2\text{mm}$$

11）小带轮啮合齿数 z_m：

$$z_m=\text{ent}\left[\frac{z_1}{2}-\frac{p_b z_1}{2\pi^2 a}(z_2-z_1)\right]$$

$$=\text{ent}\left[\frac{25}{2}-\frac{22.225\times25}{2\pi^2\times1074.2}(96-25)\right]=10$$

12）基本额定功率 P_0：

由表 10-44 查得 $T_a=4048.9\text{N}$，$m=1.484\text{kg/m}$

$$P_0=\frac{(T_a-mv^2)v}{1000}$$

$$=\frac{(4048.9-1.484\times13.61^2)\times13.61}{1000}\text{kW}$$

$$=51.36\text{kW}$$

此值也可由表 10-45d 用插值法求得。

13）所需带宽 b_s：

由表 10-45d 查得 XH 型带 $b_{s0}=101.6\text{mm}$；按 $z_m=10$，查表 10-46 得 $k_z=1$：

$$b_s=b_{s0}\sqrt[1.14]{\frac{P_d}{k_z P_0}}$$

$$=101.6\sqrt[1.14]{\frac{37}{51.36}}\text{mm}=69.6\text{mm}$$

由表 10-42 查得，应选带宽代号为 300 的 XH 型带，其 $b_s=76.2\text{mm}$。

14）带轮结构和尺寸。传动选用的同步带为 1400XH300。

小带轮：$z_1=25$，$d_1=176.86\text{mm}$；

$d_{a1}=174.07\text{mm}$。

大带轮：$z_2=96$，$d_2=679.15\text{mm}$；

$d_{a2}=676.35\text{mm}$。

中心距：$a=1074.2\text{mm}$。

可根据上列参数决定带轮的结构和全部尺寸（本题略）。

10.5.3　圆弧齿同步带传动设计

10.5.3.1　尺寸规格（见表 10-54～表 10-57）

表 10-54　圆弧齿同步带和带宽尺寸（摘自 JB/T 7512.1—2014）　　（单位：mm）

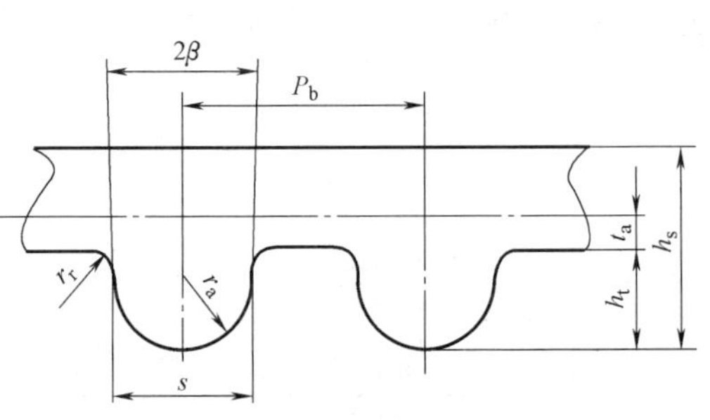

a) 单面齿同步带

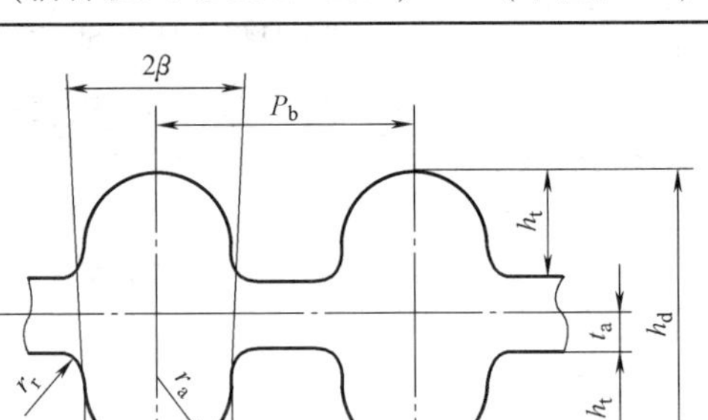

b) 对称双面齿同步带(DA型)

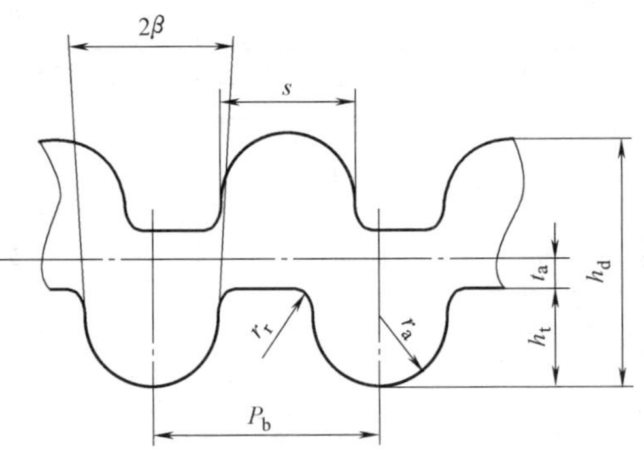

c) 交错式双面齿同步带(DB型)

（续）

型　　号	3M	5M	8M	14M	20M
节距 P_b	3	5	8	14	20
齿高 h_t	1.22	2.06	3.38	6.02	8.40
齿顶圆角半径 r_a	0.87	1.49	2.46	4.50	6.50
齿根圆角半径 r_r	0.30	0.41	0.76	1.35	2.03
齿根厚 s	1.78	3.05	5.15	9.40	14
齿形角 2β	≈14°	≈14°	≈14°	≈14°	≈14°
带高（单面）h_s	2.4	3.8	6.0	10.0	13.2
带高（双面）h_d	3.2	5.3	8.1	14.8	—
节线差 t_a	0.381	0.572	0.686	1.397	2.159
带宽 b_s	6,9,15	9,15,25	20,30,50,85	40,55,85,115,170	115,170,230,290,340

圆弧齿同步带的标记：

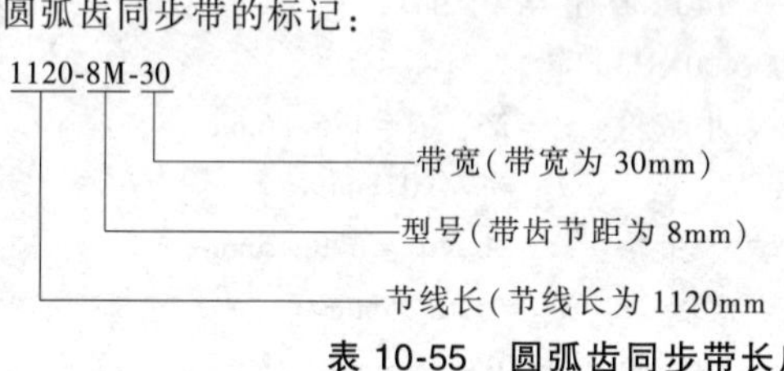

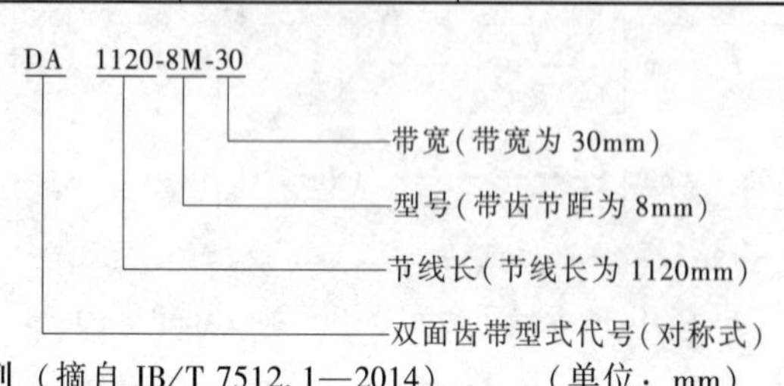

表 10-55　圆弧齿同步带长度系列（摘自 JB/T 7512.1—2014）　　（单位：mm）

带的型号	节距 p_b	带节线长度 L_p 系列
3M	3	120,144,150,177,192,201,207,225,252,264,276,300,339,384,420,459,486,501,537,564,633,750,936,1800
5M	5	295,300,320,350,375,400,420,450,475,500,520,550,560,565,600,615,635,645,670,695,710,740,830,845,860,870,890,900,920,930,940,950,975,1000,1025,1050,1125,1145,1270,1295,1350,1380,1420,1595,1800,1870,2350
8M	8	416,424,480,560,600,640,720,760,800,840,856,880,920,960,1000,1040,1056,1080,1120,1200,1248,1280,1392,1400,1424,1440,1600,1760,1800,2000,2240,2272,2400,2600,2800,3048,3200,3280,3600,4400
14M	14	966,1196,1400,1540,1610,1778,1890,2002,2100,2198,2310,2450,2590,2800,3150,3360,3500,3850,4326,4578,4956,5320
20M	20	2000,2500,3400,3800,4200,4600,5000,5200,5400,5600,5800,6000,6200,6400,6600

注：1. 长度代号等于其节线长 L_P 的数值，如 $L_P=1248$mm 的 8M 同步带，型号为 1248。

2. 带的齿数 = 节线长度 L_P/节距 p_b，如 $L_P=1248$ 的 8M 同步带，齿数 = 1248/8 = 156 齿。

表 10-56　带宽和极限偏差（摘自 JB/T 7512.1—2014）　　（单位：mm）

型号	带宽 b_s	带宽极限偏差		
		$L_p\leqslant 840$	$840<L_p\leqslant 1680$	$L_p>1680$
3M	6	±0.3	±0.4	—
	9	±0.4	±0.4	±0.6
	15	±0.4	±0.6	±0.8
5M	9	±0.4	±0.4	±0.6
	15	±0.4	±0.6	±0.8
	25			
8M	20	±0.6	±0.6	±0.8
	30			
	50	±1.0	±1.2	±1.2
	85	±1.5	±1.5	±2.0
14M	40	±0.8	±0.8	±1.2
	55	±1.0	±1.2	±1.2
	85	±1.2	±1.2	±1.5
	115	±1.5	±1.5	±1.8
	170			
20M	115	±1.8	±1.8	±2.2
	170			
	230	—	—	±4.8
	290			
	340			

注：L_p—节线长。

表 10-57　节线长度极限偏差　　　　（单位：mm）

节线长范围	节线长极限偏差	节线长范围	节线长极限偏差	节线长范围	节线长极限偏差
≤254	±0.40	>2286～2540	±1.02	>4572～4826	±1.46
>254～381	±0.46	>2540～2794	±1.06	>4826～5008	±1.52
>381～508	±0.50	>2794～3048	±1.12	>5008～5334	±1.58
>508～762	±0.60	>3048～3320	±1.16	>5334～5588	±1.64
>762～1016	±0.66	>3320～3556	±1.22	>5588～5842	±1.70
>1016～1270	±0.76	>3556～3810	±1.28	>5842～6096	±1.76
>1270～1524	±0.82	>3810～4064	±1.32	>6096～6350	±1.82
>1524～1778	±0.86	>4064～4318	±1.38	>6350～6604	±1.88
>1778～2032	±0.92	>4318～4572	±1.42	>6604～6858	±1.94
>2032～2286	±0.96				

10.5.3.2　选型和额定功率（见表 10-58 和图 10-12）

表 10-58a　3M（6mm 宽）基本额定功率 P_0（摘自 JB/T 7512.3—2014）（单位：kW）

Z_1		10	12	14	16	18	20	24	28	32	40	48	56	64	72	80
d_1/mm		9.55	11.46	13.37	15.28	17.19	19.10	22.92	26.74	30.56	38.20	45.48	53.48	61.12	68.75	76.39
小带轮转速/(r/min)	20	0.001	0.001	0.001	0.001	0.002	0.002	0.002	0.003	0.003	0.004	0.006	0.007	0.008	0.008	0.008
	40	0.002	0.002	0.002	0.003	0.003	0.003	0.004	0.005	0.006	0.009	0.011	0.013	0.015	0.017	0.019
	60	0.002	0.003	0.003	0.004	0.005	0.005	0.007	0.008	0.010	0.013	0.017	0.020	0.023	0.025	0.028
	100	0.004	0.005	0.006	0.007	0.008	0.009	0.011	0.013	0.016	0.021	0.028	0.033	0.038	0.042	0.047
	200	0.008	0.010	0.011	0.013	0.015	0.017	0.022	0.027	0.032	0.043	0.055	0.066	0.075	0.084	0.094
	300	0.011	0.013	0.016	0.018	0.021	0.024	0.030	0.036	0.043	0.058	0.074	0.087	0.100	0.112	0.125
	400	0.013	0.016	0.019	0.023	0.026	0.030	0.037	0.045	0.053	0.071	0.090	0.107	0.122	0.138	0.153
	500	0.016	0.019	0.023	0.027	0.031	0.035	0.044	0.053	0.062	0.083	0.106	0.125	0.143	0.161	0.179
	600	0.018	0.022	0.027	0.031	0.035	0.040	0.050	0.060	0.071	0.095	0.120	0.142	0.163	0.183	0.203
	700	0.020	0.025	0.030	0.035	0.040	0.045	0.056	0.068	0.080	0.106	0.134	0.159	0.181	0.204	0.227
	800	0.023	0.028	0.033	0.039	0.044	0.050	0.062	0.075	0.088	0.117	0.148	0.174	0.199	0.224	0.249
	870	0.024	0.030	0.035	0.041	0.047	0.053	0.066	0.080	0.094	0.124	0.157	0.185	0.211	0.238	0.264
	900	0.025	0.030	0.036	0.042	0.048	0.055	0.068	0.082	0.096	0.127	0.160	0.189	0.216	0.243	0.270
	1000	0.027	0.033	0.039	0.046	0.052	0.059	0.073	0.088	0.104	0.137	0.173	0.204	0.233	0.262	0.291
	1160	0.030	0.037	0.044	0.051	0.059	0.066	0.082	0.099	0.116	0.153	0.192	0.226	0.258	0.291	0.323
	1200	0.031	0.038	0.045	0.052	0.060	0.068	0.084	0.101	0.119	0.156	0.197	0.232	0.265	0.298	0.330
	1400	0.035	0.043	0.051	0.059	0.068	0.076	0.094	0.113	0.133	0.175	0.219	0.258	0.295	0.331	0.368
	1450	0.036	0.044	0.052	0.061	0.069	0.078	0.097	0.116	0.137	0.179	0.225	0.264	0.302	0.339	0.377
	1600	0.039	0.047	0.056	0.065	0.075	0.084	0.104	0.125	0.147	0.192	0.241	0.283	0.323	0.363	0.403
	1750	0.042	0.051	0.060	0.070	0.080	0.090	0.112	0.134	0.157	0.205	0.256	0.301	0.344	0.386	0.429
	1800	0.042	0.052	0.062	0.072	0.082	0.092	0.114	0.136	0.160	0.209	0.261	0.307	0.351	0.394	0.437
	2000	0.046	0.056	0.067	0.077	0.089	0.100	0.123	0.148	0.173	0.226	0.281	0.331	0.377	0.423	0.469
	2400	0.053	0.065	0.077	0.089	0.102	0.115	0.141	0.169	0.197	0.257	0.319	0.375	0.427	0.479	0.530
	2800	0.060	0.073	0.086	0.100	0.114	0.129	0.158	0.189	0.221	0.287	0.355	0.416	0.474	0.530	0.586
	3200	0.066	0.081	0.096	0.111	0.126	0.142	0.175	0.209	0.243	0.315	0.389	0.455	0.517	0.578	0.638
	3600	0.073	0.088	0.105	0.121	0.138	0.155	0.191	0.227	0.265	0.342	0.421	0.492	0.558	0.622	0.685
	4000	0.079	0.096	0.113	0.131	0.150	0.168	0.206	0.245	0.285	0.368	0.451	0.526	0.596	0.663	0.727
	5000	0.094	0.114	0.134	0.155	0.177	0.198	0.243	0.288	0.334	0.427	0.521	0.603	0.678	0.749	0.814
	6000	0.108	0.131	0.154	0.178	0.202	0.227	0.227	0.327	0.378	0.481	0.581	0.667	0.743	0.812	0.871
	7000	0.121	0.147	0.173	0.200	0.227	0.254	0.309	0.364	0.419	0.528	0.631	0.718	0.790	0.850	0.896
	8000	0.134	0.163	0.191	0.221	0.250	0.279	0.339	0.398	0.456	0.569	0.673	0.754	0.816	0.861	0.885
	10000	0.159	0.192	0.226	0.259	0.293	0.326	0.393	0.457	0.519	0.631	0.724	0.781	0.804	0.792	0.729
	12000	0.182	0.220	0.257	0.295	0.332	0.368	0.438	0.505	0.566	0.666	0.729	0.739	0.691	0.582	—
	14000	0.204	0.245	0.286	0.327	0.366	0.404	0.476	0.541	0.596	0.670	0.683	0.616	—	—	—

表 10-58b　5M（9mm 宽）基本额定功率 P_0（摘自 JB/T 7512.3—2014）（单位：kW）

Z_1		14	16	18	20	24	28	32	36	40	44	48	56	64	72	80
d_1/mm		22.28	25.46	28.65	31.83	38.20	44.56	50.93	57.30	63.66	70.03	76.39	89.13	101.86	114.59	127.32
小带轮转速/(r/min)	20	0.004	0.005	0.006	0.007	0.009	0.011	0.013	0.015	0.017	0.020	0.023	0.027	0.031	0.034	0.038
	40	0.009	0.011	0.012	0.014	0.018	0.021	0.026	0.030	0.035	0.040	0.045	0.054	0.061	0.069	0.077
	60	0.013	0.016	0.018	0.021	0.026	0.032	0.038	0.045	0.052	0.060	0.068	0.080	0.092	0.103	0.115
	100	0.022	0.026	0.030	0.035	0.044	0.054	0.064	0.075	0.087	0.100	0.113	0.134	0.153	0.172	0.192

（续）

Z_1		14	16	18	20	24	28	32	36	40	44	48	56	64	72	80
d_1/mm		22.28	25.46	28.65	31.83	38.20	44.56	50.93	57.30	63.66	70.03	76.39	89.13	101.86	114.59	127.32
小带轮转速/(r/min)	200	0.045	0.053	0.061	0.069	0.088	0.107	0.128	0.150	0.174	0.199	0.226	0.268	0.306	0.345	0.383
	300	0.061	0.072	0.083	0.094	0.119	0.145	0.172	0.202	0.233	0.266	0.300	0.356	0.407	0.458	0.509
	400	0.076	0.090	0.103	0.117	0.147	0.179	0.213	0.249	0.286	0.326	0.368	0.436	0.498	0.561	0.623
	500	0.091	0.106	0.122	0.139	0.174	0.211	0.251	0.292	0.336	0.382	0.430	0.510	0.583	0.656	0.728
	600	0.104	0.122	0.140	0.159	0.199	0.241	0.286	0.334	0.383	0.435	0.489	0.580	0.662	0.745	0.827
	700	0.117	0.137	0.158	0.179	0.223	0.271	0.321	0.373	0.428	0.485	0.545	0.646	0.738	0.829	0.921
	800	0.130	0.152	0.174	0.198	0.247	0.299	0.353	0.411	0.471	0.533	0.598	0.709	0.809	0.910	1.010
	870	0.139	0.162	0.186	0.211	0.263	0.318	0.376	0.437	0.500	0.566	0.634	0.751	0.858	0.965	1.071
	900	0.142	0.166	0.191	0.216	0.269	0.326	0.385	0.447	0.512	0.580	0.650	0.769	0.879	0.987	1.096
	1000	0.154	0.180	0.206	0.234	0.291	0.352	0.416	0.483	0.552	0.625	0.699	0.828	0.945	1.062	1.178
	1160	0.173	0.201	0.231	0.262	0.326	0.393	0.464	0.537	0.614	0.694	0.776	0.918	1.047	1.176	1.304
	1200	0.177	0.207	0.237	0.268	0.334	0.403	0.475	0.551	0.629	0.710	0.794	0.939	1.072	1.204	1.334
	1400	0.199	0.232	0.266	0.301	0.375	0.451	0.532	0.615	0.702	0.791	0.884	1.044	1.919	1.336	1.480
	1450	0.205	0.239	0.274	0.309	0.384	0.463	0.545	0.631	0.720	0.811	0.905	1.071	1.220	1.368	1.515
	1600	0.221	0.257	0.295	0.333	0.414	0.498	0.586	0.677	0.771	0.869	0.969	1.144	1.303	1.461	1.617
	1750	0.236	0.275	0.315	0.356	0.442	0.532	0.625	0.722	0.822	0.925	1.030	1.215	1.384	1.550	1.713
	1800	0.242	0.281	0.322	0.364	0.451	0.543	0.638	0.736	0.838	0.943	1.050	1.239	1.410	1.578	1.745
	2000	0.262	0.305	0.349	0.394	0.488	0.586	0.688	0.794	0.902	1.014	1.128	1.329	1.511	1.689	1.864
	2400	0.301	0.350	0.400	0.451	0.558	0.669	0.784	0.902	1.024	1.148	1.274	1.479	1.697	1.891	2.079
	2800	0.338	0.393	0.449	0.506	0.625	0.748	0.874	1.004	1.137	1.272	1.408	1.649	1.863	2.067	2.262
	3200	0.374	0.434	0.496	0.559	0.688	0.822	0.960	1.100	1.242	1.386	1.531	1.786	2.008	2.217	2.411
	3600	0.409	0.474	0.541	0.609	0.749	0.893	1.040	1.190	1.340	1.492	1.644	1.908	2.134	2.340	2.526
	4000	0.443	0.513	0.585	0.658	0.808	0.961	1.116	1.274	1.431	1.589	1.745	2.015	2.238	2.436	2.604
	5000	0.523	0.605	0.688	0.772	0.943	1.115	1.288	1.459	1.628	1.792	1.951	2.212	2.402	2.541	2.623
	6000	0.598	0.690	0.783	0.877	1.064	1.250	1.433	1.610	1.778	1.973	2.084	2.301	2.411	2.434	2.358
	7000	0.669	0.769	0.870	0.971	1.171	1.365	1.550	1.722	1.880	2.019	2.137	2.268	2.245	2.084	1.766
	8000	0.735	0.843	0.950	1.057	1.264	1.459	1.637	1.794	1.927	2.031	2.101	2.100	1.882	—	—
	10000	0.854	0.972	1.088	1.199	1.403	1.577	1.714	1.804	1.842	1.819	1.729	—	—	—	—
	12000	0.956	1.078	1.193	1.299	1.476	1.594	1.643	1.609	—	—	—	—	—	—	—
	14000	1.039	1.158	1.354	1.473	1.495	1.403	—	—	—	—	—	—	—	—	—

表 10-58c 8M（20mm 宽）基本额定功率 P_0（摘自 JB/T 7512.3—2014）（单位：kW）

Z_1		22	24	26	28	30	32	34	36	38	40	44	48	56	64	72	80
d_1/mm		56.02	61.12	66.21	71.30	76.38	81.49	86.58	91.67	96.77	101.86	112.05	122.23	142.60	162.97	183.35	203.72
小带轮转速/(r/min)	10	0.02	0.02	0.02	0.03	0.04	0.04	0.07	0.08	0.08	0.09	0.10	0.10	0.12	0.14	0.16	0.18
	20	0.04	0.04	0.05	0.06	0.07	0.08	0.14	0.14	0.16	0.17	0.19	0.19	0.22	0.26	0.30	0.33
	40	0.07	0.09	0.10	0.12	0.14	0.16	0.25	0.27	0.29	0.13	0.34	0.37	0.42	0.48	0.54	0.60
	60	0.12	0.13	0.15	0.17	0.21	0.25	0.36	0.38	0.41	0.44	0.48	0.51	0.59	0.68	0.76	0.85
	100	0.19	0.22	0.25	0.28	0.34	0.41	0.54	0.58	0.63	0.68	0.74	0.79	0.92	1.04	1.18	1.31
	200	0.37	0.41	0.47	0.55	0.66	0.78	0.96	1.04	1.12	1.21	1.31	1.42	1.63	1.86	2.08	2.31
	300	0.53	0.59	0.67	0.79	0.94	1.13	1.33	1.44	1.56	1.67	1.82	1.96	2.28	2.57	2.87	3.18
	400	0.69	0.76	0.87	1.01	1.20	1.45	1.66	1.81	1.95	2.10	2.28	2.47	2.86	3.22	3.59	3.96
	500	0.83	0.92	1.04	1.20	1.43	1.73	1.96	2.15	2.33	2.50	2.72	2.94	3.39	3.82	4.24	4.67
	600	0.98	1.07	1.20	1.38	1.64	1.99	2.25	2.47	2.68	2.87	3.13	3.37	3.90	4.37	4.85	5.32
	700	1.14	1.25	1.35	1.54	1.83	2.22	2.51	2.77	3.01	3.23	3.51	3.79	4.37	4.89	5.41	5.92
	800	1.31	1.42	1.54	1.69	1.99	2.41	2.75	3.05	3.32	3.56	3.86	4.18	4.82	5.38	5.92	6.46
	900	1.42	1.54	1.68	1.81	2.10	2.54	2.92	3.24	3.54	3.78	4.11	4.44	5.12	5.70	6.27	6.81
	1000	1.63	1.78	1.92	2.07	2.26	2.73	3.21	3.57	3.90	4.18	4.54	4.89	5.63	6.25	6.85	7.42
	1160	1.89	2.06	2.33	2.40	2.57	2.95	3.54	3.95	4.33	4.63	5.03	5.42	6.22	6.87	7.48	8.04
	1200	1.95	2.13	2.31	2.48	2.66	3.02	3.61	4.04	4.43	4.74	5.14	5.54	6.36	7.01	7.62	8.18
	1400	2.28	2.48	2.69	2.89	3.10	3.23	3.97	4.46	4.92	5.26	5.69	6.12	7.00	7.66	8.25	8.76
	1600	2.60	2.83	3.07	3.30	3.54	3.77	4.28	4.83	5.36	5.72	6.18	6.65	7.56	8.20	8.72	9.06
	1750	2.84	3.10	3.36	3.61	3.86	4.11	4.48	5.09	5.65	6.05	6.53	7.00	7.92	8.51	8.89	9.71
	2000	3.25	3.54	3.83	4.11	4.40	4.68	4.97	5.43	6.11	6.53	7.02	7.50	8.39	8.97	9.94	10.85
	2400	3.88	4.23	4.57	4.91	5.25	5.59	5.92	6.25	6.68	7.15	7.62	8.17	9.37	10.50	11.53	12.48
	2800	4.51	4.91	5.30	5.70	6.09	6.47	6.85	7.23	7.59	7.96	8.68	9.37	10.68	11.86	12.91	13.82
	3200	—	—	6.03	6.47	6.90	7.33	7.75	8.17	8.58	8.97	9.75	10.50	11.86	13.05	14.05	14.81
	3500	—	—	—	—	7.50	7.96	8.41	8.86	9.28	9.71	10.52	11.29	12.67	13.82	—	—
	4000	—	—	—	—	—	8.97	9.47	9.94	10.41	10.85	11.70	12.48	13.82	—	—	—
	4500	—	—	—	—	—	—	10.46	10.96	11.44	11.91	12.76	13.51	—	—	—	—
	5000	—	—	—	—	—	—	—	11.91	12.39	12.85	—	—	—	—	—	—
	5500	—	—	—	—	—	—	—	—	13.23	13.67	—	—	—	—	—	—

注：与粗黑线框内功率对应的使用寿命将会降低。

表 10-58d　14M（40mm 宽）基本额定功率 P_0（摘自 JB/T 7512.3—2014）　（单位：kW）

Z_1		28	29	30	32	34	36	38	40	44	48	56	64	72	80
d_1/mm		124.78	129.23	133.69	142.60	151.52	160.43	169.34	178.25	196.08	213.90	249.55	285.21	320.86	365.51
小带轮转速/(r/min)	10	0.18	0.19	0.19	0.21	0.23	0.27	0.32	0.377	0.41	0.45	0.52	0.60	0.68	0.78
	20	0.37	0.38	0.39	0.42	0.46	0.53	0.63	0.75	0.83	0.90	1.05	1.20	1.35	1.57
	40	0.73	0.75	0.78	0.84	0.93	1.06	1.27	1.50	1.65	1.81	2.10	2.40	2.70	3.13
	60	1.10	1.13	1.17	1.25	1.39	1.59	1.91	2.25	2.48	2.70	3.16	3.60	4.05	4.70
	100	1.83	1.89	1.95	2.08	2.31	2.65	3.18	3.75	4.13	4.51	5.25	6.01	6.75	7.83
	200	3.65	3.77	3.91	4.12	4.63	5.30	6.36	7.34	8.25	9.00	10.50	12.00	13.50	15.64
	300	5.01	5.25	5.54	5.74	6.87	7.94	9.12	9.86	11.28	13.07	15.73	17.97	20.21	22.89
	400	6.14	6.51	6.90	7.24	8.57	10.44	11.21	12.09	13.71	15.73	19.36	22.29	24.63	27.04
	500	7.19	7.67	8.17	8.65	10.15	12.23	13.11	14.10	15.88	18.05	22.13	25.24	27.83	30.50
	600	8.16	8.76	9.36	9.98	11.63	13.89	14.85	15.94	17.84	20.13	24.56	27.76	30.54	33.40
	700	9.08	9.78	10.48	11.25	13.02	15.43	16.46	17.64	19.64	22.01	26.71	29.93	32.85	35.83
	800	9.95	10.75	11.56	12.46	14.33	16.85	17.97	19.22	21.29	23.71	28.60	31.79	34.79	37.84
	870	10.54	11.41	12.27	13.27	15.21	17.80	18.96	20.25	22.37	24.80	29.80	32.94	35.96	39.16
	1000	11.59	12.57	13.55	14.72	16.76	19.64	20.69	22.05	24.21	26.65	31.76	34.73	37.73	40.72
	1160	12.81	13.92	15.02	16.40	18.54	21.31	22.63	24.06	26.23	28.63	33.75	36.37	39.25	42.01
	1200	13.11	14.25	15.37	16.80	21.75	23.08	24.53	26.69	29.08	34.17	36.73	39.52	42.19	—
	1400	14.53	15.79	17.05	18.70	20.94	23.77	25.17	26.67	28.79	31.06	35.90	37.87	40.21	42.28
	1600	15.78	17.24	18.59	20.45	22.72	25.54	26.98	28.51	30.53	32.60	37.00	38.20	39.84	—
	1750	16.84	18.25	19.66	21.65	23.92	26.71	28.17	29.70	31.60	33.49	37.40	37.91	—	—
	2000	18.40	19.84	21.29	23.46	25.69	28.38	29.83	31.32	32.97	34.47	37.31	36.44	—	—
	2400	20.82	22.08	23.52	25.83	27.91	30.30	31.66	33.00	34.72	35.14	—	—	—	—
	2800	23.48	24.11	25.30	27.52	29.34	31.31	32.47	33.53	33.72	33.33	—	—	—	—
	3200	—	26.36	26.91	28.51	29.97	31.41	32.24	32.88	—	—	—	—	—	—
	3500	—	—	28.25	29.07	29.94	30.92	31.40	—	—	—	—	—	—	—
	4000	—	—	—	30.17	29.27	—	—	—	—	—	—	—	—	—

注：与粗黑线框内功率对应的使用寿命将会降低。

表 10-58e　20M（115mm 宽）基本额定功率 P_0（摘自 JB/T 7512.3—2014）　（单位：kW）

Z_1		34	36	38	40	44	48	52	56	60	64	68	72	80	90
d_1/mm		216.45	229.18	241.92	254.65	280.11	305.58	331.04	356.51	381.97	407.44	432.90	458.37	509.30	572.96
小带轮转速/(r/min)	10	2.01	2.16	2.31	2.46	2.69	2.98	3.21	3.43	3.66	3.80	4.03	4.18	4.55	5.00
	20	4.03	4.33	4.55	4.85	5.45	5.89	6.42	6.86	7.31	7.68	8.06	8.18	9.17	10.00
	30	6.04	6.49	6.86	7.31	8.13	8.88	9.62	10.29	10.97	11.49	12.09	12.61	13.73	15.07
	40	7.98	8.58	9.18	9.77	10.82	11.79	12.70	13.80	14.55	15.37	17.11	16.86	18.28	20.07
	50	10.00	10.74	11.41	12.16	13.50	14.77	15.96	17.23	18.20	19.17	20.14	21.04	22.90	25.06
	60	12.01	12.91	13.73	14.62	16.26	17.68	19.17	20.14	21.86	22.97	24.17	25.29	27.45	30.06
	80	16.04	17.23	18.28	19.47	21.63	23.57	25.59	27.53	29.17	30.66	32.15	33.64	36.55	40.06
	100	19.99	21.48	22.90	24.32	27.08	29.54	31.93	34.39	36.40	38.34	40.21	42.07	45.73	50.06
	150	30.06	32.23	34.32	36.48	40.58	44.24	47.89	51.62	54.61	57.44	60.28	63.04	68.48	74.97
	200	40.06	41.78	45.73	48.64	54.01	58.93	63.80	68.71	72.66	76.47	80.20	83.93	91.09	99.67
	300	57.96	62.29	66.17	70.35	78.93	87.80	93.53	99.14	104.66	110.04	115.26	120.40	130.40	142.34
	400	73.03	78.33	83.15	88.40	98.99	110.04	116.97	123.76	130.40	136.82	143.08	149.20	160.99	174.79
	500	87.06	93.25	98.99	105.11	117.57	130.40	138.35	146.14	153.68	160.99	168.00	174.79	187.69	202.46
	600	100.19	107.27	113.77	120.70	134.73	149.20	—	166.58	174.79	182.62	190.16	197.32	210.75	225.67
	730	116.15	124.21	131.59	139.43	155.32	171.58	—	190.38	199.11	207.31	215.00	222.23	235.21	248.57
	800	124.28	132.86	140.62	148.83	165.54	182.62	192.62	201.94	210.75	218.95	226.56	233.57	245.73	257.37
	870	132.04	141.07	149.20	157.85	175.31	193.06	203.21	212.61	221.26	229.40	236.78	243.35	254.31	263.64
	970	142.64	152.18	160.76	169.94	188.29	206.87	—	226.34	234.77	242.30	248.94	254.61	263.04	—
	1170	161.88	172.33	181.58	191.42	210.97	230.51	—	248.27	255.13	260.58	264.61	267.07	267.44	—
	1200	164.57	175.09	184.49	194.33	214.03	233.57	—	250.88	257.37	262.37	265.87	267.74	266.47	—
	1460	185.46	196.57	206.19	216.27	235.96	254.98	261.55	265.95	267.96	267.52	264.46	—	—	—
	1600	194.93	206.12	215.59	225.52	244.54	262.37	266.70	268.04	266.47	—	—	—	—	—
	1750	203.66	214.70	223.60	233.27	251.03	266.99	267.96	265.35	—	—	—	—	—	—
	2000	214.92	225.14	233.13	241.26	225.36	266.47	—	—	—	—	—	—	—	—

注：与粗黑线框内功率对应的使用寿命将会降低。

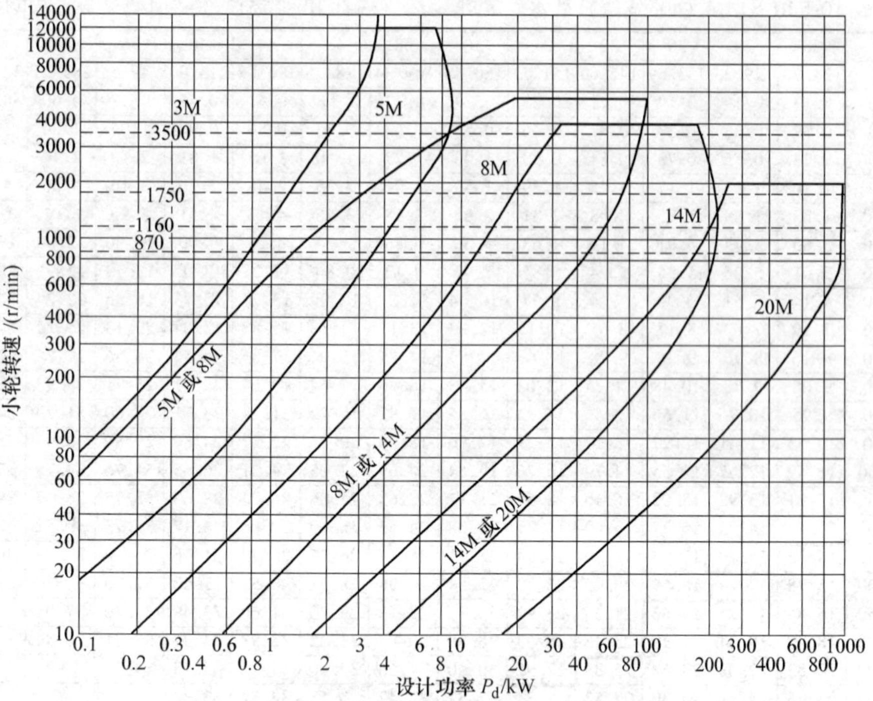

图 10-12　圆弧齿同步带选型图（摘自 JB/T 7512.3—2014）

10.5.3.3　圆弧齿同步带传动设计计算

圆弧齿同步带传动的设计计算见表 10-59a。

表 10-59a　圆弧齿同步带传动设计计算（摘自 JB/T 7512.3—2014）

序号	计算项目	符号	单位	计算公式和参数选定	说　明
1	设计功率	P_d	kW	$P_d=K_AP$	P—传递的功率(kW) K_A—工况系数,查表 10-12
2	选定带型节距 p_b	p_b	mm	根据 P_d 和 n_1 由图 10-12 选取	n_1—小带轮转速(r/min)
3	小带轮齿数	Z_1		$Z_1 \geqslant Z_{min}$ Z_{min} 见表 10-66	带速 v 和安装尺寸允许时,Z_1 应取较大的值
4	小带轮节圆直径	d_1	mm	$d_1=\dfrac{Z_1p_b}{\pi}$	
5	大带轮齿数	Z_2		$Z_2=iZ_1=\dfrac{n_1}{n_2}Z_1$	i—传动比 n_2—大带轮转速(r/min)
6	大带轮节圆直径	d_2	mm	$d_2=\dfrac{Z_2p_b}{\pi}$	
7	带速	v	m/s	$v=\dfrac{\pi d_1n_1}{60\times1000}$	
8	初定中心距	a_0	mm	$0.7(d_1+d_2) \leqslant a_0 \leqslant 2(d_1+d_2)$	或根据结构要求确定
9	带长(节线长度)	L_0	mm	$L_0=2a_0+\dfrac{\pi(d_1+d_2)}{2}+\dfrac{(d_2-d_1)^2}{4a_0}$	按表 10-55 选取标准节线长 L_P
10	带齿数	Z		$Z=\dfrac{L_P}{P_b}$	
11	实际中心距	a	mm	$a \approx [M+\sqrt{M^2-32(d_2-d_1)^2}]/16$ $M=4L_P-2\pi(d_2+d_1)$	
12	安装量 调整量	I S	mm mm	$a_{min}=a-I$ $a_{max}=a+S$	I、S 由表 10-63 查得

（续）

序号	计算项目	符号	单位	计算公式和参数选定	说　明
13	啮合齿数	Z_m		$Z_m=\mathrm{ent}\left(0.5-\frac{d_2-d_1}{6a}\right)Z_1$	
14	啮合齿数系数	K_Z		$Z_m\geqslant6$ 时，$K_Z=1$ $Z_m<6$ 时，$K_Z=1-0.2(6-Z_m)$	
15	基本额定功率	P_0	kW		表 10-58
16	带的额定功率	P_r	kW	$P_r=K_LK_ZK_WP_0$	带宽系数 $K_W=\left(\frac{b_s}{b_{s0}}\right)^{1.14}$
17	要求带宽	b_s	mm	按 $P_d\leqslant P_r$ 原则选择带宽，由此得下式 $b_s\geqslant b_{s0}\sqrt[1.14]{\frac{P_d}{K_LK_ZP_0}}$	K_L—带长系数，由表 10-62 查得 b_{s0}—带的基本宽度，由下表查得 带型：3M，5M，8M，14M，20M b_{s0}/mm：6，9，20，40，115
18	紧边张力 松边张力	F_1 F_2	N N	$F_1=1250P_d/v$ $F_2=250P_d/v$	
19	压轴力	F_Q	N	$F_Q=K_F(F_1+F_2)$	K_F—矢量相加修正系数，查图 10-13
20	带轮设计				参考表 10-60～表 10-70

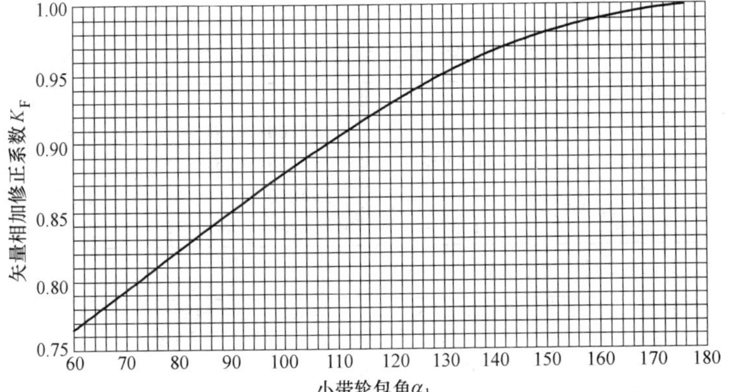

图 10-13　矢量相加修正系数（摘自 GB/T 7512.3—2014）

注：小轮包角 $\alpha_1=180°-\left(\frac{d_2-d_1}{a}\right)\times57.3°$。

10.5.3.4　带轮（见表 10-60～表 10-70）

表 10-60　轮槽尺寸及极限偏差（摘自 JB/T 7512.2—2014）　　（单位：mm）

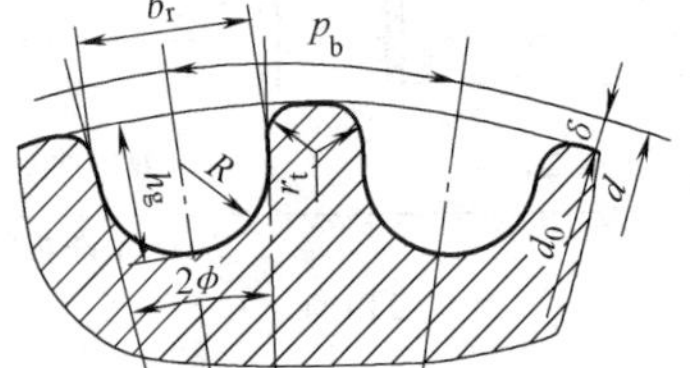

节圆直径：$d=\frac{p_bz}{\pi}$

外径：$d_0=d-2\delta$

槽型	节距 p_b	齿槽深 h_g	底圆半径 R	齿顶圆角半径 r_t	齿槽顶宽 s	两倍节顶距 2δ	齿形角 2ϕ/(°)
3M	3±0.03	1.28±0.05	0.91±0.05	0.26～0.35	1.90	0.762	≈14
5M	5±0.03	2.16±0.05	1.56±0.05	0.48～0.52	3.25	1.144	≈14
8M	8±0.04	3.54±0.05	2.57±0.05	0.78～0.84	5.35	1.372	≈14
14M	14±0.04	6.20±0.07	4.65±0.08	1.36～1.50	9.80	2.794	≈14
20M	20±0.05	8.60±0.09	6.84±0.13	1.95～2.25	14.80	4.320	≈14

表 10-61　最少齿数 Z_{min}（摘自 JB/T 7512.3—2014）

带轮转速/(r/min)	带型				
	3M	5M	8M	14M	20M
	Z_{min}				
≤900	10	14	22	28	34
>900~1200	14	20	28	28	34
>1200~1800	16	24	32	32	38
>1800~3600	20	28	36	—	—
>3600~4800	22	30	—	—	—

表 10-62　带长系数 K_L（摘自 JB/T 7512.3—2014）

带型							
3M	L_P/mm	≤190	191~260	261~400	401~600	>600	
	K_L	0.80	0.90	1.00	1.10	1.20	
5M	L_P/mm	≤440	441~550	551~800	801~1100	>1100	
	K_L	0.80	0.90	1.00	1.10	1.20	
8M	L_P/mm	≤600	601~900	901~1250	1251~1800	>1800	
	K_L	0.80	0.90	1.00	1.10	1.20	
14M	L_P/mm	≤1400	1401~1700	1701~2000	2001~2500	2501~3400	>3400
	K_L	0.80	0.90	0.95	1.00	1.05	1.10
20M	L_P/mm	≤2000	2001~2500	2501~3400	3401~4600	4601~5600	>5600
	K_L	0.80	0.85	0.95	1.00	1.05	1.10

表 10-63　中心距安装量 I 和调整量 S（摘自 JB/T 7512.3—2014）　（单位：mm）

L_P	I	S	L_P	I	S
≤500	1.02	0.76	>2260~3020	2.79	1.27
>500~1000	1.27	0.76	>3020~4020	3.56	1.27
>1000~1500	1.78	1.02	>4020~4780	4.32	1.27
>1500~2260	2.29	1.27	>4780~6860	5.33	1.27

注：当带轮加挡圈时，安装量 I 还应加下表数值（mm）：

带型	单轮加挡圈	两轮均加挡圈	带型	单轮加挡圈	两轮均加挡圈
3M	3.0	6.0	14M	35.6	58.2
5M	13.5	19.1	20M	47.0	77.5
8M	21.6	32.8			

表 10-64　圆弧齿同步带轮宽度（摘自 JB/T 7512.2—2014）　（单位：mm）

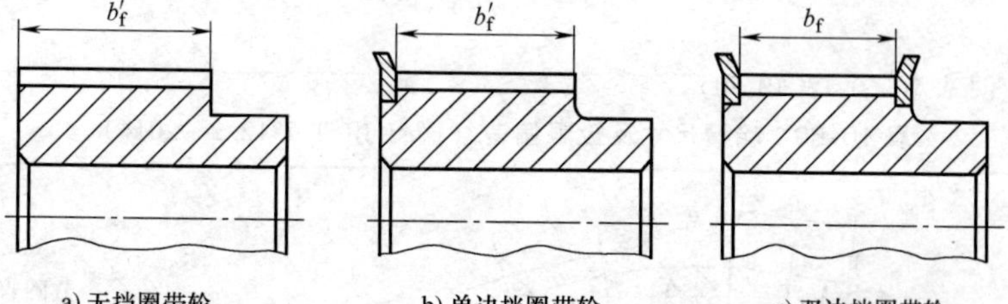

a) 无挡圈带轮　b) 单边挡圈带轮　c) 双边挡圈带轮

型号	带轮基本宽度	最小允许实际轮宽	
		双边挡圈 b_f	无挡圈或单边挡圈 b'_f
3M	6	8	11
	9	11	14
	15	17	20
5M	9	11	15
	15	17	21
	25	27	31

（续）

型号	带轮基本宽度	最小允许实际轮宽	
		双边挡圈 b_f	无挡圈或单边挡圈 b'_f
8M	20	22	30
	30	32	40
	50	53	60
	85	89	96
14M	40	42	55
	55	58	70
	85	89	101
	115	120	131
	170	175	186
20M	115	120	134
	170	175	189
	230	235	251
	290	300	311
	340	350	361

表 10-65　带轮挡圈尺寸（摘自 JB/T 7512.2—2014）　　（单位：mm）

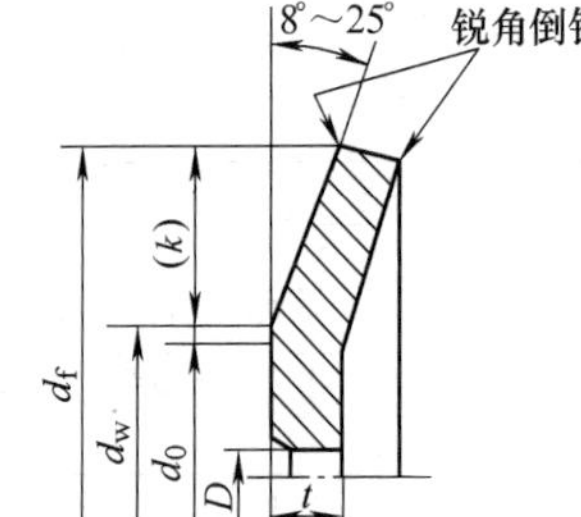

d_0—带轮外径

d_W—挡圈弯曲处直径，$d_W=(d_0+0.38)\pm0.25$

d_f—挡圈外径，$d_f=d_0+2K$

槽型	3M	5M	8M	14M	20M
挡圈最小高度 k	2.0~2.5	2.5~3.5	4.0~5.5	7.0~7.5	8.0~8.5
挡圈厚度 t	1.0~2.0	1.5~2.0	1.5~2.5	2.5~3.0	3.0~3.5

表 10-66　带轮的最少齿数

（摘自 JB/T 7512.2—2014）　（单位：mm）

带轮转速 /(r/min)	槽型				
	3M	5M	8M	14M	20M
≤900	10	14	22	28	34
>900~1200	14	20	28	28	34
>1200~1800	16	24	32	32	38
>1800~3600	20	28	36		
>3600~4800	22	30			

表 10-67　节距偏差

（摘自 JB/T 7512.2—2014）　（单位：mm）

带轮外径 d_0	节距偏差	
	任意两相邻齿	90°弧内累积
≤25.40	0.03	0.05
>25.40~50.08		0.08
>50.08~101.60		0.10
>101.60~177.80		0.13
>177.80~304.80		0.15
>304.80~508.00		0.18
>508.00		0.20

表 10-68　带轮外径极限偏差（摘自 JB/T 7512.2—2014）　　（单位：mm）

外径 d_0	≤25.4	>25.4~50.8	>50.8~101.6	>101.6~177.8	>177.8~304.8	>304.8~508.0	>508.0
极限偏差	$^{+0.05}_{0}$	$^{+0.08}_{0}$	$^{+0.10}_{0}$	$^{+0.13}_{0}$	$^{+0.15}_{0}$	$^{+0.18}_{0}$	$^{+0.20}_{0}$

表 10-69 带轮圆柱度公差（摘自 JB/T 7512.2—2014） （单位：mm）

轮 宽 b	圆柱度公差 t_1	轮 宽 b	圆柱度公差 t_1
$b \leqslant 20$	0.02	$80<b \leqslant 120$	0.12
$20<b \leqslant 40$	0.04	$120<b \leqslant 160$	0.16
$40<b \leqslant 80$	0.08	$160<b \leqslant 340$	$0.16+0.001(b-160)$

表 10-70 带轮几何公差（摘自 JB/T 7512.2—2014） （单位：mm）

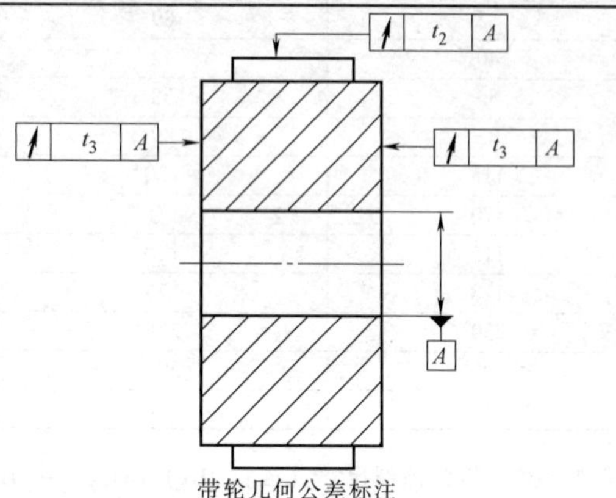

带轮几何公差标注

径向圆跳动公差		轴向圆跳动公差	
外径 d_0	径向圆跳动公差 t_2	外径 d_0	轴向圆跳动公差 t_3
$d_0 \leqslant 25.4$	0.05	$d_0 \leqslant 25.4$	0.05
$25.4<d_0 \leqslant 50.8$	0.07	$25.4<d_0 \leqslant 50.8$	0.08
$50.8<d_0 \leqslant 101.6$	0.10	$50.8<d_0 \leqslant 101.6$	0.10
$101.6<d_0 \leqslant 203.2$	0.13	$101.6<d_0 \leqslant 254.0$	$0.001(d_0-101.6)$
$d_0>203.2$	$0.13+0.0005(d_0-203.2)$	$d_0>254.0$	$0.25+0.0005(d_0-254.0)$

平行度公差	
轮度 b	平行度公差 t_4
$b \leqslant 40$	0.03
$40<b \leqslant 100$	0.04
$100<b \leqslant 160$	0.05
$160<b \leqslant 220$	0.06
$220<b \leqslant 280$	0.07
$280<b \leqslant 340$	0.08

注：轮宽 b 为 b_f、b_f'的总称。

10.5.4 曲线齿同步带传动设计（摘自 GB/T 24619—2009）

10.5.4.1 型号和标记

曲线齿同步带和带轮分为 H、S、R 三种齿型，8mm、14mm 两种节距共六种型号：

H 齿型：H8M 型、H14M 型；

S 齿型：S8M 型、S14M 型；

R 齿型：R8M 型、R14M 型。

带的标记由带节线长（mm）、带型号（包括齿型和节距）和带宽 mm（对于 S 齿型为实际带宽的 10 倍）组成，双面齿带还应在型号前加字母 D。

示例：节线长 1400mm，节距 14mm，宽 40mm 的曲线齿同步带标记为

H 齿型（单面）：1400H14M40，H 齿型（双面）；1400DH14M40

S 齿型（单面）：1400S14M400，S 齿型（双面）；1400DS14M400

R 齿型（单面）：1400R14M40，R 齿型（双面）；1400DR14M40

带轮标记由带轮代号 P、带轮齿数、带轮槽型和带轮宽度 mm（对于 S 齿型为实际带轮宽度的 10 倍）组成。

示例：齿数 30，节距 14mm，宽度 40mm 的曲线齿同步带轮标记为

H 齿型：P30H14M40

S 齿型：P30S14M400

R 齿型：P30R14M40

10.5.4.2　曲线齿同步带和带轮的尺寸和设计

1. H 型带和带轮（见表 10-71～表 10-79、图 10-14）

表 10-71　H 型带齿尺寸　（单位：mm）

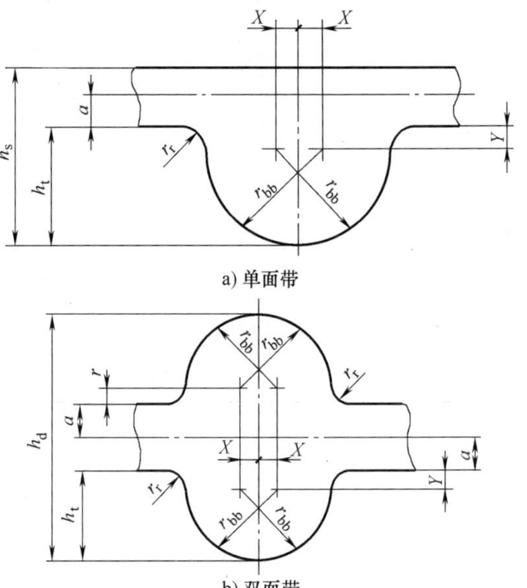

a) 单面带
b) 双面带

齿型	节距 P_b	带高 h_s	带高 h_d	齿高 h_t	根部半径 r_r	顶部半径 r_{bb}	节线差 a	X	Y
H8M	8	6	—	3.38	0.76	2.59	0.686	0.089	0.787
DH8M	8	—	8.1	3.38	0.76	2.59	0.686	0.089	0.787
H14M	14	10	—	6.02	1.35	4.55	1.397	0.152	1.470
DH14M	14	—	14.8	6.02	1.35	4.55	1.397	0.152	1.470

表 10-72　H 型（包括 R 和 S 型）带宽度和极限偏差　（单位：mm）

带　型	带宽 b_s	带宽极限偏差		
		$L_P \leqslant 840$	$840 < L_P \leqslant 1680$	$L_P > 1680$
H8M DH8M R8M DR8M	20 30	+0.8 −0.8	+0.8 −1.3	+0.8 −1.3
	50	+1.3 −1.3	+1.3 −1.3	+1.3 −1.5
	85	+1.5 −1.5	+1.5 −2.0	+2 −2
H14M DH14M R14M DR14M	40	+0.8 −1.3	+0.8 −1.3	+1.3 −1.5
	55	+1.3 −1.3	+1.5 −1.5	+1.5 −1.5
	85	+1.5 −1.5	+1.5 −2.0	+2.0 −2.0
	115 170	+2.3 −2.3	+2.3 −2.8	+2.3 −3.3

（续）

带　　型	带宽 b_s	带宽极限偏差		
		$L_P \leqslant 840$	$840 < L_P \leqslant 1680$	$L_P > 1680$
S8M DS8M	15 25	+0.8 −0.8	+0.8 −1.3	+0.8 −1.3
	60	+1.3 −1.5	+1.5 −1.5	+1.5 −2.0
S14M DS14M	40	+0.8 −1.3	+0.8 −1.3	+1.3 −1.5
	60	+1.3 −1.5	+1.5 −1.5	+1.5 −2.0
	80 100	+1.5 −1.5	+1.5 −2.0	+2.0 −2.0
	120	+2.3 −2.3	+2.3 −2.8	+2.3 −3.3

注：L_P—节线长。

表 10-73　H 型带测长用带轮　　（单位：mm）

带型	齿数 Z	节圆周长 C_p	外径 d_o	径向圆跳动	端面圆跳动	最小带齿和轮齿间隙	
						C_{m1}	C_{m2}
H8M,DH8M	34	272	85.209±0.013	0.013	0.025	0.34	0.11
H14M,DH14M	40	560	175.46±0.025	0.013	0.051	0.64	0.20

表 10-74　H 型带测量力

带　　型	总测量力/N							
	带宽/mm							
	20	30	40	50	55	85	115	170
H8M,DH8M	470	750	—	1320	—	2310	—	—
H14M,DH14M	—	—	1350	—	2130	3660	5180	7960

测量程序和精度要求：

将带安装在测长装置的两带轮上，施加测量力，将带至少转动两圈以上，使带轮与轮齿啮合良好并使测量力均匀分配在带的两边。测量两带轮中心距。

带长等于带轮节圆周长加两倍中心距。对于双面齿带应测量两面齿面。

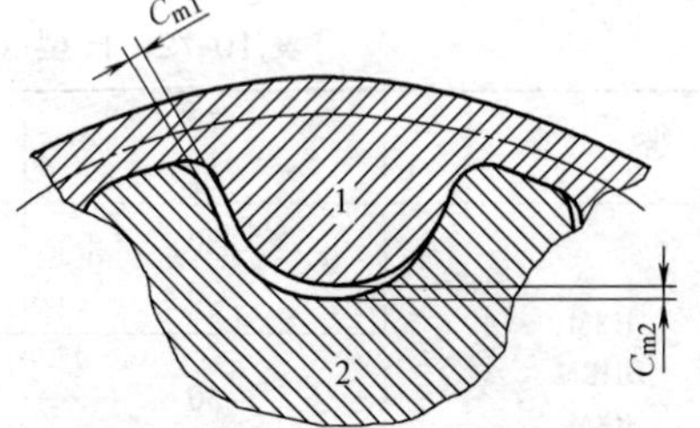

图 10-14　H 型带齿与轮齿间隙

表 10-75　H 型带轮齿条刀具尺寸和极限偏差　　（单位：mm）

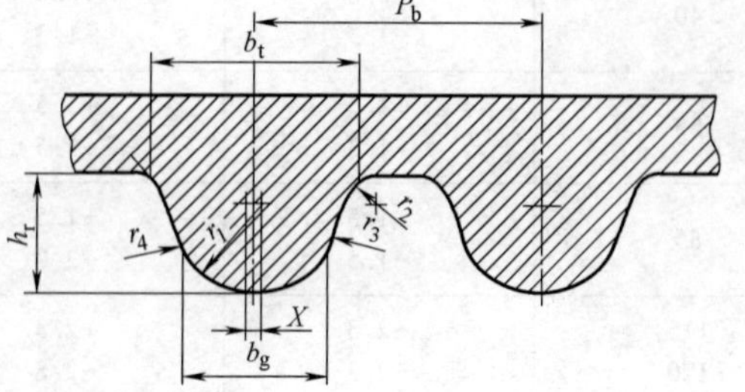

（续）

齿型	H8M			H14M		
齿数	22~27	28~89	90~200	28~36	37~89	90~216
P_b ±0.012	8	8	8	14	14	14
h_r ±0.015	3.29	3.61	3.63	6.32	6.20	6.35
b_g	3.48	4.16	4.24	7.11	7.73	8.11
b_t	6.04	6.05	5.69	11.14	10.79	10.26
r_1 ±0.012	2.55	2.77	2.64	4.72	4.66	4.62
r_2 ±0.012	1.14	1.07	0.94	1.88	1.83	1.91
r_3 ±0.012	0	12.90	0	20.83	15.75	20.12
r_4 ±0.012	0	0.73	0	1.14	1.14	0.25
X	0	0.25	0	0	0	0

表 10-76 H 型带轮齿槽形状和尺寸 （单位：mm）

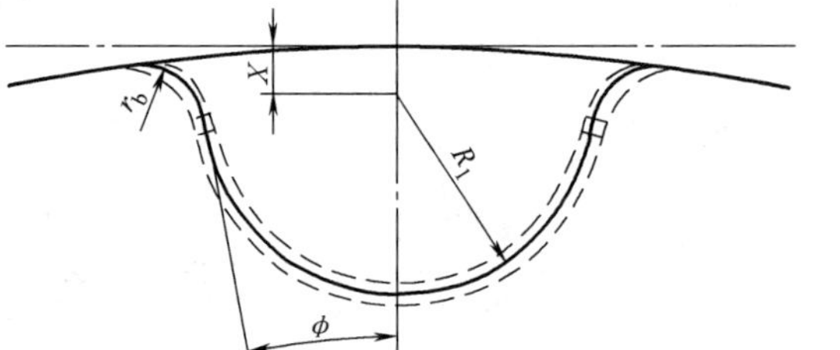

齿型	齿数 Z		R_1	r_b	X	ϕ(°)
H8M	22~27	标准值 最大值 最小值	2.675 2.764 2.598	0.874 1.052 0.798	0.620	11.3
	28~89	标准值 最大值 最小值	2.629 2.718 2.553	1.024 1.201 0.947	0.975	7
	90~200	标准值 最大值 最小值	2.639 2.728 2.563	1.008 1.186 0.932	0.991	6.6
H14M	28~32	标准值 最大值 最小值	4.859 4.948 4.783	1.544 1.722 1.468	1.468	7.1
	33~36	标准值 最大值 最小值	4.834 4.923 4.757	1.613 1.791 1.537	1.494	5.2
	37~57	标准值 最大值 最小值	4.737 4.826 4.661	1.654 1.831 1.577	1.461	9.3

（续）

齿型	齿数 Z		R_1	r_b	X	φ(°)
H14M	58~89	标准值 最大值 最小值	4.669 4.757 4.592	1.902 2.080 1.826	1.529	8.9
	90~153	标准值 最大值 最小值	4.636 4.724 4.559	1.704 1.882 1.628	1.692	6.9
	154~216	标准值 最大值 最小值	4.597 4.686 4.521	1.770 1.948 1.694	1.730	8.6

表 10-77　H 型带轮直径（包括 R 型和 S 型）　（单位：mm）

带轮节径 $d=ZP_b/\pi$

带轮外径 $d_0=d-2a+N'$，节线差 a 见表 10-71，N'值见表 10-78

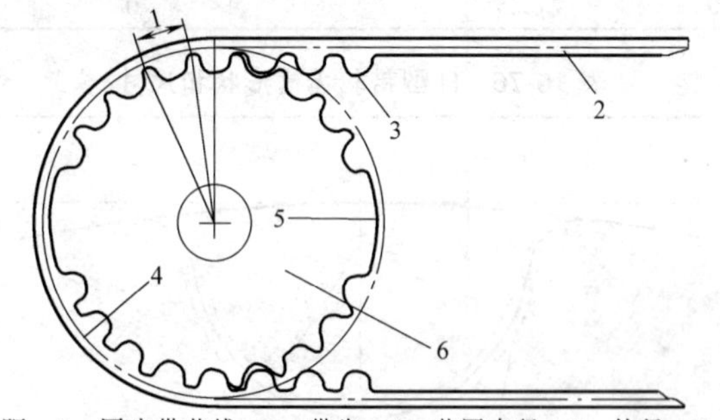

1—节距　2—同步带节线　3—带齿　4—节圆直径　5—外径　6—带轮

齿　　数	带轮槽型			
	H8M		H14M	
	节径 d	外径 d_o	节径 d	外径 d_o
22	56.02[①]	54.65	—	—
24	61.12[①]	59.74	—	—
26	66.21[①]	64.84	—	—
28	71.30[①]	70.08	124.78[①]	122.12
29	—	—	129.23[①]	126.57
30	76.39[①]	75.13	133.69[①]	130.99
32	81.49	80.11	142.60[①]	139.88
34	86.58	85.21	151.52[①]	148.79
36	91.67	90.30	160.43	157.68
38	96.77	95.39	169.34	166.60
40	101.86	100.49	178.25	175.49
44	112.05	110.67	196.08	193.28
48	122.23	120.86	213.90	211.11
52	—	—	231.73	228.94
56	142.60	141.23	249.55	246.76
60	—	—	267.38	264.59
64	162.97	161.60	285.21	282.41
68	—	—	303.03	300.24
72	183.35	181.97	320.86	318.06

（续）

齿数	带轮槽型			
	H8M		H14M	
	节径 d	外径 d_o	节径 d	外径 d_o
80	203.72	202.35	356.51	353.71
90	229.18	227.81	401.07	398.28
112	285.21①	283.83	499.11	496.32
144	366.69①	365.32	641.71	638.92
168	—	—	748.66①	745.87
192	488.92①	487.55	855.62①	852.82
216	—	—	962.57①	959.78

① 通常不是适用所有宽度。

表 10-78　N′值　（单位：mm）

齿数 Z	带轮槽型	
	H8M	H14M
28	0.15	0.13
29	0.14	0.13
30	0.11	0.09
31	0.08	0.09
32	0.04	0.07
33	0.02	0.08
34	—	0.06
35	—	0.05
36	—	0.04
37	—	0.04
38	—	0.05
39	—	0.04
40	—	0.03

表 10-79　H 型（包括 R 型和 S 型）带轮宽度　（单位：mm）

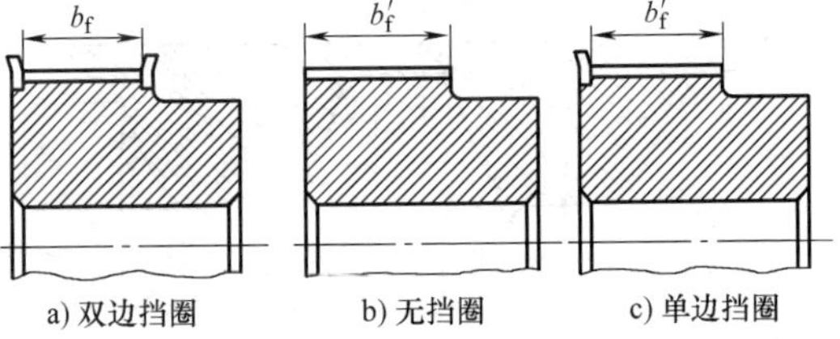

a) 双边挡圈　b) 无挡圈　c) 单边挡圈

带轮槽型	带轮标准宽度	最小宽度	
		双边挡圈 b_f	无或单边挡圈 b'_f
H8M R8M	20	22	30
	30	32	40
	50	53	60
	85	89	96
H14M R14M	40	42	55
	55	58	70
	85	89	101
	115	120	131
	170	175	186

注：其他节距的 H 型带和带轮参见 10.6.3 节。

2. R 型带和带轮（见表 10-80～表 10-83）

表 10-80 R 型带齿尺寸 （单位：mm）

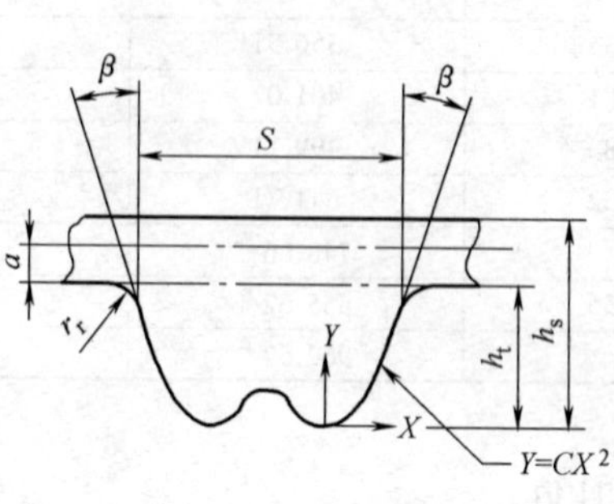

a) 单面带

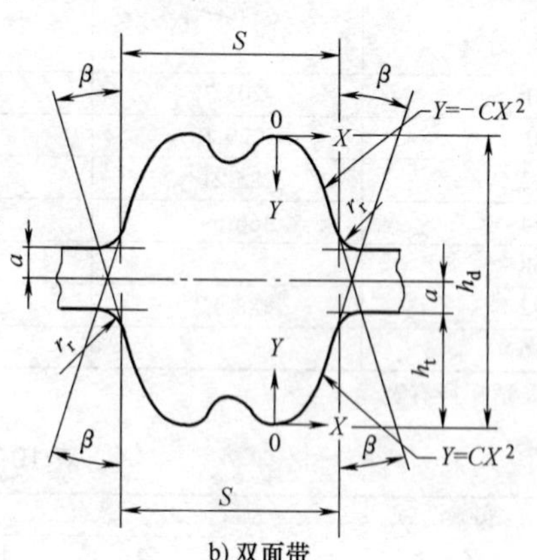

b) 双面带

齿型	节距 P_b	齿形角 β	齿根厚 S	带高 h_s	带高 h_d	齿高 h_t	根部半径 r_r	节线差 a	C
R8M	8	16°	5.50	5.40	—	3.2	1	0.686	1.228
DR8M	8	16°	5.50	—	7.80	3.2	1	0.686	1.228
R14M	14	16°	9.50	9.70	—	6	1.75	1.397	0.643
DR14M	14	16°	9.50	—	14.50	6	1.75	1.397	0.643

注：R 型带宽度和极限偏差见表 10-72。

表 10-81 R 型带轮齿条刀具尺寸和极限偏差 （单位：mm）

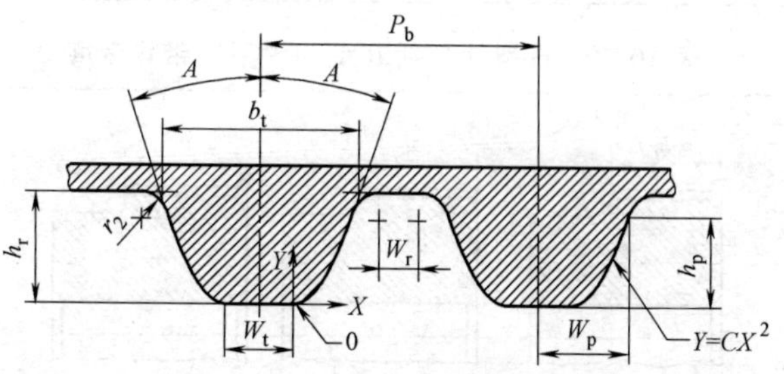

齿型	齿数 Z	带齿节距 $P_b\pm0.012$	齿形角 A ±0.5°	b_t	h_p①	h_r	W_p①	W_r①	$W_t\pm0.025$	$r_2\pm0.025$	C
R8M	22～27	7.780	18.00	5.900 ±0.025	2.83	$3.45^{+0}_{-0.05}$	2.75	0.58	1.820	0.900	0.8373
	≥28	7.890	18.00	5.900 ±0.025	2.79	$3.45^{+0.00}_{-0.05}$	2.74	0.61	1.840	0.950	0.8477
R14M	≥28	13.800	18.00	$10.45^{+0.05}_{-0.00}$	4.93	$6.04^{+0.05}_{-0.00}$	4.87	1.02	3.320	1.600	0.4799

① 为参考值。

表 10-82 R 型带轮齿槽尺寸 （单位：mm）

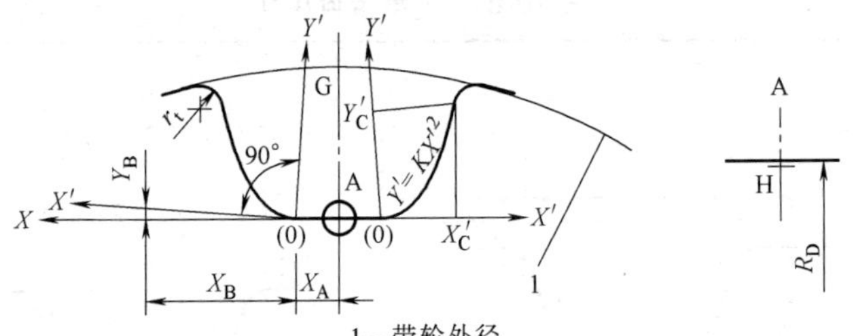

1—带轮外径

齿型	齿数	GH	X_A	X_B	Y_B	X'_C	Y'_C	K	r_t ±0.15	R_D
R8M	22~27	3.47	1.00	4.00	0.11	1.75	2.61	0.84767	0.83	22.00
	≥28	3.47	0.92	4.00	0.00	1.75	2.61	0.84767	0.95	22.00
R14M	≥28	6.04	1.64	4.00	0.00	3.21	4.93	0.4799	1.60	32.00

表 10-83 R 型带轮直径 （单位：mm）

齿数 Z	带轮槽型			
	R8M		R14M	
	节径 d	外径 d_o	节径 d	外径 d_o
22	56.02①	54.65	—	—
24	61.12①	59.74	—	—
26	66.21①	64.84	—	—
28	71.30①	69.93	124.78①	121.98
29	—	—	129.23①	126.44
30	76.39①	75.02	133.69①	130.90
32	81.49	80.12	142.60①	139.81
34	86.58	85.21	151.52①	148.72
36	91.67	90.30	160.43	157.63
38	96.77	95.39	169.34	166.55
40	101.86	100.49	178.25	175.46
44	112.05	110.67	196.08	193.28
48	122.23	120.86	213.90	211.11
52	—	—	231.73	228.94
56	142.60	141.23	249.55	246.76
60	—	—	267.38	264.59
64	162.97	161.60	285.21	282.41
68	—	—	303.03	300.24
72	183.35	181.97	320.86	318.06
80	203.72	202.35	356.51	353.71
90	229.18	227.81	401.07	398.28
112	285.21①	283.83	499.11	496.32
144	366.69①	365.32	641.71	638.92
168	—	—	748.66①	745.87
192	488.92①	487.55	855.62①	852.82
216	—	—	962.57①	959.78

① 通常不是适用所有宽度。

3. S 型带和带轮（见表 10-84～表 10-88）

表 10-84　S 型带齿尺寸　（单位：mm）

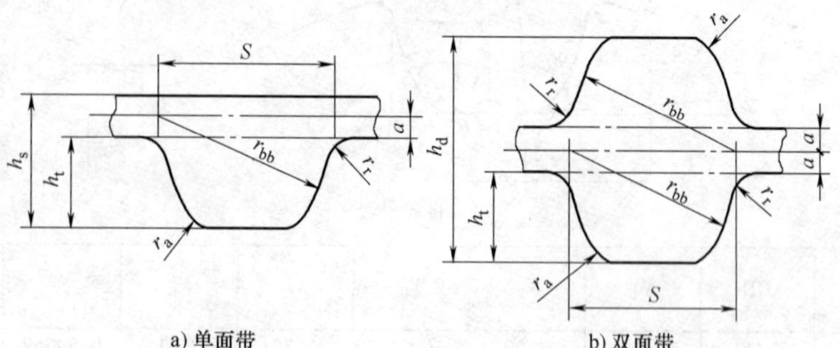

齿型	节距 P_b	带高 h_s	带高 h_d	齿高 h_t	根部半径 r_r	顶部半径 r_{bb}	节线差 a	S	r_a
S8M	8	5.3	—	3.05	0.8	5.2	0.686	5.2	0.8
DS8M	8	—	7.5	3.05	0.8	5.2	0.686	5.2	0.8
S14M	14	10.2	—	5.3	1.4	9.1	1.397	9.1	1.4
DS14M	14	—	13.4	5.3	1.4	9.1	1.397	9.1	1.4

注：S 型带宽度和极限偏差见表 10-72。

表 10-85　S 型带轮齿条刀具尺寸和极限偏差　（单位：mm）

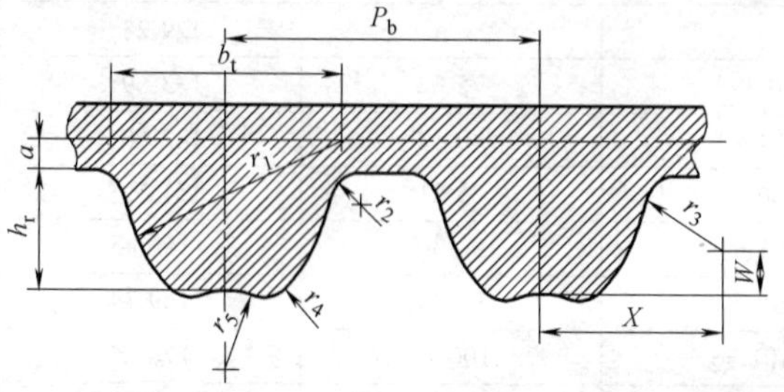

齿型	齿数	$P_b \pm 0.012$	$h_{r\,0}^{+0.05}$	$b_{t\,0}^{+0.05}$	$r_{1\,0}^{+0.05}$	$r_2 \pm 0.03$	$r_3 \pm 0.03$	$r_4 \pm 0.03$	$r_5 \pm 0.10$	X	W	a
S8M	≥22	8	2.83	5.2	5.3	0.75	2.71	0.4	4.04	5.05	1.13	0.686
S14M	≥28	14	4.95	9.1	9.28	1.31	4.8	0.7	7.07	8.84	1.98	1.397
S8M（可选刀具）	22～26	7.611	2.83	4.22	4.74	0.8	—	0.27	5.68	—	—	0.256
	27～33	7.689					—	0.29	5.28	—	—	0.279
	34～46	7.767					—	0.32	4.92	—	—	0.299
	47～74	7.844					—	0.35	4.59	—	—	0.321
	75～216	7.928					—	0.38	4.28	—	—	0.342
S14M（可选刀具）	28～34	13.441	4.95	7.50	8.38	1.36	—	0.52	9.17	—	—	0.784
	35～47	13.577					—	0.56	8.57	—	—	0.819
	48～75	13.716					—	0.61	8.03	—	—	0.856
	76～216	13.876					—	0.66	7.46	—	—	0.896

注：标准刀具和可选刀具所加工出的带轮都在可接受的公差范围内，但是可选刀具所加工出的带轮更加接近于理想带轮形状。

表 10-86　S 型带轮齿槽尺寸和极限偏差　（单位：mm）

齿型	齿数	$B_{g\,-0.00}^{\,+0.10}$	$H_g\pm0.03$	$R_2\pm0.1$	$R_b\pm0.1$	$R_{t\,-0.00}^{\,+0.10}$	a	$R_{1\,-0.00}^{\,+0.10}$
S8M	≥22	5.20	2.83	4.04	0.40	0.75	0.686	5.30
S14M	≥28	9.10	4.95	7.07	0.70	1.31	1.397	9.28

表 10-87　S 型带轮直径　（单位：mm）

带轮节径 $d=ZP_b/\pi$

带轮外径 $d_o=d-2a$，节流差 a 值见表 10-86

齿数 Z	带轮槽型			
	S8M		S14M	
	节径 d	外径 d_o	节径 d	外径 d_o
22	56.02①	54.65	—	—
24	61.12①	59.74	—	—
26	66.21①	64.84	—	—
28	71.30①	69.93	124.78①	121.98
29	—	—	129.23①	126.44
30	76.39①	75.02	133.69①	130.90
32	81.49	80.16	142.60①	139.81
34	86.58	85.21	151.52①	148.72
36	91.67	90.30	160.43	157.63
38	96.77	95.39	169.34	166.55
40	101.86	100.49	178.25	175.46
44	112.05	110.67	196.08	193.28
48	122.23	120.86	213.90	211.11
52	—	—	231.73	228.94
56	142.60	141.23	249.55	246.76
60	—	—	267.38	264.59
64	162.97	161.60	285.21	282.41
68	—	—	303.03	300.24
72	183.35	181.97	320.86	318.06
80	203.72	202.35	356.51	353.71
90	229.18	227.81	401.07	398.28
112	285.21①	283.83	499.11	496.32
144	366.69①	365.32	641.71	638.92
168	—	—	748.66①	745.87
192	488.92①	487.55	855.62①	852.82
216	—	—	962.57①	959.78

① 通常不是适用所有宽度。

表 10-88　S 型带轮宽度　（单位：mm）

带轮槽型	带轮标准宽度	最小宽度	
		双边挡圈 b_f	无或单边挡圈 b_f'
S8M	15	16.3	25
	25	26.6	35
	40	42.1	50
	60	62.7	70
S14M	40	41.8	55
	60	62.9	76
	80	83.4	96
	100	103.8	116
	120	124.3	136

注：如果传动中带轮的找正可控制时，无挡圈带轮的宽度可适当减小，但不能小于双边挡圈带轮的最小宽度。

4. 各型号曲线齿同步带节线长和极限偏差（见表 10-89）

表 10-89　各型号曲线齿同步带节线长和极限偏差　（单位：mm）

长度代号	节线长	节线长极限偏差				齿数	
		8M	14M	D8M	D14M	8M	14M
480	480	±0.51	—	+1.02 -0.76	—	60	—
560	560	±0.61	—	+1.22 -0.91	—	70	—
640	640	±0.61	—	+1.22 -0.91	—	80	—
720	720	±0.61	—	+1.22 -0.91	—	90	—
800	800	±0.66	—	+1.32 -0.99	—	100	—
880	880	±0.66	—	+1.32 -0.99	—	110	—
960	960	±0.66	—	+1.32 -0.99	—	120	—
966	966	—	±0.66	—	+1.32 -0.99	—	69
1040	1040	±0.76	—	+1.52 -1.14	—	130	—
1120	1120	±0.76	—	+1.52 -1.14	—	140	—
1190	1190	—	±0.76	—	+1.52 -1.14	—	85
1200	1200	±0.76	—	+1.52 -1.14	—	150	—
1280	1280	±0.81	—	+1.62 -1.21	—	160	—
1400	1400	—	±0.81	—	+1.62 -1.21	—	100
1440	1440	±0.81	—	+1.62 -1.21	—	180	—

（续）

长度代号	节线长	节线长极限偏差				齿数	
		8M	14M	D8M	D14M	8M	14M
1600	1600	±0.86	—	+1.73 -1.29	—	200	—
1610	1610	—	±0.86	—	+1.73 -1.29	—	115
1760	1760	±0.86	—	+1.73 -1.29	—	220	—
1778	1778	—	±0.91	—	+1.82 -1.36	—	127
1800	1800	±0.91	—	+1.82 -1.36	—	225	—
1890	1890	—	±0.91	—	+1.82 -1.36	—	135
2000	2000	±0.91	—	+1.82 -1.36	—	250	—
2100	2100	—	±0.97	—	+1.94 -1.45	—	150
2310	2310	—	±1.02	—	+2.04 -1.53	—	165
2400	2400	±1.02	—	+2.04 -1.53	—	300	—
2450	2450	—	±1.02	—	+2.04 -1.53	—	175
2590	2590	—	±1.07	—	+2.14 -1.60	—	185
2600	2600	±1.07	—	+2.14 -1.60	—	325	—
2800	2800	±1.12	±1.12	+2.24 -1.68	+2.24 -1.68	350	200
3150	3150	—	±1.17	—	+2.34 -1.75	—	225
3360	3360	—	±1.22	—	+2.44 -1.83	—	240
3500	3500	—	±1.22	—	+2.44 -1.83	—	250
3600	3600	±1.28	—	+2.56 -1.92	—	450	—
3850	3850	—	±1.32	—	+2.64 -1.98	—	275
4326	4326	—	±1.42	—	+2.84 -2.13	—	309
4400	4400	±1.42	—	+2.84 -2.13	—	550	—

（续）

长度代号	节线长	节线长极限偏差				齿数	
		8M	14M	D8M	D14M	8M	14M
4578	4578	—	±1.46	—	+2.92 −2.19	—	327
4956	4956	—	±1.52	—	+3.04 −2.28	—	354
5320	5320	—	±1.58	—	+3.16 −2.37	—	380
5740	5740	—	±1.70	—	+3.40 −2.55	—	410
6160	6160	—	±1.82	—	+3.64 −2.73	—	440
6860	6860	—	±2.00	—	+4.00 −3.00	—	490

5. 各型号带轮尺寸极限偏差和形位公差

（1）节距偏差。相邻两齿同侧间和 90°弧内累积的节距偏差见表 10-90。当 90°弧所含齿数不是整数时，按大于 90°弧取最小整数齿。

表 10-90　节距偏差　（单位：mm）

外径 d_o	节距偏差	
	任意两相邻齿间	90°弧内累积①
$50.8<d_o\leqslant101.6$	±0.03	±0.10
$101.6<d_o\leqslant177.8$		±0.13
$177.8<d_o\leqslant304.8$		±0.15
$304.8<d_o\leqslant508$		±0.18
$d_o>508$		±0.20

① 包括大于 90°弧所取最小整数齿。

（2）带轮外径极限偏差（见表 10-91）。

（3）端面圆跳动（见表 10-92）。

表 10-91　带轮外径极限偏差　（单位：mm）

带轮外径 d_o	极限偏差	带轮外径 d_o	极限偏差
$50.8<d_o\leqslant101.6$	$^{+0.10}_{0}$	$508<d_o\leqslant762$	$^{+0.20}_{0}$
$101.6<d_o\leqslant177.8$	$^{+0.13}_{0}$	$762<d_o\leqslant1016$	$^{+0.23}_{0}$
$177.8<d_o\leqslant304.8$	$^{+0.15}_{0}$	$d_o>1016$	$^{+0.25}_{0}$
$304.8<d_o\leqslant508$	$^{+0.18}_{0}$		

表 10-92　端面圆跳动　（单位：mm）

外径 d_o	最大跳动量
$d_o\leqslant101.6$	0.10
$101.6<d_o\leqslant254$	$0.001d_o$
$d_o>254$	$0.25+0.0005(d_o-254)$

（4）径向圆跳动（见表 10-93）。

表 10-93　径向圆跳动

（单位：mm）

外径 d_o	最大跳动量
$d_o \leqslant 203.2$	0.13
$d_o > 203.2$	$0.13+0.0005(d_o-203.2)$

（5）平行度。齿槽应与轮孔的轴线平行，其平行度≤0.001b（mm）。b 为轮宽，b_f、b_f'的总称。

（6）圆柱度。带轮外径在表 10-90 所给极限偏差范围内时，圆柱度≤0.001b（mm）。b 为轮宽，b_f、b_f'的总称。

（7）带轮材质、表面粗糙度及平衡。带轮材质、表面粗糙度及平衡应符合 GB/T 11357—2008。

10.5.4.3　曲线齿同步带节线长度计算

曲线齿同步带节线长和中心距的关系见下列公式和图 10-15。

$$L_p = 2a\cos\phi + \frac{\pi(d_2+d_1)}{2} + \frac{\pi\phi(d_2-d_1)}{180}$$

式中　L_p——带节线长（mm）；

a——中心距（mm）；

d_2——大带轮节径（mm）；

d_1——小带轮节径（mm）；

ϕ——$\sin^{-1}(d_2-d_1)/2a$（°）。

中心距近似值可由下式计算：

$$a = \frac{K+\sqrt{K^2-32(d_2-d_1)^2}}{16}$$

其中，$K=4L_p-6.28(d_2+d_1)$。

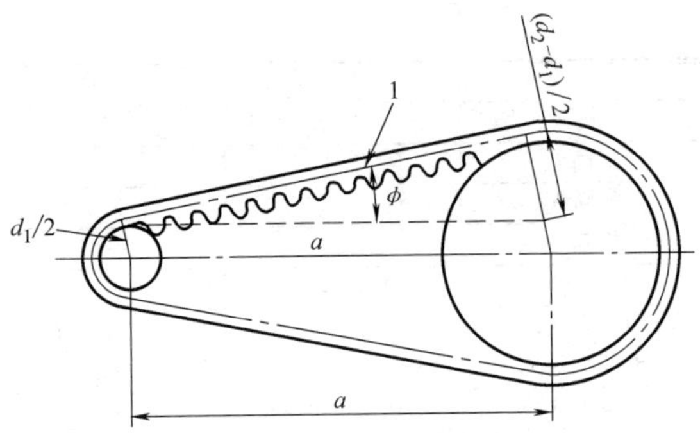

图 10-15　节线长和中心距的关系

1—节线

10.5.4.4　挡圈尺寸

带轮挡圈尺寸如图 10-16 所示。

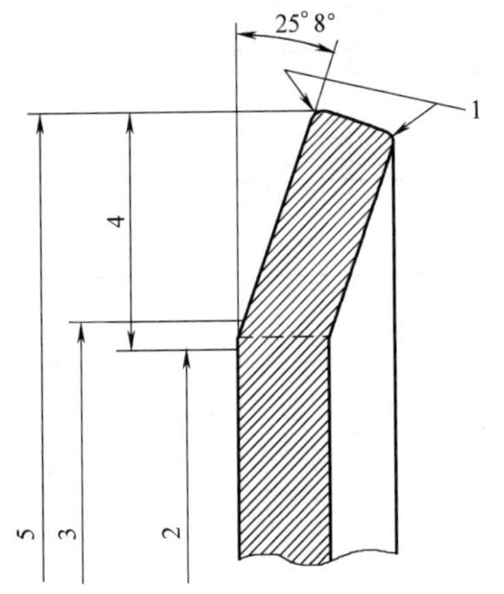

图 10-16　挡圈尺寸

1—锐角倒钝　2—带轮外径，d_o

3—弯曲处直径，$(d_o+0.38)\pm0.25$，mm

4—挡圈高度，h　5—挡圈外径，d_o+2h

10.5.4.5　其他型号同步带及带轮尺寸（摘自 GB/T 24619—2009）

本小节给出了 H3M、H5M、H20M、R3M、R5M、R20M 等六种型号的曲线齿同步带和带轮的基本尺寸、齿条刀具尺寸等，供设计选用参考。

1. H 型带和带轮（见表 10-94～表 10-99）

表 10-94　H3M 型、H5M 型、H20M 型带齿尺寸　（单位：mm）

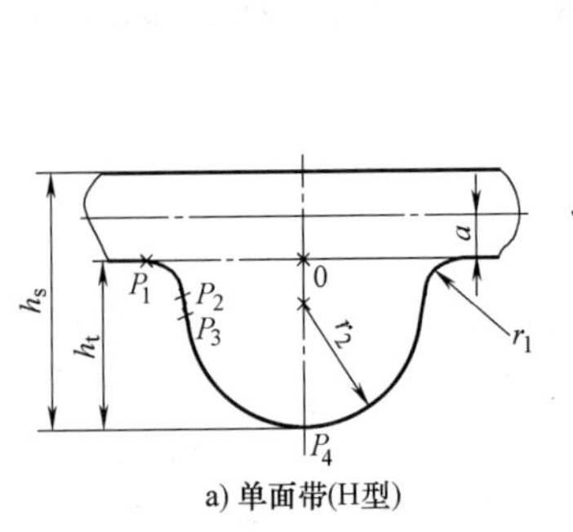

a) 单面带(H型)

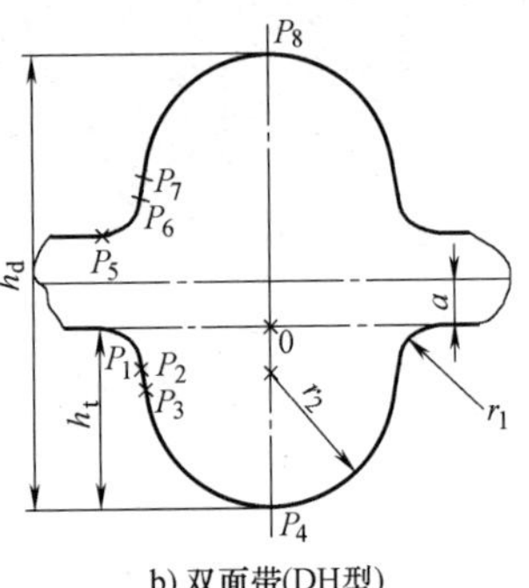

b) 双面带(DH型)

（续）

齿型	H3M	DH3M	H5M	DH5M	H20M
节距 P_b	3	3	5	5	20
带高 h_s	2.4	—	3.8	—	13.2
带高 h_d	—	3.2	—	5.3	—
齿高 h_t	1.21	—	2.08	—	8.68
$P_1(X,Y)$	-1.14,0.00	—	-1.85,0.00	—	-8.34,0.00
$P_5(X,Y)$	—	-1.14,0.76	—	-1.85,1.14	—
根部半径 r_1	0.3	0.3	0.41	0.41	2.03
$P_2(X,Y)$	-0.83,-0.30	—	-1.44,-0.42	—	-6.32,-1.84
$P_6(X,Y)$	—	-0.83,1.06	—	-1.44,1.56	—
$P_3(X,Y)$	-0.83,-0.35	—	-1.44,-0.53	—	-6.22,-2.90
$P_7(X,Y)$	—	-0.83,1.11	—	-1.44,1.67	—
顶部半径 r_2	0.86	0.86	1.5	1.5	6.4
$P_4(X,Y)$	0.00,-1.21	—	0.00,-2.08	—	0.00,-8.68
$P_8(X,Y)$	—	0.00,1.97	—	0.00,3.22	—
节线差 a	0.381	0.381	0.572	0.572	2.159

表 10-95　H 型（包括 R 型）带宽度和极限偏差　（单位：mm）

带型	带宽 b_s	带宽极限偏差		
		$L_p \leqslant 840$	$840<L_p \leqslant 1680$	$L_p>1680$
H3M DH3M	6 9	+0.4 -0.8	+0.4 -0.8	—
R3M DR3M	15	+0.8 -0.8	+0.8 -1.2	+0.8 -1.2
H5M DH5M	9	+0.4 -0.8	+0.4 -0.8	—
R5M DR5M	15 25	+0.8 -0.8	+0.8 -1.2	+0.8 -1.2
H20M R20M	115 170	+2.3 -2.3	+2.3 -2.8	+2.3 -3.3
	230 290 340	—	—	+4.8 -6.4

注：L_p—节线长。

表 10-96　加工 H3M、H5M 和 H20M 型带轮齿廓的齿条刀具和极限偏差　（单位：mm）

齿型	齿数	P_b±0.012	h_r±0.015	P_0 (X,Y)	r_1±0.012	P_1 (X,Y)	r_2±0.012	P_2 (X,Y)	r_3±0.012	P_3 (X,Y)	r_4±0.012	P_4 (X,Y)	r_5±0.012	P_5 (X,Y)	X
H3M	9~13	3.000	1.196	1.423, 0	0.414	1.061, -0.213	—	—	∞	0.712, -0.840	0.559	0.574, -1.004	0.869	0.029, -1.196	0.029
	14~25	3.000	1.73	1.324, 0	0.254	1.139, -0.080	0.792	0.992, -0.300	∞	0.747, -0.860	0.254	0.687, -0.944	0.844	0.114, -1.168	0.114

（续）

齿型	齿数	P_b± 0.012	h_r± 0.015	P_0 (X,Y)	r_1± 0.012	P_1 (X,Y)	r_2± 0.012	P_2 (X,Y)	r_3± 0.012	P_3 (X,Y)	r_4± 0.012	P_4 (X,Y)	r_5± 0.012	P_5 (X,Y)	X
H3M	26~80	3.000	1.227	1.223, 0	0.262	0.982, -0.159	2.616	0.820, -0.679	—	—	0.493	0.733, -0.877	0.869	0.036, -1.227	0.036
	81~200	3.000	1.232	1.333, 0	0.358	0.981, -0.290	—	—	∞	0.923, -0.554	—	—	0.866	0.077, -1.232	0.077
H5M	12~16	5.000	1.986	2.334, 0	0.659	1.739, -0.316	4.475	1.522, -0.720	∞	1.124, -1.560	0.691	0.773, -1.895	1.133	0.328 -1.986	0.328
	17~31	5.000	2.024	2.242, 0	0.610	1.871, -0.126	1.431	1.540, -0.593	∞	1.163, -1.566	0.612	1.013, -1.789	1.219	0.295, -2.024	0.295
	32~79	5.000	2.032	2.073, 0	0.493	1.675, -0.203	1.359	1.501, -0.566	∞	1.37, -1.035	1.402	1.088, -1.617	1.300	0.135, -2.032	0.135
	80~200	5.000	2.065	2.160, 0	0.610	1.564, -0.483	—	—	∞	1.443, -1.050	—	—	1.471	0.043, -2.065	0.043
H20M	34~35	20.000	8.644	9.786, 0	2.814	7.105 -1.825	—	—	∞	5.972, -4.947	—	—	5.625	0.753, -8.644	0.753
	46~100	20.000	8.591	9.529, 0	2.667	7.041, -1.662	20.329	6.015, -5.121	—	—	—	—	5.842	0.711, -8.591	0.711
	101~220	20.000	8.690	9.787, 0	2.676	7.305, -1.760	—	—	∞	6.165, -4.855	—	—	5.833	0.739, -8.690	0.739

表 10-97 H3M、H5M 和 H20M 型带轮齿槽尺寸和极限偏差

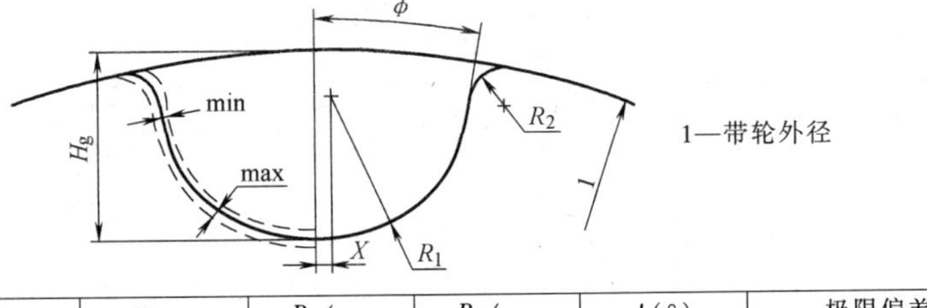

齿型	齿数 Z	H_g/mm	X/mm	R_1/mm	R_2/mm	ϕ(°)	极限偏差/mm
H3M	9~13	1.190	0.029	0.991	0.181	15	±0.051
	14~25	1.179	0.112	0.889	0.229	9	
	26~80	1.219	0.028	0.927	0.191	8	
	81~200	1.234	0.074	0.925	0.301	4	
H5M	12~16	1.989	0.307	1.265	0.432	10	±0.051
	17~31	2.009	0.320	1.270	0.508	6	
	32~79	2.052	0.081	1.438	0.488	2	
	80~200	2.056	0.028	1.552	0.569	5	
H20M	34~45	8.649	0.544	6.185	2.184	15	±0.089
	46~100	8.661	0.544	6.185	2.540	10	
	101~220	8.700	0.544	6.185	2.540	18	

带轮节径和外径标准值见表 10-77 的图。　　对 H3M，H5M，H20M 型带轮，N′值为 0。

带轮外径 $d_o=d-2a+N'$，节线差 a 值见表 10-71，

表 10-98 H3M、H5M 和 H20M 型带轮直径 （单位：mm）

齿数	带轮槽型					
	H3M		H5M		H20M	
	节径 d	外径 d_o	节径 d	外径 d_o	节径 d	外径 d_o
14	13.37	12.61	22.28	21.14	—	—
15	14.32	13.56	23.87	22.73	—	—
16	15.28	14.52	25.46	24.32	—	—
17	16.23	15.47	27.06	25.91	—	—
18	17.19	16.43	28.65	27.50	—	—

（续）

齿数	带轮槽型					
	H3M		H5M		H20M	
	节径 d	外径 d_o	节径 d	外径 d_o	节径 d	外径 d_o
19	18.14	17.38	30.24	29.10	—	—
20	19.10	18.34	31.83	30.69	—	—
21	20.05	19.29	33.42	32.28	—	—
22	21.01	20.25	35.01	33.87	—	—
24	22.92	22.16	38.20	37.05	—	—
26	24.83	24.07	41.38	40.24	—	—
28	26.74	25.98	44.56	43.42	—	—
29	—	—	—	—	—	—
30	28.65	27.89	47.75	46.60	—	—
32	30.56	29.80	50.93	49.79	—	—
34	32.47	31.71	54.11	52.97	216.45	212.13
36	34.83	33.62	57.30	56.15	229.18	224.87
38	36.29	35.53	60.48	59.33	241.92	237.60
40	38.20	37.44	63.66	62.52	254.65	250.33
43	41.06	40.30	68.44	67.29	—	—
44	42.02	41.25	70.03	68.88	280.11	275.79
46	43.93	43.16	73.21	72.07	—	—
48	45.84	45.07	76.39	75.25	305.58	301.26
49	46.79	46.03	77.99	76.84	—	—
50	47.75	46.98	79.58	78.43	—	—
52	49.66	48.89	82.76	81.62	331.04	326.72
55	52.52	51.76	87.54	86.39	—	—
56	—	—	89.13	87.98	356.51	352.19
60	57.30	56.53	95.49	94.35	381.97	377.65
62	—	—	98.68	97.53	—	—
64	—	—	—	—	407.44	403.12
65	62.07	61.31	103.45	102.31	—	—
68	—	—	—	—	432.90	428.58
70	66.85	66.08	111.41	110.26	—	—
72	68.75	67.99	—	—	458.37	454.05
78	74.48	73.72	124.14	123.00	—	—
80	76.39	75.63	127.32	126.18	509.30	504.98
90	85.94	85.18	143.24	142.10	572.96	568.64
100	95.49	94.73	159.15	158.01	—	—
110	105.04	104.28	175.07	173.93	—	—
112	—	—	—	—	713.01	708.70
120	114.59	113.83	190.99	189.84	—	—
130	124.14	123.38	206.90	205.76	—	—
140	133.69	132.93	222.82	221.67	—	—
144	—	—	—	—	916.73	912.41
150	142.24	142.48	238.73	237.59	—	—
160	152.79	152.03	254.65	235.50	—	—
168	—	—	—	—	1069.52	1065.20
192	—	—	—	—	1222.31	1217.99
212	—	—	—	—	1349.63	1345.32
216	—	—	—	—	1375.10	1370.78

表 10-99　H 型（包括 R 型）带轮宽度　（单位：mm）

带轮槽型	带轮标准宽度	最小宽度	
		双边挡圈 b_f	无或单边挡圈 b_f'
H3M R3M	6	8	11
	9	11	14
	15	17	20
H5M R5M	9	11	15
	15	17	21
	25	27	31
H20M R20M	115	120	134
	170	175	189
	230	235	251
	290	300	311
	340	350	361

2. R 型带和带轮（见表 10-100～表 10-103）

表 10-100　R 型带齿尺寸　（单位：mm）

齿型	节距 P_b	齿形角 β	齿根厚 S	带高 h_s	带高 h_d	齿高 h_t	根部半径 r_r	节线差 a	C
R3M	3	16°	1.95	2.40	—	1.27	0.380	0.380	3.0567
DR3M	3	16°	1.95	—	3.3	1.27	0.380	0.380	3.0567
R5M	5	16°	3.30	3.80	—	2.15	0.630	0.570	1.7952
DR5M	5	16°	3.30	—	5.44	2.15	0.630	0.570	1.7952
R20M	20	16°	13.60	14.50	—	8.75	2.50	2.160	2.2882

注：R 型带宽度和极限偏差见表 10-72。

表 10-101　加工 R3M、R5M 和 R20M 型齿廓齿条刀具尺寸和极限偏差　（单位：mm）

齿型	齿数 Z	带齿节距 $P_b\pm0.012$	齿形角 $A\pm0.5°$	b_t	h_p①	h_r	W_p①	W_r①	W_t	r_2 ±0.025	C
R3M	8～15	2.761	16.00	$2.06^{+0.05}_{-0.00}$	0.925	1.15 ±0.025	0.9660	0.2340	$0.870^{+0.05}_{-0.00}$	0.310	3.285
	16～30	2.867	16.00	$2.06^{+0.05}_{-0.00}$	0.925	1.15± 0.025	0.9660	0.3400	$0.870^{+0.05}_{-0.00}$	0.310	3.285
	≥31	3.000	16.00	$2.00^{+0.05}_{-0.00}$	0.896	1.20± 0.025	0.9130	0.3670	$0.798^{+0.05}_{-0.00}$	0.410	3.394
R5M	10～21	4.761	16.00	3.48 ±0.025	1.604	$2.06^{+0.05}_{-0.00}$	1.6090	0.3320	1.379 ±0.025	0.630	1.896
	≥22	5.000	16.00	3.48 ±0.025	1.604	$2.06^{+0.05}_{-0.00}$	1.6090	0.5710	1.379 ±0.025	0.630	1.896
R20M	≥30	19.6915	18.00	$14.85^{+0.05}_{-0.00}$	6.7034	$8.50^{+0.05}_{-0.00}$	6.8412	1.6036	4.9701 ±0.025	2.600	0.3532

① 为参考值。

表 10-102　R 型带轮齿槽尺寸和极限偏差　（单位：mm）

齿型	齿数	GH	X_A	X_B	Y_B	X_C'	Y_C'	K	r_t	R_D
R3M	8～15	1.15	0.39	4.00	0.08	0.54	0.940	3.210	0.28	4.00
	16～30	1.15	0.40	4.00	0.00	0.53	0.930	3.285	0.30	13.00
	≥31	1.20	0.40	4.00	0.00	0.53	0.930	3.394	0.40	18.00
R5M	10～21	2.06	0.63	4.00	0.06	0.97	1.697	1.790	0.63	9.00
	≥22	2.06	0.70	4.00	0.00	0.95	1.660	1.829	0.50	18.00
R20M	≥30	8.50	2.50	4.00	0.00	4.40	6.8	0.349	2.42	150.00

表 10-103 R 型带轮节径和外径标准值 （单位：mm）

齿数 Z	带轮槽型						齿数 Z	带轮槽型					
	R3M		R5M		R20M			R3M		R5M		R20M	
	节径 d	外径 d_0	节径 d	外径 d_0	节径 d	外径 d_0		节径 d	外径 d_0	节径 d	外径 d_0	节径 d	外径 d_0
14	13.37	12.61	22.28	21.14	—	—	38	36.29	35.53	60.48	59.34	241.92	237.60
15	14.32	13.56	23.87	22.73	—	—	40	38.20	37.44	63.66	62.52	254.65	250.33
16	15.28	14.52	25.46	24.32	—	—	44	42.02	41.25	70.03	68.89	280.11	275.79
17	16.23	15.47	27.06	25.91	—	—	48	45.84	45.07	76.39	75.25	305.58	301.26
18	17.19	16.43	28.65	27.50	—	—	52	49.66	48.89	82.76	81.62	331.04	326.72
19	18.14	17.38	30.24	29.10	—	—	56	53.48	52.71	89.13	87.98	356.51	352.19
20	19.10	18.34	31.83	30.69	—	—	60	57.30	56.53	95.49	94.35	381.97	377.65
21	20.05	19.29	33.42	32.28	—	—	64	61.12	60.35	101.86	100.72	407.44	403.12
22	21.01	20.25	35.01	33.87	—	—	68	64.94	64.17	108.23	107.08	432.90	428.58
24	22.92	22.16	38.20	37.05	—	—	72	68.75	67.99	114.59	113.45	458.37	454.05
26	24.83	24.07	41.38	40.24	—	—	80	76.39	75.63	127.32	126.18	509.30	504.98
28	26.74	25.98	44.56	43.42	—	—	90	85.94	85.18	143.24	142.10	572.96	568.64
29	27.69	26.93	46.15	45.01	—	—	112	106.95	106.19	178.25	177.11	713.01	708.70
30	28.65	27.89	47.75	46.60	—	—	144	—	—	—	—	916.73	912.41
32	30.56	29.80	50.93	49.79	—	—	168	—	—	—	—	1069.52	1065.20
34	32.47	31.71	54.11	52.97	216.45	212.13	195	—	—	—	—	1222.31	1217.99
36	34.38	33.62	57.30	56.15	229.18	224.87	216	—	—	—	—	1375.10	1370.78

注：带轮外径 $d_o=d-2a$，节线差 a 见表 10-80。

10.6 汽车用传动带

汽车用传动带多用于汽车的内燃机，用来驱动发电机、风扇、压缩机等辅助设备。内燃机曲轴和凸轮轴之间有的用同步带代替齿轮或链传动。汽车用传动带工作转速和工作环境温度较高，工作空间有一定限制，要求有一定寿命，在质量上有特定的要求。

汽车用传动带和带轮的标记如下：

带的标记示例

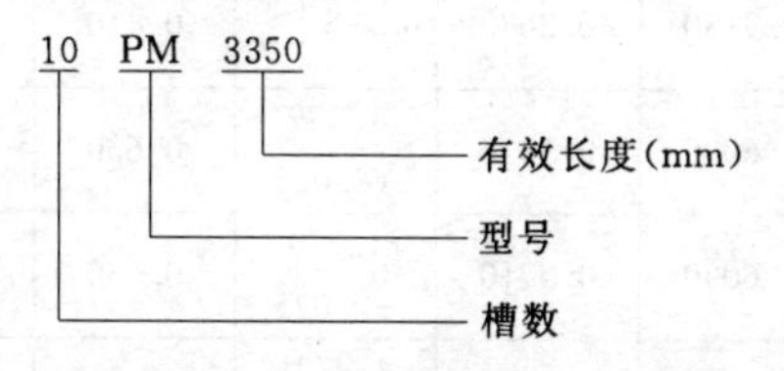

轮的标记示例

P 10 PM 250

有效直径(mm)

型号

槽数

带轮

10.6.1 汽车 V 带

汽车 V 带根据其结构分为包边式 V 带（简称包布带）和切边式 V 带（简称切边带）两种。切边带又分普通式、有齿式和底胶夹布式三种，见图 10-17，其尺寸见表 10-104～表 10-107。

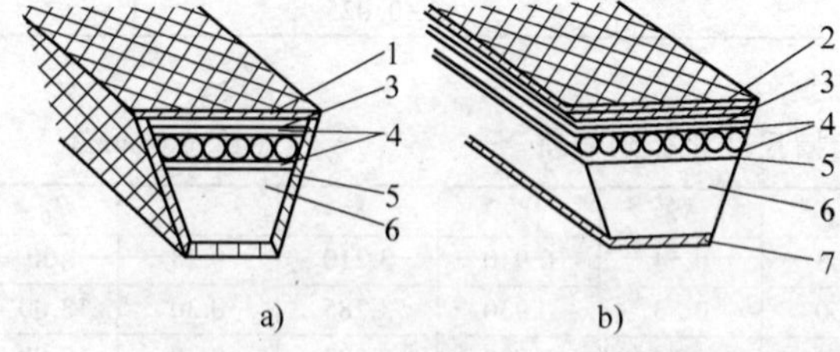

图 10-17 汽车 V 带结构型式及各部名称（摘自 GB 12732—2008）

a）包布 V 带 b）普通切边 V 带 c）有齿切边 V 带 d）底胶夹布切边 V 带

1—包布 2—顶布 3—顶胶 4—缓冲胶 5—芯绳 6—底胶 7—底布 8—底胶夹布

表 10-104　汽车 V 带截面尺寸

（摘自 GB/T 13352—2008）　（单位：mm）

虚线以下部分可为凹槽

型　号	顶宽 b	切边带
AV10	10.0	10
AV13	13.0	13
AV15	15.0	—
AV17	17.0	17
AV22	22.0	22

表 10-105　V 带中心距参数

（摘自 GB/T 13352—2008）　（单位：mm）

带长范围 L_e	中心距极限偏差	配组中心距差值（推荐值）
$L_e \leqslant 1000$	±3	≤0.8
$1000<L_e \leqslant 1200$	±4	
$1200<L_e \leqslant 1400$	±4.5	
$1400<L_e \leqslant 1600$	±5	≤1
$1600<L_e \leqslant 2000$	±5.5	
$2000<L_e \leqslant 5000$	±6	
$L_e>5000$	—	—

表 10-106　中心距变化量极限值 ΔE

（单位：mm）

带　长	中心距变化量≤（顶宽≤25）
≤1000	1.2
1001～2000	1.6
2001～5000	2
<5000	2.5

表 10-107　汽车 V 带轮槽尺寸（摘自 GB/T 13352—2008）

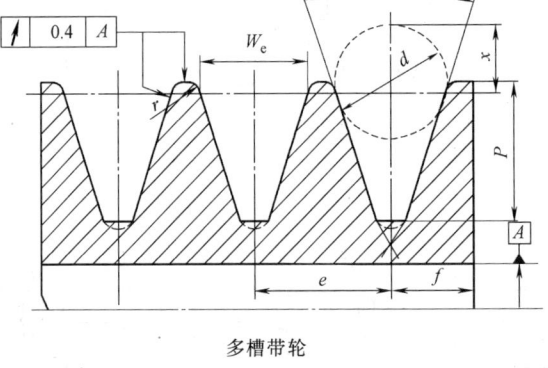

多槽带轮

项　目	型　号				
	AV10	AV13	AV15	AV17	AV22
轮槽的有效宽度 W_e/mm	9.7	12.7	14.7	16.8	21.5
槽角 α	36°±0°30′	36°±0°30′	36°±0°30′	36°±0°30′	36°±0°30′
最小槽深 P/mm	11	13.75	15	16	19
槽顶最小圆角半径 r/mm	0.8	0.8	0.8	0.8	0.8
槽间距 e/mm	12.6±0.3	15.9±0.3	18.0±0.3	21.4±0.4	—
轮槽中心到端面的距离 f/mm	8±0.6	10±0.6	12±0.6	15±0.8	—

注：1. 轮槽的两侧应是光滑的，轮槽的端面和径向跳动分别通过测量在轮旋转一周中安装于轮槽中的百分表触头在轴向和径向读数最大值和最小值的差而测出，并且在测量过程中触头的球体在弹簧作用下始终与两侧壁相接触；

若轮槽底取圆弧形，半径可任选，但圆弧应在槽深 P 以下，轮槽的第一截面的对称轴应与穿过带轮轴心线的半平面成 90°±2°的角。

2. 多于 2 个轮槽的中心距的公差应在±0.6mm 的范围内。

汽车V带的长度以有效长度表示，其公称值由供需双方协商确定。

当对V带进行测量时，在V带转动一周中的带轮中心距变化量，应符合表10-106要求。规定中心距变化量是为了保证V带的均匀性。

汽车V带的标记内容和顺序为型号、有效长度公称值、标准号。

标记示例如下：

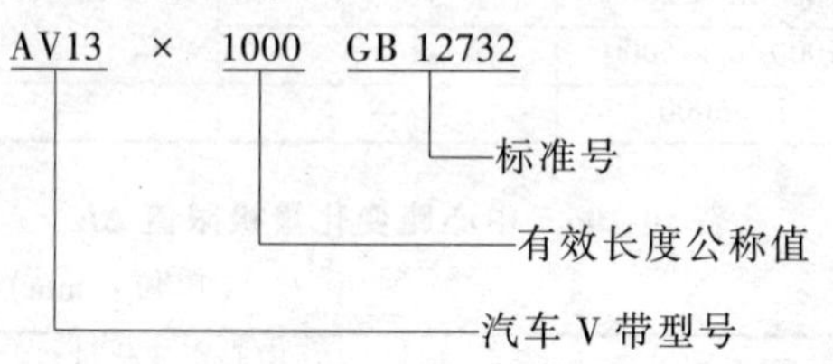

10.6.2 汽车同步带

汽车同步带有两大类，四种齿形：

直边齿形—ZA型、ZB型，见表10-108~表10-110。

曲线齿形—H系列：ZH型、YH型，见表10-111。

R系列：ZR型、YR型，见表10-111。

S系列：ZS型、YS型，见表10-111。

汽车同步带的标记，例如，80个齿，19mm宽，ZA型的带标记如下：

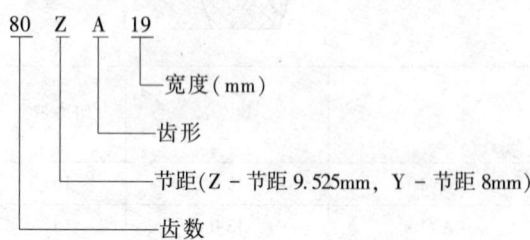

80 Z A 19

- 19 — 宽度(mm)
- A — 齿形
- Z — 节距(Z-节距9.525mm，Y-节距8mm)
- 80 — 齿数

10.6.2.1 尺寸规格（见表10-108）

带长和带宽的公称尺寸值由供需双方商定。其尺寸极限偏差见表10-109和表10-110。

表10-108 汽车同步带齿尺寸（摘自GB 12734—2003）（单位：mm）

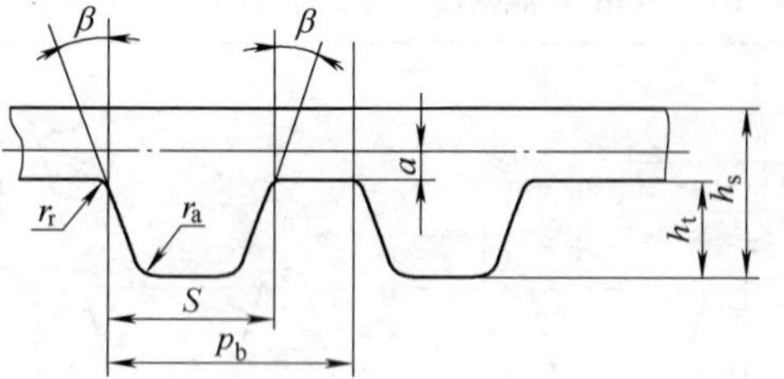

尺寸名称	代号	ZA型		ZB型	
		公称尺寸	极限偏差	公称尺寸	极限偏差
节距	p_b	9.525	—	9.525	—
齿形角	$2\beta/(°)$	40	±3	40	±3
节根距	a	0.686	—	0.686	—
齿根圆角半径	r_r	0.51	±0.13	1.02	±0.15
齿顶圆角半径	r_a	0.51	+0.64 −0.13	1.02	±0.15
齿高	h_t	1.91	+0.10 −0.20	2.29	±0.15
齿根厚	S	4.65	+0.10 −0.25	6.12	±0.15
带高	h_s	4.1	±0.25	4.5	±0.25

表10-109 节线长极限偏差（摘自GB 12734—2003）（单位：mm）

带齿数 z	节线长 L_p		带齿数 z	节线长 L_p	
	公称值	极限偏差		公称值	极限偏差
$z\leqslant40$	$L_p\leqslant381$	±0.45	$129\leqslant z\leqslant160$	$1228.725\leqslant L_p\leqslant1524$	±0.8
$41\leqslant z\leqslant53$	$390.525\leqslant L_p\leqslant504.825$	±0.5	$161\leqslant z\leqslant187$	$1533.525\leqslant L_p\leqslant1781.175$	±0.85
$54\leqslant z\leqslant80$	$514.35\leqslant L_p\leqslant762$	±0.6	$188\leqslant z\leqslant213$	$1790.7\leqslant L_p\leqslant2028.825$	±0.9
$81\leqslant z\leqslant104$	$771.525\leqslant L_p\leqslant990.6$	±0.65	$214\leqslant z\leqslant240$	$2038.35\leqslant L_p\leqslant2286$	±0.95
$105\leqslant z\leqslant128$	$1000.125\leqslant L_p\leqslant1219.2$	±0.75	$241\leqslant z\leqslant267$	$2295.525\leqslant L_p\leqslant2543.175$	±1

表 10-110 带宽极限偏差（摘自 GB 12734—2003） （单位：mm）

<table>
<tr><td rowspan="2">带宽 b_s</td><td colspan="2">不同节线长 L_p(或带齿数 z)范围对应的带宽极限偏差</td></tr>
<tr><td>L_p<840(z≤88)</td><td>L_p>840(z≥89)</td></tr>
<tr><td>b_s<40</td><td rowspan="2">±0.8</td><td>±0.8</td></tr>
<tr><td>b_s≥40</td><td>+0.8
-1.3</td></tr>
</table>

表 10-111 曲线齿形汽车同步带的齿形尺寸 （单位：mm）

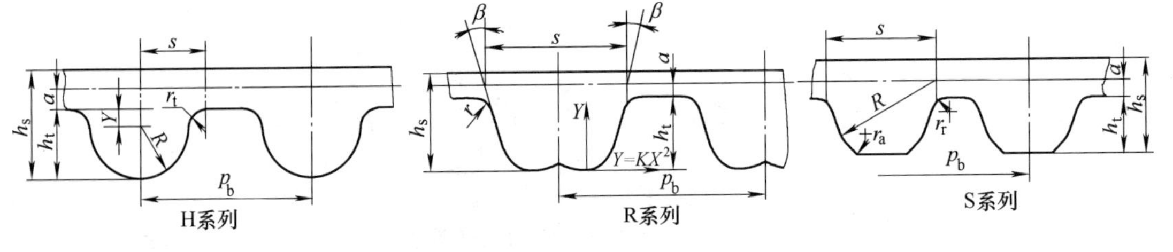

系列	H 系列		R 系列		S 系列	
带型	ZH	YH	ZR	YR	ZS	YS
齿距 p_b	9.525	8	9.525	8.000	9.525	8.000
齿高 h_t	3.5	3.04	3.2	2.8	3.53	2.59
带高 h_s	5.5	5.2	5.4	5.1	5.70	5.20
弧齿半径 R	2.45	2.11	—	—	—	—
R 半径距 Y	1.05	0.93	—	—	—	—
齿根(圆角)半径 r_r	0.76	0.64	1.00	0.8	0.95	0.8
根半径距 s	3.27	2.84	—	—	—	—
节根距 a	0.686	0.686	0.75	0.75	0.686	0.886
齿根厚 s	—	—	5.5	5.7	6.19	5.20
齿形角 2β/(°)	—	—	32	30	—	—
齿形参数 K	—	—	1.228	1.692	—	—
齿顶圆角半径	—	—	—	—	0.95	0.8

10.6.2.2 带轮（见表 10-112~表 10-116）

表 10-112 加工 ZA 和 ZB 带轮的齿条刀具的尺寸和公差（摘自 GB/T 10414.2—2002）

（单位：mm）

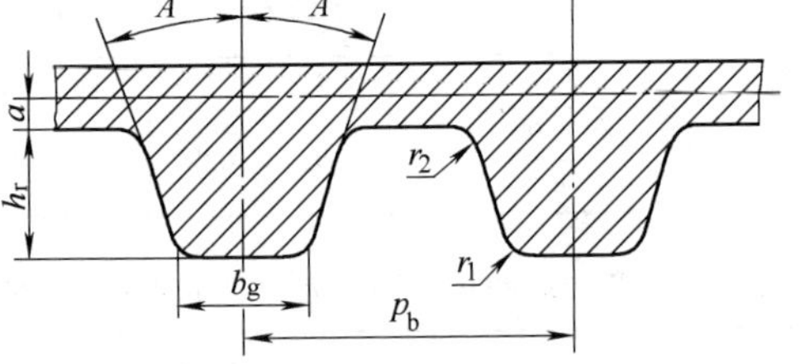

<table>
<tr><td>齿型</td><td>带轮
齿数</td><td>p_b
±0.012</td><td>A
±0.12°</td><td>h_r
+0.05
0</td><td>b_g
+0.05
0</td><td>r_1
±0.03</td><td>r_2
±0.03</td><td>a</td></tr>
<tr><td>ZA</td><td>z≥19</td><td rowspan="3">9.525</td><td rowspan="3">20°</td><td>2.13</td><td>3.1</td><td>0.86</td><td>0.71</td><td rowspan="3">0.686</td></tr>
<tr><td rowspan="2">ZB</td><td>19≤z
≤20</td><td rowspan="2">2.59</td><td rowspan="2">4.24</td><td rowspan="2">1.47</td><td>1.04</td></tr>
<tr><td>z≥21</td><td>1.42</td></tr>
</table>

表 10-113　加工 ZH 和 YH 型带轮的齿条刀具的尺寸和公差（摘自 GB/T 10414.2—2002）

（单位：mm）

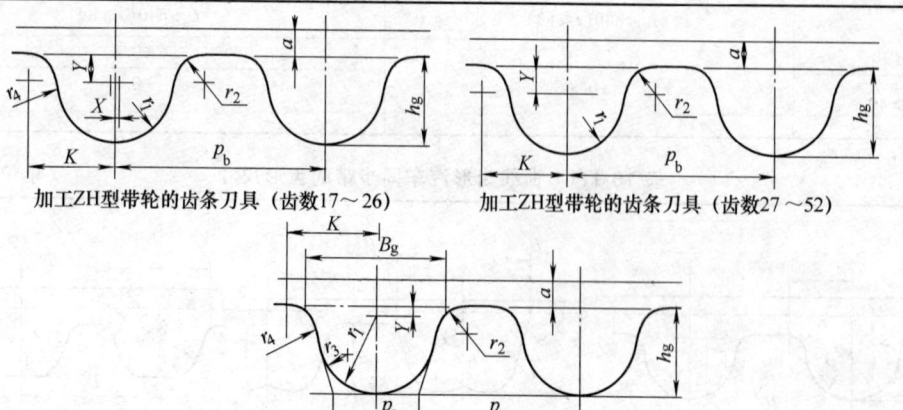

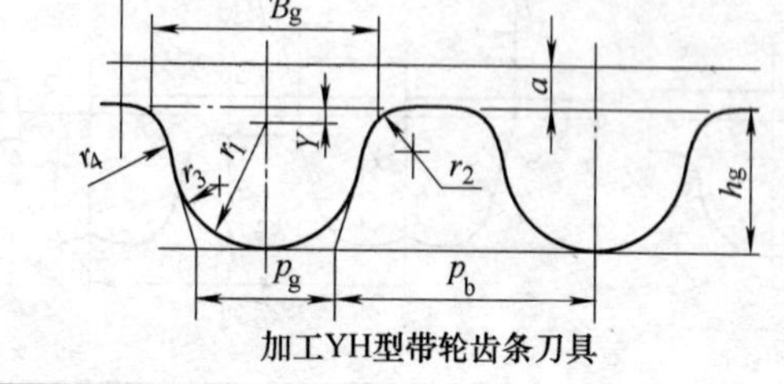

齿型	齿数 z	p_b ±0.012	B_g	p_g	h_g ±0.015	r_1 ±0.012	r_2 ±0.012	r_3 ±0.012	r_4 ±0.012	X	Y	K	a
ZH	17≤z≤26	9.525	—	—	3.43	2.41	0.95	—	6.67	0.058	1.02	3.7	0.686
	27≤z≤52				3.44	2.5					0.94	3.61	
YH	20≤z≤31	8	5.28	3	3.02	2.22	0.8	2	1.5	—	0.80	3.22	
	z≥32		5.08	3.11	3.06	2.17	0.67		1.1		0.89	3.06	

表 10-114　加工 ZR 和 YR 型带轮的齿条型刀具的尺寸和公差（摘自 GB/T 10414.2—2002）

（单位：mm）

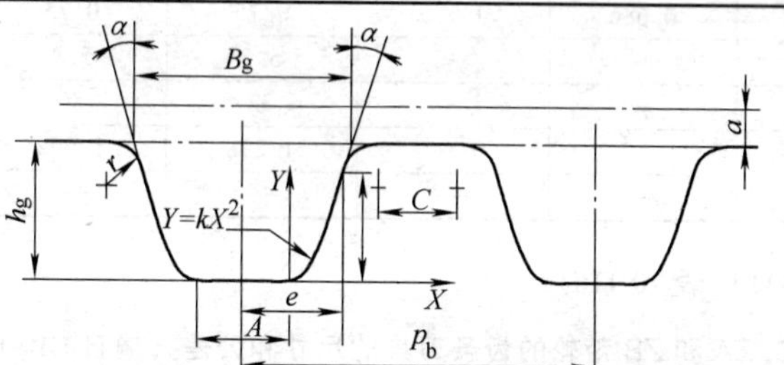

齿型	带轮齿数 z	p_b ±0.01	B_g +0.05 0	A	C	a	h_g ±0.02	r	α /(°)	齿型系数 k	e	f
ZR	z≥20	9.407	5.9	1.865	2.053	0.75	3.45	1	18	0.858	2.726	2.759
YR	20≤z≤29	7.786	5.6	2.788	0.959		2.92	0.8	15	1.496	2.641	2.327
	z>29	7.893			1.066							

表 10-115　ZS 和 YS 型带轮的尺寸和公差（摘自 GB/T 10414.2—2002）（单位：mm）

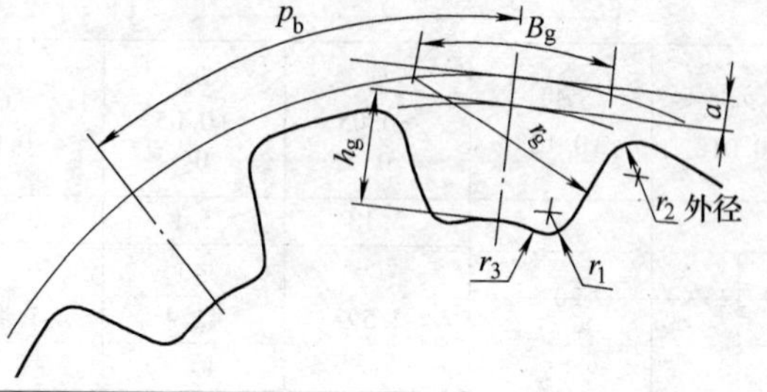

（续）

齿型	齿数 z	节距 p_b	B_g +0.1 0	r_g +0.1 0	h_g ±0.03	r_1 +0.1 0	r_2 +0.1 0	r_3 ±0.1	a
ZS	$z \geqslant 17$	9.525	6.19	6.31	3.37	0.48	0.89	4.81	0.686
YS	$z \geqslant 20$	8	5.2	5.3	2.83	0.4	0.75	4.04	

表 10-116　带轮公差（摘自 GB/T 10414.2—2002）

（单位：mm）

外径 d_0	节距允许变动量		带轮外径公差
	任意两相邻齿间	90°弧内累积	
$49 \leqslant d_0 \leqslant 99$	0.03	0.1	+0.1 0
$100 \leqslant d_0 \leqslant 178$	0.03	0.13	+0.13 0
$179 \leqslant d_0 \leqslant 305$	0.03	0.15	+0.15 0

10.6.3　汽车多楔带

汽车多楔带为 PK 型带，其尺寸、公差见表 10-117～表 10-119。

表 10-117　带的截面尺寸（摘自 GB 13552—2008）

（单位：mm）

名称	代号	尺寸
楔角	$\alpha/(°)$	40
楔距	p_b	3.56
带宽	b	$3.56 \times n$
带厚	h	4～6(参考值)
楔高	c	2～3(参考值)
楔底半径	r	≤0.25

注：n 为楔数。

表 10-118　带长极限偏差（摘自 GB 13552—2008）

（单位：mm）

带长	极限偏差
≤1000	±5.0
>1000～1200	±6.0
>1200～1500	±8.0
>1500～2000	±9.0
>2000～2500	±10.0
>2500～3000	±11.0

表 10-119　带的拉伸性能

（摘自 GB 13552—2008）

楔数	拉伸强度/kN	参考力伸长率(%)	参考力/kN
3	≥2.4	≤3.0	0.75
4	≥3.2	≤3.0	1.0
5	≥4.0	≤3.0	1.25
6	≥4.8	≤3.0	1.50
7 以上	$\geqslant 0.8 \times n$	≤3.0	$0.25 \times n$

注：n 为带的楔数。

10.7　工业用变速宽 V 带（见表 10-120、表 10-121）

其特征是相对高度（高度与节宽之比）约为 0.32。

表 10-120　宽 V 带尺寸（摘自 GB/T 15327—2007）　（单位：mm）

型　号	W16	W20	W25	W31.5	W40	W50	W63	W80	W100
顶宽 W	17	21	26	33	42	52	65	83	104
节宽 W_p	16	20	25	31.5	40	50	63	80	100

（续）

型　　号		W16	W20	W25	W31.5	W40	W50	W63	W80	W100
节线以上高度 B		1.5	1.75	2	2.5	3.2	4	5	6.5	8
节线以下高度 H		4.5	5.25	6	7.5	9.8	12	15	19.5	24
高度 T		6	7	8	10	13	16	20	26	32
露出高度 f	min	0	0	0	0	0	0	0	0	0
	max	1.2	1.8	1.8	1.8	2.4	2.4	3.0	3.0	3.6

注：1. 表中 T、B、H 的数值近似按下式计算：

$$T = 0.32W_p$$
$$B = 0.08W_p = 0.25T$$
$$H = 0.24W_p = 0.75T$$

2. 本表中露出高度系指带的顶面高于测量带轮上刻线的高度，见表 10-122 图。

表 10-121　宽 V 带的基准长度及其偏差（摘自 GB/T 15327—2007）　（单位：mm）

基准长度		型　号								
L_d	极限偏差	W16	W20	W25	W31.5	W40	W50	W63	W80	W100
450	±10	×								
500	±10	×								
560	±12	×	×							
630	±12	×	×							
710	±14	×	×	×						
800	±16	×	×	×						
900	±18	×	×	×	×					
1000	±20	×	×	×	×					
1120	±22		×	×	×	×				
1250	±24		×	×	×	×				
1400	±28			×	×	×	×			
1600	±32			×	×	×	×			
1800	±36				×	×	×	×		
2000	±40				×	×	×	×		
2240	±44					×	×	×	×	
2500	±50					×	×	×	×	
2800	±56						×	×	×	×
3150	±62						×	×	×	×
3550	±70							×	×	×
4000	±80							×	×	×
4500	±90								×	×
5000	±100								×	×
5600	±110									×
6300	±120									×

注：1. 基准长度极限偏差规定值按基准长度的±2%计算。

2. 如需要表中范围以外的带长度时，可以从 GB/T 321—2005 中 R20 系列提取的优先数系中补充。

3. 在需要表中两个相邻长度之间的带长度时，可以从 GB/T 321—2005 中 R40 系列提供的优先数中补充。

10.8　农业机械用 V 带

10.8.1　变速（半宽）V 带和带轮（见表10-122~表 10-125）

主要用于收割脱粒机械。

表 10-122　农业机械用变速（半宽）V 带截面尺寸（摘自 GB/T 10821—2008）

（单位：mm）

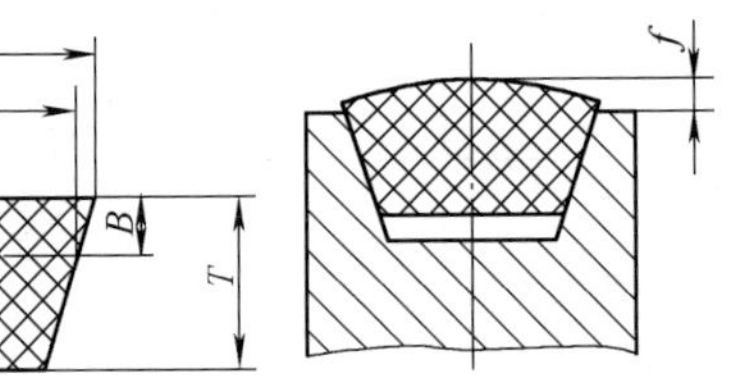

尺寸	符号	HG	HH	HI	HJ	HK	HL	HM	HN	NO
节宽	W_p	15.4	19	23.6	29.6	35.5	41.4	47.3	53.2	59.1
顶宽	W	16.5	20.4	25.4	31.8	38.1	44.5	50.8	57.2	63.5
高度	T	8	10	12.7	15.1	17.5	19.8	22.2	23.9	25.4
节线以上高度	B	2.5	3	3.8	4.7	5.7	6.6	7.6	8.5	9.5
露出高度 f		−0.8～+4.1							−0.8～+5.6	

注：1. 带高度 h 约等于 $0.5b_p$。

2. 节线以上高度 B 约等于 $0.16b_p$。

表 10-123　农业机械用变速（半宽）V 带基准长度系列（摘自 GB/T 10821—2008）

（单位：mm）

基准长度[①] 公称尺寸	极限偏差 上极限偏差(+)	极限偏差 下极限偏差(−)	HG	HH	HI	HJ	HK	HL	HM	HN	HO
630	5	10	×								
670	5	10	×								
710	6	12	×								
750	6	12	×								
800	6	12	×	×							
850	6	12	×	×							
900	7	14	×	×							
950	7	14	×	×							
1000	7	14	×	—							
1060	8	16	×	×	×						
1120	8	16	×	×	×						
1180	8	16		×	×						
1250	8	16		×	×						
1320	9	18		×	×						
1400	9	18		×	×	×					
1500	9	18		×	×	×					
1600	9	18		×	×	×	×				
1700	11	22			×	×	×				
1800	11	22			×	×	×				
1900	11	22				×	×				
2000	11	22				×	×	×	×		
2120	13	26				×	×	×	×	×	
2240	13	26				×	×	×	×	×	×
2360	13	26				×	×	×	×	×	×
2500	13	26					×	×	×	×	×
2650	15	30					×	×	×	×	×
2800	15	30					×	×	×	×	×
3000	15	30					×	×	×	×	×
3150	15	30						×	×	×	×
3350	18	36						×	×	×	×
3550	18	36						×	×	×	×
3750	18	36						×	×	×	×

（续）

公称尺寸	基准长度[①] 极限偏差 上极限偏差(+)	下极限偏差(-)	HG	HH	HI	HJ	HK	HL	HM	HN	HO
4000	18	36						×	×	×	×
4250	22	44							×	×	×
4500	22	44							×	×	×
4750	22	44							×	×	×
5000	22	44							×	×	×

① 在 630~5000mm 范围内，带的基准长度系列选自 R40 优先数系；如需中间值，可从 R80 优先数系中选取。有×号处，表示该型号有相应标准规定的基准长度。

农业机械用半宽 V 带轮分三种基本型式：1 型为定直径式，2 型为变直径式（表 10-124），3 型为变直径可脱离式（表 10-125）。

表 10-124　1 型、2 型农业机械用半宽 V 带轮尺寸（摘自 GB/T 10416—2007）　（单位：mm）

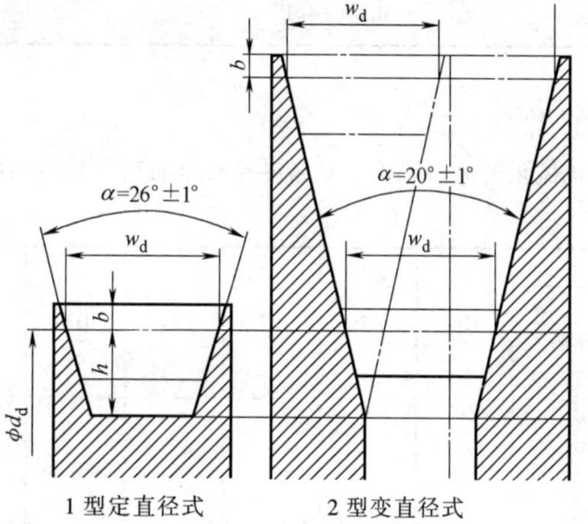

1 型定直径式　　2 型变直径式

尺寸	近似公式	槽型 HG	HH	HI	HJ	HK	HL	HM	HN	HO
w_d		15.4	19	23.6	29.6	35.5	41.4	47.3	53.2	59.1
b（最小值）	$0.16w_d$	2.5	3	3.8	4.7	5.7	6.6	7.6	8.5	9.5
d_d（最小值）	$3.55w_d$	55	68	84	105	126	147	168	189	210
h（最小值）	$0.535w_d$	8	10	13	16	19	22	25	28	32

注：d_d 和 h 的最小值的数值是经过四舍五入的。

表 10-125　3 型农业机械用半宽 V 带轮尺寸（摘自 GB/T 10416—2007）　（单位：mm）

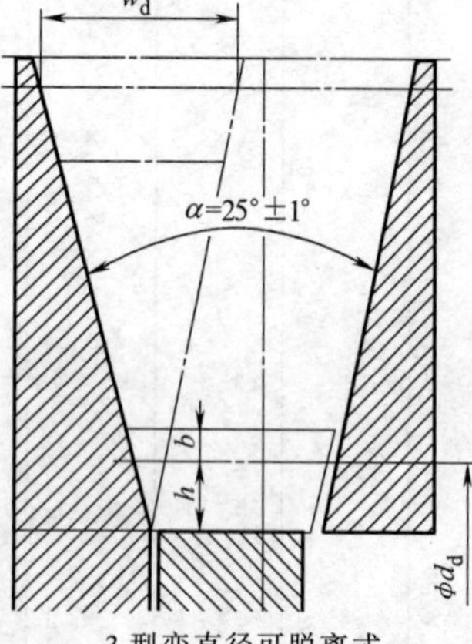

3 型变直径可脱离式

（续）

尺　　寸	近似公式	槽　　型								
		HG	HH	HI	HJ	HK	HL	HM	HN	HO
w_d		15.4	19	23.6	29.6	35.5	41.4	47.3	53.2	59.1
b(最小值)	$0.16w_d$	2.5	3	3.8	4.7	5.7	6.6	7.6	8.5	9.5
d_d(最小值)	$3.15w_d$	49	60	74	93	112	130	149	168	186
h(最小值)		5.5	7	8.9	10.4	11.8	13.2	14.6	15.4	15.9

注：d_d 和 h 的最小值的数值是经过四舍五入的。

10.8.2　普通 V 带（见表 10-126、表 10-127）

它适用于农业机械一般传动用 V 带。其截面尺寸相当于 GB/T 11544—2012 中的 A、B、C、D 四种型号。

表 10-126　农业机械用普通 V 带（摘自 GB/T 10821—2008）　（单位：mm）

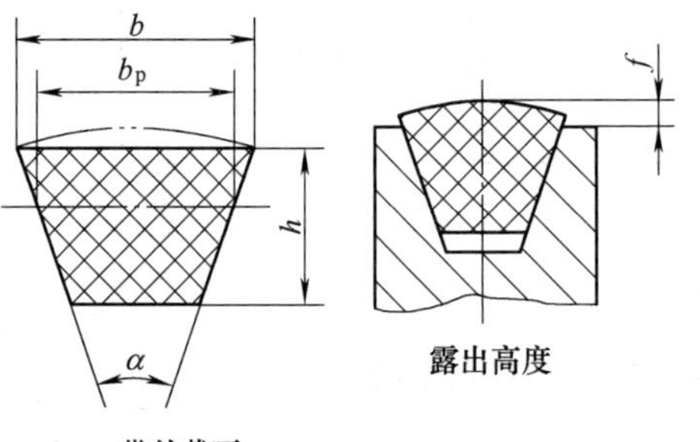

型号	节宽 b_p	顶宽 b	高度 h	露出高度 f	楔角 α/(°)
HA	11.0	13.0	8.0	-1.6～+1.6	40
HB	14.0	17.0	11.0		
HC	19.0	22.0	14.0	-2.0～+1.6	
HD	27.0	32.0	19.0	-3.2～+1.6	

注：带的顶面、底面、侧面也可以是其他形状。

表 10-127　农业机械用 V 带基准长度（摘自 GB/T 10821—2008）　（单位：mm）

公称尺寸 L_d	极限偏差		HA	HB	HC	HD
	上极限偏差(+)	下极限偏差(-)				
400	10	5				
450	11	6				
500	11	6				
560	13	6				
630	13	6	×			
710	15	7	×			
800	15	7	×			
900	17	8	×	×		
1000	17	8	×	×		
1120	19	10	×	×		
1250	19	10	×	×		
1400	23	11	×	×		
1600	23	11	×	×		
1800	27	13	×	×	×	

（续）

公称尺寸 L_d	极限偏差		HA	HB	HC	HD
	上极限偏差(+)	下极限偏差(-)				
2000	27	13	×	×	×	
2240	31	16	×	×	×	
2500	31	16	×	×	×	
2800	37	18	×	×	×	×
3150	37	18		×	×	×
3550	44	22		×	×	×
4000	44	22		×	×	×
4500	52	26		×	×	×
5000	52	26		×	×	×
5600	63	32		×	×	×
6300	63	32			×	×
7100	77	38			×	×
8000	77	38			×	×
9000	93	46			×	×
10000	93	46			×	×
11200	112	56				×
12500	112	56				×
14000	140	70				×

注：基准长度的公称尺寸选自 R20 优先数系。用户需要的基准长度超出表中范围时，由供需双方协商确定。

10.8.3 双面 V 带（六角带）尺寸

双面 V 带大多用于多从动轮传动，如农业用的收割脱粒机械的传动装置。

大多从动轮带传动，仅适用于速度低的中小功率多根从动轴同时传动的场合。通常采用平带或单根 V 带，若有的从动轴和主动轴转向不同时，应采用正反面都能工作的双面 V 带、平带或圆形带。

图 10-18 所示为多从动轮带传动，R 为主动轮，A、B、C 为从动轮，Z 为张紧轮。传动中各带轮的位置除满足结构上的需要外，应使主动轮和传递功率较大的从动轮有较大的包角（应大于 120°），其余从动轮的包角应大于 70°。

多从动轮传动的设计见表 10-128。设计时应已知各轮的位置、转向、各从动轮的转速及其传递的功率。

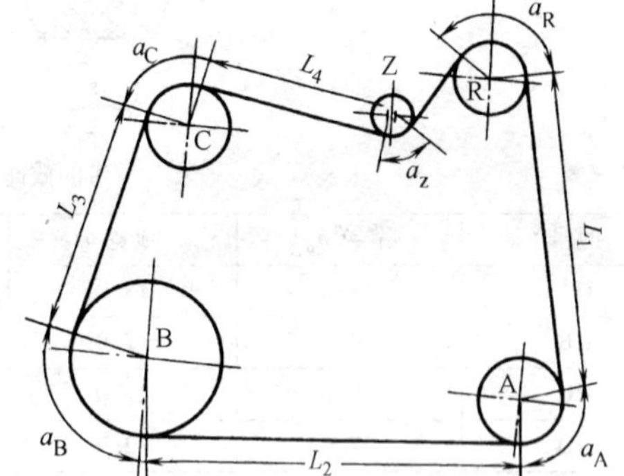

图 10-18 多从动轮带传动

多从动轮带传动常采用双面 V 带，其带型、截面尺寸和有效长度见表 10-129 和表 10-130。用于开口传动时，双面 V 带可与相应的普通 V 带带轮配用；用于非开口传动时，则应采用深槽带轮，其轮缘尺寸见表 10-131。

表 10-128 多从动轮传动设计（以图 10-18 为例，采用单根 V 带）

序号	计算项目	符号					单位	计算公式和参数选定	说明
		轮号							
1	带轮和张紧轮直径	R	A	B	C	Z	mm	根据结构要求、d_{min}、传动比 i 等条件确定	带轮直径应按表10-18、表 10-19 中选取标准值，张紧轮直径 d_Z 约等于 (0.8~1) 小带轮直径
		d_R	d_A	d_B	d_C	d_Z			
2	包角	α_R	α_A	α_B	α_C	α_Z	(°)		按比例绘制传动简图，由图中量出
3	包角修正系数	$K_{\alpha R}$	$K_{\alpha A}$	$K_{\alpha B}$	$K_{\alpha C}$	$K_{\alpha Z}$		查表 10-13	考虑作图误差，分别按 $\alpha-15°$查表
4	工况系数		K_{AA}	K_{AB}	K_{AC}			查表 10-12	

（续）

序号	计算项目	符号	单位	计算公式和参数选定	说明
5	设计功率	P_{dR}　P_{dA}　P_{dB}　P_{dC}	kW	$P_{dA}=\frac{K_{AA}P_A}{K_{\alpha A}}$ $P_{dB}=\frac{K_{AB}P_B}{K_{\alpha B}}$ $P_{dC}=\frac{K_{AC}P_C}{K_{\alpha C}}$ $P_{dR}=P_{dA}+P_{dB}+P_{dC}$	P_A、P_B、P_C—从动轮 A、B、C 传递的功率（kW）
6	选带型			按 P_{dR} 和 n_R 由图 10-2 选取	n_R—主动轮 R 的转速（r/min）
7	带速	v	m/s	$v=\frac{\pi d_R n_R}{60\times1000}$	
8	初算带长	L_{d0}	mm	$L_{d0}=L_1+L_2+L_3+L_4+L_5+\frac{\alpha_A d_A}{2}+\frac{\alpha_B d_B}{2}+\frac{\alpha_C d_C}{2}+\frac{\alpha_R d_R}{2}+\frac{\alpha_Z d_Z}{2}$	可按表 10-130 选取标准值 L_d。L_d 与 L_0 间的差可调整张紧轮与带轮位置补偿
9	主动轮紧边与松边的最小拉力	紧边 F_{1Rmin} 松边 F_{2Rmin}	N	$F_{1Rmin}=1.25\times\frac{1000P_{dR}}{v}$ $F_{2Rmin}=(1-0.8K_{\alpha R})F_{1Rmin}$	当 $\alpha=180°$ 时紧边与松边的拉力比： 1）V 带或双面 V 带，取 $\frac{F_1}{F_2}\approx5$ 2）平带取 $\frac{F_1}{F_2}\approx3$
10	验算 A 轮传动能力： 1）实际松边拉力 2）实际紧边拉力 3）紧边所需最小拉力	F_{2A} F_{1A} F_{1Amin}	N	$F_{2A}=F_{2Rmin}$ $F_{1A}=F_{2A}+\frac{1000P_{dA}K_{\alpha A}}{v}$ $F_{1Amin}=1.25\times\frac{1000P_{dA}}{v}$	应使 $F_{1A}>F_{1Amin}$，否则将打滑，这时应增大 d_A 或预紧力
11	验算 B、C 轮传动能力	F_{2B}、F_{1B}、F_{1Bmin} F_{2C}、F_{1C}、F_{1Cmin}	N	方法与序号 10 相同	应使 $F_{1B}>F_{1Bmin}$，$F_{1C}>F_{1Cmin}$

表 10-129 农业机械用双面 V 带（六角带）截面尺寸 （单位：mm）

W　T　T/2　α

型号	HAA	HBB	HCC	HDD
带宽 W	13	17	22	32
高度 T	10	13	17	25
楔角 α/(°)	40			

表 10-130　农业机械用双面 V 带（六角带）有效长度系列　　（单位：mm）

有效长度			HAA	HBB	HCC	HDD
公称尺寸	极限偏差					
	上极限偏差(+)	下极限偏差(-)				
1250	8	16	×			
1320	9	18	×			
1400	9	18	×			
1500	9	18	×			
1600	9	18	×			
1700	11	22	×			
1800	11	22	×			
1900	11	22	×			
2000	11	22	×	×		
2120	13	26	×	×		
2240	13	26	×	×	×	
2360	13	26	×	×	×	
2500	13	26	×	×	×	
2650	15	30	×	×	×	
2800	15	30	×	×	×	
3000	15	30	×	×	×	
3150	15	30	×	×	×	
3350	18	36	×	×	×	
3550	18	36	×	×	×	
3750	18	36		×	×	
4000	18	36		×	×	×
4250	22	44		×	×	×
4500	22	44		×	×	×
4750	22	44		×	×	×
5000	22	44		×	×	×
5300	26	52			×	×
5600	26	52			×	×
6000	26	52			×	×
6300	26	52			×	×
6700	32	64			×	×
7100	32	64			×	×
7500	32	64			×	×
8000	32	64			×	×
8500	39	78				×
9000	39	78				×
9500	39	78				×
10000	39	78				×

注：在 1250~10000mm 范围内，带的有效长度系列选取 R40 优先数系。有×号处，表示该型号有标准有效长度。

表 10-131　深槽带轮轮缘尺寸　　（单位：mm）

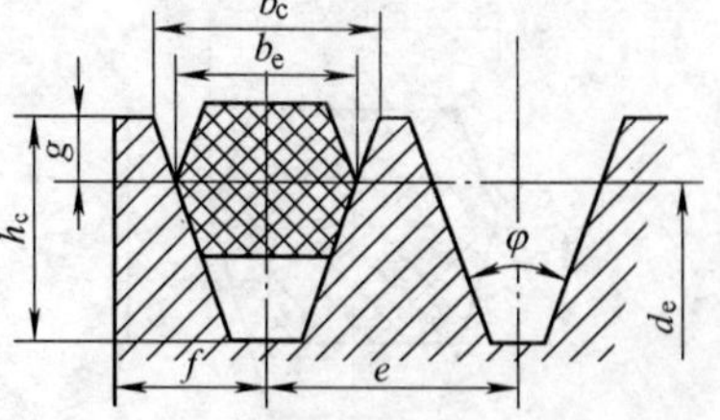

槽型	d_e	φ	b_e	b_c	h_c	g_{min}	e	f
HAA	≤118	34°	12.6	15.2	15.8	4.3	19.0±0.4	11.0^{+2}_{-1}
	>118	38°		15.6				
HBB	≤190	34°	16.2	19.4	19.6	5.3	22.0±0.4	14.0^{+2}_{-1}
	>190	38°		19.8				

（续）

槽型	d_e	φ	b_e	b_c	h_c	g_{min}	e	f
HCC	≤315 >315	34° 38°	22.3	27.2 27.8	27.1	7.8	32.0±0.5	21.0^{+2}_{-1}
HDD	≤475 >475	36° 38°	32.0	39.3 39.7	39.2	11.2	44.0±0.6	27.0^{+3}_{-1}

10.9　平带传动

10.9.1　平带的尺寸与公差

平带宽度及其极限偏差和荐用的带轮宽度见表 10-132。直线度误差在 10m 内不大于 20mm。厚度误差不大于平均厚度的 10%。

环形带长度是平带在正常安装力作用下的内周长度，见表 10-133。有端平带最小长度见表 10-134。有端平带的接头形式见表 10-135。胶帆布平带的规格见表 10-136。

表 10-132　平带宽度、极限偏差和荐用带轮宽度

（摘自 GB/T 524—2007）　（单位：mm）

平带宽度公称值	平带宽度极限偏差	荐用对应轮宽	平带宽度公称值	平带宽度极限偏差	荐用对应轮宽
16 20 25 32 40 50 63	±2	20 25 32 40 50 63 71	140 160 180 200 224 250	±4	160 180 200 224 250 280
71 80 90 100 112 125	±3	80 90 100 112 125 140	280 315 355 400 450 500	±5	315 355 400 450 500 560

表 10-133　环形带的长度

（摘自 GB/T 524—2007）　（单位：mm）

优选系列	500		560		630		710		800		900
第二系列		530		600		670		750		850	
优选系列		1000		1120		1250		1400		1600	
第二系列	950		1060		1180		1320		1500		1700
优选系列	1800		2000	2240	2500	2800	3150	3550	4000	4500	5000
第二系列		1900									

注：如果给出的长度不够用，可按下列原则进行补充：系列两端以外，选用 R20 优先数系中的其他数；2000～5000 相邻长度值之间，选用 R40 数系中的数。

表 10-134　有端平带的最小长度

（摘自 GB/T 524—2007）

平带宽度 b/mm	$b≤90$	$90<b≤250$	$b>250$
有端平带最小长度/m	8	15	20

注：供货长度由供求双方协商确定，供货的有端平带可由若干段组成，其偏差范围为 0～±2%。

表 10-135　有端平带的接头形式

接头种类		简　图	特点及应用
硫化接头	胶帆布平带硫化接头	200～400 50～150	接头平滑、可靠，连接强度高，但连接技术要求高；接头效率 80%～90% 用于不需经常改接的高速大功率传动和有张紧轮的传动
	锦纶片复合平带硫化接头	80～150 60°	
机械接头	带扣接头		连接迅速、方便，其端部被削弱，运转中有冲击；接头效率 85%～90% 用于经常改接的中小功率传动，胶帆布平带扣接头 $v<20m/s$，铁丝钩接头 $v<25m/s$

（续）

接头种类		简　图	特点及应用
机械接头	铁丝钩接头		连接迅速、方便，其端部被削弱，运转中有冲击；接头效率 85%～90% 用于经常改接的中小功率传动，胶帆布平带扣接头 $v<20m/s$，铁丝钩接头 $v<25m/s$
	螺栓接头		连接方便，接头强度高，只能单面传动；接头效率 30%～65% 用于 $v<10m/s$ 的大功率胶帆布平带传动

表 10-136　胶帆布平带规格　（单位：mm）

胶帆布层数 z	带厚[①] δ	宽度范围 b	最小带轮直径 d_{min}		胶帆布层数 z	带厚[①] δ	宽度范围 b	最小带轮直径 d_{min}	
			推荐	许用				推荐	许用
3	3.6	16～20	160	112	8	9.6	200～500	400	315
4	4.8	20～315	224	160	9	10.8	200～500	450	355
5	6	63～315	280	200	10	12	200～500	500	400
6	7.2	63～500	315	224	11	13.2	355～500	560	450
7	8.4	200～500	355	280	12	14.4	355～500	630	500

① 带厚为参考尺寸。

10.9.2　胶帆布平带传动设计（见表 10-137）

表 10-137　胶帆布平带传动的设计计算

序号	计算项目	符号	单位	计算公式和参数选定	说　明
1	选定胶带				
2	小带轮直径	d_1	mm	$d_1=(1100\sim1350)\sqrt[3]{\frac{P}{n_1}}$ 或　$d_1=\frac{6000v}{\pi n_1}$	P—传递的功率（kW） n_1—小带轮转速（r/min） v—带速（m/s），最有利的带速 $v=10\sim20m/s$ d_1 应按表 10-136 和表 10-149 选取标准值
3	带速	v	m/s	$v=\frac{\pi d_1 n_1}{60\times1000}\leqslant v_{max}$ 胶帆布平带 $v_{max}=30m/s$	应使带速小于最大带速 v_{max}，否则应改变 d_1 值
4	大带轮直径	d_2	mm	$d_2=id_1(1-\varepsilon)=\frac{n_1}{n_2}d_1(1-\varepsilon)$ ε 取 0.01～0.02	n_2—大带轮转速（r/min） ε—弹性滑动率 d_2 应按表 10-149 选取标准值
5	中心距	a	mm	$a=(1.5\sim2)(d_1+d_2)$ 且 $1.5(d_1+d_2)\leqslant a\leqslant5(d_1+d_2)$	或根据结构要求定
6	所需带长	L	mm	开口传动： $L=2a+\frac{\pi}{2}(d_1+d_2)+\frac{(d_2-d_1)^2}{4a}$ 交叉传动： $L=2a+\frac{\pi}{2}(d_1+d_2)+\frac{(d_2+d_1)^2}{4a}$ 半交叉传动： $L=2a+\frac{\pi}{2}(d_1+d_2)+\frac{d_1^2+d_2^2}{4a}$	未考虑接头长度

（续）

序号	计算项目	符号	单位	计算公式和参数选定	说　明
7	小带轮包角	α_1	(°)	开口传动： $\alpha_1 = 180° - \frac{d_2-d_1}{a} \times 57.3° \geqslant 150°$ 交叉传动： $\alpha_1 \approx 180° + \frac{d_2-d_1}{a} \times 57.3°$ 半交叉传动： $\alpha_1 \approx 180° + \frac{d_1}{a} \times 57.3°$	
8	曲挠次数	y	次/s	$y = \frac{1000mv}{L} \leqslant y_{max}$ $y_{max} = 6 \sim 10$	m—带轮数
9	带厚	δ	mm	$\delta \leqslant \left(\frac{1}{40} \sim \frac{1}{30}\right) d_1$	按表 10-136 选取标准值
10	带的截面积	A	mm^2	$A = \frac{100K_A P}{P_0 K_\alpha K_\beta}$	K_A—工况系数,查表 10-12 P_0—胶带单位截面积所能传递的基本额定功率(kW/cm^2),查表 10-138 K_α—包角修正系数,查表 10-139 K_β—传动布置系数,查表 10-140
11	带宽	b	mm	$b = \frac{A}{\delta}$	按表 10-132 选取标准值
12	作用在轴上的力	Q	N	$Q = 2\sigma_0 A \sin\frac{\alpha_1}{2}$ 推荐 $\sigma_0 = 1.8MPa$	σ_0—带的预紧应力(MPa)
13	带轮结构和尺寸				见本章 10.9.5 节

表 10-138　胶帆布平带单位截面积传递的基本额定功率 P_0

（$\alpha = 180°$、载荷平稳、预紧应力 $\sigma_0 = 1.8MPa$）　　（单位：kW/cm^2）

d_1/δ	带速 v/(m/s)										
	5	6	7	8	9	10	11	12	13	14	15
30	1.1	1.3	1.5	1.7	1.9	2.1	2.3	2.5	2.7	2.9	3.0
35	1.1	1.3	1.5	1.7	2.0	2.2	2.4	2.5	2.7	2.9	3.1
40	1.1	1.3	1.6	1.8	2.0	2.2	2.4	2.6	2.8	2.9	3.1
50	1.2	1.4	1.6	1.8	2.1	2.3	2.5	2.6	2.8	3.0	3.2
75	1.2	1.4	1.7	1.9	2.1	2.3	2.5	2.7	2.9	3.1	3.3
100	1.2	1.4	1.7	1.9	2.1	2.4	2.5	2.8	2.9	3.2	3.4
d_1/δ	带速 v/(m/s)										
	16	17	18	19	20	22	24	26	28	30	
30	3.2	3.3	3.5	3.6	3.7	4.0	4.1	4.3	4.3	4.3	
35	3.2	3.4	3.6	3.7	3.8	4.0	4.1	4.3	4.4	4.4	
40	3.3	3.4	3.6	3.7	3.9	4.1	4.3	4.4	4.4	4.5	
50	3.4	3.5	3.7	3.8	4.0	4.2	4.4	4.5	4.5	4.6	
75	3.5	3.6	3.8	3.9	4.1	4.3	4.5	4.6	4.7	4.7	
100	3.6	3.7	3.9	4.0	4.1	4.4	4.6	4.7	4.7	4.8	

注：本表只适用于 $b<300mm$ 的胶帆布平带。

表 10-139　平带传动的包角修正系数 K_α

$\alpha/(°)$	220	210	200	190	180	170
K_α	1.20	1.15	1.10	1.05	1.00	0.97
$\alpha/(°)$	160	150	140	130	120	
K_α	0.94	0.91	0.88	0.85	0.82	

表 10-140　传动布置系数 K_β

传动型式 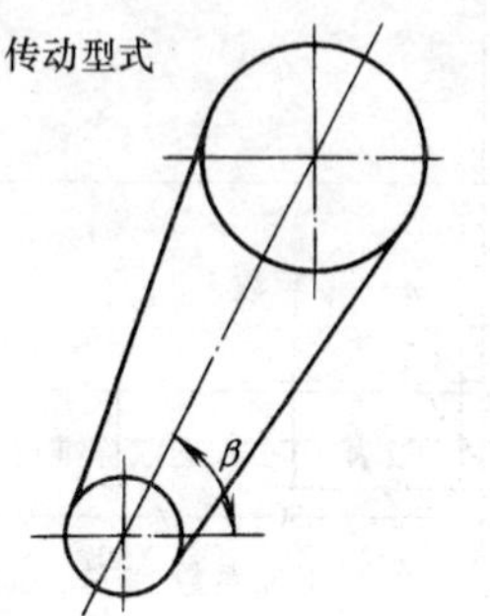	两轮轴连心线与水平线交角 $\beta/(°)$		
	0~60	60~80	80~90
	K_β		
自动张紧传动	1.0	1.0	1.0
简单开口传动(定期张紧或改缝)	1.0	0.9	0.8
交叉传动	0.9	0.8	0.7
半交叉传动、有导轮的角度传动	0.8	0.7	0.6

10.9.3　锦纶片复合平带

10.9.3.1　规格

锦纶片复合平带按承载层——锦纶片的传动能力分为轻型 L、中型 M、重型 H、特轻型 EL、加重型 EH 等几种，其尺寸规格见表 10-141。

表 10-141　锦纶片复合平带规格

（单位：mm）

带　型	锦纶片厚 δ_N	总厚 ≈	宽度范围 b	带轮最小直径 d_{min}
LL-L	0.4,0.5	3	16~300	63
LL-M	0.7,0.8	5		100
LL-H	1.0,1.1	5.5		140
LL-EH	1.4,1.5	6		200
LR(LT)-L	0.4,0.5	2.5	16~300	63
LR(LT)-M	0.7,0.8	3		100
LR(LT)-H	1.0,1.1	5		140
LR(LT)-EH	1.4,1.5	5.5		200
RR-EL	0.25,0.3	1,1.5,2.2	10~280	45
RR-L	0.4,0.5	1.5,1.8,2.2,3		50
RR-M	0.7,0.8	2.2,3,3.5,4		80
RR-H	1.0,1.1	2.5,3,3.5,4		112
RR-EH	1.4,1.5	3,3.5,4,4.5,5		160

注：1. LL 为两面贴铬鞣革；LR 为一面贴铬鞣革，另一面贴橡胶布层；LT 为一面贴铬鞣革，另一面贴特殊织物层；RR 为两面均贴橡胶布层。

2. 宽度系列与胶帆布平带相同。

10.9.3.2　设计计算

锦纶片复合平带的设计计算可参照表 10-137 进行。但计算时应考虑下列几点：

1）选择带型时，先根据载荷的大小和变化情况选择类型。对于中载、重载和载荷变化大的传动，宜选用 LL 或 LR、LT 型。然后根据设计功率 P_d 和小带轮转速 n_1 参考图 10-19 选择带型。

2）小带轮直径 d_1 允许比按表 10-137 公式求得的计算值小 30%~35%，但必须大于表 10-141 规定的 d_{min}，并应使带速 $v>10\sim15m/s$。

3）曲挠次数 y 应小于 $y_{max}=15\sim50$，小带轮直径大取高值。

4）确定带的截面尺寸主要是确定带宽：

$$b=\frac{10P_d}{K_\alpha K_\beta P_0}$$

$$P_d=K_A P$$

式中　P_d——设计功率（kW）；

P——传递的功率（kW）；

K_A——工况系数，查表 10-12；

K_α——包角修正系数，查表 10-139；

K_β——传动布置系数，查表 10-140；

P_0——$\alpha=180°$、载荷平稳时，单位宽度的基本额定功率（kW/cm），查表 10-142。

根据上式算出的带宽，按规格选取标准值。

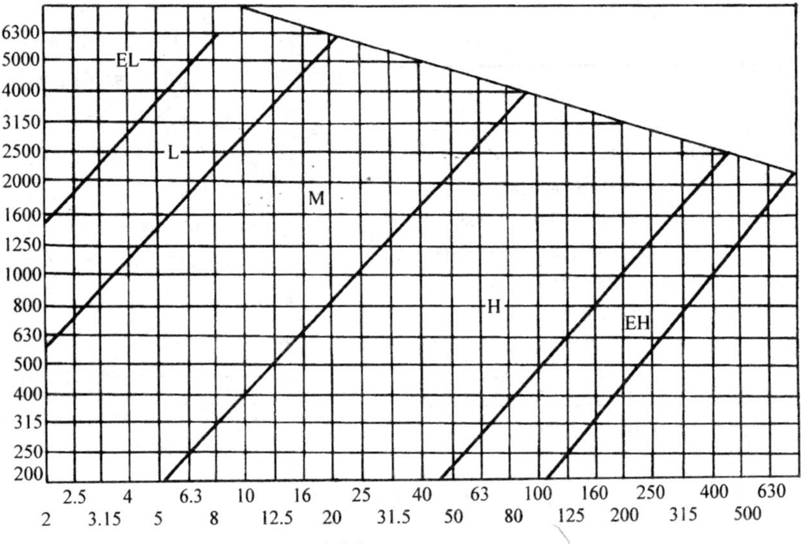

图 10-19　锦纶片复合平带选型图

表 10-142　锦纶片复合平带的基本额定功率

($\alpha=180°$、载荷平稳、预紧应力 $\sigma_0=3\text{MPa}$)　　(单位：kW/cm)

带　型	带　速　v/(m/s)						
	10	15	20	25	30	35	40
特轻型 EL	0.36	0.54	0.71	0.87	1.03	1.19	1.32
轻型 L	0.58	0.86	1.13	1.40	1.65	1.90	2.12
中型 M	1.01	1.51	1.98	2.44	2.89	3.33	3.71
重型 H	1.44	2.16	2.82	3.49	4.13	4.76	5.30
加重型 EH	2.02	3.02	3.95	4.88	5.78	6.66	7.42

10.9.4　高速带传动

带速 $v>30\text{m/s}$、高速轴转速 $n_1=10000\sim50000$ r/min都属于高速带传动；带速 $v\geqslant100\text{m/s}$ 称为超高速带传动。

高速带传动通常都是开口的增速传动。定期张紧时，i 可达到 4；自动张紧时，i 可达到 6；采用张紧轮传动时，i 可达到 8。小带轮直径一般取 $d_1=20\sim40\text{mm}$。

由于要求传动可靠，运转平稳，并有一定寿命，所以都采用质量轻、厚度薄而均匀、曲挠性好的环形平带。例如，特制的编织带（麻、丝、锦纶等）、薄型锦纶片复合平带、高速环形胶带等。高速带传动若采用硫化接头时，必须使接头与带的曲挠性能尽量接近。

高速带传动的缺点是带的寿命短，个别结构甚至只有几小时，传动效率亦较低。

10.9.4.1　规格

标记示例：

聚氨酯高速带，带厚 1mm，宽 25mm，内周长 1120mm，标记如下：

聚氨酯高速带　1mm×25mm×1120mm

10.9.4.2　设计计算

高速带传动的设计计算，可参照表 10-137 进行。但计算时应考虑下列几点：

1）小带轮直径可取 $d_1\geqslant d_0+2\delta_{min}$（$d_0$ 为轴直径；δ_{min} 为最小轮缘厚度，通常取 3～5mm）。若带速和安装尺寸允许，d_1 应尽可能选较大值。

2）带速 v 应小于表 10-144 的 v_{max}。

3）带的曲挠次数 y 应小于表 10-144 的 y_{max}。

4）带厚 δ 可根据 d_1 和表 10-144 的 $\dfrac{\delta}{d_{min}}$，由表

10-143选定。

表 10-143　高速带规格

（单位：mm）

带宽 b	内周长度 L_i 范围	内周长度系列
20	450~1000	450、480、500、530、560、600
25	450~1500	630、670、710、750、800、850
32	600~2000	900、950、1000、1060、1120、1180
40	710~3000	1250、1320、1400、1500、1600、1700
50	710~3000	1800、1900、2000、2120、2240、2350
60	1000~3000	2500、2650、2800、3000
带厚 δ	0.8、1.0、1.2、1.5、2.0、2.5、(3)	

注：1. 编织带带厚无 0.8 和 1.2。
2. 括号内的尺寸尽可能不用。

5）带宽 b 由下式计算，并选取标准值：

$$b=\frac{K_A P}{K_f K_\alpha K_\beta K_i([\sigma]-\sigma_c)\delta v}$$

式中　P——传递的功率（kW）；

K_A——工况系数，查表 10-12；

K_f——拉力计算系数，当 $i=1$、带轮为金属材料时：纤维编织带为 0.47，橡胶带为 0.67，聚氨酯带为 0.79，皮革带为 0.72；

K_α——包角修正系数，查表 10-145；

K_β——传动布置系数，查表 10-140；

K_i——传动比系数，查表 10-146；

$[\sigma]$——带的许用拉应力（MPa），查表 10-148；

σ_c——带的离心拉应力（MPa），$\sigma_c=mv^2$；

m——带的密度（kg/cm³），查表 10-147。

表 10-144　高速带传动的$\dfrac{\delta}{d_{min}}$、v_{max}和 y_{max}

高速带种类			棉织带	麻、丝、锦纶织带	橡胶高速带	聚氨酯高速带	薄型锦纶片复合平带
$\frac{\delta}{d_{min}}$	推荐	≤	$\frac{1}{50}$	$\frac{1}{30}$	$\frac{1}{40}$	$\frac{1}{30}$	$\frac{1}{100}$
	许用		$\frac{1}{40}$	$\frac{1}{25}$	$\frac{1}{30}$	$\frac{1}{20}$	$\frac{1}{50}$
v_{max}/(m/s)			40	50	40	50	80
y_{max}/(次/s)			60	60	100	100	50

表 10-145　高速带传动的包角修正系数 K_α

α/(°)	220	210	200	190	180	170	160	150
K_α	1.20	1.15	1.10	1.05	1.0	0.95	0.90	0.85

表 10-146　传动比系数 K_i

$\frac{主动轮转速}{从动轮转速}$	$\geqslant\frac{1}{1.25}$	$<\frac{1}{1.25}\sim\frac{1}{1.7}$	$<\frac{1}{1.7}\sim\frac{1}{2.5}$	$<\frac{1}{2.5}\sim\frac{1}{3.5}$	$<\frac{1}{3.5}$
K_i	1	0.95	0.90	0.85	0.80

表 10-147　高速带的密度 m　（单位：kg/cm³）

高速带种类	无覆胶编织带	覆胶编织带	橡胶高速带	聚氨酯高速带	薄型皮革高速带	薄型锦纶片复合平带
密度　m	0.9×10^{-3}	1.1×10^{-3}	1.2×10^{-3}	1.34×10^{-3}	1×10^{-3}	1.13×10^{-3}

表 10-148　高速带的许用拉应力 $[\sigma]$　（单位：MPa）

高速带种类	棉、麻、丝编织带	锦纶编织带	橡胶高速带		聚氨酯高速带	薄型锦纶片复合平带
			涤纶绳芯	棉绳芯		
$[\sigma]$	3.0	5.0	6.5	4.5	6.5	20

10.9.5　带轮

平带轮的设计要求、材料、轮毂尺寸、静平衡与V带轮相同。平带轮的直径、结构形式和辐板厚度 S 见表 10-149。轮缘尺寸见表 10-150。为防止掉带，通常在大带轮轮缘表面制成中凸度，中凸度见表 10-151。

高速带传动必须使带轮重量轻、质量均匀对称，运转时空气阻力小。通常都采用钢或铝合金制造。各个面都应进行加工，轮缘工作表面的表面粗糙度 Ra 应为 3.2μm。为了防止掉带，主、从动轮轮缘表面都应制成中凸度。除薄型锦纶片复合平带的带轮外，也可

表 10-149 平带轮的直径、结构型式和辐板厚度

（单位：mm）

孔径 d_0	带轮直径 d：50	56	63	71	80	90	100	112	125	140	160	180	200	224	250	280	315	355	400	450	500	560~2000	轮缘宽度 B
	辐板厚度 S																						
12~14					8		9		10		10												20~32
16~18						10		12			12	四											20~50
20~22								辐					14										20~55
24~25				实										孔	16								40~80
28~30										14							18	20					40~80
32~35											16		16		18		20	22					40~110
38~40								心			18		18		20		22			四椭圆辐轮		六椭圆辐轮	60~160
42~45											板			六	20		板						60~160
50~55										轮					孔			24					90~200
60~65													20			22			轮	26			90~200
70~75														轮			板	24					90~200
80~85																22			轮				140~250
90~95																	24		26				140~250

表 10-150 平带轮轮缘尺寸

（单位：mm）

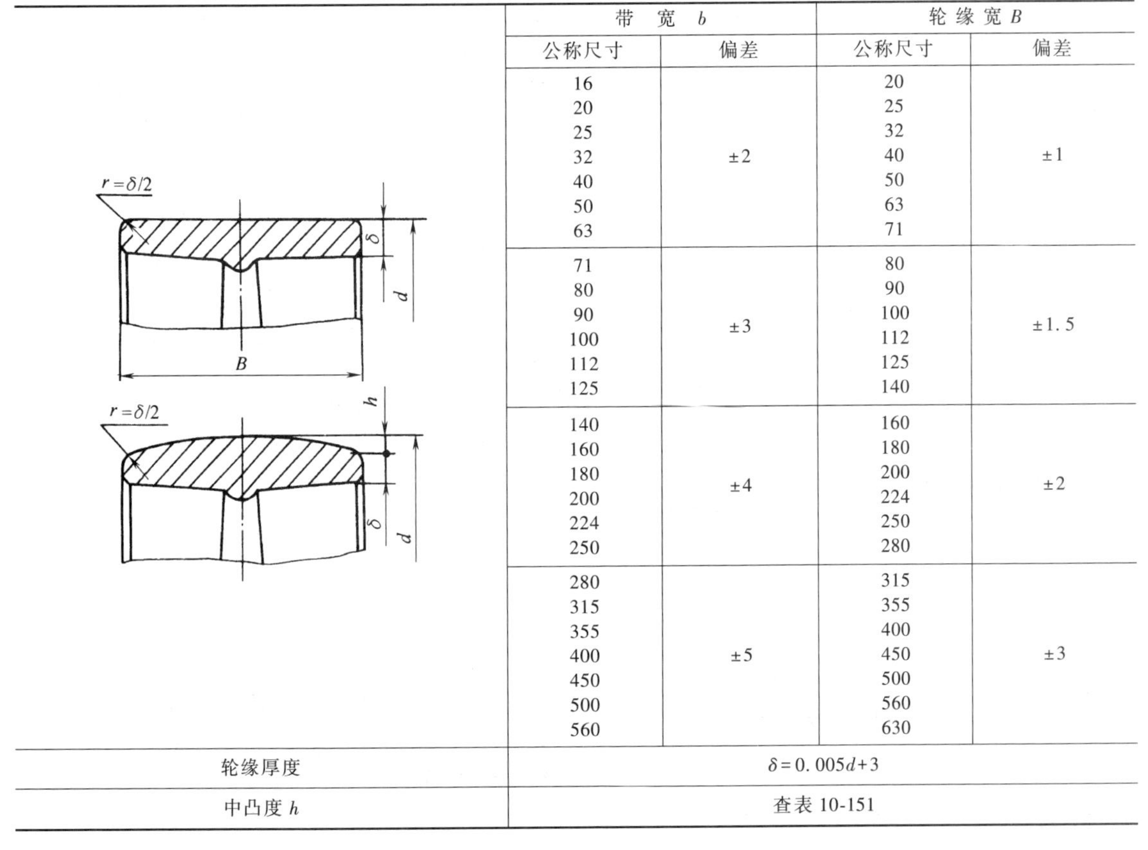

带宽 b 公称尺寸	带宽 b 偏差	轮缘宽 B 公称尺寸	轮缘宽 B 偏差
16 20 25 32 40 50 63	±2	20 25 32 40 50 63 71	±1
71 80 90 100 112 125	±3	80 90 100 112 125 140	±1.5
140 160 180 200 224 250	±4	160 180 200 224 250 280	±2
280 315 355 400 450 500 560	±5	315 355 400 450 500 560 630	±3
轮缘厚度	$\delta=0.005d+3$		
中凸度 h	查表 10-151		

表 10-151　平带轮轮缘的中凸度

（摘自 GB/T 11358—1999）

（单位：mm）

带 轮 直 径	中凸度 h_{min}
20~112	0.3
125~140	0.4
160~180	0.5
200~224	0.6
250~280	0.8
315~350	1.0
400~500	1.0
560~710	1.2
800~1000	1.2~1.5①
1120~1400	1.5~2.0①
1600~2000	1.8~2.5①

① 轮宽 B>250mm 时，取大值。

将轮缘表面的两边做成 2°左右的锥度，见图10-20a。为了防止运转时带与轮缘表面间形成气垫，轮缘表面应开环形槽，环形槽间距为 5~10mm，见图 10-20b（大轮可不开）。带轮必须按表 10-152 的要求进行动平衡。

表 10-152　带轮动平衡要求

（单位：μm）

带 轮 类 型	允许重心偏移量 e	精度等级
一般机械带轮（n≤1000r/min）	50	G6.3
机床小带轮（n=1500r/min）	15	G2.5
主轴和一般磨头带轮（n=6000~10000r/min）	3~5	G2.5
高速磨头带轮（n=15000~30000r/min）	0.4~1.2	G1.0
精密磨床主轴带轮（n=15000~50000r/min）	0.08~0.25	G0.4

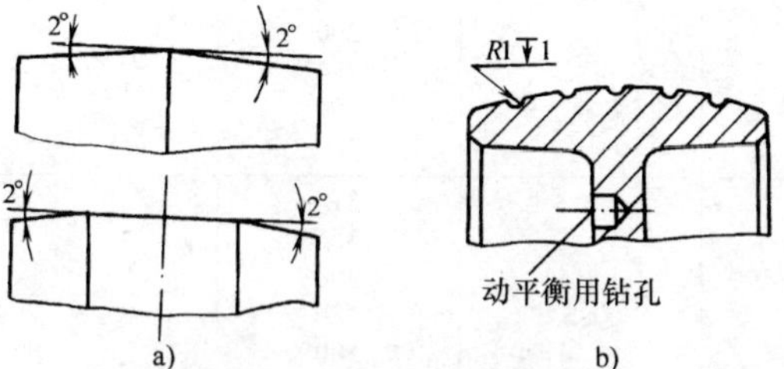

图 10-20　高速带轮轮缘表面

a）表面有锥度　b）表面有环形槽

带轮的结构形式可参考图 10-5。带轮尺寸较大或因装拆需要（如装在两轴承间），可制成图 10-21 所示的剖分式，剖分面应在轮辐处。

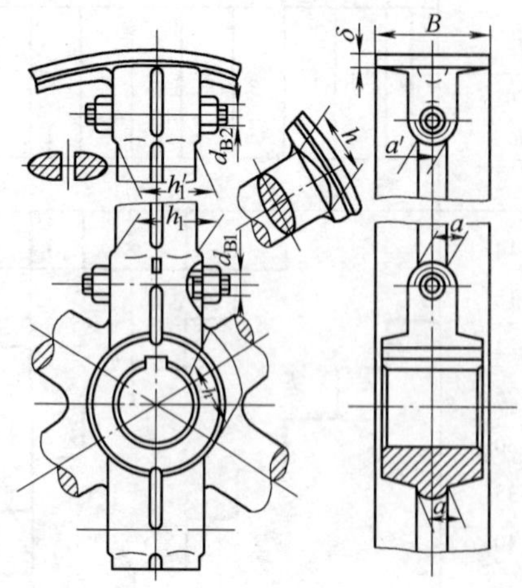

图 10-21　剖分式带轮

注：$d_{B1}=0.15d+(8\sim12)$mm（d 为轴径，mm）；

$d_{B2}=0.45\sqrt{B\delta}+5$mm。

10.10　塔轮传动

塔轮传动如图 10-22 所示。它是一种有级变速的带传动，变速级数一般为 3~5 级。由于它传动平稳、结构简单、制造容易、对轴的安装精度要求不高，所以在中小功率的变速传动，如磨床的头架、卧式车床、卧式钻床等中仍有应用；但其体积较大，调速不便。

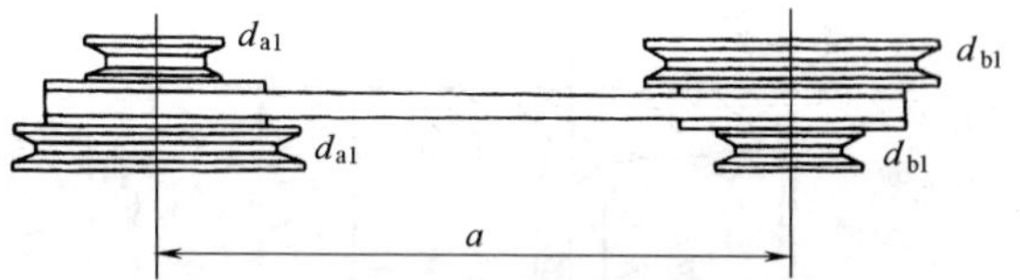

图 10-22　塔轮传动

塔轮传动从动轴的转速通常是按几何级数变化，设其转速分别为 n_{b1}、n_{b2}、…、n_{bn}，公比为 φ，则

$$\frac{n_{b2}}{n_{b1}}=\frac{n_{b3}}{n_{b2}}=\cdots=\frac{n_{bn}}{n_{b(n-1)}}=\varphi$$

$$\varphi=\sqrt[n-1]{\frac{n_{bn}}{n_{b1}}}$$

塔轮传动按从动轴最低转速时传递的功率进行设计。计算方法除塔轮直径外，其余和一般带传动相同。各级带轮直径的计算见表 10-153。

确定带轮直径时应满足以下条件：

1）保证传动比 i_1、i_2、…要求。

2）保证同一轴间距下各级带长相等。

为了便于制造，通常是使主、从动塔轮尺寸完全相同。

表 10-153　塔轮各级带轮直径的计算

序号	计算项目	符号	单位	计算公式	说　明
1	第一级主、从动轮直径	d_{a1} d_{b1}	mm	根据结构要求，参考表 10-149、表 10-136 或表 10-137 选定 d_{a1} $d_{b1}=i_1 d_{a1}$	此级传动比最大，主动轮直径最小
2	选定中心距计算带长	a L	mm	根据结构选定 a $L=2a+\frac{\pi}{2}(d_{a1}+d_{b1})+\frac{(d_{b1}-d_{a1})^2}{4a}$	采用 V 带传动时，要初选 a_0，计算带长 L_0，选取标准带长后，再计算实际中心距
3	初定第 x 级带轮直径	d'_{ax} d'_{bx}	mm	$d'_{ax}=d_{a1}\frac{i_1+1}{i_x+1}$ $d'_{bx}=i_x d'_{ax}$	
4	带长差	ΔL_x	mm	$\Delta L_x=\frac{(d_{b1}-d_{a1})^2-(d'_{bx}-d'_{ax})^2}{4a}$	计算值精确到 0.1
5	主动轮直径补偿值	ε_x	mm	$\varepsilon_x=\frac{2\Delta L_x}{\pi(i_x+1)}$	
6	第 x 级实际带轮直径	d_{ax} d_{bx}	mm	$d_{ax}=d'_{ax}+\varepsilon_x$ $d_{bx}=d'_{bx}+i_x\varepsilon_x$	

注：1. 下标 a 为主动轮，b 为从动轮。

2. 下标 x 为变速级序号，相应为 2、3、4、…。

10.11　半交叉传动

当两轴在空间交错（交角通常为 90°）时，可采用半交叉传动。它只能用于小传动比（$i<2.5$）、大中心距，且

$$a_{min}=5(d_2-B)$$

式中　d_2——大带轮直径；

B——带轮宽。

半交叉传动的设计和开口传动基本相同，但应注意下列几点：

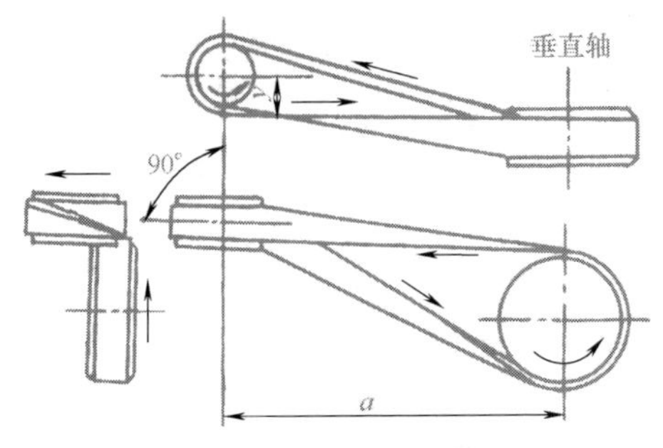

图 10-23　半交叉传动

1）带进入主动轮和从动轮时，其运动方向必须对准该轮宽的对称平面。正确的相互位置如图 10-23 所示。主动边应位于下边，距离 y 应小于表 10-154 列出的值。

表 10-154　距离 y 值　（单位：mm）

中心距	1500	2000	2500	3000	3500	4000	5000	6000
y	60	70	76	100	130	165	225	300

2）传动的额定功率为开口传动的 80%。包角修正系数 $K_\alpha=1$。

3）采用平带时，带轮不做中凸度，轮宽 B 应增大，通常 $B=1.4b+10$mm（b 为带宽），但小于 $2b$。采用 V 带时，带轮应采用深槽。

4）传动不许逆转。

10.12　带传动的张紧

10.12.1　张紧方法

带传动的张紧方法见表 10-155。

表 10-155 带传动的张紧方法

张紧方法		简图	特点和应用
调节中心距	定期张紧	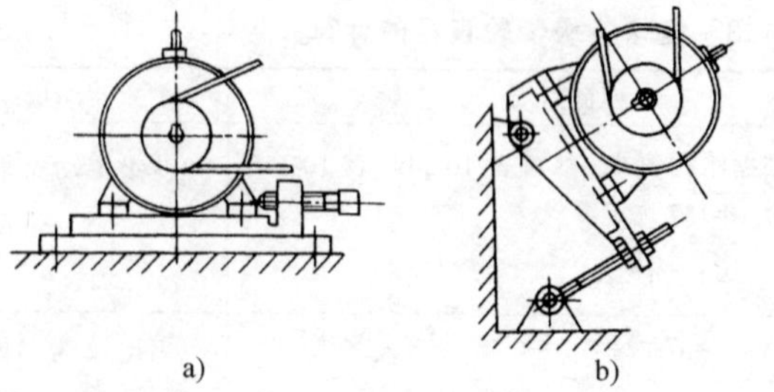 a) b)	图 a 为多用于水平或接近水平的传动 图 b 为多用于垂直或接近垂直的传动，这是最简单的通用方法
	自动张紧	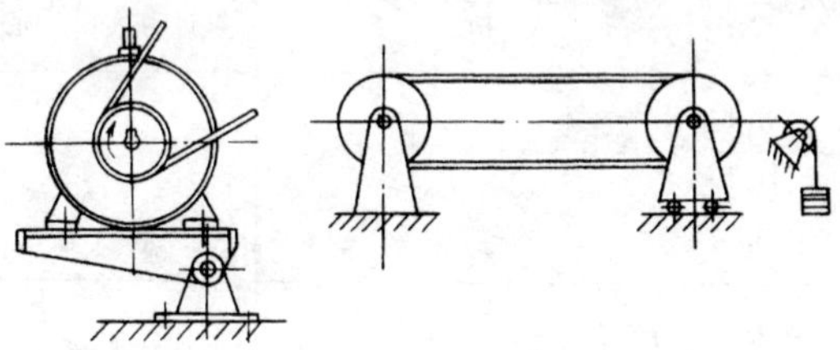 c) d)	图 c 是靠电动机的自重或定子的反力矩张紧，大多用于小功率传动。应使电动机和带轮的转向有利于减轻配重或减小偏心距 图 d 常用于带传动的试验装置
张紧轮		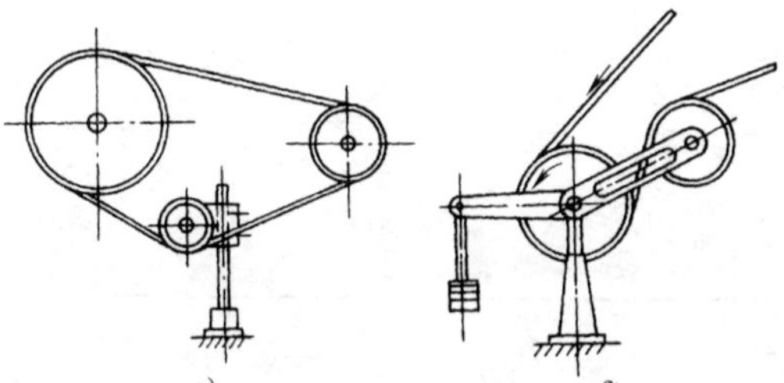 e) f)	可任意调节预紧力的大小、增大包角，容易装卸；但影响带的寿命，不能逆转 张紧轮的直径：$d_Z \geqslant (0.8 \sim 1) d_1$ 张紧轮应安装在带的松边 图 e 为定期张紧 图 f 为自动张紧，应使 $a_1 \geqslant d_1 + d_Z$，$\alpha_z \leqslant 120°$ α_z 为张紧轮包角
改变带长		对有接头的平带，常采用定期截去带长使带张紧，截去长度 $\Delta L = 0.01L$（L 为带长）	

10.12.2 预紧力的控制

带的预紧力对其传动能力、寿命和轴压力都有很大影响。预紧力不足，传递载荷的能力降低，效率低，且使小带轮急剧发热，胶带磨损；预紧力过大，则会使带的寿命降低，轴和轴承上的载荷增大，轴承发热且磨损。因此，适当的预紧力是保证带传动正常工作的重要因素。

在带传动中，预紧力是通过在带与带轮的切边中点处加一垂直于带边的载荷 G，使其产生规定的挠度 f 来控制的，如图 10-24 所示。

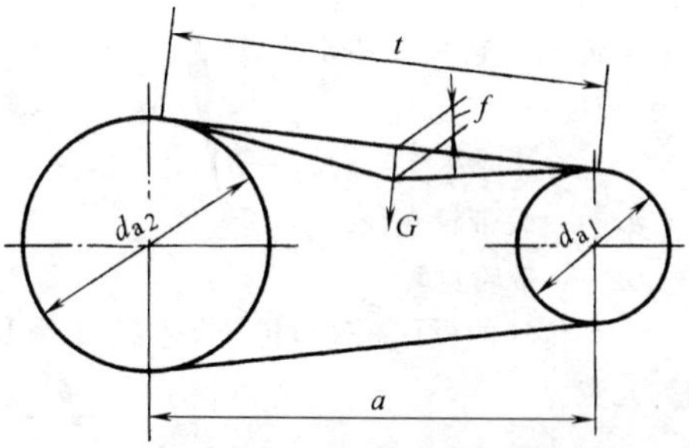

切边长 t 可以实测，或用下式计算：

$$t = \sqrt{a^2 - \frac{(d_{a2} - d_{a1})^2}{4}}$$

式中 a——两轮中心距（mm）；

d_{a1}——小带轮外径（mm）；

d_{a2}——大带轮外径（mm）。

图 10-24 带传动预紧力的控制

10.12.2.1 V 带的预紧力

单根 V 带的预紧力 F_0（N）可按下式计算：

$$F_0 = 500\left(\frac{2.5}{K_\alpha} - 1\right)\frac{P_d}{zv} + mv^2$$

式中 P_d——设计功率（kW）；

z——V 带的根数；

v——带速（m/s）；

K_α——包角修正系数，查表 10-13；

m——V 带每米长的质量（kg/m），查表 10-156。

对于有效宽度制的窄 V 带，上式中的系数 500 改为 450。

为了测定所需的预紧力 F_0，通常是在带的切边中点加一规定的载荷 G，使切边长每 100mm 产生 1.6mm 挠度，即 $f=\frac{1.6t}{100}$ 来保证。

载荷 G（N）的值可由下式算出：

新安装的 V 带　$G=\frac{1.5F_0+\Delta F_0}{16}$

运转后的 V 带　$G=\frac{1.3F_0+\Delta F_0}{16}$

最小极限值　$G_{min}=\frac{F_0+\Delta F_0}{16}$

式中　F_0——预紧力（N）；

ΔF_0——预紧力的修正值（N），查表 10-156。

表 10-156　V 带的质量 m 和预紧力修正值 ΔF_0

带型			m/(kg/m)	ΔF_0/N
普通V带		Y	0.04	6
		Z	0.06	10
		A	0.10	15
		B	0.17	20
		C	0.30	29
		D	0.60	59
		E	0.87	108
窄V带	基准宽度制	SPZ	0.07	12
		SPA	0.12	19
		SPB	0.20	32
		SPC	0.37	55
	有效宽度制	9N(3V)	0.08	20
		15N(5V)	0.20	40
		25N(8V)	0.57	100
联组 V 带		9J	0.122	20
		15J	0.252	40
		25J	0.693	100

测定预紧力所需的垂直力 G，也可参考表 10-157 给定。其高值用于新安装的 V 带，或必须保持高张紧的严酷传动，如高速、小包角、超载起动、频繁的高转矩起动等。

10.12.2.2　平带的预紧力

平带的预紧力通常是给定合适的预紧应力 σ_0。也可以根据下式计算平带单位宽度的预紧力 F'_0（N/mm）：

表 10-157　测定预紧力所需的垂直力 G

带型		小带轮直径 d_{d1}/mm	带速 v/(m/s) 0~10	10~20	20~30
			G/(N/根)		
普通V带	Z	50~100 >100	5~7 7~10	4.2~6 6~8.5	3.5~5.5 5.5~7
	A	75~140 >140	9.5~14 14~21	8~12 12~18	6.5~10 10~15
	B	125~200 >200	18.5~28 28~42	15~22 22~33	12.5~18 18~27
	C	200~400 >400	36~54 54~85	30~45 45~70	25~38 38~56
	D	355~600 >600	74~108 108~162	62~94 94~140	50~75 75~108
	E	500~800 >800	145~217 217~325	124~186 186~280	100~150 150~225
窄V带	SPZ	67~95 >95	9.5~14 14~21	8~13 13~19	6.5~11 11~18
	SPA	100~140 >140	18~26 26~38	15~21 21~32	12~18 18~27
	SPB	160~265 >265	30~45 45~38	26~40 40~52	22~34 34~47
	SPC	224~355 >355	58~82 82~106	48~72 72~96	40~64 64~90

$$F'_0=500\left(\frac{3.2}{K_\alpha}-1\right)\frac{P_d}{bv}+mv^2$$

式中　P_d——设计功率（kW）；

b——带宽（mm）；

v——带速（m/s）；

K_α——包角修正系数，查表 10-139；

m——单位长度、单位宽度平带的质量 [kg/(m · mm)]。

为了测定所需的预紧力 F_0（$F_0=F'_0b$），在带的切边中点加一规定的载荷 G，使切边长每 100mm 产生 1.0mm 的挠度，即 $f=\frac{t}{100}$ 来保证。

表 10-158 是测定胶帆布平带预紧应力 σ_0 = 1.8MPa 单位宽度所需施加的载荷 G 值。表 10-159 是测定锦纶片复合平带预紧应力 σ_0 = 3MPa 单位宽度所需施加的载荷 G 值。

表 10-158　测定胶帆布平带预紧力的 G 值

$\left(产生挠度 f=\frac{t}{100} 的载荷 G=G'b\right)$

帆布胶带层数	单位带宽的载荷 G'/(N/mm)
3	0.26
4	0.35
5	0.43
6	0.52
7	0.61
8	0.69
9	0.78
10	0.86
11	0.95
12	1.04

注：1. 按本表控制，带的 $\sigma_0=1.8\text{MPa}$。
2. 轴间距小，倾斜角大于 60°时，G 值可减小 10%；自动张紧传动，G 值应增大 10%；新传动带 G 值应增大 30%～50%。

表 10-159　测定锦纶片复合平带预紧力的 G 值

$\left(产生挠度 f=\frac{t}{100} 的载荷 G=G'b\right)$

带　　型	单位带宽的载荷 G'/(N/mm)
L	0.055
M	0.085
H	0.12
EM	0.17

注：1. 按本表控制，带的 $\sigma_0=3\text{MPa}$。
2. 新传动带 G 值应增大 30%～50%。

10.12.2.3　同步带的预紧力

同步带合适的预紧力见表 10-160。

为了测定所需的预紧力 F_0，通常是在带的切边中点加一规定的载荷 G，使切边长每 100mm 产生 1.6mm 的挠度，即 $f=\frac{1.6t}{100}$来保证。

表 10-160　同步带的预紧力 F_0　　（单位：N）

带型	带宽/mm		6.4	7.9	9.5	12.7	19.1	25.4	38.1	50.8	76.2	101.6	127.0
	F_0、Y 值												
XL	F_0	最大值	29.40	37.30	44.70								
		推荐值	13.70	19.60	25.50								
	Y		0.40	0.55	0.77								
L	F_0	最大值				76.5	125	175					
		推荐值				52	87	123					
	Y					4.5	7.7	11					
H	F_0	最大值					293	421	646	890	1392		
		推荐值					222	312	486	668	1047		
	Y						14.5	21	32	43	69		
XH	F_0	最大值								1009	1583	2242	
		推荐值								909	1427	2021	
	Y									86	139	200	
XXH	F_0	最大值								2471.5	3884	5507	7110
		推荐值								1114	1750	2479	3203
	Y									141	227	322	418

载荷 G 由下式算出：

$$G=\frac{F_0+\frac{t}{L_p}\times Y}{16}$$

式中　F_0——预紧力（N），查表 10-160；
t——切边长（mm）；
L_p——同步带的节线长（mm）；
Y——修正系数，查表 10-160。

10.12.2.4　多楔带的预紧力

多楔带的预紧力 F_0，可按单根 V 带的预紧力计算出每楔所需的预紧力乘以楔数 z，其中 m 为多楔带每楔每米长的质量［kg/(m · z)］，可查表 10-161。

测定多楔带的预紧力也和 V 带相同。在切边中点所加的载荷 G 计算如下：

1）对于新安装的多楔带：

$$G=\frac{1.5F_0+\Delta F_0}{16}$$

2）运转后的多楔带：

$$G=\frac{1.3F_0+\Delta F_0}{16}$$

3）最小极限值：

$$G_{min} = \frac{F_0 + \Delta F_0}{16}$$

式中　F_0——所需的预紧力（N）；

ΔF_0——预紧力修正值（N），查表 10-161。

表 10-161　多楔带的质量 m 和预紧力修正值 ΔF_0

带型	每楔、每米长的质量 /[kg/(m·z)]	ΔF_0/N
J	0.01	42
L	0.05	122
M	0.16	302

第11章 链 传 动

链传动是由传动链条和主、从动链轮等组成的啮合传动。

链传动的主要优点如下：

1）能在任意的中等中心距离进行定速比的传动，中心距离最大可达6m。

2）速度无滑动损失，传动效率可达98%~99%。

3）传动比允许较大。

4）适宜作多轴传动（一轴带动数轴）和双向传动，结构比较简单，制造比较容易。

5）能在低速下传递较大的动力。

6）能在较高温度或其他恶劣的条件下工作，受气候条件变化影响小。

7）传动前无初张力，轴及轴承上受力较小。

8）结构紧凑，传递同样的功率，轮廓尺寸较带传动小。

9）应用的链条品种规格少，可随意增减链节数目以调整长度，储备更换方便。

10）链条中可任意配置各种特殊链节，组成各种链式输送器。

链传动的主要缺点如下：

1）价格较带传动高，质量大。

2）传动比不是常数，链条速度有波动，不平稳（链轮齿数越少，波动越大），在高速下有较大的冲击载荷。

3）链节伸长后运转不稳定，易跳齿。

4）传动有噪声。

5）无间歇时间的反向运转性能不好。

6）链条断裂时易损伤其他机件。

7）在闭式传动中，封闭装置设计比较困难。

8）只能用于平行轴之间的传动。

11.1 链条的主要类型和应用特点

按用途不同，链条可分为传动链、输送链、曳引链和特种链四大类。表11-1所列为传动链条的主要类型和应用特点。

表11-1 传动链条的主要类型和应用特点

种类	简图	结构和特点	应用
传动用短节距精密滚子链（简称滚子链，GB/T 1243—2006）		由外链节和内链节铰接而成。销轴和外链板、套筒和内链板为过盈配合；销轴和套筒为间隙配合；滚子空套在套筒上可以自由转动，以减少啮合时的摩擦和磨损，并可以缓和冲击	动力传动
双节距滚子链（GB/T 5269—2008）		除链板节距为滚子链的两倍外，其他尺寸与滚子链相同时，链条质量减轻	中小载荷、中低速和中心距较大的传动装置，也可用于输送装置
传动用短节矩精密套筒链（简称套筒链，GB/T 1243—2006）		除无滚子外，结构和尺寸同滚子链。质量轻、成本低，并可提高节距精度 为了提高承载能力，可利用原滚子的空间加大销轴和套筒尺寸，增大承压面积	不经常工作的传动，中低速传动或起重装置（如配重、铲车起升装置）等
重载传动用弯板滚子传动链（简称弯板链，GB/T 5858—1997）		无内外链节之分，磨损后链节节距仍较均匀。弯板使链条的弹性增加，抗冲击性能好。销轴、套筒和链板间的间隙较大，对链轮共面性要求较低。销轴拆装容易，便于维修和调整松边下垂量	低速或极低速、载荷大、有尘土的开式传动和两轮不易共面处，如挖掘机等工程机械的行走机构、石油机械等

（续）

种　类	简　图	结构和特点	应　用
齿形传动链（又名无声链，GB/T 10855—2016）		由多个齿形链片并列铰接而成。链片的齿形部分和链轮啮合，有共轭啮合和非共轭啮合两种。传动平稳准确，振动、噪声小，强度高，工作可靠；但质量较重，装拆较困难	高速或运动精度要求较高的传动，如机床主传动、发动机正时传动、石油机械及重要的操纵机构等
成形链		链节由可锻铸铁或钢制造，装拆方便	用于农业机械和链速在 3m/s 以下的传动

11.2　滚子链传动

11.2.1　滚子链的基本参数和尺寸

滚子链通常指短节距传动用精密滚子链。表11-1中所列的双节距滚子链、传动用短节距精密套筒链、弯板滚子传动链等，设计方法和步骤与短节距精密滚子链原则上一致。

短节距传动用精密滚子链标准为 GB/T 1243—2006（等效 ISO 606：2004），滚子链的基本参数和尺寸如图 11-1 所示。图 11-1 中，尺寸 c 为弯链板与直链板之间回转间隙；链条通道高度 h_1 是装配好的链条要通过的通道最小高度；用止锁零件接头的链条全宽：当一端有带止锁件的接头时，对端部铆头销轴长度为 b_4、b_5 或 b_6 再加上 b_7（或带头锁轴的加 $1.6b_7$）；当两端都有止锁件时加 $2b_7$；对三排以上的链条，其链条全宽为 b_4+p_t（链条排数-1）。

表 11-2 列出了链条主要尺寸、测量力和抗拉强度。表内链号为用寸制单位表示的节距，以 1/16in 为 1 个单位，因此，链号数乘以 25.4/16mm，即为该型号链条的米制节距。链号中的后缀有 A、B、H 三种，表示三个系列。A 系列起源于美国，流行于全世界；B 系列起源于英国，主要流行于欧洲；H 为加重系列。三种系统互相补充。三种系列在我国都生产和使用。按 GB/T 1243—2006 规定，滚子链标记为

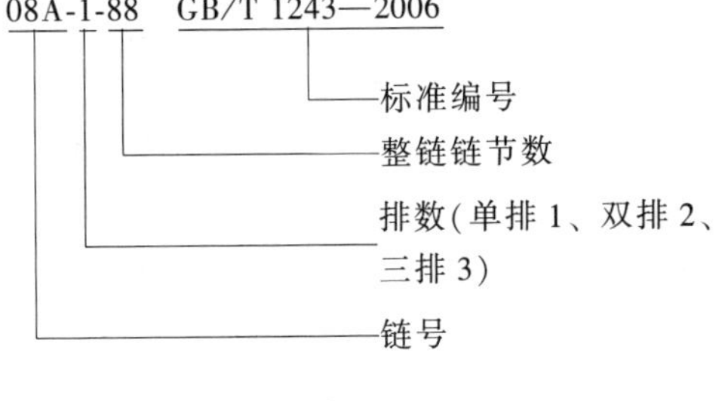

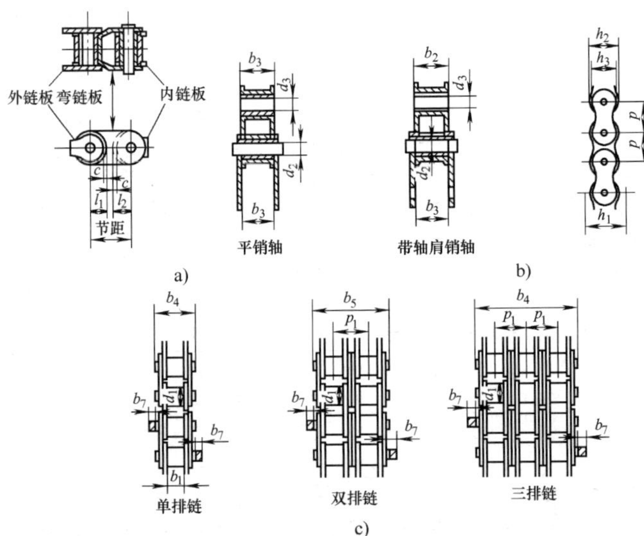

图 11-1　滚子链的基本参数和尺寸（摘自 GB/T 1243—2006）

a）过渡链节　b）链条截面　c）链条形式

表 11-2　链条主要尺寸、测量力、抗拉强度及动载强度

链号	节距 p/mm 标准	滚子直径 d_1/mm ≤	内节内宽 b_1/mm ≥	销轴直径 d_2/mm ≤	套筒孔径 d_3/mm ≥	链条通道高度 h_1/mm ≥	内链板高度 h_2/mm ≤	外或中链板高度 h_3/mm ≤	过渡链节尺寸①/mm			排距 p_t/mm	内节外宽 b_2/mm ≤	外节内宽 b_3/mm ≥	销轴长度/mm			止锁件附加宽度② b_7/mm ≤	测量力/N			抗拉强度 F_u/kN			动载强度③④⑤ 单排 F_d/N ≥
									l_1 ≥	l_2 ≥	c				单排 b_4 ≤	双排 b_5 ≤	三排 b_6 ≤		单排	双排	三排	单排 ≥	双排 ≥	三排 ≥	
04C	6.35	3.30⑥	3.10	2.31	2.34	6.27	6.02	5.21	2.65	3.08	0.10	6.40	4.80	4.85	9.1	15.5	21.8	2.5	50	100	150	3.5	7.0	10.5	630
06C	9.525	5.08⑥	4.68	3.60	3.62	9.30	9.05	7.81	3.97	4.60	0.10	10.13	7.46	7.52	13.2	23.4	33.5	3.3	70	140	210	7.9	15.8	23.7	1410
05B	8.00	5.00	3.00	2.31	2.36	7.37	7.11	7.11	3.71	3.71	0.08	5.64	4.77	4.90	8.6	14.3	19.9	3.1	50	100	150	4.4	7.8	11.1	820
06B	9.525	6.35	5.72	3.28	3.33	8.52	8.26	8.26	4.32	4.32	0.08	10.24	8.53	8.66	13.5	23.8	34.0	3.3	70	140	210	8.9	16.9	24.9	1290
08A	12.70	7.92	7.85	3.98	4.00	12.33	12.07	10.42	5.29	6.10	0.08	14.38	11.17	11.23	17.8	32.3	46.7	3.9	120	250	370	13.9	27.8	41.7	2480
08B	12.70	8.51	7.75	4.45	4.50	12.07	11.81	10.92	5.66	6.12	0.08	13.92	11.30	11.43	17.0	31.0	44.9	3.9	120	250	370	17.8	31.1	44.5	2480
081	12.70	7.75	3.30	3.66	3.71	10.17	9.91	9.91	5.36	5.36	0.08	—	5.80	5.93	10.2	—	—	1.5	125	—	—	8.0	—	—	—
083	12.70	7.75	4.88	4.09	4.14	10.56	10.30	10.30	5.36	5.36	0.08	—	7.90	8.03	12.9	—	—	1.5	125	—	—	11.6	—	—	—
084	12.70	7.75	4.88	4.09	4.14	11.41	11.15	11.15	5.77	5.77	0.08	—	8.80	8.93	14.8	—	—	1.5	125	—	—	15.6	—	—	—
085	12.70	7.77	6.25	3.60	3.62	10.17	9.91	8.51	4.35	5.03	0.08	—	9.06	9.12	14.0	—	—	2.0	80	—	—	6.7	—	—	1340
10A	15.875	10.16	9.40	5.09	5.12	15.35	15.09	13.02	6.61	7.62	0.10	18.11	13.84	13.89	21.8	39.9	57.9	4.1	200	390	590	21.8	43.6	65.4	3850
10B	15.875	10.16	9.65	5.08	5.13	14.99	14.73	13.72	7.11	7.62	0.10	16.59	13.28	13.41	19.6	36.2	52.8	4.1	200	390	590	22.2	44.5	66.7	3330
12A	19.05	11.91	12.57	5.96	5.98	18.34	18.10	15.62	7.90	9.15	0.10	22.78	17.75	17.81	26.9	49.8	72.6	4.6	280	560	840	31.3	62.6	93.9	5490
12B	19.05	12.07	11.68	5.72	5.77	16.39	16.13	16.13	8.33	8.33	0.10	19.46	15.62	15.75	22.7	42.2	61.7	4.6	280	560	840	28.9	57.8	86.7	3720
16A	25.40	15.88	15.75	7.94	7.96	24.39	24.13	20.83	10.55	12.20	0.13	29.29	22.60	22.66	33.5	62.7	91.9	5.4	500	1000	1490	55.6	111.2	166.8	9550
16B	25.40	15.88	17.02	8.28	8.33	21.34	21.08	21.08	11.15	11.15	0.13	31.88	25.45	25.58	36.1	68.0	99.9	5.4	500	1000	1490	60.0	106.0	160.0	9530
20A	31.75	19.05	18.90	9.54	9.56	30.48	30.17	26.04	13.16	15.24	0.15	35.76	27.45	27.51	41.1	77.0	113.0	6.1	780	1560	2340	87.0	174.0	261.0	14600
20B	31.75	19.05	19.56	10.19	10.24	26.68	26.42	26.42	13.89	13.89	0.15	36.45	29.01	29.14	43.2	79.7	116.1	6.1	780	1560	2340	95.0	170.0	250.0	13500
24A	38.10	22.23	25.22	11.11	11.14	36.55	36.2	31.24	15.80	18.27	0.18	45.44	35.45	35.51	50.8	96.3	141.7	6.6	1110	2220	3340	125.0	250.0	375.0	20500
24B	38.10	25.40	25.40	14.63	14.68	33.73	33.4	33.40	17.55	17.55	0.18	48.36	37.92	38.05	53.4	101.8	150.2	6.6	1110	2220	3340	160.0	280.0	425.0	19700
28A	44.45	25.40	25.22	12.71	12.74	42.67	42.23	36.45	18.42	21.32	0.20	48.87	37.18	37.24	54.9	103.6	152.4	7.4	1510	3020	4540	170.0	340.0	510.0	27300
28B	44.45	27.94	30.99	15.90	15.95	37.46	37.08	37.08	19.51	19.51	0.20	59.56	46.58	46.71	65.1	124.7	184.3	7.4	1510	3020	4540	200.0	360.0	530.0	27100
32A	50.80	28.58	31.55	14.29	14.31	48.74	48.26	41.68	21.04	24.33	0.20	58.55	45.21	45.26	65.5	124.2	182.9	7.9	2000	4000	6010	223.0	446.0	669.0	34800

32B	50.80	29.21	30.99	17.81	17.86	42.72	42.29	42.29	22.20	22.20	0.20	58.55	45.57	45.70	67.4	126.0	184.5	7.9	2000	4000	6010	250.0	450.0	670.0	29900
36A	57.15	35.71	35.48	17.46	17.49	54.86	54.30	46.86	23.65	27.36	0.20	65.84	50.85	50.90	73.9	140.0	206.0	9.1	2670	5340	8010	281.0	562.0	843.0	44500
40A	63.50	39.68	37.85	19.85	19.87	60.93	60.33	52.07	26.24	30.36	0.20	71.55	54.88	54.94	80.3	151.9	223.5	10.2	3110	6230	9340	347.0	694.0	1041.0	53600
40B	63.50	39.37	38.10	22.89	22.94	53.49	52.96	52.96	27.76	27.76	0.20	72.29	55.75	55.88	82.6	154.9	227.2	10.2	3110	6230	9340	355.0	630.0	950.0	41800
48A	76.20	47.63	47.35	23.81	23.84	73.13	72.39	62.49	31.45	36.40	0.20	87.83	67.81	67.87	95.5	183.4	271.3	10.5	4450	8900	13340	500.0	1000.0	1500.0	73100
48B	76.20	48.26	45.72	29.24	29.29	64.52	63.88	63.88	33.45	33.45	0.20	91.21	70.56	70.69	99.1	190.4	281.6	10.5	4450	8900	13340	560.0	1000.0	1500.0	63600
56B	88.90	53.98	53.34	34.32	34.37	78.64	77.85	77.85	40.61	40.61	0.20	106.60	81.33	81.46	114.6	221.2	327.8	11.7	6090	12190	20000	850.0	1600.0	2240.0	88900
64B	101.60	63.50	60.96	39.40	39.45	91.08	90.17	90.17	47.07	47.07	0.20	119.89	92.02	92.15	130.9	250.8	370.7	13.0	7960	15920	27000	1120.0	2000.0	3000.0	106900
72B	114.30	72.39	68.58	44.48	44.53	104.67	103.63	103.63	53.37	53.37	0.20	136.27	103.81	103.94	147.4	283.7	420.0	14.3	10100	20190	33500	1400.0	2500.0	3750.0	132700
60H	19.05	11.91	12.57	5.96	5.98	18.34	18.10	15.62	7.90	9.15	0.10	26.11	19.43	19.48	30.2	56.3	82.4	4.6	280	560	840	31.3	62.6	93.9	6330
80H	25.40	15.88	15.75	7.94	7.96	24.39	24.13	20.83	10.55	12.20	0.13	32.59	24.28	24.33	37.4	70.0	102.6	5.4	500	1000	1490	55.6	112.2	166.8	10700
100H	31.75	19.05	18.90	9.54	9.56	30.48	30.17	26.04	13.16	15.24	0.15	39.09	29.10	29.16	44.5	83.6	122.7	6.1	780	1560	2340	87.0	174.0	261.0	16000
120H	38.10	22.23	25.22	11.11	11.14	36.55	36.2	31.24	15.80	18.27	0.18	48.87	37.18	37.24	55.0	103.9	152.8	6.6	1110	2220	3340	125.0	250.0	375.0	22200
140H	44.45	25.40	25.22	12.71	12.74	42.67	42.23	36.45	18.42	21.32	0.20	52.20	38.86	38.91	59.0	111.2	163.4	7.4	1510	3020	4540	170.0	340.0	510.0	29200
160H	50.80	28.58	31.55	14.29	14.31	48.74	48.26	41.66	21.04	24.33	0.20	61.90	46.88	46.94	69.4	131.3	193.2	7.9	2000	4000	6010	223.0	446.0	669.0	36900
180H	57.15	35.71	35.48	17.46	17.49	54.86	54.30	46.86	23.65	27.36	0.20	69.16	52.50	52.55	77.3	146.5	215.7	9.1	2670	5340	8010	281.0	562.0	843.0	46900
200H	63.50	39.68	37.85	19.85	19.87	60.93	60.33	52.07	26.24	30.36	0.20	78.31	58.29	58.34	87.1	165.4	243.7	10.2	3110	6230	9340	347.0	694.0	1041.0	58700
240H	76.20	47.63	47.35	23.81	23.84	73.13	72.39	62.49	31.45	36.40	0.20	101.22	74.54	74.60	111.4	212.6	313.8	10.5	4450	8900	13340	500.0	1000.0	1500.0	84400

① 对于高应力使用场合，不推荐使用过渡链节。

② 止锁件的实际尺寸取决于其类型，但都不应超过规定尺寸，使用者应从制造商处获取详细资料。

③ 动载强度值不适用于过渡链节、连接链节或带有附件的链条。

④ 双排链和三排链的动载试验不能用单排链的值按比例套用。

⑤ 动载强度值是基于 5 个链节的试样，不含 36A、40A、40B、48A、48B、56B、64B、72B、180H、200H 和 240H，这些链条是基于 3 个链节的试样。

⑥ 套筒直径。

11.2.2　滚子链传动的设计

1. 滚子链传动选择指导

国家标准 GB/T 18150—2006《滚子链传动选择指导》是链传动设计选择标准，也是确保链条质量的标准，而且是对链条质量最低要求的标准。此标准等同采用 ISO 10823：2004。

2. 滚子链传动的设计计算

设计链传动的已知条件：

1）所传递的功率 P。

2）主动和从动机械的类型。

3）主、从动轴的转速 n_1、n_2 和直径。

4）中心距要求和布置。

5）环境条件。

滚子链传动的一般设计计算方法见表 11-3。

图 11-2 所示为符合 GB/T 1243 系列单排链条的典型承载能力。对于双排链的额定功率，可由单排链的 P_c 值乘以 1.7 得到；对于三排链的额定功率，可由单排链的 P_c 值乘以 2.5 得到。图 11-2 是在下列条件下建立的。

1）安装在水平平行轴上的两链轮传动。

2）主动链轮齿数 $z_1=25$。

3）无过渡链节的单排链。

4）链长为 120 链节。链长小于此长度时，使用寿命将按比例减少。

5）传动比为 $i=3$，减速传动。

6）链条预期使用寿命为 15000h。

7）工作环境温度在 $-5\sim70$℃。

8）链轮正确对中，链条调节保持正确。

9）平稳运转，无过载、冲击或频繁起动。

10）清洁和合适的润滑。

图 11-2 给出的是在一些链条制造厂发布的此类图中具有代表性的承载能力图。各厂的链条有不同的等级，建议使用者向厂方咨询所需要的承载能力图。

表 11-3　滚子链传动的设计计算（摘自 GB/T 18150—2006）

<table>
<tr><th>项目</th><th>符号</th><th>单位</th><th>公式和参数选定</th><th>说　　明</th></tr>
<tr><td>小链轮齿数</td><td>z_1</td><td rowspan="2">—</td><td rowspan="2">传动比 $i=\frac{n_1}{n_2}=\frac{z_2}{z_1}$
$z_{min}=17$，$z_{max}=114$</td><td rowspan="2">为传动平稳，链速增高时，应选较大 z_1。高速或受冲击载荷的链传动，z_1 至少 25 齿，且链轮齿应淬硬</td></tr>
<tr><td>大链轮齿数</td><td>z_2</td></tr>
<tr><td>修正功率</td><td>P_c</td><td>kW</td><td>$P_c=Pf_1f_2$</td><td>P—输入功率(kW)
f_1—工况系数，见表 11-4
f_2—主动链轮齿数系数，见图 11-3</td></tr>
<tr><td>链条节距</td><td>p</td><td>mm</td><td>根据修正功率 P_c 和小链轮转速，由图 11-2 查得，选用合理的节距 p</td><td>为使传动平稳，在高速下，宜选用节距较小的双排或多排链。但应注意多排链传动对脏污和误差比较敏感</td></tr>
<tr><td>初定中心距</td><td>a_0</td><td>mm</td><td>推荐 $a_0=(30\sim50)p$
脉动载荷无张紧装置时，$a_0<25p$
$a_{0max}=80p$
a_{0min} 与转动比 i 有关：<table><tr><td>i</td><td><4</td><td>≥4</td></tr><tr><td>a_{0min}</td><td>$0.2z_1(i+1)p$</td><td>$0.33z_1(i-1)p$</td></tr></table></td><td>首先考虑结构要求定中心距 a_0。有张紧装置或托板时，a_0 可大于 $80p$；对中心距不能调整的传动，$a_{0min}=30p$
采用推荐的 $a_{0min}=80p$ 计算式，可保证小链轮的包角不小于 120°，且大小链轮不会相碰</td></tr>
</table>

（续）

项目	符号	单位	公式和参数选定	说　　明
链长节数	X_0	—	$X_0=\frac{2a_0}{p}+\frac{z_1+z_2}{2}+\frac{f_3}{a_0}$ 其中　$f_3=\left(\frac{z_2-z_1}{2\pi}\right)^2$ f_3 也可由表 11-5 查得	X_0 应圆整成整数 X，宜取偶数，以避免过渡链节。有过渡链节的链条（X_0 为奇数时），其极限拉伸载荷为正常值的 80%
实际链条节数	X	—	X_0 圆整成 X 链条长度 $L=\frac{Xp}{1000}m$	
最大中心距（理论中心距）	a	mm	$a=\frac{p}{4}[c+\sqrt{c^2-8f_3}]$ 其中　$c=X-\frac{z_1+z_2}{2}$ 最大中心距也可用下式计算： 1）$z_1=z_2=z$ 时（$i=1$）： $a=p\left(\frac{X-Z}{2}\right)$ 2）$z_1\neq z_2$ 时（$i\neq 1$）： $a=f_4\times p[2X-(z_1+z_2)]$	X—圆整成整数的链节数 f_4 的计算值见表 11-6。当 $\frac{X-z_1}{z_1-z_2}$ 在表中二相邻值之间时，可采用线性插值计算
实际中心距	a'	mm	$a'=a-\Delta a$ $\Delta a=(0.002\sim 0.004)a$	Δa 应保证链条松边有合适的垂度，即 $f=(0.01\sim 0.03)$ a 对中心距可调的传动，Δa 可取较大的值
链　　速	v	m/s	$v=\frac{z_1 n_1 p}{60\times 1000}=\frac{z_2 n_2 p}{60\times 1000}$	低速传动　$v\leqslant 0.6$m/s 中速传动　$v>0.6\sim 8$m/s 高速传动　$v>8$m/s
有效圆周力	F	N	$F=\frac{1000P}{v}$	
作用于轴上的拉力	F_Q	N	对水平传动和倾斜传动 $F_Q=(1.15\sim 1.20)f_1 F$ 对接近垂直布置的传动 $F_Q=1.05 f_1 F$	
润滑	—	—		见图 11-4 和表 11-7
小链轮包角	α_1	（°）	$\alpha_1=180°-\frac{(z_2-z_1)p}{\pi a}\times 57.3°$	要求 $\alpha_1\geqslant 120°$

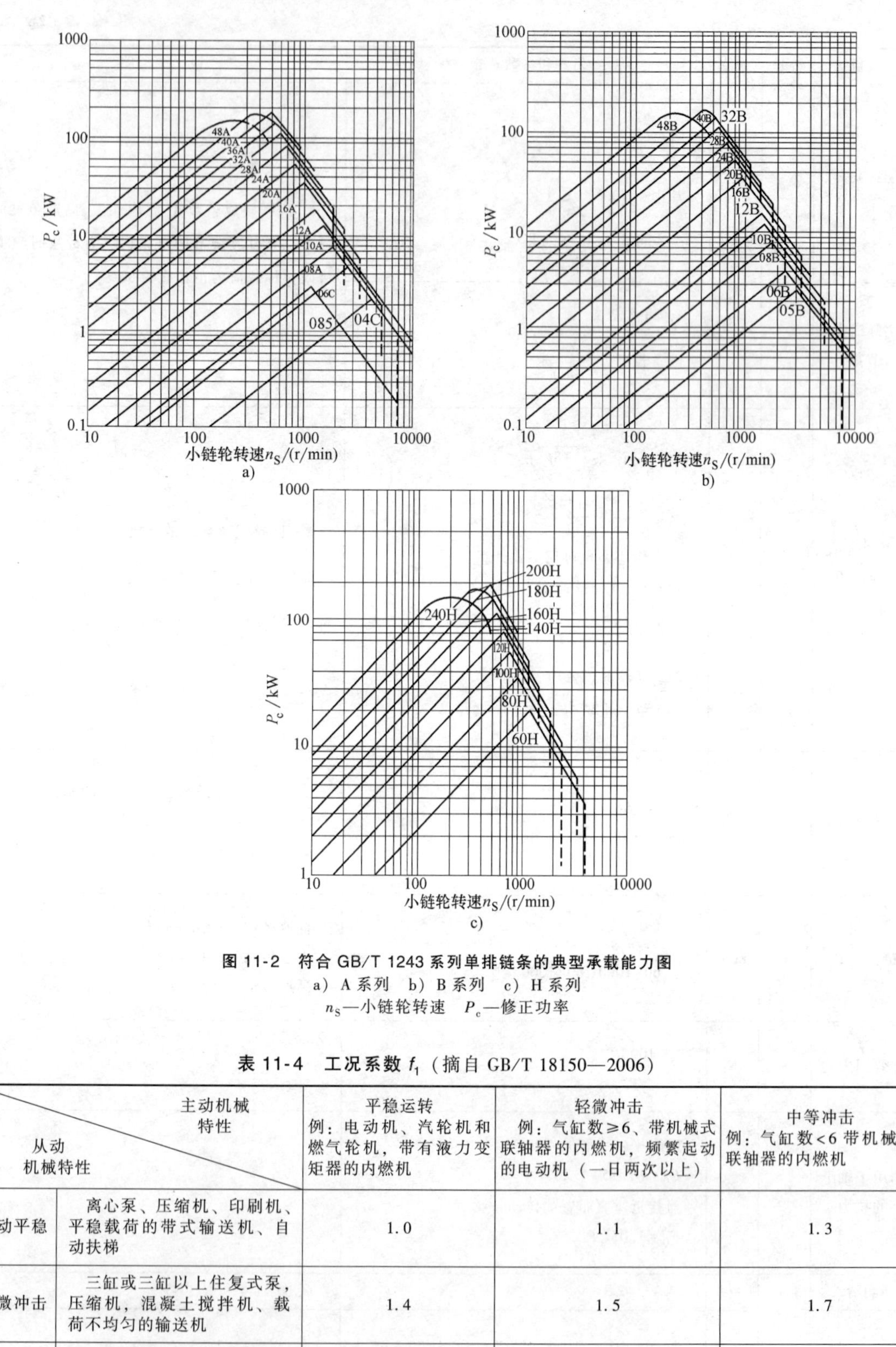

图 11-2　符合 GB/T 1243 系列单排链条的典型承载能力图

a）A 系列　b）B 系列　c）H 系列

n_S—小链轮转速　P_c—修正功率

表 11-4　工况系数 f_1（摘自 GB/T 18150—2006）

从动机械特性 \ 主动机械特性		平稳运转 例：电动机、汽轮机和燃气轮机，带有液力变矩器的内燃机	轻微冲击 例：气缸数≥6、带机械式联轴器的内燃机，频繁起动的电动机（一日两次以上）	中等冲击 例：气缸数<6 带机械式联轴器的内燃机
运动平稳	离心泵、压缩机、印刷机、平稳载荷的带式输送机、自动扶梯	1.0	1.1	1.3
轻微冲击	三缸或三缸以上往复式泵，压缩机，混凝土搅拌机、载荷不均匀的输送机	1.4	1.5	1.7
中等冲击	电铲、轧机和球磨机，单缸或双缸泵和压缩机，橡胶加工机械、石油钻采设备	1.8	1.9	2.1

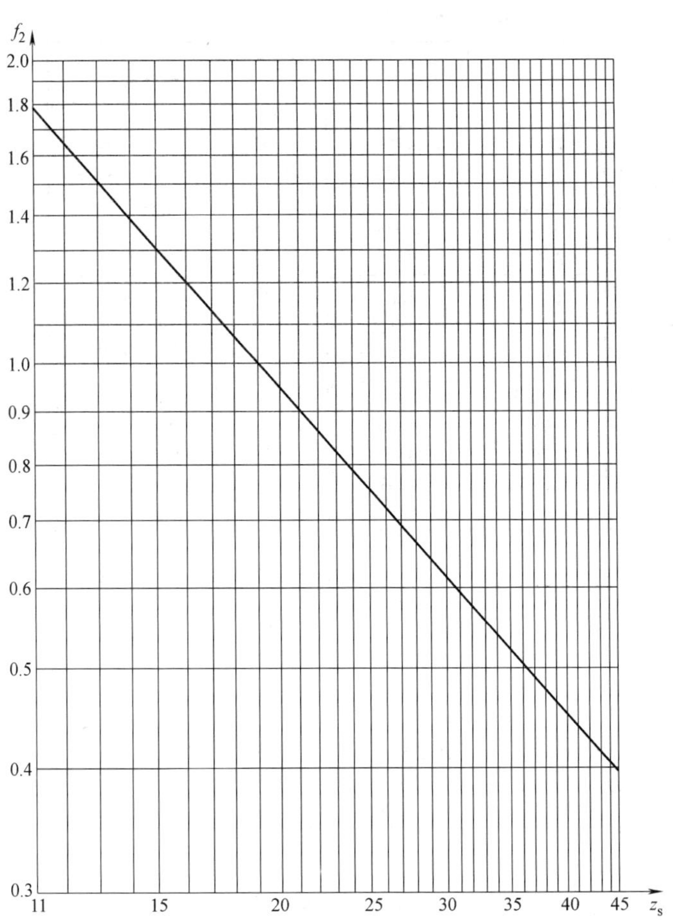

图 11-3　主动链轮齿数系数 f_2

表 11-5　f_3 的计算值（摘自 GB/T 18150—2006）

$\|z_2-z_1\|$	f_3	$\|z_2-z_1\|$	f_3	$\|z_2-z_1\|$	f_3	$\|z_2-z_1\|$	f_3	$\|z_2-z_1\|$	f_3
1	0.0253	21	11.171	41	42.580	61	94.254	81	166.191
2	0.1013	22	12.260	42	44.683	62	97.370	82	170.320
3	0.2280	23	13.400	43	46.836	63	100.536	83	174.500
4	0.4053	24	14.590	44	49.040	64	103.753	84	178.730
5	0.6333	25	15.831	45	51.294	65	107.021	85	183.011
6	0.912	26	17.123	46	53.599	66	110.339	86	187.342
7	1.241	27	18.466	47	55.955	67	113.708	87	191.724
8	1.621	28	19.859	48	58.361	68	117.128	88	196.157
9	2.052	29	21.303	49	60.818	69	120.598	89	200.640
10	2.533	30	22.797	50	63.326	70	124.119	90	205.174
11	3.065	31	24.342	51	65.884	71	127.690	91	209.759
12	3.648	32	25.938	52	68.493	72	131.313	92	214.395
13	4.281	33	27.585	53	71.153	73	134.986	93	219.081
14	4.965	34	29.282	54	73.863	74	138.709	94	223.817
15	5.699	35	31.030	55	76.624	75	142.483	95	228.605
16	6.485	36	32.828	56	79.436	76	146.308	96	233.443
17	7.320	37	34.677	57	82.298	77	150.184	97	238.333
18	8.207	38	36.577	58	85.211	78	154.110	98	243.271
19	9.144	39	38.527	59	88.175	79	158.087	99	248.261
20	10.132	40	40.529	60	91.189	80	162.115	100	253.302

表 11-6　f_4 的计算值（摘自 GB/T 18150—2006）

$\left\lvert\frac{X-z_1}{z_2-z_1}\right\rvert$	f_4	$\left\lvert\frac{X-z_1}{z_2-z_1}\right\rvert$	f_4	$\left\lvert\frac{X-z_1}{z_2-z_1}\right\rvert$	f_4	$\left\lvert\frac{X-z_1}{z_2-z_1}\right\rvert$	f_4
13	0.24991	2.8	0.24758	1.52	0.23705	1.23	0.22275
12	0.24990	2.7	0.24735	1.50	0.23648	1.22	0.22185
11	0.24988	2.6	0.24708	1.48	0.23588	1.21	0.22090
10	0.24986	2.5	0.24678	1.46	0.23524	1.20	0.21990
9	0.24983	2.4	0.24643	1.44	0.23455	1.19	0.21884
8	0.24978	2.3	0.24602	1.42	0.23381	1.18	0.21771
7	0.24970	2.2	0.24552	1.40	0.23301	1.17	0.21652
6	0.24958	2.1	0.24493	1.39	0.23259	1.16	0.21526
5	0.24937	2.00	0.24421	1.38	0.23215	1.15	0.21390
4.8	0.24931	1.95	0.24380	1.37	0.23170	1.14	0.21245
4.6	0.24925	1.90	0.24333	1.36	0.23123	1.13	0.21090
4.4	0.24917	1.85	0.24281	1.35	0.23073	1.12	0.20923
4.2	0.24907	1.80	0.24222	1.34	0.23022	1.11	0.20744
4.0	0.24896	1.75	0.24156	1.33	0.22968	1.10	0.20549
3.8	0.24883	1.70	0.24081	1.32	0.22912	1.09	0.20336
3.6	0.24868	1.68	0.24048	1.31	0.22854	1.08	0.20104
3.4	0.24849	1.66	0.24013	1.30	0.22793	1.07	0.19848
3.2	0.24825	1.64	0.23977	1.29	0.22729	1.06	0.19564
3.0	0.24795	1.62	0.23938	1.28	0.22662		
2.9	0.24778	1.60	0.23897	1.27	0.22593		
		1.58	0.23854	1.26	0.22520		
		1.56	0.23807	1.25	0.22443		
		1.54	0.23758	1.24	0.22361		

3. 润滑范围选择

图 11-4 所示为润滑范围。范围 1 为用油壶或油刷定期人工润滑；范围 2 为滴油润滑；范围 3 为油池润滑或油盘飞溅润滑；范围 4 为液压泵压力供油润滑，带过滤器，必要时带油冷却器。

当链传动的空间狭小，并作高速、大功率传动时，则有必要使用油冷却器。

不同工作环境温度下的链传动用润滑油黏度等级见表 11-7。

表 11-7　链传动用润滑油的黏度等级

（摘自 GB/T 18150—2006）

环境温度/℃	−5～5	>5～25	>25～45	>45～70
润滑油的黏度等级	VG68 (SAE20)	VG100 (SAE30)	VG150 (SAE40)	VG220 (SAE50)

注：应保证润滑油不被污染，特别不能有磨料性微粒存在。

4. 滚子链的静强度计算

在低速重载链传动中，链条的静强度占有主要地位。通常 $v<0.6\text{m/s}$ 视为低速传动。如果低速链也按疲劳考虑，用额定功率曲线选择和计算，结果常不经济。因为额定功率曲线上各点，其相应的条件性安全系数 n 大于 8～20，比静强度安全系数为大。另外，进行耐磨损工作能力计算时，若所要求的使用寿命过短，使用功率过高，则链条的静强度验算也是必不可少的。

链条的静强度计算式如下：

$$n=\frac{Q}{K_A F+F_c+F_f}\geqslant[n] \tag{11-1}$$

式中　n——静强度安全系数；

Q——链条极限拉伸载荷（N），查表 11-2；

K_A——工况系数，查表 11-4（取 $K_A=f_1$）；

F——有效拉力（即有效圆周力）（N），计算公式查表 11-3；

F_c——离心力引起的拉力（N），$F_c=qv^2$；

q——链条每米质量（kg/m），见表 11-8；

v——链速（m/s），当 $v<4\text{m/s}$ 时，F_c 可忽略不计；

F_f——悬垂拉力（N），查图 11-5，在 F'_f 和 F''_f 中选用大者；

$[n]$——许用安全系数，一般为 4～8；如果按最大尖峰载荷 F_{max} 来代替 K_AF 进行计算，则可为 3～6；对于速度较低、从动系统惯性较小、不太重要的传动，或作用力的确定比较准确时，$[n]$ 可取较小值。

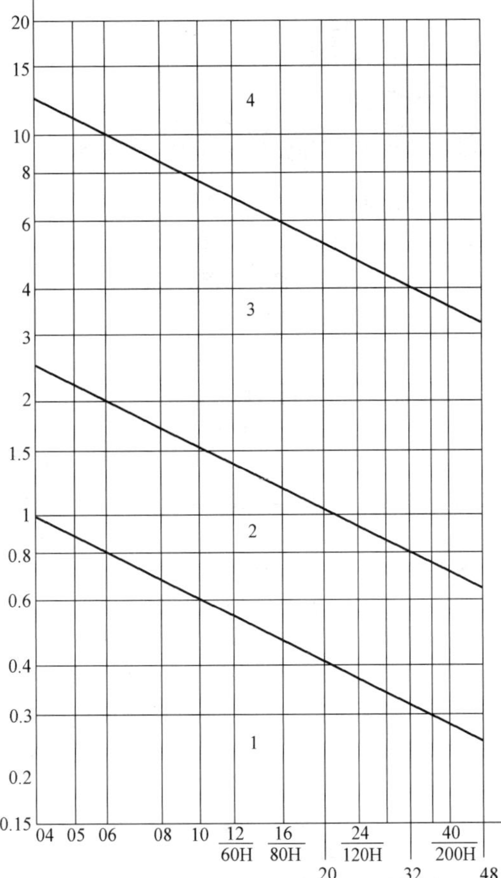

图 11-4 润滑范围（摘自 GB/T 18150—2006）

表 11-8 滚子链每米质量

节距 p/mm	8.00	9.525	12.7	15.875	19.05	25.40
单排每米质量 q/(kg/m)	0.18	0.40	0.65	1.00	1.50	2.60
节距 p/mm	31.75	38.10	44.45	50.80	63.50	76.20
单排每米质量 q/(kg/m)	3.80	5.60	7.50	10.10	16.10	22.60

5. 额定功率和润滑速度计算公式（摘自 GB/T 18150—2006）

（1）链板疲劳限定的额定功率计算公式　各类链条额定功率 P_c（kW）的计算公式如下：

1）A 系列链条

$$P_c=\frac{z_S^{1.08}\times n_S^{0.9}\times 99A_i p^{(1.0-0.0008p)}}{6\times10^7} \tag{11-2}$$

式中　z_S——小链轮齿数；

n_S——小链轮转速（r/min）；

A_i——两片内链板的截面积（mm²），$A_i=0.118p^2$；

p——链条节距（mm）。

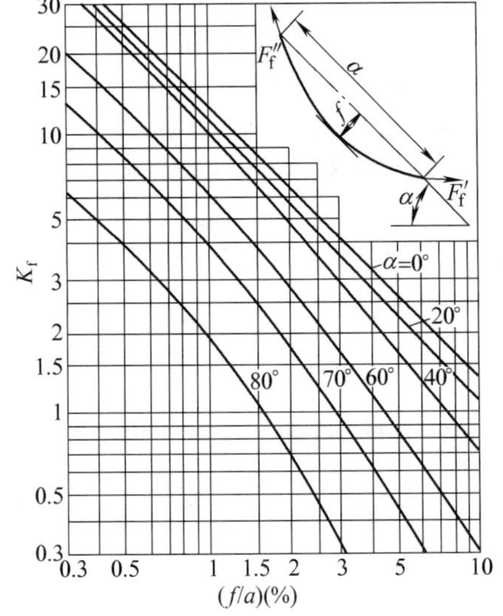

图 11-5 悬垂拉力的确定

注：$F_f'=K_f qa\times10^{-2}$，$F_f''=(K_f+\sin\alpha)qa\times10^{-2}$
式中，a 的单位为 mm，q 的单位为 kg/m，
F_f'、F_f''的单位为 N。

2）085 链条

$$P_c=\frac{z_S^{1.08}\times n_S^{0.9}\times 86.2A_i p^{(1.0-0.0008p)}}{6\times10^7} \tag{11-3}$$

式中　A_i——两片内链板的截面积（mm²），

$A_i=0.0745p^2$。

3）A 系列重载链条

$$P_c=\frac{z_S^{1.08}\times n_S^{0.9}\times(t_H/t_S)^{0.5}\times 99A_i p^{(1.0-0.0008p)}}{6\times10^7} \tag{11-4}$$

式中　t_H——重载系列链条内链板的厚度（mm）；

t_S——标准系列链条内链板的厚度（mm）；

A_i——两片标准内链板的截面积（mm²），

$A_i=0.118p^2$。

4）B 系列链条

$$P_c=\frac{z_S^{1.08}\times n_S^{0.9}\times 99A_i p^{(1.0-0.0009p)}}{6\times10^7} \tag{11-5}$$

$$A_i=2t_i(0.99h_2-d_b)$$

$$d_b=d_2\left(\frac{d_1}{d_2}\right)$$

$$t_i=\frac{b_2-b_1}{2.11}$$

式中　A_i——两片标准内链板的截面积（mm²）；

t_i——估算内链板厚度（mm）；

h_2——最大内链板高度（mm）；

d_b——估算套筒直径（mm）；

d_1——最大滚子直径（mm）；

d_2——最大销轴直径（mm）；

b_1——最小内链节内宽（mm）；

b_2——最大内链节外宽（mm）。

（2）滚子和套筒冲击疲劳限定的额定功率计算公式　各类链条 P_c（kW）计算公式如下：

1）A 系列、A 重载系列和 B 系列链条（不含 04C、06C 和 085 链条）

$$P_c=\frac{953.5z_S^{1.5}p^{0.8}}{n_S^{1.5}} \tag{11-6}$$

2）04C 和 06C 链条

$$P_c=\frac{1.626.6z_S^{1.5}p^{1.5}}{n_S^{1.5}} \tag{11-7}$$

3）085 链条

$$P_c=\frac{1970.7z_S^{1.5}p^{0.8}}{n_S^{1.5}} \tag{11-8}$$

（3）由销轴和套筒胶合限定的额定功率 P_c（kW）计算公式　对 A 系列、A 重载系列和 B 系列链条，有

$$P_c=\frac{z_Sn_Sp}{3780K_{PS}}\left\{4.413-2.073\left(\frac{p}{25.4}\right)-0.0274z_S-\ln\left(\frac{n_S}{1000K_{PS}}\right)\left[1.59\lg\left(\frac{p}{25.4}\right)+1.873\right]\right\}\text{kW}$$

式中　K_{PS}——速度修正系数，见表 11-9。

表 11-9　速度修正系数

链条节距/mm	K_{PS}	链条节距/mm	K_{PS}
≤19.05	1.0	50.80~57.15	1.40
25.40~31.75	1.25	63.50	1.45
38.10	1.30	76.20	1.50
44.45	1.35		

（4）润滑速度限制公式

1）第一种润滑方式的最大速度为

$$v=2.8p^{-0.56}\text{m/s}$$

2）第二种润滑方式的最大速度为

$$v=7.0p^{-0.56}\text{m/s}$$

3）第三种润滑方式的最大速度为

$$v=35p^{-0.56}\text{m/s}$$

6. 滚子链的耐磨损工作能力计算

当工作条件要求链条的磨损伸长率 $\frac{\Delta p}{p}$ 明显小于 3%，或者润滑条件不能符合规定要求方式而有所恶化时，可按下式进行滚子链的磨损计算。链条的磨损使用寿命与润滑条件、许用的磨损伸长率以及铰链承压面上产生的滑摩功等因素有关，即

$$T=91500\left(\frac{c_1c_2c_3}{p_r}\right)^3\frac{L_p}{v}\frac{z_1i}{i+1}\left[\frac{\Delta p}{p}\right] \tag{11-9}$$

式中　T——使用寿命（h）；

L_p——链长，以节数表示；

v——链速（m/s）；

z_1——小链轮齿数；

i——传动比；

$\left[\frac{\Delta p}{p}\right]$——许用磨损伸长率，按具体工作条件确定；

c_1——磨损系数，查图 11-6；

c_2——节距系数，查表 11-10；

c_3——齿数-速度系数，查图 11-7；

p_r——铰链比压（MPa）。

铰链比压 p_r 的计算式为

$$p_r=\frac{f_1F+F_c+F_f}{A} \tag{11-10}$$

式中　f_1——工况系数，查表 11-4；

F——有效拉力（即有效圆周力），按表 11-3 公式计算；

F_c——离心力引起的拉力，$F_c=qv^2$；

F_f——悬垂拉力，见图 11-5；

A——铰链承压面积，A 值等于滚子链销轴直径 d_2 与套筒长度 b_2（即内链节外宽）的乘积（mm^2）。d_2 和 b_2 值查表 11-2。

当使用寿命 T 已定时，可由式（11-4）确定许用比压 $[p_r]$，用式（11-5）进行铰链的比压验算：

$$p_r\leqslant[p_r]$$

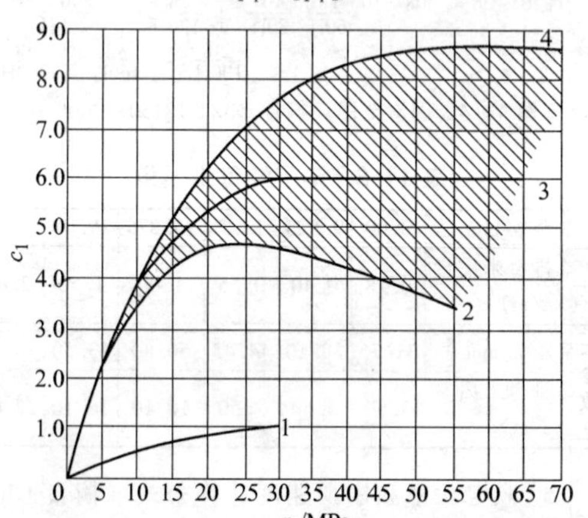

图 11-6　磨损系数 c_1

1—干运转，工作温度<140℃，链速 v<7m/s

2—润滑不充分，工作温度<70℃，v<7m/s

3—规定采用的润滑方法（见图 11-4）

4—良好的润滑条件，工作温度<70℃

注：干运转使磨损寿命大大下降，应尽可能使润滑条件位于图 11-6 中的阴影区。

表 11-10　节距系数 c_2

节距 p/mm	9.525	12.7	15.875	19.05	25.4
节距系数 c_2	1.48	1.44	1.39	1.34	1.27
节距 p/mm	31.75	38.1	44.45	50.8	63.5
节距系数 c_2	1.23	1.19	1.15	1.11	1.03

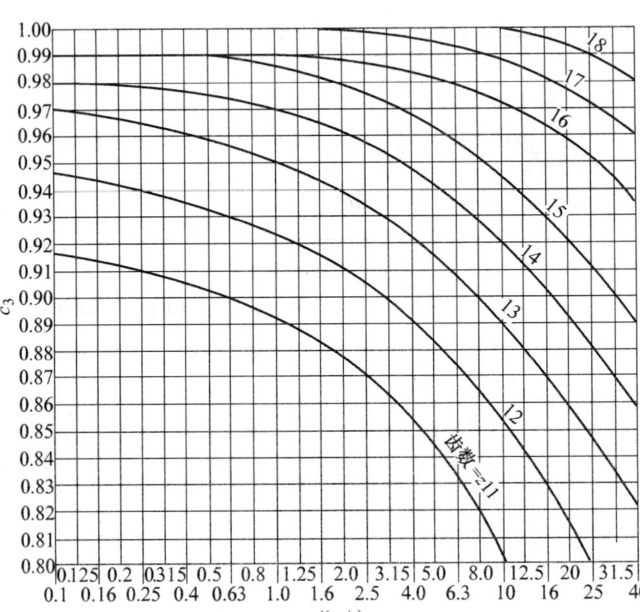

图 11-7　齿数-速度系数 c_3

11.2.3　滚子链链轮

11.2.3.1　基本参数和主要尺寸（见表 11-11）

表 11-11　滚子链链轮的基本参数和主要尺寸（摘自 GB/T 1243—2006）（单位：mm）

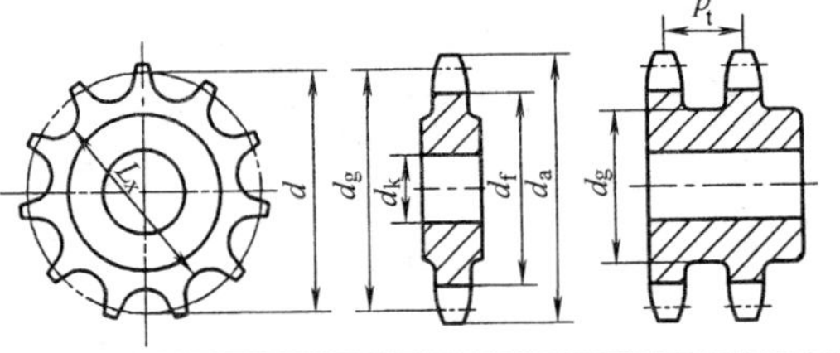

名　称			符号	计　算　公　式	说　明
基本参数	链轮齿数		z		查表 11-3
	配用链条的	节距	p		查表 11-2
		滚子外径	d_1		
		排距	p_t		
主要尺寸	分度圆直径		d	$d=\dfrac{p}{\sin\dfrac{180°}{z}}$	可查表 11-12 求得
	齿顶圆直径		d_a	$d_{amax}=d+1.25p-d_1$ $d_{amin}=d+\left(1-\dfrac{1.6}{z}\right)p-d_1$ 若为三圆弧一直线齿形，则 $d_a=p\left(0.54+\cot\dfrac{180°}{z}\right)$	可在 d_{amax} 与 d_{amin} 范围内选取。当选用 d_{amax} 时，应注意用展成法加工时，有可能发生顶切
	齿根圆直径		d_f	$d_f=d-d_1$	
	分度圆弦齿高		h_a	$h_{amax}=\left(0.625+\dfrac{0.8}{z}\right)p-0.5d_r$ $h_{amin}=0.5\ (p-d_r)$ 若为三圆弧一直线齿形，则 $h_a=0.27p$	h_a 查表 11-14 插图 h_a 是为简化放大齿形图的绘制而引入的辅助尺寸，h_{amax} 相应于 d_{amax}，h_{amin} 相应于 d_{amin}

11.2.3.2　齿槽形状

滚子链与链轮的啮合属非共轭啮合，其链轮齿形的设计

（续）

名称		符号	计算公式	说明
主要尺寸	最大齿根距离	L_x	奇数齿 $L_x = d\cos\dfrac{90°}{z} - d_1$ 偶数齿 $L_x = d_f = d - d_1$	
	齿侧凸缘（或排间槽）直径	d_g	$d_g < p\cot\dfrac{180°}{z} - 1.04h_2 - 0.76$	h_2—内链板高度，查 GB/T 1243—2006

注：d_a、d_g 计算值舍小数取整数，其他尺寸精确到 0.01mm。

可以有较大的灵活性。GB/T 1243—2006 中没有规定具体的链轮齿形，仅仅规定了最大齿槽形状和最小齿槽形状及其极限参数，见表 11-13。凡在两个极限齿槽形状之间的各种标准齿形均可采用。试验和使用表明，齿槽形状在一定范围内变动，在一般工况下，对链传动的性能不会有很大影响。这样安排不仅为不同使用要求情况时，选择齿形参数留有较大的余地，也为研究发展更为理想的新齿形创造了条件，各种标准齿形的链轮之间也可以进行互换。

本手册推荐一种三圆弧一直线齿形（或称凹齿形），其尺寸计算见表 11-14。这种齿形与滚子啮合时接触应力较小，作用角随齿数增加而增大，性能较好。它的缺点之一是切齿滚刀的制造比较麻烦。链轮也可用渐开线齿形。可用 GB/T 1243—2006 附录规定的刀具进行加工。

表 11-12　$p=1$ 的链轮分度圆直径　（单位：mm）

齿数 z	单位节距分度圆直径 d	齿数 z	单位节距分度圆直径 d	齿数 z	单位节距分度圆直径 d	齿数 z	单位节距分度圆直径 d
9	2.9238	45	14.3356	81	25.7896	117	37.2467
10	3.2361	46	14.6537	82	26.1078	118	37.5650
11	3.5494	47	14.9717	83	26.4260	119	37.8833
12	3.8637	48	15.2898	84	26.7443	120	38.2016
13	4.1786	49	15.6079	85	27.0625	121	38.5198
14	4.4940	50	15.9260	86	27.3807	122	38.8381
15	4.8097	51	16.2441	87	27.6990	123	39.1564
16	5.1258	52	16.5622	88	28.0172	124	39.4746
17	5.4422	53	16.8803	89	28.3355	125	39.7929
18	5.7588	54	17.1984	90	28.6537	126	40.1112
19	6.0755	55	17.5166	91	28.9719	127	40.4295
20	6.3925	56	17.8347	92	29.2902	128	40.7478
21	6.7095	57	18.1529	93	29.6084	129	41.0660
22	7.0266	58	18.4710	94	29.9267	130	41.3843
23	7.3439	59	18.7892	95	30.2449	131	41.7026
24	7.6613	60	19.1073	96	30.5632	132	42.0209
25	7.9787	61	19.4255	97	30.8815	133	42.3391
26	8.2962	62	19.7437	98	31.1997	134	42.6574
27	8.6138	63	20.0619	99	31.5180	135	42.9757
28	8.9314	64	20.3800	100	31.8362	136	43.2940
29	9.2491	65	20.6982	101	32.1545	137	43.6123
30	9.5668	66	21.0164	102	32.4727	138	43.9306
31	9.8845	67	21.3346	103	32.7910	139	44.2488
32	10.2023	68	21.6528	104	33.1093	140	44.5671
33	10.5201	69	21.9710	105	33.4275	141	44.8854
34	10.8380	70	22.2892	106	33.7458	142	45.2037
35	11.1558	71	22.6074	107	34.0640	143	45.5220
36	11.4737	72	22.9256	108	34.3823	144	45.8403
37	11.7916	73	23.2438	109	34.7006	145	46.1585
38	12.1096	74	23.5620	110	35.0188	146	46.4768
39	12.4275	75	23.8802	111	35.3371	147	46.7951
40	12.7455	76	24.1985	112	35.6554	148	47.1134
41	13.0635	77	24.5167	113	35.9737	149	47.4317
42	13.3815	78	24.8349	114	36.2919	150	47.7500
43	13.6995	79	25.1531	115	36.6102		
44	14.0176	80	25.4713	116	36.9285		

注：当链节距 $p \neq 1$ 时，链轮分圆直径 $d=p$ 乘以表中数值。

表 11-13　最大和最小齿槽形状及尺寸计算（摘自 GB/T 1243—2006）　（单位：mm）

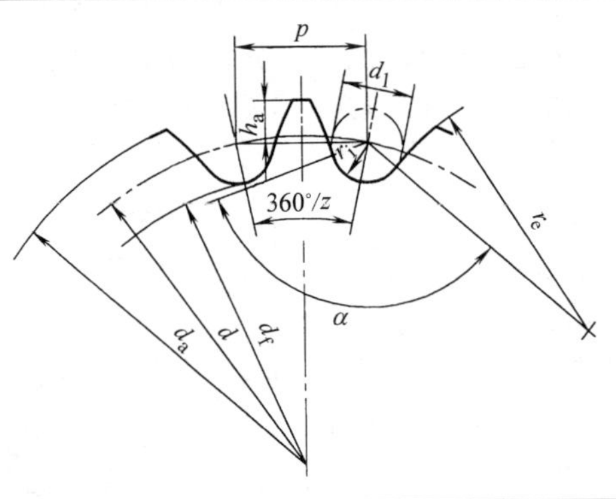

名　　称	符号	计算公式 最大齿槽形状	 最小齿槽形状
齿侧圆弧半径	r_e	$r_{emin}=0.008d_1(z^2+180)$	$r_{emax}=0.12d_1(z+2)$
滚子定位圆弧半径	r_i	$r_{imax}=0.505d_1+0.069\sqrt[3]{d_1}$	$r_{imin}=0.505d_1$
滚子定位角	α/(°)	$\alpha_{min}=120-\dfrac{90}{z}$	$\alpha_{max}=140-\dfrac{90}{z}$

表 11-14　三圆弧一直线齿槽形状及尺寸计算　（单位：mm）

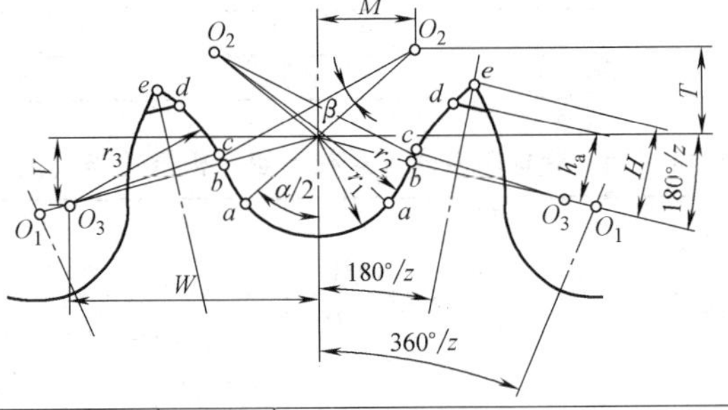

名　　称	符号	计算公式
齿沟圆弧半径	r_1	$r_1=0.5025d_1+0.05$
齿沟半角/(°)	$\dfrac{\alpha}{2}$	$\dfrac{\alpha}{2}=55-\dfrac{60}{z}$
工作段圆弧中心 O_2 的坐标	M	$M=0.8d_1\sin\dfrac{\alpha}{2}$
	T	$T=0.8d_1\cos\dfrac{\alpha}{2}$
工作段圆弧半径	r_2	$r_2=1.3025d_1+0.05$
工作段圆弧中心角/(°)	β	$\beta=18-\dfrac{56}{z}$
齿顶圆弧中心 O_3 的坐标	W	$W=1.3d_1\cos\dfrac{180°}{z}$
	V	$V=1.3d_1\sin\dfrac{180°}{z}$
齿形半角/(°)	$\dfrac{\gamma}{2}$	$\dfrac{\gamma}{2}=17-\dfrac{64}{z}$
齿顶圆弧半径	r_3	$r_3=d_1\left(1.3\cos\dfrac{\gamma}{2}+0.8\cos\beta-1.3025\right)-0.05$
工作段直线部分长度	b_c	$b_c=d_1\left(1.3\sin\dfrac{\gamma}{2}-0.8\sin\beta\right)$
e 点至齿沟圆弧中心连线的距离	H	$H=\sqrt{r_3^2-\left(1.3d_1-\dfrac{p_0}{2}\right)^2}$、$p_0=p\left(1+\dfrac{2r_1-d_1}{d}\right)$

注：齿沟圆弧半径 r_1 允许比表中公式计算的大 $0.0015d_1+0.06$mm。

11.2.3.3　轴向齿廓（见表 11-15）

11.2.3.4　链轮公差

对一般用途的滚子链链轮，其轮齿经机械加工后，齿表面粗糙度 Ra 为 6.3μm。滚子链链轮齿根圆直径偏差、量柱测量距以及径向圆跳动和轴向圆跳动见表 11-16~表 11-18。

表 11-15　轴向齿廓及尺寸（摘自 GB/T 1243—2006）　　（单位：mm）

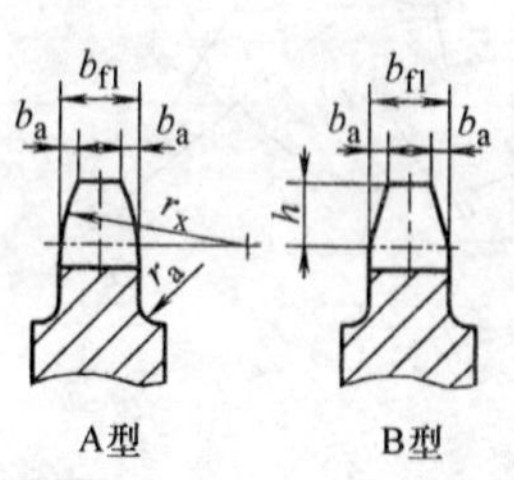

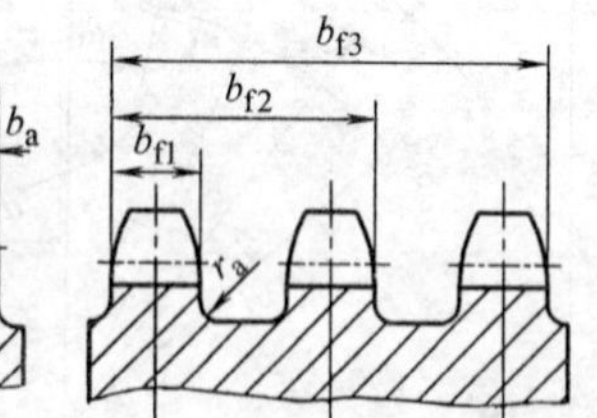

名　称		符号	计算公式		备　注
			$p \leqslant 12.7$	$p > 12.7$	
齿宽	单排	b_{f1}	$0.93b_1$	$0.95b_1$	$p>12.7$ 时，经制造厂同意，也可使用 $p \leqslant 12.7$ 时的齿宽。b_1—内链节内宽，查表 11-2
	双排、三排		$0.91b_1$	$0.93b_1$	
齿侧倒角		b_a	$b_{a(公称)}=0.06p$		适用于 081、083、084 规格链条
			$b_{a(公称)}=0.13p$		适用于其余 A 或 B 系列链条
齿侧半径		r_x	$r_{x(公称)}=p$		
齿宽		b_{fm}	$b_{fm}=(m-1)p_t+b_{f1}$		m—排数

表 11-16　滚子链链轮齿根圆直径极限偏差及量柱测量距极限偏差（摘自 GB/T 1243—2006）

项　目	尺寸段	上极限偏差	下极限偏差	备　注
齿根圆极限偏差 量柱测量距极限偏差	$d_f \leqslant 127$	0	-0.25	链轮齿根圆直径下极限偏差为负值。它可以用量柱法间接测量，量柱测量距 M_R 的公称尺寸值见表 11-17
	$127<d_f \leqslant 250$	0	-0.30	
	$250<d_f$	0	h11	

表 11-17　滚子链链轮的量柱测量距 M_R（摘自 GB/T 1243—2006）

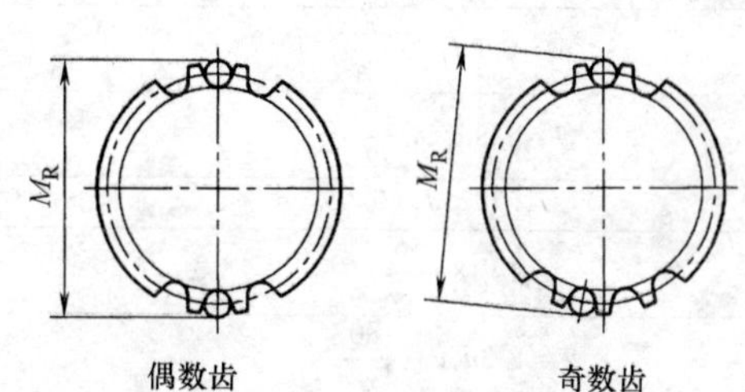

项　目		符　号
量柱测量距	偶数齿	M_R
	奇数齿	
计算公式		
偶数齿	$M_R=d+d_{Rmin}$	
奇数齿	$M_R=d\cos\dfrac{90°}{z}+d_{Rmin}$	

注：量柱直径 d_R = 滚子外径 d_1。量柱的技术要求：极限偏差为 $^{+0.01}_{0}$。

表 11-18　滚子链链轮齿根圆径向圆跳动和轴向圆跳动（摘自 GB/T 1243—2006）

项　目	要　求
链轮孔和根圆直径之间的径向圆跳动	不应超过下列两数值中的较大值 $(0.0008d_f+0.08)$ mm 或 0.15mm，最大到 0.76mm
轴孔到链轮齿侧平直部分的轴向圆跳动	不应超过下列计算值 $(0.0009d_f+0.08)$ mm，最大到 1.14mm

11.2.3.5　链轮材料及热处理（见表 11-19）

表 11-19　链轮材料及热处理

材　　料	热　处　理	齿 面 硬 度	应 用 范 围
15、20	渗碳、淬火、回火	50~60HRC	$z \leqslant 25$，有冲击载荷的链轮
35	正火	160~200HBW	$z>25$ 的主、从动链轮
45、50 45Mn、ZG310-570	淬火、回火	40~50HRC	无剧烈冲击振动和要求耐磨损的主、从动链轮
15Cr、20Cr	渗碳、淬火、回火	55~60HRC	$z<30$，传递较大功率的重要链轮
40Cr、35SiMn、35CrMo	淬火、回火	40~50HRC	要求强度较高和耐磨损的重要链轮
Q235、Q275	焊接后退火	≈140HBW	中低速、功率不大的较大链轮
不低于 HT200 的灰铸铁	淬火、回火	260~280HBW	$z>50$ 的从动链轮，以及外形复杂或强度要求一般的链轮
夹布胶木			$P<6$kW，速度较高，要求传动平稳、噪声小的链轮

11.2.3.6　链轮结构

中等尺寸的链轮除表 11-20 所列的整体式结构外，也可做成板式齿圈的焊接结构或装配结构，如图 11-8 所示。

大型链轮除按表 11-21 和表 11-22 所示表图结构外，也可采用轮辐式铸造结构。轮辐剖面可用椭圆形或十字形，可参考铸造齿轮结构。

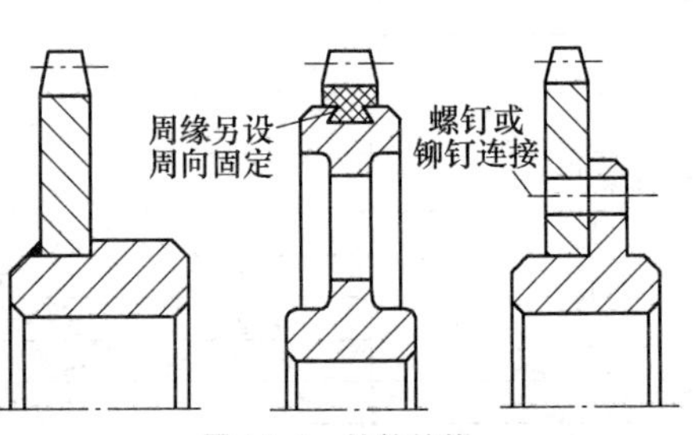

图 11-8　链轮结构

表 11-20　整体式钢制小链轮主要结构尺寸　（单位：mm）

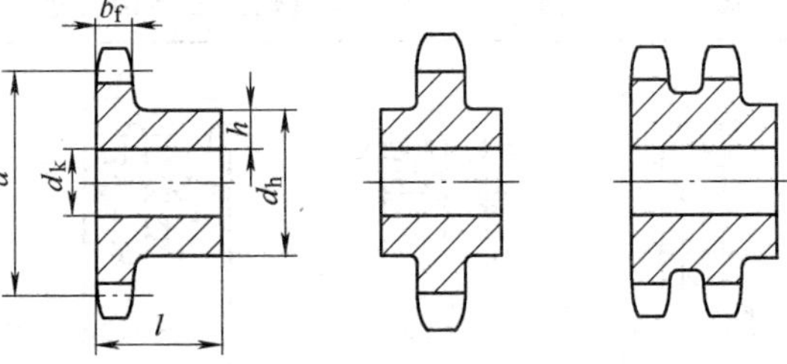

名　　称	符　　号	结 构 尺 寸
轮毂厚度	h	$h=K+\frac{d_K}{6}+0.01d$ 常数 K： d：<50 ｜ 50~100 ｜ 100~150 ｜ >150 K：3.2 ｜ 4.8 ｜ 6.4 ｜ 9.5
轮毂长度	l	$l=3.3h$　　$l_{min}=2.6h$
轮毂直径	d_h	$d_h=d_K+2h$　　$d_{hmax}<d_g$，d_g 见表 11-11
齿宽	b_f	见表 11-15

表 11-21　腹板式、单排铸造链轮主要结构尺寸　（单位：mm）

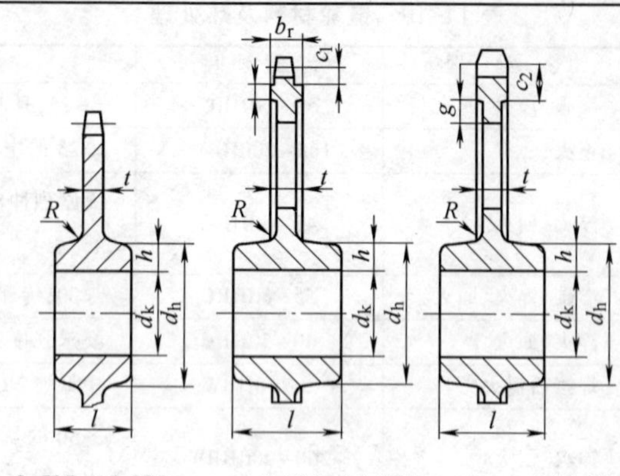

$p=9.525\sim15.875$　　$p=9.525\sim15.875$　　$p\geqslant19.05$

$z\leqslant80$　　$z>80$　　z 不限

<table>
<tr><th>名　　称</th><th>符　　号</th><th colspan="12">结构尺寸(参考)</th></tr>
<tr><td>轮毂厚度</td><td>h</td><td colspan="12">$h=9.5+\dfrac{d_K}{6}+0.01d$</td></tr>
<tr><td>轮毂长度</td><td>l</td><td colspan="12">$l=4h$</td></tr>
<tr><td>轮毂直径</td><td>d_h</td><td colspan="12">$d_h=d_K+2h$，$d_{hmax}<d_g$，d_g 查表 11-11</td></tr>
<tr><td>齿侧凸缘宽度</td><td>b_r</td><td colspan="12">$b_r=0.625p+0.93b_1$，b_1—内链节内宽，查表 11-2</td></tr>
<tr><td rowspan="4">轮缘部分尺寸</td><td>c_1</td><td colspan="12">$c_1=0.5p$</td></tr>
<tr><td>c_2</td><td colspan="12">$c_2=0.9p$</td></tr>
<tr><td>f</td><td colspan="12">$f=4+0.25p$</td></tr>
<tr><td>g</td><td colspan="12">$g=2t$</td></tr>
<tr><td>圆角半径</td><td>R</td><td colspan="12">$R=0.04p$</td></tr>
<tr><td rowspan="2">腹板厚度</td><td rowspan="2">t</td><td>p</td><td>9.525</td><td>12.7</td><td>15.875</td><td>19.05</td><td>25.4</td><td>31.75</td><td>38.1</td><td>44.45</td><td>50.8</td><td>63.5</td><td>76.2</td></tr>
<tr><td>t</td><td>7.9</td><td>9.5</td><td>10.3</td><td>11.1</td><td>12.7</td><td>14.3</td><td>15.9</td><td>19.1</td><td>22.2</td><td>28.6</td><td>31.8</td></tr>
</table>

表 11-22　腹板式多排铸造链轮主要结构尺寸　（单位：mm）

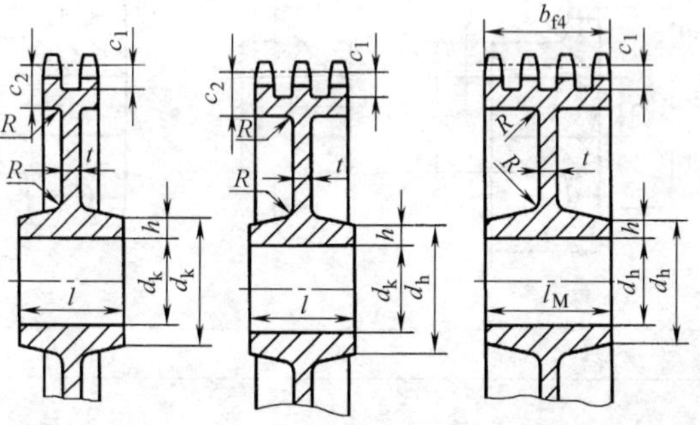

<table>
<tr><th>名　　称</th><th>符　　号</th><th colspan="12">结构尺寸(参考)</th></tr>
<tr><td>圆角半径</td><td>R</td><td colspan="12">$R=0.5t$</td></tr>
<tr><td>轮毂长度</td><td>l</td><td colspan="12">$l=4h$
对四排链，$l_M=b_{f4}$，b_{f4} 可参照表 11-15</td></tr>
<tr><td rowspan="2">腹板厚度</td><td rowspan="2">t</td><td>p</td><td>9.525</td><td>12.7</td><td>15.875</td><td>19.05</td><td>25.4</td><td>31.75</td><td>38.1</td><td>44.45</td><td>50.8</td><td>63.5</td><td>76.2</td></tr>
<tr><td>t</td><td>7.9</td><td>10.3</td><td>11.1</td><td>12.7</td><td>14.3</td><td>15.9</td><td>19.1</td><td>22.2</td><td>25.4</td><td>31.8</td><td>38.1</td></tr>
<tr><td>其余结构尺寸</td><td></td><td colspan="12">同表 11-21</td></tr>
</table>

11.2.4 滚子链传动设计计算示例

【例 11-1】 设计一带式输送机驱动装置低速级用的滚子链传动。已知小链轮轴功率 $P=4.5\text{kW}$，小链轮转速 $n_1=265\text{r/min}$，传动比 $i=2.5$，工作载荷平稳，小链轮悬臂装于轴上，轴直径为 50mm，链传动中心距可调，两轮中心连线与水平面夹角近 30°，传动简图如图 11-9 所示。

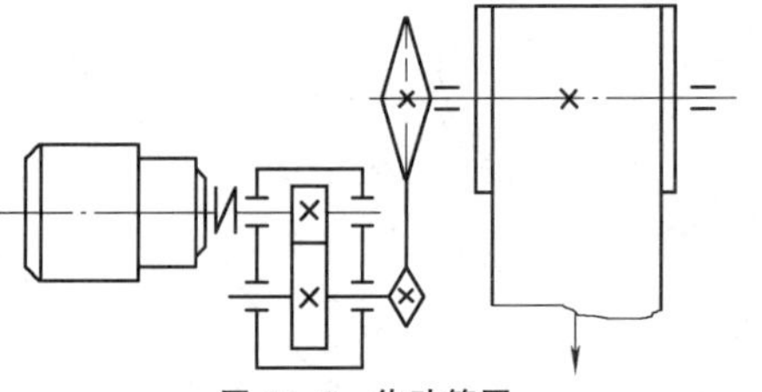

图 11-9 传动简图

【解】 1）链轮齿数

① 小链轮齿数：取 $z_1=25$。

② 大链轮齿数：

$z_2=iz_1=2.5\times25=62.5$ 取 62

2）实际传动比 i：

$$i=\frac{z_2}{z_1}=\frac{62}{25}=2.48$$

3）链轮转速

① 小链轮转速：$n_1=265\text{r/min}$。

② 大链轮转速：

$$n_2=\frac{n_1}{i}=\frac{265}{2.48}\text{r/min}=107\text{r/min}$$

4）修正功率 P_c。查表 11-4，工况系数 $f_1=1$；查图 11-3，主动链轮齿数系数 $f_2=0.76$，则

$$P_c=Pf_1f_2=4.5\times1\times0.76\text{kW}=3.42\text{kW}$$

5）链条节距 p。由修正功率 $P_c=3.42\text{kW}$ 和小链轮转速 $n_1=265\text{r/min}$，在图 11-2a 上选得节距 p 为 12A 即 19.05mm。

6）初定中心距 a_{0p}。因结构上未限定，暂取 $a_{0p}\approx35p$。

7）链长节数 X_0：

$$X_0=2a_{0p}+\frac{z_1+z_2}{2}+\frac{f_3}{a_{0p}}$$

$$=2\times35+\frac{25+62}{2}+\frac{34.68}{35}=114.49$$

取 $X_0=114$ 节

式中 $f_3=\left(\frac{62-25}{2\pi}\right)^2=34.68$。

8）链条长度 L：

$$L=\frac{X_0p}{1000}=\frac{114\times19.05}{1000}\text{m}\approx2.17\text{m}$$

9）理论中心距 a：

$$a=p(2X_0-z_2-z_1)f_4$$

$$=[19.05(2\times114-62-25)\times0.24645]\text{mm}$$

$$=661.98\text{mm}$$

式中 $f_4=0.24645$，表 11-6 插值法。

10）实际中心距 a'：

$$a'=a-\Delta a$$

$$=(661.98-0.004\times661.98)\text{mm}$$

$$=659.3\text{mm}$$

11）链速 v：

$$v=\frac{z_1n_1p}{60\times1000}=\frac{25\times265\times19.05}{60\times1000}\text{m/s}=2.1\text{m/s}$$

12）有效圆周力 F：

$$F=\frac{1000P}{v}=\frac{1000\times4.5}{2.1}\text{N}=2143\text{N}$$

13）作用于轴上的拉力 F_Q：

$$F_Q\approx1.20K_AF=1.2\times1\times2143\text{N}=2572\text{N}$$

14）计算链轮几何尺寸并绘制链轮工作图，其中小链轮工作图如图 11-10 所示。

15）润滑方式的选定。根据链号 12A 和链条速度 $v=2.1\text{m/s}$，由图 11-4 选用润滑范围 3，即油池润滑或油盘飞溅润滑。

16）链条标记。根据设计计算结果，采用单排 12A 滚子链，节距为 19.05mm，节数为 114 节，其标记为

12A-1×114 GB/T 1243—2006

11.2.5 链传动的润滑

链传动的润滑可以缓和链条和链轮齿面的冲击，减少链条和链轮齿面的磨损，减少链环节内部温度的升高，是延长链传动寿命的重要因素之一。

11.2.5.1 润滑剂的选择

链传动的润滑剂可按表 11-23 选取。

表 11-23 滚子链润滑剂的选择

工作条件	链条速度 v/(m/s)	工作温度 /℃	荐用润滑油牌号
小功率传动，链密封性较差	≤3	≤4 4~38 >38	32 68 100
链条密封性好	≤8	≤4 4~38 >38	46 68. 100 100. 150
链条密封性好	>8	≤4 4~38 >38	46 46. 68 68. 100
链条密封在壳体内	>16	≤4 4~38 >38	46 68 68. 100

注：润滑油牌号 32~150 为全损耗系统用油。

11.2.5.2 润滑方式的选择

用于滚子链的润滑方式选择可按表 11-24 或图 11-4。

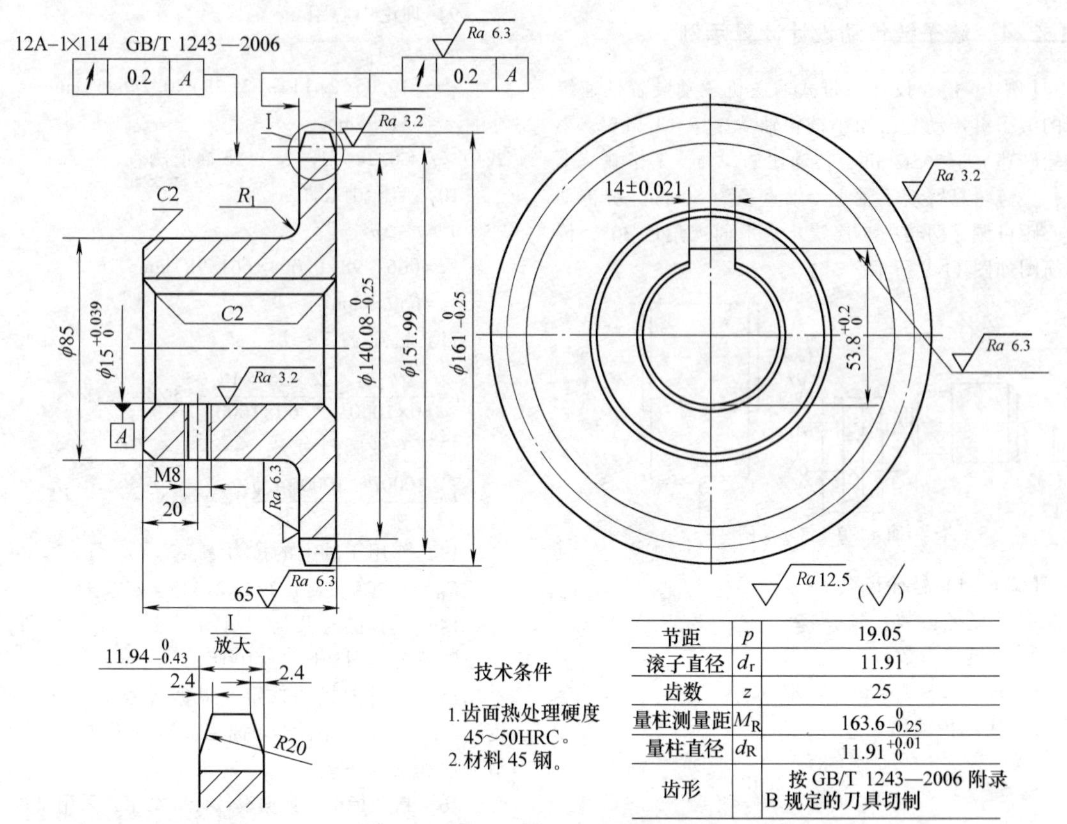

节距	p	19.05
滚子直径	d_r	11.91
齿数	z	25
量柱测量距	M_R	$163.6_{-0.25}^{0}$
量柱直径	d_R	$11.91_{0}^{+0.01}$
齿形		按 GB/T 1243—2006 附录 B 规定的刀具切制

图 11-10　小链轮工作图示例

表 11-24　链传动的润滑方式

润滑方式	简　　图	说　　明	供　　油
人工定期润滑		定期在链条松边内外链板间隙中注油	每班注油一次
滴　油润滑		具有简单外壳，用油杯通过油管向松边的内外链板间隙处滴油	单排链每分钟滴油 5～20 滴，速度高时取大值
油　浴润滑		具有密封的外壳，链条从油池中通过	链条浸油深度约 6～12mm；过浅，润滑不可靠；过深，搅油损失大，润滑油易发热、变质
飞　溅润滑		具有密封的外壳，甩油盘将油甩起，经壳体上的集油装置将油导流到链条上。甩油盘圆周速度 v>3m/s；当链宽大于 130mm 时，应在链轮两侧装甩油盘	链条不浸入油池，甩油盘浸油深度为12～15mm

（续）

润滑方式	简图	说明	供油				
			链速 v /（m/s）	节距 p/mm			
				≤19.05	25.4~31.75	38.1~44.45	≥50.8
				每个喷油口供油量（L/min）			
压力润滑		具有密封的外壳，油泵供油。循环油可起冷却作用。喷油口设在链条啮入处。喷油口应比链条排数多一个	8~13	1.0	1.5	2.0	2.5
			>13~18	2.0	2.5	3.0	3.5
			>18~24	3.0	3.5	4.0	4.5

注：开式传动和不易润滑的链传动，可定期用煤油拆洗，干燥后浸入 70~80℃ 润滑油中，使铰链间隙充油后安装使用。

11.3 套筒链传动

11.3.1 套筒链的基本参数和尺寸

短节距传动用精密套筒链和链轮见国家标准 GB/T 1243—2006，等效 ISO 606：2004。标准仅有两档节距规格，即 6.35mm 和 9.525mm，有单排和多排结构，见图 11-11 和表 11-25。

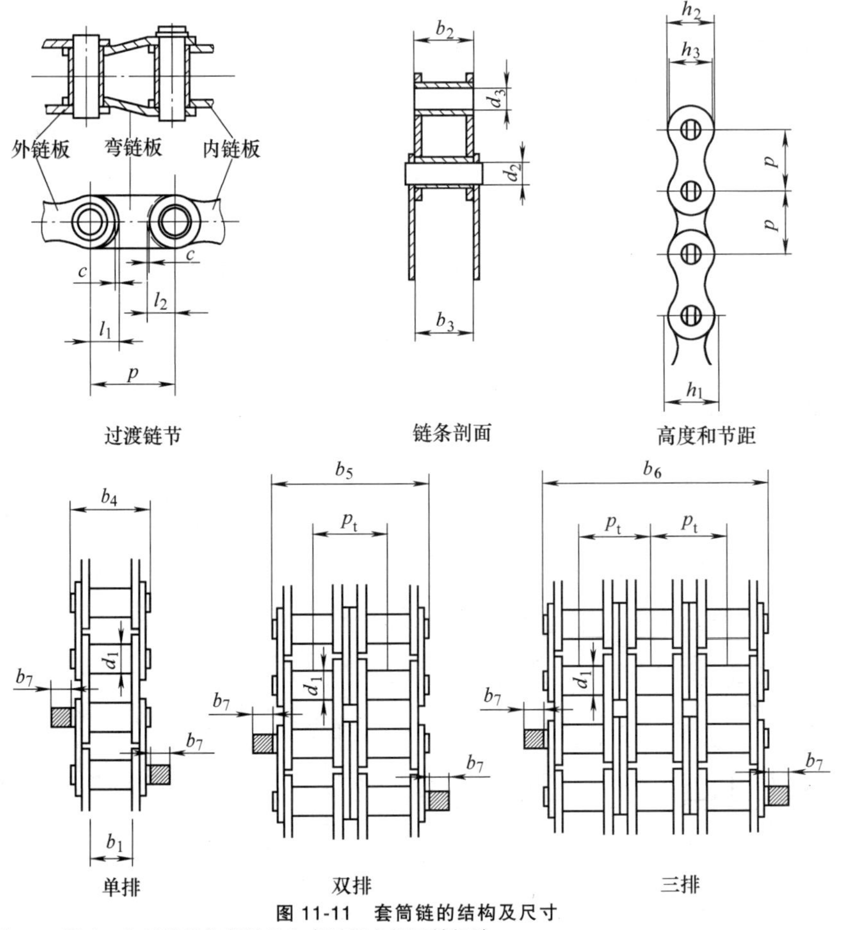

图 11-11 套筒链的结构及尺寸

注：1. 尺寸 c 为过渡链节弯链板和直链板之间回转间隙。

2. 链条通道高度 h_1，是装配好的链条应能通过的通道最小高度。

3. 带接头紧固件的链条全宽，等于销轴长度 b_4、b_5 或 b_6 加上下列值：如仅单侧有紧固件，铆接销加 b_7；带头销加 $1.6b_7$；如双侧有紧固件加 $2b_7$。

4. 三排以上链条的销轴长度 $=b_4+p_t\times$(链条排数-1)。

表 11-25　套筒链尺寸、测量力及抗拉强度

链号	节距 p	套筒外径 d_1 max	内链节内宽 b_1 min	销轴直径 d_2 max	套筒内径 d_3 min	链条通道高度 h_1 min	内链板高度 h_2 max	外链板中链板高度 h_3 max	过渡链节尺寸① l_1 min	过渡链节尺寸① l_2 min	过渡链节尺寸① c	排距 p_t
	mm											
04C	6.35	3.30	3.10	2.31	2.34	6.27	6.02	5.21	2.64	3.06	0.08	6.40
06C	9.525	5.08	4.68	3.58	3.63	9.30	9.05	7.80	3.96	4.60	0.08	10.13

链号	内链节外宽 b_2 max	外链节内宽 b_3 min	销轴长度 单排 b_4 max	销轴长度 双排 b_5 max	销轴长度 三排 b_6 max	接头紧固件增宽 b_7 max	测量力 单排	测量力 双排	测量力 三排	抗拉强度 单排 min	抗拉强度 双排 min	抗拉强度 三排 min
	mm						N					
04C	4.80	4.85	9.1	15.5	21.8	2.5	50	100	150	3500	7000	10500
06C	7.47	7.52	13.2	23.4	33.5	3.3	70	140	210	7900	15800	23700

① 用于繁重工作场合的链条，不推荐采用弯板链节。

链号中前两位数字表示节距，以 1/16in（1.5875mm）为单位，标号表示举例如下：

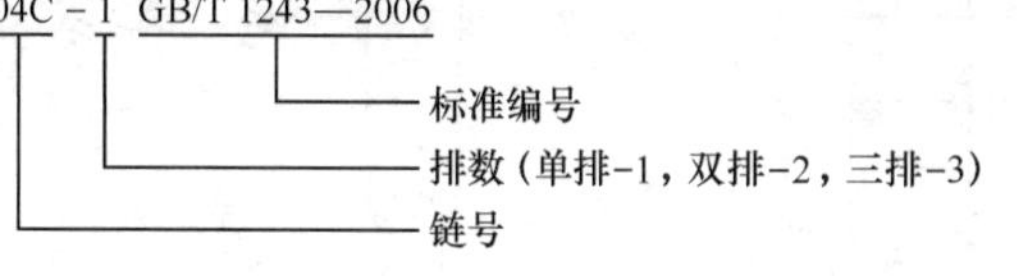

11.3.2　套筒链附件

用于 06C 链号的标准附件如图 11-12 和图 11-13 所示。尺寸应符合表 11-26 的规定。

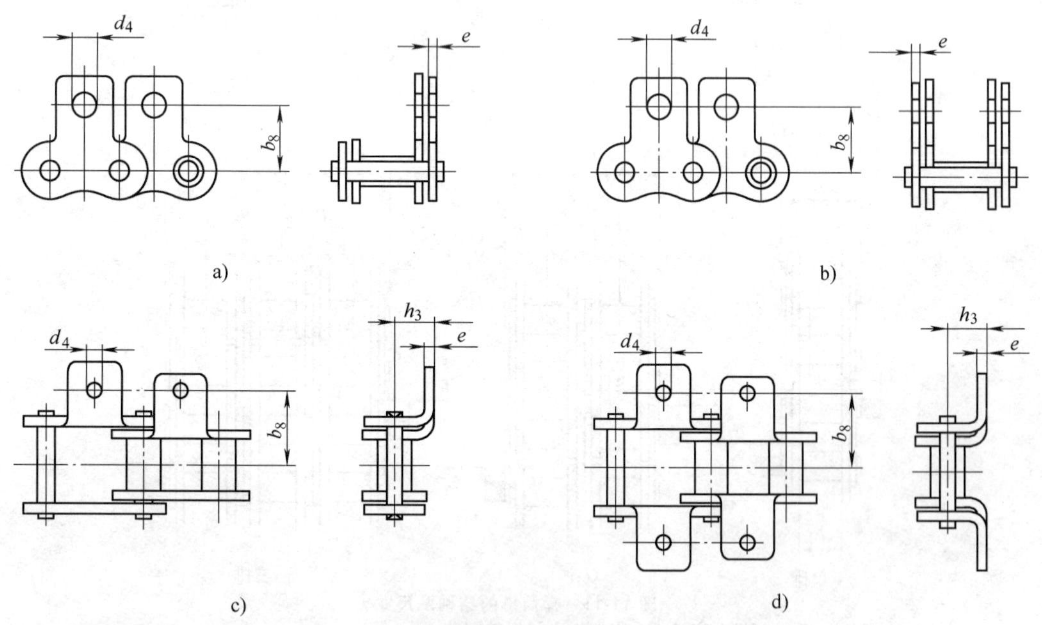

图 11-12　延伸链板

a）链条单侧用垂直延伸链板　b）链条双侧用垂直延伸链板

c）链条单侧用弯曲延伸链板　d）链条双侧用弯曲延伸链板

表 11-26 06C 链条附件尺寸 （单位：mm）

附 件	$d_{4\min}$	b_8	e	h_3	d_2	b_9
垂直延伸链板（图 11-12a、b）	2.59	9.53	1.27			
弯曲延伸链板（图 11-12c、d）	2.59	9.53	1.27	6.35		
伸长销尺寸（图 11-13）					3.58	9.53

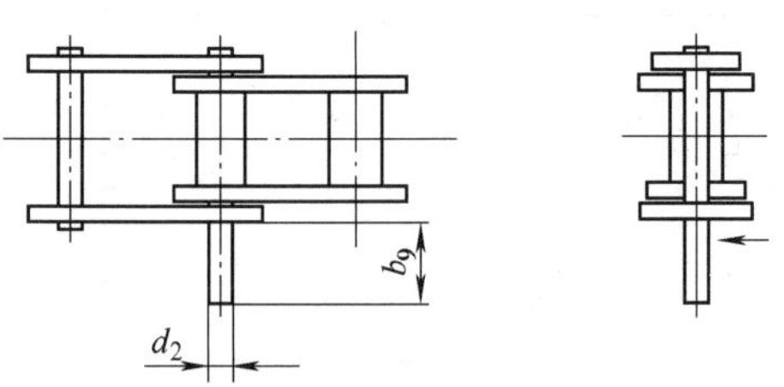

图 11-13 单侧加长销轴链条

11.3.3 链轮

可按 11.2.3 节滚子链链轮尺寸计算公式计算。

11.4 传动及输送用双节距精密滚子链和链轮

11.4.1 双节距链的基本参数和尺寸

双节距链的结构及尺寸如图 11-14 所示。链条通道高度 h_1 是能使装配后的小滚子系列链条通过的最小高度。

带有止锁件的链条全宽：一侧为止锁件的铆头销轴为 b_4+b_7；一侧为止锁件的带头销轴为 $b_4+1.6b_7$；两侧均为止锁件的销轴为 b_4+2b_7。

双节距链条主要尺寸、测量力和抗拉强度见表 11-27 和表 11-28。

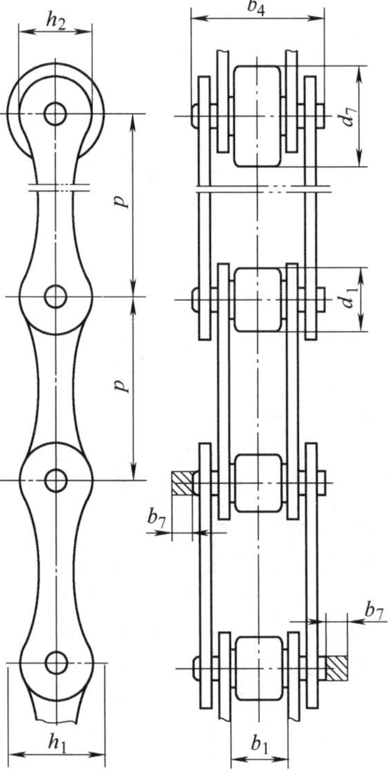

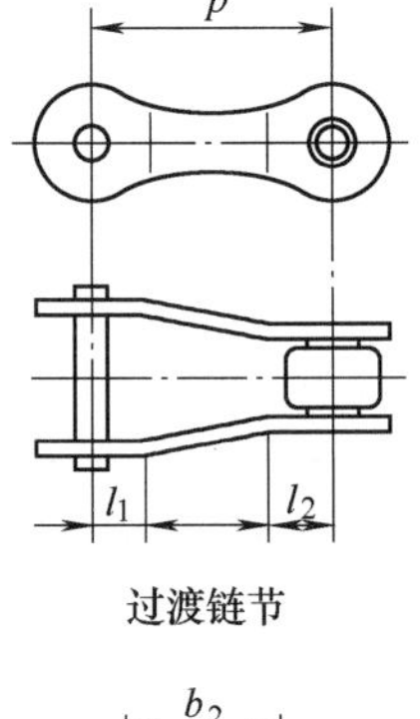

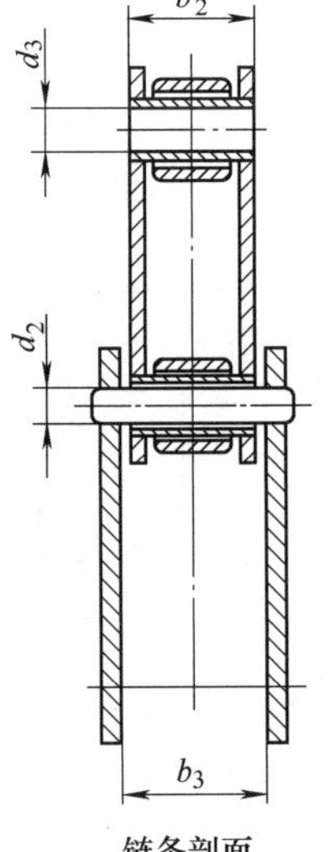

图 11-14 双节距链的结构及尺寸

表 11-27　传动链条主要尺寸、测量力和抗拉强度（摘自 GB/T 5269—2008）

链号	节距 p	小滚子直径① d_{1max}	大滚子直径① d_{7max}	内链节内宽 b_{1min}	销轴直径 d_{2max}	套筒内径 d_{3min}	链条通道高度 h_{1min}	链板高度 h_{2max}	过渡链板尺寸② l_{1min}	内链节外宽 b_{2max}	外链节内宽 b_{3min}	销轴长度 b_{4max}	销轴止锁端加长量③ b_{7max}	测量力	抗拉强度 min
	mm													N	kN
208A	25.4	7.92	15.88	7.85	3.98	4.00	12.33	12.07	6.9	11.17	11.31	17.8	3.9	120	13.9
208B	25.4	8.51	15.88	7.75	4.45	4.50	12.07	11.81	6.9	11.30	11.43	17.0	3.9	120	17.8
210A	31.75	10.16	19.05	9.40	5.09	5.12	15.35	15.09	8.4	13.84	13.97	21.8	4.1	200	21.8
210B	31.75	10.16	19.05	9.65	5.08	5.13	14.99	14.73	8.4	13.28	13.41	19.6	4.1	200	22.2
212A	38.1	11.91	22.23	12.57	5.96	5.98	18.34	18.10	9.9	17.75	17.88	26.9	4.6	280	31.3
212B	38.1	12.07	22.23	11.68	5.72	5.77	16.39	16.13	9.9	15.62	15.75	22.7	4.6	280	28.9
216A	50.8	15.88	28.58	15.75	7.94	7.96	24.39	24.13	13	22.60	22.74	33.5	5.4	500	55.6
216B	50.8	15.88	28.58	17.02	8.28	8.33	21.34	21.08	13	25.45	25.58	36.1	5.4	500	60.0
220A	63.5	19.05	39.67	18.90	9.54	9.56	30.48	30.17	16	27.45	27.59	41.1	6.1	780	87.0
220B	63.5	19.05	39.67	19.56	10.19	10.24	26.68	26.42	16	29.01	29.14	43.2	6.1	780	95.0
224A	76.2	22.23	44.45	25.22	11.11	11.14	36.55	36.20	19.1	35.45	35.59	50.8	6.6	1110	125.0
224B	76.2	25.4	44.45	25.40	14.63	14.68	33.73	33.40	19.1	37.92	38.05	53.4	6.6	1110	160.0
228B	88.9	27.94	—	30.99	15.90	15.95	37.46	37.08	21.3	46.58	46.71	65.1	7.4	1510	200.0
232B	101.6	29.21	—	30.99	17.81	17.86	42.72	42.29	24.4	45.57	45.70	67.4	7.9	2000	250.0

① 大滚子链条在链号后加 L，它主要用于输送，但有时也用于传动。

② 对繁重的工况不推荐使用过渡链节。

③ 实际尺寸取决于止锁件的型式，但不得超过所给尺寸，详细资料应从链条制造商得到。

表 11-28　输送链条主要尺寸、测量力和抗拉强度（摘自 GB/T 5269—2008）

链号①	节距 p	小滚子直径 d_{1max}	大滚子直径 d_{7max}	内链节内宽 b_{1min}	销轴直径 d_{2max}	套筒内径 d_{3min}	链条通道高度 h_{1min}	链板高度 h_{2max}	过渡链板尺寸② l_{1min}	内链节外宽 b_{2max}	外链节内宽 b_{3min}	销轴长度 b_{4max}	销轴止锁端加长量③ b_{7max}	测量力	抗拉强度 min
	mm													N	kN
C208A	25.4	7.92	15.88	7.85	3.98	4.00	12.33	12.07	6.9	11.17	11.31	17.8	3.9	120	13.9
C208B	25.4	8.51	15.88	7.75	4.45	4.50	12.07	11.81	6.9	11.30	11.43	17.0	3.9	120	17.8
C210A	31.75	10.16	19.05	9.40	5.09	5.12	15.35	15.09	8.4	13.84	13.97	21.8	4.1	200	21.8
C210B	31.75	10.16	19.05	9.65	5.08	5.13	14.99	14.73	8.4	13.28	13.41	19.6	4.1	200	22.2
C212A	38.1	11.91	22.23	12.57	5.96	5.98	18.34	18.10	9.9	17.75	17.88	26.9	4.6	280	31.3
C212A-H	38.1	11.91	22.23	12.57	5.96	5.98	18.34	18.10	9.9	19.43	19.56	30.2	4.6	280	31.3
C212B	38.1	12.07	22.23	11.68	5.72	5.77	16.39	16.13	9.9	15.62	15.75	22.7	4.6	280	28.9
C216A	50.8	15.88	28.58	15.75	7.94	7.96	24.39	24.13	13	22.60	22.74	33.5	5.4	500	55.6
C216A-H	50.8	15.88	28.58	15.75	7.94	7.96	24.39	24.13	13	24.28	24.41	37.4	5.4	500	55.6
C216B	50.8	15.88	28.58	17.02	8.28	8.33	21.34	21.08	13	25.45	25.58	36.1	5.4	500	60.0
C220A	63.5	19.05	39.67	18.90	9.54	9.56	30.48	30.17	16	27.45	27.59	41.1	6.1	780	87.0
C220A-H	63.5	19.05	39.67	18.90	9.54	9.56	30.48	30.17	16	29.11	29.24	44.5	6.1	780	87.0
C220B	63.5	19.05	39.67	19.56	10.19	10.24	26.68	26.42	16	29.01	29.14	43.2	6.1	780	95.0
C224A	76.2	22.23	44.45	25.22	11.11	11.14	36.55	36.20	19.1	35.45	35.59	50.8	6.6	1110	125.0
C224A-H	76.2	22.23	44.45	25.22	11.11	11.14	36.55	36.20	19.1	37.18	37.31	55.0	6.6	1110	125.0
C224B	76.2	25.4	44.45	25.40	14.63	14.68	33.73	33.40	19.1	37.92	38.05	53.4	6.6	1110	160.0
C232A-H	101.6	28.58	57.15	31.55	14.29	14.31	48.74	48.26	25.2	46.88	47.02	69.4	7.9	2000	222.4

注：带大滚子链条的基本尺寸与表 11-27 相同，其链板通常是直边的（不是曲边的）。

① 链号是从表 11-27 中的基本链号派生出来的，前缀加字母 C 表示采用直边链板的输送链，字尾加 S 表示小滚子链、L 表示大滚子链、H 表示重载链条。

② 重载应用场合，不推荐使用过渡链节。

③ 实际尺寸取决于止锁件的型式，但不得超过所给尺寸。详细资料应从链条制造商得到。

11.4.2 双节距链附件

附件的尺寸必须符合表 11-29 的规定，其结构如图 11-15 所示。

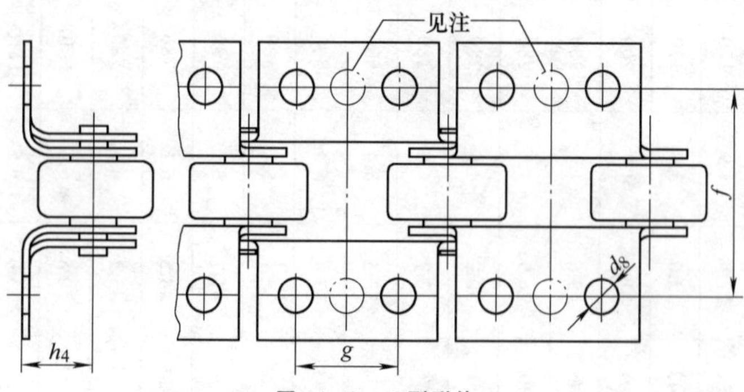

图 11-15 K 型附件

注：K1 型附件板只有一个孔，K2 型附件板则有两个孔，其余相同。

表 11-29 K 型附件板尺寸（摘自 GB/T 5269—2008） （单位：mm）

链号①	平台高度 h_4 ±0.4	横向孔中心距 f ±0.5	孔径 d_8 min	附板孔中心线之间纵向距离 g ±0.2
C208A	9.1	25.4	3.3	9.5
C208B	9.1	25.4	4.3	12.7
C210A	11.1	31.8	5.1	11.9
C210B	11.1	31.8	5.3	15.9
C212A	14.7	42.9	5.1	14.3
C212A-H	14.7	42.9	5.1	14.3
C212B	14.7	38.1	6.4	19.1
C216A	19.1	55.6	6.6	19.1
C216A-H	19.1	55.6	6.6	19.1
C216B	19.1	50.8	6.4	25.4
C220A	23.4	66.6	8.2	23.8
C220A-H	23.4	66.6	8.2	23.8
C220B	23.4	63.5	8.4	31.8
C224A	27.8	79.3	9.8	28.6
C224A-H	27.8	79.3	9.8	28.6
C224B	27.8	76.2	10.5	38.1
C232A-H	36.5	104.7	13.1	38.1

① 链号后缀 H 表示为重载或高强度链条。

11.4.3 双节距链的链轮

11.4.3.1 直径尺寸与齿形的参数（见图 11-16）

11.4.3.2 单切齿和双切齿

双节距链的链轮可做成单切齿或双切齿（见图 11-17）。单切齿（图中实线所示）链轮的有效齿数等于实际齿数（$z=z_1$）。双切齿（图中虚线所示）则是在单切齿链轮的各齿中间位置上又切出一组齿，在这种情况下，链轮的有效齿数等于实际齿数之半（$z=z_1/2$）。

单切齿链轮的齿数 z 必为整数。双切齿链轮的实际齿数 z_1 是整数，但 z_1 为奇数时，有效齿数 z 则成为分数。双节距链的双切齿链轮不能与短节距滚子链配用，反之，短节距滚子链的链轮也不能与双节距链配用。

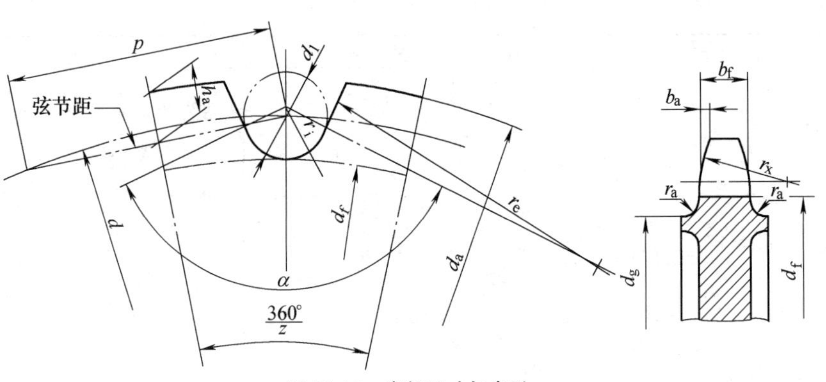

图 11-16 直径尺寸与齿形

注：b_a 为齿侧倒角；b_f 为齿宽；b_1 为链条内节内宽最小值；d 为分度圆直径；d_a 为齿顶圆直径；d_f 为齿根圆直径；d_g 为最大齿侧凸缘直径；d_1 为滚子直径最大值；h_a 为分度圆弦齿高；h_2 为链板高度最大值；p 为弦节距，等于链条节距；r_a 为轴肩圆角半径；r_e 为齿廓圆弧半径；r_i 为滚子定位圆弧半径；r_x 为齿侧圆弧半径；z 为有效齿数，等于链轮上实际能围绕的链节数；z_1 为双切齿链轮实际齿数 = 2z；α 为齿沟角。

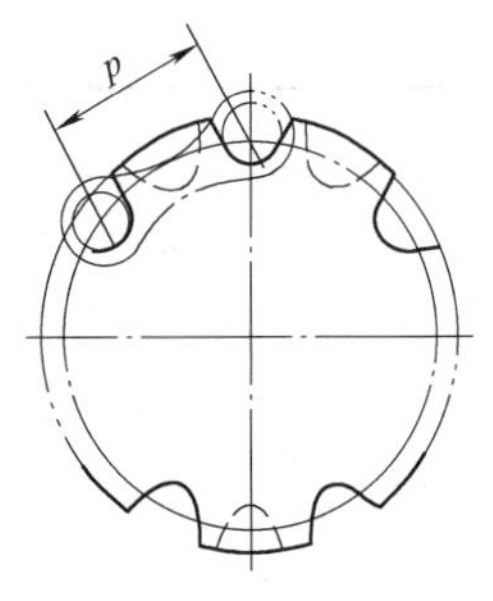

图 11-17 单、双切齿链轮

实线 = z 虚线 = 2z

11.4.3.3 双节距链轮的主要尺寸计算公式

（见图 11-17和表 11-30）

11.4.3.4 链轮精度

图 11-18 所示为用量柱测量的情况。取量柱直径 $d_R=d_1$，量柱极限偏差为 $^{+0.01}_{0}$ mm。

（1）径向圆跳动 测量链轮在转动一周中的径向圆跳动，其齿根圆直径对轴孔轴线的最大径向圆跳动量，不应超过下列两数值中的较大值：$0.0008d_f+0.08$mm（或 0.15mm），最大到 0.76mm。

（2）端面圆跳动 测量链轮在转动一周中的轴向圆跳动（摆动），其链轮齿侧的平直部分对轴孔轴线的轴向圆跳动量，不应超过下列值：$0.0009d_f+0.08$mm，最大到 1.14mm。

对于组合装配（焊接）链轮，如果上述公式的计算值较小，可以采用 0.25mm 作为最小限制值。

链轮的节距精度是重要的，与制造厂商定。

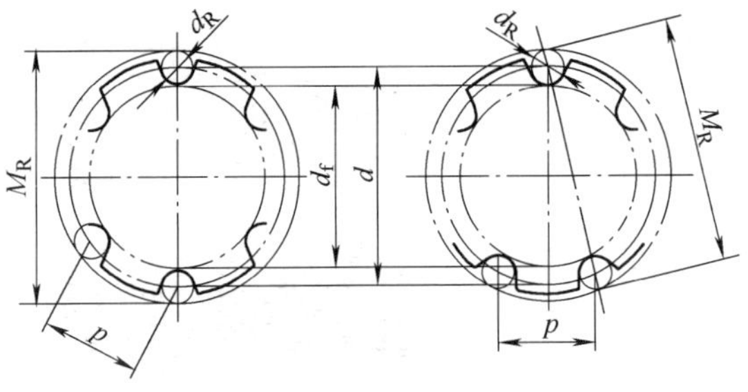

图 11-18 量柱测量距

a）偶数齿 b）奇数齿

注：d 为分度圆直径；d_f 为齿根圆直径；d_R 为量柱直径；M_R 为量柱测量距；p 为弦节距，等于链条节距。

表 11-30 双节距链轮的主要尺寸计算公式（摘自 GB/T 5629—2008）

名 称	符号	计 算 公 式	说 明
分度圆直径	d	$d=\dfrac{p}{\sin\dfrac{180°}{z}}$	
齿顶圆直径	d_a	$d_{amax}=d+0.625p-d_1$ $d_{amin}=d+p\left(0.5-\dfrac{0.4}{z}\right)-d_1$	d_{amax} 和 d_{amin} 受到刀具所能加工的最大直径的限制
齿根圆直径	d_f	$d_f=d-d_1$	

（续）

名　　称	符号	计　算　公　式	说　　明
分度圆弦齿高	h_a	$h_{amax}=p\left(0.3125+\frac{0.8}{z}\right)-0.5d_1$ $h_{amin}=p\left(0.25+\frac{0.6}{z}\right)-0.5d_1$	h_{amax}对应d_{amax} h_{amin}对应d_{amin}
最大齿槽廓	r_e r_i α	$r_{emin}=0.008d_1(z^2+180)$ $r_{imax}=0.505d_1+0.069\sqrt[3]{d_1}$ $\alpha_{min}=120°-\frac{90°}{z}$	
最小齿槽廓	r_e r_i α	$r_{emax}=0.12d_1(z+2)$ $r_{imin}=0.505d_1$ $\alpha_{max}=140°-\frac{90°}{z}$	
齿宽	b_f	$b_f=0.95b_1$（公差 $h14$）	用户与制造厂协商也可用$0.93b_1$
最大齿侧凸缘直径	d_g	$d_g=p\cot\frac{180°}{z}-1.05h_2-1-2r_a$	
齿侧倒角半径	r_x	$r_{xmax}=0.5p$	
齿侧倒角	b_a	$b_{amax}=0.065p$	

11.5　齿形链传动

11.5.1　齿形链的基本参数和尺寸

齿形链的外形如图 11-19 所示。按 GB/T 10855—2016 的规定，齿形链分为内导式和外导式。内导式齿形链的导板嵌在链轮齿廓上圆周导槽中（图 11-19a）；外导式齿形链的导板骑在链轮两侧（图 11-19b）。由于铰接件、连接件和链板弯部随各制造厂而异，因此标准中未包括这些部分。

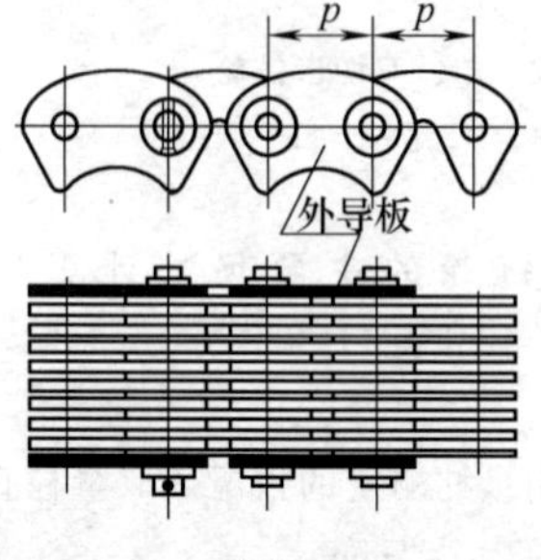

图 11-19　齿形链外形图

a）内导式齿形链　b）外导式齿形链

节距 $p\geqslant9.525$mm 的链条，链宽达到或超过 $2p$ 的，用内导式；链宽小于 $2p$ 的可以用外导式或内导式；链宽超过 $16p$ 的不推荐使用。

节距 $p=4.762$mm 的链条可采用内导式或外导式，要求链宽$\leqslant8p$。齿形链的链号表号方法：

SC 302

- 02 —（2位或3位）乘以 6.35（$\frac{1}{4}$ in）为公称链宽
- 3 —（1位或2位）乘以 3.175mm（$\frac{1}{8}$ in）表示节距 p
- SC — 表示齿形链链号，$p\geqslant9.525$mm（$\frac{3}{8}$ in）

SCO 309

- 09 —（1位或2位）乘以0.79375mm（$\frac{1}{32}$ in）为公称链宽
- 3 —（1位）乘以1.5875 mm（$\frac{1}{16}$ in）表示节距 p
- SCO — 表齿形链链号，$p=4.762$mm（$\frac{3}{16}$ in）

链长精度规定，按 GB/T 10855—2016 规定，被测链长不应小于 300mm，成品链测得的长度不应超过其公称尺寸的量和测量力为：

$p\geqslant9.5$mm 的尺寸最大偏差为+0.25%×链长，最小偏差为零。链长测量力为 0.1724N×节距（mm）×链宽（mm）+89N。

p=4.762mm 的长度尺寸，最大偏差为+0.17%×链长，最小偏差为 0。链长测量力为链长方向每一个链板测量力（取 4.45N）的和。

链轮上应标记完整的链号和齿数，如 SC304-35。

9.525mm 及以上节距链条的主要尺寸见图 11-20 和表 11-31。

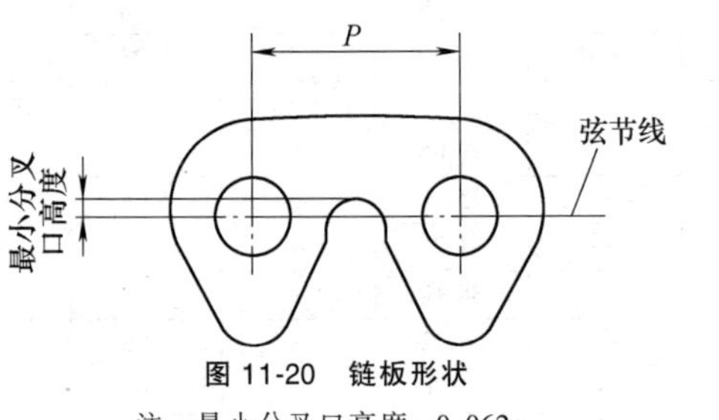

图 11-20　链板形状

注：最小分叉口高度=0.062p。

表 11-31　链节参数　（单位：mm）

链号(6.35mm 单位链宽)	节距 p	标记	最小分叉口高度
SC3	9.525	SC3 或 3	0.590
SC4	12.70	SC4 或 4	0.787
SC5	15.875	SC5 或 5	0.985
SC6	19.05	SC6 或 6	1.181
SC8	25.40	SC8 或 8	1.575
SC10	31.75	SC10 或 10	1.969
SC12	38.10	SC12 或 12	2.362
SC16	50.80	SC16 或 16	3.150

p≥9.525mm 链条的链宽和链轮齿廓尺寸见图 11-21 和表 11-32。

p = 4.762mm 链条的链宽和链轮齿廓尺寸见图 11-22和表 11-33。

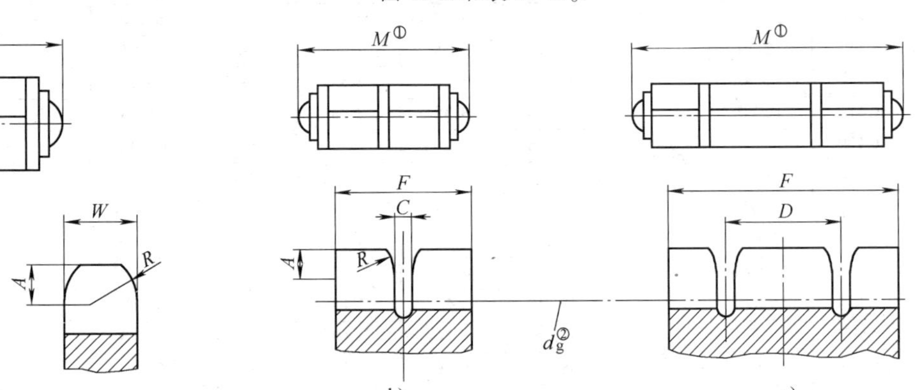

图 11-21　链条宽度和链轮齿廓尺寸（p≥9.525mm）

a）外导式③　b）内导式　c）双内导式

① M 等于链条最大全宽。

② 切槽刀的端头可以是圆弧形或矩形。

③ 外导式的导板厚度与齿链板的厚度相同。

表 11-32　9.525mm 及以上节距链条链宽和链轮齿廓尺寸（摘自 GB/T 10855—2016）

（单位：mm）

链号	链条节距 p	类型	最大链宽 M max	齿侧倒角高度 A	导槽宽度 C ±0.13	导槽间距 D ±0.25	齿全宽 F +3.18 0	齿侧倒角宽度 H ±0.08	齿侧圆角半径 R ±0.08	齿宽 W +0.25 0
SC302	9.525	外导①	19.81	3.38	—	—	—	1.30	5.08	10.41
SC303	9.525	内导	22.99	3.38	2.54	—	19.05	—	5.08	—
SC304	9.525		29.46	3.38	2.54	—	25.40	—	5.08	—
SC305	9.525		35.81	3.38	2.54	—	31.75	—	5.08	—
SC306	9.525		42.29	3.38	2.54	—	38.10	—	5.08	—
SC307	9.525		48.64	3.38	2.54	—	44.45	—	5.08	—
SC308	9.525		54.99	3.38	2.54	—	50.80	—	5.08	—
SC309	9.525		61.47	3.38	2.54	—	57.15	—	5.08	—
SC310	9.525		67.69	3.38	2.54	—	63.50	—	5.08	—

（续）

链号	链条节距 p	类型	最大链宽 M max	齿侧倒角高度 A	导槽宽度 C ±0.13	导槽间距 D ±0.25	齿全宽 F $^{+3.18}_{0}$	齿侧倒角宽度 H ±0.08	齿侧圆角半径 R ±0.08	齿宽 W $^{+0.25}_{0}$
SC312	9.525	双内导	80.39	3.38	2.54	25.40	76.20	—	5.08	—
SC316	9.525		105.79	3.38	2.54	25.40	101.60	—	5.08	—
SC320	9.525		131.19	3.38	2.54	25.40	127.00	—	5.08	—
SC324	9.525		156.59	3.38	2.54	25.40	152.40	—	5.08	—
SC402	12.70	外导	19.81	3.38	—	—	—	1.30	5.08	10.41
SC403	12.70	内导	24.13	3.38	2.54	—	19.05	—	5.08	—
SC404	12.70		30.23	3.38	2.54	—	25.40	—	5.08	—
SC405	12.70		36.58	3.38	2.54	—	31.75	—	5.08	—
SC406	12.70		42.93	3.38	2.54	—	38.10	—	5.08	—
SC407	12.70		49.28	3.38	2.54	—	44.45	—	5.08	—
SC408	12.70		55.63	3.38	2.54	—	50.80	—	5.08	—
SC409	12.70		61.98	3.38	2.54	—	57.15	—	5.08	—
SC410	12.70		68.33	3.38	2.54	—	63.50	—	5.08	—
SC411	12.70		74.68	3.38	2.54	—	69.85	—	5.08	—
SC414	12.70		93.98	3.38	2.54	—	88.90	—	5.08	—
SC416	12.70	双内导	106.68	3.38	2.54	25.40	101.60	—	5.08	—
SC420	12.70		132.33	3.38	2.54	25.40	127.00	—	5.08	—
SC424	12.70		157.73	3.38	2.54	25.40	152.40	—	5.08	—
SC428	12.70		183.13	3.38	2.54	25.40	177.80	—	5.08	—
SC504	15.875	内导	33.78	4.50	3.18	—	25.40	—	6.35	—
SC505	15.875		37.85	4.50	3.18	—	31.75	—	6.35	—
SC506	15.875		46.48	4.50	3.18	—	38.10	—	6.35	—
SC507	15.875		50.55	4.50	3.18	—	44.45	—	6.35	—
SC508	15.875		58.67	4.50	3.18	—	50.80	—	6.35	—
SC510	15.875		70.36	4.50	3.18	—	63.50	—	6.35	—
SC512	15.875		82.80	4.50	3.18	—	76.20	—	6.35	—
SC516	15.875		107.44	4.50	3.18	—	101.60	—	6.35	—
SC520	15.875	双内导	131.83	4.50	3.18	50.80	127.00	—	6.35	—
SC524	15.875		157.23	4.50	3.18	50.80	152.40	—	6.35	—
SC528	15.875		182.63	4.50	3.18	50.80	177.80	—	6.35	—
SC532	15.875		208.03	4.50	3.18	50.80	203.20	—	6.35	—
SC540	15.875		257.96	4.50	3.18	50.80	254.00	—	6.35	—
SC604	19.05	内导	33.78	6.96	4.57	—	25.40	—	9.14	—
SC605	19.05		39.12	6.96	4.57	—	31.75	—	9.14	—
SC606	19.05		46.48	6.96	4.57	—	38.10	—	9.14	—
SC608	19.05		58.67	6.96	4.57	—	50.80	—	9.14	—
SC610	19.05		71.37	6.96	4.57	—	63.50	—	9.14	—
SC612	19.05		81.53	6.96	4.57	—	76.20	—	9.14	—
SC614	19.05		94.23	6.96	4.57	—	88.90	—	9.14	—
SC616	19.05		106.93	6.96	4.57	—	101.60	—	9.14	—
SC620	19.05		132.33	6.96	4.57	—	127.00	—	9.14	—
SC624	19.05		159.26	6.96	4.57	—	152.40	—	9.14	—
SC628	19.05	双内导	184.66	6.96	4.57	101.60	177.80	—	9.14	—
SC632	19.05		208.53	6.96	4.57	101.60	203.20	—	9.14	—
SC636	19.05		233.93	6.96	4.57	101.60	228.60	—	9.14	—
SC640	19.05		259.33	6.96	4.57	101.60	254.00	—	9.14	—
SC648	19.05		310.13	6.96	4.57	101.60	304.80	—	9.14	—

（续）

链号	链条节距 p	类型	最大链宽 M max	齿侧倒角高度 A	导槽宽度 C ±0.13	导槽间距 D ±0.25	齿全宽 F $^{+3.18}_{0}$	齿侧倒角宽度 H ±0.08	齿侧圆角半径 R ±0.08	齿宽 W $^{+0.25}_{0}$
SC808	25.40	内导	57.66	6.96	4.57	—	50.80	—	9.14	—
SC810	25.40		70.10	6.96	4.57	—	63.50	—	9.14	—
SC812	25.40		82.42	6.96	4.57	—	76.20	—	9.14	—
SC816	25.40		107.82	6.96	4.57	—	101.60	—	9.14	—
SC820	25.40		133.22	6.96	4.57	—	127.00	—	9.14	—
SC824	25.40		158.62	6.96	4.57	—	152.40	—	9.14	—
SC828	25.40	双内导	188.98	6.96	4.57	101.60	177.80	—	9.14	—
SC832	25.40		213.87	6.96	4.57	101.60	203.20	—	9.14	—
SC836	25.40		234.95	6.96	4.57	101.60	228.60	—	9.14	—
SC840	25.40		263.91	6.96	4.57	101.60	254.00	—	9.14	—
SC848	25.40		316.23	6.96	4.57	101.60	304.80	—	9.14	—
SC856	25.40		361.95	6.96	4.57	101.60	355.60	—	9.14	—
SC864	25.40		412.75	6.96	4.57	101.60	406.40	—	9.14	—
SC1010	31.75	内导	71.42	6.96	4.57	—	63.50	—	9.14	—
SC1012	31.75		84.12	6.96	4.57	—	76.20	—	9.14	—
SC1016	31.75		109.52	6.96	4.57	—	101.60	—	9.14	—
SC1020	31.75		134.92	6.96	4.57	—	127.00	—	9.14	—
SC1024	31.75		160.32	6.96	4.57	—	152.40	—	9.14	—
SC1028	31.75		185.72	6.96	4.57	—	177.80	—	9.14	—
SC1032	31.75	双内导	211.12	6.96	4.57	101.60	203.20	—	9.14	—
SC1036	31.75		236.52	6.96	4.57	101.60	228.60	—	9.14	—
SC1040	31.75		261.92	6.96	4.57	101.60	254.00	—	9.14	—
SC1048	31.75		312.72	6.96	4.57	101.60	304.80	—	9.14	—
SC1056	31.75		363.52	6.96	4.57	101.60	355.60	—	9.14	—
SC1064	31.75		414.32	6.96	4.57	101.60	406.40	—	9.14	—
SC1072	31.75		465.12	6.96	4.57	101.60	457.20	—	9.14	—
SC1080	31.75		515.92	6.96	4.57	101.60	508.00	—	9.14	—
SC1212	38.10	内导	85.98	6.96	4.57	—	76.20	—	9.14	—
SC1216	38.10		111.38	6.96	4.57	—	101.60	—	9.14	—
SC1220	38.10		136.78	6.96	4.57	—	127.00	—	9.14	—
SC1224	38.10		162.18	6.96	4.57	—	152.40	—	9.14	—
SC1228	38.10		187.58	6.96	4.57	—	177.80	—	9.14	—
SC1232	38.10	双内导	212.98	6.96	4.57	101.60	203.20	—	9.14	—
SC1236	38.10		238.38	6.96	4.57	101.60	228.60	—	9.14	—
SC1240	38.10		264.92	6.96	4.57	101.60	254.00	—	9.14	—
SC1248	38.10		315.72	6.96	4.57	101.60	304.80	—	9.14	—
SC1256	38.10		366.52	6.96	4.57	101.60	355.60	—	9.14	—
SC1264	38.10		417.32	6.96	4.57	101.60	406.40	—	9.14	—
SC1272	38.10		468.12	6.96	4.57	101.60	457.20	—	9.14	—
SC1280	38.10		518.92	6.96	4.57	101.60	508.00	—	9.14	—
SC1288	38.10		569.72	6.96	4.57	101.60	558.80	—	9.14	—
SC1296	38.10		620.52	6.96	4.57	101.60	609.60	—	9.14	—
SC1616	50.80	内导	110.74	6.96	5.54	—	101.60	—	9.14	—
SC1620	50.80		136.14	6.96	5.54	—	127.00	—	9.14	—
SC1624	50.80		161.54	6.96	5.54	—	152.40	—	9.14	—
SC1628	50.80		186.94	6.96	5.54	—	177.80	—	9.14	—
SC1632	50.80	双内导	212.34	6.96	5.54	101.60	203.20	—	9.14	—
SC1640	50.80		263.14	6.96	5.54	101.60	254.00	—	9.14	—
SC1648	50.80		313.94	6.96	5.54	101.60	304.80	—	9.14	—
SC1656	50.80		371.09	6.96	5.54	101.60	355.60	—	9.14	—
SC1688	50.80		574.29	6.96	5.54	101.60	558.80	—	9.14	—
SC1696	50.80		571.50	6.96	5.54	101.60	609.60	—	9.14	—
SC16120	50.80		571.50	6.96	5.54	101.60	762.00	—	9.14	—

注：选用链宽可查阅制造厂产品目录。

① 外导式的导板厚度与齿链板的厚度相同。

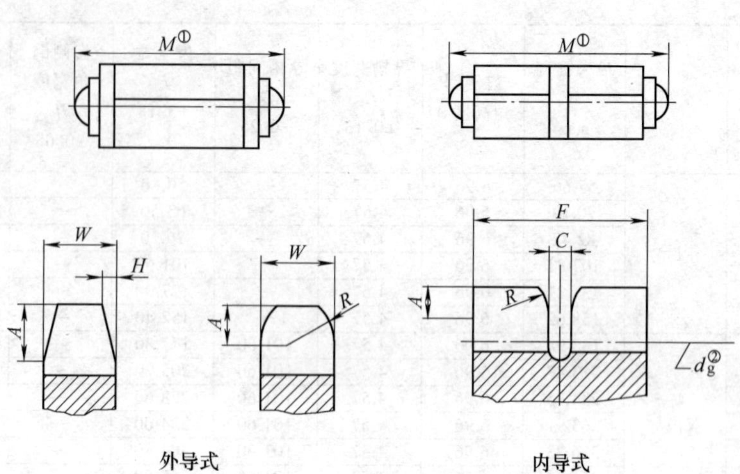

图 11-22　链条宽度和链轮齿廓尺寸（p=4.762mm）

① M 等于链条最大全宽。

② 切槽刀的端头可以是圆弧形或矩形，d_g 值见表 11-38

表 11-33　链轮齿廓尺寸和链宽（p=4.762mm）　（单位：mm）

链号	链条节距 p	类型	最大链宽 M① max	齿侧倒角高度 A	导槽宽度 C max	齿全宽 F min	齿侧倒角密度 H	齿侧圆角半径 R	齿宽 W ±0.08
SC0305	4.762	外导	5.49	1.5	—	—	0.64	2.3	1.91
SC0307	4.762	外导	7.06	1.5	—	—	0.64	2.3	3.51
SC0309	4.762	外导	8.66	1.5	—	—	0.64	2.3	5.11
SC0311②	4.762	外导/内导	10.24	1.5	1.27	8.48	0.64	2.3	6.71
SC0313②	4.762	外导/内导	11.84	1.5	1.27	10.06	0.64	2.3	8.31
SC0315②	4.762	外导/内导	13.41	1.5	1.27	11.66	0.64	2.3	9.91
SC0317	4.762	内导	15.01	1.5	1.27	13.23	—	2.3	—
SC0319	4.762	内导	16.59	1.5	1.27	14.83	—	2.3	—
SC0321	4.762	内导	18.19	1.5	1.27	16.41	—	2.3	—
SC0323	4.762	内导	19.76	1.5	1.27	18.01	—	2.3	—
SC0325	4.762	内导	21.59	1.5	1.27	19.58	—	2.3	—
SC0327	4.762	内导	22.94	1.5	1.27	21.18	—	2.3	—
SC0329	4.762	内导	24.54	1.5	1.27	22.76	—	2.3	—
SC0331	4.762	内导	26.11	1.5	1.27	24.36	—	2.3	—

① M 等于链条最大全宽。

② 规定链条外导或内导类型。

11.5.2　链轮

11.5.2.1　齿形尺寸

（1）9.525mm 及以上节距链轮　其齿形见图 11-23。链轮跨柱测量距公差见表 11-34。

（2）4.762mm 节距链轮　其齿形如图 11-24 所示。链轮跨柱测量距公差见表 11-35。

11.5.2.2　链轮测量尺寸和公差

（1）9.525mm 及以上节距链轮　链轮尺寸如图 11-25 所示。链轮跨柱测量距公差见表 11-34。

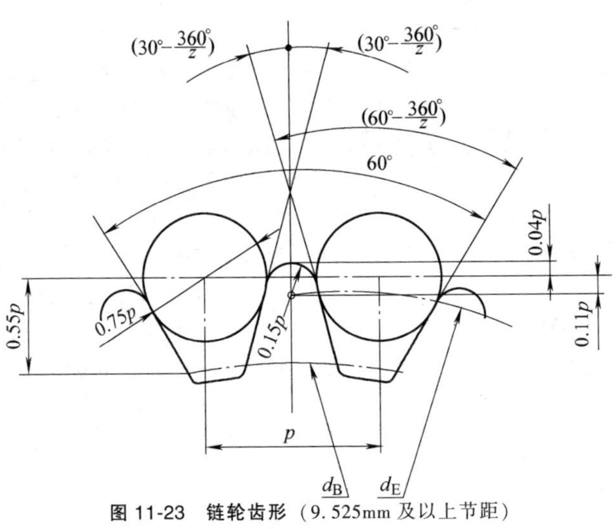

图 11-23　链轮齿形（9.525mm 及以上节距）

注：1. p 为链条节距；z 为齿数；d_B 为工作面的基圆直径，$d_B = p\sqrt{1.515\ 213+\left(\cot\dfrac{180°}{z}-1.1\right)^2}$；

d_E 为齿顶圆弧中心圆直径，$d_E = p\left(\cot\dfrac{180°}{z}-0.22\right)$。

2. 链轮齿顶可以是圆弧形或者是矩形（车制）。

3. 工作面以下的齿根部形状，可随刀具形状有所不同。

表 11-34　9.525mm 及以上节距链轮跨柱测量距公差　　（单位：mm）

节距	齿数									
	至 15	16~24	25~35	36~48	49~63	64~80	81~99	100~120	121~143	144 以上
9.525	0.13	0.13	0.13	0.15	0.15	0.18	0.18	0.18	0.20	0.20
12.70	0.13	0.15	0.15	0.18	0.18	0.20	0.20	0.23	0.23	0.25
15.875	0.15	0.15	0.18	0.20	0.23	0.25	0.25	0.25	0.28	0.30
19.05	0.15	0.18	0.20	0.23	0.25	0.28	0.28	0.30	0.33	0.36
25.40	0.18	0.20	0.23	0.25	0.28	0.30	0.33	0.36	0.38	0.40
31.75	0.20	0.23	0.25	0.28	0.33	0.36	0.38	0.43	0.46	0.48
38.10	0.20	0.25	0.28	0.33	0.36	0.40	0.43	0.48	0.51	0.56
50.80	0.25	0.30	0.36	0.40	0.46	0.51	0.56	0.61	0.66	0.71

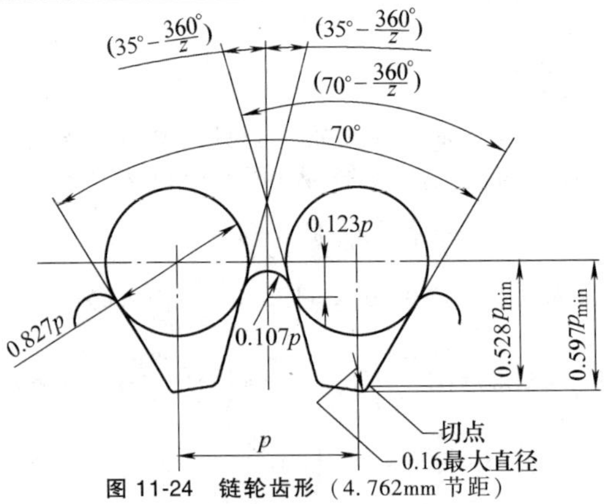

图 11-24　链轮齿形（4.762mm 节距）

注：p 为链条节距；z 为齿数。

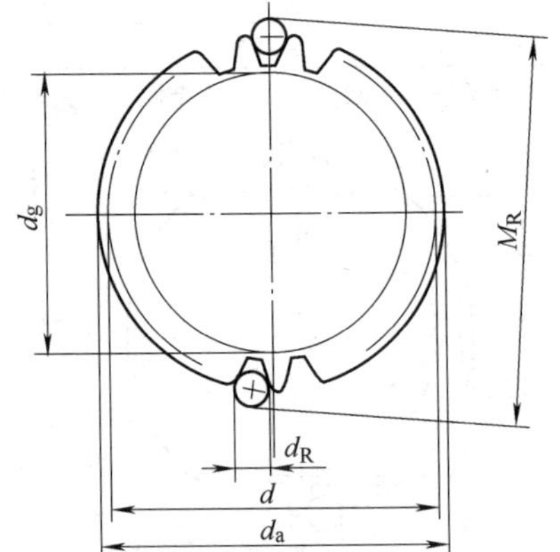

图 11-25　链轮尺寸（9.525mm 及以上节距）

注：d 为分度圆直径；d_a 为齿顶圆直径；d_g 为导槽圆的最大直径；d_R 为跨柱直径；M_R 为跨柱测量距。

图 11-26 中，各尺寸的计算式如下：

$$d=\frac{p}{\sin\dfrac{180°}{z}}$$

$$d_R = 0.625p$$

$$M_R(\text{偶数齿}) = d - 0.125p\csc\left(30° - \frac{180°}{z}\right) + 0.625p$$

$$M_R(\text{奇数齿}) = \cos\frac{90°}{z}\left[d - 0.125p\csc\left(30° - \frac{180°}{z}\right)\right] + 0.625p$$

$$d_a(\text{圆弧齿}) = p\left(\cot\frac{90°}{z} + 0.08\right)$$

$$d_a(\text{矩形齿}) = 2\sqrt{X^2 + L^2 + 2XL\cos\alpha}$$

其中 $X = Y\cos\alpha - \sqrt{(0.15p)^2 - (Y\sin\alpha)^2}$

$$Y = p(0.500 - 0.375\sec\alpha)\cot\alpha + 0.11p$$

$$L = Y + \frac{d_e}{2}$$

$$\alpha = 30° - \frac{360°}{z}$$

$$d_{gmax} = p\left(\cot\frac{180°}{z} - 1.16\right)$$

链轮轮毂最大直径见表 11-36。

（2）9.525mm 及以上节距链轮的直径尺寸、跨柱测量距公差　见表 11-34 和表 11-37。

1）矩形齿顶链轮的齿顶圆直径公差为 $_{-0.05p}^{\ 0}$mm。

2）圆弧齿顶链轮的齿顶圆直径公差与跨柱测量距公差相同。

3）导槽直径 d_g 的公差为 $_{-0.76}^{\ 0}$mm。

4）分度圆直径相对孔的最大径向圆跳动（全示值读数）公差为 $0.001d_a$；但不能小于 0.15mm，也不得大于 0.81mm。

5）所有偏差均为负值：

$$\text{公差} = (0.1016\text{mm} + 0.001p\sqrt{z})$$

式中 p——链条节距（mm）；

z——齿数。

表 11-35　4.762mm 节距链轮跨柱测量距公差　（单位：mm）

节距	齿数									
	至 15	16~24	25~35	36~48	49~63	64~80	81~99	100~120	121~143	144 以上
4.762	0.1	0.1	0.1	0.1	0.1	0.13	0.13	0.13	0.13	0.13

表 11-36　单位节距链轮的最大轮毂直径　（单位：mm）

齿　数	滚刀加工	铣刀加工	齿　数	滚刀加工	铣刀加工
17	4.019	4.099	25	6.586	6.666
18	4.341	4.421	26	6.905	6.985
19	4.662	4.742	27	7.226	7.306
20	4.983	5.063	28	7.546	7.626
21	5.304	5.384	29	7.865	7.945
22	5.626	5.706	30	8.185	8.265
23	5.946	6.026	31	8.503	8.583
24	6.265	6.345			

注：其他节距（9.525mm 及以上节距）的链轮为实际节距乘以表列值。

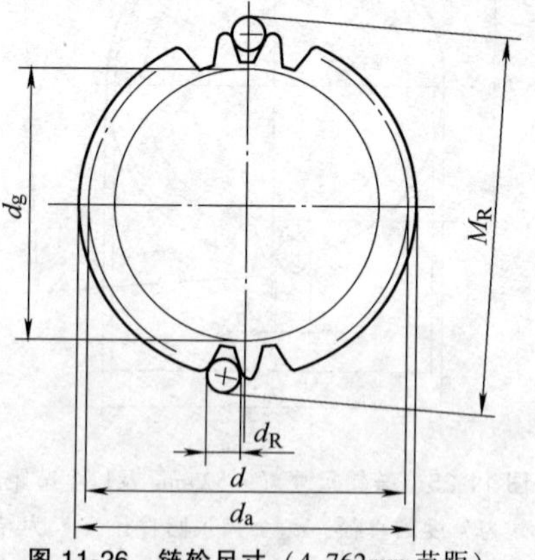

图 11-26　链轮尺寸（4.762mm 节距）

注：p 为链条节距；d 为分度圆直径；d_a 为齿顶圆直径；d_g 为导槽的最大直径；d_R 为跨柱直径；M_R 为跨柱测量距。

（3）4.762mm 节距链轮　链轮尺寸如图 11-26 所示。分度圆、齿顶圆直径及跨柱测量距等数值见表 11-38。

$$d_R = 0.667p$$

$$M_R(\text{偶数齿}) = d - 0.160p\csc\left(35° - \frac{180°}{z}\right) + 0.667p$$

$$M_R(\text{奇数齿}) = \cos\frac{90°}{z}\left[d - 0.160p\csc\left(35° - \frac{180°}{z}\right)\right] + 0.667p$$

$$d_a(\text{齿顶圆}) = p\left(\cot\frac{180°}{z} - 0.032\right)$$

$$d_g(\text{最大}) = p\left(\cot\frac{180°}{z} - 1.20\right)$$

（4）4.762mm 节距链轮的直径尺寸、跨柱测量距公差　见表 11-35 和表 11-38。

1）导槽直径 d_g 的公差为 $_{-0.38}^{\ 0}$mm。

表 11-37 单位节距链轮的分度圆直径、齿顶圆直径、跨柱测量距和导槽最大直径数值

（单位：mm）

齿数 z	分度圆直径 d	齿顶圆直径 d_a		跨柱测量距① M_R	导槽最大直径① d_g	量柱直径 d_R
		圆弧齿顶	矩形齿顶①			
17	5.442	5.429	5.298	5.669	4.189	0.625
18	5.759	5.751	5.623	6.018	4.511	0.625
19	6.076	6.072	5.947	6.324	4.832	0.625
20	6.393	6.393	6.271	6.669	5.153	0.625
21	6.710	6.714	6.595	6.974	5.474	0.625
22	7.027	7.036	6.919	7.315	5.796	0.625
23	7.344	7.356	7.243	7.621	6.116	0.625
24	7.661	7.675	7.568	7.960	6.435	0.625
25	7.979	7.996	7.890	8.266	6.756	0.625
26	8.296	8.315	8.213	8.602	7.075	0.625
27	8.614	8.636	8.536	8.909	7.396	0.625
28	8.932	8.956	8.859	9.244	7.716	0.625
29	9.249	9.275	9.181	9.551	8.035	0.625
30	9.567	9.595	9.504	9.884	8.355	0.625
31	9.885	9.913	9.828	10.192	8.673	0.625
32	10.202	10.233	10.150	10.524	8.993	0.625
33	10.520	10.553	10.471	10.833	9.313	0.625
34	10.838	10.872	10.793	11.164	9.632	0.625
35	11.156	11.191	11.115	11.472	9.951	0.625
36	11.474	11.510	11.437	11.803	10.270	0.625
37	11.792	11.829	11.757	12.112	10.589	0.625
38	12.110	12.149	12.077	12.442	10.909	0.625
39	12.428	12.468	12.397	12.751	11.228	0.625
40	12.746	12.787	12.717	13.080	11.547	0.625
41	13.064	13.106	13.037	13.390	11.866	0.625
42	13.382	13.425	13.357	13.718	12.185	0.625
43	13.700	13.743	13.677	14.028	12.503	0.625
44	14.018	14.062	13.997	14.356	12.822	0.625
45	14.336	14.381	14.317	14.667	13.141	0.625
46	14.654	14.700	14.637	14.994	13.460	0.625
47	14.972	15.018	14.957	15.305	13.778	0.625
48	15.290	15.337	15.277	15.632	14.097	0.625
49	15.608	15.656	15.597	15.943	14.416	0.625
50	15.926	15.975	15.917	16.270	14.735	0.625
51	16.244	16.293	16.236	16.581	15.053	0.625
52	16.562	16.612	16.556	16.907	15.372	0.625
53	16.880	16.930	16.876	17.218	15.690	0.625
54	17.198	17.249	17.196	17.544	16.009	0.625

（续）

齿数	分度圆直径	齿顶圆直径 d_a		跨柱测量距①	导槽最大直径①	量柱直径
z	d	圆弧齿顶	矩形齿顶①	M_R	d_g	d_R
55	17.517	17.568	17.515	17.857	16.328	0.625
56	17.835	17.887	17.834	18.183	16.647	0.625
57	18.153	18.205	18.154	18.494	16.965	0.625
58	18.471	18.524	18.473	18.820	17.284	0.625
59	18.789	18.842	18.793	19.131	17.602	0.625
60	19.107	19.161	19.112	19.457	17.921	0.625
61	19.426	19.480	19.431	19.769	18.240	0.625
62	19.744	19.799	19.750	20.095	18.559	0.625
63	20.062	20.117	20.070	20.407	18.877	0.625
64	20.380	20.435	20.388	20.731	19.195	0.625
65	20.698	20.754	20.708	21.044	19.514	0.625
66	21.016	21.072	21.027	21.368	19.832	0.625
67	21.335	21.391	21.346	21.682	20.151	0.625
68	21.653	21.710	21.665	22.006	20.470	0.625
69	21.971	22.028	21.984	22.319	20.788	0.625
70	22.289	22.347	22.303	22.643	21.107	0.625
71	22.607	22.665	22.622	22.955	21.425	0.625
72	22.926	22.984	22.941	23.280	21.744	0.625
73	23.244	23.302	23.259	23.593	22.062	0.625
74	23.562	23.621	23.578	23.917	22.381	0.625
75	23.880	23.939	23.897	24.230	22.699	0.625
76	24.198	24.257	24.216	24.553	23.017	0.625
77	24.517	24.577	24.535	24.868	23.337	0.625
78	24.835	24.895	24.853	25.191	23.655	0.625
79	25.153	25.213	25.172	25.504	23.973	0.625
80	25.471	25.531	25.491	25.828	24.291	0.625
81	25.790	25.851	25.809	26.141	24.611	0.625
82	26.108	26.169	26.128	26.465	24.929	0.625
83	26.426	26.487	26.447	26.778	25.247	0.625
84	26.744	26.805	26.766	27.101	25.565	0.625
85	27.063	27.125	27.084	27.415	25.885	0.625
86	27.381	27.443	27.403	27.739	26.203	0.625
87	27.699	27.761	27.722	28.052	26.521	0.625
88	28.017	28.079	28.040	28.375	26.839	0.625
89	28.335	28.397	28.359	28.689	27.157	0.625
90	28.654	28.716	28.678	29.013	27.476	0.625
91	28.972	29.035	28.997	29.327	27.795	0.625
92	29.290	29.353	29.315	29.649	28.113	0.625
93	29.608	29.671	29.634	29.963	28.431	0.625

（续）

齿数 z	分度圆直径 d	齿顶圆直径 d_a		跨柱测量距[①] M_R	导槽最大直径[①] d_g	量柱直径 d_R
		圆弧齿顶	矩形齿顶[①]			
94	29.926	29.989	29.953	30.285	28.749	0.625
95	30.245	30.308	30.271	30.601	29.068	0.625
96	30.563	30.627	30.590	30.923	29.387	0.625
97	30.881	30.945	30.909	31.237	29.705	0.625
98	31.199	31.263	31.228	31.559	30.023	0.625
99	31.518	31.582	31.546	31.874	30.342	0.625
100	31.836	31.900	31.865	32.196	30.660	0.625
101	32.154	32.218	32.183	32.511	30.978	0.625
102	32.473	32.537	32.502	32.834	31.297	0.625
103	32.791	32.856	32.820	33.148	31.616	0.625
104	33.109	33.174	33.139	33.470	31.934	0.625
105	33.427	33.492	33.457	33.784	32.252	0.625
106	33.746	33.811	33.776	34.107	32.571	0.625
107	34.064	34.129	34.094	34.422	32.889	0.625
108	34.382	34.447	34.413	34.744	33.207	0.625
109	34.701	34.767	34.731	35.059	33.527	0.625
110	35.019	35.084	35.050	35.381	33.844	0.625
115	36.610	36.676	36.642	36.969	35.436	0.625
120	38.201	38.268	38.235	38.564	37.028	0.625
121	38.519	38.586	38.553	38.879	37.346	0.625
122	38.837	38.904	38.872	39.200	37.664	0.625
123	39.156	39.223	39.190	39.516	37.983	0.625
124	39.475	39.542	39.508	39.839	38.302	0.625
125	39.794	39.861	39.827	40.154	38.621	0.625
126	40.112	40.180	40.145	40.476	38.940	0.625
127	40.430	40.497	40.464	40.790	39.257	0.625
128	40.748	40.816	40.782	41.112	39.576	0.625
129	41.066	41.134	41.100	41.427	39.894	0.625
130	41.384	41.452	41.419	41.748	40.212	0.625
131	41.702	41.770	41.738	42.063	40.530	0.625
132	42.020	42.088	42.056	42.384	40.848	0.625
133	42.338	42.406	42.374	42.699	41.166	0.625
134	42.656	42.724	42.693	43.020	41.484	0.625
135	42.975	43.043	43.011	43.336	41.803	0.625
136	43.293	43.362	43.329	43.657	42.122	0.625
137	43.611	43.679	43.647	43.972	42.439	0.625
138	43.930	43.998	43.966	44.295	42.758	0.625
139	44.249	44.317	44.284	44.611	43.077	0.625
140	44.567	44.636	44.603	44.932	43.396	0.625
141	44.885	44.954	44.922	45.247	43.714	0.625

（续）

齿数 z	分度圆直径 d	齿顶圆直径 d_a		跨柱测量距① M_R	导槽最大直径① d_g	量柱直径 d_R
		圆弧齿顶	矩形齿顶①			
142	45.203	45.271	45.240	45.568	44.031	0.625
143	45.521	45.590	45.558	45.883	44.350	0.625
144	45.840	45.909	45.877	46.205	44.669	0.625
145	46.158	46.227	46.195	46.520	44.987	0.625
146	45.477	46.546	46.514	46.842	45.306	0.625
147	46.796	46.865	46.832	47.159	45.625	0.625
148	47.114	47.183	47.151	47.479	45.943	0.625
149	47.432	47.501	47.469	47.795	46.261	0.625
150	47.750	47.819	47.787	48.116	46.579	0.625

注：1. 其他节距（9.525mm 及以上节距）为节距乘以表列数值。

2. 相关公差见表 11-34。

① 表列均为最大直径值，所有公差必须取负值。

表 11-38　4.762mm 节距链轮的分度圆、齿顶圆直径及跨柱测量距等数值（单位：mm）

齿数 z	分度圆直径 d	齿顶圆直径 d_a①②	跨柱测量距 M_R①③	导槽最大直径 d_g①	齿数 z	分度圆直径 d	齿顶圆直径 d_a①②	跨柱测量距 M_R①③	导槽最大直径 d_g①
11	16.89	16.05	17.55	10.50	36	54.64	54.25	56.29	48.72
12	18.39	17.63	19.33	10.89	37	56.16	55.78	57.76	50.24
13	19.89	19.18	20.85	13.61	38	57.68	57.30	59.33	51.77
14	21.41	20.70	22.56	15.15	39	59.18	58.80	60.81	53.29
15	22.91	22.25	24.03	16.69	40	60.71	60.35	62.38	54.81
16	24.41	23.80	25.70	18.23	41	62.20	61.85	63.83	56.31
17	25.91	25.30	27.15	19.76	42	63.73	63.37	65.40	57.84
18	27.43	26.85	28.80	21.29	43	65.25	64.90	66.88	59.36
19	28.93	28.35	30.25	22.82	44	66.75	66.40	68.45	60.88
20	30.45	29.90	31.90	24.35	45	68.28	67.92	69.93	62.38
21	31.95	31.42	33.32	25.88	46	69.80	69.47	71.50	63.91
22	33.48	32.97	34.98	27.41	47	71.30	70.97	72.95	65.43
23	34.98	34.47	36.40	28.94	48	72.82	72.49	74.52	66.95
24	36.47	35.99	38.02	30.36	49	74.32	73.99	76.00	68.48
25	38.00	37.52	39.47	31.98	50	75.84	75.51	77.55	69.98
26	39.52	39.07	41.07	33.50	51	77.37	77.04	79.02	71.50
27	41.02	40.56	42.52	35.03	52	78.87	78.54	80.59	73.03
28	42.54	42.09	44.12	36.55	53	80.39	80.06	82.07	74.52
29	44.04	43.61	45.59	38.01	54	81.92	81.61	83.64	76.02
30	45.57	45.14	47.17	39.60	55	83.41	83.11	85.12	77.57
31	47.07	46.63	48.62	41.12	56	84.94	84.63	86.66	79.10
32	48.59	48.18	50.22	42.56	57	86.46	86.16	88.16	80.59
33	50.11	49.71	51.69	44.17	58	87.96	87.66	89.69	82.12
34	51.61	51.21	53.24	45.69	59	89.48	89.18	91.19	83.64
35	53.14	52.76	54.74	47.19	60	91.01	90.70	92.74	85.17

（续）

齿数 z	分度圆直径 d	齿顶圆直径 d_a①②	跨柱测量距 M_R①③	导槽最大直径 d_g①	齿数 z	分度圆直径 d	齿顶圆直径 d_a①②	跨柱测量距 M_R①③	导槽最大直径 d_g①
61	92.51	92.20	94.21	86.69	89	134.95	134.70	136.70	129.13
62	94.03	93.73	95.78	88.19	90	136.47	136.22	138.25	130.66
63	95.55	95.25	97.28	89.71	91	137.97	137.72	139.73	132.18
64	97.05	96.75	98.81	91.24	92	139.50	139.24	141.27	133.71
65	98.58	98.27	100.30	92.74	93	141.02	140.77	142.77	135.20
66	100.10	99.82	101.85	94.26	94	142.52	142.27	144.30	136.73
67	101.60	101.32	103.33	95.78	95	144.04	143.79	145.80	138.25
68	103.12	102.84	104.88	97.31	100	151.61	151.36	153.39	145.82
69	104.65	104.37	106.38	98.81	101	153.14	152.88	154.89	147.35
70	106.15	105.87	107.90	100.33	102	154.66	154.41	156.44	148.87
71	107.67	107.39	109.40	101.85	103	156.15	155.91	157.91	150.39
72	109.19	108.92	110.95	103.38	104	157.66	157.40	159.44	151.89
73	110.69	110.41	112.42	104.88	105	159.21	158.95	160.96	153.42
74	112.22	111.94	113.97	106.40	106	160.73	160.48	162.51	154.94
75	113.74	113.46	115.47	107.92	107	162.26	162.00	164.01	156.44
76	115.24	114.96	116.99	109.42	108	163.75	163.50	165.56	157.96
77	116.76	116.48	118.49	110.95	109	165.30	165.05	167.03	159.49
78	118.29	118.01	120.04	112.47	110	166.78	166.52	168.58	160.99
79	119.79	119.51	121.54	113.97	111	168.28	168.02	170.05	162.50
80	121.31	121.03	123.09	115.49	112	169.80	169.54	171.58	164.03
81	122.83	122.56	124.59	117.02	113	171.32	171.07	173.10	165.56
82	124.33	124.05	126.11	118.54	114	172.85	172.59	174.65	167.06
83	125.86	125.58	127.61	120.04	115	174.40	174.14	176.15	168.58
84	127.38	127.10	129.16	121.56	116	175.87	175.62	177.67	170.10
85	128.88	128.60	130.63	123.09	117	177.39	177.14	179.17	171.60
86	130.40	130.15	132.18	124.61	118	178.92	178.66	180.70	173.13
87	131.93	131.67	133.68	126.11	119	180.42	180.19	182.22	174.65
88	133.43	133.17	135.20	128.14	120	181.91	181.69	183.72	176.15

注：相关公差见表 11-35。

① 表列均为最大直径值，所有公差必须取负值。

② 为圆弧顶齿。

③ 量柱直径=3.175mm。

2）分度圆直径相对链轮孔的最大径向圆跳动（全示值读数）公差，当直径≤101.6mm 时为 0.101mm；当直径>101.6mm 时为 0.203mm。

3）所有偏差均为负值。

（5）9.525mm 及以上节距链轮的最大轮毂直径　见表 11-36。

最大轮毂直径（MHD）计算：

$$MHD(\text{滚齿}) = p\left(\cot\frac{180°}{z} - 1.33\right)$$

$$MHD(\text{铣齿}) = p\left(\cot\frac{180°}{z} - 1.25\right)$$

用其他方法加工齿的最大轮毂直径可以与上式计算结果不同。

11.5.2.3　链轮硬度

经验表明，31 齿及以下齿数的链轮，齿面的洛氏硬度应不小于 50HRC。

11.5.3　齿形链传递功率计算

11.5.3.1　工作能力计算

齿形链额定功率表供选择在正常润滑条件下使用的齿形链。对于其他宽度链条的额定功率，则用 1mm 链宽的额定值乘以其实际链宽。这些额定功率的工况系数为 1，链条长度近似为 100 个节距，采用推荐的润滑方式，两个链轮共面安装在平行的两个水平轴上。在以上条件下满载荷运转，链条的使用寿命约为 15000h。

实际上，当在所规定的工作寿命期间，满载工作仅占其中一部分时，则可提高其额定速度。对于工况已超出现在所规定的选择条件时，就要向链条制造厂咨询，以便满足对有某种特殊应用要求的需要。

对于有惰轮、多于两个链轮的链传动、复杂工作载荷，或有其他特殊要求的工况时，建议咨询链条制造厂，根据情况进行选择。

在要求传动平稳且噪声低的场合，选择小节距的链条和多齿数的链轮，则可将噪声和振动减至最低程度。

在选择齿形链传动时，要考虑齿形链传动输入端和输出端的载荷类型。考虑这些主要是为了确定工况系数。链条的额定功率 P（kW）按下式计算：

$$\text{需要的表列额定功率 } P=\frac{0.02936\times\text{输入功率(kW)}\times\text{工况系数 } K}{\text{链宽 } b\text{(mm)}}$$

式中的工况系数 K 见表 11-39，额定功率见表11-40~表 11-48。

表 11-39　工况系数 K（摘自 GB/T 10855—2016）

应用设备	动力源①	
	A	B
搅拌器		
液体	1.1	1.3
半液体	1.1	1.3
半液体　可变密度	1.2	1.4
面包厂机械		
和面机	1.2	1.4
酿造和蒸馏设备		
装瓶机	1.0	1.2
气锅、饮具、捣磨桶	1.0	1.2
料斗秤(经常启动)	1.2	1.4
制砖和粘土器具机械		
挤泥机、螺旋土钻	1.3	1.5
制砖机	1.4	1.6
切割台	1.3	1.5
干压机	1.4	1.6
除气机	1.3	1.5
制粒机	1.4	1.6
混合机	1.4	1.6
拌土机	1.4	1.6
碾压机	1.4	1.6
离心机	1.4	1.6
压缩机		
离心式	1.1	1.3
回转式	1.1	1.3
往复式(单冲程或双冲程)	1.6	1.8
往复式(3 冲程或以上)	1.3	1.5
输送机		
裙板式、档边式	1.4	1.6
带式输送(矿石、煤、砂子)	1.2	1.4
带式输送(轻物料)	1.0	1.2
烘箱、干燥箱、恒温箱	1.0	1.2
螺旋式	1.6	1.8
料斗式	1.4	1.6
槽式、盘式	1.4	1.6
刮板式	1.6	1.8
提升式	1.4	1.6
棉油厂设备		
棉绒去除器、剥绒机	1.4	1.6
蒸煮器	1.4	1.6
起重机和吊车		
主提升机—正常载荷	1.2	1.4
主提升机—重载荷	1.4	1.6
倒卸式起重机、箕斗提升机	1.4	1.6
粉碎机、压碎机		
球磨机	1.6	1.8
碎煤机	1.4	1.6
煤炭粉碎机	1.4	1.6
圆锥破碎机、圆锥轧碎机	1.6	1.8
破碎机	1.6	1.8
旋转破碎机、环动碎石机	1.6	1.8
哈丁球磨机	1.6	1.8
腭式粉碎机	1.6	1.8
亚麻粉碎机	1.4	1.6
棒磨机	1.6	1.8
磨管机	1.6	1.8
挖泥机、疏浚机		
输送式、泵式、码垛式	1.4	1.6
抖动式、筛分式	1.6	1.8
斗式提升机		
均匀送料	1.2	1.4
重载用工况	1.4	1.6
通风机和鼓风机		
离心式	1.3	1.5
排风机	1.3	1.5
通风机	1.2	1.4
吸风机、引风机	1.2	1.4
矿用通风机	1.4	1.6
增压鼓风机	1.5	1.7
螺旋桨式通风机	1.3	1.5
叶片式	1.3	1.5
面粉、饲料、谷物加工机械		
筛面粉机和筛选机	1.1	1.3
磨碎机和锤磨机	1.2	1.4
送料机构	1.0	1.2
净化器和滚筒机	1.1	1.3
滚磨机	1.3	1.5
分离机、谷物分选机	1.1	1.3

续表

应用设备	动力源① A	动力源① B
主轴驱动装置	1.4	1.6
洗衣机械		
湿调器	1.1	1.3
脱水机	1.1	1.3
烫布机	1.1	1.3
转筒式洗衣机	1.2	1.4
洗涤机、洗选机	1.1	1.3
圆筒干燥器	1.3	1.5
主传动轴、动力轴		
制砖厂	1.6	1.8
煤装卸设备	1.2	1.4
轧棉机、轧花机	1.1	1.3
棉油设备	1.1	1.3
谷物提升机	1.0	1.2
相似其他设备	1.2	1.5
造纸设备	1.3	1.5
橡胶设备	1.4	1.6
轧钢设备、炼钢设备	1.4	1.6
机床		
镗床	1.1	1.3
凸轮加工机床	1.1	1.3
冲床和剪切机	1.4	1.7
钻床	1.0	1.3
锻锤	1.1	1.4
磨床	1.0	1.2
车床	1.0	1.2
铣床	1.1	1.3
造纸机械		
搅拌器	1.1	1.3
打浆机	1.3	1.5
压光机	1.2	1.4
切碎机	1.5	1.7
干燥机	1.2	1.4
约当发动机	1.2	1.4
纳什发动机	1.4	1.6
造纸机	1.2	1.3
洗涤机	1.4	1.6
卷筒式升降机	1.5	1.7
美式干燥机	1.3	1.5
剥皮机(机械式)	1.6	1.8
碾磨机		
球磨机	1.5	1.7
薄片机、轧片机	1.5	1.7
成型机	1.6	1.8
哈丁磨机	1.5	1.7
砾磨机、碎石磨机	1.5	1.7
棒磨机	1.5	1.7
滚磨机	1.5	1.7
管磨机	1.5	1.7
滚筒磨机	1.6	1.8
烘干磨、窑磨	1.6	1.8
搅拌机		
混凝土	1.6	1.8
液体和半液体	1.1	1.3
油田机械		
泥浆泵	1.5	1.7
复合搅拌装置	1.1	1.3
管道泵	1.4	1.6
绞车	1.8	2.0
印刷机械		
压纹机、印花机	1.2	1.4
平台印刷机	1.2	1.4
折页机、折叠机	1.2	1.4
划线机	1.1	1.3
杂志印刷机	1.5	1.7
报纸印刷机	1.5	1.7
切纸机	1.1	1.3
转轮印刷机	1.1	1.3
泵		
离心泵	1.2	1.4
泥浆泵	1.6	1.8
齿轮泵	1.2	1.4
叶片泵	1.2	1.4
其他类泵	1.5	1.7
管道泵	1.4	1.6
旋转泵	1.1	1.3
活塞泵(单冲程或双冲程)	1.3	1.5
活塞泵(3 冲程或以上)	1.6	1.8
发电机和励磁机	1.2	1.4
橡胶厂设备		
混合器、压片机、研磨机	1.6	1.8
压光机	1.5	1.7
制内胎机、硫化塔	1.5	1.7
挤压机	1.5	1.7
橡胶厂机械		
密封式混炼机	1.5	1.7
压光机	1.5	1.7
混合器、脱料机	1.6	1.8
碾压机	1.5	1.7
筛分机		
空气洗涤器、移动网筛机	1.0	1.2
锥形格筛	1.2	1.4
旋转筛、砂砾筛、石子筛	1.5	1.7
转动式	1.2	1.4
振动式	1.5	1.7
钢厂		
轧机	1.3	1.5
金属拉丝机	1.2	1.4
自动加煤机	1.1	1.3
纺织机械		
进料斗、压光机	1.1	1.3
织布机	1.1	1.3
细砂机	1.0	1.2
绞结器	1.0	1.2
整经机	1.0	1.2
手纺车、卷轴	1.0	1.2
炼油装置		
冷却器、过滤器	1.5	1.7
压榨机、回转炉	1.5	1.7
制冰机械	1.5	1.7
车辆		
起重机	1.5	1.7
割草机	1.0	1.2
公路设备(履带式)	1.5	1.7
除雪车	1.0	1.2
拖拉机(农用)	1.3	1.5
卡车(运货)	1.2	1.4
卡车(扫雪机)	1.5	1.7
卡车(筑路机)	1.5	1.7

① 动力源 A 指液力耦合或液力变矩器发动机、电动机、涡轮机或液力马达；动力源 B 指机械耦合发动机。

表 11-40　4.762mm 节距每 1 毫米链宽的额定功率（摘自 GB/T 10855—2016）

（单位：kW）

小链轮齿数	小链轮转速/(r/min)											
	500	600	700	800	900	1200	1800	2000	3500	5000	7000	9000
15	0.00822	0.00969	0.01116	0.01262	0.01380	0.01761	0.02349	0.02642	0.03905	0.04873	0.05695	0.05754
17	0.00969	0.01145	0.01292	0.01468	0.01615	0.02055	0.02818	0.03083	0.04697	0.05872	0.07046	0.07398
19	0.01086	0.01262	0.01468	0.01615	0.01791	0.02349	0.03229	0.03523	0.05284	0.06752	0.08103	0.08573
21	0.01204	0.01409	0.01615	0.01820	0.01996	0.02554	0.03582	0.03905	0.05960	0.07574	0.09160	0.09835
23	0.01321	0.01556	0.01761	0.01996	0.02202	0.02818	0.03963	0.04316	0.06606	0.08455	0.10275	0.11097
25	0.01439	0.01703	0.01938	0.02173	0.02407	0.03083	0.04316	0.04697	0.07193	0.09189	0.11156	0.12037
27	0.01556	0.01820	0.02084	0.02349	0.02584	0.03376	0.04639	0.05050	0.07721	0.09835	0.11919	0.12830
29	0.01673	0.01967	0.02231	0.02525	0.02789	0.03552	0.04991	0.05431	0.08308	0.10598	0.12918	0.13857
31	0.01761	0.02114	0.02378	0.02672	0.02965	0.03817	0.05314	0.05784	0.08866	0.11274	0.13681	0.14679
33	0.01879	0.02202	0.02525	0.02848	0.03141	0.04022	0.05578	0.06107	0.09307	0.11802	0.14239	
35	0.01996	0.02349	0.02701	0.03024	0.03347	0.04257	0.05960	0.06488	0.10011	0.12536	0.15149	
37	0.02084	0.02466	0.02818	0.03171	0.03494	0.04462	0.06195	0.06752	0.10217	0.12888	0.15384	
40	0.02055	0.02672	0.03053	0.03406	0.03787	0.04815	0.06694	0.07340	0.11068	0.13975		
45	0.02525	0.02995	0.03376	0.03817	0.04198	0.05373	0.07428	0.08074	0.12184	0.15296		
50	0.02789	0.03288	0.03728	0.04022	0.04639	0.05872	0.08162	0.08866	0.13270	0.16587		
润滑方式①	范围 1，范围 2						范围 3			范围 4		

① 润滑方式见 11.2.2 节及图 11-4。

表 11-41 9.525mm 节距链条每毫米链宽的额定功率表（摘自 GB/T 10855—2016） （单位：kW）

小链轮齿数	小链轮转速/(r/min)														
	100	500	1000	1500	2000	2500	3000	3500	4000	4500	5000	6000	7000	8000	8500
17	0.02349	0.12037	0.24074	0.36111	0.47560	0.58717	0.70460	0.79267	0.91011	0.99818	1.08626	1.23305	1.35048	1.43855	1.43855
19	0.02642	0.13505	0.27010	0.40221	0.53138	0.64588	0.76331	0.88075	0.99818	1.08626	1.17433	1.32112	1.40920	1.46791	1.43855
21	0.02936	0.14973	0.29652	0.44037	0.58423	0.70460	0.85139	0.96822	1.08626	1.17433	1.26241	1.37984	1.43855	1.43855	1.37984
23	0.03229	0.16441	0.32588	0.48441	0.64588	0.79267	0.91011	1.02754	1.14497	1.26241	1.32112	1.43855	1.43855	1.35048	1.26241
25	0.03523	0.17615	0.35230	0.52258	0.67524	0.85139	0.96882	1.11561	1.23305	1.32112	1.37984	1.46791	1.40920	1.23305	1.08626
27	0.03817	0.19083	0.38166	0.56368	0.73396	0.91011	1.05690	1.17433	1.29176	1.37984	1.43855	1.43855	1.32112	1.02754	—
29	0.04110	0.20551	0.40808	0.61652	0.79267	0.96882	1.11561	1.23305	1.35048	1.40920	1.43855	1.40920	1.20369	—	—
31	0.04404	0.22019	0.44037	0.64588	0.82203	0.99818	1.17433	1.29176	1.37984	1.43855	1.46791	1.35048	1.02754	—	—
33	0.04697	0.23487	0.46386	0.67524	0.88075	1.05690	1.20369	1.32112	1.40920	1.43855	1.43855	1.26241	—	—	—
35	0.04991	0.24955	0.49028	0.70460	0.93946	1.11561	1.26241	1.37984	1.43855	1.46791	1.40920	1.11561	—	—	—
37	0.05284	0.26129	0.51671	0.76331	0.96882	1.14497	1.29176	1.40920	1.43855	1.43855	1.35048	—	—	—	—
40	0.05578	0.28184	0.55781	0.82203	1.02754	1.23305	1.35048	1.43855	1.43855	1.37984	1.23305	—	—	—	—
45	0.06459	0.31707	0.61652	0.91011	0.14497	1.32112	1.43855	1.46791	1.37984	1.20369	—	—	—	—	—
50	0.07046	0.35230	0.67524	0.96882	1.23305	1.37984	1.46791	1.40920	1.23305	—	—	—	—	—	—
润滑方式①	范围 1，范围 2		范围 3		范围 4										

① 润滑方式见 11.2.2 节及图 11-4。

表 11-42　12.70mm 节距链条每毫米链宽的额定功率表（摘自 GB/T 10855—2016）　（单位：kW）

小链轮齿数	小链轮转速/(r/min)														
	100	500	1000	1500	2000	2500	3000	3500	4000	4500	5000	5500	6000	6500	7000
17	0.04697	0.23193	0.46386	0.67524	0.91011	1.11561	1.32112	1.49727	1.67342	1.82021	1.93765	2.05508	2.11379	2.17251	2.20187
19	0.05284	0.26129	0.51671	0.76331	0.99818	1.23305	1.43855	1.64406	1.82021	1.93765	2.05508	2.14315	2.17251	2.20187	2.14315
21	0.05872	0.28771	0.56955	0.85139	1.11561	1.35048	1.55599	1.76150	1.93765	2.05508	2.14315	2.20187	2.17251	2.11379	1.99636
23	0.06459	0.31413	0.61652	0.91011	1.20369	1.46791	1.67342	1.87893	2.02572	2.14315	2.17251	2.17251	2.11379	1.96700	1.76150
25	0.06752	0.34056	0.67524	0.99818	1.29176	1.55599	1.79085	1.96700	2.11379	2.17251	2.17251	2.11379	1.96700	1.73214	1.37984
27	0.07340	0.36991	0.73396	1.05690	1.37984	1.64406	1.87893	2.05508	2.17251	2.20187	2.14315	1.99636	1.73214	1.37984	—
29	0.07927	0.39634	0.79267	1.14497	1.46791	1.76150	1.96700	2.11379	2.20187	2.17251	2.02572	1.79085	1.40920	0.91011	—
31	0.08514	0.42276	0.82203	1.20369	1.55599	1.82021	2.02572	2.17251	2.20187	2.08444	1.87893	1.52663	0.99818	—	—
33	0.09101	0.44918	0.88075	1.29176	1.61470	1.90829	2.08444	2.20187	2.14315	1.99636	1.67342	1.17433	—	—	—
35	0.09688	0.47854	0.93946	1.35048	1.70278	1.96700	2.14315	2.20187	2.08444	1.82021	1.37984	—	—	—	—
37	0.10275	0.50496	0.99818	1.40920	1.76150	2.02572	2.17251	2.17251	1.99636	1.61470	—	—	—	—	—
40	0.10863	0.54313	1.05690	1.49727	1.87893	2.11379	2.20187	2.08444	1.79085	1.23305	—	—	—	—	—
45	0.12330	0.61652	1.17433	1.64406	1.99636	2.17251	2.14315	1.82021	1.23305	—	—	—	—	—	—
50	0.13798	0.67524	1.29176	1.79085	2.11379	2.17251	1.96700	1.37984	—	—	—	—	—	—	—
润滑方式[①]	范围 1，范围 2	范围 3		范围 4											

① 润滑方式见 11.2.2 节及图 11-4。

表 11-43　15.875mm 节距链条每毫米链宽的额定功率表（摘自 GB/T 10855—2016）　（单位：kW）

小链轮齿数	小链轮转速/(r/min)												
	100	500	1000	1500	2000	2500	3000	3500	4000	4500	5000	5500	6000
17	0.07340	0.36404	0.73396	1.05690	1.40920	1.70278	1.96700	2.23123	2.43674	2.58353	2.70096	2.73032	2.73032
19	0.08220	0.40514	0.79267	1.17433	1.55599	1.87893	2.14315	2.40738	2.58353	2.70096	2.73032	2.70096	—
21	0.09101	0.44918	0.88075	1.29176	1.67342	2.02572	2.31930	2.52481	2.67160	2.73032	2.70096	—	—
23	0.09982	0.49028	0.96882	1.40920	1.82021	2.17251	2.43674	2.64224	2.73032	2.70096	—	—	—
25	0.10863	0.53432	1.05690	1.52663	1.93765	2.28994	2.55417	2.70096	2.73032	2.61289	—	—	—
27	0.11450	0.57542	1.11561	1.64406	2.08444	2.40738	2.64224	2.73032	2.67160	—	—	—	—
29	0.12330	0.61652	1.20369	1.73214	2.17251	2.52481	2.70096	2.73032	2.55417	—	—	—	—
31	0.13211	0.64588	1.29176	1.84957	2.28994	2.61289	2.73032	2.67160	—	—	—	—	—
33	0.14092	0.70460	1.35048	1.93765	2.37802	2.67160	2.73032	2.55417	—	—	—	—	—
35	0.14973	0.73396	1.43855	2.02572	2.46609	2.70096	2.70096	—	—	—	—	—	—
37	0.15853	0.79267	1.49727	2.11379	2.55417	2.73032	2.64224	—	—	—	—	—	—
40	0.17028	0.85139	1.61470	2.23123	2.64224	2.73032	2.46609	—	—	—	—	—	—
45	0.19376	0.93946	1.79085	2.40738	2.73032	2.61289	—	—	—	—	—	—	—
50	0.21432	1.05690	1.93765	2.55417	2.73032	2.31930	—	—	—	—	—	—	—
润滑方式①	范围 1，范围 2	范围 3		范围 4									

① 润滑方式见 11-2-2 节及图 11-4。

表 11-44　19.05mm 节距链条每毫米链宽的额定功率表（摘自 GB/T 10855—2016）　（单位：kW）

小链轮齿数	小链轮转速/(r/min)														
	100	200	500	800	1000	1200	1500	2000	2400	2800	3000	3500	4000	5500	6000
17	0.08807	0.17615	0.43744	0.70460	0.85139	1.02754	1.26241	1.64406	1.90829	2.17251	2.26059	2.49545	2.64224	2.52481	2.28994
19	0.09688	0.19670	0.49028	0.76331	0.96882	1.14497	1.40920	1.82021	2.08444	2.31930	2.43674	2.61289	2.70096	2.20187	1.73214
21	0.10863	0.21725	0.54019	0.85139	1.05690	1.26241	1.52663	1.96700	2.26059	2.46609	2.55417	2.67160	2.67160	1.64406	0.91011
23	0.11743	0.23780	0.58717	0.93946	1.14497	1.37984	1.67342	2.11379	2.37802	2.58353	2.64224	2.70096	2.58353	0.85139	—
25	0.12918	0.25835	0.64588	0.99818	1.26241	1.46791	1.79085	2.23123	2.49545	2.64224	2.70096	2.64224	2.34866	—	—
27	0.14092	0.27890	0.70460	1.08626	1.35048	1.58535	1.90829	2.34866	2.58353	2.70096	2.70096	2.52481	2.05508	—	—
29	0.14973	0.29945	0.73396	1.17433	1.43855	1.67342	2.02572	2.43674	2.64224	2.70096	2.64224	2.31930	1.61470	—	—
31	0.16147	0.32001	0.79267	1.23305	1.52663	1.79085	2.11379	2.52481	2.70096	2.64224	2.55417	2.02572	1.05690	—	—
33	0.17028	0.34056	0.85139	1.32112	1.61470	1.87893	2.23123	2.61289	2.70096	2.55417	2.40738	1.64406	—	—	—
35	0.18202	0.36111	0.88075	1.37984	1.70278	1.96700	2.31930	2.64224	2.67160	2.43674	2.17251	1.17433	—	—	—
37	0.19083	0.38166	0.93946	1.46791	1.76150	2.05508	2.37802	2.70096	2.61289	2.23123	1.90829	—	—	—	—
40	0.20551	0.41102	0.99818	1.55599	1.87893	2.17251	2.49545	2.70096	2.46609	1.84957	1.35048	—	—	—	—
45	0.23193	0.46386	1.14497	1.73214	2.08444	2.34866	2.61289	2.61289	2.05508	0.91011	—	—	—	—	—
50	0.25835	0.51377	1.26241	1.87893	2.23123	2.49545	2.70096	2.34866	1.35048	—	—	—	—	—	—
润滑方式[①]	范围 1，范围 2		范围 3		范围 4										

① 润滑方式见 11.2.2 节及图 11-4。

表 11-45 25.40mm 节距链条每毫米链宽的额定功率表（摘自 GB/T 10855—2016） （单位：kW）

小链轮齿数	小链轮转速/(r/min)													
	100	200	500	800	1000	1200	1500	1800	2000	2500	3000	3500	4000	4500	5100
17	0.13798	0.27597	0.67524	1.08626	1.35048	1.58535	1.93765	2.23123	2.43674	2.78903	2.99454	2.99454	2.75968	2.26059	1.29176
19	0.15560	0.30826	0.76331	1.20369	1.49727	1.76150	2.11379	2.43674	2.61289	2.93583	2.99454	2.81839	2.28994	1.43855	—
21	0.17028	0.34056	0.85139	1.32112	1.64406	1.90829	2.28994	2.61289	2.75968	2.99454	2.90647	2.46609	1.58535	—	—
23	0.18789	0.37285	0.91011	1.43855	1.76150	2.05508	2.43674	2.75968	2.87711	2.99454	2.70096	1.93765	—	—	—
25	0.20257	0.40808	0.99818	1.55599	1.90829	2.20187	2.58353	2.84775	2.96518	2.93583	2.37802	—	—	—	—
27	0.22019	0.44037	1.08626	1.67342	2.02572	2.34866	2.70096	2.93583	2.99454	2.78903	1.87893	—	—	—	—
29	0.23487	0.47267	1.14497	1.79085	2.14315	2.46609	2.81839	2.99454	2.99454	2.52481	—	—	—	—	—
31	0.25248	0.50496	1.23305	1.87893	2.26059	2.58353	2.90647	2.99454	2.93583	2.20187	—	—	—	—	—
33	0.27010	0.53432	1.29176	1.99636	2.37802	2.67160	2.96518	2.99454	2.81839	—	—	—	—	—	—
35	0.28478	0.56661	1.37984	2.08444	2.46609	2.75968	2.99454	2.90647	2.67160	—	—	—	—	—	—
37	0.30239	0.58717	1.43855	2.17251	2.55417	2.84775	2.99454	2.81839	2.43674	—	—	—	—	—	—
40	0.32588	0.64588	1.55599	2.31930	2.70096	2.93583	2.96518	2.55417	1.96700	—	—	—	—	—	—
45	0.36698	0.73396	1.73214	2.52481	2.84775	2.99454	2.78903	1.87893	—	—	—	—	—	—	—
50	0.40808	0.79267	1.90829	2.70096	2.96518	2.96518	2.37802	—	—	—	—	—	—	—	—
润滑方式①	范围 1，范围 2		范围 3	范围 4											

① 润滑方式见 11.2.2 节及图 11-4。

表 11-46　31.75mm 节距每 1mm 链宽的额定功率

（单位：kW）

小链轮齿数	小链轮转速/（r/min）										
	100	200	300	400	500	600	700	800	1000	1200	1500
19	0.16441	0.29358	0.44037	0.58716	0.70460	0.76331	0.85139	0.91011	0.99818	1.02754	
21	0.18496	0.32294	0.52845	0.67524	0.76331	0.88075	0.96882	1.05690	1.17433	1.20369	
23	0.20257	0.38166	0.55781	0.70460	0.85139	0.99818	1.05690	1.17433	1.32112	1.35048	1.35048
25	0.22019	0.41102	0.58716	0.76331	0.91011	1.05690	1.17433	1.29176	1.46791	1.55599	1.55599
27	0.23487	0.44037	0.67524	0.85139	1.02754	1.17433	1.29176	1.43855	1.58534	1.70278	1.70278
29	0.25248	0.46973	0.70460	0.91011	1.11561	1.26240	1.40919	1.55599	1.73214	1.84957	1.87893
31	0.27303	0.52845	0.76331	0.99818	1.17433	1.35048	1.49727	1.64406	1.87893	1.99636	2.02572
33	0.29065	0.55781	0.82203	1.02754	1.26240	1.43855	1.61470	1.76149	2.02572	2.14315	2.17251
35	0.32294	0.58716	0.85139	1.11561	1.32112	1.55599	1.73214	1.87893	2.14315	2.28994	2.28994
37	0.32294	0.61652	0.88075	1.17433	1.40919	1.61470	1.84957	1.99636	2.23123	2.37802	
40	0.35230	0.70460	0.99818	1.29176	1.55599	1.76149	1.99636	2.17251	2.43673	2.58352	
45	0.38166	0.76331	1.11561	1.43855	1.73214	1.99636	2.20187	2.37802	2.67160		
50	0.44037	0.85139	1.26240	1.58534	1.90828	2.17251	2.43673	2.64224	2.93582		
润滑方式①	范围 1，范围 2			范围 3			范围 4				

① 润滑方式见 11.2.2 节及图 11-4。

表 11-47　38.10mm 节距链条每毫米链宽的额定功率表（摘自 GB/T 10855—2016）　（单位：kW）

小链轮齿数	小链轮转速/(r/min)														
	100	200	300	400	500	600	800	1000	1200	1400	1600	1800	2100	2400	2700
17	0.41982	0.85139	1.26241	1.67342	2.05508	2.46609	3.22941	3.93401	4.60925	5.19641	5.69550	6.07716	6.45882	6.57625	6.34138
19	0.46973	0.93946	1.40920	1.84957	2.28994	2.73032	3.58171	4.34502	5.02026	5.60743	6.04780	6.37074	6.57625	6.37074	5.69550
21	0.51964	1.02754	1.55599	2.05508	2.52481	3.02390	3.90465	4.69732	5.40192	5.95973	6.34138	6.54689	6.45882	5.84229	4.57989
23	0.56661	1.14497	1.70278	2.23123	2.75968	3.28813	4.22759	5.04962	5.72486	6.22395	6.51753	6.54689	6.10652	4.93219	—
25	0.61652	1.23305	1.82021	2.40738	2.99454	3.52299	4.52117	5.37256	6.01844	6.42946	6.57625	6.40010	5.49000	—	—
27	0.67524	1.32112	1.96700	2.61289	3.20005	3.78722	4.81476	5.66614	6.25331	6.54689	6.51753	6.07716	4.57989	—	—
29	0.70460	1.40920	2.11379	2.78903	3.43492	4.02208	5.07898	5.90101	6.42946	6.57625	6.31203	5.54871	—	—	—
31	0.76331	1.52663	2.26059	2.96518	3.64042	4.25695	5.34320	6.10652	6.51753	6.48818	5.95973	4.81476	—	—	—
33	0.82203	1.61470	2.40738	3.14133	3.84593	4.49181	5.57807	6.28267	6.57625	6.31203	5.43128	—	—	—	—
35	0.85139	1.70278	2.52481	3.31748	4.05144	4.69732	5.78358	6.42946	6.54689	6.01844	4.75604	—	—	—	—
37	0.91011	1.82021	2.67160	3.49363	4.25695	4.93219	5.95973	6.51753	6.45882	5.60743	—	—	—	—	—
40	0.99818	1.93765	2.87711	3.72850	4.52117	5.22577	6.22395	6.57625	6.13588	4.75604	—	—	—	—	—
45	1.11561	2.17251	3.20005	4.13952	4.96155	5.66614	6.48818	6.40010	5.19641	—	—	—	—	—	—
50	1.23305	2.40738	3.52299	4.52117	5.37256	6.01844	6.57625	5.90101	—	—	—	—	—	—	—
润滑方式①	范围 1，范围 2	范围 3			范围 4										

① 润滑方式见 11.2.2 节及图 11-4。

表 11-48 50.80mm 节距链条每毫米链宽的额定功率表（摘自 GB/T 10855—2016） （单位：kW）

小链轮齿数	小链轮转速/(r/min)														
	100	200	300	400	500	600	700	800	900	1000	1200	1300	1400	1500	1600
17	0.73396	1.49727	2.23128	2.93583	3.64042	4.31566	4.96155	5.57807	6.13588	6.66433	7.57443	7.95609	8.24967	8.48454	8.66069
19	0.82203	1.67342	2.46609	3.25877	4.02208	4.75604	5.46064	6.10652	6.69368	7.22213	8.07352	8.39646	8.60197	8.74876	8.74876
21	0.91011	1.82021	2.73032	3.58171	4.43310	5.19641	5.93037	6.60561	7.19277	7.72122	8.45518	8.66069	8.74876	8.71940	8.57261
23	0.99818	1.99636	2.96518	3.90465	4.81476	5.63679	6.40010	7.07534	7.63315	8.10288	8.69005	8.77812	8.69005	8.45518	8.01481
25	1.08626	2.17251	3.22941	4.22759	5.16705	6.04780	6.81112	7.48636	8.01481	8.42582	8.77812	8.66069	8.36710	7.86801	7.10470
27	1.17433	2.34866	3.46427	4.55053	5.51935	6.42946	7.19277	7.83866	8.33775	8.63133	8.66069	8.33775	7.77994	6.92855	—
29	1.26241	2.52481	3.72850	4.84411	5.87165	6.78176	7.54507	8.16160	8.57261	8.74876	8.39646	7.80930	6.89919	—	—
31	1.35048	2.67160	3.96337	5.13770	6.19459	7.13406	7.86801	8.39646	8.71940	8.74876	7.92673	7.01662	—	—	—
33	1.43855	2.84775	4.19823	5.43128	6.51753	7.42764	8.13224	8.60197	8.77812	8.63133	7.25149	—	—	—	—
35	1.52663	3.02390	4.43310	5.69550	6.81112	7.72122	8.36710	8.71940	8.71940	8.36710	6.34138	—	—	—	—
37	1.61470	3.17069	4.63861	5.95973	7.10470	7.95609	8.54325	8.77812	8.60197	7.98545	—	—	—	—	—
40	1.76150	3.43492	4.99090	6.37074	7.48636	8.27903	8.71940	8.69005	8.19096	—	—	—	—	—	—
45	1.96700	3.84593	5.51935	6.95791	8.01481	8.63133	8.71940	8.19096	—	—	—	—	—	—	—
50	2.17251	4.22759	6.04780	7.48636	8.42582	8.77812	8.36710	—	—	—	—	—	—	—	—
润滑方式①	范围 1，范围 2	范围 3		范围 4											

① 润滑方式见 11.2.2 节及图 11-4。

11.5.3.2 齿形链的润滑

根据小链轮的转速和齿数确定了链条的额定功率后，即可按表 11-40～表 11-48，查得对应的润滑方式。这是必须采用的最低润滑方式，也可采用更好的润滑方式，以达到最佳的链条使用寿命。表中给出的润滑方式如下：范围 1，范围 2 为手工或者滴油润滑；范围 3 为油浴润滑或飞溅润滑；范围 4 为油泵压力喷油润滑。

齿形链传动应避免在灰尘和潮湿的环境中使用，所用的润滑油未受过污染，同时需要定期更换。推荐使用高等级的未经净化过的石油基质油。重油和油脂过于黏稠，很难进入链条铰链内。表 11-49 列出了在规定节距范围内、在各种环境温度下使用的润滑油，不推荐使用高黏度油。

表 11-49 润滑油（摘自 GB/T 10855—2016）

环境温度/℃	推荐润滑油
<5	VG22(SAE5)
5～32	VG32(SAE10)
>32	VG68(SAE20)

齿形链传动有三种基本的润滑方式。额定功率表中推荐的润滑方式，取决于链条的速度和所要传递的功率。表中的额定功率是对润滑的最低要求，选择更高等级的润滑方式是允许并更有利的。

链条的使用寿命取决于所采用的润滑方式。润滑越好，链条寿命越长。

11.5.3.3 齿形链轮的安装和对中

链轮应当符合标准规定的齿形、厚度、轮廓及各直径尺寸。为了达到最长的工作寿命，在接近额定功率下工作，或小链轮在中高速下工作时，链轮齿面应淬硬，同时大链轮的齿数不应超过 120 齿。

齿形链传动中心距最好为 30～50 倍的链条节距。两链轮间的中心距应使链条在小链轮上的包角不小于 120°。

链传动装置的中心距，可以设计成可调节式或固定式。可调节式容易控制链条的松垂。固定式中心距可采用惰轮或压靴装置，起到调节松垂量作用。这些装置也能用来减少间隙，或者保证在小链轮上有 120°的包角。必须使链箱的空间能充分容纳链传动的最大松垂量。

11.6 链传动的布置、张紧与润滑

11.6.1 链传动的布置

链传动一般应布置在铅垂平面内，尽可能避免布置在水平面或倾斜平面内。如确有需要，则应考虑加装托板或张紧轮等装置，并且设计较紧凑的中心距。

链传动的安装一般应使两轮轮宽的中心平面，轴向位移误差 $\Delta e \leqslant \frac{0.2}{100}a$，两链轮旋转平面间的夹角误差 $\Delta\theta \leqslant \frac{0.6}{100}\text{rad}$，如图 11-27 所示。

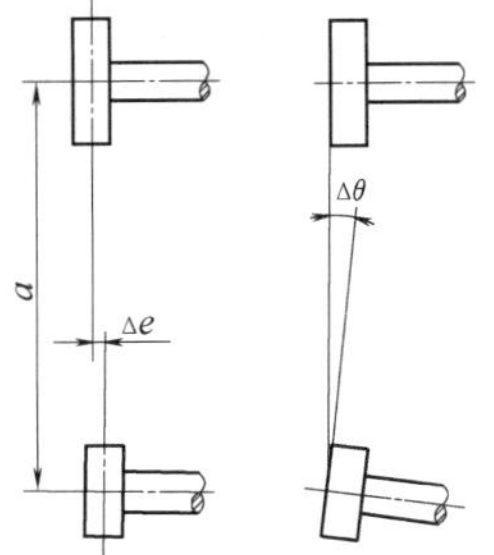

图 11-27 链轮的安装误差

链传动的布置应考虑表 11-50 提出的一些布置原则。

表 11-50 链传动的布置

传动条件	正确布置	不正确布置	说明
i 与 a 较佳场合： $i=2\sim3$ $a=(30\sim50)p$			两链轮中心连线最好成水平，或与水平面成 60°以下的倾角。紧边在上面较好

（续）

传动条件	正确布置	不正确布置	说　明
i大a小场合： $i>2$ $a<30p$	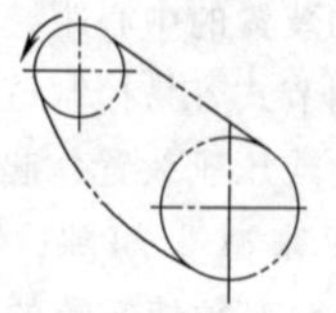	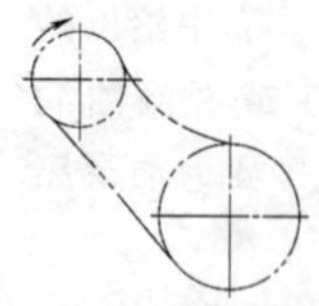	两轮轴线不在同一水平面上，此时松边应布置在下面，否则松边下垂量增大后，链条易与小链轮钩住
i小a大场合： $i<1.5$ $a>60p$	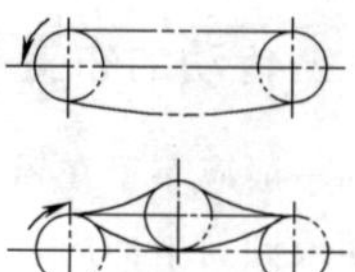	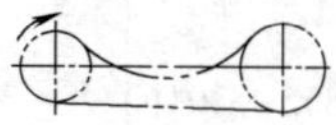	两轮轴线在同一水平面上，松边应布置在下面，否则松边下垂量增大后，松边会与紧边相碰。此外，需经常调整中心距
垂直传动场合： i、a为任意值	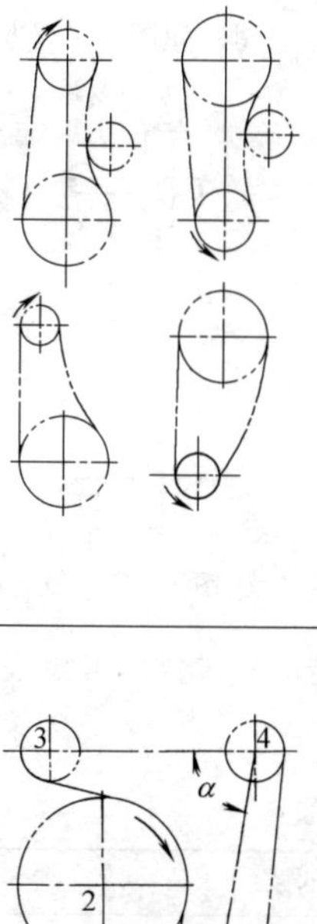	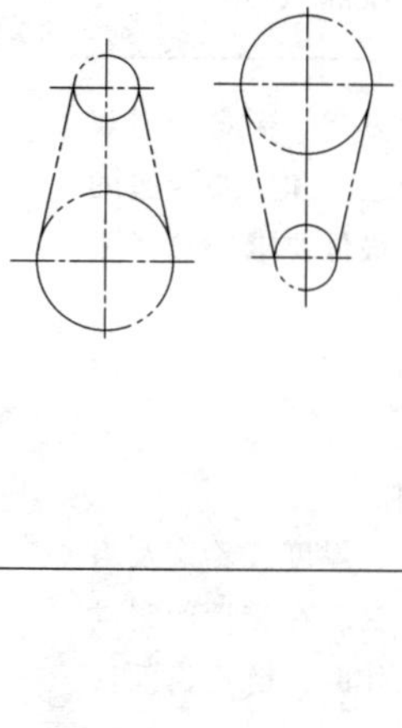	两轮轴线在同一铅垂面内，此时下垂量集中在下端，所以要尽量避免这种垂直或接近垂直的布置，否则会减少下面链轮的有效啮合齿数，降低传动能力。应采用：①中心距可调；②张紧装置；③上下两轮错开，使其轴线不在同一铅垂面内；④尽可能将小链轮布置在上方等措施
反向传动 $\|i\|<8$	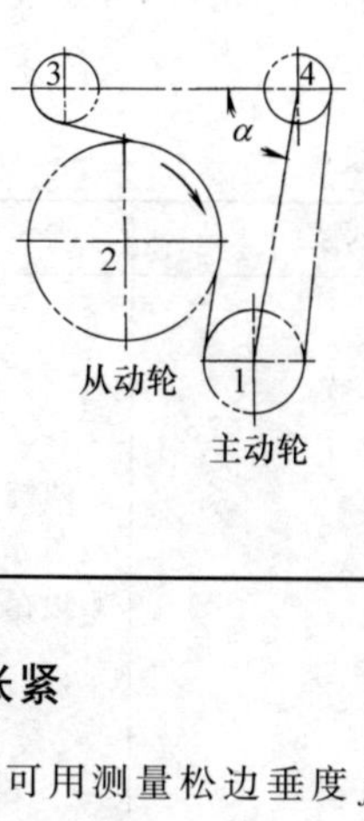 3　4　α　2　1　从动轮　主动轮		为使两轮转向相反，应加装3和4两个导向轮，且其中至少有一个是可以调整张紧的。紧边应布置在1和2两轮之间，角α的大小应使2轮的啮合包角满足传动要求

11.6.2　链传动的张紧

链传动的张紧程度可用测量松边垂度f的大小来表示。图11-28a所示为近似测量f的方法，即近似认为两轮公切线与松边最远点的距离为垂度f。对于图11-28b所示的双侧测量，其松边垂度f

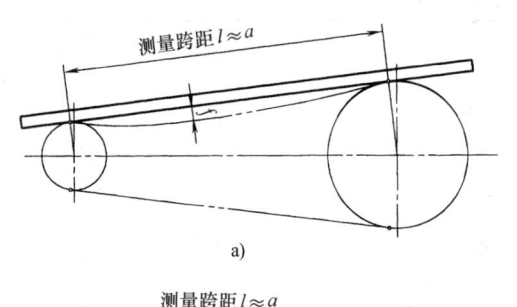

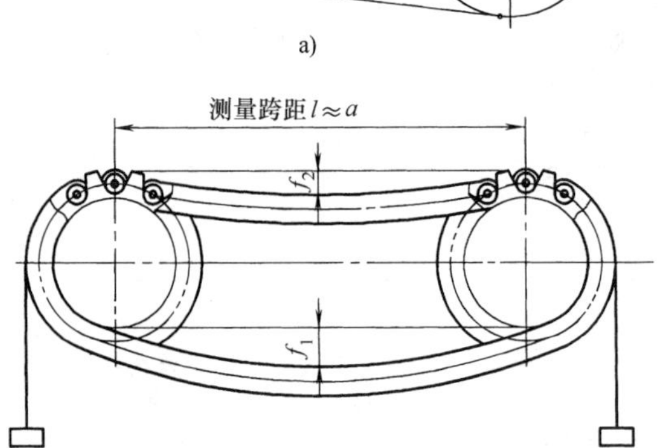

图 11-28　垂度测量

如下：

$$f = \sqrt{f_1^2 + f_2^2}$$

合适的松边垂度推荐为

$$f = (0.01 \sim 0.02)a$$

或

$$\left.\begin{aligned} & f_{min} \leqslant f \leqslant f_{max} \\ & f_{min} = \frac{0.00036\sqrt{a^3}}{K_v}\cos\alpha \\ & f_{max} = 3f_{min} \end{aligned}\right\}$$

式中　a——传动中心距（mm）；

f_{min}——最小垂度（mm）；

f_{max}——最大垂度（mm）；

α——松边对水平面的倾角；

K_v——速度系数，当 $v \leqslant 10$m/s 时，$K_v = 1.0$；当 $v > 10$m/s 时，$K_v = 0.1v$。

对于重载、经常起动、制动和反转的链传动，以及接近垂直的链传动，其松边垂度应适当减小。

链传动的张紧可以采用下列方法：

（1）用调整中心距方法张紧　对于滚子链传动，其中心距调整量可取为 $2p$；对于齿形链传动，可取为 $1.5p$（p 为链条节距）。

（2）用缩短链长方法张紧　当传动没有张紧装置而中心距又不可能调整时，可采用缩短链长（即拆去链节）的方法，对因磨损而伸长的链条重新张紧，如图 11-29 所示。图 11-29a 所示为偶数节链条缩短一节的方法，采用过渡链节使拉伸强度有所降低。图 11-29a 中拆去三个链节，即两个内链节一个外链节，换上一个复合过渡链节，即一个内链节和一个过渡链节。缩短两节虽可避免使用过渡链节，但有时又会过分张紧。图 11-29b 所示为奇数节链条缩短一节的方法，即把过渡链节去掉，比较简单。

（3）用张紧装置张紧　下列情况应增设张紧装置：

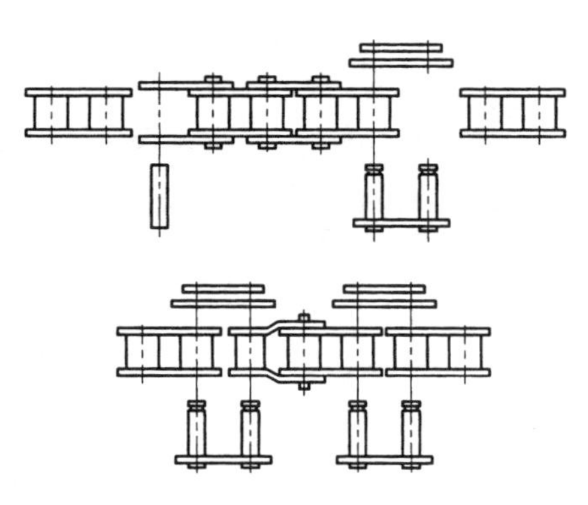

a)

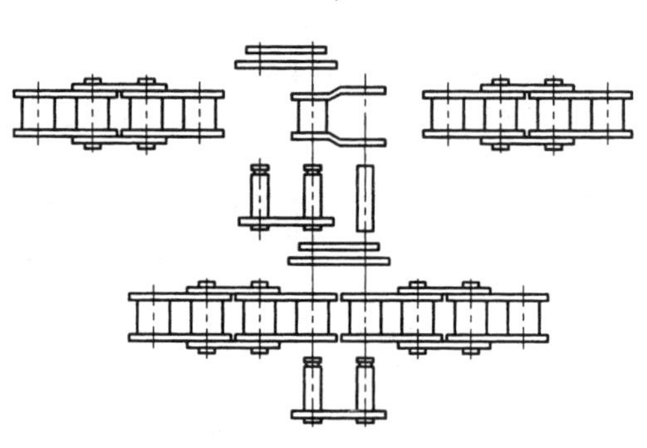

b)

图 11-29　链条的缩短方法

a）偶数节链条缩短一节的方法

b）奇数节链条缩短一节的方法

1）两轴中心距较大（$a > 50p$ 和脉动载荷下 $a > 25p$）。

2）两轴中心距过小，松边在上面。

3）两轴布置使倾角 α 接近 90°。

4）需要严格控制张紧力。

5）多链轮传动或反向传动。

6）要求减小冲击振动，避免共振。

7）需要增大链轮啮合包角。

8）采用调整中心距或缩短链长的方法有困难。

张紧装置示例见表 11-51。

表 11-51　张紧装置示例

类　型	张紧调节型式	简　图	说　明
定期张紧	螺纹调节		可采用细牙螺纹并带锁紧螺母
	偏心调节		张紧轮一般布置在链条松边，根据需要可以靠近小链轮或大链轮，或者布置在中间位置。张紧轮可以是链轮或辊轮。张紧链轮的齿数常等于小链轮齿数。张紧辊轮常用于垂直或接近于垂直的链传动，其直径可取为(0.6~0.7)d，d为小链轮直径
自动张紧	弹簧调节		张紧轮一般布置在链条松边，根据需要可以靠近小链轮或大链轮，或者布置在中间位置。张紧轮可以是链轮或辊轮。张紧链轮的齿数常等于小链轮齿数。张紧辊轮常用于垂直或接近于垂直的链传动，其直径可取为(0.6~0.7)d，d为小链轮直径
	挂重调节		张紧轮一般布置在链条松边，根据需要可以靠近小链轮或大链轮，或者布置在中间位置。张紧轮可以是链轮或辊轮。张紧链轮的齿数常等于小链轮齿数。张紧辊轮常用于垂直或接近于垂直的链传动，其直径可取为(0.6~0.7)d，d为小链轮直径

类　型	张紧调节型式	简　图	说　明
自动张紧	液压调节	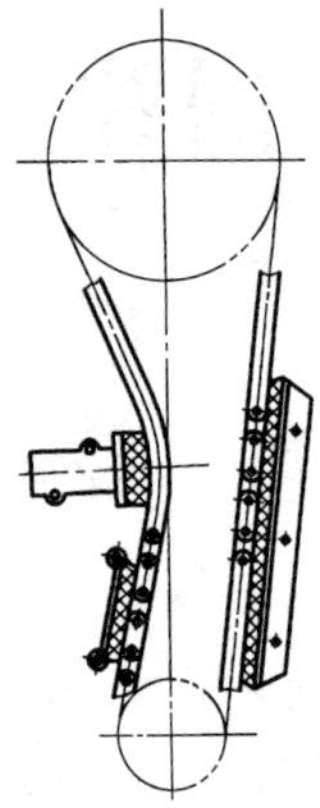	采用液压块与导板相结合的形式,减振效果好,适用于高速场合,如发动机的正时链传动
承托装置	托板和托架	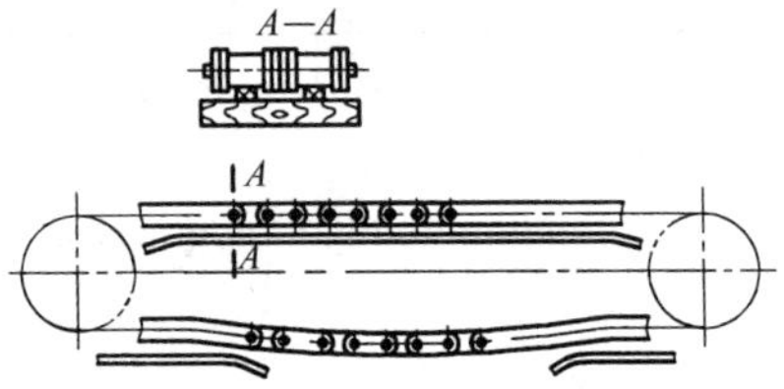 A—A	适用于中心距较大的场合。托板上可衬以软钢、塑料或耐油橡胶,滚子可在其上滚动;更大中心距时,托板可以分成两段,借中间6~10节链条的自重下垂张紧

第 12 章 圆柱齿轮传动

12.1 渐开线圆柱齿轮传动

12.1.1 基本齿廓与模数系列

1. 基本齿廓

表 12-1 所列为通用机械和重型机械用渐开线圆柱齿轮基本齿廓。由于齿轮使用场合差别很大，因此表中的某些参数可作适当变动，可以用下列非标准齿廓的齿轮来满足某些特殊要求：

1）可以适当增大齿根圆角半径 ρ_f，也可以将齿根做成单圆弧。

2）可以采用长齿（如取 $h_a=1.2m$）或短齿（如取 $h_a=0.8m$）。

3）可以改变齿形角，如取 $\alpha=15°$、25°、28°等。

4）可以采用齿廓修形，如修缘、修根等。

表 12-1 渐开线圆柱齿轮基本齿廓（摘自 GB/T 1356—2001）

基本齿廓	齿廓参数名称	符号	数值
p 0.5p 0.5p h_a h′ h c 基准线 ρ_f α α	齿顶高	h_a	m
	工作高度	h'	$2m$
	顶隙	c	$0.25m$
	全齿高	h	$2.25m$
	齿距	p	πm
	齿根圆角半径	ρ_f	$\approx 0.38m$

注：1. 渐开线圆柱齿轮的基本齿廓是指基本齿条的法向齿廓。

2. 适用于模数 $m>1$mm，压力角 $\alpha=20°$ 的渐开线圆柱齿轮。

2. 模数系列

渐开线圆柱齿轮的模数系列见表 12-2。

寸制的齿轮传动，有的用径节制的齿轮，径节（in^{-1}）$P=z/d$，与模数（mm）的关系为 $m=25.4/P$。

表 12-2 通用机械和重型机械用圆柱齿轮模数（摘自 GB/T 1357—2008）

第一系列	1		1.25		1.5		2		2.5		3	
第二系列		1.125		1.375		1.75		2.25		2.75		3.5
第一系列	4		5		6			7		10		12
第二系列		5.5		5.5		(6.5)	7		9		11	
第一系列		16		20		25		32		40		50
第二系列	14		18		22		28		36		45	

注：1. 对于斜齿圆柱齿轮是指法向模数 m_n。

2. 优先选用第一系列，括号内的数值尽可能不用。

12.1.2 渐开线圆柱齿轮的几何尺寸

1. 外啮合标准圆柱齿轮传动几何尺寸计算（见表 12-3）

2. 外啮合变位圆柱齿轮传动几何尺寸计算（见表 12-4）

表 12-3　外啮合标准圆柱齿轮传动几何尺寸计算

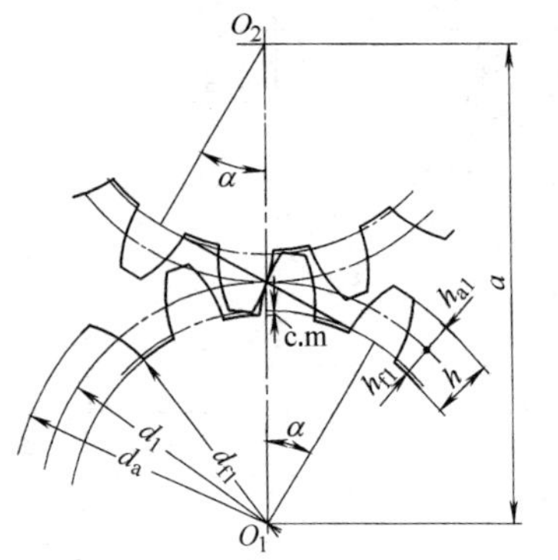

$\alpha=\alpha_n=20°$（分度圆压力角）

$\tan\alpha_t=\tan\alpha_n/\cos\beta$

$h_a^*=h_{an}^*=1$（齿顶高系数）

$h_{at}^*=h_{an}^*\cos\beta$

$c^*=c_n^*=0.25$（径向间隙系数）

$c_t^*=c_n^*\cos\beta$

名　称	符　号	直　齿　轮	斜齿（人字齿）轮
模数	$m(m_n)$	由强度计算或结构设计确定，并按表 12-2 取标准值	由强度计算或结构设计确定，并按表 12-2 取标准值。$m_t=m_n/\cos\beta$
齿数	z	用齿条形刀具加工标准齿轮，通常要求 $z\geqslant z_{min}=\dfrac{2h_a^*}{\sin^2\alpha}$	用齿条形刀具加工标准齿轮，通常要求 $z\geqslant z_{min}=\dfrac{2h_{at}^*}{\sin^2\alpha_t}$
分度圆柱螺旋角	β	$\beta=0°$	按推荐用的范围，或按中心距要求等条件确定 β 值。一对齿轮的 β 角相等，螺旋角方向相反。$\cos\beta_b=\cos\beta\dfrac{\cos\alpha_n}{\cos\alpha_t}$
齿顶圆压力角	$\alpha_a(\alpha_{at})$	$\alpha_a=\arccos\dfrac{d_b}{d_a}$	$\alpha_{at}=\arccos\dfrac{d_b}{d_a}$
分度圆直径	d	$d=zm$	$d=zm_t=zm_n/\cos\beta$
基圆直径	d_b	$d_b=d\cos\alpha$	$d_b=d\cos\alpha_t$
齿距	p	$p=\pi m$	$p_n=\pi m_n$，$p_t=\pi m_t$
基圆齿距	p_b	$p_b=p\cos\alpha$	$p_{bt}=p_t\cos\alpha_t$
齿顶高	h_a	$h_a=h_a^*m$	$h_a=h_{an}^*m_n=h_{at}^*m_t$
齿根高	h_f	$h_f=(h_a^*+c^*)m$	$h_f=(h_{an}^*+c_n^*)m_n=(h_{at}^*+c_t^*)m_t$
齿高	h	$h=h_a+h_f$	$h=h_a+h_f$
齿顶圆直径	d_a	$d_a=d+2h_a=(z+2h_a^*)m$	$d_a=d+2h_a=\left(\dfrac{z}{\cos\beta}+2h_{an}^*\right)m_n$
齿根圆直径	d_f	$d_f=d-2h_f=(z-2h_a^*-2c^*)m$	$d_f=d-2h_f=\left(\dfrac{z}{\cos\beta}-2h_{an}^*-2c_n^*\right)m_n$
中心距	a	$a=\dfrac{d_1+d_2}{2}=\dfrac{z_1+z_2}{2}m$	$a=\dfrac{d_1+d_2}{2}=\dfrac{(z_1+z_2)m_n}{2\cos\beta}$
齿数比	u	$u=\dfrac{z_2}{z_1}$	$u=\dfrac{z_2}{z_1}$

表 12-4　外啮合变位圆柱齿轮传动几何尺寸计算

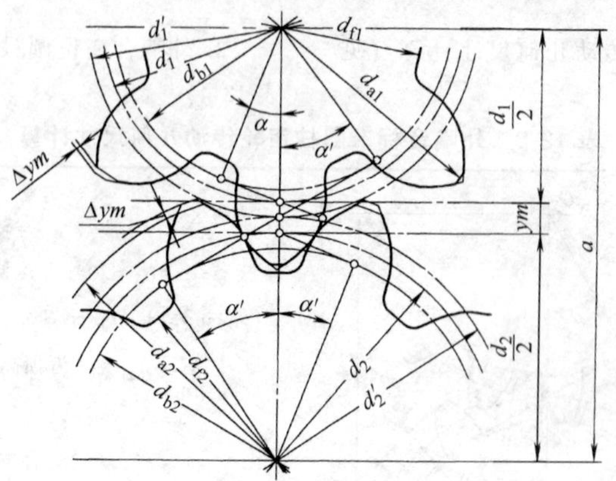

名　称	符　号	直齿轮	斜齿（人字齿）轮
主要几何参数的计算			
已知条件及要求		已知：z_1、z_2、m、a' 求：x_Σ 及 Δy	已知：z_1、z_2、m_n、β、a' 求：$x_{n\Sigma}$
未变位时中心距	a	$a=\frac{1}{2}m(z_1+z_2)$	$a=\frac{1}{2}m_t(z_1+z_2)=\frac{m_n}{2\cos\beta}(z_1+z_2)$
中心距变动系数	$y(y_n)$	$y=\frac{a'-a}{m}$	$y_n=\frac{a'-a}{m_n}$
分度圆压力角	$\alpha(\alpha_t)$	$\alpha=20°$	$\tan\alpha_t=\frac{\tan\alpha_n}{\cos\beta},\alpha_n=20°$
啮　合　角	$\alpha'(\alpha'_t)$	$\cos\alpha'=\frac{a}{a'}\cos\alpha$	$\cos\alpha'_t=\frac{a}{a'}\cos\alpha_t$
总变位系数	$x_\Sigma(x_{n\Sigma})$	$x_\Sigma=\frac{z_1+z_2}{2\tan\alpha}(\text{inv}\alpha'-\text{inv}\alpha)$ invα'及 invα 按 α'及 α 查表 12-15 $x_\Sigma=x_1+x_2$，x_1 和 x_2 可利用图 12-2 分配确定	$x_{n\Sigma}=\frac{z_1+z_2}{2\tan\alpha_n}(\text{inv}\alpha'_t-\text{inv}\alpha_t)$ invα'_t及 invα_t 按 α_t'及 α_t 查表 12-15 $x_{n\Sigma}=x_{n1}+x_{n2}$，$x_{n1}$ 和 x_{n2} 可利用图 12-2 分配确定
齿高变动系数	$\Delta y(\Delta y_n)$	$\Delta y=x_\Sigma-y$	$\Delta y_n=x_{n\Sigma}-y_n$
已知条件及要求		已知：z_1、z_2、m、x_Σ 求：a'及 Δy	已知：z_1、z_2、m_n、β、$x_{n\Sigma}$ 求：a'及 Δy_n
分度圆压力角	$\alpha(\alpha_t)$	$\alpha=20°$	$\alpha_n=20°,\tan\alpha_t=\frac{\tan\alpha_n}{\cos\beta}$
啮　合　角	$\alpha'(\alpha'_t)$	$\text{inv}\alpha'=\frac{2(x_1+x_2)}{z_1+z_2}\tan\alpha+\text{inv}\alpha$	$\text{inv}\alpha_t'=\frac{2(x_{n1}+x_{n2})}{z_1+z_2}\tan\alpha_n+\text{inv}\alpha_t$
中心距变动系数	$y(y_n)$	$y=\frac{z_1+z_2}{2}\left(\frac{\cos\alpha}{\cos\alpha'}-1\right)$	$y_n=\frac{z_1+z_2}{2\cos\beta}\left(\frac{\cos\alpha_t}{\cos\alpha'_t}-1\right)$
中心距	a'	$a'=a+ym$	$a'=a+y_nm_n$
齿高变动系数	$\Delta y(\Delta y_n)$	$\Delta y=x_\Sigma-y$	$\Delta y_n=x_{n\Sigma}-y_n$
主要几何尺寸计算			
模　　数	$m(m_n)$	由强度计算或结构设计确定，并按表 12-2 取标准值	由强度计算或结构设计确定，并按表 12-2 取标准值。$m_t=m_n/\cos\beta$
分度圆直径	d	$d=zm$	$d=zm_n/\cos\beta$
节圆直径	d'	$d'_1=\frac{2a'}{u+1},d'_2=ud_1$	$d'_1=\frac{2a'}{u+1},d'_2=ud'_1$

（续）

名　　称	符　　号	直　齿　轮	斜齿（人字齿）轮
主要几何尺寸计算			
齿顶高	h_a	$h_a=(h_a^*+x-\Delta y)m$	$h_a=(h_{an}^*+x_n-\Delta y_n)m_n$
齿根高	h_f	$h_f=(h_a^*+c^*-x)m$	$h_f=(h_{an}^*+c_n^*-x_n)m_n$
全齿高	h	$h=(2h_a^*+c^*-\Delta y)m$	$h=(2h_{an}^*+c_n^*-\Delta y_n)m_n$
齿顶圆直径	d_a	$d_a=d+2(h_a^*+x-\Delta y)m$	$d_a=d+2(h_{an}^*+x_n-\Delta y_n)m_n$
齿根圆直径	d_f	$d_f=d-2(h_a^*+c^*-x)m$	$d_f=d-2(h_{an}^*+c_n^*-x_n)m_n$
齿数比	u	$u=z_2/z_1$	$u=z_2/z_1$

注：1. 表内算式中的 x、x_n 应带本身的正负号代入；而 Δy、Δy_n 永为正号。

2. 对于高变位圆柱齿轮，算式中的 y、y_n，Δy、Δy_n 均为零。

3. 内啮合标准圆柱齿轮传动几何尺寸计算（见表 12-5）

4. 内啮合变位圆柱齿轮传动几何尺寸计算（见表 12-6）

表 12-5　内啮合标准圆柱齿轮传动几何尺寸计算

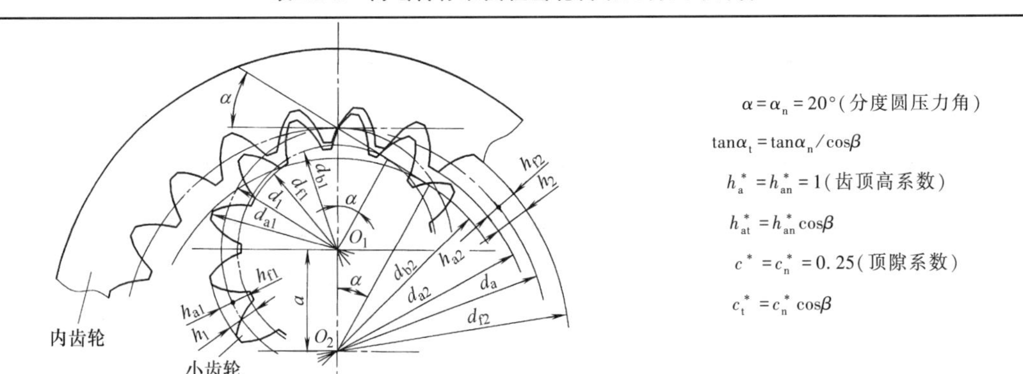

名　　称	符　　号	直齿内齿轮	斜齿（人字齿）内齿轮
模　　数	m	由强度计算或结构设计确定，并按表12-2取标准值 m	$m_t=\dfrac{m_n}{\cos\beta}$ m_n 取标准值，其确定方法与直齿相同
齿　　数	z_2	一般取 $z_2-z_1>9$	
当量齿数	z_v	$z_v=z$	$z_v=\dfrac{z}{\cos^3\beta}$
分度圆柱螺旋角	β	$\beta=0°$	按推荐用数值或按中心距等条件确定。一对内啮合斜齿（人字齿）圆柱齿轮的螺旋角相等，方向相同
齿顶圆压力角	α_a、α_{at}	$\alpha_a=\arccos\dfrac{d_b}{d_a}$	$\alpha_{at}=\arccos\dfrac{d_b}{d_a}$
分度圆直径	d_2	$d_2=z_2m$	$d_2=z_2m_t=\dfrac{z_2m_n}{\cos\beta}$
基圆直径	d_{b2}	$d_{b2}=d_2\cos\alpha$	$d_{b2}=d_2\cos\alpha_t$
齿顶圆直径	d_{a2}	$d_{a2}=d_2-2h_a^*m+\Delta d_a$ $\Delta d_a=\dfrac{2h_a^*m}{z_2\tan^2\alpha}$ 当 $h_a^*=1$、$\alpha=20°$时，有 $\Delta d_a=\dfrac{15.1m}{z_2}$	$d_{a2}=d_2-2h_{an}^*m_n+\Delta d_a$ $\Delta d_a=\dfrac{2h_{an}^*m_n\cos^3\beta}{z_2\tan^2\alpha_n}$ 当 $h_{an}^*=1$、$\alpha_n=20°$时，有 $\Delta d_a=\dfrac{15.1m_n\cos^3\beta}{z_2}$

(续)

名　　称	符　号	直齿内齿轮	斜齿(人字齿)内齿轮
齿根圆直径	d_{f2}	$d_{f2}=d_2+2(h_a^*+c^*)m$	$d_{f2}=d_2+2(h_{an}^*+c_n^*)m_n$
全齿高	h_2	$h_2=\frac{1}{2}(d_{f2}-d_{a2})$	
中心距	a	$a=\frac{1}{2}(z_2-z_1)m$	$a=\frac{1}{2}(z_2-z_1)\frac{m_n}{\cos\beta}$

注：同内齿轮相啮合的小齿轮的几何尺寸按表 12-3。

表 12-6　内啮合变位圆柱齿轮传动几何计算

名　　称	符　　号	直齿轮	斜齿(人字齿)轮
主要几何参数计算			
已知条件		z_1,z_2,m,α'	$z_1,z_2,m_n(m_t),\beta,\alpha'$
未变位中心距	a	$a=\frac{1}{2}m(z_2-z_1)$	$a=\frac{1}{2}m_t(z_2-z_1)=\frac{m_n}{2\cos\beta}(z_2-z_1)$
中心距变动系数	$y(y_n)$	$y=\frac{a'-a}{m}$	$y_n=\frac{a'-a}{m_n}$
分度圆压力角	$\alpha(\alpha_n)$	$\alpha=20°$	$\alpha_n=20°,\tan\alpha_t=\frac{\tan\alpha_n}{\cos\beta}$
啮合角	$\alpha'(\alpha_t')$	$\cos\alpha'=\frac{\alpha}{\alpha'}\cos\alpha$	$\cos\alpha_t'=\frac{\alpha}{\alpha'}\cos\alpha_t$
总变位系数	$x_\Sigma(x_{n\Sigma})$	$x_\Sigma=x_2-x_1=\frac{z_2-z_1}{2\tan\alpha}(\mathrm{inv}\alpha'-\mathrm{inv}\alpha)$	$x_{n\Sigma}=x_{n2}-x_{n1}=\frac{z_2-z_1}{2\tan\alpha_n}(\mathrm{inv}\alpha_t'-\mathrm{inv}\alpha_t)$
变位系数的分配	x_1,x_2 (x_{n1},x_{n2})	按变位系数选择原则适当分配,而后再行验算	
插内齿轮时的啮合角	α_{02}' (α_{t02}')	$\mathrm{inv}\alpha_{02}'=\mathrm{inv}\alpha+\frac{2(x_2-x_{02})}{z_2-z_{02}}\tan\alpha$ 当 $\alpha=20°$时 $\mathrm{inv}\alpha_{02}'=0.014904+0.728\frac{x_2-x_{02}}{z_2-z_{02}}$	$\mathrm{inv}\alpha_{t02}'=\mathrm{inv}\alpha_t+\frac{2(x_{n2}-x_{02})}{z_2-z_{02}}\tan\alpha_n$
插内齿轮时的中心距	a_{02}	$a_{02}=\frac{m}{2}(z_2-z_{02})\frac{\cos\alpha}{\cos\alpha_{02}'}$ 当 $\alpha=20°$时 $a_{02}=0.46985\frac{m(z_2-z_{02})}{\cos\alpha_{02}'}$	$a_{02}=\frac{m_n(z_2-z_{02})}{2\cos\beta}\frac{\cos\alpha_t}{\cos\alpha_{t02}'}$
齿高变动系数	$\Delta y(\Delta y_n)$	$\Delta y=x_\Sigma-y$	$\Delta y_n=x_{n\Sigma}-y_n$
已知条件		z_1,z_2,m,x_Σ	$z_1,z_2,m_n(m_t),x_{n\Sigma}(x_{t\Sigma})$
啮合角	$\alpha'(\alpha_t')$	$\mathrm{inv}\alpha'=\mathrm{inv}\alpha+\frac{2(x_2-x_1)}{z_2-z_1}\tan\alpha$	$\mathrm{inv}\alpha_t'=\mathrm{inv}\alpha_t+\frac{2(x_{n2}-x_{n1})}{z_2-z_1}\tan\alpha_n$
中心距变动系数	$y(y_n)$	$y=\frac{z_2-z_1}{2}\left(\frac{\cos\alpha}{\cos\alpha'}-1\right)$	$y_n=\frac{z_2-z_1}{2\cos\beta}\left(\frac{\cos\alpha_t}{\cos\alpha_t'}-1\right)$
中心距	a'	$a'=a+ym=\frac{1}{2}m(z_2-z_1)\frac{\cos\alpha}{\cos\alpha'}$	$a'=a+y_nm_n=\frac{m_n}{2\cos\beta}(z_2-z_1)\frac{\cos\alpha_t}{\cos\alpha_t'}$
齿高变动系数	$\Delta y(\Delta y_n)$	$\Delta y=x_\Sigma-y$	$\Delta y_n=x_{n\Sigma}-y_n$
主要几何尺寸计算			
模数	$m(m_n)$	由强度计算或结构设计确定,并取标准值(见表 12-2)	
分度圆直径	d	$d_1=z_1m$　　$d_2=z_2m$	$d_1=\frac{z_1m_n}{\cos\beta}$　　$d_2=\frac{z_2m_n}{\cos\beta}$

（续）

名　　称	代　　号	直　　齿　　轮	斜齿（人字齿）轮
齿根圆直径	d_f	滚齿　$d_{f1}=d_1-2(h_a^*+c^*-x_1)m$ 插齿　$d_{f1}=2a_{01}-d_{a01}$ $d_{f2}=d_{a02}+2a_{02}$ $d_{a02}=m(z_{02}+2h_{a02}^*+2x_{02})$ 对于新插齿刀，h_{a02}^*和x_{02}可查表 12-16	滚齿　$d_{f1}=d-2(h_{an}^*+c_n^*-x_{n1})m_n$ 插齿　$d_{f1}=2a_{01}-d_{a01}$ $d_{f2}=d_{a02}+2a_{02}'$
齿顶圆直径	d_a	$d_{a1}=d_{f2}-2a'-2c^*m$ $d_{a2}=d_{f1}+2a'+2c^*m$	$d_{a1}=d_{f2}-2a'-2c_n^*m_n$ $d_{a2}=d_{f1}+2a'+2c_n^*m_n$
全　齿　高	h	$h_1=\frac{1}{2}(d_{a1}-d_{f1}),h_2=\frac{1}{2}(d_{f2}-d_{a2})$	
齿　顶　高	h_a	$h_{a1}=\frac{1}{2}(d_{a1}-d_1),h_{a2}=\frac{1}{2}(d_2-d_{a2})$	
校　验　计　算			
小齿轮、内齿轮和插齿刀的齿顶压力角	α_{a1} α_{a2} α_{a02}	$\cos\alpha_{a1}=\frac{d_1\cos\alpha}{d_{a1}}$ $\cos\alpha_{a2}=\frac{d_2\cos\alpha}{d_{a2}}$ $\cos\alpha_{a02}=\frac{mz_{02}\cos\alpha}{d_{a02}}$	$\cos\alpha_{a1}=\frac{d_1\cos\alpha_t}{d_{a1}}$ $\cos\alpha_{a2}=\frac{d_2\cos\alpha_t}{d_{a2}}$ $\cos\alpha_{a02}=\frac{m_tz_{02}\cos\alpha_t}{d_{a02}}$ $d_{a02}=m_t(z_{02}+2h_{a1}^*+2x_{t02})$
重　合　度	ε_α、ε_β、ε_γ	见表 12-12	
校验内齿轮加工时，是否产生展成顶切		保证：$\frac{z_{02}}{z_2}\geqslant1-\frac{\tan\alpha_{a2}}{\tan\alpha_{02}'}$ 对于标准内齿轮和正变位内齿轮，若插齿刀齿数z_{02}大于表 12-16 中相应的数值，可不必校验	
校验插内齿轮时，是否产生径向切入顶切		查表 12-16 中对应于z_0及x_0的$z_{2\min}$，若z_2大于对应的$z_{2\min}$即不会产生径向切入顶切	
校验过渡曲线干涉		避免内齿轮齿根干涉的条件 $z_1\tan\alpha_{a1}+(z_2-z_1)\tan\alpha'$ $\leqslant(z_2-z_{02})\tan\alpha_{02}'+z_{02}\tan\alpha_{a02}$ 避免小齿轮齿根干涉的条件 （1）当小齿轮用插齿刀加工时 $z_2\tan\alpha_{a2}-(z_2-z_1)\tan\alpha'$ $\geqslant(z_1+z_{01})\tan\alpha_{01}'-z_{01}\tan\alpha_{a01}$ （2）当小齿轮用滚刀加工时 $z_2\tan\alpha_{a2}-(z_2-z_1)\tan\alpha'$ $\geqslant z_1\tan\alpha-\frac{4(h_a^*-x_1)}{\sin2\alpha}$	避免内齿轮齿根干涉的条件 $z_1\tan\alpha_{a1}+(z_2-z_1)\tan\alpha_t'$ $\leqslant(z_2-z_{02})\tan\alpha_{t02}'+z_{02}\tan\alpha_{a02}$ 避免小齿轮齿根干涉的条件 （1）当小齿轮用插齿刀加工时 $z_2\tan\alpha_{a2}-(z_2-z_1)\tan\alpha_t'$ $\geqslant(z_1+z_{01})\tan\alpha_{t01}'-z_{01}\tan\alpha_{a01}$ （2）当小齿轮用滚刀加工时 $z_2\tan\alpha_{a2}-(z_2-z_1)\tan\alpha_t'$ $\geqslant z_1\tan\alpha_t-\frac{4(h_{at}^*-x_{t1})}{\sin2\alpha_t}$
校验重叠干涉		$z_1(\mathrm{inv}\alpha_{a1}+\delta_1)+(z_2-z_1)\mathrm{inv}\alpha'$ $-z_2(\mathrm{inv}\alpha_{a2}+\delta_2)\geqslant0$ $\cos\delta_1=\frac{d_{a2}^2-4a'^2-d_{a1}^2}{4a'd_{a1}}$ $\cos\delta_2=\frac{d_{a2}^2+4a'^2-d_{a1}^2}{4a'd_{a2}}$	$z_1(\mathrm{inv}\alpha_{a1}+\delta_1)+(z_2-z_1)\mathrm{inv}\alpha_t'$ $-z_2(\mathrm{inv}\alpha_{a2}+\delta_2)\geqslant0$ $\cos\delta_1=\frac{d_{a2}^2-4a'-d_{a1}^2}{4a'd_{a1}}$ $\cos\delta_2=\frac{d_{a2}^2+4a'^2-d_{a1}^2}{4a'd_{a2}}$

（续）

名　　称	代　号	直　齿　轮	斜齿（人字齿）轮
校验小齿轮齿顶厚度	s_{a1}	$s_{a1}=d_{a1}\left[\dfrac{\pi+4x_1\tan\alpha}{2z_1}+\text{inv}\alpha-\text{inv}\alpha_{a1}\right]$	$s_{a1}=d_{a1}\left[\dfrac{\pi+4x_{n1}\tan\alpha_n}{2z_1}+\text{inv}\alpha_t-\text{inv}\alpha_{a1}\right]$
		s_{a1}应大于 0.25m（正火调质钢）或大于 0.4m（淬火钢）	

注：如小齿轮 z_1 用插齿刀加工，则其齿根圆直径 d_{f1} 应按下法计算，应先算出插齿时的啮合角 α'_{01} 和中心距 a_{01}。

对直齿轮

$$\text{inv}\alpha'_{01}=\text{inv}\alpha+\frac{2(x_1+x_{01})}{z_1+z_{01}}\tan\alpha$$

$$a_{01}=\frac{m(z_1+z_{01})}{2}\times\frac{\cos\alpha}{\cos\alpha'_{01}}$$

$$d_{f1}=2a_{01}-d_{a01}$$

对斜齿轮

$$\text{inv}\alpha'_{t01}=\text{inv}\alpha_t+\frac{2(x_{n1}+x_{n01})}{z_1+z_{01}}\tan\alpha_n$$

$$a_{01}=\frac{m_n(z_1+z_{01})}{2\cos\beta}\times\frac{\cos\alpha_t}{\cos\alpha'_{t01}}$$

$$d_{f1}=2a_{01}-d_{a01}$$

式中，d_{a01} 为插齿刀 z_{01} 的齿顶圆直径，$d_{a01}=m(z_{01}+2h^*_{a01}+2x_{01})$。

5. 齿轮齿条传动的几何尺寸计算（见表 12-7）

表 12-7　齿轮齿条传动的几何尺寸计算

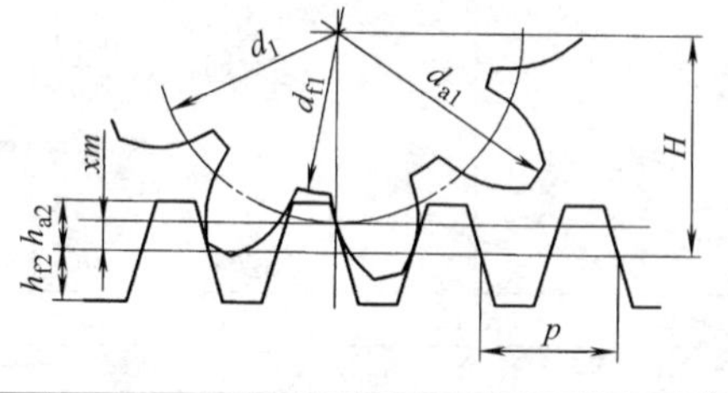

齿条运动速度：

$$v=\frac{\pi d_1 n_1}{60\times1000}$$

式中　d_1—齿轮分度圆直径（mm）

n_1—齿轮转速[r/(min)]

名称	符号	直齿	斜　齿	名　称	符号	直　齿	斜　齿
分度圆直径	d	$d_1=mz_1$	$d_1=\dfrac{m_n z_1}{\cos\beta}$	齿根圆直径	d_f	$d_{f1}=d_1-2h_{f1}$	$d_{f1}=d_1-2h_{f1}$
齿顶高	h_a	$h_{a1}=(h_a^*+x_1)m$ $h_{a2}=h_a^*m$	$h_{a1}=(h_{an}^*+x_{n1})m_n$ $h_{a2}=h_{an}^*m_n$	齿距	p	$p=\pi m$	$p_n=\pi m_n$ $p_t=\pi m_t$
齿根高	h_f	$h_{f1}=(h_a^*+c^*-x_1)m$ $h_{f2}=(h_a^*+c^*)m$	$h_{f1}=(h_{an}^*+c_n^*-x_{n1})m_n$ $h_{f2}=(h_{an}^*+c_n^*)m_n$	齿轮中心到齿条基准线距离	H	$H=\dfrac{d_1}{2}+xm$	$H=\dfrac{d_1}{2}+x_n m_n$
全齿高	h	$h_1=h_{a1}+h_{f1}$ $h_2=h_{a2}+h_{f2}$	$h_1=h_{a1}+h_{f1}$ $h_2=h_{a2}+h_{f2}$	基圆直径	d_b	$d_{b1}=d_1\cos\alpha$	$d_{b1}=d_1\cos\alpha_t$
齿顶圆直径	d_a	$d_{a1}=d_1+2h_{a1}$	$d_{a1}=d_1+2h_{a1}$	齿顶圆压力角	α_a	$\alpha_{a1}=\arccos\dfrac{d_{b1}}{d_{a1}}$	$\alpha_{at1}=\arccos\dfrac{d_{b1}}{d_{a1}}$

12.1.3　渐开线圆柱齿轮的测量尺寸

1. 公法线长度（见表 12-8）

2. 分度圆弦齿厚（见表 12-9）

3. 固定弦齿厚（见表 12-10）

4. 量柱（球）测量距（见表 12-11、图 12-1）

表 12-8　公法线长度（外齿轮、内齿轮）

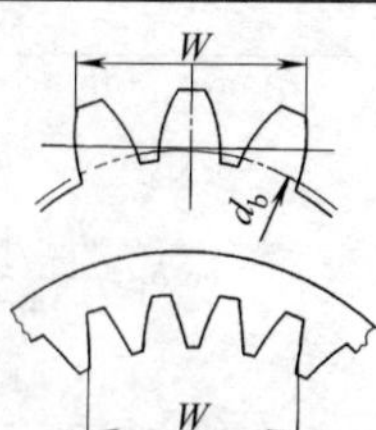

测量时不以齿顶圆为基准，对齿顶圆的精度要求不高。测量方便，应用较多；但对齿宽 $b<W_n\sin\beta$ 的斜齿轮和受量具尺寸限制的大型齿轮不适用

（续）

项目		符号	直齿轮	斜齿轮
标准齿轮	跨齿数（对内齿轮为跨测齿槽数）	k	$k=\dfrac{\alpha z}{180°}+0.5$ 4 舍 5 入成整数	$k=\dfrac{\alpha_n z'}{180°}+0.5$ 式中　$z'=z\dfrac{\mathrm{inv}\alpha_t}{\mathrm{inv}\alpha_n}$ k 值应 4 舍 5 入成整数
	公法线长度	W	$W=W^* m$ $W^*=\cos\alpha[\pi(k-0.5)+z\mathrm{inv}\alpha]$	$W_n=W^* m_n$ $W^*=\cos\alpha_n[\pi(k-0.5)+z'\mathrm{inv}\alpha_n]$ 式中　$z'=z\dfrac{\mathrm{inv}\alpha_t}{\mathrm{inv}\alpha_n}$
变位齿轮	跨齿数（对内齿轮为跨齿槽数）	k	$k=\dfrac{z}{\pi}\left[\dfrac{1}{\cos\alpha}\sqrt{\left(1+\dfrac{2x}{z}\right)^2-\cos^2\alpha}-\dfrac{2x}{z}\tan\alpha-\mathrm{inv}\alpha\right]+0.5$ 4 舍 5 入成整数	$k=\dfrac{z'}{\pi}\left[\dfrac{1}{\cos\alpha_n}\sqrt{\left(1+\dfrac{2x_n}{z'}\right)^2-\cos^2\alpha_n}-\dfrac{2x_n}{z'}\tan\alpha_n-\mathrm{inv}\alpha_n\right]+0.5$ 式中　$z'=z\dfrac{\mathrm{inv}\alpha_t}{\mathrm{inv}\alpha_n}$ k 值应 4 舍 5 入成整数
	公法线长度	W	$W=(W^*+\Delta W^*)m$ $W^*=\cos\alpha[\pi(k-0.5)+z\mathrm{inv}\alpha]$ $\Delta W^*=2x\sin\alpha$	$W_n=(W^*+\Delta W^*)m_n$ $W^*=\cos\alpha_n[\pi(k-0.5)+z'\mathrm{inv}\alpha_n]$ $z'=z\dfrac{\mathrm{inv}\alpha_t}{\mathrm{inv}\alpha_n}$ $\Delta W^*=2x_n\sin\alpha_n$

表 12-9　分度圆弦齿厚（外齿轮、内齿轮）

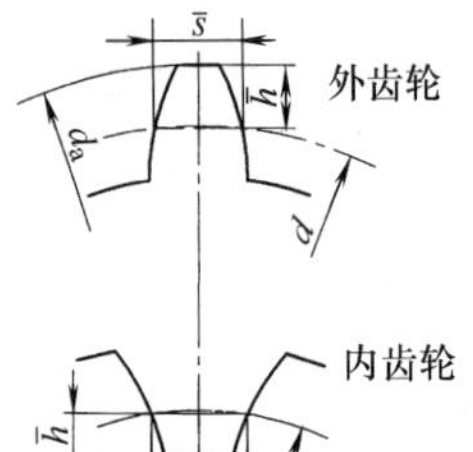

测量时以齿顶圆为基准，对齿顶圆的尺寸精度要求高。齿数较少时测量方便。常用于大型齿轮和精度要求不高的小型齿轮测量

名称			直齿轮	斜齿轮
标准齿轮	分度圆弦齿高	外齿轮	$\bar{h}=h_a+\dfrac{mz}{2}\left(1-\cos\dfrac{\pi}{2z}\right)$	$\bar{h}_n=h_a+\dfrac{m_n z_v}{2}\left(1-\cos\dfrac{\pi}{2z_v}\right)$
		内齿轮	$\bar{h}_2=h_{a2}-\dfrac{mz_2}{2}\left(1-\cos\dfrac{\pi}{2z_2}\right)+\Delta\bar{h}_2$ 式中　$\Delta\bar{h}_2=\dfrac{d_{a2}}{2}(1-\cos\delta_{a2})$ $\delta_{a2}=\dfrac{\pi}{2z_2}-\mathrm{inv}\alpha+\mathrm{inv}\alpha_{a2}$	$\bar{h}_{n2}=h_{a2}+\dfrac{m_n z_{v2}}{2}\left(1-\cos\dfrac{\pi}{2z_{v2}}\right)+\Delta\bar{h}_2$ 式中　$\Delta\bar{h}_2=\dfrac{d_{a2}}{2}(1-\cos\delta_{a2})$ $\delta_{a2}=\dfrac{\pi}{2z_2}-\mathrm{inv}\alpha_t+\mathrm{inv}\alpha_{at2}$
	分度圆弦齿厚		$\bar{s}=mz\sin\dfrac{\pi}{2z}$	$\bar{s}_n=m_n z_v\sin\dfrac{\pi}{2z_v}$

（续）

名称			直齿轮	斜齿轮
变位齿轮	分度圆弦齿高	外齿轮	$\bar{h}=h_a+\dfrac{mz}{2}\left[1-\cos\left(\dfrac{\pi}{2z}+\dfrac{2x\tan\alpha}{z}\right)\right]$	$\bar{h}_n=h_a+\dfrac{m_n z_v}{2}\left[1-\cos\left(\dfrac{\pi}{2z_v}+\dfrac{2x_n\tan\alpha_n}{z_v}\right)\right]$
		内齿轮	$\bar{h}_2=h_{a2}-\dfrac{mz_2}{2}\left[1-\cos\left(\dfrac{\pi}{2z_2}-\dfrac{2x_2\tan\alpha}{z_2}\right)\right]+\Delta\bar{h}_2$ 式中 $\Delta\bar{h}_2=\dfrac{d_{a2}}{2}(1-\cos\delta_{a2})$ $\delta_{a2}=\dfrac{\pi}{2z_2}-\mathrm{inv}\alpha-\dfrac{2x_2\tan\alpha}{z_2}+\mathrm{inv}\alpha_{a2}$	$\bar{h}_{n2}=h_{a2}-\dfrac{m_n z_{v2}}{2}\left[1-\cos\left(\dfrac{\pi}{2z_{v2}}-\dfrac{2x_{n2}\tan\alpha_n}{z_{v2}}\right)\right]+\Delta\bar{h}_2$ 式中 $\Delta\bar{h}_2=\dfrac{d_{a2}}{2}(1-\cos\delta_{a2})$ $\delta_{a2}=\dfrac{\pi}{2z_2}-\mathrm{inv}\alpha_t-\dfrac{2x_{n2}\tan\alpha_t}{z_2}+\mathrm{inv}\alpha_{at2}$
	分度圆弦齿厚		$\bar{s}=mz\sin\left(\dfrac{\pi}{2z}\pm\dfrac{2x\tan\alpha}{z}\right)$	$\bar{s}_n=m_n z_v\sin\left(\dfrac{\pi}{2z_v}\pm\dfrac{2x_{n2}\tan\alpha_n}{z_v}\right)$

注：有“±”号处，“+”号用于外齿轮，“-”号用于内齿轮。

表 12-10 固定弦齿厚（外齿轮、内齿轮）

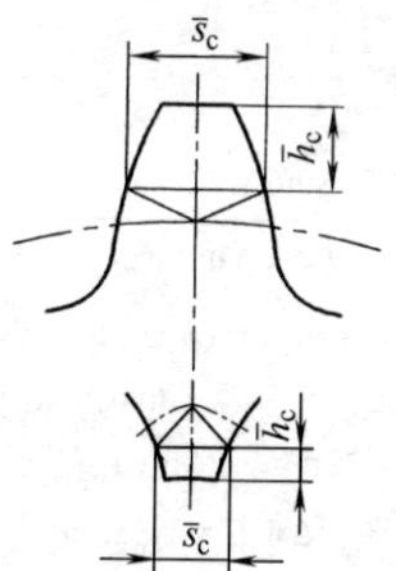

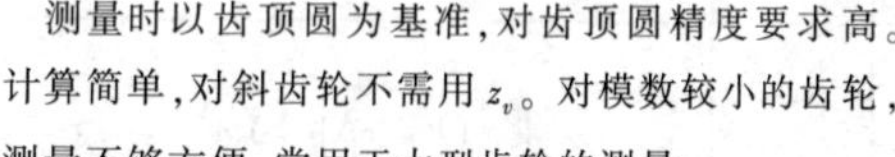

测量时以齿顶圆为基准，对齿顶圆精度要求高。计算简单，对斜齿轮不需用 z_v。对模数较小的齿轮，测量不够方便，常用于大型齿轮的测量

名称			直齿轮	斜齿轮
标准齿轮	固定弦齿高	外齿轮	$\bar{h}_c=h_a-\dfrac{\pi m}{8}\sin2\alpha$	$\bar{h}_{cn}=h_a-\dfrac{\pi m_n}{8}\sin2\alpha_n$
		内齿轮	$\bar{h}_{c2}=h_{a2}-\dfrac{\pi m}{8}\sin2\alpha+\Delta\bar{h}_2$ 式中 $\Delta\bar{h}_2=\dfrac{d_{a2}}{2}(1-\cos\delta_{a2})$ $\delta_{a2}=\dfrac{\pi}{2z_2}-\mathrm{inv}\alpha+\mathrm{inv}\alpha_{a2}$	$\bar{h}_{cn2}=h_{a2}-\dfrac{\pi m_n}{8}\sin2\alpha_n+\Delta\bar{h}_2$ 式中 $\Delta\bar{h}_2=\dfrac{d_{a2}}{2}(1-\cos\delta_{a2})$ $\delta_{a2}=\dfrac{\pi}{2z_2}-\mathrm{inv}\alpha_t+\mathrm{inv}\alpha_{at2}$
	固定弦齿厚		$\bar{s}_c=\dfrac{\pi m}{2}\cos^2\alpha$	$\bar{s}_{cn}=\dfrac{\pi m_n}{2}\cos^2\alpha_n$
变位齿轮	固定弦齿高	外齿轮	$\bar{h}_c=h_a-m\left(\dfrac{\pi}{8}\sin2\alpha+x\sin^2\alpha\right)$	$\bar{h}_{cn}=h_a-m_n\left(\dfrac{\pi}{8}\sin2\alpha_n+x_n\sin^2\alpha_n\right)$
		内齿轮	$\bar{h}_{c2}=h_{a2}-m\left(\dfrac{\pi}{8}\sin2\alpha-x_2\sin^2\alpha\right)+\Delta\bar{h}_2$ 式中 $\Delta\bar{h}_2=\dfrac{d_{a2}}{2}(1-\cos\delta_{a2})$ $\delta_{a2}=\dfrac{\pi}{2z_2}-\mathrm{inv}\alpha+\mathrm{inv}\alpha_{a2}-\dfrac{2x_2\tan\alpha}{z_2}$	$\bar{h}_{cn2}=h_{a2}-m_n\left(\dfrac{\pi}{8}\sin2\alpha_n-x_{n2}\sin^2\alpha_n\right)+\Delta\bar{h}_2$ 式中 $\Delta\bar{h}_2=\dfrac{d_{a2}}{2}(1-\cos\delta_{a2})$ $\delta_{a2}=\dfrac{\pi}{2z_2}-\mathrm{inv}\alpha_t+\mathrm{inv}\alpha_{at2}-\dfrac{2x_{n2}\tan\alpha_t}{z_2}$
	固定弦齿厚		$\bar{s}_c=m\left(\dfrac{\pi}{2}\cos^2\alpha\pm x\sin2\alpha\right)$	$\bar{s}_{cn}=m_n\left(\dfrac{\pi}{2}\cos^2\alpha_n\pm x_n\sin2\alpha_n\right)$

注：有“±”号处，“+”号用于外齿轮，“-”号用于内齿轮。

表 12-11　量柱（球）测量距（外齿轮、内齿轮）

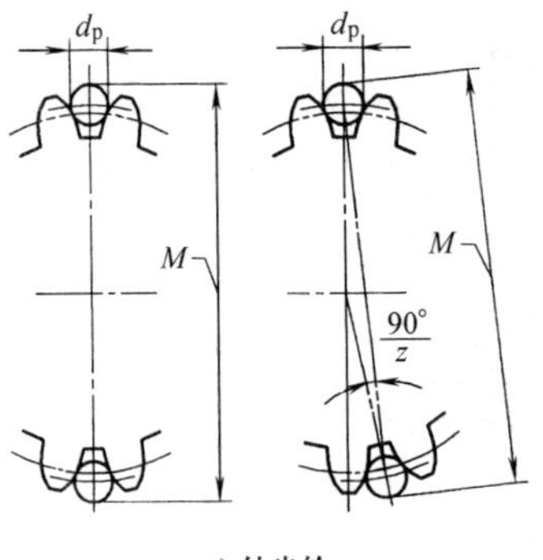

a) 外齿轮

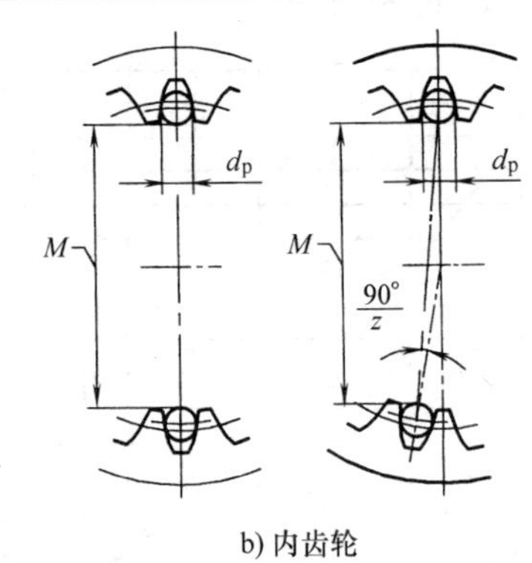

b) 内齿轮

测量时不以齿顶圆为基准，对齿顶圆精度要求不高。对大型齿轮测量不方便，多用于内齿轮的测量

名称			直齿轮	斜齿轮
标准齿轮	量柱（球）直径 d_p	外齿轮	按 z 和 $x=0$ 查图 12-1	按 z_v 和 $x_n=0$ 查图 12-1
		内齿轮	$d_p=1.44m$ 或 $d_p=1.68m$	$d_p=1.44m_n$ 或 $d_p=1.6m_n$
	量柱（球）中心所在圆的压力角 α_M		$\mathrm{inv}\alpha_M=\mathrm{inv}\alpha\pm\dfrac{d_p}{mz\cos\alpha}\mp\dfrac{\pi}{2z}$	$\mathrm{inv}\alpha_{Mt}=\mathrm{inv}\alpha_t\pm\dfrac{d_p}{m_nz\cos\alpha_n}\mp\dfrac{\pi}{2z}$
	量柱（球）测量距 M	偶数齿	$M=\dfrac{mz\cos\alpha}{\cos\alpha_M}\pm d_p$	$M=\dfrac{m_tz\cos\alpha_t}{\cos\alpha_{Mt}}\pm d_p$
		奇数齿	$M=\dfrac{mz\cos\alpha}{\cos\alpha_M}\cos\dfrac{90°}{z}\pm d_p$	$M=\dfrac{m_tz\cos\alpha_t}{\cos\alpha_{Mt}}\cos\dfrac{90°}{z}\pm d_p$
变位齿轮	量柱（球）直径 d_p	外齿轮	按 z 和 x 查图 12-1	按 z_v 和 x_n 查图 12-1
		内齿轮	$d_p=1.65m$	$d_p=1.65m_n$
	量柱（球）中心所在圆的压力角 α_M		$\mathrm{inv}\alpha_M=\mathrm{inv}\alpha\pm\dfrac{d_p}{mz\cos\alpha}\mp\dfrac{\pi}{2z}+\dfrac{2x\tan\alpha}{z}$	$\mathrm{inv}\alpha_{Mt}=\mathrm{inv}\alpha_t\pm\dfrac{d_p}{m_nz\cos\alpha_n}\mp\dfrac{\pi}{2z}+\dfrac{2x_n\tan\alpha_n}{z}$
	量柱（球）测量距 M	偶数齿	$M=\dfrac{mz\cos\alpha}{\cos\alpha_M}\pm d_p$	$M=\dfrac{m_tz\cos\alpha_t}{\cos\alpha_{Mt}}\pm d_p$
		奇数齿	$M=\dfrac{mz\cos\alpha}{\cos\alpha_M}\cos\dfrac{90°}{z}\pm d_p$	$M=\dfrac{m_tz\cos\alpha_t}{\cos\alpha_{Mt}}\cos\dfrac{90°}{z}\pm d_p$

注：1. 有“±”或“∓”号处，上面的符号用于外齿轮，下面的符号用于内齿轮。

2. 量柱（球）直径 d_p 按本表的方法确定后，推荐圆整成接近的标准钢球的直径，以便用标准钢球测量。

3. 直齿轮可以使用圆棒或圆球，斜齿轮使用圆球。

12.1.4　渐开线圆柱齿轮传动的重合度和齿轮齿条传动的重合度（见表 12-12）

表 12-12　圆柱齿轮传动、齿轮齿条传动的重合度

项目		直齿	斜齿
端面重合度 ε_α	圆柱齿轮传动	$\varepsilon_a=\dfrac{1}{2\pi}[z_1(\tan\alpha_{a1}-\tan\alpha)\pm z_2(\tan\alpha_{a2}-\tan\alpha)]$	$\varepsilon_\alpha=\dfrac{1}{2\pi}[z_1(\tan\alpha_{at1}-\tan\alpha_t)\pm z_2(\tan\alpha_{at2}-\tan\alpha_t)]$
	齿轮齿条传动	$\varepsilon_\alpha=\dfrac{1}{2\pi}\left[z_1(\tan\alpha_{a1}-\tan\alpha)+\dfrac{4(h_a^*-x_1)}{\sin2\alpha}\right]$	$\varepsilon_\alpha=\dfrac{1}{2\pi}\left[z_1(\tan\alpha_{at1}-\tan\alpha_t)+\dfrac{4(h_{an}^*-x_{n1})\cos\beta}{\sin2\alpha_t}\right]$
纵向重合度 ε_β		$\varepsilon_\beta=0$	$\varepsilon_\beta=\dfrac{b\sin\beta}{\pi m_n}$
总重合度 ε_γ		$\varepsilon_\gamma=\varepsilon_\alpha$	$\varepsilon_\gamma=\varepsilon_\alpha+\varepsilon_\beta$

注：式中有“±”号处，“+”号用于外啮合，“-”号用于内啮合。

表 12-12 中所列端面重合度也可用查图法求得，标准齿轮和高变位齿轮传动，查图 12-4，角变位齿轮传动，查图 12-5。

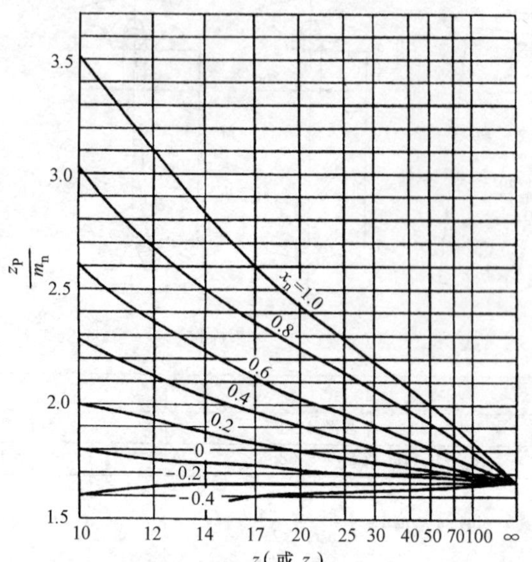

图 12-1　测量外齿轮用的量柱（球）径模比 d_p/m_n（$\alpha=\alpha_n=20°$）

12.1.5　变位齿轮的应用和变位系数的选择

1. 变位齿轮的功用和限制条件（见表 12-13）

表 12-13　变位齿轮的功用与限制条件

功　用	限制条件：外齿轮	限制条件：内齿轮
1）在 $z<z_{min}$ 时避免根切	1）保证加工时不根切	1）保证加工时不产生展成顶切
2）提高齿面接触强度和齿根弯曲强度	2）保证加工时不顶切	2）保证加工时不产生径向切入顶切
3）提高齿面的抗胶合能力和耐磨性	3）保证必要的齿顶厚，要求 $s_a>(0.25\sim0.4)m$	3）保证不产生过渡曲线的干涉
4）配凑中心距	4）保证必要的重合度，一般要求 $\varepsilon_\alpha\geqslant1.2$	4）保证不产生重叠干涉
5）修复被磨损的旧齿轮	5）保证啮合时不干涉	

注：表中的限制条件均可以用计算式表示：对内齿轮详见表 12-6。

2. 变位齿轮的类型、比较与主要应用（见表 12-14）

表 12-14　变位齿轮的类型、比较与主要应用

名　称	符号	传动类型：非变位齿轮传动 $x_\Sigma=x_1=x_2=0$ 标准传动	高变位齿轮传动 $x_\Sigma=x_1+x_2=0$ 零传动	角变位齿轮传动 $x_\Sigma=x_1+x_2\neq0$：$x_\Sigma=x_1+x_2>0$ 正传动	$x_\Sigma=x_1+x_2<0$ 负传动
分度圆直径	d	$d=mz$			
基圆直径	d_b	$d_b=mz\cos\alpha$			
分度圆齿距	p	$p=\pi m$			
中心距	a	$a=\frac{1}{2}m(z_1+z_2)$		$a'>a$	$a'<a$

（续）

名　　称	符号	传　　动　　类　　型			
		非变位齿轮传动 $x_\Sigma=x_1=x_2=0$	高变位齿轮传动 $x_\Sigma=x_1+x_2=0$	角变位齿轮传动 $x_\Sigma=x_1+x_2\neq0$	
				$x_\Sigma=x_1+x_2>0$	$x_\Sigma=x_1+x_2<0$
		标准传动	零　传　动	正　传　动	负　传　动
啮合角	α'	$\alpha'=\alpha=\alpha_0$		$\alpha'>\alpha$	$\alpha'<\alpha$
节圆直径	d'	$d'=d$		$d'>d$	$d'<d$
分度圆齿厚	s	$s=\frac{1}{2}\pi m$	$x>0,s>\frac{\pi}{2}m,x<0,s<\frac{\pi}{2}m$		
齿顶圆齿厚	s_a	一般 $s_a>[s_a]_{min}$	$x>0,s_a$ 减小；$x<0,s_a$ 增大		
齿根厚	s_f	小齿轮齿根较薄	$x>0$，齿根增厚；$x<0$，齿根减薄		
齿顶高	h_a	$h_a=h_a^*m$	$x>0,h_a>h_a^*m;x<0,h_a<h_a^*m$		
齿根高	h_f	$h_f=(h_a^*+c^*)m$	$x>0,h_f<(h_a^*+c^*)m;x<0,h_f>(h_a^*+c^*)m$		
重合度	ε	通常可保证 $\varepsilon>[\varepsilon]_{min}$	略减小	减小	增大
滑动率	η		η_{max}减小可使 $\eta_1=\eta_2$	η_{max}减小可使 $\eta_1=\eta_2$	增大
效率			提高	提高	降低
齿数限制		$z_1>z_{min}$　$z_2>z_{min}$	$z_\Sigma\geqslant2z_{min}$	z_Σ 可小于 $2z_{min}$	$z_\Sigma>2z_{min}$
主要应用		无特别要求的一般传动	取 $x_1>0$，避免根切，提高齿根弯曲强度，提高齿面抗胶合、耐磨损能力	提高齿面接触强度；取 $x>0$，提高齿根弯曲强度，避免根切；提高抗胶合、耐磨损能力；凑配中心距	修复被磨损的旧齿轮；配凑中心距

3. 变位系数的选择

图 12-2 中阴影线以内为变位许用区。该区内各射线为同一啮合角（如 20°、22°、…、26°31′）时，总变位系数 x_Σ 与齿数和 z_Σ 的函数关系。根据 z_Σ 和对变位齿轮的具体要求，可在许用区内选择 x_Σ。对同一 z_Σ，所选 x_Σ 越大，α'越大，虽能提高承载能力，但重合度相应减小。因此，在选择 x_Σ 时需综合考虑。

确定 x_Σ 后，再按该图 12-2 左侧的五条斜线分配变位系数 x_1 和 x_2。该部分线图纵坐标仍表示 x_Σ，而横坐标表示变位系数 x_1（从坐标原点 O 向左 x_1 为正值，反之为负值）。根据 x_Σ 及齿数比 u，即可确定 x_1，而$x_2=x_\Sigma-x_1$。

【例 12-1】 已知某机床变速箱中的一对齿轮，$z_1=21$，$z_2=33$，$m=2.5$mm，中心距 $a'=70$mm。试确定变位系数。

【解】 1）根据确定的中心距 a'求啮合角 α'

$$\cos\alpha' = \frac{m}{2a'}(z_1+z_2)\cos\alpha = \frac{2.5}{2\times70}\times(21+33)\times0.93969 = 0.90613$$

所以 $\alpha'=25°01'25''$。

2）在图 12-2 中，由 O 点按 $\alpha'=25°01'25''$作射线，与 $z_\Sigma=z_1+z_2=21+33=54$ 处，向上引垂线相交于 A_1 点，A_1 点纵坐标即为所求点变位系数 x_Σ（见图 12-2，$x_\Sigma=1.12$）。A_1 点在线图的许用区内，故可用。

3）根据齿数比 $u=z_2/z_1=33/21=1.57$，故应按线图左侧的斜线②分配 x_1。自 A_1 点作水平线与斜线②交于 C_1 点，C_1 点横坐标即为 x_1，图 12-2 中的 $x_1=0.55$。所以 $x_2=x_\Sigma-x_1=1.12-0.55=0.57$。

【例 12-2】 已知齿轮的齿数 $z_1=17$，$z_2=100$。要求尽可能提高接触强度。试选择变位系数。

【解】 为了提高接触强度，应按最大啮合角选总变位系数。在图 12-2 中，自 $z_\Sigma=z_1+z_2=17+100=117$ 处向上引垂线，与线图上边界线交于 A_2 点。A_2 点处的啮合角值，即为 $z_\Sigma=117$ 时的最大许用啮合角。

A_2 点的纵坐标值即为所求的 $x_\Sigma=2.43$。若需圆整中心距，可以适当调整比 x_Σ 值。

齿数比 $u=z_2/z_1=100/17=5.9>3.0$，所以应按斜线⑤分配变位系数。自 A_2 点作水平线与线⑤交于 C_2 点。C_2 点的横坐标值即为 x_1，$x_1=0.77$。所以 $x_2=x_\Sigma-x_1=2.43-0.77=1.64$。

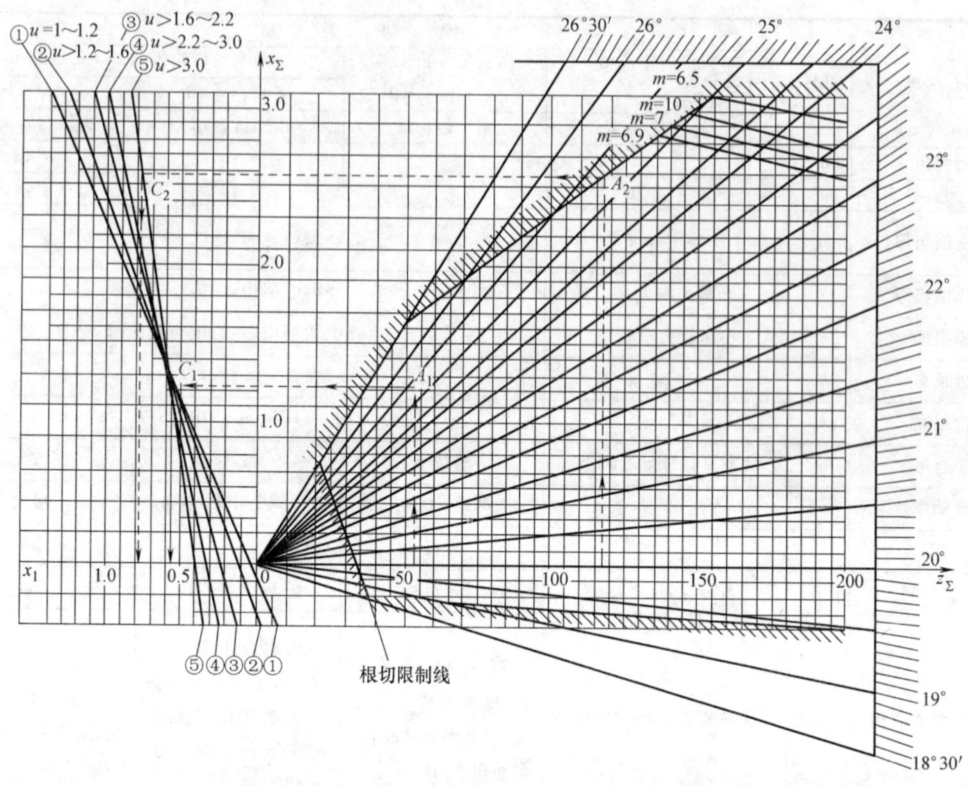

图 12-2　选择变位系数线图（$\alpha=20°$、$h^*=1$）

【例 12-3】　已知：外啮合标准斜齿圆柱齿轮传动，$z_1=25$，$z_2=81$，$\beta=8°06'34''$。试确定 ε_α 值。

【解】　由图 12-4，按 z_1、z_2 和 β，分别查得 $\varepsilon_{\alpha1}=0.8$，$\varepsilon_{\alpha2}=0.9$，则 $\varepsilon_\alpha=\varepsilon_{\alpha1}+\varepsilon_{\alpha2}=0.8+0.9=1.7$。

【例 12-4】　已知：外啮合高变位斜齿圆柱齿轮传动，$z_1=21$，$z_2=74$，$\beta=12°$，$x_{n1}=0.5$，$x_{n2}=-0.5$。试确定 ε_α 值。

【解】　根据 $\dfrac{z_1}{1+x_{n1}}=\dfrac{21}{1+0.5}=14$，$\dfrac{z_2}{1-x_{n2}}=\dfrac{74}{1-0.5}=148$，$\beta=12°$，从图 12-4 中分别查得 $\varepsilon_{\alpha1}=0.705$，$\varepsilon_{\alpha2}=0.915$，则

$$\begin{aligned}\varepsilon_\alpha&=(1+x_{n1})\varepsilon_{\alpha1}+(1-x_{n2})\varepsilon_{\alpha2}\\&=(1+0.5)\times0.705+(1-0.5)\times0.915\\&=1.52\end{aligned}$$

【例 12-5】　已知：外啮合角变位斜齿圆柱齿轮传动，$z_1=21$，$z_2=71$，$m_n=9\text{mm}$，$\beta=10°$，$x_{n1}=+0.4$，$x_{n2}=+0.5$，$a'=428\text{mm}$，$d_{a1}=216.140\text{mm}$，$d_{a2}=674.880\text{mm}$，$d'_1=195.391\text{mm}$，$d'_2=666.609\text{mm}$。试确定 ε_α 值。

【解】　根据 $\dfrac{x_{n2}+x_{n1}}{z_2+z_1}=\dfrac{0.5+0.4}{71+21}=0.00978\approx0.01$，$\beta=10°$，由图 12-3 查得 $a'_t\approx22.8°$

按 $d_{a1}/d'_1=216.140/195.391=1.106$，$d_{a2}/d'_2=674.880/660.609=1.0216\approx1.022$，$\beta=10°$，分别由图 12-5 查得 $\dfrac{\varepsilon_{\alpha1}}{z_1}=0.045$ 和 $\dfrac{\varepsilon_{\alpha2}}{z_2}=0.01$，则

$$z_1\left(\frac{\varepsilon_{\alpha1}}{z_1}\right)+z_2\left(\frac{\varepsilon_{\alpha2}}{z_2}\right)=21\times0.045+71\times0.01=1.479$$

此例如用表 12-12 的 ε_α 算式计算，其准确值 $\varepsilon_\alpha=1.456$。

对于内啮合齿轮传动，内、外齿轮的变位虽然能提高传动的承载能力，但不如外啮合齿轮那样显著，因此内啮合齿轮的变位，通常都是为了避免过渡曲线干涉和重叠干涉，以及为了提供自由选择中心距的可能性。因此，可以按照加工内齿轮时顶切的限制条件，初步选定变位系数，然后验算过渡曲线干涉、重叠干涉和重合度 ε。

据研究，对内啮合齿轮副，采用 $x_1=-x_2=0.5\sim0.65$ 的高变位啮合，其综合性能为最佳。

12.1.6　齿轮几何计算用图表

1. 几何计算用表

齿轮几何计算用表见表 12-15~表 12-25。

表 12-15　渐开线函数表（$inv\alpha = \tan\alpha - \alpha$）

α/(°)	0	1	2	3	4	5
α/(′)	invα	invα	invα	invα	invα	invα
0	0.0	0.000001772	0.0000142	0.0000479	0.0001136	0.0002222
1	0.000000000008	0.000001863	0.0000145	0.0000487	0.0001151	0.0002244
2	0.000000000066	0.000001956	0.0000149	0.0000495	0.0001165	0.0002267
3	0.000000000220	0.000002052	0.0000153	0.0000503	0.0001180	0.0002289
4	0.000000000530	0.000002151	0.0000157	0.0000512	0.0001194	0.0002312
5	0.00000000103	0.000002254	0.0000160	0.0000520	0.0001209	0.0002335
6	0.00000000177	0.000002359	0.0000164	0.0000529	0.0001224	0.0002358
7	0.00000000281	0.000002468	0.0000168	0.0000537	0.0001239	0.0002382
8	0.00000000420	0.000002580	0.0000172	0.0000546	0.0001254	0.0002405
9	0.00000000598	0.000002696	0.0000176	0.0000555	0.0001269	0.0002429
10	0.00000000820	0.000002815	0.0000180	0.0000563	0.0001285	0.0002452
11	0.00000001092	0.000002937	0.0000185	0.0000572	0.0001300	0.0002476
12	0.00000001418	0.000003063	0.0000189	0.0000581	0.0001316	0.0002500
13	0.00000001803	0.000003192	0.0000193	0.0000591	0.0001332	0.0002524
14	0.00000002251	0.000003325	0.0000198	0.0000600	0.0001347	0.0002543
15	0.00000002769	0.000003462	0.0000202	0.0000609	0.0001363	0.0002573
16	0.00000003361	0.000003602	0.0000207	0.0000619	0.0001380	0.0002598
17	0.00000004031	0.000003746	0.0000211	0.0000628	0.0001396	0.0002622
18	0.00000004785	0.000003894	0.0000216	0.0000638	0.0001412	0.0002647
19	0.00000005628	0.000004046	0.0000220	0.0000647	0.0001429	0.0002673
20	0.00000006564	0.000004202	0.0000225	0.0000657	0.0001445	0.0002698
21	0.00000007598	0.000004361	0.0000230	0.0000667	0.0001462	0.0002723
22	0.00000008736	0.000004525	0.0000235	0.0000677	0.0001479	0.0002749
23	0.00000009983	0.000004692	0.0000240	0.0000687	0.0001496	0.0002775
24	0.00000011342	0.000004864	0.0000245	0.0000698	0.0001513	0.0002801
25	0.00000012820	0.000005040	0.0000250	0.0000708	0.0001530	0.0002827
26	0.00000014421	0.000005220	0.0000256	0.0000718	0.0001548	0.0002853
27	0.00000016150	0.000005404	0.0000261	0.0000729	0.0001565	0.0002879
28	0.00000018011	0.000005593	0.0000266	0.0000739	0.0001583	0.0002906
29	0.00000020011	0.000005786	0.0000272	0.0000750	0.0001601	0.0002933
30	0.00000022153	0.000005983	0.0000277	0.0000761	0.0001619	0.0002959
31	0.00000024443	0.000006185	0.0000283	0.0000772	0.0001637	0.0002986
32	0.00000026886	0.000006391	0.0000288	0.0000783	0.0001655	0.0003014
33	0.00000029486	0.000006601	0.0000294	0.0000794	0.0001674	0.0003041
34	0.00000032249	0.000006817	0.0000300	0.0000805	0.0001692	0.0003069
35	0.0000003518	0.000007037	0.0000306	0.0000817	0.0001711	0.0003096
36	0.0000003828	0.000007261	0.0000312	0.0000828	0.0001729	0.0003124
37	0.0000004156	0.000007490	0.0000318	0.0000840	0.0001748	0.0003152
38	0.0000004502	0.000007725	0.0000324	0.0000851	0.0001767	0.0003180
39	0.0000004867	0.000008964	0.0000330	0.0000863	0.0001787	0.0003209
40	0.0000005251	0.000008207	0.0000336	0.0000875	0.0001806	0.0003237
41	0.0000005655	0.000008456	0.0000343	0.0000887	0.0001825	0.0003266
42	0.0000006079	0.000008710	0.0000349	0.0000899	0.0001845	0.0003295
43	0.0000006524	0.000008989	0.0000356	0.0000911	0.0001865	0.0003324
44	0.0000006989	0.000009232	0.0000362	0.0000924	0.0001885	0.0003353
45	0.0000007477	0.000009501	0.0000389	0.0000936	0.0001905	0.0003383
46	0.0000007987	0.000009776	0.0000376	0.0000949	0.0001925	0.0003412
47	0.0000008519	0.000010055	0.0000382	0.0000961	0.0001945	0.0003442
48	0.0000009074	0.000010340	0.0000389	0.0000974	0.0001965	0.0003472
49	0.0000009653	0.000010629	0.0000396	0.0000987	0.0001986	0.0003502
50	0.0000010257	0.000010925	0.0000403	0.0001000	0.0002007	0.0003532
51	0.0000010884	0.000011226	0.0000411	0.0001013	0.0002028	0.0003563
52	0.0000011537	0.000011532	0.0000418	0.0001026	0.0002049	0.0003593
53	0.0000012216	0.000011844	0.0000425	0.0001040	0.0002070	0.0003624
54	0.0000012921	0.000012161	0.0000433	0.0001053	0.0002091	0.0003655

（续）

α/(°) → α/(′) ↓	0	1	2	3	4	5
	invα	invα	invα	invα	invα	invα
55	0.0000013652	0.000012484	0.0000440	0.0001067	0.0002113	0.0003686
56	0.0000014410	0.000012812	0.0000448	0.0001080	0.0002134	0.0003718
57	0.0000015196	0.000013147	0.0000455	0.0001094	0.0002156	0.0003749
58	0.0000016010	0.000013487	0.0000463	0.0001108	0.0002178	0.0003781
59	0.0000016852	0.000013833	0.0000471	0.0001122	0.0002200	0.0003813
60	0.0000017724	0.000014184	0.0000479	0.0001136	0.0002222	0.0003845

α/(°) → α/(′) ↓	6	7	8	9	10	11	12
	invα	invα	invα	invα	invα	invα	invα
0	0.0003845	0.0006115	0.0009145	0.0013048	0.0017941	0.0023941	0.0031171
1	0.0003877	0.0006159	0.0009203	0.0013121	0.0018031	0.0024051	0.0031302
2	0.0003909	0.0006203	0.0009260	0.0013195	0.0018122	0.0024161	0.0031434
3	0.0003942	0.0006248	0.0009318	0.0013268	0.0018213	0.0024272	0.0031566
4	0.0003975	0.0006292	0.0009377	0.0013342	0.0018305	0.0024383	0.0031699
5	0.0004008	0.0006337	0.0009435	0.0013416	0.0018397	0.0024495	0.0031832
6	0.0004041	0.0006382	0.0009494	0.0013491	0.0018489	0.0024607	0.0031966
7	0.0004074	0.0006427	0.0009553	0.0013566	0.0018581	0.0024719	0.0032100
8	0.0004108	0.0006473	0.0009612	0.0013641	0.0018674	0.0024831	0.0032234
9	0.0004141	0.0006518	0.0009872	0.0013716	0.0018767	0.0024944	0.0032369
10	0.0004175	0.0006564	0.0009732	0.0013792	0.0018860	0.0025057	0.0032504
11	0.0004209	0.0006610	0.0009792	0.0013868	0.0018954	0.0025171	0.0032639
12	0.0004244	0.0006657	0.0009852	0.0013944	0.0019048	0.0025285	0.0032775
13	0.0004278	0.0006703	0.0009913	0.0014020	0.0019142	0.0025399	0.0032911
14	0.0004313	0.0006750	0.0009973	0.0014097	0.0019237	0.0025513	0.0033048
15	0.0004347	0.0006797	0.0010034	0.0014174	0.0019332	0.0025628	0.0033185
16	0.0004382	0.0006844	0.0010096	0.0014251	0.0019427	0.0025744	0.0033322
17	0.0004417	0.0006892	0.0010157	0.0014329	0.0019523	0.0025859	0.0033460
18	0.0004453	0.0006939	0.0010219	0.0014407	0.0019619	0.0025975	0.0033598
19	0.0004488	0.0006987	0.0010281	0.0014485	0.0019715	0.0026091	0.0033736
20	0.0004524	0.0007035	0.0010343	0.0014563	0.0019812	0.0026208	0.0033875
21	0.0004560	0.0007083	0.0010406	0.0014642	0.0019909	0.0026325	0.0034014
22	0.0004596	0.0007132	0.0010469	0.0014721	0.0020006	0.0025443	0.0034154
23	0.0004632	0.0007181	0.0010532	0.0014800	0.0020103	0.0026560	0.0034294
24	0.0004669	0.0007230	0.0010595	0.0014880	0.0020201	0.0026678	0.0034434
25	0.0004706	0.0007279	0.0010659	0.0014960	0.0020299	0.0026797	0.0034575
26	0.0004743	0.0007328	0.0010722	0.0015040	0.0020398	0.0026916	0.0034716
27	0.0004780	0.0007378	0.0010786	0.0015120	0.0020496	0.0027035	0.0034858
28	0.0004817	0.0007428	0.0010851	0.0015201	0.0020596	0.0027154	0.0035000
29	0.0004854	0.0007478	0.0010915	0.0015282	0.0020695	0.0027274	0.0035142
30	0.0004892	0.0007528	0.0010980	0.0015363	0.0020795	0.0027394	0.0035285
31	0.0004930	0.0007579	0.0011045	0.0015445	0.0020895	0.0027515	0.0035428
32	0.0004968	0.0007629	0.0011111	0.0015527	0.0020995	0.0027636	0.0035572
33	0.0005006	0.0007680	0.0011176	0.0015609	0.0021096	0.0027757	0.0035716
34	0.0005045	0.0007732	0.0011242	0.0015691	0.0021197	0.0027879	0.0035860
35	0.0005083	0.0007783	0.0011308	0.0015774	0.0021298	0.0028001	0.0036005
36	0.0005122	0.0007835	0.0011375	0.0015857	0.0021400	0.0028123	0.0036150
37	0.0005161	0.0007887	0.0011441	0.0015941	0.0021502	0.0028246	0.0036296
38	0.0005200	0.0007939	0.0011508	0.0016024	0.0021605	0.0028369	0.0036441
39	0.0005240	0.0007991	0.0011575	0.0016108	0.0021707	0.0028493	0.0036588
40	0.0005280	0.0008044	0.0011643	0.0016193	0.0021810	0.0028616	0.0036735
41	0.0005319	0.0008096	0.0011711	0.0016277	0.0021914	0.0028741	0.0036882
42	0.0005359	0.0008150	0.0011779	0.0016362	0.0022017	0.0028865	0.0037029
43	0.0005400	0.0008203	0.0011847	0.0016447	0.0022121	0.0028990	0.0037177
44	0.0005440	0.0008256	0.0011915	0.0016533	0.0022226	0.0029115	0.0037325

（续）

α/(°)	6	7	8	9	10	11	12
α/(′)	invα	invα	invα	invα	invα	invα	invα
45	0.0005481	0.0008310	0.0011984	0.0016618	0.0022330	0.0029241	0.0037174
46	0.0005522	0.0008364	0.0012053	0.0016704	0.0022435	0.0029367	0.0037623
47	0.0005563	0.0008418	0.0012122	0.0016791	0.0022541	0.0029494	0.0037773
48	0.0005604	0.0008473	0.0012192	0.0016877	0.0022646	0.0029620	0.0037923
49	0.0005645	0.0008527	0.0012262	0.0016964	0.0022752	0.0029747	0.0038073
50	0.0005687	0.0008582	0.0012332	0.0017051	0.0022859	0.0029875	0.0038224
51	0.0005729	0.0008638	0.0012402	0.0017139	0.0022965	0.0030003	0.0038375
52	0.0005771	0.0008693	0.0012473	0.0017227	0.0023073	0.0030131	0.0038527
53	0.0005813	0.0008749	0.0012544	0.0017315	0.0023180	0.0030260	0.0038679
54	0.0005856	0.0008805	0.0012615	0.0017403	0.0023288	0.0030389	0.0038831
55	0.0005898	0.0008861	0.0012687	0.0017492	0.0023396	0.0030518	0.0038984
56	0.0005941	0.0008917	0.0012758	0.0017581	0.0023504	0.0030648	0.0039137
57	0.0005985	0.0008974	0.0012830	0.0017671	0.0023613	0.0030778	0.0039291
58	0.0006028	0.0009031	0.0012903	0.0017760	0.0023722	0.0030908	0.0039445
59	0.0006071	0.0009088	0.0012975	0.0017850	0.0023831	0.0031039	0.0039599
60	0.0006115	0.0009145	0.0013048	0.0017941	0.0023941	0.0031171	0.0039754

α/(°)	13	14	15	16	17	18
α/(′)	invα	invα	invα	invα	invα	invα
0	0.0039754	0.0049819	0.0061498	0.0074927	0.0090247	0.0107604
1	0.0039909	0.0050000	0.0061707	0.0075166	0.0090519	0.0107912
2	0.0040065	0.0050182	0.0061917	0.0075406	0.0090792	0.0103220
3	0.0040221	0.0050364	0.0062127	0.0075647	0.0091065	0.0108528
4	0.0040377	0.0050546	0.0062337	0.0075888	0.0091339	0.0108838
5	0.0040534	0.0050729	0.0062548	0.0076130	0.0091614	0.0109147
6	0.0040692	0.0050912	0.0062760	0.0076372	0.0091889	0.0109458
7	0.0040849	0.0051096	0.0062972	0.0076614	0.0092164	0.0109769
8	0.0041007	0.0051280	0.0063184	0.0076857	0.0092440	0.0110081
9	0.0041166	0.0051465	0.0063397	0.0077101	0.0092717	0.0110393
10	0.0041325	0.0051650	0.0063611	0.0077345	0.0092994	0.0110706
11	0.0041484	0.0051835	0.0063825	0.0077590	0.0093272	0.0111019
12	0.0041644	0.0052021	0.0064039	0.0077835	0.0093551	0.0111333
13	0.0041804	0.0052208	0.0064254	0.0078081	0.0093830	0.0111648
14	0.0041965	0.0052395	0.0064470	0.0078327	0.0094109	0.0111964
15	0.0042126	0.0052582	0.0064686	0.0078574	0.0094390	0.0112280
16	0.0042288	0.0052770	0.0064902	0.0078822	0.0094670	0.0112596
17	0.0042450	0.0052958	0.0065119	0.0079069	0.0094952	0.0112913
18	0.0042612	0.0053147	0.0065337	0.0079318	0.0095234	0.0113231
19	0.0042775	0.0053336	0.0065555	0.0079567	0.0095516	0.0113550
20	0.0042938	0.0053526	0.0065773	0.0079817	0.0095799	0.0113869
21	0.0043101	0.0053716	0.0065992	0.0080067	0.0096083	0.0114189
22	0.0043266	0.0053907	0.0066211	0.0080317	0.0096367	0.0114509
23	0.0043430	0.0054098	0.0066431	0.0080568	0.0096652	0.0114830
24	0.0043595	0.0054289	0.0066652	0.0080820	0.0096937	0.0115151
25	0.0042760	0.0054481	0.0066873	0.0081072	0.0097223	0.0115474
26	0.0042926	0.0054674	0.0067094	0.0081325	0.0097510	0.0115796
27	0.0044092	0.0054867	0.0067316	0.0081578	0.0097797	0.0116120
28	0.0044259	0.0055069	0.0067539	0.0081832	0.0093085	0.0116444
29	0.0044426	0.0055254	0.0067762	0.0082087	0.0098373	0.0116769
30	0.0044593	0.0055448	0.0067985	0.0082342	0.0098662	0.0117094
31	0.0044761	0.0055643	0.0068209	0.0082597	0.0098951	0.0117420
32	0.0044929	0.0055838	0.0068434	0.0082853	0.0099241	0.0117747
33	0.0045098	0.0056034	0.0068659	0.0083110	0.0099532	0.0118074
34	0.0045267	0.0056230	0.0068884	0.0083367	0.0099823	0.0118402

（续）

α/(°) α/(′)	13	14	15	16	17	18
	invα	invα	invα	invα	invα	invα
35	0.0045437	0.0056427	0.0069110	0.0083625	0.0100115	0.0118730
36	0.0045607	0.0056624	0.0069337	0.0083883	0.0100407	0.0119059
37	0.0045777	0.0056822	0.0069564	0.0084142	0.0100700	0.0119389
38	0.0045948	0.0057020	0.0069791	0.0084401	0.0100994	0.0119720
39	0.0046120	0.0057218	0.0070019	0.0084661	0.0101288	0.0120051
40	0.0046291	0.0057417	0.0070248	0.0084921	0.0101583	0.0120382
41	0.0046464	0.0057617	0.0070477	0.0085182	0.0101878	0.0120715
42	0.0046636	0.0057817	0.0070706	0.0085444	0.0102174	0.0121048
43	0.0046809	0.0058017	0.0070936	0.0085706	0.0102471	0.0121381
44	0.0046983	0.0058218	0.0071167	0.0085969	0.0102768	0.0121715
45	0.0047157	0.0058420	0.0071398	0.0086232	0.0103066	0.0122050
46	0.0047331	0.0058622	0.0071630	0.0086496	0.0103364	0.0122386
47	0.0047506	0.0058824	0.0071862	0.0086760	0.0103663	0.0122722
48	0.0047681	0.0059027	0.0072095	0.0087025	0.0103963	0.0123059
49	0.0047857	0.0059230	0.0072328	0.0087290	0.0104263	0.0123396
50	0.0048033	0.0059434	0.0072561	0.0087556	0.0104564	0.0123734
51	0.0048210	0.0059638	0.0072796	0.0087823	0.0104865	0.0124073
52	0.0048387	0.0059843	0.0073030	0.0088090	0.0105167	0.0124412
53	0.0048564	0.0060048	0.0073266	0.0088358	0.0105469	0.0124752
54	0.0048742	0.0060254	0.0073501	0.0088626	0.0105773	0.0125093
55	0.0048921	0.0060460	0.0073738	0.0088895	0.0106076	0.0125434
56	0.0049099	0.0060667	0.0073975	0.0089164	0.0106381	0.0125776
57	0.0049279	0.0060874	0.0074212	0.0089434	0.0106686	0.0126119
58	0.0049458	0.0061081	0.0074450	0.0089704	0.0106991	0.0126462
59	0.0049638	0.0061289	0.0074588	0.0089975	0.0107298	0.0126806
60	0.0049819	0.0061498	0.0074927	0.0090247	0.0107604	0.0127151

α/(°) α/(′)	19	20	21	22	23	24
	invα	invα	invα	invα	invα	invα
0	0.0127151	0.0149044	0.0173449	0.0200538	0.0230491	0.0263497
1	0.0127496	0.0149430	0.0173878	0.0201013	0.0231015	0.0264074
2	0.0127842	0.0149816	0.0174308	0.0201489	0.0231541	0.0264652
3	0.0128188	0.0150203	0.0174738	0.0201966	0.0232067	0.0265231
4	0.0128535	0.0150591	0.0175169	0.0202444	0.0232594	0.0265810
5	0.0128883	0.0150979	0.0175691	0.0202922	0.0233122	0.0266391
6	0.0129232	0.0151369	0.0176034	0.0203401	0.0233651	0.0266973
7	0.0129581	0.0151758	0.0176468	0.0203881	0.0234181	0.0267555
8	0.0129931	0.0152149	0.0176902	0.0204362	0.0234711	0.0268139
9	0.0130281	0.0152540	0.0177337	0.0204844	0.0235242	0.0268723
10	0.0130632	0.0152932	0.0177773	0.0205326	0.0235775	0.0269308
11	0.0130984	0.0153025	0.0178209	0.0205809	0.0236308	0.0269894
12	0.0131336	0.0153719	0.0178646	0.0206293	0.0236842	0.0270481
13	0.0131689	0.0154113	0.0179084	0.0206778	0.0237376	0.0271069
14	0.0132043	0.0154507	0.0179523	0.0207264	0.0237912	0.0271658
15	0.0132398	0.0154903	0.0179963	0.0207750	0.0238449	0.0272248
16	0.0132753	0.0155299	0.0180403	0.0208238	0.0238986	0.0272839
17	0.0133108	0.0155696	0.0180844	0.0208726	0.0239524	0.0273430
18	0.0133465	0.0156094	0.0181286	0.0209215	0.0240063	0.0274023
19	0.0133822	0.0156492	0.0181728	0.0209704	0.0240603	0.0274617
20	0.0134180	0.0156891	0.0182172	0.0210195	0.0241144	0.0275211
21	0.0134538	0.0157291	0.0182616	0.0210686	0.0241686	0.0275806
22	0.0134897	0.0157092	0.0183061	0.0211178	0.0242228	0.0276403
23	0.0135257	0.0158093	0.0183506	0.0211671	0.0242772	0.0277000
24	0.0135617	0.0158495	0.0183953	0.0212165	0.0243316	0.0277598

（续）

α/(°)	19	20	21	22	23	24
α/(′)	invα	invα	invα	invα	invα	invα
25	0.0135978	0.0158898	0.0184400	0.0212660	0.0243861	0.0278197
26	0.0136340	0.0159301	0.0184848	0.0213155	0.0244407	0.0278797
27	0.0136702	0.0159705	0.0185296	0.0213651	0.0244954	0.0279398
28	0.0137065	0.0160110	0.0185746	0.0214148	0.0245502	0.0279999
29	0.0137429	0.0160516	0.0186196	0.0214646	0.0246050	0.0280602
30	0.0137794	0.0160922	0.0186647	0.0215145	0.0246600	0.0281206
31	0.0138159	0.0161329	0.0187099	0.0215644	0.0247150	0.0281810
32	0.0138525	0.0161737	0.0187551	0.0216145	0.0247702	0.0282416
33	0.0138891	0.0162145	0.0188004	0.0216646	0.0248254	0.0283022
34	0.0139258	0.0162554	0.0188458	0.0217148	0.0248807	0.0283630
35	0.0139626	0.0162964	0.0188913	0.0217651	0.0249361	0.0284238
36	0.0139994	0.0163375	0.0189369	0.0218154	0.0249916	0.0284847
37	0.0140364	0.0163786	0.0189825	0.0218659	0.0256471	0.0285458
38	0.0140734	0.0164198	0.0190282	0.0219164	0.0251028	0.0286069
39	0.0141104	0.0164611	0.0190740	0.0219670	0.0251585	0.0286681
40	0.0141475	0.0165024	0.0191199	0.0220177	0.0252143	0.0287294
41	0.0141847	0.0165439	0.0191659	0.0220685	0.0252703	0.0287908
42	0.0142220	0.0165854	0.0192119	0.0221193	0.0253263	0.0288523
43	0.0142593	0.0166269	0.0192580	0.0221703	0.0253824	0.0289139
44	0.0142967	0.0166686	0.0193042	0.0222213	0.0254386	0.0289755
45	0.0143342	0.0167103	0.0193504	0.0222724	0.0254948	0.0290373
46	0.0143717	0.0167521	0.0193968	0.0223236	0.0255512	0.0290992
47	0.0144093	0.0167939	0.0194432	0.0223749	0.0256076	0.0291612
48	0.0144470	0.0168359	0.0194897	0.0224262	0.0256642	0.0292232
49	0.0144847	0.0168779	0.0195363	0.0224777	0.0257208	0.0292854
50	0.0145225	0.0169200	0.0195829	0.0225292	0.0257775	0.0293476
51	0.0145604	0.0169621	0.0196296	0.0225808	0.0258343	0.0294100
52	0.0145983	0.0170044	0.0196765	0.0226325	0.0258912	0.0294724
53	0.0146363	0.0170467	0.0197233	0.0226843	0.0259482	0.0295349
54	0.0146744	0.0170891	0.0197703	0.0227361	0.0260053	0.0295976
55	0.0147126	0.0171315	0.0198174	0.0227881	0.0260625	0.0296603
56	0.0147508	0.0171740	0.0198645	0.0228301	0.0261197	0.0297231
57	0.0147891	0.0172166	0.0199117	0.0228922	0.0261771	0.0297860
58	0.0148275	0.0172593	0.0199590	0.0229444	0.0262345	0.0298490
59	0.0148659	0.0173021	0.0200063	0.0229967	0.0262920	0.0299121
60	0.0149044	0.0173449	0.0200538	0.0230491	0.0263497	0.0299753

α/(°)	25	26	27	28	29	30
α/(′)	invα	invα	invα	invα	invα	invα
0	0.0299753	0.0339170	0.0382866	0.0430172	0.0481636	0.0537515
1	0.0300386	0.0340162	0.0383621	0.0430995	0.0482530	0.0538485
2	0.0301020	0.0340856	0.0384378	0.0431819	0.0483426	0.0539457
3	0.0301655	0.0341550	0.0385136	0.0432645	0.0484323	0.0540430
4	0.0302291	0.0342246	0.0385895	0.0433471	0.0485221	0.0541404
5	0.0302928	0.0342942	0.0386655	0.0434299	0.0486120	0.0542379
6	0.0303566	0.0343640	0.0387416	0.0435128	0.0487020	0.0543356
7	0.0304205	0.0344339	0.0388179	0.0435957	0.0487922	0.0544334
8	0.0304844	0.0345038	0.0388942	0.0436789	0.0488825	0.0545314
9	0.0305485	0.0345739	0.0389706	0.0437621	0.0489730	0.0546295
10	0.0306127	0.0346441	0.0390472	0.0438454	0.0490635	0.0547277
11	0.0306769	0.0347144	0.0391239	0.0439289	0.0491542	0.0548260
12	0.0307413	0.0347847	0.0392006	0.0440124	0.0492450	0.0549245
13	0.0308058	0.0348552	0.0392775	0.0440961	0.0493359	0.0550231
14	0.0308703	0.0349258	0.0393545	0.0441799	0.0494269	0.0551218

（续）

α/(°) \ α/(′)	25	26	27	28	29	30
	invα	invα	invα	invα	invα	invα
15	0.0309350	0.0349965	0.0394316	0.0442639	0.0495181	0.0552207
16	0.0309997	0.0350673	0.0395088	0.0443479	0.0496094	0.0553197
17	0.0310646	0.0351382	0.0395862	0.0444321	0.0497008	0.0554188
18	0.0311295	0.0352092	0.0396636	0.0445163	0.0497924	0.0555181
19	0.0311946	0.0352803	0.0397411	0.0446007	0.0498840	0.0556175
20	0.0312597	0.0353515	0.0398188	0.0446853	0.0499758	0.0557170
21	0.0313250	0.0354228	0.0398966	0.0447699	0.0500677	0.0558166
22	0.0313903	0.0354942	0.0399745	0.0448546	0.0501598	0.0559164
23	0.0314557	0.0355658	0.0400524	0.0449395	0.0502519	0.0560164
24	0.0315213	0.0356374	0.0401306	0.0450245	0.0503442	0.0561164
25	0.0315869	0.0357091	0.0402088	0.0451096	0.0504367	0.0562166
26	0.0316527	0.0357810	0.0402871	0.0451948	0.0505292	0.0563169
27	0.0317185	0.0358529	0.0403655	0.0452801	0.0506219	0.0564174
28	0.0317844	0.0359249	0.0404441	0.0453656	0.0507147	0.0565180
29	0.0318504	0.0359971	0.0405227	0.0454512	0.0508076	0.0566187
30	0.0319166	0.0360694	0.0406015	0.0455369	0.0509006	0.0567196
31	0.0319828	0.0361417	0.0406804	0.0456227	0.0509938	0.0568206
32	0.0320491	0.0362142	0.0407594	0.0457086	0.0510871	0.0569217
33	0.0321156	0.0362868	0.0408385	0.0457947	0.0511806	0.0570230
34	0.0321821	0.0363594	0.0409177	0.0458808	0.0512741	0.0571244
35	0.0322487	0.0364322	0.0409970	0.0459671	0.0513678	0.0572259
36	0.0323154	0.0365051	0.0410765	0.0460535	0.0514616	0.0573276
37	0.0323823	0.0365781	0.0411561	0.0461401	0.0515555	0.0574294
38	0.0334492	0.0366512	0.0412357	0.0462267	0.0516496	0.0575313
39	0.0325162	0.0367244	0.0413155	0.0463135	0.0517438	0.0576334
40	0.0325833	0.0367977	0.0413954	0.0464004	0.0518381	0.0577356
41	0.0326506	0.0368712	0.0414754	0.0464874	0.0519326	0.0578380
42	0.0327179	0.0369447	0.0415555	0.0465745	0.0520271	0.0579405
43	0.0327853	0.0370183	0.0416358	0.0466618	0.0521218	0.0580431
44	0.0328528	0.0370921	0.0417161	0.0467491	0.0522167	0.0581458
45	0.0329205	0.0371659	0.0417966	0.0468366	0.0523116	0.0582487
46	0.0329882	0.0372399	0.0418772	0.0469242	0.0524067	0.0583518
47	0.0330560	0.0373139	0.0419579	0.0470120	0.0525019	0.0584549
48	0.0331239	0.0373881	0.0420387	0.0470998	0.0525973	0.0585582
49	0.0331920	0.0374624	0.0421196	0.0471878	0.0526928	0.0586617
50	0.0332601	0.0375368	0.0422006	0.0472759	0.0527884	0.0587652
51	0.0333283	0.0376113	0.0422818	0.0473641	0.0528841	0.0588690
52	0.0333967	0.0376859	0.0423630	0.0474525	0.0529800	0.0589728
53	0.0334651	0.0377606	0.0424444	0.0475409	0.0530759	0.0590768
54	0.0335336	0.0378354	0.0425259	0.0476295	0.0531721	0.0591809
55	0.0336023	0.0379103	0.0426075	0.0477182	0.0532683	0.0592352
56	0.0336710	0.0379853	0.0426892	0.0478070	0.0533647	0.0593896
57	0.0337398	0.0380605	0.0427710	0.0478960	0.0534612	0.0594941
58	0.0338088	0.0381357	0.0428530	0.0479851	0.0535578	0.0595988
59	0.0338778	0.0382111	0.0429351	0.0480743	0.0536546	0.0597036
60	0.0339470	0.0382866	0.0430172	0.0481636	0.0537515	0.0598086

α/(°) \ α/(′)	31	32	33	34	35	36
	invα	invα	invα	invα	invα	invα
0	0.0598086	0.0663640	0.0734489	0.0810966	0.0893423	0.0982240
1	0.0599136	0.0664776	0.0735717	0.0812290	0.0894850	0.0983776
2	0.0600189	0.0665915	0.0736946	0.0813616	0.0896279	0.0985315
3	0.0601242	0.0667054	0.0738177	0.0814943	0.0897710	0.0986855
4	0.0602297	0.0668195	0.0739409	0.0816273	0.0899142	0.0988397

（续）

α/(°) α/(′)	31	32	33	34	35	36
	invα	invα	invα	invα	invα	invα
5	0.0603354	0.0669337	0.0740643	0.0817604	0.0900576	0.0989941
6	0.0604412	0.0670481	0.0741878	0.0818936	0.0902012	0.0991487
7	0.0605471	0.0671627	0.0743115	0.0820271	0.0903450	0.0993035
8	0.0606532	0.0672774	0.0744354	0.0821606	0.0904889	0.0994584
9	0.0607594	0.0673922	0.0745594	0.0822944	0.0906330	0.0996136
10	0.0608657	0.0675072	0.0746835	0.0824283	0.0907774	0.0997689
11	0.0609722	0.0676223	0.0748079	0.0825624	0.0909218	0.0999245
12	0.0610788	0.0677376	0.0749324	0.0826967	0.0910665	0.1000802
13	0.0611856	0.0678530	0.0750570	0.0828311	0.0912113	0.1002361
14	0.0612925	0.0679686	0.0751818	0.0829657	0.0913564	0.1003922
15	0.0613995	0.0680843	0.0753068	0.0831005	0.0915016	0.1005485
16	0.0615067	0.0682002	0.0754319	0.0832354	0.0916469	0.1007050
17	0.0616140	0.0683162	0.0755571	0.0833705	0.0917925	0.1008616
18	0.0617215	0.0684324	0.0756826	0.0835058	0.0919382	0.1010185
19	0.0618291	0.0685487	0.0758082	0.0836413	0.0920842	0.1011756
20	0.0619368	0.0686652	0.0759339	0.0837769	0.0922303	0.1013328
21	0.0620447	0.0687818	0.0760598	0.0839127	0.0923765	0.1014903
22	0.0621527	0.0688986	0.0761859	0.0840486	0.0925230	0.1016479
23	0.0622609	0.0690155	0.0763121	0.0841847	0.0926696	0.1018057
24	0.0623692	0.0691326	0.0764385	0.0843210	0.0928165	0.1019637
25	0.0624777	0.0692499	0.0765651	0.0844575	0.0929635	0.1021220
26	0.0625863	0.0693672	0.0766918	0.0845941	0.0931106	0.1022804
27	0.0626950	0.0694848	0.0768187	0.0847309	0.0932580	0.1024389
28	0.0628039	0.0696024	0.0769457	0.0848679	0.0934055	0.1025977
29	0.0629129	0.0697203	0.0770729	0.0850051	0.0935533	0.1027567
30	0.0630221	0.0698383	0.0772003	0.0851424	0.0937012	0.1029159
31	0.0631314	0.0699564	0.0773278	0.0852799	0.0938493	0.1030753
32	0.0632408	0.0700747	0.0774555	0.0854175	0.0939976	0.1032348
33	0.0633504	0.0701931	0.0775833	0.0855553	0.0941460	0.1033946
34	0.0634602	0.0703117	0.0777113	0.0856933	0.0942946	0.1035545
35	0.0635700	0.0704304	0.0778395	0.0858315	0.0944435	0.1037147
36	0.0636801	0.0705493	0.0779678	0.0859699	0.0945925	0.1038750
37	0.0637902	0.0706684	0.0780968	0.0861084	0.0947417	0.1040356
38	0.0639005	0.0707876	0.0782249	0.0862471	0.0948910	0.1041963
39	0.0640110	0.0709069	0.0783537	0.0863859	0.0950406	0.1043572
40	0.0641216	0.0710265	0.0784827	0.0865250	0.0951903	0.1045184
41	0.0642323	0.0711461	0.0786118	0.0866642	0.0953402	0.1046797
42	0.0643432	0.0712659	0.0787411	0.0868036	0.0954904	0.1048412
43	0.0644542	0.0713859	0.0788706	0.0869431	0.0956406	0.1050029
44	0.0645654	0.0715060	0.0790002	0.0870829	0.0957911	0.1051648
45	0.0646767	0.0716263	0.0791300	0.0872228	0.0959418	0.1053269
46	0.0647882	0.0717467	0.0792600	0.0873628	0.0960926	0.1054892
47	0.0648998	0.0718673	0.0793901	0.0875031	0.0962437	0.1056517
48	0.0650116	0.0719880	0.0795204	0.0876435	0.0963949	0.1058144
49	0.0651235	0.0721089	0.0796508	0.0877841	0.0965463	0.1059773
50	0.0652355	0.0722300	0.0797814	0.0879249	0.0966979	0.1061404
51	0.0653477	0.0723512	0.0799122	0.0880659	0.0968496	0.1063037
52	0.0654600	0.0724725	0.0800431	0.0882070	0.0970016	0.1064672
53	0.0655725	0.0725940	0.0801742	0.0883483	0.0971537	0.1066309
54	0.0656851	0.0727157	0.0803055	.0884898	0.0973061	0.1067947
55	0.0657979	0.0728375	0.0804369	0.0886314	0.0974586	0.1069588
56	0.0659108	0.0729595	0.0805685	0.0887732	0.0976113	0.1071231
57	0.0660239	0.0730816	0.0807003	0.0889152	0.0977643	0.1072876
58	0.0661371	0.0732039	0.0808322	0.0890574	0.0979173	0.1074523
59	0.0662505	0.0733263	0.0809643	0.0891998	0.0980705	0.1076172
60	0.0663640	0.0734489	0.0810966	0.0893423	0.0982240	0.1077822

（续）

α/(°)	37	38	39	40	41	42
α/(′)	invα	invα	invα	invα	invα	invα
0	0.1077822	0.1180605	0.1291056	0.1409679	0.1537017	0.1673658
1	0.1079475	0.1182382	0.1292965	0.1411729	0.1539217	0.1676017
2	0.1081130	0.1184161	0.1294876	0.1413780	0.1541419	0.1678380
3	0.1082787	0.1185942	0.1296789	0.1415835	0.1543623	0.1680745
4	0.1084445	0.1187725	0.1298704	0.1417891	0.1545831	0.1683113
5	0.1086106	0.1189510	0.1300622	0.1419950	0.1548040	0.1685484
6	0.1087769	0.1191297	0.1302542	0.1422012	0.1550253	0.1687857
7	0.1089434	0.1193087	0.1304464	0.1424076	0.1552468	0.1690234
8	0.1091101	0.1194878	0.1306389	0.1426142	0.1554685	0.1692613
9	0.1092770	0.1196672	0.1308316	0.1428211	0.1556905	0.1694994
10	0.1094441	0.1198468	0.1310245	0.1430282	0.1559128	0.1697379
11	0.1096113	0.1200266	0.1312177	0.1432355	0.1561354	0.1699767
12	0.1097788	0.1202066	0.1314110	0.1434432	0.1563582	0.1702157
13	0.1099465	0.1203869	0.1316046	0.1436510	0.1565812	0.1704550
14	0.1101144	0.1205673	0.1317985	0.1438591	0.1568046	0.1706946
15	0.1102825	0.1207480	0.1319925	0.1440675	0.1570281	0.1709344
16	0.1104508	0.1209289	0.1321868	0.1442761	0.1572520	0.1711746
17	0.1106193	0.1211100	0.1323814	0.1444849	0.1574761	0.1714150
18	0.1107880	0.1212913	0.1325761	0.1446940	0.1577005	0.1716557
19	0.1109570	0.1214728	0.1327711	0.1449033	0.1579251	0.1718967
20	0.1111261	0.1216546	0.1329663	0.1451129	0.1581500	0.1721380
21	0.1112954	0.1218366	0.1331618	0.1453227	0.1583752	0.1723795
22	0.1114649	0.1220188	0.1333575	0.1455328	0.1586006	0.1726214
23	0.1116347	0.1222012	0.1335534	0.1457431	0.1588263	0.1728635
24	0.1118046	0.1223838	0.1337495	0.1459537	0.1590523	0.1731059
25	0.1119747	0.1225666	0.1339459	0.1461645	0.1592785	0.1733486
26	0.1121451	0.1227497	0.1341425	0.1463756	0.1595050	0.1735915
27	0.1123156	0.1229330	0.1343394	0.1465869	0.1597318	0.1738348
28	0.1124864	0.1231165	0.1345365	0.1467985	0.1599588	0.1740763
29	0.1126574	0.1233002	0.1347338	0.1470103	0.1601861	0.1743221
30	0.1128285	0.1234842	0.1349313	0.1472223	0.1604136	0.1745662
31	0.1129999	0.1236683	0.1351291	0.1474346	0.1606414	0.1748106
32	0.1131715	0.1238527	0.1353271	0.1476472	0.1608695	0.1750553
33	0.1133433	0.1240373	0.1355254	0.1478600	0.1610979	0.1753003
34	0.1135153	0.1242221	0.1357239	0.1480731	0.1613265	0.1755455
35	0.1136875	0.1244072	0.1359226	0.1482864	0.1615554	0.1757911
36	0.1138599	0.1245924	0.1361216	0.1485000	0.1617846	0.1760369
37	0.1140325	0.1247779	0.1363208	0.1487138	0.1620140	0.1762830
38	0.1142053	0.1249636	0.1365202	0.1489279	0.1622437	0.1765294
39	0.1143784	0.1251495	0.1367199	0.1491422	0.1624737	0.1767761
40	0.1145516	0.1253357	0.1369198	0.1493568	0.1627039	0.1770230
41	0.1147250	0.1255221	0.1371199	0.1495716	0.1629344	0.1772703
42	0.1148987	0.1257086	0.1373203	0.1497867	0.1631652	0.1775178
43	0.1150726	0.1258955	0.1375209	0.1500020	0.1633962	0.1777657
44	0.1152467	0.1260825	0.1377218	0.1502176	0.1636276	0.1780138
45	0.1154209	0.1262698	0.1379228	0.1504335	0.1638592	0.1782622
46	0.1155954	0.1264572	0.1381242	0.1506495	0.1640910	0.1785109
47	0.1157701	0.1266450	0.1383257	0.1508659	0.1643232	0.1787600
48	0.1159451	0.1268329	0.1385275	0.1510825	0.1645556	0.1790092
49	0.1161202	0.1270210	0.1387296	0.1512994	0.1647882	0.1792588
50	0.1162955	0.1272094	0.1389319	0.1515105	0.1650212	0.1795087
51	0.1164711	0.1273980	0.1391344	0.1517339	0.1652544	0.1797589
52	0.1166468	0.1275869	0.1393372	0.1519515	0.1654879	0.1800093
53	0.1168228	0.1277759	0.1395402	0.1521694	0.1657217	0.1802601
54	0.1169990	0.1279652	0.1397434	0.1523875	0.1659557	0.1805111

（续）

α/(′) \ α/(°)	37	38	39	40	41	42
	invα	invα	invα	invα	invα	invα
55	0.1171754	0.1281547	0.1399469	0.1526059	0.1661901	0.1807624
56	0.1173520	0.1283444	0.1401506	0.1528246	0.1664246	0.1810141
57	0.1175288	0.1285344	0.1403546	0.1530435	0.1666595	0.1812660
58	0.1177058	0.1287246	0.1405588	0.1532626	0.1668946	0.1815182
59	0.1178831	0.1289150	0.1407632	0.1534821	0.1671301	0.1817707
60	0.1180605	0.1291056	0.1409679	0.1537017	0.1673658	0.1820235

注：1. 查 inv25°01′25″的值，可查上表 25°01′和 25°02′，可得 0.0300386 和 0.0301020，差值为 634，即 0.0000634，所以得：inv25°01′25″= 0.0300386+25×0.0000634/60 = 0.0300650。表中的“差值”为该行值与下一行值的差。

2. 如 invα = 0.0156991，则查上表 0.0156891 可得 20°20′，其差为 0.0000100，则 0.0000100×60/0.0000400 = 15，所以α = 20°20′15″。

表 12-16　直齿插齿刀的基本参数和切制内齿轮时内齿轮的最小齿数　（单位：mm）

插齿刀形式	d_0	m	z_0	d_{a0}	h_{a0}^*	x_2: 0	0.2	0.4	0.6	0.8	1.0	1.2	1.5	2.0
						z_{2min}								
盘形直齿插齿刀 GB/T 6081—2001（公称分度圆直径 d_0 = 75）	76	1	76	78.50	1.25	115	107	101	96	91	87	84	81	79
	75	1.25	60	78.56		96	89	83	78	74	70	67	65	62
	75	1.5	50	79.56		83	76	71	66	62	59	57	54	52
	75.25	1.75	43	80.67		74	68	62	58	54	51	49	47	45
	76	2	38	82.24		68	61	56	52	49	46	44	42	40
	76.5	2.25	34	83.48		59	54	49	45	43	40	39	37	36
	75	2.5	30	82.34		54	49	44	41	38	34	34	33	31
	77	2.75	28	84.92		52	47	42	39	36	34	33	31	30
	75	3	25	83.34		48	43	38	35	33	31	29	28	26
	78	3.25	24	86.96		46	41	37	34	31	29	28	27	25
	77	3.5	22	86.44		44	39	35	31	29	27	26	25	23
	75	3.75	20	84.90		41	36	32	29	27	25	24	22	21
	76	4	19	86.32		40	35	31	28	26	24	23	21	20
碗形直齿插齿刀 GB/T 6081—2001（公称分度圆直径 d_0 = 100）	100	1	100	102.62	1.25	156	147	139	132	125	118	114	110	105
	100	1.25	80	103.94		126	118	111	105	99	94	91	87	83
	102	1.5	68	107.14		110	102	95	89	85	80	77	74	71
	101.5	1.75	58	107.62		96	89	83	77	73	69	66	63	61
	100	2	50	107.00		85	78	72	67	63	60	57	55	52
	101.25	2.25	45	109.09		78	71	66	61	57	54	52	49	47
	100	2.5	40	108.36		70	64	59	54	51	48	46	44	42
	99	2.75	36	107.86		65	59	54	50	47	44	42	40	38
	102	3	34	111.54		61	55	51	47	44	41	39	37	35
	100.75	3.25	31	110.71		56	51	46	43	40	37	36	34	33
	101.5	3.5	29	112.08		54	48	43	40	37	34	33	31	30
	101.25	3.75	27	112.35		50	45	41	37	35	33	31	30	28
	100	4	25	111.46		48	43	38	35	33	31	29	28	26
	99	4.5	22	111.78	1.3	43	38	34	31	29	27	26	24	23
	100	5	20	113.90		41	36	32	29	27	25	24	22	21
	104.5	5.5	19	119.68		40	35	31	28	26	24	23	21	20
	108	6	18	124.56		38	33	29	26	24	22	21	20	18
锥柄直齿插齿刀 GB/T 6081—2001（公称分度圆直径 d_0 = 25）	25	1.25	20	28.38	1.25	40	35	32	29	26	25	24	22	21
	27	1.5	18	31.04		48	33	30	27	24	23	22	20	19
	26.25	1.75	15	30.89		35	30	26	23	21	20	19	17	16
	26	2	13	31.24		34	28	24	21	19	17	17	15	14
	27	2.25	12	32.90		32	27	23	20	18	16	16	14	13
	25	2.5	10	31.26		30	25	21	18	16	14	14	12	11
	27.5	2.75	10	34.48		30	25	21	18	16	14	14	12	11

表 12-17　公法线长度 W^*（$m=m_n=1$、$\alpha=\alpha_n=20°$）　　（单位：mm）

假想齿数 z'	跨测齿数 k	公法线长度 W^*
8	2	4.5402
9	2	4.5542
10	2	4.5683
11	2	4.5823
12	2	4.5963
13	2	4.6103
	3	7.5624
14	2	4.6243
	3	7.5764
15	2	4.6383
	3	7.5904
16	2	4.6523
	3	7.6044
17	2	4.6663
	3	7.6184
	4	10.5706
18	2	4.6803
	3	7.6324
	4	10.5846
19	2	4.6943
	3	7.6464
	4	10.5986
20	2	4.7083
	3	7.6604
	4	10.6126
21	2	4.7223
	3	7.6744
	4	10.6266
22	2	4.7364
	3	7.6885
	4	10.6406
23	2	4.7504
	3	7.7025
	4	10.6546
	5	13.6067

假想齿数 z'	跨测齿数 k	公法线长度 W^*
24	2	4.7644
	3	7.7165
	4	10.6686
	5	13.6207
25	2	4.7784
	3	7.7305
	4	10.6826
	5	13.6347
26	2	4.7924
	3	7.7445
	4	10.6966
	5	13.6487
27	2	4.8064
	3	7.7585
	4	10.7106
	5	13.6627
28	2	4.8204
	3	7.7725
	4	10.7246
	5	13.6767
29	2	4.8344
	3	7.7865
	4	10.7386
	5	13.6908
30	2	4.8484
	3	7.8005
	4	10.7526
	5	13.7048
	6	16.6669
31	2	4.8623
	3	7.8145
	4	10.7666
	5	13.7188
	6	16.6709
32	2	4.8763
	3	7.8285
	4	10.7806
	5	13.7328
	6	16.6849

假想齿数 z'	跨测齿数 k	公法线长度 W^*
33	2	4.8903
	3	7.8425
	4	10.7946
	5	13.7468
	6	16.6989
34	2	4.9043
	3	7.8565
	4	10.8086
	5	13.7608
	6	16.7129
35	2	4.9184
	3	7.8705
	4	10.8227
	5	13.7748
	6	16.7269
36	2	4.9324
	3	7.8845
	4	10.8367
	5	13.7888
	6	16.7409
	7	19.6931
37	2	4.9464
	3	7.8985
	4	10.8507
	5	13.8028
	6	16.7549
	7	19.7071
38	2	4.9604
	3	7.9125
	4	10.8647
	5	13.8168
	6	16.7689
	7	19.7211
39	2	4.9744
	3	7.9265
	4	10.8787
	5	13.8308
	6	16.7829
	7	19.7351

假想齿数 z'	跨测齿数 k	公法线长度 W^*
40	2	4.9884
	3	7.9406
	4	10.8927
	5	13.8448
	6	16.7969
	7	19.7491
41	3	7.9546
	4	10.9067
	5	13.8588
	6	16.8110
	7	19.7631
	8	22.7152
42	3	7.9686
	4	10.9207
	5	13.8728
	6	16.8250
	7	19.7771
43	3	7.9826
	4	10.9347
	5	13.8868
	6	16.8390
	7	19.7911
	8	22.7432
44	3	7.9966
	4	10.9487
	5	13.9008
	6	16.8530
	7	19.8051
	8	22.7572
45	3	8.0106
	4	10.9627
	5	13.9148
	6	16.8670
	7	19.8191
	8	22.7712
46	3	8.0246
	4	10.9767
	5	13.9288
	6	16.8810
	7	19.8331
	8	22.7852

（续）

假想齿数 z'	跨测齿数 k	公法线长度 W^*	假想齿数 z'	跨测齿数 k	公法线长度 W^*	假想齿数 z'	跨测齿数 k	公法线长度 W^*	假想齿数 z'	跨测齿数 k	公法线长度 W^*
47	3	8.0386	54	4	11.0888	61	5	14.1389	68	6	17.1891
	4	10.9907		5	14.0409		6	17.0911		7	20.1412
	5	13.9429		6	16.9930		7	20.0432		8	23.0934
	6	16.8950		7	19.9452		8	22.9953		9	26.0455
	7	19.8471		8	22.8973		9	25.9475		10	28.9976
	8	22.7992		9	25.8494		10	28.8996		11	31.9498
48	4	11.0047	55	4	11.1028	62	5	14.1529	69	6	17.2031
	5	13.9569		5	14.0549		6	17.1051		7	20.1552
	6	16.9090		6	17.0070		7	20.0572		8	23.1074
	7	19.8611		7	19.9592		8	23.0093		9	26.0595
	8	22.8133		8	22.9113		9	25.9615		10	29.0116
				9	25.8634		10	28.9136		11	31.9638
49	4	11.0187	56	5	14.0689	63	5	14.1669	70	6	17.2171
	5	13.9709		6	17.0210		6	17.1191		7	20.1692
	6	16.9230		7	19.9732		7	20.0712		8	23.1214
	7	19.8751		8	22.9253		8	23.0233		9	26.0735
	8	22.8273		9	25.8774		9	25.9755		10	29.0256
	9	25.7794		10	28.8296		10	28.9276		11	31.9778
50	4	11.0327	57	5	14.0829	64	6	17.1331	71	6	17.2311
	5	13.9849		6	17.0350		7	20.0852		7	20.1832
	6	16.9370		7	19.9872		8	23.0373		8	23.1354
	7	19.8891		8	22.9393		9	25.9895		9	26.0875
	8	22.8413		9	25.8914		10	28.9416		10	29.0396
	9	25.7934		10	28.8436		11	31.8937		11	31.9918
51	4	11.0467	58	5	14.0969	65	6	17.1471	72	6	17.2451
	5	13.9989		6	17.0490		7	20.0992		7	20.1973
	6	16.9510		7	20.0012		8	23.0513		8	23.1494
	7	19.9031		8	22.9533		9	26.0035		9	26.1015
	8	22.8553		9	25.9054		10	28.9556		10	29.0536
	9	25.8074		10	28.8576		11	31.9077		11	32.0058
52	4	11.0607	59	5	14.1109	66	6	17.1611	73	7	20.2113
	5	14.0129		6	17.0630		7	20.1132		8	23.1634
	6	16.9660		7	20.0152		8	23.0654		9	26.1155
	7	19.9171		8	22.9673		9	26.0175		10	29.0677
	8	22.8693		9	25.9194		10	28.9696		11	32.0198
	9	25.8214		10	28.8716		11	31.9217		12	34.9719
53	4	11.0748	60	5	14.1249	67	6	17.1751	74	7	20.2253
	5	14.0269		6	17.0771		7	20.1272		8	23.1774
	6	16.9790		7	20.0292		8	23.0794		9	26.1295
	7	19.9311		8	22.9813		9	26.0315		10	29.0817
	8	22.8833		9	25.9334		10	28.9836		11	32.0338
	9	25.8354		10	28.8856		11	31.9358		12	34.9859

（续）

假想齿数 z'	跨测齿数 k	公法线长度 W^*	假想齿数 z'	跨测齿数 k	公法线长度 W^*	假想齿数 z'	跨测齿数 k	公法线长度 W^*	假想齿数 z'	跨测齿数 k	公法线长度 W^*
75	7	20.2393	82	8	23.2894	89	8	23.3875	96	9	26.4376
	8	23.1914		9	26.2416		9	26.3396		10	29.3898
	9	26.1435		10	29.1937		10	29.2917		11	32.3419
	10	29.0957		11	32.1458		11	32.2439		12	35.2940
	11	32.0478		12	35.0980		12	35.1960		13	38.2462
	12	34.9999		13	33.0501		13	38.1481		14	41.1983
76	7	20.2533	83	8	23.3034	90	9	26.3536	97	9	26.4517
	8	23.2054		9	26.2556		10	29.3057		10	29.4038
	9	26.1575		10	29.2077		11	32.2579		11	32.3559
	10	29.1097		11	32.1598		12	35.2100		12	35.3080
	11	32.0618		12	35.1120		13	38.1621		13	38.2602
	12	35.0139		13	38.0641		14	41.1143		14	41.2123
77	7	20.2673	84	8	23.3175	91	9	26.3676	98	9	26.4657
	8	23.2194		9	26.2696		10	29.3198		10	29.4178
	9	26.1715		10	29.2217		11	32.2719		11	32.3699
	10	29.1237		11	32.1738		12	35.2240		12	35.3221
	11	32.0758		12	35.1260		13	38.1761		13	38.2742
	12	35.0279		13	38.0781		14	41.1283		14	41.2263
78	7	20.2813	85	8	23.3315	92	9	26.3816	99	10	29.4318
	8	23.2334		9	26.2836		10	29.3338		11	32.3839
	9	26.1855		10	29.2357		11	32.2859		12	35.3361
	10	29.1377		11	32.1879		12	35.2380		13	38.2882
	11	32.0898		12	35.1400		13	38.1902		14	41.2403
	12	35.0419		13	38.0921		14	41.1423		15	44.1925
79	7	20.2953	86	8	23.3455	93	9	26.3956	100	10	29.4458
	8	23.2474		9	26.2976		10	39.3478		11	32.3979
	9	26.1996		10	29.2497		11	32.2999		12	35.3501
	10	29.1517		11	32.2019		12	35.2520		13	38.3022
	11	32.1038		12	35.1540		13	38.2042		14	41.2543
	12	35.0559		13	38.1061		14	41.1563		15	44.2065
80	7	20.3093	87	8	23.3595	94	9	26.4096	101	10	29.4598
	8	23.2614		9	26.3116		10	29.3618		11	32.4119
	9	26.2136		10	29.2637		11	32.3139		12	35.3641
	10	29.1657		11	32.2159		12	35.2660		13	38.3162
	11	32.1178		12	35.1680		13	38.2182		14	41.2683
	12	35.0700		13	38.1201		14	41.1703		15	44.2205
81	8	23.2754	88	8	23.3735	95	9	26.4236	102	10	29.4738
	9	26.2276		9	26.3256		10	29.3758		11	32.4259
	10	29.1797		10	29.2777		11	32.3279		12	35.3781
	11	32.1318		11	32.2299		12	35.2800		13	38.3302
	12	35.0840		12	35.1820		13	38.2322		14	41.2823
	13	38.0361		13	38.1341		14	41.1843		15	44.2345

（续）

假想齿数 z'	跨测齿数 k	公法线长度 W^*	假想齿数 z'	跨测齿数 k	公法线长度 W^*	假想齿数 z'	跨测齿数 k	公法线长度 W^*	假想齿数 z'	跨测齿数 k	公法线长度 W^*
103	10	29.4878	110	11	32.5380	117	12	35.5882	124	12	35.6862
	11	32.4400		12	35.4901		13	38.5403		13	38.6383
	12	35.3921		13	38.4423		14	41.4924		14	41.5905
	13	38.3442		14	41.3944		15	44.4446		15	44.5426
	14	41.2963		15	44.3465		16	47.3967		16	47.4947
	15	44.2485		16	47.2986		17	50.3488		17	50.4469
104	10	29.5018	111	11	32.5520	118	12	35.6022	125	13	38.6523
	11	32.4540		12	35.5041		13	38.5543		14	41.6045
	12	35.4061		13	38.4563		14	41.5064		15	44.5566
	13	38.3582		14	41.4084		15	44.4586		16	47.5087
	14	41.3104		15	44.3605		16	47.4107		17	50.4609
	15	44.2625		16	47.3127		17	50.3628		18	53.4130
105	10	29.5158	112	11	32.5660	119	12	35.6162	126	13	38.6663
	11	32.4680		12	35.5181		13	38.5683		14	41.6185
	12	35.4201		13	38.4703		14	41.5204		15	44.5706
	13	38.3722		14	41.4224		15	44.4726		16	47.5227
	14	41.3244		15	44.3745		16	47.4247		17	50.4749
	15	44.2765		16	47.3267		17	50.3768		18	53.4270
106	10	29.5298	113	11	32.5800	120	12	35.6302	127	13	38.6803
	11	32.4820		12	35.5321		13	38.5823		14	41.6325
	12	35.4341		13	38.4843		14	41.5344		15	44.5846
	13	38.3862		14	41.4364		15	44.4866		16	47.5367
	14	41.3384		15	44.3885		16	47.4387		17	50.4889
	15	44.2905		16	47.3407		17	50.3908		18	53.4410
107	10	29.5438	114	11	32.5940	121	12	35.6442	128	13	38.6944
	11	32.4960		12	35.5461		13	38.5963		14	41.6465
	12	35.4481		13	38.4983		14	41.5484		15	44.5986
	13	38.4002		14	41.4504		15	44.5006		16	47.5507
	14	41.3524		15	44.4025		16	47.4527		17	50.5029
	15	44.3045		16	47.3547		17	50.4048		18	53.4550
108	11	32.5100	115	11	32.6080	122	12	35.6582	129	13	38.7084
	12	35.4621		12	35.5601		13	38.6103		14	41.6605
	13	38.4142		13	38.5123		14	41.5625		15	44.6126
	14	41.3664		14	41.4644		15	44.5146		16	47.5648
	15	44.3185		15	44.4165		16	47.4667		17	50.5169
	16	47.2706		16	47.3687		17	50.4188		18	53.4690
109	11	32.5240	116	11	32.6220	123	12	35.6722	130	13	38.7224
	12	35.4761		12	35.5742		13	38.6243		14	41.6745
	13	38.4282		13	38.5263		14	41.5765		15	44.6266
	14	41.3804		14	41.4784		15	44.5286		16	47.5788
	15	44.3325		15	44.4305		16	47.4807		17	50.5309
	16	47.2846		16	47.3827		17	50.4329		18	53.4830

（续）

假想齿数 z'	跨测齿数 k	公法线长度 W^*	假想齿数 z'	跨测齿数 k	公法线长度 W^*	假想齿数 z'	跨测齿数 k	公法线长度 W^*	假想齿数 z'	跨测齿数 k	公法线长度 W^*
131	13	38.7364	138	14	41.7865	145	15	44.8367	152	16	47.8869
	14	41.6885		15	44.7387		16	47.7888		17	50.8390
	15	44.6406		16	47.6908		17	50.7410		18	53.7911
	16	47.5928		17	50.6429		18	53.6931		19	56.7433
	17	50.5449		18	53.5951		19	56.6452		20	59.6954
	18	53.4970		19	56.5472		20	59.5974		21	62.6475
132	13	38.7504	139	14	41.8005	146	15	44.8507	153	16	47.9009
	14	41.7025		15	44.7527		16	47.8028		17	50.8530
	15	44.6546		16	47.7048		17	50.7550		18	53.8051
	16	47.6068		17	50.6569		18	53.7071		19	56.7573
	17	50.5589		18	53.6091		19	56.6592		20	59.7094
	18	53.5110		19	56.5612		20	59.6114		21	62.6615
133	13	38.7644	140	14	41.8145	147	15	44.8647	154	16	47.9149
	14	41.7165		15	44.7667		16	47.8169		17	50.8670
	15	44.6686		16	47.7188		17	50.7690		18	53.8192
	16	47.6208		17	50.6709		18	53.7211		19	56.7713
	17	50.5729		18	53.6231		19	56.6732		20	59.7234
	18	53.5250		19	56.5752		20	59.6254		21	62.6755
134	14	41.7305	141	14	41.8286	148	15	44.8787	155	16	47.9289
	15	44.6826		15	44.7807		16	47.8309		17	50.8810
	16	47.6348		16	47.7328		17	50.7830		18	53.8332
	17	50.5869		17	50.6849		18	53.7351		19	56.7853
	18	53.5390		18	53.6371		19	56.6873		20	59.7374
	19	56.4912		19	56.5892		20	59.6394		21	62.6896
135	14	41.7445	142	14	41.8426	149	15	44.8927	156	16	47.9429
	15	44.6967		15	44.7947		16	47.8449		17	50.8950
	16	47.6488		16	47.7468		17	50.7970		18	53.8472
	17	50.6009		17	50.6990		18	53.7491		19	56.7993
	18	53.5530		18	53.6511		19	56.7013		20	59.7514
	19	56.5052		19	56.6032		20	59.6534		21	62.7036
136	14	41.7585	143	15	44.8087	150	15	44.9067	157	16	47.9569
	15	44.7107		16	47.7608		16	47.8589		17	50.9090
	16	47.6628		17	50.7130		17	50.8110		18	53.8612
	17	50.6149		18	53.6651		18	53.7631		19	56.8133
	18	53.5671		19	56.6172		19	56.7153		20	59.7654
	19	56.5192		20	59.5694		20	59.6674		21	62.7176
137	14	41.7725	144	15	44.8227	151	15	44.9207	158	16	47.9709
	15	44.7247		16	47.7748		16	47.8729		17	50.9230
	16	47.6768		17	50.7270		17	50.8250		18	53.8752
	17	50.6289		18	53.6791		18	53.7771		19	56.8273
	18	53.5811		19	56.6312		19	56.7293		20	59.7794
	19	56.5332		20	59.5834		20	59.6814		21	62.7316

（续）

假想齿数 z'	跨测齿数 k	公法线长度 W^*	假想齿数 z'	跨测齿数 k	公法线长度 W^*	假想齿数 z'	跨测齿数 k	公法线长度 W^*	假想齿数 z'	跨测齿数 k	公法线长度 W^*
159	16	47.9849	166	17	51.0351	173	18	54.0853	180	19	57.1354
	17	50.9370		18	53.9872		19	57.0374		20	60.0876
	18	53.8892		19	56.9394		20	59.9895		21	63.0397
	19	56.8413		20	59.8915		21	62.9417		22	65.9918
	20	59.7934		21	62.8436		22	65.8938		23	68.9440
	21	62.7456		22	65.7957		23	68.8459		24	71.8961
160	16	47.9989	167	17	51.0491	174	18	54.0993	181	19	57.1494
	17	50.9511		18	54.0012		19	57.0514		20	60.1016
	18	53.9032		19	56.9534		20	60.0035		21	63.0537
	19	56.8553		20	59.9055		21	62.9557		22	66.0058
	20	59.8074		21	62.8576		22	65.9078		23	68.9580
	21	62.7596		22	65.8098		23	68.8599		24	71.9101
161	17	50.9651	168	17	51.0631	175	18	54.1133	182	19	57.1634
	18	53.9172		18	54.0152		19	57.0654		20	60.1156
	19	56.8693		19	56.9674		20	60.0175		21	63.0677
	20	59.8215		20	59.9195		21	62.9697		22	66.0198
	21	62.7736		21	62.8716		22	65.9218		23	68.9720
	22	65.7257		22	65.8238		23	68.8739		24	71.9241
162	17	50.9791	169	17	51.0771	176	18	54.1273	183	19	57.1774
	18	53.9312		18	54.0292		19	57.0794		20	60.1296
	19	56.8833		19	56.9814		20	60.0315		21	63.0817
	20	59.8355		20	59.9335		21	62.9837		22	66.0338
	21	62.7876		21	62.8856		22	65.9358		23	68.9860
	22	65.7397		22	65.8378		23	68.8879		24	71.9381
163	17	50.9931	170	18	54.0432	177	18	54.1413	184	19	57.1915
	18	53.9452		19	56.9954		19	57.0934		20	60.1436
	19	56.8973		20	59.9475		20	60.0455		21	63.0957
	20	59.8495		21	62.8996		21	62.9977		22	66.0478
	21	62.8016		22	65.8518		22	65.9498		23	69.0000
	22	65.7537		23	68.8039		23	68.9019		24	71.9521
164	17	51.0071	171	18	54.0572	178	18	54.1553	185	19	57.2055
	18	53.9592		19	57.0094		19	57.1074		20	60.1576
	19	56.9113		20	59.9615		20	60.0595		21	63.1097
	20	59.8635		21	62.9136		21	63.0117		22	66.0619
	21	62.8156		22	65.8658		22	65.9638		23	69.0140
	22	65.7677		23	68.8179		23	68.9159		24	71.9661
165	17	51.0211	172	18	54.0713	179	19	57.1214	186	19	57.2195
	18	53.9732		19	57.0234		20	60.0736		20	60.1716
	19	56.9253		20	59.9755		21	63.0257		21	63.1237
	20	59.8775		21	62.9276		22	65.9778		22	66.0759
	21	62.8269		22	65.8798		23	68.9299		23	69.0280
	22	65.7817		23	68.8319		24	71.8821		24	71.9801

（续）

假想齿数 z'	跨测齿数 k	公法线长度 W^*	假想齿数 z'	跨测齿数 k	公法线长度 W^*	假想齿数 z'	跨测齿数 k	公法线长度 W^*	假想齿数 z'	跨测齿数 k	公法线长度 W^*
187	19	57.2335	190	23	69.0840	194	20	60.2836	197	24	72.1342
	20	60.1856		24	72.0361		21	63.2358		25	75.0863
	21	63.1377		25	74.9883		22	66.1879		26	78.0384
	22	66.0899	191	20	60.2416		23	69.1400	198	21	63.2918
	23	69.0420		21	63.1938		24	72.0922		22	66.2439
	24	71.9941		22	66.1459		25	75.0443		23	69.1961
188	20	60.1996		23	69.0980	195	20	60.2976		24	72.1482
	21	63.1517		24	72.0501		21	63.2498		25	75.1003
	22	66.1039		25	75.0023		22	66.2019		26	78.0524
	23	69.0560	192	20	60.2556		23	69.1540	199	21	63.3058
	24	72.0081		21	63.2078		24	72.1062		22	66.2579
	25	74.9603		22	66.1599		25	75.0583		23	69.2101
189	20	60.2186		23	69.1120	196	20	60.3116		24	72.1622
	21	63.1657		24	72.0642		21	63.2638		25	75.1143
	22	66.1179		25	75.0163		22	66.2159		26	78.0665
	23	69.0700	193	20	60.2696		23	69.1680	200	21	63.3198
	24	72.0221		21	63.2218		24	72.1202		22	66.2719
	25	74.9743		22	86.1739		25	75.0723		23	69.2241
190	20	60.2276		23	69.1260	197	21	63.2778		24	72.1762
	21	63.1797		24	72.0782		22	66.2299		25	75.1283
	22	66.1319		25	75.0303		23	69.1820		26	78.0805

注：1. 本表可用于 $\alpha=\alpha_n=20°$的外啮合和内啮合的直齿轮和斜齿轮。

2. 对直齿轮 $z'=z$，对斜齿轮 $z'=z\dfrac{\text{inv}\alpha_t}{\text{inv}\alpha_n}$。

3. 对内齿轮 k 为跨测齿槽数。

4. 黑体字是标准齿轮（$x=x_n=0$）的跨测齿数 k 和公法线长度 W^*。

5. W^* 为 $m=1$mm 的公法线长度，当 $m\neq1$mm 时，其公法线长度 $W=W^*m$。

6. 比值 $\text{inv}\alpha_t/\text{inv}\alpha_n$ 见表 12-18。按此式算出的 z'分整数部分和小数部分，其整数部分公法线长度值查表 12-17，而小数部分的公法线长度可利用表 12-19 用插入法进行补偿计算。

【例 12-6】 一标准斜齿轮（$x_n=0$、$\alpha_n=20°$），已知 $z=17$，$m_n=5$mm，$\beta=12°18'$，试确定其公法线长度 W。

【解】 1）按 $\beta=12°18'$，由表 12-18 查出 $\text{inv}\alpha_t/\text{inv}\alpha_n=1.068511$，$z'=z\text{inv}\alpha_t/\text{inv}\alpha_n=17\times1.068511=18.16$（取小数后两位）。

2）跨测齿数由图 12-7，查得 $k=3$。

3）按 $z'=18$，$k=3$，由表 12-17 查得 $W^*=7.6324$。按 z'的尾数 $\Delta z'=0.16$，由表 12-19 查得 $\Delta W^*=0.0022$。则$W^*=7.6324+0.0022=7.6346$。

4）公法线长度：

$$W=W^*m_n=7.6346\times5\text{mm}=38.173\text{mm}。$$

表 12-18　$\dfrac{inv\alpha_t}{inv\alpha_n}$值（$\alpha_n=20°$）

β	$\dfrac{inv\alpha_t}{inv20°}$	差　值	β	$\dfrac{inv\alpha_t}{inv20°}$	差　值	β	$\dfrac{inv\alpha_t}{inv20°}$	差　值	β	$\dfrac{inv\alpha_t}{inv20°}$	差　值
8°	1.0283		17°	1.1358		25°	1.3227		32°	1.5952	
8°20′	1.0308	0.0025	17°20′	1.1417	0.0059	25°20′	1.3330	0.0103	32°20′	1.6116	0.0164
8°40′	1.0333	0.0025	17°40′	1.1476	0.0059	25°40′	1.3435	0.0105	32°40′	1.6285	0.0169
9°	1.0360	0.0027	18°	1.1537	0.0061	26°	1.3542	0.0107	33°	1.6457	0.0172
9°20′	1.0388	0.0028	18°20′	1.1600	0.0063	26°20′	1.3652	0.0110	33°20′	1.6634	0.0177
9°40′	1.0417	0.0029	18°40′	1.1665	0.0065	26°40′	1.3765	0.0113	33°40′	1.6814	0.0180
10°	1.0447	0.0030	19°	1.1731	0.0066	27°	1.3880	0.0115	34°	1.6999	0.0185
10°20′	1.0478	0.0031	19°20′	1.1798	0.0067	27°20′	1.3997	0.0117	34°20′	1.7188	0.0189
10°40′	1.0510	0.0032	19°40′	1.1867	0.0069	27°40′	1.4117	0.0120	34°40′	1.7381	0.0193
11°	1.0544	0.0034	20°	1.1938	0.0071	28°	1.4240	0.0123	35°	1.7579	0.0198
11°20′	1.0578	0.0034	20°20′	1.2011	0.0073	28°20′	1.4366	0.0126	35°20′	1.7782	0.0203
11°40′	1.0614	0.0036	20°40′	1.2085	0.0074	28°40′	1.4494	0.0128	35°40′	1.7989	0.0207
12°	1.0651	0.0037	21°	1.2162	0.0077	29°	1.4626	0.0132	36°	1.8201	0.0212
12°20′	1.0689	0.0038	21°20′	1.2240	0.0078	29°20′	1.4760	0.0134	36°20′	1.8419	0.0218
12°40′	1.0728	0.0039	21°40′	1.2319	0.0079	29°40′	1.4898	0.0138	36°40′	1.8641	0.0222
13°	1.0769	0.0041	22°	1.2401	0.0082	30°	1.5038	0.0140	37°	1.8869	0.0228
13°20′	1.0811	0.0042	22°20′	1.2485	0.0084	30°20′	1.5182	0.0144	37°20′	1.9102	0.0233
13°40′	1.0854	0.0043	22°40′	1.2570	0.0085	30°40′	1.5329	0.0147	37°40′	1.9341	0.0239
14°	1.0898	0.0044	23°	1.2658	0.0088	31°	1.5479	0.0150	38°	1.9586	0.0245
14°20′	1.0944	0.0046	23°20′	1.2747	0.0089	31°20′	1.5633	0.0154	38°20′	1.9837	0.0251
14°40′	1.0991	0.0047	23°40′	1.2839	0.0092	31°40′	1.5791	0.0158	38°40′	2.0093	0.0256
15°	1.1039	0.0048	24°	1.2933	0.0094	32°	1.5952	0.0161	39°	2.0356	0.0263
15°20′	1.1089	0.0050	24°20′	1.3029	0.0096						
15°40′	1.1140	0.0051	24°40′	1.3127	0.0098						
16°	1.1192	0.0052	25°	1.3227	0.0100						
16°20′	1.1246	0.0054									
16°40′	1.1302	0.0056									
17°	1.1358	0.0056									

表 12-19　假想齿数的小数部分的公法线长度（$m_n=1$mm、$\alpha_n=20°$）　（单位：mm）

z'	0.00	0.01	0.02	0.03	0.04	0.05	0.06	0.07	0.08	0.09
0.0	0.0000	0.0001	0.0003	0.0004	0.0006	0.0007	0.0008	0.0010	0.0011	0.0013
0.1	0.0014	0.0015	0.0017	0.0018	0.0020	0.0021	0.0022	0.0024	0.0025	0.0027
0.2	0.0028	0.0029	0.0031	0.0032	0.0034	0.0035	0.0036	0.0038	0.0039	0.0041
0.3	0.0042	0.0043	0.0045	0.0046	0.0048	0.0049	0.0050	0.0052	0.0053	0.0055
0.4	0.0056	0.0057	0.0059	0.0060	0.0062	0.0063	0.0064	0.0066	0.0067	0.0069
0.5	0.0070	0.0071	0.0073	0.0074	0.0076	0.0077	0.0078	0.0080	0.0081	0.0083
0.6	0.0084	0.0085	0.0087	0.0088	0.0090	0.0091	0.0092	0.0094	0.0095	0.0097
0.7	0.0098	0.0099	0.0101	0.0102	0.0104	0.0105	0.0106	0.0108	0.0109	0.0111
0.8	0.0112	0.0113	0.0115	0.0116	0.0118	0.0119	0.0120	0.0122	0.0123	0.0125
0.9	0.0126	0.0127	0.0129	0.0130	0.0132	0.0133	0.0134	0.0136	0.0137	0.0139

表 12-20　变位齿轮的公法线长度附加量 ΔW^*（$m=m_n=1$mm、$\alpha=\alpha_n=20°$）（单位：mm）

x(或 x_n)	0.00	0.01	0.02	0.03	0.04	0.05	0.06	0.07	0.08	0.09
0.0	0.0000	0.0068	0.0137	0.0205	0.0274	0.0342	0.0410	0.0479	0.0547	0.0616
0.1	0.0684	0.0752	0.0821	0.0889	0.0958	0.1026	0.1094	0.1163	0.1231	0.1300
0.2	0.1368	0.1436	0.1505	0.1573	0.1642	0.1710	0.1779	0.1847	0.1915	0.1984
0.3	0.2052	0.2121	0.2189	0.2257	0.2326	0.2394	0.2463	0.2531	0.2599	0.2668
0.4	0.2736	0.2805	0.2873	0.2941	0.3010	0.3078	0.3147	0.3215	0.3283	0.3352
0.5	0.3420	0.3489	0.3557	0.3625	0.3694	0.3762	0.3831	0.3899	0.3967	0.4036
0.6	0.4104	0.4173	0.4241	0.4309	0.4378	0.4446	0.4515	0.4583	0.4651	0.4720
0.7	0.4788	0.4857	0.4925	0.4993	0.5062	0.5130	0.5199	0.5267	0.5336	0.5404
0.8	0.5472	0.5541	0.5609	0.5678	0.5746	0.5814	0.5883	0.5951	0.6020	0.6088
0.9	0.6156	0.6225	0.6293	0.6362	0.6430	0.6498	0.6567	0.6635	0.6704	0.6772
1.0	0.6840	0.6909	0.6977	0.7046	0.7114	0.7182	0.7251	0.7310	0.7388	0.7456
1.1	0.7524	0.7593	0.7661	0.7730	0.7798	0.7866	0.7935	0.8003	0.8072	0.8140
1.2	0.8208	0.8277	0.8345	0.8414	0.8482	0.8551	0.8619	0.8687	0.8756	0.8824
1.3	0.8893	0.8961	0.9029	0.9098	0.9166	0.9235	0.9303	0.9371	0.9440	0.9508
1.4	0.9577	0.9645	0.9713	0.9782	0.9850	0.9919	0.9987	1.0055	1.0124	1.0192
1.5	1.0261	1.0329	1.0397	1.0466	1.0534	1.0603	1.0671	1.0739	1.0808	1.0876
1.6	1.0945	1.1013	1.1081	1.1150	1.1218	1.1287	1.1355	1.1423	1.1492	1.1560
1.7	1.1629	1.1697	1.1765	1.1834	1.1902	1.1971	1.2039	1.2108	1.2176	1.2244
1.8	1.2313	1.2381	1.2450	1.2518	1.2586	1.2655	1.2723	1.2792	1.2860	1.2928
1.9	1.2997	1.3065	1.3134	1.3202	1.3270	1.3339	1.3407	1.3476	1.3544	1.3612

表 12-21　外啮合标准齿轮分度圆弦齿厚 $\bar{s}^*(\bar{s}_n^*)$ 和弦齿高 $\bar{h}_a^*(\bar{h}_{an}^*)$（$m_n=m=1$mm）

（$\alpha_n=\alpha=20°, h_{an}^*=h_a^*=1$）　　（单位：mm）

齿数 $z(z_v)$	分度圆弦齿厚 $\bar{s}^*(\bar{s}_n^*)$	分度圆弦齿高 $\bar{h}_a^*(\bar{h}_{an}^*)$	齿数 $z(z_v)$	分度圆弦齿厚 $\bar{s}^*(\bar{s}_n^*)$	分度圆弦齿高 $\bar{h}_a^*(\bar{h}_{an}^*)$	齿数 $z(z_v)$	分度圆弦齿厚 $\bar{s}^*(\bar{s}_n^*)$	分度圆弦齿高 $\bar{h}_a^*(\bar{h}_{an}^*)$	齿数 $z(z_v)$	分度圆弦齿厚 $\bar{s}^*(\bar{s}_n^*)$	分度圆弦齿高 $\bar{h}_a^*(\bar{h}_{an}^*)$
6	1.5529	1.1022	21	1.5694	1.0294	36	1.5703	1.0171	51	1.5706	1.0121
7	1.5568	1.0873	22	1.5695	1.0281	37	1.5703	1.0167	52	1.5706	1.0119
8	1.5607	1.0769	23	1.5696	1.0268	38	1.5703	1.0162	53	1.5706	1.0117
9	1.5628	1.0684	24	1.5697	1.0257	39	1.5704	1.0158	54	1.5706	1.0114
10	1.5643	1.0616	25	1.5698	1.0247	40	1.5704	1.0154	55	1.5706	1.0112
11	1.5654	1.0559	26	1.5698	1.0237	41	1.5704	1.0150	56	1.5706	1.0110
12	1.5663	1.0514	27	1.5699	1.0228	42	1.5704	1.0147	57	1.5706	1.0108
13	1.5670	1.0474	28	1.5700	1.0220	43	1.5705	1.0143	58	1.5706	1.0106
14	1.5675	1.0440	29	1.5700	1.0213	44	1.5705	1.0140	59	1.5706	1.0105
15	1.5679	1.0411	30	1.5701	1.0205	45	1.5705	1.0137	60	1.5706	1.0102
16	1.5683	1.0385	31	1.5701	1.0199	46	1.5705	1.0134	61	1.5706	1.0101
17	1.5686	1.0362	32	1.5702	1.0193	47	1.5705	1.0131	62	1.5706	1.0100
18	1.5688	1.0342	33	1.5702	1.0187	48	1.5705	1.0129	63	1.5706	1.0098
19	1.5690	1.0324	34	1.5702	1.0181	49	1.5705	1.0126	64	1.5706	1.0097
20	1.5692	1.0308	35	1.5702	1.0176	50	1.5705	1.0123	65	1.5706	1.0095

（续）

齿数 $z(z_v)$	分度圆弦齿厚 $\bar{s}^*(\bar{s}_n^*)$	分度圆弦齿高 $\bar{h}_a^*(\bar{h}_{an}^*)$	齿数 $z(z_v)$	分度圆弦齿厚 $\bar{s}^*(\bar{s}_n^*)$	分度圆弦齿高 $\bar{h}_a^*(\bar{h}_{an}^*)$	齿数 $z(z_v)$	分度圆弦齿厚 $\bar{s}^*(\bar{s}_n^*)$	分度圆弦齿高 $\bar{h}_a^*(\bar{h}_{an}^*)$	齿数 $z(z_v)$	分度圆弦齿厚 $\bar{s}^*(\bar{s}_n^*)$	分度圆弦齿高 $\bar{h}_a^*(\bar{h}_{an}^*)$
66	1.5706	1.0094	85	1.5707	1.0073	104	1.5707	1.0059	122	1.5707	1.0051
67	1.5706	1.0092	86	1.5707	1.0072	105	1.5707	1.0059	123	1.5707	1.0050
68	1.5706	1.0091	87	1.5707	1.0071	106	1.5707	1.0058	124	1.5707	1.0050
69	1.5707	1.0090	88	1.5707	1.0070	107	1.5707	1.0058	125	1.5707	1.0049
70	1.5707	1.0088	89	1.5707	1.0069	108	1.5707	1.0057	126	1.5707	1.0049
71	1.5707	1.0087	90	1.5707	1.0068	109	1.5707	1.0057	127	1.5707	1.0049
72	1.5707	1.0086	91	1.5707	1.0068	110	1.5707	1.0056	128	1.5707	1.0048
73	1.5707	1.0085	92	1.5707	1.0067	111	1.5707	1.0056	129	1.5707	1.0048
74	1.5707	1.0084	93	1.5707	1.0067	112	1.5707	1.0055	130	1.5707	1.0017
75	1.5707	1.0083	94	1.5707	1.0066	113	1.5707	1.0055	131	1.5708	1.0017
76	1.5707	1.0081	95	1.5707	1.0065	114	1.5707	1.0054	132	1.5708	1.0017
77	1.5707	1.0080	96	1.5707	1.0064	115	1.5707	1.0054	133	1.5708	1.0047
78	1.5707	1.0079	97	1.5707	1.0064	116	1.5707	1.0053	134	1.5708	1.0046
79	1.5707	1.0078	98	1.5707	1.0063	117	1.5707	1.0053	135	1.5708	1.0046
80	1.5707	1.0077	99	1.5707	1.0062	118	1.5707	1.0053	140	1.5708	1.0044
81	1.5707	1.0076	100	1.5707	1.0061	119	1.5707	1.0052	145	1.5708	1.0042
82	1.5707	1.0075	101	1.5707	1.0061	120	1.5707	1.0052	150	1.5708	1.0041
83	1.5707	1.0074	102	1.5707	1.0060	121	1.5707	1.0051	齿条	1.5708	1.0000
84	1.5707	1.0074	103	1.5707	1.0060						

注：1. 对于斜齿圆柱齿轮和锥齿轮，本表也可以用，所不同的是齿数要按照当量齿数 z_v。

2. 如果当量齿数带小数，就要用比例插入法，把小数部分考虑进去。

3. 当模数 m（或 m_n）≠1mm 时，应将查得的 $\bar{s}^*(\bar{s}_n^*)$ 和 $\bar{h}_a^*$（或 $\bar{h}_{an}^*$）乘以 m（或 m_n）。

表 12-22　外啮合变位齿轮的分度圆弦齿厚 $\bar{s}^*(\bar{s}_n^*)$ 和分度圆弦齿高 $\bar{h}^*(\bar{h}_{an}^*)$

$(\alpha=\alpha_n=20°,\ m=m_n=1\text{mm}、h_a=h_{an}^*=1)$　　（单位：mm）

z (z_v)	10		11		12		13		14		15		16		17	
x (x_n)	$\bar{s}^*(\bar{s}_n^*)$	$\bar{h}^*(\bar{h}_{an}^*)$	$\bar{s}^*(\bar{s}_n^*)$	$\bar{h}^*(\bar{h}_{an}^*)$	$\bar{s}^*(\bar{s}_n^*)$	$\bar{h}^*(\bar{h}_{an}^*)$	$\bar{s}^*(\bar{s}_n^*)$	$\bar{h}^*(\bar{h}_{an}^*)$	$\bar{s}^*(\bar{s}_n^*)$	$\bar{h}^*(\bar{h}_{an}^*)$	$\bar{s}^*(\bar{s}_n^*)$	$\bar{h}^*(\bar{h}_{an}^*)$	$\bar{s}^*(\bar{s}_n^*)$	$\bar{h}^*(\bar{h}_{an}^*)$	$\bar{s}^*(\bar{s}_n^*)$	$\bar{h}^*(\bar{h}_{an}^*)$
0.02															1.583	1.052
0.05											1.604	1.093	1.604	1.090	1.605	1.088
0.08											1.626	1.124	1.626	1.121	1.626	1.119
0.10									1.639	1.148	1.640	1.145	1.641	1.142	1.641	1.140
0.12									1.654	1.169	1.655	1.166	1.655	1.163	1.655	1.160
0.15							1.675	1.204	1.676	1.200	1.677	1.197	1.677	1.194	1.677	1.192
0.18							1.697	1.236	1.698	1.232	1.698	1.228	1.699	1.225	1.699	1.223
0.20					1.710	1.261	1.711	1.257	1.712	1.253	1.713	1.249	1.713	1.246	1.713	1.243
0.22					1.725	1.282	1.726	1.278	1.726	1.273	1.727	1.270	1.728	1.267	1.728	1.264
0.25	1.744	1.327	1.745	1.320	1.746	1.314	1.747	1.309	1.748	1.305	1.749	1.301	1.749	1.298	1.750	1.295
0.28	1.765	1.359	1.767	1.351	1.768	1.346	1.769	1.341	1.770	1.336	1.770	1.332	1.771	1.329	1.771	1.326
0.30	1.780	1.380	1.781	1.373	1.782	1.367	1.783	1.362	1.784	1.357	1.785	1.353	1.785	1.350	1.786	1.347
0.32	1.794	1.401	1.796	1.394	1.797	1.388	1.798	1.383	1.798	1.378	1.799	1.374	1.800	1.371	1.800	1.368
0.35	1.815	1.433	1.817	1.426	1.819	1.419	1.820	1.414	1.820	1.410	1.821	1.405	1.822	1.402	1.822	1.399
0.38	1.837	1.465	1.839	1.457	1.841	1.451	1.841	1.446	1.842	1.441	1.843	1.437	1.843	1.433	1.844	1.430
0.40	1.851	1.486	1.853	1.479	1.855	1.472	1.856	1.467	1.857	1.462	1.857	1.458	1.858	1.454	1.853	1.451
0.42	1.866	1.508	1.867	1.500	1.870	1.493	1.870	1.488	1.871	1.483	1.872	1.479	1.872	1.475	1.873	1.472
0.45	1.887	1.540	1.889	1.532	1.891	1.525	1.892	1.519	1.893	1.514	1.893	1.510	1.894	1.506	1.895	1.503
0.48	1.908	1.572	1.910	1.564	1.917	1.557	1.913	1.551	1.914	1.546	1.915	1.541	1.916	1.538	1.916	1.534
0.50	1.923	1.593	1.925	1.585	1.926	1.578	1.928	1.572	1.929	1.567	1.929	1.562	1.930	1.558	1.931	1.555
0.52	1.937	1.615	1.939	1.606	1.941	1.599	1.942	1.593	1.943	1.588	1.944	1.583	1.945	1.579	1.945	1.576
0.55	1.959	1.647	1.961	1.638	1.962	1.631	1.961	1.625	1.965	1.620	1.966	1.615	1.966	1.611	1.967	1.607
0.58	1.980	1.679	1.982	1.670	1.984	1.663	1.985	1.656	1.986	1.651	1.987	1.646	1.988	1.642	1.988	1.638
0.60	1.994	1.700	1.990	1.691	1.998	1.684	1.999	1.677	2.001	1.673	2.002	1.667	2.002	1.663	2.003	1.659

（续）

$z(z_v)$	18		19		20		21		22		23		24		25	
$x(x_n)$	$\bar{s}^*$ ($\bar{s}_n^*$)	$\bar{h}^*$ ($\bar{h}_{an}^*$)	$\bar{s}^*$ ($\bar{s}_n^*$)	$\bar{h}^*$ ($\bar{h}_{an}^*$)	$\bar{s}^*$ ($\bar{s}_n^*$)	$\bar{h}^*$ ($\bar{h}_{an}^*$)	$\bar{s}^*$ ($\bar{s}_n^*$)	$\bar{h}^*$ ($\bar{h}_{an}^*$)	$\bar{s}^*$ ($\bar{s}_n^*$)	$\bar{h}^*$ ($\bar{h}_{an}^*$)	$\bar{s}^*$ ($\bar{s}_n^*$)	$\bar{h}^*$ ($\bar{h}_{an}^*$)	$\bar{s}^*$ ($\bar{s}_n^*$)	$\bar{h}^*$ ($\bar{h}_{an}^*$)	$\bar{s}^*$ ($\bar{s}_n^*$)	$\bar{h}^*$ ($\bar{h}_{an}^*$)
−0.12					1.482	0.908	1.482	0.906	1.482	0.905	1.482	0.904	1.488	0.903	1.483	0.902
−0.10			1.496	0.930	1.497	0.928	1.497	0.927	1.497	0.925	1.497	0.924	1.497	0.923	1.497	0.922
−0.08			1.511	0.950	1.511	0.949	1.511	0.947	1.511	0.946	1.511	0.945	1.511	0.944	1.512	0.943
−0.05	1.533	0.983	1.533	0.981	1.533	0.979	1.533	0.978	1.533	0.977	1.533	0.976	1.534	0.975	1.534	0.974
−0.02	1.554	1.014	1.554	1.012	1.555	1.010	1.555	1.009	1.555	1.008	1.555	1.006	1.555	1.005	1.555	1.004
0.00	1.569	1.034	1.569	1.032	1.569	1.031	1.569	1.029	1.569	1.028	1.569	1.027	1.570	1.026	1.570	1.025
0.02	1.583	1.055	1.584	1.053	1.584	1.051	1.584	1.050	1.584	1.049	1.584	1.047	1.584	1.046	1.584	1.045
0.05	1.605	1.086	1.605	1.084	1.605	1.082	1.606	1.081	1.606	1.079	1.606	1.078	1.606	1.077	1.606	1.076
0.08	1.627	1.117	1.627	1.115	1.627	1.113	1.627	1.112	1.628	1.110	1.628	1.109	1.628	1.108	1.628	1.107
0.10	1.641	1.138	1.642	1.136	1.642	1.134	1.642	1.132	1.642	1.131	1.642	1.130	1.642	1.128	1.642	1.127
0.12	1.656	1.158	1.656	1.156	1.656	1.154	1.656	1.153	1.657	1.115	1.657	1.150	1.657	1.149	1.657	1.147
0.15	1.678	1.189	1.678	1.187	1.678	1.185	1.678	1.184	1.678	1.182	1.678	1.181	1.679	1.179	1.679	1.178
0.18	1.699	1.220	1.700	1.218	1.700	1.216	1.700	1.215	1.700	1.213	1.700	1.212	1.700	1.210	1.701	1.209
0.20	1.714	1.241	1.714	1.239	1.714	1.237	1.714	1.235	1.715	1.234	1.715	1.232	1.715	1.231	1.715	1.229
0.22	1.728	1.262	1.729	1.259	1.729	1.257	1.729	1.256	1.729	1.254	1.729	1.253	1.729	1.251	1.730	1.250
0.25	1.750	1.293	1.750	1.290	1.750	1.288	1.751	1.287	1.751	1.285	1.751	1.283	1.751	1.281	1.751	1.280
0.28	1.772	1.324	1.772	1.321	1.772	1.319	1.773	1.318	1.773	1.316	1.773	1.314	1.773	1.313	1.773	1.311
0.30	1.786	1.344	1.787	1.342	1.787	1.340	1.787	1.338	1.787	1.336	1.787	1.335	1.788	1.333	1.788	1.332
0.32	1.801	1.365	1.801	1.363	1.804	1.361	1.802	1.359	1.802	1.357	1.802	1.355	1.802	1.354	1.802	1.353
0.35	1.822	1.396	1.823	1.394	1.823	1.392	1.823	1.390	1.824	1.388	1.824	1.386	1.824	1.385	1.824	1.383
0.38	1.844	1.427	1.844	1.425	1.845	1.423	1.845	1.421	1.845	1.419	1.845	1.417	1.846	1.415	1.846	1.414
0.40	1.858	1.448	1.859	1.446	1.859	1.443	1.859	1.441	1.860	1.439	1.860	1.438	1.860	1.436	1.860	1.435
0.42	1.873	1.469	1.873	1.466	1.874	1.464	1.874	1.462	1.874	1.460	1.874	1.458	1.875	1.457	1.875	1.455
0.45	1.895	1.500	1.895	1.497	1.896	1.495	1.896	1.493	1.896	1.491	1.806	1.489	1.896	1.488	1.897	1.486
0.48	1.916	1.531	1.917	1.529	1.917	1.526	1.918	1.524	1.918	1.522	1.918	1.520	1.918	1.518	1.918	1.517
0.50	1.931	1.552	1.931	1.549	1.932	1.547	1.932	1.545	1.932	1.543	1.933	1.541	1.933	1.539	1.933	1.537
0.52	1.945	1.573	1.946	1.570	1.946	1.568	1.947	1.565	1.947	1.563	1.947	1.562	1.947	1.560	1.947	1.558
0.55	1.967	1.604	1.968	1.601	1.968	1.599	1.968	1.596	1.969	1.594	1.969	1.593	1.969	1.591	1.969	1.589
0.58	1.989	1.635	1.989	1.632	1.990	1.630	1.990	1.627	1.990	1.625	1.991	1.624	1.991	1.621	1.991	1.620
0.60	2.003	1.656	2.004	1.653	2.004	1.650	2.005	1.648	2.005	1.646	2.005	1.645	2.005	1.642	2.005	1.641

$z(z_v)$	26~30	31~69	70~200	26	28	30	40	50	60	70	80	90	100	150	200
$x(x_n)$	$\bar{s}^*$ ($\bar{s}_n^*$)	$\bar{s}^*$ ($\bar{s}_n^*$)	$\bar{s}^*$ ($\bar{s}_n^*$)	$\bar{h}^*$ ($\bar{h}_{an}^*$)	$\bar{h}^*$ ($\bar{h}_{an}^*$)	$\bar{h}^*$ ($\bar{h}_{an}^*$)	$\bar{h}^*$ ($\bar{h}_{an}^*$)	$\bar{h}^*$ ($\bar{h}_{an}^*$)	$\bar{h}^*$ ($\bar{h}_{an}^*$)	$\bar{h}^*$ ($\bar{h}_{an}^*$)	$\bar{h}^*$ ($\bar{h}_{an}^*$)	$\bar{h}^*$ ($\bar{h}_{an}^*$)	$\bar{h}^*$ ($\bar{h}_{an}^*$)	$\bar{h}^*$ ($\bar{h}_{an}^*$)	$\bar{h}^*$ ($\bar{h}_{an}^*$)
−0.60	1.134	1.134	1.134	0.413	0.412	0.411	0.408	0.406	0.405	0.405	0.404	0.404	0.403	0.403	0.402
−0.58	1.148	1.149	1.149	0.433	0.432	0.431	0.428	0.427	0.426	0.425	0.424	0.424	0.423	0.423	0.422
−0.55	1.170	1.170	1.170	0.463	0.462	0.461	0.459	0.457	0.456	0.455	0.454	0.454	0.454	0.453	0.452
−0.52	1.192	1.192	1.192	0.494	0.493	0.492	0.489	0.487	0.486	0.485	0.485	0.484	0.484	0.483	0.482
−0.50	1.206	1.207	1.207	0.514	0.513	0.512	0.509	0.507	0.506	0.505	0.505	0.504	0.504	0.503	0.502
−0.48	1.221	1.221	1.221	0.534	0.533	0.532	0.529	0.528	0.526	0.525	0.525	0.524	0.524	0.523	0.522
−0.45	1.243	1.243	1.243	0.565	0.564	0.563	0.560	0.558	0.557	0.556	0.555	0.554	0.554	0.553	0.552
−0.42	1.265	1.265	1.266	0.595	0.594	0.593	0.590	0.588	0.587	0.586	0.585	0.584	0.584	0.583	0.582
−0.40	1.279	1.280	1.280	0.616	0.615	0.614	0.610	0.608	0.607	0.606	0.605	0.605	0.604	0.603	0.602
−0.38	1.294	1.294	1.294	0.636	0.635	0.634	0.630	0.628	0.627	0.626	0.625	0.625	0.624	0.623	0.622
−0.35	1.316	1.316	1.316	0.667	0.665	0.664	0.661	0.659	0.657	0.656	0.655	0.655	0.654	0.653	0.652
−0.32	1.337	1.338	1.338	0.697	0.696	0.695	0.691	0.689	0.687	0.686	0.686	0.685	0.685	0.683	0.682
−0.30	1.352	1.352	1.352	0.718	0.716	0.715	0.711	0.709	0.708	0.707	0.706	0.705	0.705	0.703	0.702
−0.28	1.366	1.367	1.367	0.738	0.737	0.736	0.732	0.729	0.728	0.727	0.726	0.725	0.725	0.723	0.722
−0.25	1.388	1.389	1.389	0.769	0.767	0.766	0.762	0.760	0.758	0.757	0.756	0.755	0.755	0.753	0.752
−0.22	1.410	1.411	0.411	0.799	0.798	0.797	0.792	0.790	0.788	0.787	0.786	0.786	0.785	0.784	0.783
−0.20	1.425	1.425	1.425	0.819	0.818	0.817	0.813	0.810	0.809	0.807	0.806	0.806	0.805	0.804	0.803
−0.18	1.439	1.440	1.440	0.840	0.838	0.837	0.833	0.830	0.829	0.827	0.826	0.826	0.825	0.824	0.823
−0.15	1.461	1.462	1.462	0.871	0.869	0.868	0.863	0.861	0.859	0.858	0.857	0.856	0.855	0.854	0.853
−0.12	1.483	1.483	1.483	0.901	0.899	0.898	0.894	0.891	0.889	0.888	0.887	0.886	0.886	0.884	0.883
−0.10	1.497	1.497	1.498	0.922	0.920	0.919	0.914	0.911	0.909	0.908	0.907	0.906	0.906	0.904	0.903

（续）

$z(z_v)$	26~30	31~69	70~200	26	28	30	40	50	60	70	80	90	100	150	200
$x(x_n)$	$\bar{s}^*$ $(\bar{s}_n^*)$	$\bar{s}^*$ $(\bar{s}_n^*)$	$\bar{s}^*$ $(\bar{s}_n^*)$	$\bar{h}^*$ $(\bar{h}_{an}^*)$	$\bar{h}^*$ $(\bar{h}_{an}^*)$	$\bar{h}^*$ $(\bar{h}_{an}^*)$	$\bar{h}^*$ $(\bar{h}_{an}^*)$	$\bar{h}^*$ $(\bar{h}_{an}^*)$	$\bar{h}^*$ $(\bar{h}_{an}^*)$	$\bar{h}^*$ $(\bar{h}_{an}^*)$	$\bar{h}^*$ $(\bar{h}_{an}^*)$	$\bar{h}^*$ $(\bar{h}_{an}^*)$	$\bar{h}^*$ $(\bar{h}_{an}^*)$	$\bar{h}^*$ $(\bar{h}_{an}^*)$	$\bar{h}^*$ $(\bar{h}_{an}^*)$
-0.08	1.512	1.513	1.513	0.942	0.940	0.939	0.934	0.931	0.929	0.928	0.927	0.926	0.926	0.924	0.923
-0.05	1.534	1.534	1.534	0.973	0.971	0.970	0.965	0.962	0.960	0.959	0.957	0.957	0.956	0.954	0.953
-0.02	1.555	1.555	1.556	1.003	1.001	1.000	0.995	0.992	0.990	0.989	0.988	0.987	0.986	0.984	0.983
0.00	1.570	1.571	1.571	1.024	1.022	1.021	1.015	1.012	1.010	1.009	1.008	1.007	1.006	1.004	1.003
0.02	1.685	1.585	1.585	1.044	1.042	1.041	1.026	1.033	1.031	1.029	1.058	1.027	1.026	1.025	1.023
0.05	1.606	1.607	1.607	1.075	1.073	1.072	1.066	1.063	1.061	1.059	1.058	1.057	1.057	1.055	1.053
0.08	1.628	1.629	1.629	1.106	1.104	1.102	1.097	1.093	1.091	1.089	1.088	1.088	1.087	1.085	1.083
0.10	1.643	1.643	1.644	1.126	1.124	1.122	1.117	1.114	1.111	1.110	1.108	1.108	1.107	1.105	1.103
0.12	1.657	1.658	1.658	1.147	1.145	1.143	1.137	1.134	1.132	1.130	1.129	1.128	1.127	1.125	1.124
0.15	1.679	1.679	1.680	1.177	1.175	1.173	1.168	1.164	1.162	1.160	1.159	1.158	1.157	1.155	1.154
0.18	1.701	1.702	1.702	1.208	1.206	1.204	1.198	1.195	1.192	1.190	1.189	1.188	1.187	1.186	1.184
0.20	1.715	1.716	1.716	1.228	1.226	1.224	1.218	1.215	1.212	1.210	1.209	1.208	1.207	1.206	1.204
0.22	1.730	1.731	1.731	1.249	1.247	1.245	1.239	1.235	1.233	1.231	1.229	1.228	1.228	1.226	1.224
0.25	1.752	1.753	1.753	1.280	1.278	1.276	1.269	1.265	1.263	1.261	1.260	1.259	1.258	1.256	1.254
0.28	1.774	1.774	1.775	1.310	1.308	1.306	1.300	1.296	1.293	1.291	1.290	1.289	1.288	1.286	1.234
0.30	1.788	1.789	1.789	1.331	1.329	1.327	1.320	1.316	1.313	1.311	1.310	1.309	1.308	1.306	1.304
0.32	1.803	1.804	1.804	1.351	1.349	1.347	1.340	1.336	1.334	1.332	1.330	1.329	1.328	1.326	1.324
0.35	1.824	1.825	1.826	1.382	1.380	1.378	1.371	1.367	1.364	1.362	1.360	1.359	1.358	1.356	1.354
0.38	1.846	1.847	1.847	1.413	1.410	1.408	1.401	1.397	1.394	1.392	1.391	1.389	1.389	1.386	1.384
0.40	1.861	1.862	1.862	1.433	1.431	1.429	1.422	1.417	1.414	1.412	1.411	1.410	1.409	1.407	1.404
0.42	1.875	1.876	1.877	1.454	1.451	1.449	1.442	1.438	1.435	1.433	1.431	1.430	1.429	1.427	1.424
0.45	1.897	1.898	1.898	1.485	1.482	1.480	1.473	1.468	1.465	1.463	1.461	1.460	1.459	1.457	1.455
0.48	1.919	1.920	1.920	1.516	1.513	1.511	1.503	1.498	1.495	1.493	1.492	1.490	1.489	1.487	1.485
0.50	1.933	1.935	1.934	1.536	1.533	1.531	1.523	1.519	1.516	1.513	1.512	1.510	1.509	1.507	1.505
0.52	1.948	1.949	1.949	1.557	1.554	1.552	1.544	1.539	1.536	1.534	1.532	1.531	1.530	1.527	1.525
0.55	1.970	1.970	1.971	1.587	1.585	1.582	1.574	1.569	1.566	1.564	1.562	1.561	1.560	1.557	1.555
0.58	1.992	1.993	1.993	1.618	1.615	1.613	1.605	1.600	1.597	1.594	1.592	1.591	1.590	1.587	1.585
0.60	2.006	2.007	2.008	1.639	1.636	1.634	1.625	1.620	1.617	1.614	1.613	1.611	1.610	1.608	1.605

注：1. 本表可直接用于高变位齿轮（$h_a=m$ 或 $h_{an}=m_n$），对角变位齿轮，应将表中查出的$\bar{h}^*$（$\bar{h}_{an}^*$）减去齿顶高变动系数 Δy（Δy_n）。

2. 当模数 m（m_n）$\neq$1mm 时，应将查得的$\bar{s}^*$（$\bar{s}_n^*$）$\bar{h}^*$ 和（$\bar{h}_{an}^*$）乘以 $m(m_n)$。

3. 对斜齿轮，用 z_v 查表，z_v 有小数时，按插入法计算。

表 12-23　标准直齿内齿圆柱齿轮测量圆柱直径 d_p 及圆柱测量距 M 值　（单位：mm）

圆柱直径 d_p		测量跨距值 $M(\alpha=20°, m=1\text{mm}, d_p=1.44m)$								
模数 m	$d_p=1.44m$	M	齿数 单数	齿数 双数	M	M	齿数 单数	齿数 双数	M
1	1.44	13.5801	15	14	12.6627	67.6469	69	68	66.6649
1.25	1.80	15.5902	17	16	14.6630	69.6475	71	70	68.6649
1.5	2.16	17.5981	19	18	16.6633	71.6480	73	72	70.6649
1.75	2.52	19.6045	21	20	18.6635	73.6484	75	74	72.6649
2	2.88	21.6099	23	22	20.6636	75.6489	77	76	74.6649
2.25	3.24	23.6143	25	24	22.6638	77.6493	79	78	76.6649
2.5	3.60	25.6181	27	26	24.6639	79.6497	81	80	78.6649
3	4.32	27.6214	29	28	26.6640	81.6501	83	82	80.6649
3.5	5.04	29.6242	31	30	28.6641	83.6505	85	84	82.6649
4	5.76	31.6267	33	32	30.6642	85.6508	87	86	84.6650
4.5	6.48	33.6289	35	34	32.6642	87.6511	89	88	86.6650
5	7.20	35.6310	37	36	34.6643	89.6514	91	90	88.6650
5.5	7.92	37.6327	39	38	36.6643	91.6517	93	92	90.6650
6	8.64	39.6343	41	40	38.6644	93.6520	95	94	92.6650
7	10.08	41.6357	43	42	40.6644	95.6523	97	96	94.6650
8	11.52	43.6371	45	44	42.6645	97.6526	99	98	96.6650
9	12.96	45.6383	47	46	44.6645	99.6528	101	100	98.6650
10	14.40	47.6394	49	48	46.6646	101.6531	103	102	100.6650

（续）

圆柱直径 d_p		测量跨距值 $M(\alpha=20°, m=1mm, d_p=1.44m)$							
			齿数				齿数		
模数 m	$d_p=1.44m$		单数	双数			单数	双数	
12	17.28	49.6404	51	50	48.6646	103.6533	105	104	102.6650
14	20.16	51.6414	53	52	50.6646	105.6535	107	106	104.6650
16	23.04	53.6422	55	54	52.6647	107.6537	109	108	106.6650
18	25.92	55.6431	57	56	54.6647	109.6539	111	110	108.6651
20	28.80	57.6438	59	58	56.6648	111.6541	113	112	110.6651
22	31.68	59.6445	61	60	58.6648	113.6543	115	114	112.6651
25	36.00	61.6452	63	62	60.6648	115.6545	117	116	114.6651
28	40.32	63.6458	65	64	62.6648	117.6547	119	118	116.6651
30	43.20	65.6464	67	66	64.6649	119.6548	121	120	118.6651

表 12-24 外啮合标准齿轮固定弦齿厚$\bar{s}_c(\bar{s}_{cn})$ 和固定弦齿高$\bar{h}_c(\bar{h}_{cn})$

$(\alpha_n=\alpha=20°, h_{an}^*=h_a^*=1.0)$ （单位：mm）

$m(m_n)$	$\bar{s}_c(\bar{s}_{cn})$	$\bar{h}_c(\bar{h}_{cn})$	$m(m_n)$	$\bar{s}_c(\bar{s}_{cn})$	$\bar{h}_c(\bar{h}_{cn})$	$m(m_n)$	$\bar{s}_c(\bar{s}_{cn})$	$\bar{h}_c(\bar{h}_{cn})$	$m(m_n)$	$\bar{s}_c(\bar{s}_{cn})$	$\bar{h}_c(\bar{h}_{cn})$
1	1.387	0.748	3.5	4.855	2.617	12	16.645	8.971	30	41.612	22.427
1.25	1.734	0.934	4	5.548	2.990	14	19.419	10.466	33	45.773	24.670
1.5	2.081	1.121	5	6.935	3.738	16	22.193	11.961	36	49.934	26.913
1.75	2.427	1.308	6	8.322	4.485	18	24.967	13.456	40	55.482	29.903
2	2.774	1.495	7	9.709	5.233	20	27.741	14.952	45	62.417	33.641
2.25	3.121	1.682	8	11.096	5.981	22	30.515	16.447	50	69.353	37.379
2.5	3.468	1.869	9	12.483	6.728	25	34.676	18.690			
3	4.161	2.243	10	13.871	7.476	28	38.837	20.932			

注：$\bar{s}_c=1.3870m$ $(\bar{s}_{cn}=1.3870m_n)$；$\bar{h}_c=0.7476m$ $(\bar{h}_{cn}=0.7476m_n)$。

表 12-25 外啮合变位齿轮固定弦齿厚$\bar{s}_c^*(\bar{s}_{cn}^*)$ 和固定弦齿高$\bar{h}_c^*(\bar{h}_{cn}^*)$ $(m_n=m=1mm)$

$(\alpha_n=\alpha=20°, h_{an}^*=h_a^*=1)$ （单位：mm）

$x(x_n)$	$\bar{s}_c^*(\bar{s}_{cn}^*)$	$\bar{h}_c^*(\bar{h}_{cn}^*)$	$x(x_n)$	$\bar{s}_c^*(\bar{s}_{cn}^*)$	$\bar{h}_c^*(\bar{h}_{cn}^*)$	$x(x_n)$	$\bar{s}_c^*(\bar{s}_{cn}^*)$	$\bar{h}_c^*(\bar{h}_{cn}^*)$	$x(x_n)$	$\bar{s}_c^*(\bar{s}_{cn}^*)$	$\bar{h}_c^*(\bar{h}_{cn}^*)$
-0.40	1.1299	0.3944	-0.11	1.3163	0.6504	0.18	1.5027	0.9065	0.47	1.6892	1.1162
-0.39	1.1364	0.4032	-0.10	1.3228	0.6593	0.19	1.5092	0.9154	0.48	1.6956	1.7146
-0.38	1.1428	0.4120	-0.09	1.3292	0.6681	0.20	1.5156	0.9242	0.49	1.7020	1.1803
-0.37	1.1492	0.4209	-0.08	1.3356	0.6769	0.21	1.5220	0.9330	0.50	1.7084	0.1891
-0.36	1.1556	0.4297	-0.07	1.3421	0.6858	0.22	1.5285	0.9418	0.51	1.7149	1.1979
-0.35	1.1621	0.4385	-0.06	1.3485	0.6946	0.23	1.5349	0.9507	0.52	1.7213	1.2068
-0.34	1.1685	0.4474	-0.05	1.3549	0.7034	0.24	1.5413	0.9595	0.53	1.7277	1.2156
-0.33	1.1749	0.4562	-0.04	1.3613	0.7123	0.25	1.5477	0.9683	0.54	1.7342	1.2244
-0.32	1.1814	0.4650	-0.03	1.3678	0.7211	0.26	1.5542	0.9772	0.55	1.7406	1.2332
-0.31	1.1873	0.4738	-0.02	1.3742	0.7299	0.27	1.5606	0.9860	0.56	1.7470	1.2421
-0.30	1.1942	0.4827	-0.01	1.3806	0.7387	0.28	1.5670	0.9948	0.57	1.7534	1.2509
-0.29	1.2006	0.4915	0.00	1.3870	0.7476	0.29	1.5735	1.0037	0.58	1.7599	1.2597
-0.28	1.2071	0.5003	0.01	1.3935	0.7564	0.30	1.5799	1.0125	0.59	1.7663	1.2686
-0.27	1.2135	0.5092	0.02	1.3999	0.7652	0.31	1.5863	1.0213	0.60	1.7727	1.2774
-0.26	1.2199	0.5180	0.03	1.4063	0.7741	0.32	1.5927	1.0301	0.61	1.7791	1.2862
-0.25	1.2263	0.5268	0.04	1.4128	0.7829	0.33	1.5992	1.0390	0.62	1.7856	1.2951
-0.24	1.2328	0.5357	0.05	1.4192	0.7917	0.34	1.6065	1.0478	0.63	1.7920	1.3039
-0.23	1.2392	0.5445	0.06	1.4256	0.8006	0.35	1.6120	1.0566	0.64	1.7984	1.3127
-0.22	1.2456	0.5533	0.07	1.4320	0.8094	0.36	1.6185	1.0655	0.65	1.8049	1.3215
-0.21	1.2521	0.5621	0.08	1.4385	0.8182	0.37	1.6249	1.0743	0.66	1.8113	1.3304
-0.20	1.2585	0.5710	0.09	1.4449	0.8271	0.38	1.6313	1.0831	0.67	1.8177	1.3392
-0.19	1.2649	0.5798	0.10	1.4513	0.8359	0.39	1.6377	1.0920	0.68	1.8241	1.3480
-0.18	1.2713	0.5886	0.11	1.4578	0.8447	0.40	1.6442	1.1008	0.69	1.8309	1.3569
-0.17	1.2778	0.5975	0.12	1.4642	0.8535	0.41	1.6506	1.1096	0.70	1.8370	1.3657
-0.16	1.2842	0.6063	0.13	1.4706	0.8624	0.42	1.6570	1.1184	0.71	1.8434	1.3745
-0.15	1.2906	0.6151	0.14	1.4770	0.8712	0.43	1.6634	1.1273	0.72	1.8499	1.3834
-0.14	1.2971	0.6240	0.15	1.4835	0.8800	0.44	1.6699	1.1361	0.73	1.8563	1.3922
-0.13	1.3035	0.6328	0.16	1.4899	0.8889	0.45	1.6763	1.1449	0.74	1.8627	1.4010
-0.12	1.3099	0.6416	0.17	1.4963	0.8977	0.46	1.6827	1.1538	0.75	1.8691	1.4098

注：1. 模数 $m\neq1mm$ $(m_n\neq1mm)$ 时的$\bar{s}_c(\bar{s}_{cn})$ 和$\bar{h}_c(\bar{h}_{cn})$，应将表中数值乘以模数 $m(m_n)$。

2. 对角变位齿轮，表中的$\bar{h}_c(\bar{h}_{cn})$ 数值应减去 $\Delta y(\Delta y_n)$，$\Delta y(\Delta y_n)$ 为齿高变动系数。

2. 几何计算用图

齿轮几何计算用图见图 12-3～图 12-9。

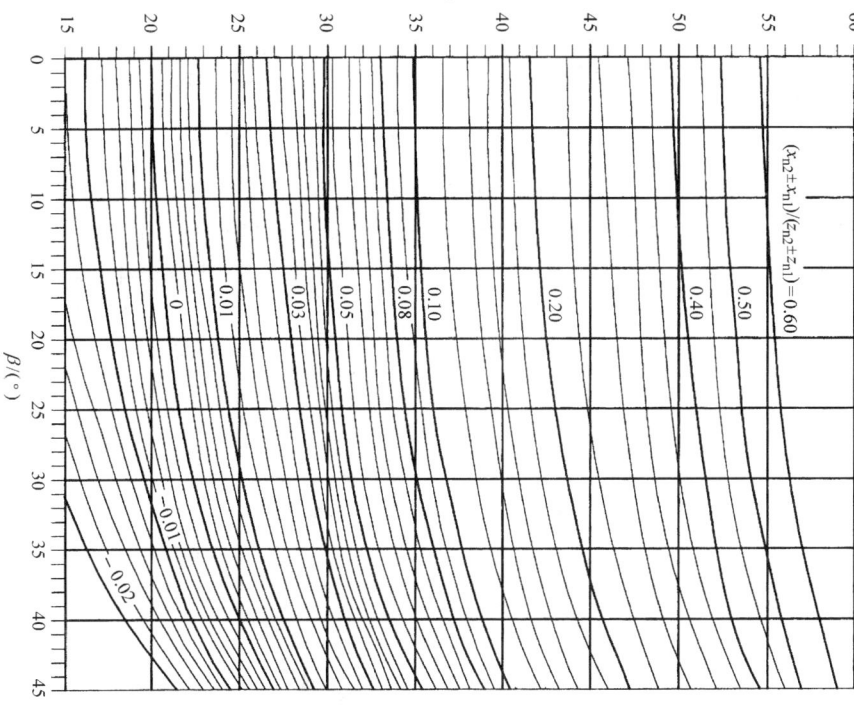

图 12-3　端面啮合角 $\alpha_t'(\alpha=\alpha_n=20°)$

注：图中“+”号用于外啮合，“-”号用于内啮合。

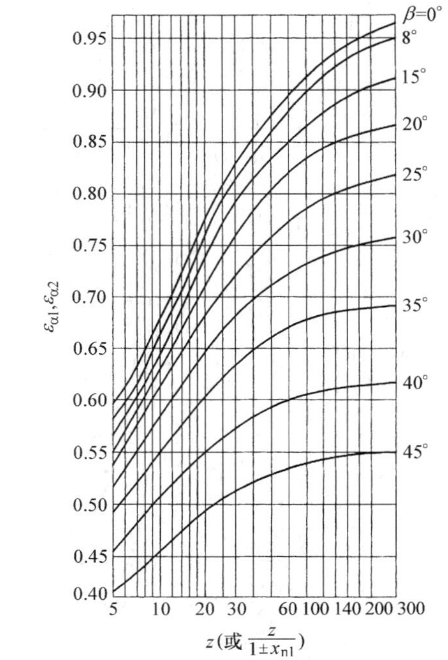

图 12-4　外啮合标准齿轮传动和高变位齿轮传动的端面重合度 ε_α

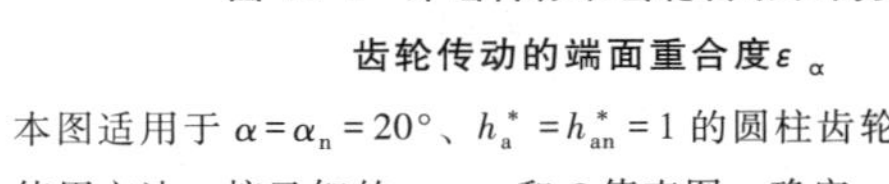

注：1. 本图适用于 $\alpha=\alpha_n=20°$、$h_a^*=h_{an}^*=1$ 的圆柱齿轮传动。

2. 使用方法：按已知的 z、x_{n1} 和 β 值查图，确定 ε_α 值。

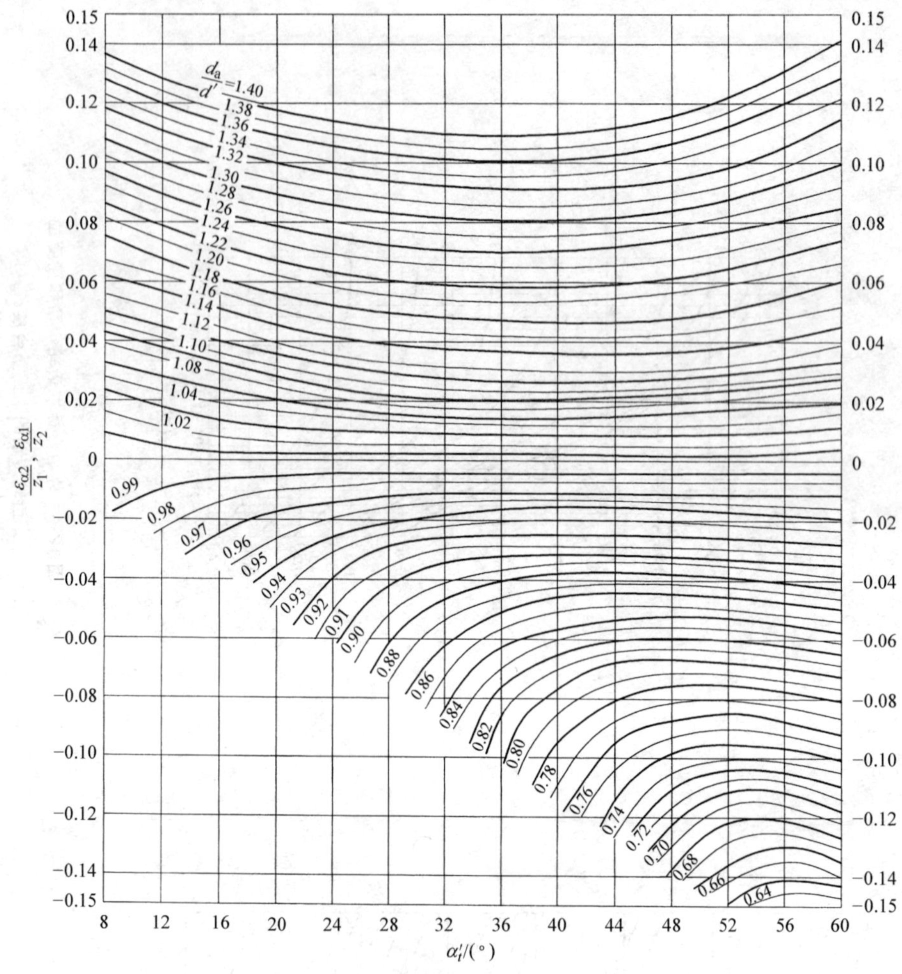

图 12-5 圆柱齿轮的端面重合度

注：1. 本图特别适用于 $\alpha=\alpha_n=20°$ 的角变位圆柱齿轮传动。

2. 使用方法：按两个啮合齿轮的 z、x_n、β 和 d_a、d' 值，利用图 12-4 查得 α_t' 值，再由图 12-6 查得 $\left(\frac{\varepsilon_{\alpha 1}}{z_1}\right)$、$\left(\frac{\varepsilon_{\alpha 2}}{z_2}\right)$ 值，然后用下式计算 ε_α：

$$\varepsilon_\alpha = z_1\left(\frac{\varepsilon_{\alpha 1}}{z_1}\right) \pm z_2\left(\frac{\varepsilon_{\alpha 2}}{z_2}\right)$$

式中，“+”号用于外啮合，“-”号用于内啮合。

【例 12-7】 外啮合标准斜齿圆柱齿轮传动，已知：$z_1=25$，$z_2=81$，$\beta=8°06'34''$，试确定 ε_α 值。

按 z_1、z_2 分别查得 $\varepsilon_{\alpha 1}=0.8$，$\varepsilon_{\alpha 2}=0.9$，则 $\varepsilon_\alpha=\varepsilon_{\alpha 1}+\varepsilon_{\alpha 2}=0.8+0.9=1.7$。

【例 12-8】 外啮合高变位斜齿圆柱齿轮传动，已知：$z_1=21$，$z_2=74$，$\beta=12°$，$x_{n1}=0.5$，$x_{n2}=-0.5$，试确定 ε_α 值。

根据 $\frac{z_1}{1+x_{n1}}=\frac{21}{1+0.5}=14$ 和 $\frac{z_2}{1-x_{n2}}=\frac{74}{1-0.5}=148$，从图中分别查得 $\varepsilon_{\alpha 1}=0.71$，$\varepsilon_{\alpha 2}=0.92$，则 $\varepsilon_\alpha=(1+x_{n1})\varepsilon_{\alpha 1}+(1-x_{n2})\varepsilon_{\alpha 2}=(1+0.5)\times0.71+(1-0.5)\times0.92=1.53$

【例 12-9】 一外啮合角变位斜齿圆柱齿轮传动，已知：$z_1=21$，$z_2=71$，（$m_n=9\text{mm}$），$\beta=10°$，$x_{n1}=+0.4$，$x_{n2}=+0.5$，$a'=428\text{mm}$，$d_{a1}=216.140\text{mm}$，$d_{a2}=674.880\text{mm}$，$d_1'=195.391\text{mm}$，$d_2'=660.609\text{mm}$。试确定 ε_α 值。

根据$\dfrac{x_{n2}+x_{n1}}{z_2+z_1}=\dfrac{0.5+0.4}{71+21}=0.00978\approx0.01$

由图 12-3 查得 $\alpha_t'\approx22.8°$

按 $d_{a1}/d_1'=216.140/195.391=1.106$ 和 $d_{a2}/d_2'=674.880/660.609=1.0216\approx1.022$，分别由图 12-5 查得$\left(\dfrac{\varepsilon_{\alpha1}}{z_1}\right)=0.040$ 和$\left(\dfrac{\varepsilon_{\alpha2}}{z_2}\right)=0.009$，则：

$$z_1\left(\frac{\varepsilon_{\alpha1}}{z_1}\right)+z_2\left(\frac{\varepsilon_{\alpha2}}{z_2}\right)=21\times0.040+71\times0.009=1.479$$

此例如用表 12-12 的 ε_α 算式计算，其准确值 $\varepsilon_\alpha=1.456$。

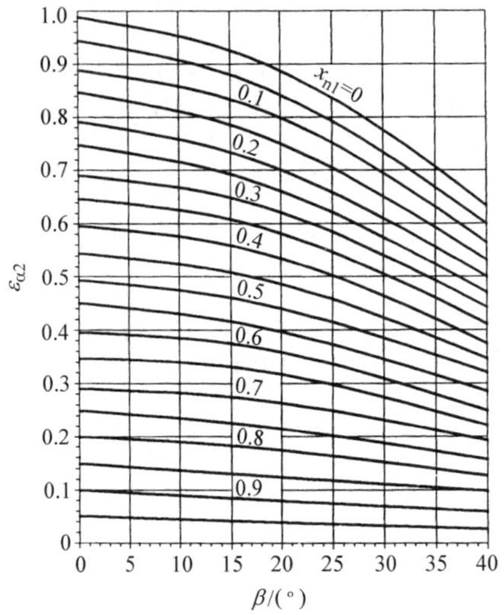

图 12-6　齿轮齿条传动的部分端面重合度 ε_α

注：1. 本图适用于 $\alpha=\alpha_n=20°$、$h_a^*=h_{an}^*=1$ 的齿轮齿条传动。

2. 使用方法：按齿轮齿条的 z_1、x_1（x_{n1}）和 β 值，利用图 12-6 查得 $\varepsilon_{\alpha2}$，利用图 12-4 查得 $\varepsilon_{\alpha1}$，即可算得 ε_α 值。

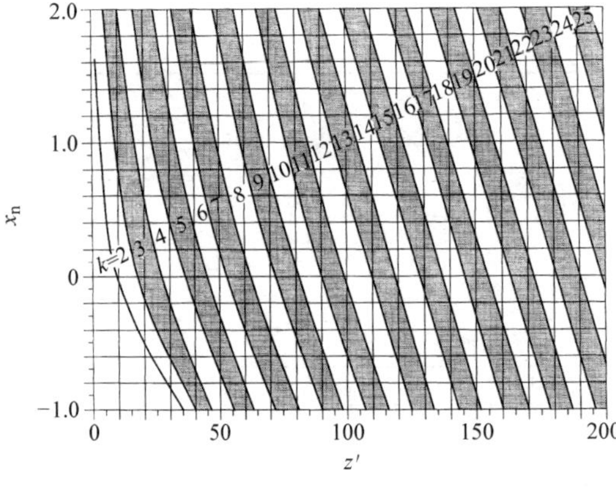

图 12-7　跨测齿数 k（$\alpha=\alpha_n=20°$）

【例 12-10】　一斜齿齿条传动，已知：$z=20$，$x_{n1}=0.25$，$\beta=10°$，试确定 ε_α 值。

按$\dfrac{z_1}{1+x_{n1}}=\dfrac{20}{1+0.25}=16$ 和 $\beta=10°$由图 12-4 查出 $\varepsilon_{\alpha1}=0.73$；再按 $x_{n1}=0.25$，$\beta=10°$由图 12-6 查出 $\varepsilon_{\alpha2}=0.72$，则

$$\begin{aligned}\varepsilon_\alpha&=(1+x_{n1})\varepsilon_{\alpha1}+\varepsilon_{\alpha2}\\&=(1+0.25)\times0.73+0.72\\&=1.632。\end{aligned}$$

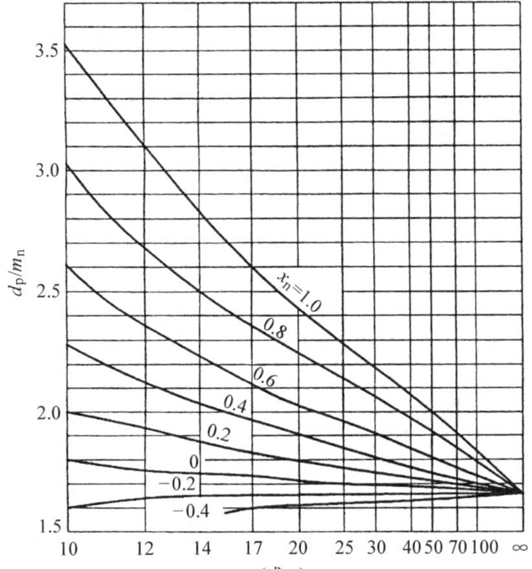

图 12-8　测量外齿轮用的量柱（球）径模比 d_p/m_n（$\alpha=\alpha_n=20°$）

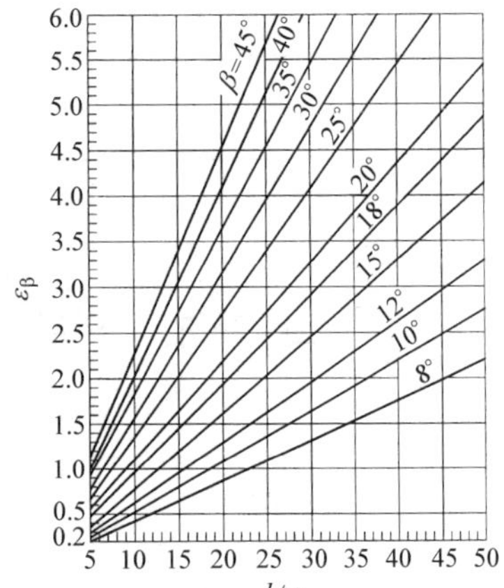

图 12-9　纵向重合度 ε_β

12.1.7 齿轮的材料

1. 齿轮常用材料的应用范围、热处理方法和力学性能（见表 12-26 和表 12-27）。

表 12-26 根据应用范围和功能要求确定齿轮所用的材料及制造方法

组别	功能 要求 条件	应用范围(示例)	制造方法	材料和热处理
1	传递运动	小型设备	大量生产 压铸	锌,黄铜,铝合金,热塑性塑料
	材料费用低	办公用机械	挤压,冷拔,压制	易切削钢,Al-Zn-Cu 塑性合金
	加工费用低(低噪声) 件数非常多	玩具	冲压,烧结	结构钢,烧结金属
2	传递运动 载荷小 低噪声 件数:中等数量	仪器,量具,计数器,控制与导向设备	成批生产 滚铣,插齿	结构钢;易切削钢;铜塑性合金,铝塑性合金;层压材料,热塑性塑料
3	有时受重载	小型机床(钻床,拧螺栓机等)	成批生产 滚铣,插齿	直接硬化的渗碳钢
	小功率,结构尺寸小,费用低 件数多	小型输送机		用于表面硬化的非合金钢(必要时用合金钢)
4	传递运动 单件,件数少	农业器械,小型运输设备	滚铣,成形铣	库存材料:结构钢,优质钢
5	精确地传递运动	大型控制设备,雷达旋转齿圈	单件生产 滚铣,插齿	调质合金钢(渗氮或碳氮共渗)
	磨损小 件数少		研磨或磨削	非合金或合金调质钢,旋转硬化(火焰硬化或感应硬化)
6	传递动力费用低 单件或多件	一般工业齿轮,通用减速器	滚铣,插齿	碳钢或合金钢调质
7	重载、高速、寿命长、件数少	减速器 增速器(高速)	滚铣后磨齿	合金钢,渗碳淬火或碳氮共渗

表 12-27 齿轮常用材料及其力学性能

S S S C S S D D

$C<S$

材料牌号和标准号	热处理种类	截面尺寸(直径或厚度)/mm	力学性能 ≥ R_m/MPa	力学性能 ≥ R_{eL}/MPa	HB
调质钢					
45 (JB/T 6397—2006)	正火,级别 1	≤100 >100~250 >250~500	570~710 550~690 550~690	295 280 260	170~207

（续）

材料牌号和标准号	热处理种类	截面尺寸(直径或厚度)/mm	力学性能 ≥		HB
			R_m/MPa	R_{eL}/MPa	
调　质　钢					
45 CJB/T 6397—2006	正火，级别 2	≤100 >100~250 >250~500 >500~1000	580~770 560~750 560~720 560~720	305 275 275 275	163~217
45 (JB/T 6397—2006)	调质[①]	≤16 >16~40 >40~100 >100~250 >250~500	700~850 650~800 630~780 590~740 590~740	500 430 370 345 345	— — 207~302 197~269 187~255
35SiMn (JB/T 6396—2006)	调质	≤100 >100~300 >300~400 >400~500	785 735 685 635	510 440 390 375	235~286 217~269 207~255 196~255
42SiMn (JB/T 6396—2006)	调质	≤100 >100~200 >200~300 >300~500	784 735 686 637	509 461 441 372	235~286 217~269 207~255 196~255
40Cr (JB/T 6396—2006)	调质	≤100 >100~300 >300~500 >500~800	735 685 635 590	540 490 440 345	217~269 207~255 196~255 176~241
35CrMo (JB/T 6396—2006)	调质	≤100 >100~300 >300~500 >500~800	735 685 635 590	540 490 440 390	217~269 207~255 196~255 176~241
42CrMo (JB/T 6396—2006)	调质	≤100 >100~160 >160~250 >250~500 >500~750	900~1100 800~950 750~900 690~840 590~740	650 550 500 460 390	269~321 241~302 225~269 207~255 176~241
40CrMnMo (JB/T 6396—2006)	调质	≤100 >100~300 >300~500 >500~800	885 835 785 735	735 640 570 490	269~321 250~302 235~286 217~269
渗碳钢、渗氮钢					
20Cr (JB/T 6396—2006)	渗碳+淬火+回火 一次淬火+回火 二次淬火+回火	≤60 15(试样) 30(试样)	635 835 635	390 540 390	≥190 ≥250 ≥190
20CrMnTi (JB/T 6396—2006)	渗碳+淬火+回火	15(试样)	1080	835	≥320

（续）

材料牌号和标准号	热处理种类	截面尺寸(直径或厚度)/mm	力学性能 ≥		HB
			R_m/MPa	R_{eL}/MPa	
渗碳钢、渗氮钢					
20CrMnMo (JB/T 6396—2006)	渗碳+淬火+回火 二次淬火+回火	≤30 ≤100	1080 835	785 490	≥320 ≥250
38CrMoAlA (JB/T 6396—2006)	调　质	30(试样)	980	835	295~341
12Cr2Ni4 (GB/T 3077—2015)	渗碳+淬火+低温回火	15(试样)	1080	835	≤269
20Cr2Ni4 (GB/T 3077—2015)	渗碳+淬火+回火	15(试样)	1180	1080	≤269
20CrNi3 (GB/T 3077—2015)	渗碳+淬火+回火	25(试样)	930	735	≤241
25Cr2MoV (GB/T 3077—2015)	调　质	25(试样)	930	785	≤241
铸钢、合金铸钢					
ZG 310-570 (GB/T 11352—2009)	正　火		570	310	
ZG 340-640 (GB/T 11352—2009)	正　火		640	340	
ZG 40Mn2 (JB/T 6402—2006)	正火+回火 调　质		590 835	395 685	≥197 269~302
ZG 35CrMnSi (JB/T 6402—2006)	正火+回火		690	345	≥217
球墨铸铁(GB/T 1348—2009)					
QT500-7			500	320	170~230
QT600-3			600	370	190~270
QT700-2			700	420	225~305
QT800-2			800	480	245~335
QT900-2			900	600	280~360

① 由于调质的珠光体使齿面加工后的粗糙度很差，极易产生点蚀，因此45钢调质最好不使用。

2. 材料的选择

(1) 调质和中硬调质齿轮用钢　为了使齿根部位的硬度与组织达到技术要求，调质齿轮用钢必须具有所需要的淬透性，以保证齿轮经调质后从齿顶到齿根得到回火索氏体，使齿轮材料具有良好的力学性能。

对于某一钢种，齿坯的尺寸对淬硬层深度有很大的影响。根据钢种的淬透性曲线可以估计不同直径圆柱或不同厚度板坯淬火后沿截面的硬度分布和淬硬层的深浅，所以齿轮的尺寸因素与淬硬层深度有着定量的密切关系。

齿轮材料的选择必须经济合理，材料的强韧性与淬透性要恰到好处，要选择足够而不是过剩淬透性的钢种。齿坯经调质处理后，不仅齿面的组织和硬度要达到技术要求，而且齿根部位的组织与硬度更要达到要求，这样才能满足齿轮的承载能力与使用寿命的要求。因此，必须按齿轮的尺寸与强度要求合理选择齿轮用钢，表 12-28 所列为调质、中硬调质齿轮的推荐钢号。

表 12-28　调质、中硬调质齿轮用钢号（推荐）

截面尺寸 /mm		齿轮要求的齿面硬度(HBW)和 R_m(MPa)				
		185~210	210~237	237~263	263~294	294~326
		600~700	700~800	800~900	900~1000	1000~1100
圆柱形齿轮直径	<60	35SiMn 40Cr	35SiMn* 40Cr 35CrMo	40Cr 35CrMo	40Cr* 35CrMo* 40CrMnMo	40CrMnMo 40CrNi2Mo
	>60~120	40Cr* 35CrMo 40CrMnMo	40Cr* 35CrMo* 40CrMnMo	40CrMnMo 40CrNi2Mo	40CrNi2Mo 34CrNi3Mo	40CrNi2Mo 34CrNi3Mo
	>120~180	35CrMo* 40Cr* 40CrMnMo	35CrMo* 40CrMnMo	40CrNi2Mo 34CrNi3Mo	40CrNi2Mo 34CrNi3Mo	37SiMn2MoV
	>180~250	35CrMo* 40CrMnMo	40CrMnMo 40CrNi2Mo	40CrNi2Mo 34CrNi3Mo	34CrNi3Mo 37SiMn2MoV	37SiMn2MoV
	>250~300	35CrMo* 40CrMnMo	40CrMnMo 40CrNi2Mo	40CrNi2Mo 34CrNi3Mo	34CrNi3Mo 37SiMn2MoV	37SiMn2MoV
盘形齿轮齿宽	<20	35SiMn 40Cr	35SiMn* 40Cr	35SiMn* 40Cr 35CrMo	40Cr* 35CrMo	40Cr* 35CrMo* 40CrMnMo
	>20~70	35SiMn* 40Cr* 35CrMo	40Cr* 35CrMo* 40CrMnMo	40CrNi2Mo 34CrNi3Mo	40CrNi2Mo 34CrNi3Mo	40CrNi2Mo 34CrNi3Mo
	>70~120	40Cr* 35CrMo	35CrMo* 40CrMnMo	40CrNi2Mo 34CrNi3Mo	34CrNi3Mo 37SiMn2MoV	37SiMn2MoV
	>120~170	35CrMo* 40CrMnMo	40CrMnMo 40CrNi2Mo	40CrNi2Mo 34CrNi3Mo	34CrNi3Mo 37SiMn2MoV	37SiMn2MoV
	>170~200	35CrMo* 40CrMnMo	40CrMnMo 40CrNi2Mo	40CrNi2Mo 34CrNi3Mo	34CrNi3Mo 37SiMn2MoV	37SiMn2MoV

注：1. 表中带“*”号者表示水淬。

2. 本表摘自“重载调质表面淬火齿轮和中硬齿面齿轮用钢系列研究”课题（郑州机械研究所、北京科技大学等）的研究报告。

大模数（m>20mm）齿轮由于钢材的淬透性很难满足要求，整体调质起不到调质的作用，因此必须开槽调质，以保证材料的力学性能达到技术要求。

我国调质与调质表面淬火齿轮用钢主要以 Cr、Mn、Si 为基础元素来保证钢的强度与淬透性，重要的齿轮加 Ni 以提高韧性及低温韧性，Mo、V、Ti 为添加元素以细化晶粒，降低回火脆性。

根据淬透性和力学性能的差别，可将调质钢分为三个档次：

低档钢：如 45、40Cr、35SiMn、42SiMn、45Mn2、40CrV 等。

中档钢：如 35CrMo、40CrMnMo、42CrMo、40CrNi、38SiMnMo、42MnMoV 等。

高档钢：如 30CrNi3、34CrNi3Mo、40CrNi2Mo、

30CrMn2MoB、37SiMn2MoV、50SiMnMoV 等。

从钢材价格来看，Ni、Cr 元素含量高的材料比较昂贵，Si、Mn 钢相对便宜一些；其他合金元素量低的钢材最便宜。

（2）渗碳淬火齿轮用钢　我国的渗碳齿轮用钢，大致上可分为两个档次：

中低档：如 20Cr、20CrMnTi、20CrMnMo、20CrMo、25MnTiB 等，主要用于汽车变速器、分动箱、驱动桥、机床变速箱、起重、运输、矿山和通用机械的齿轮传动中。

高档：基本上是 CrNi（+Mo）系钢材，如 12Cr2Ni4、20Cr2Ni4、20CrNi3、20CrNi2Mo、20Cr2Mn2Mo、15CrNi3Mo、17CrNiMo6 等，主要用于汽轮发电机、工业汽轮机、燃气轮机、高速鼓风机、透平压缩机等的高速齿轮，以及重要的轧机齿轮、采煤机齿轮和坦克齿轮等。

齿轮材料的档次影响渗碳淬火齿轮的承载能力，此外还有许多因素对承载能力影响很大。

1）表层含碳量。非合金钢的最佳值 $w(C)$ = 0.9%～1.1%；对于 Mn 合金钢、Cr 合金钢与 Mo 合金钢，$w(C)$ = 0.7%～0.9%；对于 Ni 合金钢，$w(C)$ = 0.6%～0.7%（在含碳量高时，会增强形成残余奥氏体的趋向，并有增加碳化物、表层氧化与降低齿根强度的趋向）。

2）表面硬度和硬化曲线。渗碳淬火齿轮的齿面硬度通常都取 58～62HRC，过高的齿面硬度会增加齿面的脆性，对齿面强度并不有利。正常的硬化曲线如图 12-10 中曲线 1、2 所示；而曲线 3 是对齿轮强度很不利的硬化曲线。

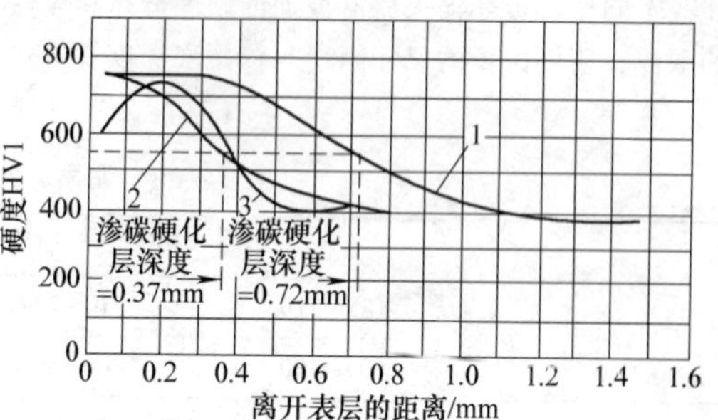

图 12-10　典型的硬化曲线

3）渗碳硬化层的深度。它对齿轮齿面承载能力影响很大。渗层深，可以提高承载能力，但渗碳时间加长，费用增加，因此渗层深度既要满足强度要求，又要具有经济性；选用时，图 12-11 所示的推荐值可供参考。

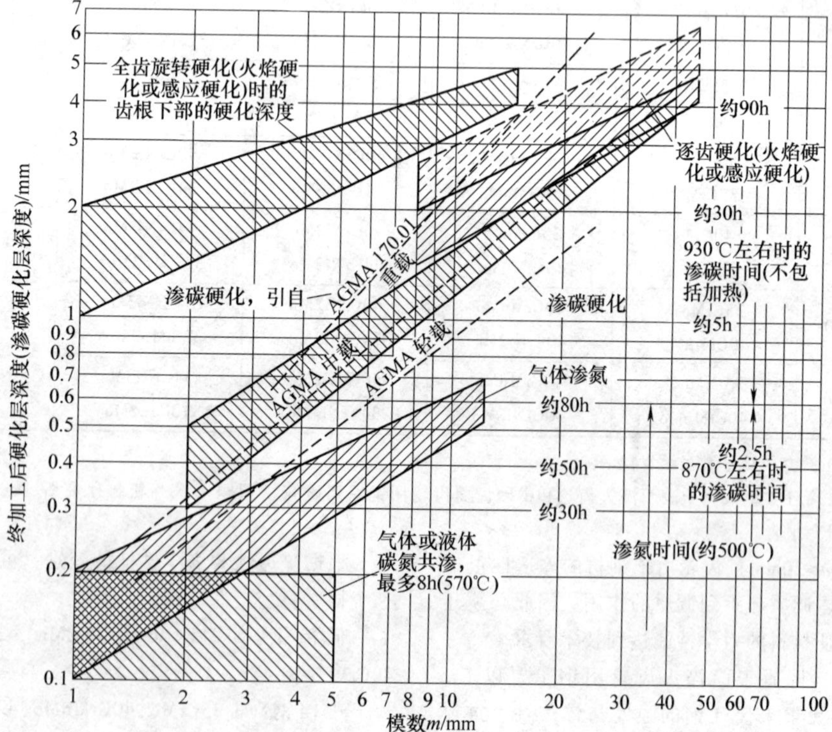

图 12-11　渗碳硬化层深度的概略值

4）心部硬度。渗碳淬火齿轮轮齿心部硬度影响齿轮的弯曲疲劳强度和静强度。试验研究表明，心部硬度存在一个最佳范围（35～45HRC），过高的心部硬度会减少有利的残余压应力，从而降低轮齿的弯曲疲劳强度。表 12-29 所列的国内外心部硬度推荐值可供选用时参考。

此外，表层脱碳、表层晶界氧化、残余奥氏体量、晶粒的尺寸等均会影响渗碳淬火齿轮的承载能力。因此，对于渗碳淬火齿轮除了合理选用材料外，还要严格控制热处理工艺。

（3）渗氮齿轮用钢　齿轮渗氮的主要目的是提高轮齿表面的硬度、耐磨性、抗胶合能力、疲劳强度和抗腐蚀能力。渗氮硬化具有高的回火稳定性和低的缺口敏感性，并且热处理温度低（一般在 500～560℃），因而变形较小。

渗氮齿轮用钢可根据齿轮的工况、性能要求，参考表 12-30 合理选择。

渗氮层深度可参考表 12-31 或图 12-11 选用。

常用齿轮材料渗氮后的硬度可参考表 12-32 选用。

表 12-29　渗碳淬火齿轮心部硬度（HRC）参考值

德国 本茨公司	日本 丰田公司	意大利 菲亚特	美国 Allis Charmers	日本大型 重载齿轮	我国 汽车行业	我国大型 重载齿轮
36.5	45	33～40	32～40	30～40	m≤8mm，33～38 m>8mm，29～45	30～40

表 12-30　渗氮齿轮用钢的选择

齿轮种类	性能要求	选择钢号
一般齿轮	表面耐磨	20Cr、20CrMnTi、40Cr
在冲击载荷下工作的齿轮	表面耐磨，心部韧性高	18CrNiWA、18Cr2Ni4WA、30CrNi3、35CrMo
在重载荷下工作的齿轮	表面耐磨，心部强度高	30CrMnSi、35CrMoV、25Cr2MoV、42CrMo
在重载荷及冲击下工作的齿轮	表面耐磨，心部强度高、韧性高	30CrNiMoA、40CrNiMoA、30CrNi2Mo
精密耐磨齿轮	表面高硬度、变形小	38CrMoAlA、30CrMoAl

表 12-31　齿轮渗氮层深度的选择

模数/mm	公称深度/mm	深度范围/mm	模数/mm	公称深度/mm	深度范围/mm
≤1.25	0.15	0.10～0.25	4.5～6	0.50	0.45～0.55
1.5～2.5	0.30	0.25～0.40	>6[①]	0.60	>0.50
3～4	0.40	0.35～0.50			

注：对某些重载齿轮，其渗层深度要求达 0.8～1.2mm。

表 12-32　齿轮钢材渗氮层硬度参考范围

钢材	原始状态		渗氮表面硬度 HV5
	预备热处理	硬度	
45	正火		250～400
20CrMnTi	正火 调质	180～200HBW 200～220HBW	650～800 600～800
40CrMo	调质	29～32HRC	550～700
40CrNiMo	调质	26～27HRC	450～650
40CrMnMo	调质	220～250HBW	550～770
40Cr	正火 调质	200～220HBW 210～240HBW	500～700 500～650
37SiMn2MoV	调质	250～290HBW	48～52HRC （超声测定）
25Cr2MoV	调质	270～290HBW	700～850
20Cr2Ni4A	调质	250～320HBW	550～650
18Cr2Ni4W	调质	27HRC	600～800
35CrMoV	调质	250～320HBW	550～700
30CrMoAl	正火 调质	207～217HBW 217～223HBW	850～1 050 800～900
38CrMoAlA	调质	26HBW	950～1 200

（4）铸铁和铸钢　铸铁齿轮与钢齿轮相比，具有成本低、切削性能好、耐磨性强、噪声低等优点，但也有承载能力低、对冲击敏感等缺点。

灰铸铁强度低、塑性差，目前已很少用于制造齿轮。球墨铸铁具有较高的强度和一定的韧性和塑性，其齿面承载能力可与高强度调质钢相比，但其齿根承载能力要小一些。球墨铸铁的耐磨性、耐腐蚀性与抗胶合能力随石墨含量的增加而提高，其齿面承载能力随珠光体含量的增加而提高。表面粗糙度对形成点蚀的影响要比钢小。在切齿后进引等温淬火的球铁（QT1200-1）齿轮（贝氏体球铁齿轮），可以获得较高齿面强度。

铸钢主要用来制造大尺寸的齿轮，铸钢齿轮在费用上要比锻钢齿轮经济。铸造齿轮由于可能存在铸造应力、内部缺陷、气孔和不均匀性，因此它的强度（极限应力）值比锻钢齿轮低。至于缺口敏感性，铸钢则位于锻钢和灰铸铁之间。铸造齿轮的另一个缺点是一旦在加工中发现有不可弥补的铸造缺陷时，就会有延期交货的可能，因此要选择经验丰富的铸造厂制造齿轮铸坯。对于单件生产的一般齿轮，最好不采用铸钢材料；一次生产三件以上铸钢齿轮，在经济上才比较合理。

齿轮除了采用以上材料外，还可以采用铜合金、铝合金、烧结金属、热塑性塑料和层压材料等。这些材料一般都用在特定的领域，满足齿轮的特殊性能的要求（见表 12-26）。

3. 配对齿轮齿面硬度组合（见表 12-33）

表 12-33　齿轮齿面硬度及其组合

硬度组合类型	齿轮种类	热处理		两轮工作齿面硬度差	工作齿面硬度举例		一般应用
		小齿轮	大齿轮		小齿轮	大齿轮	
软齿面 $H_{d1}\leqslant$350HBW $H_{d2}\leqslant$350HBW	直齿	调质	正火 调质 调质 调质	$0<H_{d1\min}-H_{d2\max}\leqslant(20\sim25)$HBW	240~270HBW 260~290HBW 280~310HBW 300~330HBW	180~220HBW 220~240HBW 240~260HBW 260~280HBW	质量和尺寸不受严格限制的齿轮；热处理困难的大型齿轮；要求成本不高的齿轮；要求跑合性能良好的齿轮
	斜齿及人字齿	调质	正火 正火 调质 调质	$H_{d1\min}-H_{d2\max}>(40\sim50)$HBW	240~270HBW 260~290HBW 270~300HBW 300~330HBW	160~190HBW 180~210HBW 200~230HBW 230~260HBW	
软硬组合齿面 $H_{d1}>$350HBW $H_{d2}\leqslant$350HBW	斜齿及人字齿	表面淬火	调质	齿面硬度差很大	45~50HRC	200~230HBW 230~260HBW 270~300HBW 300~330HBW	是软齿面齿轮的一种改进（能使大齿轮齿面工作硬化）；用于无大磨齿机磨大齿轮时；要求抗冲击性能好时
		渗碳	调质		56~62HRC		
硬齿面 $H_{d1}>$350HBW $H_{d2}>$350HBW	直齿、斜齿及人字齿	表面淬火	表面淬火	齿面硬度大致相同	45~50HRC		质量和尺寸受严格限制的齿轮；移动式机器上的齿轮；要求制造精度高的齿轮（磨齿）
		渗碳	渗碳		56~62HRC		

注：1. 表中 H_{d2}、H_{d1} 分别表示大小齿轮齿面硬度。
2. 重要齿轮的表面淬火，应采用高频或中频感应淬火；模数较大时，应沿齿沟加热和淬火。
3. 通常渗碳后的齿轮要进行磨齿。
4. 为了提高抗胶合性能，建议小轮和大轮采用不同牌号的钢来制造。

12.1.8　渐开线圆柱齿轮承载能力计算

12.1.8.1　轮齿受力计算（见表 12-34）

12.1.8.2　轮齿主要失效形式和相应的承载能力计算标准（见表 12-35）

12.1.8.3　齿轮主要参数选择（见表 12-36）

表 12-34　圆柱齿轮传动的作用力计算

作用力或转矩	直齿轮	斜齿轮	人字齿轮
转矩 T/N · m	$T=\dfrac{9549P}{n}$	P—齿轮传递的功率(kW) n—齿轮的转速(r/min)	

（续）

作用力或转矩	直　齿　轮	斜　齿　轮	人字齿轮
分度圆上的切向力 F_t/N	$F_t=\frac{2000T}{d}$ d—分度圆直径（mm）	主动轮 F_t 的方向与节点线速度方向相反；从动轮 F_t 的方向与节点线速度方向相同	
径向力 F_r/N	$F_r=F_t\tan\alpha_n$ 方向指向齿轮轴心	$F_r=F_t\tan\alpha_t=F_t\tan\alpha_n/\cos\beta$ 方向指向齿轮轴心	
轴向力 F_a/N	$F_a=0$	$F_a=F_t\tan\beta$ 方向决定于齿轮的主从动、轮齿倾斜方向和齿轮的转向	$F_a=0$
法向力 F_{bn}/N	$F_{bn}=F_t/\cos\alpha_n$ 沿啮合线方向指向齿面	$F_{bn}=F_t/\cos\alpha_n\cos\beta$ 沿啮合线方向指向齿面	

注：1. 本表计算式可用于齿轮齿条传动作用力计算，但应以 T_1，d_1 代入算式。
2. 将表中的 d 用节圆直径 d'代入，即可计算得节圆上的作用力 F_t'、F_r'、F_a'和 F_{bn}'。这些力可用于计算轴和轴承。

表 12-35　轮齿主要失效形式和相应的承载能力计算

齿轮传动类别	轮齿失效形式	相应的承载能力计算标准
一般闭式软齿面钢齿轮	齿面点蚀（主要） 轮齿折断	齿面接触疲劳（GB/T 3480—1997） 齿根弯曲疲劳（GB/T 3480—1997）
一般闭式硬齿面钢齿轮	轮齿折断（主要） 齿面点蚀、剥落	齿根弯曲疲劳（GB/T 3480—1997） 齿面接触疲劳（GB/T 3480—1997）
一般闭式中硬齿面钢齿轮	齿面点蚀 轮齿折断	齿面接触疲劳（GB/T 3480—1997） 齿根弯曲疲劳（GB/T 3480—1997）
齿面硬度高，结构紧凑的齿轮传动装置	温度过高 润滑失效	齿轮　热功率　第 1 部分：油温温度在 95℃ 时，齿轮装置的热平衡计算（GB/Z 22559.1—2008） 齿轮　热功率　第 2 部分：热承载能力计算（GB/Z 22559.2—2008）
高速重载钢齿轮	齿面胶合（主要） 齿面点蚀 轮齿折断	抗胶合能力（GB/Z 6413—2003） 齿面接触疲劳（JB/T 8830—2001） 齿根弯曲疲劳（JB/T 8830—2001）
开式齿轮	齿面磨损	目前暂无公认的磨损寿命计算法，通常按考虑磨损后的轮齿计算齿根弯曲强度
受短时过载的齿轮	齿面塑性变形和压碎 齿根塑性变形和折断	齿面静强度（GB/T 3480—1997） 齿根静强度（GB/T 3480—1997）

注：1. 球墨铸铁齿轮可按相同硬度的钢齿轮考虑。
2. 表中注明的“主要”失效形式，是在一般情况下会发生的。

表 12-36　齿轮主要参数的选择

参　　数	数据合理范围
模数 m	载荷平稳　$m=(0.007\sim0.01)a$ 中等冲击　$m=(0.01\sim0.015)a$ 较大冲击　$m=(0.015\sim0.02)a$ 对硬齿面齿轮或开式齿轮取大值。按以上经验式估算出 m 后，取标准值（见表 12-2），并通过承载能力计算。对动力传动，最小模数 $m\geqslant2$mm
齿数 z	通常取 $z_1\geqslant18\sim30$，$z_1+z_2=100\sim200$ 对于闭式软齿面齿轮、载荷平稳或高速齿轮 z_1 可取较大值，表 12-37 可供取值参考。对于载荷变动的齿轮和开式齿轮，最好使 z_2 与 z_1 互为质数
齿数比 $u=z_2/z_1$	对一般单级减速传动，$u\leqslant6\sim8$，对于开式齿轮或手动齿轮传动，有时 u 可以更大一些（8~12）
螺旋角 β/（°）	一般斜齿轮取 $\beta=8°\sim15°$，并校核重合度： $v\leqslant20$m/s，$\varepsilon_\beta\geqslant1.0$，$\varepsilon_\gamma\geqslant2.2$ $v\geqslant40$m/s，$\varepsilon_\beta=1.2$，$\varepsilon_\gamma\geqslant2.6$ 对于人字齿轮取 $\beta=25°\sim40°$（常用的为 30°左右，个别情况可达 45°）

（续）

参　　数	数据合理范围
齿宽系数 $\phi_a=b/a$ $\phi_d=b/d_1$ $\phi_m=b/m$ （a—中心距 d_1—小齿轮分度圆直径）	三者关系：$\phi_m=0.5(u\pm1)\phi_a z_1=\phi_d z_1$（“-”号用于内啮合） 如按 ϕ_a 选用：闭式齿轮传动常取 $\phi_a=0.2\sim0.6$；通用减速器常取 $\phi_a=0.4$；变速器换挡齿轮常取 $\phi_a=0.12\sim0.15$；开式齿轮常取 $\phi_a=0.1\sim0.3$；在设计标准减速器时，ϕ_a 应取标准值 如按 ϕ_d 选用：见表 12-38 如按 ϕ_m 选用：一般取 $\phi_m=8\sim25$，对重载低速齿轮传动取较大值。变速器换挡齿轮取 $\phi_m=4\sim8$

表 12-37　常用小齿轮齿数 z_1

材料、热处理		传动比 i			
		1	2	4	8
调质，硬度 HBW	<230	32~60	29~55	25~50	22~45
	>300	30~50	27~45	23~40	20~35
铸铁		26~45	23~40	21~35	18~30
渗氮		24~40	21~35	19~31	16~26
渗碳（或齿面硬化）		21~32	19~29	16~25	14~22

注：当 $n<1000$r/min 时取下限；当 $n>3000$r/min 时取上限。

表 12-38　齿宽系数 $\phi_d=b/d_1$

支承对小齿轮的布置	载荷情况	ϕ_d 的最大值		ϕ_d 的推荐值	
		工作齿面硬度 HBW			
		一对齿轮或其中一个齿轮≤350	两个齿轮都>350	一对齿轮或其中一个齿轮≤350	两个齿轮都>350
对称布置，轴承靠近齿轮	变动较小	1.8(2.4)	1.1(1.4)	0.8~1.4	0.4~0.9
	变动较大	1.4(1.9)	0.9(1.2)		
非对称布置	变动较小	1.4(1.9)	0.9(1.2)	结构刚性很大时（如两级减速器的低速级）0.6~1.2	0.3~0.6
	变动较大	1.15(1.65)	0.7(1.1)	结构刚性较小时 0.4~0.8	0.2~0.4
悬臂布置	变动较小	0.8	0.55		
	变动较大	0.6	0.4		

注：表中括号内的数值用于人字齿轮，其齿宽 b 应为两半人字齿圈宽度之和。

12.1.8.4　主要尺寸参数的初步确定

在设计齿轮传动时，通常都要已知一定的条件，如：

1）输入和输出轴的转速（传动比）、转向（恒定的或变化的）及其相互位置（同轴线、垂直、平行等）。

2）工作机械和原动机的形式、使用条件和相对位置尺寸限制等。

3）功率、持续工作转矩、工作机械和原动机的额定转矩、最大转矩、启动转矩和载荷谱等。

4）用户对主要性能的要求：如传动形式、安装方式、使用寿命、生产批量、制造条件、对尺寸或质量的限制、经济考虑等。

根据这些条件来计算齿轮传动的承载能力，只有齿轮的主要尺寸参数（模数 m、中心距 a 或小齿轮分度圆直径 d、齿宽 b）确定后才能进行；因为承载能力计算式中的许多系数决定于齿轮的尺寸参数。

有多种方法可以确定齿轮传动的主要尺寸参数，如类比法、结构尺寸要求法等。这些方法都需要相当多的经验和已知条件才能运用，在缺乏相应的经验和条件时，可采用齿轮设计的简化公式来初步确定齿轮传动的主要尺寸参数，对于渐开线（直齿、斜齿、人字齿）圆柱齿轮（外啮合、内啮合）的主要尺寸参数可用以下公式来初步确定。

按齿面接触强度计算：

$$a = J_a(u \pm 1)\sqrt[3]{\frac{KT_1}{\phi_a u \sigma_{HP}^2}} \tag{12-1}$$

或

$$d_1 = J_d\sqrt[3]{\frac{KT_1}{\phi_d \sigma_{HP}^2}\left(\frac{u \pm 1}{u}\right)} \tag{12-2}$$

按齿根抗弯强度计算：

$$m = 12.5\sqrt[3]{\frac{KT_1}{\phi_m z_1^2}\frac{Y_{FS}}{\sigma_{FP}}} \tag{12-3}$$

式中　a——齿轮传动中心距（mm）；

d_1——小齿轮分度圆直径（mm）；

m——端面模数，对斜齿轮和人字齿轮为法向模数（mm）；

T_1——小齿轮的额定转矩（N · m）；

z_1——小齿轮的齿数，可按表 12-37 选用；

ϕ_a、ϕ_d、ϕ_m——齿宽系数，可按表 12-36、表 12-38 选用；

σ_{HP}——许用接触应力（MPa），可取 $\sigma_{HP} \approx \sigma_{Hlim}/S_{Hmin}$，$\sigma_{Hlim}$ 是试验齿轮的接触疲劳极限应力（MPa），从图 12-20～图 12-31 中查取，或由表 12-49 中公式求得可取接触强度计算的最小安全系数 $S_{Hmin} \geqslant 1.1$；

σ_{FP}——许用弯曲应力（MPa），可取 $\sigma_{FP} = 1.6\sigma_{Flim}$（轮齿单向受力），$\sigma_{FP} = 1.1\sigma_{Flim}$（轮齿双向受力），$\sigma_{Flim}$ 是试验齿轮的弯曲疲劳极限，从图 12-20～图 12-31 中查取，或按表 12-49 中公式计算。

Y_{FS}——力作用于齿顶时的复合齿形系数，按实际齿数 z 查图 12-17 或图 12-18。

K——载荷系数，常取 $K = 1.2 \sim 2.2$。原动机出力均匀，工作机载荷平稳，齿宽系数小、轴承对称布置、轴刚性大，齿轮精度高、圆周速度低时取小值，反之，取大值。

J_a、J_d——计算系数，查表 12-39。

计算时，σ_{HP} 应取两齿轮中的小值；比值 Y_{FS}/σ_{FP} 应取两齿轮中的大值。式中的“+”号用于外啮合，“-”号用于内啮合。

12.1.8.5　渐开线圆柱齿轮抗疲劳承载能力校核计算

齿轮抗疲劳承载能力计算包括齿面接触疲劳强度计算和齿根弯曲疲劳强度计算两大部分。本章推荐的计算方法，主要根据 GB/T 3480—1997 而编制（简化），适用于钢、铸铁制造的，基本齿廓符合 GB/T 1356—2001 的内、外啮合直齿、斜齿和人字齿（双斜齿）圆柱齿轮。

（1）校核计算公式（见表 12-40）

（2）计算公式中各参数和系数的确定

1）齿数比 u、小齿轮分度圆直径 d_1、模数 m 和齿宽 b 等，通常由校核计算任务书给出，或者由本章 12.1.8.4 节所述方法初步确定。

2）分度圆上的名义切向力 F_t，一般由齿轮传递的名义功率或名义转矩来确定。名义切向力作用于端面内并切于分度圆。F_t 的计算式见表 12-34。这里认为 F_t 是一个稳定的载荷；对于不稳定载荷情况下，F_t 的确定见本章 12.1.8.6 节。

表 12-39　齿面接触强度计算系数

材料	小齿轮	钢			球墨铸铁		灰铸铁
	大齿轮	钢	球墨铸铁	灰铸铁	球墨铸铁	灰铸铁	灰铸铁
系数	J_a	480	466	435	453	422	401
	J_d	761	738	689	718	670	636

注：1. 表中钢材料包括铸钢。

2. 本表适用于 $\beta = 0° \sim 15°$ 的直齿和斜齿轮。对于 $\beta = 25° \sim 35°$ 的人字齿轮，表中的 J_a 和 J_d 分别乘 0.93。

表 12-40　齿轮接触疲劳强度和弯曲疲劳强度校核计算公式

项　目	齿面接触疲劳强度	齿根弯曲疲劳强度
强度条件	$\sigma_H \leqslant \sigma_{HP}$ 或　$S_H \geqslant S_{Hmin}$	$\sigma_F \leqslant \sigma_{FP}$ 或　$S_F \geqslant S_{Fmin}$
计算应力 /MPa	$\sigma_H = Z_{BD} Z_H Z_E Z_\varepsilon Z_\beta \times \sqrt{\frac{F_t}{d_1 b}\left(\frac{u \pm 1}{u}\right)} K_A K_v K_{H\beta} K_{H\alpha}$	$\sigma_F = \frac{F_t}{b m_n} K_A K_v K_{F\beta} K_{F\alpha} Y_{FS} Y_\varepsilon Y_\beta$
许用应力 /MPa	$\sigma_{HP} = \frac{\sigma_{Hlim} Z_{NT} Z_{LVR} Z_W Z_X}{S_{Hmin}}$	$\sigma_{FP} = \frac{\sigma_{Flim} Y_{ST} Y_{NT} Y_{\delta relT} Y_{RrelT} Y_x}{S_{Fmin}}$
安全系数	$S_H = \frac{\sigma_{Hlim} Z_{NT} Z_{LVR} Z_W Z_X}{\sigma_H}$	$S_F = \frac{\sigma_{Flim} Y_{ST} Y_{NT} Y_{\delta relT} Y_{RrelT} Y_x}{\sigma_F}$

注：1. 式中“+”号用于外啮合，“-”号用于内啮合。
　　2. 本表中各符号的意义见表 12-41。

表 12-41　表 12-40 中各符号的意义

类别	符　号	意　义	单　位	确　定　方　法
基本参数	σ_H、σ_F	计算接触应力和计算弯曲应力	MPa	表 12-40
	σ_{HP}、σ_{FP}	许用接触应力和许用弯曲应力	MPa	表 12-40
	S_H、S_F	接触强度和弯曲强度的计算安全系数		表 12-40
	S_{Hmin}、S_{Fmin}	接触强度和弯曲强度的最小安全系数		表 12-51
	F_t	分度圆上的名义切向力	N	表 12-34
	d_1	小齿轮分度圆直径	mm	
	b	齿宽(人字齿轮为两个斜齿圈宽度之和)	mm	
	m_n	法向模数		
	u	齿数比，$u=z_2/z_1 \geqslant 1$		
	σ_{Hlim}	试验齿轮的接触疲劳极限	MPa	图 12-20～图 12-31
	σ_{Flim}	试验齿轮的弯曲疲劳极限	MPa	图 12-20～图 12-31
修正载荷的系数	K_A	使用系数		表 12-42
	K_v	动载系数		式 12-4
	$K_{H\beta}$	接触强度计算的齿面载荷分布系数		表 12-44 或表 12-45
	$K_{F\beta}$	抗弯强度计算的齿面载荷分布系数		图 12-13
	$K_{H\alpha}$	接触强度计算的齿间载荷分配系数		表 12-46
	$K_{F\alpha}$	抗弯强度计算的齿间载荷分配系数		表 12-46
修正计算应力的系数	Z_H	节点区域系数		图 12-14
	Z_E	材料弹性系数	$\sqrt{MPa}$	表 12-47
	Z_ε	接触强度计算的重合度系数		图 12-15
	Z_β	接触强度计算的螺旋角系数		图 12-16
	Z_{BD}	单对齿啮合系数		
	Y_{FS}	复合齿形系数		图 12-17 或图 12-18
	Y_ε	抗弯强度计算的重合度系数		式(12-11)
	Y_β	抗弯强度计算的螺旋角系数		图 12-19
修正疲劳极限的系数	Z_{NT}	接触强度计算的寿命系数		图 12-31
	Y_{NT}	弯曲强度计算的寿命系数		图 12-32
	Z_{LVR}	润滑油膜影响系数		表 12-51
	Z_W	齿面工作硬化系数		图 12-33
	Z_X	接触强度计算的尺寸系数		图 12-34
	Y_X	抗弯强度计算的尺寸系数		图 12-35
	$Y_{\delta relT}$	相对齿根圆角敏感系数		表 12-52
	Y_{RrelT}	相对齿根表面状况系数		图 12-36
	Y_{ST}	应力修正系数		$Y_{ST}=2$

3）使用系数 K_A。是考虑由于齿轮啮合外部因素引起附加动载荷影响的系数。这种外部附加动载荷取决于原动机和工作机的特性、轴和联轴器系统的质量和刚度以及运行状态。如有可能，K_A 可通过实测或对传动系统的全面分析来确定。当上述方法不能实现，齿轮只能按名义载荷计算强度时，K_A 可参考表 12-42 查取。

表 12-42　使用系数 K_A

原动机工作特性及其示例	工作机工作特性及其示例			
	均匀平稳	轻微冲击	中等冲击	强烈冲击
	发电机，均匀传送的带式运输机或板式运输机，螺旋运输机，轻型升降机，包装机，机床进给传动，通风机，轻型离心机，离心泵，轻质液态物质或均匀密度材料搅拌器，剪切机、冲压机①，车床，行走机构②	不均匀传动（如包装件）的带运输机或板式运输机，机床主传动，重型升降机，起重机旋转机构，工业和矿用通风机，重型离心分离器，离心泵，稠黏液体或变密度材料搅拌机，多缸活塞泵，给水泵，普通挤压机，压光机，转炉，轧机③（连续锌条、铝条以及线材和棒料轧机）	橡胶挤压机，橡胶和塑料搅拌机，球磨机（轻型），木工机械（锯片、木车床），钢坯初轧机③④，提升机构，单缸活塞泵	挖掘机（铲斗传动装置、多斗传动装置、筛分传动装置，动力铲），球磨机（重型），橡胶搓揉机，破碎机（石块、矿石），冶金机械，重型给水泵，旋转式钻机，压砖机，去皮机卷筒，落砂机，带材冷轧机③⑤；压砖机，碾碎机
均匀平稳：如电动机（例如直流电动机），均匀运转的蒸汽轮机、燃气轮机（小的，起动转矩很小）	1.00	1.25	1.50	1.75
轻微冲击：如蒸汽轮机、燃气轮机、液压马达、电动机（较大、经常出现较大的起动转矩）	1.10	1.35	1.60	1.85
中等冲击：如多缸内燃机	1.25	1.50	1.75	2.0
强烈冲击：如单缸内燃机	1.50	1.75	2.0	2.25 或更大

注：1. 表中数值仅适用于在非共振速度区运转的齿轮装置，对于重载运转，启动转矩大，间歇运行以及有反复振动载荷等情况，就需要校核静强度和有限寿命强度。

2. 对于增速传动，根据经验建议取上表值的 1.1 倍。

3. 当外部机械与齿轮装置之间有挠性连接时，通常 K_A 值可适当减小。

① 额定转矩=最大切削、压制、冲击转矩。

② 额定转矩=最大启动转矩。

③ 额定转矩=最大轧制转矩。

④ 用电流控制力矩限制器。

⑤ 由于轧制带材经常开裂，可提高 K_A 至 2.0。

4）动载系数 K_v。是考虑齿轮制造精度、运转速度对轮齿内部附加动载荷影响的系数。影响动载荷系数的主要因素有基节和齿形误差、节线速度、转动件的惯量和刚度、轮齿载荷、啮合刚度在啮合循环中的变化，以及跑合效果、润滑油特性等。如能通过实测或对所有影响因素作全面的动力分析来确定包括内部动载荷在内的切向载荷，则可取 $K_v=1$。在一般计算中（齿轮在亚临界区工作），K_v 可按下式计算：

$$K_v = 1 + \left(\frac{K_1}{\frac{K_A F_t}{b}} + K_2\right)\frac{z_1 v}{100}\sqrt{\frac{u^2}{u^2+1}} \qquad (12\text{-}4)$$

式中的 K_1 和 K_2 查表 12-43。

一种基于经验数据的确定 K_v 值的线图如图 12-12 所示。此图没有考虑其振区的影响。图中 6、7…12 为齿轮传动精度系数 C，用下式计算确定：

$$C=2.852\ln(f_{pt})-0.5048\ln(z)-1.144\ln(m_n)+3.32$$

式中　z——大、小齿轮中计算得 C 值大者的齿数；

m_n——法向模数；

f_{pt}——大小齿轮中最大的单个齿距偏差值。

5）齿向载荷分布系数 $K_{H\beta}$、$K_{F\beta}$。是分别考虑沿齿宽方向载荷分布不均匀对齿面接触应力和齿根弯曲应力影响的系数。影响 $K_{H\beta}$ 和 $K_{F\beta}$ 的主要因素有齿轮副

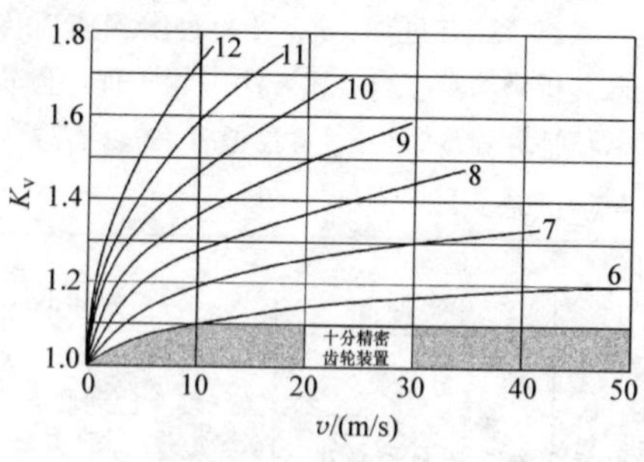

图 12-12　动载系数 K_v

的接触精度、啮合刚度、支承件的刚度、轴系的附加载荷、热变形和齿向修形等。精确确定 $K_{H\beta}$ 和 $K_{F\beta}$ 是可能的，但比较困难，在一般计算中，可利用表 12-44 和表 12-45 的简化公式计算 $K_{H\beta}$ 值。

在一般的计算中，可取 $K_{F\beta}=K_{H\beta}$；如需要较精确确定 $K_{F\beta}$ 时，可查图 12-13。图中 b 是齿宽（mm），对人字齿轮或双斜齿齿轮，用单个斜齿轮的宽度。图中 h 是齿高（mm）。

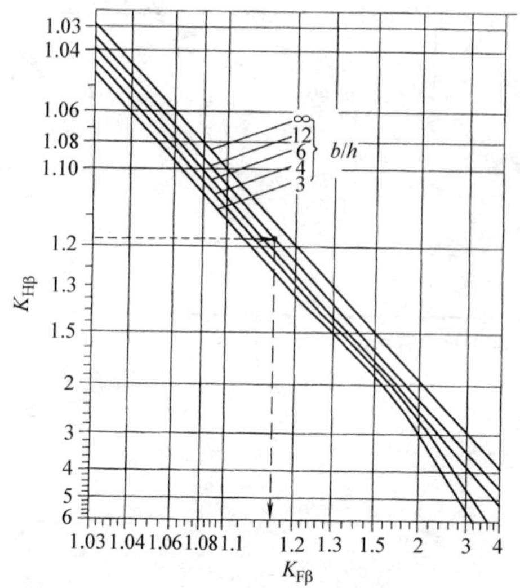

图 12-13　弯曲强度计算的载荷分布系数 $K_{F\beta}$

6）齿间载荷分配系数 $K_{H\alpha}$、$K_{F\alpha}$。分别考虑同时啮合的各对轮齿间载荷分配不均匀对齿面接触强度和弯曲强度影响的系数。影响齿间载荷分配系数的主要因素有：轮齿受载变形、制造误差、齿廓修形和跑合效果等。

在一般的计算中，可查表 12-46 来确定 $K_{H\alpha}$ 和 $K_{F\alpha}$ 值。

7）节点区域系数 Z_H。是考虑节点处齿廓曲率对接触应力的影响，并将分度圆上的切向力折算为节圆上的法向力的系数。Z_H 值可由式（12-5）计算而得。对法向齿形角 $\alpha_n=20°$ 的外啮合齿轮，Z_H 值也可从图 12-14 中查得：

$$Z_H=\sqrt{\frac{2\cos\beta_b}{\cos^2\alpha_t\tan\alpha'_t}} \qquad (12\text{-}5)$$

式中　α_t——端面分度圆压力角；

β_b——基圆螺旋角；

α'_t——节圆端面啮合角。

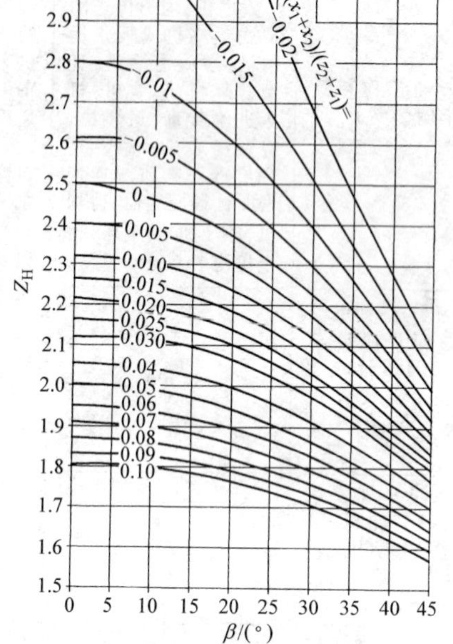

图 12-14　节点区域系数（$\alpha_n=20°$）

8）材料弹性系数 Z_E。是用来考虑材料弹性模量 E 和泊松比 ν 对接触应力的影响，其值可用下式计算而得：

$$Z_E=\sqrt{\frac{1}{\pi\left(\frac{1-\nu_1^2}{E_1}+\frac{1-\nu_2^2}{E_2}\right)}} \qquad (12\text{-}6)$$

对于某些常用材料组合的 Z_E 值，可从表 12-47 中查得。

9）接触强度计算的重合度系数 Z_ε。齿轮重合度对单位齿宽载荷的影响用重合度系数 Z_ε 来考虑。Z_ε 可按 ε_α 和 ε_β 的大小，用下式计算而得：

当 $0\leqslant\varepsilon_\beta<1$ 时，Z_ε 用下式计算：

$$Z_\varepsilon=\sqrt{\frac{4-\varepsilon_\alpha}{3}(1-\varepsilon_\beta)+\frac{\varepsilon_\beta}{\varepsilon_\alpha}} \qquad (12\text{-}7)$$

当 $\varepsilon_\beta\geqslant1$ 时，按 $\varepsilon_\beta=1$ 代入上式计算 Z_ε。

在计算 ε_β 时，应采用工作齿宽 b。对于人字齿轮，b 应为两个斜齿轮的工作齿宽之和。

Z_ε 也可由图 12-15 查得。

10）接触强度计算的螺旋角系数 Z_β。是考虑螺旋角造成接触线倾斜对接触应力影响的系数。Z_β 值可用下式计算，也可查图 12-16：

$$Z_\beta=\sqrt{\cos\beta} \qquad (12\text{-}8)$$

表 12-43　系数 K_1、K_2

齿轮种类	K_1					K_2
	精度级(GB/T 10095.1—2008)					各种精度级
	5	6	7	8	9	
直齿轮	7.5	14.9	26.8	39.1	52.8	0.0193
斜齿轮	6.7	13.3	23.9	34.8	47.0	0.0087

表 12-44　软齿面齿轮 $K_{H\beta}$的简化计算式

装配时是否检验调整	精度级(GB/T 10095.1—2008)	结构布局及限制条件		
		$s/l<0.1$ 近于对称支承	$0.1<s/l<0.3$ 非对称支承	$s/l<0.3$ 悬臂支承
不作检验调整	5	$1.14+0.18\phi_d^2+2.3\times10^{-4}b$ (A)	式(A)$+0.108\phi_d^4$	式(A)$+1.206\phi_d^4$
	6	$1.15+0.18\phi_d^2+3\times10^{-4}b$ (B)	式(B)$+0.108\phi_d^4$	式(B)$+1.206\phi_d^4$
	7	$1.17+0.18\phi_d^2+4.7\times10^{-4}b$ (C)	式(C)$+0.108\phi_d^4$	式(C)$+1.206\phi_d^4$
	8	$1.23+0.18\phi_d^2+6.1\times10^{-4}b$ (D)	式(D)$+0.108\phi_d^4$	式(D)$+1.206\phi_d^4$
检验调整或对研跑合	5	$1.10+0.18\phi_d^2+1.2\times10^{-4}b$ (E)	式(E)$+0.108\phi_d^4$	式(E)$+1.206\phi_d^4$
	6	$1.11+0.18\phi_d^2+1.5\times10^{-4}b$ (F)	式(F)$+0.108\phi_d^4$	式(F)$+1.206\phi_d^4$
	7	$1.12+0.18\phi_d^2+2.3\times10^{-4}b$ (G)	式(G)$+0.108\phi_d^4$	式(G)$+1.206\phi_d^4$
	8	$1.15+0.18\phi_d^2+3.1\times10^{-4}b$ (H)	式(H)$+0.108\phi_d^4$	式(H)$+1.206\phi_d^4$

注：1. 本表适用于结构钢（正火）、调质钢和球墨铸铁齿轮。
2. 对于经过齿向修形的齿轮，$K_{H\beta}=1.2\sim1.3$。
3. 表中齿宽 b 的单位为 mm。
4. 当 $K_{H\beta}>1.5$ 时，通常应采取措施降低 $K_{H\beta}$ 值。

表 12-45　硬齿面齿轮 $K_{H\beta}$的简化计算式

装配时是否检验调整	精度级(GB/T 10095.1—2008)	$K_{H\beta}$值可用范围	结构布局及限制条件		
			$s/l<0.1$ 近于对称支承	$0.1<s/l<0.3$ 非对称支承	$s/l<0.3$ 悬臂支承
不作检验调整	5	≤1.34	$1.09+0.26\phi_d^2+2\times10^{-4}b$ (I)	式(I)$+0.156\phi_d^4$	式(I)$+1.742\phi_d^4$
		>1.34	$1.05+0.31\phi_d^2+2.3\times10^{-4}b$ (J)	式(J)$+0.186\phi_d^4$	式(J)$+2.077\phi_d^4$
	6	≤1.34	$1.09+0.26\phi_d^2+3.3\times10^{-4}b$ (K)	式(K)$+0.156\phi_d^4$	式(K)$+1.742\phi_d^4$
		>1.34	$1.05+0.31\phi_d^2+2.3\times10^{-4}b$ (M)	式(M)$+0.186\phi_d^4$	式(M)$+2.077\phi_d^4$
作检验调整	5	≤1.34	$1.05+0.26\phi_d^2+10^{-4}b$ (N)	式(N)$+0.156\phi_d^4$	式(N)$+1.742\phi_d^4$
		>1.34	$0.99+0.31\phi_d^2+1.2\times10^{-4}b$ (P)	式(P)$+0.186\phi_d^4$	式(P)$+2.077\phi_d^4$
	6	≤1.34	$1.05+0.26\phi_d^2+1.6\times10^{-4}b$ (Q)	式(Q)$+0.156\phi_d^4$	式(Q)$+1.742\phi_d^4$
		>1.34	$1.0+0.31\phi_d^2+1.9\times10^{-4}b$ (R)	式(R)$+0.186\phi_d^4$	式(R)$+2.077\phi_d^4$

注：1. 对于经过齿向修形的齿轮，$K_{H\beta}=1.2\sim1.3$。
2. 表中齿宽 b 的单位为 mm。
3. 当 $K_{H\beta}>1.5$ 时，通常应采取措施降低 $K_{H\beta}$ 值。

表 12-46 齿向载荷分配系数 $K_{H\alpha}$、$K_{F\alpha}$

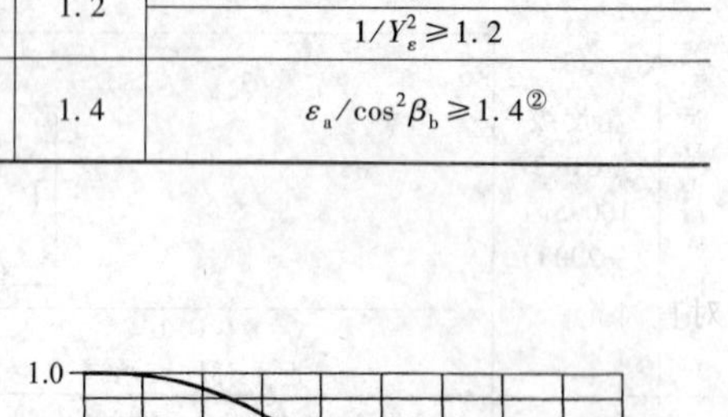

$K_A F_t/b$		≥100N/mm					<100N/mm
精度级(GB/T 10095.1—2008)		5	6	7	8	9	6级及更低
经表面硬化的直齿轮	$K_{H\alpha}$	1.0		1.1	1.2		$1/Z_\varepsilon^2 \geqslant 1.2$
	$K_{F\alpha}$						$1/Y_\varepsilon^2 \geqslant 1.2$
经表面硬化的斜齿轮	$K_{H\alpha}$	1.0	1.1①	1.2	1.4		$\varepsilon_a/\cos^2\beta_b \geqslant 1.4$②
	$K_{F\alpha}$						
未经表面硬化的直齿轮	$K_{H\alpha}$	1.0			1.1	1.2	$1/Z_\varepsilon^2 \geqslant 1.2$
	$K_{F\alpha}$						$1/Y_\varepsilon^2 \geqslant 1.2$
未经表面硬化的斜齿轮	$K_{H\alpha}$	1.0		1.1	1.2	1.4	$\varepsilon_a/\cos^2\beta_b \geqslant 1.4$②
	$K_{F\alpha}$						

① 对修形的6级或高精度硬齿面齿轮 $K_{H\alpha}=K_{F\alpha}=1$。

② 如果 $K_{F\alpha}>\frac{\varepsilon_\gamma}{\varepsilon_\alpha Y_\varepsilon}$，则取 $K_{F\alpha}=\varepsilon_\gamma/\varepsilon_\alpha Y_\varepsilon$。

表 12-47 材料弹性系数 Z_E

（单位：$\sqrt{\text{MPa}}$）

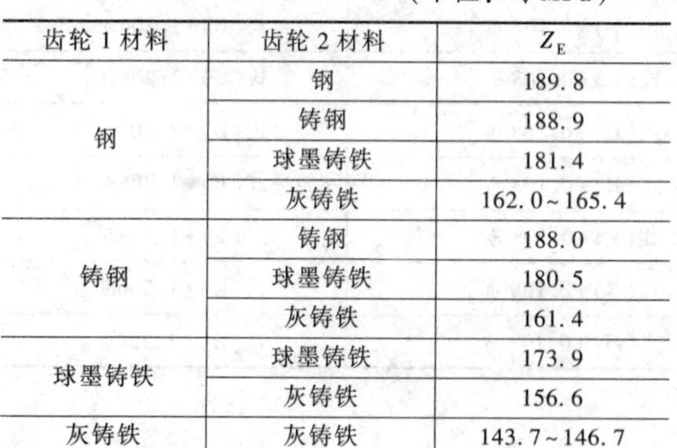

齿轮1材料	齿轮2材料	Z_E
钢	钢	189.8
	铸钢	188.9
	球墨铸铁	181.4
	灰铸铁	162.0~165.4
铸钢	铸钢	188.0
	球墨铸铁	180.5
	灰铸铁	161.4
球墨铸铁	球墨铸铁	173.9
	灰铸铁	156.6
灰铸铁	灰铸铁	143.7~146.7

注：表中取全部材料的 $\upsilon=0.3$；取钢 $E=2.06\times10^5$MPa，铸钢 $E=2.02\times10^5$MPa，球墨铸铁 $E=1.73\times10^5$MPa，灰铸铁 $E=(1.18\sim1.26)\times10^5$MPa。

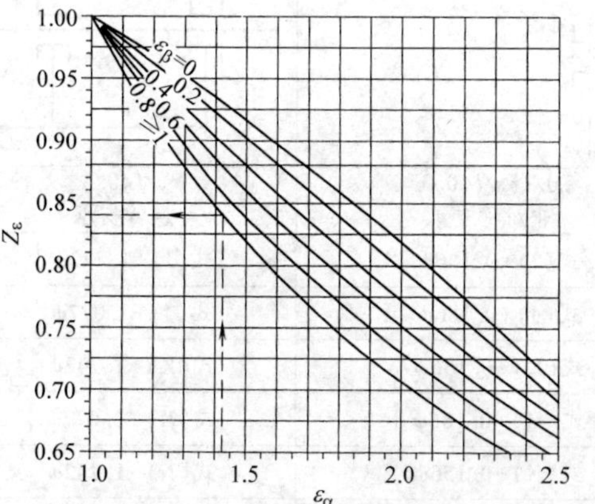

图 12-15 接触强度计算的重合度系数 Z_ε

11）单对齿啮合系数 $Z_{BD}=\max(Z_B, Z_D)$，即取 Z_B、Z_D 两者之中的大值代入表 12-40 中 σ_H 计算式，计算齿面接触应力值。

Z_B 是把小齿轮节点处的接触应力折算到小齿轮单对齿啮合区内界点处的接触应力的系数。

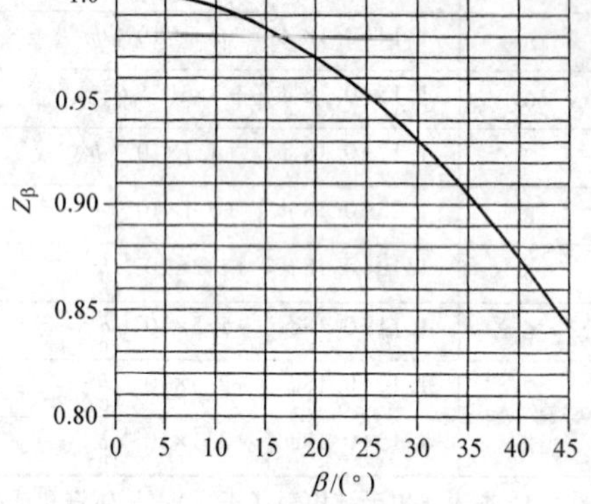

图 12-16 接触强度计算的螺旋角系数 Z_β

Z_D 是把大齿轮节点处的接触应力折算到大齿轮单对齿啮合区内界点处的接触应力的系数。

① 引入系数 Z_{BD} 的根据。分析计算表明，在任何啮合瞬间，大小齿轮的接触应力是相等的。啮合时齿面最大接触应力总是出现在小轮单对齿啮合区内界点 B、节点 C 和大轮单对齿啮合区内界点 D 这三个特殊点之一处上，应取其最大值进行强度核算。表 12-40 中的 σ_H 计算式，是基于节点区域系数 Z_H 计算得节点 C 处的接触应力，当单对齿啮合区内界点处的应力超过节点处的应力时，即 Z_B 或 Z_D 大于 1 时，在确定计算应力 σ_H 时应乘以其中的大值予以修正。对于齿数 z<20 的齿轮，如需精确计算接触强度，这种修正更有必要。如果 Z_B、Z_D 均不大于 1，就可以取节点 C 处的接触应力作为计算接触应力，即取 $Z_B=Z_D=1$。

② Z_B、Z_D 的确定方法：先计算参数 M_1 和 M_2：

$$M_1=\frac{\tan\alpha_t'}{\sqrt{\left[\sqrt{\frac{d_{a1}^2}{d_{b1}^2}-1}-\frac{2\pi}{z_1}\right]\left[\sqrt{\frac{d_{a2}^2}{d_{b2}^2}-1}-(\varepsilon_\alpha-1)\frac{2\pi}{z_2}\right]}} \tag{12-9}$$

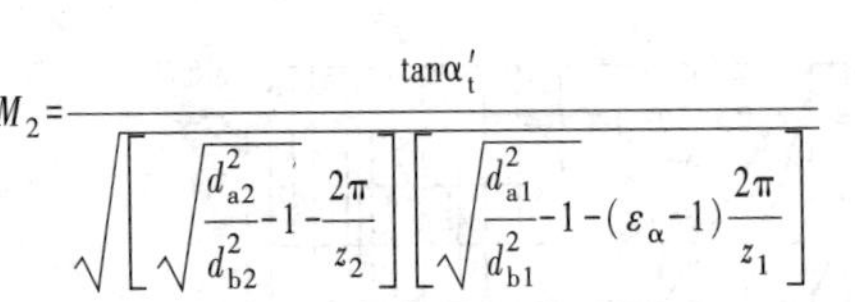

$$M_2=\frac{\tan\alpha_t'}{\sqrt{\left[\sqrt{\frac{d_{a2}^2}{d_{b2}^2}-1}-\frac{2\pi}{z_2}\right]\left[\sqrt{\frac{d_{a1}^2}{d_{b1}^2}-1}-(\varepsilon_\alpha-1)\frac{2\pi}{z_1}\right]}}\tag{12-10}$$

式中　d_{a1}、d_{a2}——分别为小齿轮、大齿轮的顶圆直径（mm）；

d_{b1}、d_{b2}——分别为小齿轮、大齿轮的基圆直径（mm）；

z_1、z_2——分别为小齿轮、大齿轮的齿数；

α_t'——端面节圆啮合角；

ε_α——端面重合度。

对直齿轮：

当 $M_1>1$ 时，$Z_B=M_1$；当 $M_1\leqslant1$ 时，$Z_B=1$。

当 $M_2>1$ 时，$Z_D=M_2$；当 $M_2\leqslant1$ 时，$Z_D=1$。

对斜齿轮：

当 $\varepsilon_\beta\geqslant1$ 时，$Z_B=Z_D=1$。

当 $\varepsilon_\beta<1$ 时，$Z_B=M_1-\varepsilon_\beta$（$M_1-1$）；

当 $Z_B<1$ 时，取 $Z_B=1$。

$Z_D=M_2-\varepsilon_\beta$（$M_2-1$）；

当 $Z_D<1$ 时，取 $Z_D=1$。

对内齿轮：

取 $Z_B=Z_D=1$。

通常，齿数比 $u>1.5$，M_2 一般小于 1，所以 $Z_D=1$。因此 Z_D 值只用于 $u<1.5$ 的齿轮强度计算中。

12）复合齿形系数 Y_{Fs}。在 GB/T 3480—2008 中，力作用于齿顶时的齿形系数和应力修正系数分别用 Y_{Fa} 和 Y_{sa} 表示。现在为了简化计算，用复合齿形系数 Y_{Fs}（$=Y_{Fa}Y_{sa}$）来综合考虑齿形、齿根应力集中、压应力和切应力等对齿根应力的影响。

Y_{Fs} 可根据齿数 $z(z_v)$、变位系数 x，从图 12-17 或图 12-18 中查得。图 12-18 用于刀具有凸台量的齿轮。图中 q_s 为齿根圆角参数。

内齿轮的 Y_{Fs} 用替代齿条（$z=\infty$）来确定，见图 12-17 的图注。

13）抗弯强度计算的重合度系数 Y_ε，是将载荷由齿顶转换到单对齿啮合区外界点的系数。Y_ε 可用下式计算而得：

$$Y_\varepsilon=0.25+\frac{0.75}{\varepsilon_{\alpha n}}\tag{12-11}$$

当量齿轮端面重合度：

$$\varepsilon_{\alpha n}=\varepsilon_\alpha/\cos^2\beta_b\tag{12-12}$$

式中　β_b——基圆柱上螺旋角；

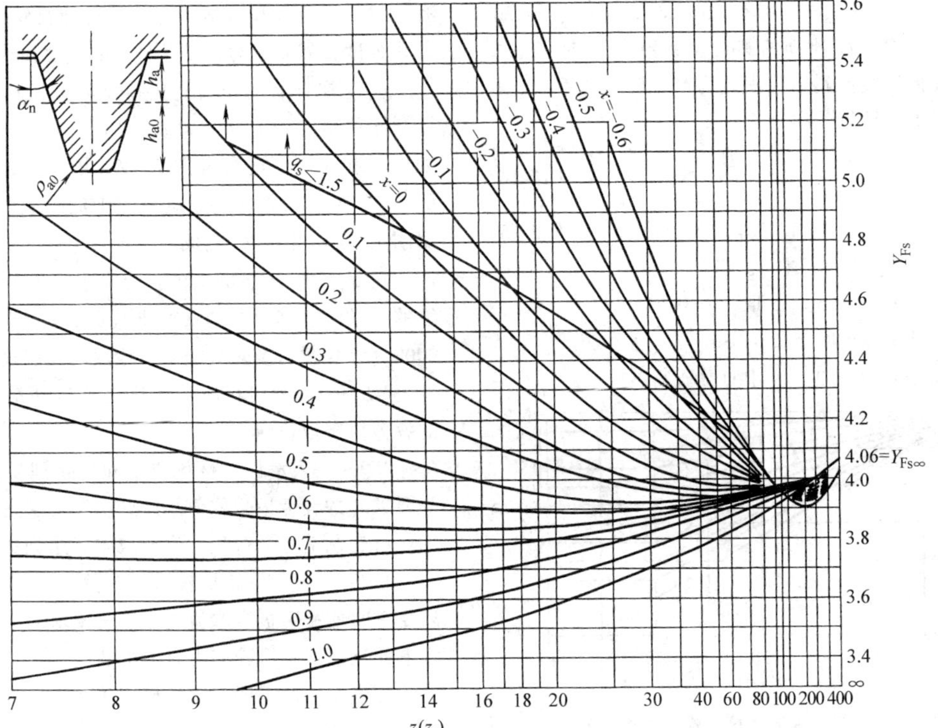

图 12-17　外齿轮的复合齿形系数 Y_{Fs}

注：$\alpha_n=20°$；$h_a/m_n=1$；$h_{a0}/m_n=1.25$；$\rho_{a0}/m_n=0.38$。对 $\rho_f=\rho_{a0}/2$，齿高 $h=h_{a0}+h_a$ 的内齿轮，$Y_{Fs}=5.10$，当 $\rho_f=\rho_{a0}$ 时，$Y_{Fs}=Y_{Fs\infty}$。

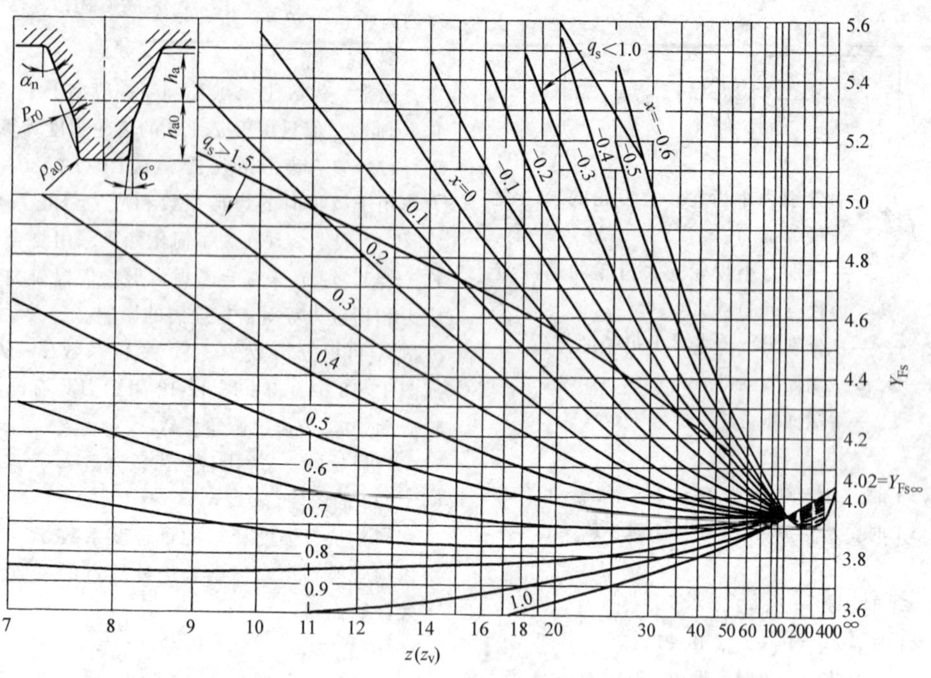

图 12-18　外齿轮的复合齿形系数 Y_{Fs}

注：$\alpha_n=20°$；$h_a/m_n=1$；$h_{a0}/m_n=1.4$；$\rho_{a0}/m_n=0.4$；剩余凸台量 $0.02m_n$。

刀具凸台量 $P_{r0}=0.02m_n+q$，q=磨削量。

$$\cos\beta_b = \cos\beta\cos\alpha_n/\cos\alpha_t。\qquad (12\text{-}13)$$

14）抗弯强度计算的螺旋角系数 Y_β，是考虑螺旋角造成接触线倾斜对齿根应力产生影响的系数。其数值可用下式计算：

$$Y_\beta = 1-\varepsilon_\beta\frac{\beta}{120°}\geqslant Y_{\beta\min}\qquad (12\text{-}14)$$

$$Y_{\beta\min}=1-0.25\varepsilon_\beta\geqslant 0.75\qquad (12\text{-}15)$$

上式中，当 $\varepsilon_\beta>1$ 时，取 $\varepsilon_\beta=1$；

当 $Y_\beta<0.75$ 时，取 $Y_\beta=0.75$

当 $\beta>30°$时，取 $\beta=30°$

Y_β 值也可从图 12-19 中直接查得。

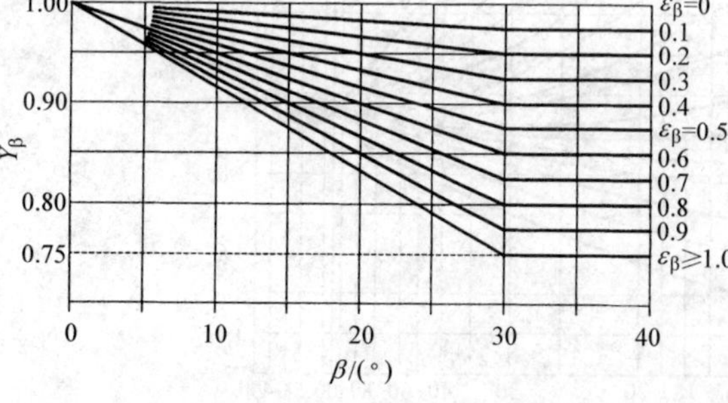

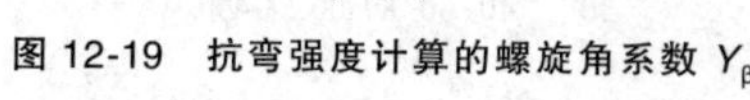

图 12-19　抗弯强度计算的螺旋角系数 Y_β

15）试验齿轮的疲劳极限 σ_{Hlim} 和 σ_{Flim}，是指某种材料的齿轮经长期持续的重复载荷作用后轮齿保持不失效时的极限应力。影响 σ_{Hlim} 和 σ_{Flim} 的主要因素有：材料的成分和力学性能，热处理及硬化层深度、硬化梯度，残余应力，以及材料的纯度和缺陷等。

σ_{Hlim} 和 σ_{Flim} 可由齿轮负荷试验或使用经验的统计数据得出。在无这方面资料时，可根据材料（热处理）和齿面硬度参考图 12-20～图 12-31 选取相应的 σ_{Hlim} 和 σ_{Flim} 值（失效概率为 1%）。表 12-49 是根据图 12-20～图 12-31 制成的，供参考使用。

在 σ_{Hlim} 和 σ_{Flim} 的图中，给出了代表材料质量等级的三条线，其对应的材料质量要求见 GB/T 8539—2000《齿轮材料及热处理质量检验的一般规定》。

ML——表示材料质量和热处理达到最低要求时的疲劳极限取值线。

MQ——表示齿轮材料质量和热处理质量达到中等要求时的疲劳极限取值线。此中等要求是有经验的工业齿轮制造者以合理的生产成本能达到的。

ME——表示齿轮材料质量和热处理质量达到很高要求时的疲劳极限取值线。这种要求只有在具有高水平的制造过程可控能力时才能达到。

对于一般的工业齿轮可按 MQ 级质量选用。

① 试验齿轮的接触疲劳极限 σ_{Hlim} 是指某种材料的齿轮经长期持续的重复载荷作用（对大多数材料其应力循环基数为 5×10^7）后，齿面不出现进展性点蚀时的极限应力。图 12-20a～图 12-31a 是试验齿轮在

标准的运转条件下得到的 σ_{Hlim} 值，可供选用。

② 试验齿轮的弯曲疲劳极限 σ_{Hlim} 是指某种材料齿轮经长期重复载荷作用（对大多数材料其应力循环基数为 3×10^6）后，齿根保持不破坏时的极限应力。

图 12-20b～图 12-31b 中提供的 σ_{Flim} 值是在标准运转条件下得到的，可供选用。这些图中的 σ_{Flim} 值适用于轮齿单向弯曲的受载情况；对于受对称双向弯曲的齿轮（如中间轮、行星轮，见表 12-48），应将图中查得的 σ_{Flim} 值乘上系数 0.7；对于双向运转工作的齿轮，其 σ_{Flim} 值所乘的系数可稍大于 0.7。

③ 我国的试验数据。ISO/DP 6336.1～3 公布后，我国有关单位曾对国产材料齿轮的极限应力 σ_{Hlim} 和 σ_{Flim} 进行过大量的试验研究。试验符合 ISO6336 规定的标准运转条件。各种材料齿轮的 σ_{Hlim} 和 σ_{Flim} 试验结果列于表 12-50，其数据可供参考。值得注意的是所有材料的 σ_{Flim} 试验数据都偏低，因此建议在计算齿轮弯曲强度时取较大的最小安全系数 S_{Flim} 值。

表 12-48　齿轮每一转内同一齿侧面的啮合次数 j

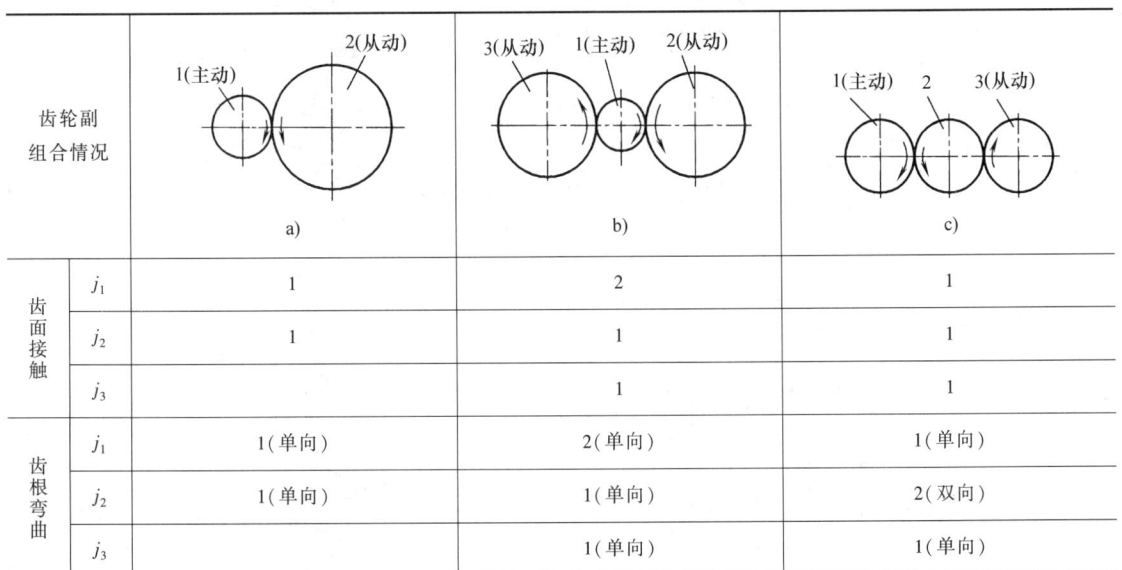

齿轮副组合情况		a) 1(主动) 2(从动)	b) 3(从动) 1(主动) 2(从动)	c) 1(主动) 2 3(从动)
齿面接触	j_1	1	2	1
	j_2	1	1	1
	j_3		1	1
齿根弯曲	j_1	1(单向)	2(单向)	1(单向)
	j_2	1(单向)	1(单向)	2(双向)
	j_3		1(单向)	1(单向)

注：1. 表中主动轮 1 的转向均不变。

2. 表中“单向”表示齿根受单向弯曲应力作用；“双向”表示齿根受双向弯曲应力作用。

3. 表中 j 的下角标 1、2、3 分别代表齿轮 1、2、3。

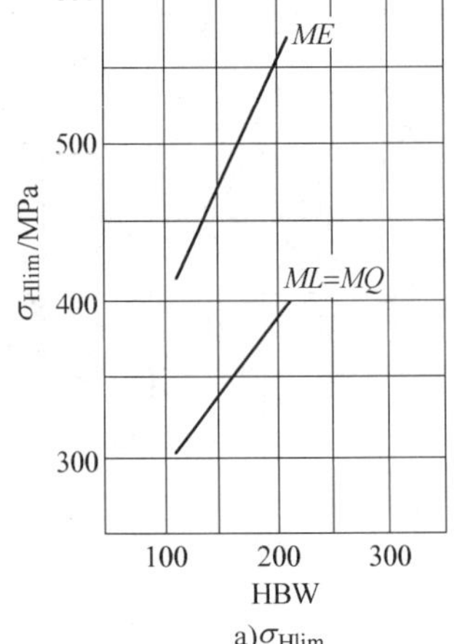

a) σ_{Hlim}

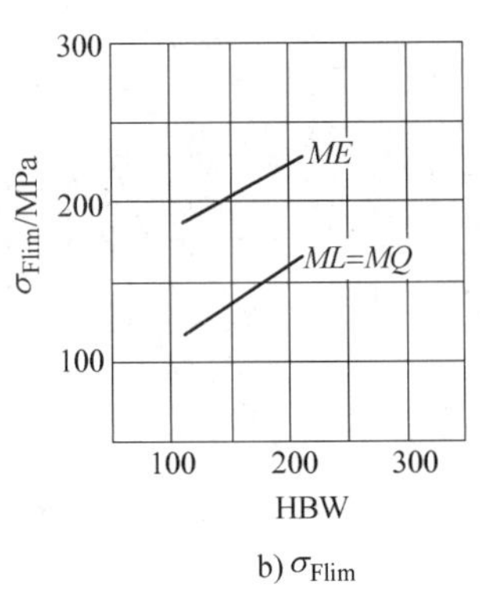

b) σ_{Flim}

图 12-20　正火处理结构钢的 σ_{Hlim} 和 σ_{Flim}

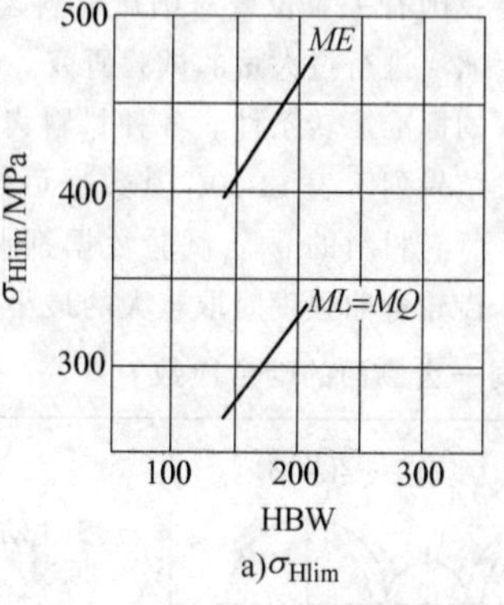

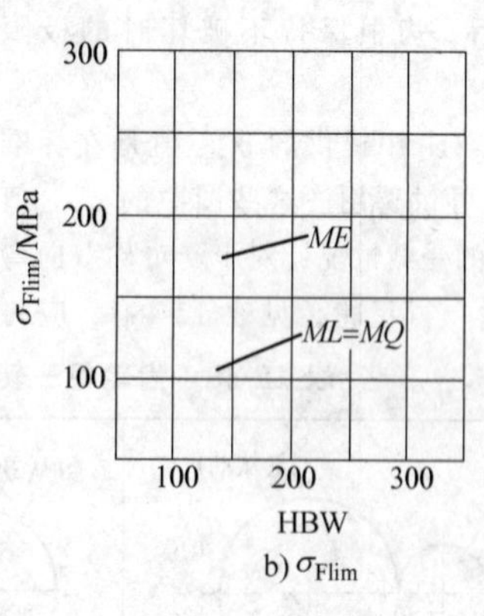

图 12-21　正火处理铸钢的 $\boldsymbol{\sigma}_{\mathbf{Hlim}}$ 和 $\boldsymbol{\sigma}_{\mathbf{Flim}}$

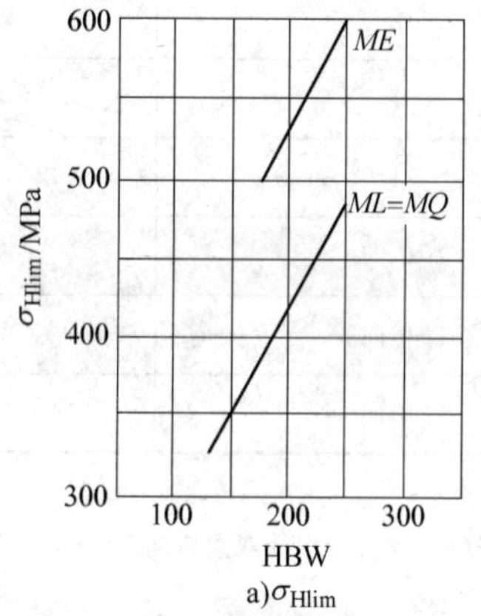

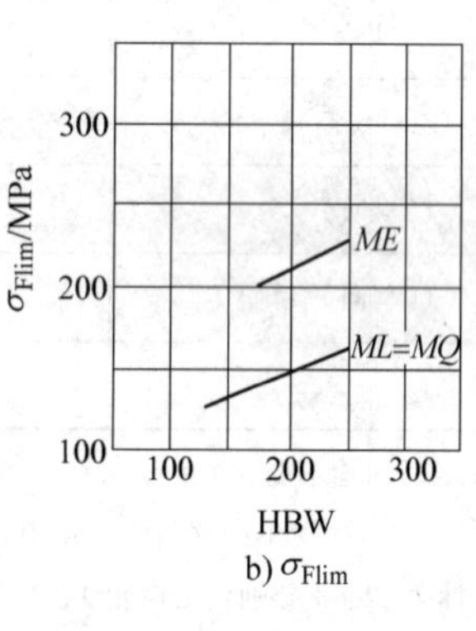

图 12-22　可锻铸铁的 $\boldsymbol{\sigma}_{\mathbf{Hlim}}$ 和 $\boldsymbol{\sigma}_{\mathbf{Flim}}$

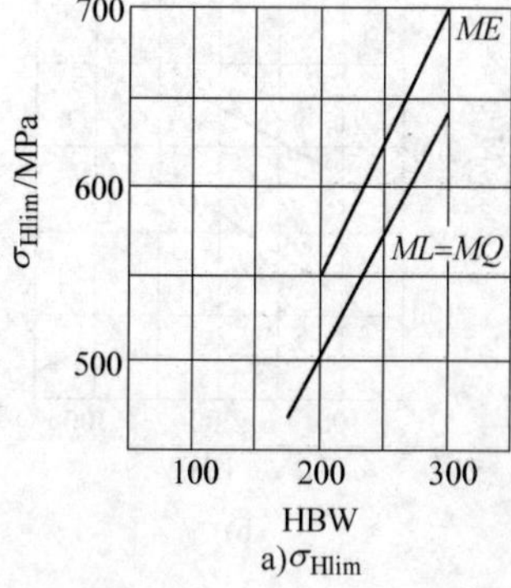

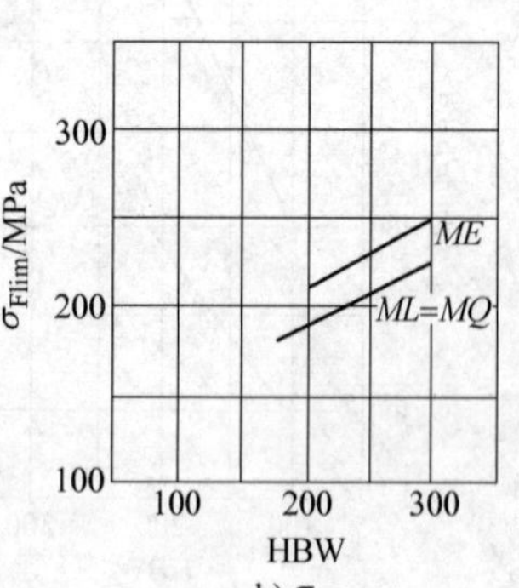

图 12-23　球墨铸铁的 $\boldsymbol{\sigma}_{\mathbf{Hlim}}$ 和 $\boldsymbol{\sigma}_{\mathbf{Flim}}$

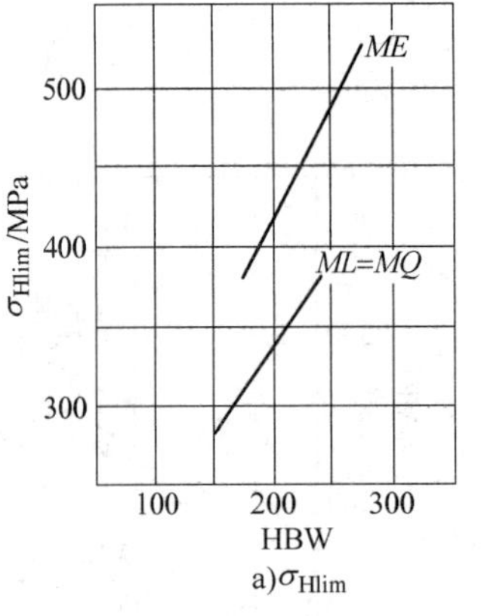

a) σ_{Hlim}

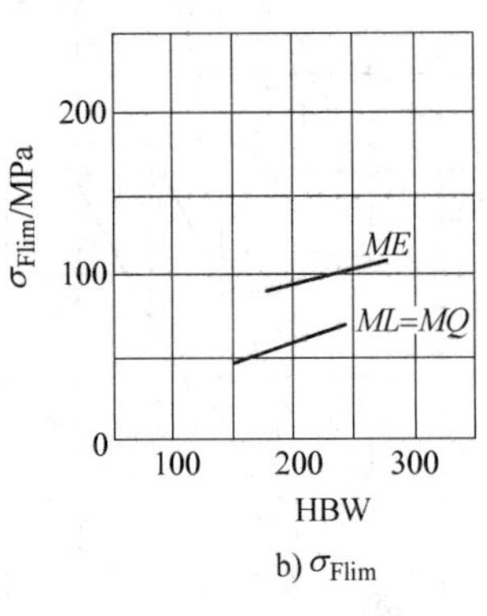

b) σ_{Flim}

图 12-24　灰铸铁的 σ_{Hlim} 和 σ_{Flim}[①]

① 对于铸铁材料，当硬度<180HBW 时，表明金属组织中铁素体成分过多，不宜做齿轮。

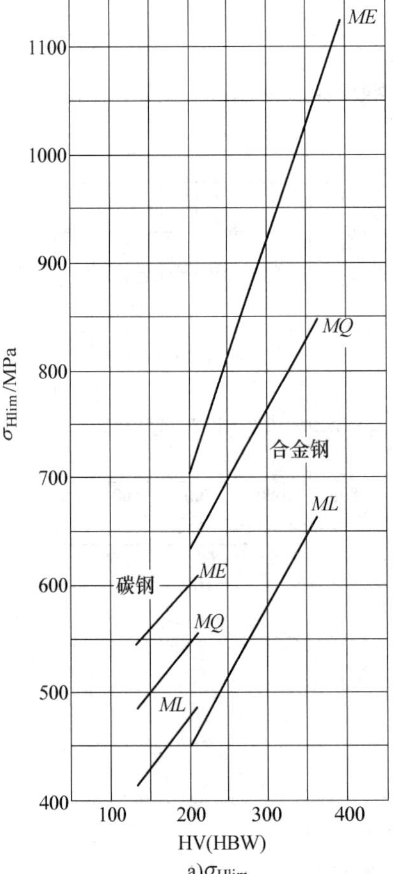

a) σ_{Hlim}

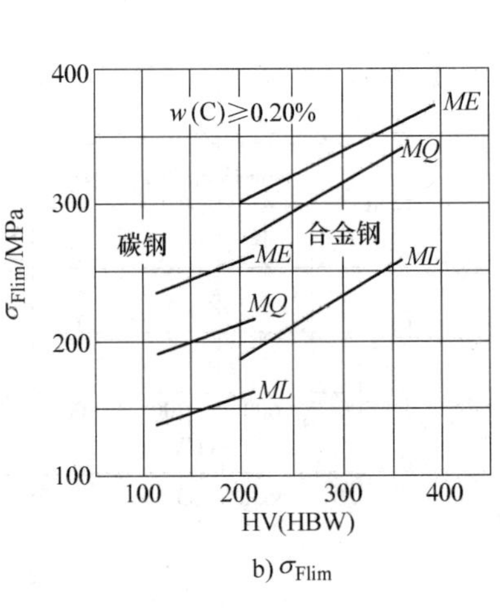

b) σ_{Flim}

图 12-25　调质处理的碳钢、合金钢的 σ_{Hlim} 和 σ_{Flim}

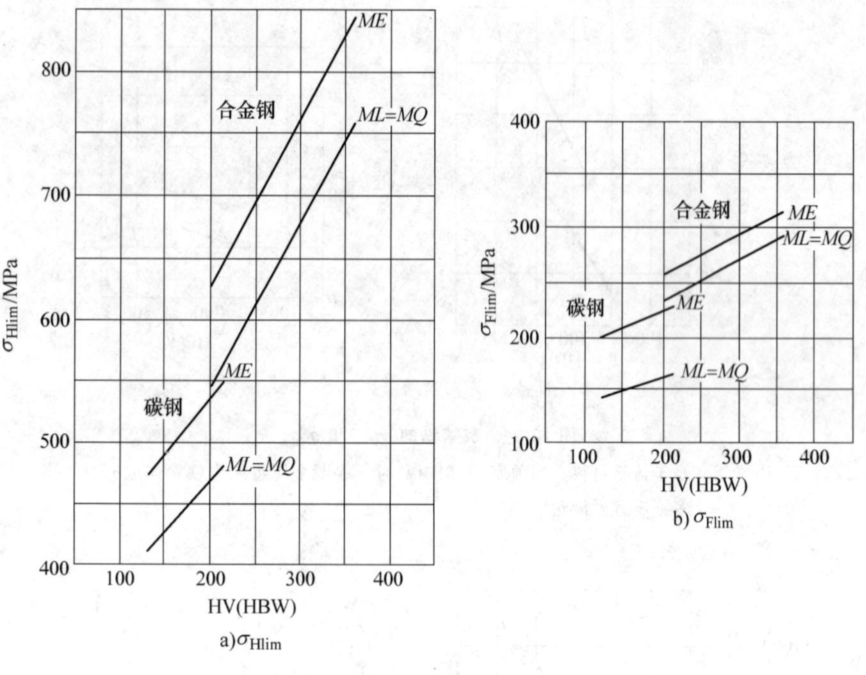

图 12-26　调质处理铸钢的 σ_{Hlim} 和 σ_{Flim}

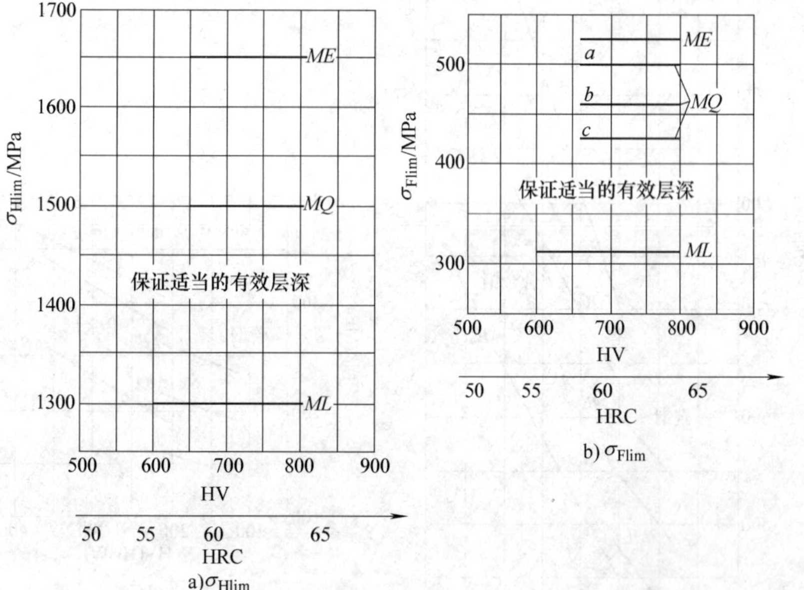

图 12-27　渗碳淬火钢的 σ_{Hlim} 和 σ_{Flim}

a—心部硬度≥30HRC

b—心部硬度≥25HRC，Jominy 淬透性 $J=12$mm 时，硬度≥28HRC

c—心部硬度≥25HRC，Jominy 淬透性 $J=12$mm 时，硬度<25HRC

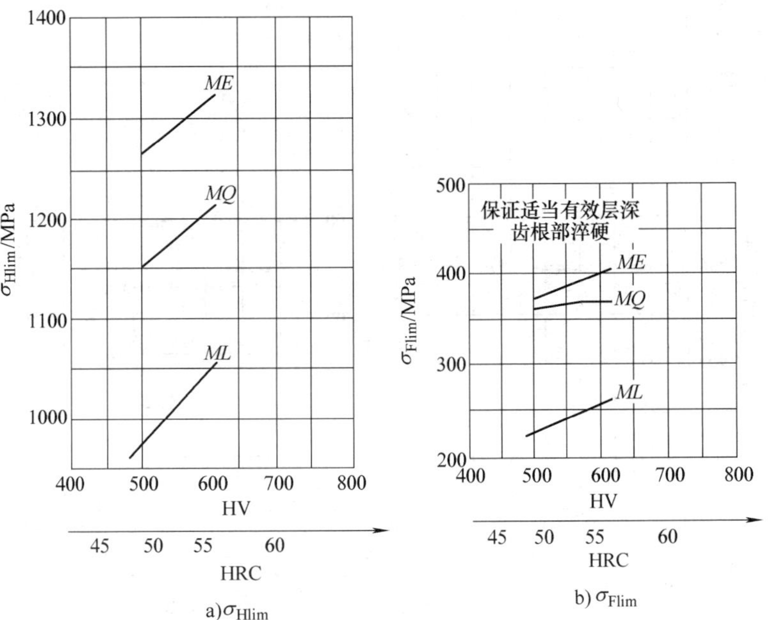

图 12-28 火焰或感应淬火钢的 σ_{Hlim} 和 σ_{Flim}

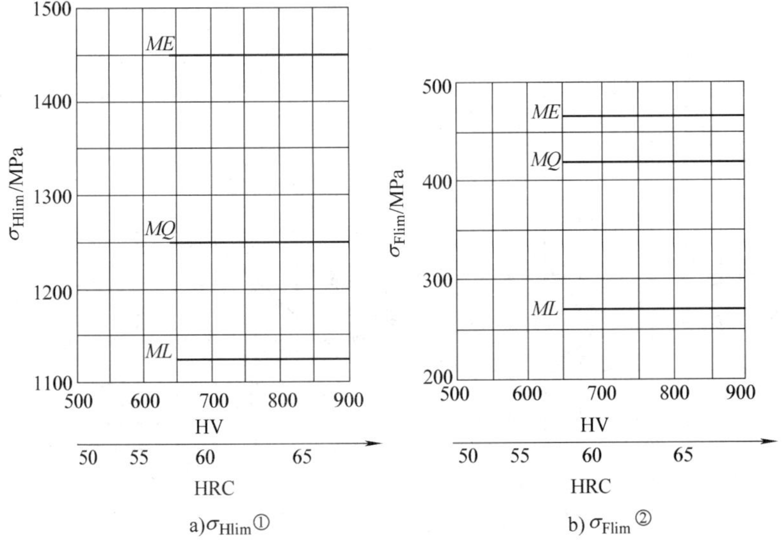

图 12-29 经调质和气体渗氮处理的渗氮钢的 σ_{Hlim} 和 σ_{Flim}

① 建议作工艺可靠性试验。保证适当的有效层深。

② 建议作工艺可靠性试验。当表面硬度 HV1>750、白亮层厚度>10μm 时，由于表面变脆，其 σ_{Flim} 要有所降低。

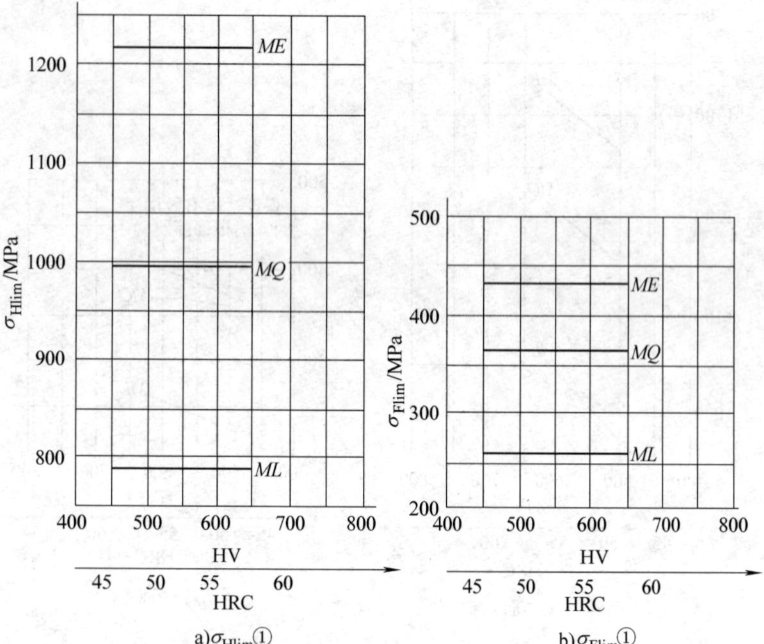

a) σ_{Hlim}①　　b) σ_{Flim}①

图 12-30　经调质和气体渗氮处理的调质钢的 $\boldsymbol{\sigma}_{\mathbf{Hlim}}$ 和 $\boldsymbol{\sigma}_{\mathbf{Flim}}$

① 建议作工艺可靠性试验。保证适当的有效层深。

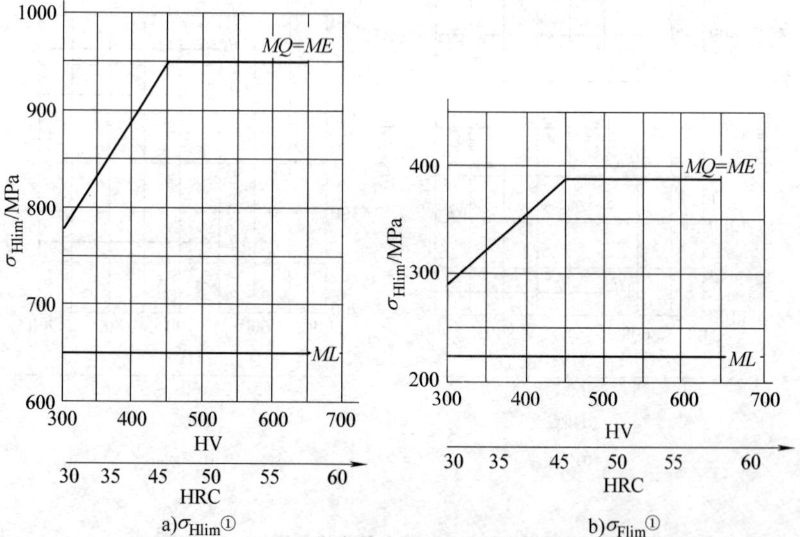

a) σ_{Hlim}①　　b) σ_{Flim}①

图 12-31　经调质（或正火）和氮碳共渗处理的调质钢的 $\boldsymbol{\sigma}_{\mathbf{Hlim}}$ 和 $\boldsymbol{\sigma}_{\mathbf{Flim}}$

① 建议作工艺可靠性试验。保证适当的有效渗层深。

表 12-49　接触疲劳极限 σ_{Hlim} 和弯曲疲劳极限 σ_{Flim} 的计算用参数表（摘自 GB/T 3480.5—2008）

材料	接触疲劳极限 σ_{Hlim}						弯曲疲劳极限 σ_{Flim}					
	等级	A	B	硬度	最低硬度	最高硬度	等级	A	B	硬度	最低硬度	最高硬度
正火低碳钢（锻钢）	ML,MQ	1.00	190	HBW	110	210	ML,MQ	0.455	69	HBW	110	210
	ME	1.520	250		110	210	ME	0.386	147		110	210
正火低碳钢（铸钢）	ML,MQ	0.986	131	HBW	140	210	ML,MQ	0.313	62	HBW	140	210
	ME	1.143	237		140	210	ME	0.254	137		140	210
可锻铸铁	ML,MQ	1.371	143	HBW	135	250	ML,MQ	0.345	77	HBW	135	250
	ME	1.333	267		175	250	ME	0.403	128		175	250
球墨铸铁	ML,MQ	1.434	211	HBW	175	300	ML,MQ	0.350	119	HBW	175	300
	ME	1.50	250		200	300	ME	0.380	134		200	300
灰铸铁	ML,MQ	1.033	132	HBW	150	240	ML,MQ	0.256	8	HBW	150	240
	ME	1.465	122		175	275	ME	0.20	53		175	275
调质锻钢（碳钢）	ML	0.963	283	HV	135	210	ML	0.25	108	HV	115	215
	MQ	0.925	360		135	210	MQ	0.24	163		115	215
	ME	0.838	432		135	210	ME	0.283	202		115	215
调质锻钢（合金钢）	ML	1.313	188	HV	200	360	ML	0.423	104	HV	200	360
	MQ	1.313	373		200	360	MQ	0.425	187		200	360
	ME	2.213	260		200	390	ME	0.358	231		200	390
调质铸钢（碳钢）	ML,MQ	0.831	300	HV	130	215	ML,MQ	0.224	117	HV	130	215
	ME	0.951	345		130	215	ME	0.286	167		130	215
调质铸钢（合金钢）	ML,MQ	1.276	298	HV	200	360	ML,MQ	0.364	161	HV	200	360
	ME	1.350	356		200	360	ME	0.356	186		200	360
渗碳钢	ML	0.00	1300	HV	600	800	ML	0.00	312	HV	600	800
	MQ	0.00	1500		660	800	MQ	0.00	425		660	800
								0.00	461		660	800
	ME	0.00	1650		660	800		0.00	500		660	800
							ME	0.00	525		660	800
火焰及感应淬火锻钢和铸钢	ML	0.740	602	HV	485	615	ML	0.305	76	HV	485	615
	MQ	0.541	882		500	615	MQ	0.138	290		500	570
	ME	0.505	1013		500	615		0.00	369		570	615
							ME	0.271	237		500	615
调质氮化钢（不含铝）	ML	0.00	1125	HV	650	900	ML	0.00	270	HV	650	900
	MQ	0.00	1250		650	900	MQ	0.00	420		650	900
	ME	0.00	1450		650	900	ME	0.00	468		650	900
碳氮共渗调质钢	ML	0.00	650	HV	300	650	ML	0.00	224	HV	300	650
	MQME	1.167	425		300	450	MQ、ME	0.653	94		300	450
		0.00	950		450	650		0.00	388		450	650

表 12-50　σ_{Hlim} 和 σ_{Flim} 的试验数据

齿轮材料	热处理	齿面硬度	接触疲劳试验		弯曲疲劳试验	
			试验点数	σ_{Hlim}/MPa	试验点数	σ_{Flim}/MPa
钒钛球铁①	等温淬火	318HBW	26	847	20	137
38SiMnMo	调质	250HBW	60	693		
40Cr	调质	270HBW	17	600	30	207
35CrMo	调质	270HBW	16	658	31	214
40CrNi2Mo	调质	330HBW	20	776	26	256
20CrMnMo	渗碳淬火	60~62HRC	30	1572	26	330
20Cr2Ni4	渗碳淬火	58~62HRC	22	1352	29	276
20CrNi2Mo	渗碳淬火	58~62HRC	21	1415	33	216
15CrNi3Mo	渗碳淬火	58~62HRC	23	1326	25	380
17CrNiMo6	渗碳淬火	58~62HRC	20	1497	27	324
25Cr2MoV	离子渗氮	760HV5	24	1648	30	323
16NCD13②	渗碳淬火	59~62HRC	33	1475		

注：1. σ_{Hlim} 和 σ_{Flim} 值是试验齿轮的失效概率为 1%时的疲劳极限数值。

2. 本表引用郑州机械研究所、北京科技大学齿轮研究课题组的部分数据。

① $w(Ti)=0.111\%$，$w(Mg)=0.04\%$，$w(Re)=0.067\%$，$w(V)=0.38\%$。

② 法国牌号的材料。

16）寿命系数 Z_{NT}、Y_{NT}。分别考虑齿轮寿命小于或大于持久寿命循环次数 N_C（循环基数，相应的极限应力为 σ_{H1im} 或 σ_{F1im}）时，其可承受的接触应力和弯曲应力作相应变化的系数。

接触强度计算的寿命系数 Z_{NT}，可按齿轮的材料和寿命 N_L（齿面应力循环数），从图 12-32 中查得。

抗弯强度计算的寿命系数 Y_{NT}，可按齿轮的材料和寿命 N_L（齿根应力循环数），从图 12-33 中查得。

齿轮使用期内的齿面应力循环数和齿根应力循环数（寿命）N_L，可用下式计算：

$$N_L = 60jnt \tag{12-16}$$

式中　n——齿轮转速（r/min）；

t——齿轮的设计寿命（h）；

j——齿轮每一转内，同一齿侧面啮合次数。

j 可根据齿轮副的组合、主从动情况来确定（见表 12-48）。

17）润滑油膜影响系数 Z_{LVR}。润滑油的黏度、相啮合齿面间的相对速度和齿面粗糙度，都影响齿面承载能力（通过油膜作用）。这种影响用润滑油膜影响系数 Z_{LVR} 来考虑。

在持久强度和静强度计算时的 Z_{LVR} 值，可查表 12-51。对于应力循环次数 N_L 小于持久寿命循环次数 N_C 的有限寿命计算，其中 Z_{LVR} 值可按持久强度 Z_{LVR} 值与静强度 Z_{LVR} 值，利用寿命系数曲线（见图 12-32），按线性插值确定。

18）齿面工作硬化系数 Z_W。这是用来考虑经光整加工的硬齿面小齿轮，在运转过程中对调质钢大齿

表 12-51　简化计算的 Z_{LVR} 值

计算类型	加工工艺及齿面粗糙度 Rz	Z_{LVR}
持久强度 ($N_L \geqslant N_C$)	经滚、插或刨削加工的齿轮副	0.85
	研、磨或剃的齿轮副（$Rz>4\mu m$）；滚、插或刨的齿轮与 $Rz \leqslant 4\mu m$ 的磨或剃的齿轮副	0.92
	$Rz<4\mu m$ 的磨或剃的齿轮副	1.00
静强度 ($N_L \leqslant N_0$)	各种加工方法	1.00

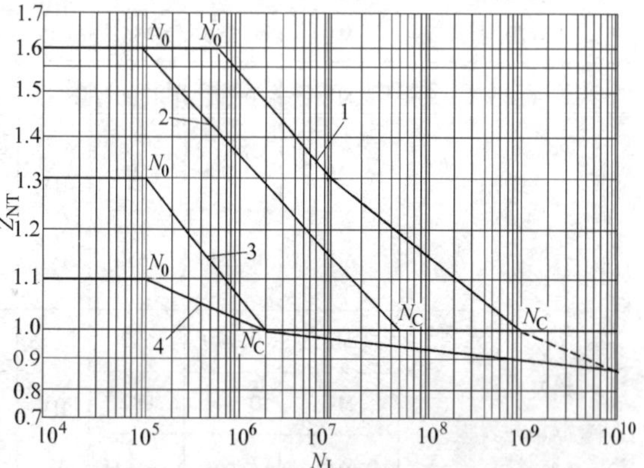

图 12-32　接触强度计算的寿命系数 Z_{NT}

1—允许有一定程度点蚀：结构钢，调质钢，球墨铸铁（珠光体，贝氏体），火焰或感应淬火的钢，珠光体可锻铸铁，渗碳淬火的渗碳钢　2—不允许有点蚀：结构钢，调质钢，球墨铸铁（珠光体，贝氏体），火焰或感应淬火的钢，珠光体可锻铸铁，渗碳淬火的渗碳钢　3—灰铸铁，球墨铸铁（铁素体），渗氮处理的渗氮钢、调质钢和渗碳钢　4—碳氮共渗处理的调质钢和渗碳钢

轮齿面产生冷作硬化，从而使大齿轮的许用接触应力得以提高的系数。Z_W 值可根据大齿轮齿面硬度（130~470HBW）从图 12-34 中查得。

19）尺寸系数 Z_X、Y_X。这是分别考虑尺寸增大使齿轮接触强度和抗弯强度有所降低的系数。

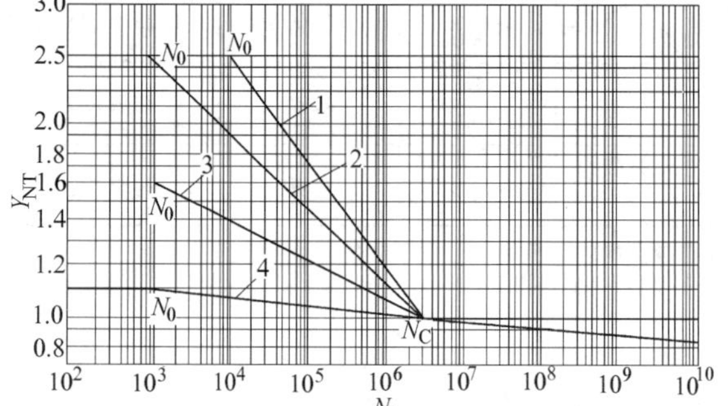

图 12-33　抗弯强度计算的寿命系数 Y_{NT}

1—σ_b<800MPa 的钢、调质钢、球墨铸铁（珠光体，贝氏体）、珠光体可锻铸铁　2—渗碳淬火的渗碳钢、全齿廓火焰或感应淬火的钢和球墨铸铁　3—$\sigma_b \geqslant$800MPa 的钢和铸钢、渗氮处理的渗氮钢、球墨铸铁（铁素体）、灰铸铁、渗氮处理的调质钢与表面硬化钢　4—碳氮共渗处理的调质钢和渗碳钢

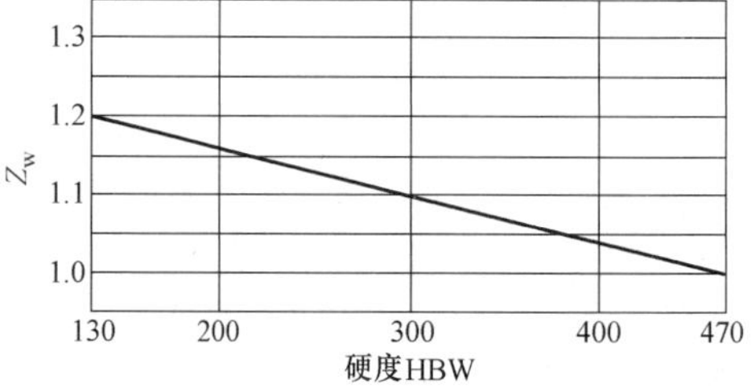

图 12-34　齿面工作硬化系数

接触强度计算的尺寸系数 Z_X，可根据材料和 m_n 从图 12-35 中查得。

抗弯强度计算的尺寸系数 Y_X，可根据材料和 m_n 从图 12-36 中查得。

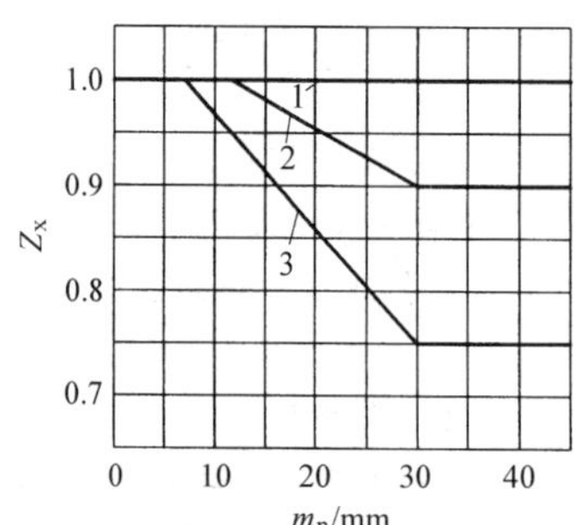

图 12-35　接触强度计算的尺寸系数 Z_X

1—结构钢和调质钢的持久强度，所有材料的静强度　2—短时间液体渗氮钢、气体渗氮钢　3—渗碳淬火、感应或火焰淬火表面硬化钢

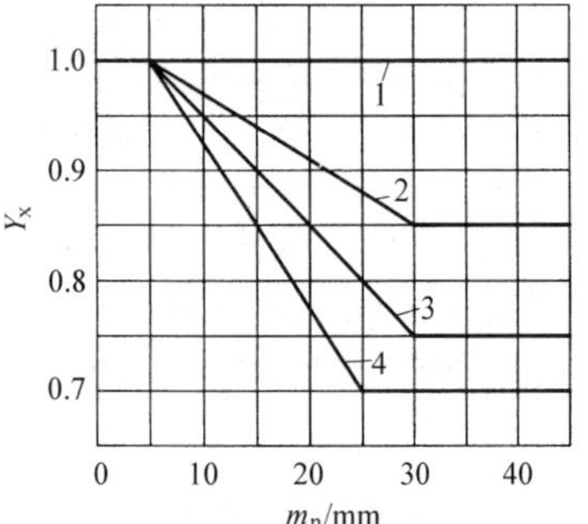

图 12-36　抗弯强度计算的尺寸系数 Y_X

1—所有材料静强度　2—结构钢、调质钢、珠光体和贝氏体球墨铸铁、珠光体可锻铸铁　3—渗碳淬火和全齿廓感应淬火钢、渗氮或氮碳共渗钢　4—灰铸铁、铁素体球墨铸铁

20）相对齿根圆角敏感系数 $Y_{\delta relT}$。这是考虑所计算齿轮的材料、几何尺寸等，对齿根应力的敏感度与试验齿轮不同而引进的系数。其值可根据齿根圆角参数 q_s 从表 12-52 中查得。q_s 的取值见图 12-17 或图 12-18。

表 12-52　相对齿根圆角敏感系数 $Y_{\delta relT}$

齿根圆角参数	疲劳强度计算	静强度计算
$q_s \geqslant 1.5$	1	1
$q_s < 1.5$	0.95	0.7

21）相对齿根表面状况系数 Y_{RrelT}。这是考虑所计算齿轮的齿根表面状况与试验齿轮的齿根表面状况不同的系数。其值可根据齿根表面粗糙度 Rz（表面微观不平度 10 点高度）和材料从图 12-37 中查得。

22）强度计算最小安全系数 S_{Hmin}、S_{Fmin}。齿轮接触疲劳强度和抗弯疲劳强度计算的最小安全系数 S_{Hmin} 和 S_{Fmin}，可根据不同使用场合对齿轮可靠度的要求来选定。表 12-53 可作选用时的参考。

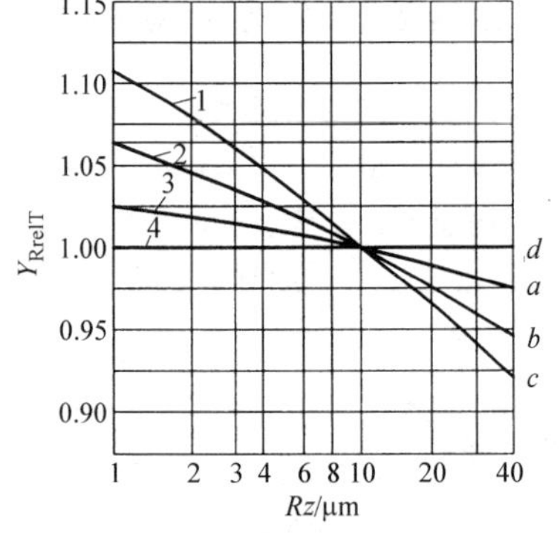

图 12-37　相对齿根表面状况系数 Y_{RrelT}

1—调质钢、珠光体和铁素体球墨铸铁、渗碳淬火钢、全齿廓感应或火焰淬火钢　2—灰铸铁、铁素体球墨铸铁、渗氮的渗氮钢和调质钢　3—结构钢　4—所有材料静强度

表 12-53 最小安全系数 S_{Fmin} 和 S_{Hmin} 参考值

可靠度要求	齿轮使用场合	失效概率	最小安全系数	
			S_{Fmin}	S_{Hmin} ①
高可靠度	特殊工作条件下要求可靠度很高的齿轮	$\frac{1}{10000}$	2.00	1.50~1.60
较高可靠度	长期连续运转和较长的维修间隔；设计寿命虽不很长，但可靠度要求较高；齿轮失效将造成较严重的事故和损失	$\frac{1}{1000}$	1.60	1.25~1.30
一般可靠度	通用齿轮和多数工业齿轮	$\frac{1}{100}$	1.25	1.00~1.0
低可靠度②	齿轮设计的寿命不长，对可靠度要求不高，易于更换的不重要齿轮；设计的寿命虽不短，但对可靠性要求不高	$\frac{1}{10}$	1.00	0.85③

① 在经过使用验证，或对材料强度、载荷工况及制造精度拥有较准确的数据时，可取下限值。

② 一般齿轮传动不推荐采用此栏数值。

③ 采用此值时，可能在点蚀前先出现齿而塑性变形。

12.1.8.6 在不稳定载荷下工作的齿轮强度核算

通常齿轮传动都是在不稳定载荷下运转的。此不稳定载荷如果缺乏载荷图谱可用时，可近似地用常规的方法，即用名义载荷乘以使用系数 K_A 来确定计算载荷。如果通过测试，已整理出齿轮的不稳定载荷图谱（见图 12-38），则可利用 Miner 定则，计算出当量转矩 T_{eq}代替名义转矩 T，来校核齿轮的疲劳强度。这时取 $K_A=1$。

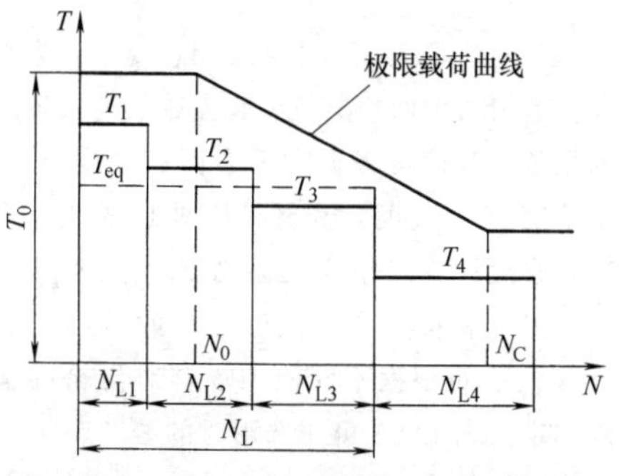

图 12-38 极限载荷曲线与载荷谱（对数坐标）

图 12-38 中，齿轮的转矩为 T_1、T_2、T_3…，其相应的应力循环数为 N_{L1}、N_{L2}、N_{L3}…。在计算中，由转矩 T 产生的应力，明显小于齿轮疲劳极限的转矩（如 T_4），可略去不计。则计算用的应力循环次数（齿轮寿命）为

$$N_L=N_{L1}+N_{L2}+N_{L3} \tag{12-17}$$

齿轮的当量载荷为

$$T_{eq}=\left(\frac{N_{L1}T_1^p+N_{L2}T_2^p+N_{L3}T_3^p}{N_L}\right)^{\frac{1}{p}} \tag{12-18}$$

式中，p 为材料的试验指数，是指极限载荷曲线（见图 12-38），从 N_0 到 N_C 之间直线（即有限寿命段）斜率的倒数。

常用齿轮材料的 p 值列于表 12-54。

在计算 T_{eq}时，如果 $N_L<N_0$，则取 $N_L=N_0$；如果 $N_L>N_C$，则取 $N_L=N_C$。

将式（12-18）计算得的 T_{eq} 替换 K_AT_1，代入表 12-40 计算 σ_H 和 σ_F，并用式（12-17）计算所得的 N_L，查寿命系数 Z_{NT}（见图 12-32），或 Y_{NT}（见图 12-33）值，即可进行疲劳强度校核。这种计算方法是粗略的。

12.1.8.7 齿轮静强度校核计算

当齿轮工作中，轮齿上出现短时间、少次数（$N_L<N_0$）超过额定工况的大载荷，例如，使用大起动转矩电动机，在运行中出现异常的重载荷和冲击等时，应进行静强度核算。作用次数超过 N_0 的载荷应纳入疲劳强度计算。

（1）载荷的确定　应取载荷谱中，或实测的最大载荷来确定计算切向力。当无上述数据时，可取预期的最大载荷 T_{max}（如起动转矩、堵转转矩、短路或其他最大过载转矩）为静强度计算载荷。

最大计算切向力：

$$F_{tmax}=\frac{2000T_{max}}{d} \tag{12-19}$$

式中　T_{max}——齿轮最大转矩（N·m）；

d——齿轮分度圆直径（mm）。

（2）校核计算公式　齿轮静强度校核计算式列于表 12-55。

（3）各参数和系数的确定

1）Z_{NT}——不同材料齿轮接触强度计算的寿命系数最大值，相应于图 12-32 中纵坐标的 1.1、1.3 和 1.6。

2）Y_{NT}——不同材料齿轮抗弯强度计算的寿命系数最大值，相应于图 12-33 中纵坐标的 1.1、1.6 和 2.5。

3）$Y_{\delta relT}$——静强度计算的相对齿根圆角敏感系数，查表 12-52。

4）S_{Hmin}、S_{Fmin}——齿轮接触和弯曲静强度计算的最小安全系数，参考表 12-53 选用。

表 12-55 中其他各参数和系数的确定方法，与疲劳强度校核计算相同（见表 12-40）。

表 12-54　材料的试验指数 p

计算类别	材料及其热处理		N_0	N_C	p①
接触强度	结构钢；调质钢；球墨铸铁（珠光体、贝氏体）；珠光体可锻铸铁；渗碳淬火的渗碳钢；感应淬火或火焰淬火的钢和球墨铸铁	允许有一定点蚀时	6×10^5	$3\times10^8$②	6.77
		不允许出现点蚀	10^5	5×10^7	6.61
	灰铸铁、铁素体球墨铸铁；渗氮的氮化钢、调质钢和渗碳钢		10^5	2×10^6	5.71
	氮碳共渗的调质钢、渗碳钢		10^5	2×10^6	15.72
抗弯强度	球墨铸铁（珠光体、贝氏体）；珠光体黑色可锻铸铁；调质钢		10^4	3×10^6	6.23
	渗碳淬火的渗碳钢；火焰淬火、全齿廓感应淬火的钢和球墨铸铁		10^3	3×10^6	8.74
	灰铸铁、铁素体球墨铸铁；结构钢；渗氮的氮化钢、调质钢和渗碳钢		10^3	3×10^6	17.03
	氮碳共渗的调质钢		10^3	3×10^6	84.00

① 不列入寿命系数小于 1 的 p 值。

② 按寿命系数曲线（见图 12-32），N_C 应为 10^9，此处作了偏向安全的简化。

表 12-55　齿面静强度和齿根静强度校核计算公式

项　　目	齿面静强度	齿根弯曲静强度
强度条件/MPa	$\sigma_{Hst}\leqslant\sigma_{Hpst}$ 或 $S_{Hst}\geqslant S_{Hminst}$	$\sigma_{Fst}\leqslant\sigma_{Fpst}$ 或 $S_{Fst}\geqslant S_{Fminst}$
最大计算应力/MPa	$\sigma_{Hst}=Z_HZ_EZ_\varepsilon Z_\beta Z_{BD}\sqrt{\dfrac{F_{tmax}}{d_1b}\left(\dfrac{u\pm1}{u}\right)}K_vK_{H\beta}K_{H\alpha}$	$\sigma_{Fst}=K_vK_{F\beta}K_{F\alpha}\dfrac{F_{tmax}}{bm_n}Y_{FS}Y_\varepsilon Y_\beta$
许用应力/MPa	$\sigma_{Hpst}=\dfrac{\sigma_{Hlim}Z_{NT}}{S_{Hminst}}Z_W$	$\sigma_{Fpst}=\dfrac{\sigma_{Flim}Y_{ST}Y_{NT}}{S_{Fminst}}Y_{\delta relT}$
安全系数	$S_{Hst}=\dfrac{\sigma_{Hlim}Z_{NT}Z_W}{\sigma_{Hst}}$	$S_{Fst}=\dfrac{\sigma_{Flim}Y_{ST}Y_{NT}Y_{\delta relT}}{\sigma_{Fst}}$

注：式中"+"号用于外啮合，"-"号用于内啮合。

12.1.8.8　开式齿轮传动强度计算和设计的特点

通常开式齿轮的润滑条件和封盖条件都很差，运转的速度也不高，因此轮齿间不能形成完整的油膜，并且有较严重的磨粒磨损。其结果是轮齿齿厚的减薄，造成轮齿折断失效。按理说，开式齿轮应计算磨损寿命，但目前尚无这方面公认可行的计算方法，因此实用上都以计算轮齿磨损后的抗弯强度，来保证开式齿轮的承载能力。这是一种近似的条件性计算。计算时，可根据齿厚允许磨损量的指标（决定于设备维修规范和经验），由表 12-56 查得磨损系数 K_m 值；将此 K_m 乘以表 12-40 的计算弯曲应力 σ_F，即可按一般方法进行强度校核。

表 12-56　磨损系数 K_m

允许磨损的齿厚占原齿厚的百分数(%)	K_m
10	1.25
15	1.40
20	1.60
25	1.80
30	2.00

由于开式齿轮的磨损速度较快，润滑油楔的作用也不明显，因此齿面不易产生点蚀。在一般情况下，对开式齿轮只计算轮齿抗弯强度即可。对于某些低速重载的开式齿轮，除计算轮齿抗弯强度外，也可进行齿面接触强度计算，但这时的齿面接触疲劳极限应力 σ_{Hlim} 应提高 5%~10%。

此外，在开式齿轮传动参数选择方面尚需注意：

1）开式齿轮传动的齿数比 u，允许选用较大值，有时可达 8~12。

2）可选用较少的齿数，较大的模数（一般取 $m\approx0.02a$），以增大齿厚，提高轮齿的弯曲强度。

3）由于开式齿轮传动制造和安装的精度都较低，为了减小沿齿向的载荷分布不均匀，其齿宽系数不能太大，通常取 $\phi_d=0.3\sim0.5$（或 $\phi_a=0.1\sim0.3$）。

12.1.8.9　高速齿轮传动强度计算和设计的特点

高速齿轮传动广泛应用在各工业部门的涡轮机、压缩机、风机、制氧机和泵类等机组中。通常可将节

圆圆周速度 $v \geqslant 40\text{m/s}$（有的认为 $v \geqslant 25\text{m/s}$）的称为高速齿轮传动。

高速齿轮传动的圆周速度高（常用的 $v = 70 \sim 120\text{m/s}$），转速高（一般 $n = 5000 \sim 20000\text{r/min}$），功率大（一般是数千千瓦），并长期持续运转，因此要求齿轮传动具有很高的可靠度，并要求运转平稳、噪声小、振动小。为了满足这些基本要求，在设计上采取下列措施：

（1）采用高精度齿轮　表 12-57 所列的数据可供参考。

表 12-57　推荐的高速齿轮精度等级

齿轮圆周速度 v/(m/s)	齿轮精度等级 (GB/T 10095—2008)
≤(30)50	6
50~110	5
110~150	4~5
>150	高于 4 级

（2）齿轮材料选用优质高强度合金钢并采用严格的热处理工艺　这样才能保证齿轮的内在质量。表 12-58 所列为配对齿轮材料的实例。

表 12-58　高速齿轮配对齿轮的材料和热处理实例

小齿轮			大齿轮		
材料	热处理	硬度	材料	热处理	硬度
25Cr2MoV	调质	262~295HBW	35CrMo	调质	234~285HBW
34CrNi3Mo	调质	285~341HBW	25Cr2MoV	调质	262~295HBW
30Cr2Ni2WV	调质	302~341HBW	34CrNi3Mo	调质	285~341HBW
25Cr2MoV	渗氮	650HV	35CrMo	调质	234~285HBW
25Cr2MoV	渗氮	650HV	25Cr2MoV	渗氮	650HV
30Cr2Ni2WV	渗氮	650HV	34CrNi3Mo	调质	285~341HBW
20CrMnMo	渗碳淬火	56~62HRC	34CrNi3Mo	调质	285~341HBW
20CrMnMo	渗碳淬火	56~62HRC	20CrMnMo	渗碳淬火	56~62HBC

（3）合理选用齿轮参数

1）压力角 α_n。过去常采用 14.5°、15°和 16°的压力角，目的是使重合度较大。现在大多采用 20°的标准压力角；对硬齿面齿轮，可取 $\alpha_n = 22.5° \sim 25°$，以提高轮齿的弯曲强度。

2）模数和齿数。原则上高速齿轮在轮齿抗弯强度满足的条件下，应尽量选用较小的模数，较多的齿数（见表 12-59），以增加齿轮传动运转的平稳性，降低噪声，提高抗胶合的能力。

表 12-59　高速齿轮传动的模数和齿数范围

推荐模数		推荐齿数
传递功率/kW	模数/mm	一般 $z_1 \geqslant 28$，涡轮机齿轮 $z_1 > 30$。应尽量使 z_1 和 z_2 互为质数
<3000	2~6	
3000~6000	5~7	
6000~10000	6~10	

3）齿宽系数 ϕ_d　通常取较大的 ϕ_d，以减小齿轮直径，降低圆周速度。对于轴承对称布置的传动，ϕ_d 的一般推荐值见表 12-60。

表 12-60　ϕ_d 的推荐值（$\phi_d = b/d_1$）

齿面情况	单斜齿	人字齿
软齿面	1.5~1.8	2.0~2.4
硬齿面	1.3~1.4	1.6~1.9

注：对人字齿轮，齿宽 b 为包括退刀槽在内的全齿宽。

4）重合度 ε_α、ε_β。和螺旋角 β。一般要求端面重合度 $\varepsilon_\alpha \geqslant 1.3 \sim 1.4$。螺旋角 β 与对轴向重合度 ε_β 的要求有直接的关系。当要求单斜齿的 $\varepsilon_\beta \geqslant 2.2$ 时，取 $\beta = 8° \sim 12°$；当要求人字齿每半边的 $\varepsilon_\beta \geqslant 3.3$ 时，取 $\beta = 25° \sim 35°$。

5）变位系数 x_n。在高速齿轮中，采用变位齿轮的目的，与一般齿轮传动一样，是为了提高齿轮的强度和改善齿轮的传动质量。因此，x_n 的选择方法与一般齿轮相同（见 12.1.5 节）。

（4）采用齿廓和齿向修形。高速齿轮的啮合频率高达 50~250 次/s，轴系和箱体中存在复杂的弹性变形，传动件上还存在热变形，因此，只有对轮齿采取齿廓修形和齿向修形，才能使运转平稳，使轮齿上的载荷分布均匀，改善传动的质量。

（5）进行较可靠的齿轮承载能力计算　高速齿轮的齿面接触疲劳强度和齿根弯曲疲劳强度，可采用 GB/T 3480—2008 中的“一般方法”进行计算。计算时，通常把原动机的最大功率作为齿轮的名义功率。使用系数 K_A 值可参考 GB/T 8542《透平齿轮传动装置技术条件》的附录选取。取最小安全系数 $S_{Hmin} = 1.3$，$S_{Fmin} = 1.6$。在某些情况下，还要验算齿轮的静强度。

12.1.8.10　齿面胶合承载能力校核计算

齿面胶合是齿轮重要的失效形式之一。齿面胶合承载能力的计算方法，我国有两个标准：GB/Z 6413.1—2003《圆柱齿轮、锥齿轮和准双曲面齿轮　胶合承载能力计算方法　第 1 部分：闪温法》（等同采用 ISO/TR 13989.1：2000）和 GB/Z 6413.2—2003《圆柱齿轮、锥齿轮和准双曲面齿轮　胶合承载能力计算方法　第2 部分：积分温度法》(等同采用 ISO/TR 13989.2：2000)。这两个计算方法，都可以用来防止齿轮传动由于齿面载荷和滑动速度引起的高温而导致润滑油膜破裂所造成的胶合（热胶合）。本节采用积分温度法（摘自 GB/Z 6413.2—2003），即以齿面本体温度与加权后的啮合瞬时温升的积分平均值之和作为计算齿面温度，然后与同样条件下发生胶合时通过试验定出的齿面胶合积分温度相比较，来评定齿轮齿面发生胶合的危险性、可能性——安全系数大小。

（1）胶合承载能力计算基本公式　齿面胶合承载能力校核计算的基本公式列于表 12-61。表中各代号的意义、单位和确定方法见表 12-62。

表 12-61　齿面胶合校核计算基本公式

项目	校核计算基本公式
计算准则	$S_{ints}=\dfrac{\Theta_{ints}}{\Theta_{int}}\geqslant S_{smin}$
积分温度	$\Theta_{int}=\Theta_M+C_2\Theta_{flaint}$
胶合积分温度	$\Theta_{ints}=\Theta_{MT}+X_{wreiT}C_2\Theta_{flainT}$

表 12-62　表 12-61 中各代号的意义、单位和所代号值的确定方法

代　　号	意　　义	单位	确定方法
Θ_{int}	积分温度	℃	式（12-21）
Θ_{ints}	胶合积分温度（容许积分温度）	℃	式（12-52）
Θ_M	本体温度	℃	式（12-24）
Θ_{flaint}	平均闪温	℃	式（12-22）
Θ_{MT}	试验齿轮本体温度	℃	式（12-49）
$\Theta_{flaintT}$	试验齿轮平均闪温	℃	式（12-50）
C_2	加权系数		$C_2=1.5$（直齿、斜齿）
X_{wreiT}	相对焊合系数		式（12-48）
S_{ints}	胶合计算安全系数		表 12-61
S_{smin}	胶合计算最小安全系数		表 12-64

对于渐开线圆柱齿轮，当 $1\leqslant\varepsilon_\alpha<2$ 时，在齿轮传动啮合线上的载荷与温度分布如图 12-39 所示。图中的代号见表 12-62，其余代号见表 12-63。

（2）各计算参数的确定

1）胶合承载能力计算的安全系数 S_{intS}。当假设中的不确定性与不精确度不能排除时，有必要引入安全系数 S_{intS}。应该注意，胶合承载能力计算的安全系数与温度有关，用它乘以齿轮的转矩，并不能使积分温度 Θ_{int} 与胶合积分温度 Θ_{intS} 达到相同的数值：

$$S_{intS}=\frac{\Theta_{intS}}{\Theta_{int}}\geqslant S_{Smin}\qquad(12\text{-}20)$$

最小安全系数可查表 12-64 确定。

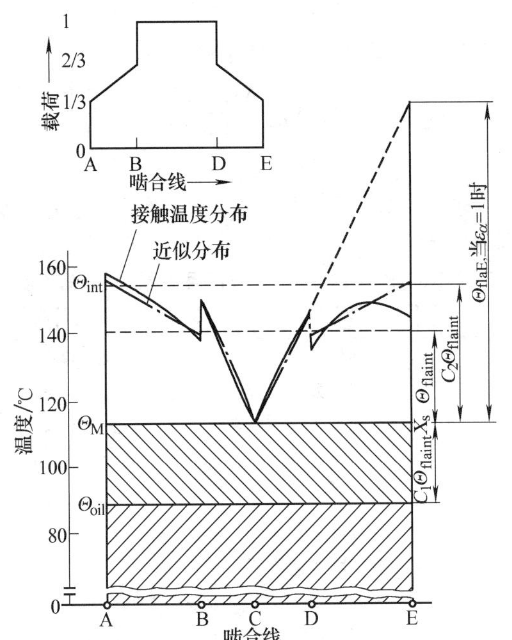

图 12-39　$1\leqslant\varepsilon_\alpha<2$ 时啮合线上载荷与温度的分布

表 12-63　图 12-39 中的代号

代　　号	意　　义	单位	确定方法
Θ_{oil}	油槽或喷油温度	℃	—
Θ_{flaE}	不考虑载荷分配时小轮齿顶的闪温	℃	式（12-23）
X_s	润滑方式系数		—
C_1	加权系数		$C_1=0.7$

表 12-64　胶合计算的最小安全系数 S_{Smin}

危险类别	S_{Smin}	备　　注
高胶合危险	$S_{Smin}<1$	胶合危险的临界范围，受实际齿轮工作条件的影响，如齿面粗糙度、跑合效果、润滑油的承载能力等
中等胶合危险	$1\leqslant S_{Smin}\leqslant2$	
低胶合危险	$S_{Smin}>2$	

2）积分温度 Θ_{int}。积分温度是指齿面本体温度与加权后的各啮合点瞬间温升的积分平均值之和作为计算齿面温度，即积分温度。积分温度可用下式计算，即：

$$\Theta_{int}=\Theta_M+C_2\Theta_{flaint}\qquad(12\text{-}21)$$

$$\Theta_{flaint}=\Theta_{flaE}X_\varepsilon\qquad(12\text{-}22)$$

式中　Θ_{flaint}——平均闪温，是指齿面各啮合点瞬时温升沿啮合线的积分平均值（见图

12-39）（℃）；

Θ_{flaE}——假定载荷全部作用在小齿轮齿顶 E 点时该点的瞬时温升（见图 12-38）（℃）；由式（12-23）确定；

X_ε——重合度系数，由表 12-71 中的公式计算。

3）小轮齿顶的闪温 Θ_{flaE}：

$$\Theta_{flaE}=\mu_{mc}X_M X_{BE}X_{\alpha\beta}\frac{(K_{\beta\gamma}w_{Bt})^{0.75}v^{0.5}}{|a|^{0.25}}\times\frac{X_E}{X_Q X_{Ca}} \tag{12-23}$$

式（12-23）中各代号意义及确定方法见表12-65和表 12-66。

表 12-65　式（12-23）中各代号的意义和确定方法

代　号	意　义	单位	确定方法
μ_{mc}	平均摩擦因数		式（12-26）
X_M	热闪系数		式（12-34）
X_{BE}	小轮齿顶几何系数		式（12-41）
$X_{\alpha\beta}$	压力角系数		式（12-39）
$K_{\beta\gamma}$	螺旋线载荷系数		图 12-40
w_{Bt}	单位齿宽载荷	N/mm	式（12-29）
v	分度圆线速度	m/s	
a	中心距	mm	
X_E	跑合系数		式（12-32）
X_Q	啮入系数		表 12-69
X_{Ca}	齿顶修缘系数		图 12-41

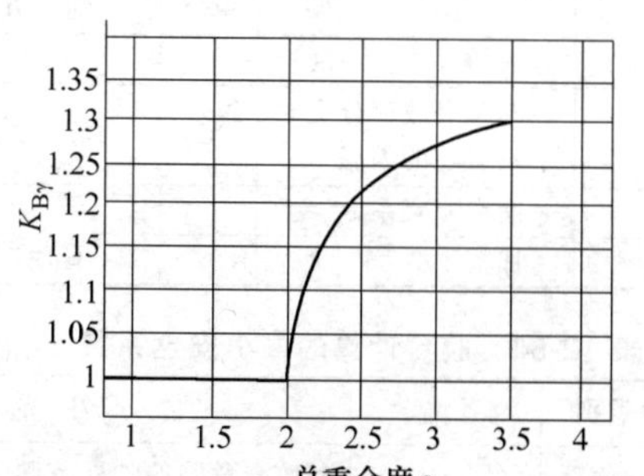

图 12-40　螺旋线载荷系数 $K_{B\gamma}$

表 12-66　螺旋线载荷系数 $K_{B\gamma}$

件	计算公式
$\varepsilon_\gamma\leqslant2$	$K_{B\gamma}=1$
$2<\varepsilon_\gamma<3.5$	$K_{B\gamma}=1+0.2\sqrt{(\varepsilon_\gamma-2)(5-\varepsilon_\gamma)}$
$\varepsilon_\gamma\geqslant3.5$	$K_{B\gamma}=1.3$

4）本体温度 Θ_M。轮齿的本体温度是指即将进入啮合时的齿面温度。本体温度的近似值可用下式计算：

$$\Theta_M=\Theta_{oil}+C_1X_{mp}\Theta_{flaint}X_s \tag{12-24}$$

式中　Θ_{oil}——工作油温（℃）；

C_1——考虑热转换条件的加权系数，试验结果表明可取 $C_1=0.7$；

Θ_{flaint}——平均闪温（℃）；

X_s——润滑方式系数，用来考虑润滑方式对传热的影响，由试验得出：

喷油润滑　$X_s=1.2$

油浴润滑　$X_s=1.0$

将齿轮浸没在油中　$X_s=0.2$；

X_{mp}——啮合系数，可用下式计算：

$$X_{mp}=(1+n_p)/2 \tag{12-25}$$

式中，n_p 是同时啮合的齿轮的数量。

5）平均摩擦因数 μ_{mc}。平均摩擦因数 μ_{mc} 是指齿廓各啮合点处的摩擦因数的平均值。它可由试验测定或用下式估算得到：

$$\mu_{mc}=0.045\left(\frac{w_{Bt}K_{B\gamma}}{v_{\Sigma C}\rho_{redC}}\right)^{0.2}\eta_{oil}^{-0.05}X_R X_L \tag{12-26}$$

式中　$v_{\Sigma C}$——节点切线速度的和（m/s）；

$$v_{\Sigma C}=2v\tan\alpha'_t\cos\alpha_t; \tag{12-27}$$

α'_t——端面啮合角（°）；

α_t——端面压力角（°）；

η_{oil}——油温下的动力黏度（mPa · s）；

ρ_{redC}——节点处相对曲率半径（mm）；

$$\rho_{redC}=\frac{u}{(1+u)^2}a\frac{\sin\alpha'_t}{\cos\beta_b}; \tag{12-28}$$

u——齿数比；

a——中心距（mm）；

β_b——基圆螺旋角（°）；

w_{Bt}——单位齿宽载荷（N/mm），是考虑了工况、齿轮加工和安装误差等引起的动载、齿向载荷分布和齿间载荷分配影响后的单位齿宽的圆周力：

$$w_{Bt}=K_A K_V K_{B\beta}K_{B\alpha}\frac{F_t}{b} \tag{12-29}$$

K_A——使用系数；

K_V——动载系数；

$K_{B\beta}$——胶合承载能力计算的齿向载荷系数，$K_{B\beta}=K_{H\beta}$；

$K_{B\alpha}$——胶合承载能力计算的齿间载荷系数，$K_{B\alpha}=K_{H\alpha}$；

F_t——分度圆上名义切向载荷（N）；

b——齿宽，取小轮和大轮的较小值（mm）；

X_R——粗糙度系数；

$$X_R=2.2\ (Ra/\rho_{redC})^{0.25} \tag{12-30}$$

$$Ra=0.5\ (Ra_1+Ra_2) \tag{12-31}$$

Ra——齿面算术平均粗糙度（μm）；

Ra_1，Ra_2——小轮与大轮在加工过的新齿面上测量的齿面粗糙度值（μm）；

X_L——润滑剂系数，由表 12-67 查出。

表 12-67　润滑剂系数 X_L

润　滑　剂	X_L	润　滑　剂	X_L
矿物油	$X_L=1.0$	水溶性聚（乙）二醇	$X_L=0.6$
聚 α 烯族烃	$X_L=0.8$	牵引液体	$X_L=1.5$
非水溶性聚（乙）二醇	$X_L=0.7$	磷酸酯体	$X_L=1.3$

6）跑合系数 X_E。现有的计算方法是假定齿轮已经过了较好的跑合。实际上，胶合损伤经常发生在运转开始时的几个小时内。研究表明，与适当跑合好的齿面相比，新加工的齿面的承载能力只有前者的 1/4~1/3，这要用一个跑合系数 X_E 加以考虑，即

$$X_E=1+\ (1-\phi_E)\ \frac{30Ra}{\rho_{redC}} \tag{12-32}$$

式中　ρ_{redC}——节点处相对曲率半径（mm），可用式（12-28）计算

Ra——所计算齿轮齿面的算术平均粗糙度（μm）；

ϕ_E——修正系数；

对于新加工的齿面　$\phi_E=0$，

对于充分跑合的齿面　$\phi_E=1$。

对于渗碳淬火与磨削过的齿轮，如果：

$$Ra_{run-in}=0.6Ra_{new} \tag{12-33}$$

则可认为已充分跑合。式（12-33）中，Ra_{new}是新齿面的粗糙度；Ra_{run-in}是跑合后齿面的粗糙度。

7）热闪系数 X_M。热闪系数 X_M 是考虑材料特性（弹性模量 E、泊松比 ν、热接触系数 B_M）和两轮在啮合点处沿齿廓切线方向速度的影响的系数，反映小轮与大轮的材料特性对闪温的影响。

啮合线上任意点（符号 y）热闪系数 X_M 由式（12-34）计算：

$$X_M=\left[\frac{2}{\dfrac{1-\nu_1^2}{E_1}+\dfrac{1-\nu_2^2}{E_2}}\right]^{-0.25}\frac{\sqrt{1+\Gamma}+\sqrt{1-\dfrac{\Gamma}{u}}}{B_{M1}\sqrt{1+\Gamma}+B_{M2}\sqrt{1-\dfrac{\Gamma}{u}}} \tag{12-34}$$

在 y 点（见图 12-41）

$$\Gamma_y=\frac{\tan\alpha_y}{\tan\alpha'_t}-1 \tag{12-35}$$

式中　ν_1、ν_2——小轮、大轮材料的泊松比；

E_1、E_2——小轮、大轮材料的弹性模量；

Γ_y——啮合线上的参数（见图 12-41）；

B_{M1}、B_{M2}——小轮、大轮材料的热啮系数，由式（12-37）计算；

α_y——任意角（°），见图 12-41。

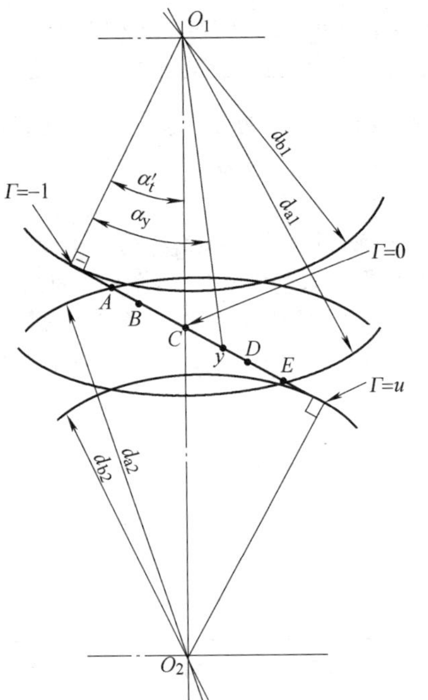

图 12-41　啮合线上的参数 Γ

当大、小齿轮的弹性模量、泊松比、热接触系数相同时，可用以下简化公式计算，即

$$X_M=\frac{E^{0.25}}{(1-\nu^2)^{0.25}B_M} \tag{12-36}$$

其中热啮系数：

$$B_M=\sqrt{\lambda_M C_V} \tag{12-37}$$

对于表面硬化钢，热导率 $\lambda_M=50\text{N}/(\text{s}\cdot℃)$，单位体积的比热容 $C_V=3.8\text{N}/(\text{mm}^2\cdot℃)$，弹性模量 $E=2.06\times10^5\text{MPa}$ 及泊松比 $\nu=0.3$，其热闪系数可取为

$$X_{MS}=50.0℃\cdot\text{N}^{-0.75}\cdot\text{s}^{0.5}\text{m}^{-0.5}\cdot\text{mm} \tag{12-38}$$

8）压力角系数 $X_{\alpha\beta}$。压力角系数 $X_{\alpha\beta}$是用以考虑将分度圆上的载荷与切线速度转换到节圆上系数。

方法 A：系数 $X_{\alpha\beta-A}$：

$$X_{\alpha\beta-A}=1.22\ \frac{\sin^{0.25}\alpha'_t\cos^{0.25}\alpha_n\cos^{0.25}\beta}{\cos^{0.5}\alpha'_t\cos^{0.5}\alpha_t} \tag{12-39}$$

方法 B：表 12-68 表示具有压力角为 $\alpha_n=20°$的标准齿条的压力角系数值，标准啮合角 α'_t与螺旋角 β 的常用范围。

表 12-68　方法 B：系数 $X_{\alpha\beta\text{-B}}$

$\alpha_t'/(°)$	$\beta=0°$	$\beta=10°$	$\beta=20°$	$\beta=30°$
19	0.963	0.960	0.951	0.938
20	0.978	0.975	0.966	0.952
21	0.992	0.989	0.981	0.966
22	1.007	1.004	0.995	0.981
23	1.021	1.018	1.009	0.995
24	1.035	1.032	1.023	1.008
25	1.049	1.046	1.037	1.012

对于法向压力角为 20°的齿轮，作为近似考虑，其压力角系数可近似取为：

$$X_{\alpha\beta\text{-B}}=1 \tag{12-40}$$

9）小轮齿顶几何系数 X_{BE}。

几何系数 X_{BE} 是考虑小齿轮齿顶 E 点处的几何参数对赫兹应力和滑动速度影响的系数，它是齿数比 u 与小轮齿顶 E 点（见图 12-41）处曲率半径 ρ_E 的函数：

$$X_{BE}=0.51\sqrt{\frac{|z_2|}{z_2}(u+1)}\times\frac{\sqrt{\rho_{E1}}-\sqrt{\frac{\rho_{E2}}{u}}}{(\rho_{E1}|\rho_{E2}|)^{0.25}} \tag{12-41}$$

$$\rho_{E1}=0.5\sqrt{d_{a1}^2-d_{b1}^2} \tag{12-42}$$

$$\rho_{E2}=a\sin\alpha_t'-\rho_{E1} \tag{12-43}$$

式中　d_{a1}——小齿轮顶圆直径（mm）；

d_{b1}——小齿轮基圆直径（mm）；

a——中心距（mm）。

对于内啮合齿轮，齿数 z_2、齿数比 u、中心距 a 以及所有的直径必须用负值代入。

10）啮入系数 X_Q。啮入系数 X_Q 是考虑滑动速度较大的从动轮齿顶啮入冲击载荷的影响的系数，可用啮入重合度 ε_f 与啮出重合度 ε_a 之比的函数来表示。

首先利用式（12-44）和式（12-45）求得小齿轮齿顶重合度 ε_1 和大齿轮齿顶重合度 ε_2，然后再从表 12-69 中查得 X_Q 值：

$$\varepsilon_1=\frac{z_1}{2\pi}\left[\sqrt{\left(\frac{d_{a1}}{d_{b1}}\right)^2-1}-\tan\alpha_t'\right] \tag{12-44}$$

$$\varepsilon_2=\frac{z_2}{2\pi}\left[\sqrt{\left(\frac{d_{a2}}{d_{b2}}\right)^2-1}-\tan\alpha_t'\right] \tag{12-45}$$

式中　d_{a2}——大齿轮顶圆直径（mm）；

d_{b2}——大齿轮基圆直径（mm）。

表 12-69　啮入系数 X_Q

驱动方式	啮出、啮入重合度	啮出、啮入重合度的比较	X_Q
小齿轮驱动大齿轮	$\varepsilon_f=\varepsilon_2,\varepsilon_a=\varepsilon_1$	$\varepsilon_f\leqslant1.5\varepsilon_a$	1.00
		$1.5\varepsilon_a<\varepsilon_f<3\varepsilon_a$	$1.40-\frac{4}{15}\times\frac{\varepsilon_f}{\varepsilon_a}$
		$\varepsilon_f\geqslant3\varepsilon_a$	0.60
大齿轮驱动小齿轮	$\varepsilon_f=\varepsilon_1,\varepsilon_a=\varepsilon_2$	$\varepsilon_f\leqslant1.5\varepsilon_a$	1.00
		$1.5\varepsilon_a<\varepsilon_f<3\varepsilon_a$	$1.40-\frac{4}{15}\times\frac{\varepsilon_f}{\varepsilon_a}$
		$\varepsilon_f\geqslant3\varepsilon_a$	0.60

当齿顶被倒棱或倒圆时，顶圆直径 d_a 必须用啮出开始点的有效顶圆直径 d_{Na} 来代替。

11）齿顶修缘系数 X_{Ca}。受载轮齿的弹性变形在滑动较大的齿顶处会产生高的冲击载荷。齿顶修缘系数 X_{Ca} 考虑了齿廓修形对这种载荷的影响。X_{Ca} 是一个相对的齿顶修缘系数，它与齿顶实际修缘量 C_a 和有效齿顶修缘量 C_{eff}（考虑轮齿弹性变形）的比值有关，见图 12-42。

X_{Ca} 值可根据齿顶重合度 ε_1 和 ε_2 中的最大值和 C_a/C_{eff} 值从图 12-42 中查取。

计算用修缘量 C_a 可从表 12-70 中查取。

表 12-70　名义齿顶修缘量

驱动方式	齿顶重合度 ε	条　件	C_a	备　注
小轮驱动大轮	$\varepsilon_1>1.5\varepsilon_2$	$C_{a1}\leqslant C_{eff}$	$C_a=C_{a1}$	$\varepsilon_1,\varepsilon_2$—小轮、大轮的齿顶重合度 C_{a1},C_{a2}—小轮、大轮的实际齿顶修缘量（法向值），μm；当相啮合的轮齿有修根时，应取修缘量与修根量之和 C_{eff}—有效齿顶修缘量，用以补偿单对齿啮合时轮齿的弹性变形
		$C_{a1}>C_{eff}$	$C_a=C_{eff}$	
	$\varepsilon_1\leqslant1.5\varepsilon_2$	$C_{a2}\leqslant C_{eff}$	$C_a=C_{a2}$	
		$C_{a2}>C_{eff}$	$C_a=C_{eff}$	
大轮驱动小轮	$\varepsilon_1>(2/3)\varepsilon_2$	$C_{a1}\leqslant C_{eff}$	$C_a=C_{a1}$	
		$C_{a1}>C_{eff}$	$C_a=C_{eff}$	
	$\varepsilon_1<(2/3)\varepsilon_2$	$C_{a2}\leqslant C_{eff}$	$C_a=C_{a2}$	
		$C_{a2}>C_{eff}$	$C_a=C_{eff}$	

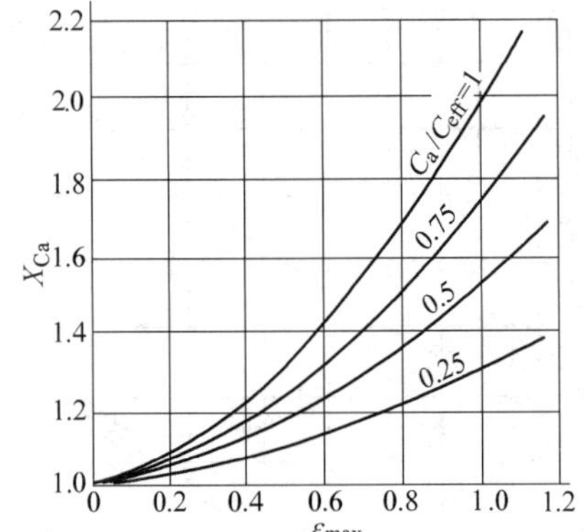

图 12-42　由试验数据得出的齿顶修缘系数

有效齿顶修缘量 C_{eff} 可用式（12-46）或式(12-47）计算。

对于直齿轮　$C_{eff}=K_A F_t/bc'$　(12-46)

对于斜齿轮　$C_{eff}=K_A F_t/bc_\gamma$　(12-47)

式中　K_A——使用系数；

F_t——分度圆上名义切向载荷（N）；

c'——单对齿刚度［N/(mm · μm)］；

c_γ——啮合刚度［N/(mm · μm)］；

b——齿宽（mm）。

上述的齿顶修缘量适用于 GB/T 10095.1—2001 规定的 6 级或更好的齿轮。对于低精度的齿轮，可取 $X_{Ca}=1$。

12）重合度系数 X_ε。重合度系数 X_ε 是将假定载荷全部作用于小齿轮齿顶时的局部瞬时温升 Θ_{flaE}（见图 12-39）折算成沿啮合线的积分平均温升 Θ_{ftaint} 的系数。

X_ε 的值按表 12-71 中的公式计算。

表 12-71　重合度系数 X_ε

条　件	计 算 公 式	备　注
$\varepsilon_\alpha<1,\varepsilon_1<1,\varepsilon_2<1$	$X_\varepsilon=\dfrac{1}{2\varepsilon_\alpha\varepsilon_1}\times(\varepsilon_1^2+\varepsilon_2^2)$	ε_1、ε_2 见式(12-44)和式(12-45) $\varepsilon_\alpha=\varepsilon_1+\varepsilon_2$
$1\leqslant\varepsilon_\alpha<2,\varepsilon_1<1,\varepsilon_2<1$(见图 12-40)	$X_\varepsilon=\dfrac{1}{2\varepsilon_\alpha\varepsilon_1}\times[0.70(\varepsilon_1^2+\varepsilon_2^2)-0.22\varepsilon_\alpha+0.52-0.60\varepsilon_1\varepsilon_2]$	
$1\leqslant\varepsilon_\alpha<2$ $\varepsilon_1\geqslant1,\varepsilon_2<1$	$X_\varepsilon=\dfrac{1}{2\varepsilon_\alpha\varepsilon_1}\times(0.18\varepsilon_1^2+0.70\varepsilon_2^2+0.82\varepsilon_1-0.52\varepsilon_2-0.30\varepsilon_1\varepsilon_2)$	
$1\leqslant\varepsilon_\alpha<2$ $\varepsilon_1<1,\varepsilon_2\geqslant1$	$X_\varepsilon=\dfrac{1}{2\varepsilon_\alpha\varepsilon_1}(0.70\varepsilon_1^2+0.18\varepsilon_2^2-0.52\varepsilon_1+0.82\varepsilon_2-0.30\varepsilon_1\varepsilon_2)$	
$2\leqslant\varepsilon_\alpha<3$ $\varepsilon_1\geqslant\varepsilon_2$	$X_\varepsilon=\dfrac{1}{2\varepsilon_\alpha\varepsilon_1}(0.44\varepsilon_1^2+0.59\varepsilon_2^2+0.30\varepsilon_1-0.30\varepsilon_2-0.15\varepsilon_1\varepsilon_2)$	
$2\leqslant\varepsilon_\alpha<3$ $\varepsilon_1<\varepsilon_2$	$X_\varepsilon=\dfrac{1}{2\varepsilon_\alpha\varepsilon_1}(0.59\varepsilon_1^2+0.44\varepsilon_2^2-0.30\varepsilon_1+0.30\varepsilon_2-0.15\varepsilon_1\varepsilon_2)$	

表 12-71 中的公式是在假定载荷及温度沿啮合线呈线性分布的前提下建立的（见图 12-39），这是一种近似处理。这种方法的可能误差不会超过 5%，且偏于安全。

13）相对焊合系数 X_{wrelT}。相对焊合系数 X_{wrelT} 是考虑热处理或表面处理对胶合积分温度影响的一个经验性系数。它是一个相对比值，由不同材料及表面处理的试验齿轮与标准试验齿轮进行对比试验得出，其值可由下式计算，即：

$$X_{wrelT}=\frac{X_W}{X_{WT}} \tag{12-48}$$

式中，对于 FZG 齿轮试验、Ryder 齿轮试验以及 FZG L-42 试验，$X_{WT}=1$；X_W 为实际齿轮材料的焊合系数，见表 12-72。

14）试验齿轮的本体温度 Θ_{MT} 和平均闪温 $\Theta_{flaintT}$。试验齿轮的本体温度 Θ_{MT} 和平均闪温 $\Theta_{flaintT}$ 可根据齿轮试验的数据，用本体温度 Θ_M 式（12-24）和平均闪温 $\Theta_{flaintT}$ 式（12-22）计算得到。

表 12-72　焊合系数 X_W

齿轮材料及表面处理		X_W
调质钢		1.00
表面磷化钢		1.25
表面镀铜钢		1.50
液体与气体渗氮钢		1.50
表面渗碳钢	残余奥氏体含量少于 10%	1.15
	残余奥氏体含量 10%~20%	1.00
	残余奥氏体含量>20%~30%	0.85
奥氏体钢（不锈钢）		0.45

当油品的承载能力是按照 GB/T 3142—1982《润滑剂承载能力测定法》的 FZG（A/8.3/90）试验时，

则 Θ_{MT} 和 $\Theta_{flaintT}$ 与载荷的关系曲线如图 12-43 所示。此时，Θ_{MT} 和 $\Theta_{flaintT}$ 的值可根据设计齿轮所选用的润滑油的黏度 ν_{40} 和 FZG 胶合承载级（小轮试验转矩 T_{1T}）从图 12-43 中查取，或由式（12-49）和式（12-50）计算：

$$\Theta_{MT}=80+0.23T_{1T}X_L \quad (12\text{-}49)$$

$$\Theta_{flaintT}=0.2T_{1T}\left(\frac{100}{\nu_{40}}\right)^{0.02}X_L \quad (12\text{-}50)$$

$$T_{1T}=3.726\ (\text{FZG 载荷级})^2 \quad (12\text{-}51)$$

式中 T_{1T}——FZG 胶合载荷级相应的试验小齿轮转矩（N·m）（见图 12-43）；

ν_{40}——润滑油在 40℃ 时的名义运动黏度（mm^2/s）；

X_L——润滑剂系数，查表 12-67。

常用油品的 FZG 胶合载荷级见表 12-73。

15）胶合积分温度 Θ_{ints}。根据积分温度法的准则，当平均齿轮温度超过胶合积分温度值时，齿轮就有可能胶合。胶合积分温度值决定于齿轮副的润滑油和齿轮材料的组合，而且是通过类似的润滑油和材料的组合试验来确定的。根据试验结果，得到胶合积分温度计算式：

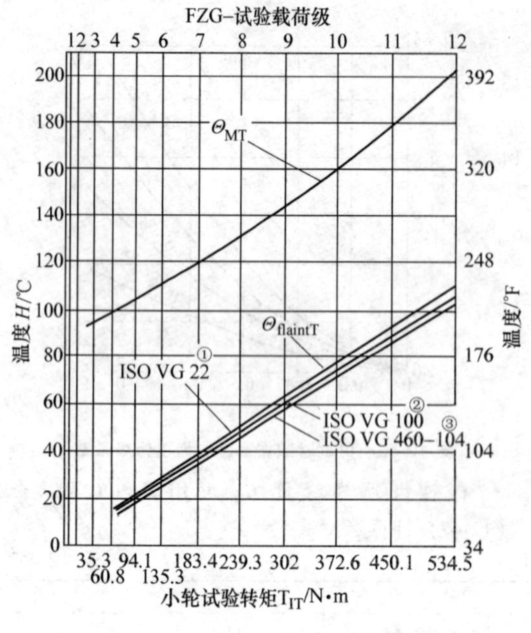

图 12-43 FZG 试验（A/8.3/90）中试验齿轮的本体温度 Θ_{MT} 和平均闪温 $\Theta_{flaintT}$

① $\nu_{40}=19.8\sim24.2mm^2/s$。 ② $\nu_{40}=90.0\sim110mm^2/s$。 ③ $\nu_{40}=50.6\sim115mm^2/s$。

表 12-73 常用油品的 FZG 胶合载荷级

油类		机械油 液压油	汽轮机油	工业用齿轮油	轧钢机油	汽缸油	柴油机油	航空用 齿轮油	准双曲面 齿轮油
FZG胶合载荷级	矿物油	2~4	3~5	5~7	6~8	6~8	6~8	5~8	
	加极压抗磨添加剂矿物油	5~8	6~9	中极压>9 全极压>9					>12
	高性能合成油	9~11	10~12	>12				8~11	

注：油品的胶合载荷级随原油产地、生产厂家的不同而有所不同，应以油品生产厂家提供的指标为准，重要场合应经专门实验确定。

$$\Theta_{ints}=\Theta_{MT}+X_{wrelT}C_2\Theta_{flaintT} \quad (12\text{-}52)$$

式中 Θ_{MT}——试验齿轮本体温度（℃），如图 12-43 所示；

X_{wrelT}——相对焊合系数，见式（12-48）；

$\Theta_{flaintT}$——试验齿轮平均闪温（℃），如图12-43 所示；

C_2——加权系数，由试验得到 $C_2=1.5$。

（3）胶合承载能力计算示例

【例 12-11】 某透平机组第二级增速用高速齿轮箱，用同步电动机驱动，输入功率 $P=3300kW$，输入转速 $n_2=7200r/min$，工作机（离心压缩机）单向运转，增速箱单级渐开线圆柱齿轮传动。齿轮传动主要参数如下：$a=250mm$，$m_n=3.5mm$，$z_1=54$，$z_2=87$，$\beta=9°14'55''$，$b=140mm$，$x_{n1}=0$，$x_{n2}=0$，轴承对称布置，跨距 $l=270mm$，齿廓符合 GB/T 1356—2001。

大小齿轮选用 20CrNi4MoA，渗碳淬火，齿面硬度 58~62HRC，残余奥氏体含量为 10%~20%，磨齿，精度为 5 级（GB/T 10095.1—2003），齿面粗糙度 $R_{z1}=R_{z2}=3.2\mu m$，齿根表面粗糙度 $R_{z1}=R_{z2}=10\mu m$。

大小齿轮设计修缘量 $C_{a1}=C_{a2}=30\mu m$，增速箱装配后经运转试验，充分跑合。采用 L—TSA 汽轮机油（涡轮机油，GB 11120—2011）润滑齿轮，$\nu_{50}=2\times10^{-5}m^2/s$，喷油润滑，胶合承载能力 FZG7 级，进油温度不超过 50℃。

计算中与胶合承载能力有关的参数如下：$K_A=$

1.375，$K_V=1.156$，$K_{B\beta}=K_{H\beta}=1.307$，$K_{B\alpha}=K_{H\alpha}=1.047$，$c_\gamma=22.93\text{N}/(\text{mm}\cdot\mu\text{m})$，$F_t=28373\text{N}$，$d_{a1}=198.489\text{mm}$，$d_{a2}=315.511\text{mm}$，$d_{b1}=179.662\text{mm}$，$d_{b2}=289.457\text{mm}$，$\varepsilon_\gamma=3.812$，$\nu=116.3\text{m/s}$，$\alpha_t=20°14'32''$，$\beta_b=8°41'11''$，齿数比 $u=z_2/z_1=87/54=1.611$。

胶合承载能力高低的最终指标是计算安全系数 S_{ints} 的大小，从而判断出现胶合失效的可能性。

1）螺旋线系数。由于 $\varepsilon_\gamma>3.5$，由图 12-40 取 $K_{B\gamma}=1.3$。

2）单位齿宽载荷。由式（12-29）：

$$w_{Bt}=K_A K_V K_{B\beta} K_{B\alpha} F_t/b$$

$$=(1.375\times1.156\times1.307\times1.047\times28373/140)\text{N/mm}$$

$$=440.8\text{N/mm}。$$

3）平均摩擦因数。取润滑油的密度 $\rho=840\text{kg/m}^3$。50℃时油的动力黏度 $\eta_{oil}=\nu_{50}\rho=2\times10^{-5}\times840$

$$\frac{\text{m}^2}{\text{s}}\times\frac{\text{kg}}{\text{m}^3}=0.0168\text{N}\cdot\text{s/m}^2=16.8\text{mPa}\cdot\text{s}$$

由式（12-27）$\nu_{\Sigma C}=2\nu\sin\alpha_t$

$$=2\times116.3\times\sin20°14'32''$$

$$=80.48\text{m/s}。$$

由式（12-28）

$$\rho_{redC}=\frac{u}{(1+u)^2}a\frac{\sin\alpha_t}{\cos\beta_b}$$

$$=\left[\frac{1.611}{(1+1.611)^2}\times250\times\frac{\sin20°14'32''}{\cos8°41'11''}\right]\text{mm}$$

$$=20.68\text{mm}。$$

$R_a=R_{a1}=R_{a2}=R_z/6=(3.2/6)\ \mu\text{m}=0.53\mu\text{m}$。

由式（12-30）

$$X_R=2.2\ (R_a/\rho_{redC})^{0.25}$$

$$=2.2\ (0.53/20.6)^{0.25}=0.8803。$$

从表 12-67 中取 $X_L=1.0$

由式（12-26）

$$\mu_{mc}=0.045\left(\frac{w_{Bt}K_{B\gamma}}{\nu_{\Sigma C}\rho_{redC}}\right)^{0.2}\eta_{oil}{}^{-0.05}X_R X_L$$

$$=0.045\left(\frac{440.8\times1.3}{80.48\times20.68}\right)^{0.2}\times16.8^{-0.05}\times0.8803\times1.0=0.0278。$$

4）热闪系数 X_M。由式（12-38）

$X_M=50\text{K}\cdot\text{N}^{-0.75}\cdot\text{s}^{0.5}\text{m}^{-0.5}\cdot\text{mm}$。

5）小轮齿顶几何系数 X_{BE}。由式（12-42）

$$\rho_{E1}=0.5\sqrt{d_{a1}^2-d_{b1}^2}$$

$$=0.5\sqrt{198.489^2-179.662^2}\ \text{mm}=42.19\text{mm}。$$

由式（12-43）

$$\rho_{E2}=a\sin\alpha_t-\rho_{E1}=(250\times\sin20°14'32''-42.19)\ \text{mm}=44.31\text{mm}。$$

由式（12-41）

$$X_{BE}=0.51\sqrt{\frac{|z_2|}{z_2}(u+1)}\times\frac{\sqrt{\rho_{E1}}-\sqrt{\rho_{E2}/u}}{(\rho_{E1}|\rho_{E2}|)^{0.25}}$$

$$=0.51\sqrt{\frac{87}{87}\ (1.611+1)}\times\frac{\sqrt{42.19}-\sqrt{44.31/1.611}}{(42.19\times44.31)^{0.25}}$$

$$=0.1568。$$

6）啮入系数 X_Q。

由式（12-44）

$$\varepsilon_1=\frac{z_1}{2\pi}\left[\sqrt{(d_{a1}/d_{b1})^2-1}-\tan\alpha_t'\right]$$

$$=\frac{54}{2\pi}\left[\sqrt{(198.489/179.662)^2-1}-\tan20°14'32''\right]$$

$$=0.8674。$$

由式（12-45）

$$\varepsilon_2=\frac{z_2}{2\pi}\left[\sqrt{(d_{a2}/d_{b2})^2-1}-\tan\alpha'_t\right]$$

$$=\frac{87}{2\pi}\left[\sqrt{(315.511/289.457)^2-1}-\tan20°14'32''\right]$$

$$=0.9。$$

由式（12-44），大轮驱动小轮，$\varepsilon_f=\varepsilon_1=0.8674$，$\varepsilon_a=\varepsilon_z=0.9$，由于 $\varepsilon_f<1.5\varepsilon_a$，故取 $X_Q=1.00$。

7）齿顶修缘系数 X_{Ca}。

已知　$C_{a1}=C_{a2}=30\mu\text{m}$。

由式（12-47），$C_{eff}=K_A F_t/b\ c_\gamma=[1.375\times28373/(140\times22.93)]\mu\text{m}=12.15\mu\text{m}$。

$$\varepsilon_{max}=\max\{\varepsilon_1,\ \varepsilon_2\}=\max\{0.8674,\ 0.90\}$$

$$=0.90。$$

由于 $C_{a1}>C_{eff}$，根据表 12-70，取 $C_a=C_{eff}=12.152\mu\text{m}$。

由图 12-42，$C_a/C_{eff}=12.152/12.152=1$，查得 $X_{Ca}=1.81$。

8）重合度系数 X_ε。

端面重合度　$\varepsilon_\alpha=\varepsilon_1+\varepsilon_2=0.8674+0.9=1.7674$。

根据表 12-71 中的公式计算 X_ε（条件是：$1<\varepsilon_\alpha<2$，$\varepsilon_1<1$，$\varepsilon_2<1$）

$$X_\varepsilon=\frac{1}{2\varepsilon_\alpha\varepsilon_i}[0.70(\varepsilon_1^2+\varepsilon_2^2)-0.22\varepsilon_\alpha+0.52-0.60\varepsilon_1\varepsilon_2]=\frac{1}{2\times1.7674\times0.8674}\times[0.7\times(0.8674^2+0.9^2)-0.22\times1.7674+0.52-0.60\times0.8674\times0.9]=0.2467。$$

9）材料焊合系数 X_{wreiT}。

对 FZG 试验　$X_{WT}=1$；由表 12-72，$X_W=1$，由

式（12-48），$X_{wreiT}=X_W/X_{WT}=1$。

10）试验齿轮的本体温度 Θ_{MT}

由于 FZG 试验载荷为 7 级，由式（12-51）

$$T_{1T}=3.726\times(\text{FZG 载荷级})^2=(3.726\times7^2)\text{N}\cdot\text{m}=182.6\text{N}\cdot\text{m}$$

由式（12-52），$\Theta_{MT}=80+0.23T_{1T}X_L=(80+0.23\times182.574\times1)$℃ = 122℃。

11）试验齿轮的积分平均温升 $\Theta_{flaintT}$

已知 $\nu_{50}=2\times10^{-5}\text{m}^2/\text{s}=20\text{mm}^2/\text{s}$，换算为

$$\nu_{40}=33.5\text{mm}^2/\text{s}$$

由式（12-53）

$$\Theta_{flaintT}=0.2T_{1T}\left(\frac{100}{\nu_{4.0}}\right)^{0.02}X_L=[0.2\times182.574\times(100/33.5)^{0.02}\times1.0]℃=37.3℃。$$

12）润滑方式系数 X_S

采用喷油润滑　$X_S=1.2$。

13）小轮齿顶的闪温 Θ_{flaE}

由式（12-40），取压力角系数 $X_{\alpha\beta}=1.0$。

由式（12-32），经充分跑合，取 $\phi_E=1.0$。

由式（12-25），取啮合系数 $X_{mp}=1.0$。

由式（12-23）

$$\Theta_{flaE}=\mu_{mc}X_MX_{BE}X_{\alpha\beta}\frac{(K_{B\gamma}w_{Bt})^{0.75}v^{0.5}}{|a|^{0.25}}\times\frac{X_E}{X_QX_{Ca}}$$

$$=\left[0.0278\times50\times0.1568\times1.0\times\frac{(1.3\times440.8)^{0.75}\times116.3^{0.5}}{250^{0.25}}\times\frac{1.0}{1.0\times1.81}\right]℃=38.25℃。$$

14）积分平均温升 Θ_{flaint}

由式（12-32）$\Theta_{flaint}=\Theta_{flaE}X_\varepsilon=(38.25\times0.2467)$℃ = 9.44℃。

15）本体温度 Θ_M

由式（12-24），$\Theta_M=\Theta_{oil}+C_1X_{mp}\Theta_{flaint}X_s=(50+0.7\times1.0\times9.44\times1.2)$℃ = 57.93℃

16）积分温度 Θ_{int}

由式（12-21），$\Theta_{int}=\Theta_M+C_2\Theta_{flaint}=(57.93+1.5\times9.44)$℃ = 72.09℃

17）胶合积分温度 Θ_{ints}

由式（12-52）

$$\Theta_{ints}=\Theta_{MT}+X_{wreiT}C_2\Theta_{flaintT}=(122+1.0\times1.5\times37.3)℃=177.95℃。$$

18）胶合承载能力安全系数 S_{ints}

由式（12-20）

$S_{ints}=\Theta_{ints}/\Theta_{int}=177.95/72.09=2.613$。

19）结论。由表 12-64，取最小安全系数 $S_{smin}=2$，$S_{ints}>S_{smin}$，此齿轮传动发生胶合的可能性（危险性）很小。

（4）锥齿轮胶合承载能力计算　锥齿轮传动的齿面胶合损伤，其形貌和机理与圆柱齿轮的基本相同，因此在进行锥齿轮胶合承载能力计算时，可用锥齿轮中点直径确定的当量圆柱齿轮来近似锥齿轮。当量圆柱齿轮的概念和几何尺寸计算见 GB/T 10062.1—2003《锥齿轮承载能力计算方法　第 1 部分：概述和通用影响系数》。用当量圆柱齿轮替代锥齿轮进行胶合承载能力计算的方法和过程，与圆柱齿轮胶合承载能力计算的方法和过程基本相同，只有以下七处需要修改或替换。

1）小轮齿顶处的闪温 Θ_{flaE}，采用下列替换：

在式（12-23）中，用 a_v 代替 a，v_{mt} 代替 v；

在式（12-29）中，用 F_{mt} 代替 F_t，b_{eB} 代替 b。

式中　a_v——当量圆柱齿轮的当量中心距（mm）；

v_{mt}——锥齿轮齿宽中点在分度圆锥上的切线速度（m/s）；

F_{mt}——在齿宽中点的分度圆锥上名义切向载荷（N）；

b_{eB}——胶合有效齿宽（mm），考虑了锥齿轮的鼓形，由下式计算：

$$b_{eB}=0.85b_2 \tag{12-53}$$

b_2——小轮与大轮的公用齿宽（mm）。

系数 K_A、K_V、$K_{B\beta}=K_{H\beta}$ 以及 $K_{B\alpha}=K_{H\alpha}$ 应按 GB/T 10062.1—2003 确定。$K_{B\gamma}=1$。

2）平均摩擦因数 μ_{mc}，采用下列替换：

在式（12-29）中，用 F_{mt} 代替 F_t，b_{eB} 代替 b；

对于一般锥齿轮设计情况 $\alpha_t'=\alpha_{vt}$，即

$$x_1=-x_2$$

$$v_{\Sigma C}=2v_{mt}\sin\alpha_{vt} \tag{12-54}$$

$$K_{B\gamma}=1$$

式中　α_{vt}——当量圆柱齿轮的端面压力角（°）。

3）压力角系数 $X_{\alpha\beta}$，方法 A 为：

对于一般锥齿轮设计的情况 $\alpha_t'=\alpha_{vt}$，即

$$x_1=-x_2$$

$$X_{\alpha\beta\text{-}A}=1.22\frac{\sin^{0.25}\alpha_n}{\cos^{0.75}\alpha_{vt}} \tag{12-55}$$

4）小轮齿顶几何系数 X_{BE}，采用下列替换：

在式（12-41）中，用 u_v 代替 u；

在式（12-42）中，用 d_{va1} 代替 d_{a1}，d_{vb1} 代替 d_{b1}；

在式（12-43）中，α_{vt} 代替 α_t'。

式中　u_v——当量圆柱齿轮的齿数比；

d_{va1}——小齿轮当量圆柱齿轮的顶圆直径（mm）；

d_{vb1}——小齿轮当量圆柱齿轮的基圆直径（mm）。

5）啮入系数 X_Q，采用下列替换：

式（12-44）和式（12-45）中，用 ε_{v1} 代替 ε_1，ε_{v2} 代替 ε_2；

在式（12-44）和式（12-45）中，用 $d_{val,2}$ 代替 $d_{al,2}$，$d_{vb1,2}$ 代替 $d_{vb1,2}$，α_{vt} 代替 α_t'，$z_{v1,2}$ 代替 $z_{1,2}$。

式中　ε_{v1}——当量小圆柱齿轮的齿顶重合度；

ε_{v2}——当量大圆柱齿轮的齿顶重合度；

d_{va}——当量圆柱齿轮的顶圆直径（mm）；

d_{vb}——当量圆柱齿轮的基圆直径（mm）；

z_v——当量圆柱齿轮的齿数。

6）齿顶修缘系数 X_{Ca}，采用下列替换：

在图 12-40 中，用 ε_{vmax} 代替 ε_{max}，ε_{vmax} 是 ε_{v1} 或 ε_{v2} 中的最大值。

假定齿轮与齿根的修缘量被选为运行条件下的最佳值（满负荷接触斑点刚好扩展到齿顶而没有聚集现象），于是应用以下的近似方法，即

$$C_a = C_{eff} \text{和} \frac{C_a}{C_{eff}} = 1 \tag{12-56}$$

7）重合度系数 X_ε，在表 12-71 中的公式中及其有效的条件下，采用下列替换：

用 $\varepsilon_{v\alpha}$ 代替 ε_α，ε_{v1} 代替 ε_1，ε_{v2} 代替 ε_2。

式中　$\varepsilon_{v\alpha}$——当量圆柱齿轮的端面重合度。

12.1.8.11　齿轮装置的热功率计算

1. 概述

随着硬齿面齿轮的广泛使用，齿轮传动装置的尺寸逐渐减小，发热问题成为设计齿轮传动装置必须考虑的问题之一。我国在 2008 年公布了“中华人民共和国国家标准化指导性技术文件” GB/Z 22559.1—2008 齿轮　热功率　第 1 部分：油池温度在 95℃ 时齿轮装置的热平衡计算。GB/Z 22559.2—2008 齿轮　热功率　第 2 部分：热承载能力计算。以上标准等同采用了 ISO/TR 14179.1—2001 和 ISO/TR 14179.2—2001。

以上标准用于矿物油润滑的单级或多级的齿轮装置（包括直齿和斜齿的圆柱齿轮和锥齿轮，蜗杆传动等）。最高环境温度不超过 25℃，在大的房间内工作，油池的最高温度不高于 95℃。

2. 额定热功率的判据和使用条件

（1）额定热功率　齿轮装置在没有超过规定的油池温度时能连续传递的最大功率。额定热功率的大小与具体的齿轮装置、工作条件、允许的最高油池温度和采用的冷却形式等有关。

（2）额定热功率的判据　原始的额定热功率判据是允许的最高油池温度。由于油的氧化和黏度降低，会引起轮齿之间和轴承接触面之间的油膜厚度变薄，导致这些零件的寿命降低，为此必须评定和限制运转时的油池温度。

一般采用限制最高的油池温度不高于 95℃ 的方法，评定齿轮装置的额定热功率，但根据齿轮制造商的经验和使用要求，也可以选择油池温度高于或低于 95℃。

对于具有给定冷却形式的特殊齿轮装置，需要建立附加的判据，基本的额定热功率 P_T 是用试验法或计算法确定的，其条件是：油池温度 95℃，环境空气温度 25℃，在大的房间内，环境空气流速不大于 1.4m/s，海平面的空气密度，连续运转。

（3）使用条件　在下列条件下，对限定的额定热功率值有影响。

1）间断使用。间断使用时，输入功率可以超过制造商规定的额定功率，只要油池温度不超过 95℃。

2）不利的条件。当存在不利条件时，齿轮装置的能力（包括额定热功率在内）会降低一些，不利的环境条件的例子是：

——封闭的空间。

——材料覆盖在齿轮装置上，使散热降低。

——高的环境温度，例如，锅炉或汽轮机的房间，或与热处理设备相连接。

——海拔高的地方。

——存在太阳能辐射的地方。

3）有利的条件。在增大空气流动或低的环境温度条件下运转时，额定功率可以增大。

4）附加冷却。当额定功率不满足使用条件时，应使用一些附加冷却方法，例如：

——风冷，用风扇维持风冷时的额定功率。

——热交换器，当热量不能由对流和辐射消散时，利用热交换器可有效地吸收发生的热量。

3. 确定热功率的方法

确定热功率可用下述两种方法中的一种确定，这两种方法是：方法 A 试验法，方法 B 计算法。

方法 A：用试验法确定齿轮装置的热功率。

在设计的工作条件下，对一个具体的齿轮装置进行试验，是确定热功率最可靠的方法。额定热功率试验要求测量齿轮的油池温度处于平稳状态，在额定转速下空载运转，至少一次或二次加载试验，并要求最好有一次加载试验在油池温度 95℃ 时进行。

虽然空载试验不能得到额定功率，但只要测得空载运转时的功率，可用于求近似的导热系数。

进行允许的额定热功率试验，要遵守下面一些准则：

——在试验期间进行测量，环境的空气温度和速

度必须是稳定的。

——对于齿轮装置达到稳定油池温度所需的时间，根据齿轮装置的尺寸和冷却形式而定。

——当油池温度变化不大于1℃/h时，可近似地认为达到稳定状态。

在油池中不同位置的油温变化可达15℃，测量油温的位置应能代表大部分区域的油温，外表温度能大体反应油池温度的变化，反向旋转能产生不同的油池温度。

如果要详细分析热传导系数，就要测出机壳表面积，在热功率试验时可测量机壳外表面的温度。此外，用风冷却时，还要测量机壳上风速的分布。

方法B：额定热功率的计算。

由于热功率与齿轮的啮合摩擦因数、轴承的功率损耗有关，所以计算热功率 P_T 是一个迭代的过程。

额定热功率的基础是齿轮装置传递功率 P_A 时，损耗的功率 P_V 等于散热量 P_Q，即

$$P_Q=P_V \tag{12-57}$$

齿轮装置中产生的热量 P_V 来自载荷的功率损耗 P_L 和空载的损耗 P_N。

$$P_V=P_L+P_N \tag{12-58}$$

P_L 是输入功率 P_A 的函数。由 P_A 产生的有效功率为 $P_A-(P_L+P_N)$。因此，传动装置的总效率 η 可用下式计算：

$$\eta=\frac{P_A-(P_L+P_N)}{P_A}=\left(100-\frac{P_L+P_N}{P_A}\times 100\right)\% \tag{12-59}$$

齿轮装置的基本额定热功率 P_T 为：

$$P_T=P_A=\frac{P_Q}{1-\frac{\eta}{100}} \tag{12-60}$$

下面的热功率模型是根据一些齿轮制造商通过试验获得的经验数据建立的。这个模型通过同轴减速器广泛试验所确认。试验的减速器安装在基础上，轴位于水平位置，为了检查模型的充分（有效）性，对一些平行轴齿轮装置做了一些有限的试验，对于其他封闭传动结构和工作条件，一些变量的值，如排列常数、传热系数和摩擦因数等没有合适的数据，其他的结构和工作条件时，可对个别的变量作修正，但改变任何变量都要小心并做试验。

（1）产生的热量　齿轮装置中的热量来自载荷的损耗 P_L，又来自空载的损耗 P_N。

载荷的损耗 P_L 由各个轴承损耗的总和 P_B 与各个齿轮副啮合损耗的总和 P_M 组成：

$$P_L=\sum P_B+\sum P_M \tag{12-61}$$

空载的损耗 P_N 由各个油封损耗的总和 P_S，各个齿轮和轴承的风阻和搅油功率损耗的总和 P_W、P_{WB} 以及各个油泵消耗功率的总和 P_P 组成：

$$P_N=\sum P_S+\sum P_W+\sum P_{WB}+\sum P_P \tag{12-62}$$

在齿轮装置中要把每个发生的损耗加在一起。

（2）轴承功率损耗径向载荷轴承。摩擦转矩 M_1（N·m），见式（12-63），承受附加轴向载荷的圆柱滚子轴承，随轴向载荷而定的转矩 M_2（N·m），见式（12-64），由此产生的轴承功率损耗 P_{Bi}（kW），见式（12-65）。

$$M_1=\frac{f_1(P_1)^a(d_m)^b}{1000} \tag{12-63}$$

$$M_2=\frac{f_2F_ad_m}{1000} \tag{12-64}$$

$$P_{Bi}=\frac{(M_1+M_2)n}{9540} \tag{12-65}$$

式中　M_1——随轴承载荷而定的转矩（N·m）；

f_1——轴承摩擦因数（见表12-74）；

P_1——轴承的动载荷（N），（见表12-74）；

d_m——轴承中径（mm），$d_m=(d_i+d_o)/2$，d_i 为轴承内径，d_o 为轴承外径；

P_{Bi}——单个轴承的加载功率损耗（kW）；

n——轴的转速（r/min）；

M_2——随圆柱滚子轴承的轴向载荷而定的转矩（N·m）；

f_2——圆柱滚子轴承因数（见表12-76）；

F_a——轴承的轴向载荷分量（N）；

a、b——载荷修正指数、直径修正指数（见表12-75）。

表12-74　计算 M_1 的系数

轴承型式	f_1	$P_1$①
深沟球轴承	$(0.0006\sim0.0009)(P_0/C_0)^{0.55}$②	$3F_a-0.1F_r$
调心球轴承	$0.0003(P_0/C_0)^{0.4}$	$12Y_2F_a-0.1F_r$
角接触球轴承：		
单列	$0.001(P_0/C_0)^{0.33}$	$F_a-0.1F_r$
双列，成对单列	$0.001(P_0/C_0)^{0.33}$	$1.4F_a-0.1F_r$
四点接触球轴承	$0.001(P_0/C_0)^{0.33}$	$1.5F_a+3.6F_r$

（续）

轴承型式	f_1	$P_1$①
圆柱滚子轴承，带保持架：		
系列 10	0.0002	F_r
系列 2	0.0003	F_r
系列 3	0.00035	F_r
系列 4,22,33	0.0004	F_r
圆柱滚子轴承，完全布满	0.00055	F_r
滚针轴承	0.002	F_r
调心滚子轴承：		$F_r/F_a<Y_2$，$1.35Y_2F_a$； $F_r/F_a \leqslant Y_2$，$F_r[1+0.35(Y_2F_a/F_r)^3]$ （全系列有效）
系列 213	0.00022	
系列 222	0.00015	
系列 223	0.00065	
系列 230,241	0.001	
系列 231	0.00035	
系列 232	0.00045	
系列 239	0.00025	
系列 240	0.0008	
圆锥滚子轴承：		
单列	0.0004	$2YF_a$
成对单列	0.00004	$1.22Y_2F_a$
推力球轴承	$0.0008(F_a/C_0)^{0.33}$	F_a
推力圆柱滚子轴承 推力滚针轴承	0.0015	F_a
推力调心滚子轴承：		$F_a(F_{rmax} \leqslant 0.55F_a)$ （全系列有效）
系列 292E	0.00023	
系列 292	0.0003	
系列 293E	0.0003	
系列 293+	0.0004	
系列 294E	0.00033	
系列 294	0.0005	

注：P_0—轴承的当量静载荷（N）（详见制造商的轴承表）；C_0—基本的额定静载荷（N）（详见制造商的轴承表）；F_a—轴承动载荷的轴向分量；F_r—轴承动载荷的径向分量；Y_1，Y_2—轴向载荷系数（详见制造商的轴承表）。

① 如果 $P_1<F_r$，则取 $P_1=F_r$。

② 小的值用于轻系列轴承，大的值用于重系列轴承。

表 12-75　计算 M_1 的指数

轴承型式	指数	
	载荷修正指数 a	直径修正指数 b
所有的轴承（除了调心滚子轴承外）	1	1
调心滚子轴承：		
系列 213	1.35	0.2
系列 222	1.35	0.3
系列 223	1.35	0.1
系列 230	1.5	-0.3
系列 231,232,239	1.5	-0.1
系列 240,241	1.5	-0.2

表 12-76　圆柱滚子轴承因数 f_2

轴承	f_2	
	润滑剂	
	脂	油
有保持架的轴承：		
EC 设计	0.003	0.002
其他的轴承	0.009	0.006
布满滚动体的轴承：		
单列	0.006	0.003
双列	0.015	0.009

（3）直齿圆柱齿轮装置和斜齿圆柱齿轮装置的啮合功率损耗　齿轮啮合功率损耗可用公式（12-66）表示：

$$\eta_c=\frac{2\cos\alpha_w(H_s+H_t)}{H_s^2+H_t^2} \quad (12\text{-}66)$$

式中　α_w——端面啮合角，(°)。

H_s——啮入处的滑动比，式（12-67）；

H_t——啮出处的滑动比，式（12-68）。

$$H_s=(u+1)\left[\left(\frac{r_{a2}^2}{r_{w2}^2}-\cos^2\alpha_w\right)^{0.5}-\sin\alpha_w\right] \quad (12\text{-}67)$$

$$H_t=\frac{u+1}{u}\left[\left(\frac{r_{a1}^2}{r_{w1}^2}-\cos^2\alpha_w\right)^{0.5}-\sin\alpha_w\right] \quad (12\text{-}68)$$

式中　u——齿数比，$u=Z_2/Z_1$，Z_1 为小齿轮齿数，Z_2 为大齿轮齿数；

r_{a2}——大齿轮齿顶圆半径（mm）；

r_{w2}——大齿轮节圆半径（mm）；

r_{a1}——小齿轮齿顶圆半径（mm）；

r_{w1}——小齿轮节圆半径（mm）。

如果节圆线速度 v 在 $2\text{m/s}<v\leqslant25\text{m/s}$，载荷强度 K 在 $1.4\text{MPa}<K<14\text{MPa}$ 范围内，啮合摩擦因数 f_m 可用公式（12-69）表达，超过这一范围时，f_m 的值必须用经验决定；载荷强度 K 可用公式（12-70）计算，指数 j、g 和 h 分别用于修正黏度 ν、载荷强度 K 和切向节圆线速度 v。

$$f_m=\frac{\nu^j K^g}{C_1 v^h} \quad (12\text{-}69)$$

式中　ν——运转时油池温度下油的运动黏度[cSt（mm^2/s）]；

K——载荷强度（MPa）；

C_1——啮合摩擦因数常量，取 $C_1=3.239$；

v——切向节圆线速度（m/s）。

$$K=\frac{1000T_1(Z_1+Z_2)}{2b_w(r_{w1})^2Z_2} \quad (12\text{-}70)$$

式中　b_w——配对齿轮的接触宽度（mm）；

指数 j、g 和 h 取值建议：速度修正指数 $j=-0.223$，载荷强度修正指数 $g=-0.40$，节圆线速度修正指数 $h=0.70$。

（4）油封的功率损耗 P_S　油封功率损耗可以用公式（12-71）计算，对于用在齿轮装置中的典型油封，可用图 12-44 的数据估算油封的摩擦转矩 P_{Si}（kW）。

$$P_{Si}=\frac{T_S n}{9549} \quad (12\text{-}71)$$

式中　T_S——油封的摩擦转矩（N · m）；

n——轴的转速（r/min）。

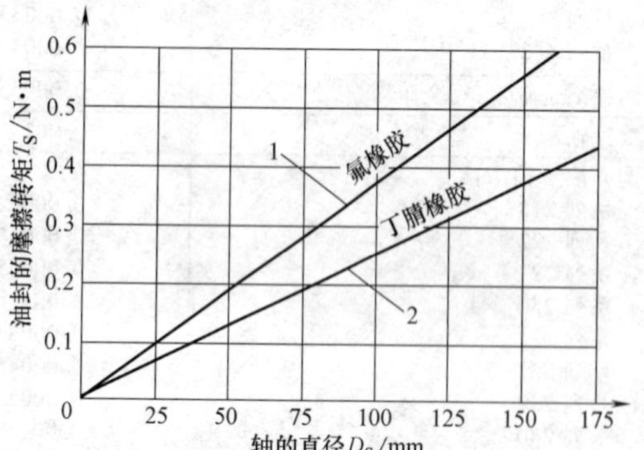

图 12-44　油封的摩擦转矩

1— $T_S=3.737\times10^{-3}D_S$

2— $T_S=2.429\times10^{-3}D_S$

（5）齿轮风阻和搅油功率损耗 P_W　齿轮风阻和搅油损耗按零件形状不同，有以下三种计算公式：

对于光滑的外径（如轴的外径）

$$P_{GW}=\frac{7.37f_g\nu n^3D^{4.7}L}{A_g10^{26}}$$

对于圆盘的光滑侧面（如齿轮的侧面）

$$P_{GW}=\frac{1.474f_g\nu n^3D^{5.7}}{A_g10^{26}}$$

对于有齿的零件（如齿轮的齿顶圆）

$$P_{GW}=\frac{7.37f_g\nu n^3D^{4.7}\dfrac{R_f}{\sqrt{\tan\beta}}}{A_g10^{26}}$$

式中　P_{GW}——单个齿轮的气阻和搅油功率损耗（kW）；

f_g——齿轮浸油因数，零件没有浸在油中时 $f_g=0$，当零件完全浸在油中时，$f_g=1$，当零件的一部分浸入油中时，f_g 在 0 与 1 之间选值，例如油面达到轴的中心线时取 $f_g=0.5$；

D——齿轮装置中气阻和搅油零件的外径（mm）；

A_g——齿轮排列常数，在以上三个公式中，即 $A_g=2.00$；

L——齿轮装置中气阻和搅油零件的长度（mm）；

β——螺旋角（°），当螺旋角小于 10°时，取 β=10°代入公式；

R_f——齿面的功率损耗要求粗糙度因数，由下式求得，式中 m_t 为齿轮的端面模数（mm）。

$$R_f = 7.93 - \frac{4.648}{m_t}$$

（6）轴承的风阻和搅油功率损耗 P_{WB}　与载荷无关的轴承空载转矩 M_0 可以用公式（12-72）和公式（12-73）计算。

如果 $\nu n<2000$，则 $M_0 = 1.6\times10^{-8} f_0 d_m^3$　（12-72）

如果 $\nu n\geqslant2000$，则 $M_0 = 10^{-10} f_0 (\nu n)^{\frac{2}{3}} d_m^3$　（12-73）

式中　ν——润滑油运动黏度（mm^2/s）；

n——轴转速（r/min）；

M_0——轴承的空载转矩（N·m）；

f_0——轴承浸油因数。根据轴承浸在油中的深度加大，f_0 由 $f_{0(min)}$ 增加到 $f_{0(max)}$，如果滚动体没有浸在油中，用 $f_{0(min)}$，如果滚动体完全浸在油中，用 $f_{0(max)}$。中间情况，进行插值。$f_{0(min)}$ 和 $f_{0(max)}$ 值见表 12-77。

用橡胶密封的轴承，由密封产生的摩擦损耗会超过轴承自身的摩擦损耗。轴承两侧密封好的轴承摩擦转矩，可用下面的公式计算：

$$M_3 = \frac{\left(\frac{d_m}{f_3}\right)^2 + f_4}{1000} \qquad (12\text{-}74)$$

式中　M_3——密封的摩擦转矩（Nm）；

f_3、f_4——轴承密封因数见表 12-78。

每个轴承的功率损耗 P_{WB}（单位 kW）可用下式计算：

$$P_{WB} = \frac{(M_0+M_3)n}{9549} \qquad (12\text{-}75)$$

（7）散热量 P_Q　散热量 P_Q（kW）可用下式计算：

$$P_Q = A_c k \Delta T \qquad (12\text{-}76)$$

式中　A_c——齿轮箱暴露在空气中的表面积（m^2）；

k——传热系数［$kW/(m^2\cdot℃)$］；

ΔT——温差（℃）。

A_c 是齿轮箱暴露在空气中的表面积，不包括筋片、螺栓、凸台和安装的表面积。

传热系数 k 是指在整个齿轮箱外表面上的平均值，传热系数随齿轮箱的材料，齿轮箱外表面清洁度，热油飞溅到的内表面范围，齿轮装置的结构和空

表 12-77　轴承浸油因数 f_0

轴承型式	$f_{0(min)}$	$f_{0(max)}$
深沟球轴承：		
单列	2	4
双列	4	8
调心球轴承	2	4
角接触球轴承：		
单列	3.3	6.6
双列，成对单列	6.5	13
四点接触球轴承	6	12
圆柱滚子轴承，带保持架：		
系列 10，2，3，4	2	4
系列 22	3	6
系列 23	4	8
圆柱滚子轴承，完全布满：		
单列	5	10
双列	10	20
滚针轴承	12	24
调心滚子轴承：		
系列 213	3.5	7
系列 222	4	8
系列 223，230，239	4.5	9
系列 231	5.5	11
系列 232	6	12
系列 240	6.5	13
系列 241	7	14
圆锥滚子轴承：		
单列	4	8
成对单列	8	16
推力深沟球轴承	1.5	3
推力圆柱滚子轴承	3.5	7
推力滚针轴	5	11
推力调心滚子轴承：		
系列 292E	2.5	5
系列 292	3.7	7.4
系列 293E	3	6
系列 293	4.5	9
系列 294E	3.3	6.6
系列 294	5	10

表 12-78　系数 f_3 和 f_4

轴承设计	轴承密封因数 f_3	轴承密封因数 f_4
深沟球轴承（2RS1），调心球轴承（2RS2），角接触球轴承（2RS），Y-轴承［系列 17262(00)-2RS1 和 17263(00)-2RS1］	20	10
Y-轴承（所有其他系列），滚针轴承（2RS）	20①	25①
圆柱滚子轴承	10	50

① 不用于有特殊溅油圈的 Y-轴承。

气流过齿轮箱外表面的速度。典型的 k 值在 0.017kW/(m^2·℃)～0.020kW/(m^2·℃) 范围内，这个范围适用于齿轮装置安装在大的房间内。对于风扇冷却齿轮装置的 k 值见表 12-79。

表 12-79　轴上装风扇冷却的齿轮装置传热系数 k

风速/(m/s)	2.5	5.0	10.0	15.0
热传导系数 k /[kW/(m^2·℃)]	0.015	0.024	0.042	0.058

4. 对非标准工作条件的修正

实际工作条件不同于原规定的标准条件时，把按式（12-60）求得的热功率 P_T，按下式修正，修正的额定热功率 P_{THm}（kW）为：

$$P_{THm}=P_T B_{ref} B_v B_A B_T B_D \tag{12-77}$$

式中　B_{ref}——环境温度修正系数；

B_v——周围空气速度修正系数；

B_A——海拔高度修正系数；

B_T——允许的油池温度修正系数；

B_D——工作时间修正系数。

以上系数见表 12-80。

表 12-80　对非标准工作条件的修正系数（摘自 GB/Z 22559.1—2008）

<table>
<tr><td rowspan="2">环境温度修正系数 B_{ref}</td><td>环境温度/℃</td><td>10</td><td>18</td><td>25</td><td>30</td><td>40</td><td>45</td><td>50</td></tr>
<tr><td>B_{ref}</td><td>1.15</td><td>1.07</td><td>1.00</td><td>0.93</td><td>0.83</td><td>0.75</td><td>0.67</td></tr>
<tr><td rowspan="2">周围空气速度修正系数 B_v</td><td>环境空气速度/(m/s)</td><td>≤0.5</td><td>>0.5～1.4</td><td>>1.4～3.6</td><td>≥3.7</td></tr>
<tr><td>B_v</td><td>0.75</td><td>1.00</td><td>1.40</td><td>1.90</td></tr>
<tr><td rowspan="2">海拔高度修正系数 B_A</td><td>海拔高度/m</td><td>0</td><td>750</td><td>1500</td><td>2250</td><td>3000</td><td>3750</td><td>4500</td><td>5250</td></tr>
<tr><td>B_A</td><td>1.00</td><td>0.95</td><td>0.90</td><td>0.85</td><td>0.81</td><td>0.77</td><td>0.72</td><td>0.68</td></tr>
<tr><td rowspan="2">允许的油池温度修正系数 B_T</td><td>最高的油池温度/℃</td><td>85</td><td>95</td><td>105</td></tr>
<tr><td>B_T</td><td>0.81</td><td>1.00</td><td>1.13</td></tr>
<tr><td rowspan="2">工作时间修正系数 B_D</td><td>关闭-冷却的时间(%)</td><td>100</td><td>80</td><td>70</td><td>40</td><td>20</td></tr>
<tr><td>B_D</td><td>1.00</td><td>1.05</td><td>1.15</td><td>1.35</td><td>1.80</td></tr>
</table>

12.1.9　圆柱齿轮的结构

12.1.9.1　齿轮轮坯结构形式的选择（见表 12-81）

表 12-81　轮坯结构形式的选择

齿轮尺寸		结构形式	加　工	件　数
d_a/mm	b/mm			
<500	<150	齿轮轴、单辐板齿轮	模锻	成批(如车辆齿轮)
<700	<150	齿轮轴、实心轮、单辐板齿轮	由锻成的圆料车削①	单件、小批
700～1200	>150 ≤25m	单辐板、实心轮	自由锻	单件、小批
>700	>80	单辐板或多辐板②	焊接	单件、小批
任何尺寸		单辐板或多辐板	铸造③	至少三件、小批
>700		>150	过盈压装齿圈④	单件
>1000		>1500	螺栓连接齿轮⑤	单件

① 当不考虑采用焊接和自由锻时。

② 斜齿轮（β<10°）齿宽可达 600mm。

③ 由于铸件的缺陷而补换轮坯的可能性大，易增大加工费用和拖延交货时间。

④ 用于齿圈材料难以焊接的场合。

⑤ 用于需要避免由过盈引起额外应力，或缺少压装设备和经验，或焊接困难的场合。

12.1.9.2　齿轮结构通用数据（见表 12-82）

表 12-82　齿轮结构设计通用数据

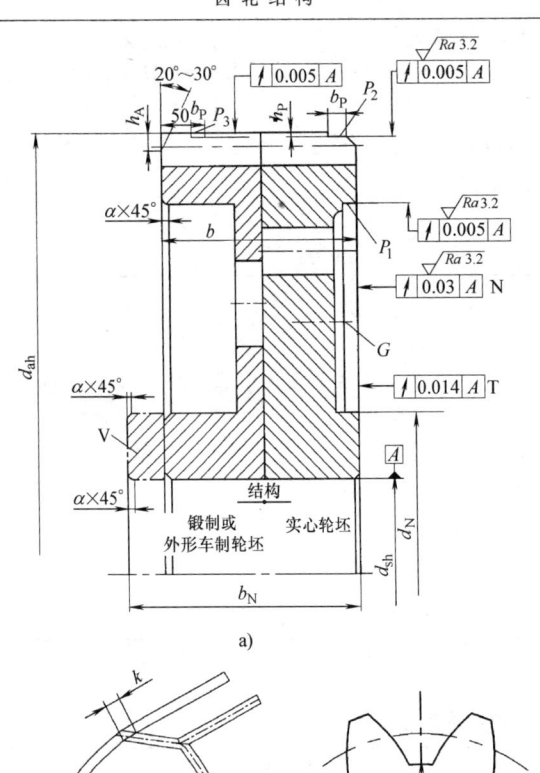

齿轮结构	尺寸、数据及说明
a) b) c)	1)为了消除轮齿端部的载荷，$b \geqslant 10m$ 时，$h_A \approx m$；$b<10m$ 时，$h_A=1+0.1m$ 2)齿轮基准面 P_1 适用于不能装在轴上或心棒上切齿的齿轮（约从直径 700mm 起），$h_P \approx 0.1$mm，$b_P \approx 10$mm；$b>500$mm 时，用两个基准面 P_2、P_3 3)轴向圆跳动 N 用于 $v \leqslant 25$m/s，T 用于 $v>25$m/s 4) 用于搬运、夹紧和减轻重量的孔，直径和数量如下：

d_a/mm	孔　数　n
<300	用轴孔装卡
300～500	4
500～1500	5
1500～3000	6
>3000	8

高速齿轮没有上述诸孔。实心轮重量大于 15kg 时，采用搬运螺纹孔 G

5)轮毂直径 $d_N=(1.2\sim1.6)d_{sh}$，d_{sh} 大时取小值；轮毂宽度 $b_N \geqslant d_{sh}$，而且 $b_N \geqslant d_s/6$；应避免轮毂突出部分 V

6) 为防止搬运时损坏齿轮，取边缘倒角：$a \approx 0.5+0.01d_{sh}$，$k \approx 0.2+0.045m$，$t \approx 3k$。棱角处圆角半径 ≈ k 或 t（渗氮用）

7) 轮毂剩余厚度 h_R：

不淬火或渗氮　$h_R>2.5m$

渗碳、火焰、感应淬火　$h_R>3.5m$

火焰或感应回转淬火　$h_R>6m$

12.1.9.3　锻造齿轮结构（见表 12-83）

表 12-83　锻造齿轮结构尺寸

齿轮结构	尺寸、数据及说明
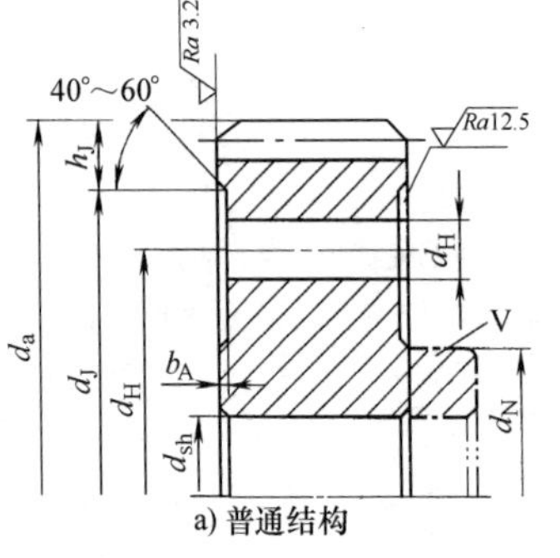 a) 普通结构	1)如无重量限制，对中小尺寸齿轮是最经济的结构 2)应避免轮毂凸出部分 V 3)当 $d_J-d_N>25$mm 时，单端面车光；对于实心轮则双端面车光 4)$h_J \geqslant 3m$，$b_A=0.5+0.1m \leqslant 2$mm，$d_M \approx 0.55(d_N+d_J)$，$d_H \approx d_a/20 \geqslant 30$mm，孔壁间距离 $\geqslant 0.8d_H$ 5)孔数 n 和 d_N 值见表 12-82

（续）

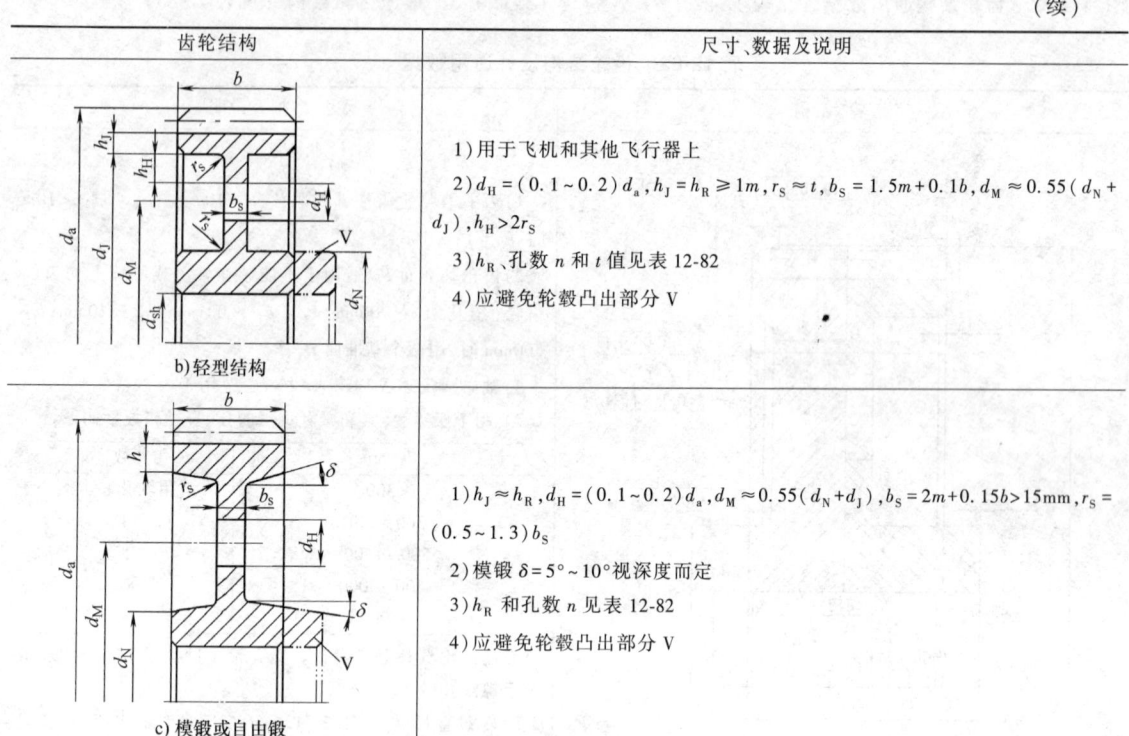

齿轮结构	尺寸、数据及说明
b)轻型结构	1)用于飞机和其他飞行器上 2) $d_H=(0.1\sim0.2)d_a$, $h_J=h_R\geqslant1m$, $r_S\approx t$, $b_S=1.5m+0.1b$, $d_M\approx0.55(d_N+d_J)$, $h_H>2r_S$ 3) h_R、孔数 n 和 t 值见表 12-82 4)应避免轮毂凸出部分 V
c)模锻或自由锻	1) $h_J\approx h_R$, $d_H=(0.1\sim0.2)d_a$, $d_M\approx0.55(d_N+d_J)$, $b_S=2m+0.15b>15\text{mm}$, $r_S=(0.5\sim1.3)b_S$ 2)模锻 $\delta=5°\sim10°$视深度而定 3) h_R 和孔数 n 见表 12-82 4)应避免轮毂凸出部分 V

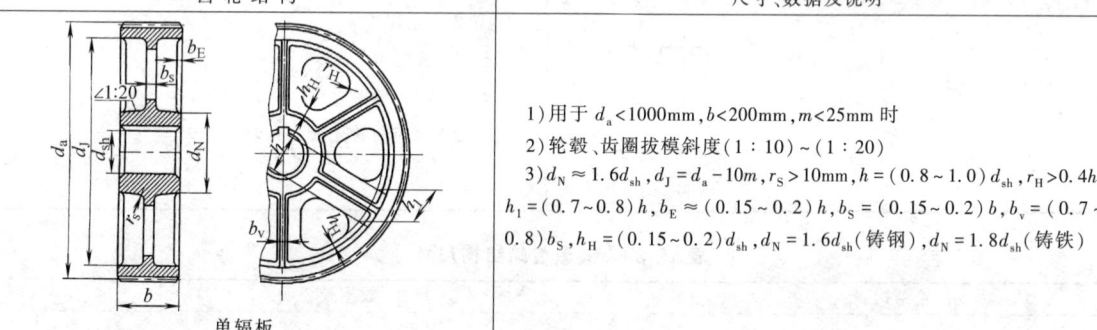

12.1.9.4 铸造齿轮结构（见表 12-84）

表 12-84 铸造齿轮结构尺寸

齿轮结构	尺寸、数据及说明
单辐板	1)用于 $d_a<1000\text{mm}$, $b<200\text{mm}$, $m<25\text{mm}$ 时 2)轮毂、齿圈拔模斜度(1∶10)~(1∶20) 3) $d_N\approx1.6d_{sh}$, $d_J=d_a-10m$, $r_S>10\text{mm}$, $h=(0.8\sim1.0)d_{sh}$, $r_H>0.4h$, $h_1=(0.7\sim0.8)h$, $b_E\approx(0.15\sim0.2)h$, $b_S=(0.15\sim0.2)b$, $b_v=(0.7\sim0.8)b_S$, $h_H=(0.15\sim0.2)d_{sh}$, $d_N=1.6d_{sh}$(铸钢), $d_N=1.8d_{sh}$(铸铁)
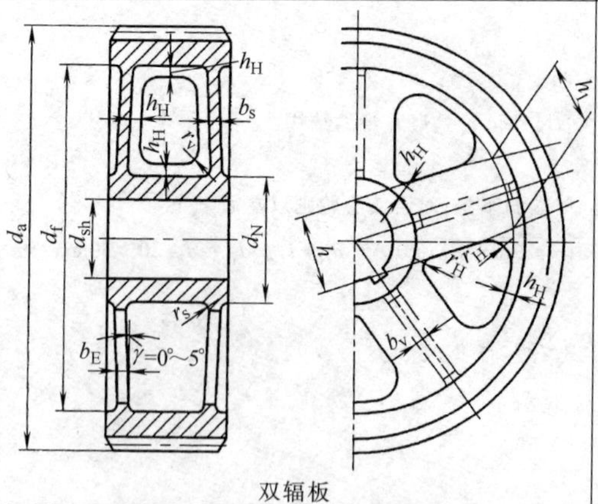 双辐板	1)用于 $d_a>1000\text{mm}$, $b>200\text{mm}$ 时 2) d_N、d_J、h、h_1、b_E、b_r、r_S和 r_H 同单辐板齿轮(十字肋) 3) $b_S=(0.12\sim0.15)b$, $h_H=(0.1\sim0.8)d_{sh}$, $r_V\approx r_s$, $h_H=(0.1\sim0.18)d_{sh}$

12.1.9.5　焊接齿轮结构（见表 12-85）

12.1.9.6　过盈配合齿轮结构（见表 12-87）

表 12-85　焊接齿轮结构

齿轮结构	尺寸、数据及说明
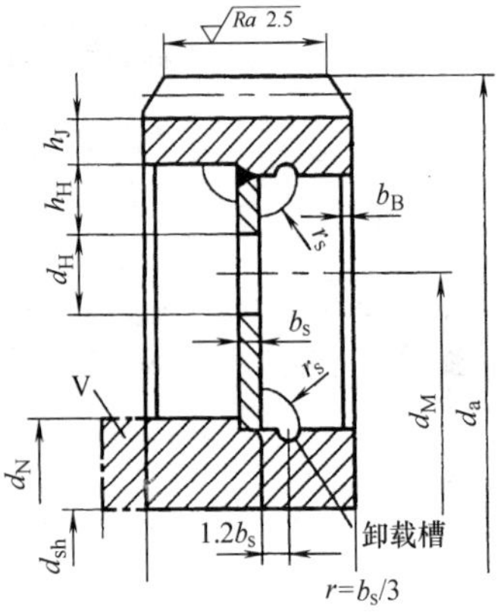 单辐板	1）$b_S \approx 0.012d_a+(5\sim10)$mm，如精加工夹紧有困难，$b_S$ 可取更大值 2）如果 $\beta<10°$，则无侧面肋板；如果 $\beta>10°$，则有侧面肋板，肋板厚为 $0.6b_S$。$b_B \approx 1.5b_S$，$r_S=1.5b_S \geqslant 10$mm。当 $10°<\beta<20°$ 时，肋板数=孔数；当 $\beta>20°$ 时，肋板数=2×孔数 3）应避免轮毂凸出部分 V
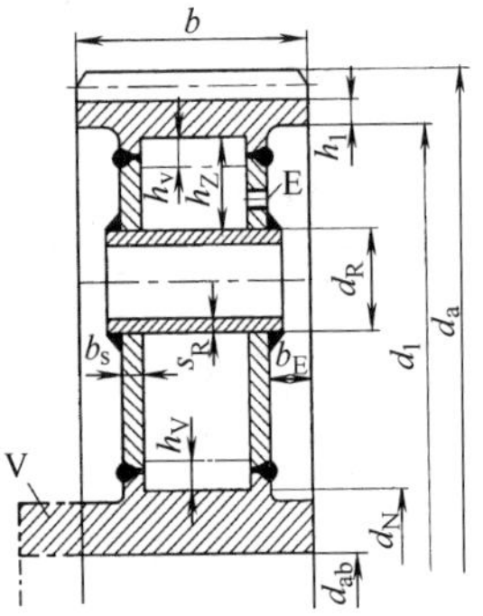 双辐板（单管）	1）用于 $d_a<2000$mm 2）$b_s \approx 0.008d_a+(5\sim10)$mm，$b_E \approx b/7$，$h_z>40$mm，$d_R=(0.12\sim0.20)(d_J-d_N) \geqslant 50$mm，$s_R=(0.3\sim0.5)b_S$，管间的加强肋厚约为 $0.8b_S$，$h_V \approx 2b_S$，$r_S=1.5b_S \geqslant 10$mm 3）E 是通气孔，直径约为 6mm，在热处理后焊死或用螺塞封住 4）其他尺寸可参考表 12-82 确定 5）应避免轮毂凸出部分 V
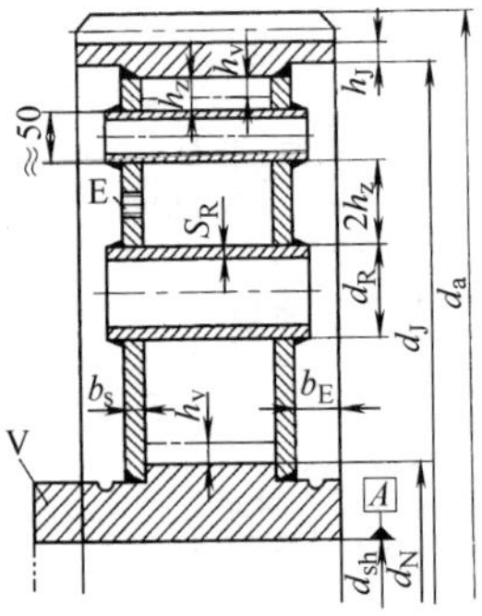 双辐板（双管）	1）用于 $d_a>2000$mm 2）$h_z \approx 40$mm，尽可能小 3）其余尺寸同双辐板（单管） 4）齿圈附近的小管用于穿过夹紧螺栓；较大的管则用于穿过夹板

注：1. 焊缝坡口形式根据应力及加工条件确定，见表 12-86。

2. $h_J=h_R$ 按表 12-82；d_H、d_M、d_N 按表 12-83 确定。

3. 孔或管数 n 按表 12-82 确定。

表 12-86 辐板的焊接结构设计

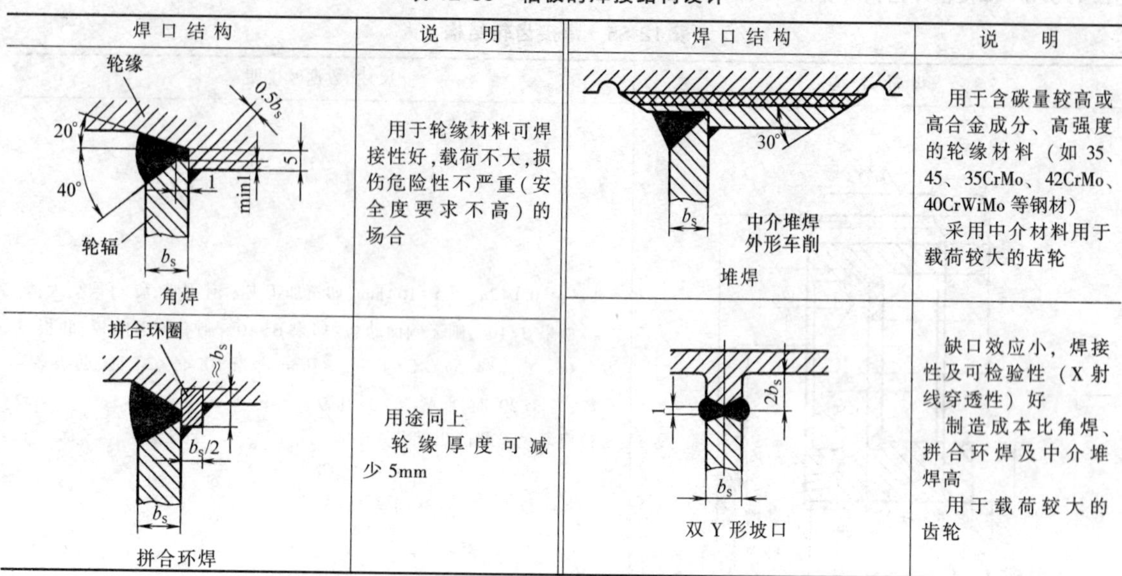

焊口结构	说明	焊口结构	说明
角焊	用于轮缘材料可焊接性好，载荷不大，损伤危险性不严重（安全度要求不高）的场合	堆焊	用于含碳量较高或高合金成分、高强度的轮缘材料（如35、45、35CrMo、42CrMo、40CrWiMo等钢材） 采用中介材料用于载荷较大的齿轮
拼合环焊	用途同上 轮缘厚度可减少5mm	双Y形坡口	缺口效应小，焊接性及可检验性（X射线穿透性）好 制造成本比角焊、拼合环焊及中介堆焊高 用于载荷较大的齿轮

表 12-87 过盈压配齿圈的联接形式

齿轮结构	说明和尺寸数据
轴向力方向；d_s；h_J；δ_H；h_1；b_1；轮体；b a)	用于单向受力的直齿和斜齿轮。轴向力由凸缘承受。圆柱销联接稍有过盈 $d_s \approx 0.006d_a+10\text{mm} \geqslant 15\text{mm}$ 销钉数≈$0.006d_a+3$，并验算强度 $h_J=\frac{a}{z_\Sigma}(3+2b/a+0.01z_\Sigma)\sqrt[3]{z_\Sigma/100} \geqslant 15\text{mm}$ $\delta_H=(1+0.5b/a)h_J\text{mm}$ 式中 a——齿轮副中心距(mm) z_Σ——齿轮副齿数和 $b_1=0.5h_J$，$h_1=0.2h_J$ 铸造轮体采用表12-84结构尺寸 焊接轮体采用表12-85结构尺寸
l；d_b b)	用于轮体和齿圈可切削性大致相同、轴向力较小的场合 $d_b \approx (0.05\sim0.1)d_{sh}$，$d_{sh}$——齿轮孔径 $l \approx 3d_b$ 其他尺寸同图a
t；s c)	用于整体式双斜齿齿圈。用冲毛的方法防止销钉松脱（不能用焊接防松脱）。槽宽概略值：当$m=3\text{mm}$时，$s\approx15\text{m}$，当$m=8\text{mm}$时，$s\approx10\text{m}$；当$m=15\text{mm}$时，$s\approx6\text{m}$。$t\approx$齿高$h+0.1\text{m}$
F_x；F_t；F_x；F_t d)	分离式齿圈结构，比整体式经济性好。用销钉防滑。用冲毛的方法防止销钉松脱。齿圈的两轴向力应相对消。主要用于全齿宽$B>300\text{mm}$的齿轮

注：齿圈与铸铁轮心的配合（直径 d_F）推荐采用 H7/s6 或 H7/u7，并验算过盈配合的联接强度。

12.1.9.7 螺栓联接齿轮结构（见表 12-88）

表 12-88 螺栓联接的齿轮结构

齿轮结构	说明和尺寸数据
a) b)	图 a)为常用结构 图 b)仅用于 $b>500$mm 的齿轮 轮毂与齿圈间要有定位面。螺栓孔应铰制。支承面应平整，螺栓直径和螺栓数目按强度计算确定
	当齿轮尺寸很大(一般 $d_a>2000$mm，$b\geqslant 600$mm)难于整体运输，或齿轮不能轴向装入时，可用这种剖分齿轮 轮辐数和齿数应取偶数 联接螺栓直径 $=0.11d_{sh}+(5\sim8)$mm $d_f=1.8d_{sh}$，$1.5d_{sh}>l\geqslant b$，$h_j=(4\sim5)m_t$，$h=0.8d_{sh}$，$h_1=0.8h$，$h_2=(1.4\sim1.5)h$，$h_3=0.8h_2$，$b_s=0.2b$，$s=0.8b_s$，$s_1=0.75s$，$e=1.5h_j$，$n=0.5m_n$

12.1.10 齿轮传动的润滑

12.1.10.1 润滑剂种类和润滑方式的选择（见表 12-89）

12.1.10.2 润滑油种类和黏度的选择

（1）开式齿轮传动　开式齿轮传动对润滑油的基本要求，是要有好的黏附性，适当的油性和较高的黏度。一般可用 100℃运动黏度 $(60\sim250)\times10^{-4}\mathrm{m^2/s}$

表 12-89 润滑剂和润滑方式的选择

圆周速度/(m/s)	传动结构形式	润滑剂种类	润滑方式	特　点
≤2.5	开式	黏附性润滑剂①	涂抹	密封简单，不易漏油、散热性能差。必要时可加 MoS_2、石墨或 EP 添加剂
≤4（有时 8）		流动性润滑剂②	喷射	
≤15	闭式	润滑油	油浴润滑。在大型齿轮和立式齿轮传动也用喷油润滑	
≤25（有时 30）				带薄油盆和散热片的油浴润滑
>25（有时 30）			喷油润滑	
≤40			油雾润滑	用于轻载、间歇工作

① 黏附性润滑剂一般在润滑部位不能流动，通称炭黑明齿轮脂。

② 也可用油浴（浅油盘）润滑，但尽可能加防护罩。

的开式齿轮油。

（2）闭式齿轮传动　闭式齿轮传动通常选用工业齿轮润滑油润滑。工业齿轮润滑油有抗氧防锈工业齿轮油、中负荷工业齿轮油和重负荷工业齿轮油等三种。

建议工业齿轮润滑油的选用方法如下：

1）根据齿面接触应力、齿轮状况和使用工况选择润滑油的种类。

渐开线圆柱齿轮齿面接触应力 σ_H，按表 12-40 中的公式计算。根据计算出的 σ_H 值、齿轮状况和使用工况，查表 12-90，即可确定工业齿轮润滑油的种类。

表 12-90　工业齿轮润滑油种类的选择

齿面接触应力/MPa		齿轮状况	使用工况	荐用的润滑油
<350			一般齿轮传动	抗氧防锈工业齿轮油
轻载齿轮	350~500	1）调质处理，啮合精度8级 2）每级齿数比 $u<8$ 3）最大滑动速度 v_g 与圆周速度之比 $v_g/v<0.3$ 4）变位系数 $x_1=-x_2$	一般齿轮传动	抗氧防锈工业齿轮油
		变位系数 $x_1\neq -x_2$	有冲击的齿轮转动	中负荷工业齿轮油
中载齿轮	>500~750	1）调质处理，啮合精度等于或高于8级 2）$v_g/v>0.3$	矿井提升机、露天采掘机、水泥磨、化工机械、水利电力机械、冶金矿山机械、船舶海港机械等的齿轮传动	中负荷工业齿轮油
	>750~1100	渗碳淬火或表面淬火，齿面硬度58~62HRC		
重载齿轮 >1100			冶金轧钢、井下采掘、高温有冲击、含水部位的齿轮传动等	重负荷工业齿轮油

2）根据齿轮节圆线速度和 Stribeck 滚动压力，选择润滑油的黏度。

齿轮节圆线速度：

$$v=\frac{\pi d'_1 n_1}{60\times1000} \tag{12-78}$$

式中　d'_1、n_1——小齿轮的节圆直径（mm）和转速（r/min）。

齿轮的 Stribeck 滚动压力：

$$K_S=\frac{F_t}{bd_1}\frac{u\pm1}{u}Z_H^2Z_\varepsilon^2 \tag{12-79}$$

式中　F_t——齿轮分度圆上的切向力（N）；

b——齿轮工作齿宽（mm）；

d_1——小齿轮分度圆直径（mm）；

u——齿数比，$u=z_2/z_1\geqslant1$；

Z_H——节点区域系数，查图 12-14；

Z_ε——重合度系数，查图 12-15。

式（12-79）中的“+”号用于外啮合，“-”号用于内啮合。

计算得 v 和 K_S 后，即可由下式算得力-速度系数：

$$\xi=K_S/v \tag{12-80}$$

根据算得的 ξ 值，即可从图 12-45 中查出齿轮传动所需的润滑油黏度。按此黏度值，并考虑黏度的修正和说明，即可查表确定工业齿轮润滑油的牌号。

黏度的修正与说明：

① 如果环境温度通常在 25℃ 以上，必须选择较大的运动黏度；温度每提高 10℃，黏度相应提高 10%。

② 载荷特性对黏度的修正见表 12-91。

③ 当配对齿轮都用同样钢材制造，或选用 Cr-Ni 钢制造时，黏度应提高 35%左右。

④ 如果环境温度在 10℃ 以下，可以选择较小的运动黏度。温度每降低 3℃，运动黏度可相应降低 10%。

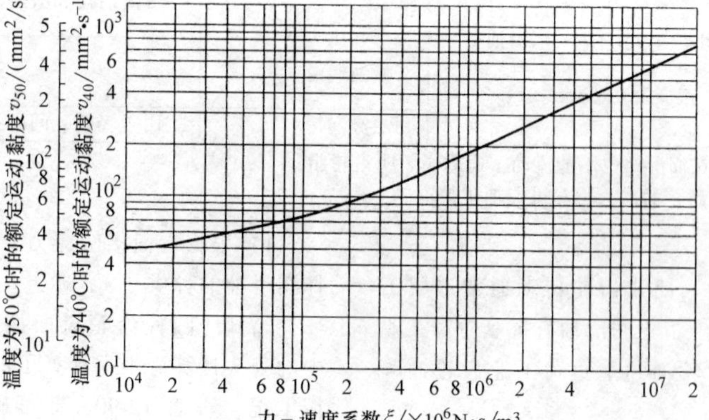

图 12-45　圆柱齿轮和锥齿轮传动润滑油所需黏度的选择

表 12-91　载荷特性对黏度的修正（增加黏度）

齿面硬度 /HBW	载荷情况①			
	均匀平稳	轻微冲击	中等冲击	强烈冲击
≤350	增加黏度 0	增加相邻黏度牌号差值的 30%以下	增加相邻黏度牌号差值的 60%以下	增加一个黏度牌号或更换油类
>350	增加黏度 0	增加相邻黏度牌号差值的 20%以下	增加相邻黏度牌号差值的 40%以下	

① 载荷情况的分类可参考表 12-42（齿轮使用系数 K_A）来确定。

⑤ 如果齿面经过磷化处理、硫化处理、运动黏度最大可降低 25%。

⑥ 对于锥齿轮传动，应以齿宽中点处当量圆柱齿轮的几何参数为基准。

⑦ 在二级齿轮传动中，以低速级传动为基准。

12.1.11　渐开线圆柱齿轮的精度（摘自GB/T 10095.1—2008，GB/T 10095.2—2008）

12.1.11.1　齿轮偏差的定义和符号（见表 12-92）

表 12-92　齿轮偏差定义及符号

序号	名　称	符号	定　义	标准号和检验辅助值
1	齿距偏差			
1.1	单个齿距偏差（表 12-94）	$\pm f_{pt}$	在端平面上，接近齿高中部的一个与齿轮轴线同心的圆上，实际齿距与理论齿距的代数差（见图 12-46）	GB/T 10095.1—2008
1.2	齿距累积偏差	F_{pk}	任意 k 个齿距的实际弧长与理论弧长的代数差（见图 12-46）。理论上它等于这 k 个齿距的各单个齿距偏差的代数和	GB/T 10095.1—2008
1.3	齿距累积总偏差（表 12-95）	F_p	齿轮同侧齿面任意弧段（$k=1$ 至 $k=z$）内的最大齿距累积偏差，它表现为齿距累积偏差曲线的总幅值	
2	齿廓偏差		实际齿廓偏离设计齿廓的量，该量在端平面内沿垂直于渐开线齿廓的方向计值	GB/T 10095.1—2008 L_α—齿廓计算范围 L_{AF}—可用长度 L_{AE}—有效长度 $f_{f\alpha}$和$f_{H\alpha}$不是标准的必检项目
2.1	齿廓总偏差（表 12-96）	F_α	在计算范围（L_α）内，包容实际齿廓迹线的两条设计齿廓迹线间的距离（见图 12-47a）	
2.2	齿廓形状偏差（表 12-99）	$f_{f\alpha}$	在计算范围（L_α）内，包容实际齿廓迹线的两条与平均齿廓迹线完全相同的曲线间的距离，且两条曲线与平均齿廓迹线的距离为常数（见图 12-47b）	
2.3	齿廓倾斜偏差（表 12-100）	$\pm f_{H\alpha}$	在计算范围（L_α）的两端，与平均齿廓迹线相交的两条设计齿廓迹线间的距离（见图12-47c）	
3	螺旋线偏差		在端面基圆切线方向上，测得的实际螺旋线偏离设计螺旋线的量	GB/T 10095.1—2008 L_β—螺旋线计算范围 $f_{f\beta}$和$f_{H\beta}$不是标准的必检项目
3.1	螺旋线总偏差（表 12-97）	F_β	在计值范围（L_β）内，包容实际螺旋线迹线的两条设计螺旋线迹线间的距离（见图 12-48a）	
3.2	螺旋线形状偏差（表 12-101）	$f_{f\beta}$	在计值范围（L_β）内，包容实际螺旋线迹线的两条与平均螺旋线迹线完全相同的曲线间的距离，且两条曲线与平均螺旋线迹线的距离为常数（见图 12-48b）	
3.3	螺旋线倾斜偏差（表 12-101）	$\pm f_{H\beta}$	在计值范围（L_β）的两端，与平均螺旋线迹线相交的设计螺旋线迹线间的距离（见图 12-48c）	

（续）

序号	名　称	符号	定　义	标准号和检验辅助值
4	切向综合偏差			
4.1	切向综合总偏差	F'_i	被测齿轮与测量齿轮单面啮合检验时，被测齿轮一转内，齿轮分度圆上实际圆周位移与理论圆周位移的最大差值（见图 12-49）	GB/T 10095.1—2008 F'_i和f'_i不是标准的必检项目
4.2	一齿切向综合偏差（表 12-98）	f'_i	在一个齿距内的切向综合偏差（见图 12-49）	
5	径向综合偏差			
5.1	径向综合总偏差（表 12-102）	F''_i	在径向（双面）综合检验时，产品齿轮的左、右齿面同时与测量齿轮接触，并经过一整圈时，出现的中心距最大值和最小值之差（见图 12-50）	GB/T 10095.2—2008
5.2	一齿径向综合偏差（表 12-103）	f''_i	当产品齿轮啮合一整圈时，对应一个齿距（360°/z）的径向综合偏差值（见图 12-50）	
6	径向跳动公差（表 12-104）	F_r	测头（球形、圆柱形、砧形）相继置于每个齿槽内时，从它到齿轮轴线的最大和最小径向距离之差。检查中，测头在近似齿高中部与左右齿面接触（见图 12-51）	GB/T 10095.2—2008

12.1.11.2 关于齿轮偏差各项术语的说明

（1）齿距偏差　如图 12-46 所示，对于齿距累积偏差 F_{pk}，除非另有规定，F_{pk}的计值仅限于不超过圆周 1/8 的弧段内评定。因此，偏差 F_{pk}的允许值适用于齿距数 k 为 2 到 $z/8$ 的弧段内。通常 F_{pk}取 $k \approx z/8$ 就足够了。对于特殊的应用（如高速齿轮），还需检验较小弧段，并规定相应的 k 值。

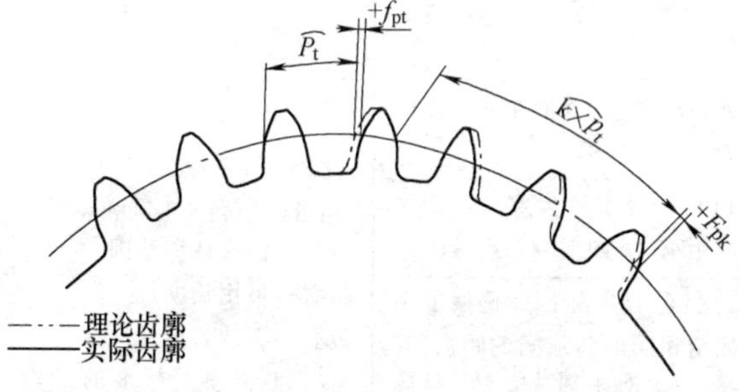

图 12-46　齿距偏差与齿距累积偏差

（2）齿廓偏差　如图 12-47 所示，实际齿廓偏离设计齿廓的量，该量在端平面内，且垂直于渐开线齿廓的方向计值。

1）可用长度 L_{AF}。等于两条端面基圆切线之差。其中一条是从基圆到可用齿廓的外界限点，另一条是从基圆到可用齿廓的内界限点。

依据设计，可用长度外界限点被齿顶、齿顶倒棱或齿顶倒圆的起始点（点 A）限定。在朝齿根方向上，可用长度的内界限点被齿根圆角或挖根的起始点（点 F）所限定。

2）有效长度 L_{AE}。可用长度对应于有效齿廓的那部分。对于齿顶，其有与可用长度同样的限定（A 点）。对于齿根，有效长度延伸到与之配对齿轮有效啮合的终止点 E（即有效齿廓的起始点）。如不知道配对齿轮，则 E 点为与基本齿条相啮合的有效齿廓的起始点。

3）齿廓计值范围 L_α。可用长度中的一部分，在 L_α 内应遵照规定精度等级的公差。除另有规定外，其长度等于从 E 点开始延伸的有效长度 L_{AE} 的 92%（见图 12-47）。

注 1：齿轮设计者应确保适用的齿廓计值范围。

对于 L_{AE} 剩下的 8% 为靠近齿顶处的 L_{AE} 与 L_α 之差。在评定齿廓总偏差和齿廓形状偏差时，按以下规则计值：

① 使偏差量增加的偏向齿体外的正偏差，必须计入偏差值；

② 除另有规定外，对于负偏差，其公差为计值范围 L_α 规定公差的 3 倍。

注 2：在分析齿廓形状偏差时，规则①和②以 5）中定义的平均齿廓迹线为基准。

4）设计齿廓。符合设计规定的齿廓，当无其他限定时，是指端面齿廓。

注 3：在齿廓曲线图中，未经修形的渐开线齿廓迹线一般为直线。在图 12-47 中，设计齿廓迹线用点画线表示。

5）被测齿面的平均齿廓。设计齿廓迹线的纵坐标，减去一条斜直线的纵坐标后得到的一条迹线。这条斜直线使得在计值范围内，实际齿廓迹线对平均齿廓迹线偏差的平方和最小，因此，平均齿廓迹线的位置和倾斜可以用“最小二乘法”求得。

注 4：平均齿廓是用来确定 $f_{f\alpha}$（见图 12-47b）和

$f_{H\alpha}$（见图 12-47c）的一条辅助齿廓迹线。

（3）螺旋线偏差　如图 12-48 所示。

在端面基圆切线方向上，测得的实际螺旋线偏离设计螺旋线的量。

1）迹线长度。与齿宽成正比而不包括齿端倒角或修圆在内的长度。

2）螺旋线计值范围 L_β。除另有规定外，L_β 取为在轮齿两端处，各减去下面两个数值中较小的一个后的“迹线长度”；即 5% 的齿宽，或等于一个模数的长度。

注意：齿轮设计者应确保适用的螺旋线计值范围。

在两端缩减的区域中，螺旋线总偏差和螺旋线形状偏差，按以下规则计值：

① 使偏差量增加的偏向齿体外的正偏差，必须计入偏差值；

② 除另有规定外，对于负偏差，其允许值为计值范围 L_β 规定公差的 3 倍。

注意：在分析螺旋线形状偏差时，规则①和②以 4）中定义的平均螺旋线迹线为基准。

3）设计螺旋线　符合设计规定的螺旋线。

注意：在螺旋线曲线图中，未经修形的螺旋线的迹线一般为直线。在图 12-48 中，设计螺旋迹线用点画线表示。

4）被测齿面的平均螺旋线。设计螺旋线迹线的纵坐标，减去一条斜直线的纵坐标后得到的一条迹线。这条斜直线使得在计值范围内，实际螺旋线迹线，对平均螺旋线迹线偏差的平方和最小，因此，平均螺旋线迹线的位置和倾斜可以用“最小二乘法”求得。

注意：平均螺旋线是用来确定 $f_{f\beta}$（见图 12-48b）和 $f_{H\beta}$（见图 12-48c）的一条辅助螺旋线。

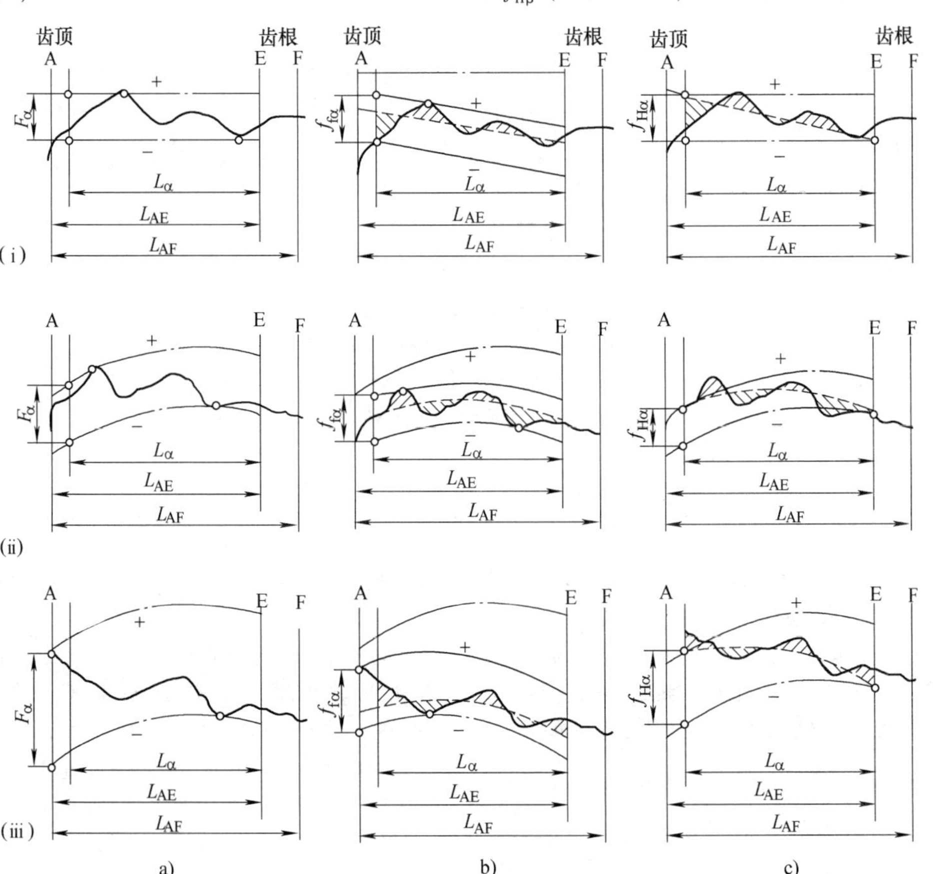

图 12-47　齿廓偏差

a）齿廓总偏差　b）齿廓形状偏差　c）齿廓倾斜偏差

—·—·——设计齿廓　————实际齿廓　------—平均齿廓

L_{AF}—可用长度　L_{AE}—有效长度　L_α—齿廓计值范围

（i）设计齿廓—未修形的渐开线，实际齿廓—在减薄区内具有偏向体内的负偏差

（ii）设计齿廓—修形的渐开线（举例），实际齿廓—在减薄区内具有偏向体内的负偏差

（iii）设计齿廓—修形的渐开线（举例），实际齿廓—在减薄区内具有偏向体外的正偏差

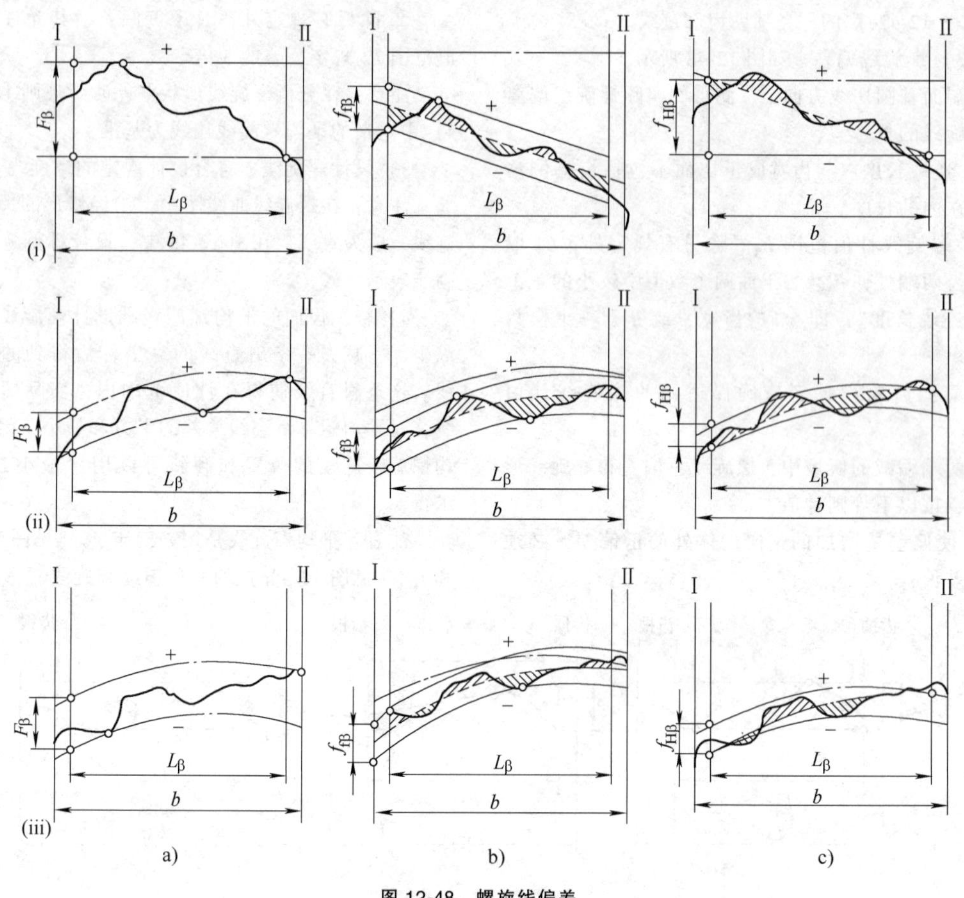

图 12-48　螺旋线偏差

a）螺旋总偏差　b）螺旋线形状偏差　c）螺旋线倾斜偏差

—·—·——设计螺旋线　————实际螺旋线　------—平均螺旋线

b—齿轮螺旋线长度（与齿宽成正比）L_β—螺旋线计值范围

（ⅰ）设计螺旋线—未修形的螺旋线，实际螺旋线—在减薄区内具有偏向体内的负偏差

（ⅱ）设计螺旋线—修形的螺旋线（举例），实际螺旋线—在减薄区内具有偏向体内的负偏差；

（ⅲ）设计螺旋线—修形的螺旋线（举例），实际螺旋线—在减薄区内具有偏向体外的正偏差

（4）切向综合偏差　如图 12-49 所示，切向综合偏差是被测齿轮与测量齿轮单面啮合，旋转一圈得到的偏差曲线中的取值，它反映了一对齿轮轮齿要素偏差的综合影响（即齿距、齿廓、螺旋线等）。测量齿轮比被测的齿轮的精度至少高 4 级时，其测量齿轮的

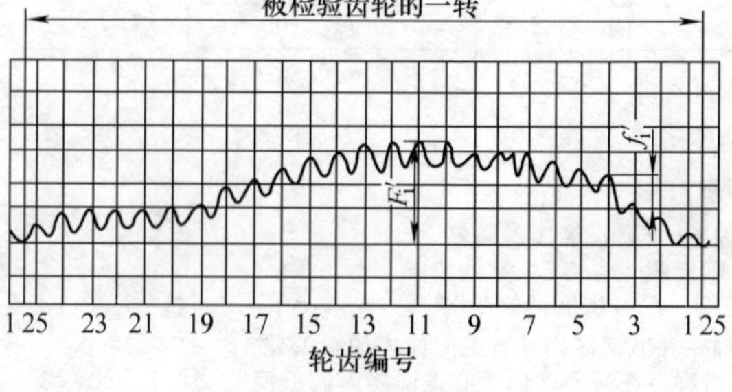

图 12-49　切向综合偏差

不精确性可忽略不计；达不到时，则要考虑测量齿轮的不精确程度。

除在采购文件中另有规定外，切向综合偏差的测量不是强制性的，其公差值不包括在 GB/T 10095.1—2008 的正文中，而放在附录 A 中。其中：一齿切向综合偏差 f'_i 的公差值，可由表 12-98 中给出的 f'_i/K 数值乘以系数 K 求得（K 见表下的说明）。

切向综合总偏差 F'_i 的计算公式：

$$F'_i = F_p + f'_i \tag{12-81}$$

（5）径向综合偏差　如图 12-50 所示，径向综合偏差是被测齿轮与测量齿轮双面啮合，旋转一圈得到的中心距变化曲线中的最大值与最小值之差。径向综合偏差能简便、快捷地提供齿轮加工机床、刀具和加工时齿轮装夹而导致的质量缺陷方面的信息。

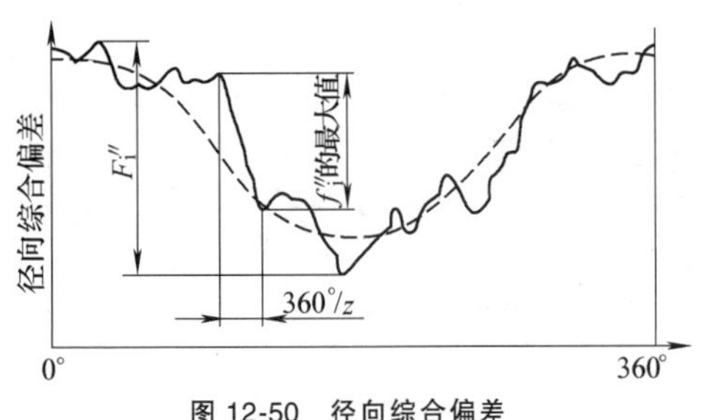

图 12-50　径向综合偏差

径向综合偏差主要用于大批量生产的齿轮和模数较小的齿轮生产检验中。

(6) 径向跳动　如图 12-51 所示，径向跳动是以

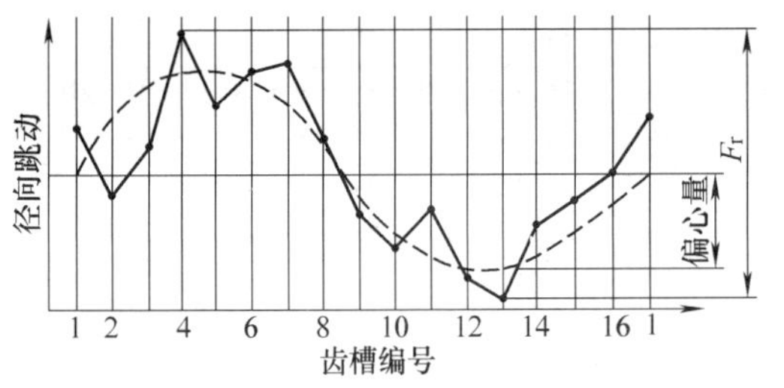

图 12-51　一个齿轮（16 齿）的径向跳动

齿轮轴为基准，其值等于径向偏差的最大和最小值的代数差，其值大体是两倍偏心距 f_e。此外，还有齿距和齿廓偏差的影响。它主要反映机床和加工调整中存在的偏差。

对于需要在最小侧隙下运行的齿轮，以及用于测量径向综合偏差的测量齿轮来说，控制径向跳动就十分重要。

12.1.11.3　齿轮精度等级及其选择

GB/T 10095.1—2008 对单个渐开线圆柱齿轮规定了 13 个精度等级，按 0~12 数序由高到低顺序排列，其中 0 级精度最高，12 级精度最低。

GB/T 10095.2—2008 对单个渐开线圆柱齿轮的径向综合偏差（F''_i、f''_i）规定了 4~12 共 9 个精度等级，其中 4 级精度最高，12 级精度最低。

0~2 级精度的齿轮要求非常高，各项偏差的公差很小，是有待发展的精度等级。通常将 3~5 级称为高精度等级；6~8 级称为中等精度等级；9~12 级称为低精度等级。

各精度等级齿轮的适用范围见表 12-93。

表 12-93　各精度等级齿轮的适用范围（非标准内容）

精度等级	工作条件与适用范围	圆周速度/(m/s)		齿面的最后加工
		直齿	斜齿	
3	用于最平稳且无噪声的极高速下工作的齿轮；特别精密的分度机构齿轮；特别精密机械中的齿轮；控制机构齿轮；检测 5、6 级的测量齿轮	>50	>75	特精密的磨齿和珩磨；用精密滚刀滚齿，或单边剃齿后的大多数不经淬火的齿轮
4	用于精密分度机构的齿轮；特别精密机械中的齿轮；高速涡轮机齿轮；控制机构齿轮；检测 7 级的测量齿轮	>40	>70	精密磨齿；大多数用精密滚刀滚齿和珩齿或单边剃齿
5	用于高平稳且低噪声的高速传动中的齿轮；精密机构中的齿轮；涡轮机传动的齿轮；检测 8、9 级的测量齿轮；风力发电机增速箱齿轮；重要的航空、船用齿轮箱齿轮	>20	>40	精密磨齿；大多数用精密滚刀加工，进而研齿或剃齿
6	用于高速下平稳工作，需要高效率及低噪声的齿轮；航空、汽车用齿轮；读数装置中的精密齿轮；机床传动链齿轮；机床传动齿轮	到 15	到 30	精密磨齿或剃齿
7	在中速或大功率下工作的齿轮；机床变速箱进给齿轮；减速器齿轮；起重机齿轮；汽车及读数装置中的齿轮	到 10	到 15	无须热处理的齿轮，用精确刀具加工 对于淬硬齿轮必须精整加工（磨齿、研齿、珩磨）
8	一般机器中无特殊精度要求的齿轮；机床变速齿轮；汽车制造业中不重要齿轮；冶金、起重机械齿轮；通用减速器的齿轮；农业机械中的重要齿轮	到 6	到 10	滚、插齿均可，不用磨齿；必要时剃齿或研齿
9	用于不提出精度要求的粗糙工作的齿轮；因结构上考虑，受载低于计算载荷的传动用齿轮；低速不重要工作机械的动力齿轮；农机齿轮	到 2	到 4	不需要特殊的精加工工序

12.1.11.4　齿轮偏差数值表（见表 12-94～表 12-105）

表 12-94　单个齿距偏差 $\pm f_{pt}$　（单位：μm）

分度圆直径 d/mm	法向模数 m_n/mm	精度等级 0	1	2	3	4	5	6	7	8	9	10	11	12
5≤d≤20	0.5≤m_n≤2	0.8	1.2	1.7	2.3	3.3	4.7	6.5	9.5	13.0	19.0	26.0	37.0	53.0
	2<m_n≤3.5	0.9	1.3	1.8	2.6	3.7	5.0	7.5	10.0	15.0	21.0	29.0	41.0	59.0
20<d≤50	0.5≤m_n≤2	0.9	1.2	1.8	2.5	3.5	5.0	7.0	10.0	14.0	20.0	28.0	40.0	56.0
	2<m_n≤3.5	1.0	1.4	1.9	2.7	3.9	5.5	7.5	11.0	15.0	22.0	31.0	44.0	62.0
	3.5<m_n≤6	1.1	1.5	2.1	3.0	4.3	6.0	8.5	12.0	17.0	24.0	34.0	48.0	68.0
	6<m_n≤10	1.2	1.7	2.5	3.5	4.9	7.0	10.0	14.0	20.0	28.0	40.0	56.0	79.0
50<d≤125	0.5≤m_n≤2	0.9	1.3	1.9	2.7	3.8	5.5	7.5	11.0	15.0	21.0	30.0	43.0	61.0
	2<m_n≤3.5	1.0	1.5	2.1	2.9	4.1	6.0	8.5	12.0	17.0	23.0	33.0	47.0	66.0
	3.5<m_n≤6	1.1	1.6	2.3	3.2	4.6	6.5	9.0	13.0	18.0	26.0	36.0	52.0	73.0
	6<m_n≤10	1.3	1.8	2.6	3.7	5.0	7.5	10.0	15.0	21.0	30.0	42.0	59.0	84.0
	10<m_n≤16	1.6	2.2	3.1	4.4	6.5	9.0	13.0	18.0	25.0	35.0	50.0	71.0	100.0
	16<m_n≤25	2.0	2.8	3.9	5.5	8.0	11.0	16.0	22.0	31.0	44.0	63.0	89.0	125.0
125<d≤280	0.5≤m_n≤2	1.1	1.5	2.1	3.0	4.2	6.0	8.5	12.0	17.0	24.0	34.0	48.0	67.0
	2<m_n≤3.5	1.1	1.6	2.3	3.2	4.6	6.5	9.0	13.0	18.0	26.0	36.0	51.0	73.0
	3.5<m_n≤6	1.2	1.8	2.5	3.5	5.0	7.0	10.0	14.0	20.0	28.0	40.0	56.0	79.0
	6<m_n≤10	1.4	2.0	2.8	4.0	5.5	8.0	11.0	16.0	23.0	32.0	45.0	64.0	90.0
	10<m_n≤16	1.7	2.4	3.3	4.7	6.5	9.5	13.0	19.0	27.0	38.0	53.0	75.0	107.0
	16<m_n≤25	2.1	2.9	4.1	6.0	8.0	12.0	16.0	23.0	33.0	47.0	66.0	93.0	132.0
280<d≤560	0.5≤m_n≤2	1.2	1.7	2.4	3.3	4.7	6.5	9.5	13.0	19.0	27.0	38.0	54.0	76.0
	2<m_n≤3.5	1.3	1.8	2.5	3.6	5.0	7.0	10.0	14.0	20.0	29.0	41.0	57.0	81.0
	3.5<m_n≤6	1.4	1.9	2.7	3.9	5.5	8.0	11.0	16.0	22.0	31.0	44.0	62.0	88.0
	6<m_n≤10	1.5	2.2	3.1	4.4	6.0	8.5	12.0	17.0	25.0	35.0	49.0	70.0	99.0
	10<m_n≤16	1.8	2.5	3.6	5.0	7.0	10.0	14.0	20.0	29.0	41.0	58.0	81.0	115.0
	16<m_n≤25	2.2	3.1	4.4	6.0	9.0	12.0	18.0	25.0	35.0	50.0	70.0	99.0	140.0
560<d≤1000	0.5≤m_n≤2	1.3	1.9	2.7	3.8	5.5	7.5	11.0	15.0	21.0	30.0	43.0	61.0	86.0
	2<m_n≤3.5	1.4	2.0	2.9	4.0	5.5	8.0	11.0	16.0	23.0	32.0	46.0	65.0	91.0
	3.5<m_n≤6	1.5	2.2	3.1	4.3	6.0	8.5	12.0	17.0	24.0	35.0	49.0	69.0	98.0
	6<m_n≤10	1.7	2.4	3.4	4.8	7.0	9.5	14.0	19.0	27.0	38.0	54.0	77.0	109.0
	10<m_n≤16	2.0	2.8	3.9	5.5	8.0	11.0	16.0	22.0	31.0	44.0	63.0	89.0	125.0
	16<m_n≤25	2.3	3.3	4.7	6.5	9.5	13.0	19.0	27.0	38.0	53.0	75.0	106.0	150.0
1000<d≤1600	2≤m_n≤3.5	1.6	2.3	3.2	4.5	6.5	9.0	13.0	18.0	26.0	36.0	51.0	72.0	103.0
	3.5<m_n≤6	1.7	2.4	3.4	4.8	7.0	9.5	14.0	19.0	27.0	39.0	55.0	77.0	109.0
	6<m_n≤10	1.9	2.6	3.7	5.5	7.5	11.0	15.0	21.0	30.0	42.0	60.0	85.0	120.0
	10<m_n≤16	2.1	3.0	4.3	6.0	8.5	12.0	17.0	24.0	34.0	48.0	68.0	97.0	136.0
	16<m_n≤25	2.5	3.6	5.0	7.0	10.0	14.0	20.0	29.0	40.0	57.0	81.0	114.0	161.0

表 12-95　齿距累积总偏差 F_p　（单位：μm）

分度圆直径 d/mm	法向模数 m_n/mm	精度等级 0	1	2	3	4	5	6	7	8	9	10	11	12
5≤d≤20	0.5≤m_n≤2	2.0	2.8	4.0	5.5	8.0	11.0	16.0	23.0	32.0	45.0	64.0	90.0	127.0
	2<m_n≤3.5	2.1	2.9	4.2	6.0	8.5	12.0	17.0	23.0	33.0	47.0	66.0	94.0	133.0
20<d≤50	0.5≤m_n≤2	2.5	3.6	5.0	7.0	10.0	14.0	20.0	29.0	41.0	57.0	81.0	115.0	162.0
	2<m_n≤3.5	2.6	3.7	5.0	7.5	10.0	15.0	21.0	30.0	42.0	59.0	84.0	119.0	168.0
	3.5<m_n≤6	2.7	3.9	5.5	7.5	11.0	15.0	22.0	31.0	44.0	62.0	87.0	123.0	174.0
	6<m_n≤10	2.9	4.1	6.0	8.0	12.0	16.0	23.0	33.0	46.0	65.0	93.0	131.0	185.0

（续）

分度圆直径 d/mm	法向模数 m_n/mm	精度等级												
		0	1	2	3	4	5	6	7	8	9	10	11	12
$50<d\leqslant125$	$0.5\leqslant m_n\leqslant2$	3.3	4.6	6.5	9.0	13.0	18.0	26.0	37.0	52.0	74.0	104.0	147.0	208.0
	$2<m_n\leqslant3.5$	3.3	4.7	6.5	9.5	13.0	19.0	27.0	38.0	53.0	76.0	107.0	151.0	214.0
	$3.5<m_n\leqslant6$	3.4	4.9	7.0	9.5	14.0	19.0	28.0	39.0	55.0	78.0	110.0	156.0	220.0
	$6<m_n\leqslant10$	3.6	5.0	7.0	10.0	14.0	20.0	29.0	41.0	58.0	82.0	116.0	164.0	231.0
	$10<m_n\leqslant16$	3.9	5.5	7.5	11.0	15.0	22.0	31.0	44.0	62.0	88.0	124.0	175.0	248.0
	$16<m_n\leqslant25$	4.3	6.0	8.5	12.0	17.0	24.0	34.0	48.0	68.0	96.0	136.0	193.0	273.0
$125<d\leqslant280$	$0.5\leqslant m_n\leqslant2$	4.3	6.0	8.5	12.0	17.0	24.0	35.0	49.0	69.0	98.0	138.0	195.0	276.0
	$2<m_n\leqslant3.5$	4.4	6.0	9.0	12.0	18.0	25.0	35.0	50.0	70.0	100.0	141.0	199.0	282.0
	$3.5<m_n\leqslant6$	4.5	6.5	9.0	13.0	18.0	25.0	36.0	51.0	72.0	102.0	144.0	204.0	288.0
	$6<m_n\leqslant10$	4.7	6.5	9.5	13.0	19.0	26.0	37.0	53.0	75.0	106.0	149.0	211.0	299.0
	$10<m_n\leqslant16$	4.9	7.0	10.0	14.0	20.0	28.0	39.0	56.0	79.0	112.0	158.0	223.0	316.0
	$16<m_n\leqslant25$	5.5	7.5	11.0	15.0	21.0	30.0	43.0	60.0	85.0	120.0	170.0	241.0	341.0
$280<d\leqslant560$	$0.5\leqslant m_n\leqslant2$	5.5	8.0	11.0	16.0	23.0	32.0	46.0	64.0	91.0	129.0	182.0	257.0	364.0
	$2<m_n\leqslant3.5$	6.0	8.0	12.0	16.0	23.0	33.0	46.0	65.0	92.0	131.0	185.0	261.0	370.0
	$3.5<m_n\leqslant6$	6.0	8.5	12.0	17.0	24.0	33.0	47.0	66.0	94.0	133.0	188.0	266.0	376.0
	$6<m_n\leqslant10$	6.0	8.5	12.0	17.0	24.0	34.0	48.0	68.0	97.0	137.0	193.0	274.0	387.0
	$10<m_n\leqslant16$	6.5	9.0	13.0	18.0	25.0	36.0	50.0	71.0	101.0	143.0	202.0	285.0	404.0
	$16<m_n\leqslant25$	6.5	9.5	13.0	19.0	27.0	38.0	54.0	76.0	107.0	151.0	214.0	303.0	428.0
$560<d\leqslant1000$	$0.5\leqslant m_n\leqslant2$	7.5	10.0	15.0	21.0	29.0	41.0	59.0	83.0	117.0	166.0	235.0	332.0	469.0
	$2<m_n\leqslant3.5$	7.5	10.0	15.0	21.0	30.0	42.0	59.0	84.0	119.0	168.0	238.0	336.0	475.0
	$3.5<m_n\leqslant6$	7.5	11.0	15.0	21.0	30.0	43.0	60.0	85.0	120.0	170.0	241.0	341.0	482.0
	$6<m_n\leqslant10$	7.5	11.0	15.0	22.0	31.0	44.0	62.0	87.0	123.0	174.0	246.0	348.0	492.0
	$10<m_n\leqslant16$	8.0	11.0	16.0	22.0	32.0	45.0	64.0	90.0	127.0	180.0	254.0	360.0	509.0
	$16<m_n\leqslant25$	8.5	12.0	17.0	24.0	33.0	47.0	67.0	94.0	133.0	189.0	267.0	378.0	534.0
$1000<d\leqslant1600$	$2\leqslant m_n\leqslant3.5$	9.0	13.0	18.0	26.0	37.0	52.0	74.0	105.0	148.0	209.0	296.0	418.0	591.0
	$3.5<m_n\leqslant6$	9.5	13.0	19.0	26.0	37.0	53.0	75.0	106.0	149.0	211.0	299.0	423.0	598.0
	$6<m_n\leqslant10$	9.5	13.0	19.0	27.0	38.0	54.0	76.0	108.0	152.0	215.0	304.0	430.0	608.0
	$10<m_n\leqslant16$	10.0	14.0	20.0	28.0	39.0	55.0	78.0	111.0	156.0	221.0	313.0	442.0	625.0
	$16<m_n\leqslant25$	10.0	14.0	20.0	29.0	41.0	57.0	81.0	115.0	163.0	230.0	325.0	460.0	650.0

表 12-96　齿廓总偏差 F_α　（单位：μm）

分度圆直径 d/mm	法向模数 m_n/mm	精度等级												
		0	1	2	3	4	5	6	7	8	9	10	11	12
$5\leqslant d\leqslant20$	$0.5\leqslant m_n\leqslant2$	0.8	1.1	1.6	2.3	3.2	4.6	6.5	9.0	13.0	18.0	26.0	37.0	52.0
	$2<m_n\leqslant3.5$	1.2	1.7	2.3	3.3	4.7	6.5	9.5	13.0	19.0	26.0	37.0	53.0	75.0
$20<d\leqslant50$	$0.5\leqslant m_n\leqslant2$	0.9	1.3	1.8	2.6	3.6	5.0	7.5	10.0	15.0	21.0	29.0	41.0	58.0
	$2<m_n\leqslant3.5$	1.3	1.8	2.5	3.6	5.0	7.0	10.0	14.0	20.0	29.0	40.0	57.0	81.0
	$3.5<m_n\leqslant6$	1.6	2.2	3.1	4.4	6.0	9.0	12.0	18.0	25.0	35.0	50.0	70.0	99.0
	$6<m_n\leqslant10$	1.9	2.7	3.8	5.5	7.5	11.0	15.0	22.0	31.0	43.0	61.0	87.0	123.0
$50<d\leqslant125$	$0.5\leqslant m_n\leqslant2$	1.0	1.5	2.1	2.9	4.1	6.0	8.5	12.0	17.0	23.0	33.0	47.0	66.0
	$2<m_n\leqslant3.5$	1.4	2.0	2.8	3.9	5.5	8.0	11.0	16.0	22.0	31.0	44.0	63.0	89.0
	$3.5<m_n\leqslant6$	1.7	2.4	3.4	4.8	6.5	9.5	13.0	19.0	27.0	38.0	54.0	76.0	108.0
	$6<m_n\leqslant10$	2.0	2.9	4.1	6.0	8.0	12.0	16.0	23.0	33.0	46.0	65.0	92.0	131.0
	$10<m_n\leqslant16$	2.5	3.5	5.0	7.0	10.0	14.0	20.0	28.0	40.0	56.0	79.0	112.0	159.0
	$16<m_n\leqslant25$	3.0	4.2	6.0	8.5	12.0	17.0	24.0	34.0	48.0	68.0	96.0	136.0	192.0
$125<d\leqslant280$	$0.5\leqslant m_n\leqslant2$	1.2	1.7	2.4	3.5	4.9	7.0	10.0	14.0	20.0	28.0	39.0	55.0	78.0
	$2<m_n\leqslant3.5$	1.6	2.2	3.2	4.5	6.5	9.0	13.0	18.0	25.0	36.0	50.0	71.0	101.0
	$3.5<m_n\leqslant6$	1.9	2.6	3.7	5.5	7.5	11.0	15.0	21.0	30.0	42.0	60.0	84.0	119.0
	$6<m_n\leqslant10$	2.2	3.2	4.5	6.5	9.0	13.0	18.0	25.0	36.0	50.0	71.0	101.0	143.0

（续）

分度圆直径 d/mm	法向模数 m_n/mm	精度等级												
		0	1	2	3	4	5	6	7	8	9	10	11	12
$125<d\leqslant280$	$10<m_n\leqslant16$	2.7	3.8	5.5	7.5	11.0	15.0	21.0	30.0	43.0	60.0	85.0	121.0	171.0
	$16<m_n\leqslant25$	3.2	4.5	6.5	9.0	13.0	18.0	25.0	36.0	51.0	72.0	102.0	144.0	204.0
$280<d\leqslant560$	$0.5\leqslant m_n\leqslant2$	1.5	2.1	2.9	4.1	6.0	8.5	12.0	17.0	23.0	33.0	47.0	66.0	94.0
	$2<m_n\leqslant3.5$	1.8	2.6	3.6	5.0	7.5	10.0	15.0	21.0	29.0	41.0	58.0	82.0	116.0
	$3.5<m_n\leqslant6$	2.1	3.0	4.2	6.0	8.5	12.0	17.0	24.0	34.0	48.0	67.0	95.0	135.0
	$6<m_n\leqslant10$	2.5	3.5	4.9	7.0	10.0	14.0	20.0	28.0	40.0	56.0	79.0	112.0	158.0
	$10<m_n\leqslant16$	2.9	4.1	6.0	8.0	12.0	16.0	23.0	33.0	47.0	66.0	93.0	132.0	186.0
	$16<m_n\leqslant25$	3.4	4.8	7.0	9.5	14.0	19.0	27.0	39.0	55.0	78.0	110.0	155.0	219.0
$560<d\leqslant1000$	$0.5\leqslant m_n\leqslant2$	1.8	2.5	3.5	5.0	7.0	10.0	14.0	20.0	28.0	40.0	56.0	79.0	112.0
	$2<m_n\leqslant3.5$	2.1	3.0	4.2	6.0	8.5	12.0	17.0	24.0	34.0	48.0	67.0	95.0	135.0
	$3.5<m_n\leqslant6$	2.4	3.4	4.8	7.0	9.5	14.0	19.0	27.0	38.0	54.0	77.0	109.0	154.0
	$6<m_n\leqslant10$	2.8	3.9	5.5	8.0	11.0	16.0	22.0	31.0	44.0	62.0	88.0	125.0	177.0
	$10<m_n\leqslant16$	3.2	4.5	6.5	9.0	13.0	18.0	26.0	36.0	51.0	72.0	102.0	145.0	205.0
	$16<m_n\leqslant25$	3.7	5.5	7.5	11.0	15.0	21.0	30.0	42.0	59.0	84.0	119.0	168.0	238.0
$1000<d\leqslant1600$	$2\leqslant m_n\leqslant3.5$	2.4	3.4	4.9	7.0	9.5	14.0	19.0	27.0	39.0	55.0	78.0	110.0	155.0
	$3.5<m_n\leqslant6$	2.7	3.8	5.5	7.5	11.0	15.0	22.0	31.0	43.0	61.0	87.0	123.0	174.0
	$6<m_n\leqslant10$	3.1	4.4	6.0	8.5	12.0	17.0	25.0	35.0	49.0	70.0	99.0	139.0	197.0
	$10<m_n\leqslant16$	3.5	5.0	7.0	10.0	14.0	20.0	28.0	40.0	56.0	80.0	113.0	159.0	225.0
	$16<m_n\leqslant25$	4.0	5.5	8.0	11.0	16.0	23.0	32.0	46.0	65.0	91.0	129.0	183.0	258.0

表 12-97　螺旋线总偏差 F_β　（单位：μm）

分度圆直径 d/mm	齿宽 b/mm	精度等级												
		0	1	2	3	4	5	6	7	8	9	10	11	12
$5\leqslant d\leqslant20$	$4\leqslant b\leqslant10$	1.1	1.5	2.2	3.1	4.3	6.0	8.5	12.0	17.0	24.0	35.0	49.0	69.0
	$10\leqslant b\leqslant20$	1.2	1.7	2.4	3.4	4.9	7.0	9.5	14.0	19.0	28.0	39.0	55.0	78.0
	$20\leqslant b\leqslant40$	1.4	2.0	2.8	3.9	5.5	8.0	11.0	16.0	22.0	31.0	45.0	63.0	89.0
	$40\leqslant b\leqslant80$	1.6	2.3	3.3	4.6	6.5	9.5	13.0	19.0	26.0	37.0	52.0	74.0	105.0
$20<d\leqslant50$	$4\leqslant b\leqslant10$	1.1	1.6	2.2	3.2	4.5	6.5	9.0	13.0	18.0	25.0	36.0	51.0	72.0
	$10<b\leqslant20$	1.3	1.8	2.5	3.6	5.0	7.0	10.0	14.0	20.0	29.0	40.0	57.0	81.0
	$20<b\leqslant40$	1.4	2.0	2.9	4.1	5.5	8.0	11.0	16.0	23.0	32.0	46.0	65.0	92.0
	$40<b\leqslant80$	1.7	2.4	3.4	4.8	6.5	9.5	13.0	19.0	27.0	38.0	54.0	76.0	107.0
	$80<b\leqslant160$	2.0	2.9	4.1	5.5	8.0	11.0	16.0	23.0	32.0	46.0	65.0	92.0	130.0
$50<d\leqslant125$	$4\leqslant b\leqslant10$	1.2	1.7	2.4	3.3	4.7	6.5	9.5	13.0	19.0	27.0	38.0	53.0	76.0
	$10<b\leqslant20$	1.3	1.9	2.6	3.7	5.5	7.5	11.0	15.0	21.0	30.0	42.0	60.0	84.0
	$20<b\leqslant40$	1.5	2.1	3.0	4.2	6.0	8.5	12.0	17.0	24.0	34.0	48.0	68.0	95.0
	$40<b\leqslant80$	1.7	2.5	3.5	4.9	7.0	10.0	14.0	20.0	28.0	39.0	56.0	79.0	111.0
	$80<b\leqslant160$	2.1	2.9	4.2	6.0	8.5	12.0	17.0	24.0	33.0	47.0	67.0	94.0	133.0
	$160<b\leqslant250$	2.5	3.5	4.9	7.0	10.0	14.0	20.0	28.0	40.0	56.0	79.0	112.0	158.0
	$250<b\leqslant400$	2.9	4.1	6.0	8.0	12.0	16.0	23.0	33.0	46.0	65.0	92.0	130.0	184.0
$125<d\leqslant280$	$4\leqslant b\leqslant10$	1.3	1.8	2.5	3.6	5.0	7.0	10.0	14.0	20.0	29.0	40.0	57.0	81.0
	$10<b\leqslant20$	1.4	2.0	2.8	4.0	5.5	8.0	11.0	16.0	22.0	32.0	45.0	63.0	90.0
	$20<b\leqslant40$	1.6	2.2	3.2	4.5	6.5	9.0	13.0	18.0	25.0	36.0	50.0	71.0	101.0
	$40<b\leqslant80$	1.8	2.6	3.6	5.0	7.5	10.0	15.0	21.0	29.0	41.0	58.0	82.0	117.0
	$80<b\leqslant160$	2.2	3.1	4.3	6.0	8.5	12.0	17.0	25.0	35.0	49.0	69.0	98.0	139.0
	$160<b\leqslant250$	2.6	3.6	5.0	7.0	10.0	14.0	20.0	29.0	41.0	58.0	82.0	116.0	164.0
	$250<b\leqslant400$	3.0	4.2	6.0	8.5	12.0	17.0	24.0	34.0	47.0	67.0	95.0	134.0	190.0
$280<d\leqslant560$	$10\leqslant b\leqslant20$	1.5	2.1	3.0	4.3	6.0	8.5	12.0	17.0	24.0	34.0	48.0	68.0	97.0
	$20<b\leqslant40$	1.7	2.4	3.4	4.8	6.5	9.5	13.0	19.0	27.0	38.0	54.0	76.0	108.0
	$40<b\leqslant80$	1.9	2.7	3.9	5.5	7.5	11.0	15.0	22.0	31.0	44.0	62.0	87.0	124.0

（续）

分度圆直径 d/mm	齿　宽 b/mm	精度等级 0	1	2	3	4	5	6	7	8	9	10	11	12
280<d≤560	80<b≤160	2.3	3.2	4.6	6.5	9.0	13.0	18.0	26.0	36.0	52.0	73.0	103.0	146.0
	160<b≤250	2.7	3.8	5.5	7.5	11.0	15.0	21.0	30.0	43.0	60.0	85.0	121.0	171.0
	250<b≤400	3.1	4.3	6.0	8.5	12.0	17.0	25.0	35.0	49.0	70.0	98.0	139.0	197.0
560<d≤1000	10≤b≤20	1.6	2.3	3.3	4.7	6.5	9.5	13.0	19.0	26.0	37.0	53.0	74.0	105.0
	20<b≤40	1.8	2.6	3.6	5.0	7.5	10.0	15.0	21.0	29.0	41.0	58.0	82.0	116.0
	40<b≤80	2.1	2.9	4.1	6.0	8.5	12.0	17.0	23.0	33.0	47.0	66.0	93.0	132.0
	80<b≤160	2.4	3.4	4.8	7.0	9.5	14.0	19.0	27.0	39.0	55.0	77.0	109.0	154.0
	160<b≤250	2.8	4.0	5.5	8.0	11.0	16.0	22.0	32.0	45.0	63.0	90.0	127.0	179.0
	250<b≤400	3.2	4.5	6.5	9.0	13.0	18.0	26.0	36.0	51.0	73.0	103.0	145.0	205.0
1000<d≤1600	20≤b≤40	2.0	2.8	3.9	5.5	8.0	11.0	16.0	22.0	31.0	44.0	63.0	89.0	126.0
	40<b≤80	2.2	3.1	4.4	6.0	9.0	12.0	18.0	25.0	35.0	50.0	71.0	100.0	141.0
	80<b≤160	2.6	3.6	5.0	7.0	10.0	14.0	20.0	29.0	41.0	58.0	82.0	116.0	164.0
	160<b≤250	2.9	4.2	6.0	8.5	12.0	17.0	24.0	33.0	47.0	67.0	94.0	133.0	189.0
	250<b≤400	3.4	4.7	6.5	9.5	13.0	19.0	27.0	38.0	54.0	76.0	107.0	152.0	215.0

表 12-98　f_i'/K 的比值

分度圆直径 d/mm	法向模数 m_n/mm	精度等级 0	1	2	3	4	5	6	7	8	9	10	11	12
5≤d≤20	0.5≤m_n≤2	2.4	3.4	4.8	7.0	9.5	14.0	19.0	27.0	38.0	54.0	77.0	109.0	154.0
	2<m_n≤3.5	2.8	4.0	5.5	8.0	11.0	16.0	23.0	32.0	45.0	64.0	91.0	129.0	182.0
20<d≤50	0.5≤m_n≤2	2.5	3.6	5.0	7.0	10.0	14.0	20.0	29.0	41.0	58.0	82.0	115.0	163.0
	2<m_n≤3.5	3.0	4.2	6.0	8.5	12.0	17.0	24.0	34.0	48.0	68.0	96.0	135.0	191.0
	3.5<m_n≤6	3.4	4.8	7.0	9.5	14.0	19.0	27.0	38.0	54.0	77.0	108.0	153.0	217.0
	6<m_n≤10	3.9	5.5	8.0	11.0	16.0	22.0	31.0	44.0	63.0	89.0	125.0	177.0	251.0
50<d≤125	0.5≤m_n≤2	2.7	3.9	5.5	8.0	11.0	16.0	22.0	31.0	44.0	62.0	88.0	124.0	176.0
	2<m_n≤3.5	3.2	4.5	6.5	9.0	13.0	18.0	25.0	36.0	51.0	72.0	102.0	144.0	204.0
	3.5<m_n≤6	3.6	5.0	7.0	10.0	14.0	20.0	29.0	40.0	57.0	81.0	115.0	162.0	229.0
	6<m_n≤10	4.1	6.0	8.0	12.0	16.0	23.0	33.0	47.0	66.0	93.0	132.0	186.0	263.0
	10<m_n≤16	4.8	7.0	9.5	14.0	19.0	27.0	38.0	54.0	77.0	109.0	154.0	218.0	308.0
	16<m_n≤25	5.5	8.0	11.0	16.0	23.0	32.0	46.0	65.0	91.0	129.0	183.0	259.0	366.0
125<d≤280	0.5≤m_n≤2	3.0	4.3	6.0	8.5	12.0	17.0	24.0	34.0	49.0	69.0	97.0	137.0	194.0
	2<m_n≤3.5	3.5	4.9	7.0	10.0	14.0	20.0	28.0	39.0	56.0	79.0	111.0	157.0	222.0
	3.5<m_n≤6	3.9	5.5	7.5	11.0	15.0	22.0	31.0	44.0	62.0	88.0	124.0	175.0	247.0
	6<m_n≤10	4.4	6.0	9.0	12.0	18.0	25.0	35.0	50.0	70.0	100.0	141.0	199.0	281.0
	10<m_n≤16	5.0	7.0	10.0	14.0	20.0	29.0	41.0	58.0	82.0	115.0	163.0	231.0	326.0
	16<m_n≤25	6.0	8.5	12.0	17.0	24.0	34.0	48.0	68.0	96.0	136.0	192.0	272.0	384.0
280<d≤560	0.5≤m_n≤2	3.4	4.8	7.0	9.5	14.0	19.0	27.0	39.0	54.0	77.0	109.0	154.0	218.0
	2<m_n≤3.5	3.8	5.5	7.5	11.0	15.0	22.0	31.0	44.0	62.0	87.0	123.0	174.0	246.0
	3.5<m_n≤6	4.2	6.0	8.5	12.0	17.0	24.0	34.0	48.0	68.0	96.0	136.0	192.0	271.0
	6<m_n≤10	4.8	6.5	9.5	13.0	19.0	27.0	38.0	54.0	76.0	108.0	153.0	216.0	305.0
	10<m_n≤16	5.5	7.5	11.0	15.0	22.0	31.0	44.0	62.0	88.0	124.0	175.0	248.0	350.0
	16<m_n≤25	6.5	9.0	13.0	18.0	26.0	36.0	51.0	72.0	102.0	144.0	204.0	289.0	408.0
560<d≤1000	0.5≤m_n≤2	3.9	5.5	7.5	11.0	15.0	22.0	31.0	44.0	62.0	87.0	123.0	174.0	247.0
	2<m_n≤3.5	4.3	6.0	8.5	12.0	17.0	24.0	34.0	49.0	69.0	97.0	137.0	194.0	275.0
	3.5<m_n≤6	4.7	6.5	9.5	13.0	19.0	27.0	38.0	53.0	75.0	106.0	150.0	212.0	300.0
	6<m_n≤10	5.0	7.5	10.0	15.0	21.0	30.0	42.0	59.0	84.0	118.0	167.0	236.0	334.0
	10<m_n≤16	6.0	8.5	12.0	17.0	24.0	33.0	47.0	67.0	95.0	134.0	189.0	268.0	379.0
	16<m_n≤25	7.0	9.5	14.0	19.0	27.0	39.0	55.0	77.0	109.0	154.0	218.0	309.0	437.0

（续）

分度圆直径 d/mm	法向模数 m_n/mm	精度等级 0	1	2	3	4	5	6	7	8	9	10	11	12
1000<d≤1600	2≤m_n≤3.5	4.8	7.0	9.5	14.0	19.0	27.0	38.0	54.0	77.0	108.0	153.0	217.0	307.0
	3.5<m_n≤6	5.0	7.5	10.0	15.0	21.0	29.0	41.0	59.0	83.0	117.0	166.0	235.0	332.0
	6<m_n≤10	5.5	8.0	11.0	16.0	23.0	32.0	46.0	65.0	91.0	129.0	183.0	259.0	366.0
	10<m_n≤16	6.5	9.0	13.0	18.0	26.0	36.0	51.0	73.0	103.0	145.0	205.0	290.0	410.0
	16<m_n≤25	7.5	10.0	15.0	21.0	29.0	41.0	59.0	83.0	117.0	166.0	234.0	331.0	468.0

注：$K=0.2\left(\frac{\varepsilon_r+4}{\varepsilon_r}\right)$。式中，$\varepsilon_r$ 为总重合度，当 $\varepsilon_r \geqslant 4$ 时，取 $\varepsilon_r=4$。

表 12-99　齿廓形状偏差 $f_{f\alpha}$　（单位：μm）

分度圆直径 d/mm	法向模数 m_n/mm	精度等级 0	1	2	3	4	5	6	7	8	9	10	11	12
5≤d≤20	0.5≤m_n≤2	0.6	0.9	1.3	1.8	2.5	3.5	5.0	7.0	10.0	14.0	20.0	28.0	40.0
	2<m_n≤3.5	0.9	1.3	1.8	2.6	3.6	5.0	7.0	10.0	14.0	20.0	29.0	41.0	58.0
20<d≤50	0.5≤m_n≤2	0.7	1.0	1.4	2.0	2.8	4.0	5.5	8.0	11.0	16.0	22.0	32.0	45.0
	2<m_n≤3.5	1.0	1.4	2.0	2.8	3.9	5.5	8.0	11.0	16.0	22.0	31.0	44.0	62.0
	3.5<m_n≤6	1.2	1.7	2.4	3.4	4.8	7.0	9.5	14.0	19.0	27.0	39.0	54.0	77.0
	6<m_n≤10	1.5	2.1	3.0	4.2	6.0	8.5	12.0	17.0	24.0	34.0	48.0	67.0	95.0
50<d≤125	0.5≤m_n≤2	0.8	1.1	1.6	2.3	3.2	4.5	6.5	9.0	13.0	18.0	26.0	36.0	51.0
	2<m_n≤3.5	1.1	1.5	2.1	3.0	4.3	6.0	8.5	12.0	17.0	24.0	34.0	49.0	69.0
	3.5<m_n≤6	1.3	1.8	2.6	3.7	5.0	7.5	10.0	15.0	21.0	29.0	42.0	59.0	83.0
	6<m_n≤10	1.6	2.2	3.2	4.5	6.5	9.0	13.0	18.0	25.0	36.0	51.0	72.0	101.0
	10<m_n≤16	1.9	2.7	3.9	5.5	7.5	11.0	15.0	22.0	31.0	44.0	62.0	87.0	123.0
	16<m_n≤25	2.3	3.3	4.7	6.5	9.5	13.0	19.0	26.0	37.0	53.0	75.0	106.0	149.0
125<d≤280	0.5≤m_n≤2	0.9	1.3	1.9	2.7	3.8	5.5	7.5	11.0	15.0	21.0	30.0	43.0	60.0
	2<m_n≤3.5	1.2	1.7	2.4	3.4	4.9	7.0	9.5	14.0	19.0	28.0	39.0	55.0	78.0
	3.5<m_n≤6	1.4	2.0	2.9	4.1	6.0	8.0	12.0	16.0	23.0	33.0	46.0	65.0	93.0
	6<m_n≤10	1.7	2.4	3.5	4.9	7.0	10.0	14.0	20.0	28.0	39.0	55.0	78.0	111.0
	10<m_n≤16	2.1	2.9	4.0	6.0	8.5	12.0	17.0	23.0	33.0	47.0	66.0	94.0	133.0
	16<m_n≤25	2.5	3.5	5.0	7.0	10.0	14.0	20.0	28.0	40.0	56.0	79.0	112.0	158.0
280<d≤560	0.5≤m_n≤2	1.1	1.6	2.3	3.2	4.5	6.5	9.0	13.0	18.0	26.0	36.0	51.0	72.0
	2<m_n≤3.5	1.4	2.0	2.8	4.0	5.5	8.0	11.0	16.0	22.0	32.0	45.0	64.0	90.0
	3.5<m_n≤6	1.6	2.3	3.3	4.6	6.5	9.0	13.0	18.0	26.0	37.0	52.0	74.0	104.0
	6<m_n≤10	1.9	2.7	3.8	5.5	7.5	11.0	15.0	22.0	31.0	43.0	61.0	87.0	123.0
	10<m_n≤16	2.3	3.2	4.5	6.5	9.0	13.0	18.0	26.0	36.0	51.0	72.0	102.0	145.0
	16<m_n≤25	2.7	3.8	5.5	7.5	11.0	15.0	21.0	30.0	43.0	60.0	85.0	121.0	170.0
560<d≤1000	0.5≤m_n≤2	1.4	1.9	2.7	3.8	5.5	7.5	11.0	15.0	22.0	31.0	43.0	61.0	87.0
	2<m_n≤3.5	1.6	2.3	3.3	4.6	6.5	9.0	13.0	18.0	26.0	37.0	52.0	74.0	104.0
	3.5<m_n≤6	1.9	2.6	3.7	5.5	7.5	11.0	15.0	21.0	30.0	42.0	59.0	84.0	119.0
	6<m_n≤10	2.1	3.0	4.3	6.0	8.5	12.0	17.0	24.0	34.0	48.0	68.0	97.0	137.0
	10<m_n≤16	2.5	3.5	5.0	7.0	10.0	14.0	20.0	28.0	40.0	56.0	79.0	112.0	159.0
	16<m_n≤25	2.9	4.1	6.0	8.0	12.0	16.0	23.0	33.0	46.0	65.0	92.0	131.0	185.0
1000<d≤1600	2≤m_n≤3.5	1.9	2.7	3.8	5.5	7.5	11.0	15.5	21.0	30.0	42.0	60.0	85.0	120.0
	3.5<m_n≤6	2.1	3.0	4.2	6.0	8.5	12.0	17.0	24.0	34.0	48.0	67.0	95.0	135.0
	6<m_n≤10	2.4	3.4	4.8	7.0	9.5	14.0	19.0	27.0	38.0	54.0	76.0	108.0	153.0
	10<m_n≤16	2.7	3.9	5.5	7.5	11.0	15.0	22.0	31.0	44.0	62.0	87.0	124.0	175.0
	16<m_n≤25	3.1	4.4	6.5	9.0	13.0	18.0	25.0	35.0	50.0	71.0	100.0	142.0	201.0

表 12-100　齿廓倾斜偏差 $\pm f_{H\alpha}$　（单位：μm）

分度圆直径 d/mm	法向模数 m_n/mm	精度等级												
		0	1	2	3	4	5	6	7	8	9	10	11	12
5≤d≤20	0.5≤m_n≤2	0.5	0.7	1.0	1.5	2.1	2.9	4.2	6.0	8.5	12.0	17.0	24.0	33.0
	2<m_n≤3.5	0.7	1.0	1.5	2.1	3.0	4.2	6.0	8.5	12.0	17.0	24.0	34.0	47.0
20<d≤50	0.5≤m_n≤2	0.6	0.8	1.2	1.6	2.3	3.3	4.6	6.5	9.5	13.0	19.0	26.0	37.0
	2<m_n≤3.5	0.8	1.1	1.6	2.3	3.2	4.5	6.5	9.0	13.0	18.0	26.0	36.0	51.0
	3.5<m_n≤6	1.0	1.4	2.0	2.8	3.9	5.5	8.0	11.0	16.0	22.0	32.0	45.0	63.0
	6<m_n≤10	1.2	1.7	2.4	3.4	4.8	7.0	9.5	14.0	19.0	27.0	39.0	55.0	78.0
50<d≤125	0.5≤m_n≤2	0.7	0.9	1.3	1.9	2.6	3.7	5.5	7.5	11.0	15.0	21.0	30.0	42.0
	2<m_n≤3.5	0.9	1.2	1.8	2.5	3.5	5.0	7.0	10.0	14.0	20.0	28.0	40.0	57.0
	3.5<m_n≤6	1.1	1.5	2.1	3.0	4.3	6.0	8.5	12.0	17.0	24.0	34.0	48.0	68.0
	6<m_n≤10	1.3	1.8	2.6	3.7	5.0	7.5	10.0	15.0	21.0	29.0	41.0	58.0	83.0
	10<m_n≤16	1.6	2.2	3.1	4.4	6.5	9.0	13.0	18.0	25.0	35.0	50.0	71.0	100.0
	16<m_n≤25	1.9	2.7	3.8	5.5	7.5	11.0	15.0	21.0	30.0	43.0	60.0	86.0	121.0
125<d≤280	0.5≤m_n≤2	0.8	1.1	1.6	2.2	3.1	4.4	6.0	9.0	12.0	18.0	25.0	35.0	50.0
	2<m_n≤3.5	1.0	1.4	2.0	2.8	4.0	5.5	8.0	11.0	16.0	23.0	32.0	45.0	64.0
	3.5<m_n≤6	1.2	1.7	2.4	3.3	4.7	6.5	9.5	13.0	19.0	27.0	38.0	54.0	76.0
	6<m_n≤10	1.4	2.0	2.8	4.0	5.5	8.0	11.0	16.0	23.0	32.0	45.0	64.0	90.0
	10<m_n≤16	1.7	2.4	3.4	4.8	6.5	9.5	13.0	19.0	27.0	38.0	54.0	76.0	108.0
	16<m_n≤25	2.0	2.8	4.0	5.5	8.0	11.0	16.0	23.0	32.0	45.0	64.0	91.0	129.0
280<d≤560	0.5≤m_n≤2	0.9	1.3	1.9	2.6	3.7	5.5	7.5	11.0	15.0	21.0	30.0	42.0	60.0
	2<m_n≤3.5	1.2	1.6	2.3	3.3	4.6	6.5	9.0	13.0	18.0	26.0	37.0	52.0	74.0
	3.5<m_n≤6	1.3	1.9	2.7	3.8	5.5	7.5	11.0	15.0	21.0	30.0	43.0	61.0	86.0
	6<m_n≤10	1.6	2.2	3.1	4.4	6.5	9.0	13.0	18.0	25.0	35.0	50.0	71.0	100.0
	10<m_n≤16	1.8	2.6	3.7	5.0	7.5	10.0	15.0	21.0	29.0	42.0	59.0	83.0	118.0
	16<m_n≤25	2.2	3.1	4.3	6.0	8.5	12.0	17.0	24.0	35.0	49.0	69.0	98.0	138.0
560<d≤1000	0.5≤m_n≤2	1.1	1.6	2.2	3.2	4.5	6.5	9.0	13.0	18.0	25.0	36.0	51.0	72.0
	2<m_n≤3.5	1.3	1.9	2.7	3.8	5.5	7.5	11.0	15.0	21.0	30.0	43.0	61.0	86.0
	3.5<m_n≤6	1.5	2.2	3.0	4.3	6.0	8.5	12.0	17.0	24.0	34.0	49.0	69.0	97.0
	6<m_n≤10	1.7	2.5	3.5	4.9	7.0	10.0	14.0	20.0	28.0	40.0	56.0	79.0	112.0
	10<m_n≤16	2.0	2.9	4.0	5.5	8.0	11.0	16.0	23.0	32.0	46.0	65.0	92.0	129.0
	16<m_n≤25	2.3	3.3	4.7	6.5	9.5	13.0	19.0	27.0	38.0	53.0	75.0	106.0	150.0
1000<d≤1600	2≤m_n≤3.5	1.5	2.2	3.1	4.4	6.0	8.5	12.0	17.0	25.0	35.0	49.0	70.0	99.0
	3.5<m_n≤6	1.7	2.4	3.5	4.9	7.0	10.0	14.0	20.0	28.0	39.0	55.0	78.0	110.0
	6<m_n≤10	2.0	2.8	3.9	5.5	8.0	11.0	16.0	22.0	31.0	44.0	62.0	88.0	125.0
	10<m_n≤16	2.2	3.1	4.5	6.5	9.0	13.0	18.0	25.0	36.0	50.0	71.0	101.0	142.0
	16<m_n≤25	2.5	3.6	5.0	7.0	10.0	14.0	20.0	29.0	41.0	58.0	82.0	115.0	163.0

表 12-101　螺旋线形状偏差 $f_{f\beta}$ 和螺旋线倾斜偏差 $\pm f_{H\beta}$　（单位：μm）

分度圆直径 d/mm	齿宽 b/mm	精度等级												
		0	1	2	3	4	5	6	7	8	9	10	11	12
5≤d≤20	4≤b≤10	0.8	1.1	1.5	2.2	3.1	4.4	6.0	8.5	12.0	17.0	25.0	35.0	49.0
	10≤b≤20	0.9	1.2	1.7	2.5	3.5	4.9	7.0	10.0	14.0	20.0	28.0	39.0	56.0
	20≤b≤40	1.0	1.4	2.0	2.8	4.0	5.5	8.0	11.0	16.0	22.0	32.0	45.0	64.0
	40≤b≤80	1.2	1.7	2.3	3.3	4.7	6.5	9.5	13.0	19.0	26.0	37.0	53.0	75.0
20<d≤50	4≤b≤10	0.8	1.1	1.6	2.3	3.2	4.5	6.5	9.0	13.0	18.0	26.0	36.0	51.0
	10<b≤20	0.9	1.3	1.8	2.5	3.6	5.0	7.0	10.0	14.0	20.0	29.0	41.0	58.0
	20<b≤40	1.0	1.4	2.0	2.9	4.1	6.0	8.0	12.0	16.0	23.0	33.0	46.0	65.0
	40<b≤80	1.2	1.7	2.4	3.4	4.8	7.0	9.5	14.0	19.0	27.0	38.0	54.0	77.0
	80<b≤160	1.4	2.0	2.9	4.1	6.0	8.0	12.0	16.0	23.0	33.0	46.0	65.0	93.0

（续）

分度圆直径 d/mm	齿宽 b/mm	精度等级												
		0	1	2	3	4	5	6	7	8	9	10	11	12
50<d≤125	4≤b≤10	0.8	1.2	1.7	2.4	3.4	4.8	6.5	9.5	13.0	19.0	27.0	38.0	54.0
	10<b≤20	0.9	1.3	1.9	2.7	3.8	5.5	7.5	11.0	15.0	21.0	30.0	43.0	60.0
	20<b≤40	1.1	1.5	2.1	3.0	4.3	6.0	8.5	12.0	17.0	24.0	34.0	48.0	68.0
	40<b≤80	1.2	1.8	2.5	3.5	5.0	7.0	10.0	14.0	20.0	28.0	40.0	56.0	79.0
	80<b≤160	1.5	2.1	3.0	4.2	6.0	8.5	12.0	17.0	24.0	34.0	48.0	67.0	95.0
	160<b≤250	1.8	2.5	3.5	5.0	7.0	10.0	14.0	20.0	28.0	40.0	56.0	80.0	113.0
	250<b≤400	2.1	2.9	4.1	6.0	8.0	12.0	16.0	23.0	33.0	46.0	66.0	93.0	132.0
125<d≤280	4≤b≤10	0.9	1.3	1.8	2.5	3.6	5.0	7.0	10.0	14.0	20.0	29.0	41.0	58.0
	10<b≤20	1.0	1.4	2.0	2.8	4.0	5.5	8.0	11.0	16.0	23.0	32.0	45.0	64.0
	20<b≤40	1.1	1.6	2.2	3.2	4.5	6.5	9.0	13.0	18.0	25.0	36.0	51.0	72.0
	40<b≤80	1.3	1.8	2.6	3.7	5.0	7.5	10.0	15.0	21.0	29.0	42.0	59.0	83.0
	80<b≤160	1.5	2.2	3.1	4.4	6.0	8.5	12.0	17.0	25.0	35.0	49.0	70.0	99.0
	160<b≤250	1.8	2.6	3.6	5.0	7.5	10.0	15.0	21.0	29.0	41.0	58.0	83.0	117.0
	250<b≤400	2.1	3.0	4.2	6.0	8.5	12.0	17.0	24.0	34.0	48.0	68.0	96.0	135.0
280<d≤560	10≤b≤20	1.1	1.5	2.2	3.0	4.3	6.0	8.5	12.0	17.0	24.0	34.0	49.0	69.0
	20<b≤40	1.2	1.7	2.4	3.4	4.8	7.0	9.5	14.0	19.0	27.0	38.0	54.0	77.0
	40<b≤80	1.4	1.9	2.7	3.9	5.5	8.0	11.0	16.0	22.0	31.0	44.0	62.0	88.0
	80<b≤160	1.6	2.3	3.2	4.6	6.5	9.0	13.0	18.0	26.0	37.0	52.0	73.0	104.0
	160<b≤250	1.9	2.7	3.8	5.5	7.5	11.0	15.0	22.0	30.0	43.0	61.0	86.0	122.0
	250<b≤400	2.2	3.1	4.4	6.0	9.0	12.0	18.0	25.0	35.0	50.0	70.0	99.0	140.0
560<d≤1000	10≤b≤20	1.2	1.7	2.3	3.3	4.7	6.5	9.5	13.0	19.0	26.0	37.0	53.0	75.0
	20<b≤40	1.3	1.8	2.6	3.7	5.0	7.5	10.0	15.0	21.0	29.0	41.0	58.0	83.0
	40<b≤80	1.5	2.1	2.9	4.1	6.0	8.5	12.0	17.0	23.0	33.0	47.0	66.0	94.0
	80<b≤160	1.7	2.4	3.4	4.9	7.0	9.5	14.0	19.0	27.0	39.0	55.0	78.0	110.0
	160<b≤250	2.0	2.8	4.0	5.5	8.0	11.0	16.0	23.0	32.0	45.0	64.0	90.0	128.0
	250<b≤400	2.3	3.2	4.6	6.5	9.0	13.0	18.0	26.0	37.0	52.0	73.0	103.0	146.0
1000<d≤1600	20≤b≤40	1.4	2.0	2.8	3.9	5.5	8.0	11.0	16.0	22.0	32.0	45.0	63.0	89.0
	40<b≤80	1.6	2.2	3.1	4.4	6.5	9.0	13.0	18.0	25.0	35.0	50.0	71.0	100.0
	80<b≤160	1.8	2.6	3.6	5.0	7.5	10.0	15.0	21.0	29.0	41.0	58.0	82.0	116.0
	160<b≤250	2.1	3.0	4.2	6.0	8.5	12.0	17.0	24.0	34.0	47.0	67.0	95.0	134.0
	250<b≤400	2.4	3.4	4.8	6.5	9.5	13.0	19.0	27.0	38.0	54.0	76.0	108.0	153.0

表 12-102　径向综合总偏差 F''_i　（单位：μm）

分度圆直径 d/mm	法向模数 m_n/mm	精度等级								
		4	5	6	7	8	9	10	11	12
5≤d≤20	0.2≤m_n≤0.5	7.5	11	15	21	30	42	60	85	120
	0.5≤m_n≤0.8	8.0	12	16	23	33	46	66	93	131
	0.8<m_n≤1.0	9.0	12	18	25	35	50	70	100	141
	1.0<m_n≤1.5	10	14	19	27	38	54	76	108	153
	1.5<m_n≤2.5	11	16	22	32	45	63	89	126	179
	2.5<m_n≤4.0	14	20	28	39	56	79	112	158	223
20<d≤50	0.2≤m_n≤0.5	9.0	13	19	26	37	52	74	105	148
	0.5<m_n≤0.8	10	14	20	28	40	56	80	113	160
	0.8<m_n≤1.0	11	15	21	30	42	60	85	120	169
	1.0<m_n≤1.5	11	16	23	32	45	64	91	128	181
	1.5<m_n≤2.5	13	18	26	37	52	73	103	146	207
	2.5<m_n≤4.0	16	22	31	44	63	89	126	178	251
	4.0<m_n≤6.0	20	28	39	56	79	111	157	222	314
	6.0<m_n≤10	26	37	52	74	104	147	209	295	417

（续）

分度圆直径 d/mm	法向模数 m_n/mm	精度等级								
		4	5	6	7	8	9	10	11	12
$50<d\le125$	$0.2\le m_n\le0.5$	12	16	23	33	46	66	93	131	185
	$0.5<m_n\le0.8$	12	17	25	35	49	70	98	139	197
	$0.8<m_n\le1.0$	13	18	26	36	52	73	103	146	206
	$1.0<m_n\le1.5$	14	19	27	39	55	77	109	154	218
	$1.5<m_n\le2.5$	15	22	31	43	61	86	122	173	244
	$2.5<m_n\le4.0$	18	25	36	51	72	102	144	204	288
	$4.0<m_n\le6.0$	22	31	44	62	88	124	176	248	351
	$6.0<m_n\le10$	28	40	57	80	114	161	227	321	454
$125<d\le280$	$0.2\le m_n\le0.5$	15	21	30	42	60	85	120	170	240
	$0.5<m_n\le0.8$	16	22	31	44	63	89	126	178	252
	$0.8<m_n\le1.0$	16	23	33	46	65	92	131	185	261
	$1.0<m_n\le1.5$	17	24	34	48	68	97	137	193	273
	$1.5<m_n\le2.5$	19	26	37	53	75	106	149	211	299
	$2.5<m_n\le4.0$	21	30	43	61	86	121	172	243	343
	$4.0<m_n\le6.0$	25	36	51	72	102	144	203	287	406
	$6.0<m_n\le10$	32	45	64	90	127	180	255	360	509
$280<d\le560$	$0.2\le m_n\le0.5$	19	28	39	55	78	110	156	220	311
	$0.5<m_n\le0.8$	20	29	40	57	81	114	161	228	323
	$0.8<m_n\le1.0$	21	29	42	59	83	117	166	235	332
	$1.0<m_n\le1.5$	22	30	43	61	86	122	172	243	344
	$1.5<m_n\le2.5$	23	33	46	65	92	131	185	262	370
	$2.5<m_n\le4.0$	26	37	52	73	104	146	207	293	414
	$4.0<m_n\le6.0$	30	42	60	84	119	169	239	337	477
	$6.0<m_n\le10$	36	51	73	103	145	205	290	410	580
$560<d\le1000$	$0.2\le m_n\le0.5$	25	35	50	70	99	140	198	280	396
	$0.5<m_n\le0.8$	25	36	51	72	102	144	204	288	408
	$0.8<m_n\le1.0$	26	37	52	74	104	148	209	295	417
	$1.0<m_n\le1.5$	27	38	54	76	107	152	215	304	429
	$1.5<m_n\le2.5$	28	40	57	80	114	161	228	322	455
	$2.5<m_n\le4.0$	31	44	62	88	125	177	250	353	499
	$4.0<m_n\le6.0$	35	50	70	99	141	199	281	398	562
	$6.0<m_n\le10$	42	59	83	118	166	235	333	471	665

表 12-103　一齿径向综合偏差 f''_i　（单位：μm）

分度圆直径 d/mm	法向模数 m_n/mm	精度等级								
		4	5	6	7	8	9	10	11	12
$5\le d\le20$	$0.2\le m_n\le0.5$	1.0	2.0	2.5	3.5	5.0	7.0	10	14	20
	$0.5<m_n\le0.8$	2.0	2.5	4.0	5.5	7.5	11	15	22	31
	$0.8<m_n\le1.0$	2.5	3.5	5.0	7.0	10	14	20	28	39
	$1.0<m_n\le1.5$	3.0	4.5	6.5	9.0	13	18	25	36	50
	$1.5<m_n\le2.5$	4.5	6.5	9.5	13	19	26	37	53	74
	$2.5<m_n\le4.0$	7.0	10	14	20	29	41	58	82	115
$20<d\le50$	$0.2\le m_n\le0.5$	1.5	2.0	2.5	3.5	5.0	7.0	10	14	20
	$0.5<m_n\le0.8$	2.0	2.5	4.0	5.5	7.5	11	15	22	31
	$0.8<m_n\le1.0$	2.5	3.5	5.0	7.0	10	14	20	28	40
	$1.0<m_n\le1.5$	3.0	4.5	6.5	9.0	13	18	25	36	51
	$1.5<m_n\le2.5$	4.5	6.5	9.5	13	19	26	37	53	75
	$2.5<m_n\le4.0$	7.0	10	14	20	29	41	58	82	116
	$4.0<m_n\le6.0$	11	15	22	31	43	61	87	123	174
	$6.0<m_n\le10$	17	24	34	48	67	95	135	190	269

（续）

分度圆直径 d/mm	法向模数 m_n/mm	精度等级								
		4	5	6	7	8	9	10	11	12
$50<d\leqslant125$	$0.2\leqslant m_n\leqslant0.5$	1.5	2.0	2.5	3.5	5.0	7.5	10	15	21
	$0.5<m_n\leqslant0.8$	2.0	3.0	4.0	5.5	8.0	11	16	22	31
	$0.8<m_n\leqslant1.0$	2.5	3.5	5.0	7.0	10	14	20	28	40
	$1.0<m_n\leqslant1.5$	3.0	4.5	6.5	9.0	13	18	26	36	51
	$1.5<m_n\leqslant2.5$	4.5	6.5	9.5	13	19	26	37	53	75
	$2.5<m_n\leqslant4.0$	7.0	10	14	20	29	41	58	82	116
	$4.0<m_n\leqslant6.0$	11	15	22	31	44	62	87	123	174
	$6.0<m_n\leqslant10$	17	24	34	48	67	95	135	191	269
$125<d\leqslant280$	$0.2\leqslant m_n\leqslant0.5$	1.5	2.0	2.5	3.5	5.5	7.5	11	15	21
	$0.5<m_n\leqslant0.8$	2.0	3.0	4.0	5.5	8.0	11	16	22	32
	$0.8<m_n\leqslant1.0$	2.5	3.5	5.0	7.0	10	14	20	29	41
	$1.0<m_n\leqslant1.5$	3.0	4.5	6.5	9.0	13	18	26	36	52
	$1.5<m_n\leqslant2.5$	4.5	6.5	9.5	13	19	27	38	53	75
	$2.5<m_n\leqslant4.0$	7.5	10	15	21	29	41	58	82	116
	$4.0<m_n\leqslant6.0$	11	15	22	31	44	62	87	124	175
	$6.0<m_n\leqslant10$	17	24	34	48	67	95	135	191	270
$280<d\leqslant560$	$0.2\leqslant m_n\leqslant0.5$	1.5	2.0	2.5	4.0	5.5	7.5	11	15	22
	$0.5<m_n\leqslant0.8$	2.0	3.0	4.0	5.5	8.0	11	16	23	32
	$0.8<m_n\leqslant1.0$	2.5	3.5	5.0	7.5	10	15	21	29	41
	$1.0<m_n\leqslant1.5$	3.5	4.5	6.5	9.0	13	18	26	37	52
	$1.5<m_n\leqslant2.5$	5.0	6.5	9.5	13	19	27	38	54	76
	$2.5<m_n\leqslant4.0$	7.5	10	15	21	29	41	59	83	117
	$4.0<m_n\leqslant6.0$	11	15	22	31	44	62	88	124	175
	$6.0<m_n\leqslant10$	17	24	34	48	68	96	135	191	271
$560<d\leqslant1000$	$0.2\leqslant m_n\leqslant0.5$	1.5	2.0	3.0	4.0	5.5	8.0	11	16	23
	$0.5<m_n\leqslant0.8$	2.0	3.0	4.0	6.0	8.5	12	17	24	33
	$0.8<m_n\leqslant1.0$	2.5	3.5	5.5	7.5	11	15	21	30	42
	$1.0<m_n\leqslant1.5$	3.5	4.5	6.5	9.5	13	19	27	38	53
	$1.5<m_n\leqslant2.5$	5.0	7.0	9.5	14	19	27	38	54	77
	$2.5<m_n\leqslant4.0$	7.5	10	15	21	30	42	59	83	118
	$4.0<m_n\leqslant6.0$	11	16	22	31	44	62	88	125	176
	$6.0<m_n\leqslant10$	17	24	34	48	68	96	136	192	272

表 12-104　径向跳动公差 F_r　　（单位：μm）

分度圆直径 d/mm	法向模数 m_n/mm	精度等级												
		0	1	2	3	4	5	6	7	8	9	10	11	12
$5\leqslant d\leqslant20$	$0.5\leqslant m_n\leqslant2.0$	1.5	2.5	3.0	4.5	6.5	9.0	13	18	25	36	51	72	102
	$2.0<m_n\leqslant3.5$	1.5	2.5	3.5	4.5	6.5	9.5	13	19	27	38	53	75	106
$20<d\leqslant50$	$0.5\leqslant m_n\leqslant2.0$	2.0	3.0	4.0	5.5	8.0	11	16	23	32	46	65	92	130
	$2.0<m_n\leqslant3.5$	2.0	3.0	4.0	6.0	8.5	12	17	24	34	47	67	95	134
	$3.5<m_n\leqslant6.0$	2.0	3.0	4.5	6.0	8.5	12	17	25	35	49	70	99	139
	$6.0<m_n\leqslant10$	2.5	3.5	4.5	6.5	9.5	13	19	26	37	52	74	105	148
$50<d\leqslant125$	$0.5\leqslant m_n\leqslant2.0$	2.5	3.5	5.0	7.5	10	15	21	29	42	59	83	118	167
	$2.0<m_n\leqslant3.5$	2.5	4.0	5.5	7.5	11	15	21	30	43	61	86	121	171
	$3.5<m_n\leqslant6.0$	3.0	4.0	5.5	8.0	11	16	22	31	44	62	88	125	176
	$6.0<m_n\leqslant10$	3.0	4.0	6.0	8.0	12	16	23	33	46	65	92	131	185
	$10<m_n\leqslant16$	3.0	4.5	6.0	9.0	12	18	25	35	50	70	99	140	198
	$16<m_n\leqslant25$	3.5	5.0	7.0	9.5	14	19	27	39	55	77	109	154	218

（续）

分度圆直径 d/mm	法向模数 m_n/mm	精度等级												
		0	1	2	3	4	5	6	7	8	9	10	11	12
125<d≤280	0.5≤m_n≤2.0	3.5	5.0	7.0	10	14	20	28	39	55	78	110	156	221
	2.0<m_n≤3.5	3.5	5.0	7.0	10	14	20	28	40	56	80	113	159	225
	3.5<m_n≤6.0	3.5	5.0	7.0	10	14	20	29	41	58	82	115	163	231
	6.0<m_n≤10	3.5	5.5	7.5	11	15	21	30	42	60	85	120	169	239
	10<m_n≤16	4.0	5.5	8.0	11	16	22	32	45	63	89	126	179	252
	16<m_n≤25	4.5	6.0	8.5	12	17	24	34	48	68	96	136	193	272
280<d≤560	0.5≤m_n≤2.0	4.5	6.5	9.0	13	18	26	36	51	73	103	146	206	291
	2.0<m_n≤3.5	4.5	6.5	9.0	13	18	26	37	52	74	105	148	209	296
	3.5<m_n≤6.0	4.5	6.5	9.5	13	19	27	38	53	75	106	150	213	301
	6.0<m_n≤10	5.0	7.0	9.5	14	19	27	39	55	77	109	155	219	310
	10<m_n≤16	5.0	7.0	10	14	20	29	40	57	81	114	161	228	323
	16<m_n≤25	5.5	7.5	11	15	21	30	43	61	86	121	171	242	343
560<d≤1000	0.5≤m_n≤2.0	6.0	8.5	12	17	23	33	47	66	94	133	188	266	376
	2.0<m_n≤3.5	6.0	8.5	12	17	24	34	48	67	95	134	190	269	380
	3.5<m_n≤6.0	6.0	8.5	12	17	24	34	48	68	96	136	193	272	385
	6.0<m_n≤10	6.0	8.5	12	17	25	35	49	70	98	139	197	279	394
	10<m_n≤16	6.5	9.0	13	18	25	36	51	72	102	144	204	288	407
	16<m_n≤25	6.5	9.5	13	19	27	38	53	76	107	151	214	302	427
1000<d≤1600	2.0≤m_n≤3.5	7.5	10	15	21	30	42	59	84	118	167	236	334	473
	3.5<m_n≤6.0	7.5	11	15	21	30	42	60	85	120	169	239	338	478
	6.0<m_n≤10	7.5	11	15	22	30	43	61	86	122	172	243	344	487
	10<m_n≤16	8.0	11	16	22	31	44	63	88	125	177	250	354	500
	16<m_n≤25	8.0	11	16	23	33	46	65	92	130	184	260	368	520

表 12-105　齿轮精度公差计算公式

名称及代号	5 级精度的齿轮公差计算式	使用说明
单个齿距偏差 f_{pt}	$f_{pt}=0.3(m+0.4\sqrt{d})+4$	① 5 级精度的未圆整的计算值乘以 $2^{0.5(Q-5)}$，即可得到任意精度等级的待求值，Q 为待求值的精度等级数 ② 应用公式时，参数 m、d 和 b 应取该分段界限值的几何平均值代入。例如，如果实际模数是 7mm，分段界限值为 m=6mm 和 m=10mm，允许偏差用 $m=\sqrt{6\times10}$mm=7.746mm 代入计算。如果计算值大于 10μm，圆整到最接近的整数；如果计算值小于 10μm，圆整到最接近的相差小于 0.5μm 的小数或整数；如果计算值小于 5μm，圆整到最接近的相差小于 0.1μm 的一位小数或整数
齿距累积偏差 F_{pk}	$F_{pk}=f_{pt}+1.6\sqrt{(k-1)m}$	
齿距累积总偏差 F_p	$F_p=0.3m+1.25\sqrt{d}+7$	
齿廓总偏差 F_α	$F_\alpha=3.2\sqrt{m}+0.22\sqrt{d}+0.7$	
齿廓形状偏差 $f_{f\alpha}$	$f_{f\alpha}=2.5\sqrt{m}+0.17\sqrt{d}+0.5$	
齿廓倾斜偏差 $f_{H\alpha}$	$f_{H\alpha}=2\sqrt{m}+0.14\sqrt{d}+0.5$	
螺旋线总偏差 F_β	$F_\beta=0.1\sqrt{d}+0.63\sqrt{b}+4.2$	
螺旋线形状偏差 $f_{f\beta}$	$f_{f\beta}=0.07\sqrt{d}+0.45\sqrt{b}+3$	
螺旋线倾斜偏差 $f_{H\beta}$	$f_{H\beta}=0.07\sqrt{d}+0.45\sqrt{b}+3$	
切向综合总偏差 F_i'	$F_i'=F_p+f_i'$	
一齿切向综合偏差 f_i'	$f_i'=K(4.3+f_{pt}+F_\alpha)$ $=K(9+0.3m+3.2\sqrt{m}+0.34\sqrt{d})$ 式中，当 $\varepsilon_\gamma<4$ 时，$K=0.2\left(\frac{\varepsilon_\gamma+4}{\varepsilon_\gamma}\right)$；当 $\varepsilon_\gamma\geqslant4$ 时，$K=0.4$ 如果产品齿轮与测量齿轮的齿宽不同，则按较小的齿宽进行 ε_γ 计算	
径向综合偏差 F_i''	$F_i''=3.2m_n+1.01\sqrt{d}+6.4$	① 5 级精度的未圆整的计算值乘以 $2^{0.5(Q-5)}$，即可得到任意精度等级的待求值，Q 待求值的精度等级数 ② 应用公式时，参数 m_n、d 和 b 应取该分段界限值的几何平均值代入。如果计算值大于 10μm，圆整到最接近的整数；如果计算值小于 10μm，圆整到最接近的相差小于 0.5μm 的小数或整数
一齿径向综合偏差 f_i''	$f_i''=2.96m_n+0.01\sqrt{d}+0.8$	
径向跳动公差 F_r	$F_r=0.8F_p=0.24m_n+1.0\sqrt{d}+5.6$	

12.1.12 渐开线圆柱齿轮的测量和零件图

12.1.12.1 齿轮检验

关于齿轮检验，有以下几个“中华人民共和国国家标准指导性技术文件”：

1）GB/Z 18620.1—2008 圆柱齿轮 检验实施规范 第1部分：轮齿同侧齿面的检验（等效 ISO/TR 10064—1：1992）。

2）GB/Z 18620.2—2008 圆柱齿轮 检验实施规范 第2部分：径向综合偏差、径向跳动、齿厚和侧隙的检验（等效 ISO/TR 10064—2：1996）。

3）GB/Z 18620.3—2008 圆柱齿轮 检验实施规范 第3部分：齿轮坯、轴中心距和轴线平行度的检验（等效 ISO/TR 10064—3：1996）。

4）GB/Z 18620.4—2008 圆柱齿轮 检验实施规范 第4部分：表面结构和轮齿接触斑点的检验（等效 ISO/TR 10064—4：1998）。

这些文件是渐开线齿轮的检测规范，与 GB/T 10095.1—2008 和 GB/T 10095.2—2008 密切相关。以下内容摘自上述四个指导性技术文件。

（1）轮齿同侧齿面的检验 包括单个齿距偏差 f_{pt}、齿距累积误差 F_{pk} 和齿距累积总偏差 F_p 的检验。

1）通常齿距偏差均在接近齿高和齿宽中部的位置测量。f_{pt} 需对每个轮齿的两侧齿面都进行测量。当齿宽大于250mm时，应增加两个测量部位，即在各距齿宽每侧约15%的齿宽处测量。

2）除另有规定外，F_{pk} 值被限定在不大于1/8的圆周上评定。F_{pk} 适用于齿距数 k 为2到小于 $z/8$ 的范围。通常检验 $F_{pz/8}$ 值就足够了。对于特殊的应用场合（如高速齿轮），还需检验较小的弧段并规定相应的齿距数 k。

（2）齿廓偏差 包括齿廓总偏差 F_α、齿廓形状偏差 $f_{f\alpha}$ 和齿廓倾斜偏差 $f_{H\alpha}$ 的检验，F_α 应在齿宽中部位置测量。当齿宽大于250mm时，应增加两个测量部位，即在各距齿宽每侧约15%的齿宽处测量。除另有规定外，应至少测三个轮齿的两侧齿面。这三个轮齿应取在沿齿轮圆周近似三等分位置处。

$f_{f\alpha}$、$f_{H\alpha}$ 不是标准的必检项目，但它是十分有用的参数。需要时，应在供需协议中予以规定。

（3）螺旋线偏差 包括螺旋线总偏差 F_β、螺旋线形状偏差 $f_{f\beta}$ 和螺旋线倾斜偏差 $f_{H\beta}$ 的检验。螺旋线总偏差 F_β 应在沿齿轮圆周均布的不少于3个轮齿的两侧面的齿高中部测量。$f_{f\beta}$、$f_{H\beta}$ 不是标准的必检项目，但它是十分有用的参数。需要时，应在供需协议中予以规定。

（4）切向综合偏差 包括切向综合总偏差（与测量齿轮啮合）F_i' 和一齿切向综合偏差 f_i'（与测量齿轮啮合）的检验。F_i'、f_i' 是标准的检验项目，但不是必须检验的项目。

“测量齿轮”的精度影响测量结果。其精度至少比被测齿轮的精度高4级，否则需考虑测量齿轮的制造精度所带来的影响。检验时，被测齿轮与测量齿轮处于公称中心距下，并施予很轻的载荷，以较低的速度保证齿面接触保持单面啮合状态，直到获得一整圈的偏差曲线图为止。

（5）径向综合偏差 包括径向综合总偏差 F_i'' 和一齿径向综合偏差 f_i'' 的检验。检验时，测量齿轮应在有效长度上与产品齿轮（被测齿轮）保持双面啮合。应特别注意测量齿轮的精度和参数设计，如应有足够的啮合深度，使其与产品齿轮的整个实际有效齿廓接触，而不应与非有效部分或齿根部接触。当检验精密齿轮时，供需双方应协商所用测量齿轮的精度和测量步骤。

标准在其附录中给出的公差值，可直接用于直齿轮。对于斜齿轮，因纵向重合度 ε_β 影响径向测量结果，故按供需双方的协议来使用。当用于斜齿轮时，其测量齿轮的齿宽应使与产品齿轮啮合时的 ε_β 小于或等于0.5。

（6）径向跳动 F_r 的检验 检验方法以被测齿轮回转轴线为基准，将测头依次与齿轮各齿槽齿高中部双面接触，测头相对于齿轮回转基准轴线的最大变动量为 F_r。可以用径向跳动检查仪或万能测齿仪等检查。

（7）检验项目的确定 标准没有规定齿轮的公差组和检验组。对产品齿轮可采用两种不同的检验形式来评定和验收其制造质量：一种是综合检验；另一种是单项检验。两种检验形式不能同时采用。

综合检验的检验项目有 F_i'' 与 f_i''。单项检验按照齿轮的使用要求，可选择下列检验组中的一组来评定和验收齿轮精度：①f_{pt}、F_p、F_α、F_r、F_β；②f_{pt}、F_{pk}、F_p、F_α、F_r、F_β；③f_{pt}、F_r、F_β（仅用于10～12级）。

12.1.12.2 齿轮坯的精度

齿轮坯是指在轮齿加工前供制造齿轮用的工件。齿轮坯的尺寸偏差和形状位置偏差都直接影响齿轮的加工和检验，影响轮齿接触和运行。

齿轮坯精度涉及对基准轴线与相关的安装面的选择及其制造公差。测量时，齿轮的旋转轴线（基准轴线）若有改变，则齿廓偏差、相邻齿距偏差的测量数值也将会改变。因此，在齿轮图样上必须把规定公差的基准轴线明确表示出来，并标明对齿轮坯的技术要求。

（1）基准轴线与工作轴线间的关系　基准轴线是制造者（或检验者）用于对单个零件确定轮齿几何形状的轴线，设计者应确保其精确地确定，使齿轮的技术要求得到满足。通常使基准轴线与工作轴线重合，即将安装面作为基准面。

一般情况下，先确定一个基准轴线，然后将其他的所有轴线（包括工作轴线及可能的一些制造轴线）用适当的公差与之联系。此时，应考虑公差链中所增加的链环的影响。

（2）基准轴线的确定方法　一个零件的基准轴线是用基准面来确定的。它可用四种基本方法来确定，见表 12-106。

表 12-106　确定基准轴线方法

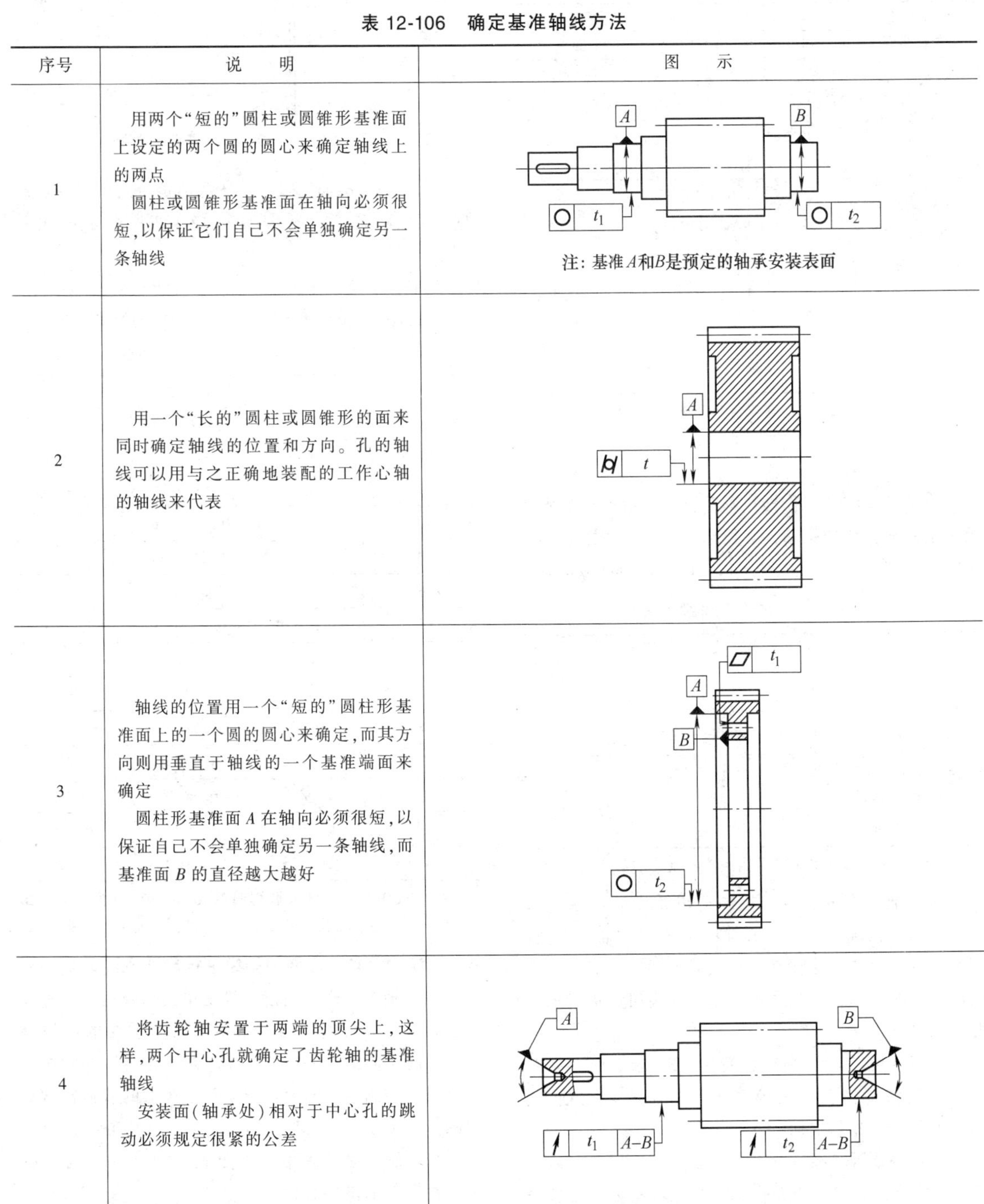

序号	说明	图示
1	用两个“短的”圆柱或圆锥形基准面上设定的两个圆的圆心来确定轴线上的两点 圆柱或圆锥形基准面在轴向必须很短，以保证它们自己不会单独确定另一条轴线	注：基准 A 和 B 是预定的轴承安装表面
2	用一个“长的”圆柱或圆锥形的面来同时确定轴线的位置和方向。孔的轴线可以用与之正确地装配的工作心轴的轴线来代表	
3	轴线的位置用一个“短的”圆柱形基准面上的一个圆的圆心来确定，而其方向则用垂直于轴线的一个基准端面来确定 圆柱形基准面 A 在轴向必须很短，以保证自己不会单独确定另一条轴线，而基准面 B 的直径越大越好	
4	将齿轮轴安置于两端的顶尖上，这样，两个中心孔就确定了齿轮轴的基准轴线 安装面（轴承处）相对于中心孔的跳动必须规定很紧的公差	

表 12-106 中序号 4 确定基准轴线的方法是最常用、最满意的方法。但必须注意中心孔 60°接触角的内表面应接触良好。

基准面的精度要求，必须在零件图上予以规定。表 12-107 对基准面的圆度、圆柱度和平面度规定了公差数值。

表 12-107　基准与安装面的形状公差

确定轴线的基准面	公差项目		
	圆度	圆柱度	平面度
两个"短的"圆柱或圆锥形基准面	$0.04(L/b)F_\beta$ 或 $0.1F_p$ 取两者中之小值		
一个"长的"圆柱或圆锥形基准面		$0.04(L/b)F_\beta$ 或 $0.1F_p$ 取两者中之小值	
一个短的圆柱面和一个端面	$0.06F_p$		$0.06(D_d/b)F_\beta$

注：1. 齿轮坯的公差应减至能经济地制造的最小值。
2. L—较大的轴承跨距；D_d—基准面直径；b—齿宽。

当基准轴线与工作轴线不重合时，则工作安装面相对于基准轴线的跳动，必须标注在齿轮图样上予以控制。跳动公差应不大于表 12-108 中规定的数值。

表 12-108　安装面的跳动公差

确定轴线的基准面	跳动量(总的指示幅度)	
	径向	轴向
仅指圆柱或圆锥形基准面	$0.15(L/b)F_\beta$ 或 $0.3F_p$ 取两者中之大值	
一个圆柱基准面和一个端面基准面	$0.3F_p$	$0.2(D_d/b)F_\beta$

注：齿轮坯的公差应减至能经济地制造的最小值。

对大批生产的齿轮，在制造齿轮坯的控制过程中，应采用精确的膨胀式心轴以齿轮坯的轴线定位，用适当的夹具支承齿轮坯，使其跳动限定在规定的范围内。同时，还需要选用高质量的切齿机床进行加工并检查首件。

对高精度齿轮，必须设置专用的基准面，见图 12-52。对特高精度的齿轮，加工前需先装在轴上，此时轴颈可用作基准面。

应对齿顶圆直径选择合适的公差，以保证有最小的设计重合度，并具有足够的齿顶间隙。如果将齿顶

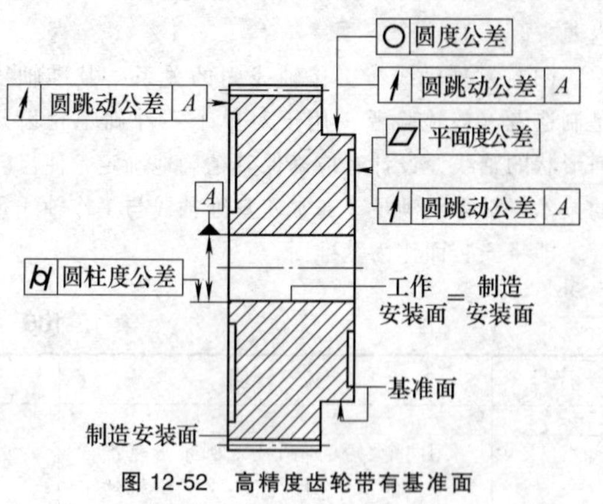

图 12-52　高精度齿轮带有基准面

圆柱面作为基准面，除了上述数值仍可用作尺寸公差外，其形状公差应不大于表 12-107 所规定的相关数值。

12.1.12.3　表面粗糙度（见表 12-109 和表 12-110）

表 12-109　粗糙度轮廓的 *Ra* 和 *Rz* 的推荐极限值

（单位：μm）

等级	Ra 和 Rz		
	模数/mm		
	$m<6$	$6 \leqslant m \leqslant 25$	$m>25$
1		0.04/0.25	
2		0.08/0.50	
3		0.16/1.0	
4		0.32/2.0	
5	0.5/3.2	0.63/4.0	0.80/5.0
6	0.8/5.0	1.00/6.3	1.25/8.0
7	1.25/8.0	1.6/10.0	2.0/12.5
8	2.0/12.5	2.5/16	3.2/20
9	3.2/20	4.0/25	5.0/32
10	5.0/32	6.3/40	8.0/50
11	10.0/63	12.5/80	16/100
12	20/125	25/160	32/200

注：表中分子为算术平均偏差 *Ra* 值；分母为轮廓的最大高度 *Rz* 值。

12.1.12.4　轴中心距和轴线平行度

（1）轴中心距　当齿轮只是单向承载运转而不经常反转时，最大侧隙的控制不是一个重要的考虑因素，此时中心距允许偏差主要取决于重合度的考虑。

对于控制运动的齿轮传动和轮齿上的载荷常常反向的齿轮传动，为了控制最大侧隙，其中心距公差必须严加控制。设计者可以参照表 12-111 中的齿轮副中心距极限偏差数值。

表 12-110　齿面粗糙度　（单位：μm）

齿轮精度等级	4		5		6		7		8		9	
齿面	硬	软	硬	软	硬	软	硬	软	硬	软	硬	软
齿面粗糙度 Ra	≤0.4	≤0.8		≤1.6	≤0.8	<1.6	≤1.6	≤3.2		≤6.3	≤3.2	≤6.3

表 12-111　中心距极限偏差±f_a 值

（单位：μm）

齿轮精度等级			3~4	5~6	7~8	9~10
f_a			$\frac{1}{2}$IT6	$\frac{1}{2}$IT7	$\frac{1}{2}$IT8	$\frac{1}{2}$IT9
齿轮副的中心距/mm	大于	到				
	6	10	4.5	7.5	11	18
	10	18	5.5	9	13.5	21.5
	18	30	6.5	10.5	16.5	26
	30	50	8	12.5	19.5	31
	50	80	9.5	15	28	37
	80	120	11	17.5	27	43.5
	120	180	12.5	20	31.5	50
	180	250	14.5	23	36	57.5
	250	315	16	26	19.5	65
	315	400	18	28.5	44.5	70
	400	500	20	31.5	18.5	77.5
	500	630	22	35	55	87
	630	800	25	40	62	100
	800	1000	28	45	70	115
	1000	1250	33	52	82	130
	1250	1600	39	62	97	155
	1600	2000	46	75	115	185
	2000	2500	50	87	149	220
	2500	3150	67.5	105	165	270

注：本表引自 GB/T 10095—1988，齿轮精度等级为其第Ⅱ公差组精度等级。

（2）轴线平行度　由于轴线平行度偏差与其量的方向有关，所以规定有“轴线平面内的偏差”$f_{\Sigma\delta}$和“垂直平面上的偏差”$f_{\Sigma\beta}$，（见图 12-53）。

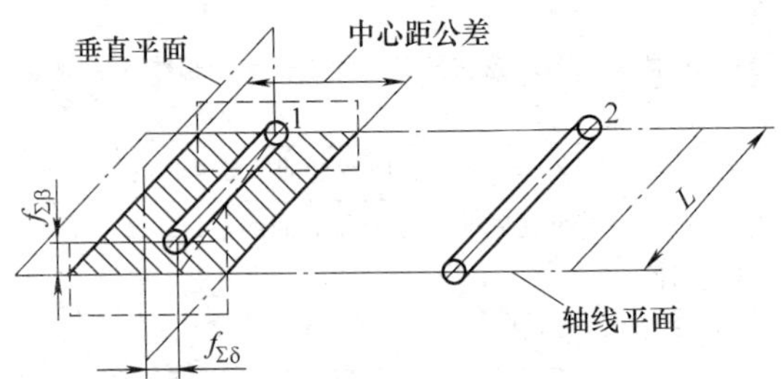

图 12-53　轴线平行度偏差

轴线平面内的偏差$f_{\Sigma\delta}$是在两轴线的公共平面上测量的。该公共平面是用两轴的轴承跨距中较长的一个 L 和另一根轴上的一个轴承来确定的。“垂直平面上的偏差”$f_{\Sigma\beta}$是在轴线公共平面相垂直的“交错轴平面”上测量的。

轴线平面内的轴线偏差将影响螺旋线啮合偏差，它的影响是工作压力角的正弦函数。垂直平面上的轴线偏差的影响是工作压力角的余弦函数，可见垂直平面上的偏差所导致的啮合偏差，将是同样大小轴线平面内偏差导致的啮合偏差的 2~3 倍。

轴线平行度公差的最大推荐值如下：

1）轴线平面内的轴线平行度公差的最大推荐值为

$$f_{\Sigma\delta}=2f_{\Sigma\beta}$$

2）垂直平面上的轴线平行度公差的最大推荐值为

$$f_{\Sigma\beta}=0.5\left(\frac{L}{b}\right)F_{\beta}$$

F_{β} 为螺旋线总偏差，见表 12-97。

12.1.12.5　轮齿接触斑点

检验产品齿轮副在其箱体内啮合所产生的接触斑点，可评估轮齿间载荷分布。产品齿轮和测量齿轮的接触斑点，可用于评估装配后齿轮螺旋线和齿廓精度。

产品齿轮和测量齿轮在轻载下的轮齿齿面接触斑点，可以从安装在机架上的两相啮合的齿轮得到，但两轴线的平行度在产品齿轮齿宽上要小于 0.005mm，并且测量齿轮的齿宽也不小于产品齿轮的齿宽。相配的产品齿轮副的接触斑点，也可在相啮合的机架上得到，但用于获得轻载接触斑点所施加的载荷，应能恰好保证被测齿面保持稳定的接触。

图 12-54 和表 12-112、表 12-113 给出了在齿轮装配后（空载）检测时，所预计的齿轮精度等级和接触斑点分布之间关系的一般指示，但不能理解为证明齿轮精度等级的替代方法。

b_{c1}　b_{c2}　h_{c2}　h_{c1}　有效齿面高度

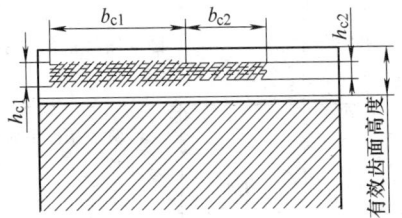

图 12-54　接触斑点分布的示意

表 12-112　斜齿轮装配后的接触斑点

精度等级按 GB/T 10095—2008	b_{c1}占齿宽的	h_{c1} 占有效齿面高度的	b_{c2} 占齿宽的	h_{c2} 占有效齿面高度的
4 级及更高	50%	50%	40%	30%
5 和 6	45%	40%	35%	20%
7 和 8	35%	40%	35%	20%
9~12	25%	40%	25%	20%

表 12-113　直齿轮装配后的接触斑点

精度等级按 GB/T 10095—2008	b_{c1}占齿宽的	h_{c1} 占有效齿面高度的	b_{c2} 占齿宽的	h_{c2} 占有效齿面高度的
4 级及更高	50%	70%	40%	50%
5 和 6	45%	50%	35%	30%
7 和 8	35%	50%	35%	30%
9~12	25%	50%	25%	30%

12.1.12.6　齿厚和侧隙

有关齿厚和侧隙的术语及定义见表 12-114。

表 12-114　齿厚和侧隙的术语及定义

术语	代号	定　义
公称齿厚	s_n	在分度圆柱上法向平面的“公称齿厚 s_n”，是指齿厚理论值。该齿轮与具有理论齿厚的相配齿轮，在基本中心距之下无侧隙啮合。公称齿厚计算公式如下： 对外齿轮　$s_n=m_n\left[\frac{\pi}{2}+2x\tan\alpha_n\right]$ 对内齿轮　$s_n=m_n\left[\frac{\pi}{2}-2x\tan\alpha_n\right]$ 对斜齿轮，s_n 值应在法向平面内测量
齿厚的“最大和最小极限”	s_{ns} s_{ni}	齿厚的“最大和最小极限”s_{ns}和 s_{ni}是指齿厚的两个极端的允许尺寸，齿厚的实际尺寸应该位于这两个极端尺寸之间（含极端尺寸），见图 12-55
齿厚的极限偏差	E_{sns} E_{sni}	齿厚上极限偏差和下极限偏差（E_{sns}和 E_{sni}）统称齿厚的极限偏差，见图 12-55 $E_{sns}=s_{ns}-s_n$ $E_{sni}=s_{ni}-s_n$
齿厚公差	T_{sn}	齿厚公差 T_{sn}是指齿厚上极限偏差与下极限偏差之差，见图 12-55 $T_{sn}=E_{sns}-E_{sni}$
实际齿厚	$s_{nactual}$	实际齿厚 $s_{nactual}$是指通过测量确定的齿厚
功能齿厚	s_{func}	功能齿厚 s_{func}是指用经标定的测量齿轮在径向综合（双面）啮合测试所得到的最大齿厚值 这种测量包含了齿廓、螺旋线、齿距等要素偏差的综合影响，类似于最大实体状态的概念，它绝不可超过设计齿厚
实效齿厚	s_{wt}	齿轮的“实效齿厚”是指测量所得的齿厚加上轮齿各要素偏差及安装所产生的综合影响的量，类似于“功能齿厚”的含义
侧隙	j	侧隙是两个相配齿轮的工作齿面相接触时，在两个非工作齿面之间所形成的间隙，如图 12-56 所示 通常在稳定的工作状态下的侧隙（工作侧隙），与齿轮在静态条件下安装于箱体内所测得的侧隙（装配侧隙）是不相同的（小于它）
圆周侧隙	j_{wt}	圆周侧隙 j_{wt}是当固定两相啮合齿轮中的一个，另一个齿轮所能转过的节圆弧长的最大值
法向侧隙	j_{bn}	法向侧隙 j_{bn}是当两个齿轮的工作齿面互相接触时，其非工作齿面之间的最短距离。它与圆周侧隙 j_{wt}的关系，按下面的公式表示，即 $j_{bn}=j_{wt}\cos\alpha_{wt}\cos\beta_b$
径向侧隙	j_r	将两个相配齿轮的中心距缩小，直到左侧和右侧齿面都接触时，这个缩小的量为径向侧隙，即 $j_r=\frac{j_{wt}}{2\tan\alpha_{wt}}$

（续）

术语	代号	定　　义
最小侧隙	j_{wtmin}	最小侧隙 j_{wtmin} 是节圆上的最小圆周侧隙，即当具有最大允许实效齿厚的轮齿与也具有最大允许实效齿厚相配轮齿相啮合时，在静态条件下，在最紧允许中心距时的圆周侧隙 所谓最紧中心距，对外齿轮来说是指最小的工作中心距，而对内齿轮来说是指最大的工作中心距
最大侧隙	j_{wtmax}	最大侧隙 j_{wtmax} 是节圆上的最大圆周侧隙，即当具有最小允许实效齿厚的轮齿与也具有最小允许实效齿厚相配轮齿相啮合时，在静态条件下在最大允许中心距时的圆周侧隙

图 12-55　齿厚及其偏差（在分度圆柱上的法平面内）

s_n—法向齿厚　s_{ni}—齿厚的最小极限　s_{ns}—齿厚的最大极限　$s_{nactual}$—实际齿厚　E_{sni}—齿厚允许的下极限偏差　E_{sns}—齿厚允许的上极限偏差　f_{sn}—齿厚偏差　T_{sn}—齿厚公差，$T_{sn}=E_{sns}-E_{sni}$

在一对装配好的齿轮副中，侧隙 j 是在两工作齿面接触时，在两非工作齿面间的间隙，它是在节圆上齿槽宽度超过轮齿齿厚的量。侧隙可以在法平面上沿啮合线测量，如图 12-56 所示，但应在端平面上或啮合平面（基圆柱切平面）上计算和确定。

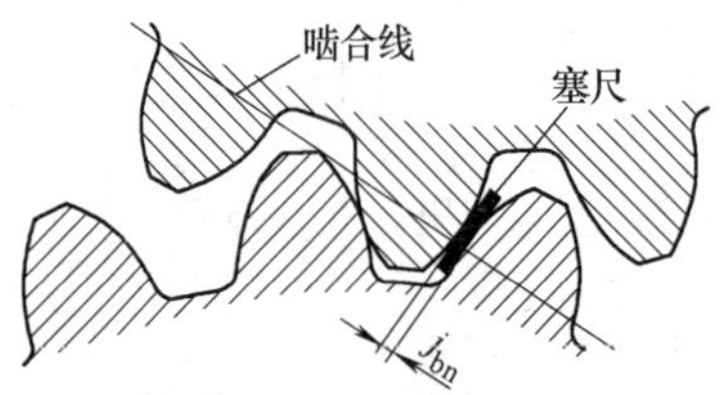

图 12-56　用塞尺测量侧隙（法向平面）

侧隙受一对齿轮运行时的中心距，以及每个齿轮的实际齿厚所控制。运行时还因速度、温度、载荷等的变化而变化。在静态可测量的条件下，必须要有足够的侧隙，以保证在带载荷运行最不利的工作条件下仍有足够的侧隙。

表 12-115 列出了对中模数齿轮传动装置推荐的最小侧隙。这些传动装置是用黑色金属齿轮和箱体制造的，工作时节圆线速度小于 15m/s，其箱体、轴和轴承都采用常用制造公差。

表 12-115　中、大模数齿轮最小法向侧隙 j_{bnmin} 的推荐数据（单位：mm）

m_n	最小中心距 a_i					
	50	100	200	400	800	1600
1.5	0.09	0.11				
2	0.10	0.12	0.15			
3	0.12	0.14	0.17	0.24		
5		0.18	0.21	0.28		
8		0.24	0.27	0.34	0.47	
12			0.35	0.42	0.55	
18				0.54	0.67	0.94

表中的数值也可采用下式计算：

$$j_{bnmin}=\frac{2}{3}(0.06+0.0005\,|a_i|+0.03m_n) \tag{12-82}$$

$$j_{bn}=|(E_{sns1}+E_{sns2})|\cos\alpha_n \tag{12-83}$$

如果 $E_{sns1}=E_{sns2}$，则 $j_{bn}=2E_{sns}\cos\alpha_n$，小齿轮和大齿轮的切削深度和根部间隙相等，且重合度为最大。

齿厚偏差是指实际齿厚与公称齿厚之差（对于斜齿轮系指法向齿厚）。为了获得齿轮副最小侧隙，必须对齿厚削薄。其最小削薄量（即齿厚上极限偏差）可以通过计算求得。

（1）齿厚上极限偏差 E_{sns}　齿厚上极限偏差除了取决于最小侧隙外，还要考虑齿轮和齿轮副的加工和安装误差的影响。如中心距的下极限偏差（$-f_a$）、轴线平行度（$f_{\Sigma\beta}$、$f_{\Sigma\delta}$）、基节偏差（$-f_{pb}$）、螺旋线总偏差（F_β）等，其关系式为：

$$E_{sns1}+E_{sns2}=-2f_a\tan\alpha_n-\frac{j_{bnmin}+J_n}{\cos\alpha_n}$$

式中　E_{sns1}、E_{sns2}——小齿轮与大齿轮的齿厚上极限偏差；

f_a——中心距偏差；

J_n——齿轮和齿轮副的加工和安装误差对侧隙减小的补偿量。

$$J_n=\sqrt{(f_{pt1}^2+f_{pt2}^2)\cos\alpha_n+F_{\beta_1}^2+F_{\beta_2}^2+\left(\frac{b}{L}f_{\Sigma\delta}\sin\alpha_n\right)^2+\left(\frac{b}{L}f_{\Sigma\beta}\cos\alpha_n\right)^2}$$

式中　f_{pt1}，f_{pt2}——小齿轮与大齿轮的基节偏差；

F_{β_1}，F_{β_2}——两个齿轮的螺旋线总公差；

$f_{\Sigma\beta}$、$f_{\Sigma\delta}$——齿轮副轴线平行度公差；

α_n——法向压力角；

b——齿轮啮合的有效宽度；

L——轴承中心距。

求出两个齿轮的齿厚上极限偏差之和后，便可将此值分配给大齿轮和小齿轮。分配方法有等值分配和不等值分配两种。

等值分配，即 $E_{sns1}=E_{sns2}$，则

$$E_{sns}=-f_a\tan\alpha_n-(j_{bnmin}+J_n)/2\cos\alpha_n$$

不等值分配可使小齿轮的齿厚减薄量小于大齿轮的减薄量，这对大小齿轮齿根弯曲强度的匹配有好处。

（2）齿厚公差 T_{sn}　齿厚公差的选择，基本上与轮齿的精度无关。在很多应用场合，允许用较宽的齿厚公差或工作侧隙。这样做不会影响齿轮的性能和承载能力，却可以获得较经济的制造成本。除非十分必要，不应选择很紧的齿厚公差。如果出于工作运行的原因必须控制最大侧隙时，则须对各影响因素仔细研究，对有关齿轮的精度等级、中心距公差和测量方法予以仔细地规定。

当设计者在无经验的情况下，可参考下式来计算齿厚公差：

$$T_{sn}=(\sqrt{F_r^2+b_r^2})\times2\tan\alpha_n$$

式中　F_r——径向圆跳动公差；

b_r——切齿径向进刀公差，可按表 12-116 选用。

表 12-116　b_r 切齿径向进刀公差

齿轮精度等级	4	5	6	7	8	9
b_r	1.26IT7	IT8	1.26IT8	IT9	1.26IT9	IT10

（3）齿厚下极限偏差 E_{sni}　齿厚下极限偏差等于齿厚上极限偏差减去齿厚公差：

$$E_{sni}=E_{sns}-T_{sn}$$

在实际的齿轮设计中，常常按实际使用经验来选定齿轮齿厚的上、下极限偏差 E_{sns}、E_{sni}（表 12-117），然后利用式（12-83），求出齿轮副的侧隙 j_{bn}，再与表 12-115 中的最小法向侧隙 j_{bnmin} 比较。只要 $j_{bn}\geqslant j_{bnmin}$，所选的 E_{sns}、E_{sni} 和 j_{bn} 即属可用。这种选定法不适用于对最小侧隙有严格要求的齿轮。

表 12-117　齿厚极限偏差 E_{sn} 参考值　（单位：μm）

精度级别	分度圆直径/mm	偏差名称	法向模数/mm >1～3.5	>3.5～6.3	>6.3～10	>10～16	>16～25	>25～40
			偏差数值	偏差数值	偏差数值	偏差数值	偏差数值	偏差数值
5级	≤80	E_{sns}	-96	-80	-90			
		E_{sni}	-120	-96	-108			
	>80～125	E_{sns}	-96	-96	-90			
		E_{sni}	-120	-128	-108			
	>125～180	E_{sns}	-112	-108	-120	-110	-112	
		E_{sni}	-140	-144	-160	-132	-140	
	>180～250	E_{sns}	-140	-144	-120	-132	-112	
		E_{sni}	-175	-180	-160	-176	-168	
	>250～315	E_{sns}	-140	-144	-160	-132	-140	
		E_{sni}	-175	-180	-200	-176	-168	
	>315～400	E_{sns}	-175	-144	-160	-176	-168	
		E_{sni}	-224	-180	-200	-220	-224	
	>400～500	E_{sns}	-200	-180	-176	-208	-192	-160
		E_{sni}	-256	-225	-220	-260	-256	-240
	>500～630	E_{sns}	-200	-180	-176	-208	-192	-200
		E_{sni}	-256	-225	-220	-260	-256	-240
	>630～800	E_{sns}	-200	-180	-176	-208	-256	-240
		E_{sni}	-256	-225	-220	-260	-320	-320

（续）

精度级别	分度圆直径/mm	偏差名称	法向模数/mm					
			>1~3.5	>3.5~6.3	>6.3~10	>10~16	>16~25	>25~40
			偏差数值	偏差数值	偏差数值	偏差数值	偏差数值	偏差数值
5级	>800~1000	E_{sns}	-225	-250	-220	-260	-256	-240
		E_{sni}	-288	-320	-275	-325	-320	-320
	>1000~1250	E_{sns}	-225	-250	-275	-260	-256	-320
		E_{sni}	-288	-320	-352	-325	-320	-400
	>1250~1600	E_{sns}	-288	-320	-352	-325	-320	-320
		E_{sni}	-360	-400	-440	-416	-400	-400
	>1600~2000	E_{sns}	-400	-352	-416	-350	-360	-440
		E_{sni}	-500	-440	-520	-448	-450	-550
	>2000~2500	E_{sns}	-400	-440	-416	-448	-450	-440
		E_{sni}	-500	-550	-520	-560	-576	-550
	>2500~4000	E_{sns}			-560	-640	-576	-550
		E_{sni}			-700	-800	-720	-704
6级	≤80	E_{sns}	-80	-78	-84			
		E_{sni}	-120	-104	-112			
	>80~125	E_{sns}	-100	-104	-112			
		E_{sni}	-160	-130	-140			
	>125~180	E_{sns}	-110	-112	-128	-108	-132	
		E_{sni}	-132	-168	-192	-180	-176	
	>180~250	E_{sns}	-132	-140	-128	-144	-132	
		E_{sni}	-176	-224	-192	-216	-176	
	>250~315	E_{sns}	-132	-140	-128	-144	-176	
		E_{sni}	-176	-224	-192	-216	-220	
	>315~400	E_{sns}	-176	-168	-168	-144	-176	
		E_{sni}	-220	-224	-256	-216	-220	
	>400~500	E_{sns}	-208	-168	-180	-160	-200	-192
		E_{sni}	-260	-224	-288	-240	-250	-256
	>500~630	E_{sns}	-208	-224	-180	-200	-200	-192
		E_{sni}	-260	-280	-288	-320	-300	-256
	>630~800	E_{sns}	-208	-224	-216	-240	-200	-256
		E_{sni}	-325	-280	-288	-320	-300	-320
	>800~1000	E_{sns}	-224	-256	-288	-240	-250	-256
		E_{sni}	-350	-320	-360	-320	-400	-320
	>1000~1250	E_{sns}	-280	-320	-288	-320	-300	-256
		E_{sni}	-350	-400	-360	-400	-400	-384
	>1250~1600	E_{sns}	-350	-320	-360	-320	-400	-384
		E_{sni}	-448	-400	-450	-400	-500	-512
	>1600~2000	E_{sns}	-400	-450	-400	-440	-448	-432
		E_{sni}	-512	-576	-500	-550	-560	-576
	>2000~2500	E_{sns}	-512	-450	-500	-440	-448	-432
		E_{sni}	-640	-576	-640	-550	-560	-576
	>2500~4000	E_{sns}	-576	-640	-704	-625	-700	-576
		E_{sni}	-720	-800	-880	-800	-896	-720
7级	≤80	E_{sns}	-112	-108	-120			
		E_{sni}	-168	-180	-160			

（续）

精度级别	分度圆直径/mm	偏差名称	法向模数/mm >1~3.5 偏差数值	>3.5~6.3 偏差数值	>6.3~10 偏差数值	>10~16 偏差数值	>16~25 偏差数值	>25~40 偏差数值
7级	>80~125	E_{sns}	-112	-108	-120			
		E_{sni}	-168	-180	-160			
	>125~180	E_{sns}	-128	-120	-132	-150	-128	
		E_{sni}	-192	-200	-220	-250	-192	
	>180~250	E_{sns}	-128	-160	-132	-150	-128	
		E_{sni}	-192	-240	-220	-250	-256	
	>250~315	E_{sns}	-160	-160	-176	-150	-192	
		E_{sni}	-192	-240	-264	-250	-256	
	>315~400	E_{sns}	-192	-160	-176	-200	-192	
		E_{sni}	-256	-240	-264	-300	-256	
	>400~500	E_{sns}	-180	-200	-200	-224	-216	-180
		E_{sni}	-288	-320	-300	-336	-360	-270
	>500~630	E_{sns}	-216	-200	-200	-224	-216	-270
		E_{sni}	-360	-320	-300	-336	-360	-360
	>630~800	E_{sns}	-216	-240	-250	-224	-288	-270
		E_{sni}	-360	-320	-400	-336	-432	-360
	>800~1000	E_{sns}	-320	-264	-300	-280	-288	-270
		E_{sni}	-400	-352	-400	-448	-432	-360
	>1000~1250	E_{sns}	-320	-352	-300	-336	-288	-360
		E_{sni}	-400	-440	-400	-448	-432	-450
	>1250~1600	E_{sns}	-400	-352	-400	-336	-360	-360
		E_{sni}	-500	-550	-500	-448	-432	-540
	>1600~2000	E_{sns}	-440	-400	-448	-512	-480	-500
		E_{sni}	-550	-625	-560	-640	-640	-600
	>2000~2500	E_{sns}	-550	-500	-560	-512	-480	-600
		E_{sni}	-704	-625	-700	-640	-640	-800
	>2500~4000	E_{sns}	-800	-700	-800	-720	-640	-800
		E_{sni}	-1250	-896	-1024	-900	-800	-1000
8级	≤80	E_{sns}	-120	-100	-112			
		E_{sni}	-200	-150	-168			
	>80~125	E_{sns}	-120	-150	-112			
		E_{sni}	-200	-200	-168			
	>125~180	E_{sns}	-132	-168	-128	-144	-180	
		E_{sni}	-220	-280	-256	-216	-270	
	>180~250	E_{sns}	-176	-168	-192	-144	-180	
		E_{sni}	-264	-280	-256	-288	-270	
	>250~315	E_{sns}	-176	-168	-192	-216	-180	
		E_{sni}	-264	-280	-256	-288	-270	
	>315~400	E_{sns}	-176	-168	-192	-216	-180	
		E_{sni}	-264	-280	-256	-288	-270	
	>400~500	E_{sns}	-200	-224	-216	-240	-200	-252
		E_{sni}	-300	-336	-288	-320	-300	-378
	>500~630	E_{sns}	-200	-224	-216	-240	-300	-252
		E_{sni}	-300	-336	-360	-320	-400	-378

（续）

精度级别	分度圆直径/mm	偏差名称	法向模数/mm					
			>1~3.5	>3.5~6.3	>6.3~10	>10~16	>16~25	>25~40
			偏差数值	偏差数值	偏差数值	偏差数值	偏差数值	偏差数值
8 级	>630~800	E_{sns}	-250	-224	-288	-240	-300	-252
		E_{sni}	-400	-336	-432	-400	-400	-378
	>800~1000	E_{sns}	-280	-256	-288	-320	-300	-378
		E_{sni}	-448	-384	-432	-480	-500	-504
	>1000~1250	E_{sns}	-336	-320	-288	-320	-300	-378
		E_{sni}	-448	-384	-432	-480	-500	-504
	>1250~1600	E_{sns}	-448	-384	-360	-400	-400	-378
		E_{sni}	-560	-512	-432	-640	-600	-630
	>1600~2000	E_{sns}	-512	-432	-480	-450	-464	-426
		E_{sni}	-640	-576	-640	-720	-696	-710
	>2000~2500	E_{sns}	-512	-576	-480	-540	-580	-568
		E_{sni}	-640	-720	-640	-720	-696	-710
	>2500~4000	E_{sns}	-720	-640	-720	-800	-672	-710
		E_{sni}	-900	-800	-900	-1000	-896	-852
9 级	≤80	E_{sns}	-112	-144	-160			
		E_{sni}	-224	-216	-240			
	>80~125	E_{sns}	-168	-144	-160			
		E_{sni}	-280	-216	-240			
	>125~180	E_{sns}	-192	-160	-180	-200	-252	
		E_{sni}	-320	-320	-270	-300	-378	
	>180~250	E_{sns}	-192	-160	-180	-200	-252	
		E_{sni}	-320	-320	-270	-300	-378	
	>250~315	E_{sns}	-192	-240	-180	-200	-252	
		E_{sni}	-320	-400	-270	-300	-378	
	>315~400	E_{sns}	-256	-240	-270	-200	-252	
		E_{sni}	-384	-400	-360	-300	-378	
	>400~500	E_{sns}	-288	-240	-300	-224	-284	-360
		E_{sni}	-432	-400	-400	-336	-426	-540
	>500~630	E_{sns}	-288	-240	-300	-336	-284	-360
		E_{sni}	-432	-400	-400	-448	-426	-540
	>630~800	E_{sns}	-288	-320	-300	-336	-284	-360
		E_{sni}	-432	-480	-400	-448	-426	-540
	>800~1000	E_{sns}	-320	-360	-300	-336	-426	-360
		E_{sni}	-480	-540	-500	-560	-568	-540
	>1000~1250	E_{sns}	-400	-360	-400	-336	-426	-360
		E_{sni}	-480	-540	-600	-560	-710	-540
	>1250~1600	E_{sns}	-480	-450	-400	-448	-426	-540
		E_{sni}	-640	-540	-600	-672	-710	-720
	>1600~2000	E_{sns}	-540	-500	-560	-504	-480	-600
		E_{sni}	-720	-600	-672	-756	-800	-800
	>2000~2500	E_{sns}	-540	-600	-560	-630	-640	-600
		E_{sni}	-720	-800	-672	-756	-960	-800
	>2500~4000	E_{sns}	-800	-896	-756	-852	-800	-800
		E_{sni}	-1000	-1120	-1008	-1136	-960	-1200

（续）

精度级别	分度圆直径/mm	偏差名称	法向模数/mm					
			>1~3.5	>3.5~6.3	>6.3~10	>10~16	>16~25	>25~40
			偏差数值	偏差数值	偏差数值	偏差数值	偏差数值	偏差数值
10级	≤80	E_{sns}	-160	-200	-112			
		E_{sni}	-320	-300	-224			
	>80~125	E_{sns}	-160	-200	-224			
		E_{sni}	-320	-300	-336			
	>125~180	E_{sns}	-180	-224	-252	-248	-180	
		E_{sni}	-360	-448	-378	-426	-360	
	>180~250	E_{sns}	-180	-224	-252	-284	-180	
		E_{sni}	-360	-448	-378	-426	-360	
	>250~315	E_{sns}	-270	-224	-252	-284	-360	
		E_{sni}	-450	-448	-378	-426	-540	
	>315~400	E_{sns}	-270	-224	-252	-284	-360	
		E_{sni}	-450	-448	-504	-426	-540	
	>400~500	E_{sns}	-300	-336	-284	-320	-400	-250
		E_{sni}	-600	-560	-586	-640	-600	-500
	>500~630	E_{sns}	-300	-336	-284	-320	-400	-250
		E_{sni}	-600	-560	-568	-640	-600	-500
	>630~800	E_{sns}	-300	-336	-284	-320	-400	-500
		E_{sni}	-600	-672	-568	-640	-600	-750
	>800~1000	E_{sns}	-336	-378	-426	-320	-400	-500
		E_{sni}	-672	-756	-710	-640	-800	-750
	>1000~1250	E_{sns}	-448	-378	-426	-480	-400	-500
		E_{sni}	-672	-756	-710	-800	-800	-750
	>1250~1600	E_{sns}	-448	-504	-426	-480	-600	-500
		E_{sni}	-672	-756	-710	-800	-1000	-750
	>1600~2000	E_{sns}	-630	-568	-640	-540	-672	-560
		E_{sni}	-1008	-852	-960	-900	-1120	-840
	>2000~2500	E_{sns}	-630	-710	-640	-720	-672	-560
		E_{sni}	-1008	-1136	-960	-1080	-1120	-840
	>2500~4000	E_{sns}	-852	-800	-900	-800	-896	-840
		E_{sni}	-1420	-1280	-1440	-1200	-1344	-1400

注：1. 当齿轮的不同偏差有不同的精度级别时，表中的“精度级别”按较低的级别查取。

2. 按本表选择齿厚极限偏差时，可以使齿轮副在齿轮箱温差为25℃时，不会由于发热而卡住。

（4）齿厚偏差代用项目

1）公法线长度偏差。当齿厚有减薄量时，公法线长度也变小。因此，齿厚偏差也可用公法线长度偏差 E_{bn}（图 12-57）代替。

理论公法线长度 W_{kthe} 的确定见表 12-17。

公法线长度偏差是指公法线的实际长度与公称长度之差。GB/Z 18620.2—2008 给出了齿厚极限偏差与公法线长度极限偏差的关系式。

公法线长度上极限偏差

$$E_{bns}=E_{sns}\cos\alpha_n \qquad (12\text{-}84)$$

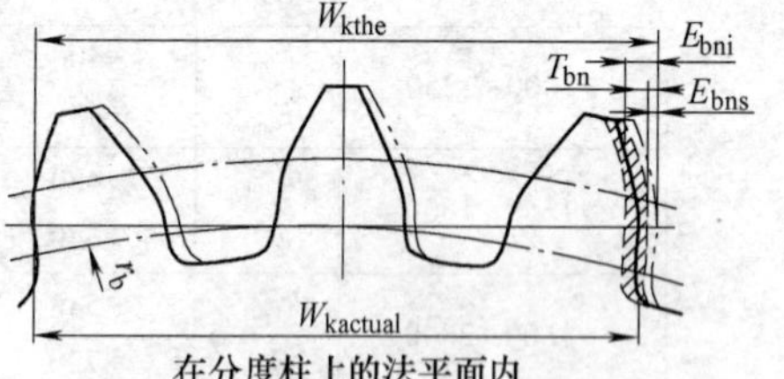

在分度柱上的法平面内

图 12-57　公法线长度及其偏差

W_{kthe}—理论公法线长度　$W_{kactual}$—实际公法线长度　r_b—基圆半径　E_{bns}—公法线长度上极限偏差　E_{bni}—公法线长度下极限偏差　T_{bn}—公法线长度公差

公法线长度下极限偏差：

$$E_{bni}=E_{sni}\cos\alpha_n \tag{12-85}$$

公法线测量对内齿轮是不适用的。另外对斜齿轮而言，公法线测量受齿轮齿宽的限制，只有满足下式条件时才可能。

$$b>1.015W_k\sin\beta_b \tag{12-86}$$

2）跨球（柱）距尺寸偏差。当斜齿轮的齿宽太窄或内齿轮，不适于测量公法线长度时，可采用跨球（柱）距测量法，间接测定齿厚及其偏差。跨球（柱）距［或称量柱（球）测量距］M 的计算见表 12-11。

GB/Z 18620.2—2008 给出了齿厚极限偏差与跨球（圆柱）尺寸极限偏差的关系式。

① 偶数齿时

跨球（圆柱）尺寸上极限偏差为

$$E_{yns}\approx E_{sns}\cos\alpha_t/\sin\alpha_{Mt}\cos\beta_b \tag{12-87}$$

跨球（圆柱）尺寸下极限偏差为

$$E_{yni}\approx E_{sni}\cos\alpha_t/\sin\alpha_{Mt}\cos\beta_b \tag{12-88}$$

② 奇数齿时：

跨球（圆柱）尺寸上极限偏差为

$$E_{yns}\approx E_{sns}\frac{\cos\alpha_t}{\sin\alpha_{Mt}\cos\beta_b}\cos\left[\frac{90}{z}\right] \tag{12-89}$$

跨球（圆柱）尺寸下极限偏差为

$$E_{yni}\approx E_{sni}\frac{\cos\alpha_t}{\sin\alpha_{Mt}\cos\beta_b}\cos\left[\frac{90}{z}\right] \tag{12-90}$$

式中　E_{sns}、E_{sni}——公法线长度上、下极限偏差；

β_b——基圆柱螺旋角；

α_t——端面压力角；

z——齿数；

α_{Mt}——量柱中心处的端面压力角，用表 12-11 中的算式计算。

对外齿轮，式（12-88）~式（12-90）中的 E_{yns} 和 E_{yni} 取负值；对内齿轮取正值。

12.1.12.7　齿轮零件工作图图样标注

齿轮零件工作图是进行加工、检验和安装的重要原始依据，是组织生产和全面质量管理的基本技术文件。按照 GB/T 6443—1986《渐开线圆柱齿轮图样上应注明的尺寸数据》的规定，齿轮零件工作图上应注明的尺寸数据如图 12-58 所示。齿轮的几何参数、精度和检验项目等可用参数表列出，并置于图样的右上角。表中的齿厚可选用法向齿厚、公法线度或跨球（柱）距尺寸来标注。

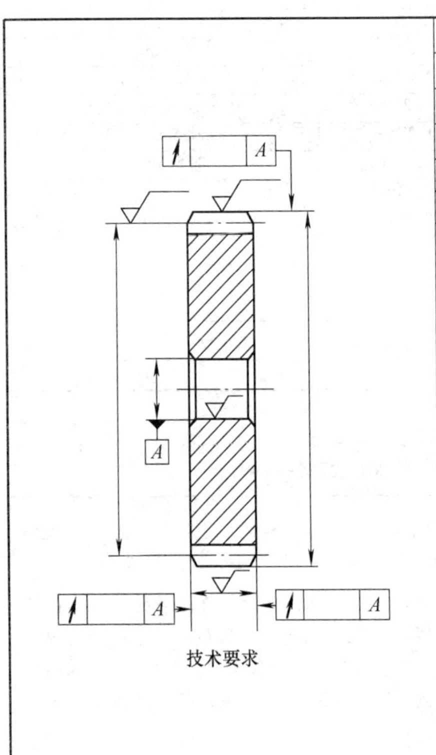

齿廓			齿顶高系数		h_{an}^*	
齿数	z		顶隙系数		c_n^*	
法向模数	m_n		径向变位系数		x_n	
螺旋角	β		中心距		$a\pm f_a$	
螺旋方向			相配齿轮	图号		
压力角	α_n			齿数		
齿厚①	公法线跨距尺寸 $W_{E_{bni}}^{E_{bns}}$				跨齿数	
					K	
	跨球(圆柱)尺寸 $W_{E_{yni}}^{E_{yns}}$				球(圆柱)直径	
					D_m	
精度等级	GB/T 10095—2008					
检测项目						

允许值	单个齿距偏差	$\pm f_{pt}$		检验辅助值	齿廓有效长度	L_{AE}	
		$\pm F_{pk}$			齿廓计值范围	L_α	
		k			齿廓形状偏差	$f_{f\alpha}$	
	齿距累积总偏差	F_p			齿廓斜率偏差	$\pm f_{H\alpha}$	
	齿廓总偏差	F_α			螺旋线计值范围	L_β	
	螺旋线总偏差	F_β			螺旋线形状偏差	$f_{f\beta}$	
	径向跳动公差	F_r			螺旋线斜率范围	$\pm f_{H\beta}$	

① 也可标齿厚公称值及其上、下极限偏差：$S_{nE_{si}}^{E_{ss}}$

标题栏

图 12-58　齿轮零件工作图式样

12.2　圆弧圆柱齿轮传动

12.2.1　圆弧齿轮的基本齿廓和模数系列

圆弧齿轮的基本齿廓是指基齿条的法面齿形。同渐开线齿轮比较，圆弧齿轮的齿形参数较多，因此有较大的调整灵活性。

12.2.1.1　单圆弧齿轮的基本齿廓

JB 929—1967 型单圆弧齿轮基本齿廓见表 12-118。

表 12-118　"67 型"圆弧齿轮滚刀的法面齿廓及其参数

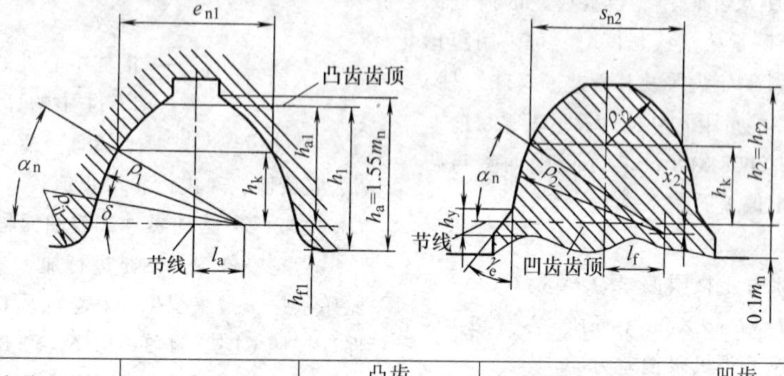

原始齿廓参数名称	符号	凸齿	凹齿	
		$m_n=2\sim32$mm	$m_n=2\sim6$mm	$m_n=7\sim32$mm
压力角	α_n	30°	30°	30°
接触点移距	l	$1.5m_n$	—	—
接触点离节线高度	h_k	$0.75m_n$	$0.75m_n$	$0.75m_n$
齿廓半径	ρ	$1.5m_n$	$1.65m_n$	$1.55m_n+0.6$
凹凸齿廓半径差	$\Delta\rho$	—	$0.15m_n$	$0.05m_n+0.6$
工作齿高	h'	$1.2m_n$	$1.2m_n$	$1.2m_n$
齿顶高	h_a	$1.2m_n$	0	0
齿根高	h_f	$0.3m_n$	$1.36m_n$	$1.36m_n$
全齿高(切深)	h	$1.5m_n$	$1.36m_n$	$1.36m_n$
齿廓圆心偏移量	l_a、l_f	$0.5290m_n$	$0.6289m_n$	$0.5523m_n+0.5196$
齿廓圆心移距量	x_2	0	$0.075m_n$	$0.025m_n+0.3$
接触点处槽宽	e_{n1}	$1.54m_n$	$1.5416m_n$	$1.5616m_n$
接触点处齿厚	s_{n2}	$1.6016m_n$	$1.60m_n$	$1.58m_n$
接触点处侧隙	c_y	—	$0.06m_n$	$0.04m_n$
齿顶倒角高度	h_y	—	$0.26m_n$	$0.26m_n$
齿顶倒角	r_e	—	30°	30°
工艺角	δ	8°47′34″	—	—
齿根圆角半径	ρ_i	$0.6248m_n$	$0.6227m_n$	$\frac{\rho_2+h_2+x_2}{2}-\frac{l_f^2}{2(\rho_2-h_2-x_2)}$

12.2.1.2　双圆弧齿轮的基本齿廓（见表 12-119）

表 12-119　双圆弧齿轮的基本齿廓及其参数（摘自 GB 12759—1991）

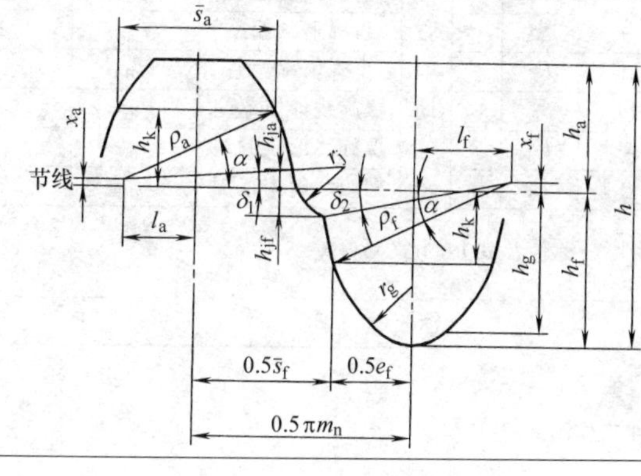

符号说明：α—压力角；h—全齿高；h_a—齿顶高；h_f—齿根高；ρ_a—凸齿齿廓圆弧半径；ρ_f—凹齿齿廓圆弧半径；x_a—凸齿齿廓圆心移距量；x_f—凹齿齿廓圆心移距量；$\bar{s}_a$—凸齿接触点处弦齿厚；h_k—接触点到节线的距离；l_a—凸齿齿廓圆心偏移量；l_f—凹齿齿廓圆心偏移量；h_{ja}—过渡圆弧和凸齿圆弧的切点到节线的距离；h_{jf}—过渡圆弧和凹齿圆弧的交点到节线的距离；$\bar{e}_f$—凹齿接触点处齿槽宽；$\bar{s}_f$—凹齿接触点处弦齿厚；δ_1—凸齿工艺角；δ_2—凹齿工艺角；r_j—过渡圆弧半径；r_g—齿根圆弧半径；h_g—齿根圆弧和凹齿圆弧的切点到节线的距离；j—侧向间隙

（续）

法向模数	基本齿廓的参数										
m_n/mm	α	h^*	h_a^*	h_f^*	ρ_a^*	ρ_f^*	x_a^*	x_f^*	$\bar{s}_a^*$	h_K^*	l_a^*
1.5~3	24°	2	0.9	1.1	1.3	1.420	0.0163	0.0325	1.1173	0.5450	0.6289
>3~6	24°	2	0.9	1.1	1.3	1.410	0.0163	0.0285	1.1173	0.5450	0.6289
>6~10	24°	2	0.9	1.1	1.3	1.395	0.0163	0.0224	1.1173	0.5450	0.6289
>10~16	24°	2	0.9	1.1	1.3	1.380	0.0163	0.0163	1.1173	0.5450	0.6289
>16~32	24°	2	0.9	1.1	1.3	1.360	0.0163	0.0081	1.1173	0.5450	0.6289
>32~50	24°	2	0.9	1.1	1.3	1.340	0.0163	0.0000	1.1173	0.5450	0.6289
1.5~3	0.7086	0.16	0.20	1.1773	1.9643	6°20′52″	9°25′31″	0.5049	0.4030	1.0186	0.06
>3~6	0.6994	0.16	0.20	1.1773	1.9643	6°20′52″	9°19′30″	0.5043	0.4004	1.0168	0.06
>6~10	0.6957	0.16	0.20	1.1573	1.9843	6°20′52″	9°10′21″	0.4884	0.3710	1.0236	0.04
>10~16	0.6820	0.16	0.20	1.1573	1.9843	6°20′52″	9°0′59″	0.4877	0.3663	1.0210	0.04
>16~32	0.6638	0.16	0.20	1.1573	1.9843	6°20′52″	8°48′11″	0.4868	0.3595	1.0176	0.04
>32~50	0.6455	0.16	0.20	1.1573	1.9843	6°20′52″	8°35′01″	0.4858	0.3520	1.0145	0.04

注：表中带 * 号的尺寸参数，是指该尺寸与法向模数 m_n 的比值。用这些比值，乘以法向模数 m_n，即得该尺寸值，例如，$h^* m_n = \rho_a^* m_n = \rho_a$ 等。

12.2.1.3　圆弧齿轮的模数系列（见表 12-120）

表 12-120　圆弧齿轮模数（m_n）系列（摘自 GB 1840—1989）

第一系列	1.5	2		2.5		3		4	5
第二系列			2.25		2.75		3.5	4.5	
第一系列		6		8		10	12		16
第二系列	5.5		7		9			14	
第一系列		20		25	32		40		50
第二系列	18		22	28		36		45	

12.2.2　圆弧齿轮传动的几何尺寸计算

JB 929—1967 型单圆弧齿轮传动见图 12-59。GB 12759—1991 型双圆弧齿轮传动如图 12-60 所示。图 12-61 所示为齿端修薄量及修薄宽度。表 12-121 列出了圆弧齿轮传动的几何尺寸计算。

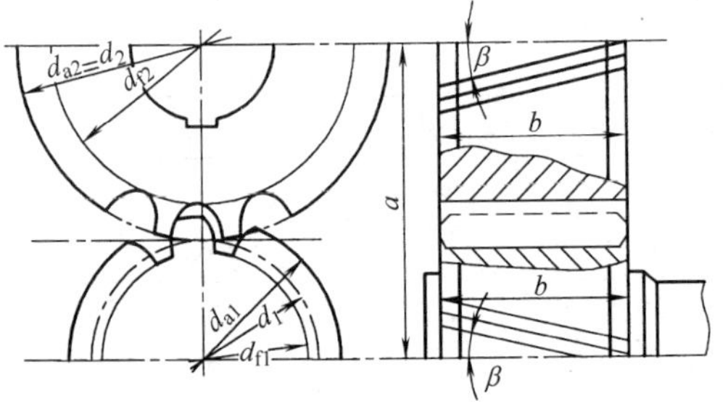

图 12-59　单圆弧齿轮传动

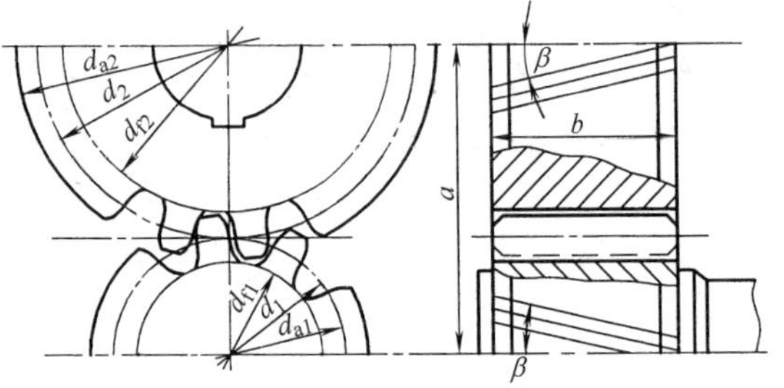

图 12-60　双圆弧齿轮传动

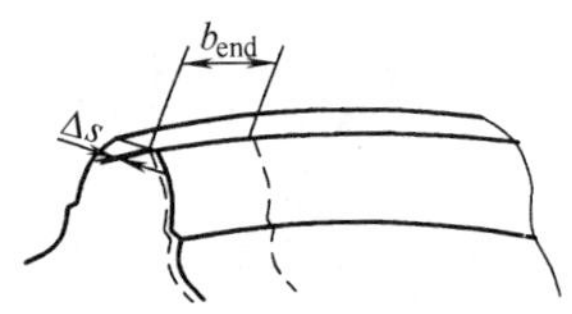

图 12-61　齿端修薄量及修薄宽度

表 12-121　圆弧齿轮传动的几何尺寸计算

名　称	代　号	计算公式	
		“67”型单圆弧齿轮	“91”型双圆弧齿轮
齿数	z	$z=d\cos\beta/m_n$	
当量齿数	z_v	$z_v=z/\cos^3\beta$	
法向模数	m_n	由轮齿弯曲强度计算或结构设计确定，应取为标准值	
端面模数	m_t	$m_t=\dfrac{m_n}{\cos\beta}$	
螺旋角	β	$\cos\beta=\dfrac{m_n}{m_t}=\dfrac{m_n(z_1+z_2)}{2a}$	
中心距	a	$a=\dfrac{1}{2}(d_1+d_2)=\dfrac{m_t(z_1+z_2)}{2}=\dfrac{m_n(z_1+z_2)}{2\cos\beta}$ 由强度计算或结构设计确定，减速器 a 应取标准值	
轴向齿距	p_x	$p_x=\pi m_n/\sin\beta$	
齿宽	b	$b=\phi_a a=\phi_a d_1=\pi m_n\varepsilon_\beta/\sin\beta$	
纵向重合度	ε_β	$\varepsilon_\beta=\dfrac{b}{p_x}=\dfrac{b\sin\beta}{\pi m_n}$	
接触点距离系数	λ		$\lambda=\dfrac{q_{TA}}{p_x}$
总重合度	ε_γ	$\varepsilon_\gamma=\varepsilon_\beta$	$\varepsilon_\gamma=\varepsilon_\beta+\lambda$
同一齿上凸齿和凹齿两接触点的距离	q_{TA}		$q_{TA}=\dfrac{0.5(\pi m_n-j_n)+2(l_a+x_a\cot\alpha_n)}{\sin\beta}-2\left(\rho_a+\dfrac{x_a}{\sin\alpha_n}\right)\cos\alpha_n\sin\beta$
齿顶高	h_{a1}	$1.2m_n$	$0.9m_n$
	h_{a2}	0	
齿根高	h_{f1}	$0.3m_n$	$1.1m_n$
	h_{f2}	$1.36m_n$	
全齿高	h_1	$1.5m_n$	$2m_n$
	h_2	$1.36m_n$	
分度圆直径	d_1	$m_n z_1/\cos\beta=m_t z_1$	
	d_2	$m_n z_2/\cos\beta=m_t z_2$	
齿顶圆直径	d_{a1}	$d_1+2.4m_n$	$d_1+1.8m_n$
	d_{a2}	d_a	$d_2+1.8m_n$
齿根圆直径	d_{f1}	$d_1-0.6m_n$	$d_1-2.2m_n$
	d_{f2}	$d_2-2.72m_n$	$d_2-2.2m_n$
齿端修薄量 修薄宽度①	Δs b_{end}	$\Delta s=(0.01\sim0.03)m_n$，对于高精度或大模数齿轮取小值，反之取大值 $b_{end}=(0.1\sim0.2)p_x$，$\varepsilon_\beta\geqslant3$ 时小齿轮齿端必须修薄，修薄量和修薄宽度啮入端稍大；螺旋角大时取较大系数。不修薄的有效齿宽应保证总重合度稍大于某一整数	

注：式中各参数见表 12-119。

① 尖端修薄量和修薄宽度如图 12-61 所示。

12.2.3　圆弧齿轮测量尺寸计算（见表 12-122）

表 12-122　圆弧齿轮测量尺寸计算

名　称	符号	计算公式："67"型单圆弧齿轮	计算公式："91"型双圆弧齿轮
接触点处弦齿厚 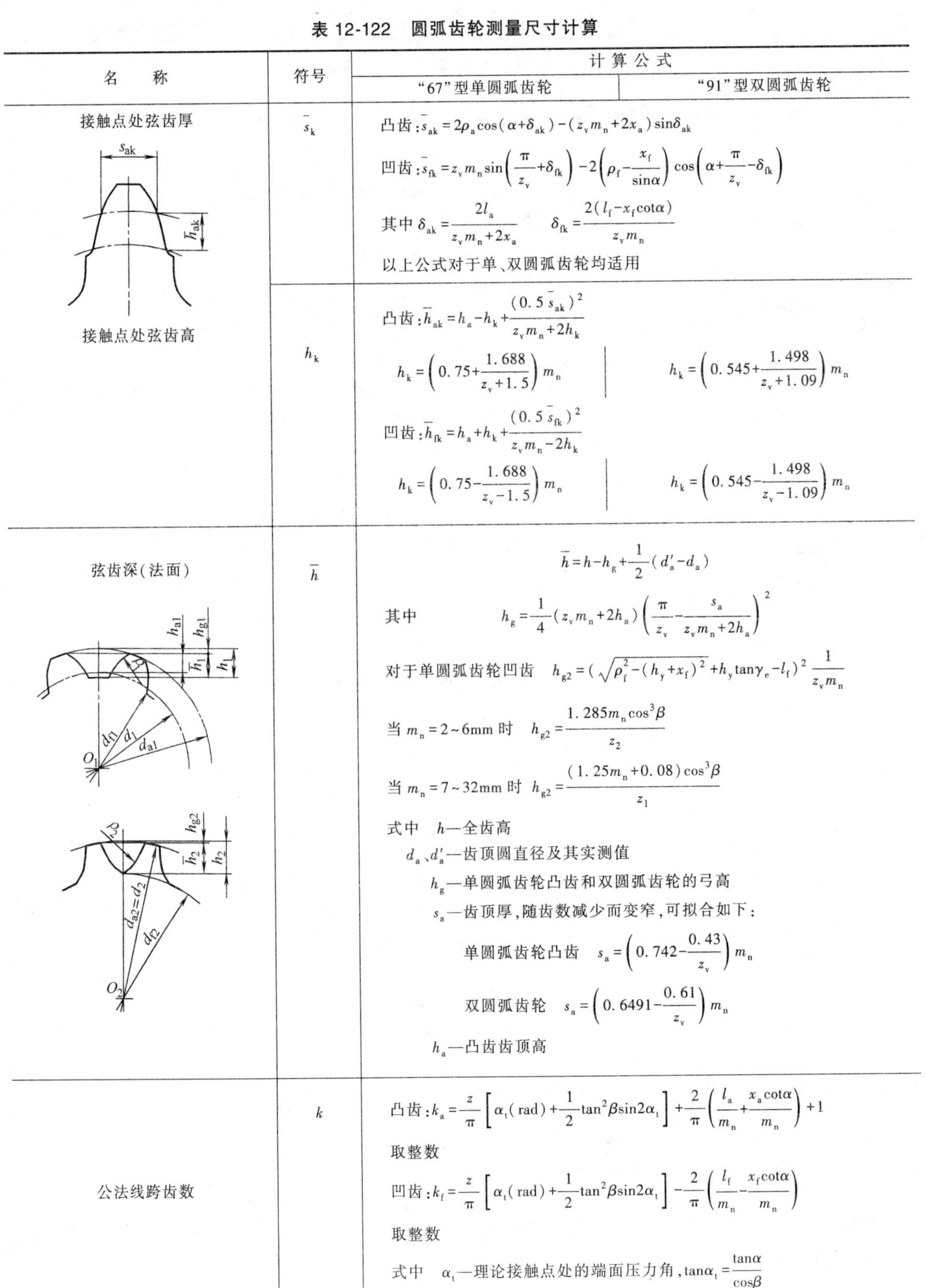	$\bar{s}_k$	凸齿：$\bar{s}_{ak}=2\rho_a\cos(\alpha+\delta_{ak})-(z_v m_n+2x_a)\sin\delta_{ak}$ 凹齿：$\bar{s}_{fk}=z_v m_n\sin\left(\dfrac{\pi}{z_v}+\delta_{fk}\right)-2\left(\rho_f-\dfrac{x_f}{\sin\alpha}\right)\cos\left(\alpha+\dfrac{\pi}{z_v}-\delta_{fk}\right)$ 其中 $\delta_{ak}=\dfrac{2l_a}{z_v m_n+2x_a}$　　$\delta_{fk}=\dfrac{2(l_f-x_f\cot\alpha)}{z_v m_n}$ 以上公式对于单、双圆弧齿轮均适用	
接触点处弦齿高	h_k	凸齿：$\bar{h}_{ak}=h_a-h_k+\dfrac{(0.5\bar{s}_{ak})^2}{z_v m_n+2h_k}$ $h_k=\left(0.75+\dfrac{1.688}{z_v+1.5}\right)m_n$ 凹齿：$\bar{h}_{fk}=h_a+h_k+\dfrac{(0.5\bar{s}_{fk})^2}{z_v m_n-2h_k}$ $h_k=\left(0.75-\dfrac{1.688}{z_v-1.5}\right)m_n$	 $h_k=\left(0.545+\dfrac{1.498}{z_v+1.09}\right)m_n$ $h_k=\left(0.545-\dfrac{1.498}{z_v-1.09}\right)m_n$
弦齿深(法面)	$\bar{h}$	$\bar{h}=h-h_g+\dfrac{1}{2}(d'_a-d_a)$ 其中　$h_g=\dfrac{1}{4}(z_v m_n+2h_a)\left(\dfrac{\pi}{z_v}-\dfrac{s_a}{z_v m_n+2h_a}\right)^2$ 对于单圆弧齿轮凹齿　$h_{g2}=(\sqrt{\rho_f^2-(h_y+x_f)^2}+h_y\tan\gamma_e-l_f)^2\dfrac{1}{z_v m_n}$ 当 $m_n=2\sim6$mm 时　$h_{g2}=\dfrac{1.285m_n\cos^3\beta}{z_2}$ 当 $m_n=7\sim32$mm 时　$h_{g2}=\dfrac{(1.25m_n+0.08)\cos^3\beta}{z_1}$ 式中　h—全齿高 d_a、d'_a—齿顶圆直径及其实测值 h_g—单圆弧齿轮凸齿和双圆弧齿轮的弓高 s_a—齿顶厚，随齿数减少而变窄，可拟合如下： 单圆弧齿轮凸齿　$s_a=\left(0.742-\dfrac{0.43}{z_v}\right)m_n$ 双圆弧齿轮　$s_a=\left(0.6491-\dfrac{0.61}{z_v}\right)m_n$ h_a—凸齿齿顶高	
公法线跨齿数	k	凸齿：$k_a=\dfrac{z}{\pi}\left[\alpha_t(\text{rad})+\dfrac{1}{2}\tan^2\beta\sin2\alpha_t\right]+\dfrac{2}{\pi}\left(\dfrac{l_a}{m_n}+\dfrac{x_a\cot\alpha}{m_n}\right)+1$ 取整数 凹齿：$k_f=\dfrac{z}{\pi}\left[\alpha_t(\text{rad})+\dfrac{1}{2}\tan^2\beta\sin2\alpha_t\right]-\dfrac{2}{\pi}\left(\dfrac{l_f}{m_n}-\dfrac{x_f\cot\alpha}{m_n}\right)$ 取整数 式中　α_t—理论接触点处的端面压力角，$\tan\alpha_t=\dfrac{\tan\alpha}{\cos\beta}$	

（续）

名　　称	符号	计算公式	
		“67”型单圆弧齿轮	“91”型双圆弧齿轮
公法线长度	W_k	凸齿：$W_{ka}=\dfrac{d\sin^2\alpha_{ta}+2x_a}{\sin\alpha_n}+2\rho_a$ 凹齿：$W_{kf}=\dfrac{d\sin^2\alpha_{tf}+2x_f}{\sin\alpha_n}-2\rho_f$ 式中　α_n—测点法向压力角，$\tan\alpha_n=\tan\alpha_t\cos\beta$ α_t—测点端面压力角，求解超越方程 凸齿：$\alpha_{ta}=M_a-B\sin2\alpha_{ta}-Q_a\cot\alpha_{ta}$ 凹齿：$\alpha_{tf}=M_f-B\sin2\alpha_{tf}-Q_f\cot\alpha_{tf}$ 其中　$M_a=\dfrac{1}{z}\left[(k_a-1)\pi-\dfrac{2l_a}{m_n}\right]$　$M_f=\dfrac{1}{z}\left(k_f\pi+\dfrac{2l_f}{m_n}\right)$ $B=\dfrac{1}{2}\tan^2\beta$　$Q_a=\dfrac{2x_a}{zm_n\cos\beta}$　$Q_f=\dfrac{2x_f}{zm_n\cos\beta}$ 用迭代法解上述超越方程时，可取公式右边的 α_t 的初值为 α_{t0}。计算出公式左边的 α_t，再取作公式右边 α_t 的值，重复计算，直到误差在 1″以内为止，计算精度应为小数第五位 公法线长度测量时，工作齿宽 b 应大于 b_{min} $b_{min}=\dfrac{1}{2}d\sin2\alpha_t\tan\beta+5\text{mm}$	
齿根圆斜径	L_f	当齿数为奇数时，测量齿根圆斜径 L_f 为 $L_f=d_f\cos\dfrac{90°}{z}$ 当齿数为偶数时，可直接测量齿根圆直径 d_f	
螺旋线坡度的波长	l	沿螺旋线测量螺旋线波度时，按下式计算波长： $l=\dfrac{\pi d}{z_k\sin\beta}=\dfrac{2\pi m_n z}{z_k\sin^2\beta}$ 式中　z_k—滚齿机分度蜗轮齿数 d—工作分度圆直径	

注：表中诸式中的参数见表 12-119 和表 12-121。

12.2.4 圆弧齿轮传动主要参数的选择

齿数 z、模数 m_n、纵向重合度 ε_β、螺旋角 β 和齿宽（或齿宽系数 ϕ_a、ϕ_d）是圆弧齿轮的主要参数。它们关系密切，相互制约（见以下计算式），并且对传动的承载性能影响很大。在设计时可能有多种选择，因此要特别注意。

$$d_1=z_1m_n/\cos\beta \tag{12-91}$$

$$\varepsilon_\beta=\frac{b\sin\beta}{\pi m_n}=\frac{\phi_a(z_1+z_2)\tan\beta}{2\pi} \tag{12-92}$$

$$\phi_d=b/d_1=\frac{\pi\varepsilon_\beta}{z_1\tan\beta}=0.5\phi_a(1+u) \tag{12-93}$$

$$\phi_a=b/a=\frac{2\pi\varepsilon_\beta}{(z_1+z_2)\tan\beta} \tag{12-94}$$

主要参数的具体选择原则见表 12-123。

表 12-123　圆弧齿轮主要参数选择

主要参数	选择原则
小齿轮齿数 z_1	圆弧齿轮没有根切现象，z_1 不受根切齿数的限制，但受到轴的强度和刚度的制约，z_1 不能太少。在满足抗弯强度的条件下，取较多的 z_1 为好。对中低速传动，可取 $z_1=20\sim35$；对高速传动，可取 $z_1=30\sim50$
法向模数 m_n	m_n 通常决定于齿轮的抗弯强度或结构条件，并按表 12-120 取标准值。当 d、b 一定时，取较小的 m_n，能使 ε_β 增加，有利于提高传动的平稳性，并且能减小齿面的滑动，提高抗胶合的能力。一般工业齿轮可取 $m_n=(0.01\sim0.02)a$；通用减速器可取 $m_n=(0.0133\sim0.016)a$；有冲击载荷的传动，如轧机齿轮座等，常取 $m_n=(0.025\sim0.04)a$。对于大中心距 a，载荷平稳，单向运转，或者高速传动，应取较小的 m_n；反之取大值
纵向重合度 ε_β	ε_β 由整数部分 μ_β 和尾数 $\Delta\varepsilon$ 组成，即 $\varepsilon_\beta=\mu_\beta+\Delta\varepsilon$。当 ε_β 为整数倍时，噪声有所下降。一般取 $\mu_\beta=1\sim6$；对于精度高，β 大的齿轮，可取较大的 μ_β 值，以提高传动的平稳性和承载能力，但必须严格控制齿轮误差、齿向误差、轴线平行度误差和轴系变形量。$\Delta\varepsilon$ 不能太小，否则啮入冲击大，齿端部齿根应力大，易崩角；但当 $\Delta\varepsilon>0.4$ 以后，作用就不大了。通常可取 $\Delta\varepsilon=0.2\sim0.4$。双圆弧齿轮的 ε_β 与单圆弧齿轮取值方法相同。当 $\varepsilon_\beta\geqslant3$ 时，应采用修端，以避免崩角。齿宽的非修薄部分是 ε_β 的整数部分 μ_β
螺旋角 β	当 ε_β 一定时，增大 β，齿面瞬时接触迹宽度减小，接触应力增大，对接触强度不利。在齿轮圆周速度一定的条件下，β 增大，齿面滚动速度减小，不利于动压润滑，同时轴承所受的轴向力也大。但当 b 和 m_n 一定时，β 增大，ε_β 也增大，能使传动平稳，并能提高弯曲强度和接触强度，特别对弯曲强度更有利。一般的推荐值：单斜齿 $\beta=10°\sim20°$；人字齿 $\beta=25°\sim35°$
齿宽系数 ϕ_a、ϕ_d	ϕ_a 和 ϕ_d 值可参考渐开线齿廓圆柱齿轮选用。推荐的 ϕ_a 值为 0.2，0.25，0.3，0.4，0.5，0.6，0.8，1.0，1.2。通常减速器采用 $\phi_a=0.4\sim0.8$，对人字齿轮单侧 $\phi_a=0.3\sim0.6$

在具体设计时，可采用以下几种方法和步骤，来确定圆弧齿轮的主要参数：

1）先选定 ϕ_a，再用式（12-94）来调整 z_1、β 和 ε_β。

2）先选定 z_1、β 和 ε_β，再用式（12-93）或式（12-94）来校核 ϕ_d 或 ϕ_a。

3）对于常用的 ε_β 值（1.25，2.25 和 3.25），可用图 12-62 来选取一组合适的 ϕ_d、z_1 和 β 值。

4）采用优化方法，选定目标函数，用计算机计算，获得最合适的参数值。

12.2.5　圆弧齿轮承载能力计算

12.2.5.1　圆弧齿轮承载能力计算公式

圆弧齿轮的齿形和工作时的应力状态都比渐开线齿轮复杂，但齿轮试验和工业应用的结果都显示，圆弧齿轮的主要失效形式与渐开线齿轮相似，仍然是轮齿折断、齿面点蚀（剥落）和齿面胶合，此外还有塑性变形和磨损等。由于研究和应用圆弧齿轮的时间不长，目前还只有齿根弯曲疲劳和齿面接触疲劳的强度计算公式可供实际使用。表 12-124 所列为单圆弧齿轮的承载能力计算公式；表 12-125 所列为双圆弧齿轮的承载能力计算公式（按 GB/T 13799—1992）。不过要注意，这些计算式中的许多参数，如 K_v、Z_N、Y_N、σ_{Flim} 和 σ_{Hlim} 等，目前还研究得很不够，计算时需慎重选用。

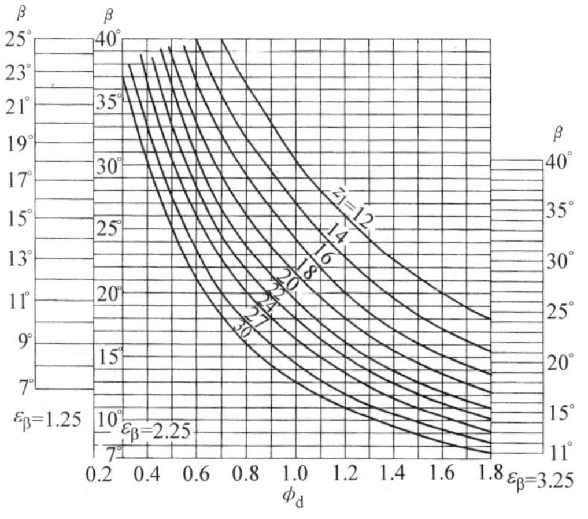

图 12-62　β、ε_β、ϕ_d、z_1 之间的关系

表 12-124　单圆弧齿轮传动承载能力计算公式

项目	齿根弯曲疲劳强度	齿面接触疲劳强度
强度条件	$\sigma_F \leqslant \sigma_{FP}$ 或 $S_F > S_{Fmin}$	$\sigma_H \leqslant \sigma_{HP}$ 或 $S_H > S_{Hmin}$
计算应力 /MPa	凸齿：$\sigma_{F1}=\left(\dfrac{T_1K_AK_VK_pK_{FB}}{\mu_\varepsilon+K_{\Delta\varepsilon}}\right)^{0.79}\dfrac{Y_{E1}Y_{u1}Y_{\beta1}Y_{F1}Y_{end1}}{z_1m_n^{2.37}}$ 凹齿：$\sigma_{F2}=\left(\dfrac{T_1K_AK_VK_pK_{FB}}{\mu_\varepsilon+K_{\Delta\varepsilon}}\right)^{0.73}\dfrac{Y_{E2}Y_{u2}Y_{\beta2}Y_{F2}Y_{end2}}{z_1m_n^{2.19}}$	$\sigma_H=\left(\dfrac{T_1K_AK_VK_pK_{HB}}{\mu_\varepsilon+K_{\Delta\varepsilon}}\right)^{0.7}\dfrac{Z_EZ_uZ_\beta Z_a}{z_1m_n^{2.1}}$
法向模数 /mm	凸齿：$m_n\geqslant\left(\dfrac{T_1K_AK_VK_pK_{FB}}{\mu_\varepsilon+K_{\Delta\varepsilon}}\right)^{1/3}\left(\dfrac{Y_{E1}Y_{u1}Y_{\beta1}Y_{F1}Y_{end1}}{z_1\sigma_{FP1}}\right)^{1/2.37}$ 凹齿：$m_n\geqslant\left(\dfrac{T_1K_AK_VK_pK_{FB}}{\mu_\varepsilon+K_{\Delta\varepsilon}}\right)^{1/3}\left(\dfrac{Y_{E2}Y_{u2}Y_{\beta2}Y_{F2}Y_{end2}}{z_1\sigma_{FP2}}\right)^{1/2.19}$	$m_n\geqslant\left(\dfrac{T_1K_AK_VK_pK_{HB}}{\mu_\varepsilon+K_{\Delta\varepsilon}}\right)^{1/3}\left(\dfrac{Z_EZ_uZ_\beta Z_a}{z_1\sigma_{HP}}\right)^{1/2.1}$
小齿轮(凸齿)转矩 /N·m	凸齿：$T_1=\dfrac{\mu_\varepsilon+K_{\Delta\varepsilon}}{K_AK_VK_pK_{FB}}m_n^3\left(\dfrac{z_1\sigma_{FP1}}{Y_{E1}Y_{u1}Y_{\beta1}Y_{F1}Y_{end1}}\right)^{1/0.79}$ 凹齿：$T_1=\dfrac{\mu_\varepsilon+K_{\Delta\varepsilon}}{K_AK_VK_pK_{FB}}m_n^3\left(\dfrac{z_1\sigma_{FP2}}{Y_{E2}Y_{u2}Y_{\beta2}Y_{F2}Y_{end2}}\right)^{1/0.37}$	$T_1=\dfrac{\mu_\varepsilon+K_{\Delta\varepsilon}}{K_AK_VK_pK_{HB}}m_n^3\left(\dfrac{z_1\sigma_{HP}}{Z_EZ_uZ_\beta Z_a}\right)^{1/0.7}$
许用应力 /MPa	$\sigma_{FP}=\sigma_{Flim}Y_NY_X/S_{Fmin}$	$\sigma_{HP}=\sigma_{Hlim}Z_NZ_LZ_v/S_{Hmin}$
安全系数	$S_F=\sigma_{Flim}Y_NY_X/\sigma_F$	$S_H=\sigma_{Hlim}Z_NZ_LZ_v/\sigma_H$

注：1. 表中长度单位为 mm，力的单位为 N。

2. 对于人字齿轮，T_1 按额定（名义）转矩的一半计算，($\mu_\varepsilon+K_{\Delta\varepsilon}$) 按全齿宽（不包括空刀槽宽）的一半计算。

表 12-125　双圆弧齿轮传动承载能力计算公式

项　目	齿根弯曲疲劳强度	齿面接触疲劳强度
强度条件	$\sigma_F \leqslant \sigma_{FP}$ 或 $S_F \geqslant S_{Fmin}$	$\sigma_H \leqslant \sigma_{HP}$ 或 $S_H \geqslant S_{Hmin}$
计算应力 /MPa	$\sigma_F=\left(\dfrac{T_1K_AK_VK_pK_{FB}}{2\mu_\varepsilon+K_{\Delta\varepsilon}}\right)^{0.86}\dfrac{Y_EY_uY_\beta Y_FY_{end}}{z_1m_n^{2.58}}$	$\sigma_H=\left(\dfrac{T_1K_AK_VK_pK_{HB}}{2\mu_\varepsilon+K_{\Delta\varepsilon}}\right)^{0.73}\dfrac{Z_EZ_uZ_\beta Z_a}{z_1m_n^{2.19}}$
法向模数 /mm	$m_n\geqslant\left(\dfrac{T_1K_AK_VK_pK_{FB}}{2\mu_\varepsilon+K_{\Delta\varepsilon}}\right)^{1/3}\left(\dfrac{Y_EY_uY_\beta Y_FY_{end}}{z_1\sigma_{FP}}\right)^{1/2.58}$	$m_n\geqslant\left(\dfrac{T_1K_AK_VK_pK_{HB}}{2\mu_\varepsilon+K_{\Delta\varepsilon}}\right)^{1/3}\left(\dfrac{Z_EZ_uZ_\beta Z_a}{z_1\sigma_{HP}}\right)^{1/2.19}$
小齿轮转矩 /N·mm	$T_1=\dfrac{2\mu_\varepsilon+K_{\Delta\varepsilon}}{K_AK_VK_pK_{FB}}m_n^3\left(\dfrac{z_1\sigma_{FP}}{Y_EY_\mu Y_\beta Y_FY_{end}}\right)^{1/0.86}$	$T_1=\dfrac{2\mu_\varepsilon+K_{\Delta\varepsilon}}{K_AK_VK_pK_{HB}}m_n^3\left(\dfrac{z_1\sigma_{HP}}{Z_EZ_uZ_\beta Z_a}\right)^{1/0.73}$
许用应力 /MPa	$\sigma_{FP}=\sigma_{Flim}Y_NY_X/S_{Fmin}$	$\sigma_{HP}=\sigma_{Hlim}Z_NZ_LZ_v/\sigma_{Hmin}$
安全系数	$S_F=\sigma_{Flim}Y_NY_X/\sigma_F$	$S_H=\sigma_{Hlim}Z_NZ_LZ_v/\sigma_H$

注：1. 表中长度单位为 mm，力的单位为 N。

2. 对于人字齿轮，T_1 按额定（名义）转矩一半计算，($2\mu_\varepsilon+K_{\Delta\varepsilon}$) 按全齿宽（不包括空刀槽宽）的一半计算。

3. 计算公式中，各符号的含义见表 12-126。

表 12-126　表 12-125 中各符号的含义

类别	符号	意　义	单位	所用图表
基本参数	σ_H、σ_F	计算接触应力和计算弯曲应力	MPa	表 12-124、表 12-125
	σ_{HP}、σ_{FP}	许用接触应力和许用弯曲应力	MPa	表 12-124、表 12-125
	S_H、S_F	接触强度和弯曲强度的计算安全系数		表 12-124、表 12-125
	S_{Hmin}、S_{Fmin}	接触强度和弯曲强度的最小安全系数		表 12-130
	T_1	小齿轮传递的名义转矩	N·mm	表 12-34
	z_1	小齿轮齿数		表 12-123
	m_n	法面模数	mm	表 12-124、表 12-125
	μ_ε	重合度的整数部分		表 12-123
	σ_{Hlim}	试验齿轮的接触疲劳极限	MPa	图 12-72~图 12-75
	σ_{Flim}	试验齿轮的弯曲疲劳极限	MPa	图 12-76~图 12-79

（续）

类别	符号	意　　义	单位	所用图表
修正载荷的系数	K_A	使用系数		表 12-42
	K_V	动载系数		图 12-63
	K_P	接触迹间载荷分配系数		图 12-64
	K_{HB}、K_{FB}	接触迹内载荷分布系数（接触、弯曲）		表 12-127
	$K_{\Delta\varepsilon}$	接触迹系数		图 12-65
修正计算应力的系数	Z_E	弹性系数（接触）	$MPa^{0.27}$	表 12-128
	Y_E	弹性系数（弯曲）	$MPa^{0.14}$	表 12-128
	Z_u、Y_u	齿数比系数（接触、弯曲）		图 12-66
	Z_β、Y_β	螺旋角系数（接触、弯曲）		图 12-67
	Z_a	接触弧长系数		图 12-69
	Y_F	齿形系数		图 12-68
	Y_{end}	齿端系数		图 12-70、图 12-71
	$K_{\Delta\varepsilon}$	接触迹系数		图 12-65
	Y_{E1}、Y_{E2}、Y_E、Z_E	弹性系数		表 12-128
修正疲劳极限的系数	Z_N	寿命系数（接触）		图 12-80
	Y_N	寿命系数（弯曲）		图 12-81
	Z_L	润滑剂系数		图 12-84
	Z_v	速度系数		图 12-85
	Y_X	尺寸系数		图 12-82、图 12-83

12.2.5.2 计算公式中各参数和系数的确定

承载能力计算公式（见表 12-124 和表 12-125）中的各参数和系数及其取值用的图表号，列于表 12-125中。计算公式中的小齿轮齿数 z_1、重合度的整数部分 μ_ε，按预选参数确定。T_1 取小齿轮的额定（名义）转矩值。其他参数和系数确定如下：

（1）使用系数 K_A　K_A 是考虑由于啮合外部因素引起附加动载前影响的系数，可参考表 12-42 查取。

（2）动载系数 K_v　K_v 是考虑轮齿接触迹在啮合过程中的冲击，由此引起齿轮副的振动而产生的内部附加动载荷影响的系数，可参考图 12-63 查取。

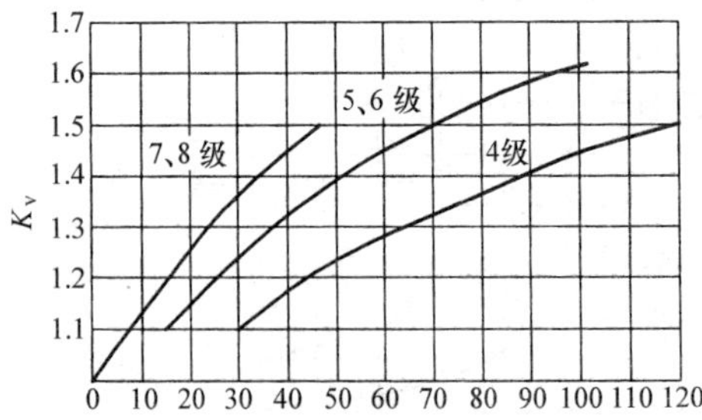

图 12-63　动载系数 K_v

（3）接触迹间载荷分配系数 K_p　K_p 是考虑由于齿向及齿距误差、轮齿和轴系受载变形等，引起载荷沿齿宽方向在各接触迹之间分配不均匀的影响系数，可参考图 12-64 查取。

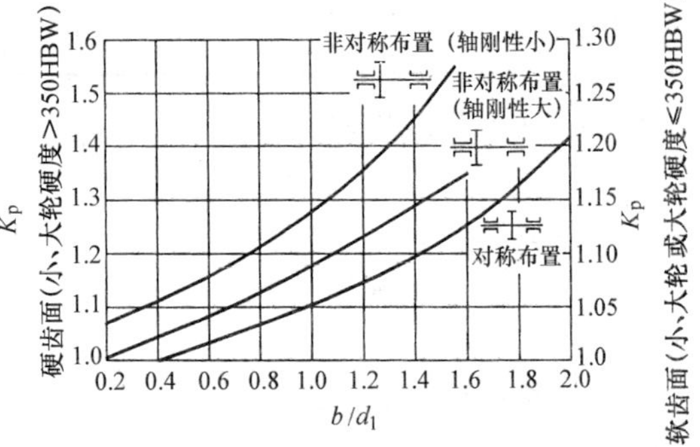

图 12-64　接触迹间载荷分配系数 K_p

（4）接触迹内载荷分布系数 K_{HB} 和 K_{FB}　K_{HB} 和 K_{FB} 是考虑由于齿面接触迹位置沿齿高的偏移，引起应力分布状态改变对接触强度和弯曲强度的影响系数，可由表 12-127 查取。

表 12-127　接触迹内载荷分布系数

Ⅲ组精度等级		5	6	7	8
K_{FB}		1.08		1.1	
K_{HB}	双圆弧齿轮	1.15	1.23	1.39	1.49
	单圆弧齿轮	1.16	1.24	1.41	1.52

（5）接触迹系数 $K_{\Delta\varepsilon}$　$K_{\Delta\varepsilon}$ 是考虑重合度尾数 $\Delta\varepsilon$ 对轮齿应力的影响系数，可由图 12-65 查取。当齿端修薄时，应根据减去齿端修薄长度后的有效齿长部分

的 $\Delta\varepsilon$ 来查图 12-65。当 $20°<\beta<25°$ 时，用插值法查取。

（6）弹性系数 Z_E 和 Y_E　Z_E 和 Y_E 是分别考虑材料的弹性模量 E 及泊松比 μ 对齿轮接触应力和弯曲应力影响的系数，可由表 12-128 查取。

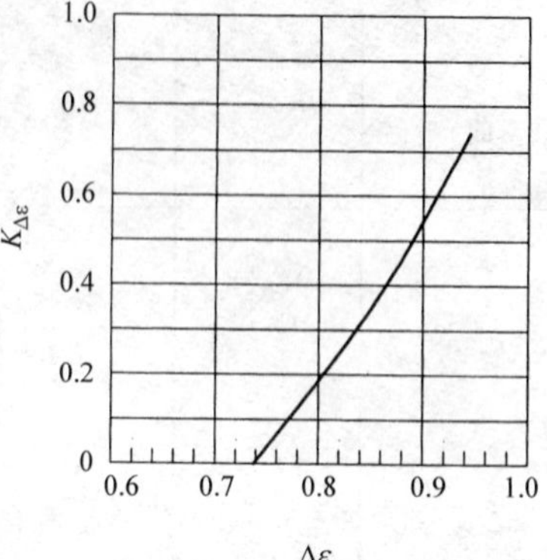

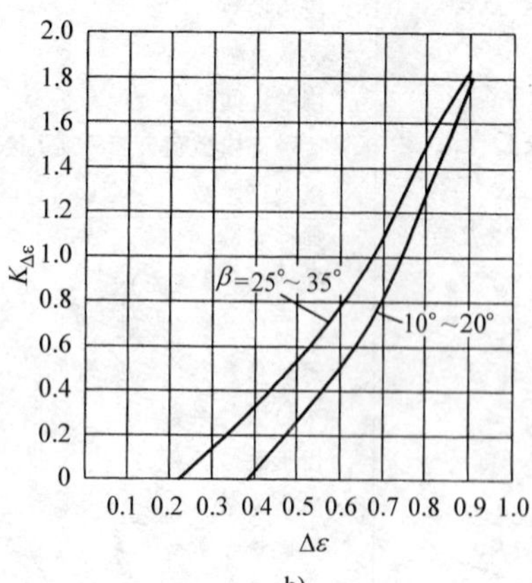

图 12-65　接触迹系数 $K_{\Delta\varepsilon}$

a）单圆弧齿轮　b）双圆弧齿轮

表 12-128　弹性系数

齿型	符号	单位	锻钢-锻钢	锻钢-铸钢	锻钢-球墨铸铁	其他材料
单圆弧齿轮	Y_{E1}	$MPa^{0.21}$	6.580	6.567	6.456	$0.494E^{0.21}$
	Y_{E2}	$MPa^{0.27}$	16.748	16.703	16.341	$0.600E^{0.27}$
	Z_E	$MPa^{0.30}$	31.436	31.343	30.589	$0.778E^{0.30}$
双圆弧齿轮	Y_E	$MPa^{0.14}$	2.079	2.076	2.053	$0.370E^{0.14}$
	Z_E	$MPa^{0.27}$	31.346	31.263	30.584	$1.123E^{0.27}$

注：表中 E 为诱导弹性模量（MPa），$E=2/\left(\frac{1-\mu_1^2}{E_1}+\frac{1-\mu_2^2}{E_2}\right)$。$E_1$、$E_2$、$\mu_1$、$\mu_2$ 分别为配对齿轮 1、2 的材料弹性模量和泊松比。

（7）齿数比系数 Z_u 和 Y_u　Z_u 和 Y_u 是分别考虑齿数比 u 对接触应力和弯曲应力影响的系数，可由图 12-66 中查取。

（8）螺旋角系数 Z_β 和 Y_β　Z_β 和 Y_β 是考虑螺旋角对接触应力和弯曲应力影响的系数，可从图 12-67 中查取。

（9）齿形系数 Y_F　Y_F 是考虑由于轮齿几何形状不同对齿根应力影响的系数，其值可从图 12-68 中查取。

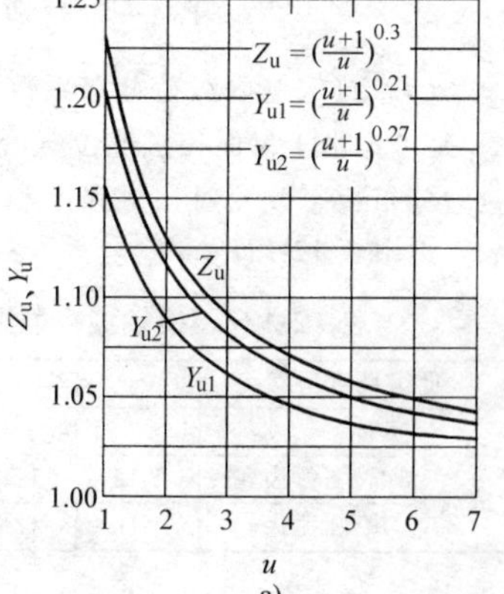

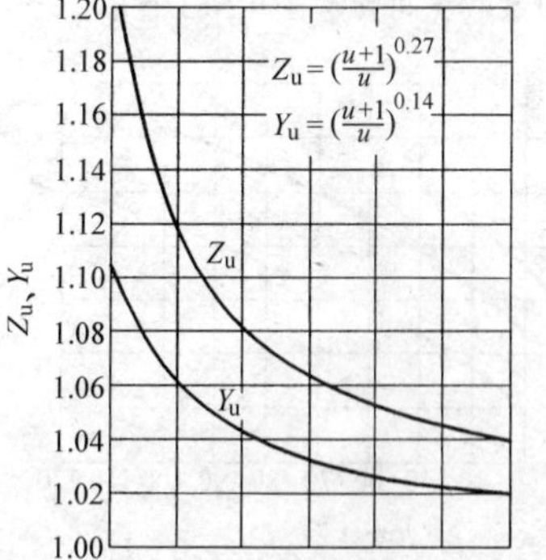

图 12-66　齿数比系数 Z_u、Y_u

a）单圆弧齿轮　b）双圆弧齿轮

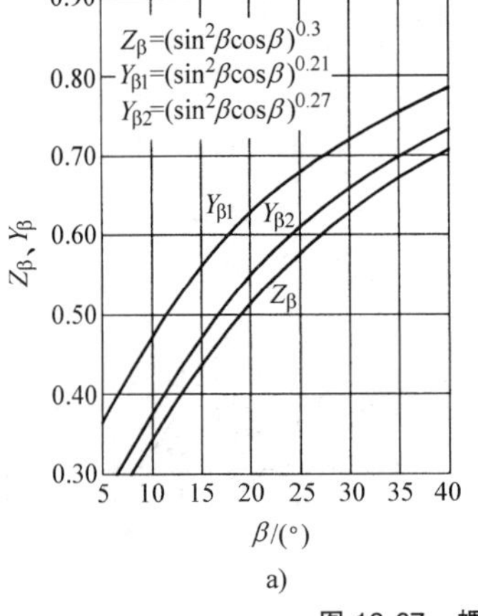

a)

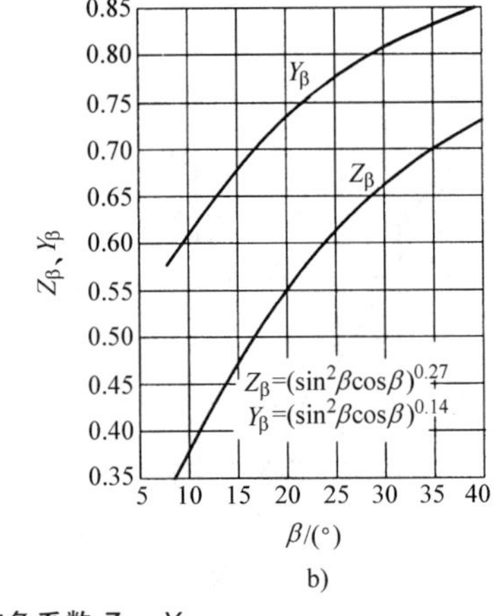

b)

图 12-67　螺旋角系数 Z_β、Y_β

a）单圆弧齿轮　b）双圆弧齿轮

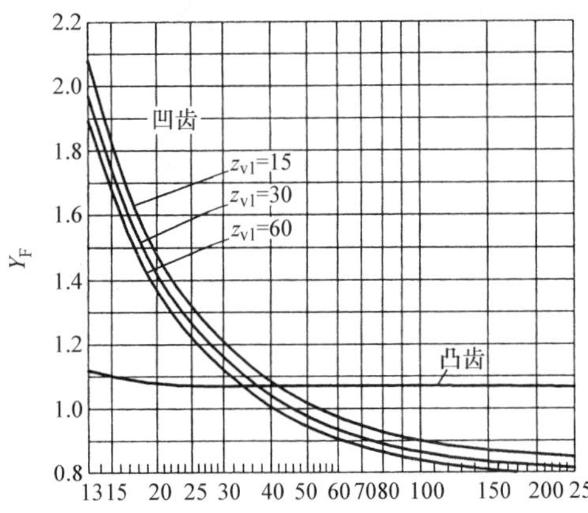

a)

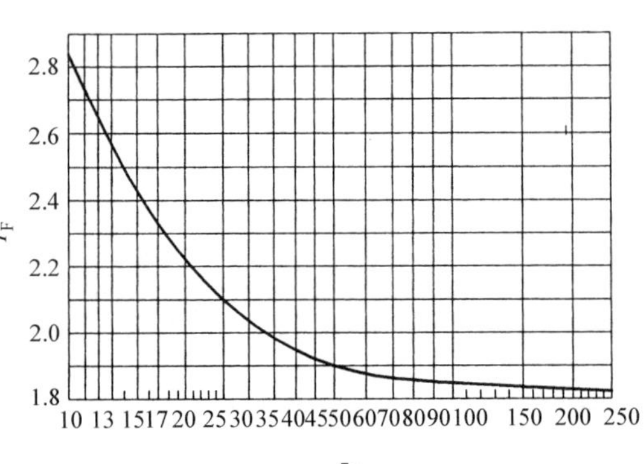

b)

图 12-68　齿形系数 Y_F

a）单圆弧齿轮　b）双圆弧齿轮

（10）接触弧长系数 Z_a　Z_a 是考虑齿面接触弧的有效工作长度对齿面接触应力影响的系数。其值可由图 12-69 查取。对于双圆弧齿轮传动，当 $u\neq1$ 时，一个齿轮的上齿面和下齿面的接触弧长不一样，所以 Z_a 应取两个齿轮的平均值，即 $Z_a=0.5(Z_{a1}+Z_{a2})$。Z_{a1} 和 Z_{a2} 值可按小齿轮和大齿轮的当量齿数 Z_{v1} 和 Z_{v2} 查图 12-69。

（11）齿端系数 Y_{end}　Y_{end} 是考虑接触迹在齿轮端部时，端面以外没有齿根来参与承担弯曲力矩，以致端部齿根应力增大的影响系数。单圆弧齿轮的 Y_{end} 可查图 12-70；双圆弧齿轮的 Y_{end} 可查图 12-71。以上两图适用于未修端的齿轮；对于修端的齿轮，取 $Y_{end}=1$。

（12）试验齿轮的接触疲劳极限 σ_{Hlim}　σ_{Hlim} 值是试验齿轮经过载荷运转试验或由使用经验得到的。当缺乏资料时，可参考图 12-72～图 12-75，根据齿面硬度查取。只有齿轮的内在质量（材料、热处理等）有充分保证时，才可以取大值，通常取所给范围的中间值。

（13）试验齿轮的弯曲疲劳极限 σ_{Flim}　σ_{Flim} 值是试验齿轮经过试验或由使用经验得到的。当缺乏资料时，可参考图 12-76～图 12-79，根据齿面硬度查取。通常取所给范围的中间值，只有齿轮的内在质量（材料、热处理等）有充分保证时，才可以取大值。对于受对称双向弯曲的齿轮，应将图中查得的 σ_{Flim} 乘 0.7。

（14）寿命系数 Z_N 和 Y_N　Z_N 和 Y_N 是分别考虑所设计的齿轮只要求有限寿命时，其许用接触应力和许用弯曲应力可以提高的系数。Z_N 和 Y_N 可根据应力循环数 N_L，分别从图 12-80 和图 12-81 中查取。此 Z_N 和 Y_N 均适用于单圆弧齿软和双圆弧齿轮。

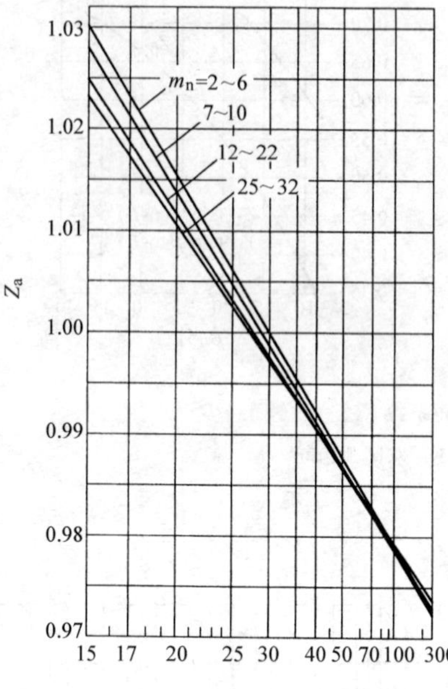

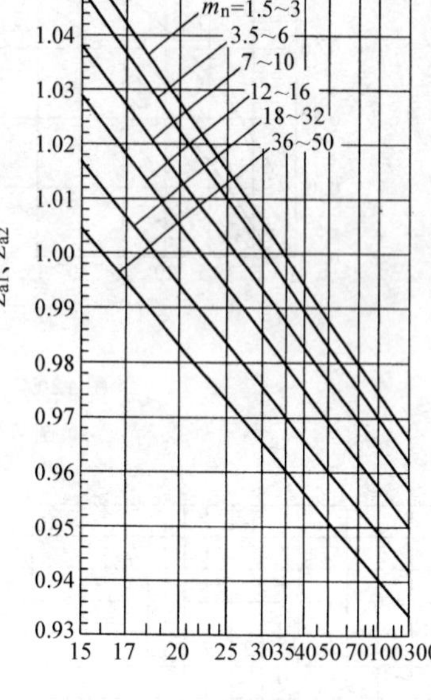

图 12-69　接触弧长系数 Z_a

a）单圆弧齿轮　b）双圆弧齿轮

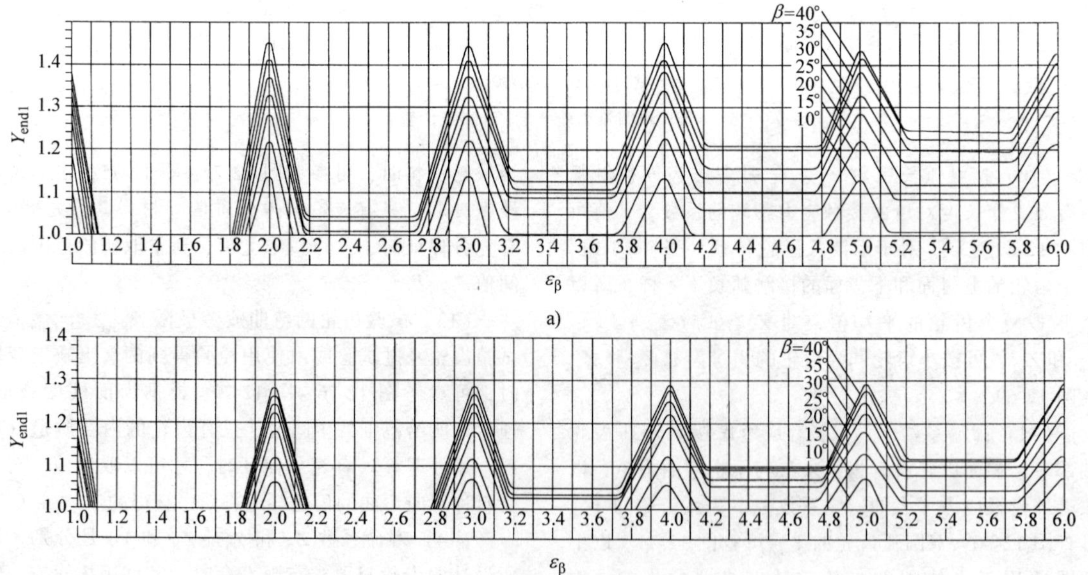

图 12-70　单圆弧齿轮的齿端系数 Y_{end}

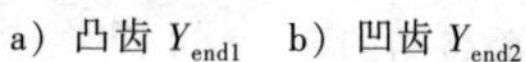

a）凸齿 Y_{end1}　b）凹齿 Y_{end2}

a)　b)

图 12-71　双圆弧齿轮的齿端系数 Y_{end}

a）$\varepsilon_\beta=1\sim4$　b）$\varepsilon_\beta=4\sim7$

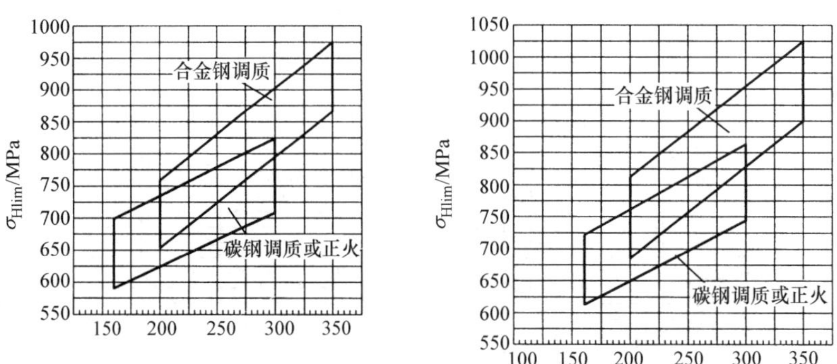

a)　b)

图 12-72　调质钢齿轮的 σ_{Hlim}

a）单圆弧齿轮　b）双圆弧齿轮

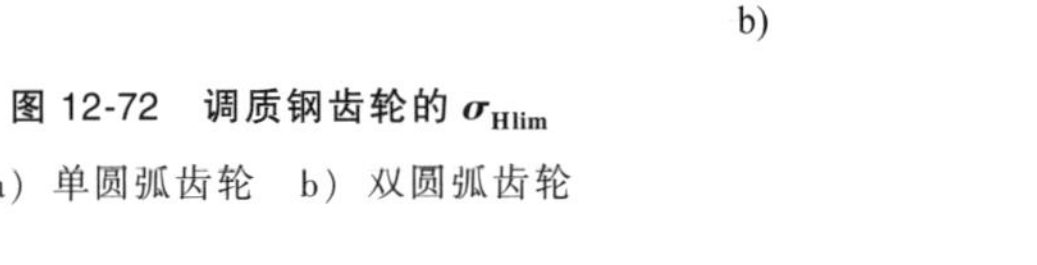

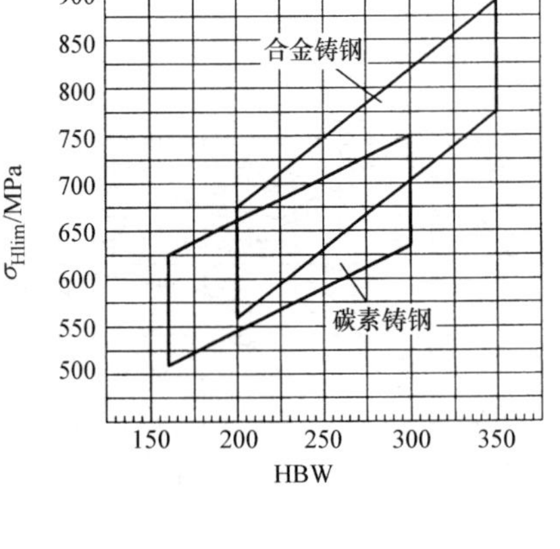

a)

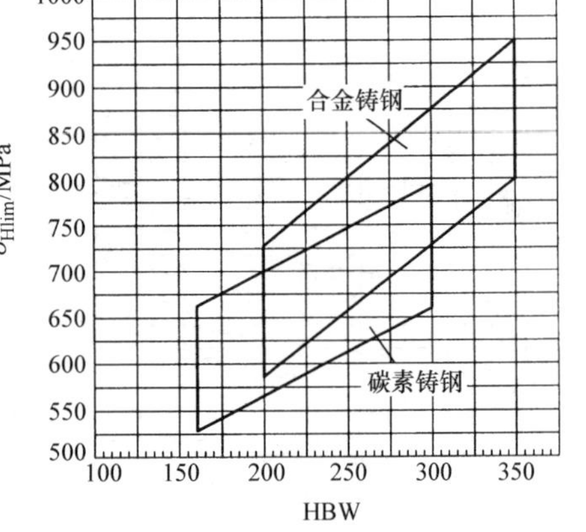

b)

图 12-73　铸钢齿轮的 σ_{Hlim}

a）单圆弧齿轮　b）双圆弧齿轮

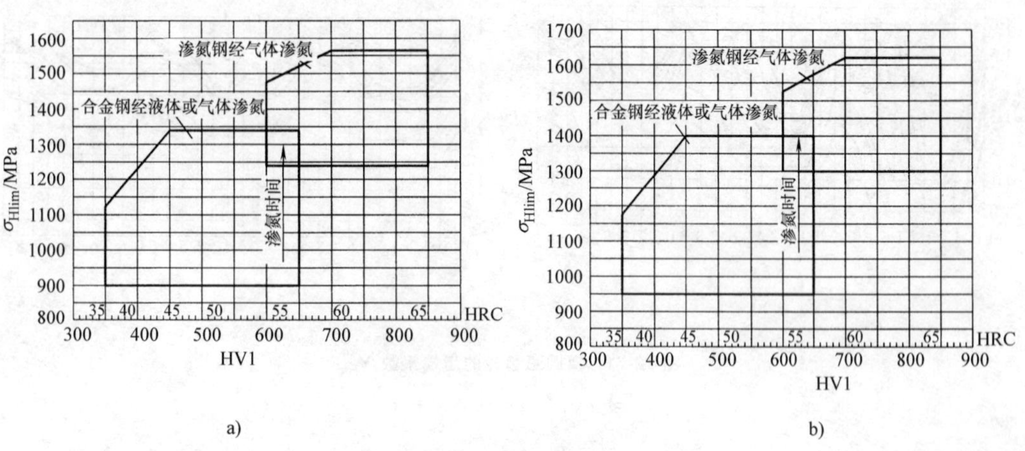

图 12-74　氮化齿轮的 σ_{Hlim}

a）单圆弧齿轮　b）双圆弧齿轮

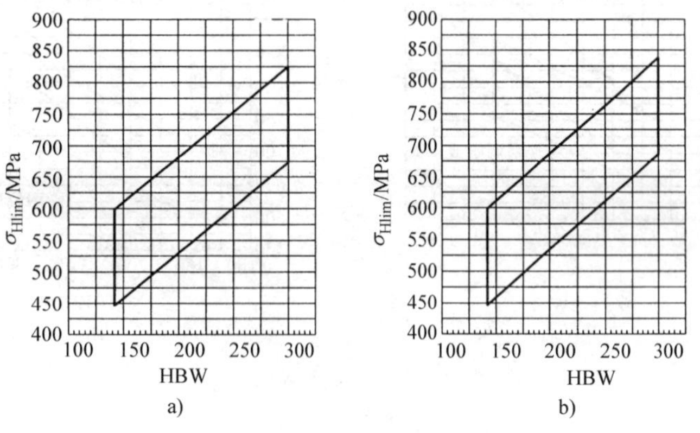

图 12-75　球墨铸铁齿轮的 σ_{Hlim}

a）单圆弧齿轮　b）双圆弧齿轮

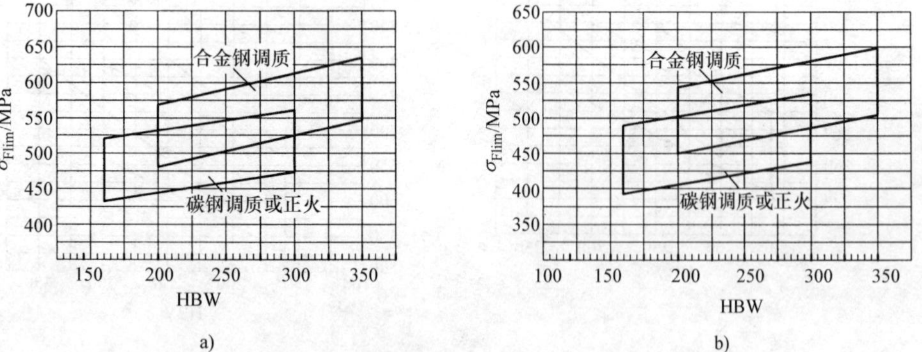

图 12-76　调质钢齿轮的 σ_{Flim}

a）单圆弧齿轮　b）双圆弧齿轮

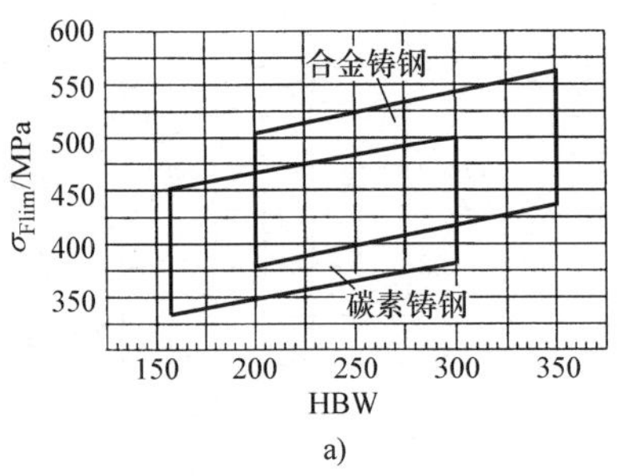

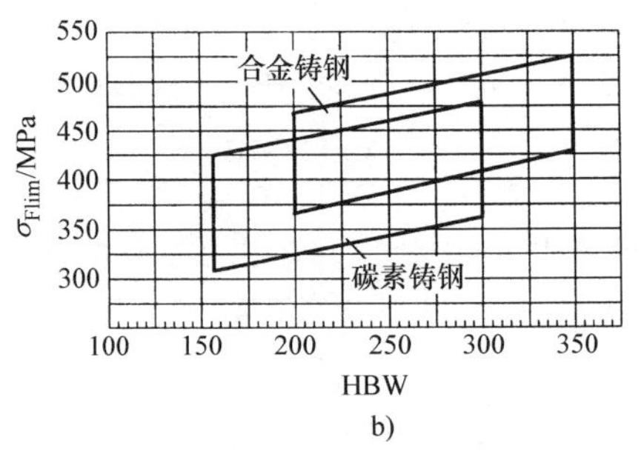

图 12-77　铸钢齿轮的 σ_{Flim}

a）单圆弧齿轮　b）双圆弧齿轮

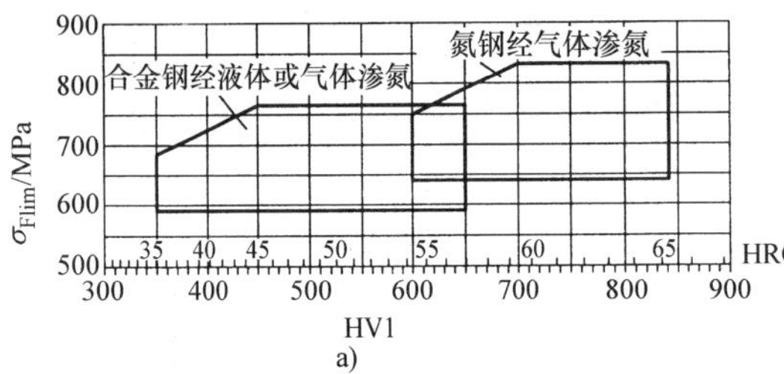

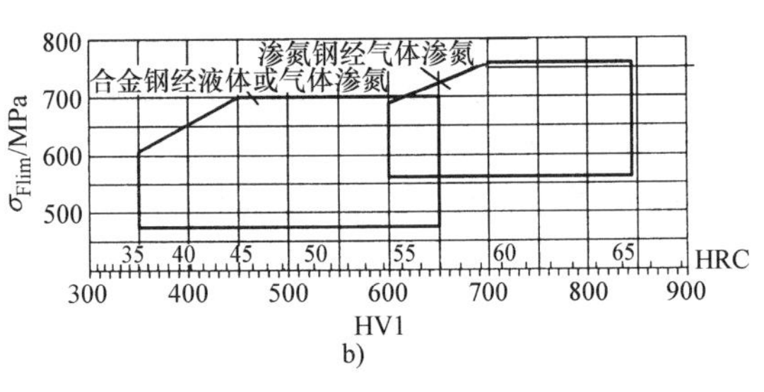

图 12-78　氮化钢齿轮的 σ_{Flim}

a）单圆弧齿轮　b）双圆弧齿轮

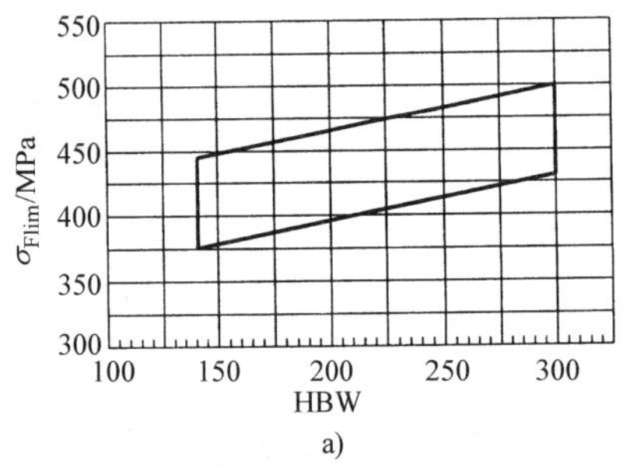

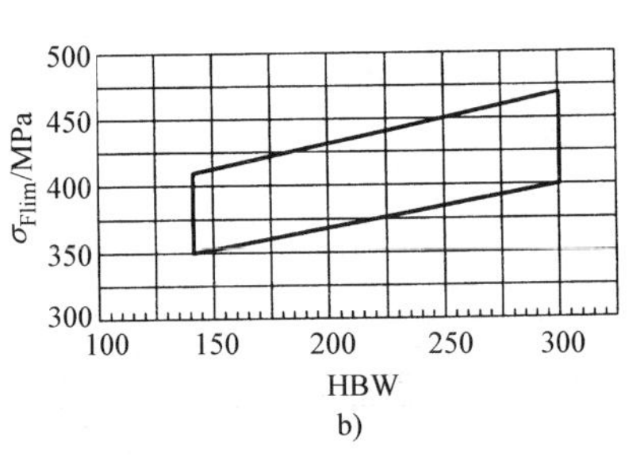

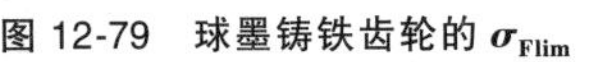

图 12-79　球墨铸铁齿轮的 σ_{Flim}

a）单圆弧齿轮　b）双圆弧齿轮

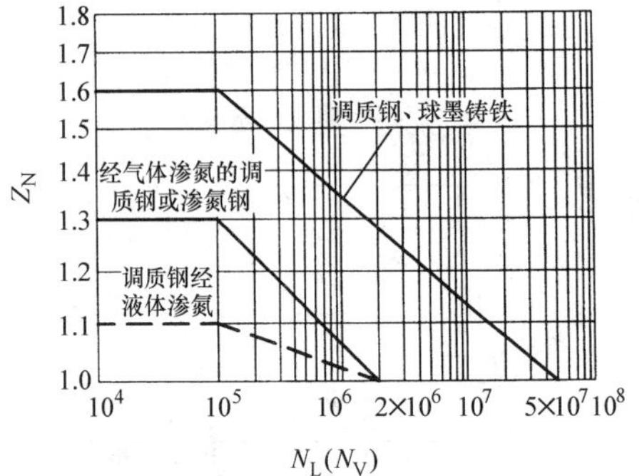

图 12-80　寿命系数 Z_N

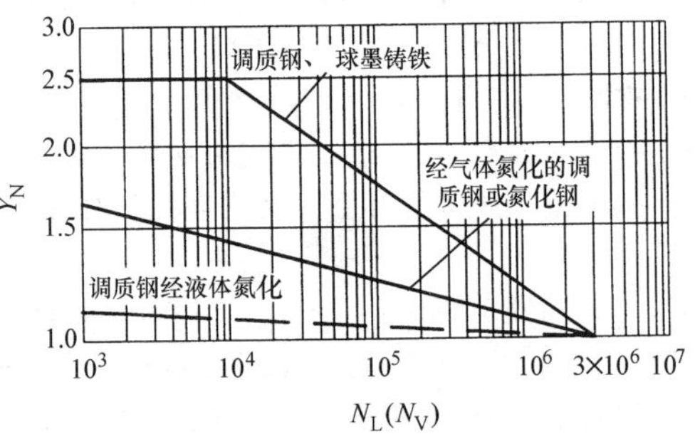

图 12-81　寿命系数 Y_N

对于稳定载荷（小齿轮转矩 T_1 基本不变），轮齿的应力循环数 N_L，可用式 12-95 计算，然后从图 12-80 和图 12-81 中查取 Z_N 和 Y_N 值。

对于不稳定载荷（阶梯载荷 T_1、T_2、T_3、……），可按式 12-95 计算当量应力循环次数 N_v，然后从图 12-80 或图 12-81 中查取 Z_N 或 Y_N 值。

$$N_v = \sum N_i \left(\frac{T_i}{T_{max}}\right)^{\varepsilon} \quad (12\text{-}95)$$

式中　T_{max}——载荷图（小齿轮转矩 T_1 图）中最大转矩，即 T_{1max}（N · m），强度计算时，将此 T_{max} 代替表 12-124 和表 12-125公式中的 T_1K_A；

T_i——载荷图中各级转矩（N · m）；

N_i——相应于各级转矩 T_i 的应力循环数，$N_i = 60jn_it_i$；

j——齿轮每一转同一齿侧面啮合的次数；

n_i、t_i——相应于 T_i 的齿轮转速（r/min）和工作时间（h）；

ε——齿轮疲劳试验所得的指数，可从表 12-129 查取。

表 12-129　指数 ε 值

项目			材料和热处理		
计算类别	齿型		调质钢球墨铸铁	经气体氮化的调质钢或氮化钢	调质钢经液体氮化
接触强度	双圆弧齿轮		9.65	8.34	22.96
	单圆弧齿轮		9.25	8.00	22.02
弯曲强度	双圆弧齿轮		5.38	14.58	71.66
	单圆弧齿轮	凹齿	4.94	13.39	65.83
		凸齿	4.56	12.37	60.83

（15）尺寸系数 Y_x　Y_x 是考虑所计算齿轮的模数大于试验齿轮的模数，使齿根弯曲疲劳极限应力降低的影响系数。单圆弧齿轮和双圆弧齿轮的 Y_x 值可分别从图 12-82 和图 12-83 中查得。

（16）润滑剂系数 Z_L　Z_L 是考虑所用的润滑油黏度 ν_{40} 对齿面接触应力影响的系数。其值可从图 12-84中查取。

（17）速度系数 Z_v　Z_v 是考虑齿面间相对速度 v_g 对齿面接触应力影响的系数。其值可从图 12-85 中查取。

（18）最小安全系数 S_{Hmin}、S_{Fmin}　由于对圆弧齿轮的研究和使用经验还不够，因此圆弧齿轮的最小安全系数取得比渐开线齿轮的大，其参考值见表 12-130。

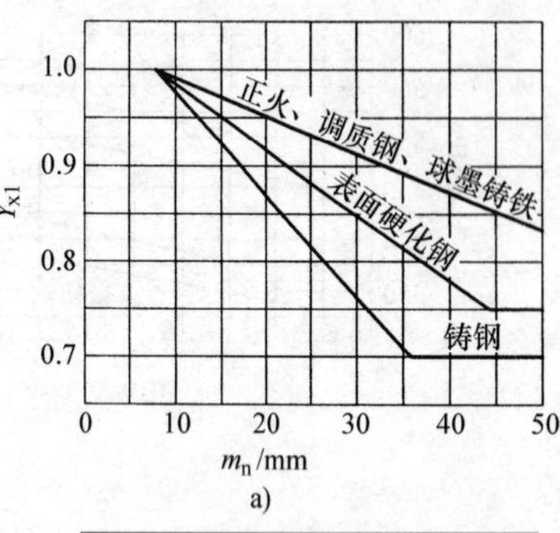

a)

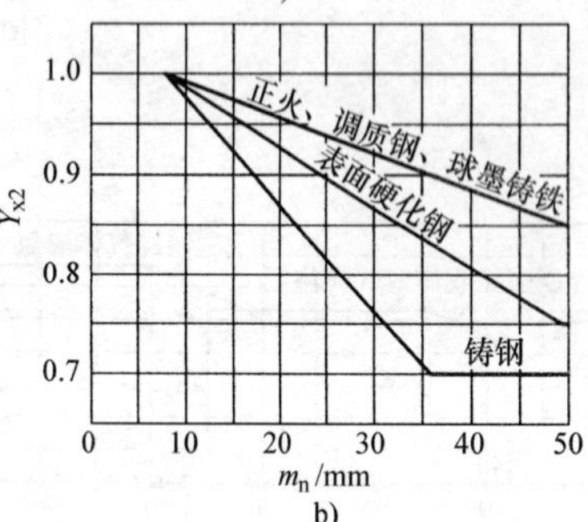

b)

图 12-82　单圆弧齿轮的尺寸系数 Y_x

a）凸齿　b）凹齿

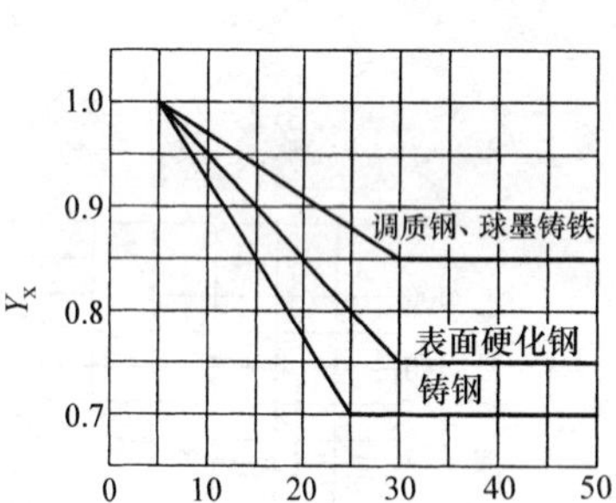

图 12-83　双圆弧齿轮的尺寸系数 Y_x

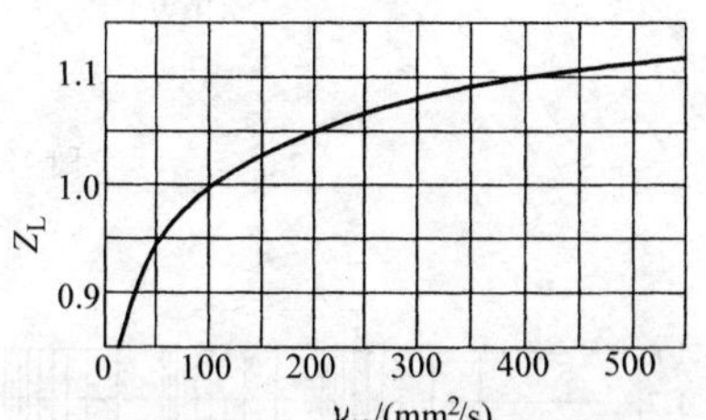

图 12-84　润滑剂系数 Z_L

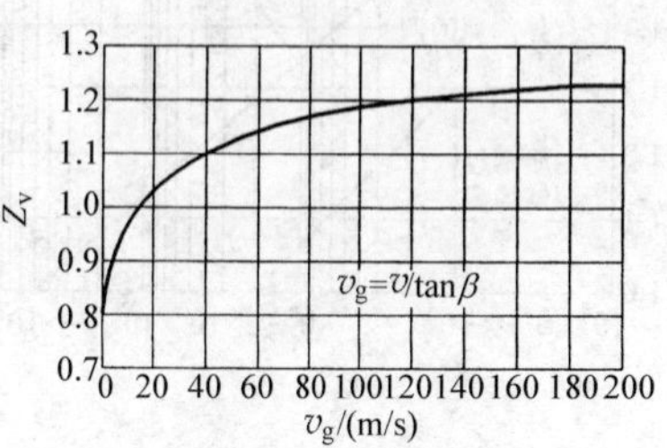

图 12-85　速度系数 Z_v

表 12-130　最小安全系数的参考值

类别	参考值	说　明
S_{Hmin}	1.3	对于重要的齿轮传动，或动力参数
S_{Fmin}	1.6	

12.2.6　圆弧圆柱齿轮的精度

我国现行的圆弧齿轮精度标准是 GB/T 15753—1995《圆弧圆柱齿轮精度》。这节介绍此标准的主要内容。

12.2.6.1　适用范围

GB/T 15753—1995 适用于法向模数 $m_n = 1.5 \sim 40$mm，分度圆直径小于 4000mm，有效齿宽小于 630mm 的圆弧圆柱齿轮及其齿轮副。齿轮的基本齿廓符合 GB 12759—1991《双圆弧圆柱齿轮基本齿廓》，或 JB 929—1967《圆弧圆柱齿轮滚刀的法面齿形》的规定。

当齿轮尺寸规格超出上述范围时，可按 GB/T 15753—1995 的附录 A 规定处理。

12.2.6.2　定义和符号

圆弧齿轮、齿轮副的误差、侧隙的定义和符号列于表 12-131。

表 12-131　圆弧齿轮、齿轮副的误差及侧隙的定义和符号

序号	名　称	符号	定　义
1	切向综合误差	$\Delta F_i'$	被测齿轮与理想精确的测量齿轮单面啮合时，在被测齿轮一转内，实际转角与公称转角之差的总幅度值，以分度圆弧长计值
	切向综合公差	F_i'	
2	一齿切向综合误差	$\Delta f_i'$	被测齿轮与理想精确的测量齿轮单面啮合时，在被测齿轮一齿距角内，实际转角与公称转角之差的最大幅度值，以分度圆弧长计
	一齿切向综合公差	f_i'	
3	齿距累积误差 实际弧长 实际齿形 公称齿形 检查圆	ΔF_p	在检查圆[①]上，任意两个同侧齿面间实际弧长与公称弧长之差的最大差值
	k 个齿距累积误差 ΔF_{pk} ΔF_p 0123 z 齿序	ΔF_{pk}	在检查圆上，k 个齿距间的实际弧长与公称弧长之差的最大差值。k 为 2 到小于 $z/2$ 的整数
	齿距累积公差	F_p	
	k 个齿距累积公差	F_{pk}	
4	齿圈径向跳动	ΔF_r	在齿轮一转范围内，测头在齿槽内，与凸齿或凹齿中部双面接触，测头相对于齿轮轴线的最大变动量
	齿圈径向跳动公差	F_r	

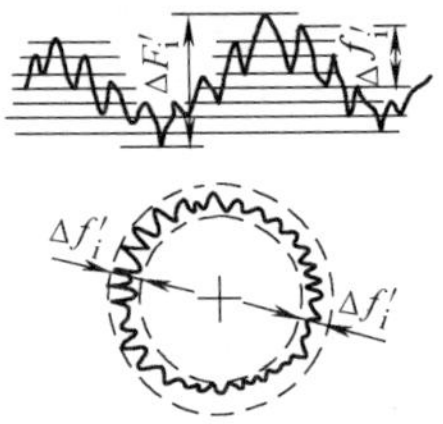

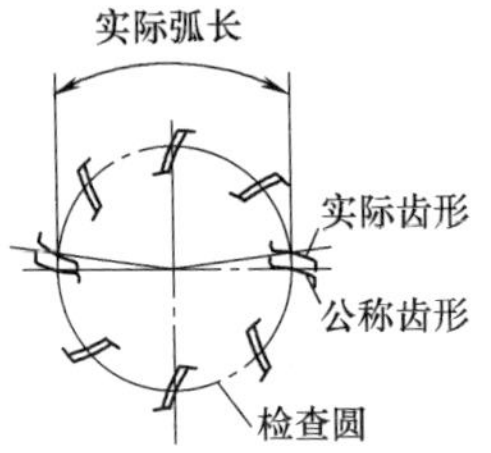

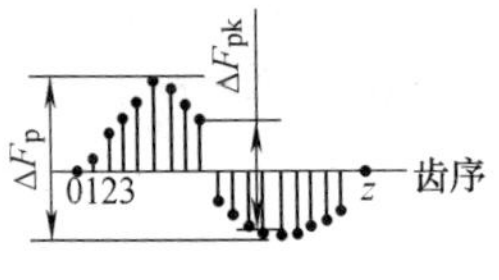

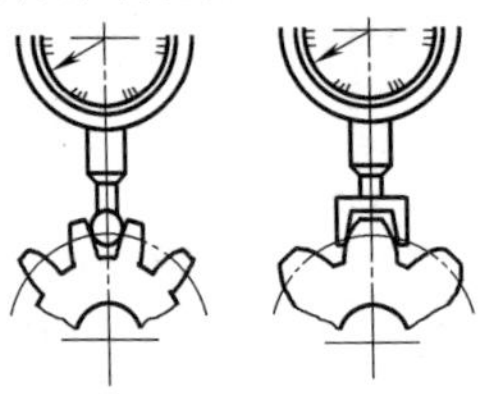

（续）

序号	名　称	符号	定　义
5	公法线长度变动 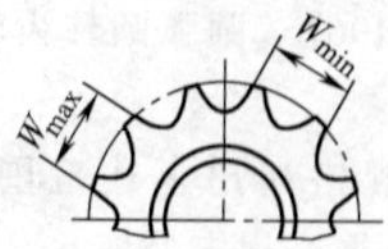 W_{max}　W_{min} 公法线长度变动公差	ΔF_W F_W	在齿轮一周范围内，实际公法线长度最大值与最小值之差 $\Delta F_W = W_{max} - W_{min}$
6	齿距偏差  实际齿距　公称齿距　Δf_{pt} 齿距极限偏差	Δf_{pt} $\pm f_{pt}$	在检查圆上，实际齿距与公称齿距之差 用相对法测量时，公称齿距是指所有实际齿距的平均值
7	齿向误差 一个轴向齿距内的齿向误差 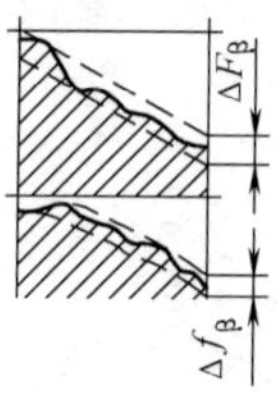 ΔF_β　Δf_β 齿向公差 一个轴向齿距内的齿向公差	ΔF_β Δf_β F_β f_β	在检查圆柱面上，有效齿宽范围内（端部倒角部分除外），包容实际齿向线的两条最近的设计齿线之间的端面距离 在有效齿宽中，任一轴向齿距范围内，包容实际齿线的两条最近的设计齿线之间的端面距离 设计齿线可以是修正的圆柱螺旋线，包括齿端修薄及其他修形曲线 齿宽两端的齿向误差只允许逐渐偏向齿体内
8	轴向齿距偏差 一个轴向齿距偏差 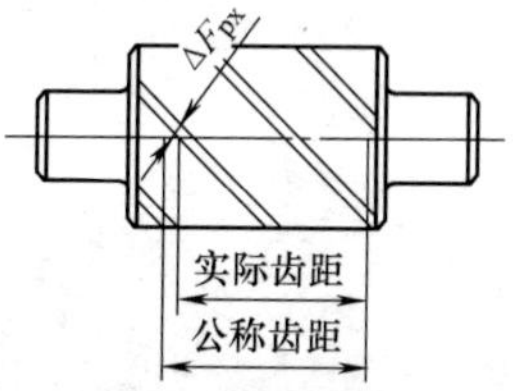 ΔF_{px}　实际齿距　公称齿距 轴向齿距极限偏差 一个轴向齿距极限偏差	ΔF_{px} Δf_{px} $\pm F_{px}$ f_{px}	在有效齿宽范围内，与齿轮基准轴线平行而大约通过凸齿或凹齿中部的一条直线上，任意两个同侧齿面间的实际距离与公称距离之差。沿齿面法线方向计值 在有效齿宽范围内，与齿轮基准轴线平行而大约通过凸齿或凹齿中部的一条直线上，任一轴向齿距内，两个同侧齿面间的实际距离与公称距离之差。沿齿面法线方向计值
9	螺旋线波度误差 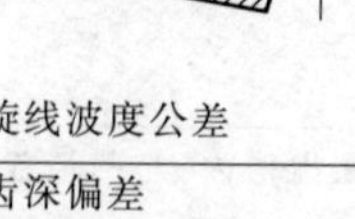 $\Delta f_{f\beta}$ 螺旋线波度公差	$\Delta f_{f\beta}$ $f_{f\beta}$	在有效齿宽范围内，凸齿或凹齿中部实际齿线波纹的最大波幅。沿齿面法线方向计值
10	弦齿深偏差 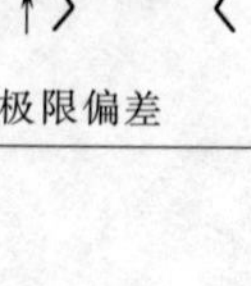 $\overline{h}$ 弦齿深极限偏差	ΔE_h $\pm E_h$	在齿轮一周内，实际弦齿深减去实际外圆直径偏差后与公称弦齿深之差 在法面中测量

（续）

序号	名　　称	符号	定　　义
11	齿根圆直径偏差 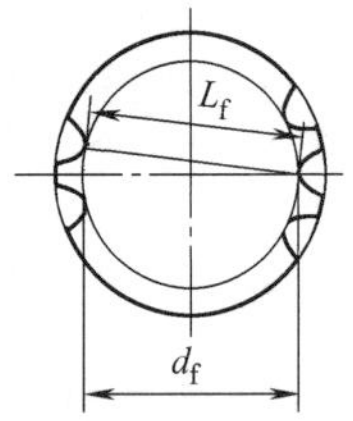 L_f　d_f 齿根圆直径极限偏差	ΔE_{df} $\pm E_{df}$	齿根圆直径实际尺寸和公称尺寸之差 对于奇数齿可用齿根圆斜径代替。斜径公称尺寸 L_f 为 $$L_f = d_f \cos\frac{90°}{z}$$
12	齿厚偏差 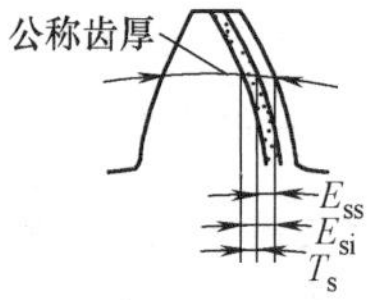 公称齿厚　E_{ss}　E_{si}　T_s 齿厚极限偏差 上偏差 / 下偏差 齿厚公差	ΔE_s E_{ss} E_{si} T_s	接触点所在圆柱面上，法向齿厚实际值与公称值之差
13	公法线长度偏差 公法线长度极限偏差 上偏差 / 下偏差 公法线长度公差	ΔE_w E_{ws} E_{wi} T_w	在齿轮一周内，公法线实际长度值与公称值之差
14	齿轮副的切向综合误差 齿轮副的切向综合公差	$\Delta F'_{ic}$ F'_{ic}	在设计中心距下，安装好的齿轮副，在啮合转动足够多的转数内，一个齿轮相对于另一个齿轮，实际转角与公称转角之差的总幅度值。以分度圆弧长计值
15	齿轮副的一齿切向综合误差 齿轮副的一齿切向综合公差	$\Delta f'_{ic}$ f'_{ic}	安装好的齿轮副，在啮合足够多的转数内，一个齿轮相对于另一个齿轮，一个齿距的实际转角与公称转角之差的最大幅度值。以分度圆弧长计值
16	齿轮副的接触迹线 接触迹线位置偏差 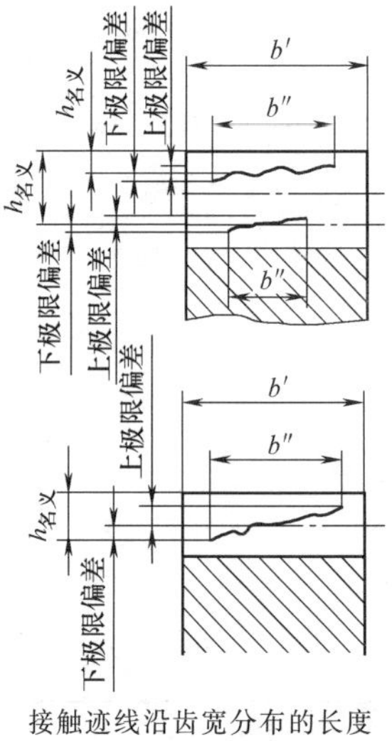 b'　b''　$h_{名义}$　下极限偏差　上极限偏差 $h_{名义}$　下极限偏差　上极限偏差　b'' b'　b''　上极限偏差　$h_{名义}$　下极限偏差 接触迹线沿齿宽分布的长度		凸凹齿面瞬时接触时，由于齿面接触弹性变形而形成的挤压痕迹 装配好的齿轮副，跑合之前，着色检验，在轻微制动下，齿面实际接触迹线偏离名义接触迹线的高度 对于双圆弧齿轮： 凸齿　$h_{名义}=\left(0.355-\frac{1.498}{z_v+1.09}\right)m_n$ 凹齿　$h_{名义}=\left(1.445-\frac{1.498}{z_v-1.09}\right)m_n$ 对于单圆弧齿轮： 凸齿　$h_{名义}=\left(0.45-\frac{1.688}{z_v+1.5}\right)m_n$ 凹齿　$h_{名义}=\left(0.75-\frac{1.688}{z_v-1.5}\right)m_n$ z_v 为当量齿数，　$z_v=\frac{z}{\cos^3\beta}$ 沿齿长方向，接触迹线的长度 b'' 与工作长度 b' 之比为 $\frac{b''}{b'}\times 100\%$

（续）

序号	名　　称	符号	定　　义
17	齿轮副的接触斑点 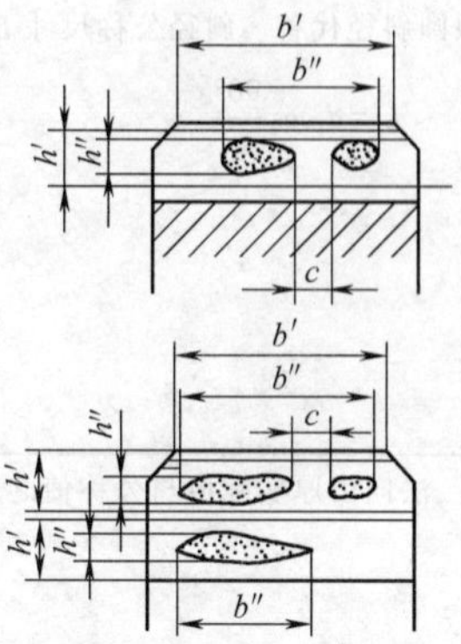		装配好的齿轮副，经空载检验，在名义接触迹线位置附近，齿面上分布的接触擦亮痕迹 接触痕迹的大小在齿面展开图上用百分数计算 沿齿长方向：接触痕迹的长度 b''（扣除超过模数的断开部分 c）与工作长度 b'之比的百分数，即 $$\frac{b''-c}{b'}\times100\%$$ 沿齿高方向：接触痕迹的平均高度 h''，与工作高度 h'之比的百分数，即 $$\frac{h''}{h'}\times100\%$$
18	齿轮副的侧隙 圆周侧隙 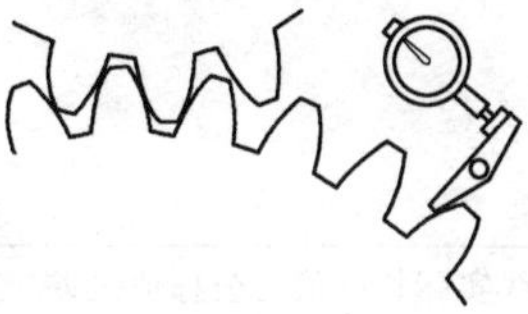	j_t	装配好的齿轮副，当一个齿轮固定时，另一个齿轮的圆周晃动量，以接触点所在圆的弧长计值
	法向侧隙 最大极限侧隙 最小极限侧隙	j_n j_{tmax} j_{nmax} j_{tmin} j_{nmin}	装配好的齿轮副，当工作齿面接触时，非工作齿面之间的最小距离
19	齿轮副的中心距偏差	Δf_a	在齿轮副的齿宽中间平面内，实际中心距与公称中心距之差
	齿轮副的中心距极限偏差	$\pm f_a$	
20	轴线的平行度误差 x 方向轴线的平行度误差 y 方向轴线的平行度误差	 Δf_x Δf_y	一对齿轮的轴线，在其基准平面［H］上投影的平行度误差。在等于齿宽的长度上测量 一对齿轮的轴线，在垂直于基准平面，并且平行于基准轴线的平面［V］上投影的平行度误差。在等于齿宽的长度上测量 注：包含基准轴线，并通过由另一轴线与齿宽中间平面相交的点所形成的平面，称为基准平面，两条轴线中任何一条轴线都可以作为基准轴线
	齿宽b　(H)　(V)　实际中心距　中点　基准轴线　(H)　实际中心距　轴线在(H)平面上的投影　Δf_x　(V)　轴线在(V)平面上的投影　Δf_y		
	x 方向轴线的平行度公差 y 方向轴线的平行度公差	f_x f_y	

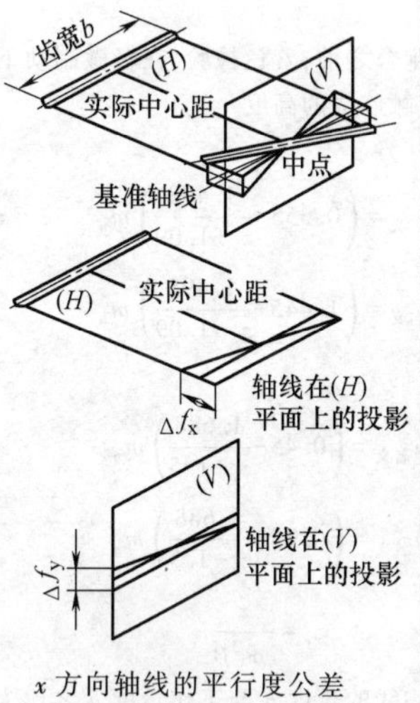

① 检查圆是指位于凸齿中部（对于单圆弧齿轮则为凸齿或凹齿中部）与分度圆同心的圆。

12.2.6.3　精度等级及其选择（见表 12-132 和表 12-133）

12.2.6.4　齿坯要求（见表 12-134～表 12-136）

表 12-132　圆弧齿轮公差与极限偏差分组

公差组	公差与极限偏差项目	误差特性	对传动性能的主要影响
Ⅰ	F_i',F_p,F_{pk},F_r,F_w	以齿轮一转为周期的误差	传递运动的准确性
Ⅱ	f_i',f_{pt},f_β,$f_{f\beta}$,f_{px}	在齿轮一周内,多次周期地重复出现的误差	传动的平稳性、噪声、振动
Ⅲ	F_β,F_{px},E_{df},E_h	齿向误差,轴向齿距偏差,齿形的径向位置误差	载荷沿齿宽分布的均匀性,齿高方向的接触部位和承载能力

表 12-133　圆弧齿轮精度选择

精度等级	加工方法	工作情况	圆周速度/(m/s)
5 级（高精度级）	在高精度滚齿机上用高精度滚刀切齿。淬硬齿轮必须磨齿	要求工作平稳,振动、噪声小,速度高及载荷较大的齿轮如涡轮机齿轮	超过 75
6 级（精密级）	在精密滚齿机上,用精密滚刀切齿。淬硬齿轮必须磨齿。氮化处理齿轮允许研齿	对于工作平稳性有一定要求,转速高或载荷较大的齿轮,如中小型汽轮机、涡轮机用齿轮	至 75
7 级（中等精度级）	在较精密滚齿机上,用较精密滚刀切齿。表面硬化处理齿轮,应作适当研齿	速度较高的中等载荷齿轮,如轧钢机齿轮	至 25
8 级（低精度级）	在普通滚齿机上,用普通级滚刀切齿	普通机器制造业中精度要求一般的齿轮,如标准减速器,矿山、冶金设备用齿轮	至 10

注：本表不属于 GB/T 15753—1995，仅供参考。

表 12-134　齿坯公差

齿轮精度等级①		4	5	6	7	8
孔	尺寸公差 形状公差	IT4	IT5	IT6	IT7	
轴	尺寸公差 形状公差	IT4	IT5		IT6	
顶圆直径②		IT6	IT7			

注：IT 为标准公差单位。

① 当三个公差组的精度等级不同时，按最高的精度等级确定公差值。

② 当顶圆不作测量齿深和齿厚的基准时，尺寸公差按 IT11 给定，但不大于 $0.1m_n$。

表 12-135　齿轮基准面径向和端面圆跳动公差

（单位：μm）

分度圆直径/mm		精度等级		
大于	到	4	5 和 6	7 和 8
	125	7/2.8	11/7	18/11
125	400	9/3.6	14/9	22/14
400	800	12/5	20/12	32/20
800	1600	18/7	28/18	45/28
1600	2500	25/10	40/25	63/40
2500	4000	40/16	63/40	100/63

注：分子是径向的圆跳动公差，分母是端面的圆跳动公差。

表 12-136　圆弧齿轮各主要表面的粗糙度值（非 GB/T 15753—1995 内容）

	精度等级	4 和 5		6 和 7		8	
	法面模数 m_n/mm	2～10	>10	2～10	>10	2～10	>10
表	跑合前齿面	0.8	1.25	1.6	2.5	3.2	5
表	齿轮基准孔	1.25		2.5		5	
表	齿轮轴基准轴颈	0.8		1.25		2.5	
表	齿轮基准端面	1.25		2.5		5	
表	齿轮顶圆	1.25～2.5		5		5	

注：如果齿轮公差组为不同精度等级时，按其中最高的精度等级查表。

12.2.6.5　齿轮和齿轮副的检验与公差（见表 12-137～表 12-148）

表 12-137　推荐的检验项目

Ⅰ组精度		$\Delta F_i'$;ΔF_p(ΔF_{pk})①;ΔF_r 与 ΔF_w②
Ⅱ组精度		$\Delta f_i'$;Δf_{pt}、Δf_β(或 Δf_{px});Δf_{pt},对于 6 级及高于 6 级精度的斜齿轮或人字齿轮,检验 f_{pt}时,推荐加检 $\Delta f_{f\beta}$
Ⅲ组精度		ΔF_β 与 ΔE_{df}(或 ΔE_h)③;ΔF_{px} 与 ΔE_{df}(或 ΔE_h)③
齿轮箱		检验 Δf_a、Δf_x、Δf_y 三项
装配检验	Ⅲ组精度	接触迹线长度及位置偏差;接触斑点
装配检验	传动侧隙	用百分表测量圆周侧隙 j_t,传动侧隙 $j_n=j_t\cos\beta$

① ΔF_{pk} 仅在必要时加检。

② 当其中有一项超差时，应按 ΔF_p 检定和验收齿轮精度。

③ 对不便于测量齿根圆直径的大直径齿轮，可检查 ΔE_h。

表 12-138　齿距累积公差 F_p 及 k 个齿距累积公差 F_{pk} 值　　（单位：μm）

精度等级	L/mm												
	~32	>32 ~50	>50 ~80	>80 ~160	>160 ~315	>315 ~630	>630 ~1000	>1000 ~1600	>1600 ~2500	>2500 ~3150	>3150 ~4000	>4000 ~5000	>5000 ~7200
4	8	9	10	12	18	25	32	40	45	56	63	71	80
5	12	14	16	20	28	40	50	63	71	90	100	112	125
6	20	22	25	32	45	63	80	100	112	140	160	180	200
7	28	32	36	45	63	90	112	140	160	200	224	250	280
8	40	45	50	63	90	125	160	200	224	280	315	355	400

注：1. F_p 和 F_{pk} 按分度圆弧长 L 查表。查 F_p 时，取 $L=\frac{1}{2}\pi d=\frac{\pi m_n z}{2\cos\beta}$；查 F_{pk} 时，取 $L=\frac{k\pi m_n}{\cos\beta}$（$k$ 为 2 到小于 $z/2$ 的整数）。

式中，d 为分度圆直径；m_n 为法向模数；z 为齿数；β 为分度圆螺旋角。

2. 除特殊情况外，对于 F_{pk}，k 值规定取为小于 $z/6$ 或 $z/8$ 的最大整数。

表 12-139　齿圈径向跳动公差 F_r 值　　（单位：μm）

精度等级	法向模数 /mm	分度圆直径/mm					
		~125	>125~400	>400~800	>800~1600	>1600~2500	>2500~4000
4	>1.5~3.5	9	10	11	—	—	—
	>3.5~6.3	11	13	13	14	—	—
	>6.3~10	13	14	14	16	18	—
	>10~16	—	16	18	18	20	22
	>16~25	—	20	22	22	25	25
	>25~40	—	—	28	28	32	32
5	>1.5~3.5	14	16	18	—	—	—
	>3.5~6.3	16	18	20	22	—	—
	>6.3~10	20	22	22	25	28	—
	>10~16	22	25	28	28	32	36
	>16~25	—	32	36	36	40	40
	>25~40	—	—	45	45	50	50
6	>1.5~3.5	22	25	28	—	—	—
	>3.5~6.3	28	32	32	36	—	—
	>6.3~10	32	36	36	40	45	—
	>10~16	36	40	45	45	50	56
	>16~25	—	50	56	56	63	63
	>25~40	—	—	71	71	80	80
7	>1.5~3.5	36	40	45	—	—	—
	>3.5~6.3	45	50	50	56	—	—
	>6.3~10	50	56	56	63	71	—
	>10~16	56	63	71	71	80	90
	>16~25	—	80	90	90	100	100
	>25~40	—	—	112	112	125	125
8	>1.5~3.5	50	56	63	—	—	—
	>3.5~6.3	63	71	71	80	—	—
	>6.3~10	71	80	80	90	100	—
	>10~16	80	90	100	100	112	125
	>16~25	—	112	125	125	140	140
	>25~40	—	—	160	160	180	180

表 12-140　齿距极限偏差（$\pm f_{pt}$）f_{pt}值　（单位：μm）

精度等级	法向模数/mm	f_{pt}值分度圆直径/mm					
		~125	>125~400	>400~800	>800~1600	>1600~2500	>2500~4000
4	>1.5~3.5	4	4.5	5	—	—	—
	>3.5~6.3	5	5.5	5.5	6	—	—
	>6.3~10	5.5	6	7	7	8	—
	>10~16	—	7	9	8	9	10
	>16~25	—	9	10	10	11	11
	>25~40	—	—	13	13	14	14
5	>1.5~3.5	6	7	8	—	—	—
	>3.5~6.3	8	9	9	10	—	—
	>6.3~10	9	10	10	11	13	—
	>10~16	10	11	11	13	14	16
	>16~25	—	14	13	16	18	18
	>25~40	—	—	16	20	22	22
6	>1.5~3.5	10	11	13	—	—	—
	>3.5~6.3	13	14	14	16	—	—
	>6.3~10	14	16	18	18	20	—
	>10~16	16	18	20	20	22	25
	>16~25	—	22	25	25	28	28
	>25~40	—	—	32	32	36	36
7	>1.5~3.5	14	16	18	—	—	—
	>3.5~6.3	18	20	20	22	—	—
	>6.3~10	20	22	25	25	28	—
	>10~16	22	25	28	28	32	36
	>16~25	—	32	36	36	40	40
	>25~40	—	—	—	45	50	50
8	>1.5~3.5	20	22	25	—	—	—
	>3.5~6.3	25	28	28	32	—	—
	>6.3~10	28	32	36	36	40	—
	>10~16	32	36	40	40	45	50
	>16~25	—	45	50	50	56	56
	>25~40	—	—	63	63	71	71

表 12-141　公法线长度变动公差 F_w 值　（单位：μm）

精度等级	分度圆直径/mm					
	~125	>125~400	>400~800	>800~1600	>1600~2500	>2500~4000
4	8	10	12	16	18	25
5	12	16	20	25	28	40
6	20	25	32	40	45	63
7	28	36	45	56	71	90
8	40	50	63	80	100	125

表 12-142　齿向公差 F_β 值（一个轴向齿距内齿向公差 f_β 值）　（单位：μm）

精度等级	齿轮宽度(轴向齿距)/mm					
	~40	>40~100	>100~160	>160~250	>250~400	>400~630
4	5.5	8	10	12	14	17
5	7	10	12	16	18	22
6	9	12	16	19	24	28
7	11	16	20	24	28	34
8	18	25	32	38	45	55

注：一个轴向齿距内齿向公差，按轴向齿距查表。

表 12-143　轴线平行度公差

x 方向轴线平行度公差 $f_x = F_\beta$	F_β 见表 12-142
y 方向轴线平行度公差 $f_y = \frac{1}{2}F_\beta$	

表 12-144　中心距极限偏差（$\pm f_a$）f_a 值　（单位：μm）

精度等级	中心距/mm													
	~120	>120~180	>180~250	>250~315	>315~400	>400~500	>500~630	>630~800	>800~1000	>1000~1250	>1250~1600	>1600~2000	>2000~2500	>2500~3150
4	11	12.5	14.5	16	18	20	22	25	28	33	39	46	55	67.5
5、6	17.5	20	23	26	28.5	31.5	35	40	45	52	62	75	87	105
7、8	27	31.5	36	40.5	44.5	48.5	55	62	70	82	97	115	140	165

表 12-145　弦齿深极限偏差（$\pm E_h$）E_h 值　（单位：μm）

精度等级	法向模数/mm	分度圆直径/mm										
		≤50	>50~80	>80~120	>120~200	>200~320	>320~500	>500~800	>800~1250	>1250~2000	>2000~3150	>3150~4000
4	1.5~3.5	10	11	12	13	15	17	18	—	—	—	—
	>3.5~6.3	12	13	14	15	17	18	27	23	25	27	30
	>6.3~10	—	15	17	18	20	21	23	25	27	30	36
	>10~16	—	—	—	—	—	—	—	—	—	—	—
5、6	1.5~3.5	12	14	15	16	18	21	23	—	—	—	—
	>3.5~6.3	15	16	18	19	21	23	26	28	31	34	38
	>6.3~10	—	19	21	23	24	26	28	31	34	38	45
7、8	1.5~3.5	15	17	18	21	23	24	—	—	—	—	—
	>3.5~6.3	19	20	21	23	26	27	30	34	38	—	—
	>6.3~10	—	24	26	27	30	32	34	38	42	45	49
	>10~16	—	—	32	34	36	38	42	45	49	53	57
	>16~32	—	—	—	49	53	57	57	60	68	68	75

注：对于单圆弧齿轮，弦齿深极限偏差取 $\pm E_h/0.75$。

表 12-146　齿根圆直径极限偏差（$\pm E_{df}$）E_{df} 值　（单位：μm）

精度等级	法向模数/mm	分度圆直径/mm										
		≤50	>50~80	>80~120	>120~200	>200~320	>320~500	>500~800	>800~1250	>1250~2000	>2000~3150	>3150~4000
4	1.5~3.5	15	17	19	22	24	27	32	41	48	60	—
	>3.5~6.3	19	21	23	26	29	32	36	46	—	—	—
	>6.3~10	—	27	29	32	34	38	41	—	—	—	—
5、6	1.5~3.5	19	21	24	27	30	34	39	—	—	—	—
	>3.5~6.3	24	26	28	32	36	39	45	51	—	—	—
	>6.3~10	—	34	36	39	42	48	51	57	60	75	—

（续）

精度等级	法向模数/mm	分度圆直径/mm										
		≤50	>50~80	>80~120	>120~200	>200~320	>320~500	>500~800	>800~1250	>1250~2000	>2000~3150	>3150~4000
7、8	1.5~3.5	23	26	29	33	38	42	—	—	—	—	—
	>3.5~6.3	30	33	36	38	42	50	53	60	—	—	—
	>6.3~10	—	42	45	49	53	57	60	68	75	—	—
	>10~16	—	—	57	60	64	68	75	83	90	105	120
	>16~32	—	—	—	90	94	98	105	113	120	135	150

注：对于单圆弧齿轮，齿根圆直径极限偏差取$\pm E_h/0.75$。

表 12-147　接触迹线长度和位置偏差

精度等级	单圆弧齿轮		双圆弧齿轮		
	接触迹线位置偏差	按齿长不少于工作齿长(%)	接触迹线位置偏差	按齿长不少于工作齿长(%)	
				第一条	第二条
4	$\pm0.15m_n$	95	$\pm0.11m_n$	95	75
5	$\pm0.20m_n$	90	$\pm0.15m_n$	90	70
6				90	60
7	$\pm0.25m_n$	85	$\pm0.18m_n$	85	50
8				80	40

表 12-148　接触斑点

精度等级	单圆弧齿轮		双圆弧齿轮		
	按齿高不少于工作齿高(%)	按齿长不少于工作齿条(%)	按齿高不少于工作齿高(%)	按齿长不少于工作齿长(%)	
				第一条	第二条
4	60	95	60	95	90
5	55	95	55	95	85
6	50	90	50	90	80
7	45	85	45	85	70
8	40	80	40	80	60

注：对于齿面硬度>300HBW 的齿轮副，其接触斑点沿齿高方向应为$>0.3m_n$。

12.2.6.6　齿轮副的侧隙

圆弧齿轮传动的侧隙基本上由基准齿形决定，不能依靠加工时刀具的径向变位和改变中心距的偏差来获得各种侧隙的配合。如果有的齿轮副对侧隙有特殊要求，可以用标准刀具借助切向移距来增加所需的侧隙；也可以提出设计要求，采用具有特殊侧隙的刀具加工齿轮，以获得要求的侧隙。按 GB 12759—1991 规定（表 12-119），标准侧隙数值如下：当 $m_n=1.5\sim6$mm 时，$j_n=0.06m_n$；当 $m_n=7\sim50$mm 时，$j_n=0.04m_n$。传动的实际侧隙一般不作检查，只要求齿轮副能灵活转动即可；如果切齿深度偏差、中心距偏差较大，需检查侧隙时，实际侧隙不得小于标准侧隙的 2/3。

在齿轮工作图上，应标注齿轮的精度等级和侧隙系数。

标注示例：

1）齿轮的三个公差组精度同为 7 级，采用标准齿形的滚刀时，可不标注侧隙系数。

7　GB/T 15753—1995
第Ⅰ、Ⅱ、Ⅲ公差组的精度等级

2）齿轮第Ⅰ公差组精度为 7 级，第Ⅱ、Ⅲ公差组精度均为 6 级，采用标准齿形滚刀时，可不标注侧隙系数。

7　6　6　GB/T 15753—1995
第Ⅰ公差组的精度等级
第Ⅱ公差组的精度等级
第Ⅲ公差组的精度等级

3）齿轮的三个公差组精度同为 4 级，侧隙有特殊要求，$j_n=0.10m_n$，则需标注侧隙系数。

4　(0.10)　GB/T 15753—1995
侧隙系数
第Ⅰ、Ⅱ、Ⅲ公差组的精度等级

12.2.7　圆弧圆柱齿轮设计实例及零件工作图

【例 12-12】　设计冷轧钢筋轧机传动箱高速级软齿面双圆弧齿轮传动。已知小齿轮传递的额定功率 $P_1=250\text{kW}$，转速 $n_1=1500\text{r/min}$，传动比 $i=5.438$，单向运转，有轻微冲击，满载工作寿命 40000h，单件生产，一般可靠度要求。

【解】　按以下步骤进行设计。

1）选择齿轮材料和热处理方法，确定齿轮的疲劳极限应力。

由于要求采用软齿面齿轮，故取

小齿轮：40CrMnMo，调质，轮齿硬度 260～290HBW。

大齿轮：35CrMo，调质，轮齿硬度 220～250HBW。

齿轮的疲劳极限应力可以从图 12-76 和图12-72b 中查得（约取图中的中限）

$$\sigma_{\text{Flim1}}=520\text{MPa},\ \sigma_{\text{Hlim1}}=830\text{MPa}$$

$$\sigma_{\text{Flim2}}=500\text{MPa},\ \sigma_{\text{Hlim2}}=770\text{MPa}$$

2）初选齿轮参数。参考表 12-123，取 $Z_1=21$，$Z_2=uZ_1=5.438\times21=114.12$，取 $Z_2=114$，则 $u=Z_2/Z_1=114/21=5.4286$。

暂取螺旋角 $\beta=15°$ 和齿宽系数 $\phi_a=0.4$（表 12-123）。

$$\varepsilon_\beta=\frac{\phi_a(Z_1+Z_2)\tan\beta}{2p}=\frac{0.4\times(21+114)\tan15°}{2p}$$

$$=2.303$$

即 $\mu_e=2$，$\Delta\varepsilon=0.303$，符合要求（表 12-123）。

$\phi_d=0.5\phi_a(1+u)=0.5\times0.4\times(1+5.4286)=1.2857$。

当量齿数：$Z_{v1}=Z_1/\cos^3\beta=21/\cos^3 15°=23.3$

$Z_{v2}=Z_2/\cos^3\beta=114/\cos^3 15°=126.5$

3）按齿根弯曲疲劳强度初定模数。按表 12-125 中公式，计算法面模数

$$m_n\geqslant\left(\frac{T_1K_AK_VK_pK_{FB}}{2\mu_e+K_{\Delta e}}\right)^{1/3}\left(\frac{Y_EY_uY_\beta Y_FY_{End}}{Z_1\sigma_{Fp}}\right)^{1/2.58}$$

式中各参数的确定：

小齿轮额定转矩

$$T_1=9.549\times10^6\frac{p_1}{n_1}=9.549\times10^6\frac{250}{1500}\text{N}\cdot\text{mm}$$

$$=1.5915\times10^6\text{N}\cdot\text{mm}$$

取使用系数（表 12-42），$K_A=1.25$。

根据 $\phi_d=1.2857$ 和轴的刚度较小，查图 12-64，得接触迹间载荷分配系数 $K_p=1.2$。

估计齿轮的圆周速度 $v\leqslant10\text{m/s}$，根据表 12-133，一般选用 8 级精度即可，但为了提高传动的质量，降低噪声和振动，改善现场工作环境，选用 7 级精度齿轮。据此，接触迹内载荷分布系数可从表 12-127 中查得，$K_{FB}=1.10$。

按估计的 $v=10\text{m/s}$ 和 7 级精度，从图 12-63 中查得动载系数，$K_v=1.13$。

当$\beta=15°$，$\Delta\varepsilon=0.303$ 时，查图 12-65，得接触迹系数 $K_{\Delta e}=0$。

弹性系数（表 12-128）　$Y_E=2.079\text{MPa}^{0.14}$。

齿数比系数（图 12-66）　$Y_u=1.023$。

螺旋角系数（图 12-67），当 $\beta=15°$ 时，$Y_B=0.68$。

齿形系数（图 12-68）根据大小齿轮的当量齿数查得 $Y_{F1}=2.12$，$Y_{F2}=1.83$。

齿端系数（图 12-71a），$Y_{End}=1.14$（齿端不修薄）。

齿轮许用弯曲应力按表 12-125 中公式计算：

$$\sigma_{Fp}=\frac{\sigma_{Flim}Y_N}{S_{Fmin}}Y_x$$

$$N_{L1}=60jn_1t=60\times1\times1500\times4000=3.6\times10^9$$

$$N_{L2}=N_{L1}/u=3.6\times10^9/5.438=6.62\times10^8$$

故可取抗弯强度寿命系数 $Y_{N1}=Y_{N2}=1$（图 12-81）。

暂取尺寸系数 $Y_x=1$。

取最小安全系数（表 12-130）　$S_{Fmin}=2$。

$$\sigma_{Fp1}=\frac{\sigma_{Flim1}Y_{N1}Y_x}{S_{Fmin}}=\frac{520\times1\times1}{2}\text{MPa}=260\text{MPa}$$

$$\sigma_{Fp2}=\frac{\sigma_{Flim2}Y_{N2}Y_x}{S_{Fmin}}=\frac{520\times1\times1}{2}\text{MPa}=250\text{MPa}$$

因 $Y_{F1}/s_{Fp1}=2.12/260=0.00815>Y_{F2}/s_{Fp2}=1.83/250=0.00732$，所以按小齿轮计算模数

$$m_n\geqslant\left(\frac{15915\times10^2\times1.25\times1.13\times1.2\times1.1}{2\times2+0}\right)^{1/3}\times\left(\frac{2.079\times1.023\times0.68\times2.12\times1.14}{21\times260}\right)^{1/2.58}$$

$$=5.235\text{mm}$$

取 $m_n=5.5\text{mm}$（表 12-120，第二系列）。

4）初定齿轮传动参数。中心距为

$$a=\frac{m_n(Z_1+Z_2)}{2\cos\beta}=\frac{5.5(21+114)}{2\cos15°}=384.346\text{mm}$$

取非标准中心距　$a=385\text{mm}$。

$$\beta=\arccos\frac{m_n(Z_1+Z_2)}{2a}=\arccos\frac{5.5\times(21+114)}{2\times385}$$

$$=15°21'31''$$

$$d_1=\frac{m_nZ_1}{\cos\beta}=\frac{5.5\times21}{\cos15°21'31''}=119.778\text{mm}$$

$$d_2=\frac{m_nZ_2}{\cos\beta}=\frac{5.5\times114}{\cos15°21'31''}=650.222\text{mm}$$

$$b=\frac{\varepsilon_\beta pm_n}{\sin\beta}=\frac{2.3\times p\times5.5}{\sin15°21'31''}=150.044\text{mm}$$

取 $b=150$mm。取此值对 e_β 影响极小，可仍认为 $e_\beta=2.3$。

$\phi_d=b/d_1=150/119.778=1.2523$，与初选的 $\phi_d=1.2857$ 相差不多。

5）齿根弯曲疲劳强度校核。按表 12-125 中公式计算齿根弯曲应力

$$\sigma_F=\left(\frac{T_1K_AK_vK_pK_{FB}}{2\mu_e+K_{\Delta e}}\right)^{0.86}\frac{Y_EY_uY_\beta Y_FY_{End}}{Z_1m_n^{2.58}}$$

因为圆周速度 $v=\frac{pd_1n_1}{60\times1000}=\frac{p\times119.778\times1500}{60\times1000}=9.407\text{m/s}<10\text{m/s}$，与原估计的速度相同，故所选精度等级（7 级）可以不变。

初定模数时采用的面校核时可以不变动的参数有：$K_A=1.25$；$K_p=1.20$（因 ϕ_d 变动很小）；$K_{FB}=1.10$；$K_{\Delta e}=0$；$Y_E=2.079\text{MPa}^{0.14}$；$Y_u=1.023$；$Y_\beta=0.68$（因 β 变动很小）；$Y_{End}=1.14$。

需要稍作变动的参数：

因 $v=9.407$m/s，故 $K_v=1.12$（图 12-63）。

因 $Z_{v1}=Z_1/\cos^3\beta=Z_1/\cos^3 15°21'32''=23.4$，$Z_{V2}=Z_2/\cos^3\beta=114/\cos^3 15°21'32''=127.1$，

故从图 12-68 查得 $Y_{F1}=2.11$，$Y_{F2}=1.82$。

$$\sigma_{F1}=\left(\frac{15915\times10^2\times1.25\times1.12\times1.2\times1.1}{2\times2+0}\right)^{0.86}\times\frac{2.079\times1.023\times0.68\times2.11\times1.4}{21\times5.5^{5.28}}\text{MPa}=226\text{MPa}$$

$$\sigma_{F2}=\sigma_{F1}\frac{Y_{F2}}{Y_{F1}}=226\times\frac{1.82}{2.11}\text{MPa}=194.9\text{MPa}$$

按表 12-125 中公式计算安全系数

$$S_F=\frac{\sigma_{Flim}Y_NY_x}{\sigma_F}$$

由前已知寿命系数 $Y_{N1}=Y_{N2}1$。

尺寸系数按 $m_n=5.5$mm 查图 12-83，得 $Y_x=0.99$。

$$S_{F1}=\frac{\sigma_{Flim1}Y_{N1}Y_x}{\sigma_{F1}}=\frac{520\times1\times0.99}{226}=2.28>S_{Fmin}=2。$$

$$S_{F2}=\frac{\sigma_{Flim2}Y_{N2}Y_x}{\sigma_{F1}}=\frac{520\times1\times0.99}{194.9}=2.54>S_{Fmin}=2。$$

故弯曲疲劳强度足够。

6）齿面接触疲劳强度校核。按表 12-125 中公式计算齿面接触应力

$$\sigma_H=\left(\frac{T_1K_AK_vK_pK_{HB}}{2\mu_e+K_{\Delta e}}\right)^{0.7}\frac{Z_EZ_uZ_\beta Z_a}{Z_1m_n^{2.19}}$$

查表 12-127，$K_{HB}=1.39$。

查表 12-128，$Z_E=31.346\text{MPa}^{0.27}$。

查图 12-66，$Z_u=1.045$。

查图 12-67，$Z_\beta=0.475$。

查图 12-69，$Z_{a1}=1.014$，$Z_{a2}=0.968$，故 $Z_a=0.5(Z_{a1}+Z_{a2})=0.5\times(1.014+0.968)=0.99$。

将以上数据代入 σ_H 计算式

$$\sigma_H=\left(\frac{15915\times10^2\times1.25\times1.12\times1.2\times1.39}{2\times2+0}\right)^{0.7}\times\frac{31.346\times1.045\times0.475\times0.99}{21\times5.5^{2.19}}\text{MPa}=398.8\text{MPa}。$$

按表 12-125 中公式计算安全系数

$$S_H=\frac{\sigma_{Hlim}Z_NZ_LZ_v}{\sigma_H}$$

查图 12-80，因 Z_{NL1} 和 Z_{L2} 均大于图中的循环基数 5×10^7，故寿命系数 $Z_{N1}=Z_{N2}=1$。

齿轮采用 320 号中载荷工业齿轮油（GB 5903—1986），运动黏度 $\nu_{40}=288\sim352\text{mm}^2/\text{s}$，按 $320\text{mm}^2/\text{s}$ 查图 12-84，$Z_L=1.08$。

按 $v_g=v/\tan\beta=9.407/\tan15°21'32''=34.25$m/s，查图 12-85，得 $Z_v=1.08$。

接触疲劳强度安全系数为

$$S_{H1}=\frac{\sigma_{Hlim1}Z_{N1}Z_LZ_v}{\sigma_H}=\frac{830\times1\times1.08\times1.08}{398.8}=2.43；$$

$$S_{H2}=\frac{\sigma_{Hlim2}Z_{N2}Z_LZ_v}{\sigma_H}=\frac{770\times1\times1.08\times1.08}{398.8}=2.25。$$

查表 12-130，取 $S_{Hmin}=1.3$。

因 S_{H1} 和 S_{H2} 均大于 S_{Hmin}，故安全。

7）最后确认的几何尺寸和参数如下：

$m_n=5.5$mm，$Z_1=21$，$Z_2=114$，$u=5.4286$，$\beta=15°21'32''$，$d_1=119.778$mm，$d_2=650.222$mm，$a=385$mm，$b_2=150$mm，$b_1=160$mm。

$$d_{a1}=d_1+1.8m_n=119.778+1.8\times5.5\text{mm}=129.678\text{mm},$$

$$d_{a2}=d_2+1.8m_n=650.222+1.8\times5.5\text{mm}=660.122\text{mm}。$$

$$d_{f1}=d_1-2.2m_n=119.778-2.2\times5.5\text{mm}=107.678\text{mm},$$

$$d_{f2}=d_2-2.2m_n=650.222-2.2\times5.5\text{mm}=638.122\text{mm}。$$

8）齿轮的零件工作图。本例题的圆弧齿轮零件工作图如图 12-86 和图 12-87 所示。

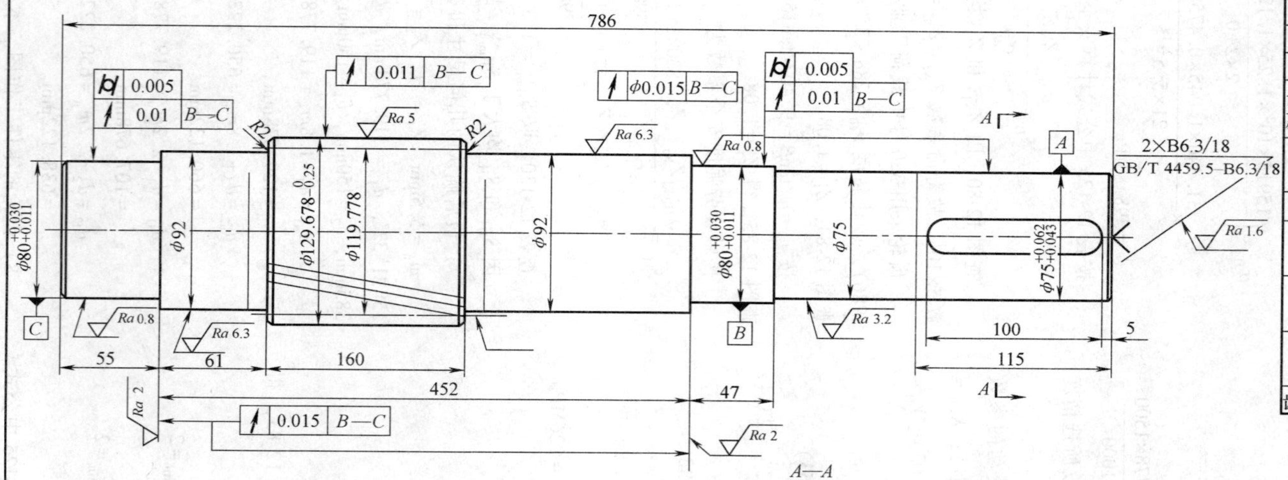

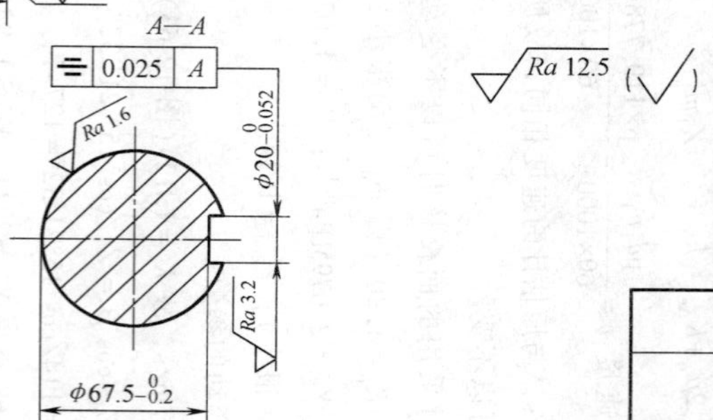

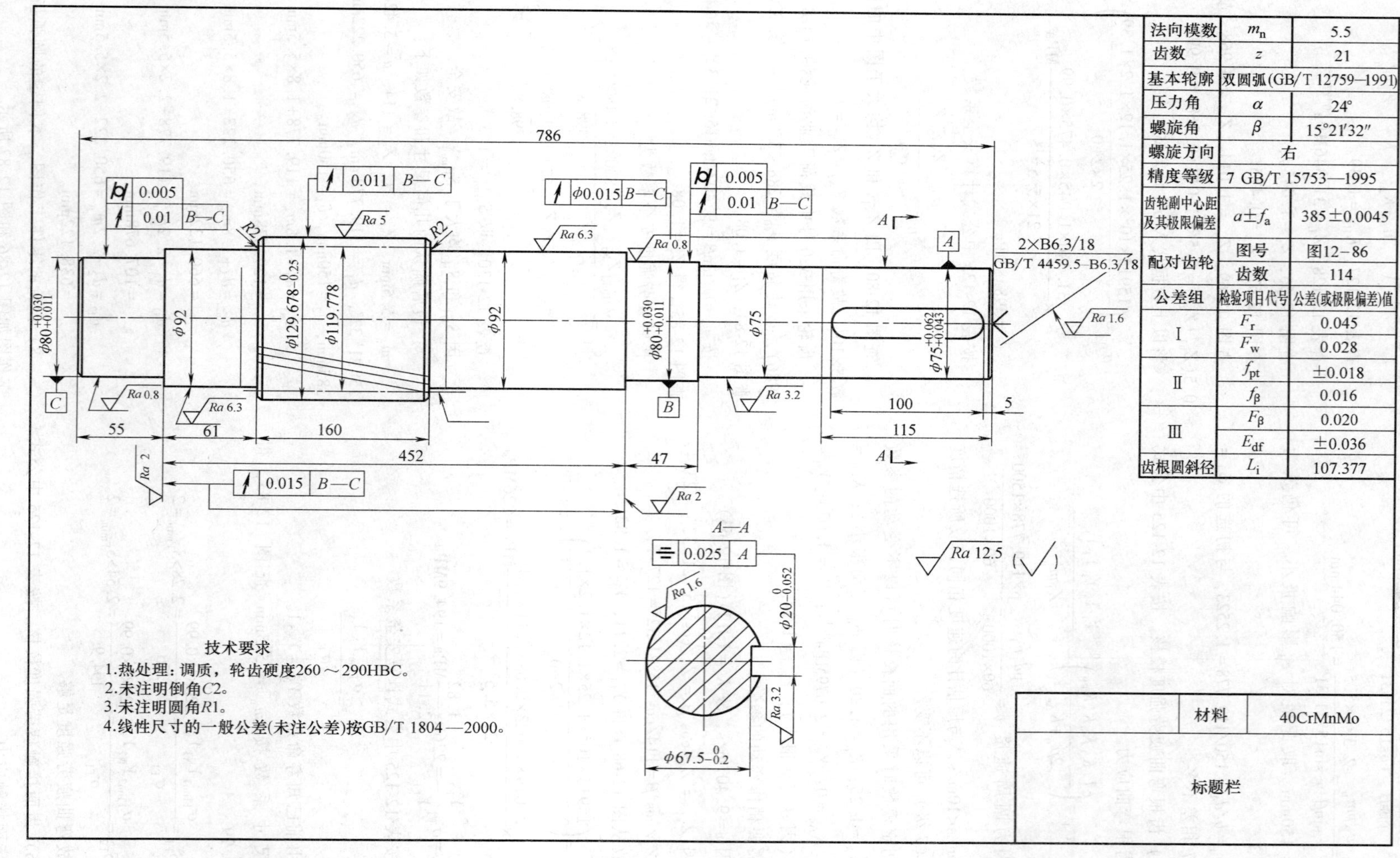

法向模数	m_n	5.5
齿数	z	21
基本轮廓	双圆弧(GB/T 12759—1991)	
压力角	α	24°
螺旋角	β	15°21′32″
螺旋方向	右	
精度等级	7 GB/T 15753—1995	
齿轮副中心距及其极限偏差	$a \pm f_a$	385±0.0045
配对齿轮	图号	图12-86
	齿数	114
公差组	检验项目代号	公差(或极限偏差)值
Ⅰ	F_r	0.045
	F_w	0.028
Ⅱ	f_{pt}	±0.018
	f_β	0.016
Ⅲ	F_β	0.020
	E_{df}	±0.036
齿根圆斜径	L_i	107.377

技术要求

1.热处理：调质，轮齿硬度260～290HBC。
2.未注明倒角C2。
3.未注明圆角R1。
4.线性尺寸的一般公差(未注公差)按GB/T 1804—2000。

材料	40CrMnMo
标题栏	

图 12-86　小齿轮零件工作图

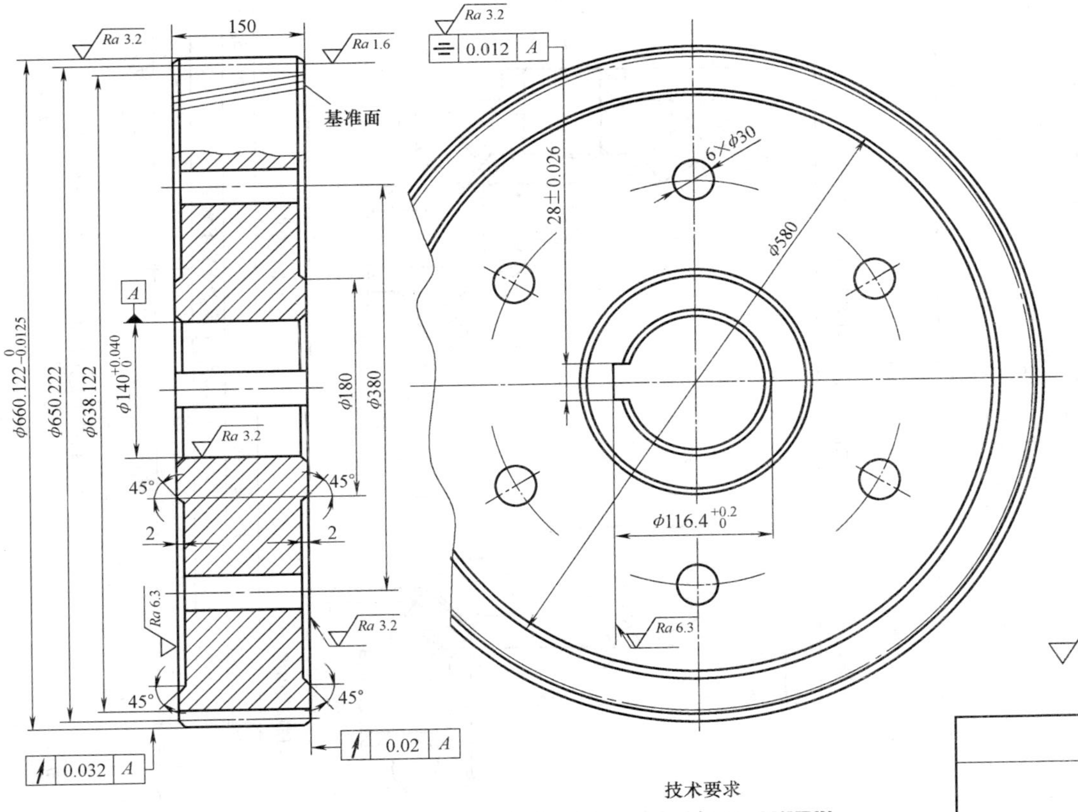

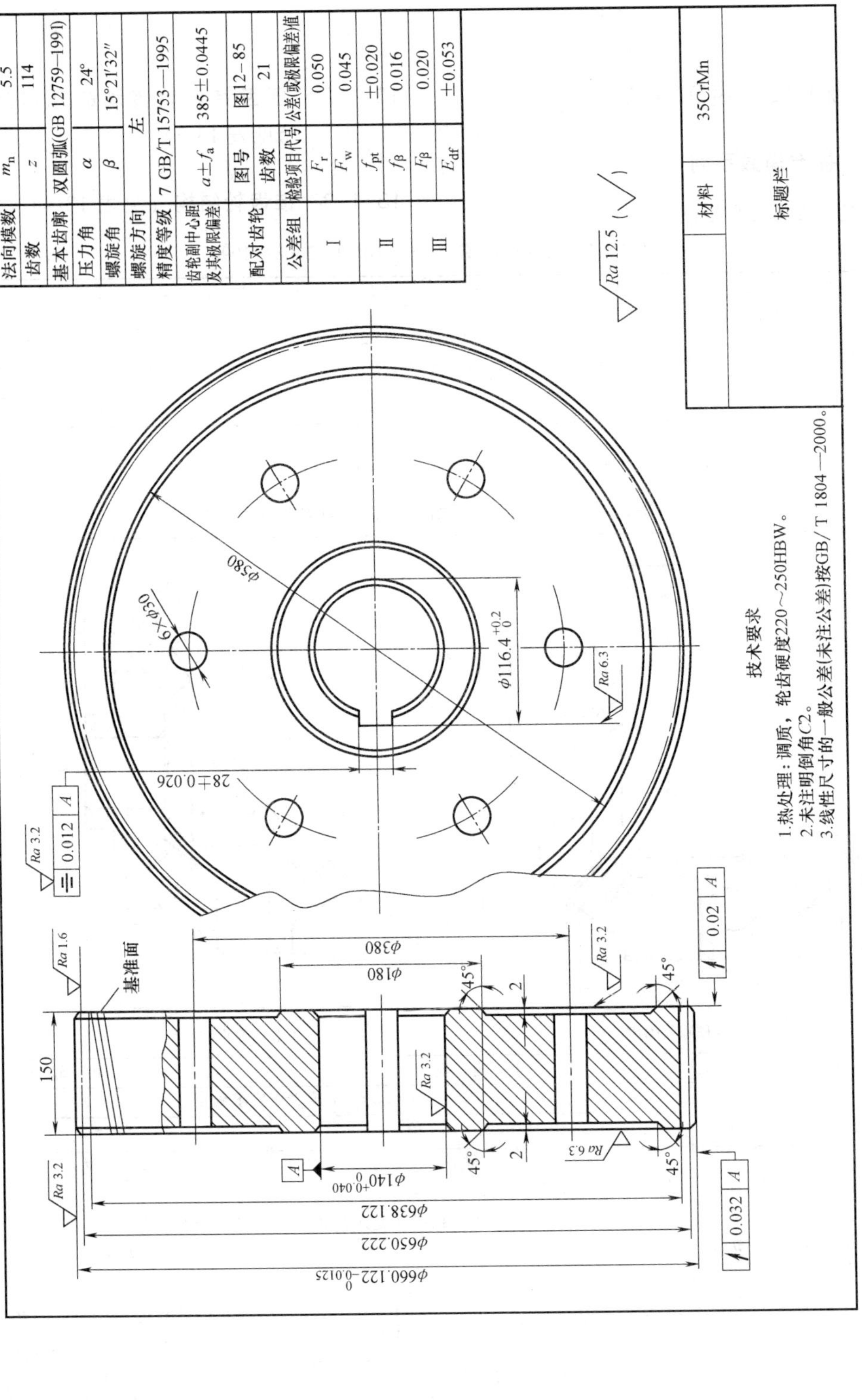

法向模数	m_n	5.5
齿数	z	114
基本齿廓	双圆弧(GB 12759—1991)	
压力角	α	24°
螺旋角	β	15°21′32″
螺旋方向	左	
精度等级	7 GB/T 15753—1995	
齿轮副中心距及其极限偏差	$a \pm f_a$	385±0.0445
配对齿轮	图号	图12-85
	齿数	21
公差组	检验项目代号	公差(或极限偏差)值
Ⅰ	F_r	0.050
	F_w	0.045
Ⅱ	f_{pt}	±0.020
	f_β	0.016
Ⅲ	F_β	0.020
	E_{df}	±0.053

技术要求

1.热处理：调质，轮齿硬度220～250HBW。
2.未注明倒角C2。
3.线性尺寸的一般公差(未注公差)按GB/T 1804—2000。

	材料	35CrMn
标题栏		

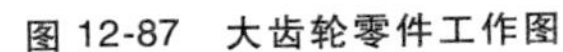

图 12-87 大齿轮零件工作图

第 13 章　锥齿轮传动

13.1　渐开线锥齿轮传动

13.1.1　标准模数系列

锥齿轮标准模数见表 13-1。

表 13-1　锥齿轮模数（摘自 GB/T 12368—1990）　（单位：mm）

1	1.125	1.25	1.375	1.5	1.75	2	2.25
2.5	2.75	3	3.25	3.5	3.75	4	4.5
5	5.5	6	6.5	7	8	9	10
11	12	14	16	18	20	22	25
28	30	32	36	40	45	50	

注：1. 锥齿轮模数指大端端面模数。
　　2. 此标准适用于直齿、斜齿及曲线齿（圆弧齿、摆线齿）锥齿轮。

13.1.2　直齿锥齿轮传动的几何尺寸计算（见表 13-2）

13.1.3　锥齿轮结构（见表 13-4）

表 13-2　标准和高变位直齿锥齿轮传动的几何尺寸计算

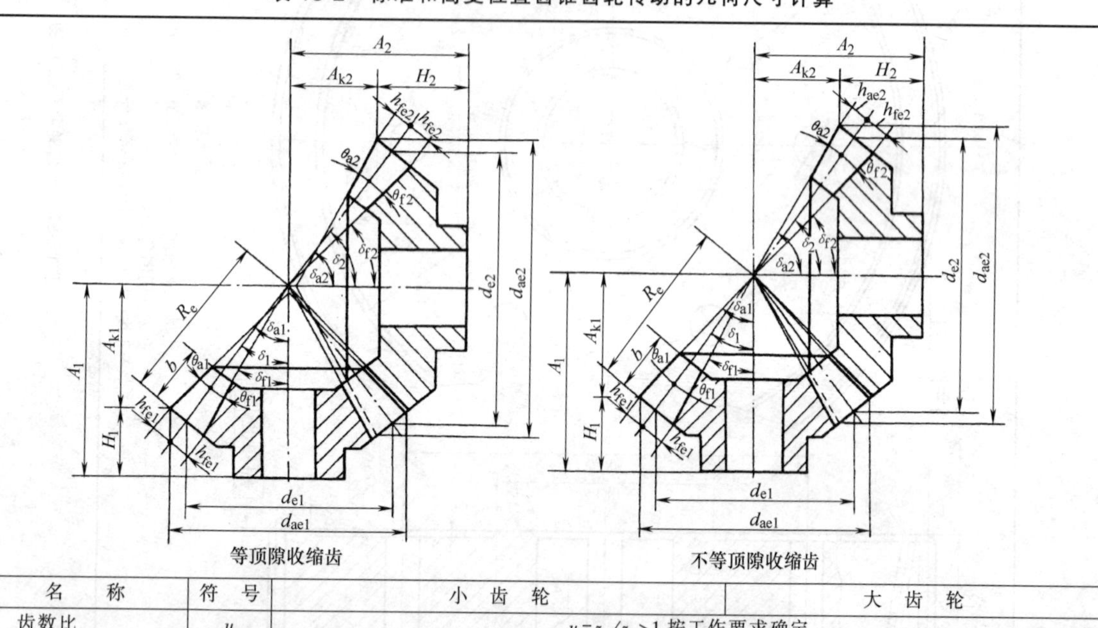

名　称	符　号	小　齿　轮	大　齿　轮
齿数比	u	$u=z_2/z_1>1$ 按工作要求确定	
齿　数	z	一般取 $z_1=16\sim30$	$z_2=uz_1$
大端模数	m_e	$m_e=\dfrac{d_{e1}}{z_1}$	$m_e=\dfrac{d_{e2}}{z_2}$
		由结构或强度计算确定，大小齿轮模数相等	
大端分度圆直径	d_e	$d_{e1}=m_ez_1$	$d_{e2}=m_ez_2$
分锥角	δ	当 $\Sigma=90°$ 时 $\delta_1=\arctan\dfrac{z_1}{z_2}=\arctan\left(\dfrac{1}{u}\right)$ 当 $\Sigma\neq90°$ 时 $\delta_1=\arctan\dfrac{\sin\Sigma}{u+\cos\Sigma}$	当 $\Sigma=90°$ 时 $\delta_2=\arctan\dfrac{z_2}{z_1}=\arctan u$ 当 $\Sigma\neq90°$ 时 $\delta_2=\arctan\dfrac{u\sin\Sigma}{1+u\cos\Sigma}$ 或 $\delta_2=\Sigma-\delta_1$

（续）

名　称	符　号	小　齿　轮	大　齿　轮
外锥距	R_e	$R_e=d_{e1}/2\sin\delta_1=d_{e2}/2\sin\delta_2$	
齿　宽	b	$b=\phi_R R_e$	
齿宽系数	ϕ_R	$\phi_R=\dfrac{b}{R_e}$　一般 $\phi_R=\dfrac{1}{4}\sim\dfrac{1}{3}$，常用 0.3	
平均分度圆直径	d_m	$d_{m1}=d_{e1}(1-0.5\phi_R)$	$d_{m2}=d_{e2}(1-0.5\phi_R)$
中锥距	R_m	$R_m=R_e(1-0.5\phi_R)$	
平均模数	m_m	$m_m=m_e(1-0.5\phi_R)$	
切向变位系数	x_t	x_{t1} 荐用值见图 13-1	$x_{t2}=-x_{t1}$
径向变位系数	x	当 $z_1\geqslant13$ 时，$x_1=0.46\left(1-\dfrac{\cos\delta_2}{u\cos\delta_1}\right)$ 也可按表 13-3 选取	$x_2=-x_1$
齿顶高	h_a	$h_{a1}=m_e(1+x_1)$	$h_{a2}=(1+x_2)m_e$
齿根高	h_f	$h_{f1}=m_e(1+c^*-x_1)$，$c^*=0.2$	$h_{f2}=(1+c^*-x_2)m_e$
顶隙	c	$c=c^*m$	
齿顶角	θ_a	不等顶隙收缩齿　$\theta_{a1}=\arctan h_{a1}/R_e$	$\theta_{a2}=\arctan h_{a2}/R_e$
		等顶隙收缩齿　$\theta_{a1}=\theta_{f2}$	$\theta_{a2}=\theta_{f1}$
齿根角	θ_f	$\theta_{f1}=\arctan h_{f1}/R_e$	$\theta_{f2}=\arctan h_{f2}/R_e$
顶锥角	δ_a	不等顶隙收缩齿　$\delta_{a1}=\delta_1+\theta_{a1}$	$\delta_{a2}=\delta_2+\theta_{a2}$
		等顶隙收缩齿　$\delta_{a1}=\delta_1+\theta_{f2}$	$\delta_{a2}=\delta_2+\theta_{f1}$
根锥角	δ_f	$\delta_{f1}=\delta_1-\theta_{f1}$	$\delta_{f2}=\delta_2-\theta_{f2}$
齿顶圆直径	d_a	$d_{a1}=d_{e1}+2h_{a1}\cos\delta_1$	$d_{a2}=d_{e2}+2h_{a2}\cos\delta_2$
安装距	A	根据结构确定	
冠顶距	A_K	当 $\Sigma=90°$时　$A_{K1}=d_{e2}/2-h_{a1}\sin\delta_1$	$A_{K2}=d_{e1}/2-h_{a2}\sin\delta_2$
		当 $\Sigma\neq90°$时　$A_{K1}=R_e\cos\delta_1-h_{a1}\sin\delta_1$	$A_{K2}=R_e\cos\delta_2-h_{a2}\sin\delta_2$
轮冠距	H	$H_1=A_1-A_{K1}$	$H_2=A_2-A_{K2}$
大端分度圆齿厚	s	$s_1=m_e\left(\dfrac{\pi}{z}+2x_1\tan\alpha+x_{t1}\right)$	$s_2=\pi m_e-s_1$
大端分度圆弦齿厚	$\bar{s}$	$\bar{s}_1=s_1\left(1-\dfrac{s_1^2}{6d_{e1}^2}\right)$	$\bar{s}_2=s_2\left(1-\dfrac{s_2^2}{6d_{e2}^2}\right)$
大端分度圆弦齿高	$\bar{h}_a$	$\bar{h}_{a1}=h_{a1}+\dfrac{s_1^2\cos\delta_1}{4d_{e1}}$	$\bar{h}_{a2}=h_{a2}+\dfrac{s_2^2\cos\delta_2}{4d_{e2}}$
当量齿数	z_v	$z_{v1}=\dfrac{z_1}{\cos\delta_1}$	$z_{v2}=\dfrac{z_2}{\cos\delta_2}$
端面重合度	$\varepsilon_{v\alpha}$	$\varepsilon_{v\alpha}=\dfrac{1}{2\pi}[z_{v1}(\tan\alpha_{va1}-\tan\alpha)+z_{v2}(\tan\alpha_{va2}-\tan\alpha)]$ 式中　$\alpha_{va1}=\arccos\dfrac{z_{v1}\cos\alpha}{z_{v1}+2h_a^*+2x_1}$，　$\alpha_{va2}=\arccos\dfrac{z_{v2}\cos\alpha}{z_{v2}+2h_a^*+2x_2}$	

注：1. 当齿数很少（$z<13$）时，应按下述公式计算最少齿数 z_{min} 和最小变位系数 x_{min}：用刀尖无圆角的刀具加工时，$z_{min}\approx\dfrac{2.4\cos\delta}{\sin^2\alpha}$，$x_{min}\approx1.2-\dfrac{z\sin^2\alpha}{2\cos\delta}$；用刀尖有 $0.2m_e$ 的圆角的刀具加工时，$z_{min}\approx\dfrac{2\cos\delta}{\sin^2\alpha}$，$x_{min}\approx1-\dfrac{z\sin^2\alpha}{2\cos\delta}$。

2. 格里森齿制 $C^*=0.188+0.05/m$。

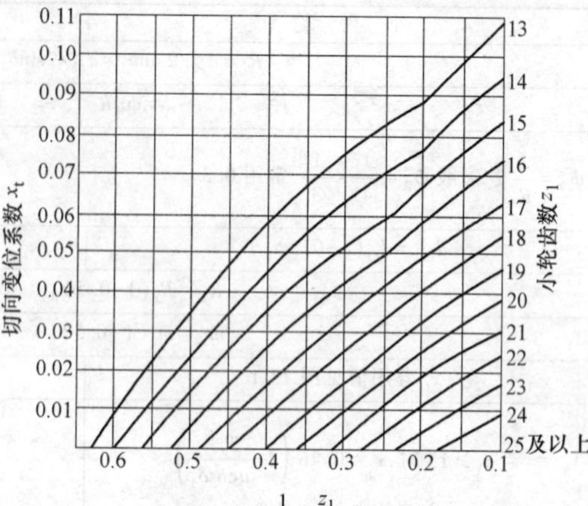

图 13-1 直齿及零度锥齿轮的切向变位系数 x_t

表 13-3 直齿及零度弧齿锥齿轮径向变位系数 x（格里森齿制）

u	x	u	x	u	x	u	x
≤1.00	0.00	>1.15~1.17	0.12	>1.42~1.45	0.24	>2.06~2.16	0.36
>1.00~1.02	0.01	>1.17~1.19	0.13	>1.45~1.48	0.25	>2.16~2.27	0.37
>1.02~1.03	0.02	>1.19~1.21	0.14	>1.48~1.52	0.26	>2.27~2.41	0.38
>1.03~1.04	0.03	>1.21~1.23	0.15	>1.52~1.56	0.27	>2.41~2.58	0.39
>1.04~1.05	0.04	>1.23~1.25	0.16	>1.56~1.60	0.28	>2.58~2.78	0.40
>1.05~1.06	0.05	>1.25~1.27	0.17	>1.60~1.65	0.29	>2.78~3.05	0.41
>1.06~1.08	0.06	>1.27~1.29	0.18	>1.65~1.70	0.30	>3.05~3.41	0.42
>1.08~1.09	0.07	>1.29~1.31	0.19	>1.70~1.76	0.31	>3.41~3.94	0.43
>1.09~1.11	0.08	>1.31~1.33	0.20	>1.76~1.82	0.32	>3.94~4.82	0.44
>1.11~1.12	0.09	>1.33~1.36	0.21	>1.82~1.89	0.33	>4.82~6.81	0.45
>1.12~1.14	0.10	>1.36~1.39	0.22	>1.89~1.97	0.34	>6.81	0.46
>1.14~1.15	0.11	>1.39~1.42	0.23	>1.97~2.06	0.35		

表 13-4 锥齿轮结构

图形	结构尺寸和说明
d_{ae}≤500mm 铸造锥齿轮 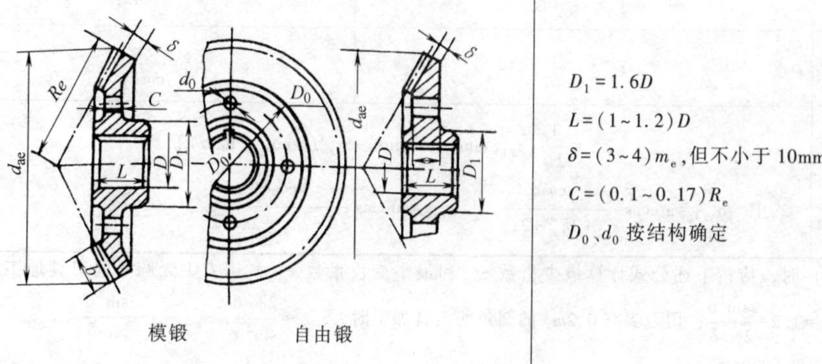 模锻　　自由锻	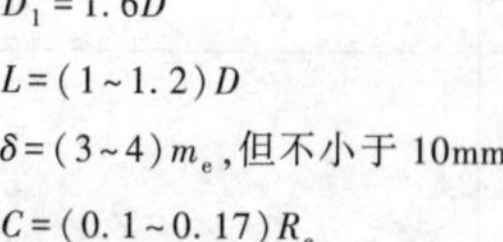 $D_1=1.6D$ $L=(1\sim1.2)D$ $\delta=(3\sim4)m_e$，但不小于 10mm $C=(0.1\sim0.17)R_e$ D_0、d_0 按结构确定

（续）

图　形	结构尺寸和说明
d_{ae}>300mm 铸造锥齿轮 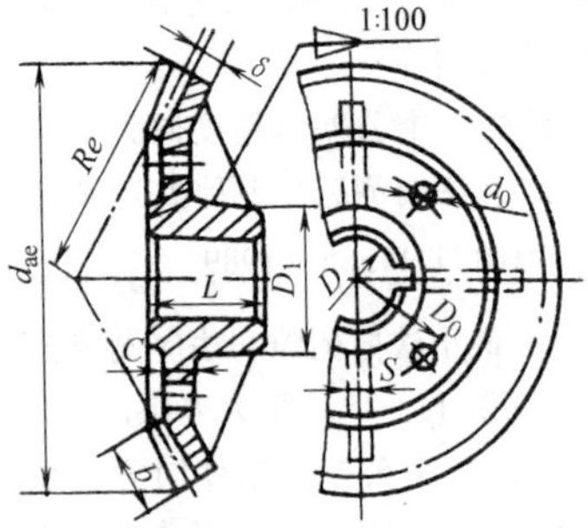 1:100　δ　Re　d_{ae}　L　D_1　D　D_0　d_0　S　C　b	$D_1=1.6D$（铸钢） $D_1=1.8D$（铸铁） $L=(1\sim1.2)D$ $\delta=(3\sim4)m_e$，但不得小于 10mm $C=(0.1\sim0.17)R_e$，但不小于 10mm $S=0.8c$，但不小于 10mm D_0、d_0 按结构确定
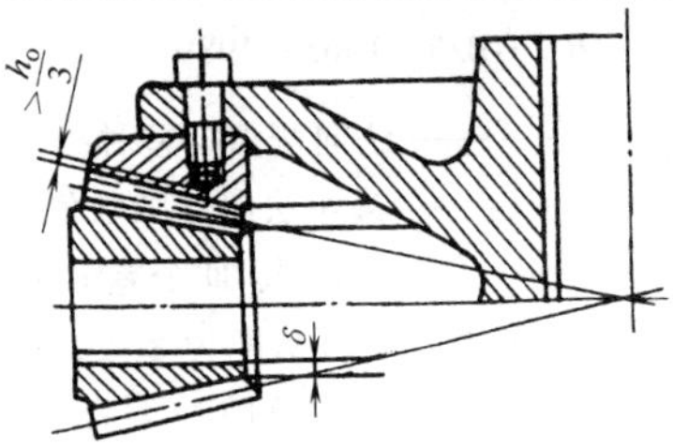 $>\frac{h_0}{3}$　δ	常用于轴向力指向大端的场合 螺孔底部与齿根间最小厚度不小于$\frac{h_e}{3}$（h_e 为大端齿高） 为防止螺钉松动，可用销钉锁紧 当小齿轮的小端与键槽顶部距离 $\delta<1.6m_e$ 时，齿轮与轴作成整体（锥齿轮轴）
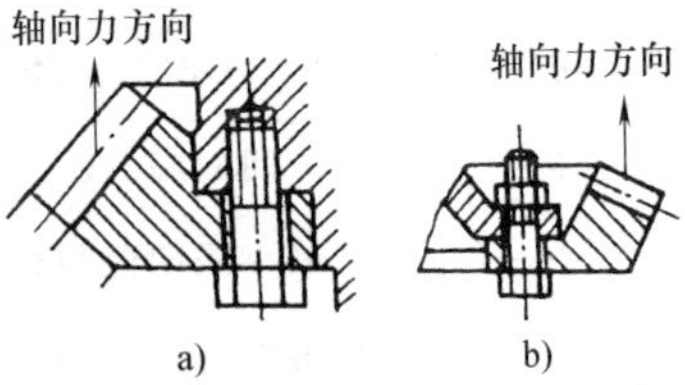 轴向力方向　轴向力方向 a)　b)	当轴向力指向锥顶时，为了使螺钉不承受拉力，应按图示方向连接。图 a 常用于双支承结构；图 b 用于悬臂支承结构
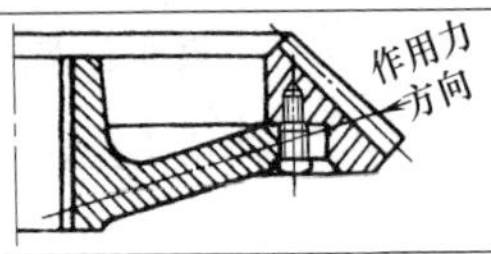 作用力方向	常用于分锥角近于 45°的场合 轴向与径向力的合力方向和辐板方向一致，以减小变形
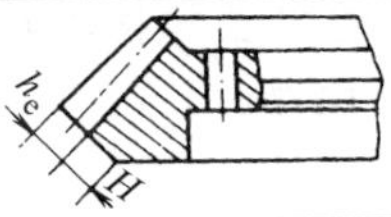 h_e　H	轴向力指向大端 螺栓连接 $H=(3\sim4)m_e>h_e$

13.1.4　锥齿轮精度选择（见表 13-5）

表 13-5　锥齿轮精度（Ⅱ组）的选择

精度等级（Ⅱ组）	直齿		斜齿、曲线齿		应用举例
	齿宽中点线速度 v_m/(m/s)				
	齿面硬度				
	≤350HBW	>350HBW	≤350HBW	>350HBW	
5	>10	>9	>24	<19	运动精度要求高的锥齿轮传动，对传动平稳性、噪声等要求较高的锥齿轮传动，如分度传动链中的锥齿轮、高速锥齿轮等
6	>7～10	>6～9	>16～24	>13～19	
7	>4～7	>3～6	>9～16	>7～13	机床主运动链齿轮
8	>3～4	>2.5～3	>6～9	>5～7	机床用一般齿轮
9	>0.8～3	>0.8～2.5	>1.5～6	>1.5～5	低速、传递动力用齿轮
10	≤0.8	≤0.8	≤1.5	≤1.5	手动机构用齿轮

13.1.5 齿轮副侧隙

齿轮副的最小法向侧隙分为 6 种：a、b、c、d、e 和 h。最小法向侧隙值 a 为最大，依次递减，h 为零，如图 13-2 所示。最小法向侧隙种类与精度等级无关。

最小法向侧隙种类确定后，按表 13-22 确定 $E_{\bar{s}s}$，按表 13-27 查取 $\pm E_{\Sigma}$。最小法向侧隙 j_{nmin} 值查表 13-21。有特殊要求时，j_{nmin} 可不按表 13-21 中值确定。此时，用线性插值法由表 13-22 和表 13-27 计算 $E_{\bar{s}s}$ 和 $\pm E_{\Sigma}$。

最大法向侧隙 j_{nmax} 计算式为

$$j_{nmax}=(\mid E_{\bar{s}s1}+E_{\bar{s}s2}\mid+T_{\bar{s}1}+T_{\bar{s}2}+E_{\bar{s}\Delta1}+E_{\bar{s}\Delta2})\cos\alpha \quad (13\text{-}1)$$

式中 $E_{\bar{s}\Delta}$——制造误差的补偿部分，由表 13-24 查取。

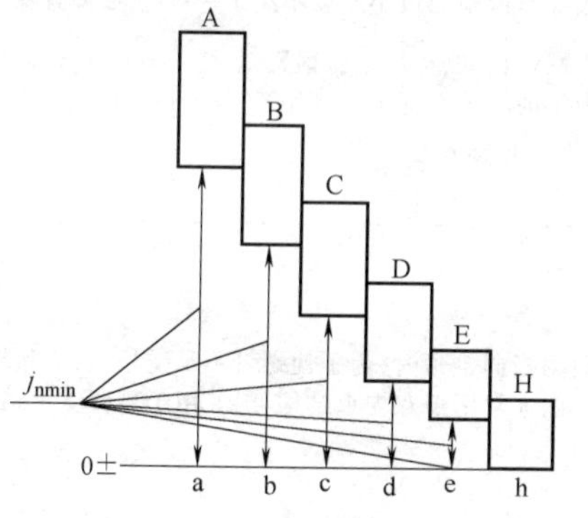

图 13-2 侧隙公差种类

齿轮副的法向侧隙公差有 5 种：A、B、C、D 和 H。推荐法向侧隙公差种类与最小侧隙种类的对应关系如图 13-2 所示。

齿厚公差 $T_{\bar{s}}$ 值列于表 13-23。

13.1.6 图样标注

在齿轮工作图上应标注齿轮的精度等级和最小法向侧隙种类，以及法向侧隙公差种类的数字、代号。

标注示例如下：

1）齿轮的三个公差组精度同为 7 级，最小法向侧隙种类为 b，法向侧隙公差种类为 B，标注如下：

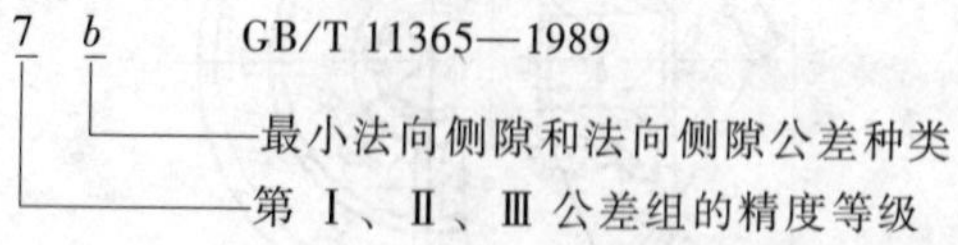

2）齿轮的三个公差组精度同为 7 级，最小法向侧隙为 400μm，法向侧隙公差种类为 B，标注如下：

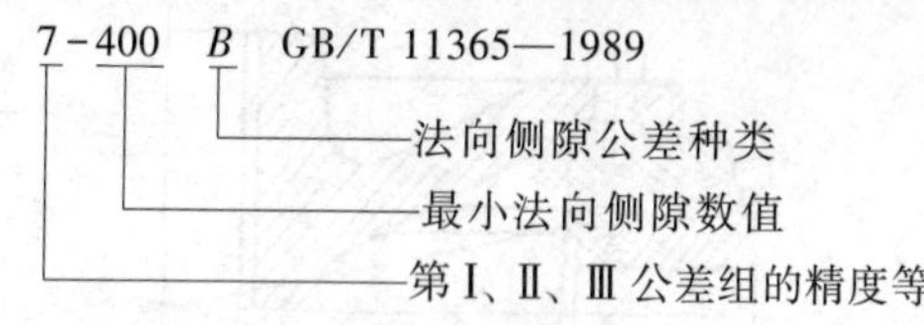

3）齿轮的第Ⅰ公差组精度为 8 级，第Ⅱ、Ⅲ公差组精度为 7 级，最小法向侧隙种类为 c、法向侧隙公差种类为 B，标注如下：

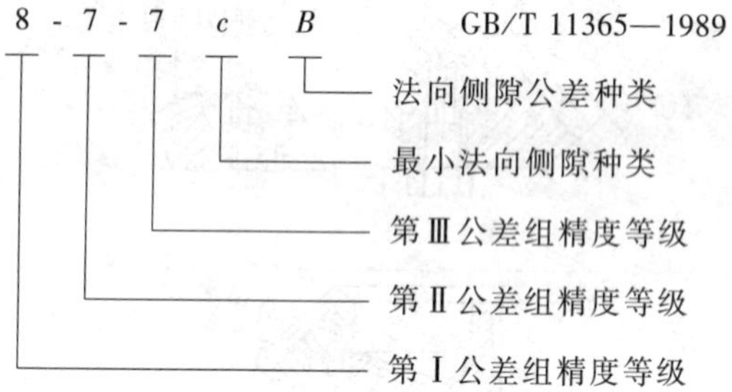

13.1.7 锥齿轮公差和检验项目（见表 13-6 和表 13-7）

表 13-6 锥齿轮精度的公差组和检验项目（摘自 GB/T 11365—1989）

公差组	检验项目			适用精度等级	计算公式
	代号	名称	查表		
Ⅰ	F'_i	切向综合总偏差		4~8	$F_i=F_p+1.15f_c$
	$F''_{i\Sigma}$	轴交角综合偏差		直齿 7~12，斜齿、曲线齿 9~12	$F''_{i\Sigma}=0.7f''_{i\Sigma c}$
	F_p	齿距累积总偏差	表 13-11	7~8	
	F_p 与 F_{pk}	齿距累积总偏差与 k 个齿距累积偏差	表 13-11	4~6	
	F_r	跳动	表 13-12	7~12（7、8 级用于 d_m>1600mm 的锥齿轮）	
Ⅱ	f'_i	一齿切向综合偏差		4~8	$f'_i=0.8(f_{pt}+1.15f_c)$
	$f''_{i\Sigma}$	一齿轴交角综合偏差		直齿 7~12，斜齿、曲线齿 9~12	$f_{i\Sigma}=0.7f''_{i\Sigma c}$
	f_{zk}	周期公差	表 13-13	4~8	
	f_{pt} 与 f_c	单个齿距极限偏差与齿形相对误差的公差	表 13-14 表 13-15	4~6	
	f_{pt}	单个齿距极限偏差	表 13-14	4~12	
Ⅲ	接触斑点	接触斑点	表 13-19	4~12	

表 13-7　锥齿轮副精度的公差组和检验项目

公差组	检验项目 代号	名称	查表	适用精度等级	计算公式
Ⅰ	F'_{ic}	齿轮副切向综合偏差		4~8	$F'_{ic}=F'_{i1}+F'_{i2}$
	$F''_{i\Sigma c}$	齿轮副交角综合偏差	表 13-16	直齿 7~12,斜齿,曲齿 9~12	
	F_{vj}	侧隙变动公差	表 13-17	9~12	
Ⅱ	f'_{ic}	一齿切向综合偏差		4~8	$f'_{ic}=f_{i1}+f_{i2}$
	$f'_{i\Sigma c}$	一齿轴交角综合偏差	表 13-18	直齿 7~12,斜齿,曲齿 9~12	—
	f'_{zkc}	齿轮副周期偏公差	表 13-13	4~8	—
	f_{zzc}	齿轮副齿频周期公差	表 13-20	4~8	—
	f_{AM}	齿圈轴向位移极限偏差	表 13-25	—	—
Ⅲ	f_a	轴间距极限偏差	表 13-26	—	—
	接触斑点		表 13-19	4~12	—

13.1.8　锥齿轮精度数值（见表 13-8~表 13-27）

表 13-8　齿坯尺寸公差

精度等级	5	6	7	8	9	10	11	12
轴径尺寸公差	IT5		IT6		IT7			
孔径尺寸公差	IT6		IT7		IT8			
外径尺寸极限偏差	0 −IT8				0 −IT9			

注：1. IT 为标准公差,按 GB/T 1800.1—2009 选取。

2. 当三个公差精度等级不同时,公差值按最高的精度等级查取。

表 13-9　齿坯顶锥素线跳动和基准轴向圆跳动公差　（单位:μm）

		大于	到	精度等级① 5~6	7~8	9~12
顶锥素线跳动公差	外径		30	15	25	50
		30	50	20	30	60
		50	120	25	40	80
		120	250	30	50	100
		250	500	40	60	120
		500	800	50	80	150
		800	1250	60	100	200
		1250	2000	80	120	250
基准轴向圆跳动公差	基准端面直径		30	6	10	15
		30	50	8	12	20
		50	120	10	15	25
		120	250	12	20	30
		250	500	15	25	40
		500	800	20	30	50
		800	1250	25	40	60
		1250	2000	30	50	80

① 当三个公差组精度等级不同时，按最高的精度等级确定公差值。

表 13-10　齿坯轮冠距和顶锥角极限偏差

中点法向模数/mm	轮冠距极限偏差/μm	顶锥角极限偏差(′)
≤1.2	0 −50	+50 0
>1.2~10	0 −75	+8 0
>10	0 −100	+8 0

表 13-11　齿距累积总偏差 F_p 和 k 个齿距累积偏差 F_{pk} 值（单位：μm）

L/mm 大于	到	5	6	7	8	9	10	11	12
	11.2	7	11	16	22	32	45	63	90
11.2	20	10	16	22	32	45	63	90	125
20	32	12	20	28	40	56	80	112	160
32	50	14	22	32	45	63	90	125	180
50	80	16	25	36	50	71	100	140	200
80	160	20	32	45	63	90	125	180	250
160	315	28	45	63	90	125	180	250	355
315	630	40	63	90	125	180	250	355	500
630	1000	50	80	112	160	224	315	450	630
1000	1600	63	100	140	200	280	400	560	800

注：F_p 和 F_{pk} 按中点分度圆弧长 L 查表。查 F_p 时，取 $L=\dfrac{1}{2}\pi d_m=\dfrac{\pi m_{nm}z}{2\cos\beta_m}$；查 F_{pk} 时，取 $L=\dfrac{k\pi m_m}{\cos\beta_m}$（没有特殊要求时，$k$ 值取 $z/6$ 或最接近的整齿数）。

表 13-12 径向跳动公差 F_r 值 （单位：μm）

中点分度圆直径/mm 大于	到	中点法向模数/mm	精度等级 7	8	9	10	11	12
	125	1~3.5	36	45	56	71	90	112
		>3.5~6.3	40	50	63	80	100	125
		>6.3~10	45	56	71	90	112	140
		>10~16	50	63	80	100	120	150
125	400	1~3.5	50	63	80	100	125	160
		>3.5~6.3	56	71	90	112	140	180
		>6.3~10	63	80	100	125	160	200
		>10~16	71	90	112	140	180	224
		>16~25	80	100	125	160	200	250
400	800	1~3.5	63	80	100	125	160	200
		>3.5~6.3	71	90	112	140	180	224
		>6.3~10	80	100	125	160	200	250
		>10~16	90	112	140	180	224	280
		>16~25	100	125	160	200	250	315
800	1600	1~3.5	—	—	—	—	—	—
		>3.5~6.3	80	100	125	160	200	250
		>6.3~10	90	112	140	180	224	280
		>10~16	100	125	160	200	250	315
		>16~25	112	140	180	224	280	360

表 13-13 周期误差的公差 f'_{zk} 值（齿轮副周期误差的公差 f'_{zkc} 值） （单位：μm）

中点分度圆直径/mm		中点法向模数/mm	精度等级 5									6									7		
			齿轮在一转（齿轮副在大轮一转）内的周期数																				
大于	到		2~4	>4~8	>8~16	>16~32	>32~63	>63~125	>125~250	>250~500	>500	2~4	>4~8	>8~16	>16~32	>32~63	>63~125	>125~250	>250~500	>500	2~4	>4~8	>8~16
	125	1~6.3	7.1	5	3.8	3	2.5	2.1	1.9	1.7	1.6	11	8	6	4.8	3.8	3.2	3	2.6	2.5	17	13	10
		>6.3~10	8.5	6	4.5	3.6	2.8	2.5	2.1	1.9	1.8	13	9.5	7.1	5.6	4.5	3.8	3.4	3	2.8	21	15	11
125	400	1~6.3	10	7.1	5.6	4.5	3.4	3	2.8	2.4	2.2	16	11	8.5	6.7	5.6	4.8	4.2	3.8	3.6	25	18	13
		>6.3~10	11	8	6.5	4.8	4	3.2	3	2.6	2.5	18	13	10	7.5	6	5.3	4.5	4.2	4	28	20	16
400	800	1~6.3	13	9.5	7.1	5.6	4.5	4	3.4	3	2.8	21	15	11	9	7.1	6	5.3	5	4.8	32	24	18
		>6.3~10	14	10.5	8	6	5	4.2	3.6	3.2	3	22	17	12	9.5	7.5	6.7	6	5.3	5	36	26	19
800	1600	1~6.3	14	10.5	8	6.3	5	4.2	3.8	3.4	3.2	24	17	15	10	8	7.5	7	6.3	6	36	26	20
		>6.3~10	16	15	10	7.5	6.3	5.3	4.8	4.2	4	27	20	15	12	9.5	8	7.1	6.7	6.3	42	30	22

（续）

中点分度圆直径/mm		中点法向模数/mm	精度等级														
			7						8								
			齿轮在一转（齿轮副在大轮一转）内的周期数														
大于	到		>16~32	>32~63	>63~125	>125~250	>250~500	>500	2~4	>4~8	>8~16	>16~32	>32~63	>63~125	>125~250	>250~500	>500
	125	1~6.3	8	6	5.3	4.5	4.2	4	25	18	13	10	8.5	7.5	6.7	6	5.6
		>6.3~10	9	7.1	6	5.3	5	4.5	28	21	16	12	10	8.5	7.5	7	6.7
125	400	1~6.3	10	9	7.5	6.7	6	5.6	36	26	19	15	12	10	9	8.5	8
		>6.3~10	12	10	8	7.5	6.7	6.3	40	30	22	17	14	12	10.5	10	8.5
400	800	1~6.3	14	11	10	8.5	8	7.5	45	32	25	19	16	13	12	11	10
		>6.3~10	15	12	10	9.5	8.5	8	50	36	28	21	17	15	13	12	11
800	1600	1~6.3	16	13	11	10	8.5	8	53	38	28	22	18	15	14	12	11
		>6.3~10	18	15	12	11	10	9.5	63	44	32	26	22	18	16	14	13

表 13-14　单个齿距极限偏差 $\pm f_{pt}$ 值　　（单位：μm）

中点分度圆直径/mm		中点法向模数/mm	精度等级								
大于	到		4	5	6	7	8	9	10	11	12
	125	1~3.5	4	6	10	14	20	28	40	56	80
		>3.5~6.3	5	8	13	18	25	36	50	71	100
		>6.3~10	5.5	9	14	20	28	40	56	80	112
		>10~16	—	11	17	24	34	48	67	100	130
125	400	1~3.5	4.5	7	11	16	22	32	45	63	90
		>3.5~6.3	5.5	9	14	20	28	40	56	80	112
		>6.3~10	6	10	16	22	32	45	63	90	125
		>10~16	—	11	18	25	36	50	71	100	140
		>16~25	—	—	—	32	45	63	90	125	180
400	800	1~3.5	5	8	13	18	25	36	50	71	100
		>3.5~6.3	5.5	9	14	20	28	40	56	80	112
		>6.3~10	7	11	18	25	36	50	71	100	140
		>10~16	—	12	20	28	40	56	80	112	160
		>16~25	—	—	—	36	50	71	100	140	200
800	1600	1~3.5	—	—	—	—	—	—	—	—	—
		>3.5~6.3	—	10	16	22	32	45	63	90	125
		>6.3~10	7	11	18	25	36	50	71	100	140
		>10~16	—	13	20	28	40	56	80	112	160
		>16~25	—	—	—	36	50	71	100	140	200

表 13-15　齿形相对误差的公差 f_c 值

（单位：μm）

中点分度圆直径/mm		中点法向模数/mm	精度等级			
大于	到		5	6	7	8
	125	1~3.5	4	5	8	10
		>3.5~6.3	5	6	9	13
		>6.3~10	6	8	11	17
		>10~16	7	10	15	22
125	400	1~3.5	5	7	9	13
		>3.5~6.3	6	8	11	15
		>6.3~10	7	9	13	19
		>10~16	8	11	17	25
		>16~25	—	—	22	34
400	800	1~3.5	6	9	12	18
		>3.5~6.3	7	10	14	20
		>6.3~10	8	11	16	24
		>10~16	9	13	20	30
		>16~25	—	—	25	38
800	1600	1~3.5	—	—	—	—
		>3.5~6.3	9	13	19	28
		>6.3~10	10	14	21	32
		>10~16	11	16	25	38
		>16~25	—	—	30	48

注：表中数值用于测量齿轮加工机床滚切传动链误差的方法，当采用选择基准齿面的方法时，表中数值乘以 1.1。

表 13-16　齿轮副轴交角综合偏差 $F''_{i\Sigma c}$ 值

（单位：μm）

中点分度圆直径/mm		中点法向模数/mm	精度等级					
大于	到		7	8	9	10	11	12
	125	1~3.5	67	85	110	130	170	200
		>3.5~6.3	75	95	120	150	190	240
		>6.3~10	85	105	130	170	220	260
		>10~16	100	120	150	190	240	300
125	400	1~3.5	100	125	160	190	250	300
		>3.5~6.3	105	130	170	200	260	340
		>6.3~10	120	150	180	220	280	360
		>10~16	130	160	200	250	320	400
		>16~25	150	190	220	280	375	450
400	800	1~3.5	130	160	200	260	320	400
		>3.5~6.3	140	170	220	280	340	420
		>6.3~10	150	190	240	300	360	450
		>10~16	160	200	260	320	400	500
		>16~25	180	240	280	360	450	560
800	1600	1~3.5	150	180	240	280	360	450
		>3.5~6.3	160	200	250	320	400	500
		>6.3~10	180	220	280	360	450	560
		>10~16	200	250	320	400	500	600
		>16~25	—	280	340	450	560	670

表 13-17　侧隙变动公差 F_{vj} 值

（单位：μm）

直径/mm		中点法向模数/mm	精度等级			
大于	到		9	10	11	12
	125	1~3.5	75	90	120	150
		>3.5~6.3	80	100	130	160
		>6.3~10	90	120	150	180
		>10~16	105	130	170	200
125	400	1~3.5	110	140	170	200
		>3.5~6.3	120	150	180	220
		>6.3~10	130	160	200	250
		>10~16	140	170	220	280
		>16~25	160	200	250	320
400	800	1~3.5	140	180	220	280
		>3.5~6.3	150	190	240	300
		>6.3~10	160	200	260	320
		>10~16	180	220	280	340
		>16~25	200	250	300	380
800	1600	1~3.5	—	—	—	—
		>3.5~6.3	170	220	280	360
		>6.3~10	200	250	320	400
		>10~16	220	270	340	440
		>16~25	240	300	380	480

注：1. 取大小轮中点分度圆直径之和的一半作为查表直径。

2. 对于齿数比为整数，且不大于 3（1、2、3）的齿轮副，当采用选配时，可将侧隙变动公差 F_{vj} 值减小 25%或更多些。

表 13-18　齿轮副-齿轴交角综合偏差 $f''_{i\Sigma c}$ 值　（单位：μm）

中点分度圆直径/mm		中点法向模数/mm	精度等级					
大于	到		7	8	9	10	11	12
	125	1~3.5	28	40	53	67	85	100
		>3.5~6.3	36	50	60	75	95	120
		>6.3~10	40	56	71	90	110	140
		>10~16	48	67	85	105	140	170
125	400	1~3.5	32	45	60	75	95	120
		>3.5~6.3	40	56	67	80	105	130
		>6.3~10	45	63	80	100	125	150
		>10~16	50	71	90	120	150	190
400	800	1~3.5	36	50	67	80	105	130
		>3.5~6.3	40	56	75	90	120	150
		>6.3~10	50	71	85	105	140	170
		>10~16	56	80	100	130	160	200
800	1600	1~3.5	—	—	—	—	—	—
		>3.5~6.3	45	63	80	105	130	160
		>6.3~10	50	71	90	120	150	180
		>10~16	56	80	110	140	170	210

表 13-19　接触斑点大小与精度等级的关系

精度等级	4~5	6~7	8~9	10~12	精度等级	4~5	6~7	8~9	10~12
沿齿长方向(%)	60~80	50~70	35~65	25~55	沿齿高方向(%)	65~85	55~75	40~70	30~60

注：表中数值范围用于齿面修形的齿轮。对齿面不作修形的齿轮，其接触斑点大小不小于其平均值。

表 13-20　齿轮副齿频周期误差的公差 f'_{zzc} 值　　（单位：μm）

齿数		中点法向模数/mm	精度等级				齿数		中点法向模数/mm	精度等级			
大于	到		5	6	7	8	大于	到		5	6	7	8
	16	1~3.5	6.7	10	15	22	63	125	>10~16	15	22	34	48
		>3.5~6.3	8	12	18	28	125	250	1~3.5	8.5	13	19	28
		>6.3~10	10	14	22	32			>3.5~6.3	11	16	24	34
16	32	1~3.5	7.1	10	16	24			>6.3~10	13	19	30	42
		>3.5~6.3	8.5	13	19	28			>10~16	16	24	36	53
		>6.3~10	11	16	24	34	250	500	1~3.5	9.5	14	21	30
		>10~16	13	19	28	42			>3.5~6.3	12	18	28	40
32	63	1~3.5	7.5	11	17	24			>6.3~10	15	22	34	48
		>3.5~6.3	9	14	20	30			>10~16	18	28	42	60
		>6.3~10	11	17	24	36	500		1~3.5	11	16	24	34
		>10~16	14	20	30	45			>3.5~6.3	14	21	30	45
63	125	1~3.5	8	12	18	25			>6.3~10	14	25	38	56
		>3.5~6.3	10	15	22	32			>10~16	21	32	48	71
		>6.3~10	12	18	26	38							

注：1. 表中齿数为齿轮副中大轮齿数。

2. 表中数值用于纵向有效重合度 $\varepsilon_{\beta e}\leqslant 0.45$ 的齿轮副。对 $\varepsilon_{\beta e}>0.45$ 的齿轮副，表中的 f'_{zzc} 值按以下规定减小：$\varepsilon_{\beta e}>0.45\sim0.58$，表中值乘以 0.6；$\varepsilon_{\beta e}>0.58\sim0.67$，乘以 0.4；$\varepsilon_{\beta e}>0.67$，乘以 0.3。纵向有效重合度 $\varepsilon_{\beta e}$，等于名义纵向重合度 ε_{β} 乘以齿长方向接触斑点大小百分比的平均值。

表 13-21　最小法向侧隙 j_{nmin} 值　　（单位：μm）

中点锥距/mm		小齿轮分锥角/(°)		最小法向侧隙种类						中点锥距/mm		小齿轮分锥角/(°)		最小法向侧隙种类					
大于	到	大于	到	h	e	d	c	b	a	大于	到	大于	到	h	e	d	c	b	a
	50		15	0	15	22	36	58	90	200	400	25		0	52	81	130	210	320
		15	25	0	21	33	52	84	130	400	800		15	0	40	63	100	160	250
		25		0	25	39	62	100	160			15	25	0	57	89	140	230	360
50	100		15	0	21	33	52	84	130			25		0	70	110	175	280	440
		15	25	0	25	39	62	100	160	800	1600		15	0	52	81	130	210	320
		25		0	30	46	74	120	190			15	25	0	80	125	200	320	500
100	200		15	0	25	39	62	100	160			25		0	105	165	260	420	660
		15	25	0	35	54	87	140	220	1600			15	0	70	110	175	280	440
		25		0	40	63	100	160	250			15	25	0	125	195	310	500	780
200	400		15	0	30	46	74	120	190			25		0	175	280	440	710	1100
		15	25	0	46	72	115	185	290										

注：1. 正交齿轮副按中点锥距 R_m 查表。非正交齿轮副按 $R'=\dfrac{R_m}{2}(\sin2\delta_1-\sin2\delta_2)$ 算出的 R' 查表；

其中 δ_1 和 δ_2 为大、小齿轮分锥角。

2. 准双曲面齿轮副按大齿轮中点锥距查表。

表 13-22　齿厚上偏差 $E_{\bar{s}s}$ 值的求法　　（单位：μm）

	中点法向模数/mm	中点分度圆直径/mm											
		125			>125~400			>400~800			>800~1600		
		分锥角/(°)											
		≤20	>20~45	>45	≤20	>20~45	>45	≤20	>20~45	>45	≤20	>20~45	>45
基本值	1~3.5	-20	-20	-22	-28	-32	-30	-36	-50	-45	—	—	—
	>3.5~6.3	-22	-22	-25	-32	-32	-30	-38	-55	-45	-75	-85	-80
	>6.3~10	-25	-25	-28	-36	-36	-34	-40	-55	-50	-80	-90	-85
	>10~16	-28	-28	-30	-36	-38	-36	-48	-60	-55	-80	-100	-85
	>16~25	—	—	—	-40	-40	-40	-50	-65	-60	-80	-100	-90

系数	最小法向侧隙种类	第Ⅱ公差组精度等级						
		4~6	7	8	9	10	11	12
	h	0.9	1.0					
	e	1.45	1.6					
	d	1.8	2.0	2.2				
	c	2.4	2.7	3.0	3.2			
	b	3.4	3.8	4.2	4.6	4.9		
	a	5.0	5.5	6.0	6.6	7.0	7.8	9.0

注：1. 各最小法向侧隙种类和各精度等级齿轮的 $E_{\bar{s}S}$ 值，由基本值栏查出的数值乘以系数得到。

2. 当轴交角公差带相对零线不对称时，$E_{\bar{s}S}$ 值应作修正：当增大轴交角上偏差时，$E_{\bar{s}S}$ 加上（$E_{\Sigma s}-|E_{\Sigma}|$）tanα；当减小轴交角上偏差时，$E_{\bar{s}S}$ 减去（$|E_{\Sigma i}|-|E_{\Sigma}|$）tanα。$E_{\Sigma s}$、$E_{\Sigma i}$ 分别为修改后的轴交角上、下极限偏差；E_{Σ} 见表 13-27。

3. 允许把大、小齿轮齿厚上极限偏差（$E_{\bar{s}S1}$、$E_{\bar{s}S2}$）之和，重新分配在两个齿轮上。

表 13-23　齿厚公差 T_s 值　　（单位：μm）

齿圈跳动公差		法向侧隙公差种类				
大于	到	H	D	C	B	A
	8	21	25	30	40	52
8	10	22	28	34	45	55
10	12	24	30	36	48	60
12	16	26	32	40	52	65
16	20	28	36	45	58	75
20	25	32	42	52	65	85
25	32	38	48	60	75	95
32	40	42	55	70	85	110
40	50	50	65	80	100	130
50	60	60	75	95	120	150
60	80	70	90	110	130	180
80	100	90	110	140	170	220
100	125	110	130	170	200	260
125	160	130	160	200	250	320
160	200	160	200	260	320	400
200	250	200	250	320	380	500
250	320	240	300	400	480	630
320	400	300	380	500	600	750
400	500	380	480	600	750	950
500	630	450	500	750	950	1180

表 13-24 最大法向侧隙（j_{nmax}）的制造误差补偿部分 $E_{\bar{s}\Delta}$ 值 （单位：μm）

第Ⅱ公差组精度等级	中点法向模数/mm	中点分度圆直径/mm											
		≤125			>125~400			>400~800			>800~1600		
		分锥角/(°)											
		≤20	>20~45	>45	≤20	>20~45	>45	≤20	>20~45	>45	≤20	>20~45	>45
4~6	1~3.5	18	18	20	25	28	28	32	45	40	—	—	—
	>3.5~6.3	20	20	22	28	28	28	34	50	40	67	75	72
	>6.3~10	22	22	25	32	32	30	36	50	45	72	80	75
	>10~16	25	25	28	32	34	32	45	55	50	72	90	75
	>16~25	—	—	—	36	36	36	45	56	55	72	90	85
7	1~3.5	20	20	22	28	32	30	36	50	45	—	—	—
	>3.5~6.3	22	22	25	32	32	30	38	55	45	75	85	80
	>6.3~10	25	25	28	36	36	34	40	55	50	80	90	85
	>10~16	28	28	30	36	38	36	48	60	55	80	100	85
	>16~25	—	—	—	40	40	40	50	65	60	80	100	95
8	1~3.5	22	22	24	30	36	32	40	55	50	—	—	—
	>3.5~6.3	24	24	28	36	36	32	42	60	50	80	90	85
	>6.3~10	28	28	30	40	40	38	45	60	55	85	100	95
	>10~16	30	30	32	40	42	40	55	65	60	85	110	95
	>16~25	—	—	—	45	45	45	55	72	65	85	110	105
9	1~3.5	24	24	25	32	38	36	45	65	55	—	—	—
	>3.5~6.3	25	25	30	38	38	36	45	65	55	90	100	95
	>6.3~10	30	30	32	45	45	40	48	65	60	95	110	100
	>10~16	32	32	36	45	45	45	48	70	65	95	120	100
	>16~25	—	—	—	48	48	48	60	75	70	95	120	115
10	1~3.5	25	25	28	36	42	40	48	65	60	—	—	—
	>3.5~6.3	28	28	32	42	42	40	50	70	60	95	110	105
	>6.3~10	32	32	36	48	48	45	50	70	65	105	115	110
	>10~16	36	36	40	48	50	48	60	80	70	105	130	110
	>16~25	—	—	—	50	50	50	65	85	80	105	130	125
11	1~3.5	30	30	32	40	45	45	50	70	65	—	—	—
	>3.5~6.3	32	32	36	45	45	45	55	80	65	110	125	115
	>6.3~10	36	36	40	50	50	50	60	80	70	115	130	125
	>10~16	40	40	45	50	55	50	70	85	80	115	145	125
	>16~25	—	—	—	60	60	60	70	95	85	115	145	140
12	1~3.5	32	32	35	45	50	48	60	80	70	—	—	—
	>3.5~6.3	35	35	40	50	50	48	60	90	70	120	135	130
	>6.3~10	40	40	45	60	60	55	65	90	80	130	145	135
	>10~16	45	45	48	60	60	60	75	95	90	130	160	135
	>16~25	—	—	—	65	65	65	80	105	95	130	160	150

表 13-25　齿圈轴向位移极限偏差 $\pm f_{AM}$ 值

（单位：μm）

中点锥距/mm		分锥角/(°)		精度等级																	
				5				6				7					8				
				中点法向模数/mm																	
大于	到	大于	到	1~3.5	>3.5~6.3	>6.3~10	>10~16	1~3.5	>3.5~6.3	>6.3~10	>10~16	1~3.5	>3.5~6.3	>6.3~10	>10~16	>16~25	1~3.5	>3.5~6.3	>6.3~10	>10~16	>16~25
	50		20	9	5	—	—	14	8	—	—	20	11	—	—	—	28	16	—	—	—
		20	45	7.5	4.2	—	—	12	6.7	—	—	17	9.5	—	—	—	24	13	—	—	—
		45		3	1.7	—	—	5	2.8	—	—	7	4	—	—	—	10	5.6	—	—	—
50	100		20	30	16	11	8	48	26	17	13	67	38	24	18	—	95	53	34	26	—
		20	45	25	14	9	7.1	40	22	15	11	56	32	21	16	—	80	45	30	22	—
		45		10.5	6	3.8	3	17	9.5	6	4.5	24	13	8.5	6.7	—	34	17	12	9	—
100	200		20	60	36	24	16	105	60	38	28	150	80	53	40	30	200	120	75	56	45
		20	45	50	50	20	14	90	50	32	24	130	71	45	34	26	180	100	63	48	38
		45		21	13	8.5	5.6	38	21	13	10	53	30	19	14	11	75	40	26	20	15
200	400		20	130	80	53	36	240	130	85	60	340	180	120	85	67	480	250	170	120	95
		20	45	110	67	45	30	200	105	71	50	280	150	100	71	56	400	210	140	100	80
		45		48	28	18	12	85	45	30	21	120	63	40	30	22	170	90	60	42	32
400	800		20	300	170	110	75	530	280	180	130	750	400	250	180	140	1050	560	360	260	200
		20	45	250	160	95	63	450	240	150	110	630	340	210	160	120	900	480	300	220	170
		45		105	63	40	26	190	100	63	45	270	140	90	67	50	380	200	125	90	70
800	1600		20	—	—	750	160	—	—	380	280	—	—	560	400	300	—	—	750	560	420
		20	45	—	—	—	140	—	—	—	240	—	—	—	340	250	—	—	—	480	360
		45		—	—	—	60	—	—	—	100	—	—	—	140	105	—	—	—	200	150
1600			20	—	—	—	—	—	—	—	—	—	—	—	—	630	—	—	—	—	900
		20	45	—	—	—	—	—	—	—	—	—	—	—	—	530	—	—	—	—	760
		45		—	—	—	—	—	—	—	—	—	—	—	—	220	—	—	—	—	320

（续）

中点锥距/mm		分锥角/(°)		精度等级																			
				9					10					11					12				
				中点法向模数/mm																			
大于	到	大于	到	1~3.5	>3.5~6.3	>6.3~10	>10~16	>16~25	1~3.5	>3.5~6.3	>6.3~10	>10~16	>16~25	1~3.5	>3.5~6.3	>6.3~10	>10~16	>16~25	1~3.5	>3.5~6.3	>6.3~10	>10~16	>16~25
	50		20	40	22	—	—	—	56	32	—	—	—	80	45	—	—	—	110	63	—	—	—
		20	45	34	19	—	—	—	48	26	—	—	—	67	38	—	—	—	95	53	—	—	—
		45		14	8	—	—	—	20	11	—	—	—	28	16	—	—	—	40	22	—	—	—
50	100		20	140	75	50	38	—	190	105	71	50	—	280	150	100	75	—	380	210	140	105	—
		20	45	120	63	42	30	—	160	90	60	45	—	220	130	85	63	—	320	180	120	90	—
		45		48	26	17	13	—	67	38	24	18	—	95	53	34	26	—	130	75	48	36	—
100	200		20	300	160	105	80	63	420	240	150	110	85	600	320	210	160	120	850	450	300	220	170
		20	45	260	140	90	67	53	360	190	130	95	75	500	280	180	130	105	710	380	250	190	150
		45		105	60	38	28	22	150	80	53	40	30	210	120	75	56	45	300	160	105	80	60
200	400		20	670	360	240	170	130	950	500	320	240	190	1300	750	480	340	260	1900	1000	670	480	380
		20	45	560	300	200	150	110	800	420	280	200	160	1100	600	400	280	220	1600	850	560	400	300
		45		240	130	85	60	48	340	180	120	85	67	500	260	160	120	95	670	360	240	170	130
400	800		20	1500	800	500	380	280	2100	1100	710	500	400	3000	1600	1000	750	560	4200	2200	1400	1000	800
		20	45	1300	670	440	300	240	1700	950	600	440	340	2500	1400	850	630	480	3600	1900	1200	850	670
		45		530	280	180	130	100	750	400	250	180	140	1050	560	360	260	200	1500	800	600	360	280
800	1600		20	—	—	1100	800	600	—	—	1500	1100	420	—	—	2200	1600	1200	—	—	3000	2200	1700
		20	45	—	—	—	670	500	—	—	—	950	360	—	—	—	1300	1000	—	—	—	1900	1400
		45		—	—	—	280	210	—	—	—	400	150	—	—	—	560	420	—	—	—	800	600
1600			20	—	—	—	—	1200	—	—	—	—	1700	—	—	—	—	2500	—	—	—	—	3600
		20	50	—	—	—	—	1050	—	—	—	—	1500	—	—	—	—	2100	—	—	—	—	3000
		45		—	—	—	—	450	—	—	—	—	630	—	—	—	—	900	—	—	—	—	1300

注：1. 表中数值用于非修形齿轮。对修形齿轮允许采用低 1 级的 $\pm f_{AM}$ 值。

2. 表中数值用于 $\alpha=20°$ 的齿轮。对 $\alpha\neq20°$ 的齿轮，将表中数值乘以 $\sin20°/\sin\alpha$。

表 13-26　轴间距极限偏差$\pm f_a$值　（单位：μm）

中点锥距/mm		精度等级							
大于	到	5	6	7	8	9	10	11	12
	50	10	12	18	28	36	67	105	180
50	100	12	15	20	30	45	75	120	200
100	200	15	18	25	36	55	90	150	240
200	400	18	25	30	45	75	120	190	300
400	800	25	30	36	60	90	150	250	360
800	1600	36	40	50	85	130	200	300	450
1600		45	56	67	100	160	280	420	630

注：1. 表中数值用于无纵向修形的齿轮副。对纵向修形的齿轮副，允许采用低1级的$\pm f_a$值。

2. 对准双曲面齿轮副，按大齿轮中点锥距查表。

表 13-27　轴交角极限偏差$\pm E_\Sigma$值　（单位：μm）

中点锥距/mm		小轮分锥角/(°)		最小法向侧隙种类				
大于	到	大于	到	h e	d	c	b	a
	50		15	7.5	11	18	30	45
		15	25	10	16	26	42	63
		25		12	19	30	50	80
50	100		15	10	16	26	42	63
		15	25	12	19	30	50	80
		25		15	22	32	60	95
100	200		15	12	19	30	50	80
		15	25	17	26	45	71	110
		25		20	32	50	80	125
200	400		15	15	22	32	60	95
		12	25	24	36	56	90	140

中点锥距/mm		小轮分锥角/(°)		最小法向侧隙种类				
大于	到	大于	到	h e	d	c	b	a
200	400	25		26	40	63	100	160
400	800		15	20	32	50	80	125
		15	25	28	45	71	110	180
		25		34	56	85	140	220
800	1600		15	26	40	63	100	160
		15	25	40	63	100	160	250
		25		53	85	130	210	320
1600			15	34	66	85	140	222
		15	25	63	95	160	250	380
		25		85	140	220	340	530

注：1. $\pm E_\Sigma$的公差带位置相对于零线，可以不对称或取在一侧。

2. 准双曲面齿轮副按大齿轮中点锥距查表。

3. 表中数值用于正交齿轮副。对非正交齿轮副的$\pm E_\Sigma$值为$\pm j_{nmin}/2$。

4. 表中数值用于$\alpha=20°$的齿轮副。对$\alpha\neq20°$的齿轮副，要将表中数值乘以$\sin20°/\sin\alpha$。

13.2　锥齿轮主要参数的选择

几何设计时，按总体设计对锥齿轮传动的要求，根据传动比、传递的功率P和主动轮的转速n_1，选齿轮传动的主要参数。根据实际经验，各种齿制通过经验公式、线图和数据给出这些参数的推荐值，作为几何设计初算的基础，通过强度校核认定。

本节列出各种齿制中具有共性的一些参数，供查阅和比较，并且可以互补。

13.2.1　曲线齿锥齿轮的三种齿制

1. 弧齿锥齿轮与格利森制

美国格利森（Gleason）公司是弧齿锥齿轮铣齿机的著名厂家。格利森制锥齿轮几何设计、强度计算和切齿调整计算方法被各国广泛采用。

格利森制采用圆弧收缩齿。以端面铣刀直线刀刃形成的刃锥面，用间歇分齿法展成弧齿锥齿轮。刀盘转速与展成运动无关，可根据需要调整，因此可以用成形法拉齿提高生产率，也可以用砂轮磨齿提高加工精度。但间歇分齿法增加了辅助时间。

我国生产弧齿锥齿轮铣齿机和磨齿机及其配套设备，能满足一般的工业要求。

2. 摆线齿锥齿轮的两种齿制

摆线齿锥齿轮铣齿机主要厂家有瑞士前奥利康（Oerlikon）公司和德国克林根贝尔格（Klingelnberg）公司，分别形成两种齿制：奥利康齿制（简称“奥”制）和克林根贝尔格齿制（简称“克”制）。

两种齿制的共同点：齿轮为长幅外摆线等高齿；基本齿廓相同；采用连续分度双面法铣齿。

两种齿制的主要差别如下：

（1）铣齿机结构不同　“奥”制铣齿机有刀倾机构，以改变刀倾角控制齿面接触区的大小；刀倾角较大的铣齿机可用对偶法展成小齿轮。“克”制铣齿机无刀倾机构。

（2）铣刀盘不同　“克”制采用同步回转的双层刀盘（见图 13-3），通过调整外刀与内刀回转中心偏距 E_{XZ} 和增大外刀半径控制齿面接触区。“奥”制内外刀齿装在整体刀盘上，其回转中心重合。

（3）加工方法不同　“奥”制一般用刀倾全展成法（Spiroflex 法）加工；传动比 $i_{12} \geqslant 3$ 或分锥角 $\delta_2 \geqslant 60°$ 时，可用刀倾半展成法（Spirac 法）加工。“奥”制铣齿机上不能进行硬齿面刮削。“克”制铣齿机只能用全展成法加工，其中某些铣齿机（如 AMK635、AMK852、AMK855、和 AMK1602 等）允许硬齿面刮削。

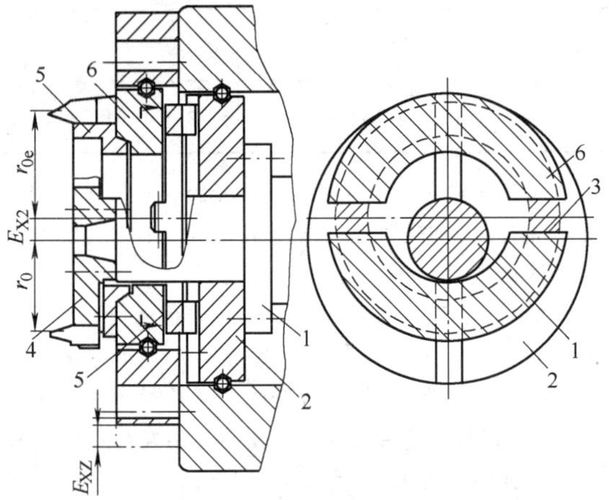

图 13-3　克林根贝尔格双层铣刀盘

1—铣齿机主轴　2、3、6—十字滑块

4—内刀盘　5—外刀盘

（4）使用场合不同　“奥”制铣齿机效率较高，但刀具齿形角与刀倾角有关，难以标准化。比较适用于大批量生产的汽车行业；不适用于小模数齿轮和重型齿轮。“克”制铣齿机 FK41C 适用于小模数锥齿轮加工；AMK1602 等铣齿机特别适用于重型锥齿轮的硬齿面刮削。由于刀轴不倾斜，刀具齿形角便于标准化，对单件和小批量生产十分有利。

13.2.2　锥齿轮的基本齿廓

图 13-4 所示为锥齿轮的基本齿廓。齿制不同，基本齿廓在齿轮上的位置不同，作为计算基准的模数也不一致，详见表 13-28。

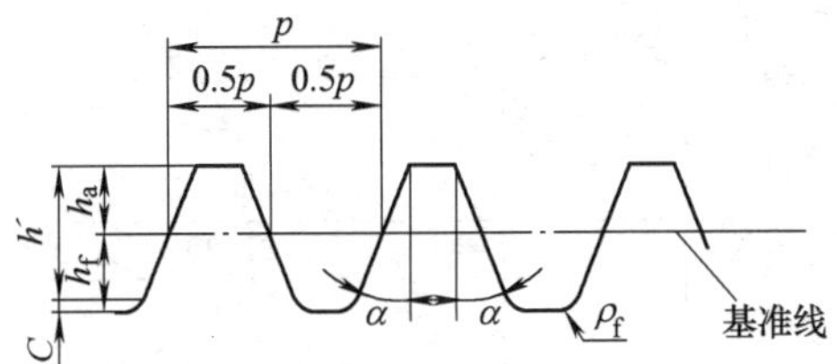

图 13-4　锥齿轮的基本齿廓

h'—工作齿高　p—齿距　α—齿形角　ρ_f—齿根圆角半径

例如，直齿锥齿轮，按 GB/T 12369—1990 在大端取基本齿廓，齿顶高 $h_a = h_a^* m$，齿根高 $h_f = (h_a^* + c^*)m$。m 为大端模数。

而直齿锥齿轮按 ANSI/AGMA 2005-D03，在参考点 M（一般为齿宽中点）取基本齿廓，需要将相关式中的 m 换成参考点模数 m_m。

摆线齿锥齿轮和 ANSI/AGMA 2005-D03 中的弧齿锥齿轮，在参考点 M 处法向取基本齿廓，将 m 换成参考点法向模数 m_n。

直齿锥齿轮齿形角 α 为标准值，曲线齿锥齿轮法向齿形角 α_n（又称为法向压力角）为标准值。表 13-28 括号内的 α（或 α_n）值为许用的扩展标准值。

弧齿锥齿轮的齿顶高系数见表 13-29。

旧格利森制虽未引入基本齿廓概念，但将轮齿参数标准化：以大端端面模数 m_t 为基准计算大端齿高；将法向压力角 α_n 标准化。不同类型齿轮相关参数见表 13-30。

表 13-28　常用锥齿轮的基本齿廓

齿　制	锥齿轮类型	基本齿廓					
		位置	基准模数	齿形角 α、法向齿形角 α_n	齿顶高系数 h^*	顶隙系数 c^*	齿根圆角半径系数 ρ_f^*
GB/T 12369—1990	直齿	大端	m	20°（14°30′、25°）	1	0.2	0.3
ANSI/AGMA 2005-D03	直齿	参考点	m_m	20°（25°）	1（$z \geqslant 12$ 时）	0.25	
	零度弧齿	参考点法面	m_n	22°30′（25°）	1（$z \geqslant 13$ 时）	0.25	
	弧齿	参考点法面	m_n	20°	见表 13-29	$0.25h_a^*$	
奥利康制 克林根贝尔格制	摆线齿	参考点法面	m_n	20°	1	0.25	0.3

表 13-29　弧齿锥齿轮的齿顶高系数

小轮齿数 z_1	齿顶高系数 h_a^*	小轮齿数 z_1	齿顶高系数 h_a^*
≥12	1.0000	8	0.9475
11	0.9975	7	0.9175
10	0.9875	6	0.8825
9	0.9700		

表 13-30　旧格利森制轮齿标准参数

锥齿轮类型	基准模数	压力角 α 法向压力角 α_n	齿顶高系数 h_a^*	顶隙系数 c^*	齿根圆角半径系数 ρ_f^*
直齿	m	20° （14°30′、25°）	1	$0.188+\frac{0.05}{m}$	
直齿短齿	m	22°30′	0.8	0.188	
零度弧齿	m_t	20° （22°30′、25°）	1	$0.188+\frac{0.05}{m_t}$	
弧齿	m_t	20° （14°30′、16°）	0.85	0.188	0.12~0.24

13.2.3　锥齿轮的大端分度圆直径

（1）一般工业用锥齿轮　ANSI/AGMA 2005-D03和旧格利森制，根据齿数比 $u=z_2/z_1$ 和小轮转矩 T_1，按接触强度和抗弯强度，由图 13-5 和图13-6 分别确定小齿轮大端分度圆直径，取其中较大者为初值 $d_{1,0}$。（下标 1 表示小齿轮参数，下标 0 表示初值）。

由线图确定初值 $d_{1,0}$时，需要注意以下几点：

1）两线图是按渗碳淬火钢、齿面硬度为 55HRC

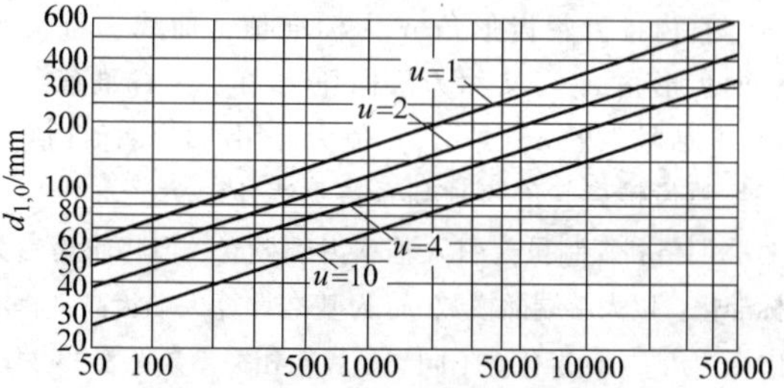

图 13-5　根据接触强度确定小齿轮分度圆直径

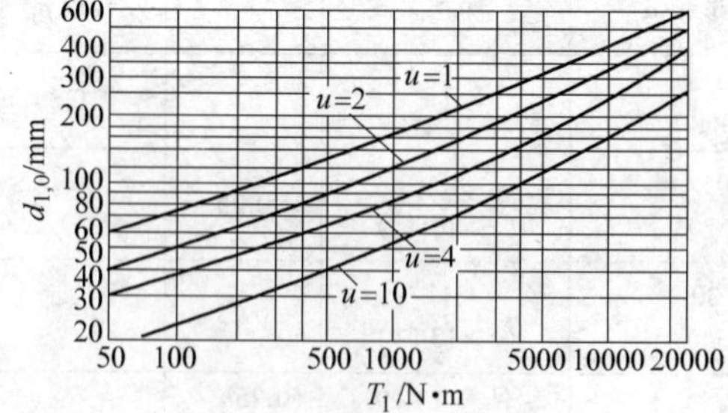

图 13-6　根据抗弯强度确定小齿轮分度圆直径

的正交弧齿锥齿轮绘制的。当齿轮材料与齿面硬度与此不相符时，需要将 $d_{1,0}$乘以由表 13-31 查得的材料与硬度修正系数。

2）确定 T_1 值应注意小齿轮的峰值载荷。在预期的齿轮寿命内，若峰值载荷总循环次数超过 10^7 次，则取峰值载荷为 T_1 值；若峰值载荷总循环次数少于 10^7 次，则将峰值载荷的一半与持续载荷的最大值比较，取其中大者为 T_1 值。

3）直齿和零度锥齿轮的小齿轮直径应稍大，由图 13-5 按接触强度查得 $d_{1,0}$值，零度齿轮应乘以 1.3；鼓形直齿锥齿轮应乘以 1.2；表面硬化处理并经磨齿的弧齿锥齿轮应乘以 0.8。将求得的 $d_{1,0}$值与由图 13-6 按抗弯强度查得的 $d_{1,0}$值比较，取两者中较大值。

4）承受不变载荷的齿轮，按弯曲强度确定 $d_{1,0}$ 时，由图 13-6 查得的 $d_{1,0}$值偏大，有振动的工况下乘以 0.7，无振动时乘以 0.6。

5）汽车、航空和船舶齿轮，不能使用图 13-5 和图 13-6。

（2）汽车用弧齿锥齿轮　格利森制弧齿锥齿轮用于车辆时，按齿数比和大轮持续转矩 T_2，由图13-7 查得大齿轮大端分度圆直径初值 d_{20}。

图 13-7 按 $\beta=35°$，$\alpha_n=22°30'$，大齿轮齿宽 $b_2=0.28R$，小齿轮齿宽 $b_1=0.32R$ 绘成（R 为大端锥距）。

（3）克林根贝尔格摆线齿锥齿轮　“克”制摆线齿锥齿轮，大齿轮大端节圆直径的计算式为

$$(d_{e2}')^{2.8} = 1000T_1\left(\frac{u^3}{u^2+1}\right)\sqrt[5]{n_1}$$

式中　d_{e2}'——大齿轮大端节圆直径（mm）；

T_1——小齿轮转矩（N · m）；

n_1——小齿轮转速（r/min）。

表 13-31　材料与硬度修正系数

大齿轮		小齿轮		材料与硬度修正系数
材　料	硬　度	材　料	硬　度	
钢(渗碳、表面淬硬)	≥58HRC	钢(渗碳、表面淬硬)	≥60HRC	0.85
钢(渗碳、表面淬硬)	≥55HRC	钢(渗碳、表面淬硬)	≥55HRC	1.00
钢(火焰淬火)	≥50HRC	钢(渗碳、表面淬硬)	≥55HRC	1.05
钢(火焰淬火)	≥50HRC	钢(火焰淬火)	≥50HRC	1.05
钢(油淬火)	375~425HBW	钢(油淬火)	375~425HBW	1.20
钢(调质)	250~300HBW	钢(渗碳、表面淬硬)	≥55HRC	1.45
钢(调质)	210~245HBW	钢(渗碳、表面淬硬)	≥55HRC	1.45
铸铁	—	钢(渗碳、表面淬硬)	≥55HRC	1.95
铸铁	—	钢(火焰淬火)	≥50HRC	2.00
铸铁	—	钢(退火)	160~200HBW	2.10
铸铁	—	铸铁	—	3.10

分锥角不修正时，$\Delta\delta=0$，大齿轮大端分度圆直径 $d_{e2}=d_{e2}'$。若将小齿轮分锥角减小、大齿轮分锥角加大相同的 $\Delta\delta$ 值时，需要由 d_{e2}' 和 $\Delta\delta$ 换算出大齿轮大端分度圆直径 d_{e2}。

13.2.4　齿数、模数、齿宽和螺旋角

1. 齿数

在齿轮尺寸相同的情况下，齿数少又无根切有利于提高抗弯强度；齿数多有利于接触强度和传动的平稳性，但会增加齿轮加工的工时和成本。

（1）一般工业用锥齿轮　轴交角 $\Sigma=90°$ 时，直齿和零度锥齿轮按图 13-8 选小齿轮齿数；弧齿锥齿轮的小齿轮齿数按图 13-9 选取。

（2）格利森制的最少齿数　一般工业用锥齿轮，轴交角 $\Sigma=90°$时，不同齿形角和齿数比的齿轮最少齿数见表 13-32。汽车弧齿锥齿轮的最少齿数见表 13-33。

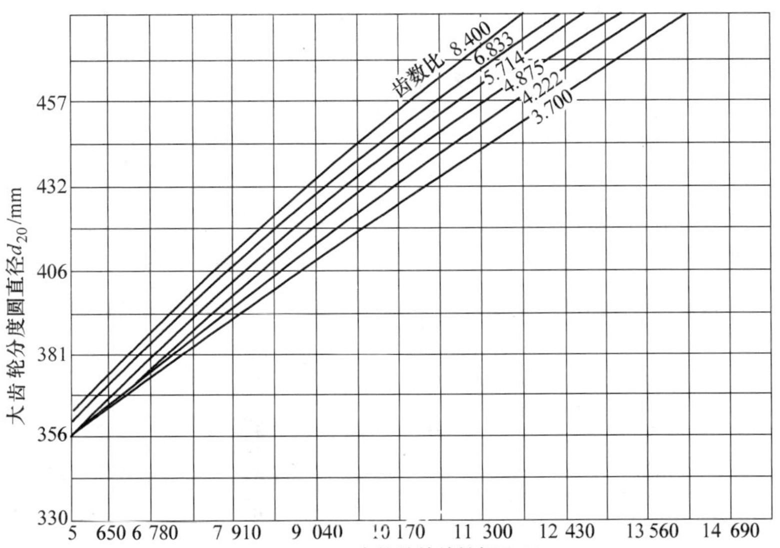

图 13-7　弧齿锥齿轮大齿轮大端分度圆直径

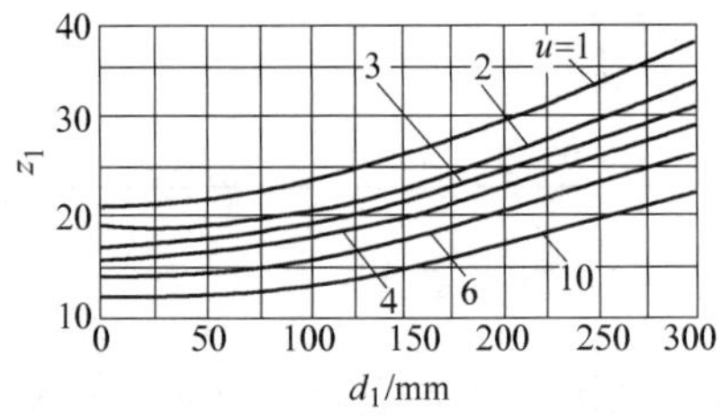

图 13-8　直齿和零度锥齿轮的小齿轮齿数

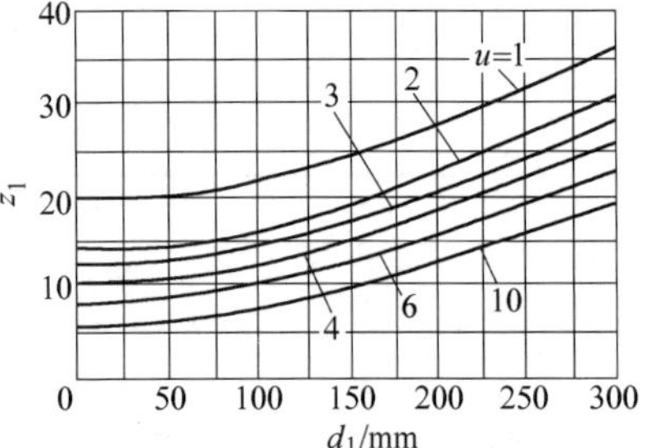

图 13-9　弧齿锥齿轮的小齿轮齿数

表 13-32　不同齿形角和齿数比的齿轮最少齿数

齿形角/(°)	直齿锥齿轮(一般工业用)		弧齿锥齿轮(一般工业用)		零度锥齿轮	
	小齿轮	大齿轮	小齿轮	大齿轮	小齿轮	大齿轮
20（标准）	16	16	17	17	17	17
	15	17	16	18	16	20
	14	20	15	19	15	25
	13	30	14	20	—	—
	—	—	13	22	—	—
	—	—	12	26	—	—
14.5	29	29	28	28	不用	
	28	29	27	29		
	27	31	26	30		
	26	35	25	32		
	25	40	24	33		
	24	57	23	36		
	—	—	22	40		
	—	—	21	42		
	—	—	20	50		
	—	—	19	70		
16	不用		24	24	不用	
			23	25		
			22	26		
			21	27		
			20	29		
			19	31		
			18	36		
			17	45		
			16	59		
22.5	13	13	14	14	14	14
25	12	12	12	12	13	13

表 13-33　汽车弧齿锥齿轮的最少齿数

传动比	小齿轮齿数	允许范围
1.5~1.75①	14	12~16
1.75~2.0①	13	11~15
2.0~2.5①	11	10~13
2.5~3.0①	10	9~11
3.0~3.5	10	9~11
3.5~4.0	10	9~11
4.0~4.5	9	8~10
4.5~5.0	8	7~9
5.0~6.0	7	6~8
6.0~7.5	6	5~7
7.5~10.0	5	5~6

① 传动比在 1.5~3.0 之间，只能用展成法加工相配两齿轮。

(3) 弧齿锥齿轮小齿轮的最少齿数　见表 13-34。

(4) 摆线齿锥齿轮小齿轮齿数　$z_{1\min}=5$，$z_1>8$ 时传动质量较好。

表 13-34　弧齿锥齿轮小齿轮最少齿数

（摘自 ANSI/AGMA 2005-D03）

传动比	小轮最少齿数
1.00~1.50	13
1.50~1.75	12
1.75~2.00	11
2.00~2.50	10
2.50~3.00	9
3.00~3.50	9
3.50~4.00	9
4.00~4.50	8
4.50~5.00	7
5.00~6.00	6
6.00~7.50	5
7.50~10.00	5

2. 模数

由大齿轮（或小齿轮）大端分度圆直径和齿数 z_2（或 z_1），求出大端端面模数。直齿锥齿轮需按 GB/T 12368—1990 标准值（见表 13-35）加以圆整。

表 13-35　锥齿轮模数（摘自 GB/T 12368—1990）　（单位：mm）

0.1	0.12	0.15	0.2	0.25	0.3	0.35	0.4	0.5	0.6	0.7	0.8	0.9
1	1.125	1.25	1.375	1.5	1.75	2	2.25	2.5	2.75	3	3.25	3.5
3.75	4	4.5	5	5.5	6	6.5	7	8	9	10	11	12
14	16	18	20	22	25	28	30	32	36	40	45	50

3. 齿宽

（1）格利森制齿宽　直齿锥齿轮的齿宽 $b \leqslant 0.3R$ 和 $b \leqslant 10m$；零度锥齿轮齿宽 $b \leqslant 0.25R$；弧齿锥齿轮齿宽 $b \leqslant 0.3R$ 和 $b \leqslant 10m_t$。

（2）ANSI/AGMA 2005-D03 推荐的齿宽　弧齿锥齿轮轴交角 $\Sigma = 90°$时，根据传动比 i_{12} 和小齿轮大端分度圆直径 d_{e1}，按图 13-10 确定齿宽 b。图 13-10 是按 $b = 0.3R$ 绘制的。$\Sigma < 90°$时，b 略大于图 13-10 所得值；$\Sigma > 90°$时，b 略小于图 13-10 所得值。通常 $b \leqslant 0.3R$ 和 $b \leqslant 10m_{et}$。

零度齿轮齿宽等于图 13-10 所得值乘以 0.83，并且 $b \leqslant 0.25R$。

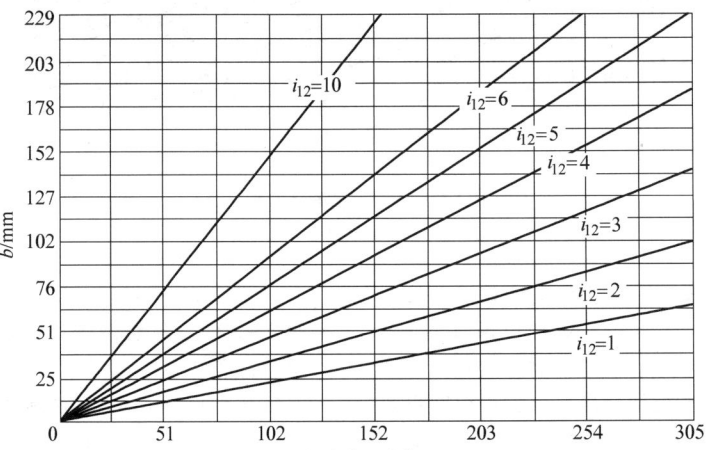

图 13-10　轴交角 Σ = 90°的弧齿锥齿轮齿宽

（3）摆线齿锥齿轮齿宽和法向模数　齿宽 b 和参考点法向模数 m_n 由表 13-36 查得。与弧齿锥齿轮不同之处是根据齿宽 b 确定参考点法向模数 m_n。

表 13-36　摆线齿锥齿轮的齿宽和法向模数

齿宽 b		法向模数 m_n	
轻载和中载	$b = (0.2 \sim 0.29)R_e'$	硬齿面重载齿轮	$m_n = (0.1 \sim 0.14)b$
重载	$b = (0.29 \sim 0.33)R_e'$	调质钢软齿面	$m_n = (0.083 \sim 0.1)b$

注：R_e'为按 d_{e2}'和初值 $i_{12,0}$求得的大齿轮大端节锥距。

在大齿轮大端锥距确定的情况下，齿太宽无助于齿的强度和耐久性的增加，因为偏载到齿的小端时齿易损坏。此外，小端齿底槽宽过窄难以加工。

4. 螺旋角

参考点螺旋角 β_m，根据要求的纵向重合度 ε_β 和允许的轴向力确定。螺旋角大传动平稳，但轴向力大。

（1）格利森制推荐的螺旋角　一般工业用锥齿轮 $\beta \approx 35°$。车辆和航空用弧齿锥齿轮可参照表13-37选取 β 值。纵向重合度至少应为 $\varepsilon_\beta \approx 1.25$。$\varepsilon_\beta$ 与 b/m_t 和 β 有关，可由图 13-11 查得。此线图按 $b = 0.3R$ 绘制。

表 13-37　车辆和航空工业用弧齿锥齿轮的螺旋角

用　途		螺旋角 $\beta/(°)$
汽车	载货汽车	30~45
	小客车	35~40
拖拉机	农用	25~35
	工业用	25~35
	工程用	0~20
航空工业	直升飞机传动	30~45
	发动机辅助传动	0~20

（2）ANSI/AGMA 2005-D03 选螺旋角的原则　通常所选 β 值，应使 $\varepsilon_\beta \approx 2$；对于速度高、要求噪声低且传动平稳的情况，最好使 $\varepsilon_\beta > 2$。不过 $\varepsilon_\beta < 2$ 也是允许的。ε_β 仍由图 13-11 查得。

（3）摆线齿锥齿轮的螺旋角　"克"制推荐$\beta_m = 30° \sim 35°$；"奥"制推荐，轴承能承受较大轴向力的情况，可增至 $\beta_m = 40°$。

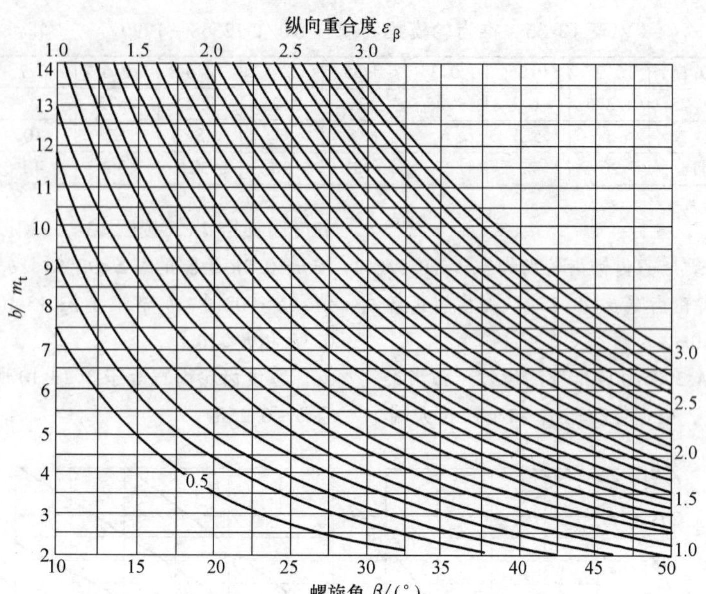

图 13-11　弧齿锥齿轮的纵向重合度 ε_β

5. 锥齿轮的变位

（1）锥齿轮的高变位　锥齿轮高变位概念与渐开线圆柱齿轮的相同，取小齿轮高变位系数 $x_1>0$，大齿轮高变位系数 $x_2=-x_1$。各种齿制高变位的目的都相同：使小齿轮避免根切；相配两轮齿面磨损均匀。但变位系数的计算方法各不相同。

（2）锥齿轮的切向变位　与加工圆柱齿轮不同，锥齿轮的凸面和凹面分别用内刀和外刀加工，可以通过调整刀尖错距，改变被加工齿轮齿厚。齿厚变动量称为切向变位量 $x_t m_n$。本章对各种齿制采用统一的切向变位系数代号 x_t。

一般取小齿轮的切向变位系数 $x_{t1}>0$，大齿轮的切向变位系数 $x_{t2}=-x_{t1}$。切向变位的目的是使小齿轮齿厚增加和大齿轮齿厚减少相同值 $x_{t1}m_n$，从而使相配两轮的齿形系数相等，抗弯强度接近。

直齿和弧齿锥齿轮的切向变位系数 x_{t1} 由线图或经验公式确定。摆线齿锥齿轮则在计算齿形系数时迭代求解 x_{t1} 值。

6. 锥齿轮的作用力和螺旋方向

（1）锥齿轮齿面上的作用力　作用在齿面参考点 M 的圆周力 F_{mti}（N）为

$$F_{mti}=2000T_i/d_{mi}\quad(i=1,2)$$

式中　T_i——轮 i（小齿轮 $i=1$，大齿轮 $i=2$）的转矩（N·m）；

d_{mi}——轮 i 参考点分度圆直径（mm）。

径向力 F_{mri} 和轴向力 F_{mxi} 的计算公式见表 13-38。F_{mri} 和 F_{mxi} 为正时，分别指向中心和大端；为负时分别离开中心和向小端。

表 13-38　齿轮 i 上的径向力和轴向力

受力齿面		凹面		凸面	
图形					
螺旋方向		右旋	左旋	右旋	左旋
旋转方向	主动	逆时针	顺时针	—	—
	从动	—	—	逆时针	顺时针

（续）

径向力/N	$F_{mri} = F_{mti}\left(\dfrac{\tan\alpha_n\cos\delta_i}{\cos\beta_{mi}} - \tan\beta_{mi}\sin\delta_i\right)$	$F_{mri} = F_{mti}\left(\dfrac{\tan\alpha_n\cos\delta_i}{\cos\beta_{mi}} + \tan\beta_{mi}\sin\delta_i\right)$
轴向力/N	$F_{mxi} = F_{mti}\left(\dfrac{\tan\alpha_n\sin\delta_i}{\cos\beta_{mi}} + \tan\beta_{mi}\cos\delta_i\right)$	$F_{mxi} = F_{mti}\left(\dfrac{\tan\alpha_n\sin\delta_i}{\cos\beta_{mi}} - \tan\beta_{mi}\cos\delta_i\right)$

注：表图箭头所示为主动轮凹面与从动轮凸面啮合时，齿轮的旋转方向。

（2）锥齿轮的螺旋方向　主动小齿轮的凹面与从动大齿轮的凸面啮合时，两轮轴向力指向各自的大端，齿侧间隙有增大趋势，轮齿不会卡死，作为承受较大载荷的工作面比较安全。主动小齿轮的凸面和从动大齿轮的凹面，只能作为承受较小载荷的非工作面。

如图 13-12 所示，小齿轮从大端看、大齿轮从正面（小端）看，顺时针转动时，为使小齿轮凹面为工作面，取小齿轮左旋、大齿轮右旋；逆时针转时，取小齿轮右旋、大齿轮左旋。

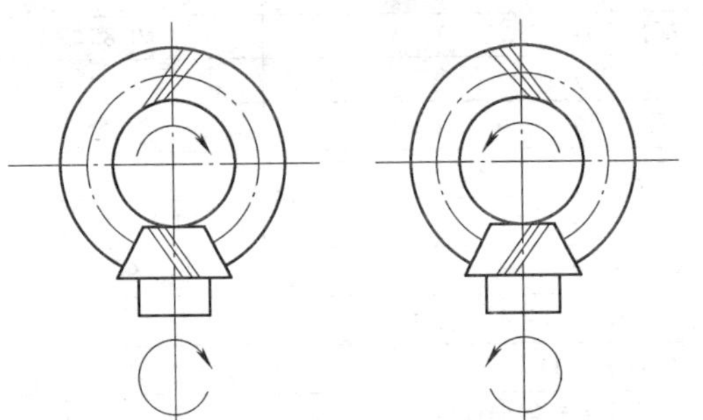

图 13-12　主动小锥齿轮的旋转方向和齿的螺旋方向

13.3　旧格利森制弧齿锥齿轮设计

考虑到一些厂家仍沿用旧格利森制设计弧齿锥齿轮和零度锥齿轮，本节介绍其几何设计方法。

13.3.1　弧齿锥齿轮主要参数初算

一般工业用锥齿轮，先给出小齿轮大端分度圆直径初值 d_{10}，而汽车弧齿锥齿轮则先给出大齿轮大端分度圆直径初值 d_{20}，计算顺序略有不同，详见表 13-39。

表 13-39 的序号中，一般工业用弧齿锥齿轮 $\beta \approx 35°$，车辆和航空用齿轮则由表 13-37 选取，应使纵向重合度 $\varepsilon_\beta \geqslant 1.25$。

13.3.2　弧齿锥齿轮几何参数计算

（1）弧齿锥齿轮几何参数计算表　见表 13-40。

表 13-39　弧齿锥齿轮主要参数初算

序号	名称			符号和单位	计算公式和说明	算例
1	原始参数	轴交角		$\Sigma/(°)$		90°
2		齿数比初值		u_0	$u_0 = i_{120}$	3.05
3		小齿轮转矩	工业用	T_1/N·m		850N·m
		大齿轮转矩	汽车用	T_2/N·m		
4	小齿轮大端分度圆直径初值		工业用	d_{10}/mm	由图 13-5 和图 13-6 查得	123.30① mm
	大齿轮大端分度圆直径初值		汽车用	d_{20}/mm	由图 13-7 查得	
5	小齿轮齿数		工业用	z_1	由表 13-42 和图 13-9 查得	15mm
			汽车用		由表 13-43 查得	
6	大齿轮齿数			z_2	$z_2 = u_0 z_1$（圆整）	46
7	大端端面模数		工业用	m_t/mm	$m_t = d_{10}/z_1$	8.2200mm
			汽车用		$m_t = d_{20}/z_2$	
8	小齿轮分锥角			$\delta_1/(°)$	$\delta_1 = \arctan\left(\dfrac{\sin\Sigma}{z_2/z_1 + \cos\Sigma}\right)$	18.0605°
9	大端锥距		工业用	R/mm	$R = 0.5d_{10}/\sin\delta_1$	198.8578mm
			汽车用		$R = 0.5d_{20}/\sin(\Sigma-\delta_1)$	
10	齿宽		$\beta \neq 0°$	b/mm	取 $0.3R$ 和 $10m_t$ 中小者	57.1500① mm
			$\beta = 0°$		$b = 0.25R$	
11	螺旋角			$\beta/(°)$	见表 13-37，保证 $\varepsilon_\beta \geqslant 1.25$，$\varepsilon_\beta$ 由图 13-11 查得	35°

① 算例选自现有产品，新设计时应将 d_{10} 和 b 值圆整。

（2）表 13-40 的说明

1）此表适用于弧齿锥齿轮（$\beta\neq0$）和零度锥齿轮（$\beta=0$）的几何参数计算。

2）除螺旋角β以外，以齿的大端为计算基准，各符号中略去表示大端的下标“e”。螺旋角β按参考点M（一般为齿宽中点）计算，略去下标“m”。

3）表中给出大齿轮齿顶高h_{a2}值，其效用与给出高变位系数相同。公式中只出现小齿轮切向变位系数x_{t1}，以$x_{t2}=-x_{t1}$代换了大齿轮切向变位系数。

4）表 13-40 的序号 9。$\beta\neq0$时，小齿轮切向变位系数x_{t1}按图 13-13 取值，其中当量 90°传动比 $i'_{12}=[z_2\cos\delta_1/(z_1\cos\delta_2)]^{0.5}$；$\beta=0$ 时，x_{t1} 按图 13-14 取值。

表 13-40 弧齿锥齿轮几何参数计算

序号	名称		符号和单位	计算公式和说明	算例	
					小齿轮	大齿轮
原始参数						
1	齿数		z_i	见表 13-39 的序号 5 和序号 6	15	46
2	大端端面模数		m_t/mm	见表 13-39 的序号 7	8.22mm	
3	齿宽		b/mm	见表 13-39 的序号 10	57.15mm	
4	齿顶高系数	$\beta\neq0°$	h_a^*	0.85(见表 13-30)	0.85	
		$\beta=0°$		1.00(见表 13-30)		
5	顶隙系数		c^*	0.188(见表 13-30)	0.188	
6	法向压力角		α_n/(°)	20(见表 13-30)	20°	
7	工作齿高		h'/mm	$h'=2h_a^*m_t$	13.9740mm	
8	轴交角		Σ/(°)	见表 13-39 的序号 1	90°	
9	切向变位系数		x_{ti}	由图 13-13 和图 13-14 线图查得	0.12	-0.12
10	螺旋角		β/(°)	见表 13-39 的序号 11	35°	
11	螺旋方向			由图 13-12 按主动轮转向确定	左旋	右旋
几何参数计算						
12	大端分度圆直径		d_i/mm	$d_i=m_tz_i$	123.3000mm	378.1200mm
13	分锥角		δ_i/(°)	δ_1 见表 13-39 的序号 8 $\delta_2=\Sigma-\delta_1$	18.0605°	71.9395°
14	大端锥距		R/mm	见表 13-39 的序号 9	198.8578mm	
15	大端齿距		p/mm	$p=\pi m_t$	25.8239mm	
16	大轮齿顶高	$\beta\neq0°$	h_{a2}/mm	$h_{a2}=m_t\left(0.46+\dfrac{0.39z_1\cos\delta_2}{z_2\cos\delta_1}\right)$		4.1221mm
		$\beta=0°$		$h_{a2}=m_t\left(0.54+\dfrac{0.46z_1\cos\delta_2}{z_2\cos\delta_1}\right)$		
17	小轮齿顶高		h_{a1}/mm	$h_{a1}=h'-h_{a2}$	9.8519mm	
18	齿顶间隙		c/mm	$c=c^*m_t$	1.5454mm	
19	全齿高	$\beta\neq0°$	h/mm	$h=h'+c$	15.5194mm	
		$\beta=0°$		$h=h'+c+0.05$		
20	齿根高		h_{fi}/mm	$h_{fi}=h-h_{ai}$	5.6675mm	11.3973mm
21	齿根角	$\beta\neq0°$	θ_{fi}/(°)	$\theta_{fi}=\arctan(h_{fi}/R)$	1.6325°	3.2803°
		$\beta=0°$		$\theta_{fi}=\arctan(h_{fi}/R)+\Delta\theta_f$		
22	顶锥角		δ_{ai}/(°)	$\delta_{a1}=\delta_1+\theta_{f2}$；$\delta_{a2}=\delta_2+\theta_{f1}$	21.3408°	73.5720°
23	根锥角		δ_{fi}/(°)	$\delta_{fi}=\delta_i-\theta_{fi}$	16.4280°	68.6592°
24	顶圆直径		d_{ai}/mm	$d_{ai}=d_i+2h_{ai}\cos\delta_i$	142.0330mm	380.6759mm
25	冠顶距		A_{ai}/mm	$A_{ai}=R\cos\delta_i-h_{ai}\sin\delta_i$	186.0057mm	57.7310mm
26	大端理论弧齿厚		s_i/mm	$s_2=p/2-(h_{a1}-h_{a2})\tan\alpha_n/\cos\beta-x_{t1}m_t$ $s_1=p-s_2$	16.444.3mm	9.3796mm

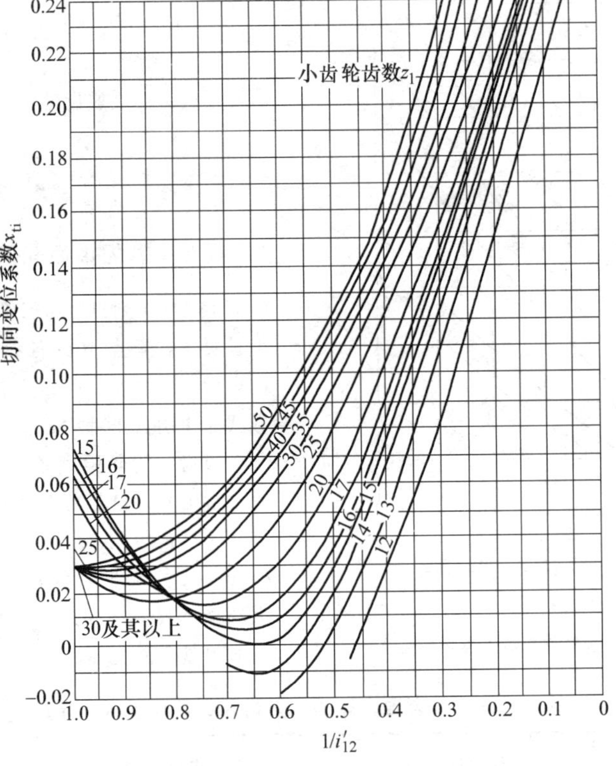

图 13-13　弧齿锥齿轮的切向变位系数

（$\alpha_n=20°$，$\beta=35°$）

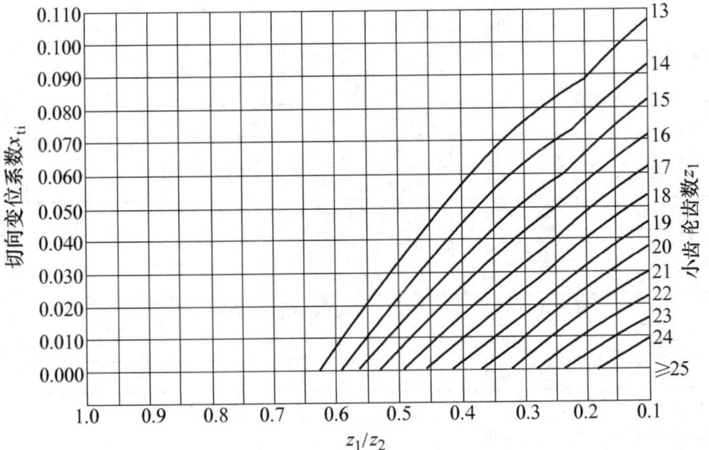

图 13-14　零度齿轮的切向变位系数（$\alpha_n=20°$）

5）表 13-40 的序号 21。无根切最大齿根角 θ_{fmax} 由图 13-15 查得。求得的齿根角应小于 θ_{fmax} 值。

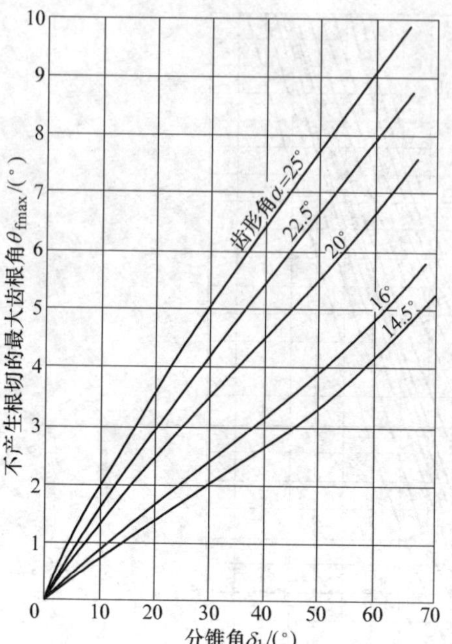

图 13-15 弧齿锥齿轮许用最大齿根角

$\beta=0$，$\alpha_n=20°$时，齿根角修正量 $\Delta\theta_f$（°）由下式求得：

$$\Delta\theta_f=\frac{111.13}{z_p}-\frac{25.20}{b}\sqrt{\frac{m_t}{z_p(\tan\delta_1+\tan\delta_2)}}-\frac{5.93}{z_p m_t}$$

式中 z_p——展成齿轮 1 和齿轮 2 的冠轮齿数。

$$z_p=\frac{z_1}{\sin\delta_1}=\frac{z_2}{\sin\delta_2}$$

13.3.3 弧齿锥齿轮的当量齿轮和重合度

表 13-41 列出了弧齿锥齿轮当量齿轮参数和重合度计算。参考点 M 处各参数符号（除螺旋角 β 和法向模数 m_n 之外）引入下标“m”，在当量齿轮各参数代号中引入下标“v”。

弧齿锥齿轮强度校核，需要知道刀盘名义直径 d_0。常用的刀盘名义直径 d_0（in）系列为 3.5、4.5、5、6、7.5、9、12、16 和 18。表 13-41 的序号 28 中，$\beta\neq0°$时，一般取刀盘名义半径等于或略小于齿轮的大端锥距 R；$\beta=0$ 的零度齿轮，按齿宽 b 由表13-42 选取刀盘名义直径。

表 13-41 弧齿锥齿轮的当量齿轮参数和重合度计算

序号	名　称	符号和单位	计算公式和说明	算例 小齿轮	算例 大齿轮
	参考点 M 处齿轮的参数				
1	参考点锥距	R_m/mm	$R_m=R-0.5b$	170.2828mm	
2	参考点端面模数	m_{mt}/mm	$m_{mt}=m_tR_m/R$	7.0388mm	
3	参考点法向模数	m_{mn}/mm	$m_{mn}=m_{mt}\cos\beta$	5.7659mm	
4	参考点分度圆直径	d_{mi}/mm	$d_{mi}=d_iR_m/R$	105.5823mm	323.7858mm
5	参考点齿顶高	h_{ami}/mm	$h_{ami}=h_{ai}R_m/R$	8.4362mm	3.5298mm
6	参考点齿根高	h_{fmi}/mm	$h_{fmi}=h_{fi}R_m/R$	4.8531mm	9.7596mm
7	参考点分度圆法向弧齿厚	s_{mni}/mm	$s_{mni}=s_iR_m\cos\beta/R$	11.5347mm	6.5793mm
	端面当量齿轮参数				
8	端面当量齿数	z_{vi}	$z_{vi}=z_i/\cos\delta_i$	15.7774	148.3770
9	端面当量齿数比	u_v	$u_v=z_{v2}/z_{v1}$	9.4044	
10	端面当量齿轮分度圆直径	d_{vi}/mm	$d_{vi}=d_{mi}/\cos\delta_i$	111.0540mm	1044.3996mm
11	端面当量齿轮中心距	a_v/mm	$a_v=0.5(d_{v1}+d_{v2})$	577.7268mm	
12	端面当量齿轮顶圆直径	d_{vai}/mm	$d_{vai}=d_{vi}+2h_{ami}$	127.9264mm	1051.4592mm
13	端面当量齿轮基圆螺旋角	β_{vb}/(°)	$\beta_{vb}=\arcsin(\sin\beta\cos\alpha_n)$	32.6146°	
14	端面当量齿轮压力角	α_{vt}/(°)	$\alpha_{vt}=\arctan(\tan\alpha_n/\cos\beta)$	23.9568°	
15	端面当量齿轮基圆直径	d_{vbi}/mm	$d_{vbi}=d_{vi}\cos\alpha_{vt}$	101.4869mm	954.4265mm
16	端面当量齿轮基圆齿距	p_{vb}/mm	$p_{vb}=\pi m_{mt}\cos\alpha_{vt}$	20.2080mm	
17	端面当量齿轮啮合线有效长	$g_{v\alpha}$/mm	$g_{v\alpha}=\frac{1}{2}[(d_{va1}^2-d_{vb1}^2)^{0.5}+(d_{va2}^2-d_{vb2}^2)^{0.5}]-a_v\sin\alpha_{vt}$	24.9443mm	
18	端面当量齿轮的端面重合度	$\varepsilon_{v\alpha}$	$\varepsilon_{v\alpha}=g_{v\alpha}/p_{vb}$	1.2344	
19	端面当量齿轮的纵向重合度	$\varepsilon_{v\beta}$	$\varepsilon_{v\beta}=b\tan\beta/(\pi m_{mt})$	1.8096	
20	总重合度	$\varepsilon_{v\gamma}$	$\varepsilon_{v\gamma}=(\varepsilon_{v\alpha}^2+\varepsilon_{v\beta}^2)^{0.5}$	2.1905	

（续）

序号	名　　称	符号和单位	计算公式和说明	算　　例	
				小齿轮	大齿轮
法面当量齿轮参数					
21	法面当量齿轮齿数	z_{vni}/mm	$z_{vni}=z_{vi}/\cos^3\beta$	28.7040mm	269.9436mm
22	法面当量齿轮分度圆直径	d_{vni}/mm	$d_{vni}=d_{vi}/\cos^2\beta$	165.5027mm	1556.4589mm
23	法面当量齿轮中心距	a_{vn}/mm	$a_{vn}=(d_{vn1}+d_{vn2})/2$	860.9808mm	
24	法面当量齿轮顶圆直径	d_{vani}/mm	$d_{vani}=d_{vni}+2h_{ami}$	182.3751mm	1563.5185mm
25	法面当量齿轮基圆直径	d_{vbni}/mm	$d_{vbni}=d_{vni}\cos\alpha_n$	155.5217mm	1462.5929mm
26	法面当量齿轮啮合线有效长	$g_{v\alpha n}$/mm	$g_{v\alpha n}=\dfrac{1}{2}[(d^2_{van1}-d^2_{vbn1})^{0.5}+(d^2_{van2}-d^2_{vbn2})^{0.5}]-a_{vn}\sin\alpha_n$	29.4756mm	
27	法面当量齿轮重合度	$\varepsilon_{v\alpha n}$	$\varepsilon_{v\alpha n}=\varepsilon_{v\alpha}/\cos^2\beta_{vb}$	1.7398	
28	刀盘名义半径	r_0/mm	$\beta=0°$时，查表 13-42 计算得 $\beta\neq0°$时，一般取 r_0 值接近或略小于 R 值	152.4mm	
29	刀尖圆角半径	ρ_{a0i}/mm	$\rho_{a0i}=(0.12\sim0.24)m_t$	1.5mm	2.0mm

注：本表的原始参数见表 13-40。

表 13-42　零度齿轮的刀盘名义直径

齿宽 b/mm	刀盘名义直径 d_0/in
7.94～12.70	3.5
>12.70～23.81	6
>23.81～34.92	9
>34.92～47.62	12
>47.62～63.50	16

注：1in＝0.0254m。

13.4　ANSI/AGMA 2005-D03 的锥齿轮几何设计

美国国家标准 ANSI/AGMA 2005-D03 中，直齿、零度齿和弧齿锥齿轮的参数选择和计算方法，与我国一直沿用至今的旧格利森制相比有所改进，主要有以下不同：

1）在齿线参考点 M（一般为齿宽中点）处的法截面内取基本齿廓，按齿顶高系数 h_a^*、顶隙系数 c^* 和法向模数 m_n 计算齿高。

2）弧齿锥齿轮齿数少（$z_1<12$）时，随着齿数减少，减小齿顶高系数和顶隙系数。

3）高变位系数 x_1 和切向变位系数 x_{t1}，与旧格利森制有所不同。

13.4.1　直齿、零度齿和弧齿锥齿轮的变位

（1）切向变位系数 x_{t1}　小齿轮的切向变位系数 x_{t1} 的计算式为

$$x_{t1}=-0.088+0.092i_{12}-0.004i_{12}^2+0.0016(z_1-30)(i_{12}-1)$$

大齿轮的切向变位系数 $x_{t2}=-x_{t1}$。

x_{t1} 值也可以根据小齿轮齿数 z_1 和传动比 i_{12}，由图 13-16 查得。

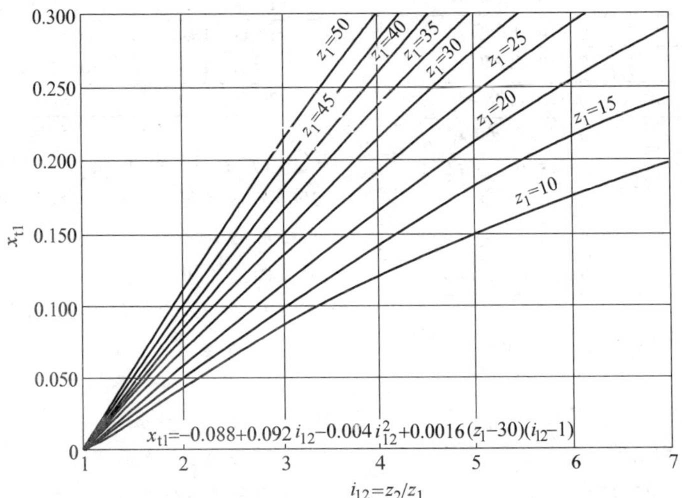

图 13-16　小齿轮切向变位系数 x_{t1}

（2）大齿轮参考点 M 的齿顶高系数 k_a 与基本齿廓齿顶高系数 h_a^* 不同，大齿轮参考点齿顶高系数 k_a，是用以确定齿轮的高变位系数 x_1 值的，经换算可得

$$x_1=h_a^*(1-2k_a)$$

k_a 值可由表 13-43 查得。

表 13-43 中，i_{12}'为 $\Sigma\neq90°$时的当量 90°传动比：

$$i_{12}'=[z_2\cos\delta_1/(z_1\cos\delta_2)]^{0.5}$$

13.4.2　齿高的收缩

（1）齿高标准收缩　齿高标准收缩时，其相配两轮齿根角之和 $\Sigma\theta_s$（°）的计算式为

$$\Sigma\theta_s = \arctan(h_{fm1}/R_m) + \arctan(h_{fm2}/R_m)$$

（2）齿高非标准收缩　弧齿锥齿轮的大轮一般用双面法加工，齿槽底等宽。齿高标准收缩时，有时会使大轮齿厚过度收缩，相配小齿轮的小端齿槽过窄，粗切刀齿顶很窄，寿命低。为了使大齿轮齿厚收缩适当、增加小齿轮小端槽宽，可采用双重收缩，此时齿根角之和为

$$\Sigma\theta_D = \frac{90m_{et}}{R_e\tan\alpha_n\cos\beta}\left(1-\frac{R_m\sin\beta}{r_0}\right)$$

式中　r_0——铣刀盘名义半径。

双重收缩有时又会导致齿高过度收缩，此时采用介于标准收缩和双重收缩之间的折中办法——倾斜齿根线收缩，其齿根角之和 $\Sigma\theta_{sk}$ 的计算式为

$$\Sigma\theta_{sk} = 1.3\Sigma\theta_s$$

表 13-43　大轮参考点齿顶高系数

齿轮类型	小齿轮齿数 z_1	大齿轮参考点齿顶高系数 k_a
直齿锥齿轮	≥12	$0.210+0.290/i_{12}'^2$
零度齿轮	≥13	$0.210+0.290/i_{12}'^2$
弧齿锥齿轮	≥12	$0.210+0.290/i_{12}'^2$
	11	$0.210+0.280/i_{12}'^2$
	10	$0.175+0.260/i_{12}'^2$
	9	$0.145+0.235/i_{12}'^2$
	8	$0.130+0.195/i_{12}'^2$
	7	$0.110+0.160/i_{12}'^2$
	6	$0.100+0.115/i_{12}'^2$

齿根角之和 $\Sigma\theta_f$ 应取 $\Sigma\theta_D$ 和 $\Sigma\theta_{sk}$ 之间的较小值，即

$$\Sigma\theta_f = \min(\Sigma\theta_D,\Sigma\theta_{sk})$$

齿轮的齿根角按下面公式计算：

1）标准收缩时的齿根角计算式为

$$\theta_{f1} = \arctan(h_{fm1}/R_m)$$

$$\theta_{f2} = \Sigma\theta_s - \theta_{f1}$$

2）非标准收缩时的齿根角计算式为

$$\theta_{f1}=h_{am2}\Sigma\theta_f/h_m'$$

$$\theta_{f2}=\Sigma\theta_f-\theta_{f1}$$

式中　h_m'——参考点工作齿高。

13.4.3　锥齿轮的最小和最大法向侧隙

锥齿轮的最小和最大法向侧隙见表 13-44。

按大端端面模数 m_{et} 和齿轮精度等级，由表13-44查得大端法向齿侧间隙最小值和最大值。AGMA 精度等级规定：13 级精度最高；4 级精度最低。

13.4.4　直齿、零度齿和弧齿锥齿轮主要参数初算

锥齿轮主要参数的选择和初算顺序与表13-39（用于弧齿和零度齿）相似。本算例为弧齿锥齿轮，对其初算与表 13-39 有以下不同之处：

表 13-44　锥齿轮的法向齿侧间隙（大端度量）

（单位：mm）

大端端面模数 m_{et}	法向齿侧间隙 $j_{nmin}\sim j_{nmax}$	
	AGMA 4~9 级	AGMA 10~13 级
1.00~1.25	0.05~0.08	0.03~0.05
>1.25~1.50	0.05~0.10	0.03~0.05
>1.50~2.00	0.08~0.13	0.05~0.10
>2.00~2.50	0.08~0.13	0.05~0.10
>2.50~3.00	0.10~0.20	0.08~0.13
>3.00~4.00	0.13~0.25	0.10~0.15
>4.00~5.00	0.15~0.33	0.13~0.18
>5.00~6.00	0.20~0.41	0.15~0.20
>6.00~8.00	0.25~0.46	0.20~0.28
>8.00~10.00	0.33~0.56	0.25~0.33
>10.00~12.00	0.41~0.66	0.30~0.41
>12.00~16.00	0.51~0.81	0.38~0.51
>16.00~20.00	0.69~1.07	0.51~0.66
>20.00~25.00	0.81~1.17	0.61~0.76

1）表 13-39 的序号 3 和序号 4。ANSI/AGMA 2005-D03 规定，根据小齿轮转矩 T_1 和齿数 z_1，由图 13-5 和图 13-6 查得 d_{10} 值，取其中大者为小齿轮大端分度圆直径初值。

2）表 13-39 的序号 5。小齿轮齿数由表 13-34 和图 13-9 查得。

3）表 13-39 的序号 10。由图 13-10 取齿宽 b 值，要求 $b<0.3R_e$ 和 $b<10m_{et}$。

4）表 13-39 的序号 11。所取螺旋角 β 值，应使纵向重合度 $\varepsilon_\beta\approx2.0$。$\varepsilon_\beta$ 值由图 13-11 查得。

本算例的各初值与表 13-39 的相同。

13.4.5　直齿、零度齿和弧齿锥齿轮几何参数计算

（1）几何参数计算表　见表 13-45。

（2）表 13-45 的说明

1）表 13-45 用于直齿、零度齿和弧齿锥齿轮的几何参数计算。用于直齿时，$m_{et}=m$、$\beta=\beta_e=0°$、$\alpha_n=\alpha$，用于零度齿时，$\beta=0°$。

2）表 13-45 的序号 25。i'_{12}为 $\Sigma\neq90°$锥齿轮副的当量 90°传动比。

3）表 13-45 的序号 32。非标准收缩时，取 $\Sigma\theta_D$ 和 $\Sigma\theta_{sk}$两者中较小值为相配两齿轮齿根角之和。

表 13-45　直齿、零度齿和弧齿锥齿轮几何参数计算

序号	名　称	符号和单位	计算公式和说明	算例 小齿轮	算例 大齿轮
			原始参数		
1	轴交角	$\Sigma/(°)$	表 13-39 的序号 1	90°	
2	齿数	z_i	表 13-39 的序号 5 和序号 6	15	46
3	大端端面模数	m_{et}/mm	表 13-39 的序号 7	8.22mm	
4	齿宽	b/mm	表 13-39 的序号 10	57.15mm	
5	齿顶高系数	h_a^*	直齿和零度齿：$h_a^*=1$ 弧齿：$z_1\geqslant12$ 时 $h_a^*=1$ $z_1<12$ 时见表 13-29	1	
6	顶隙系数	c^*	直齿和零度齿：$c^*=0.25$ 弧齿：$c^*=0.25h_a^*$	0.25	
7	法向压力角	$\alpha_n/(°)$	直齿：$\alpha_n=\alpha=20°$（或 $\alpha=25°$） 零度齿：$\alpha_n=22°30'$（或 $\alpha_n=25°$） 弧齿：$\alpha_n=20°$	20°	
8	传动比	i_{12}	$i_{12}=z_2/z_1$	3.0667	
9	切向变位系数	x_{t1}	$x_{t1}=-0.088+0.092i_{12}-0.004i_{12}^2+0.0016(z_1-30)(i_{12}-1)$或由线图 13-16 查得	0.1069	
10	大端度量的法向齿侧间隙	j_n/mm	由表 13-44 查得	0.33mm	
11	螺旋角	$\beta/(°)$	见表 13-39 的序号 11	35°	
12	螺旋方向		由图 13-12 按主动轮转向确定	左旋	右旋
13	刀盘名义半径	r_0/mm	零度齿轮：查表 13-42 计算得 弧齿：r_0 接近或略小于 R_e 值	152.4mm	
			几何参数计算		
14	大端分度圆直径	d_{ei}/mm	$d_{ei}=m_{et}z_i$	123.300mm	378.12mm
15	分锥角	$\delta_i/(°)$	表 13-39 的序号 8 $\delta_2=\Sigma-\delta_1$	18.0605°	71.9395°
16	大端锥距	R_e/mm	表 13-39 的序号 9	198.8578mm	
17	参考点锥距	R_m/mm	$R_m=R_e-0.5b$	170.2828mm	
18	参考点端面模数	m_{mt}/mm	$m_{mt}=m_{et}R_m/R_e$	7.0388mm	
19	参考点法向模数	m_n/mm	$m_n=m_{mt}\cos\beta$	5.7659mm	
20	参考点分度圆齿距	p_m/mm	$p_m=\pi m_{mt}$	22.1131mm	
21	参考点工作齿高	h'_m/mm	$h'_m=2h_a^*m_n$	11.5317mm	
22	顶隙	c/mm	$c=0.25h_a^*m_n$	1.4415mm	
23	参考点全齿高	h_m/mm	$h_m=h'_m+c$	12.9732mm	
24	参考点分度圆直径	d_{mi}/mm	$d_{mi}=m_{mt}z_i$	105.5823mm	323.7858mm

（续）

序号	名　称	符号和单位	计算公式和说明	算例	
				小齿轮	大齿轮
			几何参数计算		
25	当量 90°的传动比	i'_{12}	$i'_{12}=[z_2\cos\delta_1/(z_1\cos\delta_2)]^{0.5}$	3.03667	
26	参考点大齿轮齿顶高系数	k_a	由表 13-43 公式计算		0.2408
27	参考点齿顶高	h_{ami}/mm	$h_{am1}=h'_m-h_{am2}$，$h_{am2}=k_a h'_m$	8.7545mm	2.7773mm
28	参考点齿根高	h_{fmi}/mm	$h_{fm1}=h_m-h_{am1}$，$h_{fm2}=h_m-h_{am2}$	4.2187mm	10.1959mm
29	标准收缩时齿根角之和	$\Sigma\theta_s$/(°)	$\Sigma\theta_s=\arctan\left(\frac{h_{fm1}}{R_m}\right)+\arctan\left(\frac{h_{fm2}}{R_m}\right)$	4.8458°	
30	双重收缩时齿根角之和	$\Sigma\theta_D$/(°)	$\Sigma\theta_D=\frac{90m_{et}}{R_e\tan\alpha_n\cos\beta}\left(1-\frac{R_m\sin\beta}{r_0}\right)$	4.4811°	
31	倾斜齿根线收缩时齿根角之和	$\Sigma\theta_{sk}$/(°)	$\Sigma\theta_{sk}=1.3\Sigma\theta_s$	6.2995°	
32	非标准收缩时齿根角之和	$\Sigma\theta_f$/(°)	$\Sigma\theta_f=\min(\Sigma\theta_D,\Sigma\theta_{sk})$	4.4811°	
33	齿根角	θ_{fi}/(°)	标准收缩 $\theta_{f1}=\arctan(h_{fm1}/R_m)$，$\theta_{f2}=\Sigma\theta_s-\theta_{f1}$ 非标准收缩 $\theta_{f1}=h_{am2}\Sigma\theta_f/h'_m$，$\theta_{f2}=\Sigma\theta_f-\theta_{f1}$	1.0792°	3.4019°
34	顶锥角	δ_{ai}/(°)	$\delta_{a1}=\delta_1+\theta_{f2}$，$\delta_{a2}=\delta_2+\theta_{f1}$	21.4623°	73.0187°
35	根锥角	δ_{fi}/(°)	$\delta_{f1}=\delta_1-\theta_{f1}$，$\delta_{f2}=\delta_2-\theta_{f2}$	16.9813°	68.5377°
36	大端齿顶高	h_{aei}/mm	$h_{ae1}=h_{am1}+0.5b\tan\theta_{f2}$ $h_{ae2}=h_{am2}+0.5b\tan\theta_{f1}$	10.4531mm	3.3156mm
37	大端齿根高	h_{fei}/mm	$h_{fei}=h_{fmi}+0.5b\tan\theta_{fi}$	4.7570mm	11.8945mm
38	大端工作齿高	h'_e/mm	$h'_e=h_{ae1}+h_{ae2}$	13.7687mm	
39	大端全齿高	h_e/mm	$h_e=h_{ae1}+h_{fe1}$	15.2101mm	
40	大端顶圆直径	d_{aei}/mm	$d_{aei}=d_{ei}+2h_{aei}\cos\delta_i$	143.1761mm	380.1758mm
41	冠顶距	A_{ai}/mm	$A_{ai}=R_e\cos\delta_i-h_{aei}\sin\delta_i$	185.8193mm	58.4978mm
42	参考点无侧隙理论法向弧齿厚	s_{mni}/mm	$s_{mn2}=0.5p_m\cos\beta-(h_{am1}-h_{am2})\tan\alpha_n-x_{t1}m_n$ $s_{mn1}=p_m\cos\beta-s_{mn2}$	11.8490mm	6.2650mm
43	大端螺旋角	β_e/(°)	$\beta_e=\arcsin\left(\frac{2R_m r_0\sin\beta-R_m^2+R_e^2}{2R_e r_0}\right)$	41.6965°	
44	参考点法向弦齿厚	$\bar{s}_{mni}$/mm	$\bar{s}_{mni}=s_{mni}-\left(\frac{s_{mni}^3}{6d_{mi}^2}\right)-0.5j_n$ $\left(\frac{R_m/R_e}{\cos\alpha_n\cos\beta/\cos\beta_e}\right)$	11.6871mm	6.1276mm
45	参考点弦齿高	$\bar{h}_{ami}$/mm	$\bar{h}_{ami}=h_{ami}+0.25s_{mni}^2\cos\delta_i/d_{mi}$	9.0705mm	2.7867mm

13.5　摆线齿锥齿轮几何设计

摆线齿锥齿轮有克林根贝尔格制和奥利康制两种，有两套几何设计方法。两种齿制均为长幅外摆线等高齿；都用连续分度双面法铣齿；有相同的基本齿廓参数。以这些共同点为基础，选两者中较好的方法，形成一套适用于“克”“奥”两种齿制摆线齿锥齿轮统一的几何设计方法。同时也考虑到两种齿制的铣齿机不同，刀具结构和参数不同，选择变位系数的准则不同，在统一的几何设计方法中仍保留两种齿制的这些特点。

13.5.1 摆线齿锥齿轮主要参数初算

齿轮主要参数初算见表 13-46。算例大端节圆直径 $d_{e2}'=760\text{mm}$，超过了“奥”制铣齿机加工范围，只能用“克”制。

表 13-46 摆线齿锥齿轮主要参数初算

序号	名称		符号和单位	计算公式和说明	算例
1	原始参数	轴交角	$\Sigma/(°)$		90°
2		传动比和齿数比理论值	i_{120}, u_0	$u_0=i_{120}$	6
3		主动小齿轮转速	$n_1/(\text{r/min})$		1000r/min
4		主动小齿轮转矩	$T_1/\text{N}\cdot\text{m}$		5000N · m
5	大齿轮大端节圆直径		d_{e2}'/mm	$\Sigma=90°$时 $(d_{e2}')^{2.8}\approx 1000T_1\left(\dfrac{u_0^3}{1+u_0^2}\right)\sqrt[5]{n_1}$	759.3403mm 取 760mm
6	大齿轮节锥角初值		$\delta_{20}'/(°)$	$\Sigma\leqslant 90°$时 $\delta_{20}'=\arctan\left(\dfrac{\sin\Sigma}{1/u_0+\cos\Sigma}\right)$ $\Sigma>90°$时 $\delta_{20}'=\arctan\left[\dfrac{\sin(180°-\Sigma)}{1/u_0-\cos(180°-\Sigma)}\right]$	80.5377°
7	大齿轮大端节锥距初值		R_{e0}'/mm	$R_{e0}'=0.5d_{e2}'/\sin\delta_{20}'$	385.2416mm
8	齿宽		b/mm	轻载、中载传动 $b=(0.2\sim0.29)R_{e0}'$ 重载传动 $b=(0.29\sim0.33)R_{e0}'$	110mm
9	参考点法向模数		m_n/mm	硬齿面重载齿轮 $m_n=(0.1\sim0.14)b$ 调质钢软齿面齿轮 $m_n=(0.083\sim0.1)b$	10.5mm
10	参考点螺旋角初值		$\beta_{m0}/(°)$	一般 $\beta_{m0}=30°\sim45°$	35°
11	小齿轮齿数		z_1	$z_1\approx\dfrac{(d_{e2}'-b\sin\delta_{02}')\cos\beta_{m0}}{u_0m_n}$ 加以圆整，$z_1\geqslant5$	8.471 取 9
12	大齿轮齿数		z_2	$z_2=u_0z_1$，加以圆整	54
13	齿数比		u	$u=z_2/z_1$	6
14	传动比误差百分比		Δi_{12}	$\Delta i_{12}=100(u-u_0)/u_0$	0
15	大齿轮节锥角		$\delta_2'/(°)$	$\Sigma\leqslant90°$ $\delta_2'=\arctan\left(\dfrac{\sin\Sigma}{1/u+\cos\Sigma}\right)$ $\Sigma>90°$ $\delta_2'=\arctan\left[\dfrac{\sin(180°-\Sigma)}{1/u-\cos(180°-\Sigma)}\right]$	80.5377°
16	参考点螺旋角		$\beta_m/(°)$	$\beta_m=\arccos\left(\dfrac{z_1um_n}{d_{e2}'-b\sin\delta_2'}\right)$	29.5060°

13.5.2 摆线齿锥齿轮几何参数

13.5.2.1 几何参数计算的原始参数

（1）原始参数表　见表 13-47。

（2）表 13-47 的说明

1）摆线齿锥齿轮两种齿制，刀盘参数和变位系数必须分别选择或计算。序号的下标“k”和“o”分别表示“克”制和“奥”制。

2）表 13-47（17_k~19_k）。由图 13-17 和图 13-18。按齿轮参考点法向模数 m_n、铣齿机型号，选定刀盘名义半径 r_0、刀齿组数 z_0 和刀齿模数 m_0。图中实线为标准范围，粗点线为扩展范围。所选刀齿模数 m_0 应接近参考点法向模数。

3）表 13-47（17_o~19_o）。由表 13-48，根据参考点法向模数 m_n，选择刀盘参数 r_0、z_0 和刀齿节点高 h_{W0}。

表 13-47　摆线齿锥齿轮几何参数计算的原始参数

序号	名　称	符号和单位	说　明	算例
1	大轮大端节圆直径	d'_{e2}/mm	见表 13-46 的序号 5	760mm
2	轴交角	Σ/(°)	见表 13-46 的序号 1	90°
3	齿宽	b/mm	见表 13-46 的序号 8	110mm
4	参考点螺旋角	β_m/(°)	见表 13-46 的序号 16	29.5060°
5	参考点法向模数	m_n/mm	见表 13-46 的序号 9	10.5mm
6	小轮齿数	z_1	见表 13-46 的序号 11	9
7	大轮齿数	z_2	见表 13-46 的序号 12	54
8	齿数比	u	见表 13-46 的序号 13	6
9	法向压力角	α_n/(°)	$\alpha_n=20$	20°
10	齿顶高系数	h_a^*	$h_a^*=1$	1
11	顶隙系数	c^*	$c^*=0.25$	0.25
12	法向齿侧间隙	j_n/mm	$j_n\approx0.05+0.03m_n$	0.3mm
13	小轮螺旋方向		按图 13-12 选取	左旋
14	大轮螺旋方向		按图 13-12 选取	右旋
15	分锥角修正量	$\Delta\delta$/(°)	初值 $\Delta\delta=0$，由表 13-51 的序号 20 得终值	0
16	铣齿机型号			AMK852
	克林根贝尔格制			
17_k	铣刀盘名义半径	r_0/mm	取 $m_0\approx m_n$，根据铣齿机型号按图 13-17 和图 13-18 选取	210mm
18_k	刀齿组数	z_0		5
19_k	刀齿模数	m_0/mm		10mm
20_k	小轮高变位系数	x_1	初值 $x_1=0.5$，由表 13-51 得终值	0.54
21_k	小轮切向变位系数	x_{t1}	初值 $x_{t1}=0.1$，由表 13-58 迭代得终值	0.034
	奥 利 康 制			
17_o	铣刀盘名义半径	r_0/mm	按表 13-48 选取	
18_o	刀齿组数	z_0		
19_o	刀齿节点高度	h_{W0}/mm		
20_o	小轮高变位系数	x_1	初值 $x_1=0.5$，由表 13-51 的序号 23 得终值	
21_o	小轮切向变位系数	x_{t1}	初值 $x_{t1}=0.1$，由表 13-58 迭代得终值	

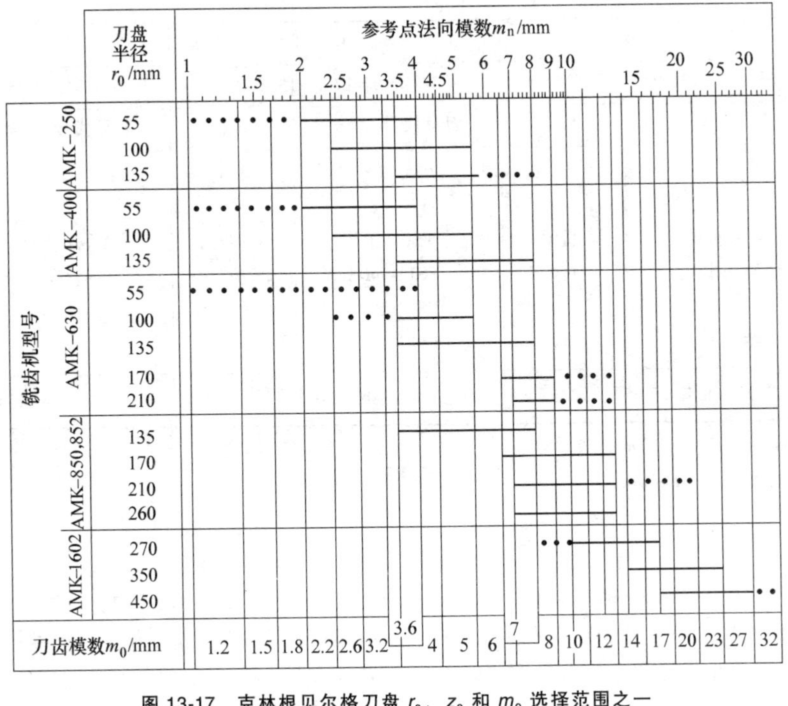

图 13-17　克林根贝尔格刀盘 r_0、z_0 和 m_0 选择范围之一

——标准范围　· · · 扩展范围

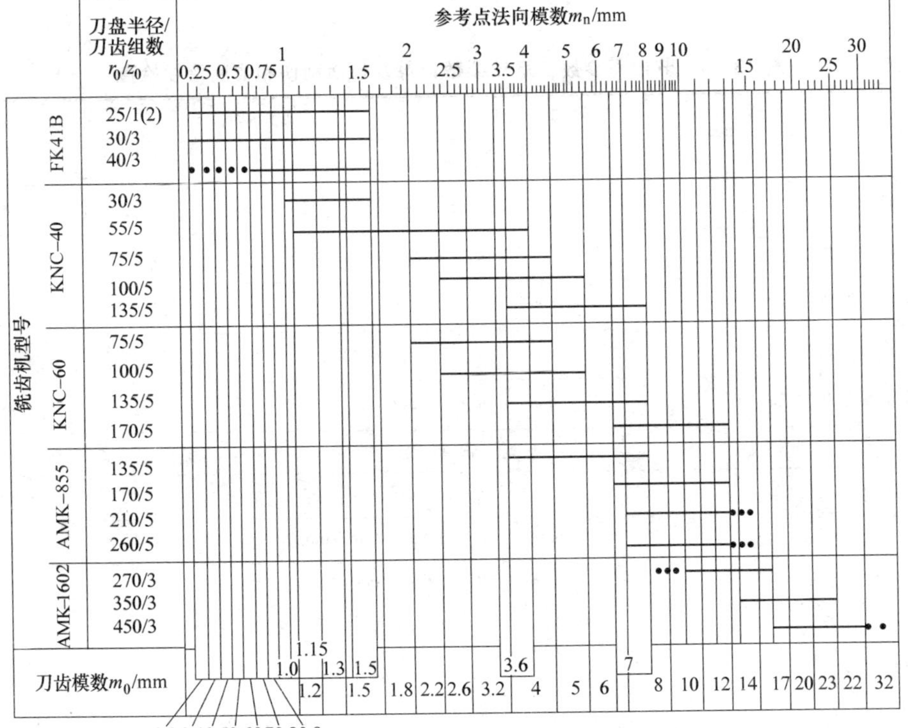

图 13-18　克林根贝尔格刀盘 r_0、z_0 和 m_0 选择范围之二

——标准范围　· · · 扩展范围

表 13-48　奥利康刀盘参数系列

模数范围	$m_n=1.5\sim4.5$		$m_n=4.5\sim8.5$		$m_n=5\sim10$	
刀齿尺寸	$H\times B=9\times7.5$		$H\times B=17.5\sim13.5$		$H\times B=20\times16$	
刀盘参数	刀盘代号 z_0-r_0	h_{W0}	刀盘代号 z_0-r_0	h_{W0}	刀盘代号 z_0-r_0	h_{W0}
			FS5-62②	124		
			FS7-88	124		
	FS5-39①	119	FS9-110	109	(FSS9-132)	
	FS7-49	119	FS11-140	109	FSS11-160	116
	FS11-74	119	FS13-160	109	FSS13-181	116
	FS13-88	119	(FS13-181)			
刀盘数量	8套16个		10套20个		4套8个	

① 模数范围 $m_n=(1.5\sim3.75)$mm。

② 模数范围 $m_n=(4.5\sim7.5)$mm。

表 13-48 中，m_n、刀齿高（刀槽深方向）H、刀齿宽（刀槽宽方向）B、r_0 和刀齿节点高 h_{W0} 的单位均为 mm。刀盘类型分 FS 和 FSS 两种系列。每一组 z_0-r_0 组合有一套加工左旋小齿轮和加工右旋大齿轮的刀盘，一套加工右旋小齿轮和左旋大齿轮的刀盘，即两套四个刀盘。

13.5.2.2　摆线齿锥齿轮几何参数计算

（1）节锥面参数、冠轮参数计算及齿面刮伤和槽底留埂检查

1）计算表见表 13-49。

2）表 13-49 的说明

① 表 13-49 的序号 12。刀位 E_x 必须在铣齿机允许范围内。克林根贝尔格不同型号铣齿机刀位最小值 E_{xmin} 和最大值 E_{xmax} 见表 13-50。

② 表 13-49 的序号 20。检查小端和大端法向模数，保证 $m_{en}\geqslant m_n$ 和 $m_{en}\geqslant m_{in}$。由大端到小端齿厚正常收缩，而不是小端齿厚大于大端齿厚的反收缩。

表 13-49　节锥面参数、冠轮参数计算及齿面刮伤和槽底留埂检查

序号	名　　称	符号和单位	计算公式和说明	算　例
			节锥面参数	
1	大齿轮节锥角	$\delta_2'/(°)$	见表 13-46 的序号 15	80.537678°
2	小齿轮节锥角	$\delta_1'/(°)$	$\delta_1'=\Sigma-\delta_2'$	9.462322°
3	小齿轮大端节圆直径	d_{e1}'/mm	$d_{e1}'=d_{e2}'/u$	126.666667mm
4	小齿轮参考点节圆直径	d_{m1}'/mm	$d_{m1}'=m_nz_1/\cos\beta_m$	108.582778mm
5	大齿轮参考点节圆直径	d_{m2}'/mm	$d_{m2}'=m_nz_2/\cos\beta_m$	651.496668mm
			冠轮参数	
6	冠轮齿数	z_p	$z_p=z_2\cos\Delta\delta/\sin\delta_2'$	54.744863
7	冠轮大端锥距	R_e/mm	$R_e=0.5d_{e2}'\cos\Delta\delta/\sin\delta_2'$	385.241627mm
8	冠轮参考点锥距	R_{mp}/mm	$R_{mp}=R_e-0.5b\cos\Delta\delta$	330.241627mm
9	冠轮小端锥距	R_i/mm	$R_i=R_e-b\cos\Delta\delta$	275.241627mm
10	刀齿方向角	$\delta_0/(°)$	$\delta_0=\arcsin(0.5m_nz_0/r_0)$	7.180756°
11	刀位	E_x/mm	$E_x=[R_{mp}^2+r_0^2-2R_{mp}r_0\sin(\beta_m-\delta_0)]^{0.5}$	316.972821mm
12	刀位值适用范围检查		$E_{xmin}\leqslant E_x\leqslant E_{xmax}$ E_{xmin} 和 E_{xmax} 值见表 13-50	0<316.97<400

（续）

序号	名　　称	符号和单位	计算公式和说明	算　例
			大小端法向模数	
13	基圆半径	E_y/mm	$E_y=E_x/(1+z_0/z_p)$	290.445618mm
14		q_e/(°)	$q_e=\arccos\left(\dfrac{R_e^2+E_x^2-r_0^2}{2R_eE_x}\right)$	33.016853°
15		q_i/(°)	$q_i=\arccos\left(\dfrac{R_i^2+E_x^2-r_0^2}{2R_iE_x}\right)$	40.778389°
16	大端螺旋角	β_e/(°)	$\beta_e=\arctan\left(\dfrac{R_e-E_y\cos q_e}{E_y\sin q_e}\right)$	41.840115°
17	小端螺旋角	β_i/(°)	$\beta_i=\arctan\left(\dfrac{R_i-E_y\cos q_i}{E_y\sin q_i}\right)$	16.253227°
18	大端法向模数	m_{en}/mm	$m_{en}=2R_e\cos\beta_e/z_p$	10.485314mm
19	小端法向模数	m_{in}/mm	$m_{in}=2R_i\cos\beta_i/z_p$	9.653558mm
20	大小端模数检验	mm	$m_{en}\geqslant m_n$	10.49mm≈10.5mm
			$m_{en}>m_{in}$	10.49mm>9.65mm
			小端刮伤和槽底留埂检查	
21	法截面内最大齿槽宽处的锥距	R_y/mm	$R_y=\sqrt{\left(\dfrac{z_p-z_0}{z_p+z_0}\right)E_x^2+r_0^2}$	357.428265mm
22	冠轮齿顶高	h_{a0}/mm	$h_{a0}=m_n(h_a^*+c^*)$	13.125mm
23		H_w/mm	$H_w=x_{t1}m_n+2h_{a0}\tan\alpha_n$	9.911219mm
24	在 R_y 处	e_{fny1}/mm	$e_{fny1}=\pi E_y/z_p-H_w$	6.756315mm
		e_{fny2}/mm	$e_{fny2}=e_{fny1}+2x_{t1}m_n$	7.470315mm
25	在 R_e 处	e_{fne1}/mm	$e_{fne1}=\pi m_{en}/2-H_w$	6.559074mm
		e_{fne2}/mm	$e_{fne2}=e_{fne1}+2x_{t1}m_n$	7.273074mm
26	在 R_i 处	e_{fni1}/mm	$e_{fni1}=\pi m_{in}/2-H_w$	5.252554mm
		e_{fni2}/mm	$e_{fni2}=e_{fni1}+2x_{t1}m_n$	5.966554mm
27	刀顶宽	s_{a0}/mm	对于“克”制 $\alpha_n=20°$ 的万能刀齿 $s_{a0}=0.344m_0$	3.44mm
28	小端齿面无刮伤检查	mm	$(e_{fn})_{min}\geqslant s_{a0}>0.2m_n$	5.25mm>3.44mm>2.1mm
29	齿槽底不留埂检查	mm	$(e_{fn})_{max}<3.0s_{a0}<3.0(e_{fn})_{min}$	7.47mm<10.32mm<15.75mm
			小端刮伤起始点的锥距（允许略有刮伤时计算）	
30	刮伤起始点锥距	R_v/mm	$R_v=\dfrac{z_p}{\pi\cos\beta_v}(s_{a0}+x_{t1}m_n+2h_{a0}\tan\alpha_n)$ 取初值 $\beta_v=\beta_i$ 迭代求解	
31		q_v/(°)	$q_v=\arccos\left(\dfrac{R_v^2+E_x^2-r_0^2}{2R_vE_x}\right)$	
32	R_v 处的螺旋角	β_v/(°)	$\beta_v=\arctan\left(\dfrac{R_v-E_y\cos q_v}{E_y\sin q_v}\right)$	

表 13-50 克林根贝尔格铣齿机刀位许用范围 （单位：mm）

机床型号	FK 41B	AMK 250	AMK 400	AMK 630/650	KNC 40/60	AMK 850/852	AMK 855	AMK 1602
E_{xmax}	70	150	250	280	290	400	460	900
E_{xmin}	0	0	0	0	0	0	0	250

③ 表 13-49 的序号 28。$s_{a0} \leqslant (e_{fn})_{min}$时无刮伤，不需要计算 R_v 值。$s_{a0} > (e_{fn})_{min}$时，齿的小端有刮伤。若允许齿的小端略有刮伤，须根据 s_{a0} 值，取初值 $\beta_v = \beta_i$，迭代求解刮伤起始点锥距 R_v，以保证有足够的工作齿面。

（2）高变位系数、分锥角修正量、齿高及分锥角

1）计算表见表 13-51。

2）表 13-51 的说明

① 表 13-51 的序号 14。算例按“克”制计算得 $x_1 = 0.545$；按“奥”制计算得 $x_1 = 0.662$。一般“奥”制求得的 x_1 值大于“克”制的 x_1 值。

② 表 13-51 的序号 20。小端无轴颈或 $\Delta\delta < 0°$时，取 $\Delta\delta = 0°$，不需要修正相配两齿轮的分锥角。

③ 表 13-51 的序号 22。按“克”制求得 $x_{1min} = 0.551$ 偏安全；按“奥”制求得 $x_{1min} = 0.309$。

（3）小齿轮齿顶变尖检查及齿顶倒坡

表 13-51 高变位系数、分锥角修正量、齿高及分锥角

序号	名　　称	符号和单位	计算公式和说明	算　例
高变位系数				
1	端面当量齿轮基圆螺旋角	$\beta_{vb}/(°)$	$\beta_{vb} = \arcsin(\sin\beta_m \cos\alpha_n)$	27.568777°
2	法面当量小齿轮齿数	z_{vn1}	$z_{vn1} = \dfrac{z_1}{\cos^2\beta_{vb}\cos\beta_m\cos\delta_1'}$	13.341571
3	法面当量大齿轮齿数	z_{vn2}	$z_{vn2} = \dfrac{z_2}{\cos^2\beta_{vb}\cos\beta_m\cos\delta_2'}$	480.296559
4	高变位系数	x_1	$x_1 = 0.5$（初值）	0.544576
5	法面当量小齿轮齿顶压力角	$\alpha_{van1}/(°)$	$\alpha_{van1} = \arccos\left[\dfrac{z_{vn1}\cos\alpha_n}{z_{vn1}+2(h_a^*+x_1)}\right]$	40.268758°
6	法面当量大齿轮齿顶压力角	$\alpha_{van2}/(°)$	$\alpha_{van2} = \arccos\left[\dfrac{z_{vn2}\cos\alpha_n}{z_{vn2}+2(h_a^*-x_1)}\right]$	20.295875°
7	小齿轮齿顶滑动率	η_{a1}	$\eta_{a1} = \dfrac{(z_{vn1}+z_{vn2})(\tan\alpha_{van1}-\tan\alpha_n)}{z_{vn2}\tan\alpha_{van1}}$	0.586189
8	大齿轮齿顶滑动率	η_{a2}	$\eta_{a2} = \dfrac{(z_{vn1}+z_{vn2})(\tan\alpha_{van2}-\tan\alpha_n)}{z_{vn1}\tan\alpha_{van2}}$	0.586185
9	小齿轮齿根滑动率	η_{f1}	$\eta_{f1} = \dfrac{(z_{vn1}+z_{vn2})(\tan\alpha_n-\tan\alpha_{van2})}{(z_{vn1}+z_{vn2})\tan\alpha_n - z_{vn2}\tan\alpha_{van2}}$	−1.416541
10	大齿轮齿根滑动率	η_{f2}	$\eta_{f2} = \dfrac{(z_{vn1}+z_{vn2})(\tan\alpha_n-\tan\alpha_{van1})}{(z_{vn1}+z_{vn2})\tan\alpha_n - z_{vn1}\tan\alpha_{van1}}$	−1.416564
克林根贝尔格制				
11_k	小齿轮齿顶大齿轮齿根滑动率之和	ζ_{1K}	$\zeta_{1K} = \eta_{a1} + \lvert\eta_{f2}\rvert$	2.002753
12_k	小齿轮齿根大齿轮齿顶滑动率之和	ζ_{2K}	$\zeta_{2K} = \lvert\eta_{f1}\rvert + \eta_{a2}$	2.002726
13_k	“克”制等滑动率	$\Delta\zeta_K$	$\Delta\zeta_K = \lvert\zeta_{1K}-\zeta_{2K}\rvert < 10^{-4}$	2.68×10^{-5}
奥利康制				
11_o	小齿轮齿顶大齿轮齿根滑动系数之和	ζ_{10}	$\zeta_{10} = u\eta_{a1} + \lvert\eta_{f2}\rvert$	
12_o	大齿轮齿顶小齿轮齿根滑动系数之和	ζ_{20}	$\zeta_{20} = \eta_{a2} + \lvert u\eta_{f1}\rvert$	
13_o	“奥”制等滑动系数	$\Delta\zeta_O$	$\Delta\zeta_O = \lvert\zeta_{10}-\zeta_{20}\rvert < 10^{-4}$	
14	高变位系数取值	x_1	按本表序号 4 取终值	0.54

（续）

序号	名　　称	符号和单位	计算公式和说明	算　例
分锥角修正（小齿轮小端无轴颈时不修正）				
15	小齿轮小端轴颈的直径	d_Z/mm	由设计图取值	
16	小齿轮轴向安装基面至小端轴颈端面的距离	A_Z/mm	由设计图取值	
17	小齿轮安装距	A_1/mm	由设计图取值	
18	两轴线交点至小齿轮参考点分度圆心的距离	A_{m1}/mm	$A_{m1}=0.5d_{m1}'/\tan\delta_1'$	
19	小齿轮许用最大分锥角	δ_{1max}/(°)	$\delta_{1max}=\arctan\{[(d_{m1}'-d_Z)/2-m_n(h_a^*+c^*-x_1+0.03)/\cos\delta_1']/(A_Z+A_{m1}-A_1)\}$	
20	分锥角修正量	$\Delta\delta$/(°)	$\Delta\delta=\delta_1'-\delta_{1max}$ 小端无轴颈或 $\Delta\delta<0$ 时，取 $\Delta\delta=0$	0
小齿轮根切校核				
21	小齿轮小端法面当量齿轮齿数	z_{vni1}	$z_{vni1}=\dfrac{z_1}{(1-\sin^2\beta_i\cos^2\alpha_n)\cos\beta_i\cos\delta_1'}$	10.210232
22	小齿轮最小高变位系数	x_{1min}	奥利康制 $x_{1min}=0.833m_nh_a^*/m_{in}-0.5z_{vni1}\sin^2\alpha_n-0.5b\tan\Delta\delta/m_n$	
			克林根贝尔格制 $x_{1min}=1.1h_a^*-0.5m_{in}z_{vni1}\sin^2\alpha_n/m_n-0.5b\sin\Delta\delta/m_n$	0.550956
23	小齿轮高变位系数终值	x_1	当 $x_{1min}\leqslant x_1$ 时，x_1 值不变 当 $x_{1min}>x_1$ 时，取 $x_1=x_{1min}$	0.54
齿高和分锥角				
24	小齿轮齿顶高	h_{a1}/mm	$h_{a1}=m_n(h_a^*+x_1)$	16.17mm
25	大齿轮齿顶高	h_{a2}/mm	$h_{a2}=m_n(h_a^*-x_1)$	4.83mm
26	全齿高	h/mm	$h=m_n(2h_a^*+c^*)$	23.625mm
27	小齿轮分锥角	δ_1/(°)	$\delta_1=\delta_1'-\Delta\delta$	9.462322°
28	大齿轮分锥角	δ_2/(°)	$\delta_2=\delta_2'+\Delta\delta$	80.537678°

1）计算表见表 13-52。

2）表 13-52 的说明

① 表 13-52（6）。“奥”制规定小齿轮小端法向齿顶厚 $s_{ai1}\geqslant 0.2m_n$；“克”制规定 $s_{ai1}\geqslant 0.3m_n$，比较安全。

② 表 13-52（7～22）。当 s_{ai1} 小于许用值时，小齿轮小端必须倒坡，将齿顶变尖部分切去。由表中相关公式求出倒坡宽度 b_k 和倒坡部分的顶锥角 δ_{ak}。

（4）刀盘干涉检查　见表 13-53。若发生刀盘干涉，则需加大刀盘半径重算。“奥”制刀盘干涉还与刀倾角有关，切齿调整计算时必须考虑到刀盘干涉对刀倾角的限制。

（5）齿轮尺寸　见表 13-54。

表 13-52 小齿轮齿顶变尖检查及齿顶倒坡

序号	名称	代号/单位	计算公式和说明	算例
小齿轮小端齿顶变尖检查				
1	小齿轮小端法面当量齿轮顶圆直径	d_{vani1}/mm	$d_{vani1}=m_{in}z_{vni1}+2(h_a^*+x_1)m_n+b\sin\Delta\delta/2$	130.905068mm
2	小齿轮小端齿顶法向压力角	α_{vani1}/(°)	$\alpha_{vani1}=\arccos(m_{in}z_{vni1}\cos\alpha_n/d_{vani1})$	44.964703°
3	小齿轮小端法向节圆齿厚半角	ψ_{vni1}/rad	$\psi_{vni1}=\{\pi/2+m_n[x_{t1}+2\tan\alpha_n(x_1+0.5b\sin\Delta\delta/m_n)]/m_{in}\}/z_{vni1}$	0.199342
4	小齿轮小端法向齿顶厚半角	ψ_{vani1}/rad	$\psi_{vani1}=\psi_{vni1}+\mathrm{inv}\alpha_n-\mathrm{inv}\alpha_{vani1}$	2.60×10^{-4}
5	小齿轮小端法向齿顶厚	s_{ai1}/mm	$s_{ai1}=\psi_{vani1}d_{vani1}$	3.4063×10^{-2}mm
6	小齿轮小端齿顶变尖检查		$s_{ai1}\geqslant0.3m_n$ 当 $s_{ai1}<0.3m_n$ 时，小齿轮小端齿顶倒坡	3.4×10^{-2} <3.15
小齿轮小端齿顶倒坡（$s_{ai1}<0.3m_n$ 时）				
7		K	$K=0$（初值）	0
8	倒坡后小齿轮小端顶圆直径	d_{vak}/mm	$d_{vak}=d_{vani1}-2m_nK$	127.663598mm
9		α_{vak}/(°)	$\alpha_{vak}=\arccos(m_{in}z_{vni1}\cos\alpha_n/d_{vak})$	43.488938°
10		ψ_{vak}/rad	$\psi_{vak}=\psi_{vni1}+\mathrm{inv}\alpha_n-\mathrm{inv}\alpha_{vak}$	0.024674
11		s_{ak}/mm	$s_{ak}=\psi_{vak}d_{vak}$	3.150000mm
12		Δs_{ai1}/mm	$\Delta s_{ai1}=s_{ak}-0.3m_n$	0
13			$\Delta s_{ai1}>0$ 或 $\lvert\Delta s_{ai1}\rvert\leqslant10^{-3}$，执行(15)	$0\leqslant10^{-3}$
14		K	$\Delta s_{ai1}<0$ 并且 $\lvert\Delta s_{ai1}\rvert>10^{-3}$ 时， $K\Leftarrow K+\dfrac{0.3-s_{ak}/m_n}{2\tan(\alpha_{vak}-\psi_{vak})}$ 返回序号 8	0.154356
15	参考点法面当量小齿轮顶圆直径	d_{van1}/mm	$d_{van1}=m_nz_{vn1}+2m_n(h_a^*+x_1)$	172.426496mm
16	参考点法面当量小齿轮齿顶压力角	α_{van1}/(°)	$\alpha_{van1}=\arccos(m_nz_{vn1}\cos\alpha_n/d_{van1})$	40.231098°
17	参考点法面当量小齿轮分度圆齿厚半角	ψ_{vn1}/rad	$\psi_{vn1}=(\pi/2+x_{t1}+2x_1\tan\alpha_n)/z_{vn1}$	0.149749
18	参考点法面当量小齿轮齿顶厚半角	ψ_{van1}/rad	$\psi_{van1}=\psi_{vn1}+\mathrm{inv}\alpha_n-\mathrm{inv}\alpha_{van1}$	0.020822
19	参考点法面当量小齿轮齿顶厚	s_{am1}/mm	$s_{am1}=\psi_{van1}d_{van1}$	3.590261mm
20	倒坡后小齿轮齿顶宽减少量	b_k'/mm	$b_k'=\dfrac{b(0.3m_n-s_{ai1})}{2(s_{am1}-s_{ai1})}$	48.190940mm
21	小齿轮倒坡部分的顶锥角	δ_{ak}/(°)	$\delta_{ak}=\delta_1+\arctan(Km_n/b_k')$	11.388541°
22	倒角宽度	b_k/mm	$b_k=b_k'/\cos(\delta_{ak}-\delta_1)$	48.218164mm

表 13-53　刀盘干涉检查

序号	名　　称	符号和单位	计算公式和说明	算　例
1		Δh/mm	$\Delta h=R_m\tan\Delta\delta$	0
2		λ/(°)	$\lambda=\frac{180}{\pi R_e}[(h_{a0}+x_1m_n-0.5b\sin\Delta\delta)/\tan\alpha_n+h_{a0}\tan\alpha_n]$	8.390567°
3	切入时刀盘中心横坐标	x_0/mm	$x_0=E_x\sin(q_e-\lambda)$	132.081904mm
4	切入时刀盘中心纵坐标	y_0/mm	$y_0=E_x\cos(q_e-\lambda)$	288.142569mm
5	刀顶面与顶锥面交点 E 的横坐标	x_e/mm	$x_e=[2h(R_e\tan\delta_2+h_{a2}-\Delta h)-(h/\cos\delta_2)^2]^{0.5}$	297.981569mm
6	刀顶面与顶锥面交点 E 的纵坐标	y_e/mm	$y_e=R_e-h\tan\delta_2$	243.491627mm
7	刀顶面与顶锥面交点 I 的横坐标	x_i/mm	$x_i=[2h(R_i\tan\delta_2+h_{a2}-\Delta h)-(h/\cos\delta_2)^2]^{0.5}$	240.016699mm
8	刀顶面与顶锥面交点 I 的纵坐标	y_i/mm	$y_i=R_i-h\tan\delta_2$	133.491627mm
9	距离$\overline{OE}$	$\overline{OE}$/mm	$\overline{OE}=[(x_e-x_0)^2+(y_e-y_0)^2]^{0.5}$	171.803392mm
10	距离$\overline{OI}$	$\overline{OI}$/mm	$\overline{OI}=[(x_i-x_0)^2+(y_i-y_0)^2]^{0.5}$	188.591712mm
11	刀盘无干涉的条件	/mm	$\overline{OE}<r_0+h_{a0}\tan\alpha_n$	171.80mm<214.78mm
			$\overline{OI}<r_0+h_{a0}\tan\alpha_n$	188.59mm<214.78mm

表 13-54　摆线齿锥齿轮的几何尺寸

序号	名　　称	符号和单位	计算公式和说明	算　　例
1	小齿轮大端顶圆直径	d_{ae1}/mm	$d_{ae1}=d_{e1}'+(2h_{a1}-b\sin\Delta\delta)\cos\delta_1$	158.566646mm
2	大齿轮大端顶圆直径	d_{ae2}/mm	$d_{ae2}=d_{e2}'+(2h_{a2}+b\sin\Delta\delta)\cos\delta_2$	761.588094mm
3	分锥齿宽	b_a/mm	$b_a=b\cos\Delta\delta$	110mm
4	倒坡前小齿轮小端顶圆直径	d_{ai1}/mm	$d_{ai1}=d_{ae1}-2b_a\sin\delta_1$	122.398869mm
5	倒坡后小齿轮小端顶圆直径	d_{aik1}/mm	$d_{aik1}=d_{ai1}-2Km_n\cos\delta_1$	119.201498mm
6	大齿轮小端顶圆直径	d_{ai2}/mm	$d_{ai2}=d_{ae2}-2b_a\sin\delta_2$	544.581431mm
7	小齿轮节锥顶至大端节圆心的距离	A_{e1}'/mm	$A_{e1}'=0.5d_{e1}'/\tan\delta_1'$	380.000000mm
8	大齿轮节锥顶至大端节圆心的距离	A_{e2}'/mm	$A_{e2}'=0.5d_{e2}'/\tan\delta_2'$	63.333333mm
9	无倒坡小齿轮轴向齿宽	b_{x1}/mm	$b_{x1}=b_a\cos\delta_1$	108.503332mm
10	倒坡后小齿轮轴向齿宽	b_{xk}/mm	$b_{xk}=b_{x1}-Km_n\sin\delta_1$	108.236884mm
11	大齿轮轴向齿宽	b_{x2}/mm	$b_{x2}=b_a\cos\delta_2$	18.083889mm
12	小齿轮冠顶距	A_{a1}/mm	$A_{a1}=A_{e1}'-(h_{a1}-0.5b\sin\Delta\delta)\sin\delta_1$	377.341669mm
13	大齿轮冠顶距	A_{a2}/mm	$A_{a2}=A_{e2}'-(h_{a2}+0.5b\sin\Delta\delta)\sin\delta_2$	58.569054mm
14	小齿轮安装距	A_1/mm	由设计图确定	
15	大齿轮安装距	A_2/mm	由设计图确定	
16	小齿轮轮冠距	A_{01}/mm	$A_{01}=A_1-A_{a1}$	$A_1-377.3417$mm
17	大齿轮轮冠距	A_{02}/mm	$A_{02}=A_2-A_{a2}$	$A_2-58.5691$mm
18	小齿轮参考点法向分度圆弧齿厚	s_{mn1}/mm	$s_{mn1}=m_n(\pi/2+2x_1\tan\alpha_n+x_{t1})-j_n/2$	20.827784mm
19	大齿轮参考点法向分度圆弧齿厚	s_{mn2}/mm	$s_{mn2}=m_n(\pi/2-2x_1\tan\alpha_n-x_{t1})-j_n/2$	11.858939mm

13.5.2.3　摆线齿锥齿轮的几何参数和图形

（1）摆线齿锥齿轮的几何参数　见表 13-55。

（2）摆线齿锥齿轮的图形及主要尺寸

1）不修正分锥角、小端齿顶无倒坡时，摆线齿锥齿轮的图形及主要尺寸如图 13-19 所示。

2）修正分锥角、小端齿顶倒坡时，摆线齿锥齿轮的图形及主要尺寸如图 13-20 所示。

3）齿两端的圆角半径 r_r 由表 13-56 查得。

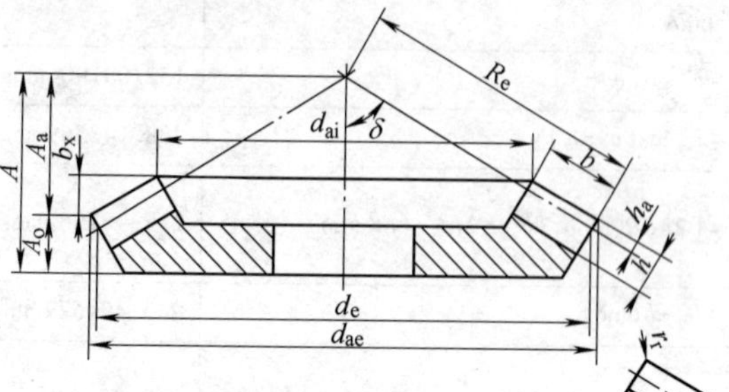

图 13-19　不修正分锥角、齿顶无倒坡的摆线齿锥齿轮

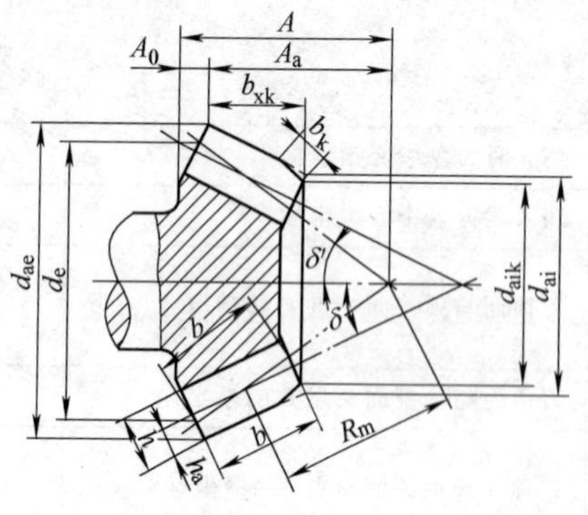

图 13-20　修正分锥角、小端齿顶倒坡时的摆线齿锥齿轮

表 13-55　摆线齿锥齿轮几何参数

序号	名　　称	符号和单位	小齿轮		大齿轮	
			算例	表号和序号	算例	表号和序号
1	齿数	z_1, z_2	9	表 13-47 的序号 6	54	表 13-47 的序号 7
2	轴交角	Σ	90°			表 13-47 的序号 2
3	参考点法向模数	m_n/mm	10.5mm			表 13-47 的序号 5
4	齿宽	b/mm	110mm			表 13-47 的序号 3
5	螺旋方向		左旋	表 13-47 的序号 13	右旋	表 13-47 的序号 14
6	螺旋角	β_m	29°30′22″			表 13-47 的序号 4
7	法向压力角	α_n	20°			表 13-47 的序号 9
8	齿顶高系数	h_a^*	1			表 13-47 的序号 10
9	顶隙系数	c^*	0.25			表 13-47 的序号 11
10	齿侧间隙	j_n/mm	0.3mm			表 13-47 的序号 12
11	高变位系数	x_1, x_2	0.54	表 13-47 的序号 20_K	-0.54	
12	切向变位系数	x_{t1}, x_{t2}	0.034	表 13-47 的序号 21_K	-0.034	
13	分锥角修正量	$\Delta\delta$	0	表 13-47 的序号 15	0	
14	大端节圆直径	d'_{e1}, d'_{e2}/mm	126.67mm	表 13-49 的序号 3	760mm	表 13-47 的序号 1
15	大端理论顶圆直径	d_{ae1}, d_{ae2}/mm	158.57mm	表 13-54 的序号 1	761.59mm	表 13-54 的序号 2
16	小端理论顶圆直径	d_{aik1}, d_{aik2}/mm	119.20mm	表 13-54 的序号 5	544.58mm	表 13-54 的序号 6
17	小齿轮倒坡顶锥角	δ_{ak}	11°23′19″	表 13-52 的序号 21		
18	小齿轮倒坡宽	b_k/mm	48.22mm	表 13-52 的序号 22		
19	节锥角	δ'_1, δ'_2	9°27′44″	表 13-49 的序号 2	80°32′16″	表 13-49 的序号 1
20	分锥角	δ_1, δ_2	9°27′44″	表 13-51 的序号 27	80°32′16″	表 13-51 的序号 28
21	齿顶高	h_{a1}, h_{a2}/mm	16.17mm	表 13-51 的序号 24	4.83mm	表 13-51 的序号 25

（续）

序号	名　称	符号和单位	小齿轮		大齿轮	
			算例	表号和序号	算例	表号和序号
22	全齿高	h/mm	23.63			表 13-51 的序号 26
23	参考点法向分度圆弧齿厚	s_{mn1}, s_{mn2}/mm	20.83mm	表 13-54 的序号 18	11.86mm	表 13-54 的序号 19
24	安装距	A_1, A_2/mm		表 13-54 的序号 14		表 13-54 的序号 15
25	轮冠距	A_{01}, A_{02}/mm	A_1−377.34mm	表 13-54 的序号 16	A_2−58.57mm	表 13-54 的序号 17

表 13-56　齿端圆角半径 r_r　（单位：mm）

m_n	1~2	2~3.5	3.5~5	5~6	6~7	7~9
r_r	0.5	1.0	1.5	2.0	2.5	3.0
m_n	9~10	10~13	13~14	14~16	16~19	19~25
r_r	3.5	4.0	4.5	5.0	5.5	6.0

13.5.3　摆线齿锥齿轮的当量齿轮参数和重合度

齿轮的重合度计算和强度计算，需用当量齿轮参数。计算公式见表 13-57。凡参考点处的参数引入下标“m”（参考点法向模数 m_n 除外）；端面当量齿轮的代号中引入下标“v”；法面当量齿轮的代号中引入下标“vn”。刀顶圆角半径系数 $\rho_{a0}^*=0.3$；“克”制刀顶圆角半径 $\rho_{a0}=\rho_{a0}^* m_0$；“奥”制 $\rho_{a0}=\rho_{a0}^* m_n$。

13.5.4　摆线齿锥齿轮的齿形系数和切向变位系数

（1）齿形系数　本章采用 GB/T 10062.3—2003 中 B1 法计算齿形系数（见表 13-58）。该标准沿用渐开线圆柱齿轮齿顶加载、30°切线法计算摆线齿锥齿轮的法面当量齿轮齿形系数。

表 13-57　摆线齿锥齿轮的当量齿轮参数和重合度计算

序号	名　称	符号和单位	计 算 公 式	算例	
				小齿轮	大齿轮
1	大端端面模数	m_{et}/mm	$m_{et}=d'_{e2}/z_2$	14.074074mm	
2	参考点端面模数	m_{mt}/mm	$m_{mt}=m_{et}R_m/R_e$	12.064758mm	
3	参考点分度圆直径	d_{mi}/mm	$d_{mi}=m_n z_i/\cos\beta_m$	108.582778mm	651.496668mm
4	参考点齿根高	h_{fi}/mm	$h_{fi}=m_n(h_a^*+c^*\mp x_1)$	7.455mm	18.795mm
	端面当量齿轮参数				
5	端面当量齿数	z_{vi}	$z_{vi}=z_i/\cos\delta'_i$	9.124144	328.469177
6	端面当量齿数比	u_v	$u_v=z_{v2}/z_{v1}$	36	
7	端面当量齿轮分度圆直径	d_{vi}/mm	$d_{vi}=d_{mi}/\cos\delta'_i$	110.080542mm	3962.8995mm
8	端面当量齿轮中心距	a_v/mm	$a_v=0.5(d_{v1}+d_{v2})$	2036.4900mm	
9	端面当量齿轮顶圆直径	d_{vai}/mm	$d_{vai}=d_{vi}+2h_{ai}$	142.420542mm	3972.5595mm
10	端面当量齿轮压力角	α_{vt}/(°)	$\alpha_{vt}=\arctan(\tan\alpha_n/\cos\beta_m)$	22.695197°	
11	端面当量齿轮基圆直径	d_{vbi}/mm	$d_{vbi}=d_{vi}\cos\alpha_{vt}$	101.557054mm	3656.0539mm
12	端面当量齿轮基圆齿距	p_{vb}/mm	$p_{vb}=\pi m_{mt}\cos\alpha_{vt}$	34.967763mm	
13	端面当量齿轮啮合线有效长度	$g_{v\alpha}$/mm	$g_{v\alpha}=0.5[(d_{va1}^2-d_{vb1}^2)^{0.5}+(d_{va2}^2-d_{vb2}^2)^{0.5}]-\alpha_v\sin\alpha_{vt}$	41.120938mm	
14	端面当量齿轮的端面重合度	$\varepsilon_{v\alpha}$	$\varepsilon_{v\alpha}=g_{v\alpha}/p_{vb}$	1.175967	
15	端面当量齿轮的纵向重合度	$\varepsilon_{v\beta}$	$\varepsilon_{v\beta}=b\sin\beta_m/(\pi m_n)$	1.642379	
16	总重合度	$\varepsilon_{v\gamma}$	$\varepsilon_{v\gamma}=(\varepsilon_{v\alpha}^2+\varepsilon_{v\beta}^2)^{0.5}$	2.019977	

（续）

序号	名称	符号和单位	计算公式	算例 小齿轮	算例 大齿轮
	法面当量齿轮参数				
17	法面当量齿轮分度圆直径	d_{vni}/mm	$d_{vni}=z_{vni}m_n$	140.086459mm	5043.1138mm
18	法面当量齿轮中心距	α_{va}/mm	$\alpha_{va}=0.5(d_{vn1}+d_{vn2})$	2591.6002mm	
19	法面当量齿轮顶圆直径	d_{vani}/mm	$d_{vani}=d_{vni}+2h_{ai}$	172.426459mm	5052.7738mm
20	法面当量齿轮根圆直径	d_{vfni}/mm	$d_{vfni}=d_{vni}-2h_{fi}$	125.176459mm	5005.5238mm
21	法面当量齿轮基圆直径	d_{vbni}/mm	$d_{vbni}=d_{vni}\cos\alpha_n$	131.638246mm	4738.9768mm
22	法面当量齿轮啮合线有效长度	$g_{v\alpha n}$/mm	$g_{v\alpha n}=0.5[(d^2_{van1}-d^2_{vbn1})^{0.5}+(d^2_{van2}-d^2_{vbn2})^{0.5}]-a_{vn}\sin\alpha_n$	45.748052mm	
23	法面当量齿轮重合度	$\varepsilon_{v\alpha n}$	$\varepsilon_{v\alpha n}=\varepsilon_{v\alpha}/\cos^2\beta_{vb}$	1.496514	
24	刀尖圆角半径	ρ_{a0}/mm	$\rho_{a0}=\rho^*_{a0}m_0$ 或 $\rho_{a0}=\rho^*_{a0}m_n$	3mm	

表 13-58 摆线齿锥齿轮齿形系数计算

序号	名称	符号和单位	计算公式	算例 小齿轮	算例 大齿轮
1		E/mm	$E=(\pi/4\mp x_{t1}/2)m_n-h_{a0}\tan\alpha_n-\rho_{a0}(1-\sin\alpha_n)/\cos\alpha_n$	1.190449mm	1.547449mm
2		G	$G=\rho_{a0}/m_n-h_{a0}/m_n\pm x_1$	−0.424286	−1.504286
3		H	$H=\dfrac{2}{z_{vni}}\left(\dfrac{\pi}{2}-\dfrac{E}{m_n}\right)-\dfrac{\pi}{3}$	−0.828719	−1.041270
4		θ/rad	$\theta=2G\tan\theta/z_{vni}-H$	0.767369	1.030820
5	危险截面齿厚与模数之比	$\dfrac{s_{Fn}}{m_n}$	$\dfrac{s_{Fn}}{m_n}=z_{vni}\sin\left(\dfrac{\pi}{3}-\theta\right)+\sqrt{3}\left(\dfrac{G}{\cos\theta}-\dfrac{\rho_{a0}}{m_n}\right)$	2.168907	2.302938
6	30°切线切点处齿廓曲率半径与模数之比	$\dfrac{\rho_F}{m_n}$	$\dfrac{\rho_F}{m_n}=\dfrac{\rho_{a0}}{m_n}+\dfrac{2G^2}{\cos\theta(z_{vni}\cos^2\theta-2G)}$	0.350178	0.353451
7	齿顶法向压力角	α_{vani}/(°)	$\alpha_{vani}=\arccos(d_{vbni}/d_{vani})$	40.231098°	20.298817°
8	法向顶圆齿厚半角	ψ_{vani}/(°)	$\psi_{vani}=\dfrac{180}{\pi}\left\{\dfrac{1}{z_{vni}}\left[\dfrac{\pi}{2}\pm(2x_1\tan\alpha_n+x_{t1})\right]+\mathrm{inv}\alpha_n-\mathrm{inv}\alpha_{vani}\right\}$	1.193012°	0.096204°
9	法向载荷作用角	α_{Fan}/(°)	$\alpha_{Fan}=\alpha_{vani}-\psi_{vani}$	39.038087°	20.202614°
10	弯曲力臂与模数之比	$\dfrac{h_{Fa}}{m_n}$	$\dfrac{h_{Fa}}{m_n}=\dfrac{z_{vni}}{2}\left[\dfrac{\cos\alpha_n}{\cos\alpha_{Fan}}-\cos\left(\dfrac{\pi}{3}-\theta\right)\right]+0.5\left(\dfrac{\rho_{a0}}{m_n}-\dfrac{G}{\cos\theta}\right)$	2.096679	1.949045
11	齿形系数	Y_{Fa}	$Y_{Fa}=\dfrac{6\left(\dfrac{h_{Fa}}{m_n}\right)\cos\alpha_{Fan}}{\left(\dfrac{s_{Fn}}{m_n}\right)^2\cos\alpha_n}$	2.210468	2.202148

（2）切向变位系数　由表 13-47 给出切向变位系数 x_{t1} 初值，按相配两齿轮齿形系数 $Y_{Fa1}=Y_{Fa2}$ 迭代求解 x_{t1} 的终值，以保证相配两齿轮的抗弯强度接近。为了简便起见，先由表 13-58 的公式迭代求解 x_{t1} 的终值，然后再修正表 13-49（23～32）、表 13-54（18～19）中与 x_{t1} 值相关的参数。

（3）表 13-58 的说明

1）表 13-58 中双符号项。上面符号适用于小齿轮，下面符号适用于大齿轮。

2）表 13-58（4）。迭代求解时，取初值 $\theta=\pi/6\text{rad}$。

13.6　锥齿轮承载能力计算方法（摘自 GB/T 10062.1—2003～GB/T 10062.3—2003）

13.6.1　计算方法适用范围

GB/T 10062 中的计算公式为直齿、斜齿、零度齿和弧齿锥齿轮（除准双曲面齿轮外）的接触和弯曲强度的计算提供了一个统一的适用方法。适用于等高齿、收缩齿。

计算公式考虑了已知的影响轮齿点蚀与在齿根圆角处断裂的各主要系数。计算公式不适用于轮齿的下述损坏形式：塑性变形、微点蚀、表层压碎、焊合、磨损等。弯曲强度的计算公式适用于齿根圆角的断裂强度计算，但不适用于轮齿工作表面的弯曲强度计算，也不适用于轮缘或辐板、轮毂失效的强度计算。对于特种类型的锥齿轮的抗点蚀与弯曲强度承载能力可用恰当选择通用计算式中的各系数的数值来进行计算。GB/T 10062 不适用于接触不良的锥齿轮。

GB/T 10062 适用于当量圆柱齿轮端面重合度 $\varepsilon_{v\alpha}<2$ 的锥齿轮。对于大小齿轮的齿高变位系数总和为零（即啮合齿轮副的法向工作压力角等于基本齿条的法向压力角）的齿轮，标准中给出的各种关系式是有效的。

注意，当这个方法用于大的螺旋角、大的压力角和大的齿宽 $b>10m_{mn}$ 时，GB/T 10062 的计算结果应经过验证确定。

13.6.2　GB/T 10062 规定的计算方法

GB/T 10062 中规定的计算方法主要用于计算从图纸或测量（重新计算）中获得必要数据的锥齿轮。在初步设计阶段，所获得的数据是有限的，对于某些系数可采用近似或经验的数值。此外，在某些应用场合或粗略计算中，某些系数可设定为“1”或某个常数。但此时应选用保守的安全系数。无论何种情况，如果 A、B、C 法的结果不一致，则优先选择实际尺寸、全负荷试验。如果 A 法的精确度与可靠度已被证明，与 B 法比较优先选用 A 法，同样 B 法与 C 法比较则优先选用 B 法。

齿轮传动设计实际尺寸、全负荷的试验是预测整个齿轮系统性能（齿轮承载能力）的最有效的方法。试验方法不需要用 A、B、C 法中任一种计算来校验。然而，对于锥齿轮，习惯上用 B 法或 C 法进行初始设计，然后用试验方法来改进，以达到最佳的轮齿接触、工作的平衡性以及可调节性。

1. A 法

从其他类似的齿轮传动结构的运行中获得丰富的经验，从试验结果或现场数据的推论中获得满意的指导资料。包括在上述推论中的系数要用精确测试和传动系统的深入的数学分析或运行现场的经验等来评价。为使用 A 法，要知道齿轮载荷的全部数据，这些数据要清楚被描述并提供全部数学分析与试验的前提条件、边界条件、影响到结果的各种特征等。例如，这种方法的精确度要通过公认的齿轮测试来证实。对于这种方法，用户和供应者协商一致。

2. B 法

从其他类似的齿轮传动结构的运行中获得丰富的经验，从试验结果与现场数据的推论中获得满意的指导资料。推荐本计算方法用于设计方案的比较。此外，对某些系数给出了近似的方法及其评价的相关假定。对于给定工作条件下的相关假定的有效性要予以检验。

3. C 法

在评价某些系数时，如不能获得适当的试验结果或类似设计的现场经验，则要采用进一步简化的计算方法。上述简化计算方法对于特定的使用条件或某些特定的前提（例如，与验收试验相关的前提条件）是适用的。

13.6.3　安全系数

当选择安全系数时，允许的齿轮失效概率应小心地权衡，以平衡可靠度与成本之间的关系。如果在实际载荷条件下用试验齿轮箱的方法能精确鉴别齿轮的性能，则可采用较低的安全系数。安全系数由计算强度除以工作应力来确定。

除上述总的要求以及与表面接触疲劳强度（点蚀）和齿根弯曲强度（GB/T 10062.2、GB/T 10062.3）有关的特殊的要求以外，只有当仔细考虑了材料数据的可靠度、计算所用载荷值的可靠度后才能确定安全系数。在给定的失效概率条件下，用于计算的材料的疲劳极限才是有效的（GB/T 8539 材料的疲劳极限在失效概率为 1%的情况下有效）。当安全系数增加时，则失效的危险降低，反之亦然。如果载荷或系统对振动的响应是估算的而不是测试所得的，则应采用较大的安全系数。

在确定安全系数时，要考虑下述的变化：

——由于制造公差引起的齿轮几何参数变化；

——对中度的变化；

——由于化学成分、纯净度与微观结构的变化（材料质量与热处理）引起的材料变化；

——润滑与齿轮使用寿命期间维护的变化。

安全系数取值的合理性取决于计算中的假定的可靠性（例如，计算的载荷假定）以及齿轮本身所要求的可靠性（可能发生的齿轮失效）。

齿轮产品应具有接触强度的最小安全系数 $S_{Hmin}=1$，弯曲强度的最小安全系数 $S_{Fmin}=1.3$（对弧齿锥齿轮），$S_{Fmin}=1.5$（对于直锥齿轮或 $\beta_m\leqslant5°$ 的斜齿锥齿轮）。

对于点蚀损坏与断齿的最小安全系数，供应者与用户应协商一致。

下面介绍一种基于 GB/T 10062 制定的钳齿轮强度计算方法。

13.6.4　锥齿轮强度计算公式

13.6.4.1　计算公式的已知条件

GB/T 10062 提供了一种校核计算方法，要求已知齿轮的主要参数和主要尺寸，其他尺寸齿轮精度等可以根据已知主要参数求得（见表 13-2）或确定。另外，还要求齿轮的载荷（传递功率、转速、转矩等）已知。

13.6.4.2　名义转矩和名义切向力

小齿轮名义转矩

$$T_1=\frac{9549P}{n_1}=\frac{F_m d_{m1}}{2000} \tag{13-2}$$

大齿轮名义转矩

$$T_2=\frac{9549P}{n_2}=\frac{F_m d_{m2}}{2000} \tag{13-3}$$

式中　T_1、T_2——小、大齿轮名义转矩，（N · m）；

n_1、n_2——小、大齿轮转速（r/min）；

P——齿转名义传递功率，（kW）；

d_{m1}，d_{m2}——小、大齿轮齿宽中点分度圆直径，（mm）；

F_m——齿宽中点分度圆切向力（名义切向力）（N）。

$$F_m=\frac{2000T_1}{d_{m1}}=\frac{2000T_2}{d_{m2}} \tag{13-4}$$

13.6.4.3　变载荷工况载荷系数

如果载荷不是均匀的，要考虑各种因素引起的载荷变化及其运行时间，按基于 Miner 法则的方法，根据转矩图谱确定齿轮的当量寿命。

一般常用方法，是对名义载荷（切向力、转矩等）乘以载荷系数，考虑有关主要因素的影响。

1. 使用系数 K_A

如果没有可靠的经验数据，或不能获得由实际测试或综合的系统分析确定的载荷谱时，可采用根据式（13-4）确定的名义切向力 F_m 和使用系数 K_A 进行计算，该使用系数可定义为周期尖峰转矩与名义额定转矩之比，名义额定转矩见式（13-2）、式（13-3）。如果不能获得经验数据或进行分析计算，求得 K_A，则可用表 13-59 查得使用系数 K_A。

表 13-59　使用系数 K_A 值①

原动机	工作机械工作特性			
工作特性	均匀平稳	轻微冲击	中等冲击	严重冲击
均匀平稳	1.00	1.25	1.50	1.75 或更大
轻微冲击	1.10	1.35	1.60	1.85 或更大
中等冲击	1.25	1.50	1.75	2.00 或更大
严重冲击	1.50	1.75	2.00	2.25 或更大

① 此表中数值适用于减速传动。对增速传动，用表中的 K_A 值再加 $0.01u^2$，$u=z_2/z_1$。

2. 动载系数 K_V

动载系数考虑制造质量（齿轮制造精度、元件的平衡、轴承的精度等）及设计因素（速度、载荷、旋转元件惯量、齿轮刚度变化量、润滑等）引起的动载荷与所传递的切向载荷之比。

当计算资料不足时，可以采用图 13-21 所示的图线。图 13-21 中 C 是精度等级系数，可以取为齿轮的精度等级。

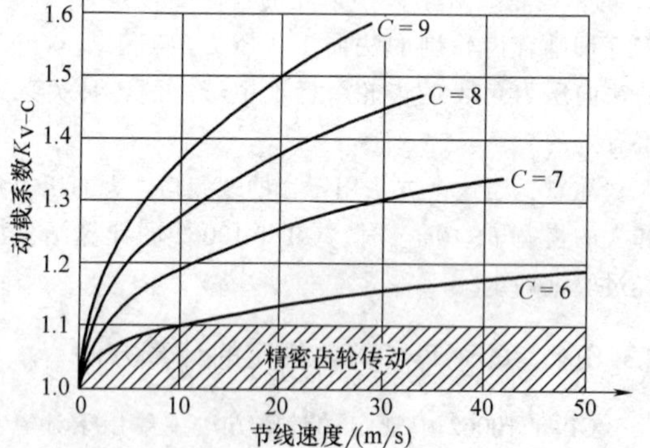

图 13-21　动载系数 K_{V-C}

3. 齿向载荷系数 $K_{H\beta}$、$K_{F\beta}$

齿向载荷系数反映载荷沿齿宽分布的均匀性，对强度的影响。

$K_{H\beta}$定义为单位齿宽的最大载荷与单位齿宽的平均载荷之比。

$K_{F\beta}$定义为最大齿根应力与平均齿根应力之比。

在锥齿轮中，齿向载荷分布主要受到鼓形齿与使用中变形的影响。为考虑鼓形效果（点接触）用一椭圆代替矩形接触区，椭圆的长轴等于齿宽 b，其短轴等于相应的当量圆柱齿轮端面啮合线的长度。在载荷分布的计算中，这个系数取 1.5。

变形的影响与轴承布置的影响，用装配系数 $K_{H\beta-be}$来考虑。$K_{H\beta-be}$的值见表 13-60。

表 13-60　装配系数 $K_{H\beta-be}$

接触斑点检验	小齿轮与大齿轮的装配条件		
检查接触斑点	没有任何齿轮是悬臂装配	一个齿轮是悬臂装配	两个齿轮件都是悬臂装配
满载下对每套齿轮在箱体中检查	1.00	1.00	1.00
轻载下对每套齿轮检查	1.05	1.10	1.25
用标准齿轮装置检查,估算满载下的接触斑点	1.20	1.32	1.50

注：在最大的工作载荷下并在良好的接触斑点条件下检查，最大的工作载荷由装配条件下齿轮的变形试验证实。

注意：观察到的接触斑点是各个位置轮齿啮合接触的累积图形。仅当在齿轮一整转中接触斑点的偏移是小的（偏向小端或偏向大端），上述计算式才有效。特别对于用研磨法精加工的齿轮，单对齿接触斑点的偏移是很明显的。

为补偿在满载下有效齿宽 b_e 小于齿宽 b 的 85%，齿向载荷系数要修正，则齿向载荷系数 $K_{H\beta-C}$为

对于 $b_e \geqslant 0.85b$

$$K_{H\beta-C}=1.5K_{H\beta-be} \tag{13-5}$$

对于 $b_e<0.85b$

$$K_{H\beta-C}=1.5K_{H\beta-be}\frac{0.85}{\dfrac{b_e}{b}} \tag{13-6}$$

上述公式对非鼓形齿不适用。

$K_{F\beta}$是考虑沿齿宽载荷分布对轮齿根部应力的影响。

$$K_{F\beta-C}=\frac{K_{H\beta}}{K_{F0}} \tag{13-7}$$

K_{F0}是齿长方向曲率系数，见式（13-8）。

对弧齿锥齿轮：

$$K_{F0}=0.211\left(\frac{r_{c0}}{R_m}\right)^q+0.789 \tag{13-8}$$

式中　r_{c0}——刀具半径，(mm)；

R_m——中点锥距（mm）。

若 K_{F0}的计算值大于 1.15，则取 $K_{F0}=1.15$；若 K_{F0}的计算值小于 1.0，则取 $K_{F0}=1.0$。

对直齿锥齿轮和零度齿锥齿轮

$$K_{F0}=1.0 \tag{13-9}$$

4. 端面载荷分配系数 $K_{H\alpha}$、$K_{F\alpha}$

总的切向载荷在啮合的几对齿中（在给定的齿轮尺寸条件下）的分配取决于齿轮制造精度与总的切向载荷的数值。$K_{H\alpha}$考虑载荷分配对接触应力的影响，$K_{F\alpha}$考虑载荷分配对齿根应力的影响。不论何种应用场合，用近似的 B 法和 C 法已足够精确。

（1）B 法

当量圆柱齿轮的重合度 $\varepsilon_{v\gamma}\leqslant 2$ 的锥齿轮：

$$K_{H\alpha}=K_{F\alpha}=\frac{\varepsilon_{v\gamma}}{2}\left[0.9+0.4\frac{c_\gamma(f_{pt}-y_a)}{\dfrac{F_{mtH}}{b}}\right] \tag{13-10}$$

式中　c_γ——啮合刚度，其近似值 $c_\gamma=20\text{N}/(\text{mm}\cdot\mu\text{m})$；

f_{pt}——齿距偏差，取小轮或大轮的齿距偏差的最大值；

注意，对于设计计算，大齿轮的最大公差可按 GB/T 10095.1 选取。

y_a——跑合允许量（见图 13-23）；

F_{mtH}——分锥上齿宽中点的切向力，$F_{mtH}=F_{mt}K_AK_VK_{H\beta}$。

$K_{H\alpha}$与 $K_{F\alpha}$也可按图 13-22 选取。

当量圆柱齿轮的总重合度 $\varepsilon_{v\gamma}>2$ 的锥齿轮：

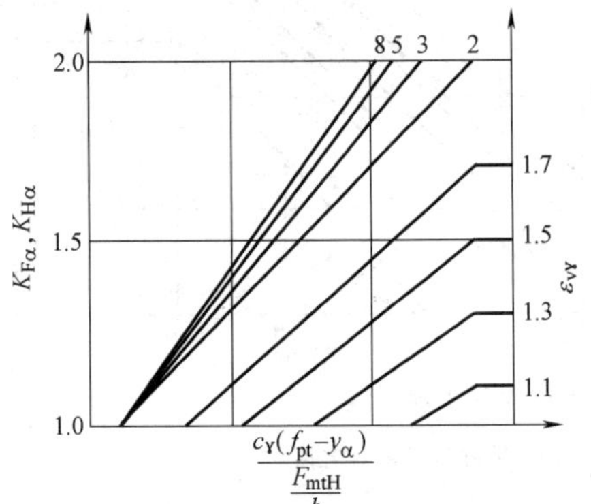

图 13-22　端面载荷系数 $K_{H\alpha-B}$，$K_{F\alpha-B}$

$$K_{H\alpha}=K_{F\alpha}=0.9+0.4\sqrt{\frac{2(\varepsilon_{v\gamma}-1)}{\varepsilon_{v\gamma}}\cdot\frac{c_{\gamma}(f_{pt}-y_{\alpha})}{\frac{F_{mtH}}{b}}}\qquad(13\text{-}11)$$

式中，c_γ、f_{pt}、y_α 和 F_{mtH} 均见（13-10）式。

加界条件：

若 $K_{H\alpha}$ 与 $K_{F\alpha}<1$，则 $K_{H\alpha}$ 与 $K_{F\alpha}$ 取 1。

在式（13-10）与式（13-11）中，如果 $K_{H\alpha}>\frac{\varepsilon_{v\gamma}}{\varepsilon_{v\alpha}Z_{LS}^2}$，

取

$$K_{H\alpha}>\frac{\varepsilon_{v\gamma}}{\varepsilon_{v\alpha}Z_{LS}^2}\qquad(13\text{-}12)$$

Z_{LS} 见 GB/T 10062.2。

在式（13-10）与式（13-11）中，如果 $K_{F\alpha}>\frac{\varepsilon_{v\gamma}}{\varepsilon_{v\alpha}Y_{\varepsilon}}$，

即

$$K_{F\alpha}=\frac{\varepsilon_{v\gamma}}{\varepsilon_{v\alpha}Y_{\varepsilon}}\qquad(13\text{-}13)$$

Y_ε 见 GB/T 10062.3。

上述边界条件，已假定了最不利的载荷分布状况，即仅一对轮齿传递总的切向力，因而计算是安全的。推荐对于斜齿与弧齿锥齿轮的精度要进行选择，以使 $K_{H\alpha}$ 与 $K_{F\alpha}$ 不超过 $\varepsilon_{v\alpha n}$。

（2）C 法

一般来说，本法对工业齿轮是足够精确的。为确定系数 $K_{H\alpha\text{-}C}$ 与 $K_{F\alpha\text{-}C}$，必须知道齿轮精度等级、单位载荷、锥齿轮的类型和跑合特性等。跑合特性由材料与热处理来表达。

$K_{H\alpha\text{-}C}$ 与 $K_{F\alpha\text{-}C}$ 按表 13-61 确定。

跑合允许量 y_a 是使运行开始时啮合的不贴合误差减小的跑合量。如果没有直接经验，y_a 可从图 13-23中选取。下列各式，代表图中各曲线，供计算时使用（式中 f_{pt} 见表 13-14）。

表 13-61 端面载荷分配系数 $K_{H\alpha\text{-}C}$ 与 $K_{F\alpha\text{-}C}$

单位载荷 F_{mt}/b_e			≥100N/mm							<100N/mm
GB/T 10095.1 的齿轮精度等级（由 d_m 与 m_{mn} 确定）			6级和6级以上	7	8	9	10	11	12	所有精度等级
硬齿面	直锥齿轮	$K_{H\alpha}$	1.0		1.1	1.2	取 $1/z_{LS}^2$ 和 1.2 中的较大值			
		$K_{F\alpha}$					取 $1/Y_\varepsilon$ 和 1.2 中的较大值			
	斜齿与弧齿锥齿轮	$K_{H\alpha}$	1.0	1.1	1.2	1.4	取 $\varepsilon_{v\alpha n}$ 和 1.4 中的较大值			
		$K_{F\alpha}$								
软齿面	直锥齿轮	$K_{H\alpha}$	1.0			1.1	1.2	取 $1/z_{LS}^2$ 和 1.2 中的较大值		
		$K_{F\alpha}$						取 $1/Y_\varepsilon$ 和 1.2 中的较大值		
	斜齿与弧齿锥齿轮	$K_{H\alpha}$	1.0		1.1	1.2	1.4	取 $\varepsilon_{v\alpha n}$ 和 1.4 中的较大值		
		$K_{F\alpha}$								

注：z_{LS} 见 GB/T 10062.2，Y_ε 见 GB/T 10062.3。

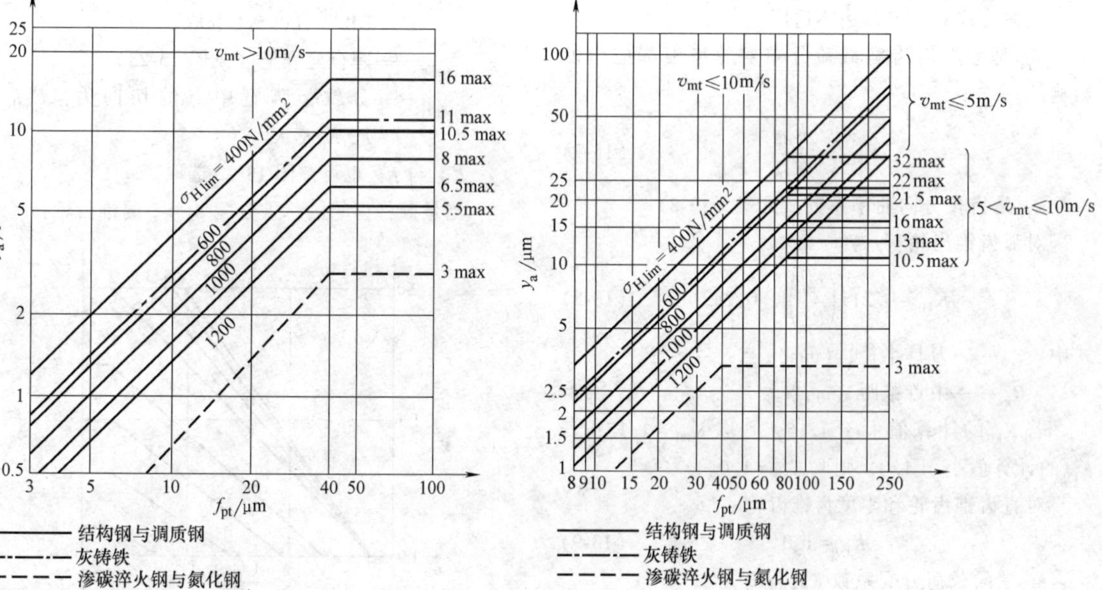

图 13-23 跑合允许量 y_a

a）切线速度 $v_{mt}>10$m/s 的齿轮副的跑合允许量 y_a b）切线速度 $v_{mt}\leqslant10$m/s 的齿轮副的跑合允许量 y_a

对调质钢

$$y_a=\frac{160}{\sigma_{Hlim}}f_{pt} \tag{13-14}$$

当 $v_{mt}\leqslant 5m/s$ 时　　无限制

当 $5m/s<v_{mt}\leqslant 10m/s$ 时　　$y_a\leqslant 12800/\sigma_{Hlim}$

当 $v_{mt}>10m/s$ 时　　$y_a\leqslant 6400/\sigma_{Hlim}$

对灰铸铁

$$y_a=0.275f_{pt} \tag{13-15}$$

当 $v_{mt}\leqslant 5m/s$ 时　　无限制

当 $5m/s<v_{mt}\leqslant 10m/s$ 时　　$y_a\leqslant 22\mu m$

当 $v_{mt}>10m/s$ 时　　$y_a\leqslant 11\mu m$

对渗碳淬齿轮与氮化齿轮

$$y_a=0.075f_{pt} \tag{13-16}$$

对所有速度，限制：$y_a\leqslant 3\mu m$。

大轮与小轮材料不同时：

$$y_a=\frac{y_{a1}+y_{a2}}{2} \tag{13-17}$$

y_{a1}按小齿轮材料确定，y_{a2}按大齿轮材料确定。

13.6.5　钳齿轮的齿面接触强度计算

13.6.5.1　概述

当啮合轮齿齿面接触应力超过疲劳极限时，齿面的金属颗粒会脱落，出现凹坑；随着应用场合的不同，允许点蚀的尺寸和数量的程度是在很大的范围内变化的。在一些场合允许扩展性点蚀存在，另一些场合不允许点蚀的出现。下面说明在普通的工作条件下，给出早期点蚀和破坏性点蚀的区别准则，给出允许的和不允许点蚀种类的区别。

一般认为点蚀的总面积呈线性或扩展性的增加是不允许的。由于初期点蚀能使轮齿的承载面积增大，点蚀发生的速度逐渐减小（递减性点蚀）或停止（停止性点蚀），这样的点蚀是允许的。如果对允许的点蚀有争议，将用下面的方法确定。

在没有改变工作条件下，随着时间的增长，产生线性或扩展性点蚀是不允许的，应对所有轮齿的有效总面积进行损伤评估。对于软齿面齿轮应考虑新发展点蚀的数量和尺寸大小；硬齿面齿轮常常仅在一个或几个轮齿齿面上产生点蚀，这时应对产生点蚀的轮齿进行重点的评估。

如果要求作定量的鉴定，作决定性试验时，应对具有特别危险的可疑轮齿做上标记。

在特殊的情况时，首先可考虑把磨损碎屑的总重量作为粗略的评估。但是在关键性的情况下，齿面状态的检验应当至少进行三次；第一次检验，应当在至少加载循环 10^6 次之后进行。根据上一次检验的结果，决定再工作运转的时间，然后进行下一次的检验。

当由于点蚀引起的损坏会导致人身事故或其他严重事故时，应当不允许有点蚀。在调质钢调质或渗碳淬火齿轮的齿根附近有 1mm 的点蚀坑可能成为引起轮齿断裂的裂纹源；因此，即使一个点蚀坑也是不允许的（例如，在航空齿轮传动装置中）。

对于透平齿轮应考虑上述类似的因素。通常，这些齿轮在长期工作时间内（$10^{10}\sim10^{11}$循环次数），要求既不产生点蚀也不发生严重磨损，否则会引起不允许的振动和过大的动载荷。在计算中要适当增大安全系数，只允许低的失效概率。

相反，对于一些工业上的用低硬度钢制造的低速大模数齿轮（如模数 25mm），可允许在 100%的齿面上产生点蚀，它能在额定功率下安全运转 10~20 年。个别的点蚀坑的直径可达到 20mm，深 0.8mm。在最初工作的 2~3 年中产生的“破坏性”点蚀，通常会逐渐减少，齿面变光滑和工作硬化使齿面的布氏硬度增加 50%，甚至更高。这种情况下，可选用比较低的安全系数（某些场合可小于 1）和高的齿面损伤概率。但是，对于防止轮齿断裂的安全系数应选用大的安全系数。

接触强度的最小安全系数应当是 1.0（关于推荐的接触强度安全系数 S_H 及其最小值见 GB/T 10062.1）。

最小的安全系数的值建议由制造商和用户协议确定。

13.6.5.2　计算轮齿接触强度的公式

比较下面应力值可决定轮齿抗点蚀的承载能力。

——接触应力，根据齿轮的几何尺寸，制造精度，轮缘、轴承和轴承座的刚性，传递的转矩，用接触应力公式 13-18 进行计算。

——许用应力，考虑齿轮运转时工作条件的影响，用许用接触应力公式 13-21 进行计算。

抗点蚀的接触（赫兹）应力是按分布在接触线上的载荷计算的，载荷作用位置有以下三种情况：

1）作用在单对齿啮合区内界点，$\varepsilon_{v\beta}=0$。

2）作用在接触区的中点，$\varepsilon_{v\beta}>1$。

3）作用在 1）和 2）之间的位置，$0<\varepsilon_{v\beta}\leqslant 1$。

大、小齿轮接触应力均用下式计算：

$$\sigma_H=\sigma_{H0}\sqrt{K_AK_VK_{H\beta}K_{H\alpha}}\leqslant\sigma_{HP} \tag{13-18}$$

接触应力的基本值

$$\sigma_{H0}=\sqrt{\frac{F_{mt}}{d_{v1}l_{bm}}\cdot\frac{u_v+1}{u_v}}Z_{M-B}Z_HZ_EZ_{LS}Z_\beta Z_K \tag{13-19}$$

当轴交角 $\Sigma=\delta_1+\delta_2=90°$ 时，用下式计算：

$$\sigma_{H0}=\sqrt{\frac{F_{mt}}{d_{m1}l_{bm}}\cdot\frac{\sqrt{u^2+1}}{u}}Z_{M-B}Z_HZ_EZ_{LS}Z_\beta Z_K \tag{13-20}$$

式中，K_A、K_V、$K_{H\beta}$、$K_{H\alpha}$、F_{mt}、d_v、u_v 和 l_{bm} 见 GB/T 10062.1，d_v、u_v 和 l_{bm} 见表 GB/T 10062.1。

大、小齿轮的许用接触应力要按下式分别计算：

$$\sigma_{HP}=\frac{\sigma_{Hlim}Z_{NT}}{S_{Hlim}}Z_XZ_LZ_RZ_VZ_W \tag{13-21}$$

式中　σ_{Hlim}——接触疲劳极限应力，见表 12-49。

大小轮的接触强度安全系数要用下式分别计算：

$$S_H=\frac{\sigma_{Hlim}Z_{NT}}{\sigma_{H0}}\cdot\frac{Z_XZ_LZ_RZ_VZ_W}{\sqrt{K_AK_VK_{H\beta}K_{H\alpha}}} \tag{13-22}$$

注意，上式是接触应力的计算安全系数的关系式。传递转矩的安全系数等于 S_H 的平方。

13.6.5.3　锥齿轮接触强度计算公式的符号（见表 13-62）

表 13-62　锥齿轮接触强度计算公式中的符号

符号	名　称	计算公式或图表	有关公式
K_A	使用系数	表 13-59	式(13-18)
K_V	动载系数	图 13-21	式(13-18)
$K_{H\beta}$	齿向载荷系数	式(13-5),式(13-6)	式(13-18)
$K_{H\alpha}$	端面载荷分配系数	图 13-22,图 13-10,图 13-11	式(13-18)
u_v	当量圆柱齿轮齿数比	$u_v=u^2=\left(\frac{z_2}{z_1}\right)^2$	式(13-19)
d_{m1}	当量圆柱齿轮法截面上分度圆直径	$d_m=zm$	式(13-20)
l_{bm}	中点接触线长度		式(13-19)
Z_{M-B}	中间区域系数	式(13-24)	式(13-19)
Z_H	区域系数	图 13-24	式(13-19)
Z_E	弹性系数	式(13-25)~式(13-28)	式(13-19)
Z_{LS}	载荷分担系数	式(13-29),式(13-30)	式(13-19)
Z_β	螺旋角系数	式(13-31)	式(13-19)
Z_K	锥齿轮系数	式(13-32)	式(13-19)
u	锥齿轮齿数比	$u=z_2/z_1$	式(13-20)
Z_{NT}	标准齿轮寿命系数		式(13-21)
Z_X	尺寸系数	$Z_X=1$	式(13-21)
Z_L	润滑油系数	图 13-26	式(13-21)
Z_R	粗糙度系数	图 13-28	式(13-21)
Z_V	速度系数	图 13-27	式(13-21)
Z_W	齿面工作硬化系数	式(13-41)或图 13-29	式(13-21)

1. 节点区域系数 Z_H

节点区域系数 Z_H 是考虑齿廓曲率对赫兹应力的影响。

假设齿廓为渐开线，对零变位锥齿轮，即 $x_1+x_2=0$，$\alpha_t=\alpha_{wt}$，可用下式计算：

$$Z_H=2\sqrt{\frac{\cos\beta_{vb}}{\sin(2\alpha_{vt})}} \tag{13-23}$$

对于一些常用的标准压力角的 Z_H 值可由图13-24查得。

2. 中点区域系数 Z_{M-B}

中点区域系数 Z_{M-B} 是把节点的接触应力折算到载荷作用的中点 M 处的接触应力的系数（见图 13-25）。

$$Z_{M-B}=\frac{\tan\alpha_{vt}}{\sqrt{\left[\sqrt{\left(\frac{d_{va1}}{d_{vb1}}\right)^2-1}-F_1\frac{\pi}{z_{v1}}\right]\cdot\left[\sqrt{\left(\frac{d_{va2}}{d_{vb2}}\right)^2-1}-F_2\frac{\pi}{z_{v2}}\right]}} \tag{13-24}$$

式中　F_1、F_2——辅助系数，见表 13-63。

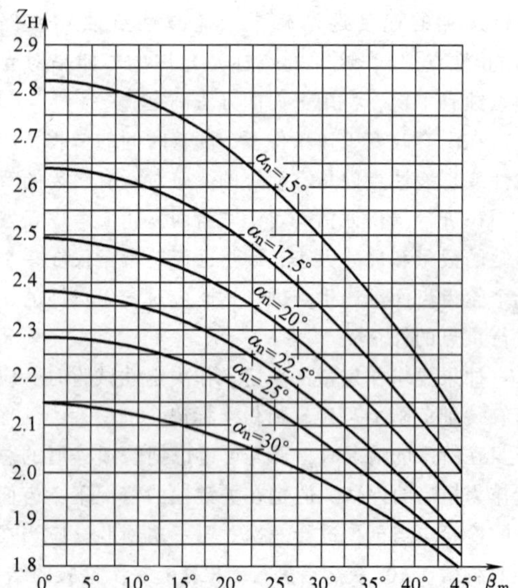

图 13-24　零变位锥齿轮的节点区域系数

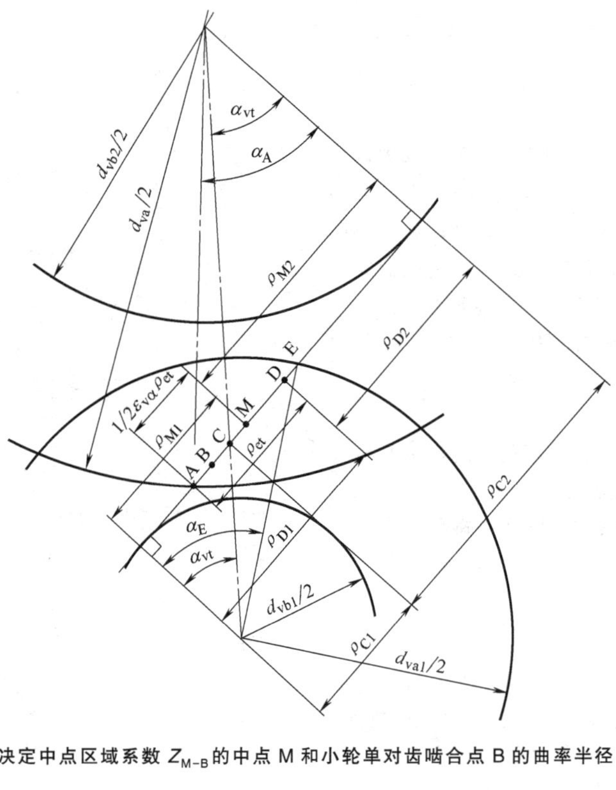

图 13-25　用于决定中点区域系数 Z_{M-B} 的中点 M 和小轮单对齿啮合点 B 的曲率半径［见式（13-8）］

表 13-63　计算中点区域系数 Z_{M-B} 的系数

当量圆柱齿轮的纵向重合度	F_1	F_2
$\varepsilon_{v\beta}=0$	2	$2(\varepsilon_{v\beta}-1)$
$0<\varepsilon_{v\beta}\leqslant 1$	$2+(\varepsilon_{v\alpha}-2)\varepsilon_{v\beta}$	$2\varepsilon_{v\alpha}-2+(2-\varepsilon_{v\alpha})\varepsilon_{v\beta}$
$\varepsilon_{v\beta}>1$	$\varepsilon_{v\alpha}$	$\varepsilon_{v\alpha}$

3. 弹性系数 Z_E

弹性系数 Z_E 是考虑材料特性 E（弹性模量）和 ν（泊松比）对接触应力影响的系数。

$$Z_E=\sqrt{\frac{1}{\pi\left(\frac{1-\nu_1^2}{E_1}+\frac{1-\nu_2^2}{E_2}\right)}} \tag{13-25}$$

当 $E_1=E_2=E$ 和 $\nu_1=\nu_2=\nu$ 时，

$$Z_E=\sqrt{\frac{E}{2\pi(1-\nu^2)}} \tag{13-26}$$

对于钢和硬铝合金 $\nu=0.3$，所以

$$Z_E=\sqrt{0.175E} \tag{13-27}$$

当一对齿轮副材料的弹性模量为 E_1 和 E_2 时，其 E 为

$$E=\frac{2E_1E_2}{E_1+E_2} \tag{13-28}$$

对于钢对钢齿轮副，$Z_E=189.8\text{MPa}$。

对于一些其他材料的齿轮副的 Z_E，见 GB/T 3480。

4. 载荷分担系数 Z_{LS}

载荷分担系数 Z_{LS} 是考虑两对或多对轮齿间载荷分配的影响。

当 $\varepsilon_{v\gamma}\leqslant 2$ 时：

$$Z_{LS}=1 \tag{13-29}$$

当 $\varepsilon_{v\gamma}>2$ 和 $\varepsilon_{v\beta}>1$ 时：

$$Z_{LS}=\left\{1+2\left[1-\left(\frac{2}{\varepsilon_{v\gamma}}\right)^{1.5}\right]\sqrt{1-\frac{4}{\varepsilon_{v\gamma}^2}}\right\}^{-0.5} \tag{13-30}$$

5. 螺旋角系数 Z_β

螺旋角系数 Z_β 不是考虑螺旋角对接触线长度的影响，而是考虑螺旋角对表面疲劳点蚀的影响，即考虑载荷沿接触线分布的影响。

Z_β 是螺旋角的函数，下面的经验公式与试验和实际应用中的经验相当一致。

$$Z_\beta=\sqrt{\cos\beta_m} \tag{13-31}$$

6. 锥齿轮系数 Z_K

系数 Z_K 是个经验系数，是考虑锥齿轮与圆柱齿轮间加载的不同，这个系数和实际试验相一致，该系数是把应力进行调整，以便锥齿轮、圆柱直齿轮和圆

柱斜齿轮能应用同一个许用接触应力。在缺少更详细的资料时，可取

$$Z_K = 0.8 \tag{13-32}$$

7. 尺寸系数 Z_X

尺寸系数 Z_X 是考虑统计学所指出的，疲劳破坏时疲劳极限应力随着结构尺寸的增大而降低，这是因为较小的应力梯度（理论上为应力集中）和材料的质量（锻造过程和结构变化等的影响）造成的表面下的缺陷引起的。与尺寸因素有关的主要参数有：

1）材料的质量（熔炼炉的燃料、清洁度、锻造）。

2）热处理，硬化的深度，硬度的分析。

3）齿廓的曲率半径。

4）表面硬化的梯度，表面硬化层的深度与轮齿尺寸的比例（对心部韧性的影响）。

大、小齿轮的尺寸系数 Z_X 要分别确定。

在 GB/T 10062 本部分中，取尺寸系数等于 1（$Z_X=1$）。

8. 润滑油膜影响系数 Z_L、Z_V、Z_R（B 法）

齿廓间润滑油膜的影响近似地用系数 Z_L（润滑油黏度）、Z_V（节点线速度）和 Z_R（齿面粗糙度）来考虑；图 13-26～图 13-28 给出了这三个系数。此外，其离散性（数据的分散）表明除了这三个因素外，还有其他的影响因素没有在假设中考虑到。关于这三个系数的详细说明见 GB/T 3480。

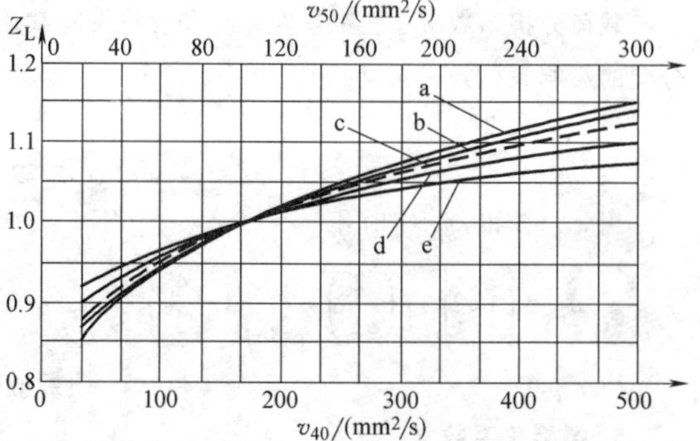

图 13-26　润滑油系数 Z_L

a—$\sigma_{Hlim} \leqslant 850MPa$　b—$\sigma_{Hlim} = 900MPa$　c—$\sigma_{Hlim} = 1000MPa$　d—$\sigma_{Hlim} = 1100MPa$　e—$\sigma_{Hlim} \geqslant 1200MPa$

润滑油系数 Z_L 是考虑润滑油的种类和黏度对齿面接触疲劳强度（点蚀）的影响。图 13-26 中润滑油系数 Z_L 的曲线是矿物油（无 EP 添加剂）的黏度和配对齿轮中较软齿面的 σ_{Hlim} 的函数；用具有低摩擦系数的合成油时，其 Z_L 比按矿物油计算的值大。

注意，GB/T 10062 本部分没有推荐润滑油黏度的选择，因为还需做这方面的试验、经验总结等。

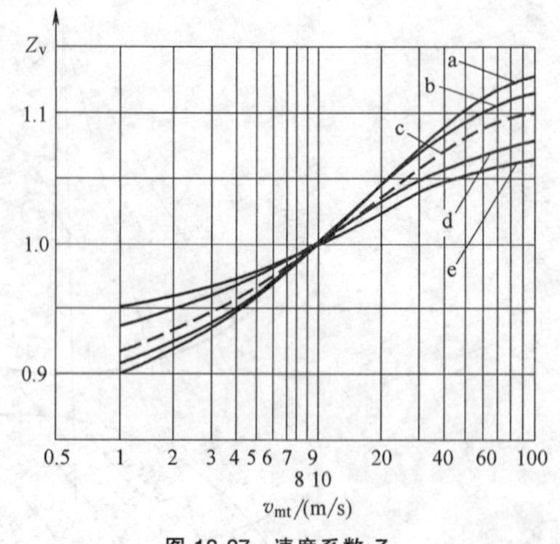

图 13-27　速度系数 Z_V

a—$\sigma_{Hlim} \leqslant 850MPa$　b—$\sigma_{Hlim} = 900MPa$　c—$\sigma_{Hlim} = 1000MPa$　d—$\sigma_{Hlim} = 1100MPa$　e—$\sigma_{Hlim} \geqslant 1200MPa$

Z_L 可用式（13-33）和式（13-34）计算，公式和图 13-28 中的曲线相符合。

$$Z_L = C_{ZL} + \frac{4(1.0 - C_{ZL})}{\left(1.2 + \frac{134}{v_{40}}\right)^2} \tag{13-33}$$

当 $850MPa \leqslant \sigma_{Hlim} \leqslant 1200MPa$ 时：

$$C_{ZL} = 0.08\frac{\sigma_{Hlim} - 850}{350} + 0.83 \tag{13-34}$$

当 $\sigma_{Hlim} < 850MPa$ 时，按 $\sigma_{Hlim} = 850MPa$ 计算 Z_L；当 $\sigma_{Hlim} > 1200MPa$ 时，按 $\sigma_{Hlim} = 1200MPa$ 计算 Z_L。

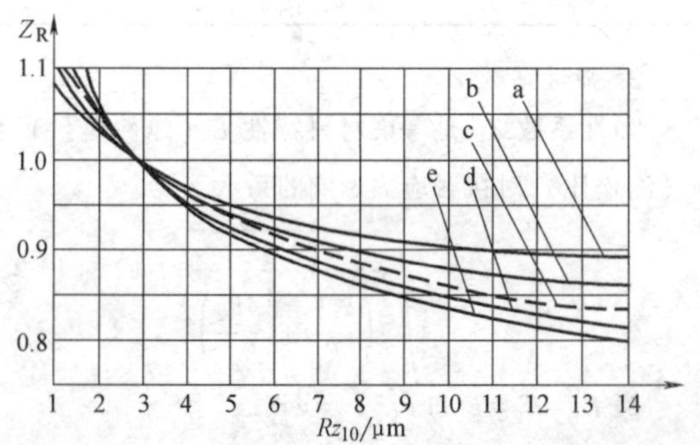

图 13-28　粗糙度系数 Z_R

a—$\sigma_{Hlim} \geqslant 1200MPa$　b—$\sigma_{Hlim} = 1100MPa$　c—$\sigma_{Hlim} = 1000MPa$　d—$\sigma_{Hlim} = 900MPa$　e—$\sigma_{Hlim} \leqslant 850MPa$

速度系数 Z_V 是考虑节点线速度对齿面疲劳（点蚀）强度的影响。图 13-28 中的速度系数曲线是节点线速度和配对齿轮中较软齿轮材料 σ_{Hlim} 的函数。Z_V 可用式（13-35）和式（13-36）计算，公式和图 13-27中的曲线相一致。

$$Z_V = C_{ZV} + \frac{2(1.0 - C_{ZV})}{\sqrt{0.8 + \frac{32}{v_{mt}}}} \qquad (13\text{-}35)$$

当 $850\text{MPa} \leqslant \sigma_{Hlim} \leqslant 1200\text{MPa}$ 时：

$$C_{ZV} = 0.08\frac{\sigma_{Hlim} - 850}{350} + 0.83 \qquad (13\text{-}36)$$

当 $\sigma_{Hlim} < 850\text{MPa}$ 时，按 $\sigma_{Hlim} = 850\text{MPa}$ 计算 Z_V；当 $\sigma_{Hlim} > 1200\text{MPa}$ 时，按 $\sigma_{Hlim} = 1200\text{MPa}$ 计算 Z_V。

根据国家标准的规定，粗糙度系数 Z_R 是考虑齿面状况对接触疲劳（点蚀）强度的影响。图 13-28 中的粗糙度系数曲线是 Rz_{10} 和配对齿轮中较软齿轮材料 σ_{Hlim} 的函数。该图对节点处诱导曲率半径 $\rho_{red} = 10\text{mm}$ 的齿轮副是有效的。

粗糙度是根据制造好的大小齿轮节点处的 R_{Z1} 和 R_{Z2} 确定的，允许对齿面进行特殊的表面处理或跑合，规定在滑动——滚动的方向测量粗糙度。

齿轮副的相对平均粗糙度为⊖：

$$Rz_{10} = \frac{Rz_1 + Rz_1}{2}\sqrt[3]{\frac{10}{\rho_{red}}} \qquad (13\text{-}37)$$

式中，ρ_{red} 为诱导曲率半径，由下式计算。

$$\rho_{red} = \frac{a_v \sin\alpha_{vt}}{\cos\beta_{vb}} \cdot \frac{u_v}{(1+u_v)^2} \qquad (13\text{-}38)$$

系数 Z_R 可用式（13-39）计算，公式和图 13-28 中曲线一致。

$$Z_R = \left(\frac{3}{Rz_{10}}\right)^{C_{ZR}} \qquad (13\text{-}39)$$

当 $850\text{MPa} \leqslant \sigma_{Hlim} \leqslant 1200\text{MPa}$ 时：

$$C_{ZR} = 0.12 + \frac{1000 - \sigma_{Hlim}}{5000} \qquad (13\text{-}40)$$

当 $\sigma_{Hlim} < 850\text{MPa}$ 时，取 $\sigma_{Hlim} = 850\text{MPa}$；当 $\sigma_{Hlim} > 1200\text{MPa}$ 时，取 $\sigma_{Hlim} = 1200\text{MPa}$。

9. Z_L、Z_V 和 Z_R 乘积的直接取得（C 法）

假设所选的润滑剂黏度与运转条件（节点速度、载荷、结构尺寸）相适应。

下面的值是 Z_L、Z_V 和 Z_R 的乘积；

调质钢经铣切的齿轮副：0.85；

铣切后研磨的齿轮副：0.92。

硬化后磨削的齿轮副或用硬刮的齿轮副：

$Rz_{10} \leqslant 4\mu\text{m}$ 时，$Z_L Z_V Z_R = 1.0$；

$Rz_{10} > 4\mu\text{m}$ 时，$Z_L Z_V Z_R = 0.92$。

如果不符合上述的条件，Z_L、Z_V 和 Z_R 分别按照 B 法确定。

10. 齿面工作硬化系数 Z_W

工作硬化系数 Z_W 是考虑用结构钢或调质钢制造的大齿轮和一个表面硬化的齿面光滑（$Rz \leqslant 6\mu\text{m}$）的小齿轮相啮合时，使大齿轮齿面接触疲劳强度提高的系数。

注意：软齿面的大齿轮齿面接触疲劳强度的提高不仅取决于工作硬化作用，还取决于其他的影响因素，如抛光（润滑剂）、合金元素、大齿轮中的内应力、小齿轮齿面粗糙度、接触应力和硬化过程等。

这里的数据是根据不同材料制造的标准试验齿轮或根据现场经验得到的。图 13-29 中离散区（数据的分散）表明还有其他影响因素没有包括在计算的方法中；虽然图 13-29 中的曲线经过仔细的选取，但不能说是绝对的。式（13-41）是经验公式，对于持久寿命、有限寿命和静强度，Z_W 的值相同。

图 13-29 中的 Z_W 是较软锥齿轮齿面硬化系数。

B 法中，Z_W 可用式（13-41）计算，该式和图 13-29 中曲线一致。

$$Z_W = 1.2 - \frac{HB - 130}{1700} \qquad (13\text{-}41)$$

式中，HB 为齿轮副中较软齿轮齿面的布氏硬度值；当 HB<130 时，取 $Z_W = 1.2$；当 HB>470 时，取 $Z_W = 1$；当大、小齿轮有相同的硬度时，取 $Z_W = 1.0$。

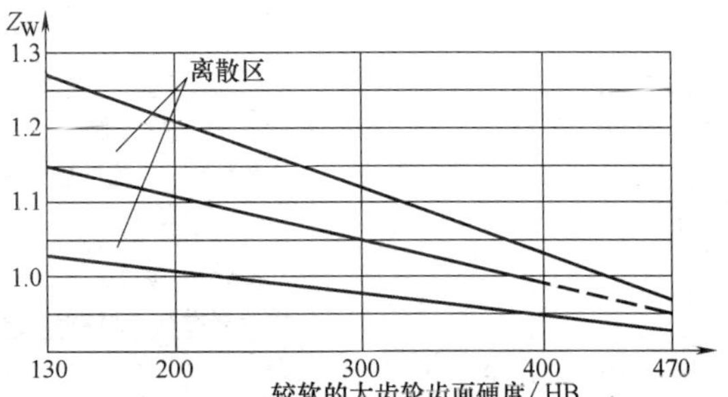

图 13-29　齿面工作硬化系数 Z_W

11. 寿命系数 Z_{NT}

寿命系数 Z_{NT} 是有限寿命（应力循环次数有限）及静强度时所允许比较高的接触疲劳强度与在 5×10^7 循环次数（在图 13-30 中曲线转折处 $Z_N = 1$）的接触疲劳强度相比的值，Z_{NT} 是用标准试验齿轮做试验得到的。

对 Z_{NT} 的主要影响因素有：

1）材料和热处理（见 GB/T 8539）。

2）载荷的循环次数（使用寿命）N_L。

⊖ 当粗糙度以 Ra 值（=CLA 值）（=AA 值）表示时，可用下式作近似换算：$Ra = \text{CLA} = \text{AA} = \frac{Rz}{6}$

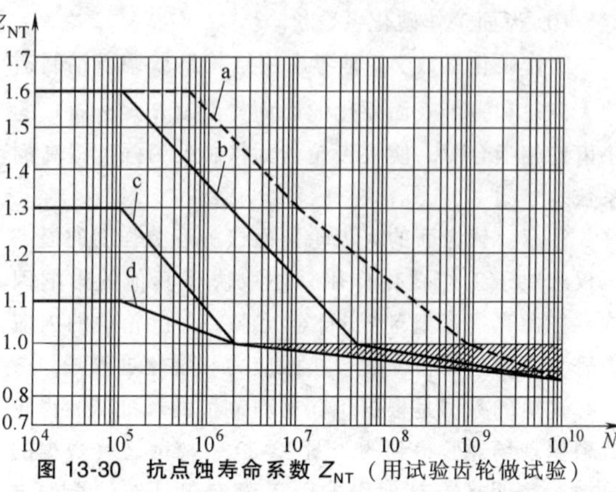

图 13-30 抗点蚀寿命系数 Z_{NT}（用试验齿轮做试验）

a—允许有限点蚀的 St，V，GGG(perl，bai.)，GTS(perl.)，Eh，IF。

b—St，V，Eh，IF，GGG(perl.，bai.)，GTS(perl.)。

c—GG，NT(nitr.)，GGG(ferr.)，NV(nirt.)。

d—NV(nitrocar.)。

3）润滑状况。

4）失效判据。

5）要求的运转平稳性。

6）节点线速度。

7）齿轮材料的纯度。

8）材料的塑性和断裂韧性。

9）残余应力。

GB/T 10062 规定，应力循环次数 N_L 的定义为在载荷作用下轮齿啮合的次数。

（1）A 法　S—N 损伤曲线是用实际的齿轮副在有限的使用寿命下做试验得到的，它是根据两啮合齿轮的材料、热处理、相关直径、模数、齿面粗糙度、节点速度而决定的；因此对于上述的情况，S—N 损伤曲线直接有效，系数 Z_R、Z_V、Z_L、Z_W 和 Z_X 的各个影响已包含在这个曲线上，所以在计算公式中应把这些值取为 1.0。

（2）B 法　有限寿命时的许用应力或在有限寿命的应力范围内的安全系数，应当用标准试验齿轮（见 GB/T 8539）得到的寿命系数 Z_{NT} 来决定。Z_{NT} 不包含 Z_L、Z_R、Z_V 和 Z_W 等系数，所以在有限寿命时要考虑把这些系数对 Z_{NT} 进行修正。静应力和疲劳应力时的 Z_{NT} 可从图 13-30 或表 13-64 查得；有限寿命

表 13-64　静强度和疲劳强度寿命系数 Z_{NT}

材料[①]	应力循环次数	寿命系数 Z_{NT}
St，V[②] GGG(perl.，bai.)[②] GTS(perl.)，Eh，IF	$N_L=6\times10^5$，静强度	1.6
	$N_L=10^7$，疲劳强度	1.3
	$N_L=10^9$，疲劳强度	1.0
	$N_L=10^{10}$，疲劳强度	0.85
St，V GGG(perl.，bai.) GTS(perl.) Eh，IF	$N_L=10^5$，静强度	1.6
	$N_L=5\times10^7$，疲劳强度	1.0
	$N_L=10^{10}$，疲劳强度	0.85
	优选润滑剂、材料和制造工艺，并经生产实践验证	1.0
GG，GGG(ferr.) NT(nitr.) NV(nirt.)	$N_L=10^5$，静强度	1.3
	$N_L=2\times10^6$，疲劳强度	1.0
	$N_L=10^{10}$，疲劳强度	0.85
	优选润滑剂、材料和制造工艺，并经生产实践验证	1.0
NV(nitrocar)	$N_L=10^5$，静强度	1.1
	$N_L=2\times10^6$，疲劳强度	1.0
	$N_L=10^{10}$，疲劳强度	0.85
	优选润滑剂、材料和制造工艺，并经生产实践验证	1.0

① 材料名称的缩写说明见表 13-65。
② 只允许有一定的点蚀。

表 13-65　材料名称缩写词的说明

缩写词	说　明
St	结构钢(σ_b<800MPa)
V	调质钢调质($\sigma_b\geqslant$800MPa)
GG	灰铸铁
GGG(perl.，bai.，ferr.)	球墨铸铁(珠光体、贝氏体、铁素体结构)
GTS(perl.)	可锻铸铁(珠光体结构)
Eh	渗碳淬火的渗碳钢
IF(root)	火焰或感应淬火(包括齿根圆角处)的钢、球墨铸铁
NT(nitr.)	氮化钢氮化
NV(nitr.)	渗氮处理的调质钢，渗碳钢
NV(nitrocar.)	氮碳共渗的调质钢，渗碳钢

时要在疲劳强度与静强度间进行插值。

13.6.6　锥齿轮的齿根弯曲强度计算（摘自 GB/T 10062.3—2003）

13.6.6.1　概述

本部分规定的基本公式用于计算最小轮缘厚度≥$3.5m_{mn}$的直齿和斜齿锥齿轮、零度齿锥齿轮和弧齿锥齿轮的齿根弯曲应力。把所有载荷对齿根应力的影响认为是齿轮传递的载荷所产生的应力，并做出定量的评价（例如，齿轮轮缘过盈配合引起的应力和轮齿加载引起的齿根应力相叠加得到的应力，在计算齿根应力 σ_F 或许用齿根应力 σ_{FP}时应予考虑）。

本部分的公式适用于当量圆柱齿轮端面重合度 $\varepsilon_{v\alpha}<2$ 的锥齿轮，计算时使用 GB/T 10062.1 和 GB/T 3480 中的系数是有效的。

本部分不能用于应力大于 10^3 次循环的极限应力的场合，否则应力会超过轮齿的弹性极限。

注意，当这个方法用于大的螺旋角、大的压力角和大的齿宽（$b>10m_{mn}$）时，本部分的计算结果应经过验证确定。

13.6.6.2　轮齿折断和安全系数

通常轮齿折断使齿轮工作寿命结束，有时由于一个轮齿的折断引起齿轮箱的所有齿轮损坏；有某些情况时，会使输入和输出轴间的传动装置损坏。

因此，选用的弯曲强度安全系数 S_F 应大于接触强度安全系数 S_H 的平方。

弯曲强度的最小安全系数，对于弧齿锥轮轮应取 $S_{Fmin}\geqslant 1.3$；对于直齿锥齿轮或 $\beta_m<5°$的弧齿锥齿轮，应取 $S_{Fmin}\geqslant 1.5$。最小安全系数的值建议由制造商和用户协商确定。

13.6.6.3　计算轮齿弯曲强度的公式

比较下面的应力值，可以确定轮齿的抗弯承载能力：

弯曲应力，根据轮齿的几何尺寸，制造精度，轮缘、轴承和轴承座的刚性，传递的转矩等，用弯曲应力公式进行计算。

许用应力，考虑齿轮运转时工作条件的影响，用许用齿根应力公式进行计算。计算的齿根应力 σ_F 应小于许用齿根应力 σ_{FP}。

注意，许用应力是一个参考的应力“数”；因为是由试验得到的一个单纯的应力，而不是由本部分计算得到的，所以采用这个名称。为了使和设计的齿轮状况相类似，应用一个完全独立的计算值修正试验得到的极限应力为许用应力。

13.6.6.4　齿根应力

1. 齿根应力

大小齿轮的齿根应力分别按下式计算：

$$\sigma_F=\sigma_{F0}K_AK_VK_{F\beta}K_{F\alpha}\leqslant\sigma_{FP} \tag{13-42}$$

式中，σ_{F0}为齿根应力基本值，其定义是一个理想的齿轮在名义转矩下引起的齿根处的最大拉应力。K_A、K_V、$K_{F\beta}$、$K_{F\alpha}$分别见表 13-59、图 13-21、式（13-7）和式（13-13）。

齿根应力基本值是根据齿根处（齿根圆角与 30°切线相切处）最大的拉应力计算的（见图 13-31）。

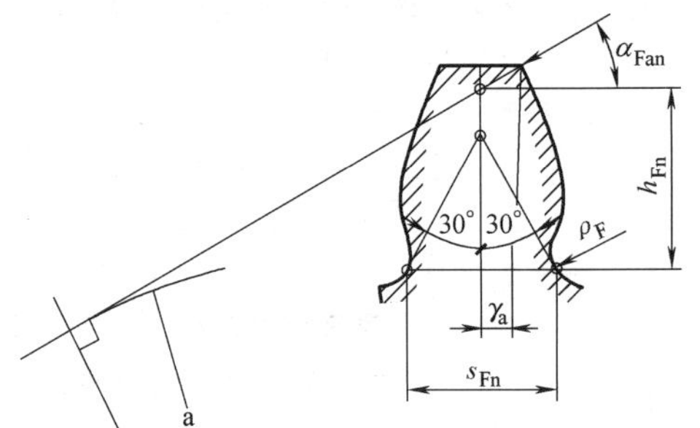

图 13-31　当量圆柱齿轮的齿根危险截面弦齿厚 s_{Fn}，载荷作用于齿顶时的弯曲力臂 h_{Fn}

a—当量圆柱齿轮的基圆

用 Y_ε 把作用在齿顶的载荷转换到作用的位置。

$$\sigma_{F0}=\frac{F_{mt}}{bm_{mn}}Y_{Fa}Y_{sa}Y_\varepsilon Y_KY_{LS} \tag{13-43}$$

式中　F_{mt}——齿宽中点分度圆锥上的名义切向力［式（13-4）］；

b——齿宽；

Y_{Fa}——齿形系数（见式 13-47 或图 13-33），Y_{Fa}是考虑载荷作用在齿顶时，齿形对名义弯曲应力的影响；

Y_{sa}——应力修正系数，Y_{sa}是考虑把载荷作用在齿顶时的名义弯曲应力转换为齿根应力基本值的系数。复合齿形系数 $Y_{FS}=Y_{Fa}\cdot Y_{sa}$，见图 13-34，图 13-35，图 13-36；

Y_ε——重合度系数，是考虑把载荷作用在齿顶时的齿根应力基本值，换算为载荷在作用位置时的齿根应力基本值；

Y_K——锥齿轮系数，是考虑较小的 l'_b值与齿宽 b 的比及接触线倾斜的影响；

Y_{LS}——载荷分担系数，是考虑两对或多对相啮合轮齿间的载荷分配。

2. 许用齿根应力

大小齿轮的许用齿根应力 σ_{FP}要分别计算，要根据实际齿轮的几何相似性、运转状况和制造情况进行计算。

$$\sigma_{FP}=\frac{\sigma_{FE}Y_{NT}}{S_{Fmin}}Y_{\delta relT}Y_{RrelT}Y_X \qquad (13\text{-}44)$$

$$\sigma_{FP}=\frac{\sigma_{Flim}Y_{ST}Y_{NT}}{S_{Fmin}}Y_{\delta relT}Y_{RrelT}Y_X \qquad (13\text{-}45)$$

式中　σ_{FE}——包括了应力修正系数的弯曲疲劳极限，$\sigma_{FE}=\sigma_{Flim}Y_{ST}$，假设材料（包括热处理）在全弹性状态下，无缺口试件的基本弯曲强度；

σ_{Flim}——由试验齿轮的弯曲疲劳极限，其值与试验齿轮的材料、热处理、齿根圆角的几何尺寸有关（见表 12-49）；

Y_{ST}——应力修正系数，与试验齿轮的尺寸有关，$Y_{ST}=2.0$；

S_{Fmin}——最小安全系数（见 13.6.3 节）；

$Y_{\delta relT}$——相对齿根圆角敏感系数，是考虑计算齿轮齿根圆角敏感系数与试验齿轮的不同对许用应力值的影响（$Y_{\delta relT}=Y_\delta/Y_{\delta T}$考虑材料对圆角的敏感性）；

Y_{RrelT}——相对齿根表面状况系数（$Y_{RrelT}=Y_R/Y_{RT}$考虑齿根圆角状况与试验齿根状况的关系）；

Y_X——齿根强度的尺寸系数，是考虑模数对齿根强度的影响；

Y_{NT}——寿命系数，考虑齿轮运转循环次数的影响。

3. 计算的安全系数

大小齿轮的弯曲强度的计算安全系数要分别计算，根据许用齿根应力值用下式计算

$$S_F=\frac{\sigma_{FE}Y_{NT}Y_{\delta relT}Y_{RrelT}Y_X}{\sigma_{F0}\quad K_AK_VK_{F\beta}K_{F\alpha}} \qquad (13\text{-}46)$$

注意，这是与传递的转矩有关的计算安全系数。关于安全系数见 13.6.3 节。

4. 展成法加工齿轮的齿形系数 Y_{Fa}

式（13-47）用于在法截面内有或没有齿廓变位的当量圆柱齿轮，变位并满足下列假设条件：

1）30°切线切点位于用有齿顶圆角半径的刀具展成的齿根曲线上。

2）加工用的刀具带有一定的齿顶圆角半径（$\rho_{a0}\neq0$）。

$$Y_{Fa}=\frac{6\dfrac{h_{Fa}}{m_{mn}}\cos\alpha_{Fan}}{\left(\dfrac{s_{Fn}}{m_{mn}}\right)^2\cos\alpha_n} \qquad (13\text{-}47)$$

式中代号意义见图 13-31。

为了计算齿根危险截面弦齿厚 s_{Fn} 和弯曲力臂 h_{Fa}，首先要确定辅助值 E、G、H 和 θ：

$$E=\left(\frac{\pi}{4}-x_{sm}\right)m_{mn}-h_{a0}\tan\alpha_n-\frac{\rho_{a0}(1-\sin\alpha_n)-s_{pr}}{\cos\alpha_n} \qquad (13\text{-}48)$$

$$G=\frac{\rho_{a0}}{m_{mn}}-\frac{h_{a0}}{m_{mn}}+x_{hm} \qquad (13\text{-}49)$$

$$H=\frac{2}{z_{vn}}\left(\frac{\pi}{2}-\frac{E}{m_{mn}}\right)-\frac{\pi}{3} \qquad (13\text{-}50)$$

$$\theta=\frac{2G}{z_{vn}}\tan\theta-H \qquad (13\text{-}51)$$

为了解超越方程式（13-51），可取初始值 $\theta=\frac{\pi}{6}$，在大多数情况下，迭代几次，该方程就收敛了。

齿根危险截面弦齿厚 s_{Fa}：

$$\frac{s_{Fn}}{m_{mn}}=z_{vn}\sin\left(\frac{\pi}{3}-\theta\right)+\sqrt{3}\left(\frac{G}{\cos\theta}-\frac{\rho_{a0}}{m_{mn}}\right) \qquad (13\text{-}52)$$

危险截面处齿根圆角半径 ρ_F：

$$\frac{\rho_F}{m_{mn}}=\frac{\rho_{a0}}{m_{mn}}+\frac{2G^2}{\cos\theta(z_{vn}\cos^2\theta-2G)} \qquad (13\text{-}53)$$

弯曲力臂 h_{Fa}：

$$\alpha_{an}=\arccos\left(\frac{d_{vbn}}{d_{van}}\right) \qquad (13\text{-}54)$$

$$\gamma_a=\frac{1}{z_{vn}}\left[\frac{\pi}{2}+2(x_{bm}\tan\alpha_n+x_{sm})\right]+\mathrm{inv}\alpha_n-\mathrm{inv}\alpha_{an} \qquad (13\text{-}55)$$

$$\alpha_{Fan}=\alpha_{an}-\gamma_a \qquad (13\text{-}56)$$

$$\frac{h_{Fa}}{m_{mn}}=\frac{1}{2}\left[(\cos\gamma_a-\sin\gamma_a\tan\alpha_{Fan})\frac{d_{van}}{m_{mn}}-z_{vm}\cos\left(\frac{\pi}{3}-\theta\right)-\frac{G}{\cos\theta}+\frac{\rho_{a0}}{m_{mn}}\right] \qquad (13\text{-}57)$$

在法截面内，当量圆柱齿轮参数见 GB/T 10062.1 的附录 A。刀具轮齿基本齿条齿廓的尺寸见本部分的图 13-32。对于刀具基本齿廓为 $\alpha_n=20°$、

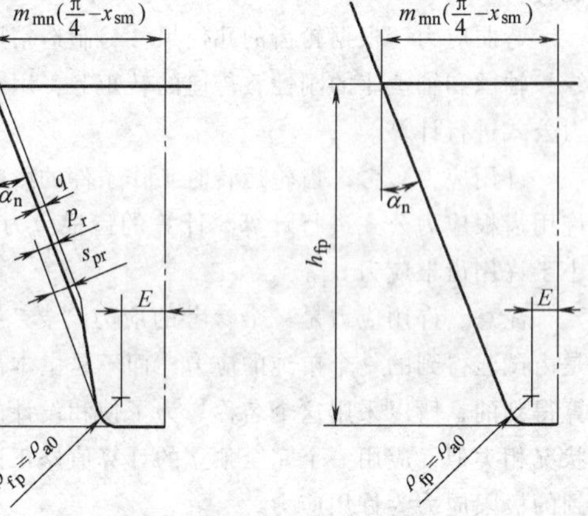

图 13-32　刀具基本齿条齿廓尺寸

$h_{a0}/m_{mn}=1.25$、$\rho_{a0}/m_{mn}=0.25$、$x_{sm}=0$ 的齿轮，其齿形系数可从图 13-33 查得。其他的刀具基本齿廓参数见 GB/T 3480。

对于展成锥齿轮的复合齿形系数 $Y_{FS}=Y_{Fa}Y_{sa}$ 见图 13-34～图 13-36。

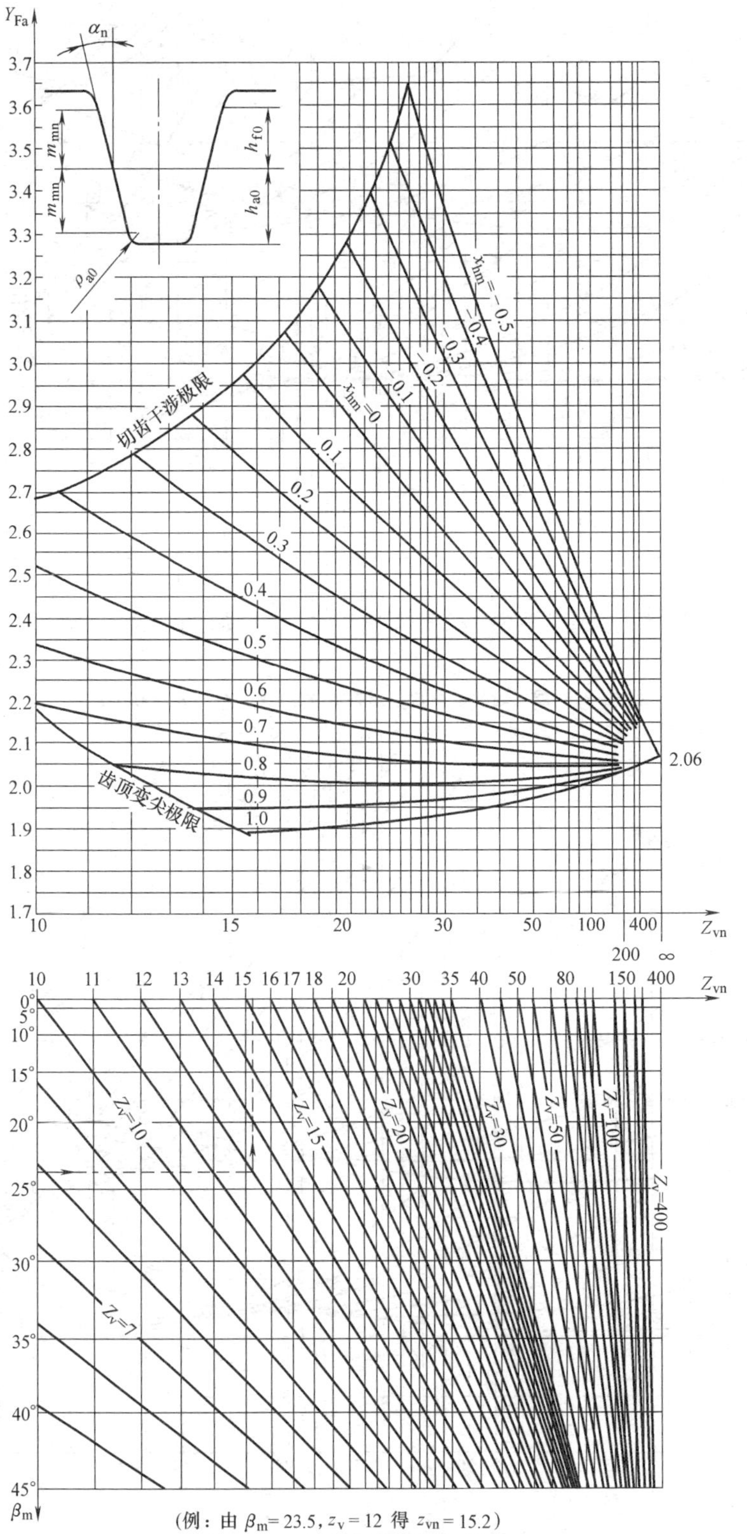

(例：由 $\beta_m=23.5$, $z_v=12$ 得 $z_{vn}=15.2$)

图 13-33　展成齿轮的齿形系数 Y_{Fa}

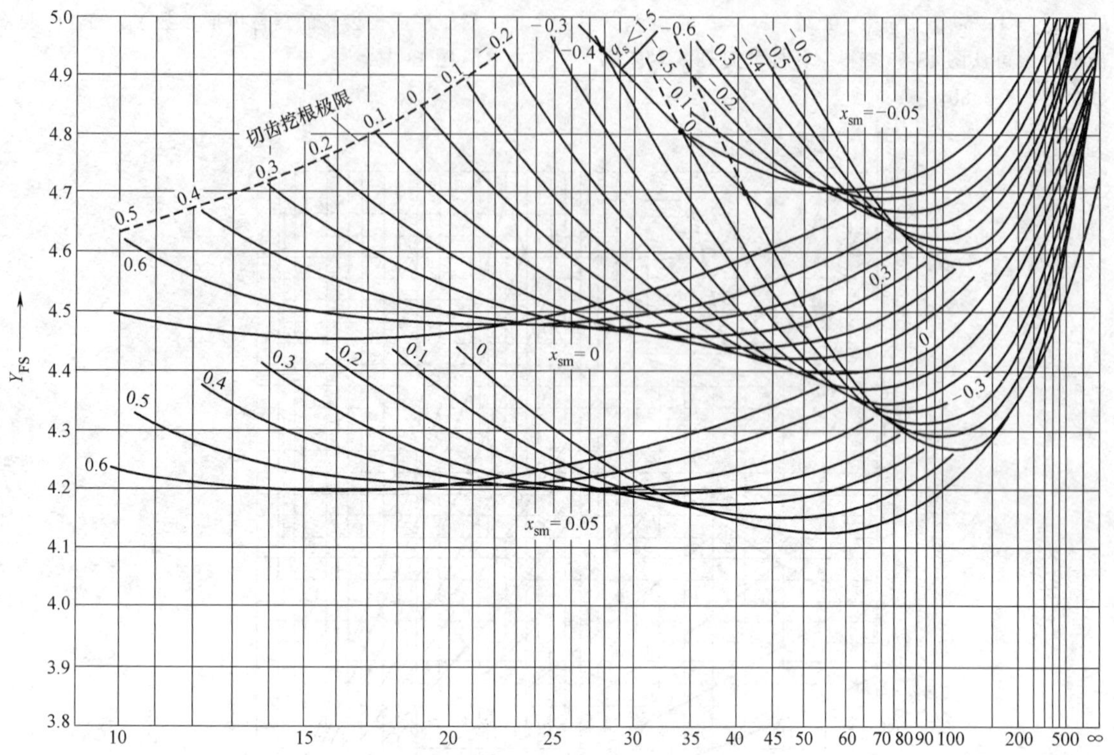

图 13-34　展成齿轮的复合齿形系数 $Y_{FS}=Y_{Fa}Y_{sa}$（$\rho_{a0}=0.2m_{mn}$）

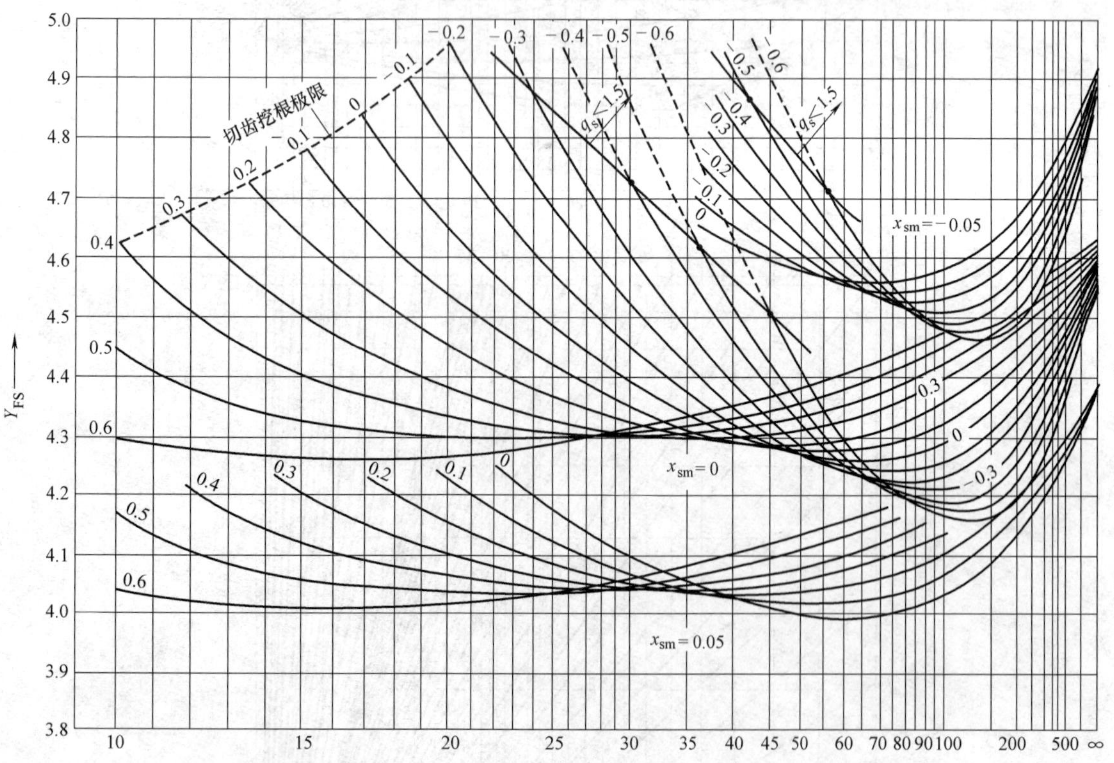

图 13-35　展成齿轮的复合齿形系数 $Y_{FS}=Y_{Fa}Y_{sa}$（$\rho_{a0}=0.25m_{mn}$）

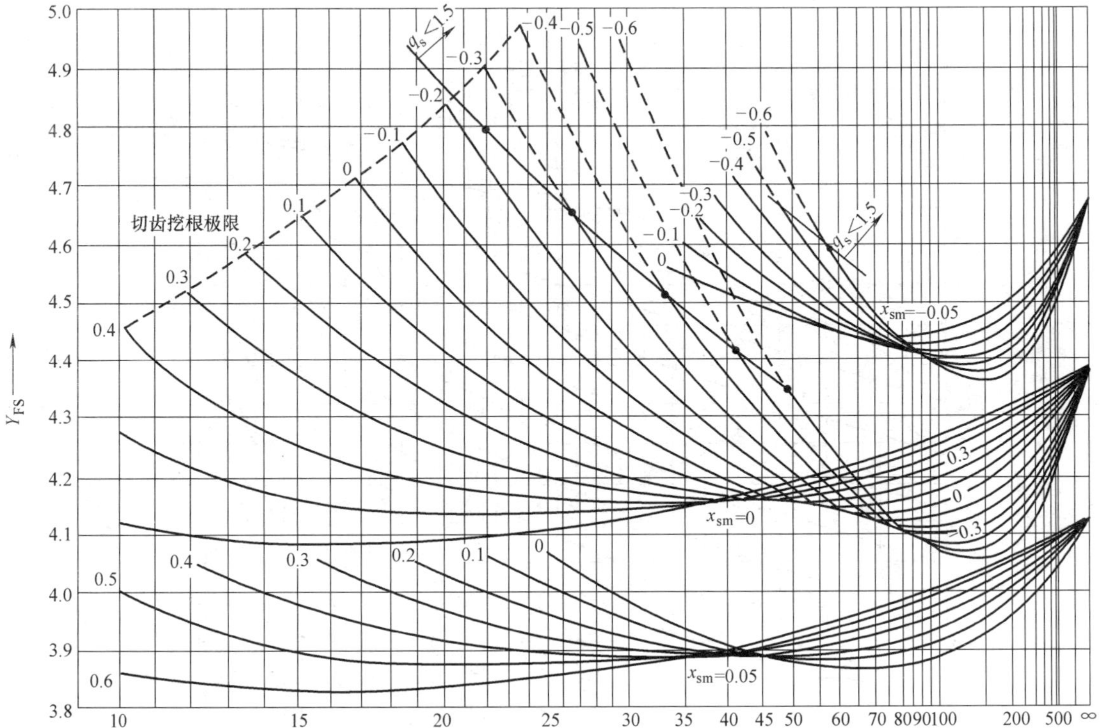

图 13-36　展成齿轮的复合齿形系数 $Y_{Fs}=Y_{Fa}Y_{sa}$（$\rho_{a0}=0.3m_{mn}$）

5. 成形法加工的齿轮的齿形系数 Y_{Fa}

有的鼓形齿轮可用成形法切削加工（特别在大的齿数比时），所测齿轮齿槽齿廓和刀具齿廓（齿条刀具齿廓）一致，鼓形齿轮的齿形系数可直接按刀具齿廓确定。

危险截面弦齿厚：

$$s_{Fn2}=\pi m_{mn}-2E-2\rho_{a02}\cos30° \qquad (13\text{-}58)$$

式中，E 按式（13-48）计算。

在 30°切线切点处的曲率半径：

$$\rho_{F2}=\rho_{a02} \qquad (13\text{-}59)$$

弯曲力臂：

$$h_{Fa2}=h_{a02}-\frac{\rho_{a02}}{2}+m_{mn}-\left(\frac{\pi}{4}+x_{sx2}-\tan\alpha_n\right)m_{mn}\tan\alpha_n \qquad (13\text{-}60)$$

齿形系数按式（13-47）计算，并取 $\alpha_{Fan}=\alpha_n$；

$$Y_{Fa2}=\frac{\dfrac{6h_{Fa2}}{m_{mn}}}{\left(\dfrac{s_{Fn2}}{m_{mn}}\right)^2} \qquad (13\text{-}61)$$

在大齿轮齿数比 $u>3$ 时，与其相啮合的小锥齿轮是用展成法加工的，小锥齿轮的齿形系数可近似地按式（13-47）计算。

6. 应力修正系数 Y_{sa}

应力修正系数 Y_{sa} 是把名义弯曲应力转换成齿根应力基本值的系数。它考虑了齿根过渡曲线处的应力集中的效应，以及弯曲应力以外的其他应力对齿根应力的影响（进一步的说明见 GB/T 3480）。

$$Y_{sa}=(1.2+0.13L_a)q_s^{\left(\frac{1}{1.21+2.3/L_a}\right)} \qquad (13\text{-}62)$$

$$L_a=\frac{s_{Fn}}{h_{Fa}} \qquad (13\text{-}63)$$

$$q_s=\frac{s_{Fn}}{2\rho_F} \qquad (13\text{-}64)$$

式中　s_{Fn}——分别按式（13-52）或式（13-58）计算；

h_{Fa}——分别按式（13-57）或式（13-60）计算；

ρ_F——分别按式（13-53）或式（13-59）计算。

式（13-62）的有效范围是 $1\leqslant q_s<8$。

对于刀具基本齿廓为 $\alpha_n=20°$、$h_{a0}/m_{mn}=1.25$、$\rho_{a0}/m_{mn}=0.25$ 和 $x_{sm}=0$ 的齿轮，应力修正系数 Y_{sa} 可从图 13-37 查得。关于磨削台阶的影响见 GB/T 3480。

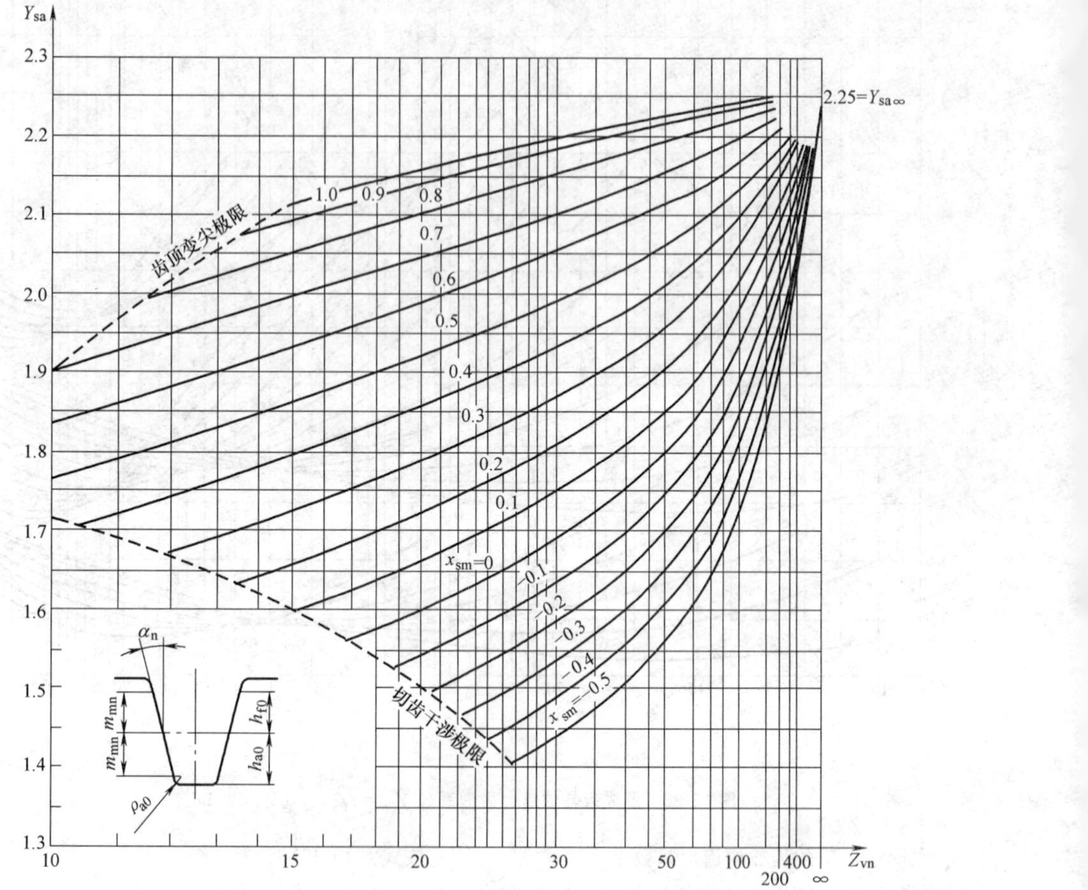

图 13-37　载荷作用在齿顶时的应力修正系数 Y_{sa}

7. 重合度系数 Y_ε

重合度系数 Y_ε 是把作用在齿顶的载荷（此处用齿形系数 Y_{Fa} 和应力修正系数 Y_{sa}）转换到指定的点的系数。

Y_ε 可用以下公式计算：

当 $\varepsilon_{V\beta}=0$ 时：

$$Y_\varepsilon=0.25+\frac{0.75}{\varepsilon_{v\alpha}}\geqslant 0.625 \qquad (13\text{-}65)$$

当 $0<\varepsilon_{V\beta}\leqslant 1$ 时：

$$Y_\varepsilon=0.25+\frac{0.75}{\varepsilon_{v\alpha}}-\varepsilon_{v\beta}\left(\frac{0.75}{\varepsilon_{v\alpha}}-0.375\right)\geqslant 0.625 \qquad (13\text{-}66)$$

当 $\varepsilon_{v\beta}>1$ 时：

$$Y_\varepsilon=0.625 \qquad (13\text{-}67)$$

8. 锥齿轮系数 Y_K

锥齿轮系数 Y_K 是考虑锥齿轮与圆柱齿轮的差异对齿根应力影响的系数（因接触线倾斜，l'_{bm} 的值较小）。

$$Y_K=\left(\frac{1}{2}+\frac{1}{2}\cdot\frac{l'_{bm}}{b}\right)^2\frac{b}{l'_{bm}} \qquad (13\text{-}68)$$

式中，l'_{bm} 为中部接触线的投影长度［见 GB/T 10062.1 的式（A.44）］。

9. 载荷分担系数 Y_{LS}

载荷分担系数 Y_{LS} 是考虑两对轮齿或多对轮齿间的载荷分配的系数。

$$Y_{LS}=Z_{LS}^2 \qquad (13\text{-}69)$$

（Z_{LS} 见 GB/T 10062.2）。

10. 相对齿根圆角敏感系数 $Y_{\delta relT}$

动态的齿根圆角敏感系数 Y_δ，表示疲劳损坏时理论的应力峰值超过材料弯曲疲劳极限的程度，它是材料和应力梯度的函数。敏感系数可根据无缺口和有缺口的试件或试验齿轮经试验得到的强度值计算得到。如果没有较精确的试验结果（A 法），$Y_{\delta relT}$ 可用下面叙述的方法确定。

锥齿轮（和其当量圆柱齿轮）的许用齿根应力是根据圆锥和圆柱试验齿轮的疲劳强度确定的，所以相对齿根圆角敏感系数 $Y_{\delta relT}=Y_\delta/Y_{\delta T}$ 可直接从图 13-38查得，它是所计算齿轮的 q_s［见式（13-64）］和材料的函数。

计算相对齿根圆角敏感系数 $Y_{\delta relT}$ 可用下式计算，该式表示图 13-38 中的曲线。

$$Y_{\delta relT}=\frac{1+\sqrt{\rho' X^a}}{1+\sqrt{\rho' X_T^a}} \tag{13-70}$$

$$X^a=\frac{1}{5}(1+2q_s)$$

$X_T^a=1.2$ 及 $q_{sT}=2.5$。

式中　ρ'——滑移层厚度，ρ'是材料的函数，可从表 13-66 查得；

X^a——适用于模数 $m_{mn}=5$mm，其尺寸的影响用 Y_X 考虑。

上面的方法称为 B1 法，对于工业齿轮采用下面的 B2 法已足够精确。当齿轮 $q_s\geqslant1.5$ 时，可取：

$$Y_{\delta relT}=1.0 \tag{13-71}$$

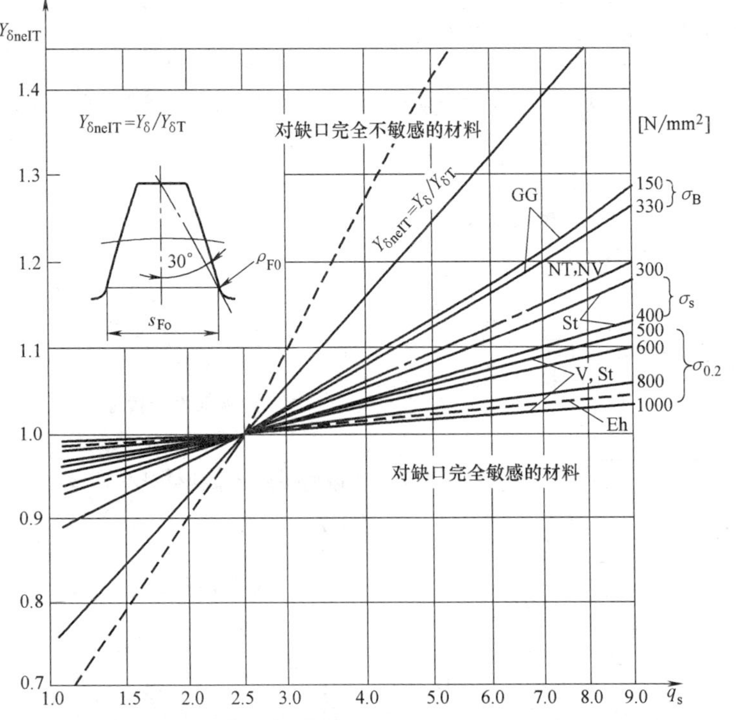

图 13-38　与标准试验齿轮尺寸相关的相对齿根圆角敏感系数（许用齿根应力按名义弯曲应力确定）

表 13-66　滑移层厚度 ρ'

序号	材　料		滑移层厚度 ρ'/mm
1	GG	$\sigma_b=150$MPa	0.3124
2	GG,GGG(ferr.)	$\sigma_b=300$MPa	0.3095
3	NT,NV		0.1005
4	St	$\sigma_s=300$MPa	0.0833
5	St	$\sigma_s=400$MPa	0.0445
6	V,GTS,GGG(perl.,bain.)	$\sigma_{0.2}=500$MPa	0.0281
7	V,GTS,GGG(perl.,bain.)	$\sigma_{0.2}=600$MPa	0.0194
8	V,GTS,GGG(perl.,bain.)	$\sigma_{0.2}=800$MPa	0.0064
9	V,GTS,GGG(perl.,bain.)	$\sigma_{0.2}=1000$MPa	0.0014
10	Eh		0.0030

注：关于材料的缩写词见表 13-65。

对于 $q_s>2.5$，取上面的值偏于安全。

当 $q_s<1.5$ 时，考虑许用齿根应力将减小，可取：

$$Y_{\delta relT}=0.95 \tag{13-72}$$

在图 13-34～图 13-36 中给出 $q_s=1.5$ 的极限曲线。

11. 相对齿根表面状况系数 Y_{RrelT}

相对表面状况系数 Y_{RrelT} 是考虑齿根表面状况（主要取决于齿根圆角处的表面粗糙度）相对于 $R_z=10\mu m$ 的标准齿轮（见 GB/T 3480）齿根表面状况，对齿根强度的影响。

如果通过对所有因素进行更精确的分析来确定齿根表面状况系数无法实现时（A 法），可用本条所叙述的方法确定。

注意：在齿根表面没有深度大于 $2R_z$ 的擦伤或类似的缺陷时，这些方法才有效。

（1）B1 法　相对齿根表面状况系数 Y_{RrelT} 可按粗糙度和材料从图 13-39 查得，图中曲线是用试件做试验得到的；也可用以下公式计算。

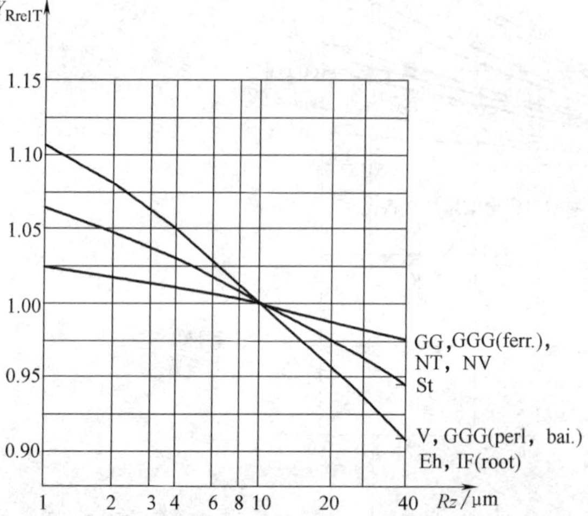

图 13-39　相对齿根表面状况系数 Y_{RrelT}，用于确定与试验齿轮尺寸相关的许用齿根应力（关于材料的缩写词参考表 13-65）

当 $Rz<1\mu m$ 时：

对于调质钢和渗碳钢

$$Y_{RrelT}=1.12 \tag{13-73}$$

对于结构钢

$$Y_{RrelT}=1.07 \tag{13-74}$$

对于灰铸铁、渗氮钢、氮碳共渗钢

$$Y_{RrelT}=1.025 \tag{13-75}$$

当 $1\mu m\leqslant Rz\leqslant 40\mu m$ 时：

对于调质钢和渗碳钢

$$Y_{RrelT}=\frac{Y_R}{Y_{RT}}=1.674-0.529(Rz+1)^{\frac{1}{10}} \tag{13-76}$$

对于结构钢

$$Y_{RrelT}=\frac{Y_R}{Y_{RT}}=5.306-4.203(Rz+1)^{\frac{1}{100}} \tag{13-77}$$

对于灰铸铁、渗氮钢、氮碳共渗钢

$$Y_{RrelT}=\frac{Y_R}{Y_{RT}}=4.299-3.259(Rz+1)^{\frac{1}{200}} \tag{13-78}$$

（2）B2 法　齿轮的齿根表面粗糙度 $Rz\leqslant 16\mu m$ 时，一般可取

$$Y_{RrelT}=1.0 \tag{13-79}$$

由图 13-39 可知，当 $10\mu m<Rz\leqslant 16\mu m$ 时，材料弯曲疲劳极限稍偏小；当 $Rz<10\mu m$ 时，按上式计算偏于安全。

12. 尺寸系数 Y_X

尺寸系数 Y_X 是考虑强度随着尺寸的增大而减小的系数。

对 Y_X 影响的主要因素有：

1）轮齿尺寸。

2）齿轮直径。

3）轮齿尺寸与直径之比。

4）接触斑点的面积。

5）材料和热处理。

6）渗碳深度与齿厚之比。

如果没有个人的或其他验证过的经验，Y_X 可按法向模数 m_{mn} 和材料近似地从图 13-40 查取。

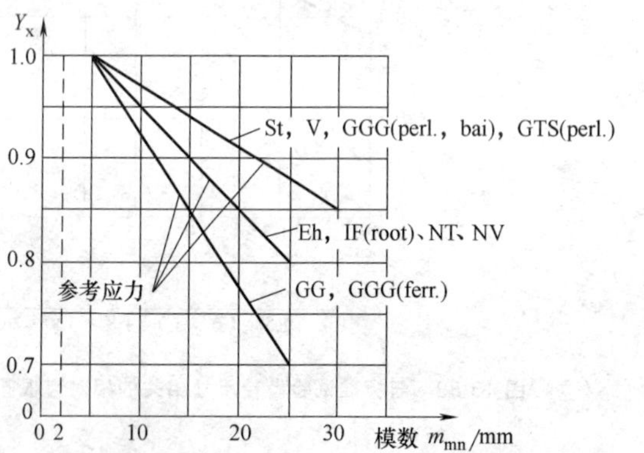

图 13-40　弯曲强度的尺寸系数 Y_X（用于材料弯曲疲劳极限）（关于材料的缩写词参考表 13-65）

Y_X 可用以下公式，近似地表示图 13-40 中的曲线。

结构钢、调质钢、球墨铸铁、珠光体可锻铸铁

$$Y_X=1.03-0.006m_{mn} \tag{13-80}$$

并规定 $0.85\leqslant Y_X\leqslant 1.0$。

渗碳碎火钢、全齿廓感应或火焰淬火钢、渗氮钢或氮碳共渗钢

$$Y_X=1.05-0.01m_{mn} \tag{13-81}$$

并规定 $0.8 \leqslant Y_X \leqslant 1.0$。

灰铸铁

$$Y_X = 1.075 - 0.015 m_{mn} \quad (13\text{-}82)$$

并规定 $0.70 \leqslant Y_X \leqslant 1$。

13. 寿命系数 Y_{NT}

寿命系数 Y_{NT}是有限寿命（应力循环次数有限）时所允许比较高的弯曲应力与在 3×10^6 循次数的弯曲疲劳极限应力的比值。

对 Y_{NT}的主要影响因素有：

1）材料和热处理（见 GB/T 8539）。

2）载荷的循环次数（使用寿命）N_L。

3）失效判据。

4）要求的运转平稳性。

5）齿轮材料的纯度。

6）材料的塑性和断裂韧性。

7）残余应力。

GB/T 10062 规定，应力循环次数 N_L 的定义为在载荷作用下轮齿啮合的次数。材料的弯曲疲劳极限是按轮齿加载循环次数 3×10^6 建立的，可靠度 99%。

超过 3×10^6 循环次数，经验证明可取 $Y_{NT}=1$。

当 $Y_{NT}=1$ 时，应考虑采用最佳的材质和制造工艺。

对于静强度和疲劳强度，Y_{NT}值是材料和热处理的函数，Y_{NT}可从图 13-41 查得；其值是根据大量试验得到的，其判据是：对于表面硬化钢和渗氮硬化钢是产生损伤或初始裂纹；对于结构钢和调质钢是达到屈服极限。

对于静强度和疲劳强度的寿命系数可从表 13-67 查得，对于有限寿命的 Y_{NT}在疲劳强度极限和静强度极限之间插值确定（Y_{NT}的插值计算见 GB/T 3480）。

注意，对于循环次数 $\leqslant 10^3$，应避免应力水平高于允许值，否则轮齿材料会超过弹性极限。

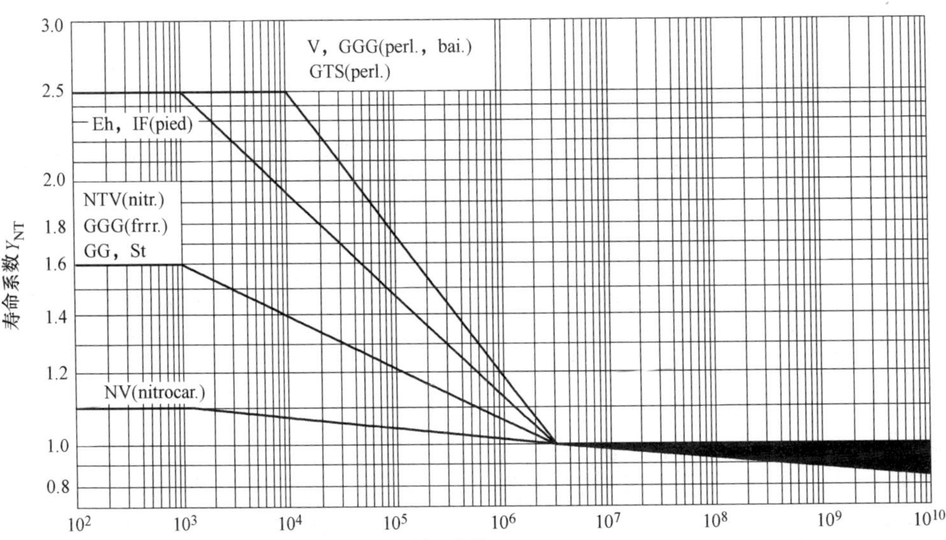

图 13-41 寿命系数 Y_{NT}（标准试验齿轮）

（关于材料的缩写词参考表 13-65）

表 13-67 静强度和疲劳强度的寿命系数 Y_{NT}

材料	应力循环次数 N_L	寿命系数 Y_{NT}
V GGG(perl.,bai.) GTS(perl.)	$N_L \leqslant 10^4$,静强度	2.5
	$N_L = 3\times10^6$,疲劳强度	1.0
	$N_L = 10^{10}$,疲劳强度 优选材料、制造工艺,并经生产实践验证	0.85 1.0
Eh,IF(齿根)	$N_L \leqslant 10^3$,静强度	2.5
	$N_L = 3\times10^6$,疲劳强度	1.0
	$N_L = 10^{10}$,疲劳强度 优选材料、制造工艺,并经生产实践验证	0.85 1.0

（续）

材料	应力循环次数 N_L	寿命系数 Y_{NT}
St NTV(nitr.) GG,GGG(ferr.)	$N_L \leqslant 10^3$,静强度	1.6
	$N_L = 3\times10^6$,疲劳强度	1.0
	$N_L = 10^{10}$,疲劳强度 优选材料、制造工艺,并经生产实践验证	0.85 1.0
NV(nitrocar.)	$N_L \leqslant 10^3$,静强度	1.1
	$N_L = 3\times10^6$,疲劳强度	1.0
	$N_L = 10^{10}$,疲劳强度 优选材料、制造工艺,并经生产实践验证	0.85 1.0

第14章 蜗杆传动

14.1 概述

14.1.1 蜗杆传动的特点

蜗杆传动用于传递空间交错轴之间的转矩和运动，通常两轴之间的交错角 $\Sigma=90°$。蜗杆传动具有以下特点：传动比大，结构紧凑；传动平稳，振动和噪声小；可自锁；但传动效率较低，易发热，蜗轮常用减摩材料制造，成本较高。

蜗杆传动在机床、汽车、仪器、冶金机械、矿山机械及起重运输设备等传动系统中有广泛的应用，随着高效率的新型蜗杆传动的出现，其应用范围还在不断地扩展。

14.1.2 蜗杆传动的类型

根据蜗杆分度曲面形状，蜗杆传动可以分为圆柱蜗杆传动、环面蜗杆传动和锥面蜗杆传动三类（见图14-1），按其齿廓形状及形成原理，还可细分如下：

- 蜗杆传动
  - 圆柱蜗杆传动
    - 阿基米德圆柱蜗杆传动（ZA 型）
    - 渐开线圆柱蜗杆传动（ZI 型）
    - 法向直廓蜗杆传动（ZN 型）
    - 锥面包络蜗杆传动（ZK 型）
    - 圆弧圆柱蜗杆传动（ZC 型）
  - 环面蜗杆传动
    - 直廓环面蜗杆传动（TA 型）
    - 曲齿廓环面蜗杆传动
    - 平面包络环面蜗杆传动（TP 型）
    - 锥面包络环面蜗杆传动（TK 型）
    - 渐开面包络环面蜗杆传动（TI 型）
  - 锥面蜗杆传动

其中，ZA、ZI、ZN、ZK 统称为普通圆柱蜗杆传动。

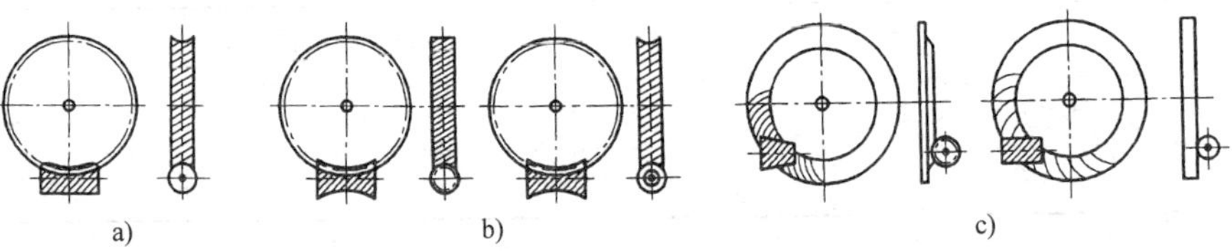

图 14-1 蜗杆传动类型

a）圆柱蜗杆传动 b）环面蜗杆传动 c）锥面蜗杆传动

常用的几种蜗杆传动接触线形状如图 14-2 所示。直廓环面蜗杆传动的润滑角 Ω 接近 90°，形成油膜的条件好，同时接触的齿数多，当量曲率半径大，所以承载能力高。圆弧圆柱蜗杆传动与普通圆柱蜗杆传动相比，Ω 角和当量曲率半径都较大，所以承载能力也较高。

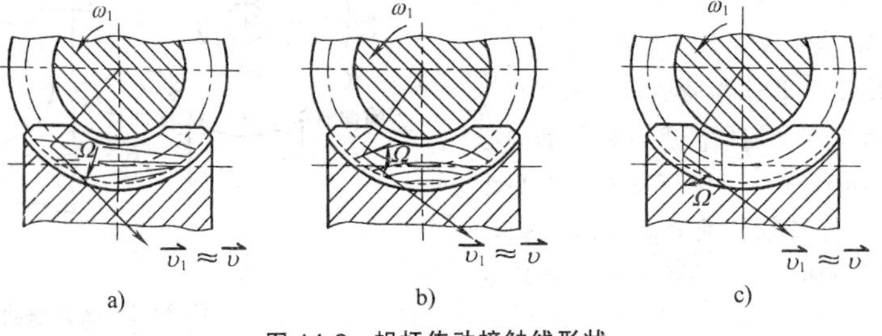

图 14-2 蜗杆传动接触线形状

a）普通圆柱蜗杆传动 b）圆弧圆柱蜗杆传动 c）环面蜗杆传动

14.1.3　蜗杆与蜗轮材料的选择

蜗杆和蜗轮的材料不仅要求有足够的强度，更重要的是使配对材料具有良好的减摩性、耐磨性和磨合性能。为此，蜗杆传动常采用淬硬的钢制蜗杆与青铜蜗轮（低速时可用铸铁）相匹配。

（1）蜗杆材料　蜗杆一般用优质碳素钢或合金钢制成，毛坯应采用锻件。蜗杆的齿面经热处理后有很高的硬度，而芯部要有良好的韧性。蜗杆常用材料见表 14-1，热处理齿表面硬化层厚度见表 14-2。

表 14-1　蜗杆常用材料及热处理

材料牌号	热处理方法	齿面硬度	齿面表面粗糙度 $Ra/\mu m$
45、35SiMn、40Cr、40CrNi、35CrMo、42CrMo	调质	≤350HBW	1.6~3.2
45、40Cr、40CrNi、35CrMo	表面淬火	45~55HRC	≤0.8
20Cr、20CrV、20CrMnTi、12CrNi3A、20CrMnMo	渗碳淬火	58~63HRC	≤0.8
38CrMoAl、42CrMo、50CrVA	氮化	63~69HRC	≤0.8

表 14-2　蜗杆齿表面硬化层厚度　　（单位：mm）

模数	≤1.25	>1.25~2.5	>2.5~4	>4~5	>5
公称厚度	0.3	0.5	0.9	1.3	1.5
深度范围	0.2~0.4	0.4~0.7	0.7~1.1	1.1~1.5	1.3~1.6

（2）蜗轮材料　蜗轮齿圈毛坯为铸件，可用金属模、砂模或离心铸造。常用材料有：

1）铸锡青铜。性能优良，可用于较高速度的场合，是理想的蜗轮材料。常用牌号有 ZCuSn10P1、ZCuSn10Zn2、ZCuSn5Pb5Zn5 等。

2）铸铝铁青铜。跑合性能和抗胶合能力较差，可用于 $v_s \leqslant 4m/s$ 的传动。常用牌号有ZCuAl10Fe3、ZCuAl10Fe3Mn2 等。

3）灰铸铁及球墨铸铁。可用于 $v_s \leqslant 2m/s$、不重要的传动。常用牌号有 HT150、HT200、HT250、QT700-2 等。

（3）蜗杆与蜗轮材料的匹配　蜗杆与蜗轮材料的匹配见表 14-3。

表 14-3　蜗杆与蜗轮材料的匹配

蜗轮材料	ZCuSn10Zn2	ZCuSn10P1	ZCuAl10Fe3	灰铸铁
蜗杆材料	20CrMnTi、40Cr 等	20CrMnTi、40Cr 等	40Cr 等	45、40Cr 等
特性	$v_s \geqslant 8 \sim 26m/s$	$v_s \geqslant 5 \sim 10m/s$	$v_s \leqslant 4m/s$	$v_s \leqslant 2m/s$

14.1.4　蜗杆传动的润滑

蜗杆传动过程中，齿面相对滑动速度大，导致传动效率低、损耗功率大，易使油温升高，从而限制蜗杆传动的承载能力。为此，需要合理选择润滑方法和润滑油，以改善齿面间的润滑条件。

1. 润滑方法的选择

1）浸油润滑。当齿面相对滑动速度 $v_s \leqslant 10m/s$ 时多采用油池浸油润滑方式，油面高度可视传动中心距而定；中心距 a<100mm 时可用全部浸入；中心距 $a \geqslant$100mm时，对卧式蜗杆传动，油面高度应与蜗杆轴线一致；对立式蜗杆传动，油面高度则应与蜗轮轴线一致。

2)压力喷油润滑。当齿面相对滑动速度v_s>10m/s 时多采用压力喷油润滑，一般为集中油站供油，用泵将润滑油通过油嘴喷在蜗杆传动齿面的啮合区处。若蜗杆双向运行，应设两个喷油嘴，如图 14-3a 所示。

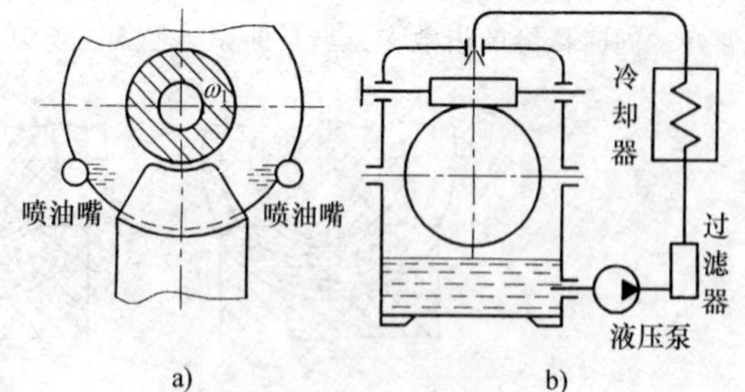

图 14-3　压力喷油润滑

a）喷油嘴放置位置　b）油循环示意图

喷油润滑时油的循环过程如图 14-3b 所示。

喷油润滑油的黏度取 160～170cst（40℃）(1cst=$10^{-6}m^2/s$)，喷油压力取 0.15～0.25MPa，每分钟的注油量列于表 14-4 中。

表 14-4　压力喷油润滑注油量

中心距 a/mm	100	125	140	160	180	200	225	250	280	315	355	400	450	500
注油量/(L/min)	2	3	3	4	4	6	6	10	10	15	15	20	20	20

2. 润滑油的选择

1）对润滑油性能的要求：

① 为避免蜗杆传动中发生齿面胶合或磨粒磨损失效，要求润滑油具有良好的油性、极压性及在高温下的抗氧化性。

② 为改善动压油膜的形成条件，要求润滑油有较高的黏度，良好的安定性。

③ 对于油中的添加剂，要求对蜗杆传动的啮合质量有良好的影响，为此应选用油脂性添加剂，其次选用磷型极压添加剂，再其次选用铅型添加剂，不宜用硫氯型添加剂。

2）常用润滑油。蜗杆传动所用润滑油 ISO 和 GB 标准都有比较明确的规定。通常矿物油和极性矿物油用于蜗杆传动使用效果良好，成本相对较低，在我国有较大量的生产和较广泛的应用。如兰州炼油厂、沈阳化工厂生产的中极性蜗轮蜗杆油 680、460、320、220、茂名石油公司生产的 WA、WB、WS 型蜗轮蜗杆油，都有良好使用效果而被广泛选用。润滑油黏度和牌号列在表 14-5 中。

3. 润滑油的使用

表 14-5　润滑油的选择

速度 v_s/(m/s)	≤2.2	>2.2～5	>5～12	>12
油黏度/cst(40℃)	612～748	414～506	288～352	198～242
油的牌号	680	460	320	220

注：1cst=$10^{-6}m^2/s$。

1）所用润滑油必须保持清洁，发现杂质、污染物或润滑油变质、老化，应立即更换。

2）蜗杆传动在按额定载荷工作前，应进行分级加载磨合，磨合结束后要更换润滑油。

3）规定正式工作 150～300h 要第一次更换润滑油，然后对于长期连续工作的蜗杆传动每工作 500～1000h 更换一次润滑油；每天连续工作 8h 的蜗杆传动可工作 1200～3000h 换油一次，任何情况换新油的时间不得超过 4000h。蜗杆传动的工作过程中，要随时查看油面高度或喷油量大小，严防供油不足。

4）更换润滑油时要首先排净旧油，洗净箱体，然后注入规定的润滑油，不得随意更换润滑油牌号，更不得将不同牌号、不同生产厂家的油混合使用。

14.2　普通圆柱蜗杆传动

14.2.1　普通圆柱蜗杆传动的类型和特点

（1）阿基米德圆柱蜗杆传动（ZA 型）　阿基米德蜗杆在车床上加工。如图 14-4 所示，将车刀刃面置于蜗杆毛坯的轴向平面内，车刀除径向切削运动外，还相对毛坯作等导程螺旋运动，这时车刀刃廓的轨迹面就是蜗杆齿面——阿基米德螺旋面。ZA 蜗杆的轴向平面齿廓为直线，法向平面齿廓为凸形曲线、端面齿廓为阿基米德螺旋线。以蜗杆为刀具用展成法加工的蜗轮在中间平面内的齿廓是渐开线。蜗杆和蜗轮组成的蜗杆副在中间平面内的啮合，呈斜齿条副。

阿基米德圆柱蜗杆传动设计简便，工艺成熟。但因磨齿工艺差，难于用硬齿面蜗杆，啮合性能不佳，所以仅在速度低、载荷小、不重要的场合应用。

（2）法向直廓圆柱蜗杆传动（ZN 型）　法向直廓蜗杆在车床上加工时，将车刀刃廓置于蜗杆齿线的法面内，车刀除径向切削运动外，还相对蜗杆作等导程螺旋运动，车刀刃廓的轨迹螺旋面即蜗杆齿面。ZN 型蜗杆分为齿槽法向直廓蜗杆（ZN_1 蜗杆、齿形 N_1）、齿体法向直廓蜗杆（ZN_2 蜗杆、齿形 N_2）和齿面法向直廓蜗杆（ZN_3 蜗杆、齿形 N_3）三种。

法向直廓蜗杆在相应的法向平面内是直线齿廓，轴向平面内呈凸形齿廓，端面齿廓是长幅渐开线，如图 14-5 所示。

法向直廓蜗杆传动与阿基米德蜗杆传动的应用范围基本相同，但由于刀具法向放置，车削工艺性良好，易于加工导程角大的多头蜗杆。

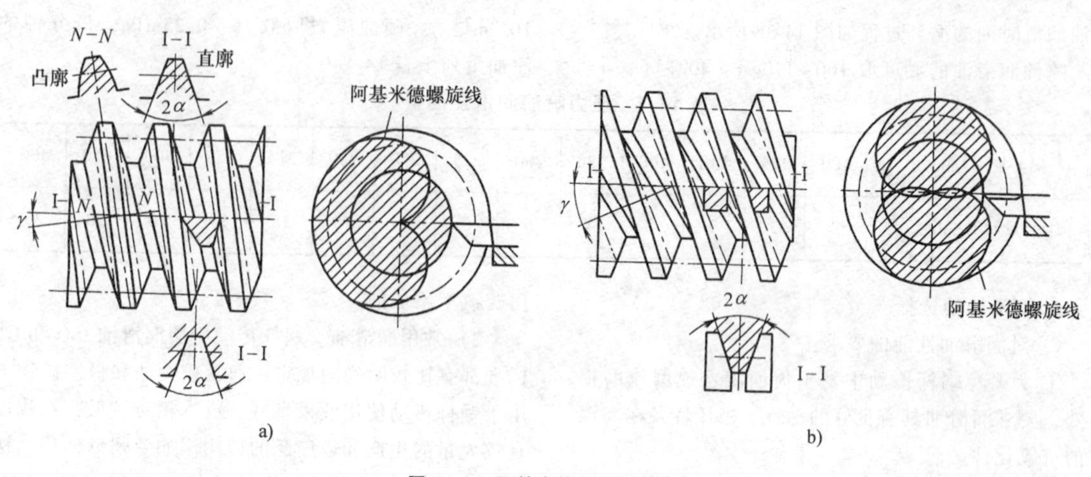

图 14-4 阿基米德蜗杆的加工

a）$\gamma_1 \leqslant 3°$用一把车刀加工 b）$\gamma_1 > 3°$时用两把车刀加工

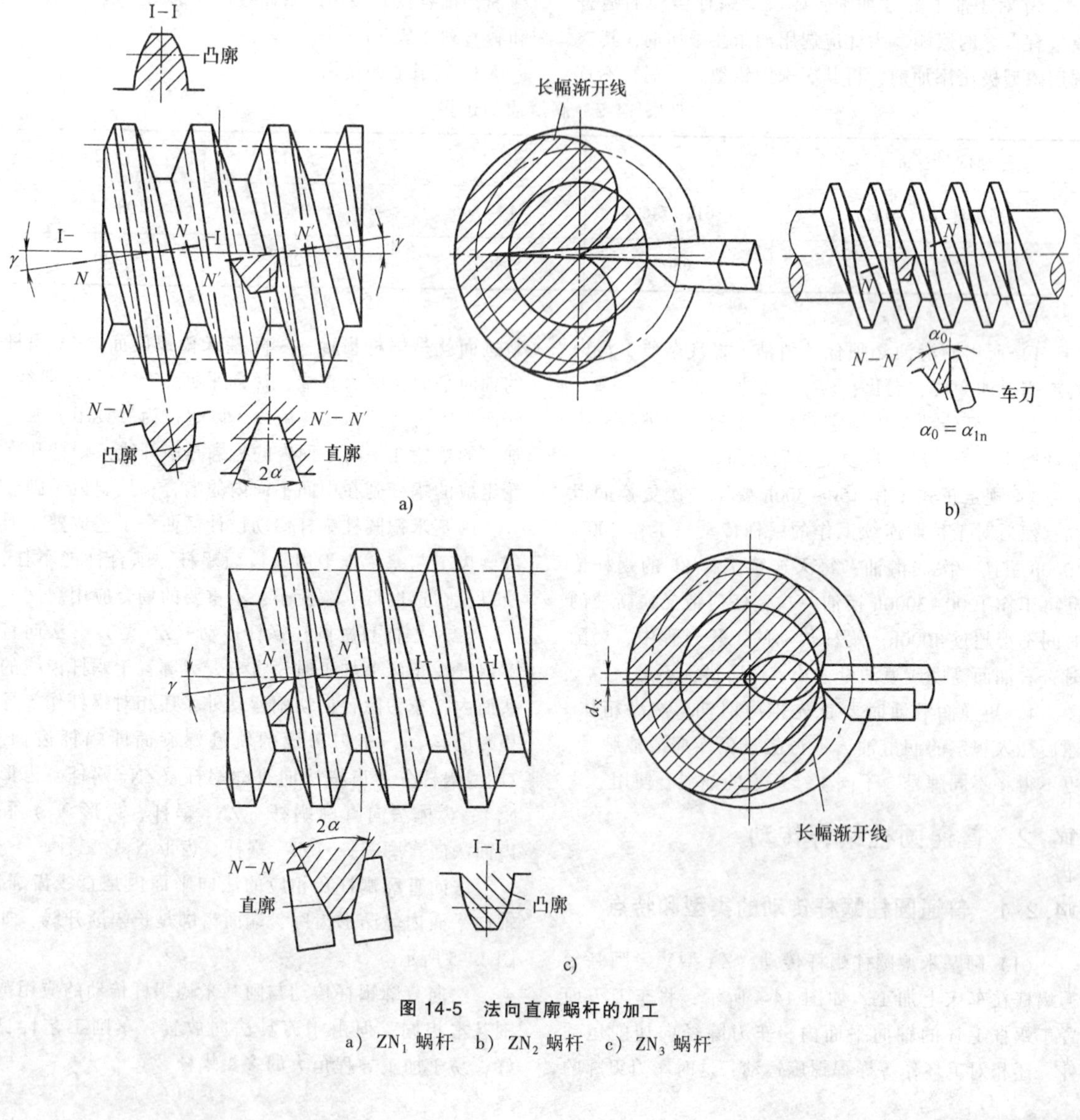

图 14-5 法向直廓蜗杆的加工

a）ZN_1 蜗杆 b）ZN_2 蜗杆 c）ZN_3 蜗杆

（3）渐开线圆柱蜗杆传动（ZI 型）　渐开线蜗杆在车床上车削时，将车刀刃面置于蜗杆基圆柱的切平面内，车刀除径向切削运动外，还相对蜗杆毛坯作等导程螺旋运动，车刀刃廓的轨迹面即蜗杆齿面——渐开螺旋面。

渐开线蜗杆在基圆柱切平面内是直线齿廓，在轴平面内是凸形曲线齿廓，在端平面内是渐开线齿廓。其齿廓形状如图 14-6 所示。

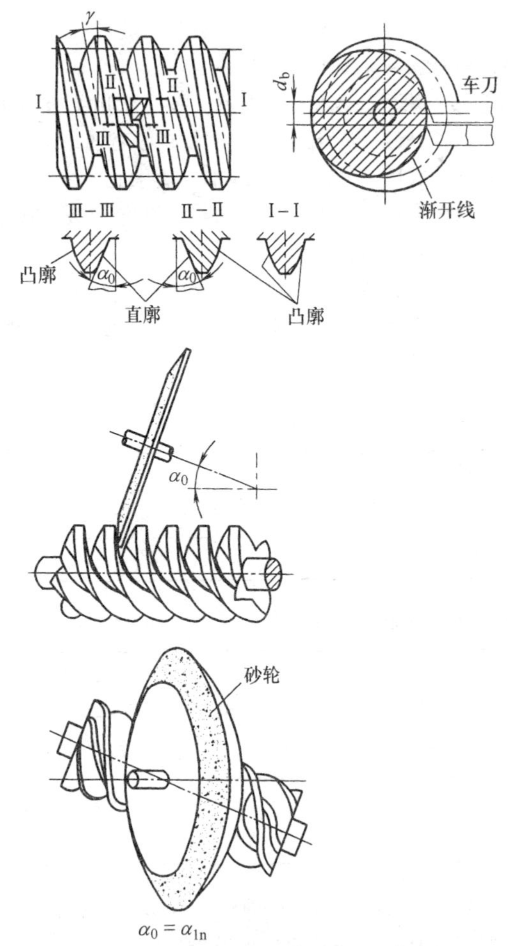

图 14-6　渐开线蜗杆的加工

（4）锥面包络圆柱蜗杆传动（齿形 K）　锥面包络圆柱蜗杆齿廓的形成如图 14-7 所示。蜗杆螺旋面是圆锥面族的包络面，有良好磨齿工艺，可采用硬齿面，可获得很高的齿面精度，在国内已有较多应用。

磨齿（或铣齿）前先车削出（用 N_1 齿形）螺旋面，然后用砂轮磨齿。砂轮切向进给，磨齿时砂轮除绕自身轴线高速转动外，还要相对蜗杆作等导程螺旋运动，形成蜗杆的螺旋齿面。

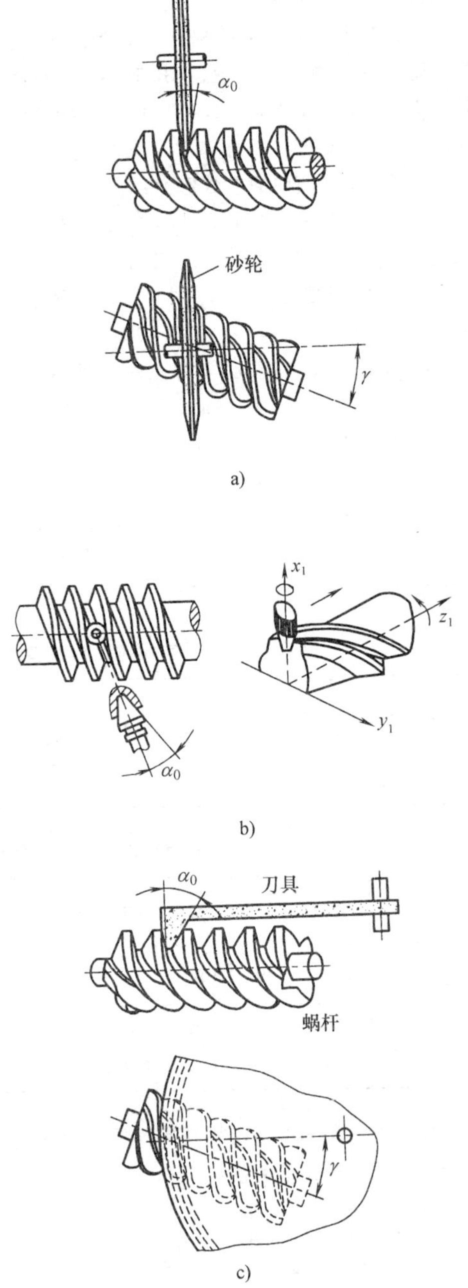

图 14-7　锥面包络圆柱蜗杆加工

a）ZK_1 蜗杆　b）ZK_2 蜗杆　c）ZK_3 蜗杆

锥面包络圆柱蜗杆可分为：盘形锥面包络圆柱蜗杆（ZK_1 蜗杆、齿形 K_1）、指状锥面包络圆柱蜗杆（ZK_2 蜗杆、齿形 K_2）、端锥面包络圆柱蜗杆（ZK_3 蜗杆、齿形 K_3）。

14.2.2 普通圆柱蜗杆传动的参数及尺寸

14.2.2.1 基本参数

（1）基本齿廓 圆柱蜗杆以其轴向平面内的参数为基本齿廓的尺寸参数，GB/T 10087—1988 所规定的基本齿形适用于 $m \geqslant 1\text{mm}$，轴交角 $\Sigma=90°$、齿形角 $\alpha=20°$的普通圆柱蜗杆传动（见图 14-8）。基本齿廓在蜗杆轴向平面内的参数值为：

1）正常齿高时齿顶高 $h_a=1m$，工作齿高 $h'=2m$；短齿时齿顶高 $h_a=0.8m$，工作齿高 $h'=1.6m$。

2）轴向齿距 $p_x=\pi m$，中线上的齿厚和齿槽相等。

3）顶隙 $c=0.2m$，必要时允许采用 $c=0.15m$ 和 $c=0.35m$。

4）齿根圆角半径 $\rho_f=0.3m$，必要时允许采用 $\rho_f=0.2m$、$0.4m$ 或加工成圆弧。

5）允许齿顶倒圆，圆角半径 $\leqslant 0.2m$。

（2）模数 m 对于 $\Sigma=90°$的蜗杆传动，蜗杆的轴向模数 m_x 与蜗轮的端面模数 m_t 相等，均用 m 表示。蜗杆模数 m 的标准值见表 14-6。

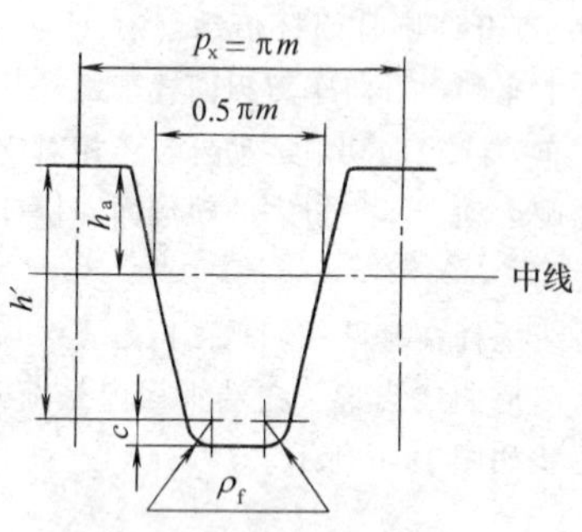

图 14-8 基本齿廓

（3）蜗杆头数和蜗轮齿数 蜗杆常用头数为 1，2，4，6。根据传动比和对传动效率的要求而定。单头蜗杆一般用于分度传动或有自锁要求的场合；动力传动蜗杆头数 z_1 一般可取为 2~4。蜗轮齿数一般在 $z_2=27\sim80$ 范围选取。

（4）蜗杆分度圆直径 d_1 为减少切制蜗轮所用滚刀的规格数量，蜗杆分度圆直径 d_1 也已标准化，其值见表 14-7。

表 14-6 蜗杆模数 m 值（摘自 GB/T 10088—1988）

系列									
第一系列	1 8	1.25 10	1.6 12.5	2 16	2.5 20	3.15 25	4 31.5	5 40	6.3
第二系列	1.5	3	3.5	4.5	5.5	6	7	12	14

表 14-7 蜗杆分度圆直径 d_1 值（GB/T 10088—1988）（单位：mm）

系列															
第一系列	4	4.5	5	5.6	6.3	7.1	8	9	10	11.2	12.5	14	16	18	20
	22.4	25	28	31.5	35.5	40	45	50	56	63	71	80	90	100	112
	125	140	160	180	200	224	250	280	315	355	400				
第二系列	6	7.5	8.5	15	30	38	48	53	60	67	75	95	106	118	132
	144	170	190	300											

（5）蜗杆导程角 γ 蜗杆导程角 γ 与模数 m 及分度圆直径 d_1 有如下关系：

$$\tan\gamma=\frac{z_1 m}{d_1} \tag{14-1}$$

$$d_1=\frac{z_1}{\tan\gamma}m=qm$$

$$q=\frac{z_1}{\tan\gamma}=\frac{d_1}{m} \tag{14-2}$$

q 称为蜗杆直径系数，也是蜗杆传动的重要参数之一。

在动力系统中，为提高传动效率，应在保证蜗杆强度和刚度的条件下尽量选取较大的 γ 值，即应选用多头数、小分度圆直径 d_1 的蜗杆传动。对于要求有自锁性能的传动，γ 取值应小于 3°30′。

（6）中心距 a 蜗杆传动中心距 a 的标准值见表 14-8。其中，$a \leqslant 125\text{mm}$ 的中心距按 $R10$ 系列确定，对较大的中心距按 $R20$ 系列确定。

表 14-8 圆柱蜗杆传动中心距 a 值

（摘自 GB/T 19935—2005）

25	32	40	50	63	80	100	125	140	160
180	200	225	250	280	315	355	400	450	500

（7）传动比 i 普通圆柱蜗杆蜗轮的传动比 i 的标准值见表 14-10。其中带 * 者为基本传动比，应优先选用。

（8）蜗轮的变位系数 x_2　圆柱蜗杆传动多采用径向变位（简称变位）。采用变位的主要目的是改善蜗杆副传动质量，提高承载能力和传动效率，避免蜗轮根切，实现既定的传动比和中心距。

蜗轮的变位系数 x_2 取值一般应在 $-1 \leqslant x_2 < +1$，常用值取 $-0.7 \leqslant x_2 \leqslant +0.7$。取值过大，蜗轮齿顶会减薄、变尖；过小，则可能发生根切。

14.2.2.2　基本尺寸、参数值及其匹配

圆柱蜗杆的基本尺寸和参数值见表 14-9，蜗杆、蜗轮参数的匹配见表 14-10。

表 14-9　蜗杆的基本尺寸和参数（摘自 GB/T 10085—1988）

模数 m/mm	轴向齿距 p_x/mm	分度圆直径 d_1/mm	头数 z_1	直径系数 q	齿顶圆直径 d_{a1}/mm	齿根圆直径 d_{f1}/mm	分度圆柱导程角 γ	说明
1	3.141	18	1	18.000	20	15.6	3°10′47″	自锁
1.25	3.927	20	1	16.000	22.5	17	3°34′35″	—
		22.4	1	17.920	24.9	19.4	3°11′38″	自锁
1.6	5.027	20	1	12.500	23.2	16.16	4°34′26″	—
			2				9°05′25″	
			4				17°44′41″	
		28	1	17.500	31.2	24.16	3°16′14″	自锁
2	6.283	(18)	1	9.000	22	13.2	6°20′25″	—
			2				12°31′44″	
			4				23°57′45″	
		22.4	1	11.200	26.4	17.6	5°06′08″	—
			2				10°07′29″	
			4				19°39′14″	
			6				28°10′43″	
		(28)	1	14.000	32	23.2	4°05′08″	—
			2				8°07′48″	
			4				15°56′43″	
		35.5	1	17.750	39.5	30.7	3°13′28″	自锁
2.5	7.854	(22.4)	1	8.960	27.4	16.4	6°22′06″	—
			2				12°34′59″	
			4				24°03′26″	
		28	1	11.200	33	22	5°06′08″	—
			2				10°07′29″	
			4				19°39′14″	
			6				28°10′43″	
		(35.5)	1	14.200	40.5	29.5	4°01′42″	—
			2				8°01′02″	
			4				15°43′55″	
		45	1	18.000	50	39	3°10′47″	自锁

（续）

模数 m/mm	轴向齿距 p_x/mm	分度圆直径 d_1/mm	头数 z_1	直径系数 q	齿顶圆直径 d_{a1}/mm	齿根圆直径 d_{f1}/mm	分度圆柱导程角 γ	说明
3.15	9.896	(28)	1	8.889	34.3	20.4	6°25′08″	—
			2				12°40′49″	
			4				24°13′40″	
		35.5	1	11.270	41.8	27.9	5°04′15″	
			2				10°03′48″	
			4				19°32′29″	
			6				28°01′50″	
		(45)	1	14.286	51.3	37.4	4°00′15″	
			2				7°58′11″	
			4				15°38′32″	
		56	1	17.778	62.3	48.4	3°13′10″	自锁
4	12.566	(31.5)	1	7.875	39.5	21.9	7°14′13″	—
			2				14°15′00″	
			4				26°55′40″	
		40	1	10.000	48	30.4	5°42′38″	
			2				11°18′36″	
			4				21°48′05″	
			6				30°57′50″	
		(50)	1	12.500	58	40.4	4°34′26″	
			2				9°05′25″	
			4				17°44′41″	
		71	1	17.750	79	61.4	3°13′28″	自锁
5	15.708	(40)	1	8.000	50	28	7°07′30″	—
			2				14°02′10″	
			4				26°33′54″	
		50	1	10.000	60	38	5°42′38″	
			2				11°18′36″	
			4				21°48′05″	
			6				30°57′50″	
		(63)	1	12.600	73	51	4°32′16″	
			2				9°01′10″	
			4				17°36′15″	
		90	1	18.000	100	78	3°10′17″	自锁

（续）

模数 m/mm	轴向齿距 p_x/mm	分度圆直径 d_1/mm	头数 z_1	直径系数 q	齿顶圆直径 d_{a1}/mm	齿根圆直径 d_{f1}/mm	分度圆柱导程角 γ	说明
6.3	19.792	(50)	1	7.936	62.6	34.9	7°10′53″	—
			2				14°08′39″	
			4				26°44′53″	
		63	1	10.000	75.6	47.9	5°42′38″	
			2				11°18′36″	
			4				21°48′05″	
			6				30°57′50″	
		(80)	1	12.698	92.6	64.8	4°30′10″	
			2				8°57′02″	
			4				17°29′01″	
		112	1	17.778	124.6	96.9	3°13′10″	自锁
8	25.133	(63)	1	7.875	79	43.8	7°14′13″	—
			2				14°15′00″	
			4				26°53′10″	
		80	1	10.000	96	60.8	5°42′38″	
			2				11°18′36″	
			4				21°48′05″	
			6				30°57′50″	
		(100)	1	12.500	116	80.8	4°34′26″	
			2				9°05′25″	
			4				17°44′41″	
		140	1	17.500	156	120.8	3°16′41″	自锁
10	31.416	(71)	1	7.100	91	47	8°01′02″	—
			2				15°43′55″	
			4				29°23′46″	
		90	1	9.000	110	66	6°20′25″	
			2				12°31′44″	
			4				23°57′45″	
			6				33°41′24″	
		(112)	1	11.200	132	88	5°06′08″	
			2				10°07′29″	
			4				19°39′14″	
		160	1	16.000	180	136	3°34′35″	

（续）

模数 m/mm	轴向齿距 p_x/mm	分度圆直径 d_1 /mm	头数 z_1	直径系数 q	齿顶圆直径 d_{a1}/mm	齿根圆直径 d_{f1}/mm	分度圆柱导程角 γ	说明
12.5	39.270	(90)	1	7.200	115	60	7°50′26″	—
			2				15°31′27″	
			4				29°03′17″	
		112	1	8.960	137	82	6°22′06″	
			2				12°34′59″	
			4				24°03′26″	
		(140)	1	11.200	165	110	5°06′08″	
			2				10°07′29″	
			4				19°39′14″	
		200	1	16.000	225	170	3°34′35″	
16	50.265	(112)	1	7.000	144	73.6	8°07′48″	—
			2				15°56′43″	
			4				29°44′42″	
		140	1	8.750	172	101.6	6°31′11″	
			2				12°52′30″	
			4				24°34′02″	
		(180)	1	11.250	212	144.6	5°04′47″	
			2				10°04′50″	
			4				19°34′23″	
		250	1	15.625	282	211.6	3°39′43″	
20	62.832	(140)	1	7.000	180	92	8°07′48″	—
			2				15°56′43″	
			4				29°44′42″	
		160	1	8.000	200	112	7°07′30″	
			2				14°02′10″	
			4				26°33′54″	
		(224)	1	11.200	264	176	5°06′08″	
			2				10°07′29″	
			4				19°39′14″	
		315	1	15.750	355	267	3°37′59″	
25	78.540	(180)	1	7.200	230	120	7°54′26″	—
			2				15°31′27″	
			4				27°03′17″	
		200	1	8.000	250	140	7°07′30″	
			2				14°02′10″	
			4				26°33′54″	

（续）

模数 m/mm	轴向齿距 p_x/mm	分度圆直径 d_1/mm	头数 z_1	直径系数 q	齿顶圆直径 d_{a1}/mm	齿根圆直径 d_{f1}/mm	分度圆柱导程角 γ	说明
25	78.540	(280)	1	11.200	330	220	5°06′08″	—
			2				10°07′29″	
			4				19°39′14″	
		400	1	16.000	450	340	3°34′35″	

注：1. 括号中的数字尽可能不采用。

2. 本表中所指的自锁是导程角 γ 小于 3°30′的圆柱蜗杆。

表 14-10 蜗杆、蜗轮参数的匹配

中心距 a/mm	传动比 i_{12}	模数 m/mm	蜗杆分度圆直径 d_1/mm	蜗杆齿数 z_1	蜗轮齿数 z_2	蜗轮变位系数 x_2	说明
40	4.83	2	22.4	6	29	−0.100	—
	7.25	2	22.4	4	29	−0.100	
	9.5*	1.6	20	4	38	−0.250	
	—	—	—	—	—	—	
	14.5	2	22.4	2	29	−0.100	
	19*	1.6	20	2	38	−0.250	
	29	2	22.4	1	29	−0.100	
	38*	1.6	20	1	38	−0.250	
	49	1.25	20	1	49	−0.500	
	62	1	18	1	62	0.000	自锁
50	5.17	2.5	25	6	31	−0.500	—
	7.75	2.5	25	4	31	−0.500	
	9.75*	2	22.4	4	39	−0.100	
	12.75	1.6	20	4	51	−0.500	
	15.5	2.5	25	2	31	−0.500	
	19.5*	2	22.4	2	39	−0.100	
	25.5	1.6	20	2	51	−0.500	
	31	2.5	25	1	31	−0.500	
	39*	2	22.4	1	39	−0.100	
	51	1.6	20	1	51	−0.500	
	62	1.25	22.4	1	62	−0.040	自锁
	—	—	—	—	—	—	—
	82*	1	18	1	82	0.000	自锁
63	5.17	3.15	31.5	6	31	−0.500	—
	7.75	3.15	31.5	4	31	−0.500	
	10.25*	2.5	25	4	41	−0.300	
	12.75	2	22.4	4	51	+0.400	

（续）

中心距 a/mm	传动比 i_{12}	模数 m/mm	蜗杆分度圆直径 d_1/mm	蜗杆齿数 z_1	蜗轮齿数 z_2	蜗轮变位系数 x_2	说明
63	15.5	3.15	31.5	2	31	-0.500	—
	20.5*	2.5	25	2	41	-0.300	
	25.5	2	22.4	2	51	+0.400	
	31	3.15	31.5	1	31	-0.500	
	41*	2.5	25	1	41	-0.300	
	51	2	22.4	1	51	+0.400	
	61	1.6	28	1	61	+0.125	自锁
	67	1.6	20	1	67	-0.375	—
	82*	1.25	22.4	1	82	+0.440	自锁
80	5.17	4	40	6	31	-0.500	—
	7.75*	4	40	4	31	-0.500	
	10.25*	3.15	31.5	4	41	-0.103	
	13.25	2.5	25	4	53	+0.500	
	15.5	4	40	2	31	-0.500	
	20.5*	3.15	31.5	2	41	-0.103	
	26.5	2.5	25	2	53	+0.500	
	31	4	40	1	31	-0.500	
	41*	3.15	31.5	1	41	-0.103	
	53	2.5	25	1	53	+0.500	
	62	2	35.5	1	62	+0.125	自锁
	69	2	22.4	1	69	-0.100	—
	82*	1.6	28	1	82	+0.250	自锁
100	5.17	5	50	6	31	-0.500	—
	7.75	5	50	4	31	-0.500	
	10.25*	4	40	4	41	-0.500	
	13.25	3.15	31.5	4	53	+0.246	
	15.5	5	50	2	31	-0.500	
	20.5*	4	40	2	41	-0.500	
	26.5	3.15	31.5	2	53	+0.246	
	31	5	50	1	31	-0.500	
	41*	4	40	1	41	-0.500	
	53	3.15	31.5	1	52	+0.246	
	62	2.5	45	1	62	0.000	自锁
	70	2.5	25	1	70	0.000	—
	82*	2	35.5	1	82	+0.125	自锁

（续）

中心距 a/mm	传动比 i_{12}	模数 m/mm	蜗杆分度圆直径 d_1/mm	蜗杆齿数 z_1	蜗轮齿数 z_2	蜗轮变位系数 x_2	说明
125	5.17	6.3	63	6	31	-0.6587	—
	7.75	6.3	63	4	31	-0.6587	
	10.25*	5	50	4	41	-0.500	
	12.75	4	40	4	51	+0.750	
	15.5	6.3	63	2	31	-0.6587	
	20.5*	5	50	2	41	-0.500	
	25.5	4	40	2	51	+0.750	
	31	6.3	63	1	31	-0.6587	
	41*	5	50	1	41	-0.500	
	51	4	40	1	51	+0.750	
	62	3.15	56	1	62	-0.2063	自锁
	70	3.15	31.5	1	70	-0.3175	—
	82*	2.5	45	1	82	0.000	自锁
160	5.17	8	80	6	31	-0.500	—
	7.75	8	80	4	31	-0.500	
	10.25*	6.3	63	4	41	-0.1032	
	13.25	5	50	4	53	+0.500	
	15.5	8	80	2	31	-0.500	
	20.5*	6.3	63	2	41	-0.1032	
	26.5	5	50	2	53	+0.500	
	31	8	80	1	31	-0.500	
	41*	6.3	63	1	41	-0.1032	
	53	5	50	1	53	+0.500	
	62	4	71	1	62	+0.125	自锁
	70	4	40	1	70	0.000	—
	83*	3.15	56	1	83	+0.4048	自锁
180	—	—	—	—	—	—	—
	7.25	10	71	4	29	-0.050	
	9.5*	8	63	4	38	-0.4375	
	12	6.3	63	4	48	-0.4286	
	15.25	5	50	4	61	+0.500	
	19*	8	63	2	38	-0.4375	
	24	6.3	63	2	48	-0.4286	
	30.5	5	50	2	61	+0.500	
	38*	8	63	1	38	-0.4375	

（续）

中心距 a/mm	传动比 i_{12}	模数 m/mm	蜗杆分度圆直径 d_1/mm	蜗杆齿数 z_1	蜗轮齿数 z_2	蜗轮变位系数 x_2	说明
180	48	6.3	63	1	48	-0.4286	—
	61	5	50	1	61	+0.500	
	71	4	71	1	71	+0.625	自锁
	80*	4	40	1	80	0.000	—
200	5.17	10	90	6	31	0.000	—
	7.75	10	90	4	31	0.000	
	10.25*	8	80	4	41	-0.500	
	13.25	6.3	63	4	53	+0.246	
	15.5	10	90	2	31	0.000	
	20.5*	8	80	2	41	-0.500	
	26.5	6.3	63	2	53	+0.246	
	31	10	90	1	31	0.000	
	41*	8	80	1	41	-0.500	
	53	6.3	63	1	53	+0.246	
	62	5	90	1	62	0.000	自锁
	70	5	50	1	70	0.000	—
	82*	4	71	1	82	+0.125	自锁
225	7.25	12.5	90	4	29	-0.100	—
	9.5*	10	71	4	38	-0.050	
	11.75	8	80	4	47	-0.375	
	15.25	6.3	63	4	61	+0.2143	
	19.5*	10	71	2	38	-0.050	
	23.5	8	80	2	47	-0.375	
	30.5	6.3	63	2	61	+0.2143	
	38*	10	71	1	38	-0.050	
	47	8	80	1	47	-0.375	
	61	6.3	63	1	61	+0.2143	
	71	5	90	1	71	+0.500	自锁
	80*	5	50	1	80	0.000	—
250	7.75	12.5	112	4	31	+0.020	—
	10.25*	10	90	4	41	0.000	
	13	8	80	4	52	+0.250	
	15.5	12.5	112	2	31	+0.020	
	20.5*	10	90	2	41	0.000	
	26	8	80	2	52	+0.250	

（续）

中心距 a/mm	传动比 i_{12}	模数 m/mm	蜗杆分度圆直径 d_1/mm	蜗杆齿数 z_1	蜗轮齿数 z_2	蜗轮变位系数 x_2	说明
250	31	12.5	112	1	31	+0.020	—
	41*	10	90	1	41	0.000	
	52	8	80	1	52	+0.250	
	61	6.3	112	1	61	+0.2937	
	70	6.3	63	1	70	-0.3175	
	81*	5	90	1	81	+0.500	自锁
280	7.25	16	112	4	29	-0.500	—
	9.5*	12.5	90	4	38	-0.200	
	12	10	90	4	48	-0.500	
	15.25	8	80	4	61	-0.500	
	19*	12.5	90	2	38	-0.200	
	24	10	90	2	48	-0.500	
	30.5	8	80	2	61	-0.500	
	38*	12.5	90	1	38	-0.200	
	48	10	90	1	48	-0.500	
	61	8	80	1	61	-0.500	
	71	6.3	112	1	71	+0.0556	自锁
	80*	6.3	63	1	80	-0.5556	—
315	7.75	16	140	4	31	-0.1875	—
	10.25*	12.5	112	4	41	+0.220	
	13.25	10	90	4	53	+0.500	
	15.5	16	140	2	31	-0.1875	
	20.5*	12.5	112	2	41	+0.220	
	26.5	10	90	2	53	+0.500	
	31	16	140	1	31	-0.1875	
	41*	12.5	112	1	41	+0.220	
	53	10	90	1	53	+0.500	
	61	8	140	1	61	+0.125	
	69	8	80	1	69	-0.125	
	82*	6.3	112	1	82	+0.1111	自锁
355	7.25	20	140	4	29	-0.250	—
	9.5*	16	112	4	38	-0.3125	
	12.25	12.5	112	4	49	-0.580	
	15.25	10	90	4	61	+0.500	
	19*	16	112	2	38	-0.3125	

（续）

中心距 a/mm	传动比 i_{12}	模数 m/mm	蜗杆分度圆直径 d_1/mm	蜗杆齿数 z_1	蜗轮齿数 z_2	蜗轮变位系数 x_2	说明
355	24.5	12.5	112	2	49	-0.580	—
	30.5	10	90	2	61	+0.500	
	38*	16	112	1	38	-0.3125	
	49	12.5	112	1	49	-0.580	
	61	10	90	1	61	+0.500	
	71	8	140	1	71	+0.125	自锁
	79*	8	80	1	79	-0.125	—
400	7.75	20	160	4	31	+0.500	—
	10.25*	16	140	4	41	+0.125	
	13.5	12.5	112	4	54	+0.520	
	15.5	20	160	2	31	+0.500	
	20.5*	16	140	2	41	+0.125	
	27	12.5	112	2	54	+0.520	
	31	20	160	1	31	+0.050	
	41*	16	140	1	41	+0.125	
	54	12.5	112	1	54	+0.520	
	63	10	160	1	63	+0.500	
	71	10	90	1	71	0.000	
	82*	8	140	1	82	+0.250	自锁
450	7.25	25	180	4	29	-0.100	—
	9.75*	20	140	4	39	-0.500	
	12.25	16	112	4	49	+0.125	
	15.75	12.5	112	4	63	+0.020	
	19.5*	20	140	2	39	-0.500	
	24.5	16	112	2	49	+0.125	
	31.5	12.5	112	2	63	+0.020	
	39*	20	140	1	39	-0.500	
	49	16	112	1	49	+0.125	
	63	12.5	112	1	63	+0.020	
	73	10	160	1	73	+0.500	
	81*	10	90	1	81	0.000	
500	7.75	25	200	4	31	+0.500	—
	10.25*	20	160	4	41	+0.500	
	13.25	16	140	4	53	+0.375	
	15.5	25	200	2	31	+0.500	

（续）

中心距 a/mm	传动比 i_{12}	模数 m/mm	蜗杆分度圆直径 d_1/mm	蜗杆齿数 z_1	蜗轮齿数 z_2	蜗轮变位系数 x_2	说明
500	20.5*	20	160	2	41	+0.500	—
	26.5	16	140	2	53	+0.375	
	31	25	200	1	31	+0.500	
	41*	20	160	1	41	+0.500	
	53	16	140	1	53	+0.375	
	63	12.5	200	1	63	+0.500	
	71	12.5	112	1	71	+0.020	
	83*	10	160	1	83	+0.500	

注：1. 有"*"者为基本传动比。

2. 本表中所指的自锁（$\gamma_1 \leqslant 3°30'$）只有在静止状态和无振动时才能保证。

14.2.2.3　基本几何关系式及标记方法

1. 基本几何尺寸计算（见表 14-11）

表 14-11　普通圆柱蜗杆传动几何计算

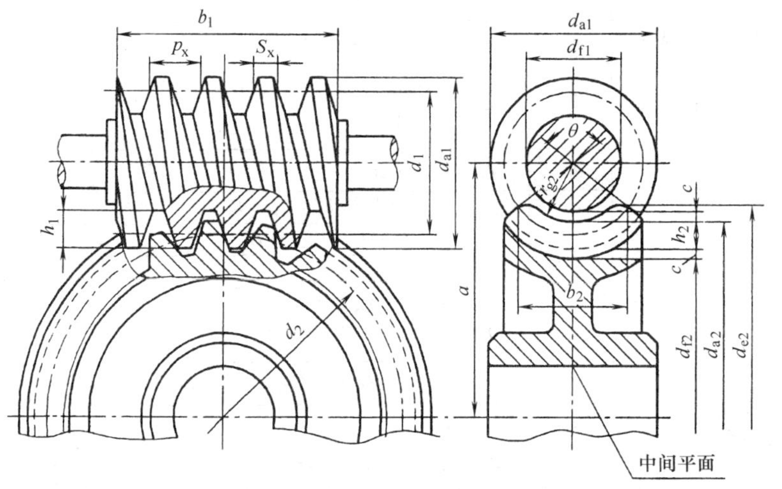

蜗杆副尺寸关系

序号	名称	代号	关系式	说明
1	轴交角	Σ	$\Sigma=90°$	通常用值
2	中心距/mm（取标准值）	a	$a=\frac{1}{2}(d_1'+d_2')=\frac{1}{2}d_1+\frac{1}{2}d_2=0.5m(z_2+q)$	标准传动
		a'	$a'=\frac{1}{2}(d_1'+d_2')=\frac{m}{2}(q+2x)+\frac{d_2}{2}=0.5m(z_2+q+2x)$	变位传动
3	传动比 多用 i_{12}	i_{12}	$i_{12}=\frac{n_1}{n_2}=\frac{z_2}{z_1}=\frac{d_2}{d_1\tan\gamma_1}>1$	减速传动
		i_{21}	$i_{21}=\frac{n_2}{n_1}=\frac{1}{i_{12}}\leqslant 1$	增速传动
4	齿数比	u	$u=\frac{z_2}{z_1}>1\quad i_{12}=u$	总大于 1

（续）

序号	名称	代号	关系式	说明
5	蜗杆齿数	z_1	$z_1=1\sim10$　通常用 $z_1=1,2,4,6$	—
6	蜗轮齿数	z_2	由传动比确定，通常 $z_2\geqslant25$	—
7	齿形角	α	ZA 蜗杆，$\alpha_{x_1}=20°$ 标准值 ZN、ZI、ZK 蜗杆，$\alpha_{n_1}=20°$ 标准值 $\gamma_1>30°$ 时允许取 $\alpha=25°$	—
8	模数/mm	m	$m_{x_1}m_{\tau_2}$ 取为标准值	按标准值取
9	变位系数	x	$x=\frac{a'}{m}-0.5(q+Z_2)=\frac{a'-a}{m}=\frac{a'}{m}-\frac{d_1+d_2}{2m}$ 一般应用范围 $-1\leqslant x\leqslant0.5$	尽量取负值
10	法向模数/mm	m_n	$m_n=m_x\cos\gamma_1$	不取标准值
11	蜗杆直径系数	q	$q=\frac{d_1}{m}=\frac{z_1}{\tan\gamma_1}$	—
12	蜗杆轴向齿距/mm	p_{x1}	$p_{x1}=\pi m_x$	—
13	蜗杆导程/mm	p_{z1}	$p_{z1}=p_{x1}z_1=\pi mz_1$	—
14	蜗杆导程角	γ_1	$\gamma_1=\arctan\left(\frac{z_1}{q}\right)=\arctan(mz_1/d_1)$	—
15	蜗杆节圆柱导程角	γ_1'	$\gamma_1'=\arctan\left(\frac{z_1}{q+2x}\right)$	—
16	渐开线蜗杆　基圆柱导程角	γ_{b1}	$\gamma_{b1}=\arccos(\cos\alpha_n\cos\gamma_1)$	—
	渐开线蜗杆　基圆直径/mm	d_{b1}	$d_{b1}=\frac{d_1\tan\gamma_1}{\tan\gamma_{b1}}$	
	渐开线蜗杆　法向基节	p_{bn}	$p_{bn}=\pi m\cos\gamma_{b1}$	
17	齿顶高系数	h_a^*	$h_{a1}^*=1$：ZA 蜗杆 $h_{a1}^*=h_{a2}^*=1$ ZI 蜗杆　$h_{a2}=\cos\gamma_1$ ZN、ZK 蜗杆 $\begin{cases}z_1=1\sim3 & h_{a2}=1\\ z_1>3 & h_{a2}^*=\cos\gamma_1\end{cases}$	—
18	顶隙系数	c^*	$c^*=0.2$　ZN、ZI、ZK 蜗杆 $c^*=0.2\cos\gamma_1$	—
19	蜗杆分度圆直径/mm	d_1	$d_1=mq$	取标准值
20	蜗杆节圆直径/mm	d_1'	$d_1'=m(q+2x)=d_1+2mx$	—
21	蜗杆顶圆直径/mm	d_{a1}	$d_{a1}=d_1+2mh_a^*$	—
22	蜗杆齿根圆直径/mm	d_{f1}	$d_{f1}=d_1-2(h_a^*+C^*)m$	—
23	蜗杆齿顶高/mm	h_{a1}	$h_{a1}=mh_{a1}^*$	—
24	蜗杆齿根高/mm	h_{f1}	$h_{f1}=m(h_{a1}^*+C^*)$	—
25	蜗杆全齿高/mm	h_1	$h_1=h_{a1}+h_{f1}=(2h_a^*+C^*)m=0.5(d_{a1}-d_{f1})$	—
26	蜗杆齿宽/mm	b_1	$b_1=(12.5+0.1z_2)m$ 取优先整数磨齿蜗杆 $m\leqslant6$mm 时增 20mm $m>6$mm 时增长 25mm	—
27	蜗轮分度圆直径/mm	d_2	$d_2=mz_2$	—
28	蜗轮节圆直径/mm	d_2'	$d_2'=d_2$	—
29	蜗轮喉圆直径/mm	d_{a2}	$d_{a2}=d_2+2h_{a2}^*m+2mx=m(z_2+2h_{a2}^*+2x)$	—

（续）

序号	名称	代号	关 系 式	说 明
30	蜗轮根圆直径/mm	d_{f2}	$d_{f2}=d_{a2}-2h=d_2-2(h_{a2}^*+c^*)m+2mx$	—
31	蜗轮齿顶圆直径/mm	d_{e2}	$d_{e2}=d_{a2}+(1\sim1.5)m$	取整数
32	蜗轮咽喉圆半径/mm	r_{g2}	$r_{g2}=a'-0.5d_{a2}=0.5d_{a1}+C$	—
33	蜗轮齿宽/mm	b_2	$b_2\approx0.7d_{a1}$	取整数
34	蜗轮齿宽角	θ	$\theta=2\sin^{-1}\dfrac{b_2}{d_1}$	—
35	顶隙/mm	C	$C=0.2m$	—
36	蜗轮齿顶高/mm	h_{a2}	$h_{a2}=h_{a2}^*m-mx=m(h_{a2}-x)$	—
37	蜗轮齿根高/mm	h_{f2}	$h_{f2}=(C^*+h_{a2}^*)m+mx=m(C^*+h_{a2}^*+x)$	—
38	蜗轮中径/mm	d_{m2}	$d_{m2}=2(a'-r_1)=d_2+mx$	和蜗杆分度线相切的圆
39	蜗杆轴向齿厚/mm	$\overline{S}_{x1}$	$S_x=0.5\pi m_x$	—
40	蜗杆法向齿厚/mm	$\overline{S}_{n1}$	$S_{n1}=S_x\cos\gamma_1=0.5\pi mx\cos\gamma_1$	—
41	蜗杆轮齿法向测量齿高/mm	$\overline{h}_{an1}$	$\overline{h}_{an1}=h_{am}^*+0.5\overline{S}_{n1}\tan\left(0.5\sin^{-1}\dfrac{\overline{S}_{n1}\sin^2\gamma_1}{d_1}\right)$	—
42	测棒直径/mm	D_m	$D_m\approx1.67m$	选标准值
43	蜗杆跨棒距/mm	M_{d1}	$M_{d1}=d_1-(p_{x1}-0.5\pi m)\dfrac{\cos\gamma_1}{\tan\alpha_n}+D\left(\dfrac{1}{\sin\alpha_n}+1\right)$	—
44	蜗杆传动重合度	ε_a	$\varepsilon_a\approx\dfrac{0.5\sqrt{d_{a2}^2+d_{b2}^2}+m(1-x_2)/\sin\alpha_x-0.5d_2\sin\alpha_x}{\pi m\cos\alpha_x}$ $d_{b2}=d_2\cos\alpha_x$	—

2. 蜗杆、蜗轮及蜗杆传动的标记方法

1）蜗杆的标记方法：

蜗杆类型 $m\times d_1$ 旋向 $z_1\times\alpha_n-d_0$

各符号的含义如下：

蜗杆类型——ZA、ZI、ZN、ZK；

m——模数（mm）；

d_1——蜗杆分度圆直径（mm）；

旋向——右旋 R，左旋 L；

α_n——齿形角，（$\alpha_n=20°$可省略不记）；

d_0——刀具直径（仅 ZK 蜗杆有此项）（mm）。

2）蜗轮的标记：

相配蜗杆类型 $m\times z_2$

z_2——蜗轮齿数。

3）蜗杆传动标记：

蜗杆类型 $m\times d_1$ 旋向 $z_1\times\alpha_n-d_0/z_2$

【例 14-1】 锥面包络圆柱蜗杆传动，模数 $m=5$mm，蜗杆分度圆直径 $d_1=50$mm，螺旋方向右旋，蜗杆齿数 $z_1=2$，蜗轮齿数 $z_2=41$，齿形角 $\alpha_n=20°$，用 $d_0=500$mm 的砂轮磨齿。则可标记为：

蜗杆标记：ZK$_1$5×50R2-500；

蜗轮标记：ZK$_1$5×41；

蜗杆传动标记：ZK$_1$5×50R2-500/41。

14.2.3 普通圆柱蜗杆传动的承载能力计算

14.2.3.1 蜗杆传动的滑动速度和效率

（1）蜗杆传动的齿面滑动速度　蜗杆副工作时，蜗杆和蜗轮的啮合齿面间会产生相当大的相对滑动速度 v_s，由于滑动速度 v_s 大于蜗杆的圆角速度 v_1，所以对传动效率有很大影响，v_s 的数值可由式（14-3）求出：

$$v_s=\frac{v_1}{\cos\gamma}=\frac{\pi d_1n_1}{6\times10^4\cos\gamma} \tag{14-3}$$

式中　d_1——蜗杆分度圆直径（mm）；

n_1——蜗杆转速（r/min）；

γ——蜗杆分度圆导程角（°）。

（2）蜗杆传动的效率　蜗杆传动的功率损耗包括啮合摩擦损耗、轴承摩擦损耗和搅油损耗三部分。因此总功率为：

$$\eta = \eta_1\eta_2\eta_3 \tag{14-4}$$

式中　η_2——轴承效率，滚动轴承 $\eta_2=0.98\sim0.99$，滑动轴承 $\eta_2=0.97\sim0.98$；

η_3——搅油效率，$\eta_3=0.95\sim0.99$；

η_1——齿面啮合效率。

蜗杆为主动件时　$$\eta_1=\frac{\tan\gamma}{\tan(\gamma+\rho')} \tag{14-5}$$

蜗轮为主动件时　$$\eta_1=\frac{\tan(\gamma-\rho')}{\tan\gamma} \tag{14-6}$$

式中，当量摩擦角 $\rho'=\arctan f'$，其实验值见表 14-12。

表 14-12　普通圆柱蜗杆传动的当量摩擦因数和摩擦角

蜗轮材料	锡青铜				无锡青铜		灰铸铁			
蜗杆硬度	≥45HRC		其他		≥45HRC		≥45HRC		其他	
滑动速度 v_s/(m/s)	f'_v	ρ'	f'_v	ρ'	f'_v	ρ'	f'_v	ρ'	f'_v	ρ'
0.01	0.110	6°17′	0.120	6°51′	0.180	10°12′	0.180	10°12′	0.190	10°45′
0.05	0.090	5°09′	0.100	5°43′	0.140	7°58′	0.140	7°58′	0.160	9°05′
0.10	0.080	4°34′	0.090	5°09′	0.130	7°24′	0.130	7°24′	0.140	7°58′
0.25	0.065	3°43′	0.075	4°17′	0.100	5°43′	0.100	5°43′	0.120	6°51′
0.50	0.055	3°09′	0.065	3°43′	0.090	5°09′	0.090	5°09′	0.100	5°43′
1.0	0.045	2°35′	0.055	3°09′	0.070	4°00′	0.070	4°00′	0.090	5°09′
1.5	0.040	2°17′	0.050	2°52′	0.065	3°43′	0.065	3°43′	0.080	4°34′
2.0	0.035	2°00′	0.045	2°35′	0.055	3°09′	0.055	3°09′	0.070	4°00′
2.5	0.030	1°43′	0.040	2°17′	0.050	2°52′	—	—	—	—
3.0	0.028	1°36′	0.035	2°00′	0.045	2°35′	—	—	—	—
4	0.024	1°22′	0.031	1°47′	0.040	2°17′	—	—	—	—
5	0.022	1°16′	0.029	1°40′	0.035	2°00′	—	—	—	—
8	0.018	1°02′	0.026	1°29′	0.030	1°43′	—	—	—	—
10	0.016	0°55′	0.024	1°22′	—	—	—	—	—	—
15	0.014	0°48′	0.020	1°09′	—	—	—	—	—	—
24	0.013	0°45′	—	—	—	—	—	—	—	—

导程角 γ 是影响蜗杆传动啮合效率的主要参数之一，在一定范围内 η_1 随 γ 的增大而提高，对要求效率高的动力传动可取 $\gamma=15°\sim28°$。导程角 γ 小则 η_1 随之降低，如要求机构自锁，可取 $\gamma<\rho'$，此时有 $\eta_1<0.5$。

在传动尺寸未确定之前，蜗杆传动的总效率可按表 14-13 估取。

表 14-13　蜗杆传动总效率的近似值

蜗杆头数 z_1	1	2	3	4
总效率 η	0.7~0.75	0.75~0.82	0.82~0.87	0.87~0.92

14.2.3.2　蜗杆传动的受力分析

蜗杆传动的受力分析与斜齿轮传动类似，齿面上的法向力 F_n 可分解成三个互相垂直的分力——圆周力 F_t、径向力 F_r 和轴向力 F_x，如图 14-9 所示。其计算公式见表 14-14。

力的指向为：蜗杆为主动件时，F_{t1} 与其转动的方向相反，F_{t2} 与蜗轮在啮合点处的运动方向相同，并可据此确定 F_{x1}、F_{x2} 的指向，而 F_{r1}、F_{r2} 总是由啮合点指向各自的轴心。

14.2.3.3　蜗杆传动的强度和刚度计算

（1）计算准则　蜗杆传动的失效形式主要是蜗轮齿面的点蚀、磨损和胶合，有时也可能发生蜗轮齿根的折断。

对于闭式传动，一般先按齿面接触强度设计，再按齿根抗弯强度进行校核，计算时要条件性地考虑胶合和磨损的影响。对连续工作的蜗杆传动还需要进行热平衡计算，避免过高的温升引起润滑失效而导致胶合。

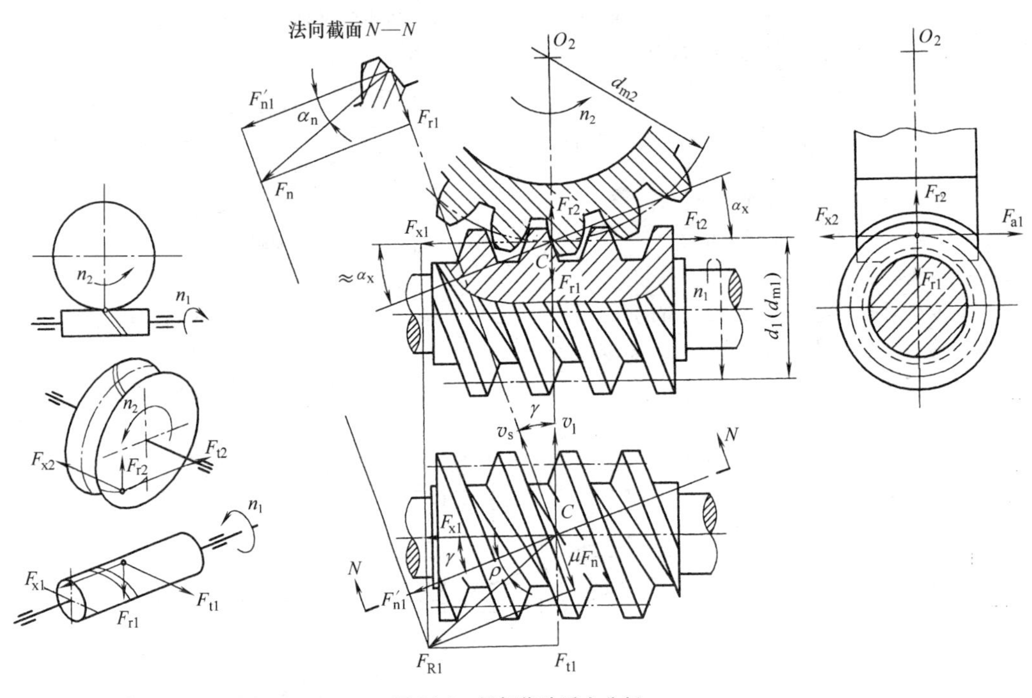

图 14-9　蜗杆传动受力分析

表 14-14　蜗杆传动力的计算公式

名　　称	公　　式
输入转矩 T_1/N·mm	$T_1=9.55\times10^6\dfrac{P_1}{n_1}$
输出转矩 T_2/N·mm	$T_2=T_1\eta i_{12}$
蜗杆圆周力 F_{t1}/N 蜗轮轴向力 F_{x2}/N	$F_{t1}=-F_{x2}=\dfrac{2T_1}{d_1}$
蜗杆轴向力 F_{x1}/N 蜗轮圆周力 F_{t2}/N	$F_{t2}=-F_{x1}=\dfrac{2T_2}{d_2}$
蜗杆径向力 F_{r1}/N 蜗轮径向力 F_{r2}/N	$F_{r2}=-F_{r1}=F_{t2}\tan\alpha$
法向力 F_n/N	$F_n=\dfrac{F_{t2}}{\cos\alpha_n\cos\gamma}$

对于开式传动，一般按齿根抗弯强度设计，并用增大模数（或降低许用应力）的方法加大齿厚，以补偿磨损对轮齿强度的削弱。

此外，蜗杆轴的刚度对传动的啮合性能也会产生较大影响，因此应进行校核计算。

（2）蜗轮齿面强度计算　强度计算公式如下：

设计公式 $$m^2d_1\geqslant\left(\frac{480}{Z_2[\sigma]_H}\right)^2KT_2 \tag{14-7}$$

校核公式 $$\sigma_H=480\sqrt{\frac{KT_2}{d_1d_2^2}}\leqslant[\sigma]_H \tag{14-8}$$

式中各参数的含义及计算方法如下：

1）载荷系数 K：

$$K=K_AK_vK_\beta \tag{14-9}$$

式中　K_A——使用系数，见表 14-15；

K_v——动载系数，当 $v_s\leqslant3$m/s 时，取 $K_v=1.0\sim1.1$；当 $v_s>3$m/s 时，取 $K_v=1.1\sim1.2$；

K_β——载荷分布系数，当载荷平稳时，取 $K_\beta=1$；变载荷下取 $K_\beta=1.1\sim1.3$。

初步设计时可取 $K=1.1\sim1.4$，校核时再精确计算。

表 14-15　使用系数 K_A

原动机	工作特点		
	平稳	中等冲击	严重冲击
电动机、汽轮机	0.8~1.25	0.9~1.5	1~1.75
多缸内燃机	0.9~1.5	1~1.75	1.25~2
单缸内燃机	1~1.75	1.25~2	1.5~2.25

2）许用接触应力。蜗杆传动的许用接触应力与蜗轮齿圈的材料有关。对于锡青铜蜗轮，许用接触应力 $[\sigma]_H$ 取决于疲劳点蚀，其值为：

$$[\sigma]_H=Z_NZ_{vs}[\sigma]_{OH} \tag{14-10}$$

式中　$[\sigma]_{OH}$——基本许用接触应力，见表 14-16；

Z_{vs}——滑动速度影响系数，如图 14-10 所示；

Z_N——寿命系数，如图 14-11 所示；

N——应力循环次数，载荷稳定时：

$$N = 60\sum n_i t_i \left(\frac{T_{2i}}{T_{2\max}}\right)^4 \qquad (14\text{-}11)$$

式中　n_i——某载荷下的蜗轮转速（r/min）；

t_i——某载荷下的工作时间（h）；

T_{2i}——某载荷下的输出转矩（N · mm）；

$T_{2\max}$——传动的最大输出转矩（N · mm）。

对于无锡青铜、黄铜或铸铁蜗轮，$[\sigma]_H$ 取决于齿面胶合，其值见表 14-17。

通过初步强度计算得到 m^2d_1 后，可参考表 14-18 确定 m 和 d_1。

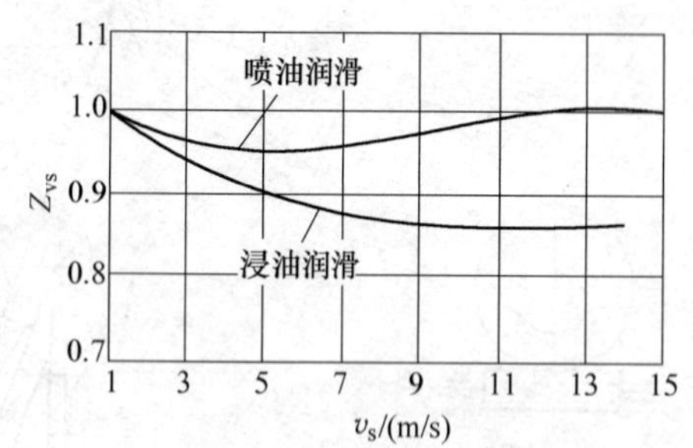

图 14-10　滑动速度影响系数

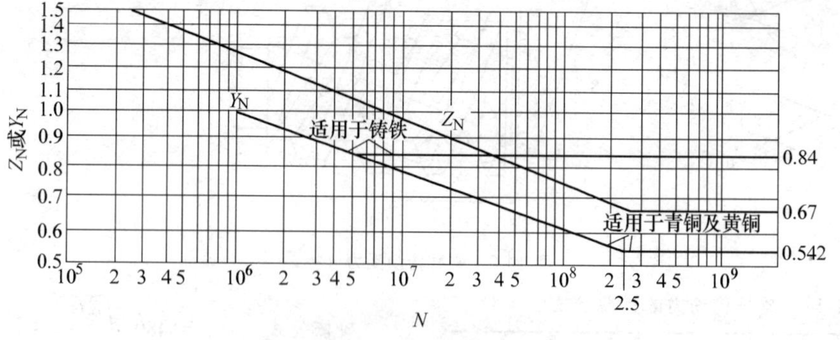

图 14-11　寿命系数

表 14-16　含锡青铜蜗轮材料的基本许用接触应力 $[\sigma]_{OH}$

蜗轮材料	铸造方法	适用的滑动速度 v_s/(m/s)	力学性能 σ_{OH}/MPa			
			σ_s/MPa	σ_b/MPa	蜗杆齿面硬度	
					<350HBW	>45HRC
ZCuSn10Pb1	砂模	≤12	137	220	180	200
	金属模	≤25	196	310	200	220
ZCuSnPb5Zn5	砂模	≤10	78	200	110	125
	金属模	≤12			135	150

表 14-17　无锡青铜、黄铜或铸铁的许用接触应力 $[\sigma]_H$　（单位：MPa）

材料		滑动速度/(m/s)							
蜗轮	蜗杆	0.25	0.5	1	2	3	4	6	8
ZCuAl10Fe3 ZCuAl10Fe3Mn2	钢(淬火)	—	250	230	210	180	160	120	90
ZCuZn38Mn2Pb2	钢(淬火)	—	215	200	180	150	135	95	75
HT150　HT200 (120~150HBW)	渗碳钢	160	130	115	90	—	—	—	—
HT150 (120~150HBW)	钢(调质或正火)	140	110	90	70	—	—	—	—

表 14-18　m、d_1 和 m^2d_1 值

模数 m/mm	分度圆直径 d_1/mm	m^2d_1/mm^3	模数 m/mm	分度圆直径 d_1/mm	m^2d_1/mm^3	模数 m/mm	分度圆直径 d_1/mm	m^2d_1/mm^3
1	18	18	4	40	640	10	160	16000
1.25	20	31.25		(50)	800	12.5	(90)	14062
	22.4	35		71	1136		112	17500
1.6	20	51.2	5	(40)	1000		(140)	21875
	28	71.68		50	1250		200	31250
2	18	72		(63)	1575	16	(112)	28672
	22.4	89.6		90	2250		140	35840
	(28)	112	6.3	(50)	1985		(180)	46080
	35.5	142		63	2500		250	64000
2.5	(22.4)	140		(80)	3175	20	(140)	56000
	28	175		112	4445		160	64000
	(35.5)	222	8	(63)	4032		(224)	89600
	45	281.3		80	5120		315	126000
3.15	(28)	277.8		(100)	6400	25	(180)	112500
	35.5	352.3		140	8960		200	125000
	(45)	446.5	10	(71)	7100		(280)	175000
	56	555.7		90	9000		400	250000
4	(31.5)	504		(112)	11200			

注：1. 括号中的数字尽可能不用。

2. m^2d_1 值为非国家标准内容。

（3）蜗轮齿根强度计算　强度计算公式如下：

设计公式 $m^2d_1 \geqslant \dfrac{1.53KT_2\cos\gamma}{Z_2[\sigma]_F}Y_F$　　（14-12）

校核公式 $[\sigma]_F = \dfrac{1.53KT_2\cos\gamma}{d_1d_2m}Y_F$　　（14-13）

式中　Y_F——蜗轮齿形系数，按当量齿数 $Z_v=\dfrac{Z_2}{\cos^3\gamma}$，查表 14-19。

许用弯曲应力　$[\sigma]_F = Y_N[\sigma]_{OF}$　　（14-14）

式中　$[\sigma]_{OF}$——蜗轮在 $N=10^6$ 时的基本许用弯曲应力，查表 14-20；

Y_N——寿命系数，查图 14-11。

应力循环次数 N，载荷稳定时：

$$N = 60\sum n_it_i\left(\frac{T_{2i}}{T_{2\max}}\right)^8 \qquad (14\text{-}15)$$

式中各符号意义同前。

（4）蜗杆刚度校核计算　通常把蜗杆螺旋部分看作以蜗杆齿根圆直径为直径的轴段，进行刚度校核。其最大挠度 y 可按式（14-16）作近似计算：

表 14-19　蜗轮齿形系数

z_v	20	24	26	28	30	32	35	37
Y_F	1.98	1.88	1.85	1.80	1.76	1.71	1.64	1.61
z_v	40	45	50	60	80	100	150	300
Y_F	1.55	1.48	1.45	1.40	1.34	1.30	1.27	1.24

表 14-20　基本许用弯曲应力

材料组	蜗轮材料	铸造方法	适用的滑动速度 v_s/(m/s)	力学性能		σ_F/MPa	
				σ_s/MPa	σ_b/MPa	一侧受载	两侧受载
锡青铜	ZCuSn10Pb1	砂磨	≤12	130	220	50	30
		金属模	≤25	170	310	70	40
	ZCuSn5Pb5Zn5	砂磨	≤10			32	24
		金属模	≤12	90	200	40	28
铝青铜	ZCuAl10Fe3	砂磨	≤10	180	490	80	63
		金属模		200	540	90	80
	ZCuAl10Fe3Mn2	砂磨	≤10	—	490	—	—
		金属模			540	100	90
锰黄铜	ZCuZn38Mn2Pb2	砂磨	≤10	—	245	60	55
		金属模			345	—	—
铸铁	HT150	砂磨	≤2	—	150	40	25
	HT200	砂磨	≤2~5	—	200	47	30
	HT250	砂磨	≤2~5	—	250	55	35

$$y=\frac{\sqrt{F_{t1}^2+F_{r1}^2}\,l^3}{48EI}\leqslant[y] \qquad (14\text{-}16)$$

式中　F_{t1}——蜗杆所受的圆周力（N）；

F_{r1}——蜗杆所受的径向力（N）；

E——蜗杆材料的弹性模量（MPa）；

I——蜗杆危险截面的惯性矩（mm^4），$I=\frac{\pi d_1^4}{64}$；

l——蜗杆两端支承间的跨距（mm），按具体结构要求而定，初步计算时可取 $l=0.9d_2$，d_2 为蜗轮分度圆直径（mm）；

$[y]$——许用最大挠度，一般可取 $[y]=0.001\sim0.0025d_1$，d_1 为蜗杆分度圆直径（mm）。

14.2.3.4　蜗杆传动的热平衡

（1）热平衡计算　对于连续工作的闭式蜗杆传动，如果产生的热量不能及时散逸，将因油温不断升高而使传动失效，所以要进行热平衡计算，以保证油温在规定范围内。

单位时间内发热量：

$$H_1=1000P\ (1-\eta) \qquad (14\text{-}17)$$

式中　P——蜗杆传递的功率（kW）；

η——蜗杆传动的总效率。

单位时间内散热量：

$$H_2=K_sA(t_1-t_0) \qquad (14\text{-}18)$$

式中　K_s——箱体散热系数，没有循环空气流动时 $K_s=8.15\sim10.5\text{W}/(\text{m}^2\cdot\text{K})$，通风良好时 $K_s=14\sim17.45$（$\text{W}/\text{m}^2\cdot\text{K}$）；

A——散热面积（内表面被油所飞溅到，外表面又为周围空气所冷却的箱体表面积，凸缘及散热片的面积按 50% 计算）（m^2）；

t_0——周围空气的温度，一般取 $t_0=20℃$；

t_1——达到热平衡时的油温，一般限制在 60~70℃，最高不超过 90℃。

根据热平衡条件 $H_1=H_2$ 时，可得：

$$t_1=t_0+\frac{1000P(1-\eta)}{K_sA} \qquad (14\text{-}19)$$

如果 t_1 超过允许值，必须采取有效降温措施。

（2）降低油温、提高承载能力的措施

1）提高传动效率。合理选择蜗杆传动的几何参数，提高蜗杆齿面硬度和制造精度、改善传动的润滑条件，以及采用新型的蜗杆传动都能有效地提高蜗杆传动效率，减小功率损耗和发热。

2）提高散热能力。提高散热能力的方法有：在箱体外壁加散热片以增大散热面积 A；在蜗杆轴上安装风扇进行人工通风，以增大散热系数 K_s；还可以在箱体油池内装蛇形水管用循环水冷却；采用压力喷油循环润滑等。

14.2.4　提高圆柱蜗杆传动质量的途径和方法

提高圆柱蜗杆传动承载能力和传动效率的有效方

法是实现最佳啮合部位和制造人工油涵。由此可改善传动的润滑条件，降低摩擦力和接触应力。

14.2.4.1　最佳啮合图

蜗轮齿面上的不同部位，其接触线形状、润滑角均不相同，因此，利用齿面上的最佳区域是改善蜗杆传动啮合状态，提高传动质量的重要途径之一。

（1）齿面啮合区　根据齿面不同区域的啮合状态，可把齿面分成四个区域，Ⅰ—啮出侧区；Ⅱ—中央区；Ⅲ—啮入侧区；Ⅳ—节线附近区，如图 14-12 所示。在不同啮合区有不同啮合特性，具体情况和试验结果见表 14-21。

（2）最佳啮合图　根据表 14-21 的分析结论和工业实践的结果，为获得较大的承载能力和传动效率给出了两种最佳啮合图，即最佳啮合图Ⅰ和最佳啮合图Ⅱ，其性能见表 14-22。

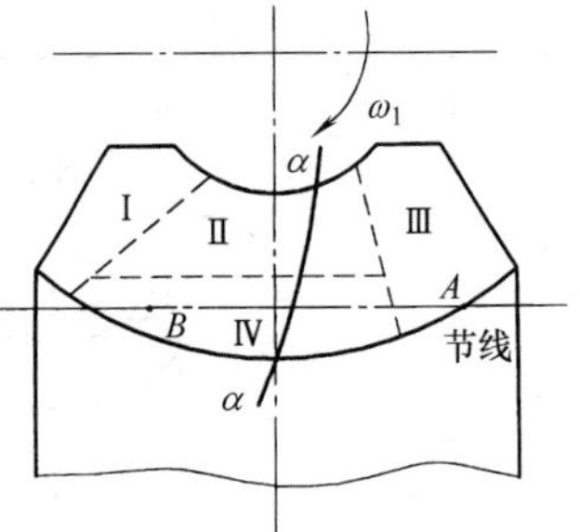

图 14-12　齿面啮合区划分

14.2.4.2　实现最佳啮合图的方法

1. 实现最佳啮合图Ⅰ的方法

1）调整蜗轮相对蜗杆的轴向位置。在安装蜗杆副时把蜗轮沿其轴向移动 Δl_x，可实现最佳啮合图Ⅰ，如图 14-13 所示。

表 14-21　不同啮合区内啮合特性的分析

序号	项　目		区域名称 Ⅰ	Ⅱ	Ⅲ	Ⅳ
1	Ω角（约值）	普通圆柱蜗杆副	20°~40°	0°~20°	10°~30°	0°~30°
		圆弧圆柱蜗杆副	45°~85°	0°~35°	30°~70°	0°~40°
2	啮合运动特性		啮合呈增速滑出运动，有利动压油膜形成	接近滑出	啮合呈减速运动铲刮滑入，不利油膜形成	铲刮滑入，润滑条件不佳
3	接触线稠密程度		稠	疏	较稠	较疏
4	综合刚度及载荷集中		小	大（集中区）	较大（集中区）	较小
5	诱导曲率半径 ρ_Σ		小	最大	较大	较大
6	综合参数 v_p	单头	最大	较小	较大	最小
		多头	较大	较大	最大	较小
7	人工油涵		最好	较好	不好	不好
8	试验结果	油温升	最低	较低	较低	最高
		抗胶合能力	最强	较强	较强	最弱
		抗点蚀能力	较弱	强	较强	较强
		噪　声	小	较小	较大	大
		摩擦因数	小	较小	较大	大
		效　率	高	较高	低	低

表 14-22　最佳啮合略图

特点及应用	最佳啮合略图	
	图Ⅰ	图Ⅱ
简　图	出口 ω 入口	出口 ω 入口
位置，大小	位在Ⅰ区偏齿顶处， 占整个啮合区的 25%~30%	位在蜗轮齿顶，或“月牙”形， 占整个啮合区的 30%~40%
特　点	1）在Ⅱ、Ⅲ、Ⅳ区形成“人工油涵” 2）可避开“危险区” 3）可减少载荷集中 4）动压润滑条件良好 5）实际有效接触面积大 6）摩擦因数小	1）Ⅲ，Ⅳ，Ⅰ区形成“人工油涵” 2）避开了大部分“危险区” 3）避开了点蚀“弱区” 4）动压润滑条件较好
使用效果	油温较低，抗胶合能力强，传动效率高	抗点蚀能力强，抗胶合能力较强，温升较低，效率较高
使用场合	1）蜗轮材料 $\sigma_b>295$MPa，蜗杆齿面硬度 <45HRC 2）高速或传动比大 3）变位系数较小，连续长期工作 4）工作条件不清楚或通用设计	1）蜗轮材料 $\sigma_b<295$MPa，蜗杆材料>45HRC 2）小时负荷率小于 30%，动荷大，起动次数多 3）多头蜗杆传动可代用Ⅰ图 4）变位系数小，速度低 5）开式传动

注：1. 最佳啮合图强调啮合部位、形状和大小，接触斑点越大越好的观点应给予纠正，接触斑点沿齿高不小于××%，齿形方向不小于××%的措辞应给予纠正。

2. 啮入侧Ⅲ区不应参加工作，亦可规定啮入侧 20%的齿长区域内不参加啮合，齿根处在齿高 30%的区域内不参加工作。

3. 普通圆柱蜗杆传动的啮合斑点，可稍大于 ZC 蜗杆传动。

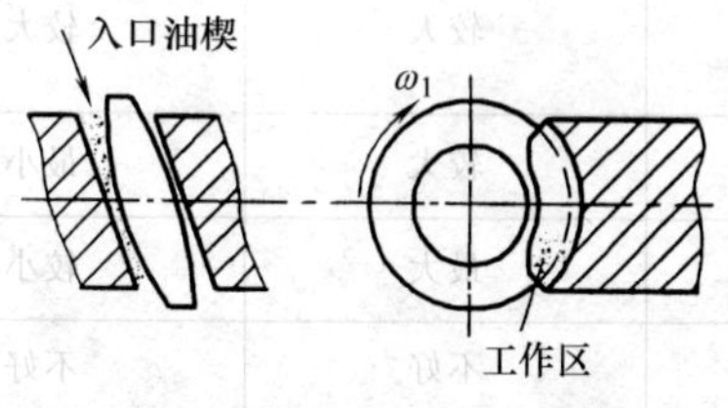

图 14-13　调整蜗轮轴向位置

2）移动刀架位置。用展成法把蜗轮加工完毕后，把刀具向蜗轮入口处移动 Δx_0，Δx_0 取（0.3~0.6）m，把入口金属多切去一层，使入口不参与工作，且入口可形成“人工油涵”。但这种方法仅可用于单向运行的蜗杆传动（见图 14-14）。

3）搬刀具角度。用展成法加工蜗轮时，令刀具轴与蜗轮毛坯轴的轴交角 $\Sigma\neq90°$，相差 $\Delta\gamma_0$，即右旋蜗杆时 $\gamma_0=\gamma+\Delta\gamma_0$，使加工出来的蜗轮 $\beta_2>\gamma$。这种方法简便易行，效果十分理想，且可用于双向运行的蜗杆传动。取 $\Delta\gamma_0=30'\pm5'$较为合适（见图 14-15）。

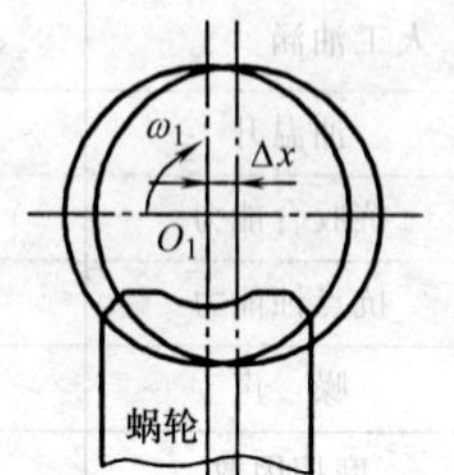

图 14-14　移动刀架加工蜗轮

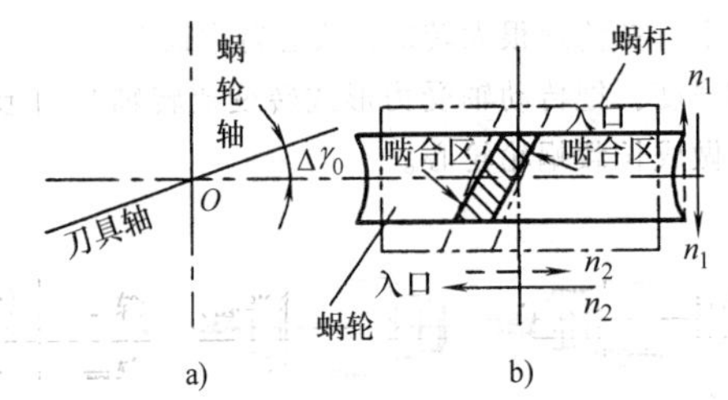

图 14-15　$\Delta\gamma_0 \neq 0$ 的加工方法

a）刀具搬动方法　b）蜗杆副啮合状况

2. 实现最佳啮合图Ⅱ的方法

1）修正齿形角。修正齿形角就是使滚刀把蜗轮齿根处多切去一层金属，故取 $\alpha_0 = \alpha_1 - \Delta\alpha$，如图 14-16 所示。

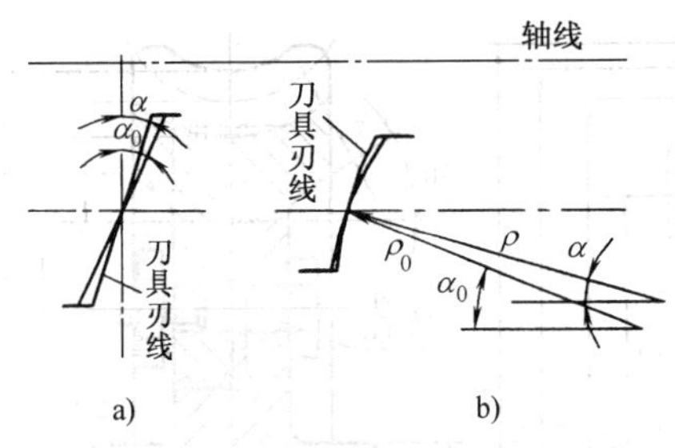

图 14-16　修正齿形角

a）齿形 A、I、N、K　b）齿形 C

2）修正蜗杆齿形。将蜗杆齿顶多磨去一层金属，使蜗杆齿根与蜗轮齿顶接触。普通圆柱蜗杆修正齿形值取齿轮修缘值。

3）修正机床中心距 a_0。在展成蜗轮时使机床中心距 a_0 不等于蜗杆副中心距 a，其目的是把蜗轮齿根多切去一层金属。取 $\Delta a_0 = (0.2 \sim 0.3)\pi m$。

14.2.4.3　蜗轮的整形与挖窝

利用缺口整形蜗轮或挖窝蜗轮，把对啮合不利的区域切除，也能有效提高蜗杆副的传动质量。

（1）缺口整形蜗轮　如图 14-17 所示为常用的整形蜗轮Ⅰ、Ⅱ、Ⅲ，这三种整形蜗轮可用于双向运行，可基本消除齿面上的弱区工作，实践证明这种方法效果良好，抗弯强度足够，但最好不用于起动次数多、冲击载荷大的场合。

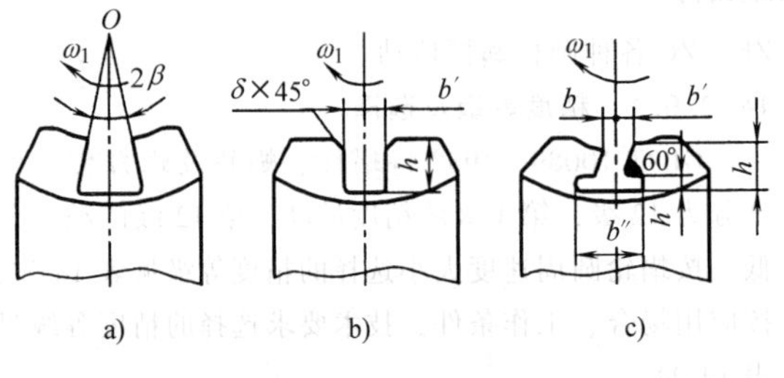

图 14-17　缺口整形蜗轮

（2）挖窝蜗轮　蜗轮齿面的挖窝可用指状铣刀，位置要略偏向入口（见图 14-18）。挖窝蜗轮与缺口整形蜗轮相比，不仅轮齿的弯曲强度高，而且窝内可储存润滑油，有利于齿面的润滑。

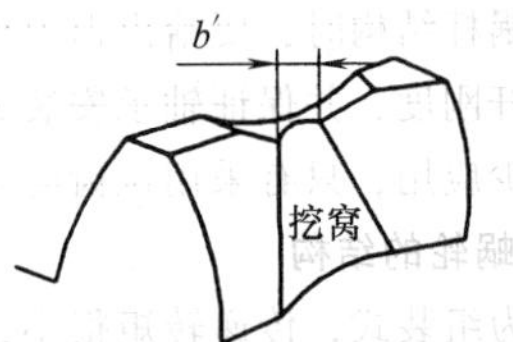

图 14-18　挖窝蜗轮

14.2.4.4　切制人工油涵改善润滑条件

制造人工油涵或共轭齿面自然形成油涵，对提高蜗杆传动质量十分重要，常用的制造“人工油涵”的方法有以下几种。

（1）用大直径滚刀加工蜗轮　为制造“人工油涵”，常使用大直径滚刀加工蜗轮，即令滚刀分度圆直径 d_0 略大于蜗杆分度圆直径 d_1。一般可取值为：

$$d_0 = (1.03 \sim 1.05)d_1 \tag{14-20}$$

这种方法可以使入口侧和出口侧都形成人工油涵，接触斑点接近于最佳啮合图Ⅱ，因此得到了普遍采用，如图 14-19 所示。

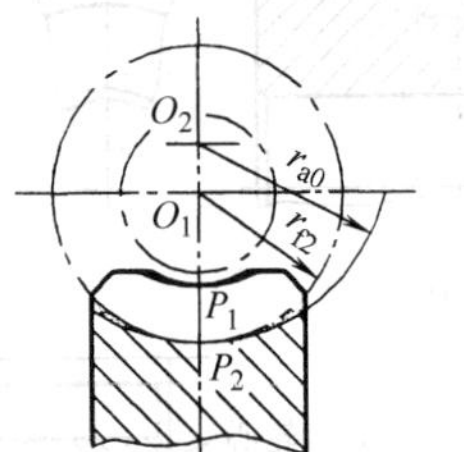

图 14-19　大直径滚刀加工蜗轮

（2）移动刀架加工蜗轮　用一次或两次移动刀架的办法加工蜗轮，如图 14-20 所示。

刀具移动量可取：

入口　　$\Delta x = (0.3 \sim 0.6)m$

出口　　$\Delta x' = (0.2 \sim 0.4)m$　　(14-21)

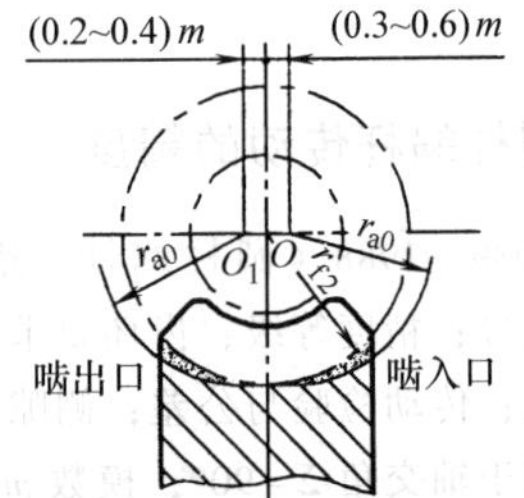

图 14-20　两次移动刀架

14.2.5　圆柱蜗杆与蜗轮的结构

14.2.5.1　圆柱蜗杆的结构

蜗杆多用整体式结构，称轴蜗杆，如图 14-21 所示，在设计蜗杆结构时，要给出退刀槽和越程槽，要尽量增大蜗杆刚度，并保证轴承安装方便。没有退刀槽的结构很少应用，只有采用铣齿时才采用。

14.2.5.2　蜗轮的结构

蜗轮多为组装式，传递转矩很小，尺寸也很小时也可用整体式；铸铁或球墨铸铁蜗轮用整体式。当轮缘用铜合金，蜗轮轮芯用铸铁时用组装结构，如图 14-22 所示，轮缘和轮心过盈配合后用螺钉或加强杆螺栓固定。在传递很大转矩，或悬臂力很大时，为保证轴的强度，把传动轴受力形式转变成转轴受力形式，有时做成长毂蜗轮轮心。

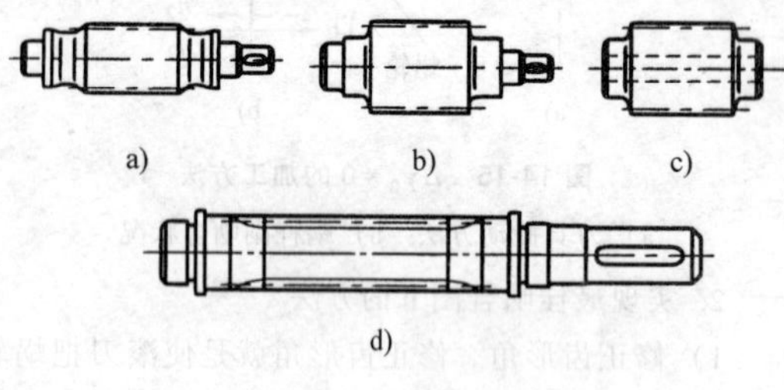

图 14-21　蜗杆结构

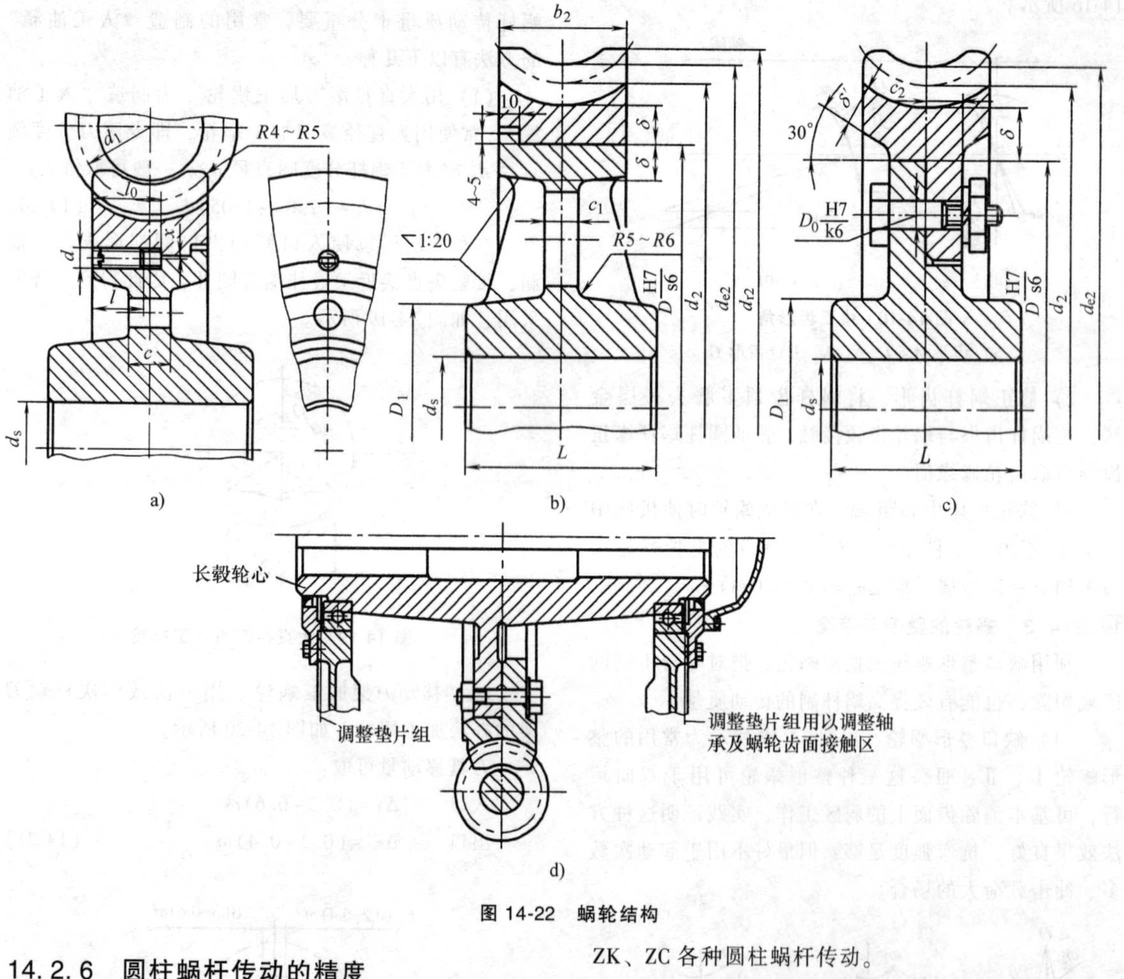

图 14-22　蜗轮结构

14.2.6　圆柱蜗杆传动的精度

GB/T 10089—1988《圆柱蜗杆、蜗轮精度》规定了定义及代号；精度等级；齿坯要求；蜗杆、蜗轮的检验与公差；传动检验与公差；侧隙规定；其他等内容。它适用于轴交角 $\Sigma=90°$，模数 $m \geqslant 1$mm，分度圆直径 $d_1 \leqslant 400$mm、$d_2 \leqslant 4000$mm 的 ZA、ZI、ZN、ZK、ZC 各种圆柱蜗杆传动。

14.2.6.1　精度等级及选择

GB/T 10089—1988 将蜗杆、蜗轮及蜗杆传动精度分为 12 级，第 1 级的精度最高，第 12 级的精度最低。按蜗轮圆周速度大小选择的精度等级见表 14-23，按应用场合、工作条件、技术要求选择的精度等级见表 14-24。

表 14-23　按蜗轮圆周速度 v_2 选择精度等级

项　目		蜗轮圆周速度 v_2/(m/s)			
		>7.5	<7.5~3	≤3	<1.5 或手动
精度等级		6	7	8	9
齿工作表面粗糙度/μm	蜗　杆	$\sqrt{0.8}$	$\sqrt{1.6}$	$\sqrt{3.2}$	$\sqrt{6.3}$
	蜗　轮	$\sqrt{1.6}$	$\sqrt{1.6}$	$\sqrt{3.2}$	$\sqrt{6.3}$

表 14-24　按使用条件选择精度等级

用　途	精度等级 1	2	3	4	5	6	7	8	9	10	11	12
测量蜗杆	—	—	—	—	—							
分度蜗轮母机的分度传动	—	—	—									
齿轮机床的分度传动			—	—	—	—						
高精度分度装置		—	—	—								
一般分度装置					—	—	—					
机床进给操纵机构					—	—	—	—				
化工机械调速传动					—	—	—	—	—			
冶金机械的升降机构						—	—	—	—			
起重运输机械电梯曳引装置							—	—	—			
通用减速机						—	—	—	—			
纺织机械传动装置						—	—	—	—			
舞台升降装置										—	—	—
煤气发生炉调速装置									—	—	—	—
塑料蜗杆蜗轮										—	—	—
精密铸造蜗轮											—	—

14.2.6.2　各种误差及公差的定义和代号（见表 14-25）

表 14-25　定义及代号

序号	名　称	代　号	定　义
1	蜗杆螺旋线误差 蜗杆齿宽　实际螺旋线　Δf_{h1}　Δf_{h2}　Δf_{h3}　Δf_{hL}　Δf_{h4}　公称螺旋线　第一转　第二转　蜗杆转数 蜗杆螺旋线公差	Δf_{hL} f_{hL}	在蜗杆轮齿的工作齿宽范围（两端不完整齿部分应除外）内，蜗杆分度圆柱面上包容实际螺旋线的最近两条公称螺旋线间的法向距离

（续）

序号	名　称	代　号	定　义
2	蜗杆一转螺旋线误差 蜗杆一转螺旋线公差	Δf_h f_h	在蜗杆轮齿的一转范围内，蜗杆分度圆柱面①上包容实际螺旋线的最近两条公称螺旋线间的法向距离
3	蜗杆轴向齿距偏差 实际轴向齿距　公称轴向齿距　Δf_{px} 蜗杆轴向齿距极限偏差　上极限偏差　下极限偏差	Δf_{px} $+f_{px}$ $-f_{px}$	蜗杆轴向齿距的实际值与公称值之差
4	蜗杆轴向齿距累积误差 实际轴向距离　公称轴向距离 蜗杆轴向齿距累积公差	Δf_{pxL} f_{pxL}	在蜗杆轴向截面上的工作齿宽范围（两端不完整齿部分应除外）内，任意两个同侧齿面间实际轴向距离与公称轴向距离之差的最大绝对值
5	蜗杆齿形误差 Δf_{f1}　蜗杆的齿形工作部分　实际齿形　设计齿形 蜗杆齿形公差	Δf_{f1} f_{f1}	在蜗杆轮齿给定截面上的齿形工作部分内，包容实际齿形的最近两条设计齿形间的法向距离 当两条设计齿形线为非等距离的曲线时，应在靠近齿体内的设计齿形线的法线上确定其两者间的法向距离
6	蜗杆齿槽径向圆跳动 r　r　Δf_r 蜗杆齿槽径向圆跳动公差	Δf_r f_r	在蜗杆任意一转范围内，测头在齿槽内与齿高中部的齿面双面接触，其测头相对于蜗杆轴线径向距离的最大变动量

（续）

序号	名　　称	代　号	定　　义
7	蜗杆齿厚偏差 蜗杆齿厚极限偏差 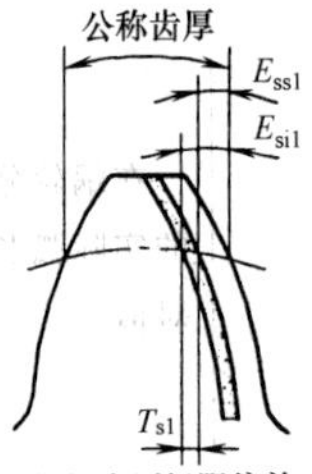 蜗杆齿厚公差 上极限偏差 下极限偏差	ΔE_{s1} T_{s1} E_{si1} E_{si1}	在蜗杆分度圆柱上，法向齿厚的实际值与公称值之差
8	蜗轮切向综合误差 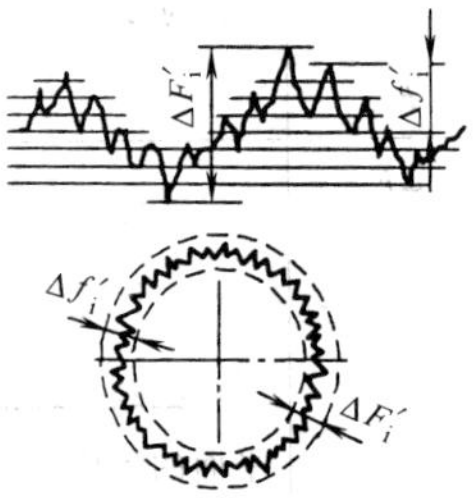 蜗轮切向综合公差	$\Delta F_i'$ F_i'	被测蜗轮与理想精确的测量蜗杆[①]在公称轴线位置上单面啮合转动时，在被测蜗轮一转范围内实际转角与理论转角之差的总幅度值以分度圆弧长计
9	蜗轮一齿切向综合误差 蜗轮一齿切向综合公差	$\Delta f_i'$ f_i'	被测蜗轮与理想精确的测量蜗杆在公称轴线位置上单面啮合转动时，在被测蜗轮一齿距角范围内实际转角与理论转角之差的最大幅度值以分度圆弧长计
10	蜗轮径向综合误差 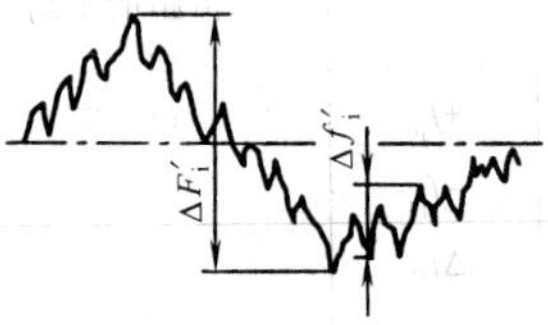 蜗轮径向综合公差	$\Delta F_i''$ F_i''	被测蜗轮与理想精确的测量蜗杆双面啮合转动时，在被测蜗轮一转范围内，双啮中心距的最大变动量
11	蜗轮相邻齿径向综合误差 蜗轮相邻齿径向综合公差	$\Delta f_i''$ f_i''	被测蜗轮与理想精确的测量蜗杆双面啮合转动时，在被测蜗轮一齿距角范围内双啮中心距的最大变动量

（续）

序号	名称	代号	定义
12	蜗轮齿距累积误差 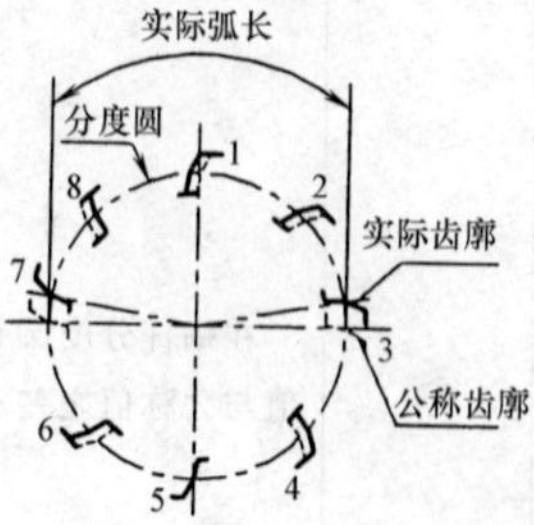 实际弧长 分度圆 实际齿廓 公称齿廓 1 2 3 4 5 6 7 8 蜗轮齿距累积公差	ΔF_p F_p	在蜗轮分度圆上任意两个同侧齿面间的实际弧长与公称弧长之差的最大绝对值
13	蜗轮 k 个齿距累积误差 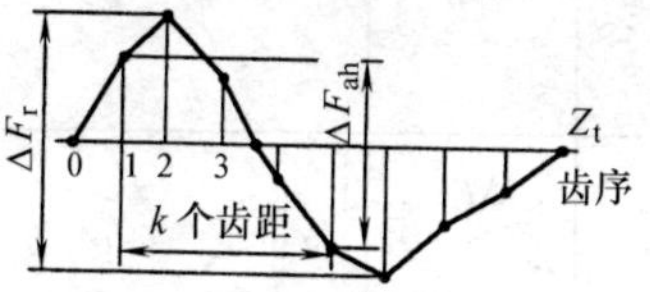 ΔF_r ΔF_{ab} 0 1 2 3 Z_t 齿序 k 个齿距 蜗杆 k 个齿距累积公差	ΔF_{pk} F_{pk}	在蜗轮分度圆上[①] k 个齿距内任意两个同侧齿面间的实际弧长与公称弧长公差的最大绝对值 k 为 2 到小于 $\frac{1}{2}z_2$ 的整数
14	蜗轮齿圈径向圆跳动 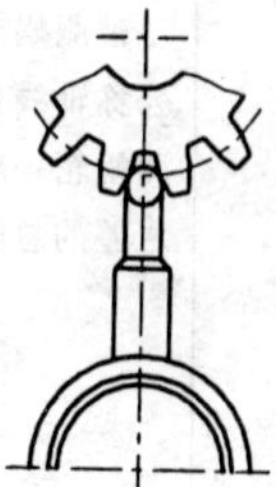 蜗轮齿圈径向圆跳动公差	ΔF_r F_r	在蜗轮一转范围内，测头在靠近中间平面的齿槽内与齿高中部的齿面双面接触，其测头相对于蜗轮轴线径向距离的最大变动量
15	蜗轮齿距偏差 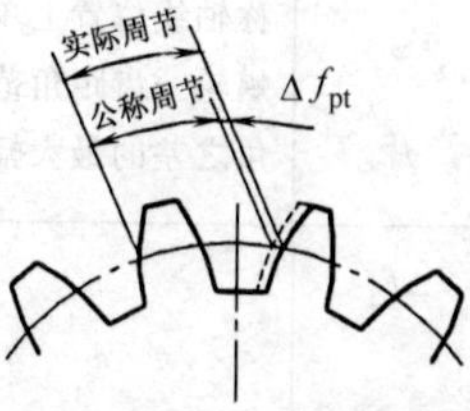 实际周节 公称周节 Δf_{pt} 蜗轮齿距偏差 上极限偏差 下极限偏差	Δf_{pt} $+f_{pt}$ $-f_{pt}$	在蜗轮分度圆上，实际齿距与公称齿距之差 用相对法测量时，公称齿距是指所有实际齿距的平均值
16	蜗轮齿形误差 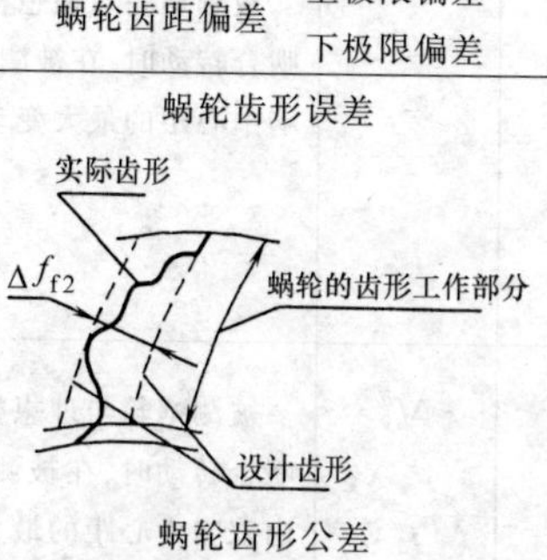 实际齿形 Δf_{f2} 蜗轮的齿形工作部分 设计齿形 蜗轮齿形公差	Δf_{f2} f_{f2}	在蜗轮轮齿给定截面上的齿形工作部分内，包容实际齿形的最近两条设计齿形间的法向距离 当两条设计齿形线为非等距离曲线时，应在靠近齿体内的设计齿形线的法线上确定其两者间的法向距离

（续）

序号	名　　称	代　号	定　　义
17	蜗轮齿厚偏差 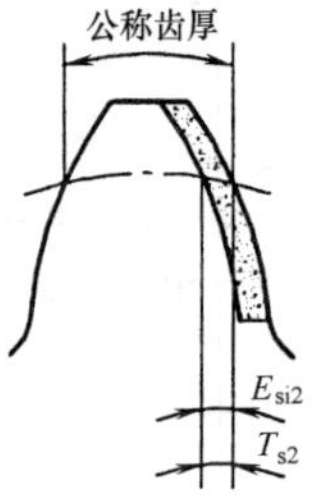 公称齿厚　E_{si2}　T_{s2} 蜗轮齿厚极限偏差　上极限偏差 　　　　　　　　　下极限偏差 蜗轮齿厚公差	ΔE_{s2} E_{ss2} E_{si2} T_{s2}	在蜗轮中间平面上分度圆齿厚的实际值与公称值之差
18	蜗杆副切向综合误差 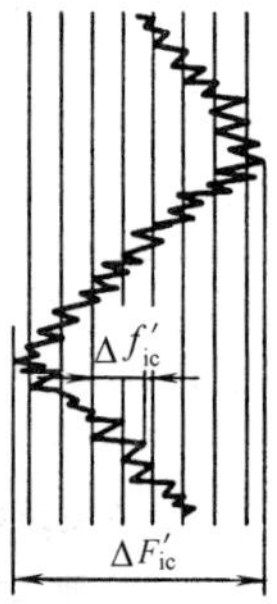 $\Delta f'_{ic}$　$\Delta F'_{ic}$ 蜗杆副切向综合公差	$\Delta F'_{ic}$ F'_{ic}	安装好的蜗杆副啮合转动时，在蜗轮和蜗杆相对位置变化的一个整周期内，蜗轮的实际转角与理论转角之差的总幅度值，以蜗轮分度圆弧长计
19	蜗杆副的一齿相邻齿切向综合误差 传动相邻齿切向综合公差	Δf_{ic} f_{ic}	安装好的蜗杆副啮合转动时，在蜗轮一转范围内多次重复出现的周期性转角误差的最大幅度值，以蜗轮分度圆弧长计
20	蜗杆副接触斑点 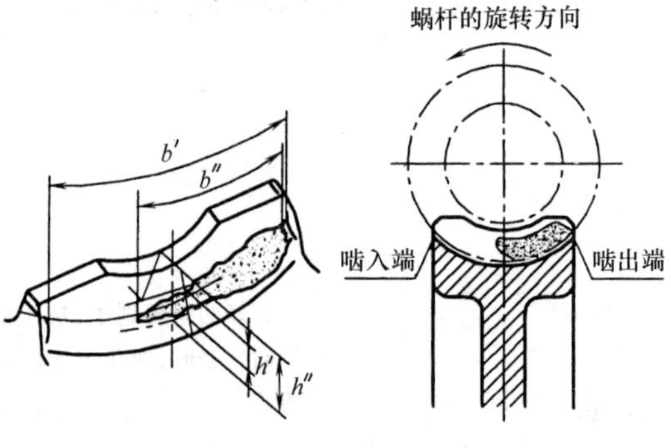 b'　b''　h'　h'' 蜗杆的旋转方向 啮入端　啮出端		安装好的蜗杆副中，在轻微力的制动下蜗杆与蜗轮啮合运转后在蜗轮齿面上分布的接触痕迹。接触斑点以接触面积大小、形状和分布位置表示 接触面积大小按接触痕迹的百分比计算确定： 沿齿长方向—接触痕迹的长度 b'' 与工作长度 b' 之比 即 $b''/b'\times100\%$； 沿齿高方向—接触痕迹的平均高度 h'' 与工作高度 h' 之比 即 $h''/h'\times100\%$ 接触形状以齿面接触痕迹总的几何形状的状态确定 接触位置以接触痕迹离齿面啮入、啮出端或齿顶、齿根的位置确定

（续）

序号	名称	代号	定义
21	蜗杆副的中心距偏差 公称中心距 实际中心距 Δf_a	Δf_a	在安装好的蜗杆副中间平面内，实际中心距与公称中心距之差
	蜗杆副的中心距极限偏差　上极限偏差 下极限偏差	$+f_a$ $-f_a$	
22	蜗杆副的中间平面偏差 Δf_x	Δf_x	在安装好的蜗杆副中，蜗轮中间平面与传动中间平面之间的距离
	蜗杆副的中间平面极限偏差　上极限偏差 下极限偏差	$+f_x$ $-f_x$	
23	蜗杆副的轴交角偏差 实际轴交角 公称轴交角 Δf_Σ	Δf_Σ	在安装好的蜗杆副中，实际轴交角与公称轴交角之差 偏差值按蜗杆齿宽确定，以其线性值计
	蜗杆副的轴交角极限偏差　上极限偏差 下极限偏差	$+f_\Sigma$ $-f_\Sigma$	
24	j_t 蜗杆副的圆周侧隙	j_t	在安装好的蜗杆副中，蜗杆固定不动时，蜗轮从工作齿面接触到非工作齿面接触所转过的分度圆弧长
	N　N　N-N　j_n 蜗杆副的法向侧隙	j_n	在安装好的蜗杆副中，蜗杆和蜗轮的工作齿面接触时，两非工作齿面间的最小距离
	最小圆周侧隙 最大圆周侧隙 最小法向侧隙 最大法向侧隙	j_{min} j_{nmax} j_{nmin} j_{nmax}	

① 允许在靠近蜗杆分度圆柱的同轴圆柱面上检验。

14.2.6.3　公差组的规定与选择

不同工作条件下的圆柱蜗杆传动，应具备不同的工作技术特性，主要表现在：传动的准确性，传动的平稳性，载荷分布的均匀性等三个方面，为保证实现不同的工作特性，规定了三个公差组。见表 14-26。

依据工作要求，允许各公差组选用不同的精度等级组合，但在同一公差组中应选相同的精度。蜗杆与相配蜗轮的精度等级一般应选相同的精度，也可选用不同精度。对使用要求不同的蜗杆传动，除 F_r、F_i''，f_i''、f_r 项目外，蜗杆、蜗轮左、右齿面的精度也可选用不同等级。

14.2.6.4　齿坯的要求

蜗杆、蜗轮在加工、检验、安装时的径向、轴向基准面应尽可能一致，并应在相应零件工作图上标注。

齿坯的公差包括蜗杆、蜗轮轴、孔的尺寸、形状及位置公差及基准面的圆跳动。

蜗杆、蜗轮齿坯的尺寸、形状公差及其基准面的径向和端面圆跳动见表 14-27 及表 14-28。

14.2.6.5　蜗杆、蜗轮公差值

蜗杆、蜗轮检验项目的公差见表 14-29~表 14-36。

表 14-26　公差分组及检测项目

公差组及其意义	检　测　项　目	备　　注
第Ⅰ公差组 蜗杆、蜗轮一转为 1 周期的误差（保证传动准确性）	蜗杆：—— 蜗轮：$\Delta F_i'$（用于 5 级以上） ΔF_p、ΔF_{pk}（用于 5~12 级） ΔF_r（用于 9~12 级） $\Delta F_i''$（用于 7~12 级） 传动：F_{ic}'	ΔF_{pk} 主要用于分度蜗轮和 $v_2>5$m/s 的高速传动 $\Delta F_i''$ 用于大批生产、模数 $m<10$mm 的蜗轮
第Ⅱ公差组 蜗杆、蜗轮一转内多次周期性出现的误差（保证传动平稳性）	蜗杆：Δf_h，Δf_{hL}（用于单头蜗杆） Δf_{px}，Δf_{hL}（用于多头蜗杆） Δf_{px}，Δf_{pxL}，Δf_r（用于 5~8 级） Δf_{px}，Δf_{pxL}（用于 7~9 级） Δf_{px}（用于 10~12 级） 蜗轮：$\Delta f_i'$（用于 5 级以上） $\Delta f_i''$（用于 7~12 级） Δf_{pt}（用于 5~12 级） 传动：f_{ic}'	Δf_n 仅用于 5 级以上 $\Delta f_i''$ 用于大批生产
第Ⅲ公差组 以轮齿全长范围内与共轭齿接触有关的误差，影响载荷的均匀性（保证载荷分布均匀性）	蜗杆：Δf_{f1} 蜗轮：Δf_{f2} 传动：接触斑点 f_a、f_Σ，f_x	有接触斑点要求时 Δf_{f1} 和 Δf_{f2} 可不检查

注：当检验组中，要求两项或两项以上的误差时，应按最低一项精度验收。

表 14-27　蜗杆、蜗轮齿坯尺寸和形状公差

精度等级		1	2	3	4	5	6	7	8	9	10	11	12
孔	尺寸公差	IT4	IT4	IT4		IT5	IT6	IT7		IT8		IT8	
	形状公差	IT1	IT2	IT3		IT4	IT5	IT6		IT7		—	
轴	尺寸公差	IT4	IT4	IT4		IT5		IT6		IT7		IT8	
	形状公差	IT1	IT2	IT3		IT4		IT5		IT6		—	
齿顶圆直径公差		IT6		IT7			IT8			IT9		IT11	

注：1. 当三个公差组的精度等级不同时，按最高精度等级确定公差。

2. 当齿顶圆不作测量齿厚基准时，尺寸公差按 IT11 确定，但不得大于 0.1mm。

3. IT 为标准公差，可查 GB/T 1800.1—2009 的规定。

表 14-28　蜗杆、蜗轮齿坯基准面径向和端面圆跳动公差　（单位：μm）

基准面直径 d/mm	精度等级					
	1~2	3~4	5~6	7~8	9~10	11~12
≤31.5	1.2	2.8	4	7	10	10
>31.5~63	1.6	4	6	10	16	16
>63~125	2.2	5.5	8.5	14	22	22
>125~400	2.8	7	11	18	28	28
>400~800	3.6	9	14	22	36	36
>800~1600	5.0	12	20	32	50	50
>1600~2500	7.0	18	28	45	71	71
>2500~4000	10	25	40	63	100	100

注：1. 当三个公差组的精度等级不同时，按最高精度等级确定公差。

2. 当以齿顶圆作为测量基准时，也即为蜗杆、蜗轮的齿坯基准面。

表 14-29　蜗杆的公差和极限偏差 f_h、f_{hL}、f_{px}、f_{pxL}、f_{f1} 值　（单位：μm）

代号	模数 m /mm	精度等级											
		1	2	3	4	5	6	7	8	9	10	11	12
f_h	≥1~3.5	1.0	1.7	2.8	4.5	7.1	11	14	—	—	—	—	—
	>3.5~6.3	1.3	2.0	3.4	5.6	9	14	20	—	—	—	—	—
	>6.3~10	1.7	2.8	4.5	7.1	11	18	25	—	—	—	—	—
	>10~16	2.2	3.6	5.6	9	15	24	32	—	—	—	—	—
	>16~25	—	—	—	—	—	32	45	—	—	—	—	—
f_{hL}	≥1~3.5	2	3.4	5.6	9	14	22	32	—	—	—	—	—
	>3.5~6.3	2.6	4.2	7.1	11	17	28	40	—	—	—	—	—
	>6.3~10	3.4	5.6	9	14	22	36	50	—	—	—	—	—
	>10~16	4.5	7.1	11	18	32	45	63	—	—	—	—	—
	>16~25	—	—	—	—	—	63	90	—	—	—	—	—
f_{px}	≥1~3.5	0.7	1.2	1.9	3.0	4.8	7.5	11	14	20	28	40	56
	>3.5~6.3	1.0	1.4	2.4	3.6	6.3	9	14	20	25	36	53	75
	>6.3~10	1.2	2.0	3.0	4.8	7.5	12	17	25	32	48	67	90
	>10~16	1.6	2.5	4	6.3	10	16	22	32	46	63	85	120
	>16~25	—	—	—	—	—	22	32	45	63	85	120	160
f_{pxL}	≥1~3.5	1.3	2	3.4	5.3	8.5	13	18	25	36	—	—	—
	>3.5~6.3	1.7	2.6	4	6.7	10	16	24	34	48	—	—	—
	>6.3~10	2.0	3.4	5.3	8.5	13	21	32	45	63	—	—	—
	>10~16	2.8	4.4	7.1	11	17	28	40	56	80	—	—	—
	>16~25	—	—	—	—	—	40	53	75	100	—	—	—
f_{f1}	≥1~3.5	1.1	1.8	2.8	4.5	7.1	11	16	22	32	45	60	85
	>3.5~6.3	1.6	2.4	3.6	5.6	9	14	22	32	45	60	80	120
	>6.3~10	2.0	3.0	4.8	7.5	12	19	28	40	53	75	110	150
	>10~16	2.6	4.0	6.7	11	16	25	36	53	75	100	140	200
	>16~25	—	—	—	—	—	36	53	75	100	140	190	270

注：f_{px}应为正、负值（±）。

表 14-30　蜗杆齿槽径向圆跳动公差 f_r 值　（单位：μm）

分度圆直径 d_1/mm	模数 m /mm	精度等级											
		1	2	3	4	5	6	7	8	9	10	11	12
≤10	≥1~3.5	1.1	1.8	2.8	4.5	7.1	11	14	20	28	40	56	75
>10~18	≥1~3.5	1.1	1.8	2.8	4.5	7.1	12	15	21	29	41	58	80
>18~31.5	≥1~6.3	1.2	2.0	3.0	4.8	7.5	12	16	22	30	42	60	85
>31.5~50	≥1~10	1.2	2.0	3.2	5.0	8.0	13	17	23	32	45	63	90
>50~80	≥1~16	1.4	2.2	3.6	5.6	9.0	14	18	25	36	48	71	100
>80~125	≥1~16	1.6	2.5	4.0	6.3	10	16	20	28	40	56	80	110
>125~180	≥1~25	1.8	3.0	4.5	7.5	12	18	25	32	45	63	90	125
>180~250	≥1~25	2.2	3.4	5.3	8.5	14	22	28	40	53	75	105	150
>250~315	≥1~25	2.6	4.0	6.3	10	16	25	32	45	63	90	120	170
>315~400	≥1~25	2.8	4.5	7.5	11.5	18	28	36	53	71	100	140	200

表 14-31　蜗轮齿距累积公差 F_p 及 k 个齿距累积公差 F_{pk} 值　（单位：μm）

分度圆弧长 L /mm	精度等级											
	1	2	3	4	5	6	7	8	9	10	11	12
≤11.2	1.1	1.8	2.8	4.5	7	11	16	22	32	45	63	90
>11.2~20	1.6	2.5	4.0	6	10	16	22	32	45	63	90	125
>20~32	2.0	3.2	5.0	8	12	20	28	40	56	80	112	160
>32~50	2.2	3.6	5.5	9	14	22	32	45	63	90	125	180
>50~80	2.5	4.0	6.0	10	16	25	36	50	71	100	140	200
>80~160	3.2	5.0	8.0	12	20	32	45	63	90	125	180	250
>160~315	4.5	7.0	11	18	28	45	63	90	125	180	250	355
>315~630	6.0	10	16	25	40	63	90	125	180	250	355	500
>630~1000	8.0	12	20	32	50	80	112	160	224	315	450	630
>1000~1600	10	16	25	40	63	100	140	200	280	400	560	800
>1600~2500	11	18	28	45	71	112	160	224	315	450	630	900
>2500~3150	14	22	36	56	90	140	200	280	400	560	800	1120
>3150~4000	16	25	40	63	100	160	224	315	450	630	900	1250
>4000~5000	18	28	45	71	112	180	250	355	500	710	1000	1400
>5000~6300	20	32	50	80	125	200	280	400	560	800	1120	1600

注：F_p 和 F_{pk} 按分度圆弧长 L 查表。

表 14-32　蜗轮齿圈径向圆跳动公差 F_r 值　（单位：μm）

分度圆直径 d_2/mm	模数 m /mm	精度等级											
		1	2	3	4	5	6	7	8	9	10	11	12
≤125	≥1~3.5	3.0	4.5	7.0	11	18	28	40	50	63	80	110	125
	>3.5~6.3	3.6	5.5	9.0	14	22	36	50	63	80	100	125	160
	>6.3~10	4.0	6.3	10	16	25	40	56	71	90	112	140	180

（续）

分度圆直径 d_2/mm	模数 m /mm	精度等级 1	2	3	4	5	6	7	8	9	10	11	12
>125~400	≥1~3.5	3.6	5.0	8	13	20	32	45	56	71	90	112	140
	>3.5~6.3	4.0	6.3	10	16	25	40	56	71	90	112	140	180
	>6.3~10	4.5	7.0	11	18	28	45	63	80	100	125	160	200
	>10~16	5.0	8	13	20	32	50	71	90	112	140	180	224
>400~800	≥1~3.5	4.5	7.0	11	18	28	45	63	80	100	125	160	200
	>3.5~6.3	5.0	8.0	13	20	32	50	71	90	112	140	180	224
	>6.3~10	5.5	9.0	14	22	36	56	80	100	125	160	200	250
	>10~16	7.0	11	18	28	45	71	100	125	160	200	250	315
	>16~25	9.0	14	22	36	56	90	125	160	200	250	315	400
>800~1600	≥1~3.5	5.0	8.0	13	20	32	50	71	90	112	140	180	224
	>3.5~6.3	5.5	9.0	14	22	36	56	80	100	125	160	200	250
	>6.3~10	6.0	10	16	25	40	63	90	112	140	180	224	280
	>10~16	7.0	11	18	28	45	71	100	125	160	200	250	315
	>16~25	9.0	14	22	36	56	90	125	160	200	250	315	400
>1600~2500	≥1~3.5	5.5	9.0	14	22	36	56	80	100	125	160	200	250
	>3.5~6.3	6.0	10	16	25	40	63	90	112	140	180	224	280
	>6.3~10	7.0	11	18	28	45	71	100	125	160	200	250	315
	>10~16	8.0	13	20	32	50	80	112	140	180	224	280	355
	>16~25	10	16	25	40	63	100	140	180	224	280	355	450
>2500~4000	≥1~3.5	6.0	10	16	25	40	63	90	112	140	180	224	280
	>3.5~6.3	7.0	11	18	28	45	71	100	125	160	200	250	315
	>6.3~10	8.0	13	20	32	50	80	112	140	180	224	280	355
	>10~16	9.0	14	22	36	56	90	125	160	200	250	315	400
	>16~25	10	16	25	40	63	100	140	180	224	280	355	450

表 14-33　蜗轮径向综合公差 F_i'' 值　（单位：μm）

分度圆直径 d_2/mm	模数 m /mm	精度等级 1	2	3	4	5	6	7	8	9	10	11	12
≤125	≥1~3.5	—	—	—	—	—	—	56	71	90	112	140	180
	>3.5~6.3	—	—	—	—	—	—	71	90	112	140	180	224
	>6.3~10	—	—	—	—	—	—	80	100	125	160	200	250
>124~400	≥1~3.5	—	—	—	—	—	—	63	80	100	125	160	200
	>3.5~6.3	—	—	—	—	—	—	80	100	125	160	200	250
	>6.3~10	—	—	—	—	—	—	90	112	140	180	224	280
	>10~16	—	—	—	—	—	—	100	125	160	200	250	315
>400~800	≥1~3.5	—	—	—	—	—	—	90	112	140	180	224	280
	>3.5~6.3	—	—	—	—	—	—	100	125	160	200	250	315

（续）

分度圆直径 d_2/mm	模数 m /mm	精度等级 1	2	3	4	5	6	7	8	9	10	11	12
>400~800	>6.3~10	—	—	—	—	—	—	112	140	180	224	280	355
	>10~16	—	—	—	—	—	—	140	180	224	280	355	450
	>16~25	—	—	—	—	—	—	180	224	280	355	450	560
>800~1600	≥1~3.5	—	—	—	—	—	—	100	125	160	200	250	315
	>3.5~6.3	—	—	—	—	—	—	112	140	180	224	280	355
	>6.3~10	—	—	—	—	—	—	125	160	200	250	315	400
	>10~16	—	—	—	—	—	—	140	180	224	280	355	450
	>16~25	—	—	—	—	—	—	180	224	280	355	450	560
>1600~2500	≥1~3.5	—	—	—	—	—	—	112	140	180	224	280	355
	>3.5~6.3	—	—	—	—	—	—	125	160	200	250	315	400
	>6.3~10	—	—	—	—	—	—	140	180	224	280	355	450
	>10~16	—	—	—	—	—	—	160	200	250	315	400	500
	>16~25	—	—	—	—	—	—	200	250	315	400	500	630
>2500~4000	≥1~3.5	—	—	—	—	—	—	125	160	200	250	315	400
	>3.5~6.3	—	—	—	—	—	—	140	180	224	280	355	450
	>6.3~10	—	—	—	—	—	—	160	200	250	315	400	500
	>10~16	—	—	—	—	—	—	180	224	280	355	450	560
	>16~25	—	—	—	—	—	—	200	250	315	400	500	630

表 14-34　蜗轮相邻齿径向综合公差 f''_i 值　（单位：μm）

分度圆直径 d_2/mm	模数 m /mm	精度等级 1	2	3	4	5	6	7	8	9	10	11	12
≤125	≥1~3.5	—	—	—	—	—	—	20	28	36	45	56	71
	>3.5~6.3	—	—	—	—	—	—	25	36	45	56	71	90
	>6.3~10	—	—	—	—	—	—	28	40	50	63	80	100
>125~400	≥1~3.5	—	—	—	—	—	—	22	32	40	50	63	80
	>3.5~6.3	—	—	—	—	—	—	28	40	50	63	80	100
	>6.3~10	—	—	—	—	—	—	32	45	56	71	90	112
	>10~16	—	—	—	—	—	—	36	50	63	80	100	125
>400~800	≥1~3.5	—	—	—	—	—	—	25	36	45	56	71	90
	>3.5~6.3	—	—	—	—	—	—	28	40	50	63	80	100
	>6.3~10	—	—	—	—	—	—	32	45	56	71	90	112
	>10~16	—	—	—	—	—	—	40	56	71	90	112	140
	>16~25	—	—	—	—	—	—	50	71	90	112	140	180
>800~1600	≥1~3.5	—	—	—	—	—	—	28	40	50	63	80	100
	>3.5~6.3	—	—	—	—	—	—	32	45	56	71	90	112
	>6.3~10	—	—	—	—	—	—	36	50	63	80	100	125

（续）

分度圆直径 d_2/mm	模数 m /mm	精度等级 1	2	3	4	5	6	7	8	9	10	11	12
>800~1600	>10~16	—	—	—	—	—	—	40	56	71	90	112	140
	>16~25	—	—	—	—	—	—	50	71	90	112	140	180
>1600~2500	≥1~3.5	—	—	—	—	—	—	32	45	56	71	90	112
	>3.5~6.3	—	—	—	—	—	—	36	50	63	80	100	125
	>6.3~10	—	—	—	—	—	—	40	56	71	90	112	140
	>10~16	—	—	—	—	—	—	45	63	80	100	125	160
	>16~25	—	—	—	—	—	—	56	80	100	125	160	200
>2500~4000	≥1~3.5	—	—	—	—	—	—	36	50	63	80	100	125
	>3.5~6.3	—	—	—	—	—	—	40	56	71	90	112	140
	>6.3~10	—	—	—	—	—	—	45	63	80	100	125	160
	>10~16	—	—	—	—	—	—	50	71	90	112	140	180
	>16~25	—	—	—	—	—	—	56	80	100	125	160	200

表 14-35　蜗轮齿距极限偏差（$\pm f_{pt}$）的 f_{pt} 值　（单位：μm）

分度圆直径 d_2/mm	模数 m /mm	精度等级 1	2	3	4	5	6	7	8	9	10	11	12
≤125	≥1~3.5	1.0	1.6	2.5	4.0	6	10	14	20	28	40	56	80
	>3.5~6.3	1.2	2.0	3.2	5.0	8	13	18	25	36	50	71	100
	>6.3~10	1.4	2.2	3.6	5.5	9	14	20	28	40	56	80	112
>125~400	≥1~3.5	1.1	1.8	2.8	4.5	7	11	16	22	32	45	63	90
	>3.5~6.3	1.4	2.2	3.6	5.5	9	14	20	28	40	56	80	112
	>6.3~10	1.6	2.5	4.0	6.0	10	16	22	32	45	63	90	125
	>10~16	1.8	2.8	4.5	7.0	11	18	25	36	50	71	100	140
>400~800	≥1~3.5	1.2	2.0	3.2	5.0	8	13	18	25	36	50	71	100
	>3.5~6.3	1.4	2.2	3.6	5.5	9	14	20	28	40	56	80	112
	>6.3~10	1.8	2.8	4.5	7.0	11	18	25	36	50	71	100	140
	>10~16	2.0	3.2	5.0	8.0	13	20	28	40	56	80	112	160
	>16~25	2.5	4.0	6.0	10	16	25	36	50	71	100	140	200
>800~1600	≥1~3.5	1.2	2.0	3.6	5.5	9	14	20	28	40	56	80	112
	>3.5~6.3	1.6	2.5	4.0	6.0	10	16	22	32	45	63	90	125
	>6.3~10	1.8	2.8	4.5	7.0	11	18	25	36	50	71	100	140
	>10~16	2.0	3.2	5.0	8.0	13	20	28	40	56	80	112	160
	>16~25	2.5	4.0	6.0	10	16	25	36	50	71	100	140	200
>1600~2500	≥1~3.5	1.6	2.5	4.0	6.0	10	16	22	32	45	63	90	125
	>3.5~6.3	1.8	2.8	4.5	7.0	11	18	25	36	50	71	100	140
	>6.3~10	2.0	3.2	5.0	8.0	13	20	28	40	56	80	112	160
	>10~16	2.2	3.6	5.5	9.0	14	22	32	45	63	90	125	180

（续）

分度圆直径 d_2/mm	模数 m /mm	精度等级											
		1	2	3	4	5	6	7	8	9	10	11	12
>1600~2500	>16~25	2.8	4.5	7.0	11	18	28	40	56	80	112	160	224
>2500~4000	≥1~3.5	1.8	2.8	4.5	7.0	11	18	25	36	50	71	100	140
	>3.5~6.3	2.0	3.2	5.0	8.0	13	20	28	40	56	80	112	160
	>6.3~10	2.2	3.6	5.5	9.0	14	22	32	45	63	90	125	180
	>10~16	2.5	4.0	6.0	10	16	25	36	50	71	100	140	200
	>16~25	2.8	4.5	7.0	11	18	28	40	56	80	112	160	224

表 14-36　蜗轮齿形公差 f_{f2} 值　（单位：μm）

分度圆直径 d_2/mm	模数 m /mm	精度等级											
		1	2	3	4	5	6	7	8	9	10	11	12
≤125	≥1~3.5	2.1	2.6	3.6	4.8	6	8	11	14	22	36	56	90
	>3.5~6.3	2.4	3.0	4.0	5.3	7	10	14	20	32	50	80	125
	>6.3~10	2.5	3.4	4.5	6.0	8	12	17	22	36	56	90	140
>125~400	≥1~3.5	2.4	3.0	4.0	5.3	7	9	13	18	28	45	71	112
	>3.5~6.3	2.5	3.2	4.5	6.0	8	11	16	22	36	56	90	140
	>6.3~10	2.6	3.6	5.0	6.5	9	13	19	28	45	71	112	180
	>10~16	3.0	4.0	5.5	7.5	11	16	22	32	50	80	125	200
>400~800	≥1~3.5	2.6	3.4	4.5	6.5	9	12	17	25	40	63	100	160
	>3.5~6.3	2.8	3.8	5.0	7.0	10	14	20	28	45	71	112	180
	>6.3~10	3.0	4.0	5.5	7.5	11	16	24	36	56	90	140	224
	>10~16	3.2	4.5	6.0	9.0	13	18	26	40	63	100	160	250
	>16~25	3.8	5.3	7.5	10.5	16	24	36	56	90	140	224	355
>800~1600	≥1~3.5	3.0	4.2	5.5	8.0	11	17	24	36	56	90	140	224
	>3.5~6.3	3.2	4.5	6.0	9.0	13	18	28	40	63	100	160	250
	>6.3~10	3.4	4.8	6.5	9.5	14	20	30	45	71	112	180	280
	>10~16	3.6	5.0	7.5	10.5	15	22	34	50	80	125	200	315
	>16~25	4.2	6.0	8.5	12	19	28	42	63	100	160	250	400
>1600~2500	≥1~3.5	3.8	5.3	7.5	11	16	24	36	50	80	125	200	315
	>3.5~6.3	4.0	5.5	8.0	11.5	17	25	38	56	90	140	224	355
	>6.3~10	4.0	6.0	8.5	12	18	28	40	63	100	160	250	400
	>10~16	4.2	6.5	9.0	13	20	30	45	71	112	180	280	450
	>16~25	4.8	7.0	10.5	15	22	36	53	80	125	200	315	500
>2500~4000	≥1~3.5	4.5	6.5	10	14	21	32	50	71	112	180	280	450
	>3.5~6.3	4.8	7.0	10	15	22	34	53	80	125	200	315	500
	>6.3~10	5.0	7.5	10.5	16	24	36	56	90	140	224	355	560
	>10~16	5.3	7.5	11	17	25	38	60	90	140	224	355	560
	>16~25	5.5	8.5	13	19	28	45	67	100	160	250	400	630

14.2.6.6 蜗杆传动的检验与公差

（1）圆柱蜗杆传动的精度　主要以 $\Delta F'_{ic}$、$\Delta f'_{ic}$ 和蜗轮齿面接触斑点的形状、位置与面积大小来评定；对于 5 级和 5 级以下精度的蜗杆传动，允许用蜗杆副的 ΔF_i 和 $\Delta F'_i$ 来代替 $\Delta F'_{ic}$、$\Delta f'_{ic}$ 的检验，或以蜗杆、蜗轮相应公差组的检验组中最低结果来评定传动的第Ⅰ、Ⅱ公差组的精度等级。

对于不可调中心距的蜗杆传动，检验接触斑点的同时，还应检查 Δf_a、Δf_Σ、Δf_x。极限偏差 f_a、f_Σ、f_x 见表 14-37～表 14-39。

进行 $\Delta F'_{ic}$、$\Delta f'_{ic}$ 和接触斑点检验的蜗杆传动，允许相应的第Ⅰ、Ⅱ、Ⅲ公差组的蜗杆、蜗轮检验组和 Δf_a、Δf_Σ、Δf_x 中任意一项超差。

（2）蜗杆副的齿侧间隙

1）圆柱蜗杆传动的齿侧间隙以最小法向侧隙 j_{nmin} 来保证，对于不可调中心距的蜗杆传动，j_{nmin} 由控制蜗杆齿厚的上极限偏差和下极限偏差来实现，即

$$\begin{cases} E_{ss1} = -\left(j_{nmin}/\cos\alpha_n + E_{s\Delta}\right) \\ E_{si1} = E_{ss1} - T_{s1} \end{cases} \tag{14-22}$$

$E_{s\Delta}$ 为制造误差的补偿部分。最大法向侧隙由蜗杆、蜗轮的齿厚公差 T_{s1}、T_{s2} 来确定。蜗轮齿厚上极限偏差 $T_{ss2}=0$，下极限偏差 $T_{si2}=-T_{s2}$。T_{s1}、$T_{s\Delta}$、T_{s2} 由表 14-40～表 14-42 查得。j_{nmin} 由表 14-43 查取。

表 14-37　传动中心距极限偏差（$\pm f_a$）的 f_a 值　（单位：μm）

传动中心距 a/mm	精度等级 1	2	3	4	5、6	7、8	9、10	11、12
≤30	3	5	7	11	17	26	42	65
>30～50	3.5	6	8	13	20	31	50	80
>50～80	4	7	10	15	23	37	60	90
>80～120	5	8	11	18	27	44	70	110
>120～180	6	9	13	20	32	50	80	125
>180～250	7	10	15	23	36	58	92	145
>250～315	8	12	16	26	40	65	105	160
>315～400	9	13	18	28	45	70	115	180
>400～500	10	14	20	32	50	78	125	200
>500～630	11	15	22	35	55	87	140	220
>630～800	13	18	25	40	62	100	160	250
>800～1000	15	20	28	45	70	115	180	280
>1000～1250	17	23	33	52	82	130	210	330
>1250～1600	20	27	39	62	97	155	250	390
>1600～2000	24	32	46	75	115	185	300	460
>2000～2500	29	39	55	87	140	220	350	550

表 14-38　传动轴交角极限偏差（$\pm f_\Sigma$）的 f_Σ 值　（单位：μm）

蜗轮齿宽 b_2/mm	精度等级 1	2	3	4	5	6	7	8	9	10	11	12
≤30	—	—	5	6	8	10	12	17	24	34	48	67
>30～50	—	—	5.6	7.1	9	11	14	19	28	38	56	75

（续）

蜗轮齿宽 b_2/mm	精度等级											
	1	2	3	4	5	6	7	8	9	10	11	12
>50~80	—	—	6.5	8	10	13	16	22	32	45	63	90
>80~120	—	—	7.5	9	12	15	19	24	36	53	71	105
>120~180	—	—	9	11	14	17	22	28	42	60	85	120
>180~250	—	—	—	13	16	20	25	32	48	67	95	135
>250	—	—	—	—	—	22	28	36	53	75	105	150

表 14-39　传动中间平面极限偏差（$\pm f_x$）的 f_x 值　（单位：μm）

传动中心距 a/mm	精度等级											
	1	2	3	4	5	6	7	8	9	10	11	12
≤30	—	—	5.6	9	14		21		34		52	
>30~50	—	—	6.5	10.5	16		25		40		64	
>50~80	—	—	8	12	18.5		30		48		72	
>80~120	—	—	9	14.5	22		36		56		88	
>120~180	—	—	10.5	16	27		40		64		100	
>180~250	—	—	12	18.5	29		47		74		120	
>250~315	—	—	13	21	32		52		85		130	
>315~400	—	—	14.5	23	36		56		92		145	
>400~500	—	—	16	26	40		63		100		160	
>500~630	—	—	18	28	44		70		112		180	
>630~800	—	—	20	32	50		80		130		200	
>800~1000	—	—	23	36	56		92		145		230	
>1000~1250	—	—	27	42	66		105		170		270	
>1250~1600	—	—	32	50	78		125		200		315	
>1600~2000	—	—	37	60	92		150		240		370	
>2000~2500	—	—	44	70	112		180		280		440	

表 14-40　蜗杆齿厚公差 T_{s1} 值　（单位：μm）

模数 m /mm	精度等级											
	1	2	3	4	5	6	7	8	9	10	11	12
≥1~3.5	12	15	20	25	30	36	45	53	67	95	130	190
>3.5~6.3	15	20	25	32	38	45	56	71	90	130	180	240
>6.3~10	20	25	30	40	48	60	71	90	110	160	220	310
>10~16	25	30	40	50	60	80	95	120	150	210	290	400
>16~25	—	—	—	—	85	110	130	160	200	280	400	550

注：1. 精度等级按蜗杆第Ⅱ公差组确定。

2. 对传动最大法向侧隙 j_{nmax} 无要求时，允许蜗杆齿厚公差 T_{s1} 增大，最大不超过两倍。

表 14-41 螺杆齿厚上极限偏差（E_{ss1}）中的误差补偿部分 $E_{s\Delta}$ 值 （单位：μm）

精度等级	模数 m /mm	传动中心距 a/mm																	
		≤30	>30~50	>50~80	>80~120	>120~180	>180~250	>250~315	>315~400	>400~500	>500~630	>630~800	>800~1000	>1000~1250	>1250~1600	>1600~2000	>2000~2500	>2500~3150	>3150~4000
1	≥1~3.5	3.8	4.2	4.8	5.3	6.5	8.0	9.0	10	11	12	14	16	18	20	25	30	36	42
	>3.5~6.3	4.4	4.8	5.3	6.0	6.8	8.0	9.0	10	11	12	14	16	18	20	25	30	36	42
	>6.3~10	5.0	5.3	5.6	6.3	7.1	8.0	9.0	10	11	12	14	16	18	20	25	30	36	42
	>10~16	—	—	—	7.1	8.0	9.0	10	11	12	14	14	16	18	22	25	30	36	42
2	≥1~3.5	6.3	7.1	8.0	9.0	10	11	13	14	15	16	18	20	22	28	32	40	48	58
	>3.5~6.3	6.8	8.0	9.0	9.0	10	11	13	14	15	16	18	20	24	28	32	40	48	58
	>6.3~10	8	9	10	10	11	12	14	15	16	18	20	22	24	28	32	40	48	60
	>10~16	—	—	—	12	12	13	15	16	16	18	20	22	25	28	36	40	48	60
3	≥1~3.5	10	10	12	13	15	16	17	19	22	24	26	28	32	40	48	56	68	85
	>3.5~6.3	11	11	13	14	15	17	18	20	22	24	26	30	36	40	48	56	68	85
	>6.3~10	12	13	14	15	16	18	19	20	22	24	28	30	36	40	48	56	71	85
	>10~16	—	—	—	17	18	20	20	22	24	25	28	32	36	40	48	58	71	85
4	≥1~3.5	15	16	18	20	22	25	28	30	32	36	40	46	53	63	75	90	105	130
	>3.5~6.3	16	18	19	22	24	26	30	32	36	38	42	48	56	63	75	90	105	130
	>6.3~10	19	20	22	24	25	28	30	32	36	38	45	50	56	65	80	90	105	130
	>10~16	—	—	—	28	30	32	32	36	38	40	45	50	56	65	80	90	110	130
5	≥1~3.5	25	25	28	32	36	40	45	48	51	56	63	71	85	100	115	140	165	190
	>3.5~6.3	28	28	30	36	38	40	45	50	53	58	65	75	85	100	120	140	165	190
	>6.3~10	—	—	—	38	40	45	48	50	56	60	68	75	85	100	120	145	170	190
	>10~16	—	—	—	—	45	48	50	56	60	65	71	80	90	105	120	145	170	195
6	>1~3.5	30	30	32	36	40	45	48	50	56	60	65	75	85	100	120	140	165	190
	>3.5~6.3	32	36	38	40	45	48	50	56	60	63	70	75	90	100	120	140	165	190
	>6.3~10	42	45	45	48	50	52	56	60	63	68	75	80	90	105	120	145	170	200
	>10~16	—	—	—	58	60	63	65	68	71	75	80	85	95	110	125	150	175	200
	>16~25	—	—	—	—	75	78	80	85	85	90	95	100	110	120	135	160	180	200
7	≥1~3.5	45	48	50	56	60	71	75	80	85	95	105	120	135	160	190	225	270	330
	>3.5~6.3	50	56	58	63	68	75	80	85	90	100	110	125	140	160	190	225	275	335
	>6.3~10	60	63	65	71	75	80	85	90	95	105	115	130	140	165	195	225	275	335
	>10~16	—	—	—	80	85	90	95	100	105	110	125	135	150	170	200	230	280	340
	>16~25	—	—	—	—	115	120	120	125	130	135	145	155	165	185	210	240	290	345

（续）

精度等级	模数 m /mm	传动中心距 a/mm																	
		≤30	>30~50	>50~80	>80~120	>120~180	>180~250	>250~315	>315~400	>400~500	>500~630	>630~800	>800~1000	>1000~1250	>1250~1600	>1600~2000	>2000~2500	>2500~3150	>3150~4000
8	>1~3.5	50	56	58	63	68	75	80	85	90	100	110	125	140	160	190	225	275	330
	>3.5~6.3	68	71	75	78	80	85	90	95	100	110	120	130	145	170	195	230	280	340
	>6.3~10	80	85	90	90	95	100	100	105	110	120	130	140	150	175	200	235	280	340
	>10~16	—	—	—	110	115	115	120	125	130	135	140	155	165	185	210	240	290	350
	>16~25	—	—	—	—	150	155	155	160	160	170	175	180	190	210	230	260	310	360
9	≥1~3.5	75	80	90	95	100	110	120	130	140	155	170	190	220	260	310	360	440	530
	>3.5~6.3	90	95	100	105	110	120	130	140	150	160	180	200	225	260	310	360	440	530
	>6.3~10	110	115	120	125	130	140	145	155	160	170	190	210	235	270	320	370	440	530
	>10~16	—	—	—	160	165	170	180	185	190	200	220	230	255	290	335	380	450	540
	>16~25	—	—	—	—	215	220	225	230	235	245	255	270	290	320	360	400	470	560
10	≥1~3.5	100	105	110	115	120	130	140	145	155	165	185	200	230	270	310	360	440	530
	>3.5~6.3	120	125	130	135	140	145	155	160	170	180	200	210	240	280	320	370	450	540
	>6.3~10	155	160	165	170	175	180	185	190	200	205	220	240	260	290	340	380	460	550
	>10~16	—	—	—	210	215	220	225	230	235	240	260	270	290	320	360	400	480	560
	>16~25	—	—	—	—	280	285	290	295	300	305	310	320	340	370	400	440	510	590
11	≥1~3.5	140	150	160	170	180	190	200	220	240	250	280	310	350	410	480	560	690	840
	>3.5~6.3	180	185	190	200	210	220	230	250	260	280	300	330	370	420	490	570	700	850
	>6.3~10	220	230	230	240	250	260	270	280	290	310	330	350	390	440	510	590	710	860
	>10~16	—	—	—	290	300	310	310	320	340	350	370	390	430	470	530	610	730	870
	>16~25	—	—	—	—	400	410	410	420	430	440	450	470	500	540	600	670	780	910
12	≥1~3.5	190	190	200	210	220	230	240	250	270	280	310	330	370	430	490	580	700	850
	>3.5~6.3	250	250	250	260	270	280	290	300	310	320	340	370	410	460	520	600	720	860
	>6.3~10	290	300	300	310	310	320	330	340	350	360	380	400	440	480	540	620	740	880
	>10~16	—	—	—	400	400	410	410	420	430	440	450	470	500	540	600	670	780	910
	>16~25	—	—	—	—	520	530	530	540	540	550	560	580	600	640	680	750	850	970

表 14-42　蜗轮齿厚公差 T_{s2} 值　（单位：μm）

分度圆直径 d_2 /mm	模数 m /mm	精度等级											
		1	2	3	4	5	6	7	8	9	10	11	12
≤125	≥1~3.5	30	32	36	45	56	71	90	110	130	160	190	230
	>3.5~6.3	32	36	40	48	63	85	110	130	160	190	230	290
	>6.3~10	32	36	45	50	67	90	120	140	170	210	260	320

（续）

分度圆直径 d_2 /mm	模数 m /mm	精度等级											
		1	2	3	4	5	6	7	8	9	10	11	12
>125~400	≥1~3.5	30	32	38	48	60	80	100	120	140	170	210	260
	>3.5~6.3	32	36	45	50	67	90	120	140	170	210	260	320
	>6.3~10	32	36	45	56	71	100	130	160	190	230	290	350
	>10~16	—	—	—	—	80	110	140	170	210	260	320	390
	>16~25	—	—	—	—	—	130	170	210	260	320	390	470
>400~800	≥1~3.5	32	36	40	48	63	85	110	130	160	190	230	290
	>3.5~6.3	32	36	45	50	67	90	120	140	170	210	260	320
	>6.3~10	32	36	45	56	71	100	130	160	190	230	290	350
	>10~16	—	—	—	—	85	120	160	190	230	290	350	430
	>16~25	—	—	—	—	—	140	190	230	290	350	430	550
>800~1600	≥1~3.5	32	36	45	50	67	90	120	140	170	210	260	320
	>3.5~6.3	32	36	45	56	71	100	130	160	190	230	290	350
	>6.3~10	32	36	48	60	80	110	140	170	210	260	320	390
	>10~16	—	—	—	—	85	120	160	190	230	290	350	430
	>16~25	—	—	—	—	—	140	190	230	290	350	430	550
>1600~2500	≥1~3.5	32	36	45	56	71	100	130	160	190	230	290	350
	>3.5~6.3	32	38	48	60	80	110	140	170	210	260	320	390
	>6.3~10	36	40	50	63	85	120	160	190	230	290	350	430
	>10~16	—	—	—	—	90	130	170	210	260	320	390	490
	>16~25	—	—	—	—	—	160	210	260	320	390	490	610
>2500~4000	≥1~3.5	32	38	48	60	80	110	140	170	210	260	320	390
	>3.5~6.3	36	40	50	63	85	120	160	190	230	290	350	430
	>6.3~10	36	45	53	67	90	130	170	210	260	320	390	490
	>10~16	—	—	—	—	100	140	190	230	290	350	430	550
	>16~25	—	—	—	—	—	160	210	260	320	390	490	610

注：1. 精度等级按蜗轮第Ⅱ公差组确定。

2. 在最小侧隙能保证的条件下，T_{s2}公差带允许采用对称分布。

表 14-43　传动的最小法向侧隙 j_{nmin} 值　（单位：μm）

传动中心距 a /mm	侧隙种类							
	h	g	f	e	d	c	b	a
≤30	0	9	13	21	33	52	84	130
>30~50	0	11	16	25	39	62	100	160
>50~80	0	13	19	30	46	74	120	190
>80~120	0	15	22	35	54	87	140	220
>120~180	0	18	25	40	63	100	160	250
>180~250	0	20	29	46	72	115	185	290

（续）

传动中心距 a /mm	侧隙种类							
	h	g	f	e	d	c	b	a
>250~315	0	23	32	52	81	130	210	320
>315~400	0	25	36	57	89	140	230	360
>400~500	0	27	40	63	97	155	250	400
>500~630	0	30	44	70	110	175	280	440
>630~800	0	35	50	80	125	200	320	500
>800~1000	0	40	56	90	140	230	360	560
>1000~1250	0	46	66	105	165	260	420	660
>1250~1600	0	54	78	125	195	310	500	780
>1600~2000	0	65	92	150	230	370	600	920
>2000~2500	0	77	110	175	280	440	700	1100
>2500~3150	0	93	135	210	330	540	860	1350
>3150~4000	0	115	165	260	380	660	1050	1650

2）侧隙的选择。j_{nmin}是蜗杆副不承受载荷，环境温度为20°C,测量出来的齿廓非工作面的距离，通常测量圆周侧隙j_{tmin}：

$$j_{nmin}=j_{tmin}\cos\gamma_1\cos\alpha_n \tag{14-23}$$

中心距 a 一定的情况下，把蜗轮齿厚作为基准，用减薄蜗杆齿厚获得最小侧隙j_{nmin}。蜗轮齿厚上极限偏差为零，公差带为负值，所以最大侧隙j_{nmax}由蜗杆、蜗轮的齿厚公差T_{s1}和T_{s2}来确定。

蜗杆齿厚上极限偏差E_{ss1}主要包括两部分：

$$E_{ss1}=E_{ss1(1)}+E_{s\Delta}$$

$$=-\left(j_{nmin}/\cos\alpha_x+\sqrt{f_a^{\ 2}+10f_{px}^{\ 2}}\right) \tag{14-24}$$

侧隙种类的选择。在选择齿侧间隙时，应首先考虑：蜗杆传动的工作温度高低；润滑方式和蜗轮周速；蜗杆传动的起动次数；蜗杆传动的精度等级；转向变化的频率大小。

按经验选择侧隙j_{nmin}，列下表：

侧隙种类	a	b	c	d	e f g h
第Ⅰ公差组精度等级	5~12	5~12	3~9	3~8	1~6

考虑各种因素，可得为储存润滑油所必需的最小侧隙值：

蜗轮周速$v_2\leqslant 3\text{m/s}$　$j_{nmin_1}\leqslant 10\mu\text{m}$

$v_2\leqslant 5\text{m/s}$　$j_{nmin_1}\leqslant 20\mu\text{m}$

$v_2>5\text{m/s}$　$j_{nmin_1}\leqslant 30\mu\text{m}$

分度传动$j_{nmin}=10\sim 30\mu\text{m}$

由热变形所需的j_{nmin}由下式计算：

$$j_{nmin_2}=[(\alpha_1 d_1+\alpha_2 d_2)(t_1-20)-2a\alpha_3(t_2-20)]\sin\alpha_{x1}\cos\gamma_1$$

式中　α_1、α_2、α_3——分别为蜗杆、蜗轮和箱体热膨胀系数，一般钢 $\alpha_1\approx 11.5\times 10^{-6}$；青铜 $\alpha_2=17.5\times 10^{-6}$；铸铁 $\alpha_3=10.5\times 10^{-6}$；

t_1——工作温度（°C）；

t_2——箱体工作温度（°C）。

上式是在环境温度 $t_0=20°\text{C}$ 时计算的。

轮齿弹性变形必需的侧隙：

$$j_{nmin_3}=-2\Delta E\sin\alpha$$

中心距镗孔误差必需的侧隙：

$$j_{nmin_4}=\sqrt{f_a^{\ 2}+10f_{pi}^{\ 2}}=E_{s\Delta}$$

该值已含在齿厚上极限偏差中。

总的齿侧间隙值为：

$$j_{nmin}=j_{nmin1}+j_{nmin2}+j_{nmin3} \tag{14-25}$$

由式（14-25）计算出的j_{nmin}查表 14-43 选择侧隙种类中与其相近的值。侧隙选好后，可计算出蜗杆齿厚上极限偏差：

$$E_{ss1}=-[j_{nmin}/\cos\alpha_x+E_{s\Delta}(j_{nmin})] \tag{14-26}$$

蜗杆传动的最大侧隙：

$$j_{nmax}\approx(E_{ss1}+T_{s1}+T_{s2})\cos\alpha_n+2\sin\alpha_n\sqrt{\frac{F_r^2}{4}+f_a^2}$$

式中，E_{ss1}、T_{s1}、T_{s2}、F_r 按其最大绝对值代入。

3）精度等级。侧隙种类在图样上的标注：

在蜗杆、蜗轮的工作图样上应分别标注其精度等级、齿厚极限偏差或相应的侧隙种类代号和标准代号，标注规格为

蜗杆 — GB/T 10089—1988
- 标准代号
- 侧隙种类代号或齿厚上、下极限偏差值
- 第Ⅰ、Ⅱ、Ⅲ公差组精度等级记Ⅰ-Ⅱ-Ⅲ

【例 14-2】 蜗杆第Ⅱ、Ⅲ精度等级为 5，齿厚极限偏差为标准值，侧隙种类为 f，记作：

蜗杆　5f GB/T 10089—1988

若齿厚极限偏差为非标准值，如上极限偏差为-0.27mm，下极限偏差为-0.40mm，则标注为：

$$\text{蜗杆}\quad 5\begin{pmatrix}-0.27\\-0.40\end{pmatrix}\text{GB 10089—1988}$$

【例 14-3】 蜗轮的三个公差组的精度都为 5，齿厚极限偏差为标准值，相配的侧隙代号为 f，记作：

5f GB/T 10089—1988

【例 14-4】 蜗轮第Ⅰ公差组为 5 级，第Ⅱ、Ⅲ公差组为 6 级，齿厚极限偏差是标准值，相配的侧隙种类为 f，则标注为：

5-6-6f GB/T 10089—1988

若蜗轮的齿厚极限偏差不是标准值，如上极限偏差为+0.10mm，下极限偏差为-0.10mm，则标记为

5-6-6（±0.10）GB/T 10089—1988

若蜗轮齿厚无公差要求，则标注为

5-6-6 GB/T 10089—1988

【例 14-5】 蜗杆传动的第Ⅰ公差组为 5 级，第Ⅱ、Ⅲ公差组为 6 级，侧隙种类为 f，则标注为

传动 5-6-6f GB/T 10089—1988

若侧隙为非标值，如 $j_{tmin}=0.03\text{mm}$，$j_{tmax}=0.06\text{mm}$，则标注为

$$\text{传动 5-6-6}\begin{pmatrix}0.03\\0.06\end{pmatrix}\text{t GB/T 10089—1988}$$

若为法向侧隙时，则标注为

$$\text{传动 5-6-6}\begin{pmatrix}0.03\\0.06\end{pmatrix}\text{GB/T 10089—1988}$$

【例 14-6】 蜗杆传动的三个公差组都为 5 级精度，侧隙种类为 f，则标注为

传动 5f GB/T 10089—1988

（3）精度中的几个具体问题

1）蜗杆副的精度等级由蜗杆副切向综合误差、相邻齿切向综合误差和接触斑点来评定，它们是配对蜗杆、蜗轮在精确安装下在蜗杆副检查仪上测得的结果。

2）为了保证加工蜗杆时滚刀位置与蜗杆位置的一致性，必要时将加工中的 $\pm f_{ao}$、$\pm f_{xo}$、$\pm f_{\Sigma o}$ 取 $\pm f_a$、$\pm f_x$、$\pm f_\Sigma$ 值的 75%。

3）如需检验蜗杆量柱测量距离 ΔE_M 时，蜗杆量柱测量距公差 T_{M1} 和量柱测量距极限偏差 E_{Ms1} 可按下式确定：

$$\begin{cases}T_{M1}=T_{s1}/\tan\alpha_n\\E_{Ms1}=E_{ss1}/\tan\alpha_n+0.7f_r\end{cases}$$

4）蜗杆、蜗轮齿坯尺寸形状公差见表 14-27，基准面的径向圆和端面圆跳动公差见表 14-28。

5）各精度等级的极限偏差和公差与蜗杆、蜗轮几何参数的关系见表 14-44、表 14-46，超过 GB/T 10089—1988 规定几何参数范围的蜗杆、蜗轮、蜗杆传动允许按表 14-44～表 14-46 所列关系式计算确定。

表 14-44　极限偏差和公差与蜗杆几何参数的关系式

精度等级 h	f_h		f_{h1}		$\pm f_{px}$		f_{px1}		f_r		f_{f1}		T_{s1}	
	$f_h=Am+C$		$f_{h1}=Am+C$		$f_{px}=Am+C$		$f_{px1}=Am+C$		$f_r=Ad_1+C$		$f_{f1}=Am+C$		$T_{s1}=Am+C$	
	A	C	A	C	A	C	A	C	A	C	A	C	A	C
1	0.110	0.8	0.22	1.64	0.08	0.56	0.132	1.02	0.005	1.0	0.13	0.80	1.23	8.9
2	0.180	1.32	0.364	2.62	0.12	0.92	0.212	1.63	0.007	1.52	0.21	1.33	1.5	11.1
3	0.284	2.09	0.575	4.15	0.19	1.45	0.335	2.55	0.011	2.4	0.34	2.1	1.9	13.9
4	0.45	3.3	0.91	6.56	0.3	2.28	0.53	4.03	0.018	3.8	0.53	3.3	2.4	17.3
5	0.72	5.2	1.44	10.4	0.48	3.6	0.84	6.38	0.028	6.0	0.84	5.2	3.0	21.6
6	1.14	8.2	2.28	16.5	0.76	5.7	1.33	10.1	0.044	9.5	1.33	8.2	3.8	27
7	1.6	11.5	3.2	23.1	1.08	8.2	1.88	14.3	0.063	13.4	1.88	11.8	4.7	33.8
8	—	—	—	—	1.51	11.4	2.64	20	0.088	18.8	2.64	16.3	5.9	42.2
9	—	—	—	—	2.10	16	3.8	28	0.124	26.4	3.69	22.8	7.3	52.8
10	—	—	—	—	3.0	22.4	—	—	0.172	36.9	5.2	32	10.2	73.8
11	—	—	—	—	4.2	31	—	—	0.24	52	7.24	44.8	14.4	103.4
12	—	—	—	—	5.8	44	—	—	0.34	72	10.2	63	20.4	144.7

注：采用代号 m—蜗杆轴向模数（mm）；d_1—蜗杆分度圆直径（mm）。

表 14-45 极限偏差或公差间的相关关系式

序号	代号	精度等级											
		1	2	3	4	5	6	7	8	9	10	11	12
1	f_a	$\frac{1}{2}$IT4	$\frac{1}{2}$IT5	$\frac{1}{2}$IT6	$\frac{1}{2}$IT7	$\frac{1}{2}$IT8		$\frac{1}{2}$IT9		$\frac{1}{2}$IT10		$\frac{1}{2}$IT11	
2	f_X	$0.8f_a$											
3	j_{nmin}	h(0),g(IT5),f(IT6),e(IT7),d(IT8),c(IT9),b(IT10),a(IT11)											
4	j_{nmax}	$(\lvert E_{SS1}\rvert+T_{S1}+T_{S2}\cos\gamma')\cos\alpha_n+2\sin\alpha_n\sqrt{\frac{1}{4}F_r^2+f_a^2}$											
5	j_t	$\approx j_n/\cos\gamma'\cos\alpha_n$											
6	E_{SS1}	$-(j_{nmin}/\cos\alpha_n+E_{S\Delta})$											
7	$E_{S\Delta}$	$\sqrt{f_a^2+10f_{px}^2}$											
8	T_{S2}	$1.3F_r+25$											

注：采用代号 γ'—蜗杆节圆柱导程角；α_n—蜗杆法向齿形角；IT—标准公差，按 GB/T 1800.1—2009 的规定。

表 14-46 极限偏差和公差与蜗轮几何参数的关系式

精度等级	F_P(或 F_{PK})		F_r		F_i''		$\pm f_{Pt}$		f_i''		f_{f2}		$\pm f_\Sigma$	
	$F_P=B\sqrt{L}+C$		$F_r=Am+B\sqrt{d_2}+C$ $B=0.25A$		$F''_i=Am+B\sqrt{d_2}+C$ $B=0.25A$		$f_{Pt}=Am+B\sqrt{d_2}+C$ $B=0.25A$		$f''_i=Am+B\sqrt{d_2}+C$ $B=0.25A$		$f_{f2}=Am+Bd_2+C$ $B=0.0125A$		$f_\Sigma=B\sqrt{b_2}+C$	
	B	C	A	C	A	C	A	C	A	C	A	C	B	C
1	0.25	0.63	0.224	2.8	—	—	0.063	0.8	—	—	0.063	2	—	—
2	0.40	1	0.355	4.5	—	—	0.10	1.25	—	—	0.10	2.5	—	—
3	0.63	1.6	0.56	7.1	—	—	0.16	2	—	—	0.16	3.15	0.50	2.5
4	1	2.5	0.90	11.2	—	—	0.25	3.15	—	—	0.25	4	0.63	3.2
5	1.6	4	1.40	18	—	—	0.40	5	—	—	0.40	5	0.8	4
6	2.5	6.3	2.24	28	—	—	0.63	8	—	—	0.63	6.3	1	5
7	3.55	9	3.15	40	4.5	56	0.90	11.2	1.25	16	1	8	1.25	6.3
8	5	12.5	4	50	5.6	71	1.25	16	1.8	22.4	1.6	10	1.8	8
9	7.1	18	5	63	7.1	90	1.8	22.4	2.24	28	2.5	16	2.5	11.2
10	10	25	6.3	80	9.0	112	2.5	31.5	2.8	35.5	4	25	3.55	16
11	14	35.5	8	100	11.2	140	3.55	45	3.55	45	6.3	40	5	22.4
12	20	50	10	125	14.0	180	5	63	4.5	56	10	63	7.1	31.5

注：1. 采用代号：m—模数（mm）；d_2—蜗轮分度圆直径（mm）；L—蜗轮分度圆弧长（mm）；b_2—蜗轮齿宽（mm）。

2. $d_2\leqslant400$mm 的 F_r、F_i''公差按表中所列关系式再乘以 0.8 确定。

14.2.7 圆柱蜗杆传动的计算实例

【例 14-7】 设计一混料机用的闭式蜗杆减速器中的蜗杆传动。已知：蜗杆输入功率 $P_1=10\text{kW}$，转速 $n_1=1460\text{r/min}$，传动比 $i=20$，单向传动，载荷稳定，$J_c=50\%$，环境温度 25℃，蜗杆减速器每天工作 8h，每年工作 250 天，工作寿命 5 年。

【解】

（1）选择传动类型和材料　由于传递功率不大，转速较低，可选用普通圆柱蜗杆传动。

蜗杆用 40Cr，表面淬火，硬度为 45～55HRC，蜗轮齿圈选用铸锡青铜，ZCuSn10Pb1，金属模铸造。

（2）选择蜗杆头数和蜗轮齿数：

已知公称传动比 $i=20$

取 $z_1=2$，则 $z_2=iz_1=20\times2=40$

（3）按蜗轮齿面接触强度设计

1）确定蜗轮转矩 T_2。按表 14-13，暂取 $\eta=0.82$

$$T_2=9.55\times10^6\frac{P_2}{n_2}=9.55\times10^6\frac{P_1\eta}{n_1/i}$$

$$=9.55\times10^6\frac{10\times0.82}{1460/20}\text{N}\cdot\text{m}$$

$$=1.07\times10^6\text{N}\cdot\text{mm}$$

2）确定载荷系数。由载荷稳定，可初取载荷系数 $K=1.2$。

3）确定许用应力。查表 14-16，基本许用应力 $[\sigma]_{OH}=220\text{MPa}$

设 $v_s=5\text{m/s}$，由图 14-10，取 $Z_{vs}=0.90$

应力循环次数：

$$N=60n_2t_h=60\times\frac{1460}{20}\times8\times250\times5\times0.5$$

$$=2.14\times10^7$$

查图 14-11，$Z_N=0.92$

$$[\sigma]_H=Z_NZ_{vs}\ [\sigma]_{OH}=0.92\times0.9\times220\text{MPa}$$

$$=182.2\text{MPa}$$

4）计算模数 m 及蜗杆分度圆直径 d_1：

$$由\ m^2d_1\geqslant\left(\frac{480}{Z_2[\sigma]_H}\right)^2KT_2$$

$$=\left[\left(\frac{480}{40\times182.2}\right)^2\times1.2\times1.07\times10^6\right]\text{mm}^3$$

$$=5302\text{mm}^3$$

查表 14-18，取 $m=8\text{mm}$，$d_1=80\text{mm}$（$m^2d_1=5120\text{mm}^3$，接近计算值）

查表 14-10，按 $i=20$，$m=8\text{mm}$，$d_1=80\text{mm}$ 可得：

$a=200\text{mm}$，$z_1=2$，$z_2=41$，$x_2=-0.5$

蜗轮分度圆直径　$d_2=mz_2=8\times41\text{mm}$

$=328\text{mm}$

5）验算蜗轮圆周速度：

实际传动比

$$i=\frac{z_2}{z_1}=\frac{41}{2}=20.5$$

$$n_2=\frac{1460}{20.5}\text{r/min}=71.2\text{r/min}$$

蜗轮圆周速度

$$v_2=\frac{\pi d_2n_2}{60\times1000}=\frac{\pi\times328\times71.2}{60\times1000}\text{m/s}=1.22\text{m/s}$$

6）计算啮合效率：

蜗杆导程角　$\gamma=\arctan\dfrac{z_1m}{d_1}=\arctan\dfrac{2\times8}{80}$

$=11.31°=11°18'36''$

滑动速度　$v_s=\dfrac{v_1}{\cos\gamma}=\dfrac{\pi d_1n_1}{60\times1000\cos\gamma}$

$$=\frac{\pi\times80\times1460}{60\times1000\cos11.31°}\text{m/s}$$

$$=6.24\text{m/s}$$

查表 14-12 得：$\rho'=1°11'=1.183°$

啮合效率　$\eta_1=\dfrac{\tan\gamma}{\tan(\gamma+\rho')}$

$$=\frac{\tan11.31°}{\tan(11.31°+1.183°)}=0.905$$

取 $\eta_2=0.96$，$\eta_3=0.98$ 则

$$\eta=0.905\times0.96\times0.98=0.85$$

（4）校核蜗轮齿面接触强度　蜗轮实际传递转矩：

$$T_2=(9.55\times10^6\frac{10\times0.85}{71.2})\ \text{N}\cdot\text{mm}=1.14\times10^6\text{N}\cdot\text{mm}$$

当 $v_s=6.24\text{m/s}$ 时，查图 14-10 得 $Z_{vs}=0.88$

$$[\sigma]_H=0.92\times0.88\times220\text{MPa}=178.1\text{MPa}$$

按表 14-15 取 $K_A=0.9$（间歇工作），$K_\beta=1.0$，$K_v=1.05$。

$$K=0.9\times1.0\times1.05=0.945$$

$$m^2d_1=\left(\frac{480}{Z_2[\sigma]_H}\right)^2KT_2$$

$$=\left[\left(\frac{480}{41\times178.1}\right)^2\times0.945\times1.14\times10^6\right]\text{mm}^3$$

$$=4655\text{mm}^3<5120\text{mm}^3$$

蜗轮齿面接触强度合格。

（5）校核蜗轮齿根抗弯强度

许用弯曲应力：

由 $N=2.14\times10^7$，查图 14-11 得 $Y_N=0.72$

$$[\sigma]_F=Y_N[\sigma]_{OF}=0.72\times70\text{MPa}=50.4\text{MPa}$$

当量齿数　$Z_v=\dfrac{Z_2}{\cos^3\gamma}$

$$=\frac{41}{\cos^3 11.31°}=43.48$$

查表 14-19 得蜗轮齿形系数 $Y_F=1.50$

$$\sigma_F=\frac{1.53KT_2\cos\gamma}{d_1d_2m}Y_F$$

$$=\frac{1.53×0.945×1.14×10^6\cos 11.31°}{80×328×8}×1.5\text{MPa}$$

$$=11.7\text{MPa}<50.4\text{MPa}$$

蜗轮齿根抗弯强度合格。

(6) 几何尺寸计算

已知：$a=200\text{mm}, z_1=2, z_2=41, x_2=-0.5,$

$\alpha=20°, d_1=80\text{mm}, d_2=328\text{mm}$

1) 蜗杆：

齿顶圆直径　$d_{a1}=d_1+2m=(80+2×8)\text{mm}$

$=96\text{mm}$

齿根圆直径　$d_{f1}=d_1-2m(1+0.2)$

$=(80-2.4×8)\text{mm}$

$=60.8\text{mm}$

蜗杆齿宽　$b_1\geqslant(12.5+0.1z_2)m$

$=(16.6×8)\text{mm}$

$=132.8\text{mm}$

取 $b_1=140\text{mm}$

2) 蜗轮：

喉圆直径　$d_{a2}=d_2+2m(h_a^*-x_2)$

$=(328+2×0.5×8)\text{mm}$

$=336\text{mm}$

顶圆直径　$d_{e2}=d_{a2}+1.5m$

$=(336+1.5×8)\text{mm}$

$=348\text{mm}$

蜗轮齿宽　$b_2\leqslant0.7d_{a1}=0.7×96\text{mm}$

$=67.2\text{mm}$

取 $b_2=65\text{mm}$

喉圆半径　$r_{g2}=0.5d_{a1}+c=0.5d_{a1}+0.2m$

$=(0.5×96+0.2×8)\text{mm}$

$=49.6\text{mm}$

蜗轮齿宽角　$\theta=2\arcsin\frac{b_2}{d_1}=2\arcsin\frac{65}{80}=108.7°$

(7) 热平衡计算

由 $t_1=t_0+\frac{1000P(1-\eta)}{K_SA}$

已知传动效率　$\eta=0.85$

取 $t_0=25℃$，$t_1=80℃$，$K_S=14\text{W}/(\text{m}^2\cdot\text{K})$

所需散热面积：

$$A=\frac{1000P(1-\eta)}{K_S(t_1-t_0)}=\frac{1000×10×(1-0.85)}{14×(80-25)}\text{m}^2$$

$$=1.95\text{m}^2$$

(8) 精度选择　按表 14-23，本蜗杆减速器为一般动力传动，选择精度等级按 GB/T 10089—1988。蜗杆、蜗轮齿面表面粗糙度均取为 $Ra\leqslant3.2\mu\text{m}$。

14.3　圆弧圆柱蜗杆传动

14.3.1　圆弧圆柱蜗杆传动的类型

一个圆柱蜗杆，其轴向平面或法向齿廓为圆弧，或蜗杆齿面为圆环面的包络面时称圆弧圆柱蜗杆。它与用直接展成法加工的蜗轮组成的蜗杆传动称圆弧圆柱蜗杆传动。

圆弧圆柱蜗杆传动可分为环面包络圆弧圆柱蜗杆传动和轴向圆弧齿圆柱蜗杆传动两类。

(1) 环面包络圆弧圆柱蜗杆传动

1) ZC_1 蜗杆传动。如图 14-23 所示，加工蜗杆的刀具是圆环面砂轮（或铣刀），在刀具的轴向平面内，产形线是圆环面母圆的一段凸圆弧。刀具轴线与蜗杆轴线的轴交角为蜗杆分度圆导程角 γ，当刀具一边绕自身轴线转动，又相对蜗杆做螺旋运动时，砂轮刃廓的包络面即蜗杆螺旋齿面。

ZC_1 蜗杆的轴向、法向齿廓是近似圆弧的凹形齿（见图 14-24）。蜗轮则呈凸形齿廓。

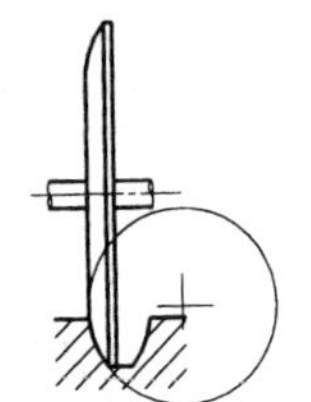

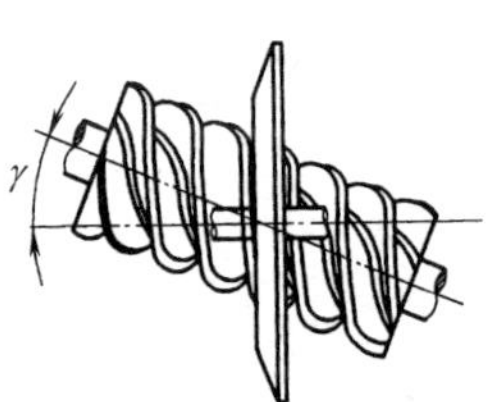

图 14-23　ZC_1 蜗杆加工

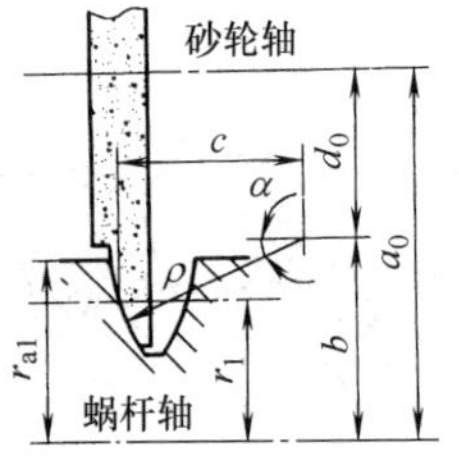

图 14-24　ZC_1 蜗杆几何尺寸

2) ZC_2 蜗杆传动。ZC_2 蜗杆传动，加工蜗杆的刀具和齿面形成的方法与 ZC_1 蜗杆相同，所不同的是砂轮轴线与蜗杆轴线的轴交角不等于蜗杆分度圆导程角，而是某一角度 γ_0（见图 14-25）。

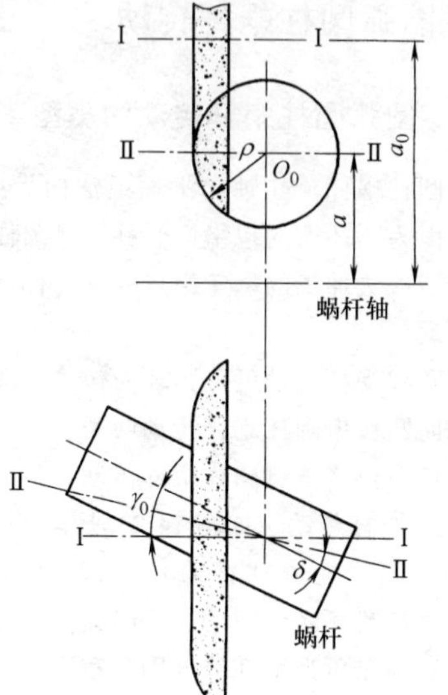

图 14-25　ZC_2 蜗杆加工

（2）轴向圆弧齿圆柱蜗杆传动（ZC_3）　ZC_3 蜗杆在车床上加工，将凸圆弧刃廓车刀的刃面置于蜗杆的轴向平面内，车刀刃面除径向进给运动外，还相对蜗杆做螺旋运动，车刀刃廓的轨迹面即蜗杆螺旋面。在蜗杆的轴向平面上，齿廓是凹形圆弧（见图 14-26）。

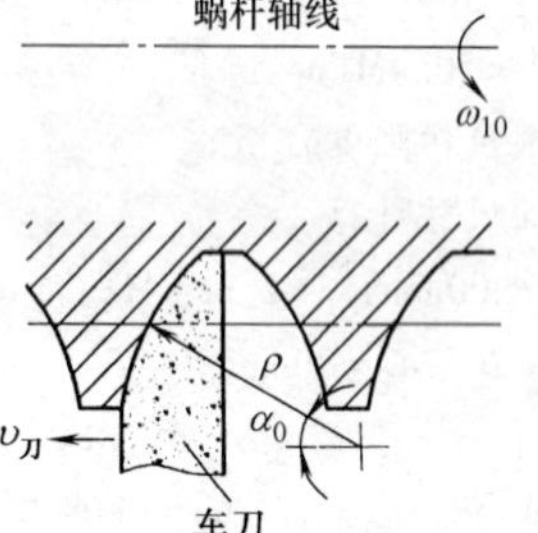

图 14-26　ZC_3 蜗杆加工

14.3.2　圆弧圆柱蜗杆传动的主要特点

1）共轭齿面接触线形状有利于液体动压油膜的形成，改善了齿面间的润滑条件，如图 14-27 所示。

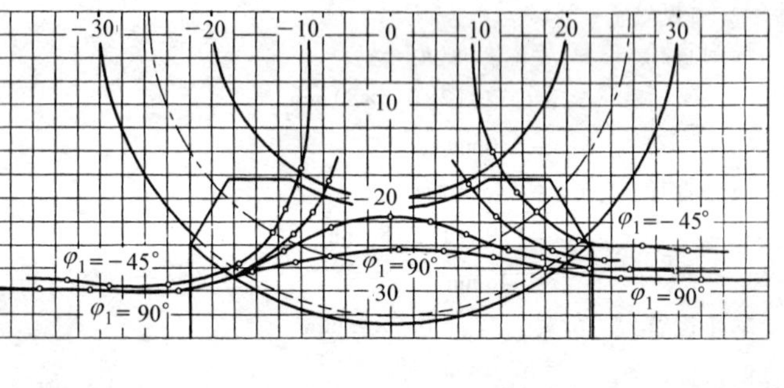

a)　b)

图 14-27　ZC 蜗杆传动接触线

a）ZC_3 蜗杆传动　b）ZC_1 蜗杆传动

2）共轭齿面呈凸凹啮合，当量曲率半径 ρ 大，因而齿面接触应力小，如图 14-28 所示。

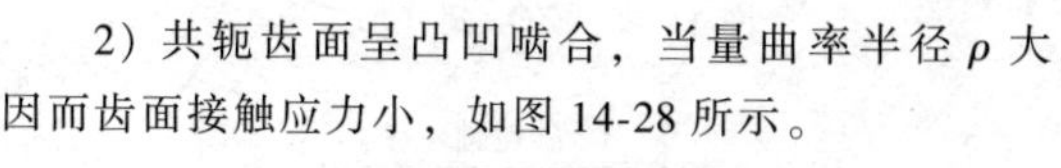

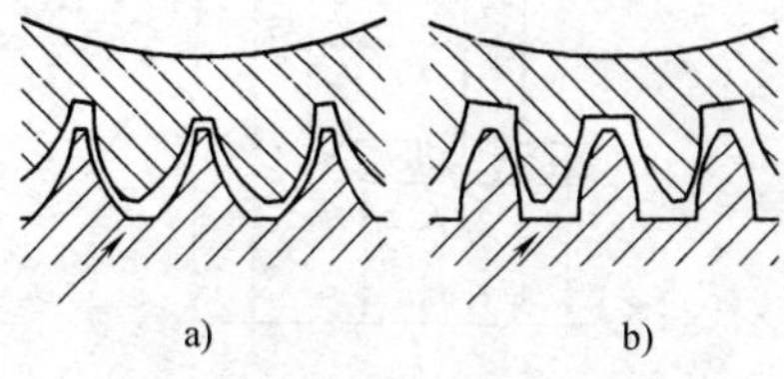

a)　b)

图 14-28　共轭齿面的比较

a）ZC 蜗杆传动　b）普通圆柱蜗杆传动

3）ZC 蜗杆传动的几何参数：变位系数 x、齿廓曲率半径 ρ、齿形角 α、齿数 z_1，分度圆直径 d_1 等对蜗杆传动的啮合特性有明显影响，可通过合理的参数选择，满足特殊要求从而提高传动质量。

总之，ZC 蜗杆传动具有良好的润滑特性，功率耗损小，传动效率高（比普通蜗杆传动提高 5%～15%）；齿面接触应力小，齿面强度高，承载能力大（比普通蜗杆传动可提高 50%～100%），使用寿命长；并具有工作平稳，噪声小等特点。成本和普通圆柱蜗杆传动相比基本相当。因此，ZC 蜗杆传动是目前圆柱蜗杆传动中最有推广应用价值的新型蜗杆传动。

14.3.3　圆弧圆柱蜗杆传动的参数及匹配

（1）轴向圆弧齿圆柱蜗杆传动的齿廓参数　轴向圆弧齿圆柱蜗杆传动的基本齿廓如图 14-29 所示，并规定在蜗杆轴向平面内的参数为标准值。

1）齿廓曲率半径：$\rho_0=(5.0\sim5.5)\ m$，当 $z_1=1$，2 时，$\rho_0=5m$；$z_1=3$ 时，$\rho_0=5.3m$；$z_1=4$ 时，$\rho_0=5.5m$。

2）齿形角 $\alpha=22°\sim23°$，通常取 23°。

3）顶隙 $c=0.2m$。

4）齿顶高 $h_{a1}=m$。

5）全齿高 $h_1=2h_a+c$。

6）轴向齿距 $p_{x1}=\pi m$，轴向齿厚 $S_{x1}=0.4\pi m$。

7）变位系数。ZC_3 蜗杆传动必须采取正的径向变位。推荐：$x_2=0.5\sim1.5$，多用 $x_2=0.7\sim1.2$，建议在这个范围内尽量取大值，低速或多头（$z_1>2$）蜗杆可取较小值。不产生根切和齿顶变尖的齿数 z_2 和变位系数的关系曲线如图 14-30 所示。变位系数是对 ZC_3 蜗杆传动性能影响最敏感的参数，应合理选用。

（2）轴向圆弧齿圆柱蜗杆传动的啮合参数及匹配

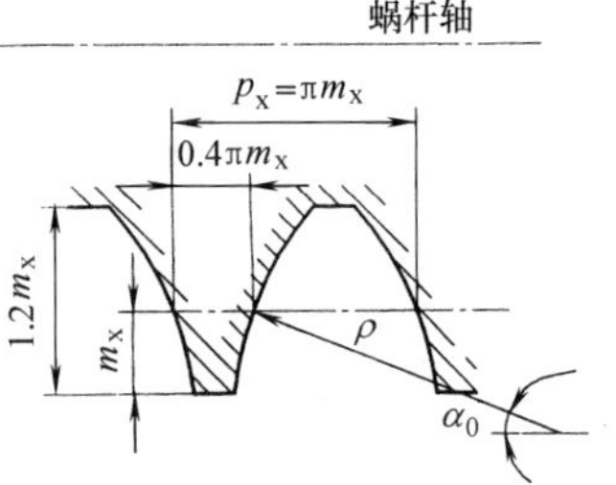

图 14-29　ZC_3 的基本齿廓

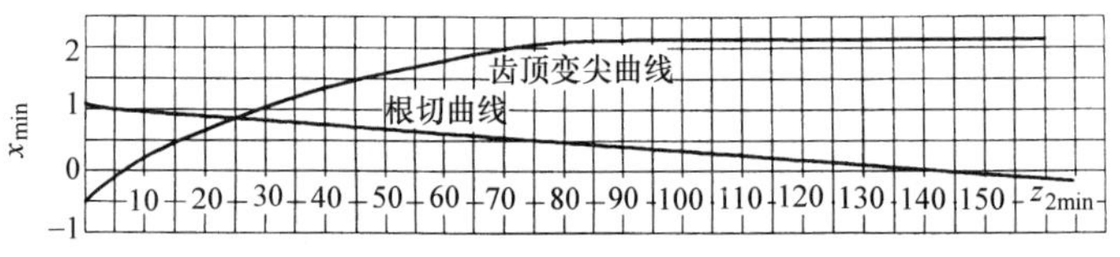

图 14-30　z_2-x 曲线

ZC_3 蜗杆传动啮合参数搭配的推荐值见表14-47。

（3）环面包络圆柱蜗杆的齿廓参数　按 JB/T 7935—2015，蜗杆法向平面内的齿廓为基本齿廓，蜗杆用环面砂轮包络成形，在法向平面和轴向平面的尺寸要符合以下规定（见图 14-31）。

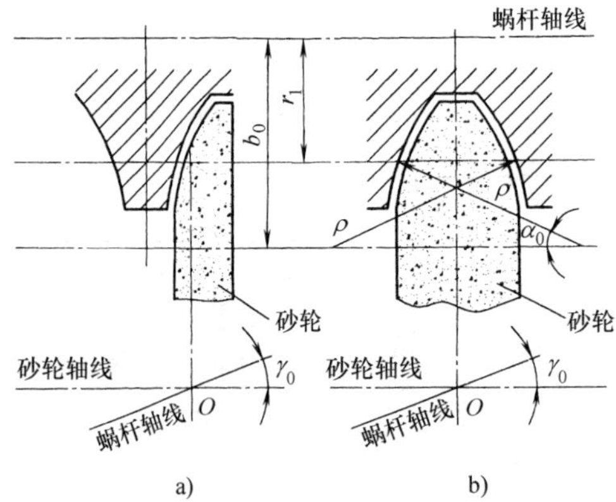

图 14-31　ZC_1 蜗杆基本齿廓

a）单面砂轮单面磨齿　b）双面砂轮两面依次磨齿

1）砂轮轴线与蜗杆轴线的公垂线，单面砂轮单面磨齿时通过蜗杆齿廓分圆点（蜗杆分度圆柱上的螺纹线与砂轮轴平面的交点）；双面砂轮两面依次磨齿时位于砂轮对称中心平面。

2）砂轮轴线与蜗杆轴线的轴交角 γ_0 等于蜗杆分圆柱上齿线的导程角 γ。

3）砂轮轴向平面圆弧半径 ρ_0 为

当 $m\leqslant10$mm 时，$\rho_0=(5.5\sim6.0)m^*$

当 $m>10$mm 时，$\rho_0=(5.0\sim5.5)m^*$

* 小模数时取较大系数。

4）砂轮轴向平面齿形角 $\alpha_0=23°\pm0.5°$。

5）其他齿廓参数为

齿顶高　当蜗杆齿数 $z_1\leqslant3$ 时 $h_a=1.0m$；

当蜗杆齿数 $z_1>3$ 时 $h_a=(0.85\sim0.95)m$；

顶隙　$c\approx0.16m$；

轴向齿厚　$S_{x1}=0.4\pi m$，法向齿厚 $S_{n1}=S_{x1}\cos\gamma$；

砂轮圆弧中心坐标 $a_0=\rho\cos\alpha_0$，$b_0=0.5d_1+\rho\sin\alpha_0$；

齿顶倒圆，圆角半径不大于 $0.2m$。

（4）环面包络圆柱蜗杆的啮合参数及匹配　ZC_1 蜗杆的基本尺寸和参数见表 14-48，蜗杆蜗轮啮合参数搭配见表 14-49。

表 14-47　ZC_3 蜗杆蜗轮啮合参数搭配

中心距 a /mm	传动比 代号	公　称 传动比 i	模数 m /mm	蜗杆分度 圆直径 d_1 /mm	蜗杆头数 z_1	齿廓圆 弧半径 ρ /mm	变位系数 x_2	蜗轮齿数 z_2	实际传 动比 i_0
80	1 2 4 7	8 10 16 31.5	3.5	44	4 3 2 1	20 19 18	1.071	31	7.75 10.33 15.5 31
	3 5 8	12.5 20 40	3	38	3 2 1	16 15	0.833	39	13 19.5 39
	6 9	25 50	2.5	32	2 1	13	0.60	50	26 50
100	1 2 4 7	8 10 16 31.5	4.5	52	4 3 2 1	25 24 23	0.944	31	7.75 10.33 15.5 31
	3 5 8	12.5 20 40	4	44	3 2 1	21 20	0.5	38	12.67 19 38
	6 9	25 50	3	38	2 1	15	1	52	26 52
125	1	8	5.5	62	4	30	0.591	33	8.25
	2	10	6	63	3	32	0.583	30	10
	4 7	16 31.5	5.5	62	2 1	28	0.591	33	16.5 33
	3	12.5	5	55	3	26	0.5	38	12.67
	5 8	20 40	4.5	52	2 1	23	1	42	21 42
	6 9	25 50	4	44	2 1	20	0.75	50	25 60
160	1	8	7	76	4	39	0.929	33	8.25
	2	10	8	80	3	42	0.5	29	9.67
	4 7	16 31.5	7	76	2 1	35	0.929	33	16.5 33
	3	12.5	6	74	3	32	1	39	13
	5 8	20 40		63	2 1	30	0.917	41	20.5 41
	6 9	25 50	5	55	2 1	25	1	51	25.5 51

（续）

中心距 a /mm	传动比 代号	公　称 传动比 i	模数 m /mm	蜗杆分度 圆直径 d_1 /mm	蜗杆头数 z_1	齿廓圆 弧半径 ρ /mm	变位系数 x_2	蜗轮齿数 z_2	实际传 动比 i_0
200	1	8	9	90	4	50	0.722	33	8.25
	2	10	10	98	3	53	0.6	29	9.67
	4 7	16 31.5	9	90	2 1	45	0.722	33	16.5 33
	3	12.5	8	80	3	42	0.5	39	13
	5 8	20 40			2 1	40			19.5 39
	6 9	20 50	8	74	2 1	30	1.167	52	26 52
250	1 2 4 7	8 10 16 31.5	12	114	4 3 2 1	66 64 60	0.583	31	7.75 10.33 15.5 31
	3 5 8	12.5 20 40	10	98	3 2 1	53 50	0.6	39	13 19.5 39
	6 9	25 50	8	80	2 1	40	0.75	51	25.5 51
280	1 2 4 7	8 10 16 31.5	14	126	4 3 2 1	77 74 70	0.5	30	7.5 10 15 30
	3 5 8	12.5 20 40	11	112	3 2 1	58 55	0.864	39	13 19.5 39
	6 9	25 50	9	90	2 1	45	0.611	51	25.5 51
320	1 2 4 7	8 10 16 31.5	16	128	1 3 2 1	88 85 80	0.5	31	7.75 10.33 15.5 31
	3	12.5	12	132	3	64	1.167	40	13.33
	5 8	20 40		114	2 1	60	0.917	42	21 42
	6 9	25 50	10	98	2 1	50	1.1	52	26 52

（续）

中心距 a /mm	传动比代号	公　称传动比 i	模数 m /mm	蜗杆分度圆直径 d_1 /mm	蜗杆头数 z_1	齿廓圆弧半径 ρ /mm	变位系数 x_2	蜗轮齿数 z_2	实际传动比 i_0
360	1	8	18	144	4	99	0.5	31	7.75
	2	10			3	95			10.33
	4	16			2	90			15.5
	7	31.5			1				31
	3	12.5	14		3	74	1.071	39	13
	5	20		126	2	70	0.714	41	20.5
	8	40			1				41
	6	25	12	114	2	60	0.75	49	24.5
	9	50			1				49
400	1	8	20	156	4	110	0.6	31	7.75
	2	10			3	106			10.33
	4	16			2	100			15.5
	7	31.5			1				31
	3	12.5	16	144	3	85	1	39	13
	5	20			2	80			19.5
	8	40			1				39
	6	25	14	126	2	70	0.571	47	23.5
	9	50			1				47
450	1	8	22	170	4	121	1.091	31	7.75
	2	10			3	117			10.33
	4	16			2	110			15.5
	7	31.5			1				31
	3	12.5	18	168	3	95	0.833	39	13
	5	20		144	2	90	0.5	41	20.5
	8	40			1				41
	6	25	14		2	70	1	52	26
	9	50			1				52
500	1	8	25	180	4	138	0.7	31	7.75
	2	10			3	133			10.33
	4	16			2	125			15.5
	7	31.5			1				31
	3	12.5	20	180	3	106	1	39	13
	5	20		156	2	100	0.6	41	20.5
	8	40			1				41
	6	25	16	144	2	80	0.75	52	26
	9	50			1				52

表 14-48　ZC_1 蜗杆基本尺寸和参数

模数 m /mm	分度圆直径 d_1 /mm	头数 z_1	轴向齿距 p_x /mm	直径系数 q	齿顶圆直径 d_{a1} /mm	齿根圆直径 d_{f1} /mm	分度圆柱导程角 γ
2	26	1	6.283	13	29.6	21.824	4°23′55″
		2					8°44′46″
2.25	26.5	1	7.068	11.778	30.6	21.744	4°51′11″
2.5	26	1	7.854	10.4	30.6	20.664	5°29′32″
		2					10°53′8″
	30	3		12	34.6	24.664	14°2′11″
		1					4°45′49″
		2					9°27′44″
2.75	32.6	1	8.639	11.818	37.6	26.584	4°50′12″
3	32	1	9.425	10.667	37.6	25.504	5°21′21″
		2					10°37′11″
		3					15°42′31″
	30.4	4	9.425	10.133	36	23.904	21°32′28″
3.2	36.6	1	10.053	11.438	43	29.176	4°59′48″
		2					9°55′7″
		3					14°41′50″
3.5	39	1	10.996	11.143	46	30.880	5°7′41″
3.6	35.4	4	11.310	9.833	42	27.744	22°8′8″
		5					26°57′8″
3.8	38.4	1	11.938	10.105	46	29.584	5°39′6″
		2					11°11′43″
		3					16°32′5″
4	44	1	12.566	11	52	34.720	5°11′40″
		2					10°18′17″
		3					15°15′18″
4.4	47.2	1	13.823	10.727	56	36.992	5°19′33″
		2					10°33′40″
4.5	43.6	4	14.137	9.689	52	33.856	22°25′58″
		5					27°17′45″
4.8	46.4	1	15.080	9.667	56	35.264	5°54′21″
		2					11°41′22″
		3					17°14′29″
5	55	1	15.708	11	65	43.4	5°11′40″
5.2	54.6	1	16.336	10.5	65	42.536	5°26′25″
		2					10°47′4″
		3					15°56′43″

（续）

模数 m /mm	分度圆直径 d_1 /mm	头数 z_1	轴向齿距 p_x /mm	直径系数 q	齿顶圆直径 d_{a1} /mm	齿根圆直径 d_{f1} /mm	分度圆柱导程角 γ
5.6	58.8	1	17.593	10.5	70	45.808	5°26′25″
		2					10°47′3″
5.8	49.4	4	18.221	8.517	60	37.104	25°9′23″
		5					30°24′53″
6.2	57.6	1	19.478	9.290	70	43.216	6°8′37″
		2					12°8′57″
		3					17°53′46″
6.5	67	1	20.420	10.308	80	51.920	5°32′28″
		2					10°58′50″
		3					16°13′38″
7.1	70.8	1	22.305	9.972	85	54.328	5°43′36″
		2					11°20′28″
7.3	61.8	4	22.934	8.466	75	46.488	25°17′25″
		5					30°34′0″
7.8	69.4	1	24.504	8.897	85	51.304	6°24′46″
		2					12°40′7″
		3					18°37′58″
7.9	82.2	1	24.819	10.405	98	63.872	5°29′23″
8.2	78.6	1	25.761	9.585	95	59.576	5°57′21″
		2					11°47′9″
		3					17°22′44″
9	84	1	28.274	9.333	102	63.120	6°6′56″
		2					12°5′41″
9.1	91.8	1	28.589	10.088	110	70.688	5°39′40″
9.2	80.6	3	28.902	8.761	99	59.256	18°54′10″
9.5	73	4	29.845	7.684	90	53.280	27°29′57″
		5					33°3′5″
10	82	1	31.416	8.2	102	58.8	6°57′11″
		2					13°42′25″
		3					20°5′43″
10.5	99	1	32.986	9.429	120	74.640	6°3′15″
		2					11°58′34″
		3					17°39′0″
11.5	107	1	36.128	9.304	130	80.320	6°8′4″
		2					12°7′53″

（续）

模数 m /mm	分度圆直径 d_1 /mm	头数 z_1	轴向齿距 p_x /mm	直径系数 q	齿顶圆直径 d_{a1} /mm	齿根圆直径 d_{f1} /mm	分度圆柱导程角 γ
11.8	93.5	4	37.070	7.924	115	68.56	26°47′6″
		5					32°15′9″
12.5	105	1	39.270	8.4	130	76	6°47′20″
		2					13°23′33″
		3					19°39′14″
13	119	1	40.841	9.154	145	88.84	6°14′4″
		2					12°19′29″
		3					18°8′44″
14.5	127	1	45.553	8.759	156	93.36	6°30′48″
		2					12°51′46″
15	111	4	47.124	7.4	138	79.68	28°23′35″
		5					34°2′45″
16	124	1	50.266	7.75	156	86.88	7°21′9″
		2					14°28′13″
		3					21°9′41″
	165	1		10.313	197	127.88	5°32′19″
		2					10°58′32″
18	136	1	56.549	7.556	172	94.24	7°32′22″
		2					14°49′35″
		3					21°39′22″
19	141	4	59.69	7.421	175	101.56	28°19′30″
		5					33°53′14″
20	148	1	62.832	7.4	188	101.6	7°41′46″
		2					15°7′26″
		3					22°4′4″
	165	4		8.25	199	125.56	25°51′59″
		6					36°1′39″
22	160	1	69.115	7.273	204	108.96	7°49′44″
		3					22°24′58″
24	172	1	75.398	7.167	220	116.32	7°56′36″

表 14-49　ZC_1 蜗杆蜗轮啮合参数搭配

中心距 a /mm	公称传动比 i	模数 m /mm	蜗杆分度圆直径 d_1 /mm	蜗杆头数 z_1	蜗轮齿数 z_2	蜗轮变位系数 x_2	实际传动比 i_0
63	5	3.6	35.4	5	24	0.583	4.8
	6.3	3.6	35.4	4	25	0.083	6.25
	8	3	30.4	4	31	0.433	7.75
	10	3	32	3	31	0.167	10.33
	12.5	2.5	30	3	38	0.2	12.67
	16	3	32	2	31	0.167	15.5
	20	2.5	26	2	39	0.5	19.5
	25	2	26	2	49	0.5	24.5
	31.5	3	32	1	31	0.167	31
	40	2.5	26	1	39	0.5	39
	50	2	26	1	49	0.5	49
80	5	4.5	43.6	5	24	0.933	4.8
	6.3	4.5	43.6	4	25	0.433	6.25
	8	3.6	35.4	4	33	0.806	8.25
	10	3.8	38.4	3	31	0.5	10.33
	12.5	3.2	36.6	3	37	0.781	12.33
	16	3.8	38.4	2	31	0.5	15.5
	20	3	32	2	41	0.833	20.5
	25	2.5	30	2	51	0.5	25.5
	31.5	3.8	38.4	1	31	0.5	31
	40	3	32	1	41	0.833	41
	50	2.5	30	1	51	0.5	51
	63	2.25	26.5	1	59	0.167	59
100	5	5.8	49.4	5	24	0.983	4.8
	6.3	5.8	49.4	4	25	0.483	6.25
	8	4.5	43.6	4	33	0.878	8.25
	10	4.8	46.4	3	31	0.5	10.33
	12.5	4	44	3	37	1	12.33
	16	4.8	46.4	2	31	0.5	15.5
	20	3.8	38.4	2	41	0.763	20.5
	25	3.2	36.6	2	49	1.031	24.5
	31.5	4.8	46.4	1	31	0.5	31
	40	3.8	38.4	1	41	0.763	41
	50	3.2	36.6	1	50	0.531	50
	63	2.75	32.5	1	60	0.455	60
125	5	7.3	61.8	5	24	0.890	4.8
	6.3	7.3	61.8	4	25	0.390	6.25
	8	5.8	49.4	4	33	0.793	8.25
	10	6.2	57.6	3	31	0.016	10.33
	12.5	5.2	54.6	3	37	0.288	12.33
	16	6.2	57.6	2	31	0.016	15.5

（续）

中心距 a /mm	公称传动比 i	模数 m /mm	蜗杆分度圆直径 d_1 /mm	蜗杆头数 z_1	蜗轮齿数 z_2	蜗轮变位系数 x_2	实际传动比 i_0
125	20	4.8	46.4	2	41	0.708	20.5
	25	4	44	2	51	0.250	25.5
	31.5	6.2	57.6	1	30	0.516	30
	40	4.8	46.4	1	41	0.708	41
	50	4	44	1	50	0.750	50
	63	3.5	39	1	59	0.643	59
140	6.3	7.3	61.8	5	29	0.445	5.8
	8	7.3	61.8	4	29	0.445	7.25
	10	6.5	67	3	31	0.885	10.33
	12.5	6.2	57.6	3	35	0.435	11.67
	16	6.5	67	2	31	0.885	15.5
	20	5.6	58.8	2	39	0.250	19.5
	25	4.4	47.2	2	51	0.955	25.5
	31.5	6.5	67	1	31	0.885	31
	40	5.6	58.8	1	39	0.250	39
	50	4.4	47.2	1	51	0.955	51
	63	4	44	1	58	0.5	58
160	5	9.5	73	5	24	1	4.8
	6.3	9.5	73	4	25	0.5	6.25
	8	7.3	61.8	4	34	0.685	8.5
	10	7.8	69.4	3	31	0.564	10.33
	12.5	6.5	67	3	37	0.962	12.33
	16	7.8	69.4	2	31	0.564	15.5
	20	6.2	57.6	2	41	0.661	20.5
	25	5.2	54.6	2	49	1.019	24.5
	31.5	7.8	69.4	1	31	0.564	31
	40	6.2	57.6	1	41	0.661	41
	50	5.2	54.0	1	50	0.519	50
	63	4.4	47.2	1	61	0.5	61
180	6.3	9.5	73	5	29	0.605	5.8
	8	9.5	73	4	29	0.605	7.25
	10	9.2	80.6	3	29	0.685	9.67
	12.5	7.8	69.4	3	36	0.628	12
	16	8.2	78.6	2	33	0.659	16.5
	20	7.1	70.8	2	39	0.866	19.5

（续）

中心距 a /mm	公称传动比 i	模数 m /mm	蜗杆分度圆直径 d_1 /mm	蜗杆头数 z_1	蜗轮齿数 z_2	蜗轮变位系数 x_2	实际传动比 i_0
180	25	5.6	58.8	2	52	0.893	26
	31.5	8.2	78.6	1	33	0.659	33
	40	7.1	70.8	1	40	0.366	40
	50	5.6	58.8	1	52	0.893	52
	63	5	55	1	60	0.5	60
200	5	11.8	93.5	5	24	0.987	4.8
	6.3	11.8	93.5	4	25	0.487	6.25
	8	9.5	73	4	33	0.711	8.25
	10	10	82	3	31	0.4	10.33
	12.5	8.2	78.6	3	38	0.598	12.67
	16	10	82	2	31	0.4	15.5
	20	7.8	69.4	2	41	0.692	20.5
	25	6.5	67	2	51	0.115	25.5
	31.5	10	82	1	31	0.4	31
	40	7.8	69.4	1	41	0.692	41
	50	6.5	67	1	50	0.615	50
	63	5.6	58.8	1	60	0.464	60
225	6.3	11.8	93.5	5	29	0.606	5.8
	8	11.8	93.5	4	29	0.606	7.25
	10	10.5	99	3	32	0.714	10.67
	12.5	10	82	3	36	0.4	12
	16	10.5	99	2	32	0.714	16
	20	9	84	2	39	0.833	19.5
	25	7.1	70.8	2	52	0.704	26
	31.5	10.5	99	1	32	0.714	32
	40	9	84	1	40	0.333	40
	50	7.1	70.8	1	52	0.704	52
	63	6.5	67	1	58	0.462	58
250	5	15	111	5	24	0.967	4.8
	6.3	15	111	4	25	0.467	6.25
	8	11.8	93.5	4	33	0.724	8.25
	10	12.5	105	3	31	0.3	10.33
	12.5	10.5	99	3	37	0.595	12.33
	16	12.5	105	2	31	0.3	15.5
	20	10	82	2	41	0.4	20.5
	25	8.2	78.6	2	51	0.195	25.5
	31.5	12.5	105	1	31	0.3	31
	40	10	82	1	41	0.4	41
	50	8.2	78.6	1	50	0.695	50
	63	7.1	70.8	1	59	0.725	59

（续）

中心距 a /mm	公称传动比 i	模数 m /mm	蜗杆分度圆直径 d_1 /mm	蜗杆头数 z_1	蜗轮齿数 z_2	蜗轮变位系数 x_2	实际传动比 i_0
280	6.3	15	111	5	29	0.467	5.8
	8	15	111	4	29	0.467	7.25
	10	13	119	3	32	0.962	10.67
	12.5	12.5	105	3	36	0.2	12
	16	13	119	2	32	0.962	16
	20	11.5	107	2	39	0.196	19.5
	25	9	84	2	51	0.944	25.5
	31.5	13	119	1	32	0.962	32
	40	11.5	107	1	39	0.196	39
	50	9	84	1	51	0.944	51
	63	7.9	82.2	1	59	0.741	59
315	5	19	141	5	24	0.868	4.8
	6.3	19	141	4	25	0.368	6.25
	8	15	111	4	33	0.8	8.25
	10	16	124	3	31	0.3125	10.33
	12.5	13	119	3	38	0.654	12.67
	16	16	124	2	31	0.3125	15.5
	20	12.5	105	2	41	0.5	20.5
	25	10.5	99	2	49	0.786	24.5
	31.5	16	124	1	31	0.3125	31
	40	12.5	105	1	41	0.5	41
	50	10.5	99	1	50	0.286	50
	63	9.1	91.8	1	59	0.071	59
355	6.3	19	141	5	29	0.474	5.8
	8	19	141	4	29	0.474	7.25
	10	18	136	3	31	0.444	10.33
	12.5	16	124	3	35	0.8125	11.67
	16	18	136	2	31	0.444	15.5
	20	14.5	127	2	39	0.603	19.5
	25	11.5	107	2	51	0.717	25.5
	31.5	18	136	1	31	0.444	31
	40	14.5	127	1	39	0.603	39
	50	11.5	107	1	51	0.717	51
	63	10.5	99	1	58	0.095	58
400	5	20	165	6	31	0.375	5.17
	6.3	19	141	5	33	0.842	6.6
	8	19	141	4	33	0.842	8.25
	10	20	148	3	31	0.8	10.33
	12.5	18	136	3	35	0.944	11.67
	16	20	148	2	31	0.8	15.5

（续）

中心距 a /mm	公称传动比 i	模数 m /mm	蜗杆分度圆直径 d_1 /mm	蜗杆头数 z_1	蜗轮齿数 z_2	蜗轮变位系数 x_2	实际传动比 i_0
400	20	16	124	2	41	0.625	20.5
	25	13	119	2	51	0.692	25.5
	31.5	20	148	1	31	0.8	31
	40	16	124	1	41	0.625	41
	50	13	119	1	51	0.692	51
	63	11.5	107	1	59	0.631	59
450	8	19	141	5	39	0.474	7.8
	10	19	141	4	39	0.474	9.75
	12.5	20	148	3	37	0.3	12.33
	16	16	124	3	47	0.75	15.67
	20	18	136	2	41	0.722	20.5
	25	14.5	127	2	52	0.655	26
	31.5	22	160	1	32	0.818	32
	40	18	136	1	41	0.722	41
	50	14.5	127	1	52	0.655	52
	63	13	119	1	59	0.538	59
500	6.3	20	165	6	41	0.375	6.83
	10	20	165	4	41	0.375	10.25
	12.5	22	160	3	37	0.591	12.33
	16	18	136	3	47	0.5	15.67
	20	20	148	2	41	0.8	20.5
	25	16	165	2	51	0.594	25.5
	31.5	24	172	1	33	0.75	33
	40	20	148	1	41	0.8	41
	50	16	162	1	51	0.594	51
	63	14.5	127	1	59	0.604	59

14.3.4 圆弧圆柱蜗杆传动的承载能力计算

14.3.4.1 轴向圆弧齿圆柱蜗杆传动

轴向圆弧齿圆柱蜗杆传动的齿面接触强度计算可近似地采用普通圆柱蜗杆传动的齿面接触强度计算方法，见式（14-7）。由于这种传动是凹凸面接触，当量曲率半径大，接触线方向有利于润滑，因此可视为接触应力较小，在计算时可把许用应力［σ］$_{\mathrm{OH}}$增大11%。

由于这种传动的蜗轮齿根较厚，一般不产生齿根折断。因此不必计算齿根的弯曲强度。

14.3.4.2 环面包络圆柱蜗杆传动

环面包络圆柱蜗杆传动是国家推广应用的新型蜗杆副，这里以JB/T 7935—2015给定的功率表和转矩表说明它的设计方法。

利用功率表或转矩表是常用的一种确定蜗杆传动尺寸的方法。利用这种方法应具备如下条件：其一，必须知道功率表或转矩表制订的条件；其二，要知道所用蜗杆的工作条件及具体要求，如工作机和原动机类型；输入功率 P_1 或输出转矩 T_2；转速 n_1 和传动比 i_{12}；载荷性质；工作寿命、工作时间、小时负荷率；冷却方式、润滑方式；环境温度；蜗杆相对蜗轮安装位置；材料、精度等。

表14-50所列为功率表和转矩表，该表的蜗杆传动基本参数与表14-48相一致。其表的制订条件是：适用CWU、CWS、CWO（a>100mm时表中值缩小20%）装配形式；工作平稳无冲击；每小时起动不超

表 14-50　ZC_1 蜗杆传动功率表（摘自 JB/T 7935—2015）

公称传动比 i	输入转速 n_1/(r/min)	功率转矩代号	中心距 a/mm 63	80	100	125	140	160	180	200	225	250	280	315	355	400
			额定输入功率 P_1/kW　额定输出转矩 T_2/N·m													
5	1500	P_1	4.03	7.35	15.75	26.5	—	46.9	—	68.1	—	103.4	—	149.0	—	197.0
		T_2	123	207	450	770	—	1365	—	1995	—	3050	—	4410	—	6300
	1000	P_1	3.44	5.60	12.60	22.4	—	37.4	—	56.4	—	96.4	—	142.5	—	203.3
		T_2	141	235	540	965	—	1630	—	2470	—	4250	—	6300	—	9030
	750	P_1	2.96	4.83	9.88	17.2	—	29.1	—	45.2	—	82.5	—	132.7	—	195.2
		T_2	162	270	560	990	—	1680	—	2625	—	4830	—	7770	—	11550
	500	P_1	2.44	3.88	7.14	12.2	—	20.8	—	32.8	—	59.0	—	109.4	—	177.9
		T_2	198	322	600	1040	—	1785	—	2835	—	5145	—	9600	—	15750
6.3	1500	P_1	3.68	6.33	13.15	22.4	28.9	40.3	50.9	58.2	72.6	88.0	107.6	127.8	158.0	193.6
		T_2	131	230	490	840	1010	1520	1785	2205	2570	3360	3830	4900	5640	7875
	1000	P_1	2.78	4.98	11.10	18.8	26.2	32.6	46.0	52.4	67.3	82.5	100.4	120.1	152.5	181.1
		T_2	146	270	610	1050	1365	1840	2415	2890	3570	4725	5355	6909	8160	11025
	750	P_1	2.40	4.13	8.65	14.9	20.5	26.0	36.2	39.1	59.8	73.3	93.2	112.6	141.5	174.8
		T_2	168	300	630	1100	1420	1945	2520	2940	4200	5565	6615	8610	10070	14175
	500	P_1	1.96	3.40	6.19	11.0	14.3	17.9	25.8	27.9	43.1	52.9	70.7	87.8	118.1	155.5
		T_2	202	362	670	1210	1470	1995	2680	3150	4515	5985	7455	10000	12590	18900
8	1500	P_1	3.37	5.60	9.45	17.9	25.5	29.9	45.7	50.7	64.4	77.5	96.3	119.3	142.8	174.3
		T_2	146	270	455	870	1100	1520	1995	2500	2835	3880	4250	6000	6340	8820
	1000	P_1	2.59	4.49	8.36	14.2	22.8	26.2	41.1	45.8	58.9	71.2	88.7	110.0	133.0	166.1
		T_2	168	3160	600	1000	1470	1995	2600	3400	3885	5350	5880	8300	8860	12600
	750	P_1	2.26	3.83	7.38	13.6	17.5	22.4	32.2	36.8	52.9	65.4	81.3	99.9	119.7	156.3
		T_2	193	356	700	1300	1520	2250	2780	3620	4620	6510	7140	10000	10570	15750
	500	P_1	1.89	3.12	5.58	9.8	12.9	16.2	23.0	26.6	37.7	46.9	64.4	84.0	106.8	136.1
		T_2	240	431	780	1400	1620	2415	2940	3885	4880	6930	8400	12500	14000	20475
10	1500	P_1	2.69	4.69	8.43	14.9	18.2	25.7	33.7	44.2	53.3	62.1	77.4	99.3	147.2	153.5
		T_2	152	270	500	890	1100	1575	1940	2730	3400	3990	4980	6200	7850	9660
	1000	P_1	2.07	3.69	7.45	13.4	16.9	23.1	30.1	38.9	46.1	53.7	67.6	92.1	118.0	145.0
		T_2	172	316	660	1200	1520	2100	2570	3570	4400	5140	6500	8600	11000	13650
	750	P_1	1.83	3.14	6.24	11.1	13.6	18.3	24.9	30.3	36.9	48.7	60.8	84.8	105.2	138.6
		T_2	195	356	730	1310	1620	2200	2835	3675	4670	6190	7700	10500	13000	17300
	500	P_1	1.46	2.53	4.56	8.1	9.8	13.5	17.8	21.9	27.7	37.4	47.8	67.8	86.9	124.0
		T_2	240	425	790	1410	1730	2415	2990	3935	5190	7000	9000	12500	16100	23100

（续）

公称传动比 i	输入转速 n_1/(r/min)	功率转矩代号	中心距 a/mm 63	80	100	125	140	160	180	200	225	250	280	315	355	400
			额定输入功率 P_1/kW　额定输出转矩 T_2/N·m													
12.5	1500	P_1	2.34	4.06	6.81	11.8	15.5	20.3	26.6	34.3	44.7	54.8	75.5	83.9	110.4	136.9
		T_2	158	276	475	840	1050	1470	1890	2570	3200	4040	5460	6400	8450	10500
	1000	P_1	1.83	3.27	5.78	10.4	14.0	18.5	24.4	30.5	40.4	49.6	70.2	77.6	101.5	133.5
		T_2	182	328	600	1100	1400	1995	2570	3410	4300	5460	7560	8700	11580	15220
	750	P_1	1.58	2.80	5.19	9.4	12.5	16.1	22.1	26.2	37.0	46.6	65.3	72.7	95.9	124.2
		T_2	209	374	710	1300	1680	2310	3090	3885	5250	6825	9345	11000	14595	18900
	500	P_1	1.29	2.26	4.08	7.1	9.6	11.7	16.8	18.5	29.1	34.6	47.3	58.2	80.2	106.4
		T_2	256	448	830	1470	1890	2460	3465	4000	6000	7450	9975	13000	18000	24150
16	1500	P_1	1.98	3.47	6.68	11.6	14.3	20.6	24.3	34.9	41.5	49.0	60.1	81.6	99.2	130.4
		T_2	158	287	570	1000	1260	1830	2310	3150	3885	4460	5670	7500	9360	12000
	1000	P_1	1.56	2.73	5.74	10.1	12.9	17.1	20.8	27.1	32.4	44.1	53.7	76.6	91.2	121.2
		T_2	182	333	730	1310	1680	2250	2940	3600	4500	5980	7560	10500	12580	16800
	750	P_1	1.35	2.33	4.61	8.3	10.4	13.6	16.4	21.7	27.9	39.1	47.3	68.9	88.1	111.7
		T_2	209	374	770	1410	1785	2360	3000	3830	5145	7000	8800	12510	16100	20400
	500	P_1	1.11	1.91	3.37	5.9	7.3	9.6	11.9	15.6	19.6	28.5	34.7	50.1	65.0	90.4
		T_2	256	460	830	1470	1830	2460	3300	4095	5350	7560	9550	13520	17600	24600
20	1500	P_1	1.93	3.08	5.0	9.0	11.6	15.9	20.4	26.2	33.5	44.0	54.3	65.5	84.9	103.6
		T_2	188	328	550	1010	1260	1830	2250	3050	3780	5250	6195	7900	9700	12600
	1000	P_1	1.53	2.41	4.30	8.2	9.8	13.7	17.5	23.1	28.4	39.5	49.2	61.2	78.9	95.5
		T_2	219	380	700	1310	1575	2360	2880	4000	4750	7030	8400	11000	13590	17320
	750	P_1	1.32	2.10	3.75	7.3	9.1	12.0	15.5	19.0	25.6	36.6	45.2	54.6	72.8	87.2
		T_2	252	437	810	1575	1940	2730	3360	4400	5670	8600	10185	13000	16600	21000
	500	P_1	1.00	1.69	2.71	5.5	6.8	9.0	11.4	13.8	18.9	26.7	33.2	42.7	57.0	76.6
		T_2	282	518	850	1730	2100	2940	3620	4700	6195	9240	11000	15000	19100	27300
25	1500	P_1	1.38	2.47	3.94	6.9	8.7	12.4	14.9	19.3	23.4	32.3	39.9	54.0	71.1	87.8
		T_2	162	316	500	930	1200	1680	2150	2780	3465	4725	5880	7700	10570	13100
	1000	P_1	1.16	2.04	3.41	5.6	7.1	10.9	12.7	17.3	20.8	28.9	36.8	47.1	63.6	77.8
		T_2	205	391	640	1150	1470	2200	2730	3675	4560	6300	8000	10000	14000	17300
	750	P_1	0.95	1.74	2.82	5.1	6.4	9.9	11.7	15.5	18.8	26.3	33.3	44.6	60.0	72.9
		T_2	220	437	700	1365	1730	2620	3300	4350	5460	7560	9600	12500	17600	21500
	500	P_1	0.69	1.34	1.99	3.7	4.6	7.2	8.5	12.2	14.8	21.1	27.1	37.6	49.1	63.8
		T_2	235	500	730	1470	1830	2780	3500	5040	6300	8925	11500	15500	21100	27800

31.5	1500	P_1	1.21	2.08	4.27	7.6	8.8	12.7	15.2	22.6	25.9	30.2	36.8	52.9	68.9	—
		T_2	168	299	650	1150	1400	2100	2670	3780	4500	5145	6510	9200	12000	—
	1000	P_1	0.95	1.66	3.39	6.0	7.1	9.8	11.7	17.3	19.4	26.9	32.3	48.6	61.9	78.2
		T_2	193	350	770	1365	1680	2360	3045	3885	5040	6825	8500	12500	16100	20470
	750	P_1	0.79	1.41	2.67	4.8	8.2	7.8	9.3	12.5	15.7	22.3	26.6	38.3	51.3	71.4
		T_2	215	391	790	1400	1785	2460	3150	4040	5250	7350	9240	13000	17600	24670
	500	P_1	0.67	1.17	1.98	3.5	5.8	5.6	6.9	9.1	11.5	16.1	19.4	28.1	35.8	51.3
		T_2	262	472	840	1470	1830	2570	3400	4300	5670	7770	9765	14000	18100	26250
40	1500	P_1	1.17	1.88	3.22	5.7	7.3	9.9	12.4	16.7	21.1	28.3	35.0	42.6	58.2	70.9
		T_2	198	345	620	1150	1410	2100	2570	3620	4500	6300	7450	9600	12580	16275
	1000	P_1	0.90	1.47	2.19	4.9	6.2	8.8	10.9	13.9	18.0	24.1	31.4	39.1	51.9	66.3
		T_2	225	397	790	1470	1785	2730	3300	4410	5670	8190	9870	13000	16600	22575
	750	P_1	0.81	126	2.35	4.4	5.5	7.0	8.7	112	14.8	20.8	25.4	34.0	42.8	60.7
		T_2	262	449	870	1680	2040	2835	3465	4670	6090	8925	10500	15000	18100	27300
	500	P_1	0.64	1.02	1.68	3.2	3.9	5.2	6.5	8.0	11.0	15.2	19.3	25.0	31.6	46.8
		T_2	298	523	920	1785	2150	3045	3720	4880	6600	9450	11550	16000	19600	30975
50	1500	P_1	0.91	1.64	2.55	4.4	5.6	7.6	9.3	12.7	15.2	21.3	26.7	33.7	45.3	56.3
		T_2	183	357	570	1040	1365	1890	2415	3255	4095	5565	7245	9000	12580	15750
	1000	P_1	0.74	1.32	2.18	3.8	4.7	6.7	8.2	11.0	14.0	19.0	23.5	31.3	41.6	52.1
		T_2	220	414	720	1315	1680	2465	3150	4200	5565	7350	9450	12510	17110	21525
	750	P_1	0.60	1.11	1.77	3.4	4.0	6.1	7.3	9.5	11.9	16.9	21.8	28.6	38.1	48.2
		T_2	236	466	760	1520	1890	2885	3675	4670	6195	8610	11550	15000	20640	26250
	500	P_1	0.45	0.84	1.25	2.4	2.9	4.5	5.4	7.1	8.6	13.2	16.6	22.5	30.2	40.0
		T_2	256	523	790	1575	1995	3095	3885	5090	6510	9660	12600	17000	23650	32000
63	1500	P_1	—	1.35	1.85	3.5	4.7	5.9	8.1	10.5	13.8	16.1	23.2	26.3	35.5	47.7
		T_2	—	322	470	935	1260	1730	2360	3150	4095	4830	6400	8200	11000	15220
	1000	P_1	—	0.99	1.44	2.6	3.6	4.4	6.7	8.2	12.1	14.0	21.4	23.9	32.9	44.7
		T_2	—	345	530	1000	1410	1890	2880	3570	5250	6195	8505	11000	15000	21000
	750	P_1	—	0.82	1.21	2.3	3.0	3.9	5.4	7.2	10.1	12.2	16.2	21.4	30.9	39.7
		T_2	—	374	580	1155	1575	2150	3045	4095	5775	7000	9550	13000	18600	24600
	500	P_1	—	0.66	0.95	1.8	2.4	3.0	4.5	5.6	7.6	9.0	12.4	16.6	22.8	30.2
		T_2	—	449	660	1310	1785	2415	3500	4620	6300	7560	10500	14520	20100	27300

过10次，起动转矩小于输出转矩的2.5倍；寿命10年，工作时数不超过24000h、小时负荷率100%；风扇冷却；油池润滑；环境温度20℃；蜗杆材料S16MnCr（或20CrMnTi）、齿面硬度55～62HRC，蜗轮材料ZCuSn12Zn2离心铸造；精度符合GB/T 10089—1988的要求；载荷性质为稳定变载荷。

具体应用办法是：根据已知条件，求得计算功率或转矩（P_{1T}或T_{2T}）。约定修正系数为K'，则

$$P_{1T}=K'P_1=K_1'K_2'P_1 \qquad (14\text{-}27)$$

$$T_{2T}=K'T_2=K_1'K_2'T_2 \qquad (14\text{-}28)$$

式中　K_1'——计算载荷系数的修正系数；

K_2'——许用应力修正系数。

利用计算功率P_{1T}或转矩T_{2T}在功率表或转矩表中查得靠近且较大的数值，从而查得中心距a，然后再根据中心距a，传动比i_{12}，在标准参数表中查得相应的基本参数，即可计算出蜗杆传动的几何尺寸和啮合尺寸。

计算载荷系数的修正系数K_1'：

$$K_1'=\frac{K_1K_2K_3K_4}{K_5} \qquad (14\text{-}29)$$

式中　K_1——工作情况系数，见表14-51；

K_2——啮合精度系数　当精度等级不低于8级，工作前充分跑合达到啮合图要求（见表14-22）时，$K_2=0.95$，高于8级时$K_2=0.84\sim0.95$，低于8级时$K_2=1\sim1.25$；

K_3——环境温度影响系数，按表14-52查取；

K_4——小时负荷率系数，小时负荷率定义为

$$J_C=\frac{1\text{h内负荷作用时间(min)}}{60}\times100\% \qquad (14\text{-}30)$$

J_C计算时按每小时内工作最长的时间计算，双向运行的计工作时间的总和；$J_C<15\%$时，计为15%；连续工作1h，计为100%，当连续工作3h以上者，$K_4=1.15$，一般情况查图14-32；

K_5——冷却系数，不带风扇或无其他冷却措施时$K_5=1$，否则按表14-53查取。

许用应力修正系数K_2'为：

$$K_2'=K_N^2\ [\sigma]_{0H}^2/6.76\times10^4\sqrt[4]{\frac{10i_{12}}{1.4n_1}} \qquad (14\text{-}31)$$

表14-51　工作情况系数K_1

载荷性质	均匀无冲击（类型Ⅰ）		不均匀有小冲击（类型Ⅱ）		不均匀有大冲击（类型Ⅲ）	
每小时起动次数	<25		25～50		>50	
起动载荷	小		较大		大	
蜗轮周速/(m/s)	≤3	>3	≤3	>3	≤3	>3
K_1	1	1.1	1.15	1.2	1.2	1.3

表14-52　环境温度影响系数K_3

蜗杆转速/(r/min)	环境温度/℃				
	0～25	25～30	30～35	35～40	40～45
1500	1.00	1.09	1.18	1.52	1.87
1000	1.00	1.08	1.16	1.46	1.78
750	1.00	1.07	1.13	1.37	1.62
500	1.00	1.05	1.09	1.18	1.36

表14-53　冷却系数K_5

n_1/(r/min)	i_{12}			
	≤10	10<i≤20	20<i≤40	>40
1500	0.69	0.72	0.74	0.77
1000	0.77	0.81	0.82	0.83
750	0.83	0.85	0.87	0.89
500	0.89	0.91	0.93	0.85
≤300	0.91	0.93	0.95	1

【例14-8】　某设备需一台CWO蜗杆减速器，工作条件是：工作类型Ⅱ（见表14-51），环境温度25～35℃，无冷却，预期寿命15000h，稳定变载荷，油池润滑啮合良好，小时负荷率40%，所用材料、精度符合JB/T 7935—2015要求。要求传动比$i_{12}=31.5$，$n_1=960\text{r/min}$，传递输出转矩$T_2=1600\text{N}\cdot\text{m}$，试用功率表确定基本几何参数和啮合参数。

【解】

（1）求计算转矩T_{2T}　由于题给出的工作条件与

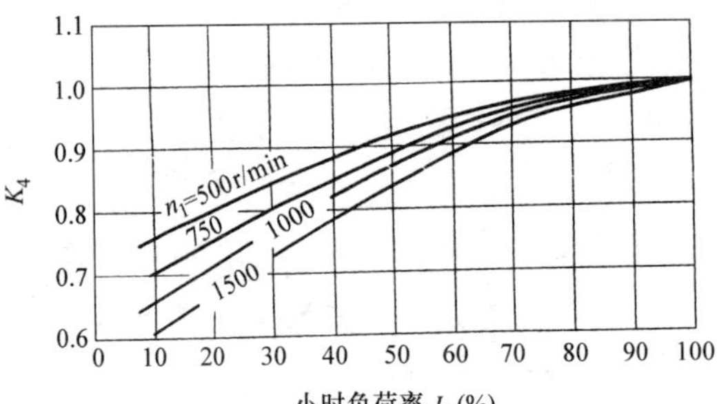

图 14-32　J_C 值与系数 K_4

功率制订条件有所不同，所以必须给予修正，于是计算输出转矩为

$$T_{2T}=K_1'K_2'T_2$$

按题设条件查表得各项系数为：

$K_1=1.15$　$K_2=1$　$K_3=1.15$　$K_4=0.83$　$K_5=0.82$

计算载荷系数的修正系数：

$$K_1'=1.338$$

许用应力修正系数：

$$K_2'=1.040$$

$$T_{2T}=K_1'K_2'T_2=1.338\times1.040\times1600\ (\mathrm{N\cdot m})=2227.2\ (\mathrm{N\cdot m})$$

（2）查表确定基本参数　由表 14-50 查得：$a=160\mathrm{mm}$、$i=31.5$、$n_1=1000\mathrm{r/min}$ 时，传递输出转矩 2250N · m 大于 2227.2N · m，安全。

用 $a=160\mathrm{mm}$、$i=31.5$，在表 14-49 中查得基本参数为：$m=7.8\mathrm{mm}$，$d_1=69.4\mathrm{mm}$，$z_1=1$，$z_2=31$，$x=0.564$，实际传动比 $i_{12}=31$（符合规定 $\Delta i_{12}\leqslant4\%$）

几何计算和强度校核省略。

14.4　环面蜗杆传动

14.4.1　环面蜗杆传动的类型和特点

14.4.1.1　环面蜗杆传动的类型

分度曲面为圆环面的蜗杆统称为环面蜗杆，由环面蜗杆与相配蜗轮组成的环面蜗杆副即为环面蜗杆传动。

根据蜗杆齿面形成原理，环面蜗杆可分为直廓环面蜗杆和包络环面蜗杆两类，而按包络母面的不同，后者又可分为平面包络环面蜗杆、渐开面包络环面蜗杆和锥面包络环面蜗杆等。

14.4.1.2　环面蜗杆传动的主要特点

环面蜗杆传动特别是包络环面蜗杆传动，是承载能力最大，传动效率最高的蜗杆传动形式，它和圆柱蜗杆传动相比较有如下特点：

1）由于蜗杆包围蜗轮，同时参与工作的蜗轮齿数多（一般是圆柱蜗杆传动的 2~3 倍），有较大的重合度。

2）在蜗轮齿面上的啮合区内，啮合点处的 Ω 角在 65°~85°之间变化，没有 $\Omega=0$ 的"危险区"，这是环面蜗杆传动优于圆柱蜗杆传动的重要标志之一。故环面蜗杆传动的接触线形状极有利于共轭齿面间动压油膜的形成，具有良好的润滑状态，磨损小，传动效率高。

3）环面蜗杆传动共轭齿面间具有二次啮合和双接触线的啮合特性，明显地增大了最小接触线长度，这是优于圆柱蜗杆传动的又一重要标志。另外，环面蜗杆传动诱导曲率半径较大，故共轭齿面间接触应力明显减小。

综上所述，由于环面蜗杆传动有一系列优良的啮合特性，所以环面蜗杆传动具有承载能力大、传动效率高、工作平稳、振动小，噪声低、结构紧凑的特点。在低速重载大型设备中应用环面蜗杆传动已显示出较大优势。

4）环面蜗杆的加工工艺较复杂，安装精度要求较高，需要专用设备，滚刀制造困难，成本高。

14.4.2　直廓环面蜗杆传动

轴向齿廓为直线的环面蜗杆，与相配蜗轮组成环面蜗杆传动。

14.4.2.1　"原始型"直廓环面蜗杆传动

（1）直廓环面蜗杆螺旋齿面的形成　一个与蜗杆轴线位在同一平面内的形成圆，在该圆上固焊两条成既定锐角 2α 的直线，作为刀具刃廓，当形成圆心与蜗杆轴线相距等于蜗杆传动中心距 a，蜗杆毛坯和形成圆各自绕轴线以 w_1、w_2 相对转动且 w_1/w_2 等于蜗杆传动的传动比时，刀具直线刃廓的轨迹面即是蜗杆螺旋面。这个齿面即是"原始型"直廓环面蜗杆的理论齿面，如图 14-33 所示。

（2）蜗轮齿面的形成　把蜗杆作为滚刀，用对偶展成法在普通滚齿机上加工而成。

所谓对偶是指：滚刀与蜗轮毛坯在机床上的啮合，是蜗杆和蜗轮啮合的再现（即两者的几何参数、啮合参数、运动参数完全一致）。

（3）"原始型"直廓环面蜗杆传动　为"原始型"直廓环面蜗杆与用对偶展成法加工的配对蜗轮组成的蜗杆传动。主要啮合特点是：瞬时啮合齿数多、诱导曲率半径大，接触线形状有利于动压油膜形成，呈双接触线，不足之处是蜗轮齿面啮合区太小。

蜗轮齿面沿齿长方向分成三个区Ⅰ、Ⅱ、Ⅲ

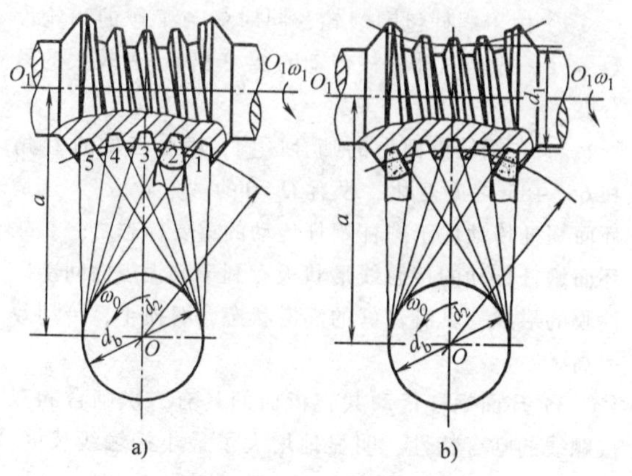

图 14-33　直廓环面蜗杆螺旋齿面的形成

a）单刃加工蜗杆　b）双刃加工蜗杆

（见图 14-34）。Ⅰ、Ⅲ区是边切区，是不参与啮合的非工作区，Ⅱ区是共轭啮合区，是有效工作区，相对Ⅰ、Ⅲ区呈凹陷状态，通常称“凹斗”（或称“凹坑”）它占有面积很小，偏入口。Ⅱ、Ⅲ区的分界 C-C 恰在中间平面内。“原始型”直廓环面蜗杆传动呈双接触线，同时落在Ⅱ区，一条始终和 C-C 重合，位在轮齿中间，Ⅱ、Ⅲ区的分界线上，这条线从轮齿进入啮合到退出啮合始终不动，称“静线”，另一条接触线从轮齿进入啮合到退出啮合，时刻在变动着，从Ⅰ、Ⅱ区分界开始到和“静线”重合结束，这条接触线称“动线”，“动线”高速靠拢“静线”的运动，对动压油膜的形成十分有利。

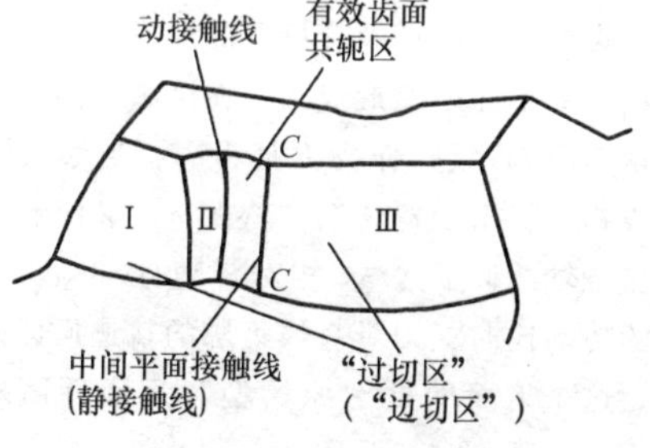

图 14-34　蜗轮齿面的有效工作区

14.4.2.2　直廓环面蜗杆传动的修形

“原始型”直廓环面蜗杆由于有效工作区太小，“静线”恰在中央棱线上，所以承载能力相对较低。为了改善啮合特性，提高承载能力，采用了“修正形”直廓环面蜗杆传动。“修正型”实际是在加工蜗杆时，对蜗杆实行修形工艺，修形原理即“径向变位”理论。具体修形类别为：

（1）“倒坡修形”　直廓环面蜗杆齿厚“磨损线”是最理想的蜗杆齿厚变化规律曲线，采用折线代替磨损曲线的修形方法称“倒坡修形”。它是利用改变中心距 a_0 和蜗杆沿轴向移动一个定值完成的，这种方法效果不好现已很少采用。图 14-35 所示为“倒坡修形”折线。

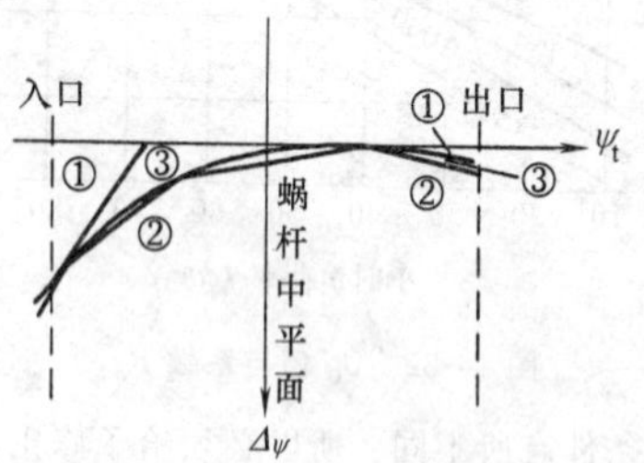

图 14-35　“倒坡修形”折线

①二次倒坡折线　②三次倒坡折线

③齿厚磨损曲线

（2）“全修形”　是直廓环面蜗杆最理想的一种修形方法，是蜗杆齿厚修形曲线与蜗杆齿厚“磨损曲线”相吻合的修形方法。该方法是通过附加在机床上的特殊机构使刀具相对蜗杆产生变速运动实现的。工艺复杂，不易实现，目前多用“变参数修形”来代替。

“全修形”齿厚变化曲线如图 14-36 所示。“全修

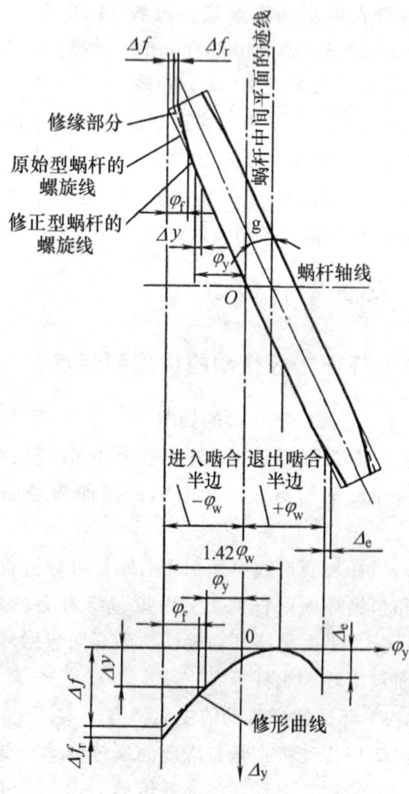

图 14-36　全修形曲线展开

形”的主要特点是切制蜗杆时的机床传动比 w_{01}/w_{02} 不是常数而是蜗杆回转角 φ_y 的函数。极限点所对应的角度为 $0.43\psi_w$（见图 14-36），修正曲线按下式给出：

$$\Delta y=\Delta f\left(0.3-0.7\frac{\psi_y}{\psi_w}\right)^2$$

式中 ψ_y——用于确定修正量 Δy 的角度；

ψ_w——蜗杆工作包角之半；

Δf——蜗杆螺旋齿入口修正量（mm）

$$\Delta f=(0.0003+0.000034i_{12})a$$

a——中心距（mm）；

i_{12}——传动比。

（3）“变参数修形” 亦称“对称修形”，它是最常用的修形方法。它是通过改变中心距（$a'\neq a_0$）、改变传动比（$i_{12}\neq i_{o12}$）和改变形成圆大小实现修正的一种方法。该方法工艺比“全修形”有较大改善，而修正曲线很接近“全修形”如图 14-37 所示。

变参数修形计算式见表 14-54。

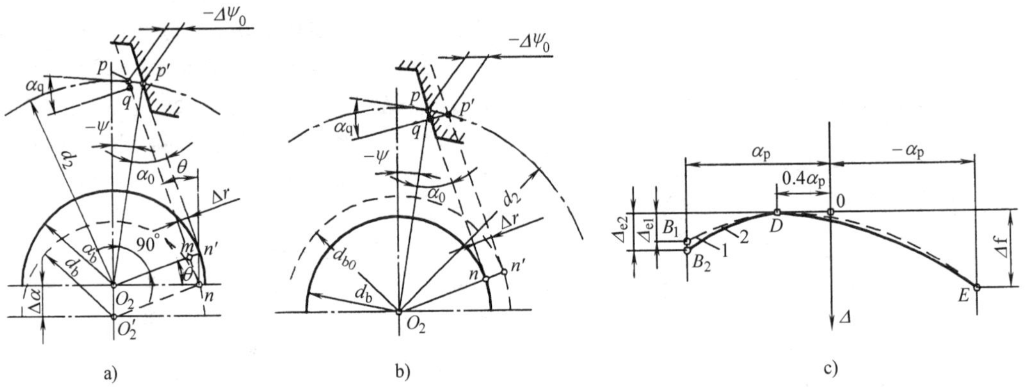

a)　b)　c)

图 14-37 变参数修形

a）变中心距齿厚修形量 b）改变成形圆齿厚修形量 c）变参数修形 {1—全修形抛物线 2—变参数修形曲线}

表 14-54 直廓环面蜗杆变参数修形计算式 （单位：mm）

项 目	代号	计 算 公 式 及 说 明
传动比增量系统	K_i	$K_i=\dfrac{\Delta_f\cos(0.42\varphi_w+\alpha)}{0.5d_2[\sin(0.42\varphi_w+\alpha)-\sin\varphi_0-1.42\varphi_w\cos(0.42\varphi_w+\alpha)]+\Delta_f\cos\alpha}$ 式中：$1.42\varphi_w$ 以弧度计
分齿挂轮速比	i_0	$i_0=\dfrac{i}{1-K_i}=\dfrac{z_2'}{z_1}$；$z_2'$——假想蜗轮齿数
中心距增量	$\Delta\alpha$	$\Delta\alpha=\dfrac{K_i d_2\cos\alpha}{2[\cos(\alpha+0.42\varphi_w)-K_i\cos\alpha]}$
修形成形圆直径	d_{b0}	$d_{b0}=d_b+2\Delta_\alpha\sin\alpha$
修形方程	Δy	$\Delta y=\left\{\dfrac{\Delta\alpha}{\cos\alpha}[\sin\alpha-\sin(\alpha+\psi)]+K_{i\psi}\left(\Delta\alpha+\dfrac{d_2}{2}\right)\right\}$ $-\left\{\dfrac{\Delta\alpha}{\cos\alpha}[\sin\alpha-\sin(\alpha+0.42\varphi_w)]+0.42\varphi_w K_i\left(\Delta\alpha+\dfrac{d_2}{2}\right)\right\}$ 式中：$K_{i\psi}$ 和 $0.42\rho\omega K_i$ 以弧度计，$-\varphi_w\leqslant\psi\leqslant+\varphi_w$
蜗杆修缘时中心距再增加值	$\Delta'\alpha$	$\Delta'_\alpha=\dfrac{\Delta f\sin(\psi_r+\psi_0)}{\sin\psi_r}$
蜗杆修缘时的轴向偏移值	Δx	$\Delta x=\dfrac{\Delta f\cos(\psi_r+\psi_0)}{\sin\psi_r}$

由“修正型”蜗杆与其用直接展成法加工的配对蜗轮组成的环面蜗杆传动，同“原始型”直廓环面蜗杆传动相比，除具有一系列共同啮合特点外，尚有如下特征：其一，不存在中央“静线”（棱线）接触，呈现双接触线的有效工作区Ⅱ的面积明显扩大；其二，双接触线都变成了相对滑移的“动线”接触线，有利于动压油膜形成；其三，改善了安装条件，较容易实现理想啮合状态。综上所述“修正型”克服了“原始型”的不足。故此目前已很少采用“原始型”。推荐采用“修正型”（见图 14-38）。

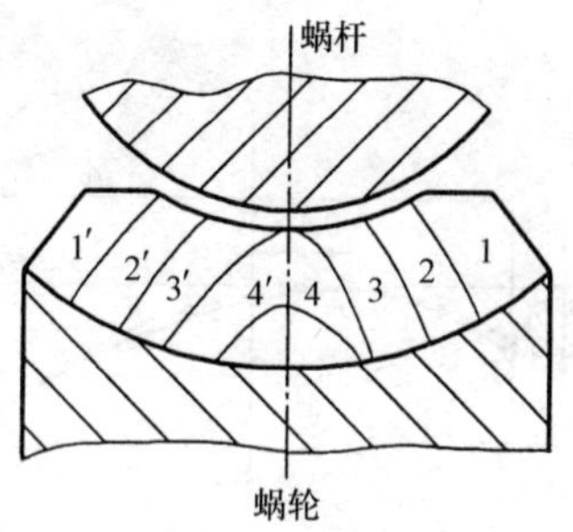

图 14-38 “修正型”环面蜗杆传动啮合状态

14.4.2.3 直廓环面蜗杆传动的几何尺寸计算

(1) 几何参数选择

1) 中心距 a。按强度设计计算确定，然后按表 14-58的系列值选用。表中括号内的数值为第二系列值，尽量选用第一系列值。在取中心距值时应取邻近较大的中心距，当带来的误差小于 1%～1.5%时，也可取邻近较小的中心距。

2) 传动比 i_{12}。由工作机和原动机的转速计算确定，然后按表 14-59 选取数值。传动比误差一般不得大于 4%，传动比亦分两个系列，括号内为第二系列，要优先选用第一系列。

蜗杆齿数 z_1 推荐取 $z_1=1\sim6$，常用 $z_1=1\sim4$，蜗轮的最少齿数 $z_{2\min}$ 要按啮合条件和装配条件选取，使蜗杆包围齿数 $z_2'=4\sim9$，保持起始角≥2°，径向装入不发生干涉现象，于是 $a\leqslant630$mm 时取 $z_2\geqslant35$，$a>630$mm 时 $z_2\geqslant49$。非标设计时按表 14-55 选取。

表 14-55 非标设计 z_2 值

中心距/mm	40～320	>320～630	>630～1000	>1000～1600
蜗轮齿数 z_2	35～64	36～80	49～91	49～94

在表 14-59 中，z_2/z_1 有两组值，B 组的 z_2/z_1 以整数倍给出，适用于变参数修形及用滚刀加工蜗轮，跑合特性较好。当工艺要求不采用整数倍时，采用 A 组 z_2/z_1 值。$i_{12}\leqslant12.5$ 的传动，z_2/z_1 未作规定。

3) 蜗杆齿根圆直径 d_{f1} 及蜗轮喉圆直径 d_{a2}。d_{f1} 是影响传动效率和承载能力的重要参数，表 14-58 中给定了 d_{a2}，它是 d_{f1} 满足刚度和强度要求下给定的。d_{a2} 有两系列，优先选用第一系列。

4) 形成圆直径 d_b。d_b 是加工蜗杆时刀具安装和检验的基准，为了使工具、量具和检验仪器通用化，表 14-58 中列出了 d_b 值。采用 A 组蜗杆，轴向齿形角 $\alpha=22°$左右。采用 B 组 $\alpha=25°$左右。直廓环面蜗杆传动选择 A 组值。平面包络环面蜗杆传动选用第 1 系列参数时取 B 组 d_b 值，选用第 2 系列参数时取 A 组 d_b 值。

5) 蜗杆、蜗轮的齿厚比和齿高。为了实现钢制蜗杆与铜制蜗轮轮齿的等强度，分度圆上的弧齿厚比推荐 $u=s_2/s_1=1.1\sim1.4$ 或 $u=1.05\sim1.23$。另外，使蜗杆的齿顶高大于蜗轮齿顶高以达到等强度，建议蜗轮齿顶高 $h_{a2}=(0.3\sim0.45)h$，在大模数时取小值。

6) 工作齿高及顶隙。推荐工作齿高 $h=(1.4\sim1.7)m$，z_2 多时取大值，反之取小值。顶隙推荐取 $c=(0.15\sim0.25)m$，z_2 多时取大值。

7) 蜗杆分度圆直径 d_1。d_1 应作为基本参数首先确定，非标设计的 d_1 值列于表 14-56 中。

表 14-56 非标设计的 d_1 值

i_{12}	<10	10～20	>20～35	>35
d_1/mm	0.48～0.4a	0.4～0.36a	0.36～0.33a	0.33～0.3a

8) 蜗杆包围蜗轮齿数 z'（见表 14-57）。

9) 非标设计时，蜗杆的直径系数 q（见表 14-57）。

表 14-57 齿数 z'和直径系数 q 值

z_2	30～35		36～42	45～50	54～67	70～80	93
z'	$z_1=1$	$z_1\geqslant2$	4	5	6	7	8
	3	3.5					

z_2	<41	41～50	51～60	>60
q	6～8	7～10	8～11	9～13

(2) 直廓环面蜗杆传动几何尺寸 计算见表 14-60，传动啮合如图 14-39 所示。

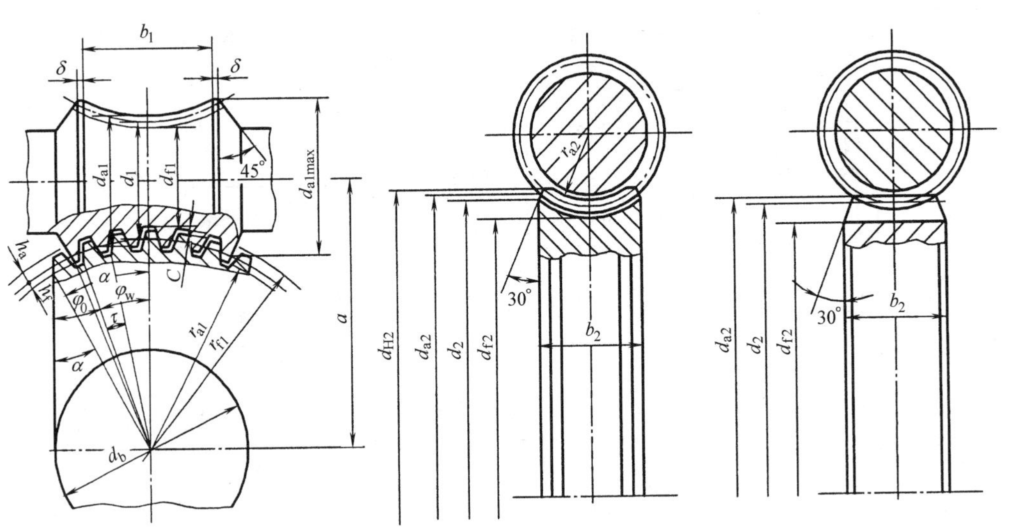

图 14-39　环面蜗杆传动啮合图

表 14-58　环面蜗杆传动基本参数及蜗轮轮圈尺寸①　（单位：mm）

中心距 a	第一系列								第二系列								成形圆直径 d_b	
	蜗轮顶圆直径 d_{a2}	蜗轮齿宽 b	蜗轮齿顶圆弧半径 r_{a2}	蜗轮最大顶圆直径 d_{a2max}	蜗轮齿圈内孔直径 D_0 蜗轮齿数 z_2				蜗轮顶圆直径 d_{a2}	蜗轮齿宽 b	蜗轮齿顶圆弧半径 r_{a2}	蜗轮最大顶圆直径 d_{a2max}	蜗轮齿圈内孔直径 D_0 蜗轮齿数 z_2					
					35~45	46~72	50~63	64~94					35~45	46~72	50~63	64~94	A 组	B 组
80	133	21	20	135	105	105	—	—	124	30	28	130	95	95	—	—	50	56
100	170	24	25	172	135	135	—	—	160	34	30	165	125	130	—	—	63	70
125	215	28	30	217	170	170	—	—	205	38	35	210	160	165	—	—	80	90
(140)	242	31	30	245	190	195	—	—	230	42	40	235	180	185	—	—	90	100
160	278	34	35	280	215	220	—	—	265	45	40	270	210	215	—	—	100	112
(180)	312	38	40	315	245	250	—	—	300	50	45	306	235	245	—	—	112	125
200	348	42	45	350	270	280	—	—	335	55	50	342	265	275	—	—	125	140
(225)	392	47	50	395	310	320	—	—	378	60	55	385	295	310	—	—	140	160
250	435	55	55	440	340	355	—	—	420	68	60	430	330	340	—	—	160	182
(280)	490	60	65	495	390	405	—	—	475	75	70	478	370	380	—	—	180	200
320	560	65	70	565	445	460	—	—	540	85	80	550	430	440	—	—	200	225
(360)	630	75	75	635	520	530	—	—	505	95	90	615	490	510	—	—	225	250
400	700	85	85	705	570	590	—	—	670	110	100	685	540	560	—	—	250	280

（续）

中心距 a	第一系列								第二系列								成形圆直径 d_b	
	蜗轮顶圆直径 d_{a2}	蜗轮齿宽 b	蜗轮齿顶圆弧半径 r_{a2}	蜗轮最大顶圆直径 d_{a2max}	蜗轮齿圈内孔直径 D_0 蜗轮齿数 z_2				蜗轮顶圆直径 d_{a2}	蜗轮齿宽 b	蜗轮齿顶圆弧半径 r_{a2}	蜗轮最大顶圆直径 d_{a2max}	蜗轮齿圈内孔直径 D_0 蜗轮齿数 z_2					
					35～45	46～72	50～63	64～94					35～45	46～72	50～63	64～94	A组	B组
(450)	790	95	95	798	650	670	—	—	760	120	110	775	620	650	—	—	280	320
500	880	105	105	890	720	740	—	—	840	140	125	855	680	700	—	—	320	360
(560)	980	120	120	990	800	820	—	—	940	150	140	955	760	790	—	—	360	400
630	1100	135	135	1110	900	930	—	—	1060	170	160	1080	860	890	—	—	400	450
(710)	1240	150	150	1255	—	—	1050	1070	1200	190	175	1230	—	—	1000	1030	450	500
800	1400	170	170	1420	—	—	1180	1200	1360	210	190	1390	—	—	1140	1170	500	560
(900)	1580	190	190	1600	—	—	1330	1360	1520	240	220	1560	—	—	1280	1300	560	630
1000	1750	210	215	1770	—	—	1480	1500	1690	260	250	1730	—	—	1420	1450	630	710
(1120)	1970	230	235	2040	—	—	1670	1700	1910	280	260	1950	—	—	1610	1640	710	800
1250	2210	250	255	2240	—	—	1860	1900	2150	300	290	2190	—	—	1800	1840	800	900
(1400)	2480	280	280	2510	—	—	2100	2140	2400	340	325	2450	—	—	2000	2060	900	1000
1600	2850	300	310	2880	—	—	2400	2460	2770	380	360	2830	—	—	2320	2400	1000	1120

① 一般条件传动的基本参数优先按第一系列选取。属于下列条件之一的传动按第二系列选取：低速重载：$i_{12}<12.5$；工作中经常过载及 $L/a>2.5$（L 为两端支承点距离）。直廓环面蜗杆传动的 d_b 值选取 A 组；平面包络环面蜗杆传动的 d_b 值，当基本参数选用第一系列时，选取 B 组；选用第二系列时，选取 A 组。

表 14-59　中心距 a、传动比 i_{12}、蜗轮齿数 z_2 和蜗杆齿数 z_1 的推荐值①

中心距 a /mm		公称传动比 i_{12}								
		12.5	(14)	16	(18)	20	(22.5)	25	(28)	31.5
		z_2/z_1								
80～320	A组	38/3 或 49/4	41/3	49/3	37/2 或 56/3	41/2	45/2	49/2	55/2	63/2
	B组	36/3 或 48/4	42/3	48/3	36/2 或 54/3	40/2	46/2	50/2	56/2	64/2
>320～630	A组	49/4	55/4	49/3	56/3	41/2 或 61/3	45/2 或 67/3	49/2	55/2	63/2
	B组	48/4	56/4	48/3	54/3	40/2 或 60/3	4/2 或 66/3	50/2	56/2	64/2
>630～1000	A组	63/5	71/4	63/4	71/4	61/3	67/3	74/3	83/3	63/2
	B组	65/5	70/5	64/4	72/4	60/3	66/3	75/3	84/3	64/2
>1000～1600	A组	74/6	71/5	79/5	71/4	79/4	91/4	74/3	83/3	91/3
	B组	72/6	70/5	80/5	72/4	80/4	92/4	75/3	84/3	93/3

（续）

中心距 a /mm		公称传动比 i_{12}								
		(35.5)	40	(45)	50	(56)	63	(71)	80	(90)
		z_2/z_1								
80~320	A 组	36/1	40/1	45/1	50/1	56/1	63/1	—	—	—
	B 组	36/1	40/1	45/1	50/1	56/1	63/1	—	—	—
>320~630	A 组	36/1 或 71/2	40/1	45/1	50/1	56/1	63/1	71/1	—	—
	B 组	36/1 或 72/2	40/1	45/1	50/1	56/1	63/1	71/1	—	—
>630~1000	A 组	71/2	79/2	91/2	(50/1)	(56/1)	63/1	71/1	79/1	91/1
	B 组	72/2	80/2	90/2	(50/1)	(56/1)	63/1	71/1	80/1	91/1
>1000~1600	A 组	71/2	79/2	91/2	(50/1)	(56/1)	(63/1)	71/1	79/1	91/1
	B 组	72/2	80/2	90/2	(50/1)	(56/1)	(63/1)	71/1	80/1	91/1

注：表 14-58 和表 14-59 同样使用于直廓环面蜗杆传动和包络环面蜗杆传动。

① 括号内的传动比 i 和 z_2/z_1 值尽可能不用。表中 B 组 z_2/z_1 值以整数倍给出，适用于蜗轮采用滚刀加工的弧面蜗杆传动。传动比 $i<12.5$ 的传动，暂未给出，应按优先数系选取公称传动比［如 $i=8$；(9)；10；(11.2)］，蜗轮齿数 z_2 应在表内相应中心距 a 的数值范围内选取。

表 14-60　直廓环面蜗杆传动几何计算①

项　目	代号	计算公式及说明		标准参数传动的计算步骤
		非标准参数传动	标准参数传动	
中心距	a	由承载能力计算确定，或由图 14-46按插入法查得	按表 14-58 选取	1
传动比	i	$i=\frac{z_2}{z_1}=\frac{n_1}{n_2}$	按表 14-59 选取	2
蜗杆头数	z_1	$z_1=\frac{z_2}{i}=1\sim10$；按使用要求定	按表 14-59 选取	3
蜗轮齿数	z_2	$z_2=z_1 i$	按表 14-59 选取	4
蜗杆分度圆直径	d_1	$d_1\approx0.68a^{0.875}$	$d_1=2a-d_2$	11
蜗轮分度圆直径	d_2	$d_2=2a-d_1$	$d_2=d_{a2}-2h_a$	10
蜗轮端面模数	m_t	$m_t=\frac{d_2}{z_2}$	$m_t=\frac{d_{a2}}{z_2+1.5}$	6
径向间隙	c	$c=0.2m_t$		7
齿顶高	h_a	$h_a=0.75m_t$		8
齿根高	h_f	$h_f=h_a+c$		9
蜗杆喉部根圆直径	d_{f1}	计算公式	$d_{f1}=d_1-2h_f$	12
		校验公式	当 $\frac{L}{a}\leqslant2.5$ 时，$d_{f1}\geqslant0.5a^{0.875}$ 当 $\frac{L}{a}>2.5$ 时，$d_{f1}\geqslant0.6a^{0.875}$ 式中　L——蜗杆两端支承点间距离	

（续）

项　　目	代号	计算公式及说明		标准参数传动的计算步骤
		非标准参数传动	标准参数传动	
蜗轮齿顶圆直径	d_{a2}	$d_{a2}=d_2+2h_a$	按表 14-58 选取	5
蜗杆齿顶圆直径	d_{a1}	$d_{a1}=d_1+2h_a$		以下逐项计算
蜗杆齿根圆直径	d_{f2}	$d_{f2}=d_2-2h_f$		
蜗杆齿根圆弧半径	r_{f1}	$r_{f1}=a-0.5d_{f1}$		
蜗轮齿顶圆弧半径	r_{a1}	$r_{a1}=a-0.5d_{a1}$		
蜗杆喉部螺旋升角	γ	$\gamma=\arctan\dfrac{d_2}{id_1}$		
齿距角	τ	$\tau=\dfrac{360°}{z_2}$		
成形圆直径	d_b	$d_b=\dfrac{a}{1.6}$，圆整后取整数	按表 14-58 选取	
分度圆齿形角	α	$\alpha=\arcsin\dfrac{d_b}{d_2}$，推荐 $\alpha=20°$		
蜗杆包围蜗轮齿数	z'	按表 14-57 选取		
蜗杆工作半角	φ_w	$\varphi_w=0.5\tau(z'-0.45)$		
工作起始角	φ_0	$\varphi_0=a-\varphi_w$		
蜗轮齿宽	b	$b=(0.8\sim1)d_{f1}$	按表 14-58 选取	
蜗杆工作部分长度*	L_w	$L_w=d_2\sin\varphi_w$		
蜗杆螺纹两侧肩带宽度*	δ	$\delta=m_t$		
蜗杆最大齿顶圆直径	d_{a1max}	$d_{a1max}=2\left[a-\sqrt{r_{a1}^2-(0.5L_w)^2}\right]$		
蜗轮最大齿根圆直径	d_{f1max}	$d_{f1max}=2\left[a-\sqrt{r_{f1}^2-(0.5L_w)^2}\right]$		
蜗轮最大顶圆直径	d_{a2max}	由蜗轮结构要求作图决定	按表 14-58 选取	
蜗轮齿顶圆弧半径	r_{a2}	$r_{a2}=0.53d_{f1max}$	按表 14-58 选取	
蜗杆螺牙啮入口修形量	Δf	$\Delta f_{max}=(0.0003+0.000034i)a$		
蜗杆螺牙啮出口修形量	Δc	$\Delta c=0.16\Delta f$		
蜗轮法面弦齿厚	$\bar{s}_{n2}$	$\bar{s}_{n2}=d_2\sin0.275\tau\cos\gamma$		
蜗杆喉部法面弦齿厚	$\bar{s}_{n1}$	$\bar{s}_{n1}=\left[d_2\sin0.225\tau-2\Delta f\left(0.3-\dfrac{56.7°}{\varphi_w z_2}\right)^2\right]\cos\gamma$		
蜗轮弦齿高	$\bar{h}_{a2}$	$\bar{h}_{a2}=h_a+0.5d_2(1-\cos0.275\tau)$		
蜗杆弦齿高	$\bar{h}_{a1}$	$\bar{h}_{a1}=h_a-0.5d_2(1-\cos0.225\tau)$		
蜗杆啮入口修缘值	Δf_r	$\Delta f_r=0.6\Delta f$		
修缘长度对应的角度值	ψ_r	$\psi_r=0.6\tau$		

① 所有尺寸值精确到 0.01mm，标有 * 者圆整到 0.1mm。

14.4.3　包络环面蜗杆传动

以具有特定齿面的圆柱齿轮作为产形轮（刀具）和一个环形蜗杆毛坯，在给定的中心距 a_0，传动比 $i_{012}=w_{01}/w_{02}$，轴交角 Σ_0 的运动条件下，作机床啮合，产形轮刃面的包络面构成环面蜗杆的螺旋面。用这种工艺方法展成的环面蜗杆，统称包络环面蜗杆。包络环面蜗杆与相配蜗轮组成的蜗杆传动形式，统称包络环面蜗杆传动。

特定的产形轮齿面，理论上可为任意曲面（包括平面），但生产实践中，总是采用工艺简便的曲面作刃面。目前应用最广的是：平面、锥面、渐开面、圆弧面等。

若包络环面蜗杆直接和产形轮相同的圆柱齿轮（蜗轮）相共轭啮合，组成环面蜗杆传动，称该传动为一次包络环面蜗杆传动。若再以包络环面蜗杆作为刀具，以既定的中心距 a'_0、传动比 $i'_{012}=w'_{01}/w'_{02}$、轴交角 Σ'_0作为运动条件，与蜗轮毛坯作机床啮合，展成出蜗轮。作为刀具的环面蜗杆与该蜗轮组成的环面蜗杆传动，称二次包络环面蜗杆传动。

包络环面蜗杆传动与直廓环面蜗杆传动一样有“原始型”和“修正型”之分（或称基本型和变型传动）。

包络环面蜗杆传动除具有环面蜗杆传动共性啮合特点外，还具有一系列良好的啮合特性和工艺特点，它基本上克服了直廓环面蜗杆传动的不足，适用于大型动力蜗杆传动。

14.4.3.1　平面一次包络环面蜗杆传动

（1）齿面形成　以直齿（或斜齿）平面齿轮为产形轮，按照既定的传动比和中心距，相对蜗杆毛坯运动时，产形轮刃面的包络面，即蜗杆螺旋面，产形轮可为盘形铣刀，亦可为切于基圆柱面（或基圆锥面）的平面砂轮，如图 14-40 所示。

（2）直齿平面一次包络环面蜗杆传动　图 14-41 所示为用直齿平面包络成的环面蜗杆与直齿平面产形齿轮相当的直齿平面齿轮组成的环面蜗杆副，即直齿平面一次包络环面蜗杆传动。若 $a=a_0$，$i_{012}=i_{12}$，$\Sigma_0=\Sigma$，则称“原始型”直齿平面一次包络环面蜗杆传动；若至少有一项不相等，则称“修正型”直齿平面一次包络环面蜗杆传动。该蜗杆传动的接触线呈直线，集中在蜗轮入口的半齿宽上，且交于一点，如图 14-41b 所示。由于直齿平面齿轮加工工艺简便，精度高，所以可获得高精度硬齿面环面蜗杆传动，适用于分度蜗杆传动。但在小传动比时，蜗杆将出现根切和齿顶变尖，故只用于传动比 $i_{12}\geqslant 40$ 的动力蜗杆传动。为避免根切和齿顶变尖，出现了斜齿平面一次包络环面蜗杆传动。

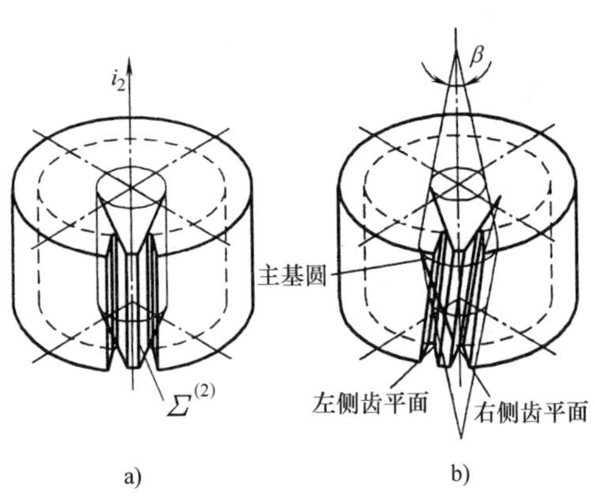

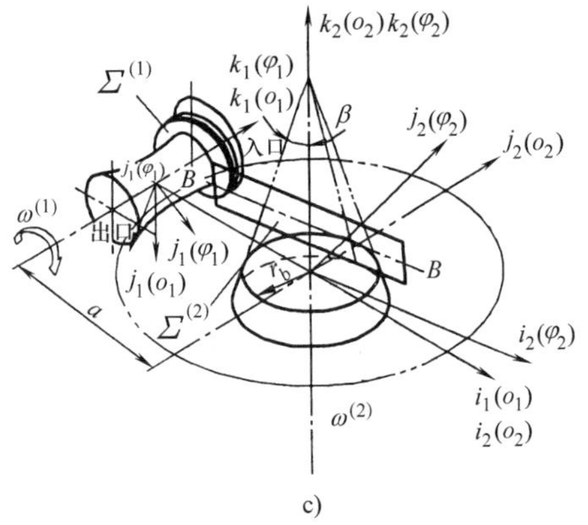

图 14-40　平面包络蜗杆

a）直齿平面齿轮　b）斜齿平面齿轮

c）斜齿平面产形轮展成蜗杆

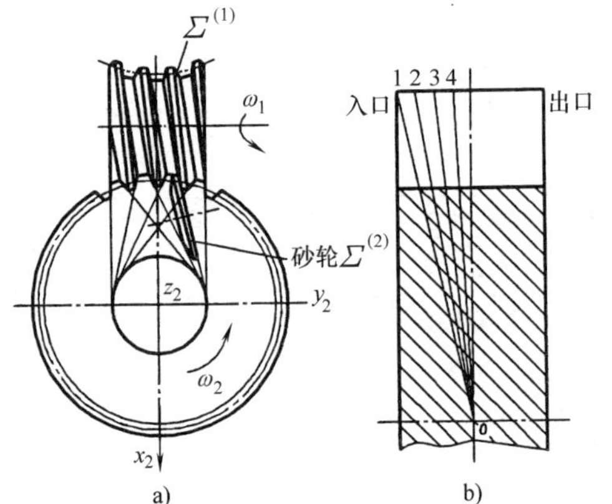

图 14-41　直齿平面一次包络环面蜗杆传动

a）蜗杆啮合图　b）接触线形状

（3）斜齿平面一次包络环面蜗杆传动　用斜齿平面产形轮包络成的环面蜗杆与其斜齿平面产形齿轮相当的斜齿平面齿轮组成的蜗杆副，称斜齿平面一次包络环面蜗杆传动。该传动同样有“原始型”和“修正型”之分。

斜齿平面一次包络环面蜗杆传动的齿面接触线是直线。一般接触线有其包络线（椭圆曲线），β 角明显影响接触线的分布，如图 14-42 所示。

（4）平面一次包络环面蜗杆传动的啮合特性　蜗杆可磨齿，可获得高精度、高硬度蜗杆；具有良好的制造工艺和安装工艺，工作一段后可通过调整轴窜动量恢复传动精度；缺点是啮合区较小。

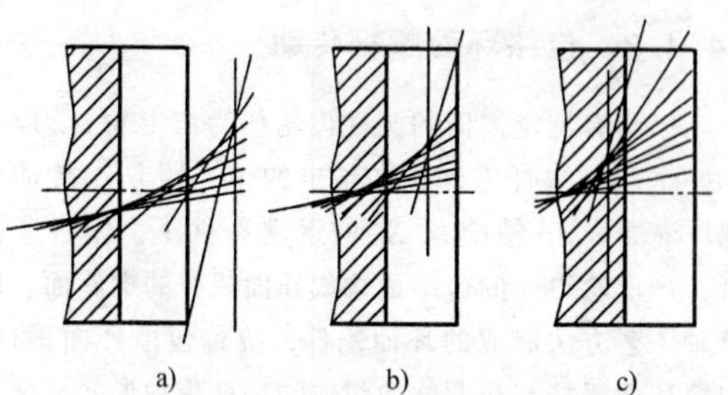

图 14-42　斜齿平面一次包络环面蜗杆传动接触线

a）$\beta=8°$　b）$\beta=6°$　c）$\beta=5°$

（5）平面一次包络环面蜗杆传动的几何计算　见表 14-61。

表 14-61　平面包络环面蜗杆传动的几何计算

项　目	代 号	计 算 公 式 及 说 明	
		平面一次包络环面蜗杆传动	平面二次包络环面蜗杆传动
中心距	a	由承载能力计算确定，或由图 14-46 和图 14-47 按插入法查得；标准参数传动按表 14-58 选取	
传动比	i	$i=\frac{z_2}{z_1}=\frac{n_1}{n_2}$；标准参数传动按表 14-59 选取	
蜗杆头数	z_1	$z_1=\frac{z_2}{i}=1\sim6$，据使用要求定；标准参数传动按表 14-59 选取	
蜗轮齿数	z_2	$z_2=z_1 i$，按表 14-55 选取，标准参数传动按表 14-59 选取	
蜗杆分度圆直径	d_1	按表 14-56 选取	
蜗轮分度圆直径	d_2	$d_2=2a-d_1$	
蜗轮端面模数	m_t	$m_t=\frac{d_2}{z_2}$	
顶隙	c	$c=0.2m_t$	
齿顶高	h_a	$h_a=0.75m_t$	$h_a=0.7m_t$
齿根高	h_f	$h_f=h_a+c$	
蜗杆喉部根圆直径	d_{f1}	计算公式	$d_{f1}=d_1-2h_f$
		校验公式	当$\frac{L}{a}\leqslant2.5$时，$d_{f1}\geqslant0.5a^{0.875}$ 当$\frac{L}{a}>2.5$时，$d_{f1}\geqslant0.6a^{0.875}$ 式中　L——蜗杆两端支承点间距离
蜗杆齿顶圆直径	d_{a1}	$d_{a1}=d_1+2h_a$	
蜗杆齿顶圆弧半径	r_{a1}	$r_{a1}=a-0.5d_{a1}$	
蜗杆齿根圆弧半径	r_{f1}	$r_{f1}=a-0.5d_{f1}$	
蜗轮喉部圆直径	d_{a2}	$d_{a2}=d_2+2h_a$	
蜗轮齿根圆直径	d_{f2}	$d_{f2}=d_2-2h_f$	
蜗杆喉部螺旋升角	γ_1	$\gamma_1=\arctan\frac{d_2}{d_1 i}$	
齿距角	τ	$\tau=\frac{360°}{z_2}$	

（续）

<table>
<tr><th rowspan="2">项　　目</th><th rowspan="2">代　号</th><th colspan="2">计 算 公 式 及 说 明</th></tr>
<tr><th>平面一次包络环面蜗杆传动</th><th>平面二次包络环面蜗杆传动</th></tr>
<tr><td>成形圆直径</td><td>d_b</td><td colspan="2">$d_b=\sin(22°\sim25°)d_2$，z_1 较小时括弧内取较小值，反之取较大值。计算出的 d_b 值按表 14-58 选取系列值</td></tr>
<tr><td>分度圆齿形角</td><td>α</td><td colspan="2">$\alpha=\arcsin\frac{d_b}{d_2}$，推荐 $\alpha=22°\sim25°$</td></tr>
<tr><td>蜗杆包围蜗轮齿数</td><td>z'</td><td colspan="2">按表 14-57 选取</td></tr>
<tr><td>蜗杆工作半角</td><td>φ_w</td><td colspan="2">$\varphi_w=0.5\tau(z'-0.45)$</td></tr>
<tr><td>工作起始角</td><td>φ_0</td><td colspan="2">$\varphi_0=\alpha-\varphi_w$</td></tr>
<tr><td>蜗轮齿宽</td><td>b_2</td><td colspan="2">$b_2=(0.9\sim1)d_{f1}$</td></tr>
<tr><td>蜗杆工作齿宽</td><td>b_1</td><td colspan="2">$b_1=d_2\sin\varphi_w$</td></tr>
<tr><td>蜗杆螺纹两侧肩带宽度</td><td>δ</td><td colspan="2">$\delta\leqslant m_t$</td></tr>
<tr><td>蜗杆最大齿顶圆直径</td><td>$d_{a1\max}$</td><td colspan="2">$d_{a1\max}=2[a-\sqrt{r_{a1}^2-(0.5L_w)^2}]$</td></tr>
<tr><td>蜗杆最大齿根圆直径</td><td>$d_{f1\max}$</td><td colspan="2">$d_{f1\max}=2[a-\sqrt{r_{f1}^2-(0.5L_w)^2}]$</td></tr>
<tr><td>蜗轮齿顶圆弧半径</td><td>r_{H2}</td><td>—</td><td>$r_{H2}=0.55d_{f1\max}$</td></tr>
<tr><td>母平面倾斜角</td><td>β</td><td>$\beta=\arctan(K_1\tan\gamma\cos\alpha)$
当 $i>20$ 时，$K_1=1$
当 $i\leqslant20$ 时，$K_1=(1.4-0.02i)$</td><td>$\beta=\arctan\left[\frac{\cos(\alpha+\Delta)\frac{d_2}{2a}\cos\alpha}{\cos(\alpha+\Delta)-\frac{d_2}{2a}\cos\alpha}\times\frac{1}{i}\right]$
式中 Δ 值如下：
i：<10，10~30，>30
Δ：4°，6°，8°</td></tr>
<tr><td>蜗轮齿距</td><td>p_2</td><td colspan="2">$p_2=\pi m_t$</td></tr>
<tr><td>蜗轮节圆齿厚</td><td>s_2</td><td colspan="2">$s_2=0.55p_2$</td></tr>
<tr><td>齿侧隙</td><td>j_n</td><td colspan="2"></td></tr>
<tr><td>蜗杆节圆齿厚</td><td>s_1</td><td colspan="2">$s_1=p_2-s_2-j_n$</td></tr>
<tr><td>蜗杆分度圆法向齿厚</td><td>s_{n1}</td><td colspan="2">$s_{n1}=s_1\cos\gamma$</td></tr>
<tr><td>蜗轮分度圆法向齿厚</td><td>s_{n2}</td><td colspan="2">$s_{n2}=s_2\cos\gamma$</td></tr>
<tr><td>蜗杆弦齿高</td><td>$\bar{h}_{a1}$</td><td colspan="2">$\bar{h}_{a1}=h_a-0.5d_2\left(1-\cos\arcsin\frac{s_1}{d_2}\right)$</td></tr>
<tr><td>蜗轮弦齿高</td><td>$\bar{h}_{a2}$</td><td colspan="2">$\bar{h}_{a2}=h_a+0.5d_2\left(1-\cos\arcsin\frac{s_2}{d_2}\right)$</td></tr>
<tr><td>蜗杆齿入口修缘值</td><td>Δf_r</td><td colspan="2"></td></tr>
<tr><td>蜗杆啮入口修缘长度</td><td>$\Delta\varphi r$</td><td colspan="2"></td></tr>
<tr><td>蜗杆啮出口修缘值</td><td>Δfc</td><td colspan="2"></td></tr>
<tr><td>蜗杆啮出口修缘长度</td><td>$\Delta\varphi c$</td><td colspan="2"></td></tr>
</table>

14.4.3.2　平面二次包络环面蜗杆传动

（1）蜗杆与蜗轮的齿面形成　直齿（或斜齿）平面齿轮作为产形轮，采用第一次包络过程创成蜗杆齿面。以创成的环面蜗杆为刀具，采用和第一次包络相同的中心距、传动比、轴交角，刀具和蜗轮毛坯作机床啮合运动，创成出蜗轮，这种蜗杆滚刀展成蜗轮的过程称“原始型”第二次包络。若第二次包络过程所采用的机床中心距、传动比、轴交角和第一次包络所采用的机床中心距、传动比、轴交角至少有一项不同，则称“修正型”第二次包络。

平面齿轮第一次包络创成的环面蜗杆与第二次包络创成的蜗轮所组成的环面蜗杆传动称平面二次包络环面蜗杆。

（2）平面二次包络蜗轮的齿面结构　“原始型”二次包络蜗轮齿面由脊线 $c—c$ 分成两部分，如图 14-43所示。

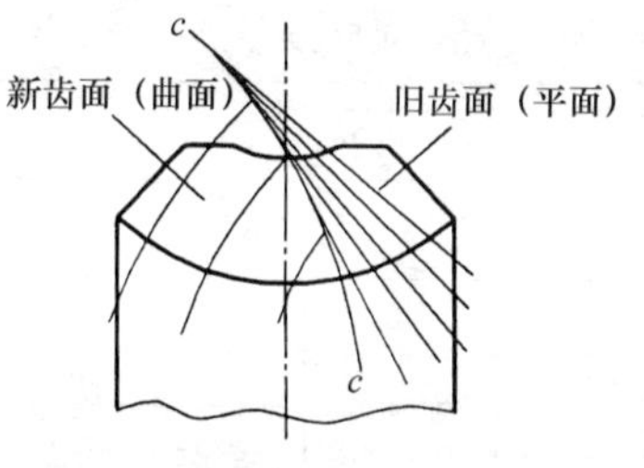

图 14-43　“原始型”二次包络蜗轮齿面

蜗轮齿面上，一部分是平面齿面，与平面产形齿轮的齿面相同，称旧齿面部分；另一部分齿面是曲齿面，是环面蜗杆螺旋面的新包络面，称新齿面部分。

“原始型”平面二次包络环面蜗杆传动瞬时接触线有两条，一条在旧齿面部分，呈直线形；另一条在新齿面部分，呈曲线形。两条瞬时接触线在脊线相遇且光滑连接在一起，如图 14-43 所示。在设计“原始型”平面二次包络环面蜗杆传动时，应尽量使脊线位在中间平面附近。

“修正型”与“原始型”相比，蜗轮齿面结构和接触线形状都有所不同。在“修正型”的蜗轮齿面上，旧齿面（平面齿面）不再存在，只留下新齿面。亦即整个蜗轮轮齿齿面都成了曲线。瞬时接触线已由两条变成了一条，如图 14-44 所示。

（3）平面二次包络环面蜗杆传动的主要特点　平面二次包络环面蜗杆传动除具有环面蜗杆传动的共有啮合特点外，与直廓环面蜗杆传动相比有如下特性：

1）蜗杆具有良好的磨齿工艺，可获得高精度硬齿面。

2）安装工艺良好，齿面啮合区有明显扩大。

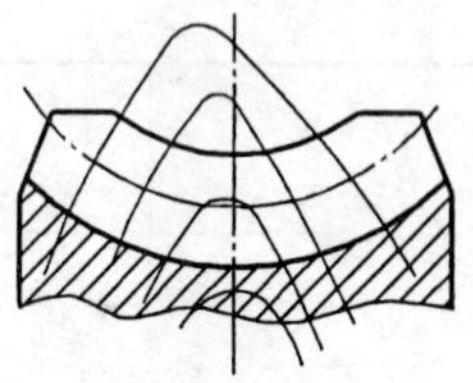

图 14-44　“修正型”平面二次包络蜗轮齿面

3）接触线形状有较大改善，极有利于动压油膜形成。

4）“修正型”平面二次包络环面蜗杆传动，具有更多的优越性，瞬时接触线虽仅有一条，但长度增大，形状更有利于动压油膜形成，共轭齿面的诱导曲率半径也有明显增大，工艺性也有所改善，其设计更具有大的灵活性。

故采用平面二次包络环面蜗杆传动，比采用平面一次包络环面蜗杆传动多，采用“修正型”平面二次包络环面蜗杆传动比采用“原始型”平面二次包络环面蜗杆传动多。

14.4.3.3　平面包络环面蜗杆传动的几何尺寸计算

平面包络环面蜗杆传动的设计是在已知中心距 a（见表 14-58）传动比 i_{12}（见表 14-59）的条件下进行的、非标设计 d_1 推荐值列于表 14-56 中。设计以蜗杆喉部直径 d_1 为基本参数。蜗杆包容齿数 z_2' 及非标设计推荐的齿数分别列于表 14-57、表 14-55 中。

斜齿平面包络环面蜗杆传动，β 角对传动性能影响较大，一般可按表 14-61 中列入的方法确定，重要场合应通过啮合性能分析计算来确定。

平面包络环面蜗杆传动的几何计算见表 14-61，几何尺寸及啮合尺寸如图 14-45 所示。

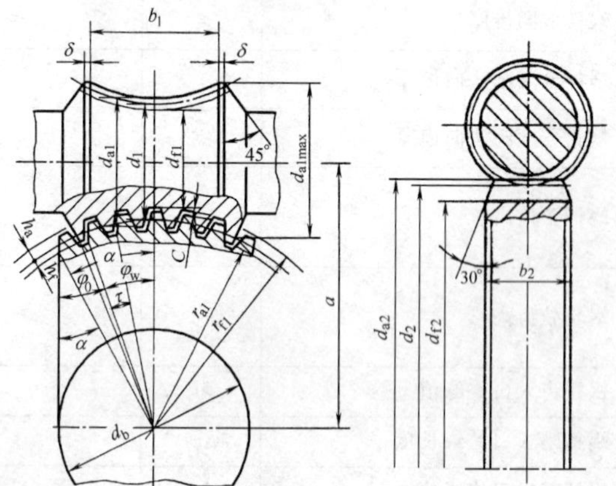

图 14-45　几何尺寸关系图

14.4.3.4　渐开线包络环面蜗杆传动

以直齿（或斜齿）渐开线圆柱齿轮作为产形轮，按照既定的传动比和中心距，与蜗杆毛坯作机床啮合，渐开线圆柱齿轮的包络面即蜗杆螺旋面。创成的蜗杆与渐开线圆柱齿轮组成渐开线一次包络环面蜗杆传动，同样可由第二次包络组成渐开线二次包络环面蜗杆传动。

渐开线包络环面蜗杆传动同样有“原始型”和“修正型”之分。

渐开线圆柱齿轮可得到很高的精度，所以渐开线一次包络环面蜗杆传动可获得很高的传动精度，适用于分度蜗杆副。蜗杆磨削比较困难，蜗杆滚刀精度难实现，二次包络蜗轮不易实现较高精度，所以渐开线二次包络环面蜗杆传动目前尚难推广应用。

渐开线包络环面蜗杆传动具有很大的承载能力和较高的传动效率，是有较大发展前景的新型蜗杆传动形式。

在设计渐开线包络环面蜗杆传动时，应说明：一般不采用“修正型”；采用 m_{n0} 为标准模数；渐开线齿轮（作为产形轮或蜗轮）需要采用较大的正变位，但要防止齿顶变尖，影响刀具寿命，蜗杆分圆直径 d_1 也不宜过小。

渐开线包络环面蜗杆传动的几何计算见表 14-62。

表 14-62　渐开线包络环面蜗杆传动几何计算

序号	名　称	代号	计 算 公 式 及 说 明	计算实例（标准型）	计算实例（修正型）
示图	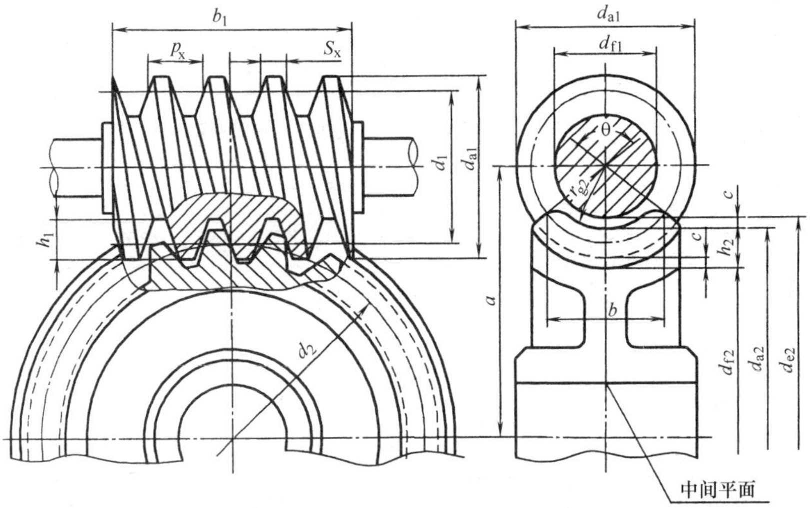				
1	中心距	a		120	120
2	传动比	i		42	42
3	蜗杆头数	z_1	按传动比 $i=\frac{z_2}{z_1}$ 的要求确定	1	1
4	蜗轮齿数	z_2		42	42
5	初选蜗杆喉部计算圆直径	d_1	参考直廓环面蜗杆传动初选	45	45
6	工具齿轮假想齿数	z_0	（Ⅰ）标准型传动 $z_0=z_3$ （Ⅱ）修正型　按下表选取 z_2：≤32 | 33~45 | 45~55 | 55~85 $z_2—z_0$：≤2 | 2~4 | 4~6 | 6~8	42	42

（续）

序号	名　称	代号	计 算 公 式 及 说 明	计算实例（标准型）	计算实例（修正型）
7	加工蜗杆时传动比	i_{10}	$i_{10}=\frac{z_0}{z_1}$	42	45
8	加工蜗杆时的中心距	a_0	（Ⅰ）标准型传动 $a_0=a$ （Ⅱ）修正型传动 $a_0'=(1.05\text{-}1.1)a$（初选）	120	129
9	工具齿轮端面模数（初值）	m_t'	$m_t'=\frac{2a_0-d_1}{z_0}$		
10	工具齿轮法向模数	m_n	根据 m_t' 考虑 z_1 值，往小圆整成标准值	4.5	4.5
11	工具齿轮法向压力角	α_n	取标准值 20°	20°	20°
12	蜗杆喉部计算直径处螺旋导程角（参考值）	γ_{max}	$\gamma_{max}=\arctan\frac{za_0-d_1'}{i_{10}d_1'}$	6°32′43″	6°40′18″
13	工具齿轮分度圆螺旋角	β_0	参考 γ_{max} 的值，考虑蜗杆点顶变尖等因素，计算或选定	8°	8°
14	工具齿轮螺旋方向		由设计要求确定	右旋	右旋
15	工具齿轮端面模数	m_{t0}	$m_{t0}=\frac{m_n}{\cos\beta_0}$ 与 m_t' 相差太大时调整 m_n	4.5357	4.5357
16	工具齿轮分度圆直径	d_0	$d_0=m_{t0}z_0$	190.4994	204.1065
17	变位系数	x_n	初选 $x_n=0.8\sim1.2$，进行齿顶变尖验算后确定	0.8	1.0
18	齿顶高系数	h_a^*	$h_a^*=0.8$（也可取 1.0）	0.8	0.8
19	齿根高系数	h_f^*	$h_f^*=1.1$	1.1	1.1
20	顶隙系数	c^*	$c^*=h_f^*-h_a^*$	0.3	0.3
21	工具齿轮齿顶圆直径	d_{a0}	$d_{a0}=d_0+2(h_a^*+x_n)m_n$	204.8994	220.3065
22	工具齿轮齿根圆直径	d_{f0}	$d_{f0}=d_0+2(x_n-h_f^*)m_n$	187.7994	203.2065
23	工具齿轮计算圆直径	d_0'	$d_0'=d_0+2x_nm_n$	197.6994	213.1065
24	包络蜗杆齿顶圆弧半径	R_{a1}	$R_{a1}=\frac{d_{f0}}{2}+c^*m_n$	95.2497	102.9532
25	包络蜗杆齿根圆弧半径	R_{f1}	$R_{f1}=\frac{d_{a0}}{2}+c^*m_a$	103.7997	111.5032
26	加工蜗杆中心距	a_0	（Ⅰ）标准型传动 $a_0=a$ （Ⅱ）修正型传动 $a_0=\frac{1}{2}(d_0'+d_1')$	120	129.053
27	蜗杆喉部根圆直径	d_{f1}	$d_{f1}=2(a_0-R_{f1})$ 必要时调整 d_1' 的值	32.4	35.1
28	蜗杆喉部顶圆直径	d_{a1}	$d_{a1}=2(a_0-R_{a1})$	49.5	52.2

（续）

序号	名　　称	代号	计 算 公 式 及 说 明	计算实例（标准型）	计算实例（修正型）
29	蜗杆喉部分度圆直径	d_1	$d_1 = d_{a1} - 2h_a^* m_n$	42.3	45
30	工具齿轮端面压力角	α_t	$\alpha_t = \arctan\dfrac{\tan\alpha_n}{\cos\beta}$	20°10′51″	20°10′51″
31	工具齿轮基圆直径	d_b	$d_b = d_0\cos\alpha_t$	178.8043	191.5866
32	蜗轮分度圆直径	d_2	$d_2 = 2a - d_1$	197.6994	195
33	蜗轮齿顶圆直径	d_{a2}	（Ⅰ）标准型传动 $d_{a2} = d_{a0}$ （Ⅱ）修正型传动 $d_{a2} = 2a - (d_{f1} + 2c^* m_n)$	204.899	202.2
34	蜗轮齿根圆直径	d_{f2}	（Ⅰ）$d_{f2} = d_{f0}$（标准型） （Ⅱ）$d_{f2} = 2a - (d_{a1} + 2c^* m_n)$（修正型）	187.799	185.1
35	蜗轮齿宽	b	$b = (0.6 \sim 0.8)d_1$	35	35
36	蜗杆理论包角之半（最大）	ψ_a	$\psi_a = \arccos\dfrac{d_b}{d_0}$	25°15′15″	25°58′15″
37	蜗杆工作包角之半	φ_w	φ_w 在 20°~30°范围内据 ψ 选取	22°	22°
38	工作包容齿数	z'	$z' = \dfrac{2\varphi_w}{360°}z_2$	5	5
39	蜗杆工作螺旋宽度	b_1	$b_1 = d_0'\sin\varphi_w$	70.06	73.048
40	蜗杆端部根径	$d_{f\max}$	$d_{f\max} = 2\left[a_0 - \sqrt{R_{f1}^2 - \left(\dfrac{L}{2}\right)^2}\right]$	46.06	47.403
41	蜗杆端部外径	$d_{a\max}$	$d_{a\max} = 2\left[a_0 - \sqrt{R_{a1}^2 - \left(\dfrac{L}{2}\right)^2}\right]$	64.48	65.593
42	齿侧间隙	f_n	按下表选取 a：80~180，180~300，300~600 j_n：0.15~0.50，0.3~0.80，0.6~1.5	0.35	0.35

14.4.4 环面蜗杆传动的强度计算

环面蜗杆传动所用材料、热处理工艺与圆柱蜗杆传动基本相同，以环面蜗杆咽喉平面为计算平面，在环面蜗杆传动的中间平面内，其受力分析与圆柱蜗杆传动完全相同。实践证明，环面蜗杆传动的蜗杆强度高于蜗轮强度，蜗轮的轮齿抗弯强度高于轮齿的齿面强度，环面蜗杆传动的主要失效形式是齿面胶合磨损、磨粒磨损和齿面疲劳点蚀磨损等。到目前为止，尚没有完整可靠的强度设计计算方法，现多用图表法或借助国外的功率表进行校核计算和选用。

环面蜗杆传动的种类繁多，不同的环面蜗杆传动有不同的承载能力，现分成两种进行处理，假定直廓环面蜗杆传动与二次包络环面蜗杆传动相近（实际后者高于前者），一次包络环面蜗杆传动归为另一种。其强度计算通常按输入功率用图表法确定。直廓环面蜗杆传动与二次包络环面蜗杆传动用图 14-46 查取，一次包络环面蜗杆传动用图 14-47 查取。查得的输入功率为许用值，实际传递功率应小于或等于查得的功率：

$$P_1 \leqslant [P_1]$$

当蜗杆副的使用和制造精度、选用材料等与许用功率图制订条件不相符时，应给予修正，修正系数为 K，则

$$K = K_1K_2K_3K_4 \quad (14\text{-}32)$$

于是，若蜗杆轴输入功率为 P_1，则计算功率为

$$P_c = \frac{P_1}{K} = \frac{P_1}{K_1K_2K_3K_4} \leqslant [P_1] \quad (14\text{-}33)$$

式中　K_1——传动类型系数，见表 14-63；

K_2——工作情况系数，见表 14-63；

K_3——加工质量系数，见表 14-63；

K_4——蜗轮材料系数，见表 14-63。

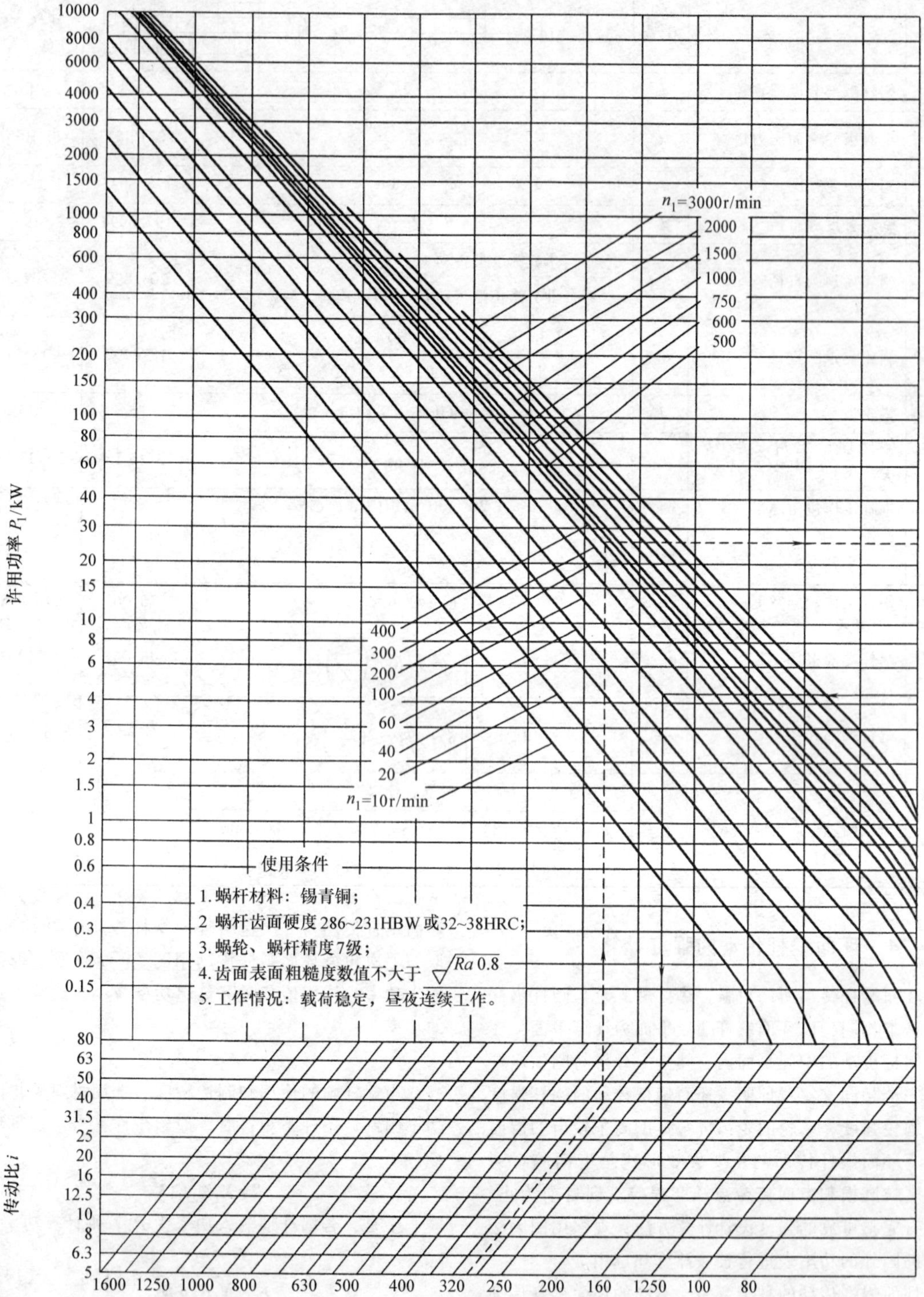

许用功率 P_1/kW
10000
8000
6000
4000
3000
2000
1500
1000
800
600
400
300
200
150
100
80
60
40
30
20
15
10
8
6
4
3
2
1.5
1
0.8
0.6
0.4
0.3
0.2
0.15
80
n_1=3000r/min
2000
1500
1000
750
600
500
400
300
200
100
60
40
20
n_1=10r/min
使用条件
1.蜗杆材料：锡青铜；
2 蜗杆齿面硬度286~231HBW或32~38HRC；
3.蜗轮、蜗杆精度7级；
4.齿面表面粗糙度数值不大于 $\sqrt{Ra\,0.8}$
5.工作情况：载荷稳定，昼夜连续工作。
传动比 i
63
50
40
31.5
25
20
16
12.5
10
8
6.3
5
1600 1250 1000 800 630 500 400 320 250 200 160 1250 100 80
1400 1120 900 710 560 450 360 280
中心距 a/mm

图 14-46　许用功率图

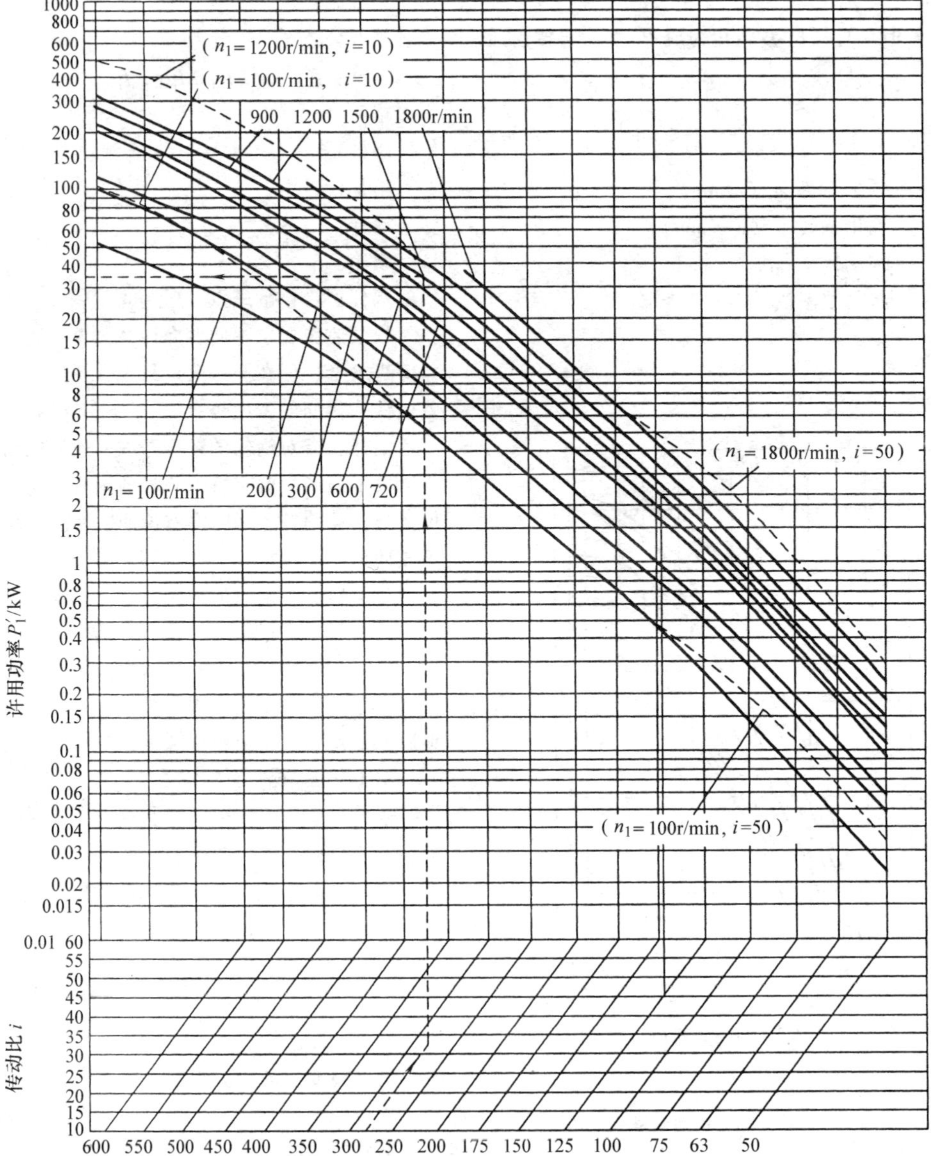

图 14-47　平面一次包络环面蜗杆传动许用功率线图

注：1. 蜗杆齿面硬度 269~341HBW，蜗轮齿面硬度 150~210HBW。

2. 当 a 较大、i 较小时或 a 较小、i 较大时，$[P_1']$ 可在虚线范围内适当提高。

表 14-63　系数 K_1、K_2、K_3、K_4

K_1		K_2		K_3	K_4	
直廓环面蜗杆传动和平面二次包络环面蜗杆传动	1.0	昼夜连续平稳工作	1.0	7 级精度为 1.0	ZCuSn10P1 ZCuSn10Zn2 等锡青铜	1.0
		每日连续工作 8h 时，有冲击载荷	0.8			
平面一次包络环面蜗杆传动	0.9	昼夜连续工作，有冲击载荷	0.7	8 级精度为 0.8	ZCuAl10Fe3 ZCuZn38Mn2Pb2 等无锡青铜黄铜	0.8
		间断工作（如每 2h 工作 15min）	1.3			
		间断工作，有冲击载荷	1.06		HT150，HT200	0.5

已知输出转矩 T_2 的强度计算：

已知 T_2 时应首先把 T_2 转化为成 P_1 然后再按前述步骤处理：

$$P_1 = \frac{T_2 n_1}{9.55 \times 10^6 i_{12} \eta} \quad (14\text{-}34)$$

式中 n_1——输入轴转速（r/min）；

T_2——输出轴转矩（N·mm）；

i_{12}——传动比 z_2/z_1；

η——传动效率按图 14-48 查取。

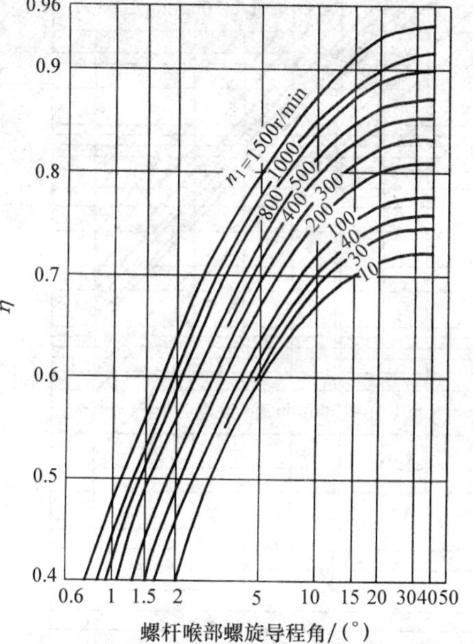

图 14-48 环面蜗杆传动效率

14.4.5 环面蜗杆传动精度

14.4.5.1 直廓环面蜗杆传动精度

本精度适用于轴交角为 90°、中心距为 80～1250mm 的动力直廓环面蜗杆传动。

（1）精度等级 直廓环面蜗杆、蜗轮和蜗杆传动共分 6、7、8 三个精度等级，6 级最高，8 级最低；按照公差的特性对传动性能的主要保证作用，将公差分为三个公差组：

第Ⅰ公差组

蜗杆：——

蜗轮：F_p、F_r

蜗杆副：F_{ic}

第Ⅱ公差组

蜗杆：f_h、f_{hL}、f_{px}、f_{pxL}、f_r

蜗轮：f_{pt}

蜗杆副：f'_{ic}

第Ⅲ公差组

蜗杆：f_{f1}

蜗轮：f_{f2}

蜗杆副：接触斑点、f_a、f_Σ、f_{x1}、f_{x2}

根据使用要求不同，允许各公差组选用不同的公差等级组合，但在同一公差组中，各项公差与极限偏差应保持相同的精度等级。

蜗杆和配对蜗轮的精度等级一般取成相同，也允许取成不相同。对有特殊要求的蜗杆传动，除 F_r、f_r 项目外，其蜗杆、蜗轮左右齿面的精度等级也可取成不相同。

（2）蜗杆、蜗轮的检验与公差 根据蜗杆传动的工作要求和生产规模，在各公差组中选定一个检验组来评定和验收蜗杆、蜗轮的精度。当检验组中有两项或两项以上的误差时，应以检验组中最低的一项精度来评定蜗杆、蜗轮的精度等级。

第Ⅰ公差组的检验组：

蜗轮：ΔF_p、ΔF_r

第Ⅱ公差组的检验组：

蜗杆：Δf_h、Δf_{h1}（用于单头蜗杆）

Δf_{zL}（用于多头蜗杆）

Δf_{px}、Δf_{pxL}、Δf_r

Δf_{px}、Δf_{pxL}

蜗轮：Δf_{pt}

第Ⅲ公差组的检验组：

蜗杆：Δf_{f1}

蜗轮：Δf_{f2}

当蜗杆副的接触斑点有要求时，蜗轮的齿形误差 Δf_{f2} 可不进行检验。

蜗杆、蜗轮的公差及极限偏差见表 14-64。蜗杆副的公差及极限偏差见表 14-65。

（3）齿坯要求 加工蜗杆时，刀具的主基圆半径对蜗杆精度有较大影响，因此，应对主基圆半径公差作合理的控制。主基圆半径公差值见表 14-66。

蜗杆、蜗轮在加工、检验和安装时的径向、轴向基准面应尽可能一致，并应在相应的零件工作图上标注。齿坯公差包括蜗杆、蜗轮轴孔的尺寸、形状和位置公差，以及基准面的跳动。各项公差值见表 14-67。

表 14-64　蜗杆、蜗轮的公差及极限偏差　　　　(单位：μm)

序号	名称		代号	中心距/mm											
				80~160			>160~315			>315~630			>630~1250		
				精度等级											
				6	7	8	6	7	8	6	7	8	6	7	8
1	蜗杆螺旋线公差		f_{hL}	34	51	68	51	68	85	68	102	119	127	153	187
2	蜗杆一转螺旋线公差		f_h	15	22	30	21	30	37	30	45	53	45	60	68
3	蜗杆分度误差	$z_2/z_1 \neq$ 整数	f_{z1}	20	30	40	28	40	50	40	60	70	60	80	90
		$z_2/z_1 \neq$ 整数		25	37	50	35	50	62	50	75	87	75	100	112
4	蜗杆圆周齿距极限偏差		f_{px}	±10	±15	±20	±14	±20	±25	±20	±30	±35	±30	±40	±45
5	蜗杆圆周齿距累积公差		f_{pxL}	20	30	40	30	40	50	40	60	70	75	90	110
6	蜗杆齿形公差		f_{f1}	14	22	32	19	28	40	25	36	53	36	53	75
7	蜗杆径向圆跳动公差		f_r	10	15	25	15	20	30	20	25	35	25	35	50
8	蜗杆法向弦齿厚上极限偏差		E_{ss1}	0	0	0	0	0	0	0	0	0	0	0	0
9	蜗杆法向弦齿厚下极限偏差	双向回转	E_{si1}	35	50	75	60	100	150	90	140	200	140	200	250
		单向回转		70	100	150	120	200	300	180	200	400	280	350	450
10	蜗轮齿距累积公差		F_p	67	90	125	90	135	202	135	180	247	180	270	360
11	蜗轮齿圈径向圆跳动公差		F_r	40	56	71	50	71	90	63	90	112	80	112	140
12	蜗轮齿距极限偏差		$\pm f_{pt}$	15	20	25	20	30	45	30	40	55	40	60	80
13	蜗轮齿形公差		f_{f2}	14	22	32	19	28	40	25	36	53	36	53	75
14	蜗轮法向弦齿厚上极限偏差		E_{ss2}	0	0	0	0	0	0	0	0	0	0	0	0
15	蜗轮法向弦齿厚下极限偏差		E_{si2}	75	100	150	100	150	200	150	200	280	220	300	400

表 14-65　蜗杆副的公差及极限偏差　　　　(单位：μm)

序号	名称	代号	中心距/mm											
			80~160			>160~315			>315~630			>630~1250		
			精度等级											
			6	7	8	6	7	8	6	7	8	6	7	8
1	蜗杆副的切向综合公差	F'_{ic}	63	90	125	80	112	160	100	140	200	140	200	280
2	蜗杆副的一齿切向综合公差	f'_{ic}	18	27	35	27	35	45	35	55	63	67	80	100
3	蜗杆副的中心距极限偏差	f_a	+20	+25	+60	+30	+50	+100	+45	+75	+120	+65	+100	+150
			-10	-15	-30	-20	-30	-50	-25	-45	-75	-35	-60	-100
4	蜗杆副的蜗杆中间平面偏差	f_{x1}	±15	±20	±25	±25	±40	±50	±40	±60	±80	±65	±90	±120
5	蜗杆副的蜗轮中间平面偏差	f_{x2}	±30	±50	±75	±60	±100	±150	±100	±150	±220	±150	±200	±300
6	蜗杆副的轴交角极限偏差	f_Σ	±15	±20	±30	±20	±30	±45	±30	±45	±65	±40	±60	±80
7	蜗杆副的圆周侧隙	j_t	250			380			530			750		
8	蜗杆副的最小圆周侧隙	j_{tmin}	95			130			190			250		
9	蜗轮齿面接触斑点(%)		在理论接触区上　按高度　不小于 85(6 级),80(7 级),70(8 级) 按宽度　不小于 80(6 级),70(7 级),60(8 级)											
10	蜗杆齿面接触斑点(%)		在工作长度上不小于　80(6 级),70(7 级),60(8 级) 工作面入口可接触较重,两端修缘部分不应接触											

表 14-66　主基圆半径误差的定义和公差

名　称	代　号	定　义
主基圆半径误差	Δf_{rb}	加工蜗杆时，刀具主基圆半径的实际值与公称值之差
主基圆半径公差	$\pm f_{rb}$	

名　称	代　号	中心距/mm											
		80~160			>160~315			>315~630			>630~1 250		
		精度等级											
		6	7	8	6	7	8	6	7	8	6	7	8
主基圆半径公差	f_{rb}/μm	20	30	45	25	40	60	35	55	80	50	80	120

表 14-67　蜗杆、蜗轮齿坯公差　（单位：μm）

序号	名　称	中心距/mm											
		80~160			>160~315			>315~630			>630~1250		
		精度等级											
		6	7	8	6	7	8	6	7	8	6	7	8
1	蜗杆喉部直径公差	h7	h8	h9	h7	h8	h9	h7	h8	h9	h7	h8	h9
2	蜗杆基准轴颈径向圆跳动公差	12	15	30	15	20	35	20	27	48	25	35	55
3	蜗杆两定位端面圆跳动公差	12	15	20	17	20	25	22	25	30	27	30	35
4	蜗杆喉部径向圆跳动公差	15	20	25	20	25	27	27	35	45	35	45	60
5	蜗杆基准端面圆跳动公差	15	20	30	20	30	40	30	45	60	40	60	80
6	蜗轮齿坯外径与轴孔的同轴度公差	15	20	30	20	35	50	25	40	60	40	60	80
7	蜗轮喉部直径公差	h7	h8	h9	h7	h8	h9	h7	h8	h9	h7	h8	h9

14.4.5.2　平面二次包络环面蜗杆传动精度（摘自 GB/T 16445—1996）

本标准规定了平面二次包络环面蜗杆、蜗轮及其蜗杆副的误差定义、代号、精度等级、齿坯要求、检验与公差和图样标注。适用于轴交角 Σ=90°，中心距为 0~1250mm 的平面二次包络环面蜗杆副。

（1）定义及代号　蜗杆、蜗轮误差的定义及代号见表 14-68；蜗杆副误差的定义及代号见表 14-69。

（2）精度等级　本标准根据使用要求，对蜗杆、蜗轮及蜗杆副规定了 6、7 及 8 三个精度等级。按公差特性对传动性能的主要保证作用，将蜗杆、蜗轮和蜗杆副的公差（或极限偏差）分成三个公差组：

第Ⅰ公差组

蜗　杆：F_{p1}

蜗　轮：F_{r2}　F_{p2}

蜗杆副：F_i

第Ⅱ公差组

蜗　杆：f_{p1}　f_{z1}　f_{h1}

蜗　轮：f_{p2}

蜗杆副：f_i

第Ⅲ公差组

蜗　杆：——

蜗　轮：——

蜗杆副：接触斑点，f_a、f_{x1}、f_{x2}、f_Y

根据使用要求不同，允许各公差组选用不同的精度等级组合，但在同一公差组中，各项公差与极限偏差应保持相同的精度等级。

蜗杆和配对蜗轮的精度等级一般取成相同，也允许取成不相同。

（3）蜗杆、蜗轮及蜗杆副的检验

1）蜗杆的检验：T_{s1}、t_1 为每件必测，ΔF_{p1}、f_{z1}（用于多头蜗杆）、Δf_{h1}根据用户要求进行检测。蜗杆的各项公差及极限偏差见表 14-70。

2）蜗轮的检验：T_{s2}、t_7 为每件必测，ΔF_{p2}、Δf_{p2}、ΔF_{r2}根据用户要求进行检测。蜗轮的各项公差及极限偏差见表 14-71。

3）蜗杆副的检验：对蜗杆副的接触斑点和齿侧的检验：当减速器整机出厂时，每台必须检测。若蜗杆副为成品出厂时，允许按 10%～30% 的比率进行抽检。但至少有一副对研检查（应使用 CT_1、CT_2 专用涂料）。

对蜗杆副的中心距偏差 f_a，喉平面偏差 Δf_{x1}、Δf_{x2}和轴线歪斜度 Δf_Y，一齿切向综合误差 Δf_{ic}，当用户有特殊要求时进行检测；切向综合误差 ΔF_{ic}，只在精度为 6 级，用户又提出要求时进行检测。蜗杆副的各项公差值及极限偏差值见表 14-72。

4）蜗杆传动的侧隙规定：本标准根据用户使用要求将侧隙分为标准保证侧隙 j 和最小保证侧隙 j_{min}。j 为一般传动中应保证的侧隙，j_{min}用于要求侧隙尽可能小，而又不致卡死的场合。对特殊要求，允许在设计中具体确定。j、j_{min} 与精度无关。具体数值见表 14-72。

蜗杆副的侧隙由蜗杆法向弦齿厚的减薄量来保证，即上极限偏差为 $E_{ss1}=j\cos\alpha$（或 $j_{min}\cos\alpha$），公差为 T_{s1}；蜗杆、蜗轮法向弦齿厚的上极限偏差为 $E_{ss2}=0$，下偏差即为公差 $E_{si2}=T_{s2}$。

（4）齿坯要求　蜗杆、蜗轮在加工、检验和安装时的径向、轴向基准面应尽可能一致，并应在相应的零件工作图上标注。齿坯公差包括蜗杆、蜗轮轴孔的尺寸、形状和位置公差，以及基准面的跳动。各项公差值见表 14-73。

表 14-68　蜗杆、蜗轮误差的定义及代号

类别	序号	名称	代号	定义
蜗杆精度	1	蜗杆圆周齿距累积误差 理论弧长 实际弧长 ΔF_{p1} 平面测头	ΔF_{p1}	用平面测头绕蜗轮轴线作圆弧测量时，在蜗杆有效螺纹长度内（不包含修缘部分），同侧齿面实际距离与公称距离之差的最大绝对值
		蜗杆圆周齿距累积公差	F_{p1}	
	2	蜗杆圆周齿距偏差 平面测头 实际齿距 Δf_{p1} 理论齿距	Δf_{p1}	用平面测头绕蜗轮轴线作圆弧测量时，蜗杆相邻齿面间的实际距离与公称距离之差
		蜗杆圆周齿距极限偏差 上极限偏差 下极限偏差	$+f_{p1}$ $-f_{p1}$	

（续）

类别	序号	名　　称	代号	定　　义
蜗杆精度	3	蜗杆分度误差 蜗杆分度公差	Δf_{z1} f_{z1}	在垂直于蜗杆轴线的平面内，蜗杆每条螺纹的等分性误差，以喉平面上计算圆的弧长表示
	4	蜗杆螺旋线误差 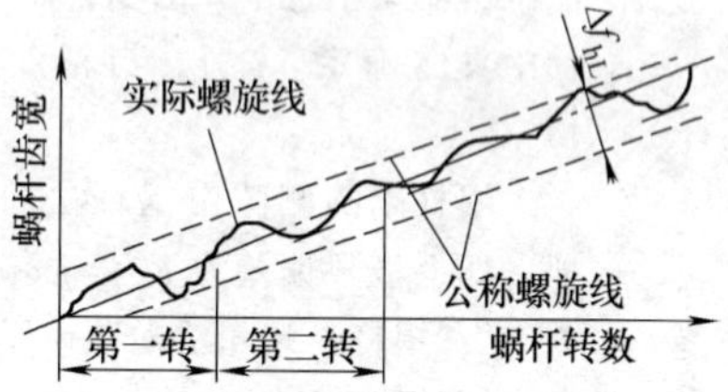 Δf_{hL} 实际螺旋线 蜗杆齿宽 公称螺旋线 第一转 第二转 蜗杆转数 蜗杆螺旋线公差	Δf_{hL} f_{hL}	在蜗杆轮齿的工作齿宽范围内（两端不完整齿部分除外），蜗杆分度圆环面上包容实际螺旋线的最近两条公称螺旋线间的法向距离
	5	蜗杆法向弦齿厚偏差 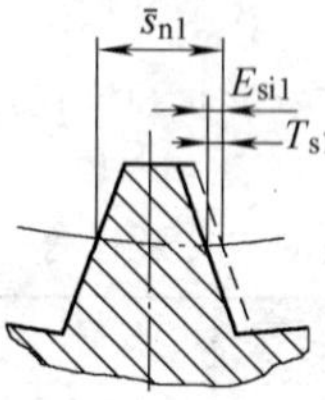 $\bar{s}_{n1}$ E_{si1} T_{s1} 蜗杆法向弦齿厚极限偏差 上极限偏差 下极限偏差 螺杆齿厚公差	ΔE_{s1} E_{ss1} E_{si1} T_{s1}	螺杆喉部法向截面上实际弦齿厚与公称弦齿厚之差
蜗轮精度	6	螺轮齿圈径向圆跳动 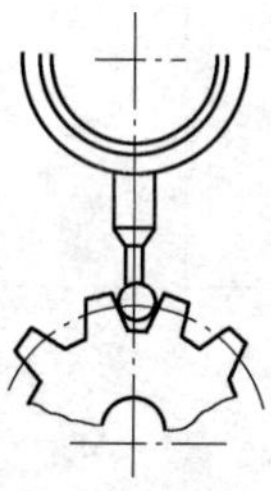 蜗轮齿圈径向圆跳动公差	ΔF_{r2} F_{r2}	蜗轮齿槽相对蜗轮旋转轴线距离的变动量，在蜗轮中间平面测量
	7	蜗轮被包围齿数内齿距累积误差 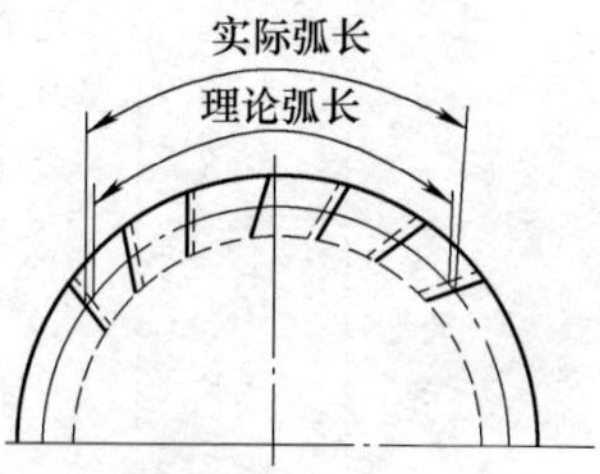 实际弧长 理论弧长 蜗轮齿距累积公差	ΔF_{p2} F_{p2}	在蜗轮计算圆上，被蜗杆包围齿数内，任意两个同名齿侧面实际弧长与公称弧长之差的最大绝对值

（续）

类别	序号	名　　称	代号	定　　义
蜗轮精度	8	蜗轮齿距偏差 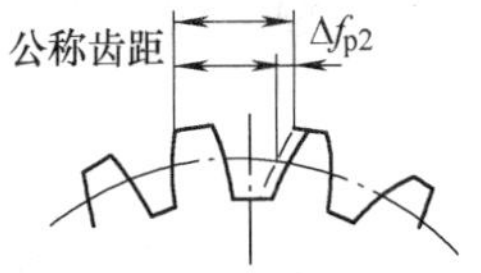 实际齿距　公称齿距　Δf_{p2} 蜗轮齿距极限偏差 上极限偏差 下极限偏差	Δf_{p2} $+f_{p2}$ $-f_{p2}$	在蜗轮计算圆上，实际齿距与公称齿距之差 用相对法测量时，公称齿距是指所有实际齿距的平均值
	9	蜗轮法向弦齿厚偏差 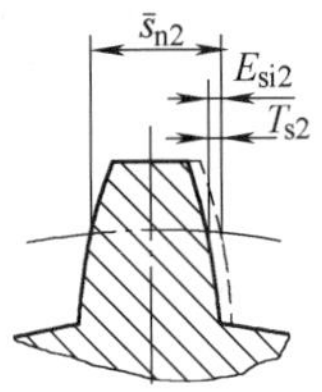 $\bar{s}_{n2}$　E_{si2}　T_{s2} 蜗轮法向弦齿厚极限偏差 上极限偏差 下极限偏差 蜗轮齿厚公差	ΔE_{s2} E_{ss2} E_{si2} T_{s2}	蜗轮喉部法向截面上实际弦齿厚与公称弦齿厚之差

表 14-69　蜗杆副误差的定义及代号

类别	序号	名　　称	代号	定　　义
蜗杆副精度	1	蜗杆副的切向综合误差 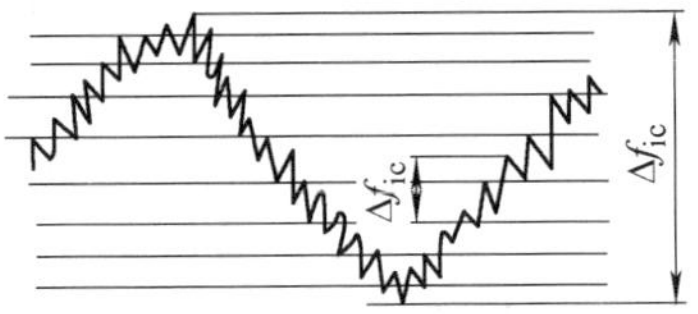 Δf_{ic}　Δf_{ic} 蜗杆副的切向综合公差	ΔF_{ic} F_{ic}	一对蜗杆副，在其标准位置正确啮合时，蜗轮旋转一周范围内，实际转角与理论转角之差的总幅度值，以蜗轮计算圆弧长计
	2	蜗轮副的一齿切向综合误差 蜗轮副的一齿切向综合公差	Δf_{ic} f_{ic}	安装好的蜗杆副啮合转动时，在蜗轮一转范围内多次重复出现的周期性转角误差的最大幅度值，以蜗轮计算圆弧长计
	3	蜗杆副的中心距偏差 中心距极限偏差 上极限偏差 下极限偏差	Δf_a $+f_a$ $-f_a$	装配好的蜗杆副的实际中心距与公称中心距之差
	4	蜗杆和蜗轮的喉平面偏差 蜗杆喉平面极限偏差 上极限偏差 下极限偏差 蜗轮喉平面极限偏差 上极限偏差 下极限偏差	Δf_x $+f_{x1}$ $-f_{x1}$ $+f_{x2}$ $-f_{x2}$	在装配好的蜗杆副中，蜗杆和蜗轮的喉平面的实际位置与各自公称位置间的偏移量

（续）

类别	序号	名　　称	代号	定　　义
蜗杆副精度	5	传动中蜗杆轴心线的歪斜度 轴心线歪斜度公差	Δf_y f_y	在装配好的蜗杆副中，蜗杆和蜗轮的轴心线相交角度之差，在蜗杆齿宽长度一半上以长度单位测量
	6	接触斑点 蜗杆齿面接触斑点 b_1'' b_1' 蜗轮齿面接触斑点 h' h'' b_2'' b_2'		装配好的蜗杆副并经加载运转后，在蜗杆齿面与蜗轮齿面上分布的接触痕迹 接触斑点的大小按接触痕迹的百分比计算确定 （1）沿齿长方向——接触痕迹的长度与齿面理论长度之比的百分比数 即 蜗杆：$(b_1''/b_1')\times100\%$ 蜗轮：$(b_2''/b_2')\times100\%$ （2）沿齿高方向——按蜗轮接触痕迹的平均高度 h'' 与工作高度 h' 之比的百分比数 即 $(h''/h')\times100\%$
	7	蜗杆副的侧隙 圆周侧隙 法向侧隙	j_t j_n	在安装好的蜗杆副中，蜗杆固定不动时，蜗轮从工作齿面接触到非工作齿面接触所转过的计算圆弧长 在安装好的蜗杆副中，蜗杆和蜗轮的工作齿面接触时，两非工作齿面间的最小距离

注：在计算蜗杆螺旋面理论长度 b_1' 时，应将不完整部分的出口和入口及入口处的修缘长度减去。

表 14-70　蜗杆的公差及极限偏差　（单位：μm）

序号	名　称		代号	中心距 /mm											
				≥80~160			>160~315			>315~630			>630~1250		
				精度等级											
				6	7	8	6	7	8	6	7	8	6	7	8
1	蜗杆圆周齿距累积公差		F_{p1}	20	30	40	30	40	50	40	60	70	75	90	110
2	蜗杆圆周齿距极限偏差		$\pm f_{p1}$	±10	±15	±20	±14	±20	±25	±20	±30	±35	±30	±40	±45
3	蜗杆分度公差	z_2/z_1 = 整数	f_{z1}	10	15	20	14	20	25	20	30	35	30	40	45
		z_2/z_1 = 整数		25	37	50	35	50	62	50	75	87	75	100	112
4	蜗杆螺旋线误差的公差		f_{hL}	28	40	—	36	50	—	45	63	—	63	90	—
5	蜗杆法向弦齿厚公差	双向回转	T_{s1}	35	50	75	60	100	150	90	140	200	140	200	250
		单向回转		70	100	150	120	200	300	180	280	400	280	350	450

表 14-71　蜗轮的公差及极限偏差　（单位：μm）

序号	名称	代号	中心距 /mm ≥80~160			>160~315			>315~630			>630~1250		
			精度等级											
			6	7	8	6	7	8	6	7	8	6	7	8
1	蜗轮齿圈径向圆跳动公差	F_{r2}	15	20	30	20	30	40	25	40	60	35	55	80
2	蜗轮齿距累积公差	F_{p2}	15	20	25	20	30	45	30	40	55	40	60	80
3	蜗轮齿距极限偏差	$\pm f_{p2}$	±13	±18	±25	±18	±25	±36	±20	±28	±40	±26	±36	±50
4	蜗轮法向弦齿厚公差	T_{s2}	75	100	150	100	150	200	150	200	280	220	300	400

表 14-72　蜗杆副的公差及极限偏差　（单位：μm）

序号	名称		代号	中心距 /mm ≥80~160			>160~315			>315~630			>630~1250		
				精度等级											
				6	7	8	6	7	8	6	7	8	6	7	8
1	蜗杆副的切向综合公差		F_{ic}	63	90	125	80	112	160	100	140	200	140	200	280
2	蜗杆副的一齿切向综合公差		f_{ic}	40	63	80	60	75	110	70	100	140	100	140	200
3	中心距极限偏差		$+f_a$	+20	+25	+60	+30	+50	+100	+45	+75	+120	+65	+100	+150
			$-f_a$	−10	−15	−30	−20	−30	−50	−25	−45	−75	−35	−60	−100
4	蜗杆喉平面极限偏差		$+f_{x1}$ $-f_{x1}$	±15	±20	±25	±25	±40	±50	±40	±50	±80	±65	±90	±120
	蜗轮喉平面极限偏差		$+f_{x2}$ $-f_{x2}$	±30	±50	±75	±60	±100	±150	±100	±150	±220	±150	±200	±300
5	轴心线歪斜度公差		f_y	15	20	30	20	30	45	30	45	65	40	60	80
6	蜗杆齿面接触斑点(%)			在工作长度上不小于85(6级)、80(7级)、70(8级) 工作面入口可接触较重，两端修缘部分不应接触											
	蜗轮齿面接触斑点(%)			在理论接触区上按高度不小于85(6级)、80(7级)、70(8级) 按宽度不小于80(6级)、70(7级)、60(8级)											
7	圆周侧隙	最小保证侧隙	j_{min}	95			130			190			250		
		标准保证侧隙	j	250			380			530			750		

表 14-73　蜗杆、蜗轮齿坯尺寸和形状公差　（单位：μm）

序号	名称	代号	中心距 /mm ≥80~160			>160~315			>315~630			>630~1250		
			精度等级											
			6	7	8	6	7	8	6	7	8	6	7	8
1	蜗杆喉部外圆直径公差	t_1	h7	h8	h9	h7	h8	h9	h7	h8	h9	h7	h8	h9
2	蜗杆喉部径向圆跳动公差	t_2	12	15	30	15	20	35	20	27	40	25	35	50
3	蜗杆两基准端面的圆跳动公差	t_3	12	15	20	17	20	25	22	25	30	27	30	35
4	蜗杆喉平面至基准端面距离公差	t_4	±50	±75	±100	±75	±100	±130	±100	±130	±180	±130	±180	±200
5	蜗轮基准端面圆的跳动公差	t_5	15	20	30	20	30	40	30	45	60	40	60	80
6	蜗轮齿坯外径与轴孔的同轴度公差	t_6	15	20	30	20	35	50	25	40	60	40	60	80
7	蜗轮喉部直径公差	t_7	h7	h8	h9	h7	h8	h9	h7	h8	h9	h7	h8	h9

14.4.6 蜗杆和蜗轮的结构

14.4.6.1 蜗杆结构

蜗杆与蜗杆轴一般情况下制成一体，称轴蜗杆或整体式蜗杆，如图 14-49 所示。因结构或工艺需要时才作成分体式。作成分体式时，蜗杆喉部内根圆直径 d_{f1} 与蜗杆轴孔径之比必须大于 1.7，即 $d_{f1}/d>1.7$，如图 14-49b 所示。

a)

b)

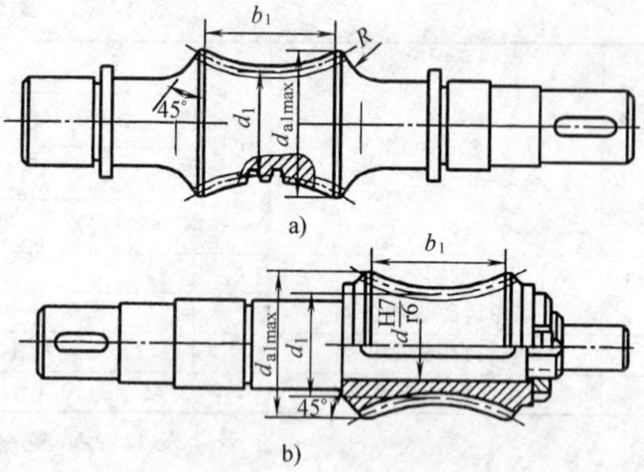

图 14-49 蜗杆结构

a）轴蜗杆 b）分体式蜗杆

14.4.6.2 蜗轮结构

1）$a\leqslant200$mm 的环面蜗杆传动的蜗轮采用图 14-50 所示的结构，轮毂与齿圈热装用紧定螺钉联接，无肋。

2）$a>200\sim315$mm 环面蜗杆传动的蜗轮结构如图 14-51 所示。轮毂和齿圈热配合用紧定螺钉联接，单层幅板，两侧有肋。

3）$a>315\sim1600$mm 环面蜗杆传动的蜗轮结构如图 14-52a 所示。轮毂与齿圈热装用螺栓联接，单层幅板有肋。当 L 和 b_2 之比大于 2 时，采用图 14-52b 所示的结构形式。

表 14-74 给出了蜗轮轮毂结构尺寸，孔径尺寸 d 采用 R_{10} 系列尺寸为最佳；$L>400$mm 时，轮毂与轴的配合孔采用阶梯式。表 14-75 给定了 h_c 尺寸。表中符号与蜗轮结构图中的符号相一致。此外，也常用图 14-22c 所示的蜗轮结构。

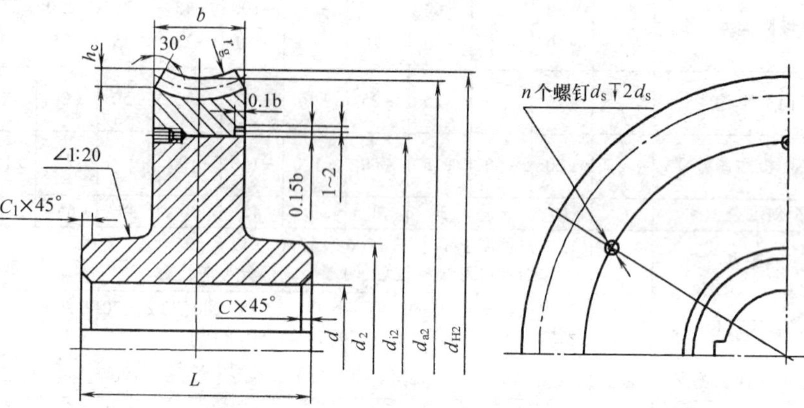

图 14-50 蜗轮结构

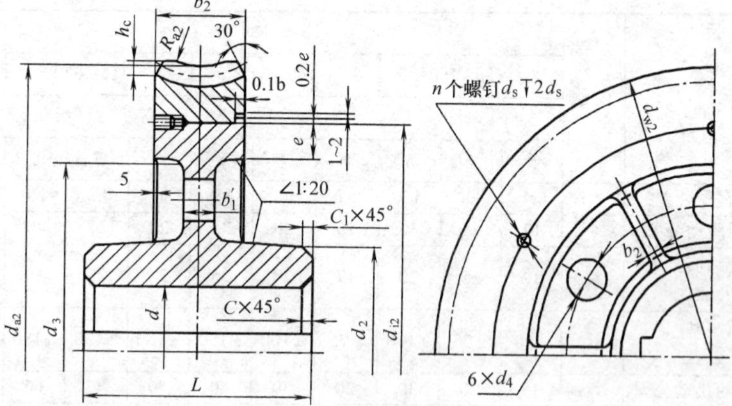

图 14-51 蜗轮结构

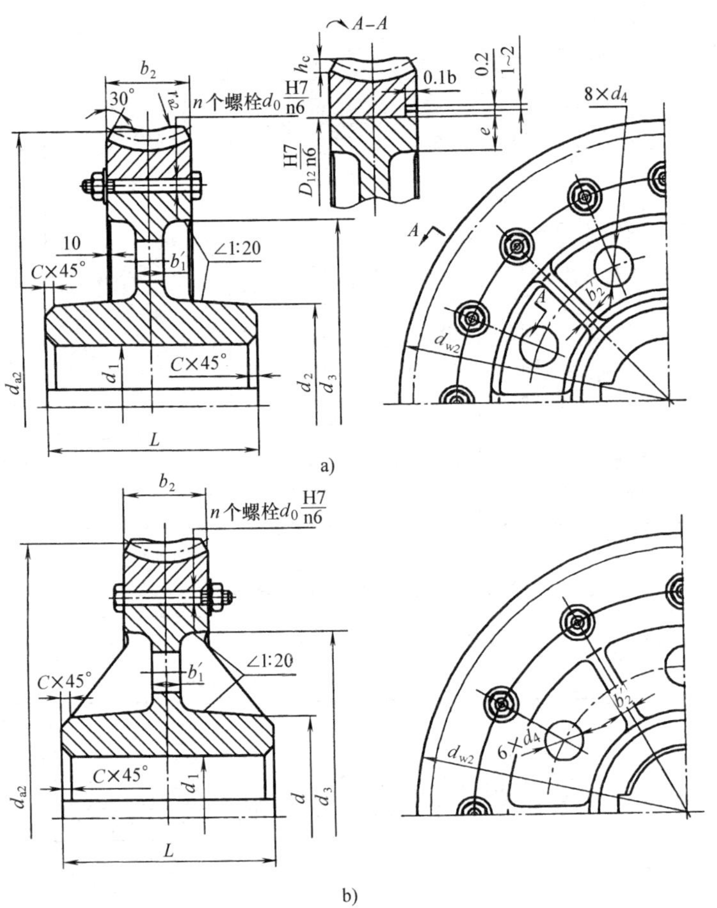

图 14-52　蜗轮结构

a）a>315~1600mm　b）$L/b_2=2$

表 14-74　蜗轮轮毂结构尺寸　（单位：mm）

中心距 a	d			e	b_1'	b_2'	d_2	d_3	L	d_4	d_0	d_5	n
	第一系列	第二系列	第三系列										
80	40	45	50	—	—	—	1.6d	d_{i2}-2e	1.2d	—	—	M5	6
100	45	50	55	—	—	—				—	—	M5	6
125	50	55	60	—	—	—				—	—	M6	8
140	55	60	70	—	—	—				—	—	M6	8
160	60	70	80	—	—	—				—	—	M8	8
180	70	80	90	—	—	—				—	—	M8	8
200	80	90	100	—	—	—				—	—	M10	8
225	90	100	110	20	20	15				25	—	M10	8
250	100	110	125	25	25	20				30	—	M10	8
280	110	125	140	25	30	25				35	—	M10	12
315	125	140	160	30	30	25				35	—	M12	12
355	140	160	180	30	35	25				40	21	—	8

（续）

中心距 a	d			e	b_1'	b_2'	d_2	d_3	L	d_4	d_0	d_5	n
	第一系列	第二系列	第三系列										
400	160	180	200	35	40	30				50	21	—	12
450	180	200	220	35	45	30				65	21	—	12
500	200	220	250	40	50	35				70	21	—	16
560	220	250	280	45	55	40				75	25	—	12
630	250	280	300	50	60	45				85	25	—	16
710	280	300	320	55	70	50				110	25	—	16
800	300	320	360	60	75	55				140	32	—	16
900	320	360	400	75	80	60				180	32	—	16
1000	360	400	450	80	90	65				190	38	—	16
1120	400	450	500	90	100	75				200	38	—	16
1250	450	500	560	110	120	90				200	44	—	16
1400	500	560	630	120	130	100				220	50	—	20
1600	560	630	710	130	140	110				270	50	—	24

表 14-75　齿圈侧面斜面高度尺寸　（单位：mm）

中心距 a	第一系列											第二系列										
	d_{a2}	b	h_c 齿数 z_2									d_{a2}	b	h_c 齿数 z_2								
			35~37	41	45	49	55	61~63	67~71	79	91			35~37	41	45	49	55	61~63	67~71	79	91
80	133	21	5	4	4	4	3	3	2	—	—	124	30	3	3	3	3		3	2	—	—
100	170	24	6	6	5	4	3	3	3	—	—	160	34	5	4	4	4	3	3	2	—	—
125	215	28	8	8	7	6	4	4	3	—	—	205	38	7	7	6	5	4	4	3	—	—
140	242	31	9	8	7	6	5	4	3	—	—	230	42	9	8	7	6	5	4	3	—	—
160	278	34	10	9	8	7	5	5	3	—	—	265	45	10	8	8	6	5	4	3	—	—
180	312	38	12	10	9	8	6	6	5	—	—	300	50	12	10	8	8	6	5	4	—	—
200	348	42	14	10	9	8	7	6	5	—	—	335	55	14	12	10	8	7	6	5	—	—
225	392	47	15	13	11	9	8	6	5	—	—	378	60	15	13	10	8	8	6	5	—	—
250	435	55	17	15	13	11	9	8	7	—	—	420	68	15	15	13	10	8	7	6	—	—
280	490	60	18	16	15	12	10	8	7	—	—	470	75	18	15	15	12	10	8	8	—	—
315	550	65	20	18	16	14	12	10	8	—	—	530	85	20	18	15	13	10	10	8	—	—
355	620	75	24	20	17	15	13	10	8	—	—	595	95	25	20	17	15	12	10	8	—	—
400	700	85	27	22	20	15	13	12	10	—	—	670	110	25	25	22	20	15	12	10	—	—
450	790	95	30	27	22	20	15	13	12	—	—	760	120	30	27	22	20	15	15	12	—	—
500	880	105	33	30	26	22	20	15	14	—	—	840	140	30	30	25	20	18	15	12	—	—
560	980	120	38	34	30	25	20	17	14	—	—	940	150	35	30	28	25	20	15	12	—	—
630	1110	135	42	35	30	27	23	20	15	—	—	1060	170	40	35	30	25	20	20	15	—	—
710	1240	150	—	—	—	30	28	25	20	16	12	1200	190	—	—	—	30	30	25	20	15	12
800	1400	170	—	—	—	37	33	30	25	20	16	1360	210	—	—	—	35	30	25	20	15	12
900	1580	190	—	—	—	40	35	30	25	20	15	1520	240	—	—	—	40	35	30	25	25	20
1000	1750	210	—	—	—	45	40	35	30	25	20	1690	260	—	—	—	45	40	35	30	25	20
1120	1970	230	—	—	—	50	45	40	35	30	25	1910	280	—	—	—	50	45	40	35	30	20
1250	2210	250	—	—	—	60	50	45	40	30	25	2150	300	—	—	—	60	45	40	35	30	20
1400	2480	280	—	—	—	70	60	45	40	35	30	2400	340	—	—	—	65	55	45	40	35	30
1600	2850	300	—	—	—	75	65	55	45	40	30	2770	380	—	—	—	70	70	55	45	40	35

第 15 章　摩擦轮传动和无级变速器

15.1　摩擦轮传动的特点和分类

15.1.1　摩擦轮传动的优缺点

1. 优点

1）加工简单、容易达到较高精度。

2）与齿轮传动相比，传动更平稳，噪声小。

3）与齿轮传动相比，可以无间隙地改变传动方向。

4）在行星摩擦轮传动中，滚动体起支承作用，必要时可不用轴承。

5）根据运转条件和摩擦轮材料，可以有润滑也可以无润滑。

2. 缺点

1）靠摩擦传动，两轮要求有较大的压紧力，为圆周力的 1.5～50 倍，因而轴和轴承所受的力较大。

2）滑动率可达 0.2%～10%，与摩擦轮材料、传递功率、速度、摩擦轮结构、润滑和环境等因素有关，传动比不能很精确。

3）摩擦轮材料为钢对钢时，若滑动率较大，会引起胶合失效。

4）缓冲能力小，不适用于启动频繁与载荷剧烈变动处。

5）摩擦轮材料为钢对钢时，若加工精度低、无润滑，则噪声较大。

15.1.2　摩擦轮传动的分类

1）按摩擦轮材料分类（见表 15-1）。

2）按摩擦轮形状分类。根据两轴的相互位置、传递功率大小、工作要求等选择摩擦轮的形状，参见表 15-2。

表 15-1　固定传动比的摩擦轮传动分类

序号	摩擦轮材料	润滑	特点和应用
1	淬火钢对淬火钢	有	摩擦轮由高硬度的合金钢制成，经过淬火。许用接触应力高，能传递的功率较大，摩擦因数小（一般为 0.03～0.05），效率较高，结构紧凑。弹性模量大，必须精密加工，加工精度要接近滚动轴承，但仍然很难使载荷达到均匀分布
2	钢对钢或灰铸铁	无	摩擦因数一般约为 0.1，由于弹性模量大，加工精度要求高，噪声较大。为了保持摩擦因数达到设计值，不能加润滑剂
3	钢或灰铸铁对硬塑织物	无	硬塑织物为酚醛树脂胶粘的棉织物或层压塑料。摩擦因数一般约为 0.2，弹性模量较大，变形和滚动损失较小
4	钢、灰铸铁或铝对橡胶	无	摩擦因数一般约为 0.5～0.7，许用接触应力较低，能传递的功率较小，效率较低，噪声小

表 15-2　摩擦轮的形式选择

名称	参考图	特点及应用
圆柱形摩擦轮传动	图 15-1a	两轴平行，形状简单，加工方便，无几何滑动
圆柱形槽摩擦轮传动	图 15-1b	两轴平行，由于槽的楔形面作用可以减小摩擦轮的压紧力，但沿槽高度各点只有一个点没有几何滑动
圆柱形端面摩擦轮传动	图 15-2a	两轴相交　两轴夹角 α 一般为 90°。几何形状简单，但接触线上各点中只有一个点没有几何滑动
圆锥形摩擦轮传动	图 15-2b	两轴相交　两轴夹角 α 一般为 90°。如图的结构，可以没有几何滑动

15.2　摩擦轮的滑动和失效

15.2.1　摩擦轮的滑动

摩擦轮传动的滑动率 $\varepsilon=(v_1-v_2)/v_1$，$v_1$、$v_2$ 分别为主动轮和从动轮的圆周速度，由于滑动引起发热和磨损，应尽量减小滑动。摩擦轮传动的滑动可以分为几何滑动和弹性滑动，见表 15-3。

表 15-3　摩擦轮的滑动

	名　称	特　点
1	几何滑动	由于几何形状产生的滑动，线接触的摩擦轮传动满足下列条件之一，就没有几何滑动 1）两摩擦轮接触线与两摩擦轮的轴线平行（见图 15-1a） 2）两摩擦轮接触线与两摩擦轮的轴线相交于一点（见图 15-2b） 图 15-1b、图 15-2a、图 15-3 所示为有几何滑动的摩擦轮传动
2	弹性滑动	由于摩擦轮传动的弹性变形引起的滑动，摩擦轮材料的弹性模量减小或传递的功率加大，都会使弹性滑动增加

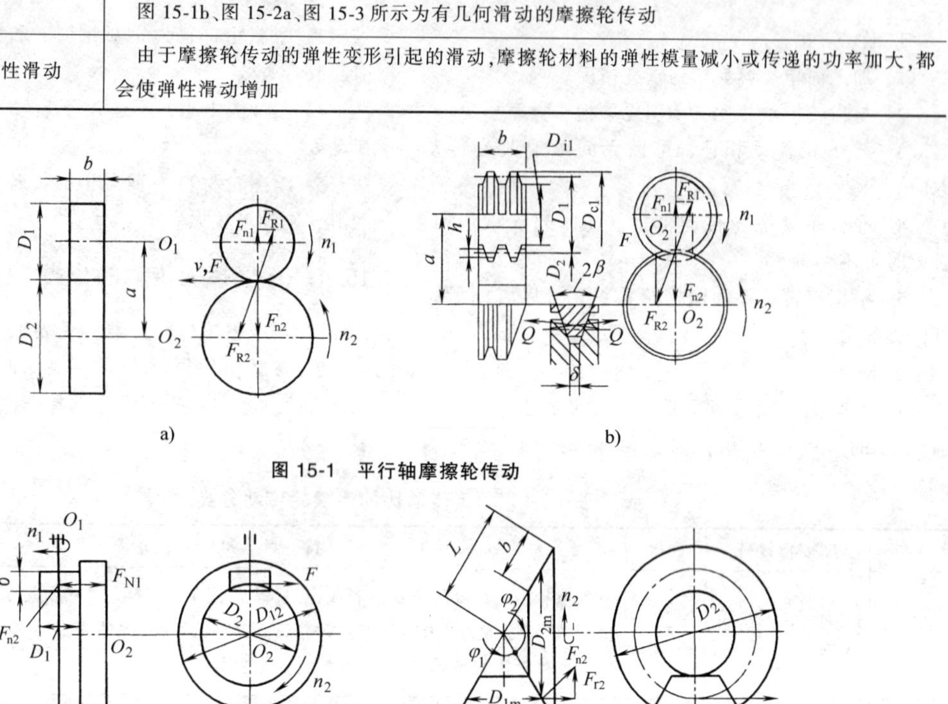

图 15-1　平行轴摩擦轮传动

图 15-2　相交轴摩擦轮传动

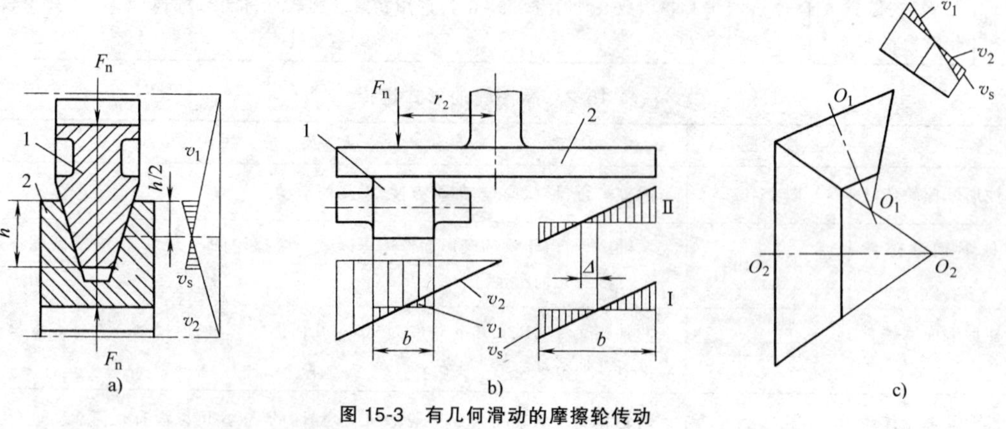

图 15-3　有几何滑动的摩擦轮传动

v_1—1 轮各点速度　v_2—2 轮各点速度　v_s—相对滑动速度　$v_s=v_1-v_2$

15.2.2　摩擦轮传动的失效和对策

1. 摩擦轮传动的失效

1）有润滑的金属摩擦轮传动的主要失效形式是疲劳点蚀和磨损，引起振动和噪声，不能正常工作。

2）无润滑的金属摩擦轮传动的主要失效形式是由于滑动引起的磨损和由于散热不良引起的烧伤。

2. 预防失效的对策

1）控制最大的接触应力 σ_H，不超过许用接触应力［σ_H］。

2）减少几何滑动，使滑动率不超过 3%～5%。

3）正确选择润滑油，按规定期限换油，保证油路畅通。

4）在无润滑时，要保证工作面不被油和其他杂质污染。控制摩擦轮表面的线压力 q，不超过材料的许用值［q］，或 Stribeck 压力 $k \leqslant [k]$。

15.3　摩擦轮的表面强度计算

15.3.1　接触应力计算

（1）点接触的接触应力　设点接触的接触面积为一椭圆，长轴为 a，短轴为 b，椭圆率参数 $k=a/b$，椭圆中心最大接触应力为

$$\sigma_{\text{Hmax}}=\frac{3F_n}{2\pi ab} \leqslant [\sigma_H] \tag{15-1}$$

式中　F_n——接触表面间正压力；

［σ_H］——许用接触应力，见表 15-5；

$$a=\alpha\left[\frac{3F_n}{2k_d}\left(\frac{1-\mu_1^2}{E_1}+\frac{1-\mu_2^2}{E_2}\right)\right]^{1/3}$$

$$b=\beta\left[\frac{3F_n}{2k_d}\left(\frac{1-\mu_1^2}{E_1}+\frac{1-\mu_2^2}{E_2}\right)\right]^{1/3}$$

$$k_d=k_{11}+k_{12}+k_{21}+k_{22}=\frac{1}{\rho_{11}}+\frac{1}{\rho_{12}}+\frac{1}{\rho_{21}}+\frac{1}{\rho_{22}}$$

ρ_{11}、ρ_{12}、ρ_{21}、ρ_{22}——接触表面 1、2 在主平面 1 和主平面 2 内的曲率半径（见图 15-4）。

系数 α、β 根据曲率系数 $\cos\tau$ 由表 15-4 查出：

$$\cos\tau=\frac{|k_{11}-k_{12}+k_{21}-k_{22}|}{k_d}$$

（2）线接触的接触应力

$$\sigma_{\text{Hmax}}=0.564\left[\frac{F_n k_d}{b\left(\frac{1-\mu_1^2}{E_1}+\frac{1-\mu_2^2}{E_2}\right)}\right]^{1/2} \leqslant [\sigma_H] \tag{15-2}$$

式中　$k_d=\frac{1}{R_1}+\frac{1}{R_2}$；$R_1$、$R_2$ 为摩擦轮的直径；

b——摩擦轮的宽度；

［σ_H］——许用接触应力，见表 15-5、表 15-6。

表 15-4　根据曲率系数 $\cos\tau$ 求 α、β　［单位：(°)］

$\cos\tau$	α	β	$\cos\tau$	α	β	$\cos\tau$	α	β
1.0000	∞	0.0000	0.7406	2.0376	0.5835	0.4600	1.4281	0.7380
0.9923	8.6088	0.2722	0.7197	1.9660	0.5963	0.4500	1.4146	0.7432
0.9803	5.9760	0.3273	0.6997	1.9043	0.6082	0.4403	1.4016	0.7483
0.9601	4.5147	0.3777	0.6807	1.8503	0.6192	0.4204	1.3760	0.7587
0.9510	4.1557	0.3942	0.6608	1.7980	0.6306	0.4003	1.3513	0.7692
0.9383	3.7807	0.4142	0.6503	1.7721	0.6365	0.3802	1.3275	0.7797
0.9187	3.3733	0.4398	0.6400	1.7478	0.6422	0.3600	1.3047	0.7904
0.9007	3.1014	0.4600	0.6300	1.7249	0.6477	0.3398	1.2827	0.8011
0.8805	2.8682	0.4799	0.6203	1.7034	0.6531	0.3198	1.2617	0.8118
0.8587	2.6690	0.4993	0.5999	1.6605	0.6642	0.2998	1.2414	0.8225
0.8499	2.5994	0.5607	0.5803	1.6221	0.6747	0.2503	1.1942	0.8495
0.8412	2.5369	0.5137	0.5602	1.5850	0.6854	0.2004	1.1501	0.8774
0.8192	2.3996	0.5305	0.5505	1.5678	0.6906	0.1502	1.1089	0.9063
0.8010	2.2971	0.5436	0.5396	1.5492	0.6963	0.1001	1.0705	0.9363
0.7790	2.1915	0.5587	0.5200	1.5169	0.7066	0.0500	1.0342	0.9674
0.7605	2.1130	0.5709	0.4999	1.4857	0.7171	0.0000	1.0000	1.0000
0.7493	2.0697	0.5780	0.4795	1.4556	0.7278			

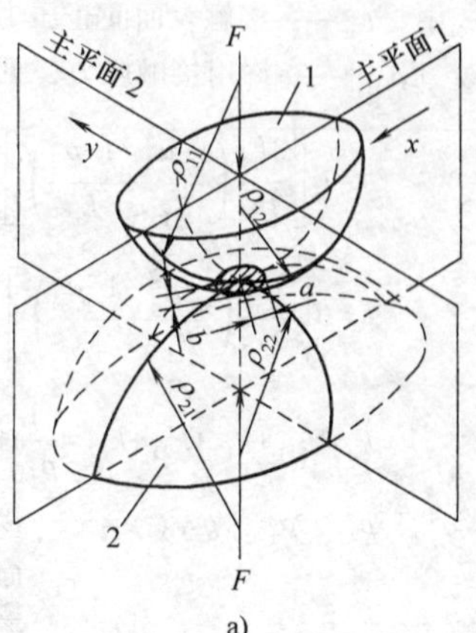

a)

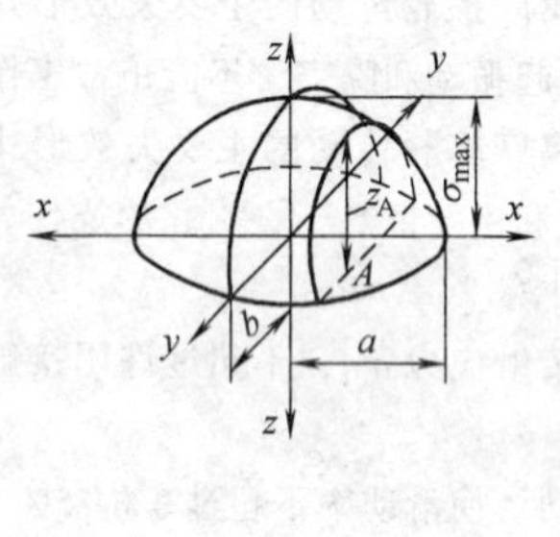

b)

图 15-4 点接触的接触应力

15.3.2 线压力 q 的计算

$$q=\frac{F_n}{b}\leqslant[q] \tag{15-3}$$

式中 F_n——接触表面间正压力；

b——摩擦轮的宽度。

15.3.3 Stribeck 压力 k 计算

对非金属材料，由于弹性模量不确定，按 Stribeck 压力 k 计算。

$$k=\frac{F_n}{D_e b}\leqslant[k] \tag{15-4}$$

式中 D_e——当量直径；

$$D_e=\frac{D_1D_2}{D_1+D_2};$$

D_1、D_2——摩擦轮直径；

b——摩擦轮的宽度；

$[k]$——许用 Stribeck 压力，见表 15-5、表 15-6。

表 15-5 各种摩擦轮材料副的特性值（一）

材料副	润滑	摩擦：有效摩擦因数 μ	摩擦：相关的滑动率（%）	滚动摩擦：滚动力臂 f/mm；滚动摩擦因数 μ_R	许用法向应力：许用接触应力 $[\sigma_H]$/MPa；Stribeck 压力 $[k]$/MPa	磨损系数 f_v /(mm³/kWh)	当量弹性模量 E /MPa
淬硬钢/淬硬钢其滑动与滚动的角速度之比					点接触		
$\frac{\omega_b}{\omega_w}=0$	石蜡基摩擦轮油	0.02～0.04	1～3		$[\sigma_H]$=2500～3000		
=1		0.015～0.035	2～4		=2000～2500		
=10		0.01～0.025	5～10		=300～800		
$\frac{\omega_b}{\omega_w}=0$	环烷基摩擦轮油	0.03～0.05	0.5～2		=2500～3000		
=1		0.025～0.045	1～2	f=0.005～0.01～0.1	=2000～2500	—	2.1×10^{-5}
=10		0.015～0.03	4～7		=300～800		
$\frac{\omega_b}{\omega_w}=0$	合成摩擦轮润滑剂（摩擦因数最大）	0.05～0.08	0～1		=2500～3000		
=1		0.04～0.07	1～3		=2000～2500		
=10		0.02～0.04	3～5		=300～800		
65/淬硬钢	石蜡基摩擦轮油	0.02～0.04	1～3	f=0.01～0.1	线接触 $[\sigma_H]$=650	—	2.1×10^{5}
灰铸铁/钢 HT300/65 钢		0.02～0.04	1～3	f=0.01～0.1	线接触 $[\sigma_H]$=450	—	1.53×10^{5}

（续）

材料副	润滑	摩擦：有效摩擦因数 μ	摩擦：相关的滑动率（%）	滚动摩擦：滚动力臂 f/mm / 滚动摩擦因数 μ_R	许用法向应力：许用接触应力 $[\sigma_H]$/MPa / Stribeck 压力 $[k]$/MPa	磨损因数 f_v /(mm³/kWh)	当量弹性模量 E /MPa
钢/钢 ZG230—240/Q275 ZG270—500/Q275,35 ZG310—570/Q305,45 ZG340—640/65 45/65 35/65 65Mn/65	— —	干摩擦表面 0.1~0.15 湿摩擦表面 0.05~0.07	0.5~1.5 1~3	$f=0.5$ $f=0.5$ 对于铁路车轮与铁轨 $f\approx0.0184\sqrt{R_{L1}}(R_{L1})$	线接触 $[\sigma_H]=500$ $=540$ $=570$ $=620$ $=530\sim700$ $=530\sim650$ $=420$	— —	2.1×10^5
灰铸铁/钢 HT200/Q275(起重轮) HT250/65	—	0.1~0.15	0.5~1.5	$f=0.05\sim0.5$	线接触 HT200/45 $[\sigma_H]=384$ HT250/65 $[\sigma_H]=320\sim390$		1.5×10^5
硬塑织物/灰铸铁 层压塑料/灰铸铁	— —	0.15~0.35 0.2~0.3	2~5 2~5	$f=0.15$ $f=0.15$	线接触 $[k]=0.8\sim1.4$ $=1.0$	400 400	1.39×10^4 7×10^3
弹胶体/金属 橡胶摩擦轮/钢	—	干燥环境：0.7 间歇性运转：0.5 潮湿环境：0.3	4~10	$\mu_R=0.2$	线接触 $[k]=0.2$	20	—
弹胶体/金属 橡胶摩擦轮/钢	—	干燥环境：0.7 间歇性运转：0.5 潮湿环境：0.3	4~10	$\mu_R=0.2$	$[k]=R_{L1}BC_{zul}$ $=R_{L1}B\times0.235$ 当 $v_1<0.6$m/s 时	20	—
皮革/灰铸铁	—	0.1~0.3	2~5	—	线接触 $[k]=0.1\sim0.2$	—	—
胶合板/灰铸铁	—	0.1~0.35	2~5	$f=0.15$	线接触 $[k]=0.7\sim1.1$	—	1.52×10^2

表 15-6 各种摩擦轮材料副的特性值（二）

摩擦副的材料	工作条件	牵引系数与摩擦因数	许用接触应力 $[\sigma_H]$/MPa
淬硬钢-淬硬钢	湿式	0.04~0.06	25~30HRC
钢-钢	干式	0.15~0.20	$(1.2\sim1.5)\sigma_b$
铸铁-铸铁	湿式	0.04~0.05	$1.5\sigma_b$
夹布胶木-钢(铸铁)	干式	0.20~0.25	50~100
皮革-铸铁	干式	0.25~0.35	12~15

（续）

摩擦副的材料	工作条件	牵引系数与摩擦因数	许用接触应力[σ_H]/MPa
橡胶-铸铁(钢)	干式	0.45~0.60	10
石棉基材料-钢(铸铁)	干式	0.30~0.50	
金属陶瓷-钢	干式	0.30~0.35	150
金属陶瓷-钢	湿式	0.05~0.06	

注：1. 表值是较理想值；工况较差者，应予降低。

2. 湿式工作时，用的是普通润滑油，如用高牵引系数的合成油，牵引系数达 0.095。

3. 表中的［σ_H］是线接触摩擦副的值，点接触者可取表值乘以 1.5。

4. 用于加压装置计算时，［σ_H］应乘以 2~2.5。

5. σ_b 为铸铁的抗弯强度（MPa）。

15.4 摩擦力计算

15.4.1 计算轮压力 F_n

已知传递功率 P，摩擦轮小轮转速 n_1，摩擦轮小轮直径 D_1，摩擦力 F_t计算公式：

$$F_t = 9.55\times10^6 \frac{2P}{n_1 D_1} \quad (15\text{-}5)$$

若两轮间的摩擦因数为 μ（由表 15-5 查得），则所需压紧力为：

$$F_{n0} = F_t/\mu \quad (15\text{-}6)$$

还须考虑载荷不稳定或不均匀分布等影响，对 F_{n0}乘以载荷系数 K，得到式（15-1）~式（15-3）中的计算载荷：

$$F_n = KF_{n0} \quad (15\text{-}7)$$

式中载荷系数 $K=K_A K_\beta K_n$。当从动轴有冲击载荷时，$K_A = 1.1 \sim 1.3$；当接触宽度较大 $b/D_1>1$ 时，$K_\beta = 1.1$；当有几个从动元件时，考虑各元件间力分布不均匀，$K_n = 1.2$。

15.4.2 摩擦因数

（1）滚动阻力　当质量为 W、半径为 r 的圆柱形物体在水平平面上滚动时，水平推动该物体所需的力（即滚动阻力）为 $F_f = fW/r$，式中 f 为滚动力臂。令 $\mu_R = f/r$，μ_R 称为滚动摩擦因数，则有 $F_f = \mu_R W$。f、μ_R 可由表 15-5 查得。

（2）有效摩擦因数 μ　式（15-6）中的摩擦因数 μ（见表 15-5）称为有效摩擦因数，可用它求出最大摩擦力 F_t。当摩擦轮的圆周力超过此值时将会打滑。

图 15-5 所示为三种材料的摩擦因数与滑动率的关系。图 15-6 所示为弹性流体动力润滑下典型摩擦因数（牵引系数）曲线，其中合成油的摩擦因数可以分为三个区段：区段Ⅰ，摩擦因数与滑动率成正比；区段Ⅱ，摩擦因数先增加然后减少，有一最大值；区段Ⅲ，由于摩擦发热大使温度升高，润滑油黏度下降，摩擦因数减小。设计时取最大摩擦因数乘以 0.75 计算，以保证安全。

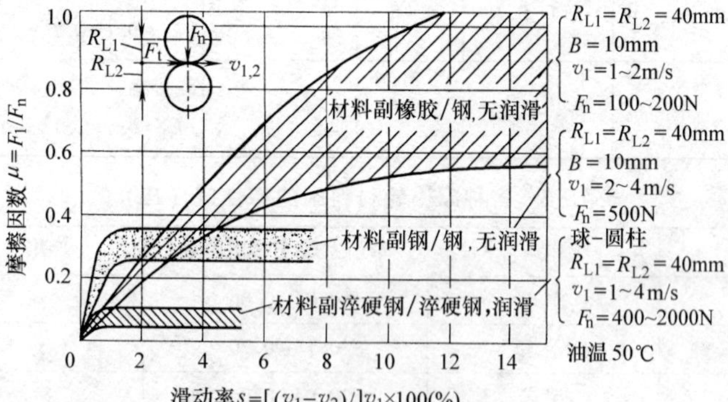

图 15-5　三种材料的摩擦因数与滑动率的关系

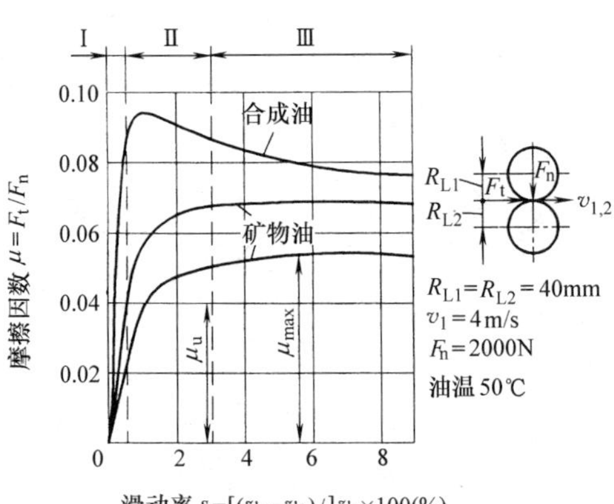

图 15-6　弹性流体动力润滑下典型摩擦因数（牵引系数）曲线

15.5　摩擦轮传动计算公式（见表 15-7）

表 15-7　摩擦轮传动计算公式

	圆柱形摩擦轮传动(见图 15-1a)	圆柱形槽摩擦轮传动(见图 15-1b)
传动比	$i=\frac{n_1}{n_2}=\frac{D_2}{D_1(1-\varepsilon)}$	$i=\frac{n_1}{n_2}=\frac{D_2}{D_1(1-\varepsilon)}$
几何计算	$D_1=\frac{2a}{i\pm1}\geqslant(4\sim5)d$ “+”用于外接触，“-”用于内接触 $b=\psi_a a$	$D_1=\frac{2a}{i\pm1}$；$h=0.04D_1$ $D_e=d+h$，$D_i=D-h-(1\sim2)$mm $b=2z(h\tan\beta+\delta)$；钢 $\delta=3$mm，铸铁 $\delta=5$mm
按接触强度设计计算	$a\geqslant(i+1)\sqrt[3]{E_d\frac{K_nP_1}{\mu\varphi_a in_1}\left(\frac{1292}{[\sigma_H]}\right)^2}$	设 $h=0.04D_1$，$\beta=15°$ $a\geqslant(i+1)\sqrt[3]{E\frac{K}{z\mu}\frac{P_1}{n_2}\left(\frac{1615}{i[\sigma_H]}\right)^2(i\pm1)}$
按线压力 q 设计计算	$D_1\geqslant63\sqrt{\frac{K_nT_1}{\mu\varphi_a[q](i\pm1)}}$ $=6180\sqrt{\frac{K_nP_1}{\mu[q]\varphi_a(i\pm1)n_1}}$	$D_1\geqslant158\sqrt{\frac{K_nT_1\cos\beta}{\mu z[q]}}$ $=15450\sqrt{\frac{K_nP_1\cos\beta}{\mu z[q]n_1}}$
压紧力	$F_Q=\frac{K_nF}{\mu}=1.91\times10^7\frac{K_nP_1}{\mu D_1n_1}$	$F_Q=\frac{K_nF}{\mu}=9.55\times10^6\frac{K_nP_1}{\mu D_1n_1}$
	圆柱形端面摩擦轮传动(见图 15-2a)	圆锥形摩擦轮传动(见图 15-2b)
传动比	$i=\frac{n_1}{n_2}=\frac{D_2}{D_1(1-\varepsilon)}$	$i=\frac{n_1}{n_2}=\frac{D_{2m}}{D_{1m}(1-\varepsilon)}$
几何计算	$b=\psi_dD_1$，$D_{e2}=D_2+(0.8\sim1)b$ 常取 $\psi_d=0.2\sim1.0$	$D_1=2L\sin\varphi_1$，$D_2=2L\sin\varphi_2$ $b=\psi_bL$，常取 $\psi_d=0.2\sim0.3$ 一般 $\varphi_1+\varphi_2=90°$
按接触强度设计计算	$D_1\geqslant\sqrt[3]{E_d\frac{K_nP_1}{\mu\varphi_dn_1}\left(\frac{2584}{[\sigma_H]}\right)^2}$	$L\geqslant\sqrt{1+i^2}\times\sqrt[3]{E_d\frac{K_nP_1}{\mu\varphi_b in_1}\left(\frac{1292}{(1-0.5\varphi_b)[\sigma_H]}\right)^2}$

（续）

	圆柱形端面摩擦轮传动(见图 15-2a)	圆锥形摩擦轮传动(见图 15-2b)
按线压力 q 设计计算	$D_1 \geqslant 45\sqrt{\dfrac{K_n T_1}{\mu[q]\varphi_d}}$	$L \geqslant 32\sqrt{\dfrac{K_n T_1 \sqrt{1+i^2}}{\mu\varphi_b(1-0.5\varphi_b)[q]}}$
摩擦轮间压紧力	$Q=\dfrac{K_n T_1}{\mu D_1}$	$Q=\dfrac{K_n T_1}{\mu D_{1m}}$
压轴力	轴向力 $Q_{ai}=0, Q_{a2}=Q$ 径向力 $Q_{r1}=Q, Q_{r2}=0$	轴向力 $Q_{a1}=Q\sin\phi_1, Q_{a2}=Q\cos\phi_1$ 径向力 $Q_{r1}=Q\sin\phi_2, Q_{r2}=Q\cos\phi_2$

注：D_1、D_2—主、从动轮直径（mm）；E_d—当量弹性模量，$E_d=\dfrac{2E_1E_2}{E_1+E_2}$；$E_1$，$E_2$—主、从动轮弹性模量（MPa）；$b=\psi_a a$ 摩擦轮宽度；ψ_a—宽度系数，常取 $\psi_a=0.2\sim0.4$；a—中心距（mm）；i—传动比；n_1，n_2—主、从动轮转速（r/min）；d—轴直径；$[\sigma_H]$—许用接触应力（MPa）；$[q]$—许用线压力（N/mm）；μ—摩擦因数；P_1—主动轮功率（kW）；ε—滑动率。

15.6 摩擦轮传动结构设计

15.6.1 摩擦轮的压紧装置

在传递的圆周力不变时，可以采用压紧力为定值的压紧装置。图 15-7a 所示为弹簧压紧圆柱摩擦轮，图 15-7b 所示为弹簧压紧圆锥摩擦轮传动装置，压紧装置安装在小锥齿轮上，因为小锥齿轮的轴向力较小。对于传递变载荷的传动装置，因为传递小圆周力时不需要大的压紧力，压紧力应当自动按载荷大小变化，可以提高效率和摩擦轮寿命。

图 15-7c 所示为自动压紧摩擦轮传动装置结构简图；底板上固定着主动轮，底板可以自由地在铰链上回转，在圆周力 F_t 作用下，产生使底板绕 O_3 回转的力矩 $F_t l_t$，使摩擦轮自动压紧。应取 $\tan\gamma>\mu$，以避免摩擦轮楔死。图 15-7d 所示为钢球式，图 15-7e 所示为螺旋式圆锥摩擦轮传动自动压紧装置。图 15-7d 中，在轮 1 的带动下，轮 2 在初始瞬间相对于轴 3 回转一个很小的角度，由于槽的表面相对于滚珠运动（或图 15-7e 相对于螺旋转动），轮 2 压紧轮 1，轴上的阻力越大，则压紧力越大。

15.6.2 摩擦轮的结构

图 15-8 所示为几种摩擦轮的结构，小的金属摩擦轮可以做成实心的（见图 15-8a），大一些的可做成幅板式（见图 15-8b），非金属的可以做成在金属盘上蒙皮式（见图 15-8c），或把非金属板（见图 15-8d、e）、环（见图 15-8f、g）用螺钉或粘接固定在金属盘上。

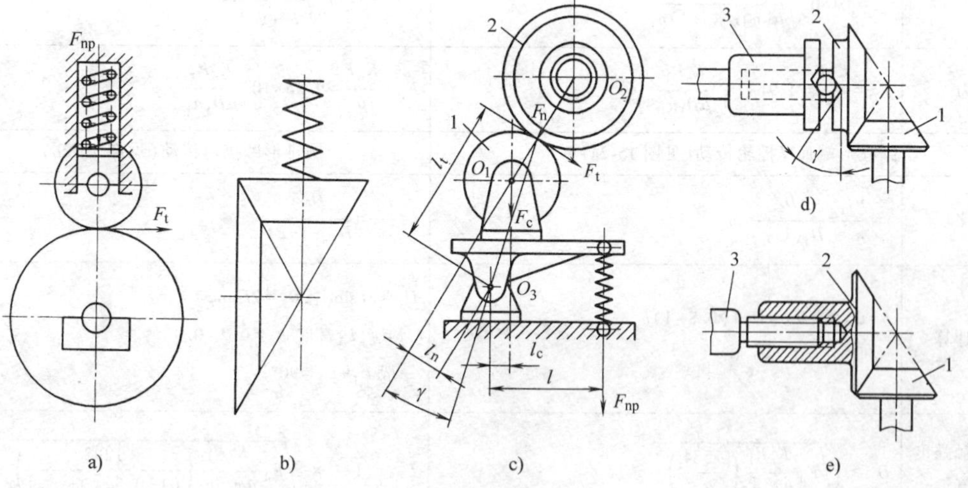

图 15-7 摩擦轮的压紧

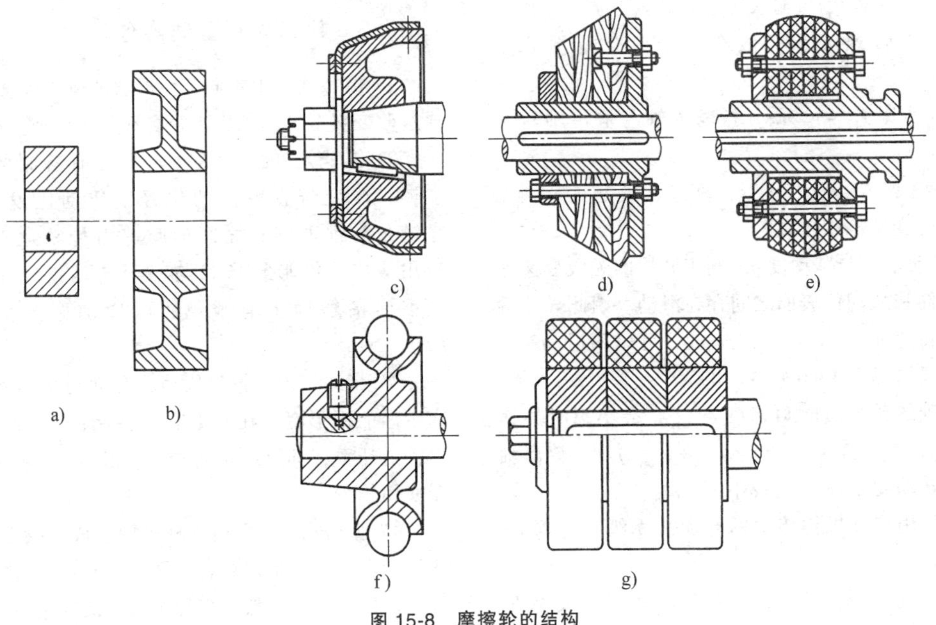

图 15-8　摩擦轮的结构

15.7　机械无级变速器

15.7.1　机械无级变速器的特点和应用

机械无级变速器由变速传动机构、调速机构、加压装置和输出机构组成。它在输入转速不变的情况下，能够使输出轴转速在一定范围内连续变化。常用的机械无级变速器多用摩擦轮传动为主组成，已有多种形式、不同尺寸型号的产品由专业工厂生产。在设计时应优先采用现成的产品。本手册对机械无级变速器只作概括的介绍。选用或设计时，可以参考手册或专著。近年来随着电力电子技术、微电子技术和控制理论的发展，交流电动机调速系统有了很大的发展，并得到广泛应用，容量可达 1000kW 以上。在不少领域代替了机械无级变速器，并实现了降损节电的效果。

15.7.2　机械无级变速器的主要性能参数

1）机械特性是衡量机械无级变速器性能的一个重要指标。指输入转速 n_1 一定的情况下，输出功率 P_2、输出转矩 T_2 随输出转速 n_2 变化的关系。可以用 P_2-n_2、T_2-n_2 曲线表示（见图 15-9）。图中所示同一滚轮平盘式无级变速器，当主动轮不同时，其特性曲线不同。

此外，还有变功率、变转矩特性（输出功率 P_2、输出转矩 T_2 按一定规律变化），组合型特性（输出转速 n_2 在低速范围变化时，具有恒转矩特性，n_2 在高速范围变化时，具有恒功率特性）。

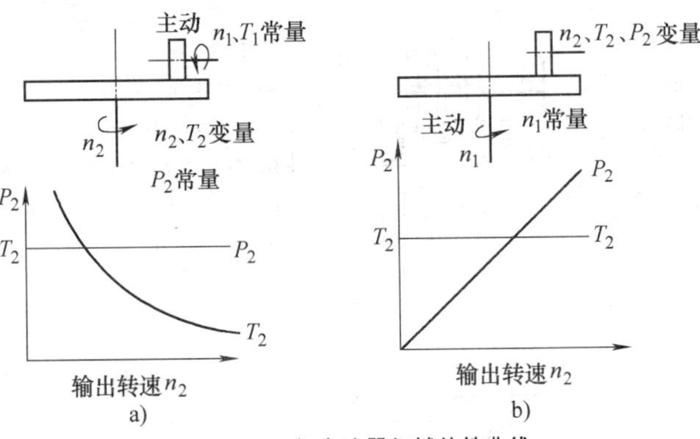

图 15-9　无级变速器机械特性曲线

a）恒功率特性曲线　b）恒转矩特性曲线

2）输入功率 P_1 与输入转速 n_1。

3）输出转速 n_2，一般有一个变化范围 n_{2min} 与 n_{2max}。

4）传动比 $i_{12}=n_1/n_2$，指输入轴与输出轴转速之比。

5）变速比 $R=n_{2max}/n_{2min}$。变速比 R 越大，则无级变速器的变速范围越宽。

6）滑动率 ε 与脉动度 δ。利用摩擦的无级变速器中，主动件和从动件表面之间存在滑动。因此导致输出轴实际转速 n_2 低于名义转速 n_2^0，可以用滑动率 ε 表示。一般情况下 $\varepsilon=0.03\sim0.05$。

输出轴的最大瞬时角速度 ω_{2max}，最小瞬时加速度 ω_{2min}。平均角速度 $\omega_{2m}=(\omega_{2max}+\omega_{2min})/2$。输出轴的角速度脉动度 $\delta=(\omega_{2max}-\omega_{2min})/\omega_{2m}$。

对于使用连杆机构传动的脉动式无级变速器 $\delta<0.1(0.3)$。

7）机械效率 η。等于输出功率 P_2 与输入功率 P_1 之比，$\eta=P_2/P_1$。不同结构的无级变速器效率相差很大，一般效率在 40%~93%之间。

影响机械无级变速器的因素很多，除以上因素外，还有寿命、质量、噪声、可靠性、维护修理是否方便、购置费用和使用费用、占地面积等因素，选用时要全面比较。

15.7.3 机械无级变速器分类

1）摩擦式。由不同几何形状的刚性摩擦轮组成，通过改变接触处的工作半径实现无级变速。

2）链式。在主、从动轮上装有特制的钢制传动链，改变链在轮上的位置使传动比发生改变。靠链条与锥形链轮之间的摩擦力传动运动。目前应用最广。锥形轮形状与一般传动链轮不同，在其锥形接触面上有浅槽，以增加摩擦力，减小滑动。

3）带式。主动轮和从动轮是两对可以在轴向改变距离的锥形盘，在其上有一特制的 V 带，靠摩擦力传递功率，其原理与链式基本相同。这种无级变速器使用较少。

4）脉动式。主要由连杆机构组成，或者是连杆、凸轮、齿轮等机构的组合。需要配有输出机构。

由此可见，虽然许多种机械无级变速器在工作中利用了摩擦，但是其结构和工作原理有其本身的许多特点，不能简单地作为摩擦传动装置处理，设计时需要参考有关的专门资料。

15.7.4 几种常见的机械无级变速器（见表 15-8）

表 15-8 机械无级变速器的类型、特性及应用

名　称	产品类型	工作原理简图	技术性能参数	特点及应用举例
圆锥环盘式	SPT5A6-1 型（P=0.75~1.1kW）MWB-2 型（P=1.1~1.5kW）	升速 降速 n_1 n_2	i=0.084~0.83 R<10 η=0.65~0.90 P<6.0kW	平行轴或相交轴，降速型，可在停车时调速。寿命较短，用于食品机械及瓶、罐产品生产自动线等
多盘式	P（PZ、PH）型（P=0.15~30kW），EP 型（P=0.15~5.5kW），PB 型（P=1.5~7.5kW），DWB7.5 型（P=4~7.5kW）	z_2 升速 降速 n_1 z_1 n_2	单级（P 型）：i=0.2~0.8，R=3~4，η=0.80~0.85，ε=2%~5%。双级（EP 型）：i=0.076~0.76，R=10~12，η=0.75~0.85，ε=4%~9%，P=0.14~150kW	同轴线，降速型，传递功率大，磨损小，效率较高，结构复杂。行车时禁止调速。用于化纤、纺织、轻工食品、橡胶及冶金、矿山机械等
滚锥平盘式（FU）	国内尚无生产	n_1 降速 升速 n_2	i=0.17~1.46，R<8.5，P=26.5（R=8.5）~104（R=2），η<0.93，ε<4%	平行轴线，传递功率大，结构较简单，效率较高，使用寿命较长，不够紧凑。用于化工、印染、机床主传动系统等

（续）

名　称	产品类型	工作原理简图	技术性能参数	特点及应用举例
转臂输出行星锥式	JW-ZX 型（p = 0.75~4.0kW）	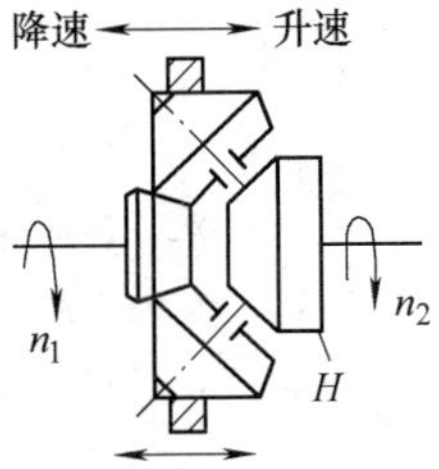 降速 升速 n_1 n_2 H	$i=\frac{1}{4}\sim\frac{1}{16}$ $R<4$ $\eta=0.06\sim0.80$ $P<15$kW $\varepsilon=3\%\sim7\%$	同轴线，降速型，结构简单、紧凑。调速范围小。禁止停机调速。用于机床、变速电动机等
齿链式	A 型（P = 0.8~6kW） P 型（P = 1.5~22kW）	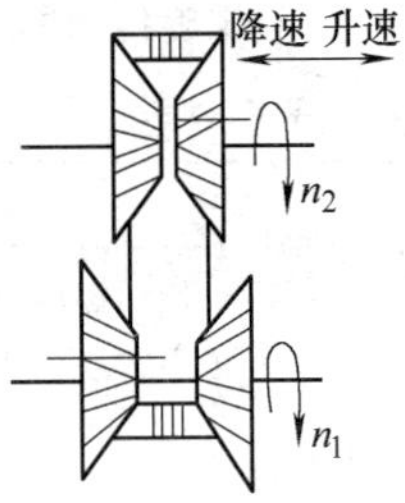 降速 升速 n_2 n_1	$i=0.4\sim2.5$ $R=2.8\sim6$ $\eta=0.84\sim0.96$ $P=0.8\sim22$kW $\varepsilon=3\%$	平行轴对称调速，工作可靠，输出转速稳定，调速范围广，效率高，结构紧凑，寿命长，过载能力强，用于纺织、印刷、塑料、卷烟、食品、矿山、冶金、化工及重型机械行业
V 带式、块带式	MWB 型（p = 0.55~5.5kW）	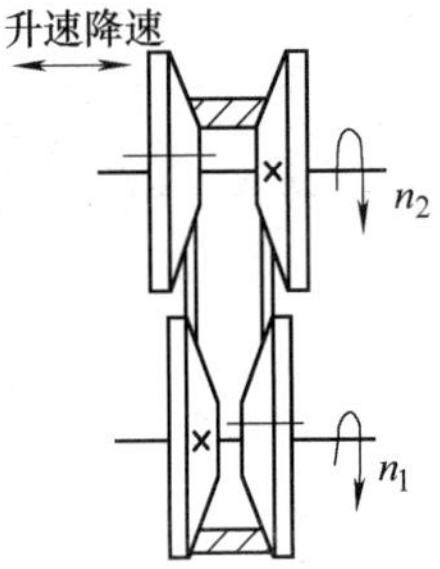 升速降速 n_2 n_1	$i=0.25\sim4$（宽 V 带，块带），$R=3\sim6$（宽 V 带），$P<55$kW；$R=2\sim10$（块带式），$P<44$kW；$R=1.6\sim2.5$（普通 V 带），$P<40$kW	平行轴，对称调速，结构简单，但不紧凑。用于机床、纺织机械、造纸机械、印刷机械、化工、食品及造船工业等

第16章 螺旋传动

16.1 螺旋传动的构成与功能

螺旋传动由螺旋和螺母构成。

它能将旋转运动转变为直线运动，当螺旋升角大于摩擦角时，也可将直线运动转变为旋转运动，若小于则不能，即具有自锁功能；能用较小的转矩获得很大的推力；可获得很大的传动比；可以达到较高的运动精度，且传动平稳。

它是一种应用较为广泛的传动机构，特别是将旋转运动变为直线运动。在各种机构中，它最简单而又可靠。

16.2 螺旋传动的分类

螺旋传动的分类见表16-1。

表16-1 螺旋传动的分类

<table>
<tr><th>分类原则</th><th colspan="10">类 别</th></tr>
<tr><td>按用途
分类</td><td colspan="3">传力螺旋
（传递动力为主）</td><td colspan="4">传动螺旋
（传递运动为主）</td><td colspan="3">调整螺旋
（调整零件位置）</td></tr>
<tr><td>按摩擦状态分类</td><td colspan="2">滑动螺旋</td><td colspan="3">滚动螺旋</td><td colspan="3">滚滑螺旋</td><td colspan="2">静压螺旋</td></tr>
<tr><td rowspan="3">按结构分类
（螺杆与螺母是否同轴，
螺旋数量，是否柔性螺母）</td><td colspan="9">同 轴</td><td>不同轴</td></tr>
<tr><td colspan="6">单螺旋</td><td colspan="3">双螺旋</td><td>单螺旋</td></tr>
<tr><td>普通螺旋</td><td colspan="3">差动螺旋</td><td colspan="2">谐波螺旋
（柔性母）</td><td colspan="3">差动螺旋</td><td>慢动螺旋</td></tr>
</table>

16.3 各类螺旋的特点与应用场合

滑动螺旋、滚动螺旋、滚滑螺旋、静压螺旋的特点与应用场合见表16-2。

表16-2 滑动螺旋、滚动螺旋、滚滑螺旋、静压螺旋的特点与应用场合

类型	滑动螺旋	滚动螺旋	滚滑螺旋	静压螺旋
结构示意图				
螺母	单个整体螺母或两个整体螺母，开合螺母，谐波螺母	整体螺母	螺母由三个无螺旋升角的环形滚柱组成	单个整体螺母或两个整体螺母
使用性能	运动副处于边界摩擦状态 1）摩擦因数比其他三种都大，传动效率低，只有30%～40%，逆行程更低，当升角小于摩擦角时可自锁	运动副处于滚动摩擦状态 1）摩擦因数较低，是滑动螺旋的1/10～1/3，传动效率高达90%，逆行程效率也高，传动具有可逆性，不能自锁	运动副有滚动和滑动摩擦 1）摩擦因数介于滑动和滚动螺旋之间，效率在40%～90%间	运动副处于液体摩擦状态 1）摩擦因数很低，传动灵敏，效率高达99%，逆行程效率也高，传动具有可逆性，不能自锁，螺杆的角变形极小，能实现微量移动

（续）

类型	滑动螺旋	滚动螺旋	滚滑螺旋	静压螺旋
使用性能	2)动、静摩擦因数相差较大,低速运行时有爬行或振动 3)磨损比其他三种大,使用寿命较短,因边界油膜薄 4)抗冲击性较强,运转时无噪声 采用单螺母时,因螺纹有侧隙,反转有空行程,定位精度和轴向刚度较低,用双螺母预紧可消除间隙,但摩擦阻力较大 适用于中、高速的轻、中、重载荷	2)动、静摩擦因数相差极小,可以避免低速爬行、振动,传动平稳,但高速运行有噪声 3)耐磨性好,磨损极小,工作寿命平均是滑动螺旋的 10 倍,因元件经热处理和精加工,硬度高,表面粗糙度值小 抗冲击性差 用预紧办法定位精度可高达 5μm/300mm 适用于高、中、低速的轻、中、重载荷	2)动、静摩擦因数相差很小,可以避免低速爬行、振动,传动平稳,无噪声 抗冲击性较差 适用于中、低速的轻载	2)动、静摩擦因数相差极小,低速可以避免爬行、振动,传动平稳,无噪声 3)存在液体油膜,吸振、抗冲击性能好,磨损极小,寿命长 能实现反正转无间隙,定位精度及轴向刚度高,因螺纹幅间有高刚度的油膜 适用于高、中、低速的轻、中、重载荷
结构工艺性	结构简单,尺寸无限制 加工及安装精度要求较低	结构复杂,尺寸无限制 制造工艺较复杂,主要零件需淬火热处理和研磨,加工及安装精度要求较高 径向尺寸较滑动螺旋大 由专业厂加工制造	结构较复杂,尺寸无限制,径向尺寸较其他三种都大 加工及安装精度要求较高	结构复杂,螺母需开油腔 传动尺寸大,牙型较深,约是标准螺纹的两倍,螺杆直径需大于 50mm,螺距大于 6mm 牙型角较小,加工困难,加工及安装精度要求高
成本	最低	高,是滑动螺旋的 2~3 倍,大尺寸螺旋费用更高	较低	需配备压力稳定、过滤精度高的供油系统,成本高
应用举例	一般机床的进给机构,起重机构,轧钢机的压下机构和调整机构等	数控、精密机床的进给机构,汽车、拖拉机的转向机构,仪器的传导螺旋和调整机构	平面磨床、花键磨床磨头的垂直进给机构等	精密机床、高精度螺纹磨床的进给机构,分度机构的传导螺旋等

16.4 螺旋机构的传动简图、载荷图和运动方式

螺旋机构的传动简图、载荷图、运动方式、结构特点以及螺纹参数等见表 16-3。

表 16-3 螺旋机构的传动简图、载荷图、运动方式、结构特点以及螺纹参数等

类别		传动简图	螺杆载荷图	运动方式、结构特点	螺旋参数	用途举例
同轴螺旋	普通螺旋	F T	− + F T	螺杆固定,螺母旋转并移动 螺母转速 n 螺母移速 $v=zPn$ 作用载荷 F 螺母转矩 $T_1=F\tan(\lambda+\rho')\frac{d_2}{2}$ 驱动转矩 $T=T_1$ 结构简单	螺纹线数 z 螺距 P 螺纹中径 d_2 螺旋升角 λ 当量摩擦角 ρ'	适用于中等速度的传动 插齿机主轴箱的移动机构,手动调整机构等

（续）

类别		传动简图	螺杆载荷图	运动方式、结构特点	螺旋参数	用途举例
同轴螺旋	普通螺旋	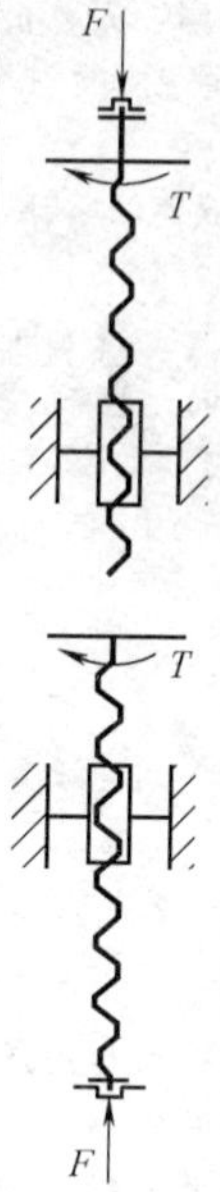	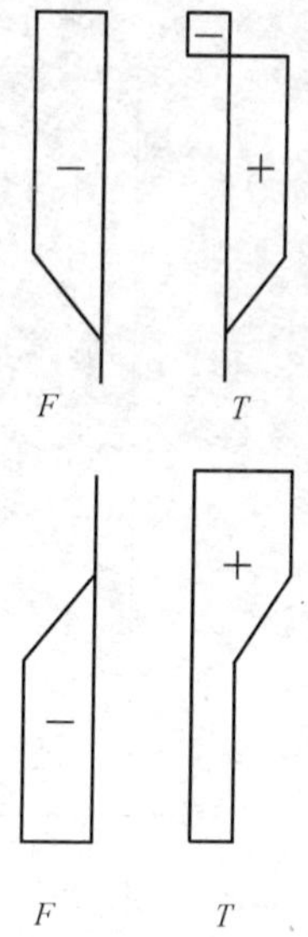 F T F T	螺母固定，螺杆转动并移动 螺杆转速 n 螺杆移速 $v=zPn$ 螺杆作用载荷 F 螺杆转矩 $T_1=F\tan(\lambda+\rho')\frac{d_2}{2}$ 托杯转矩 $T_2=\frac{fF}{3}\times\frac{(D_0^3-d_0^3)}{(D_0^2-d_0^2)}$ 驱动转矩 $T=T_1+T_2$ 结构简单，但螺杆运动范围大时所需空间过大	螺纹线数 z 螺距 P 螺纹中径 d_2 螺旋升角 λ 当量摩擦角 ρ' 摩擦因数 f 托杯大径 D_0 托杯孔径 d_0	适用于中等速度的传动 机床工作台的移动机构，轧钢机的压下装置，千斤顶，螺旋拆卸器等
		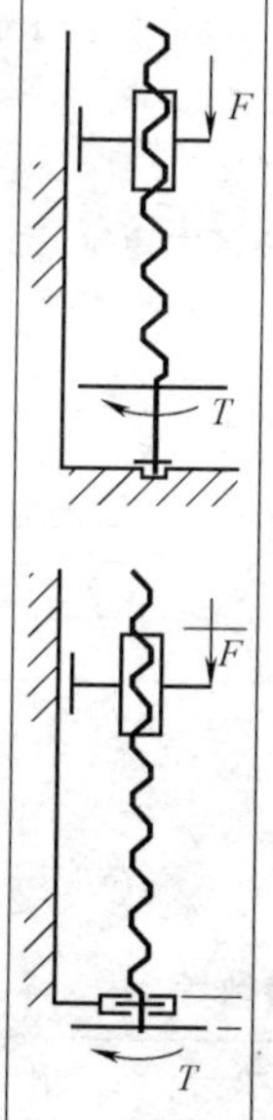	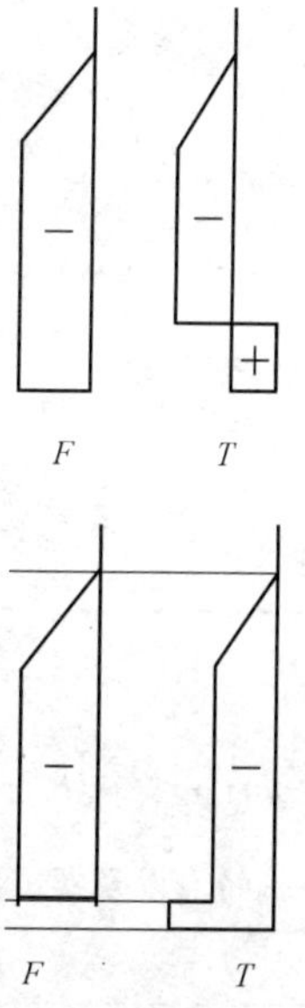 F T F T	螺杆旋转，但轴向不移动，螺母轴向移动，但不转动 螺杆转速 n 螺母移速 $v=zPn$ 螺母作用载荷 F 旋转转矩 $T_1=F\tan(\lambda+\rho')\frac{d_2}{2}$ 止推转矩 $T_2=\frac{fF}{3}\times\frac{(D_0^3-d_0^3)}{(D_0^2-d_0^2)}$ 驱动转矩 $T=T_1+T_2$ 结构较复杂，要有限制螺杆轴向移动和限制螺母转动的装置	螺纹线数 z 螺距 P 螺纹中径 d_2 螺旋升角 λ 当量摩擦角 ρ' 摩擦因数 f 止推环大径 D_0 止推环孔径 d_0	推钢机，压力机，起升机构，机床走刀机构，机床尾架顶尖的移动机构等
		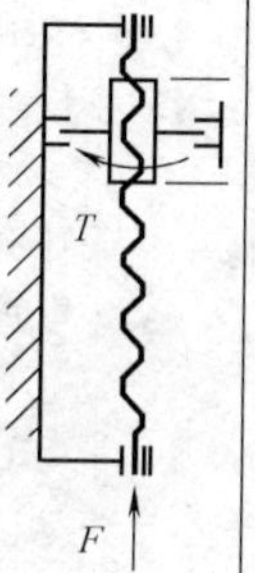	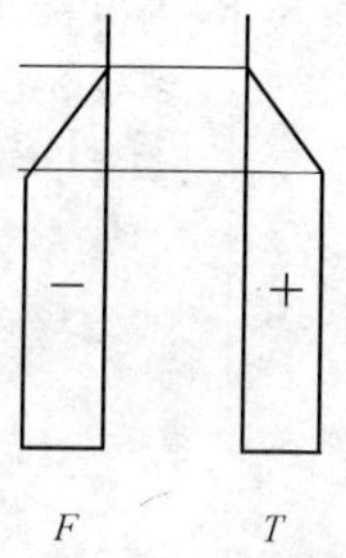 F T	螺母旋转，但轴向不移动；螺杆移动，但不转动 螺母转速 n 螺杆移速 $v=zPn$ 螺杆作用载荷 F 螺母转矩 $T_1=F\tan(\lambda+\rho')\frac{d_2}{2}$ 驱动转矩 $T=T_1$ 结构较复杂，要有限制螺母轴向移动和限制螺杆转动的装置	螺纹线数 z 螺距 P 螺纹中径 d_2 螺旋升角 λ 当量摩擦角 ρ'	磨床垂直进给机构，游标卡尺的微调机构等

（续）

类别		传动简图	螺杆载荷图	运动方式、结构特点	螺旋参数	用途举例
同轴螺旋	普通螺旋	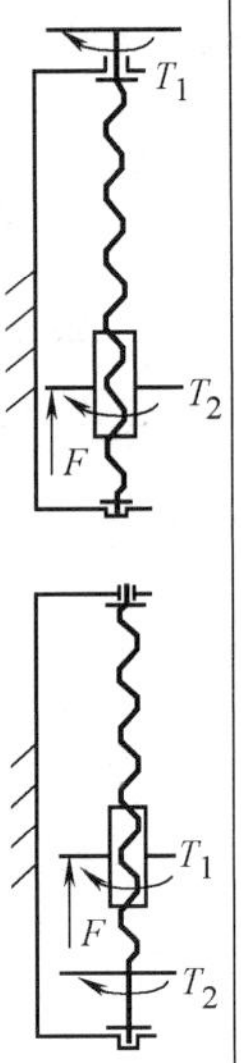	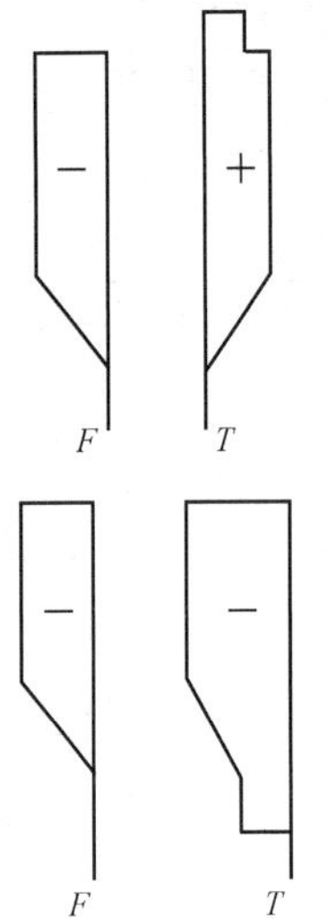	螺杆转动，但轴向不移动；螺母也转动，并差动移动。可实现快速或微速移动 螺杆转速 n_1，螺母转速 n_2 螺母移速 $v=zP(n_1 \pm n_2)$ 作用在螺母的载荷 F 螺杆转矩 T_1，螺母转矩 T_2 驱动转矩 $T=T_1 \pm T_2$ $=F\tan(\lambda+\rho')\dfrac{d_2}{2}$ $\pm\dfrac{fF}{3}\times\dfrac{(D_0^3-d_0^3)}{(D_0^2-d_0^2)}$ 结构简单	螺纹线数 z 螺距 P 螺纹中径 d_2 螺旋升角 λ 当量摩擦角 ρ' 止推环大径 D_0 止推环孔径 d_0 式中 T、T_1、T_2 同向取+号，反向取-号 v 式中 n_1、n_2 同向取+号，反向取-号	岩石电钻的传动机构，组合机床的机械动力头，高精度机床的螺距误差校正机构等
同轴双螺旋	差动螺旋	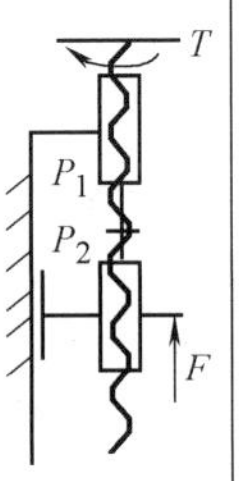	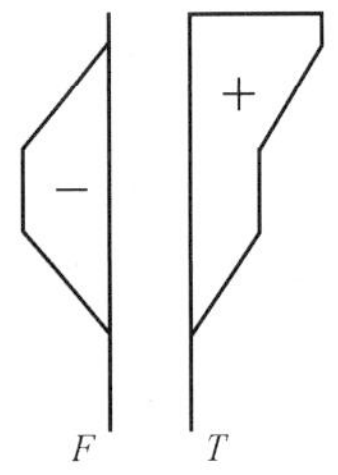	螺杆转动并移动；螺母 1 固定，螺母 2 不转动，可实现快速或慢速移动 螺杆转速 n 螺杆移动速度 $v_1=z_1P_1n$ 螺母 2 移动速度 $v=v_1 \pm z_2P_2n$ 作用在螺母 2 上的载荷 F 驱动转矩 $T=F\left[\tan(\lambda_1+\rho_1')\dfrac{d_{21}}{2}+\tan(\lambda_2+\rho_2')\dfrac{d_{22}}{2}\right]$ 结构复杂，两段螺杆的螺距不同，螺母 2 需有防转装置	螺杆 1、螺杆 2 的线数 z_1、z_2 螺矩 P_1、P_2 升角 λ_1、λ_2 当量摩擦角 ρ_1'、ρ_2' 中径 d_{21}、d_{22} v_2 式中的+号用于两螺旋升角反向，-号用于升角同向	测微仪，微量调整机构
		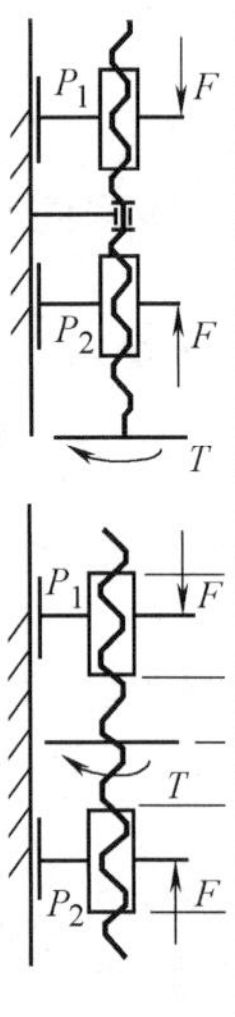	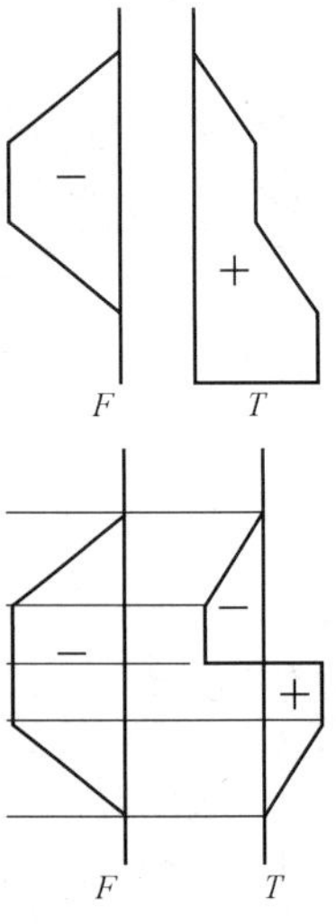	螺杆转动但不移动，两螺母快速反向移动 螺杆转速 n 两螺母间移动速度 $v=\pm 2(zPn)$ 作用在两螺母上的载荷 F 驱动转矩 $T=2\left[F\tan(\lambda+\rho')\dfrac{d_2}{2}\right]$ 结构复杂，两段螺杆的螺距相等，但升角相反，两个螺母需有防转装置	螺杆 1、螺杆 2 的线数 z_1、z_2 螺距 P_1、P_2 升角 $\lambda_1=-\lambda_2$ 当量摩擦角 $\rho_1'=\rho_2'$ 中径 $d_{21}=d_{22}$	螺旋杠杆式浮动台虎钳，绘图圆规的开合机构等

16.5 滑动螺旋设计

16.5.1 滑动螺旋的结构设计

16.5.1.1 螺杆的结构

一般螺杆由转矩输入或输出部分、螺纹部分和支承部分组成。每部分又有多种形式，见表 16-4。

16.5.1.2 螺母的结构

螺母的结构形式很多，其特点见表 16-5。

表 16-4 螺杆各部分的类型和特点

	形式	简　图	特点及使用场合
转矩输入或输出部分	圆柱形	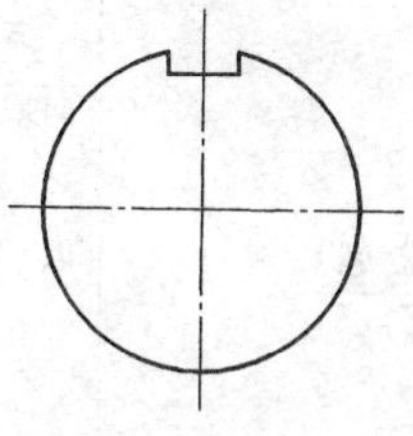	用于输入(输出)位置不变的中、小转矩螺旋，如螺旋压力机、螺旋千斤顶
	花键形	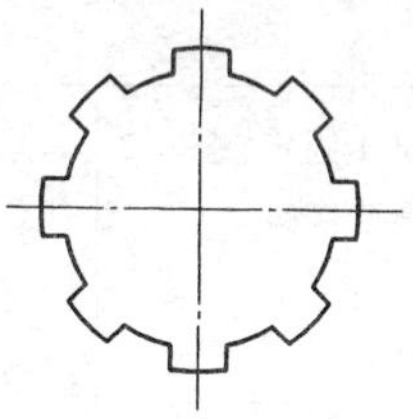	用于中等转矩及输入(输出)位置在不大范围内变化的场合，如 4200 厚板轧机的压下螺旋
	方形	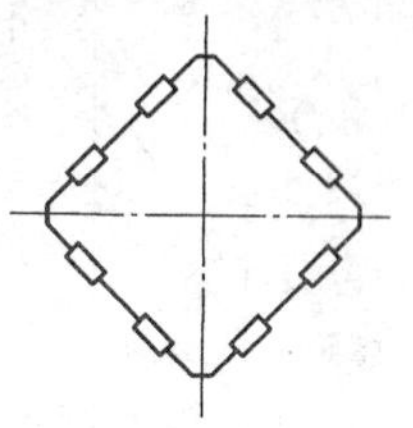	方形表面镶有青铜滑板，用于输入(输出)位置在较大范围变化及大转矩的场合，如 1150 初轧机的压下螺旋
螺纹部分	30°梯形	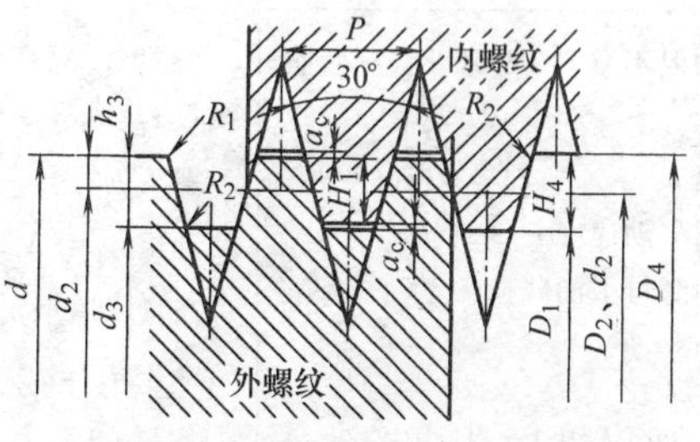 内螺纹 外螺纹 GB/T 5796.1～5796.4—2005	传动效率较低；当量摩擦因数与摩擦因数的关系为 $f'=1.035f$ 自锁性能好；螺牙可双向受力；能做开合螺母 螺牙强度高；螺纹径向圆跳动对运动精度的影响较大 工艺性能：车、铣、磨均可，加工精度高 应用举例：机床走刀丝杠等
	3°、30°锯齿形	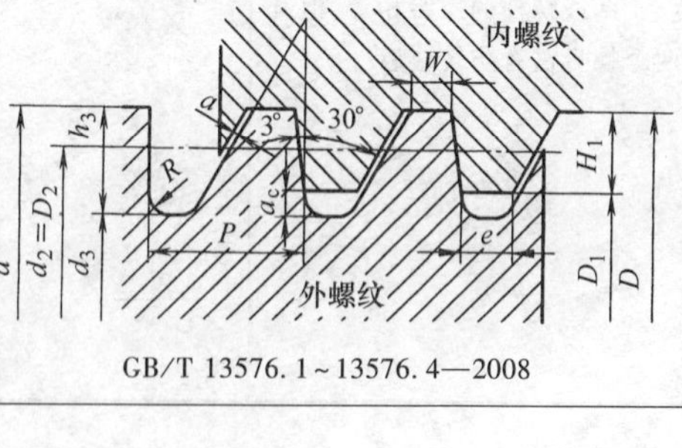 内螺纹 外螺纹 GB/T 13576.1～13576.4—2008	传动效率较高；当量摩擦因数与摩擦因数的关系为 $f'=1.001f$ 自锁性能较好；螺牙单向受力；能做开合螺母 螺牙强度较高；螺纹径向圆跳动对运动精度的影响比梯形小 工艺性能：车、铣、磨均可，加工精度高 应用举例：大功率且需频繁、快速调整位置的单向传动

（续）

	形式	简　　图	特点及使用场合
螺纹部分	矩形	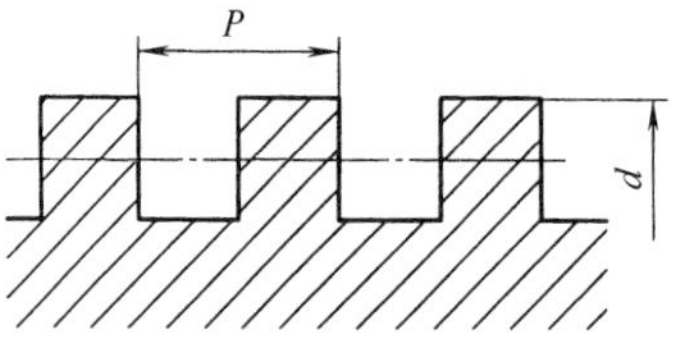 P　d 无标准	传动效率高；当量摩擦因数与摩擦因数的关系为 $f'=f$ 自锁性能较差；螺牙可双向受力；不能做开合螺母螺牙强度较低；螺纹径向圆跳动对运动精度无影响 工艺性能：只能车，不能铣、磨，加工精度不高 应用举例：要求高效率对运动精度要求不高的场合
支承部分 支承方式	一端固定 一端自由	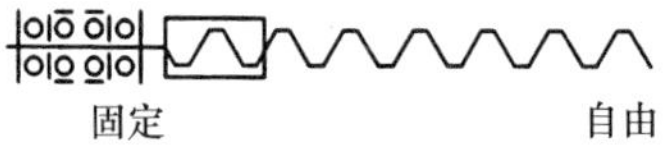 固定　自由	将两个方向相反的推力球轴承和两个深沟球轴承装在一端，另一端自由 适用于短螺杆
	一端固定 一端铰支	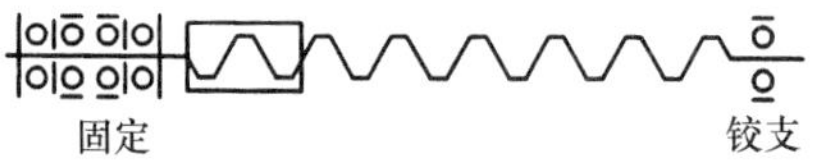 固定　铰支	将两个方向相反的推力球轴承和两个深沟球轴承装在一端，另一端装一个或两个深沟球轴承 螺杆水平安装时，可减少或避免因自重产生的弯曲；或高速运转时，自由端的晃动 适用于长螺杆
	两端铰支	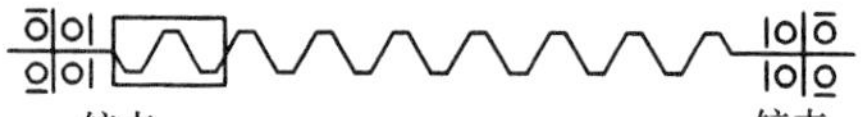 铰支　铰支	两端各装一个方向相反的推力轴承和一个深沟球轴承；或一端装两个方向相反的推力轴承和两个深沟球轴承，另一端装一个推力轴承 可预拉伸螺杆，以减小或消除螺杆水平安装时，因自重产生的弯曲。当轴承预紧力大于螺杆载荷的 1/3 时，螺杆拉压刚度可提高 4 倍，且不会承受压力，无失稳问题
	两端固定	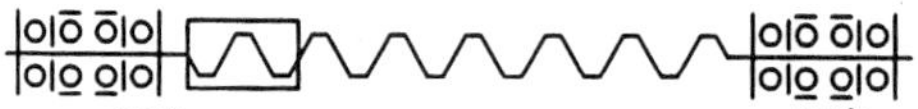 固定　固定	两端各装两个方向相反的推力球轴承和两个深沟球轴承 优点与两端铰支相同，当超过预计温度时，不会因螺杆伸长使轴承产生间隙。缺点是调整较复杂
支承部分 支承轴承		滑动轴承	用于尺寸较小、载荷较小、转速较低的传动
		滚动轴承	轴承刚度对螺杆的运动精度（轴向窜动）有很大影响，推力滚子轴承的刚度比同样尺寸的推力球轴承大一倍，推力球轴承的刚度比同样尺寸的角接触球轴承或圆锥滚子轴承大一倍；滚珠直径减小一半，数目增加一倍，刚度可提高 50% 运动精度要求不高的传动用 0 级精度轴承，要求高的用 5 级

表 16-5 螺母的结构形式及特点

形式	简图	结构特点
单级整体螺母		制造简单，需要有色金属较多
双级整体螺母		需要有色金属较单级整体螺母少，但不可要求两个阶梯的端面都同时与机架接触
加箍螺母		弹性模量与用青铜相近，装配时不易破裂，受压时与本体均匀变形的 KTZ450-06 可锻铸铁铸成箍圈，先以过渡配合（H7/m6）套在螺母基体上，再加工端面、内外径及螺纹 工作性能与单级整体螺母相近，常用于大尺寸螺母
水冷螺母		加工方法与加箍螺母相似。循环冷却水从下部流入，上部流出，出入口相差 180°，可延长工作寿命 1.5~2 倍 用于发热严重、工作时间长的大型螺母
拼合螺母		螺母由两个青铜半环，用铰制孔用螺栓拼合后车制而成。在铸造条件受限制时，可用此结构，常用于大型螺母
拼合涂镀螺母		两半螺母是用 20、45、40Cr 钢车成负公差的螺纹毛坯，再用电熔法涂上一层青铜衬，最后精加工螺纹。可节约大量青铜，但需经常检查磨损情况
带油沟螺母		在端面开有轴向油孔，并与螺纹处开的径向油孔贯通，润滑油通过它们流到每圈螺纹上 适用于负荷较大，且频繁快速移动的螺旋，寿命可提高 1.5~2 倍

（续）

形式	简图	结构特点
开合螺母		将加工好的螺母切成两半，用槽形凸轮压紧对开螺母，以消除轴向间隙 适用于非矩形螺纹
粉末冶金螺母		将用粉末冶金方法制成的螺母，浸泡在润滑油中，粉末冶金螺母的孔隙即吸满润滑油，使用时无须经常加油，可简化结构，寿命较长 用于尺寸较小的轻载螺旋
自动消除轴向间隙螺母		靠弹簧的张力自动将两个螺母反向撑开，以消除轴向间隙，性能稳定
可调消除轴向间隙螺母		靠人工定期调整双螺母，将螺旋的两个螺母沿轴向压紧，以消除轴向间隙，调整前后间隙不同

16.5.2 螺杆与螺母材料

16.5.2.1 螺旋副的失效与对材料的要求

一般情况，滑动螺旋的主要失效形式是磨损；在密封、润滑良好，速度较高时，主要为胶合，如速度较低，则为擦伤。为此，在选择螺杆材料和热处理时，应提高螺杆的表面硬度，并降低其表面粗糙度值，这样可提高耐磨性，特别是在磨料磨损时，尤其要提高螺杆的表面硬度。一般，螺杆硬度值应比螺母高30%～40%。精密传动螺旋，对螺杆原材料的金相组织、非金属夹杂、疏松度、弯曲量和硬度的不均匀性都有要求，并在加工过程中进行数次时效处理，才能长期保持尺寸稳定性。

16.5.2.2 螺杆常用材料及热处理

螺杆常用材料及热处理见表16-6。

为保证精密螺旋尺寸的稳定性，必须控制螺杆原

表 16-6　螺杆常用材料及热处理

精度	材料	热处理	特点与用途
8级和8级以下	45、50	不热处理或调质处理	加工性能好。轴颈处可局部淬火，淬硬至 40~45HRC。用于一般传动
	Y40Mn	不热处理	加工性能最好，耐磨性较差，不能局部热处理。用于一般传动
	40Cr	淬火后回火或高频淬火后回火。硬度 40~50HRC 或 50~55HRC	具有一定的耐磨性，用于载荷较大，工作不频繁的传动
7和7级以上	T10、T10A、T12、T12A	球化调质，硬度 200~230HBW	具有一定的耐磨性，球化调质后，耐磨性提高近 30%，有良好的切削性能。用于重要传动
	38CrMoAlA	氮化。氮化层深度 0.45~0.6mm，硬度>850HV	硬度最高、耐磨性最好、热处理变形最小。氮化层浅，只能用研磨加工。用于精密传动螺旋
	9Mn2V、CrWMn	淬火，回火。硬度 54~59HRC	耐磨性、尺寸稳定性都很好。9Mn2V 比 CrWMn 的工艺性、尺寸稳定性更好，但淬透性较差 用于直径<50mm 的精密螺旋

材料的冶金缺陷、金相组织、硬度不均匀性和弯曲量。有关材料允许的冶金缺陷、硬度偏差与弯曲量见表 16-7 和表 16-8。

16.5.2.3　螺母常用材料

螺母材料的选用，取决于螺杆材料、硬度、表面粗糙度，以及密封与润滑条件。在速度较高，易出现胶合失效时，常用锡青铜，其次为铅青铜；速度较低、载荷较大时，常用铝青铜；在低速、轻载时才用铸铁。螺母常用的材料及性能见表 16-9。

表 16-7　精密传动螺杆材料允许的冶金缺陷

材料	T10A，9Mn2V 等		45，40Cr，Y40Mn	38CrMoAlA
丝杠精度	6级和6级以上	7级	8级	
氧化物	≤2级	≤3级	≤3级	≤2级
硫化物	≤2级	≤2级	≤3级	≤2级
氧化物加硫化物	≤3级	≤4级	≤5级	≤3级
中心疏松	≤2级	≤3级	≤4级	≤2级
一般疏松	≤2级	≤3级	≤4级	≤2级
网状硫化物	≤3级	≤3级		
带状碳化物	≤3级	≤3级		
珠光体球化	3~6级（碳素工具钢评级标准）	2~4级（合金工具钢评级标准）		

注：表中各项等级按原冶金部部颁标准的规定。

表 16-8　螺杆原材料允许的硬度偏差与弯曲量

材料	T10A，9Mn2V		45，40Cr，Y45Mn
精度	5级，6级	7级	8级和8级以下
硬度偏差（每 m 打三点硬度）	≤20HBS	≤20HBS	
允许弯曲量/mm	≤(1~1.5)L	≤(1.5~2)L	≤(2~3)L

注：L 为材料长度（m）。

表 16-9　螺母常用材料

材　　料	适用精度	特点与用途
铸造锡青铜 ZCuSn10Pb1	5、6 级	摩擦因数低(0.06~0.1),抗胶合与耐磨性能最好;但强度低,价格最高 适用于轻、中载荷及高速
铸造锡青铜 ZCuSn6Pb1	5、6 级	摩擦因数低(0.08~0.1),抗胶合与耐磨性能比前者稍低;强度低,价格高 适用于轻、中载荷及中、高速
铸造铝青铜 ZCuAl10Fe3	5、6 级	摩擦因数较低,抗胶合能力差,但强度高,价格比前两者低 适用于重载、低速
铸造铝青铜 ZCuAl10Fe3Mn2	5、6、7 级	同上
耐磨铸铁	7 级以下	摩擦因数较高(0.1~0.12),强度高,价格便宜。适用于轻载、低速
灰铸铁	7 级以下	摩擦因数较高(0.12~0.15),强度高,价格便宜。适用于轻载、低速
球墨铸铁或 35 钢	7 级以下	摩擦因数较高(0.13~0.17),强度高。适用于重载的调整螺旋
加铜或渗铜的铁基粉末冶金材料		加铜铁基含锡磷青铜 12%(质量分数)、石墨 1%(质量分数),其余为铁粉,密度 6.4~6.7kg/dm³ 渗铜铁基含锡磷青铜 20%(质量分数)、石墨 0.8%(质量分数),其余为铁粉,密度 6.9~7.3kg/dm³ 适用于轻载的调整螺旋

16.5.2.4　滑动螺旋副材料的许用值（见表 16-10 和表 16-11）

表 16-10　滑动螺旋副材料的摩擦因数 f 和许用比压 $[p]$

螺杆材料	螺母材料	摩擦因数 f（定期润滑）	许用比压[p]/MPa		
			速度/(m/min)	8~10 级精度	5~7 级精度
钢	钢	0.11~0.17	低速	7.5~13	3.8~6.5
钢	铸铁	0.12~0.15	<2.4	13~18	6.5~9
			6~12	4~7	2.0~3.5
	耐磨铸铁	0.10~0.12	6~12	6~8	3~4
钢	青铜	0.08~0.10	<3.0	11~18	5.5~9
			6~12	7~10	3.5~5
			>15	1~2	0.5~1
淬火钢	青铜	0.06~0.08	6~12	10~13	5.0~6.5

注：1. 起动时摩擦因数取大值，运转中取小值。

2. 如结构的空间受限制，需减小螺杆直径，可适当增大[p]，但耐磨性降低。

表 16-11 滑动螺旋副材料的许用应力 （单位：MPa）

	许用拉应力$[\sigma]=(0.2\sim0.33)\sigma_s$					材料	许用切应力$[\tau]$	许用弯曲应力$[\sigma]_b$
螺杆强度	材料及热处理	屈服点 σ_s	材料及热处理	屈服点 σ_s	螺牙强度	钢	$0.6[\sigma]$	$(1.0\sim1.2)[\sigma]$
	40 钢、50 钢，不热处理	280~320	CrWMn 淬火	480~500		青铜	30~40	40~60
	45 钢调质	340~360	38CrMoAlA	780~820		灰铸铁	40	45~55
	50Mn、60Mn、65Mn 表面淬火后回火	400~450	T10、T12 淬火、回火 18CrMnTi 渗碳、淬火	800~840		耐磨铸铁	40	50~60
	40Cr 调质	440~500						

注：静载时许用应力取大值。

16.6 滑动螺旋传动的计算

16.6.1 校核计算

已知工作载荷 F(N)，螺纹类型，螺杆大径 d(mm)，螺母高或旋合长度 H(mm)，螺母旋合圈数 n，螺旋副材料，螺杆转速 n_1(r/min)等。

（1）耐磨性校核

1）根据螺旋副材料，从表 16-10 查取许用比压 $[p]$。

2）根据螺纹类型，从标准中查取螺杆的中径 d_2、小径 d_3。

3）计算螺距 $P=H/n$，取标准值。

4）计算螺纹工作高度 H_1：梯形、矩形的 $H_1=0.5P$，锯齿形 $H_1=0.75P$。

5）计算螺旋副压强 $p=\dfrac{F}{\pi d_2 H_1 n}$。如果 $p>[p]$，则耐磨性能不够；如果 $p\leqslant[p]$耐磨性能通过，再计算下一步。

（2）螺杆强度校核

1）根据螺旋副材料，从表 16-11 查取许用拉应力 $[\sigma]$。

2）根据给定的条件和传动方式绘制载荷图（力图和转矩图），并确定危险断面。

3）计算危险断面的当量应力 $\sigma_d=\sqrt{\left(\dfrac{4F}{\pi d_3^2}\right)^2+3\left(\dfrac{T}{0.2d_3^2}\right)^2}$，如 $\sigma_d>[\sigma]$，则螺杆强度不够，如 $\sigma_d\leqslant[\sigma]$，螺杆强度通过，再作下一计算。

（3）螺母螺牙强度校核

1）根据螺旋副材料，从表 16-11 查取许用弯曲应力$[\sigma]_b$、许用切应力$[\tau]$。

2）根据螺纹类型，从标准中查取螺母的大径 D_4。

3）计算螺牙根部宽度 b：矩形 $b=0.5P$，梯形 $b=0.55P$，锯齿形 $b=0.74P$。

4）计算螺牙切应力 τ：螺杆 $\tau=\dfrac{F}{\pi d_3 bn}$，螺母 $\tau=\dfrac{F}{\pi D_4 bn}$。

5）计算螺牙弯曲应力 σ_b：螺杆 $\sigma_b=\dfrac{3FH_1}{\pi d_3 b^2 n}$，螺母 $\sigma_b=\dfrac{3FH_1}{\pi D_4 b^2 n}$。

如 $\tau>[\tau]$或 $\sigma_b>[\sigma]_b$，则螺牙强度不够，如 $\tau\leqslant[\tau]$，$\sigma_b\leqslant[\sigma]_b$ 螺牙强度通过。

（4）稳定性校核　校核的步骤如下：

如果螺杆的细长比 $\lambda>40$，还需做稳定性校核。

已知工作载荷 F(N)，螺杆受压的长度 l(mm)，螺杆小径 d_3(mm)，螺杆的弹性模量 E(MPa)。校核的步骤如下：

1）根据给定的支承条件，从表 16-12 查长度系数 μ。

2）计算细长比 $\lambda=4\mu l/d_3$。

如 $\lambda<40$，则无须校核稳定性，如 $\lambda\geqslant40$，则需作以下计算。

3）计算螺杆惯性矩 $I_a=\pi d_3^4/64$。

4）计算临界载荷 F_c：

如螺杆是淬火钢，$\lambda<85$，$F_c=\dfrac{490}{1+0.0002\times\lambda^2}\dfrac{\pi d_3^2}{4}$，若 $\lambda>85$，$F_c=\dfrac{\pi EI_a}{(\mu l)^2}$；

如是非淬火钢，$\lambda<90$，$F_c=\dfrac{340}{1+0.00013\times\lambda^2}\cdot\dfrac{\pi d_3^2}{4}$；若 $\lambda>90$，$F_c=\dfrac{\pi EI_a}{(\mu l)^2}$。

5）若 $F_c/F>2.5\sim4$，稳定校核通过。否则会发生失稳，需加大小径或改变支承状态，直至满足稳定条件。

（5）临界转速校核　如是高速螺旋，还需校核横向振动的临界转速。校核步骤及如下：

1）由使用要求和结构确定螺杆两支承间的最大距离 l_c(mm)。

2）根据螺杆的支承方式，由表 16-12 确定系数 μ_1。

3）计算钢制螺杆的临界转速：

$$n_c = 12\times10^6 \frac{\mu_1^2 d_3}{l_c^2}。$$

应使螺杆最大工作转速 $n_{max} \leqslant 0.8n_c$。如不满足，可改变支承方式，以提高临界转速。

表 16-12　螺杆支承方式和系数

螺杆支承方式	螺杆支承简图	长度系数 μ	系数 μ_1
两端固定	l或l_c	0.5	4.730
一端固定，一端不完全固定	l或l_c	0.6	4.730
一端固定，一端铰支	l或l_c	0.7	3.927
两端铰支	l或l_c	1.0	3.143
一端固定，一端自由	l或l_c	2.0	1.875

注：1. 整体螺母的高径比 $H/d_2<1.5$ 为铰支，代号 J；$H/d_2=1.5\sim3$ 为不完全固定，代号 G′；$H/d_2>3$ 为固定支承，代号 G；开合螺母的 H/d_2 = 任何值均为铰支，代号 J。

2. 滑动轴承的宽径比 $B/d<1.5$ 为铰支，代号 J；$B/d=1.5\sim3$ 为不完全固定，代号 G′；$B/d>3$ 为固定支承，代号 G。

3. 滚动轴承在只有径向约束时为铰支，代号 J；同时有径向和轴向约束时为固定支承，代号 G。

16.6.2　设计计算

（1）设计步骤及公式　已知工作载荷 F(N)及螺杆或螺母转速 n(r/min)。

1）选定螺纹类型、相应的牙形半角 β 及高径比 ψ：整体螺母 $\psi=1.2\sim2.5$，剖分螺母 $\psi=2.5\sim3.5$。

2）选定螺旋副材料。由表 16-10 查取许用比压 [p] 和摩擦因数 f。

3）从耐磨观点计算所需的中径 d_2：梯形、矩形螺旋 $d_2 \geqslant 0.8\sqrt{F/(\psi[p])}$；锯齿形螺旋 $d_2 \geqslant 0.65\times\sqrt{F/(\psi[p])}$。

4）根据计算值，选取标准的 d_2，以及相应的大径 d 和小径 d_3。

如该直径大于结构要求，则需改变材料，提高 [p] 重新计算中径，直至等于或小于为止。如小于或等于结构要求值，耐磨强度满足，再取结构要求的直径作下面计算。

5）计算当量摩擦角 $\rho=\arctan(f/\cos\beta)$(°)。

6）选取与直径配伍的螺距 P(mm)。要求自锁时，$P\leqslant\pi d\tan\rho'$，不要求自锁时，$P>\pi d\tan\rho'$。

7）计算螺母高度 $H=\psi d_2$，需满足旋合长度要求，并圆整成整数。

8）计算螺母旋合圈数 $n=H/P$。如果 $n>10\sim12$，则加大一级螺距 P 后，重新计算圈数，直至 $n<10\sim12$。

9）用前述办法校核螺杆及螺牙强度。如强度不能满足要求，可增大一级螺距 P，重新计算螺母旋合圈数和校核强度；也可加大一级中径 d_2，重新计算螺母高度、旋合圈数和校核强度，直到满足为止；如是受压螺杆，或高速螺旋，还需校核压杆稳定和临界转速。

（2）高精度螺旋的设计　对运动精度要求高的精密螺旋，如机床的进给机构、微调机构的螺旋，除作上述计算外，还需校核轴向变形是否满足要求。

轴向变形由四部分组成：轴向载荷使螺杆产生的变形 δ_1，在螺杆较长时，所占比例较大；转矩使螺杆产生的变形 δ_2，所占比例较小；轴承的轴向变形 δ_3，滑动轴承可不考虑此项变形，滚动轴承此项变形所占比例较大；支座的变形 δ_4，它的影响较大，但此项变形量很难计算。

螺杆轴向变形计算可参看图 16-1 进行。螺杆每米长允许的螺距变形量 [δ'] 随精度等级而异，见表 16-13。螺旋机构允许的轴向变形随主机不同而异。

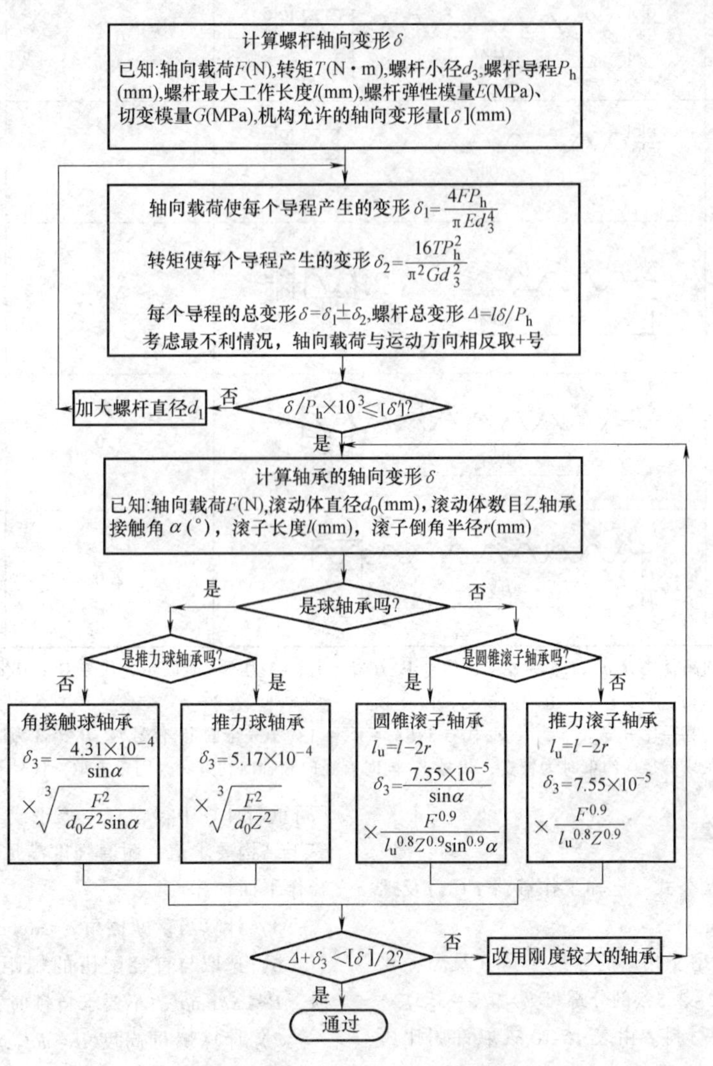

图 16-1　螺杆轴向变形计算

表 16-13　螺杆每米长允许的螺距变形 [δ']　　（单位：μm/m）

精度等级	5	6	7	8	9
[δ']	10	15	30	55	110

16.7　螺纹的尺寸系列、精度与公差

16.7.1　梯形螺纹

16.7.1.1　梯形螺纹的牙型尺寸（见表 16-14）

表 16-14　梯形螺纹的设计牙型尺寸（摘自 GB/T 5796.1—2005、GB/T 5796.2—2005、GB/T 5796.3—2005）　（单位：mm）

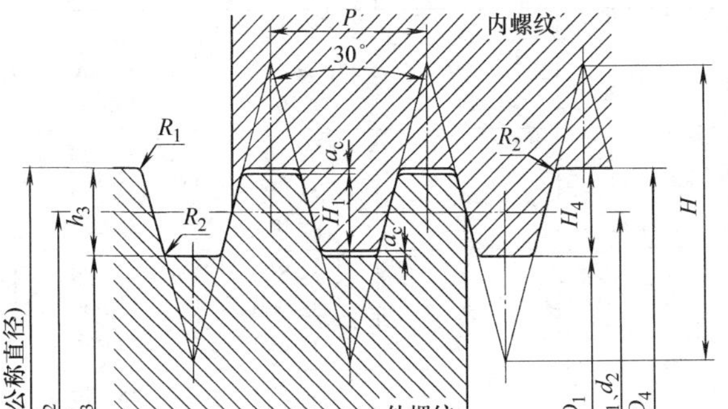

设计牙型

注：$H=1.866P$；$H_1=0.5P$；$H_4=h_3=H_1+a_c=0.5P+a_c$；$D_1=d-2H_1=d-P$；$D_4=d+2a_c$；$d_3=d-2h_3=d-P-2a_c$；$d_2=D_2=d-H_1=d-0.5P$；$R_{1max}=0.5a_c$；$R_{2max}=a_c$；a_c 为牙顶间隙。

公称直径 d			螺距 P	中径 $d_2=D_2$	大径 D_4	小径	
第一系列	第二系列	第三系列				d_3	D_1
8			1.5	7.250	8.300	6.200	6.500
	9		1.5	8.250	9.300	7.200	7.500
			2	8.000	9.500	6.500	7.000
10			1.5	9.250	10.300	8.200	8.500
			2	9.000	10.500	7.500	8.000
	11		2	10.000	11.500	8.500	9.000
			3	9.500	11.500	7.500	8.000
12			2	11.000	12.500	9.500	10.000
			3	10.500	12.500	8.500	9.000
	14		2	13.000	14.500	11.500	12.000
			3	12.500	14.500	10.500	11.000
16			2	15.000	16.500	13.500	14.000
			4	14.000	16.500	11.500	12.000
	18		2	17.000	18.500	15.500	16.000
			4	16.000	18.500	13.500	14.000
20			2	19.000	20.500	17.500	18.000
			4	18.000	20.500	15.500	16.000
	22		3	20.500	22.500	18.500	19.000
			5	19.500	22.500	16.500	17.000
			8	18.000	23.000	13.000	14.000
24			3	22.500	24.500	20.500	21.000
			5	21.500	24.500	18.500	19.000
			8	20.000	25.000	15.000	16.000
	26		3	24.500	26.500	22.500	23.000
			5	23.500	26.500	20.500	21.000
			8	22.000	27.000	17.000	18.000

（续）

公称直径 d			螺距 P	中径 $d_2=D_2$	大径 D_4	小径	
第一系列	第二系列	第三系列				d_3	D_1
28			3 5 8	26.500 25.500 24.000	28.500 28.500 29.000	24.500 22.500 19.000	25.000 23.000 20.000
	30		3 6 10	28.500 27.000 25.000	30.500 31.000 31.000	26.500 23.000 19.000	27.000 24.000 20.000
32			3 6 10	30.500 29.000 27.000	32.500 33.000 33.000	28.500 25.000 21.000	29.000 26.000 22.000
	34		3 6 10	32.500 31.000 29.000	34.500 35.000 35.000	30.500 27.000 23.000	31.000 28.000 24.000
36			3 6 10	34.500 33.000 31.000	36.500 37.000 37.000	32.500 29.000 25.000	33.000 30.000 26.000
	38		3 7 10	36.500 34.500 33.000	38.500 39.000 39.000	34.500 30.000 27.000	35.000 31.000 28.000
40			3 7 10	38.500 36.500 35.000	40.500 41.000 41.000	36.500 32.000 29.000	37.000 33.000 30.000
		42	3 7 10	40.500 38.500 37.000	42.500 43.000 43.000	38.500 34.000 31.000	39.000 35.000 32.000
44			3 7 12	42.500 40.500 38.000	44.500 45.000 45.000	40.500 36.000 31.000	41.000 37.000 32.000
	46		3 8 12	44.500 42.000 40.000	46.500 47.000 47.000	42.500 37.000 33.000	43.000 38.000 34.000
48			3 8 12	46.500 44.000 42.000	48.500 49.000 49.000	44.500 39.000 35.000	45.000 40.000 36.000
	50		3 8 12	48.500 46.000 44.000	50.500 51.000 51.000	46.500 41.000 37.000	47.000 42.000 38.000
52			3 8 12	50.500 48.000 46.000	52.500 53.000 53.000	48.500 43.000 39.000	49.000 44.000 40.000
	55		3 9 14	53.500 50.500 48.000	55.500 56.000 57.000	51.500 45.000 39.000	52.000 46.000 41.000
60			3 9 14	58.500 55.500 53.000	60.500 61.000 62.000	56.500 50.000 44.000	57.000 51.000 46.000
	65		4 10 16	63.000 60.000 57.000	65.500 66.000 67.000	60.500 54.000 47.000	61.000 55.000 49.000

（续）

公称直径 d			螺距 P	中径 $d_2=D_2$	大径 D_4	小径	
第一系列	第二系列	第三系列				d_3	D_1
70			4	68.000	70.500	65.500	66.000
			10	65.000	71.000	59.000	60.000
			16	62.000	72.000	52.000	54.000
	75		4	73.000	75.500	70.500	71.000
			10	70.000	76.000	64.000	65.000
			16	67.000	77.000	57.000	59.000
80			4	78.000	80.500	75.500	76.000
			10	75.000	81.000	69.000	70.000
			16	72.000	82.000	62.000	64.000
	85		4	83.000	85.500	80.500	81.000
			12	79.000	86.000	72.000	73.000
			18	76.000	87.000	65.000	67.000
90			4	88.000	90.500	85.500	86.000
			12	84.000	91.000	77.000	78.000
			18	81.000	92.000	70.000	72.000
	95		4	93.000	95.500	90.500	91.000
			12	89.000	96.000	82.000	83.000
			18	86.000	97.000	75.000	77.000
100			4	98.000	100.500	95.500	96.000
			12	94.000	101.000	87.000	88.000
			20	90.000	102.000	78.000	80.000
		105	4	103.000	105.500	100.500	101.000
			12	99.000	106.000	92.000	93.000
			20	95.000	107.000	83.000	85.000
	110		4	108.000	110.500	105.500	106.000
			12	104.000	111.000	97.000	98.000
			20	100.000	112.000	88.000	90.000
		115	6	112.000	116.000	108.000	109.000
			14	108.000	117.000	99.000	101.000
			22	104.000	117.000	91.000	93.000
120			6	117.000	121.000	113.000	114.000
			14	113.000	122.000	104.000	106.000
			22	109.000	122.000	96.000	98.000
		125	6	122.000	126.000	118.000	119.000
			14	118.000	127.000	109.000	111.000
			22	114.000	127.000	101.000	103.000
	130		6	127.000	131.000	123.000	124.000
			14	123.000	132.000	114.000	116.000
			22	119.000	132.000	106.000	108.000
		135	6	132.000	136.000	128.000	129.000
			14	128.000	137.000	119.000	121.000
			24	123.000	137.000	109.000	111.000
140			6	137.000	141.000	133.000	134.000
			14	133.000	142.000	124.000	126.000
			24	128.000	142.000	114.000	116.000
		145	6	142.000	146.000	138.000	139.000
			14	138.000	147.000	129.000	131.000
			24	133.000	147.000	119.000	121.000

（续）

公称直径 d			螺距 P	中径 $d_2=D_2$	大径 D_4	小径	
第一系列	第二系列	第三系列				d_3	D_1
	150		6	147.000	151.000	143.000	144.000
			16	142.000	152.000	132.000	134.000
			24	138.000	152.000	124.000	126.000
		155	6	152.000	156.000	148.000	149.000
			16	147.000	157.000	137.000	139.000
			24	143.000	157.000	129.000	131.000
160			6	157.000	161.000	153.000	154.000
			16	152.000	162.000	142.000	144.000
			28	146.000	162.000	130.000	132.000
		165	6	162.000	166.000	158.000	159.000
			16	157.000	167.000	147.000	149.000
			28	151.000	167.000	135.000	137.000
	170		6	167.000	171.000	163.000	164.000
			16	162.000	172.000	152.000	154.000
			28	156.000	172.000	140.000	142.000
		175	8	171.000	176.000	166.000	167.000
			16	167.000	177.000	157.000	159.000
			28	161.000	177.000	145.000	147.000
180			8	176.000	181.000	171.000	172.000
			18	171.000	182.000	160.000	162.000
			28	166.000	182.000	150.000	152.000
		185	8	181.000	186.000	176.000	177.000
			18	176.000	187.000	165.000	167.000
			32	169.000	187.000	151.000	153.000
	190		8	186.000	191.000	181.000	182.000
			18	181.000	192.000	170.000	172.000
			32	174.000	192.000	156.000	158.000
		195	8	191.000	196.000	186.000	187.000
			18	186.000	197.000	175.000	177.000
			32	179.000	197.000	161.000	163.000
200			8	196.000	201.000	191.000	192.000
			18	191.000	202.000	180.000	182.000
			32	184.000	202.000	166.000	168.000
	210		8	206.000	211.000	201.000	202.000
			20	200.000	212.000	188.000	190.000
			36	192.000	212.000	172.000	174.000
220			8	216.000	221.000	211.000	212.000
			20	210.000	222.000	198.000	200.000
			36	202.000	222.000	182.000	184.000
	230		8	226.000	231.000	221.000	222.000
			20	220.000	232.000	208.000	210.000
			36	212.000	232.000	192.000	194.000
240			8	236.000	241.000	231.000	232.000
			22	229.000	242.000	216.000	218.000
			36	222.000	242.000	202.000	204.000
	250		12	244.000	251.000	237.000	238.000
			22	239.000	252.000	226.000	228.000
			40	230.000	252.000	208.000	210.000

（续）

公称直径 d			螺距 P	中径 $d_2=D_2$	大径 D_4	小径	
第一系列	第二系列	第三系列				d_3	D_1
260			12 22 40	254.000 249.000 240.000	261.000 262.000 262.000	247.000 236.000 218.000	248.000 238.000 220.000
	270		12 24 40	264.000 258.000 250.000	271.000 272.000 272.000	257.000 244.000 228.000	258.000 246.000 230.000
280			12 24 40	274.000 268.000 260.000	281.000 282.000 282.000	267.000 254.000 238.000	268.000 256.000 240.000
	290		12 24 44	284.000 278.000 268.000	291.000 292.000 292.000	277.000 264.000 244.000	278.000 266.000 246.000
300			12 24 44	294.000 288.000 278.000	301.000 302.000 302.000	287.000 274.000 254.000	288.000 276.000 256.000

设计牙型尺寸

螺距 P	a_c	$H_4=h_3$	R_{1max}	R_{2max}
1.5	0.15	0.9	0.075	0.15
2	0.25	1.25	0.125	0.25
3	0.25	1.75	0.125	0.25
4	0.25	2.25	0.125	0.25
5	0.25	2.75	0.125	0.25
6	0.5	3.5	0.25	0.5
7	0.5	4	0.25	0.5
8	0.5	4.5	0.25	0.5
9	0.5	5	0.25	0.5
10	0.5	5.5	0.25	0.5
12	0.5	6.5	0.25	0.5
14	1	8	0.5	1
16	1	9	0.5	1
18	1	10	0.5	1
20	1	11	0.5	1
22	1	12	0.5	1
24	1	13	0.5	1
28	1	15	0.5	1
32	1	17	0.5	1
36	1	19	0.5	1
40	1	21	0.5	1
44	1	23	0.5	1

16.7.1.2 梯形螺纹公差（摘自 GB/T 5796.4—2005）

1. 公差带的位置与基本偏差

公差带位置按下面规定选取：内螺纹大径 D_4、中径 D_2 和小径 D_1 的公差带位置为 H，其基本偏差 EI 为零，如图 16-2 所示。

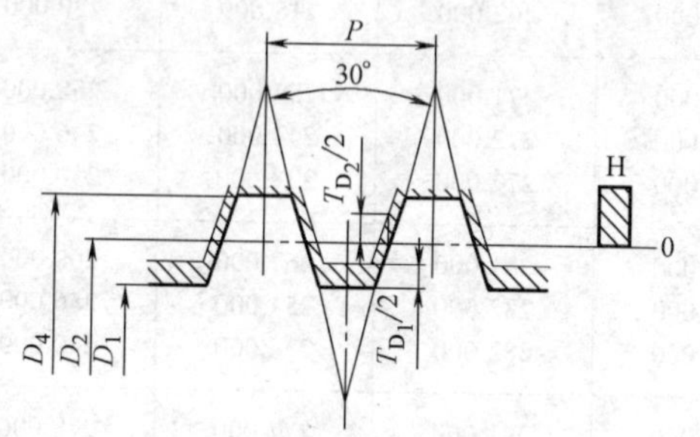

图 16-2 内螺纹的公差带位置

注：D_4 为内螺纹大径；D_2 为内螺纹中径；D_1 为内螺纹小径；P 为螺距；T_{D_1} 为内螺纹小径公差；T_{D_2} 为内螺纹中径公差。

外螺纹中径 d_2 的公差带位置为 e 和 c，其基本偏差 es 为负值；外螺纹大径 d 和小径 d_3 的公差带位置为 h，其基本偏差 es 为零，如图 16-3 所示。

外螺纹大径和小径的公差带基本偏差为零，与中径公差带位置无关。梯形螺纹中径的基本偏差值见表 16-15。

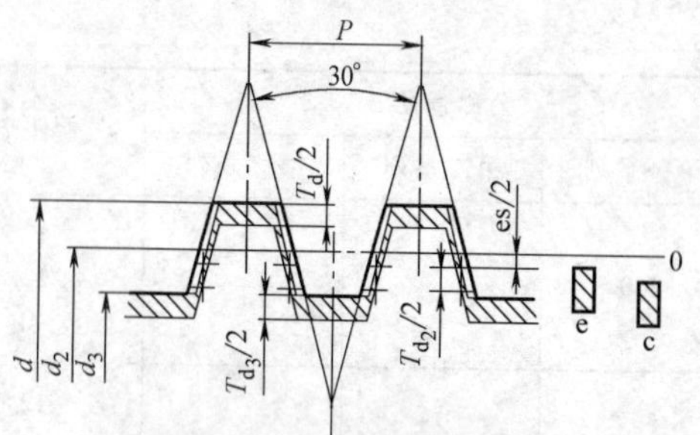

图 16-3 外螺纹的公差带位置

注：d 为外螺纹大径；d_2 为外螺纹中径；d_3 为外螺纹小径；P 为螺距；T_d 为外螺纹大径公差；T_{d_2} 为外螺纹中径公差；T_{d_3} 为外螺纹小径公差；es 为上极限偏差。

表 16-15 梯形螺纹中径的基本偏差

（单位：μm）

螺距 P/mm	内螺纹 D_2 H EI	外螺纹 d_2 c es	外螺纹 d_2 e es	螺距 P/mm	内螺纹 D_2 H EI	外螺纹 d_2 c es	外螺纹 d_2 e es
1.5	0	-140	-67	14	0	-355	-180
2	0	-150	-71	16	0	-375	-190
3	0	-170	-85	180	0	-400	-200
4	0	-190	-95	20	0	-425	-212
5	0	-212	-106	22	0	-450	-224
6	0	-236	-118	24	0	-475	-236
7	0	-250	-125	28	0	-500	-250
8	0	-265	-132	32	0	-530	-265
9	0	-280	-140	36	0	-560	-280
10	0	-300	-150	40	0	-600	-300
12	0	-335	-160	44	0	-630	-315

2. 公差值大小及公差等级（见表 16-16~表 16-18）

表 16-16 梯形螺纹各直径的公差等级

螺纹直径	公差等级	螺纹直径	公差等级
内螺纹小径 D_1	4	外螺纹中径 d_2	7、8、9
外螺纹大径 d	4	外螺纹小径 d_3	7、8、9
内螺纹中径 D_2	7、8、9		

注：外螺纹的小径 d_3 与其中径 d_2 应选取相同的公差等级。

表 16-17 梯形内螺纹小径、外螺纹大径公差

（单位：μm）

螺距 P/mm	公差等级为 4 级 内螺纹小径公差 T_{D_1}	公差等级为 4 级 外螺纹大径公差 T_d	螺距 P/mm	公差等级为 4 级 内螺纹小径公差 T_{D_1}	公差等级为 4 级 外螺纹大径公差 T_d
1.5	190	150	14	900	670
2	236	180	16	1000	710
3	315	236	18	1120	800
4	375	300	20	1180	850
5	450	335	22	1250	900
6	500	375	24	1320	950
7	560	425	28	1500	1060
8	630	450	32	1600	1120
9	670	500	36	1800	1250
10	710	530	40	1900	1320
12	800	600	44	2000	1400

表 16-18　梯形螺纹内、外螺纹中径公差，外螺纹小径公差及旋合长度　（单位：μm）

基本大径 d/mm		螺距 P/mm	内螺纹中径公差 T_{D_2} 公差等级			外螺纹中径公差 T_{d2} 公差等级			外螺纹小径公差 T_{d_3} 中径公差带位置为 c 公差等级			外螺纹小径公差 T_{d_3} 中径公差带位置为 e 公差等级			旋合长度/mm 中等旋合长度 N		长旋合长度 L
>	≤		7	8	9	7	8	9	7	8	9	7	8	9	>	≤	>
5.6	11.2	1.5	224	280	355	170	212	265	352	405	471	279	332	398	5	15	15
		2	250	315	400	190	236	300	388	445	525	309	366	446	6	19	19
		3	280	355	450	212	265	335	435	501	589	350	416	504	10	28	28
11.2	22.4	2	265	335	425	200	250	315	400	462	544	321	383	465	8	24	24
		3	300	375	475	224	280	355	450	520	614	365	435	529	11	32	32
		4	355	450	560	265	335	425	521	609	690	426	514	595	15	43	43
		5	375	475	600	280	355	450	562	656	775	456	550	669	18	53	53
		8	475	600	750	355	450	560	709	828	965	576	695	832	30	85	85
22.4	45	3	335	425	530	250	315	400	482	564	670	397	479	585	12	36	36
		5	400	500	630	300	375	475	587	681	806	481	575	700	21	63	63
		6	450	560	710	335	425	530	655	767	899	537	649	781	25	75	75
		7	475	600	750	355	450	560	694	813	950	569	688	825	30	85	85
		8	500	630	800	375	475	600	734	859	1015	601	726	882	34	100	100
		10	530	670	850	400	500	630	800	925	1087	650	775	937	42	125	125
		12	560	710	900	425	530	670	866	998	1223	691	823	1048	50	150	150
45	90	3	355	450	560	265	335	425	501	589	701	416	504	616	15	45	45
		4	400	500	630	300	375	475	565	659	784	470	564	689	19	56	56
		8	530	670	850	400	500	630	765	890	1052	632	757	919	38	118	118
		9	560	710	900	425	530	670	811	943	1118	671	803	978	43	132	132
		10	560	710	900	425	530	670	831	963	1138	681	813	988	50	140	140
		12	630	800	1000	475	600	750	929	1085	1273	754	910	1098	60	170	170
		14	670	850	1060	500	630	800	970	1142	1355	805	967	1180	67	200	200
		16	710	900	1120	530	670	850	1038	1213	1438	853	1028	1253	75	236	236
		18	750	950	1180	560	710	900	1100	1288	1525	900	1088	1320	85	265	265
90	180	4	425	530	670	315	400	500	584	690	815	489	595	720	24	71	71
		6	500	630	800	375	475	600	705	830	986	587	712	868	36	106	106
		8	560	710	900	425	530	670	796	928	1103	663	795	970	45	132	132
		12	670	850	1060	500	630	800	960	1122	1335	785	947	1160	67	200	200
		14	710	900	1120	530	670	850	1018	1193	1418	843	1018	1243	75	236	236
		16	750	950	1180	560	710	900	1075	1263	1500	890	1078	1315	90	265	265
		18	800	1000	1250	600	750	950	1150	1338	1588	950	1138	1388	100	300	300
		20	800	1000	1250	600	750	950	1175	1363	1613	962	1150	1400	112	335	335
		22	850	1060	1320	630	800	1000	1232	1450	1700	1011	1224	1474	118	355	355
		24	900	1120	1400	670	850	1060	1313	1538	1800	1074	1299	1561	132	400	400
		28	950	1180	1500	710	900	1120	1388	1625	1900	1138	1375	1650	150	450	450
180	355	8	600	750	950	450	560	710	828	965	1153	695	832	1020	50	150	150
		12	710	900	1120	530	670	850	998	1173	1398	823	998	1223	75	224	224
		18	850	1060	1320	630	800	1000	1187	1400	1650	987	1200	1450	112	335	335
		20	900	1120	1400	670	850	1060	1263	1488	1750	1050	1275	1537	125	375	375
		22	900	1120	1400	670	850	1060	1288	1513	1775	1062	1287	1549	140	425	425
		24	950	1180	1500	710	900	1120	1363	1600	1875	1124	1361	1636	150	450	450
		32	1060	1320	1700	800	1000	1250	1530	1780	2092	1265	1515	1827	200	600	600
		36	1120	1400	1800	850	1060	1320	1623	1885	2210	1343	1605	1930	224	670	670
		40	1120	1400	1800	850	1060	1320	1663	1925	2250	1363	1625	1950	250	750	750
		44	1250	1500	1900	900	1120	1400	1755	2030	2380	1440	1715	2065	280	850	850

3. 螺纹精度与公差带选用（见表 16-19）

表 16-19　内、外螺纹选用公差带

精度	应用	内螺纹		外螺纹	
		N	L	N	L
中等	用于一般用途	7H	8H	7e	8e
粗糙	用于制造螺纹有困难的场合	8H	9H	8c	9c

如果不能确定实际旋合长度的实际值，推荐按中等旋合长度组 N 选取螺纹公差带。

4. 多线螺纹公差

多线螺纹的大径和小径公差，与具有相同螺距单线螺纹的大径和小径的公差相等。多线螺纹的中径公差，等于具有相同螺距单线螺纹的中径公差（见表 16-18）乘以修正系数。修正系数见表 16-20。

表 16-20　各种不同线数的系数

线数	2	3	4	≥5
系数	1.12	1.25	1.4	1.6

5. 螺纹标记

梯形螺纹标记由梯形螺纹代号、尺寸代号、公差代号和旋合长度代号组成。

1）梯形螺纹的公差带代号仅包含中径公差带代号。公差带代号由公差等级数字和公差带位置字母（内螺纹用大写字母；外螺纹用小写字母）组成。螺纹尺寸代号与公差带代号间用“-”分开。

标记示例：

① 中径公差带为 7H 的内螺纹：Tr40×7-7H。

② 中径公差带为 7e 的外螺纹：Tr40×7-7e。

③ 中径公差带为 7e 的双线、左旋外螺纹：Tr40×14（P7）LH-7e。

2）表示内、外螺纹配合时，内螺纹公差带代号在前、外螺纹公差带代号在后，中间用斜线分开。

标记示例：

① 公差带为 7H 的内螺纹与公差带为 7e 的外螺纹组成配合：Tr40×7-7H/7e。

② 公差带为 7H 的双线内螺纹与公差带为 7e 的双线外螺纹组成配合：Tr40×14（P7）-7H/7e。

3）对长旋合长度组的螺纹，应在公差带代号后标注代号 L。旋合长度代号与公差带间用“-”分开。中等旋合长度组螺纹不标注旋合长度代号 N。

标记示例：

① 长旋合长度的配合螺纹：Tr40×7-8H/8e-L。

② 中等旋合长度的外螺纹：Tr40×7-7e。

6. 机床丝杠、螺母梯形螺纹的公差

机床丝杠、螺母梯形螺纹技术条件按（JB/T 2886—2008）规定。机床精密丝杠、螺母的牙型、直径和螺距的尺寸和形状，按 GB/T 5796.1～3—2008，而不采用梯形螺纹的公差（GB 5796.4—2008）。

丝杠螺纹的有关公差。见表 16-21～表 16-26。螺母螺纹大径和小径，以及中径的极限偏差见表 16-27 和表 16-28。丝杠和螺母的螺纹表面粗糙度见表 16-29。

表 16-21　丝杠螺纹的螺旋线轴向公差

（摘自 JB/T 2886—2008）

精度等级	$\delta_{L2\pi}$	$\delta_{L2.5}$	δ_{L100}	δ_{L300}	在下列螺纹有效长度内的 δ_{Lu}/mm				
					≤1000	>1000～2000	>2000～3000	>3000～4000	>4000～5000
	公差/μm								
3	0.9	1.2	1.8	2.5	4				
4	1.5	2	3	4	6	8	12		
5	2.5	3.5	4.5	6.5	10	14	19		
6	4	7	8	11	16	21	27	33	39

表 16-22　丝杠螺纹的螺距和螺距累积公差

（摘自 JB/T 2886—2008）

精度等级	δ_P	δ_{P60}	δ_{P300}	在下列螺纹有效长度内的 δ_{PLu}/mm					
				≤1000	>1000～2000	>2000～3000	>3000～4000	>4000～5000	>5000，长度每增加1000，δ_{PLu}增加
	公差/μm								
7	6	10	18	28	36	44	52	60	8
8	12	20	35	55	65	75	85	95	10
9	25	40	70	110	130	150	170	190	20

表 16-23　丝杠螺纹有效长度上中径尺寸的一致性公差

（摘自 JB/T 2886—2008）

精度等级	螺纹有效长度/mm					
	≤1000	>1000～2000	>2000～3000	>3000～4000	>4000～5000	>5000，每增加1000应增加
	螺纹中径的尺寸一致性公差/μm					
3	5					
4	6	11	17			
5	8	15	22	30	38	
6	10	20	30	40	50	5
7	12	26	40	53	65	10
8	16	36	53	70	90	20
9	21	48	70	90	116	30

注：用公法线千分尺和量针在丝杠同一轴向截面内测量。

表 16-24　丝杠螺纹的大径对螺纹轴线的径向圆跳动公差（摘自 JB/T 2886—2008）　（单位：μm）

长径比	精度等级						
	3	4	5	6	7	8	9
≤10	2	3	5	8	16	32	63
>10~15	2.5	4	6	10	20	40	80
>15~20	3	5	8	12	25	50	100
>20~25	4	6	10	16	32	63	125
>25~30	5	8	12	20	40	80	160
>30~35	6	10	16	25	50	100	200
>35~40		12	20	32	63	125	250
>40~45		16	25	40	80	160	315
>45~50		20	32	50	100	200	400
>50~60				63	125	250	500
>60~70				80	160	315	630
>70~80				100	200	400	800
>80~90					250	500	

注：长径比系指丝杠全长与螺纹公称直径之比。

表 16-25　丝杠螺纹牙型半角的极限偏差（摘自 JB/T 2886—2008）

螺距 P/mm	精度等级						
	3	4	5	6	7	8	9
	牙型半角极限偏差/(′)						
2~5	±8	±10	±12	±15	±20	±30	±30
6~10	±6	±8	±10	±12	±18	±25	±28
12~20	±5	±6	±8	±10	±15	±20	±25

表 16-26　丝杠螺纹大、中、小径的极限偏差（摘自 JB/T 2886—2008）　（单位：μm）

螺距 P/mm	公称直径 d/mm	螺纹大径		螺纹中径		螺纹小径	
		下极限偏差	上极限偏差	下极限偏差	上极限偏差	下极限偏差	上极限偏差
		极限偏差/μm					
2	10~26 18~28 30~42	-100	0	-294 -314 -350	-34	-362 -388 -399	0
3	10~14 22~28 30~44 46~60	-150	0	-336 -360 -392 -392	-37	-410 -447 -465 -478	0
4	16~20 44~60 65~80	-200	0	-400 -438 -462	-45	-485 -534 -565	0
5	22~28 30~42 85~110	-250	0	-462 -482 -530	-52	-565 -578 -650	0
6	30~42 44~60 65~80 120~150	-300	0	-522 -550 -572 -582	-56	-635 -646 -665 720	0
8	22~28 44~60 65~80 160~190	-400	0	-590 -620 -656 -682	-67	-720 -758 -765 -830	0
10	30~40 44~60 65~80 200~220	-550	0	-680 -696 -710 -738	-75	-820 -854 -865 -900	0
12	30~42 44~60 65~80 85~110	-660	0	-754 -772 -789 -800	-82	-892 -948 -955 -978	0
16	44~60 65~80 120~170	-800	0	-877 -920 -970	-93	-1108 -1135 -1190	0
20	85~110 180~220	-1000	0	-1068 -1120	-105	-1305 -1370	0

注：1. 螺纹大径作工艺基准时，其尺寸及形状公差由工艺提出。
2. 6 级以上配制螺母的丝杠中径，按表中规定的公差带宽相对于尺寸零线两侧对称分布。

表 16-27　螺母螺纹大径和小径的极限偏差（摘自 JB/T 2886—2008）

螺距 P/mm	公称直径 D/mm	螺纹大径		螺纹小径	
		上极限偏差	下极限偏差	上极限偏差	下极限偏差
		极限偏差/μm			
2	10~16 18~28 30~42	+328 +355 +370	0	+100	0
3	10~14 22~28 30~44 46~60	+372 +408 +428 +440	0	+150	0
4	16~20 44~60 65~80	+440 +490 +520	0	+200	0
5	22~28 30~42 85~110	+515 +528 +595	0	+250	0
6	30~42 44~60 65~80 120~150	+578 +590 +610 +660	0	+300	0
8	22~28 44~60 65~80 160~190	+650 +690 +700 +765	0	+400	0
10	30~42 44~60 65~80 200~220	+745 +778 +790 +825	0	+500	0
12	30~42 44~60 65~80 85~110	+813 +865 +872 +895	0	+600	0
16	44~60 65~80 120~170	+1017 +1040 +1100	0	800	0
20	85~110 180~220	+1200 +1265	0	1000	0

注：螺纹大径或小径作工艺基准时，其尺寸公差及形状公差由工艺提出。

表 16-28　非配作螺母螺纹中径的极限偏差（摘自 JB/T 2886—2008）

螺距 P/mm	精度等级			
	6	7	8	9
	极限偏差/μm			
2~5	+55 0	+65 0	+85 0	+100 0
6~10	+65 0	+75 0	+100 0	+120 0
12~20	+75 0	+85 0	+120 0	+150 0

注：螺母的螺距和半角误差由中径公差间接控制。

表 16-29　丝杠和螺母的螺纹表面粗糙度 *Ra* 值（摘自 JB/T 2886—2008）（单位：μm）

精度等级	螺纹大径		牙型侧表		螺纹小径	
	丝杠	螺母	丝杠	螺母	丝杠	螺母
3	0.2	3.2	0.2	0.4	0.8	0.8
4	0.4	3.2	0.4	0.8	0.8	0.8
5	0.4	3.2	0.4	0.8	0.8	0.8
6	0.4	3.2	0.4	0.8	1.6	0.8
7	0.4	6.3	0.8	1.6	3.2	1.6
8	0.8	6.3	1.6	1.6	6.3	1.6
9	1.6	6.3	1.6	1.6	6.3	1.6

注：丝杠和螺母的牙型侧面不应有明显的波纹。

16.7.2 锯齿形（3°、30°）螺纹

16.7.2.1 锯齿形螺纹的牙型尺寸

锯齿形螺纹主要用于单向传动螺纹有较高的强度和效率。螺纹副和大径处无间隙。

锯齿形螺纹的基本牙型和尺寸见表 16-30。

表 16-30 锯齿形（3°、30°）螺纹的基本牙型和基本尺寸

（摘自 GB/T 13576.1—2008 和 GB/T 13576.3—2008）（单位：mm）

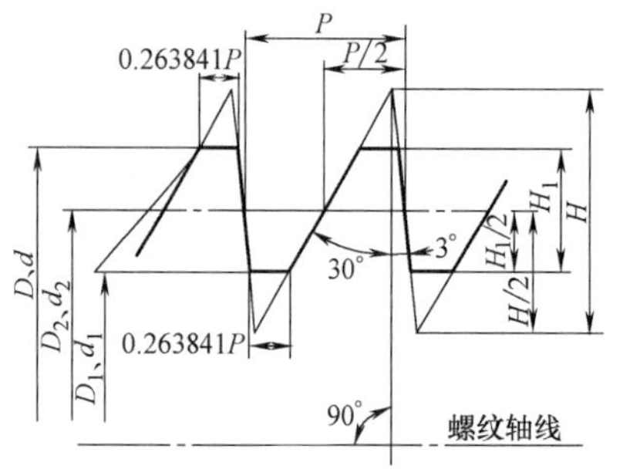

基本牙型　　内、外螺纹设计牙型

D—内螺纹大径，d—外螺纹大径，$D=d$；P—螺距；a_c—牙顶与牙底间的间隙，$a_c=0.117767P$；

H_1—基本牙型高度，$H_1=0.75P$；h_3—外螺纹牙高，$h_3=H_1+a_c=0.867767P$；

d_2—外螺纹中径，$d_2=d-H_1=d-0.75P$；D_2—内螺纹中径，$D_2=d_2$；d_3—外螺纹小径；

$d_3=d-2h_3=d-1.735534P$；D_1—内螺纹小径，$D_1=d-2H_1=d-1.5P$；

R—牙底圆弧半径，$R=0.124271P$；H—原始三角形高度，$H=1.587911P$

公称直径 d 第一系列	第二系列	第三系列	螺距 P	中径 $d_2=D_2$	小径 d_3	小径 D_1
10			2	8.500	6.529	7.000
12			2	10.500	8.529	9.000
			3	9.750	6.793	7.500
	14		2	12.500	10.529	11.000
			3	11.750	8.793	9.500
16			2	14.500	12.529	13.000
			4	13.500	9.058	10.000
	18		2	16.500	14.529	15.000
			4	15.000	11.058	12.000
20			2	18.500	16.529	17.000
			4	17.000	13.058	14.000
	22		3	19.750	16.793	17.500
			5	18.250	13.322	14.500
			8	16.000	8.116	10.000
24			3	21.750	18.793	19.500
			5	20.250	15.322	16.500
			8	18.000	10.116	12.000
	26		3	23.750	20.793	21.500
			5	22.250	17.322	18.500
			8	20.000	12.116	14.000
28			3	25.750	22.793	23.500
			5	24.250	19.322	20.500
			8	22.000	14.116	16.000
	30		3	27.750	24.793	25.500
			6	25.500	19.587	21.000
			10	22.500	12.645	15.000
32			3	29.750	26.793	27.500
			6	27.500	21.587	23.000
			10	24.500	14.645	17.000
	34		3	31.750	28.793	29.500
			6	29.500	23.587	25.000
			10	26.500	16.645	19.000
36			3	33.750	30.793	31.500
			6	31.500	25.587	27.000
			10	28.500	18.645	21.000
	38		3	35.750	32.793	33.500
			7	32.750	25.851	27.500
			10	30.500	20.645	23.000
40			3	37.750	34.793	35.500
			7	34.750	27.851	29.500
			10	32.500	22.645	25.000
	42		3	39.750	36.793	37.500
			7	36.750	29.851	31.500
			10	34.500	24.645	27.000
44			3	41.750	38.793	39.500
			7	38.750	31.851	33.500
			12	35.000	23.174	26.000
	46		3	43.750	40.793	41.500
			8	40.000	32.116	34.000
			12	37.000	25.174	28.000
48			3	45.750	42.793	43.500
			8	42.000	34.116	36.000
			12	39.000	27.174	30.000
	50		3	47.750	44.793	45.500
			8	44.000	36.116	38.000
			12	41.000	29.174	32.000

（续）

公称直径 d			螺距	中径	小径		公称直径 d			螺距	中径	小径	
第一系列	第二系列	第三系列	P	$d_2=D_2$	d_3	D_1	第一系列	第二系列	第三系列	P	$d_2=D_2$	d_3	D_1
52			3	49.750	46.793	47.500			135	6	130.500	124.587	126.000
			8	46.000	38.116	40.000				14	124.500	110.703	114.000
			12	43.000	31.174	34.000				24	117.000	93.347	99.000
	55		3	52.750	49.793	50.500	140			6	135.500	129.587	131.000
			9	48.250	39.380	41.500				14	129.500	115.703	119.000
			14	44.500	30.703	34.000				24	122.000	98.347	104.000
60			3	57.750	54.793	55.500			145	6	140.500	134.587	136.000
			9	53.250	44.380	46.500				14	134.500	120. 703	124.000
			14	49.500	35.703	39.000				24	127.000	103.347	109.000
	65		4	62.000	58.058	59.000		150		6	145.500	139.587	141.000
			10	57.500	47.645	50.000				16	138.000	122.231	126.000
			16	53.000	37.231	41.000				24	132.000	108.347	114.000
70			4	67.000	63.058	64.000			155	6	150.500	144.587	146.000
			10	62.500	52.645	55.000				16	143.000	127.231	131.000
			16	58.000	42.231	46.000				24	137.000	113.347	119.000
	75		4	72.000	68.058	69.000	160			6	155.500	149.587	151.000
			10	67.500	57.645	60.000				16	148.000	132.231	136.000
			16	63.000	47.231	51.000				28	139.000	111.405	118.000
80			4	77.000	73.058	74.000			165	6	160.500	154.587	156.000
			10	72.500	62.645	65.000				16	153.000	137.231	141.000
			16	68.000	52.231	56.000				28	144.000	116.405	123.000
	85		4	82.000	78.058	79.000		170		6	165.500	159.587	161.000
			12	76.000	64.174	67.000				16	158.000	142.231	146.000
			18	71.500	53.760	58.000				28	149.000	121.405	128.000
90			4	87.000	83.058	84.000			175	8	169.000	161.116	163.000
			12	81.000	69.174	72.000				16	163.000	147.231	151.000
			18	76.500	58.760	63.000				28	154.000	126.405	133.000
	95		4	92.000	88.058	89.000	180			8	174.000	166.116	168.000
			12	86.000	74.174	77.000				18	166.500	148.760	153.000
			18	81.500	63.760	68.000				28	159.000	131.405	138.000
100			4	97.000	93.058	94.000			185	8	179.000	171.116	173.000
			12	91.000	79.174	82.000				18	171.500	153.760	158.000
			20	85.000	65.289	70.000				32	161.000	129.463	137.000
		105	4	102.000	98.058	99.000		190		8	184.000	176.116	178.000
			12	96.000	84.174	87.000				18	176.500	158.760	163.000
			20	90.000	70.289	75.000				32	166.000	134.463	142.000
	110		4	107.000	103.058	104.000			195	8	189.000	181.116	183.000
			12	101.000	89.174	92.000				18	181.500	163.760	168.000
			20	95.000	75.289	80.000				32	171.000	139.463	147.000
		115	6	110.500	104.587	106.000	200			8	194.000	186.116	188.000
			14	104.500	90.703	94.000				18	186.500	168.760	173.000
			22	98.500	76.818	82.000				32	176.000	144.463	152.000
120			6	115.500	109.587	111.000		210		8	204.000	196.116	198.000
			14	109.500	95.703	99.000				20	195.000	175.289	180.000
			22	103.500	81.818	87.000				36	183.000	147.521	156.000
		125	6	120.500	114.587	116.000	220			8	214.000	206.116	208.000
			14	114.500	100.703	104.000				20	205.000	185.289	190.000
			22	108.500	86.818	92.000				36	193.000	157.521	166.000
	130		6	125.500	119.587	121.000		230		8	224.000	216.116	218.000
			14	119.500	105.703	109.000				20	215.000	195.289	200.000
			22	113.500	91.818	97.000				36	203.000	167.521	176.000

（续）

公称直径 d			螺距	中径	小径	
第一系列	第二系列	第三系列	P	$d_2=D_2$	d_3	D_1
240			8	234.000	226.116	228.000
			22	223.500	201.818	207.000
			36	213.000	177.521	186.000
	250		12	241.000	229.174	232.000
			22	233.500	211.818	217.000
			40	220.000	180.579	190.000
260			12	251.000	239.174	242.000
			22	243.500	221.818	227.000
			40	230.000	190.579	200.000
	270		12	261.000	249.174	252.000
			24	252.000	228.347	234.000
			40	240.000	200.579	210.000
280			12	271.000	259.174	262.000
			24	262.000	238.347	244.000
			40	250.000	210.579	220.000
	290		12	281.000	269.174	272.000
			24	272.000	248.347	254.000
			44	257.000	213.637	224.000
300			12	291.000	279.174	282.000
			24	282.000	258.347	264.000
			44	267.000	223.637	234.000
	320		12	311.000	299.174	302.000
			44	287.000	243.637	254.000

公称直径 d			螺距	中径	小径	
第一系列	第二系列	第三系列	P	$d_2=D_2$	d_3	D_1
340			12	331.000	319.174	322.000
			44	307.000	263.637	274.000
	360		12	351.000	339.174	342.000
380			12	371.000	359.174	362.000
	400		12	391.000	379.174	382.000
420			18	406.500	388.760	393.000
	440		18	426.500	408.760	413.000
460			18	446.500	428.760	433.000
	480		18	466.500	448.760	453.000
500			18	486.500	468.760	473.000
	520		24	502.000	478.347	484.000
540			24	522.000	498.347	504.000
	560		24	542.000	518.347	524.000
580			24	562.000	538.347	544.000
	600		24	582.000	558.347	564.000
620			24	602.000	578.347	584.000
	640		24	622.000	598.347	604.000

16.7.2.2　锯齿形螺纹公差（摘自 GB/T 13576.4—2008）

1. 公差带的位置和基本偏差

公差带的位置是由基本偏差确定的。标准规定，外螺纹的上极限偏差 es 及内螺纹的下极限偏差 EI 为基本偏差。内螺纹大径 D 和小径 D_1 的公差带位置为 H，其基本偏差为零；外螺纹大径 d 和小径 d_3 的公差带位置为 h，其基本偏差为零。内螺纹中径 D_2 的公差带位置为 A，其基本偏差为正值；外螺纹中径 d_2 的公差带位置为 c，其基本偏差为负值。外、内螺纹的公差带如图 16-4 和图 16-5 所示。

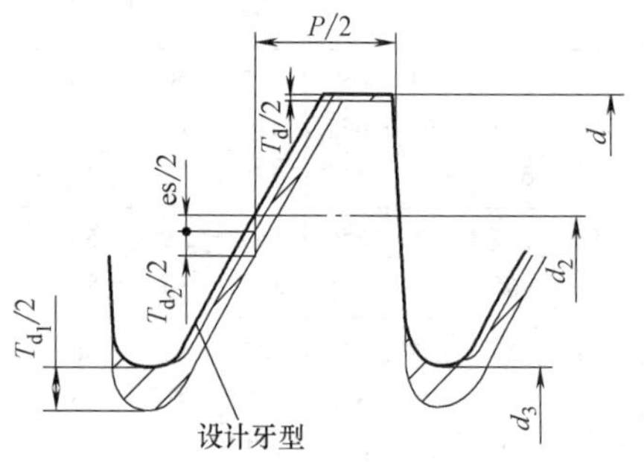

图 16-4　外螺纹公差带

注：d 为外螺纹大径；d_2 为外螺纹中径；d_3 为外螺纹小径；T_d 为外螺纹大径公差；T_{d_2} 为外螺纹中径公差；T_{d_1} 为外螺纹小径公差；P 为螺距；es 为中径基本偏差。

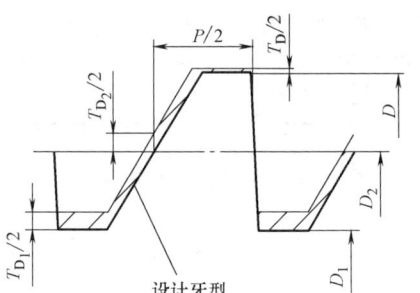

图 16-5　内螺纹公差带

注：D 为内螺纹大径；D_1 为内螺纹小径；D_2 为内螺纹中径；T_{D_1} 为内螺纹小径公差；T_{D_2} 为内螺纹中径公差；P 为螺距。

锯齿形内、外螺纹中径的基本偏差见表 16-31。

2. 螺纹公差等级、公差值和旋合长度（见表 16-32～表 16-37）

多线螺纹的顶径公差与单线螺纹相同。多线螺纹的中径公差是在单线螺纹中径公差的基础上，按线数不同分别乘以一系数而得的。各种不同线数的系数见表 16-37。

3. 锯齿形螺纹标记

完整的锯齿形（3°、30°）螺纹标记应包括螺纹特征代号、尺寸代号、公差带代号和旋合长度代号。

表 16-31 锯齿形螺纹中径的基本偏差（摘自 GB/T 13576.4—2008） （单位：μm）

螺距 P/mm	内螺纹 D_2 H EI	外螺纹 d_2 c es	外螺纹 d_2 e es	螺距 P/mm	内螺纹 D_2 H EI	外螺纹 d_2 c es	外螺纹 d_2 e es
2	0	-150	-71	18	0	-400	-200
3	0	-170	-85	20	0	-425	-212
4	0	-190	-95	22	0	-450	-224
5	0	-212	-106	24	0	-475	-236
6	0	-236	-118	28	0	-500	-250
7	0	-250	-125	32	0	-530	-265
8	0	-265	-132	36	0	-560	-280
9	0	-280	-140	40	0	-600	-300
10	0	-300	-150	44	0	-630	-315
12	0	-335	-160				
14	0	-355	-180				
16	0	-375	-190				

表 16-32 内、外螺纹各直径的公差等级

直径	公差等级	直径	公差等级
内螺纹小径 D_1	4	外螺纹中径 d_2	7、8、9
内、外螺纹大径 d、D	IT10、IT9	外螺纹小径 d_3	7、8、9
内螺纹中径 D_2	7、8、9		

表 16-33 内、外螺纹中径公差，外螺纹小径公差及旋合长度（摘自 GB/T 13576.4—2008）

（单位：μm）

公称直径 d/mm		螺距 P/mm	内螺纹中径公差带位置为 T_{D_2}			外螺纹中径公差带位置为 T_{d_2}			外螺纹小径公差带位置为 T_{d_3}						旋合长度/mm		
			公差等级			公差等级			c 公差等级			e 公差等级			中等旋合长度 N		长旋合长度 L
>	≤		7	8	9	7	8	9	7	8	9	7	8	9	>	≤	>
5.6	11.2	2	250	315	400	190	236	300	388	445	525	309	366	446	6	19	19
		3	280	355	450	212	265	335	435	501	589	350	416	504	10	28	28
11.2	22.4	2	265	335	425	200	250	315	400	462	544	321	383	465	8	24	24
		3	300	375	475	224	280	355	450	520	614	365	435	529	11	32	32
		4	355	450	560	265	335	400	521	609	690	426	514	595	15	43	43
		5	375	475	600	280	355	450	562	656	775	456	550	669	18	53	53
		8	475	600	750	355	450	560	709	828	965	576	695	832	30	85	85
22.4	45	3	335	425	530	250	315	400	482	564	670	397	479	585	12	36	36
		5	400	500	630	300	375	475	587	681	806	481	575	700	21	63	63
		6	450	560	710	335	425	530	655	767	899	537	649	781	25	75	75
		7	475	600	750	355	450	560	694	813	950	569	688	825	30	85	85
		8	500	630	800	375	475	600	734	859	1015	601	726	882	34	100	100
		10	530	670	850	400	500	630	800	925	1087	650	775	937	42	125	125
		12	560	710	900	425	530	710	866	998	1223	691	823	1048	50	150	150

（续）

公称直径 d/mm		螺距 P/mm	内螺纹中径公差带位置为 T_{D_2}			外螺纹中径公差带位置为 T_{d_2}			外螺纹小径公差带位置为 T_{d_3}						旋合长度/mm		
			公差等级			公差等级			c 公差等级			e 公差等级			中等旋合长度 N		长旋合长度 L
>	≤		7	8	9	7	8	9	7	8	9	7	8	9	>	≤	>
45	90	3	355	450	560	265	335	425	501	589	701	416	504	616	15	45	45
		4	400	500	630	300	375	475	565	659	784	470	564	689	19	56	56
		8	530	670	850	400	500	630	765	890	1052	632	757	919	38	118	118
		9	560	710	900	425	530	670	811	943	1118	671	803	978	43	132	132
		10	560	710	900	425	530	670	831	963	1138	681	813	988	50	140	140
		12	630	800	1000	475	600	750	929	1085	1273	754	910	1098	60	170	170
		14	670	850	1060	500	630	800	970	1142	1355	805	967	1180	67	200	200
		16	710	900	1120	530	670	850	1038	1213	1438	853	1028	1253	75	236	236
		18	750	950	1180	560	710	900	1100	1288	1525	900	1088	1320	85	265	265
90	180	4	425	530	670	315	400	500	584	690	815	489	595	720	24	71	71
		6	500	630	800	375	475	600	705	830	986	587	712	868	36	106	106
		8	560	710	900	425	530	670	796	928	1103	663	795	970	45	132	132
		12	670	850	1060	500	630	800	960	1122	1335	785	947	1160	67	200	200
		14	710	900	1120	530	670	850	1018	1193	1418	843	1018	1243	75	236	236
		16	750	950	1180	560	710	900	1075	1263	1500	890	1078	1315	90	265	265
		18	800	1000	1250	600	750	950	1150	1338	1588	950	1138	1388	100	300	300
		20	800	1000	1250	600	750	950	1175	1363	1613	962	1150	1400	112	335	335
		22	850	1060	1320	630	800	1000	1232	1450	1700	1011	1224	1474	118	355	355
		24	900	1120	1400	670	850	1060	1313	1538	1800	1074	1299	1561	132	400	400
		28	950	1180	1500	710	900	1120	1388	1625	1900	1138	1315	1650	150	450	450
180	355	8	600	750	950	450	560	710	828	965	1153	695	832	1020	50	150	150
		12	710	900	1120	530	670	850	998	1173	1398	823	998	1223	75	224	224
		18	850	1060	1320	630	800	1000	1187	1400	1650	987	1200	1450	112	335	335
		20	900	1120	1400	670	850	1060	1263	1488	1750	1050	1275	1537	125	375	375
		22	900	1120	1400	670	850	1060	1288	1513	1775	1062	1287	1549	140	425	425
		24	950	1180	1500	710	900	1120	1363	1600	1875	1124	1361	1636	150	450	450
		32	1060	1320	1700	800	1000	1250	1530	1780	2092	1265	1515	1827	200	600	600
		36	1120	1400	1800	850	1060	1320	1623	1885	2210	1343	1605	1930	224	670	670
		40	1120	1400	1800	850	1060	1320	1663	1925	2250	1363	1625	1950	250	750	750
		44	1250	1500	1900	900	1120	1400	1755	2030	2380	1440	1715	2065	280	850	850
355	640	12	760	950	1200	560	710	900	1035	1223	1460	870	1058	1295	87	260	260
		18	900	1120	1400	670	850	1060	1238	1462	1725	1038	1263	1. 525	132	390	390
		24	950	1180	1480	710	900	1120	1368	1600	1875	1124	1361	1636	174	520	520
		44	1200	1610	2000	950	1220	1520	1818	2155	2530	1503	1840	2215	319	950	950

表 16-34　内、外螺纹大径公差

公称直径 /mm		内螺纹大径公差 $T_D(H_{10})$ /μm	外螺纹大径公差 $T_d(h9)$ /μm	公称直径 /mm		内螺纹大径公差 $T_D(H_{10})$ /μm	外螺纹大径公差 $T_d(h9)$ /μm
>	≤			>	≤		
6	10	58	36	180	250	185	115
10	18	70	43	250	315	210	130
18	30	84	52	315	400	230	140
30	50	100	62	400	500	250	155
50	80	120	74	500	630	280	175
80	120	140	87	630	800	320	200
120	180	160	100				

表 16-35 内螺纹小径公差（T_{D_1}）4 级公差值（摘自 GB/T 13576. 4—2008）

螺距 P/mm	4 级公差/μm	螺距 P/mm	4 级公差/μm
2	236	18	1120
3	315	20	1180
4	375	22	1250
5	450	24	1320
6	500	28	1500
7	560	32	1600
8	630	36	1800
9	670	40	1900
10	710	44	2000
12	800		
14	900		
16	1000		

表 16-36 螺纹选用公差带

精度	选 用	内螺纹		外螺纹	
		中等旋合长度 N	长旋合长度 L	中等旋合长度 N	长旋合长度 L
中等	一般用途	7H	8H	7e	8e
粗糙	用于制造螺纹有困难的场合	8H	9H	8c	9c

表 16-37 多线螺纹的中径公差修正系数

线数	2	3	4	≥5
系数	1.12	1.25	1.4	1.6

1）标准锯齿形螺纹的标记应由螺纹特征代号“B”、公称直径和导程的毫米值、螺距代号“P”和螺距毫米值组成。公称直径与导程之间用“×”号分开；螺距代号“P”和螺距值用圆括号括上。对单线锯齿形螺纹，其标记应省略圆括号部分（螺距代号“P”和螺距值）。对标准左旋锯齿形螺纹，其标记内应添加左旋代号“LH”。左旋锯齿形螺纹不标注其旋向代号。

标记示例：

① 公称直径为 40mm、导程和螺距为 7mm 的左旋单线锯齿形螺纹标记：B40×7。

② 公称直径为 40mm、导程为 14mm、螺距为 7mm 的右旋双线锯齿形螺纹标记：B40×14（P7）。

③ 公称直径为 40mm、导程和螺距为 7mm 的左旋单线锯齿形螺纹标记：B40×7LH。

2）锯齿形螺纹的公差带代号仅包含中径公差带代号。公差带代号由公差等级数字和公差带位置字母（内螺纹用大写字母；外螺纹用小写字母）组成。螺纹尺寸代号与公差带代号间用“-”分开。

标记示例：

① 中径公差带为 7H 的内螺纹：B40×7-7H。

② 中径公差带为 7e 的外螺纹：B40×7-7e。

③ 中径公差带为 7e 的双线、左旋外螺纹：B40×14（P7）LH-7e。

3）表示内、外螺纹配合时，内螺纹公差带代号在前，外螺纹公差带代号在后，中间用“/”分开。

标记示例：

① 公差带为 7H 的内螺纹与公差带为 7e 的外螺纹组成配合：B40×7-7H/7e。

② 公差带为 7H 的双线内螺纹与公差带为 7e 的双线外螺纹组成配合：B40×14（P7）-7H/7e。

4）对长旋合长度组的螺纹，应在公差带代号后标注代号“L”。旋合长度代号与公差带间用“-”分开。中等旋合长度组螺纹不标注旋合长度代号“N”。

标记示例：

① 长旋合长度的配合螺纹：B40×7-8H/8e-L。

② 中等旋合长度的外螺纹：B40×7-7e。

16.8 滚珠丝杠（滚动螺旋）

16.8.1 术语、符号（摘自 GB/T 17587.1—1998）

1. 滚珠丝杠副

由滚珠丝杠、滚珠螺母和滚珠组成的部件。它可以把旋转运动变成直线运动，或者把直线运动变为旋转运动。

根据用途的不同，滚珠丝杠副可以设计成有间隙和无间隙（预紧）两种形式。

为了满足各种需要，滚珠丝杠副采用了七个标准公差等级，即 1，2，3，4，5，7 和 10。这些有关行程偏差的标准公差是根据 ISO 286-1：1988《ISO 公差与配合系统　第 1 部分：公差、偏差和配合的基本原则》对标准公差等级 IT1，IT2，IT3，IT4，IT5，IT7，IT10 的规定而确定的。

一般情况下，标准公差等级 1，2，3，4 和 5 的滚珠丝杠副采用预紧型式，而 7 和 10 的采用非预紧型式。

2. 定位滚珠丝杠副（P 型）

用于精确定位且能够根据旋转角度和导程间接测量轴向行程的滚珠丝杠副。这种滚珠丝杠副是无间隙的（或称预紧滚珠丝杠副）。

3. 传动滚珠丝杠副（T 型）

用于传递动力的滚珠丝杠副。其轴向行程的测量由与滚珠丝杠副的旋转角度和导程无关的测量装置来完成。

注：传动滚珠丝杠副通常采用 7 和 10 的标准公差等级，在特殊应用中，例如，要求扭矩变化非常小（旋转平稳），也可能采用 1，2，3，4 及 5 的标准公差等级。

4. 单线滚珠丝杠副

导程与螺距相等的滚珠丝杠副。

5. 多线滚珠丝杠副

一个导程包含多个螺距的滚珠丝杠副。

6. 循环螺母

具有一条或多条连续的供滚珠循环的封闭通道组成的滚珠螺母。

7. 滚珠循环装置

构成一条或多条连续的供滚珠循环的封闭通道的装置。

8. 密封件

附在滚珠螺母体上，与滚珠丝杠接触的密封零件，它可以阻止外物进入滚珠螺母体或者使滚珠丝杠副内润滑剂不外泄。

9. 负荷滚珠

承受载荷的滚珠。

10. 间隔滚珠

不承受载荷，起间隔作用的滚珠，直径比负荷滚珠小。

以下与尺寸有关的术语参考图 16-6 和图 16-7。

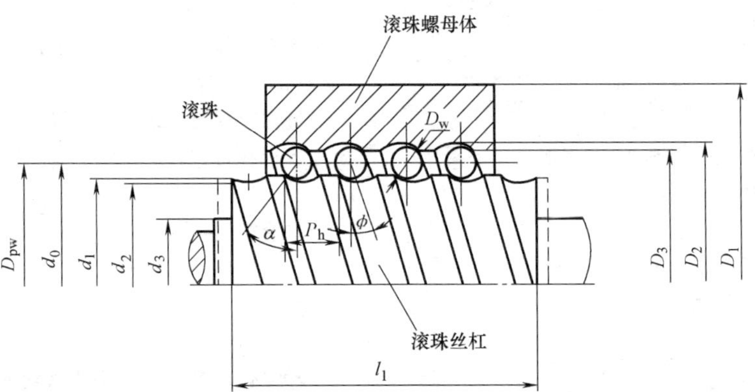

图 16-6　滚珠丝杠副的尺寸

d_0—公称直径　d_1—滚珠丝杠螺纹外径　d_2—滚珠丝杠螺纹底径　d_3—轴颈直径　D_1—滚珠螺母体外径　D_2—滚珠螺母体螺纹底径　D_3—滚珠螺母体螺纹内径　D_{pw}——节圆直径　D_w—滚珠直径　l_1—螺纹全长　α—公称接触角　P_h—导程　ϕ—导程角

11. 公称直径 d_0

用于标识的尺寸值（无公差）。

12. 节圆直径 D_{pw}

滚珠与滚珠螺母体及滚珠丝杠位于理论接触点时滚珠球心包络的圆柱直径。

其中，节圆直径通常都与滚珠丝杠的公称直径相等，但也有例外。

13. 滚道

在滚珠螺母体或滚珠丝杠上设计的供滚珠运动用的螺旋槽。滚珠丝杠副通过滚道内的滚珠在滚珠螺母和滚珠丝杠间传递负荷力（见图 16-7）。

14. 滚道法向截形

在节圆柱面上，导程为公称导程且通过滚珠中心的螺旋线的法平面与滚道表面的交线。常用的滚道法向截形有两种，双圆弧形和单圆弧形（见图 16-8）。

15. 适应度 f_{rs}、f_{rn}

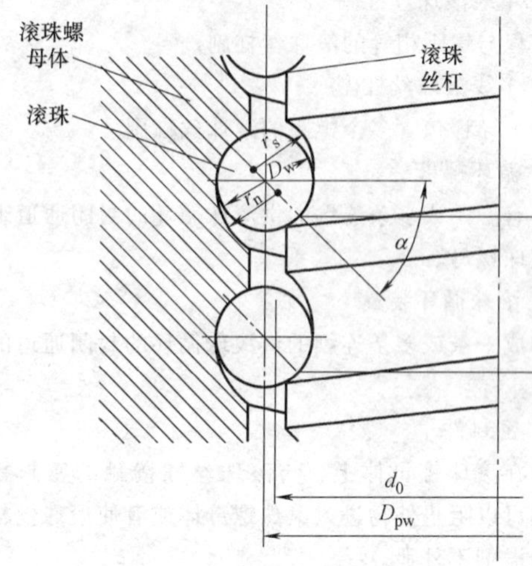

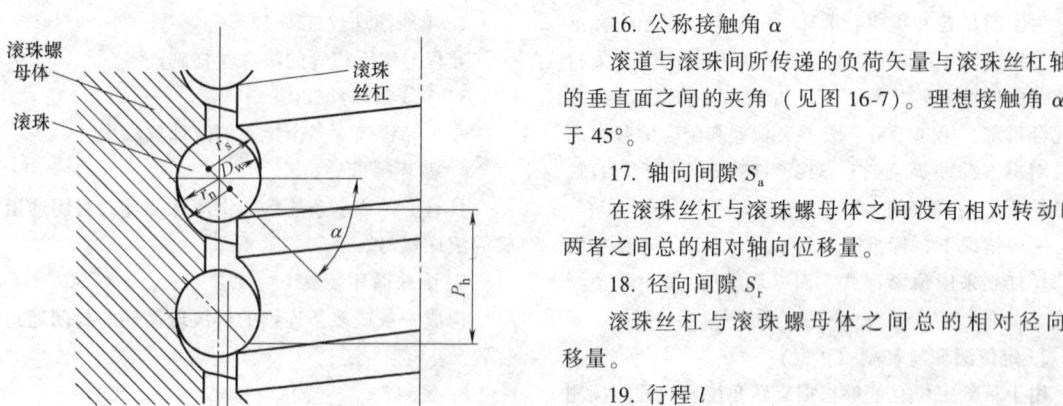

图 16-7 滚道型面

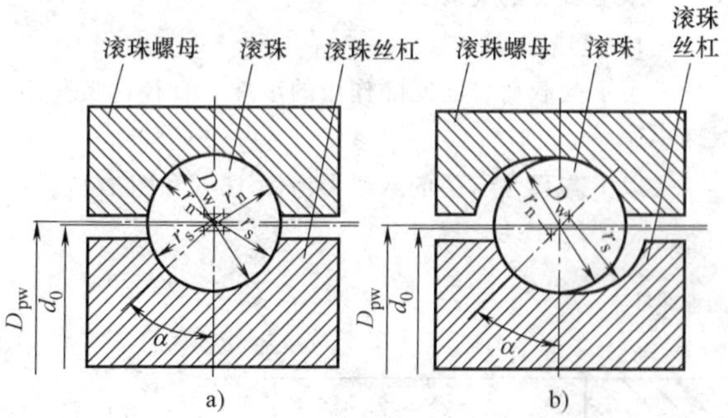

图 16-8 滚道法向截面示意图

a）双圆弧滚道 b）单圆弧滚道

滚珠丝杠的滚道半径 r_s 或滚珠螺母体的滚道半径 r_n 与滚珠直径 D_w 的比值（见图 16-7）。

$$f_{rs}=\frac{r_s}{D_w} \quad 或 \ f_{rn}=\frac{r_n}{D_w}$$

式中，下标 s 和 n 分别表示滚珠丝杠和滚珠螺母体。

16. 公称接触角 α

滚道与滚珠间所传递的负荷矢量与滚珠丝杠轴线的垂直面之间的夹角（见图 16-7）。理想接触角 α 等于 45°。

17. 轴向间隙 S_a

在滚珠丝杠与滚珠螺母体之间没有相对转动时，两者之间总的相对轴向位移量。

18. 径向间隙 S_r

滚珠丝杠与滚珠螺母体之间总的相对径向位移量。

19. 行程 l

转动滚珠丝杠或滚珠螺母时，滚珠丝杠或滚珠螺母的轴向位移量。

20. 导程 P_h

滚珠螺母相对滚珠丝杠旋转 2π 弧度时的行程。

21. 公称导程 P_{h0}

通常用作尺寸标识的导程值（无公差）。

22. 目标导程 P_{hs}

根据实际使用需要提出的具有方向目标要求的导程。一般这个导程值比公称导程稍小一点，用以补偿丝杠在工作时由于温度上升和载荷引起的伸长量。

23. 公称行程 l_0

公称导程与旋转圈数的乘积（见图 16-9）。

24. 目标行程 l_s

目标导程与旋转圈数的乘积。有时目标行程可由公称行程和行程补偿值表示（见图 16-9）。

25. 实际行程 l_a

在给定旋转圈数的情况下，滚珠螺母相对于滚珠丝杠（或滚珠丝杠相对于滚珠螺母）的实际轴向位移量。

26. 实际平均行程 l_m

对实际行程具有最小直线度偏差的直线（见图 16-9）。

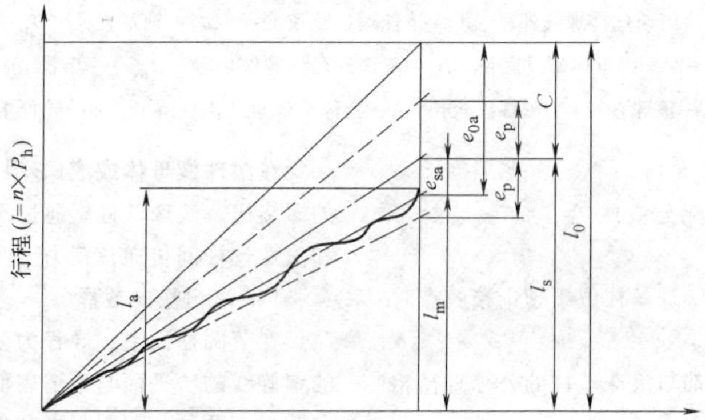

图 16-9 行程与旋转角的关系、公称行程或目标行程有关的偏差

27. 有效行程 l_u

有指定精度要求的行程部分（即行程加上滚珠螺母体的长度）。

28. 余程 l_e

没有指定精度要求的行程部分。

29. 行程补偿值 c

在有效行程内，目标行程与公称行程之差（见图 16-9 和图 16-10）。

30. 目标行程公差 e_p

允许的实际平均行程最大与最小值之差 $2e_p$ 的一半（见图 16-9 和图 16-10）。

31. 实际平均行程偏差 e_{0a}或 e_{sa}

在有效行程内，实际平均行程 l_m 与公称行程 l_0 之差，或者实际平均行程 l_m 与目标行程 l_s 之差（见图 16-9）。

32. 行程变动量 v

平行于实际平均行程 l_m 且包容实际行程曲线的带宽值。已经规定的行程变动量有：2π 弧度行程与带宽值 $v_{2\pi}$相对应；300mm 行程与带宽值 v_{300}相对应；有效行程与带宽值 v_u 相对应（见图 16-10）。

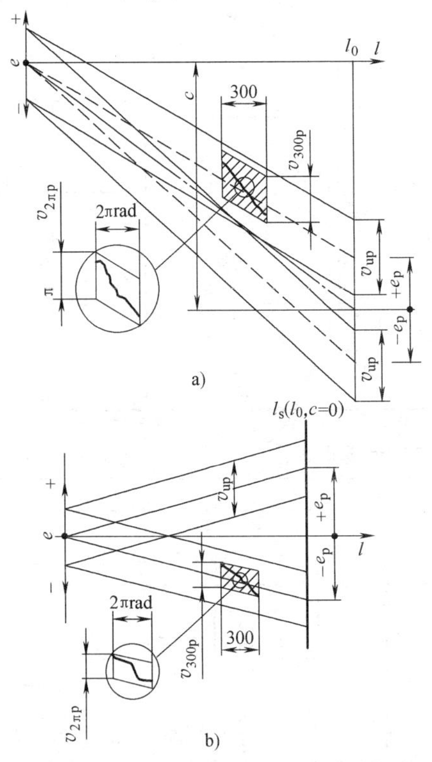

图 16-10　允许行程偏差和行程变动量

a）相对于公称行程的允许行程偏差和行程变动量的曲线

b）当 $c=0$ 时相对于目标行程或公称行程的允许行程偏差和行程变动量的曲线

注：以上带宽有允许带宽（符号是“p”）与实际带宽（符号“a”）之区别。

例如：300mm 长度内行程允许带宽为 v_{300p}；有效行程内的实际带宽为 v_{ua}。

在一圈（2π 弧度）内，带宽是通过每转内测量 9 次（每隔 45°测一次）的值确定，还是通过在一转内连续的测量值来确定（在有效行程的起点、中部和终点取测量区），要由有关这项检验的协议规定。

33. 寿命 L_0

在一套滚珠丝杠副中，丝杠、螺母或滚珠材料出现首次疲劳现象之前，丝杠和螺母之间所能达到的相对转数。

34. 额定寿命 L_{10}

就一套滚珠丝杠副而言，或者对在相同条件下运转的一组相同的滚珠丝杠副而言，这一套滚珠丝杠副或一组中 90% 的滚珠丝杠副不发生疲劳现象能达到的规定转数。

35. 轴向额定动载荷 C_a

在额定寿命为 10^6 转的条件下，滚珠丝杠副理论上所能承受的恒定轴向载荷。

36. 轴向额定静载荷 C_{oa}

使滚珠与滚道面间承受最大的接触应力点处产生 0.0001 倍滚珠直径的永久变形时，所施加的静态轴向载荷。

37. 等效载荷 F_m

使滚珠丝杠副寿命与变化载荷作用下的寿命相同的平均载荷。

38. 预加载荷 F_{pr}

为了消除间隙和提高刚度，施加于一组滚珠和滚道上的载荷，这可以通过使一组滚珠和滚道相对另一组滚珠和滚道发生相对轴向位移来获得。

39. 动态预紧转矩 T_p

有预加载荷的滚珠丝杠副，在无外部载荷作用下，不计密封件的摩擦力矩，使滚珠丝杠与滚珠螺母相对转动所需的转矩。

40. 总动态转矩 T_t

有预加载荷的滚珠丝杠副，在无外部载荷作用下，需要克服密封件的摩擦力矩，使滚珠丝杠与滚珠螺母相对转动所需的转矩。

41. 滚珠丝杠副强度 F_c

作用于滚珠丝杠副但不能在其上产生永久结构变形的最大轴向压力。

42. 轴向刚度 R

抵抗轴向变形的能力（单位变形量所需的载荷）。

43. 临界速度 N_{cr}

使滚珠丝杠副产生共振的丝杠或螺母的旋转速度。

44. 逆传动

在滚珠丝杠副中，对丝杠（或螺母）施加轴向载荷，使螺母（或丝杠）旋转。

16.8.2 滚珠丝杠副的标识符号

滚珠丝杠副的标识符号应该包括下列按给定顺序排列的内容。

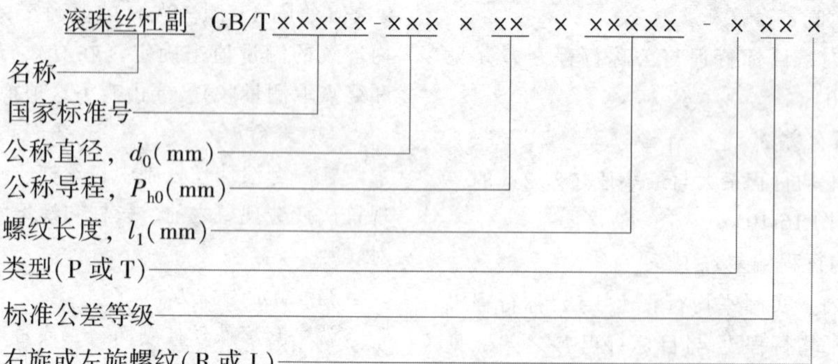

16.8.3 滚珠丝杠副公称直径和公称导程的标准系列和组合（摘自 GB/T 17587.2—1998）（见表 16-38、表 16-39）

表 16-38 公称直径和公称导程的优先组合（单位：mm）

公称直径	公称导程				
6	2.5				
8	2.5				
10	2.5	5			
12	2.5	5	10		
16	2.5	5	10		
20		5	10	20	
25		5	10	20	
32		5	10	20	
40		5	10	20	40
50		5	10	20	40
63		5	10	20	40
80			10	20	40
100			10	20	40
125			10	20	40
160				20	40
200				20	40

表 16-39 公称直径和公称导程的一般组合（单位：mm）

公称直径	公称导程														
6	1	2	2.5												
8	1	2	2.5	3											
10	1	2	2.5	3	4	5	6								
12		2	2.5	3	4	5	6	8	10	12					
16		2	2.5	3	4	5	6	8	10	12	16				
20				3	4	5	6	8	10	12	16	20			
25					4	5	6	8	10	12	16	20	25		
32					4	5	6	8	10	12	16	20	25	32	
40						5	6	8	10	12	16	20	25	32	40
50						5	6	8	10	12	16	20	25	32	40
63						5	6	8	10	12	16	20	25	32	40
80							6	8	10	12	16	20	25	32	40
100									10	12	16	20	25	32	40
125									10	12	16	20	25	32	40
160										12	16	20	25	32	40
200										12	16	20	25	32	40

16.8.4　滚珠丝杠的验收条件和验收检验（摘自 GB/T 17587.3—1998）

16.8.4.1　标准公差等级

分为 1、2、3、4、5、7、10 共 7 级，其中 2、4 两级为不优先采用的公差等级。

16.8.4.2　行程偏差

根据滚珠丝杠副类型［定位（P 型）或传动（T 型）］应进行表 16-40 中规定的检验。

基本测量原理图如图 16-11 所示。

表 16-40　行程偏差的检验项目

每一基准长度的行程偏差	滚珠丝杠副类型	
	P	T
	检验序号	
有效行程 l_u 内行程补偿值 c	用户规定	$c=0$
目标行程公差 e_p	E1.1	E1.2
有效行程内允许的行程变动量 V_{up}	E2	—
300mm 行程内允许的行程变动量 V_{300P}	E3	E3
2π 弧度内允许的行程变动量 $V_{2\pi P}$	E4	—

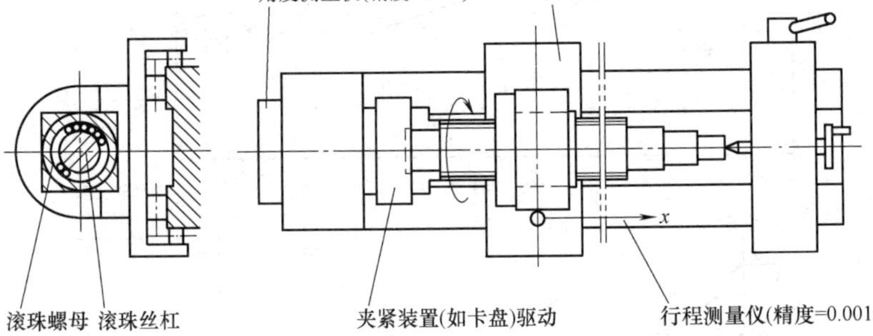

图 16-11　基本测量原理

检验值和公差是指滚珠螺母相对滚珠丝杠的位移。

由有关这项检验的专门协议规定，可采用下列方法进行检验。

用一测量球与不旋转的滚珠丝杠滚道接触，逐牙进行测量。测量间隔见表 16-45。

2π 弧度内的行程变动量 $V_{2\pi}$ 是通过每转内测量 9 次（8×45°）的值确定，或者是通过在一牙内连续的测量值来确定（在有效行程的起点、中部和终点取测量区）。

16.8.4.3　测量图计算

为了确定有效行程内实际平均行程偏差，可以使用数学法或图解法。就实质而言教学法是精确的，而图解法简便，速度快，日常计算建议用这种近似方法。

注：由数字法计算得到的行程变动量可能不是最小的行程变动量。图解法能得出最小的行程变动量。

1. 数学（最小二乘法）法

实际平均行程偏差 e_a 由下式得出：

$$e_a=a+b\gamma$$

$$a=\frac{\sum\gamma_i^2\sum e_i-\sum\gamma_i\sum\gamma_i e_i}{n\sum\gamma_i^2-\sum\gamma_i\sum\gamma_i}$$

$$b=\frac{n\sum\gamma_i e_i-\sum\gamma_i\sum e_i}{n\sum\gamma_i^2-\sum\gamma_i\sum\gamma_i}$$

式中　e_a——相对于目标或公称行程的实际平均行程偏差；

γ——旋转角（分别对目标或公称行程）；

γ_i——第 i 个测量点的旋转角（分别对目标或公称行程）；

e_i——相对于第 i 个旋转角的目标行程或公称行程的行程偏差；

n——测量点个数。

2. 图解法（见图 16-12）

根据实际行程偏差图确定实际平均行程偏差的方法如下：

1）作出通过实际行程偏差曲线的两个或两个以上的上峰点的切线（l_1，l_2……），同样作出通过下峰点的切线（l_3……）。

2）确定平行于纵坐标的各个最大偏差值（e_1，e_2，e_3，……），并从这些值中选出最小值（例中的e_2）。

3）通过最小偏差点画一条平行于相应峰点切线的直线（例中的l_2'平行于l_2）。

实际平均行程偏差 e_a 通过两条斜线（l_2'和 l_2）的中线即可确定。有效行程内的实际行程变动量 V_{ua} 则是这两条平行线（l_2'和 l_2）间平行于纵坐标方向测得的距离值 e_2。

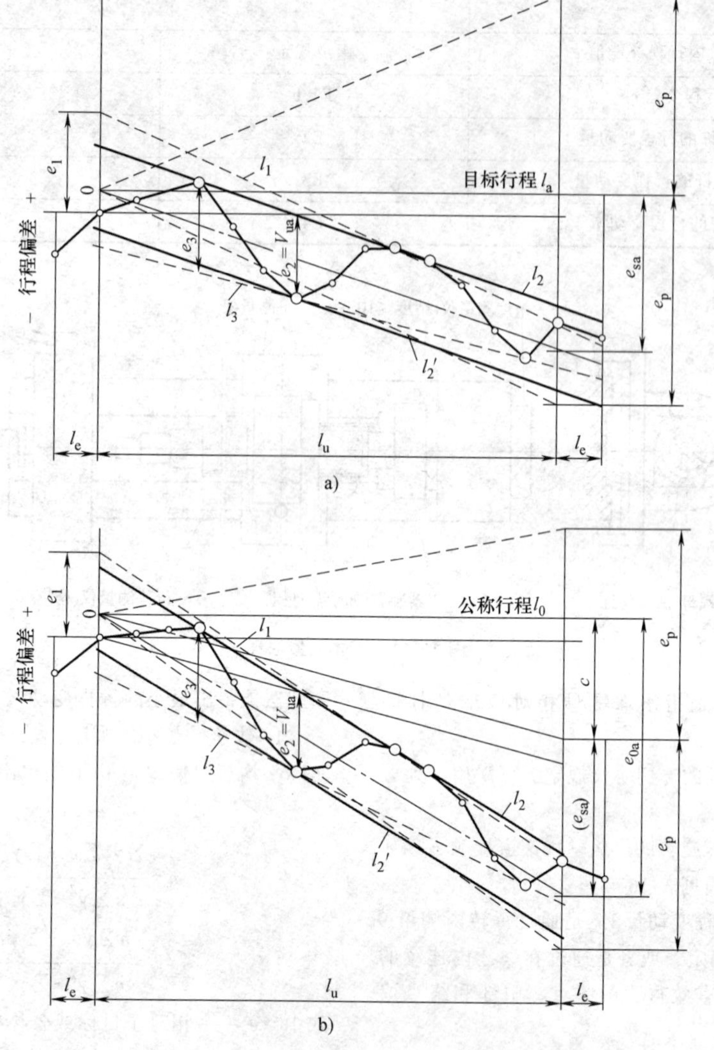
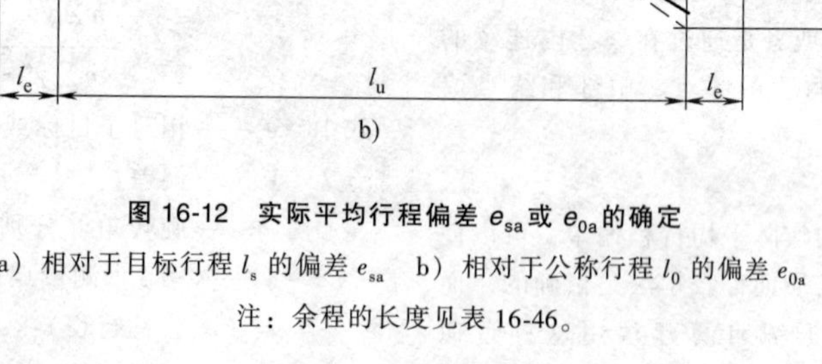

图 16-12　实际平均行程偏差 e_{sa} 或 e_{0a} 的确定

a）相对于目标行程 l_s 的偏差 e_{sa}　b）相对于公称行程 l_0 的偏差 e_{0a}

注：余程的长度见表 16-46。

16.8.4.4　验收检验

1）行程偏差和变动量见表 16-41。

2）跳动和位置公差见表 16-42。

3）性能检验见表 16-43。

表 16-41 行程偏差和变动量

<table>
<tr><th>序号</th><th>简图</th><th>检验项目</th><th colspan="8">允差</th><th>检验工具</th><th>检验说明</th></tr>
<tr><td rowspan="18">E1.1</td><td rowspan="18"> 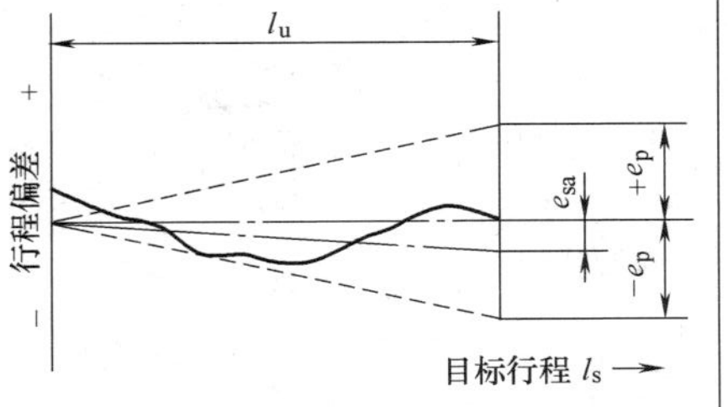a) 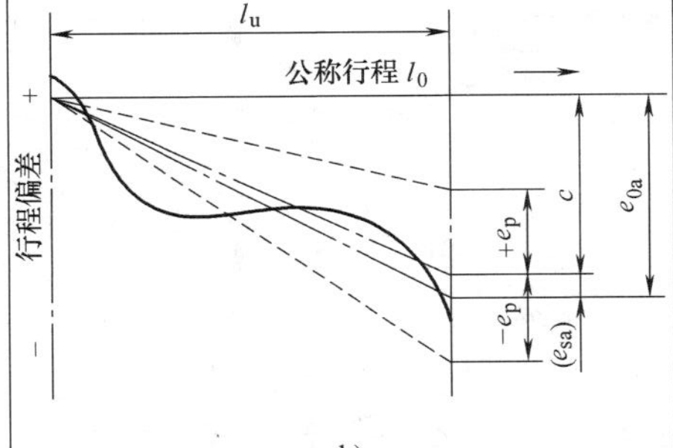
b)</td><td rowspan="18">有效行程 l_u 内的平均行程偏差 e_{sa} 和 e_{0a}；
1）对目标行程
2）对公称行程</td><td colspan="8">定位滚珠丝杠副</td><td rowspan="18">见图 16-11</td><td rowspan="18">见图 16-11</td></tr>
<tr><td rowspan="3">有效行程 l_u/mm</td><td colspan="7">标准公差等级</td></tr>
<tr><td>1</td><td>2</td><td>3</td><td>4</td><td>5</td><td>7</td><td>10</td></tr>
<tr><td colspan="7">e_p/μm</td></tr>
<tr><td>≤315</td><td>6</td><td>8</td><td>12</td><td>16</td><td>23</td><td>—</td><td>—</td></tr>
<tr><td>>315~400</td><td>7</td><td>9</td><td>13</td><td>18</td><td>25</td><td>—</td><td>—</td></tr>
<tr><td>>400~500</td><td>8</td><td>10</td><td>15</td><td>20</td><td>27</td><td>—</td><td>—</td></tr>
<tr><td>>500~630</td><td>9</td><td>11</td><td>16</td><td>22</td><td>32</td><td>—</td><td>—</td></tr>
<tr><td>>630~800</td><td>10</td><td>13</td><td>18</td><td>25</td><td>36</td><td>—</td><td>—</td></tr>
<tr><td>>800~1000</td><td>11</td><td>15</td><td>21</td><td>29</td><td>40</td><td>—</td><td>—</td></tr>
<tr><td>>1000~1250</td><td>13</td><td>18</td><td>24</td><td>34</td><td>47</td><td>—</td><td>—</td></tr>
<tr><td>>1250~1600</td><td>15</td><td>21</td><td>29</td><td>40</td><td>55</td><td>—</td><td>—</td></tr>
<tr><td>>1600~2000</td><td>18</td><td>25</td><td>35</td><td>48</td><td>65</td><td>—</td><td>—</td></tr>
<tr><td>>2000~2500</td><td>22</td><td>30</td><td>41</td><td>57</td><td>78</td><td>—</td><td>—</td></tr>
<tr><td>>2500~3150</td><td>26</td><td>36</td><td>50</td><td>69</td><td>96</td><td>—</td><td>—</td></tr>
<tr><td>>3150~4000</td><td>32</td><td>45</td><td>62</td><td>86</td><td>115</td><td>—</td><td>—</td></tr>
<tr><td>>4000~5000</td><td>—</td><td>—</td><td>76</td><td>110</td><td>140</td><td>—</td><td>—</td></tr>
<tr><td>>5000~6300</td><td>—</td><td>—</td><td>—</td><td>—</td><td>170</td><td>—</td><td>—</td></tr>
<tr><td rowspan="4">E1.2</td><td rowspan="4"> 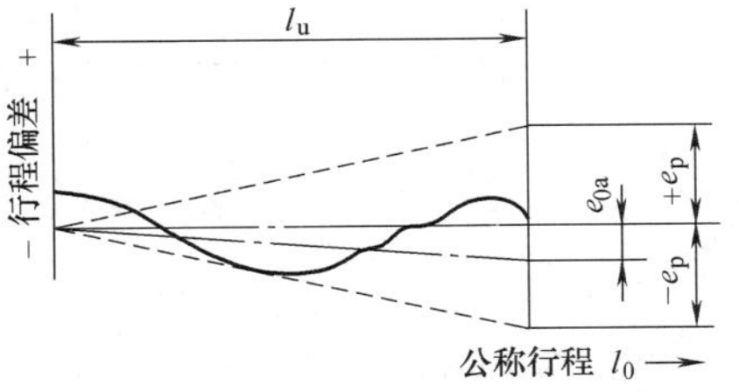</td><td rowspan="4">有效行程 l_u 内平均行程偏差 e_{0a}</td><td colspan="8">传动滚珠丝杠副</td><td rowspan="4">见图 16-11</td><td rowspan="4">见图 16-11</td></tr>
<tr><td colspan="8">标准公差等级</td></tr>
<tr><td>1</td><td>2</td><td>3</td><td>4</td><td>5</td><td>6</td><td>7</td><td>10</td></tr>
<tr><td colspan="8">$e_p=\pm\frac{l_u}{300}V_{300p}$，$V_{300p}$ 见 E3</td></tr>
</table>

（续）

<table>
<tr><th>序号</th><th>简　　图</th><th>检验项目</th><th colspan="8">允　　差</th><th>检验工具</th><th>检验说明</th></tr>
<tr><td rowspan="19">E2</td><td rowspan="19">行程偏差 − +
l_u
V_{up}
V_{us}
目标行程 l_s
(公称行程 l_0)</td><td rowspan="19">有效行程 l_u 内行程变动量 V_u</td><td colspan="8">定位滚珠丝杠副</td><td rowspan="19">见图 16-11</td><td rowspan="19">见图 16-11
V_{us}是有效行程 l_u 上包络实际偏差且平行于平均行程偏差的两直线间在平行于纵坐标方向所测得的最小距离</td></tr>
<tr><td rowspan="3">有效行程 l_u /mm</td><td colspan="7">标准公差等级</td></tr>
<tr><td>1</td><td>2</td><td>3</td><td>4</td><td>5</td><td>7</td><td>10</td></tr>
<tr><td colspan="7">V_{up}/μm</td></tr>
<tr><td>≤315</td><td>6</td><td>8</td><td>12</td><td>16</td><td>23</td><td>—</td><td>—</td></tr>
<tr><td>>315~400</td><td>6</td><td>9</td><td>12</td><td>18</td><td>25</td><td>—</td><td>—</td></tr>
<tr><td>>400~500</td><td>7</td><td>9</td><td>13</td><td>19</td><td>26</td><td>—</td><td>—</td></tr>
<tr><td>>500~630</td><td>7</td><td>10</td><td>14</td><td>20</td><td>29</td><td>—</td><td>—</td></tr>
<tr><td>>630~800</td><td>8</td><td>11</td><td>16</td><td>22</td><td>31</td><td>—</td><td>—</td></tr>
<tr><td>>800~1000</td><td>9</td><td>12</td><td>17</td><td>24</td><td>34</td><td>—</td><td>—</td></tr>
<tr><td>>1000~1250</td><td>10</td><td>14</td><td>19</td><td>27</td><td>39</td><td>—</td><td>—</td></tr>
<tr><td>>1250~1600</td><td>11</td><td>16</td><td>22</td><td>31</td><td>44</td><td>—</td><td>—</td></tr>
<tr><td>>1600~2000</td><td>13</td><td>18</td><td>25</td><td>36</td><td>51</td><td>—</td><td>—</td></tr>
<tr><td>>2000~2500</td><td>15</td><td>21</td><td>29</td><td>41</td><td>59</td><td>—</td><td>—</td></tr>
<tr><td>>2500~3150</td><td>17</td><td>24</td><td>34</td><td>49</td><td>69</td><td>—</td><td>—</td></tr>
<tr><td>>3150~4000</td><td>21</td><td>29</td><td>41</td><td>58</td><td>82</td><td>—</td><td>—</td></tr>
<tr><td>>4000~5000</td><td>—</td><td>—</td><td>49</td><td>70</td><td>99</td><td>—</td><td>—</td></tr>
<tr><td>>5000~6300</td><td>—</td><td>—</td><td>—</td><td>—</td><td>119</td><td>—</td><td>—</td></tr>
<tr><td colspan="8">注：传动滚动丝杠副的有效行程 l_u 内行程变动量 V_{up} 未规定。</td></tr>
<tr><td rowspan="5">E3</td><td rowspan="5">行程偏差 − +
l_u
300
V_{300p}
V_{300a}
目标行程 l_s
(公称行程 l_0)
实际行程偏差</td><td rowspan="5">任意 300mm 轴向行程内行程变动量 V_{300}</td><td colspan="8">定位或传动滚珠丝杠副</td><td rowspan="5">见图 16-11</td><td rowspan="5">见图 16-11
V_{300a}是当一样板沿实际行程偏差曲线且平行于其平均行程偏差线移动时，沿有效行程任意 300mm 长度内平行于纵坐标方向所测得的最小距离</td></tr>
<tr><td colspan="8">标准公差等级</td></tr>
<tr><td>1</td><td>2</td><td>3</td><td>4</td><td>5</td><td colspan="2">7</td><td>10</td></tr>
<tr><td colspan="8">V_{300p}/μm</td></tr>
<tr><td>6</td><td>8</td><td>12</td><td>16</td><td>23</td><td colspan="2">52</td><td>210</td></tr>
</table>

E4	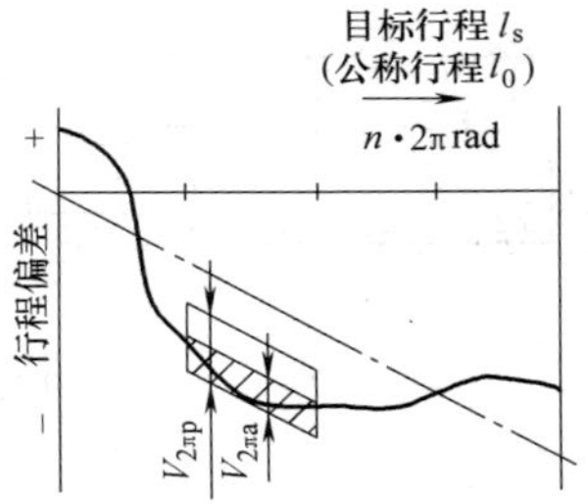	2π弧度内行程变动量 $V_{2\pi}$	定位滚珠丝杠副							见图 16-11	见图 16-11 $V_{2\pi a}$是当一样板沿实际行程偏差曲线且平行于其平均行程偏差线移动时，沿有效行程任意 2π 距离上平行于纵坐标方向所测得的最小距离
			标准公差等级								
			1	2	3	4	5	7	10		
			$V_{2\pi p}$/μm								
			4	5	6	7	8	—	—		

表 16-42 跳动和位置公差

序号	简图	检验项目	允差									检验工具	检验说明 参照 GB/T 10931.1 的有关条文
E5	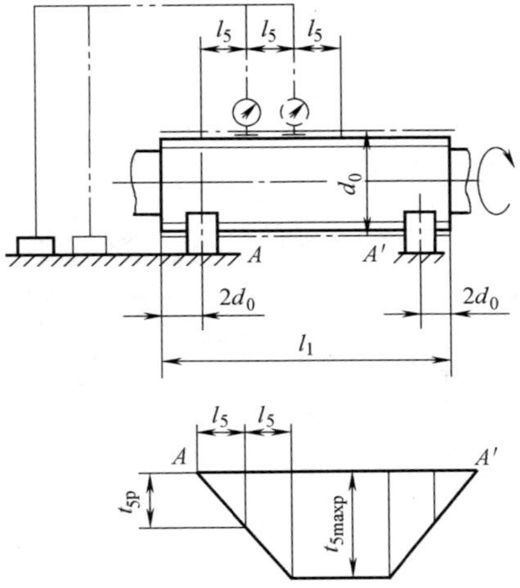	每 l_5 长度处滚珠丝杠外径的径向跳动 t_5，用以确定相对于 AA′的直线度	定位或传动滚珠丝杠副									指示器、等高双 V 形铁	置滚珠丝杠于 AA′处两相同的 V 形铁上。调整指示器，使其测头在距离 l_5 处垂直触及圆柱表面。缓缓转动丝杠，记下指示器读数变化。在规定的测量间隔重复检验 注： 1）经商定允许将滚珠丝杠顶在中心孔上测量。此时 l_1 应为丝杠总长 2）如果 $l_1<2l_5$ 可在 $l_1/2$ 处测量
			公称直径 d_0 /mm	l_5 /mm	标准公差等级								
					1	2	3	4	5	7	10		
					l_5 长度上的 t_{5p}/μm								
			≥6~12	80									
			>12~25	160									
			>25~50	315	20	22	25	28	32	40	80		
			>50~100	630									
			>100~200	1250									
			长径比 l_1/d_0		$l_1 \geqslant 4l_5$ 长度上的 $t_{5\max P}$/μm								
			≤40		40	45	50	57	64	80	160		
			>40~60		60	67	75	85	96	120	240		
			>60~80		100	112	125	142	160	200	400		
			>80~100		160	180	200	225	256	320	640		

（续）

<table>
<tr><th rowspan="2">序号</th><th rowspan="2">简　图</th><th rowspan="2">检验项目</th><th colspan="9">允　差</th><th rowspan="2">检验工具</th><th rowspan="2">检验说明
参照 GB/T 10931.1 的有关条文</th></tr>
<tr><td colspan="9"></td></tr>
<tr><td rowspan="8">E6</td><td rowspan="8">d_0 A A′ $2d_0$ l_6</td><td rowspan="8">每 l 长度处支承轴颈相对于 AA' 的径向跳动当 $l_6 \leq l$ 时为 t_6，当 $l_6>l$ 时其有效值为 $t_{6a} \leq t_{6p}\dfrac{l_6}{l}$</td><td colspan="9">定位或传动滚珠丝杠副</td><td rowspan="8">指示器、等高双 V 形铁</td><td rowspan="8">置滚珠丝杠于 AA'处 V 形垫铁上。在距离 l_6 处使指示器测头垂直触及圆柱表面。缓缓转动丝杠，记下指示器读数变化
注：经商定允许将丝杠顶在中心孔上测量（此时 l_6 应为测量点至轴端的距离。）</td></tr>
<tr><td rowspan="3">公称直径 d_0 /mm</td><td rowspan="3">l /mm</td><td colspan="7">标准公差等级</td></tr>
<tr><td>1</td><td>2</td><td>3</td><td>4</td><td>5</td><td>7</td><td>10</td></tr>
<tr><td colspan="7">l 长度上 l_{6p}/μm</td></tr>
<tr><td>≥6～20</td><td>80</td><td>10</td><td>11</td><td>12</td><td>16</td><td>20</td><td>40</td><td>63</td></tr>
<tr><td>>20～50</td><td>125</td><td>12</td><td>14</td><td>16</td><td>20</td><td>25</td><td>50</td><td>80</td></tr>
<tr><td>>50～125</td><td>200</td><td>16</td><td>18</td><td>20</td><td>26</td><td>32</td><td>63</td><td>100</td></tr>
<tr><td>>125～200</td><td>315</td><td></td><td></td><td>25</td><td>32</td><td>40</td><td>80</td><td>125</td></tr>
<tr><td rowspan="8">E7</td><td rowspan="8">$\Delta \leq t_{7p}$ 支承轴颈 d_0 A A′ l_7 $2d_0$ $2d_0$</td><td rowspan="8">轴颈相对于支承轴颈的径向跳动当 $l_7 \leq l$ 时为 t_7，当 $l_7>l$ 时其有效值为 $t_{7a} \leq t_{7p}\dfrac{l_7}{l}$</td><td colspan="9">定位或传动滚珠丝杠副</td><td rowspan="8">指示器、等高双 V 形铁</td><td rowspan="8">置滚珠丝杠于 AA'处 V 形垫铁上。在距离 l_7 处使指示器测头垂直触及圆柱表面。缓缓转动丝杠，记下指示器读数变化
注：经商定允许将丝杠顶在中心孔上测量</td></tr>
<tr><td rowspan="3">公称直径 d_0 /mm</td><td rowspan="3">l /mm</td><td colspan="7">标准公差等级</td></tr>
<tr><td>1</td><td>2</td><td>3</td><td>4</td><td>5</td><td>7</td><td>10</td></tr>
<tr><td colspan="7">l 长度上 l_{7p}/μm</td></tr>
<tr><td>≥6～20</td><td>80</td><td>5</td><td>6</td><td>6</td><td>7</td><td>8</td><td>12</td><td>16</td></tr>
<tr><td>>20～50</td><td>125</td><td>6</td><td>7</td><td>8</td><td>9</td><td>10</td><td>16</td><td>20</td></tr>
<tr><td>>50～125</td><td>200</td><td>8</td><td>9</td><td>10</td><td>11</td><td>12</td><td>20</td><td>25</td></tr>
<tr><td>>125～200</td><td>315</td><td></td><td></td><td>12</td><td>14</td><td>16</td><td>25</td><td>32</td></tr>
<tr><td rowspan="7">E8</td><td rowspan="7">支承轴颈 d F d_0 A A′ $2d_0$</td><td rowspan="7">支承轴颈肩面对 AA'的轴向圆跳动 t_8</td><td colspan="9">定位或传动滚珠丝杠副</td><td rowspan="7">指示器、等高双 V 形铁</td><td rowspan="7">置滚珠丝杠于 AA'处 V 形垫铁上。防止丝杠轴向移动（可将钢珠置于滚珠丝杠中心孔和固定面间）。使指示器测头垂直触及轴颈端面和圆柱表面相应的直径处。转动滚珠丝杠并记下指示器读数
注：经商定允许将丝杠顶在中心孔上测量</td></tr>
<tr><td colspan="2" rowspan="3">公称直径 d_0 /mm</td><td colspan="7">标准公差等级</td></tr>
<tr><td>1</td><td>2</td><td>3</td><td>4</td><td>5</td><td>7</td><td>10</td></tr>
<tr><td colspan="7">l_{8p}/μm</td></tr>
<tr><td colspan="2">≥6～63</td><td>3</td><td>4</td><td>4</td><td>5</td><td>5</td><td>6</td><td>10</td></tr>
<tr><td colspan="2">>63～125</td><td>4</td><td>5</td><td>5</td><td>6</td><td>6</td><td>8</td><td>12</td></tr>
<tr><td colspan="2">>125～200</td><td>—</td><td>6</td><td>6</td><td>7</td><td>8</td><td>10</td><td>16</td></tr>
</table>

<table>
<tr><td rowspan="9">E9</td><td rowspan="9"> 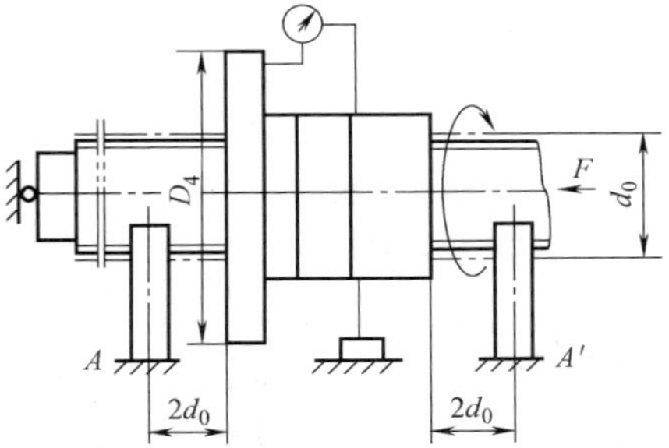</td><td rowspan="9">滚珠螺母安装端面对 AA′的轴向圆跳动 t_9（仅用于有预加载荷的滚珠螺母）</td><td colspan="8">定位或传动滚珠丝杠副</td><td rowspan="9">指示器、等高双 V 形铁</td><td rowspan="9">将有预加载荷的滚珠丝杠副置于 AA′处 V 形垫铁上。防止丝杠轴向移动（可将钢珠置于丝杠轴中心孔和固定面之间）。使指示器测头垂直触及螺母检验直径 D_4 外缘处的安装端面，螺母不转动，缓慢地转动丝杠并记下指示器读数</td></tr>
<tr><td rowspan="3">螺母安装端面直径 D_4/mm</td><td colspan="7">标准公差等级</td></tr>
<tr><td>1</td><td>2</td><td>3</td><td>4</td><td>5</td><td>7</td><td>10</td></tr>
<tr><td colspan="7">t_{9p}/μm</td></tr>
<tr><td>≥16～32</td><td>10</td><td>11</td><td>12</td><td>14</td><td>16</td><td>20</td><td>—</td></tr>
<tr><td>>32～63</td><td>12</td><td>14</td><td>16</td><td>18</td><td>20</td><td>25</td><td>—</td></tr>
<tr><td>>63～125</td><td>16</td><td>18</td><td>20</td><td>22</td><td>25</td><td>32</td><td>—</td></tr>
<tr><td>>125～250</td><td>20</td><td>22</td><td>25</td><td>28</td><td>32</td><td>40</td><td>—</td></tr>
<tr><td>>250～500</td><td>—</td><td>—</td><td>32</td><td>36</td><td>40</td><td>50</td><td>—</td></tr>
<tr><td rowspan="9">E10</td><td rowspan="9"> 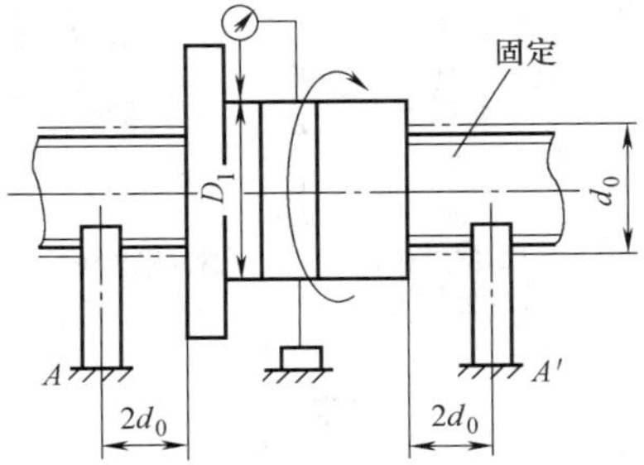</td><td rowspan="9">滚珠螺母安装直径对 AA′的径向跳动 t_{10}（仅用于有预加载荷和旋转的滚珠螺母）</td><td colspan="8">定位或转动滚珠丝杠副</td><td rowspan="9">指示器、等高双 V 形铁</td><td rowspan="9">将有预加载荷的滚珠丝杠副置于 AA′处 V 形垫铁上。使指示器测头垂直触及滚珠螺母安装直径 D_1 的圆柱表面。固定滚珠丝杠缓慢转动滚珠螺母，记下指示器读数</td></tr>
<tr><td rowspan="3">滚珠螺母外径 D_1/mm</td><td colspan="7">标准公差等级</td></tr>
<tr><td>1</td><td>2</td><td>3</td><td>4</td><td>5</td><td>7</td><td>10</td></tr>
<tr><td colspan="7">t_{10p}/μm</td></tr>
<tr><td>≥16～32</td><td>10</td><td>11</td><td>12</td><td>14</td><td>16</td><td>20</td><td>—</td></tr>
<tr><td>>32～63</td><td>12</td><td>14</td><td>16</td><td>18</td><td>20</td><td>25</td><td>—</td></tr>
<tr><td>>63～125</td><td>16</td><td>18</td><td>20</td><td>22</td><td>25</td><td>32</td><td>—</td></tr>
<tr><td>>125～250</td><td>20</td><td>23</td><td>25</td><td>28</td><td>32</td><td>40</td><td>—</td></tr>
<tr><td>>250～500</td><td>—</td><td>—</td><td>32</td><td>36</td><td>40</td><td>50</td><td>—</td></tr>
<tr><td rowspan="5">E11</td><td rowspan="5"> 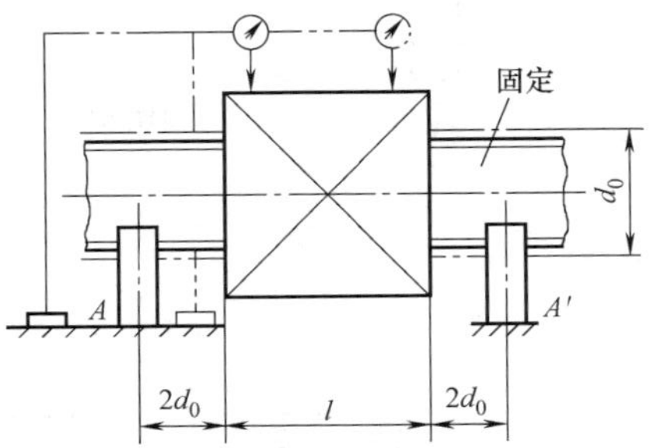</td><td rowspan="5">矩形滚珠螺母对 AA′的平行度 t_{11}（仅用于有预加载荷的滚珠螺母）</td><td colspan="8">定位或传动滚珠丝杠副</td><td rowspan="5">指示器、等高双 V 形铁</td><td rowspan="5">将有预加载荷的滚珠丝杠副置于 AA′处 V 形垫铁上。使指示器测头垂直触及被测表面，沿规定的检查长度 l 上检测。记下指示器读数</td></tr>
<tr><td colspan="8">标准公差等级</td></tr>
<tr><td>1</td><td>2</td><td>3</td><td>4</td><td>5</td><td>7</td><td colspan="2">10</td></tr>
<tr><td colspan="8">100mm 长度上 t_p/μm</td></tr>
<tr><td>16</td><td>18</td><td>20</td><td>22</td><td>25</td><td>32</td><td colspan="2">—</td></tr>
</table>

表 16-43a　性能检验

<table>
<tr><th>序号</th><th>简　　图</th><th>检验项目</th><th>允　　差</th><th>检验工具</th><th>检验说明</th></tr>
<tr>
<td>E12</td>
<td>测力计
F, F_t
l
$T_p = F \times l$（不带密封件）
$T_p = F_t \times l$（有密封件）
$\pm\Delta T_{pa}$
动态预紧转矩 →
ΔT_{pp}
ΔT_{pa}
ΔT_{pp}
T_{p0}
$l_u - l_n$
$l_u - l_n$
行程 →
l_u = 滚珠螺母长度</td>
<td>动态预紧转矩公差 ΔT_p</td>
<td>
<table>
<tr><td colspan="8">定位或传动滚珠丝杠副</td></tr>
<tr><td rowspan="4">T_{p0}/N · m</td><td colspan="7">标准公差等级</td></tr>
<tr><td>1</td><td>2</td><td>3</td><td>4</td><td>5</td><td>7</td><td>10</td></tr>
<tr><td colspan="7">$l_u/d_0 \leqslant 40$</td></tr>
<tr><td colspan="7">ΔT_{pp}（T_{p0}的百分数）</td></tr>
<tr><td>≥0.2~0.4</td><td>35</td><td>37</td><td>40</td><td>45</td><td>50</td><td>—</td><td>—</td></tr>
<tr><td>>0.4~0.6</td><td>30</td><td>32</td><td>35</td><td>37</td><td>40</td><td>—</td><td>—</td></tr>
<tr><td>>0.6~1.0</td><td>25</td><td>27</td><td>30</td><td>32</td><td>35</td><td>40</td><td>—</td></tr>
<tr><td>>1.0~2.5</td><td>20</td><td>22</td><td>25</td><td>27</td><td>30</td><td>35</td><td>—</td></tr>
<tr><td>>2.5~6.3</td><td>15</td><td>17</td><td>20</td><td>22</td><td>25</td><td>30</td><td>—</td></tr>
<tr><td>>6.3~10.0</td><td>—</td><td>—</td><td>15</td><td>17</td><td>20</td><td>30</td><td>—</td></tr>
<tr><td rowspan="2">T_{p0}/
N · m</td><td colspan="7">$40 < l_u/d_0 \leqslant 60$</td></tr>
<tr><td colspan="7">ΔT_{pp}（T_{p0}的百分数）</td></tr>
<tr><td>≥0.2~0.4</td><td>40</td><td>45</td><td>50</td><td>55</td><td>60</td><td>—</td><td>—</td></tr>
<tr><td>>0.4~0.6</td><td>35</td><td>37</td><td>40</td><td>42</td><td>45</td><td>—</td><td>—</td></tr>
<tr><td>>0.6~1.0</td><td>30</td><td>32</td><td>35</td><td>37</td><td>40</td><td>45</td><td>—</td></tr>
<tr><td>>1.0~2.5</td><td>25</td><td>27</td><td>30</td><td>32</td><td>35</td><td>40</td><td>—</td></tr>
<tr><td>>2.5~6.3</td><td>20</td><td>22</td><td>25</td><td>27</td><td>30</td><td>35</td><td>—</td></tr>
<tr><td>>6.3~10.0</td><td>—</td><td>—</td><td>20</td><td>22</td><td>25</td><td>35</td><td>—</td></tr>
<tr><td colspan="8">注：l_u>3000mm 的超长滚珠丝杠副由用户和制造厂商定。</td></tr>
</table>
</td>
<td>装有力值测量仪的检验台</td>
<td>将有预加载荷的滚珠丝杠副（两端无密封件）装在测量仪上，检验时丝杠转动，螺母移动，测力传感器与螺母联接
测量时丝杠的旋转速度正、反两个方向均为 100r/min
润滑剂采用滚动轴承润滑脂
注：如果采用其他转速、润滑剂和测试仪器，应由用户和制造厂商定</td>
</tr>
</table>

（续）

序号	简　图	检验项目	检验工具	检验说明
E13	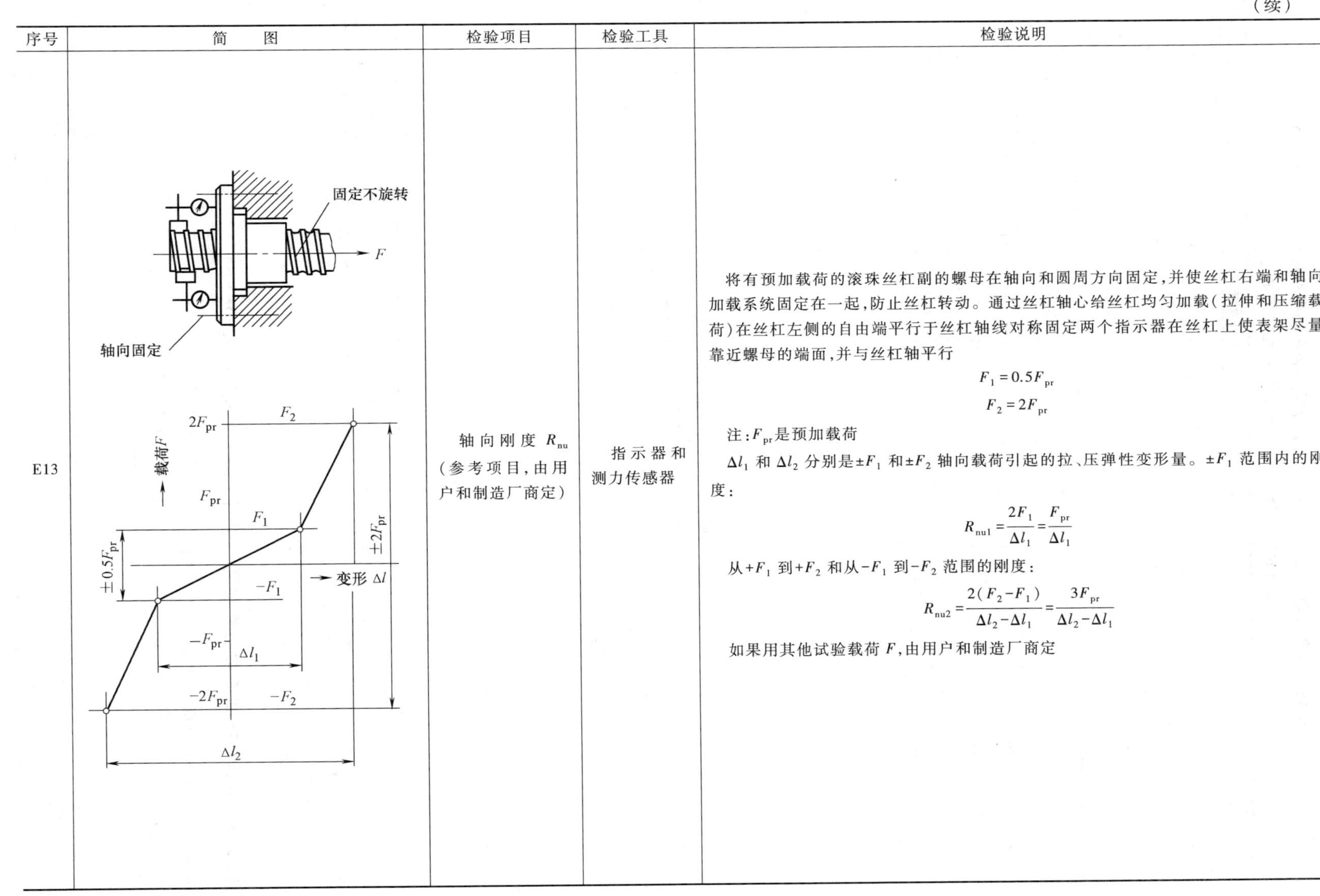	轴向刚度 R_{nu}（参考项目，由用户和制造厂商定）	指示器和测力传感器	将有预加载荷的滚珠丝杠副的螺母在轴向和圆周方向固定，并使丝杠右端和轴向加载系统固定在一起，防止丝杠转动。通过丝杠轴心给丝杠均匀加载（拉伸和压缩载荷）在丝杠左侧的自由端平行于丝杠轴线对称固定两个指示器在丝杠上使表架尽量靠近螺母的端面，并与丝杠轴平行 $F_1=0.5F_{pr}$ $F_2=2F_{pr}$ 注：F_{pr}是预加载荷 Δl_1 和 Δl_2 分别是±F_1 和±F_2 轴向载荷引起的拉、压弹性变形量。±F_1 范围内的刚度： $R_{nu1}=\frac{2F_1}{\Delta l_1}=\frac{F_{pr}}{\Delta l_1}$ 从+F_1 到+F_2 和从$-F_1$ 到$-F_2$ 范围的刚度： $R_{nu2}=\frac{2(F_2-F_1)}{\Delta l_2-\Delta l_1}=\frac{3F_{pr}}{\Delta l_2-\Delta l_1}$ 如果用其他试验载荷 F，由用户和制造厂商定

16.8.4.5 补充的表格（摘自 GB/T 17587.3—1998）（见表 16-44～表 16-46）

表 16-44　根据 ISO 286-2：1988 标准公差等级和平均行程偏差 e 以及 300mm 的行程变动量（V_{300}）的目标行程公差 e_p

测量行程/mm		标准公差等级						
		1	2	3	4	5	7	10
大于	至	目标行程公差 e_p/μm						
	315	6	8	12	16	23	52	210
315	400	7	9	13	18	25	57	230
400	500	8	10	15	20	27	63	250
500	630	9	11	16	22	32	70	280
630	800	10	13	18	25	36	80	320
800	1000	11	15	21	29	40	90	360
1000	1250	13	18	24	34	47	105	420
1250	1600	15	21	29	40	55	125	500
1600	2000	18	25	35	48	65	150	600
200	2500	22	30	41	57	78	175	700
2500	3150	26	36	50	69	96	210	860
3150	4000	32①	45①	62①	86①	115①	260①	1050①
4000	5000	39①	58①	76①	110①	140①	320①	1300①
5000	6300	48①	72①	92①	138①	170①	390①	1550①

① 这些数值是用直线插入法从大于 500mm 小于 3150mm 的 IT 值计算而得。

表 16-45　300mm 上的最少测量数（测量间隔）

公称导程 P_{h0}/mm	标准公差等级						
	1	2	3	4	5	7	10
	最少测量数						
≤2.5	15	12	10	8	6	3	1
>2.5～5	15	12	10	8	6	3	1
>5～10	10	8	5	4	3	1	1
>10～20	5	4	4	3	3	1	1
>20～40	—	—	2	1	1	1	1

表 16-46　最大余程　　（单位：mm）

公称导程 P_{h0}	2.5	5	10	20	40
最大余程 l_{emax}	10	20	40	60	100

注：其他公称导程的最大余程按下式计算：

当 $P_{h0} \leqslant 12$　$l_{emax} = 4P_{h0}$；

$12 < P_{h0} < 40$　$l_{emax} = 3P_{h0}$。

16.8.5 滚珠丝杠副的轴向静刚度（摘自 GB/T 17587.4—2008）

16.8.5.1 符号和下标（见表 16-47，表 16-48）

表 16-47　主要符号

符号	说　明	单位
α	接触角	度(°)
ρ	曲率半径倒数	mm^{-1}
τ	接触椭圆的长半轴与短半轴的比	—

（续）

符号	说　　明	单位
φ	导程角	度(°)
Δl	弹性变形量	μm
c_E	材料常数	—
c_K	几何参数	$N^{2/3}\mu m$
d_{bo}	中空滚珠丝杠的深孔直径	mm
d_c	滚珠丝杠上接触点处的直径	mm
D_c	滚珠螺母上接触点处的直径	mm
D_{pw}	节圆直径	mm
D_w	滚珠直径	mm
D_1	滚珠螺母的外径	mm
E	弹性模量	MPa
f_{ar}	精度系数	—
f_{a1}	载荷系数	—
f_{rs},f_{rn}	滚珠丝杠的适应度,滚珠螺母体的适应度	—
F	轴向力(轴向载荷)	N
i	承载滚珠的圈数	—
k	刚度特性系数	$N/\mu m^{3/2}$
l	长度	mm
l_s	滚珠丝杠的两支承之间的长度	mm
m	泊松常数(如铁 $m=10/3$)	—
n	转速	min^{-1}
P_h	导程	mm
q	时间百分率	%
R	刚度	N/μm
s_a	间隙(轴向间隙)	μm
Y	赫兹理论中对第一、二种椭圆积分有关的辅助值	$N^{2/3}$,$\mu m^{4/3}$
z_1	每一圈中有效承载滚珠的个数	—
z_2	每一圈中不承载滚珠的个数	—

表 16-48　主要下标

符号	说　　明
ar	指精度
b	指滚珠
bs	指滚珠丝杠副
c	指滚珠螺母体与滚珠丝杠
e	指外部载荷或其导致的变形
lim	指极限载荷(在这载荷作用下,两预紧螺母之一,滚珠和滚道间的弹性接触变形消除)
m	指等效
N	指法向载荷,此载荷作用在滚珠与滚珠丝杠滚道和滚珠与滚珠螺母滚道的接触点处,方向沿接触角方向
n	指滚珠螺母
pr	指预载
s	指滚珠丝杠
b/t	指滚珠与滚道接触点处
nu	在滚珠螺母承载区域内的这一段滚珠丝杠
1	指滚珠螺母 1
2	指滚珠螺母 2

16.8.5.2　轴向静刚度

轴向静刚度 R 定义为抵抗轴向变形的能力（单位变形量所需的载荷），它表示了在轴向力作用下，在轴向产生变形量 Δl 为 $1\mu m$ 时所需的轴向力 ΔF（ΔF 的单位：N）。

$$R=\frac{\Delta F}{\Delta l} \tag{16-1}$$

16.8.5.3　滚珠丝杠副的轴向静刚度 R_{bs}

滚珠丝杠副轴向静刚度 R_{bs} 与滚珠丝杠副的相关零件的刚度关系如下：

$$\frac{1}{R_{bs}}=\frac{1}{R_s}+\frac{1}{R_{nu,ar}} \tag{16-2}$$

16.8.5.4　滚珠丝杠的轴向静刚度 R_s

滚珠丝杠的轴向静刚度是根据轴向力 ΔF 造成的滚珠丝杠的弹性变形 Δl_s 来求出的，并与支承方式有关。典型支承方式有以下两类：

1. 滚珠丝杠一端固定安装（见图 16-13）

静刚度为

$$R_{s1}=\frac{\pi\cdot(d_c^2-d_{b0}^2)\cdot E}{4\cdot l_s\cdot 10^3}\quad（实心轴的情况下\ d_{b0}=0） \tag{16-3}$$

$$d_c=D_{pw}-D_w\cdot\cos\alpha \tag{16-4}$$

2. 滚珠丝杠两端固定安装（见图 16-14）

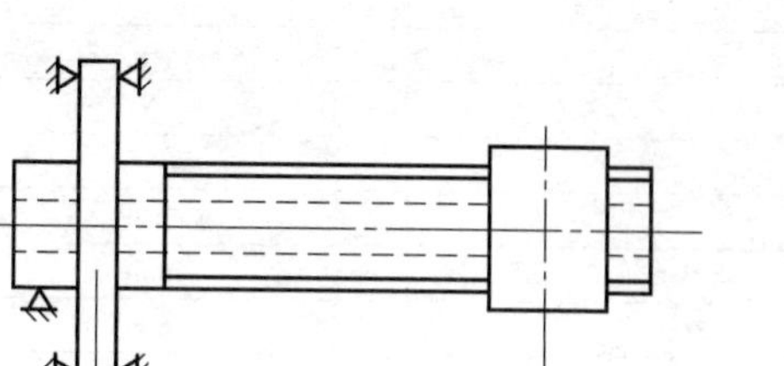

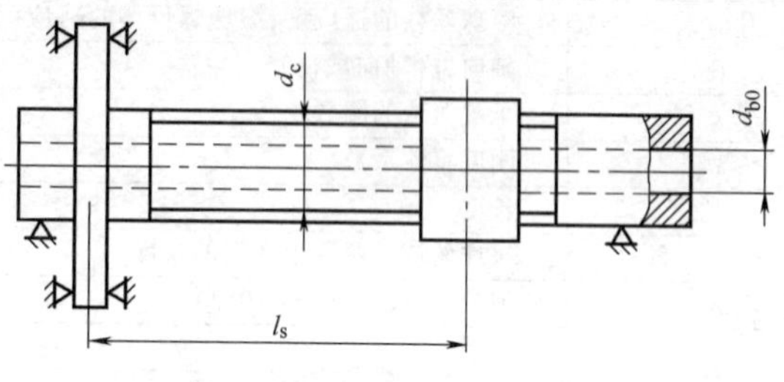

图 16-13　滚珠丝杠一端固定安装

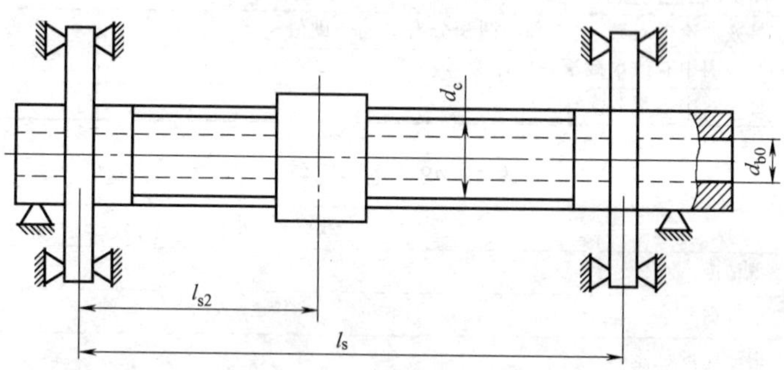

图 16-14　滚珠丝杠两端固定安装

静刚度为

$$R_{s2}=\frac{\pi\cdot(d_c^2-d_{b0}^2)\cdot E}{4\cdot l_{s2}\cdot 10^3}\cdot\frac{l_s}{l_s-l_{s2}} \tag{16-5}$$

在 $l_{s2}=\frac{l_s}{2}$ 处得到最小刚度，即

$$R_{s2min}=\frac{\pi\cdot(d_c^2-d_{b0}^2)\cdot E}{l_s\cdot 10^3} \tag{16-6}$$

16.8.5.5　滚珠螺母的轴向静刚度 R_{um}

1. 有间隙的滚珠螺母的轴向静刚度 R_{nul}

1）在径向载荷的作用下滚珠螺母体和滚珠丝杠的轴向静刚度 $R_{n/s}$ 的计算公式：

$$R_{n/s}=\frac{\Delta F}{\Delta l_{n/s}} \tag{16-7}$$

$$\Delta l_{n/s}=\frac{\Delta F}{R_{n/s}} \tag{16-8}$$

滚珠螺母体：看作受“内部压力”（滚珠法向推力的径向分量）的厚壁圆筒。

滚珠丝杠：看作受“外部压力”（滚珠法向推力的径向分量）的圆柱体。

前提条件：

a）滚珠丝杠是实心的或钻有深孔的。

b）滚珠丝杠和滚珠螺母体的弹性模量和泊松比

相同。

在这种载荷下滚珠螺母体和滚珠丝杠的轴向静刚度为

$$R_{n/s}=\frac{2\cdot\pi\cdot i\cdot P_h\cdot E\cdot\tan^2\alpha}{\left(\dfrac{D_1^2+D_c^2}{D_1^2-D_c^2}+\dfrac{d_c^2+d_{b0}^2}{d_c^2-d_{b0}^2}\right)\cdot 10^3} \tag{16-9}$$

式中，

$$D_c=D_{pw}+D_w\cdot\cos\alpha \tag{16-10}$$

2）滚珠与滚道接触点处的轴向静刚度 $R_{b/t}$：

为了简化计算，在计算中忽略了滚珠螺母体和滚珠丝杠的变形，也忽略了载荷在滚珠和螺纹上的不均匀分布，机械加工的不精确度和接触角的变化。

由于轴向间隙所产生的滚珠丝杠与滚珠螺母体之间的相对位移不是弹性变形，故忽略不计。

滚珠与滚道接触点处的轴向弹性接触变形量可由式（16-11）来近似表示：

$$\Delta l_{b/t}=\frac{\Delta l_{sb/t}+\Delta l_{nb/t}}{\cos\varphi\sin\alpha} \tag{16-11}$$

按照赫兹理论，各个组件的轴向弹性接触变形量近似值可按式（16-12）计算：

$$\Delta l_{s,nb/t}=Y_{s,n}c_E^2\sqrt[3]{F_N^2\sum\rho_{s,n}} \tag{16-12}$$

对滚珠与滚珠丝杠滚道接触点处：

$$\sum\rho_s=\frac{4}{D_w}-\frac{1}{f_{rs}D_w}+\frac{2\cdot\cos\alpha}{D_{pw}-D_w\cos\alpha} \tag{16-13}$$

对滚珠与滚珠螺母滚道接触点处：

$$\sum\rho_n=\frac{4}{D_w}-\frac{1}{f_{rn}D_w}-\frac{2\cdot\cos\alpha}{D_{pw}+D_w\cos\alpha} \tag{16-14}$$

辅助值 $Y_{s,n}$取决于 $\cos\tau$：

$$\sin\tau=\sqrt{1-\cos^2\tau}$$

$$Y_{s,n}=1.282\times[-0.154(\sin\tau)^{1/4}+1.348(\sin\tau)^{1/2}-0.194\sin\tau] \tag{16-15}$$

$\cos\tau$ 只取决于一对滚动副的轮廓，可用式（16-16）~式（16-18）表示：

$$\cos\tau_s=\left|\frac{-\dfrac{1}{f_{rs}\cdot D_w}-\dfrac{2\cdot\cos\alpha}{D_{pw}-D_w\cdot\cos\alpha}}{\sum\rho_s}\right| \tag{16-16}$$

$$\cos\tau_n=\left|\frac{-\dfrac{1}{f_{rn}\cdot D_w}+\dfrac{2\cdot\cos\alpha}{D_{pw}+D_w\cdot\cos\alpha}}{\sum\rho_n}\right| \tag{16-17}$$

$$c_{Es,n}=\sqrt[3]{11550\times\frac{E_{0s,n}+E_{0b}}{E_{0s,n}E_{0b}}} \tag{16-18}$$

式中，

$$E_{0s,n,b}=\frac{E_{s,nb}}{1-\dfrac{1}{m_{s,n,b}^2}} \tag{16-19}$$

对轴承钢：

$$E_s=E_n=E_b=2.1\times10^5$$

$$m_s=m_n=m_b=10/3$$

$$E_{0s}=E_{0n}=E_{0h}=E_0$$

$$c_{Es}=c_{En}=c_{Eb}\approx c_E=0.4643$$

$$F_N=\frac{F}{iz_1\cos\varphi\sin\alpha} \tag{16-20}$$

$$z_1=\left(\frac{D_{pw}\pi}{\cos\varphi D_w}-z_2\right)_{\text{取整}} \tag{16-21}$$

$$\varphi=\arctan\frac{P_h}{\pi D_{pw}} \tag{16-22}$$

滚珠丝杠副一圈受载滚道的刚度特性系数 k 由式（16-23）计算：

$$k=\frac{z_1\sin^{5/2}\alpha\cos^{5/2}\varphi}{c_E^3\cdot c_k^{3/2}} \tag{16-23}$$

式中，

$$c_k=Y_s\sqrt[3]{\sum\rho_s}+Y_n\sqrt[3]{\sum\rho_n} \tag{16-24}$$

这样，由于赫兹应力单螺母受载后而产生的轴向变形量可由式（16-25）计算：

$$\Delta l_{b/t}=\left(\frac{F}{ki}\right)^{2/3} \tag{16-25}$$

$$d(\Delta l_{b/t})=\frac{2}{3}\times F^{1/3}\left(\frac{1}{(ki)^{2/3}}\right)dF \tag{16-26}$$

在轴向力 F 作用下，滚珠与滚道接触点处的轴向静刚度 $R_{b/t}$为

$$R_{b/t}=\frac{dF}{d(\Delta l_{b/t})}=\frac{3}{2}\times\sqrt[3]{F_e(ik)^2} \tag{16-27}$$

这显示了刚度与载荷的相关性，系统刚度可通过增加滚珠丝杠副上的轴向力来提高，如通过增加预载力 F_{pt}。

3）有间隙的滚珠螺母的轴向静刚度 R_{nu1} 计算公式如下：

$$\frac{1}{R_{nu1}}=\frac{1}{R_{b/t}}+\frac{1}{R_{n/s}} \tag{16-28}$$

2. 对称预载的滚珠螺母的轴向静刚度 $R_{nu2,4}$

（1）在预载荷下滚珠螺母体和滚珠丝杠的轴向静刚度 $R_{n,s,pr}$　因为两个滚珠螺母体的作用就像预载荷环一样，所以双螺母的作用是单螺母的 2 倍：

$$R_{n/s,pr}=2\times R_{n/s} \tag{16-29}$$

（2）预载荷下滚珠与滚道接触点处的轴向静刚度　为了在滚珠与滚道接触点处得到高的刚性，螺母系统应加预载荷，对于采用增大滚珠预载方式的单螺母，在低载荷时的变形忽略不计。

预载力应合理确定，因为过大的预载力会降低寿命。

式（16-30）为对称的双螺母提供了一个参考值：

$$F_{pr}=\frac{F_m}{2^{3/2}} \qquad (16\text{-}30)$$

当量载荷 F_m 可由式（16-31）得到：

$$F_m=\sqrt[3]{\sum_{i=1}^{n}F_{ei}^3\frac{n_i}{n_m}q_i} \qquad (16\text{-}31)$$

由对称预载螺母系统的预载所引起的螺母与滚道接触点处的轴向变形可从式（16-32）中计算出来：

$$\Delta l_{b/t,pr}=\left(\frac{F_{pr}}{ki}\right)^{2/3} \qquad (16\text{-}32)$$

对 $0<F_e\leqslant F_{lum}$ 的滚珠与滚道接触点处的刚度由式（16-33）~式（16-35）得出：

式（16-32）中列出了 $\Delta l_{b/t,pr}$ 与 F_{pr} 的关系；

因为有：

$$\Delta l_{b/t,pr}=\Delta l_{b/t,lim}\text{和 }F_{lim}=2^{3/2}\times F_{pr} \qquad (16\text{-}33)$$

近似结果为：

$$R_{b/t}\approx\frac{F_{lim}}{\Delta l_{b/t,pr}} \qquad (16\text{-}34)$$

$$R_{b/t}\approx 2^{3/2}\times\sqrt[3]{F_{pr}(ki)^2} \qquad (16\text{-}35)$$

（3）滚珠两点接触的预载单或双螺母的轴向静刚度 R_{nu2}　因为双螺母的作用就像一个预载环，所以双螺母的刚度是单螺母的 2 倍［见式（16-29）］

$$\frac{1}{R_{nu2}}=\frac{1}{R_{b/t}}+\frac{1}{R_{n/s,pr}} \qquad (16\text{-}36)$$

（4）滚珠四点接触的预载单螺母　滚珠四点接触的预载单螺母的轴向静刚度是根据两点滚珠接触的双螺母预载来计算的。

$$\frac{1}{R_{nu4}}=\frac{1}{R_{b/t}}+\frac{1}{R_{n/s,pr}} \qquad (16\text{-}37)$$

3. 精度系数 f_{ar}（见表 16-49）

由于在制造过程中的误差积累，造成刚度评定会产生差异。

下面情况下要考虑精度系数：

——滚道的机械误差（行程变动量、滚道法向截形、表面粗糙度、接触角、节圆直径）。

表 16-49　精度系数（参考数据）

标准公差等级	1	2	3	4	5
f_{ar}	0.6	0.58	0.55	0.53	0.5

采用精度系数修正的螺母单元的轴向静刚度计算公式为：

$$R_{nu,ar}=f_{ar}R_{nu} \qquad (16\text{-}38)$$

16.8.6　例题

【例 16-1】　计算在对称预载双螺母滚珠丝杠系统中的轴向静刚度，已知条件：

滚珠节圆直径　$D_{pw}=63.5\text{mm}$

滚珠直径　$D_w=3.5\text{mm}$

导程　$P_h=5\text{mm}$

载荷圈数　$i=5$

每一圈中不受载滚珠的个数　$z_2=3$

滚珠丝杠与螺母的适应度　f_{rs}，$f_{rn}=0.55$

接触角　$\alpha=45°$

螺母外径　$D_1=75\text{mm}$

轴向等效载荷　$F_m=8000\text{N}$

预载力　$F_{pr}=4000\text{N}$

滚珠丝杠的两个支撑之间的长度　$l_s=1000\text{mm}$

弹性模数　$E=2.1\times10^5\text{N/mm}^2$

标准公差等级　3

滚珠丝杠副按照图 16-14 的模式安装。

【解】

1. 滚珠丝杠刚度计算

假设：轴在两端固定安装，长度 $l_s=1000\text{mm}$

$$d_c=D_{pw}-D_w\times\cos\alpha=63.5-3.5\times\cos45°$$
$$=61.03\ (\text{mm})$$

根据等式（16-6）

$$d_{b0}=0$$

$$R_{s2min}=\frac{\pi\times61^2\times21000}{1000\times10^3}=2457\ (\text{N}/\mu\text{m})$$

2. 由于产生径向变形滚珠丝杠和螺母的轴向静刚度计算

假设：螺母外径 $D_1=75\text{mm}$，那么

$$D_c=63.5+3.5\times\cos45°=65.98$$

$$R_{n/s,pr}=2\times\frac{2\times\pi\times5\times5\times210000\times\tan^2 45°}{\left(\frac{75^2+65.98^2}{75^2-65.98^2}+1\right)\times10^3}$$

$$R_{n/s,pr}=7458\ (\text{N}/\mu\text{m})$$

3. 由于预载所引起的滚珠与滚道区域轴向弹性变形的计算

几何系数：

$$\sum\rho_s=\frac{4}{3.5}-\frac{1}{0.55\times3.5}+\frac{2\times\cos45°}{63.5-3.5\times\cos45°}=0.64655$$

$$\sum\rho_n=\frac{4}{3.5}-\frac{1}{0.55\times3.5}+\frac{2\times\cos45°}{63.5+3.5\times\cos45°}=0.60194$$

$$\cos\tau_s=\left|\frac{-\frac{1}{0.55\times3.5}-\frac{2\times\cos45°}{63.5-3.5\times\cos45°}}{0.64655}\right|$$

$$\cos\tau_s=|-0.8393|=0.8393$$

$$\cos\tau_n=\left|\frac{-\frac{1}{0.55\times3.5}+\frac{2\times\cos45°}{63.5+3.5\times\cos45°}}{0.60194}\right|$$

$$\cos\tau_n = |-0.8274| = 0.8274$$

$$Y_s = 1.282\times\{-0.154\times(0.5436)^{1/4} + 1.348\times(0.5436)^{1/2} - 0.194\times0.5436\}$$

$$Y_s = 0.9694$$

$$Y_n = 1.282\times\{-0.154\times(0.5616)^{1/4} + 1.348\times(0.5616)^{1/2} - 0.194\times0.5616\}$$

$$Y_n = 0.9845$$

$$c_E = 0.4643$$

$$z_1 = \left(\frac{63.5\times\pi}{\cos1.4357°\times3.5} - 3\right)\text{（取整）}$$

$$z_1 = 54\text{（圆整后）}$$

$$\varphi = \arctan\frac{5}{\pi\times63.5}$$

$$\varphi = 1.4357°$$

$$c_k = 0.9694\times\sqrt[3]{0.64655} + 0.9845\times\sqrt[3]{0.60194}$$

$$c_k = 1.6695$$

$$k = \frac{54\times\sin^{5/2}45°\times\cos^{5/2}1.4357°}{0.4643^3\times1.6695^{5/3}}$$

$$k = 105.07$$

因为有 $F_m < F_{lun}$（$F_{lun} = 4000\times2^{3/2} = 11313\text{N}$）

$R_{b/t} \approx 2^{3/2} \times \sqrt[3]{4000\times(105.07\times5)^2} = 2923$（N/μm）

4. 在载荷区滚珠丝杠与螺母系统的刚度

$$R_{nu,ar} = \frac{2923\times7458}{2923+7458}\times0.55 = 1155\ (\text{N/μm})$$

总刚度 R_{bs}

$$\frac{1}{R_{bs}} = \frac{1}{2457} + \frac{1}{1155}$$

$$R_{bs} = 785.7\ (\text{N/μm})$$

16.8.7　应用载荷的修正值

根据图 16-15a、图 16-15b 和图 16-16a、图 16-16b 的载荷状况，表 16-50 给出了应用载荷的修正值 f_{a1}。精度修正系数的数值按表 16-51。

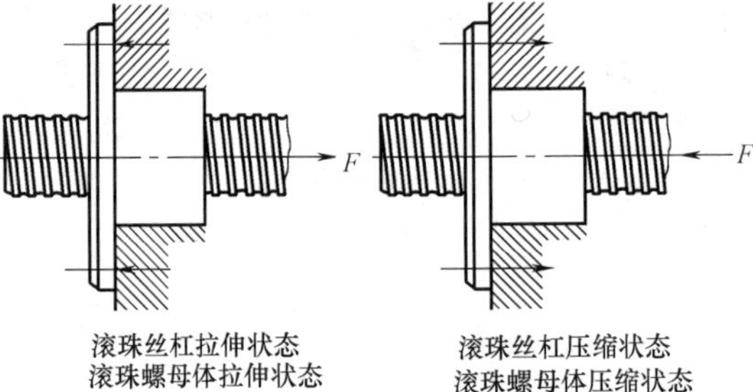

图 16-15　载荷状况

a）T-T 载荷状况　b）C-C 载荷状况

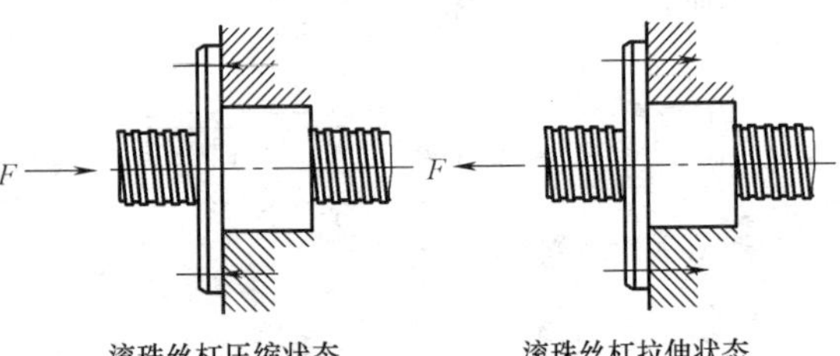

图 16-16　载荷状况

a）T-C 载荷状况　b）T-C 载荷状况

表 16-50　载荷系数（修正值）

应用载荷	T-T 载荷 C-C 载荷	T-C 载荷
系数 f_{a1}	0.9	0.7

表 16-51　精度修正系数 f'_{ar}（参考值）

标准公差等级	1	2	3	4	5
系数 f'_{ar}	1.0	0.95	0.9	0.85	0.8

具有修正系数的螺母单元的轴向静刚度是

$$R_{nu,ar} = f_{a1}\cdot f'_{ar}\cdot R_{nu}$$

16.9　滚珠丝杠轴向额定静载荷和动载荷及使用寿命（摘自 GB/T 17587.5—2008）

GB/T 17587 中规定了滚珠丝杠副的轴向额定静载荷和动载荷及寿命的计算方法，其计算结果可作为设计和选用滚珠丝杠副的依据。

本节在以下前提条件下适用：

1）滚珠和滚道为弹性变形。

2）滚道硬度大于 58HRC。

3）f_{rs} 和 f_{rn} 大于 0.5。

4）滚珠丝杠副所用钢材为轴承钢或其他类似的合金钢。

5）采用适当的润滑。

16.9.1　轴向额定载荷

16.9.1.1　轴向额定静载荷 C_{0a}

轴向额定静载荷的计算公式如下：

$$C_{0a} = k_0\cdot z_1\cdot i\cdot\sin\alpha\cdot D_w^2\cdot\cos\varphi \quad (16\text{-}39)$$

式中，每一滚珠圈中有效承载滚珠数 $z_1 = \left(\frac{D_{pw}\cdot\pi}{\cos\varphi\cdot D_w} - z_u\right)$（取整）

导程角　$\varphi = \arctan\left(\frac{P_h}{\pi\cdot D_{pw}}\right)$

轴向额定静载荷的特性系数

$$k_0=\frac{27.74}{D_w \cdot \sqrt{(\rho_{11}+\rho_{12}) \cdot (\rho_{21}+\rho_{22})}}$$

曲率半径倒数 $\rho_{11}=\rho_{21}=\frac{2}{D_w}$

$$\rho_{12}=\frac{-1}{f_{rs} \cdot D_w}$$

$$\rho_{22}=\frac{\cos\alpha}{\frac{D_{pw}}{2}-\cos\alpha \cdot \frac{D_w}{2}}$$

轴向额定静载荷 C_{0a} 是使滚珠与滚道区承受最大接触应力处产生不大于 $0.0001 \times D_w$ 滚珠直径的永久变形量的情况下，所允许的最大静载荷。

16.9.1.2 轴向额定动载荷 C_a

在载荷配置最佳情况下（滚珠丝杠承受的载荷方向平行于螺母承受的载荷方向），轴向额定动载荷可由下式得到：

$$C_a=C_i \cdot i^{0.86} \tag{16-40}$$

式中，滚珠丝杠副单圈上的轴的额定动载荷

$$C_i=C_s \cdot \left[1+\left(\frac{C_s}{C_n}\right)^{10/3}\right]^{-0.3}$$

其中，滚珠丝杠单圈上的轴的额定动载荷

$$C_s=f_c \cdot (\cos\alpha)^{0.86} \cdot z_1^{2/3} \cdot D_w^{1.8} \cdot \tan\alpha \cdot (\cos\varphi)^{1.3}$$

几何系数 $f_c=9.32 \times f_1 \cdot f_2 \cdot \left[\frac{1}{1-\frac{1}{2 \times f_{rs}}}\right]^{0.41}$

几何形状系数 $f_1=10 \times \left(1-\frac{\sin\alpha}{3}\right)$

几何形状系数 $f_2=\frac{\gamma^{0.3} \cdot (1-\gamma)^{1.39}}{(1+\gamma)^{1/3}}$

结构系数 $\gamma=\frac{D_w}{D_{pw}} \cdot \cos\alpha$

$$\frac{C_s}{C_n}=f_3 \cdot \left(\frac{2-\frac{1}{f_{rn}}}{2-\frac{1}{f_{ra}}}\right)^{0.41}$$

滚珠螺母体滚道的适应度 $f_{rn}=\frac{r_n}{D_w}$

滚珠丝杠滚道的适应度 $f_{rs}=\frac{r_s}{D_w}$

几何形状系数 $f_3=\left(\frac{1-\gamma}{1+\gamma}\right)^{1.723}$

16.9.2 修正的轴向额定载荷

16.9.2.1 修正的轴向额定静载荷 C_{0am}

1. 通用公式

$$C_{0am}=C_{0a} \cdot f_{h0} \cdot f_{ac} \tag{16-41}$$

2. 轴向额定静载荷的表面硬度修正系数 f_{h0}

表面硬度的偏差应用下式进行修正

$$f_{h0}=\left(\frac{\text{实际硬度值 HV10}}{654\text{HV10}}\right)^3 \leqslant 1$$

其中，f_{h0} 仅适用于轴承钢或其他类似的合金钢。

3. 精度系数 f_{ac}（见表 16-52）

表 16-52 精度系数 f_{ac}（参考数据）

精度等级	1~5	7	10
f_{ac}	1	0.9	0.7

16.9.2.2 修正的轴向额定动载荷 C_{am}

1. 通用公式

$$C_{am}=C_a \cdot f_h \cdot f_{ac} \cdot f_m \tag{16-42}$$

2. 轴向额定动载荷的表面硬度修正系数 f_h

$$f_h=\left(\frac{\text{实际硬度值 HV10}}{654\text{HV10}}\right)^2 \leqslant 1$$

其中，f_h 仅适用于轴承钢或其他类似的合金钢。

3. 精度系数 f_{ac}

轴向额定动载荷的精度系数与轴向额定静载荷的精度系数相同，见表 16-51。

4. 材料冶炼方法系数 f_m（见表 16-53）

如果采用其他气体冶炼的钢，滚珠丝杠副的供应商应在数据表中注明钢的冶炼方法。

表 16-53 材料冶炼方法系数 f_m

轴承钢	f_m
空气熔炼	1.0
真空脱气	1.25
电渣重熔	1.44
真空再熔	1.71

16.9.3 寿命

16.9.3.1 当量转速 n_m 和当量轴向载荷 F_m

1. 概述

如果转速和轴向载荷是变化的，寿命计算中应采用当量转速 n_m 和当量轴向载荷 F_m：

转速变化时的当量转速 n_m（见图 16-17）：

$$n_m = \sum_{j=1}^{n} \frac{q_j}{100} \cdot n_j \tag{16-43}$$

式中 q_j——时间百分率。

轴向载荷和转速都变化时的当量轴向载荷 F_m（见图 16-18）：

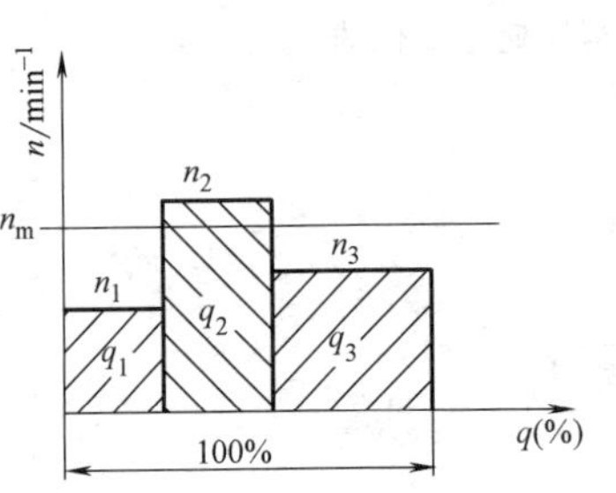

图 16-17　当量转速 n_m

$$F_m = \sqrt[3]{\sum_{j=1}^{n} F_j^3 \cdot \frac{n_j}{n_m} \cdot \frac{q_j}{100}} \qquad (16\text{-}44)$$

轴向载荷变化而转速一定时当量轴向载荷 F_m（见图 16-18）：

$$F_m = \sqrt[3]{\sum_{j=1}^{n} F_j^3 \cdot \frac{q_j}{100}} \qquad (16\text{-}45)$$

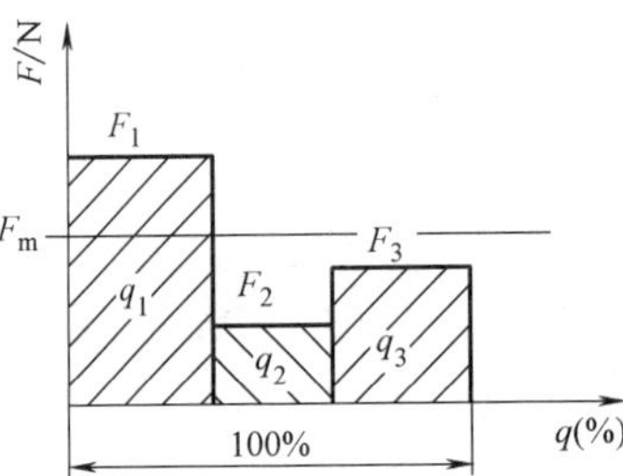

图 16-18　当量轴向载荷 F_m

2. 滚珠丝杠和滚珠螺母之间存在间隙的滚珠丝杠副

1）施加单向外加轴向载荷：

当量轴向载荷的计算：

当转速变化时，用式（16-43）和式（16-44）。

当转速一定时，用式（16-45）。

2）施加双向外加轴向载荷：

当量轴向载荷的计算：

当转速变化时（见图 16-19a），由式 16-43 得

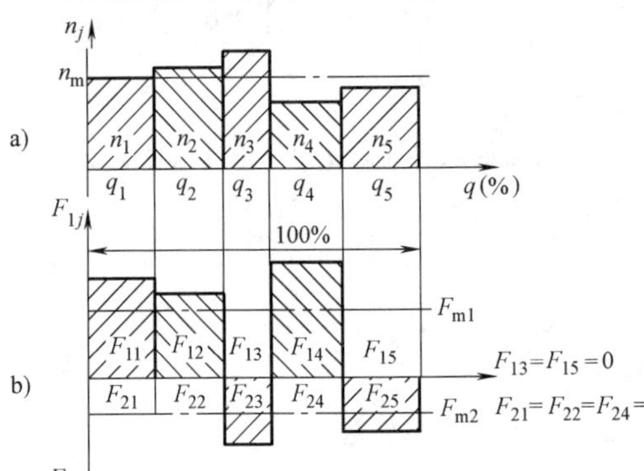

图 16-19　当量轴向载荷的计算

a）速度变化　b）双向轴向载荷

$$F_{m1,2} = \sqrt[3]{\sum_{j=1}^{n} F_{1,2j}^3 \cdot \frac{n_j}{n_m} \cdot \frac{q_j}{100}} \qquad (16\text{-}46)$$

当转速一定时（见图 16-19b）

$$F_{m1,2} = \sqrt[3]{\sum_{j=1}^{n} F_{1,2j}^3 \cdot \frac{q_j}{100}} \qquad (16\text{-}47)$$

3. 在滚珠螺母与滚珠丝杠之间施加预加载荷的滚珠丝杠副

当外加轴向载荷作用在预载滚珠丝杠副上时，一个滚珠螺母受力就增加，另一个滚珠螺母受力减少（见图 16-20）。

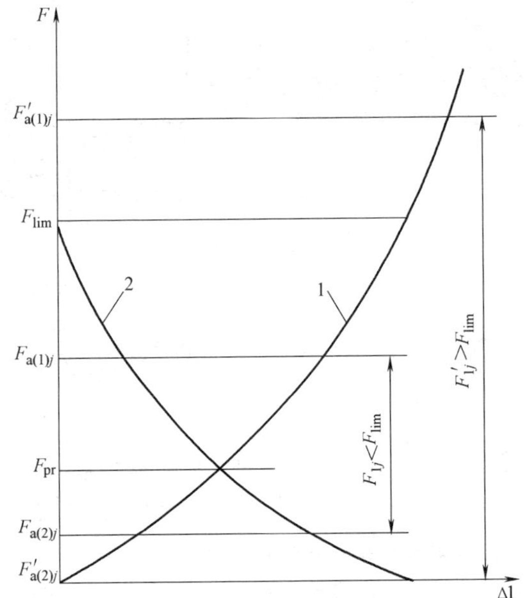

图 16-20　预载示图

1—滚珠螺母（1）　2—滚珠螺母（2）

$$F_{lim} = 2^{3/2} \times F_{pr} \qquad (16\text{-}48)$$

由于外加轴向载荷（见图 16-21b）的作用，预载滚珠螺母（1）或（2）分别受到不同的附加力。它们承受的实际轴向载荷为：

如果外力 F_{1j}或 $F_{2j} \leqslant F_{lim}$，则下式适用：

$$F_{a(1),(2)j} = f_{op} \cdot F_{pr} \cdot \left(1 + \frac{F_{1,2j}}{2^{3/2} \cdot f_{op} \cdot F_{pr}}\right)^{3/2}$$

$$f_{op} = 0.6\text{（参考值）} \qquad (16\text{-}49)$$

实际上由于滚珠丝杠副的预载会在使用过程中减少，将平均运行预载值设为初始预载值的 60%。

$$F_{a(2),(1)j} = F_{a(1),(2)j} - F_{1,2j}$$

如果外力 F_{1j}或 $F_{2j} > F_{lim}$，则下式适用：

$$F_{a(1)j} = F_{1j}\text{或 } F_{a(2)j} = F_{2j}$$

且

$$F_{a(2)j}\text{或 } F_{a(1)j} = 0$$

计算时：

a）当转速是变化的（见图 16-21a）：

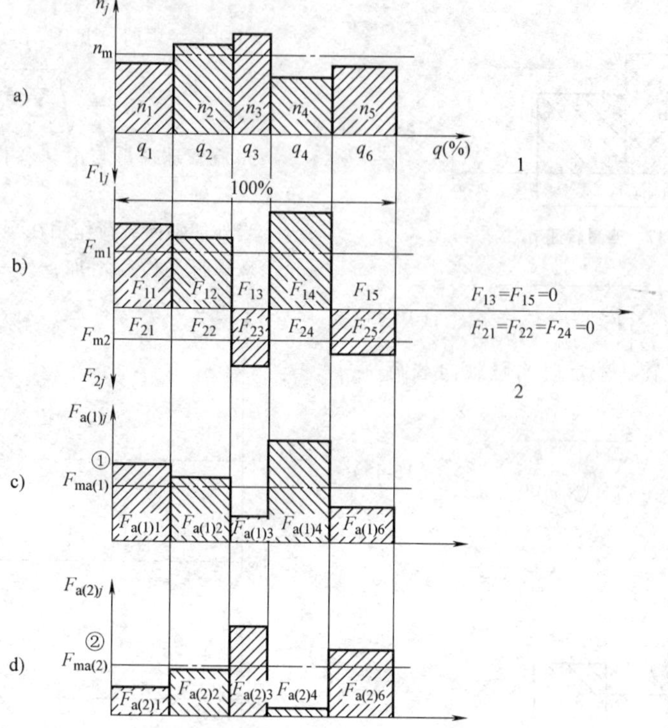

图 16-21　实际和当量实际轴向载荷

a）转速变化图　b）~d）轴向载荷变化图

1—载荷方向 1 时载荷螺母（1）　2—载荷方向 2 时载荷螺母（2）

①—对螺母（1）由预载引起的最终载荷　②—对螺母（2）由预载引起的最终载荷

当量转速计算用公式（16-43）；

实际当量轴向载荷（见图 16-21c 和图 16-21d）

$$F_{ma(1),(2)}=\sqrt[3]{\sum_{j=1}^{n}F^3_{a(1),(2)j}\cdot\frac{n_j}{n_m}\cdot\frac{q_j}{100}} \tag{16-50}$$

b）当转速是不变的：

$$F_{ma(1),(2)}=\sqrt[3]{\sum_{j=1}^{n}F^3_{a(1),(2)j}\cdot\frac{q_j}{100}} \tag{16-51}$$

16.9.3.2　额定寿命 L 或 L_h

1. 滚珠螺母和滚珠丝杠之间存在间隙的滚珠丝杠副

（1）施加单向轴向载荷

寿命（以转数计）：

$$L=\left(\frac{C_a}{F_m}\right)^3\times10^6$$

寿命（以小时计）：

$$L_h=\frac{L}{60\times n_m}$$

（2）施加双向轴向载荷

寿命（以转数计）：

$$L_{1,2}=\left(\frac{C_a}{F_{m1,2}}\right)^3\times10^6$$

2. 滚珠螺母和滚珠丝杠之间施加预加载荷的滚珠丝杠副

寿命（以转数计）：

$$L_{1,2}=\left(\frac{C_a}{F_{ma(1)(2)}}\right)^3\times10^6$$

3. 最终寿命 L_r

存在间隙的双向轴向受力的滚珠丝杠副或有预加载荷的滚珠丝杠副，最终寿命计算如下：

$$L_r-(L_1^{10/9}+L_2^{-10/9})^{-9/10} \tag{16-52}$$

4. 考虑可靠性系数 f_{ar} 的额定寿命 L_{ar} 或 L_{har}（见表 16-54）

额定寿命 L_{ar}（以转数计）：

$$L_{ar}=L\cdot f_{ar}$$

或

$$L_{ar}=L_r\cdot f_{ar}$$

额定寿命 L_{har}（以小时计）：

$$L_{har}=L_h \cdot f_{ar}$$

表 16-54 可靠性系数 f_{ar}

可靠度(%)	f_{ar}
90	1
95	0.62
96	0.53
97	0.44
98	0.33
99	0.21

注：还需考虑的其他减少寿命的因素，如冲击负载，振动，温度，润滑，滚珠丝杠副安装校正不当等。

16.9.3.3 修正的寿命 L_m 或 L_{hm}

1. 滚珠螺母和滚珠丝杠之间存在间隙的滚珠丝杠副

（1）施加单向外加轴向载荷

修正的寿命（以转数计）：

$$L_m=\left(\frac{C_{am}}{F_m}\right)^3 \times 10^6$$

修正的寿命（以小时计）：

$$L_{hm}=\frac{L}{60\times n_m}$$

（2）施加双向外加轴向载荷

修正的寿命（以小时计）：

$$L_{m1,2}=\left(\frac{C_{am}}{F_{m1,2}}\right)^3 \times 10^6$$

2. 滚珠螺母和滚珠丝杠之间受预载的滚珠丝杠副

修正的寿命（以小时计）：

$$L_{m1,2}=\left(\frac{C_{am}}{F_{ma(1),(2)}}\right)^3 \times 10^6$$

3. 修正的最终寿命 L_{mr}

存在间隙的双向轴向受力的滚珠丝杠副或预载滚珠丝杠副，修正的最终寿命计算如下：

$$L_{mr}=(L_{m1}^{-10/9}+L_{m2}^{-10/9})^{9/10}$$

4. 考虑可靠性系数后的最终寿命 L_{mar}或 L_{hmar}

考虑可靠性系数后的最终寿命 L_{mar}（以转数计）

$$L_{mar}=L_m \cdot f_{ar}$$

考虑可靠性系数后修正的最终寿命（以转数计）

$$L_{mar}=L_{mr} \cdot f_{ar}$$

考虑可靠性系数后的最终寿命 L_{hmar}（以小时计）

$$L_{hmar}=L_{hm} \cdot f_{ar}$$

参考文献

[1] 机械科学研究总院. 机械基础件标准汇编：紧固件产品 [M]. 2 版. 北京：中国标准出版社，2016.

[2] 魏兵. 实用紧固件手册 [M]. 3 版. 北京：机械工业出版社，2018.

[3] 全国紧固件标准化技术委员会秘书处. 紧固件标准实施指南 [M]. 2 版. 北京：中国标准出版社，2018.

[4] 吴宗泽. 机械结构设计 [M]. 2 版. 北京：机械工业出版社，2006.

[5] 吴宗泽. 机械设计禁忌 1000 例 [M]. 3 版. 北京：机械工业出版社，2011.

[6] 濮良贵，陈国定，吴立言. 机械设计 [M]. 9 版. 北京：高等教育出版社，2013.

[7] 蒋秀珍. 精密机械结构设计 [M]. 北京：清华大学出版社，2011.

[8] 徐灏. 机械设计手册 [M]. 2 版. 北京：机械工业出版社，2001.

[9] 中国机械工程学会焊接学会. 焊接手册：1 卷 [M]. 3 版. 北京：机械工业出版社，2008.

[10] 中国机械工程学会焊接学会. 焊接手册：2 卷 [M]. 3 版. 北京：机械工业出版社，2008.

[11] 中国机械工程学会焊接学会. 焊接手册：3 卷 [M]. 3 版. 北京：机械工业出版社，2008.

[12] 中国焊接协会，全国焊接标准化技术委员会，中国标准出版社. 焊接标准汇编 [M]. 北京：中国标准出版社，2017.

[13] 闻邦椿. 机械设计手册：2 卷 [M]. 6 版. 北京：机械工业出版社，2018.

[14] 龙伟民，陈永. 焊接材料手册 [M]. 北京：机械工业出版社，2014.

[15] 张彦华，朱丽滨，谭海彦. 胶黏剂与胶接技术 [M]. 北京：化学工业出版社，2018.

[16] 马长福. 简明粘接技术手册 [M]. 上海：上海科学技术文献出版社，2012.

[17] 熊腊森. 粘接手册 [M]. 北京：机械工业出版社，2008.

[18] 孟宪源，姜琪. 机构构型与应用 [M]. 北京：机械工业出版社，2004.

[19] 张展. 实用工程机械传动装置设计手册 [M]. 北京：化学工业出版社，2017.

[20] 申永胜. 机械原理教程 [M]. 3 版. 北京：清华大学出版社，2015.

[21] 戴夫德斯・谢蒂，理查德 A. 科尔克. 机电一体化系统设计：第 2 版 [M]. 薛建彬，朱如鹏，译. 北京：机械工业出版社，2016.

[22] 朱立学，韦鸿钰. 机械系统设计 [M]. 北京：高等教育出版社，2012.

[23] 朱孝录，机械传动设计手册 [M]. 北京：电子工业出版社，2007.

[24] 孟繁忠，叶斌. 链传动技术手册 [M]. 北京：机械工业出版社，2016.

[25] 全国链传动标准化技术委员会，杭州东华链条集团有限公司. 最新链传动标准应用手册 [M]. 3 版. 北京：中国标准出版社，2012.

[26] 全国链传动标准化技术委员会，杭州东华链条集团有限公司. ISO/TC100 链传动国际标准译文集 [M]. 2 版. 北京：中国标准出版社，2006.

[27] 全国链传动标准化技术委员会. 德国链传动标准译文集 [M]. 北京：中国标准出版社，2003.

[28] 齿轮手册编委会. 齿轮手册 [M]. 2 版. 北京：机械工业出版社，2004.

[29] 陈谌闻. 圆弧齿圆柱齿轮传动 [M]. 北京：高等教育出版社，1995.

[30] 高延新，张晓琳，李慧鹏. 齿轮精度与检测技术手册 [M]. 北京：机械工业出版社，2015.

[31] 厉始忠. ISO 1328-1：1995 圆柱齿轮精度制应用指南 [M]. 北京：化学工业出版社，2008.

[32] 全国齿轮标准化技术委员会，中国标准出版社. 零部件及相关标准汇编：齿轮与齿轮传动卷 [M]. 北京：中国标准出版社，2012.

[33] 赵振杰. 渐开线圆柱齿轮传动设计 [M]. 北京：中国水利水电出版社，2017.

[34] 饶振纲. 行星齿轮传动设计 [M]. 2 版. 北京：化学工业出版社，2014.

[35] 田培棠，田凌. 圆柱齿轮几何计算原理及实用算法 [M]. 北京：国防工业出版社，2012.

[36] 《齿轮制造工艺手册》编委会. 齿轮制造工艺手册 [M]. 2 版. 北京：机械工业出版社，2017.

[37] 金荣植. 齿轮热处理手册 [M]. 北京：机械工业出版社，2015.

[38] 张展. 渐开线少齿差行星齿轮传动装置 [M]. 北京：机械工业出版社，2012.

[39] 张展，邵钰钫，曾建峰. 齿轮常用材料与热处理 [M]. 北京：机械工业出版社，2013.

[40] 王延忠. 高速重载面齿轮啮合与制造技术 [M]. 北京：科学出版社，2016.

[41] 李强，闫洪波. 对数螺旋锥齿轮啮合理论 [M]. 北京：冶金工业出版社，2012.

[42] 汪中厚. 准双曲面齿轮动态性能仿真 [M]. 北京：科学出版社，2013.

[43] 孟繁忠. 齿形链啮合原理 [M]. 2 版. 北京：机械工业出版社，2015.

[44] 邓效忠，魏冰阳. 锥齿轮设计的新方法 [M]. 北京：科学出版社，2012.

[45] 王延忠. 航空弧齿锥齿轮摩擦学设计与制造 [M]. 北京：科学出版社，2014.

[46] 董学朱. 摆线齿锥齿轮及准双曲面齿轮设计和制造 [M]. 北京：机械工业出版社，2002.

[47] 朱孝录. 齿轮传动设计手册 [M]. 2 版. 北京：化学工业出版社，2010.

[48] Radzevich S P. Dudley´s Handbook of Practical Gear Design and Manufacture [M]. 3th ed. Florida：CRC Press，2016.

[49] 闻邦椿. 机械设计手册（第 5 版）· 单行本：齿轮传动 [M]. 北京：机械工业出版社，2015.

[50] 邓星桥. 滚子包络环面蜗杆传动的理论研究与制造实践 [M]. 北京：机械工业出版社，2018.

[51] 吴宗泽，高志. 机械设计 [M]. 2 版. 北京：高等教育出版社，2009.

[52] 杨春兰. 蜗杆传动手册 [M]. 上海：华东化工学院出版社，1991.

[53] 程乃士. 减速器和变速器设计与选用手册 [M]. 北京：机械工业出版社，2007.

[54] 程乃士. 汽车金属带式无级变速器——CVT 原理和设计 [M]. 北京：机械工业出版社，2007.

[55] 阮忠唐. 机械无级变速器设计与选用指南 [M]. 北京：化学工业出版社，1999.

[56] 朱孝录. 机械传动装置选用手册 [M]. 北京：机械工业出版社，1999.

[57] 周有强. 机械无级变速器 [M]. 北京：机械工业出版社，2001.

[58] 吴宗泽，冼健生，杨小明. 简明机械零件设计手册 [M]. 2 版. 北京：中国电力出版社，2018.

[59] 成大先. 机械设计手册 [M]. 6 版. 北京：化学工业出版社，2017.

[60] 王少怀. 机械设计师手册 [M]. 北京：电子工业出版社，2006.

[61] 冯虎田. 滚珠丝杠副动力学与设计基础 [M]. 北京：机械工业出版社，2015.

[62] 冯虎田. 数控机床功能部件优化设计选型应用手册：滚珠丝杠副分册 [M]. 北京：机械工业出版社，2018.

[63] 张春宜，郝广平，刘敏. 减速器设计实例精解 [M]. 北京：机械工业出版社，2009.

[64] 中国标准出版社. 中国机械工业标准汇编：减速器和变速器卷 [M]. 北京：中国标准出版社，2003.

[65] 程乃士. 减速器和变速器设计与选用手册 [M]. 北京：机械工业出版社，2007.

[66] 范又功 . 谐波齿轮传动技术手册 [M]. 北京：国防工业出版社，1995.

[67] 闻邦椿. 机械设计手册（第 5 版）· 单行本：减速器和变速器 [M]. 北京：机械工业出版社，2015.

[68] 张展. 减速器设计选用手册 [M]. 上海：上海科学技术出版社，2002.

[69] 彭文生，李志明，黄华梁. 机械设计 [M]. 北京：高等教育出版社，2002.

[70] 牛锡传，王文生. 轴的设计 [M]. 北京：国防工业出版社，1993.

[71] 刘泽九. 滚动轴承应用手册 [M]. 北京：机械工业出版社，2014.

[72] 机械科学研究总院，全国滚动轴承标准化技术，中国标准出版社. 机械基础件标准汇编：滚动轴承基础 [M]. 北京：中国标准出版社，2016.

[73] 中国标准出版社，全国滚动轴承标准化技术委员会. 中国机械工业标准汇编：滚动轴承用材料和热处理卷 [M]. 北京：中国标准出版社，2004.

[74] 邓四二，贾群义，薛进学. 滚动轴承设计原理 [M]. 2 版. 北京：中国标准出版社，2014.

[75] 杨咸启. 接触力学理论与滚动轴承设计分析 [M]. 武汉：华中科技大学出版社，2018.

[76] 张松林. 最新轴承手册 [M]. 北京：电子工业出版社，2007.

[77] 中国标准出版社，全国滑动轴承标准化技术委员会. 中国机械工业标准汇编：滑动轴承卷［M］. 北京：中国标准出版社，2003.

[78] 郭红，岑少起，张绍林. 圆柱、圆锥动静压滑动轴承设计［M］. 郑州：郑州大学出版社，2013.

[79] 成大先. 机械设计手册（第六版）· 单行本：轴承［M］. 北京：化学工业出版社，2017.

[80] 周新聪，梁望，俸颢. 粉末冶金含油轴承润滑技术［M］. 北京：科学出版社，2010.

[81] 韩凤麟，贾成厂. 烧结金属含油轴承：原理、设计、制造与应用［M］. 北京：化学工业出版社，2004.

[82] 成大先. 机械设计手册（第六版）· 单行本：润滑与密封［M］. 北京：化学工业出版社，2017.

[83] 秦大同，谢里阳. 现代机械设计手册单行本：润滑与密封设计［M］. 北京：化学工业出版社，2013.

[84] 吴晓玲. 润滑设计手册［M］. 北京：化学工业出版社，2006.

[85] 黄文轩. 润滑剂添加剂性质及应用［M］. 北京：中国石化出版社，2012.

[86] 欧屹. 数控机床功能部件优化设计选型应用手册：滚动直线导轨副分册［M］. 北京：机械工业出版社，2018.

[87] 中国机械工程学会，中国机械设计大典编委会. 中国机械设计大典［M］. 南昌：江西科学技术出版社，2002.

[88] 隋秀凛，高安邦. 实用机床设计手册［M］. 北京：机械工业出版社，2010.

[89] 夏广岚，姜永成. 金属切削机床［M］. 2 版. 北京：北京大学出版社，2015.

[90] 中国标准出版社. 旋转电机国家标准汇编 2017［M］. 北京：中国标准出版社，2017.

[91] 中国标准出版社. 旋转电机及微电机标准汇编［M］. 北京：中国标准出版社，2014.

[92] 哈尔滨大电机研究所. 大电机、水轮机标准汇编：电机卷［M］. 北京：中国标准出版社，2006.

[93] 黄国治，傅丰礼. 中小旋转电机设计手册［M］. 2 版. 北京：中国电力出版社，2014.

[94] 郭中醒. 微特电机设计手册［M］. 上海：上海科学技术出版社，2017.